第二次全国污染源普查

工作办公室人员

主　任　洪亚雄

副主任　刘舒生　景立新

综合（农业）组　毛玉如　汪志锋　赵兴征　刘晨峰　王夏娇
柳王荣　沈　忱　周潇云　罗建波

督办组　谢明辉　李雪迎

技术组　赵学涛　朱　琦　王　强　张　震　陈敏敏　王赫婧
郑国峰　吴　琼　邢　瑜

宣传组　汪震宇　杨庆榜

此外，于飞、张山岭、王振刚、崔积山、王利强、范育鹏、孙嘉绩、王俊能、谷萍同志也参加了普查工作。

国务院第二次全国污染源普查领导小组人员名单

国办函〔2018〕74号文，2018年11月5日

组　长

韩　正　国务院副总理

副组长

丁学东　国务院副秘书长
李干杰　生态环境部部长
宁吉喆　统计局局长

成　员

郭卫民　中央宣传部部务会议成员、新闻办副主任
张　勇　发展改革委副主任
辛国斌　工业和信息化部副部长
杜航伟　公安部副部长
刘　伟　财政部副部长
王春峰　自然资源部党组成员
赵英民　生态环境部副部长
倪　虹　住房城乡建设部副部长
戴东昌　交通运输部副部长
魏山忠　水利部副部长
张桃林　农业农村部副部长
孙瑞标　税务总局副局长
马正其　市场监管总局副局长
钱毅平　中央军委后勤保障部副部长

★领导小组办公室设在生态环境部，办公室主任由生态环境部副部长赵英民兼任

国务院第二次全国污染源普查领导小组人员名单

国发〔2016〕59号文，2016年10月20日

组　长

张高丽　国务院副总理

副组长

陈吉宁　环境保护部部长
宁吉喆　国家统计局局长
丁向阳　国务院副秘书长

成　员

郭卫民　国务院新闻办副主任
张　勇　国家发展改革委副主任
辛国斌　工业和信息化部副部长
黄　明　公安部副部长
刘　昆　财政部副部长
汪　民　国土资源部副部长
翟　青　环境保护部副部长
倪　虹　住房城乡建设部副部长
戴东昌　交通运输部副部长
陆桂华　水利部副部长
张桃林　农业部副部长
孙瑞标　税务总局副局长
刘玉亭　工商总局副局长
田世宏　质检总局党组成员、国家标准委主任
钱毅平　中央军委后勤保障部副部长

★领导小组办公室主任由环境保护部副部长翟青兼任

第二次全国污染源普查资料

编写人员

主　编

赵英民

副主编

洪亚雄　刘舒生　景立新

编　委（按姓氏笔画排序）

王　强　王夏娇　王赫婧　毛玉如　邢　瑜　朱　琦　刘晨峰
李雪迎　杨庆榜　吴　琼　汪志锋　汪震宇　沈　忱　张　震
陈敏敏　周潇云　郑国峰　赵学涛　柳王荣　谢明辉

图书在版编目（CIP）数据

第二次全国污染源普查产排污系数手册. 移动源/生态环境部第二次全国污染源普查工作办公室编. —北京：中国环境出版集团，2022.11

ISBN 978-7-5111-4379-2

Ⅰ. ①第… Ⅱ. ①生… Ⅲ. ①移动污染源－污染源调查－排污系数－中国 Ⅳ. ①X508.2

中国版本图书馆 CIP 数据核字（2020）第 135517 号

出 版 人 武德凯
责任编辑 曲 婷
责任校对 任 丽
封面设计 王春声

出版发行 中国环境出版集团
（100062 北京市东城区广渠门内大街 16 号）
网 址：http://www.cesp.com.cn
电子邮箱：bjgl@cesp.com.cn
联系电话：010-67112765（编辑管理部）
发行热线：010-67125803，010-67113405（传真）

印 刷 北京中科印刷有限公司
经 销 各地新华书店
版 次 2022 年 11 月第 1 版
印 次 2022 年 11 月第 1 次印刷
开 本 880×1230 1/16
印 张 79.25
字 数 2000 千字
定 价 550.00 元（上下册）

A GUIDE TO THE EMISSION COEFFICIENT OF THE SECOND NATIONAL CENSUS OF POLLUTION SOURCES

第二次 全国污染源普查产排污系数手册

|移动源 · 下册|

生态环境部第二次全国污染源普查工作办公室—编

中国环境出版集团 • 北京

序 言

掌握生态环境保护底数 助力打赢污染防治攻坚战

第二次全国污染源普查是中国特色社会主义进入新时代的一次重大国情调查，是在决胜全面建成小康社会关键阶段、坚决打赢打好污染防治攻坚战的大背景下实施的一项系统工程，是为全面摸清建设“美丽中国”生态环境底数、加快补齐生态环境短板采取的一项重大举措。在以习近平同志为核心的党中央坚强领导下，按照国务院和国务院第二次全国污染源普查领导小组的部署，各地区、各部门和各级普查机构深入贯彻习近平新时代中国特色社会主义思想和习近平生态文明思想，精心组织、奋力作为，广大普查人员无私奉献、辛勤付出，广大普查对象积极支持、大力配合，第二次全国污染源普查取得重大成果，达到了“治污先治本、治本先清源”的目的，为依法治污、科学治污、精准治污和制定决策规划提供了真实可靠的数据基础，集中反映了十年来中国经济社会健康稳步发展和生态环境保护不断深化优化的新成就，昭示着生态文明建设迈向高质量发展的新图景。

一、第二次全国污染源普查高质量完成

第二次全国污染源普查对象为中华人民共和国境内有污染源的单位和个体经营户，范围包括：工业污染源，农业污染源，生活污染源，集中式污染治理设施，移动源及其他产生、排放污染物的设施。普查标准时点为 2017 年 12 月 31 日，时期资料为 2017 年度。这次污染源普查历时 3 年时间，经过前期准备、全面调查和总结发布三个阶段，对全国 357.97 万个产业活动单位和个体经营户进行入户调查和产排污核算工作，摸清了全国各类污染源数量、结构和分布情况，掌握了各类污染物产生、排放和处理情况，建立了重点污染源档案和污染源信息数据库，高标准、高质量完成了既定的目标任务。这次污染源普查的主要特点有：

党中央、国务院高度重视，凝聚工作合力。张高丽、韩正副总理先后担任国务院第二次全国污染源普查领导小组组长，领导小组办公室设在生态环境部。按照“全国统一领导、部门分工协作、地方分级负责、各方共同参与”的原则，县以上各级政府和相关部门组建了普查机构。各级生态环境部门重视普查工作中党的建设，着力打造一支生态环境保护铁军，做到组织到位、人员到位、措施到位、经费到位，为普查顺利实施提供了有力保障。全国（不含港、澳、台）共成立普查机构 9321 个，投入普查经费 90 亿元，动员 50 万人参与，确保了普查顺利实施。

科学设计，普查方案执行有力。依据相关法律法规，加强顶层设计，制定《第二次全国污染源普查方案》，提高普查的科学性和规范性。坚持目标引领、问题导向，经过 12 个省（区、市）普查综合试点、10 个省（区、市）普查专项试点检验，完善涵盖工业源 41 个行业大类的污染源产排污核算方法体系。采取“地毯式”全面清查和全面入户调查相结合的方式，了解掌握“污染源在哪里、排什么、如何排和排多少”四个关键问题，全面摸清生态环境底数。31 个省（区、市）和新疆生产建设兵团以“钉钉子”精神推进污染源普查工作“全国一盘棋”。

运用现代信息技术，推动实践创新。积极推进政务信息大数据共享应用，有效减轻调查对象负担和普查成本。共有 17 个部门作为国务院第二次全国污染源普查领导小组成员单位和联络员单位参与普查，累计提供行政记录和业务资料近 1 亿条，通过比对、合并形成普查清查底册和污染源基本单位名录。首次运用全国环保云资源，建立完善联网直报系统。全面采用电子化手段进行普查小区划分和空间信息采集，使用手持移动终端（PDA）采集和传输数据，提高普查效率。

聚焦数据质量，强化全过程控制。严格“真实、准确、全面”要求，建立细化的数据质量标准，完善数据质量溯源机制，严格普查质量管理和工作纪律。组建普查专家咨询和技术支持团队，开展分类指导和专项督办，引入 4692 个第三方机构参与普查工作，发挥公众监督作用，推动普查公正透明。国务院第二次全国污染源普查领导小组办公室先后对普查各个阶段组织开展工作督导，对全国 31 个省（区、市）和新疆生产建设兵团普查调研指导全覆盖、质量核查全覆盖，确保普查数据质量。

广泛开展宣传培训，营造良好社会氛围。加强普查新闻宣传矩阵平台建设，采取通俗易懂、喜闻乐见的形式，推进普查宣传进基层、进乡镇、进社区、进企业，推广工作中的好经验好方法，营造全社会关注、支持和参与普查的舆论氛围。创新培训方式，统一培训与分级培训相结合，现场培训与网络远程培训相结合，理论传授与案例讲解相结合，由国家负责省级和试点地区、省级负责地市和区县，全方位提高各级普查人员工作能力和技术水平。专题为新疆、西藏等西部地区培训普查业务骨干，深化对口援疆、援藏、援青工作。总的看，第二次全国污染源普查为生态环境保护做了一次高质量"体检"，获得了极其宝贵的海量数据，为加强生态文明建设、推动经济社会高质量发展、推进生态环境领域国家治理体系和治理能力现代化提供了丰富详实的数据支撑。

二、十年来我国生态环境保护取得重大成就

对比第二次全国污染源普查与第一次全国污染源普查结果，可以发现，十年来特别是党的十八大以来，我国在经济规模、结构调整、产业升级、创新动力、区域协调、环境治理等方面呈现诸多积极变化，高质量发展迈出了稳健步伐，生态文明建设取得积极成效，生态环境质量显著改善。

十年来，我国经济社会发展状况以及生态环境保护领域重大改革措施取得重大成果。从十年间两次普查的变化来看：2017 年，化学需氧量、二氧化硫、氮氧化物等污染物排放量较 2007 年分别下降 46%、72%、34%。工业企业废水处理、脱硫和除尘等设施数量，分别是 2007 年的 2.35 倍、3.27 倍和 5.02 倍。城镇污水处理厂数量增加 5.4 倍，设计处理能力增加 1.7 倍，实际污水处理量增加 3 倍；城镇生活污水化学需氧量去除率由 2007 年的 28% 提高至 2017 年的 67%。生活垃圾处置厂数量增加 86%，其中垃圾焚烧厂数量增加 303%，焚烧处理量增加 577%，焚烧处理量比例由 8% 提高到 27%。危险废物集中利用处置厂数量增加 8.22 倍，设计处理能力增加 4279 万吨 / 年，提高 10.4 倍，集中处置利用量增加 1467 万吨，提高 12.5 倍。这些变化充分体现了生态文明建设战略实施的成就。

十年来，我国经济结构优化升级、协调发展取得新进展。我国正处在转变发展方式、优化经济结构、转换增长动能的攻关期。两次普查数据相比，十年间，工业结构持续改善，制造业转型升级表现突出。工业源普查对象涵盖国民经济行业分类 41 个工业大类行业产业活动单位，数量由 157.55 万个增加到 247.74 万个，增加 90.19 万个，增幅达 57.24%。重点行业生产规模集中，造纸制浆、皮革鞣制、铜铅锌冶炼、炼铁炼钢、水泥制造、炼焦行业的普查对象数量分别减少 24%、36%、51%、50%、37% 和 62%，产品产量分别增加 61%、7%、89%、50%、71% 和 30%。农业源普查对象中，畜禽规模程度明显提高，养殖结构得到优化，生猪规模养殖场（500 头及以上）养殖量占比由 22% 上升为 41%。同时，生猪规模养殖场采用干清粪方式养殖量占比从 55% 提高到 81%。这些深刻反映了我国经济结构的重大变化，表明重点行业产业集中度提高，产业优化升级、淘汰落后产能、严格环境准入等结构调整政策取得积极成效。重点行

业产业结构调整既获得了规模效益和经济效益，同时取得了好的环境成效。

十年来，我国工业企业节能减排成效显著。两次普查相比，在工业源方面，废气、废水污染治理快速发展，治理水平大幅提升。2017 年废水治理设施套数比 2007 年提高了 135.47%，废水治理能力提高了 26.88%。脱硫设施数和除尘设施数分别提高了 226.88%、401.72%。十年间，总量控制重点关注行业排放量占比明显下降，化学需氧量、氨氮、二氧化硫、氮氧化物等四项主要污染物排放量分别下降 83.89%、77.56%、75.05%、45.65%。电力、热力生产和供应业二氧化硫、氮氧化物，造纸和纸制品业化学需氧量分别下降 86.54%、76.93%、84.44%。铜铅锌冶炼行业二氧化硫减少 78%。炼铁炼钢行业二氧化硫减少 54%。水泥制造行业氮氧化物减少 23%。表明全国各领域生态环境基础设施建设的均等化水平提升，污染治理能力大幅提高，污染治理效果显著。

另外，普查结果也显示当前生态环境保护工作仍然存在薄弱环节，全国污染物排放量总体处于较高水平。第二次全国污染源普查数据为下一步精准施策、科学治污奠定了坚实基础。

三、贯彻落实新发展理念　推动生态环境质量持续改善

习近平总书记强调，小康全面不全面，生态环境很关键。普查结果显示，在党中央、国务院的坚强领导下，经济高质量发展和生态环境高水平保护协同推动，依法治污、科学治污、精准治污方向不变、力度不减，扎实推进蓝天、碧水、净土保卫战，污染防治攻坚战取得关键进展，生态环境质量持续明显改善。从普查数据中也发现，当前污染防治攻坚战面临的困难、问题和挑战还很大，形势仍然严峻，不容乐观。我们既要看到发展的有利条件，也要清醒认识到内外挑战相互交织、生态文明建设“三期叠加”影响持续深化、经济下行压力加大的复杂形势。要以习近平新时代中国特色社会主义思想为指导，紧紧围绕统筹推进“五位一体”总体布局和协调推进“四个全面”战略布局，紧密围绕污染防治攻坚战阶段性目标任务，持续改善生态环境质量，构建生态环境治理体系，为推动生态环境根本好转、建设生态文明和美丽中国、开启全面建设社会主义现代化国家新征程奠定坚实基础。

深入贯彻落实新发展理念。深入贯彻落实习近平生态文明思想，增强各方面践行新发展理念的思想自觉、政治自觉、行动自觉。充分发挥生态环境保护的引导、优化和促进作用，支持服务重大国家战略实施。落实生态环境监管服务、推动经济高质量发展、支持服务民营企业绿色发展各项举措，继续推进“放管服”改革，主动加强环境治理服务，推动环保产业发展。

坚定不移推进污染治理。用好第二次全国污染源普查成果，推进数据开放共享，以改善生态环境质量为核心，制定国民经济和社会发展“十四五”规划和重大发展战略。全面完成《打赢蓝天保卫战三年行动计划》目标任务，狠抓重点区域秋冬季大气污染综合治理攻坚，积极稳妥推进北方地区清洁取暖，持续整治“散乱污”企业，深入推进柴油货车污染治理，继续实施重污染天气应急减排按企业环保绩效分级管控。深入实施《水污染防治行动计划》，巩固饮用水水源地环境整治成效，持续开展城市黑臭水体整治，加强入海入河排污口治理，推进农村环境综合整治。全面实施《土壤污染防治行动计划》，推进农用地污染综合整治，强化建设用地土壤污染风险管控和修复，组织开展危险废物专项排查整治，深入推进“无废城市”建设试点，基本实现固体废物零进口。

加强生态系统保护和修复。协调推进生态保护红线评估优化和勘界定标。对各地排查违法违规挤占生态空间、破坏自然遗迹等行为情况进行检查。持续开展“绿盾”自然保护地强化监督。全力推动《生物多样性公约》第十五次缔约方大会圆满成功。开展国家生态文明建设示范市县和“绿水青山就是金山银山”实践创新基地评选工作。

着力构建生态环境治理体系。推动落实关于构建现代环境治理体系的指导意见、中央和国家机关有关部门生态环境保护责任清单。基本建立生态环境保护综合行政执法体制。构建以排污许可制为核心的固定污染源监管制度体系。健全生态环境监测和评价制度、生态环境损害赔偿制度。夯实生态环境科技支撑。强化生态环境保护宣传引导。加强国际交流和履约能力建设。妥善应对突发环境事件。

加强生态环境保护督察帮扶指导。持续开展中央生态环境保护督察。持续开展蓝天保卫战重点区域强化监督定点帮扶，聚焦污染防治攻坚战其他重点领域，开展统筹强化监督工作。精准分析影响生态环境质量的突出问题，分流域区域、分行业企业对症下药，实施精细化管理。充分发挥国家生态环境科技成果转化综合平台作用，切实提高环境治理措施的系统性、针对性、有效性。坚持依法行政、依法推进，规范自由裁量权，严格禁止“一刀切”，避免处置措施简单粗暴。

充分发挥党建引领作用。牢固树立“抓好党建是本职、不抓党建是失职、抓不好党建是渎职”的管党治党意识，始终把党的政治建设摆在首位，巩固深化“不忘初心、牢记使命”主题教育成果，着力解决形式主义突出问题，严格落实中央八项规定及其实施细则精神，进一步发挥巡视利剑作用，一体推进不敢腐、不能腐、不想腐，营造风清气正的政治生态，加快打造生态环境保护铁军。

目 录

第一篇 机动车排放系数

第二篇　非道路移动源排放系数

岳阳市 NO_x 排放系数

单位：克/（辆·年）

车辆类型		使用性质	燃料种类	1999年年底前	2000年	2001年	2002年	2003年	2004年	2005年	2006年	2007年	2008年	2009年	2010年	2011年	2012年	2013年	2014年	2015年	2016年	2017年
载客汽车	微型	出租车	汽油	277593	189694	101796	101796	101796	101796	75882	49967	49967	37492	25018	25018	20314	15609	15609	15609	15609	9268	7155
			燃气	187982	129370	70758	70758	70758	70758	53088	35418	35418	26840	18262	18262	14716	11169	11169	11169	11169	6502	4946
		其他	汽油	29901	18804	7706	7706	7706	7706	4868	2029	2029	1652	1276	1276	1072	868	868	868	868	598	508
			燃气	19373	11564	3754	3754	3754	3754	2452	1151	1151	935	719	719	577	435	435	435	435	345	315
	小型	出租车	汽油	313282	209688	106094	106094	106094	106094	78360	50627	50627	37822	25018	25018	19696	14373	14373	14373	14373	8145	6069
			柴油	353483	298112	242742	242742	242742	242742	215716	188691	188691	150374	112058	112058	112058	112058	90608	69158	69158	51384	45460
			燃气	211748	142684	73621	73621	73621	73621	54740	35858	35858	27060	18262	18262	14304	10346	10346	10346	10346	5753	4222
		其他	汽油	27903	17860	7817	7817	7817	7817	5188	2560	2560	1786	1012	1012	919	826	826	826	826	564	477
			柴油	24752	20278	15804	15804	15804	15804	14539	13274	13274	10404	7534	7534	7534	7534	6492	5450	5450	4710	4463
			燃气	18043	11530	5017	5017	5017	5017	3260	1504	1504	1024	543	543	476	408	408	408	408	322	294
	中型	公交车	汽油	325394	325394	325394	325394	325394	222298	16107	16107	16107	16107	16107	14445	12783	12783	9650	6518	6518	6518	6518
			柴油	363983	363983	363128	361419	361419	347056	318329	318329	318329	265152	211976	211976	211976	211976	172988	133999	133999	112188	104917
			燃气	386467	386467	381866	372665	372665	361105	337986	337986	337986	281296	224607	224607	142038	142038	111243	111243	111243	111243	111243
		其他	汽油	199496	199496	199496	199496	199496	135325	6982	6982	6982	6982	6982	6982	6982	6982	5237	3492	3492	3492	3492
			柴油	170691	170691	163566	149316	149316	148053	145528	145528	145528	123942	102356	102356	102356	102356	90882	79409	79409	67776	63899
			燃气	192747	192747	182039	160622	160622	159108	156081	156081	156081	132892	109702	109702	85454	85454	68641	68641	68641	68641	68641
	大型	公交车	汽油	1159217	1159217	1159217	1159217	1159217	797100	72865	72865	72865	72865	72865	72801	72737	72737	54553	36369	36369	36369	36369
			柴油	516236	516236	499555	466192	466192	452946	426453	426453	426453	418768	411083	411083	411083	411083	396260	381436	381436	343846	331316
			燃气	1037941	1037941	980278	864951	864951	800766	672396	672396	672396	576119	479842	479842	446733	446733	387200	387200	387200	387200	387200
		其他	汽油	2766839	2766839	2766839	2766839	2766839	1902531	173916	173916	173916	173916	173916	167394	160872	160872	120782	80693	80693	80693	80693
			柴油	1236225	1236225	1204415	1140794	1140794	1114197	1061003	1061003	1061003	1023648	986292	986292	986292	986292	938955	891618	891618	789074	754892
			燃气	2301099	2301099	2173260	1917582	1917582	1775285	1490692	1490692	1490692	1277736	1064780	1064780	960613	960613	814994	814994	814994	814994	814994
载货汽车	微型		汽油	121039	72166	23293	23293	23293	23293	16046	8800	8800	7176	5553	5553	4846	4138	4138	4138	4138	3009	2633
			柴油	84599	70135	55671	55671	55671	55671	50014	44358	44358	37505	30652	30652	30652	30652	22418	14185	14185	11910	11152
			燃气	78422	44884	11347	11347	11347	11347	8170	4992	4992	4061	3129	3129	2601	2074	2074	2074	2074	1743	1633
	轻型		汽油	90056	58057	26058	26058	26058	26058	17806	9554	9554	8035	6516	6516	5378	4241	4241	4241	4241	3139	2772
			柴油	84884	70278	55671	55671	55671	55671	50014	44358	44358	37505	30652	30652	30652	30652	24345	18038	18038	16441	15909
			燃气	58233	37479	16724	16724	16724	16724	11169	5613	5613	4555	3496	3496	2796	2095	2095	2095	2095	1805	1709
	中型		汽油	210745	210745	210745	210745	210745	143877	10142	10142	10142	10142	10142	10142	10142	10142	7610	5077	5077	5077	5077
			柴油	393521	393521	353353	273018	273018	259610	232794	232794	232794	234176	235558	235558	235558	235558	206672	177787	177787	153091	144859
			燃气	444370	444370	394144	293691	293691	279019	249675	249675	249675	251069	252464	252464	191321	191321	155609	155609	155609	155609	155609
	重型		汽油	1934457	1934457	1934457	1934457	1934457	1330169	121594	121594	121594	121594	121594	117034	112475	112475	84446	56417	56417	56417	56417
			柴油	1052396	1052396	1016474	944631	944631	909691	839812	839812	839812	806136	772459	772459	772459	772459	679508	586557	586557	404060	343228
			燃气	1958921	1958921	1835230	1587848	1587848	1451873	1179922	1179922	1179922	1006926	833930	833930	631946	631946	370555	370555	370555	370555	370555
低速汽车	三轮汽车			65550	65550	65550	65550	65550	65550	65550	65550	65550	53279	53279	53279	53279	53279	53279	53279	53279	53279	53279
	低速货车			88065	88065	88065	88065	88065	88065	88065	88065	88065	71579	71579	71579	71579	71579	71579	71579	71579	71579	71579
摩托车	普通摩托车			1150	1150	1150	1150	1112	1074	997	997	997	997	997	886	774	774	774	774	774	774	774
	轻便摩托车			767	767	767	767	767	383	383	383	383	383	383	340	298	298	298	298	298	298	298

岳阳市 PM 排放系数

单位：克/（辆·年）

车辆类型		使用性质	燃料种类	1999 年年底前	2000 年	2001 年	2002 年	2003 年	2004 年	2005 年	2006 年	2007 年	2008 年	2009 年	2010 年	2011 年	2012 年	2013 年	2014 年	2015 年	2016 年	2017 年
载客汽车	微型	出租车	汽油	—	—	—	—	—	—	—	—	—	—	—	—	—	—	—	—	—	—	—
			燃气	—	—	—	—	—	—	—	—	—	—	—	—	—	—	—	—	—	—	—
		其他	汽油	—	—	—	—	—	—	—	—	—	—	—	—	—	—	—	—	—	—	—
			燃气	—	—	—	—	—	—	—	—	—	—	—	—	—	—	—	—	—	—	—
	小型	出租车	汽油	—	—	—	—	—	—	—	—	—	—	—	—	—	—	—	—	—	—	—
			柴油	44674	40909	37144	37144	37144	37144	25283	13422	13422	8758	4094	4094	4094	4094	3805	3516	3516	2908	2705
			燃气	—	—	—	—	—	—	—	—	—	—	—	—	—	—	—	—	—	—	—
		其他	汽油	—	—	—	—	—	—	—	—	—	—	—	—	—	—	—	—	—	—	—
			柴油	3580	3388	3196	3196	3196	3196	2298	1401	1401	1026	652	652	652	652	546	440	440	440	440
			燃气	—	—	—	—	—	—	—	—	—	—	—	—	—	—	—	—	—	—	—
	中型	公交车	汽油	—	—	—	—	—	—	—	—	—	—	—	—	—	—	—	—	—	—	—
			柴油	30592	30592	28032	22913	22913	17978	8108	8108	8108	6872	5637	5637	5637	5637	3504	1372	1372	1080	983
			燃气	—	—	—	—	—	—	—	—	—	—	—	—	—	—	—	—	—	—	—
		其他	汽油	—	—	—	—	—	—	—	—	—	—	—	—	—	—	—	—	—	—	—
			柴油	15274	15274	12888	8116	8116	6262	2553	2553	2553	2434	2316	2316	2316	2316	1366	415	415	399	394
			燃气	—	—	—	—	—	—	—	—	—	—	—	—	—	—	—	—	—	—	—
	大型	公交车	汽油	—	—	—	—	—	—	—	—	—	—	—	—	—	—	—	—	—	—	—
			柴油	94865	94865	93934	92071	92071	71272	29674	29674	29674	19994	10315	10315	10315	10315	6116	1916	1916	1845	1821
			燃气	—	—	—	—	—	—	—	—	—	—	—	—	—	—	—	—	—	—	—
		其他	汽油	—	—	—	—	—	—	—	—	—	—	—	—	—	—	—	—	—	—	—
			柴油	142314	142314	133412	115607	115607	85425	25061	25061	25061	17182	9303	9303	9303	9303	5868	2433	2433	2343	2313
			燃气	—	—	—	—	—	—	—	—	—	—	—	—	—	—	—	—	—	—	—
载货汽车	微型		汽油	—	—	—	—	—	—	—	—	—	—	—	—	—	—	—	—	—	—	—
			柴油	9862	9658	9454	9454	9454	9454	7696	5939	5939	4408	2877	2877	2877	2877	1812	746	746	742	741
			燃气	—	—	—	—	—	—	—	—	—	—	—	—	—	—	—	—	—	—	—
	轻型		汽油	—	—	—	—	—	—	—	—	—	—	—	—	—	—	—	—	—	—	—
			柴油	10257	9856	9454	9454	9454	9454	7696	5939	5939	4408	2877	2877	2877	2877	2170	1462	1462	1207	1122
			燃气	—	—	—	—	—	—	—	—	—	—	—	—	—	—	—	—	—	—	—
	中型		汽油	—	—	—	—	—	—	—	—	—	—	—	—	—	—	—	—	—	—	—
			柴油	33425	33425	28128	17535	17535	13535	5535	5535	5535	5244	4952	4952	4952	4952	3175	1398	1398	1280	1241
			燃气	—	—	—	—	—	—	—	—	—	—	—	—	—	—	—	—	—	—	—
	重型		汽油	—	—	—	—	—	—	—	—	—	—	—	—	—	—	—	—	—	—	—
			柴油	134270	134270	110360	62540	62540	49657	23890	23890	23890	16370	8851	8851	8851	8851	5974	3097	3097	2618	2458
			燃气	—	—	—	—	—	—	—	—	—	—	—	—	—	—	—	—	—	—	—
低速汽车	三轮汽车			4092	4092	4092	4092	4092	4092	4092	4092	4092	3220	3220	3220	3220	3220	3220	3220	3220	3220	3220
	低速货车			5581	5581	5581	5581	5581	5581	5581	5581	5581	4392	4392	4392	4392	4392	4392	4392	4392	4392	4392
摩托车	普通摩托车			—	—	—	—	—	—	—	—	—	—	—	—	—	—	—	—	—	—	—
	轻便摩托车			—	—	—	—	—	—	—	—	—	—	—	—	—	—	—	—	—	—	—

岳阳市 VOCs 排放系数

单位：克/（辆·年）

车辆类型		使用性质	燃料种类	1999 年年底前	2000 年	2001 年	2002 年	2003 年	2004 年	2005 年	2006 年	2007 年	2008 年	2009 年	2010 年	2011 年	2012 年	2013 年	2014 年	2015 年	2016 年	2017 年
载客汽车	微型	出租车	汽油	650224	387948	125671	125671	125671	125671	95654	65637	65637	53925	42213	42213	34732	27252	27252	27252	27252	18857	16059
			燃气	361920	219480	77040	77040	77040	77040	59375	41710	41710	34404	27098	27098	21539	15980	15980	15980	15980	9657	7549
		其他	汽油	38626	23699	8772	8772	8772	8772	8402	8032	8032	6962	5893	5893	5636	5379	5379	5379	5379	4588	4325
			燃气	16645	9364	2082	2082	2082	2082	1992	1902	1902	1420	937	937	852	766	766	766	766	521	439
	小型	出租车	汽油	650224	381972	113719	113719	113719	113719	105622	97525	97525	69869	42213	42213	34732	27252	27252	27252	27252	17792	14638
			柴油	197279	185380	173481	173481	173481	173481	155847	138213	138213	103240	68267	68267	68267	68267	50529	32791	32791	17846	12865
			燃气	361920	216237	70554	70554	70554	70554	64784	59014	59014	43056	27098	27098	21539	15980	15980	15980	15980	9079	6779
		其他	汽油	39143	23895	8647	8647	8647	8647	8616	8584	8584	7240	5896	5896	5604	5313	5313	5313	5313	4640	4415
			柴油	9009	8244	7478	7478	7478	7478	6341	5204	5204	3588	1972	1972	1972	1972	1664	1355	1355	953	819
			燃气	16925	10193	3461	3461	3461	3461	2832	2202	2202	1637	1072	1072	901	730	730	730	730	548	488
	中型	公交车	汽油	247456	247456	247456	247456	246859	168616	13323	13323	13323	13323	13323	13172	13020	13020	10593	8166	8166	8166	8166
			柴油	87806	87806	86086	82645	82645	64494	28192	28192	28192	20508	12823	12823	12823	12823	8958	5093	5093	4763	4653
			燃气	71579	71579	67602	59649	59649	57536	53311	53311	53311	42686	32061	32061	22219	22219	22154	22154	22154	22154	22154
		其他	汽油	128166	128166	128166	128166	127569	87247	7796	7796	7796	7796	7796	7650	7505	7505	6454	5402	5402	5402	5402
			柴油	30493	30493	28460	24394	24394	18567	6912	6912	6912	6506	6099	6099	6099	6099	3750	1402	1402	1243	1190
			燃气	34560	34560	32640	28800	28800	27780	25740	25740	25740	20623	15506	15506	10732	10732	9642	9642	9642	9642	9642
	大型	公交车	汽油	576764	576764	576764	576764	576167	388589	14627	14627	14627	14627	14627	14487	14347	14347	11581	8815	8815	8815	8815
			柴油	131708	131708	108010	60614	60614	60614	60614	60614	60614	43515	26416	26416	26416	26416	17675	8934	8934	5723	4653
			燃气	168926	168926	159541	140772	140772	135786	125815	125815	125815	100740	75665	75665	52438	52438	47188	47188	47188	47188	47188
		其他	汽油	1278062	1278062	1278062	1278062	1277465	860616	28113	28113	28113	28113	28113	21854	15596	15596	12405	9214	9214	9214	9214
			柴油	272891	272891	207397	76409	76409	76409	76409	76409	76409	55942	35476	35476	35476	35476	20706	5937	5937	5324	5119
			燃气	266186	266186	251398	221822	221822	213966	198253	198253	198253	158842	119430	119430	82662	82662	74261	74261	74261	74261	74261
载货汽车	微型		汽油	239803	130050	20296	20296	20296	20296	19037	17778	17778	16346	14914	14914	12359	9804	9804	9804	9804	8218	7690
			柴油	40208	37546	34885	34885	34885	34885	31820	28754	28754	21446	14139	14139	14139	14139	9810	5480	5480	3610	2986
			燃气	103338	54077	4817	4817	4817	4817	4514	4210	4210	3291	2371	2371	1884	1396	1396	1396	1396	934	781
	轻型		汽油	125684	75942	26201	26201	26201	26201	22680	19159	19159	17162	15164	15164	13310	11455	11455	11455	11455	9746	9177
			柴油	37246	36066	34885	34885	34885	34885	31820	28754	28754	21446	14139	14139	14139	14139	10660	7182	7182	5311	4687
			燃气	54344	32416	10487	10487	10487	10487	7701	4915	4915	3836	2757	2757	2165	1574	1574	1574	1574	1154	1014
	中型		汽油	289930	289930	289930	289930	289334	196915	13271	13271	13271	13271	13271	13131	12991	12991	10562	8134	8134	8134	8134
			柴油	68267	68267	63716	54614	54614	41567	15474	15474	15474	14574	13673	13673	13673	13673	9909	6145	6145	3656	2827
			燃气	77372	77372	73074	64478	64478	62194	57625	57625	57625	46193	34762	34762	47039	47039	22906	22906	22906	22906	22906
	重型		汽油	916193	916193	916193	916193	915596	617051	21158	21158	21158	21158	21158	16639	12120	12120	9832	7544	7544	7544	7544
			柴油	226409	226409	172071	63395	63395	63395	63395	63395	63395	46414	29433	29433	29433	29433	18554	7675	7675	5961	5390
			燃气	220846	220846	208578	184041	184041	177523	164486	164486	164486	131786	99086	99086	106861	106861	78192	78192	78192	78192	78192
低速汽车	三轮汽车			25300	25300	25300	25300	25300	25300	25300	25300	25300	16721	16721	16721	16721	16721	16721	16721	16721	16721	16721
	低速货车			33990	33990	33990	33990	33990	33990	33990	33990	33990	22464	22464	22464	22464	22464	22464	22464	22464	22464	22464
摩托车	普通摩托车			15413	15413	15413	15413	11502	7591	4064	4064	4064	4064	4064	3032	2001	2001	2001	2001	2001	2001	2001
	轻便摩托车			49842	49842	49842	49842	49842	9968	9968	4908	4908	4908	4908	3662	2417	2417	2417	2417	2417	2417	2417

常德市 NO_x 排放系数

单位：克/（辆·年）

车辆类型		使用性质	燃料种类	1999年年底前	2000年	2001年	2002年	2003年	2004年	2005年	2006年	2007年	2008年	2009年	2010年	2011年	2012年	2013年	2014年	2015年	2016年	2017年
载客汽车	微型	出租车	汽油	277620	189712	101804	101804	101804	101804	75886	49969	49969	37494	25019	25019	20314	15609	15609	15609	15609	9269	7156
			燃气	187982	129370	70758	70758	70758	70758	53088	35418	35418	26840	18262	18262	14716	11169	11169	11169	11169	6502	4946
		其他	汽油	29904	18806	7707	7707	7707	7707	4868	2029	2029	1652	1276	1276	1072	868	868	868	868	598	508
			燃气	19373	11564	3754	3754	3754	3754	2452	1151	1151	935	719	719	577	435	435	435	435	345	315
	小型	出租车	汽油	313313	209708	106103	106103	106103	106103	78366	50630	50630	37824	25019	25019	19696	14373	14373	14373	14373	8146	6070
			柴油	353502	298128	242753	242753	242753	242753	215727	188701	188701	150382	112063	112063	112063	112063	90612	69162	69162	51388	45463
			燃气	211748	142684	73621	73621	73621	73621	54740	35858	35858	27060	18262	18262	14304	10346	10346	10346	10346	5753	4222
		其他	汽油	27906	17862	7818	7818	7818	7818	5189	2560	2560	1786	1012	1012	919	826	826	826	826	564	477
			柴油	24754	20280	15805	15805	15805	15805	14540	13275	13275	10405	7535	7535	7535	7535	6493	5451	5451	4710	4463
			燃气	18043	11530	5017	5017	5017	5017	3260	1504	1504	1024	543	543	476	408	408	408	408	322	294
	中型	公交车	汽油	325431	325431	325431	325431	325431	222324	16109	16109	16109	16109	16109	14447	12785	12785	9652	6519	6519	6519	6519
			柴油	364013	364013	363158	361449	361449	347084	318355	318355	318355	265174	211994	211994	211994	211994	173002	134010	134010	112196	104925
			燃气	386499	386499	381898	372696	372696	361135	338014	338014	338014	281320	224625	224625	142050	142050	111252	111252	111252	111252	111252
		其他	汽油	199519	199519	199519	199519	199519	135340	6983	6983	6983	6983	6983	6983	6983	6983	5238	3492	3492	3492	3492
			柴油	170706	170706	163580	149328	149328	148065	145540	145540	145540	123952	102364	102364	102364	102364	90890	79416	79416	67782	63904
			燃气	192763	192763	182054	160635	160635	159121	156094	156094	156094	132903	109712	109712	85461	85461	68647	68647	68647	68647	68647
	大型	公交车	汽油	1159348	1159348	1159348	1159348	1159348	797190	72873	72873	72873	72873	72873	72809	72745	72745	54560	36374	36374	36374	36374
			柴油	516279	516279	499596	466230	466230	452983	426488	426488	426488	418802	411117	411117	411117	411117	396292	381468	381468	343875	331344
			燃气	1038027	1038027	980359	865022	865022	800832	672452	672452	672452	576166	479881	479881	446770	446770	387232	387232	387232	387232	387232
		其他	汽油	2767153	2767153	2767153	2767153	2767153	1902747	173935	173935	173935	173935	173935	167412	160890	160890	120796	80703	80703	80703	80703
			柴油	1236327	1236327	1204514	1140888	1140888	1114289	1061091	1061091	1061091	1023732	986374	986374	986374	986374	939033	891692	891692	789138	754954
			燃气	2301289	2301289	2173440	1917741	1917741	1775432	1490815	1490815	1490815	1277842	1064868	1064868	960692	960692	815062	815062	815062	815062	815062
载货汽车	微型		汽油	121053	72174	23295	23295	23295	23295	16048	8801	8801	7177	5553	5553	4846	4138	4138	4138	4138	3009	2633
			柴油	84604	70140	55675	55675	55675	55675	50018	44361	44361	37508	30654	30654	30654	30654	22420	14186	14186	11911	11153
			燃气	78423	44885	11347	11347	11347	11347	8170	4993	4993	4061	3129	3129	2601	2074	2074	2074	2074	1743	1633
	轻型		汽油	90066	58064	26061	26061	26061	26061	17808	9555	9555	8036	6516	6516	5379	4242	4242	4242	4242	3140	2772
			柴油	84890	70282	55675	55675	55675	55675	50018	44361	44361	37508	30654	30654	30654	30654	24346	18039	18039	16442	15910
			燃气	58233	37479	16724	16724	16724	16724	11169	5614	5614	4555	3496	3496	2796	2095	2095	2095	2095	1805	1709
	中型		汽油	210745	210745	210745	210745	210745	143877	10142	10142	10142	10142	10142	10142	10142	10142	7610	5077	5077	5077	5077
			柴油	393521	393521	353353	273018	273018	259610	232794	232794	232794	234176	235558	235558	235558	235558	206672	177787	177787	153091	144859
			燃气	444368	444368	394142	293691	293691	279019	249675	249675	249675	251071	252467	252467	191320	191320	155611	155611	155611	155611	155611
	重型		汽油	1838686	1838686	1838686	1838686	1838686	1264316	115575	115575	115575	115575	115575	111240	106906	106906	80265	53624	53624	53624	53624
			柴油	1012743	1012743	978175	909038	909038	875415	808169	808169	808169	775761	743353	743353	743353	743353	649842	556332	556332	378784	319601
			燃气	1885112	1885112	1766081	1528020	1528020	1397168	1135464	1135464	1135464	968986	802508	802508	599382	599382	345047	345047	345047	345047	345047
低速汽车	三轮汽车			65550	65550	65550	65550	65550	65550	65550	65550	65550	53279	53279	53279	53279	53279	53279	53279	53279	53279	53279
	低速货车			88065	88065	88065	88065	88065	88065	88065	88065	88065	71579	71579	71579	71579	71579	71579	71579	71579	71579	71579
摩托车	普通摩托车			1150	1150	1150	1150	1112	1074	997	997	997	997	997	886	774	774	774	774	774	774	774
	轻便摩托车			767	767	767	767	767	383	383	383	383	383	383	340	298	298	298	298	298	298	298

常德市 **PM** 排放系数

单位：克/（辆·年）

车辆类型		使用性质	燃料种类	1999年年底前	2000年	2001年	2002年	2003年	2004年	2005年	2006年	2007年	2008年	2009年	2010年	2011年	2012年	2013年	2014年	2015年	2016年	2017年
载客汽车	微型	出租车	汽油	—	—	—	—	—	—	—	—	—	—	—	—	—	—	—	—	—	—	—
			燃气	—	—	—	—	—	—	—	—	—	—	—	—	—	—	—	—	—	—	—
		其他	汽油	—	—	—	—	—	—	—	—	—	—	—	—	—	—	—	—	—	—	—
			燃气	—	—	—	—	—	—	—	—	—	—	—	—	—	—	—	—	—	—	—
	小型	出租车	汽油	—	—	—	—	—	—	—	—	—	—	—	—	—	—	—	—	—	—	—
			柴油	44674	40909	37144	37144	37144	37144	25283	13422	13422	8758	4094	4094	4094	4094	3805	3516	3516	2908	2705
			燃气	—	—	—	—	—	—	—	—	—	—	—	—	—	—	—	—	—	—	—
		其他	汽油	—	—	—	—	—	—	—	—	—	—	—	—	—	—	—	—	—	—	—
			柴油	3580	3388	3196	3196	3196	3196	2298	1401	1401	1026	652	652	652	652	546	440	440	440	440
			燃气	—	—	—	—	—	—	—	—	—	—	—	—	—	—	—	—	—	—	—
	中型	公交车	汽油	—	—	—	—	—	—	—	—	—	—	—	—	—	—	—	—	—	—	—
			柴油	30592	30592	28032	22913	22913	17978	8108	8108	8108	6872	5637	5637	5637	5637	3504	1372	1372	1080	983
			燃气	—	—	—	—	—	—	—	—	—	—	—	—	—	—	—	—	—	—	—
		其他	汽油	—	—	—	—	—	—	—	—	—	—	—	—	—	—	—	—	—	—	—
			柴油	15274	15274	12888	8116	8116	6262	2553	2553	2553	2434	2316	2316	2316	2316	1366	415	415	399	394
			燃气	—	—	—	—	—	—	—	—	—	—	—	—	—	—	—	—	—	—	—
	大型	公交车	汽油	—	—	—	—	—	—	—	—	—	—	—	—	—	—	—	—	—	—	—
			柴油	94865	94865	93934	92071	92071	71272	29674	29674	29674	19994	10315	10315	10315	10315	6116	1916	1916	1845	1821
			燃气	—	—	—	—	—	—	—	—	—	—	—	—	—	—	—	—	—	—	—
		其他	汽油	—	—	—	—	—	—	—	—	—	—	—	—	—	—	—	—	—	—	—
			柴油	142314	142314	133412	115607	115607	85425	25061	25061	25061	17182	9303	9303	9303	9303	5868	2433	2433	2343	2313
			燃气	—	—	—	—	—	—	—	—	—	—	—	—	—	—	—	—	—	—	—
载货汽车	微型		汽油	—	—	—	—	—	—	—	—	—	—	—	—	—	—	—	—	—	—	—
			柴油	9862	9658	9454	9454	9454	9454	7696	5939	5939	4408	2877	2877	2877	2877	1812	746	746	742	741
			燃气	—	—	—	—	—	—	—	—	—	—	—	—	—	—	—	—	—	—	—
	轻型		汽油	—	—	—	—	—	—	—	—	—	—	—	—	—	—	—	—	—	—	—
			柴油	10257	9856	9454	9454	9454	9454	7696	5939	5939	4408	2877	2877	2877	2877	2170	1462	1462	1207	1122
			燃气	—	—	—	—	—	—	—	—	—	—	—	—	—	—	—	—	—	—	—
	中型		汽油	—	—	—	—	—	—	—	—	—	—	—	—	—	—	—	—	—	—	—
			柴油	33425	33425	28128	17535	17535	13535	5535	5535	5535	5244	4952	4952	4952	4952	3175	1398	1398	1280	1241
			燃气	—	—	—	—	—	—	—	—	—	—	—	—	—	—	—	—	—	—	—
	重型		汽油	—	—	—	—	—	—	—	—	—	—	—	—	—	—	—	—	—	—	—
			柴油	126941	126941	104336	59127	59127	46947	22586	22586	22586	15477	8368	8368	8368	8368	5668	2969	2969	2509	2356
			燃气	—	—	—	—	—	—	—	—	—	—	—	—	—	—	—	—	—	—	—
低速汽车	三轮汽车			4092	4092	4092	4092	4092	4092	4092	4092	4092	3220	3220	3220	3220	3220	3220	3220	3220	3220	3220
	低速货车			5581	5581	5581	5581	5581	5581	5581	5581	5581	4392	4392	4392	4392	4392	4392	4392	4392	4392	4392
摩托车	普通摩托车			—	—	—	—	—	—	—	—	—	—	—	—	—	—	—	—	—	—	—
	轻便摩托车			—	—	—	—	—	—	—	—	—	—	—	—	—	—	—	—	—	—	—

常德市 VOCs 排放系数

单位：克/（辆·年）

车辆类型		使用性质	燃料种类	1999年年底前	2000年	2001年	2002年	2003年	2004年	2005年	2006年	2007年	2008年	2009年	2010年	2011年	2012年	2013年	2014年	2015年	2016年	2017年
载客汽车	微型	出租车	汽油	650374	388098	125822	125822	125822	125822	95805	65788	65788	54076	42364	42364	34883	27402	27402	27402	27402	19007	16209
			燃气	361920	219480	77040	77040	77040	77040	59375	41710	41710	34404	27098	27098	21539	15980	15980	15980	15980	9657	7549
		其他	汽油	38776	23849	8922	8922	8922	8922	8552	8182	8182	7113	6044	6044	5786	5529	5529	5529	5529	4739	4476
			燃气	16645	9364	2082	2082	2082	2082	1992	1902	1902	1420	937	937	852	766	766	766	766	521	439
	小型	出租车	汽油	650374	382122	113869	113869	113869	113869	105772	97675	97675	70020	42364	42364	34883	27402	27402	27402	27402	17942	14789
			柴油	197279	185380	173481	173481	173481	173481	155847	138213	138213	103240	68267	68267	68267	68267	50529	32791	32791	17846	12865
			燃气	361920	216237	70554	70554	70554	70554	64784	59014	59014	43056	27098	27098	21539	15980	15980	15980	15980	9079	6779
		其他	汽油	39293	24045	8797	8797	8797	8797	8766	8734	8734	7390	6046	6046	5754	5463	5463	5463	5463	4790	4566
			柴油	9009	8244	7478	7478	7478	7478	6341	5204	5204	3588	1972	1972	1972	1972	1664	1355	1355	953	819
			燃气	16925	10193	3461	3461	3461	3461	2832	2202	2202	1637	1072	1072	901	730	730	730	730	548	488
	中型	公交车	汽油	247606	247606	247606	247606	247009	168766	13474	13474	13474	13474	13474	13322	13171	13171	10744	8316	8316	8316	8316
			柴油	87806	87806	86086	82645	82645	64494	28192	28192	28192	20508	12823	12823	12823	12823	8958	5093	5093	4763	4653
			燃气	71579	71579	67602	59649	59649	57536	53311	53311	53311	42686	32061	32061	22219	22219	22154	22154	22154	22154	22154
		其他	汽油	128316	128316	128316	128316	127719	87397	7946	7946	7946	7946	7946	7800	7655	7655	6604	5552	5552	5552	5552
			柴油	30493	30493	28460	24394	24394	18567	6912	6912	6912	6506	6099	6099	6099	6099	3750	1402	1402	1243	1190
			燃气	34560	34560	32640	28800	28800	27780	25740	25740	25740	20623	15506	15506	10732	10732	9642	9642	9642	9642	9642
	大型	公交车	汽油	576914	576914	576914	576914	576317	388739	14777	14777	14777	14777	14777	14638	14498	14498	11732	8966	8966	8966	8966
			柴油	131708	131708	108010	60614	60614	60614	60614	60614	60614	43515	26416	26416	26416	26416	17675	8934	8934	5723	4653
			燃气	168926	168926	159541	140772	140772	135786	125815	125815	125815	100740	75665	75665	52438	52438	47188	47188	47188	47188	47188
		其他	汽油	1278212	1278212	1278212	1278212	1277615	860767	28264	28264	28264	28264	28264	22005	15746	15746	12556	9365	9365	9365	9365
			柴油	272891	272891	207397	76409	76409	76409	76409	76409	76409	55942	35476	35476	35476	35476	20706	5937	5937	5324	5119
			燃气	266186	266186	251398	221822	221822	213966	198253	198253	198253	158842	119430	119430	82662	82662	74261	74261	74261	74261	74261
载货汽车		微型	汽油	239953	130200	20447	20447	20447	20447	19188	17928	17928	16496	15065	15065	12510	9955	9955	9955	9955	8370	7841
			柴油	40208	37546	34885	34885	34885	34885	31820	28754	28754	21446	14139	14139	14139	14139	9810	5480	5480	3610	2986
			燃气	103002	53887	4771	4771	4771	4771	4469	4168	4168	3252	2336	2336	1857	1379	1379	1379	1379	922	769
		轻型	汽油	125834	76092	26351	26351	26351	26351	22830	19310	19310	17312	15314	15314	13460	11605	11605	11605	11605	9897	9328
			柴油	37246	36066	34885	34885	34885	34885	31820	28754	28754	21446	14139	14139	14139	14139	10660	7182	7182	5311	4687
			燃气	54202	32284	10367	10367	10367	10367	7618	4868	4868	3792	2715	2715	2133	1551	1551	1551	1551	1135	997
		中型	汽油	290081	290081	290081	290081	289484	197065	13421	13421	13421	13421	13421	13281	13141	13141	10713	8285	8285	8285	8285
			柴油	68267	68267	63716	54614	54614	41567	15474	15474	15474	14574	13673	13673	13673	13673	9909	6145	6145	3656	2827
			燃气	77372	77372	73074	64478	64478	62194	57625	57625	57625	46193	34762	34762	47039	47039	22906	22906	22906	22906	22906
		重型	汽油	872645	872645	872645	872645	872048	587789	20468	20468	20468	20468	20468	16159	11850	11850	9671	7492	7492	7492	7492
			柴油	219737	219737	167000	61526	61526	61526	61526	61526	61526	45046	28566	28566	28566	28566	17992	7418	7418	5554	4932
			燃气	214338	214338	202430	178615	178615	172289	159637	159637	159637	127902	96167	96167	103282	103282	71548	71548	71548	71548	71548
低速汽车		三轮汽车		25300	25300	25300	25300	25300	25300	25300	25300	25300	16721	16721	16721	16721	16721	16721	16721	16721	16721	16721
		低速货车		33990	33990	33990	33990	33990	33990	33990	33990	33990	22464	22464	22464	22464	22464	22464	22464	22464	22464	22464
摩托车		普通摩托车		15413	15413	15413	15413	11502	7591	4064	4064	4064	4064	4064	3032	2001	2001	2001	2001	2001	2001	2001
		轻便摩托车		49842	49842	49842	49842	49842	9968	9968	4908	4908	4908	4908	3662	2417	2417	2417	2417	2417	2417	2417

张家界市 NO_x 排放系数

单位：克/（辆•年）

车辆类型		使用性质	燃料种类	1999年年底前	2000年	2001年	2002年	2003年	2004年	2005年	2006年	2007年	2008年	2009年	2010年	2011年	2012年	2013年	2014年	2015年	2016年	2017年
载客汽车	微型	出租车	汽油	225509	152760	80011	80011	80011	80011	59069	38127	38127	28199	18271	18271	14964	11657	11657	11657	11657	7155	5654
			燃气	152135	103696	55257	55257	55257	55257	41027	26797	26797	20012	13226	13226	10738	8249	8249	8249	8249	4973	3881
		其他	汽油	29904	18806	7707	7707	7707	7707	4868	2029	2029	1652	1276	1276	1072	868	868	868	868	598	508
			燃气	19373	11564	3754	3754	3754	3754	2452	1151	1151	935	719	719	577	435	435	435	435	345	315
	小型	出租车	汽油	255182	169383	83584	83584	83584	83584	61130	38676	38676	28474	18271	18271	14450	10629	10629	10629	10629	6220	4750
			柴油	277088	232222	187355	187355	187355	187355	166757	146159	146159	116168	86178	86178	86178	86178	70215	54252	54252	41212	36865
			燃气	171892	114764	57636	57636	57636	57636	42400	27163	27163	20194	13226	13226	10396	7565	7565	7565	7565	4351	3280
		其他	汽油	27906	17862	7818	7818	7818	7818	5189	2560	2560	1786	1012	1012	919	826	826	826	826	564	477
			柴油	24754	20280	15805	15805	15805	15805	14540	13275	13275	10405	7535	7535	7535	7535	6493	5451	5451	4710	4463
			燃气	18043	11530	5017	5017	5017	5017	3260	1504	1504	1024	543	543	476	408	408	408	408	322	294
	中型	公交车	汽油	325431	325431	325431	325431	325431	222324	16109	16109	16109	16109	16109	14447	12785	12785	9652	6519	6519	6519	6519
			柴油	364013	364013	363158	361449	361449	347084	318355	318355	318355	265174	211994	211994	211994	211994	173002	134010	134010	112196	104925
			燃气	386499	386499	381898	372696	372696	361135	338014	338014	338014	281320	224625	224625	142050	142050	111252	111252	111252	111252	111252
		其他	汽油	199519	199519	199519	199519	199519	135340	6983	6983	6983	6983	6983	6983	6983	6983	5238	3492	3492	3492	3492
			柴油	170706	170706	163580	149328	149328	148065	145540	145540	145540	123952	102364	102364	102364	102364	90890	79416	79416	67782	63904
			燃气	192763	192763	182054	160635	160635	159121	156094	156094	156094	132903	109712	109712	85461	85461	68647	68647	68647	68647	68647
	大型	公交车	汽油	1159348	1159348	1159348	1159348	1159348	797190	72873	72873	72873	72873	72873	72809	72745	72745	54560	36374	36374	36374	36374
			柴油	516279	516279	499596	466230	466230	452983	426488	426488	426488	418802	411117	411117	411117	411117	396292	381468	381468	343875	331344
			燃气	1038027	1038027	980359	865022	865022	800832	672452	672452	672452	576166	479881	479881	446770	446770	387232	387232	387232	387232	387232
		其他	汽油	2767153	2767153	2767153	2767153	2767153	1902747	173935	173935	173935	173935	173935	167412	160890	160890	120796	80703	80703	80703	80703
			柴油	1236327	1236327	1204514	1140888	1140888	1114289	1061091	1061091	1061091	1023732	986374	986374	986374	986374	939033	891692	891692	789138	754954
			燃气	2301289	2301289	2173440	1917741	1917741	1775432	1490815	1490815	1490815	1277842	1064868	1064868	960692	960692	815062	815062	815062	815062	815062
载货汽车	微型		汽油	97819	58100	18380	18380	18380	18380	12570	6760	6760	5490	4219	4219	3724	3228	3228	3228	3228	2387	2107
			柴油	66577	54976	43376	43376	43376	43376	39025	34674	34674	29346	24018	24018	24018	24018	17573	11128	11128	9491	8945
			燃气	63371	36162	8953	8953	8953	8953	6394	3835	3835	3106	2377	2377	1998	1618	1618	1618	1618	1384	1307
	轻型		汽油	72639	46633	20627	20627	20627	20627	14000	7373	7373	6187	5001	5001	4156	3312	3312	3312	3312	2493	2220
			柴油	66809	55092	43376	43376	43376	43376	39025	34674	34674	29346	24018	24018	24018	24018	19138	14259	14259	13173	12811
			燃气	46966	30101	13237	13237	13237	13237	8784	4332	4332	3507	2683	2683	2160	1636	1636	1636	1636	1435	1368
	中型		汽油	210745	210745	210745	210745	210745	143877	10142	10142	10142	10142	10142	10142	10142	10142	7610	5077	5077	5077	5077
			柴油	393521	393521	353353	273018	273018	259610	232794	232794	232794	234176	235558	235558	235558	235558	206672	177787	177787	153091	144859
			燃气	444368	444368	394142	293691	293691	279019	249675	249675	249675	251071	252467	252467	191320	191320	155611	155611	155611	155611	155611
	重型		汽油	1294897	1294897	1294897	1294897	1294897	890396	81394	81394	81394	81394	81394	78342	75289	75289	56527	37765	37765	37765	37765
			柴油	715900	715900	691464	642592	642592	618824	571288	571288	571288	548380	525471	525471	525471	525471	457568	389666	389666	269707	229721
			燃气	1332570	1332570	1248429	1080145	1080145	987647	802650	802650	802650	684969	567287	567287	419819	419819	248011	248011	248011	248011	248011
低速汽车	三轮汽车			65550	65550	65550	65550	65550	65550	65550	65550	65550	53279	53279	53279	53279	53279	53279	53279	53279	53279	53279
	低速货车			88065	88065	88065	88065	88065	88065	88065	88065	88065	71579	71579	71579	71579	71579	71579	71579	71579	71579	71579
摩托车	普通摩托车			1150	1150	1150	1150	1112	1074	997	997	997	997	997	886	774	774	774	774	774	774	774
	轻便摩托车			767	767	767	767	767	383	383	383	383	383	383	340	298	298	298	298	298	298	298

张家界市 PM 排放系数

单位：克/（辆·年）

车辆类型		使用性质	燃料种类	1999 年年底前	2000 年	2001 年	2002 年	2003 年	2004 年	2005 年	2006 年	2007 年	2008 年	2009 年	2010 年	2011 年	2012 年	2013 年	2014 年	2015 年	2016 年	2017 年
载客汽车	微型	出租车	汽油	—	—	—	—	—	—	—	—	—	—	—	—	—	—	—	—	—	—	—
			燃气	—	—	—	—	—	—	—	—	—	—	—	—	—	—	—	—	—	—	—
		其他	汽油	—	—	—	—	—	—	—	—	—	—	—	—	—	—	—	—	—	—	—
			燃气	—	—	—	—	—	—	—	—	—	—	—	—	—	—	—	—	—	—	—
	小型	出租车	汽油	—	—	—	—	—	—	—	—	—	—	—	—	—	—	—	—	—	—	—
			柴油	37140	34010	30879	30879	30879	30879	21018	11158	11158	7281	3404	3404	3404	3404	3164	2923	2923	2417	2248
			燃气	—	—	—	—	—	—	—	—	—	—	—	—	—	—	—	—	—	—	—
		其他	汽油	—	—	—	—	—	—	—	—	—	—	—	—	—	—	—	—	—	—	—
			柴油	3580	3388	3196	3196	3196	3196	2298	1401	1401	1026	652	652	652	652	546	440	440	440	440
			燃气	—	—	—	—	—	—	—	—	—	—	—	—	—	—	—	—	—	—	—
	中型	公交车	汽油	—	—	—	—	—	—	—	—	—	—	—	—	—	—	—	—	—	—	—
			柴油	30592	30592	28032	22913	22913	17978	8108	8108	8108	6872	5637	5637	5637	5637	3504	1372	1372	1080	983
			燃气	—	—	—	—	—	—	—	—	—	—	—	—	—	—	—	—	—	—	—
		其他	汽油	—	—	—	—	—	—	—	—	—	—	—	—	—	—	—	—	—	—	—
			柴油	15274	15274	12888	8116	8116	6262	2553	2553	2553	2434	2316	2316	2316	2316	1366	415	415	399	394
			燃气	—	—	—	—	—	—	—	—	—	—	—	—	—	—	—	—	—	—	—
	大型	公交车	汽油	—	—	—	—	—	—	—	—	—	—	—	—	—	—	—	—	—	—	—
			柴油	94865	94865	93934	92071	92071	71272	29674	29674	29674	19994	10315	10315	10315	10315	6116	1916	1916	1845	1821
			燃气	—	—	—	—	—	—	—	—	—	—	—	—	—	—	—	—	—	—	—
		其他	汽油	—	—	—	—	—	—	—	—	—	—	—	—	—	—	—	—	—	—	—
			柴油	142314	142314	133412	115607	115607	85425	25061	25061	25061	17182	9303	9303	9303	9303	5868	2433	2433	2343	2313
			燃气	—	—	—	—	—	—	—	—	—	—	—	—	—	—	—	—	—	—	—
载货汽车	微型		汽油	—	—	—	—	—	—	—	—	—	—	—	—	—	—	—	—	—	—	—
			柴油	8014	7848	7683	7683	7683	7683	6254	4826	4826	3582	2338	2338	2338	2338	1472	606	606	603	602
			燃气	—	—	—	—	—	—	—	—	—	—	—	—	—	—	—	—	—	—	—
	轻型		汽油	—	—	—	—	—	—	—	—	—	—	—	—	—	—	—	—	—	—	—
			柴油	8335	8009	7683	7683	7683	7683	6254	4826	4826	3582	2338	2338	2338	2338	1763	1188	1188	981	912
			燃气	—	—	—	—	—	—	—	—	—	—	—	—	—	—	—	—	—	—	—
	中型		汽油	—	—	—	—	—	—	—	—	—	—	—	—	—	—	—	—	—	—	—
			柴油	33425	33425	28128	17535	17535	13535	5535	5535	5535	5244	4952	4952	4952	4952	3175	1398	1398	1280	1241
			燃气	—	—	—	—	—	—	—	—	—	—	—	—	—	—	—	—	—	—	—
	重型		汽油	—	—	—	—	—	—	—	—	—	—	—	—	—	—	—	—	—	—	—
			柴油	89064	89064	73204	41484	41484	32938	15847	15847	15847	10859	5871	5871	5871	5871	3983	2095	2095	1771	1663
			燃气	—	—	—	—	—	—	—	—	—	—	—	—	—	—	—	—	—	—	—
低速汽车	三轮汽车			4092	4092	4092	4092	4092	4092	4092	4092	4092	3220	3220	3220	3220	3220	3220	3220	3220	3220	3220
	低速货车			5581	5581	5581	5581	5581	5581	5581	5581	5581	4392	4392	4392	4392	4392	4392	4392	4392	4392	4392
摩托车	普通摩托车			—	—	—	—	—	—	—	—	—	—	—	—	—	—	—	—	—	—	—
	轻便摩托车			—	—	—	—	—	—	—	—	—	—	—	—	—	—	—	—	—	—	—

张家界市 VOCs 排放系数

单位：克/（辆·年）

车辆类型		使用性质	燃料种类	1999 年年底前	2000 年	2001 年	2002 年	2003 年	2004 年	2005 年	2006 年	2007 年	2008 年	2009 年	2010 年	2011 年	2012 年	2013 年	2014 年	2015 年	2016 年	2017 年
载客汽车	微型	出租车	汽油	535118	317304	99490	99490	99490	99490	75272	51053	51053	41842	32632	32632	27187	21742	21742	21742	21742	15717	13709
			燃气	295182	177162	59142	59142	59142	59142	45089	31036	31036	25437	19838	19838	15850	11861	11861	11861	11861	7435	5960
		其他	汽油	38776	23849	8922	8922	8922	8922	8552	8182	8182	7113	6044	6044	5786	5529	5529	5529	5529	4739	4476
			燃气	16645	9364	2082	2082	2082	2082	1992	1902	1902	1420	937	937	852	766	766	766	766	521	439
	小型	出租车	汽油	535118	312336	89553	89553	89553	89553	83558	77562	77562	55097	32632	32632	27187	21742	21742	21742	21742	14832	12528
			柴油	144398	135872	127347	127347	127347	127347	114874	102400	102400	75498	48597	48597	48597	48597	36038	23478	23478	13086	9622
			燃气	295182	174466	53749	53749	53749	53749	49586	45422	45422	32630	19838	19838	15850	11861	11861	11861	11861	6954	5319
		其他	汽油	39293	24045	8797	8797	8797	8797	8766	8734	8734	7390	6046	6046	5754	5463	5463	5463	5463	4790	4566
			柴油	9009	8244	7478	7478	7478	7478	6341	5204	5204	3588	1972	1972	1972	1972	1664	1355	1355	953	819
			燃气	16925	10193	3461	3461	3461	3461	2832	2202	2202	1637	1072	1072	901	730	730	730	730	548	488
	中型	公交车	汽油	247606	247606	247606	247606	247009	168766	13474	13474	13474	13474	13474	13322	13171	13171	10744	8316	8316	8316	8316
			柴油	87806	87806	86086	82645	82645	64494	28192	28192	28192	20508	12823	12823	12823	12823	8958	5093	5093	4763	4653
			燃气	71579	71579	67602	59649	59649	57536	53311	53311	53311	42686	32061	32061	22219	22219	22154	22154	22154	22154	22154
		其他	汽油	128316	128316	128316	128316	127719	87397	7946	7946	7946	7946	7946	7800	7655	7655	6604	5552	5552	5552	5552
			柴油	30493	30493	28460	24394	24394	18567	6912	6912	6912	6506	6099	6099	6099	6099	3750	1402	1402	1243	1190
			燃气	34560	34560	32640	28800	28800	27780	25740	25740	25740	20623	15506	15506	10732	10732	9642	9642	9642	9642	9642
	大型	公交车	汽油	576914	576914	576914	576914	576317	388739	14777	14777	14777	14777	14777	14638	14498	14498	11732	8966	8966	8966	8966
			柴油	131708	131708	108010	60614	60614	60614	60614	60614	60614	43515	26416	26416	26416	26416	17675	8934	8934	5723	4653
			燃气	168926	168926	159541	140772	140772	135786	125815	125815	125815	100740	75665	75665	52438	52438	47188	47188	47188	47188	47188
		其他	汽油	1278212	1278212	1278212	1278212	1277615	860767	28264	28264	28264	28264	28264	22005	15746	15746	12556	9365	9365	9365	9365
			柴油	272891	272891	207397	76409	76409	76409	76409	76409	76409	55942	35476	35476	35476	35476	20706	5937	5937	5324	5119
			燃气	266186	266186	251398	221822	221822	213966	198253	198253	198253	158842	119430	119430	82662	82662	74261	74261	74261	74261	74261
载货汽车	微型		汽油	195652	106242	16833	16833	16833	16833	15866	14900	14900	13750	12601	12601	10624	8648	8648	8648	8648	7420	7011
			柴油	30163	28180	26197	26197	26197	26197	23994	21790	21790	16124	10459	10459	10459	10459	7228	3998	3998	2728	2305
			燃气	83986	43957	3928	3928	3928	3928	3696	3464	3464	2709	1954	1954	1576	1198	1198	1198	1198	815	688
	轻型		汽油	102919	62275	21631	21631	21631	21631	18826	16022	16022	14413	12804	12804	11396	9989	9989	9989	9989	8662	8220
			柴油	27756	26976	26197	26197	26197	26197	23994	21790	21790	16124	10459	10459	10459	10459	7920	5381	5381	4111	3688
			燃气	44331	26421	8510	8510	8510	8510	6275	4039	4039	3155	2270	2270	1803	1335	1335	1335	1335	993	879
	中型		汽油	290081	290081	290081	290081	289484	197065	13421	13421	13421	13421	13421	13281	13141	13141	10713	8285	8285	8285	8285
			柴油	68267	68267	63716	54614	54614	41567	15474	15474	15474	14574	13673	13673	13673	13673	9909	6145	6145	3656	2827
			燃气	77372	77372	73074	64478	64478	62194	57625	57625	57625	46193	34762	34762	47039	47039	22906	22906	22906	22906	22906
	重型		汽油	615528	615528	615528	615528	614930	414730	15524	15524	15524	15524	15524	12451	9378	9378	7840	6303	6303	6303	6303
			柴油	154871	154871	117702	43364	43364	43364	43364	43364	43364	31748	20133	20133	20133	20133	12786	5440	5440	3923	3417
			燃气	151066	151066	142674	125889	125889	121431	112513	112513	112513	90146	67778	67778	75742	75742	49570	49570	49570	49570	49570
低速汽车	三轮汽车			25300	25300	25300	25300	25300	25300	25300	25300	25300	16721	16721	16721	16721	16721	16721	16721	16721	16721	16721
	低速货车			33990	33990	33990	33990	33990	33990	33990	33990	33990	22464	22464	22464	22464	22464	22464	22464	22464	22464	22464
摩托车	普通摩托车			15413	15413	15413	15413	11502	7591	4064	4064	4064	4064	4064	3032	2001	2001	2001	2001	2001	2001	2001
	轻便摩托车			49842	49842	49842	49842	49842	9968	9968	4908	4908	4908	4908	3662	2417	2417	2417	2417	2417	2417	2417

益阳市 NO_x 排放系数

单位：克/（辆·年）

车辆类型		使用性质	燃料种类	1999 年年底前	2000 年	2001 年	2002 年	2003 年	2004 年	2005 年	2006 年	2007 年	2008 年	2009 年	2010 年	2011 年	2012 年	2013 年	2014 年	2015 年	2016 年	2017 年
载客汽车	微型	出租车	汽油	274792	188590	102389	102389	102389	102389	76686	50983	50983	38508	26032	26032	21068	16104	16104	16104	16104	9412	7182
			燃气	194668	134198	73727	73727	73727	73727	55412	37097	37097	28179	19261	19261	15502	11744	11744	11744	11744	6798	5149
		其他	汽油	28514	17948	7382	7382	7382	7382	4686	1989	1989	1622	1255	1255	1058	861	861	861	861	582	489
			燃气	19373	11564	3754	3754	3754	3754	2452	1151	1151	935	719	719	577	435	435	435	435	345	315
	小型	出租车	汽油	309689	208140	106592	106592	106592	106592	79110	51629	51629	38830	26032	26032	20464	14896	14896	14896	14896	8314	6120
			柴油	355544	300748	245951	245951	245951	245951	218415	190879	190879	152310	113742	113742	113742	113742	91652	69561	69561	51122	44976
			燃气	219160	147918	76676	76676	76676	76676	57113	37550	37550	28406	19261	19261	15078	10895	10895	10895	10895	6026	4403
		其他	汽油	26619	17053	7487	7487	7487	7487	4990	2493	2493	1748	1004	1004	913	822	822	822	822	550	459
			柴油	23576	19330	15083	15083	15083	15083	13874	12666	12666	9932	7199	7199	7199	7199	6202	5204	5204	4480	4238
			燃气	18043	11530	5017	5017	5017	5017	3260	1504	1504	1024	543	543	476	408	408	408	408	322	294
	中型	公交车	汽油	326659	326659	326659	326659	326659	223163	16170	16170	16170	16170	16170	14502	12833	12833	9688	6543	6543	6543	6543
			柴油	365017	365017	364160	362446	362446	348042	319234	319234	319234	265906	212579	212579	212579	212579	173480	134380	134380	112506	105215
			燃气	387566	387566	382952	373724	373724	362132	338947	338947	338947	282096	225245	225245	142442	142442	111559	111559	111559	111559	111559
		其他	汽油	200272	200272	200272	200272	200272	135851	7010	7010	7010	7010	7010	7010	7010	7010	5258	3505	3505	3505	3505
			柴油	171177	171177	164031	149740	149740	148474	145941	145941	145941	124294	102647	102647	102647	102647	91141	79635	79635	67970	64081
			燃气	193294	193294	182556	161079	161079	159561	156524	156524	156524	133269	110014	110014	85697	85697	68836	68836	68836	68836	68836
	大型	公交车	汽油	1163724	1163724	1163724	1163724	1163724	800199	73148	73148	73148	73148	73148	73084	73020	73020	54766	36511	36511	36511	36511
			柴油	517703	517703	500974	467517	467517	454233	427665	427665	427665	419958	412251	412251	412251	412251	397386	382520	382520	344824	332258
			燃气	1040891	1040891	983064	867409	867409	803042	674307	674307	674307	577756	481205	481205	448002	448002	388300	388300	388300	388300	388300
		其他	汽油	2777596	2777596	2777596	2777596	2777596	1909928	174592	174592	174592	174592	174592	168044	161497	161497	121252	81007	81007	81007	81007
			柴油	1239738	1239738	1207837	1144036	1144036	1117364	1064019	1064019	1064019	1026558	989096	989096	989096	989096	941624	894152	894152	791316	757037
			燃气	2307638	2307638	2179436	1923032	1923032	1780331	1494928	1494928	1494928	1281367	1067806	1067806	963343	963343	817311	817311	817311	817311	817311
载货汽车	微型		汽油	107716	64222	20729	20729	20729	20729	14293	7857	7857	6407	4957	4957	4334	3710	3710	3710	3710	2686	2345
			柴油	75020	62186	49352	49352	49352	49352	44346	39339	39339	33264	27190	27190	27190	27190	19894	12599	12599	10575	9900
			燃气	73184	41863	10541	10541	10541	10541	7544	4547	4547	3693	2840	2840	2357	1874	1874	1874	1874	1602	1511
	轻型		汽油	80174	51680	23187	23187	23187	23187	15857	8527	8527	7170	5813	5813	4808	3802	3802	3802	3802	2802	2468
			柴油	75274	62313	49352	49352	49352	49352	44346	39339	39339	33264	27190	27190	27190	27190	21606	16021	16021	14598	14124
			燃气	54344	34941	15537	15537	15537	15537	10341	5144	5144	4144	3144	3144	2516	1887	1887	1887	1887	1657	1581
	中型		汽油	210745	210745	210745	210745	210745	143877	10142	10142	10142	10142	10142	10142	10142	10142	7610	5077	5077	5077	5077
			柴油	393521	393521	353353	273018	273018	259610	232794	232794	232794	234176	235558	235558	235558	235558	206672	177787	177787	153091	144859
			燃气	444366	444366	394141	293692	293692	279020	249675	249675	249675	251070	252464	252464	191321	191321	155608	155608	155608	155608	155608
	重型		汽油	2097951	2097951	2097951	2097951	2097951	1442591	131871	131871	131871	131871	131871	126926	121981	121981	91584	61186	61186	61186	61186
			柴油	1130392	1130392	1091808	1014640	1014640	977111	902053	902053	902053	865880	829707	829707	829707	829707	734910	640114	640114	446563	382046
			燃气	2104102	2104102	1971244	1705528	1705528	1559475	1267369	1267369	1267369	1081551	895733	895733	689647	689647	412464	412464	412464	412464	412464
低速汽车	三轮汽车			65550	65550	65550	65550	65550	65550	65550	65550	65550	53279	53279	53279	53279	53279	53279	53279	53279	53279	53279
	低速货车			88065	88065	88065	88065	88065	88065	88065	88065	88065	71579	71579	71579	71579	71579	71579	71579	71579	71579	71579
摩托车	普通摩托车			1150	1150	1150	1150	1112	1074	997	997	997	997	997	886	774	774	774	774	774	774	774
	轻便摩托车			767	767	767	767	767	383	383	383	383	383	383	340	298	298	298	298	298	298	298

益阳市 PM 排放系数

单位：克/（辆·年）

车辆类型		使用性质	燃料种类	1999 年年底前	2000 年	2001 年	2002 年	2003 年	2004 年	2005 年	2006 年	2007 年	2008 年	2009 年	2010 年	2011 年	2012 年	2013 年	2014 年	2015 年	2016 年	2017 年
载客汽车	微型	出租车	汽油	—	—	—	—	—	—	—	—	—	—	—	—	—	—	—	—	—	—	—
			燃气	—	—	—	—	—	—	—	—	—	—	—	—	—	—	—	—	—	—	—
		其他	汽油	—	—	—	—	—	—	—	—	—	—	—	—	—	—	—	—	—	—	—
			燃气	—	—	—	—	—	—	—	—	—	—	—	—	—	—	—	—	—	—	—
	小型	出租车	汽油	—	—	—	—	—	—	—	—	—	—	—	—	—	—	—	—	—	—	—
			柴油	46042	42161	38280	38280	38280	38280	26056	13832	13832	9026	4219	4219	4219	4219	3922	3624	3624	2996	2787
			燃气	—	—	—	—	—	—	—	—	—	—	—	—	—	—	—	—	—	—	—
		其他	汽油	—	—	—	—	—	—	—	—	—	—	—	—	—	—	—	—	—	—	—
			柴油	3580	3388	3196	3196	3196	3196	2298	1401	1401	1026	652	652	652	652	546	440	440	440	440
			燃气	—	—	—	—	—	—	—	—	—	—	—	—	—	—	—	—	—	—	—
	中型	公交车	汽油	—	—	—	—	—	—	—	—	—	—	—	—	—	—	—	—	—	—	—
			柴油	30592	30592	28032	22913	22913	17978	8108	8108	8108	6872	5637	5637	5637	5637	3504	1372	1372	1080	983
			燃气	—	—	—	—	—	—	—	—	—	—	—	—	—	—	—	—	—	—	—
		其他	汽油	—	—	—	—	—	—	—	—	—	—	—	—	—	—	—	—	—	—	—
			柴油	15274	15274	12888	8116	8116	6262	2553	2553	2553	2434	2316	2316	2316	2316	1366	415	415	399	394
			燃气	—	—	—	—	—	—	—	—	—	—	—	—	—	—	—	—	—	—	—
	大型	公交车	汽油	—	—	—	—	—	—	—	—	—	—	—	—	—	—	—	—	—	—	—
			柴油	94865	94865	93934	92071	92071	71272	29674	29674	29674	19994	10315	10315	10315	10315	6116	1916	1916	1845	1821
			燃气	—	—	—	—	—	—	—	—	—	—	—	—	—	—	—	—	—	—	—
		其他	汽油	—	—	—	—	—	—	—	—	—	—	—	—	—	—	—	—	—	—	—
			柴油	142314	142314	133412	115607	115607	85425	25061	25061	25061	17182	9303	9303	9303	9303	5868	2433	2433	2343	2313
			燃气	—	—	—	—	—	—	—	—	—	—	—	—	—	—	—	—	—	—	—
载货汽车	微型		汽油	—	—	—	—	—	—	—	—	—	—	—	—	—	—	—	—	—	—	—
			柴油	9241	9050	8858	8858	8858	8858	7212	5565	5565	4130	2695	2695	2695	2695	1697	699	699	695	694
			燃气	—	—	—	—	—	—	—	—	—	—	—	—	—	—	—	—	—	—	—
	轻型		汽油	—	—	—	—	—	—	—	—	—	—	—	—	—	—	—	—	—	—	—
			柴油	9610	9234	8858	8858	8858	8858	7212	5565	5565	4130	2695	2695	2695	2695	2032	1370	1370	1131	1051
			燃气	—	—	—	—	—	—	—	—	—	—	—	—	—	—	—	—	—	—	—
	中型		汽油	—	—	—	—	—	—	—	—	—	—	—	—	—	—	—	—	—	—	—
			柴油	33425	33425	28128	17535	17535	13535	5535	5535	5535	5244	4952	4952	4952	4952	3175	1398	1398	1280	1241
			燃气	—	—	—	—	—	—	—	—	—	—	—	—	—	—	—	—	—	—	—
	重型		汽油	—	—	—	—	—	—	—	—	—	—	—	—	—	—	—	—	—	—	—
			柴油	146603	146603	120497	68285	68285	54218	26085	26085	26085	17874	9664	9664	9664	9664	6501	3338	3338	2821	2649
			燃气	—	—	—	—	—	—	—	—	—	—	—	—	—	—	—	—	—	—	—
低速汽车	三轮汽车			4092	4092	4092	4092	4092	4092	4092	4092	4092	3220	3220	3220	3220	3220	3220	3220	3220	3220	3220
	低速货车			5581	5581	5581	5581	5581	5581	5581	5581	5581	4392	4392	4392	4392	4392	4392	4392	4392	4392	4392
摩托车	普通摩托车			—	—	—	—	—	—	—	—	—	—	—	—	—	—	—	—	—	—	—
	轻便摩托车			—	—	—	—	—	—	—	—	—	—	—	—	—	—	—	—	—	—	—

益阳市 VOCs 排放系数

单位：克/（辆·年）

车辆类型		使用性质	燃料种类	1999 年年底前	2000 年	2001 年	2002 年	2003 年	2004 年	2005 年	2006 年	2007 年	2008 年	2009 年	2010 年	2011 年	2012 年	2013 年	2014 年	2015 年	2016 年	2017 年
载客汽车	微型	出租车	汽油	663073	396528	129982	129982	129982	129982	99260	68538	68538	56414	44289	44289	36435	28581	28581	28581	28581	19654	16678
			燃气	374278	227390	80502	80502	80502	80502	62154	43805	43805	36168	28532	28532	22660	16789	16789	16789	16789	10086	7852
		其他	汽油	39119	24168	9217	9217	9217	9217	8848	8478	8478	7372	6266	6266	6012	5757	5757	5757	5757	4902	4617
			燃气	16645	9364	2082	2082	2082	2082	1992	1902	1902	1420	937	937	852	766	766	766	766	521	439
	小型	出租车	汽油	663073	390462	117851	117851	117851	117851	109376	100900	100900	72594	44289	44289	36435	28581	28581	28581	28581	18573	15237
			柴油	206943	194406	181869	181869	181869	181869	163236	144603	144603	108354	72105	72105	72105	72105	53366	34628	34628	18747	13453
			燃气	374278	224048	73817	73817	73817	73817	67728	61639	61639	45086	28532	28532	22660	16789	16789	16789	16789	9490	7057
		其他	汽油	39628	24360	9093	9093	9093	9093	9057	9021	9021	7645	6269	6269	5980	5692	5692	5692	5692	4952	4705
			柴油	9010	8254	7498	7498	7498	7498	6374	5251	5251	3636	2021	2021	2021	2021	1714	1406	1406	982	840
			燃气	16925	10193	3461	3461	3461	3461	2832	2202	2202	1637	1072	1072	901	730	730	730	730	548	488
	中型	公交车	汽油	247674	247674	247674	247674	247077	168834	13541	13541	13541	13541	13541	13390	13238	13238	10811	8384	8384	8384	8384
			柴油	87806	87806	86086	82645	82645	64494	28192	28192	28192	20508	12823	12823	12823	12823	8958	5093	5093	4763	4653
			燃气	71579	71579	67602	59649	59649	57536	53311	53311	53311	42686	32061	32061	22219	22219	22154	22154	22154	22154	22154
		其他	汽油	128384	128384	128384	128384	127787	87465	8014	8014	8014	8014	8014	7868	7723	7723	6672	5620	5620	5620	5620
			柴油	30493	30493	28460	24394	24394	18567	6912	6912	6912	6506	6099	6099	6099	6099	3750	1402	1402	1243	1190
			燃气	34560	34560	32640	28800	28800	27780	25740	25740	25740	20623	15506	15506	10732	10732	9642	9642	9642	9642	9642
	大型	公交车	汽油	576982	576982	576982	576982	576385	388807	14845	14845	14845	14845	14845	14705	14565	14565	11799	9033	9033	9033	9033
			柴油	131708	131708	108010	60614	60614	60614	60614	60614	60614	43515	26416	26416	26416	26416	17675	8934	8934	5723	4653
			燃气	168926	168926	159541	140772	140772	135786	125815	125815	125815	100740	75665	75665	52438	52438	47188	47188	47188	47188	47188
		其他	汽油	1278280	1278280	1278280	1278280	1277683	860835	28332	28332	28332	28332	28332	22073	15814	15814	12623	9432	9432	9432	9432
			柴油	272891	272891	207397	76409	76409	76409	76409	76409	76409	55942	35476	35476	35476	35476	20706	5937	5937	5324	5119
			燃气	266186	266186	251398	221822	221822	213966	198253	198253	198253	158842	119430	119430	82662	82662	74261	74261	74261	74261	74261
载货汽车	微型		汽油	222573	120980	19388	19388	19388	19388	18238	17087	17087	15716	14344	14344	12016	9688	9688	9688	9688	8165	7657
			柴油	36471	34068	31666	31666	31666	31666	28922	26177	26177	19494	12810	12810	12810	12810	8900	4991	4991	3312	2752
			燃气	94704	49542	4379	4379	4379	4379	4106	3833	3833	2989	2145	2145	1717	1289	1289	1289	1289	868	728
	轻型		汽油	117280	71058	24836	24836	24836	24836	21599	18362	18362	16468	14575	14575	12892	11210	11210	11210	11210	9574	9029
			柴油	33738	32702	31666	31666	31666	31666	28922	26177	26177	19494	12810	12810	12810	12810	9686	6561	6561	4882	4322
			燃气	50090	29772	9453	9453	9453	9453	6968	4482	4482	3487	2492	2492	1965	1438	1438	1438	1438	1062	936
	中型		汽油	290149	290149	290149	290149	289552	197133	13489	13489	13489	13489	13489	13349	13209	13209	10781	8353	8353	8353	8353
			柴油	68267	68267	63716	54614	54614	41567	15474	15474	15474	14574	13673	13673	13673	13673	9909	6145	6145	3656	2827
			燃气	77372	77372	73074	64478	64478	62194	57625	57625	57625	46193	34762	34762	47039	47039	22906	22906	22906	22906	22906
	重型		汽油	991273	991273	991273	991273	990676	667657	22816	22816	22816	22816	22816	17937	13058	13058	10583	8108	8108	8108	8108
			柴油	240395	240395	182700	67311	67311	67311	67311	67311	67311	49281	31251	31251	31251	31251	19726	8201	8201	6634	6112
			燃气	234488	234488	221462	195410	195410	188489	174647	174647	174647	139927	105207	105207	114184	114184	88666	88666	88666	88666	88666
低速汽车	三轮汽车			25300	25300	25300	25300	25300	25300	25300	25300	25300	16721	16721	16721	16721	16721	16721	16721	16721	16721	16721
	低速货车			33990	33990	33990	33990	33990	33990	33990	33990	33990	22464	22464	22464	22464	22464	22464	22464	22464	22464	22464
摩托车	普通摩托车			15413	15413	15413	15413	11502	7591	4064	4064	4064	4064	4064	3032	2001	2001	2001	2001	2001	2001	2001
	轻便摩托车			49842	49842	49842	49842	49842	9968	9968	4908	4908	4908	4908	3662	2417	2417	2417	2417	2417	2417	2417

郴州市 NO_x 排放系数

单位：克/（辆·年）

车辆类型		使用性质	燃料种类	1999年年底前	2000年	2001年	2002年	2003年	2004年	2005年	2006年	2007年	2008年	2009年	2010年	2011年	2012年	2013年	2014年	2015年	2016年	2017年
载客汽车	微型	出租车	汽油	403371	280721	158071	158071	158071	158071	120012	81954	81954	63046	44139	44139	35360	26582	26582	26582	26582	14897	11002
			燃气	275440	193342	111244	111244	111244	111244	85086	58927	58927	45770	32613	32613	25976	19340	19340	19340	19340	10612	7703
		其他	汽油	29808	18742	7675	7675	7675	7675	4840	2005	2005	1632	1260	1260	1056	852	852	852	852	592	505
			燃气	19373	11564	3754	3754	3754	3754	2452	1151	1151	935	719	719	577	435	435	435	435	345	315
	小型	出租车	汽油	452639	308322	164004	164004	164004	164004	123435	82866	82866	63502	44139	44139	34508	24876	24876	24876	24876	13346	9503
			柴油	551607	470730	389852	389852	389852	389852	345469	301086	301086	241122	181159	181159	181159	181159	144475	107791	107791	76670	66297
			燃气	308289	211744	115200	115200	115200	115200	87368	59535	59535	46074	32613	32613	25408	18202	18202	18202	18202	9578	6703
		其他	汽油	27814	17800	7786	7786	7786	7786	5160	2535	2535	1766	996	996	904	811	811	811	811	558	474
			柴油	24717	20247	15777	15777	15777	15777	14513	13249	13249	10384	7518	7518	7518	7518	6476	5435	5435	4702	4457
			燃气	18043	11530	5017	5017	5017	5017	3260	1504	1504	1024	543	543	476	408	408	408	408	322	294
	中型	公交车	汽油	324985	324985	324985	324985	324985	222019	16087	16087	16087	16087	16087	14427	12767	12767	9638	6510	6510	6510	6510
			柴油	363648	363648	362794	361086	361086	346736	318036	318036	318036	264908	211781	211781	211781	211781	172828	133876	133876	112084	104820
			燃气	386112	386112	381515	372322	372322	360773	337676	337676	337676	281038	224400	224400	141908	141908	111141	111141	111141	111141	111141
		其他	汽油	199245	199245	199245	199245	199245	135155	6974	6974	6974	6974	6974	6974	6974	6974	5230	3487	3487	3487	3487
			柴油	170534	170534	163415	149178	149178	147917	145394	145394	145394	123828	102261	102261	102261	102261	90798	79336	79336	67714	63840
			燃气	192569	192569	181871	160474	160474	158962	155937	155937	155937	132770	109602	109602	85375	85375	68578	68578	68578	68578	68578
	大型	公交车	汽油	1157758	1157758	1157758	1157758	1157758	796096	72773	72773	72773	72773	72773	72710	72646	72646	54485	36324	36324	36324	36324
			柴油	515761	515761	499095	465763	465763	452529	426061	426061	426061	418383	410705	410705	410705	410705	395895	381085	381085	343530	331012
			燃气	1036986	1036986	979376	864155	864155	800029	671778	671778	671778	575589	479400	479400	446322	446322	386844	386844	386844	386844	386844
		其他	汽油	2763358	2763358	2763358	2763358	2763358	1900138	173697	173697	173697	173697	173697	167184	160670	160670	120631	80592	80592	80592	80592
			柴油	1235088	1235088	1203307	1139745	1139745	1113173	1060028	1060028	1060028	1022706	985385	985385	985385	985385	938092	890798	890798	788347	754197
			燃气	2298982	2298982	2171261	1915819	1915819	1773653	1489321	1489321	1489321	1276561	1063801	1063801	959729	959729	814245	814245	814245	814245	814245
载货汽车	微型		汽油	123253	73512	23770	23770	23770	23770	16382	8993	8993	7337	5681	5681	4950	4218	4218	4218	4218	3066	2682
			柴油	86439	71688	56937	56937	56937	56937	51143	45349	45349	38339	31329	31329	31329	31329	22910	14491	14491	12152	11372
			燃气	80105	45866	11626	11626	11626	11626	8394	5163	5163	4202	3242	3242	2698	2154	2154	2154	2154	1793	1673
	轻型		汽油	91710	59148	26585	26585	26585	26585	18173	9761	9761	8211	6661	6661	5492	4324	4324	4324	4324	3199	2824
			柴油	86730	71834	56937	56937	56937	56937	51143	45349	45349	38339	31329	31329	31329	31329	24872	18415	18415	16766	16216
			燃气	59492	38311	17130	17130	17130	17130	11461	5791	5791	4711	3631	3631	2903	2175	2175	2175	2175	1858	1752
	中型		汽油	210745	210745	210745	210745	210745	143877	10142	10142	10142	10142	10142	10142	10142	10142	7610	5077	5077	5077	5077
			柴油	393521	393521	353353	273018	273018	259610	232794	232794	232794	234176	235558	235558	235558	235558	206672	177787	177787	153091	144859
			燃气	444369	444369	394143	293691	293691	279019	249675	249675	249675	251071	252468	252468	191320	191320	155610	155610	155610	155610	155610
	重型		汽油	2097951	2097951	2097951	2097951	2097951	1442591	131871	131871	131871	131871	131871	126926	121981	121981	91584	61186	61186	61186	61186
			柴油	1130392	1130392	1091808	1014640	1014640	977111	902053	902053	902053	865880	829707	829707	829707	829707	734910	640114	640114	446563	382046
			燃气	2104102	2104102	1971244	1705528	1705528	1559475	1267369	1267369	1267369	1081552	895734	895734	689647	689647	412464	412464	412464	412464	412464
低速汽车	三轮汽车			65550	65550	65550	65550	65550	65550	65550	65550	65550	53279	53279	53279	53279	53279	53279	53279	53279	53279	53279
	低速货车			88065	88065	88065	88065	88065	88065	88065	88065	88065	71579	71579	71579	71579	71579	71579	71579	71579	71579	71579
摩托车	普通摩托车			1150	1150	1150	1150	1112	1074	997	997	997	997	997	886	774	774	774	774	774	774	774
	轻便摩托车			767	767	767	767	767	383	383	383	383	383	383	340	298	298	298	298	298	298	298

郴州市 PM 排放系数

单位：克/（辆•年）

车辆类型		使用性质	燃料种类	1999 年年底前	2000 年	2001 年	2002 年	2003 年	2004 年	2005 年	2006 年	2007 年	2008 年	2009 年	2010 年	2011 年	2012 年	2013 年	2014 年	2015 年	2016 年	2017 年
载客汽车	微型	出租车	汽油	—	—	—	—	—	—	—	—	—	—	—	—	—	—	—	—	—	—	—
			燃气	—	—	—	—	—	—	—	—	—	—	—	—	—	—	—	—	—	—	—
		其他	汽油	—	—	—	—	—	—	—	—	—	—	—	—	—	—	—	—	—	—	—
			燃气	—	—	—	—	—	—	—	—	—	—	—	—	—	—	—	—	—	—	—
	小型	出租车	汽油	—	—	—	—	—	—	—	—	—	—	—	—	—	—	—	—	—	—	—
			柴油	61749	56544	51340	51340	51340	51340	34946	18551	18551	12105	5659	5659	5659	5659	5260	4860	4860	4018	3738
			燃气	—	—	—	—	—	—	—	—	—	—	—	—	—	—	—	—	—	—	—
		其他	汽油	—	—	—	—	—	—	—	—	—	—	—	—	—	—	—	—	—	—	—
			柴油	3580	3388	3196	3196	3196	3196	2298	1401	1401	1026	652	652	652	652	546	440	440	440	440
			燃气	—	—	—	—	—	—	—	—	—	—	—	—	—	—	—	—	—	—	—
	中型	公交车	汽油	—	—	—	—	—	—	—	—	—	—	—	—	—	—	—	—	—	—	—
			柴油	30592	30592	28032	22913	22913	17978	8108	8108	8108	6872	5637	5637	5637	5637	3504	1372	1372	1080	983
			燃气	—	—	—	—	—	—	—	—	—	—	—	—	—	—	—	—	—	—	—
		其他	汽油	—	—	—	—	—	—	—	—	—	—	—	—	—	—	—	—	—	—	—
			柴油	15274	15274	12888	8116	8116	6262	2553	2553	2553	2434	2316	2316	2316	2316	1366	415	415	399	394
			燃气	—	—	—	—	—	—	—	—	—	—	—	—	—	—	—	—	—	—	—
	大型	公交车	汽油	—	—	—	—	—	—	—	—	—	—	—	—	—	—	—	—	—	—	—
			柴油	94865	94865	93934	92071	92071	71272	29674	29674	29674	19994	10315	10315	10315	10315	6116	1916	1916	1845	1821
			燃气	—	—	—	—	—	—	—	—	—	—	—	—	—	—	—	—	—	—	—
		其他	汽油	—	—	—	—	—	—	—	—	—	—	—	—	—	—	—	—	—	—	—
			柴油	142314	142314	133412	115607	115607	85425	25061	25061	25061	17182	9303	9303	9303	9303	5868	2433	2433	2343	2313
			燃气	—	—	—	—	—	—	—	—	—	—	—	—	—	—	—	—	—	—	—
载货汽车	微型		汽油	—	—	—	—	—	—	—	—	—	—	—	—	—	—	—	—	—	—	—
			柴油	10053	9845	9637	9637	9637	9637	7846	6054	6054	4493	2932	2932	2932	2932	1846	760	760	756	755
			燃气	—	—	—	—	—	—	—	—	—	—	—	—	—	—	—	—	—	—	—
	轻型		汽油	—	—	—	—	—	—	—	—	—	—	—	—	—	—	—	—	—	—	—
			柴油	10455	10046	9637	9637	9637	9637	7846	6054	6054	4493	2932	2932	2932	2932	2211	1490	1490	1230	1144
			燃气	—	—	—	—	—	—	—	—	—	—	—	—	—	—	—	—	—	—	—
	中型		汽油	—	—	—	—	—	—	—	—	—	—	—	—	—	—	—	—	—	—	—
			柴油	33425	33425	28128	17535	17535	13535	5535	5535	5535	5244	4952	4952	4952	4952	3175	1398	1398	1280	1241
			燃气	—	—	—	—	—	—	—	—	—	—	—	—	—	—	—	—	—	—	—
	重型		汽油	—	—	—	—	—	—	—	—	—	—	—	—	—	—	—	—	—	—	—
			柴油	146603	146603	120497	68285	68285	54218	26085	26085	26085	17874	9664	9664	9664	9664	6501	3338	3338	2821	2649
			燃气	—	—	—	—	—	—	—	—	—	—	—	—	—	—	—	—	—	—	—
低速汽车	三轮汽车			4092	4092	4092	4092	4092	4092	4092	4092	4092	3220	3220	3220	3220	3220	3220	3220	3220	3220	3220
	低速货车			5581	5581	5581	5581	5581	5581	5581	5581	5581	4392	4392	4392	4392	4392	4392	4392	4392	4392	4392
摩托车	普通摩托车			—	—	—	—	—	—	—	—	—	—	—	—	—	—	—	—	—	—	—
	轻便摩托车			—	—	—	—	—	—	—	—	—	—	—	—	—	—	—	—	—	—	—

郴州市 VOCs 排放系数

单位：克/（辆•年）

车辆类型		使用性质	燃料种类	1999年年底前	2000年	2001年	2002年	2003年	2004年	2005年	2006年	2007年	2008年	2009年	2010年	2011年	2012年	2013年	2014年	2015年	2016年	2017年
载客汽车	微型	出租车	汽油	921807	558191	194575	194575	194575	194575	150251	105927	105927	87701	69475	69475	56214	42954	42954	42954	42954	27703	22619
			燃气	521713	323340	124968	124968	124968	124968	98166	71364	71364	59477	47590	47590	37522	27453	27453	27453	27453	15584	11627
		其他	汽油	38520	23741	8962	8962	8962	8962	8592	8222	8222	7183	6144	6144	5887	5630	5630	5630	5630	4885	4637
			燃气	16645	9364	2082	2082	2082	2082	1992	1902	1902	1420	937	937	852	766	766	766	766	521	439
	小型	出租车	汽油	921807	549930	178054	178054	178054	178054	164028	150002	150002	109738	69475	69475	56214	42954	42954	42954	42954	26230	20656
			柴油	346599	325003	303407	303407	303407	303407	270796	238184	238184	181649	125114	125114	125114	125114	92358	59603	59603	31277	21835
			燃气	521713	318858	116002	116002	116002	116002	105642	95282	95282	71436	47590	47590	37522	27453	27453	27453	27453	14785	10562
		其他	汽油	39037	23937	8837	8837	8837	8837	8806	8774	8774	7460	6147	6147	5856	5564	5564	5564	5564	4936	4726
			柴油	8943	8178	7412	7412	7412	7412	6275	5138	5138	3535	1932	1932	1932	1932	1624	1315	1315	929	800
			燃气	16925	10193	3461	3461	3461	3461	2832	2202	2202	1637	1072	1072	901	730	730	730	730	548	488
	中型	公交车	汽油	247822	247822	247822	247822	247225	168982	13689	13689	13689	13689	13689	13538	13386	13386	10959	8532	8532	8532	8532
			柴油	87806	87806	86086	82645	82645	64494	28192	28192	28192	20508	12823	12823	12823	12823	8958	5093	5093	4763	4653
			燃气	71579	71579	67602	59649	59649	57536	53311	53311	53311	42686	32061	32061	22219	22219	22154	22154	22154	22154	22154
		其他	汽油	128532	128532	128532	128532	127935	87613	8162	8162	8162	8162	8162	8016	7871	7871	6820	5768	5768	5768	5768
			柴油	30493	30493	28460	24394	24394	18567	6912	6912	6912	6506	6099	6099	6099	6099	3750	1402	1402	1243	1190
			燃气	34560	34560	32640	28800	28800	27780	25740	25740	25740	20623	15506	15506	10732	10732	9642	9642	9642	9642	9642
	大型	公交车	汽油	577130	577130	577130	577130	576533	388955	14993	14993	14993	14993	14993	14853	14713	14713	11947	9181	9181	9181	9181
			柴油	131708	131708	108010	60614	60614	60614	60614	60614	60614	43515	26416	26416	26416	26416	17675	8934	8934	5723	4653
			燃气	168926	168926	159541	140772	140772	135786	125815	125815	125815	100740	75665	75665	52438	52438	47188	47188	47188	47188	47188
		其他	汽油	1278428	1278428	1278428	1278428	1277831	860983	28480	28480	28480	28480	28480	22221	15962	15962	12771	9580	9580	9580	9580
			柴油	272891	272891	207397	76409	76409	76409	76409	76409	76409	55942	35476	35476	35476	35476	20706	5937	5937	5324	5119
			燃气	266186	266186	251398	221822	221822	213966	198253	198253	198253	158842	119430	119430	82662	82662	74261	74261	74261	74261	74261
载货汽车	微型		汽油	244296	132588	20880	20880	20880	20880	19588	18296	18296	16864	15431	15431	12814	10196	10196	10196	10196	8616	8089
			柴油	41248	38512	35775	35775	35775	35775	32612	29450	29450	21978	14507	14507	14507	14507	10056	5606	5606	3682	3040
			燃气	105564	55207	4851	4851	4851	4851	4542	4232	4232	3293	2353	2353	1870	1387	1387	1387	1387	921	766
	轻型		汽油	127969	77434	26899	26899	26899	26899	23302	19704	19704	17694	15685	15685	13782	11879	11879	11879	11879	10173	9604
			柴油	38228	37002	35775	35775	35775	35775	32612	29450	29450	21978	14507	14507	14507	14507	10924	7341	7341	5416	4775
			燃气	55483	33009	10535	10535	10535	10535	7740	4945	4945	3840	2735	2735	2147	1559	1559	1559	1559	1133	992
	中型		汽油	290297	290297	290297	290297	289700	197281	13637	13637	13637	13637	13637	13497	13357	13357	10929	8501	8501	8501	8501
			柴油	68267	68267	63716	54614	54614	41567	15474	15474	15474	14574	13673	13673	13673	13673	9909	6145	6145	3656	2827
			燃气	77372	77372	73074	64478	64478	62194	57625	57625	57625	46193	34762	34762	47039	47039	22906	22906	22906	22906	22906
	重型		汽油	991421	991421	991421	991421	990824	667805	22964	22964	22964	22964	22964	18085	13206	13206	10732	8257	8257	8257	8257
			柴油	240395	240395	182700	67311	67311	67311	67311	67311	67311	49281	31251	31251	31251	31251	19726	8201	8201	6634	6112
			燃气	234488	234488	221462	195410	195410	188489	174647	174647	174647	139927	105207	105207	114184	114184	88666	88666	88666	88666	88666
低速汽车	三轮汽车			25300	25300	25300	25300	25300	25300	25300	25300	25300	16721	16721	16721	16721	16721	16721	16721	16721	16721	16721
	低速货车			33990	33990	33990	33990	33990	33990	33990	33990	33990	22464	22464	22464	22464	22464	22464	22464	22464	22464	22464
摩托车	普通摩托车			15413	15413	15413	15413	11502	7591	4064	4064	4064	4064	4064	3032	2001	2001	2001	2001	2001	2001	2001
	轻便摩托车			49842	49842	49842	49842	49842	9968	9968	4908	4908	4908	4908	3662	2417	2417	2417	2417	2417	2417	2417

永州市 NO_x 排放系数

单位：克/（辆·年）

车辆类型		使用性质	燃料种类	1999 年年底前	2000 年	2001 年	2002 年	2003 年	2004 年	2005 年	2006 年	2007 年	2008 年	2009 年	2010 年	2011 年	2012 年	2013 年	2014 年	2015 年	2016 年	2017 年
载客汽车	微型	出租车	汽油	286920	196382	105844	105844	105844	105844	79028	52212	52212	39272	26331	26331	21347	16363	16363	16363	16363	9665	7432
			燃气	194668	134198	73727	73727	73727	73727	55412	37097	37097	28179	19261	19261	15502	11744	11744	11744	11744	6798	5149
		其他	汽油	29808	18742	7675	7675	7675	7675	4840	2005	2005	1632	1260	1260	1056	852	852	852	852	592	505
			燃气	19373	11564	3754	3754	3754	3754	2452	1151	1151	935	719	719	577	435	435	435	435	345	315
	小型	出租车	汽油	323656	216962	110268	110268	110268	110268	81580	52892	52892	39612	26331	26331	20711	15091	15091	15091	15091	8508	6314
			柴油	367846	310562	253279	253279	253279	253279	225019	196759	196759	156875	116991	116991	116991	116991	94472	71952	71952	53254	47022
			燃气	219160	147918	76676	76676	76676	76676	57113	37550	37550	28406	19261	19261	15078	10895	10895	10895	10895	6026	4403
		其他	汽油	27814	17800	7786	7786	7786	7786	5160	2535	2535	1766	996	996	904	811	811	811	811	558	474
			柴油	24717	20247	15777	15777	15777	15777	14513	13249	13249	10384	7518	7518	7518	7518	6476	5435	5435	4702	4457
			燃气	18043	11530	5017	5017	5017	5017	3260	1504	1504	1024	543	543	476	408	408	408	408	322	294
	中型	公交车	汽油	324985	324985	324985	324985	324985	222019	16087	16087	16087	16087	16087	14427	12767	12767	9638	6510	6510	6510	6510
			柴油	363648	363648	362794	361086	361086	346736	318036	318036	318036	264908	211781	211781	211781	211781	172828	133876	133876	112084	104820
			燃气	386112	386112	381515	372322	372322	360773	337676	337676	337676	281038	224400	224400	141908	141908	111141	111141	111141	111141	111141
		其他	汽油	199245	199245	199245	199245	199245	135155	6974	6974	6974	6974	6974	6974	6974	6974	5230	3487	3487	3487	3487
			柴油	170534	170534	163415	149178	149178	147917	145394	145394	145394	123828	102261	102261	102261	102261	90798	79336	79336	67714	63840
			燃气	192569	192569	181871	160474	160474	158962	155937	155937	155937	132770	109602	109602	85375	85375	68578	68578	68578	68578	68578
	大型	公交车	汽油	1157758	1157758	1157758	1157758	1157758	796096	72773	72773	72773	72773	72773	72710	72646	72646	54485	36324	36324	36324	36324
			柴油	515761	515761	499095	465763	465763	452529	426061	426061	426061	418383	410705	410705	410705	410705	395895	381085	381085	343530	331012
			燃气	1036986	1036986	979376	864155	864155	800029	671778	671778	671778	575589	479400	479400	446322	446322	386844	386844	386844	386844	386844
		其他	汽油	2763358	2763358	2763358	2763358	2763358	1900138	173697	173697	173697	173697	173697	167184	160670	160670	120631	80592	80592	80592	80592
			柴油	1235088	1235088	1203307	1139745	1139745	1113173	1060028	1060028	1060028	1022706	985385	985385	985385	985385	938092	890798	890798	788347	754197
			燃气	2298982	2298982	2171261	1915819	1915819	1773653	1489321	1489321	1489321	1276561	1063801	1063801	959729	959729	814245	814245	814245	814245	814245
载货汽车	微型		汽油	112995	67279	21563	21563	21563	21563	14812	8061	8061	6564	5068	5068	4436	3804	3804	3804	3804	2787	2448
			柴油	78346	64866	51385	51385	51385	51385	46184	40983	40983	34662	28341	28341	28341	28341	20728	13114	13114	11072	10392
			燃气	73438	41993	10547	10547	10547	10547	7587	4628	4628	3760	2892	2892	2417	1942	1942	1942	1942	1631	1527
	轻型		汽油	84002	54076	24151	24151	24151	24151	16459	8767	8767	7368	5969	5969	4935	3901	3901	3901	3901	2910	2579
			柴油	78614	65000	51385	51385	51385	51385	46184	40983	40983	34662	28341	28341	28341	28341	22531	16721	16721	15314	14845
			燃气	54492	35027	15562	15562	15562	15562	10382	5201	5201	4228	3254	3254	2608	1963	1963	1963	1963	1690	1600
	中型		汽油	210745	210745	210745	210745	210745	143877	10142	10142	10142	10142	10142	10142	10142	10142	7610	5077	5077	5077	5077
			柴油	393521	393521	353353	273018	273018	259610	232794	232794	232794	234176	235558	235558	235558	235558	206672	177787	177787	153091	144859
			燃气	444369	444369	394143	293691	293691	279019	249675	249675	249675	251071	252468	252468	191320	191320	155610	155610	155610	155610	155610
	重型		汽油	2097951	2097951	2097951	2097951	2097951	1442591	131871	131871	131871	131871	131871	126926	121981	121981	91584	61186	61186	61186	61186
			柴油	1130392	1130392	1091808	1014640	1014640	977111	902053	902053	902053	865880	829707	829707	829707	829707	734910	640114	640114	446563	382046
			燃气	2104102	2104102	1971244	1705528	1705528	1559475	1267369	1267369	1267369	1081552	895734	895734	689647	689647	412464	412464	412464	412464	412464
低速汽车	三轮汽车			65550	65550	65550	65550	65550	65550	65550	65550	65550	53279	53279	53279	53279	53279	53279	53279	53279	53279	53279
	低速货车			88065	88065	88065	88065	88065	88065	88065	88065	88065	71579	71579	71579	71579	71579	71579	71579	71579	71579	71579
摩托车	普通摩托车			1150	1150	1150	1150	1112	1074	997	997	997	997	997	886	774	774	774	774	774	774	774
	轻便摩托车			767	767	767	767	767	383	383	383	383	383	383	340	298	298	298	298	298	298	298

永州市 **PM** 排放系数

单位：克/（辆·年）

车辆类型		使用性质	燃料种类	1999年年底前	2000年	2001年	2002年	2003年	2004年	2005年	2006年	2007年	2008年	2009年	2010年	2011年	2012年	2013年	2014年	2015年	2016年	2017年
载客汽车	微型	出租车	汽油	—	—	—	—	—	—	—	—	—	—	—	—	—	—	—	—	—	—	—
			燃气	—	—	—	—	—	—	—	—	—	—	—	—	—	—	—	—	—	—	—
		其他	汽油	—	—	—	—	—	—	—	—	—	—	—	—	—	—	—	—	—	—	—
			燃气	—	—	—	—	—	—	—	—	—	—	—	—	—	—	—	—	—	—	—
	小型	出租车	汽油	—	—	—	—	—	—	—	—	—	—	—	—	—	—	—	—	—	—	—
			柴油	46042	42161	38280	38280	38280	38280	26056	13832	13832	9026	4219	4219	4219	4219	3922	3624	3624	2996	2787
			燃气	—	—	—	—	—	—	—	—	—	—	—	—	—	—	—	—	—	—	—
		其他	汽油	—	—	—	—	—	—	—	—	—	—	—	—	—	—	—	—	—	—	—
			柴油	3580	3388	3196	3196	3196	3196	2298	1401	1401	1026	652	652	652	652	546	440	440	440	440
			燃气	—	—	—	—	—	—	—	—	—	—	—	—	—	—	—	—	—	—	—
	中型	公交车	汽油	—	—	—	—	—	—	—	—	—	—	—	—	—	—	—	—	—	—	—
			柴油	30592	30592	28032	22913	22913	17978	8108	8108	8108	6872	5637	5637	5637	5637	3504	1372	1372	1080	983
			燃气	—	—	—	—	—	—	—	—	—	—	—	—	—	—	—	—	—	—	—
		其他	汽油	—	—	—	—	—	—	—	—	—	—	—	—	—	—	—	—	—	—	—
			柴油	15274	15274	12888	8116	8116	6262	2553	2553	2553	2434	2316	2316	2316	2316	1366	415	415	399	394
			燃气	—	—	—	—	—	—	—	—	—	—	—	—	—	—	—	—	—	—	—
	大型	公交车	汽油	—	—	—	—	—	—	—	—	—	—	—	—	—	—	—	—	—	—	—
			柴油	94865	94865	93934	92071	92071	71272	29674	29674	29674	19994	10315	10315	10315	10315	6116	1916	1916	1845	1821
			燃气	—	—	—	—	—	—	—	—	—	—	—	—	—	—	—	—	—	—	—
		其他	汽油	—	—	—	—	—	—	—	—	—	—	—	—	—	—	—	—	—	—	—
			柴油	142314	142314	133412	115607	115607	85425	25061	25061	25061	17182	9303	9303	9303	9303	5868	2433	2433	2343	2313
			燃气	—	—	—	—	—	—	—	—	—	—	—	—	—	—	—	—	—	—	—
载货汽车	微型		汽油	—	—	—	—	—	—	—	—	—	—	—	—	—	—	—	—	—	—	—
			柴油	9241	9050	8858	8858	8858	8858	7212	5565	5565	4130	2695	2695	2695	2695	1697	699	699	695	694
			燃气	—	—	—	—	—	—	—	—	—	—	—	—	—	—	—	—	—	—	—
	轻型		汽油	—	—	—	—	—	—	—	—	—	—	—	—	—	—	—	—	—	—	—
			柴油	9610	9234	8858	8858	8858	8858	7212	5565	5565	4130	2695	2695	2695	2695	2032	1370	1370	1131	1051
			燃气	—	—	—	—	—	—	—	—	—	—	—	—	—	—	—	—	—	—	—
	中型		汽油	—	—	—	—	—	—	—	—	—	—	—	—	—	—	—	—	—	—	—
			柴油	33425	33425	28128	17535	17535	13535	5535	5535	5535	5244	4952	4952	4952	4952	3175	1398	1398	1280	1241
			燃气	—	—	—	—	—	—	—	—	—	—	—	—	—	—	—	—	—	—	—
	重型		汽油	—	—	—	—	—	—	—	—	—	—	—	—	—	—	—	—	—	—	—
			柴油	146603	146603	120497	68285	68285	54218	26085	26085	26085	17874	9664	9664	9664	9664	6501	3338	3338	2821	2649
			燃气	—	—	—	—	—	—	—	—	—	—	—	—	—	—	—	—	—	—	—
低速汽车	三轮汽车			4092	4092	4092	4092	4092	4092	4092	4092	4092	3220	3220	3220	3220	3220	3220	3220	3220	3220	3220
	低速货车			5581	5581	5581	5581	5581	5581	5581	5581	5581	4392	4392	4392	4392	4392	4392	4392	4392	4392	4392
摩托车	普通摩托车			—	—	—	—	—	—	—	—	—	—	—	—	—	—	—	—	—	—	—
	轻便摩托车			—	—	—	—	—	—	—	—	—	—	—	—	—	—	—	—	—	—	—

永州市 VOCs 排放系数

单位：克/（辆·年）

车辆类型		使用性质	燃料种类	1999 年年底前	2000 年	2001 年	2002 年	2003 年	2004 年	2005 年	2006 年	2007 年	2008 年	2009 年	2010 年	2011 年	2012 年	2013 年	2014 年	2015 年	2016 年	2017 年
载客汽车	微型	出租车	汽油	671337	401120	130902	130902	130902	130902	99799	68696	68696	56535	44374	44374	36490	28606	28606	28606	28606	19782	16840
			燃气	374278	227390	80502	80502	80502	80502	62154	43805	43805	36168	28532	28532	22660	16789	16789	16789	16789	10086	7852
		其他	汽油	38520	23741	8962	8962	8962	8962	8592	8222	8222	7183	6144	6144	5887	5630	5630	5630	5630	4885	4637
			燃气	16645	9364	2082	2082	2082	2082	1992	1902	1902	1420	937	937	852	766	766	766	766	521	439
	小型	出租车	汽油	671337	394960	118583	118583	118583	118583	110071	101559	101559	72966	44374	44374	36490	28606	28606	28606	28606	18684	15377
			柴油	207665	195094	182523	182523	182523	182523	163858	145193	145193	108673	72153	72153	72153	72153	53380	34607	34607	18763	13482
			燃气	374278	224048	73817	73817	73817	73817	67728	61639	61639	45086	28532	28532	22660	16789	16789	16789	16789	9490	7057
		其他	汽油	39037	23937	8837	8837	8837	8837	8806	8774	8774	7460	6147	6147	5856	5564	5564	5564	5564	4936	4726
			柴油	8943	8178	7412	7412	7412	7412	6275	5138	5138	3535	1932	1932	1932	1932	1624	1315	1315	929	800
			燃气	16925	10193	3461	3461	3461	3461	2832	2202	2202	1637	1072	1072	901	730	730	730	730	548	488
	中型	公交车	汽油	247822	247822	247822	247822	247225	168982	13689	13689	13689	13689	13689	13538	13386	13386	10959	8532	8532	8532	8532
			柴油	87806	87806	86086	82645	82645	64494	28192	28192	28192	20508	12823	12823	12823	12823	8958	5093	5093	4763	4653
			燃气	71579	71579	67602	59649	59649	57536	53311	53311	53311	42686	32061	32061	22219	22219	22154	22154	22154	22154	22154
		其他	汽油	128532	128532	128532	128532	127935	87613	8162	8162	8162	8162	8162	8016	7871	7871	6820	5768	5768	5768	5768
			柴油	30493	30493	28460	24394	24394	18567	6912	6912	6912	6506	6099	6099	6099	6099	3750	1402	1402	1243	1190
			燃气	34560	34560	32640	28800	28800	27780	25740	25740	25740	20623	15506	15506	10732	10732	9642	9642	9642	9642	9642
	大型	公交车	汽油	577130	577130	577130	577130	576533	388955	14993	14993	14993	14993	14993	14853	14713	14713	11947	9181	9181	9181	9181
			柴油	131708	131708	108010	60614	60614	60614	60614	60614	60614	43515	26416	26416	26416	26416	17675	8934	8934	5723	4653
			燃气	168926	168926	159541	140772	140772	135786	125815	125815	125815	100740	75665	75665	52438	52438	47188	47188	47188	47188	47188
		其他	汽油	1278428	1278428	1278428	1278428	1277831	860983	28480	28480	28480	28480	28480	22221	15962	15962	12771	9580	9580	9580	9580
			柴油	272891	272891	207397	76409	76409	76409	76409	76409	76409	55942	35476	35476	35476	35476	20706	5937	5937	5324	5119
			燃气	266186	266186	251398	221822	221822	213966	198253	198253	198253	158842	119430	119430	82662	82662	74261	74261	74261	74261	74261
载货汽车	微型		汽油	224746	121988	19230	19230	19230	19230	18074	16919	16919	15616	14314	14314	11959	9604	9604	9604	9604	8191	7720
			柴油	36630	34206	31782	31782	31782	31782	29021	26260	26260	19532	12805	12805	12805	12805	8860	4915	4915	3276	2730
			燃气	97116	50792	4467	4467	4467	4467	4191	3914	3914	3048	2183	2183	1745	1307	1307	1307	1307	875	731
	轻型		汽油	117821	71292	24762	24762	24762	24762	21488	18213	18213	16380	14548	14548	12849	11150	11150	11150	11150	9622	9113
			柴油	33854	32818	31782	31782	31782	31782	29021	26260	26260	19532	12805	12805	12805	12805	9658	6510	6510	4871	4325
			燃气	51083	30390	9698	9698	9698	9698	7134	4571	4571	3554	2537	2537	2000	1463	1463	1463	1463	1071	941
	中型		汽油	290297	290297	290297	290297	289700	197281	13637	13637	13637	13637	13637	13497	13357	13357	10929	8501	8501	8501	8501
			柴油	68267	68267	63716	54614	54614	41567	15474	15474	15474	14574	13673	13673	13673	13673	9909	6145	6145	3656	2827
			燃气	77372	77372	73074	64478	64478	62194	57625	57625	57625	46193	34762	34762	47039	47039	22906	22906	22906	22906	22906
	重型		汽油	991421	991421	991421	991421	990824	667805	22964	22964	22964	22964	22964	18085	13206	13206	10732	8257	8257	8257	8257
			柴油	240395	240395	182700	67311	67311	67311	67311	67311	67311	49281	31251	31251	31251	31251	19726	8201	8201	6634	6112
			燃气	234488	234488	221462	195410	195410	188489	174647	174647	174647	139927	105207	105207	114184	114184	88666	88666	88666	88666	88666
低速汽车	三轮汽车			25300	25300	25300	25300	25300	25300	25300	25300	25300	16721	16721	16721	16721	16721	16721	16721	16721	16721	16721
	低速货车			33990	33990	33990	33990	33990	33990	33990	33990	33990	22464	22464	22464	22464	22464	22464	22464	22464	22464	22464
摩托车	普通摩托车			15413	15413	15413	15413	11502	7591	4064	4064	4064	4064	4064	3032	2001	2001	2001	2001	2001	2001	2001
	轻便摩托车			49842	49842	49842	49842	49842	9968	9968	4908	4908	4908	4908	3662	2417	2417	2417	2417	2417	2417	2417

怀化市 NO_x 排放系数

单位：克/（辆•年）

车辆类型		使用性质	燃料种类	1999年年底前	2000年	2001年	2002年	2003年	2004年	2005年	2006年	2007年	2008年	2009年	2010年	2011年	2012年	2013年	2014年	2015年	2016年	2017年
载客汽车	微型	出租车	汽油	191185	128714	66243	66243	66243	66243	48552	30861	30861	22566	14272	14272	11772	9273	9273	9273	9273	5842	4698
			燃气	128815	87198	45582	45582	45582	45582	33576	21570	21570	15918	10266	10266	8388	6511	6511	6511	6511	4038	3214
		其他	汽油	29808	18742	7675	7675	7675	7675	4840	2005	2005	1632	1260	1260	1056	852	852	852	852	592	505
			燃气	19373	11564	3754	3754	3754	3754	2452	1151	1151	935	719	719	577	435	435	435	435	345	315
	小型	出租车	汽油	216747	143034	69322	69322	69322	69322	50328	31335	31335	22804	14272	14272	11330	8388	8388	8388	8388	5037	3920
			柴油	229040	191054	153068	153068	153068	153068	136402	119735	119735	94972	70210	70210	70210	70210	57538	44867	44867	34638	31229
			燃气	145858	96746	47635	47635	47635	47635	34760	21886	21886	16076	10266	10266	8094	5921	5921	5921	5921	3502	2695
		其他	汽油	27814	17800	7786	7786	7786	7786	5160	2535	2535	1766	996	996	904	811	811	811	811	558	474
			柴油	24717	20247	15777	15777	15777	15777	14513	13249	13249	10384	7518	7518	7518	7518	6476	5435	5435	4702	4457
			燃气	18043	11530	5017	5017	5017	5017	3260	1504	1504	1024	543	543	476	408	408	408	408	322	294
	中型	公交车	汽油	324985	324985	324985	324985	324985	222019	16087	16087	16087	16087	16087	14427	12767	12767	9638	6510	6510	6510	6510
			柴油	363648	363648	362794	361086	361086	346736	318036	318036	318036	264908	211781	211781	211781	211781	172828	133876	133876	112084	104820
			燃气	386112	386112	381515	372322	372322	360773	337676	337676	337676	281038	224400	224400	141908	141908	111141	111141	111141	111141	111141
		其他	汽油	199245	199245	199245	199245	199245	135155	6974	6974	6974	6974	6974	6974	6974	6974	5230	3487	3487	3487	3487
			柴油	170534	170534	163415	149178	149178	147917	145394	145394	145394	123828	102261	102261	102261	102261	90798	79336	79336	67714	63840
			燃气	192569	192569	181871	160474	160474	158962	155937	155937	155937	132770	109602	109602	85375	85375	68578	68578	68578	68578	68578
	大型	公交车	汽油	1157758	1157758	1157758	1157758	1157758	796096	72773	72773	72773	72773	72773	72710	72646	72646	54485	36324	36324	36324	36324
			柴油	515761	515761	499095	465763	465763	452529	426061	426061	426061	418383	410705	410705	410705	410705	395895	381085	381085	343530	331012
			燃气	1036986	1036986	979376	864155	864155	800029	671778	671778	671778	575589	479400	479400	446322	446322	386844	386844	386844	386844	386844
		其他	汽油	2763358	2763358	2763358	2763358	2763358	1900138	173697	173697	173697	173697	173697	167184	160670	160670	120631	80592	80592	80592	80592
			柴油	1235088	1235088	1203307	1139745	1139745	1113173	1060028	1060028	1060028	1022706	985385	985385	985385	985385	938092	890798	890798	788347	754197
			燃气	2298982	2298982	2171261	1915819	1915819	1773653	1489321	1489321	1489321	1276561	1063801	1063801	959729	959729	814245	814245	814245	814245	814245
载货汽车	微型		汽油	112995	67279	21563	21563	21563	21563	14812	8061	8061	6564	5068	5068	4436	3804	3804	3804	3804	2787	2448
			柴油	78346	64866	51385	51385	51385	51385	46184	40983	40983	34662	28341	28341	28341	28341	20728	13114	13114	11072	10392
			燃气	73438	41993	10547	10547	10547	10547	7587	4628	4628	3760	2892	2892	2417	1942	1942	1942	1942	1631	1527
	轻型		汽油	84002	54076	24151	24151	24151	24151	16459	8767	8767	7368	5969	5969	4935	3901	3901	3901	3901	2910	2579
			柴油	78614	65000	51385	51385	51385	51385	46184	40983	40983	34662	28341	28341	28341	28341	22531	16721	16721	15314	14845
			燃气	54492	35027	15562	15562	15562	15562	10382	5201	5201	4228	3254	3254	2608	1963	1963	1963	1963	1690	1600
	中型		汽油	210745	210745	210745	210745	210745	143877	10142	10142	10142	10142	10142	10142	10142	10142	7610	5077	5077	5077	5077
			柴油	393521	393521	353353	273018	273018	259610	232794	232794	232794	234176	235558	235558	235558	235558	206672	177787	177787	153091	144859
			燃气	444369	444369	394143	293691	293691	279019	249675	249675	249675	251071	252468	252468	191320	191320	155610	155610	155610	155610	155610
	重型		汽油	2097951	2097951	2097951	2097951	2097951	1442591	131871	131871	131871	131871	131871	126926	121981	121981	91584	61186	61186	61186	61186
			柴油	1130392	1130392	1091808	1014640	1014640	977111	902053	902053	902053	865880	829707	829707	829707	829707	734910	640114	640114	446563	382046
			燃气	2104102	2104102	1971244	1705528	1705528	1559475	1267369	1267369	1267369	1081552	895734	895734	689647	689647	412464	412464	412464	412464	412464
低速汽车	三轮汽车			65550	65550	65550	65550	65550	65550	65550	65550	65550	53279	53279	53279	53279	53279	53279	53279	53279	53279	53279
	低速货车			88065	88065	88065	88065	88065	88065	88065	88065	88065	71579	71579	71579	71579	71579	71579	71579	71579	71579	71579
摩托车	普通摩托车			1150	1150	1150	1150	1112	1074	997	997	997	997	997	886	774	774	774	774	774	774	774
	轻便摩托车			767	767	767	767	767	383	383	383	383	383	383	340	298	298	298	298	298	298	298

怀化市 PM 排放系数

单位：克/（辆·年）

车辆类型		使用性质	燃料种类	1999 年年底前	2000 年	2001 年	2002 年	2003 年	2004 年	2005 年	2006 年	2007 年	2008 年	2009 年	2010 年	2011 年	2012 年	2013 年	2014 年	2015 年	2016 年	2017 年
载客汽车	微型	出租车	汽油	—	—	—	—	—	—	—	—	—	—	—	—	—	—	—	—	—	—	—
			燃气	—	—	—	—	—	—	—	—	—	—	—	—	—	—	—	—	—	—	—
		其他	汽油	—	—	—	—	—	—	—	—	—	—	—	—	—	—	—	—	—	—	—
			燃气	—	—	—	—	—	—	—	—	—	—	—	—	—	—	—	—	—	—	—
	小型	出租车	汽油	—	—	—	—	—	—	—	—	—	—	—	—	—	—	—	—	—	—	—
			柴油	32037	29337	26637	26637	26637	26637	18131	9625	9625	6280	2936	2936	2936	2936	2728	2521	2521	2085	1940
			燃气	—	—	—	—	—	—	—	—	—	—	—	—	—	—	—	—	—	—	—
		其他	汽油	—	—	—	—	—	—	—	—	—	—	—	—	—	—	—	—	—	—	—
			柴油	3580	3388	3196	3196	3196	3196	2298	1401	1401	1026	652	652	652	652	546	440	440	440	440
			燃气	—	—	—	—	—	—	—	—	—	—	—	—	—	—	—	—	—	—	—
	中型	公交车	汽油	—	—	—	—	—	—	—	—	—	—	—	—	—	—	—	—	—	—	—
			柴油	30592	30592	28032	22913	22913	17978	8108	8108	8108	6872	5637	5637	5637	5637	3504	1372	1372	1080	983
			燃气	—	—	—	—	—	—	—	—	—	—	—	—	—	—	—	—	—	—	—
		其他	汽油	—	—	—	—	—	—	—	—	—	—	—	—	—	—	—	—	—	—	—
			柴油	15274	15274	12888	8116	8116	6262	2553	2553	2553	2434	2316	2316	2316	2316	1366	415	415	399	394
			燃气	—	—	—	—	—	—	—	—	—	—	—	—	—	—	—	—	—	—	—
	大型	公交车	汽油	—	—	—	—	—	—	—	—	—	—	—	—	—	—	—	—	—	—	—
			柴油	94865	94865	93934	92071	92071	71272	29674	29674	29674	19994	10315	10315	10315	10315	6116	1916	1916	1845	1821
			燃气	—	—	—	—	—	—	—	—	—	—	—	—	—	—	—	—	—	—	—
		其他	汽油	—	—	—	—	—	—	—	—	—	—	—	—	—	—	—	—	—	—	—
			柴油	142314	142314	133412	115607	115607	85425	25061	25061	25061	17182	9303	9303	9303	9303	5868	2433	2433	2343	2313
			燃气	—	—	—	—	—	—	—	—	—	—	—	—	—	—	—	—	—	—	—
载货汽车	微型		汽油	—	—	—	—	—	—	—	—	—	—	—	—	—	—	—	—	—	—	—
			柴油	9241	9050	8858	8858	8858	8858	7212	5565	5565	4130	2695	2695	2695	2695	1697	699	699	695	694
			燃气	—	—	—	—	—	—	—	—	—	—	—	—	—	—	—	—	—	—	—
	轻型		汽油	—	—	—	—	—	—	—	—	—	—	—	—	—	—	—	—	—	—	—
			柴油	9610	9234	8858	8858	8858	8858	7212	5565	5565	4130	2695	2695	2695	2695	2032	1370	1370	1131	1051
			燃气	—	—	—	—	—	—	—	—	—	—	—	—	—	—	—	—	—	—	—
	中型		汽油	—	—	—	—	—	—	—	—	—	—	—	—	—	—	—	—	—	—	—
			柴油	33425	33425	28128	17535	17535	13535	5535	5535	5535	5244	4952	4952	4952	4952	3175	1398	1398	1280	1241
			燃气	—	—	—	—	—	—	—	—	—	—	—	—	—	—	—	—	—	—	—
	重型		汽油	—	—	—	—	—	—	—	—	—	—	—	—	—	—	—	—	—	—	—
			柴油	146603	146603	120497	68285	68285	54218	26085	26085	26085	17874	9664	9664	9664	9664	6501	3338	3338	2821	2649
			燃气	—	—	—	—	—	—	—	—	—	—	—	—	—	—	—	—	—	—	—
低速汽车	三轮汽车			4092	4092	4092	4092	4092	4092	4092	4092	4092	3220	3220	3220	3220	3220	3220	3220	3220	3220	3220
	低速货车			5581	5581	5581	5581	5581	5581	5581	5581	5581	4392	4392	4392	4392	4392	4392	4392	4392	4392	4392
摩托车	普通摩托车			—	—	—	—	—	—	—	—	—	—	—	—	—	—	—	—	—	—	—
	轻便摩托车			—	—	—	—	—	—	—	—	—	—	—	—	—	—	—	—	—	—	—

怀化市 VOCs 排放系数

单位：克/（辆·年）

车辆类型		使用性质	燃料种类	1999 年年底前	2000 年	2001 年	2002 年	2003 年	2004 年	2005 年	2006 年	2007 年	2008 年	2009 年	2010 年	2011 年	2012 年	2013 年	2014 年	2015 年	2016 年	2017 年
载客汽车	微型	出租车	汽油	458427	270756	83086	83086	83086	83086	62614	42143	42143	34523	26903	26903	22658	18413	18413	18413	18413	13803	12266
			燃气	251304	149728	48152	48152	48152	48152	36400	24647	24647	20094	15541	15541	12470	9400	9400	9400	9400	6067	4956
		其他	汽油	38520	23741	8962	8962	8962	8962	8592	8222	8222	7183	6144	6144	5887	5630	5630	5630	5630	4885	4637
			燃气	16645	9364	2082	2082	2082	2082	1992	1902	1902	1420	937	937	852	766	766	766	766	521	439
	小型	出租车	汽油	458427	266470	74514	74514	74514	74514	69762	65011	65011	45957	26903	26903	22658	18413	18413	18413	18413	13038	11247
			柴油	113059	106502	99946	99946	99946	99946	90464	80981	80981	59054	37127	37127	37127	37127	27570	18012	18012	10247	7659
			燃气	251304	147402	43500	43500	43500	43500	40278	37056	37056	26298	15541	15541	12470	9400	9400	9400	9400	5652	4403
		其他	汽油	39037	23937	8837	8837	8837	8837	8806	8774	8774	7460	6147	6147	5856	5564	5564	5564	5564	4936	4726
			柴油	8943	8178	7412	7412	7412	7412	6275	5138	5138	3535	1932	1932	1932	1932	1624	1315	1315	929	800
			燃气	16925	10193	3461	3461	3461	3461	2832	2202	2202	1637	1072	1072	901	730	730	730	730	548	488
	中型	公交车	汽油	247822	247822	247822	247822	247225	168982	13689	13689	13689	13689	13689	13538	13386	13386	10959	8532	8532	8532	8532
			柴油	87806	87806	86086	82645	82645	64494	28192	28192	28192	20508	12823	12823	12823	12823	8958	5093	5093	4763	4653
			燃气	71579	71579	67602	59649	59649	57536	53311	53311	53311	42686	32061	32061	22219	22219	22154	22154	22154	22154	22154
		其他	汽油	128532	128532	128532	128532	127935	87613	8162	8162	8162	8162	8162	8016	7871	7871	6820	5768	5768	5768	5768
			柴油	30493	30493	28460	24394	24394	18567	6912	6912	6912	6506	6099	6099	6099	6099	3750	1402	1402	1243	1190
			燃气	34560	34560	32640	28800	28800	27780	25740	25740	25740	20623	15506	15506	10732	10732	9642	9642	9642	9642	9642
	大型	公交车	汽油	577130	577130	577130	577130	576533	388955	14993	14993	14993	14993	14993	14853	14713	14713	11947	9181	9181	9181	9181
			柴油	131708	131708	108010	60614	60614	60614	60614	60614	60614	43515	26416	26416	26416	26416	17675	8934	8934	5723	4653
			燃气	168926	168926	159541	140772	140772	135786	125815	125815	125815	100740	75665	75665	52438	52438	47188	47188	47188	47188	47188
		其他	汽油	1278428	1278428	1278428	1278428	1277831	860983	28480	28480	28480	28480	28480	22221	15962	15962	12771	9580	9580	9580	9580
			柴油	272891	272891	207397	76409	76409	76409	76409	76409	76409	55942	35476	35476	35476	35476	20706	5937	5937	5324	5119
			燃气	266186	266186	251398	221822	221822	213966	198253	198253	198253	158842	119430	119430	82662	82662	74261	74261	74261	74261	74261
载货汽车	微型		汽油	224746	121988	19230	19230	19230	19230	18074	16919	16919	15616	14314	14314	11959	9604	9604	9604	9604	8191	7720
			柴油	36630	34206	31782	31782	31782	31782	29021	26260	26260	19532	12805	12805	12805	12805	8860	4915	4915	3276	2730
			燃气	97116	50792	4467	4467	4467	4467	4191	3914	3914	3048	2183	2183	1745	1307	1307	1307	1307	875	731
	轻型		汽油	117821	71292	24762	24762	24762	24762	21488	18213	18213	16380	14548	14548	12849	11150	11150	11150	11150	9622	9113
			柴油	33854	32818	31782	31782	31782	31782	29021	26260	26260	19532	12805	12805	12805	12805	9658	6510	6510	4871	4325
			燃气	51083	30390	9698	9698	9698	9698	7134	4571	4571	3554	2537	2537	2000	1463	1463	1463	1463	1071	941
	中型		汽油	290297	290297	290297	290297	289700	197281	13637	13637	13637	13637	13637	13497	13357	13357	10929	8501	8501	8501	8501
			柴油	68267	68267	63716	54614	54614	41567	15474	15474	15474	14574	13673	13673	13673	13673	9909	6145	6145	3656	2827
			燃气	77372	77372	73074	64478	64478	62194	57625	57625	57625	46193	34762	34762	47039	47039	22906	22906	22906	22906	22906
	重型		汽油	991421	991421	991421	991421	990824	667805	22964	22964	22964	22964	22964	18085	13206	13206	10732	8257	8257	8257	8257
			柴油	240395	240395	182700	67311	67311	67311	67311	67311	67311	49281	31251	31251	31251	31251	19726	8201	8201	6634	6112
			燃气	234488	234488	221462	195410	195410	188489	174647	174647	174647	139927	105207	105207	114184	114184	88666	88666	88666	88666	88666
低速汽车	三轮汽车			25300	25300	25300	25300	25300	25300	25300	25300	25300	16721	16721	16721	16721	16721	16721	16721	16721	16721	16721
	低速货车			33990	33990	33990	33990	33990	33990	33990	33990	33990	22464	22464	22464	22464	22464	22464	22464	22464	22464	22464
摩托车	普通摩托车			15413	15413	15413	15413	11502	7591	4064	4064	4064	4064	4064	3032	2001	2001	2001	2001	2001	2001	2001
	轻便摩托车			49842	49842	49842	49842	49842	9968	9968	4908	4908	4908	4908	3662	2417	2417	2417	2417	2417	2417	2417

娄底市 NO_x 排放系数

单位：克/（辆·年）

车辆类型		使用性质	燃料种类	1999年年底前	2000年	2001年	2002年	2003年	2004年	2005年	2006年	2007年	2008年	2009年	2010年	2011年	2012年	2013年	2014年	2015年	2016年	2017年
载客汽车	微型	出租车	汽油	286920	196382	105844	105844	105844	105844	79028	52212	52212	39272	26331	26331	21347	16363	16363	16363	16363	9665	7432
			燃气	194668	134198	73727	73727	73727	73727	55412	37097	37097	28179	19261	19261	15502	11744	11744	11744	11744	6798	5149
		其他	汽油	29808	18742	7675	7675	7675	7675	4840	2005	2005	1632	1260	1260	1056	852	852	852	852	592	505
			燃气	19373	11564	3754	3754	3754	3754	2452	1151	1151	935	719	719	577	435	435	435	435	345	315
	小型	出租车	汽油	323656	216962	110268	110268	110268	110268	81580	52892	52892	39612	26331	26331	20711	15091	15091	15091	15091	8508	6314
			柴油	367846	310562	253279	253279	253279	253279	225019	196759	196759	156875	116991	116991	116991	116991	94472	71952	71952	53254	47022
			燃气	219160	147918	76676	76676	76676	76676	57113	37550	37550	28406	19261	19261	15078	10895	10895	10895	10895	6026	4403
		其他	汽油	27814	17800	7786	7786	7786	7786	5160	2535	2535	1766	996	996	904	811	811	811	811	558	474
			柴油	24717	20247	15777	15777	15777	15777	14513	13249	13249	10384	7518	7518	7518	7518	6476	5435	5435	4702	4457
			燃气	18043	11530	5017	5017	5017	5017	3260	1504	1504	1024	543	543	476	408	408	408	408	322	294
	中型	公交车	汽油	324985	324985	324985	324985	324985	222019	16087	16087	16087	16087	16087	14427	12767	12767	9638	6510	6510	6510	6510
			柴油	363648	363648	362794	361086	361086	346736	318036	318036	318036	264908	211781	211781	211781	211781	172828	133876	133876	112084	104820
			燃气	386112	386112	381515	372322	372322	360773	337676	337676	337676	281038	224400	224400	141908	141908	111141	111141	111141	111141	111141
		其他	汽油	199245	199245	199245	199245	199245	135155	6974	6974	6974	6974	6974	6974	6974	6974	5230	3487	3487	3487	3487
			柴油	170534	170534	163415	149178	149178	147917	145394	145394	145394	123828	102261	102261	102261	102261	90798	79336	79336	67714	63840
			燃气	192569	192569	181871	160474	160474	158962	155937	155937	155937	132770	109602	109602	85375	85375	68578	68578	68578	68578	68578
	大型	公交车	汽油	1157758	1157758	1157758	1157758	1157758	796096	72773	72773	72773	72773	72773	72710	72646	72646	54485	36324	36324	36324	36324
			柴油	515761	515761	499095	465763	465763	452529	426061	426061	426061	418383	410705	410705	410705	410705	395895	381085	381085	343530	331012
			燃气	1036986	1036986	979376	864155	864155	800029	671778	671778	671778	575589	479400	479400	446322	446322	386844	386844	386844	386844	386844
		其他	汽油	2763358	2763358	2763358	2763358	2763358	1900138	173697	173697	173697	173697	173697	167184	160670	160670	120631	80592	80592	80592	80592
			柴油	1235088	1235088	1203307	1139745	1139745	1113173	1060028	1060028	1060028	1022706	985385	985385	985385	985385	938092	890798	890798	788347	754197
			燃气	2298982	2298982	2171261	1915819	1915819	1773653	1489321	1489321	1489321	1276561	1063801	1063801	959729	959729	814245	814245	814245	814245	814245
载货汽车	微型		汽油	112995	67279	21563	21563	21563	21563	14812	8061	8061	6564	5068	5068	4436	3804	3804	3804	3804	2787	2448
			柴油	78346	64866	51385	51385	51385	51385	46184	40983	40983	34662	28341	28341	28341	28341	20728	13114	13114	11072	10392
			燃气	73438	41993	10547	10547	10547	10547	7587	4628	4628	3760	2892	2892	2417	1942	1942	1942	1942	1631	1527
	轻型		汽油	84002	54076	24151	24151	24151	24151	16459	8767	8767	7368	5969	5969	4935	3901	3901	3901	3901	2910	2579
			柴油	78614	65000	51385	51385	51385	51385	46184	40983	40983	34662	28341	28341	28341	28341	22531	16721	16721	15314	14845
			燃气	54492	35027	15562	15562	15562	15562	10382	5201	5201	4228	3254	3254	2608	1963	1963	1963	1963	1690	1600
	中型		汽油	210745	210745	210745	210745	210745	143877	10142	10142	10142	10142	10142	10142	10142	10142	7610	5077	5077	5077	5077
			柴油	393521	393521	353353	273018	273018	259610	232794	232794	232794	234176	235558	235558	235558	235558	206672	177787	177787	153091	144859
			燃气	444369	444369	394143	293691	293691	279019	249675	249675	249675	251071	252468	252468	191320	191320	155610	155610	155610	155610	155610
	重型		汽油	2097951	2097951	2097951	2097951	2097951	1442591	131871	131871	131871	131871	131871	126926	121981	121981	91584	61186	61186	61186	61186
			柴油	1130392	1130392	1091808	1014640	1014640	977111	902053	902053	902053	865880	829707	829707	829707	829707	734910	640114	640114	446563	382046
			燃气	2104102	2104102	1971244	1705528	1705528	1559475	1267369	1267369	1267369	1081552	895734	895734	689647	689647	412464	412464	412464	412464	412464
低速汽车	三轮汽车			65550	65550	65550	65550	65550	65550	65550	65550	65550	53279	53279	53279	53279	53279	53279	53279	53279	53279	53279
	低速货车			88065	88065	88065	88065	88065	88065	88065	88065	88065	71579	71579	71579	71579	71579	71579	71579	71579	71579	71579
摩托车	普通摩托车			1150	1150	1150	1150	1112	1074	997	997	997	997	997	886	774	774	774	774	774	774	774
	轻便摩托车			767	767	767	767	767	383	383	383	383	383	383	340	298	298	298	298	298	298	298

娄底市 PM 排放系数

单位：克/（辆 • 年）

车辆类型		使用性质	燃料种类	1999 年年底前	2000 年	2001 年	2002 年	2003 年	2004 年	2005 年	2006 年	2007 年	2008 年	2009 年	2010 年	2011 年	2012 年	2013 年	2014 年	2015 年	2016 年	2017 年
载客汽车	微型	出租车	汽油	—	—	—	—	—	—	—	—	—	—	—	—	—	—	—	—	—	—	—
			燃气	—	—	—	—	—	—	—	—	—	—	—	—	—	—	—	—	—	—	—
		其他	汽油	—	—	—	—	—	—	—	—	—	—	—	—	—	—	—	—	—	—	—
			燃气	—	—	—	—	—	—	—	—	—	—	—	—	—	—	—	—	—	—	—
	小型	出租车	汽油	—	—	—	—	—	—	—	—	—	—	—	—	—	—	—	—	—	—	—
			柴油	46042	42161	38280	38280	38280	38280	26056	13832	13832	9026	4219	4219	4219	4219	3922	3624	3624	2996	2787
			燃气	—	—	—	—	—	—	—	—	—	—	—	—	—	—	—	—	—	—	—
		其他	汽油	—	—	—	—	—	—	—	—	—	—	—	—	—	—	—	—	—	—	—
			柴油	3580	3388	3196	3196	3196	3196	2298	1401	1401	1026	652	652	652	652	546	440	440	440	440
			燃气	—	—	—	—	—	—	—	—	—	—	—	—	—	—	—	—	—	—	—
	中型	公交车	汽油	—	—	—	—	—	—	—	—	—	—	—	—	—	—	—	—	—	—	—
			柴油	30592	30592	28032	22913	22913	17978	8108	8108	8108	6872	5637	5637	5637	5637	3504	1372	1372	1080	983
			燃气	—	—	—	—	—	—	—	—	—	—	—	—	—	—	—	—	—	—	—
		其他	汽油	—	—	—	—	—	—	—	—	—	—	—	—	—	—	—	—	—	—	—
			柴油	15274	15274	12888	8116	8116	6262	2553	2553	2553	2434	2316	2316	2316	2316	1366	415	415	399	394
			燃气	—	—	—	—	—	—	—	—	—	—	—	—	—	—	—	—	—	—	—
	大型	公交车	汽油	—	—	—	—	—	—	—	—	—	—	—	—	—	—	—	—	—	—	—
			柴油	94865	94865	93934	92071	92071	71272	29674	29674	29674	19994	10315	10315	10315	10315	6116	1916	1916	1845	1821
			燃气	—	—	—	—	—	—	—	—	—	—	—	—	—	—	—	—	—	—	—
		其他	汽油	—	—	—	—	—	—	—	—	—	—	—	—	—	—	—	—	—	—	—
			柴油	142314	142314	133412	115607	115607	85425	25061	25061	25061	17182	9303	9303	9303	9303	5868	2433	2433	2343	2313
			燃气	—	—	—	—	—	—	—	—	—	—	—	—	—	—	—	—	—	—	—
载货汽车	微型		汽油	—	—	—	—	—	—	—	—	—	—	—	—	—	—	—	—	—	—	—
			柴油	9241	9050	8858	8858	8858	8858	7212	5565	5565	4130	2695	2695	2695	2695	1697	699	699	695	694
			燃气	—	—	—	—	—	—	—	—	—	—	—	—	—	—	—	—	—	—	—
	轻型		汽油	—	—	—	—	—	—	—	—	—	—	—	—	—	—	—	—	—	—	—
			柴油	9610	9234	8858	8858	8858	8858	7212	5565	5565	4130	2695	2695	2695	2695	2032	1370	1370	1131	1051
			燃气	—	—	—	—	—	—	—	—	—	—	—	—	—	—	—	—	—	—	—
	中型		汽油	—	—	—	—	—	—	—	—	—	—	—	—	—	—	—	—	—	—	—
			柴油	33425	33425	28128	17535	17535	13535	5535	5535	5535	5244	4952	4952	4952	4952	3175	1398	1398	1280	1241
			燃气	—	—	—	—	—	—	—	—	—	—	—	—	—	—	—	—	—	—	—
	重型		汽油	—	—	—	—	—	—	—	—	—	—	—	—	—	—	—	—	—	—	—
			柴油	146603	146603	120497	68285	68285	54218	26085	26085	26085	17874	9664	9664	9664	9664	6501	3338	3338	2821	2649
			燃气	—	—	—	—	—	—	—	—	—	—	—	—	—	—	—	—	—	—	—
低速汽车	三轮汽车			4092	4092	4092	4092	4092	4092	4092	4092	4092	3220	3220	3220	3220	3220	3220	3220	3220	3220	3220
	低速货车			5581	5581	5581	5581	5581	5581	5581	5581	5581	4392	4392	4392	4392	4392	4392	4392	4392	4392	4392
摩托车	普通摩托车			—	—	—	—	—	—	—	—	—	—	—	—	—	—	—	—	—	—	—
	轻便摩托车			—	—	—	—	—	—	—	—	—	—	—	—	—	—	—	—	—	—	—

娄底市 VOCs 排放系数

单位：克/（辆·年）

车辆类型		使用性质	燃料种类	1999年年底前	2000年	2001年	2002年	2003年	2004年	2005年	2006年	2007年	2008年	2009年	2010年	2011年	2012年	2013年	2014年	2015年	2016年	2017年
载客汽车	微型	出租车	汽油	671337	401120	130902	130902	130902	130902	99799	68696	68696	56535	44374	44374	36490	28606	28606	28606	28606	19782	16840
			燃气	374278	227390	80502	80502	80502	80502	62154	43805	43805	36168	28532	28532	22660	16789	16789	16789	16789	10086	7852
		其他	汽油	38520	23741	8962	8962	8962	8962	8592	8222	8222	7183	6144	6144	5887	5630	5630	5630	5630	4885	4637
			燃气	16645	9364	2082	2082	2082	2082	1992	1902	1902	1420	937	937	852	766	766	766	766	521	439
	小型	出租车	汽油	671337	394960	118583	118583	118583	118583	110071	101559	101559	72966	44374	44374	36490	28606	28606	28606	28606	18684	15377
			柴油	207665	195094	182523	182523	182523	182523	163858	145193	145193	108673	72153	72153	72153	72153	53380	34607	34607	18763	13482
			燃气	374278	224048	73817	73817	73817	73817	67728	61639	61639	45086	28532	28532	22660	16789	16789	16789	16789	9490	7057
		其他	汽油	39037	23937	8837	8837	8837	8837	8806	8774	8774	7460	6147	6147	5856	5564	5564	5564	5564	4936	4726
			柴油	8943	8178	7412	7412	7412	7412	6275	5138	5138	3535	1932	1932	1932	1932	1624	1315	1315	929	800
			燃气	16925	10193	3461	3461	3461	3461	2832	2202	2202	1637	1072	1072	901	730	730	730	730	548	488
	中型	公交车	汽油	247822	247822	247822	247822	247225	168982	13689	13689	13689	13689	13689	13538	13386	13386	10959	8532	8532	8532	8532
			柴油	87806	87806	86086	82645	82645	64494	28192	28192	28192	20508	12823	12823	12823	12823	8958	5093	5093	4763	4653
			燃气	71579	71579	67602	59649	59649	57536	53311	53311	53311	42686	32061	32061	22219	22219	22154	22154	22154	22154	22154
		其他	汽油	128532	128532	128532	128532	127935	87613	8162	8162	8162	8162	8162	8016	7871	7871	6820	5768	5768	5768	5768
			柴油	30493	30493	28460	24394	24394	18567	6912	6912	6912	6506	6099	6099	6099	6099	3750	1402	1402	1243	1190
			燃气	34560	34560	32640	28800	28800	27780	25740	25740	25740	20623	15506	15506	10732	10732	9642	9642	9642	9642	9642
	大型	公交车	汽油	577130	577130	577130	577130	576533	388955	14993	14993	14993	14993	14993	14853	14713	14713	11947	9181	9181	9181	9181
			柴油	131708	131708	108010	60614	60614	60614	60614	60614	60614	43515	26416	26416	26416	26416	17675	8934	8934	5723	4653
			燃气	168926	168926	159541	140772	140772	135786	125815	125815	125815	100740	75665	75665	52438	52438	47188	47188	47188	47188	47188
		其他	汽油	1278428	1278428	1278428	1278428	1277831	860983	28480	28480	28480	28480	28480	22221	15962	15962	12771	9580	9580	9580	9580
			柴油	272891	272891	207397	76409	76409	76409	76409	76409	76409	55942	35476	35476	35476	35476	20706	5937	5937	5324	5119
			燃气	266186	266186	251398	221822	221822	213966	198253	198253	198253	158842	119430	119430	82662	82662	74261	74261	74261	74261	74261
载货汽车	微型		汽油	224746	121988	19230	19230	19230	19230	18074	16919	16919	15616	14314	14314	11959	9604	9604	9604	9604	8191	7720
			柴油	36630	34206	31782	31782	31782	31782	29021	26260	26260	19532	12805	12805	12805	12805	8860	4915	4915	3276	2730
			燃气	97116	50792	4467	4467	4467	4467	4191	3914	3914	3048	2183	2183	1745	1307	1307	1307	1307	875	731
	轻型		汽油	117821	71292	24762	24762	24762	24762	21488	18213	18213	16380	14548	14548	12849	11150	11150	11150	11150	9622	9113
			柴油	33854	32818	31782	31782	31782	31782	29021	26260	26260	19532	12805	12805	12805	12805	9658	6510	6510	4871	4325
			燃气	51083	30390	9698	9698	9698	9698	7134	4571	4571	3554	2537	2537	2000	1463	1463	1463	1463	1071	941
	中型		汽油	290297	290297	290297	290297	289700	197281	13637	13637	13637	13637	13637	13497	13357	13357	10929	8501	8501	8501	8501
			柴油	68267	68267	63716	54614	54614	41567	15474	15474	15474	14574	13673	13673	13673	13673	9909	6145	6145	3656	2827
			燃气	77372	77372	73074	64478	64478	62194	57625	57625	57625	46193	34762	34762	47039	47039	22906	22906	22906	22906	22906
	重型		汽油	991421	991421	991421	991421	990824	667805	22964	22964	22964	22964	22964	18085	13206	13206	10732	8257	8257	8257	8257
			柴油	240395	240395	182700	67311	67311	67311	67311	67311	67311	49281	31251	31251	31251	31251	19726	8201	8201	6634	6112
			燃气	234488	234488	221462	195410	195410	188489	174647	174647	174647	139927	105207	105207	114184	114184	88666	88666	88666	88666	88666
低速汽车	三轮汽车			25300	25300	25300	25300	25300	25300	25300	25300	25300	16721	16721	16721	16721	16721	16721	16721	16721	16721	16721
	低速货车			33990	33990	33990	33990	33990	33990	33990	33990	33990	22464	22464	22464	22464	22464	22464	22464	22464	22464	22464
摩托车	普通摩托车			15413	15413	15413	15413	11502	7591	4064	4064	4064	4064	4064	3032	2001	2001	2001	2001	2001	2001	2001
	轻便摩托车			49842	49842	49842	49842	49842	9968	9968	4908	4908	4908	4908	3662	2417	2417	2417	2417	2417	2417	2417

湘西土家族苗族自治州 NO_x 排放系数

单位：克/（辆·年）

车辆类型		使用性质	燃料种类	1999 年年底前	2000 年	2001 年	2002 年	2003 年	2004 年	2005 年	2006 年	2007 年	2008 年	2009 年	2010 年	2011 年	2012 年	2013 年	2014 年	2015 年	2016 年	2017 年
载客汽车	微型	出租车	汽油	225181	152546	79911	79911	79911	79911	58994	38076	38076	28162	18249	18249	14942	11636	11636	11636	11636	7143	5645
			燃气	152135	103696	55257	55257	55257	55257	41027	26797	26797	20012	13226	13226	10738	8249	8249	8249	8249	4973	3881
		其他	汽油	29808	18742	7675	7675	7675	7675	4840	2005	2005	1632	1260	1260	1056	852	852	852	852	592	505
			燃气	19373	11564	3754	3754	3754	3754	2452	1151	1151	935	719	719	577	435	435	435	435	345	315
	小型	出租车	汽油	254814	169147	83480	83480	83480	83480	61052	38625	38625	28437	18249	18249	14429	10609	10609	10609	10609	6210	4744
			柴油	276880	232052	187225	187225	187225	187225	166638	146052	146052	116084	86116	86116	86116	86116	70160	54204	54204	41174	36831
			燃气	171892	114764	57636	57636	57636	57636	42400	27163	27163	20194	13226	13226	10396	7565	7565	7565	7565	4351	3280
		其他	汽油	27814	17800	7786	7786	7786	7786	5160	2535	2535	1766	996	996	904	811	811	811	811	558	474
			柴油	24717	20247	15777	15777	15777	15777	14513	13249	13249	10384	7518	7518	7518	7518	6476	5435	5435	4702	4457
			燃气	18043	11530	5017	5017	5017	5017	3260	1504	1504	1024	543	543	476	408	408	408	408	322	294
	中型	公交车	汽油	324985	324985	324985	324985	324985	222019	16087	16087	16087	16087	16087	14427	12767	12767	9638	6510	6510	6510	6510
			柴油	363648	363648	362794	361086	361086	346736	318036	318036	318036	264908	211781	211781	211781	211781	172828	133876	133876	112084	104820
			燃气	386112	386112	381515	372322	372322	360773	337676	337676	337676	281038	224400	224400	141908	141908	111141	111141	111141	111141	111141
		其他	汽油	199245	199245	199245	199245	199245	135155	6974	6974	6974	6974	6974	6974	6974	6974	5230	3487	3487	3487	3487
			柴油	170534	170534	163415	149178	149178	147917	145394	145394	145394	123828	102261	102261	102261	102261	90798	79336	79336	67714	63840
			燃气	192569	192569	181871	160474	160474	158962	155937	155937	155937	132770	109602	109602	85375	85375	68578	68578	68578	68578	68578
	大型	公交车	汽油	1157758	1157758	1157758	1157758	1157758	796096	72773	72773	72773	72773	72773	72710	72646	72646	54485	36324	36324	36324	36324
			柴油	515761	515761	499095	465763	465763	452529	426061	426061	426061	418383	410705	410705	410705	410705	395895	381085	381085	343530	331012
			燃气	1036986	1036986	979376	864155	864155	800029	671778	671778	671778	575589	479400	479400	446322	446322	386844	386844	386844	386844	386844
		其他	汽油	2763358	2763358	2763358	2763358	2763358	1900138	173697	173697	173697	173697	173697	167184	160670	160670	120631	80592	80592	80592	80592
			柴油	1235088	1235088	1203307	1139745	1139745	1113173	1060028	1060028	1060028	1022706	985385	985385	985385	985385	938092	890798	890798	788347	754197
			燃气	2298982	2298982	2171261	1915819	1915819	1773653	1489321	1489321	1489321	1276561	1063801	1063801	959729	959729	814245	814245	814245	814245	814245
载货汽车	微型		汽油	97634	57985	18336	18336	18336	18336	12534	6732	6732	5466	4200	4200	3705	3210	3210	3210	3210	2379	2102
			柴油	66506	54916	43327	43327	43327	43327	38980	34632	34632	29310	23988	23988	23988	23988	17548	11108	11108	9478	8935
			燃气	63455	36212	8969	8969	8969	8969	6417	3865	3865	3131	2397	2397	2018	1639	1639	1639	1639	1393	1311
	轻型		汽油	72488	46534	20580	20580	20580	20580	13962	7344	7344	6163	4982	4982	4138	3294	3294	3294	3294	2485	2215
			柴油	66738	55032	43327	43327	43327	43327	38980	34632	34632	29310	23988	23988	23988	23988	19112	14236	14236	13157	12797
			燃气	47023	30142	13261	13261	13261	13261	8809	4357	4357	3537	2716	2716	2187	1657	1657	1657	1657	1445	1374
	中型		汽油	210745	210745	210745	210745	210745	143877	10142	10142	10142	10142	10142	10142	10142	10142	7610	5077	5077	5077	5077
			柴油	393521	393521	353353	273018	273018	259610	232794	232794	232794	234176	235558	235558	235558	235558	206672	177787	177787	153091	144859
			燃气	444369	444369	394143	293691	293691	279019	249675	249675	249675	251071	252468	252468	191320	191320	155610	155610	155610	155610	155610
	重型		汽油	1294897	1294897	1294897	1294897	1294897	890396	81394	81394	81394	81394	81394	78342	75289	75289	56527	37765	37765	37765	37765
			柴油	715900	715900	691464	642592	642592	618824	571288	571288	571288	548380	525471	525471	525471	525471	457568	389666	389666	269707	229721
			燃气	1332570	1332570	1248428	1080145	1080145	987647	802650	802650	802650	684969	567287	567287	419819	419819	248011	248011	248011	248011	248011
低速汽车	三轮汽车			65550	65550	65550	65550	65550	65550	65550	65550	65550	53279	53279	53279	53279	53279	53279	53279	53279	53279	53279
	低速货车			88065	88065	88065	88065	88065	88065	88065	88065	88065	71579	71579	71579	71579	71579	71579	71579	71579	71579	71579
摩托车	普通摩托车			1150	1150	1150	1150	1112	1074	997	997	997	997	997	886	774	774	774	774	774	774	774
	轻便摩托车			767	767	767	767	767	383	383	383	383	383	383	340	298	298	298	298	298	298	298

湘西土家族苗族自治州 PM 排放系数

单位：克/（辆·年）

车辆类型		使用性质	燃料种类	1999 年年底前	2000 年	2001 年	2002 年	2003 年	2004 年	2005 年	2006 年	2007 年	2008 年	2009 年	2010 年	2011 年	2012 年	2013 年	2014 年	2015 年	2016 年	2017 年
载客汽车	微型	出租车	汽油	—	—	—	—	—	—	—	—	—	—	—	—	—	—	—	—	—	—	—
			燃气	—	—	—	—	—	—	—	—	—	—	—	—	—	—	—	—	—	—	—
		其他	汽油	—	—	—	—	—	—	—	—	—	—	—	—	—	—	—	—	—	—	—
			燃气	—	—	—	—	—	—	—	—	—	—	—	—	—	—	—	—	—	—	—
	小型	出租车	汽油	—	—	—	—	—	—	—	—	—	—	—	—	—	—	—	—	—	—	—
			柴油	37140	34010	30879	30879	30879	30879	21018	11158	11158	7281	3404	3404	3404	3404	3164	2923	2923	2417	2248
			燃气	—	—	—	—	—	—	—	—	—	—	—	—	—	—	—	—	—	—	—
		其他	汽油	—	—	—	—	—	—	—	—	—	—	—	—	—	—	—	—	—	—	—
			柴油	3580	3388	3196	3196	3196	3196	2298	1401	1401	1026	652	652	652	652	546	440	440	440	440
			燃气	—	—	—	—	—	—	—	—	—	—	—	—	—	—	—	—	—	—	—
	中型	公交车	汽油	—	—	—	—	—	—	—	—	—	—	—	—	—	—	—	—	—	—	—
			柴油	30592	30592	28032	22913	22913	17978	8108	8108	8108	6872	5637	5637	5637	5637	3504	1372	1372	1080	983
			燃气	—	—	—	—	—	—	—	—	—	—	—	—	—	—	—	—	—	—	—
		其他	汽油	—	—	—	—	—	—	—	—	—	—	—	—	—	—	—	—	—	—	—
			柴油	15274	15274	12888	8116	8116	6262	2553	2553	2553	2434	2316	2316	2316	2316	1366	415	415	399	394
			燃气	—	—	—	—	—	—	—	—	—	—	—	—	—	—	—	—	—	—	—
	大型	公交车	汽油	—	—	—	—	—	—	—	—	—	—	—	—	—	—	—	—	—	—	—
			柴油	94865	94865	93934	92071	92071	71272	29674	29674	29674	19994	10315	10315	10315	10315	6116	1916	1916	1845	1821
			燃气	—	—	—	—	—	—	—	—	—	—	—	—	—	—	—	—	—	—	—
		其他	汽油	—	—	—	—	—	—	—	—	—	—	—	—	—	—	—	—	—	—	—
			柴油	142314	142314	133412	115607	115607	85425	25061	25061	25061	17182	9303	9303	9303	9303	5868	2433	2433	2343	2313
			燃气	—	—	—	—	—	—	—	—	—	—	—	—	—	—	—	—	—	—	—
载货汽车	微型		汽油	—	—	—	—	—	—	—	—	—	—	—	—	—	—	—	—	—	—	—
			柴油	8014	7848	7683	7683	7683	7683	6254	4826	4826	3582	2338	2338	2338	2338	1472	606	606	603	602
			燃气	—	—	—	—	—	—	—	—	—	—	—	—	—	—	—	—	—	—	—
	轻型		汽油	—	—	—	—	—	—	—	—	—	—	—	—	—	—	—	—	—	—	—
			柴油	8335	8009	7683	7683	7683	7683	6254	4826	4826	3582	2338	2338	2338	2338	1763	1188	1188	981	912
			燃气	—	—	—	—	—	—	—	—	—	—	—	—	—	—	—	—	—	—	—
	中型		汽油	—	—	—	—	—	—	—	—	—	—	—	—	—	—	—	—	—	—	—
			柴油	33425	33425	28128	17535	17535	13535	5535	5535	5535	5244	4952	4952	4952	4952	3175	1398	1398	1280	1241
			燃气	—	—	—	—	—	—	—	—	—	—	—	—	—	—	—	—	—	—	—
	重型		汽油	—	—	—	—	—	—	—	—	—	—	—	—	—	—	—	—	—	—	—
			柴油	89064	89064	73204	41484	41484	32938	15847	15847	15847	10859	5871	5871	5871	5871	3983	2095	2095	1771	1663
			燃气	—	—	—	—	—	—	—	—	—	—	—	—	—	—	—	—	—	—	—
低速汽车	三轮汽车			4092	4092	4092	4092	4092	4092	4092	4092	4092	3220	3220	3220	3220	3220	3220	3220	3220	3220	3220
	低速货车			5581	5581	5581	5581	5581	5581	5581	5581	5581	4392	4392	4392	4392	4392	4392	4392	4392	4392	4392
摩托车	普通摩托车			—	—	—	—	—	—	—	—	—	—	—	—	—	—	—	—	—	—	—
	轻便摩托车			—	—	—	—	—	—	—	—	—	—	—	—	—	—	—	—	—	—	—

湘西土家族苗族自治州 VOCs 排放系数

单位：克/（辆·年）

车辆类型		使用性质	燃料种类	1999 年年底前	2000 年	2001 年	2002 年	2003 年	2004 年	2005 年	2006 年	2007 年	2008 年	2009 年	2010 年	2011 年	2012 年	2013 年	2014 年	2015 年	2016 年	2017 年
载客汽车	微型	出租车	汽油	407495	245176	82857	82857	82857	82857	63852	44847	44847	37221	29595	29595	24564	19534	19534	19534	19534	13712	11771
			燃气	295182	177162	59142	59142	59142	59142	45089	31036	31036	25437	19838	19838	15850	11861	11861	11861	11861	7435	5960
		其他	汽油	30855	19530	8204	8204	8204	8204	7846	7489	7489	6626	5762	5762	5548	5333	5333	5333	5333	4665	4442
			燃气	16645	9364	2082	2082	2082	2082	1992	1902	1902	1420	937	937	852	766	766	766	766	521	439
	小型	出租车	汽油	407495	241494	75492	75492	75492	75492	69994	64496	64496	47046	29595	29595	24564	19534	19534	19534	19534	13056	10896
			柴油	134935	126768	118600	118600	118600	118600	106466	94332	94332	70652	46971	46971	46971	46971	34768	22565	22565	12227	8781
			燃气	295182	174466	53749	53749	53749	53749	49586	45422	45422	32630	19838	19838	15850	11861	11861	11861	11861	6954	5319
		其他	汽油	31238	19674	8111	8111	8111	8111	8004	7898	7898	6831	5764	5764	5524	5284	5284	5284	5284	4703	4509
			柴油	7620	6980	6340	6340	6340	6340	5386	4433	4433	3093	1753	1753	1753	1753	1462	1172	1172	804	682
			燃气	16925	10193	3461	3461	3461	3461	2832	2202	2202	1637	1072	1072	901	730	730	730	730	548	488
	中型	公交车	汽油	247822	247822	247822	247822	247225	168982	13689	13689	13689	13689	13689	13538	13386	13386	10959	8532	8532	8532	8532
			柴油	87806	87806	86086	82645	82645	64494	28192	28192	28192	20508	12823	12823	12823	12823	8958	5093	5093	4763	4653
			燃气	71579	71579	67602	59649	59649	57536	53311	53311	53311	42686	32061	32061	22219	22219	22154	22154	22154	22154	22154
		其他	汽油	128532	128532	128532	128532	127935	87613	8162	8162	8162	8162	8162	8016	7871	7871	6820	5768	5768	5768	5768
			柴油	30493	30493	28460	24394	24394	18567	6912	6912	6912	6506	6099	6099	6099	6099	3750	1402	1402	1243	1190
			燃气	34560	34560	32640	28800	28800	27780	25740	25740	25740	20623	15506	15506	10732	10732	9642	9642	9642	9642	9642
	大型	公交车	汽油	577130	577130	577130	577130	576533	388955	14993	14993	14993	14993	14993	14853	14713	14713	11947	9181	9181	9181	9181
			柴油	131708	131708	108010	60614	60614	60614	60614	60614	60614	43515	26416	26416	26416	26416	17675	8934	8934	5723	4653
			燃气	168926	168926	159541	140772	140772	135786	125815	125815	125815	100740	75665	75665	52438	52438	47188	47188	47188	47188	47188
		其他	汽油	1278428	1278428	1278428	1278428	1277831	860983	28480	28480	28480	28480	28480	22221	15962	15962	12771	9580	9580	9580	9580
			柴油	272891	272891	207397	76409	76409	76409	76409	76409	76409	55942	35476	35476	35476	35476	20706	5937	5937	5324	5119
			燃气	266186	266186	251398	221822	221822	213966	198253	198253	198253	158842	119430	119430	82662	82662	74261	74261	74261	74261	74261
载货汽车	微型		汽油	147987	81393	14799	14799	14799	14799	13906	13012	13012	12018	11024	11024	9440	7857	7857	7857	7857	6741	6369
			柴油	26393	24650	22908	22908	22908	22908	20896	18884	18884	14098	9313	9313	9313	9313	6480	3646	3646	2392	1974
			燃气	79833	41794	3756	3756	3756	3756	3530	3305	3305	2549	1793	1793	1461	1129	1129	1129	1129	754	629
	轻型		汽油	79250	48803	18356	18356	18356	18356	16100	13844	13844	12510	11175	11175	10013	8851	8851	8851	8851	7662	7265
			柴油	24467	23688	22908	22908	22908	22908	20896	18884	18884	14098	9313	9313	9313	9313	7032	4752	4752	3498	3080
			燃气	42938	25385	7833	7833	7833	7833	5846	3860	3860	2969	2078	2078	1651	1223	1223	1223	1223	895	786
	中型		汽油	290297	290297	290297	290297	289700	197281	13637	13637	13637	13637	13637	13497	13357	13357	10929	8501	8501	8501	8501
			柴油	68267	68267	63716	54614	54614	41567	15474	15474	15474	14574	13673	13673	13673	13673	9909	6145	6145	3656	2827
			燃气	77372	77372	73074	64478	64478	62194	57625	57625	57625	46193	34762	34762	47039	47039	22906	22906	22906	22906	22906
	重型		汽油	615744	615744	615744	615744	615146	414946	15740	15740	15740	15740	15740	12667	9594	9594	8056	6519	6519	6519	6519
			柴油	154871	154871	117702	43364	43364	43364	43364	43364	43364	31748	20133	20133	20133	20133	12786	5440	5440	3923	3417
			燃气	151066	151066	142674	125889	125889	121431	112513	112513	112513	90146	67778	67778	75742	75742	49570	49570	49570	49570	49570
低速汽车	三轮汽车			25300	25300	25300	25300	25300	25300	25300	25300	25300	16721	16721	16721	16721	16721	16721	16721	16721	16721	16721
	低速货车			33990	33990	33990	33990	33990	33990	33990	33990	33990	22464	22464	22464	22464	22464	22464	22464	22464	22464	22464
摩托车	普通摩托车			15413	15413	15413	15413	11502	7591	4064	4064	4064	4064	4064	3032	2001	2001	2001	2001	2001	2001	2001
	轻便摩托车			49842	49842	49842	49842	49842	9968	9968	4908	4908	4908	4908	3662	2417	2417	2417	2417	2417	2417	2417

广州市 NO_x 排放系数

单位：克/（辆·年）

车辆类型		使用性质	燃料种类	1999年年底前	2000年	2001年	2002年	2003年	2004年	2005年	2006年	2007年	2008年	2009年	2010年	2011年	2012年	2013年	2014年	2015年	2016年	2017年
载客汽车	微型	出租车	汽油	447905	308689	169472	169472	169472	169472	126343	69268	41379	41379	41379	36373	26362	26362	26362	26362	26362	11900	11900
			燃气	280862	196027	111192	111192	111192	111192	83953	47725	29749	29749	29749	25963	18390	18390	18390	18390	18390	7750	7750
		其他	汽油	41706	26304	10902	10902	10902	10902	6802	2356	1666	1666	1666	1490	1138	1138	1138	1138	1138	709	709
			燃气	24909	14934	4959	4959	4959	4959	3245	1336	945	945	945	830	599	599	599	599	599	416	416
	小型	出租车	汽油	505197	340904	176610	176610	176610	176610	130460	70000	41379	41379	41379	35658	24216	24216	24216	24216	24216	10095	10095
			柴油	579188	489111	399034	399034	399034	399034	354649	268985	186426	186426	186426	150602	114777	114777	114777	114777	114777	84740	74728
			燃气	315539	215526	115512	115512	115512	115512	86445	48168	29749	29749	29749	23420	17091	17091	17091	17091	17091	6658	6658
		其他	汽油	38885	24974	11063	11063	11063	11063	7266	2743	1292	1292	1292	1220	1075	1075	1075	1075	1075	664	664
			柴油	35329	28911	22492	22492	22492	22492	20651	16136	10789	10789	10789	9289	7789	7789	7789	7789	7789	6786	6451
			燃气	23201	14910	6618	6618	6618	6618	4307	1570	718	718	718	640	561	561	561	561	561	388	388
	中型	公交车	汽油	487928	487928	487928	487928	487928	256040	24152	24152	24152	24152	24152	21661	19169	19169	14471	9773	9773	9773	9773
			柴油	547079	547079	545795	543226	543226	521637	478460	425176	318608	318608	318608	318608	318608	318608	260007	201406	201406	168622	157694
			燃气	580874	580874	573959	560129	560129	542755	508006	451201	337592	337592	337592	337592	213489	213489	167203	167203	167203	167203	167203
		其他	汽油	197761	197761	197761	197761	197761	102342	6922	6922	6922	6922	6922	6922	6922	6922	5192	3462	3462	3462	3462
			柴油	169606	169606	162526	148366	148366	147111	144602	130303	101705	101705	101705	101705	101705	101705	90305	78904	78904	67346	63493
			燃气	191521	191521	180881	159601	159601	158097	155088	139727	109005	109005	109005	109005	84910	84910	68205	68205	68205	68205	68205
	大型	公交车	汽油	1738243	1738243	1738243	1738243	1738243	923752	109261	109261	109261	109261	109261	109165	109069	109069	81803	54536	54536	54536	54536
			柴油	775921	775921	750848	700703	700703	680793	640974	633273	617872	617872	617872	617872	617872	617872	595593	573313	573313	516813	497980
			燃气	1560063	1560063	1473393	1300052	1300052	1203580	1010636	914164	721219	721219	721219	721219	671455	671455	581976	581976	581976	581976	581976
		其他	汽油	2742775	2742775	2742775	2742775	2742775	1457589	172403	172403	172403	172403	172403	165938	159473	159473	119733	79992	79992	79992	79992
			柴油	1228365	1228365	1196757	1133541	1133541	1107113	1054258	1029513	980022	980022	980022	980022	980022	980022	932986	885950	885950	784057	750092
			燃气	2286469	2286469	2159443	1905390	1905390	1763998	1481214	1340146	1058010	1058010	1058010	1058010	954505	954505	809813	809813	809813	809813	809813
载货汽车	微型		汽油	180126	107321	34515	34515	34515	34515	23950	11771	8543	8543	8543	7754	6177	6177	6177	6177	6177	3838	3838
			柴油	132128	109857	87586	87586	87586	87586	78501	62288	48031	48031	48031	35102	22173	22173	22173	22173	22173	18422	17172
			燃气	107581	61640	15700	15700	15700	15700	11643	6673	4846	4846	4846	4049	3251	3251	3251	3251	3251	2252	2252
	轻型		汽油	130200	84341	38482	38482	38482	38482	26474	12952	9924	9924	9924	8724	6325	6325	6325	6325	6325	4038	4038
			柴油	132563	110075	87586	87586	87586	87586	78501	62288	48031	48031	48031	38040	28048	28048	28048	28048	28048	25332	24426
			燃气	77685	50353	23020	23020	23020	23020	15672	7387	5515	5515	5515	4408	3301	3301	3301	3301	3301	2360	2360
	中型		汽油	266792	266792	266792	266792	266792	139816	12839	12839	12839	12839	12839	12839	12839	12839	9633	6427	6427	6427	6427
			柴油	503174	503174	451814	349093	349093	331949	297662	294847	289217	289217	289217	289217	289217	289217	253752	218286	218286	187964	177857
			燃气	568190	568190	503969	375528	375528	356768	319247	316157	309976	309976	309976	309976	234901	234901	191056	191056	191056	191056	191056
	重型		汽油	1972228	1972228	1972228	1972228	1972228	1048099	123969	123969	123969	123969	123969	119320	114671	114671	86095	57519	57519	57519	57519
			柴油	1103973	1103973	1066291	990926	990926	954274	880970	857419	810316	810316	810316	810316	810316	810316	724754	639191	639191	452093	389727
			燃气	2054927	2054927	1925173	1665666	1665666	1523026	1237747	1116765	874799	874799	874799	874799	688652	688652	420756	420756	420756	420756	420756
低速汽车	三轮汽车			65550	65550	65550	65550	65550	65550	65550	65550	65550	53279	53279	53279	53279	53279	53279	53279	53279	53279	53279
	低速货车			88065	88065	88065	88065	88065	88065	88065	88065	88065	71579	71579	71579	71579	71579	71579	71579	71579	71579	71579
摩托车	普通摩托车			1177	1177	1177	1177	1138	1098	1020	1020	1020	1020	1020	906	792	792	792	792	792	792	792
	轻便摩托车			785	785	785	785	785	392	392	392	392	392	392	349	305	305	305	305	305	305	305

广州市 PM 排放系数

单位：克/（辆 • 年）

车辆类型		使用性质	燃料种类	1999 年年底前	2000 年	2001 年	2002 年	2003 年	2004 年	2005 年	2006 年	2007 年	2008 年	2009 年	2010 年	2011 年	2012 年	2013 年	2014 年	2015 年	2016 年	2017 年
载客汽车	微型	出租车	汽油	—	—	—	—	—	—	—	—	—	—	—	—	—	—	—	—	—	—	—
			燃气	—	—	—	—	—	—	—	—	—	—	—	—	—	—	—	—	—	—	—
		其他	汽油	—	—	—	—	—	—	—	—	—	—	—	—	—	—	—	—	—	—	—
			燃气	—	—	—	—	—	—	—	—	—	—	—	—	—	—	—	—	—	—	—
	小型	出租车	汽油	—	—	—	—	—	—	—	—	—	—	—	—	—	—	—	—	—	—	—
			柴油	66419	60814	55208	55208	55208	55208	37253	14886	6065	6065	6065	5637	5209	5209	5209	5209	5209	4308	4007
			燃气	—	—	—	—	—	—	—	—	—	—	—	—	—	—	—	—	—	—	—
		其他	汽油	—	—	—	—	—	—	—	—	—	—	—	—	—	—	—	—	—	—	—
			柴油	4670	4418	4166	4166	4166	4166	2979	1478	851	851	851	702	553	553	553	553	553	553	553
			燃气	—	—	—	—	—	—	—	—	—	—	—	—	—	—	—	—	—	—	—
	中型	公交车	汽油	—	—	—	—	—	—	—	—	—	—	—	—	—	—	—	—	—	—	—
			柴油	46275	46275	42403	34660	34660	27195	12264	11018	8526	8526	8526	8526	8526	8526	5301	2075	2075	1633	1486
			燃气	—	—	—	—	—	—	—	—	—	—	—	—	—	—	—	—	—	—	—
		其他	汽油	—	—	—	—	—	—	—	—	—	—	—	—	—	—	—	—	—	—	—
			柴油	15274	15274	12888	8116	8116	6262	2553	2474	2316	2316	2316	2316	2316	2316	1366	415	415	399	394
			燃气	—	—	—	—	—	—	—	—	—	—	—	—	—	—	—	—	—	—	—
	大型	公交车	汽油	—	—	—	—	—	—	—	—	—	—	—	—	—	—	—	—	—	—	—
			柴油	143498	143498	142089	139271	139271	107810	44887	35126	15603	15603	15603	15603	15603	15603	9251	2898	2898	2790	2754
			燃气	—	—	—	—	—	—	—	—	—	—	—	—	—	—	—	—	—	—	—
		其他	汽油	—	—	—	—	—	—	—	—	—	—	—	—	—	—	—	—	—	—	—
			柴油	142314	142314	133412	115607	115607	85425	25061	19808	9303	9303	9303	9303	9303	9303	5868	2433	2433	2343	2313
			燃气	—	—	—	—	—	—	—	—	—	—	—	—	—	—	—	—	—	—	—
载货汽车	微型		汽油	—	—	—	—	—	—	—	—	—	—	—	—	—	—	—	—	—	—	—
			柴油	13430	13153	12875	12875	12875	12875	10496	6722	3931	3931	3931	2475	1019	1019	1019	1019	1019	1015	1013
			燃气	—	—	—	—	—	—	—	—	—	—	—	—	—	—	—	—	—	—	—
	轻型		汽油	—	—	—	—	—	—	—	—	—	—	—	—	—	—	—	—	—	—	—
			柴油	13968	13422	12875	12875	12875	12875	10496	6722	3931	3931	3931	2965	1998	1998	1998	1998	1998	1650	1534
			燃气	—	—	—	—	—	—	—	—	—	—	—	—	—	—	—	—	—	—	—
	中型		汽油	—	—	—	—	—	—	—	—	—	—	—	—	—	—	—	—	—	—	—
			柴油	43474	43474	36585	22807	22807	17572	7101	6852	6354	6354	6354	6354	6354	6354	4074	1794	1794	1643	1593
			燃气	—	—	—	—	—	—	—	—	—	—	—	—	—	—	—	—	—	—	—
	重型		汽油	—	—	—	—	—	—	—	—	—	—	—	—	—	—	—	—	—	—	—
			柴油	161907	161907	133076	75413	75413	59878	28807	22762	10673	10673	10673	10673	10673	10673	7072	3470	3470	2933	2754
			燃气	—	—	—	—	—	—	—	—	—	—	—	—	—	—	—	—	—	—	—
低速汽车	三轮汽车			4092	4092	4092	4092	4092	4092	4092	4092	4092	3220	3220	3220	3220	3220	3220	3220	3220	3220	3220
	低速货车			5581	5581	5581	5581	5581	5581	5581	5581	5581	4392	4392	4392	4392	4392	4392	4392	4392	4392	4392
摩托车	普通摩托车			—	—	—	—	—	—	—	—	—	—	—	—	—	—	—	—	—	—	—
	轻便摩托车			—	—	—	—	—	—	—	—	—	—	—	—	—	—	—	—	—	—	—

广州市 VOCs 排放系数

单位：克/（辆·年）

车辆类型		使用性质	燃料种类	1999 年年底前	2000 年	2001 年	2002 年	2003 年	2004 年	2005 年	2006 年	2007 年	2008 年	2009 年	2010 年	2011 年	2012 年	2013 年	2014 年	2015 年	2016 年	2017 年
载客汽车	微型	出租车	汽油	962825	573608	184391	184391	184391	184391	141632	87113	63596	63596	63596	55972	40725	40725	40725	40725	40725	24170	24170
			燃气	570313	345338	120363	120363	120363	120363	93639	59132	43568	43568	43568	37699	25960	25960	25960	25960	25960	12765	12765
		其他	汽油	46131	27973	9815	9815	9815	9815	9419	8225	6628	6628	6628	6436	6052	6052	6052	6052	6052	5018	5018
			燃气	22255	12495	2734	2734	2734	2734	2620	2081	1232	1232	1232	1167	1037	1037	1037	1037	1037	629	629
	小型	出租车	汽油	962825	565375	167924	167924	167924	167924	155571	116677	63596	63596	63596	55972	40725	40725	40725	40725	40725	21904	21904
			柴油	314785	295406	276027	276027	276027	276027	247363	183158	112076	112076	112076	82804	53531	53531	53531	53531	53531	28425	20056
			燃气	570313	340593	110872	110872	110872	110872	101672	76170	43568	43568	43568	34764	25960	25960	25960	25960	25960	11458	11458
		其他	汽油	46781	28222	9663	9663	9663	9663	9681	8676	6631	6631	6631	6410	5968	5968	5968	5968	5968	5135	5135
			柴油	11235	10266	9296	9296	9296	9296	7884	5131	2450	2450	2450	2033	1616	1616	1616	1616	1616	1128	965
			燃气	22629	13571	4512	4512	4512	4512	3704	2399	1405	1405	1405	1197	989	989	989	989	989	697	697
	中型	公交车	汽油	372107	372107	372107	372107	371510	194860	18807	18807	18807	18807	18807	18650	18492	18492	14828	11164	11164	11164	11164
			柴油	132819	132819	130217	125014	125014	97558	42645	34896	19397	19397	19397	19397	19397	19397	13550	7703	7703	7205	7039
			燃气	108274	108274	102259	90228	90228	87033	80642	69927	48498	48498	48498	48498	33610	33610	33511	33511	33511	33511	33511
		其他	汽油	128684	128684	128684	128684	128087	67902	8314	8314	8314	8314	8314	8169	8023	8023	6972	5920	5920	5920	5920
			柴油	30493	30493	28460	24394	24394	18567	6912	6641	6099	6099	6099	6099	6099	6099	3751	1402	1402	1243	1190
			燃气	34560	34560	32640	28800	28800	27780	25740	22329	15506	15506	15506	15506	10732	10732	9642	9642	9642	9642	9642
	大型	公交车	汽油	870236	870236	870236	870236	869639	444911	20779	20779	20779	20779	20779	20639	20499	20499	16323	12147	12147	12147	12147
			柴油	199229	199229	163382	91687	91687	91687	91687	74444	39958	39958	39958	39958	39958	39958	26737	13515	13515	8658	7039
			燃气	255527	255527	241331	212939	212939	205397	190314	165028	114455	114455	114455	114455	79320	79320	71379	71379	71379	71379	71379
		其他	汽油	1278580	1278580	1278580	1278580	1277983	653009	28632	28632	28632	28632	28632	22373	16114	16114	12923	9732	9732	9732	9732
			柴油	272891	272891	207397	76409	76409	76409	76409	62765	35476	35476	35476	35476	35476	35476	20707	5937	5937	5324	5119
			燃气	266186	266186	251398	221822	221822	213966	198253	171979	119430	119430	119430	119430	82662	82662	74261	74261	74261	74261	74261
载货汽车	微型		汽油	309130	168195	27259	27259	27259	27259	25393	22242	19674	19674	19674	17272	12469	12469	12469	12469	12469	9461	9461
			柴油	60702	56643	52584	52584	52584	52584	47661	35730	21713	21713	21713	15132	8550	8550	8550	8550	8550	5370	4310
			燃气	149134	78363	7593	7593	7593	7593	7064	5575	3657	3657	3657	2897	2137	2137	2137	2137	2137	1186	1186
	轻型		汽油	162037	98454	34870	34870	34870	34870	30089	23536	19995	19995	19995	18195	14596	14596	14596	14596	14596	11377	11377
			柴油	56731	54658	52584	52584	52584	52584	47661	35730	21713	21713	21713	16270	10826	10826	10826	10826	10826	7646	6586
			燃气	78381	47331	16282	16282	16282	16282	11919	6450	4237	4237	4237	3328	2419	2419	2419	2419	2419	1544	1544
	中型		汽油	389291	389291	389291	389291	388694	202616	17134	17134	17134	17134	17134	16995	16855	16855	13589	10322	10322	10322	10322
			柴油	90099	90099	84092	72079	72079	54860	20423	19625	18030	18030	18030	18030	18030	18030	13067	8104	8104	4822	3728
			燃气	102116	102116	96443	85098	85098	82083	76054	65983	45839	45839	45839	45839	62034	62034	30206	30206	30206	30206	30206
	重型		汽油	997897	997897	997897	997897	997300	509970	23238	23238	23238	23238	23238	18329	13419	13419	10929	8438	8438	8438	8438
			柴油	263786	263786	200477	73860	73860	73860	73860	60671	34292	34292	34292	34292	34292	34292	21779	9266	9266	6970	6204
			燃气	257305	257305	243010	214422	214422	206828	191639	166241	115444	115444	115444	115444	129012	129012	90001	90001	90001	90001	90001
低速汽车	三轮汽车			25300	25300	25300	25300	25300	25300	25300	25300	25300	16721	16721	16721	16721	16721	16721	16721	16721	16721	16721
	低速货车			33990	33990	33990	33990	33990	33990	33990	33990	33990	22464	22464	22464	22464	22464	22464	22464	22464	22464	22464
摩托车	普通摩托车			15768	15768	15768	15768	11768	7767	4158	4158	4158	4158	4158	3103	2048	2048	2048	2048	2048	2048	2048
	轻便摩托车			50993	50993	50993	50993	50993	10199	10199	5021	5021	5021	5021	3747	2473	2473	2473	2473	2473	2473	2473

韶关市 NO_x 排放系数

单位：克/（辆·年）

车辆类型		使用性质	燃料种类	1999 年年底前	2000 年	2001 年	2002 年	2003 年	2004 年	2005 年	2006 年	2007 年	2008 年	2009 年	2010 年	2011 年	2012 年	2013 年	2014 年	2015 年	2016 年	2017 年
载客汽车	微型	出租车	汽油	344724	234595	124466	124466	124466	124466	91738	59009	59009	43455	27901	27901	23015	18129	18129	18129	18129	11089	8742
			燃气	214180	147374	80569	80569	80569	80569	60082	39595	39595	29692	19790	19790	16116	12443	12443	12443	12443	7325	5619
		其他	汽油	39658	24972	10286	10286	10286	10286	6426	2565	2565	2076	1587	1587	1333	1079	1079	1079	1079	767	663
			燃气	23553	14094	4634	4634	4634	4634	3026	1418	1418	1147	876	876	710	545	545	545	545	424	384
	小型	出租车	汽油	390130	260098	130066	130066	130066	130066	94968	59870	59870	43886	27901	27901	22186	16472	16472	16472	16472	9621	7337
			柴油	424842	356064	287287	287287	287287	287287	255707	224127	224127	178696	133266	133266	133266	133266	108613	83960	83960	63659	56892
			燃气	241600	162776	83951	83951	83951	83951	62032	40114	40114	29952	19790	19790	15616	11442	11442	11442	11442	6438	4770
		其他	汽油	36980	23709	10438	10438	10438	10438	6864	3289	3289	2261	1233	1233	1127	1021	1021	1021	1021	721	621
			柴油	33049	27035	21021	21021	21021	21021	19302	17582	17582	13818	10054	10054	10054	10054	8666	7278	7278	6333	6018
			燃气	21936	14066	6195	6195	6195	6195	4025	1855	1855	1258	662	662	586	511	511	511	511	397	359
	中型	公交车	汽油	323303	323303	323303	323303	323303	220870	16003	16003	16003	16003	16003	14352	12701	12701	9588	6476	6476	6476	6476
			柴油	362273	362273	361422	359721	359721	345425	316833	316833	316833	263906	210980	210980	210980	210980	172175	133370	133370	111660	104424
			燃气	384652	384652	380073	370914	370914	359409	336398	336398	336398	279975	223552	223552	141371	141371	110721	110721	110721	110721	110721
		其他	汽油	198214	198214	198214	198214	198214	134455	6937	6937	6937	6937	6937	6937	6937	6937	5203	3469	3469	3469	3469
			柴油	169890	169890	162798	148614	148614	147357	144844	144844	144844	123360	101875	101875	101875	101875	90456	79036	79036	67458	63599
			燃气	191841	191841	181183	159868	159868	158361	155347	155347	155347	132267	109187	109187	85052	85052	68319	68319	68319	68319	68319
	大型	公交车	汽油	1151767	1151767	1151767	1151767	1151767	791977	72397	72397	72397	72397	72397	72334	72270	72270	54203	36136	36136	36136	36136
			柴油	513811	513811	497208	464002	464002	450818	424449	424449	424449	416800	409151	409151	409151	409151	394398	379644	379644	342231	329760
			燃气	1033064	1033064	975672	860887	860887	797004	669237	669237	669237	573412	477587	477587	444634	444634	385381	385381	385381	385381	385381
		其他	汽油	2749058	2749058	2749058	2749058	2749058	1890305	172798	172798	172798	172798	172798	166318	159838	159838	120006	80175	80175	80175	80175
			柴油	1230417	1230417	1198756	1135434	1135434	1108962	1056019	1056019	1056019	1018839	981659	981659	981659	981659	934544	887430	887430	785366	751345
			燃气	2290288	2290288	2163050	1908573	1908573	1766945	1483689	1483689	1483689	1271734	1059778	1059778	956100	956100	811166	811166	811166	811166	811166
载货汽车	微型		汽油	112969	66704	20439	20439	20439	20439	13898	7357	7357	5960	4562	4562	4041	3520	3520	3520	3520	2649	2359
			柴油	77059	63456	49852	49852	49852	49852	44829	39806	39806	33744	27682	27682	27682	27682	20242	12802	12802	11058	10476
			燃气	67093	38150	9208	9208	9208	9208	6638	4067	4067	3293	2518	2518	2148	1778	1778	1778	1778	1469	1366
	轻型		汽油	81744	52364	22984	22984	22984	22984	15518	8051	8051	6750	5448	5448	4532	3615	3615	3615	3615	2769	2487
			柴油	77333	63592	49852	49852	49852	49852	44829	39806	39806	33744	27682	27682	27682	27682	22092	16502	16502	15409	15045
			燃气	48489	31065	13641	13641	13641	13641	9091	4541	4541	3733	2925	2925	2367	1809	1809	1809	1809	1531	1438
	中型		汽油	266792	266792	266792	266792	266792	182141	12839	12839	12839	12839	12839	12839	12839	12839	9633	6427	6427	6427	6427
			柴油	503174	503174	451814	349093	349093	331949	297662	297662	297662	293440	289217	289217	289217	289217	253752	218286	218286	187964	177857
			燃气	568188	568188	503968	375529	375529	356768	319246	319246	319246	314611	309975	309975	234901	234901	191057	191057	191057	191057	191057
	重型		汽油	1879452	1879452	1879452	1879452	1879452	1292347	118137	118137	118137	118137	118137	113707	109277	109277	82045	54813	54813	54813	54813
			柴油	1021907	1021907	987026	917263	917263	883336	815482	815482	815482	782781	750080	750080	750080	750080	676269	602458	602458	438926	384416
			燃气	1902169	1902169	1782061	1541845	1541845	1409810	1145739	1145739	1145739	977754	809770	809770	649077	649077	415023	415023	415023	415023	415023
低速汽车	三轮汽车			65550	65550	65550	65550	65550	65550	65550	65550	65550	53279	53279	53279	53279	53279	53279	53279	53279	53279	53279
	低速货车			88065	88065	88065	88065	88065	88065	88065	88065	88065	71579	71579	71579	71579	71579	71579	71579	71579	71579	71579
摩托车	普通摩托车			1177	1177	1177	1177	1138	1098	1020	1020	1020	1020	1020	906	792	792	792	792	792	792	792
	轻便摩托车			785	785	785	785	785	392	392	392	392	392	392	348	305	305	305	305	305	305	305

韶关市 PM 排放系数

单位：克/（辆·年）

车辆类型		使用性质	燃料种类	1999 年年底前	2000 年	2001 年	2002 年	2003 年	2004 年	2005 年	2006 年	2007 年	2008 年	2009 年	2010 年	2011 年	2012 年	2013 年	2014 年	2015 年	2016 年	2017 年
载客汽车	微型	出租车	汽油	—	—	—	—	—	—	—	—	—	—	—	—	—	—	—	—	—	—	—
			燃气	—	—	—	—	—	—	—	—	—	—	—	—	—	—	—	—	—	—	—
		其他	汽油	—	—	—	—	—	—	—	—	—	—	—	—	—	—	—	—	—	—	—
			燃气	—	—	—	—	—	—	—	—	—	—	—	—	—	—	—	—	—	—	—
	小型	出租车	汽油	—	—	—	—	—	—	—	—	—	—	—	—	—	—	—	—	—	—	—
			柴油	51982	47596	43209	43209	43209	43209	29212	15216	15216	9984	4752	4752	4752	4752	4416	4081	4081	3374	3139
			燃气	—	—	—	—	—	—	—	—	—	—	—	—	—	—	—	—	—	—	—
		其他	汽油	—	—	—	—	—	—	—	—	—	—	—	—	—	—	—	—	—	—	—
			柴油	4363	4128	3892	3892	3892	3892	2786	1680	1680	1238	795	795	795	795	658	520	520	520	520
			燃气	—	—	—	—	—	—	—	—	—	—	—	—	—	—	—	—	—	—	—
	中型	公交车	汽油	—	—	—	—	—	—	—	—	—	—	—	—	—	—	—	—	—	—	—
			柴油	30592	30592	28032	22913	22913	17978	8108	8108	8108	6872	5637	5637	5637	5637	3504	1372	1372	1080	983
			燃气	—	—	—	—	—	—	—	—	—	—	—	—	—	—	—	—	—	—	—
		其他	汽油	—	—	—	—	—	—	—	—	—	—	—	—	—	—	—	—	—	—	—
			柴油	15274	15274	12888	8116	8116	6262	2553	2553	2553	2434	2316	2316	2316	2316	1366	415	415	399	394
			燃气	—	—	—	—	—	—	—	—	—	—	—	—	—	—	—	—	—	—	—
	大型	公交车	汽油	—	—	—	—	—	—	—	—	—	—	—	—	—	—	—	—	—	—	—
			柴油	94865	94865	93934	92071	92071	71272	29674	29674	29674	19994	10315	10315	10315	10315	6116	1916	1916	1845	1821
			燃气	—	—	—	—	—	—	—	—	—	—	—	—	—	—	—	—	—	—	—
		其他	汽油	—	—	—	—	—	—	—	—	—	—	—	—	—	—	—	—	—	—	—
			柴油	142314	142314	133412	115607	115607	85425	25061	25061	25061	17182	9303	9303	9303	9303	5868	2433	2433	2343	2313
			燃气	—	—	—	—	—	—	—	—	—	—	—	—	—	—	—	—	—	—	—
载货汽车	微型		汽油	—	—	—	—	—	—	—	—	—	—	—	—	—	—	—	—	—	—	—
			柴油	8506	8330	8154	8154	8154	8154	6645	5136	5136	3812	2488	2488	2488	2488	1566	645	645	642	641
			燃气	—	—	—	—	—	—	—	—	—	—	—	—	—	—	—	—	—	—	—
	轻型		汽油	—	—	—	—	—	—	—	—	—	—	—	—	—	—	—	—	—	—	—
			柴油	8846	8500	8154	8154	8154	8154	6645	5136	5136	3812	2488	2488	2488	2488	1876	1264	1264	1044	970
			燃气	—	—	—	—	—	—	—	—	—	—	—	—	—	—	—	—	—	—	—
	中型		汽油	—	—	—	—	—	—	—	—	—	—	—	—	—	—	—	—	—	—	—
			柴油	43474	43474	36585	22807	22807	17572	7101	7101	7101	6728	6354	6354	6354	6354	4074	1794	1794	1643	1593
			燃气	—	—	—	—	—	—	—	—	—	—	—	—	—	—	—	—	—	—	—
	重型		汽油	—	—	—	—	—	—	—	—	—	—	—	—	—	—	—	—	—	—	—
			柴油	155499	155499	127809	72428	72428	57508	27667	27667	27667	18959	10251	10251	10251	10251	6754	3258	3258	2753	2585
			燃气	—	—	—	—	—	—	—	—	—	—	—	—	—	—	—	—	—	—	—
低速汽车	三轮汽车			4092	4092	4092	4092	4092	4092	4092	4092	4092	3220	3220	3220	3220	3220	3220	3220	3220	3220	3220
	低速货车			5581	5581	5581	5581	5581	5581	5581	5581	5581	4392	4392	4392	4392	4392	4392	4392	4392	4392	4392
摩托车	普通摩托车			—	—	—	—	—	—	—	—	—	—	—	—	—	—	—	—	—	—	—
	轻便摩托车			—	—	—	—	—	—	—	—	—	—	—	—	—	—	—	—	—	—	—

韶关市 VOCs 排放系数

单位：克/（辆·年）

车辆类型		使用性质	燃料种类	1999年年底前	2000年	2001年	2002年	2003年	2004年	2005年	2006年	2007年	2008年	2009年	2010年	2011年	2012年	2013年	2014年	2015年	2016年	2017年
载客汽车	微型	出租车	汽油	606663	362944	119224	119224	119224	119224	91952	64681	64681	53387	42093	42093	34768	27443	27443	27443	27443	19234	16498
			燃气	430545	258000	85455	85455	85455	85455	65639	45823	45823	37554	29284	29284	23477	17670	17670	17670	17670	11277	9146
		其他	汽油	37291	23182	9073	9073	9073	9073	8703	8333	8333	7318	6303	6303	6062	5820	5820	5820	5820	5091	4848
			燃气	20608	11563	2518	2518	2518	2518	2418	2317	2317	1724	1130	1130	1039	948	948	948	948	662	567
	小型	出租车	汽油	606663	357701	108739	108739	108739	108739	100822	92904	92904	67498	42093	42093	34768	27443	27443	27443	27443	18197	15115
			柴油	202548	190172	177796	177796	177796	177796	159495	141194	141194	106317	71440	71440	71440	71440	52828	34215	34215	18316	13016
			燃气	430545	254276	78006	78006	78006	78006	71940	65874	65874	47579	29284	29284	23477	17670	17670	17670	17670	10540	8163
		其他	汽油	37779	23368	8958	8958	8958	8958	8902	8847	8847	7576	6305	6305	6031	5757	5757	5757	5757	5142	4937
			柴油	9358	8564	7770	7770	7770	7770	6602	5435	5435	3778	2122	2122	2122	2122	1764	1407	1407	966	819
			燃气	20955	12568	4180	4180	4180	4180	3432	2683	2683	1988	1292	1292	1098	904	904	904	904	698	630
	中型	公交车	汽油	248031	248031	248031	248031	247434	169191	13899	13899	13899	13899	13899	13748	13596	13596	11168	8741	8741	8741	8741
			柴油	87806	87806	86086	82645	82645	64494	28192	28192	28192	20508	12823	12823	12823	12823	8958	5093	5093	4763	4653
			燃气	71579	71579	67602	59649	59649	57536	53311	53311	53311	42686	32061	32061	22219	22219	22154	22154	22154	22154	22154
		其他	汽油	128742	128742	128742	128742	128145	87822	8371	8371	8371	8371	8371	8226	8080	8080	7029	5978	5978	5978	5978
			柴油	30493	30493	28460	24394	24394	18567	6912	6912	6912	6506	6099	6099	6099	6099	3750	1402	1402	1243	1190
			燃气	34560	34560	32640	28800	28800	27780	25740	25740	25740	20623	15506	15506	10732	10732	9642	9642	9642	9642	9642
	大型	公交车	汽油	577339	577339	577339	577339	576742	389164	15203	15203	15203	15203	15203	15063	14923	14923	12157	9391	9391	9391	9391
			柴油	131708	131708	108010	60614	60614	60614	60614	60614	60614	43515	26416	26416	26416	26416	17675	8934	8934	5723	4653
			燃气	168926	168926	159541	140772	140772	135786	125815	125815	125815	100740	75665	75665	52438	52438	47188	47188	47188	47188	47188
		其他	汽油	1278637	1278637	1278637	1278637	1278040	861192	28689	28689	28689	28689	28689	22430	16172	16172	12981	9790	9790	9790	9790
			柴油	272891	272891	207397	76409	76409	76409	76409	76409	76409	55942	35476	35476	35476	35476	20706	5937	5937	5324	5119
			燃气	266186	266186	251398	221822	221822	213966	198253	198253	198253	158842	119430	119430	82662	82662	74261	74261	74261	74261	74261
载货汽车	微型		汽油	160805	88208	15612	15612	15612	15612	14692	13772	13772	12740	11708	11708	10013	8318	8318	8318	8318	7176	6795
			柴油	28141	26284	24428	24428	24428	24428	22299	20170	20170	15007	9844	9844	9844	9844	6826	3809	3809	2537	2113
			燃气	88865	46599	4333	4333	4333	4333	4081	3829	3829	2964	2099	2099	1727	1355	1355	1355	1355	935	795
	轻型		汽油	85718	52608	19497	19497	19497	19497	17089	14681	14681	13276	11872	11872	10638	9404	9404	9404	9404	8181	7773
			柴油	26012	25220	24428	24428	24428	24428	22299	20170	20170	15007	9844	9844	9844	9844	7437	5030	5030	3757	3333
			燃气	47545	28322	9098	9098	9098	9098	6775	4452	4452	3443	2433	2433	1955	1477	1477	1477	1477	1113	992
	中型		汽油	389348	389348	389348	389348	388751	264500	17192	17192	17192	17192	17192	17052	16912	16912	13646	10380	10380	10380	10380
			柴油	90099	90099	84092	72079	72079	54860	20423	20423	20423	19226	18030	18030	18030	18030	13067	8104	8104	4822	3728
			燃气	102116	102116	96443	85098	85098	82083	76054	76054	76054	60947	45839	45839	62034	62034	30206	30206	30206	30206	30206
	重型		汽油	954507	954507	954507	954507	953910	643028	22460	22460	22460	22460	22460	17760	13059	13059	10677	8295	8295	8295	8295
			柴油	241238	241238	183341	67547	67547	67547	67547	67547	67547	49454	31361	31361	31361	31361	20108	8855	8855	6780	6088
			燃气	235311	235311	222239	196095	196095	189150	175259	175259	175259	140418	105577	105577	123290	123290	88318	88318	88318	88318	88318
低速汽车	三轮汽车			25300	25300	25300	25300	25300	25300	25300	25300	25300	16721	16721	16721	16721	16721	16721	16721	16721	16721	16721
	低速货车			33990	33990	33990	33990	33990	33990	33990	33990	33990	22464	22464	22464	22464	22464	22464	22464	22464	22464	22464
摩托车	普通摩托车			15768	15768	15768	15768	11768	7767	4158	4158	4158	4158	4158	3103	2048	2048	2048	2048	2048	2048	2048
	轻便摩托车			50993	50993	50993	50993	50993	10199	10199	5021	5021	5021	5021	3747	2473	2473	2473	2473	2473	2473	2473

深圳市 NO_x 排放系数

单位：克/（辆·年）

车辆类型		使用性质	燃料种类	1999年年底前	2000年	2001年	2002年	2003年	2004年	2005年	2006年	2007年	2008年	2009年	2010年	2011年	2012年	2013年	2014年	2015年	2016年	2017年
载客汽车	微型	出租车	汽油	350014	237354	124694	124694	124694	124694	91577	58459	58459	42819	27179	24010	17671	17671	17671	17671	17671	8708	8708
			燃气	208863	143459	78055	78055	78055	78055	58133	38210	38210	28606	19002	16635	11901	11901	11901	11901	11901	5411	5411
		其他	汽油	44379	27934	11489	11489	11489	11489	7152	2814	2814	2277	1739	1542	1149	1149	1149	1149	1149	728	728
			燃气	25324	15164	5004	5004	5004	5004	3274	1543	1543	1250	956	832	584	584	584	584	584	409	409
	小型	出租车	汽油	396509	263461	130413	130413	130413	130413	94876	59338	59338	43259	27179	23455	16007	16007	16007	16007	16007	7287	7287
			柴油	424213	354785	285357	285357	285357	285357	254081	222804	222804	177405	132006	107846	83686	83686	83686	83686	83686	63774	57136
			燃气	235701	158529	81357	81357	81357	81357	60037	38717	38717	28860	19002	14971	10940	10940	10940	10940	10940	4590	4590
		其他	汽油	41371	26516	11660	11660	11660	11660	7644	3627	3627	2484	1340	1255	1086	1086	1086	1086	1086	682	682
			柴油	36762	30070	23378	23378	23378	23378	21469	19559	19559	15361	11162	9614	8066	8066	8066	8066	8066	7010	6658
			燃气	23588	15134	6680	6680	6680	6680	4346	2012	2012	1369	726	637	548	548	548	548	548	382	382
	中型	公交车	汽油	487505	487505	487505	487505	487505	255818	24131	24131	24131	24131	24131	21642	19152	19152	14459	9765	9765	9765	9765
			柴油	546733	546733	545449	542882	542882	521307	478157	478157	478157	318407	318407	318407	318407	318407	259843	201279	201279	168515	157594
			燃气	580507	580507	573596	559775	559775	542412	507685	507685	507685	337379	337379	337379	213354	213354	167097	167097	167097	167097	167097
		其他	汽油	197590	197590	197590	197590	197590	102253	6916	6916	6916	6916	6916	6916	6916	6916	5188	3459	3459	3459	3459
			柴油	169499	169499	162424	148273	148273	147019	144511	144511	144511	101641	101641	101641	101641	101641	90248	78854	78854	67303	63453
			燃气	191400	191400	180767	159500	159500	157997	154990	154990	154990	108936	108936	108936	84857	84857	68162	68162	68162	68162	68162
	大型	公交车	汽油	1736736	1736736	1736736	1736736	1736736	922951	109166	109166	109166	109166	109166	109071	108975	108975	81732	54489	54489	54489	54489
			柴油	775431	775431	750374	700260	700260	680363	640569	640569	640569	617482	617482	617482	617482	617482	595216	572950	572950	516487	497666
			燃气	1559076	1559076	1472461	1299230	1299230	1202819	1009997	1009997	1009997	720764	720764	720764	671031	671031	581608	581608	581608	581608	581608
		其他	汽油	2740398	2740398	2740398	2740398	2740398	1456326	172254	172254	172254	172254	172254	165795	159335	159335	119629	79922	79922	79922	79922
			柴油	1227589	1227589	1196001	1132824	1132824	1106413	1053591	1053591	1053591	979402	979402	979402	979402	979402	932396	885390	885390	783561	749618
			燃气	2285023	2285023	2158077	1904186	1904186	1762883	1480278	1480278	1480278	1057341	1057341	1057341	953902	953902	809301	809301	809301	809301	809301
载货汽车	微型		汽油	125245	74052	22859	22859	22859	22859	15526	8192	8192	6635	5078	4687	3904	3904	3904	3904	3904	2637	2637
			柴油	85295	70257	55219	55219	55219	55219	49668	44117	44117	37379	30640	22397	14153	14153	14153	14153	14153	12221	11577
			燃气	71469	40712	9956	9956	9956	9956	7224	4492	4492	3642	2792	2388	1984	1984	1984	1984	1984	1482	1482
	轻型		汽油	91460	58586	25712	25712	25712	25712	17341	8970	8970	7521	6071	5384	4011	4011	4011	4011	4011	2781	2781
			柴油	85598	70409	55219	55219	55219	55219	49668	44117	44117	37379	30640	24440	18240	18240	18240	18240	18240	17027	16622
			燃气	52147	33439	14730	14730	14730	14730	9853	4976	4976	4133	3289	2657	2024	2024	2024	2024	2024	1558	1558
	中型		汽油	266792	266792	266792	266792	266792	139816	12839	12839	12839	12839	12839	12839	12839	12839	9633	6427	6427	6427	6427
			柴油	503174	503174	451814	349093	349093	331949	297662	297662	297662	289217	289217	289217	289217	289217	253752	218286	218286	187964	177857
			燃气	568189	568189	503968	375526	375526	356766	319247	319247	319247	309975	309975	309975	234904	234904	191056	191056	191056	191056	191056
	重型		汽油	2056836	2056836	2056836	2056836	2056836	1093062	129287	129287	129287	129287	129287	124439	119590	119590	89789	59987	59987	59987	59987
			柴油	1133916	1133916	1095212	1017803	1017803	980157	904865	904865	904865	832294	832294	832294	832294	832294	750084	667874	667874	475320	411135
			燃气	2110661	2110661	1977389	1710845	1710845	1564337	1271320	1271320	1271320	898526	898526	898526	719554	719554	443869	443869	443869	443869	443869
低速汽车	三轮汽车			65550	65550	65550	65550	65550	65550	65550	65550	65550	53279	53279	53279	53279	53279	53279	53279	53279	53279	53279
	低速货车			88065	88065	88065	88065	88065	88065	88065	88065	88065	71579	71579	71579	71579	71579	71579	71579	71579	71579	71579
摩托车	普通摩托车			1177	1177	1177	1177	1138	1098	1020	1020	1020	1020	1020	906	792	792	792	792	792	792	792
	轻便摩托车			785	785	785	785	785	392	392	392	392	392	392	349	305	305	305	305	305	305	305

深圳市 PM 排放系数

单位：克/（辆·年）

车辆类型		使用性质	燃料种类	1999 年年底前	2000 年	2001 年	2002 年	2003 年	2004 年	2005 年	2006 年	2007 年	2008 年	2009 年	2010 年	2011 年	2012 年	2013 年	2014 年	2015 年	2016 年	2017 年
载客汽车	微型	出租车	汽油	—	—	—	—	—	—	—	—	—	—	—	—	—	—	—	—	—	—	—
			燃气	—	—	—	—	—	—	—	—	—	—	—	—	—	—	—	—	—	—	—
		其他	汽油	—	—	—	—	—	—	—	—	—	—	—	—	—	—	—	—	—	—	—
			燃气	—	—	—	—	—	—	—	—	—	—	—	—	—	—	—	—	—	—	—
	小型	出租车	汽油	—	—	—	—	—	—	—	—	—	—	—	—	—	—	—	—	—	—	—
			柴油	50463	46204	41945	41945	41945	41945	28374	14802	14802	9706	4610	4285	3959	3959	3959	3959	3959	3274	3046
			燃气	—	—	—	—	—	—	—	—	—	—	—	—	—	—	—	—	—	—	—
		其他	汽油	—	—	—	—	—	—	—	—	—	—	—	—	—	—	—	—	—	—	—
			柴油	4637	4387	4137	4137	4137	4137	2963	1788	1788	1316	844	700	556	556	556	556	556	556	556
			燃气	—	—	—	—	—	—	—	—	—	—	—	—	—	—	—	—	—	—	—
	中型	公交车	汽油	—	—	—	—	—	—	—	—	—	—	—	—	—	—	—	—	—	—	—
			柴油	46275	46275	42403	34660	34660	27195	12264	12264	12264	8526	8526	8526	8526	8526	5301	2075	2075	1633	1486
			燃气	—	—	—	—	—	—	—	—	—	—	—	—	—	—	—	—	—	—	—
		其他	汽油	—	—	—	—	—	—	—	—	—	—	—	—	—	—	—	—	—	—	—
			柴油	15274	15274	12888	8116	8116	6262	2553	2553	2553	2316	2316	2316	2316	2316	1366	415	415	399	394
			燃气	—	—	—	—	—	—	—	—	—	—	—	—	—	—	—	—	—	—	—
	大型	公交车	汽油	—	—	—	—	—	—	—	—	—	—	—	—	—	—	—	—	—	—	—
			柴油	143498	143498	142089	139271	139271	107810	44887	44887	44887	15603	15603	15603	15603	15603	9251	2898	2898	2790	2754
			燃气	—	—	—	—	—	—	—	—	—	—	—	—	—	—	—	—	—	—	—
		其他	汽油	—	—	—	—	—	—	—	—	—	—	—	—	—	—	—	—	—	—	—
			柴油	142314	142314	133412	115607	115607	85425	25061	25061	25061	9303	9303	9303	9303	9303	5868	2433	2433	2343	2313
			燃气	—	—	—	—	—	—	—	—	—	—	—	—	—	—	—	—	—	—	—
载货汽车	微型		汽油	—	—	—	—	—	—	—	—	—	—	—	—	—	—	—	—	—	—	—
			柴油	8997	8811	8625	8625	8625	8625	7025	5425	5425	4026	2627	1654	681	681	681	681	681	678	677
			燃气	—	—	—	—	—	—	—	—	—	—	—	—	—	—	—	—	—	—	—
	轻型		汽油	—	—	—	—	—	—	—	—	—	—	—	—	—	—	—	—	—	—	—
			柴油	9357	8991	8625	8625	8625	8625	7025	5425	5425	4026	2627	1981	1335	1335	1335	1335	1335	1103	1025
			燃气	—	—	—	—	—	—	—	—	—	—	—	—	—	—	—	—	—	—	—
	中型		汽油	—	—	—	—	—	—	—	—	—	—	—	—	—	—	—	—	—	—	—
			柴油	43474	43474	36585	22807	22807	17572	7101	7101	7101	6354	6354	6354	6354	6354	4074	1794	1794	1643	1593
			燃气	—	—	—	—	—	—	—	—	—	—	—	—	—	—	—	—	—	—	—
	重型		汽油	—	—	—	—	—	—	—	—	—	—	—	—	—	—	—	—	—	—	—
			柴油	170640	170640	140254	79481	79481	63108	30361	30361	30361	11249	11249	11249	11249	11249	7423	3597	3597	3040	2854
			燃气	—	—	—	—	—	—	—	—	—	—	—	—	—	—	—	—	—	—	—
低速汽车	三轮汽车			4092	4092	4092	4092	4092	4092	4092	4092	4092	3220	3220	3220	3220	3220	3220	3220	3220	3220	3220
	低速货车			5581	5581	5581	5581	5581	5581	5581	5581	5581	4392	4392	4392	4392	4392	4392	4392	4392	4392	4392
摩托车	普通摩托车			—	—	—	—	—	—	—	—	—	—	—	—	—	—	—	—	—	—	—
	轻便摩托车			—	—	—	—	—	—	—	—	—	—	—	—	—	—	—	—	—	—	—

深圳市 VOCs 排放系数

单位：克/（辆・年）

车辆类型		使用性质	燃料种类	1999 年年底前	2000 年	2001 年	2002 年	2003 年	2004 年	2005 年	2006 年	2007 年	2008 年	2009 年	2010 年	2011 年	2012 年	2013 年	2014 年	2015 年	2016 年	2017 年
载客汽车	微型	出租车	汽油	595325	355564	115803	115803	115803	115803	89104	62405	62405	51406	40406	35690	26259	26259	26259	26259	26259	15778	15778
			燃气	417138	249764	82389	82389	82389	82389	63224	44059	44059	36068	28076	24352	16905	16905	16905	16905	16905	8723	8723
		其他	汽油	39043	24020	8997	8997	8997	8997	8613	8228	8228	7177	6125	5945	5584	5584	5584	5584	5584	4620	4620
			燃气	22021	12372	2722	2722	2722	2722	2611	2499	2499	1861	1222	1151	1009	1009	1009	1009	1009	596	596
	小型	出租车	汽油	595325	350394	105462	105462	105462	105462	97862	90261	90261	65334	40406	35690	26259	26259	26259	26259	26259	14439	14439
			柴油	194847	182977	171106	171106	171106	171106	153469	135832	135832	102099	68366	50556	32745	32745	32745	32745	32745	17593	12542
			燃气	417138	246144	75150	75150	75150	75150	69355	63560	63560	45818	28076	22491	16905	16905	16905	16905	16905	7786	7786
		其他	汽油	39572	24223	8873	8873	8873	8873	8829	8784	8784	7456	6127	5924	5517	5517	5517	5517	5517	4717	4717
			柴油	10132	9267	8402	8402	8402	8402	7118	5834	5834	4060	2285	1885	1484	1484	1484	1484	1484	1018	863
			燃气	22392	13441	4489	4489	4489	4489	3688	2887	2887	2140	1393	1178	963	963	963	963	963	663	663
	中型	公交车	汽油	371936	371936	371936	371936	371339	194689	18636	18636	18636	18636	18636	18479	18321	18321	14657	10993	10993	10993	10993
			柴油	132819	132819	130217	125014	125014	97558	42645	42645	42645	19397	19397	19397	19397	19397	13550	7703	7703	7205	7039
			燃气	108274	108274	102259	90228	90228	87033	80642	80642	80642	48498	48498	48498	33610	33610	33511	33511	33511	33511	33511
		其他	汽油	128513	128513	128513	128513	127916	67731	8143	8143	8143	8143	8143	7998	7852	7852	6801	5749	5749	5749	5749
			柴油	30493	30493	28460	24394	24394	18567	6912	6912	6912	6099	6099	6099	6099	6099	3751	1402	1402	1243	1190
			燃气	34560	34560	32640	28800	28800	27780	25740	25740	25740	15506	15506	15506	10732	10732	9642	9642	9642	9642	9642
	大型	公交车	汽油	870065	870065	870065	870065	869468	444740	20608	20608	20608	20608	20608	20468	20328	20328	16152	11976	11976	11976	11976
			柴油	199229	199229	163382	91687	91687	91687	91687	91687	91687	39958	39958	39958	39958	39958	26737	13515	13515	8658	7039
			燃气	255527	255527	241331	212939	212939	205397	190314	190314	190314	114455	114455	114455	79320	79320	71379	71379	71379	71379	71379
		其他	汽油	1278409	1278409	1278409	1278409	1277812	652838	28461	28461	28461	28461	28461	22202	15943	15943	12752	9561	9561	9561	9561
			柴油	272891	272891	207397	76409	76409	76409	76409	76409	76409	35476	35476	35476	35476	35476	20707	5937	5937	5324	5119
			燃气	266186	266186	251398	221822	221822	213966	198253	198253	198253	119430	119430	119430	82662	82662	74261	74261	74261	74261	74261
载货汽车	微型		汽油	171733	93946	16159	16159	16159	16159	15164	14168	14168	13091	12013	10783	8323	8323	8323	8323	8323	6732	6732
			柴油	30702	28669	26635	26635	26635	26635	24288	21940	21940	16354	10768	7463	4157	4157	4157	4157	4157	2745	2274
			燃气	96861	50875	4889	4889	4889	4889	4596	4303	4303	3350	2397	1950	1504	1504	1504	1504	1504	868	868
	轻型		汽油	91046	55690	20334	20334	20334	20334	17739	15144	15144	13667	12190	11290	9490	9490	9490	9490	9490	7784	7784
			柴油	28424	27530	26635	26635	26635	26635	24288	21940	21940	16354	10768	8116	5464	5464	5464	5464	5464	4052	3581
			燃气	51519	30903	10287	10287	10287	10287	7632	4977	4977	3874	2771	2214	1656	1656	1656	1656	1656	1094	1094
	中型		汽油	389120	389120	389120	389120	388523	202444	16963	16963	16963	16963	16963	16823	16683	16683	13417	10151	10151	10151	10151
			柴油	90099	90099	84092	72079	72079	54860	20423	20423	20423	18030	18030	18030	18030	18030	13067	8104	8104	4822	3728
			燃气	102116	102116	96443	85098	85098	82083	76054	76054	76054	45839	45839	45839	62034	62034	30206	30206	30206	30206	30206
	重型		汽油	1043729	1043729	1043729	1043729	1043132	533243	23951	23951	23951	23951	23951	18821	13690	13690	11085	8480	8480	8480	8480
			柴油	269852	269852	205087	75558	75558	75558	75558	75558	75558	35081	35081	35081	35081	35081	22274	9466	9466	7374	6677
			燃气	263222	263222	248598	219351	219351	211583	196045	196045	196045	118100	118100	118100	131797	131797	96863	96863	96863	96863	96863
低速汽车	三轮汽车			25300	25300	25300	25300	25300	25300	25300	25300	25300	16721	16721	16721	16721	16721	16721	16721	16721	16721	16721
	低速货车			33990	33990	33990	33990	33990	33990	33990	33990	33990	22464	22464	22464	22464	22464	22464	22464	22464	22464	22464
摩托车	普通摩托车			15768	15768	15768	15768	11768	7767	4158	4158	4158	4158	4158	3103	2048	2048	2048	2048	2048	2048	2048
	轻便摩托车			50993	50993	50993	50993	50993	10199	10199	5021	5021	5021	5021	3747	2473	2473	2473	2473	2473	2473	2473

珠海市 NO_x 排放系数

单位：克/（辆·年）

车辆类型		使用性质	燃料种类	1999年年底前	2000年	2001年	2002年	2003年	2004年	2005年	2006年	2007年	2008年	2009年	2010年	2011年	2012年	2013年	2014年	2015年	2016年	2017年
载客汽车	微型	出租车	汽油	497579	342595	187611	187611	187611	187611	140164	92716	92716	69678	46639	40625	28597	28597	28597	28597	28597	12601	12601
			燃气	300466	210186	119905	119905	119905	119905	90997	62089	62089	47679	33269	28784	19814	19814	19814	19814	19814	8015	8015
		其他	汽油	41968	26429	10889	10889	10889	10889	6773	2656	2656	2143	1630	1431	1032	1032	1032	1032	1032	649	649
			燃气	23916	14319	4721	4721	4721	4721	3081	1440	1440	1163	885	761	512	512	512	512	512	363	363
	小型	出租车	汽油	560991	378202	195412	195412	195412	195412	144664	93915	93915	70277	46639	39909	26448	26448	26448	26448	26448	10751	10751
			柴油	632835	535573	438310	438310	438310	438310	388505	338699	338699	270846	202993	163445	123896	123896	123896	123896	123896	89614	78186
			燃气	337069	230739	124408	124408	124408	124408	93595	62781	62781	48025	33269	25921	18573	18573	18573	18573	18573	6947	6947
		其他	汽油	39123	25087	11051	11051	11051	11051	7240	3428	3428	2341	1254	1161	976	976	976	976	976	608	608
			柴油	33205	27158	21110	21110	21110	21110	19381	17652	17652	13855	10057	8667	7277	7277	7277	7277	7277	6238	5892
			燃气	22273	14294	6314	6314	6314	6314	4100	1886	1886	1277	668	574	480	480	480	480	480	339	339
	中型	公交车	汽油	322285	322285	322285	322285	322285	169119	15953	15953	15953	15953	15953	14307	12661	12661	9559	6456	6456	6456	6456
			柴油	361440	361440	360591	358894	358894	344631	316105	316105	316105	210495	210495	210495	210495	210495	171779	133063	133063	111404	104184
			燃气	383767	383767	379198	370061	370061	358582	335625	335625	335625	223038	223038	223038	141046	141046	110466	110466	110466	110466	110466
		其他	汽油	197590	197590	197590	197590	197590	102253	6916	6916	6916	6916	6916	6916	6916	6916	5188	3459	3459	3459	3459
			柴油	169499	169499	162424	148273	148273	147019	144511	144511	144511	101641	101641	101641	101641	101641	90248	78854	78854	67303	63453
			燃气	191400	191400	180767	159500	159500	157997	154990	154990	154990	108936	108936	108936	84857	84857	68162	68162	68162	68162	68162
	大型	公交车	汽油	1148139	1148139	1148139	1148139	1148139	610154	72169	72169	72169	72169	72169	72106	72042	72042	54032	36022	36022	36022	36022
			柴油	512629	512629	496064	462935	462935	449781	423474	423474	423474	408211	408211	408211	408211	408211	393492	378772	378772	341445	329002
			燃气	1030690	1030690	973429	858908	858908	795172	667699	667699	667699	476489	476489	476489	443612	443612	384495	384495	384495	384495	384495
		其他	汽油	2740398	2740398	2740398	2740398	2740398	1456326	172254	172254	172254	172254	172254	165795	159335	159335	119629	79922	79922	79922	79922
			柴油	1227589	1227589	1196001	1132824	1132824	1106413	1053591	1053591	1053591	979402	979402	979402	979402	979402	932396	885390	885390	783561	749618
			燃气	2285023	2285023	2158077	1904186	1904186	1762883	1480278	1480278	1480278	1057341	1057341	1057341	953902	953902	809301	809301	809301	809301	809301
载货汽车	微型		汽油	173599	103298	32996	32996	32996	32996	22693	12390	12390	10106	7822	7141	5778	5778	5778	5778	5778	3723	3723
			柴油	120409	99852	79295	79295	79295	79295	71077	62859	62859	53134	43409	31725	20040	20040	20040	20040	20040	16824	15752
			燃气	98928	56617	14306	14306	14306	14306	10512	6717	6717	5482	4247	3557	2867	2867	2867	2867	2867	2082	2082
	轻型		汽油	127470	82195	36920	36920	36920	36920	25190	13460	13460	11324	9188	8100	5925	5925	5925	5925	5925	3920	3920
			柴油	120815	100055	79295	79295	79295	79295	71077	62859	62859	53134	43409	34443	25476	25476	25476	25476	25476	23216	22463
			燃气	72570	46832	21094	21094	21094	21094	14250	7405	7405	6150	4894	3904	2914	2914	2914	2914	2914	2186	2186
	中型		汽油	266792	266792	266792	266792	266792	139816	12839	12839	12839	12839	12839	12839	12839	12839	9633	6427	6427	6427	6427
			柴油	503174	503174	451814	349093	349093	331949	297662	297662	297662	289217	289217	289217	289217	289217	253752	218286	218286	187964	177857
			燃气	568189	568189	503968	375526	375526	356766	319247	319247	319247	309975	309975	309975	234904	234904	191056	191056	191056	191056	191056
	重型		汽油	1861914	1861914	1861914	1861914	1861914	989475	117035	117035	117035	117035	117035	112646	108257	108257	81280	54302	54302	54302	54302
			柴油	1081861	1081861	1044933	971078	971078	935160	863325	863325	863325	794086	794086	794086	794086	794086	699954	605821	605821	424695	364319
			燃气	2013766	2013766	1886612	1632304	1632304	1492522	1212957	1212957	1212957	857278	857278	857278	652700	652700	393325	393325	393325	393325	393325
低速汽车	三轮汽车			65550	65550	65550	65550	65550	65550	65550	65550	65550	53279	53279	53279	53279	53279	53279	53279	53279	53279	53279
	低速货车			88065	88065	88065	88065	88065	88065	88065	88065	88065	71579	71579	71579	71579	71579	71579	71579	71579	71579	71579
摩托车	普通摩托车			1177	1177	1177	1177	1138	1098	1020	1020	1020	1020	1020	906	792	792	792	792	792	792	792
	轻便摩托车			785	785	785	785	785	392	392	392	392	392	392	349	305	305	305	305	305	305	305

珠海市 PM 排放系数

单位：克/（辆·年）

车辆类型		使用性质	燃料种类	1999 年年底前	2000 年	2001 年	2002 年	2003 年	2004 年	2005 年	2006 年	2007 年	2008 年	2009 年	2010 年	2011 年	2012 年	2013 年	2014 年	2015 年	2016 年	2017 年
载客汽车	微型	出租车	汽油	—	—	—	—	—	—	—	—	—	—	—	—	—	—	—	—	—	—	—
			燃气	—	—	—	—	—	—	—	—	—	—	—	—	—	—	—	—	—	—	—
		其他	汽油	—	—	—	—	—	—	—	—	—	—	—	—	—	—	—	—	—	—	—
			燃气	—	—	—	—	—	—	—	—	—	—	—	—	—	—	—	—	—	—	—
	小型	出租车	汽油	—	—	—	—	—	—	—	—	—	—	—	—	—	—	—	—	—	—	—
			柴油	66928	61261	55593	55593	55593	55593	37570	19546	19546	12817	6088	5658	5228	5228	5228	5228	5228	4324	4022
			燃气	—	—	—	—	—	—	—	—	—	—	—	—	—	—	—	—	—	—	—
		其他	汽油	—	—	—	—	—	—	—	—	—	—	—	—	—	—	—	—	—	—	—
			柴油	4196	3970	3743	3743	3743	3743	2676	1608	1608	1184	759	629	499	499	499	499	499	499	499
			燃气	—	—	—	—	—	—	—	—	—	—	—	—	—	—	—	—	—	—	—
	中型	公交车	汽油	—	—	—	—	—	—	—	—	—	—	—	—	—	—	—	—	—	—	—
			柴油	30592	30592	28032	22913	22913	17978	8108	8108	8108	5637	5637	5637	5637	5637	3505	1372	1372	1080	983
			燃气	—	—	—	—	—	—	—	—	—	—	—	—	—	—	—	—	—	—	—
		其他	汽油	—	—	—	—	—	—	—	—	—	—	—	—	—	—	—	—	—	—	—
			柴油	15274	15274	12888	8116	8116	6262	2553	2553	2553	2316	2316	2316	2316	2316	1366	415	415	399	394
			燃气	—	—	—	—	—	—	—	—	—	—	—	—	—	—	—	—	—	—	—
	大型	公交车	汽油	—	—	—	—	—	—	—	—	—	—	—	—	—	—	—	—	—	—	—
			柴油	94865	94865	93934	92071	92071	71272	29674	29674	29674	10315	10315	10315	10315	10315	6116	1916	1916	1845	1821
			燃气	—	—	—	—	—	—	—	—	—	—	—	—	—	—	—	—	—	—	—
		其他	汽油	—	—	—	—	—	—	—	—	—	—	—	—	—	—	—	—	—	—	—
			柴油	142314	142314	133412	115607	115607	85425	25061	25061	25061	9303	9303	9303	9303	9303	5868	2433	2433	2343	2313
			燃气	—	—	—	—	—	—	—	—	—	—	—	—	—	—	—	—	—	—	—
载货汽车	微型		汽油	—	—	—	—	—	—	—	—	—	—	—	—	—	—	—	—	—	—	—
			柴油	12257	12004	11750	11750	11750	11750	9547	7343	7343	5450	3557	2240	922	922	922	922	922	918	916
			燃气	—	—	—	—	—	—	—	—	—	—	—	—	—	—	—	—	—	—	—
	轻型		汽油	—	—	—	—	—	—	—	—	—	—	—	—	—	—	—	—	—	—	—
			柴油	12747	12249	11750	11750	11750	11750	9547	7343	7343	5450	3557	2682	1807	1807	1807	1807	1807	1492	1387
			燃气	—	—	—	—	—	—	—	—	—	—	—	—	—	—	—	—	—	—	—
	中型		汽油	—	—	—	—	—	—	—	—	—	—	—	—	—	—	—	—	—	—	—
			柴油	43474	43474	36585	22807	22807	17572	7101	7101	7101	6354	6354	6354	6354	6354	4074	1794	1794	1643	1593
			燃气	—	—	—	—	—	—	—	—	—	—	—	—	—	—	—	—	—	—	—
	重型		汽油	—	—	—	—	—	—	—	—	—	—	—	—	—	—	—	—	—	—	—
			柴油	150151	150151	123413	69937	69937	55530	26716	26716	26716	9898	9898	9898	9898	9898	6619	3339	3339	2822	2650
			燃气	—	—	—	—	—	—	—	—	—	—	—	—	—	—	—	—	—	—	—
低速汽车	三轮汽车			4092	4092	4092	4092	4092	4092	4092	4092	4092	3220	3220	3220	3220	3220	3220	3220	3220	3220	3220
	低速货车			5581	5581	5581	5581	5581	5581	5581	5581	5581	4392	4392	4392	4392	4392	4392	4392	4392	4392	4392
摩托车	普通摩托车			—	—	—	—	—	—	—	—	—	—	—	—	—	—	—	—	—	—	—
	轻便摩托车			—	—	—	—	—	—	—	—	—	—	—	—	—	—	—	—	—	—	—

珠海市 VOCs 排放系数

单位：克/（辆·年）

车辆类型		使用性质	燃料种类	1999 年年底前	2000 年	2001 年	2002 年	2003 年	2004 年	2005 年	2006 年	2007 年	2008 年	2009 年	2010 年	2011 年	2012 年	2013 年	2014 年	2015 年	2016 年	2017 年
载客汽车	微型	出租车	汽油	824570	500197	175824	175824	175824	175824	137675	99526	99526	82351	65175	56810	40079	40079	40079	40079	40079	20839	20839
			燃气	582755	355791	128827	128827	128827	128827	101076	73325	73325	60583	47840	41181	27863	27863	27863	27863	27863	12551	12551
		其他	汽油	36562	22580	8597	8597	8597	8597	8244	7891	7891	6889	5886	5720	5389	5389	5389	5389	5389	4505	4505
			燃气	20271	11351	2430	2430	2430	2430	2342	2254	2254	1662	1070	1003	869	869	869	869	869	514	514
	小型	出租车	汽油	824570	493369	162167	162167	162167	162167	149468	136769	136769	100972	65175	56810	40079	40079	40079	40079	40079	19125	19125
			柴油	337090	315854	294617	294617	294617	294617	261798	228978	228978	176202	123426	91042	58657	58657	58657	58657	58657	30338	20898
			燃气	582755	351011	119266	119266	119266	119266	109332	99397	99397	73619	47840	37852	27863	27863	27863	27863	27863	11351	11351
		其他	汽油	37050	22768	8485	8485	8485	8485	8440	8395	8395	7142	5889	5703	5332	5332	5332	5332	5332	4593	4593
			柴油	9043	8273	7503	7503	7503	7503	6325	5147	5147	3588	2029	1677	1325	1325	1325	1325	1325	907	768
			燃气	20613	12315	4016	4016	4016	4016	3312	2607	2607	1914	1220	1025	829	829	829	829	829	576	576
	中型	公交车	汽油	247803	247803	247803	247803	247206	130140	13670	13670	13670	13670	13670	13519	13367	13367	10940	8513	8513	8513	8513
			柴油	87806	87806	86086	82645	82645	64494	28192	28192	28192	12823	12823	12823	12823	12823	8958	5093	5093	4763	4653
			燃气	71579	71579	67602	59649	59649	57536	53311	53311	53311	32061	32061	32061	22219	22219	22154	22154	22154	22154	22154
		其他	汽油	128513	128513	128513	128513	127916	67731	8143	8143	8143	8143	8143	7998	7852	7852	6801	5749	5749	5749	5749
			柴油	30493	30493	28460	24394	24394	18567	6912	6912	6912	6099	6099	6099	6099	6099	3751	1402	1402	1243	1190
			燃气	34560	34560	32640	28800	28800	27780	25740	25740	25740	15506	15506	15506	10732	10732	9642	9642	9642	9642	9642
	大型	公交车	汽油	577111	577111	577111	577111	576514	295446	14974	14974	14974	14974	14974	14834	14694	14694	11928	9162	9162	9162	9162
			柴油	131708	131708	108010	60614	60614	60614	60614	60614	60614	26416	26416	26416	26416	26416	17675	8934	8934	5723	4653
			燃气	168926	168926	159541	140772	140772	135786	125815	125815	125815	75665	75665	75665	52438	52438	47188	47188	47188	47188	47188
		其他	汽油	1278409	1278409	1278409	1278409	1277812	652838	28461	28461	28461	28461	28461	22202	15943	15943	12752	9561	9561	9561	9561
			柴油	272891	272891	207397	76409	76409	76409	76409	76409	76409	35476	35476	35476	35476	35476	20707	5937	5937	5324	5119
			燃气	266186	266186	251398	221822	221822	213966	198253	198253	198253	119430	119430	119430	82662	82662	74261	74261	74261	74261	74261
载货汽车	微型		汽油	228074	125064	22053	22053	22053	22053	20512	18970	18970	17405	15840	14011	10353	10353	10353	10353	10353	7849	7849
			柴油	47903	44699	41495	41495	41495	41495	37532	33568	33568	25423	17278	12090	6902	6902	6902	6902	6902	4260	3379
			燃气	126451	66342	6233	6233	6233	6233	5826	5419	5419	4149	2880	2274	1669	1669	1669	1669	1669	896	896
	轻型		汽油	120993	74294	27594	27594	27594	27594	23930	20266	20266	18171	16075	14684	11902	11902	11902	11902	11902	9244	9244
			柴油	44925	43210	41495	41495	41495	41495	37532	33568	33568	25423	17278	12942	8606	8606	8606	8606	8606	5964	5083
			燃气	67315	40188	13060	13060	13060	13060	9677	6293	6293	4812	3330	2590	1850	1850	1850	1850	1850	1159	1159
	中型		汽油	389120	389120	389120	389120	388523	202444	16963	16963	16963	16963	16963	16823	16683	16683	13417	10151	10151	10151	10151
			柴油	90099	90099	84092	72079	72079	54860	20423	20423	20423	18030	18030	18030	18030	18030	13067	8104	8104	4822	3728
			燃气	102116	102116	96443	85098	85098	82083	76054	76054	76054	45839	45839	45839	62034	62034	30206	30206	30206	30206	30206
	重型		汽油	935731	935731	935731	935731	935134	478205	21874	21874	21874	21874	21874	17263	12652	12652	10316	7980	7980	7980	7980
			柴油	259385	259385	197133	72628	72628	72628	72628	72628	72628	33720	33720	33720	33720	33720	21469	9218	9218	6479	5566
			燃气	253012	253012	238956	210845	210845	203378	188443	188443	188443	113518	113518	113518	128344	128344	80746	80746	80746	80746	80746
低速汽车	三轮汽车			25300	25300	25300	25300	25300	25300	25300	25300	25300	16721	16721	16721	16721	16721	16721	16721	16721	16721	16721
	低速货车			33990	33990	33990	33990	33990	33990	33990	33990	33990	22464	22464	22464	22464	22464	22464	22464	22464	22464	22464
摩托车	普通摩托车			15768	15768	15768	15768	11768	7767	4158	4158	4158	4158	4158	3103	2048	2048	2048	2048	2048	2048	2048
	轻便摩托车			50993	50993	50993	50993	50993	10199	10199	5021	5021	5021	5021	3747	2473	2473	2473	2473	2473	2473	2473

汕头市 NO_x 排放系数

单位：克/（辆·年）

车辆类型		使用性质	燃料种类	1999年年底前	2000年	2001年	2002年	2003年	2004年	2005年	2006年	2007年	2008年	2009年	2010年	2011年	2012年	2013年	2014年	2015年	2016年	2017年
载客汽车	微型	出租车	汽油	311612	211588	111563	111563	111563	111563	82186	52809	52809	38866	24922	24922	20722	16523	16523	16523	16523	10165	8046
			燃气	202304	138516	74729	74729	74729	74729	55532	36335	36335	27116	17896	17896	14712	11529	11529	11529	11529	6896	5352
		其他	汽油	38720	24412	10104	10104	10104	10104	6310	2517	2517	2034	1550	1550	1321	1092	1092	1092	1092	776	670
			燃气	24209	14494	4780	4780	4780	4780	3118	1456	1456	1174	893	893	738	583	583	583	583	452	409
	小型	出租车	汽油	352741	234669	116597	116597	116597	116597	85090	53583	53583	39252	24922	24922	19944	14965	14965	14965	14965	8795	6738
			柴油	386257	323392	260527	260527	260527	260527	232302	204078	204078	162658	121238	121238	121238	121238	98958	76678	76678	58944	53033
			燃气	228463	153197	77931	77931	77931	77931	57379	36827	36827	27362	17896	17896	14217	10538	10538	10538	10538	6024	4520
		其他	汽油	36105	23178	10252	10252	10252	10252	6740	3228	3228	2216	1204	1204	1118	1032	1032	1032	1032	728	627
			柴油	32885	26900	20916	20916	20916	20916	19218	17519	17519	13796	10072	10072	10072	10072	8681	7290	7290	6383	6081
			燃气	22546	14470	6394	6394	6394	6394	4151	1908	1908	1290	673	673	609	545	545	545	545	422	381
	中型	公交车	汽油	322939	322939	322939	322939	322939	220621	15985	15985	15985	15985	15985	14336	12687	12687	9578	6469	6469	6469	6469
			柴油	361975	361975	361125	359426	359426	345142	316573	316573	316573	263690	210807	210807	210807	210807	172034	133260	133260	111568	104338
			燃气	384336	384336	379761	370610	370610	359114	336122	336122	336122	279745	223368	223368	141255	141255	110630	110630	110630	110630	110630
		其他	汽油	197991	197991	197991	197991	197991	134304	6930	6930	6930	6930	6930	6930	6930	6930	5198	3466	3466	3466	3466
			柴油	169750	169750	162664	148492	148492	147236	144725	144725	144725	123258	101791	101791	101791	101791	90381	78971	78971	67403	63547
			燃气	191684	191684	181035	159736	159736	158231	155220	155220	155220	132158	109097	109097	84982	84982	68263	68263	68263	68263	68263
	大型	公交车	汽油	1150472	1150472	1150472	1150472	1150472	791086	72315	72315	72315	72315	72315	72252	72188	72188	54142	36095	36095	36095	36095
			柴油	513389	513389	496800	463621	463621	450448	424101	424101	424101	416458	408816	408816	408816	408816	394074	379333	379333	341950	329489
			燃气	1032217	1032217	974871	860180	860180	796349	668688	668688	668688	572942	477195	477195	444269	444269	385065	385065	385065	385065	385065
		其他	汽油	2745966	2745966	2745966	2745966	2745966	1888179	172604	172604	172604	172604	172604	166131	159658	159658	119872	80085	80085	80085	80085
			柴油	1229407	1229407	1197772	1134502	1134502	1108052	1055152	1055152	1055152	1018002	980853	980853	980853	980853	933777	886701	886701	784722	750729
			燃气	2288408	2288408	2161274	1907007	1907007	1765495	1482471	1482471	1482471	1270690	1058908	1058908	955315	955315	810500	810500	810500	810500	810500
载货汽车	微型		汽油	109967	64991	20015	20015	20015	20015	13682	7348	7348	5969	4590	4590	4040	3490	3490	3490	3490	2591	2291
			柴油	77684	64080	50477	50477	50477	50477	45376	40274	40274	34152	28031	28031	28031	28031	20496	12961	12961	11120	10506
			燃气	68755	39112	9469	9469	9469	9469	6860	4251	4251	3448	2644	2644	2254	1863	1863	1863	1863	1515	1399
	轻型		汽油	78969	50714	22460	22460	22460	22460	15238	8015	8015	6728	5441	5441	4512	3582	3582	3582	3582	2706	2414
			柴油	77957	64217	50477	50477	50477	50477	45376	40274	40274	34152	28031	28031	28031	28031	22342	16653	16653	15461	15064
			燃气	49313	31660	14008	14008	14008	14008	9373	4737	4737	3889	3041	3041	2467	1892	1892	1892	1892	1573	1467
	中型		汽油	266792	266792	266792	266792	266792	182141	12839	12839	12839	12839	12839	12839	12839	12839	9633	6427	6427	6427	6427
			柴油	503174	503174	451814	349093	349093	331949	297662	297662	297662	293440	289217	289217	289217	289217	253752	218286	218286	187964	177857
			燃气	568191	568191	503970	375527	375527	356767	319248	319248	319248	314611	309975	309975	234901	234901	191056	191056	191056	191056	191056
	重型		汽油	1861914	1861914	1861914	1861914	1861914	1280288	117035	117035	117035	117035	117035	112646	108257	108257	81280	54302	54302	54302	54302
			柴油	1081861	1081861	1044933	971078	971078	935160	863325	863325	863325	828706	794086	794086	794086	794086	699954	605821	605821	424694	364319
			燃气	2013767	2013767	1886613	1632304	1632304	1492522	1212957	1212957	1212957	1035118	857278	857278	652700	652700	393325	393325	393325	393325	393325
低速汽车	三轮汽车			65550	65550	65550	65550	65550	65550	65550	65550	65550	53279	53279	53279	53279	53279	53279	53279	53279	53279	53279
	低速货车			88065	88065	88065	88065	88065	88065	88065	88065	88065	71579	71579	71579	71579	71579	71579	71579	71579	71579	71579
摩托车	普通摩托车			1177	1177	1177	1177	1138	1098	1020	1020	1020	1020	1020	906	792	792	792	792	792	792	792
	轻便摩托车			785	785	785	785	785	392	392	392	392	392	392	348	305	305	305	305	305	305	305

汕头市 PM 排放系数

单位：克/（辆·年）

车辆类型		使用性质	燃料种类	1999 年年底前	2000 年	2001 年	2002 年	2003 年	2004 年	2005 年	2006 年	2007 年	2008 年	2009 年	2010 年	2011 年	2012 年	2013 年	2014 年	2015 年	2016 年	2017 年
载客汽车	微型	出租车	汽油	—	—	—	—	—	—	—	—	—	—	—	—	—	—	—	—	—	—	—
			燃气	—	—	—	—	—	—	—	—	—	—	—	—	—	—	—	—	—	—	—
		其他	汽油	—	—	—	—	—	—	—	—	—	—	—	—	—	—	—	—	—	—	—
			燃气	—	—	—	—	—	—	—	—	—	—	—	—	—	—	—	—	—	—	—
	小型	出租车	汽油	—	—	—	—	—	—	—	—	—	—	—	—	—	—	—	—	—	—	—
			柴油	50491	46239	41987	41987	41987	41987	28380	14773	14773	9704	4636	4636	4636	4636	4308	3981	3981	3292	3062
			燃气	—	—	—	—	—	—	—	—	—	—	—	—	—	—	—	—	—	—	—
		其他	汽油	—	—	—	—	—	—	—	—	—	—	—	—	—	—	—	—	—	—	—
			柴油	4591	4344	4096	4096	4096	4096	2926	1757	1757	1298	838	838	838	838	690	541	541	541	541
			燃气	—	—	—	—	—	—	—	—	—	—	—	—	—	—	—	—	—	—	—
	中型	公交车	汽油	—	—	—	—	—	—	—	—	—	—	—	—	—	—	—	—	—	—	—
			柴油	30592	30592	28032	22913	22913	17978	8108	8108	8108	6872	5637	5637	5637	5637	3504	1372	1372	1080	983
			燃气	—	—	—	—	—	—	—	—	—	—	—	—	—	—	—	—	—	—	—
		其他	汽油	—	—	—	—	—	—	—	—	—	—	—	—	—	—	—	—	—	—	—
			柴油	15274	15274	12888	8116	8116	6262	2553	2553	2553	2434	2316	2316	2316	2316	1366	415	415	399	394
			燃气	—	—	—	—	—	—	—	—	—	—	—	—	—	—	—	—	—	—	—
	大型	公交车	汽油	—	—	—	—	—	—	—	—	—	—	—	—	—	—	—	—	—	—	—
			柴油	94865	94865	93934	92071	92071	71272	29674	29674	29674	19994	10315	10315	10315	10315	6116	1916	1916	1845	1821
			燃气	—	—	—	—	—	—	—	—	—	—	—	—	—	—	—	—	—	—	—
		其他	汽油	—	—	—	—	—	—	—	—	—	—	—	—	—	—	—	—	—	—	—
			柴油	142314	142314	133412	115607	115607	85425	25061	25061	25061	17182	9303	9303	9303	9303	5868	2433	2433	2343	2313
			燃气	—	—	—	—	—	—	—	—	—	—	—	—	—	—	—	—	—	—	—
载货汽车	微型		汽油	—	—	—	—	—	—	—	—	—	—	—	—	—	—	—	—	—	—	—
			柴油	8765	8584	8402	8402	8402	8402	6854	5305	5305	3937	2569	2569	2569	2569	1618	666	666	663	662
			燃气	—	—	—	—	—	—	—	—	—	—	—	—	—	—	—	—	—	—	—
	轻型		汽油	—	—	—	—	—	—	—	—	—	—	—	—	—	—	—	—	—	—	—
			柴油	9116	8759	8402	8402	8402	8402	6854	5305	5305	3937	2569	2569	2569	2569	1938	1306	1306	1078	1002
			燃气	—	—	—	—	—	—	—	—	—	—	—	—	—	—	—	—	—	—	—
	中型		汽油	—	—	—	—	—	—	—	—	—	—	—	—	—	—	—	—	—	—	—
			柴油	43474	43474	36585	22807	22807	17572	7101	7101	7101	6728	6354	6354	6354	6354	4074	1794	1794	1643	1593
			燃气	—	—	—	—	—	—	—	—	—	—	—	—	—	—	—	—	—	—	—
	重型		汽油	—	—	—	—	—	—	—	—	—	—	—	—	—	—	—	—	—	—	—
			柴油	150151	150151	123413	69937	69937	55530	26716	26716	26716	18307	9898	9898	9898	9898	6618	3339	3339	2822	2650
			燃气	—	—	—	—	—	—	—	—	—	—	—	—	—	—	—	—	—	—	—
低速汽车	三轮汽车			4092	4092	4092	4092	4092	4092	4092	4092	4092	3220	3220	3220	3220	3220	3220	3220	3220	3220	3220
	低速货车			5581	5581	5581	5581	5581	5581	5581	5581	5581	4392	4392	4392	4392	4392	4392	4392	4392	4392	4392
摩托车	普通摩托车			—	—	—	—	—	—	—	—	—	—	—	—	—	—	—	—	—	—	—
	轻便摩托车			—	—	—	—	—	—	—	—	—	—	—	—	—	—	—	—	—	—	—

汕头市 VOCs 排放系数

单位：克/（辆·年）

车辆类型		使用性质	燃料种类	1999 年年底前	2000 年	2001 年	2002 年	2003 年	2004 年	2005 年	2006 年	2007 年	2008 年	2009 年	2010 年	2011 年	2012 年	2013 年	2014 年	2015 年	2016 年	2017 年
载客汽车	微型	出租车	汽油	509363	306154	102944	102944	102944	102944	79625	56306	56306	46685	37064	37064	30678	24293	24293	24293	24293	16994	14561
			燃气	409214	244459	79704	79704	79704	79704	60878	42053	42053	34442	26831	26831	21638	16446	16446	16446	16446	10763	8869
		其他	汽油	34527	21472	8417	8417	8417	8417	8048	7678	7678	6740	5801	5801	5585	5369	5369	5369	5369	4692	4466
			燃气	21770	12192	2613	2613	2613	2613	2510	2406	2406	1791	1176	1176	1097	1018	1018	1018	1018	729	633
	小型	出租车	汽油	509363	301744	94126	94126	94126	94126	87018	79910	79910	58487	37064	37064	30678	24293	24293	24293	24293	16092	13359
			柴油	179659	168672	157684	157684	157684	157684	141774	125865	125865	94716	63567	63567	63567	63567	47008	30450	30450	16278	11554
			燃气	409214	240860	72507	72507	72507	72507	66912	61316	61316	44074	26831	26831	21638	16446	16446	16446	16446	10028	7888
		其他	汽油	34978	21645	8312	8312	8312	8312	8230	8147	8147	6976	5804	5804	5556	5309	5309	5309	5309	4740	4550
			柴油	8974	8214	7453	7453	7453	7453	6358	5264	5264	3667	2070	2070	2070	2070	1716	1361	1361	928	784
			燃气	22137	13247	4357	4357	4357	4357	3573	2789	2789	2068	1348	1348	1158	969	969	969	969	769	702
	中型	公交车	汽油	247689	247689	247689	247689	247092	168850	13557	13557	13557	13557	13557	13406	13254	13254	10827	8400	8400	8400	8400
			柴油	87806	87806	86086	82645	82645	64494	28192	28192	28192	20508	12823	12823	12823	12823	8958	5093	5093	4763	4653
			燃气	71579	71579	67602	59649	59649	57536	53311	53311	53311	42686	32061	32061	22219	22219	22154	22154	22154	22154	22154
		其他	汽油	128400	128400	128400	128400	127803	87480	8029	8029	8029	8029	8029	7884	7738	7738	6687	5636	5636	5636	5636
			柴油	30493	30493	28460	24394	24394	18567	6912	6912	6912	6506	6099	6099	6099	6099	3750	1402	1402	1243	1190
			燃气	34560	34560	32640	28800	28800	27780	25740	25740	25740	20623	15506	15506	10732	10732	9642	9642	9642	9642	9642
	大型	公交车	汽油	576997	576997	576997	576997	576400	388823	14861	14861	14861	14861	14861	14721	14581	14581	11815	9049	9049	9049	9049
			柴油	131708	131708	108010	60614	60614	60614	60614	60614	60614	43515	26416	26416	26416	26416	17675	8934	8934	5723	4653
			燃气	168926	168926	159541	140772	140772	135786	125815	125815	125815	100740	75665	75665	52438	52438	47188	47188	47188	47188	47188
		其他	汽油	1278296	1278296	1278296	1278296	1277699	860850	28347	28347	28347	28347	28347	22088	15830	15830	12639	9448	9448	9448	9448
			柴油	272891	272891	207397	76409	76409	76409	76409	76409	76409	55942	35476	35476	35476	35476	20706	5937	5937	5324	5119
			燃气	266186	266186	251398	221822	221822	213966	198253	198253	198253	158842	119430	119430	82662	82662	74261	74261	74261	74261	74261
载货汽车	微型		汽油	148200	81600	14999	14999	14999	14999	14052	13105	13105	12086	11067	11067	9430	7792	7792	7792	7792	6627	6239
			柴油	28674	26776	24877	24877	24877	24877	22652	20428	20428	15280	10131	10131	10131	10131	7048	3966	3966	2580	2118
			燃气	93443	49050	4656	4656	4656	4656	4381	4107	4107	3175	2244	2244	1860	1477	1477	1477	1477	1033	884
	轻型		汽油	79419	48988	18558	18558	18558	18558	16248	13938	13938	12578	11217	11217	10002	8787	8787	8787	8787	7549	7136
			柴油	26622	25750	24877	24877	24877	24877	22652	20428	20428	15280	10131	10131	10131	10131	7636	5142	5142	3757	3295
			燃气	50263	29995	9728	9728	9728	9728	7250	4771	4771	3688	2605	2605	2104	1604	1604	1604	1604	1227	1101
	中型		汽油	389006	389006	389006	389006	388409	264158	16850	16850	16850	16850	16850	16710	16570	16570	13304	10038	10038	10038	10038
			柴油	90099	90099	84092	72079	72079	54860	20423	20423	20423	19226	18030	18030	18030	18030	13067	8104	8104	4822	3728
			燃气	102116	102116	96443	85098	85098	82083	76054	76054	76054	60947	45839	45839	62034	62034	30206	30206	30206	30206	30206
	重型		汽油	935618	935618	935618	935618	935020	630202	21761	21761	21761	21761	21761	17150	12538	12538	10202	7867	7867	7867	7867
			柴油	259385	259385	197133	72628	72628	72628	72628	72628	72628	53174	33720	33720	33720	33720	21469	9218	9218	6479	5566
			燃气	253012	253012	238956	210845	210845	203378	188443	188443	188443	150981	113518	113518	128344	128344	80746	80746	80746	80746	80746
低速汽车	三轮汽车			25300	25300	25300	25300	25300	25300	25300	25300	25300	16721	16721	16721	16721	16721	16721	16721	16721	16721	16721
	低速货车			33990	33990	33990	33990	33990	33990	33990	33990	33990	22464	22464	22464	22464	22464	22464	22464	22464	22464	22464
摩托车	普通摩托车			15768	15768	15768	15768	11768	7767	4158	4158	4158	4158	4158	3103	2048	2048	2048	2048	2048	2048	2048
	轻便摩托车			50993	50993	50993	50993	50993	10199	10199	5021	5021	5021	5021	3747	2473	2473	2473	2473	2473	2473	2473

佛山市 NO_x 排放系数

单位：克/（辆·年）

车辆类型		使用性质	燃料种类	1999年年底前	2000年	2001年	2002年	2003年	2004年	2005年	2006年	2007年	2008年	2009年	2010年	2011年	2012年	2013年	2014年	2015年	2016年	2017年
载客汽车	微型	出租车	汽油	250300	168680	87059	87059	87059	87059	63293	39527	39527	28436	17345	15481	11752	11752	11752	11752	11752	6154	6154
			燃气	154719	105189	55659	55659	55659	55659	40864	26069	26069	19082	12095	10697	7900	7900	7900	7900	7900	3908	3908
		其他	汽油	41527	26186	10845	10845	10845	10845	6774	2703	2703	2187	1670	1490	1129	1129	1129	1129	1129	701	701
			燃气	24785	14857	4928	4928	4928	4928	3226	1523	1523	1232	941	823	587	587	587	587	587	410	410
	小型	出租车	汽油	284238	187755	91272	91272	91272	91272	65724	40175	40175	28760	17345	15065	10506	10506	10506	10506	10506	5098	5098
			柴油	294139	244382	194624	194624	194624	194624	173689	152754	152754	121432	90109	74247	58384	58384	58384	58384	58384	45487	41188
			燃气	175268	116739	58210	58210	58210	58210	42336	26461	26461	19278	12095	9620	7145	7145	7145	7145	7145	3268	3268
		其他	汽油	38721	24863	11004	11004	11004	11004	7235	3465	3465	2382	1298	1221	1068	1068	1068	1068	1068	657	657
			柴油	34911	28574	22237	22237	22237	22237	20430	18622	18622	14641	10659	9177	7694	7694	7694	7694	7694	6682	6344
			燃气	23086	14831	6576	6576	6576	6576	4280	1984	1984	1350	716	633	550	550	550	550	550	383	383
	中型	公交车	汽油	322436	322436	322436	322436	322436	169199	15961	15961	15961	15961	15961	14314	12667	12667	9563	6459	6459	6459	6459
			柴油	361563	361563	360714	359017	359017	344749	316213	316213	316213	210567	210567	210567	210567	210567	171838	133109	133109	111442	104219
			燃气	383899	383899	379329	370188	370188	358705	335740	335740	335740	223114	223114	223114	141094	141094	110504	110504	110504	110504	110504
		其他	汽油	197682	197682	197682	197682	197682	102301	6919	6919	6919	6919	6919	6919	6919	6919	5190	3460	3460	3460	3460
			柴油	169557	169557	162479	148323	148323	147069	144560	144560	144560	101675	101675	101675	101675	101675	90278	78881	78881	67326	63474
			燃气	191465	191465	180828	159555	159555	158051	155043	155043	155043	108973	108973	108973	84886	84886	68185	68185	68185	68185	68185
	大型	公交车	汽油	1148677	1148677	1148677	1148677	1148677	610440	72203	72203	72203	72203	72203	72140	72076	72076	54058	36039	36039	36039	36039
			柴油	512805	512805	496234	463093	463093	449935	423618	423618	423618	408350	408350	408350	408350	408350	393626	378901	378901	341561	329114
			燃气	1031042	1031042	973762	859201	859201	795443	667927	667927	667927	476652	476652	476652	443763	443763	384626	384626	384626	384626	384626
		其他	汽油	2741682	2741682	2741682	2741682	2741682	1457008	172334	172334	172334	172334	172334	165872	159409	159409	119685	79960	79960	79960	79960
			柴油	1228008	1228008	1196409	1133211	1133211	1106791	1053951	1053951	1053951	979737	979737	979737	979737	979737	932715	885692	885692	783829	749874
			燃气	2285804	2285804	2158815	1904837	1904837	1763486	1480784	1480784	1480784	1057703	1057703	1057703	954228	954228	809577	809577	809577	809577	809577
载货汽车	微型		汽油	129653	76862	24070	24070	24070	24070	16484	8898	8898	7238	5577	5117	4198	4198	4198	4198	4198	2742	2742
			柴油	90920	75138	59355	59355	59355	59355	53344	47333	47333	40088	32843	24010	15176	15176	15176	15176	15176	12926	12176
			燃气	77382	44160	10937	10937	10937	10937	7976	5014	5014	4078	3142	2663	2183	2183	2183	2183	2183	1604	1604
	轻型		汽油	94325	60656	26986	26986	26986	26986	18340	9693	9693	8143	6593	5831	4307	4307	4307	4307	4307	2889	2889
			柴油	91234	75295	59355	59355	59355	59355	53344	47333	47333	40088	32843	26136	19429	19429	19429	19429	19429	17927	17426
			燃气	56238	36182	16127	16127	16127	16127	10838	5550	5550	4593	3637	2927	2218	2218	2218	2218	2218	1684	1684
	中型		汽油	266792	266792	266792	266792	266792	139816	12839	12839	12839	12839	12839	12839	12839	12839	9633	6427	6427	6427	6427
			柴油	503174	503174	451814	349093	349093	331949	297662	297662	297662	289217	289217	289217	289217	289217	253752	218286	218286	187964	177857
			燃气	568188	568188	503968	375529	375529	356768	319247	319247	319247	309976	309976	309976	234904	234904	191057	191057	191057	191057	191057
	重型		汽油	1743067	1743067	1743067	1743067	1743067	926316	109564	109564	109564	109564	109564	105456	101347	101347	76092	50836	50836	50836	50836
			柴油	989348	989348	955578	888038	888038	855192	789499	789499	789499	726181	726181	726181	726181	726181	644209	562236	562236	385986	327236
			燃气	1841564	1841564	1725283	1492721	1492721	1364892	1109233	1109233	1109233	783969	783969	783969	605743	605743	353290	353290	353290	353290	353290
低速汽车	三轮汽车			65550	65550	65550	65550	65550	65550	65550	65550	65550	53279	53279	53279	53279	53279	53279	53279	53279	53279	53279
	低速货车			88065	88065	88065	88065	88065	88065	88065	88065	88065	71579	71579	71579	71579	71579	71579	71579	71579	71579	71579
摩托车	普通摩托车			1177	1177	1177	1177	1138	1098	1020	1020	1020	1020	1020	906	792	792	792	792	792	792	792
	轻便摩托车			785	785	785	785	785	392	392	392	392	392	392	349	305	305	305	305	305	305	305

佛山市 PM 排放系数

单位：克/（辆·年）

车辆类型		使用性质	燃料种类	1999 年年底前	2000 年	2001 年	2002 年	2003 年	2004 年	2005 年	2006 年	2007 年	2008 年	2009 年	2010 年	2011 年	2012 年	2013 年	2014 年	2015 年	2016 年	2017 年
载客汽车	微型	出租车	汽油	—	—	—	—	—	—	—	—	—	—	—	—	—	—	—	—	—	—	—
			燃气	—	—	—	—	—	—	—	—	—	—	—	—	—	—	—	—	—	—	—
		其他	汽油	—	—	—	—	—	—	—	—	—	—	—	—	—	—	—	—	—	—	—
			燃气	—	—	—	—	—	—	—	—	—	—	—	—	—	—	—	—	—	—	—
	小型	出租车	汽油	—	—	—	—	—	—	—	—	—	—	—	—	—	—	—	—	—	—	—
			柴油	39047	35752	32457	32457	32457	32457	21921	11384	11384	7475	3565	3313	3061	3061	3061	3061	3061	2532	2355
			燃气	—	—	—	—	—	—	—	—	—	—	—	—	—	—	—	—	—	—	—
		其他	汽油	—	—	—	—	—	—	—	—	—	—	—	—	—	—	—	—	—	—	—
			柴油	4615	4367	4118	4118	4118	4118	2947	1775	1775	1308	840	695	550	550	550	550	550	550	550
			燃气	—	—	—	—	—	—	—	—	—	—	—	—	—	—	—	—	—	—	—
	中型	公交车	汽油	—	—	—	—	—	—	—	—	—	—	—	—	—	—	—	—	—	—	—
			柴油	30592	30592	28032	22913	22913	17978	8108	8108	8108	5637	5637	5637	5637	5637	3505	1372	1372	1080	983
			燃气	—	—	—	—	—	—	—	—	—	—	—	—	—	—	—	—	—	—	—
		其他	汽油	—	—	—	—	—	—	—	—	—	—	—	—	—	—	—	—	—	—	—
			柴油	15274	15274	12888	8116	8116	6262	2553	2553	2553	2316	2316	2316	2316	2316	1366	415	415	399	394
			燃气	—	—	—	—	—	—	—	—	—	—	—	—	—	—	—	—	—	—	—
	大型	公交车	汽油	—	—	—	—	—	—	—	—	—	—	—	—	—	—	—	—	—	—	—
			柴油	94865	94865	93934	92071	92071	71272	29674	29674	29674	10315	10315	10315	10315	10315	6116	1916	1916	1845	1821
			燃气	—	—	—	—	—	—	—	—	—	—	—	—	—	—	—	—	—	—	—
		其他	汽油	—	—	—	—	—	—	—	—	—	—	—	—	—	—	—	—	—	—	—
			柴油	142314	142314	133412	115607	115607	85425	25061	25061	25061	9303	9303	9303	9303	9303	5868	2433	2433	2343	2313
			燃气	—	—	—	—	—	—	—	—	—	—	—	—	—	—	—	—	—	—	—
载货汽车	微型		汽油	—	—	—	—	—	—	—	—	—	—	—	—	—	—	—	—	—	—	—
			柴油	9740	9539	9337	9337	9337	9337	7611	5885	5885	4368	2850	1795	739	739	739	739	739	735	734
			燃气	—	—	—	—	—	—	—	—	—	—	—	—	—	—	—	—	—	—	—
	轻型		汽油	—	—	—	—	—	—	—	—	—	—	—	—	—	—	—	—	—	—	—
			柴油	10130	9734	9337	9337	9337	9337	7611	5885	5885	4368	2850	2149	1448	1448	1448	1448	1448	1196	1112
			燃气	—	—	—	—	—	—	—	—	—	—	—	—	—	—	—	—	—	—	—
	中型		汽油	—	—	—	—	—	—	—	—	—	—	—	—	—	—	—	—	—	—	—
			柴油	43474	43474	36585	22807	22807	17572	7101	7101	7101	6354	6354	6354	6354	6354	4074	1794	1794	1643	1593
			燃气	—	—	—	—	—	—	—	—	—	—	—	—	—	—	—	—	—	—	—
	重型		汽油	—	—	—	—	—	—	—	—	—	—	—	—	—	—	—	—	—	—	—
			柴油	140937	140937	115840	65645	65645	52122	25076	25076	25076	9291	9291	9291	9291	9291	6182	3073	3073	2598	2439
			燃气	—	—	—	—	—	—	—	—	—	—	—	—	—	—	—	—	—	—	—
低速汽车	三轮汽车			4092	4092	4092	4092	4092	4092	4092	4092	4092	3220	3220	3220	3220	3220	3220	3220	3220	3220	3220
	低速货车			5581	5581	5581	5581	5581	5581	5581	5581	5581	4392	4392	4392	4392	4392	4392	4392	4392	4392	4392
摩托车	普通摩托车			—	—	—	—	—	—	—	—	—	—	—	—	—	—	—	—	—	—	—
	轻便摩托车			—	—	—	—	—	—	—	—	—	—	—	—	—	—	—	—	—	—	—

佛山市 VOCs 排放系数

单位：克/（辆·年）

车辆类型		使用性质	燃料种类	1999 年年底前	2000 年	2001 年	2002 年	2003 年	2004 年	2005 年	2006 年	2007 年	2008 年	2009 年	2010 年	2011 年	2012 年	2013 年	2014 年	2015 年	2016 年	2017 年
载客汽车	微型	出租车	汽油	404279	240282	76285	76285	76285	76285	58702	41118	41118	33952	26786	23945	18264	18264	18264	18264	18264	12015	12015
			燃气	318858	188043	57228	57228	57228	57228	43251	29273	29273	23717	18160	15860	11261	11261	11261	11261	11261	6521	6521
		其他	汽油	35453	22133	8813	8813	8813	8813	8430	8046	8046	7078	6110	5946	5619	5619	5619	5619	5619	4685	4685
			燃气	22012	12362	2712	2712	2712	2712	2598	2483	2483	1852	1220	1152	1016	1016	1016	1016	1016	610	610
	小型	出租车	汽油	404279	236806	69333	69333	69333	69333	64585	59836	59836	43311	26786	23945	18264	18264	18264	18264	18264	11079	11079
			柴油	120813	113583	106353	106353	106353	106353	95790	85227	85227	63370	41513	30756	19999	19999	19999	19999	19999	10955	7940
			燃气	318858	185249	51639	51639	51639	51639	47981	44322	44322	31241	18160	14711	11261	11261	11261	11261	11261	5769	5769
		其他	汽油	35913	22310	8706	8706	8706	8706	8616	8526	8526	7320	6113	5929	5560	5560	5560	5560	5560	4767	4767
			柴油	9429	8634	7838	7838	7838	7838	6664	5490	5490	3850	2210	1819	1427	1427	1427	1427	1427	964	810
			燃气	22382	13427	4471	4471	4471	4471	3670	2869	2869	2130	1391	1180	969	969	969	969	969	676	676
	中型	公交车	汽油	247927	247927	247927	247927	247330	130264	13794	13794	13794	13794	13794	13643	13491	13491	11064	8637	8637	8637	8637
			柴油	87806	87806	86086	82645	82645	64494	28192	28192	28192	12823	12823	12823	12823	12823	8958	5093	5093	4763	4653
			燃气	71579	71579	67602	59649	59649	57536	53311	53311	53311	32061	32061	32061	22219	22219	22154	22154	22154	22154	22154
		其他	汽油	128637	128637	128637	128637	128040	67855	8266	8266	8266	8266	8266	8121	7975	7975	6924	5873	5873	5873	5873
			柴油	30493	30493	28460	24394	24394	18567	6912	6912	6912	6099	6099	6099	6099	6099	3751	1402	1402	1243	1190
			燃气	34560	34560	32640	28800	28800	27780	25740	25740	25740	15506	15506	15506	10732	10732	9642	9642	9642	9642	9642
	大型	公交车	汽油	577235	577235	577235	577235	576638	295570	15098	15098	15098	15098	15098	14958	14818	14818	12052	9286	9286	9286	9286
			柴油	131708	131708	108010	60614	60614	60614	60614	60614	60614	26416	26416	26416	26416	26416	17675	8934	8934	5723	4653
			燃气	168926	168926	159541	140772	140772	135786	125815	125815	125815	75665	75665	75665	52438	52438	47188	47188	47188	47188	47188
		其他	汽油	1278533	1278533	1278533	1278533	1277936	652962	28584	28584	28584	28584	28584	22326	16067	16067	12876	9685	9685	9685	9685
			柴油	272891	272891	207397	76409	76409	76409	76409	76409	76409	35476	35476	35476	35476	35476	20707	5937	5937	5324	5119
			燃气	266186	266186	251398	221822	221822	213966	198253	198253	198253	119430	119430	119430	82662	82662	74261	74261	74261	74261	74261
载货汽车	微型		汽油	165242	91118	16994	16994	16994	16994	15884	14774	14774	13610	12445	11175	8634	8634	8634	8634	8634	6809	6809
			柴油	33781	31535	29289	29289	29289	29289	26599	23908	23908	17993	12078	8432	4786	4786	4786	4786	4786	3033	2449
			燃气	102595	53912	5230	5230	5230	5230	4894	4559	4559	3522	2485	2023	1561	1561	1561	1561	1561	887	887
	轻型		汽油	88589	54775	20960	20960	20960	20960	18331	15702	15702	14158	12613	11656	9743	9743	9743	9743	9743	7808	7808
			柴油	31523	30406	29289	29289	29289	29289	26599	23908	23908	17993	12078	9080	6082	6082	6082	6082	6082	4329	3745
			燃气	55211	32988	10764	10764	10764	10764	8024	5284	5284	4077	2870	2284	1698	1698	1698	1698	1698	1107	1107
	中型		汽油	389244	389244	389244	389244	388647	202568	17087	17087	17087	17087	17087	16947	16807	16807	13541	10275	10275	10275	10275
			柴油	90099	90099	84092	72079	72079	54860	20423	20423	20423	18030	18030	18030	18030	18030	13067	8104	8104	4822	3728
			燃气	102116	102116	96443	85098	85098	82083	76054	76054	76054	45839	45839	45839	62034	62034	30206	30206	30206	30206	30206
	重型		汽油	879597	879597	879597	879597	878999	449659	20917	20917	20917	20917	20917	16576	12235	12235	10040	7844	7844	7844	7844
			柴油	240233	240233	182577	67265	67265	67265	67265	67265	67265	31230	31230	31230	31230	31230	19649	8067	8067	5903	5181
			燃气	234330	234330	221312	195276	195276	188360	174528	174528	174528	105136	105136	105136	112318	112318	75160	75160	75160	75160	75160
低速汽车	三轮汽车			25300	25300	25300	25300	25300	25300	25300	25300	25300	16721	16721	16721	16721	16721	16721	16721	16721	16721	16721
	低速货车			33990	33990	33990	33990	33990	33990	33990	33990	33990	22464	22464	22464	22464	22464	22464	22464	22464	22464	22464
摩托车	普通摩托车			15768	15768	15768	15768	11768	7767	4158	4158	4158	4158	4158	3103	2048	2048	2048	2048	2048	2048	2048
	轻便摩托车			50993	50993	50993	50993	50993	10199	10199	5021	5021	5021	5021	3747	2473	2473	2473	2473	2473	2473	2473

江门市 NO_x 排放系数

单位：克/（辆・年）

车辆类型		使用性质	燃料种类	1999 年年底前	2000 年	2001 年	2002 年	2003 年	2004 年	2005 年	2006 年	2007 年	2008 年	2009 年	2010 年	2011 年	2012 年	2013 年	2014 年	2015 年	2016 年	2017 年
载客汽车	微型	出租车	汽油	323881	219774	115666	115666	115666	115666	85330	54994	54994	40613	26231	22962	16423	16423	16423	16423	16423	7842	7842
			燃气	193621	133182	72743	72743	72743	72743	54443	36142	36142	27275	18407	15990	11155	11155	11155	11155	11155	4904	4904
		其他	汽油	39281	24695	10108	10108	10108	10108	6307	2505	2505	2030	1555	1365	986	986	986	986	986	618	618
			燃气	22357	13371	4385	4385	4385	4385	2869	1353	1353	1097	841	723	486	486	486	486	486	344	344
	小型	出租车	汽油	366534	243689	120843	120843	120843	120843	88317	55790	55790	41011	26231	22488	15002	15002	15002	15002	15002	6604	6604
			柴油	391296	328293	265290	265290	265290	265290	235723	206156	206156	164067	121977	99223	76469	76469	76469	76469	76469	57346	50972
			燃气	218232	146982	75731	75731	75731	75731	56166	36601	36601	27504	18407	14371	10335	10335	10335	10335	10335	4190	4190
		其他	汽油	36624	23441	10257	10257	10257	10257	6737	3217	3217	2211	1204	1114	934	934	934	934	934	579	579
			柴油	31493	25772	20051	20051	20051	20051	18421	16791	16791	13158	9524	8202	6880	6880	6880	6880	6880	5920	5600
			燃气	20824	13339	5853	5853	5853	5853	3809	1764	1764	1202	639	548	456	456	456	456	456	322	322
	中型	公交车	汽油	322405	322405	322405	322405	322405	169182	15959	15959	15959	15959	15959	14313	12666	12666	9562	6458	6458	6458	6458
			柴油	361539	361539	360690	358992	358992	344725	316191	316191	316191	210553	210553	210553	210553	210553	171827	133100	133100	111434	104212
			燃气	383872	383872	379302	370163	370163	358681	335717	335717	335717	223099	223099	223099	141085	141085	110496	110496	110496	110496	110496
		其他	汽油	197664	197664	197664	197664	197664	102291	6918	6918	6918	6918	6918	6918	6918	6918	5189	3460	3460	3460	3460
			柴油	169545	169545	162468	148313	148313	147059	144551	144551	144551	101668	101668	101668	101668	101668	90272	78876	78876	67322	63470
			燃气	191452	191452	180816	159544	159544	158040	155033	155033	155033	108966	108966	108966	84880	84880	68180	68180	68180	68180	68180
	大型	公交车	汽油	1148569	1148569	1148569	1148569	1148569	610383	72196	72196	72196	72196	72196	72133	72069	72069	54052	36035	36035	36035	36035
			柴油	512770	512770	496200	463061	463061	449904	423589	423589	423589	408322	408322	408322	408322	408322	393599	378875	378875	341538	329092
			燃气	1030971	1030971	973695	859143	859143	795389	667881	667881	667881	476620	476620	476620	443733	443733	384600	384600	384600	384600	384600
		其他	汽油	2741425	2741425	2741425	2741425	2741425	1456872	172318	172318	172318	172318	172318	165856	159394	159394	119673	79952	79952	79952	79952
			柴油	1227924	1227924	1196327	1133134	1133134	1106716	1053879	1053879	1053879	979670	979670	979670	979670	979670	932651	885632	885632	783775	749823
			燃气	2285648	2285648	2158668	1904707	1904707	1763366	1480683	1480683	1480683	1057630	1057630	1057630	954163	954163	809522	809522	809522	809522	809522
载货汽车	微型		汽油	137135	81434	25733	25733	25733	25733	17599	9465	9465	7696	5926	5438	4462	4462	4462	4462	4462	2934	2934
			柴油	93529	77339	61148	61148	61148	61148	54910	48671	48671	41167	33663	24607	15551	15551	15551	15551	15551	13210	12430
			燃气	78051	44607	11163	11163	11163	11163	8138	5112	5112	4159	3205	2702	2199	2199	2199	2199	2199	1633	1633
	轻型		汽油	101067	64965	28863	28863	28863	28863	19591	10318	10318	8667	7016	6204	4579	4579	4579	4579	4579	3092	3092
			柴油	93851	77500	61148	61148	61148	61148	54910	48671	48671	41167	33663	26773	19883	19883	19883	19883	19883	18304	17778
			燃气	57466	36968	16470	16470	16470	16470	11064	5658	5658	4691	3724	2980	2236	2236	2236	2236	2236	1720	1720
	中型		汽油	266792	266792	266792	266792	266792	139816	12839	12839	12839	12839	12839	12839	12839	12839	9633	6427	6427	6427	6427
			柴油	503174	503174	451814	349093	349093	331949	297662	297662	297662	289217	289217	289217	289217	289217	253752	218286	218286	187964	177857
			燃气	568189	568189	503969	375528	375528	356768	319247	319247	319247	309978	309978	309978	234902	234902	191055	191055	191055	191055	191055
	重型		汽油	1861914	1861914	1861914	1861914	1861914	989475	117035	117035	117035	117035	117035	112646	108257	108257	81280	54302	54302	54302	54302
			柴油	1081861	1081861	1044933	971078	971078	935160	863325	863325	863325	794086	794086	794086	794086	794086	699954	605821	605821	424695	364319
			燃气	2013767	2013767	1886613	1632304	1632304	1492522	1212958	1212958	1212958	857278	857278	857278	652700	652700	393325	393325	393325	393325	393325
低速汽车	三轮汽车			65550	65550	65550	65550	65550	65550	65550	65550	65550	53279	53279	53279	53279	53279	53279	53279	53279	53279	53279
	低速货车			88065	88065	88065	88065	88065	88065	88065	88065	88065	71579	71579	71579	71579	71579	71579	71579	71579	71579	71579
摩托车	普通摩托车			1177	1177	1177	1177	1138	1098	1020	1020	1020	1020	1020	906	792	792	792	792	792	792	792
	轻便摩托车			785	785	785	785	785	392	392	392	392	392	392	349	305	305	305	305	305	305	305

江门市 PM 排放系数

单位：克/（辆·年）

车辆类型		使用性质	燃料种类	1999 年年底前	2000 年	2001 年	2002 年	2003 年	2004 年	2005 年	2006 年	2007 年	2008 年	2009 年	2010 年	2011 年	2012 年	2013 年	2014 年	2015 年	2016 年	2017 年
载客汽车	微型	出租车	汽油	—	—	—	—	—	—	—	—	—	—	—	—	—	—	—	—	—	—	—
			燃气	—	—	—	—	—	—	—	—	—	—	—	—	—	—	—	—	—	—	—
		其他	汽油	—	—	—	—	—	—	—	—	—	—	—	—	—	—	—	—	—	—	—
			燃气	—	—	—	—	—	—	—	—	—	—	—	—	—	—	—	—	—	—	—
	小型	出租车	汽油	—	—	—	—	—	—	—	—	—	—	—	—	—	—	—	—	—	—	—
			柴油	44797	41013	37228	37228	37228	37228	25259	13290	13290	8691	4091	3802	3513	3513	3513	3513	3513	2906	2703
			燃气	—	—	—	—	—	—	—	—	—	—	—	—	—	—	—	—	—	—	—
		其他	汽油	—	—	—	—	—	—	—	—	—	—	—	—	—	—	—	—	—	—	—
			柴油	3958	3745	3532	3532	3532	3532	2532	1532	1532	1125	718	598	478	478	478	478	478	478	478
			燃气	—	—	—	—	—	—	—	—	—	—	—	—	—	—	—	—	—	—	—
	中型	公交车	汽油	—	—	—	—	—	—	—	—	—	—	—	—	—	—	—	—	—	—	—
			柴油	30592	30592	28032	22913	22913	17978	8108	8108	8108	5637	5637	5637	5637	5637	3505	1372	1372	1080	983
			燃气	—	—	—	—	—	—	—	—	—	—	—	—	—	—	—	—	—	—	—
		其他	汽油	—	—	—	—	—	—	—	—	—	—	—	—	—	—	—	—	—	—	—
			柴油	15274	15274	12888	8116	8116	6262	2553	2553	2553	2316	2316	2316	2316	2316	1366	415	415	399	394
			燃气	—	—	—	—	—	—	—	—	—	—	—	—	—	—	—	—	—	—	—
	大型	公交车	汽油	—	—	—	—	—	—	—	—	—	—	—	—	—	—	—	—	—	—	—
			柴油	94865	94865	93934	92071	92071	71272	29674	29674	29674	10315	10315	10315	10315	10315	6116	1916	1916	1845	1821
			燃气	—	—	—	—	—	—	—	—	—	—	—	—	—	—	—	—	—	—	—
		其他	汽油	—	—	—	—	—	—	—	—	—	—	—	—	—	—	—	—	—	—	—
			柴油	142314	142314	133412	115607	115607	85425	25061	25061	25061	9303	9303	9303	9303	9303	5868	2433	2433	2343	2313
			燃气	—	—	—	—	—	—	—	—	—	—	—	—	—	—	—	—	—	—	—
载货汽车	微型		汽油	—	—	—	—	—	—	—	—	—	—	—	—	—	—	—	—	—	—	—
			柴油	9716	9515	9314	9314	9314	9314	7571	5827	5827	4325	2822	1777	731	731	731	731	731	728	727
			燃气	—	—	—	—	—	—	—	—	—	—	—	—	—	—	—	—	—	—	—
	轻型		汽油	—	—	—	—	—	—	—	—	—	—	—	—	—	—	—	—	—	—	—
			柴油	10104	9709	9314	9314	9314	9314	7571	5827	5827	4325	2822	2128	1434	1434	1434	1434	1434	1184	1101
			燃气	—	—	—	—	—	—	—	—	—	—	—	—	—	—	—	—	—	—	—
	中型		汽油	—	—	—	—	—	—	—	—	—	—	—	—	—	—	—	—	—	—	—
			柴油	43474	43474	36585	22807	22807	17572	7101	7101	7101	6354	6354	6354	6354	6354	4074	1794	1794	1643	1593
			燃气	—	—	—	—	—	—	—	—	—	—	—	—	—	—	—	—	—	—	—
	重型		汽油	—	—	—	—	—	—	—	—	—	—	—	—	—	—	—	—	—	—	—
			柴油	150151	150151	123413	69937	69937	55530	26716	26716	26716	9898	9898	9898	9898	9898	6619	3339	3339	2822	2650
			燃气	—	—	—	—	—	—	—	—	—	—	—	—	—	—	—	—	—	—	—
低速汽车	三轮汽车			4092	4092	4092	4092	4092	4092	4092	4092	4092	3220	3220	3220	3220	3220	3220	3220	3220	3220	3220
	低速货车			5581	5581	5581	5581	5581	5581	5581	5581	5581	4392	4392	4392	4392	4392	4392	4392	4392	4392	4392
摩托车	普通摩托车			—	—	—	—	—	—	—	—	—	—	—	—	—	—	—	—	—	—	—
	轻便摩托车			—	—	—	—	—	—	—	—	—	—	—	—	—	—	—	—	—	—	—

江门市 VOCs 排放系数

单位：克/（辆·年）

车辆类型		使用性质	燃料种类	1999 年年底前	2000 年	2001 年	2002 年	2003 年	2004 年	2005 年	2006 年	2007 年	2008 年	2009 年	2010 年	2011 年	2012 年	2013 年	2014 年	2015 年	2016 年	2017 年
载客汽车	微型	出租车	汽油	527693	317564	107434	107434	107434	107434	83181	58928	58928	48642	38355	33697	24382	24382	24382	24382	24382	13727	13727
			燃气	369964	223339	76714	76714	76714	76714	59270	41826	41826	34340	26854	23176	15821	15821	15821	15821	15821	7533	7533
		其他	汽油	34091	21098	8105	8105	8105	8105	7744	7382	7382	6430	5477	5311	4978	4978	4978	4978	4978	4090	4090
			燃气	18791	10564	2336	2336	2336	2336	2242	2148	2148	1594	1040	971	832	832	832	832	832	474	474
	小型	出租车	汽油	527693	312967	98240	98240	98240	98240	91035	83829	83829	61092	38355	33697	24382	24382	24382	24382	24382	12630	12630
			柴油	187340	175815	164289	164289	164289	164289	146738	129187	129187	97830	66473	49121	31769	31769	31769	31769	31769	16877	11913
			燃气	369964	220121	70278	70278	70278	70278	64768	59258	59258	43056	26854	21338	15821	15821	15821	15821	15821	6765	6765
		其他	汽油	34542	21271	7999	7999	7999	7999	7928	7856	7856	6668	5480	5295	4924	4924	4924	4924	4924	4170	4170
			柴油	8748	8006	7264	7264	7264	7264	6133	5002	5002	3495	1988	1640	1292	1292	1292	1292	1292	881	744
			燃气	19107	11474	3840	3840	3840	3840	3160	2480	2480	1832	1184	989	794	794	794	794	794	530	530
	中型	公交车	汽油	247446	247446	247446	247446	246849	129783	13313	13313	13313	13313	13313	13162	13010	13010	10583	8156	8156	8156	8156
			柴油	87806	87806	86086	82645	82645	64494	28192	28192	28192	12823	12823	12823	12823	12823	8958	5093	5093	4763	4653
			燃气	71579	71579	67602	59649	59649	57536	53311	53311	53311	32061	32061	32061	22219	22219	22154	22154	22154	22154	22154
		其他	汽油	128156	128156	128156	128156	127559	67374	7785	7785	7785	7785	7785	7640	7494	7494	6443	5392	5392	5392	5392
			柴油	30493	30493	28460	24394	24394	18567	6912	6912	6912	6099	6099	6099	6099	6099	3751	1402	1402	1243	1190
			燃气	34560	34560	32640	28800	28800	27780	25740	25740	25740	15506	15506	15506	10732	10732	9642	9642	9642	9642	9642
	大型	公交车	汽油	576754	576754	576754	576754	576157	295089	14617	14617	14617	14617	14617	14477	14337	14337	11571	8805	8805	8805	8805
			柴油	131708	131708	108010	60614	60614	60614	60614	60614	60614	26416	26416	26416	26416	26416	17675	8934	8934	5723	4653
			燃气	168926	168926	159541	140772	140772	135786	125815	125815	125815	75665	75665	75665	52438	52438	47188	47188	47188	47188	47188
		其他	汽油	1278052	1278052	1278052	1278052	1277455	652481	28103	28103	28103	28103	28103	21845	15586	15586	12395	9204	9204	9204	9204
			柴油	272891	272891	207397	76409	76409	76409	76409	76409	76409	35476	35476	35476	35476	35476	20707	5937	5937	5324	5119
			燃气	266186	266186	251398	221822	221822	213966	198253	198253	198253	119430	119430	119430	82662	82662	74261	74261	74261	74261	74261
载货汽车	微型		汽油	182534	100009	17484	17484	17484	17484	16311	15138	15138	13914	12689	11297	8514	8514	8514	8514	8514	6620	6620
			柴油	35616	33245	30873	30873	30873	30873	28023	25172	25172	18945	12717	8870	5023	5023	5023	5023	5023	3183	2569
			燃气	100613	52826	5039	5039	5039	5039	4722	4405	4405	3407	2409	1916	1423	1423	1423	1423	1423	767	767
	轻型		汽油	96939	59426	21913	21913	21913	21913	19044	16175	16175	14526	12877	11835	9752	9752	9752	9752	9752	7736	7736
			柴油	33234	32054	30873	30873	30873	30873	28023	25172	25172	18945	12717	9553	6389	6389	6389	6389	6389	4549	3935
			燃气	53622	32071	10520	10520	10520	10520	7813	5106	5106	3944	2782	2177	1573	1573	1573	1573	1573	983	983
	中型		汽油	388763	388763	388763	388763	388166	202087	16606	16606	16606	16606	16606	16466	16326	16326	13060	9794	9794	9794	9794
			柴油	90099	90099	84092	72079	72079	54860	20423	20423	20423	18030	18030	18030	18030	18030	13067	8104	8104	4822	3728
			燃气	102116	102116	96443	85098	85098	82083	76054	76054	76054	45839	45839	45839	62034	62034	30206	30206	30206	30206	30206
	重型		汽油	935374	935374	935374	935374	934776	477848	21517	21517	21517	21517	21517	16906	12294	12294	9958	7622	7622	7622	7622
			柴油	259385	259385	197133	72628	72628	72628	72628	72628	72628	33720	33720	33720	33720	33720	21469	9218	9218	6479	5566
			燃气	253012	253012	238956	210845	210845	203378	188443	188443	188443	113518	113518	113518	128344	128344	80746	80746	80746	80746	80746
低速汽车	三轮汽车			25300	25300	25300	25300	25300	25300	25300	25300	25300	16721	16721	16721	16721	16721	16721	16721	16721	16721	16721
	低速货车			33990	33990	33990	33990	33990	33990	33990	33990	33990	22464	22464	22464	22464	22464	22464	22464	22464	22464	22464
摩托车	普通摩托车			15768	15768	15768	15768	11768	7767	4158	4158	4158	4158	4158	3103	2048	2048	2048	2048	2048	2048	2048
	轻便摩托车			50993	50993	50993	50993	50993	10199	10199	5021	5021	5021	5021	3747	2473	2473	2473	2473	2473	2473	2473

湛江市 NO_x 排放系数

单位：克/（辆·年）

车辆类型		使用性质	燃料种类	1999年年底前	2000年	2001年	2002年	2003年	2004年	2005年	2006年	2007年	2008年	2009年	2010年	2011年	2012年	2013年	2014年	2015年	2016年	2017年
载客汽车	微型	出租车	汽油	349865	236884	123902	123902	123902	123902	90946	57990	57990	42442	26894	26894	22438	17983	17983	17983	17983	11209	8951
			燃气	208989	143298	77607	77607	77607	77607	57762	37918	37918	28362	18806	18806	15438	12070	12070	12070	12070	7182	5553
		其他	汽油	42370	26682	10994	10994	10994	10994	6828	2663	2663	2148	1632	1632	1387	1142	1142	1142	1142	830	726
			燃气	24209	14494	4780	4780	4780	4780	3118	1456	1456	1174	893	893	738	583	583	583	583	452	409
	小型	出租车	汽油	396422	263011	129600	129600	129600	129600	94233	58866	58866	42880	26894	26894	21557	16220	16220	16220	16220	9658	7470
			柴油	429182	358536	287891	287891	287891	287891	256847	225803	225803	179814	133825	133825	133825	133825	109517	85209	85209	66015	59617
			燃气	235906	158404	80902	80902	80902	80902	59663	38424	38424	28615	18806	18806	14928	11051	11051	11051	11051	6285	4696
		其他	汽油	39494	25326	11158	11158	11158	11158	7302	3445	3445	2348	1251	1251	1164	1077	1077	1077	1077	778	679
			柴油	35965	29389	22813	22813	22813	22813	20966	19119	19119	15047	10975	10975	10975	10975	9466	7958	7958	7000	6680
			燃气	22546	14470	6394	6394	6394	6394	4151	1908	1908	1290	673	673	609	545	545	545	545	422	381
	中型	公交车	汽油	321773	321773	321773	321773	321773	219825	15928	15928	15928	15928	15928	14284	12641	12641	9543	6445	6445	6445	6445
			柴油	361022	361022	360174	358479	358479	344232	315739	315739	315739	262996	210252	210252	210252	210252	171580	132909	132909	111274	104063
			燃气	383323	383323	378760	369633	369633	358168	335237	335237	335237	279008	222780	222780	140883	140883	110338	110338	110338	110338	110338
		其他	汽油	197276	197276	197276	197276	197276	133819	6905	6905	6905	6905	6905	6905	6905	6905	5179	3453	3453	3453	3453
			柴油	169303	169303	162236	148101	148101	146849	144344	144344	144344	122934	101523	101523	101523	101523	90143	78763	78763	67225	63379
			燃气	191179	191179	180558	159316	159316	157814	154811	154811	154811	131810	108810	108810	84759	84759	68083	68083	68083	68083	68083
	大型	公交车	汽油	1146317	1146317	1146317	1146317	1146317	788229	72054	72054	72054	72054	72054	71991	71928	71928	53946	35965	35965	35965	35965
			柴油	512036	512036	495490	462399	462399	449261	422984	422984	422984	415361	407738	407738	407738	407738	393036	378333	378333	341049	328621
			燃气	1029497	1029497	972303	857914	857914	794251	666926	666926	666926	571432	475938	475938	443098	443098	384050	384050	384050	384050	384050
		其他	汽油	2736049	2736049	2736049	2736049	2736049	1881359	171980	171980	171980	171980	171980	165531	159082	159082	119438	79795	79795	79795	79795
			柴油	1226168	1226168	1194616	1131513	1131513	1105133	1052372	1052372	1052372	1015320	978269	978269	978269	978269	931317	884365	884365	782654	748751
			燃气	2282379	2282379	2155580	1901983	1901983	1760844	1478565	1478565	1478565	1267342	1056118	1056118	952798	952798	808365	808365	808365	808365	808365
载货汽车	微型		汽油	140691	83203	25715	25715	25715	25715	17582	9448	9448	7682	5915	5915	5183	4451	4451	4451	4451	3312	2932
			柴油	100221	82740	65258	65258	65258	65258	58636	52015	52015	44096	36178	36178	36178	36178	26438	16699	16699	14294	13493
			燃气	80387	45784	11180	11180	11180	11180	8173	5166	5166	4201	3237	3237	2754	2272	2272	2272	2272	1807	1652
	轻型		汽油	101019	64932	28844	28844	28844	28844	19572	10301	10301	8652	7004	7004	5786	4568	4568	4568	4568	3460	3090
			柴油	100570	82914	65258	65258	65258	65258	58636	52015	52015	44096	36178	36178	36178	36178	28804	21429	21429	19856	19332
			燃气	57669	37099	16529	16529	16529	16529	11117	5705	5705	4737	3768	3768	3040	2312	2312	2312	2312	1878	1734
	中型		汽油	266792	266792	266792	266792	266792	182141	12839	12839	12839	12839	12839	12839	12839	12839	9633	6427	6427	6427	6427
			柴油	503174	503174	451814	349093	349093	331949	297662	297662	297662	293440	289217	289217	289217	289217	253752	218286	218286	187964	177857
			燃气	568190	568190	503970	375528	375528	356768	319247	319247	319247	314611	309976	309976	234903	234903	191058	191058	191058	191058	191058
	重型		汽油	1861914	1861914	1861914	1861914	1861914	1280288	117035	117035	117035	117035	117035	112646	108257	108257	81280	54302	54302	54302	54302
			柴油	1081861	1081861	1044933	971078	971078	935160	863325	863325	863325	828706	794086	794086	794086	794086	699954	605821	605821	424694	364319
			燃气	2013767	2013767	1886613	1632305	1632305	1492522	1212957	1212957	1212957	1035118	857278	857278	652700	652700	393325	393325	393325	393325	393325
低速汽车	三轮汽车			65550	65550	65550	65550	65550	65550	65550	65550	65550	53279	53279	53279	53279	53279	53279	53279	53279	53279	53279
	低速货车			88065	88065	88065	88065	88065	88065	88065	88065	88065	71579	71579	71579	71579	71579	71579	71579	71579	71579	71579
摩托车	普通摩托车			1177	1177	1177	1177	1138	1098	1020	1020	1020	1020	1020	906	792	792	792	792	792	792	792
	轻便摩托车			785	785	785	785	785	392	392	392	392	392	392	348	305	305	305	305	305	305	305

湛江市 PM 排放系数

单位：克/（辆·年）

车辆类型		使用性质	燃料种类	1999 年年底前	2000 年	2001 年	2002 年	2003 年	2004 年	2005 年	2006 年	2007 年	2008 年	2009 年	2010 年	2011 年	2012 年	2013 年	2014 年	2015 年	2016 年	2017 年
载客汽车	微型	出租车	汽油	—	—	—	—	—	—	—	—	—	—	—	—	—	—	—	—	—	—	—
			燃气	—	—	—	—	—	—	—	—	—	—	—	—	—	—	—	—	—	—	—
		其他	汽油	—	—	—	—	—	—	—	—	—	—	—	—	—	—	—	—	—	—	—
			燃气	—	—	—	—	—	—	—	—	—	—	—	—	—	—	—	—	—	—	—
	小型	出租车	汽油	—	—	—	—	—	—	—	—	—	—	—	—	—	—	—	—	—	—	—
			柴油	51953	47578	43202	43202	43202	43202	29202	15201	15201	9986	4770	4770	4770	4770	4433	4096	4096	3387	3151
			燃气	—	—	—	—	—	—	—	—	—	—	—	—	—	—	—	—	—	—	—
		其他	汽油	—	—	—	—	—	—	—	—	—	—	—	—	—	—	—	—	—	—	—
			柴油	4591	4344	4096	4096	4096	4096	2926	1757	1757	1298	838	838	838	838	690	541	541	541	541
			燃气	—	—	—	—	—	—	—	—	—	—	—	—	—	—	—	—	—	—	—
	中型	公交车	汽油	—	—	—	—	—	—	—	—	—	—	—	—	—	—	—	—	—	—	—
			柴油	30592	30592	28032	22913	22913	17978	8108	8108	8108	6872	5637	5637	5637	5637	3504	1372	1372	1080	983
			燃气	—	—	—	—	—	—	—	—	—	—	—	—	—	—	—	—	—	—	—
		其他	汽油	—	—	—	—	—	—	—	—	—	—	—	—	—	—	—	—	—	—	—
			柴油	15274	15274	12888	8116	8116	6262	2553	2553	2553	2434	2316	2316	2316	2316	1366	415	415	399	394
			燃气	—	—	—	—	—	—	—	—	—	—	—	—	—	—	—	—	—	—	—
	大型	公交车	汽油	—	—	—	—	—	—	—	—	—	—	—	—	—	—	—	—	—	—	—
			柴油	94865	94865	93934	92071	92071	71272	29674	29674	29674	19994	10315	10315	10315	10315	6116	1916	1916	1845	1821
			燃气	—	—	—	—	—	—	—	—	—	—	—	—	—	—	—	—	—	—	—
		其他	汽油	—	—	—	—	—	—	—	—	—	—	—	—	—	—	—	—	—	—	—
			柴油	142314	142314	133412	115607	115607	85425	25061	25061	25061	17182	9303	9303	9303	9303	5868	2433	2433	2343	2313
			燃气	—	—	—	—	—	—	—	—	—	—	—	—	—	—	—	—	—	—	—
载货汽车	微型		汽油	—	—	—	—	—	—	—	—	—	—	—	—	—	—	—	—	—	—	—
			柴油	10197	9986	9775	9775	9775	9775	7973	6171	6171	4580	2989	2989	2989	2989	1882	775	775	771	770
			燃气	—	—	—	—	—	—	—	—	—	—	—	—	—	—	—	—	—	—	—
	轻型		汽油	—	—	—	—	—	—	—	—	—	—	—	—	—	—	—	—	—	—	—
			柴油	10605	10190	9775	9775	9775	9775	7973	6171	6171	4580	2989	2989	2989	2989	2254	1519	1519	1254	1166
			燃气	—	—	—	—	—	—	—	—	—	—	—	—	—	—	—	—	—	—	—
	中型		汽油	—	—	—	—	—	—	—	—	—	—	—	—	—	—	—	—	—	—	—
			柴油	43474	43474	36585	22807	22807	17572	7101	7101	7101	6728	6354	6354	6354	6354	4074	1794	1794	1643	1593
			燃气	—	—	—	—	—	—	—	—	—	—	—	—	—	—	—	—	—	—	—
	重型		汽油	—	—	—	—	—	—	—	—	—	—	—	—	—	—	—	—	—	—	—
			柴油	150151	150151	123413	69937	69937	55530	26716	26716	26716	18307	9898	9898	9898	9898	6618	3339	3339	2822	2650
			燃气	—	—	—	—	—	—	—	—	—	—	—	—	—	—	—	—	—	—	—
低速汽车	三轮汽车			4092	4092	4092	4092	4092	4092	4092	4092	4092	3220	3220	3220	3220	3220	3220	3220	3220	3220	3220
	低速货车			5581	5581	5581	5581	5581	5581	5581	5581	5581	4392	4392	4392	4392	4392	4392	4392	4392	4392	4392
摩托车	普通摩托车			—	—	—	—	—	—	—	—	—	—	—	—	—	—	—	—	—	—	—
	轻便摩托车			—	—	—	—	—	—	—	—	—	—	—	—	—	—	—	—	—	—	—

湛江市 VOCs 排放系数

单位：克/（辆·年）

车辆类型		使用性质	燃料种类	1999 年年底前	2000 年	2001 年	2002 年	2003 年	2004 年	2005 年	2006 年	2007 年	2008 年	2009 年	2010 年	2011 年	2012 年	2013 年	2014 年	2015 年	2016 年	2017 年
载客汽车	微型	出租车	汽油	538929	323770	108610	108610	108610	108610	83915	59220	59220	49073	38926	38926	32164	25403	25403	25403	25403	17736	15181
			燃气	422199	252596	82994	82994	82994	82994	63497	44000	44000	36074	28147	28147	22678	17208	17208	17208	17208	11194	9189
		其他	汽油	34892	21622	8352	8352	8352	8352	7982	7611	7611	6684	5756	5756	5536	5317	5317	5317	5317	4674	4460
			燃气	21770	12192	2613	2613	2613	2613	2510	2406	2406	1791	1176	1176	1097	1018	1018	1018	1018	729	633
	小型	出租车	汽油	538929	319096	99263	99263	99263	99263	91750	84237	84237	61582	38926	38926	32164	25403	25403	25403	25403	16781	13907
			柴油	190183	178548	166913	166913	166913	166913	150068	133223	133223	100242	67261	67261	67261	67261	49728	32194	32194	17209	12214
			燃气	422199	248894	75589	75589	75589	75589	69704	63820	63820	45984	28147	28147	22678	17208	17208	17208	17208	10436	8179
		其他	汽油	35356	21800	8243	8243	8243	8243	8168	8093	8093	6926	5758	5758	5506	5255	5255	5255	5255	4724	4547
			柴油	9101	8323	7545	7545	7545	7545	6426	5306	5306	3682	2059	2059	2059	2059	1702	1345	1345	924	783
			燃气	22137	13247	4357	4357	4357	4357	3573	2789	2789	2068	1348	1348	1158	969	969	969	969	769	702
	中型	公交车	汽油	247712	247712	247712	247712	247115	168872	13579	13579	13579	13579	13579	13428	13276	13276	10849	8422	8422	8422	8422
			柴油	87806	87806	86086	82645	82645	64494	28192	28192	28192	20508	12823	12823	12823	12823	8958	5093	5093	4763	4653
			燃气	71579	71579	67602	59649	59649	57536	53311	53311	53311	42686	32061	32061	22219	22219	22154	22154	22154	22154	22154
		其他	汽油	128422	128422	128422	128422	127825	87503	8052	8052	8052	8052	8052	7906	7761	7761	6710	5658	5658	5658	5658
			柴油	30493	30493	28460	24394	24394	18567	6912	6912	6912	6506	6099	6099	6099	6099	3750	1402	1402	1243	1190
			燃气	34560	34560	32640	28800	28800	27780	25740	25740	25740	20623	15506	15506	10732	10732	9642	9642	9642	9642	9642
	大型	公交车	汽油	577020	577020	577020	577020	576423	388845	14883	14883	14883	14883	14883	14743	14603	14603	11837	9071	9071	9071	9071
			柴油	131708	131708	108010	60614	60614	60614	60614	60614	60614	43515	26416	26416	26416	26416	17675	8934	8934	5723	4653
			燃气	168926	168926	159541	140772	140772	135786	125815	125815	125815	100740	75665	75665	52438	52438	47188	47188	47188	47188	47188
		其他	汽油	1278318	1278318	1278318	1278318	1277721	860873	28370	28370	28370	28370	28370	22111	15852	15852	12661	9470	9470	9470	9470
			柴油	272891	272891	207397	76409	76409	76409	76409	76409	76409	55942	35476	35476	35476	35476	20706	5937	5937	5324	5119
			燃气	266186	266186	251398	221822	221822	213966	198253	198253	198253	158842	119430	119430	82662	82662	74261	74261	74261	74261	74261
载货汽车	微型		汽油	176313	96854	17395	17395	17395	17395	16232	15069	15069	13875	12681	12681	10646	8610	8610	8610	8610	7219	6755
			柴油	36183	33773	31363	31363	31363	31363	28480	25598	25598	19237	12876	12876	12876	12876	8966	5055	5055	3221	2610
			燃气	110006	57724	5442	5442	5442	5442	5103	4764	4764	3677	2591	2591	2120	1648	1648	1648	1648	1131	959
	轻型		汽油	93893	57776	21660	21660	21660	21660	18864	16067	16067	14464	12861	12861	11332	9802	9802	9802	9802	8322	7829
			柴油	33724	32544	31363	31363	31363	31363	28480	25598	25598	19237	12876	12876	12876	12876	9670	6465	6465	4631	4020
			燃气	58788	35118	11449	11449	11449	11449	8493	5537	5537	4274	3011	3011	2409	1807	1807	1807	1807	1358	1209
	中型		汽油	389029	389029	389029	389029	388432	264181	16872	16872	16872	16872	16872	16732	16593	16593	13326	10060	10060	10060	10060
			柴油	90099	90099	84092	72079	72079	54860	20423	20423	20423	19226	18030	18030	18030	18030	13067	8104	8104	4822	3728
			燃气	102116	102116	96443	85098	85098	82083	76054	76054	76054	60947	45839	45839	62034	62034	30206	30206	30206	30206	30206
	重型		汽油	935640	935640	935640	935640	935042	630225	21784	21784	21784	21784	21784	17172	12561	12561	10225	7889	7889	7889	7889
			柴油	259385	259385	197133	72628	72628	72628	72628	72628	72628	53174	33720	33720	33720	33720	21469	9218	9218	6479	5566
			燃气	253012	253012	238956	210845	210845	203378	188443	188443	188443	150981	113518	113518	128344	128344	80746	80746	80746	80746	80746
低速汽车	三轮汽车			25300	25300	25300	25300	25300	25300	25300	25300	25300	16721	16721	16721	16721	16721	16721	16721	16721	16721	16721
	低速货车			33990	33990	33990	33990	33990	33990	33990	33990	33990	22464	22464	22464	22464	22464	22464	22464	22464	22464	22464
摩托车	普通摩托车			15768	15768	15768	15768	11768	7767	4158	4158	4158	4158	4158	3103	2048	2048	2048	2048	2048	2048	2048
	轻便摩托车			50993	50993	50993	50993	50993	10199	10199	5021	5021	5021	5021	3747	2473	2473	2473	2473	2473	2473	2473

茂名市 NO_x 排放系数

单位：克/（辆·年）

车辆类型		使用性质	燃料种类	1999 年年底前	2000 年	2001 年	2002 年	2003 年	2004 年	2005 年	2006 年	2007 年	2008 年	2009 年	2010 年	2011 年	2012 年	2013 年	2014 年	2015 年	2016 年	2017 年
载客汽车	微型	出租车	汽油	362104	245472	128839	128839	128839	128839	94712	60585	60585	44446	28308	28308	23580	18852	18852	18852	18852	11688	9300
			燃气	216318	148552	80785	80785	80785	80785	60230	39674	39674	29748	19822	19822	16248	12673	12673	12673	12673	7499	5774
		其他	汽油	42448	26734	11020	11020	11020	11020	6850	2681	2681	2162	1643	1643	1398	1154	1154	1154	1154	835	729
			燃气	24209	14494	4780	4780	4780	4780	3118	1456	1456	1174	893	893	738	583	583	583	583	452	409
	小型	出租车	汽油	410129	272423	134717	134717	134717	134717	98102	61488	61488	44898	28308	28308	22670	17033	17033	17033	17033	10087	7772
			柴油	446317	373204	300092	300092	300092	300092	267666	235239	235239	187398	139558	139558	139558	139558	114078	88598	88598	68416	61688
			燃气	244058	164120	84181	84181	84181	84181	62188	40195	40195	30008	19822	19822	15722	11622	11622	11622	11622	6574	4892
		其他	汽油	39569	25376	11184	11184	11184	11184	7324	3463	3463	2362	1262	1262	1175	1088	1088	1088	1088	784	682
			柴油	35997	29417	22837	22837	22837	22837	20989	19141	19141	15065	10989	10989	10989	10989	9480	7970	7970	7006	6685
			燃气	22546	14470	6394	6394	6394	6394	4151	1908	1908	1290	673	673	609	545	545	545	545	422	381
	中型	公交车	汽油	322063	322063	322063	322063	322063	220023	15942	15942	15942	15942	15942	14297	12652	12652	9552	6451	6451	6451	6451
			柴油	361259	361259	360411	358714	358714	344458	315947	315947	315947	263168	210390	210390	210390	210390	171694	132997	132997	111348	104132
			燃气	383575	383575	379009	369876	369876	358403	335457	335457	335457	279192	222926	222926	140975	140975	110411	110411	110411	110411	110411
		其他	汽油	197454	197454	197454	197454	197454	133940	6911	6911	6911	6911	6911	6911	6911	6911	5184	3456	3456	3456	3456
			柴油	169414	169414	162342	148198	148198	146945	144439	144439	144439	123014	101590	101590	101590	101590	90202	78815	78815	67270	63421
			燃气	191304	191304	180676	159420	159420	157918	154913	154913	154913	131898	108882	108882	84814	84814	68128	68128	68128	68128	68128
	大型	公交车	汽油	1147350	1147350	1147350	1147350	1147350	788940	72119	72119	72119	72119	72119	72056	71993	71993	53995	35997	35997	35997	35997
			柴油	512373	512373	495816	462703	462703	449556	423262	423262	423262	415634	408006	408006	408006	408006	393294	378582	378582	341273	328837
			燃气	1030174	1030174	972942	858478	858478	794773	667364	667364	667364	571808	476251	476251	443390	443390	384302	384302	384302	384302	384302
		其他	汽油	2738516	2738516	2738516	2738516	2738516	1883056	172135	172135	172135	172135	172135	165680	159225	159225	119546	79867	79867	79867	79867
			柴油	1226974	1226974	1195402	1132257	1132257	1105859	1053064	1053064	1053064	1015988	978912	978912	978912	978912	931929	884946	884946	783169	749243
			燃气	2283879	2283879	2156997	1903233	1903233	1762001	1479537	1479537	1479537	1268174	1056812	1056812	953424	953424	808896	808896	808896	808896	808896
载货汽车	微型		汽油	131743	77825	23907	23907	23907	23907	16310	8714	8714	7075	5436	5436	4781	4126	4126	4126	4126	3085	2738
			柴油	93118	76788	60458	60458	60458	60458	54346	48235	48235	40904	33573	33573	33573	33573	24538	15503	15503	13330	12605
			燃气	75136	42753	10370	10370	10370	10370	7551	4732	4732	3843	2955	2955	2520	2084	2084	2084	2084	1673	1536
	轻型		汽油	94539	60690	26842	26842	26842	26842	18178	9514	9514	7986	6458	6458	5347	4236	4236	4236	4236	3224	2886
			柴油	93445	76952	60458	60458	60458	60458	54346	48235	48235	40904	33573	33573	33573	33573	26756	19938	19938	18544	18080
			燃气	53867	34607	15346	15346	15346	15346	10294	5242	5242	4343	3444	3444	2783	2122	2122	2122	2122	1740	1612
	中型		汽油	266792	266792	266792	266792	266792	182141	12839	12839	12839	12839	12839	12839	12839	12839	9633	6427	6427	6427	6427
			柴油	503174	503174	451814	349093	349093	331949	297662	297662	297662	293440	289217	289217	289217	289217	253752	218286	218286	187964	177857
			燃气	568189	568189	503969	375527	375527	356767	319247	319247	319247	314612	309977	309977	234901	234901	191057	191057	191057	191057	191057
	重型		汽油	1879452	1879452	1879452	1879452	1879452	1292347	118137	118137	118137	118137	118137	113707	109277	109277	82045	54813	54813	54813	54813
			柴油	1021907	1021907	987026	917263	917263	883336	815482	815482	815482	782781	750080	750080	750080	750080	676269	602458	602458	438926	384416
			燃气	1902169	1902169	1782061	1541845	1541845	1409810	1145738	1145738	1145738	977754	809770	809770	649077	649077	415022	415022	415022	415022	415022
低速汽车	三轮汽车			65550	65550	65550	65550	65550	65550	65550	65550	65550	53279	53279	53279	53279	53279	53279	53279	53279	53279	53279
	低速货车			88065	88065	88065	88065	88065	88065	88065	88065	88065	71579	71579	71579	71579	71579	71579	71579	71579	71579	71579
摩托车	普通摩托车			1177	1177	1177	1177	1138	1098	1020	1020	1020	1020	1020	906	792	792	792	792	792	792	792
	轻便摩托车			785	785	785	785	785	392	392	392	392	392	392	348	305	305	305	305	305	305	305

茂名市 PM 排放系数

单位：克/（辆·年）

车辆类型		使用性质	燃料种类	1999 年年底前	2000 年	2001 年	2002 年	2003 年	2004 年	2005 年	2006 年	2007 年	2008 年	2009 年	2010 年	2011 年	2012 年	2013 年	2014 年	2015 年	2016 年	2017 年
载客汽车	微型	出租车	汽油	—	—	—	—	—	—	—	—	—	—	—	—	—	—	—	—	—	—	—
			燃气	—	—	—	—	—	—	—	—	—	—	—	—	—	—	—	—	—	—	—
		其他	汽油	—	—	—	—	—	—	—	—	—	—	—	—	—	—	—	—	—	—	—
			燃气	—	—	—	—	—	—	—	—	—	—	—	—	—	—	—	—	—	—	—
	小型	出租车	汽油	—	—	—	—	—	—	—	—	—	—	—	—	—	—	—	—	—	—	—
			柴油	53543	49034	44525	44525	44525	44525	30096	15666	15666	10291	4916	4916	4916	4916	4569	4222	4222	3491	3247
			燃气	—	—	—	—	—	—	—	—	—	—	—	—	—	—	—	—	—	—	—
		其他	汽油	—	—	—	—	—	—	—	—	—	—	—	—	—	—	—	—	—	—	—
			柴油	4591	4344	4096	4096	4096	4096	2926	1757	1757	1298	838	838	838	838	690	541	541	541	541
			燃气	—	—	—	—	—	—	—	—	—	—	—	—	—	—	—	—	—	—	—
	中型	公交车	汽油	—	—	—	—	—	—	—	—	—	—	—	—	—	—	—	—	—	—	—
			柴油	30592	30592	28032	22913	22913	17978	8108	8108	8108	6872	5637	5637	5637	5637	3504	1372	1372	1080	983
			燃气	—	—	—	—	—	—	—	—	—	—	—	—	—	—	—	—	—	—	—
		其他	汽油	—	—	—	—	—	—	—	—	—	—	—	—	—	—	—	—	—	—	—
			柴油	15274	15274	12888	8116	8116	6262	2553	2553	2553	2434	2316	2316	2316	2316	1366	415	415	399	394
			燃气	—	—	—	—	—	—	—	—	—	—	—	—	—	—	—	—	—	—	—
	大型	公交车	汽油	—	—	—	—	—	—	—	—	—	—	—	—	—	—	—	—	—	—	—
			柴油	94865	94865	93934	92071	92071	71272	29674	29674	29674	19994	10315	10315	10315	10315	6116	1916	1916	1845	1821
			燃气	—	—	—	—	—	—	—	—	—	—	—	—	—	—	—	—	—	—	—
		其他	汽油	—	—	—	—	—	—	—	—	—	—	—	—	—	—	—	—	—	—	—
			柴油	142314	142314	133412	115607	115607	85425	25061	25061	25061	17182	9303	9303	9303	9303	5868	2433	2433	2343	2313
			燃气	—	—	—	—	—	—	—	—	—	—	—	—	—	—	—	—	—	—	—
载货汽车	微型		汽油	—	—	—	—	—	—	—	—	—	—	—	—	—	—	—	—	—	—	—
			柴油	9554	9356	9159	9159	9159	9159	7470	5782	5782	4292	2801	2801	2801	2801	1764	726	726	722	721
			燃气	—	—	—	—	—	—	—	—	—	—	—	—	—	—	—	—	—	—	—
	轻型		汽油	—	—	—	—	—	—	—	—	—	—	—	—	—	—	—	—	—	—	—
			柴油	9936	9548	9159	9159	9159	9159	7470	5782	5782	4292	2801	2801	2801	2801	2112	1423	1423	1175	1092
			燃气	—	—	—	—	—	—	—	—	—	—	—	—	—	—	—	—	—	—	—
	中型		汽油	—	—	—	—	—	—	—	—	—	—	—	—	—	—	—	—	—	—	—
			柴油	43474	43474	36585	22807	22807	17572	7101	7101	7101	6728	6354	6354	6354	6354	4074	1794	1794	1643	1593
			燃气	—	—	—	—	—	—	—	—	—	—	—	—	—	—	—	—	—	—	—
	重型		汽油	—	—	—	—	—	—	—	—	—	—	—	—	—	—	—	—	—	—	—
			柴油	155499	155499	127809	72428	72428	57508	27667	27667	27667	18959	10251	10251	10251	10251	6754	3258	3258	2753	2585
			燃气	—	—	—	—	—	—	—	—	—	—	—	—	—	—	—	—	—	—	—
低速汽车	三轮汽车			4092	4092	4092	4092	4092	4092	4092	4092	4092	3220	3220	3220	3220	3220	3220	3220	3220	3220	3220
	低速货车			5581	5581	5581	5581	5581	5581	5581	5581	5581	4392	4392	4392	4392	4392	4392	4392	4392	4392	4392
摩托车	普通摩托车			—	—	—	—	—	—	—	—	—	—	—	—	—	—	—	—	—	—	—
	轻便摩托车			—	—	—	—	—	—	—	—	—	—	—	—	—	—	—	—	—	—	—

茂名市 VOCs 排放系数

单位：克/（辆·年）

车辆类型		使用性质	燃料种类	1999 年年底前	2000 年	2001 年	2002 年	2003 年	2004 年	2005 年	2006 年	2007 年	2008 年	2009 年	2010 年	2011 年	2012 年	2013 年	2014 年	2015 年	2016 年	2017 年
载客汽车	微型	出租车	汽油	557393	335508	113622	113622	113622	113622	88004	62386	62386	51792	41197	41197	34054	26911	26911	26911	26911	18768	16054
			燃气	436402	261520	86638	86638	86638	86638	66402	46166	46166	37890	29614	29614	23834	18055	18055	18055	18055	11670	9541
		其他	汽油	35517	22179	8841	8841	8841	8841	8470	8100	8100	7158	6217	6217	5998	5778	5778	5778	5778	5114	4893
			燃气	21770	12192	2613	2613	2613	2613	2510	2406	2406	1791	1176	1176	1097	1018	1018	1018	1018	729	633
	小型	出租车	汽油	557393	330691	103989	103989	103989	103989	96079	88169	88169	64683	41197	41197	34054	26911	26911	26911	26911	17784	14741
			柴油	200453	188154	175856	175856	175856	175856	158004	140151	140151	105664	71177	71177	71177	71177	52616	34054	34054	18144	12840
			燃气	436402	257704	79006	79006	79006	79006	72799	66592	66592	48103	29614	29614	23834	18055	18055	18055	18055	10890	8501
		其他	汽油	35981	22356	8732	8732	8732	8732	8657	8582	8582	7400	6219	6219	5968	5716	5716	5716	5716	5164	4980
			柴油	9131	8353	7575	7575	7575	7575	6456	5336	5336	3707	2078	2078	2078	2078	1721	1364	1364	934	791
			燃气	22137	13247	4357	4357	4357	4357	3573	2789	2789	2068	1348	1348	1158	969	969	969	969	769	702
	中型	公交车	汽油	248120	248120	248120	248120	247523	169280	13987	13987	13987	13987	13987	13836	13684	13684	11257	8830	8830	8830	8830
			柴油	87806	87806	86086	82645	82645	64494	28192	28192	28192	20508	12823	12823	12823	12823	8958	5093	5093	4763	4653
			燃气	71579	71579	67602	59649	59649	57536	53311	53311	53311	42686	32061	32061	22219	22219	22154	22154	22154	22154	22154
		其他	汽油	128830	128830	128830	128830	128233	87911	8460	8460	8460	8460	8460	8314	8169	8169	7118	6066	6066	6066	6066
			柴油	30493	30493	28460	24394	24394	18567	6912	6912	6912	6506	6099	6099	6099	6099	3750	1402	1402	1243	1190
			燃气	34560	34560	32640	28800	28800	27780	25740	25740	25740	20623	15506	15506	10732	10732	9642	9642	9642	9642	9642
	大型	公交车	汽油	577428	577428	577428	577428	576831	389253	15291	15291	15291	15291	15291	15152	15012	15012	12246	9480	9480	9480	9480
			柴油	131708	131708	108010	60614	60614	60614	60614	60614	60614	43515	26416	26416	26416	26416	17675	8934	8934	5723	4653
			燃气	168926	168926	159541	140772	140772	135786	125815	125815	125815	100740	75665	75665	52438	52438	47188	47188	47188	47188	47188
		其他	汽油	1278726	1278726	1278726	1278726	1278129	861281	28778	28778	28778	28778	28778	22519	16260	16260	13070	9879	9879	9879	9879
			柴油	272891	272891	207397	76409	76409	76409	76409	76409	76409	55942	35476	35476	35476	35476	20706	5937	5937	5324	5119
			燃气	266186	266186	251398	221822	221822	213966	198253	198253	198253	158842	119430	119430	82662	82662	74261	74261	74261	74261	74261
载货汽车	微型		汽油	165936	91368	16800	16800	16800	16800	15734	14669	14669	13550	12431	12431	10562	8693	8693	8693	8693	7404	6974
			柴油	32945	30756	28568	28568	28568	28568	25979	23390	23390	17532	11674	11674	11674	11674	8122	4570	4570	2946	2404
			燃气	101710	53338	4965	4965	4965	4965	4661	4357	4357	3354	2351	2351	1942	1532	1532	1532	1532	1060	902
	轻型		汽油	88711	54754	20796	20796	20796	20796	18200	15604	15604	14102	12600	12600	11205	9810	9810	9810	9810	8438	7980
			柴油	30641	29604	28568	28568	28568	28568	25979	23390	23390	17532	11674	11674	11674	11674	8782	5891	5891	4266	3725
			燃气	54579	32478	10377	10377	10377	10377	7724	5071	5071	3901	2731	2731	2197	1663	1663	1663	1663	1259	1125
	中型		汽油	389437	389437	389437	389437	388840	264589	17280	17280	17280	17280	17280	17140	17001	17001	13734	10468	10468	10468	10468
			柴油	90099	90099	84092	72079	72079	54860	20423	20423	20423	19226	18030	18030	18030	18030	13067	8104	8104	4822	3728
			燃气	102116	102116	96443	85098	85098	82083	76054	76054	76054	60947	45839	45839	62034	62034	30206	30206	30206	30206	30206
	重型		汽油	954596	954596	954596	954596	953998	643117	22549	22549	22549	22549	22549	17848	13147	13147	10765	8383	8383	8383	8383
			柴油	241238	241238	183341	67547	67547	67547	67547	67547	67547	49454	31361	31361	31361	31361	20108	8855	8855	6780	6088
			燃气	235311	235311	222239	196095	196095	189150	175259	175259	175259	140418	105577	105577	123290	123290	88318	88318	88318	88318	88318
低速汽车	三轮汽车			25300	25300	25300	25300	25300	25300	25300	25300	25300	16721	16721	16721	16721	16721	16721	16721	16721	16721	16721
	低速货车			33990	33990	33990	33990	33990	33990	33990	33990	33990	22464	22464	22464	22464	22464	22464	22464	22464	22464	22464
摩托车	普通摩托车			15768	15768	15768	15768	11768	7767	4158	4158	4158	4158	4158	3103	2048	2048	2048	2048	2048	2048	2048
	轻便摩托车			50993	50993	50993	50993	50993	10199	10199	5021	5021	5021	5021	3747	2473	2473	2473	2473	2473	2473	2473

肇庆市 NO_x 排放系数

单位：克/（辆·年）

车辆类型		使用性质	燃料种类	1999年年底前	2000年	2001年	2002年	2003年	2004年	2005年	2006年	2007年	2008年	2009年	2010年	2011年	2012年	2013年	2014年	2015年	2016年	2017年
载客汽车	微型	出租车	汽油	497289	342408	187527	187527	187527	187527	140106	92685	92685	69659	46632	40618	28590	28590	28590	28590	28590	12595	12595
			燃气	300466	210186	119905	119905	119905	119905	90997	62089	62089	47679	33269	28784	19814	19814	19814	19814	19814	8015	8015
		其他	汽油	41940	26411	10882	10882	10882	10882	6768	2654	2654	2142	1630	1430	1031	1031	1031	1031	1031	649	649
			燃气	23916	14319	4721	4721	4721	4721	3081	1440	1440	1163	885	761	512	512	512	512	512	363	363
	小型	出租车	汽油	560657	377990	195322	195322	195322	195322	144603	93883	93883	70258	46632	39902	26442	26442	26442	26442	26442	10746	10746
			柴油	632633	535411	438189	438189	438189	438189	388396	338603	338603	270771	202939	163398	123856	123856	123856	123856	123856	89579	78153
			燃气	337069	230739	124408	124408	124408	124408	93595	62781	62781	48025	33269	25921	18573	18573	18573	18573	18573	6947	6947
		其他	汽油	39097	25071	11044	11044	11044	11044	7235	3426	3426	2340	1253	1161	976	976	976	976	976	607	607
			柴油	33190	27145	21100	21100	21100	21100	19372	17644	17644	13849	10053	8664	7274	7274	7274	7274	7274	6235	5889
			燃气	22273	14294	6314	6314	6314	6314	4100	1886	1886	1277	668	574	480	480	480	480	480	339	339
	中型	公交车	汽油	322063	322063	322063	322063	322063	169003	15942	15942	15942	15942	15942	14297	12652	12652	9552	6451	6451	6451	6451
			柴油	361259	361259	360411	358714	358714	344458	315947	315947	315947	210390	210390	210390	210390	210390	171694	132997	132997	111348	104132
			燃气	383575	383575	379009	369876	369876	358403	335457	335457	335457	222926	222926	222926	140975	140975	110411	110411	110411	110411	110411
		其他	汽油	197454	197454	197454	197454	197454	102183	6911	6911	6911	6911	6911	6911	6911	6911	5184	3456	3456	3456	3456
			柴油	169414	169414	162342	148198	148198	146945	144439	144439	144439	101590	101590	101590	101590	101590	90203	78815	78815	67270	63421
			燃气	191304	191304	180676	159420	159420	157918	154913	154913	154913	108882	108882	108882	84814	84814	68128	68128	68128	68128	68128
	大型	公交车	汽油	1147350	1147350	1147350	1147350	1147350	609735	72119	72119	72119	72119	72119	72056	71993	71993	53995	35997	35997	35997	35997
			柴油	512373	512373	495816	462703	462703	449556	423262	423262	423262	408006	408006	408006	408006	408006	393294	378582	378582	341273	328837
			燃气	1030174	1030174	972942	858478	858478	794773	667364	667364	667364	476251	476251	476251	443390	443390	384302	384302	384302	384302	384302
		其他	汽油	2738516	2738516	2738516	2738516	2738516	1455326	172135	172135	172135	172135	172135	165680	159225	159225	119546	79867	79867	79867	79867
			柴油	1226974	1226974	1195402	1132257	1132257	1105859	1053064	1053064	1053064	978912	978912	978912	978912	978912	931929	884946	884946	783169	749243
			燃气	2283879	2283879	2156997	1903233	1903233	1762001	1479537	1479537	1479537	1056812	1056812	1056812	953424	953424	808896	808896	808896	808896	808896
载货汽车	微型		汽油	146789	87066	27343	27343	27343	27343	18683	10023	10023	8147	6270	5755	4724	4724	4724	4724	4724	3121	3121
			柴油	99705	82416	65127	65127	65127	65127	58439	51751	51751	43778	35805	26170	16535	16535	16535	16535	16535	14068	13245
			燃气	83705	47784	11862	11862	11862	11862	8650	5438	5438	4421	3404	2875	2346	2346	2346	2346	2346	1746	1746
	轻型		汽油	107585	69132	30679	30679	30679	30679	20806	10932	10932	9182	7431	6570	4849	4849	4849	4849	4849	3289	3289
			柴油	100049	82588	65127	65127	65127	65127	58439	51751	51751	43778	35805	28481	21156	21156	21156	21156	21156	19502	18950
			燃气	61290	39415	17540	17540	17540	17540	11779	6018	6018	4990	3962	3173	2385	2385	2385	2385	2385	1837	1837
	中型		汽油	266792	266792	266792	266792	266792	139816	12839	12839	12839	12839	12839	12839	12839	12839	9633	6427	6427	6427	6427
			柴油	503174	503174	451814	349093	349093	331949	297662	297662	297662	289217	289217	289217	289217	289217	253752	218286	218286	187964	177857
			燃气	568189	568189	503969	375527	375527	356767	319247	319247	319247	309977	309977	309977	234901	234901	191057	191057	191057	191057	191057
	重型		汽油	1861914	1861914	1861914	1861914	1861914	989475	117035	117035	117035	117035	117035	112646	108257	108257	81280	54302	54302	54302	54302
			柴油	1081861	1081861	1044933	971078	971078	935160	863325	863325	863325	794086	794086	794086	794086	794086	699954	605821	605821	424695	364319
			燃气	2013767	2013767	1886613	1632304	1632304	1492522	1212957	1212957	1212957	857278	857278	857278	652700	652700	393325	393325	393325	393325	393325
低速汽车	三轮汽车			65550	65550	65550	65550	65550	65550	65550	65550	65550	53279	53279	53279	53279	53279	53279	53279	53279	53279	53279
	低速货车			88065	88065	88065	88065	88065	88065	88065	88065	88065	71579	71579	71579	71579	71579	71579	71579	71579	71579	71579
摩托车	普通摩托车			1177	1177	1177	1177	1138	1098	1020	1020	1020	1020	1020	906	792	792	792	792	792	792	792
	轻便摩托车			785	785	785	785	785	392	392	392	392	392	392	349	305	305	305	305	305	305	305

肇庆市 PM 排放系数

单位：克/（辆·年）

车辆类型		使用性质	燃料种类	1999 年年底前	2000 年	2001 年	2002 年	2003 年	2004 年	2005 年	2006 年	2007 年	2008 年	2009 年	2010 年	2011 年	2012 年	2013 年	2014 年	2015 年	2016 年	2017 年
载客汽车	微型	出租车	汽油	—	—	—	—	—	—	—	—	—	—	—	—	—	—	—	—	—	—	—
			燃气	—	—	—	—	—	—	—	—	—	—	—	—	—	—	—	—	—	—	—
		其他	汽油	—	—	—	—	—	—	—	—	—	—	—	—	—	—	—	—	—	—	—
			燃气	—	—	—	—	—	—	—	—	—	—	—	—	—	—	—	—	—	—	—
	小型	出租车	汽油	—	—	—	—	—	—	—	—	—	—	—	—	—	—	—	—	—	—	—
			柴油	66928	61261	55593	55593	55593	55593	37570	19546	19546	12817	6088	5658	5228	5228	5228	5228	5228	4324	4022
			燃气	—	—	—	—	—	—	—	—	—	—	—	—	—	—	—	—	—	—	—
		其他	汽油	—	—	—	—	—	—	—	—	—	—	—	—	—	—	—	—	—	—	—
			柴油	4196	3970	3743	3743	3743	3743	2676	1608	1608	1184	759	629	499	499	499	499	499	499	499
			燃气	—	—	—	—	—	—	—	—	—	—	—	—	—	—	—	—	—	—	—
	中型	公交车	汽油	—	—	—	—	—	—	—	—	—	—	—	—	—	—	—	—	—	—	—
			柴油	30592	30592	28032	22913	22913	17978	8108	8108	8108	5637	5637	5637	5637	5637	3505	1372	1372	1080	983
			燃气	—	—	—	—	—	—	—	—	—	—	—	—	—	—	—	—	—	—	—
		其他	汽油	—	—	—	—	—	—	—	—	—	—	—	—	—	—	—	—	—	—	—
			柴油	15274	15274	12888	8116	8116	6262	2553	2553	2553	2316	2316	2316	2316	2316	1366	415	415	399	394
			燃气	—	—	—	—	—	—	—	—	—	—	—	—	—	—	—	—	—	—	—
	大型	公交车	汽油	—	—	—	—	—	—	—	—	—	—	—	—	—	—	—	—	—	—	—
			柴油	94865	94865	93934	92071	92071	71272	29674	29674	29674	10315	10315	10315	10315	10315	6116	1916	1916	1845	1821
			燃气	—	—	—	—	—	—	—	—	—	—	—	—	—	—	—	—	—	—	—
		其他	汽油	—	—	—	—	—	—	—	—	—	—	—	—	—	—	—	—	—	—	—
			柴油	142314	142314	133412	115607	115607	85425	25061	25061	25061	9303	9303	9303	9303	9303	5868	2433	2433	2343	2313
			燃气	—	—	—	—	—	—	—	—	—	—	—	—	—	—	—	—	—	—	—
载货汽车	微型		汽油	—	—	—	—	—	—	—	—	—	—	—	—	—	—	—	—	—	—	—
			柴油	10424	10209	9993	9993	9993	9993	8119	6245	6245	4635	3025	1905	784	784	784	784	784	780	779
			燃气	—	—	—	—	—	—	—	—	—	—	—	—	—	—	—	—	—	—	—
	轻型		汽油	—	—	—	—	—	—	—	—	—	—	—	—	—	—	—	—	—	—	—
			柴油	10841	10417	9993	9993	9993	9993	8119	6245	6245	4635	3025	2281	1537	1537	1537	1537	1537	1269	1180
			燃气	—	—	—	—	—	—	—	—	—	—	—	—	—	—	—	—	—	—	—
	中型		汽油	—	—	—	—	—	—	—	—	—	—	—	—	—	—	—	—	—	—	—
			柴油	43474	43474	36585	22807	22807	17572	7101	7101	7101	6354	6354	6354	6354	6354	4074	1794	1794	1643	1593
			燃气	—	—	—	—	—	—	—	—	—	—	—	—	—	—	—	—	—	—	—
	重型		汽油	—	—	—	—	—	—	—	—	—	—	—	—	—	—	—	—	—	—	—
			柴油	150151	150151	123413	69937	69937	55530	26716	26716	26716	9898	9898	9898	9898	9898	6619	3339	3339	2822	2650
			燃气	—	—	—	—	—	—	—	—	—	—	—	—	—	—	—	—	—	—	—
低速汽车	三轮汽车			4092	4092	4092	4092	4092	4092	4092	4092	4092	3220	3220	3220	3220	3220	3220	3220	3220	3220	3220
	低速货车			5581	5581	5581	5581	5581	5581	5581	5581	5581	4392	4392	4392	4392	4392	4392	4392	4392	4392	4392
摩托车	普通摩托车			—	—	—	—	—	—	—	—	—	—	—	—	—	—	—	—	—	—	—
	轻便摩托车			—	—	—	—	—	—	—	—	—	—	—	—	—	—	—	—	—	—	—

肇庆市 VOCs 排放系数

单位：克/（辆·年）

车辆类型		使用性质	燃料种类	1999 年年底前	2000 年	2001 年	2002 年	2003 年	2004 年	2005 年	2006 年	2007 年	2008 年	2009 年	2010 年	2011 年	2012 年	2013 年	2014 年	2015 年	2016 年	2017 年
载客汽车	微型	出租车	汽油	824888	500515	176141	176141	176141	176141	137992	99843	99843	82668	65492	57127	40396	40396	40396	40396	40396	21156	21156
			燃气	582755	355791	128827	128827	128827	128827	101076	73325	73325	60583	47840	41181	27863	27863	27863	27863	27863	12551	12551
		其他	汽油	36880	22897	8914	8914	8914	8914	8561	8208	8208	7206	6204	6038	5706	5706	5706	5706	5706	4822	4822
			燃气	20271	11351	2430	2430	2430	2430	2342	2254	2254	1662	1070	1003	869	869	869	869	869	514	514
	小型	出租车	汽油	824888	493686	162484	162484	162484	162484	149785	137086	137086	101289	65492	57127	40396	40396	40396	40396	40396	19442	19442
			柴油	337090	315854	294617	294617	294617	294617	261798	228978	228978	176202	123426	91042	58657	58657	58657	58657	58657	30338	20898
			燃气	582755	351011	119266	119266	119266	119266	109332	99397	99397	73619	47840	37852	27863	27863	27863	27863	27863	11351	11351
		其他	汽油	37367	23085	8803	8803	8803	8803	8758	8712	8712	7459	6206	6020	5649	5649	5649	5649	5649	4910	4910
			柴油	9043	8273	7503	7503	7503	7503	6325	5147	5147	3588	2029	1677	1325	1325	1325	1325	1325	907	768
			燃气	20613	12315	4016	4016	4016	4016	3312	2607	2607	1914	1220	1025	829	829	829	829	829	576	576
	中型	公交车	汽油	248120	248120	248120	248120	247523	130457	13987	13987	13987	13987	13987	13836	13684	13684	11257	8830	8830	8830	8830
			柴油	87806	87806	86086	82645	82645	64494	28192	28192	28192	12823	12823	12823	12823	12823	8958	5093	5093	4763	4653
			燃气	71579	71579	67602	59649	59649	57536	53311	53311	53311	32061	32061	32061	22219	22219	22154	22154	22154	22154	22154
		其他	汽油	128830	128830	128830	128830	128233	68048	8460	8460	8460	8460	8460	8315	8169	8169	7118	6066	6066	6066	6066
			柴油	30493	30493	28460	24394	24394	18567	6912	6912	6912	6099	6099	6099	6099	6099	3751	1402	1402	1243	1190
			燃气	34560	34560	32640	28800	28800	27780	25740	25740	25740	15506	15506	15506	10732	10732	9642	9642	9642	9642	9642
	大型	公交车	汽油	577428	577428	577428	577428	576831	295763	15291	15291	15291	15291	15291	15152	15012	15012	12246	9480	9480	9480	9480
			柴油	131708	131708	108010	60614	60614	60614	60614	60614	60614	26416	26416	26416	26416	26416	17675	8934	8934	5723	4653
			燃气	168926	168926	159541	140772	140772	135786	125815	125815	125815	75665	75665	75665	52438	52438	47188	47188	47188	47188	47188
		其他	汽油	1278726	1278726	1278726	1278726	1278129	653155	28778	28778	28778	28778	28778	22519	16260	16260	13070	9879	9879	9879	9879
			柴油	272891	272891	207397	76409	76409	76409	76409	76409	76409	35476	35476	35476	35476	35476	20707	5937	5937	5324	5119
			燃气	266186	266186	251398	221822	221822	213966	198253	198253	198253	119430	119430	119430	82662	82662	74261	74261	74261	74261	74261
载货汽车	微型		汽油	194332	106615	18897	18897	18897	18897	17673	16449	16449	15171	13892	12418	9469	9469	9469	9469	9469	7495	7495
			柴油	37643	35137	32630	32630	32630	32630	29608	26586	26586	19999	13412	9349	5286	5286	5286	5286	5286	3356	2712
			燃气	106814	55983	5151	5151	5151	5151	4834	4517	4517	3457	2396	1919	1442	1442	1442	1442	1442	799	799
	轻型		汽油	103262	63436	23609	23609	23609	23609	20581	17552	17552	15822	14091	12989	10786	10786	10786	10786	10786	8682	8682
			柴油	35111	33871	32630	32630	32630	32630	29608	26586	26586	19999	13412	10074	6735	6735	6735	6735	6735	4805	4161
			燃气	56963	33867	10771	10771	10771	10771	8011	5252	5252	4011	2770	2176	1583	1583	1583	1583	1583	1018	1018
	中型		汽油	389437	389437	389437	389437	388840	202762	17280	17280	17280	17280	17280	17141	17001	17001	13735	10468	10468	10468	10468
			柴油	90099	90099	84092	72079	72079	54860	20423	20423	20423	18030	18030	18030	18030	18030	13067	8104	8104	4822	3728
			燃气	102116	102116	96443	85098	85098	82083	76054	76054	76054	45839	45839	45839	62034	62034	30206	30206	30206	30206	30206
	重型		汽油	936049	936049	936049	936049	935452	478523	22192	22192	22192	22192	22192	17581	12969	12969	10634	8298	8298	8298	8298
			柴油	259385	259385	197133	72628	72628	72628	72628	72628	72628	33720	33720	33720	33720	33720	21469	9218	9218	6479	5566
			燃气	253012	253012	238956	210845	210845	203378	188443	188443	188443	113518	113518	113518	128344	128344	80746	80746	80746	80746	80746
低速汽车	三轮汽车			25300	25300	25300	25300	25300	25300	25300	25300	25300	16721	16721	16721	16721	16721	16721	16721	16721	16721	16721
	低速货车			33990	33990	33990	33990	33990	33990	33990	33990	33990	22464	22464	22464	22464	22464	22464	22464	22464	22464	22464
摩托车	普通摩托车			15768	15768	15768	15768	11768	7767	4158	4158	4158	4158	4158	3103	2048	2048	2048	2048	2048	2048	2048
	轻便摩托车			50993	50993	50993	50993	50993	10199	10199	5021	5021	5021	5021	3747	2473	2473	2473	2473	2473	2473	2473

惠州市 NO_x 排放系数

单位：克/（辆·年）

车辆类型		使用性质	燃料种类	1999 年年底前	2000 年	2001 年	2002 年	2003 年	2004 年	2005 年	2006 年	2007 年	2008 年	2009 年	2010 年	2011 年	2012 年	2013 年	2014 年	2015 年	2016 年	2017 年
载客汽车	微型	出租车	汽油	355950	241200	126449	126449	126449	126449	92885	59321	59321	43465	27608	24487	18244	18244	18244	18244	18244	9014	9014
			燃气	212502	145852	79202	79202	79202	79202	59000	38797	38797	29054	19311	16962	12265	12265	12265	12265	12265	5596	5596
		其他	汽油	42160	26552	10944	10944	10944	10944	6805	2666	2666	2151	1636	1467	1129	1129	1129	1129	1129	715	715
			燃气	24038	14392	4746	4746	4746	4746	3097	1447	1447	1168	888	782	569	569	569	569	569	401	401
	小型	出租车	汽油	403233	267738	132242	132242	132242	132242	96227	60211	60211	43910	27608	23903	16492	16492	16492	16492	16492	7534	7534
			柴油	434420	363212	292004	292004	292004	292004	260301	228598	228598	182062	135526	110786	86046	86046	86046	86046	86046	66198	59582
			燃气	239808	161178	82548	82548	82548	82548	60930	39311	39311	29311	19311	15282	11253	11253	11253	11253	11253	4742	4742
		其他	汽油	39301	25204	11106	11106	11106	11106	7275	3443	3443	2350	1257	1193	1066	1066	1066	1066	1066	669	669
			柴油	35459	28982	22504	22504	22504	22504	20678	18852	18852	14826	10800	9315	7830	7830	7830	7830	7830	6854	6529
			燃气	22387	14368	6349	6349	6349	6349	4123	1896	1896	1283	670	601	532	532	532	532	532	374	374
	中型	公交车	汽油	322131	322131	322131	322131	322131	169038	15945	15945	15945	15945	15945	14300	12655	12655	9554	6452	6452	6452	6452
			柴油	361314	361314	360466	358769	358769	344511	315995	315995	315995	210422	210422	210422	210422	210422	171720	133017	133017	111365	104148
			燃气	383634	383634	379067	369933	369933	358458	335509	335509	335509	222960	222960	222960	140997	140997	110428	110428	110428	110428	110428
		其他	汽油	197496	197496	197496	197496	197496	102204	6912	6912	6912	6912	6912	6912	6912	6912	5185	3457	3457	3457	3457
			柴油	169440	169440	162367	148221	148221	146968	144461	144461	144461	101605	101605	101605	101605	101605	90216	78827	78827	67279	63430
			燃气	191334	191334	180704	159445	159445	157942	154937	154937	154937	108898	108898	108898	84827	84827	68138	68138	68138	68138	68138
	大型	公交车	汽油	1147592	1147592	1147592	1147592	1147592	609863	72134	72134	72134	72134	72134	72071	72008	72008	54007	36005	36005	36005	36005
			柴油	512452	512452	495893	462774	462774	449625	423327	423327	423327	408069	408069	408069	408069	408069	393355	378640	378640	341325	328887
			燃气	1030332	1030332	973091	858610	858610	794896	667467	667467	667467	476324	476324	476324	443458	443458	384361	384361	384361	384361	384361
		其他	汽油	2739093	2739093	2739093	2739093	2739093	1455633	172172	172172	172172	172172	172172	165716	159259	159259	119572	79884	79884	79884	79884
			柴油	1227162	1227162	1195585	1132431	1132431	1106029	1053225	1053225	1053225	979062	979062	979062	979062	979062	932072	885082	885082	783289	749358
			燃气	2284230	2284230	2157328	1903525	1903525	1762271	1479764	1479764	1479764	1056974	1056974	1056974	953571	953571	809020	809020	809020	809020	809020
载货汽车	微型		汽油	129785	76698	23610	23610	23610	23610	16101	8591	8591	6974	5356	4928	4071	4071	4071	4071	4071	2706	2706
			柴油	90893	74955	59017	59017	59017	59017	53055	47092	47092	39923	32753	23940	15126	15126	15126	15126	15126	13003	12295
			燃气	73998	42119	10239	10239	10239	10239	7451	4663	4663	3785	2907	2479	2052	2052	2052	2052	2052	1518	1518
	轻型		汽油	93485	59999	26513	26513	26513	26513	17948	9382	9382	7875	6367	5638	4180	4180	4180	4180	4180	2852	2852
			柴油	91213	75115	59017	59017	59017	59017	53055	47092	47092	39923	32753	26102	19451	19451	19451	19451	19451	18088	17634
			燃气	53252	34204	15157	15157	15157	15157	10162	5167	5167	4280	3394	2740	2086	2086	2086	2086	2086	1594	1594
	中型		汽油	266792	266792	266792	266792	266792	139816	12839	12839	12839	12839	12839	12839	12839	12839	9633	6427	6427	6427	6427
			柴油	503174	503174	451814	349093	349093	331949	297662	297662	297662	289217	289217	289217	289217	289217	253752	218286	218286	187964	177857
			燃气	568191	568191	503970	375528	375528	356768	319248	319248	319248	309976	309976	309976	234901	234901	191058	191058	191058	191058	191058
	重型		汽油	1743067	1743067	1743067	1743067	1743067	926316	109564	109564	109564	109564	109564	105456	101347	101347	76092	50836	50836	50836	50836
			柴油	989348	989348	955578	888038	888038	855192	789499	789499	789499	726181	726181	726181	726181	726181	644209	562236	562236	385986	327236
			燃气	1841565	1841565	1725283	1492720	1492720	1364891	1109233	1109233	1109233	783969	783969	783969	605743	605743	353290	353290	353290	353290	353290
低速汽车	三轮汽车			65550	65550	65550	65550	65550	65550	65550	65550	65550	53279	53279	53279	53279	53279	53279	53279	53279	53279	53279
	低速货车			88065	88065	88065	88065	88065	88065	88065	88065	88065	71579	71579	71579	71579	71579	71579	71579	71579	71579	71579
摩托车	普通摩托车			1177	1177	1177	1177	1138	1098	1020	1020	1020	1020	1020	906	792	792	792	792	792	792	792
	轻便摩托车			785	785	785	785	785	392	392	392	392	392	392	349	305	305	305	305	305	305	305

惠州市 PM 排放系数

单位：克/（辆・年）

车辆类型		使用性质	燃料种类	1999 年年底前	2000 年	2001 年	2002 年	2003 年	2004 年	2005 年	2006 年	2007 年	2008 年	2009 年	2010 年	2011 年	2012 年	2013 年	2014 年	2015 年	2016 年	2017 年
载客汽车	微型	出租车	汽油	—	—	—	—	—	—	—	—	—	—	—	—	—	—	—	—	—	—	—
			燃气	—	—	—	—	—	—	—	—	—	—	—	—	—	—	—	—	—	—	—
		其他	汽油	—	—	—	—	—	—	—	—	—	—	—	—	—	—	—	—	—	—	—
			燃气	—	—	—	—	—	—	—	—	—	—	—	—	—	—	—	—	—	—	—
	小型	出租车	汽油	—	—	—	—	—	—	—	—	—	—	—	—	—	—	—	—	—	—	—
			柴油	52052	47665	43278	43278	43278	43278	29262	15246	15246	10010	4773	4436	4099	4099	4099	4099	4099	3390	3153
			燃气	—	—	—	—	—	—	—	—	—	—	—	—	—	—	—	—	—	—	—
		其他	汽油	—	—	—	—	—	—	—	—	—	—	—	—	—	—	—	—	—	—	—
			柴油	4513	4270	4026	4026	4026	4026	2879	1731	1731	1277	823	679	534	534	534	534	534	534	534
			燃气	—	—	—	—	—	—	—	—	—	—	—	—	—	—	—	—	—	—	—
	中型	公交车	汽油	—	—	—	—	—	—	—	—	—	—	—	—	—	—	—	—	—	—	—
			柴油	30592	30592	28032	22913	22913	17978	8108	8108	8108	5637	5637	5637	5637	5637	3505	1372	1372	1080	983
			燃气	—	—	—	—	—	—	—	—	—	—	—	—	—	—	—	—	—	—	—
		其他	汽油	—	—	—	—	—	—	—	—	—	—	—	—	—	—	—	—	—	—	—
			柴油	15274	15274	12888	8116	8116	6262	2553	2553	2553	2316	2316	2316	2316	2316	1366	415	415	399	394
			燃气	—	—	—	—	—	—	—	—	—	—	—	—	—	—	—	—	—	—	—
	大型	公交车	汽油	—	—	—	—	—	—	—	—	—	—	—	—	—	—	—	—	—	—	—
			柴油	94865	94865	93934	92071	92071	71272	29674	29674	29674	10315	10315	10315	10315	10315	6116	1916	1916	1845	1821
			燃气	—	—	—	—	—	—	—	—	—	—	—	—	—	—	—	—	—	—	—
		其他	汽油	—	—	—	—	—	—	—	—	—	—	—	—	—	—	—	—	—	—	—
			柴油	142314	142314	133412	115607	115607	85425	25061	25061	25061	9303	9303	9303	9303	9303	5868	2433	2433	2343	2313
			燃气	—	—	—	—	—	—	—	—	—	—	—	—	—	—	—	—	—	—	—
载货汽车	微型		汽油	—	—	—	—	—	—	—	—	—	—	—	—	—	—	—	—	—	—	—
			柴油	9377	9183	8989	8989	8989	8989	7328	5666	5666	4205	2744	1728	711	711	711	711	711	708	707
			燃气	—	—	—	—	—	—	—	—	—	—	—	—	—	—	—	—	—	—	—
	轻型		汽油	—	—	—	—	—	—	—	—	—	—	—	—	—	—	—	—	—	—	—
			柴油	9753	9371	8989	8989	8989	8989	7328	5666	5666	4205	2744	2070	1395	1395	1395	1395	1395	1151	1070
			燃气	—	—	—	—	—	—	—	—	—	—	—	—	—	—	—	—	—	—	—
	中型		汽油	—	—	—	—	—	—	—	—	—	—	—	—	—	—	—	—	—	—	—
			柴油	43474	43474	36585	22807	22807	17572	7101	7101	7101	6354	6354	6354	6354	6354	4074	1794	1794	1643	1593
			燃气	—	—	—	—	—	—	—	—	—	—	—	—	—	—	—	—	—	—	—
	重型		汽油	—	—	—	—	—	—	—	—	—	—	—	—	—	—	—	—	—	—	—
			柴油	140937	140937	115840	65645	65645	52122	25076	25076	25076	9291	9291	9291	9291	9291	6182	3073	3073	2598	2439
			燃气	—	—	—	—	—	—	—	—	—	—	—	—	—	—	—	—	—	—	—
低速汽车	三轮汽车			4092	4092	4092	4092	4092	4092	4092	4092	4092	3220	3220	3220	3220	3220	3220	3220	3220	3220	3220
	低速货车			5581	5581	5581	5581	5581	5581	5581	5581	5581	4392	4392	4392	4392	4392	4392	4392	4392	4392	4392
摩托车	普通摩托车			—	—	—	—	—	—	—	—	—	—	—	—	—	—	—	—	—	—	—
	轻便摩托车			—	—	—	—	—	—	—	—	—	—	—	—	—	—	—	—	—	—	—

惠州市 VOCs 排放系数

单位：克/（辆·年）

车辆类型		使用性质	燃料种类	1999年年底前	2000年	2001年	2002年	2003年	2004年	2005年	2006年	2007年	2008年	2009年	2010年	2011年	2012年	2013年	2014年	2015年	2016年	2017年
载客汽车	微型	出租车	汽油	608344	363280	118216	118216	118216	118216	90835	63453	63453	52322	41190	36435	26924	26924	26924	26924	26924	16339	16339
			燃气	426415	255322	84228	84228	84228	84228	64574	44920	44920	36828	28735	24976	17459	17459	17459	17459	17459	9184	9184
		其他	汽油	38180	23451	8721	8721	8721	8721	8349	7976	7976	6962	5948	5789	5472	5472	5472	5472	5472	4553	4553
			燃气	21467	12024	2580	2580	2580	2580	2479	2377	2377	1768	1159	1103	991	991	991	991	991	611	611
	小型	出租车	汽油	608344	357975	107605	107605	107605	107605	99776	91946	91946	66568	41190	36435	26924	26924	26924	26924	26924	14912	14912
			柴油	198982	186877	174772	174772	174772	174772	157152	139532	139532	104669	69805	51628	33451	33451	33451	33451	33451	17997	12845
			燃气	426415	251608	76800	76800	76800	76800	70834	64867	64867	46801	28735	23097	17459	17459	17459	17459	17459	8186	8186
		其他	汽油	38698	23649	8600	8600	8600	8600	8557	8514	8514	7233	5951	5769	5405	5405	5405	5405	5405	4648	4648
			柴油	9582	8761	7940	7940	7940	7940	6747	5554	5554	3844	2134	1771	1408	1408	1408	1408	1408	975	830
			燃气	21829	13063	4296	4296	4296	4296	3525	2754	2754	2041	1327	1136	944	944	944	944	944	678	678
	中型	公交车	汽油	247712	247712	247712	247712	247115	130049	13580	13580	13580	13580	13580	13429	13277	13277	10850	8422	8422	8422	8422
			柴油	87806	87806	86086	82645	82645	64494	28192	28192	28192	12823	12823	12823	12823	12823	8958	5093	5093	4763	4653
			燃气	71579	71579	67602	59649	59649	57536	53311	53311	53311	32061	32061	32061	22219	22219	22154	22154	22154	22154	22154
		其他	汽油	128422	128422	128422	128422	127826	67641	8052	8052	8052	8052	8052	7907	7761	7761	6710	5659	5659	5659	5659
			柴油	30493	30493	28460	24394	24394	18567	6912	6912	6912	6099	6099	6099	6099	6099	3751	1402	1402	1243	1190
			燃气	34560	34560	32640	28800	28800	27780	25740	25740	25740	15506	15506	15506	10732	10732	9642	9642	9642	9642	9642
	大型	公交车	汽油	577020	577020	577020	577020	576423	295355	14884	14884	14884	14884	14884	14744	14604	14604	11838	9072	9072	9072	9072
			柴油	131708	131708	108010	60614	60614	60614	60614	60614	60614	26416	26416	26416	26416	26416	17675	8934	8934	5723	4653
			燃气	168926	168926	159541	140772	140772	135786	125815	125815	125815	75665	75665	75665	52438	52438	47188	47188	47188	47188	47188
		其他	汽油	1278318	1278318	1278318	1278318	1277721	652747	28370	28370	28370	28370	28370	22111	15852	15852	12662	9471	9471	9471	9471
			柴油	272891	272891	207397	76409	76409	76409	76409	76409	76409	35476	35476	35476	35476	35476	20707	5937	5937	5324	5119
			燃气	266186	266186	251398	221822	221822	213966	198253	198253	198253	119430	119430	119430	82662	82662	74261	74261	74261	74261	74261
载货汽车	微型		汽油	181303	99142	16981	16981	16981	16981	15905	14829	14829	13678	12527	11202	8553	8553	8553	8553	8553	6829	6829
			柴油	33633	31402	29170	29170	29170	29170	26568	23965	23965	17903	11840	8215	4589	4589	4589	4589	4589	3001	2472
			燃气	101939	53481	5024	5024	5024	5024	4721	4419	4419	3430	2441	1995	1549	1549	1549	1549	1549	916	916
	轻型		汽油	96030	58712	21394	21394	21394	21394	18628	15861	15861	14288	12714	11738	9787	9787	9787	9787	9787	7940	7940
			柴油	31194	30182	29170	29170	29170	29170	26568	23965	23965	17903	11840	8914	5988	5988	5988	5988	5988	4400	3871
			燃气	54169	32428	10687	10687	10687	10687	7909	5131	5131	3983	2835	2272	1709	1709	1709	1709	1709	1158	1158
	中型		汽油	389029	389029	389029	389029	388432	202354	16873	16873	16873	16873	16873	16733	16593	16593	13327	10060	10060	10060	10060
			柴油	90099	90099	84092	72079	72079	54860	20423	20423	20423	18030	18030	18030	18030	18030	13067	8104	8104	4822	3728
			燃气	102116	102116	96443	85098	85098	82083	76054	76054	76054	45839	45839	45839	62034	62034	30206	30206	30206	30206	30206
	重型		汽油	879382	879382	879382	879382	878785	449445	20702	20702	20702	20702	20702	16361	12020	12020	9825	7629	7629	7629	7629
			柴油	240233	240233	182577	67265	67265	67265	67265	67265	67265	31230	31230	31230	31230	31230	19649	8067	8067	5903	5181
			燃气	234330	234330	221312	195276	195276	188360	174528	174528	174528	105136	105136	105136	112318	112318	75160	75160	75160	75160	75160
低速汽车	三轮汽车			25300	25300	25300	25300	25300	25300	25300	25300	25300	16721	16721	16721	16721	16721	16721	16721	16721	16721	16721
	低速货车			33990	33990	33990	33990	33990	33990	33990	33990	33990	22464	22464	22464	22464	22464	22464	22464	22464	22464	22464
摩托车	普通摩托车			15768	15768	15768	15768	11768	7767	4158	4158	4158	4158	4158	3103	2048	2048	2048	2048	2048	2048	2048
	轻便摩托车			50993	50993	50993	50993	50993	10199	10199	5021	5021	5021	5021	3747	2473	2473	2473	2473	2473	2473	2473

梅州市 NO_x 排放系数

单位：克/（辆・年）

车辆类型		使用性质	燃料种类	1999年年底前	2000年	2001年	2002年	2003年	2004年	2005年	2006年	2007年	2008年	2009年	2010年	2011年	2012年	2013年	2014年	2015年	2016年	2017年
载客汽车	微型	出租车	汽油	317063	216096	115128	115128	115128	115128	85354	55580	55580	41360	27140	27140	21980	16821	16821	16821	16821	10068	7817
			燃气	190267	131562	72856	72856	72856	72856	54818	36779	36779	27962	19146	19146	15322	11499	11499	11499	11499	6562	4917
		其他	汽油	36852	23158	9465	9465	9465	9465	5923	2381	2381	1934	1488	1488	1216	945	945	945	945	674	583
			燃气	20973	12543	4113	4113	4113	4113	2698	1282	1282	1042	803	803	632	462	462	462	462	359	325
	小型	出租车	汽油	358331	239236	120140	120140	120140	120140	88246	56351	56351	41746	27140	27140	21292	15445	15445	15445	15445	8822	6614
			柴油	391068	329098	267127	267127	267127	267127	237228	207328	207328	165192	123055	123055	123055	123055	99738	76422	76422	56718	50150
			燃气	214100	144926	75751	75751	75751	75751	56488	37224	37224	28185	19146	19146	14925	10704	10704	10704	10704	5842	4222
		其他	汽油	34366	21985	9604	9604	9604	9604	6324	3043	3043	2102	1160	1160	1028	896	896	896	896	634	547
			柴油	29674	24300	18926	18926	18926	18926	17388	15849	15849	12415	8981	8981	8981	8981	7729	6477	6477	5573	5272
			燃气	19537	12509	5481	5481	5481	5481	3573	1665	1665	1140	614	614	524	434	434	434	434	336	303
	中型	公交车	汽油	322131	322131	322131	322131	322131	220069	15945	15945	15945	15945	15945	14300	12655	12655	9554	6452	6452	6452	6452
			柴油	361314	361314	360466	358769	358769	344511	315995	315995	315995	263208	210422	210422	210422	210422	171720	133017	133017	111365	104148
			燃气	383634	383634	379067	369933	369933	358458	335509	335509	335509	279234	222960	222960	140997	140997	110428	110428	110428	110428	110428
		其他	汽油	197496	197496	197496	197496	197496	133968	6912	6912	6912	6912	6912	6912	6912	6912	5184	3457	3457	3457	3457
			柴油	169440	169440	162367	148221	148221	146968	144461	144461	144461	123033	101605	101605	101605	101605	90216	78827	78827	67279	63430
			燃气	191334	191334	180704	159445	159445	157942	154937	154937	154937	131918	108898	108898	84827	84827	68138	68138	68138	68138	68138
	大型	公交车	汽油	1147592	1147592	1147592	1147592	1147592	789106	72134	72134	72134	72134	72134	72071	72008	72008	54006	36005	36005	36005	36005
			柴油	512452	512452	495893	462774	462774	449625	423327	423327	423327	415698	408069	408069	408069	408069	393354	378640	378640	341325	328887
			燃气	1030332	1030332	973091	858610	858610	794896	667467	667467	667467	571896	476324	476324	443458	443458	384361	384361	384361	384361	384361
		其他	汽油	2739093	2739093	2739093	2739093	2739093	1883453	172172	172172	172172	172172	172172	165716	159259	159259	119572	79884	79884	79884	79884
			柴油	1227162	1227162	1195585	1132431	1132431	1106029	1053225	1053225	1053225	1016144	979062	979062	979062	979062	932072	885082	885082	783289	749358
			燃气	2284230	2284230	2157328	1903525	1903525	1762271	1479764	1479764	1479764	1268369	1056974	1056974	953571	953571	809020	809020	809020	809020	809020
载货汽车	微型		汽油	114664	68044	21423	21423	21423	21423	14600	7777	7777	6310	4842	4842	4269	3696	3696	3696	3696	2769	2460
			柴油	77156	63685	50214	50214	50214	50214	45140	40066	40066	33896	27727	27727	27727	27727	20272	12818	12818	10966	10348
			燃气	65257	37283	9309	9309	9309	9309	6748	4187	4187	3400	2613	2613	2210	1807	1807	1807	1807	1480	1371
	轻型		汽油	85053	54560	24067	24067	24067	24067	16282	8498	8498	7130	5762	5762	4778	3795	3795	3795	3795	2894	2593
			柴油	77425	63820	50214	50214	50214	50214	45140	40066	40066	33896	27727	27727	27727	27727	22086	16446	16446	15231	14826
			燃气	48352	31044	13735	13735	13735	13735	9192	4650	4650	3850	3050	3050	2444	1838	1838	1838	1838	1537	1436
	中型		汽油	266792	266792	266792	266792	266792	182141	12839	12839	12839	12839	12839	12839	12839	12839	9633	6427	6427	6427	6427
			柴油	503174	503174	451814	349093	349093	331949	297662	297662	297662	293440	289217	289217	289217	289217	253752	218286	218286	187964	177857
			燃气	568191	568191	503970	375528	375528	356768	319248	319248	319248	314612	309976	309976	234901	234901	191058	191058	191058	191058	191058
	重型		汽油	1879452	1879452	1879452	1879452	1879452	1292347	118137	118137	118137	118137	118137	113707	109277	109277	82045	54813	54813	54813	54813
			柴油	1021907	1021907	987026	917263	917263	883336	815482	815482	815482	782781	750080	750080	750080	750080	676269	602458	602458	438926	384416
			燃气	1902170	1902170	1782062	1541845	1541845	1409810	1145739	1145739	1145739	977754	809770	809770	649077	649077	415022	415022	415022	415022	415022
低速汽车	三轮汽车			65550	65550	65550	65550	65550	65550	65550	65550	65550	53279	53279	53279	53279	53279	53279	53279	53279	53279	53279
	低速货车			88065	88065	88065	88065	88065	88065	88065	88065	88065	71579	71579	71579	71579	71579	71579	71579	71579	71579	71579
摩托车	普通摩托车			1177	1177	1177	1177	1138	1098	1020	1020	1020	1020	1020	906	792	792	792	792	792	792	792
	轻便摩托车			785	785	785	785	785	392	392	392	392	392	392	348	305	305	305	305	305	305	305

梅州市 PM 排放系数

单位：克/（辆・年）

车辆类型		使用性质	燃料种类	1999 年年底前	2000 年	2001 年	2002 年	2003 年	2004 年	2005 年	2006 年	2007 年	2008 年	2009 年	2010 年	2011 年	2012 年	2013 年	2014 年	2015 年	2016 年	2017 年
载客汽车	微型	出租车	汽油	—	—	—	—	—	—	—	—	—	—	—	—	—	—	—	—	—	—	—
			燃气	—	—	—	—	—	—	—	—	—	—	—	—	—	—	—	—	—	—	—
		其他	汽油	—	—	—	—	—	—	—	—	—	—	—	—	—	—	—	—	—	—	—
			燃气	—	—	—	—	—	—	—	—	—	—	—	—	—	—	—	—	—	—	—
	小型	出租车	汽油	—	—	—	—	—	—	—	—	—	—	—	—	—	—	—	—	—	—	—
			柴油	43529	39854	36180	36180	36180	36180	24570	12960	12960	8468	3975	3975	3975	3975	3694	3414	3414	2823	2626
			燃气	—	—	—	—	—	—	—	—	—	—	—	—	—	—	—	—	—	—	—
		其他	汽油	—	—	—	—	—	—	—	—	—	—	—	—	—	—	—	—	—	—	—
			柴油	3710	3510	3311	3311	3311	3311	2377	1443	1443	1058	673	673	673	673	563	453	453	453	453
			燃气	—	—	—	—	—	—	—	—	—	—	—	—	—	—	—	—	—	—	—
	中型	公交车	汽油	—	—	—	—	—	—	—	—	—	—	—	—	—	—	—	—	—	—	—
			柴油	30592	30592	28032	22913	22913	17978	8108	8108	8108	6872	5637	5637	5637	5637	3504	1372	1372	1080	983
			燃气	—	—	—	—	—	—	—	—	—	—	—	—	—	—	—	—	—	—	—
		其他	汽油	—	—	—	—	—	—	—	—	—	—	—	—	—	—	—	—	—	—	—
			柴油	15274	15274	12888	8116	8116	6262	2553	2553	2553	2434	2316	2316	2316	2316	1366	415	415	399	394
			燃气	—	—	—	—	—	—	—	—	—	—	—	—	—	—	—	—	—	—	—
	大型	公交车	汽油	—	—	—	—	—	—	—	—	—	—	—	—	—	—	—	—	—	—	—
			柴油	94865	94865	93934	92071	92071	71272	29674	29674	29674	19994	10315	10315	10315	10315	6116	1916	1916	1845	1821
			燃气	—	—	—	—	—	—	—	—	—	—	—	—	—	—	—	—	—	—	—
		其他	汽油	—	—	—	—	—	—	—	—	—	—	—	—	—	—	—	—	—	—	—
			柴油	142314	142314	133412	115607	115607	85425	25061	25061	25061	17182	9303	9303	9303	9303	5868	2433	2433	2343	2313
			燃气	—	—	—	—	—	—	—	—	—	—	—	—	—	—	—	—	—	—	—
载货汽车	微型		汽油	—	—	—	—	—	—	—	—	—	—	—	—	—	—	—	—	—	—	—
			柴油	8141	7972	7804	7804	7804	7804	6345	4886	4886	3626	2367	2367	2367	2367	1490	613	613	611	610
			燃气	—	—	—	—	—	—	—	—	—	—	—	—	—	—	—	—	—	—	—
	轻型		汽油	—	—	—	—	—	—	—	—	—	—	—	—	—	—	—	—	—	—	—
			柴油	8467	8136	7804	7804	7804	7804	6345	4886	4886	3626	2367	2367	2367	2367	1785	1203	1203	993	923
			燃气	—	—	—	—	—	—	—	—	—	—	—	—	—	—	—	—	—	—	—
	中型		汽油	—	—	—	—	—	—	—	—	—	—	—	—	—	—	—	—	—	—	—
			柴油	43474	43474	36585	22807	22807	17572	7101	7101	7101	6728	6354	6354	6354	6354	4074	1794	1794	1643	1593
			燃气	—	—	—	—	—	—	—	—	—	—	—	—	—	—	—	—	—	—	—
	重型		汽油	—	—	—	—	—	—	—	—	—	—	—	—	—	—	—	—	—	—	—
			柴油	155499	155499	127809	72428	72428	57508	27667	27667	27667	18959	10251	10251	10251	10251	6754	3258	3258	2753	2585
			燃气	—	—	—	—	—	—	—	—	—	—	—	—	—	—	—	—	—	—	—
低速汽车	三轮汽车			4092	4092	4092	4092	4092	4092	4092	4092	4092	3220	3220	3220	3220	3220	3220	3220	3220	3220	3220
	低速货车			5581	5581	5581	5581	5581	5581	5581	5581	5581	4392	4392	4392	4392	4392	4392	4392	4392	4392	4392
摩托车	普通摩托车			—	—	—	—	—	—	—	—	—	—	—	—	—	—	—	—	—	—	—
	轻便摩托车			—	—	—	—	—	—	—	—	—	—	—	—	—	—	—	—	—	—	—

梅州市 VOCs 排放系数

单位：克/（辆·年）

车辆类型		使用性质	燃料种类	1999 年年底前	2000 年	2001 年	2002 年	2003 年	2004 年	2005 年	2006 年	2007 年	2008 年	2009 年	2010 年	2011 年	2012 年	2013 年	2014 年	2015 年	2016 年	2017 年
载客汽车	微型	出租车	汽油	516298	312606	108914	108914	108914	108914	84733	60552	60552	50200	39848	39848	32522	25197	25197	25197	25197	16723	13898
			燃气	362156	220012	77869	77869	77869	77869	60436	43003	43003	35442	27880	27880	22087	16294	16294	16294	16294	9688	7486
		其他	汽油	32504	20364	8225	8225	8225	8225	7862	7498	7498	6588	5678	5678	5433	5188	5188	5188	5188	4528	4308
			燃气	17494	9864	2233	2233	2233	2233	2138	2042	2042	1522	1001	1001	896	792	792	792	792	528	440
	小型	出租车	汽油	516298	308121	99944	99944	99944	99944	92356	84769	84769	62308	39848	39848	32522	25197	25197	25197	25197	15929	12840
			柴油	194949	182860	170771	170771	170771	170771	152307	133843	133843	101878	69912	69912	69912	69912	51635	33358	33358	17570	12307
			燃气	362156	216873	71590	71590	71590	71590	65773	59956	59956	43918	27880	27880	22087	16294	16294	16294	16294	9132	6745
		其他	汽油	32923	20524	8125	8125	8125	8125	8034	7943	7943	6812	5680	5680	5408	5137	5137	5137	5137	4572	4383
			柴油	8404	7695	6986	6986	6986	6986	5906	4827	4827	3384	1941	1941	1941	1941	1598	1255	1255	851	716
			燃气	17787	10717	3647	3647	3647	3647	3000	2353	2353	1745	1137	1137	946	756	756	756	756	558	492
	中型	公交车	汽油	247712	247712	247712	247712	247115	168872	13580	13580	13580	13580	13580	13428	13277	13277	10850	8422	8422	8422	8422
			柴油	87806	87806	86086	82645	82645	64494	28192	28192	28192	20508	12823	12823	12823	12823	8958	5093	5093	4763	4653
			燃气	71579	71579	67602	59649	59649	57536	53311	53311	53311	42686	32061	32061	22219	22219	22154	22154	22154	22154	22154
		其他	汽油	128422	128422	128422	128422	127826	87503	8052	8052	8052	8052	8052	7906	7761	7761	6710	5659	5659	5659	5659
			柴油	30493	30493	28460	24394	24394	18567	6912	6912	6912	6506	6099	6099	6099	6099	3750	1402	1402	1243	1190
			燃气	34560	34560	32640	28800	28800	27780	25740	25740	25740	20623	15506	15506	10732	10732	9642	9642	9642	9642	9642
	大型	公交车	汽油	577020	577020	577020	577020	576423	388845	14884	14884	14884	14884	14884	14744	14604	14604	11838	9072	9072	9072	9072
			柴油	131708	131708	108010	60614	60614	60614	60614	60614	60614	43515	26416	26416	26416	26416	17675	8934	8934	5723	4653
			燃气	168926	168926	159541	140772	140772	135786	125815	125815	125815	100740	75665	75665	52438	52438	47188	47188	47188	47188	47188
		其他	汽油	1278318	1278318	1278318	1278318	1277721	860873	28370	28370	28370	28370	28370	22111	15852	15852	12662	9471	9471	9471	9471
			柴油	272891	272891	207397	76409	76409	76409	76409	76409	76409	55942	35476	35476	35476	35476	20706	5937	5937	5324	5119
			燃气	266186	266186	251398	221822	221822	213966	198253	198253	198253	158842	119430	119430	82662	82662	74261	74261	74261	74261	74261
载货汽车	微型		汽油	154251	84778	15305	15305	15305	15305	14336	13367	13367	12336	11306	11306	9606	7905	7905	7905	7905	6736	6347
			柴油	28530	26638	24746	24746	24746	24746	22513	20280	20280	15200	10120	10120	10120	10120	7046	3973	3973	2562	2092
			燃气	83020	43587	4155	4155	4155	4155	3898	3640	3640	2817	1993	1993	1600	1207	1207	1207	1207	788	648
	轻型		汽油	82365	50694	19024	19024	19024	19024	16631	14238	14238	12850	11463	11463	10204	8945	8945	8945	8945	7699	7284
			柴油	26533	25640	24746	24746	24746	24746	22513	20280	20280	15200	10120	10120	10120	10120	7620	5119	5119	3708	3238
			燃气	44499	26519	8539	8539	8539	8539	6378	4218	4218	3256	2295	2295	1806	1316	1316	1316	1316	942	818
	中型		汽油	389029	389029	389029	389029	388432	264181	16873	16873	16873	16873	16873	16733	16593	16593	13326	10060	10060	10060	10060
			柴油	90099	90099	84092	72079	72079	54860	20423	20423	20423	19226	18030	18030	18030	18030	13067	8104	8104	4822	3728
			燃气	102116	102116	96443	85098	85098	82083	76054	76054	76054	60947	45839	45839	62034	62034	30206	30206	30206	30206	30206
	重型		汽油	954188	954188	954188	954188	953590	642709	22141	22141	22141	22141	22141	17440	12739	12739	10357	7975	7975	7975	7975
			柴油	241238	241238	183341	67547	67547	67547	67547	67547	67547	49454	31361	31361	31361	31361	20108	8855	8855	6780	6088
			燃气	235311	235311	222239	196095	196095	189150	175259	175259	175259	140418	105577	105577	123290	123290	88318	88318	88318	88318	88318
低速汽车	三轮汽车			25300	25300	25300	25300	25300	25300	25300	25300	25300	16721	16721	16721	16721	16721	16721	16721	16721	16721	16721
	低速货车			33990	33990	33990	33990	33990	33990	33990	33990	33990	22464	22464	22464	22464	22464	22464	22464	22464	22464	22464
摩托车	普通摩托车			15768	15768	15768	15768	11768	7767	4158	4158	4158	4158	4158	3103	2048	2048	2048	2048	2048	2048	2048
	轻便摩托车			50993	50993	50993	50993	50993	10199	10199	5021	5021	5021	5021	3747	2473	2473	2473	2473	2473	2473	2473

汕尾市 NO_x 排放系数

单位：克/（辆·年）

车辆类型		使用性质	燃料种类	1999年年底前	2000年	2001年	2002年	2003年	2004年	2005年	2006年	2007年	2008年	2009年	2010年	2011年	2012年	2013年	2014年	2015年	2016年	2017年
载客汽车	微型	出租车	汽油	317387	216304	115222	115222	115222	115222	85418	55615	55615	41382	27149	27149	21989	16829	16829	16829	16829	10074	7823
			燃气	190267	131562	72856	72856	72856	72856	54818	36779	36779	27962	19146	19146	15322	11499	11499	11499	11499	6562	4917
		其他	汽油	36894	23184	9475	9475	9475	9475	5929	2383	2383	1936	1489	1489	1218	946	946	946	946	674	584
			燃气	20973	12543	4113	4113	4113	4113	2698	1282	1282	1042	803	803	632	462	462	462	462	359	325
	小型	出租车	汽油	358704	239472	120240	120240	120240	120240	88313	56386	56386	41768	27149	27149	21300	15451	15451	15451	15451	8827	6619
			柴油	391295	329278	267262	267262	267262	267262	237349	207436	207436	165276	123115	123115	123115	123115	99790	76466	76466	56757	50187
			燃气	214100	144926	75751	75751	75751	75751	56488	37224	37224	28185	19146	19146	14925	10704	10704	10704	10704	5842	4222
		其他	汽油	34405	22010	9614	9614	9614	9614	6330	3046	3046	2103	1160	1160	1028	897	897	897	897	634	547
			柴油	29698	24319	18940	18940	18940	18940	17400	15861	15861	12424	8988	8988	8988	8988	7735	6482	6482	5578	5276
			燃气	19537	12509	5481	5481	5481	5481	3573	1665	1665	1140	614	614	524	434	434	434	434	336	303
	中型	公交车	汽油	322511	322511	322511	322511	322511	220329	15964	15964	15964	15964	15964	14317	12670	12670	9565	6460	6460	6460	6460
			柴油	361625	361625	360776	359078	359078	344808	316267	316267	316267	263435	210603	210603	210603	210603	171867	133131	133131	111460	104237
			燃气	383964	383964	379393	370251	370251	358766	335797	335797	335797	279474	223152	223152	141118	141118	110523	110523	110523	110523	110523
		其他	汽油	197728	197728	197728	197728	197728	134125	6920	6920	6920	6920	6920	6920	6920	6920	5190	3461	3461	3461	3461
			柴油	169586	169586	162507	148349	148349	147094	144585	144585	144585	123139	101693	101693	101693	101693	90294	78895	78895	67338	63485
			燃气	191498	191498	180859	159582	159582	158078	155070	155070	155070	132031	108992	108992	84900	84900	68197	68197	68197	68197	68197
	大型	公交车	汽油	1148945	1148945	1148945	1148945	1148945	790036	72219	72219	72219	72219	72219	72156	72093	72093	54070	36047	36047	36047	36047
			柴油	512892	512892	496319	463172	463172	450011	423690	423690	423690	416055	408420	408420	408420	408420	393693	378966	378966	341619	329170
			燃气	1031218	1031218	973928	859348	859348	795579	668041	668041	668041	572388	476734	476734	443839	443839	384692	384692	384692	384692	384692
		其他	汽油	2742323	2742323	2742323	2742323	2742323	1885674	172375	172375	172375	172375	172375	165910	159446	159446	119712	79978	79978	79978	79978
			柴油	1228217	1228217	1196613	1133404	1133404	1106980	1054131	1054131	1054131	1017018	979904	979904	979904	979904	932874	885843	885843	783962	750002
			燃气	2286194	2286194	2159183	1905161	1905161	1763786	1481036	1481036	1481036	1269460	1057883	1057883	954391	954391	809715	809715	809715	809715	809715
载货汽车	微型		汽油	123831	73575	23319	23319	23319	23319	15932	8545	8545	6942	5340	5340	4690	4041	4041	4041	4041	3010	2666
			柴油	84026	69448	54869	54869	54869	54869	49302	43734	43734	36988	30242	30242	30242	30242	22110	13977	13977	11894	11199
			燃气	70394	40258	10123	10123	10123	10123	7360	4597	4597	3738	2880	2880	2427	1974	1974	1974	1974	1606	1484
	轻型		汽油	91912	59040	26168	26168	26168	26168	17744	9321	9321	7826	6332	6332	5240	4148	4148	4148	4148	3144	2809
			柴油	84316	69592	54869	54869	54869	54869	49302	43734	43734	36988	30242	30242	30242	30242	24064	17886	17886	16490	16025
			燃气	52193	33556	14919	14919	14919	14919	10007	5095	5095	4223	3352	3352	2679	2007	2007	2007	2007	1669	1556
	中型		汽油	266792	266792	266792	266792	266792	182141	12839	12839	12839	12839	12839	12839	12839	12839	9633	6427	6427	6427	6427
			柴油	503174	503174	451814	349093	349093	331949	297662	297662	297662	293440	289217	289217	289217	289217	253752	218286	218286	187964	177857
			燃气	568188	568188	503968	375526	375526	356767	319248	319248	319248	314612	309976	309976	234901	234901	191058	191058	191058	191058	191058
	重型		汽油	1879452	1879452	1879452	1879452	1879452	1292347	118137	118137	118137	118137	118137	113707	109277	109277	82045	54813	54813	54813	54813
			柴油	1021907	1021907	987026	917263	917263	883336	815482	815482	815482	782781	750080	750080	750080	750080	676269	602458	602458	438926	384416
			燃气	1902170	1902170	1782062	1541845	1541845	1409810	1145738	1145738	1145738	977754	809770	809770	649077	649077	415022	415022	415022	415022	415022
低速汽车	三轮汽车			65550	65550	65550	65550	65550	65550	65550	65550	65550	53279	53279	53279	53279	53279	53279	53279	53279	53279	53279
	低速货车			88065	88065	88065	88065	88065	88065	88065	88065	88065	71579	71579	71579	71579	71579	71579	71579	71579	71579	71579
摩托车	普通摩托车			1177	1177	1177	1177	1138	1098	1020	1020	1020	1020	1020	906	792	792	792	792	792	792	792
	轻便摩托车			785	785	785	785	785	392	392	392	392	392	392	348	305	305	305	305	305	305	305

汕尾市 PM 排放系数

单位：克/（辆·年）

车辆类型		使用性质	燃料种类	1999 年年底前	2000 年	2001 年	2002 年	2003 年	2004 年	2005 年	2006 年	2007 年	2008 年	2009 年	2010 年	2011 年	2012 年	2013 年	2014 年	2015 年	2016 年	2017 年
载客汽车	微型	出租车	汽油	—	—	—	—	—	—	—	—	—	—	—	—	—	—	—	—	—	—	—
			燃气	—	—	—	—	—	—	—	—	—	—	—	—	—	—	—	—	—	—	—
		其他	汽油	—	—	—	—	—	—	—	—	—	—	—	—	—	—	—	—	—	—	—
			燃气	—	—	—	—	—	—	—	—	—	—	—	—	—	—	—	—	—	—	—
	小型	出租车	汽油	—	—	—	—	—	—	—	—	—	—	—	—	—	—	—	—	—	—	—
			柴油	43529	39854	36180	36180	36180	36180	24570	12960	12960	8468	3975	3975	3975	3975	3694	3414	3414	2823	2626
			燃气	—	—	—	—	—	—	—	—	—	—	—	—	—	—	—	—	—	—	—
		其他	汽油	—	—	—	—	—	—	—	—	—	—	—	—	—	—	—	—	—	—	—
			柴油	3710	3510	3311	3311	3311	3311	2377	1443	1443	1058	673	673	673	673	563	453	453	453	453
			燃气	—	—	—	—	—	—	—	—	—	—	—	—	—	—	—	—	—	—	—
	中型	公交车	汽油	—	—	—	—	—	—	—	—	—	—	—	—	—	—	—	—	—	—	—
			柴油	30592	30592	28032	22913	22913	17978	8108	8108	8108	6872	5637	5637	5637	5637	3504	1372	1372	1080	983
			燃气	—	—	—	—	—	—	—	—	—	—	—	—	—	—	—	—	—	—	—
		其他	汽油	—	—	—	—	—	—	—	—	—	—	—	—	—	—	—	—	—	—	—
			柴油	15274	15274	12888	8116	8116	6262	2553	2553	2553	2434	2316	2316	2316	2316	1366	415	415	399	394
			燃气	—	—	—	—	—	—	—	—	—	—	—	—	—	—	—	—	—	—	—
	大型	公交车	汽油	—	—	—	—	—	—	—	—	—	—	—	—	—	—	—	—	—	—	—
			柴油	94865	94865	93934	92071	92071	71272	29674	29674	29674	19994	10315	10315	10315	10315	6116	1916	1916	1845	1821
			燃气	—	—	—	—	—	—	—	—	—	—	—	—	—	—	—	—	—	—	—
		其他	汽油	—	—	—	—	—	—	—	—	—	—	—	—	—	—	—	—	—	—	—
			柴油	142314	142314	133412	115607	115607	85425	25061	25061	25061	17182	9303	9303	9303	9303	5868	2433	2433	2343	2313
			燃气	—	—	—	—	—	—	—	—	—	—	—	—	—	—	—	—	—	—	—
载货汽车	微型		汽油	—	—	—	—	—	—	—	—	—	—	—	—	—	—	—	—	—	—	—
			柴油	8765	8584	8402	8402	8402	8402	6832	5261	5261	3904	2548	2548	2548	2548	1604	660	660	657	656
			燃气	—	—	—	—	—	—	—	—	—	—	—	—	—	—	—	—	—	—	—
	轻型		汽油	—	—	—	—	—	—	—	—	—	—	—	—	—	—	—	—	—	—	—
			柴油	9116	8759	8402	8402	8402	8402	6832	5261	5261	3904	2548	2548	2548	2548	1922	1295	1295	1069	994
			燃气	—	—	—	—	—	—	—	—	—	—	—	—	—	—	—	—	—	—	—
	中型		汽油	—	—	—	—	—	—	—	—	—	—	—	—	—	—	—	—	—	—	—
			柴油	43474	43474	36585	22807	22807	17572	7101	7101	7101	6728	6354	6354	6354	6354	4074	1794	1794	1643	1593
			燃气	—	—	—	—	—	—	—	—	—	—	—	—	—	—	—	—	—	—	—
	重型		汽油	—	—	—	—	—	—	—	—	—	—	—	—	—	—	—	—	—	—	—
			柴油	155499	155499	127809	72428	72428	57508	27667	27667	27667	18959	10251	10251	10251	10251	6754	3258	3258	2753	2585
			燃气	—	—	—	—	—	—	—	—	—	—	—	—	—	—	—	—	—	—	—
低速汽车	三轮汽车			4092	4092	4092	4092	4092	4092	4092	4092	4092	3220	3220	3220	3220	3220	3220	3220	3220	3220	3220
	低速货车			5581	5581	5581	5581	5581	5581	5581	5581	5581	4392	4392	4392	4392	4392	4392	4392	4392	4392	4392
摩托车	普通摩托车			—	—	—	—	—	—	—	—	—	—	—	—	—	—	—	—	—	—	—
	轻便摩托车			—	—	—	—	—	—	—	—	—	—	—	—	—	—	—	—	—	—	—

汕尾市 VOCs 排放系数

单位：克/（辆·年）

车辆类型		使用性质	燃料种类	1999 年年底前	2000 年	2001 年	2002 年	2003 年	2004 年	2005 年	2006 年	2007 年	2008 年	2009 年	2010 年	2011 年	2012 年	2013 年	2014 年	2015 年	2016 年	2017 年
载客汽车	微型	出租车	汽油	569237	342415	115593	115593	115593	115593	89312	63030	63030	52018	41007	41007	33516	26024	26024	26024	26024	17499	14657
			燃气	362156	220012	77869	77869	77869	77869	60436	43003	43003	35442	27880	27880	22087	16294	16294	16294	16294	9688	7486
		其他	汽油	35209	21808	8408	8408	8408	8408	8042	7675	7675	6700	5724	5724	5464	5203	5203	5203	5203	4516	4287
			燃气	17494	9864	2233	2233	2233	2233	2138	2042	2042	1522	1001	1001	896	792	792	792	792	528	440
	小型	出租车	汽油	569237	337408	105580	105580	105580	105580	97822	90065	90065	65536	41007	41007	33516	26024	26024	26024	26024	16612	13475
			柴油	198748	186514	174281	174281	174281	174281	155658	137036	137036	103792	70547	70547	70547	70547	52127	33707	33707	17903	12635
			燃气	362156	216873	71590	71590	71590	71590	65773	59956	59956	43918	27880	27880	22087	16294	16294	16294	16294	9132	6745
		其他	汽油	35676	21986	8297	8297	8297	8297	8234	8172	8172	6950	5727	5727	5436	5146	5146	5146	5146	4564	4370
			柴油	8880	8126	7371	7371	7371	7371	6224	5076	5076	3540	2005	2005	2005	2005	1655	1305	1305	894	757
			燃气	17787	10717	3647	3647	3647	3647	3000	2353	2353	1745	1137	1137	946	756	756	756	756	558	492
	中型	公交车	汽油	247624	247624	247624	247624	247028	168785	13492	13492	13492	13492	13492	13340	13189	13189	10762	8335	8335	8335	8335
			柴油	87806	87806	86086	82645	82645	64494	28192	28192	28192	20508	12823	12823	12823	12823	8958	5093	5093	4763	4653
			燃气	71579	71579	67602	59649	59649	57536	53311	53311	53311	42686	32061	32061	22219	22219	22154	22154	22154	22154	22154
		其他	汽油	128335	128335	128335	128335	127738	87415	7964	7964	7964	7964	7964	7818	7673	7673	6622	5571	5571	5571	5571
			柴油	30493	30493	28460	24394	24394	18567	6912	6912	6912	6506	6099	6099	6099	6099	3750	1402	1402	1243	1190
			燃气	34560	34560	32640	28800	28800	27780	25740	25740	25740	20623	15506	15506	10732	10732	9642	9642	9642	9642	9642
	大型	公交车	汽油	576932	576932	576932	576932	576336	388758	14796	14796	14796	14796	14796	14656	14516	14516	11750	8984	8984	8984	8984
			柴油	131708	131708	108010	60614	60614	60614	60614	60614	60614	43515	26416	26416	26416	26416	17675	8934	8934	5723	4653
			燃气	168926	168926	159541	140772	140772	135786	125815	125815	125815	100740	75665	75665	52438	52438	47188	47188	47188	47188	47188
		其他	汽油	1278231	1278231	1278231	1278231	1277634	860785	28282	28282	28282	28282	28282	22024	15765	15765	12574	9383	9383	9383	9383
			柴油	272891	272891	207397	76409	76409	76409	76409	76409	76409	55942	35476	35476	35476	35476	20706	5937	5937	5324	5119
			燃气	266186	266186	251398	221822	221822	213966	198253	198253	198253	158842	119430	119430	82662	82662	74261	74261	74261	74261	74261
载货汽车	微型		汽油	183572	100335	17098	17098	17098	17098	16004	14911	14911	13744	12577	12577	10558	8539	8539	8539	8539	7224	6785
			柴油	33136	30936	28735	28735	28735	28735	26141	23547	23547	17642	11736	11736	11736	11736	8162	4587	4587	2962	2421
			燃气	91210	47875	4541	4541	4541	4541	4254	3967	3967	3083	2199	2199	1750	1300	1300	1300	1300	847	696
	轻型		汽油	97168	59368	21568	21568	21568	21568	18762	15957	15957	14362	12766	12766	11277	9788	9788	9788	9788	8380	7911
			柴油	30807	29771	28735	28735	28735	28735	26141	23547	23547	17642	11736	11736	11736	11736	8830	5923	5923	4298	3757
			燃气	48445	28963	9480	9480	9480	9480	7037	4595	4595	3565	2534	2534	1986	1438	1438	1438	1438	1027	891
	中型		汽油	388941	388941	388941	388941	388344	264093	16785	16785	16785	16785	16785	16645	16505	16505	13239	9973	9973	9973	9973
			柴油	90099	90099	84092	72079	72079	54860	20423	20423	20423	19226	18030	18030	18030	18030	13067	8104	8104	4822	3728
			燃气	102116	102116	96443	85098	85098	82083	76054	76054	76054	60947	45839	45839	62034	62034	30206	30206	30206	30206	30206
	重型		汽油	954100	954100	954100	954100	953502	642621	22053	22053	22053	22053	22053	17352	12651	12651	10269	7887	7887	7887	7887
			柴油	241238	241238	183341	67547	67547	67547	67547	67547	67547	49454	31361	31361	31361	31361	20108	8855	8855	6780	6088
			燃气	235311	235311	222239	196095	196095	189150	175259	175259	175259	140418	105577	105577	123290	123290	88318	88318	88318	88318	88318
低速汽车	三轮汽车			25300	25300	25300	25300	25300	25300	25300	25300	25300	16721	16721	16721	16721	16721	16721	16721	16721	16721	16721
	低速货车			33990	33990	33990	33990	33990	33990	33990	33990	33990	22464	22464	22464	22464	22464	22464	22464	22464	22464	22464
摩托车	普通摩托车			15768	15768	15768	15768	11768	7767	4158	4158	4158	4158	4158	3103	2048	2048	2048	2048	2048	2048	2048
	轻便摩托车			50993	50993	50993	50993	50993	10199	10199	5021	5021	5021	5021	3747	2473	2473	2473	2473	2473	2473	2473

河源市 NO_x 排放系数

单位：克/（辆・年）

车辆类型		使用性质	燃料种类	1999年年底前	2000年	2001年	2002年	2003年	2004年	2005年	2006年	2007年	2008年	2009年	2010年	2011年	2012年	2013年	2014年	2015年	2016年	2017年
载客汽车	微型	出租车	汽油	85091	55966	26842	26842	26842	26842	19046	11250	11250	7736	4222	4222	3623	3024	3024	3024	3024	2148	1856
			燃气	51593	34080	16568	16568	16568	16568	11785	7002	7002	4858	2714	2714	2284	1854	1854	1854	1854	1315	1135
		其他	汽油	35293	22193	9093	9093	9093	9093	5708	2322	2322	1888	1455	1455	1192	929	929	929	929	654	562
			燃气	20973	12543	4113	4113	4113	4113	2698	1282	1282	1042	803	803	632	462	462	462	462	359	325
	小型	出租车	汽油	97157	62732	28307	28307	28307	28307	19891	11475	11475	7848	4222	4222	3422	2621	2621	2621	2621	1783	1504
			柴油	89114	72762	56411	56411	56411	56411	50485	44559	44559	35040	25521	25521	25521	25521	21518	17516	17516	14328	13266
			燃气	58891	38172	17454	17454	17454	17454	12296	7139	7139	4926	2714	2714	2162	1611	1611	1611	1611	1095	923
		其他	汽油	32919	21072	9225	9225	9225	9225	6090	2955	2955	2048	1141	1141	1012	883	883	883	883	616	527
			柴油	28431	23296	18160	18160	18160	18160	16682	15203	15203	11914	8624	8624	8624	8624	7418	6213	6213	5332	5038
			燃气	19537	12509	5481	5481	5481	5481	3573	1665	1665	1140	614	614	524	434	434	434	434	336	303
	中型	公交车	汽油	322807	322807	322807	322807	322807	220531	15979	15979	15979	15979	15979	14330	12682	12682	9574	6466	6466	6466	6466
			柴油	361867	361867	361017	359318	359318	345038	316479	316479	316479	263612	210744	210744	210744	210744	171982	133221	133221	111536	104307
			燃气	384221	384221	379647	370499	370499	359007	336022	336022	336022	279662	223301	223301	141213	141213	110597	110597	110597	110597	110597
		其他	汽油	197910	197910	197910	197910	197910	134249	6927	6927	6927	6927	6927	6927	6927	6927	5196	3464	3464	3464	3464
			柴油	169699	169699	162615	148448	148448	147193	144682	144682	144682	123222	101761	101761	101761	101761	90354	78948	78948	67383	63528
			燃气	191626	191626	180980	159689	159689	158184	155174	155174	155174	132120	109065	109065	84957	84957	68242	68242	68242	68242	68242
	大型	公交车	汽油	1150001	1150001	1150001	1150001	1150001	790763	72286	72286	72286	72286	72286	72222	72159	72159	54120	36080	36080	36080	36080
			柴油	513236	513236	496651	463482	463482	450313	423974	423974	423974	416334	408694	408694	408694	408694	393957	379220	379220	341848	329391
			燃气	1031909	1031909	974581	859924	859924	796112	668489	668489	668489	572771	477053	477053	444136	444136	384950	384950	384950	384950	384950
		其他	汽油	2744843	2744843	2744843	2744843	2744843	1887406	172533	172533	172533	172533	172533	166063	159593	159593	119822	80052	80052	80052	80052
			柴油	1229041	1229041	1197415	1134164	1134164	1107722	1054838	1054838	1054838	1017700	980561	980561	980561	980561	933499	886437	886437	784488	750505
			燃气	2287726	2287726	2160630	1906438	1906438	1764968	1482029	1482029	1482029	1270310	1058592	1058592	955030	955030	810258	810258	810258	810258	810258
载货汽车	微型		汽油	88510	52405	16300	16300	16300	16300	11067	5834	5834	4720	3605	3605	3208	2811	2811	2811	2811	2120	1890
			柴油	58429	48102	37774	37774	37774	37774	33994	30213	30213	25578	20944	20944	20944	20944	15322	9701	9701	8378	7937
			燃气	52597	29985	7373	7373	7373	7373	5297	3221	3221	2605	1990	1990	1694	1398	1398	1398	1398	1169	1093
	轻型		汽油	65600	41972	18345	18345	18345	18345	12368	6392	6392	5354	4317	4317	3602	2888	2888	2888	2888	2217	1993
			柴油	58637	48206	37774	37774	37774	37774	33994	30213	30213	25578	20944	20944	20944	20944	16725	12506	12506	11676	11400
			燃气	38933	24916	10900	10900	10900	10900	7251	3602	3602	2962	2323	2323	1871	1419	1419	1419	1419	1214	1146
	中型		汽油	266792	266792	266792	266792	266792	182141	12839	12839	12839	12839	12839	12839	12839	12839	9633	6427	6427	6427	6427
			柴油	503174	503174	451814	349093	349093	331949	297662	297662	297662	293440	289217	289217	289217	289217	253752	218286	218286	187964	177857
			燃气	568190	568190	503969	375528	375528	356768	319248	319248	319248	314612	309976	309976	234900	234900	191055	191055	191055	191055	191055
	重型		汽油	1879452	1879452	1879452	1879452	1879452	1292347	118137	118137	118137	118137	118137	113707	109277	109277	82045	54813	54813	54813	54813
			柴油	1021907	1021907	987026	917263	917263	883336	815482	815482	815482	782781	750080	750080	750080	750080	676269	602458	602458	438926	384416
			燃气	1902169	1902169	1782061	1541845	1541845	1409809	1145738	1145738	1145738	977754	809770	809770	649077	649077	415022	415022	415022	415022	415022
低速汽车	三轮汽车			65550	65550	65550	65550	65550	65550	65550	65550	65550	53279	53279	53279	53279	53279	53279	53279	53279	53279	53279
	低速货车			88065	88065	88065	88065	88065	88065	88065	88065	88065	71579	71579	71579	71579	71579	71579	71579	71579	71579	71579
摩托车	普通摩托车			1177	1177	1177	1177	1138	1098	1020	1020	1020	1020	1020	906	792	792	792	792	792	792	792
	轻便摩托车			785	785	785	785	785	392	392	392	392	392	392	348	305	305	305	305	305	305	305

河源市 PM 排放系数

单位：克/（辆·年）

车辆类型		使用性质	燃料种类	1999 年年底前	2000 年	2001 年	2002 年	2003 年	2004 年	2005 年	2006 年	2007 年	2008 年	2009 年	2010 年	2011 年	2012 年	2013 年	2014 年	2015 年	2016 年	2017 年
载客汽车	微型	出租车	汽油	—	—	—	—	—	—	—	—	—	—	—	—	—	—	—	—	—	—	—
			燃气	—	—	—	—	—	—	—	—	—	—	—	—	—	—	—	—	—	—	—
		其他	汽油	—	—	—	—	—	—	—	—	—	—	—	—	—	—	—	—	—	—	—
			燃气	—	—	—	—	—	—	—	—	—	—	—	—	—	—	—	—	—	—	—
	小型	出租车	汽油	—	—	—	—	—	—	—	—	—	—	—	—	—	—	—	—	—	—	—
			柴油	13329	12204	11078	11078	11078	11078	7523	3968	3968	2592	1217	1217	1217	1217	1131	1045	1045	864	804
			燃气	—	—	—	—	—	—	—	—	—	—	—	—	—	—	—	—	—	—	—
		其他	汽油	—	—	—	—	—	—	—	—	—	—	—	—	—	—	—	—	—	—	—
			柴油	3710	3510	3311	3311	3311	3311	2377	1443	1443	1058	673	673	673	673	563	453	453	453	453
			燃气	—	—	—	—	—	—	—	—	—	—	—	—	—	—	—	—	—	—	—
	中型	公交车	汽油	—	—	—	—	—	—	—	—	—	—	—	—	—	—	—	—	—	—	—
			柴油	30592	30592	28032	22913	22913	17978	8108	8108	8108	6872	5637	5637	5637	5637	3504	1372	1372	1080	983
			燃气	—	—	—	—	—	—	—	—	—	—	—	—	—	—	—	—	—	—	—
		其他	汽油	—	—	—	—	—	—	—	—	—	—	—	—	—	—	—	—	—	—	—
			柴油	15274	15274	12888	8116	8116	6262	2553	2553	2553	2434	2316	2316	2316	2316	1366	415	415	399	394
			燃气	—	—	—	—	—	—	—	—	—	—	—	—	—	—	—	—	—	—	—
	大型	公交车	汽油	—	—	—	—	—	—	—	—	—	—	—	—	—	—	—	—	—	—	—
			柴油	94865	94865	93934	92071	92071	71272	29674	29674	29674	19994	10315	10315	10315	10315	6116	1916	1916	1845	1821
			燃气	—	—	—	—	—	—	—	—	—	—	—	—	—	—	—	—	—	—	—
		其他	汽油	—	—	—	—	—	—	—	—	—	—	—	—	—	—	—	—	—	—	—
			柴油	142314	142314	133412	115607	115607	85425	25061	25061	25061	17182	9303	9303	9303	9303	5868	2433	2433	2343	2313
			燃气	—	—	—	—	—	—	—	—	—	—	—	—	—	—	—	—	—	—	—
载货汽车	微型		汽油	—	—	—	—	—	—	—	—	—	—	—	—	—	—	—	—	—	—	—
			柴油	6597	6460	6324	6324	6324	6324	5142	3959	3959	2938	1918	1918	1918	1918	1208	497	497	495	494
			燃气	—	—	—	—	—	—	—	—	—	—	—	—	—	—	—	—	—	—	—
	轻型		汽油	—	—	—	—	—	—	—	—	—	—	—	—	—	—	—	—	—	—	—
			柴油	6860	6592	6324	6324	6324	6324	5142	3959	3959	2938	1918	1918	1918	1918	1446	975	975	805	748
			燃气	—	—	—	—	—	—	—	—	—	—	—	—	—	—	—	—	—	—	—
	中型		汽油	—	—	—	—	—	—	—	—	—	—	—	—	—	—	—	—	—	—	—
			柴油	43474	43474	36585	22807	22807	17572	7101	7101	7101	6728	6354	6354	6354	6354	4074	1794	1794	1643	1593
			燃气	—	—	—	—	—	—	—	—	—	—	—	—	—	—	—	—	—	—	—
	重型		汽油	—	—	—	—	—	—	—	—	—	—	—	—	—	—	—	—	—	—	—
			柴油	155499	155499	127809	72428	72428	57508	27667	27667	27667	18959	10251	10251	10251	10251	6754	3258	3258	2753	2585
			燃气	—	—	—	—	—	—	—	—	—	—	—	—	—	—	—	—	—	—	—
低速汽车	三轮汽车			4092	4092	4092	4092	4092	4092	4092	4092	4092	3220	3220	3220	3220	3220	3220	3220	3220	3220	3220
	低速货车			5581	5581	5581	5581	5581	5581	5581	5581	5581	4392	4392	4392	4392	4392	4392	4392	4392	4392	4392
摩托车	普通摩托车			—	—	—	—	—	—	—	—	—	—	—	—	—	—	—	—	—	—	—
	轻便摩托车			—	—	—	—	—	—	—	—	—	—	—	—	—	—	—	—	—	—	—

河源市 VOCs 排放系数

单位：克/（辆·年）

车辆类型		使用性质	燃料种类	1999 年年底前	2000 年	2001 年	2002 年	2003 年	2004 年	2005 年	2006 年	2007 年	2008 年	2009 年	2010 年	2011 年	2012 年	2013 年	2014 年	2015 年	2016 年	2017 年
载客汽车	微型	出租车	汽油	150685	89048	27412	27412	27412	27412	21170	14928	14928	12516	10105	10105	9108	8111	8111	8111	8111	6928	6534
			燃气	101726	58838	15950	15950	15950	15950	11630	7311	7311	5760	4208	4208	3453	2698	2698	2698	2698	2012	1783
		其他	汽油	32723	20673	8623	8623	8623	8623	8260	7897	7897	6982	6066	6066	5823	5580	5580	5580	5580	4903	4677
			燃气	17494	9864	2233	2233	2233	2233	2138	2042	2042	1522	1001	1001	896	792	792	792	792	528	440
	小型	出租车	汽油	150685	87696	24706	24706	24706	24706	23470	22235	22235	16170	10105	10105	9108	8111	8111	8111	8111	6688	6214
			柴油	28054	26560	25065	25065	25065	25065	22938	20812	20812	14566	8320	8320	8320	8320	6250	4180	4180	2589	2059
			燃气	101726	57876	14027	14027	14027	14027	13264	12502	12502	8355	4208	4208	3453	2698	2698	2698	2698	1842	1556
		其他	汽油	33135	20830	8525	8525	8525	8525	8430	8336	8336	7202	6068	6068	5799	5530	5530	5530	5530	4945	4750
			柴油	8351	7650	6949	6949	6949	6949	5881	4813	4813	3381	1949	1949	1949	1949	1606	1264	1264	854	717
			燃气	17787	10717	3647	3647	3647	3647	3000	2353	2353	1745	1137	1137	946	756	756	756	756	558	492
	中型	公交车	汽油	248064	248064	248064	248064	247467	169224	13932	13932	13932	13932	13932	13780	13629	13629	11202	8774	8774	8774	8774
			柴油	87806	87806	86086	82645	82645	64494	28192	28192	28192	20508	12823	12823	12823	12823	8958	5093	5093	4763	4653
			燃气	71579	71579	67602	59649	59649	57536	53311	53311	53311	42686	32061	32061	22219	22219	22154	22154	22154	22154	22154
		其他	汽油	128774	128774	128774	128774	128177	87855	8404	8404	8404	8404	8404	8258	8113	8113	7062	6011	6011	6011	6011
			柴油	30493	30493	28460	24394	24394	18567	6912	6912	6912	6506	6099	6099	6099	6099	3750	1402	1402	1243	1190
			燃气	34560	34560	32640	28800	28800	27780	25740	25740	25740	20623	15506	15506	10732	10732	9642	9642	9642	9642	9642
	大型	公交车	汽油	577372	577372	577372	577372	576775	389197	15235	15235	15235	15235	15235	15096	14956	14956	12190	9424	9424	9424	9424
			柴油	131708	131708	108010	60614	60614	60614	60614	60614	60614	43515	26416	26416	26416	26416	17675	8934	8934	5723	4653
			燃气	168926	168926	159541	140772	140772	135786	125815	125815	125815	100740	75665	75665	52438	52438	47188	47188	47188	47188	47188
		其他	汽油	1278670	1278670	1278670	1278670	1278073	861225	28722	28722	28722	28722	28722	22463	16204	16204	13014	9823	9823	9823	9823
			柴油	272891	272891	207397	76409	76409	76409	76409	76409	76409	55942	35476	35476	35476	35476	20706	5937	5937	5324	5119
			燃气	266186	266186	251398	221822	221822	213966	198253	198253	198253	158842	119430	119430	82662	82662	74261	74261	74261	74261	74261
载货汽车	微型		汽油	124627	68880	13133	13133	13133	13133	12383	11633	11633	10794	9956	9956	8668	7379	7379	7379	7379	6459	6152
			柴油	21043	19658	18274	18274	18274	18274	16694	15115	15115	11244	7374	7374	7374	7374	5123	2872	2872	1914	1595
			燃气	66627	35014	3401	3401	3401	3401	3204	3008	3008	2325	1643	1643	1345	1047	1047	1047	1047	696	579
	轻型		汽油	67228	41666	16103	16103	16103	16103	14216	12328	12328	11205	10082	10082	9146	8209	8209	8209	8209	7227	6900
			柴油	19448	18861	18274	18274	18274	18274	16694	15115	15115	11244	7374	7374	7374	7374	5580	3787	3787	2829	2510
			燃气	36088	21489	6889	6889	6889	6889	5184	3480	3480	2684	1889	1889	1506	1122	1122	1122	1122	817	715
	中型		汽油	389381	389381	389381	389381	388784	264533	17225	17225	17225	17225	17225	17085	16945	16945	13678	10412	10412	10412	10412
			柴油	90099	90099	84092	72079	72079	54860	20423	20423	20423	19226	18030	18030	18030	18030	13067	8104	8104	4822	3728
			燃气	102116	102116	96443	85098	85098	82083	76054	76054	76054	60947	45839	45839	62034	62034	30206	30206	30206	30206	30206
	重型		汽油	954540	954540	954540	954540	953942	643061	22493	22493	22493	22493	22493	17792	13092	13092	10710	8328	8328	8328	8328
			柴油	241238	241238	183341	67547	67547	67547	67547	67547	67547	49454	31361	31361	31361	31361	20108	8855	8855	6780	6088
			燃气	235311	235311	222239	196095	196095	189150	175259	175259	175259	140418	105577	105577	123290	123290	88318	88318	88318	88318	88318
低速汽车	三轮汽车			25300	25300	25300	25300	25300	25300	25300	25300	25300	16721	16721	16721	16721	16721	16721	16721	16721	16721	16721
	低速货车			33990	33990	33990	33990	33990	33990	33990	33990	33990	22464	22464	22464	22464	22464	22464	22464	22464	22464	22464
摩托车	普通摩托车			15768	15768	15768	15768	11768	7767	4158	4158	4158	4158	4158	3103	2048	2048	2048	2048	2048	2048	2048
	轻便摩托车			50993	50993	50993	50993	50993	10199	10199	5021	5021	5021	5021	3747	2473	2473	2473	2473	2473	2473	2473

阳江市 NO_x 排放系数

单位：克/（辆·年）

车辆类型		使用性质	燃料种类	1999 年年底前	2000 年	2001 年	2002 年	2003 年	2004 年	2005 年	2006 年	2007 年	2008 年	2009 年	2010 年	2011 年	2012 年	2013 年	2014 年	2015 年	2016 年	2017 年
载客汽车	微型	出租车	汽油	304183	207798	111413	111413	111413	111413	82818	54224	54224	40506	26789	26789	21657	16525	16525	16525	16525	9800	7559
			燃气	190267	131562	72856	72856	72856	72856	54818	36779	36779	27962	19146	19146	15322	11499	11499	11499	11499	6562	4917
		其他	汽油	35193	22128	9062	9062	9062	9062	5682	2303	2303	1873	1443	1443	1180	918	918	918	918	649	559
			燃气	20973	12543	4113	4113	4113	4113	2698	1282	1282	1042	803	803	632	462	462	462	462	359	325
	小型	出租车	汽油	343520	229856	116191	116191	116191	116191	85575	54959	54959	40874	26789	26789	21001	15213	15213	15213	15213	8613	6413
			柴油	378714	319234	259755	259755	259755	259755	230594	201432	201432	160606	119781	119781	119781	119781	96894	74006	74006	54600	48131
			燃气	214100	144926	75751	75751	75751	75751	56488	37224	37224	28185	19146	19146	14925	10704	10704	10704	10704	5842	4222
		其他	汽油	32823	21009	9195	9195	9195	9195	6065	2935	2935	2032	1129	1129	1000	871	871	871	871	611	524
			柴油	28388	23259	18130	18130	18130	18130	16653	15176	15176	11892	8607	8607	8607	8607	7403	6199	6199	5323	5031
			燃气	19537	12509	5481	5481	5481	5481	3573	1665	1665	1140	614	614	524	434	434	434	434	336	303
	中型	公交车	汽油	322245	322245	322245	322245	322245	220147	15951	15951	15951	15951	15951	14306	12660	12660	9558	6455	6455	6455	6455
			柴油	361408	361408	360559	358862	358862	344600	316077	316077	316077	263277	210477	210477	210477	210477	171764	133051	133051	111394	104175
			燃气	383733	383733	379165	370029	370029	358551	335595	335595	335595	279306	223018	223018	141033	141033	110456	110456	110456	110456	110456
		其他	汽油	197566	197566	197566	197566	197566	134016	6915	6915	6915	6915	6915	6915	6915	6915	5186	3458	3458	3458	3458
			柴油	169484	169484	162409	148259	148259	147005	144498	144498	144498	123065	101632	101632	101632	101632	90240	78847	78847	67297	63447
			燃气	191383	191383	180751	159486	159486	157983	154977	154977	154977	131952	108926	108926	84849	84849	68156	68156	68156	68156	68156
	大型	公交车	汽油	1147999	1147999	1147999	1147999	1147999	789386	72160	72160	72160	72160	72160	72096	72033	72033	54025	36017	36017	36017	36017
			柴油	512584	512584	496021	462894	462894	449741	423436	423436	423436	415806	408175	408175	408175	408175	393456	378738	378738	341414	328972
			燃气	1030598	1030598	973343	858832	858832	795101	667639	667639	667639	572043	476447	476447	443572	443572	384461	384461	384461	384461	384461
		其他	汽油	2740064	2740064	2740064	2740064	2740064	1884120	172233	172233	172233	172233	172233	165774	159315	159315	119614	79913	79913	79913	79913
			柴油	1227480	1227480	1195895	1132724	1132724	1106315	1053498	1053498	1053498	1016406	979315	979315	979315	979315	932313	885311	885311	783491	749551
			燃气	2284820	2284820	2157886	1904017	1904017	1762727	1480146	1480146	1480146	1268696	1057247	1057247	953817	953817	809229	809229	809229	809229	809229
载货汽车	微型		汽油	98194	58223	18252	18252	18252	18252	12424	6596	6596	5346	4095	4095	3624	3152	3152	3152	3152	2365	2103
			柴油	65602	54096	42591	42591	42591	42591	38303	34015	34015	28785	23555	23555	23555	23555	17227	10899	10899	9355	8840
			燃气	58518	33401	8284	8284	8284	8284	5978	3672	3672	2975	2279	2279	1933	1586	1586	1586	1586	1314	1223
	轻型		汽油	72819	46668	20517	20517	20517	20517	13866	7214	7214	6049	4884	4884	4060	3237	3237	3237	3237	2472	2217
			柴油	65833	54212	42591	42591	42591	42591	38303	34015	34015	28785	23555	23555	23555	23555	18781	14007	14007	13010	12677
			燃气	43344	27787	12230	12230	12230	12230	8161	4092	4092	3374	2656	2656	2135	1613	1613	1613	1613	1365	1282
	中型		汽油	266792	266792	266792	266792	266792	182141	12839	12839	12839	12839	12839	12839	12839	12839	9633	6427	6427	6427	6427
			柴油	503174	503174	451814	349093	349093	331949	297662	297662	297662	293440	289217	289217	289217	289217	253752	218286	218286	187964	177857
			燃气	568189	568189	503969	375528	375528	356768	319248	319248	319248	314611	309974	309974	234902	234902	191057	191057	191057	191057	191057
	重型		汽油	1879452	1879452	1879452	1879452	1879452	1292347	118137	118137	118137	118137	118137	113707	109277	109277	82045	54813	54813	54813	54813
			柴油	1021907	1021907	987026	917263	917263	883336	815482	815482	815482	782781	750080	750080	750080	750080	676269	602458	602458	438926	384416
			燃气	1902168	1902168	1782060	1541845	1541845	1409809	1145738	1145738	1145738	977754	809770	809770	649077	649077	415023	415023	415023	415023	415023
低速汽车	三轮汽车			65550	65550	65550	65550	65550	65550	65550	65550	65550	53279	53279	53279	53279	53279	53279	53279	53279	53279	53279
	低速货车			88065	88065	88065	88065	88065	88065	88065	88065	88065	71579	71579	71579	71579	71579	71579	71579	71579	71579	71579
摩托车	普通摩托车			1177	1177	1177	1177	1138	1098	1020	1020	1020	1020	1020	906	792	792	792	792	792	792	792
	轻便摩托车			785	785	785	785	785	392	392	392	392	392	392	348	305	305	305	305	305	305	305

阳江市 PM 排放系数

单位：克/（辆·年）

车辆类型		使用性质	燃料种类	1999年年底前	2000年	2001年	2002年	2003年	2004年	2005年	2006年	2007年	2008年	2009年	2010年	2011年	2012年	2013年	2014年	2015年	2016年	2017年
载客汽车	微型	出租车	汽油	—	—	—	—	—	—	—	—	—	—	—	—	—	—	—	—	—	—	—
			燃气	—	—	—	—	—	—	—	—	—	—	—	—	—	—	—	—	—	—	—
		其他	汽油	—	—	—	—	—	—	—	—	—	—	—	—	—	—	—	—	—	—	—
			燃气	—	—	—	—	—	—	—	—	—	—	—	—	—	—	—	—	—	—	—
	小型	出租车	汽油	—	—	—	—	—	—	—	—	—	—	—	—	—	—	—	—	—	—	—
			柴油	43529	39854	36180	36180	36180	36180	24570	12960	12960	8468	3975	3975	3975	3975	3694	3414	3414	2823	2626
			燃气	—	—	—	—	—	—	—	—	—	—	—	—	—	—	—	—	—	—	—
		其他	汽油	—	—	—	—	—	—	—	—	—	—	—	—	—	—	—	—	—	—	—
			柴油	3710	3510	3311	3311	3311	3311	2377	1443	1443	1058	673	673	673	673	563	453	453	453	453
			燃气	—	—	—	—	—	—	—	—	—	—	—	—	—	—	—	—	—	—	—
	中型	公交车	汽油	—	—	—	—	—	—	—	—	—	—	—	—	—	—	—	—	—	—	—
			柴油	30592	30592	28032	22913	22913	17978	8108	8108	8108	6872	5637	5637	5637	5637	3504	1372	1372	1080	983
			燃气	—	—	—	—	—	—	—	—	—	—	—	—	—	—	—	—	—	—	—
		其他	汽油	—	—	—	—	—	—	—	—	—	—	—	—	—	—	—	—	—	—	—
			柴油	15274	15274	12888	8116	8116	6262	2553	2553	2553	2434	2316	2316	2316	2316	1366	415	415	399	394
			燃气	—	—	—	—	—	—	—	—	—	—	—	—	—	—	—	—	—	—	—
	大型	公交车	汽油	—	—	—	—	—	—	—	—	—	—	—	—	—	—	—	—	—	—	—
			柴油	94865	94865	93934	92071	92071	71272	29674	29674	29674	19994	10315	10315	10315	10315	6116	1916	1916	1845	1821
			燃气	—	—	—	—	—	—	—	—	—	—	—	—	—	—	—	—	—	—	—
		其他	汽油	—	—	—	—	—	—	—	—	—	—	—	—	—	—	—	—	—	—	—
			柴油	142314	142314	133412	115607	115607	85425	25061	25061	25061	17182	9303	9303	9303	9303	5868	2433	2433	2343	2313
			燃气	—	—	—	—	—	—	—	—	—	—	—	—	—	—	—	—	—	—	—
载货汽车	微型		汽油	—	—	—	—	—	—	—	—	—	—	—	—	—	—	—	—	—	—	—
			柴油	7319	7168	7016	7016	7016	7016	5704	4393	4393	3260	2128	2128	2128	2128	1340	551	551	549	548
			燃气	—	—	—	—	—	—	—	—	—	—	—	—	—	—	—	—	—	—	—
	轻型		汽油	—	—	—	—	—	—	—	—	—	—	—	—	—	—	—	—	—	—	—
			柴油	7612	7314	7016	7016	7016	7016	5704	4393	4393	3260	2128	2128	2128	2128	1604	1081	1081	893	830
			燃气	—	—	—	—	—	—	—	—	—	—	—	—	—	—	—	—	—	—	—
	中型		汽油	—	—	—	—	—	—	—	—	—	—	—	—	—	—	—	—	—	—	—
			柴油	43474	43474	36585	22807	22807	17572	7101	7101	7101	6728	6354	6354	6354	6354	4074	1794	1794	1643	1593
			燃气	—	—	—	—	—	—	—	—	—	—	—	—	—	—	—	—	—	—	—
	重型		汽油	—	—	—	—	—	—	—	—	—	—	—	—	—	—	—	—	—	—	—
			柴油	155499	155499	127809	72428	72428	57508	27667	27667	27667	18959	10251	10251	10251	10251	6754	3258	3258	2753	2585
			燃气	—	—	—	—	—	—	—	—	—	—	—	—	—	—	—	—	—	—	—
低速汽车	三轮汽车			4092	4092	4092	4092	4092	4092	4092	4092	4092	3220	3220	3220	3220	3220	3220	3220	3220	3220	3220
	低速货车			5581	5581	5581	5581	5581	5581	5581	5581	5581	4392	4392	4392	4392	4392	4392	4392	4392	4392	4392
摩托车	普通摩托车			—	—	—	—	—	—	—	—	—	—	—	—	—	—	—	—	—	—	—
	轻便摩托车			—	—	—	—	—	—	—	—	—	—	—	—	—	—	—	—	—	—	—

阳江市 VOCs 排放系数

单位：克/（辆·年）

车辆类型		使用性质	燃料种类	1999 年年底前	2000 年	2001 年	2002 年	2003 年	2004 年	2005 年	2006 年	2007 年	2008 年	2009 年	2010 年	2011 年	2012 年	2013 年	2014 年	2015 年	2016 年	2017 年
载客汽车	微型	出租车	汽油	509697	308906	108116	108116	108116	108116	84199	60282	60282	50012	39742	39742	32438	25133	25133	25133	25133	16666	13844
			燃气	362156	220012	77869	77869	77869	77869	60436	43003	43003	35442	27880	27880	22087	16294	16294	16294	16294	9688	7486
		其他	汽油	32205	20224	8242	8242	8242	8242	7879	7516	7516	6614	5712	5712	5469	5226	5226	5226	5226	4570	4351
			燃气	17494	9864	2233	2233	2233	2233	2138	2042	2042	1522	1001	1001	896	792	792	792	792	528	440
	小型	出租车	汽油	509697	304488	99278	99278	99278	99278	91712	84145	84145	61944	39742	39742	32438	25133	25133	25133	25133	15883	12800
			柴油	194283	182220	170157	170157	170157	170157	151720	133284	133284	101542	69800	69800	69800	69800	51548	33296	33296	17511	12249
			燃气	362156	216873	71590	71590	71590	71590	65773	59956	59956	43918	27880	27880	22087	16294	16294	16294	16294	9132	6745
		其他	汽油	32618	20381	8144	8144	8144	8144	8049	7954	7954	6834	5714	5714	5445	5176	5176	5176	5176	4613	4425
			柴油	8321	7620	6918	6918	6918	6918	5850	4783	4783	3356	1930	1930	1930	1930	1588	1246	1246	842	708
			燃气	17787	10717	3647	3647	3647	3647	3000	2353	2353	1745	1137	1137	946	756	756	756	756	558	492
	中型	公交车	汽油	247764	247764	247764	247764	247167	168924	13631	13631	13631	13631	13631	13480	13328	13328	10901	8474	8474	8474	8474
			柴油	87806	87806	86086	82645	82645	64494	28192	28192	28192	20508	12823	12823	12823	12823	8958	5093	5093	4763	4653
			燃气	71579	71579	67602	59649	59649	57536	53311	53311	53311	42686	32061	32061	22219	22219	22154	22154	22154	22154	22154
		其他	汽油	128474	128474	128474	128474	127877	87554	8103	8103	8103	8103	8103	7958	7812	7812	6761	5710	5710	5710	5710
			柴油	30493	30493	28460	24394	24394	18567	6912	6912	6912	6506	6099	6099	6099	6099	3750	1402	1402	1243	1190
			燃气	34560	34560	32640	28800	28800	27780	25740	25740	25740	20623	15506	15506	10732	10732	9642	9642	9642	9642	9642
	大型	公交车	汽油	577072	577072	577072	577072	576475	388897	14935	14935	14935	14935	14935	14795	14655	14655	11889	9123	9123	9123	9123
			柴油	131708	131708	108010	60614	60614	60614	60614	60614	60614	43515	26416	26416	26416	26416	17675	8934	8934	5723	4653
			燃气	168926	168926	159541	140772	140772	135786	125815	125815	125815	100740	75665	75665	52438	52438	47188	47188	47188	47188	47188
		其他	汽油	1278370	1278370	1278370	1278370	1277773	860924	28421	28421	28421	28421	28421	22162	15904	15904	12713	9522	9522	9522	9522
			柴油	272891	272891	207397	76409	76409	76409	76409	76409	76409	55942	35476	35476	35476	35476	20706	5937	5937	5324	5119
			燃气	266186	266186	251398	221822	221822	213966	198253	198253	198253	158842	119430	119430	82662	82662	74261	74261	74261	74261	74261
载货汽车	微型		汽油	137220	75556	13892	13892	13892	13892	13046	12199	12199	11284	10370	10370	8901	7432	7432	7432	7432	6414	6075
			柴油	24308	22701	21094	21094	21094	21094	19228	17361	17361	12965	8569	8569	8569	8569	5958	3346	3346	2192	1808
			燃气	74539	39151	3764	3764	3764	3764	3539	3314	3314	2566	1817	1817	1472	1126	1126	1126	1126	742	614
	轻型		汽油	73536	45362	17187	17187	17187	17187	15078	12970	12970	11740	10509	10509	9431	8353	8353	8353	8353	7267	6905
			柴油	22539	21816	21094	21094	21094	21094	19228	17361	17361	12965	8569	8569	8569	8569	6465	4361	4361	3208	2823
			燃气	40100	23898	7697	7697	7697	7697	5767	3837	3837	2964	2091	2091	1656	1220	1220	1220	1220	881	768
	中型		汽油	389081	389081	389081	389081	388484	264232	16924	16924	16924	16924	16924	16784	16644	16644	13378	10112	10112	10112	10112
			柴油	90099	90099	84092	72079	72079	54860	20423	20423	20423	19226	18030	18030	18030	18030	13067	8104	8104	4822	3728
			燃气	102116	102116	96443	85098	85098	82083	76054	76054	76054	60947	45839	45839	62034	62034	30206	30206	30206	30206	30206
	重型		汽油	954239	954239	954239	954239	953642	642760	22192	22192	22192	22192	22192	17492	12791	12791	10409	8027	8027	8027	8027
			柴油	241238	241238	183341	67547	67547	67547	67547	67547	67547	49454	31361	31361	31361	31361	20108	8855	8855	6780	6088
			燃气	235311	235311	222239	196095	196095	189150	175259	175259	175259	140418	105577	105577	123290	123290	88318	88318	88318	88318	88318
低速汽车	三轮汽车			25300	25300	25300	25300	25300	25300	25300	25300	25300	16721	16721	16721	16721	16721	16721	16721	16721	16721	16721
	低速货车			33990	33990	33990	33990	33990	33990	33990	33990	33990	22464	22464	22464	22464	22464	22464	22464	22464	22464	22464
摩托车	普通摩托车			15768	15768	15768	15768	11768	7767	4158	4158	4158	4158	4158	3103	2048	2048	2048	2048	2048	2048	2048
	轻便摩托车			50993	50993	50993	50993	50993	10199	10199	5021	5021	5021	5021	3747	2473	2473	2473	2473	2473	2473	2473

清远市 NO_x 排放系数

单位：克/（辆•年）

车辆类型		使用性质	燃料种类	1999 年年底前	2000 年	2001 年	2002 年	2003 年	2004 年	2005 年	2006 年	2007 年	2008 年	2009 年	2010 年	2011 年	2012 年	2013 年	2014 年	2015 年	2016 年	2017 年
载客汽车	微型	出租车	汽油	328092	222066	116041	116041	116041	116041	85186	54330	54330	39752	25175	25175	21036	16896	16896	16896	16896	10518	8392
			燃气	200379	137142	73904	73904	73904	73904	54894	35883	35883	26760	17637	17637	14506	11375	11375	11375	11375	6814	5294
		其他	汽油	41666	26274	10882	10882	10882	10882	6828	2774	2774	2242	1711	1711	1471	1231	1231	1231	1231	853	727
			燃气	24209	14494	4780	4780	4780	4780	3118	1456	1456	1174	893	893	738	583	583	583	583	452	409
	小型	出租车	汽油	371734	246558	121383	121383	121383	121383	88267	55151	55151	40163	25175	25175	20209	15243	15243	15243	15243	9064	7004
			柴油	399796	333968	268139	268139	268139	268139	239245	210351	210351	167510	124668	124668	124668	124668	102054	79439	79439	61536	55568
			燃气	226320	151700	77080	77080	77080	77080	56726	36371	36371	27004	17637	17637	14014	10392	10392	10392	10392	5950	4469
		其他	汽油	38868	24954	11041	11041	11041	11041	7288	3535	3535	2438	1340	1340	1254	1167	1167	1167	1167	802	681
			柴油	34964	28598	22233	22233	22233	22233	20439	18645	18645	14684	10724	10724	10724	10724	9258	7791	7791	6806	6478
			燃气	22546	14470	6394	6394	6394	6394	4151	1908	1908	1290	673	673	609	545	545	545	545	422	381
	中型	公交车	汽油	328466	328466	328466	328466	328466	224397	16259	16259	16259	16259	16259	14582	12904	12904	9742	6579	6579	6579	6579
			柴油	366495	366495	365634	363913	363913	349451	320526	320526	320526	266982	213439	213439	213439	213439	174182	134924	134924	112962	105641
			燃气	389134	389134	384502	375237	375237	363598	340319	340319	340319	283238	226157	226157	143018	143018	112011	112011	112011	112011	112011
		其他	汽油	201380	201380	201380	201380	201380	136603	7048	7048	7048	7048	7048	7048	7048	7048	5286	3525	3525	3525	3525
			柴油	171869	171869	164695	150346	150346	149075	146532	146532	146532	124797	103062	103062	103062	103062	91510	79957	79957	68244	64340
			燃气	194077	194077	183295	161731	161731	160207	157158	157158	157158	133809	110460	110460	86043	86043	69115	69115	69115	69115	69115
	大型	公交车	汽油	1170161	1170161	1170161	1170161	1170161	804625	73553	73553	73553	73553	73553	73488	73424	73424	55068	36713	36713	36713	36713
			柴油	519799	519799	503002	469409	469409	456071	429396	429396	429396	421658	413920	413920	413920	413920	398994	384069	384069	346220	333603
			燃气	1045104	1045104	987043	870920	870920	806292	677037	677037	677037	580095	483153	483153	449816	449816	389872	389872	389872	389872	389872
		其他	汽油	2792960	2792960	2792960	2792960	2792960	1920493	175558	175558	175558	175558	175558	168974	162391	162391	121923	81455	81455	81455	81455
			柴油	1244757	1244757	1212727	1148667	1148667	1121887	1068326	1068326	1068326	1030712	993099	993099	993099	993099	945436	897772	897772	794519	760101
			燃气	2316979	2316979	2188258	1930816	1930816	1787537	1500980	1500980	1500980	1286554	1072128	1072128	967242	967242	820619	820619	820619	820619	820619
载货汽车	微型		汽油	179267	106704	34141	34141	34141	34141	23686	13232	13232	10830	8429	8429	7290	6152	6152	6152	6152	4396	3810
			柴油	131651	109343	87035	87035	87035	87035	78064	69093	69093	58490	47888	47888	47888	47888	35014	22141	22141	18464	17238
			燃气	104159	59578	14997	14997	14997	14997	10971	6945	6945	5672	4399	4399	3656	2914	2914	2914	2914	2336	2143
	轻型		汽油	129334	83707	38080	38080	38080	38080	26193	14306	14306	12053	9800	9800	8050	6299	6299	6299	6299	4581	4008
			柴油	132089	109562	87035	87035	87035	87035	78064	69093	69093	58490	47888	47888	47888	47888	37974	28061	28061	25426	24547
			燃气	75022	48537	22053	22053	22053	22053	14887	7722	7722	6322	4922	4922	3932	2942	2942	2942	2942	2417	2242
	中型		汽油	266792	266792	266792	266792	266792	182141	12839	12839	12839	12839	12839	12839	12839	12839	9633	6427	6427	6427	6427
			柴油	503174	503174	451814	349093	349093	331949	297662	297662	297662	293440	289217	289217	289217	289217	253752	218286	218286	187964	177857
			燃气	568191	568191	503970	375528	375528	356768	319247	319247	319247	314613	309978	309978	234901	234901	191057	191057	191057	191057	191057
	重型		汽油	1879452	1879452	1879452	1879452	1879452	1292347	118137	118137	118137	118137	118137	113707	109277	109277	82045	54813	54813	54813	54813
			柴油	1021907	1021907	987026	917263	917263	883336	815482	815482	815482	782781	750080	750080	750080	750080	676269	602458	602458	438926	384416
			燃气	1902168	1902168	1782060	1541845	1541845	1409809	1145738	1145738	1145738	977754	809770	809770	649076	649076	415023	415023	415023	415023	415023
低速汽车	三轮汽车			65550	65550	65550	65550	65550	65550	65550	65550	65550	53279	53279	53279	53279	53279	53279	53279	53279	53279	53279
	低速货车			88065	88065	88065	88065	88065	88065	88065	88065	88065	71579	71579	71579	71579	71579	71579	71579	71579	71579	71579
摩托车	普通摩托车			1177	1177	1177	1177	1138	1098	1020	1020	1020	1020	1020	906	792	792	792	792	792	792	792
	轻便摩托车			785	785	785	785	785	392	392	392	392	392	392	348	305	305	305	305	305	305	305

清远市 PM 排放系数

单位：克/（辆·年）

车辆类型		使用性质	燃料种类	1999 年年底前	2000 年	2001 年	2002 年	2003 年	2004 年	2005 年	2006 年	2007 年	2008 年	2009 年	2010 年	2011 年	2012 年	2013 年	2014 年	2015 年	2016 年	2017 年
载客汽车	微型	出租车	汽油	—	—	—	—	—	—	—	—	—	—	—	—	—	—	—	—	—	—	—
			燃气	—	—	—	—	—	—	—	—	—	—	—	—	—	—	—	—	—	—	—
		其他	汽油	—	—	—	—	—	—	—	—	—	—	—	—	—	—	—	—	—	—	—
			燃气	—	—	—	—	—	—	—	—	—	—	—	—	—	—	—	—	—	—	—
	小型	出租车	汽油	—	—	—	—	—	—	—	—	—	—	—	—	—	—	—	—	—	—	—
			柴油	50069	45852	41636	41636	41636	41636	28143	14650	14650	9624	4597	4597	4597	4597	4272	3948	3948	3265	3037
			燃气	—	—	—	—	—	—	—	—	—	—	—	—	—	—	—	—	—	—	—
		其他	汽油	—	—	—	—	—	—	—	—	—	—	—	—	—	—	—	—	—	—	—
			柴油	4591	4344	4096	4096	4096	4096	2926	1757	1757	1298	838	838	838	838	690	541	541	541	541
			燃气	—	—	—	—	—	—	—	—	—	—	—	—	—	—	—	—	—	—	—
	中型	公交车	汽油	—	—	—	—	—	—	—	—	—	—	—	—	—	—	—	—	—	—	—
			柴油	30592	30592	28032	22913	22913	17978	8108	8108	8108	6872	5637	5637	5637	5637	3504	1372	1372	1080	983
			燃气	—	—	—	—	—	—	—	—	—	—	—	—	—	—	—	—	—	—	—
		其他	汽油	—	—	—	—	—	—	—	—	—	—	—	—	—	—	—	—	—	—	—
			柴油	15274	15274	12888	8116	8116	6262	2553	2553	2553	2434	2316	2316	2316	2316	1366	415	415	399	394
			燃气	—	—	—	—	—	—	—	—	—	—	—	—	—	—	—	—	—	—	—
	大型	公交车	汽油	—	—	—	—	—	—	—	—	—	—	—	—	—	—	—	—	—	—	—
			柴油	94865	94865	93934	92071	92071	71272	29674	29674	29674	19994	10315	10315	10315	10315	6116	1916	1916	1845	1821
			燃气	—	—	—	—	—	—	—	—	—	—	—	—	—	—	—	—	—	—	—
		其他	汽油	—	—	—	—	—	—	—	—	—	—	—	—	—	—	—	—	—	—	—
			柴油	142314	142314	133412	115607	115607	85425	25061	25061	25061	17182	9303	9303	9303	9303	5868	2433	2433	2343	2313
			燃气	—	—	—	—	—	—	—	—	—	—	—	—	—	—	—	—	—	—	—
载货汽车	微型		汽油	—	—	—	—	—	—	—	—	—	—	—	—	—	—	—	—	—	—	—
			柴油	13195	12922	12649	12649	12649	12649	10318	7986	7986	5927	3868	3868	3868	3868	2435	1002	1002	998	996
			燃气	—	—	—	—	—	—	—	—	—	—	—	—	—	—	—	—	—	—	—
	轻型		汽油	—	—	—	—	—	—	—	—	—	—	—	—	—	—	—	—	—	—	—
			柴油	13723	13186	12649	12649	12649	12649	10318	7986	7986	5927	3868	3868	3868	3868	2917	1966	1966	1623	1509
			燃气	—	—	—	—	—	—	—	—	—	—	—	—	—	—	—	—	—	—	—
	中型		汽油	—	—	—	—	—	—	—	—	—	—	—	—	—	—	—	—	—	—	—
			柴油	43474	43474	36585	22807	22807	17572	7101	7101	7101	6728	6354	6354	6354	6354	4074	1794	1794	1643	1593
			燃气	—	—	—	—	—	—	—	—	—	—	—	—	—	—	—	—	—	—	—
	重型		汽油	—	—	—	—	—	—	—	—	—	—	—	—	—	—	—	—	—	—	—
			柴油	155499	155499	127809	72428	72428	57508	27667	27667	27667	18959	10251	10251	10251	10251	6754	3258	3258	2753	2585
			燃气	—	—	—	—	—	—	—	—	—	—	—	—	—	—	—	—	—	—	—
低速汽车	三轮汽车			4092	4092	4092	4092	4092	4092	4092	4092	4092	3220	3220	3220	3220	3220	3220	3220	3220	3220	3220
	低速货车			5581	5581	5581	5581	5581	5581	5581	5581	5581	4392	4392	4392	4392	4392	4392	4392	4392	4392	4392
摩托车	普通摩托车			—	—	—	—	—	—	—	—	—	—	—	—	—	—	—	—	—	—	—
	轻便摩托车			—	—	—	—	—	—	—	—	—	—	—	—	—	—	—	—	—	—	—

清远市 VOCs 排放系数

单位：克/（辆·年）

车辆类型		使用性质	燃料种类	1999年年底前	2000年	2001年	2002年	2003年	2004年	2005年	2006年	2007年	2008年	2009年	2010年	2011年	2012年	2013年	2014年	2015年	2016年	2017年
载客汽车	微型	出租车	汽油	576187	343982	111777	111777	111777	111777	86063	60349	60349	49748	39148	39148	32691	26234	26234	26234	26234	18602	16058
			燃气	405471	242117	78763	78763	78763	78763	60130	41498	41498	33977	26456	26456	21342	16229	16229	16229	16229	10640	8777
		其他	汽油	42767	26553	10339	10339	10339	10339	9965	9591	9591	8274	6956	6956	6724	6492	6492	6492	6492	5348	4966
			燃气	21770	12192	2613	2613	2613	2613	2510	2406	2406	1791	1176	1176	1097	1018	1018	1018	1018	729	633
	小型	出租车	汽油	576187	338960	101732	101732	101732	101732	94484	87236	87236	63192	39148	39148	32691	26234	26234	26234	26234	17574	14688
			柴油	182670	171661	160652	160652	160652	160652	144872	129092	129092	96462	63833	63833	63833	63833	47340	30848	30848	16726	12018
			燃气	405471	238548	71626	71626	71626	71626	66112	60599	60599	43528	26456	26456	21342	16229	16229	16229	16229	9910	7804
		其他	汽油	43285	26752	10218	10218	10218	10218	10174	10129	10129	8544	6959	6959	6692	6424	6424	6424	6424	5403	5063
			柴油	10277	9453	8629	8629	8629	8629	7446	6263	6263	4408	2552	2552	2552	2552	2188	1825	1825	1228	1029
			燃气	22137	13247	4357	4357	4357	4357	3573	2789	2789	2068	1348	1348	1158	969	969	969	969	769	702
	中型	公交车	汽油	247554	247554	247554	247554	246957	168714	13421	13421	13421	13421	13421	13270	13118	13118	10691	8264	8264	8264	8264
			柴油	87806	87806	86086	82645	82645	64494	28192	28192	28192	20508	12823	12823	12823	12823	8958	5093	5093	4763	4653
			燃气	71579	71579	67602	59649	59649	57536	53311	53311	53311	42686	32061	32061	22219	22219	22154	22154	22154	22154	22154
		其他	汽油	128264	128264	128264	128264	127667	87345	7894	7894	7894	7894	7894	7748	7603	7603	6552	5500	5500	5500	5500
			柴油	30493	30493	28460	24394	24394	18567	6912	6912	6912	6506	6099	6099	6099	6099	3750	1402	1402	1243	1190
			燃气	34560	34560	32640	28800	28800	27780	25740	25740	25740	20623	15506	15506	10732	10732	9642	9642	9642	9642	9642
	大型	公交车	汽油	576862	576862	576862	576862	576265	388687	14725	14725	14725	14725	14725	14586	14446	14446	11680	8914	8914	8914	8914
			柴油	131708	131708	108010	60614	60614	60614	60614	60614	60614	43515	26416	26416	26416	26416	17675	8934	8934	5723	4653
			燃气	168926	168926	159541	140772	140772	135786	125815	125815	125815	100740	75665	75665	52438	52438	47188	47188	47188	47188	47188
		其他	汽油	1278160	1278160	1278160	1278160	1277563	860715	28212	28212	28212	28212	28212	21953	15694	15694	12504	9313	9313	9313	9313
			柴油	272891	272891	207397	76409	76409	76409	76409	76409	76409	55942	35476	35476	35476	35476	20706	5937	5937	5324	5119
			燃气	266186	266186	251398	221822	221822	213966	198253	198253	198253	158842	119430	119430	82662	82662	74261	74261	74261	74261	74261
载货汽车	微型		汽油	257344	141548	25752	25752	25752	25752	24026	22300	22300	20255	18210	18210	15124	12037	12037	12037	12037	9476	8623
			柴油	55743	52056	48369	48369	48369	48369	43824	39279	39279	29780	20281	20281	20281	20281	14306	8331	8331	5137	4072
			燃气	130998	68753	6508	6508	6508	6508	6051	5594	5594	4336	3079	3079	2483	1888	1888	1888	1888	1296	1099
	轻型		汽油	138406	85156	31906	31906	31906	31906	27823	23740	23740	21105	18470	18470	16114	13758	13758	13758	13758	11069	10173
			柴油	52322	50346	48369	48369	48369	48369	43824	39279	39279	29780	20281	20281	20281	20281	15287	10293	10293	7098	6033
			燃气	70784	42195	13605	13605	13605	13605	10071	6537	6537	5057	3578	3578	2827	2075	2075	2075	2075	1577	1411
	中型		汽油	388871	388871	388871	388871	388274	264023	16714	16714	16714	16714	16714	16574	16435	16435	13168	9902	9902	9902	9902
			柴油	90099	90099	84092	72079	72079	54860	20423	20423	20423	19226	18030	18030	18030	18030	13067	8104	8104	4822	3728
			燃气	102116	102116	96443	85098	85098	82083	76054	76054	76054	60947	45839	45839	62034	62034	30206	30206	30206	30206	30206
	重型		汽油	954029	954029	954029	954029	953432	642550	21982	21982	21982	21982	21982	17282	12581	12581	10199	7817	7817	7817	7817
			柴油	241238	241238	183341	67547	67547	67547	67547	67547	67547	49454	31361	31361	31361	31361	20108	8855	8855	6780	6088
			燃气	235311	235311	222239	196095	196095	189150	175259	175259	175259	140418	105577	105577	123290	123290	88318	88318	88318	88318	88318
低速汽车	三轮汽车			25300	25300	25300	25300	25300	25300	25300	25300	25300	16721	16721	16721	16721	16721	16721	16721	16721	16721	16721
	低速货车			33990	33990	33990	33990	33990	33990	33990	33990	33990	22464	22464	22464	22464	22464	22464	22464	22464	22464	22464
摩托车	普通摩托车			15768	15768	15768	15768	11768	7767	4158	4158	4158	4158	4158	3103	2048	2048	2048	2048	2048	2048	2048
	轻便摩托车			50993	50993	50993	50993	50993	10199	10199	5021	5021	5021	5021	3747	2473	2473	2473	2473	2473	2473	2473

东莞市 NO_x 排放系数

单位：克/（辆·年）

车辆类型		使用性质	燃料种类	1999 年年底前	2000 年	2001 年	2002 年	2003 年	2004 年	2005 年	2006 年	2007 年	2008 年	2009 年	2010 年	2011 年	2012 年	2013 年	2014 年	2015 年	2016 年	2017 年
载客汽车	微型	出租车	汽油	251754	169599	87443	87443	87443	87443	63999	40555	40555	29557	18558	16338	11897	11897	11897	11897	11897	5952	5952
			燃气	153283	104353	55423	55423	55423	55423	41010	26596	26596	19743	12890	11251	7973	7973	7973	7973	7973	3748	3748
		其他	汽油	41067	25862	10657	10657	10657	10657	6716	2774	2774	2254	1733	1532	1130	1130	1130	1130	1130	658	658
			燃气	23869	14288	4706	4706	4706	4706	3086	1465	1465	1190	914	785	527	527	527	527	527	369	369
	小型	出租车	汽油	285487	188513	91538	91538	91538	91538	66361	41184	41184	29871	18558	15963	10773	10773	10773	10773	10773	4973	4973
			柴油	293268	244716	196164	196164	196164	196164	174540	152915	152915	121420	89924	73662	57399	57399	57399	57399	57399	43829	39306
			燃气	173334	115596	57857	57857	57857	57857	42414	26970	26970	19930	12890	10098	7305	7305	7305	7305	7305	3166	3166
		其他	汽油	38318	24565	10811	10811	10811	10811	7161	3511	3511	2441	1370	1272	1076	1076	1076	1076	1076	618	618
			柴油	32735	26829	20922	20922	20922	20922	19220	17517	17517	13740	9963	8578	7192	7192	7192	7192	7192	6140	5789
			燃气	22234	14253	6271	6271	6271	6271	4087	1903	1903	1301	698	597	495	495	495	495	495	345	345
	中型	公交车	汽油	328466	328466	328466	328466	328466	172363	16259	16259	16259	16259	16259	14582	12904	12904	9742	6579	6579	6579	6579
			柴油	366495	366495	365634	363913	363913	349451	320526	320526	320526	213439	213439	213439	213439	213439	174182	134924	134924	112962	105641
			燃气	389134	389134	384502	375237	375237	363598	340319	340319	340319	226157	226157	226157	143018	143018	112011	112011	112011	112011	112011
		其他	汽油	201380	201380	201380	201380	201380	104214	7048	7048	7048	7048	7048	7048	7048	7048	5287	3525	3525	3525	3525
			柴油	171869	171869	164695	150346	150346	149075	146532	146532	146532	103062	103062	103062	103062	103062	91510	79957	79957	68244	64340
			燃气	194077	194077	183295	161731	161731	160207	157158	157158	157158	110460	110460	110460	86043	86043	69115	69115	69115	69115	69115
	大型	公交车	汽油	1170161	1170161	1170161	1170161	1170161	621857	73553	73553	73553	73553	73553	73489	73424	73424	55069	36713	36713	36713	36713
			柴油	519799	519799	503002	469409	469409	456071	429396	429396	429396	413920	413920	413920	413920	413920	398995	384069	384069	346220	333603
			燃气	1045104	1045104	987043	870920	870920	806292	677037	677037	677037	483153	483153	483153	449816	449816	389872	389872	389872	389872	389872
		其他	汽油	2792960	2792960	2792960	2792960	2792960	1484259	175558	175558	175558	175558	175558	168975	162391	162391	121923	81455	81455	81455	81455
			柴油	1244757	1244757	1212727	1148667	1148667	1121887	1068326	1068326	1068326	993099	993099	993099	993099	993099	945436	897772	897772	794519	760101
			燃气	2316979	2316979	2188258	1930816	1930816	1787537	1500980	1500980	1500980	1072128	1072128	1072128	967242	967242	820619	820619	820619	820619	820619
载货汽车	微型		汽油	140644	83688	26732	26732	26732	26732	18391	10050	10050	8189	6327	5800	4745	4745	4745	4745	4745	3031	3031
			柴油	96317	79794	63270	63270	63270	63270	56794	50318	50318	42547	34775	25439	16103	16103	16103	16103	16103	13550	12699
			燃气	81745	46775	11805	11805	11805	11805	8556	5308	5308	4322	3337	2775	2213	2213	2213	2213	2213	1700	1700
	轻型		汽油	103852	66889	29925	29925	29925	29925	20423	10920	10920	9179	7438	6580	4865	4865	4865	4865	4865	3192	3192
			柴油	96644	79957	63270	63270	63270	63270	56794	50318	50318	42547	34775	27638	20500	20500	20500	20500	20500	18720	18127
			燃气	60260	38809	17358	17358	17358	17358	11638	5919	5919	4854	3790	3014	2238	2238	2238	2238	2238	1782	1782
	中型		汽油	266792	266792	266792	266792	266792	139816	12839	12839	12839	12839	12839	12839	12839	12839	9633	6427	6427	6427	6427
			柴油	503174	503174	451814	349093	349093	331949	297662	297662	297662	289217	289217	289217	289217	289217	253752	218286	218286	187964	177857
			燃气	568191	568191	503970	375528	375528	356768	319247	319247	319247	309978	309978	309978	234901	234901	191057	191057	191057	191057	191057
	重型		汽油	1894748	1894748	1894748	1894748	1894748	1006923	119098	119098	119098	119098	119098	114632	110166	110166	82713	55259	55259	55259	55259
			柴油	1035657	1035657	1000307	929606	929606	895222	826454	826454	826454	760172	760172	760172	760172	760172	684495	608817	608817	438802	382130
			燃气	1927762	1927762	1806039	1562592	1562592	1428779	1161154	1161154	1161154	820665	820665	820665	655928	655928	412555	412555	412555	412555	412555
低速汽车	三轮汽车			65550	65550	65550	65550	65550	65550	65550	65550	65550	53279	53279	53279	53279	53279	53279	53279	53279	53279	53279
	低速货车			88065	88065	88065	88065	88065	88065	88065	88065	88065	71579	71579	71579	71579	71579	71579	71579	71579	71579	71579
摩托车	普通摩托车			1177	1177	1177	1177	1138	1098	1020	1020	1020	1020	1020	906	792	792	792	792	792	792	792
	轻便摩托车			785	785	785	785	785	392	392	392	392	392	392	349	305	305	305	305	305	305	305

东莞市 PM 排放系数

单位：克/（辆·年）

车辆类型		使用性质	燃料种类	1999 年年底前	2000 年	2001 年	2002 年	2003 年	2004 年	2005 年	2006 年	2007 年	2008 年	2009 年	2010 年	2011 年	2012 年	2013 年	2014 年	2015 年	2016 年	2017 年
载客汽车	微型	出租车	汽油	—	—	—	—	—	—	—	—	—	—	—	—	—	—	—	—	—	—	—
			燃气	—	—	—	—	—	—	—	—	—	—	—	—	—	—	—	—	—	—	—
		其他	汽油	—	—	—	—	—	—	—	—	—	—	—	—	—	—	—	—	—	—	—
			燃气	—	—	—	—	—	—	—	—	—	—	—	—	—	—	—	—	—	—	—
	小型	出租车	汽油	—	—	—	—	—	—	—	—	—	—	—	—	—	—	—	—	—	—	—
			柴油	36497	33414	30330	30330	30330	30330	20579	10828	10828	7081	3333	3098	2862	2862	2862	2862	2862	2367	2202
			燃气	—	—	—	—	—	—	—	—	—	—	—	—	—	—	—	—	—	—	—
		其他	汽油	—	—	—	—	—	—	—	—	—	—	—	—	—	—	—	—	—	—	—
			柴油	4220	3993	3765	3765	3765	3765	2699	1633	1633	1199	765	638	510	510	510	510	510	510	510
			燃气	—	—	—	—	—	—	—	—	—	—	—	—	—	—	—	—	—	—	—
	中型	公交车	汽油	—	—	—	—	—	—	—	—	—	—	—	—	—	—	—	—	—	—	—
			柴油	30592	30592	28032	22913	22913	17978	8108	8108	8108	5637	5637	5637	5637	5637	3505	1372	1372	1080	983
			燃气	—	—	—	—	—	—	—	—	—	—	—	—	—	—	—	—	—	—	—
		其他	汽油	—	—	—	—	—	—	—	—	—	—	—	—	—	—	—	—	—	—	—
			柴油	15274	15274	12888	8116	8116	6262	2553	2553	2553	2316	2316	2316	2316	2316	1366	415	415	399	394
			燃气	—	—	—	—	—	—	—	—	—	—	—	—	—	—	—	—	—	—	—
	大型	公交车	汽油	—	—	—	—	—	—	—	—	—	—	—	—	—	—	—	—	—	—	—
			柴油	94865	94865	93934	92071	92071	71272	29674	29674	29674	10315	10315	10315	10315	10315	6116	1916	1916	1845	1821
			燃气	—	—	—	—	—	—	—	—	—	—	—	—	—	—	—	—	—	—	—
		其他	汽油	—	—	—	—	—	—	—	—	—	—	—	—	—	—	—	—	—	—	—
			柴油	142314	142314	133412	115607	115607	85425	25061	25061	25061	9303	9303	9303	9303	9303	5868	2433	2433	2343	2313
			燃气	—	—	—	—	—	—	—	—	—	—	—	—	—	—	—	—	—	—	—
载货汽车	微型		汽油	—	—	—	—	—	—	—	—	—	—	—	—	—	—	—	—	—	—	—
			柴油	10209	9998	9787	9787	9787	9787	7955	6123	6123	4545	2966	1868	769	769	769	769	769	765	764
			燃气	—	—	—	—	—	—	—	—	—	—	—	—	—	—	—	—	—	—	—
	轻型		汽油	—	—	—	—	—	—	—	—	—	—	—	—	—	—	—	—	—	—	—
			柴油	10618	10203	9787	9787	9787	9787	7955	6123	6123	4545	2966	2237	1507	1507	1507	1507	1507	1245	1157
			燃气	—	—	—	—	—	—	—	—	—	—	—	—	—	—	—	—	—	—	—
	中型		汽油	—	—	—	—	—	—	—	—	—	—	—	—	—	—	—	—	—	—	—
			柴油	43474	43474	36585	22807	22807	17572	7101	7101	7101	6354	6354	6354	6354	6354	4074	1794	1794	1643	1593
			燃气	—	—	—	—	—	—	—	—	—	—	—	—	—	—	—	—	—	—	—
	重型		汽油	—	—	—	—	—	—	—	—	—	—	—	—	—	—	—	—	—	—	—
			柴油	156571	156571	128690	72928	72928	57905	27858	27858	27858	10321	10321	10321	10321	10321	6807	3292	3292	2782	2612
			燃气	—	—	—	—	—	—	—	—	—	—	—	—	—	—	—	—	—	—	—
低速汽车	三轮汽车			4092	4092	4092	4092	4092	4092	4092	4092	4092	3220	3220	3220	3220	3220	3220	3220	3220	3220	3220
	低速货车			5581	5581	5581	5581	5581	5581	5581	5581	5581	4392	4392	4392	4392	4392	4392	4392	4392	4392	4392
摩托车	普通摩托车			—	—	—	—	—	—	—	—	—	—	—	—	—	—	—	—	—	—	—
	轻便摩托车			—	—	—	—	—	—	—	—	—	—	—	—	—	—	—	—	—	—	—

东莞市 VOCs 排放系数

单位：克/（辆·年）

车辆类型		使用性质	燃料种类	1999 年年底前	2000 年	2001 年	2002 年	2003 年	2004 年	2005 年	2006 年	2007 年	2008 年	2009 年	2010 年	2011 年	2012 年	2013 年	2014 年	2015 年	2016 年	2017 年
载客汽车	微型	出租车	汽油	423021	253072	83122	83122	83122	83122	64375	45627	45627	37586	29544	26316	19861	19861	19861	19861	19861	11970	11970
			燃气	295278	176248	57218	57218	57218	57218	43688	30158	30158	24570	18982	16440	11357	11357	11357	11357	11357	5797	5797
		其他	汽油	40373	25292	10211	10211	10211	10211	9835	9459	9459	8160	6860	6680	6321	6321	6321	6321	6321	4789	4789
			燃气	20081	11307	2532	2532	2532	2532	2427	2321	2321	1727	1132	1054	899	899	899	899	899	508	508
	小型	出租车	汽油	423021	249382	75742	75742	75742	75742	70680	65617	65617	47581	29544	26316	19861	19861	19861	19861	19861	11089	11089
			柴油	131602	123705	115807	115807	115807	115807	103886	91964	91964	68820	45675	33914	22152	22152	22152	22152	22152	12056	8691
			燃气	295278	173626	51974	51974	51974	51974	48167	44359	44359	31671	18982	15170	11357	11357	11357	11357	11357	5171	5171
		其他	汽油	40847	25474	10100	10100	10100	10100	10029	9958	9958	8411	6863	6663	6264	6264	6264	6264	6264	4872	4872
			柴油	10046	9252	8458	8458	8458	8458	7247	6036	6036	4305	2573	2185	1796	1796	1796	1796	1796	1186	983
			燃气	20417	12276	4135	4135	4135	4135	3405	2675	2675	1980	1285	1072	859	859	859	859	859	568	568
	中型	公交车	汽油	247554	247554	247554	247554	246957	129891	13421	13421	13421	13421	13421	13270	13118	13118	10691	8264	8264	8264	8264
			柴油	87806	87806	86086	82645	82645	64494	28192	28192	28192	12823	12823	12823	12823	12823	8958	5093	5093	4763	4653
			燃气	71579	71579	67602	59649	59649	57536	53311	53311	53311	32061	32061	32061	22219	22219	22154	22154	22154	22154	22154
		其他	汽油	128264	128264	128264	128264	127667	67482	7894	7894	7894	7894	7894	7749	7603	7603	6552	5500	5500	5500	5500
			柴油	30493	30493	28460	24394	24394	18567	6912	6912	6912	6099	6099	6099	6099	6099	3751	1402	1402	1243	1190
			燃气	34560	34560	32640	28800	28800	27780	25740	25740	25740	15506	15506	15506	10732	10732	9642	9642	9642	9642	9642
	大型	公交车	汽油	576862	576862	576862	576862	576265	295197	14725	14725	14725	14725	14725	14586	14446	14446	11680	8914	8914	8914	8914
			柴油	131708	131708	108010	60614	60614	60614	60614	60614	60614	26416	26416	26416	26416	26416	17675	8934	8934	5723	4653
			燃气	168926	168926	159541	140772	140772	135786	125815	125815	125815	75665	75665	75665	52438	52438	47188	47188	47188	47188	47188
		其他	汽油	1278160	1278160	1278160	1278160	1277563	652589	28212	28212	28212	28212	28212	21953	15694	15694	12504	9313	9313	9313	9313
			柴油	272891	272891	207397	76409	76409	76409	76409	76409	76409	35476	35476	35476	35476	35476	20707	5937	5937	5324	5119
			燃气	266186	266186	251398	221822	221822	213966	198253	198253	198253	119430	119430	119430	82662	82662	74261	74261	74261	74261	74261
载货汽车	微型		汽油	194021	107095	20168	20168	20168	20168	18916	17664	17664	16065	14465	12993	10050	10050	10050	10050	10050	7418	7418
			柴油	38700	36164	33627	33627	33627	33627	30546	27465	27465	20760	14055	9942	5829	5829	5829	5829	5829	3644	2916
			燃气	96503	50752	5001	5001	5001	5001	4668	4334	4334	3361	2387	1908	1429	1429	1429	1429	1429	787	787
	轻型		汽油	105390	65072	24754	24754	24754	24754	21746	18737	18737	16698	14659	13550	11332	11332	11332	11332	11332	8573	8573
			柴油	36234	34931	33627	33627	33627	33627	30546	27465	27465	20760	14055	10649	7243	7243	7243	7243	7243	5058	4330
			燃气	52678	31406	10134	10134	10134	10134	7584	5033	5033	3889	2745	2149	1554	1554	1554	1554	1554	999	999
	中型		汽油	388871	388871	388871	388871	388274	202196	16714	16714	16714	16714	16714	16575	16435	16435	13169	9902	9902	9902	9902
			柴油	90099	90099	84092	72079	72079	54860	20423	20423	20423	18030	18030	18030	18030	18030	13067	8104	8104	4822	3728
			燃气	102116	102116	96443	85098	85098	82083	76054	76054	76054	45839	45839	45839	62034	62034	30206	30206	30206	30206	30206
	重型		汽油	961565	961565	961565	961565	960968	491249	22127	22127	22127	22127	22127	17390	12653	12653	10253	7852	7852	7852	7852
			柴油	245762	245762	186779	68813	68813	68813	68813	68813	68813	31949	31949	31949	31949	31949	20397	8845	8845	6782	6094
			燃气	239724	239724	226406	199770	199770	192695	178544	178544	178544	107556	107556	107556	123151	123151	88405	88405	88405	88405	88405
低速汽车	三轮汽车			25300	25300	25300	25300	25300	25300	25300	25300	25300	16721	16721	16721	16721	16721	16721	16721	16721	16721	16721
	低速货车			33990	33990	33990	33990	33990	33990	33990	33990	33990	22464	22464	22464	22464	22464	22464	22464	22464	22464	22464
摩托车	普通摩托车			15768	15768	15768	15768	11768	7767	4158	4158	4158	4158	4158	3103	2048	2048	2048	2048	2048	2048	2048
	轻便摩托车			50993	50993	50993	50993	50993	10199	10199	5021	5021	5021	5021	3747	2473	2473	2473	2473	2473	2473	2473

中山市 NO_x 排放系数

单位：克/（辆·年）

车辆类型		使用性质	燃料种类	1999 年年底前	2000 年	2001 年	2002 年	2003 年	2004 年	2005 年	2006 年	2007 年	2008 年	2009 年	2010 年	2011 年	2012 年	2013 年	2014 年	2015 年	2016 年	2017 年
载客汽车	微型	出租车	汽油	316941	215810	114679	114679	114679	114679	84899	55119	55119	40898	26677	23366	16745	16745	16745	16745	16745	7843	7843
			燃气	194415	134041	73667	73667	73667	73667	55222	36776	36776	27810	18843	16379	11451	11451	11451	11451	11451	5004	5004
		其他	汽油	37184	23416	9647	9647	9647	9647	6092	2536	2536	2062	1587	1412	1061	1061	1061	1061	1061	614	614
			燃气	21545	12891	4236	4236	4236	4236	2775	1314	1314	1067	819	707	482	482	482	482	482	342	342
	小型	出租车	汽油	358316	239018	119719	119719	119719	119719	87807	55894	55894	41286	26677	22898	15341	15341	15341	15341	15341	6623	6623
			柴油	386573	325033	263492	263492	263492	263492	234198	204904	204904	163296	121688	98771	75854	75854	75854	75854	75854	56567	50138
			燃气	219008	147835	76662	76662	76662	76662	56950	37237	37237	28040	18843	14730	10616	10616	10616	10616	10616	4279	4279
		其他	汽油	34701	22244	9786	9786	9786	9786	6494	3201	3201	2230	1258	1176	1012	1012	1012	1012	1012	576	576
			柴油	30086	24651	19216	19216	19216	19216	17673	16129	16129	12650	9170	7903	6635	6635	6635	6635	6635	5686	5370
			燃气	20069	12859	5648	5648	5648	5648	3679	1709	1709	1167	624	539	453	453	453	453	453	319	319
	中型	公交车	汽油	328466	328466	328466	328466	328466	172363	16259	16259	16259	16259	16259	14582	12904	12904	9742	6579	6579	6579	6579
			柴油	366495	366495	365634	363913	363913	349451	320526	320526	320526	213439	213439	213439	213439	213439	174182	134924	134924	112962	105641
			燃气	389134	389134	384502	375237	375237	363598	340319	340319	340319	226157	226157	226157	143018	143018	112011	112011	112011	112011	112011
		其他	汽油	201380	201380	201380	201380	201380	104214	7048	7048	7048	7048	7048	7048	7048	7048	5287	3525	3525	3525	3525
			柴油	171869	171869	164695	150346	150346	149075	146532	146532	146532	103062	103062	103062	103062	103062	91510	79957	79957	68244	64340
			燃气	194077	194077	183295	161731	161731	160207	157158	157158	157158	110460	110460	110460	86043	86043	69115	69115	69115	69115	69115
	大型	公交车	汽油	1170161	1170161	1170161	1170161	1170161	621857	73553	73553	73553	73553	73553	73489	73424	73424	55069	36713	36713	36713	36713
			柴油	519799	519799	503002	469409	469409	456071	429396	429396	429396	413920	413920	413920	413920	413920	398995	384069	384069	346220	333603
			燃气	1045104	1045104	987043	870920	870920	806292	677037	677037	677037	483153	483153	483153	449816	449816	389872	389872	389872	389872	389872
		其他	汽油	2792960	2792960	2792960	2792960	2792960	1484259	175558	175558	175558	175558	175558	168975	162391	162391	121923	81455	81455	81455	81455
			柴油	1244757	1244757	1212727	1148667	1148667	1121887	1068326	1068326	1068326	993099	993099	993099	993099	993099	945436	897772	897772	794519	760101
			燃气	2316979	2316979	2188258	1930816	1930816	1787537	1500980	1500980	1500980	1072128	1072128	1072128	967242	967242	820619	820619	820619	820619	820619
载货汽车	微型		汽油	137950	82226	26502	26502	26502	26502	18270	10038	10038	8187	6335	5800	4730	4730	4730	4730	4730	2996	2996
			柴油	95854	79474	63093	63093	63093	63093	56679	50265	50265	42499	34733	25409	16085	16085	16085	16085	16085	13493	12629
			燃气	79930	45784	11637	11637	11637	11637	8419	5201	5201	4235	3269	2709	2149	2149	2149	2149	2149	1669	1669
	轻型		汽油	102427	66036	29644	29644	29644	29644	20270	10895	10895	9162	7429	6568	4847	4847	4847	4847	4847	3154	3154
			柴油	96178	79636	63093	63093	63093	63093	56679	50265	50265	42499	34733	27590	20447	20447	20447	20447	20447	18622	18014
			燃气	59238	38173	17109	17109	17109	17109	11463	5817	5817	4751	3685	2927	2170	2170	2170	2170	2170	1747	1747
	中型		汽油	266792	266792	266792	266792	266792	139816	12839	12839	12839	12839	12839	12839	12839	12839	9633	6427	6427	6427	6427
			柴油	503174	503174	451814	349093	349093	331949	297662	297662	297662	289217	289217	289217	289217	289217	253752	218286	218286	187964	177857
			燃气	568191	568191	503970	375528	375528	356768	319247	319247	319247	309978	309978	309978	234901	234901	191057	191057	191057	191057	191057
	重型		汽油	1492401	1492401	1492401	1492401	1492401	793105	93808	93808	93808	93808	93808	90290	86772	86772	65149	43525	43525	43525	43525
			柴油	859842	859842	830493	771794	771794	743247	686154	686154	686154	631124	631124	631124	631124	631124	556870	482616	482616	324947	272391
			燃气	1600502	1600502	1499442	1297323	1297323	1186227	964035	964035	964035	681348	681348	681348	519961	519961	294078	294078	294078	294078	294078
低速汽车	三轮汽车			65550	65550	65550	65550	65550	65550	65550	65550	65550	53279	53279	53279	53279	53279	53279	53279	53279	53279	53279
	低速货车			88065	88065	88065	88065	88065	88065	88065	88065	88065	71579	71579	71579	71579	71579	71579	71579	71579	71579	71579
摩托车	普通摩托车			1177	1177	1177	1177	1138	1098	1020	1020	1020	1020	1020	906	792	792	792	792	792	792	792
	轻便摩托车			785	785	785	785	785	392	392	392	392	392	392	349	305	305	305	305	305	305	305

中山市 PM 排放系数

单位：克/（辆·年）

车辆类型		使用性质	燃料种类	1999 年年底前	2000 年	2001 年	2002 年	2003 年	2004 年	2005 年	2006 年	2007 年	2008 年	2009 年	2010 年	2011 年	2012 年	2013 年	2014 年	2015 年	2016 年	2017 年
载客汽车	微型	出租车	汽油	—	—	—	—	—	—	—	—	—	—	—	—	—	—	—	—	—	—	—
			燃气	—	—	—	—	—	—	—	—	—	—	—	—	—	—	—	—	—	—	—
		其他	汽油	—	—	—	—	—	—	—	—	—	—	—	—	—	—	—	—	—	—	—
			燃气	—	—	—	—	—	—	—	—	—	—	—	—	—	—	—	—	—	—	—
	小型	出租车	汽油	—	—	—	—	—	—	—	—	—	—	—	—	—	—	—	—	—	—	—
			柴油	45086	41282	37477	37477	37477	37477	25424	13371	13371	8746	4121	3830	3539	3539	3539	3539	3539	2927	2723
			燃气	—	—	—	—	—	—	—	—	—	—	—	—	—	—	—	—	—	—	—
		其他	汽油	—	—	—	—	—	—	—	—	—	—	—	—	—	—	—	—	—	—	—
			柴油	3895	3686	3476	3476	3476	3476	2494	1512	1512	1110	707	590	472	472	472	472	472	472	472
			燃气	—	—	—	—	—	—	—	—	—	—	—	—	—	—	—	—	—	—	—
	中型	公交车	汽油	—	—	—	—	—	—	—	—	—	—	—	—	—	—	—	—	—	—	—
			柴油	30592	30592	28032	22913	22913	17978	8108	8108	8108	5637	5637	5637	5637	5637	3505	1372	1372	1080	983
			燃气	—	—	—	—	—	—	—	—	—	—	—	—	—	—	—	—	—	—	—
		其他	汽油	—	—	—	—	—	—	—	—	—	—	—	—	—	—	—	—	—	—	—
			柴油	15274	15274	12888	8116	8116	6262	2553	2553	2553	2316	2316	2316	2316	2316	1366	415	415	399	394
			燃气	—	—	—	—	—	—	—	—	—	—	—	—	—	—	—	—	—	—	—
	大型	公交车	汽油	—	—	—	—	—	—	—	—	—	—	—	—	—	—	—	—	—	—	—
			柴油	94865	94865	93934	92071	92071	71272	29674	29674	29674	10315	10315	10315	10315	10315	6116	1916	1916	1845	1821
			燃气	—	—	—	—	—	—	—	—	—	—	—	—	—	—	—	—	—	—	—
		其他	汽油	—	—	—	—	—	—	—	—	—	—	—	—	—	—	—	—	—	—	—
			柴油	142314	142314	133412	115607	115607	85425	25061	25061	25061	9303	9303	9303	9303	9303	5868	2433	2433	2343	2313
			燃气	—	—	—	—	—	—	—	—	—	—	—	—	—	—	—	—	—	—	—
载货汽车	微型		汽油	—	—	—	—	—	—	—	—	—	—	—	—	—	—	—	—	—	—	—
			柴油	10015	9808	9601	9601	9601	9601	7813	6024	6024	4471	2918	1837	756	756	756	756	756	753	752
			燃气	—	—	—	—	—	—	—	—	—	—	—	—	—	—	—	—	—	—	—
	轻型		汽油	—	—	—	—	—	—	—	—	—	—	—	—	—	—	—	—	—	—	—
			柴油	10416	10009	9601	9601	9601	9601	7813	6024	6024	4471	2918	2201	1483	1483	1483	1483	1483	1224	1138
			燃气	—	—	—	—	—	—	—	—	—	—	—	—	—	—	—	—	—	—	—
	中型		汽油	—	—	—	—	—	—	—	—	—	—	—	—	—	—	—	—	—	—	—
			柴油	43474	43474	36585	22807	22807	17572	7101	7101	7101	6354	6354	6354	6354	6354	4074	1794	1794	1643	1593
			燃气	—	—	—	—	—	—	—	—	—	—	—	—	—	—	—	—	—	—	—
	重型		汽油	—	—	—	—	—	—	—	—	—	—	—	—	—	—	—	—	—	—	—
			柴油	119778	119778	98449	55790	55790	44297	21312	21312	21312	7896	7896	7896	7896	7896	5272	2648	2648	2239	2102
			燃气	—	—	—	—	—	—	—	—	—	—	—	—	—	—	—	—	—	—	—
低速汽车	三轮汽车			4092	4092	4092	4092	4092	4092	4092	4092	4092	3220	3220	3220	3220	3220	3220	3220	3220	3220	3220
	低速货车			5581	5581	5581	5581	5581	5581	5581	5581	5581	4392	4392	4392	4392	4392	4392	4392	4392	4392	4392
摩托车	普通摩托车			—	—	—	—	—	—	—	—	—	—	—	—	—	—	—	—	—	—	—
	轻便摩托车			—	—	—	—	—	—	—	—	—	—	—	—	—	—	—	—	—	—	—

中山市 VOCs 排放系数

单位：克/（辆·年）

车辆类型		使用性质	燃料种类	1999年年底前	2000年	2001年	2002年	2003年	2004年	2005年	2006年	2007年	2008年	2009年	2010年	2011年	2012年	2013年	2014年	2015年	2016年	2017年
载客汽车	微型	出租车	汽油	531445	320843	110241	110241	110241	110241	85899	61556	61556	50935	40314	35562	26058	26058	26058	26058	26058	14572	14572
			燃气	374217	226174	78130	78130	78130	78130	60413	42695	42695	35116	27536	23770	16237	16237	16237	16237	16237	7751	7751
		其他	汽油	38038	23979	9919	9919	9919	9919	9551	9182	9182	7951	6719	6556	6229	6229	6229	6229	6229	4742	4742
			燃气	18410	10362	2314	2314	2314	2314	2215	2116	2116	1576	1036	968	831	831	831	831	831	474	474
	小型	出租车	汽油	531445	316278	101110	101110	101110	101110	93652	86194	86194	63254	40314	35562	26058	26058	26058	26058	26058	13460	13460
			柴油	191948	180136	168324	168324	168324	168324	150423	132521	132521	100595	68668	50839	33009	33009	33009	33009	33009	17500	12330
			燃气	374217	222930	71643	71643	71643	71643	65921	60198	60198	43867	27536	21887	16237	16237	16237	16237	16237	6961	6961
		其他	汽油	38473	24145	9816	9816	9816	9816	9728	9640	9640	8181	6722	6540	6176	6176	6176	6176	6176	4817	4817
			柴油	9252	8526	7799	7799	7799	7799	6700	5600	5600	3989	2378	2032	1685	1685	1685	1685	1685	1117	928
			燃气	18719	11259	3799	3799	3799	3799	3121	2442	2442	1811	1179	986	793	793	793	793	793	528	528
	中型	公交车	汽油	247554	247554	247554	247554	246957	129891	13421	13421	13421	13421	13421	13270	13118	13118	10691	8264	8264	8264	8264
			柴油	87806	87806	86086	82645	82645	64494	28192	28192	28192	12823	12823	12823	12823	12823	8958	5093	5093	4763	4653
			燃气	71579	71579	67602	59649	59649	57536	53311	53311	53311	32061	32061	32061	22219	22219	22154	22154	22154	22154	22154
		其他	汽油	128264	128264	128264	128264	127667	67482	7894	7894	7894	7894	7894	7749	7603	7603	6552	5500	5500	5500	5500
			柴油	30493	30493	28460	24394	24394	18567	6912	6912	6912	6099	6099	6099	6099	6099	3751	1402	1402	1243	1190
			燃气	34560	34560	32640	28800	28800	27780	25740	25740	25740	15506	15506	15506	10732	10732	9642	9642	9642	9642	9642
	大型	公交车	汽油	576862	576862	576862	576862	576265	295197	14725	14725	14725	14725	14725	14586	14446	14446	11680	8914	8914	8914	8914
			柴油	131708	131708	108010	60614	60614	60614	60614	60614	60614	26416	26416	26416	26416	26416	17675	8934	8934	5723	4653
			燃气	168926	168926	159541	140772	140772	135786	125815	125815	125815	75665	75665	75665	52438	52438	47188	47188	47188	47188	47188
		其他	汽油	1278160	1278160	1278160	1278160	1277563	652589	28212	28212	28212	28212	28212	21953	15694	15694	12504	9313	9313	9313	9313
			柴油	272891	272891	207397	76409	76409	76409	76409	76409	76409	35476	35476	35476	35476	35476	20707	5937	5937	5324	5119
			燃气	266186	266186	251398	221822	221822	213966	198253	198253	198253	119430	119430	119430	82662	82662	74261	74261	74261	74261	74261
载货汽车	微型		汽油	193442	106866	20290	20290	20290	20290	19019	17748	17748	16136	14523	13042	10081	10081	10081	10081	10081	7415	7415
			柴油	39219	36647	34074	34074	34074	34074	30952	27830	27830	21057	14283	10108	5932	5932	5932	5932	5932	3695	2949
			燃气	93624	49179	4733	4733	4733	4733	4412	4090	4090	3165	2239	1792	1345	1345	1345	1345	1345	741	741
	轻型		汽油	105195	65026	24856	24856	24856	24856	21837	18817	18817	16767	14716	13596	11357	11357	11357	11357	11357	8565	8565
			柴油	36751	35413	34074	34074	34074	34074	30952	27830	27830	21057	14283	10817	7350	7350	7350	7350	7350	5113	4367
			燃气	51183	30401	9620	9620	9620	9620	7193	4767	4767	3674	2581	2020	1458	1458	1458	1458	1458	939	939
	中型		汽油	388871	388871	388871	388871	388274	202196	16714	16714	16714	16714	16714	16575	16435	16435	13169	9902	9902	9902	9902
			柴油	90099	90099	84092	72079	72079	54860	20423	20423	20423	18030	18030	18030	18030	18030	13067	8104	8104	4822	3728
			燃气	102116	102116	96443	85098	85098	82083	76054	76054	76054	45839	45839	45839	62034	62034	30206	30206	30206	30206	30206
	重型		汽油	752006	752006	752006	752006	751409	384454	18097	18097	18097	18097	18097	14368	10638	10638	8760	6882	6882	6882	6882
			柴油	210539	210539	160010	58951	58951	58951	58951	58951	58951	27370	27370	27370	27370	27370	17130	6890	6890	4954	4309
			燃气	205366	205366	193957	171140	171140	165079	152956	152956	152956	92141	92141	92141	95931	95931	62510	62510	62510	62510	62510
低速汽车	三轮汽车			25300	25300	25300	25300	25300	25300	25300	25300	25300	16721	16721	16721	16721	16721	16721	16721	16721	16721	16721
	低速货车			33990	33990	33990	33990	33990	33990	33990	33990	33990	22464	22464	22464	22464	22464	22464	22464	22464	22464	22464
摩托车	普通摩托车			15768	15768	15768	15768	11768	7767	4158	4158	4158	4158	4158	3103	2048	2048	2048	2048	2048	2048	2048
	轻便摩托车			50993	50993	50993	50993	50993	10199	10199	5021	5021	5021	5021	3747	2473	2473	2473	2473	2473	2473	2473

潮州市 NO_x 排放系数

单位：克/（辆·年）

车辆类型		使用性质	燃料种类	1999年年底前	2000年	2001年	2002年	2003年	2004年	2005年	2006年	2007年	2008年	2009年	2010年	2011年	2012年	2013年	2014年	2015年	2016年	2017年
载客汽车	微型	出租车	汽油	230503	155502	80502	80502	80502	80502	59020	37539	37539	27438	17336	17336	14206	11077	11077	11077	11077	6890	5494
			燃气	140403	95743	51083	51083	51083	51083	37864	24644	24644	18346	12047	12047	9736	7424	7424	7424	7424	4452	3462
		其他	汽油	36221	22795	9369	9369	9369	9369	5926	2482	2482	2021	1560	1560	1294	1028	1028	1028	1028	696	585
			燃气	20973	12543	4113	4113	4113	4113	2698	1282	1282	1042	803	803	632	462	462	462	462	359	325
	小型	出租车	汽油	261272	172756	84239	84239	84239	84239	61176	38114	38114	27725	17336	17336	13694	10051	10051	10051	10051	5960	4597
			柴油	270701	226092	181483	181483	181483	181483	161472	141462	141462	112358	83253	83253	83253	83253	68124	52996	52996	40346	36130
			燃气	158692	105998	53305	53305	53305	53305	39146	24986	24986	18516	12047	12047	9430	6813	6813	6813	6813	3900	2929
		其他	汽油	33805	21654	9504	9504	9504	9504	6315	3126	3126	2183	1240	1240	1110	980	980	980	980	658	550
			柴油	28848	23649	18450	18450	18450	18450	16956	15461	15461	12122	8783	8783	8783	8783	7565	6347	6347	5420	5111
			燃气	19537	12509	5481	5481	5481	5481	3573	1665	1665	1140	614	614	524	434	434	434	434	336	303
	中型	公交车	汽油	328466	328466	328466	328466	328466	224397	16259	16259	16259	16259	16259	14582	12904	12904	9742	6579	6579	6579	6579
			柴油	366495	366495	365634	363913	363913	349451	320526	320526	320526	266982	213439	213439	213439	213439	174182	134924	134924	112962	105641
			燃气	389134	389134	384502	375237	375237	363598	340319	340319	340319	283238	226157	226157	143018	143018	112011	112011	112011	112011	112011
		其他	汽油	201380	201380	201380	201380	201380	136603	7048	7048	7048	7048	7048	7048	7048	7048	5286	3525	3525	3525	3525
			柴油	171869	171869	164695	150346	150346	149075	146532	146532	146532	124797	103062	103062	103062	103062	91510	79957	79957	68244	64340
			燃气	194077	194077	183295	161731	161731	160207	157158	157158	157158	133809	110460	110460	86043	86043	69115	69115	69115	69115	69115
	大型	公交车	汽油	1170161	1170161	1170161	1170161	1170161	804625	73553	73553	73553	73553	73553	73488	73424	73424	55068	36713	36713	36713	36713
			柴油	519799	519799	503002	469409	469409	456071	429396	429396	429396	421658	413920	413920	413920	413920	398994	384069	384069	346220	333603
			燃气	1045104	1045104	987043	870920	870920	806292	677037	677037	677037	580095	483153	483153	449816	449816	389872	389872	389872	389872	389872
		其他	汽油	2792960	2792960	2792960	2792960	2792960	1920493	175558	175558	175558	175558	175558	168974	162391	162391	121923	81455	81455	81455	81455
			柴油	1244757	1244757	1212727	1148667	1148667	1121887	1068326	1068326	1068326	1030712	993099	993099	993099	993099	945436	897772	897772	794519	760101
			燃气	2316979	2316979	2188258	1930816	1930816	1787537	1500980	1500980	1500980	1286554	1072128	1072128	967242	967242	820619	820619	820619	820619	820619
载货汽车	微型		汽油	99903	59251	18599	18599	18599	18599	12695	6791	6791	5504	4218	4218	3748	3277	3277	3277	3277	2429	2146
			柴油	66128	54528	42929	42929	42929	42929	38620	34311	34311	29040	23769	23769	23769	23769	17402	11034	11034	9451	8923
			燃气	57847	33006	8165	8165	8165	8165	5836	3508	3508	2839	2171	2171	1822	1473	1473	1473	1473	1262	1192
	轻型		汽油	74162	47530	20897	20897	20897	20897	14158	7418	7418	6218	5018	5018	4190	3363	3363	3363	3363	2536	2261
			柴油	66361	54645	42929	42929	42929	42929	38620	34311	34311	29040	23769	23769	23769	23769	18970	14171	14171	13140	12796
			燃气	42861	27456	12051	12051	12051	12051	8001	3951	3951	3218	2485	2485	1987	1489	1489	1489	1489	1307	1246
	中型		汽油	266792	266792	266792	266792	266792	182141	12839	12839	12839	12839	12839	12839	12839	12839	9633	6427	6427	6427	6427
			柴油	503174	503174	451814	349093	349093	331949	297662	297662	297662	293440	289217	289217	289217	289217	253752	218286	218286	187964	177857
			燃气	568191	568191	503970	375528	375528	356768	319247	319247	319247	314613	309978	309978	234901	234901	191057	191057	191057	191057	191057
	重型		汽油	1861914	1861914	1861914	1861914	1861914	1280288	117035	117035	117035	117035	117035	112646	108257	108257	81280	54302	54302	54302	54302
			柴油	1081861	1081861	1044933	971078	971078	935160	863325	863325	863325	828706	794086	794086	794086	794086	699954	605821	605821	424694	364319
			燃气	2013766	2013766	1886612	1632303	1632303	1492521	1212957	1212957	1212957	1035117	857278	857278	652700	652700	393325	393325	393325	393325	393325
低速汽车	三轮汽车			65550	65550	65550	65550	65550	65550	65550	65550	65550	53279	53279	53279	53279	53279	53279	53279	53279	53279	53279
	低速货车			88065	88065	88065	88065	88065	88065	88065	88065	88065	71579	71579	71579	71579	71579	71579	71579	71579	71579	71579
摩托车	普通摩托车			1177	1177	1177	1177	1138	1098	1020	1020	1020	1020	1020	906	792	792	792	792	792	792	792
	轻便摩托车			785	785	785	785	785	392	392	392	392	392	392	348	305	305	305	305	305	305	305

潮州市 PM 排放系数

单位：克/（辆·年）

车辆类型		使用性质	燃料种类	1999 年年底前	2000 年	2001 年	2002 年	2003 年	2004 年	2005 年	2006 年	2007 年	2008 年	2009 年	2010 年	2011 年	2012 年	2013 年	2014 年	2015 年	2016 年	2017 年
载客汽车	微型	出租车	汽油	—	—	—	—	—	—	—	—	—	—	—	—	—	—	—	—	—	—	—
			燃气	—	—	—	—	—	—	—	—	—	—	—	—	—	—	—	—	—	—	—
		其他	汽油	—	—	—	—	—	—	—	—	—	—	—	—	—	—	—	—	—	—	—
			燃气	—	—	—	—	—	—	—	—	—	—	—	—	—	—	—	—	—	—	—
	小型	出租车	汽油	—	—	—	—	—	—	—	—	—	—	—	—	—	—	—	—	—	—	—
			柴油	33403	30583	27763	27763	27763	27763	18854	9945	9945	6498	3050	3050	3050	3050	2835	2620	2620	2166	2015
			燃气	—	—	—	—	—	—	—	—	—	—	—	—	—	—	—	—	—	—	—
		其他	汽油	—	—	—	—	—	—	—	—	—	—	—	—	—	—	—	—	—	—	—
			柴油	3710	3510	3311	3311	3311	3311	2377	1443	1443	1058	673	673	673	673	563	453	453	453	453
			燃气	—	—	—	—	—	—	—	—	—	—	—	—	—	—	—	—	—	—	—
	中型	公交车	汽油	—	—	—	—	—	—	—	—	—	—	—	—	—	—	—	—	—	—	—
			柴油	30592	30592	28032	22913	22913	17978	8108	8108	8108	6872	5637	5637	5637	5637	3504	1372	1372	1080	983
			燃气	—	—	—	—	—	—	—	—	—	—	—	—	—	—	—	—	—	—	—
		其他	汽油	—	—	—	—	—	—	—	—	—	—	—	—	—	—	—	—	—	—	—
			柴油	15274	15274	12888	8116	8116	6262	2553	2553	2553	2434	2316	2316	2316	2316	1366	415	415	399	394
			燃气	—	—	—	—	—	—	—	—	—	—	—	—	—	—	—	—	—	—	—
	大型	公交车	汽油	—	—	—	—	—	—	—	—	—	—	—	—	—	—	—	—	—	—	—
			柴油	94865	94865	93934	92071	92071	71272	29674	29674	29674	19994	10315	10315	10315	10315	6116	1916	1916	1845	1821
			燃气	—	—	—	—	—	—	—	—	—	—	—	—	—	—	—	—	—	—	—
		其他	汽油	—	—	—	—	—	—	—	—	—	—	—	—	—	—	—	—	—	—	—
			柴油	142314	142314	133412	115607	115607	85425	25061	25061	25061	17182	9303	9303	9303	9303	5868	2433	2433	2343	2313
			燃气	—	—	—	—	—	—	—	—	—	—	—	—	—	—	—	—	—	—	—
载货汽车	微型		汽油	—	—	—	—	—	—	—	—	—	—	—	—	—	—	—	—	—	—	—
			柴油	7284	7133	6982	6982	6982	6982	5677	4372	4372	3244	2117	2117	2117	2117	1333	549	549	546	545
			燃气	—	—	—	—	—	—	—	—	—	—	—	—	—	—	—	—	—	—	—
	轻型		汽油	—	—	—	—	—	—	—	—	—	—	—	—	—	—	—	—	—	—	—
			柴油	7575	7278	6982	6982	6982	6982	5677	4372	4372	3244	2117	2117	2117	2117	1596	1076	1076	888	826
			燃气	—	—	—	—	—	—	—	—	—	—	—	—	—	—	—	—	—	—	—
	中型		汽油	—	—	—	—	—	—	—	—	—	—	—	—	—	—	—	—	—	—	—
			柴油	43474	43474	36585	22807	22807	17572	7101	7101	7101	6728	6354	6354	6354	6354	4074	1794	1794	1643	1593
			燃气	—	—	—	—	—	—	—	—	—	—	—	—	—	—	—	—	—	—	—
	重型		汽油	—	—	—	—	—	—	—	—	—	—	—	—	—	—	—	—	—	—	—
			柴油	150151	150151	123413	69937	69937	55530	26716	26716	26716	18307	9898	9898	9898	9898	6618	3339	3339	2822	2650
			燃气	—	—	—	—	—	—	—	—	—	—	—	—	—	—	—	—	—	—	—
低速汽车	三轮汽车			4092	4092	4092	4092	4092	4092	4092	4092	4092	3220	3220	3220	3220	3220	3220	3220	3220	3220	3220
	低速货车			5581	5581	5581	5581	5581	5581	5581	5581	5581	4392	4392	4392	4392	4392	4392	4392	4392	4392	4392
摩托车	普通摩托车			—	—	—	—	—	—	—	—	—	—	—	—	—	—	—	—	—	—	—
	轻便摩托车			—	—	—	—	—	—	—	—	—	—	—	—	—	—	—	—	—	—	—

潮州市 VOCs 排放系数

单位：克/（辆·年）

车辆类型		使用性质	燃料种类	1999 年年底前	2000 年	2001 年	2002 年	2003 年	2004 年	2005 年	2006 年	2007 年	2008 年	2009 年	2010 年	2011 年	2012 年	2013 年	2014 年	2015 年	2016 年	2017 年
载客汽车	微型	出租车	汽油	388008	232803	77598	77598	77598	77598	60238	42879	42879	35416	27952	27952	23394	18835	18835	18835	18835	13192	11311
载客汽车	微型	出租车	燃气	270205	161663	53121	53121	53121	53121	40600	28078	28078	22918	17757	17757	14168	10578	10578	10578	10578	6632	5317
载客汽车	微型	其他	汽油	36748	23276	9804	9804	9804	9804	9441	9078	9078	7870	6661	6661	6418	6175	6175	6175	6175	5064	4694
载客汽车	微型	其他	燃气	17494	9864	2233	2233	2233	2233	2138	2042	2042	1522	1001	1001	896	792	792	792	792	528	440
载客汽车	小型	出租车	汽油	388008	229412	70816	70816	70816	70816	66004	61191	61191	44572	27952	27952	23394	18835	18835	18835	18835	12591	10510
载客汽车	小型	出租车	柴油	123208	115799	108390	108390	108390	108390	97199	86008	86008	64466	42924	42924	42924	42924	31874	20825	20825	11308	8135
载客汽车	小型	出租车	燃气	270205	159254	48303	48303	48303	48303	44695	41087	41087	29422	17757	17757	14168	10578	10578	10578	10578	6206	4748
载客汽车	小型	其他	汽油	37161	23434	9706	9706	9706	9706	9611	9516	9516	8090	6663	6663	6394	6125	6125	6125	6125	5106	4767
载客汽车	小型	其他	柴油	8985	8284	7582	7582	7582	7582	6514	5447	5447	3892	2338	2338	2338	2338	1996	1653	1653	1090	903
载客汽车	小型	其他	燃气	17787	10717	3647	3647	3647	3647	3000	2353	2353	1745	1137	1137	946	756	756	756	756	558	492
载客汽车	中型	公交车	汽油	247554	247554	247554	247554	246957	168714	13421	13421	13421	13421	13421	13270	13118	13118	10691	8264	8264	8264	8264
载客汽车	中型	公交车	柴油	87806	87806	86086	82645	82645	64494	28192	28192	28192	20508	12823	12823	12823	12823	8958	5093	5093	4763	4653
载客汽车	中型	公交车	燃气	71579	71579	67602	59649	59649	57536	53311	53311	53311	42686	32061	32061	22219	22219	22154	22154	22154	22154	22154
载客汽车	中型	其他	汽油	128264	128264	128264	128264	127667	87345	7894	7894	7894	7894	7894	7748	7603	7603	6552	5500	5500	5500	5500
载客汽车	中型	其他	柴油	30493	30493	28460	24394	24394	18567	6912	6912	6912	6506	6099	6099	6099	6099	3750	1402	1402	1243	1190
载客汽车	中型	其他	燃气	34560	34560	32640	28800	28800	27780	25740	25740	25740	20623	15506	15506	10732	10732	9642	9642	9642	9642	9642
载客汽车	大型	公交车	汽油	576862	576862	576862	576862	576265	388687	14725	14725	14725	14725	14725	14586	14446	14446	11680	8914	8914	8914	8914
载客汽车	大型	公交车	柴油	131708	131708	108010	60614	60614	60614	60614	60614	60614	43515	26416	26416	26416	26416	17675	8934	8934	5723	4653
载客汽车	大型	公交车	燃气	168926	168926	159541	140772	140772	135786	125815	125815	125815	100740	75665	75665	52438	52438	47188	47188	47188	47188	47188
载客汽车	大型	其他	汽油	1278160	1278160	1278160	1278160	1277563	860715	28212	28212	28212	28212	28212	21953	15694	15694	12504	9313	9313	9313	9313
载客汽车	大型	其他	柴油	272891	272891	207397	76409	76409	76409	76409	76409	76409	55942	35476	35476	35476	35476	20706	5937	5937	5324	5119
载客汽车	大型	其他	燃气	266186	266186	251398	221822	221822	213966	198253	198253	198253	158842	119430	119430	82662	82662	74261	74261	74261	74261	74261
载货汽车	微型		汽油	141121	78259	15397	15397	15397	15397	14556	13714	13714	12497	11280	11280	9820	8361	8361	8361	8361	6895	6406
载货汽车	微型		柴油	24806	23210	21615	21615	21615	21615	19762	17910	17910	13412	8915	8915	8915	8915	6322	3728	3728	2425	1991
载货汽车	微型		燃气	67181	35344	3507	3507	3507	3507	3296	3085	3085	2390	1695	1695	1384	1072	1072	1072	1072	718	600
载货汽车	轻型		汽油	77744	48210	18676	18676	18676	18676	16579	14482	14482	12950	11419	11419	10348	9277	9277	9277	9277	7742	7231
载货汽车	轻型		柴油	23046	22330	21615	21615	21615	21615	19762	17910	17910	13412	8915	8915	8915	8915	6826	4738	4738	3435	3001
载货汽车	轻型		燃气	37212	22115	7017	7017	7017	7017	5299	3581	3581	2765	1949	1949	1547	1145	1145	1145	1145	846	746
载货汽车	中型		汽油	388871	388871	388871	388871	388274	264023	16714	16714	16714	16714	16714	16574	16435	16435	13168	9902	9902	9902	9902
载货汽车	中型		柴油	90099	90099	84092	72079	72079	54860	20423	20423	20423	19226	18030	18030	18030	18030	13067	8104	8104	4822	3728
载货汽车	中型		燃气	102116	102116	96443	85098	85098	82083	76054	76054	76054	60947	45839	45839	62034	62034	30206	30206	30206	30206	30206
载货汽车	重型		汽油	935482	935482	935482	935482	934884	630066	21625	21625	21625	21625	21625	17014	12403	12403	10067	7731	7731	7731	7731
载货汽车	重型		柴油	259385	259385	197133	72628	72628	72628	72628	72628	72628	53174	33720	33720	33720	33720	21469	9218	9218	6479	5566
载货汽车	重型		燃气	253012	253012	238956	210845	210845	203378	188443	188443	188443	150981	113518	113518	128344	128344	80746	80746	80746	80746	80746
低速汽车	三轮汽车			25300	25300	25300	25300	25300	25300	25300	25300	25300	16721	16721	16721	16721	16721	16721	16721	16721	16721	16721
低速汽车	低速货车			33990	33990	33990	33990	33990	33990	33990	33990	33990	22464	22464	22464	22464	22464	22464	22464	22464	22464	22464
摩托车	普通摩托车			15768	15768	15768	15768	11768	7767	4158	4158	4158	4158	4158	3103	2048	2048	2048	2048	2048	2048	2048
摩托车	轻便摩托车			50993	50993	50993	50993	50993	10199	10199	5021	5021	5021	5021	3747	2473	2473	2473	2473	2473	2473	2473

揭阳市 NO_x 排放系数

单位：克/（辆·年）

车辆类型		使用性质	燃料种类	1999 年年底前	2000 年	2001 年	2002 年	2003 年	2004 年	2005 年	2006 年	2007 年	2008 年	2009 年	2010 年	2011 年	2012 年	2013 年	2014 年	2015 年	2016 年	2017 年
载客汽车	微型	出租车	汽油	299274	203966	108657	108657	108657	108657	80594	52531	52531	39102	25672	25672	20814	15956	15956	15956	15956	9528	7385
			燃气	183713	126814	69914	69914	69914	69914	52512	35109	35109	26630	18150	18150	14541	10932	10932	10932	10932	6274	4721
		其他	汽油	36221	22795	9369	9369	9369	9369	5926	2482	2482	2021	1560	1560	1294	1028	1028	1028	1028	696	585
			燃气	20973	12543	4113	4113	4113	4113	2698	1282	1282	1042	803	803	632	462	462	462	462	359	325
	小型	出租车	汽油	338179	225780	113382	113382	113382	113382	83320	53257	53257	39464	25672	25672	20165	14658	14658	14658	14658	8353	6251
			柴油	367320	309170	251021	251021	251021	251021	222929	194837	194837	155256	115674	115674	115674	115674	93756	71838	71838	53262	47070
			燃气	206838	139780	72722	72722	72722	72722	54132	35541	35541	26846	18150	18150	14155	10160	10160	10160	10160	5575	4047
		其他	汽油	33805	21654	9504	9504	9504	9504	6315	3126	3126	2183	1240	1240	1110	980	980	980	980	658	550
			柴油	28848	23649	18450	18450	18450	18450	16956	15461	15461	12122	8783	8783	8783	8783	7565	6347	6347	5420	5111
			燃气	19537	12509	5481	5481	5481	5481	3573	1665	1665	1140	614	614	524	434	434	434	434	336	303
	中型	公交车	汽油	328466	328466	328466	328466	328466	224397	16259	16259	16259	16259	16259	14582	12904	12904	9742	6579	6579	6579	6579
			柴油	366495	366495	365634	363913	363913	349451	320526	320526	320526	266982	213439	213439	213439	213439	174182	134924	134924	112962	105641
			燃气	389134	389134	384502	375237	375237	363598	340319	340319	340319	283238	226157	226157	143018	143018	112011	112011	112011	112011	112011
		其他	汽油	201380	201380	201380	201380	201380	136603	7048	7048	7048	7048	7048	7048	7048	7048	5286	3525	3525	3525	3525
			柴油	171869	171869	164695	150346	150346	149075	146532	146532	146532	124797	103062	103062	103062	103062	91510	79957	79957	68244	64340
			燃气	194077	194077	183295	161731	161731	160207	157158	157158	157158	133809	110460	110460	86043	86043	69115	69115	69115	69115	69115
	大型	公交车	汽油	1170161	1170161	1170161	1170161	1170161	804625	73553	73553	73553	73553	73553	73488	73424	73424	55068	36713	36713	36713	36713
			柴油	519799	519799	503002	469409	469409	456071	429396	429396	429396	421658	413920	413920	413920	413920	398994	384069	384069	346220	333603
			燃气	1045104	1045104	987043	870920	870920	806292	677037	677037	677037	580095	483153	483153	449816	449816	389872	389872	389872	389872	389872
		其他	汽油	2792960	2792960	2792960	2792960	2792960	1920493	175558	175558	175558	175558	175558	168974	162391	162391	121923	81455	81455	81455	81455
			柴油	1244757	1244757	1212727	1148667	1148667	1121887	1068326	1068326	1068326	1030712	993099	993099	993099	993099	945436	897772	897772	794519	760101
			燃气	2316979	2316979	2188258	1930816	1930816	1787537	1500980	1500980	1500980	1286554	1072128	1072128	967242	967242	820619	820619	820619	820619	820619
载货汽车	微型		汽油	129031	76844	24657	24657	24657	24657	16958	9260	9260	7542	5824	5824	5104	4384	4384	4384	4384	3196	2800
			柴油	88072	72950	57829	57829	57829	57829	51938	46046	46046	38928	31810	31810	31810	31810	23274	14739	14739	12407	11630
			燃气	74713	42769	10824	10824	10824	10824	7804	4783	4783	3890	2998	2998	2484	1970	1970	1970	1970	1659	1556
	轻型		汽油	95972	61790	27608	27608	27608	27608	18836	10065	10065	8458	6852	6852	5674	4495	4495	4495	4495	3335	2948
			柴油	88372	73100	57829	57829	57829	57829	51938	46046	46046	38928	31810	31810	31810	31810	25289	18768	18768	17145	16604
			燃气	55465	35693	15922	15922	15922	15922	10641	5361	5361	4377	3393	3393	2692	1991	1991	1991	1991	1716	1624
	中型		汽油	266792	266792	266792	266792	266792	182141	12839	12839	12839	12839	12839	12839	12839	12839	9633	6427	6427	6427	6427
			柴油	503174	503174	451814	349093	349093	331949	297662	297662	297662	293440	289217	289217	289217	289217	253752	218286	218286	187964	177857
			燃气	568191	568191	503970	375528	375528	356768	319247	319247	319247	314613	309978	309978	234901	234901	191057	191057	191057	191057	191057
	重型		汽油	1861914	1861914	1861914	1861914	1861914	1280288	117035	117035	117035	117035	117035	112646	108257	108257	81280	54302	54302	54302	54302
			柴油	1081861	1081861	1044933	971078	971078	935160	863325	863325	863325	828706	794086	794086	794086	794086	699954	605821	605821	424694	364319
			燃气	2013766	2013766	1886612	1632303	1632303	1492521	1212957	1212957	1212957	1035117	857278	857278	652700	652700	393325	393325	393325	393325	393325
低速汽车	三轮汽车			65550	65550	65550	65550	65550	65550	65550	65550	65550	53279	53279	53279	53279	53279	53279	53279	53279	53279	53279
	低速货车			88065	88065	88065	88065	88065	88065	88065	88065	88065	71579	71579	71579	71579	71579	71579	71579	71579	71579	71579
摩托车	普通摩托车			1177	1177	1177	1177	1138	1098	1020	1020	1020	1020	1020	906	792	792	792	792	792	792	792
	轻便摩托车			785	785	785	785	785	392	392	392	392	392	392	348	305	305	305	305	305	305	305

揭阳市 PM 排放系数

单位：克/（辆·年）

车辆类型		使用性质	燃料种类	1999 年年底前	2000 年	2001 年	2002 年	2003 年	2004 年	2005 年	2006 年	2007 年	2008 年	2009 年	2010 年	2011 年	2012 年	2013 年	2014 年	2015 年	2016 年	2017 年
载客汽车	微型	出租车	汽油	—	—	—	—	—	—	—	—	—	—	—	—	—	—	—	—	—	—	—
			燃气	—	—	—	—	—	—	—	—	—	—	—	—	—	—	—	—	—	—	—
		其他	汽油	—	—	—	—	—	—	—	—	—	—	—	—	—	—	—	—	—	—	—
			燃气	—	—	—	—	—	—	—	—	—	—	—	—	—	—	—	—	—	—	—
	小型	出租车	汽油	—	—	—	—	—	—	—	—	—	—	—	—	—	—	—	—	—	—	—
			柴油	42236	38670	35105	35105	35105	35105	23840	12575	12575	8216	3857	3857	3857	3857	3584	3312	3312	2739	2548
			燃气	—	—	—	—	—	—	—	—	—	—	—	—	—	—	—	—	—	—	—
		其他	汽油	—	—	—	—	—	—	—	—	—	—	—	—	—	—	—	—	—	—	—
			柴油	3710	3510	3311	3311	3311	3311	2377	1443	1443	1058	673	673	673	673	563	453	453	453	453
			燃气	—	—	—	—	—	—	—	—	—	—	—	—	—	—	—	—	—	—	—
	中型	公交车	汽油	—	—	—	—	—	—	—	—	—	—	—	—	—	—	—	—	—	—	—
			柴油	30592	30592	28032	22913	22913	17978	8108	8108	8108	6872	5637	5637	5637	5637	3504	1372	1372	1080	983
			燃气	—	—	—	—	—	—	—	—	—	—	—	—	—	—	—	—	—	—	—
		其他	汽油	—	—	—	—	—	—	—	—	—	—	—	—	—	—	—	—	—	—	—
			柴油	15274	15274	12888	8116	8116	6262	2553	2553	2553	2434	2316	2316	2316	2316	1366	415	415	399	394
			燃气	—	—	—	—	—	—	—	—	—	—	—	—	—	—	—	—	—	—	—
	大型	公交车	汽油	—	—	—	—	—	—	—	—	—	—	—	—	—	—	—	—	—	—	—
			柴油	94865	94865	93934	92071	92071	71272	29674	29674	29674	19994	10315	10315	10315	10315	6116	1916	1916	1845	1821
			燃气	—	—	—	—	—	—	—	—	—	—	—	—	—	—	—	—	—	—	—
		其他	汽油	—	—	—	—	—	—	—	—	—	—	—	—	—	—	—	—	—	—	—
			柴油	142314	142314	133412	115607	115607	85425	25061	25061	25061	17182	9303	9303	9303	9303	5868	2433	2433	2343	2313
			燃气	—	—	—	—	—	—	—	—	—	—	—	—	—	—	—	—	—	—	—
载货汽车	微型		汽油	—	—	—	—	—	—	—	—	—	—	—	—	—	—	—	—	—	—	—
			柴油	9355	9162	8968	8968	8968	8968	7292	5615	5615	4168	2720	2720	2720	2720	1712	705	705	702	701
			燃气	—	—	—	—	—	—	—	—	—	—	—	—	—	—	—	—	—	—	—
	轻型		汽油	—	—	—	—	—	—	—	—	—	—	—	—	—	—	—	—	—	—	—
			柴油	9729	9348	8968	8968	8968	8968	7292	5615	5615	4168	2720	2720	2720	2720	2051	1382	1382	1141	1061
			燃气	—	—	—	—	—	—	—	—	—	—	—	—	—	—	—	—	—	—	—
	中型		汽油	—	—	—	—	—	—	—	—	—	—	—	—	—	—	—	—	—	—	—
			柴油	43474	43474	36585	22807	22807	17572	7101	7101	7101	6728	6354	6354	6354	6354	4074	1794	1794	1643	1593
			燃气	—	—	—	—	—	—	—	—	—	—	—	—	—	—	—	—	—	—	—
	重型		汽油	—	—	—	—	—	—	—	—	—	—	—	—	—	—	—	—	—	—	—
			柴油	150151	150151	123413	69937	69937	55530	26716	26716	26716	18307	9898	9898	9898	9898	6618	3339	3339	2822	2650
			燃气	—	—	—	—	—	—	—	—	—	—	—	—	—	—	—	—	—	—	—
低速汽车	三轮汽车			4092	4092	4092	4092	4092	4092	4092	4092	4092	3220	3220	3220	3220	3220	3220	3220	3220	3220	3220
	低速货车			5581	5581	5581	5581	5581	5581	5581	5581	5581	4392	4392	4392	4392	4392	4392	4392	4392	4392	4392
摩托车	普通摩托车			—	—	—	—	—	—	—	—	—	—	—	—	—	—	—	—	—	—	—
	轻便摩托车			—	—	—	—	—	—	—	—	—	—	—	—	—	—	—	—	—	—	—

揭阳市 VOCs 排放系数

单位：克/（辆·年）

车辆类型		使用性质	燃料种类	1999 年年底前	2000 年	2001 年	2002 年	2003 年	2004 年	2005 年	2006 年	2007 年	2008 年	2009 年	2010 年	2011 年	2012 年	2013 年	2014 年	2015 年	2016 年	2017 年
载客汽车	微型	出租车	汽油	497806	301557	105308	105308	105308	105308	82264	59219	59219	49066	38914	38914	31996	25077	25077	25077	25077	16621	13802
			燃气	350158	212322	74486	74486	74486	74486	57709	40932	40932	33698	26465	26465	20982	15499	15499	15499	15499	9271	7195
		其他	汽油	36748	23276	9804	9804	9804	9804	9441	9078	9078	7870	6661	6661	6418	6175	6175	6175	6175	5064	4694
			燃气	17494	9864	2233	2233	2233	2233	2138	2042	2042	1522	1001	1001	896	792	792	792	792	528	440
	小型	出租车	汽油	497806	297269	96732	96732	96732	96732	89553	82374	82374	60644	38914	38914	31996	25077	25077	25077	25077	15861	12789
			柴油	184891	173484	162077	162077	162077	162077	144666	127254	127254	96802	66350	66350	66350	66350	49118	31885	31885	16854	11844
			燃气	350158	209276	68394	68394	68394	68394	62888	57382	57382	41924	26465	26465	20982	15499	15499	15499	15499	8732	6476
		其他	汽油	37161	23434	9706	9706	9706	9706	9611	9516	9516	8090	6663	6663	6394	6125	6125	6125	6125	5106	4767
			柴油	8985	8284	7582	7582	7582	7582	6514	5447	5447	3892	2338	2338	2338	2338	1996	1653	1653	1090	903
			燃气	17787	10717	3647	3647	3647	3647	3000	2353	2353	1745	1137	1137	946	756	756	756	756	558	492
	中型	公交车	汽油	247554	247554	247554	247554	246957	168714	13421	13421	13421	13421	13421	13270	13118	13118	10691	8264	8264	8264	8264
			柴油	87806	87806	86086	82645	82645	64494	28192	28192	28192	20508	12823	12823	12823	12823	8958	5093	5093	4763	4653
			燃气	71579	71579	67602	59649	59649	57536	53311	53311	53311	42686	32061	32061	22219	22219	22154	22154	22154	22154	22154
		其他	汽油	128264	128264	128264	128264	127667	87345	7894	7894	7894	7894	7894	7748	7603	7603	6552	5500	5500	5500	5500
			柴油	30493	30493	28460	24394	24394	18567	6912	6912	6912	6506	6099	6099	6099	6099	3750	1402	1402	1243	1190
			燃气	34560	34560	32640	28800	28800	27780	25740	25740	25740	20623	15506	15506	10732	10732	9642	9642	9642	9642	9642
	大型	公交车	汽油	576862	576862	576862	576862	576265	388687	14725	14725	14725	14725	14725	14586	14446	14446	11680	8914	8914	8914	8914
			柴油	131708	131708	108010	60614	60614	60614	60614	60614	60614	43515	26416	26416	26416	26416	17675	8934	8934	5723	4653
			燃气	168926	168926	159541	140772	140772	135786	125815	125815	125815	100740	75665	75665	52438	52438	47188	47188	47188	47188	47188
		其他	汽油	1278160	1278160	1278160	1278160	1277563	860715	28212	28212	28212	28212	28212	21953	15694	15694	12504	9313	9313	9313	9313
			柴油	272891	272891	207397	76409	76409	76409	76409	76409	76409	55942	35476	35476	35476	35476	20706	5937	5937	5324	5119
			燃气	266186	266186	251398	221822	221822	213966	198253	198253	198253	158842	119430	119430	82662	82662	74261	74261	74261	74261	74261
载货汽车	微型		汽油	179104	99053	19002	19002	19002	19002	17842	16681	16681	15172	13663	13663	11644	9625	9625	9625	9625	7762	7141
			柴油	35352	33041	30730	30730	30730	30730	27933	25136	25136	18994	12852	12852	12852	12852	9103	5354	5354	3354	2687
			燃气	85263	44795	4328	4328	4328	4328	4040	3752	3752	2903	2053	2053	1644	1234	1234	1234	1234	811	669
	轻型		汽油	97705	60459	23213	23213	23213	23213	20440	17667	17667	15754	13841	13841	12322	10802	10802	10802	10802	8851	8201
			柴油	33091	31910	30730	30730	30730	30730	27933	25136	25136	18994	12852	12852	12852	12852	9752	6651	6651	4651	3984
			燃气	46766	27744	8722	8722	8722	8722	6545	4368	4368	3365	2362	2362	1848	1333	1333	1333	1333	968	846
	中型		汽油	388871	388871	388871	388871	388274	264023	16714	16714	16714	16714	16714	16574	16435	16435	13168	9902	9902	9902	9902
			柴油	90099	90099	84092	72079	72079	54860	20423	20423	20423	19226	18030	18030	18030	18030	13067	8104	8104	4822	3728
			燃气	102116	102116	96443	85098	85098	82083	76054	76054	76054	60947	45839	45839	62034	62034	30206	30206	30206	30206	30206
	重型		汽油	935482	935482	935482	935482	934884	630066	21625	21625	21625	21625	21625	17014	12403	12403	10067	7731	7731	7731	7731
			柴油	259385	259385	197133	72628	72628	72628	72628	72628	72628	53174	33720	33720	33720	33720	21469	9218	9218	6479	5566
			燃气	253012	253012	238956	210845	210845	203378	188443	188443	188443	150981	113518	113518	128344	128344	80746	80746	80746	80746	80746
低速汽车	三轮汽车			25300	25300	25300	25300	25300	25300	25300	25300	25300	16721	16721	16721	16721	16721	16721	16721	16721	16721	16721
	低速货车			33990	33990	33990	33990	33990	33990	33990	33990	33990	22464	22464	22464	22464	22464	22464	22464	22464	22464	22464
摩托车	普通摩托车			15768	15768	15768	15768	11768	7767	4158	4158	4158	4158	4158	3103	2048	2048	2048	2048	2048	2048	2048
	轻便摩托车			50993	50993	50993	50993	50993	10199	10199	5021	5021	5021	5021	3747	2473	2473	2473	2473	2473	2473	2473

云浮市 NO_x 排放系数

单位：克/（辆•年）

车辆类型		使用性质	燃料种类	1999年年底前	2000年	2001年	2002年	2003年	2004年	2005年	2006年	2007年	2008年	2009年	2010年	2011年	2012年	2013年	2014年	2015年	2016年	2017年
载客汽车	微型	出租车	汽油	243550	164637	85724	85724	85724	85724	62998	40272	40272	29548	18825	18825	15390	11955	11955	11955	11955	7372	5845
			燃气	148585	101570	54555	54555	54555	54555	40548	26541	26541	19837	13133	13133	10592	8052	8052	8052	8052	4784	3694
		其他	汽油	36221	22795	9369	9369	9369	9369	5926	2482	2482	2021	1560	1560	1294	1028	1028	1028	1028	696	585
			燃气	20973	12543	4113	4113	4113	4113	2698	1282	1282	1042	803	803	632	462	462	462	462	359	325
	小型	出租车	汽油	275894	182773	89652	89652	89652	89652	65264	40876	40876	29850	18825	18825	14850	10876	10876	10876	10876	6396	4903
			柴油	288585	241412	194238	194238	194238	194238	172754	151270	151270	120228	89187	89187	89187	89187	72836	56484	56484	42772	38202
			燃气	167810	112350	56890	56890	56890	56890	41895	26900	26900	20016	13133	13133	10272	7411	7411	7411	7411	4203	3134
		其他	汽油	33805	21654	9504	9504	9504	9504	6315	3126	3126	2183	1240	1240	1110	980	980	980	980	658	550
			柴油	28848	23649	18450	18450	18450	18450	16956	15461	15461	12122	8783	8783	8783	8783	7565	6347	6347	5420	5111
			燃气	19537	12509	5481	5481	5481	5481	3573	1665	1665	1140	614	614	524	434	434	434	434	336	303
	中型	公交车	汽油	328466	328466	328466	328466	328466	224397	16259	16259	16259	16259	16259	14582	12904	12904	9742	6579	6579	6579	6579
			柴油	366495	366495	365634	363913	363913	349451	320526	320526	320526	266982	213439	213439	213439	213439	174182	134924	134924	112962	105641
			燃气	389134	389134	384502	375237	375237	363598	340319	340319	340319	283238	226157	226157	143018	143018	112011	112011	112011	112011	112011
		其他	汽油	201380	201380	201380	201380	201380	136603	7048	7048	7048	7048	7048	7048	7048	7048	5286	3525	3525	3525	3525
			柴油	171869	171869	164695	150346	150346	149075	146532	146532	146532	124797	103062	103062	103062	103062	91510	79957	79957	68244	64340
			燃气	194077	194077	183295	161731	161731	160207	157158	157158	157158	133809	110460	110460	86043	86043	69115	69115	69115	69115	69115
	大型	公交车	汽油	1170161	1170161	1170161	1170161	1170161	804625	73553	73553	73553	73553	73553	73488	73424	73424	55068	36713	36713	36713	36713
			柴油	519799	519799	503002	469409	469409	456071	429396	429396	429396	421658	413920	413920	413920	413920	398994	384069	384069	346220	333603
			燃气	1045104	1045104	987043	870920	870920	806292	677037	677037	677037	580095	483153	483153	449816	449816	389872	389872	389872	389872	389872
		其他	汽油	2792960	2792960	2792960	2792960	2792960	1920493	175558	175558	175558	175558	175558	168974	162391	162391	121923	81455	81455	81455	81455
			柴油	1244757	1244757	1212727	1148667	1148667	1121887	1068326	1068326	1068326	1030712	993099	993099	993099	993099	945436	897772	897772	794519	760101
			燃气	2316979	2316979	2188258	1930816	1930816	1787537	1500980	1500980	1500980	1286554	1072128	1072128	967242	967242	820619	820619	820619	820619	820619
载货汽车	微型		汽油	104347	61926	19504	19504	19504	19504	13328	7152	7152	5802	4451	4451	3945	3439	3439	3439	3439	2544	2245
			柴油	69406	57272	45138	45138	45138	45138	40596	36054	36054	30510	24966	24966	24966	24966	18276	11585	11585	9897	9334
			燃气	60420	34491	8562	8562	8562	8562	6128	3694	3694	2993	2291	2291	1918	1546	1546	1546	1546	1322	1247
	轻型		汽油	77483	49692	21902	21902	21902	21902	14854	7805	7805	6546	5286	5286	4408	3529	3529	3529	3529	2656	2365
			柴油	69649	57394	45138	45138	45138	45138	40596	36054	36054	30510	24966	24966	24966	24966	19912	14859	14859	13747	13376
			燃气	44780	28705	12631	12631	12631	12631	8394	4157	4157	3387	2617	2617	2090	1563	1563	1563	1563	1368	1303
	中型		汽油	266792	266792	266792	266792	266792	182141	12839	12839	12839	12839	12839	12839	12839	12839	9633	6427	6427	6427	6427
			柴油	503174	503174	451814	349093	349093	331949	297662	297662	297662	293440	289217	289217	289217	289217	253752	218286	218286	187964	177857
			燃气	568191	568191	503970	375528	375528	356768	319247	319247	319247	314613	309978	309978	234901	234901	191057	191057	191057	191057	191057
	重型		汽油	1832221	1832221	1832221	1832221	1832221	1259870	115168	115168	115168	115168	115168	110850	106531	106531	79984	53436	53436	53436	53436
			柴油	1001093	1001093	966922	898581	898581	865345	798872	798872	798872	766837	734802	734802	734802	734802	661500	588199	588199	427381	373775
			燃气	1863425	1863425	1745764	1510442	1510442	1381095	1122402	1122402	1122402	957839	793276	793276	633714	633714	403534	403534	403534	403534	403534
低速汽车	三轮汽车			65550	65550	65550	65550	65550	65550	65550	65550	65550	53279	53279	53279	53279	53279	53279	53279	53279	53279	53279
	低速货车			88065	88065	88065	88065	88065	88065	88065	88065	88065	71579	71579	71579	71579	71579	71579	71579	71579	71579	71579
摩托车	普通摩托车			1177	1177	1177	1177	1138	1098	1020	1020	1020	1020	1020	906	792	792	792	792	792	792	792
	轻便摩托车			785	785	785	785	785	392	392	392	392	392	392	348	305	305	305	305	305	305	305

云浮市 PM 排放系数

单位：克/（辆·年）

车辆类型		使用性质	燃料种类	1999 年年底前	2000 年	2001 年	2002 年	2003 年	2004 年	2005 年	2006 年	2007 年	2008 年	2009 年	2010 年	2011 年	2012 年	2013 年	2014 年	2015 年	2016 年	2017 年
载客汽车	微型	出租车	汽油	—	—	—	—	—	—	—	—	—	—	—	—	—	—	—	—	—	—	—
			燃气	—	—	—	—	—	—	—	—	—	—	—	—	—	—	—	—	—	—	—
		其他	汽油	—	—	—	—	—	—	—	—	—	—	—	—	—	—	—	—	—	—	—
			燃气	—	—	—	—	—	—	—	—	—	—	—	—	—	—	—	—	—	—	—
	小型	出租车	汽油	—	—	—	—	—	—	—	—	—	—	—	—	—	—	—	—	—	—	—
			柴油	35113	32149	29185	29185	29185	29185	19820	10454	10454	6830	3207	3207	3207	3207	2980	2754	2754	2277	2118
			燃气	—	—	—	—	—	—	—	—	—	—	—	—	—	—	—	—	—	—	—
		其他	汽油	—	—	—	—	—	—	—	—	—	—	—	—	—	—	—	—	—	—	—
			柴油	3710	3510	3311	3311	3311	3311	2377	1443	1443	1058	673	673	673	673	563	453	453	453	453
			燃气	—	—	—	—	—	—	—	—	—	—	—	—	—	—	—	—	—	—	—
	中型	公交车	汽油	—	—	—	—	—	—	—	—	—	—	—	—	—	—	—	—	—	—	—
			柴油	30592	30592	28032	22913	22913	17978	8108	8108	8108	6872	5637	5637	5637	5637	3504	1372	1372	1080	983
			燃气	—	—	—	—	—	—	—	—	—	—	—	—	—	—	—	—	—	—	—
		其他	汽油	—	—	—	—	—	—	—	—	—	—	—	—	—	—	—	—	—	—	—
			柴油	15274	15274	12888	8116	8116	6262	2553	2553	2553	2434	2316	2316	2316	2316	1366	415	415	399	394
			燃气	—	—	—	—	—	—	—	—	—	—	—	—	—	—	—	—	—	—	—
	大型	公交车	汽油	—	—	—	—	—	—	—	—	—	—	—	—	—	—	—	—	—	—	—
			柴油	94865	94865	93934	92071	92071	71272	29674	29674	29674	19994	10315	10315	10315	10315	6116	1916	1916	1845	1821
			燃气	—	—	—	—	—	—	—	—	—	—	—	—	—	—	—	—	—	—	—
		其他	汽油	—	—	—	—	—	—	—	—	—	—	—	—	—	—	—	—	—	—	—
			柴油	142314	142314	133412	115607	115607	85425	25061	25061	25061	17182	9303	9303	9303	9303	5868	2433	2433	2343	2313
			燃气	—	—	—	—	—	—	—	—	—	—	—	—	—	—	—	—	—	—	—
载货汽车	微型		汽油	—	—	—	—	—	—	—	—	—	—	—	—	—	—	—	—	—	—	—
			柴油	7602	7444	7287	7287	7287	7287	5925	4563	4563	3386	2210	2210	2210	2210	1392	573	573	570	569
			燃气	—	—	—	—	—	—	—	—	—	—	—	—	—	—	—	—	—	—	—
	轻型		汽油	—	—	—	—	—	—	—	—	—	—	—	—	—	—	—	—	—	—	—
			柴油	7906	7596	7287	7287	7287	7287	5925	4563	4563	3386	2210	2210	2210	2210	1666	1123	1123	927	862
			燃气	—	—	—	—	—	—	—	—	—	—	—	—	—	—	—	—	—	—	—
	中型		汽油	—	—	—	—	—	—	—	—	—	—	—	—	—	—	—	—	—	—	—
			柴油	43474	43474	36585	22807	22807	17572	7101	7101	7101	6728	6354	6354	6354	6354	4074	1794	1794	1643	1593
			燃气	—	—	—	—	—	—	—	—	—	—	—	—	—	—	—	—	—	—	—
	重型		汽油	—	—	—	—	—	—	—	—	—	—	—	—	—	—	—	—	—	—	—
			柴油	151452	151452	124482	70543	70543	56011	26947	26947	26947	18466	9984	9984	9984	9984	6584	3184	3184	2691	2527
			燃气	—	—	—	—	—	—	—	—	—	—	—	—	—	—	—	—	—	—	—
低速汽车	三轮汽车			4092	4092	4092	4092	4092	4092	4092	4092	4092	3220	3220	3220	3220	3220	3220	3220	3220	3220	3220
	低速货车			5581	5581	5581	5581	5581	5581	5581	5581	5581	4392	4392	4392	4392	4392	4392	4392	4392	4392	4392
摩托车	普通摩托车			—	—	—	—	—	—	—	—	—	—	—	—	—	—	—	—	—	—	—
	轻便摩托车			—	—	—	—	—	—	—	—	—	—	—	—	—	—	—	—	—	—	—

云浮市 VOCs 排放系数

单位：克/（辆・年）

车辆类型		使用性质	燃料种类	1999 年年底前	2000 年	2001 年	2002 年	2003 年	2004 年	2005 年	2006 年	2007 年	2008 年	2009 年	2010 年	2011 年	2012 年	2013 年	2014 年	2015 年	2016 年	2017 年
载客汽车	微型	出租车	汽油	408922	245796	82669	82669	82669	82669	64247	45825	45825	37869	29913	29913	24936	19958	19958	19958	19958	13820	11774
			燃气	285404	171211	57018	57018	57018	57018	43704	30389	30389	24850	19311	19311	15386	11461	11461	11461	11461	7114	5665
		其他	汽油	36748	23276	9804	9804	9804	9804	9441	9078	9078	7870	6661	6661	6418	6175	6175	6175	6175	5064	4694
			燃气	17494	9864	2233	2233	2233	2233	2138	2042	2042	1522	1001	1001	896	792	792	792	792	528	440
	小型	出租车	汽油	408922	242230	75539	75539	75539	75539	70306	65074	65074	47494	29913	29913	24936	19958	19958	19958	19958	13188	10932
			柴油	134190	126074	117957	117957	117957	117957	105668	93380	93380	70220	47059	47059	47059	47059	34920	22780	22780	12295	8800
			燃气	285404	168678	51953	51953	51953	51953	48008	44064	44064	31688	19311	19311	15386	11461	11461	11461	11461	6666	5067
		其他	汽油	37161	23434	9706	9706	9706	9706	9611	9516	9516	8090	6663	6663	6394	6125	6125	6125	6125	5106	4767
			柴油	8985	8284	7582	7582	7582	7582	6514	5447	5447	3892	2338	2338	2338	2338	1996	1653	1653	1090	903
			燃气	17787	10717	3647	3647	3647	3647	3000	2353	2353	1745	1137	1137	946	756	756	756	756	558	492
	中型	公交车	汽油	247554	247554	247554	247554	246957	168714	13421	13421	13421	13421	13421	13270	13118	13118	10691	8264	8264	8264	8264
			柴油	87806	87806	86086	82645	82645	64494	28192	28192	28192	20508	12823	12823	12823	12823	8958	5093	5093	4763	4653
			燃气	71579	71579	67602	59649	59649	57536	53311	53311	53311	42686	32061	32061	22219	22219	22154	22154	22154	22154	22154
		其他	汽油	128264	128264	128264	128264	127667	87345	7894	7894	7894	7894	7894	7748	7603	7603	6552	5500	5500	5500	5500
			柴油	30493	30493	28460	24394	24394	18567	6912	6912	6912	6506	6099	6099	6099	6099	3750	1402	1402	1243	1190
			燃气	34560	34560	32640	28800	28800	27780	25740	25740	25740	20623	15506	15506	10732	10732	9642	9642	9642	9642	9642
	大型	公交车	汽油	576862	576862	576862	576862	576265	388687	14725	14725	14725	14725	14725	14586	14446	14446	11680	8914	8914	8914	8914
			柴油	131708	131708	108010	60614	60614	60614	60614	60614	60614	43515	26416	26416	26416	26416	17675	8934	8934	5723	4653
			燃气	168926	168926	159541	140772	140772	135786	125815	125815	125815	100740	75665	75665	52438	52438	47188	47188	47188	47188	47188
		其他	汽油	1278160	1278160	1278160	1278160	1277563	860715	28212	28212	28212	28212	28212	21953	15694	15694	12504	9313	9313	9313	9313
			柴油	272891	272891	207397	76409	76409	76409	76409	76409	76409	55942	35476	35476	35476	35476	20706	5937	5937	5324	5119
			燃气	266186	266186	251398	221822	221822	213966	198253	198253	198253	158842	119430	119430	82662	82662	74261	74261	74261	74261	74261
载货汽车	微型		汽油	146917	81418	15918	15918	15918	15918	15032	14145	14145	12886	11628	11628	10086	8545	8545	8545	8545	7023	6516
			柴油	26318	24620	22922	22922	22922	22922	20936	18951	18951	14213	9475	9475	9475	9475	6716	3957	3957	2558	2092
			燃气	69940	36783	3626	3626	3626	3626	3404	3182	3182	2465	1747	1747	1422	1096	1096	1096	1096	732	611
	轻型		汽油	80772	50056	19340	19340	19340	19340	17143	14946	14946	13359	11772	11772	10637	9502	9502	9502	9502	7909	7378
			柴油	24481	23702	22922	22922	22922	22922	20936	18951	18951	14213	9475	9475	9475	9475	7243	5011	5011	3612	3146
			燃气	38661	22964	7267	7267	7267	7267	5481	3696	3696	2852	2009	2009	1591	1173	1173	1173	1173	864	761
	中型		汽油	388871	388871	388871	388871	388274	264023	16714	16714	16714	16714	16714	16574	16435	16435	13168	9902	9902	9902	9902
			柴油	90099	90099	84092	72079	72079	54860	20423	20423	20423	19226	18030	18030	18030	18030	13067	8104	8104	4822	3728
			燃气	102116	102116	96443	85098	85098	82083	76054	76054	76054	60947	45839	45839	62034	62034	30206	30206	30206	30206	30206
	重型		汽油	929967	929967	929967	929967	929370	626354	21519	21519	21519	21519	21519	16934	12350	12350	10028	7705	7705	7705	7705
			柴油	236648	236648	179852	66261	66261	66261	66261	66261	66261	48512	30764	30764	30764	30764	19715	8666	8666	6604	5916
			燃气	230833	230833	218009	192361	192361	185549	171923	171923	171923	137745	103567	103567	120658	120658	85823	85823	85823	85823	85823
低速汽车	三轮汽车			25300	25300	25300	25300	25300	25300	25300	25300	25300	16721	16721	16721	16721	16721	16721	16721	16721	16721	16721
	低速货车			33990	33990	33990	33990	33990	33990	33990	33990	33990	22464	22464	22464	22464	22464	22464	22464	22464	22464	22464
摩托车	普通摩托车			15768	15768	15768	15768	11768	7767	4158	4158	4158	4158	4158	3103	2048	2048	2048	2048	2048	2048	2048
	轻便摩托车			50993	50993	50993	50993	50993	10199	10199	5021	5021	5021	5021	3747	2473	2473	2473	2473	2473	2473	2473

南宁市 NO_x 排放系数

单位：克/（辆·年）

车辆类型		使用性质	燃料种类	1999 年年底前	2000 年	2001 年	2002 年	2003 年	2004 年	2005 年	2006 年	2007 年	2008 年	2009 年	2010 年	2011 年	2012 年	2013 年	2014 年	2015 年	2016 年	2017 年
载客汽车	微型	出租车	汽油	388793	264825	140857	140857	140857	140857	104478	68099	68099	50722	33344	33344	27416	21487	21487	21487	21487	13038	10222
			燃气	242723	167309	91895	91895	91895	91895	68999	46103	46103	34957	23811	23811	19338	14866	14866	14866	14866	8671	6606
		其他	汽油	37338	23465	9592	9592	9592	9592	5987	2382	2382	1930	1479	1479	1261	1043	1043	1043	1043	757	662
			燃气	22206	13262	4318	4318	4318	4318	2814	1311	1311	1062	812	812	670	528	528	528	528	421	385
	小型	出租车	汽油	439375	293173	146971	146971	146971	146971	108004	69038	69038	51191	33344	33344	26482	19620	19620	19620	19620	11362	8610
			柴油	494001	415204	336407	336407	336407	336407	299826	263244	263244	209721	156198	156198	156198	156198	126858	97519	97519	74117	66316
			燃气	273327	184460	95594	95594	95594	95594	71133	46672	46672	35242	23811	23811	18774	13736	13736	13736	13736	7657	5631
		其他	汽油	34815	22274	9734	9734	9734	9734	6396	3059	3059	2102	1145	1145	1065	985	985	985	985	710	619
			柴油	32253	26360	20468	20468	20468	20468	18855	17242	17242	13524	9807	9807	9807	9807	8464	7120	7120	6276	5995
			燃气	20679	13230	5780	5780	5780	5780	3750	1721	1721	1166	610	610	552	493	493	493	493	392	359
	中型	公交车	汽油	336031	336031	336031	336031	336031	229565	16634	16634	16634	16634	16634	14918	13201	13201	9966	6731	6731	6731	6731
			柴油	376729	376729	375844	374075	374075	359209	329476	329476	329476	274438	219399	219399	219399	219399	179046	138692	138692	116116	108591
			燃气	400001	400001	395239	385715	385715	373751	349822	349822	349822	291147	232472	232472	147012	147012	115139	115139	115139	115139	115139
		其他	汽油	197837	197837	197837	197837	197837	134199	6924	6924	6924	6924	6924	6924	6924	6924	5194	3463	3463	3463	3463
			柴油	169653	169653	162571	148408	148408	147153	144643	144643	144643	123188	101733	101733	101733	101733	90330	78926	78926	67364	63510
			燃气	191574	191574	180931	159645	159645	158141	155132	155132	155132	132084	109035	109035	84934	84934	68224	68224	68224	68224	68224
	大型	公交车	汽油	1197110	1197110	1197110	1197110	1197110	823156	75247	75247	75247	75247	75247	75181	75115	75115	56336	37558	37558	37558	37558
			柴油	534314	534314	517048	482517	482517	468807	441387	441387	441387	433432	425478	425478	425478	425478	410136	394794	394794	355888	342919
			燃气	1074288	1074288	1014605	895240	895240	828808	695943	695943	695943	596294	496645	496645	462377	462377	400759	400759	400759	400759	400759
		其他	汽油	2743821	2743821	2743821	2743821	2743821	1886704	172469	172469	172469	172469	172469	166002	159534	159534	119778	80022	80022	80022	80022
			柴油	1228707	1228707	1197090	1133856	1133856	1107421	1054551	1054551	1054551	1017422	980294	980294	980294	980294	933245	886196	886196	784275	750301
			燃气	2287105	2287105	2160043	1905920	1905920	1764489	1481626	1481626	1481626	1269965	1058304	1058304	954771	954771	810038	810038	810038	810038	810038
载货汽车	微型		汽油	156138	92775	29412	29412	29412	29412	20181	10950	10950	8919	6888	6888	6011	5134	5134	5134	5134	3785	3335
			柴油	111858	92542	73226	73226	73226	73226	65886	58545	58545	49577	40609	40609	40609	40609	29679	18749	18749	15912	14966
			燃气	92860	53050	13240	13240	13240	13240	9633	6027	6027	4904	3782	3782	3190	2599	2599	2599	2599	2104	1940
	轻型		汽油	114465	73704	32944	32944	32944	32944	22428	11913	11913	10016	8118	8118	6692	5267	5267	5267	5267	3951	3512
			柴油	112241	92734	73226	73226	73226	73226	65886	58545	58545	49577	40609	40609	40609	40609	32284	23960	23960	22039	21399
			燃气	67989	43775	19562	19562	19562	19562	13132	6702	6702	5514	4325	4325	3481	2636	2636	2636	2636	2187	2037
	中型		汽油	149777	149777	149777	149777	149777	102254	7208	7208	7208	7208	7208	7208	7208	7208	5408	3608	3608	3608	3608
			柴油	278846	278846	250384	193459	193459	183958	164956	164956	164956	166936	168915	168915	168915	168915	148202	127488	127488	109779	103876
			燃气	314876	314876	279286	208107	208107	197711	176918	176918	176918	178979	181039	181039	137193	137193	111586	111586	111586	111586	111586
	重型		汽油	1579026	1579026	1579026	1579026	1579026	1085768	99253	99253	99253	99253	99253	95531	91809	91809	68930	46051	46051	46051	46051
			柴油	848783	848783	819811	761867	761867	733688	677329	677329	677329	650168	623007	623007	623007	623007	537626	452246	452246	298822	247681
			燃气	1579918	1579918	1480157	1280637	1280637	1170970	951636	951636	951636	812110	672585	672585	487241	487241	267401	267401	267401	267401	267401
低速汽车	三轮汽车			65550	65550	65550	65550	65550	65550	65550	65550	65550	53279	53279	53279	53279	53279	53279	53279	53279	53279	53279
	低速货车			88065	88065	88065	88065	88065	88065	88065	88065	88065	71579	71579	71579	71579	71579	71579	71579	71579	71579	71579
摩托车	普通摩托车			1336	1336	1336	1336	1292	1247	1158	1158	1158	1158	1158	1028	899	899	899	899	899	899	899
	轻便摩托车			890	890	890	890	890	445	445	445	445	445	445	396	346	346	346	346	346	346	346

南宁市 PM 排放系数

单位：克/（辆•年）

车辆类型		使用性质	燃料种类	1999 年年底前	2000 年	2001 年	2002 年	2003 年	2004 年	2005 年	2006 年	2007 年	2008 年	2009 年	2010 年	2011 年	2012 年	2013 年	2014 年	2015 年	2016 年	2017 年
载客汽车	微型	出租车	汽油	—	—	—	—	—	—	—	—	—	—	—	—	—	—	—	—	—	—	—
			燃气	—	—	—	—	—	—	—	—	—	—	—	—	—	—	—	—	—	—	—
		其他	汽油	—	—	—	—	—	—	—	—	—	—	—	—	—	—	—	—	—	—	—
			燃气	—	—	—	—	—	—	—	—	—	—	—	—	—	—	—	—	—	—	—
	小型	出租车	汽油	—	—	—	—	—	—	—	—	—	—	—	—	—	—	—	—	—	—	—
			柴油	59086	54120	49153	49153	49153	49153	33394	17634	17634	11534	5434	5434	5434	5434	5050	4667	4667	3859	3590
			燃气	—	—	—	—	—	—	—	—	—	—	—	—	—	—	—	—	—	—	—
		其他	汽油	—	—	—	—	—	—	—	—	—	—	—	—	—	—	—	—	—	—	—
			柴油	4315	4084	3852	3852	3852	3852	2767	1682	1682	1235	788	788	788	788	656	523	523	523	523
			燃气	—	—	—	—	—	—	—	—	—	—	—	—	—	—	—	—	—	—	—
	中型	公交车	汽油	—	—	—	—	—	—	—	—	—	—	—	—	—	—	—	—	—	—	—
			柴油	31857	31857	29192	23861	23861	18722	8443	8443	8443	7156	5870	5870	5870	5870	3649	1428	1428	1124	1023
			燃气	—	—	—	—	—	—	—	—	—	—	—	—	—	—	—	—	—	—	—
		其他	汽油	—	—	—	—	—	—	—	—	—	—	—	—	—	—	—	—	—	—	—
			柴油	15274	15274	12888	8116	8116	6262	2553	2553	2553	2434	2316	2316	2316	2316	1366	415	415	399	394
			燃气	—	—	—	—	—	—	—	—	—	—	—	—	—	—	—	—	—	—	—
	大型	公交车	汽油	—	—	—	—	—	—	—	—	—	—	—	—	—	—	—	—	—	—	—
			柴油	98788	98788	97818	95878	95878	74219	30901	30901	30901	20821	10741	10741	10741	10741	6368	1995	1995	1921	1896
			燃气	—	—	—	—	—	—	—	—	—	—	—	—	—	—	—	—	—	—	—
		其他	汽油	—	—	—	—	—	—	—	—	—	—	—	—	—	—	—	—	—	—	—
			柴油	142314	142314	133412	115607	115607	85425	25061	25061	25061	17182	9303	9303	9303	9303	5868	2433	2433	2343	2313
			燃气	—	—	—	—	—	—	—	—	—	—	—	—	—	—	—	—	—	—	—
载货汽车	微型		汽油	—	—	—	—	—	—	—	—	—	—	—	—	—	—	—	—	—	—	—
			柴油	11735	11492	11250	11250	11250	11250	9186	7122	7122	5286	3449	3449	3449	3449	2172	894	894	890	889
			燃气	—	—	—	—	—	—	—	—	—	—	—	—	—	—	—	—	—	—	—
	轻型		汽油	—	—	—	—	—	—	—	—	—	—	—	—	—	—	—	—	—	—	—
			柴油	12205	11728	11250	11250	11250	11250	9186	7122	7122	5286	3449	3449	3449	3449	2601	1753	1753	1447	1345
			燃气	—	—	—	—	—	—	—	—	—	—	—	—	—	—	—	—	—	—	—
	中型		汽油	—	—	—	—	—	—	—	—	—	—	—	—	—	—	—	—	—	—	—
			柴油	23521	23521	19794	12339	12339	9529	3909	3909	3909	3704	3498	3498	3498	3498	2243	988	988	905	877
			燃气	—	—	—	—	—	—	—	—	—	—	—	—	—	—	—	—	—	—	—
	重型		汽油	—	—	—	—	—	—	—	—	—	—	—	—	—	—	—	—	—	—	—
			柴油	101593	101593	83502	47320	47320	37572	18076	18076	18076	12386	6697	6697	6697	6697	4516	2334	2334	1972	1852
			燃气	—	—	—	—	—	—	—	—	—	—	—	—	—	—	—	—	—	—	—
低速汽车	三轮汽车			4092	4092	4092	4092	4092	4092	4092	4092	4092	3220	3220	3220	3220	3220	3220	3220	3220	3220	3220
	低速货车			5581	5581	5581	5581	5581	5581	5581	5581	5581	4392	4392	4392	4392	4392	4392	4392	4392	4392	4392
摩托车	普通摩托车			—	—	—	—	—	—	—	—	—	—	—	—	—	—	—	—	—	—	—
	轻便摩托车			—	—	—	—	—	—	—	—	—	—	—	—	—	—	—	—	—	—	—

南宁市 VOCs 排放系数

单位：克/（辆・年）

车辆类型		使用性质	燃料种类	1999 年年底前	2000 年	2001 年	2002 年	2003 年	2004 年	2005 年	2006 年	2007 年	2008 年	2009 年	2010 年	2011 年	2012 年	2013 年	2014 年	2015 年	2016 年	2017 年
载客汽车	微型	出租车	汽油	741273	444952	148632	148632	148632	148632	113827	79022	79022	65371	51720	51720	42464	33209	33209	33209	33209	22788	19314
			燃气	478232	289690	101149	101149	101149	101149	77860	54570	54570	45096	35621	35621	28446	21271	21271	21271	21271	13146	10437
		其他	汽油	39328	24224	9121	9121	9121	9121	8732	8343	8343	7316	6289	6289	6038	5787	5787	5787	5787	5054	4810
			燃气	20014	11232	2450	2450	2450	2450	2342	2234	2234	1671	1108	1108	1024	941	941	941	941	660	567
	小型	出租车	汽油	741273	438248	135223	135223	135223	135223	124878	114534	114534	83127	51720	51720	42464	33209	33209	33209	33209	21504	17602
			柴油	250768	235464	220161	220161	220161	220161	197948	175735	175735	131997	88259	88259	88259	88259	65255	42251	42251	22696	16177
			燃气	478232	285424	92616	92616	92616	92616	84892	77169	77169	56395	35621	35621	28446	21271	21271	21271	21271	12329	9348
		其他	汽油	39860	24426	8992	8992	8992	8992	8950	8907	8907	7600	6292	6292	6004	5716	5716	5716	5716	5105	4901
			柴油	9581	8756	7931	7931	7931	7931	6742	5554	5554	3811	2068	2068	2068	2068	1733	1398	1398	989	853
			燃气	20353	12232	4112	4112	4112	4112	3352	2593	2593	1933	1273	1273	1084	896	896	896	896	694	626
	中型	公交车	汽油	257942	257942	257942	257942	257346	175899	14198	14198	14198	14198	14198	14046	13894	13894	11367	8840	8840	8840	8840
			柴油	91436	91436	89645	86063	86063	67161	29358	29358	29358	21356	13354	13354	13354	13354	9328	5303	5303	4960	4846
			燃气	74539	74539	70398	62116	62116	59916	55516	55516	55516	44452	33387	33387	23138	23138	23070	23070	23070	23070	23070
		其他	汽油	128640	128640	128640	128640	128043	87721	8270	8270	8270	8270	8270	8124	7978	7978	6927	5876	5876	5876	5876
			柴油	30493	30493	28460	24394	24394	18567	6912	6912	6912	6506	6099	6099	6099	6099	3750	1402	1402	1243	1190
			燃气	34560	34560	32640	28800	28800	27780	25740	25740	25740	20623	15506	15506	10732	10732	9642	9642	9642	9642	9642
	大型	公交车	汽油	600868	600868	600868	600868	600271	404968	15555	15555	15555	15555	15555	15416	15276	15276	12396	9516	9516	9516	9516
			柴油	137155	137155	112477	63120	63120	63120	63120	63120	63120	45314	27508	27508	27508	27508	18406	9304	9304	5960	4846
			燃气	175912	175912	166139	146593	146593	141401	131018	131018	131018	104906	78794	78794	54606	54606	49139	49139	49139	49139	49139
		其他	汽油	1278536	1278536	1278536	1278536	1277939	861090	28587	28587	28587	28587	28587	22328	16070	16070	12879	9688	9688	9688	9688
			柴油	272891	272891	207397	76409	76409	76409	76409	76409	76409	55942	35476	35476	35476	35476	20706	5937	5937	5324	5119
			燃气	266186	266186	251398	221822	221822	213966	198253	198253	198253	158842	119430	119430	82662	82662	74261	74261	74261	74261	74261
载货汽车	微型		汽油	251048	136588	22127	22127	22127	22127	20701	19275	19275	17748	16220	16220	13430	10641	10641	10641	10641	8908	8331
			柴油	46593	43494	40394	40394	40394	40394	36789	33184	33184	24834	16485	16485	16485	16485	11440	6394	6394	4148	3399
			燃气	127758	66851	5944	5944	5944	5944	5552	5161	5161	4009	2858	2858	2294	1730	1730	1730	1730	1169	982
	轻型		汽油	131818	80057	28296	28296	28296	28296	24508	20719	20719	18600	16481	16481	14423	12365	12365	12365	12365	10505	9885
			柴油	43287	41840	40394	40394	40394	40394	36789	33184	33184	24834	16485	16485	16485	16485	12392	8299	8299	6052	5303
			燃气	67308	40124	12940	12940	12940	12940	9486	6032	6032	4683	3334	3334	2636	1938	1938	1938	1938	1432	1263
	中型		汽油	204760	204760	204760	204760	204163	139326	10846	10846	10846	10846	10846	10706	10566	10566	8864	7162	7162	7162	7162
			柴油	47719	47719	44538	38175	38175	29055	10816	10816	10816	10186	9555	9555	9555	9555	6925	4295	4295	2556	1976
			燃气	54084	54084	51079	45070	45070	43473	40278	40278	40278	32285	24292	24292	32877	32877	16011	16011	16011	16011	16011
	重型		汽油	727034	727034	727034	727034	726436	489888	17986	17986	17986	17986	17986	14378	10771	10771	8956	7141	7141	7141	7141
			柴油	186162	186162	141483	52125	52125	52125	52125	52125	52125	38163	24201	24201	24201	24201	15218	6236	6236	4360	3735
			燃气	181588	181588	171500	151323	151323	145964	135245	135245	135245	108359	81473	81473	86825	86825	54183	54183	54183	54183	54183
低速汽车	三轮汽车			25300	25300	25300	25300	25300	25300	25300	25300	25300	16721	16721	16721	16721	16721	16721	16721	16721	16721	16721
	低速货车			33990	33990	33990	33990	33990	33990	33990	33990	33990	22464	22464	22464	22464	22464	22464	22464	22464	22464	22464
摩托车	普通摩托车			17897	17897	17897	17897	13356	8815	4719	4719	4719	4719	4719	3522	2324	2324	2324	2324	2324	2324	2324
	轻便摩托车			57876	57876	57876	57876	57876	11575	11575	5699	5699	5699	5699	4252	2806	2806	2806	2806	2806	2806	2806

柳州市 NO_x 排放系数

单位：克/（辆·年）

车辆类型		使用性质	燃料种类	1999年年底前	2000年	2001年	2002年	2003年	2004年	2005年	2006年	2007年	2008年	2009年	2010年	2011年	2012年	2013年	2014年	2015年	2016年	2017年
载客汽车	微型	出租车	汽油	345842	233000	120159	120159	120159	120159	88402	56645	56645	41716	26787	26787	22402	18017	18017	18017	18017	11283	9038
			燃气	214491	146070	77648	77648	77648	77648	57790	37932	37932	28438	18944	18944	15615	12286	12286	12286	12286	7404	5777
		其他	汽油	40023	25137	10251	10251	10251	10251	6380	2509	2509	2030	1552	1552	1344	1136	1136	1136	1136	823	719
			燃气	23785	14195	4605	4605	4605	4605	2996	1386	1386	1120	855	855	720	584	584	584	584	460	418
	小型	出租车	汽油	391783	258702	125620	125620	125620	125620	91552	57484	57484	42136	26787	26787	21520	16252	16252	16252	16252	9717	7539
			柴油	431535	360419	289303	289303	289303	289303	258507	227711	227711	180906	134102	134102	134102	134102	109760	85417	85417	67320	61288
			燃气	242233	161589	80945	80945	80945	80945	59692	38439	38439	28692	18944	18944	15082	11220	11220	11220	11220	6459	4872
		其他	汽油	37312	23858	10403	10403	10403	10403	6820	3237	3237	2215	1193	1193	1132	1071	1071	1071	1071	772	672
			柴油	35008	28590	22172	22172	22172	22172	20395	18618	18618	14636	10655	10655	10655	10655	9203	7751	7751	6905	6623
			燃气	22148	14161	6174	6174	6174	6174	4000	1825	1825	1232	639	639	592	544	544	544	544	428	390
	中型	公交车	汽油	323316	323316	323316	323316	323316	220879	16004	16004	16004	16004	16004	14353	12702	12702	9589	6476	6476	6476	6476
			柴油	362283	362283	361432	359731	359731	345435	316842	316842	316842	263914	210987	210987	210987	210987	172180	133374	133374	111664	104427
			燃气	384663	384663	380084	370925	370925	359419	336408	336408	336408	279983	223558	223558	141375	141375	110724	110724	110724	110724	110724
		其他	汽油	198222	198222	198222	198222	198222	134461	6938	6938	6938	6938	6938	6938	6938	6938	5204	3470	3470	3470	3470
			柴油	169894	169894	162802	148619	148619	147362	144848	144848	144848	123363	101878	101878	101878	101878	90458	79038	79038	67460	63601
			燃气	191847	191847	181189	159872	159872	158365	155352	155352	155352	132271	109190	109190	85055	85055	68321	68321	68321	68321	68321
	大型	公交车	汽油	1151812	1151812	1151812	1151812	1151812	792008	72400	72400	72400	72400	72400	72336	72273	72273	54205	36137	36137	36137	36137
			柴油	513825	513825	497222	464015	464015	450831	424462	424462	424462	416812	409163	409163	409163	409163	394409	379655	379655	342240	329769
			燃气	1033094	1033094	975700	860912	860912	797027	669256	669256	669256	573428	477601	477601	444647	444647	385392	385392	385392	385392	385392
		其他	汽油	2749166	2749166	2749166	2749166	2749166	1890379	172805	172805	172805	172805	172805	166324	159844	159844	120011	80178	80178	80178	80178
			柴油	1230453	1230453	1198791	1135467	1135467	1108994	1056049	1056049	1056049	1018868	981687	981687	981687	981687	934571	887455	887455	785389	751367
			燃气	2290354	2290354	2163112	1908628	1908628	1766996	1483731	1483731	1483731	1271770	1059808	1059808	956127	956127	811189	811189	811189	811189	811189
载货汽车	微型		汽油	99050	58214	17378	17378	17378	17378	11720	6063	6063	4888	3713	3713	3326	2940	2940	2940	2940	2260	2033
			柴油	68275	55972	43668	43668	43668	43668	39368	35067	35067	29792	24518	24518	24518	24518	17927	11336	11336	9976	9523
			燃气	58864	33335	7807	7807	7807	7807	5578	3349	3349	2697	2045	2045	1778	1511	1511	1511	1511	1264	1182
	轻型		汽油	71010	45308	19606	19606	19606	19606	13138	6671	6671	5580	4489	4489	3756	3024	3024	3024	3024	2365	2145
			柴油	68526	56097	43668	43668	43668	43668	39368	35067	35067	29792	24518	24518	24518	24518	19632	14747	14747	13988	13735
			燃气	42151	26893	11636	11636	11636	11636	7698	3761	3761	3083	2404	2404	1970	1536	1536	1536	1536	1318	1245
	中型		汽油	149777	149777	149777	149777	149777	102254	7208	7208	7208	7208	7208	7208	7208	7208	5408	3608	3608	3608	3608
			柴油	278846	278846	250384	193459	193459	183958	164956	164956	164956	166936	168915	168915	168915	168915	148202	127488	127488	109779	103876
			燃气	314877	314877	279287	208107	208107	197711	176918	176918	176918	178978	181038	181038	137193	137193	111585	111585	111585	111585	111585
	重型		汽油	1967690	1967690	1967690	1967690	1967690	1353021	123683	123683	123683	123683	123683	119045	114407	114407	85897	57387	57387	57387	57387
			柴油	1056727	1056727	1020657	948518	948518	913435	843268	843268	843268	809453	775638	775638	775638	775638	679026	582413	582413	399919	339088
			燃气	1966982	1966982	1842782	1594382	1594382	1457847	1184777	1184777	1184777	1011070	837362	837362	627481	627481	366085	366085	366085	366085	366085
低速汽车	三轮汽车			65550	65550	65550	65550	65550	65550	65550	65550	65550	53279	53279	53279	53279	53279	53279	53279	53279	53279	53279
	低速货车			88065	88065	88065	88065	88065	88065	88065	88065	88065	71579	71579	71579	71579	71579	71579	71579	71579	71579	71579
摩托车	普通摩托车			1336	1336	1336	1336	1292	1247	1158	1158	1158	1158	1158	1028	899	899	899	899	899	899	899
	轻便摩托车			890	890	890	890	890	445	445	445	445	445	445	396	346	346	346	346	346	346	346

柳州市 PM 排放系数

单位：克/（辆·年）

车辆类型		使用性质	燃料种类	1999 年年底前	2000 年	2001 年	2002 年	2003 年	2004 年	2005 年	2006 年	2007 年	2008 年	2009 年	2010 年	2011 年	2012 年	2013 年	2014 年	2015 年	2016 年	2017 年
载客汽车	微型	出租车	汽油	—	—	—	—	—	—	—	—	—	—	—	—	—	—	—	—	—	—	—
			燃气	—	—	—	—	—	—	—	—	—	—	—	—	—	—	—	—	—	—	—
		其他	汽油	—	—	—	—	—	—	—	—	—	—	—	—	—	—	—	—	—	—	—
			燃气	—	—	—	—	—	—	—	—	—	—	—	—	—	—	—	—	—	—	—
	小型	出租车	汽油	—	—	—	—	—	—	—	—	—	—	—	—	—	—	—	—	—	—	—
			柴油	54566	49988	45411	45411	45411	45411	30863	16315	16315	10684	5052	5052	5052	5052	4696	4339	4339	3588	3338
			燃气	—	—	—	—	—	—	—	—	—	—	—	—	—	—	—	—	—	—	—
		其他	汽油	—	—	—	—	—	—	—	—	—	—	—	—	—	—	—	—	—	—	—
			柴油	4685	4433	4181	4181	4181	4181	2996	1812	1812	1336	860	860	860	860	710	561	561	561	561
			燃气	—	—	—	—	—	—	—	—	—	—	—	—	—	—	—	—	—	—	—
	中型	公交车	汽油	—	—	—	—	—	—	—	—	—	—	—	—	—	—	—	—	—	—	—
			柴油	30592	30592	28032	22913	22913	17978	8108	8108	8108	6872	5637	5637	5637	5637	3504	1372	1372	1080	983
			燃气	—	—	—	—	—	—	—	—	—	—	—	—	—	—	—	—	—	—	—
		其他	汽油	—	—	—	—	—	—	—	—	—	—	—	—	—	—	—	—	—	—	—
			柴油	15274	15274	12888	8116	8116	6262	2553	2553	2553	2434	2316	2316	2316	2316	1366	415	415	399	394
			燃气	—	—	—	—	—	—	—	—	—	—	—	—	—	—	—	—	—	—	—
	大型	公交车	汽油	—	—	—	—	—	—	—	—	—	—	—	—	—	—	—	—	—	—	—
			柴油	94865	94865	93934	92071	92071	71272	29674	29674	29674	19994	10315	10315	10315	10315	6116	1916	1916	1845	1821
			燃气	—	—	—	—	—	—	—	—	—	—	—	—	—	—	—	—	—	—	—
		其他	汽油	—	—	—	—	—	—	—	—	—	—	—	—	—	—	—	—	—	—	—
			柴油	142314	142314	133412	115607	115607	85425	25061	25061	25061	17182	9303	9303	9303	9303	5868	2433	2433	2343	2313
			燃气	—	—	—	—	—	—	—	—	—	—	—	—	—	—	—	—	—	—	—
载货汽车	微型		汽油	—	—	—	—	—	—	—	—	—	—	—	—	—	—	—	—	—	—	—
			柴油	7598	7441	7284	7284	7284	7284	5950	4616	4616	3426	2236	2236	2236	2236	1408	579	579	577	576
			燃气	—	—	—	—	—	—	—	—	—	—	—	—	—	—	—	—	—	—	—
	轻型		汽油	—	—	—	—	—	—	—	—	—	—	—	—	—	—	—	—	—	—	—
			柴油	7902	7593	7284	7284	7284	7284	5950	4616	4616	3426	2236	2236	2236	2236	1686	1136	1136	938	872
			燃气	—	—	—	—	—	—	—	—	—	—	—	—	—	—	—	—	—	—	—
	中型		汽油	—	—	—	—	—	—	—	—	—	—	—	—	—	—	—	—	—	—	—
			柴油	23521	23521	19794	12339	12339	9529	3909	3909	3909	3704	3498	3498	3498	3498	2243	988	988	905	877
			燃气	—	—	—	—	—	—	—	—	—	—	—	—	—	—	—	—	—	—	—
	重型		汽油	—	—	—	—	—	—	—	—	—	—	—	—	—	—	—	—	—	—	—
			柴油	130589	130589	107335	60826	60826	48296	23235	23235	23235	15922	8609	8609	8609	8609	5760	2911	2911	2460	2310
			燃气	—	—	—	—	—	—	—	—	—	—	—	—	—	—	—	—	—	—	—
低速汽车	三轮汽车			4092	4092	4092	4092	4092	4092	4092	4092	4092	3220	3220	3220	3220	3220	3220	3220	3220	3220	3220
	低速货车			5581	5581	5581	5581	5581	5581	5581	5581	5581	4392	4392	4392	4392	4392	4392	4392	4392	4392	4392
摩托车	普通摩托车			—	—	—	—	—	—	—	—	—	—	—	—	—	—	—	—	—	—	—
	轻便摩托车			—	—	—	—	—	—	—	—	—	—	—	—	—	—	—	—	—	—	—

柳州市 VOCs 排放系数

单位：克/（辆·年）

车辆类型		使用性质	燃料种类	1999年年底前	2000年	2001年	2002年	2003年	2004年	2005年	2006年	2007年	2008年	2009年	2010年	2011年	2012年	2013年	2014年	2015年	2016年	2017年
载客汽车	微型	出租车	汽油	717191	426876	136561	136561	136561	136561	102996	69431	69431	57190	44950	44950	37470	29990	29990	29990	29990	21613	18821
			燃气	420558	253182	85807	85807	85807	85807	65282	44757	44757	36878	28999	28999	23376	17752	17752	17752	17752	11377	9252
		其他	汽油	45195	27440	9684	9684	9684	9684	9290	8897	8897	7742	6588	6588	6334	6080	6080	6080	6080	5285	5020
			燃气	21574	12088	2603	2603	2603	2603	2496	2389	2389	1786	1183	1183	1114	1045	1045	1045	1045	747	648
	小型	出租车	汽油	717191	420076	122960	122960	122960	122960	114112	105265	105265	75108	44950	44950	37470	29990	29990	29990	29990	20287	17053
			柴油	207914	195606	183298	183298	183298	183298	166532	149766	149766	110098	70430	70430	70430	70430	52192	33955	33955	18861	13830
			燃气	420558	249264	77969	77969	77969	77969	71688	65408	65408	47204	28999	28999	23376	17752	17752	17752	17752	10613	8233
		其他	汽油	45829	27680	9531	9531	9531	9531	9552	9572	9572	8082	6592	6592	6292	5991	5991	5991	5991	5350	5137
			柴油	10812	9870	8928	8928	8928	8928	7616	6304	6304	4282	2261	2261	2261	2261	1906	1552	1552	1113	967
			燃气	21939	13168	4398	4398	4398	4398	3588	2778	2778	2070	1363	1363	1178	994	994	994	994	786	716
	中型	公交车	汽油	247913	247913	247913	247913	247316	169073	13780	13780	13780	13780	13780	13628	13477	13477	11050	8623	8623	8623	8623
			柴油	87806	87806	86086	82645	82645	64494	28192	28192	28192	20508	12823	12823	12823	12823	8958	5093	5093	4763	4653
			燃气	71579	71579	67602	59649	59649	57536	53311	53311	53311	42686	32061	32061	22219	22219	22154	22154	22154	22154	22154
		其他	汽油	128623	128623	128623	128623	128026	87704	8253	8253	8253	8253	8253	8108	7962	7962	6910	5859	5859	5859	5859
			柴油	30493	30493	28460	24394	24394	18567	6912	6912	6912	6506	6099	6099	6099	6099	3750	1402	1402	1243	1190
			燃气	34560	34560	32640	28800	28800	27780	25740	25740	25740	20623	15506	15506	10732	10732	9642	9642	9642	9642	9642
	大型	公交车	汽油	577221	577221	577221	577221	576624	389046	15084	15084	15084	15084	15084	14944	14804	14804	12038	9272	9272	9272	9272
			柴油	131708	131708	108010	60614	60614	60614	60614	60614	60614	43515	26416	26416	26416	26416	17675	8934	8934	5723	4653
			燃气	168926	168926	159541	140772	140772	135786	125815	125815	125815	100740	75665	75665	52438	52438	47188	47188	47188	47188	47188
		其他	汽油	1278519	1278519	1278519	1278519	1277922	861074	28571	28571	28571	28571	28571	22312	16053	16053	12862	9671	9671	9671	9671
			柴油	272891	272891	207397	76409	76409	76409	76409	76409	76409	55942	35476	35476	35476	35476	20706	5937	5937	5324	5119
			燃气	266186	266186	251398	221822	221822	213966	198253	198253	198253	158842	119430	119430	82662	82662	74261	74261	74261	74261	74261
载货汽车	微型		汽油	179994	97592	15191	15191	15191	15191	14385	13579	13579	12616	11652	11652	9931	8210	8210	8210	8210	7251	6931
			柴油	26077	24369	22661	22661	22661	22661	20867	19073	19073	13930	8787	8787	8787	8787	6000	3213	3213	2334	2041
			燃气	85921	45002	4083	4083	4083	4083	3865	3646	3646	2869	2092	2092	1752	1411	1411	1411	1411	1024	895
	轻型		汽油	94360	56991	19622	19622	19622	19622	17119	14616	14616	13228	11840	11840	10644	9448	9448	9448	9448	8397	8047
			柴油	23731	23196	22661	22661	22661	22661	20867	19073	19073	13930	8787	8787	8787	8787	6674	4560	4560	3681	3388
			燃气	45171	27113	9054	9054	9054	9054	6648	4242	4242	3345	2448	2448	2008	1568	1568	1568	1568	1233	1122
	中型		汽油	204743	204743	204743	204743	204146	139309	10829	10829	10829	10829	10829	10689	10549	10549	8847	7145	7145	7145	7145
			柴油	47719	47719	44538	38175	38175	29055	10816	10816	10816	10186	9555	9555	9555	9555	6925	4295	4295	2556	1976
			燃气	54084	54084	51079	45070	45070	43473	40278	40278	40278	32285	24292	24292	32877	32877	16011	16011	16011	16011	16011
	重型		汽油	902861	902861	902861	902861	902264	608227	21350	21350	21350	21350	21350	16898	12445	12445	10192	7938	7938	7938	7938
			柴油	225161	225161	171122	63045	63045	63045	63045	63045	63045	46158	29271	29271	29271	29271	18492	7712	7712	5958	5373
			燃气	219629	219629	207428	183025	183025	176543	163578	163578	163578	131060	98541	98541	107376	107376	77946	77946	77946	77946	77946
低速汽车	三轮汽车			25300	25300	25300	25300	25300	25300	25300	25300	25300	16721	16721	16721	16721	16721	16721	16721	16721	16721	16721
	低速货车			33990	33990	33990	33990	33990	33990	33990	33990	33990	22464	22464	22464	22464	22464	22464	22464	22464	22464	22464
摩托车	普通摩托车			17897	17897	17897	17897	13356	8815	4719	4719	4719	4719	4719	3522	2324	2324	2324	2324	2324	2324	2324
	轻便摩托车			57876	57876	57876	57876	57876	11575	11575	5699	5699	5699	5699	4252	2806	2806	2806	2806	2806	2806	2806

桂林市 NO_x 排放系数

单位：克/（辆·年）

车辆类型		使用性质	燃料种类	1999年年底前	2000年	2001年	2002年	2003年	2004年	2005年	2006年	2007年	2008年	2009年	2010年	2011年	2012年	2013年	2014年	2015年	2016年	2017年
载客汽车	微型	出租车	汽油	277783	187248	96713	96713	96713	96713	71158	45604	45604	33587	21570	21570	17621	13672	13672	13672	13672	8468	6734
			燃气	179027	121704	64380	64380	64380	64380	47785	31190	31190	23295	15400	15400	12456	9511	9511	9511	9511	5720	4456
		其他	汽油	35923	22555	9187	9187	9187	9187	5752	2317	2317	1882	1448	1448	1200	953	953	953	953	679	588
			燃气	22249	13272	4295	4295	4295	4295	2800	1305	1305	1058	812	812	648	483	483	483	483	386	353
	小型	出租车	汽油	314661	207885	101109	101109	101109	101109	73694	46279	46279	33924	21570	21570	17003	12436	12436	12436	12436	7344	5646
			柴油	333404	278936	224468	224468	224468	224468	199800	175133	175133	138994	102854	102854	102854	102854	83952	65051	65051	49758	44661
			燃气	202326	134742	67158	67158	67158	67158	49388	31617	31617	23508	15400	15400	12065	8730	8730	8730	8730	5009	3769
		其他	汽油	33502	21412	9322	9322	9322	9322	6142	2961	2961	2044	1128	1128	1016	904	904	904	904	639	551
			柴油	29373	24032	18690	18690	18690	18690	17194	15697	15697	12290	8884	8884	8884	8884	7660	6435	6435	5577	5291
			燃气	20719	13234	5748	5748	5748	5748	3730	1712	1712	1161	610	610	531	452	452	452	452	360	329
	中型	公交车	汽油	325100	325100	325100	325100	325100	222097	16092	16092	16092	16092	16092	14432	12772	12772	9642	6512	6512	6512	6512
			柴油	363742	363742	362888	361180	361180	346826	318118	318118	318118	264977	211836	211836	211836	211836	172874	133911	133911	112113	104847
			燃气	386212	386212	381614	372418	372418	360866	337763	337763	337763	281110	224458	224458	141944	141944	111170	111170	111170	111170	111170
		其他	汽油	199316	199316	199316	199316	199316	135203	6976	6976	6976	6976	6976	6976	6976	6976	5232	3489	3489	3489	3489
			柴油	170579	170579	163458	149217	149217	147955	145431	145431	145431	123860	102288	102288	102288	102288	90822	79356	79356	67732	63857
			燃气	192619	192619	181918	160516	160516	159003	155978	155978	155978	132804	109630	109630	85397	85397	68596	68596	68596	68596	68596
	大型	公交车	汽油	1158168	1158168	1158168	1158168	1158168	796378	72799	72799	72799	72799	72799	72735	72671	72671	54504	36337	36337	36337	36337
			柴油	515894	515894	499224	465883	465883	452646	426171	426171	426171	418491	410811	410811	410811	410811	395998	381184	381184	343619	331097
			燃气	1037254	1037254	979629	864378	864378	800236	671951	671951	671951	575738	479524	479524	446437	446437	386944	386944	386944	386944	386944
		其他	汽油	2764336	2764336	2764336	2764336	2764336	1900810	173758	173758	173758	173758	173758	167242	160726	160726	120673	80620	80620	80620	80620
			柴油	1235407	1235407	1203618	1140039	1140039	1113460	1060302	1060302	1060302	1022971	985640	985640	985640	985640	938334	891029	891029	788551	754392
			燃气	2299577	2299577	2171823	1916314	1916314	1774111	1489706	1489706	1489706	1276891	1064076	1064076	959977	959977	814455	814455	814455	814455	814455
载货汽车	微型		汽油	97617	57704	17792	17792	17792	17792	12048	6305	6305	5094	3882	3882	3463	3044	3044	3044	3044	2314	2070
			柴油	64570	53090	41610	41610	41610	41610	37476	33342	33342	28246	23151	23151	23151	23151	16934	10717	10717	9308	8839
			燃气	60459	34389	8318	8318	8318	8318	5935	3551	3551	2864	2177	2177	1860	1543	1543	1543	1543	1318	1243
	轻型		汽油	72024	46034	20043	20043	20043	20043	13481	6919	6919	5792	4666	4666	3898	3129	3129	3129	3129	2420	2183
			柴油	64803	53206	41610	41610	41610	41610	37476	33342	33342	28246	23151	23151	23151	23151	18502	13854	13854	12998	12712
			燃气	44543	28451	12359	12359	12359	12359	8180	4000	4000	3262	2523	2523	2044	1564	1564	1564	1564	1369	1303
	中型		汽油	149777	149777	149777	149777	149777	102254	7208	7208	7208	7208	7208	7208	7208	7208	5408	3608	3608	3608	3608
			柴油	278846	278846	250384	193459	193459	183958	164956	164956	164956	166936	168915	168915	168915	168915	148202	127488	127488	109779	103876
			燃气	314875	314875	279286	208108	208108	197712	176919	176919	176919	178979	181039	181039	137193	137193	111585	111585	111585	111585	111585
	重型		汽油	1725936	1725936	1725936	1725936	1725936	1186786	108487	108487	108487	108487	108487	104419	100351	100351	75344	50336	50336	50336	50336
			柴油	934403	934403	902509	838720	838720	807698	745654	745654	745654	715753	685852	685852	685852	685852	594206	502560	502560	344804	292219
			燃气	1739290	1739290	1629467	1409821	1409821	1289091	1047631	1047631	1047631	894031	740431	740431	541448	541448	315485	315485	315485	315485	315485
低速汽车	三轮汽车			65550	65550	65550	65550	65550	65550	65550	65550	65550	53279	53279	53279	53279	53279	53279	53279	53279	53279	53279
	低速货车			88065	88065	88065	88065	88065	88065	88065	88065	88065	71579	71579	71579	71579	71579	71579	71579	71579	71579	71579
摩托车	普通摩托车			1336	1336	1336	1336	1292	1247	1158	1158	1158	1158	1158	1028	899	899	899	899	899	899	899
	轻便摩托车			890	890	890	890	890	445	445	445	445	445	445	396	346	346	346	346	346	346	346

桂林市 PM 排放系数

单位：克/（辆·年）

车辆类型		使用性质	燃料种类	1999 年年底前	2000 年	2001 年	2002 年	2003 年	2004 年	2005 年	2006 年	2007 年	2008 年	2009 年	2010 年	2011 年	2012 年	2013 年	2014 年	2015 年	2016 年	2017 年
载客汽车	微型	出租车	汽油	—	—	—	—	—	—	—	—	—	—	—	—	—	—	—	—	—	—	—
			燃气	—	—	—	—	—	—	—	—	—	—	—	—	—	—	—	—	—	—	—
		其他	汽油	—	—	—	—	—	—	—	—	—	—	—	—	—	—	—	—	—	—	—
			燃气	—	—	—	—	—	—	—	—	—	—	—	—	—	—	—	—	—	—	—
	小型	出租车	汽油	—	—	—	—	—	—	—	—	—	—	—	—	—	—	—	—	—	—	—
			柴油	42909	39293	35677	35677	35677	35677	24297	12917	12917	8428	3939	3939	3939	3939	3661	3383	3383	2797	2602
			燃气	—	—	—	—	—	—	—	—	—	—	—	—	—	—	—	—	—	—	—
		其他	汽油	—	—	—	—	—	—	—	—	—	—	—	—	—	—	—	—	—	—	—
			柴油	4063	3845	3627	3627	3627	3627	2606	1585	1585	1162	738	738	738	738	616	495	495	495	495
			燃气	—	—	—	—	—	—	—	—	—	—	—	—	—	—	—	—	—	—	—
	中型	公交车	汽油	—	—	—	—	—	—	—	—	—	—	—	—	—	—	—	—	—	—	—
			柴油	30592	30592	28032	22913	22913	17978	8108	8108	8108	6872	5637	5637	5637	5637	3504	1372	1372	1080	983
			燃气	—	—	—	—	—	—	—	—	—	—	—	—	—	—	—	—	—	—	—
		其他	汽油	—	—	—	—	—	—	—	—	—	—	—	—	—	—	—	—	—	—	—
			柴油	15274	15274	12888	8116	8116	6262	2553	2553	2553	2434	2316	2316	2316	2316	1366	415	415	399	394
			燃气	—	—	—	—	—	—	—	—	—	—	—	—	—	—	—	—	—	—	—
	大型	公交车	汽油	—	—	—	—	—	—	—	—	—	—	—	—	—	—	—	—	—	—	—
			柴油	94865	94865	93934	92071	92071	71272	29674	29674	29674	19994	10315	10315	10315	10315	6116	1916	1916	1845	1821
			燃气	—	—	—	—	—	—	—	—	—	—	—	—	—	—	—	—	—	—	—
		其他	汽油	—	—	—	—	—	—	—	—	—	—	—	—	—	—	—	—	—	—	—
			柴油	142314	142314	133412	115607	115607	85425	25061	25061	25061	17182	9303	9303	9303	9303	5868	2433	2433	2343	2313
			燃气	—	—	—	—	—	—	—	—	—	—	—	—	—	—	—	—	—	—	—
载货汽车	微型		汽油	—	—	—	—	—	—	—	—	—	—	—	—	—	—	—	—	—	—	—
			柴油	7642	7484	7326	7326	7326	7326	5962	4597	4597	3412	2227	2227	2227	2227	1402	577	577	575	574
			燃气	—	—	—	—	—	—	—	—	—	—	—	—	—	—	—	—	—	—	—
	轻型		汽油	—	—	—	—	—	—	—	—	—	—	—	—	—	—	—	—	—	—	—
			柴油	7948	7637	7326	7326	7326	7326	5962	4597	4597	3412	2227	2227	2227	2227	1680	1132	1132	935	869
			燃气	—	—	—	—	—	—	—	—	—	—	—	—	—	—	—	—	—	—	—
	中型		汽油	—	—	—	—	—	—	—	—	—	—	—	—	—	—	—	—	—	—	—
			柴油	23521	23521	19794	12339	12339	9529	3909	3909	3909	3704	3498	3498	3498	3498	2243	988	988	905	877
			燃气	—	—	—	—	—	—	—	—	—	—	—	—	—	—	—	—	—	—	—
	重型		汽油	—	—	—	—	—	—	—	—	—	—	—	—	—	—	—	—	—	—	—
			柴油	112751	112751	92673	52517	52517	41698	20061	20061	20061	13747	7433	7433	7433	7433	5002	2572	2572	2174	2041
			燃气	—	—	—	—	—	—	—	—	—	—	—	—	—	—	—	—	—	—	—
低速汽车	三轮汽车			4092	4092	4092	4092	4092	4092	4092	4092	4092	3220	3220	3220	3220	3220	3220	3220	3220	3220	3220
	低速货车			5581	5581	5581	5581	5581	5581	5581	5581	5581	4392	4392	4392	4392	4392	4392	4392	4392	4392	4392
摩托车	普通摩托车			—	—	—	—	—	—	—	—	—	—	—	—	—	—	—	—	—	—	—
	轻便摩托车			—	—	—	—	—	—	—	—	—	—	—	—	—	—	—	—	—	—	—

桂林市 VOCs 排放系数

单位：克/（辆・年）

车辆类型		使用性质	燃料种类	1999 年年底前	2000 年	2001 年	2002 年	2003 年	2004 年	2005 年	2006 年	2007 年	2008 年	2009 年	2010 年	2011 年	2012 年	2013 年	2014 年	2015 年	2016 年	2017 年
载客汽车	微型	出租车	汽油	520425	311240	102055	102055	102055	102055	77958	53860	53860	44366	34872	34872	28834	22795	22795	22795	22795	15906	13609
			燃气	337645	202950	68254	68254	68254	68254	52095	35936	35936	29436	22936	22936	18295	13654	13654	13654	13654	8442	6705
		其他	汽油	37206	23012	8819	8819	8819	8819	8452	8084	8084	7063	6042	6042	5786	5529	5529	5529	5529	4796	4551
			燃气	18889	10607	2325	2325	2325	2325	2230	2135	2135	1586	1036	1036	940	845	845	845	845	576	486
	小型	出租车	汽油	520425	306441	92457	92457	92457	92457	86016	79574	79574	57223	34872	34872	28834	22795	22795	22795	22795	15078	12506
			柴油	160821	151180	141538	141538	141538	141538	127258	112978	112978	84066	55154	55154	55154	55154	40840	26526	26526	14520	10518
			燃气	337645	199850	62054	62054	62054	62054	57300	52546	52546	37741	22936	22936	18295	13654	13654	13654	13654	7908	5992
		其他	汽油	37700	23200	8701	8701	8701	8701	8656	8610	8610	7327	6044	6044	5756	5467	5467	5467	5467	4843	4635
			柴油	9079	8304	7530	7530	7530	7530	6368	5205	5205	3597	1989	1989	1989	1989	1664	1338	1338	934	800
			燃气	19207	11543	3879	3879	3879	3879	3177	2475	2475	1831	1187	1187	996	805	805	805	805	606	540
	中型	公交车	汽油	247785	247785	247785	247785	247188	168945	13652	13652	13652	13652	13652	13500	13349	13349	10922	8495	8495	8495	8495
			柴油	87806	87806	86086	82645	82645	64494	28192	28192	28192	20508	12823	12823	12823	12823	8958	5093	5093	4763	4653
			燃气	71579	71579	67602	59649	59649	57536	53311	53311	53311	42686	32061	32061	22219	22219	22154	22154	22154	22154	22154
		其他	汽油	128495	128495	128495	128495	127898	87576	8125	8125	8125	8125	8125	7980	7834	7834	6782	5731	5731	5731	5731
			柴油	30493	30493	28460	24394	24394	18567	6912	6912	6912	6506	6099	6099	6099	6099	3750	1402	1402	1243	1190
			燃气	34560	34560	32640	28800	28800	27780	25740	25740	25740	20623	15506	15506	10732	10732	9642	9642	9642	9642	9642
	大型	公交车	汽油	577093	577093	577093	577093	576496	388918	14956	14956	14956	14956	14956	14816	14677	14677	11911	9145	9145	9145	9145
			柴油	131708	131708	108010	60614	60614	60614	60614	60614	60614	43515	26416	26416	26416	26416	17675	8934	8934	5723	4653
			燃气	168926	168926	159541	140772	140772	135786	125815	125815	125815	100740	75665	75665	52438	52438	47188	47188	47188	47188	47188
		其他	汽油	1278391	1278391	1278391	1278391	1277794	860946	28443	28443	28443	28443	28443	22184	15925	15925	12734	9544	9544	9544	9544
			柴油	272891	272891	207397	76409	76409	76409	76409	76409	76409	55942	35476	35476	35476	35476	20706	5937	5937	5324	5119
			燃气	266186	266186	251398	221822	221822	213966	198253	198253	198253	158842	119430	119430	82662	82662	74261	74261	74261	74261	74261
载货汽车	微型		汽油	157282	85863	14444	14444	14444	14444	13633	12822	12822	11876	10930	10930	9360	7790	7790	7790	7790	6790	6456
			柴油	24510	22901	21292	21292	21292	21292	19524	17755	17755	13104	8453	8453	8453	8453	5832	3211	3211	2218	1887
			燃气	79850	41829	3808	3808	3808	3808	3597	3386	3386	2630	1874	1874	1532	1191	1191	1191	1191	815	689
	轻型		汽油	83372	50820	18268	18268	18268	18268	15992	13717	13717	12404	11091	11091	9975	8859	8859	8859	8859	7779	7419
			柴油	22504	21898	21292	21292	21292	21292	19524	17755	17755	13104	8453	8453	8453	8453	6408	4363	4363	3370	3039
			燃气	42475	25310	8144	8144	8144	8144	6044	3943	3943	3061	2178	2178	1741	1304	1304	1304	1304	974	864
	中型		汽油	204615	204615	204615	204615	204018	139181	10701	10701	10701	10701	10701	10562	10422	10422	8720	7017	7017	7017	7017
			柴油	47719	47719	44538	38175	38175	29055	10816	10816	10816	10186	9555	9555	9555	9555	6925	4295	4295	2556	1976
			燃气	54084	54084	51079	45070	45070	43473	40278	40278	40278	32285	24292	24292	32877	32877	16011	16011	16011	16011	16011
	重型		汽油	793767	793767	793767	793767	793170	534757	19127	19127	19127	19127	19127	15198	11269	11269	9288	7306	7306	7306	7306
			柴油	201295	201295	152984	56363	56363	56363	56363	56363	56363	41266	26168	26168	26168	26168	16628	7088	7088	5048	4368
			燃气	196349	196349	185442	163627	163627	157831	146241	146241	146241	117168	88095	88095	98688	98688	63366	63366	63366	63366	63366
低速汽车	三轮汽车			25300	25300	25300	25300	25300	25300	25300	25300	25300	16721	16721	16721	16721	16721	16721	16721	16721	16721	16721
	低速货车			33990	33990	33990	33990	33990	33990	33990	33990	33990	22464	22464	22464	22464	22464	22464	22464	22464	22464	22464
摩托车	普通摩托车			17897	17897	17897	17897	13356	8815	4719	4719	4719	4719	4719	3522	2324	2324	2324	2324	2324	2324	2324
	轻便摩托车			57876	57876	57876	57876	57876	11575	11575	5699	5699	5699	5699	4252	2806	2806	2806	2806	2806	2806	2806

梧州市 NO_x 排放系数

单位：克/（辆·年）

车辆类型		使用性质	燃料种类	1999年年底前	2000年	2001年	2002年	2003年	2004年	2005年	2006年	2007年	2008年	2009年	2010年	2011年	2012年	2013年	2014年	2015年	2016年	2017年
载客汽车	微型	出租车	汽油	285526	192640	99753	99753	99753	99753	73542	47331	47331	34986	22641	22641	18452	14263	14263	14263	14263	8794	6971
			燃气	176837	120644	64452	64452	64452	64452	48074	31695	31695	23849	16003	16003	12894	9785	9785	9785	9785	5800	4472
		其他	汽油	35947	22545	9143	9143	9143	9143	5720	2296	2296	1868	1439	1439	1190	940	940	940	940	674	586
			燃气	21279	12690	4102	4102	4102	4102	2678	1255	1255	1020	786	786	626	465	465	465	465	369	337
	小型	出租车	汽油	323282	213760	104237	104237	104237	104237	76128	48020	48020	35330	22641	22641	17821	13001	13001	13001	13001	7641	5854
			柴油	346462	290150	233839	233839	233839	233839	208099	182359	182359	144720	107080	107080	107080	107080	87285	67490	67490	51495	46163
			燃气	199587	133370	67154	67154	67154	67154	49632	32110	32110	24056	16003	16003	12514	9025	9025	9025	9025	5106	3799
		其他	汽油	33521	21399	9277	9277	9277	9277	6107	2937	2937	2028	1118	1118	1004	891	891	891	891	634	549
			柴油	29369	24026	18683	18683	18683	18683	17186	15690	15690	12278	8866	8866	8866	8866	7643	6420	6420	5577	5296
			燃气	19817	12650	5483	5483	5483	5483	3562	1642	1642	1118	593	593	514	435	435	435	435	345	315
	中型	公交车	汽油	324007	324007	324007	324007	324007	221351	16038	16038	16038	16038	16038	14384	12729	12729	9610	6490	6490	6490	6490
			柴油	362849	362849	361997	360293	360293	345974	317337	317337	317337	264326	211316	211316	211316	211316	172449	133582	133582	111838	104590
			燃气	385263	385263	380677	371504	371504	359980	336933	336933	336933	280420	223907	223907	141596	141596	110897	110897	110897	110897	110897
		其他	汽油	198646	198646	198646	198646	198646	134748	6953	6953	6953	6953	6953	6953	6953	6953	5215	3477	3477	3477	3477
			柴油	170160	170160	163057	148850	148850	147591	145074	145074	145074	123556	102037	102037	102037	102037	90600	79162	79162	67566	63700
			燃气	192146	192146	181471	160122	160122	158613	155594	155594	155594	132478	109361	109361	85187	85187	68427	68427	68427	68427	68427
	大型	公交车	汽油	1154276	1154276	1154276	1154276	1154276	793702	72554	72554	72554	72554	72554	72490	72427	72427	54320	36214	36214	36214	36214
			柴油	514627	514627	497998	464739	464739	451534	425124	425124	425124	417463	409802	409802	409802	409802	395025	380248	380248	342775	330284
			燃气	1034706	1034706	977222	862255	862255	798270	670301	670301	670301	574324	478346	478346	445341	445341	385993	385993	385993	385993	385993
		其他	汽油	2755045	2755045	2755045	2755045	2755045	1894421	173174	173174	173174	173174	173174	166680	160186	160186	120268	80349	80349	80349	80349
			柴油	1232373	1232373	1200662	1137239	1137239	1110725	1057697	1057697	1057697	1020458	983219	983219	983219	983219	936030	888840	888840	786614	752539
			燃气	2293928	2293928	2166488	1911607	1911607	1769754	1486047	1486047	1486047	1273754	1061462	1061462	957620	957620	812455	812455	812455	812455	812455
载货汽车	微型		汽油	96032	56758	17483	17483	17483	17483	11807	6131	6131	4946	3762	3762	3365	2968	2968	2968	2968	2273	2041
			柴油	63038	51780	40522	40522	40522	40522	36512	32503	32503	27535	22567	22567	22567	22567	16505	10443	10443	9109	8664
			燃气	56847	32345	7844	7844	7844	7844	5597	3351	3351	2703	2055	2055	1762	1468	1468	1468	1468	1247	1174
	轻型		汽油	71207	45461	19715	19715	19715	19715	13228	6740	6740	5640	4539	4539	3795	3051	3051	3051	3051	2378	2154
			柴油	63267	51894	40522	40522	40522	40522	36512	32503	32503	27535	22567	22567	22567	22567	18047	13527	13527	12735	12471
			燃气	42096	26874	11652	11652	11652	11652	7710	3768	3768	3088	2408	2408	1949	1490	1490	1490	1490	1299	1236
	中型		汽油	149777	149777	149777	149777	149777	102254	7208	7208	7208	7208	7208	7208	7208	7208	5408	3608	3608	3608	3608
			柴油	278846	278846	250384	193459	193459	183958	164956	164956	164956	166936	168915	168915	168915	168915	148202	127488	127488	109779	103876
			燃气	314875	314875	279286	208109	208109	197712	176918	176918	176918	178979	181039	181039	137191	137191	111584	111584	111584	111584	111584
	重型		汽油	1316840	1316840	1316840	1316840	1316840	905484	82773	82773	82773	82773	82773	79669	76565	76565	57485	38405	38405	38405	38405
			柴油	716440	716440	691985	643076	643076	619290	571719	571719	571719	548793	525867	525867	525867	525867	456121	386375	386375	266397	226404
			燃气	1333575	1333575	1249370	1080959	1080959	988391	803256	803256	803256	685485	567715	567715	416273	416273	244430	244430	244430	244430	244430
低速汽车	三轮汽车			65550	65550	65550	65550	65550	65550	65550	65550	65550	53279	53279	53279	53279	53279	53279	53279	53279	53279	53279
	低速货车			88065	88065	88065	88065	88065	88065	88065	88065	88065	71579	71579	71579	71579	71579	71579	71579	71579	71579	71579
摩托车	普通摩托车			1336	1336	1336	1336	1292	1247	1158	1158	1158	1158	1158	1028	899	899	899	899	899	899	899
	轻便摩托车			890	890	890	890	890	445	445	445	445	445	445	396	346	346	346	346	346	346	346

梧州市 PM 排放系数

单位：克/（辆·年）

车辆类型		使用性质	燃料种类	1999 年年底前	2000 年	2001 年	2002 年	2003 年	2004 年	2005 年	2006 年	2007 年	2008 年	2009 年	2010 年	2011 年	2012 年	2013 年	2014 年	2015 年	2016 年	2017 年
载客汽车	微型	出租车	汽油	—	—	—	—	—	—	—	—	—	—	—	—	—	—	—	—	—	—	—
			燃气	—	—	—	—	—	—	—	—	—	—	—	—	—	—	—	—	—	—	—
		其他	汽油	—	—	—	—	—	—	—	—	—	—	—	—	—	—	—	—	—	—	—
			燃气	—	—	—	—	—	—	—	—	—	—	—	—	—	—	—	—	—	—	—
	小型	出租车	汽油	—	—	—	—	—	—	—	—	—	—	—	—	—	—	—	—	—	—	—
			柴油	42034	38494	34954	34954	34954	34954	23836	12717	12717	8288	3860	3860	3860	3860	3588	3315	3315	2741	2550
			燃气	—	—	—	—	—	—	—	—	—	—	—	—	—	—	—	—	—	—	—
		其他	汽油	—	—	—	—	—	—	—	—	—	—	—	—	—	—	—	—	—	—	—
			柴油	3866	3659	3452	3452	3452	3452	2483	1514	1514	1109	704	704	704	704	590	476	476	476	476
			燃气	—	—	—	—	—	—	—	—	—	—	—	—	—	—	—	—	—	—	—
	中型	公交车	汽油	—	—	—	—	—	—	—	—	—	—	—	—	—	—	—	—	—	—	—
			柴油	30592	30592	28032	22913	22913	17978	8108	8108	8108	6872	5637	5637	5637	5637	3504	1372	1372	1080	983
			燃气	—	—	—	—	—	—	—	—	—	—	—	—	—	—	—	—	—	—	—
		其他	汽油	—	—	—	—	—	—	—	—	—	—	—	—	—	—	—	—	—	—	—
			柴油	15274	15274	12888	8116	8116	6262	2553	2553	2553	2434	2316	2316	2316	2316	1366	415	415	399	394
			燃气	—	—	—	—	—	—	—	—	—	—	—	—	—	—	—	—	—	—	—
	大型	公交车	汽油	—	—	—	—	—	—	—	—	—	—	—	—	—	—	—	—	—	—	—
			柴油	94865	94865	93934	92071	92071	71272	29674	29674	29674	19994	10315	10315	10315	10315	6116	1916	1916	1845	1821
			燃气	—	—	—	—	—	—	—	—	—	—	—	—	—	—	—	—	—	—	—
		其他	汽油	—	—	—	—	—	—	—	—	—	—	—	—	—	—	—	—	—	—	—
			柴油	142314	142314	133412	115607	115607	85425	25061	25061	25061	17182	9303	9303	9303	9303	5868	2433	2433	2343	2313
			燃气	—	—	—	—	—	—	—	—	—	—	—	—	—	—	—	—	—	—	—
载货汽车	微型		汽油	—	—	—	—	—	—	—	—	—	—	—	—	—	—	—	—	—	—	—
			柴油	7175	7026	6878	6878	6878	6878	5597	4316	4316	3204	2091	2091	2091	2091	1316	542	542	539	538
			燃气	—	—	—	—	—	—	—	—	—	—	—	—	—	—	—	—	—	—	—
	轻型		汽油	—	—	—	—	—	—	—	—	—	—	—	—	—	—	—	—	—	—	—
			柴油	7462	7170	6878	6878	6878	6878	5597	4316	4316	3204	2091	2091	2091	2091	1576	1062	1062	877	815
			燃气	—	—	—	—	—	—	—	—	—	—	—	—	—	—	—	—	—	—	—
	中型		汽油	—	—	—	—	—	—	—	—	—	—	—	—	—	—	—	—	—	—	—
			柴油	23521	23521	19794	12339	12339	9529	3909	3909	3909	3704	3498	3498	3498	3498	2243	988	988	905	877
			燃气	—	—	—	—	—	—	—	—	—	—	—	—	—	—	—	—	—	—	—
	重型		汽油	—	—	—	—	—	—	—	—	—	—	—	—	—	—	—	—	—	—	—
			柴油	86359	86359	70981	40224	40224	31938	15365	15365	15365	10529	5693	5693	5693	5693	3832	1970	1970	1665	1563
			燃气	—	—	—	—	—	—	—	—	—	—	—	—	—	—	—	—	—	—	—
低速汽车	三轮汽车			4092	4092	4092	4092	4092	4092	4092	4092	4092	3220	3220	3220	3220	3220	3220	3220	3220	3220	3220
	低速货车			5581	5581	5581	5581	5581	5581	5581	5581	5581	4392	4392	4392	4392	4392	4392	4392	4392	4392	4392
摩托车	普通摩托车			—	—	—	—	—	—	—	—	—	—	—	—	—	—	—	—	—	—	—
	轻便摩托车			—	—	—	—	—	—	—	—	—	—	—	—	—	—	—	—	—	—	—

梧州市 VOCs 排放系数

单位：克/（辆·年）

车辆类型		使用性质	燃料种类	1999 年年底前	2000 年	2001 年	2002 年	2003 年	2004 年	2005 年	2006 年	2007 年	2008 年	2009 年	2010 年	2011 年	2012 年	2013 年	2014 年	2015 年	2016 年	2017 年
载客汽车	微型	出租车	汽油	467879	282895	97911	97911	97911	97911	75558	53205	53205	44192	35180	35180	28995	22810	22810	22810	22810	15570	13156
			燃气	330914	200124	69335	69335	69335	69335	53134	36934	36934	30366	23799	23799	18924	14048	14048	14048	14048	8488	6634
		其他	汽油	33388	21070	8751	8751	8751	8751	8388	8024	8024	7108	6191	6191	5952	5714	5714	5714	5714	5031	4803
			燃气	17885	10064	2243	2243	2243	2243	2148	2054	2054	1530	1006	1006	910	814	814	814	814	547	458
	小型	出租车	汽油	467879	278604	89328	89328	89328	89328	82727	76126	76126	55653	35180	35180	28995	22810	22810	22810	22810	14845	12190
			柴油	164141	154152	144164	144164	144164	144164	129244	114324	114324	85874	57423	57423	57423	57423	42472	27522	27522	14820	10586
			燃气	330914	197076	63237	63237	63237	63237	58228	53218	53218	38508	23799	23799	18924	14048	14048	14048	14048	7973	5948
		其他	汽油	33812	21230	8648	8648	8648	8648	8564	8480	8480	7336	6193	6193	5926	5660	5660	5660	5660	5073	4877
			柴油	8360	7651	6942	6942	6942	6942	5878	4814	4814	3346	1877	1877	1877	1877	1561	1245	1245	860	732
			燃气	18186	10956	3727	3727	3727	3727	3052	2378	2378	1764	1150	1150	963	776	776	776	776	577	511
	中型	公交车	汽油	248164	248164	248164	248164	247567	169324	14032	14032	14032	14032	14032	13880	13729	13729	11302	8874	8874	8874	8874
			柴油	87806	87806	86086	82645	82645	64494	28192	28192	28192	20508	12823	12823	12823	12823	8958	5093	5093	4763	4653
			燃气	71579	71579	67602	59649	59649	57536	53311	53311	53311	42686	32061	32061	22219	22219	22154	22154	22154	22154	22154
		其他	汽油	128874	128874	128874	128874	128278	87955	8504	8504	8504	8504	8504	8358	8213	8213	7162	6111	6111	6111	6111
			柴油	30493	30493	28460	24394	24394	18567	6912	6912	6912	6506	6099	6099	6099	6099	3750	1402	1402	1243	1190
			燃气	34560	34560	32640	28800	28800	27780	25740	25740	25740	20623	15506	15506	10732	10732	9642	9642	9642	9642	9642
	大型	公交车	汽油	577472	577472	577472	577472	576875	389297	15336	15336	15336	15336	15336	15196	15056	15056	12290	9524	9524	9524	9524
			柴油	131708	131708	108010	60614	60614	60614	60614	60614	60614	43515	26416	26416	26416	26416	17675	8934	8934	5723	4653
			燃气	168926	168926	159541	140772	140772	135786	125815	125815	125815	100740	75665	75665	52438	52438	47188	47188	47188	47188	47188
		其他	汽油	1278770	1278770	1278770	1278770	1278173	861325	28822	28822	28822	28822	28822	22563	16304	16304	13114	9923	9923	9923	9923
			柴油	272891	272891	207397	76409	76409	76409	76409	76409	76409	55942	35476	35476	35476	35476	20706	5937	5937	5324	5119
			燃气	266186	266186	251398	221822	221822	213966	198253	198253	198253	158842	119430	119430	82662	82662	74261	74261	74261	74261	74261
载货汽车	微型		汽油	135731	74664	13597	13597	13597	13597	12846	12094	12094	11238	10383	10383	9018	7653	7653	7653	7653	6738	6433
			柴油	21904	20466	19027	19027	19027	19027	17432	15837	15837	11712	7587	7587	7587	7587	5244	2901	2901	1985	1680
			燃气	72707	38096	3485	3485	3485	3485	3290	3096	3096	2392	1687	1687	1389	1090	1090	1090	1090	733	613
	轻型		汽油	72690	44774	16859	16859	16859	16859	14858	12858	12858	11690	10521	10521	9543	8565	8565	8565	8565	7582	7254
			柴油	20145	19586	19027	19027	19027	19027	17432	15837	15837	11712	7587	7587	7587	7587	5749	3911	3911	2996	2691
			燃气	39097	23181	7266	7266	7266	7266	5436	3606	3606	2780	1954	1954	1564	1174	1174	1174	1174	864	760
	中型		汽油	204995	204995	204995	204995	204398	139561	11081	11081	11081	11081	11081	10941	10801	10801	9099	7397	7397	7397	7397
			柴油	47719	47719	44538	38175	38175	29055	10816	10816	10816	10186	9555	9555	9555	9555	6925	4295	4295	2556	1976
			燃气	54084	54084	51079	45070	45070	43473	40278	40278	40278	32285	24292	24292	32877	32877	16011	16011	16011	16011	16011
	重型		汽油	606978	606978	606978	606978	606380	409158	15907	15907	15907	15907	15907	12878	9849	9849	8334	6820	6820	6820	6820
			柴油	153456	153456	116627	42968	42968	42968	42968	42968	42968	31458	19949	19949	19949	19949	12696	5442	5442	3912	3402
			燃气	149686	149686	141370	124740	124740	120322	111486	111486	111486	89322	67158	67158	75770	75770	49353	49353	49353	49353	49353
低速汽车	三轮汽车			25300	25300	25300	25300	25300	25300	25300	25300	25300	16721	16721	16721	16721	16721	16721	16721	16721	16721	16721
	低速货车			33990	33990	33990	33990	33990	33990	33990	33990	33990	22464	22464	22464	22464	22464	22464	22464	22464	22464	22464
摩托车	普通摩托车			17897	17897	17897	17897	13356	8815	4719	4719	4719	4719	4719	3522	2324	2324	2324	2324	2324	2324	2324
	轻便摩托车			57876	57876	57876	57876	57876	11575	11575	5699	5699	5699	5699	4252	2806	2806	2806	2806	2806	2806	2806

北海市 NO_x 排放系数

单位：克/（辆·年）

车辆类型		使用性质	燃料种类	1999 年年底前	2000 年	2001 年	2002 年	2003 年	2004 年	2005 年	2006 年	2007 年	2008 年	2009 年	2010 年	2011 年	2012 年	2013 年	2014 年	2015 年	2016 年	2017 年
载客汽车	微型	出租车	汽油	301432	203070	104709	104709	104709	104709	77052	49396	49396	36412	23428	23428	19116	14805	14805	14805	14805	9192	7321
			燃气	179330	122424	65517	65517	65517	65517	48902	32286	32286	24317	16348	16348	13166	9984	9984	9984	9984	5904	4544
		其他	汽油	37537	23528	9519	9519	9519	9519	5937	2355	2355	1914	1473	1473	1215	957	957	957	957	695	608
			燃气	21279	12690	4102	4102	4102	4102	2678	1255	1255	1020	786	786	626	465	465	465	465	369	337
	小型	出租车	汽油	341457	225460	109463	109463	109463	109463	79794	50126	50126	36777	23428	23428	18448	13468	13468	13468	13468	7970	6137
			柴油	363805	304330	244854	244854	244854	244854	217960	191065	191065	151550	112036	112036	112036	112036	91447	70858	70858	54284	48759
			燃气	202361	135306	68252	68252	68252	68252	50479	32706	32706	24527	16348	16348	12781	9214	9214	9214	9214	5201	3863
		其他	汽油	34998	22329	9660	9660	9660	9660	6344	3027	3027	2082	1137	1137	1022	906	906	906	906	653	569
			柴油	30666	25074	19482	19482	19482	19482	17924	16366	16366	12802	9239	9239	9239	9239	7968	6696	6696	5830	5542
			燃气	19817	12650	5483	5483	5483	5483	3562	1642	1642	1118	593	593	514	435	435	435	435	345	315
	中型	公交车	汽油	323301	323301	323301	323301	323301	220868	16003	16003	16003	16003	16003	14352	12701	12701	9588	6476	6476	6476	6476
			柴油	362271	362271	361420	359719	359719	345423	316832	316832	316832	263906	210979	210979	210979	210979	172174	133369	133369	111660	104423
			燃气	384650	384650	380071	370912	370912	359407	336397	336397	336397	279974	223550	223550	141370	141370	110720	110720	110720	110720	110720
		其他	汽油	198213	198213	198213	198213	198213	134454	6937	6937	6937	6937	6937	6937	6937	6937	5203	3469	3469	3469	3469
			柴油	169889	169889	162797	148614	148614	147357	144843	144843	144843	123358	101874	101874	101874	101874	90455	79036	79036	67458	63598
			燃气	191840	191840	181182	159867	159867	158360	155347	155347	155347	132267	109187	109187	85052	85052	68319	68319	68319	68319	68319
	大型	公交车	汽油	1151760	1151760	1151760	1151760	1151760	791972	72396	72396	72396	72396	72396	72332	72269	72269	54202	36135	36135	36135	36135
			柴油	513808	513808	497205	463999	463999	450815	424447	424447	424447	416798	409149	409149	409149	409149	394396	379642	379642	342229	329758
			燃气	1033060	1033060	975668	860883	860883	797000	669234	669234	669234	573410	477585	477585	444632	444632	385379	385379	385379	385379	385379
		其他	汽油	2749040	2749040	2749040	2749040	2749040	1890292	172797	172797	172797	172797	172797	166317	159837	159837	120006	80174	80174	80174	80174
			柴油	1230411	1230411	1198750	1135429	1135429	1108957	1056014	1056014	1056014	1018834	981654	981654	981654	981654	934540	887425	887425	785363	751342
			燃气	2290278	2290278	2163040	1908565	1908565	1766937	1483682	1483682	1483682	1271728	1059773	1059773	956095	956095	811162	811162	811162	811162	811162
载货汽车	微型		汽油	190046	113387	36728	36728	36728	36728	25273	13818	13818	11275	8732	8732	7581	6430	6430	6430	6430	4711	4138
			柴油	133397	110682	87966	87966	87966	87966	78972	69977	69977	59136	48294	48294	48294	48294	35291	22288	22288	18681	17479
			燃气	107733	61780	15827	15827	15827	15827	11595	7364	7364	6012	4659	4659	3892	3124	3124	3124	3124	2501	2294
	轻型		汽油	141589	91338	41086	41086	41086	41086	28046	15006	15006	12628	10250	10250	8422	6594	6594	6594	6594	4916	4357
			柴油	133844	110905	87966	87966	87966	87966	78972	69977	69977	59136	48294	48294	48294	48294	38302	28311	28311	25764	24915
			燃气	80172	51746	23320	23320	23320	23320	15730	8140	8140	6743	5346	5346	4256	3166	3166	3166	3166	2601	2412
	中型		汽油	149777	149777	149777	149777	149777	102254	7208	7208	7208	7208	7208	7208	7208	7208	5408	3608	3608	3608	3608
			柴油	278846	278846	250384	193459	193459	183958	164956	164956	164956	166936	168915	168915	168915	168915	148202	127488	127488	109779	103876
			燃气	314875	314875	279286	208108	208108	197711	176919	176919	176919	178980	181041	181041	137192	137192	111587	111587	111587	111587	111587
	重型		汽油	2129002	2129002	2129002	2129002	2129002	1463942	133823	133823	133823	133823	133823	128804	123786	123786	92938	62091	62091	62091	62091
			柴油	1139739	1139739	1100836	1023030	1023030	985191	909512	909512	909512	873040	836568	836568	836568	836568	736704	636841	636841	443163	378604
			燃气	2121502	2121502	1987545	1719631	1719631	1572371	1277849	1277849	1277849	1090495	903141	903141	686121	686121	408748	408748	408748	408748	408748
低速汽车	三轮汽车			65550	65550	65550	65550	65550	65550	65550	65550	65550	53279	53279	53279	53279	53279	53279	53279	53279	53279	53279
	低速货车			88065	88065	88065	88065	88065	88065	88065	88065	88065	71579	71579	71579	71579	71579	71579	71579	71579	71579	71579
摩托车	普通摩托车			1336	1336	1336	1336	1292	1247	1158	1158	1158	1158	1158	1028	899	899	899	899	899	899	899
	轻便摩托车			890	890	890	890	890	445	445	445	445	445	445	396	346	346	346	346	346	346	346

北海市 PM 排放系数

单位：克/（辆·年）

车辆类型		使用性质	燃料种类	1999 年年底前	2000 年	2001 年	2002 年	2003 年	2004 年	2005 年	2006 年	2007 年	2008 年	2009 年	2010 年	2011 年	2012 年	2013 年	2014 年	2015 年	2016 年	2017 年
载客汽车	微型	出租车	汽油	—	—	—	—	—	—	—	—	—	—	—	—	—	—	—	—	—	—	—
			燃气	—	—	—	—	—	—	—	—	—	—	—	—	—	—	—	—	—	—	—
		其他	汽油	—	—	—	—	—	—	—	—	—	—	—	—	—	—	—	—	—	—	—
			燃气	—	—	—	—	—	—	—	—	—	—	—	—	—	—	—	—	—	—	—
	小型	出租车	汽油	—	—	—	—	—	—	—	—	—	—	—	—	—	—	—	—	—	—	—
			柴油	42552	38968	35385	35385	35385	35385	24129	12873	12873	8390	3908	3908	3908	3908	3632	3356	3356	2776	2582
			燃气	—	—	—	—	—	—	—	—	—	—	—	—	—	—	—	—	—	—	—
		其他	汽油	—	—	—	—	—	—	—	—	—	—	—	—	—	—	—	—	—	—	—
			柴油	3866	3659	3452	3452	3452	3452	2483	1514	1514	1109	704	704	704	704	590	476	476	476	476
			燃气	—	—	—	—	—	—	—	—	—	—	—	—	—	—	—	—	—	—	—
	中型	公交车	汽油	—	—	—	—	—	—	—	—	—	—	—	—	—	—	—	—	—	—	—
			柴油	30592	30592	28032	22913	22913	17978	8108	8108	8108	6872	5637	5637	5637	5637	3504	1372	1372	1080	983
			燃气	—	—	—	—	—	—	—	—	—	—	—	—	—	—	—	—	—	—	—
		其他	汽油	—	—	—	—	—	—	—	—	—	—	—	—	—	—	—	—	—	—	—
			柴油	15274	15274	12888	8116	8116	6262	2553	2553	2553	2434	2316	2316	2316	2316	1366	415	415	399	394
			燃气	—	—	—	—	—	—	—	—	—	—	—	—	—	—	—	—	—	—	—
	大型	公交车	汽油	—	—	—	—	—	—	—	—	—	—	—	—	—	—	—	—	—	—	—
			柴油	94865	94865	93934	92071	92071	71272	29674	29674	29674	19994	10315	10315	10315	10315	6116	1916	1916	1845	1821
			燃气	—	—	—	—	—	—	—	—	—	—	—	—	—	—	—	—	—	—	—
		其他	汽油	—	—	—	—	—	—	—	—	—	—	—	—	—	—	—	—	—	—	—
			柴油	142314	142314	133412	115607	115607	85425	25061	25061	25061	17182	9303	9303	9303	9303	5868	2433	2433	2343	2313
			燃气	—	—	—	—	—	—	—	—	—	—	—	—	—	—	—	—	—	—	—
载货汽车	微型		汽油	—	—	—	—	—	—	—	—	—	—	—	—	—	—	—	—	—	—	—
			柴油	13374	13098	12821	12821	12821	12821	10433	8045	8045	5971	3897	3897	3897	3897	2454	1010	1010	1006	1004
			燃气	—	—	—	—	—	—	—	—	—	—	—	—	—	—	—	—	—	—	—
	轻型		汽油	—	—	—	—	—	—	—	—	—	—	—	—	—	—	—	—	—	—	—
			柴油	13909	13365	12821	12821	12821	12821	10433	8045	8045	5971	3897	3897	3897	3897	2938	1980	1980	1635	1520
			燃气	—	—	—	—	—	—	—	—	—	—	—	—	—	—	—	—	—	—	—
	中型		汽油	—	—	—	—	—	—	—	—	—	—	—	—	—	—	—	—	—	—	—
			柴油	23521	23521	19794	12339	12339	9529	3909	3909	3909	3704	3498	3498	3498	3498	2243	988	988	905	877
			燃气	—	—	—	—	—	—	—	—	—	—	—	—	—	—	—	—	—	—	—
	重型		汽油	—	—	—	—	—	—	—	—	—	—	—	—	—	—	—	—	—	—	—
			柴油	142935	142935	117482	66576	66576	52861	25432	25432	25432	17427	9422	9422	9422	9422	6283	3144	3144	2657	2495
			燃气	—	—	—	—	—	—	—	—	—	—	—	—	—	—	—	—	—	—	—
低速汽车	三轮汽车			4092	4092	4092	4092	4092	4092	4092	4092	4092	3220	3220	3220	3220	3220	3220	3220	3220	3220	3220
	低速货车			5581	5581	5581	5581	5581	5581	5581	5581	5581	4392	4392	4392	4392	4392	4392	4392	4392	4392	4392
摩托车	普通摩托车			—	—	—	—	—	—	—	—	—	—	—	—	—	—	—	—	—	—	—
	轻便摩托车			—	—	—	—	—	—	—	—	—	—	—	—	—	—	—	—	—	—	—

北海市 VOCs 排放系数

单位：克/（辆•年）

车辆类型		使用性质	燃料种类	1999 年年底前	2000 年	2001 年	2002 年	2003 年	2004 年	2005 年	2006 年	2007 年	2008 年	2009 年	2010 年	2011 年	2012 年	2013 年	2014 年	2015 年	2016 年	2017 年
载客汽车	微型	出租车	汽油	479697	289770	99844	99844	99844	99844	76899	53954	53954	44726	35498	35498	29156	22815	22815	22815	22815	15422	12958
			燃气	335424	202992	70561	70561	70561	70561	54113	37665	37665	30980	24296	24296	19312	14329	14329	14329	14329	8637	6740
		其他	汽油	33118	20706	8293	8293	8293	8293	7929	7565	7565	6654	5743	5743	5502	5261	5261	5261	5261	4595	4373
			燃气	17885	10064	2243	2243	2243	2243	2148	2054	2054	1530	1006	1006	910	814	814	814	814	547	458
	小型	出租车	汽油	479697	285362	91027	91027	91027	91027	84264	77501	77501	56500	35498	35498	29156	22815	22815	22815	22815	14678	11965
			柴油	168285	158044	147804	147804	147804	147804	132510	117215	117215	88029	58843	58843	58843	58843	43518	28192	28192	15183	10847
			燃气	335424	199906	64388	64388	64388	64388	59269	54150	54150	39223	24296	24296	19312	14329	14329	14329	14329	8116	6045
		其他	汽油	33549	20868	8188	8188	8188	8188	8108	8027	8027	6886	5745	5745	5476	5207	5207	5207	5207	4638	4449
			柴油	8417	7700	6983	6983	6983	6983	5906	4830	4830	3350	1870	1870	1870	1870	1553	1236	1236	857	731
			燃气	18186	10956	3727	3727	3727	3727	3052	2378	2378	1764	1150	1150	963	776	776	776	776	577	511
	中型	公交车	汽油	247751	247751	247751	247751	247154	168911	13619	13619	13619	13619	13619	13468	13316	13316	10888	8461	8461	8461	8461
			柴油	87806	87806	86086	82645	82645	64494	28192	28192	28192	20508	12823	12823	12823	12823	8958	5093	5093	4763	4653
			燃气	71579	71579	67602	59649	59649	57536	53311	53311	53311	42686	32061	32061	22219	22219	22154	22154	22154	22154	22154
		其他	汽油	128461	128461	128461	128461	127864	87542	8091	8091	8091	8091	8091	7946	7800	7800	6748	5697	5697	5697	5697
			柴油	30493	30493	28460	24394	24394	18567	6912	6912	6912	6506	6099	6099	6099	6099	3750	1402	1402	1243	1190
			燃气	34560	34560	32640	28800	28800	27780	25740	25740	25740	20623	15506	15506	10732	10732	9642	9642	9642	9642	9642
	大型	公交车	汽油	577059	577059	577059	577059	576462	388884	14922	14922	14922	14922	14922	14782	14643	14643	11877	9111	9111	9111	9111
			柴油	131708	131708	108010	60614	60614	60614	60614	60614	60614	43515	26416	26416	26416	26416	17675	8934	8934	5723	4653
			燃气	168926	168926	159541	140772	140772	135786	125815	125815	125815	100740	75665	75665	52438	52438	47188	47188	47188	47188	47188
		其他	汽油	1278357	1278357	1278357	1278357	1277760	860912	28409	28409	28409	28409	28409	22150	15891	15891	12700	9510	9510	9510	9510
			柴油	272891	272891	207397	76409	76409	76409	76409	76409	76409	55942	35476	35476	35476	35476	20706	5937	5937	5324	5119
			燃气	266186	266186	251398	221822	221822	213966	198253	198253	198253	158842	119430	119430	82662	82662	74261	74261	74261	74261	74261
载货汽车	微型		汽油	253225	138638	24050	24050	24050	24050	22343	20636	20636	18911	17186	17186	14114	11043	11043	11043	11043	8962	8269
			柴油	53854	50249	46644	46644	46644	46644	42212	37779	37779	28622	19464	19464	19464	19464	13617	7770	7770	4787	3793
			燃气	136751	71628	6505	6505	6505	6505	6054	5603	5603	4307	3010	3010	2360	1709	1709	1709	1709	1077	866
	轻型		汽油	133974	82097	30220	30220	30220	30220	26150	22079	22079	19763	17447	17447	15108	12768	12768	12768	12768	10558	9822
			柴油	50527	48586	46644	46644	46644	46644	42212	37779	37779	28622	19464	19464	19464	19464	14572	9681	9681	6699	5705
			燃气	72624	43190	13755	13755	13755	13755	10148	6541	6541	5017	3492	3492	2698	1903	1903	1903	1903	1322	1128
	中型		汽油	204581	204581	204581	204581	203984	139148	10667	10667	10667	10667	10667	10528	10388	10388	8686	6983	6983	6983	6983
			柴油	47719	47719	44538	38175	38175	29055	10816	10816	10816	10186	9555	9555	9555	9555	6925	4295	4295	2556	1976
			燃气	54084	54084	51079	45070	45070	43473	40278	40278	40278	32285	24292	24292	32877	32877	16011	16011	16011	16011	16011
	重型		汽油	975652	975652	975652	975652	975054	657168	22591	22591	22591	22591	22591	17788	12984	12984	10548	8113	8113	8113	8113
			柴油	240371	240371	182682	67304	67304	67304	67304	67304	67304	49276	31248	31248	31248	31248	19764	8280	8280	6647	6103
			燃气	234465	234465	221440	195389	195389	188469	174629	174629	174629	139913	105196	105196	115284	115284	88536	88536	88536	88536	88536
低速汽车	三轮汽车			25300	25300	25300	25300	25300	25300	25300	25300	25300	16721	16721	16721	16721	16721	16721	16721	16721	16721	16721
	低速货车			33990	33990	33990	33990	33990	33990	33990	33990	33990	22464	22464	22464	22464	22464	22464	22464	22464	22464	22464
摩托车	普通摩托车			17897	17897	17897	17897	13356	8815	4719	4719	4719	4719	4719	3522	2324	2324	2324	2324	2324	2324	2324
	轻便摩托车			57876	57876	57876	57876	57876	11575	11575	5699	5699	5699	5699	4252	2806	2806	2806	2806	2806	2806	2806

防城港市 NO_x 排放系数

单位：克/（辆·年）

车辆类型		使用性质	燃料种类	1999 年年底前	2000 年	2001 年	2002 年	2003 年	2004 年	2005 年	2006 年	2007 年	2008 年	2009 年	2010 年	2011 年	2012 年	2013 年	2014 年	2015 年	2016 年	2017 年
载客汽车	微型	出租车	汽油	264975	177660	90344	90344	90344	90344	66104	41864	41864	30582	19300	19300	15833	12366	12366	12366	12366	7841	6333
			燃气	157037	106578	56118	56118	56118	56118	41615	27112	27112	20232	13352	13352	10802	8251	8251	8251	8251	4990	3903
		其他	汽油	37537	23528	9519	9519	9519	9519	5937	2355	2355	1914	1473	1473	1215	957	957	957	957	695	608
			燃气	21279	12690	4102	4102	4102	4102	2678	1255	1255	1020	786	786	626	465	465	465	465	369	337
	小型	出租车	汽油	300588	197580	94573	94573	94573	94573	68544	42514	42514	30907	19300	19300	15238	11176	11176	11176	11176	6754	5280
			柴油	313456	261248	209041	209041	209041	209041	186252	163463	163463	129442	95422	95422	95422	95422	78244	61066	61066	47379	42817
			燃气	177530	118041	58552	58552	58552	58552	43019	27486	27486	20419	13352	13352	10460	7567	7567	7567	7567	4364	3297
		其他	汽油	34998	22329	9660	9660	9660	9660	6344	3027	3027	2082	1137	1137	1022	906	906	906	906	653	569
			柴油	30666	25074	19482	19482	19482	19482	17924	16366	16366	12802	9239	9239	9239	9239	7968	6696	6696	5830	5542
			燃气	19817	12650	5483	5483	5483	5483	3562	1642	1642	1118	593	593	514	435	435	435	435	345	315
	中型	公交车	汽油	323301	323301	323301	323301	323301	220868	16003	16003	16003	16003	16003	14352	12701	12701	9588	6476	6476	6476	6476
			柴油	362271	362271	361420	359719	359719	345423	316832	316832	316832	263906	210979	210979	210979	210979	172174	133369	133369	111660	104423
			燃气	384650	384650	380071	370912	370912	359407	336397	336397	336397	279974	223550	223550	141370	141370	110720	110720	110720	110720	110720
		其他	汽油	198213	198213	198213	198213	198213	134454	6937	6937	6937	6937	6937	6937	6937	6937	5203	3469	3469	3469	3469
			柴油	169889	169889	162797	148614	148614	147357	144843	144843	144843	123358	101874	101874	101874	101874	90455	79036	79036	67458	63598
			燃气	191840	191840	181182	159867	159867	158360	155347	155347	155347	132267	109187	109187	85052	85052	68319	68319	68319	68319	68319
	大型	公交车	汽油	1151760	1151760	1151760	1151760	1151760	791972	72396	72396	72396	72396	72396	72332	72269	72269	54202	36135	36135	36135	36135
			柴油	513808	513808	497205	463999	463999	450815	424447	424447	424447	416798	409149	409149	409149	409149	394396	379642	379642	342229	329758
			燃气	1033060	1033060	975668	860883	860883	797000	669234	669234	669234	573410	477585	477585	444632	444632	385379	385379	385379	385379	385379
		其他	汽油	2749040	2749040	2749040	2749040	2749040	1890292	172797	172797	172797	172797	172797	166317	159837	159837	120006	80174	80174	80174	80174
			柴油	1230411	1230411	1198750	1135429	1135429	1108957	1056014	1056014	1056014	1018834	981654	981654	981654	981654	934540	887425	887425	785363	751342
			燃气	2290278	2290278	2163040	1908565	1908565	1766937	1483682	1483682	1483682	1271728	1059773	1059773	956095	956095	811162	811162	811162	811162	811162
载货汽车	微型		汽油	118895	70365	21835	21835	21835	21835	14776	7718	7718	6238	4758	4758	4228	3698	3698	3698	3698	2825	2534
			柴油	79037	65030	51023	51023	51023	51023	45941	40859	40859	34598	28337	28337	28337	28337	20715	13093	13093	11354	10775
			燃气	67399	38404	9409	9409	9409	9409	6761	4113	4113	3326	2539	2539	2168	1797	1797	1797	1797	1503	1405
	轻型		汽油	88192	56394	24596	24596	24596	24596	16533	8470	8470	7095	5720	5720	4761	3802	3802	3802	3802	2955	2673
			柴油	79321	65172	51023	51023	51023	51023	45941	40859	40859	34598	28337	28337	28337	28337	22623	16909	16909	15842	15486
			燃气	49937	31949	13961	13961	13961	13961	9278	4595	4595	3789	2983	2983	2404	1825	1825	1825	1825	1566	1480
	中型		汽油	149777	149777	149777	149777	149777	102254	7208	7208	7208	7208	7208	7208	7208	7208	5408	3608	3608	3608	3608
			柴油	278846	278846	250384	193459	193459	183958	164956	164956	164956	166936	168915	168915	168915	168915	148202	127488	127488	109779	103876
			燃气	314875	314875	279286	208108	208108	197711	176919	176919	176919	178980	181041	181041	137192	137192	111587	111587	111587	111587	111587
	重型		汽油	1316840	1316840	1316840	1316840	1316840	905484	82773	82773	82773	82773	82773	79669	76565	76565	57485	38405	38405	38405	38405
			柴油	716440	716440	691985	643076	643076	619290	571719	571719	571719	548793	525867	525867	525867	525867	456121	386375	386375	266397	226404
			燃气	1333576	1333576	1249370	1080959	1080959	988391	803256	803256	803256	685485	567715	567715	416273	416273	244430	244430	244430	244430	244430
低速汽车	三轮汽车			65550	65550	65550	65550	65550	65550	65550	65550	65550	53279	53279	53279	53279	53279	53279	53279	53279	53279	53279
	低速货车			88065	88065	88065	88065	88065	88065	88065	88065	88065	71579	71579	71579	71579	71579	71579	71579	71579	71579	71579
摩托车	普通摩托车			1336	1336	1336	1336	1292	1247	1158	1158	1158	1158	1158	1028	899	899	899	899	899	899	899
	轻便摩托车			890	890	890	890	890	445	445	445	445	445	445	396	346	346	346	346	346	346	346

防城港市 PM 排放系数

单位：克/（辆・年）

车辆类型		使用性质	燃料种类	1999 年年底前	2000 年	2001 年	2002 年	2003 年	2004 年	2005 年	2006 年	2007 年	2008 年	2009 年	2010 年	2011 年	2012 年	2013 年	2014 年	2015 年	2016 年	2017 年
载客汽车	微型	出租车	汽油	—	—	—	—	—	—	—	—	—	—	—	—	—	—	—	—	—	—	—
			燃气	—	—	—	—	—	—	—	—	—	—	—	—	—	—	—	—	—	—	—
		其他	汽油	—	—	—	—	—	—	—	—	—	—	—	—	—	—	—	—	—	—	—
			燃气	—	—	—	—	—	—	—	—	—	—	—	—	—	—	—	—	—	—	—
	小型	出租车	汽油	—	—	—	—	—	—	—	—	—	—	—	—	—	—	—	—	—	—	—
			柴油	37862	34674	31485	31485	31485	31485	21470	11455	11455	7466	3477	3477	3477	3477	3232	2986	2986	2469	2297
			燃气	—	—	—	—	—	—	—	—	—	—	—	—	—	—	—	—	—	—	—
		其他	汽油	—	—	—	—	—	—	—	—	—	—	—	—	—	—	—	—	—	—	—
			柴油	3866	3659	3452	3452	3452	3452	2483	1514	1514	1109	704	704	704	704	590	476	476	476	476
			燃气	—	—	—	—	—	—	—	—	—	—	—	—	—	—	—	—	—	—	—
	中型	公交车	汽油	—	—	—	—	—	—	—	—	—	—	—	—	—	—	—	—	—	—	—
			柴油	30592	30592	28032	22913	22913	17978	8108	8108	8108	6872	5637	5637	5637	5637	3504	1372	1372	1080	983
			燃气	—	—	—	—	—	—	—	—	—	—	—	—	—	—	—	—	—	—	—
		其他	汽油	—	—	—	—	—	—	—	—	—	—	—	—	—	—	—	—	—	—	—
			柴油	15274	15274	12888	8116	8116	6262	2553	2553	2553	2434	2316	2316	2316	2316	1366	415	415	399	394
			燃气	—	—	—	—	—	—	—	—	—	—	—	—	—	—	—	—	—	—	—
	大型	公交车	汽油	—	—	—	—	—	—	—	—	—	—	—	—	—	—	—	—	—	—	—
			柴油	94865	94865	93934	92071	92071	71272	29674	29674	29674	19994	10315	10315	10315	10315	6116	1916	1916	1845	1821
			燃气	—	—	—	—	—	—	—	—	—	—	—	—	—	—	—	—	—	—	—
		其他	汽油	—	—	—	—	—	—	—	—	—	—	—	—	—	—	—	—	—	—	—
			柴油	142314	142314	133412	115607	115607	85425	25061	25061	25061	17182	9303	9303	9303	9303	5868	2433	2433	2343	2313
			燃气	—	—	—	—	—	—	—	—	—	—	—	—	—	—	—	—	—	—	—
载货汽车	微型		汽油	—	—	—	—	—	—	—	—	—	—	—	—	—	—	—	—	—	—	—
			柴油	8474	8298	8123	8123	8123	8123	6610	5097	5097	3783	2469	2469	2469	2469	1554	640	640	637	636
			燃气	—	—	—	—	—	—	—	—	—	—	—	—	—	—	—	—	—	—	—
	轻型		汽油	—	—	—	—	—	—	—	—	—	—	—	—	—	—	—	—	—	—	—
			柴油	8813	8468	8123	8123	8123	8123	6610	5097	5097	3783	2469	2469	2469	2469	1862	1255	1255	1036	963
			燃气	—	—	—	—	—	—	—	—	—	—	—	—	—	—	—	—	—	—	—
	中型		汽油	—	—	—	—	—	—	—	—	—	—	—	—	—	—	—	—	—	—	—
			柴油	23521	23521	19794	12339	12339	9529	3909	3909	3909	3704	3498	3498	3498	3498	2243	988	988	905	877
			燃气	—	—	—	—	—	—	—	—	—	—	—	—	—	—	—	—	—	—	—
	重型		汽油	—	—	—	—	—	—	—	—	—	—	—	—	—	—	—	—	—	—	—
			柴油	86359	86359	70981	40224	40224	31938	15365	15365	15365	10529	5693	5693	5693	5693	3832	1970	1970	1665	1563
			燃气	—	—	—	—	—	—	—	—	—	—	—	—	—	—	—	—	—	—	—
低速汽车	三轮汽车			4092	4092	4092	4092	4092	4092	4092	4092	4092	3220	3220	3220	3220	3220	3220	3220	3220	3220	3220
	低速货车			5581	5581	5581	5581	5581	5581	5581	5581	5581	4392	4392	4392	4392	4392	4392	4392	4392	4392	4392
摩托车	普通摩托车			—	—	—	—	—	—	—	—	—	—	—	—	—	—	—	—	—	—	—
	轻便摩托车			—	—	—	—	—	—	—	—	—	—	—	—	—	—	—	—	—	—	—

防城港市 VOCs 排放系数

单位：克/（辆·年）

车辆类型		使用性质	燃料种类	1999年年底前	2000年	2001年	2002年	2003年	2004年	2005年	2006年	2007年	2008年	2009年	2010年	2011年	2012年	2013年	2014年	2015年	2016年	2017年
载客汽车	微型	出租车	汽油	423410	254574	85738	85738	85738	85738	65769	45800	45800	37914	30029	30029	24858	19688	19688	19688	19688	13699	11703
			燃气	294980	177385	59790	59790	59790	59790	45541	31292	31292	25634	19976	19976	15928	11880	11880	11880	11880	7323	5804
		其他	汽油	33118	20706	8293	8293	8293	8293	7929	7565	7565	6654	5743	5743	5502	5261	5261	5261	5261	4595	4373
			燃气	17885	10064	2243	2243	2243	2243	2148	2054	2054	1530	1006	1006	910	814	814	814	814	547	458
	小型	出租车	汽油	423410	250651	77892	77892	77892	77892	72322	66752	66752	48390	30029	30029	24858	19688	19688	19688	19688	13037	10820
			柴油	137757	129480	121202	121202	121202	121202	108928	96654	96654	72013	47372	47372	47372	47372	35070	22768	22768	12437	8993
			燃气	294980	174638	54297	54297	54297	54297	50128	45960	45960	32968	19976	19976	15928	11880	11880	11880	11880	6860	5186
		其他	汽油	33549	20868	8188	8188	8188	8188	8108	8027	8027	6886	5745	5745	5476	5207	5207	5207	5207	4638	4449
			柴油	8417	7700	6983	6983	6983	6983	5906	4830	4830	3350	1870	1870	1870	1870	1553	1236	1236	857	731
			燃气	18186	10956	3727	3727	3727	3727	3052	2378	2378	1764	1150	1150	963	776	776	776	776	577	511
	中型	公交车	汽油	247751	247751	247751	247751	247154	168911	13619	13619	13619	13619	13619	13468	13316	13316	10888	8461	8461	8461	8461
			柴油	87806	87806	86086	82645	82645	64494	28192	28192	28192	20508	12823	12823	12823	12823	8958	5093	5093	4763	4653
			燃气	71579	71579	67602	59649	59649	57536	53311	53311	53311	42686	32061	32061	22219	22219	22154	22154	22154	22154	22154
		其他	汽油	128461	128461	128461	128461	127864	87542	8091	8091	8091	8091	8091	7946	7800	7800	6748	5697	5697	5697	5697
			柴油	30493	30493	28460	24394	24394	18567	6912	6912	6912	6506	6099	6099	6099	6099	3750	1402	1402	1243	1190
			燃气	34560	34560	32640	28800	28800	27780	25740	25740	25740	20623	15506	15506	10732	10732	9642	9642	9642	9642	9642
	大型	公交车	汽油	577059	577059	577059	577059	576462	388884	14922	14922	14922	14922	14922	14782	14643	14643	11877	9111	9111	9111	9111
			柴油	131708	131708	108010	60614	60614	60614	60614	60614	60614	43515	26416	26416	26416	26416	17675	8934	8934	5723	4653
			燃气	168926	168926	159541	140772	140772	135786	125815	125815	125815	100740	75665	75665	52438	52438	47188	47188	47188	47188	47188
		其他	汽油	1278357	1278357	1278357	1278357	1277760	860912	28409	28409	28409	28409	28409	22150	15891	15891	12700	9510	9510	9510	9510
			柴油	272891	272891	207397	76409	76409	76409	76409	76409	76409	55942	35476	35476	35476	35476	20706	5937	5937	5324	5119
			燃气	266186	266186	251398	221822	221822	213966	198253	198253	198253	158842	119430	119430	82662	82662	74261	74261	74261	74261	74261
载货汽车	微型		汽油	160958	88057	15156	15156	15156	15156	14242	13327	13327	12326	11325	11325	9630	7934	7934	7934	7934	6840	6476
			柴油	27738	25904	24071	24071	24071	24071	21984	19897	19897	14796	9694	9694	9694	9694	6710	3726	3726	2487	2074
			燃气	86924	45511	4099	4099	4099	4099	3859	3618	3618	2801	1984	1984	1606	1228	1228	1228	1228	816	678
	轻型		汽油	85400	52233	19066	19066	19066	19066	16654	14242	14242	12866	11490	11490	10258	9027	9027	9027	9027	7852	7461
			柴油	25630	24850	24071	24071	24071	24071	21984	19897	19897	14796	9694	9694	9694	9694	7316	4937	4937	3698	3285
			燃气	46293	27486	8678	8678	8678	8678	6449	4219	4219	3260	2300	2300	1823	1345	1345	1345	1345	979	857
	中型		汽油	204581	204581	204581	204581	203984	139148	10667	10667	10667	10667	10667	10528	10388	10388	8686	6983	6983	6983	6983
			柴油	47719	47719	44538	38175	38175	29055	10816	10816	10816	10186	9555	9555	9555	9555	6925	4295	4295	2556	1976
			燃气	54084	54084	51079	45070	45070	43473	40278	40278	40278	32285	24292	24292	32877	32877	16011	16011	16011	16011	16011
	重型		汽油	606565	606565	606565	606565	605968	408745	15494	15494	15494	15494	15494	12464	9435	9435	7920	6406	6406	6406	6406
			柴油	153456	153456	116627	42968	42968	42968	42968	42968	42968	31458	19949	19949	19949	19949	12696	5442	5442	3912	3402
			燃气	149686	149686	141370	124740	124740	120322	111486	111486	111486	89322	67158	67158	75770	75770	49353	49353	49353	49353	49353
低速汽车	三轮汽车			25300	25300	25300	25300	25300	25300	25300	25300	25300	16721	16721	16721	16721	16721	16721	16721	16721	16721	16721
	低速货车			33990	33990	33990	33990	33990	33990	33990	33990	33990	22464	22464	22464	22464	22464	22464	22464	22464	22464	22464
摩托车	普通摩托车			17897	17897	17897	17897	13356	8815	4719	4719	4719	4719	4719	3522	2324	2324	2324	2324	2324	2324	2324
	轻便摩托车			57876	57876	57876	57876	57876	11575	11575	5699	5699	5699	5699	4252	2806	2806	2806	2806	2806	2806	2806

钦州市 NO_x 排放系数

单位：克/（辆·年）

车辆类型		使用性质	燃料种类	1999年年底前	2000年	2001年	2002年	2003年	2004年	2005年	2006年	2007年	2008年	2009年	2010年	2011年	2012年	2013年	2014年	2015年	2016年	2017年
载客汽车	微型	出租车	汽油	182805	121468	60132	60132	60132	60132	43512	26893	26893	19278	11662	11662	9689	7716	7716	7716	7716	5108	4239
			燃气	112178	75142	38105	38105	38105	38105	27818	17532	17532	12773	8014	8014	6566	5117	5117	5117	5117	3280	2667
		其他	汽油	35858	22486	9115	9115	9115	9115	5696	2277	2277	1852	1426	1426	1178	929	929	929	929	670	583
			燃气	21279	12690	4102	4102	4102	4102	2678	1255	1255	1020	786	786	626	465	465	465	465	369	337
	小型	出租车	汽油	207916	135515	63114	63114	63114	63114	45232	27351	27351	19506	11662	11662	9270	6877	6877	6877	6877	4342	3497
			柴油	207895	172004	136112	136112	136112	136112	121506	106899	106899	84368	61838	61838	61838	61838	51187	40536	40536	32230	29461
			燃气	127330	83618	39905	39905	39905	39905	28857	17809	17809	12912	8014	8014	6312	4611	4611	4611	4611	2817	2219
		其他	汽油	33436	21342	9249	9249	9249	9249	6084	2918	2918	2012	1106	1106	993	880	880	880	880	630	546
			柴油	29331	23994	18656	18656	18656	18656	17161	15666	15666	12258	8850	8850	8850	8850	7628	6407	6407	5569	5290
			燃气	19817	12650	5483	5483	5483	5483	3562	1642	1642	1118	593	593	514	435	435	435	435	345	315
	中型	公交车	汽油	323553	323553	323553	323553	323553	221041	16016	16016	16016	16016	16016	14364	12711	12711	9596	6481	6481	6481	6481
			柴油	362477	362477	361626	359924	359924	345620	317012	317012	317012	264056	211099	211099	211099	211099	172272	133445	133445	111724	104483
			燃气	384868	384868	380286	371123	371123	359611	336588	336588	336588	280133	223678	223678	141451	141451	110783	110783	110783	110783	110783
		其他	汽油	198367	198367	198367	198367	198367	134559	6943	6943	6943	6943	6943	6943	6943	6943	5208	3472	3472	3472	3472
			柴油	169985	169985	162889	148698	148698	147441	144926	144926	144926	123429	101932	101932	101932	101932	90506	79080	79080	67496	63635
			燃气	191949	191949	181285	159958	159958	158450	155435	155435	155435	132342	109249	109249	85100	85100	68357	68357	68357	68357	68357
	大型	公交车	汽油	1152657	1152657	1152657	1152657	1152657	792589	72453	72453	72453	72453	72453	72390	72326	72326	54245	36164	36164	36164	36164
			柴油	514100	514100	497488	464263	464263	451072	424689	424689	424689	417036	409382	409382	409382	409382	394620	379858	379858	342424	329946
			燃气	1033647	1033647	976222	861372	861372	797453	669614	669614	669614	573736	477857	477857	444884	444884	385598	385598	385598	385598	385598
		其他	汽油	2751181	2751181	2751181	2751181	2751181	1891764	172931	172931	172931	172931	172931	166446	159962	159962	120100	80237	80237	80237	80237
			柴油	1231111	1231111	1199432	1136074	1136074	1109587	1056614	1056614	1056614	1019413	982212	982212	982212	982212	935071	887930	887930	785809	751769
			燃气	2291579	2291579	2164269	1909649	1909649	1767941	1484525	1484525	1484525	1272450	1060375	1060375	956639	956639	811623	811623	811623	811623	811623
载货汽车	微型		汽油	129905	77098	24292	24292	24292	24292	16541	8790	8790	7130	5470	5470	4820	4170	4170	4170	4170	3135	2790
			柴油	87975	72602	57229	57229	57229	57229	51475	45721	45721	38688	31654	31654	31654	31654	23138	14623	14623	12527	11828
			燃气	77089	44010	10932	10932	10932	10932	7888	4845	4845	3930	3015	3015	2551	2087	2087	2087	2087	1731	1613
	轻型		汽油	96513	61904	27294	27294	27294	27294	18452	9609	9609	8062	6516	6516	5400	4283	4283	4283	4283	3276	2941
			柴油	88283	72756	57229	57229	57229	57229	51475	45721	45721	38688	31654	31654	31654	31654	25214	18773	18773	17406	16951
			燃气	57202	36691	16180	16180	16180	16180	10794	5407	5407	4450	3494	3494	2805	2117	2117	2117	2117	1802	1697
	中型		汽油	149777	149777	149777	149777	149777	102254	7208	7208	7208	7208	7208	7208	7208	7208	5408	3608	3608	3608	3608
			柴油	278846	278846	250384	193459	193459	183958	164956	164956	164956	166936	168915	168915	168915	168915	148202	127488	127488	109779	103876
			燃气	314876	314876	279287	208108	208108	197711	176917	176917	176917	178979	181040	181040	137193	137193	111584	111584	111584	111584	111584
	重型		汽油	1316840	1316840	1316840	1316840	1316840	905484	82773	82773	82773	82773	82773	79669	76565	76565	57485	38405	38405	38405	38405
			柴油	716440	716440	691985	643076	643076	619290	571719	571719	571719	548793	525867	525867	525867	525867	456121	386375	386375	266397	226404
			燃气	1333575	1333575	1249370	1080959	1080959	988391	803256	803256	803256	685485	567715	567715	416273	416273	244430	244430	244430	244430	244430
低速汽车	三轮汽车			65550	65550	65550	65550	65550	65550	65550	65550	65550	53279	53279	53279	53279	53279	53279	53279	53279	53279	53279
	低速货车			88065	88065	88065	88065	88065	88065	88065	88065	88065	71579	71579	71579	71579	71579	71579	71579	71579	71579	71579
摩托车	普通摩托车			1336	1336	1336	1336	1292	1247	1158	1158	1158	1158	1158	1028	899	899	899	899	899	899	899
	轻便摩托车			890	890	890	890	890	445	445	445	445	445	445	396	346	346	346	346	346	346	346

钦州市 PM 排放系数

单位：克/（辆·年）

车辆类型		使用性质	燃料种类	1999 年年底前	2000 年	2001 年	2002 年	2003 年	2004 年	2005 年	2006 年	2007 年	2008 年	2009 年	2010 年	2011 年	2012 年	2013 年	2014 年	2015 年	2016 年	2017 年
载客汽车	微型	出租车	汽油	—	—	—	—	—	—	—	—	—	—	—	—	—	—	—	—	—	—	—
			燃气	—	—	—	—	—	—	—	—	—	—	—	—	—	—	—	—	—	—	—
		其他	汽油	—	—	—	—	—	—	—	—	—	—	—	—	—	—	—	—	—	—	—
			燃气	—	—	—	—	—	—	—	—	—	—	—	—	—	—	—	—	—	—	—
	小型	出租车	汽油	—	—	—	—	—	—	—	—	—	—	—	—	—	—	—	—	—	—	—
			柴油	27995	25638	23280	23280	23280	23280	15875	8470	8470	5520	2571	2571	2571	2571	2390	2208	2208	1826	1698
			燃气	—	—	—	—	—	—	—	—	—	—	—	—	—	—	—	—	—	—	—
		其他	汽油	—	—	—	—	—	—	—	—	—	—	—	—	—	—	—	—	—	—	—
			柴油	3866	3659	3452	3452	3452	3452	2483	1514	1514	1109	704	704	704	704	590	476	476	476	476
			燃气	—	—	—	—	—	—	—	—	—	—	—	—	—	—	—	—	—	—	—
	中型	公交车	汽油	—	—	—	—	—	—	—	—	—	—	—	—	—	—	—	—	—	—	—
			柴油	30592	30592	28032	22913	22913	17978	8108	8108	8108	6872	5637	5637	5637	5637	3504	1372	1372	1080	983
			燃气	—	—	—	—	—	—	—	—	—	—	—	—	—	—	—	—	—	—	—
		其他	汽油	—	—	—	—	—	—	—	—	—	—	—	—	—	—	—	—	—	—	—
			柴油	15274	15274	12888	8116	8116	6262	2553	2553	2553	2434	2316	2316	2316	2316	1366	415	415	399	394
			燃气	—	—	—	—	—	—	—	—	—	—	—	—	—	—	—	—	—	—	—
	大型	公交车	汽油	—	—	—	—	—	—	—	—	—	—	—	—	—	—	—	—	—	—	—
			柴油	94865	94865	93934	92071	92071	71272	29674	29674	29674	19994	10315	10315	10315	10315	6116	1916	1916	1845	1821
			燃气	—	—	—	—	—	—	—	—	—	—	—	—	—	—	—	—	—	—	—
		其他	汽油	—	—	—	—	—	—	—	—	—	—	—	—	—	—	—	—	—	—	—
			柴油	142314	142314	133412	115607	115607	85425	25061	25061	25061	17182	9303	9303	9303	9303	5868	2433	2433	2343	2313
			燃气	—	—	—	—	—	—	—	—	—	—	—	—	—	—	—	—	—	—	—
载货汽车	微型		汽油	—	—	—	—	—	—	—	—	—	—	—	—	—	—	—	—	—	—	—
			柴油	9665	9465	9265	9265	9265	9265	7540	5814	5814	4315	2816	2816	2816	2816	1773	730	730	726	725
			燃气	—	—	—	—	—	—	—	—	—	—	—	—	—	—	—	—	—	—	—
	轻型		汽油	—	—	—	—	—	—	—	—	—	—	—	—	—	—	—	—	—	—	—
			柴油	10051	9658	9265	9265	9265	9265	7540	5814	5814	4315	2816	2816	2816	2816	2124	1431	1431	1181	1098
			燃气	—	—	—	—	—	—	—	—	—	—	—	—	—	—	—	—	—	—	—
	中型		汽油	—	—	—	—	—	—	—	—	—	—	—	—	—	—	—	—	—	—	—
			柴油	23521	23521	19794	12339	12339	9529	3909	3909	3909	3704	3498	3498	3498	3498	2243	988	988	905	877
			燃气	—	—	—	—	—	—	—	—	—	—	—	—	—	—	—	—	—	—	—
	重型		汽油	—	—	—	—	—	—	—	—	—	—	—	—	—	—	—	—	—	—	—
			柴油	86359	86359	70981	40224	40224	31938	15365	15365	15365	10529	5693	5693	5693	5693	3832	1970	1970	1665	1563
			燃气	—	—	—	—	—	—	—	—	—	—	—	—	—	—	—	—	—	—	—
低速汽车	三轮汽车			4092	4092	4092	4092	4092	4092	4092	4092	4092	3220	3220	3220	3220	3220	3220	3220	3220	3220	3220
	低速货车			5581	5581	5581	5581	5581	5581	5581	5581	5581	4392	4392	4392	4392	4392	4392	4392	4392	4392	4392
摩托车	普通摩托车			—	—	—	—	—	—	—	—	—	—	—	—	—	—	—	—	—	—	—
	轻便摩托车			—	—	—	—	—	—	—	—	—	—	—	—	—	—	—	—	—	—	—

钦州市 VOCs 排放系数

单位：克/（辆·年）

车辆类型		使用性质	燃料种类	1999 年年底前	2000 年	2001 年	2002 年	2003 年	2004 年	2005 年	2006 年	2007 年	2008 年	2009 年	2010 年	2011 年	2012 年	2013 年	2014 年	2015 年	2016 年	2017 年
载客汽车	微型	出租车	汽油	304307	181388	58470	58470	58470	58470	44551	30632	30632	25334	20036	20036	16962	13887	13887	13887	13887	10355	9178
			燃气	212697	126124	39550	39550	39550	39550	29616	19681	19681	15948	12216	12216	9824	7432	7432	7432	7432	4851	3991
		其他	汽油	32746	20496	8245	8245	8245	8245	7882	7518	7518	6616	5713	5713	5474	5236	5236	5236	5236	4574	4353
			燃气	17885	10064	2243	2243	2243	2243	2148	2054	2054	1530	1006	1006	910	814	814	814	814	547	458
	小型	出租车	汽油	304307	178530	52753	52753	52753	52753	49325	45897	45897	32966	20036	20036	16962	13887	13887	13887	13887	9873	8535
			柴油	82806	78000	73194	73194	73194	73194	66212	59229	59229	43220	27212	27212	27212	27212	20210	13207	13207	7498	5595
			燃气	212697	124093	35489	35489	35489	35489	33008	30526	30526	21371	12216	12216	9824	7432	7432	7432	7432	4508	3534
		其他	汽油	33170	20656	8142	8142	8142	8142	8058	7974	7974	6844	5715	5715	5448	5182	5182	5182	5182	4616	4427
			柴油	8330	7621	6912	6912	6912	6912	5848	4783	4783	3321	1859	1859	1859	1859	1543	1227	1227	849	723
			燃气	18186	10956	3727	3727	3727	3727	3052	2378	2378	1764	1150	1150	963	776	776	776	776	577	511
	中型	公交车	汽油	247739	247739	247739	247739	247142	168899	13607	13607	13607	13607	13607	13456	13304	13304	10876	8449	8449	8449	8449
			柴油	87806	87806	86086	82645	82645	64494	28192	28192	28192	20508	12823	12823	12823	12823	8958	5093	5093	4763	4653
			燃气	71579	71579	67602	59649	59649	57536	53311	53311	53311	42686	32061	32061	22219	22219	22154	22154	22154	22154	22154
		其他	汽油	128449	128449	128449	128449	127852	87530	8079	8079	8079	8079	8079	7934	7788	7788	6737	5686	5686	5686	5686
			柴油	30493	30493	28460	24394	24394	18567	6912	6912	6912	6506	6099	6099	6099	6099	3750	1402	1402	1243	1190
			燃气	34560	34560	32640	28800	28800	27780	25740	25740	25740	20623	15506	15506	10732	10732	9642	9642	9642	9642	9642
	大型	公交车	汽油	577047	577047	577047	577047	576450	388872	14911	14911	14911	14911	14911	14771	14631	14631	11865	9099	9099	9099	9099
			柴油	131708	131708	108010	60614	60614	60614	60614	60614	60614	43515	26416	26416	26416	26416	17675	8934	8934	5723	4653
			燃气	168926	168926	159541	140772	140772	135786	125815	125815	125815	100740	75665	75665	52438	52438	47188	47188	47188	47188	47188
		其他	汽油	1278345	1278345	1278345	1278345	1277748	860900	28397	28397	28397	28397	28397	22138	15879	15879	12688	9498	9498	9498	9498
			柴油	272891	272891	207397	76409	76409	76409	76409	76409	76409	55942	35476	35476	35476	35476	20706	5937	5937	5324	5119
			燃气	266186	266186	251398	221822	221822	213966	198253	198253	198253	158842	119430	119430	82662	82662	74261	74261	74261	74261	74261
载货汽车	微型		汽油	180637	98812	16986	16986	16986	16986	15910	14833	14833	13684	12534	12534	10552	8570	8570	8570	8570	7276	6844
			柴油	33124	30926	28727	28727	28727	28727	26160	23594	23594	17647	11700	11700	11700	11700	8126	4552	4552	2961	2431
			燃气	98659	51640	4621	4621	4621	4621	4337	4053	4053	3130	2207	2207	1770	1332	1332	1332	1332	873	720
	轻型		汽油	95719	58549	21379	21379	21379	21379	18620	15861	15861	14290	12719	12719	11258	9798	9798	9798	9798	8413	7951
			柴油	30755	29741	28727	28727	28727	28727	26160	23594	23594	17647	11700	11700	11700	11700	8806	5913	5913	4322	3792
			燃气	52480	31133	9786	9786	9786	9786	7258	4730	4730	3645	2559	2559	2013	1467	1467	1467	1467	1055	918
	中型		汽油	204570	204570	204570	204570	203973	139136	10656	10656	10656	10656	10656	10516	10376	10376	8674	6972	6972	6972	6972
			柴油	47719	47719	44538	38175	38175	29055	10816	10816	10816	10186	9555	9555	9555	9555	6925	4295	4295	2556	1976
			燃气	54084	54084	51079	45070	45070	43473	40278	40278	40278	32285	24292	24292	32877	32877	16011	16011	16011	16011	16011
	重型		汽油	606553	606553	606553	606553	605956	408733	15482	15482	15482	15482	15482	12452	9423	9423	7908	6394	6394	6394	6394
			柴油	153456	153456	116627	42968	42968	42968	42968	42968	42968	31458	19949	19949	19949	19949	12696	5442	5442	3912	3402
			燃气	149686	149686	141370	124740	124740	120322	111486	111486	111486	89322	67158	67158	75770	75770	49353	49353	49353	49353	49353
低速汽车	三轮汽车			25300	25300	25300	25300	25300	25300	25300	25300	25300	16721	16721	16721	16721	16721	16721	16721	16721	16721	16721
	低速货车			33990	33990	33990	33990	33990	33990	33990	33990	33990	22464	22464	22464	22464	22464	22464	22464	22464	22464	22464
摩托车	普通摩托车			17897	17897	17897	17897	13356	8815	4719	4719	4719	4719	4719	3522	2324	2324	2324	2324	2324	2324	2324
	轻便摩托车			57876	57876	57876	57876	57876	11575	11575	5699	5699	5699	5699	4252	2806	2806	2806	2806	2806	2806	2806

贵港市 NO_x 排放系数

单位：克/（辆•年）

车辆类型		使用性质	燃料种类	1999年年底前	2000年	2001年	2002年	2003年	2004年	2005年	2006年	2007年	2008年	2009年	2010年	2011年	2012年	2013年	2014年	2015年	2016年	2017年
载客汽车	微型	出租车	汽油	155494	102854	50215	50215	50215	50215	36124	22032	22032	15626	9219	9219	7719	6219	6219	6219	6219	4218	3551
			燃气	95092	63346	31600	31600	31600	31600	22906	14212	14212	10233	6254	6254	5158	4063	4063	4063	4063	2679	2218
		其他	汽油	35858	22486	9115	9115	9115	9115	5696	2277	2277	1852	1426	1426	1178	929	929	929	929	670	583
			燃气	21279	12690	4102	4102	4102	4102	2678	1255	1255	1020	786	786	626	465	465	465	465	369	337
	小型	出租车	汽油	177082	114930	52779	52779	52779	52779	37602	22426	22426	15822	9219	9219	7358	5498	5498	5498	5498	3559	2913
			柴油	173281	142806	112330	112330	112330	112330	100380	88431	88431	69666	50902	50902	50902	50902	42353	33804	33804	27221	25027
			燃气	108118	70632	33147	33147	33147	33147	23798	14450	14450	10352	6254	6254	4940	3627	3627	3627	3627	2282	1833
		其他	汽油	33436	21342	9249	9249	9249	9249	6084	2918	2918	2012	1106	1106	993	880	880	880	880	630	546
			柴油	29331	23994	18656	18656	18656	18656	17161	15666	15666	12258	8850	8850	8850	8850	7628	6407	6407	5569	5290
			燃气	19817	12650	5483	5483	5483	5483	3562	1642	1642	1118	593	593	514	435	435	435	435	345	315
	中型	公交车	汽油	323553	323553	323553	323553	323553	221041	16016	16016	16016	16016	16016	14364	12711	12711	9596	6481	6481	6481	6481
			柴油	362477	362477	361626	359924	359924	345620	317012	317012	317012	264056	211099	211099	211099	211099	172272	133445	133445	111724	104483
			燃气	384868	384868	380286	371123	371123	359611	336588	336588	336588	280133	223678	223678	141451	141451	110783	110783	110783	110783	110783
		其他	汽油	198367	198367	198367	198367	198367	134559	6943	6943	6943	6943	6943	6943	6943	6943	5208	3472	3472	3472	3472
			柴油	169985	169985	162889	148698	148698	147441	144926	144926	144926	123429	101932	101932	101932	101932	90506	79080	79080	67496	63635
			燃气	191949	191949	181285	159958	159958	158450	155435	155435	155435	132342	109249	109249	85100	85100	68357	68357	68357	68357	68357
	大型	公交车	汽油	1152657	1152657	1152657	1152657	1152657	792589	72453	72453	72453	72453	72453	72390	72326	72326	54245	36164	36164	36164	36164
			柴油	514100	514100	497488	464263	464263	451072	424689	424689	424689	417036	409382	409382	409382	409382	394620	379858	379858	342424	329946
			燃气	1033647	1033647	976222	861372	861372	797453	669614	669614	669614	573736	477857	477857	444884	444884	385598	385598	385598	385598	385598
		其他	汽油	2751181	2751181	2751181	2751181	2751181	1891764	172931	172931	172931	172931	172931	166446	159962	159962	120100	80237	80237	80237	80237
			柴油	1231111	1231111	1199432	1136074	1136074	1109587	1056614	1056614	1056614	1019413	982212	982212	982212	982212	935071	887930	887930	785809	751769
			燃气	2291579	2291579	2164269	1909649	1909649	1767941	1484525	1484525	1484525	1272450	1060375	1060375	956639	956639	811623	811623	811623	811623	811623
载货汽车	微型		汽油	122803	72818	22834	22834	22834	22834	15520	8206	8206	6649	5092	5092	4500	3907	3907	3907	3907	2950	2631
			柴油	82655	68147	53639	53639	53639	53639	48262	42886	42886	36297	29708	29708	29708	29708	21718	13727	13727	11803	11162
			燃气	72874	41575	10276	10276	10276	10276	7399	4523	4523	3665	2807	2807	2381	1956	1956	1956	1956	1630	1521
	轻型		汽油	91195	58436	25677	25677	25677	25677	17329	8981	8981	7532	6082	6082	5048	4014	4014	4014	4014	3085	2775
			柴油	82947	68293	53639	53639	53639	53639	48262	42886	42886	36297	29708	29708	29708	29708	23682	17655	17655	16423	16012
			燃气	54050	34636	15222	15222	15222	15222	10138	5054	5054	4157	3261	3261	2623	1984	1984	1984	1984	1697	1601
	中型		汽油	149777	149777	149777	149777	149777	102254	7208	7208	7208	7208	7208	7208	7208	7208	5408	3608	3608	3608	3608
			柴油	278846	278846	250384	193459	193459	183958	164956	164956	164956	166936	168915	168915	168915	168915	148202	127488	127488	109779	103876
			燃气	314876	314876	279287	208108	208108	197711	176917	176917	176917	178979	181040	181040	137193	137193	111584	111584	111584	111584	111584
	重型		汽油	1316840	1316840	1316840	1316840	1316840	905484	82773	82773	82773	82773	82773	79669	76565	76565	57485	38405	38405	38405	38405
			柴油	716440	716440	691985	643076	643076	619290	571719	571719	571719	548793	525867	525867	525867	525867	456121	386375	386375	266397	226404
			燃气	1333575	1333575	1249370	1080959	1080959	988391	803256	803256	803256	685485	567715	567715	416273	416273	244430	244430	244430	244430	244430
低速汽车	三轮汽车			65550	65550	65550	65550	65550	65550	65550	65550	65550	53279	53279	53279	53279	53279	53279	53279	53279	53279	53279
	低速货车			88065	88065	88065	88065	88065	88065	88065	88065	88065	71579	71579	71579	71579	71579	71579	71579	71579	71579	71579
摩托车	普通摩托车			1336	1336	1336	1336	1292	1247	1158	1158	1158	1158	1158	1028	899	899	899	899	899	899	899
	轻便摩托车			890	890	890	890	890	445	445	445	445	445	445	396	346	346	346	346	346	346	346

贵港市 **PM** 排放系数

单位：克/（辆·年）

车辆类型		使用性质	燃料种类	1999 年年底前	2000 年	2001 年	2002 年	2003 年	2004 年	2005 年	2006 年	2007 年	2008 年	2009 年	2010 年	2011 年	2012 年	2013 年	2014 年	2015 年	2016 年	2017 年
载客汽车	微型	出租车	汽油	—	—	—	—	—	—	—	—	—	—	—	—	—	—	—	—	—	—	—
			燃气	—	—	—	—	—	—	—	—	—	—	—	—	—	—	—	—	—	—	—
		其他	汽油	—	—	—	—	—	—	—	—	—	—	—	—	—	—	—	—	—	—	—
			燃气	—	—	—	—	—	—	—	—	—	—	—	—	—	—	—	—	—	—	—
	小型	出租车	汽油	—	—	—	—	—	—	—	—	—	—	—	—	—	—	—	—	—	—	—
			柴油	24067	22040	20014	20014	20014	20014	13648	7281	7281	4746	2210	2210	2210	2210	2054	1898	1898	1570	1460
			燃气	—	—	—	—	—	—	—	—	—	—	—	—	—	—	—	—	—	—	—
		其他	汽油	—	—	—	—	—	—	—	—	—	—	—	—	—	—	—	—	—	—	—
			柴油	3866	3659	3452	3452	3452	3452	2483	1514	1514	1109	704	704	704	704	590	476	476	476	476
			燃气	—	—	—	—	—	—	—	—	—	—	—	—	—	—	—	—	—	—	—
	中型	公交车	汽油	—	—	—	—	—	—	—	—	—	—	—	—	—	—	—	—	—	—	—
			柴油	30592	30592	28032	22913	22913	17978	8108	8108	8108	6872	5637	5637	5637	5637	3504	1372	1372	1080	983
			燃气	—	—	—	—	—	—	—	—	—	—	—	—	—	—	—	—	—	—	—
		其他	汽油	—	—	—	—	—	—	—	—	—	—	—	—	—	—	—	—	—	—	—
			柴油	15274	15274	12888	8116	8116	6262	2553	2553	2553	2434	2316	2316	2316	2316	1366	415	415	399	394
			燃气	—	—	—	—	—	—	—	—	—	—	—	—	—	—	—	—	—	—	—
	大型	公交车	汽油	—	—	—	—	—	—	—	—	—	—	—	—	—	—	—	—	—	—	—
			柴油	94865	94865	93934	92071	92071	71272	29674	29674	29674	19994	10315	10315	10315	10315	6116	1916	1916	1845	1821
			燃气	—	—	—	—	—	—	—	—	—	—	—	—	—	—	—	—	—	—	—
		其他	汽油	—	—	—	—	—	—	—	—	—	—	—	—	—	—	—	—	—	—	—
			柴油	142314	142314	133412	115607	115607	85425	25061	25061	25061	17182	9303	9303	9303	9303	5868	2433	2433	2343	2313
			燃气	—	—	—	—	—	—	—	—	—	—	—	—	—	—	—	—	—	—	—
载货汽车	微型		汽油	—	—	—	—	—	—	—	—	—	—	—	—	—	—	—	—	—	—	—
			柴油	9149	8960	8770	8770	8770	8770	7136	5503	5503	4084	2666	2666	2666	2666	1678	691	691	688	687
			燃气	—	—	—	—	—	—	—	—	—	—	—	—	—	—	—	—	—	—	—
	轻型		汽油	—	—	—	—	—	—	—	—	—	—	—	—	—	—	—	—	—	—	—
			柴油	9515	9142	8770	8770	8770	8770	7136	5503	5503	4084	2666	2666	2666	2666	2010	1355	1355	1119	1040
			燃气	—	—	—	—	—	—	—	—	—	—	—	—	—	—	—	—	—	—	—
	中型		汽油	—	—	—	—	—	—	—	—	—	—	—	—	—	—	—	—	—	—	—
			柴油	23521	23521	19794	12339	12339	9529	3909	3909	3909	3704	3498	3498	3498	3498	2243	988	988	905	877
			燃气	—	—	—	—	—	—	—	—	—	—	—	—	—	—	—	—	—	—	—
	重型		汽油	—	—	—	—	—	—	—	—	—	—	—	—	—	—	—	—	—	—	—
			柴油	86359	86359	70981	40224	40224	31938	15365	15365	15365	10529	5693	5693	5693	5693	3832	1970	1970	1665	1563
			燃气	—	—	—	—	—	—	—	—	—	—	—	—	—	—	—	—	—	—	—
低速汽车	三轮汽车			4092	4092	4092	4092	4092	4092	4092	4092	4092	3220	3220	3220	3220	3220	3220	3220	3220	3220	3220
	低速货车			5581	5581	5581	5581	5581	5581	5581	5581	5581	4392	4392	4392	4392	4392	4392	4392	4392	4392	4392
摩托车	普通摩托车			—	—	—	—	—	—	—	—	—	—	—	—	—	—	—	—	—	—	—
	轻便摩托车			—	—	—	—	—	—	—	—	—	—	—	—	—	—	—	—	—	—	—

贵港市 VOCs 排放系数

单位：克/（辆·年）

车辆类型		使用性质	燃料种类	1999 年年底前	2000 年	2001 年	2002 年	2003 年	2004 年	2005 年	2006 年	2007 年	2008 年	2009 年	2010 年	2011 年	2012 年	2013 年	2014 年	2015 年	2016 年	2017 年
载客汽车	微型	出租车	汽油	288206	170475	52744	52744	52744	52744	39838	26932	26932	22183	17434	17434	14944	12455	12455	12455	12455	9659	8727
			燃气	181003	106704	32406	32406	32406	32406	24072	15737	15737	12682	9627	9627	7776	5926	5926	5926	5926	3978	3328
		其他	汽油	35575	22050	8526	8526	8526	8526	8158	7790	7790	6822	5854	5854	5599	5344	5344	5344	5344	4652	4422
			燃气	17885	10064	2243	2243	2243	2243	2148	2054	2054	1530	1006	1006	910	814	814	814	814	547	458
	小型	出租车	汽油	288206	167732	47258	47258	47258	47258	44420	41583	41583	29508	17434	17434	14944	12455	12455	12455	12455	9196	8110
			柴油	66945	63177	59409	59409	59409	59409	54039	48669	48669	34888	21108	21108	21108	21108	15719	10330	10330	6071	4651
			燃气	181003	104959	28915	28915	28915	28915	26988	25060	25060	17344	9627	9627	7776	5926	5926	5926	5926	3683	2935
		其他	汽油	36048	22230	8411	8411	8411	8411	8355	8299	8299	7078	5856	5856	5570	5284	5284	5284	5284	4700	4505
			柴油	8822	8066	7310	7310	7310	7310	6177	5044	5044	3484	1925	1925	1925	1925	1602	1279	1279	894	766
			燃气	18186	10956	3727	3727	3727	3727	3052	2378	2378	1764	1150	1150	963	776	776	776	776	577	511
	中型	公交车	汽油	247739	247739	247739	247739	247142	168899	13607	13607	13607	13607	13607	13456	13304	13304	10876	8449	8449	8449	8449
			柴油	87806	87806	86086	82645	82645	64494	28192	28192	28192	20508	12823	12823	12823	12823	8958	5093	5093	4763	4653
			燃气	71579	71579	67602	59649	59649	57536	53311	53311	53311	42686	32061	32061	22219	22219	22154	22154	22154	22154	22154
		其他	汽油	128449	128449	128449	128449	127852	87530	8079	8079	8079	8079	8079	7934	7788	7788	6737	5686	5686	5686	5686
			柴油	30493	30493	28460	24394	24394	18567	6912	6912	6912	6506	6099	6099	6099	6099	3750	1402	1402	1243	1190
			燃气	34560	34560	32640	28800	28800	27780	25740	25740	25740	20623	15506	15506	10732	10732	9642	9642	9642	9642	9642
	大型	公交车	汽油	577047	577047	577047	577047	576450	388872	14911	14911	14911	14911	14911	14771	14631	14631	11865	9099	9099	9099	9099
			柴油	131708	131708	108010	60614	60614	60614	60614	60614	60614	43515	26416	26416	26416	26416	17675	8934	8934	5723	4653
			燃气	168926	168926	159541	140772	140772	135786	125815	125815	125815	100740	75665	75665	52438	52438	47188	47188	47188	47188	47188
		其他	汽油	1278345	1278345	1278345	1278345	1277748	860900	28397	28397	28397	28397	28397	22138	15879	15879	12688	9498	9498	9498	9498
			柴油	272891	272891	207397	76409	76409	76409	76409	76409	76409	55942	35476	35476	35476	35476	20706	5937	5937	5324	5119
			燃气	266186	266186	251398	221822	221822	213966	198253	198253	198253	158842	119430	119430	82662	82662	74261	74261	74261	74261	74261
载货汽车	微型		汽油	189617	103278	16938	16938	16938	16938	15907	14876	14876	13746	12616	12616	10615	8614	8614	8614	8614	7385	6975
			柴油	32071	29948	27824	27824	27824	27824	25402	22980	22980	17093	11206	11206	11206	11206	7751	4296	4296	2864	2386
			燃气	95328	49892	4456	4456	4456	4456	4189	3922	3922	3045	2168	2168	1740	1312	1312	1312	1312	870	722
	轻型		汽油	99881	60731	21581	21581	21581	21581	18772	15962	15962	14387	12812	12812	11362	9912	9912	9912	9912	8587	8145
			柴油	29641	28732	27824	27824	27824	27824	25402	22980	22980	17093	11206	11206	11206	11206	8448	5691	5691	4258	3781
			燃气	50389	29976	9563	9563	9563	9563	7068	4574	4574	3545	2516	2516	1986	1456	1456	1456	1456	1057	924
	中型		汽油	204570	204570	204570	204570	203973	139136	10656	10656	10656	10656	10656	10516	10376	10376	8674	6972	6972	6972	6972
			柴油	47719	47719	44538	38175	38175	29055	10816	10816	10816	10186	9555	9555	9555	9555	6925	4295	4295	2556	1976
			燃气	54084	54084	51079	45070	45070	43473	40278	40278	40278	32285	24292	24292	32877	32877	16011	16011	16011	16011	16011
	重型		汽油	606553	606553	606553	606553	605956	408733	15482	15482	15482	15482	15482	12452	9423	9423	7908	6394	6394	6394	6394
			柴油	153456	153456	116627	42968	42968	42968	42968	42968	42968	31458	19949	19949	19949	19949	12696	5442	5442	3912	3402
			燃气	149686	149686	141370	124740	124740	120322	111486	111486	111486	89322	67158	67158	75770	75770	49353	49353	49353	49353	49353
低速汽车	三轮汽车			25300	25300	25300	25300	25300	25300	25300	25300	25300	16721	16721	16721	16721	16721	16721	16721	16721	16721	16721
	低速货车			33990	33990	33990	33990	33990	33990	33990	33990	33990	22464	22464	22464	22464	22464	22464	22464	22464	22464	22464
摩托车	普通摩托车			17897	17897	17897	17897	13356	8815	4719	4719	4719	4719	4719	3522	2324	2324	2324	2324	2324	2324	2324
	轻便摩托车			57876	57876	57876	57876	57876	11575	11575	5699	5699	5699	5699	4252	2806	2806	2806	2806	2806	2806	2806

玉林市 NO_x 排放系数

单位：克/（辆·年）

车辆类型		使用性质	燃料种类	1999 年年底前	2000 年	2001 年	2002 年	2003 年	2004 年	2005 年	2006 年	2007 年	2008 年	2009 年	2010 年	2011 年	2012 年	2013 年	2014 年	2015 年	2016 年	2017 年
载客汽车	微型	出租车	汽油	228204	152710	77217	77217	77217	77217	56372	35528	35528	25856	16184	16184	13312	10439	10439	10439	10439	6675	5420
			燃气	140692	95050	49409	49409	49409	49409	36448	23486	23486	17390	11295	11295	9174	7052	7052	7052	7052	4346	3444
		其他	汽油	35872	22495	9118	9118	9118	9118	5698	2278	2278	1852	1427	1427	1178	929	929	929	929	670	583
			燃气	21279	12690	4102	4102	4102	4102	2678	1255	1255	1020	786	786	626	465	465	465	465	369	337
	小型	出租车	汽油	259016	169946	80876	80876	80876	80876	58483	36090	36090	26137	16184	16184	12796	9409	9409	9409	9409	5734	4509
			柴油	267610	222701	177792	177792	177792	177792	158473	139154	139154	110118	81082	81082	81082	81082	66616	52150	52150	40668	36840
			燃气	159277	105446	51616	51616	51616	51616	37720	23825	23825	17560	11295	11295	8863	6431	6431	6431	6431	3778	2894
		其他	汽油	33449	21351	9253	9253	9253	9253	6086	2919	2919	2013	1107	1107	994	880	880	880	880	630	546
			柴油	29339	24000	18661	18661	18661	18661	17166	15670	15670	12261	8852	8852	8852	8852	7630	6408	6408	5570	5291
			燃气	19817	12650	5483	5483	5483	5483	3562	1642	1642	1118	593	593	514	435	435	435	435	345	315
	中型	公交车	汽油	323688	323688	323688	323688	323688	221133	16023	16023	16023	16023	16023	14370	12716	12716	9600	6484	6484	6484	6484
			柴油	362587	362587	361736	360033	360033	345725	317109	317109	317109	264136	211164	211164	211164	211164	172325	133486	133486	111758	104515
			燃气	384986	384986	380403	371236	371236	359721	336691	336691	336691	280218	223746	223746	141494	141494	110817	110817	110817	110817	110817
		其他	汽油	198450	198450	198450	198450	198450	134615	6946	6946	6946	6946	6946	6946	6946	6946	5210	3474	3474	3474	3474
			柴油	170037	170037	162939	148743	148743	147485	144970	144970	144970	123466	101963	101963	101963	101963	90534	79105	79105	67517	63654
			燃气	192008	192008	181341	160006	160006	158498	155482	155482	155482	132382	109282	109282	85126	85126	68378	68378	68378	68378	68378
	大型	公交车	汽油	1153138	1153138	1153138	1153138	1153138	792920	72483	72483	72483	72483	72483	72420	72356	72356	54268	36179	36179	36179	36179
			柴油	514257	514257	497640	464405	464405	451209	424818	424818	424818	417162	409507	409507	409507	409507	394740	379974	379974	342528	330046
			燃气	1033962	1033962	976520	861635	861635	797696	669819	669819	669819	573910	478002	478002	445020	445020	385716	385716	385716	385716	385716
		其他	汽油	2752330	2752330	2752330	2752330	2752330	1892555	173004	173004	173004	173004	173004	166516	160028	160028	120149	80270	80270	80270	80270
			柴油	1231486	1231486	1199798	1136421	1136421	1109926	1056936	1056936	1056936	1019724	982512	982512	982512	982512	935356	888201	888201	786049	751998
			燃气	2292278	2292278	2164929	1910231	1910231	1768480	1484978	1484978	1484978	1272838	1060698	1060698	956930	956930	811870	811870	811870	811870	811870
载货汽车	微型		汽油	125962	74720	23478	23478	23478	23478	15970	8463	8463	6860	5258	5258	4640	4023	4023	4023	4023	3032	2702
			柴油	84999	70108	55217	55217	55217	55217	49675	44133	44133	37348	30564	30564	30564	30564	22342	14121	14121	12123	11457
			燃气	74720	42641	10562	10562	10562	10562	7612	4662	4662	3779	2896	2896	2455	2014	2014	2014	2014	1675	1562
	轻型		汽油	93559	59976	26392	26392	26392	26392	17824	9257	9257	7764	6272	6272	5202	4132	4132	4132	4132	3169	2848
			柴油	85298	70258	55217	55217	55217	55217	49675	44133	44133	37348	30564	30564	30564	30564	24356	18148	18148	16858	16428
			燃气	55429	35534	15639	15639	15639	15639	10423	5207	5207	4284	3360	3360	2701	2043	2043	2043	2043	1743	1643
	中型		汽油	149777	149777	149777	149777	149777	102254	7208	7208	7208	7208	7208	7208	7208	7208	5408	3608	3608	3608	3608
			柴油	278846	278846	250384	193459	193459	183958	164956	164956	164956	166936	168915	168915	168915	168915	148202	127488	127488	109779	103876
			燃气	314877	314877	279287	208108	208108	197711	176917	176917	176917	178979	181040	181040	137192	137192	111585	111585	111585	111585	111585
	重型		汽油	2129002	2129002	2129002	2129002	2129002	1463942	133823	133823	133823	133823	133823	128804	123786	123786	92938	62091	62091	62091	62091
			柴油	1139739	1139739	1100836	1023030	1023030	985191	909512	909512	909512	873040	836568	836568	836568	836568	736704	636841	636841	443163	378604
			燃气	2121501	2121501	1987544	1719630	1719630	1572370	1277850	1277850	1277850	1090495	903140	903140	686120	686120	408747	408747	408747	408747	408747
低速汽车	三轮汽车			65550	65550	65550	65550	65550	65550	65550	65550	65550	53279	53279	53279	53279	53279	53279	53279	53279	53279	53279
	低速货车			88065	88065	88065	88065	88065	88065	88065	88065	88065	71579	71579	71579	71579	71579	71579	71579	71579	71579	71579
摩托车	普通摩托车			1336	1336	1336	1336	1292	1247	1158	1158	1158	1158	1158	1028	899	899	899	899	899	899	899
	轻便摩托车			890	890	890	890	890	445	445	445	445	445	445	396	346	346	346	346	346	346	346

玉林市 PM 排放系数

单位：克/（辆・年）

车辆类型		使用性质	燃料种类	1999年年底前	2000年	2001年	2002年	2003年	2004年	2005年	2006年	2007年	2008年	2009年	2010年	2011年	2012年	2013年	2014年	2015年	2016年	2017年
载客汽车	微型	出租车	汽油	—	—	—	—	—	—	—	—	—	—	—	—	—	—	—	—	—	—	—
			燃气	—	—	—	—	—	—	—	—	—	—	—	—	—	—	—	—	—	—	—
		其他	汽油	—	—	—	—	—	—	—	—	—	—	—	—	—	—	—	—	—	—	—
			燃气	—	—	—	—	—	—	—	—	—	—	—	—	—	—	—	—	—	—	—
	小型	出租车	汽油	—	—	—	—	—	—	—	—	—	—	—	—	—	—	—	—	—	—	—
			柴油	34337	31446	28554	28554	28554	28554	19471	10388	10388	6770	3153	3153	3153	3153	2930	2708	2708	2239	2083
			燃气	—	—	—	—	—	—	—	—	—	—	—	—	—	—	—	—	—	—	—
		其他	汽油	—	—	—	—	—	—	—	—	—	—	—	—	—	—	—	—	—	—	—
			柴油	3866	3659	3452	3452	3452	3452	2483	1514	1514	1109	704	704	704	704	590	476	476	476	476
			燃气	—	—	—	—	—	—	—	—	—	—	—	—	—	—	—	—	—	—	—
	中型	公交车	汽油	—	—	—	—	—	—	—	—	—	—	—	—	—	—	—	—	—	—	—
			柴油	30592	30592	28032	22913	22913	17978	8108	8108	8108	6872	5637	5637	5637	5637	3504	1372	1372	1080	983
			燃气	—	—	—	—	—	—	—	—	—	—	—	—	—	—	—	—	—	—	—
		其他	汽油	—	—	—	—	—	—	—	—	—	—	—	—	—	—	—	—	—	—	—
			柴油	15274	15274	12888	8116	8116	6262	2553	2553	2553	2434	2316	2316	2316	2316	1366	415	415	399	394
			燃气	—	—	—	—	—	—	—	—	—	—	—	—	—	—	—	—	—	—	—
	大型	公交车	汽油	—	—	—	—	—	—	—	—	—	—	—	—	—	—	—	—	—	—	—
			柴油	94865	94865	93934	92071	92071	71272	29674	29674	29674	19994	10315	10315	10315	10315	6116	1916	1916	1845	1821
			燃气	—	—	—	—	—	—	—	—	—	—	—	—	—	—	—	—	—	—	—
		其他	汽油	—	—	—	—	—	—	—	—	—	—	—	—	—	—	—	—	—	—	—
			柴油	142314	142314	133412	115607	115607	85425	25061	25061	25061	17182	9303	9303	9303	9303	5868	2433	2433	2343	2313
			燃气	—	—	—	—	—	—	—	—	—	—	—	—	—	—	—	—	—	—	—
载货汽车	微型		汽油	—	—	—	—	—	—	—	—	—	—	—	—	—	—	—	—	—	—	—
			柴油	9375	9181	8987	8987	8987	8987	7313	5639	5639	4185	2731	2731	2731	2731	1720	708	708	705	704
			燃气	—	—	—	—	—	—	—	—	—	—	—	—	—	—	—	—	—	—	—
	轻型		汽油	—	—	—	—	—	—	—	—	—	—	—	—	—	—	—	—	—	—	—
			柴油	9750	9368	8987	8987	8987	8987	7313	5639	5639	4185	2731	2731	2731	2731	2060	1388	1388	1146	1065
			燃气	—	—	—	—	—	—	—	—	—	—	—	—	—	—	—	—	—	—	—
	中型		汽油	—	—	—	—	—	—	—	—	—	—	—	—	—	—	—	—	—	—	—
			柴油	23521	23521	19794	12339	12339	9529	3909	3909	3909	3704	3498	3498	3498	3498	2243	988	988	905	877
			燃气	—	—	—	—	—	—	—	—	—	—	—	—	—	—	—	—	—	—	—
	重型		汽油	—	—	—	—	—	—	—	—	—	—	—	—	—	—	—	—	—	—	—
			柴油	142935	142935	117482	66576	66576	52861	25432	25432	25432	17427	9422	9422	9422	9422	6283	3144	3144	2657	2495
			燃气	—	—	—	—	—	—	—	—	—	—	—	—	—	—	—	—	—	—	—
低速汽车	三轮汽车			4092	4092	4092	4092	4092	4092	4092	4092	4092	3220	3220	3220	3220	3220	3220	3220	3220	3220	3220
	低速货车			5581	5581	5581	5581	5581	5581	5581	5581	5581	4392	4392	4392	4392	4392	4392	4392	4392	4392	4392
摩托车	普通摩托车			—	—	—	—	—	—	—	—	—	—	—	—	—	—	—	—	—	—	—
	轻便摩托车			—	—	—	—	—	—	—	—	—	—	—	—	—	—	—	—	—	—	—

玉林市 VOCs 排放系数

单位：克/（辆·年）

车辆类型		使用性质	燃料种类	1999年年底前	2000年	2001年	2002年	2003年	2004年	2005年	2006年	2007年	2008年	2009年	2010年	2011年	2012年	2013年	2014年	2015年	2016年	2017年
载客汽车	微型	出租车	汽油	337361	203696	70031	70031	70031	70031	54086	38140	38140	31761	25382	25382	21170	16959	16959	16959	16959	12002	10349
			燃气	265145	158664	52182	52182	52182	52182	39523	26864	26864	21930	16997	16997	13589	10181	10181	10181	10181	6394	5132
		其他	汽油	30191	19214	8237	8237	8237	8237	7878	7519	7519	6682	5845	5845	5622	5400	5400	5400	5400	4767	4556
			燃气	17885	10064	2243	2243	2243	2243	2148	2054	2054	1530	1006	1006	910	814	814	814	814	547	458
	小型	出租车	汽油	337361	200598	63835	63835	63835	63835	59260	54685	54685	40034	25382	25382	21170	16959	16959	16959	16959	11479	9652
			柴油	113219	106416	99613	99613	99613	99613	89523	79433	79433	59202	38971	38971	38971	38971	28858	18745	18745	10236	7400
			燃气	265145	156173	47201	47201	47201	47201	43684	40166	40166	28582	16997	16997	13589	10181	10181	10181	10181	5974	4571
		其他	汽油	30565	19356	8146	8146	8146	8146	8034	7921	7921	6884	5847	5847	5600	5353	5353	5353	5353	4804	4621
			柴油	7838	7176	6513	6513	6513	6513	5518	4523	4523	3158	1793	1793	1793	1793	1484	1174	1174	804	680
			燃气	18186	10956	3727	3727	3727	3727	3052	2378	2378	1764	1150	1150	963	776	776	776	776	577	511
	中型	公交车	汽油	248012	248012	248012	248012	247415	169172	13879	13879	13879	13879	13879	13728	13576	13576	11149	8722	8722	8722	8722
			柴油	87806	87806	86086	82645	82645	64494	28192	28192	28192	20508	12823	12823	12823	12823	8958	5093	5093	4763	4653
			燃气	71579	71579	67602	59649	59649	57536	53311	53311	53311	42686	32061	32061	22219	22219	22154	22154	22154	22154	22154
		其他	汽油	128722	128722	128722	128722	128125	87803	8352	8352	8352	8352	8352	8206	8061	8061	7010	5958	5958	5958	5958
			柴油	30493	30493	28460	24394	24394	18567	6912	6912	6912	6506	6099	6099	6099	6099	3750	1402	1402	1243	1190
			燃气	34560	34560	32640	28800	28800	27780	25740	25740	25740	20623	15506	15506	10732	10732	9642	9642	9642	9642	9642
	大型	公交车	汽油	577320	577320	577320	577320	576723	389145	15183	15183	15183	15183	15183	15043	14903	14903	12137	9371	9371	9371	9371
			柴油	131708	131708	108010	60614	60614	60614	60614	60614	60614	43515	26416	26416	26416	26416	17675	8934	8934	5723	4653
			燃气	168926	168926	159541	140772	140772	135786	125815	125815	125815	100740	75665	75665	52438	52438	47188	47188	47188	47188	47188
		其他	汽油	1278618	1278618	1278618	1278618	1278021	861173	28670	28670	28670	28670	28670	22411	16152	16152	12961	9770	9770	9770	9770
			柴油	272891	272891	207397	76409	76409	76409	76409	76409	76409	55942	35476	35476	35476	35476	20706	5937	5937	5324	5119
			燃气	266186	266186	251398	221822	221822	213966	198253	198253	198253	158842	119430	119430	82662	82662	74261	74261	74261	74261	74261
载货汽车	微型		汽油	156631	86288	15946	15946	15946	15946	14940	13935	13935	12874	11813	11813	10064	8315	8315	8315	8315	7099	6694
			柴油	30240	28232	26225	26225	26225	26225	23859	21493	21493	16115	10737	10737	10737	10737	7476	4214	4214	2713	2213
			燃气	92787	48565	4342	4342	4342	4342	4074	3807	3807	2920	2033	2033	1643	1253	1253	1253	1253	818	673
	轻型		汽油	83847	51780	19712	19712	19712	19712	17264	14816	14816	13394	11972	11972	10670	9367	9367	9367	9367	8073	7642
			柴油	28133	27179	26225	26225	26225	26225	23859	21493	21493	16115	10737	10737	10737	10737	8080	5424	5424	3923	3423
			燃气	49888	29454	9019	9019	9019	9019	6733	4448	4448	3401	2355	2355	1856	1358	1358	1358	1358	973	845
	中型		汽油	204842	204842	204842	204842	204245	139408	10928	10928	10928	10928	10928	10788	10648	10648	8946	7244	7244	7244	7244
			柴油	47719	47719	44538	38175	38175	29055	10816	10816	10816	10186	9555	9555	9555	9555	6925	4295	4295	2556	1976
			燃气	54084	54084	51079	45070	45070	43473	40278	40278	40278	32285	24292	24292	32877	32877	16011	16011	16011	16011	16011
	重型		汽油	975913	975913	975913	975913	975316	657430	22853	22853	22853	22853	22853	18049	13245	13245	10810	8374	8374	8374	8374
			柴油	240371	240371	182682	67304	67304	67304	67304	67304	67304	49276	31248	31248	31248	31248	19764	8280	8280	6647	6103
			燃气	234465	234465	221440	195389	195389	188469	174629	174629	174629	139913	105196	105196	115284	115284	88536	88536	88536	88536	88536
低速汽车	三轮汽车			25300	25300	25300	25300	25300	25300	25300	25300	25300	16721	16721	16721	16721	16721	16721	16721	16721	16721	16721
	低速货车			33990	33990	33990	33990	33990	33990	33990	33990	33990	22464	22464	22464	22464	22464	22464	22464	22464	22464	22464
摩托车	普通摩托车			17897	17897	17897	17897	13356	8815	4719	4719	4719	4719	4719	3522	2324	2324	2324	2324	2324	2324	2324
	轻便摩托车			57876	57876	57876	57876	57876	11575	11575	5699	5699	5699	5699	4252	2806	2806	2806	2806	2806	2806	2806

百色市 NO_x 排放系数

单位：克/（辆·年）

车辆类型		使用性质	燃料种类	1999年年底前	2000年	2001年	2002年	2003年	2004年	2005年	2006年	2007年	2008年	2009年	2010年	2011年	2012年	2013年	2014年	2015年	2016年	2017年
载客汽车	微型	出租车	汽油	164353	108876	53400	53400	53400	53400	38490	23579	23579	16783	9987	9987	8340	6692	6692	6692	6692	4502	3772
			燃气	100622	67152	33682	33682	33682	33682	24474	15265	15265	11036	6806	6806	5600	4395	4395	4395	4395	2870	2362
		其他	汽油	35859	22487	9115	9115	9115	9115	5696	2277	2277	1852	1426	1426	1178	929	929	929	929	670	583
			燃气	21279	12690	4102	4102	4102	4102	2678	1255	1255	1020	786	786	626	465	465	465	465	369	337
	小型	出租车	汽油	187092	121596	56100	56100	56100	56100	40047	23994	23994	16990	9987	9987	7960	5932	5932	5932	5932	3808	3100
			柴油	184390	152159	119928	119928	119928	119928	107132	94337	94337	74364	54391	54391	54391	54391	45178	35964	35964	28839	26464
			燃气	114342	74826	35311	35311	35311	35311	25414	15516	15516	11161	6806	6806	5371	3936	3936	3936	3936	2451	1956
		其他	汽油	33437	21344	9250	9250	9250	9250	6084	2918	2918	2012	1106	1106	993	880	880	880	880	630	546
			柴油	29331	23994	18657	18657	18657	18657	17162	15666	15666	12258	8850	8850	8850	8850	7628	6407	6407	5569	5290
			燃气	19817	12650	5483	5483	5483	5483	3562	1642	1642	1118	593	593	514	435	435	435	435	345	315
	中型	公交车	汽油	323566	323566	323566	323566	323566	221050	16017	16017	16017	16017	16017	14364	12712	12712	9596	6481	6481	6481	6481
			柴油	362488	362488	361637	359934	359934	345630	317021	317021	317021	264064	211106	211106	211106	211106	172278	133449	133449	111727	104486
			燃气	384880	384880	380298	371134	371134	359622	336598	336598	336598	280141	223684	223684	141455	141455	110786	110786	110786	110786	110786
		其他	汽油	198375	198375	198375	198375	198375	134564	6943	6943	6943	6943	6943	6943	6943	6943	5208	3472	3472	3472	3472
			柴油	169990	169990	162894	148702	148702	147445	144930	144930	144930	123432	101935	101935	101935	101935	90509	79083	79083	67498	63636
			燃气	191955	191955	181291	159962	159962	158455	155440	155440	155440	132346	109252	109252	85103	85103	68359	68359	68359	68359	68359
	大型	公交车	汽油	1152704	1152704	1152704	1152704	1152704	792621	72456	72456	72456	72456	72456	72392	72329	72329	54247	36165	36165	36165	36165
			柴油	514116	514116	497503	464277	464277	451085	424701	424701	424701	417048	409394	409394	409394	409394	394632	379870	379870	342434	329955
			燃气	1033678	1033678	976251	861398	861398	797477	669634	669634	669634	573752	477871	477871	444898	444898	385610	385610	385610	385610	385610
		其他	汽油	2751294	2751294	2751294	2751294	2751294	1891842	172938	172938	172938	172938	172938	166453	159968	159968	120104	80240	80240	80240	80240
			柴油	1231148	1231148	1199468	1136108	1136108	1109621	1056646	1056646	1056646	1019444	982242	982242	982242	982242	935099	887956	887956	785832	751791
			燃气	2291648	2291648	2164334	1909706	1909706	1767994	1484569	1484569	1484569	1272488	1060407	1060407	956667	956667	811647	811647	811647	811647	811647
载货汽车	微型		汽油	134241	79714	25188	25188	25188	25188	17170	9153	9153	7429	5705	5705	5019	4333	4333	4333	4333	3248	2887
			柴油	91248	75346	59444	59444	59444	59444	53456	47469	47469	40161	32853	32853	32853	32853	24014	15175	15175	12970	12235
			燃气	79660	45497	11335	11335	11335	11335	8190	5045	5045	4095	3145	3145	2657	2169	2169	2169	2169	1794	1669
	轻型		汽油	99763	64026	28289	28289	28289	28289	19144	9998	9998	8392	6785	6785	5617	4449	4449	4449	4449	3394	3043
			柴油	91566	75505	59444	59444	59444	59444	53456	47469	47469	40161	32853	32853	32853	32853	26156	19460	19460	18009	17525
			燃气	59126	37947	16768	16768	16768	16768	11197	5626	5626	4632	3638	3638	2919	2199	2199	2199	2199	1866	1756
	中型		汽油	149777	149777	149777	149777	149777	102254	7208	7208	7208	7208	7208	7208	7208	7208	5408	3608	3608	3608	3608
			柴油	278846	278846	250384	193459	193459	183958	164956	164956	164956	166936	168915	168915	168915	168915	148202	127488	127488	109779	103876
			燃气	314877	314877	279287	208108	208108	197711	176918	176918	176918	178979	181040	181040	137193	137193	111586	111586	111586	111586	111586
	重型		汽油	1316840	1316840	1316840	1316840	1316840	905484	82773	82773	82773	82773	82773	79669	76565	76565	57485	38405	38405	38405	38405
			柴油	716440	716440	691985	643076	643076	619290	571719	571719	571719	548793	525867	525867	525867	525867	456121	386375	386375	266397	226404
			燃气	1333575	1333575	1249370	1080959	1080959	988391	803255	803255	803255	685485	567715	567715	416273	416273	244430	244430	244430	244430	244430
低速汽车	三轮汽车			65550	65550	65550	65550	65550	65550	65550	65550	65550	53279	53279	53279	53279	53279	53279	53279	53279	53279	53279
	低速货车			88065	88065	88065	88065	88065	88065	88065	88065	88065	71579	71579	71579	71579	71579	71579	71579	71579	71579	71579
摩托车	普通摩托车			1336	1336	1336	1336	1292	1247	1158	1158	1158	1158	1158	1028	899	899	899	899	899	899	899
	轻便摩托车			890	890	890	890	890	445	445	445	445	445	445	396	346	346	346	346	346	346	346

百色市 PM 排放系数

单位：克/（辆・年）

车辆类型		使用性质	燃料种类	1999 年年底前	2000 年	2001 年	2002 年	2003 年	2004 年	2005 年	2006 年	2007 年	2008 年	2009 年	2010 年	2011 年	2012 年	2013 年	2014 年	2015 年	2016 年	2017 年
载客汽车	微型	出租车	汽油	—	—	—	—	—	—	—	—	—	—	—	—	—	—	—	—	—	—	—
			燃气	—	—	—	—	—	—	—	—	—	—	—	—	—	—	—	—	—	—	—
		其他	汽油	—	—	—	—	—	—	—	—	—	—	—	—	—	—	—	—	—	—	—
			燃气	—	—	—	—	—	—	—	—	—	—	—	—	—	—	—	—	—	—	—
	小型	出租车	汽油	—	—	—	—	—	—	—	—	—	—	—	—	—	—	—	—	—	—	—
			柴油	25350	23215	21080	21080	21080	21080	14374	7669	7669	4998	2328	2328	2328	2328	2164	1999	1999	1653	1538
			燃气	—	—	—	—	—	—	—	—	—	—	—	—	—	—	—	—	—	—	—
		其他	汽油	—	—	—	—	—	—	—	—	—	—	—	—	—	—	—	—	—	—	—
			柴油	3866	3659	3452	3452	3452	3452	2483	1514	1514	1109	704	704	704	704	590	476	476	476	476
			燃气	—	—	—	—	—	—	—	—	—	—	—	—	—	—	—	—	—	—	—
	中型	公交车	汽油	—	—	—	—	—	—	—	—	—	—	—	—	—	—	—	—	—	—	—
			柴油	30592	30592	28032	22913	22913	17978	8108	8108	8108	6872	5637	5637	5637	5637	3504	1372	1372	1080	983
			燃气	—	—	—	—	—	—	—	—	—	—	—	—	—	—	—	—	—	—	—
		其他	汽油	—	—	—	—	—	—	—	—	—	—	—	—	—	—	—	—	—	—	—
			柴油	15274	15274	12888	8116	8116	6262	2553	2553	2553	2434	2316	2316	2316	2316	1366	415	415	399	394
			燃气	—	—	—	—	—	—	—	—	—	—	—	—	—	—	—	—	—	—	—
	大型	公交车	汽油	—	—	—	—	—	—	—	—	—	—	—	—	—	—	—	—	—	—	—
			柴油	94865	94865	93934	92071	92071	71272	29674	29674	29674	19994	10315	10315	10315	10315	6116	1916	1916	1845	1821
			燃气	—	—	—	—	—	—	—	—	—	—	—	—	—	—	—	—	—	—	—
		其他	汽油	—	—	—	—	—	—	—	—	—	—	—	—	—	—	—	—	—	—	—
			柴油	142314	142314	133412	115607	115607	85425	25061	25061	25061	17182	9303	9303	9303	9303	5868	2433	2433	2343	2313
			燃气	—	—	—	—	—	—	—	—	—	—	—	—	—	—	—	—	—	—	—
载货汽车	微型		汽油	—	—	—	—	—	—	—	—	—	—	—	—	—	—	—	—	—	—	—
			柴油	9979	9772	9566	9566	9566	9566	7784	6003	6003	4455	2907	2907	2907	2907	1830	754	754	750	749
			燃气	—	—	—	—	—	—	—	—	—	—	—	—	—	—	—	—	—	—	—
	轻型		汽油	—	—	—	—	—	—	—	—	—	—	—	—	—	—	—	—	—	—	—
			柴油	10378	9972	9566	9566	9566	9566	7784	6003	6003	4455	2907	2907	2907	2907	2192	1477	1477	1220	1134
			燃气	—	—	—	—	—	—	—	—	—	—	—	—	—	—	—	—	—	—	—
	中型		汽油	—	—	—	—	—	—	—	—	—	—	—	—	—	—	—	—	—	—	—
			柴油	23521	23521	19794	12339	12339	9529	3909	3909	3909	3704	3498	3498	3498	3498	2243	988	988	905	877
			燃气	—	—	—	—	—	—	—	—	—	—	—	—	—	—	—	—	—	—	—
	重型		汽油	—	—	—	—	—	—	—	—	—	—	—	—	—	—	—	—	—	—	—
			柴油	86359	86359	70981	40224	40224	31938	15365	15365	15365	10529	5693	5693	5693	5693	3832	1970	1970	1665	1563
			燃气	—	—	—	—	—	—	—	—	—	—	—	—	—	—	—	—	—	—	—
低速汽车	三轮汽车			4092	4092	4092	4092	4092	4092	4092	4092	4092	3220	3220	3220	3220	3220	3220	3220	3220	3220	3220
	低速货车			5581	5581	5581	5581	5581	5581	5581	5581	5581	4392	4392	4392	4392	4392	4392	4392	4392	4392	4392
摩托车	普通摩托车			—	—	—	—	—	—	—	—	—	—	—	—	—	—	—	—	—	—	—
	轻便摩托车			—	—	—	—	—	—	—	—	—	—	—	—	—	—	—	—	—	—	—

百色市 VOCs 排放系数

单位：克/（辆·年）

车辆类型		使用性质	燃料种类	1999年年底前	2000年	2001年	2002年	2003年	2004年	2005年	2006年	2007年	2008年	2009年	2010年	2011年	2012年	2013年	2014年	2015年	2016年	2017年
载客汽车	微型	出租车	汽油	245937	147311	48685	48685	48685	48685	37458	26231	26231	21906	17581	17581	15076	12572	12572	12572	12572	9631	8651
			燃气	191284	112982	34681	34681	34681	34681	25832	16982	16982	13712	10441	10441	8421	6401	6401	6401	6401	4256	3541
		其他	汽油	30462	19486	8509	8509	8509	8509	8150	7790	7790	6954	6117	6117	5894	5672	5672	5672	5672	5038	4827
			燃气	17885	10064	2243	2243	2243	2243	2148	2054	2054	1530	1006	1006	910	814	814	814	814	547	458
	小型	出租车	汽油	245937	145024	44111	44111	44111	44111	41278	38445	38445	28013	17581	17581	15076	12572	12572	12572	12572	9245	8136
			柴油	68246	64294	60342	60342	60342	60342	54606	48870	48870	35632	22394	22394	22394	22394	16641	10888	10888	6194	4629
			燃气	191284	111144	31004	31004	31004	31004	28903	26802	26802	18622	10441	10441	8421	6401	6401	6401	6401	3946	3127
		其他	汽油	30837	19628	8418	8418	8418	8418	8306	8193	8193	7156	6119	6119	5872	5625	5625	5625	5625	5076	4893
			柴油	7838	7176	6513	6513	6513	6513	5518	4523	4523	3158	1793	1793	1793	1793	1484	1174	1174	804	680
			燃气	18186	10956	3727	3727	3727	3727	3052	2378	2378	1764	1150	1150	963	776	776	776	776	577	511
	中型	公交车	汽油	248283	248283	248283	248283	247686	169443	14151	14151	14151	14151	14151	14000	13848	13848	11420	8993	8993	8993	8993
			柴油	87806	87806	86086	82645	82645	64494	28192	28192	28192	20508	12823	12823	12823	12823	8958	5093	5093	4763	4653
			燃气	71579	71579	67602	59649	59649	57536	53311	53311	53311	42686	32061	32061	22219	22219	22154	22154	22154	22154	22154
		其他	汽油	128994	128994	128994	128994	128397	88074	8623	8623	8623	8623	8623	8478	8332	8332	7281	6230	6230	6230	6230
			柴油	30493	30493	28460	24394	24394	18567	6912	6912	6912	6506	6099	6099	6099	6099	3750	1402	1402	1243	1190
			燃气	34560	34560	32640	28800	28800	27780	25740	25740	25740	20623	15506	15506	10732	10732	9642	9642	9642	9642	9642
	大型	公交车	汽油	577591	577591	577591	577591	576994	389416	15455	15455	15455	15455	15455	15315	15175	15175	12409	9643	9643	9643	9643
			柴油	131708	131708	108010	60614	60614	60614	60614	60614	60614	43515	26416	26416	26416	26416	17675	8934	8934	5723	4653
			燃气	168926	168926	159541	140772	140772	135786	125815	125815	125815	100740	75665	75665	52438	52438	47188	47188	47188	47188	47188
		其他	汽油	1278889	1278889	1278889	1278889	1278292	861444	28941	28941	28941	28941	28941	22682	16424	16424	13233	10042	10042	10042	10042
			柴油	272891	272891	207397	76409	76409	76409	76409	76409	76409	55942	35476	35476	35476	35476	20706	5937	5937	5324	5119
			燃气	266186	266186	251398	221822	221822	213966	198253	198253	198253	158842	119430	119430	82662	82662	74261	74261	74261	74261	74261
载货汽车	微型		汽油	166816	91999	17182	17182	17182	17182	16090	14998	14998	13858	12719	12719	10821	8923	8923	8923	8923	7599	7158
			柴油	33112	30910	28707	28707	28707	28707	26084	23461	23461	17636	11810	11810	11810	11810	8234	4657	4657	2966	2402
			燃气	97942	51236	4529	4529	4529	4529	4242	3955	3955	3023	2092	2092	1686	1281	1281	1281	1281	830	679
	轻型		汽油	89343	55266	21190	21190	21190	21190	18563	15936	15936	14412	12889	12889	11466	10043	10043	10043	10043	8637	8168
			柴油	30869	29788	28707	28707	28707	28707	26084	23461	23461	17636	11810	11810	11810	11810	8878	5945	5945	4254	3690
			燃气	52690	31036	9382	9382	9382	9382	7004	4625	4625	3524	2422	2422	1904	1385	1385	1385	1385	986	853
	中型		汽油	205114	205114	205114	205114	204517	139680	11200	11200	11200	11200	11200	11060	10920	10920	9218	7516	7516	7516	7516
			柴油	47719	47719	44538	38175	38175	29055	10816	10816	10816	10186	9555	9555	9555	9555	6925	4295	4295	2556	1976
			燃气	54084	54084	51079	45070	45070	43473	40278	40278	40278	32285	24292	24292	32877	32877	16011	16011	16011	16011	16011
	重型		汽油	607098	607098	607098	607098	606500	409277	16026	16026	16026	16026	16026	12997	9968	9968	8454	6939	6939	6939	6939
			柴油	153456	153456	116627	42968	42968	42968	42968	42968	42968	31458	19949	19949	19949	19949	12696	5442	5442	3912	3402
			燃气	149686	149686	141370	124740	124740	120322	111486	111486	111486	89322	67158	67158	75770	75770	49353	49353	49353	49353	49353
低速汽车	三轮汽车			25300	25300	25300	25300	25300	25300	25300	25300	25300	16721	16721	16721	16721	16721	16721	16721	16721	16721	16721
	低速货车			33990	33990	33990	33990	33990	33990	33990	33990	33990	22464	22464	22464	22464	22464	22464	22464	22464	22464	22464
摩托车	普通摩托车			17897	17897	17897	17897	13356	8815	4719	4719	4719	4719	4719	3522	2324	2324	2324	2324	2324	2324	2324
	轻便摩托车			57876	57876	57876	57876	57876	11575	11575	5699	5699	5699	5699	4252	2806	2806	2806	2806	2806	2806	2806

贺州市 NO_x 排放系数

单位：克/（辆·年）

车辆类型		使用性质	燃料种类	1999年年底前	2000年	2001年	2002年	2003年	2004年	2005年	2006年	2007年	2008年	2009年	2010年	2011年	2012年	2013年	2014年	2015年	2016年	2017年
载客汽车	微型	出租车	汽油	253966	170602	87238	87238	87238	87238	63984	40730	40730	29866	19001	19001	15556	12112	12112	12112	12112	7610	6110
			燃气	157037	106578	56118	56118	56118	56118	41615	27112	27112	20232	13352	13352	10802	8251	8251	8251	8251	4990	3903
		其他	汽油	35859	22487	9115	9115	9115	9115	5696	2277	2277	1852	1426	1426	1178	929	929	929	929	670	583
			燃气	21279	12690	4102	4102	4102	4102	2678	1255	1255	1020	786	786	626	465	465	465	465	369	337
	小型	出租车	汽油	287928	189600	91272	91272	91272	91272	66311	41350	41350	30176	19001	19001	14989	10977	10977	10977	10977	6574	5106
			柴油	302728	252684	202640	202640	202640	202640	180484	158327	158327	125460	92594	92594	92594	92594	75786	58979	58979	45523	41038
			燃气	177530	118041	58552	58552	58552	58552	43019	27486	27486	20419	13352	13352	10460	7567	7567	7567	7567	4364	3297
		其他	汽油	33437	21344	9250	9250	9250	9250	6084	2918	2918	2012	1106	1106	993	880	880	880	880	630	546
			柴油	29331	23994	18657	18657	18657	18657	17162	15666	15666	12258	8850	8850	8850	8850	7628	6407	6407	5569	5290
			燃气	19817	12650	5483	5483	5483	5483	3562	1642	1642	1118	593	593	514	435	435	435	435	345	315
	中型	公交车	汽油	323566	323566	323566	323566	323566	221050	16017	16017	16017	16017	16017	14364	12712	12712	9596	6481	6481	6481	6481
			柴油	362488	362488	361637	359934	359934	345630	317021	317021	317021	264064	211106	211106	211106	211106	172278	133449	133449	111727	104486
			燃气	384880	384880	380298	371134	371134	359622	336598	336598	336598	280141	223684	223684	141455	141455	110786	110786	110786	110786	110786
		其他	汽油	198375	198375	198375	198375	198375	134564	6943	6943	6943	6943	6943	6943	6943	6943	5208	3472	3472	3472	3472
			柴油	169990	169990	162894	148702	148702	147445	144930	144930	144930	123432	101935	101935	101935	101935	90509	79083	79083	67498	63636
			燃气	191955	191955	181291	159962	159962	158455	155440	155440	155440	132346	109252	109252	85103	85103	68359	68359	68359	68359	68359
	大型	公交车	汽油	1152704	1152704	1152704	1152704	1152704	792621	72456	72456	72456	72456	72456	72392	72329	72329	54247	36165	36165	36165	36165
			柴油	514116	514116	497503	464277	464277	451085	424701	424701	424701	417048	409394	409394	409394	409394	394632	379870	379870	342434	329955
			燃气	1033678	1033678	976251	861398	861398	797477	669634	669634	669634	573752	477871	477871	444898	444898	385610	385610	385610	385610	385610
		其他	汽油	2751294	2751294	2751294	2751294	2751294	1891842	172938	172938	172938	172938	172938	166453	159968	159968	120104	80240	80240	80240	80240
			柴油	1231148	1231148	1199468	1136108	1136108	1109621	1056646	1056646	1056646	1019444	982242	982242	982242	982242	935099	887956	887956	785832	751791
			燃气	2291648	2291648	2164334	1909706	1909706	1767994	1484569	1484569	1484569	1272488	1060407	1060407	956667	956667	811647	811647	811647	811647	811647
载货汽车	微型		汽油	113560	67260	20961	20961	20961	20961	14214	7466	7466	6040	4615	4615	4094	3572	3572	3572	3572	2712	2426
			柴油	75812	62426	49040	49040	49040	49040	44145	39250	39250	33230	27209	27209	27209	27209	19892	12576	12576	10868	10299
			燃气	67387	38410	9433	9433	9433	9433	6774	4115	4115	3329	2544	2544	2166	1788	1788	1788	1788	1499	1402
	轻型		汽油	84282	53938	23593	23593	23593	23593	15888	8183	8183	6857	5531	5531	4601	3671	3671	3671	3671	2837	2559
			柴油	76082	62561	49040	49040	49040	49040	44145	39250	39250	33230	27209	27209	27209	27209	21712	16215	16215	15147	14791
			燃气	49951	31968	13985	13985	13985	13985	9295	4605	4605	3785	2966	2966	2390	1815	1815	1815	1815	1561	1476
	中型		汽油	149777	149777	149777	149777	149777	102254	7208	7208	7208	7208	7208	7208	7208	7208	5408	3608	3608	3608	3608
			柴油	278846	278846	250384	193459	193459	183958	164956	164956	164956	166936	168915	168915	168915	168915	148202	127488	127488	109779	103876
			燃气	314877	314877	279287	208108	208108	197711	176918	176918	176918	178979	181040	181040	137193	137193	111586	111586	111586	111586	111586
	重型		汽油	1316840	1316840	1316840	1316840	1316840	905484	82773	82773	82773	82773	82773	79669	76565	76565	57485	38405	38405	38405	38405
			柴油	716440	716440	691985	643076	643076	619290	571719	571719	571719	548793	525867	525867	525867	525867	456121	386375	386375	266397	226404
			燃气	1333575	1333575	1249370	1080959	1080959	988391	803255	803255	803255	685485	567715	567715	416273	416273	244430	244430	244430	244430	244430
低速汽车	三轮汽车			65550	65550	65550	65550	65550	65550	65550	65550	65550	53279	53279	53279	53279	53279	53279	53279	53279	53279	53279
	低速货车			88065	88065	88065	88065	88065	88065	88065	88065	88065	71579	71579	71579	71579	71579	71579	71579	71579	71579	71579
摩托车	普通摩托车			1336	1336	1336	1336	1292	1247	1158	1158	1158	1158	1158	1028	899	899	899	899	899	899	899
	轻便摩托车			890	890	890	890	890	445	445	445	445	445	445	396	346	346	346	346	346	346	346

贺州市 PM 排放系数

单位：克/（辆·年）

车辆类型		使用性质	燃料种类	1999 年年底前	2000 年	2001 年	2002 年	2003 年	2004 年	2005 年	2006 年	2007 年	2008 年	2009 年	2010 年	2011 年	2012 年	2013 年	2014 年	2015 年	2016 年	2017 年
载客汽车	微型	出租车	汽油	—	—	—	—	—	—	—	—	—	—	—	—	—	—	—	—	—	—	—
			燃气	—	—	—	—	—	—	—	—	—	—	—	—	—	—	—	—	—	—	—
		其他	汽油	—	—	—	—	—	—	—	—	—	—	—	—	—	—	—	—	—	—	—
			燃气	—	—	—	—	—	—	—	—	—	—	—	—	—	—	—	—	—	—	—
	小型	出租车	汽油	—	—	—	—	—	—	—	—	—	—	—	—	—	—	—	—	—	—	—
			柴油	37862	34674	31485	31485	31485	31485	21470	11455	11455	7466	3477	3477	3477	3477	3232	2986	2986	2469	2297
			燃气	—	—	—	—	—	—	—	—	—	—	—	—	—	—	—	—	—	—	—
		其他	汽油	—	—	—	—	—	—	—	—	—	—	—	—	—	—	—	—	—	—	—
			柴油	3866	3659	3452	3452	3452	3452	2483	1514	1514	1109	704	704	704	704	590	476	476	476	476
			燃气	—	—	—	—	—	—	—	—	—	—	—	—	—	—	—	—	—	—	—
	中型	公交车	汽油	—	—	—	—	—	—	—	—	—	—	—	—	—	—	—	—	—	—	—
			柴油	30592	30592	28032	22913	22913	17978	8108	8108	8108	6872	5637	5637	5637	5637	3504	1372	1372	1080	983
			燃气	—	—	—	—	—	—	—	—	—	—	—	—	—	—	—	—	—	—	—
		其他	汽油	—	—	—	—	—	—	—	—	—	—	—	—	—	—	—	—	—	—	—
			柴油	15274	15274	12888	8116	8116	6262	2553	2553	2553	2434	2316	2316	2316	2316	1366	415	415	399	394
			燃气	—	—	—	—	—	—	—	—	—	—	—	—	—	—	—	—	—	—	—
	大型	公交车	汽油	—	—	—	—	—	—	—	—	—	—	—	—	—	—	—	—	—	—	—
			柴油	94865	94865	93934	92071	92071	71272	29674	29674	29674	19994	10315	10315	10315	10315	6116	1916	1916	1845	1821
			燃气	—	—	—	—	—	—	—	—	—	—	—	—	—	—	—	—	—	—	—
		其他	汽油	—	—	—	—	—	—	—	—	—	—	—	—	—	—	—	—	—	—	—
			柴油	142314	142314	133412	115607	115607	85425	25061	25061	25061	17182	9303	9303	9303	9303	5868	2433	2433	2343	2313
			燃气	—	—	—	—	—	—	—	—	—	—	—	—	—	—	—	—	—	—	—
载货汽车	微型		汽油	—	—	—	—	—	—	—	—	—	—	—	—	—	—	—	—	—	—	—
			柴油	8474	8298	8123	8123	8123	8123	6610	5097	5097	3783	2469	2469	2469	2469	1554	640	640	637	636
			燃气	—	—	—	—	—	—	—	—	—	—	—	—	—	—	—	—	—	—	—
	轻型		汽油	—	—	—	—	—	—	—	—	—	—	—	—	—	—	—	—	—	—	—
			柴油	8813	8468	8123	8123	8123	8123	6610	5097	5097	3783	2469	2469	2469	2469	1862	1255	1255	1036	963
			燃气	—	—	—	—	—	—	—	—	—	—	—	—	—	—	—	—	—	—	—
	中型		汽油	—	—	—	—	—	—	—	—	—	—	—	—	—	—	—	—	—	—	—
			柴油	23521	23521	19794	12339	12339	9529	3909	3909	3909	3704	3498	3498	3498	3498	2243	988	988	905	877
			燃气	—	—	—	—	—	—	—	—	—	—	—	—	—	—	—	—	—	—	—
	重型		汽油	—	—	—	—	—	—	—	—	—	—	—	—	—	—	—	—	—	—	—
			柴油	86359	86359	70981	40224	40224	31938	15365	15365	15365	10529	5693	5693	5693	5693	3832	1970	1970	1665	1563
			燃气	—	—	—	—	—	—	—	—	—	—	—	—	—	—	—	—	—	—	—
低速汽车	三轮汽车			4092	4092	4092	4092	4092	4092	4092	4092	4092	3220	3220	3220	3220	3220	3220	3220	3220	3220	3220
	低速货车			5581	5581	5581	5581	5581	5581	5581	5581	5581	4392	4392	4392	4392	4392	4392	4392	4392	4392	4392
摩托车	普通摩托车			—	—	—	—	—	—	—	—	—	—	—	—	—	—	—	—	—	—	—
	轻便摩托车			—	—	—	—	—	—	—	—	—	—	—	—	—	—	—	—	—	—	—

贺州市 VOCs 排放系数

单位：克/（辆·年）

车辆类型		使用性质	燃料种类	1999年年底前	2000年	2001年	2002年	2003年	2004年	2005年	2006年	2007年	2008年	2009年	2010年	2011年	2012年	2013年	2014年	2015年	2016年	2017年
载客汽车	微型	出租车	汽油	462096	276728	91361	91361	91361	91361	69801	48241	48241	39881	31521	31521	26218	20916	20916	20916	20916	14860	12842
			燃气	294980	177385	59790	59790	59790	59790	45541	31292	31292	25634	19976	19976	15928	11880	11880	11880	11880	7323	5804
		其他	汽油	36119	22594	9070	9070	9070	9070	8702	8334	8334	7366	6398	6398	6143	5888	5888	5888	5888	5196	4966
			燃气	17885	10064	2243	2243	2243	2243	2148	2054	2054	1530	1006	1006	910	814	814	814	814	547	458
	小型	出租车	汽油	462096	272413	82730	82730	82730	82730	77010	71290	71290	51406	31521	31521	26218	20916	20916	20916	20916	14132	11871
			柴油	140490	132108	123726	123726	123726	123726	111351	98976	98976	73402	47829	47829	47829	47829	35424	23020	23020	12678	9231
			燃气	294980	174638	54297	54297	54297	54297	50128	45960	45960	32968	19976	19976	15928	11880	11880	11880	11880	6860	5186
		其他	汽油	36592	22774	8955	8955	8955	8955	8899	8843	8843	7622	6400	6400	6114	5828	5828	5828	5828	5244	5049
			柴油	8822	8066	7310	7310	7310	7310	6177	5044	5044	3484	1925	1925	1925	1925	1602	1279	1279	894	766
			燃气	18186	10956	3727	3727	3727	3727	3052	2378	2378	1764	1150	1150	963	776	776	776	776	577	511
	中型	公交车	汽油	248283	248283	248283	248283	247686	169443	14151	14151	14151	14151	14151	14000	13848	13848	11420	8993	8993	8993	8993
			柴油	87806	87806	86086	82645	82645	64494	28192	28192	28192	20508	12823	12823	12823	12823	8958	5093	5093	4763	4653
			燃气	71579	71579	67602	59649	59649	57536	53311	53311	53311	42686	32061	32061	22219	22219	22154	22154	22154	22154	22154
		其他	汽油	128994	128994	128994	128994	128397	88074	8623	8623	8623	8623	8623	8478	8332	8332	7281	6230	6230	6230	6230
			柴油	30493	30493	28460	24394	24394	18567	6912	6912	6912	6506	6099	6099	6099	6099	3750	1402	1402	1243	1190
			燃气	34560	34560	32640	28800	28800	27780	25740	25740	25740	20623	15506	15506	10732	10732	9642	9642	9642	9642	9642
	大型	公交车	汽油	577591	577591	577591	577591	576994	389416	15455	15455	15455	15455	15455	15315	15175	15175	12409	9643	9643	9643	9643
			柴油	131708	131708	108010	60614	60614	60614	60614	60614	60614	43515	26416	26416	26416	26416	17675	8934	8934	5723	4653
			燃气	168926	168926	159541	140772	140772	135786	125815	125815	125815	100740	75665	75665	52438	52438	47188	47188	47188	47188	47188
		其他	汽油	1278889	1278889	1278889	1278889	1278292	861444	28941	28941	28941	28941	28941	22682	16424	16424	13233	10042	10042	10042	10042
			柴油	272891	272891	207397	76409	76409	76409	76409	76409	76409	55942	35476	35476	35476	35476	20706	5937	5937	5324	5119
			燃气	266186	266186	251398	221822	221822	213966	198253	198253	198253	158842	119430	119430	82662	82662	74261	74261	74261	74261	74261
载货汽车	微型		汽油	176428	96385	16342	16342	16342	16342	15404	14467	14467	13426	12386	12386	10566	8747	8747	8747	8747	7632	7261
			柴油	28834	26929	25024	25024	25024	25024	22880	20736	20736	15378	10020	10020	10020	10020	6920	3819	3819	2579	2166
			燃气	87362	45701	4041	4041	4041	4041	3803	3566	3566	2757	1948	1948	1578	1209	1209	1209	1209	805	670
	轻型		汽油	93309	56976	20642	20642	20642	20642	18058	15473	15473	14020	12567	12567	11258	9949	9949	9949	9949	8745	8344
			柴油	26583	25804	25024	25024	25024	25024	22880	20736	20736	15378	10020	10020	10020	10020	7566	5111	5111	3872	3459
			燃气	46374	27483	8591	8591	8591	8591	6376	4161	4161	3210	2258	2258	1791	1325	1325	1325	1325	965	844
	中型		汽油	205114	205114	205114	205114	204517	139680	11200	11200	11200	11200	11200	11060	10920	10920	9218	7516	7516	7516	7516
			柴油	47719	47719	44538	38175	38175	29055	10816	10816	10816	10186	9555	9555	9555	9555	6925	4295	4295	2556	1976
			燃气	54084	54084	51079	45070	45070	43473	40278	40278	40278	32285	24292	24292	32877	32877	16011	16011	16011	16011	16011
	重型		汽油	607098	607098	607098	607098	606500	409277	16026	16026	16026	16026	16026	12997	9968	9968	8454	6939	6939	6939	6939
			柴油	153456	153456	116627	42968	42968	42968	42968	42968	42968	31458	19949	19949	19949	19949	12696	5442	5442	3912	3402
			燃气	149686	149686	141370	124740	124740	120322	111486	111486	111486	89322	67158	67158	75770	75770	49353	49353	49353	49353	49353
低速汽车	三轮汽车			25300	25300	25300	25300	25300	25300	25300	25300	25300	16721	16721	16721	16721	16721	16721	16721	16721	16721	16721
	低速货车			33990	33990	33990	33990	33990	33990	33990	33990	33990	22464	22464	22464	22464	22464	22464	22464	22464	22464	22464
摩托车	普通摩托车			17897	17897	17897	17897	13356	8815	4719	4719	4719	4719	4719	3522	2324	2324	2324	2324	2324	2324	2324
	轻便摩托车			57876	57876	57876	57876	57876	11575	11575	5699	5699	5699	5699	4252	2806	2806	2806	2806	2806	2806	2806

河池市 NO_x 排放系数

单位：克/（辆·年）

车辆类型		使用性质	燃料种类	1999 年年底前	2000 年	2001 年	2002 年	2003 年	2004 年	2005 年	2006 年	2007 年	2008 年	2009 年	2010 年	2011 年	2012 年	2013 年	2014 年	2015 年	2016 年	2017 年
载客汽车	微型	出租车	汽油	235298	157602	79906	79906	79906	79906	58408	36910	36910	26914	16917	16917	13902	10888	10888	10888	10888	6927	5607
			燃气	144836	97966	51095	51095	51095	51095	37743	24391	24391	18098	11805	11805	9578	7350	7350	7350	7350	4507	3559
		其他	汽油	36027	22598	9168	9168	9168	9168	5740	2313	2313	1882	1450	1450	1201	952	952	952	952	679	588
			燃气	21279	12690	4102	4102	4102	4102	2678	1255	1255	1020	786	786	626	465	465	465	465	369	337
	小型	出租车	汽油	266985	175327	83669	83669	83669	83669	60579	37489	37489	27203	16917	16917	13373	9829	9829	9829	9829	5960	4670
			柴油	276804	230524	184245	184245	184245	184245	164196	144147	144147	114108	84070	84070	84070	84070	69010	53949	53949	41960	37963
			燃气	163909	108634	53360	53360	53360	53360	39050	24739	24739	18272	11805	11805	9259	6713	6713	6713	6713	3924	2995
		其他	汽油	33599	21451	9303	9303	9303	9303	6130	2956	2956	2043	1130	1130	1016	903	903	903	903	639	551
			柴油	29401	24054	18707	18707	18707	18707	17210	15712	15712	12296	8880	8880	8880	8880	7656	6433	6433	5585	5302
			燃气	19817	12650	5483	5483	5483	5483	3562	1642	1642	1118	593	593	514	435	435	435	435	345	315
	中型	公交车	汽油	324377	324377	324377	324377	324377	221604	16057	16057	16057	16057	16057	14400	12743	12743	9620	6497	6497	6497	6497
			柴油	363151	363151	362298	360593	360593	346263	317602	317602	317602	264547	211492	211492	211492	211492	172592	133693	133693	111931	104677
			燃气	385584	385584	380994	371814	371814	360281	337214	337214	337214	280654	224094	224094	141714	141714	110989	110989	110989	110989	110989
		其他	汽油	198873	198873	198873	198873	198873	134902	6961	6961	6961	6961	6961	6961	6961	6961	5221	3481	3481	3481	3481
			柴油	170302	170302	163193	148975	148975	147715	145195	145195	145195	123658	102122	102122	102122	102122	90675	79228	79228	67622	63753
			燃气	192306	192306	181622	160255	160255	158745	155724	155724	155724	132588	109452	109452	85258	85258	68485	68485	68485	68485	68485
	大型	公交车	汽油	1155594	1155594	1155594	1155594	1155594	794608	72637	72637	72637	72637	72637	72574	72510	72510	54383	36256	36256	36256	36256
			柴油	515057	515057	498414	465127	465127	451911	425479	425479	425479	417812	410144	410144	410144	410144	395354	380565	380565	343060	330559
			燃气	1035570	1035570	978038	862975	862975	798937	670860	670860	670860	574803	478746	478746	445712	445712	386315	386315	386315	386315	386315
		其他	汽油	2758193	2758193	2758193	2758193	2758193	1896586	173372	173372	173372	173372	173372	166870	160369	160369	120405	80441	80441	80441	80441
			柴油	1233401	1233401	1201663	1138188	1138188	1111652	1058580	1058580	1058580	1021310	984039	984039	984039	984039	936810	889582	889582	787271	753167
			燃气	2295842	2295842	2168295	1913202	1913202	1771230	1487287	1487287	1487287	1274818	1062348	1062348	958418	958418	813133	813133	813133	813133	813133
载货汽车	微型		汽油	142776	84873	26970	26970	26970	26970	18432	9893	9893	8040	6186	6186	5430	4673	4673	4673	4673	3478	3080
			柴油	97598	80675	63752	63752	63752	63752	57312	50872	50872	43030	35188	35188	35188	35188	25724	16259	16259	13832	13023
			燃气	84329	48198	12067	12067	12067	12067	8717	5368	5368	4361	3353	3353	2818	2283	2283	2283	2283	1895	1765
	轻型		汽油	106181	68221	30261	30261	30261	30261	20526	10790	10790	9061	7332	7332	6064	4796	4796	4796	4796	3634	3246
			柴油	97935	80844	63752	63752	63752	63752	57312	50872	50872	43030	35188	35188	35188	35188	27996	20804	20804	19176	18634
			燃气	62627	40231	17835	17835	17835	17835	11914	5994	5994	4921	3848	3848	3079	2310	2310	2310	2310	1969	1856
	中型		汽油	149777	149777	149777	149777	149777	102254	7208	7208	7208	7208	7208	7208	7208	7208	5408	3608	3608	3608	3608
			柴油	278846	278846	250384	193459	193459	183958	164956	164956	164956	166936	168915	168915	168915	168915	148202	127488	127488	109779	103876
			燃气	314875	314875	279285	208107	208107	197711	176918	176918	176918	178979	181039	181039	137191	137191	111586	111586	111586	111586	111586
	重型		汽油	1316840	1316840	1316840	1316840	1316840	905484	82773	82773	82773	82773	82773	79669	76565	76565	57485	38405	38405	38405	38405
			柴油	716440	716440	691985	643076	643076	619290	571719	571719	571719	548793	525867	525867	525867	525867	456121	386375	386375	266397	226404
			燃气	1333575	1333575	1249370	1080959	1080959	988391	803256	803256	803256	685485	567715	567715	416273	416273	244430	244430	244430	244430	244430
低速汽车	三轮汽车			65550	65550	65550	65550	65550	65550	65550	65550	65550	53279	53279	53279	53279	53279	53279	53279	53279	53279	53279
	低速货车			88065	88065	88065	88065	88065	88065	88065	88065	88065	71579	71579	71579	71579	71579	71579	71579	71579	71579	71579
摩托车	普通摩托车			1336	1336	1336	1336	1292	1247	1158	1158	1158	1158	1158	1028	899	899	899	899	899	899	899
	轻便摩托车			890	890	890	890	890	445	445	445	445	445	445	396	346	346	346	346	346	346	346

河池市 PM 排放系数

单位：克/（辆·年）

车辆类型		使用性质	燃料种类	1999 年年底前	2000 年	2001 年	2002 年	2003 年	2004 年	2005 年	2006 年	2007 年	2008 年	2009 年	2010 年	2011 年	2012 年	2013 年	2014 年	2015 年	2016 年	2017 年
载客汽车	微型	出租车	汽油	—	—	—	—	—	—	—	—	—	—	—	—	—	—	—	—	—	—	—
			燃气	—	—	—	—	—	—	—	—	—	—	—	—	—	—	—	—	—	—	—
		其他	汽油	—	—	—	—	—	—	—	—	—	—	—	—	—	—	—	—	—	—	—
			燃气	—	—	—	—	—	—	—	—	—	—	—	—	—	—	—	—	—	—	—
	小型	出租车	汽油	—	—	—	—	—	—	—	—	—	—	—	—	—	—	—	—	—	—	—
			柴油	35238	32270	29303	29303	29303	29303	19982	10661	10661	6948	3236	3236	3236	3236	3008	2779	2779	2298	2138
			燃气	—	—	—	—	—	—	—	—	—	—	—	—	—	—	—	—	—	—	—
		其他	汽油	—	—	—	—	—	—	—	—	—	—	—	—	—	—	—	—	—	—	—
			柴油	3866	3659	3452	3452	3452	3452	2483	1514	1514	1109	704	704	704	704	590	476	476	476	476
			燃气	—	—	—	—	—	—	—	—	—	—	—	—	—	—	—	—	—	—	—
	中型	公交车	汽油	—	—	—	—	—	—	—	—	—	—	—	—	—	—	—	—	—	—	—
			柴油	30592	30592	28032	22913	22913	17978	8108	8108	8108	6872	5637	5637	5637	5637	3504	1372	1372	1080	983
			燃气	—	—	—	—	—	—	—	—	—	—	—	—	—	—	—	—	—	—	—
		其他	汽油	—	—	—	—	—	—	—	—	—	—	—	—	—	—	—	—	—	—	—
			柴油	15274	15274	12888	8116	8116	6262	2553	2553	2553	2434	2316	2316	2316	2316	1366	415	415	399	394
			燃气	—	—	—	—	—	—	—	—	—	—	—	—	—	—	—	—	—	—	—
	大型	公交车	汽油	—	—	—	—	—	—	—	—	—	—	—	—	—	—	—	—	—	—	—
			柴油	94865	94865	93934	92071	92071	71272	29674	29674	29674	19994	10315	10315	10315	10315	6116	1916	1916	1845	1821
			燃气	—	—	—	—	—	—	—	—	—	—	—	—	—	—	—	—	—	—	—
		其他	汽油	—	—	—	—	—	—	—	—	—	—	—	—	—	—	—	—	—	—	—
			柴油	142314	142314	133412	115607	115607	85425	25061	25061	25061	17182	9303	9303	9303	9303	5868	2433	2433	2343	2313
			燃气	—	—	—	—	—	—	—	—	—	—	—	—	—	—	—	—	—	—	—
载货汽车	微型		汽油	—	—	—	—	—	—	—	—	—	—	—	—	—	—	—	—	—	—	—
			柴油	10565	10346	10128	10128	10128	10128	8242	6355	6355	4716	3078	3078	3078	3078	1938	798	798	794	793
			燃气	—	—	—	—	—	—	—	—	—	—	—	—	—	—	—	—	—	—	—
	轻型		汽油	—	—	—	—	—	—	—	—	—	—	—	—	—	—	—	—	—	—	—
			柴油	10988	10558	10128	10128	10128	10128	8242	6355	6355	4716	3078	3078	3078	3078	2321	1564	1564	1292	1201
			燃气	—	—	—	—	—	—	—	—	—	—	—	—	—	—	—	—	—	—	—
	中型		汽油	—	—	—	—	—	—	—	—	—	—	—	—	—	—	—	—	—	—	—
			柴油	23521	23521	19794	12339	12339	9529	3909	3909	3909	3704	3498	3498	3498	3498	2243	988	988	905	877
			燃气	—	—	—	—	—	—	—	—	—	—	—	—	—	—	—	—	—	—	—
	重型		汽油	—	—	—	—	—	—	—	—	—	—	—	—	—	—	—	—	—	—	—
			柴油	86359	86359	70981	40224	40224	31938	15365	15365	15365	10529	5693	5693	5693	5693	3832	1970	1970	1665	1563
			燃气	—	—	—	—	—	—	—	—	—	—	—	—	—	—	—	—	—	—	—
低速汽车	三轮汽车			4092	4092	4092	4092	4092	4092	4092	4092	4092	3220	3220	3220	3220	3220	3220	3220	3220	3220	3220
	低速货车			5581	5581	5581	5581	5581	5581	5581	5581	5581	4392	4392	4392	4392	4392	4392	4392	4392	4392	4392
摩托车	普通摩托车			—	—	—	—	—	—	—	—	—	—	—	—	—	—	—	—	—	—	—
	轻便摩托车			—	—	—	—	—	—	—	—	—	—	—	—	—	—	—	—	—	—	—

河池市 VOCs 排放系数

单位：克/（辆·年）

车辆类型		使用性质	燃料种类	1999 年年底前	2000 年	2001 年	2002 年	2003 年	2004 年	2005 年	2006 年	2007 年	2008 年	2009 年	2010 年	2011 年	2012 年	2013 年	2014 年	2015 年	2016 年	2017 年
载客汽车	微型	出租车	汽油	428439	255850	83261	83261	83261	83261	63426	43590	43590	35948	28305	28305	23616	18926	18926	18926	18926	13552	11761
			燃气	272725	163406	54087	54087	54087	54087	41027	27967	27967	22852	17737	17737	14170	10604	10604	10604	10604	6627	5301
		其他	汽油	36140	22480	8819	8819	8819	8819	8451	8083	8083	7087	6091	6091	5836	5581	5581	5581	5581	4848	4604
			燃气	17885	10064	2243	2243	2243	2243	2148	2054	2054	1530	1006	1006	910	814	814	814	814	547	458
	小型	出租车	汽油	428439	251834	75229	75229	75229	75229	70135	65041	65041	46673	28305	28305	23616	18926	18926	18926	18926	12874	10857
			柴油	124577	117211	109845	109845	109845	109845	99022	88200	88200	65078	41957	41957	41957	41957	31108	20258	20258	11265	8267
			燃气	272725	160850	48975	48975	48975	48975	45296	41618	41618	29678	17737	17737	14170	10604	10604	10604	10604	6196	4726
		其他	汽油	36614	22659	8704	8704	8704	8704	8648	8592	8592	7342	6093	6093	5807	5521	5521	5521	5521	4896	4687
			柴油	8883	8127	7371	7371	7371	7371	6238	5105	5105	3534	1962	1962	1962	1962	1640	1317	1317	917	784
			燃气	18186	10956	3727	3727	3727	3727	3052	2378	2378	1764	1150	1150	963	776	776	776	776	577	511
	中型	公交车	汽油	247871	247871	247871	247871	247274	169031	13738	13738	13738	13738	13738	13586	13435	13435	11008	8581	8581	8581	8581
			柴油	87806	87806	86086	82645	82645	64494	28192	28192	28192	20508	12823	12823	12823	12823	8958	5093	5093	4763	4653
			燃气	71579	71579	67602	59649	59649	57536	53311	53311	53311	42686	32061	32061	22219	22219	22154	22154	22154	22154	22154
		其他	汽油	128581	128581	128581	128581	127984	87662	8211	8211	8211	8211	8211	8065	7919	7919	6868	5817	5817	5817	5817
			柴油	30493	30493	28460	24394	24394	18567	6912	6912	6912	6506	6099	6099	6099	6099	3750	1402	1402	1243	1190
			燃气	34560	34560	32640	28800	28800	27780	25740	25740	25740	20623	15506	15506	10732	10732	9642	9642	9642	9642	9642
	大型	公交车	汽油	577179	577179	577179	577179	576582	389004	15042	15042	15042	15042	15042	14902	14762	14762	11996	9230	9230	9230	9230
			柴油	131708	131708	108010	60614	60614	60614	60614	60614	60614	43515	26416	26416	26416	26416	17675	8934	8934	5723	4653
			燃气	168926	168926	159541	140772	140772	135786	125815	125815	125815	100740	75665	75665	52438	52438	47188	47188	47188	47188	47188
		其他	汽油	1278477	1278477	1278477	1278477	1277880	861031	28528	28528	28528	28528	28528	22270	16011	16011	12820	9629	9629	9629	9629
			柴油	272891	272891	207397	76409	76409	76409	76409	76409	76409	55942	35476	35476	35476	35476	20706	5937	5937	5324	5119
			燃气	266186	266186	251398	221822	221822	213966	198253	198253	198253	158842	119430	119430	82662	82662	74261	74261	74261	74261	74261
载货汽车	微型		汽油	219182	119474	19766	19766	19766	19766	18521	17276	17276	15916	14556	14556	12156	9755	9755	9755	9755	8220	7708
			柴油	39391	36776	34162	34162	34162	34162	31105	28048	28048	20986	13925	13925	13925	13925	9675	5425	5425	3523	2889
			燃气	108469	56748	5027	5027	5027	5027	4709	4390	4390	3397	2404	2404	1913	1423	1423	1423	1423	931	767
	轻型		汽油	115552	70340	25128	25128	25128	25128	21830	18531	18531	16657	14783	14783	13018	11253	11253	11253	11253	9608	9059
			柴油	36585	35374	34162	34162	34162	34162	31105	28048	28048	20986	13925	13925	13925	13925	10481	7037	7037	5135	4501
			燃气	57394	34077	10760	10760	10760	10760	7944	5129	5129	3959	2790	2790	2186	1582	1582	1582	1582	1136	988
	中型		汽油	204701	204701	204701	204701	204104	139267	10787	10787	10787	10787	10787	10647	10507	10507	8805	7103	7103	7103	7103
			柴油	47719	47719	44538	38175	38175	29055	10816	10816	10816	10186	9555	9555	9555	9555	6925	4295	4295	2556	1976
			燃气	54084	54084	51079	45070	45070	43473	40278	40278	40278	32285	24292	24292	32877	32877	16011	16011	16011	16011	16011
	重型		汽油	606684	606684	606684	606684	606086	408864	15613	15613	15613	15613	15613	12584	9555	9555	8040	6526	6526	6526	6526
			柴油	153456	153456	116627	42968	42968	42968	42968	42968	42968	31458	19949	19949	19949	19949	12696	5442	5442	3912	3402
			燃气	149686	149686	141370	124740	124740	120322	111486	111486	111486	89322	67158	67158	75770	75770	49353	49353	49353	49353	49353
低速汽车	三轮汽车			25300	25300	25300	25300	25300	25300	25300	25300	25300	16721	16721	16721	16721	16721	16721	16721	16721	16721	16721
	低速货车			33990	33990	33990	33990	33990	33990	33990	33990	33990	22464	22464	22464	22464	22464	22464	22464	22464	22464	22464
摩托车	普通摩托车			17897	17897	17897	17897	13356	8815	4719	4719	4719	4719	4719	3522	2324	2324	2324	2324	2324	2324	2324
	轻便摩托车			57876	57876	57876	57876	57876	11575	11575	5699	5699	5699	5699	4252	2806	2806	2806	2806	2806	2806	2806

来宾市 NO_x 排放系数

单位：克/（辆·年）

车辆类型		使用性质	燃料种类	1999 年年底前	2000 年	2001 年	2002 年	2003 年	2004 年	2005 年	2006 年	2007 年	2008 年	2009 年	2010 年	2011 年	2012 年	2013 年	2014 年	2015 年	2016 年	2017 年
载客汽车	微型	出租车	汽油	254476	170932	87387	87387	87387	87387	64091	40795	40795	29910	19025	19025	15580	12134	12134	12134	12134	7625	6122
			燃气	157037	106578	56118	56118	56118	56118	41615	27112	27112	20232	13352	13352	10802	8251	8251	8251	8251	4990	3903
		其他	汽油	35971	22560	9149	9149	9149	9149	5723	2297	2297	1868	1439	1439	1190	941	941	941	941	675	586
			燃气	21279	12690	4102	4102	4102	4102	2678	1255	1255	1020	786	786	626	465	465	465	465	369	337
	小型	出租车	汽油	288508	189968	91429	91429	91429	91429	66422	41416	41416	30220	19025	19025	15011	10997	10997	10997	10997	6586	5115
			柴油	303071	252960	202849	202849	202849	202849	180672	158496	158496	125592	92689	92689	92689	92689	75870	59051	59051	45584	41095
			燃气	177530	118041	58552	58552	58552	58552	43019	27486	27486	20419	13352	13352	10460	7567	7567	7567	7567	4364	3297
		其他	汽油	33544	21414	9283	9283	9283	9283	6111	2939	2939	2029	1119	1119	1006	892	892	892	892	635	549
			柴油	29383	24038	18692	18692	18692	18692	17195	15698	15698	12284	8870	8870	8870	8870	7646	6423	6423	5580	5299
			燃气	19817	12650	5483	5483	5483	5483	3562	1642	1642	1118	593	593	514	435	435	435	435	345	315
	中型	公交车	汽油	324237	324237	324237	324237	324237	221508	16050	16050	16050	16050	16050	14394	12738	12738	9616	6495	6495	6495	6495
			柴油	363036	363036	362184	360479	360479	346153	317501	317501	317501	264463	211425	211425	211425	211425	172538	133651	133651	111896	104644
			燃气	385462	385462	380873	371696	371696	360166	337107	337107	337107	280565	224023	224023	141669	141669	110954	110954	110954	110954	110954
		其他	汽油	198787	198787	198787	198787	198787	134844	6958	6958	6958	6958	6958	6958	6958	6958	5218	3479	3479	3479	3479
			柴油	170248	170248	163141	148927	148927	147668	145149	145149	145149	123619	102089	102089	102089	102089	90646	79202	79202	67600	63733
			燃气	192245	192245	181565	160204	160204	158694	155675	155675	155675	132546	109417	109417	85231	85231	68463	68463	68463	68463	68463
	大型	公交车	汽油	1155093	1155093	1155093	1155093	1155093	794264	72606	72606	72606	72606	72606	72542	72478	72478	54359	36240	36240	36240	36240
			柴油	514894	514894	498256	464979	464979	451767	425344	425344	425344	417679	410014	410014	410014	410014	395229	380444	380444	342952	330455
			燃气	1035242	1035242	977728	862701	862701	798683	670648	670648	670648	574621	478594	478594	445571	445571	386193	386193	386193	386193	386193
		其他	汽油	2756997	2756997	2756997	2756997	2756997	1895764	173297	173297	173297	173297	173297	166798	160300	160300	120353	80406	80406	80406	80406
			柴油	1233010	1233010	1201282	1137827	1137827	1111300	1058245	1058245	1058245	1020986	983728	983728	983728	983728	936514	889300	889300	787022	752929
			燃气	2295115	2295115	2167609	1912596	1912596	1770669	1486816	1486816	1486816	1274414	1062011	1062011	958115	958115	812875	812875	812875	812875	812875
载货汽车	微型		汽油	113828	67421	21014	21014	21014	21014	14253	7492	7492	6062	4632	4632	4110	3588	3588	3588	3588	2722	2433
			柴油	75921	62516	49111	49111	49111	49111	44210	39309	39309	33280	27252	27252	27252	27252	19926	12600	12600	10886	10315
			燃气	67336	38379	9422	9422	9422	9422	6758	4093	4093	3312	2530	2530	2152	1773	1773	1773	1773	1493	1399
	轻型		汽油	84489	54070	23652	23652	23652	23652	15932	8212	8212	6881	5550	5550	4618	3687	3687	3687	3687	2846	2565
			柴油	76192	62652	49111	49111	49111	49111	44210	39309	39309	33280	27252	27252	27252	27252	21748	16244	16244	15172	14814
			燃气	49914	31942	13970	13970	13970	13970	9279	4588	4588	3765	2941	2941	2370	1798	1798	1798	1798	1553	1472
	中型		汽油	149777	149777	149777	149777	149777	102254	7208	7208	7208	7208	7208	7208	7208	7208	5408	3608	3608	3608	3608
			柴油	278846	278846	250384	193459	193459	183958	164956	164956	164956	166936	168915	168915	168915	168915	148202	127488	127488	109779	103876
			燃气	314874	314874	279286	208108	208108	197711	176918	176918	176918	178979	181040	181040	137193	137193	111585	111585	111585	111585	111585
	重型		汽油	1316840	1316840	1316840	1316840	1316840	905484	82773	82773	82773	82773	82773	79669	76565	76565	57485	38405	38405	38405	38405
			柴油	716440	716440	691985	643076	643076	619290	571719	571719	571719	548793	525867	525867	525867	525867	456121	386375	386375	266397	226404
			燃气	1333576	1333576	1249370	1080959	1080959	988391	803255	803255	803255	685485	567714	567714	416273	416273	244430	244430	244430	244430	244430
低速汽车	三轮汽车			65550	65550	65550	65550	65550	65550	65550	65550	65550	53279	53279	53279	53279	53279	53279	53279	53279	53279	53279
	低速货车			88065	88065	88065	88065	88065	88065	88065	88065	88065	71579	71579	71579	71579	71579	71579	71579	71579	71579	71579
摩托车	普通摩托车			1336	1336	1336	1336	1292	1247	1158	1158	1158	1158	1158	1028	899	899	899	899	899	899	899
	轻便摩托车			890	890	890	890	890	445	445	445	445	445	445	396	346	346	346	346	346	346	346

来宾市 PM 排放系数

单位：克/（辆·年）

车辆类型		使用性质	燃料种类	1999年年底前	2000年	2001年	2002年	2003年	2004年	2005年	2006年	2007年	2008年	2009年	2010年	2011年	2012年	2013年	2014年	2015年	2016年	2017年
载客汽车	微型	出租车	汽油	—	—	—	—	—	—	—	—	—	—	—	—	—	—	—	—	—	—	—
			燃气	—	—	—	—	—	—	—	—	—	—	—	—	—	—	—	—	—	—	—
		其他	汽油	—	—	—	—	—	—	—	—	—	—	—	—	—	—	—	—	—	—	—
			燃气	—	—	—	—	—	—	—	—	—	—	—	—	—	—	—	—	—	—	—
	小型	出租车	汽油	—	—	—	—	—	—	—	—	—	—	—	—	—	—	—	—	—	—	—
			柴油	37862	34674	31485	31485	31485	31485	21470	11455	11455	7466	3477	3477	3477	3477	3232	2986	2986	2469	2297
			燃气	—	—	—	—	—	—	—	—	—	—	—	—	—	—	—	—	—	—	—
		其他	汽油	—	—	—	—	—	—	—	—	—	—	—	—	—	—	—	—	—	—	—
			柴油	3866	3659	3452	3452	3452	3452	2483	1514	1514	1109	704	704	704	704	590	476	476	476	476
			燃气	—	—	—	—	—	—	—	—	—	—	—	—	—	—	—	—	—	—	—
	中型	公交车	汽油	—	—	—	—	—	—	—	—	—	—	—	—	—	—	—	—	—	—	—
			柴油	30592	30592	28032	22913	22913	17978	8108	8108	8108	6872	5637	5637	5637	5637	3504	1372	1372	1080	983
			燃气	—	—	—	—	—	—	—	—	—	—	—	—	—	—	—	—	—	—	—
		其他	汽油	—	—	—	—	—	—	—	—	—	—	—	—	—	—	—	—	—	—	—
			柴油	15274	15274	12888	8116	8116	6262	2553	2553	2553	2434	2316	2316	2316	2316	1366	415	415	399	394
			燃气	—	—	—	—	—	—	—	—	—	—	—	—	—	—	—	—	—	—	—
	大型	公交车	汽油	—	—	—	—	—	—	—	—	—	—	—	—	—	—	—	—	—	—	—
			柴油	94865	94865	93934	92071	92071	71272	29674	29674	29674	19994	10315	10315	10315	10315	6116	1916	1916	1845	1821
			燃气	—	—	—	—	—	—	—	—	—	—	—	—	—	—	—	—	—	—	—
		其他	汽油	—	—	—	—	—	—	—	—	—	—	—	—	—	—	—	—	—	—	—
			柴油	142314	142314	133412	115607	115607	85425	25061	25061	25061	17182	9303	9303	9303	9303	5868	2433	2433	2343	2313
			燃气	—	—	—	—	—	—	—	—	—	—	—	—	—	—	—	—	—	—	—
载货汽车	微型		汽油	—	—	—	—	—	—	—	—	—	—	—	—	—	—	—	—	—	—	—
			柴油	8474	8298	8123	8123	8123	8123	6610	5097	5097	3783	2469	2469	2469	2469	1554	640	640	637	636
			燃气	—	—	—	—	—	—	—	—	—	—	—	—	—	—	—	—	—	—	—
	轻型		汽油	—	—	—	—	—	—	—	—	—	—	—	—	—	—	—	—	—	—	—
			柴油	8813	8468	8123	8123	8123	8123	6610	5097	5097	3783	2469	2469	2469	2469	1862	1255	1255	1036	963
			燃气	—	—	—	—	—	—	—	—	—	—	—	—	—	—	—	—	—	—	—
	中型		汽油	—	—	—	—	—	—	—	—	—	—	—	—	—	—	—	—	—	—	—
			柴油	23521	23521	19794	12339	12339	9529	3909	3909	3909	3704	3498	3498	3498	3498	2243	988	988	905	877
			燃气	—	—	—	—	—	—	—	—	—	—	—	—	—	—	—	—	—	—	—
	重型		汽油	—	—	—	—	—	—	—	—	—	—	—	—	—	—	—	—	—	—	—
			柴油	86359	86359	70981	40224	40224	31938	15365	15365	15365	10529	5693	5693	5693	5693	3832	1970	1970	1665	1563
			燃气	—	—	—	—	—	—	—	—	—	—	—	—	—	—	—	—	—	—	—
低速汽车	三轮汽车			4092	4092	4092	4092	4092	4092	4092	4092	4092	3220	3220	3220	3220	3220	3220	3220	3220	3220	3220
	低速货车			5581	5581	5581	5581	5581	5581	5581	5581	5581	4392	4392	4392	4392	4392	4392	4392	4392	4392	4392
摩托车	普通摩托车			—	—	—	—	—	—	—	—	—	—	—	—	—	—	—	—	—	—	—
	轻便摩托车			—	—	—	—	—	—	—	—	—	—	—	—	—	—	—	—	—	—	—

来宾市 VOCs 排放系数

单位：克/（辆·年）

车辆类型		使用性质	燃料种类	1999年年底前	2000年	2001年	2002年	2003年	2004年	2005年	2006年	2007年	2008年	2009年	2010年	2011年	2012年	2013年	2014年	2015年	2016年	2017年
载客汽车	微型	出租车	汽油	462000	276564	91129	91129	91129	91129	69569	48009	48009	39635	31261	31261	25958	20655	20655	20655	20655	14579	12554
			燃气	294980	177385	59790	59790	59790	59790	45541	31292	31292	25634	19976	19976	15928	11880	11880	11880	11880	7323	5804
		其他	汽油	36023	22430	8838	8838	8838	8838	8470	8102	8102	7120	6138	6138	5883	5628	5628	5628	5628	4916	4678
			燃气	17885	10064	2243	2243	2243	2243	2148	2054	2054	1530	1006	1006	910	814	814	814	814	547	458
	小型	出租车	汽油	462000	272249	82498	82498	82498	82498	76778	71058	71058	51160	31261	31261	25958	20655	20655	20655	20655	13851	11583
			柴油	140520	132138	123757	123757	123757	123757	111382	99006	99006	73427	47848	47848	47848	47848	35444	23039	23039	12690	9240
			燃气	294980	174638	54297	54297	54297	54297	50128	45960	45960	32968	19976	19976	15928	11880	11880	11880	11880	6860	5186
		其他	汽油	36496	22610	8723	8723	8723	8723	8667	8611	8611	7376	6140	6140	5854	5568	5568	5568	5568	4963	4761
			柴油	8852	8096	7341	7341	7341	7341	6208	5074	5074	3508	1943	1943	1943	1943	1620	1298	1298	906	775
			燃气	18186	10956	3727	3727	3727	3727	3052	2378	2378	1764	1150	1150	963	776	776	776	776	577	511
	中型	公交车	汽油	247970	247970	247970	247970	247374	169131	13838	13838	13838	13838	13838	13686	13535	13535	11108	8680	8680	8680	8680
			柴油	87806	87806	86086	82645	82645	64494	28192	28192	28192	20508	12823	12823	12823	12823	8958	5093	5093	4763	4653
			燃气	71579	71579	67602	59649	59649	57536	53311	53311	53311	42686	32061	32061	22219	22219	22154	22154	22154	22154	22154
		其他	汽油	128681	128681	128681	128681	128084	87761	8310	8310	8310	8310	8310	8164	8019	8019	6968	5917	5917	5917	5917
			柴油	30493	30493	28460	24394	24394	18567	6912	6912	6912	6506	6099	6099	6099	6099	3750	1402	1402	1243	1190
			燃气	34560	34560	32640	28800	28800	27780	25740	25740	25740	20623	15506	15506	10732	10732	9642	9642	9642	9642	9642
	大型	公交车	汽油	577278	577278	577278	577278	576682	389104	15142	15142	15142	15142	15142	15002	14862	14862	12096	9330	9330	9330	9330
			柴油	131708	131708	108010	60614	60614	60614	60614	60614	60614	43515	26416	26416	26416	26416	17675	8934	8934	5723	4653
			燃气	168926	168926	159541	140772	140772	135786	125815	125815	125815	100740	75665	75665	52438	52438	47188	47188	47188	47188	47188
		其他	汽油	1278576	1278576	1278576	1278576	1277980	861131	28628	28628	28628	28628	28628	22370	16111	16111	12920	9729	9729	9729	9729
			柴油	272891	272891	207397	76409	76409	76409	76409	76409	76409	55942	35476	35476	35476	35476	20706	5937	5937	5324	5119
			燃气	266186	266186	251398	221822	221822	213966	198253	198253	198253	158842	119430	119430	82662	82662	74261	74261	74261	74261	74261
载货汽车	微型		汽油	176333	96222	16110	16110	16110	16110	15172	14235	14235	13180	12126	12126	10306	8487	8487	8487	8487	7352	6974
			柴油	28864	26959	25054	25054	25054	25054	22910	20767	20767	15403	10039	10039	10039	10039	6938	3837	3837	2590	2175
			燃气	87547	45818	4089	4089	4089	4089	3849	3609	3609	2798	1987	1987	1607	1228	1228	1228	1228	819	683
	轻型		汽油	93213	56812	20410	20410	20410	20410	17826	15241	15241	13774	12307	12307	10998	9689	9689	9689	9689	8465	8057
			柴油	26613	25834	25054	25054	25054	25054	22910	20767	20767	15403	10039	10039	10039	10039	7584	5130	5130	3884	3468
			燃气	46448	27584	8720	8720	8720	8720	6465	4209	4209	3257	2305	2305	1828	1350	1350	1350	1350	986	865
	中型		汽油	204801	204801	204801	204801	204204	139367	10887	10887	10887	10887	10887	10747	10607	10607	8905	7203	7203	7203	7203
			柴油	47719	47719	44538	38175	38175	29055	10816	10816	10816	10186	9555	9555	9555	9555	6925	4295	4295	2556	1976
			燃气	54084	54084	51079	45070	45070	43473	40278	40278	40278	32285	24292	24292	32877	32877	16011	16011	16011	16011	16011
	重型		汽油	606784	606784	606784	606784	606186	408964	15713	15713	15713	15713	15713	12684	9655	9655	8140	6626	6626	6626	6626
			柴油	153456	153456	116627	42968	42968	42968	42968	42968	42968	31458	19949	19949	19949	19949	12696	5442	5442	3912	3402
			燃气	149686	149686	141370	124740	124740	120322	111486	111486	111486	89322	67158	67158	75770	75770	49353	49353	49353	49353	49353
低速汽车	三轮汽车			25300	25300	25300	25300	25300	25300	25300	25300	25300	16721	16721	16721	16721	16721	16721	16721	16721	16721	16721
	低速货车			33990	33990	33990	33990	33990	33990	33990	33990	33990	22464	22464	22464	22464	22464	22464	22464	22464	22464	22464
摩托车	普通摩托车			17897	17897	17897	17897	13356	8815	4719	4719	4719	4719	4719	3522	2324	2324	2324	2324	2324	2324	2324
	轻便摩托车			57876	57876	57876	57876	57876	11575	11575	5699	5699	5699	5699	4252	2806	2806	2806	2806	2806	2806	2806

崇左市 NO_x 排放系数

单位：克/（辆·年）

车辆类型		使用性质	燃料种类	1999 年年底前	2000 年	2001 年	2002 年	2003 年	2004 年	2005 年	2006 年	2007 年	2008 年	2009 年	2010 年	2011 年	2012 年	2013 年	2014 年	2015 年	2016 年	2017 年
载客汽车	微型	出租车	汽油	188775	125540	62306	62306	62306	62306	45138	27969	27969	20088	12207	12207	10130	8054	8054	8054	8054	5307	4391
			燃气	115669	77564	39460	39460	39460	39460	28848	18235	18235	13314	8394	8394	6868	5343	5343	5343	5343	3406	2761
		其他	汽油	35971	22560	9149	9149	9149	9149	5723	2297	2297	1868	1439	1439	1190	941	941	941	941	675	586
			燃气	21279	12690	4102	4102	4102	4102	2678	1255	1255	1020	786	786	626	465	465	465	465	369	337
	小型	出租车	汽油	214649	140014	65379	65379	65379	65379	46910	28442	28442	20324	12207	12207	9698	7189	7189	7189	7189	4517	3626
			柴油	215343	178295	141247	141247	141247	141247	126067	110887	110887	87546	64204	64204	64204	64204	53097	41990	41990	33304	30409
			燃气	131249	86280	41311	41311	41311	41311	29915	18519	18519	13456	8394	8394	6608	4822	4822	4822	4822	2930	2300
		其他	汽油	33544	21414	9283	9283	9283	9283	6111	2939	2939	2029	1119	1119	1006	892	892	892	892	635	549
			柴油	29383	24038	18692	18692	18692	18692	17195	15698	15698	12284	8870	8870	8870	8870	7646	6423	6423	5580	5299
			燃气	19817	12650	5483	5483	5483	5483	3562	1642	1642	1118	593	593	514	435	435	435	435	345	315
	中型	公交车	汽油	324237	324237	324237	324237	324237	221508	16050	16050	16050	16050	16050	14394	12738	12738	9616	6495	6495	6495	6495
			柴油	363036	363036	362184	360479	360479	346153	317501	317501	317501	264463	211425	211425	211425	211425	172538	133651	133651	111896	104644
			燃气	385462	385462	380873	371696	371696	360166	337107	337107	337107	280565	224023	224023	141669	141669	110954	110954	110954	110954	110954
		其他	汽油	198787	198787	198787	198787	198787	134844	6958	6958	6958	6958	6958	6958	6958	6958	5218	3479	3479	3479	3479
			柴油	170248	170248	163141	148927	148927	147668	145149	145149	145149	123619	102089	102089	102089	102089	90646	79202	79202	67600	63733
			燃气	192245	192245	181565	160204	160204	158694	155675	155675	155675	132546	109417	109417	85231	85231	68463	68463	68463	68463	68463
	大型	公交车	汽油	1155093	1155093	1155093	1155093	1155093	794264	72606	72606	72606	72606	72606	72542	72478	72478	54359	36240	36240	36240	36240
			柴油	514894	514894	498256	464979	464979	451767	425344	425344	425344	417679	410014	410014	410014	410014	395229	380444	380444	342952	330455
			燃气	1035242	1035242	977728	862701	862701	798683	670648	670648	670648	574621	478594	478594	445571	445571	386193	386193	386193	386193	386193
		其他	汽油	2756997	2756997	2756997	2756997	2756997	1895764	173297	173297	173297	173297	173297	166798	160300	160300	120353	80406	80406	80406	80406
			柴油	1233010	1233010	1201282	1137827	1137827	1111300	1058245	1058245	1058245	1020986	983728	983728	983728	983728	936514	889300	889300	787022	752929
			燃气	2295115	2295115	2167609	1912596	1912596	1770669	1486816	1486816	1486816	1274414	1062011	1062011	958115	958115	812875	812875	812875	812875	812875
载货汽车	微型		汽油	118882	70458	22035	22035	22035	22035	14964	7894	7894	6392	4890	4890	4330	3770	3770	3770	3770	2851	2545
			柴油	79648	65630	51612	51612	51612	51612	46450	41287	41287	34949	28611	28611	28611	28611	20918	13226	13226	11396	10786
			燃气	70326	40103	9880	9880	9880	9880	7096	4313	4313	3492	2671	2671	2267	1863	1863	1863	1863	1563	1464
	轻型		汽油	88267	56528	24788	24788	24788	24788	16716	8645	8645	7247	5849	5849	4861	3873	3873	3873	3873	2980	2683
			柴油	79930	65771	51612	51612	51612	51612	46450	41287	41287	34949	28611	28611	28611	28611	22820	17028	17028	15868	15481
			燃气	52146	33394	14641	14641	14641	14641	9735	4830	4830	3965	3100	3100	2494	1889	1889	1889	1889	1627	1539
	中型		汽油	149777	149777	149777	149777	149777	102254	7208	7208	7208	7208	7208	7208	7208	7208	5408	3608	3608	3608	3608
			柴油	278846	278846	250384	193459	193459	183958	164956	164956	164956	166936	168915	168915	168915	168915	148202	127488	127488	109779	103876
			燃气	314874	314874	279286	208108	208108	197711	176918	176918	176918	178979	181040	181040	137193	137193	111585	111585	111585	111585	111585
	重型		汽油	1316840	1316840	1316840	1316840	1316840	905484	82773	82773	82773	82773	82773	79669	76565	76565	57485	38405	38405	38405	38405
			柴油	716440	716440	691985	643076	643076	619290	571719	571719	571719	548793	525867	525867	525867	525867	456121	386375	386375	266397	226404
			燃气	1333576	1333576	1249370	1080959	1080959	988391	803255	803255	803255	685485	567714	567714	416273	416273	244430	244430	244430	244430	244430
低速汽车	三轮汽车			65550	65550	65550	65550	65550	65550	65550	65550	65550	53279	53279	53279	53279	53279	53279	53279	53279	53279	53279
	低速货车			88065	88065	88065	88065	88065	88065	88065	88065	88065	71579	71579	71579	71579	71579	71579	71579	71579	71579	71579
摩托车	普通摩托车			1336	1336	1336	1336	1292	1247	1158	1158	1158	1158	1158	1028	899	899	899	899	899	899	899
	轻便摩托车			890	890	890	890	890	445	445	445	445	445	445	396	346	346	346	346	346	346	346

崇左市 PM 排放系数

单位：克/（辆·年）

车辆类型		使用性质	燃料种类	1999 年年底前	2000 年	2001 年	2002 年	2003 年	2004 年	2005 年	2006 年	2007 年	2008 年	2009 年	2010 年	2011 年	2012 年	2013 年	2014 年	2015 年	2016 年	2017 年
载客汽车	微型	出租车	汽油	—	—	—	—	—	—	—	—	—	—	—	—	—	—	—	—	—	—	—
			燃气	—	—	—	—	—	—	—	—	—	—	—	—	—	—	—	—	—	—	—
		其他	汽油	—	—	—	—	—	—	—	—	—	—	—	—	—	—	—	—	—	—	—
			燃气	—	—	—	—	—	—	—	—	—	—	—	—	—	—	—	—	—	—	—
	小型	出租车	汽油	—	—	—	—	—	—	—	—	—	—	—	—	—	—	—	—	—	—	—
			柴油	28786	26362	23937	23937	23937	23937	16323	8709	8709	5676	2644	2644	2644	2644	2457	2270	2270	1877	1746
			燃气	—	—	—	—	—	—	—	—	—	—	—	—	—	—	—	—	—	—	—
		其他	汽油	—	—	—	—	—	—	—	—	—	—	—	—	—	—	—	—	—	—	—
			柴油	3866	3659	3452	3452	3452	3452	2483	1514	1514	1109	704	704	704	704	590	476	476	476	476
			燃气	—	—	—	—	—	—	—	—	—	—	—	—	—	—	—	—	—	—	—
	中型	公交车	汽油	—	—	—	—	—	—	—	—	—	—	—	—	—	—	—	—	—	—	—
			柴油	30592	30592	28032	22913	22913	17978	8108	8108	8108	6872	5637	5637	5637	5637	3504	1372	1372	1080	983
			燃气	—	—	—	—	—	—	—	—	—	—	—	—	—	—	—	—	—	—	—
		其他	汽油	—	—	—	—	—	—	—	—	—	—	—	—	—	—	—	—	—	—	—
			柴油	15274	15274	12888	8116	8116	6262	2553	2553	2553	2434	2316	2316	2316	2316	1366	415	415	399	394
			燃气	—	—	—	—	—	—	—	—	—	—	—	—	—	—	—	—	—	—	—
	大型	公交车	汽油	—	—	—	—	—	—	—	—	—	—	—	—	—	—	—	—	—	—	—
			柴油	94865	94865	93934	92071	92071	71272	29674	29674	29674	19994	10315	10315	10315	10315	6116	1916	1916	1845	1821
			燃气	—	—	—	—	—	—	—	—	—	—	—	—	—	—	—	—	—	—	—
		其他	汽油	—	—	—	—	—	—	—	—	—	—	—	—	—	—	—	—	—	—	—
			柴油	142314	142314	133412	115607	115607	85425	25061	25061	25061	17182	9303	9303	9303	9303	5868	2433	2433	2343	2313
			燃气	—	—	—	—	—	—	—	—	—	—	—	—	—	—	—	—	—	—	—
载货汽车	微型		汽油	—	—	—	—	—	—	—	—	—	—	—	—	—	—	—	—	—	—	—
			柴油	8842	8659	8476	8476	8476	8476	6898	5319	5319	3948	2576	2576	2576	2576	1622	668	668	665	664
			燃气	—	—	—	—	—	—	—	—	—	—	—	—	—	—	—	—	—	—	—
	轻型		汽油	—	—	—	—	—	—	—	—	—	—	—	—	—	—	—	—	—	—	—
			柴油	9196	8836	8476	8476	8476	8476	6898	5319	5319	3948	2576	2576	2576	2576	1942	1309	1309	1081	1005
			燃气	—	—	—	—	—	—	—	—	—	—	—	—	—	—	—	—	—	—	—
	中型		汽油	—	—	—	—	—	—	—	—	—	—	—	—	—	—	—	—	—	—	—
			柴油	23521	23521	19794	12339	12339	9529	3909	3909	3909	3704	3498	3498	3498	3498	2243	988	988	905	877
			燃气	—	—	—	—	—	—	—	—	—	—	—	—	—	—	—	—	—	—	—
	重型		汽油	—	—	—	—	—	—	—	—	—	—	—	—	—	—	—	—	—	—	—
			柴油	86359	86359	70981	40224	40224	31938	15365	15365	15365	10529	5693	5693	5693	5693	3832	1970	1970	1665	1563
			燃气	—	—	—	—	—	—	—	—	—	—	—	—	—	—	—	—	—	—	—
低速汽车	三轮汽车			4092	4092	4092	4092	4092	4092	4092	4092	4092	3220	3220	3220	3220	3220	3220	3220	3220	3220	3220
	低速货车			5581	5581	5581	5581	5581	5581	5581	5581	5581	4392	4392	4392	4392	4392	4392	4392	4392	4392	4392
摩托车	普通摩托车			—	—	—	—	—	—	—	—	—	—	—	—	—	—	—	—	—	—	—
	轻便摩托车			—	—	—	—	—	—	—	—	—	—	—	—	—	—	—	—	—	—	—

崇左市 VOCs 排放系数

单位：克/（辆·年）

车辆类型		使用性质	燃料种类	1999年年底前	2000年	2001年	2002年	2003年	2004年	2005年	2006年	2007年	2008年	2009年	2010年	2011年	2012年	2013年	2014年	2015年	2016年	2017年
载客汽车	微型	出租车	汽油	247200	149544	51887	51887	51887	51887	40294	28700	28700	24027	19354	19354	16364	13373	13373	13373	13373	9765	8562
			燃气	219147	130098	41050	41050	41050	41050	30786	20521	20521	16646	12771	12771	10262	7753	7753	7753	7753	5034	4128
		其他	汽油	27538	17767	7996	7996	7996	7996	7641	7286	7286	6501	5716	5716	5510	5304	5304	5304	5304	4678	4470
			燃气	17885	10064	2243	2243	2243	2243	2148	2054	2054	1530	1006	1006	910	814	814	814	814	547	458
	小型	出租车	汽油	247200	147289	47378	47378	47378	47378	44060	40743	40743	30048	19354	19354	16364	13373	13373	13373	13373	9384	8055
			柴油	81652	76796	71940	71940	71940	71940	64776	57613	57613	42701	27789	27789	27789	27789	20608	13427	13427	7411	5406
			燃气	219147	128010	36874	36874	36874	36874	34274	31673	31673	22222	12771	12771	10262	7753	7753	7753	7753	4682	3658
		其他	汽油	27863	17890	7918	7918	7918	7918	7777	7636	7636	6677	5718	5718	5490	5263	5263	5263	5263	4711	4527
			柴油	7376	6760	6145	6145	6145	6145	5218	4292	4292	3018	1745	1745	1745	1745	1442	1140	1140	769	645
			燃气	18186	10956	3727	3727	3727	3727	3052	2378	2378	1764	1150	1150	963	776	776	776	776	577	511
	中型	公交车	汽油	247970	247970	247970	247970	247374	169131	13838	13838	13838	13838	13838	13686	13535	13535	11108	8680	8680	8680	8680
			柴油	87806	87806	86086	82645	82645	64494	28192	28192	28192	20508	12823	12823	12823	12823	8958	5093	5093	4763	4653
			燃气	71579	71579	67602	59649	59649	57536	53311	53311	53311	42686	32061	32061	22219	22219	22154	22154	22154	22154	22154
		其他	汽油	128681	128681	128681	128681	128084	87761	8310	8310	8310	8310	8310	8164	8019	8019	6968	5917	5917	5917	5917
			柴油	30493	30493	28460	24394	24394	18567	6912	6912	6912	6506	6099	6099	6099	6099	3750	1402	1402	1243	1190
			燃气	34560	34560	32640	28800	28800	27780	25740	25740	25740	20623	15506	15506	10732	10732	9642	9642	9642	9642	9642
	大型	公交车	汽油	577278	577278	577278	577278	576682	389104	15142	15142	15142	15142	15142	15002	14862	14862	12096	9330	9330	9330	9330
			柴油	131708	131708	108010	60614	60614	60614	60614	60614	60614	43515	26416	26416	26416	26416	17675	8934	8934	5723	4653
			燃气	168926	168926	159541	140772	140772	135786	125815	125815	125815	100740	75665	75665	52438	52438	47188	47188	47188	47188	47188
		其他	汽油	1278576	1278576	1278576	1278576	1277980	861131	28628	28628	28628	28628	28628	22370	16111	16111	12920	9729	9729	9729	9729
			柴油	272891	272891	207397	76409	76409	76409	76409	76409	76409	55942	35476	35476	35476	35476	20706	5937	5937	5324	5119
			燃气	266186	266186	251398	221822	221822	213966	198253	198253	198253	158842	119430	119430	82662	82662	74261	74261	74261	74261	74261
载货汽车	微型		汽油	130239	72312	14384	14384	14384	14384	13478	12572	12572	11611	10650	10650	9176	7702	7702	7702	7702	6581	6207
			柴油	26443	24691	22939	22939	22939	22939	20862	18784	18784	14110	9435	9435	9435	9435	6589	3743	3743	2393	1943
			燃气	84586	44310	4035	4035	4035	4035	3790	3544	3544	2709	1874	1874	1528	1182	1182	1182	1182	772	636
	轻型		汽油	70630	44049	17468	17468	17468	17468	15381	13294	13294	12037	10780	10780	9672	8564	8564	8564	8564	7378	6983
			柴油	24637	23788	22939	22939	22939	22939	20862	18784	18784	14110	9435	9435	9435	9435	7108	4781	4781	3431	2981
			燃气	46100	27161	8222	8222	8222	8222	6181	4140	4140	3154	2168	2168	1715	1263	1263	1263	1263	907	788
	中型		汽油	204801	204801	204801	204801	204204	139367	10887	10887	10887	10887	10887	10747	10607	10607	8905	7203	7203	7203	7203
			柴油	47719	47719	44538	38175	38175	29055	10816	10816	10816	10186	9555	9555	9555	9555	6925	4295	4295	2556	1976
			燃气	54084	54084	51079	45070	45070	43473	40278	40278	40278	32285	24292	24292	32877	32877	16011	16011	16011	16011	16011
	重型		汽油	606784	606784	606784	606784	606186	408964	15713	15713	15713	15713	15713	12684	9655	9655	8140	6626	6626	6626	6626
			柴油	153456	153456	116627	42968	42968	42968	42968	42968	42968	31458	19949	19949	19949	19949	12696	5442	5442	3912	3402
			燃气	149686	149686	141370	124740	124740	120322	111486	111486	111486	89322	67158	67158	75770	75770	49353	49353	49353	49353	49353
低速汽车	三轮汽车			25300	25300	25300	25300	25300	25300	25300	25300	25300	16721	16721	16721	16721	16721	16721	16721	16721	16721	16721
	低速货车			33990	33990	33990	33990	33990	33990	33990	33990	33990	22464	22464	22464	22464	22464	22464	22464	22464	22464	22464
摩托车	普通摩托车			17897	17897	17897	17897	13356	8815	4719	4719	4719	4719	4719	3522	2324	2324	2324	2324	2324	2324	2324
	轻便摩托车			57876	57876	57876	57876	57876	11575	11575	5699	5699	5699	5699	4252	2806	2806	2806	2806	2806	2806	2806

海口市 NO_x 排放系数

单位：克/（辆·年）

车辆类型		使用性质	燃料种类	1999年年底前	2000年	2001年	2002年	2003年	2004年	2005年	2006年	2007年	2008年	2009年	2010年	2011年	2012年	2013年	2014年	2015年	2016年	2017年
载客汽车	微型	出租车	汽油	266553	176555	86557	86557	86557	86557	62532	38507	38507	27563	16619	16619	14232	11846	11846	11846	11846	8006	6726
			燃气	151554	101534	51514	51514	51514	51514	37732	23950	23950	17553	11156	11156	9353	7550	7550	7550	7550	4849	3949
		其他	汽油	46271	28984	11696	11696	11696	11696	7238	2779	2779	2252	1726	1726	1490	1254	1254	1254	1254	946	843
			燃气	25411	15156	4901	4901	4901	4901	3196	1492	1492	1212	931	931	784	638	638	638	638	504	459
	小型	出租车	汽油	303320	197098	90876	90876	90876	90876	65024	39171	39171	27895	16619	16619	13528	10436	10436	10436	10436	6744	5513
			柴油	316230	261006	205781	205781	205781	205781	184627	163473	163473	129030	94586	94586	94586	94586	78562	62538	62538	51602	47956
			燃气	171909	112908	53906	53906	53906	53906	39112	24318	24318	17737	11156	11156	8963	6770	6770	6770	6770	4151	3278
		其他	汽油	43116	27494	11872	11872	11872	11872	7744	3617	3617	2463	1309	1309	1243	1177	1177	1177	1177	885	788
			柴油	41493	33864	26236	26236	26236	26236	24161	22086	22086	17325	12564	12564	12564	12564	10847	9130	9130	8210	7903
			燃气	23665	15111	6557	6557	6557	6557	4256	1956	1956	1328	700	700	648	595	595	595	595	470	429
	中型	公交车	汽油	320903	320903	320903	320903	320903	219230	15885	15885	15885	15885	15885	14246	12607	12607	9518	6428	6428	6428	6428
			柴油	360310	360310	359464	357772	357772	343554	315117	315117	315117	262477	209837	209837	209837	209837	171242	132647	132647	111055	103858
			燃气	382568	382568	378014	368905	368905	357462	334576	334576	334576	278458	222340	222340	140605	140605	110121	110121	110121	110121	110121
		其他	汽油	196742	196742	196742	196742	196742	133457	6886	6886	6886	6886	6886	6886	6886	6886	5165	3444	3444	3444	3444
			柴油	168969	168969	161916	147809	147809	146559	144059	144059	144059	122691	101323	101323	101323	101323	89966	78608	78608	67092	63254
			燃气	190802	190802	180202	159001	159001	157503	154506	154506	154506	131551	108596	108596	84591	84591	67949	67949	67949	67949	67949
	大型	公交车	汽油	1143216	1143216	1143216	1143216	1143216	786097	71859	71859	71859	71859	71859	71796	71733	71733	53800	35867	35867	35867	35867
			柴油	511027	511027	494514	461488	461488	448375	422150	422150	422150	414542	406935	406935	406935	406935	392261	377587	377587	340376	327973
			燃气	1027467	1027467	970386	856223	856223	792686	665611	665611	665611	570306	475000	475000	442225	442225	383293	383293	383293	383293	383293
		其他	汽油	2728648	2728648	2728648	2728648	2728648	1876270	171515	171515	171515	171515	171515	165083	158651	158651	119116	79580	79580	79580	79580
			柴油	1223751	1223751	1192262	1129283	1129283	1102954	1050297	1050297	1050297	1013318	976340	976340	976340	976340	929481	882622	882622	781111	747274
			燃气	2277880	2277880	2151331	1898233	1898233	1757372	1475650	1475650	1475650	1264843	1054036	1054036	950920	950920	806771	806771	806771	806771	806771
载货汽车	微型		汽油	227543	135216	42889	42889	42889	42889	29392	15896	15896	12950	10004	10004	8704	7403	7403	7403	7403	5492	4855
			柴油	166808	137980	109151	109151	109151	109151	98198	87245	87245	73910	60576	60576	60576	60576	44244	27913	27913	23741	22350
			燃气	124962	71467	17972	17972	17972	17972	13253	8534	8534	6965	5396	5396	4581	3766	3766	3766	3766	2924	2643
	轻型		汽油	166763	107404	48045	48045	48045	48045	32674	17302	17302	14551	11800	11800	9698	7596	7596	7596	7596	5735	5115
			柴油	167381	138266	109151	109151	109151	109151	98198	87245	87245	73910	60576	60576	60576	60576	48139	35702	35702	32900	31966
			燃气	91531	59033	26536	26536	26536	26536	17946	9357	9357	7833	6310	6310	5075	3840	3840	3840	3840	3049	2785
	中型		汽油	206352	206352	206352	206352	206352	140878	9931	9931	9931	9931	9931	9931	9931	9931	7451	4971	4971	4971	4971
			柴油	386565	386565	347107	268192	268192	255021	228680	228680	228680	228416	228152	228152	228152	228152	200174	172197	172197	148278	140305
			燃气	436514	436514	387176	288499	288499	274087	245264	245264	245264	244896	244529	244529	185303	185303	150719	150719	150719	150719	150719
	重型		汽油	1732521	1732521	1732521	1732521	1732521	1191314	108901	108901	108901	108901	108901	104818	100734	100734	75631	50528	50528	50528	50528
			柴油	951829	951829	919340	854362	854362	822761	759560	759560	759560	729102	698643	698643	698643	698643	612570	526496	526496	346137	286017
			燃气	1771727	1771727	1659855	1436113	1436113	1313132	1067169	1067169	1067169	910705	754240	754240	567237	567237	308789	308789	308789	308789	308789
低速汽车	三轮汽车			65550	65550	65550	65550	65550	65550	65550	65550	65550	53279	53279	53279	53279	53279	53279	53279	53279	53279	53279
	低速货车			88065	88065	88065	88065	88065	88065	88065	88065	88065	71579	71579	71579	71579	71579	71579	71579	71579	71579	71579
摩托车	普通摩托车			1177	1177	1177	1177	1138	1098	1020	1020	1020	1020	1020	906	792	792	792	792	792	792	792
	轻便摩托车			785	785	785	785	785	392	392	392	392	392	392	348	305	305	305	305	305	305	305

海口市 PM 排放系数

单位：克/（辆·年）

车辆类型		使用性质	燃料种类	1999 年年底前	2000 年	2001 年	2002 年	2003 年	2004 年	2005 年	2006 年	2007 年	2008 年	2009 年	2010 年	2011 年	2012 年	2013 年	2014 年	2015 年	2016 年	2017 年
载客汽车	微型	出租车	汽油	—	—	—	—	—	—	—	—	—	—	—	—	—	—	—	—	—	—	—
			燃气	—	—	—	—	—	—	—	—	—	—	—	—	—	—	—	—	—	—	—
		其他	汽油	—	—	—	—	—	—	—	—	—	—	—	—	—	—	—	—	—	—	—
			燃气	—	—	—	—	—	—	—	—	—	—	—	—	—	—	—	—	—	—	—
	小型	出租车	汽油	—	—	—	—	—	—	—	—	—	—	—	—	—	—	—	—	—	—	—
			柴油	40272	36900	33527	33527	33527	33527	22864	12202	12202	7971	3740	3740	3740	3740	3476	3212	3212	2656	2471
			燃气	—	—	—	—	—	—	—	—	—	—	—	—	—	—	—	—	—	—	—
		其他	汽油	—	—	—	—	—	—	—	—	—	—	—	—	—	—	—	—	—	—	—
			柴油	5101	4828	4554	4554	4554	4554	3273	1992	1992	1464	937	937	937	937	779	621	621	621	621
			燃气	—	—	—	—	—	—	—	—	—	—	—	—	—	—	—	—	—	—	—
	中型	公交车	汽油	—	—	—	—	—	—	—	—	—	—	—	—	—	—	—	—	—	—	—
			柴油	30592	30592	28032	22913	22913	17978	8108	8108	8108	6872	5637	5637	5637	5637	3504	1372	1372	1080	983
			燃气	—	—	—	—	—	—	—	—	—	—	—	—	—	—	—	—	—	—	—
		其他	汽油	—	—	—	—	—	—	—	—	—	—	—	—	—	—	—	—	—	—	—
			柴油	15274	15274	12888	8116	8116	6262	2553	2553	2553	2434	2316	2316	2316	2316	1366	415	415	399	394
			燃气	—	—	—	—	—	—	—	—	—	—	—	—	—	—	—	—	—	—	—
	大型	公交车	汽油	—	—	—	—	—	—	—	—	—	—	—	—	—	—	—	—	—	—	—
			柴油	94865	94865	93934	92071	92071	71272	29674	29674	29674	19994	10315	10315	10315	10315	6116	1916	1916	1845	1821
			燃气	—	—	—	—	—	—	—	—	—	—	—	—	—	—	—	—	—	—	—
		其他	汽油	—	—	—	—	—	—	—	—	—	—	—	—	—	—	—	—	—	—	—
			柴油	142314	142314	133412	115607	115607	85425	25061	25061	25061	17182	9303	9303	9303	9303	5868	2433	2433	2343	2313
			燃气	—	—	—	—	—	—	—	—	—	—	—	—	—	—	—	—	—	—	—
载货汽车	微型		汽油	—	—	—	—	—	—	—	—	—	—	—	—	—	—	—	—	—	—	—
			柴油	15796	15470	15143	15143	15143	15143	12376	9610	9610	7132	4655	4655	4655	4655	2930	1206	1206	1201	1199
			燃气	—	—	—	—	—	—	—	—	—	—	—	—	—	—	—	—	—	—	—
	轻型		汽油	—	—	—	—	—	—	—	—	—	—	—	—	—	—	—	—	—	—	—
			柴油	16428	15786	15143	15143	15143	15143	12376	9610	9610	7132	4655	4655	4655	4655	3510	2365	2365	1953	1816
			燃气	—	—	—	—	—	—	—	—	—	—	—	—	—	—	—	—	—	—	—
	中型		汽油	—	—	—	—	—	—	—	—	—	—	—	—	—	—	—	—	—	—	—
			柴油	32999	32999	27770	17312	17312	13354	5438	5438	5438	5152	4865	4865	4865	4865	3120	1374	1374	1258	1219
			燃气	—	—	—	—	—	—	—	—	—	—	—	—	—	—	—	—	—	—	—
	重型		汽油	—	—	—	—	—	—	—	—	—	—	—	—	—	—	—	—	—	—	—
			柴油	124316	124316	102179	57904	57904	45976	22119	22119	22119	15157	8195	8195	8195	8195	5485	2775	2775	2345	2202
			燃气	—	—	—	—	—	—	—	—	—	—	—	—	—	—	—	—	—	—	—
低速汽车	三轮汽车			4092	4092	4092	4092	4092	4092	4092	4092	4092	3220	3220	3220	3220	3220	3220	3220	3220	3220	3220
	低速货车			5581	5581	5581	5581	5581	5581	5581	5581	5581	4392	4392	4392	4392	4392	4392	4392	4392	4392	4392
摩托车	普通摩托车			—	—	—	—	—	—	—	—	—	—	—	—	—	—	—	—	—	—	—
	轻便摩托车			—	—	—	—	—	—	—	—	—	—	—	—	—	—	—	—	—	—	—

海口市 VOCs 排放系数

单位：克/（辆·年）

车辆类型		使用性质	燃料种类	1999年年底前	2000年	2001年	2002年	2003年	2004年	2005年	2006年	2007年	2008年	2009年	2010年	2011年	2012年	2013年	2014年	2015年	2016年	2017年
载客汽车	微型	出租车	汽油	339361	204782	70204	70204	70204	70204	53658	37113	37113	31060	25006	25006	21033	17060	17060	17060	17060	12396	10842
			燃气	296482	176555	56628	56628	56628	56628	42219	27810	27810	22763	17716	17716	14408	11101	11101	11101	11101	7453	6237
		其他	汽油	33008	20678	8349	8349	8349	8349	7950	7551	7551	6700	5848	5848	5619	5390	5390	5390	5390	4757	4546
			燃气	23171	13028	2886	2886	2886	2886	2754	2622	2622	1972	1323	1323	1238	1153	1153	1153	1153	811	697
	小型	出租车	汽油	339361	201536	63712	63712	63712	63712	58889	54066	54066	39536	25006	25006	21033	17060	17060	17060	17060	11786	10028
			柴油	112486	105848	99209	99209	99209	99209	90248	81288	81288	59622	37957	37957	37957	37957	28138	18318	18318	10227	7530
			燃气	296482	173636	50790	50790	50790	50790	46923	43056	43056	30386	17716	17716	14408	11101	11101	11101	11101	6904	5505
		其他	汽油	33444	20842	8241	8241	8241	8241	8131	8021	8021	6936	5850	5850	5589	5328	5328	5328	5328	4800	4624
			柴油	9418	8605	7792	7792	7792	7792	6654	5516	5516	3806	2097	2097	2097	2097	1729	1361	1361	947	809
			燃气	23563	14210	4856	4856	4856	4856	3950	3044	3044	2284	1523	1523	1310	1097	1097	1097	1097	849	766
	中型	公交车	汽油	247867	247867	247867	247867	247270	169027	13735	13735	13735	13735	13735	13584	13432	13432	11004	8577	8577	8577	8577
			柴油	87806	87806	86086	82645	82645	64494	28192	28192	28192	20508	12823	12823	12823	12823	8958	5093	5093	4763	4653
			燃气	71579	71579	67602	59649	59649	57536	53311	53311	53311	42686	32061	32061	22219	22219	22154	22154	22154	22154	22154
		其他	汽油	128578	128578	128578	128578	127981	87658	8207	8207	8207	8207	8207	8062	7916	7916	6865	5814	5814	5814	5814
			柴油	30493	30493	28460	24394	24394	18567	6912	6912	6912	6506	6099	6099	6099	6099	3750	1402	1402	1243	1190
			燃气	34560	34560	32640	28800	28800	27780	25740	25740	25740	20623	15506	15506	10732	10732	9642	9642	9642	9642	9642
	大型	公交车	汽油	577175	577175	577175	577175	576578	389000	15039	15039	15039	15039	15039	14899	14759	14759	11993	9227	9227	9227	9227
			柴油	131708	131708	108010	60614	60614	60614	60614	60614	60614	43515	26416	26416	26416	26416	17675	8934	8934	5723	4653
			燃气	168926	168926	159541	140772	140772	135786	125815	125815	125815	100740	75665	75665	52438	52438	47188	47188	47188	47188	47188
		其他	汽油	1278473	1278473	1278473	1278473	1277876	861028	28525	28525	28525	28525	28525	22266	16008	16008	12817	9626	9626	9626	9626
			柴油	272891	272891	207397	76409	76409	76409	76409	76409	76409	55942	35476	35476	35476	35476	20706	5937	5937	5324	5119
			燃气	266186	266186	251398	221822	221822	213966	198253	198253	198253	158842	119430	119430	82662	82662	74261	74261	74261	74261	74261
载货汽车	微型		汽油	246331	135441	24551	24551	24551	24551	22732	20913	20913	19158	17403	17403	14270	11137	11137	11137	11137	8967	8244
			柴油	59167	55196	51226	51226	51226	51226	46348	41471	41471	31438	21405	21405	21405	21405	14961	8517	8517	5232	4137
			燃气	172920	90703	8487	8487	8487	8487	7874	7262	7262	5599	3937	3937	3160	2382	2382	2382	2382	1544	1264
	轻型		汽油	130862	80694	30526	30526	30526	30526	26418	22311	22311	19983	17655	17655	15231	12807	12807	12807	12807	10514	9749
			柴油	55542	53384	51226	51226	51226	51226	46348	41471	41471	31438	21405	21405	21405	21405	16004	10603	10603	7317	6222
			燃气	92199	55093	17987	17987	17987	17987	13227	8467	8467	6532	4596	4596	3617	2637	2637	2637	2637	1870	1615
	中型		汽油	291059	291059	291059	291059	290462	197812	13707	13707	13707	13707	13707	13567	13427	13427	10992	8558	8558	8558	8558
			柴油	67666	67666	63155	54133	54133	41201	15338	15338	15338	14441	13544	13544	13544	13544	9816	6088	6088	3622	2800
			燃气	76691	76691	72431	63910	63910	61646	57118	57118	57118	45776	34434	34434	46602	46602	22687	22687	22687	22687	22687
	重型		汽油	831629	831629	831629	831629	831032	560268	19936	19936	19936	19936	19936	15826	11715	11715	9639	7563	7563	7563	7563
			柴油	219607	219607	166901	61490	61490	61490	61490	61490	61490	45020	28549	28549	28549	28549	17778	7006	7006	5201	4599
			燃气	214211	214211	202311	178511	178511	172188	159544	159544	159544	127827	96110	96110	97546	97546	66717	66717	66717	66717	66717
低速汽车	三轮汽车			25300	25300	25300	25300	25300	25300	25300	25300	25300	16721	16721	16721	16721	16721	16721	16721	16721	16721	16721
	低速货车			33990	33990	33990	33990	33990	33990	33990	33990	33990	22464	22464	22464	22464	22464	22464	22464	22464	22464	22464
摩托车	普通摩托车			15768	15768	15768	15768	11768	7767	4158	4158	4158	4158	4158	3103	2048	2048	2048	2048	2048	2048	2048
	轻便摩托车			50993	50993	50993	50993	50993	10199	10199	5021	5021	5021	5021	3747	2473	2473	2473	2473	2473	2473	2473

三亚市 NO_x 排放系数

单位：克/（辆·年）

车辆类型		使用性质	燃料种类	1999 年年底前	2000 年	2001 年	2002 年	2003 年	2004 年	2005 年	2006 年	2007 年	2008 年	2009 年	2010 年	2011 年	2012 年	2013 年	2014 年	2015 年	2016 年	2017 年
载客汽车	微型	出租车	汽油	335543	223388	111234	111234	111234	111234	80878	50522	50522	36568	22613	22613	19303	15993	15993	15993	15993	10546	8730
			燃气	184931	124943	64955	64955	64955	64955	48052	31148	31148	23176	15203	15203	12674	10145	10145	10145	10145	6294	5010
		其他	汽油	48263	30216	12170	12170	12170	12170	7520	2871	2871	2326	1780	1780	1553	1326	1326	1326	1326	1000	891
			燃气	25475	15192	4909	4909	4909	4909	3202	1494	1494	1213	932	932	794	656	656	656	656	514	467
	小型	出租车	汽油	381269	248938	116608	116608	116608	116608	83978	51348	51348	36980	22613	22613	18399	14185	14185	14185	14185	8940	7191
			柴油	410515	340070	269624	269624	269624	269624	241820	214016	214016	169301	124586	124586	124586	124586	103008	81431	81431	66721	61818
			燃气	209233	138522	67811	67811	67811	67811	49699	31587	31587	23395	15203	15203	12194	9184	9184	9184	9184	5440	4192
		其他	汽油	44969	28662	12354	12354	12354	12354	8050	3745	3745	2545	1345	1345	1294	1243	1243	1243	1243	935	832
			柴油	43740	35683	27626	27626	27626	27626	25426	23226	23226	18238	13250	13250	13250	13250	11446	9641	9641	8723	8417
			燃气	23724	15146	6569	6569	6569	6569	4264	1959	1959	1330	701	701	656	612	612	612	612	480	436
	中型	公交车	汽油	319864	319864	319864	319864	319864	218520	15833	15833	15833	15833	15833	14200	12566	12566	9486	6407	6407	6407	6407
			柴油	359461	359461	358617	356928	356928	342743	314374	314374	314374	261858	209343	209343	209343	209343	170838	132334	132334	110793	103613
			燃气	381666	381666	377122	368035	368035	356619	333787	333787	333787	277802	221816	221816	140274	140274	109861	109861	109861	109861	109861
		其他	汽油	196106	196106	196106	196106	196106	133025	6864	6864	6864	6864	6864	6864	6864	6864	5148	3433	3433	3433	3433
			柴油	168571	168571	161534	147461	147461	146214	143720	143720	143720	122402	101084	101084	101084	101084	89753	78422	78422	66934	63105
			燃气	190352	190352	179777	158627	158627	157132	154142	154142	154142	131241	108340	108340	84392	84392	67789	67789	67789	67789	67789
	大型	公交车	汽油	1139515	1139515	1139515	1139515	1139515	783552	71627	71627	71627	71627	71627	71564	71501	71501	53626	35751	35751	35751	35751
			柴油	509822	509822	493348	460400	460400	447318	421154	421154	421154	413564	405975	405975	405975	405975	391336	376697	376697	339574	327200
			燃气	1025045	1025045	968098	854204	854204	790817	664042	664042	664042	568961	473880	473880	441182	441182	382389	382389	382389	382389	382389
		其他	汽油	2719815	2719815	2719815	2719815	2719815	1870197	170960	170960	170960	170960	170960	164549	158138	158138	118730	79322	79322	79322	79322
			柴油	1220866	1220866	1189451	1126620	1126620	1100354	1047821	1047821	1047821	1010930	974039	974039	974039	974039	927290	880541	880541	779270	745513
			燃气	2272509	2272509	2146259	1893758	1893758	1753229	1472171	1472171	1472171	1261861	1051551	1051551	948678	948678	804869	804869	804869	804869	804869
载货汽车	微型		汽油	300509	179054	57598	57598	57598	57598	39848	22098	22098	18088	14079	14079	12118	10158	10158	10158	10158	7352	6416
			柴油	228146	189416	150686	150686	150686	150686	135323	119960	119960	101584	83209	83209	83209	83209	60774	38339	38339	32112	30036
			燃气	158620	90927	23233	23233	23233	23233	17366	11499	11499	9435	7372	7372	6199	5025	5025	5025	5025	3778	3363
	轻型		汽油	218206	141240	64274	64274	64274	64274	44096	23918	23918	20161	16404	16404	13406	10408	10408	10408	10408	7666	6752
			柴油	228906	189796	150686	150686	150686	150686	135323	119960	119960	101584	83209	83209	83209	83209	65942	48676	48676	44267	42797
			燃气	115118	74647	34176	34176	34176	34176	23344	12511	12511	10531	8550	8550	6837	5124	5124	5124	5124	3935	3538
	中型		汽油	206352	206352	206352	206352	206352	140878	9931	9931	9931	9931	9931	9931	9931	9931	7451	4971	4971	4971	4971
			柴油	386565	386565	347107	268192	268192	255021	228680	228680	228680	228416	228152	228152	228152	228152	200174	172197	172197	148278	140305
			燃气	436513	436513	387175	288500	288500	274088	245263	245263	245263	244896	244529	244529	185306	185306	150719	150719	150719	150719	150719
	重型		汽油	1422256	1422256	1422256	1422256	1422256	977970	89399	89399	89399	89399	89399	86046	82694	82694	62086	41479	41479	41479	41479
			柴油	776135	776135	749643	696659	696659	670891	619356	619356	619356	594520	569683	569683	569683	569683	496658	423634	423634	282783	235833
			燃气	1444691	1444691	1353470	1171028	1171028	1070747	870185	870185	870185	742601	615017	615017	456415	456415	254609	254609	254609	254609	254609
低速汽车	三轮汽车			65550	65550	65550	65550	65550	65550	65550	65550	65550	53279	53279	53279	53279	53279	53279	53279	53279	53279	53279
	低速货车			88065	88065	88065	88065	88065	88065	88065	88065	88065	71579	71579	71579	71579	71579	71579	71579	71579	71579	71579
摩托车	普通摩托车			1177	1177	1177	1177	1138	1098	1020	1020	1020	1020	1020	906	792	792	792	792	792	792	792
	轻便摩托车			785	785	785	785	785	392	392	392	392	392	392	348	305	305	305	305	305	305	305

三亚市 PM 排放系数

单位：克/（辆·年）

车辆类型		使用性质	燃料种类	1999 年年底前	2000 年	2001 年	2002 年	2003 年	2004 年	2005 年	2006 年	2007 年	2008 年	2009 年	2010 年	2011 年	2012 年	2013 年	2014 年	2015 年	2016 年	2017 年
载客汽车	微型	出租车	汽油	—	—	—	—	—	—	—	—	—	—	—	—	—	—	—	—	—	—	—
			燃气	—	—	—	—	—	—	—	—	—	—	—	—	—	—	—	—	—	—	—
		其他	汽油	—	—	—	—	—	—	—	—	—	—	—	—	—	—	—	—	—	—	—
			燃气	—	—	—	—	—	—	—	—	—	—	—	—	—	—	—	—	—	—	—
	小型	出租车	汽油	—	—	—	—	—	—	—	—	—	—	—	—	—	—	—	—	—	—	—
			柴油	48817	44734	40650	40650	40650	40650	27708	14766	14766	9654	4541	4541	4541	4541	4220	3899	3899	3225	3000
			燃气	—	—	—	—	—	—	—	—	—	—	—	—	—	—	—	—	—	—	—
		其他	汽油	—	—	—	—	—	—	—	—	—	—	—	—	—	—	—	—	—	—	—
			柴油	5164	4887	4610	4610	4610	4610	3312	2013	2013	1482	952	952	952	952	789	626	626	626	626
			燃气	—	—	—	—	—	—	—	—	—	—	—	—	—	—	—	—	—	—	—
	中型	公交车	汽油	—	—	—	—	—	—	—	—	—	—	—	—	—	—	—	—	—	—	—
			柴油	30592	30592	28032	22913	22913	17978	8108	8108	8108	6872	5637	5637	5637	5637	3504	1372	1372	1080	983
			燃气	—	—	—	—	—	—	—	—	—	—	—	—	—	—	—	—	—	—	—
		其他	汽油	—	—	—	—	—	—	—	—	—	—	—	—	—	—	—	—	—	—	—
			柴油	15274	15274	12888	8116	8116	6262	2553	2553	2553	2434	2316	2316	2316	2316	1366	415	415	399	394
			燃气	—	—	—	—	—	—	—	—	—	—	—	—	—	—	—	—	—	—	—
	大型	公交车	汽油	—	—	—	—	—	—	—	—	—	—	—	—	—	—	—	—	—	—	—
			柴油	94865	94865	93934	92071	92071	71272	29674	29674	29674	19994	10315	10315	10315	10315	6116	1916	1916	1845	1821
			燃气	—	—	—	—	—	—	—	—	—	—	—	—	—	—	—	—	—	—	—
		其他	汽油	—	—	—	—	—	—	—	—	—	—	—	—	—	—	—	—	—	—	—
			柴油	142314	142314	133412	115607	115607	85425	25061	25061	25061	17182	9303	9303	9303	9303	5868	2433	2433	2343	2313
			燃气	—	—	—	—	—	—	—	—	—	—	—	—	—	—	—	—	—	—	—
载货汽车	微型		汽油	—	—	—	—	—	—	—	—	—	—	—	—	—	—	—	—	—	—	—
			柴油	19982	19568	19155	19155	19155	19155	15666	12178	12178	9038	5898	5898	5898	5898	3714	1529	1529	1522	1519
			燃气	—	—	—	—	—	—	—	—	—	—	—	—	—	—	—	—	—	—	—
	轻型		汽油	—	—	—	—	—	—	—	—	—	—	—	—	—	—	—	—	—	—	—
			柴油	20781	19968	19155	19155	19155	19155	15666	12178	12178	9038	5898	5898	5898	5898	4448	2997	2997	2475	2301
			燃气	—	—	—	—	—	—	—	—	—	—	—	—	—	—	—	—	—	—	—
	中型		汽油	—	—	—	—	—	—	—	—	—	—	—	—	—	—	—	—	—	—	—
			柴油	32999	32999	27770	17312	17312	13354	5438	5438	5438	5152	4865	4865	4865	4865	3120	1374	1374	1258	1219
			燃气	—	—	—	—	—	—	—	—	—	—	—	—	—	—	—	—	—	—	—
	重型		汽油	—	—	—	—	—	—	—	—	—	—	—	—	—	—	—	—	—	—	—
			柴油	101080	101080	83080	47081	47081	37382	17985	17985	17985	12324	6663	6663	6663	6663	4464	2265	2265	1915	1798
			燃气	—	—	—	—	—	—	—	—	—	—	—	—	—	—	—	—	—	—	—
低速汽车	三轮汽车			4092	4092	4092	4092	4092	4092	4092	4092	4092	3220	3220	3220	3220	3220	3220	3220	3220	3220	3220
	低速货车			5581	5581	5581	5581	5581	5581	5581	5581	5581	4392	4392	4392	4392	4392	4392	4392	4392	4392	4392
摩托车	普通摩托车			—	—	—	—	—	—	—	—	—	—	—	—	—	—	—	—	—	—	—
	轻便摩托车			—	—	—	—	—	—	—	—	—	—	—	—	—	—	—	—	—	—	—

三亚市 VOCs 排放系数

单位：克/（辆·年）

车辆类型		使用性质	燃料种类	1999 年年底前	2000 年	2001 年	2002 年	2003 年	2004 年	2005 年	2006 年	2007 年	2008 年	2009 年	2010 年	2011 年	2012 年	2013 年	2014 年	2015 年	2016 年	2017 年
载客汽车	微型	出租车	汽油	419141	254644	90148	90148	90148	90148	69230	48313	48313	40510	32707	32707	27226	21745	21745	21745	21745	15260	13098
			燃气	362325	217614	72903	72903	72903	72903	54883	36863	36863	30382	23902	23902	19364	14826	14826	14826	14826	9694	7984
		其他	汽油	33716	21142	8567	8567	8567	8567	8167	7767	7767	6906	6046	6046	5822	5598	5598	5598	5598	4954	4740
			燃气	23346	13130	2914	2914	2914	2914	2782	2649	2649	1996	1344	1344	1266	1189	1189	1189	1189	841	725
	小型	出租车	汽油	419141	250664	82186	82186	82186	82186	75614	69042	69042	50874	32707	32707	27226	21745	21745	21745	21745	14492	12074
			柴油	154668	145371	136074	136074	136074	136074	123451	110828	110828	82167	53506	53506	53506	53506	39606	25706	25706	14050	10165
			燃气	362325	214084	65844	65844	65844	65844	60542	55239	55239	39570	23902	23902	19364	14826	14826	14826	14826	9014	7076
		其他	汽油	34161	21309	8457	8457	8457	8457	8353	8249	8249	7148	6048	6048	5790	5533	5533	5533	5533	5000	4822
			柴油	9618	8786	7954	7954	7954	7954	6809	5664	5664	3900	2135	2135	2135	2135	1763	1391	1391	970	830
			燃气	23741	14324	4907	4907	4907	4907	3992	3077	3077	2312	1547	1547	1339	1131	1131	1131	1131	881	798
	中型	公交车	汽油	248019	248019	248019	248019	247422	169179	13886	13886	13886	13886	13886	13734	13583	13583	11156	8729	8729	8729	8729
			柴油	87806	87806	86086	82645	82645	64494	28192	28192	28192	20508	12823	12823	12823	12823	8958	5093	5093	4763	4653
			燃气	71579	71579	67602	59649	59649	57536	53311	53311	53311	42686	32061	32061	22219	22219	22154	22154	22154	22154	22154
		其他	汽油	128729	128729	128729	128729	128132	87809	8358	8358	8358	8358	8358	8212	8067	8067	7016	5965	5965	5965	5965
			柴油	30493	30493	28460	24394	24394	18567	6912	6912	6912	6506	6099	6099	6099	6099	3750	1402	1402	1243	1190
			燃气	34560	34560	32640	28800	28800	27780	25740	25740	25740	20623	15506	15506	10732	10732	9642	9642	9642	9642	9642
	大型	公交车	汽油	577327	577327	577327	577327	576730	389152	15190	15190	15190	15190	15190	15050	14910	14910	12144	9378	9378	9378	9378
			柴油	131708	131708	108010	60614	60614	60614	60614	60614	60614	43515	26416	26416	26416	26416	17675	8934	8934	5723	4653
			燃气	168926	168926	159541	140772	140772	135786	125815	125815	125815	100740	75665	75665	52438	52438	47188	47188	47188	47188	47188
		其他	汽油	1278625	1278625	1278625	1278625	1278028	861179	28676	28676	28676	28676	28676	22418	16159	16159	12968	9777	9777	9777	9777
			柴油	272891	272891	207397	76409	76409	76409	76409	76409	76409	55942	35476	35476	35476	35476	20706	5937	5937	5324	5119
			燃气	266186	266186	251398	221822	221822	213966	198253	198253	198253	158842	119430	119430	82662	82662	74261	74261	74261	74261	74261
载货汽车	微型		汽油	318282	175700	33119	33119	33119	33119	30482	27846	27846	25380	22915	22915	18523	14131	14131	14131	14131	10928	9861
			柴油	85588	79820	74051	74051	74051	74051	66718	59385	59385	45407	31429	31429	31429	31429	22086	12743	12743	7565	5839
			燃气	220388	115827	11265	11265	11265	11265	10381	9497	9497	7296	5094	5094	4048	3001	3001	3001	3001	1882	1508
	轻型		汽油	169739	105272	40805	40805	40805	40805	35225	29645	29645	26442	23239	23239	19760	16280	16280	16280	16280	12918	11797
			柴油	80891	77471	74051	74051	74051	74051	66718	59385	59385	45407	31429	31429	31429	31429	23436	15442	15442	10264	8538
			燃气	117964	70820	23676	23676	23676	23676	17367	11058	11058	8501	5944	5944	4636	3328	3328	3328	3328	2296	1952
	中型		汽油	291210	291210	291210	291210	290613	197963	13858	13858	13858	13858	13858	13718	13578	13578	11144	8709	8709	8709	8709
			柴油	67666	67666	63155	54133	54133	41201	15338	15338	15338	14441	13544	13544	13544	13544	9816	6088	6088	3622	2800
			燃气	76691	76691	72431	63910	63910	61646	57118	57118	57118	45776	34434	34434	46602	46602	22687	22687	22687	22687	22687
	重型		汽油	684565	684565	684565	684565	683968	461332	17256	17256	17256	17256	17256	13853	10450	10450	8742	7033	7033	7033	7033
			柴油	179959	179959	136769	50389	50389	50389	50389	50389	50389	36892	23395	23395	23395	23395	14674	5953	5953	4190	3602
			燃气	175537	175537	165786	146284	146284	141103	130741	130741	130741	104750	78759	78759	82885	82885	52254	52254	52254	52254	52254
低速汽车	三轮汽车			25300	25300	25300	25300	25300	25300	25300	25300	25300	16721	16721	16721	16721	16721	16721	16721	16721	16721	16721
	低速货车			33990	33990	33990	33990	33990	33990	33990	33990	33990	22464	22464	22464	22464	22464	22464	22464	22464	22464	22464
摩托车	普通摩托车			15768	15768	15768	15768	11768	7767	4158	4158	4158	4158	4158	3103	2048	2048	2048	2048	2048	2048	2048
	轻便摩托车			50993	50993	50993	50993	50993	10199	10199	5021	5021	5021	5021	3747	2473	2473	2473	2473	2473	2473	2473

三沙市 NO_x 排放系数

单位：克/（辆・年）

车辆类型		使用性质	燃料种类	1999 年年底前	2000 年	2001 年	2002 年	2003 年	2004 年	2005 年	2006 年	2007 年	2008 年	2009 年	2010 年	2011 年	2012 年	2013 年	2014 年	2015 年	2016 年	2017 年
载客汽车	微型	出租车	汽油	266553	176555	86557	86557	86557	86557	62532	38507	38507	27563	16619	16619	14232	11846	11846	11846	11846	8006	6726
			燃气	151554	101534	51514	51514	51514	51514	37732	23950	23950	17553	11156	11156	9353	7550	7550	7550	7550	4849	3949
		其他	汽油	46271	28984	11696	11696	11696	11696	7238	2779	2779	2252	1726	1726	1490	1254	1254	1254	1254	946	843
			燃气	25411	15156	4901	4901	4901	4901	3196	1492	1492	1212	931	931	784	638	638	638	638	504	459
	小型	出租车	汽油	303320	197098	90876	90876	90876	90876	65024	39171	39171	27895	16619	16619	13528	10436	10436	10436	10436	6744	5513
			柴油	316230	261006	205781	205781	205781	205781	184627	163473	163473	129030	94586	94586	94586	94586	78562	62538	62538	51602	47956
			燃气	171909	112908	53906	53906	53906	53906	39112	24318	24318	17737	11156	11156	8963	6770	6770	6770	6770	4151	3278
		其他	汽油	43116	27494	11872	11872	11872	11872	7744	3617	3617	2463	1309	1309	1243	1177	1177	1177	1177	885	788
			柴油	41493	33864	26236	26236	26236	26236	24161	22086	22086	17325	12564	12564	12564	12564	10847	9130	9130	8210	7903
			燃气	23665	15111	6557	6557	6557	6557	4256	1956	1956	1328	700	700	648	595	595	595	595	470	429
	中型	公交车	汽油	320903	320903	320903	320903	320903	219230	15885	15885	15885	15885	15885	14246	12607	12607	9518	6428	6428	6428	6428
			柴油	360310	360310	359464	357772	357772	343554	315117	315117	315117	262477	209837	209837	209837	209837	171242	132647	132647	111055	103858
			燃气	382568	382568	378014	368905	368905	357462	334576	334576	334576	278458	222340	222340	140605	140605	110121	110121	110121	110121	110121
		其他	汽油	196742	196742	196742	196742	196742	133457	6886	6886	6886	6886	6886	6886	6886	6886	5165	3444	3444	3444	3444
			柴油	168969	168969	161916	147809	147809	146559	144059	144059	144059	122691	101323	101323	101323	101323	89966	78608	78608	67092	63254
			燃气	190802	190802	180202	159001	159001	157503	154506	154506	154506	131551	108596	108596	84591	84591	67949	67949	67949	67949	67949
	大型	公交车	汽油	1143216	1143216	1143216	1143216	1143216	786097	71859	71859	71859	71859	71859	71796	71733	71733	53800	35867	35867	35867	35867
			柴油	511027	511027	494514	461488	461488	448375	422150	422150	422150	414542	406935	406935	406935	406935	392261	377587	377587	340376	327973
			燃气	1027467	1027467	970386	856223	856223	792686	665611	665611	665611	570306	475000	475000	442225	442225	383293	383293	383293	383293	383293
		其他	汽油	2728648	2728648	2728648	2728648	2728648	1876270	171515	171515	171515	171515	171515	165083	158651	158651	119116	79580	79580	79580	79580
			柴油	1223751	1223751	1192262	1129283	1129283	1102954	1050297	1050297	1050297	1013318	976340	976340	976340	976340	929481	882622	882622	781111	747274
			燃气	2277880	2277880	2151331	1898233	1898233	1757372	1475650	1475650	1475650	1264843	1054036	1054036	950920	950920	806771	806771	806771	806771	806771
载货汽车	微型		汽油	227543	135216	42889	42889	42889	42889	29392	15896	15896	12950	10004	10004	8704	7403	7403	7403	7403	5492	4855
			柴油	166808	137980	109151	109151	109151	109151	98198	87245	87245	73910	60576	60576	60576	60576	44244	27913	27913	23741	22350
			燃气	124962	71467	17972	17972	17972	17972	13253	8534	8534	6965	5396	5396	4581	3766	3766	3766	3766	2924	2643
	轻型		汽油	166763	107404	48045	48045	48045	48045	32674	17302	17302	14551	11800	11800	9698	7596	7596	7596	7596	5735	5115
			柴油	167381	138266	109151	109151	109151	109151	98198	87245	87245	73910	60576	60576	60576	60576	48139	35702	35702	32900	31966
			燃气	91531	59033	26536	26536	26536	26536	17946	9357	9357	7833	6310	6310	5075	3840	3840	3840	3840	3049	2785
	中型		汽油	206352	206352	206352	206352	206352	140878	9931	9931	9931	9931	9931	9931	9931	9931	7451	4971	4971	4971	4971
			柴油	386565	386565	347107	268192	268192	255021	228680	228680	228680	228416	228152	228152	228152	228152	200174	172197	172197	148278	140305
			燃气	436514	436514	387176	288499	288499	274087	245264	245264	245264	244896	244529	244529	185303	185303	150719	150719	150719	150719	150719
	重型		汽油	1732521	1732521	1732521	1732521	1732521	1191314	108901	108901	108901	108901	108901	104818	100734	100734	75631	50528	50528	50528	50528
			柴油	951829	951829	919340	854362	854362	822761	759560	759560	759560	729102	698643	698643	698643	698643	612570	526496	526496	346137	286017
			燃气	1771727	1771727	1659855	1436113	1436113	1313132	1067169	1067169	1067169	910705	754240	754240	567237	567237	308789	308789	308789	308789	308789
低速汽车	三轮汽车			65550	65550	65550	65550	65550	65550	65550	65550	65550	53279	53279	53279	53279	53279	53279	53279	53279	53279	53279
	低速货车			88065	88065	88065	88065	88065	88065	88065	88065	88065	71579	71579	71579	71579	71579	71579	71579	71579	71579	71579
摩托车	普通摩托车			1177	1177	1177	1177	1138	1098	1020	1020	1020	1020	1020	906	792	792	792	792	792	792	792
	轻便摩托车			785	785	785	785	785	392	392	392	392	392	392	348	305	305	305	305	305	305	305

三沙市 PM 排放系数

单位：克/（辆·年）

车辆类型		使用性质	燃料种类	1999 年年底前	2000 年	2001 年	2002 年	2003 年	2004 年	2005 年	2006 年	2007 年	2008 年	2009 年	2010 年	2011 年	2012 年	2013 年	2014 年	2015 年	2016 年	2017 年
载客汽车	微型	出租车	汽油	—	—	—	—	—	—	—	—	—	—	—	—	—	—	—	—	—	—	—
			燃气	—	—	—	—	—	—	—	—	—	—	—	—	—	—	—	—	—	—	—
		其他	汽油	—	—	—	—	—	—	—	—	—	—	—	—	—	—	—	—	—	—	—
			燃气	—	—	—	—	—	—	—	—	—	—	—	—	—	—	—	—	—	—	—
	小型	出租车	汽油	—	—	—	—	—	—	—	—	—	—	—	—	—	—	—	—	—	—	—
			柴油	40272	36900	33527	33527	33527	33527	22864	12202	12202	7971	3740	3740	3740	3740	3476	3212	3212	2656	2471
			燃气	—	—	—	—	—	—	—	—	—	—	—	—	—	—	—	—	—	—	—
		其他	汽油	—	—	—	—	—	—	—	—	—	—	—	—	—	—	—	—	—	—	—
			柴油	5101	4828	4554	4554	4554	4554	3273	1992	1992	1464	937	937	937	937	779	621	621	621	621
			燃气	—	—	—	—	—	—	—	—	—	—	—	—	—	—	—	—	—	—	—
	中型	公交车	汽油	—	—	—	—	—	—	—	—	—	—	—	—	—	—	—	—	—	—	—
			柴油	30592	30592	28032	22913	22913	17978	8108	8108	8108	6872	5637	5637	5637	5637	3504	1372	1372	1080	983
			燃气	—	—	—	—	—	—	—	—	—	—	—	—	—	—	—	—	—	—	—
		其他	汽油	—	—	—	—	—	—	—	—	—	—	—	—	—	—	—	—	—	—	—
			柴油	15274	15274	12888	8116	8116	6262	2553	2553	2553	2434	2316	2316	2316	2316	1366	415	415	399	394
			燃气	—	—	—	—	—	—	—	—	—	—	—	—	—	—	—	—	—	—	—
	大型	公交车	汽油	—	—	—	—	—	—	—	—	—	—	—	—	—	—	—	—	—	—	—
			柴油	94865	94865	93934	92071	92071	71272	29674	29674	29674	19994	10315	10315	10315	10315	6116	1916	1916	1845	1821
			燃气	—	—	—	—	—	—	—	—	—	—	—	—	—	—	—	—	—	—	—
		其他	汽油	—	—	—	—	—	—	—	—	—	—	—	—	—	—	—	—	—	—	—
			柴油	142314	142314	133412	115607	115607	85425	25061	25061	25061	17182	9303	9303	9303	9303	5868	2433	2433	2343	2313
			燃气	—	—	—	—	—	—	—	—	—	—	—	—	—	—	—	—	—	—	—
载货汽车	微型		汽油	—	—	—	—	—	—	—	—	—	—	—	—	—	—	—	—	—	—	—
			柴油	15796	15470	15143	15143	15143	15143	12376	9610	9610	7132	4655	4655	4655	4655	2930	1206	1206	1201	1199
			燃气	—	—	—	—	—	—	—	—	—	—	—	—	—	—	—	—	—	—	—
	轻型		汽油	—	—	—	—	—	—	—	—	—	—	—	—	—	—	—	—	—	—	—
			柴油	16428	15786	15143	15143	15143	15143	12376	9610	9610	7132	4655	4655	4655	4655	3510	2365	2365	1953	1816
			燃气	—	—	—	—	—	—	—	—	—	—	—	—	—	—	—	—	—	—	—
	中型		汽油	—	—	—	—	—	—	—	—	—	—	—	—	—	—	—	—	—	—	—
			柴油	32999	32999	27770	17312	17312	13354	5438	5438	5438	5152	4865	4865	4865	4865	3120	1374	1374	1258	1219
			燃气	—	—	—	—	—	—	—	—	—	—	—	—	—	—	—	—	—	—	—
	重型		汽油	—	—	—	—	—	—	—	—	—	—	—	—	—	—	—	—	—	—	—
			柴油	124316	124316	102179	57904	57904	45976	22119	22119	22119	15157	8195	8195	8195	8195	5485	2775	2775	2345	2202
			燃气	—	—	—	—	—	—	—	—	—	—	—	—	—	—	—	—	—	—	—
低速汽车	三轮汽车			4092	4092	4092	4092	4092	4092	4092	4092	4092	3220	3220	3220	3220	3220	3220	3220	3220	3220	3220
	低速货车			5581	5581	5581	5581	5581	5581	5581	5581	5581	4392	4392	4392	4392	4392	4392	4392	4392	4392	4392
摩托车	普通摩托车			—	—	—	—	—	—	—	—	—	—	—	—	—	—	—	—	—	—	—
	轻便摩托车			—	—	—	—	—	—	—	—	—	—	—	—	—	—	—	—	—	—	—

三沙市 VOCs 排放系数

单位：克/（辆·年）

车辆类型		使用性质	燃料种类	1999年年底前	2000年	2001年	2002年	2003年	2004年	2005年	2006年	2007年	2008年	2009年	2010年	2011年	2012年	2013年	2014年	2015年	2016年	2017年
载客汽车	微型	出租车	汽油	339361	204782	70204	70204	70204	70204	53658	37113	37113	31060	25006	25006	21033	17060	17060	17060	17060	12396	10842
			燃气	296482	176555	56628	56628	56628	56628	42219	27810	27810	22763	17716	17716	14408	11101	11101	11101	11101	7453	6237
		其他	汽油	33008	20678	8349	8349	8349	8349	7950	7551	7551	6700	5848	5848	5619	5390	5390	5390	5390	4757	4546
			燃气	23171	13028	2886	2886	2886	2886	2754	2622	2622	1972	1323	1323	1238	1153	1153	1153	1153	811	697
	小型	出租车	汽油	339361	201536	63712	63712	63712	63712	58889	54066	54066	39536	25006	25006	21033	17060	17060	17060	17060	11786	10028
			柴油	112486	105848	99209	99209	99209	99209	90248	81288	81288	59622	37957	37957	37957	37957	28138	18318	18318	10227	7530
			燃气	296482	173636	50790	50790	50790	50790	46923	43056	43056	30386	17716	17716	14408	11101	11101	11101	11101	6904	5505
		其他	汽油	33444	20842	8241	8241	8241	8241	8131	8021	8021	6936	5850	5850	5589	5328	5328	5328	5328	4800	4624
			柴油	9418	8605	7792	7792	7792	7792	6654	5516	5516	3806	2097	2097	2097	2097	1729	1361	1361	947	809
			燃气	23563	14210	4856	4856	4856	4856	3950	3044	3044	2284	1523	1523	1310	1097	1097	1097	1097	849	766
	中型	公交车	汽油	247867	247867	247867	247867	247270	169027	13735	13735	13735	13735	13735	13584	13432	13432	11004	8577	8577	8577	8577
			柴油	87806	87806	86086	82645	82645	64494	28192	28192	28192	20508	12823	12823	12823	12823	8958	5093	5093	4763	4653
			燃气	71579	71579	67602	59649	59649	57536	53311	53311	53311	42686	32061	32061	22219	22219	22154	22154	22154	22154	22154
		其他	汽油	128578	128578	128578	128578	127981	87658	8207	8207	8207	8207	8207	8062	7916	7916	6865	5814	5814	5814	5814
			柴油	30493	30493	28460	24394	24394	18567	6912	6912	6912	6506	6099	6099	6099	6099	3750	1402	1402	1243	1190
			燃气	34560	34560	32640	28800	28800	27780	25740	25740	25740	20623	15506	15506	10732	10732	9642	9642	9642	9642	9642
	大型	公交车	汽油	577175	577175	577175	577175	576578	389000	15039	15039	15039	15039	15039	14899	14759	14759	11993	9227	9227	9227	9227
			柴油	131708	131708	108010	60614	60614	60614	60614	60614	60614	43515	26416	26416	26416	26416	17675	8934	8934	5723	4653
			燃气	168926	168926	159541	140772	140772	135786	125815	125815	125815	100740	75665	75665	52438	52438	47188	47188	47188	47188	47188
		其他	汽油	1278473	1278473	1278473	1278473	1277876	861028	28525	28525	28525	28525	28525	22266	16008	16008	12817	9626	9626	9626	9626
			柴油	272891	272891	207397	76409	76409	76409	76409	76409	76409	55942	35476	35476	35476	35476	20706	5937	5937	5324	5119
			燃气	266186	266186	251398	221822	221822	213966	198253	198253	198253	158842	119430	119430	82662	82662	74261	74261	74261	74261	74261
载货汽车	微型		汽油	246331	135441	24551	24551	24551	24551	22732	20913	20913	19158	17403	17403	14270	11137	11137	11137	11137	8967	8244
			柴油	59167	55196	51226	51226	51226	51226	46348	41471	41471	31438	21405	21405	21405	21405	14961	8517	8517	5232	4137
			燃气	172920	90703	8487	8487	8487	8487	7874	7262	7262	5599	3937	3937	3160	2382	2382	2382	2382	1544	1264
	轻型		汽油	130862	80694	30526	30526	30526	30526	26418	22311	22311	19983	17655	17655	15231	12807	12807	12807	12807	10514	9749
			柴油	55542	53384	51226	51226	51226	51226	46348	41471	41471	31438	21405	21405	21405	21405	16004	10603	10603	7317	6222
			燃气	92199	55093	17987	17987	17987	17987	13227	8467	8467	6532	4596	4596	3617	2637	2637	2637	2637	1870	1615
	中型		汽油	291059	291059	291059	291059	290462	197812	13707	13707	13707	13707	13707	13567	13427	13427	10992	8558	8558	8558	8558
			柴油	67666	67666	63155	54133	54133	41201	15338	15338	15338	14441	13544	13544	13544	13544	9816	6088	6088	3622	2800
			燃气	76691	76691	72431	63910	63910	61646	57118	57118	57118	45776	34434	34434	46602	46602	22687	22687	22687	22687	22687
	重型		汽油	831629	831629	831629	831629	831032	560268	19936	19936	19936	19936	19936	15826	11715	11715	9639	7563	7563	7563	7563
			柴油	219607	219607	166901	61490	61490	61490	61490	61490	61490	45020	28549	28549	28549	28549	17778	7006	7006	5201	4599
			燃气	214211	214211	202311	178511	178511	172188	159544	159544	159544	127827	96110	96110	97546	97546	66717	66717	66717	66717	66717
低速汽车	三轮汽车			25300	25300	25300	25300	25300	25300	25300	25300	25300	16721	16721	16721	16721	16721	16721	16721	16721	16721	16721
	低速货车			33990	33990	33990	33990	33990	33990	33990	33990	33990	22464	22464	22464	22464	22464	22464	22464	22464	22464	22464
摩托车	普通摩托车			15768	15768	15768	15768	11768	7767	4158	4158	4158	4158	4158	3103	2048	2048	2048	2048	2048	2048	2048
	轻便摩托车			50993	50993	50993	50993	50993	10199	10199	5021	5021	5021	5021	3747	2473	2473	2473	2473	2473	2473	2473

儋州市 NO_x 排放系数

单位：克/（辆·年）

车辆类型		使用性质	燃料种类	1999年年底前	2000年	2001年	2002年	2003年	2004年	2005年	2006年	2007年	2008年	2009年	2010年	2011年	2012年	2013年	2014年	2015年	2016年	2017年
载客汽车	微型	出租车	汽油	266553	176555	86557	86557	86557	86557	62532	38507	38507	27563	16619	16619	14232	11846	11846	11846	11846	8006	6726
			燃气	151554	101534	51514	51514	51514	51514	37732	23950	23950	17553	11156	11156	9353	7550	7550	7550	7550	4849	3949
		其他	汽油	46271	28984	11696	11696	11696	11696	7238	2779	2779	2252	1726	1726	1490	1254	1254	1254	1254	946	843
			燃气	25411	15156	4901	4901	4901	4901	3196	1492	1492	1212	931	931	784	638	638	638	638	504	459
	小型	出租车	汽油	303320	197098	90876	90876	90876	90876	65024	39171	39171	27895	16619	16619	13528	10436	10436	10436	10436	6744	5513
			柴油	316230	261006	205781	205781	205781	205781	184627	163473	163473	129030	94586	94586	94586	94586	78562	62538	62538	51602	47956
			燃气	171909	112908	53906	53906	53906	53906	39112	24318	24318	17737	11156	11156	8963	6770	6770	6770	6770	4151	3278
		其他	汽油	43116	27494	11872	11872	11872	11872	7744	3617	3617	2463	1309	1309	1243	1177	1177	1177	1177	885	788
			柴油	41493	33864	26236	26236	26236	26236	24161	22086	22086	17325	12564	12564	12564	12564	10847	9130	9130	8210	7903
			燃气	23665	15111	6557	6557	6557	6557	4256	1956	1956	1328	700	700	648	595	595	595	595	470	429
	中型	公交车	汽油	320903	320903	320903	320903	320903	219230	15885	15885	15885	15885	15885	14246	12607	12607	9518	6428	6428	6428	6428
			柴油	360310	360310	359464	357772	357772	343554	315117	315117	315117	262477	209837	209837	209837	209837	171242	132647	132647	111055	103858
			燃气	382568	382568	378014	368905	368905	357462	334576	334576	334576	278458	222340	222340	140605	140605	110121	110121	110121	110121	110121
		其他	汽油	196742	196742	196742	196742	196742	133457	6886	6886	6886	6886	6886	6886	6886	6886	5165	3444	3444	3444	3444
			柴油	168969	168969	161916	147809	147809	146559	144059	144059	144059	122691	101323	101323	101323	101323	89966	78608	78608	67092	63254
			燃气	190802	190802	180202	159001	159001	157503	154506	154506	154506	131551	108596	108596	84591	84591	67949	67949	67949	67949	67949
	大型	公交车	汽油	1143216	1143216	1143216	1143216	1143216	786097	71859	71859	71859	71859	71859	71796	71733	71733	53800	35867	35867	35867	35867
			柴油	511027	511027	494514	461488	461488	448375	422150	422150	422150	414542	406935	406935	406935	406935	392261	377587	377587	340376	327973
			燃气	1027467	1027467	970386	856223	856223	792686	665611	665611	665611	570306	475000	475000	442225	442225	383293	383293	383293	383293	383293
		其他	汽油	2728648	2728648	2728648	2728648	2728648	1876270	171515	171515	171515	171515	171515	165083	158651	158651	119116	79580	79580	79580	79580
			柴油	1223751	1223751	1192262	1129283	1129283	1102954	1050297	1050297	1050297	1013318	976340	976340	976340	976340	929481	882622	882622	781111	747274
			燃气	2277880	2277880	2151331	1898233	1898233	1757372	1475650	1475650	1475650	1264843	1054036	1054036	950920	950920	806771	806771	806771	806771	806771
载货汽车	微型		汽油	227543	135216	42889	42889	42889	42889	29392	15896	15896	12950	10004	10004	8704	7403	7403	7403	7403	5492	4855
			柴油	166808	137980	109151	109151	109151	109151	98198	87245	87245	73910	60576	60576	60576	60576	44244	27913	27913	23741	22350
			燃气	124962	71467	17972	17972	17972	17972	13253	8534	8534	6965	5396	5396	4581	3766	3766	3766	3766	2924	2643
	轻型		汽油	166763	107404	48045	48045	48045	48045	32674	17302	17302	14551	11800	11800	9698	7596	7596	7596	7596	5735	5115
			柴油	167381	138266	109151	109151	109151	109151	98198	87245	87245	73910	60576	60576	60576	60576	48139	35702	35702	32900	31966
			燃气	91531	59033	26536	26536	26536	26536	17946	9357	9357	7833	6310	6310	5075	3840	3840	3840	3840	3049	2785
	中型		汽油	206352	206352	206352	206352	206352	140878	9931	9931	9931	9931	9931	9931	9931	9931	7451	4971	4971	4971	4971
			柴油	386565	386565	347107	268192	268192	255021	228680	228680	228680	228416	228152	228152	228152	228152	200174	172197	172197	148278	140305
			燃气	436514	436514	387176	288499	288499	274087	245264	245264	245264	244896	244529	244529	185303	185303	150719	150719	150719	150719	150719
	重型		汽油	1732521	1732521	1732521	1732521	1732521	1191314	108901	108901	108901	108901	108901	104818	100734	100734	75631	50528	50528	50528	50528
			柴油	951829	951829	919340	854362	854362	822761	759560	759560	759560	729102	698643	698643	698643	698643	612570	526496	526496	346137	286017
			燃气	1771727	1771727	1659855	1436113	1436113	1313132	1067169	1067169	1067169	910705	754240	754240	567237	567237	308789	308789	308789	308789	308789
低速汽车	三轮汽车			65550	65550	65550	65550	65550	65550	65550	65550	65550	53279	53279	53279	53279	53279	53279	53279	53279	53279	53279
	低速货车			88065	88065	88065	88065	88065	88065	88065	88065	88065	71579	71579	71579	71579	71579	71579	71579	71579	71579	71579
摩托车	普通摩托车			1177	1177	1177	1177	1138	1098	1020	1020	1020	1020	1020	906	792	792	792	792	792	792	792
	轻便摩托车			785	785	785	785	785	392	392	392	392	392	392	348	305	305	305	305	305	305	305

儋州市 PM 排放系数

单位：克/（辆·年）

车辆类型		使用性质	燃料种类	1999 年年底前	2000 年	2001 年	2002 年	2003 年	2004 年	2005 年	2006 年	2007 年	2008 年	2009 年	2010 年	2011 年	2012 年	2013 年	2014 年	2015 年	2016 年	2017 年
载客汽车	微型	出租车	汽油	—	—	—	—	—	—	—	—	—	—	—	—	—	—	—	—	—	—	—
			燃气	—	—	—	—	—	—	—	—	—	—	—	—	—	—	—	—	—	—	—
		其他	汽油	—	—	—	—	—	—	—	—	—	—	—	—	—	—	—	—	—	—	—
			燃气	—	—	—	—	—	—	—	—	—	—	—	—	—	—	—	—	—	—	—
	小型	出租车	汽油	—	—	—	—	—	—	—	—	—	—	—	—	—	—	—	—	—	—	—
			柴油	40272	36900	33527	33527	33527	33527	22864	12202	12202	7971	3740	3740	3740	3740	3476	3212	3212	2656	2471
			燃气	—	—	—	—	—	—	—	—	—	—	—	—	—	—	—	—	—	—	—
		其他	汽油	—	—	—	—	—	—	—	—	—	—	—	—	—	—	—	—	—	—	—
			柴油	5101	4828	4554	4554	4554	4554	3273	1992	1992	1464	937	937	937	937	779	621	621	621	621
			燃气	—	—	—	—	—	—	—	—	—	—	—	—	—	—	—	—	—	—	—
	中型	公交车	汽油	—	—	—	—	—	—	—	—	—	—	—	—	—	—	—	—	—	—	—
			柴油	30592	30592	28032	22913	22913	17978	8108	8108	8108	6872	5637	5637	5637	5637	3504	1372	1372	1080	983
			燃气	—	—	—	—	—	—	—	—	—	—	—	—	—	—	—	—	—	—	—
		其他	汽油	—	—	—	—	—	—	—	—	—	—	—	—	—	—	—	—	—	—	—
			柴油	15274	15274	12888	8116	8116	6262	2553	2553	2553	2434	2316	2316	2316	2316	1366	415	415	399	394
			燃气	—	—	—	—	—	—	—	—	—	—	—	—	—	—	—	—	—	—	—
	大型	公交车	汽油	—	—	—	—	—	—	—	—	—	—	—	—	—	—	—	—	—	—	—
			柴油	94865	94865	93934	92071	92071	71272	29674	29674	29674	19994	10315	10315	10315	10315	6116	1916	1916	1845	1821
			燃气	—	—	—	—	—	—	—	—	—	—	—	—	—	—	—	—	—	—	—
		其他	汽油	—	—	—	—	—	—	—	—	—	—	—	—	—	—	—	—	—	—	—
			柴油	142314	142314	133412	115607	115607	85425	25061	25061	25061	17182	9303	9303	9303	9303	5868	2433	2433	2343	2313
			燃气	—	—	—	—	—	—	—	—	—	—	—	—	—	—	—	—	—	—	—
载货汽车	微型		汽油	—	—	—	—	—	—	—	—	—	—	—	—	—	—	—	—	—	—	—
			柴油	15796	15470	15143	15143	15143	15143	12376	9610	9610	7132	4655	4655	4655	4655	2930	1206	1206	1201	1199
			燃气	—	—	—	—	—	—	—	—	—	—	—	—	—	—	—	—	—	—	—
	轻型		汽油	—	—	—	—	—	—	—	—	—	—	—	—	—	—	—	—	—	—	—
			柴油	16428	15786	15143	15143	15143	15143	12376	9610	9610	7132	4655	4655	4655	4655	3510	2365	2365	1953	1816
			燃气	—	—	—	—	—	—	—	—	—	—	—	—	—	—	—	—	—	—	—
	中型		汽油	—	—	—	—	—	—	—	—	—	—	—	—	—	—	—	—	—	—	—
			柴油	32999	32999	27770	17312	17312	13354	5438	5438	5438	5152	4865	4865	4865	4865	3120	1374	1374	1258	1219
			燃气	—	—	—	—	—	—	—	—	—	—	—	—	—	—	—	—	—	—	—
	重型		汽油	—	—	—	—	—	—	—	—	—	—	—	—	—	—	—	—	—	—	—
			柴油	124316	124316	102179	57904	57904	45976	22119	22119	22119	15157	8195	8195	8195	8195	5485	2775	2775	2345	2202
			燃气	—	—	—	—	—	—	—	—	—	—	—	—	—	—	—	—	—	—	—
低速汽车	三轮汽车			4092	4092	4092	4092	4092	4092	4092	4092	4092	3220	3220	3220	3220	3220	3220	3220	3220	3220	3220
	低速货车			5581	5581	5581	5581	5581	5581	5581	5581	5581	4392	4392	4392	4392	4392	4392	4392	4392	4392	4392
摩托车	普通摩托车			—	—	—	—	—	—	—	—	—	—	—	—	—	—	—	—	—	—	—
	轻便摩托车			—	—	—	—	—	—	—	—	—	—	—	—	—	—	—	—	—	—	—

儋州市 VOCs 排放系数

单位：克/（辆·年）

车辆类型		使用性质	燃料种类	1999 年年底前	2000 年	2001 年	2002 年	2003 年	2004 年	2005 年	2006 年	2007 年	2008 年	2009 年	2010 年	2011 年	2012 年	2013 年	2014 年	2015 年	2016 年	2017 年
载客汽车	微型	出租车	汽油	339361	204782	70204	70204	70204	70204	53658	37113	37113	31060	25006	25006	21033	17060	17060	17060	17060	12396	10842
			燃气	296482	176555	56628	56628	56628	56628	42219	27810	27810	22763	17716	17716	14408	11101	11101	11101	11101	7453	6237
		其他	汽油	33008	20678	8349	8349	8349	8349	7950	7551	7551	6700	5848	5848	5619	5390	5390	5390	5390	4757	4546
			燃气	23171	13028	2886	2886	2886	2886	2754	2622	2622	1972	1323	1323	1238	1153	1153	1153	1153	811	697
	小型	出租车	汽油	339361	201536	63712	63712	63712	63712	58889	54066	54066	39536	25006	25006	21033	17060	17060	17060	17060	11786	10028
			柴油	112486	105848	99209	99209	99209	99209	90248	81288	81288	59622	37957	37957	37957	37957	28138	18318	18318	10227	7530
			燃气	296482	173636	50790	50790	50790	50790	46923	43056	43056	30386	17716	17716	14408	11101	11101	11101	11101	6904	5505
		其他	汽油	33444	20842	8241	8241	8241	8241	8131	8021	8021	6936	5850	5850	5589	5328	5328	5328	5328	4800	4624
			柴油	9418	8605	7792	7792	7792	7792	6654	5516	5516	3806	2097	2097	2097	2097	1729	1361	1361	947	809
			燃气	23563	14210	4856	4856	4856	4856	3950	3044	3044	2284	1523	1523	1310	1097	1097	1097	1097	849	766
	中型	公交车	汽油	247867	247867	247867	247867	247270	169027	13735	13735	13735	13735	13735	13584	13432	13432	11004	8577	8577	8577	8577
			柴油	87806	87806	86086	82645	82645	64494	28192	28192	28192	20508	12823	12823	12823	12823	8958	5093	5093	4763	4653
			燃气	71579	71579	67602	59649	59649	57536	53311	53311	53311	42686	32061	32061	22219	22219	22154	22154	22154	22154	22154
		其他	汽油	128578	128578	128578	128578	127981	87658	8207	8207	8207	8207	8207	8062	7916	7916	6865	5814	5814	5814	5814
			柴油	30493	30493	28460	24394	24394	18567	6912	6912	6912	6506	6099	6099	6099	6099	3750	1402	1402	1243	1190
			燃气	34560	34560	32640	28800	28800	27780	25740	25740	25740	20623	15506	15506	10732	10732	9642	9642	9642	9642	9642
	大型	公交车	汽油	577175	577175	577175	577175	576578	389000	15039	15039	15039	15039	15039	14899	14759	14759	11993	9227	9227	9227	9227
			柴油	131708	131708	108010	60614	60614	60614	60614	60614	60614	43515	26416	26416	26416	26416	17675	8934	8934	5723	4653
			燃气	168926	168926	159541	140772	140772	135786	125815	125815	125815	100740	75665	75665	52438	52438	47188	47188	47188	47188	47188
		其他	汽油	1278473	1278473	1278473	1278473	1277876	861028	28525	28525	28525	28525	28525	22266	16008	16008	12817	9626	9626	9626	9626
			柴油	272891	272891	207397	76409	76409	76409	76409	76409	76409	55942	35476	35476	35476	35476	20706	5937	5937	5324	5119
			燃气	266186	266186	251398	221822	221822	213966	198253	198253	198253	158842	119430	119430	82662	82662	74261	74261	74261	74261	74261
载货汽车	微型		汽油	246331	135441	24551	24551	24551	24551	22732	20913	20913	19158	17403	17403	14270	11137	11137	11137	11137	8967	8244
			柴油	59167	55196	51226	51226	51226	51226	46348	41471	41471	31438	21405	21405	21405	21405	14961	8517	8517	5232	4137
			燃气	172920	90703	8487	8487	8487	8487	7874	7262	7262	5599	3937	3937	3160	2382	2382	2382	2382	1544	1264
	轻型		汽油	130862	80694	30526	30526	30526	30526	26418	22311	22311	19983	17655	17655	15231	12807	12807	12807	12807	10514	9749
			柴油	55542	53384	51226	51226	51226	51226	46348	41471	41471	31438	21405	21405	21405	21405	16004	10603	10603	7317	6222
			燃气	92199	55093	17987	17987	17987	17987	13227	8467	8467	6532	4596	4596	3617	2637	2637	2637	2637	1870	1615
	中型		汽油	291059	291059	291059	291059	290462	197812	13707	13707	13707	13707	13707	13567	13427	13427	10992	8558	8558	8558	8558
			柴油	67666	67666	63155	54133	54133	41201	15338	15338	15338	14441	13544	13544	13544	13544	9816	6088	6088	3622	2800
			燃气	76691	76691	72431	63910	63910	61646	57118	57118	57118	45776	34434	34434	46602	46602	22687	22687	22687	22687	22687
	重型		汽油	831629	831629	831629	831629	831032	560268	19936	19936	19936	19936	19936	15826	11715	11715	9639	7563	7563	7563	7563
			柴油	219607	219607	166901	61490	61490	61490	61490	61490	61490	45020	28549	28549	28549	28549	17778	7006	7006	5201	4599
			燃气	214211	214211	202311	178511	178511	172188	159544	159544	159544	127827	96110	96110	97546	97546	66717	66717	66717	66717	66717
低速汽车	三轮汽车			25300	25300	25300	25300	25300	25300	25300	25300	25300	16721	16721	16721	16721	16721	16721	16721	16721	16721	16721
	低速货车			33990	33990	33990	33990	33990	33990	33990	33990	33990	22464	22464	22464	22464	22464	22464	22464	22464	22464	22464
摩托车	普通摩托车			15768	15768	15768	15768	11768	7767	4158	4158	4158	4158	4158	3103	2048	2048	2048	2048	2048	2048	2048
	轻便摩托车			50993	50993	50993	50993	50993	10199	10199	5021	5021	5021	5021	3747	2473	2473	2473	2473	2473	2473	2473

琼中黎族苗族自治县 NO_x 排放系数

单位：克/（辆·年）

车辆类型		使用性质	燃料种类	1999 年年底前	2000 年	2001 年	2002 年	2003 年	2004 年	2005 年	2006 年	2007 年	2008 年	2009 年	2010 年	2011 年	2012 年	2013 年	2014 年	2015 年	2016 年	2017 年
载客汽车	微型	出租车	汽油	266553	176555	86557	86557	86557	86557	62532	38507	38507	27563	16619	16619	14232	11846	11846	11846	11846	8006	6726
			燃气	151554	101534	51514	51514	51514	51514	37732	23950	23950	17553	11156	11156	9353	7550	7550	7550	7550	4849	3949
		其他	汽油	46271	28984	11696	11696	11696	11696	7238	2779	2779	2252	1726	1726	1490	1254	1254	1254	1254	946	843
			燃气	25411	15156	4901	4901	4901	4901	3196	1492	1492	1212	931	931	784	638	638	638	638	504	459
	小型	出租车	汽油	303320	197098	90876	90876	90876	90876	65024	39171	39171	27895	16619	16619	13528	10436	10436	10436	10436	6744	5513
			柴油	316230	261006	205781	205781	205781	205781	184627	163473	163473	129030	94586	94586	94586	94586	78562	62538	62538	51602	47956
			燃气	171909	112908	53906	53906	53906	53906	39112	24318	24318	17737	11156	11156	8963	6770	6770	6770	6770	4151	3278
		其他	汽油	43116	27494	11872	11872	11872	11872	7744	3617	3617	2463	1309	1309	1243	1177	1177	1177	1177	885	788
			柴油	41493	33864	26236	26236	26236	26236	24161	22086	22086	17325	12564	12564	12564	12564	10847	9130	9130	8210	7903
			燃气	23665	15111	6557	6557	6557	6557	4256	1956	1956	1328	700	700	648	595	595	595	595	470	429
	中型	公交车	汽油	320903	320903	320903	320903	320903	219230	15885	15885	15885	15885	15885	14246	12607	12607	9518	6428	6428	6428	6428
			柴油	360310	360310	359464	357772	357772	343554	315117	315117	315117	262477	209837	209837	209837	209837	171242	132647	132647	111055	103858
			燃气	382568	382568	378014	368905	368905	357462	334576	334576	334576	278458	222340	222340	140605	140605	110121	110121	110121	110121	110121
		其他	汽油	196742	196742	196742	196742	196742	133457	6886	6886	6886	6886	6886	6886	6886	6886	5165	3444	3444	3444	3444
			柴油	168969	168969	161916	147809	147809	146559	144059	144059	144059	122691	101323	101323	101323	101323	89966	78608	78608	67092	63254
			燃气	190802	190802	180202	159001	159001	157503	154506	154506	154506	131551	108596	108596	84591	84591	67949	67949	67949	67949	67949
	大型	公交车	汽油	1143216	1143216	1143216	1143216	1143216	786097	71859	71859	71859	71859	71859	71796	71733	71733	53800	35867	35867	35867	35867
			柴油	511027	511027	494514	461488	461488	448375	422150	422150	422150	414542	406935	406935	406935	406935	392261	377587	377587	340376	327973
			燃气	1027467	1027467	970386	856223	856223	792686	665611	665611	665611	570306	475000	475000	442225	442225	383293	383293	383293	383293	383293
		其他	汽油	2728648	2728648	2728648	2728648	2728648	1876270	171515	171515	171515	171515	171515	165083	158651	158651	119116	79580	79580	79580	79580
			柴油	1223751	1223751	1192262	1129283	1129283	1102954	1050297	1050297	1050297	1013318	976340	976340	976340	976340	929481	882622	882622	781111	747274
			燃气	2277880	2277880	2151331	1898233	1898233	1757372	1475650	1475650	1475650	1264843	1054036	1054036	950920	950920	806771	806771	806771	806771	806771
载货汽车	微型		汽油	227543	135216	42889	42889	42889	42889	29392	15896	15896	12950	10004	10004	8704	7403	7403	7403	7403	5492	4855
			柴油	166808	137980	109151	109151	109151	109151	98198	87245	87245	73910	60576	60576	60576	60576	44244	27913	27913	23741	22350
			燃气	124962	71467	17972	17972	17972	17972	13253	8534	8534	6965	5396	5396	4581	3766	3766	3766	3766	2924	2643
	轻型		汽油	166763	107404	48045	48045	48045	48045	32674	17302	17302	14551	11800	11800	9698	7596	7596	7596	7596	5735	5115
			柴油	167381	138266	109151	109151	109151	109151	98198	87245	87245	73910	60576	60576	60576	60576	48139	35702	35702	32900	31966
			燃气	91531	59033	26536	26536	26536	26536	17946	9357	9357	7833	6310	6310	5075	3840	3840	3840	3840	3049	2785
	中型		汽油	206352	206352	206352	206352	206352	140878	9931	9931	9931	9931	9931	9931	9931	9931	7451	4971	4971	4971	4971
			柴油	386565	386565	347107	268192	268192	255021	228680	228680	228680	228416	228152	228152	228152	228152	200174	172197	172197	148278	140305
			燃气	436514	436514	387176	288499	288499	274087	245264	245264	245264	244896	244529	244529	185303	185303	150719	150719	150719	150719	150719
	重型		汽油	1732521	1732521	1732521	1732521	1732521	1191314	108901	108901	108901	108901	108901	104818	100734	100734	75631	50528	50528	50528	50528
			柴油	951829	951829	919340	854362	854362	822761	759560	759560	759560	729102	698643	698643	698643	698643	612570	526496	526496	346137	286017
			燃气	1771727	1771727	1659855	1436113	1436113	1313132	1067169	1067169	1067169	910705	754240	754240	567237	567237	308789	308789	308789	308789	308789
低速汽车	三轮汽车			65550	65550	65550	65550	65550	65550	65550	65550	65550	53279	53279	53279	53279	53279	53279	53279	53279	53279	53279
	低速货车			88065	88065	88065	88065	88065	88065	88065	88065	88065	71579	71579	71579	71579	71579	71579	71579	71579	71579	71579
摩托车	普通摩托车			1177	1177	1177	1177	1138	1098	1020	1020	1020	1020	1020	906	792	792	792	792	792	792	792
	轻便摩托车			785	785	785	785	785	392	392	392	392	392	392	348	305	305	305	305	305	305	305

琼中黎族苗族自治县 PM 排放系数

单位：克/（辆·年）

车辆类型		使用性质	燃料种类	1999 年年底前	2000 年	2001 年	2002 年	2003 年	2004 年	2005 年	2006 年	2007 年	2008 年	2009 年	2010 年	2011 年	2012 年	2013 年	2014 年	2015 年	2016 年	2017 年
载客汽车	微型	出租车	汽油	—	—	—	—	—	—	—	—	—	—	—	—	—	—	—	—	—	—	—
			燃气	—	—	—	—	—	—	—	—	—	—	—	—	—	—	—	—	—	—	—
		其他	汽油	—	—	—	—	—	—	—	—	—	—	—	—	—	—	—	—	—	—	—
			燃气	—	—	—	—	—	—	—	—	—	—	—	—	—	—	—	—	—	—	—
	小型	出租车	汽油	—	—	—	—	—	—	—	—	—	—	—	—	—	—	—	—	—	—	—
			柴油	40272	36900	33527	33527	33527	33527	22864	12202	12202	7971	3740	3740	3740	3740	3476	3212	3212	2656	2471
			燃气	—	—	—	—	—	—	—	—	—	—	—	—	—	—	—	—	—	—	—
		其他	汽油	—	—	—	—	—	—	—	—	—	—	—	—	—	—	—	—	—	—	—
			柴油	5101	4828	4554	4554	4554	4554	3273	1992	1992	1464	937	937	937	937	779	621	621	621	621
			燃气	—	—	—	—	—	—	—	—	—	—	—	—	—	—	—	—	—	—	—
	中型	公交车	汽油	—	—	—	—	—	—	—	—	—	—	—	—	—	—	—	—	—	—	—
			柴油	30592	30592	28032	22913	22913	17978	8108	8108	8108	6872	5637	5637	5637	5637	3504	1372	1372	1080	983
			燃气	—	—	—	—	—	—	—	—	—	—	—	—	—	—	—	—	—	—	—
		其他	汽油	—	—	—	—	—	—	—	—	—	—	—	—	—	—	—	—	—	—	—
			柴油	15274	15274	12888	8116	8116	6262	2553	2553	2553	2434	2316	2316	2316	2316	1366	415	415	399	394
			燃气	—	—	—	—	—	—	—	—	—	—	—	—	—	—	—	—	—	—	—
	大型	公交车	汽油	—	—	—	—	—	—	—	—	—	—	—	—	—	—	—	—	—	—	—
			柴油	94865	94865	93934	92071	92071	71272	29674	29674	29674	19994	10315	10315	10315	10315	6116	1916	1916	1845	1821
			燃气	—	—	—	—	—	—	—	—	—	—	—	—	—	—	—	—	—	—	—
		其他	汽油	—	—	—	—	—	—	—	—	—	—	—	—	—	—	—	—	—	—	—
			柴油	142314	142314	133412	115607	115607	85425	25061	25061	25061	17182	9303	9303	9303	9303	5868	2433	2433	2343	2313
			燃气	—	—	—	—	—	—	—	—	—	—	—	—	—	—	—	—	—	—	—
载货汽车	微型		汽油	—	—	—	—	—	—	—	—	—	—	—	—	—	—	—	—	—	—	—
			柴油	15796	15470	15143	15143	15143	15143	12376	9610	9610	7132	4655	4655	4655	4655	2930	1206	1206	1201	1199
			燃气	—	—	—	—	—	—	—	—	—	—	—	—	—	—	—	—	—	—	—
	轻型		汽油	—	—	—	—	—	—	—	—	—	—	—	—	—	—	—	—	—	—	—
			柴油	16428	15786	15143	15143	15143	15143	12376	9610	9610	7132	4655	4655	4655	4655	3510	2365	2365	1953	1816
			燃气	—	—	—	—	—	—	—	—	—	—	—	—	—	—	—	—	—	—	—
	中型		汽油	—	—	—	—	—	—	—	—	—	—	—	—	—	—	—	—	—	—	—
			柴油	32999	32999	27770	17312	17312	13354	5438	5438	5438	5152	4865	4865	4865	4865	3120	1374	1374	1258	1219
			燃气	—	—	—	—	—	—	—	—	—	—	—	—	—	—	—	—	—	—	—
	重型		汽油	—	—	—	—	—	—	—	—	—	—	—	—	—	—	—	—	—	—	—
			柴油	124316	124316	102179	57904	57904	45976	22119	22119	22119	15157	8195	8195	8195	8195	5485	2775	2775	2345	2202
			燃气	—	—	—	—	—	—	—	—	—	—	—	—	—	—	—	—	—	—	—
低速汽车	三轮汽车			4092	4092	4092	4092	4092	4092	4092	4092	4092	3220	3220	3220	3220	3220	3220	3220	3220	3220	3220
	低速货车			5581	5581	5581	5581	5581	5581	5581	5581	5581	4392	4392	4392	4392	4392	4392	4392	4392	4392	4392
摩托车	普通摩托车			—	—	—	—	—	—	—	—	—	—	—	—	—	—	—	—	—	—	—
	轻便摩托车			—	—	—	—	—	—	—	—	—	—	—	—	—	—	—	—	—	—	—

琼中黎族苗族自治县 VOCs 排放系数

单位：克/（辆·年）

车辆类型		使用性质	燃料种类	1999年年底前	2000年	2001年	2002年	2003年	2004年	2005年	2006年	2007年	2008年	2009年	2010年	2011年	2012年	2013年	2014年	2015年	2016年	2017年
载客汽车	微型	出租车	汽油	339361	204782	70204	70204	70204	70204	53658	37113	37113	31060	25006	25006	21033	17060	17060	17060	17060	12396	10842
			燃气	296482	176555	56628	56628	56628	56628	42219	27810	27810	22763	17716	17716	14408	11101	11101	11101	11101	7453	6237
		其他	汽油	33008	20678	8349	8349	8349	8349	7950	7551	7551	6700	5848	5848	5619	5390	5390	5390	5390	4757	4546
			燃气	23171	13028	2886	2886	2886	2886	2754	2622	2622	1972	1323	1323	1238	1153	1153	1153	1153	811	697
	小型	出租车	汽油	339361	201536	63712	63712	63712	63712	58889	54066	54066	39536	25006	25006	21033	17060	17060	17060	17060	11786	10028
			柴油	112486	105848	99209	99209	99209	99209	90248	81288	81288	59622	37957	37957	37957	37957	28138	18318	18318	10227	7530
			燃气	296482	173636	50790	50790	50790	50790	46923	43056	43056	30386	17716	17716	14408	11101	11101	11101	11101	6904	5505
		其他	汽油	33444	20842	8241	8241	8241	8241	8131	8021	8021	6936	5850	5850	5589	5328	5328	5328	5328	4800	4624
			柴油	9418	8605	7792	7792	7792	7792	6654	5516	5516	3806	2097	2097	2097	2097	1729	1361	1361	947	809
			燃气	23563	14210	4856	4856	4856	4856	3950	3044	3044	2284	1523	1523	1310	1097	1097	1097	1097	849	766
	中型	公交车	汽油	247867	247867	247867	247867	247270	169027	13735	13735	13735	13735	13735	13584	13432	13432	11004	8577	8577	8577	8577
			柴油	87806	87806	86086	82645	82645	64494	28192	28192	28192	20508	12823	12823	12823	12823	8958	5093	5093	4763	4653
			燃气	71579	71579	67602	59649	59649	57536	53311	53311	53311	42686	32061	32061	22219	22219	22154	22154	22154	22154	22154
		其他	汽油	128578	128578	128578	128578	127981	87658	8207	8207	8207	8207	8207	8062	7916	7916	6865	5814	5814	5814	5814
			柴油	30493	30493	28460	24394	24394	18567	6912	6912	6912	6506	6099	6099	6099	6099	3750	1402	1402	1243	1190
			燃气	34560	34560	32640	28800	28800	27780	25740	25740	25740	20623	15506	15506	10732	10732	9642	9642	9642	9642	9642
	大型	公交车	汽油	577175	577175	577175	577175	576578	389000	15039	15039	15039	15039	15039	14899	14759	14759	11993	9227	9227	9227	9227
			柴油	131708	131708	108010	60614	60614	60614	60614	60614	60614	43515	26416	26416	26416	26416	17675	8934	8934	5723	4653
			燃气	168926	168926	159541	140772	140772	135786	125815	125815	125815	100740	75665	75665	52438	52438	47188	47188	47188	47188	47188
		其他	汽油	1278473	1278473	1278473	1278473	1277876	861028	28525	28525	28525	28525	28525	22266	16008	16008	12817	9626	9626	9626	9626
			柴油	272891	272891	207397	76409	76409	76409	76409	76409	76409	55942	35476	35476	35476	35476	20706	5937	5937	5324	5119
			燃气	266186	266186	251398	221822	221822	213966	198253	198253	198253	158842	119430	119430	82662	82662	74261	74261	74261	74261	74261
载货汽车	微型		汽油	246331	135441	24551	24551	24551	24551	22732	20913	20913	19158	17403	17403	14270	11137	11137	11137	11137	8967	8244
			柴油	59167	55196	51226	51226	51226	51226	46348	41471	41471	31438	21405	21405	21405	21405	14961	8517	8517	5232	4137
			燃气	172920	90703	8487	8487	8487	8487	7874	7262	7262	5599	3937	3937	3160	2382	2382	2382	2382	1544	1264
	轻型		汽油	130862	80694	30526	30526	30526	30526	26418	22311	22311	19983	17655	17655	15231	12807	12807	12807	12807	10514	9749
			柴油	55542	53384	51226	51226	51226	51226	46348	41471	41471	31438	21405	21405	21405	21405	16004	10603	10603	7317	6222
			燃气	92199	55093	17987	17987	17987	17987	13227	8467	8467	6532	4596	4596	3617	2637	2637	2637	2637	1870	1615
	中型		汽油	291059	291059	291059	291059	290462	197812	13707	13707	13707	13707	13707	13567	13427	13427	10992	8558	8558	8558	8558
			柴油	67666	67666	63155	54133	54133	41201	15338	15338	15338	14441	13544	13544	13544	13544	9816	6088	6088	3622	2800
			燃气	76691	76691	72431	63910	63910	61646	57118	57118	57118	45776	34434	34434	46602	46602	22687	22687	22687	22687	22687
	重型		汽油	831629	831629	831629	831629	831032	560268	19936	19936	19936	19936	19936	15826	11715	11715	9639	7563	7563	7563	7563
			柴油	219607	219607	166901	61490	61490	61490	61490	61490	61490	45020	28549	28549	28549	28549	17778	7006	7006	5201	4599
			燃气	214211	214211	202311	178511	178511	172188	159544	159544	159544	127827	96110	96110	97546	97546	66717	66717	66717	66717	66717
低速汽车	三轮汽车			25300	25300	25300	25300	25300	25300	25300	25300	25300	16721	16721	16721	16721	16721	16721	16721	16721	16721	16721
	低速货车			33990	33990	33990	33990	33990	33990	33990	33990	33990	22464	22464	22464	22464	22464	22464	22464	22464	22464	22464
摩托车	普通摩托车			15768	15768	15768	15768	11768	7767	4158	4158	4158	4158	4158	3103	2048	2048	2048	2048	2048	2048	2048
	轻便摩托车			50993	50993	50993	50993	50993	10199	10199	5021	5021	5021	5021	3747	2473	2473	2473	2473	2473	2473	2473

白沙黎族自治县 NO_x 排放系数

单位：克/（辆·年）

车辆类型		使用性质	燃料种类	1999 年年底前	2000 年	2001 年	2002 年	2003 年	2004 年	2005 年	2006 年	2007 年	2008 年	2009 年	2010 年	2011 年	2012 年	2013 年	2014 年	2015 年	2016 年	2017 年
载客汽车	微型	出租车	汽油	266553	176555	86557	86557	86557	86557	62532	38507	38507	27563	16619	16619	14232	11846	11846	11846	11846	8006	6726
			燃气	151554	101534	51514	51514	51514	51514	37732	23950	23950	17553	11156	11156	9353	7550	7550	7550	7550	4849	3949
		其他	汽油	46271	28984	11696	11696	11696	11696	7238	2779	2779	2252	1726	1726	1490	1254	1254	1254	1254	946	843
			燃气	25411	15156	4901	4901	4901	4901	3196	1492	1492	1212	931	931	784	638	638	638	638	504	459
	小型	出租车	汽油	303320	197098	90876	90876	90876	90876	65024	39171	39171	27895	16619	16619	13528	10436	10436	10436	10436	6744	5513
			柴油	316230	261006	205781	205781	205781	205781	184627	163473	163473	129030	94586	94586	94586	94586	78562	62538	62538	51602	47956
			燃气	171909	112908	53906	53906	53906	53906	39112	24318	24318	17737	11156	11156	8963	6770	6770	6770	6770	4151	3278
		其他	汽油	43116	27494	11872	11872	11872	11872	7744	3617	3617	2463	1309	1309	1243	1177	1177	1177	1177	885	788
			柴油	41493	33864	26236	26236	26236	26236	24161	22086	22086	17325	12564	12564	12564	12564	10847	9130	9130	8210	7903
			燃气	23665	15111	6557	6557	6557	6557	4256	1956	1956	1328	700	700	648	595	595	595	595	470	429
	中型	公交车	汽油	320903	320903	320903	320903	320903	219230	15885	15885	15885	15885	15885	14246	12607	12607	9518	6428	6428	6428	6428
			柴油	360310	360310	359464	357772	357772	343554	315117	315117	315117	262477	209837	209837	209837	209837	171242	132647	132647	111055	103858
			燃气	382568	382568	378014	368905	368905	357462	334576	334576	334576	278458	222340	222340	140605	140605	110121	110121	110121	110121	110121
		其他	汽油	196742	196742	196742	196742	196742	133457	6886	6886	6886	6886	6886	6886	6886	6886	5165	3444	3444	3444	3444
			柴油	168969	168969	161916	147809	147809	146559	144059	144059	144059	122691	101323	101323	101323	101323	89966	78608	78608	67092	63254
			燃气	190802	190802	180202	159001	159001	157503	154506	154506	154506	131551	108596	108596	84591	84591	67949	67949	67949	67949	67949
	大型	公交车	汽油	1143216	1143216	1143216	1143216	1143216	786097	71859	71859	71859	71859	71859	71796	71733	71733	53800	35867	35867	35867	35867
			柴油	511027	511027	494514	461488	461488	448375	422150	422150	422150	414542	406935	406935	406935	406935	392261	377587	377587	340376	327973
			燃气	1027467	1027467	970386	856223	856223	792686	665611	665611	665611	570306	475000	475000	442225	442225	383293	383293	383293	383293	383293
		其他	汽油	2728648	2728648	2728648	2728648	2728648	1876270	171515	171515	171515	171515	171515	165083	158651	158651	119116	79580	79580	79580	79580
			柴油	1223751	1223751	1192262	1129283	1129283	1102954	1050297	1050297	1050297	1013318	976340	976340	976340	976340	929481	882622	882622	781111	747274
			燃气	2277880	2277880	2151331	1898233	1898233	1757372	1475650	1475650	1475650	1264843	1054036	1054036	950920	950920	806771	806771	806771	806771	806771
载货汽车	微型		汽油	227543	135216	42889	42889	42889	42889	29392	15896	15896	12950	10004	10004	8704	7403	7403	7403	7403	5492	4855
			柴油	166808	137980	109151	109151	109151	109151	98198	87245	87245	73910	60576	60576	60576	60576	44244	27913	27913	23741	22350
			燃气	124962	71467	17972	17972	17972	17972	13253	8534	8534	6965	5396	5396	4581	3766	3766	3766	3766	2924	2643
	轻型		汽油	166763	107404	48045	48045	48045	48045	32674	17302	17302	14551	11800	11800	9698	7596	7596	7596	7596	5735	5115
			柴油	167381	138266	109151	109151	109151	109151	98198	87245	87245	73910	60576	60576	60576	60576	48139	35702	35702	32900	31966
			燃气	91531	59033	26536	26536	26536	26536	17946	9357	9357	7833	6310	6310	5075	3840	3840	3840	3840	3049	2785
	中型		汽油	206352	206352	206352	206352	206352	140878	9931	9931	9931	9931	9931	9931	9931	9931	7451	4971	4971	4971	4971
			柴油	386565	386565	347107	268192	268192	255021	228680	228680	228680	228416	228152	228152	228152	228152	200174	172197	172197	148278	140305
			燃气	436514	436514	387176	288499	288499	274087	245264	245264	245264	244896	244529	244529	185303	185303	150719	150719	150719	150719	150719
	重型		汽油	1732521	1732521	1732521	1732521	1732521	1191314	108901	108901	108901	108901	108901	104818	100734	100734	75631	50528	50528	50528	50528
			柴油	951829	951829	919340	854362	854362	822761	759560	759560	759560	729102	698643	698643	698643	698643	612570	526496	526496	346137	286017
			燃气	1771727	1771727	1659855	1436113	1436113	1313132	1067169	1067169	1067169	910705	754240	754240	567237	567237	308789	308789	308789	308789	308789
低速汽车	三轮汽车			65550	65550	65550	65550	65550	65550	65550	65550	65550	53279	53279	53279	53279	53279	53279	53279	53279	53279	53279
	低速货车			88065	88065	88065	88065	88065	88065	88065	88065	88065	71579	71579	71579	71579	71579	71579	71579	71579	71579	71579
摩托车	普通摩托车			1177	1177	1177	1177	1138	1098	1020	1020	1020	1020	1020	906	792	792	792	792	792	792	792
	轻便摩托车			785	785	785	785	785	392	392	392	392	392	392	348	305	305	305	305	305	305	305

白沙黎族自治县 PM 排放系数

单位：克/（辆·年）

车辆类型		使用性质	燃料种类	1999 年年底前	2000 年	2001 年	2002 年	2003 年	2004 年	2005 年	2006 年	2007 年	2008 年	2009 年	2010 年	2011 年	2012 年	2013 年	2014 年	2015 年	2016 年	2017 年
载客汽车	微型	出租车	汽油	—	—	—	—	—	—	—	—	—	—	—	—	—	—	—	—	—	—	—
			燃气	—	—	—	—	—	—	—	—	—	—	—	—	—	—	—	—	—	—	—
		其他	汽油	—	—	—	—	—	—	—	—	—	—	—	—	—	—	—	—	—	—	—
			燃气	—	—	—	—	—	—	—	—	—	—	—	—	—	—	—	—	—	—	—
	小型	出租车	汽油	—	—	—	—	—	—	—	—	—	—	—	—	—	—	—	—	—	—	—
			柴油	40272	36900	33527	33527	33527	33527	22864	12202	12202	7971	3740	3740	3740	3740	3476	3212	3212	2656	2471
			燃气	—	—	—	—	—	—	—	—	—	—	—	—	—	—	—	—	—	—	—
		其他	汽油	—	—	—	—	—	—	—	—	—	—	—	—	—	—	—	—	—	—	—
			柴油	5101	4828	4554	4554	4554	4554	3273	1992	1992	1464	937	937	937	937	779	621	621	621	621
			燃气	—	—	—	—	—	—	—	—	—	—	—	—	—	—	—	—	—	—	—
	中型	公交车	汽油	—	—	—	—	—	—	—	—	—	—	—	—	—	—	—	—	—	—	—
			柴油	30592	30592	28032	22913	22913	17978	8108	8108	8108	6872	5637	5637	5637	5637	3504	1372	1372	1080	983
			燃气	—	—	—	—	—	—	—	—	—	—	—	—	—	—	—	—	—	—	—
		其他	汽油	—	—	—	—	—	—	—	—	—	—	—	—	—	—	—	—	—	—	—
			柴油	15274	15274	12888	8116	8116	6262	2553	2553	2553	2434	2316	2316	2316	2316	1366	415	415	399	394
			燃气	—	—	—	—	—	—	—	—	—	—	—	—	—	—	—	—	—	—	—
	大型	公交车	汽油	—	—	—	—	—	—	—	—	—	—	—	—	—	—	—	—	—	—	—
			柴油	94865	94865	93934	92071	92071	71272	29674	29674	29674	19994	10315	10315	10315	10315	6116	1916	1916	1845	1821
			燃气	—	—	—	—	—	—	—	—	—	—	—	—	—	—	—	—	—	—	—
		其他	汽油	—	—	—	—	—	—	—	—	—	—	—	—	—	—	—	—	—	—	—
			柴油	142314	142314	133412	115607	115607	85425	25061	25061	25061	17182	9303	9303	9303	9303	5868	2433	2433	2343	2313
			燃气	—	—	—	—	—	—	—	—	—	—	—	—	—	—	—	—	—	—	—
载货汽车	微型		汽油	—	—	—	—	—	—	—	—	—	—	—	—	—	—	—	—	—	—	—
			柴油	15796	15470	15143	15143	15143	15143	12376	9610	9610	7132	4655	4655	4655	4655	2930	1206	1206	1201	1199
			燃气	—	—	—	—	—	—	—	—	—	—	—	—	—	—	—	—	—	—	—
	轻型		汽油	—	—	—	—	—	—	—	—	—	—	—	—	—	—	—	—	—	—	—
			柴油	16428	15786	15143	15143	15143	15143	12376	9610	9610	7132	4655	4655	4655	4655	3510	2365	2365	1953	1816
			燃气	—	—	—	—	—	—	—	—	—	—	—	—	—	—	—	—	—	—	—
	中型		汽油	—	—	—	—	—	—	—	—	—	—	—	—	—	—	—	—	—	—	—
			柴油	32999	32999	27770	17312	17312	13354	5438	5438	5438	5152	4865	4865	4865	4865	3120	1374	1374	1258	1219
			燃气	—	—	—	—	—	—	—	—	—	—	—	—	—	—	—	—	—	—	—
	重型		汽油	—	—	—	—	—	—	—	—	—	—	—	—	—	—	—	—	—	—	—
			柴油	124316	124316	102179	57904	57904	45976	22119	22119	22119	15157	8195	8195	8195	8195	5485	2775	2775	2345	2202
			燃气	—	—	—	—	—	—	—	—	—	—	—	—	—	—	—	—	—	—	—
低速汽车	三轮汽车			4092	4092	4092	4092	4092	4092	4092	4092	4092	3220	3220	3220	3220	3220	3220	3220	3220	3220	3220
	低速货车			5581	5581	5581	5581	5581	5581	5581	5581	5581	4392	4392	4392	4392	4392	4392	4392	4392	4392	4392
摩托车	普通摩托车			—	—	—	—	—	—	—	—	—	—	—	—	—	—	—	—	—	—	—
	轻便摩托车			—	—	—	—	—	—	—	—	—	—	—	—	—	—	—	—	—	—	—

白沙黎族自治县 VOCs 排放系数

单位：克/（辆·年）

车辆类型		使用性质	燃料种类	1999 年年底前	2000 年	2001 年	2002 年	2003 年	2004 年	2005 年	2006 年	2007 年	2008 年	2009 年	2010 年	2011 年	2012 年	2013 年	2014 年	2015 年	2016 年	2017 年
载客汽车	微型	出租车	汽油	339361	204782	70204	70204	70204	70204	53658	37113	37113	31060	25006	25006	21033	17060	17060	17060	17060	12396	10842
			燃气	296482	176555	56628	56628	56628	56628	42219	27810	27810	22763	17716	17716	14408	11101	11101	11101	11101	7453	6237
		其他	汽油	33008	20678	8349	8349	8349	8349	7950	7551	7551	6700	5848	5848	5619	5390	5390	5390	5390	4757	4546
			燃气	23171	13028	2886	2886	2886	2886	2754	2622	2622	1972	1323	1323	1238	1153	1153	1153	1153	811	697
	小型	出租车	汽油	339361	201536	63712	63712	63712	63712	58889	54066	54066	39536	25006	25006	21033	17060	17060	17060	17060	11786	10028
			柴油	112486	105848	99209	99209	99209	99209	90248	81288	81288	59622	37957	37957	37957	37957	28138	18318	18318	10227	7530
			燃气	296482	173636	50790	50790	50790	50790	46923	43056	43056	30386	17716	17716	14408	11101	11101	11101	11101	6904	5505
		其他	汽油	33444	20842	8241	8241	8241	8241	8131	8021	8021	6936	5850	5850	5589	5328	5328	5328	5328	4800	4624
			柴油	9418	8605	7792	7792	7792	7792	6654	5516	5516	3806	2097	2097	2097	2097	1729	1361	1361	947	809
			燃气	23563	14210	4856	4856	4856	4856	3950	3044	3044	2284	1523	1523	1310	1097	1097	1097	1097	849	766
	中型	公交车	汽油	247867	247867	247867	247867	247270	169027	13735	13735	13735	13735	13735	13584	13432	13432	11004	8577	8577	8577	8577
			柴油	87806	87806	86086	82645	82645	64494	28192	28192	28192	20508	12823	12823	12823	12823	8958	5093	5093	4763	4653
			燃气	71579	71579	67602	59649	59649	57536	53311	53311	53311	42686	32061	32061	22219	22219	22154	22154	22154	22154	22154
		其他	汽油	128578	128578	128578	128578	127981	87658	8207	8207	8207	8207	8207	8062	7916	7916	6865	5814	5814	5814	5814
			柴油	30493	30493	28460	24394	24394	18567	6912	6912	6912	6506	6099	6099	6099	6099	3750	1402	1402	1243	1190
			燃气	34560	34560	32640	28800	28800	27780	25740	25740	25740	20623	15506	15506	10732	10732	9642	9642	9642	9642	9642
	大型	公交车	汽油	577175	577175	577175	577175	576578	389000	15039	15039	15039	15039	15039	14899	14759	14759	11993	9227	9227	9227	9227
			柴油	131708	131708	108010	60614	60614	60614	60614	60614	60614	43515	26416	26416	26416	26416	17675	8934	8934	5723	4653
			燃气	168926	168926	159541	140772	140772	135786	125815	125815	125815	100740	75665	75665	52438	52438	47188	47188	47188	47188	47188
		其他	汽油	1278473	1278473	1278473	1278473	1277876	861028	28525	28525	28525	28525	28525	22266	16008	16008	12817	9626	9626	9626	9626
			柴油	272891	272891	207397	76409	76409	76409	76409	76409	76409	55942	35476	35476	35476	35476	20706	5937	5937	5324	5119
			燃气	266186	266186	251398	221822	221822	213966	198253	198253	198253	158842	119430	119430	82662	82662	74261	74261	74261	74261	74261
载货汽车	微型		汽油	246331	135441	24551	24551	24551	24551	22732	20913	20913	19158	17403	17403	14270	11137	11137	11137	11137	8967	8244
			柴油	59167	55196	51226	51226	51226	51226	46348	41471	41471	31438	21405	21405	21405	21405	14961	8517	8517	5232	4137
			燃气	172920	90703	8487	8487	8487	8487	7874	7262	7262	5599	3937	3937	3160	2382	2382	2382	2382	1544	1264
	轻型		汽油	130862	80694	30526	30526	30526	30526	26418	22311	22311	19983	17655	17655	15231	12807	12807	12807	12807	10514	9749
			柴油	55542	53384	51226	51226	51226	51226	46348	41471	41471	31438	21405	21405	21405	21405	16004	10603	10603	7317	6222
			燃气	92199	55093	17987	17987	17987	17987	13227	8467	8467	6532	4596	4596	3617	2637	2637	2637	2637	1870	1615
	中型		汽油	291059	291059	291059	291059	290462	197812	13707	13707	13707	13707	13707	13567	13427	13427	10992	8558	8558	8558	8558
			柴油	67666	67666	63155	54133	54133	41201	15338	15338	15338	14441	13544	13544	13544	13544	9816	6088	6088	3622	2800
			燃气	76691	76691	72431	63910	63910	61646	57118	57118	57118	45776	34434	34434	46602	46602	22687	22687	22687	22687	22687
	重型		汽油	831629	831629	831629	831629	831032	560268	19936	19936	19936	19936	19936	15826	11715	11715	9639	7563	7563	7563	7563
			柴油	219607	219607	166901	61490	61490	61490	61490	61490	61490	45020	28549	28549	28549	28549	17778	7006	7006	5201	4599
			燃气	214211	214211	202311	178511	178511	172188	159544	159544	159544	127827	96110	96110	97546	97546	66717	66717	66717	66717	66717
低速汽车	三轮汽车			25300	25300	25300	25300	25300	25300	25300	25300	25300	16721	16721	16721	16721	16721	16721	16721	16721	16721	16721
	低速货车			33990	33990	33990	33990	33990	33990	33990	33990	33990	22464	22464	22464	22464	22464	22464	22464	22464	22464	22464
摩托车	普通摩托车			15768	15768	15768	15768	11768	7767	4158	4158	4158	4158	4158	3103	2048	2048	2048	2048	2048	2048	2048
	轻便摩托车			50993	50993	50993	50993	50993	10199	10199	5021	5021	5021	5021	3747	2473	2473	2473	2473	2473	2473	2473

屯昌县 NO_x 排放系数

单位：克/（辆·年）

车辆类型		使用性质	燃料种类	1999年年底前	2000年	2001年	2002年	2003年	2004年	2005年	2006年	2007年	2008年	2009年	2010年	2011年	2012年	2013年	2014年	2015年	2016年	2017年
载客汽车	微型	出租车	汽油	266553	176555	86557	86557	86557	86557	62532	38507	38507	27563	16619	16619	14232	11846	11846	11846	11846	8006	6726
			燃气	151554	101534	51514	51514	51514	51514	37732	23950	23950	17553	11156	11156	9353	7550	7550	7550	7550	4849	3949
		其他	汽油	46271	28984	11696	11696	11696	11696	7238	2779	2779	2252	1726	1726	1490	1254	1254	1254	1254	946	843
			燃气	25411	15156	4901	4901	4901	4901	3196	1492	1492	1212	931	931	784	638	638	638	638	504	459
	小型	出租车	汽油	303320	197098	90876	90876	90876	90876	65024	39171	39171	27895	16619	16619	13528	10436	10436	10436	10436	6744	5513
			柴油	316230	261006	205781	205781	205781	205781	184627	163473	163473	129030	94586	94586	94586	94586	78562	62538	62538	51602	47956
			燃气	171909	112908	53906	53906	53906	53906	39112	24318	24318	17737	11156	11156	8963	6770	6770	6770	6770	4151	3278
		其他	汽油	43116	27494	11872	11872	11872	11872	7744	3617	3617	2463	1309	1309	1243	1177	1177	1177	1177	885	788
			柴油	41493	33864	26236	26236	26236	26236	24161	22086	22086	17325	12564	12564	12564	12564	10847	9130	9130	8210	7903
			燃气	23665	15111	6557	6557	6557	6557	4256	1956	1956	1328	700	700	648	595	595	595	595	470	429
	中型	公交车	汽油	320903	320903	320903	320903	320903	219230	15885	15885	15885	15885	15885	14246	12607	12607	9518	6428	6428	6428	6428
			柴油	360310	360310	359464	357772	357772	343554	315117	315117	315117	262477	209837	209837	209837	209837	171242	132647	132647	111055	103858
			燃气	382568	382568	378014	368905	368905	357462	334576	334576	334576	278458	222340	222340	140605	140605	110121	110121	110121	110121	110121
		其他	汽油	196742	196742	196742	196742	196742	133457	6886	6886	6886	6886	6886	6886	6886	6886	5165	3444	3444	3444	3444
			柴油	168969	168969	161916	147809	147809	146559	144059	144059	144059	122691	101323	101323	101323	101323	89966	78608	78608	67092	63254
			燃气	190802	190802	180202	159001	159001	157503	154506	154506	154506	131551	108596	108596	84591	84591	67949	67949	67949	67949	67949
	大型	公交车	汽油	1143216	1143216	1143216	1143216	1143216	786097	71859	71859	71859	71859	71859	71796	71733	71733	53800	35867	35867	35867	35867
			柴油	511027	511027	494514	461488	461488	448375	422150	422150	422150	414542	406935	406935	406935	406935	392261	377587	377587	340376	327973
			燃气	1027467	1027467	970386	856223	856223	792686	665611	665611	665611	570306	475000	475000	442225	442225	383293	383293	383293	383293	383293
		其他	汽油	2728648	2728648	2728648	2728648	2728648	1876270	171515	171515	171515	171515	171515	165083	158651	158651	119116	79580	79580	79580	79580
			柴油	1223751	1223751	1192262	1129283	1129283	1102954	1050297	1050297	1050297	1013318	976340	976340	976340	976340	929481	882622	882622	781111	747274
			燃气	2277880	2277880	2151331	1898233	1898233	1757372	1475650	1475650	1475650	1264843	1054036	1054036	950920	950920	806771	806771	806771	806771	806771
载货汽车	微型		汽油	227543	135216	42889	42889	42889	42889	29392	15896	15896	12950	10004	10004	8704	7403	7403	7403	7403	5492	4855
			柴油	166808	137980	109151	109151	109151	109151	98198	87245	87245	73910	60576	60576	60576	60576	44244	27913	27913	23741	22350
			燃气	124962	71467	17972	17972	17972	17972	13253	8534	8534	6965	5396	5396	4581	3766	3766	3766	3766	2924	2643
	轻型		汽油	166763	107404	48045	48045	48045	48045	32674	17302	17302	14551	11800	11800	9698	7596	7596	7596	7596	5735	5115
			柴油	167381	138266	109151	109151	109151	109151	98198	87245	87245	73910	60576	60576	60576	60576	48139	35702	35702	32900	31966
			燃气	91531	59033	26536	26536	26536	26536	17946	9357	9357	7833	6310	6310	5075	3840	3840	3840	3840	3049	2785
	中型		汽油	206352	206352	206352	206352	206352	140878	9931	9931	9931	9931	9931	9931	9931	9931	7451	4971	4971	4971	4971
			柴油	386565	386565	347107	268192	268192	255021	228680	228680	228680	228416	228152	228152	228152	228152	200174	172197	172197	148278	140305
			燃气	436514	436514	387176	288499	288499	274087	245264	245264	245264	244896	244529	244529	185303	185303	150719	150719	150719	150719	150719
	重型		汽油	1732521	1732521	1732521	1732521	1732521	1191314	108901	108901	108901	108901	108901	104818	100734	100734	75631	50528	50528	50528	50528
			柴油	951829	951829	919340	854362	854362	822761	759560	759560	759560	729102	698643	698643	698643	698643	612570	526496	526496	346137	286017
			燃气	1771727	1771727	1659855	1436113	1436113	1313132	1067169	1067169	1067169	910705	754240	754240	567237	567237	308789	308789	308789	308789	308789
低速汽车	三轮汽车			65550	65550	65550	65550	65550	65550	65550	65550	65550	53279	53279	53279	53279	53279	53279	53279	53279	53279	53279
	低速货车			88065	88065	88065	88065	88065	88065	88065	88065	88065	71579	71579	71579	71579	71579	71579	71579	71579	71579	71579
摩托车	普通摩托车			1177	1177	1177	1177	1138	1098	1020	1020	1020	1020	1020	906	792	792	792	792	792	792	792
	轻便摩托车			785	785	785	785	785	392	392	392	392	392	392	348	305	305	305	305	305	305	305

屯昌县 PM 排放系数

单位：克/（辆·年）

车辆类型		使用性质	燃料种类	1999年年底前	2000年	2001年	2002年	2003年	2004年	2005年	2006年	2007年	2008年	2009年	2010年	2011年	2012年	2013年	2014年	2015年	2016年	2017年
载客汽车	微型	出租车	汽油	—	—	—	—	—	—	—	—	—	—	—	—	—	—	—	—	—	—	—
			燃气	—	—	—	—	—	—	—	—	—	—	—	—	—	—	—	—	—	—	—
		其他	汽油	—	—	—	—	—	—	—	—	—	—	—	—	—	—	—	—	—	—	—
			燃气	—	—	—	—	—	—	—	—	—	—	—	—	—	—	—	—	—	—	—
	小型	出租车	汽油	—	—	—	—	—	—	—	—	—	—	—	—	—	—	—	—	—	—	—
			柴油	40272	36900	33527	33527	33527	33527	22864	12202	12202	7971	3740	3740	3740	3740	3476	3212	3212	2656	2471
			燃气	—	—	—	—	—	—	—	—	—	—	—	—	—	—	—	—	—	—	—
		其他	汽油	—	—	—	—	—	—	—	—	—	—	—	—	—	—	—	—	—	—	—
			柴油	5101	4828	4554	4554	4554	4554	3273	1992	1992	1464	937	937	937	937	779	621	621	621	621
			燃气	—	—	—	—	—	—	—	—	—	—	—	—	—	—	—	—	—	—	—
	中型	公交车	汽油	—	—	—	—	—	—	—	—	—	—	—	—	—	—	—	—	—	—	—
			柴油	30592	30592	28032	22913	22913	17978	8108	8108	8108	6872	5637	5637	5637	5637	3504	1372	1372	1080	983
			燃气	—	—	—	—	—	—	—	—	—	—	—	—	—	—	—	—	—	—	—
		其他	汽油	—	—	—	—	—	—	—	—	—	—	—	—	—	—	—	—	—	—	—
			柴油	15274	15274	12888	8116	8116	6262	2553	2553	2553	2434	2316	2316	2316	2316	1366	415	415	399	394
			燃气	—	—	—	—	—	—	—	—	—	—	—	—	—	—	—	—	—	—	—
	大型	公交车	汽油	—	—	—	—	—	—	—	—	—	—	—	—	—	—	—	—	—	—	—
			柴油	94865	94865	93934	92071	92071	71272	29674	29674	29674	19994	10315	10315	10315	10315	6116	1916	1916	1845	1821
			燃气	—	—	—	—	—	—	—	—	—	—	—	—	—	—	—	—	—	—	—
		其他	汽油	—	—	—	—	—	—	—	—	—	—	—	—	—	—	—	—	—	—	—
			柴油	142314	142314	133412	115607	115607	85425	25061	25061	25061	17182	9303	9303	9303	9303	5868	2433	2433	2343	2313
			燃气	—	—	—	—	—	—	—	—	—	—	—	—	—	—	—	—	—	—	—
载货汽车	微型		汽油	—	—	—	—	—	—	—	—	—	—	—	—	—	—	—	—	—	—	—
			柴油	15796	15470	15143	15143	15143	15143	12376	9610	9610	7132	4655	4655	4655	4655	2930	1206	1206	1201	1199
			燃气	—	—	—	—	—	—	—	—	—	—	—	—	—	—	—	—	—	—	—
	轻型		汽油	—	—	—	—	—	—	—	—	—	—	—	—	—	—	—	—	—	—	—
			柴油	16428	15786	15143	15143	15143	15143	12376	9610	9610	7132	4655	4655	4655	4655	3510	2365	2365	1953	1816
			燃气	—	—	—	—	—	—	—	—	—	—	—	—	—	—	—	—	—	—	—
	中型		汽油	—	—	—	—	—	—	—	—	—	—	—	—	—	—	—	—	—	—	—
			柴油	32999	32999	27770	17312	17312	13354	5438	5438	5438	5152	4865	4865	4865	4865	3120	1374	1374	1258	1219
			燃气	—	—	—	—	—	—	—	—	—	—	—	—	—	—	—	—	—	—	—
	重型		汽油	—	—	—	—	—	—	—	—	—	—	—	—	—	—	—	—	—	—	—
			柴油	124316	124316	102179	57904	57904	45976	22119	22119	22119	15157	8195	8195	8195	8195	5485	2775	2775	2345	2202
			燃气	—	—	—	—	—	—	—	—	—	—	—	—	—	—	—	—	—	—	—
低速汽车	三轮汽车			4092	4092	4092	4092	4092	4092	4092	4092	4092	3220	3220	3220	3220	3220	3220	3220	3220	3220	3220
	低速货车			5581	5581	5581	5581	5581	5581	5581	5581	5581	4392	4392	4392	4392	4392	4392	4392	4392	4392	4392
摩托车	普通摩托车			—	—	—	—	—	—	—	—	—	—	—	—	—	—	—	—	—	—	—
	轻便摩托车			—	—	—	—	—	—	—	—	—	—	—	—	—	—	—	—	—	—	—

屯昌县 VOCs 排放系数

单位：克/（辆·年）

车辆类型		使用性质	燃料种类	1999 年年底前	2000 年	2001 年	2002 年	2003 年	2004 年	2005 年	2006 年	2007 年	2008 年	2009 年	2010 年	2011 年	2012 年	2013 年	2014 年	2015 年	2016 年	2017 年
载客汽车	微型	出租车	汽油	339361	204782	70204	70204	70204	70204	53658	37113	37113	31060	25006	25006	21033	17060	17060	17060	17060	12396	10842
			燃气	296482	176555	56628	56628	56628	56628	42219	27810	27810	22763	17716	17716	14408	11101	11101	11101	11101	7453	6237
		其他	汽油	33008	20678	8349	8349	8349	8349	7950	7551	7551	6700	5848	5848	5619	5390	5390	5390	5390	4757	4546
			燃气	23171	13028	2886	2886	2886	2886	2754	2622	2622	1972	1323	1323	1238	1153	1153	1153	1153	811	697
	小型	出租车	汽油	339361	201536	63712	63712	63712	63712	58889	54066	54066	39536	25006	25006	21033	17060	17060	17060	17060	11786	10028
			柴油	112486	105848	99209	99209	99209	99209	90248	81288	81288	59622	37957	37957	37957	37957	28138	18318	18318	10227	7530
			燃气	296482	173636	50790	50790	50790	50790	46923	43056	43056	30386	17716	17716	14408	11101	11101	11101	11101	6904	5505
		其他	汽油	33444	20842	8241	8241	8241	8241	8131	8021	8021	6936	5850	5850	5589	5328	5328	5328	5328	4800	4624
			柴油	9418	8605	7792	7792	7792	7792	6654	5516	5516	3806	2097	2097	2097	2097	1729	1361	1361	947	809
			燃气	23563	14210	4856	4856	4856	4856	3950	3044	3044	2284	1523	1523	1310	1097	1097	1097	1097	849	766
	中型	公交车	汽油	247867	247867	247867	247867	247270	169027	13735	13735	13735	13735	13735	13584	13432	13432	11004	8577	8577	8577	8577
			柴油	87806	87806	86086	82645	82645	64494	28192	28192	28192	20508	12823	12823	12823	12823	8958	5093	5093	4763	4653
			燃气	71579	71579	67602	59649	59649	57536	53311	53311	53311	42686	32061	32061	22219	22219	22154	22154	22154	22154	22154
		其他	汽油	128578	128578	128578	128578	127981	87658	8207	8207	8207	8207	8207	8062	7916	7916	6865	5814	5814	5814	5814
			柴油	30493	30493	28460	24394	24394	18567	6912	6912	6912	6506	6099	6099	6099	6099	3750	1402	1402	1243	1190
			燃气	34560	34560	32640	28800	28800	27780	25740	25740	25740	20623	15506	15506	10732	10732	9642	9642	9642	9642	9642
	大型	公交车	汽油	577175	577175	577175	577175	576578	389000	15039	15039	15039	15039	15039	14899	14759	14759	11993	9227	9227	9227	9227
			柴油	131708	131708	108010	60614	60614	60614	60614	60614	60614	43515	26416	26416	26416	26416	17675	8934	8934	5723	4653
			燃气	168926	168926	159541	140772	140772	135786	125815	125815	125815	100740	75665	75665	52438	52438	47188	47188	47188	47188	47188
		其他	汽油	1278473	1278473	1278473	1278473	1277876	861028	28525	28525	28525	28525	28525	22266	16008	16008	12817	9626	9626	9626	9626
			柴油	272891	272891	207397	76409	76409	76409	76409	76409	76409	55942	35476	35476	35476	35476	20706	5937	5937	5324	5119
			燃气	266186	266186	251398	221822	221822	213966	198253	198253	198253	158842	119430	119430	82662	82662	74261	74261	74261	74261	74261
载货汽车	微型		汽油	246331	135441	24551	24551	24551	24551	22732	20913	20913	19158	17403	17403	14270	11137	11137	11137	11137	8967	8244
			柴油	59167	55196	51226	51226	51226	51226	46348	41471	41471	31438	21405	21405	21405	21405	14961	8517	8517	5232	4137
			燃气	172920	90703	8487	8487	8487	8487	7874	7262	7262	5599	3937	3937	3160	2382	2382	2382	2382	1544	1264
	轻型		汽油	130862	80694	30526	30526	30526	30526	26418	22311	22311	19983	17655	17655	15231	12807	12807	12807	12807	10514	9749
			柴油	55542	53384	51226	51226	51226	51226	46348	41471	41471	31438	21405	21405	21405	21405	16004	10603	10603	7317	6222
			燃气	92199	55093	17987	17987	17987	17987	13227	8467	8467	6532	4596	4596	3617	2637	2637	2637	2637	1870	1615
	中型		汽油	291059	291059	291059	291059	290462	197812	13707	13707	13707	13707	13707	13567	13427	13427	10992	8558	8558	8558	8558
			柴油	67666	67666	63155	54133	54133	41201	15338	15338	15338	14441	13544	13544	13544	13544	9816	6088	6088	3622	2800
			燃气	76691	76691	72431	63910	63910	61646	57118	57118	57118	45776	34434	34434	46602	46602	22687	22687	22687	22687	22687
	重型		汽油	831629	831629	831629	831629	831032	560268	19936	19936	19936	19936	19936	15826	11715	11715	9639	7563	7563	7563	7563
			柴油	219607	219607	166901	61490	61490	61490	61490	61490	61490	45020	28549	28549	28549	28549	17778	7006	7006	5201	4599
			燃气	214211	214211	202311	178511	178511	172188	159544	159544	159544	127827	96110	96110	97546	97546	66717	66717	66717	66717	66717
低速汽车	三轮汽车			25300	25300	25300	25300	25300	25300	25300	25300	25300	16721	16721	16721	16721	16721	16721	16721	16721	16721	16721
	低速货车			33990	33990	33990	33990	33990	33990	33990	33990	33990	22464	22464	22464	22464	22464	22464	22464	22464	22464	22464
摩托车	普通摩托车			15768	15768	15768	15768	11768	7767	4158	4158	4158	4158	4158	3103	2048	2048	2048	2048	2048	2048	2048
	轻便摩托车			50993	50993	50993	50993	50993	10199	10199	5021	5021	5021	5021	3747	2473	2473	2473	2473	2473	2473	2473

五指山市 NO_x 排放系数

单位：克/（辆·年）

车辆类型		使用性质	燃料种类	1999 年年底前	2000 年	2001 年	2002 年	2003 年	2004 年	2005 年	2006 年	2007 年	2008 年	2009 年	2010 年	2011 年	2012 年	2013 年	2014 年	2015 年	2016 年	2017 年
载客汽车	微型	出租车	汽油	266553	176555	86557	86557	86557	86557	62532	38507	38507	27563	16619	16619	14232	11846	11846	11846	11846	8006	6726
			燃气	151554	101534	51514	51514	51514	51514	37732	23950	23950	17553	11156	11156	9353	7550	7550	7550	7550	4849	3949
		其他	汽油	46271	28984	11696	11696	11696	11696	7238	2779	2779	2252	1726	1726	1490	1254	1254	1254	1254	946	843
			燃气	25411	15156	4901	4901	4901	4901	3196	1492	1492	1212	931	931	784	638	638	638	638	504	459
	小型	出租车	汽油	303320	197098	90876	90876	90876	90876	65024	39171	39171	27895	16619	16619	13528	10436	10436	10436	10436	6744	5513
			柴油	316230	261006	205781	205781	205781	205781	184627	163473	163473	129030	94586	94586	94586	94586	78562	62538	62538	51602	47956
			燃气	171909	112908	53906	53906	53906	53906	39112	24318	24318	17737	11156	11156	8963	6770	6770	6770	6770	4151	3278
		其他	汽油	43116	27494	11872	11872	11872	11872	7744	3617	3617	2463	1309	1309	1243	1177	1177	1177	1177	885	788
			柴油	41493	33864	26236	26236	26236	26236	24161	22086	22086	17325	12564	12564	12564	12564	10847	9130	9130	8210	7903
			燃气	23665	15111	6557	6557	6557	6557	4256	1956	1956	1328	700	700	648	595	595	595	595	470	429
	中型	公交车	汽油	320903	320903	320903	320903	320903	219230	15885	15885	15885	15885	15885	14246	12607	12607	9518	6428	6428	6428	6428
			柴油	360310	360310	359464	357772	357772	343554	315117	315117	315117	262477	209837	209837	209837	209837	171242	132647	132647	111055	103858
			燃气	382568	382568	378014	368905	368905	357462	334576	334576	334576	278458	222340	222340	140605	140605	110121	110121	110121	110121	110121
		其他	汽油	196742	196742	196742	196742	196742	133457	6886	6886	6886	6886	6886	6886	6886	6886	5165	3444	3444	3444	3444
			柴油	168969	168969	161916	147809	147809	146559	144059	144059	144059	122691	101323	101323	101323	101323	89966	78608	78608	67092	63254
			燃气	190802	190802	180202	159001	159001	157503	154506	154506	154506	131551	108596	108596	84591	84591	67949	67949	67949	67949	67949
	大型	公交车	汽油	1143216	1143216	1143216	1143216	1143216	786097	71859	71859	71859	71859	71859	71796	71733	71733	53800	35867	35867	35867	35867
			柴油	511027	511027	494514	461488	461488	448375	422150	422150	422150	414542	406935	406935	406935	406935	392261	377587	377587	340376	327973
			燃气	1027467	1027467	970386	856223	856223	792686	665611	665611	665611	570306	475000	475000	442225	442225	383293	383293	383293	383293	383293
		其他	汽油	2728648	2728648	2728648	2728648	2728648	1876270	171515	171515	171515	171515	171515	165083	158651	158651	119116	79580	79580	79580	79580
			柴油	1223751	1223751	1192262	1129283	1129283	1102954	1050297	1050297	1050297	1013318	976340	976340	976340	976340	929481	882622	882622	781111	747274
			燃气	2277880	2277880	2151331	1898233	1898233	1757372	1475650	1475650	1475650	1264843	1054036	1054036	950920	950920	806771	806771	806771	806771	806771
载货汽车	微型		汽油	227543	135216	42889	42889	42889	42889	29392	15896	15896	12950	10004	10004	8704	7403	7403	7403	7403	5492	4855
			柴油	166808	137980	109151	109151	109151	109151	98198	87245	87245	73910	60576	60576	60576	60576	44244	27913	27913	23741	22350
			燃气	124962	71467	17972	17972	17972	17972	13253	8534	8534	6965	5396	5396	4581	3766	3766	3766	3766	2924	2643
	轻型		汽油	166763	107404	48045	48045	48045	48045	32674	17302	17302	14551	11800	11800	9698	7596	7596	7596	7596	5735	5115
			柴油	167381	138266	109151	109151	109151	109151	98198	87245	87245	73910	60576	60576	60576	60576	48139	35702	35702	32900	31966
			燃气	91531	59033	26536	26536	26536	26536	17946	9357	9357	7833	6310	6310	5075	3840	3840	3840	3840	3049	2785
	中型		汽油	206352	206352	206352	206352	206352	140878	9931	9931	9931	9931	9931	9931	9931	9931	7451	4971	4971	4971	4971
			柴油	386565	386565	347107	268192	268192	255021	228680	228680	228680	228416	228152	228152	228152	228152	200174	172197	172197	148278	140305
			燃气	436514	436514	387176	288499	288499	274087	245264	245264	245264	244896	244529	244529	185303	185303	150719	150719	150719	150719	150719
	重型		汽油	1732521	1732521	1732521	1732521	1732521	1191314	108901	108901	108901	108901	108901	104818	100734	100734	75631	50528	50528	50528	50528
			柴油	951829	951829	919340	854362	854362	822761	759560	759560	759560	729102	698643	698643	698643	698643	612570	526496	526496	346137	286017
			燃气	1771727	1771727	1659855	1436113	1436113	1313132	1067169	1067169	1067169	910705	754240	754240	567237	567237	308789	308789	308789	308789	308789
低速汽车	三轮汽车			65550	65550	65550	65550	65550	65550	65550	65550	65550	53279	53279	53279	53279	53279	53279	53279	53279	53279	53279
	低速货车			88065	88065	88065	88065	88065	88065	88065	88065	88065	71579	71579	71579	71579	71579	71579	71579	71579	71579	71579
摩托车	普通摩托车			1177	1177	1177	1177	1138	1098	1020	1020	1020	1020	1020	906	792	792	792	792	792	792	792
	轻便摩托车			785	785	785	785	785	392	392	392	392	392	392	348	305	305	305	305	305	305	305

五指山市 PM 排放系数

单位：克/（辆•年）

车辆类型		使用性质	燃料种类	1999年年底前	2000年	2001年	2002年	2003年	2004年	2005年	2006年	2007年	2008年	2009年	2010年	2011年	2012年	2013年	2014年	2015年	2016年	2017年
载客汽车	微型	出租车	汽油	—	—	—	—	—	—	—	—	—	—	—	—	—	—	—	—	—	—	—
			燃气	—	—	—	—	—	—	—	—	—	—	—	—	—	—	—	—	—	—	—
		其他	汽油	—	—	—	—	—	—	—	—	—	—	—	—	—	—	—	—	—	—	—
			燃气	—	—	—	—	—	—	—	—	—	—	—	—	—	—	—	—	—	—	—
	小型	出租车	汽油	—	—	—	—	—	—	—	—	—	—	—	—	—	—	—	—	—	—	—
			柴油	40272	36900	33527	33527	33527	33527	22864	12202	12202	7971	3740	3740	3740	3740	3476	3212	3212	2656	2471
			燃气	—	—	—	—	—	—	—	—	—	—	—	—	—	—	—	—	—	—	—
		其他	汽油	—	—	—	—	—	—	—	—	—	—	—	—	—	—	—	—	—	—	—
			柴油	5101	4828	4554	4554	4554	4554	3273	1992	1992	1464	937	937	937	937	779	621	621	621	621
			燃气	—	—	—	—	—	—	—	—	—	—	—	—	—	—	—	—	—	—	—
	中型	公交车	汽油	—	—	—	—	—	—	—	—	—	—	—	—	—	—	—	—	—	—	—
			柴油	30592	30592	28032	22913	22913	17978	8108	8108	8108	6872	5637	5637	5637	5637	3504	1372	1372	1080	983
			燃气	—	—	—	—	—	—	—	—	—	—	—	—	—	—	—	—	—	—	—
		其他	汽油	—	—	—	—	—	—	—	—	—	—	—	—	—	—	—	—	—	—	—
			柴油	15274	15274	12888	8116	8116	6262	2553	2553	2553	2434	2316	2316	2316	2316	1366	415	415	399	394
			燃气	—	—	—	—	—	—	—	—	—	—	—	—	—	—	—	—	—	—	—
	大型	公交车	汽油	—	—	—	—	—	—	—	—	—	—	—	—	—	—	—	—	—	—	—
			柴油	94865	94865	93934	92071	92071	71272	29674	29674	29674	19994	10315	10315	10315	10315	6116	1916	1916	1845	1821
			燃气	—	—	—	—	—	—	—	—	—	—	—	—	—	—	—	—	—	—	—
		其他	汽油	—	—	—	—	—	—	—	—	—	—	—	—	—	—	—	—	—	—	—
			柴油	142314	142314	133412	115607	115607	85425	25061	25061	25061	17182	9303	9303	9303	9303	5868	2433	2433	2343	2313
			燃气	—	—	—	—	—	—	—	—	—	—	—	—	—	—	—	—	—	—	—
载货汽车	微型		汽油	—	—	—	—	—	—	—	—	—	—	—	—	—	—	—	—	—	—	—
			柴油	15796	15470	15143	15143	15143	15143	12376	9610	9610	7132	4655	4655	4655	4655	2930	1206	1206	1201	1199
			燃气	—	—	—	—	—	—	—	—	—	—	—	—	—	—	—	—	—	—	—
	轻型		汽油	—	—	—	—	—	—	—	—	—	—	—	—	—	—	—	—	—	—	—
			柴油	16428	15786	15143	15143	15143	15143	12376	9610	9610	7132	4655	4655	4655	4655	3510	2365	2365	1953	1816
			燃气	—	—	—	—	—	—	—	—	—	—	—	—	—	—	—	—	—	—	—
	中型		汽油	—	—	—	—	—	—	—	—	—	—	—	—	—	—	—	—	—	—	—
			柴油	32999	32999	27770	17312	17312	13354	5438	5438	5438	5152	4865	4865	4865	4865	3120	1374	1374	1258	1219
			燃气	—	—	—	—	—	—	—	—	—	—	—	—	—	—	—	—	—	—	—
	重型		汽油	—	—	—	—	—	—	—	—	—	—	—	—	—	—	—	—	—	—	—
			柴油	124316	124316	102179	57904	57904	45976	22119	22119	22119	15157	8195	8195	8195	8195	5485	2775	2775	2345	2202
			燃气	—	—	—	—	—	—	—	—	—	—	—	—	—	—	—	—	—	—	—
低速汽车	三轮汽车			4092	4092	4092	4092	4092	4092	4092	4092	4092	3220	3220	3220	3220	3220	3220	3220	3220	3220	3220
	低速货车			5581	5581	5581	5581	5581	5581	5581	5581	5581	4392	4392	4392	4392	4392	4392	4392	4392	4392	4392
摩托车	普通摩托车			—	—	—	—	—	—	—	—	—	—	—	—	—	—	—	—	—	—	—
	轻便摩托车			—	—	—	—	—	—	—	—	—	—	—	—	—	—	—	—	—	—	—

五指山市 VOCs 排放系数

单位：克/（辆 • 年）

车辆类型		使用性质	燃料种类	1999 年年底前	2000 年	2001 年	2002 年	2003 年	2004 年	2005 年	2006 年	2007 年	2008 年	2009 年	2010 年	2011 年	2012 年	2013 年	2014 年	2015 年	2016 年	2017 年
载客汽车	微型	出租车	汽油	339361	204782	70204	70204	70204	70204	53658	37113	37113	31060	25006	25006	21033	17060	17060	17060	17060	12396	10842
			燃气	296482	176555	56628	56628	56628	56628	42219	27810	27810	22763	17716	17716	14408	11101	11101	11101	11101	7453	6237
		其他	汽油	33008	20678	8349	8349	8349	8349	7950	7551	7551	6700	5848	5848	5619	5390	5390	5390	5390	4757	4546
			燃气	23171	13028	2886	2886	2886	2886	2754	2622	2622	1972	1323	1323	1238	1153	1153	1153	1153	811	697
	小型	出租车	汽油	339361	201536	63712	63712	63712	63712	58889	54066	54066	39536	25006	25006	21033	17060	17060	17060	17060	11786	10028
			柴油	112486	105848	99209	99209	99209	99209	90248	81288	81288	59622	37957	37957	37957	37957	28138	18318	18318	10227	7530
			燃气	296482	173636	50790	50790	50790	50790	46923	43056	43056	30386	17716	17716	14408	11101	11101	11101	11101	6904	5505
		其他	汽油	33444	20842	8241	8241	8241	8241	8131	8021	8021	6936	5850	5850	5589	5328	5328	5328	5328	4800	4624
			柴油	9418	8605	7792	7792	7792	7792	6654	5516	5516	3806	2097	2097	2097	2097	1729	1361	1361	947	809
			燃气	23563	14210	4856	4856	4856	4856	3950	3044	3044	2284	1523	1523	1310	1097	1097	1097	1097	849	766
	中型	公交车	汽油	247867	247867	247867	247867	247270	169027	13735	13735	13735	13735	13735	13584	13432	13432	11004	8577	8577	8577	8577
			柴油	87806	87806	86086	82645	82645	64494	28192	28192	28192	20508	12823	12823	12823	12823	8958	5093	5093	4763	4653
			燃气	71579	71579	67602	59649	59649	57536	53311	53311	53311	42686	32061	32061	22219	22219	22154	22154	22154	22154	22154
		其他	汽油	128578	128578	128578	128578	127981	87658	8207	8207	8207	8207	8207	8062	7916	7916	6865	5814	5814	5814	5814
			柴油	30493	30493	28460	24394	24394	18567	6912	6912	6912	6506	6099	6099	6099	6099	3750	1402	1402	1243	1190
			燃气	34560	34560	32640	28800	28800	27780	25740	25740	25740	20623	15506	15506	10732	10732	9642	9642	9642	9642	9642
	大型	公交车	汽油	577175	577175	577175	577175	576578	389000	15039	15039	15039	15039	15039	14899	14759	14759	11993	9227	9227	9227	9227
			柴油	131708	131708	108010	60614	60614	60614	60614	60614	60614	43515	26416	26416	26416	26416	17675	8934	8934	5723	4653
			燃气	168926	168926	159541	140772	140772	135786	125815	125815	125815	100740	75665	75665	52438	52438	47188	47188	47188	47188	47188
		其他	汽油	1278473	1278473	1278473	1278473	1277876	861028	28525	28525	28525	28525	28525	22266	16008	16008	12817	9626	9626	9626	9626
			柴油	272891	272891	207397	76409	76409	76409	76409	76409	76409	55942	35476	35476	35476	35476	20706	5937	5937	5324	5119
			燃气	266186	266186	251398	221822	221822	213966	198253	198253	198253	158842	119430	119430	82662	82662	74261	74261	74261	74261	74261
载货汽车	微型		汽油	246331	135441	24551	24551	24551	24551	22732	20913	20913	19158	17403	17403	14270	11137	11137	11137	11137	8967	8244
			柴油	59167	55196	51226	51226	51226	51226	46348	41471	41471	31438	21405	21405	21405	21405	14961	8517	8517	5232	4137
			燃气	172920	90703	8487	8487	8487	8487	7874	7262	7262	5599	3937	3937	3160	2382	2382	2382	2382	1544	1264
	轻型		汽油	130862	80694	30526	30526	30526	30526	26418	22311	22311	19983	17655	17655	15231	12807	12807	12807	12807	10514	9749
			柴油	55542	53384	51226	51226	51226	51226	46348	41471	41471	31438	21405	21405	21405	21405	16004	10603	10603	7317	6222
			燃气	92199	55093	17987	17987	17987	17987	13227	8467	8467	6532	4596	4596	3617	2637	2637	2637	2637	1870	1615
	中型		汽油	291059	291059	291059	291059	290462	197812	13707	13707	13707	13707	13707	13567	13427	13427	10992	8558	8558	8558	8558
			柴油	67666	67666	63155	54133	54133	41201	15338	15338	15338	14441	13544	13544	13544	13544	9816	6088	6088	3622	2800
			燃气	76691	76691	72431	63910	63910	61646	57118	57118	57118	45776	34434	34434	46602	46602	22687	22687	22687	22687	22687
	重型		汽油	831629	831629	831629	831629	831032	560268	19936	19936	19936	19936	19936	15826	11715	11715	9639	7563	7563	7563	7563
			柴油	219607	219607	166901	61490	61490	61490	61490	61490	61490	45020	28549	28549	28549	28549	17778	7006	7006	5201	4599
			燃气	214211	214211	202311	178511	178511	172188	159544	159544	159544	127827	96110	96110	97546	97546	66717	66717	66717	66717	66717
低速汽车	三轮汽车			25300	25300	25300	25300	25300	25300	25300	25300	25300	16721	16721	16721	16721	16721	16721	16721	16721	16721	16721
	低速货车			33990	33990	33990	33990	33990	33990	33990	33990	33990	22464	22464	22464	22464	22464	22464	22464	22464	22464	22464
摩托车	普通摩托车			15768	15768	15768	15768	11768	7767	4158	4158	4158	4158	4158	3103	2048	2048	2048	2048	2048	2048	2048
	轻便摩托车			50993	50993	50993	50993	50993	10199	10199	5021	5021	5021	5021	3747	2473	2473	2473	2473	2473	2473	2473

万宁市 NO_x 排放系数

单位：克/（辆•年）

车辆类型		使用性质	燃料种类	1999 年年底前	2000 年	2001 年	2002 年	2003 年	2004 年	2005 年	2006 年	2007 年	2008 年	2009 年	2010 年	2011 年	2012 年	2013 年	2014 年	2015 年	2016 年	2017 年
载客汽车	微型	出租车	汽油	266553	176555	86557	86557	86557	86557	62532	38507	38507	27563	16619	16619	14232	11846	11846	11846	11846	8006	6726
			燃气	151554	101534	51514	51514	51514	51514	37732	23950	23950	17553	11156	11156	9353	7550	7550	7550	7550	4849	3949
		其他	汽油	46271	28984	11696	11696	11696	11696	7238	2779	2779	2252	1726	1726	1490	1254	1254	1254	1254	946	843
			燃气	25411	15156	4901	4901	4901	4901	3196	1492	1492	1212	931	931	784	638	638	638	638	504	459
	小型	出租车	汽油	303320	197098	90876	90876	90876	90876	65024	39171	39171	27895	16619	16619	13528	10436	10436	10436	10436	6744	5513
			柴油	316230	261006	205781	205781	205781	205781	184627	163473	163473	129030	94586	94586	94586	94586	78562	62538	62538	51602	47956
			燃气	171909	112908	53906	53906	53906	53906	39112	24318	24318	17737	11156	11156	8963	6770	6770	6770	6770	4151	3278
		其他	汽油	43116	27494	11872	11872	11872	11872	7744	3617	3617	2463	1309	1309	1243	1177	1177	1177	1177	885	788
			柴油	41493	33864	26236	26236	26236	26236	24161	22086	22086	17325	12564	12564	12564	12564	10847	9130	9130	8210	7903
			燃气	23665	15111	6557	6557	6557	6557	4256	1956	1956	1328	700	700	648	595	595	595	595	470	429
	中型	公交车	汽油	320903	320903	320903	320903	320903	219230	15885	15885	15885	15885	15885	14246	12607	12607	9518	6428	6428	6428	6428
			柴油	360310	360310	359464	357772	357772	343554	315117	315117	315117	262477	209837	209837	209837	209837	171242	132647	132647	111055	103858
			燃气	382568	382568	378014	368905	368905	357462	334576	334576	334576	278458	222340	222340	140605	140605	110121	110121	110121	110121	110121
		其他	汽油	196742	196742	196742	196742	196742	133457	6886	6886	6886	6886	6886	6886	6886	6886	5165	3444	3444	3444	3444
			柴油	168969	168969	161916	147809	147809	146559	144059	144059	144059	122691	101323	101323	101323	101323	89966	78608	78608	67092	63254
			燃气	190802	190802	180202	159001	159001	157503	154506	154506	154506	131551	108596	108596	84591	84591	67949	67949	67949	67949	67949
	大型	公交车	汽油	1143216	1143216	1143216	1143216	1143216	786097	71859	71859	71859	71859	71859	71796	71733	71733	53800	35867	35867	35867	35867
			柴油	511027	511027	494514	461488	461488	448375	422150	422150	422150	414542	406935	406935	406935	406935	392261	377587	377587	340376	327973
			燃气	1027467	1027467	970386	856223	856223	792686	665611	665611	665611	570306	475000	475000	442225	442225	383293	383293	383293	383293	383293
		其他	汽油	2728648	2728648	2728648	2728648	2728648	1876270	171515	171515	171515	171515	171515	165083	158651	158651	119116	79580	79580	79580	79580
			柴油	1223751	1223751	1192262	1129283	1129283	1102954	1050297	1050297	1050297	1013318	976340	976340	976340	976340	929481	882622	882622	781111	747274
			燃气	2277880	2277880	2151331	1898233	1898233	1757372	1475650	1475650	1475650	1264843	1054036	1054036	950920	950920	806771	806771	806771	806771	806771
载货汽车	微型		汽油	227543	135216	42889	42889	42889	42889	29392	15896	15896	12950	10004	10004	8704	7403	7403	7403	7403	5492	4855
			柴油	166808	137980	109151	109151	109151	109151	98198	87245	87245	73910	60576	60576	60576	60576	44244	27913	27913	23741	22350
			燃气	124962	71467	17972	17972	17972	17972	13253	8534	8534	6965	5396	5396	4581	3766	3766	3766	3766	2924	2643
	轻型		汽油	166763	107404	48045	48045	48045	48045	32674	17302	17302	14551	11800	11800	9698	7596	7596	7596	7596	5735	5115
			柴油	167381	138266	109151	109151	109151	109151	98198	87245	87245	73910	60576	60576	60576	60576	48139	35702	35702	32900	31966
			燃气	91531	59033	26536	26536	26536	26536	17946	9357	9357	7833	6310	6310	5075	3840	3840	3840	3840	3049	2785
	中型		汽油	206352	206352	206352	206352	206352	140878	9931	9931	9931	9931	9931	9931	9931	9931	7451	4971	4971	4971	4971
			柴油	386565	386565	347107	268192	268192	255021	228680	228680	228680	228416	228152	228152	228152	228152	200174	172197	172197	148278	140305
			燃气	436514	436514	387176	288499	288499	274087	245264	245264	245264	244896	244529	244529	185303	185303	150719	150719	150719	150719	150719
	重型		汽油	1732521	1732521	1732521	1732521	1732521	1191314	108901	108901	108901	108901	108901	104818	100734	100734	75631	50528	50528	50528	50528
			柴油	951829	951829	919340	854362	854362	822761	759560	759560	759560	729102	698643	698643	698643	698643	612570	526496	526496	346137	286017
			燃气	1771727	1771727	1659855	1436113	1436113	1313132	1067169	1067169	1067169	910705	754240	754240	567237	567237	308789	308789	308789	308789	308789
低速汽车	三轮汽车			65550	65550	65550	65550	65550	65550	65550	65550	65550	53279	53279	53279	53279	53279	53279	53279	53279	53279	53279
	低速货车			88065	88065	88065	88065	88065	88065	88065	88065	88065	71579	71579	71579	71579	71579	71579	71579	71579	71579	71579
摩托车	普通摩托车			1177	1177	1177	1177	1138	1098	1020	1020	1020	1020	1020	906	792	792	792	792	792	792	792
	轻便摩托车			785	785	785	785	785	392	392	392	392	392	392	348	305	305	305	305	305	305	305

万宁市 PM 排放系数

单位：克/（辆·年）

车辆类型		使用性质	燃料种类	1999 年年底前	2000 年	2001 年	2002 年	2003 年	2004 年	2005 年	2006 年	2007 年	2008 年	2009 年	2010 年	2011 年	2012 年	2013 年	2014 年	2015 年	2016 年	2017 年
载客汽车	微型	出租车	汽油	—	—	—	—	—	—	—	—	—	—	—	—	—	—	—	—	—	—	—
			燃气	—	—	—	—	—	—	—	—	—	—	—	—	—	—	—	—	—	—	—
		其他	汽油	—	—	—	—	—	—	—	—	—	—	—	—	—	—	—	—	—	—	—
			燃气	—	—	—	—	—	—	—	—	—	—	—	—	—	—	—	—	—	—	—
	小型	出租车	汽油	—	—	—	—	—	—	—	—	—	—	—	—	—	—	—	—	—	—	—
			柴油	40272	36900	33527	33527	33527	33527	22864	12202	12202	7971	3740	3740	3740	3740	3476	3212	3212	2656	2471
			燃气	—	—	—	—	—	—	—	—	—	—	—	—	—	—	—	—	—	—	—
		其他	汽油	—	—	—	—	—	—	—	—	—	—	—	—	—	—	—	—	—	—	—
			柴油	5101	4828	4554	4554	4554	4554	3273	1992	1992	1464	937	937	937	937	779	621	621	621	621
			燃气	—	—	—	—	—	—	—	—	—	—	—	—	—	—	—	—	—	—	—
	中型	公交车	汽油	—	—	—	—	—	—	—	—	—	—	—	—	—	—	—	—	—	—	—
			柴油	30592	30592	28032	22913	22913	17978	8108	8108	8108	6872	5637	5637	5637	5637	3504	1372	1372	1080	983
			燃气	—	—	—	—	—	—	—	—	—	—	—	—	—	—	—	—	—	—	—
		其他	汽油	—	—	—	—	—	—	—	—	—	—	—	—	—	—	—	—	—	—	—
			柴油	15274	15274	12888	8116	8116	6262	2553	2553	2553	2434	2316	2316	2316	2316	1366	415	415	399	394
			燃气	—	—	—	—	—	—	—	—	—	—	—	—	—	—	—	—	—	—	—
	大型	公交车	汽油	—	—	—	—	—	—	—	—	—	—	—	—	—	—	—	—	—	—	—
			柴油	94865	94865	93934	92071	92071	71272	29674	29674	29674	19994	10315	10315	10315	10315	6116	1916	1916	1845	1821
			燃气	—	—	—	—	—	—	—	—	—	—	—	—	—	—	—	—	—	—	—
		其他	汽油	—	—	—	—	—	—	—	—	—	—	—	—	—	—	—	—	—	—	—
			柴油	142314	142314	133412	115607	115607	85425	25061	25061	25061	17182	9303	9303	9303	9303	5868	2433	2433	2343	2313
			燃气	—	—	—	—	—	—	—	—	—	—	—	—	—	—	—	—	—	—	—
载货汽车	微型		汽油	—	—	—	—	—	—	—	—	—	—	—	—	—	—	—	—	—	—	—
			柴油	15796	15470	15143	15143	15143	15143	12376	9610	9610	7132	4655	4655	4655	4655	2930	1206	1206	1201	1199
			燃气	—	—	—	—	—	—	—	—	—	—	—	—	—	—	—	—	—	—	—
	轻型		汽油	—	—	—	—	—	—	—	—	—	—	—	—	—	—	—	—	—	—	—
			柴油	16428	15786	15143	15143	15143	15143	12376	9610	9610	7132	4655	4655	4655	4655	3510	2365	2365	1953	1816
			燃气	—	—	—	—	—	—	—	—	—	—	—	—	—	—	—	—	—	—	—
	中型		汽油	—	—	—	—	—	—	—	—	—	—	—	—	—	—	—	—	—	—	—
			柴油	32999	32999	27770	17312	17312	13354	5438	5438	5438	5152	4865	4865	4865	4865	3120	1374	1374	1258	1219
			燃气	—	—	—	—	—	—	—	—	—	—	—	—	—	—	—	—	—	—	—
	重型		汽油	—	—	—	—	—	—	—	—	—	—	—	—	—	—	—	—	—	—	—
			柴油	124316	124316	102179	57904	57904	45976	22119	22119	22119	15157	8195	8195	8195	8195	5485	2775	2775	2345	2202
			燃气	—	—	—	—	—	—	—	—	—	—	—	—	—	—	—	—	—	—	—
低速汽车	三轮汽车			4092	4092	4092	4092	4092	4092	4092	4092	4092	3220	3220	3220	3220	3220	3220	3220	3220	3220	3220
	低速货车			5581	5581	5581	5581	5581	5581	5581	5581	5581	4392	4392	4392	4392	4392	4392	4392	4392	4392	4392
摩托车	普通摩托车			—	—	—	—	—	—	—	—	—	—	—	—	—	—	—	—	—	—	—
	轻便摩托车			—	—	—	—	—	—	—	—	—	—	—	—	—	—	—	—	—	—	—

万宁市 VOCs 排放系数

单位：克/（辆·年）

车辆类型		使用性质	燃料种类	1999年年底前	2000年	2001年	2002年	2003年	2004年	2005年	2006年	2007年	2008年	2009年	2010年	2011年	2012年	2013年	2014年	2015年	2016年	2017年
载客汽车	微型	出租车	汽油	339361	204782	70204	70204	70204	70204	53658	37113	37113	31060	25006	25006	21033	17060	17060	17060	17060	12396	10842
			燃气	296482	176555	56628	56628	56628	56628	42219	27810	27810	22763	17716	17716	14408	11101	11101	11101	11101	7453	6237
		其他	汽油	33008	20678	8349	8349	8349	8349	7950	7551	7551	6700	5848	5848	5619	5390	5390	5390	5390	4757	4546
			燃气	23171	13028	2886	2886	2886	2886	2754	2622	2622	1972	1323	1323	1238	1153	1153	1153	1153	811	697
	小型	出租车	汽油	339361	201536	63712	63712	63712	63712	58889	54066	54066	39536	25006	25006	21033	17060	17060	17060	17060	11786	10028
			柴油	112486	105848	99209	99209	99209	99209	90248	81288	81288	59622	37957	37957	37957	37957	28138	18318	18318	10227	7530
			燃气	296482	173636	50790	50790	50790	50790	46923	43056	43056	30386	17716	17716	14408	11101	11101	11101	11101	6904	5505
		其他	汽油	33444	20842	8241	8241	8241	8241	8131	8021	8021	6936	5850	5850	5589	5328	5328	5328	5328	4800	4624
			柴油	9418	8605	7792	7792	7792	7792	6654	5516	5516	3806	2097	2097	2097	2097	1729	1361	1361	947	809
			燃气	23563	14210	4856	4856	4856	4856	3950	3044	3044	2284	1523	1523	1310	1097	1097	1097	1097	849	766
	中型	公交车	汽油	247867	247867	247867	247867	247270	169027	13735	13735	13735	13735	13735	13584	13432	13432	11004	8577	8577	8577	8577
			柴油	87806	87806	86086	82645	82645	64494	28192	28192	28192	20508	12823	12823	12823	12823	8958	5093	5093	4763	4653
			燃气	71579	71579	67602	59649	59649	57536	53311	53311	53311	42686	32061	32061	22219	22219	22154	22154	22154	22154	22154
		其他	汽油	128578	128578	128578	128578	127981	87658	8207	8207	8207	8207	8207	8062	7916	7916	6865	5814	5814	5814	5814
			柴油	30493	30493	28460	24394	24394	18567	6912	6912	6912	6506	6099	6099	6099	6099	3750	1402	1402	1243	1190
			燃气	34560	34560	32640	28800	28800	27780	25740	25740	25740	20623	15506	15506	10732	10732	9642	9642	9642	9642	9642
	大型	公交车	汽油	577175	577175	577175	577175	576578	389000	15039	15039	15039	15039	15039	14899	14759	14759	11993	9227	9227	9227	9227
			柴油	131708	131708	108010	60614	60614	60614	60614	60614	60614	43515	26416	26416	26416	26416	17675	8934	8934	5723	4653
			燃气	168926	168926	159541	140772	140772	135786	125815	125815	125815	100740	75665	75665	52438	52438	47188	47188	47188	47188	47188
		其他	汽油	1278473	1278473	1278473	1278473	1277876	861028	28525	28525	28525	28525	28525	22266	16008	16008	12817	9626	9626	9626	9626
			柴油	272891	272891	207397	76409	76409	76409	76409	76409	76409	55942	35476	35476	35476	35476	20706	5937	5937	5324	5119
			燃气	266186	266186	251398	221822	221822	213966	198253	198253	198253	158842	119430	119430	82662	82662	74261	74261	74261	74261	74261
载货汽车	微型		汽油	246331	135441	24551	24551	24551	24551	22732	20913	20913	19158	17403	17403	14270	11137	11137	11137	11137	8967	8244
			柴油	59167	55196	51226	51226	51226	51226	46348	41471	41471	31438	21405	21405	21405	21405	14961	8517	8517	5232	4137
			燃气	172920	90703	8487	8487	8487	8487	7874	7262	7262	5599	3937	3937	3160	2382	2382	2382	2382	1544	1264
	轻型		汽油	130862	80694	30526	30526	30526	30526	26418	22311	22311	19983	17655	17655	15231	12807	12807	12807	12807	10514	9749
			柴油	55542	53384	51226	51226	51226	51226	46348	41471	41471	31438	21405	21405	21405	21405	16004	10603	10603	7317	6222
			燃气	92199	55093	17987	17987	17987	17987	13227	8467	8467	6532	4596	4596	3617	2637	2637	2637	2637	1870	1615
	中型		汽油	291059	291059	291059	291059	290462	197812	13707	13707	13707	13707	13707	13567	13427	13427	10992	8558	8558	8558	8558
			柴油	67666	67666	63155	54133	54133	41201	15338	15338	15338	14441	13544	13544	13544	13544	9816	6088	6088	3622	2800
			燃气	76691	76691	72431	63910	63910	61646	57118	57118	57118	45776	34434	34434	46602	46602	22687	22687	22687	22687	22687
	重型		汽油	831629	831629	831629	831629	831032	560268	19936	19936	19936	19936	19936	15826	11715	11715	9639	7563	7563	7563	7563
			柴油	219607	219607	166901	61490	61490	61490	61490	61490	61490	45020	28549	28549	28549	28549	17778	7006	7006	5201	4599
			燃气	214211	214211	202311	178511	178511	172188	159544	159544	159544	127827	96110	96110	97546	97546	66717	66717	66717	66717	66717
低速汽车	三轮汽车			25300	25300	25300	25300	25300	25300	25300	25300	25300	16721	16721	16721	16721	16721	16721	16721	16721	16721	16721
	低速货车			33990	33990	33990	33990	33990	33990	33990	33990	33990	22464	22464	22464	22464	22464	22464	22464	22464	22464	22464
摩托车	普通摩托车			15768	15768	15768	15768	11768	7767	4158	4158	4158	4158	4158	3103	2048	2048	2048	2048	2048	2048	2048
	轻便摩托车			50993	50993	50993	50993	50993	10199	10199	5021	5021	5021	5021	3747	2473	2473	2473	2473	2473	2473	2473

昌江黎族自治县 NO_x 排放系数

单位：克/（辆·年）

车辆类型		使用性质	燃料种类	1999 年年底前	2000 年	2001 年	2002 年	2003 年	2004 年	2005 年	2006 年	2007 年	2008 年	2009 年	2010 年	2011 年	2012 年	2013 年	2014 年	2015 年	2016 年	2017 年
载客汽车	微型	出租车	汽油	266553	176555	86557	86557	86557	86557	62532	38507	38507	27563	16619	16619	14232	11846	11846	11846	11846	8006	6726
			燃气	151554	101534	51514	51514	51514	51514	37732	23950	23950	17553	11156	11156	9353	7550	7550	7550	7550	4849	3949
		其他	汽油	46271	28984	11696	11696	11696	11696	7238	2779	2779	2252	1726	1726	1490	1254	1254	1254	1254	946	843
			燃气	25411	15156	4901	4901	4901	4901	3196	1492	1492	1212	931	931	784	638	638	638	638	504	459
	小型	出租车	汽油	303320	197098	90876	90876	90876	90876	65024	39171	39171	27895	16619	16619	13528	10436	10436	10436	10436	6744	5513
			柴油	316230	261006	205781	205781	205781	205781	184627	163473	163473	129030	94586	94586	94586	94586	78562	62538	62538	51602	47956
			燃气	171909	112908	53906	53906	53906	53906	39112	24318	24318	17737	11156	11156	8963	6770	6770	6770	6770	4151	3278
		其他	汽油	43116	27494	11872	11872	11872	11872	7744	3617	3617	2463	1309	1309	1243	1177	1177	1177	1177	885	788
			柴油	41493	33864	26236	26236	26236	26236	24161	22086	22086	17325	12564	12564	12564	12564	10847	9130	9130	8210	7903
			燃气	23665	15111	6557	6557	6557	6557	4256	1956	1956	1328	700	700	648	595	595	595	595	470	429
	中型	公交车	汽油	320903	320903	320903	320903	320903	219230	15885	15885	15885	15885	15885	14246	12607	12607	9518	6428	6428	6428	6428
			柴油	360310	360310	359464	357772	357772	343554	315117	315117	315117	262477	209837	209837	209837	209837	171242	132647	132647	111055	103858
			燃气	382568	382568	378014	368905	368905	357462	334576	334576	334576	278458	222340	222340	140605	140605	110121	110121	110121	110121	110121
		其他	汽油	196742	196742	196742	196742	196742	133457	6886	6886	6886	6886	6886	6886	6886	6886	5165	3444	3444	3444	3444
			柴油	168969	168969	161916	147809	147809	146559	144059	144059	144059	122691	101323	101323	101323	101323	89966	78608	78608	67092	63254
			燃气	190802	190802	180202	159001	159001	157503	154506	154506	154506	131551	108596	108596	84591	84591	67949	67949	67949	67949	67949
	大型	公交车	汽油	1143216	1143216	1143216	1143216	1143216	786097	71859	71859	71859	71859	71859	71796	71733	71733	53800	35867	35867	35867	35867
			柴油	511027	511027	494514	461488	461488	448375	422150	422150	422150	414542	406935	406935	406935	406935	392261	377587	377587	340376	327973
			燃气	1027467	1027467	970386	856223	856223	792686	665611	665611	665611	570306	475000	475000	442225	442225	383293	383293	383293	383293	383293
		其他	汽油	2728648	2728648	2728648	2728648	2728648	1876270	171515	171515	171515	171515	171515	165083	158651	158651	119116	79580	79580	79580	79580
			柴油	1223751	1223751	1192262	1129283	1129283	1102954	1050297	1050297	1050297	1013318	976340	976340	976340	976340	929481	882622	882622	781111	747274
			燃气	2277880	2277880	2151331	1898233	1898233	1757372	1475650	1475650	1475650	1264843	1054036	1054036	950920	950920	806771	806771	806771	806771	806771
载货汽车	微型		汽油	227543	135216	42889	42889	42889	42889	29392	15896	15896	12950	10004	10004	8704	7403	7403	7403	7403	5492	4855
			柴油	166808	137980	109151	109151	109151	109151	98198	87245	87245	73910	60576	60576	60576	60576	44244	27913	27913	23741	22350
			燃气	124962	71467	17972	17972	17972	17972	13253	8534	8534	6965	5396	5396	4581	3766	3766	3766	3766	2924	2643
	轻型		汽油	166763	107404	48045	48045	48045	48045	32674	17302	17302	14551	11800	11800	9698	7596	7596	7596	7596	5735	5115
			柴油	167381	138266	109151	109151	109151	109151	98198	87245	87245	73910	60576	60576	60576	60576	48139	35702	35702	32900	31966
			燃气	91531	59033	26536	26536	26536	26536	17946	9357	9357	7833	6310	6310	5075	3840	3840	3840	3840	3049	2785
	中型		汽油	206352	206352	206352	206352	206352	140878	9931	9931	9931	9931	9931	9931	9931	9931	7451	4971	4971	4971	4971
			柴油	386565	386565	347107	268192	268192	255021	228680	228680	228680	228416	228152	228152	228152	228152	200174	172197	172197	148278	140305
			燃气	436514	436514	387176	288499	288499	274087	245264	245264	245264	244896	244529	244529	185303	185303	150719	150719	150719	150719	150719
	重型		汽油	1732521	1732521	1732521	1732521	1732521	1191314	108901	108901	108901	108901	108901	104818	100734	100734	75631	50528	50528	50528	50528
			柴油	951829	951829	919340	854362	854362	822761	759560	759560	759560	729102	698643	698643	698643	698643	612570	526496	526496	346137	286017
			燃气	1771727	1771727	1659855	1436113	1436113	1313132	1067169	1067169	1067169	910705	754240	754240	567237	567237	308789	308789	308789	308789	308789
低速汽车	三轮汽车			65550	65550	65550	65550	65550	65550	65550	65550	65550	53279	53279	53279	53279	53279	53279	53279	53279	53279	53279
	低速货车			88065	88065	88065	88065	88065	88065	88065	88065	88065	71579	71579	71579	71579	71579	71579	71579	71579	71579	71579
摩托车	普通摩托车			1177	1177	1177	1177	1138	1098	1020	1020	1020	1020	1020	906	792	792	792	792	792	792	792
	轻便摩托车			785	785	785	785	785	392	392	392	392	392	392	348	305	305	305	305	305	305	305

昌江黎族自治县 PM 排放系数

单位：克/（辆·年）

车辆类型		使用性质	燃料种类	1999 年年底前	2000 年	2001 年	2002 年	2003 年	2004 年	2005 年	2006 年	2007 年	2008 年	2009 年	2010 年	2011 年	2012 年	2013 年	2014 年	2015 年	2016 年	2017 年
载客汽车	微型	出租车	汽油	—	—	—	—	—	—	—	—	—	—	—	—	—	—	—	—	—	—	—
			燃气	—	—	—	—	—	—	—	—	—	—	—	—	—	—	—	—	—	—	—
		其他	汽油	—	—	—	—	—	—	—	—	—	—	—	—	—	—	—	—	—	—	—
			燃气	—	—	—	—	—	—	—	—	—	—	—	—	—	—	—	—	—	—	—
	小型	出租车	汽油	—	—	—	—	—	—	—	—	—	—	—	—	—	—	—	—	—	—	—
			柴油	40272	36900	33527	33527	33527	33527	22864	12202	12202	7971	3740	3740	3740	3740	3476	3212	3212	2656	2471
			燃气	—	—	—	—	—	—	—	—	—	—	—	—	—	—	—	—	—	—	—
		其他	汽油	—	—	—	—	—	—	—	—	—	—	—	—	—	—	—	—	—	—	—
			柴油	5101	4828	4554	4554	4554	4554	3273	1992	1992	1464	937	937	937	937	779	621	621	621	621
			燃气	—	—	—	—	—	—	—	—	—	—	—	—	—	—	—	—	—	—	—
	中型	公交车	汽油	—	—	—	—	—	—	—	—	—	—	—	—	—	—	—	—	—	—	—
			柴油	30592	30592	28032	22913	22913	17978	8108	8108	8108	6872	5637	5637	5637	5637	3504	1372	1372	1080	983
			燃气	—	—	—	—	—	—	—	—	—	—	—	—	—	—	—	—	—	—	—
		其他	汽油	—	—	—	—	—	—	—	—	—	—	—	—	—	—	—	—	—	—	—
			柴油	15274	15274	12888	8116	8116	6262	2553	2553	2553	2434	2316	2316	2316	2316	1366	415	415	399	394
			燃气	—	—	—	—	—	—	—	—	—	—	—	—	—	—	—	—	—	—	—
	大型	公交车	汽油	—	—	—	—	—	—	—	—	—	—	—	—	—	—	—	—	—	—	—
			柴油	94865	94865	93934	92071	92071	71272	29674	29674	29674	19994	10315	10315	10315	10315	6116	1916	1916	1845	1821
			燃气	—	—	—	—	—	—	—	—	—	—	—	—	—	—	—	—	—	—	—
		其他	汽油	—	—	—	—	—	—	—	—	—	—	—	—	—	—	—	—	—	—	—
			柴油	142314	142314	133412	115607	115607	85425	25061	25061	25061	17182	9303	9303	9303	9303	5868	2433	2433	2343	2313
			燃气	—	—	—	—	—	—	—	—	—	—	—	—	—	—	—	—	—	—	—
载货汽车	微型		汽油	—	—	—	—	—	—	—	—	—	—	—	—	—	—	—	—	—	—	—
			柴油	15796	15470	15143	15143	15143	15143	12376	9610	9610	7132	4655	4655	4655	4655	2930	1206	1206	1201	1199
			燃气	—	—	—	—	—	—	—	—	—	—	—	—	—	—	—	—	—	—	—
	轻型		汽油	—	—	—	—	—	—	—	—	—	—	—	—	—	—	—	—	—	—	—
			柴油	16428	15786	15143	15143	15143	15143	12376	9610	9610	7132	4655	4655	4655	4655	3510	2365	2365	1953	1816
			燃气	—	—	—	—	—	—	—	—	—	—	—	—	—	—	—	—	—	—	—
	中型		汽油	—	—	—	—	—	—	—	—	—	—	—	—	—	—	—	—	—	—	—
			柴油	32999	32999	27770	17312	17312	13354	5438	5438	5438	5152	4865	4865	4865	4865	3120	1374	1374	1258	1219
			燃气	—	—	—	—	—	—	—	—	—	—	—	—	—	—	—	—	—	—	—
	重型		汽油	—	—	—	—	—	—	—	—	—	—	—	—	—	—	—	—	—	—	—
			柴油	124316	124316	102179	57904	57904	45976	22119	22119	22119	15157	8195	8195	8195	8195	5485	2775	2775	2345	2202
			燃气	—	—	—	—	—	—	—	—	—	—	—	—	—	—	—	—	—	—	—
低速汽车	三轮汽车			4092	4092	4092	4092	4092	4092	4092	4092	4092	3220	3220	3220	3220	3220	3220	3220	3220	3220	3220
	低速货车			5581	5581	5581	5581	5581	5581	5581	5581	5581	4392	4392	4392	4392	4392	4392	4392	4392	4392	4392
摩托车	普通摩托车			—	—	—	—	—	—	—	—	—	—	—	—	—	—	—	—	—	—	—
	轻便摩托车			—	—	—	—	—	—	—	—	—	—	—	—	—	—	—	—	—	—	—

昌江黎族自治县 VOCs 排放系数

单位：克/（辆·年）

车辆类型		使用性质	燃料种类	1999年年底前	2000年	2001年	2002年	2003年	2004年	2005年	2006年	2007年	2008年	2009年	2010年	2011年	2012年	2013年	2014年	2015年	2016年	2017年
载客汽车	微型	出租车	汽油	339361	204782	70204	70204	70204	70204	53658	37113	37113	31060	25006	25006	21033	17060	17060	17060	17060	12396	10842
			燃气	296482	176555	56628	56628	56628	56628	42219	27810	27810	22763	17716	17716	14408	11101	11101	11101	11101	7453	6237
		其他	汽油	33008	20678	8349	8349	8349	8349	7950	7551	7551	6700	5848	5848	5619	5390	5390	5390	5390	4757	4546
			燃气	23171	13028	2886	2886	2886	2886	2754	2622	2622	1972	1323	1323	1238	1153	1153	1153	1153	811	697
	小型	出租车	汽油	339361	201536	63712	63712	63712	63712	58889	54066	54066	39536	25006	25006	21033	17060	17060	17060	17060	11786	10028
			柴油	112486	105848	99209	99209	99209	99209	90248	81288	81288	59622	37957	37957	37957	37957	28138	18318	18318	10227	7530
			燃气	296482	173636	50790	50790	50790	50790	46923	43056	43056	30386	17716	17716	14408	11101	11101	11101	11101	6904	5505
		其他	汽油	33444	20842	8241	8241	8241	8241	8131	8021	8021	6936	5850	5850	5589	5328	5328	5328	5328	4800	4624
			柴油	9418	8605	7792	7792	7792	7792	6654	5516	5516	3806	2097	2097	2097	2097	1729	1361	1361	947	809
			燃气	23563	14210	4856	4856	4856	4856	3950	3044	3044	2284	1523	1523	1310	1097	1097	1097	1097	849	766
	中型	公交车	汽油	247867	247867	247867	247867	247270	169027	13735	13735	13735	13735	13735	13584	13432	13432	11004	8577	8577	8577	8577
			柴油	87806	87806	86086	82645	82645	64494	28192	28192	28192	20508	12823	12823	12823	12823	8958	5093	5093	4763	4653
			燃气	71579	71579	67602	59649	59649	57536	53311	53311	53311	42686	32061	32061	22219	22219	22154	22154	22154	22154	22154
		其他	汽油	128578	128578	128578	128578	127981	87658	8207	8207	8207	8207	8207	8062	7916	7916	6865	5814	5814	5814	5814
			柴油	30493	30493	28460	24394	24394	18567	6912	6912	6912	6506	6099	6099	6099	6099	3750	1402	1402	1243	1190
			燃气	34560	34560	32640	28800	28800	27780	25740	25740	25740	20623	15506	15506	10732	10732	9642	9642	9642	9642	9642
	大型	公交车	汽油	577175	577175	577175	577175	576578	389000	15039	15039	15039	15039	15039	14899	14759	14759	11993	9227	9227	9227	9227
			柴油	131708	131708	108010	60614	60614	60614	60614	60614	60614	43515	26416	26416	26416	26416	17675	8934	8934	5723	4653
			燃气	168926	168926	159541	140772	140772	135786	125815	125815	125815	100740	75665	75665	52438	52438	47188	47188	47188	47188	47188
		其他	汽油	1278473	1278473	1278473	1278473	1277876	861028	28525	28525	28525	28525	28525	22266	16008	16008	12817	9626	9626	9626	9626
			柴油	272891	272891	207397	76409	76409	76409	76409	76409	76409	55942	35476	35476	35476	35476	20706	5937	5937	5324	5119
			燃气	266186	266186	251398	221822	221822	213966	198253	198253	198253	158842	119430	119430	82662	82662	74261	74261	74261	74261	74261
载货汽车	微型		汽油	246331	135441	24551	24551	24551	24551	22732	20913	20913	19158	17403	17403	14270	11137	11137	11137	11137	8967	8244
			柴油	59167	55196	51226	51226	51226	51226	46348	41471	41471	31438	21405	21405	21405	21405	14961	8517	8517	5232	4137
			燃气	172920	90703	8487	8487	8487	8487	7874	7262	7262	5599	3937	3937	3160	2382	2382	2382	2382	1544	1264
	轻型		汽油	130862	80694	30526	30526	30526	30526	26418	22311	22311	19983	17655	17655	15231	12807	12807	12807	12807	10514	9749
			柴油	55542	53384	51226	51226	51226	51226	46348	41471	41471	31438	21405	21405	21405	21405	16004	10603	10603	7317	6222
			燃气	92199	55093	17987	17987	17987	17987	13227	8467	8467	6532	4596	4596	3617	2637	2637	2637	2637	1870	1615
	中型		汽油	291059	291059	291059	291059	290462	197812	13707	13707	13707	13707	13707	13567	13427	13427	10992	8558	8558	8558	8558
			柴油	67666	67666	63155	54133	54133	41201	15338	15338	15338	14441	13544	13544	13544	13544	9816	6088	6088	3622	2800
			燃气	76691	76691	72431	63910	63910	61646	57118	57118	57118	45776	34434	34434	46602	46602	22687	22687	22687	22687	22687
	重型		汽油	831629	831629	831629	831629	831032	560268	19936	19936	19936	19936	19936	15826	11715	11715	9639	7563	7563	7563	7563
			柴油	219607	219607	166901	61490	61490	61490	61490	61490	61490	45020	28549	28549	28549	28549	17778	7006	7006	5201	4599
			燃气	214211	214211	202311	178511	178511	172188	159544	159544	159544	127827	96110	96110	97546	97546	66717	66717	66717	66717	66717
低速汽车	三轮汽车			25300	25300	25300	25300	25300	25300	25300	25300	25300	16721	16721	16721	16721	16721	16721	16721	16721	16721	16721
	低速货车			33990	33990	33990	33990	33990	33990	33990	33990	33990	22464	22464	22464	22464	22464	22464	22464	22464	22464	22464
摩托车	普通摩托车			15768	15768	15768	15768	11768	7767	4158	4158	4158	4158	4158	3103	2048	2048	2048	2048	2048	2048	2048
	轻便摩托车			50993	50993	50993	50993	50993	10199	10199	5021	5021	5021	5021	3747	2473	2473	2473	2473	2473	2473	2473

琼海市 NO_x 排放系数

单位：克/（辆·年）

车辆类型		使用性质	燃料种类	1999年年底前	2000年	2001年	2002年	2003年	2004年	2005年	2006年	2007年	2008年	2009年	2010年	2011年	2012年	2013年	2014年	2015年	2016年	2017年
载客汽车	微型	出租车	汽油	266553	176555	86557	86557	86557	86557	62532	38507	38507	27563	16619	16619	14232	11846	11846	11846	11846	8006	6726
			燃气	151554	101534	51514	51514	51514	51514	37732	23950	23950	17553	11156	11156	9353	7550	7550	7550	7550	4849	3949
		其他	汽油	46271	28984	11696	11696	11696	11696	7238	2779	2779	2252	1726	1726	1490	1254	1254	1254	1254	946	843
			燃气	25411	15156	4901	4901	4901	4901	3196	1492	1492	1212	931	·931	784	638	638	638	638	504	459
	小型	出租车	汽油	303320	197098	90876	90876	90876	90876	65024	39171	39171	27895	16619	16619	13528	10436	10436	10436	10436	6744	5513
			柴油	316230	261006	205781	205781	205781	205781	184627	163473	163473	129030	94586	94586	94586	94586	78562	62538	62538	51602	47956
			燃气	171909	112908	53906	53906	53906	53906	39112	24318	24318	17737	11156	11156	8963	6770	6770	6770	6770	4151	3278
		其他	汽油	43116	27494	11872	11872	11872	11872	7744	3617	3617	2463	1309	1309	1243	1177	1177	1177	1177	885	788
			柴油	41493	33864	26236	26236	26236	26236	24161	22086	22086	17325	12564	12564	12564	12564	10847	9130	9130	8210	7903
			燃气	23665	15111	6557	6557	6557	6557	4256	1956	1956	1328	700	700	648	595	595	595	595	470	429
	中型	公交车	汽油	320903	320903	320903	320903	320903	219230	15885	15885	15885	15885	15885	14246	12607	12607	9518	6428	6428	6428	6428
			柴油	360310	360310	359464	357772	357772	343554	315117	315117	315117	262477	209837	209837	209837	209837	171242	132647	132647	111055	103858
			燃气	382568	382568	378014	368905	368905	357462	334576	334576	334576	278458	222340	222340	140605	140605	110121	110121	110121	110121	110121
		其他	汽油	196742	196742	196742	196742	196742	133457	6886	6886	6886	6886	6886	6886	6886	6886	5165	3444	3444	3444	3444
			柴油	168969	168969	161916	147809	147809	146559	144059	144059	144059	122691	101323	101323	101323	101323	89966	78608	78608	67092	63254
			燃气	190802	190802	180202	159001	159001	157503	154506	154506	154506	131551	108596	108596	84591	84591	67949	67949	67949	67949	67949
	大型	公交车	汽油	1143216	1143216	1143216	1143216	1143216	786097	71859	71859	71859	71859	71859	71796	71733	71733	53800	35867	35867	35867	35867
			柴油	511027	511027	494514	461488	461488	448375	422150	422150	422150	414542	406935	406935	406935	406935	392261	377587	377587	340376	327973
			燃气	1027467	1027467	970386	856223	856223	792686	665611	665611	665611	570306	475000	475000	442225	442225	383293	383293	383293	383293	383293
		其他	汽油	2728648	2728648	2728648	2728648	2728648	1876270	171515	171515	171515	171515	171515	165083	158651	158651	119116	79580	79580	79580	79580
			柴油	1223751	1223751	1192262	1129283	1129283	1102954	1050297	1050297	1050297	1013318	976340	976340	976340	976340	929481	882622	882622	781111	747274
			燃气	2277880	2277880	2151331	1898233	1898233	1757372	1475650	1475650	1475650	1264843	1054036	1054036	950920	950920	806771	806771	806771	806771	806771
载货汽车	微型		汽油	227543	135216	42889	42889	42889	42889	29392	15896	15896	12950	10004	10004	8704	7403	7403	7403	7403	5492	4855
			柴油	166808	137980	109151	109151	109151	109151	98198	87245	87245	73910	60576	60576	60576	60576	44244	27913	27913	23741	22350
			燃气	124962	71467	17972	17972	17972	17972	13253	8534	8534	6965	5396	5396	4581	3766	3766	3766	3766	2924	2643
	轻型		汽油	166763	107404	48045	48045	48045	48045	32674	17302	17302	14551	11800	11800	9698	7596	7596	7596	7596	5735	5115
			柴油	167381	138266	109151	109151	109151	109151	98198	87245	87245	73910	60576	60576	60576	60576	48139	35702	35702	32900	31966
			燃气	91531	59033	26536	26536	26536	26536	17946	9357	9357	7833	6310	6310	5075	3840	3840	3840	3840	3049	2785
	中型		汽油	206352	206352	206352	206352	206352	140878	9931	9931	9931	9931	9931	9931	9931	9931	7451	4971	4971	4971	4971
			柴油	386565	386565	347107	268192	268192	255021	228680	228680	228680	228416	228152	228152	228152	228152	200174	172197	172197	148278	140305
			燃气	436514	436514	387176	288499	288499	274087	245264	245264	245264	244896	244529	244529	185303	185303	150719	150719	150719	150719	150719
	重型		汽油	1732521	1732521	1732521	1732521	1732521	1191314	108901	108901	108901	108901	108901	104818	100734	100734	75631	50528	50528	50528	50528
			柴油	951829	951829	919340	854362	854362	822761	759560	759560	759560	729102	698643	698643	698643	698643	612570	526496	526496	346137	286017
			燃气	1771727	1771727	1659855	1436113	1436113	1313132	1067169	1067169	1067169	910705	754240	754240	567237	567237	308789	308789	308789	308789	308789
低速汽车	三轮汽车			65550	65550	65550	65550	65550	65550	65550	65550	65550	53279	53279	53279	53279	53279	53279	53279	53279	53279	53279
	低速货车			88065	88065	88065	88065	88065	88065	88065	88065	88065	71579	71579	71579	71579	71579	71579	71579	71579	71579	71579
摩托车	普通摩托车			1177	1177	1177	1177	1138	1098	1020	1020	1020	1020	1020	906	792	792	792	792	792	792	792
	轻便摩托车			785	785	785	785	785	392	392	392	392	392	392	348	305	305	305	305	305	305	305

琼海市 PM 排放系数

单位：克/（辆·年）

车辆类型		使用性质	燃料种类	1999 年年底前	2000 年	2001 年	2002 年	2003 年	2004 年	2005 年	2006 年	2007 年	2008 年	2009 年	2010 年	2011 年	2012 年	2013 年	2014 年	2015 年	2016 年	2017 年
载客汽车	微型	出租车	汽油	—	—	—	—	—	—	—	—	—	—	—	—	—	—	—	—	—	—	—
			燃气	—	—	—	—	—	—	—	—	—	—	—	—	—	—	—	—	—	—	—
		其他	汽油	—	—	—	—	—	—	—	—	—	—	—	—	—	—	—	—	—	—	—
			燃气	—	—	—	—	—	—	—	—	—	—	—	—	—	—	—	—	—	—	—
	小型	出租车	汽油	—	—	—	—	—	—	—	—	—	—	—	—	—	—	—	—	—	—	—
			柴油	40272	36900	33527	33527	33527	33527	22864	12202	12202	7971	3740	3740	3740	3740	3476	3212	3212	2656	2471
			燃气	—	—	—	—	—	—	—	—	—	—	—	—	—	—	—	—	—	—	—
		其他	汽油	—	—	—	—	—	—	—	—	—	—	—	—	—	—	—	—	—	—	—
			柴油	5101	4828	4554	4554	4554	4554	3273	1992	1992	1464	937	937	937	937	779	621	621	621	621
			燃气	—	—	—	—	—	—	—	—	—	—	—	—	—	—	—	—	—	—	—
	中型	公交车	汽油	—	—	—	—	—	—	—	—	—	—	—	—	—	—	—	—	—	—	—
			柴油	30592	30592	28032	22913	22913	17978	8108	8108	8108	6872	5637	5637	5637	5637	3504	1372	1372	1080	983
			燃气	—	—	—	—	—	—	—	—	—	—	—	—	—	—	—	—	—	—	—
		其他	汽油	—	—	—	—	—	—	—	—	—	—	—	—	—	—	—	—	—	—	—
			柴油	15274	15274	12888	8116	8116	6262	2553	2553	2553	2434	2316	2316	2316	2316	1366	415	415	399	394
			燃气	—	—	—	—	—	—	—	—	—	—	—	—	—	—	—	—	—	—	—
	大型	公交车	汽油	—	—	—	—	—	—	—	—	—	—	—	—	—	—	—	—	—	—	—
			柴油	94865	94865	93934	92071	92071	71272	29674	29674	29674	19994	10315	10315	10315	10315	6116	1916	1916	1845	1821
			燃气	—	—	—	—	—	—	—	—	—	—	—	—	—	—	—	—	—	—	—
		其他	汽油	—	—	—	—	—	—	—	—	—	—	—	—	—	—	—	—	—	—	—
			柴油	142314	142314	133412	115607	115607	85425	25061	25061	25061	17182	9303	9303	9303	9303	5868	2433	2433	2343	2313
			燃气	—	—	—	—	—	—	—	—	—	—	—	—	—	—	—	—	—	—	—
载货汽车	微型		汽油	—	—	—	—	—	—	—	—	—	—	—	—	—	—	—	—	—	—	—
			柴油	15796	15470	15143	15143	15143	15143	12376	9610	9610	7132	4655	4655	4655	4655	2930	1206	1206	1201	1199
			燃气	—	—	—	—	—	—	—	—	—	—	—	—	—	—	—	—	—	—	—
	轻型		汽油	—	—	—	—	—	—	—	—	—	—	—	—	—	—	—	—	—	—	—
			柴油	16428	15786	15143	15143	15143	15143	12376	9610	9610	7132	4655	4655	4655	4655	3510	2365	2365	1953	1816
			燃气	—	—	—	—	—	—	—	—	—	—	—	—	—	—	—	—	—	—	—
	中型		汽油	—	—	—	—	—	—	—	—	—	—	—	—	—	—	—	—	—	—	—
			柴油	32999	32999	27770	17312	17312	13354	5438	5438	5438	5152	4865	4865	4865	4865	3120	1374	1374	1258	1219
			燃气	—	—	—	—	—	—	—	—	—	—	—	—	—	—	—	—	—	—	—
	重型		汽油	—	—	—	—	—	—	—	—	—	—	—	—	—	—	—	—	—	—	—
			柴油	124316	124316	102179	57904	57904	45976	22119	22119	22119	15157	8195	8195	8195	8195	5485	2775	2775	2345	2202
			燃气	—	—	—	—	—	—	—	—	—	—	—	—	—	—	—	—	—	—	—
低速汽车	三轮汽车			4092	4092	4092	4092	4092	4092	4092	4092	4092	3220	3220	3220	3220	3220	3220	3220	3220	3220	3220
	低速货车			5581	5581	5581	5581	5581	5581	5581	5581	5581	4392	4392	4392	4392	4392	4392	4392	4392	4392	4392
摩托车	普通摩托车			—	—	—	—	—	—	—	—	—	—	—	—	—	—	—	—	—	—	—
	轻便摩托车			—	—	—	—	—	—	—	—	—	—	—	—	—	—	—	—	—	—	—

琼海市 VOCs 排放系数

单位：克/（辆·年）

车辆类型		使用性质	燃料种类	1999 年年底前	2000 年	2001 年	2002 年	2003 年	2004 年	2005 年	2006 年	2007 年	2008 年	2009 年	2010 年	2011 年	2012 年	2013 年	2014 年	2015 年	2016 年	2017 年
载客汽车	微型	出租车	汽油	339361	204782	70204	70204	70204	70204	53658	37113	37113	31060	25006	25006	21033	17060	17060	17060	17060	12396	10842
			燃气	296482	176555	56628	56628	56628	56628	42219	27810	27810	22763	17716	17716	14408	11101	11101	11101	11101	7453	6237
		其他	汽油	33008	20678	8349	8349	8349	8349	7950	7551	7551	6700	5848	5848	5619	5390	5390	5390	5390	4757	4546
			燃气	23171	13028	2886	2886	2886	2886	2754	2622	2622	1972	1323	1323	1238	1153	1153	1153	1153	811	697
	小型	出租车	汽油	339361	201536	63712	63712	63712	63712	58889	54066	54066	39536	25006	25006	21033	17060	17060	17060	17060	11786	10028
			柴油	112486	105848	99209	99209	99209	99209	90248	81288	81288	59622	37957	37957	37957	37957	28138	18318	18318	10227	7530
			燃气	296482	173636	50790	50790	50790	50790	46923	43056	43056	30386	17716	17716	14408	11101	11101	11101	11101	6904	5505
		其他	汽油	33444	20842	8241	8241	8241	8241	8131	8021	8021	6936	5850	5850	5589	5328	5328	5328	5328	4800	4624
			柴油	9418	8605	7792	7792	7792	7792	6654	5516	5516	3806	2097	2097	2097	2097	1729	1361	1361	947	809
			燃气	23563	14210	4856	4856	4856	4856	3950	3044	3044	2284	1523	1523	1310	1097	1097	1097	1097	849	766
	中型	公交车	汽油	247867	247867	247867	247867	247270	169027	13735	13735	13735	13735	13735	13584	13432	13432	11004	8577	8577	8577	8577
			柴油	87806	87806	86086	82645	82645	64494	28192	28192	28192	20508	12823	12823	12823	12823	8958	5093	5093	4763	4653
			燃气	71579	71579	67602	59649	59649	57536	53311	53311	53311	42686	32061	32061	22219	22219	22154	22154	22154	22154	22154
		其他	汽油	128578	128578	128578	128578	127981	87658	8207	8207	8207	8207	8207	8062	7916	7916	6865	5814	5814	5814	5814
			柴油	30493	30493	28460	24394	24394	18567	6912	6912	6912	6506	6099	6099	6099	6099	3750	1402	1402	1243	1190
			燃气	34560	34560	32640	28800	28800	27780	25740	25740	25740	20623	15506	15506	10732	10732	9642	9642	9642	9642	9642
	大型	公交车	汽油	577175	577175	577175	577175	576578	389000	15039	15039	15039	15039	15039	14899	14759	14759	11993	9227	9227	9227	9227
			柴油	131708	131708	108010	60614	60614	60614	60614	60614	60614	43515	26416	26416	26416	26416	17675	8934	8934	5723	4653
			燃气	168926	168926	159541	140772	140772	135786	125815	125815	125815	100740	75665	75665	52438	52438	47188	47188	47188	47188	47188
		其他	汽油	1278473	1278473	1278473	1278473	1277876	861028	28525	28525	28525	28525	28525	22266	16008	16008	12817	9626	9626	9626	9626
			柴油	272891	272891	207397	76409	76409	76409	76409	76409	76409	55942	35476	35476	35476	35476	20706	5937	5937	5324	5119
			燃气	266186	266186	251398	221822	221822	213966	198253	198253	198253	158842	119430	119430	82662	82662	74261	74261	74261	74261	74261
载货汽车	微型		汽油	246331	135441	24551	24551	24551	24551	22732	20913	20913	19158	17403	17403	14270	11137	11137	11137	11137	8967	8244
			柴油	59167	55196	51226	51226	51226	51226	46348	41471	41471	31438	21405	21405	21405	21405	14961	8517	8517	5232	4137
			燃气	172920	90703	8487	8487	8487	8487	7874	7262	7262	5599	3937	3937	3160	2382	2382	2382	2382	1544	1264
	轻型		汽油	130862	80694	30526	30526	30526	30526	26418	22311	22311	19983	17655	17655	15231	12807	12807	12807	12807	10514	9749
			柴油	55542	53384	51226	51226	51226	51226	46348	41471	41471	31438	21405	21405	21405	21405	16004	10603	10603	7317	6222
			燃气	92199	55093	17987	17987	17987	17987	13227	8467	8467	6532	4596	4596	3617	2637	2637	2637	2637	1870	1615
	中型		汽油	291059	291059	291059	291059	290462	197812	13707	13707	13707	13707	13707	13567	13427	13427	10992	8558	8558	8558	8558
			柴油	67666	67666	63155	54133	54133	41201	15338	15338	15338	14441	13544	13544	13544	13544	9816	6088	6088	3622	2800
			燃气	76691	76691	72431	63910	63910	61646	57118	57118	57118	45776	34434	34434	46602	46602	22687	22687	22687	22687	22687
	重型		汽油	831629	831629	831629	831629	831032	560268	19936	19936	19936	19936	19936	15826	11715	11715	9639	7563	7563	7563	7563
			柴油	219607	219607	166901	61490	61490	61490	61490	61490	61490	45020	28549	28549	28549	28549	17778	7006	7006	5201	4599
			燃气	214211	214211	202311	178511	178511	172188	159544	159544	159544	127827	96110	96110	97546	97546	66717	66717	66717	66717	66717
低速汽车	三轮汽车			25300	25300	25300	25300	25300	25300	25300	25300	25300	16721	16721	16721	16721	16721	16721	16721	16721	16721	16721
	低速货车			33990	33990	33990	33990	33990	33990	33990	33990	33990	22464	22464	22464	22464	22464	22464	22464	22464	22464	22464
摩托车	普通摩托车			15768	15768	15768	15768	11768	7767	4158	4158	4158	4158	4158	3103	2048	2048	2048	2048	2048	2048	2048
	轻便摩托车			50993	50993	50993	50993	50993	10199	10199	5021	5021	5021	5021	3747	2473	2473	2473	2473	2473	2473	2473

乐东黎族自治县 NO_x 排放系数

单位：克/（辆·年）

车辆类型		使用性质	燃料种类	1999 年年底前	2000 年	2001 年	2002 年	2003 年	2004 年	2005 年	2006 年	2007 年	2008 年	2009 年	2010 年	2011 年	2012 年	2013 年	2014 年	2015 年	2016 年	2017 年
载客汽车	微型	出租车	汽油	266553	176555	86557	86557	86557	86557	62532	38507	38507	27563	16619	16619	14232	11846	11846	11846	11846	8006	6726
			燃气	151554	101534	51514	51514	51514	51514	37732	23950	23950	17553	11156	11156	9353	7550	7550	7550	7550	4849	3949
		其他	汽油	46271	28984	11696	11696	11696	11696	7238	2779	2779	2252	1726	1726	1490	1254	1254	1254	1254	946	843
			燃气	25411	15156	4901	4901	4901	4901	3196	1492	1492	1212	931	931	784	638	638	638	638	504	459
	小型	出租车	汽油	303320	197098	90876	90876	90876	90876	65024	39171	39171	27895	16619	16619	13528	10436	10436	10436	10436	6744	5513
			柴油	316230	261006	205781	205781	205781	205781	184627	163473	163473	129030	94586	94586	94586	94586	78562	62538	62538	51602	47956
			燃气	171909	112908	53906	53906	53906	53906	39112	24318	24318	17737	11156	11156	8963	6770	6770	6770	6770	4151	3278
		其他	汽油	43116	27494	11872	11872	11872	11872	7744	3617	3617	2463	1309	1309	1243	1177	1177	1177	1177	885	788
			柴油	41493	33864	26236	26236	26236	26236	24161	22086	22086	17325	12564	12564	12564	12564	10847	9130	9130	8210	7903
			燃气	23665	15111	6557	6557	6557	6557	4256	1956	1956	1328	700	700	648	595	595	595	595	470	429
	中型	公交车	汽油	320903	320903	320903	320903	320903	219230	15885	15885	15885	15885	15885	14246	12607	12607	9518	6428	6428	6428	6428
			柴油	360310	360310	359464	357772	357772	343554	315117	315117	315117	262477	209837	209837	209837	209837	171242	132647	132647	111055	103858
			燃气	382568	382568	378014	368905	368905	357462	334576	334576	334576	278458	222340	222340	140605	140605	110121	110121	110121	110121	110121
		其他	汽油	196742	196742	196742	196742	196742	133457	6886	6886	6886	6886	6886	6886	6886	6886	5165	3444	3444	3444	3444
			柴油	168969	168969	161916	147809	147809	146559	144059	144059	144059	122691	101323	101323	101323	101323	89966	78608	78608	67092	63254
			燃气	190802	190802	180202	159001	159001	157503	154506	154506	154506	131551	108596	108596	84591	84591	67949	67949	67949	67949	67949
	大型	公交车	汽油	1143216	1143216	1143216	1143216	1143216	786097	71859	71859	71859	71859	71859	71796	71733	71733	53800	35867	35867	35867	35867
			柴油	511027	511027	494514	461488	461488	448375	422150	422150	422150	414542	406935	406935	406935	406935	392261	377587	377587	340376	327973
			燃气	1027467	1027467	970386	856223	856223	792686	665611	665611	665611	570306	475000	475000	442225	442225	383293	383293	383293	383293	383293
		其他	汽油	2728648	2728648	2728648	2728648	2728648	1876270	171515	171515	171515	171515	171515	165083	158651	158651	119116	79580	79580	79580	79580
			柴油	1223751	1223751	1192262	1129283	1129283	1102954	1050297	1050297	1050297	1013318	976340	976340	976340	976340	929481	882622	882622	781111	747274
			燃气	2277880	2277880	2151331	1898233	1898233	1757372	1475650	1475650	1475650	1264843	1054036	1054036	950920	950920	806771	806771	806771	806771	806771
载货汽车	微型		汽油	227543	135216	42889	42889	42889	42889	29392	15896	15896	12950	10004	10004	8704	7403	7403	7403	7403	5492	4855
			柴油	166808	137980	109151	109151	109151	109151	98198	87245	87245	73910	60576	60576	60576	60576	44244	27913	27913	23741	22350
			燃气	124962	71467	17972	17972	17972	17972	13253	8534	8534	6965	5396	5396	4581	3766	3766	3766	3766	2924	2643
	轻型		汽油	166763	107404	48045	48045	48045	48045	32674	17302	17302	14551	11800	11800	9698	7596	7596	7596	7596	5735	5115
			柴油	167381	138266	109151	109151	109151	109151	98198	87245	87245	73910	60576	60576	60576	60576	48139	35702	35702	32900	31966
			燃气	91531	59033	26536	26536	26536	26536	17946	9357	9357	7833	6310	6310	5075	3840	3840	3840	3840	3049	2785
	中型		汽油	206352	206352	206352	206352	206352	140878	9931	9931	9931	9931	9931	9931	9931	9931	7451	4971	4971	4971	4971
			柴油	386565	386565	347107	268192	268192	255021	228680	228680	228680	228416	228152	228152	228152	228152	200174	172197	172197	148278	140305
			燃气	436514	436514	387176	288499	288499	274087	245264	245264	245264	244896	244529	244529	185303	185303	150719	150719	150719	150719	150719
	重型		汽油	1732521	1732521	1732521	1732521	1732521	1191314	108901	108901	108901	108901	108901	104818	100734	100734	75631	50528	50528	50528	50528
			柴油	951829	951829	919340	854362	854362	822761	759560	759560	759560	729102	698643	698643	698643	698643	612570	526496	526496	346137	286017
			燃气	1771727	1771727	1659855	1436113	1436113	1313132	1067169	1067169	1067169	910705	754240	754240	567237	567237	308789	308789	308789	308789	308789
低速汽车	三轮汽车			65550	65550	65550	65550	65550	65550	65550	65550	65550	53279	53279	53279	53279	53279	53279	53279	53279	53279	53279
	低速货车			88065	88065	88065	88065	88065	88065	88065	88065	88065	71579	71579	71579	71579	71579	71579	71579	71579	71579	71579
摩托车	普通摩托车			1177	1177	1177	1177	1138	1098	1020	1020	1020	1020	1020	906	792	792	792	792	792	792	792
	轻便摩托车			785	785	785	785	785	392	392	392	392	392	392	348	305	305	305	305	305	305	305

乐东黎族自治县 PM 排放系数

单位：克/（辆・年）

车辆类型		使用性质	燃料种类	1999 年年底前	2000 年	2001 年	2002 年	2003 年	2004 年	2005 年	2006 年	2007 年	2008 年	2009 年	2010 年	2011 年	2012 年	2013 年	2014 年	2015 年	2016 年	2017 年
载客汽车	微型	出租车	汽油	—	—	—	—	—	—	—	—	—	—	—	—	—	—	—	—	—	—	—
			燃气	—	—	—	—	—	—	—	—	—	—	—	—	—	—	—	—	—	—	—
		其他	汽油	—	—	—	—	—	—	—	—	—	—	—	—	—	—	—	—	—	—	—
			燃气	—	—	—	—	—	—	—	—	—	—	—	—	—	—	—	—	—	—	—
	小型	出租车	汽油	—	—	—	—	—	—	—	—	—	—	—	—	—	—	—	—	—	—	—
			柴油	40272	36900	33527	33527	33527	33527	22864	12202	12202	7971	3740	3740	3740	3740	3476	3212	3212	2656	2471
			燃气	—	—	—	—	—	—	—	—	—	—	—	—	—	—	—	—	—	—	—
		其他	汽油	—	—	—	—	—	—	—	—	—	—	—	—	—	—	—	—	—	—	—
			柴油	5101	4828	4554	4554	4554	4554	3273	1992	1992	1464	937	937	937	937	779	621	621	621	621
			燃气	—	—	—	—	—	—	—	—	—	—	—	—	—	—	—	—	—	—	—
	中型	公交车	汽油	—	—	—	—	—	—	—	—	—	—	—	—	—	—	—	—	—	—	—
			柴油	30592	30592	28032	22913	22913	17978	8108	8108	8108	6872	5637	5637	5637	5637	3504	1372	1372	1080	983
			燃气	—	—	—	—	—	—	—	—	—	—	—	—	—	—	—	—	—	—	—
		其他	汽油	—	—	—	—	—	—	—	—	—	—	—	—	—	—	—	—	—	—	—
			柴油	15274	15274	12888	8116	8116	6262	2553	2553	2553	2434	2316	2316	2316	2316	1366	415	415	399	394
			燃气	—	—	—	—	—	—	—	—	—	—	—	—	—	—	—	—	—	—	—
	大型	公交车	汽油	—	—	—	—	—	—	—	—	—	—	—	—	—	—	—	—	—	—	—
			柴油	94865	94865	93934	92071	92071	71272	29674	29674	29674	19994	10315	10315	10315	10315	6116	1916	1916	1845	1821
			燃气	—	—	—	—	—	—	—	—	—	—	—	—	—	—	—	—	—	—	—
		其他	汽油	—	—	—	—	—	—	—	—	—	—	—	—	—	—	—	—	—	—	—
			柴油	142314	142314	133412	115607	115607	85425	25061	25061	25061	17182	9303	9303	9303	9303	5868	2433	2433	2343	2313
			燃气	—	—	—	—	—	—	—	—	—	—	—	—	—	—	—	—	—	—	—
载货汽车	微型		汽油	—	—	—	—	—	—	—	—	—	—	—	—	—	—	—	—	—	—	—
			柴油	15796	15470	15143	15143	15143	15143	12376	9610	9610	7132	4655	4655	4655	4655	2930	1206	1206	1201	1199
			燃气	—	—	—	—	—	—	—	—	—	—	—	—	—	—	—	—	—	—	—
	轻型		汽油	—	—	—	—	—	—	—	—	—	—	—	—	—	—	—	—	—	—	—
			柴油	16428	15786	15143	15143	15143	15143	12376	9610	9610	7132	4655	4655	4655	4655	3510	2365	2365	1953	1816
			燃气	—	—	—	—	—	—	—	—	—	—	—	—	—	—	—	—	—	—	—
	中型		汽油	—	—	—	—	—	—	—	—	—	—	—	—	—	—	—	—	—	—	—
			柴油	32999	32999	27770	17312	17312	13354	5438	5438	5438	5152	4865	4865	4865	4865	3120	1374	1374	1258	1219
			燃气	—	—	—	—	—	—	—	—	—	—	—	—	—	—	—	—	—	—	—
	重型		汽油	—	—	—	—	—	—	—	—	—	—	—	—	—	—	—	—	—	—	—
			柴油	124316	124316	102179	57904	57904	45976	22119	22119	22119	15157	8195	8195	8195	8195	5485	2775	2775	2345	2202
			燃气	—	—	—	—	—	—	—	—	—	—	—	—	—	—	—	—	—	—	—
低速汽车	三轮汽车			4092	4092	4092	4092	4092	4092	4092	4092	4092	3220	3220	3220	3220	3220	3220	3220	3220	3220	3220
	低速货车			5581	5581	5581	5581	5581	5581	5581	5581	5581	4392	4392	4392	4392	4392	4392	4392	4392	4392	4392
摩托车	普通摩托车			—	—	—	—	—	—	—	—	—	—	—	—	—	—	—	—	—	—	—
	轻便摩托车			—	—	—	—	—	—	—	—	—	—	—	—	—	—	—	—	—	—	—

乐东黎族自治县 VOCs 排放系数

单位：克/（辆·年）

车辆类型		使用性质	燃料种类	1999年年底前	2000年	2001年	2002年	2003年	2004年	2005年	2006年	2007年	2008年	2009年	2010年	2011年	2012年	2013年	2014年	2015年	2016年	2017年
载客汽车	微型	出租车	汽油	339361	204782	70204	70204	70204	70204	53658	37113	37113	31060	25006	25006	21033	17060	17060	17060	17060	12396	10842
			燃气	296482	176555	56628	56628	56628	56628	42219	27810	27810	22763	17716	17716	14408	11101	11101	11101	11101	7453	6237
		其他	汽油	33008	20678	8349	8349	8349	8349	7950	7551	7551	6700	5848	5848	5619	5390	5390	5390	5390	4757	4546
			燃气	23171	13028	2886	2886	2886	2886	2754	2622	2622	1972	1323	1323	1238	1153	1153	1153	1153	811	697
	小型	出租车	汽油	339361	201536	63712	63712	63712	63712	58889	54066	54066	39536	25006	25006	21033	17060	17060	17060	17060	11786	10028
			柴油	112486	105848	99209	99209	99209	99209	90248	81288	81288	59622	37957	37957	37957	37957	28138	18318	18318	10227	7530
			燃气	296482	173636	50790	50790	50790	50790	46923	43056	43056	30386	17716	17716	14408	11101	11101	11101	11101	6904	5505
		其他	汽油	33444	20842	8241	8241	8241	8241	8131	8021	8021	6936	5850	5850	5589	5328	5328	5328	5328	4800	4624
			柴油	9418	8605	7792	7792	7792	7792	6654	5516	5516	3806	2097	2097	2097	2097	1729	1361	1361	947	809
			燃气	23563	14210	4856	4856	4856	4856	3950	3044	3044	2284	1523	1523	1310	1097	1097	1097	1097	849	766
	中型	公交车	汽油	247867	247867	247867	247867	247270	169027	13735	13735	13735	13735	13735	13584	13432	13432	11004	8577	8577	8577	8577
			柴油	87806	87806	86086	82645	82645	64494	28192	28192	28192	20508	12823	12823	12823	12823	8958	5093	5093	4763	4653
			燃气	71579	71579	67602	59649	59649	57536	53311	53311	53311	42686	32061	32061	22219	22219	22154	22154	22154	22154	22154
		其他	汽油	128578	128578	128578	128578	127981	87658	8207	8207	8207	8207	8207	8062	7916	7916	6865	5814	5814	5814	5814
			柴油	30493	30493	28460	24394	24394	18567	6912	6912	6912	6506	6099	6099	6099	6099	3750	1402	1402	1243	1190
			燃气	34560	34560	32640	28800	28800	27780	25740	25740	25740	20623	15506	15506	10732	10732	9642	9642	9642	9642	9642
	大型	公交车	汽油	577175	577175	577175	577175	576578	389000	15039	15039	15039	15039	15039	14899	14759	14759	11993	9227	9227	9227	9227
			柴油	131708	131708	108010	60614	60614	60614	60614	60614	60614	43515	26416	26416	26416	26416	17675	8934	8934	5723	4653
			燃气	168926	168926	159541	140772	140772	135786	125815	125815	125815	100740	75665	75665	52438	52438	47188	47188	47188	47188	47188
		其他	汽油	1278473	1278473	1278473	1278473	1277876	861028	28525	28525	28525	28525	28525	22266	16008	16008	12817	9626	9626	9626	9626
			柴油	272891	272891	207397	76409	76409	76409	76409	76409	76409	55942	35476	35476	35476	35476	20706	5937	5937	5324	5119
			燃气	266186	266186	251398	221822	221822	213966	198253	198253	198253	158842	119430	119430	82662	82662	74261	74261	74261	74261	74261
载货汽车	微型		汽油	246331	135441	24551	24551	24551	24551	22732	20913	20913	19158	17403	17403	14270	11137	11137	11137	11137	8967	8244
			柴油	59167	55196	51226	51226	51226	51226	46348	41471	41471	31438	21405	21405	21405	21405	14961	8517	8517	5232	4137
			燃气	172920	90703	8487	8487	8487	8487	7874	7262	7262	5599	3937	3937	3160	2382	2382	2382	2382	1544	1264
	轻型		汽油	130862	80694	30526	30526	30526	30526	26418	22311	22311	19983	17655	17655	15231	12807	12807	12807	12807	10514	9749
			柴油	55542	53384	51226	51226	51226	51226	46348	41471	41471	31438	21405	21405	21405	21405	16004	10603	10603	7317	6222
			燃气	92199	55093	17987	17987	17987	17987	13227	8467	8467	6532	4596	4596	3617	2637	2637	2637	2637	1870	1615
	中型		汽油	291059	291059	291059	291059	290462	197812	13707	13707	13707	13707	13707	13567	13427	13427	10992	8558	8558	8558	8558
			柴油	67666	67666	63155	54133	54133	41201	15338	15338	15338	14441	13544	13544	13544	13544	9816	6088	6088	3622	2800
			燃气	76691	76691	72431	63910	63910	61646	57118	57118	57118	45776	34434	34434	46602	46602	22687	22687	22687	22687	22687
	重型		汽油	831629	831629	831629	831629	831032	560268	19936	19936	19936	19936	19936	15826	11715	11715	9639	7563	7563	7563	7563
			柴油	219607	219607	166901	61490	61490	61490	61490	61490	61490	45020	28549	28549	28549	28549	17778	7006	7006	5201	4599
			燃气	214211	214211	202311	178511	178511	172188	159544	159544	159544	127827	96110	96110	97546	97546	66717	66717	66717	66717	66717
低速汽车	三轮汽车			25300	25300	25300	25300	25300	25300	25300	25300	25300	16721	16721	16721	16721	16721	16721	16721	16721	16721	16721
	低速货车			33990	33990	33990	33990	33990	33990	33990	33990	33990	22464	22464	22464	22464	22464	22464	22464	22464	22464	22464
摩托车	普通摩托车			15768	15768	15768	15768	11768	7767	4158	4158	4158	4158	4158	3103	2048	2048	2048	2048	2048	2048	2048
	轻便摩托车			50993	50993	50993	50993	50993	10199	10199	5021	5021	5021	5021	3747	2473	2473	2473	2473	2473	2473	2473

澄迈县 NO_x 排放系数

单位：克/（辆·年）

车辆类型		使用性质	燃料种类	1999年年底前	2000年	2001年	2002年	2003年	2004年	2005年	2006年	2007年	2008年	2009年	2010年	2011年	2012年	2013年	2014年	2015年	2016年	2017年
载客汽车	微型	出租车	汽油	266553	176555	86557	86557	86557	86557	62532	38507	38507	27563	16619	16619	14232	11846	11846	11846	11846	8006	6726
			燃气	151554	101534	51514	51514	51514	51514	37732	23950	23950	17553	11156	11156	9353	7550	7550	7550	7550	4849	3949
		其他	汽油	46271	28984	11696	11696	11696	11696	7238	2779	2779	2252	1726	1726	1490	1254	1254	1254	1254	946	843
			燃气	25411	15156	4901	4901	4901	4901	3196	1492	1492	1212	931	931	784	638	638	638	638	504	459
	小型	出租车	汽油	303320	197098	90876	90876	90876	90876	65024	39171	39171	27895	16619	16619	13528	10436	10436	10436	10436	6744	5513
			柴油	316230	261006	205781	205781	205781	205781	184627	163473	163473	129030	94586	94586	94586	94586	78562	62538	62538	51602	47956
			燃气	171909	112908	53906	53906	53906	53906	39112	24318	24318	17737	11156	11156	8963	6770	6770	6770	6770	4151	3278
		其他	汽油	43116	27494	11872	11872	11872	11872	7744	3617	3617	2463	1309	1309	1243	1177	1177	1177	1177	885	788
			柴油	41493	33864	26236	26236	26236	26236	24161	22086	22086	17325	12564	12564	12564	12564	10847	9130	9130	8210	7903
			燃气	23665	15111	6557	6557	6557	6557	4256	1956	1956	1328	700	700	648	595	595	595	595	470	429
	中型	公交车	汽油	320903	320903	320903	320903	320903	219230	15885	15885	15885	15885	15885	14246	12607	12607	9518	6428	6428	6428	6428
			柴油	360310	360310	359464	357772	357772	343554	315117	315117	315117	262477	209837	209837	209837	209837	171242	132647	132647	111055	103858
			燃气	382568	382568	378014	368905	368905	357462	334576	334576	334576	278458	222340	222340	140605	140605	110121	110121	110121	110121	110121
		其他	汽油	196742	196742	196742	196742	196742	133457	6886	6886	6886	6886	6886	6886	6886	6886	5165	3444	3444	3444	3444
			柴油	168969	168969	161916	147809	147809	146559	144059	144059	144059	122691	101323	101323	101323	101323	89966	78608	78608	67092	63254
			燃气	190802	190802	180202	159001	159001	157503	154506	154506	154506	131551	108596	108596	84591	84591	67949	67949	67949	67949	67949
	大型	公交车	汽油	1143216	1143216	1143216	1143216	1143216	786097	71859	71859	71859	71859	71859	71796	71733	71733	53800	35867	35867	35867	35867
			柴油	511027	511027	494514	461488	461488	448375	422150	422150	422150	414542	406935	406935	406935	406935	392261	377587	377587	340376	327973
			燃气	1027467	1027467	970386	856223	856223	792686	665611	665611	665611	570306	475000	475000	442225	442225	383293	383293	383293	383293	383293
		其他	汽油	2728648	2728648	2728648	2728648	2728648	1876270	171515	171515	171515	171515	171515	165083	158651	158651	119116	79580	79580	79580	79580
			柴油	1223751	1223751	1192262	1129283	1129283	1102954	1050297	1050297	1050297	1013318	976340	976340	976340	976340	929481	882622	882622	781111	747274
			燃气	2277880	2277880	2151331	1898233	1898233	1757372	1475650	1475650	1475650	1264843	1054036	1054036	950920	950920	806771	806771	806771	806771	806771
载货汽车	微型		汽油	227543	135216	42889	42889	42889	42889	29392	15896	15896	12950	10004	10004	8704	7403	7403	7403	7403	5492	4855
			柴油	166808	137980	109151	109151	109151	109151	98198	87245	87245	73910	60576	60576	60576	60576	44244	27913	27913	23741	22350
			燃气	124962	71467	17972	17972	17972	17972	13253	8534	8534	6965	5396	5396	4581	3766	3766	3766	3766	2924	2643
	轻型		汽油	166763	107404	48045	48045	48045	48045	32674	17302	17302	14551	11800	11800	9698	7596	7596	7596	7596	5735	5115
			柴油	167381	138266	109151	109151	109151	109151	98198	87245	87245	73910	60576	60576	60576	60576	48139	35702	35702	32900	31966
			燃气	91531	59033	26536	26536	26536	26536	17946	9357	9357	7833	6310	6310	5075	3840	3840	3840	3840	3049	2785
	中型		汽油	206352	206352	206352	206352	206352	140878	9931	9931	9931	9931	9931	9931	9931	9931	7451	4971	4971	4971	4971
			柴油	386565	386565	347107	268192	268192	255021	228680	228680	228680	228416	228152	228152	228152	228152	200174	172197	172197	148278	140305
			燃气	436514	436514	387176	288499	288499	274087	245264	245264	245264	244896	244529	244529	185303	185303	150719	150719	150719	150719	150719
	重型		汽油	1732521	1732521	1732521	1732521	1732521	1191314	108901	108901	108901	108901	108901	104818	100734	100734	75631	50528	50528	50528	50528
			柴油	951829	951829	919340	854362	854362	822761	759560	759560	759560	729102	698643	698643	698643	698643	612570	526496	526496	346137	286017
			燃气	1771727	1771727	1659855	1436113	1436113	1313132	1067169	1067169	1067169	910705	754240	754240	567237	567237	308789	308789	308789	308789	308789
低速汽车	三轮汽车			65550	65550	65550	65550	65550	65550	65550	65550	65550	53279	53279	53279	53279	53279	53279	53279	53279	53279	53279
	低速货车			88065	88065	88065	88065	88065	88065	88065	88065	88065	71579	71579	71579	71579	71579	71579	71579	71579	71579	71579
摩托车	普通摩托车			1177	1177	1177	1177	1138	1098	1020	1020	1020	1020	1020	906	792	792	792	792	792	792	792
	轻便摩托车			785	785	785	785	785	392	392	392	392	392	392	348	305	305	305	305	305	305	305

澄迈县 PM 排放系数

单位：克/（辆·年）

车辆类型		使用性质	燃料种类	1999 年年底前	2000 年	2001 年	2002 年	2003 年	2004 年	2005 年	2006 年	2007 年	2008 年	2009 年	2010 年	2011 年	2012 年	2013 年	2014 年	2015 年	2016 年	2017 年
载客汽车	微型	出租车	汽油	—	—	—	—	—	—	—	—	—	—	—	—	—	—	—	—	—	—	—
			燃气	—	—	—	—	—	—	—	—	—	—	—	—	—	—	—	—	—	—	—
		其他	汽油	—	—	—	—	—	—	—	—	—	—	—	—	—	—	—	—	—	—	—
			燃气	—	—	—	—	—	—	—	—	—	—	—	—	—	—	—	—	—	—	—
	小型	出租车	汽油	—	—	—	—	—	—	—	—	—	—	—	—	—	—	—	—	—	—	—
			柴油	40272	36900	33527	33527	33527	33527	22864	12202	12202	7971	3740	3740	3740	3740	3476	3212	3212	2656	2471
			燃气	—	—	—	—	—	—	—	—	—	—	—	—	—	—	—	—	—	—	—
		其他	汽油	—	—	—	—	—	—	—	—	—	—	—	—	—	—	—	—	—	—	—
			柴油	5101	4828	4554	4554	4554	4554	3273	1992	1992	1464	937	937	937	937	779	621	621	621	621
			燃气	—	—	—	—	—	—	—	—	—	—	—	—	—	—	—	—	—	—	—
	中型	公交车	汽油	—	—	—	—	—	—	—	—	—	—	—	—	—	—	—	—	—	—	—
			柴油	30592	30592	28032	22913	22913	17978	8108	8108	8108	6872	5637	5637	5637	5637	3504	1372	1372	1080	983
			燃气	—	—	—	—	—	—	—	—	—	—	—	—	—	—	—	—	—	—	—
		其他	汽油	—	—	—	—	—	—	—	—	—	—	—	—	—	—	—	—	—	—	—
			柴油	15274	15274	12888	8116	8116	6262	2553	2553	2553	2434	2316	2316	2316	2316	1366	415	415	399	394
			燃气	—	—	—	—	—	—	—	—	—	—	—	—	—	—	—	—	—	—	—
	大型	公交车	汽油	—	—	—	—	—	—	—	—	—	—	—	—	—	—	—	—	—	—	—
			柴油	94865	94865	93934	92071	92071	71272	29674	29674	29674	19994	10315	10315	10315	10315	6116	1916	1916	1845	1821
			燃气	—	—	—	—	—	—	—	—	—	—	—	—	—	—	—	—	—	—	—
		其他	汽油	—	—	—	—	—	—	—	—	—	—	—	—	—	—	—	—	—	—	—
			柴油	142314	142314	133412	115607	115607	85425	25061	25061	25061	17182	9303	9303	9303	9303	5868	2433	2433	2343	2313
			燃气	—	—	—	—	—	—	—	—	—	—	—	—	—	—	—	—	—	—	—
载货汽车	微型		汽油	—	—	—	—	—	—	—	—	—	—	—	—	—	—	—	—	—	—	—
			柴油	15796	15470	15143	15143	15143	15143	12376	9610	9610	7132	4655	4655	4655	4655	2930	1206	1206	1201	1199
			燃气	—	—	—	—	—	—	—	—	—	—	—	—	—	—	—	—	—	—	—
	轻型		汽油	—	—	—	—	—	—	—	—	—	—	—	—	—	—	—	—	—	—	—
			柴油	16428	15786	15143	15143	15143	15143	12376	9610	9610	7132	4655	4655	4655	4655	3510	2365	2365	1953	1816
			燃气	—	—	—	—	—	—	—	—	—	—	—	—	—	—	—	—	—	—	—
	中型		汽油	—	—	—	—	—	—	—	—	—	—	—	—	—	—	—	—	—	—	—
			柴油	32999	32999	27770	17312	17312	13354	5438	5438	5438	5152	4865	4865	4865	4865	3120	1374	1374	1258	1219
			燃气	—	—	—	—	—	—	—	—	—	—	—	—	—	—	—	—	—	—	—
	重型		汽油	—	—	—	—	—	—	—	—	—	—	—	—	—	—	—	—	—	—	—
			柴油	124316	124316	102179	57904	57904	45976	22119	22119	22119	15157	8195	8195	8195	8195	5485	2775	2775	2345	2202
			燃气	—	—	—	—	—	—	—	—	—	—	—	—	—	—	—	—	—	—	—
低速汽车	三轮汽车			4092	4092	4092	4092	4092	4092	4092	4092	4092	3220	3220	3220	3220	3220	3220	3220	3220	3220	3220
	低速货车			5581	5581	5581	5581	5581	5581	5581	5581	5581	4392	4392	4392	4392	4392	4392	4392	4392	4392	4392
摩托车	普通摩托车			—	—	—	—	—	—	—	—	—	—	—	—	—	—	—	—	—	—	—
	轻便摩托车			—	—	—	—	—	—	—	—	—	—	—	—	—	—	—	—	—	—	—

澄迈县 VOCs 排放系数

单位：克/（辆·年）

车辆类型		使用性质	燃料种类	1999年年底前	2000年	2001年	2002年	2003年	2004年	2005年	2006年	2007年	2008年	2009年	2010年	2011年	2012年	2013年	2014年	2015年	2016年	2017年
载客汽车	微型	出租车	汽油	339361	204782	70204	70204	70204	70204	53658	37113	37113	31060	25006	25006	21033	17060	17060	17060	17060	12396	10842
			燃气	296482	176555	56628	56628	56628	56628	42219	27810	27810	22763	17716	17716	14408	11101	11101	11101	11101	7453	6237
		其他	汽油	33008	20678	8349	8349	8349	8349	7950	7551	7551	6700	5848	5848	5619	5390	5390	5390	5390	4757	4546
			燃气	23171	13028	2886	2886	2886	2886	2754	2622	2622	1972	1323	1323	1238	1153	1153	1153	1153	811	697
	小型	出租车	汽油	339361	201536	63712	63712	63712	63712	58889	54066	54066	39536	25006	25006	21033	17060	17060	17060	17060	11786	10028
			柴油	112486	105848	99209	99209	99209	99209	90248	81288	81288	59622	37957	37957	37957	37957	28138	18318	18318	10227	7530
			燃气	296482	173636	50790	50790	50790	50790	46923	43056	43056	30386	17716	17716	14408	11101	11101	11101	11101	6904	5505
		其他	汽油	33444	20842	8241	8241	8241	8241	8131	8021	8021	6936	5850	5850	5589	5328	5328	5328	5328	4800	4624
			柴油	9418	8605	7792	7792	7792	7792	6654	5516	5516	3806	2097	2097	2097	2097	1729	1361	1361	947	809
			燃气	23563	14210	4856	4856	4856	4856	3950	3044	3044	2284	1523	1523	1310	1097	1097	1097	1097	849	766
	中型	公交车	汽油	247867	247867	247867	247867	247270	169027	13735	13735	13735	13735	13735	13584	13432	13432	11004	8577	8577	8577	8577
			柴油	87806	87806	86086	82645	82645	64494	28192	28192	28192	20508	12823	12823	12823	12823	8958	5093	5093	4763	4653
			燃气	71579	71579	67602	59649	59649	57536	53311	53311	53311	42686	32061	32061	22219	22219	22154	22154	22154	22154	22154
		其他	汽油	128578	128578	128578	128578	127981	87658	8207	8207	8207	8207	8207	8062	7916	7916	6865	5814	5814	5814	5814
			柴油	30493	30493	28460	24394	24394	18567	6912	6912	6912	6506	6099	6099	6099	6099	3750	1402	1402	1243	1190
			燃气	34560	34560	32640	28800	28800	27780	25740	25740	25740	20623	15506	15506	10732	10732	9642	9642	9642	9642	9642
	大型	公交车	汽油	577175	577175	577175	577175	576578	389000	15039	15039	15039	15039	15039	14899	14759	14759	11993	9227	9227	9227	9227
			柴油	131708	131708	108010	60614	60614	60614	60614	60614	60614	43515	26416	26416	26416	26416	17675	8934	8934	5723	4653
			燃气	168926	168926	159541	140772	140772	135786	125815	125815	125815	100740	75665	75665	52438	52438	47188	47188	47188	47188	47188
		其他	汽油	1278473	1278473	1278473	1278473	1277876	861028	28525	28525	28525	28525	28525	22266	16008	16008	12817	9626	9626	9626	9626
			柴油	272891	272891	207397	76409	76409	76409	76409	76409	76409	55942	35476	35476	35476	35476	20706	5937	5937	5324	5119
			燃气	266186	266186	251398	221822	221822	213966	198253	198253	198253	158842	119430	119430	82662	82662	74261	74261	74261	74261	74261
载货汽车	微型		汽油	246331	135441	24551	24551	24551	24551	22732	20913	20913	19158	17403	17403	14270	11137	11137	11137	11137	8967	8244
			柴油	59167	55196	51226	51226	51226	51226	46348	41471	41471	31438	21405	21405	21405	21405	14961	8517	8517	5232	4137
			燃气	172920	90703	8487	8487	8487	8487	7874	7262	7262	5599	3937	3937	3160	2382	2382	2382	2382	1544	1264
	轻型		汽油	130862	80694	30526	30526	30526	30526	26418	22311	22311	19983	17655	17655	15231	12807	12807	12807	12807	10514	9749
			柴油	55542	53384	51226	51226	51226	51226	46348	41471	41471	31438	21405	21405	21405	21405	16004	10603	10603	7317	6222
			燃气	92199	55093	17987	17987	17987	17987	13227	8467	8467	6532	4596	4596	3617	2637	2637	2637	2637	1870	1615
	中型		汽油	291059	291059	291059	291059	290462	197812	13707	13707	13707	13707	13707	13567	13427	13427	10992	8558	8558	8558	8558
			柴油	67666	67666	63155	54133	54133	41201	15338	15338	15338	14441	13544	13544	13544	13544	9816	6088	6088	3622	2800
			燃气	76691	76691	72431	63910	63910	61646	57118	57118	57118	45776	34434	34434	46602	46602	22687	22687	22687	22687	22687
	重型		汽油	831629	831629	831629	831629	831032	560268	19936	19936	19936	19936	19936	15826	11715	11715	9639	7563	7563	7563	7563
			柴油	219607	219607	166901	61490	61490	61490	61490	61490	61490	45020	28549	28549	28549	28549	17778	7006	7006	5201	4599
			燃气	214211	214211	202311	178511	178511	172188	159544	159544	159544	127827	96110	96110	97546	97546	66717	66717	66717	66717	66717
低速汽车	三轮汽车			25300	25300	25300	25300	25300	25300	25300	25300	25300	16721	16721	16721	16721	16721	16721	16721	16721	16721	16721
	低速货车			33990	33990	33990	33990	33990	33990	33990	33990	33990	22464	22464	22464	22464	22464	22464	22464	22464	22464	22464
摩托车	普通摩托车			15768	15768	15768	15768	11768	7767	4158	4158	4158	4158	4158	3103	2048	2048	2048	2048	2048	2048	2048
	轻便摩托车			50993	50993	50993	50993	50993	10199	10199	5021	5021	5021	5021	3747	2473	2473	2473	2473	2473	2473	2473

东方市 NO_x 排放系数

单位：克/（辆·年）

车辆类型		使用性质	燃料种类	1999年年底前	2000年	2001年	2002年	2003年	2004年	2005年	2006年	2007年	2008年	2009年	2010年	2011年	2012年	2013年	2014年	2015年	2016年	2017年
载客汽车	微型	出租车	汽油	266553	176555	86557	86557	86557	86557	62532	38507	38507	27563	16619	16619	14232	11846	11846	11846	11846	8006	6726
			燃气	151554	101534	51514	51514	51514	51514	37732	23950	23950	17553	11156	11156	9353	7550	7550	7550	7550	4849	3949
		其他	汽油	46271	28984	11696	11696	11696	11696	7238	2779	2779	2252	1726	1726	1490	1254	1254	1254	1254	946	843
			燃气	25411	15156	4901	4901	4901	4901	3196	1492	1492	1212	931	931	784	638	638	638	638	504	459
	小型	出租车	汽油	303320	197098	90876	90876	90876	90876	65024	39171	39171	27895	16619	16619	13528	10436	10436	10436	10436	6744	5513
			柴油	316230	261006	205781	205781	205781	205781	184627	163473	163473	129030	94586	94586	94586	94586	78562	62538	62538	51602	47956
			燃气	171909	112908	53906	53906	53906	53906	39112	24318	24318	17737	11156	11156	8963	6770	6770	6770	6770	4151	3278
		其他	汽油	43116	27494	11872	11872	11872	11872	7744	3617	3617	2463	1309	1309	1243	1177	1177	1177	1177	885	788
			柴油	41493	33864	26236	26236	26236	26236	24161	22086	22086	17325	12564	12564	12564	12564	10847	9130	9130	8210	7903
			燃气	23665	15111	6557	6557	6557	6557	4256	1956	1956	1328	700	700	648	595	595	595	595	470	429
	中型	公交车	汽油	320903	320903	320903	320903	320903	219230	15885	15885	15885	15885	15885	14246	12607	12607	9518	6428	6428	6428	6428
			柴油	360310	360310	359464	357772	357772	343554	315117	315117	315117	262477	209837	209837	209837	209837	171242	132647	132647	111055	103858
			燃气	382568	382568	378014	368905	368905	357462	334576	334576	334576	278458	222340	222340	140605	140605	110121	110121	110121	110121	110121
		其他	汽油	196742	196742	196742	196742	196742	133457	6886	6886	6886	6886	6886	6886	6886	6886	5165	3444	3444	3444	3444
			柴油	168969	168969	161916	147809	147809	146559	144059	144059	144059	122691	101323	101323	101323	101323	89966	78608	78608	67092	63254
			燃气	190802	190802	180202	159001	159001	157503	154506	154506	154506	131551	108596	108596	84591	84591	67949	67949	67949	67949	67949
	大型	公交车	汽油	1143216	1143216	1143216	1143216	1143216	786097	71859	71859	71859	71859	71859	71796	71733	71733	53800	35867	35867	35867	35867
			柴油	511027	511027	494514	461488	461488	448375	422150	422150	422150	414542	406935	406935	406935	406935	392261	377587	377587	340376	327973
			燃气	1027467	1027467	970386	856223	856223	792686	665611	665611	665611	570306	475000	475000	442225	442225	383293	383293	383293	383293	383293
		其他	汽油	2728648	2728648	2728648	2728648	2728648	1876270	171515	171515	171515	171515	171515	165083	158651	158651	119116	79580	79580	79580	79580
			柴油	1223751	1223751	1192262	1129283	1129283	1102954	1050297	1050297	1050297	1013318	976340	976340	976340	976340	929481	882622	882622	781111	747274
			燃气	2277880	2277880	2151331	1898233	1898233	1757372	1475650	1475650	1475650	1264843	1054036	1054036	950920	950920	806771	806771	806771	806771	806771
载货汽车	微型		汽油	227543	135216	42889	42889	42889	42889	29392	15896	15896	12950	10004	10004	8704	7403	7403	7403	7403	5492	4855
			柴油	166808	137980	109151	109151	109151	109151	98198	87245	87245	73910	60576	60576	60576	60576	44244	27913	27913	23741	22350
			燃气	124962	71467	17972	17972	17972	17972	13253	8534	8534	6965	5396	5396	4581	3766	3766	3766	3766	2924	2643
	轻型		汽油	166763	107404	48045	48045	48045	48045	32674	17302	17302	14551	11800	11800	9698	7596	7596	7596	7596	5735	5115
			柴油	167381	138266	109151	109151	109151	109151	98198	87245	87245	73910	60576	60576	60576	60576	48139	35702	35702	32900	31966
			燃气	91531	59033	26536	26536	26536	26536	17946	9357	9357	7833	6310	6310	5075	3840	3840	3840	3840	3049	2785
	中型		汽油	206352	206352	206352	206352	206352	140878	9931	9931	9931	9931	9931	9931	9931	9931	7451	4971	4971	4971	4971
			柴油	386565	386565	347107	268192	268192	255021	228680	228680	228680	228416	228152	228152	228152	228152	200174	172197	172197	148278	140305
			燃气	436514	436514	387176	288499	288499	274087	245264	245264	245264	244896	244529	244529	185303	185303	150719	150719	150719	150719	150719
	重型		汽油	1732521	1732521	1732521	1732521	1732521	1191314	108901	108901	108901	108901	108901	104818	100734	100734	75631	50528	50528	50528	50528
			柴油	951829	951829	919340	854362	854362	822761	759560	759560	759560	729102	698643	698643	698643	698643	612570	526496	526496	346137	286017
			燃气	1771727	1771727	1659855	1436113	1436113	1313132	1067169	1067169	1067169	910705	754240	754240	567237	567237	308789	308789	308789	308789	308789
低速汽车	三轮汽车			65550	65550	65550	65550	65550	65550	65550	65550	65550	53279	53279	53279	53279	53279	53279	53279	53279	53279	53279
	低速货车			88065	88065	88065	88065	88065	88065	88065	88065	88065	71579	71579	71579	71579	71579	71579	71579	71579	71579	71579
摩托车	普通摩托车			1177	1177	1177	1177	1138	1098	1020	1020	1020	1020	1020	906	792	792	792	792	792	792	792
	轻便摩托车			785	785	785	785	785	392	392	392	392	392	392	348	305	305	305	305	305	305	305

东方市 **PM** 排放系数

单位：克/（辆·年）

车辆类型		使用性质	燃料种类	1999年年底前	2000年	2001年	2002年	2003年	2004年	2005年	2006年	2007年	2008年	2009年	2010年	2011年	2012年	2013年	2014年	2015年	2016年	2017年
载客汽车	微型	出租车	汽油	—	—	—	—	—	—	—	—	—	—	—	—	—	—	—	—	—	—	—
			燃气	—	—	—	—	—	—	—	—	—	—	—	—	—	—	—	—	—	—	—
		其他	汽油	—	—	—	—	—	—	—	—	—	—	—	—	—	—	—	—	—	—	—
			燃气	—	—	—	—	—	—	—	—	—	—	—	—	—	—	—	—	—	—	—
	小型	出租车	汽油	—	—	—	—	—	—	—	—	—	—	—	—	—	—	—	—	—	—	—
			柴油	40272	36900	33527	33527	33527	33527	22864	12202	12202	7971	3740	3740	3740	3740	3476	3212	3212	2656	2471
			燃气	—	—	—	—	—	—	—	—	—	—	—	—	—	—	—	—	—	—	—
		其他	汽油	—	—	—	—	—	—	—	—	—	—	—	—	—	—	—	—	—	—	—
			柴油	5101	4828	4554	4554	4554	4554	3273	1992	1992	1464	937	937	937	937	779	621	621	621	621
			燃气	—	—	—	—	—	—	—	—	—	—	—	—	—	—	—	—	—	—	—
	中型	公交车	汽油	—	—	—	—	—	—	—	—	—	—	—	—	—	—	—	—	—	—	—
			柴油	30592	30592	28032	22913	22913	17978	8108	8108	8108	6872	5637	5637	5637	5637	3504	1372	1372	1080	983
			燃气	—	—	—	—	—	—	—	—	—	—	—	—	—	—	—	—	—	—	—
		其他	汽油	—	—	—	—	—	—	—	—	—	—	—	—	—	—	—	—	—	—	—
			柴油	15274	15274	12888	8116	8116	6262	2553	2553	2553	2434	2316	2316	2316	2316	1366	415	415	399	394
			燃气	—	—	—	—	—	—	—	—	—	—	—	—	—	—	—	—	—	—	—
	大型	公交车	汽油	—	—	—	—	—	—	—	—	—	—	—	—	—	—	—	—	—	—	—
			柴油	94865	94865	93934	92071	92071	71272	29674	29674	29674	19994	10315	10315	10315	10315	6116	1916	1916	1845	1821
			燃气	—	—	—	—	—	—	—	—	—	—	—	—	—	—	—	—	—	—	—
		其他	汽油	—	—	—	—	—	—	—	—	—	—	—	—	—	—	—	—	—	—	—
			柴油	142314	142314	133412	115607	115607	85425	25061	25061	25061	17182	9303	9303	9303	9303	5868	2433	2433	2343	2313
			燃气	—	—	—	—	—	—	—	—	—	—	—	—	—	—	—	—	—	—	—
载货汽车	微型		汽油	—	—	—	—	—	—	—	—	—	—	—	—	—	—	—	—	—	—	—
			柴油	15796	15470	15143	15143	15143	15143	12376	9610	9610	7132	4655	4655	4655	4655	2930	1206	1206	1201	1199
			燃气	—	—	—	—	—	—	—	—	—	—	—	—	—	—	—	—	—	—	—
	轻型		汽油	—	—	—	—	—	—	—	—	—	—	—	—	—	—	—	—	—	—	—
			柴油	16428	15786	15143	15143	15143	15143	12376	9610	9610	7132	4655	4655	4655	4655	3510	2365	2365	1953	1816
			燃气	—	—	—	—	—	—	—	—	—	—	—	—	—	—	—	—	—	—	—
	中型		汽油	—	—	—	—	—	—	—	—	—	—	—	—	—	—	—	—	—	—	—
			柴油	32999	32999	27770	17312	17312	13354	5438	5438	5438	5152	4865	4865	4865	4865	3120	1374	1374	1258	1219
			燃气	—	—	—	—	—	—	—	—	—	—	—	—	—	—	—	—	—	—	—
	重型		汽油	—	—	—	—	—	—	—	—	—	—	—	—	—	—	—	—	—	—	—
			柴油	124316	124316	102179	57904	57904	45976	22119	22119	22119	15157	8195	8195	8195	8195	5485	2775	2775	2345	2202
			燃气	—	—	—	—	—	—	—	—	—	—	—	—	—	—	—	—	—	—	—
低速汽车	三轮汽车			4092	4092	4092	4092	4092	4092	4092	4092	4092	3220	3220	3220	3220	3220	3220	3220	3220	3220	3220
	低速货车			5581	5581	5581	5581	5581	5581	5581	5581	5581	4392	4392	4392	4392	4392	4392	4392	4392	4392	4392
摩托车	普通摩托车			—	—	—	—	—	—	—	—	—	—	—	—	—	—	—	—	—	—	—
	轻便摩托车			—	—	—	—	—	—	—	—	—	—	—	—	—	—	—	—	—	—	—

东方市 VOCs 排放系数

单位：克/（辆·年）

车辆类型		使用性质	燃料种类	1999 年年底前	2000 年	2001 年	2002 年	2003 年	2004 年	2005 年	2006 年	2007 年	2008 年	2009 年	2010 年	2011 年	2012 年	2013 年	2014 年	2015 年	2016 年	2017 年
载客汽车	微型	出租车	汽油	339361	204782	70204	70204	70204	70204	53658	37113	37113	31060	25006	25006	21033	17060	17060	17060	17060	12396	10842
			燃气	296482	176555	56628	56628	56628	56628	42219	27810	27810	22763	17716	17716	14408	11101	11101	11101	11101	7453	6237
		其他	汽油	33008	20678	8349	8349	8349	8349	7950	7551	7551	6700	5848	5848	5619	5390	5390	5390	5390	4757	4546
			燃气	23171	13028	2886	2886	2886	2886	2754	2622	2622	1972	1323	1323	1238	1153	1153	1153	1153	811	697
	小型	出租车	汽油	339361	201536	63712	63712	63712	63712	58889	54066	54066	39536	25006	25006	21033	17060	17060	17060	17060	11786	10028
			柴油	112486	105848	99209	99209	99209	99209	90248	81288	81288	59622	37957	37957	37957	37957	28138	18318	18318	10227	7530
			燃气	296482	173636	50790	50790	50790	50790	46923	43056	43056	30386	17716	17716	14408	11101	11101	11101	11101	6904	5505
		其他	汽油	33444	20842	8241	8241	8241	8241	8131	8021	8021	6936	5850	5850	5589	5328	5328	5328	5328	4800	4624
			柴油	9418	8605	7792	7792	7792	7792	6654	5516	5516	3806	2097	2097	2097	2097	1729	1361	1361	947	809
			燃气	23563	14210	4856	4856	4856	4856	3950	3044	3044	2284	1523	1523	1310	1097	1097	1097	1097	849	766
	中型	公交车	汽油	247867	247867	247867	247867	247270	169027	13735	13735	13735	13735	13735	13584	13432	13432	11004	8577	8577	8577	8577
			柴油	87806	87806	86086	82645	82645	64494	28192	28192	28192	20508	12823	12823	12823	12823	8958	5093	5093	4763	4653
			燃气	71579	71579	67602	59649	59649	57536	53311	53311	53311	42686	32061	32061	22219	22219	22154	22154	22154	22154	22154
		其他	汽油	128578	128578	128578	128578	127981	87658	8207	8207	8207	8207	8207	8062	7916	7916	6865	5814	5814	5814	5814
			柴油	30493	30493	28460	24394	24394	18567	6912	6912	6912	6506	6099	6099	6099	6099	3750	1402	1402	1243	1190
			燃气	34560	34560	32640	28800	28800	27780	25740	25740	25740	20623	15506	15506	10732	10732	9642	9642	9642	9642	9642
	大型	公交车	汽油	577175	577175	577175	577175	576578	389000	15039	15039	15039	15039	15039	14899	14759	14759	11993	9227	9227	9227	9227
			柴油	131708	131708	108010	60614	60614	60614	60614	60614	60614	43515	26416	26416	26416	26416	17675	8934	8934	5723	4653
			燃气	168926	168926	159541	140772	140772	135786	125815	125815	125815	100740	75665	75665	52438	52438	47188	47188	47188	47188	47188
		其他	汽油	1278473	1278473	1278473	1278473	1277876	861028	28525	28525	28525	28525	28525	22266	16008	16008	12817	9626	9626	9626	9626
			柴油	272891	272891	207397	76409	76409	76409	76409	76409	76409	55942	35476	35476	35476	35476	20706	5937	5937	5324	5119
			燃气	266186	266186	251398	221822	221822	213966	198253	198253	198253	158842	119430	119430	82662	82662	74261	74261	74261	74261	74261
载货汽车	微型		汽油	246331	135441	24551	24551	24551	24551	22732	20913	20913	19158	17403	17403	14270	11137	11137	11137	11137	8967	8244
			柴油	59167	55196	51226	51226	51226	51226	46348	41471	41471	31438	21405	21405	21405	21405	14961	8517	8517	5232	4137
			燃气	172920	90703	8487	8487	8487	8487	7874	7262	7262	5599	3937	3937	3160	2382	2382	2382	2382	1544	1264
	轻型		汽油	130862	80694	30526	30526	30526	30526	26418	22311	22311	19983	17655	17655	15231	12807	12807	12807	12807	10514	9749
			柴油	55542	53384	51226	51226	51226	51226	46348	41471	41471	31438	21405	21405	21405	21405	16004	10603	10603	7317	6222
			燃气	92199	55093	17987	17987	17987	17987	13227	8467	8467	6532	4596	4596	3617	2637	2637	2637	2637	1870	1615
	中型		汽油	291059	291059	291059	291059	290462	197812	13707	13707	13707	13707	13707	13567	13427	13427	10992	8558	8558	8558	8558
			柴油	67666	67666	63155	54133	54133	41201	15338	15338	15338	14441	13544	13544	13544	13544	9816	6088	6088	3622	2800
			燃气	76691	76691	72431	63910	63910	61646	57118	57118	57118	45776	34434	34434	46602	46602	22687	22687	22687	22687	22687
	重型		汽油	831629	831629	831629	831629	831032	560268	19936	19936	19936	19936	19936	15826	11715	11715	9639	7563	7563	7563	7563
			柴油	219607	219607	166901	61490	61490	61490	61490	61490	61490	45020	28549	28549	28549	28549	17778	7006	7006	5201	4599
			燃气	214211	214211	202311	178511	178511	172188	159544	159544	159544	127827	96110	96110	97546	97546	66717	66717	66717	66717	66717
低速汽车	三轮汽车			25300	25300	25300	25300	25300	25300	25300	25300	25300	16721	16721	16721	16721	16721	16721	16721	16721	16721	16721
	低速货车			33990	33990	33990	33990	33990	33990	33990	33990	33990	22464	22464	22464	22464	22464	22464	22464	22464	22464	22464
摩托车	普通摩托车			15768	15768	15768	15768	11768	7767	4158	4158	4158	4158	4158	3103	2048	2048	2048	2048	2048	2048	2048
	轻便摩托车			50993	50993	50993	50993	50993	10199	10199	5021	5021	5021	5021	3747	2473	2473	2473	2473	2473	2473	2473

文昌市 NO_x 排放系数

单位：克/（辆·年）

车辆类型		使用性质	燃料种类	1999年年底前	2000年	2001年	2002年	2003年	2004年	2005年	2006年	2007年	2008年	2009年	2010年	2011年	2012年	2013年	2014年	2015年	2016年	2017年
载客汽车	微型	出租车	汽油	266553	176555	86557	86557	86557	86557	62532	38507	38507	27563	16619	16619	14232	11846	11846	11846	11846	8006	6726
			燃气	151554	101534	51514	51514	51514	51514	37732	23950	23950	17553	11156	11156	9353	7550	7550	7550	7550	4849	3949
		其他	汽油	46271	28984	11696	11696	11696	11696	7238	2779	2779	2252	1726	1726	1490	1254	1254	1254	1254	946	843
			燃气	25411	15156	4901	4901	4901	4901	3196	1492	1492	1212	931	931	784	638	638	638	638	504	459
	小型	出租车	汽油	303320	197098	90876	90876	90876	90876	65024	39171	39171	27895	16619	16619	13528	10436	10436	10436	10436	6744	5513
			柴油	316230	261006	205781	205781	205781	205781	184627	163473	163473	129030	94586	94586	94586	94586	78562	62538	62538	51602	47956
			燃气	171909	112908	53906	53906	53906	53906	39112	24318	24318	17737	11156	11156	8963	6770	6770	6770	6770	4151	3278
		其他	汽油	43116	27494	11872	11872	11872	11872	7744	3617	3617	2463	1309	1309	1243	1177	1177	1177	1177	885	788
			柴油	41493	33864	26236	26236	26236	26236	24161	22086	22086	17325	12564	12564	12564	12564	10847	9130	9130	8210	7903
			燃气	23665	15111	6557	6557	6557	6557	4256	1956	1956	1328	700	700	648	595	595	595	595	470	429
	中型	公交车	汽油	320903	320903	320903	320903	320903	219230	15885	15885	15885	15885	15885	14246	12607	12607	9518	6428	6428	6428	6428
			柴油	360310	360310	359464	357772	357772	343554	315117	315117	315117	262477	209837	209837	209837	209837	171242	132647	132647	111055	103858
			燃气	382568	382568	378014	368905	368905	357462	334576	334576	334576	278458	222340	222340	140605	140605	110121	110121	110121	110121	110121
		其他	汽油	196742	196742	196742	196742	196742	133457	6886	6886	6886	6886	6886	6886	6886	6886	5165	3444	3444	3444	3444
			柴油	168969	168969	161916	147809	147809	146559	144059	144059	144059	122691	101323	101323	101323	101323	89966	78608	78608	67092	63254
			燃气	190802	190802	180202	159001	159001	157503	154506	154506	154506	131551	108596	108596	84591	84591	67949	67949	67949	67949	67949
	大型	公交车	汽油	1143216	1143216	1143216	1143216	1143216	786097	71859	71859	71859	71859	71859	71796	71733	71733	53800	35867	35867	35867	35867
			柴油	511027	511027	494514	461488	461488	448375	422150	422150	422150	414542	406935	406935	406935	406935	392261	377587	377587	340376	327973
			燃气	1027467	1027467	970386	856223	856223	792686	665611	665611	665611	570306	475000	475000	442225	442225	383293	383293	383293	383293	383293
		其他	汽油	2728648	2728648	2728648	2728648	2728648	1876270	171515	171515	171515	171515	171515	165083	158651	158651	119116	79580	79580	79580	79580
			柴油	1223751	1223751	1192262	1129283	1129283	1102954	1050297	1050297	1050297	1013318	976340	976340	976340	976340	929481	882622	882622	781111	747274
			燃气	2277880	2277880	2151331	1898233	1898233	1757372	1475650	1475650	1475650	1264843	1054036	1054036	950920	950920	806771	806771	806771	806771	806771
载货汽车	微型		汽油	227543	135216	42889	42889	42889	42889	29392	15896	15896	12950	10004	10004	8704	7403	7403	7403	7403	5492	4855
			柴油	166808	137980	109151	109151	109151	109151	98198	87245	87245	73910	60576	60576	60576	60576	44244	27913	27913	23741	22350
			燃气	124962	71467	17972	17972	17972	17972	13253	8534	8534	6965	5396	5396	4581	3766	3766	3766	3766	2924	2643
	轻型		汽油	166763	107404	48045	48045	48045	48045	32674	17302	17302	14551	11800	11800	9698	7596	7596	7596	7596	5735	5115
			柴油	167381	138266	109151	109151	109151	109151	98198	87245	87245	73910	60576	60576	60576	60576	48139	35702	35702	32900	31966
			燃气	91531	59033	26536	26536	26536	26536	17946	9357	9357	7833	6310	6310	5075	3840	3840	3840	3840	3049	2785
	中型		汽油	206352	206352	206352	206352	206352	140878	9931	9931	9931	9931	9931	9931	9931	9931	7451	4971	4971	4971	4971
			柴油	386565	386565	347107	268192	268192	255021	228680	228680	228680	228416	228152	228152	228152	228152	200174	172197	172197	148278	140305
			燃气	436514	436514	387176	288499	288499	274087	245264	245264	245264	244896	244529	244529	185303	185303	150719	150719	150719	150719	150719
	重型		汽油	1732521	1732521	1732521	1732521	1732521	1191314	108901	108901	108901	108901	108901	104818	100734	100734	75631	50528	50528	50528	50528
			柴油	951829	951829	919340	854362	854362	822761	759560	759560	759560	729102	698643	698643	698643	698643	612570	526496	526496	346137	286017
			燃气	1771727	1771727	1659855	1436113	1436113	1313132	1067169	1067169	1067169	910705	754240	754240	567237	567237	308789	308789	308789	308789	308789
低速汽车	三轮汽车			65550	65550	65550	65550	65550	65550	65550	65550	65550	53279	53279	53279	53279	53279	53279	53279	53279	53279	53279
	低速货车			88065	88065	88065	88065	88065	88065	88065	88065	88065	71579	71579	71579	71579	71579	71579	71579	71579	71579	71579
摩托车	普通摩托车			1177	1177	1177	1177	1138	1098	1020	1020	1020	1020	1020	906	792	792	792	792	792	792	792
	轻便摩托车			785	785	785	785	785	392	392	392	392	392	392	348	305	305	305	305	305	305	305

文昌市 PM 排放系数

单位：克/（辆·年）

车辆类型		使用性质	燃料种类	1999 年年底前	2000 年	2001 年	2002 年	2003 年	2004 年	2005 年	2006 年	2007 年	2008 年	2009 年	2010 年	2011 年	2012 年	2013 年	2014 年	2015 年	2016 年	2017 年
载客汽车	微型	出租车	汽油	—	—	—	—	—	—	—	—	—	—	—	—	—	—	—	—	—	—	—
			燃气	—	—	—	—	—	—	—	—	—	—	—	—	—	—	—	—	—	—	—
		其他	汽油	—	—	—	—	—	—	—	—	—	—	—	—	—	—	—	—	—	—	—
			燃气	—	—	—	—	—	—	—	—	—	—	—	—	—	—	—	—	—	—	—
	小型	出租车	汽油	—	—	—	—	—	—	—	—	—	—	—	—	—	—	—	—	—	—	—
			柴油	40272	36900	33527	33527	33527	33527	22864	12202	12202	7971	3740	3740	3740	3740	3476	3212	3212	2656	2471
			燃气	—	—	—	—	—	—	—	—	—	—	—	—	—	—	—	—	—	—	—
		其他	汽油	—	—	—	—	—	—	—	—	—	—	—	—	—	—	—	—	—	—	—
			柴油	5101	4828	4554	4554	4554	4554	3273	1992	1992	1464	937	937	937	937	779	621	621	621	621
			燃气	—	—	—	—	—	—	—	—	—	—	—	—	—	—	—	—	—	—	—
	中型	公交车	汽油	—	—	—	—	—	—	—	—	—	—	—	—	—	—	—	—	—	—	—
			柴油	30592	30592	28032	22913	22913	17978	8108	8108	8108	6872	5637	5637	5637	5637	3504	1372	1372	1080	983
			燃气	—	—	—	—	—	—	—	—	—	—	—	—	—	—	—	—	—	—	—
		其他	汽油	—	—	—	—	—	—	—	—	—	—	—	—	—	—	—	—	—	—	—
			柴油	15274	15274	12888	8116	8116	6262	2553	2553	2553	2434	2316	2316	2316	2316	1366	415	415	399	394
			燃气	—	—	—	—	—	—	—	—	—	—	—	—	—	—	—	—	—	—	—
	大型	公交车	汽油	—	—	—	—	—	—	—	—	—	—	—	—	—	—	—	—	—	—	—
			柴油	94865	94865	93934	92071	92071	71272	29674	29674	29674	19994	10315	10315	10315	10315	6116	1916	1916	1845	1821
			燃气	—	—	—	—	—	—	—	—	—	—	—	—	—	—	—	—	—	—	—
		其他	汽油	—	—	—	—	—	—	—	—	—	—	—	—	—	—	—	—	—	—	—
			柴油	142314	142314	133412	115607	115607	85425	25061	25061	25061	17182	9303	9303	9303	9303	5868	2433	2433	2343	2313
			燃气	—	—	—	—	—	—	—	—	—	—	—	—	—	—	—	—	—	—	—
载货汽车	微型		汽油	—	—	—	—	—	—	—	—	—	—	—	—	—	—	—	—	—	—	—
			柴油	15796	15470	15143	15143	15143	15143	12376	9610	9610	7132	4655	4655	4655	4655	2930	1206	1206	1201	1199
			燃气	—	—	—	—	—	—	—	—	—	—	—	—	—	—	—	—	—	—	—
	轻型		汽油	—	—	—	—	—	—	—	—	—	—	—	—	—	—	—	—	—	—	—
			柴油	16428	15786	15143	15143	15143	15143	12376	9610	9610	7132	4655	4655	4655	4655	3510	2365	2365	1953	1816
			燃气	—	—	—	—	—	—	—	—	—	—	—	—	—	—	—	—	—	—	—
	中型		汽油	—	—	—	—	—	—	—	—	—	—	—	—	—	—	—	—	—	—	—
			柴油	32999	32999	27770	17312	17312	13354	5438	5438	5438	5152	4865	4865	4865	4865	3120	1374	1374	1258	1219
			燃气	—	—	—	—	—	—	—	—	—	—	—	—	—	—	—	—	—	—	—
	重型		汽油	—	—	—	—	—	—	—	—	—	—	—	—	—	—	—	—	—	—	—
			柴油	124316	124316	102179	57904	57904	45976	22119	22119	22119	15157	8195	8195	8195	8195	5485	2775	2775	2345	2202
			燃气	—	—	—	—	—	—	—	—	—	—	—	—	—	—	—	—	—	—	—
低速汽车	三轮汽车			4092	4092	4092	4092	4092	4092	4092	4092	4092	3220	3220	3220	3220	3220	3220	3220	3220	3220	3220
	低速货车			5581	5581	5581	5581	5581	5581	5581	5581	5581	4392	4392	4392	4392	4392	4392	4392	4392	4392	4392
摩托车	普通摩托车			—	—	—	—	—	—	—	—	—	—	—	—	—	—	—	—	—	—	—
	轻便摩托车			—	—	—	—	—	—	—	—	—	—	—	—	—	—	—	—	—	—	—

文昌市 VOCs 排放系数

单位：克/（辆·年）

车辆类型		使用性质	燃料种类	1999 年年底前	2000 年	2001 年	2002 年	2003 年	2004 年	2005 年	2006 年	2007 年	2008 年	2009 年	2010 年	2011 年	2012 年	2013 年	2014 年	2015 年	2016 年	2017 年
载客汽车	微型	出租车	汽油	339361	204782	70204	70204	70204	70204	53658	37113	37113	31060	25006	25006	21033	17060	17060	17060	17060	12396	10842
			燃气	296482	176555	56628	56628	56628	56628	42219	27810	27810	22763	17716	17716	14408	11101	11101	11101	11101	7453	6237
		其他	汽油	33008	20678	8349	8349	8349	8349	7950	7551	7551	6700	5848	5848	5619	5390	5390	5390	5390	4757	4546
			燃气	23171	13028	2886	2886	2886	2886	2754	2622	2622	1972	1323	1323	1238	1153	1153	1153	1153	811	697
	小型	出租车	汽油	339361	201536	63712	63712	63712	63712	58889	54066	54066	39536	25006	25006	21033	17060	17060	17060	17060	11786	10028
			柴油	112486	105848	99209	99209	99209	99209	90248	81288	81288	59622	37957	37957	37957	37957	28138	18318	18318	10227	7530
			燃气	296482	173636	50790	50790	50790	50790	46923	43056	43056	30386	17716	17716	14408	11101	11101	11101	11101	6904	5505
		其他	汽油	33444	20842	8241	8241	8241	8241	8131	8021	8021	6936	5850	5850	5589	5328	5328	5328	5328	4800	4624
			柴油	9418	8605	7792	7792	7792	7792	6654	5516	5516	3806	2097	2097	2097	2097	1729	1361	1361	947	809
			燃气	23563	14210	4856	4856	4856	4856	3950	3044	3044	2284	1523	1523	1310	1097	1097	1097	1097	849	766
	中型	公交车	汽油	247867	247867	247867	247867	247270	169027	13735	13735	13735	13735	13735	13584	13432	13432	11004	8577	8577	8577	8577
			柴油	87806	87806	86086	82645	82645	64494	28192	28192	28192	20508	12823	12823	12823	12823	8958	5093	5093	4763	4653
			燃气	71579	71579	67602	59649	59649	57536	53311	53311	53311	42686	32061	32061	22219	22219	22154	22154	22154	22154	22154
		其他	汽油	128578	128578	128578	128578	127981	87658	8207	8207	8207	8207	8207	8062	7916	7916	6865	5814	5814	5814	5814
			柴油	30493	30493	28460	24394	24394	18567	6912	6912	6912	6506	6099	6099	6099	6099	3750	1402	1402	1243	1190
			燃气	34560	34560	32640	28800	28800	27780	25740	25740	25740	20623	15506	15506	10732	10732	9642	9642	9642	9642	9642
	大型	公交车	汽油	577175	577175	577175	577175	576578	389000	15039	15039	15039	15039	15039	14899	14759	14759	11993	9227	9227	9227	9227
			柴油	131708	131708	108010	60614	60614	60614	60614	60614	60614	43515	26416	26416	26416	26416	17675	8934	8934	5723	4653
			燃气	168926	168926	159541	140772	140772	135786	125815	125815	125815	100740	75665	75665	52438	52438	47188	47188	47188	47188	47188
		其他	汽油	1278473	1278473	1278473	1278473	1277876	861028	28525	28525	28525	28525	28525	22266	16008	16008	12817	9626	9626	9626	9626
			柴油	272891	272891	207397	76409	76409	76409	76409	76409	76409	55942	35476	35476	35476	35476	20706	5937	5937	5324	5119
			燃气	266186	266186	251398	221822	221822	213966	198253	198253	198253	158842	119430	119430	82662	82662	74261	74261	74261	74261	74261
载货汽车	微型		汽油	246331	135441	24551	24551	24551	24551	22732	20913	20913	19158	17403	17403	14270	11137	11137	11137	11137	8967	8244
			柴油	59167	55196	51226	51226	51226	51226	46348	41471	41471	31438	21405	21405	21405	21405	14961	8517	8517	5232	4137
			燃气	172920	90703	8487	8487	8487	8487	7874	7262	7262	5599	3937	3937	3160	2382	2382	2382	2382	1544	1264
	轻型		汽油	130862	80694	30526	30526	30526	30526	26418	22311	22311	19983	17655	17655	15231	12807	12807	12807	12807	10514	9749
			柴油	55542	53384	51226	51226	51226	51226	46348	41471	41471	31438	21405	21405	21405	21405	16004	10603	10603	7317	6222
			燃气	92199	55093	17987	17987	17987	17987	13227	8467	8467	6532	4596	4596	3617	2637	2637	2637	2637	1870	1615
	中型		汽油	291059	291059	291059	291059	290462	197812	13707	13707	13707	13707	13707	13567	13427	13427	10992	8558	8558	8558	8558
			柴油	67666	67666	63155	54133	54133	41201	15338	15338	15338	14441	13544	13544	13544	13544	9816	6088	6088	3622	2800
			燃气	76691	76691	72431	63910	63910	61646	57118	57118	57118	45776	34434	34434	46602	46602	22687	22687	22687	22687	22687
	重型		汽油	831629	831629	831629	831629	831032	560268	19936	19936	19936	19936	19936	15826	11715	11715	9639	7563	7563	7563	7563
			柴油	219607	219607	166901	61490	61490	61490	61490	61490	61490	45020	28549	28549	28549	28549	17778	7006	7006	5201	4599
			燃气	214211	214211	202311	178511	178511	172188	159544	159544	159544	127827	96110	96110	97546	97546	66717	66717	66717	66717	66717
低速汽车	三轮汽车			25300	25300	25300	25300	25300	25300	25300	25300	25300	16721	16721	16721	16721	16721	16721	16721	16721	16721	16721
	低速货车			33990	33990	33990	33990	33990	33990	33990	33990	33990	22464	22464	22464	22464	22464	22464	22464	22464	22464	22464
摩托车	普通摩托车			15768	15768	15768	15768	11768	7767	4158	4158	4158	4158	4158	3103	2048	2048	2048	2048	2048	2048	2048
	轻便摩托车			50993	50993	50993	50993	50993	10199	10199	5021	5021	5021	5021	3747	2473	2473	2473	2473	2473	2473	2473

临高县 NO_x 排放系数

单位：克/（辆·年）

车辆类型		使用性质	燃料种类	1999 年年底前	2000 年	2001 年	2002 年	2003 年	2004 年	2005 年	2006 年	2007 年	2008 年	2009 年	2010 年	2011 年	2012 年	2013 年	2014 年	2015 年	2016 年	2017 年
载客汽车	微型	出租车	汽油	266553	176555	86557	86557	86557	86557	62532	38507	38507	27563	16619	16619	14232	11846	11846	11846	11846	8006	6726
			燃气	151554	101534	51514	51514	51514	51514	37732	23950	23950	17553	11156	11156	9353	7550	7550	7550	7550	4849	3949
		其他	汽油	46271	28984	11696	11696	11696	11696	7238	2779	2779	2252	1726	1726	1490	1254	1254	1254	1254	946	843
			燃气	25411	15156	4901	4901	4901	4901	3196	1492	1492	1212	931	931	784	638	638	638	638	504	459
	小型	出租车	汽油	303320	197098	90876	90876	90876	90876	65024	39171	39171	27895	16619	16619	13528	10436	10436	10436	10436	6744	5513
			柴油	316230	261006	205781	205781	205781	205781	184627	163473	163473	129030	94586	94586	94586	94586	78562	62538	62538	51602	47956
			燃气	171909	112908	53906	53906	53906	53906	39112	24318	24318	17737	11156	11156	8963	6770	6770	6770	6770	4151	3278
		其他	汽油	43116	27494	11872	11872	11872	11872	7744	3617	3617	2463	1309	1309	1243	1177	1177	1177	1177	885	788
			柴油	41493	33864	26236	26236	26236	26236	24161	22086	22086	17325	12564	12564	12564	12564	10847	9130	9130	8210	7903
			燃气	23665	15111	6557	6557	6557	6557	4256	1956	1956	1328	700	700	648	595	595	595	595	470	429
	中型	公交车	汽油	320903	320903	320903	320903	320903	219230	15885	15885	15885	15885	15885	14246	12607	12607	9518	6428	6428	6428	6428
			柴油	360310	360310	359464	357772	357772	343554	315117	315117	315117	262477	209837	209837	209837	209837	171242	132647	132647	111055	103858
			燃气	382568	382568	378014	368905	368905	357462	334576	334576	334576	278458	222340	222340	140605	140605	110121	110121	110121	110121	110121
		其他	汽油	196742	196742	196742	196742	196742	133457	6886	6886	6886	6886	6886	6886	6886	6886	5165	3444	3444	3444	3444
			柴油	168969	168969	161916	147809	147809	146559	144059	144059	144059	122691	101323	101323	101323	101323	89966	78608	78608	67092	63254
			燃气	190802	190802	180202	159001	159001	157503	154506	154506	154506	131551	108596	108596	84591	84591	67949	67949	67949	67949	67949
	大型	公交车	汽油	1143216	1143216	1143216	1143216	1143216	786097	71859	71859	71859	71859	71859	71796	71733	71733	53800	35867	35867	35867	35867
			柴油	511027	511027	494514	461488	461488	448375	422150	422150	422150	414542	406935	406935	406935	406935	392261	377587	377587	340376	327973
			燃气	1027467	1027467	970386	856223	856223	792686	665611	665611	665611	570306	475000	475000	442225	442225	383293	383293	383293	383293	383293
		其他	汽油	2728648	2728648	2728648	2728648	2728648	1876270	171515	171515	171515	171515	171515	165083	158651	158651	119116	79580	79580	79580	79580
			柴油	1223751	1223751	1192262	1129283	1129283	1102954	1050297	1050297	1050297	1013318	976340	976340	976340	976340	929481	882622	882622	781111	747274
			燃气	2277880	2277880	2151331	1898233	1898233	1757372	1475650	1475650	1475650	1264843	1054036	1054036	950920	950920	806771	806771	806771	806771	806771
载货汽车	微型		汽油	227543	135216	42889	42889	42889	42889	29392	15896	15896	12950	10004	10004	8704	7403	7403	7403	7403	5492	4855
			柴油	166808	137980	109151	109151	109151	109151	98198	87245	87245	73910	60576	60576	60576	60576	44244	27913	27913	23741	22350
			燃气	124962	71467	17972	17972	17972	17972	13253	8534	8534	6965	5396	5396	4581	3766	3766	3766	3766	2924	2643
	轻型		汽油	166763	107404	48045	48045	48045	48045	32674	17302	17302	14551	11800	11800	9698	7596	7596	7596	7596	5735	5115
			柴油	167381	138266	109151	109151	109151	109151	98198	87245	87245	73910	60576	60576	60576	60576	48139	35702	35702	32900	31966
			燃气	91531	59033	26536	26536	26536	26536	17946	9357	9357	7833	6310	6310	5075	3840	3840	3840	3840	3049	2785
	中型		汽油	206352	206352	206352	206352	206352	140878	9931	9931	9931	9931	9931	9931	9931	9931	7451	4971	4971	4971	4971
			柴油	386565	386565	347107	268192	268192	255021	228680	228680	228680	228416	228152	228152	228152	228152	200174	172197	172197	148278	140305
			燃气	436514	436514	387176	288499	288499	274087	245264	245264	245264	244896	244529	244529	185303	185303	150719	150719	150719	150719	150719
	重型		汽油	1732521	1732521	1732521	1732521	1732521	1191314	108901	108901	108901	108901	108901	104818	100734	100734	75631	50528	50528	50528	50528
			柴油	951829	951829	919340	854362	854362	822761	759560	759560	759560	729102	698643	698643	698643	698643	612570	526496	526496	346137	286017
			燃气	1771727	1771727	1659855	1436113	1436113	1313132	1067169	1067169	1067169	910705	754240	754240	567237	567237	308789	308789	308789	308789	308789
低速汽车	三轮汽车			65550	65550	65550	65550	65550	65550	65550	65550	65550	53279	53279	53279	53279	53279	53279	53279	53279	53279	53279
	低速货车			88065	88065	88065	88065	88065	88065	88065	88065	88065	71579	71579	71579	71579	71579	71579	71579	71579	71579	71579
摩托车	普通摩托车			1177	1177	1177	1177	1138	1098	1020	1020	1020	1020	1020	906	792	792	792	792	792	792	792
	轻便摩托车			785	785	785	785	785	392	392	392	392	392	392	348	305	305	305	305	305	305	305

临高县 PM 排放系数

单位：克/（辆·年）

车辆类型		使用性质	燃料种类	1999 年年底前	2000 年	2001 年	2002 年	2003 年	2004 年	2005 年	2006 年	2007 年	2008 年	2009 年	2010 年	2011 年	2012 年	2013 年	2014 年	2015 年	2016 年	2017 年
载客汽车	微型	出租车	汽油	—	—	—	—	—	—	—	—	—	—	—	—	—	—	—	—	—	—	—
			燃气	—	—	—	—	—	—	—	—	—	—	—	—	—	—	—	—	—	—	—
		其他	汽油	—	—	—	—	—	—	—	—	—	—	—	—	—	—	—	—	—	—	—
			燃气	—	—	—	—	—	—	—	—	—	—	—	—	—	—	—	—	—	—	—
	小型	出租车	汽油	—	—	—	—	—	—	—	—	—	—	—	—	—	—	—	—	—	—	—
			柴油	40272	36900	33527	33527	33527	33527	22864	12202	12202	7971	3740	3740	3740	3740	3476	3212	3212	2656	2471
			燃气	—	—	—	—	—	—	—	—	—	—	—	—	—	—	—	—	—	—	—
		其他	汽油	—	—	—	—	—	—	—	—	—	—	—	—	—	—	—	—	—	—	—
			柴油	5101	4828	4554	4554	4554	4554	3273	1992	1992	1464	937	937	937	937	779	621	621	621	621
			燃气	—	—	—	—	—	—	—	—	—	—	—	—	—	—	—	—	—	—	—
	中型	公交车	汽油	—	—	—	—	—	—	—	—	—	—	—	—	—	—	—	—	—	—	—
			柴油	30592	30592	28032	22913	22913	17978	8108	8108	8108	6872	5637	5637	5637	5637	3504	1372	1372	1080	983
			燃气	—	—	—	—	—	—	—	—	—	—	—	—	—	—	—	—	—	—	—
		其他	汽油	—	—	—	—	—	—	—	—	—	—	—	—	—	—	—	—	—	—	—
			柴油	15274	15274	12888	8116	8116	6262	2553	2553	2553	2434	2316	2316	2316	2316	1366	415	415	399	394
			燃气	—	—	—	—	—	—	—	—	—	—	—	—	—	—	—	—	—	—	—
	大型	公交车	汽油	—	—	—	—	—	—	—	—	—	—	—	—	—	—	—	—	—	—	—
			柴油	94865	94865	93934	92071	92071	71272	29674	29674	29674	19994	10315	10315	10315	10315	6116	1916	1916	1845	1821
			燃气	—	—	—	—	—	—	—	—	—	—	—	—	—	—	—	—	—	—	—
		其他	汽油	—	—	—	—	—	—	—	—	—	—	—	—	—	—	—	—	—	—	—
			柴油	142314	142314	133412	115607	115607	85425	25061	25061	25061	17182	9303	9303	9303	9303	5868	2433	2433	2343	2313
			燃气	—	—	—	—	—	—	—	—	—	—	—	—	—	—	—	—	—	—	—
载货汽车	微型		汽油	—	—	—	—	—	—	—	—	—	—	—	—	—	—	—	—	—	—	—
			柴油	15796	15470	15143	15143	15143	15143	12376	9610	9610	7132	4655	4655	4655	4655	2930	1206	1206	1201	1199
			燃气	—	—	—	—	—	—	—	—	—	—	—	—	—	—	—	—	—	—	—
	轻型		汽油	—	—	—	—	—	—	—	—	—	—	—	—	—	—	—	—	—	—	—
			柴油	16428	15786	15143	15143	15143	15143	12376	9610	9610	7132	4655	4655	4655	4655	3510	2365	2365	1953	1816
			燃气	—	—	—	—	—	—	—	—	—	—	—	—	—	—	—	—	—	—	—
	中型		汽油	—	—	—	—	—	—	—	—	—	—	—	—	—	—	—	—	—	—	—
			柴油	32999	32999	27770	17312	17312	13354	5438	5438	5438	5152	4865	4865	4865	4865	3120	1374	1374	1258	1219
			燃气	—	—	—	—	—	—	—	—	—	—	—	—	—	—	—	—	—	—	—
	重型		汽油	—	—	—	—	—	—	—	—	—	—	—	—	—	—	—	—	—	—	—
			柴油	124316	124316	102179	57904	57904	45976	22119	22119	22119	15157	8195	8195	8195	8195	5485	2775	2775	2345	2202
			燃气	—	—	—	—	—	—	—	—	—	—	—	—	—	—	—	—	—	—	—
低速汽车	三轮汽车			4092	4092	4092	4092	4092	4092	4092	4092	4092	3220	3220	3220	3220	3220	3220	3220	3220	3220	3220
	低速货车			5581	5581	5581	5581	5581	5581	5581	5581	5581	4392	4392	4392	4392	4392	4392	4392	4392	4392	4392
摩托车	普通摩托车			—	—	—	—	—	—	—	—	—	—	—	—	—	—	—	—	—	—	—
	轻便摩托车			—	—	—	—	—	—	—	—	—	—	—	—	—	—	—	—	—	—	—

临高县 VOCs 排放系数

单位：克/（辆·年）

车辆类型		使用性质	燃料种类	1999 年年底前	2000 年	2001 年	2002 年	2003 年	2004 年	2005 年	2006 年	2007 年	2008 年	2009 年	2010 年	2011 年	2012 年	2013 年	2014 年	2015 年	2016 年	2017 年
载客汽车	微型	出租车	汽油	339361	204782	70204	70204	70204	70204	53658	37113	37113	31060	25006	25006	21033	17060	17060	17060	17060	12396	10842
			燃气	296482	176555	56628	56628	56628	56628	42219	27810	27810	22763	17716	17716	14408	11101	11101	11101	11101	7453	6237
		其他	汽油	33008	20678	8349	8349	8349	8349	7950	7551	7551	6700	5848	5848	5619	5390	5390	5390	5390	4757	4546
			燃气	23171	13028	2886	2886	2886	2886	2754	2622	2622	1972	1323	1323	1238	1153	1153	1153	1153	811	697
	小型	出租车	汽油	339361	201536	63712	63712	63712	63712	58889	54066	54066	39536	25006	25006	21033	17060	17060	17060	17060	11786	10028
			柴油	112486	105848	99209	99209	99209	99209	90248	81288	81288	59622	37957	37957	37957	37957	28138	18318	18318	10227	7530
			燃气	296482	173636	50790	50790	50790	50790	46923	43056	43056	30386	17716	17716	14408	11101	11101	11101	11101	6904	5505
		其他	汽油	33444	20842	8241	8241	8241	8241	8131	8021	8021	6936	5850	5850	5589	5328	5328	5328	5328	4800	4624
			柴油	9418	8605	7792	7792	7792	7792	6654	5516	5516	3806	2097	2097	2097	2097	1729	1361	1361	947	809
			燃气	23563	14210	4856	4856	4856	4856	3950	3044	3044	2284	1523	1523	1310	1097	1097	1097	1097	849	766
	中型	公交车	汽油	247867	247867	247867	247867	247270	169027	13735	13735	13735	13735	13735	13584	13432	13432	11004	8577	8577	8577	8577
			柴油	87806	87806	86086	82645	82645	64494	28192	28192	28192	20508	12823	12823	12823	12823	8958	5093	5093	4763	4653
			燃气	71579	71579	67602	59649	59649	57536	53311	53311	53311	42686	32061	32061	22219	22219	22154	22154	22154	22154	22154
		其他	汽油	128578	128578	128578	128578	127981	87658	8207	8207	8207	8207	8207	8062	7916	7916	6865	5814	5814	5814	5814
			柴油	30493	30493	28460	24394	24394	18567	6912	6912	6912	6506	6099	6099	6099	6099	3750	1402	1402	1243	1190
			燃气	34560	34560	32640	28800	28800	27780	25740	25740	25740	20623	15506	15506	10732	10732	9642	9642	9642	9642	9642
	大型	公交车	汽油	577175	577175	577175	577175	576578	389000	15039	15039	15039	15039	15039	14899	14759	14759	11993	9227	9227	9227	9227
			柴油	131708	131708	108010	60614	60614	60614	60614	60614	60614	43515	26416	26416	26416	26416	17675	8934	8934	5723	4653
			燃气	168926	168926	159541	140772	140772	135786	125815	125815	125815	100740	75665	75665	52438	52438	47188	47188	47188	47188	47188
		其他	汽油	1278473	1278473	1278473	1278473	1277876	861028	28525	28525	28525	28525	28525	22266	16008	16008	12817	9626	9626	9626	9626
			柴油	272891	272891	207397	76409	76409	76409	76409	76409	76409	55942	35476	35476	35476	35476	20706	5937	5937	5324	5119
			燃气	266186	266186	251398	221822	221822	213966	198253	198253	198253	158842	119430	119430	82662	82662	74261	74261	74261	74261	74261
载货汽车	微型		汽油	246331	135441	24551	24551	24551	24551	22732	20913	20913	19158	17403	17403	14270	11137	11137	11137	11137	8967	8244
			柴油	59167	55196	51226	51226	51226	51226	46348	41471	41471	31438	21405	21405	21405	21405	14961	8517	8517	5232	4137
			燃气	172920	90703	8487	8487	8487	8487	7874	7262	7262	5599	3937	3937	3160	2382	2382	2382	2382	1544	1264
	轻型		汽油	130862	80694	30526	30526	30526	30526	26418	22311	22311	19983	17655	17655	15231	12807	12807	12807	12807	10514	9749
			柴油	55542	53384	51226	51226	51226	51226	46348	41471	41471	31438	21405	21405	21405	21405	16004	10603	10603	7317	6222
			燃气	92199	55093	17987	17987	17987	17987	13227	8467	8467	6532	4596	4596	3617	2637	2637	2637	2637	1870	1615
	中型		汽油	291059	291059	291059	291059	290462	197812	13707	13707	13707	13707	13707	13567	13427	13427	10992	8558	8558	8558	8558
			柴油	67666	67666	63155	54133	54133	41201	15338	15338	15338	14441	13544	13544	13544	13544	9816	6088	6088	3622	2800
			燃气	76691	76691	72431	63910	63910	61646	57118	57118	57118	45776	34434	34434	46602	46602	22687	22687	22687	22687	22687
	重型		汽油	831629	831629	831629	831629	831032	560268	19936	19936	19936	19936	19936	15826	11715	11715	9639	7563	7563	7563	7563
			柴油	219607	219607	166901	61490	61490	61490	61490	61490	61490	45020	28549	28549	28549	28549	17778	7006	7006	5201	4599
			燃气	214211	214211	202311	178511	178511	172188	159544	159544	159544	127827	96110	96110	97546	97546	66717	66717	66717	66717	66717
低速汽车	三轮汽车			25300	25300	25300	25300	25300	25300	25300	25300	25300	16721	16721	16721	16721	16721	16721	16721	16721	16721	16721
	低速货车			33990	33990	33990	33990	33990	33990	33990	33990	33990	22464	22464	22464	22464	22464	22464	22464	22464	22464	22464
摩托车	普通摩托车			15768	15768	15768	15768	11768	7767	4158	4158	4158	4158	4158	3103	2048	2048	2048	2048	2048	2048	2048
	轻便摩托车			50993	50993	50993	50993	50993	10199	10199	5021	5021	5021	5021	3747	2473	2473	2473	2473	2473	2473	2473

陵水黎族自治县 NO_x 排放系数

单位：克/（辆·年）

车辆类型		使用性质	燃料种类	1999 年年底前	2000 年	2001 年	2002 年	2003 年	2004 年	2005 年	2006 年	2007 年	2008 年	2009 年	2010 年	2011 年	2012 年	2013 年	2014 年	2015 年	2016 年	2017 年
载客汽车	微型	出租车	汽油	266553	176555	86557	86557	86557	86557	62532	38507	38507	27563	16619	16619	14232	11846	11846	11846	11846	8006	6726
			燃气	151554	101534	51514	51514	51514	51514	37732	23950	23950	17553	11156	11156	9353	7550	7550	7550	7550	4849	3949
		其他	汽油	46271	28984	11696	11696	11696	11696	7238	2779	2779	2252	1726	1726	1490	1254	1254	1254	1254	946	843
			燃气	25411	15156	4901	4901	4901	4901	3196	1492	1492	1212	931	931	784	638	638	638	638	504	459
	小型	出租车	汽油	303320	197098	90876	90876	90876	90876	65024	39171	39171	27895	16619	16619	13528	10436	10436	10436	10436	6744	5513
			柴油	316230	261006	205781	205781	205781	205781	184627	163473	163473	129030	94586	94586	94586	94586	78562	62538	62538	51602	47956
			燃气	171909	112908	53906	53906	53906	53906	39112	24318	24318	17737	11156	11156	8963	6770	6770	6770	6770	4151	3278
		其他	汽油	43116	27494	11872	11872	11872	11872	7744	3617	3617	2463	1309	1309	1243	1177	1177	1177	1177	885	788
			柴油	41493	33864	26236	26236	26236	26236	24161	22086	22086	17325	12564	12564	12564	12564	10847	9130	9130	8210	7903
			燃气	23665	15111	6557	6557	6557	6557	4256	1956	1956	1328	700	700	648	595	595	595	595	470	429
	中型	公交车	汽油	320903	320903	320903	320903	320903	219230	15885	15885	15885	15885	15885	14246	12607	12607	9518	6428	6428	6428	6428
			柴油	360310	360310	359464	357772	357772	343554	315117	315117	315117	262477	209837	209837	209837	209837	171242	132647	132647	111055	103858
			燃气	382568	382568	378014	368905	368905	357462	334576	334576	334576	278458	222340	222340	140605	140605	110121	110121	110121	110121	110121
		其他	汽油	196742	196742	196742	196742	196742	133457	6886	6886	6886	6886	6886	6886	6886	6886	5165	3444	3444	3444	3444
			柴油	168969	168969	161916	147809	147809	146559	144059	144059	144059	122691	101323	101323	101323	101323	89966	78608	78608	67092	63254
			燃气	190802	190802	180202	159001	159001	157503	154506	154506	154506	131551	108596	108596	84591	84591	67949	67949	67949	67949	67949
	大型	公交车	汽油	1143216	1143216	1143216	1143216	1143216	786097	71859	71859	71859	71859	71859	71796	71733	71733	53800	35867	35867	35867	35867
			柴油	511027	511027	494514	461488	461488	448375	422150	422150	422150	414542	406935	406935	406935	406935	392261	377587	377587	340376	327973
			燃气	1027467	1027467	970386	856223	856223	792686	665611	665611	665611	570306	475000	475000	442225	442225	383293	383293	383293	383293	383293
		其他	汽油	2728648	2728648	2728648	2728648	2728648	1876270	171515	171515	171515	171515	171515	165083	158651	158651	119116	79580	79580	79580	79580
			柴油	1223751	1223751	1192262	1129283	1129283	1102954	1050297	1050297	1050297	1013318	976340	976340	976340	976340	929481	882622	882622	781111	747274
			燃气	2277880	2277880	2151331	1898233	1898233	1757372	1475650	1475650	1475650	1264843	1054036	1054036	950920	950920	806771	806771	806771	806771	806771
载货汽车	微型		汽油	227543	135216	42889	42889	42889	42889	29392	15896	15896	12950	10004	10004	8704	7403	7403	7403	7403	5492	4855
			柴油	166808	137980	109151	109151	109151	109151	98198	87245	87245	73910	60576	60576	60576	60576	44244	27913	27913	23741	22350
			燃气	124962	71467	17972	17972	17972	17972	13253	8534	8534	6965	5396	5396	4581	3766	3766	3766	3766	2924	2643
	轻型		汽油	166763	107404	48045	48045	48045	48045	32674	17302	17302	14551	11800	11800	9698	7596	7596	7596	7596	5735	5115
			柴油	167381	138266	109151	109151	109151	109151	98198	87245	87245	73910	60576	60576	60576	60576	48139	35702	35702	32900	31966
			燃气	91531	59033	26536	26536	26536	26536	17946	9357	9357	7833	6310	6310	5075	3840	3840	3840	3840	3049	2785
	中型		汽油	206352	206352	206352	206352	206352	140878	9931	9931	9931	9931	9931	9931	9931	9931	7451	4971	4971	4971	4971
			柴油	386565	386565	347107	268192	268192	255021	228680	228680	228680	228416	228152	228152	228152	228152	200174	172197	172197	148278	140305
			燃气	436514	436514	387176	288499	288499	274087	245264	245264	245264	244896	244529	244529	185303	185303	150719	150719	150719	150719	150719
	重型		汽油	1732521	1732521	1732521	1732521	1732521	1191314	108901	108901	108901	108901	108901	104818	100734	100734	75631	50528	50528	50528	50528
			柴油	951829	951829	919340	854362	854362	822761	759560	759560	759560	729102	698643	698643	698643	698643	612570	526496	526496	346137	286017
			燃气	1771727	1771727	1659855	1436113	1436113	1313132	1067169	1067169	1067169	910705	754240	754240	567237	567237	308789	308789	308789	308789	308789
低速汽车	三轮汽车			65550	65550	65550	65550	65550	65550	65550	65550	65550	53279	53279	53279	53279	53279	53279	53279	53279	53279	53279
	低速货车			88065	88065	88065	88065	88065	88065	88065	88065	88065	71579	71579	71579	71579	71579	71579	71579	71579	71579	71579
摩托车	普通摩托车			1177	1177	1177	1177	1138	1098	1020	1020	1020	1020	1020	906	792	792	792	792	792	792	792
	轻便摩托车			785	785	785	785	785	392	392	392	392	392	392	348	305	305	305	305	305	305	305

陵水黎族自治县 PM 排放系数

单位：克/（辆 • 年）

车辆类型		使用性质	燃料种类	1999 年年底前	2000 年	2001 年	2002 年	2003 年	2004 年	2005 年	2006 年	2007 年	2008 年	2009 年	2010 年	2011 年	2012 年	2013 年	2014 年	2015 年	2016 年	2017 年
载客汽车	微型	出租车	汽油	—	—	—	—	—	—	—	—	—	—	—	—	—	—	—	—	—	—	—
			燃气	—	—	—	—	—	—	—	—	—	—	—	—	—	—	—	—	—	—	—
		其他	汽油	—	—	—	—	—	—	—	—	—	—	—	—	—	—	—	—	—	—	—
			燃气	—	—	—	—	—	—	—	—	—	—	—	—	—	—	—	—	—	—	—
	小型	出租车	汽油	—	—	—	—	—	—	—	—	—	—	—	—	—	—	—	—	—	—	—
			柴油	40272	36900	33527	33527	33527	33527	22864	12202	12202	7971	3740	3740	3740	3740	3476	3212	3212	2656	2471
			燃气	—	—	—	—	—	—	—	—	—	—	—	—	—	—	—	—	—	—	—
		其他	汽油	—	—	—	—	—	—	—	—	—	—	—	—	—	—	—	—	—	—	—
			柴油	5101	4828	4554	4554	4554	4554	3273	1992	1992	1464	937	937	937	937	779	621	621	621	621
			燃气	—	—	—	—	—	—	—	—	—	—	—	—	—	—	—	—	—	—	—
	中型	公交车	汽油	—	—	—	—	—	—	—	—	—	—	—	—	—	—	—	—	—	—	—
			柴油	30592	30592	28032	22913	22913	17978	8108	8108	8108	6872	5637	5637	5637	5637	3504	1372	1372	1080	983
			燃气	—	—	—	—	—	—	—	—	—	—	—	—	—	—	—	—	—	—	—
		其他	汽油	—	—	—	—	—	—	—	—	—	—	—	—	—	—	—	—	—	—	—
			柴油	15274	15274	12888	8116	8116	6262	2553	2553	2553	2434	2316	2316	2316	2316	1366	415	415	399	394
			燃气	—	—	—	—	—	—	—	—	—	—	—	—	—	—	—	—	—	—	—
	大型	公交车	汽油	—	—	—	—	—	—	—	—	—	—	—	—	—	—	—	—	—	—	—
			柴油	94865	94865	93934	92071	92071	71272	29674	29674	29674	19994	10315	10315	10315	10315	6116	1916	1916	1845	1821
			燃气	—	—	—	—	—	—	—	—	—	—	—	—	—	—	—	—	—	—	—
		其他	汽油	—	—	—	—	—	—	—	—	—	—	—	—	—	—	—	—	—	—	—
			柴油	142314	142314	133412	115607	115607	85425	25061	25061	25061	17182	9303	9303	9303	9303	5868	2433	2433	2343	2313
			燃气	—	—	—	—	—	—	—	—	—	—	—	—	—	—	—	—	—	—	—
载货汽车	微型		汽油	—	—	—	—	—	—	—	—	—	—	—	—	—	—	—	—	—	—	—
			柴油	15796	15470	15143	15143	15143	15143	12376	9610	9610	7132	4655	4655	4655	4655	2930	1206	1206	1201	1199
			燃气	—	—	—	—	—	—	—	—	—	—	—	—	—	—	—	—	—	—	—
	轻型		汽油	—	—	—	—	—	—	—	—	—	—	—	—	—	—	—	—	—	—	—
			柴油	16428	15786	15143	15143	15143	15143	12376	9610	9610	7132	4655	4655	4655	4655	3510	2365	2365	1953	1816
			燃气	—	—	—	—	—	—	—	—	—	—	—	—	—	—	—	—	—	—	—
	中型		汽油	—	—	—	—	—	—	—	—	—	—	—	—	—	—	—	—	—	—	—
			柴油	32999	32999	27770	17312	17312	13354	5438	5438	5438	5152	4865	4865	4865	4865	3120	1374	1374	1258	1219
			燃气	—	—	—	—	—	—	—	—	—	—	—	—	—	—	—	—	—	—	—
	重型		汽油	—	—	—	—	—	—	—	—	—	—	—	—	—	—	—	—	—	—	—
			柴油	124316	124316	102179	57904	57904	45976	22119	22119	22119	15157	8195	8195	8195	8195	5485	2775	2775	2345	2202
			燃气	—	—	—	—	—	—	—	—	—	—	—	—	—	—	—	—	—	—	—
低速汽车	三轮汽车			4092	4092	4092	4092	4092	4092	4092	4092	4092	3220	3220	3220	3220	3220	3220	3220	3220	3220	3220
	低速货车			5581	5581	5581	5581	5581	5581	5581	5581	5581	4392	4392	4392	4392	4392	4392	4392	4392	4392	4392
摩托车	普通摩托车			—	—	—	—	—	—	—	—	—	—	—	—	—	—	—	—	—	—	—
	轻便摩托车			—	—	—	—	—	—	—	—	—	—	—	—	—	—	—	—	—	—	—

陵水黎族自治县 VOCs 排放系数

单位：克/（辆·年）

车辆类型		使用性质	燃料种类	1999 年年底前	2000 年	2001 年	2002 年	2003 年	2004 年	2005 年	2006 年	2007 年	2008 年	2009 年	2010 年	2011 年	2012 年	2013 年	2014 年	2015 年	2016 年	2017 年
载客汽车	微型	出租车	汽油	339361	204782	70204	70204	70204	70204	53658	37113	37113	31060	25006	25006	21033	17060	17060	17060	17060	12396	10842
			燃气	296482	176555	56628	56628	56628	56628	42219	27810	27810	22763	17716	17716	14408	11101	11101	11101	11101	7453	6237
		其他	汽油	33008	20678	8349	8349	8349	8349	7950	7551	7551	6700	5848	5848	5619	5390	5390	5390	5390	4757	4546
			燃气	23171	13028	2886	2886	2886	2886	2754	2622	2622	1972	1323	1323	1238	1153	1153	1153	1153	811	697
	小型	出租车	汽油	339361	201536	63712	63712	63712	63712	58889	54066	54066	39536	25006	25006	21033	17060	17060	17060	17060	11786	10028
			柴油	112486	105848	99209	99209	99209	99209	90248	81288	81288	59622	37957	37957	37957	37957	28138	18318	18318	10227	7530
			燃气	296482	173636	50790	50790	50790	50790	46923	43056	43056	30386	17716	17716	14408	11101	11101	11101	11101	6904	5505
		其他	汽油	33444	20842	8241	8241	8241	8241	8131	8021	8021	6936	5850	5850	5589	5328	5328	5328	5328	4800	4624
			柴油	9418	8605	7792	7792	7792	7792	6654	5516	5516	3806	2097	2097	2097	2097	1729	1361	1361	947	809
			燃气	23563	14210	4856	4856	4856	4856	3950	3044	3044	2284	1523	1523	1310	1097	1097	1097	1097	849	766
	中型	公交车	汽油	247867	247867	247867	247867	247270	169027	13735	13735	13735	13735	13735	13584	13432	13432	11004	8577	8577	8577	8577
			柴油	87806	87806	86086	82645	82645	64494	28192	28192	28192	20508	12823	12823	12823	12823	8958	5093	5093	4763	4653
			燃气	71579	71579	67602	59649	59649	57536	53311	53311	53311	42686	32061	32061	22219	22219	22154	22154	22154	22154	22154
		其他	汽油	128578	128578	128578	128578	127981	87658	8207	8207	8207	8207	8207	8062	7916	7916	6865	5814	5814	5814	5814
			柴油	30493	30493	28460	24394	24394	18567	6912	6912	6912	6506	6099	6099	6099	6099	3750	1402	1402	1243	1190
			燃气	34560	34560	32640	28800	28800	27780	25740	25740	25740	20623	15506	15506	10732	10732	9642	9642	9642	9642	9642
	大型	公交车	汽油	577175	577175	577175	577175	576578	389000	15039	15039	15039	15039	15039	14899	14759	14759	11993	9227	9227	9227	9227
			柴油	131708	131708	108010	60614	60614	60614	60614	60614	60614	43515	26416	26416	26416	26416	17675	8934	8934	5723	4653
			燃气	168926	168926	159541	140772	140772	135786	125815	125815	125815	100740	75665	75665	52438	52438	47188	47188	47188	47188	47188
		其他	汽油	1278473	1278473	1278473	1278473	1277876	861028	28525	28525	28525	28525	28525	22266	16008	16008	12817	9626	9626	9626	9626
			柴油	272891	272891	207397	76409	76409	76409	76409	76409	76409	55942	35476	35476	35476	35476	20706	5937	5937	5324	5119
			燃气	266186	266186	251398	221822	221822	213966	198253	198253	198253	158842	119430	119430	82662	82662	74261	74261	74261	74261	74261
载货汽车	微型		汽油	246331	135441	24551	24551	24551	24551	22732	20913	20913	19158	17403	17403	14270	11137	11137	11137	11137	8967	8244
			柴油	59167	55196	51226	51226	51226	51226	46348	41471	41471	31438	21405	21405	21405	21405	14961	8517	8517	5232	4137
			燃气	172920	90703	8487	8487	8487	8487	7874	7262	7262	5599	3937	3937	3160	2382	2382	2382	2382	1544	1264
	轻型		汽油	130862	80694	30526	30526	30526	30526	26418	22311	22311	19983	17655	17655	15231	12807	12807	12807	12807	10514	9749
			柴油	55542	53384	51226	51226	51226	51226	46348	41471	41471	31438	21405	21405	21405	21405	16004	10603	10603	7317	6222
			燃气	92199	55093	17987	17987	17987	17987	13227	8467	8467	6532	4596	4596	3617	2637	2637	2637	2637	1870	1615
	中型		汽油	291059	291059	291059	291059	290462	197812	13707	13707	13707	13707	13707	13567	13427	13427	10992	8558	8558	8558	8558
			柴油	67666	67666	63155	54133	54133	41201	15338	15338	15338	14441	13544	13544	13544	13544	9816	6088	6088	3622	2800
			燃气	76691	76691	72431	63910	63910	61646	57118	57118	57118	45776	34434	34434	46602	46602	22687	22687	22687	22687	22687
	重型		汽油	831629	831629	831629	831629	831032	560268	19936	19936	19936	19936	19936	15826	11715	11715	9639	7563	7563	7563	7563
			柴油	219607	219607	166901	61490	61490	61490	61490	61490	61490	45020	28549	28549	28549	28549	17778	7006	7006	5201	4599
			燃气	214211	214211	202311	178511	178511	172188	159544	159544	159544	127827	96110	96110	97546	97546	66717	66717	66717	66717	66717
低速汽车	三轮汽车			25300	25300	25300	25300	25300	25300	25300	25300	25300	16721	16721	16721	16721	16721	16721	16721	16721	16721	16721
	低速货车			33990	33990	33990	33990	33990	33990	33990	33990	33990	22464	22464	22464	22464	22464	22464	22464	22464	22464	22464
摩托车	普通摩托车			15768	15768	15768	15768	11768	7767	4158	4158	4158	4158	4158	3103	2048	2048	2048	2048	2048	2048	2048
	轻便摩托车			50993	50993	50993	50993	50993	10199	10199	5021	5021	5021	5021	3747	2473	2473	2473	2473	2473	2473	2473

保亭黎族苗族自治县 NO_x 排放系数

单位：克/（辆·年）

车辆类型		使用性质	燃料种类	1999年年底前	2000年	2001年	2002年	2003年	2004年	2005年	2006年	2007年	2008年	2009年	2010年	2011年	2012年	2013年	2014年	2015年	2016年	2017年
载客汽车	微型	出租车	汽油	266553	176555	86557	86557	86557	86557	62532	38507	38507	27563	16619	16619	14232	11846	11846	11846	11846	8006	6726
			燃气	151554	101534	51514	51514	51514	51514	37732	23950	23950	17553	11156	11156	9353	7550	7550	7550	7550	4849	3949
		其他	汽油	46271	28984	11696	11696	11696	11696	7238	2779	2779	2252	1726	1726	1490	1254	1254	1254	1254	946	843
			燃气	25411	15156	4901	4901	4901	4901	3196	1492	1492	1212	931	931	784	638	638	638	638	504	459
	小型	出租车	汽油	303320	197098	90876	90876	90876	90876	65024	39171	39171	27895	16619	16619	13528	10436	10436	10436	10436	6744	5513
			柴油	316230	261006	205781	205781	205781	205781	184627	163473	163473	129030	94586	94586	94586	94586	78562	62538	62538	51602	47956
			燃气	171909	112908	53906	53906	53906	53906	39112	24318	24318	17737	11156	11156	8963	6770	6770	6770	6770	4151	3278
		其他	汽油	43116	27494	11872	11872	11872	11872	7744	3617	3617	2463	1309	1309	1243	1177	1177	1177	1177	885	788
			柴油	41493	33864	26236	26236	26236	26236	24161	22086	22086	17325	12564	12564	12564	12564	10847	9130	9130	8210	7903
			燃气	23665	15111	6557	6557	6557	6557	4256	1956	1956	1328	700	700	648	595	595	595	595	470	429
	中型	公交车	汽油	320903	320903	320903	320903	320903	219230	15885	15885	15885	15885	15885	14246	12607	12607	9518	6428	6428	6428	6428
			柴油	360310	360310	359464	357772	357772	343554	315117	315117	315117	262477	209837	209837	209837	209837	171242	132647	132647	111055	103858
			燃气	382568	382568	378014	368905	368905	357462	334576	334576	334576	278458	222340	222340	140605	140605	110121	110121	110121	110121	110121
		其他	汽油	196742	196742	196742	196742	196742	133457	6886	6886	6886	6886	6886	6886	6886	6886	5165	3444	3444	3444	3444
			柴油	168969	168969	161916	147809	147809	146559	144059	144059	144059	122691	101323	101323	101323	101323	89966	78608	78608	67092	63254
			燃气	190802	190802	180202	159001	159001	157503	154506	154506	154506	131551	108596	108596	84591	84591	67949	67949	67949	67949	67949
	大型	公交车	汽油	1143216	1143216	1143216	1143216	1143216	786097	71859	71859	71859	71859	71859	71796	71733	71733	53800	35867	35867	35867	35867
			柴油	511027	511027	494514	461488	461488	448375	422150	422150	422150	414542	406935	406935	406935	406935	392261	377587	377587	340376	327973
			燃气	1027467	1027467	970386	856223	856223	792686	665611	665611	665611	570306	475000	475000	442225	442225	383293	383293	383293	383293	383293
		其他	汽油	2728648	2728648	2728648	2728648	2728648	1876270	171515	171515	171515	171515	171515	165083	158651	158651	119116	79580	79580	79580	79580
			柴油	1223751	1223751	1192262	1129283	1129283	1102954	1050297	1050297	1050297	1013318	976340	976340	976340	976340	929481	882622	882622	781111	747274
			燃气	2277880	2277880	2151331	1898233	1898233	1757372	1475650	1475650	1475650	1264843	1054036	1054036	950920	950920	806771	806771	806771	806771	806771
载货汽车	微型		汽油	227543	135216	42889	42889	42889	42889	29392	15896	15896	12950	10004	10004	8704	7403	7403	7403	7403	5492	4855
			柴油	166808	137980	109151	109151	109151	109151	98198	87245	87245	73910	60576	60576	60576	60576	44244	27913	27913	23741	22350
			燃气	124962	71467	17972	17972	17972	17972	13253	8534	8534	6965	5396	5396	4581	3766	3766	3766	3766	2924	2643
	轻型		汽油	166763	107404	48045	48045	48045	48045	32674	17302	17302	14551	11800	11800	9698	7596	7596	7596	7596	5735	5115
			柴油	167381	138266	109151	109151	109151	109151	98198	87245	87245	73910	60576	60576	60576	60576	48139	35702	35702	32900	31966
			燃气	91531	59033	26536	26536	26536	26536	17946	9357	9357	7833	6310	6310	5075	3840	3840	3840	3840	3049	2785
	中型		汽油	206352	206352	206352	206352	206352	140878	9931	9931	9931	9931	9931	9931	9931	9931	7451	4971	4971	4971	4971
			柴油	386565	386565	347107	268192	268192	255021	228680	228680	228680	228416	228152	228152	228152	228152	200174	172197	172197	148278	140305
			燃气	436514	436514	387176	288499	288499	274087	245264	245264	245264	244896	244529	244529	185303	185303	150719	150719	150719	150719	150719
	重型		汽油	1732521	1732521	1732521	1732521	1732521	1191314	108901	108901	108901	108901	108901	104818	100734	100734	75631	50528	50528	50528	50528
			柴油	951829	951829	919340	854362	854362	822761	759560	759560	759560	729102	698643	698643	698643	698643	612570	526496	526496	346137	286017
			燃气	1771727	1771727	1659855	1436113	1436113	1313132	1067169	1067169	1067169	910705	754240	754240	567237	567237	308789	308789	308789	308789	308789
低速汽车	三轮汽车			65550	65550	65550	65550	65550	65550	65550	65550	65550	53279	53279	53279	53279	53279	53279	53279	53279	53279	53279
	低速货车			88065	88065	88065	88065	88065	88065	88065	88065	88065	71579	71579	71579	71579	71579	71579	71579	71579	71579	71579
摩托车	普通摩托车			1177	1177	1177	1177	1138	1098	1020	1020	1020	1020	1020	906	792	792	792	792	792	792	792
	轻便摩托车			785	785	785	785	785	392	392	392	392	392	392	348	305	305	305	305	305	305	305

保亭黎族苗族自治县 PM 排放系数

单位：克/（辆·年）

车辆类型		使用性质	燃料种类	1999 年年底前	2000 年	2001 年	2002 年	2003 年	2004 年	2005 年	2006 年	2007 年	2008 年	2009 年	2010 年	2011 年	2012 年	2013 年	2014 年	2015 年	2016 年	2017 年
载客汽车	微型	出租车	汽油	—	—	—	—	—	—	—	—	—	—	—	—	—	—	—	—	—	—	—
			燃气	—	—	—	—	—	—	—	—	—	—	—	—	—	—	—	—	—	—	—
		其他	汽油	—	—	—	—	—	—	—	—	—	—	—	—	—	—	—	—	—	—	—
			燃气	—	—	—	—	—	—	—	—	—	—	—	—	—	—	—	—	—	—	—
	小型	出租车	汽油	—	—	—	—	—	—	—	—	—	—	—	—	—	—	—	—	—	—	—
			柴油	40272	36900	33527	33527	33527	33527	22864	12202	12202	7971	3740	3740	3740	3740	3476	3212	3212	2656	2471
			燃气	—	—	—	—	—	—	—	—	—	—	—	—	—	—	—	—	—	—	—
		其他	汽油	—	—	—	—	—	—	—	—	—	—	—	—	—	—	—	—	—	—	—
			柴油	5101	4828	4554	4554	4554	4554	3273	1992	1992	1464	937	937	937	937	779	621	621	621	621
			燃气	—	—	—	—	—	—	—	—	—	—	—	—	—	—	—	—	—	—	—
	中型	公交车	汽油	—	—	—	—	—	—	—	—	—	—	—	—	—	—	—	—	—	—	—
			柴油	30592	30592	28032	22913	22913	17978	8108	8108	8108	6872	5637	5637	5637	5637	3504	1372	1372	1080	983
			燃气	—	—	—	—	—	—	—	—	—	—	—	—	—	—	—	—	—	—	—
		其他	汽油	—	—	—	—	—	—	—	—	—	—	—	—	—	—	—	—	—	—	—
			柴油	15274	15274	12888	8116	8116	6262	2553	2553	2553	2434	2316	2316	2316	2316	1366	415	415	399	394
			燃气	—	—	—	—	—	—	—	—	—	—	—	—	—	—	—	—	—	—	—
	大型	公交车	汽油	—	—	—	—	—	—	—	—	—	—	—	—	—	—	—	—	—	—	—
			柴油	94865	94865	93934	92071	92071	71272	29674	29674	29674	19994	10315	10315	10315	10315	6116	1916	1916	1845	1821
			燃气	—	—	—	—	—	—	—	—	—	—	—	—	—	—	—	—	—	—	—
		其他	汽油	—	—	—	—	—	—	—	—	—	—	—	—	—	—	—	—	—	—	—
			柴油	142314	142314	133412	115607	115607	85425	25061	25061	25061	17182	9303	9303	9303	9303	5868	2433	2433	2343	2313
			燃气	—	—	—	—	—	—	—	—	—	—	—	—	—	—	—	—	—	—	—
载货汽车	微型		汽油	—	—	—	—	—	—	—	—	—	—	—	—	—	—	—	—	—	—	—
			柴油	15796	15470	15143	15143	15143	15143	12376	9610	9610	7132	4655	4655	4655	4655	2930	1206	1206	1201	1199
			燃气	—	—	—	—	—	—	—	—	—	—	—	—	—	—	—	—	—	—	—
	轻型		汽油	—	—	—	—	—	—	—	—	—	—	—	—	—	—	—	—	—	—	—
			柴油	16428	15786	15143	15143	15143	15143	12376	9610	9610	7132	4655	4655	4655	4655	3510	2365	2365	1953	1816
			燃气	—	—	—	—	—	—	—	—	—	—	—	—	—	—	—	—	—	—	—
	中型		汽油	—	—	—	—	—	—	—	—	—	—	—	—	—	—	—	—	—	—	—
			柴油	32999	32999	27770	17312	17312	13354	5438	5438	5438	5152	4865	4865	4865	4865	3120	1374	1374	1258	1219
			燃气	—	—	—	—	—	—	—	—	—	—	—	—	—	—	—	—	—	—	—
	重型		汽油	—	—	—	—	—	—	—	—	—	—	—	—	—	—	—	—	—	—	—
			柴油	124316	124316	102179	57904	57904	45976	22119	22119	22119	15157	8195	8195	8195	8195	5485	2775	2775	2345	2202
			燃气	—	—	—	—	—	—	—	—	—	—	—	—	—	—	—	—	—	—	—
低速汽车	三轮汽车			4092	4092	4092	4092	4092	4092	4092	4092	4092	3220	3220	3220	3220	3220	3220	3220	3220	3220	3220
	低速货车			5581	5581	5581	5581	5581	5581	5581	5581	5581	4392	4392	4392	4392	4392	4392	4392	4392	4392	4392
摩托车	普通摩托车			—	—	—	—	—	—	—	—	—	—	—	—	—	—	—	—	—	—	—
	轻便摩托车			—	—	—	—	—	—	—	—	—	—	—	—	—	—	—	—	—	—	—

保亭黎族苗族自治县 VOCs 排放系数

单位：克/（辆·年）

车辆类型		使用性质	燃料种类	1999 年年底前	2000 年	2001 年	2002 年	2003 年	2004 年	2005 年	2006 年	2007 年	2008 年	2009 年	2010 年	2011 年	2012 年	2013 年	2014 年	2015 年	2016 年	2017 年
载客汽车	微型	出租车	汽油	339361	204782	70204	70204	70204	70204	53658	37113	37113	31060	25006	25006	21033	17060	17060	17060	17060	12396	10842
			燃气	296482	176555	56628	56628	56628	56628	42219	27810	27810	22763	17716	17716	14408	11101	11101	11101	11101	7453	6237
		其他	汽油	33008	20678	8349	8349	8349	8349	7950	7551	7551	6700	5848	5848	5619	5390	5390	5390	5390	4757	4546
			燃气	23171	13028	2886	2886	2886	2886	2754	2622	2622	1972	1323	1323	1238	1153	1153	1153	1153	811	697
	小型	出租车	汽油	339361	201536	63712	63712	63712	63712	58889	54066	54066	39536	25006	25006	21033	17060	17060	17060	17060	11786	10028
			柴油	112486	105848	99209	99209	99209	99209	90248	81288	81288	59622	37957	37957	37957	37957	28138	18318	18318	10227	7530
			燃气	296482	173636	50790	50790	50790	50790	46923	43056	43056	30386	17716	17716	14408	11101	11101	11101	11101	6904	5505
		其他	汽油	33444	20842	8241	8241	8241	8241	8131	8021	8021	6936	5850	5850	5589	5328	5328	5328	5328	4800	4624
			柴油	9418	8605	7792	7792	7792	7792	6654	5516	5516	3806	2097	2097	2097	2097	1729	1361	1361	947	809
			燃气	23563	14210	4856	4856	4856	4856	3950	3044	3044	2284	1523	1523	1310	1097	1097	1097	1097	849	766
	中型	公交车	汽油	247867	247867	247867	247867	247270	169027	13735	13735	13735	13735	13735	13584	13432	13432	11004	8577	8577	8577	8577
			柴油	87806	87806	86086	82645	82645	64494	28192	28192	28192	20508	12823	12823	12823	12823	8958	5093	5093	4763	4653
			燃气	71579	71579	67602	59649	59649	57536	53311	53311	53311	42686	32061	32061	22219	22219	22154	22154	22154	22154	22154
		其他	汽油	128578	128578	128578	128578	127981	87658	8207	8207	8207	8207	8207	8062	7916	7916	6865	5814	5814	5814	5814
			柴油	30493	30493	28460	24394	24394	18567	6912	6912	6912	6506	6099	6099	6099	6099	3750	1402	1402	1243	1190
			燃气	34560	34560	32640	28800	28800	27780	25740	25740	25740	20623	15506	15506	10732	10732	9642	9642	9642	9642	9642
	大型	公交车	汽油	577175	577175	577175	577175	576578	389000	15039	15039	15039	15039	15039	14899	14759	14759	11993	9227	9227	9227	9227
			柴油	131708	131708	108010	60614	60614	60614	60614	60614	60614	43515	26416	26416	26416	26416	17675	8934	8934	5723	4653
			燃气	168926	168926	159541	140772	140772	135786	125815	125815	125815	100740	75665	75665	52438	52438	47188	47188	47188	47188	47188
		其他	汽油	1278473	1278473	1278473	1278473	1277876	861028	28525	28525	28525	28525	28525	22266	16008	16008	12817	9626	9626	9626	9626
			柴油	272891	272891	207397	76409	76409	76409	76409	76409	76409	55942	35476	35476	35476	35476	20706	5937	5937	5324	5119
			燃气	266186	266186	251398	221822	221822	213966	198253	198253	198253	158842	119430	119430	82662	82662	74261	74261	74261	74261	74261
载货汽车	微型		汽油	246331	135441	24551	24551	24551	24551	22732	20913	20913	19158	17403	17403	14270	11137	11137	11137	11137	8967	8244
			柴油	59167	55196	51226	51226	51226	51226	46348	41471	41471	31438	21405	21405	21405	21405	14961	8517	8517	5232	4137
			燃气	172920	90703	8487	8487	8487	8487	7874	7262	7262	5599	3937	3937	3160	2382	2382	2382	2382	1544	1264
	轻型		汽油	130862	80694	30526	30526	30526	30526	26418	22311	22311	19983	17655	17655	15231	12807	12807	12807	12807	10514	9749
			柴油	55542	53384	51226	51226	51226	51226	46348	41471	41471	31438	21405	21405	21405	21405	16004	10603	10603	7317	6222
			燃气	92199	55093	17987	17987	17987	17987	13227	8467	8467	6532	4596	4596	3617	2637	2637	2637	2637	1870	1615
	中型		汽油	291059	291059	291059	291059	290462	197812	13707	13707	13707	13707	13707	13567	13427	13427	10992	8558	8558	8558	8558
			柴油	67666	67666	63155	54133	54133	41201	15338	15338	15338	14441	13544	13544	13544	13544	9816	6088	6088	3622	2800
			燃气	76691	76691	72431	63910	63910	61646	57118	57118	57118	45776	34434	34434	46602	46602	22687	22687	22687	22687	22687
	重型		汽油	831629	831629	831629	831629	831032	560268	19936	19936	19936	19936	19936	15826	11715	11715	9639	7563	7563	7563	7563
			柴油	219607	219607	166901	61490	61490	61490	61490	61490	61490	45020	28549	28549	28549	28549	17778	7006	7006	5201	4599
			燃气	214211	214211	202311	178511	178511	172188	159544	159544	159544	127827	96110	96110	97546	97546	66717	66717	66717	66717	66717
低速汽车	三轮汽车			25300	25300	25300	25300	25300	25300	25300	25300	25300	16721	16721	16721	16721	16721	16721	16721	16721	16721	16721
	低速货车			33990	33990	33990	33990	33990	33990	33990	33990	33990	22464	22464	22464	22464	22464	22464	22464	22464	22464	22464
摩托车	普通摩托车			15768	15768	15768	15768	11768	7767	4158	4158	4158	4158	4158	3103	2048	2048	2048	2048	2048	2048	2048
	轻便摩托车			50993	50993	50993	50993	50993	10199	10199	5021	5021	5021	5021	3747	2473	2473	2473	2473	2473	2473	2473

定安县 NO_x 排放系数

单位：克/（辆·年）

车辆类型		使用性质	燃料种类	1999年年底前	2000年	2001年	2002年	2003年	2004年	2005年	2006年	2007年	2008年	2009年	2010年	2011年	2012年	2013年	2014年	2015年	2016年	2017年
载客汽车	微型	出租车	汽油	266553	176555	86557	86557	86557	86557	62532	38507	38507	27563	16619	16619	14232	11846	11846	11846	11846	8006	6726
			燃气	151554	101534	51514	51514	51514	51514	37732	23950	23950	17553	11156	11156	9353	7550	7550	7550	7550	4849	3949
		其他	汽油	46271	28984	11696	11696	11696	11696	7238	2779	2779	2252	1726	1726	1490	1254	1254	1254	1254	946	843
			燃气	25411	15156	4901	4901	4901	4901	3196	1492	1492	1212	931	931	784	638	638	638	638	504	459
	小型	出租车	汽油	303320	197098	90876	90876	90876	90876	65024	39171	39171	27895	16619	16619	13528	10436	10436	10436	10436	6744	5513
			柴油	316230	261006	205781	205781	205781	205781	184627	163473	163473	129030	94586	94586	94586	94586	78562	62538	62538	51602	47956
			燃气	171909	112908	53906	53906	53906	53906	39112	24318	24318	17737	11156	11156	8963	6770	6770	6770	6770	4151	3278
		其他	汽油	43116	27494	11872	11872	11872	11872	7744	3617	3617	2463	1309	1309	1243	1177	1177	1177	1177	885	788
			柴油	41493	33864	26236	26236	26236	26236	24161	22086	22086	17325	12564	12564	12564	12564	10847	9130	9130	8210	7903
			燃气	23665	15111	6557	6557	6557	6557	4256	1956	1956	1328	700	700	648	595	595	595	595	470	429
	中型	公交车	汽油	320903	320903	320903	320903	320903	219230	15885	15885	15885	15885	15885	14246	12607	12607	9518	6428	6428	6428	6428
			柴油	360310	360310	359464	357772	357772	343554	315117	315117	315117	262477	209837	209837	209837	209837	171242	132647	132647	111055	103858
			燃气	382568	382568	378014	368905	368905	357462	334576	334576	334576	278458	222340	222340	140605	140605	110121	110121	110121	110121	110121
		其他	汽油	196742	196742	196742	196742	196742	133457	6886	6886	6886	6886	6886	6886	6886	6886	5165	3444	3444	3444	3444
			柴油	168969	168969	161916	147809	147809	146559	144059	144059	144059	122691	101323	101323	101323	101323	89966	78608	78608	67092	63254
			燃气	190802	190802	180202	159001	159001	157503	154506	154506	154506	131551	108596	108596	84591	84591	67949	67949	67949	67949	67949
	大型	公交车	汽油	1143216	1143216	1143216	1143216	1143216	786097	71859	71859	71859	71859	71859	71796	71733	71733	53800	35867	35867	35867	35867
			柴油	511027	511027	494514	461488	461488	448375	422150	422150	422150	414542	406935	406935	406935	406935	392261	377587	377587	340376	327973
			燃气	1027467	1027467	970386	856223	856223	792686	665611	665611	665611	570306	475000	475000	442225	442225	383293	383293	383293	383293	383293
		其他	汽油	2728648	2728648	2728648	2728648	2728648	1876270	171515	171515	171515	171515	171515	165083	158651	158651	119116	79580	79580	79580	79580
			柴油	1223751	1223751	1192262	1129283	1129283	1102954	1050297	1050297	1050297	1013318	976340	976340	976340	976340	929481	882622	882622	781111	747274
			燃气	2277880	2277880	2151331	1898233	1898233	1757372	1475650	1475650	1475650	1264843	1054036	1054036	950920	950920	806771	806771	806771	806771	806771
载货汽车	微型		汽油	227543	135216	42889	42889	42889	42889	29392	15896	15896	12950	10004	10004	8704	7403	7403	7403	7403	5492	4855
			柴油	166808	137980	109151	109151	109151	109151	98198	87245	87245	73910	60576	60576	60576	60576	44244	27913	27913	23741	22350
			燃气	124962	71467	17972	17972	17972	17972	13253	8534	8534	6965	5396	5396	4581	3766	3766	3766	3766	2924	2643
	轻型		汽油	166763	107404	48045	48045	48045	48045	32674	17302	17302	14551	11800	11800	9698	7596	7596	7596	7596	5735	5115
			柴油	167381	138266	109151	109151	109151	109151	98198	87245	87245	73910	60576	60576	60576	60576	48139	35702	35702	32900	31966
			燃气	91531	59033	26536	26536	26536	26536	17946	9357	9357	7833	6310	6310	5075	3840	3840	3840	3840	3049	2785
	中型		汽油	206352	206352	206352	206352	206352	140878	9931	9931	9931	9931	9931	9931	9931	9931	7451	4971	4971	4971	4971
			柴油	386565	386565	347107	268192	268192	255021	228680	228680	228680	228416	228152	228152	228152	228152	200174	172197	172197	148278	140305
			燃气	436514	436514	387176	288499	288499	274087	245264	245264	245264	244896	244529	244529	185303	185303	150719	150719	150719	150719	150719
	重型		汽油	1732521	1732521	1732521	1732521	1732521	1191314	108901	108901	108901	108901	108901	104818	100734	100734	75631	50528	50528	50528	50528
			柴油	951829	951829	919340	854362	854362	822761	759560	759560	759560	729102	698643	698643	698643	698643	612570	526496	526496	346137	286017
			燃气	1771727	1771727	1659855	1436113	1436113	1313132	1067169	1067169	1067169	910705	754240	754240	567237	567237	308789	308789	308789	308789	308789
低速汽车	三轮汽车			65550	65550	65550	65550	65550	65550	65550	65550	65550	53279	53279	53279	53279	53279	53279	53279	53279	53279	53279
	低速货车			88065	88065	88065	88065	88065	88065	88065	88065	88065	71579	71579	71579	71579	71579	71579	71579	71579	71579	71579
摩托车	普通摩托车			1177	1177	1177	1177	1138	1098	1020	1020	1020	1020	1020	906	792	792	792	792	792	792	792
	轻便摩托车			785	785	785	785	785	392	392	392	392	392	392	348	305	305	305	305	305	305	305

定安县 PM 排放系数

单位：克/（辆·年）

车辆类型		使用性质	燃料种类	1999 年年底前	2000 年	2001 年	2002 年	2003 年	2004 年	2005 年	2006 年	2007 年	2008 年	2009 年	2010 年	2011 年	2012 年	2013 年	2014 年	2015 年	2016 年	2017 年
载客汽车	微型	出租车	汽油	—	—	—	—	—	—	—	—	—	—	—	—	—	—	—	—	—	—	—
			燃气	—	—	—	—	—	—	—	—	—	—	—	—	—	—	—	—	—	—	—
		其他	汽油	—	—	—	—	—	—	—	—	—	—	—	—	—	—	—	—	—	—	—
			燃气	—	—	—	—	—	—	—	—	—	—	—	—	—	—	—	—	—	—	—
	小型	出租车	汽油	—	—	—	—	—	—	—	—	—	—	—	—	—	—	—	—	—	—	—
			柴油	40272	36900	33527	33527	33527	33527	22864	12202	12202	7971	3740	3740	3740	3740	3476	3212	3212	2656	2471
			燃气	—	—	—	—	—	—	—	—	—	—	—	—	—	—	—	—	—	—	—
		其他	汽油	—	—	—	—	—	—	—	—	—	—	—	—	—	—	—	—	—	—	—
			柴油	5101	4828	4554	4554	4554	4554	3273	1992	1992	1464	937	937	937	937	779	621	621	621	621
			燃气	—	—	—	—	—	—	—	—	—	—	—	—	—	—	—	—	—	—	—
	中型	公交车	汽油	—	—	—	—	—	—	—	—	—	—	—	—	—	—	—	—	—	—	—
			柴油	30592	30592	28032	22913	22913	17978	8108	8108	8108	6872	5637	5637	5637	5637	3504	1372	1372	1080	983
			燃气	—	—	—	—	—	—	—	—	—	—	—	—	—	—	—	—	—	—	—
		其他	汽油	—	—	—	—	—	—	—	—	—	—	—	—	—	—	—	—	—	—	—
			柴油	15274	15274	12888	8116	8116	6262	2553	2553	2553	2434	2316	2316	2316	2316	1366	415	415	399	394
			燃气	—	—	—	—	—	—	—	—	—	—	—	—	—	—	—	—	—	—	—
	大型	公交车	汽油	—	—	—	—	—	—	—	—	—	—	—	—	—	—	—	—	—	—	—
			柴油	94865	94865	93934	92071	92071	71272	29674	29674	29674	19994	10315	10315	10315	10315	6116	1916	1916	1845	1821
			燃气	—	—	—	—	—	—	—	—	—	—	—	—	—	—	—	—	—	—	—
		其他	汽油	—	—	—	—	—	—	—	—	—	—	—	—	—	—	—	—	—	—	—
			柴油	142314	142314	133412	115607	115607	85425	25061	25061	25061	17182	9303	9303	9303	9303	5868	2433	2433	2343	2313
			燃气	—	—	—	—	—	—	—	—	—	—	—	—	—	—	—	—	—	—	—
载货汽车	微型		汽油	—	—	—	—	—	—	—	—	—	—	—	—	—	—	—	—	—	—	—
			柴油	15796	15470	15143	15143	15143	15143	12376	9610	9610	7132	4655	4655	4655	4655	2930	1206	1206	1201	1199
			燃气	—	—	—	—	—	—	—	—	—	—	—	—	—	—	—	—	—	—	—
	轻型		汽油	—	—	—	—	—	—	—	—	—	—	—	—	—	—	—	—	—	—	—
			柴油	16428	15786	15143	15143	15143	15143	12376	9610	9610	7132	4655	4655	4655	4655	3510	2365	2365	1953	1816
			燃气	—	—	—	—	—	—	—	—	—	—	—	—	—	—	—	—	—	—	—
	中型		汽油	—	—	—	—	—	—	—	—	—	—	—	—	—	—	—	—	—	—	—
			柴油	32999	32999	27770	17312	17312	13354	5438	5438	5438	5152	4865	4865	4865	4865	3120	1374	1374	1258	1219
			燃气	—	—	—	—	—	—	—	—	—	—	—	—	—	—	—	—	—	—	—
	重型		汽油	—	—	—	—	—	—	—	—	—	—	—	—	—	—	—	—	—	—	—
			柴油	124316	124316	102179	57904	57904	45976	22119	22119	22119	15157	8195	8195	8195	8195	5485	2775	2775	2345	2202
			燃气	—	—	—	—	—	—	—	—	—	—	—	—	—	—	—	—	—	—	—
低速汽车	三轮汽车			4092	4092	4092	4092	4092	4092	4092	4092	4092	3220	3220	3220	3220	3220	3220	3220	3220	3220	3220
	低速货车			5581	5581	5581	5581	5581	5581	5581	5581	5581	4392	4392	4392	4392	4392	4392	4392	4392	4392	4392
摩托车	普通摩托车			—	—	—	—	—	—	—	—	—	—	—	—	—	—	—	—	—	—	—
	轻便摩托车			—	—	—	—	—	—	—	—	—	—	—	—	—	—	—	—	—	—	—

定安县 VOCs 排放系数

单位：克/（辆·年）

车辆类型		使用性质	燃料种类	1999 年年底前	2000 年	2001 年	2002 年	2003 年	2004 年	2005 年	2006 年	2007 年	2008 年	2009 年	2010 年	2011 年	2012 年	2013 年	2014 年	2015 年	2016 年	2017 年
载客汽车	微型	出租车	汽油	339361	204782	70204	70204	70204	70204	53658	37113	37113	31060	25006	25006	21033	17060	17060	17060	17060	12396	10842
			燃气	296482	176555	56628	56628	56628	56628	42219	27810	27810	22763	17716	17716	14408	11101	11101	11101	11101	7453	6237
		其他	汽油	33008	20678	8349	8349	8349	8349	7950	7551	7551	6700	5848	5848	5619	5390	5390	5390	5390	4757	4546
			燃气	23171	13028	2886	2886	2886	2886	2754	2622	2622	1972	1323	1323	1238	1153	1153	1153	1153	811	697
	小型	出租车	汽油	339361	201536	63712	63712	63712	63712	58889	54066	54066	39536	25006	25006	21033	17060	17060	17060	17060	11786	10028
			柴油	112486	105848	99209	99209	99209	99209	90248	81288	81288	59622	37957	37957	37957	37957	28138	18318	18318	10227	7530
			燃气	296482	173636	50790	50790	50790	50790	46923	43056	43056	30386	17716	17716	14408	11101	11101	11101	11101	6904	5505
		其他	汽油	33444	20842	8241	8241	8241	8241	8131	8021	8021	6936	5850	5850	5589	5328	5328	5328	5328	4800	4624
			柴油	9418	8605	7792	7792	7792	7792	6654	5516	5516	3806	2097	2097	2097	2097	1729	1361	1361	947	809
			燃气	23563	14210	4856	4856	4856	4856	3950	3044	3044	2284	1523	1523	1310	1097	1097	1097	1097	849	766
	中型	公交车	汽油	247867	247867	247867	247867	247270	169027	13735	13735	13735	13735	13735	13584	13432	13432	11004	8577	8577	8577	8577
			柴油	87806	87806	86086	82645	82645	64494	28192	28192	28192	20508	12823	12823	12823	12823	8958	5093	5093	4763	4653
			燃气	71579	71579	67602	59649	59649	57536	53311	53311	53311	42686	32061	32061	22219	22219	22154	22154	22154	22154	22154
		其他	汽油	128578	128578	128578	128578	127981	87658	8207	8207	8207	8207	8207	8062	7916	7916	6865	5814	5814	5814	5814
			柴油	30493	30493	28460	24394	24394	18567	6912	6912	6912	6506	6099	6099	6099	6099	3750	1402	1402	1243	1190
			燃气	34560	34560	32640	28800	28800	27780	25740	25740	25740	20623	15506	15506	10732	10732	9642	9642	9642	9642	9642
	大型	公交车	汽油	577175	577175	577175	577175	576578	389000	15039	15039	15039	15039	15039	14899	14759	14759	11993	9227	9227	9227	9227
			柴油	131708	131708	108010	60614	60614	60614	60614	60614	60614	43515	26416	26416	26416	26416	17675	8934	8934	5723	4653
			燃气	168926	168926	159541	140772	140772	135786	125815	125815	125815	100740	75665	75665	52438	52438	47188	47188	47188	47188	47188
		其他	汽油	1278473	1278473	1278473	1278473	1277876	861028	28525	28525	28525	28525	28525	22266	16008	16008	12817	9626	9626	9626	9626
			柴油	272891	272891	207397	76409	76409	76409	76409	76409	76409	55942	35476	35476	35476	35476	20706	5937	5937	5324	5119
			燃气	266186	266186	251398	221822	221822	213966	198253	198253	198253	158842	119430	119430	82662	82662	74261	74261	74261	74261	74261
载货汽车	微型		汽油	246331	135441	24551	24551	24551	24551	22732	20913	20913	19158	17403	17403	14270	11137	11137	11137	11137	8967	8244
			柴油	59167	55196	51226	51226	51226	51226	46348	41471	41471	31438	21405	21405	21405	21405	14961	8517	8517	5232	4137
			燃气	172920	90703	8487	8487	8487	8487	7874	7262	7262	5599	3937	3937	3160	2382	2382	2382	2382	1544	1264
	轻型		汽油	130862	80694	30526	30526	30526	30526	26418	22311	22311	19983	17655	17655	15231	12807	12807	12807	12807	10514	9749
			柴油	55542	53384	51226	51226	51226	51226	46348	41471	41471	31438	21405	21405	21405	21405	16004	10603	10603	7317	6222
			燃气	92199	55093	17987	17987	17987	17987	13227	8467	8467	6532	4596	4596	3617	2637	2637	2637	2637	1870	1615
	中型		汽油	291059	291059	291059	291059	290462	197812	13707	13707	13707	13707	13707	13567	13427	13427	10992	8558	8558	8558	8558
			柴油	67666	67666	63155	54133	54133	41201	15338	15338	15338	14441	13544	13544	13544	13544	9816	6088	6088	3622	2800
			燃气	76691	76691	72431	63910	63910	61646	57118	57118	57118	45776	34434	34434	46602	46602	22687	22687	22687	22687	22687
	重型		汽油	831629	831629	831629	831629	831032	560268	19936	19936	19936	19936	19936	15826	11715	11715	9639	7563	7563	7563	7563
			柴油	219607	219607	166901	61490	61490	61490	61490	61490	61490	45020	28549	28549	28549	28549	17778	7006	7006	5201	4599
			燃气	214211	214211	202311	178511	178511	172188	159544	159544	159544	127827	96110	96110	97546	97546	66717	66717	66717	66717	66717
低速汽车	三轮汽车			25300	25300	25300	25300	25300	25300	25300	25300	25300	16721	16721	16721	16721	16721	16721	16721	16721	16721	16721
	低速货车			33990	33990	33990	33990	33990	33990	33990	33990	33990	22464	22464	22464	22464	22464	22464	22464	22464	22464	22464
摩托车	普通摩托车			15768	15768	15768	15768	11768	7767	4158	4158	4158	4158	4158	3103	2048	2048	2048	2048	2048	2048	2048
	轻便摩托车			50993	50993	50993	50993	50993	10199	10199	5021	5021	5021	5021	3747	2473	2473	2473	2473	2473	2473	2473

重庆市 NO_x 排放系数

单位：克/（辆·年）

车辆类型		使用性质	燃料种类	1999年年底前	2000年	2001年	2002年	2003年	2004年	2005年	2006年	2007年	2008年	2009年	2010年	2011年	2012年	2013年	2014年	2015年	2016年	2017年
载客汽车	微型	出租车	汽油	332966	231838	130710	130710	130710	130710	97748	64786	64786	48536	32287	32287	26478	20669	20669	20669	20669	11911	8992
			燃气	247813	172770	97726	97726	97726	97726	73112	48497	48497	36382	24268	24268	19844	15419	15419	15419	15419	8885	6707
		其他	汽油	32924	20974	9023	9023	9023	9023	5694	2364	2364	1900	1435	1435	1220	1005	1005	1005	1005	670	558
			燃气	23780	14332	4883	4883	4883	4883	3184	1484	1484	1184	885	885	724	562	562	562	562	428	384
	小型	出租车	汽油	374987	255554	136121	136121	136121	136121	100870	65618	65618	48952	32287	32287	25668	19048	19048	19048	19048	10509	7663
			柴油	432751	366754	300757	300757	300757	300757	266904	233050	233050	187372	141693	141693	141693	141693	114072	86450	86450	62062	53933
			燃气	279058	190404	101749	101749	101749	101749	75432	49116	49116	36692	24268	24268	19240	14213	14213	14213	14213	7842	5719
		其他	汽油	30728	19941	9154	9154	9154	9154	6070	2986	2986	2065	1144	1144	1050	956	956	956	956	631	523
			柴油	26667	21878	17088	17088	17088	17088	15670	14253	14253	11292	8331	8331	8331	8331	7166	6002	6002	5068	4756
			燃气	22147	14341	6535	6535	6535	6535	4240	1946	1946	1307	668	668	597	526	526	526	526	401	359
	中型	公交车	汽油	495204	495204	495204	495204	495204	338307	24513	24513	24513	24513	24513	21984	19454	19454	14686	9919	9919	9919	9919
			柴油	553029	553029	551731	549134	549134	527311	483664	483664	483664	402868	322073	322073	322073	322073	262834	203596	203596	170456	159409
			燃气	587192	587192	580202	566221	566221	548658	513531	513531	513531	427398	341264	341264	215811	215811	169021	169021	169021	169021	169021
		其他	汽油	200710	200710	200710	200710	200710	136148	7025	7025	7025	7025	7025	7025	7025	7025	5269	3513	3513	3513	3513
			柴油	171451	171451	164294	149980	149980	148712	146175	146175	146175	124493	102811	102811	102811	102811	91286	79762	79762	68078	64183
			燃气	193604	193604	182848	161337	161337	159816	156775	156775	156775	133483	110191	110191	85834	85834	68947	68947	68947	68947	68947
	大型	公交车	汽油	1764165	1764165	1764165	1764165	1764165	1213073	110890	110890	110890	110890	110890	110793	110696	110696	83022	55349	55349	55349	55349
			柴油	784360	784360	759015	708324	708324	688198	647945	647945	647945	636268	624592	624592	624592	624592	602070	579548	579548	522434	503396
			燃气	1577030	1577030	1489417	1314192	1314192	1216670	1021627	1021627	1021627	875345	729063	729063	678758	678758	588305	588305	588305	588305	588305
		其他	汽油	2783678	2783678	2783678	2783678	2783678	1914110	174974	174974	174974	174974	174974	168412	161851	161851	121518	81185	81185	81185	81185
			柴油	1241725	1241725	1209773	1145869	1145869	1119154	1065724	1065724	1065724	1028202	990680	990680	990680	990680	943132	895585	895585	792584	758250
			燃气	2311336	2311336	2182928	1926113	1926113	1783183	1497324	1497324	1497324	1283420	1069517	1069517	964887	964887	818620	818620	818620	818620	818620
载货汽车	微型		汽油	109725	65856	21986	21986	21986	21986	15538	9090	9090	7496	5901	5901	5036	4172	4172	4172	4172	2833	2387
			柴油	83823	70144	56465	56465	56465	56465	50492	44520	44520	37618	30716	30716	30716	30716	22478	14239	14239	11478	10558
			燃气	79251	45575	11898	11898	11898	11898	8802	5706	5706	4673	3639	3639	2986	2333	2333	2333	2333	1815	1643
	轻型		汽油	79437	51892	24347	24347	24347	24347	17040	9734	9734	8228	6723	6723	5492	4260	4260	4260	4260	2944	2506
			柴油	84084	70274	56465	56465	56465	56465	50492	44520	44520	37618	30716	30716	30716	30716	24240	17764	17764	15623	14909
			燃气	57254	37317	17381	17381	17381	17381	11862	6344	6344	5135	3926	3926	3135	2344	2344	2344	2344	1876	1720
	中型		汽油	363999	363999	363999	363999	363998	248504	17517	17517	17517	17517	17517	17517	17517	17517	13143	8769	8769	8769	8769
			柴油	681200	681200	611668	472605	472605	449395	402976	402976	402976	404413	405850	405850	405850	405850	356082	306314	306314	263765	249582
			燃气	769217	769217	682276	508392	508392	482994	432198	432198	432198	433590	434983	434983	329633	329633	268107	268107	268107	268107	268107
	重型		汽油	1527890	1527890	1527890	1527890	1527890	1050606	96039	96039	96039	96039	96039	92438	88836	88836	66698	44560	44560	44560	44560
			柴油	856910	856910	827661	769163	769163	740713	683814	683814	683814	656393	628972	628972	628972	628972	585162	541353	541353	410510	366895
			燃气	1595045	1595045	1494330	1292901	1292901	1182183	960747	960747	960747	819886	679025	679025	583244	583244	396106	396106	396106	396106	396106
低速汽车	三轮汽车			65550	65550	65550	65550	65550	65550	65550	65550	65550	53279	53279	53279	53279	53279	53279	53279	53279	53279	53279
	低速货车			88065	88065	88065	88065	88065	88065	88065	88065	88065	71579	71579	71579	71579	71579	71579	71579	71579	71579	71579
摩托车	普通摩托车			1336	1336	1336	1336	1292	1247	1158	1158	1158	1158	1158	1028	899	899	899	899	899	899	899
	轻便摩托车			890	890	890	890	890	445	445	445	445	445	445	396	346	346	346	346	346	346	346

重庆市 PM 排放系数

单位：克/（辆•年）

车辆类型		使用性质	燃料种类	1999 年年底前	2000 年	2001 年	2002 年	2003 年	2004 年	2005 年	2006 年	2007 年	2008 年	2009 年	2010 年	2011 年	2012 年	2013 年	2014 年	2015 年	2016 年	2017 年
载客汽车	微型	出租车	汽油	—	—	—	—	—	—	—	—	—	—	—	—	—	—	—	—	—	—	—
			燃气	—	—	—	—	—	—	—	—	—	—	—	—	—	—	—	—	—	—	—
		其他	汽油	—	—	—	—	—	—	—	—	—	—	—	—	—	—	—	—	—	—	—
			燃气	—	—	—	—	—	—	—	—	—	—	—	—	—	—	—	—	—	—	—
	小型	出租车	汽油	—	—	—	—	—	—	—	—	—	—	—	—	—	—	—	—	—	—	—
			柴油	59886	54804	49721	49721	49721	49721	33188	16656	16656	11036	5416	5416	5416	5416	5034	4651	4651	3846	3578
			燃气	—	—	—	—	—	—	—	—	—	—	—	—	—	—	—	—	—	—	—
		其他	汽油	—	—	—	—	—	—	—	—	—	—	—	—	—	—	—	—	—	—	—
			柴油	4318	4084	3849	3849	3849	3849	2726	1604	1604	1192	781	781	781	781	634	486	486	486	486
			燃气	—	—	—	—	—	—	—	—	—	—	—	—	—	—	—	—	—	—	—
	中型	公交车	汽油	—	—	—	—	—	—	—	—	—	—	—	—	—	—	—	—	—	—	—
			柴油	46275	46275	42403	34660	34660	27195	12264	12264	12264	10395	8526	8526	8526	8526	5300	2075	2075	1633	1486
			燃气	—	—	—	—	—	—	—	—	—	—	—	—	—	—	—	—	—	—	—
		其他	汽油	—	—	—	—	—	—	—	—	—	—	—	—	—	—	—	—	—	—	—
			柴油	15274	15274	12888	8116	8116	6262	2553	2553	2553	2434	2316	2316	2316	2316	1366	415	415	399	394
			燃气	—	—	—	—	—	—	—	—	—	—	—	—	—	—	—	—	—	—	—
	大型	公交车	汽油	—	—	—	—	—	—	—	—	—	—	—	—	—	—	—	—	—	—	—
			柴油	143498	143498	142089	139271	139271	107810	44887	44887	44887	30245	15603	15603	15603	15603	9250	2898	2898	2790	2754
			燃气	—	—	—	—	—	—	—	—	—	—	—	—	—	—	—	—	—	—	—
		其他	汽油	—	—	—	—	—	—	—	—	—	—	—	—	—	—	—	—	—	—	—
			柴油	142314	142314	133412	115607	115607	85425	25061	25061	25061	17182	9303	9303	9303	9303	5868	2433	2433	2343	2313
			燃气	—	—	—	—	—	—	—	—	—	—	—	—	—	—	—	—	—	—	—
载货汽车	微型		汽油	—	—	—	—	—	—	—	—	—	—	—	—	—	—	—	—	—	—	—
			柴油	9912	9707	9502	9502	9502	9502	7736	5971	5971	4432	2892	2892	2892	2892	1821	750	750	746	745
			燃气	—	—	—	—	—	—	—	—	—	—	—	—	—	—	—	—	—	—	—
	轻型		汽油	—	—	—	—	—	—	—	—	—	—	—	—	—	—	—	—	—	—	—
			柴油	10309	9906	9502	9502	9502	9502	7736	5971	5971	4432	2892	2892	2892	2892	2181	1470	1470	1214	1128
			燃气	—	—	—	—	—	—	—	—	—	—	—	—	—	—	—	—	—	—	—
	中型		汽油	—	—	—	—	—	—	—	—	—	—	—	—	—	—	—	—	—	—	—
			柴油	57807	57807	48647	30326	30326	23396	9537	9537	9537	9035	8533	8533	8533	8533	5471	2409	2409	2206	2139
			燃气	—	—	—	—	—	—	—	—	—	—	—	—	—	—	—	—	—	—	—
	重型		汽油	—	—	—	—	—	—	—	—	—	—	—	—	—	—	—	—	—	—	—
			柴油	153875	153875	126474	71672	71672	56907	27378	27378	27378	18761	10144	10144	10144	10144	6686	3228	3228	2728	2561
			燃气	—	—	—	—	—	—	—	—	—	—	—	—	—	—	—	—	—	—	—
低速汽车	三轮汽车			4092	4092	4092	4092	4092	4092	4092	4092	4092	3220	3220	3220	3220	3220	3220	3220	3220	3220	3220
	低速货车			5581	5581	5581	5581	5581	5581	5581	5581	5581	4392	4392	4392	4392	4392	4392	4392	4392	4392	4392
摩托车	普通摩托车			—	—	—	—	—	—	—	—	—	—	—	—	—	—	—	—	—	—	—
	轻便摩托车			—	—	—	—	—	—	—	—	—	—	—	—	—	—	—	—	—	—	—

重庆市 VOCs 排放系数

单位：克/（辆·年）

车辆类型		使用性质	燃料种类	1999 年年底前	2000 年	2001 年	2002 年	2003 年	2004 年	2005 年	2006 年	2007 年	2008 年	2009 年	2010 年	2011 年	2012 年	2013 年	2014 年	2015 年	2016 年	2017 年
载客汽车	微型	出租车	汽油	942214	551279	160344	160344	160344	160344	122831	85318	85318	69117	52916	52916	44120	35325	35325	35325	35325	26463	23509
			燃气	539256	320230	101204	101204	101204	101204	78452	55700	55700	45426	35153	35153	28348	21543	21543	21543	21543	14359	11964
		其他	汽油	48134	28959	9784	9784	9784	9784	9440	9096	9096	7792	6487	6487	6254	6020	6020	6020	6020	5200	4927
			燃气	21994	12232	2469	2469	2469	2469	2388	2307	2307	1696	1085	1085	1014	942	942	942	942	708	630
	小型	出租车	汽油	942214	543783	145352	145352	145352	145352	135924	126496	126496	89706	52916	52916	44120	35325	35325	35325	35325	24717	21181
			柴油	255983	240366	224750	224750	224750	224750	201369	177988	177988	134165	90342	90342	90342	90342	66830	43317	43317	23186	16475
			燃气	539256	316034	92812	92812	92812	92812	85780	78749	78749	56951	35153	35153	28348	21543	21543	21543	21543	13382	10662
		其他	汽油	48798	29220	9642	9642	9642	9642	9693	9744	9744	8117	6490	6490	6216	5941	5941	5941	5941	5277	5056
			柴油	10278	9413	8548	8548	8548	8548	7268	5987	5987	4166	2346	2346	2346	2346	1975	1604	1604	1098	930
			燃气	22365	13226	4086	4086	4086	4086	3378	2670	2670	1954	1237	1237	1068	898	898	898	898	752	703
	中型	公交车	汽油	371791	371791	371791	371791	371194	253228	18491	18491	18491	18491	18491	18334	18176	18176	14512	10848	10848	10848	10848
			柴油	132819	132819	130217	125014	125014	97558	42645	42645	42645	31021	19397	19397	19397	19397	13550	7703	7703	7205	7039
			燃气	108274	108274	102259	90228	90228	87033	80642	80642	80642	64570	48498	48498	33610	33610	33511	33511	33511	33511	33511
		其他	汽油	128368	128368	128368	128368	127771	87449	7998	7998	7998	7998	7998	7852	7707	7707	6656	5604	5604	5604	5604
			柴油	30493	30493	28460	24394	24394	18567	6912	6912	6912	6506	6099	6099	6099	6099	3750	1402	1402	1243	1190
			燃气	34560	34560	32640	28800	28800	27780	25740	25740	25740	20623	15506	15506	10732	10732	9642	9642	9642	9642	9642
	大型	公交车	汽油	869920	869920	869920	869920	869323	585972	20463	20463	20463	20463	20463	20323	20183	20183	16007	11831	11831	11831	11831
			柴油	199229	199229	163382	91687	91687	91687	91687	91687	91687	65822	39958	39958	39958	39958	26736	13515	13515	8658	7039
			燃气	255527	255527	241331	212939	212939	205397	190314	190314	190314	152384	114455	114455	79320	79320	71379	71379	71379	71379	71379
		其他	汽油	1278264	1278264	1278264	1278264	1277667	860819	28316	28316	28316	28316	28316	22057	15798	15798	12607	9416	9416	9416	9416
			柴油	272891	272891	207397	76409	76409	76409	76409	76409	76409	55942	35476	35476	35476	35476	20706	5937	5937	5324	5119
			燃气	266186	266186	251398	221822	221822	213966	198253	198253	198253	158842	119430	119430	82662	82662	74261	74261	74261	74261	74261
载货汽车	微型		汽油	239033	130734	22436	22436	22436	22436	20946	19456	19456	17810	16164	16164	13404	10644	10644	10644	10644	8684	8031
			柴油	46432	43346	40260	40260	40260	40260	36482	32703	32703	24704	16706	16706	16706	16706	11708	6710	6710	4190	3350
			燃气	109222	57442	5662	5662	5662	5662	5298	4935	4935	3819	2704	2704	2185	1666	1666	1666	1666	1187	1027
	轻型		汽油	126853	77547	28241	28241	28241	28241	24528	20814	20814	18612	16409	16409	14338	12267	12267	12267	12267	10186	9492
			柴油	43453	41856	40260	40260	40260	40260	36482	32703	32703	24704	16706	16706	16706	16706	12560	8414	8414	5894	5054
			燃气	58139	35053	11968	11968	11968	11968	8836	5703	5703	4415	3128	3128	2491	1854	1854	1854	1854	1453	1320
	中型		汽油	503641	503641	503641	503641	503044	341864	20699	20699	20699	20699	20699	20560	20420	20420	16182	11943	11943	11943	11943
			柴油	117869	117869	110011	94295	94295	71769	26717	26717	26717	25152	23586	23586	23586	23586	17094	10601	10601	6308	4877
			燃气	133590	133590	126169	111326	111326	107382	99493	99493	99493	79729	59965	59965	81148	81148	39516	39516	39516	39516	39516
	重型		汽油	880263	880263	880263	880263	879666	592934	20666	20666	20666	20666	20666	16320	11975	11975	9777	7579	7579	7579	7579
			柴油	226258	226258	171956	63352	63352	63352	63352	63352	63352	46383	29414	29414	29414	29414	19242	9069	9069	6588	5761
			燃气	220699	220699	208438	183916	183916	177403	164375	164375	164375	131699	99022	99022	126269	126269	83574	83574	83574	83574	83574
低速汽车	三轮汽车			25300	25300	25300	25300	25300	25300	25300	25300	25300	16721	16721	16721	16721	16721	16721	16721	16721	16721	16721
	低速货车			33990	33990	33990	33990	33990	33990	33990	33990	33990	22464	22464	22464	22464	22464	22464	22464	22464	22464	22464
摩托车	普通摩托车			17897	17897	17897	17897	13356	8815	4719	4719	4719	4719	4719	3522	2324	2324	2324	2324	2324	2324	2324
	轻便摩托车			57876	57876	57876	57876	57876	11575	11575	5699	5699	5699	5699	4252	2806	2806	2806	2806	2806	2806	2806

成都市 NO_x 排放系数

单位：克/（辆·年）

车辆类型		使用性质	燃料种类	1999 年年底前	2000 年	2001 年	2002 年	2003 年	2004 年	2005 年	2006 年	2007 年	2008 年	2009 年	2010 年	2011 年	2012 年	2013 年	2014 年	2015 年	2016 年	2017 年
载客汽车	微型	出租车	汽油	408387	276460	144532	144532	144532	144532	105926	67321	67321	49136	30952	30952	25827	20702	20702	20702	20702	12994	10425
			燃气	224623	154696	84769	84769	84769	84769	63316	41864	41864	31468	21071	21071	17218	13364	13364	13364	13364	7870	6039
		其他	汽油	43980	27672	11365	11365	11365	11365	7070	2774	2774	2238	1701	1701	1452	1202	1202	1202	1202	868	756
			燃气	22783	13632	4480	4480	4480	4480	2920	1360	1360	1098	836	836	688	541	541	541	541	423	384
	小型	出租车	汽油	462883	307060	151236	151236	151236	151236	109794	68351	68351	49652	30952	30952	24802	18652	18652	18652	18652	11180	8689
			柴油	406671	342780	278890	278890	278890	278890	248074	217259	217259	173592	129924	129924	129924	129924	105190	80457	80457	60146	53376
			燃气	253268	170780	88292	88292	88292	88292	65349	42406	42406	31738	21071	21071	16679	12287	12287	12287	12287	6916	5126
		其他	汽油	41001	26268	11534	11534	11534	11534	7558	3582	3582	2444	1306	1306	1220	1134	1134	1134	1134	814	707
			柴油	28166	23066	17967	17967	17967	17967	16500	15032	15032	11832	8632	8632	8632	8632	7438	6245	6245	5429	5157
			燃气	21217	13607	5997	5997	5997	5997	3891	1785	1785	1206	628	628	567	506	506	506	506	396	359
	中型	公交车	汽油	454207	454207	454207	454207	454207	310299	22483	22483	22483	22483	22483	20164	17844	17844	13471	9098	9098	9098	9098
			柴油	379124	379124	378234	376454	376454	361493	331571	331571	331571	276182	220794	220794	220794	220794	180184	139574	139574	116854	109281
			燃气	402544	402544	397752	388168	388168	376127	352046	352046	352046	292998	233950	233950	147947	147947	115871	115871	115871	115871	115871
		其他	汽油	267412	267412	267412	267412	267412	181394	9359	9359	9359	9359	9359	9359	9359	9359	7020	4681	4681	4681	4681
			柴油	170732	170732	163605	149351	149351	148088	145562	145562	145562	123971	102380	102380	102380	102380	90904	79428	79428	67792	63914
			燃气	192792	192792	182081	160660	160660	159146	156118	156118	156118	132924	109729	109729	85474	85474	68658	68658	68658	68658	68658
	大型	公交车	汽油	1618111	1618111	1618111	1618111	1618111	1112644	101710	101710	101710	101710	101710	101620	101531	101531	76149	50767	50767	50767	50767
			柴油	537711	537711	520336	485585	485585	471788	444193	444193	444193	436188	428183	428183	428183	428183	412744	397304	397304	358150	345099
			燃气	1081119	1081119	1021057	900932	900932	834077	700367	700367	700367	600085	499803	499803	465316	465316	403307	403307	403307	403307	403307
		其他	汽油	3708771	3708771	3708771	3708771	3708771	2550222	233123	233123	233123	233123	233123	224381	215639	215639	161902	108164	108164	108164	108164
			柴油	1236519	1236519	1204701	1141065	1141065	1114462	1061256	1061256	1061256	1023892	986527	986527	986527	986527	939178	891830	891830	789261	755071
			燃气	2301646	2301646	2173777	1918038	1918038	1775707	1491046	1491046	1491046	1278040	1065033	1065033	960841	960841	815188	815188	815188	815188	815188
载货汽车	微型		汽油	199290	118064	36837	36837	36837	36837	25308	13778	13778	11230	8683	8683	7562	6442	6442	6442	6442	4735	4166
			柴油	112027	93322	74616	74616	74616	74616	66842	59069	59069	49962	40856	40856	40856	40856	29874	18893	18893	15555	14442
			燃气	103238	58880	14521	14521	14521	14521	10638	6755	6755	5511	4267	4267	3583	2899	2899	2899	2899	2312	2116
	轻型		汽油	142802	92020	41238	41238	41238	41238	28108	14977	14977	12596	10216	10216	8412	6607	6607	6607	6607	4942	4387
			柴油	112390	93503	74616	74616	74616	74616	66842	59069	59069	49962	40856	40856	40856	40856	32328	23799	23799	21325	20500
			燃气	73896	47669	21441	21441	21441	21441	14452	7463	7463	6188	4912	4912	3930	2948	2948	2948	2948	2408	2228
	中型		汽油	390318	390318	390318	390318	390318	266473	18784	18784	18784	18784	18784	18784	18784	18784	14094	9403	9403	9403	9403
			柴油	550484	550484	494295	381916	381916	363160	325649	325649	325649	321282	316914	316914	316914	316914	278052	239191	239191	205965	194890
			燃气	621611	621611	551352	410835	410835	390312	349265	349265	349265	344464	339663	339663	257398	257398	209356	209356	209356	209356	209356
	重型		汽油	2027511	2027511	2027511	2027511	2027511	1394155	127444	127444	127444	127444	127444	122664	117885	117885	88508	59131	59131	59131	59131
			柴油	870912	870912	841185	781731	781731	752817	694988	694988	694988	667118	639249	639249	639249	639249	562879	486509	486509	341631	293338
			燃气	1621108	1621108	1518748	1314027	1314027	1201500	976446	976446	976446	833283	690119	690119	524156	524156	316693	316693	316693	316693	316693
低速汽车	三轮汽车			65550	65550	65550	65550	65550	65550	65550	65550	65550	53279	53279	53279	53279	53279	53279	53279	53279	53279	53279
	低速货车			88065	88065	88065	88065	88065	88065	88065	88065	88065	71579	71579	71579	71579	71579	71579	71579	71579	71579	71579
摩托车	普通摩托车			1336	1336	1336	1336	1292	1247	1158	1158	1158	1158	1158	1028	899	899	899	899	899	899	899
	轻便摩托车			890	890	890	890	890	445	445	445	445	445	445	396	346	346	346	346	346	346	346

成都市 PM 排放系数

单位：克/（辆·年）

车辆类型		使用性质	燃料种类	1999 年年底前	2000 年	2001 年	2002 年	2003 年	2004 年	2005 年	2006 年	2007 年	2008 年	2009 年	2010 年	2011 年	2012 年	2013 年	2014 年	2015 年	2016 年	2017 年
载客汽车	微型	出租车	汽油	—	—	—	—	—	—	—	—	—	—	—	—	—	—	—	—	—	—	—
			燃气	—	—	—	—	—	—	—	—	—	—	—	—	—	—	—	—	—	—	—
		其他	汽油	—	—	—	—	—	—	—	—	—	—	—	—	—	—	—	—	—	—	—
			燃气	—	—	—	—	—	—	—	—	—	—	—	—	—	—	—	—	—	—	—
	小型	出租车	汽油	—	—	—	—	—	—	—	—	—	—	—	—	—	—	—	—	—	—	—
			柴油	55297	50634	45970	45970	45970	45970	31100	16231	16231	10648	5066	5066	5066	5066	4708	4351	4351	3598	3347
			燃气	—	—	—	—	—	—	—	—	—	—	—	—	—	—	—	—	—	—	—
		其他	汽油	—	—	—	—	—	—	—	—	—	—	—	—	—	—	—	—	—	—	—
			柴油	4324	4091	3858	3858	3858	3858	2762	1666	1666	1228	789	789	789	789	651	513	513	513	513
			燃气	—	—	—	—	—	—	—	—	—	—	—	—	—	—	—	—	—	—	—
	中型	公交车	汽油	—	—	—	—	—	—	—	—	—	—	—	—	—	—	—	—	—	—	—
			柴油	31857	31857	29192	23861	23861	18722	8443	8443	8443	7156	5870	5870	5870	5870	3649	1428	1428	1124	1023
			燃气	—	—	—	—	—	—	—	—	—	—	—	—	—	—	—	—	—	—	—
		其他	汽油	—	—	—	—	—	—	—	—	—	—	—	—	—	—	—	—	—	—	—
			柴油	15274	15274	12888	8116	8116	6262	2553	2553	2553	2434	2316	2316	2316	2316	1366	415	415	399	394
			燃气	—	—	—	—	—	—	—	—	—	—	—	—	—	—	—	—	—	—	—
	大型	公交车	汽油	—	—	—	—	—	—	—	—	—	—	—	—	—	—	—	—	—	—	—
			柴油	98788	98788	97818	95878	95878	74219	30901	30901	30901	20821	10741	10741	10741	10741	6368	1995	1995	1921	1896
			燃气	—	—	—	—	—	—	—	—	—	—	—	—	—	—	—	—	—	—	—
		其他	汽油	—	—	—	—	—	—	—	—	—	—	—	—	—	—	—	—	—	—	—
			柴油	142314	142314	133412	115607	115607	85425	25061	25061	25061	17182	9303	9303	9303	9303	5868	2433	2433	2343	2313
			燃气	—	—	—	—	—	—	—	—	—	—	—	—	—	—	—	—	—	—	—
载货汽车	微型		汽油	—	—	—	—	—	—	—	—	—	—	—	—	—	—	—	—	—	—	—
			柴油	13038	12768	12499	12499	12499	12499	10192	7884	7884	5852	3819	3819	3819	3819	2404	990	990	986	984
			燃气	—	—	—	—	—	—	—	—	—	—	—	—	—	—	—	—	—	—	—
	轻型		汽油	—	—	—	—	—	—	—	—	—	—	—	—	—	—	—	—	—	—	—
			柴油	13560	13030	12499	12499	12499	12499	10192	7884	7884	5852	3819	3819	3819	3819	2880	1941	1941	1603	1490
			燃气	—	—	—	—	—	—	—	—	—	—	—	—	—	—	—	—	—	—	—
	中型		汽油	—	—	—	—	—	—	—	—	—	—	—	—	—	—	—	—	—	—	—
			柴油	47560	47560	40024	24951	24951	19219	7756	7756	7756	7348	6940	6940	6940	6940	4450	1959	1959	1794	1739
			燃气	—	—	—	—	—	—	—	—	—	—	—	—	—	—	—	—	—	—	—
	重型		汽油	—	—	—	—	—	—	—	—	—	—	—	—	—	—	—	—	—	—	—
			柴油	122792	122792	100926	57194	57194	45412	21848	21848	21848	14972	8095	8095	8095	8095	5418	2742	2742	2318	2176
			燃气	—	—	—	—	—	—	—	—	—	—	—	—	—	—	—	—	—	—	—
低速汽车	三轮汽车			4092	4092	4092	4092	4092	4092	4092	4092	4092	3220	3220	3220	3220	3220	3220	3220	3220	3220	3220
	低速货车			5581	5581	5581	5581	5581	5581	5581	5581	5581	4392	4392	4392	4392	4392	4392	4392	4392	4392	4392
摩托车	普通摩托车			—	—	—	—	—	—	—	—	—	—	—	—	—	—	—	—	—	—	—
	轻便摩托车			—	—	—	—	—	—	—	—	—	—	—	—	—	—	—	—	—	—	—

成都市 VOCs 排放系数

单位：克/（辆·年）

车辆类型		使用性质	燃料种类	1999年年底前	2000年	2001年	2002年	2003年	2004年	2005年	2006年	2007年	2008年	2009年	2010年	2011年	2012年	2013年	2014年	2015年	2016年	2017年
载客汽车	微型	出租车	汽油	808352	477901	147450	147450	147450	147450	111796	76142	76142	62256	48370	48370	40120	31870	31870	31870	31870	23030	20084
			燃气	455866	273558	91251	91251	91251	91251	70072	48893	48893	40175	31457	31457	25254	19052	19052	19052	19052	12210	9929
		其他	汽油	45039	27221	9403	9403	9403	9403	9024	8646	8646	7446	6246	6246	5986	5725	5725	5725	5725	4897	4621
			燃气	20447	11452	2457	2457	2457	2457	2360	2262	2262	1685	1108	1108	1030	952	952	952	952	678	587
	小型	出租车	汽油	808352	470708	133063	133063	133063	133063	123868	114672	114672	81521	48370	48370	40120	31870	31870	31870	31870	21572	18139
			柴油	227800	214126	200453	200453	200453	200453	180764	161075	161075	119811	78547	78547	78547	78547	58157	37767	37767	20647	14940
			燃气	455866	269594	83322	83322	83322	83322	76724	70127	70127	50792	31457	31457	25254	19052	19052	19052	19052	11406	8857
		其他	汽油	45666	27460	9255	9255	9255	9255	9278	9302	9302	7776	6250	6250	5946	5642	5642	5642	5642	4962	4735
			柴油	10404	9512	8619	8619	8619	8619	7332	6045	6045	4149	2253	2253	2253	2253	1900	1546	1546	1092	940
			燃气	20792	12450	4109	4109	4109	4109	3366	2623	2623	1947	1271	1271	1088	906	906	906	906	714	650
	中型	公交车	汽油	257513	257513	257513	257513	256916	175469	13768	13768	13768	13768	13768	13616	13464	13464	10937	8410	8410	8410	8410
			柴油	91436	91436	89645	86063	86063	67161	29358	29358	29358	21356	13354	13354	13354	13354	9328	5303	5303	4960	4846
			燃气	74539	74539	70398	62116	62116	59916	55516	55516	55516	44452	33387	33387	23138	23138	23070	23070	23070	23070	23070
		其他	汽油	128211	128211	128211	128211	127614	87291	7840	7840	7840	7840	7840	7694	7549	7549	6498	5447	5447	5447	5447
			柴油	30493	30493	28460	24394	24394	18567	6912	6912	6912	6506	6099	6099	6099	6099	3750	1402	1402	1243	1190
			燃气	34560	34560	32640	28800	28800	27780	25740	25740	25740	20623	15506	15506	10732	10732	9642	9642	9642	9642	9642
	大型	公交车	汽油	600439	600439	600439	600439	599842	404539	15126	15126	15126	15126	15126	14986	14846	14846	11966	9087	9087	9087	9087
			柴油	137155	137155	112477	63120	63120	63120	63120	63120	63120	45314	27508	27508	27508	27508	18406	9304	9304	5960	4846
			燃气	175912	175912	166139	146593	146593	141401	131018	131018	131018	104906	78794	78794	54606	54606	49139	49139	49139	49139	49139
		其他	汽油	1278106	1278106	1278106	1278106	1277509	860661	28158	28158	28158	28158	28158	21899	15640	15640	12450	9259	9259	9259	9259
			柴油	272891	272891	207397	76409	76409	76409	76409	76409	76409	55942	35476	35476	35476	35476	20706	5937	5937	5324	5119
			燃气	266186	266186	251398	221822	221822	213966	198253	198253	198253	158842	119430	119430	82662	82662	74261	74261	74261	74261	74261
载货汽车	微型		汽油	313620	170021	26422	26422	26422	26422	24666	22909	22909	21001	19093	19093	15566	12039	12039	12039	12039	9847	9116
			柴油	57823	53972	50122	50122	50122	50122	45531	40940	40940	30740	20539	20539	20539	20539	14291	8043	8043	5145	4179
			燃气	142379	74641	6904	6904	6904	6904	6449	5994	5994	4690	3387	3387	2694	2002	2002	2002	2002	1369	1158
	轻型		汽油	163918	99043	34168	34168	34168	34168	29444	24721	24721	22071	19421	19421	16812	14204	14204	14204	14204	11851	11067
			柴油	53854	51988	50122	50122	50122	50122	45531	40940	40940	30740	20539	20539	20539	20539	15428	10318	10318	7419	6453
			燃气	74633	44901	15170	15170	15170	15170	11070	6971	6971	5460	3949	3949	3115	2281	2281	2281	2281	1710	1519
	中型		汽油	423370	423370	423370	423370	422773	287394	17830	17830	17830	17830	17830	17690	17551	17551	13992	10432	10432	10432	10432
			柴油	98684	98684	92105	78947	78947	60087	22368	22368	22368	21062	19757	19757	19757	19757	14318	8880	8880	5284	4085
			燃气	111846	111846	105633	93206	93206	89903	83298	83298	83298	66764	50230	50230	67974	67974	33099	33099	33099	33099	33099
	重型		汽油	776502	776502	776502	776502	775904	523043	18515	18515	18515	18515	18515	14668	10821	10821	8882	6942	6942	6942	6942
			柴油	211360	211360	160634	59181	59181	59181	59181	59181	59181	43329	27477	27477	27477	27477	17433	7389	7389	5142	4393
			燃气	206167	206167	194714	171808	171808	165723	153553	153553	153553	123027	92501	92501	102878	102878	63729	63729	63729	63729	63729
低速汽车	三轮汽车			25300	25300	25300	25300	25300	25300	25300	25300	25300	16721	16721	16721	16721	16721	16721	16721	16721	16721	16721
	低速货车			33990	33990	33990	33990	33990	33990	33990	33990	33990	22464	22464	22464	22464	22464	22464	22464	22464	22464	22464
摩托车	普通摩托车			17897	17897	17897	17897	13356	8815	4719	4719	4719	4719	4719	3522	2324	2324	2324	2324	2324	2324	2324
	轻便摩托车			57876	57876	57876	57876	57876	11575	11575	5699	5699	5699	5699	4252	2806	2806	2806	2806	2806	2806	2806

自贡市 NO_x 排放系数

单位：克/（辆・年）

车辆类型		使用性质	燃料种类	1999年年底前	2000年	2001年	2002年	2003年	2004年	2005年	2006年	2007年	2008年	2009年	2010年	2011年	2012年	2013年	2014年	2015年	2016年	2017年
载客汽车	微型	出租车	汽油	267520	180286	93051	93051	93051	93051	67972	42893	42893	31162	19431	19431	16020	12610	12610	12610	12610	7984	6442
			燃气	146474	100324	54175	54175	54175	54175	40288	26402	26402	19740	13078	13078	10582	8085	8085	8085	8085	4809	3717
		其他	汽油	38474	24179	9884	9884	9884	9884	6191	2498	2498	2028	1557	1557	1290	1023	1023	1023	1023	724	625
			燃气	19894	11902	3911	3911	3911	3911	2565	1219	1219	990	762	762	606	449	449	449	449	349	316
	小型	出租车	汽油	303491	200470	97448	97448	97448	97448	70508	43569	43569	31500	19431	19431	15404	11376	11376	11376	11376	6868	5366
			柴油	256254	215590	174927	174927	174927	174927	155409	135891	135891	108316	80740	80740	80740	80740	65491	50242	50242	37329	33025
			燃气	165382	110934	56486	56486	56486	56486	41622	26758	26758	19918	13078	13078	10257	7436	7436	7436	7436	4222	3151
		其他	汽油	35882	22956	10030	10030	10030	10030	6610	3190	3190	2202	1214	1214	1092	971	971	971	971	682	586
			柴油	23792	19534	15277	15277	15277	15277	14030	12782	12782	10034	7285	7285	7285	7285	6260	5235	5235	4460	4202
			燃气	18532	11872	5211	5211	5211	5211	3397	1583	1583	1082	582	582	502	421	421	421	421	326	295
	中型	公交车	汽油	436170	436170	436170	436170	436170	297977	21590	21590	21590	21590	21590	19362	17135	17135	12936	8737	8737	8737	8737
			柴油	364069	364069	363214	361505	361505	347138	318405	318405	318405	265216	212027	212027	212027	212027	173029	134031	134031	112214	104942
			燃气	386559	386559	381957	372754	372754	361192	338067	338067	338067	281364	224660	224660	142072	142072	111270	111270	111270	111270	111270
		其他	汽油	267412	267412	267412	267412	267412	181394	9359	9359	9359	9359	9359	9359	9359	9359	7020	4681	4681	4681	4681
			柴油	170732	170732	163605	149351	149351	148088	145562	145562	145562	123971	102380	102380	102380	102380	90904	79428	79428	67792	63914
			燃气	192792	192792	182081	160660	160660	159146	156118	156118	156118	132924	109729	109729	85474	85474	68658	68658	68658	68658	68658
	大型	公交车	汽油	1553856	1553856	1553856	1553856	1553856	1068461	97671	97671	97671	97671	97671	97586	97500	97500	73126	48751	48751	48751	48751
			柴油	516359	516359	499674	466303	466303	453053	426554	426554	426554	418867	411180	411180	411180	411180	396354	381527	381527	343928	331395
			燃气	1038188	1038188	980511	865156	865156	800956	672556	672556	672556	576256	479956	479956	446839	446839	387292	387292	387292	387292	387292
		其他	汽油	3708771	3708771	3708771	3708771	3708771	2550222	233123	233123	233123	233123	233123	224381	215639	215639	161902	108164	108164	108164	108164
			柴油	1236519	1236519	1204701	1141065	1141065	1114462	1061256	1061256	1061256	1023892	986527	986527	986527	986527	939178	891830	891830	789261	755071
			燃气	2301646	2301646	2173777	1918038	1918038	1775707	1491046	1491046	1491046	1278040	1065033	1065033	960841	960841	815188	815188	815188	815188	815188
载货汽车	微型		汽油	116572	69019	21466	21466	21466	21466	14583	7700	7700	6233	4766	4766	4229	3692	3692	3692	3692	2784	2482
			柴油	60464	50084	39704	39704	39704	39704	35664	31625	31625	26744	21863	21863	21863	21863	16004	10144	10144	8531	7993
			燃气	60277	34385	8494	8494	8494	8494	6126	3758	3758	3045	2332	2332	1976	1620	1620	1620	1620	1346	1255
	轻型		汽油	86106	55128	24150	24150	24150	24150	16290	8431	8431	7066	5700	5700	4746	3793	3793	3793	3793	2911	2617
			柴油	60670	50187	39704	39704	39704	39704	35664	31625	31625	26744	21863	21863	21863	21863	17388	12912	12912	11786	11411
			燃气	44471	28509	12547	12547	12547	12547	8365	4184	4184	3458	2733	2733	2189	1645	1645	1645	1645	1399	1317
	中型		汽油	390318	390318	390318	390318	390318	266473	18784	18784	18784	18784	18784	18784	18784	18784	14094	9403	9403	9403	9403
			柴油	550484	550484	494295	381916	381916	363160	325649	325649	325649	321282	316914	316914	316914	316914	278052	239191	239191	205965	194890
			燃气	621611	621611	551352	410835	410835	390312	349265	349265	349265	344464	339663	339663	257398	257398	209356	209356	209356	209356	209356
	重型		汽油	1510209	1510209	1510209	1510209	1510209	1038448	94927	94927	94927	94927	94927	91368	87808	87808	65926	44044	44044	44044	44044
			柴油	689259	689259	665732	618679	618679	595796	550029	550029	550029	527972	505916	505916	505916	505916	442434	378951	378951	250961	208298
			燃气	1282981	1282981	1201970	1039949	1039949	950893	772781	772781	772781	659478	546176	546176	408275	408275	224882	224882	224882	224882	224882
低速汽车	三轮汽车			65550	65550	65550	65550	65550	65550	65550	65550	65550	53279	53279	53279	53279	53279	53279	53279	53279	53279	53279
	低速货车			88065	88065	88065	88065	88065	88065	88065	88065	88065	71579	71579	71579	71579	71579	71579	71579	71579	71579	71579
摩托车	普通摩托车			1336	1336	1336	1336	1292	1247	1158	1158	1158	1158	1158	1028	899	899	899	899	899	899	899
	轻便摩托车			890	890	890	890	890	445	445	445	445	445	445	396	346	346	346	346	346	346	346

自贡市 PM 排放系数

单位：克/（辆•年）

车辆类型		使用性质	燃料种类	1999年年底前	2000年	2001年	2002年	2003年	2004年	2005年	2006年	2007年	2008年	2009年	2010年	2011年	2012年	2013年	2014年	2015年	2016年	2017年
载客汽车	微型	出租车	汽油	—	—	—	—	—	—	—	—	—	—	—	—	—	—	—	—	—	—	—
			燃气	—	—	—	—	—	—	—	—	—	—	—	—	—	—	—	—	—	—	—
		其他	汽油	—	—	—	—	—	—	—	—	—	—	—	—	—	—	—	—	—	—	—
			燃气	—	—	—	—	—	—	—	—	—	—	—	—	—	—	—	—	—	—	—
	小型	出租车	汽油	—	—	—	—	—	—	—	—	—	—	—	—	—	—	—	—	—	—	—
			柴油	35088	32124	29161	29161	29161	29161	19792	10424	10424	6813	3202	3202	3202	3202	2976	2750	2750	2274	2115
			燃气	—	—	—	—	—	—	—	—	—	—	—	—	—	—	—	—	—	—	—
		其他	汽油	—	—	—	—	—	—	—	—	—	—	—	—	—	—	—	—	—	—	—
			柴油	3580	3388	3195	3195	3195	3195	2294	1394	1394	1022	650	650	650	650	543	436	436	436	436
			燃气	—	—	—	—	—	—	—	—	—	—	—	—	—	—	—	—	—	—	—
	中型	公交车	汽油	—	—	—	—	—	—	—	—	—	—	—	—	—	—	—	—	—	—	—
			柴油	30592	30592	28032	22913	22913	17978	8108	8108	8108	6872	5637	5637	5637	5637	3504	1372	1372	1080	983
			燃气	—	—	—	—	—	—	—	—	—	—	—	—	—	—	—	—	—	—	—
		其他	汽油	—	—	—	—	—	—	—	—	—	—	—	—	—	—	—	—	—	—	—
			柴油	15274	15274	12888	8116	8116	6262	2553	2553	2553	2434	2316	2316	2316	2316	1366	415	415	399	394
			燃气	—	—	—	—	—	—	—	—	—	—	—	—	—	—	—	—	—	—	—
	大型	公交车	汽油	—	—	—	—	—	—	—	—	—	—	—	—	—	—	—	—	—	—	—
			柴油	94865	94865	93934	92071	92071	71272	29674	29674	29674	19994	10315	10315	10315	10315	6116	1916	1916	1845	1821
			燃气	—	—	—	—	—	—	—	—	—	—	—	—	—	—	—	—	—	—	—
		其他	汽油	—	—	—	—	—	—	—	—	—	—	—	—	—	—	—	—	—	—	—
			柴油	142314	142314	133412	115607	115607	85425	25061	25061	25061	17182	9303	9303	9303	9303	5868	2433	2433	2343	2313
			燃气	—	—	—	—	—	—	—	—	—	—	—	—	—	—	—	—	—	—	—
载货汽车	微型		汽油	—	—	—	—	—	—	—	—	—	—	—	—	—	—	—	—	—	—	—
			柴油	7565	7408	7252	7252	7252	7252	5898	4545	4545	3373	2201	2201	2201	2201	1386	570	570	568	567
			燃气	—	—	—	—	—	—	—	—	—	—	—	—	—	—	—	—	—	—	—
	轻型		汽油	—	—	—	—	—	—	—	—	—	—	—	—	—	—	—	—	—	—	—
			柴油	7868	7560	7252	7252	7252	7252	5898	4545	4545	3373	2201	2201	2201	2201	1660	1119	1119	924	859
			燃气	—	—	—	—	—	—	—	—	—	—	—	—	—	—	—	—	—	—	—
	中型		汽油	—	—	—	—	—	—	—	—	—	—	—	—	—	—	—	—	—	—	—
			柴油	47560	47560	40024	24951	24951	19219	7756	7756	7756	7348	6940	6940	6940	6940	4450	1959	1959	1794	1739
			燃气	—	—	—	—	—	—	—	—	—	—	—	—	—	—	—	—	—	—	—
	重型		汽油	—	—	—	—	—	—	—	—	—	—	—	—	—	—	—	—	—	—	—
			柴油	92033	92033	75644	42867	42867	34036	16375	16375	16375	11221	6067	6067	6067	6067	4102	2138	2138	1807	1697
			燃气	—	—	—	—	—	—	—	—	—	—	—	—	—	—	—	—	—	—	—
低速汽车	三轮汽车			4092	4092	4092	4092	4092	4092	4092	4092	4092	3220	3220	3220	3220	3220	3220	3220	3220	3220	3220
	低速货车			5581	5581	5581	5581	5581	5581	5581	5581	5581	4392	4392	4392	4392	4392	4392	4392	4392	4392	4392
摩托车	普通摩托车			—	—	—	—	—	—	—	—	—	—	—	—	—	—	—	—	—	—	—
	轻便摩托车			—	—	—	—	—	—	—	—	—	—	—	—	—	—	—	—	—	—	—

自贡市 VOCs 排放系数

单位：克/（辆·年）

车辆类型		使用性质	燃料种类	1999 年年底前	2000 年	2001 年	2002 年	2003 年	2004 年	2005 年	2006 年	2007 年	2008 年	2009 年	2010 年	2011 年	2012 年	2013 年	2014 年	2015 年	2016 年	2017 年
载客汽车	微型	出租车	汽油	513077	303847	94617	94617	94617	94617	71990	49363	49363	40394	31424	31424	26154	20884	20884	20884	20884	15110	13186
			燃气	287257	172161	57065	57065	57065	57065	43720	30374	30374	24856	19338	19338	15432	11526	11526	11526	11526	7232	5801
		其他	汽油	38604	23720	8836	8836	8836	8836	8466	8096	8096	7014	5933	5933	5666	5399	5399	5399	5399	4611	4348
			燃气	16908	9530	2151	2151	2151	2151	2057	1963	1963	1466	968	968	871	774	774	774	774	521	437
	小型	出租车	汽油	513077	299246	85414	85414	85414	85414	79781	74148	74148	52786	31424	31424	26154	20884	20884	20884	20884	14270	12065
			柴油	140490	132113	123736	123736	123736	123736	111218	98701	98701	73306	47912	47912	47912	47912	35506	23099	23099	12718	9258
			燃气	287257	169625	51993	51993	51993	51993	48012	44032	44032	31685	19338	19338	15432	11526	11526	11526	11526	6769	5183
		其他	汽油	39118	23916	8714	8714	8714	8714	8678	8641	8641	7288	5935	5935	5635	5335	5335	5335	5335	4663	4439
			柴油	9171	8398	7624	7624	7624	7624	6457	5290	5290	3682	2073	2073	2073	2073	1732	1392	1392	960	816
			燃气	17191	10356	3521	3521	3521	3521	2892	2264	2264	1682	1101	1101	920	739	739	739	739	550	487
	中型	公交车	汽油	247500	247500	247500	247500	246903	168660	13368	13368	13368	13368	13368	13216	13065	13065	10638	8210	8210	8210	8210
			柴油	87806	87806	86086	82645	82645	64494	28192	28192	28192	20508	12823	12823	12823	12823	8958	5093	5093	4763	4653
			燃气	71579	71579	67602	59649	59649	57536	53311	53311	53311	42686	32061	32061	22219	22219	22154	22154	22154	22154	22154
		其他	汽油	128211	128211	128211	128211	127614	87291	7840	7840	7840	7840	7840	7694	7549	7549	6498	5447	5447	5447	5447
			柴油	30493	30493	28460	24394	24394	18567	6912	6912	6912	6506	6099	6099	6099	6099	3750	1402	1402	1243	1190
			燃气	34560	34560	32640	28800	28800	27780	25740	25740	25740	20623	15506	15506	10732	10732	9642	9642	9642	9642	9642
	大型	公交车	汽油	576808	576808	576808	576808	576211	388633	14672	14672	14672	14672	14672	14532	14392	14392	11626	8860	8860	8860	8860
			柴油	131708	131708	108010	60614	60614	60614	60614	60614	60614	43515	26416	26416	26416	26416	17675	8934	8934	5723	4653
			燃气	168926	168926	159541	140772	140772	135786	125815	125815	125815	100740	75665	75665	52438	52438	47188	47188	47188	47188	47188
		其他	汽油	1278106	1278106	1278106	1278106	1277509	860661	28158	28158	28158	28158	28158	21899	15640	15640	12450	9259	9259	9259	9259
			柴油	272891	272891	207397	76409	76409	76409	76409	76409	76409	55942	35476	35476	35476	35476	20706	5937	5937	5324	5119
			燃气	266186	266186	251398	221822	221822	213966	198253	198253	198253	158842	119430	119430	82662	82662	74261	74261	74261	74261	74261
载货汽车	微型		汽油	180772	98478	16183	16183	16183	16183	15224	14264	14264	13145	12026	12026	10157	8288	8288	8288	8288	7065	6657
			柴油	28967	27060	25153	25153	25153	25153	22978	20804	20804	15472	10140	10140	10140	10140	7038	3936	3936	2626	2190
			燃气	79176	41558	3940	3940	3940	3940	3699	3459	3459	2710	1962	1962	1575	1188	1188	1188	1188	799	669
	轻型		汽油	95568	58080	20591	20591	20591	20591	17944	15296	15296	13754	12212	12212	10866	9520	9520	9520	9520	8205	7767
			柴油	26766	25960	25153	25153	25153	25153	22978	20804	20804	15472	10140	10140	10140	10140	7670	5199	5199	3890	3453
			燃气	41999	25159	8320	8320	8320	8320	6164	4008	4008	3137	2265	2265	1792	1319	1319	1319	1319	969	852
	中型		汽油	423370	423370	423370	423370	422773	287394	17830	17830	17830	17830	17830	17690	17551	17551	13992	10432	10432	10432	10432
			柴油	98684	98684	92105	78947	78947	60087	22368	22368	22368	21062	19757	19757	19757	19757	14318	8880	8880	5284	4085
			燃气	111846	111846	105633	93206	93206	89903	83298	83298	83298	66764	50230	50230	67974	67974	33099	33099	33099	33099	33099
	重型		汽油	579882	579882	579882	579882	579284	390703	14734	14734	14734	14734	14734	11832	8930	8930	7482	6033	6033	6033	6033
			柴油	169466	169466	128794	47451	47451	47451	47451	47451	47451	34741	22031	22031	22031	22031	13718	5406	5406	3798	3262
			燃气	165302	165302	156120	137754	137754	132876	123118	123118	123118	98643	74167	74167	75269	75269	47322	47322	47322	47322	47322
低速汽车	三轮汽车			25300	25300	25300	25300	25300	25300	25300	25300	25300	16721	16721	16721	16721	16721	16721	16721	16721	16721	16721
	低速货车			33990	33990	33990	33990	33990	33990	33990	33990	33990	22464	22464	22464	22464	22464	22464	22464	22464	22464	22464
摩托车	普通摩托车			17897	17897	17897	17897	13356	8815	4719	4719	4719	4719	4719	3522	2324	2324	2324	2324	2324	2324	2324
	轻便摩托车			57876	57876	57876	57876	57876	11575	11575	5699	5699	5699	5699	4252	2806	2806	2806	2806	2806	2806	2806

攀枝花市 NO_x 排放系数

单位：克/（辆·年）

车辆类型		使用性质	燃料种类	1999年年底前	2000年	2001年	2002年	2003年	2004年	2005年	2006年	2007年	2008年	2009年	2010年	2011年	2012年	2013年	2014年	2015年	2016年	2017年
载客汽车	微型	出租车	汽油	293418	196987	100556	100556	100556	100556	73079	45602	45602	32855	20108	20108	16650	13193	13193	13193	13193	8525	6969
			燃气	146474	100324	54175	54175	54175	54175	40288	26402	26402	19740	13078	13078	10582	8085	8085	8085	8085	4809	3717
		其他	汽油	42358	26584	10810	10810	10810	10810	6724	2638	2638	2136	1635	1635	1346	1058	1058	1058	1058	774	679
			燃气	19894	11902	3911	3911	3911	3911	2565	1219	1219	990	762	762	606	449	449	449	449	349	316
	小型	出租车	汽油	333292	219360	105429	105429	105429	105429	75890	46351	46351	33230	20108	20108	15966	11825	11825	11825	11825	7289	5777
			柴油	275362	230839	186316	186316	186316	186316	165659	145002	145002	115404	85805	85805	85805	85805	69889	53973	53973	40614	36161
			燃气	165382	110934	56486	56486	56486	56486	41622	26758	26758	19918	13078	13078	10257	7436	7436	7436	7436	4222	3151
		其他	汽油	39486	25228	10971	10971	10971	10971	7188	3405	3405	2330	1255	1255	1128	1000	1000	1000	1000	727	636
			柴油	26151	21438	16725	16725	16725	16725	15364	14003	14003	10981	7959	7959	7959	7959	6845	5731	5731	4919	4648
			燃气	18532	11872	5211	5211	5211	5211	3397	1583	1583	1082	582	582	502	421	421	421	421	326	295
	中型	公交车	汽油	433155	433155	433155	433155	433155	295917	21441	21441	21441	21441	21441	19229	17017	17017	12846	8676	8676	8676	8676
			柴油	362229	362229	361379	359678	359678	345384	316795	316795	316795	263875	210955	210955	210955	210955	172154	133354	133354	111647	104411
			燃气	384606	384606	380027	370870	370870	359366	336358	336358	336358	279942	223525	223525	141354	141354	110707	110707	110707	110707	110707
		其他	汽油	265563	265563	265563	265563	265563	180140	9295	9295	9295	9295	9295	9295	9295	9295	6972	4648	4648	4648	4648
			柴油	169869	169869	162778	148596	148596	147340	144827	144827	144827	123345	101863	101863	101863	101863	90444	79026	79026	67450	63591
			燃气	191818	191818	181161	159848	159848	158342	155329	155329	155329	132252	109174	109174	85042	85042	68311	68311	68311	68311	68311
	大型	公交车	汽油	1543114	1543114	1543114	1543114	1543114	1061075	96996	96996	96996	96996	96996	96911	96826	96826	72620	48414	48414	48414	48414
			柴油	513749	513749	497148	463946	463946	450763	424398	424398	424398	416750	409102	409102	409102	409102	394350	379599	379599	342190	329720
			燃气	1032941	1032941	975555	860784	860784	796908	669157	669157	669157	573344	477530	477530	444580	444580	385335	385335	385335	385335	385335
		其他	汽油	3683132	3683132	3683132	3683132	3683132	2532592	231511	231511	231511	231511	231511	222830	214148	214148	160782	107417	107417	107417	107417
			柴油	1230270	1230270	1198613	1135298	1135298	1108829	1055892	1055892	1055892	1018716	981541	981541	981541	981541	934432	887323	887323	785272	751255
			燃气	2290013	2290013	2162790	1908345	1908345	1766734	1483511	1483511	1483511	1271581	1059651	1059651	955985	955985	811068	811068	811068	811068	811068
载货汽车	微型		汽油	123101	72709	22317	22317	22317	22317	15062	7806	7806	6300	4793	4793	4274	3756	3756	3756	3756	2890	2601
			柴油	62804	51866	40928	40928	40928	40928	36794	32659	32659	27636	22612	22612	22612	22612	16542	10472	10472	8928	8414
			燃气	57816	32945	8074	8074	8074	8074	5841	3607	3607	2920	2234	2234	1914	1594	1594	1594	1594	1306	1210
	轻型		汽油	90761	57963	25165	25165	25165	25165	16874	8583	8583	7184	5785	5785	4824	3863	3863	3863	3863	3024	2745
			柴油	63023	51976	40928	40928	40928	40928	36794	32659	32659	27636	22612	22612	22612	22612	18014	13416	13416	12391	12049
			燃气	42597	27275	11953	11953	11953	11953	7972	3990	3990	3337	2683	2683	2155	1626	1626	1626	1626	1362	1273
	中型		汽油	390318	390318	390318	390318	390318	266473	18784	18784	18784	18784	18784	18784	18784	18784	14094	9403	9403	9403	9403
			柴油	550484	550484	494295	381916	381916	363160	325649	325649	325649	321282	316914	316914	316914	316914	278052	239191	239191	205965	194890
			燃气	621613	621613	551354	410835	410835	390311	349263	349263	349263	344461	339660	339660	257400	257400	209356	209356	209356	209356	209356
	重型		汽油	1510209	1510209	1510209	1510209	1510209	1038448	94927	94927	94927	94927	94927	91368	87808	87808	65926	44044	44044	44044	44044
			柴油	689259	689259	665732	618679	618679	595796	550029	550029	550029	527972	505916	505916	505916	505916	442434	378951	378951	250961	208298
			燃气	1282980	1282980	1201970	1039950	1039950	950894	772782	772782	772782	659479	546176	546176	408275	408275	224882	224882	224882	224882	224882
低速汽车	三轮汽车			65550	65550	65550	65550	65550	65550	65550	65550	65550	53279	53279	53279	53279	53279	53279	53279	53279	53279	53279
	低速货车			88065	88065	88065	88065	88065	88065	88065	88065	88065	71579	71579	71579	71579	71579	71579	71579	71579	71579	71579
摩托车	普通摩托车			1336	1336	1336	1336	1292	1247	1158	1158	1158	1158	1158	1028	899	899	899	899	899	899	899
	轻便摩托车			890	890	890	890	890	445	445	445	445	445	445	396	346	346	346	346	346	346	346

攀枝花市 PM 排放系数

单位：克/（辆·年）

车辆类型		使用性质	燃料种类	1999年年底前	2000年	2001年	2002年	2003年	2004年	2005年	2006年	2007年	2008年	2009年	2010年	2011年	2012年	2013年	2014年	2015年	2016年	2017年
载客汽车	微型	出租车	汽油	—	—	—	—	—	—	—	—	—	—	—	—	—	—	—	—	—	—	—
			燃气	—	—	—	—	—	—	—	—	—	—	—	—	—	—	—	—	—	—	—
		其他	汽油	—	—	—	—	—	—	—	—	—	—	—	—	—	—	—	—	—	—	—
			燃气	—	—	—	—	—	—	—	—	—	—	—	—	—	—	—	—	—	—	—
	小型	出租车	汽油	—	—	—	—	—	—	—	—	—	—	—	—	—	—	—	—	—	—	—
			柴油	35088	32124	29161	29161	29161	29161	19792	10424	10424	6813	3202	3202	3202	3202	2976	2750	2750	2274	2115
			燃气	—	—	—	—	—	—	—	—	—	—	—	—	—	—	—	—	—	—	—
		其他	汽油	—	—	—	—	—	—	—	—	—	—	—	—	—	—	—	—	—	—	—
			柴油	3580	3388	3195	3195	3195	3195	2294	1394	1394	1022	650	650	650	650	543	436	436	436	436
			燃气	—	—	—	—	—	—	—	—	—	—	—	—	—	—	—	—	—	—	—
	中型	公交车	汽油	—	—	—	—	—	—	—	—	—	—	—	—	—	—	—	—	—	—	—
			柴油	30592	30592	28032	22913	22913	17978	8108	8108	8108	6872	5637	5637	5637	5637	3504	1372	1372	1080	983
			燃气	—	—	—	—	—	—	—	—	—	—	—	—	—	—	—	—	—	—	—
		其他	汽油	—	—	—	—	—	—	—	—	—	—	—	—	—	—	—	—	—	—	—
			柴油	15274	15274	12888	8116	8116	6262	2553	2553	2553	2434	2316	2316	2316	2316	1366	415	415	399	394
			燃气	—	—	—	—	—	—	—	—	—	—	—	—	—	—	—	—	—	—	—
	大型	公交车	汽油	—	—	—	—	—	—	—	—	—	—	—	—	—	—	—	—	—	—	—
			柴油	94865	94865	93934	92071	92071	71272	29674	29674	29674	19994	10315	10315	10315	10315	6116	1916	1916	1845	1821
			燃气	—	—	—	—	—	—	—	—	—	—	—	—	—	—	—	—	—	—	—
		其他	汽油	—	—	—	—	—	—	—	—	—	—	—	—	—	—	—	—	—	—	—
			柴油	142314	142314	133412	115607	115607	85425	25061	25061	25061	17182	9303	9303	9303	9303	5868	2433	2433	2343	2313
			燃气	—	—	—	—	—	—	—	—	—	—	—	—	—	—	—	—	—	—	—
载货汽车	微型		汽油	—	—	—	—	—	—	—	—	—	—	—	—	—	—	—	—	—	—	—
			柴油	7245	7095	6945	6945	6945	6945	5648	4352	4352	3230	2108	2108	2108	2108	1327	546	546	544	543
			燃气	—	—	—	—	—	—	—	—	—	—	—	—	—	—	—	—	—	—	—
	轻型		汽油	—	—	—	—	—	—	—	—	—	—	—	—	—	—	—	—	—	—	—
			柴油	7534	7240	6945	6945	6945	6945	5648	4352	4352	3230	2108	2108	2108	2108	1590	1071	1071	884	822
			燃气	—	—	—	—	—	—	—	—	—	—	—	—	—	—	—	—	—	—	—
	中型		汽油	—	—	—	—	—	—	—	—	—	—	—	—	—	—	—	—	—	—	—
			柴油	47560	47560	40024	24951	24951	19219	7756	7756	7756	7348	6940	6940	6940	6940	4450	1959	1959	1794	1739
			燃气	—	—	—	—	—	—	—	—	—	—	—	—	—	—	—	—	—	—	—
	重型		汽油	—	—	—	—	—	—	—	—	—	—	—	—	—	—	—	—	—	—	—
			柴油	92033	92033	75644	42867	42867	34036	16375	16375	16375	11221	6067	6067	6067	6067	4102	2138	2138	1807	1697
			燃气	—	—	—	—	—	—	—	—	—	—	—	—	—	—	—	—	—	—	—
低速汽车	三轮汽车			4092	4092	4092	4092	4092	4092	4092	4092	4092	3220	3220	3220	3220	3220	3220	3220	3220	3220	3220
	低速货车			5581	5581	5581	5581	5581	5581	5581	5581	5581	4392	4392	4392	4392	4392	4392	4392	4392	4392	4392
摩托车	普通摩托车			—	—	—	—	—	—	—	—	—	—	—	—	—	—	—	—	—	—	—
	轻便摩托车			—	—	—	—	—	—	—	—	—	—	—	—	—	—	—	—	—	—	—

攀枝花市 VOCs 排放系数

单位：克/（辆·年）

车辆类型		使用性质	燃料种类	1999 年年底前	2000 年	2001 年	2002 年	2003 年	2004 年	2005 年	2006 年	2007 年	2008 年	2009 年	2010 年	2011 年	2012 年	2013 年	2014 年	2015 年	2016 年	2017 年
载客汽车	微型	出租车	汽油	444411	265536	86662	86662	86662	86662	66760	46857	46857	38776	30696	30696	25636	20575	20575	20575	20575	14917	13031
载客汽车	微型	出租车	燃气	287257	172161	57065	57065	57065	57065	43720	30374	30374	24856	19338	19338	15432	11526	11526	11526	11526	7232	5801
载客汽车	微型	其他	汽油	34675	21949	9223	9223	9223	9223	8858	8494	8494	7554	6615	6615	6372	6129	6129	6129	6129	5444	5216
载客汽车	微型	其他	燃气	16908	9530	2151	2151	2151	2151	2057	1963	1963	1466	968	968	871	774	774	774	774	521	437
载客汽车	小型	出租车	汽油	444411	261610	78810	78810	78810	78810	73406	68002	68002	49349	30696	30696	25636	20575	20575	20575	20575	14200	12075
载客汽车	小型	出租车	柴油	135813	127610	119408	119408	119408	119408	107076	94743	94743	70914	47085	47085	47085	47085	34852	22619	22619	12279	8832
载客汽车	小型	出租车	燃气	287257	169625	51993	51993	51993	51993	48012	44032	44032	31685	19338	19338	15432	11526	11526	11526	11526	6769	5183
载客汽车	小型	其他	汽油	35113	22116	9119	9119	9119	9119	9039	8959	8959	7788	6617	6617	6346	6074	6074	6074	6074	5489	5294
载客汽车	小型	其他	柴油	8391	7683	6975	6975	6975	6975	5906	4836	4836	3380	1925	1925	1925	1925	1594	1262	1262	862	729
载客汽车	小型	其他	燃气	17191	10356	3521	3521	3521	3521	2892	2264	2264	1682	1101	1101	920	739	739	739	739	550	487
载客汽车	中型	公交车	汽油	248551	248551	248551	248551	247954	169711	14419	14419	14419	14419	14419	14268	14116	14116	11688	9261	9261	9261	9261
载客汽车	中型	公交车	柴油	87806	87806	86086	82645	82645	64494	28192	28192	28192	20508	12823	12823	12823	12823	8958	5093	5093	4763	4653
载客汽车	中型	公交车	燃气	71579	71579	67602	59649	59649	57536	53311	53311	53311	42686	32061	32061	22219	22219	22154	22154	22154	22154	22154
载客汽车	中型	其他	汽油	129261	129261	129261	129261	128664	88342	8891	8891	8891	8891	8891	8746	8600	8600	7548	6497	6497	6497	6497
载客汽车	中型	其他	柴油	30493	30493	28460	24394	24394	18567	6912	6912	6912	6506	6099	6099	6099	6099	3750	1402	1402	1243	1190
载客汽车	中型	其他	燃气	34560	34560	32640	28800	28800	27780	25740	25740	25740	20623	15506	15506	10732	10732	9642	9642	9642	9642	9642
载客汽车	大型	公交车	汽油	577859	577859	577859	577859	577262	389684	15722	15722	15722	15722	15722	15582	15443	15443	12677	9911	9911	9911	9911
载客汽车	大型	公交车	柴油	131708	131708	108010	60614	60614	60614	60614	60614	60614	43515	26416	26416	26416	26416	17675	8934	8934	5723	4653
载客汽车	大型	公交车	燃气	168926	168926	159541	140772	140772	135786	125815	125815	125815	100740	75665	75665	52438	52438	47188	47188	47188	47188	47188
载客汽车	大型	其他	汽油	1279157	1279157	1279157	1279157	1278560	861712	29209	29209	29209	29209	29209	22950	16691	16691	13500	10310	10310	10310	10310
载客汽车	大型	其他	柴油	272891	272891	207397	76409	76409	76409	76409	76409	76409	55942	35476	35476	35476	35476	20706	5937	5937	5324	5119
载客汽车	大型	其他	燃气	266186	266186	251398	221822	221822	213966	198253	198253	198253	158842	119430	119430	82662	82662	74261	74261	74261	74261	74261
载货汽车	微型		汽油	150022	82686	15349	15349	15349	15349	14475	13601	13601	12634	11666	11666	10090	8515	8515	8515	8515	7447	7091
载货汽车	微型		柴油	25468	23786	22105	22105	22105	22105	20165	18225	18225	13590	8954	8954	8954	8954	6220	3487	3487	2300	1904
载货汽车	微型		燃气	73153	38366	3580	3580	3580	3580	3361	3143	3143	2425	1707	1707	1391	1075	1075	1075	1075	714	594
载货汽车	轻型		汽油	80412	49681	18950	18950	18950	18950	16696	14443	14443	13130	11818	11818	10670	9522	9522	9522	9522	8379	7998
载货汽车	轻型		柴油	23584	22844	22105	22105	22105	22105	20165	18225	18225	13590	8954	8954	8954	8954	6761	4568	4568	3381	2985
载货汽车	轻型		燃气	39369	23343	7317	7317	7317	7317	5483	3650	3650	2808	1966	1966	1562	1159	1159	1159	1159	841	736
载货汽车	中型		汽油	424421	424421	424421	424421	423824	288444	18881	18881	18881	18881	18881	18741	18601	18601	15042	11483	11483	11483	11483
载货汽车	中型		柴油	98684	98684	92105	78947	78947	60087	22368	22368	22368	21062	19757	19757	19757	19757	14318	8880	8880	5284	4085
载货汽车	中型		燃气	111846	111846	105633	93206	93206	89903	83298	83298	83298	66764	50230	50230	67974	67974	33099	33099	33099	33099	33099
载货汽车	重型		汽油	580934	580934	580934	580934	580336	391754	15786	15786	15786	15786	15786	12884	9982	9982	8534	7085	7085	7085	7085
载货汽车	重型		柴油	169466	169466	128794	47451	47451	47451	47451	47451	47451	34741	22031	22031	22031	22031	13718	5406	5406	3798	3262
载货汽车	重型		燃气	165302	165302	156120	137754	137754	132876	123118	123118	123118	98643	74167	74167	75269	75269	47322	47322	47322	47322	47322
低速汽车	三轮汽车			25300	25300	25300	25300	25300	25300	25300	25300	25300	16721	16721	16721	16721	16721	16721	16721	16721	16721	16721
低速汽车	低速货车			33990	33990	33990	33990	33990	33990	33990	33990	33990	22464	22464	22464	22464	22464	22464	22464	22464	22464	22464
摩托车	普通摩托车			17897	17897	17897	17897	13356	8815	4719	4719	4719	4719	4719	3522	2324	2324	2324	2324	2324	2324	2324
摩托车	轻便摩托车			57876	57876	57876	57876	57876	11575	11575	5699	5699	5699	5699	4252	2806	2806	2806	2806	2806	2806	2806

泸州市 NO_x 排放系数

单位：克/（辆·年）

车辆类型		使用性质	燃料种类	1999年年底前	2000年	2001年	2002年	2003年	2004年	2005年	2006年	2007年	2008年	2009年	2010年	2011年	2012年	2013年	2014年	2015年	2016年	2017年
载客汽车	微型	出租车	汽油	338648	230275	121902	121902	121902	121902	89988	58074	58074	42914	27753	27753	22641	17529	17529	17529	17529	10683	8401
			燃气	187650	130018	72385	72385	72385	72385	54496	36607	36607	27842	19078	19078	15309	11540	11540	11540	11540	6594	4945
		其他	汽油	38310	24071	9832	9832	9832	9832	6147	2462	2462	1998	1533	1533	1266	1000	1000	1000	1000	715	620
			燃气	19894	11902	3911	3911	3911	3911	2565	1219	1219	990	762	762	606	449	449	449	449	349	316
	小型	出租车	汽油	383142	255242	127341	127341	127341	127341	93125	58909	58909	43331	27753	27753	21878	16003	16003	16003	16003	9304	7071
			柴油	341905	289852	237800	237800	237800	237800	210886	183972	183972	147094	110217	110217	110217	110217	88586	66954	66954	48422	42244
			燃气	211091	143170	75250	75250	75250	75250	56149	37048	37048	28063	19078	19078	14907	10736	10736	10736	10736	5867	4244
		其他	汽油	35725	22851	9977	9977	9977	9977	6565	3153	3153	2172	1191	1191	1070	948	948	948	948	673	581
			柴油	23737	19486	15235	15235	15235	15235	13990	12744	12744	10002	7260	7260	7260	7260	6236	5212	5212	4448	4193
			燃气	18532	11872	5211	5211	5211	5211	3397	1583	1583	1082	582	582	502	421	421	421	421	326	295
	中型	公交车	汽油	435203	435203	435203	435203	435203	297316	21543	21543	21543	21543	21543	19320	17097	17097	12907	8717	8717	8717	8717
			柴油	363479	363479	362626	360919	360919	346576	317889	317889	317889	264786	211683	211683	211683	211683	172748	133814	133814	112032	104772
			燃气	385933	385933	381339	372150	372150	360606	337519	337519	337519	280908	224296	224296	141842	141842	111089	111089	111089	111089	111089
		其他	汽油	266819	266819	266819	266819	266819	180992	9339	9339	9339	9339	9339	9339	9339	9339	7004	4670	4670	4670	4670
			柴油	170455	170455	163340	149109	149109	147848	145326	145326	145326	123770	102214	102214	102214	102214	90756	79299	79299	67683	63811
			燃气	192480	192480	181787	160400	160400	158888	155865	155865	155865	132708	109551	109551	85335	85335	68546	68546	68546	68546	68546
	大型	公交车	汽油	1550412	1550412	1550412	1550412	1550412	1066093	97454	97454	97454	97454	97454	97369	97284	97284	72964	48643	48643	48643	48643
			柴油	515522	515522	498864	465547	465547	452319	425863	425863	425863	418188	410514	410514	410514	410514	395712	380909	380909	343371	330858
			燃气	1036505	1036505	978922	863755	863755	799659	671466	671466	671466	575322	479178	479178	446115	446115	386665	386665	386665	386665	386665
		其他	汽油	3700551	3700551	3700551	3700551	3700551	2544569	232606	232606	232606	232606	232606	223884	215161	215161	161543	107925	107925	107925	107925
			柴油	1234515	1234515	1202749	1139216	1139216	1112656	1059536	1059536	1059536	1022232	984929	984929	984929	984929	937657	890385	890385	787982	753848
			燃气	2297917	2297917	2170255	1914931	1914931	1772831	1488631	1488631	1488631	1275970	1063308	1063308	959284	959284	813868	813868	813868	813868	813868
载货汽车	微型		汽油	132118	78369	24620	24620	24620	24620	16782	8943	8943	7256	5570	5570	4908	4246	4246	4246	4246	3181	2826
			柴油	69887	58036	46185	46185	46185	46185	41446	36706	36706	31020	25335	25335	25335	25335	18536	11736	11736	9776	9123
			燃气	68608	39200	9793	9793	9793	9793	7111	4428	4428	3598	2769	2769	2338	1906	1906	1906	1906	1557	1440
	轻型		汽油	97665	62660	27655	27655	27655	27655	18712	9770	9770	8198	6626	6626	5492	4359	4359	4359	4359	3323	2978
			柴油	70120	58152	46185	46185	46185	46185	41446	36706	36706	31020	25335	25335	25335	25335	20102	14869	14869	13460	12990
			燃气	50663	32554	14444	14444	14444	14444	9675	4905	4905	4072	3238	3238	2587	1936	1936	1936	1936	1618	1512
	中型		汽油	390318	390318	390318	390318	390318	266473	18784	18784	18784	18784	18784	18784	18784	18784	14094	9403	9403	9403	9403
			柴油	550484	550484	494295	381916	381916	363160	325649	325649	325649	321282	316914	316914	316914	316914	278052	239191	239191	205965	194890
			燃气	621614	621614	551354	410836	410836	390312	349265	349265	349265	344464	339662	339662	257397	257397	209352	209352	209352	209352	209352
	重型		汽油	1669044	1669044	1669044	1669044	1669044	1147666	104911	104911	104911	104911	104911	100977	97043	97043	72860	48677	48677	48677	48677
			柴油	731631	731631	706658	656712	656712	632422	583842	583842	583842	560430	537017	537017	537017	537017	471240	405462	405462	279344	237304
			燃气	1361852	1361852	1275862	1103880	1103880	1009350	820289	820289	820289	700020	579752	579752	436837	436837	256198	256198	256198	256198	256198
低速汽车	三轮汽车			65550	65550	65550	65550	65550	65550	65550	65550	65550	53279	53279	53279	53279	53279	53279	53279	53279	53279	53279
	低速货车			88065	88065	88065	88065	88065	88065	88065	88065	88065	71579	71579	71579	71579	71579	71579	71579	71579	71579	71579
摩托车	普通摩托车			1336	1336	1336	1336	1292	1247	1158	1158	1158	1158	1158	1028	899	899	899	899	899	899	899
	轻便摩托车			890	890	890	890	890	445	445	445	445	445	445	396	346	346	346	346	346	346	346

泸州市 PM 排放系数

单位：克/（辆·年）

车辆类型		使用性质	燃料种类	1999 年年底前	2000 年	2001 年	2002 年	2003 年	2004 年	2005 年	2006 年	2007 年	2008 年	2009 年	2010 年	2011 年	2012 年	2013 年	2014 年	2015 年	2016 年	2017 年
载客汽车	微型	出租车	汽油	—	—	—	—	—	—	—	—	—	—	—	—	—	—	—	—	—	—	—
			燃气	—	—	—	—	—	—	—	—	—	—	—	—	—	—	—	—	—	—	—
		其他	汽油	—	—	—	—	—	—	—	—	—	—	—	—	—	—	—	—	—	—	—
			燃气	—	—	—	—	—	—	—	—	—	—	—	—	—	—	—	—	—	—	—
	小型	出租车	汽油	—	—	—	—	—	—	—	—	—	—	—	—	—	—	—	—	—	—	—
			柴油	43498	39824	36150	36150	36150	36150	24536	12922	12922	8446	3969	3969	3969	3969	3689	3409	3409	2819	2622
			燃气	—	—	—	—	—	—	—	—	—	—	—	—	—	—	—	—	—	—	—
		其他	汽油	—	—	—	—	—	—	—	—	—	—	—	—	—	—	—	—	—	—	—
			柴油	3580	3388	3195	3195	3195	3195	2294	1394	1394	1022	650	650	650	650	543	436	436	436	436
			燃气	—	—	—	—	—	—	—	—	—	—	—	—	—	—	—	—	—	—	—
	中型	公交车	汽油	—	—	—	—	—	—	—	—	—	—	—	—	—	—	—	—	—	—	—
			柴油	30592	30592	28032	22913	22913	17978	8108	8108	8108	6872	5637	5637	5637	5637	3504	1372	1372	1080	983
			燃气	—	—	—	—	—	—	—	—	—	—	—	—	—	—	—	—	—	—	—
		其他	汽油	—	—	—	—	—	—	—	—	—	—	—	—	—	—	—	—	—	—	—
			柴油	15274	15274	12888	8116	8116	6262	2553	2553	2553	2434	2316	2316	2316	2316	1366	415	415	399	394
			燃气	—	—	—	—	—	—	—	—	—	—	—	—	—	—	—	—	—	—	—
	大型	公交车	汽油	—	—	—	—	—	—	—	—	—	—	—	—	—	—	—	—	—	—	—
			柴油	94865	94865	93934	92071	92071	71272	29674	29674	29674	19994	10315	10315	10315	10315	6116	1916	1916	1845	1821
			燃气	—	—	—	—	—	—	—	—	—	—	—	—	—	—	—	—	—	—	—
		其他	汽油	—	—	—	—	—	—	—	—	—	—	—	—	—	—	—	—	—	—	—
			柴油	142314	142314	133412	115607	115607	85425	25061	25061	25061	17182	9303	9303	9303	9303	5868	2433	2433	2343	2313
			燃气	—	—	—	—	—	—	—	—	—	—	—	—	—	—	—	—	—	—	—
载货汽车	微型		汽油	—	—	—	—	—	—	—	—	—	—	—	—	—	—	—	—	—	—	—
			柴油	8574	8396	8219	8219	8219	8219	6685	5151	5151	3823	2495	2495	2495	2495	1571	647	647	644	643
			燃气	—	—	—	—	—	—	—	—	—	—	—	—	—	—	—	—	—	—	—
	轻型		汽油	—	—	—	—	—	—	—	—	—	—	—	—	—	—	—	—	—	—	—
			柴油	8917	8568	8219	8219	8219	8219	6685	5151	5151	3823	2495	2495	2495	2495	1882	1268	1268	1047	973
			燃气	—	—	—	—	—	—	—	—	—	—	—	—	—	—	—	—	—	—	—
	中型		汽油	—	—	—	—	—	—	—	—	—	—	—	—	—	—	—	—	—	—	—
			柴油	47560	47560	40024	24951	24951	19219	7756	7756	7756	7348	6940	6940	6940	6940	4450	1959	1959	1794	1739
			燃气	—	—	—	—	—	—	—	—	—	—	—	—	—	—	—	—	—	—	—
	重型		汽油	—	—	—	—	—	—	—	—	—	—	—	—	—	—	—	—	—	—	—
			柴油	101100	101100	83097	47090	47090	37389	17988	17988	17988	12326	6665	6665	6665	6665	4478	2290	2290	1935	1817
			燃气	—	—	—	—	—	—	—	—	—	—	—	—	—	—	—	—	—	—	—
低速汽车	三轮汽车			4092	4092	4092	4092	4092	4092	4092	4092	4092	3220	3220	3220	3220	3220	3220	3220	3220	3220	3220
	低速货车			5581	5581	5581	5581	5581	5581	5581	5581	5581	4392	4392	4392	4392	4392	4392	4392	4392	4392	4392
摩托车	普通摩托车			—	—	—	—	—	—	—	—	—	—	—	—	—	—	—	—	—	—	—
	轻便摩托车			—	—	—	—	—	—	—	—	—	—	—	—	—	—	—	—	—	—	—

泸州市 VOCs 排放系数

单位：克/（辆·年）

车辆类型		使用性质	燃料种类	1999 年年底前	2000 年	2001 年	2002 年	2003 年	2004 年	2005 年	2006 年	2007 年	2008 年	2009 年	2010 年	2011 年	2012 年	2013 年	2014 年	2015 年	2016 年	2017 年
载客汽车	微型	出租车	汽油	643899	384308	124717	124717	124717	124717	95586	66456	66456	54591	42726	42726	35058	27391	27391	27391	27391	18875	16036
			燃气	364453	221190	77927	77927	77927	77927	60456	42985	42985	35449	27913	27913	22144	16375	16375	16375	16375	9834	7654
		其他	汽油	38198	23450	8703	8703	8703	8703	8333	7963	7963	6909	5855	5855	5588	5321	5321	5321	5321	4574	4325
			燃气	16908	9530	2151	2151	2151	2151	2057	1963	1963	1466	968	968	871	774	774	774	774	521	437
	小型	出租车	汽油	643899	378603	113307	113307	113307	113307	105244	97182	97182	69954	42726	42726	35058	27391	27391	27391	27391	17832	14646
			柴油	202827	190440	178054	178054	178054	178054	159334	140613	140613	105960	71307	71307	71307	71307	52724	34142	34142	18309	13031
			燃气	364453	218046	71639	71639	71639	71639	65778	59917	59917	43915	27913	27913	22144	16375	16375	16375	16375	9260	6889
		其他	汽油	38712	23646	8580	8580	8580	8580	8544	8508	8508	7182	5857	5857	5557	5257	5257	5257	5257	4626	4416
			柴油	9110	8336	7563	7563	7563	7563	6396	5230	5230	3633	2036	2036	2036	2036	1696	1355	1355	938	799
			燃气	17191	10356	3521	3521	3521	3521	2892	2264	2264	1682	1101	1101	920	739	739	739	739	550	487
	中型	公交车	汽油	247528	247528	247528	247528	246932	168689	13396	13396	13396	13396	13396	13244	13093	13093	10666	8238	8238	8238	8238
			柴油	87806	87806	86086	82645	82645	64494	28192	28192	28192	20508	12823	12823	12823	12823	8958	5093	5093	4763	4653
			燃气	71579	71579	67602	59649	59649	57536	53311	53311	53311	42686	32061	32061	22219	22219	22154	22154	22154	22154	22154
		其他	汽油	128239	128239	128239	128239	127642	87319	7868	7868	7868	7868	7868	7722	7577	7577	6526	5475	5475	5475	5475
			柴油	30493	30493	28460	24394	24394	18567	6912	6912	6912	6506	6099	6099	6099	6099	3750	1402	1402	1243	1190
			燃气	34560	34560	32640	28800	28800	27780	25740	25740	25740	20623	15506	15506	10732	10732	9642	9642	9642	9642	9642
	大型	公交车	汽油	576836	576836	576836	576836	576240	388662	14700	14700	14700	14700	14700	14560	14420	14420	11654	8888	8888	8888	8888
			柴油	131708	131708	108010	60614	60614	60614	60614	60614	60614	43515	26416	26416	26416	26416	17675	8934	8934	5723	4653
			燃气	168926	168926	159541	140772	140772	135786	125815	125815	125815	100740	75665	75665	52438	52438	47188	47188	47188	47188	47188
		其他	汽油	1278134	1278134	1278134	1278134	1277538	860689	28186	28186	28186	28186	28186	21928	15669	15669	12478	9287	9287	9287	9287
			柴油	272891	272891	207397	76409	76409	76409	76409	76409	76409	55942	35476	35476	35476	35476	20706	5937	5937	5324	5119
			燃气	266186	266186	251398	221822	221822	213966	198253	198253	198253	158842	119430	119430	82662	82662	74261	74261	74261	74261	74261
载货汽车	微型		汽油	203989	111016	18042	18042	18042	18042	16918	15793	15793	14545	13297	13297	11112	8926	8926	8926	8926	7542	7080
			柴油	34471	32187	29903	29903	29903	29903	27244	24584	24584	18368	12153	12153	12153	12153	8442	4731	4731	3092	2546
			燃气	90294	47377	4459	4459	4459	4459	4176	3893	3893	3046	2198	2198	1748	1298	1298	1298	1298	861	715
	轻型		汽油	107422	65230	23038	23038	23038	23038	20000	16962	16962	15235	13508	13508	11915	10322	10322	10322	10322	8834	8338
			柴油	31976	30940	29903	29903	29903	29903	27244	24584	24584	18368	12153	12153	12153	12153	9158	6163	6163	4524	3977
			燃气	47703	28579	9454	9454	9454	9454	6984	4514	4514	3526	2539	2539	1995	1451	1451	1451	1451	1052	920
	中型		汽油	423398	423398	423398	423398	422801	287422	17858	17858	17858	17858	17858	17718	17579	17579	14020	10460	10460	10460	10460
			柴油	98684	98684	92105	78947	78947	60087	22368	22368	22368	21062	19757	19757	19757	19757	14318	8880	8880	5284	4085
			燃气	111846	111846	105633	93206	93206	89903	83298	83298	83298	66764	50230	50230	67974	67974	33099	33099	33099	33099	33099
	重型		汽油	640187	640187	640187	640187	639590	431302	15922	15922	15922	15922	15922	12730	9538	9538	7939	6340	6340	6340	6340
			柴油	178527	178527	135680	49987	49987	49987	49987	49987	49987	36598	23208	23208	23208	23208	14638	6068	6068	4206	3586
			燃气	174141	174141	164466	145117	145117	139977	129698	129698	129698	103914	78130	78130	84486	84486	52022	52022	52022	52022	52022
低速汽车	三轮汽车			25300	25300	25300	25300	25300	25300	25300	25300	25300	16721	16721	16721	16721	16721	16721	16721	16721	16721	16721
	低速货车			33990	33990	33990	33990	33990	33990	33990	33990	33990	22464	22464	22464	22464	22464	22464	22464	22464	22464	22464
摩托车	普通摩托车			17897	17897	17897	17897	13356	8815	4719	4719	4719	4719	4719	3522	2324	2324	2324	2324	2324	2324	2324
	轻便摩托车			57876	57876	57876	57876	57876	11575	11575	5699	5699	5699	5699	4252	2806	2806	2806	2806	2806	2806	2806

德阳市 NO_x 排放系数

单位：克/（辆·年）

车辆类型		使用性质	燃料种类	1999年年底前	2000年	2001年	2002年	2003年	2004年	2005年	2006年	2007年	2008年	2009年	2010年	2011年	2012年	2013年	2014年	2015年	2016年	2017年
载客汽车	微型	出租车	汽油	347829	235472	123116	123116	123116	123116	90425	57734	57734	42318	26903	26903	22033	17163	17163	17163	17163	10631	8454
			燃气	191921	132228	72536	72536	72536	72536	54302	36067	36067	27215	18363	18363	14784	11205	11205	11205	11205	6507	4941
		其他	汽油	41218	25910	10603	10603	10603	10603	6606	2610	2610	2112	1613	1613	1330	1047	1047	1047	1047	756	659
			燃气	21425	12818	4212	4212	4212	4212	2754	1297	1297	1050	804	804	638	473	473	473	473	370	336
	小型	出租车	汽油	394062	261412	128762	128762	128762	128762	93682	58602	58602	42752	26903	26903	21244	15585	15585	15585	15585	9208	7083
			柴油	341572	288600	235629	235629	235629	235629	209060	182490	182490	145721	108952	108952	108952	108952	87908	66863	66863	48900	42913
			燃气	216277	145894	75511	75511	75511	75511	56018	36524	36524	27444	18363	18363	14368	10374	10374	10374	10374	5758	4219
		其他	汽油	38428	24594	10760	10760	10760	10760	7060	3361	3361	2302	1244	1244	1118	991	991	991	991	710	617
			柴油	25283	20738	16192	16192	16192	16192	14866	13540	13540	10629	7718	7718	7718	7718	6636	5553	5553	4738	4466
			燃气	19956	12790	5623	5623	5623	5623	3658	1692	1692	1151	610	610	527	444	444	444	444	346	314
	中型	公交车	汽油	435203	435203	435203	435203	435203	297316	21543	21543	21543	21543	21543	19320	17097	17097	12907	8717	8717	8717	8717
			柴油	363479	363479	362626	360919	360919	346576	317889	317889	317889	264786	211683	211683	211683	211683	172748	133814	133814	112032	104772
			燃气	385933	385933	381339	372150	372150	360606	337519	337519	337519	280908	224296	224296	141842	141842	111089	111089	111089	111089	111089
		其他	汽油	266819	266819	266819	266819	266819	180992	9339	9339	9339	9339	9339	9339	9339	9339	7004	4670	4670	4670	4670
			柴油	170455	170455	163340	149109	149109	147848	145326	145326	145326	123770	102214	102214	102214	102214	90756	79299	79299	67683	63811
			燃气	192480	192480	181787	160400	160400	158888	155865	155865	155865	132708	109551	109551	85335	85335	68546	68546	68546	68546	68546
	大型	公交车	汽油	1550412	1550412	1550412	1550412	1550412	1066093	97454	97454	97454	97454	97454	97369	97284	97284	72964	48643	48643	48643	48643
			柴油	515522	515522	498864	465547	465547	452319	425863	425863	425863	418188	410514	410514	410514	410514	395712	380909	380909	343371	330858
			燃气	1036505	1036505	978922	863755	863755	799659	671466	671466	671466	575322	479178	479178	446115	446115	386665	386665	386665	386665	386665
		其他	汽油	3700551	3700551	3700551	3700551	3700551	2544569	232606	232606	232606	232606	232606	223884	215161	215161	161543	107925	107925	107925	107925
			柴油	1234515	1234515	1202749	1139216	1139216	1112656	1059536	1059536	1059536	1022232	984929	984929	984929	984929	937657	890385	890385	787982	753848
			燃气	2297917	2297917	2170255	1914931	1914931	1772831	1488631	1488631	1488631	1275970	1063308	1063308	959284	959284	813868	813868	813868	813868	813868
载货汽车	微型		汽油	205299	122476	39652	39652	39652	39652	27406	15160	15160	12396	9632	9632	8328	7023	7023	7023	7023	5084	4437
			柴油	115382	96606	77830	77830	77830	77830	69612	61395	61395	51793	42191	42191	42191	42191	30852	19513	19513	15711	14444
			燃气	106714	61233	15752	15752	15752	15752	11643	7534	7534	6167	4801	4801	3987	3173	3173	3173	3173	2490	2262
	轻型		汽油	151119	97699	44279	44279	44279	44279	30350	16422	16422	13832	11243	11243	9220	7196	7196	7196	7196	5301	4669
			柴油	115740	96785	77830	77830	77830	77830	69612	61395	61395	51793	42191	42191	42191	42191	33257	24323	24323	21367	20382
			燃气	78477	50808	23139	23139	23139	23139	15703	8267	8267	6890	5513	5513	4369	3224	3224	3224	3224	2588	2376
	中型		汽油	390318	390318	390318	390318	390318	266473	18784	18784	18784	18784	18784	18784	18784	18784	14094	9403	9403	9403	9403
			柴油	550484	550484	494295	381916	381916	363160	325649	325649	325649	321282	316914	316914	316914	316914	278052	239191	239191	205965	194890
			燃气	621614	621614	551354	410836	410836	390312	349265	349265	349265	344464	339662	339662	257397	257397	209352	209352	209352	209352	209352
	重型		汽油	1793598	1793598	1793598	1793598	1793598	1233312	112740	112740	112740	112740	112740	108512	104285	104285	78297	52309	52309	52309	52309
			柴油	757451	757451	731597	679888	679888	654741	604446	604446	604446	580208	555969	555969	555969	555969	494820	433672	433672	309816	268530
			燃气	1409914	1409914	1320888	1142837	1142837	1044971	849237	849237	849237	724724	600212	600212	467230	467230	289910	289910	289910	289910	289910
低速汽车	三轮汽车			65550	65550	65550	65550	65550	65550	65550	65550	65550	53279	53279	53279	53279	53279	53279	53279	53279	53279	53279
	低速货车			88065	88065	88065	88065	88065	88065	88065	88065	88065	71579	71579	71579	71579	71579	71579	71579	71579	71579	71579
摩托车	普通摩托车			1336	1336	1336	1336	1292	1247	1158	1158	1158	1158	1158	1028	899	899	899	899	899	899	899
	轻便摩托车			890	890	890	890	890	445	445	445	445	445	445	396	346	346	346	346	346	346	346

德阳市 PM 排放系数

单位：克/（辆·年）

车辆类型		使用性质	燃料种类	1999 年年底前	2000 年	2001 年	2002 年	2003 年	2004 年	2005 年	2006 年	2007 年	2008 年	2009 年	2010 年	2011 年	2012 年	2013 年	2014 年	2015 年	2016 年	2017 年
载客汽车	微型	出租车	汽油	—	—	—	—	—	—	—	—	—	—	—	—	—	—	—	—	—	—	—
			燃气	—	—	—	—	—	—	—	—	—	—	—	—	—	—	—	—	—	—	—
		其他	汽油	—	—	—	—	—	—	—	—	—	—	—	—	—	—	—	—	—	—	—
			燃气	—	—	—	—	—	—	—	—	—	—	—	—	—	—	—	—	—	—	—
	小型	出租车	汽油	—	—	—	—	—	—	—	—	—	—	—	—	—	—	—	—	—	—	—
			柴油	44947	41147	37347	37347	37347	37347	25324	13300	13300	8700	4101	4101	4101	4101	3812	3522	3522	2912	2709
			燃气	—	—	—	—	—	—	—	—	—	—	—	—	—	—	—	—	—	—	—
		其他	汽油	—	—	—	—	—	—	—	—	—	—	—	—	—	—	—	—	—	—	—
			柴油	3840	3633	3426	3426	3426	3426	2456	1487	1487	1092	696	696	696	696	579	462	462	462	462
			燃气	—	—	—	—	—	—	—	—	—	—	—	—	—	—	—	—	—	—	—
	中型	公交车	汽油	—	—	—	—	—	—	—	—	—	—	—	—	—	—	—	—	—	—	—
			柴油	30592	30592	28032	22913	22913	17978	8108	8108	8108	6872	5637	5637	5637	5637	3504	1372	1372	1080	983
			燃气	—	—	—	—	—	—	—	—	—	—	—	—	—	—	—	—	—	—	—
		其他	汽油	—	—	—	—	—	—	—	—	—	—	—	—	—	—	—	—	—	—	—
			柴油	15274	15274	12888	8116	8116	6262	2553	2553	2553	2434	2316	2316	2316	2316	1366	415	415	399	394
			燃气	—	—	—	—	—	—	—	—	—	—	—	—	—	—	—	—	—	—	—
	大型	公交车	汽油	—	—	—	—	—	—	—	—	—	—	—	—	—	—	—	—	—	—	—
			柴油	94865	94865	93934	92071	92071	71272	29674	29674	29674	19994	10315	10315	10315	10315	6116	1916	1916	1845	1821
			燃气	—	—	—	—	—	—	—	—	—	—	—	—	—	—	—	—	—	—	—
		其他	汽油	—	—	—	—	—	—	—	—	—	—	—	—	—	—	—	—	—	—	—
			柴油	142314	142314	133412	115607	115607	85425	25061	25061	25061	17182	9303	9303	9303	9303	5868	2433	2433	2343	2313
			燃气	—	—	—	—	—	—	—	—	—	—	—	—	—	—	—	—	—	—	—
载货汽车	微型		汽油	—	—	—	—	—	—	—	—	—	—	—	—	—	—	—	—	—	—	—
			柴油	13191	12918	12645	12645	12645	12645	10279	7913	7913	5873	3833	3833	3833	3833	2413	993	993	988	987
			燃气	—	—	—	—	—	—	—	—	—	—	—	—	—	—	—	—	—	—	—
	轻型		汽油	—	—	—	—	—	—	—	—	—	—	—	—	—	—	—	—	—	—	—
			柴油	13718	13182	12645	12645	12645	12645	10279	7913	7913	5873	3833	3833	3833	3833	2890	1948	1948	1608	1495
			燃气	—	—	—	—	—	—	—	—	—	—	—	—	—	—	—	—	—	—	—
	中型		汽油	—	—	—	—	—	—	—	—	—	—	—	—	—	—	—	—	—	—	—
			柴油	47560	47560	40024	24951	24951	19219	7756	7756	7756	7348	6940	6940	6940	6940	4450	1959	1959	1794	1739
			燃气	—	—	—	—	—	—	—	—	—	—	—	—	—	—	—	—	—	—	—
	重型		汽油	—	—	—	—	—	—	—	—	—	—	—	—	—	—	—	—	—	—	—
			柴油	110340	110340	90691	51394	51394	40807	19632	19632	19632	13453	7274	7274	7274	7274	4842	2409	2409	2036	1912
			燃气	—	—	—	—	—	—	—	—	—	—	—	—	—	—	—	—	—	—	—
低速汽车	三轮汽车			4092	4092	4092	4092	4092	4092	4092	4092	4092	3220	3220	3220	3220	3220	3220	3220	3220	3220	3220
	低速货车			5581	5581	5581	5581	5581	5581	5581	5581	5581	4392	4392	4392	4392	4392	4392	4392	4392	4392	4392
摩托车	普通摩托车			—	—	—	—	—	—	—	—	—	—	—	—	—	—	—	—	—	—	—
	轻便摩托车			—	—	—	—	—	—	—	—	—	—	—	—	—	—	—	—	—	—	—

德阳市 VOCs 排放系数

单位：克/（辆·年）

车辆类型		使用性质	燃料种类	1999年年底前	2000年	2001年	2002年	2003年	2004年	2005年	2006年	2007年	2008年	2009年	2010年	2011年	2012年	2013年	2014年	2015年	2016年	2017年
载客汽车	微型	出租车	汽油	662525	393352	124178	124178	124178	124178	94790	65401	65401	53500	41598	41598	34262	26926	26926	26926	26926	18900	16225
			燃气	373900	225413	76926	76926	76926	76926	59404	41881	41881	34393	26905	26905	21410	15914	15914	15914	15914	9763	7713
		其他	汽油	40704	24801	8898	8898	8898	8898	8532	8166	8166	7054	5942	5942	5668	5395	5395	5395	5395	4640	4389
			燃气	18289	10274	2259	2259	2259	2259	2168	2076	2076	1542	1008	1008	912	815	815	815	815	558	472
	小型	出租车	汽油	662525	387482	112440	112440	112440	112440	104791	97142	97142	69370	41598	41598	34262	26926	26926	26926	26926	17819	14783
			柴油	195594	183756	171919	171919	171919	171919	154062	136205	136205	102065	67925	67925	67925	67925	50255	32585	32585	17646	12666
			燃气	373900	222179	70458	70458	70458	70458	64916	59373	59373	43139	26905	26905	21410	15914	15914	15914	15914	9168	6919
		其他	汽油	41262	25014	8767	8767	8767	8767	8759	8751	8751	7348	5944	5944	5636	5327	5327	5327	5327	4697	4487
			柴油	9527	8714	7901	7901	7901	7901	6670	5438	5438	3765	2092	2092	2092	2092	1746	1399	1399	974	833
			燃气	18596	11159	3722	3722	3722	3722	3060	2398	2398	1774	1149	1149	963	777	777	777	777	589	526
	中型	公交车	汽油	247528	247528	247528	247528	246932	168689	13396	13396	13396	13396	13396	13244	13093	13093	10666	8238	8238	8238	8238
			柴油	87806	87806	86086	82645	82645	64494	28192	28192	28192	20508	12823	12823	12823	12823	8958	5093	5093	4763	4653
			燃气	71579	71579	67602	59649	59649	57536	53311	53311	53311	42686	32061	32061	22219	22219	22154	22154	22154	22154	22154
		其他	汽油	128239	128239	128239	128239	127642	87319	7868	7868	7868	7868	7868	7722	7577	7577	6526	5475	5475	5475	5475
			柴油	30493	30493	28460	24394	24394	18567	6912	6912	6912	6506	6099	6099	6099	6099	3750	1402	1402	1243	1190
			燃气	34560	34560	32640	28800	28800	27780	25740	25740	25740	20623	15506	15506	10732	10732	9642	9642	9642	9642	9642
	大型	公交车	汽油	576836	576836	576836	576836	576240	388662	14700	14700	14700	14700	14700	14560	14420	14420	11654	8888	8888	8888	8888
			柴油	131708	131708	108010	60614	60614	60614	60614	60614	60614	43515	26416	26416	26416	26416	17675	8934	8934	5723	4653
			燃气	168926	168926	159541	140772	140772	135786	125815	125815	125815	100740	75665	75665	52438	52438	47188	47188	47188	47188	47188
		其他	汽油	1278134	1278134	1278134	1278134	1277538	860689	28186	28186	28186	28186	28186	21928	15669	15669	12478	9287	9287	9287	9287
			柴油	272891	272891	207397	76409	76409	76409	76409	76409	76409	55942	35476	35476	35476	35476	20706	5937	5937	5324	5119
			燃气	266186	266186	251398	221822	221822	213966	198253	198253	198253	158842	119430	119430	82662	82662	74261	74261	74261	74261	74261
载货汽车	微型		汽油	311516	169664	27812	27812	27812	27812	25844	23875	23875	21842	19810	19810	16096	12381	12381	12381	12381	9951	9141
			柴油	62140	57980	53821	53821	53821	53821	48678	43534	43534	32996	22459	22459	22459	22459	15720	8981	8981	5524	4372
			燃气	139969	73515	7061	7061	7061	7061	6565	6070	6070	4715	3361	3361	2615	1870	1870	1870	1870	1205	983
	轻型		汽油	163661	99562	35462	35462	35462	35462	30564	25665	25665	22899	20133	20133	17326	14519	14519	14519	14519	11930	11067
			柴油	58317	56069	53821	53821	53821	53821	48678	43534	43534	32996	22459	22459	22459	22459	16816	11172	11172	7715	6563
			燃气	73759	44407	15055	15055	15055	15055	11044	7033	7033	5462	3892	3892	3005	2118	2118	2118	2118	1502	1297
	中型		汽油	423398	423398	423398	423398	422801	287422	17858	17858	17858	17858	17858	17718	17579	17579	14020	10460	10460	10460	10460
			柴油	98684	98684	92105	78947	78947	60087	22368	22368	22368	21062	19757	19757	19757	19757	14318	8880	8880	5284	4085
			燃气	111846	111846	105633	93206	93206	89903	83298	83298	83298	66764	50230	50230	67974	67974	33099	33099	33099	33099	33099
	重型		汽油	689331	689331	689331	689331	688734	464380	16867	16867	16867	16867	16867	13438	10010	10010	8288	6567	6567	6567	6567
			柴油	181601	181601	138017	50848	50848	50848	50848	50848	50848	37228	23608	23608	23608	23608	15034	6459	6459	4720	4140
			燃气	177139	177139	167298	147616	147616	142388	131932	131932	131932	105704	79476	79476	89930	89930	60059	60059	60059	60059	60059
低速汽车	三轮汽车			25300	25300	25300	25300	25300	25300	25300	25300	25300	16721	16721	16721	16721	16721	16721	16721	16721	16721	16721
	低速货车			33990	33990	33990	33990	33990	33990	33990	33990	33990	22464	22464	22464	22464	22464	22464	22464	22464	22464	22464
摩托车	普通摩托车			17897	17897	17897	17897	13356	8815	4719	4719	4719	4719	4719	3522	2324	2324	2324	2324	2324	2324	2324
	轻便摩托车			57876	57876	57876	57876	57876	11575	11575	5699	5699	5699	5699	4252	2806	2806	2806	2806	2806	2806	2806

绵阳市 NO_x 排放系数

单位：克/（辆·年）

车辆类型		使用性质	燃料种类	1999 年年底前	2000 年	2001 年	2002 年	2003 年	2004 年	2005 年	2006 年	2007 年	2008 年	2009 年	2010 年	2011 年	2012 年	2013 年	2014 年	2015 年	2016 年	2017 年
载客汽车	微型	出租车	汽油	285000	195188	105376	105376	105376	105376	78125	50874	50874	37772	24671	24671	20344	16016	16016	16016	16016	9622	7491
			燃气	202306	139074	75842	75842	75842	75842	56403	36964	36964	27596	18229	18229	14941	11653	11653	11653	11653	6940	5369
		其他	汽油	33133	20916	8699	8699	8699	8699	5484	2269	2269	1840	1412	1412	1202	991	991	991	991	679	575
			燃气	22738	13610	4482	4482	4482	4482	2925	1368	1368	1105	842	842	690	538	538	538	538	419	379
	小型	出租车	汽油	321984	215976	109967	109967	109967	109967	80774	51580	51580	38126	24671	24671	19648	14625	14625	14625	14625	8393	6316
			柴油	361591	304076	246560	246560	246560	246560	219301	192042	192042	153404	114767	114767	114767	114767	93180	71594	71594	53685	47715
			燃气	228363	153720	79076	79076	79076	79076	58269	37462	37462	27846	18229	18229	14451	10673	10673	10673	10673	6074	4541
		其他	汽油	30916	19870	8825	8825	8825	8825	5848	2870	2870	1994	1118	1118	1030	942	942	942	942	640	539
			柴油	27985	22928	17871	17871	17871	17871	16393	14915	14915	11742	8569	8569	8569	8569	7380	6190	6190	5360	5084
			燃气	21176	13586	5995	5995	5995	5995	3893	1791	1791	1213	635	635	569	503	503	503	503	391	354
	中型	公交车	汽油	325418	325418	325418	325418	325418	222315	16108	16108	16108	16108	16108	14446	12784	12784	9651	6518	6518	6518	6518
			柴油	364002	364002	363147	361438	361438	347074	318346	318346	318346	265166	211987	211987	211987	211987	172996	134006	134006	112193	104922
			燃气	386488	386488	381887	372684	372684	361124	338004	338004	338004	281312	224619	224619	142046	142046	111249	111249	111249	111249	111249
		其他	汽油	199511	199511	199511	199511	199511	135335	6983	6983	6983	6983	6983	6983	6983	6983	5238	3492	3492	3492	3492
			柴油	170700	170700	163575	149324	149324	148061	145535	145535	145535	123948	102361	102361	102361	102361	90887	79413	79413	67780	63902
			燃气	192757	192757	182048	160631	160631	159117	156089	156089	156089	132898	109708	109708	85458	85458	68645	68645	68645	68645	68645
	大型	公交车	汽油	1159300	1159300	1159300	1159300	1159300	797157	72870	72870	72870	72870	72870	72806	72742	72742	54557	36372	36372	36372	36372
			柴油	516263	516263	499581	466216	466216	452969	426475	426475	426475	418790	411104	411104	411104	411104	396280	381456	381456	343864	331334
			燃气	1037995	1037995	980329	864996	864996	800808	672431	672431	672431	576149	479867	479867	446756	446756	387220	387220	387220	387220	387220
		其他	汽油	2767038	2767038	2767038	2767038	2767038	1902668	173928	173928	173928	173928	173928	167406	160884	160884	120792	80699	80699	80699	80699
			柴油	1236290	1236290	1204478	1140854	1140854	1114256	1061059	1061059	1061059	1023702	986344	986344	986344	986344	939004	891665	891665	789114	754931
			燃气	2301220	2301220	2173374	1917683	1917683	1775379	1490770	1490770	1490770	1277803	1064836	1064836	960663	960663	815037	815037	815037	815037	815037
载货汽车	微型		汽油	124228	73878	23527	23527	23527	23527	16287	9047	9047	7394	5742	5742	4987	4232	4232	4232	4232	3037	2639
			柴油	89229	74043	58857	58857	58857	58857	52785	46713	46713	39538	32363	32363	32363	32363	23670	14976	14976	12526	11709
			燃气	85253	48688	12122	12122	12122	12122	8788	5455	5455	4439	3424	3424	2861	2297	2297	2297	2297	1879	1739
	轻型		汽油	89825	58047	26269	26269	26269	26269	18032	9795	9795	8246	6697	6697	5516	4335	4335	4335	4335	3166	2777
			柴油	89528	74192	58857	58857	58857	58857	52785	46713	46713	39538	32363	32363	32363	32363	25686	19009	19009	17268	16687
			燃气	61526	39685	17845	17845	17845	17845	11979	6112	6112	4958	3804	3804	3059	2315	2315	2315	2315	1947	1824
	中型		汽油	291282	291282	291282	291282	291282	198861	14018	14018	14018	14018	14018	14018	14018	14018	10518	7017	7017	7017	7017
			柴油	550484	550484	494295	381916	381916	363160	325649	325649	325649	321282	316914	316914	316914	316914	278052	239191	239191	205965	194890
			燃气	621615	621615	551355	410835	410835	390312	349265	349265	349265	344463	339661	339661	257398	257398	209355	209355	209355	209355	209355
	重型		汽油	1389864	1389864	1389864	1389864	1389864	955697	87363	87363	87363	87363	87363	84087	80811	80811	60673	40535	40535	40535	40535
			柴油	767438	767438	741243	688853	688853	663374	612416	612416	612416	587858	563300	563300	563300	563300	503802	444305	444305	322370	281725
			燃气	1428503	1428503	1338304	1157906	1157906	1058749	860434	860434	860434	734280	608127	608127	478686	478686	304155	304155	304155	304155	304155
低速汽车	三轮汽车			65550	65550	65550	65550	65550	65550	65550	65550	65550	53279	53279	53279	53279	53279	53279	53279	53279	53279	53279
	低速货车			88065	88065	88065	88065	88065	88065	88065	88065	88065	71579	71579	71579	71579	71579	71579	71579	71579	71579	71579
摩托车	普通摩托车			1336	1336	1336	1336	1292	1247	1158	1158	1158	1158	1158	1028	899	899	899	899	899	899	899
	轻便摩托车			890	890	890	890	890	445	445	445	445	445	445	396	346	346	346	346	346	346	346

绵阳市 PM 排放系数

单位：克/（辆·年）

车辆类型		使用性质	燃料种类	1999 年年底前	2000 年	2001 年	2002 年	2003 年	2004 年	2005 年	2006 年	2007 年	2008 年	2009 年	2010 年	2011 年	2012 年	2013 年	2014 年	2015 年	2016 年	2017 年
载客汽车	微型	出租车	汽油	—	—	—	—	—	—	—	—	—	—	—	—	—	—	—	—	—	—	—
			燃气	—	—	—	—	—	—	—	—	—	—	—	—	—	—	—	—	—	—	—
		其他	汽油	—	—	—	—	—	—	—	—	—	—	—	—	—	—	—	—	—	—	—
			燃气	—	—	—	—	—	—	—	—	—	—	—	—	—	—	—	—	—	—	—
	小型	出租车	汽油	—	—	—	—	—	—	—	—	—	—	—	—	—	—	—	—	—	—	—
			柴油	50249	46006	41763	41763	41763	41763	28214	14666	14666	9628	4591	4591	4591	4591	4267	3943	3943	3260	3033
			燃气	—	—	—	—	—	—	—	—	—	—	—	—	—	—	—	—	—	—	—
		其他	汽油	—	—	—	—	—	—	—	—	—	—	—	—	—	—	—	—	—	—	—
			柴油	4271	4040	3810	3810	3810	3810	2728	1645	1645	1212	779	779	779	779	644	508	508	508	508
			燃气	—	—	—	—	—	—	—	—	—	—	—	—	—	—	—	—	—	—	—
	中型	公交车	汽油	—	—	—	—	—	—	—	—	—	—	—	—	—	—	—	—	—	—	—
			柴油	30592	30592	28032	22913	22913	17978	8108	8108	8108	6872	5637	5637	5637	5637	3504	1372	1372	1080	983
			燃气	—	—	—	—	—	—	—	—	—	—	—	—	—	—	—	—	—	—	—
		其他	汽油	—	—	—	—	—	—	—	—	—	—	—	—	—	—	—	—	—	—	—
			柴油	15274	15274	12888	8116	8116	6262	2553	2553	2553	2434	2316	2316	2316	2316	1366	415	415	399	394
			燃气	—	—	—	—	—	—	—	—	—	—	—	—	—	—	—	—	—	—	—
	大型	公交车	汽油	—	—	—	—	—	—	—	—	—	—	—	—	—	—	—	—	—	—	—
			柴油	94865	94865	93934	92071	92071	71272	29674	29674	29674	19994	10315	10315	10315	10315	6116	1916	1916	1845	1821
			燃气	—	—	—	—	—	—	—	—	—	—	—	—	—	—	—	—	—	—	—
		其他	汽油	—	—	—	—	—	—	—	—	—	—	—	—	—	—	—	—	—	—	—
			柴油	142314	142314	133412	115607	115607	85425	25061	25061	25061	17182	9303	9303	9303	9303	5868	2433	2433	2343	2313
			燃气	—	—	—	—	—	—	—	—	—	—	—	—	—	—	—	—	—	—	—
载货汽车	微型		汽油	—	—	—	—	—	—	—	—	—	—	—	—	—	—	—	—	—	—	—
			柴油	10790	10567	10344	10344	10344	10344	8433	6522	6522	4840	3159	3159	3159	3159	1989	819	819	815	814
			燃气	—	—	—	—	—	—	—	—	—	—	—	—	—	—	—	—	—	—	—
	轻型		汽油	—	—	—	—	—	—	—	—	—	—	—	—	—	—	—	—	—	—	—
			柴油	11222	10783	10344	10344	10344	10344	8433	6522	6522	4840	3159	3159	3159	3159	2382	1605	1605	1325	1232
			燃气	—	—	—	—	—	—	—	—	—	—	—	—	—	—	—	—	—	—	—
	中型		汽油	—	—	—	—	—	—	—	—	—	—	—	—	—	—	—	—	—	—	—
			柴油	47560	47560	40024	24951	24951	19219	7756	7756	7756	7348	6940	6940	6940	6940	4450	1959	1959	1794	1739
			燃气	—	—	—	—	—	—	—	—	—	—	—	—	—	—	—	—	—	—	—
	重型		汽油	—	—	—	—	—	—	—	—	—	—	—	—	—	—	—	—	—	—	—
			柴油	114645	114645	94230	53399	53399	42399	20398	20398	20398	13978	7558	7558	7558	7558	5008	2459	2459	2078	1951
			燃气	—	—	—	—	—	—	—	—	—	—	—	—	—	—	—	—	—	—	—
低速汽车	三轮汽车			4092	4092	4092	4092	4092	4092	4092	4092	4092	3220	3220	3220	3220	3220	3220	3220	3220	3220	3220
	低速货车			5581	5581	5581	5581	5581	5581	5581	5581	5581	4392	4392	4392	4392	4392	4392	4392	4392	4392	4392
摩托车	普通摩托车			—	—	—	—	—	—	—	—	—	—	—	—	—	—	—	—	—	—	—
	轻便摩托车			—	—	—	—	—	—	—	—	—	—	—	—	—	—	—	—	—	—	—

绵阳市 VOCs 排放系数

单位：克/（辆·年）

车辆类型		使用性质	燃料种类	1999 年年底前	2000 年	2001 年	2002 年	2003 年	2004 年	2005 年	2006 年	2007 年	2008 年	2009 年	2010 年	2011 年	2012 年	2013 年	2014 年	2015 年	2016 年	2017 年
载客汽车	微型	出租车	汽油	741403	436601	131799	131799	131799	131799	99761	67723	67723	55214	42705	42705	35615	28525	28525	28525	28525	21062	18575
			燃气	416672	248655	80638	80638	80638	80638	61702	42767	42767	34994	27222	27222	21910	16597	16597	16597	16597	10842	8923
		其他	汽油	44713	27095	9477	9477	9477	9477	9100	8724	8724	7524	6323	6323	6058	5794	5794	5794	5794	4962	4685
			燃气	20224	11339	2454	2454	2454	2454	2356	2259	2259	1682	1106	1106	1024	942	942	942	942	665	573
	小型	出租车	汽油	741403	430055	118707	118707	118707	118707	110801	102895	102895	72800	42705	42705	35615	28525	28525	28525	28525	19728	16795
			柴油	197347	185586	173826	173826	173826	173826	156833	139840	139840	103620	67399	67399	67399	67399	49934	32469	32469	17891	13032
			燃气	416672	245048	73423	73423	73423	73423	67786	62149	62149	44686	27222	27222	21910	16597	16597	16597	16597	10106	7942
		其他	汽油	45332	27332	9331	9331	9331	9331	9352	9374	9374	7850	6326	6326	6020	5713	5713	5713	5713	5027	4798
			柴油	10401	9510	8620	8620	8620	8620	7328	6035	6035	4152	2269	2269	2269	2269	1909	1549	1549	1088	935
			燃气	20566	12326	4087	4087	4087	4087	3352	2618	2618	1942	1266	1266	1082	898	898	898	898	702	636
	中型	公交车	汽油	247591	247591	247591	247591	246994	168751	13458	13458	13458	13458	13458	13306	13155	13155	10728	8301	8301	8301	8301
			柴油	87806	87806	86086	82645	82645	64494	28192	28192	28192	20508	12823	12823	12823	12823	8958	5093	5093	4763	4653
			燃气	71579	71579	67602	59649	59649	57536	53311	53311	53311	42686	32061	32061	22219	22219	22154	22154	22154	22154	22154
		其他	汽油	128301	128301	128301	128301	127704	87381	7930	7930	7930	7930	7930	7784	7639	7639	6588	5537	5537	5537	5537
			柴油	30493	30493	28460	24394	24394	18567	6912	6912	6912	6506	6099	6099	6099	6099	3750	1402	1402	1243	1190
			燃气	34560	34560	32640	28800	28800	27780	25740	25740	25740	20623	15506	15506	10732	10732	9642	9642	9642	9642	9642
	大型	公交车	汽油	576899	576899	576899	576899	576302	388724	14762	14762	14762	14762	14762	14622	14482	14482	11716	8950	8950	8950	8950
			柴油	131708	131708	108010	60614	60614	60614	60614	60614	60614	43515	26416	26416	26416	26416	17675	8934	8934	5723	4653
			燃气	168926	168926	159541	140772	140772	135786	125815	125815	125815	100740	75665	75665	52438	52438	47188	47188	47188	47188	47188
		其他	汽油	1278197	1278197	1278197	1278197	1277600	860751	28248	28248	28248	28248	28248	21990	15731	15731	12540	9349	9349	9349	9349
			柴油	272891	272891	207397	76409	76409	76409	76409	76409	76409	55942	35476	35476	35476	35476	20706	5937	5937	5324	5119
			燃气	266186	266186	251398	221822	221822	213966	198253	198253	198253	158842	119430	119430	82662	82662	74261	74261	74261	74261	74261
载货汽车	微型		汽油	258095	139886	21677	21677	21677	21677	20328	18978	18978	17455	15932	15932	13168	10403	10403	10403	10403	8714	8151
			柴油	43996	41081	38166	38166	38166	38166	34780	31394	31394	23414	15434	15434	15434	15434	10700	5966	5966	3930	3251
			燃气	116738	61176	5613	5613	5613	5613	5264	4914	4914	3850	2787	2787	2239	1691	1691	1691	1691	1171	997
	轻型		汽油	135054	81548	28043	28043	28043	28043	24256	20468	20468	18334	16201	16201	14192	12183	12183	12183	12183	10361	9754
			柴油	40749	39458	38166	38166	38166	38166	34780	31394	31394	23414	15434	15434	15434	15434	11630	7826	7826	5790	5111
			燃气	61271	36777	12283	12283	12283	12283	9000	5716	5716	4479	3242	3242	2579	1915	1915	1915	1915	1448	1293
	中型		汽油	423460	423460	423460	423460	422863	287484	17920	17920	17920	17920	17920	17780	17641	17641	14082	10522	10522	10522	10522
			柴油	98684	98684	92105	78947	78947	60087	22368	22368	22368	21062	19757	19757	19757	19757	14318	8880	8880	5284	4085
			燃气	111846	111846	105633	93206	93206	89903	83298	83298	83298	66764	50230	50230	67974	67974	33099	33099	33099	33099	33099
	重型		汽油	716309	716309	716309	716309	715712	482558	17447	17447	17447	17447	17447	13889	10331	10331	8542	6754	6754	6754	6754
			柴油	183298	183298	139306	51323	51323	51323	51323	51323	51323	37576	23829	23829	23829	23829	15240	6652	6652	4910	4330
			燃气	178794	178794	168861	148995	148995	143718	133164	133164	133164	106692	80220	80220	92617	92617	62815	62815	62815	62815	62815
低速汽车	三轮汽车			25300	25300	25300	25300	25300	25300	25300	25300	25300	16721	16721	16721	16721	16721	16721	16721	16721	16721	16721
	低速货车			33990	33990	33990	33990	33990	33990	33990	33990	33990	22464	22464	22464	22464	22464	22464	22464	22464	22464	22464
摩托车	普通摩托车			17897	17897	17897	17897	13356	8815	4719	4719	4719	4719	4719	3522	2324	2324	2324	2324	2324	2324	2324
	轻便摩托车			57876	57876	57876	57876	57876	11575	11575	5699	5699	5699	5699	4252	2806	2806	2806	2806	2806	2806	2806

广元市 NO_x 排放系数

单位：克/（辆·年）

车辆类型		使用性质	燃料种类	1999年年底前	2000年	2001年	2002年	2003年	2004年	2005年	2006年	2007年	2008年	2009年	2010年	2011年	2012年	2013年	2014年	2015年	2016年	2017年
载客汽车	微型	出租车	汽油	339220	236960	134699	134699	134699	134699	102320	69942	69942	53784	37627	37627	30097	22567	22567	22567	22567	12534	9190
			燃气	241954	169860	97765	97765	97765	97765	74552	51340	51340	39697	28054	28054	22346	16637	16637	16637	16637	9145	6648
		其他	汽油	29101	18353	7605	7605	7605	7605	4832	2058	2058	1678	1298	1298	1081	864	864	864	864	580	486
			燃气	19894	11902	3911	3911	3911	3911	2565	1219	1219	990	762	762	606	449	449	449	449	349	316
	小型	出租车	汽油	380471	260106	139741	139741	139741	139741	105229	70717	70717	54172	37627	37627	29390	21152	21152	21152	21152	11256	7957
			柴油	462124	394882	327639	327639	327639	327639	290040	252440	252440	202474	152508	152508	152508	152508	121468	90428	90428	63511	54539
			燃气	271013	186165	101317	101317	101317	101317	76602	51886	51886	39970	28054	28054	21847	15640	15640	15640	15640	8244	5779
		其他	汽油	27167	17440	7714	7714	7714	7714	5144	2575	2575	1809	1043	1043	934	825	825	825	825	548	456
			柴油	23790	19533	15276	15276	15276	15276	14028	12781	12781	10032	7284	7284	7284	7284	6260	5235	5235	4460	4202
			燃气	18532	11872	5211	5211	5211	5211	3397	1583	1583	1082	582	582	502	421	421	421	421	326	295
	中型	公交车	汽油	325468	325468	325468	325468	325468	222349	16111	16111	16111	16111	16111	14448	12786	12786	9652	6519	6519	6519	6519
			柴油	364043	364043	363188	361479	361479	347113	318382	318382	318382	265196	212011	212011	212011	212011	173016	134022	134022	112206	104934
			燃气	386531	386531	381930	372727	372727	361165	338042	338042	338042	281343	224644	224644	142062	142062	111262	111262	111262	111262	111262
		其他	汽油	199541	199541	199541	199541	199541	135355	6984	6984	6984	6984	6984	6984	6984	6984	5238	3493	3493	3493	3493
			柴油	170720	170720	163593	149340	149340	148077	145552	145552	145552	123962	102373	102373	102373	102373	90898	79422	79422	67788	63910
			燃气	192779	192779	182069	160649	160649	159135	156107	156107	156107	132914	109721	109721	85468	85468	68653	68653	68653	68653	68653
	大型	公交车	汽油	1159480	1159480	1159480	1159480	1159480	797281	72882	72882	72882	72882	72882	72818	72754	72754	54566	36378	36378	36378	36378
			柴油	516322	516322	499638	466269	466269	453020	426523	426523	426523	418837	411151	411151	411151	411151	396325	381499	381499	343903	331371
			燃气	1038113	1038113	980440	865094	865094	800899	672508	672508	672508	576214	479921	479921	446807	446807	387264	387264	387264	387264	387264
		其他	汽油	2767467	2767467	2767467	2767467	2767467	1902963	173955	173955	173955	173955	173955	167432	160908	160908	120810	80712	80712	80712	80712
			柴油	1236430	1236430	1204614	1140983	1140983	1114382	1061179	1061179	1061179	1023818	986456	986456	986456	986456	939111	891766	891766	789204	755017
			燃气	2301480	2301480	2173620	1917900	1917900	1775580	1490939	1490939	1490939	1277948	1064956	1064956	960772	960772	815130	815130	815130	815130	815130
载货汽车	微型		汽油	88007	52406	16806	16806	16806	16806	11580	6355	6355	5178	4001	4001	3510	3019	3019	3019	3019	2185	1907
			柴油	60442	50065	39688	39688	39688	39688	35650	31613	31613	26734	21855	21855	21855	21855	15998	10140	10140	8528	7990
			燃气	60163	34403	8643	8643	8643	8643	6203	3764	3764	3057	2349	2349	1959	1569	1569	1569	1569	1322	1240
	轻型		汽油	65280	42044	18808	18808	18808	18808	12854	6901	6901	5800	4698	4698	3896	3094	3094	3094	3094	2280	2008
			柴油	60647	50168	39688	39688	39688	39688	35650	31613	31613	26734	21855	21855	21855	21855	17382	12908	12908	11782	11407
			燃气	44531	28618	12705	12705	12705	12705	8474	4242	4242	3432	2622	2622	2100	1579	1579	1579	1579	1369	1299
	中型		汽油	291282	291282	291282	291282	291282	198861	14018	14018	14018	14018	14018	14018	14018	14018	10518	7017	7017	7017	7017
			柴油	550484	550484	494295	381916	381916	363160	325649	325649	325649	321282	316914	316914	316914	316914	278052	239191	239191	205965	194890
			燃气	621613	621613	551354	410837	410837	390313	349264	349264	349264	344463	339661	339661	257399	257399	209354	209354	209354	209354	209354
	重型		汽油	1127022	1127022	1127022	1127022	1127022	774962	70841	70841	70841	70841	70841	68184	65528	65528	49198	32869	32869	32869	32869
			柴油	689259	689259	665732	618679	618679	595796	550029	550029	550029	527972	505916	505916	505916	505916	442434	378951	378951	250961	208298
			燃气	1282981	1282981	1201970	1039949	1039949	950893	772782	772782	772782	659479	546176	546176	408275	408275	224882	224882	224882	224882	224882
低速汽车	三轮汽车			65550	65550	65550	65550	65550	65550	65550	65550	65550	53279	53279	53279	53279	53279	53279	53279	53279	53279	53279
	低速货车			88065	88065	88065	88065	88065	88065	88065	88065	88065	71579	71579	71579	71579	71579	71579	71579	71579	71579	71579
摩托车	普通摩托车			1336	1336	1336	1336	1292	1247	1158	1158	1158	1158	1158	1028	899	899	899	899	899	899	899
	轻便摩托车			890	890	890	890	890	445	445	445	445	445	445	396	346	346	346	346	346	346	346

广元市 PM 排放系数

单位：克/（辆·年）

车辆类型		使用性质	燃料种类	1999年年底前	2000年	2001年	2002年	2003年	2004年	2005年	2006年	2007年	2008年	2009年	2010年	2011年	2012年	2013年	2014年	2015年	2016年	2017年
载客汽车	微型	出租车	汽油	—	—	—	—	—	—	—	—	—	—	—	—	—	—	—	—	—	—	—
			燃气	—	—	—	—	—	—	—	—	—	—	—	—	—	—	—	—	—	—	—
		其他	汽油	—	—	—	—	—	—	—	—	—	—	—	—	—	—	—	—	—	—	—
			燃气	—	—	—	—	—	—	—	—	—	—	—	—	—	—	—	—	—	—	—
	小型	出租车	汽油	—	—	—	—	—	—	—	—	—	—	—	—	—	—	—	—	—	—	—
			柴油	53924	49370	44815	44815	44815	44815	30417	16019	16019	10470	4921	4921	4921	4921	4574	4226	4226	3495	3251
			燃气	—	—	—	—	—	—	—	—	—	—	—	—	—	—	—	—	—	—	—
		其他	汽油	—	—	—	—	—	—	—	—	—	—	—	—	—	—	—	—	—	—	—
			柴油	3580	3388	3195	3195	3195	3195	2294	1394	1394	1022	650	650	650	650	543	436	436	436	436
			燃气	—	—	—	—	—	—	—	—	—	—	—	—	—	—	—	—	—	—	—
	中型	公交车	汽油	—	—	—	—	—	—	—	—	—	—	—	—	—	—	—	—	—	—	—
			柴油	30592	30592	28032	22913	22913	17978	8108	8108	8108	6872	5637	5637	5637	5637	3504	1372	1372	1080	983
			燃气	—	—	—	—	—	—	—	—	—	—	—	—	—	—	—	—	—	—	—
		其他	汽油	—	—	—	—	—	—	—	—	—	—	—	—	—	—	—	—	—	—	—
			柴油	15274	15274	12888	8116	8116	6262	2553	2553	2553	2434	2316	2316	2316	2316	1366	415	415	399	394
			燃气	—	—	—	—	—	—	—	—	—	—	—	—	—	—	—	—	—	—	—
	大型	公交车	汽油	—	—	—	—	—	—	—	—	—	—	—	—	—	—	—	—	—	—	—
			柴油	94865	94865	93934	92071	92071	71272	29674	29674	29674	19994	10315	10315	10315	10315	6116	1916	1916	1845	1821
			燃气	—	—	—	—	—	—	—	—	—	—	—	—	—	—	—	—	—	—	—
		其他	汽油	—	—	—	—	—	—	—	—	—	—	—	—	—	—	—	—	—	—	—
			柴油	142314	142314	133412	115607	115607	85425	25061	25061	25061	17182	9303	9303	9303	9303	5868	2433	2433	2343	2313
			燃气	—	—	—	—	—	—	—	—	—	—	—	—	—	—	—	—	—	—	—
载货汽车	微型		汽油	—	—	—	—	—	—	—	—	—	—	—	—	—	—	—	—	—	—	—
			柴油	7563	7406	7250	7250	7250	7250	5896	4543	4543	3372	2201	2201	2201	2201	1386	570	570	568	567
			燃气	—	—	—	—	—	—	—	—	—	—	—	—	—	—	—	—	—	—	—
	轻型		汽油	—	—	—	—	—	—	—	—	—	—	—	—	—	—	—	—	—	—	—
			柴油	7866	7558	7250	7250	7250	7250	5896	4543	4543	3372	2201	2201	2201	2201	1660	1118	1118	923	858
			燃气	—	—	—	—	—	—	—	—	—	—	—	—	—	—	—	—	—	—	—
	中型		汽油	—	—	—	—	—	—	—	—	—	—	—	—	—	—	—	—	—	—	—
			柴油	47560	47560	40024	24951	24951	19219	7756	7756	7756	7348	6940	6940	6940	6940	4450	1959	1959	1794	1739
			燃气	—	—	—	—	—	—	—	—	—	—	—	—	—	—	—	—	—	—	—
	重型		汽油	—	—	—	—	—	—	—	—	—	—	—	—	—	—	—	—	—	—	—
			柴油	92033	92033	75644	42867	42867	34036	16375	16375	16375	11221	6067	6067	6067	6067	4102	2138	2138	1807	1697
			燃气	—	—	—	—	—	—	—	—	—	—	—	—	—	—	—	—	—	—	—
低速汽车	三轮汽车			4092	4092	4092	4092	4092	4092	4092	4092	4092	3220	3220	3220	3220	3220	3220	3220	3220	3220	3220
	低速货车			5581	5581	5581	5581	5581	5581	5581	5581	5581	4392	4392	4392	4392	4392	4392	4392	4392	4392	4392
摩托车	普通摩托车			—	—	—	—	—	—	—	—	—	—	—	—	—	—	—	—	—	—	—
	轻便摩托车			—	—	—	—	—	—	—	—	—	—	—	—	—	—	—	—	—	—	—

广元市 VOCs 排放系数

单位：克/（辆·年）

车辆类型		使用性质	燃料种类	1999 年年底前	2000 年	2001 年	2002 年	2003 年	2004 年	2005 年	2006 年	2007 年	2008 年	2009 年	2010 年	2011 年	2012 年	2013 年	2014 年	2015 年	2016 年	2017 年
载客汽车	微型	出租车	汽油	812694	489984	167274	167274	167274	167274	129471	91668	91668	75692	59716	59716	48466	37216	37216	37216	37216	24404	20134
			燃气	464632	286140	107647	107647	107647	107647	84564	61480	61480	51069	40658	40658	32082	23505	23505	23505	23505	13527	10201
		其他	汽油	38814	23930	9046	9046	9046	9046	8676	8306	8306	7224	6142	6142	5875	5608	5608	5608	5608	4820	4557
			燃气	16908	9530	2151	2151	2151	2151	2057	1963	1963	1466	968	968	871	774	774	774	774	521	437
	小型	出租车	汽油	812694	482912	153130	153130	153130	153130	141444	129759	129759	94738	59716	59716	48466	37216	37216	37216	37216	23112	18411
			柴油	295714	277282	258851	258851	258851	258851	230722	202593	202593	154716	106840	106840	106840	106840	78882	50924	50924	26687	18608
			燃气	464632	282242	99852	99852	99852	99852	91162	82471	82471	61564	40658	40658	32082	23505	23505	23505	23505	12815	9252
		其他	汽油	39328	24126	8923	8923	8923	8923	8887	8851	8851	7498	6145	6145	5845	5545	5545	5545	5545	4872	4648
			柴油	9171	8398	7624	7624	7624	7624	6457	5290	5290	3682	2073	2073	2073	2073	1732	1392	1392	960	816
			燃气	17191	10356	3521	3521	3521	3521	2892	2264	2264	1682	1101	1101	920	739	739	739	739	550	487
	中型	公交车	汽油	247710	247710	247710	247710	247113	168870	13577	13577	13577	13577	13577	13426	13274	13274	10847	8420	8420	8420	8420
			柴油	87806	87806	86086	82645	82645	64494	28192	28192	28192	20508	12823	12823	12823	12823	8958	5093	5093	4763	4653
			燃气	71579	71579	67602	59649	59649	57536	53311	53311	53311	42686	32061	32061	22219	22219	22154	22154	22154	22154	22154
		其他	汽油	128420	128420	128420	128420	127823	87501	8050	8050	8050	8050	8050	7904	7759	7759	6708	5656	5656	5656	5656
			柴油	30493	30493	28460	24394	24394	18567	6912	6912	6912	6506	6099	6099	6099	6099	3750	1402	1402	1243	1190
			燃气	34560	34560	32640	28800	28800	27780	25740	25740	25740	20623	15506	15506	10732	10732	9642	9642	9642	9642	9642
	大型	公交车	汽油	577018	577018	577018	577018	576421	388843	14881	14881	14881	14881	14881	14742	14602	14602	11836	9070	9070	9070	9070
			柴油	131708	131708	108010	60614	60614	60614	60614	60614	60614	43515	26416	26416	26416	26416	17675	8934	8934	5723	4653
			燃气	168926	168926	159541	140772	140772	135786	125815	125815	125815	100740	75665	75665	52438	52438	47188	47188	47188	47188	47188
		其他	汽油	1278316	1278316	1278316	1278316	1277719	860871	28368	28368	28368	28368	28368	22109	15850	15850	12660	9469	9469	9469	9469
			柴油	272891	272891	207397	76409	76409	76409	76409	76409	76409	55942	35476	35476	35476	35476	20706	5937	5937	5324	5119
			燃气	266186	266186	251398	221822	221822	213966	198253	198253	198253	158842	119430	119430	82662	82662	74261	74261	74261	74261	74261
载货汽车	微型		汽油	180935	98662	16388	16388	16388	16388	15429	14470	14470	13352	12233	12233	10364	8496	8496	8496	8496	7274	6866
			柴油	28957	27050	25143	25143	25143	25143	22970	20796	20796	15466	10136	10136	10136	10136	7035	3934	3934	2625	2189
			燃气	78818	41357	3897	3897	3897	3897	3658	3420	3420	2674	1928	1928	1550	1173	1173	1173	1173	787	658
	轻型		汽油	95753	58274	20796	20796	20796	20796	18149	15502	15502	13960	12419	12419	11074	9728	9728	9728	9728	8413	7975
			柴油	26756	25950	25143	25143	25143	25143	22970	20796	20796	15466	10136	10136	10136	10136	7666	5197	5197	3888	3452
			燃气	41855	25031	8206	8206	8206	8206	6086	3965	3965	3095	2225	2225	1761	1296	1296	1296	1296	951	836
	中型		汽油	423580	423580	423580	423580	422982	287603	18040	18040	18040	18040	18040	17900	17760	17760	14201	10642	10642	10642	10642
			柴油	98684	98684	92105	78947	78947	60087	22368	22368	22368	21062	19757	19757	19757	19757	14318	8880	8880	5284	4085
			燃气	111846	111846	105633	93206	93206	89903	83298	83298	83298	66764	50230	50230	67974	67974	33099	33099	33099	33099	33099
	重型		汽油	580092	580092	580092	580092	579494	390912	14944	14944	14944	14944	14944	12042	9140	9140	7692	6243	6243	6243	6243
			柴油	169466	169466	128794	47451	47451	47451	47451	47451	47451	34741	22031	22031	22031	22031	13718	5406	5406	3798	3262
			燃气	165302	165302	156120	137754	137754	132876	123118	123118	123118	98643	74167	74167	75269	75269	47322	47322	47322	47322	47322
低速汽车	三轮汽车			25300	25300	25300	25300	25300	25300	25300	25300	25300	16721	16721	16721	16721	16721	16721	16721	16721	16721	16721
	低速货车			33990	33990	33990	33990	33990	33990	33990	33990	33990	22464	22464	22464	22464	22464	22464	22464	22464	22464	22464
摩托车	普通摩托车			17897	17897	17897	17897	13356	8815	4719	4719	4719	4719	4719	3522	2324	2324	2324	2324	2324	2324	2324
	轻便摩托车			57876	57876	57876	57876	57876	11575	11575	5699	5699	5699	5699	4252	2806	2806	2806	2806	2806	2806	2806

遂宁市 NO_x 排放系数

单位：克/（辆·年）

车辆类型		使用性质	燃料种类	1999 年年底前	2000 年	2001 年	2002 年	2003 年	2004 年	2005 年	2006 年	2007 年	2008 年	2009 年	2010 年	2011 年	2012 年	2013 年	2014 年	2015 年	2016 年	2017 年
载客汽车	微型	出租车	汽油	263595	181858	100120	100120	100120	100120	75126	50133	50133	37925	25717	25717	20740	15764	15764	15764	15764	9090	6865
			燃气	187650	130018	72385	72385	72385	72385	54496	36607	36607	27842	19078	19078	15309	11540	11540	11540	11540	6594	4945
		其他	汽油	29023	18302	7580	7580	7580	7580	4810	2040	2040	1664	1287	1287	1070	853	853	853	853	576	483
			燃气	19894	11902	3911	3911	3911	3911	2565	1219	1219	990	762	762	606	449	449	449	449	349	316
	小型	出租车	汽油	296825	200504	104182	104182	104182	104182	77470	50757	50757	38237	25717	25717	20171	14625	14625	14625	14625	8060	5871
			柴油	342035	289958	237882	237882	237882	237882	210960	184039	184039	147148	110256	110256	110256	110256	88620	66985	66985	48445	42265
			燃气	211091	143170	75250	75250	75250	75250	56149	37048	37048	28063	19078	19078	14907	10736	10736	10736	10736	5867	4244
		其他	汽油	27092	17390	7688	7688	7688	7688	5122	2556	2556	1794	1031	1031	922	814	814	814	814	544	454
			柴油	23759	19506	15253	15253	15253	15253	14006	12760	12760	10016	7271	7271	7271	7271	6246	5222	5222	4452	4196
			燃气	18532	11872	5211	5211	5211	5211	3397	1583	1583	1082	582	582	502	421	421	421	421	326	295
	中型	公交车	汽油	325029	325029	325029	325029	325029	222049	16089	16089	16089	16089	16089	14429	12769	12769	9640	6511	6511	6511	6511
			柴油	363684	363684	362830	361122	361122	346771	318068	318068	318068	264935	211802	211802	211802	211802	172846	133889	133889	112096	104831
			燃气	386150	386150	381553	372359	372359	360809	337709	337709	337709	281066	224422	224422	141922	141922	111152	111152	111152	111152	111152
		其他	汽油	199272	199272	199272	199272	199272	135173	6975	6975	6975	6975	6975	6975	6975	6975	5232	3488	3488	3488	3488
			柴油	170551	170551	163432	149193	149193	147931	145408	145408	145408	123840	102272	102272	102272	102272	90808	79344	79344	67720	63846
			燃气	192588	192588	181889	160490	160490	158978	155953	155953	155953	132782	109612	109612	85384	85384	68585	68585	68585	68585	68585
	大型	公交车	汽油	1157916	1157916	1157916	1157916	1157916	796205	72783	72783	72783	72783	72783	72720	72656	72656	54492	36329	36329	36329	36329
			柴油	515812	515812	499144	465809	465809	452574	426103	426103	426103	418424	410745	410745	410745	410745	395934	381123	381123	343564	331044
			燃气	1037089	1037089	979473	864241	864241	800109	671844	671844	671844	575646	479448	479448	446366	446366	386882	386882	386882	386882	386882
		其他	汽油	2763734	2763734	2763734	2763734	2763734	1900396	173720	173720	173720	173720	173720	167206	160691	160691	120647	80603	80603	80603	80603
			柴油	1235211	1235211	1203427	1139858	1139858	1113283	1060133	1060133	1060133	1022808	985483	985483	985483	985483	938185	890887	890887	788426	754272
			燃气	2299211	2299211	2171477	1916009	1916009	1773829	1489469	1489469	1489469	1276688	1063906	1063906	959825	959825	814326	814326	814326	814326	814326
载货汽车	微型		汽油	99966	59676	19385	19385	19385	19385	13415	7445	7445	6082	4719	4719	4108	3498	3498	3498	3498	2509	2179
			柴油	69929	58072	46215	46215	46215	46215	41474	36732	36732	31042	25353	25353	25353	25353	18551	11749	11749	9784	9129
			燃气	68522	39262	10002	10002	10002	10002	7225	4449	4449	3621	2794	2794	2318	1841	1841	1841	1841	1530	1426
	轻型		汽油	74235	47944	21652	21652	21652	21652	14858	8063	8063	6786	5508	5508	4546	3583	3583	3583	3583	2616	2293
			柴油	70162	58188	46215	46215	46215	46215	41474	36732	36732	31042	25353	25353	25353	25353	20118	14884	14884	13470	12998
			燃气	50780	32728	14676	14676	14676	14676	9835	4994	4994	4051	3109	3109	2481	1853	1853	1853	1853	1581	1490
	中型		汽油	291282	291282	291282	291282	291282	198861	14018	14018	14018	14018	14018	14018	14018	14018	10518	7017	7017	7017	7017
			柴油	550484	550484	494295	381916	381916	363160	325649	325649	325649	321282	316914	316914	316914	316914	278052	239191	239191	205965	194890
			燃气	621612	621612	551353	410835	410835	390312	349265	349265	349265	344462	339659	339659	257399	257399	209356	209356	209356	209356	209356
	重型		汽油	1245555	1245555	1245555	1245555	1245555	856467	78292	78292	78292	78292	78292	75356	72420	72420	54373	36326	36326	36326	36326
			柴油	731631	731631	706658	656712	656712	632422	583842	583842	583842	560430	537017	537017	537017	537017	471240	405462	405462	279344	237304
			燃气	1361852	1361852	1275861	1103880	1103880	1009349	820288	820288	820288	700020	579752	579752	436837	436837	256198	256198	256198	256198	256198
低速汽车	三轮汽车			65550	65550	65550	65550	65550	65550	65550	65550	65550	53279	53279	53279	53279	53279	53279	53279	53279	53279	53279
	低速货车			88065	88065	88065	88065	88065	88065	88065	88065	88065	71579	71579	71579	71579	71579	71579	71579	71579	71579	71579
摩托车	普通摩托车			1336	1336	1336	1336	1292	1247	1158	1158	1158	1158	1158	1028	899	899	899	899	899	899	899
	轻便摩托车			890	890	890	890	890	445	445	445	445	445	445	396	346	346	346	346	346	346	346

遂宁市 PM 排放系数

单位：克/（辆·年）

车辆类型		使用性质	燃料种类	1999 年年底前	2000 年	2001 年	2002 年	2003 年	2004 年	2005 年	2006 年	2007 年	2008 年	2009 年	2010 年	2011 年	2012 年	2013 年	2014 年	2015 年	2016 年	2017 年
载客汽车	微型	出租车	汽油	—	—	—	—	—	—	—	—	—	—	—	—	—	—	—	—	—	—	—
			燃气	—	—	—	—	—	—	—	—	—	—	—	—	—	—	—	—	—	—	—
		其他	汽油	—	—	—	—	—	—	—	—	—	—	—	—	—	—	—	—	—	—	—
			燃气	—	—	—	—	—	—	—	—	—	—	—	—	—	—	—	—	—	—	—
	小型	出租车	汽油	—	—	—	—	—	—	—	—	—	—	—	—	—	—	—	—	—	—	—
			柴油	43498	39824	36150	36150	36150	36150	24536	12922	12922	8446	3969	3969	3969	3969	3689	3409	3409	2819	2622
			燃气	—	—	—	—	—	—	—	—	—	—	—	—	—	—	—	—	—	—	—
		其他	汽油	—	—	—	—	—	—	—	—	—	—	—	—	—	—	—	—	—	—	—
			柴油	3580	3388	3195	3195	3195	3195	2294	1394	1394	1022	650	650	650	650	543	436	436	436	436
			燃气	—	—	—	—	—	—	—	—	—	—	—	—	—	—	—	—	—	—	—
	中型	公交车	汽油	—	—	—	—	—	—	—	—	—	—	—	—	—	—	—	—	—	—	—
			柴油	30592	30592	28032	22913	22913	17978	8108	8108	8108	6872	5637	5637	5637	5637	3504	1372	1372	1080	983
			燃气	—	—	—	—	—	—	—	—	—	—	—	—	—	—	—	—	—	—	—
		其他	汽油	—	—	—	—	—	—	—	—	—	—	—	—	—	—	—	—	—	—	—
			柴油	15274	15274	12888	8116	8116	6262	2553	2553	2553	2434	2316	2316	2316	2316	1366	415	415	399	394
			燃气	—	—	—	—	—	—	—	—	—	—	—	—	—	—	—	—	—	—	—
	大型	公交车	汽油	—	—	—	—	—	—	—	—	—	—	—	—	—	—	—	—	—	—	—
			柴油	94865	94865	93934	92071	92071	71272	29674	29674	29674	19994	10315	10315	10315	10315	6116	1916	1916	1845	1821
			燃气	—	—	—	—	—	—	—	—	—	—	—	—	—	—	—	—	—	—	—
		其他	汽油	—	—	—	—	—	—	—	—	—	—	—	—	—	—	—	—	—	—	—
			柴油	142314	142314	133412	115607	115607	85425	25061	25061	25061	17182	9303	9303	9303	9303	5868	2433	2433	2343	2313
			燃气	—	—	—	—	—	—	—	—	—	—	—	—	—	—	—	—	—	—	—
载货汽车	微型		汽油	—	—	—	—	—	—	—	—	—	—	—	—	—	—	—	—	—	—	—
			柴油	8574	8396	8219	8219	8219	8219	6685	5151	5151	3823	2495	2495	2495	2495	1571	647	647	644	643
			燃气	—	—	—	—	—	—	—	—	—	—	—	—	—	—	—	—	—	—	—
	轻型		汽油	—	—	—	—	—	—	—	—	—	—	—	—	—	—	—	—	—	—	—
			柴油	8917	8568	8219	8219	8219	8219	6685	5151	5151	3823	2495	2495	2495	2495	1882	1268	1268	1047	973
			燃气	—	—	—	—	—	—	—	—	—	—	—	—	—	—	—	—	—	—	—
	中型		汽油	—	—	—	—	—	—	—	—	—	—	—	—	—	—	—	—	—	—	—
			柴油	47560	47560	40024	24951	24951	19219	7756	7756	7756	7348	6940	6940	6940	6940	4450	1959	1959	1794	1739
			燃气	—	—	—	—	—	—	—	—	—	—	—	—	—	—	—	—	—	—	—
	重型		汽油	—	—	—	—	—	—	—	—	—	—	—	—	—	—	—	—	—	—	—
			柴油	101100	101100	83097	47090	47090	37389	17988	17988	17988	12326	6665	6665	6665	6665	4478	2290	2290	1935	1817
			燃气	—	—	—	—	—	—	—	—	—	—	—	—	—	—	—	—	—	—	—
低速汽车	三轮汽车			4092	4092	4092	4092	4092	4092	4092	4092	4092	3220	3220	3220	3220	3220	3220	3220	3220	3220	3220
	低速货车			5581	5581	5581	5581	5581	5581	5581	5581	5581	4392	4392	4392	4392	4392	4392	4392	4392	4392	4392
摩托车	普通摩托车			—	—	—	—	—	—	—	—	—	—	—	—	—	—	—	—	—	—	—
	轻便摩托车			—	—	—	—	—	—	—	—	—	—	—	—	—	—	—	—	—	—	—

遂宁市 VOCs 排放系数

单位：克/（辆·年）

车辆类型		使用性质	燃料种类	1999 年年底前	2000 年	2001 年	2002 年	2003 年	2004 年	2005 年	2006 年	2007 年	2008 年	2009 年	2010 年	2011 年	2012 年	2013 年	2014 年	2015 年	2016 年	2017 年
载客汽车	微型	出租车	汽油	644193	384534	124876	124876	124876	124876	95746	66615	66615	54736	42857	42857	35190	27522	27522	27522	27522	18985	16139
			燃气	364453	221190	77927	77927	77927	77927	60456	42985	42985	35449	27913	27913	22144	16375	16375	16375	16375	9834	7654
		其他	汽油	38493	23677	8861	8861	8861	8861	8491	8121	8121	7053	5985	5985	5718	5452	5452	5452	5452	4684	4428
			燃气	16908	9530	2151	2151	2151	2151	2057	1963	1963	1466	968	968	871	774	774	774	774	521	437
	小型	出租车	汽油	644193	378830	113466	113466	113466	113466	105404	97341	97341	70099	42857	42857	35190	27522	27522	27522	27522	17942	14749
			柴油	202857	190470	178084	178084	178084	178084	159364	140643	140643	105984	71325	71325	71325	71325	52743	34161	34161	18320	13040
			燃气	364453	218046	71639	71639	71639	71639	65778	59917	59917	43915	27913	27913	22144	16375	16375	16375	16375	9260	6889
		其他	汽油	39007	23873	8739	8739	8739	8739	8702	8666	8666	7327	5988	5988	5688	5388	5388	5388	5388	4736	4519
			柴油	9140	8366	7593	7593	7593	7593	6426	5260	5260	3658	2055	2055	2055	2055	1714	1373	1373	948	807
			燃气	17191	10356	3521	3521	3521	3521	2892	2264	2264	1682	1101	1101	920	739	739	739	739	550	487
	中型	公交车	汽油	247606	247606	247606	247606	247009	168766	13474	13474	13474	13474	13474	13322	13171	13171	10744	8316	8316	8316	8316
			柴油	87806	87806	86086	82645	82645	64494	28192	28192	28192	20508	12823	12823	12823	12823	8958	5093	5093	4763	4653
			燃气	71579	71579	67602	59649	59649	57536	53311	53311	53311	42686	32061	32061	22219	22219	22154	22154	22154	22154	22154
		其他	汽油	128316	128316	128316	128316	127719	87397	7946	7946	7946	7946	7946	7800	7655	7655	6604	5552	5552	5552	5552
			柴油	30493	30493	28460	24394	24394	18567	6912	6912	6912	6506	6099	6099	6099	6099	3750	1402	1402	1243	1190
			燃气	34560	34560	32640	28800	28800	27780	25740	25740	25740	20623	15506	15506	10732	10732	9642	9642	9642	9642	9642
	大型	公交车	汽油	576914	576914	576914	576914	576317	388739	14777	14777	14777	14777	14777	14638	14498	14498	11732	8966	8966	8966	8966
			柴油	131708	131708	108010	60614	60614	60614	60614	60614	60614	43515	26416	26416	26416	26416	17675	8934	8934	5723	4653
			燃气	168926	168926	159541	140772	140772	135786	125815	125815	125815	100740	75665	75665	52438	52438	47188	47188	47188	47188	47188
		其他	汽油	1278212	1278212	1278212	1278212	1277615	860767	28264	28264	28264	28264	28264	22005	15746	15746	12556	9365	9365	9365	9365
			柴油	272891	272891	207397	76409	76409	76409	76409	76409	76409	55942	35476	35476	35476	35476	20706	5937	5937	5324	5119
			燃气	266186	266186	251398	221822	221822	213966	198253	198253	198253	158842	119430	119430	82662	82662	74261	74261	74261	74261	74261
载货汽车	微型		汽油	204284	111242	18200	18200	18200	18200	17076	15952	15952	14690	13427	13427	11242	9056	9056	9056	9056	7651	7183
			柴油	34501	32218	29934	29934	29934	29934	27274	24614	24614	18392	12171	12171	12171	12171	8460	4750	4750	3104	2555
			燃气	89731	47075	4418	4418	4418	4418	4137	3856	3856	3014	2172	2172	1729	1286	1286	1286	1286	853	709
	轻型		汽油	107717	65457	23197	23197	23197	23197	20159	17121	17121	15380	13638	13638	12046	10453	10453	10453	10453	8944	8441
			柴油	32006	30970	29934	29934	29934	29934	27274	24614	24614	18392	12171	12171	12171	12171	9176	6181	6181	4535	3986
			燃气	47473	28409	9346	9346	9346	9346	6910	4473	4473	3490	2508	2508	1971	1434	1434	1434	1434	1041	910
	中型		汽油	423476	423476	423476	423476	422878	287499	17936	17936	17936	17936	17936	17796	17656	17656	14097	10538	10538	10538	10538
			柴油	98684	98684	92105	78947	78947	60087	22368	22368	22368	21062	19757	19757	19757	19757	14318	8880	8880	5284	4085
			燃气	111846	111846	105633	93206	93206	89903	83298	83298	83298	66764	50230	50230	67974	67974	33099	33099	33099	33099	33099
	重型		汽油	640265	640265	640265	640265	639668	431380	15999	15999	15999	15999	15999	12808	9616	9616	8017	6418	6418	6418	6418
			柴油	178527	178527	135680	49987	49987	49987	49987	49987	49987	36598	23208	23208	23208	23208	14638	6068	6068	4206	3586
			燃气	174141	174141	164466	145117	145117	139977	129698	129698	129698	103914	78130	78130	84486	84486	52022	52022	52022	52022	52022
低速汽车	三轮汽车			25300	25300	25300	25300	25300	25300	25300	25300	25300	16721	16721	16721	16721	16721	16721	16721	16721	16721	16721
	低速货车			33990	33990	33990	33990	33990	33990	33990	33990	33990	22464	22464	22464	22464	22464	22464	22464	22464	22464	22464
摩托车	普通摩托车			17897	17897	17897	17897	13356	8815	4719	4719	4719	4719	4719	3522	2324	2324	2324	2324	2324	2324	2324
	轻便摩托车			57876	57876	57876	57876	57876	11575	11575	5699	5699	5699	5699	4252	2806	2806	2806	2806	2806	2806	2806

内江市 NO_x 排放系数

单位：克/（辆·年）

车辆类型		使用性质	燃料种类	1999年年底前	2000年	2001年	2002年	2003年	2004年	2005年	2006年	2007年	2008年	2009年	2010年	2011年	2012年	2013年	2014年	2015年	2016年	2017年
载客汽车	微型	出租车	汽油	263595	181858	100120	100120	100120	100120	75126	50133	50133	37925	25717	25717	20740	15764	15764	15764	15764	9090	6865
			燃气	187650	130018	72385	72385	72385	72385	54496	36607	36607	27842	19078	19078	15309	11540	11540	11540	11540	6594	4945
		其他	汽油	29023	18302	7580	7580	7580	7580	4810	2040	2040	1664	1287	1287	1070	853	853	853	853	576	483
			燃气	19894	11902	3911	3911	3911	3911	2565	1219	1219	990	762	762	606	449	449	449	449	349	316
	小型	出租车	汽油	296825	200504	104182	104182	104182	104182	77470	50757	50757	38237	25717	25717	20171	14625	14625	14625	14625	8060	5871
			柴油	342035	289958	237882	237882	237882	237882	210960	184039	184039	147148	110256	110256	110256	110256	88620	66985	66985	48445	42265
			燃气	211091	143170	75250	75250	75250	75250	56149	37048	37048	28063	19078	19078	14907	10736	10736	10736	10736	5867	4244
		其他	汽油	27092	17390	7688	7688	7688	7688	5122	2556	2556	1794	1031	1031	922	814	814	814	814	544	454
			柴油	23759	19506	15253	15253	15253	15253	14006	12760	12760	10016	7271	7271	7271	7271	6246	5222	5222	4452	4196
			燃气	18532	11872	5211	5211	5211	5211	3397	1583	1583	1082	582	582	502	421	421	421	421	326	295
	中型	公交车	汽油	325029	325029	325029	325029	325029	222049	16089	16089	16089	16089	16089	14429	12769	12769	9640	6511	6511	6511	6511
			柴油	363684	363684	362830	361122	361122	346771	318068	318068	318068	264935	211802	211802	211802	211802	172846	133889	133889	112096	104831
			燃气	386150	386150	381553	372359	372359	360809	337709	337709	337709	281066	224422	224422	141922	141922	111152	111152	111152	111152	111152
		其他	汽油	199272	199272	199272	199272	199272	135173	6975	6975	6975	6975	6975	6975	6975	6975	5232	3488	3488	3488	3488
			柴油	170551	170551	163432	149193	149193	147931	145408	145408	145408	123840	102272	102272	102272	102272	90808	79344	79344	67720	63846
			燃气	192588	192588	181889	160490	160490	158978	155953	155953	155953	132782	109612	109612	85384	85384	68585	68585	68585	68585	68585
	大型	公交车	汽油	1157916	1157916	1157916	1157916	1157916	796205	72783	72783	72783	72783	72783	72720	72656	72656	54492	36329	36329	36329	36329
			柴油	515812	515812	499144	465809	465809	452574	426103	426103	426103	418424	410745	410745	410745	410745	395934	381123	381123	343564	331044
			燃气	1037089	1037089	979473	864241	864241	800109	671844	671844	671844	575646	479448	479448	446366	446366	386882	386882	386882	386882	386882
		其他	汽油	2763734	2763734	2763734	2763734	2763734	1900396	173720	173720	173720	173720	173720	167206	160691	160691	120647	80603	80603	80603	80603
			柴油	1235211	1235211	1203427	1139858	1139858	1113283	1060133	1060133	1060133	1022808	985483	985483	985483	985483	938185	890887	890887	788426	754272
			燃气	2299211	2299211	2171477	1916009	1916009	1773829	1489469	1489469	1489469	1276688	1063906	1063906	959825	959825	814326	814326	814326	814326	814326
载货汽车	微型		汽油	99966	59676	19385	19385	19385	19385	13415	7445	7445	6082	4719	4719	4108	3498	3498	3498	3498	2509	2179
			柴油	69929	58072	46215	46215	46215	46215	41474	36732	36732	31042	25353	25353	25353	25353	18551	11749	11749	9784	9129
			燃气	68522	39262	10002	10002	10002	10002	7225	4449	4449	3621	2794	2794	2318	1841	1841	1841	1841	1530	1426
	轻型		汽油	74235	47944	21652	21652	21652	21652	14858	8063	8063	6786	5508	5508	4546	3583	3583	3583	3583	2616	2293
			柴油	70162	58188	46215	46215	46215	46215	41474	36732	36732	31042	25353	25353	25353	25353	20118	14884	14884	13470	12998
			燃气	50780	32728	14676	14676	14676	14676	9835	4994	4994	4051	3109	3109	2481	1853	1853	1853	1853	1581	1490
	中型		汽油	291282	291282	291282	291282	291282	198861	14018	14018	14018	14018	14018	14018	14018	14018	10518	7017	7017	7017	7017
			柴油	550484	550484	494295	381916	381916	363160	325649	325649	325649	321282	316914	316914	316914	316914	278052	239191	239191	205965	194890
			燃气	621612	621612	551353	410835	410835	390312	349265	349265	349265	344462	339659	339659	257399	257399	209356	209356	209356	209356	209356
	重型		汽油	1245555	1245555	1245555	1245555	1245555	856467	78292	78292	78292	78292	78292	75356	72420	72420	54373	36326	36326	36326	36326
			柴油	731631	731631	706658	656712	656712	632422	583842	583842	583842	560430	537017	537017	537017	537017	471240	405462	405462	279344	237304
			燃气	1361852	1361852	1275861	1103880	1103880	1009349	820288	820288	820288	700020	579752	579752	436837	436837	256198	256198	256198	256198	256198
低速汽车	三轮汽车			65550	65550	65550	65550	65550	65550	65550	65550	65550	53279	53279	53279	53279	53279	53279	53279	53279	53279	53279
	低速货车			88065	88065	88065	88065	88065	88065	88065	88065	88065	71579	71579	71579	71579	71579	71579	71579	71579	71579	71579
摩托车	普通摩托车			1336	1336	1336	1336	1292	1247	1158	1158	1158	1158	1158	1028	899	899	899	899	899	899	899
	轻便摩托车			890	890	890	890	890	445	445	445	445	445	445	396	346	346	346	346	346	346	346

内江市 PM 排放系数

单位：克/（辆·年）

车辆类型		使用性质	燃料种类	1999年年底前	2000年	2001年	2002年	2003年	2004年	2005年	2006年	2007年	2008年	2009年	2010年	2011年	2012年	2013年	2014年	2015年	2016年	2017年
载客汽车	微型	出租车	汽油	—	—	—	—	—	—	—	—	—	—	—	—	—	—	—	—	—	—	—
			燃气	—	—	—	—	—	—	—	—	—	—	—	—	—	—	—	—	—	—	—
		其他	汽油	—	—	—	—	—	—	—	—	—	—	—	—	—	—	—	—	—	—	—
			燃气	—	—	—	—	—	—	—	—	—	—	—	—	—	—	—	—	—	—	—
	小型	出租车	汽油	—	—	—	—	—	—	—	—	—	—	—	—	—	—	—	—	—	—	—
			柴油	43498	39824	36150	36150	36150	36150	24536	12922	12922	8446	3969	3969	3969	3969	3689	3409	3409	2819	2622
			燃气	—	—	—	—	—	—	—	—	—	—	—	—	—	—	—	—	—	—	—
		其他	汽油	—	—	—	—	—	—	—	—	—	—	—	—	—	—	—	—	—	—	—
			柴油	3580	3388	3195	3195	3195	3195	2294	1394	1394	1022	650	650	650	650	543	436	436	436	436
			燃气	—	—	—	—	—	—	—	—	—	—	—	—	—	—	—	—	—	—	—
	中型	公交车	汽油	—	—	—	—	—	—	—	—	—	—	—	—	—	—	—	—	—	—	—
			柴油	30592	30592	28032	22913	22913	17978	8108	8108	8108	6872	5637	5637	5637	5637	3504	1372	1372	1080	983
			燃气	—	—	—	—	—	—	—	—	—	—	—	—	—	—	—	—	—	—	—
		其他	汽油	—	—	—	—	—	—	—	—	—	—	—	—	—	—	—	—	—	—	—
			柴油	15274	15274	12888	8116	8116	6262	2553	2553	2553	2434	2316	2316	2316	2316	1366	415	415	399	394
			燃气	—	—	—	—	—	—	—	—	—	—	—	—	—	—	—	—	—	—	—
	大型	公交车	汽油	—	—	—	—	—	—	—	—	—	—	—	—	—	—	—	—	—	—	—
			柴油	94865	94865	93934	92071	92071	71272	29674	29674	29674	19994	10315	10315	10315	10315	6116	1916	1916	1845	1821
			燃气	—	—	—	—	—	—	—	—	—	—	—	—	—	—	—	—	—	—	—
		其他	汽油	—	—	—	—	—	—	—	—	—	—	—	—	—	—	—	—	—	—	—
			柴油	142314	142314	133412	115607	115607	85425	25061	25061	25061	17182	9303	9303	9303	9303	5868	2433	2433	2343	2313
			燃气	—	—	—	—	—	—	—	—	—	—	—	—	—	—	—	—	—	—	—
载货汽车	微型		汽油	—	—	—	—	—	—	—	—	—	—	—	—	—	—	—	—	—	—	—
			柴油	8574	8396	8219	8219	8219	8219	6685	5151	5151	3823	2495	2495	2495	2495	1571	647	647	644	643
			燃气	—	—	—	—	—	—	—	—	—	—	—	—	—	—	—	—	—	—	—
	轻型		汽油	—	—	—	—	—	—	—	—	—	—	—	—	—	—	—	—	—	—	—
			柴油	8917	8568	8219	8219	8219	8219	6685	5151	5151	3823	2495	2495	2495	2495	1882	1268	1268	1047	973
			燃气	—	—	—	—	—	—	—	—	—	—	—	—	—	—	—	—	—	—	—
	中型		汽油	—	—	—	—	—	—	—	—	—	—	—	—	—	—	—	—	—	—	—
			柴油	47560	47560	40024	24951	24951	19219	7756	7756	7756	7348	6940	6940	6940	6940	4450	1959	1959	1794	1739
			燃气	—	—	—	—	—	—	—	—	—	—	—	—	—	—	—	—	—	—	—
	重型		汽油	—	—	—	—	—	—	—	—	—	—	—	—	—	—	—	—	—	—	—
			柴油	101100	101100	83097	47090	47090	37389	17988	17988	17988	12326	6665	6665	6665	6665	4478	2290	2290	1935	1817
			燃气	—	—	—	—	—	—	—	—	—	—	—	—	—	—	—	—	—	—	—
低速汽车	三轮汽车			4092	4092	4092	4092	4092	4092	4092	4092	4092	3220	3220	3220	3220	3220	3220	3220	3220	3220	3220
	低速货车			5581	5581	5581	5581	5581	5581	5581	5581	5581	4392	4392	4392	4392	4392	4392	4392	4392	4392	4392
摩托车	普通摩托车			—	—	—	—	—	—	—	—	—	—	—	—	—	—	—	—	—	—	—
	轻便摩托车			—	—	—	—	—	—	—	—	—	—	—	—	—	—	—	—	—	—	—

内江市 VOCs 排放系数

单位：克/（辆·年）

车辆类型		使用性质	燃料种类	1999年年底前	2000年	2001年	2002年	2003年	2004年	2005年	2006年	2007年	2008年	2009年	2010年	2011年	2012年	2013年	2014年	2015年	2016年	2017年
载客汽车	微型	出租车	汽油	644193	384534	124876	124876	124876	124876	95746	66615	66615	54736	42857	42857	35190	27522	27522	27522	27522	18985	16139
			燃气	364453	221190	77927	77927	77927	77927	60456	42985	42985	35449	27913	27913	22144	16375	16375	16375	16375	9834	7654
		其他	汽油	38493	23677	8861	8861	8861	8861	8491	8121	8121	7053	5985	5985	5718	5452	5452	5452	5452	4684	4428
			燃气	16908	9530	2151	2151	2151	2151	2057	1963	1963	1466	968	968	871	774	774	774	774	521	437
	小型	出租车	汽油	644193	378830	113466	113466	113466	113466	105404	97341	97341	70099	42857	42857	35190	27522	27522	27522	27522	17942	14749
			柴油	202857	190470	178084	178084	178084	178084	159364	140643	140643	105984	71325	71325	71325	71325	52743	34161	34161	18320	13040
			燃气	364453	218046	71639	71639	71639	71639	65778	59917	59917	43915	27913	27913	22144	16375	16375	16375	16375	9260	6889
		其他	汽油	39007	23873	8739	8739	8739	8739	8702	8666	8666	7327	5988	5988	5688	5388	5388	5388	5388	4736	4519
			柴油	9140	8366	7593	7593	7593	7593	6426	5260	5260	3658	2055	2055	2055	2055	1714	1373	1373	948	807
			燃气	17191	10356	3521	3521	3521	3521	2892	2264	2264	1682	1101	1101	920	739	739	739	739	550	487
	中型	公交车	汽油	247606	247606	247606	247606	247009	168766	13474	13474	13474	13474	13474	13322	13171	13171	10744	8316	8316	8316	8316
			柴油	87806	87806	86086	82645	82645	64494	28192	28192	28192	20508	12823	12823	12823	12823	8958	5093	5093	4763	4653
			燃气	71579	71579	67602	59649	59649	57536	53311	53311	53311	42686	32061	32061	22219	22219	22154	22154	22154	22154	22154
		其他	汽油	128316	128316	128316	128316	127719	87397	7946	7946	7946	7946	7946	7800	7655	7655	6604	5552	5552	5552	5552
			柴油	30493	30493	28460	24394	24394	18567	6912	6912	6912	6506	6099	6099	6099	6099	3750	1402	1402	1243	1190
			燃气	34560	34560	32640	28800	28800	27780	25740	25740	25740	20623	15506	15506	10732	10732	9642	9642	9642	9642	9642
	大型	公交车	汽油	576914	576914	576914	576914	576317	388739	14777	14777	14777	14777	14777	14638	14498	14498	11732	8966	8966	8966	8966
			柴油	131708	131708	108010	60614	60614	60614	60614	60614	60614	43515	26416	26416	26416	26416	17675	8934	8934	5723	4653
			燃气	168926	168926	159541	140772	140772	135786	125815	125815	125815	100740	75665	75665	52438	52438	47188	47188	47188	47188	47188
		其他	汽油	1278212	1278212	1278212	1278212	1277615	860767	28264	28264	28264	28264	28264	22005	15746	15746	12556	9365	9365	9365	9365
			柴油	272891	272891	207397	76409	76409	76409	76409	76409	76409	55942	35476	35476	35476	35476	20706	5937	5937	5324	5119
			燃气	266186	266186	251398	221822	221822	213966	198253	198253	198253	158842	119430	119430	82662	82662	74261	74261	74261	74261	74261
载货汽车	微型		汽油	204284	111242	18200	18200	18200	18200	17076	15952	15952	14690	13427	13427	11242	9056	9056	9056	9056	7651	7183
			柴油	34501	32218	29934	29934	29934	29934	27274	24614	24614	18392	12171	12171	12171	12171	8460	4750	4750	3104	2555
			燃气	89731	47075	4418	4418	4418	4418	4137	3856	3856	3014	2172	2172	1729	1286	1286	1286	1286	853	709
	轻型		汽油	107717	65457	23197	23197	23197	23197	20159	17121	17121	15380	13638	13638	12046	10453	10453	10453	10453	8944	8441
			柴油	32006	30970	29934	29934	29934	29934	27274	24614	24614	18392	12171	12171	12171	12171	9176	6181	6181	4535	3986
			燃气	47473	28409	9346	9346	9346	9346	6910	4473	4473	3490	2508	2508	1971	1434	1434	1434	1434	1041	910
	中型		汽油	423476	423476	423476	423476	422878	287499	17936	17936	17936	17936	17936	17796	17656	17656	14097	10538	10538	10538	10538
			柴油	98684	98684	92105	78947	78947	60087	22368	22368	22368	21062	19757	19757	19757	19757	14318	8880	8880	5284	4085
			燃气	111846	111846	105633	93206	93206	89903	83298	83298	83298	66764	50230	50230	67974	67974	33099	33099	33099	33099	33099
	重型		汽油	640265	640265	640265	640265	639668	431380	15999	15999	15999	15999	15999	12808	9616	9616	8017	6418	6418	6418	6418
			柴油	178527	178527	135680	49987	49987	49987	49987	49987	49987	36598	23208	23208	23208	23208	14638	6068	6068	4206	3586
			燃气	174141	174141	164466	145117	145117	139977	129698	129698	129698	103914	78130	78130	84486	84486	52022	52022	52022	52022	52022
低速汽车	三轮汽车			25300	25300	25300	25300	25300	25300	25300	25300	25300	16721	16721	16721	16721	16721	16721	16721	16721	16721	16721
	低速货车			33990	33990	33990	33990	33990	33990	33990	33990	33990	22464	22464	22464	22464	22464	22464	22464	22464	22464	22464
摩托车	普通摩托车			17897	17897	17897	17897	13356	8815	4719	4719	4719	4719	4719	3522	2324	2324	2324	2324	2324	2324	2324
	轻便摩托车			57876	57876	57876	57876	57876	11575	11575	5699	5699	5699	5699	4252	2806	2806	2806	2806	2806	2806	2806

乐山市 NO_x 排放系数

单位：克/（辆·年）

车辆类型		使用性质	燃料种类	1999 年年底前	2000 年	2001 年	2002 年	2003 年	2004 年	2005 年	2006 年	2007 年	2008 年	2009 年	2010 年	2011 年	2012 年	2013 年	2014 年	2015 年	2016 年	2017 年
载客汽车	微型	出租车	汽油	263660	181900	100139	100139	100139	100139	75140	50140	50140	37930	25719	25719	20742	15766	15766	15766	15766	9091	6866
			燃气	187650	130018	72385	72385	72385	72385	54496	36607	36607	27842	19078	19078	15309	11540	11540	11540	11540	6594	4945
		其他	汽油	29031	18306	7582	7582	7582	7582	4811	2040	2040	1664	1287	1287	1070	853	853	853	853	576	483
			燃气	19894	11902	3911	3911	3911	3911	2565	1219	1219	990	762	762	606	449	449	449	449	349	316
	小型	出租车	汽油	296900	200551	104202	104202	104202	104202	77483	50764	50764	38242	25719	25719	20172	14626	14626	14626	14626	8060	5872
			柴油	342081	289996	237910	237910	237910	237910	210986	184061	184061	147164	110268	110268	110268	110268	88631	66994	66994	48453	42273
			燃气	211091	143170	75250	75250	75250	75250	56149	37048	37048	28063	19078	19078	14907	10736	10736	10736	10736	5867	4244
		其他	汽油	27099	17394	7690	7690	7690	7690	5124	2557	2557	1794	1031	1031	922	814	814	814	814	544	454
			柴油	23763	19510	15256	15256	15256	15256	14010	12763	12763	10018	7272	7272	7272	7272	6248	5223	5223	4454	4197
			燃气	18532	11872	5211	5211	5211	5211	3397	1583	1583	1082	582	582	502	421	421	421	421	326	295
	中型	公交车	汽油	325124	325124	325124	325124	325124	222114	16094	16094	16094	16094	16094	14434	12773	12773	9642	6512	6512	6512	6512
			柴油	363762	363762	362908	361199	361199	346845	318136	318136	318136	264992	211848	211848	211848	211848	172883	133918	133918	112119	104853
			燃气	386233	386233	381635	372439	372439	360886	337781	337781	337781	281126	224470	224470	141952	141952	111176	111176	111176	111176	111176
		其他	汽油	199330	199330	199330	199330	199330	135212	6977	6977	6977	6977	6977	6977	6977	6977	5233	3489	3489	3489	3489
			柴油	170588	170588	163467	149225	149225	147963	145439	145439	145439	123866	102293	102293	102293	102293	90827	79361	79361	67735	63860
			燃气	192630	192630	181928	160525	160525	159012	155986	155986	155986	132811	109636	109636	85402	85402	68600	68600	68600	68600	68600
	大型	公交车	汽油	1158254	1158254	1158254	1158254	1158254	796438	72805	72805	72805	72805	72805	72741	72677	72677	54508	36339	36339	36339	36339
			柴油	515922	515922	499251	465909	465909	452671	426194	426194	426194	418514	410833	410833	410833	410833	396019	381205	381205	343638	331115
			燃气	1037310	1037310	979682	864425	864425	800279	671988	671988	671988	575769	479550	479550	446461	446461	386965	386965	386965	386965	386965
		其他	汽油	2764541	2764541	2764541	2764541	2764541	1900951	173771	173771	173771	173771	173771	167254	160738	160738	120682	80626	80626	80626	80626
			柴油	1235474	1235474	1203683	1140101	1140101	1113520	1060359	1060359	1060359	1023026	985693	985693	985693	985693	938385	891077	891077	788594	754433
			燃气	2299701	2299701	2171940	1916418	1916418	1774208	1489787	1489787	1489787	1276960	1064133	1064133	960029	960029	814500	814500	814500	814500	814500
载货汽车	微型		汽油	112282	67199	22116	22116	22116	22116	15376	8637	8637	7073	5509	5509	4766	4023	4023	4023	4023	2854	2464
			柴油	79892	66510	53128	53128	53128	53128	47636	42144	42144	35596	29047	29047	29047	29047	21250	13453	13453	11090	10303
			燃气	76943	44176	11408	11408	11408	11408	8285	5161	5161	4211	3262	3262	2690	2118	2118	2118	2118	1738	1612
	轻型		汽油	83495	54074	24652	24652	24652	24652	16990	9328	9328	7860	6392	6392	5254	4117	4117	4117	4117	2973	2592
			柴油	80152	66640	53128	53128	53128	53128	47636	42144	42144	35596	29047	29047	29047	29047	23003	16959	16959	15214	14632
			燃气	57099	36902	16705	16705	16705	16705	11240	5775	5775	4692	3608	3608	2869	2129	2129	2129	2129	1795	1684
	中型		汽油	291282	291282	291282	291282	291282	198861	14018	14018	14018	14018	14018	14018	14018	14018	10518	7017	7017	7017	7017
			柴油	550484	550484	494295	381916	381916	363160	325649	325649	325649	321282	316914	316914	316914	316914	278052	239191	239191	205965	194890
			燃气	621613	621613	551354	410836	410836	390312	349265	349265	349265	344464	339663	339663	257398	257398	209356	209356	209356	209356	209356
	重型		汽油	1245555	1245555	1245555	1245555	1245555	856467	78292	78292	78292	78292	78292	75356	72420	72420	54373	36326	36326	36326	36326
			柴油	731631	731631	706658	656712	656712	632422	583842	583842	583842	560430	537017	537017	537017	537017	471240	405462	405462	279344	237304
			燃气	1361852	1361852	1275861	1103880	1103880	1009349	820288	820288	820288	700020	579752	579752	436837	436837	256198	256198	256198	256198	256198
低速汽车	三轮汽车			65550	65550	65550	65550	65550	65550	65550	65550	65550	53279	53279	53279	53279	53279	53279	53279	53279	53279	53279
	低速货车			88065	88065	88065	88065	88065	88065	88065	88065	88065	71579	71579	71579	71579	71579	71579	71579	71579	71579	71579
摩托车	普通摩托车			1336	1336	1336	1336	1292	1247	1158	1158	1158	1158	1158	1028	899	899	899	899	899	899	899
	轻便摩托车			890	890	890	890	890	445	445	445	445	445	445	396	346	346	346	346	346	346	346

乐山市 PM 排放系数

单位：克/（辆·年）

车辆类型		使用性质	燃料种类	1999 年年底前	2000 年	2001 年	2002 年	2003 年	2004 年	2005 年	2006 年	2007 年	2008 年	2009 年	2010 年	2011 年	2012 年	2013 年	2014 年	2015 年	2016 年	2017 年
载客汽车	微型	出租车	汽油	—	—	—	—	—	—	—	—	—	—	—	—	—	—	—	—	—	—	—
			燃气	—	—	—	—	—	—	—	—	—	—	—	—	—	—	—	—	—	—	—
		其他	汽油	—	—	—	—	—	—	—	—	—	—	—	—	—	—	—	—	—	—	—
			燃气	—	—	—	—	—	—	—	—	—	—	—	—	—	—	—	—	—	—	—
	小型	出租车	汽油	—	—	—	—	—	—	—	—	—	—	—	—	—	—	—	—	—	—	—
			柴油	43498	39824	36150	36150	36150	36150	24536	12922	12922	8446	3969	3969	3969	3969	3689	3409	3409	2819	2622
			燃气	—	—	—	—	—	—	—	—	—	—	—	—	—	—	—	—	—	—	—
		其他	汽油	—	—	—	—	—	—	—	—	—	—	—	—	—	—	—	—	—	—	—
			柴油	3580	3388	3195	3195	3195	3195	2294	1394	1394	1022	650	650	650	650	543	436	436	436	436
			燃气	—	—	—	—	—	—	—	—	—	—	—	—	—	—	—	—	—	—	—
	中型	公交车	汽油	—	—	—	—	—	—	—	—	—	—	—	—	—	—	—	—	—	—	—
			柴油	30592	30592	28032	22913	22913	17978	8108	8108	8108	6872	5637	5637	5637	5637	3504	1372	1372	1080	983
			燃气	—	—	—	—	—	—	—	—	—	—	—	—	—	—	—	—	—	—	—
		其他	汽油	—	—	—	—	—	—	—	—	—	—	—	—	—	—	—	—	—	—	—
			柴油	15274	15274	12888	8116	8116	6262	2553	2553	2553	2434	2316	2316	2316	2316	1366	415	415	399	394
			燃气	—	—	—	—	—	—	—	—	—	—	—	—	—	—	—	—	—	—	—
	大型	公交车	汽油	—	—	—	—	—	—	—	—	—	—	—	—	—	—	—	—	—	—	—
			柴油	94865	94865	93934	92071	92071	71272	29674	29674	29674	19994	10315	10315	10315	10315	6116	1916	1916	1845	1821
			燃气	—	—	—	—	—	—	—	—	—	—	—	—	—	—	—	—	—	—	—
		其他	汽油	—	—	—	—	—	—	—	—	—	—	—	—	—	—	—	—	—	—	—
			柴油	142314	142314	133412	115607	115607	85425	25061	25061	25061	17182	9303	9303	9303	9303	5868	2433	2433	2343	2313
			燃气	—	—	—	—	—	—	—	—	—	—	—	—	—	—	—	—	—	—	—
载货汽车	微型		汽油	—	—	—	—	—	—	—	—	—	—	—	—	—	—	—	—	—	—	—
			柴油	9590	9392	9193	9193	9193	9193	7477	5761	5761	4276	2790	2790	2790	2790	1756	723	723	720	719
			燃气	—	—	—	—	—	—	—	—	—	—	—	—	—	—	—	—	—	—	—
	轻型		汽油	—	—	—	—	—	—	—	—	—	—	—	—	—	—	—	—	—	—	—
			柴油	9973	9583	9193	9193	9193	9193	7477	5761	5761	4276	2790	2790	2790	2790	2104	1418	1418	1170	1088
			燃气	—	—	—	—	—	—	—	—	—	—	—	—	—	—	—	—	—	—	—
	中型		汽油	—	—	—	—	—	—	—	—	—	—	—	—	—	—	—	—	—	—	—
			柴油	47560	47560	40024	24951	24951	19219	7756	7756	7756	7348	6940	6940	6940	6940	4450	1959	1959	1794	1739
			燃气	—	—	—	—	—	—	—	—	—	—	—	—	—	—	—	—	—	—	—
	重型		汽油	—	—	—	—	—	—	—	—	—	—	—	—	—	—	—	—	—	—	—
			柴油	101100	101100	83097	47090	47090	37389	17988	17988	17988	12326	6665	6665	6665	6665	4478	2290	2290	1935	1817
			燃气	—	—	—	—	—	—	—	—	—	—	—	—	—	—	—	—	—	—	—
低速汽车	三轮汽车			4092	4092	4092	4092	4092	4092	4092	4092	4092	3220	3220	3220	3220	3220	3220	3220	3220	3220	3220
	低速货车			5581	5581	5581	5581	5581	5581	5581	5581	5581	4392	4392	4392	4392	4392	4392	4392	4392	4392	4392
摩托车	普通摩托车			—	—	—	—	—	—	—	—	—	—	—	—	—	—	—	—	—	—	—
	轻便摩托车			—	—	—	—	—	—	—	—	—	—	—	—	—	—	—	—	—	—	—

乐山市 VOCs 排放系数

单位：克/（辆·年）

车辆类型		使用性质	燃料种类	1999年年底前	2000年	2001年	2002年	2003年	2004年	2005年	2006年	2007年	2008年	2009年	2010年	2011年	2012年	2013年	2014年	2015年	2016年	2017年
载客汽车	微型	出租车	汽油	644126	384468	124809	124809	124809	124809	95678	66548	66548	54669	42790	42790	35122	27455	27455	27455	27455	18918	16072
			燃气	364453	221190	77927	77927	77927	77927	60456	42985	42985	35449	27913	27913	22144	16375	16375	16375	16375	9834	7654
		其他	汽油	38426	23610	8794	8794	8794	8794	8424	8054	8054	6986	5918	5918	5652	5385	5385	5385	5385	4617	4361
			燃气	16908	9530	2151	2151	2151	2151	2057	1963	1963	1466	968	968	871	774	774	774	774	521	437
	小型	出租车	汽油	644126	378762	113399	113399	113399	113399	105336	97273	97273	70032	42790	42790	35122	27455	27455	27455	27455	17875	14682
			柴油	202857	190470	178084	178084	178084	178084	159364	140643	140643	105984	71325	71325	71325	71325	52743	34161	34161	18320	13040
			燃气	364453	218046	71639	71639	71639	71639	65778	59917	59917	43915	27913	27913	22144	16375	16375	16375	16375	9260	6889
		其他	汽油	38940	23806	8672	8672	8672	8672	8636	8599	8599	7260	5921	5921	5621	5321	5321	5321	5321	4669	4452
			柴油	9140	8366	7593	7593	7593	7593	6426	5260	5260	3658	2055	2055	2055	2055	1714	1373	1373	948	807
			燃气	17191	10356	3521	3521	3521	3521	2892	2264	2264	1682	1101	1101	920	739	739	739	739	550	487
	中型	公交车	汽油	247539	247539	247539	247539	246942	168699	13407	13407	13407	13407	13407	13256	13104	13104	10676	8249	8249	8249	8249
			柴油	87806	87806	86086	82645	82645	64494	28192	28192	28192	20508	12823	12823	12823	12823	8958	5093	5093	4763	4653
			燃气	71579	71579	67602	59649	59649	57536	53311	53311	53311	42686	32061	32061	22219	22219	22154	22154	22154	22154	22154
		其他	汽油	128249	128249	128249	128249	127652	87330	7879	7879	7879	7879	7879	7734	7588	7588	6536	5485	5485	5485	5485
			柴油	30493	30493	28460	24394	24394	18567	6912	6912	6912	6506	6099	6099	6099	6099	3750	1402	1402	1243	1190
			燃气	34560	34560	32640	28800	28800	27780	25740	25740	25740	20623	15506	15506	10732	10732	9642	9642	9642	9642	9642
	大型	公交车	汽油	576847	576847	576847	576847	576250	388672	14710	14710	14710	14710	14710	14570	14431	14431	11665	8899	8899	8899	8899
			柴油	131708	131708	108010	60614	60614	60614	60614	60614	60614	43515	26416	26416	26416	26416	17675	8934	8934	5723	4653
			燃气	168926	168926	159541	140772	140772	135786	125815	125815	125815	100740	75665	75665	52438	52438	47188	47188	47188	47188	47188
		其他	汽油	1278145	1278145	1278145	1278145	1277548	860700	28197	28197	28197	28197	28197	21938	15679	15679	12488	9298	9298	9298	9298
			柴油	272891	272891	207397	76409	76409	76409	76409	76409	76409	55942	35476	35476	35476	35476	20706	5937	5937	5324	5119
			燃气	266186	266186	251398	221822	221822	213966	198253	198253	198253	158842	119430	119430	82662	82662	74261	74261	74261	74261	74261
载货汽车	微型		汽油	228147	124207	20267	20267	20267	20267	18960	17654	17654	16221	14788	14788	12268	9747	9747	9747	9747	8116	7573
			柴油	40519	37828	35137	35137	35137	35137	31942	28748	28748	21578	14409	14409	14409	14409	10039	5669	5669	3633	2954
			燃气	100388	52673	4957	4957	4957	4957	4630	4303	4303	3361	2419	2419	1910	1401	1401	1401	1401	919	759
	轻型		汽油	120141	72998	25855	25855	25855	25855	22408	18961	18961	16992	15024	15024	13166	11309	11309	11309	11309	9562	8980
			柴油	37729	36433	35137	35137	35137	35137	31942	28748	28748	21578	14409	14409	14409	14409	10840	7270	7270	5234	4555
			燃气	53039	31768	10498	10498	10498	10498	7745	4992	4992	3893	2794	2794	2182	1571	1571	1571	1571	1129	982
	中型		汽油	423409	423409	423409	423409	422812	287432	17869	17869	17869	17869	17869	17729	17589	17589	14030	10471	10471	10471	10471
			柴油	98684	98684	92105	78947	78947	60087	22368	22368	22368	21062	19757	19757	19757	19757	14318	8880	8880	5284	4085
			燃气	111846	111846	105633	93206	93206	89903	83298	83298	83298	66764	50230	50230	67974	67974	33099	33099	33099	33099	33099
	重型		汽油	640198	640198	640198	640198	639600	431313	15932	15932	15932	15932	15932	12740	9549	9549	7950	6350	6350	6350	6350
			柴油	178527	178527	135680	49987	49987	49987	49987	49987	49987	36598	23208	23208	23208	23208	14638	6068	6068	4206	3586
			燃气	174141	174141	164466	145117	145117	139977	129698	129698	129698	103914	78130	78130	84486	84486	52022	52022	52022	52022	52022
低速汽车	三轮汽车			25300	25300	25300	25300	25300	25300	25300	25300	25300	16721	16721	16721	16721	16721	16721	16721	16721	16721	16721
	低速货车			33990	33990	33990	33990	33990	33990	33990	33990	33990	22464	22464	22464	22464	22464	22464	22464	22464	22464	22464
摩托车	普通摩托车			17897	17897	17897	17897	13356	8815	4719	4719	4719	4719	4719	3522	2324	2324	2324	2324	2324	2324	2324
	轻便摩托车			57876	57876	57876	57876	57876	11575	11575	5699	5699	5699	5699	4252	2806	2806	2806	2806	2806	2806	2806

南充市 NO_x 排放系数

单位：克/（辆·年）

车辆类型		使用性质	燃料种类	1999年年底前	2000年	2001年	2002年	2003年	2004年	2005年	2006年	2007年	2008年	2009年	2010年	2011年	2012年	2013年	2014年	2015年	2016年	2017年
载客汽车	微型	出租车	汽油	303199	207690	112181	112181	112181	112181	83364	54546	54546	40650	26753	26753	22146	17538	17538	17538	17538	10499	8153
			燃气	215473	148165	80857	80857	80857	80857	60278	39700	39700	29750	19799	19799	16290	12781	12781	12781	12781	7583	5850
		其他	汽油	34144	21572	8999	8999	8999	8999	5663	2327	2327	1882	1438	1438	1240	1043	1043	1043	1043	717	608
			燃气	23467	14054	4642	4642	4642	4642	3026	1409	1409	1135	861	861	718	575	575	575	575	446	403
	小型	出租车	汽油	342363	229684	117004	117004	117004	117004	86146	55287	55287	41020	26753	26753	21384	16015	16015	16015	16015	9162	6878
			柴油	390338	328522	266707	266707	266707	266707	237472	208237	208237	166394	124551	124551	124551	124551	101042	77534	77534	58525	52189
			燃气	243087	163672	84257	84257	84257	84257	62240	40222	40222	30010	19799	19799	15753	11707	11707	11707	11707	6640	4951
		其他	汽油	31856	20493	9130	9130	9130	9130	6040	2951	2951	2043	1135	1135	1062	989	989	989	989	675	570
			柴油	29214	23922	18631	18631	18631	18631	17101	15571	15571	12280	8988	8988	8988	8988	7745	6502	6502	5669	5391
			燃气	21854	14034	6214	6214	6214	6214	4032	1849	1849	1248	648	648	592	537	537	537	537	416	376
	中型	公交车	汽油	325177	325177	325177	325177	325177	222150	16096	16096	16096	16096	16096	14436	12775	12775	9644	6513	6513	6513	6513
			柴油	363805	363805	362951	361243	361243	346887	318174	318174	318174	265024	211873	211873	211873	211873	172904	133934	133934	112133	104866
			燃气	386279	386279	381680	372483	372483	360929	337822	337822	337822	281160	224497	224497	141969	141969	111189	111189	111189	111189	111189
		其他	汽油	199363	199363	199363	199363	199363	135235	6978	6978	6978	6978	6978	6978	6978	6978	5234	3490	3490	3490	3490
			柴油	170608	170608	163486	149243	149243	147981	145457	145457	145457	123882	102306	102306	102306	102306	90838	79370	79370	67744	63868
			燃气	192653	192653	181950	160544	160544	159031	156005	156005	156005	132827	109649	109649	85412	85412	68608	68608	68608	68608	68608
	大型	公交车	汽油	1158445	1158445	1158445	1158445	1158445	796569	72817	72817	72817	72817	72817	72753	72689	72689	54517	36345	36345	36345	36345
			柴油	515984	515984	499311	465965	465965	452725	426245	426245	426245	418564	410882	410882	410882	410882	396066	381250	381250	343679	331155
			燃气	1037435	1037435	979800	864529	864529	800376	672069	672069	672069	575838	479608	479608	446515	446515	387011	387011	387011	387011	387011
		其他	汽油	2764996	2764996	2764996	2764996	2764996	1901264	173800	173800	173800	173800	173800	167282	160765	160765	120702	80640	80640	80640	80640
			柴油	1235623	1235623	1203828	1140238	1140238	1113654	1060487	1060487	1060487	1023150	985812	985812	985812	985812	938498	891184	891184	788689	754524
			燃气	2299978	2299978	2172201	1916648	1916648	1774421	1489966	1489966	1489966	1277114	1064261	1064261	960145	960145	814598	814598	814598	814598	814598
载货汽车	微型		汽油	134161	79943	25725	25725	25725	25725	17927	10129	10129	8306	6483	6483	5588	4694	4694	4694	4694	3312	2852
			柴油	100136	83287	66438	66438	66438	66438	59548	52658	52658	44574	36489	36489	36489	36489	26684	16879	16879	13987	13023
			燃气	92208	52739	13270	13270	13270	13270	9701	6133	6133	5007	3882	3882	3235	2588	2588	2588	2588	2065	1890
	轻型		汽油	96377	62510	28644	28644	28644	28644	19784	10925	10925	9212	7499	7499	6151	4803	4803	4803	4803	3450	2999
			柴油	100465	83452	66438	66438	66438	66438	59548	52658	52658	44574	36489	36489	36489	36489	28909	21329	21329	19219	18516
			燃气	66117	42806	19495	19495	19495	19495	13170	6845	6845	5563	4281	4281	3445	2608	2608	2608	2608	2136	1978
	中型		汽油	291282	291282	291282	291282	291282	198861	14018	14018	14018	14018	14018	14018	14018	14018	10518	7017	7017	7017	7017
			柴油	550484	550484	494295	381916	381916	363160	325649	325649	325649	321282	316914	316914	316914	316914	278052	239191	239191	205965	194890
			燃气	621614	621614	551355	410835	410835	390312	349264	349264	349264	344462	339660	339660	257399	257399	209354	209354	209354	209354	209354
	重型		汽油	1245555	1245555	1245555	1245555	1245555	856467	78292	78292	78292	78292	78292	75356	72420	72420	54373	36326	36326	36326	36326
			柴油	731631	731631	706658	656712	656712	632422	583842	583842	583842	560430	537017	537017	537017	537017	471240	405462	405462	279344	237304
			燃气	1361852	1361852	1275861	1103880	1103880	1009349	820288	820288	820288	700020	579752	579752	436837	436837	256198	256198	256198	256198	256198
低速汽车	三轮汽车			65550	65550	65550	65550	65550	65550	65550	65550	65550	53279	53279	53279	53279	53279	53279	53279	53279	53279	53279
	低速货车			88065	88065	88065	88065	88065	88065	88065	88065	88065	71579	71579	71579	71579	71579	71579	71579	71579	71579	71579
摩托车	普通摩托车			1336	1336	1336	1336	1292	1247	1158	1158	1158	1158	1158	1028	899	899	899	899	899	899	899
	轻便摩托车			890	890	890	890	890	445	445	445	445	445	445	396	346	346	346	346	346	346	346

南充市 PM 排放系数

单位：克/（辆·年）

车辆类型		使用性质	燃料种类	1999 年年底前	2000 年	2001 年	2002 年	2003 年	2004 年	2005 年	2006 年	2007 年	2008 年	2009 年	2010 年	2011 年	2012 年	2013 年	2014 年	2015 年	2016 年	2017 年
载客汽车	微型	出租车	汽油	—	—	—	—	—	—	—	—	—	—	—	—	—	—	—	—	—	—	—
			燃气	—	—	—	—	—	—	—	—	—	—	—	—	—	—	—	—	—	—	—
		其他	汽油	—	—	—	—	—	—	—	—	—	—	—	—	—	—	—	—	—	—	—
			燃气	—	—	—	—	—	—	—	—	—	—	—	—	—	—	—	—	—	—	—
	小型	出租车	汽油	—	—	—	—	—	—	—	—	—	—	—	—	—	—	—	—	—	—	—
			柴油	54093	49534	44975	44975	44975	44975	30380	15786	15786	10375	4964	4964	4964	4964	4614	4263	4263	3525	3279
			燃气	—	—	—	—	—	—	—	—	—	—	—	—	—	—	—	—	—	—	—
		其他	汽油	—	—	—	—	—	—	—	—	—	—	—	—	—	—	—	—	—	—	—
			柴油	4494	4252	4009	4009	4009	4009	2864	1720	1720	1271	822	822	822	822	675	528	528	528	528
			燃气	—	—	—	—	—	—	—	—	—	—	—	—	—	—	—	—	—	—	—
	中型	公交车	汽油	—	—	—	—	—	—	—	—	—	—	—	—	—	—	—	—	—	—	—
			柴油	30592	30592	28032	22913	22913	17978	8108	8108	8108	6872	5637	5637	5637	5637	3504	1372	1372	1080	983
			燃气	—	—	—	—	—	—	—	—	—	—	—	—	—	—	—	—	—	—	—
		其他	汽油	—	—	—	—	—	—	—	—	—	—	—	—	—	—	—	—	—	—	—
			柴油	15274	15274	12888	8116	8116	6262	2553	2553	2553	2434	2316	2316	2316	2316	1366	415	415	399	394
			燃气	—	—	—	—	—	—	—	—	—	—	—	—	—	—	—	—	—	—	—
	大型	公交车	汽油	—	—	—	—	—	—	—	—	—	—	—	—	—	—	—	—	—	—	—
			柴油	94865	94865	93934	92071	92071	71272	29674	29674	29674	19994	10315	10315	10315	10315	6116	1916	1916	1845	1821
			燃气	—	—	—	—	—	—	—	—	—	—	—	—	—	—	—	—	—	—	—
		其他	汽油	—	—	—	—	—	—	—	—	—	—	—	—	—	—	—	—	—	—	—
			柴油	142314	142314	133412	115607	115607	85425	25061	25061	25061	17182	9303	9303	9303	9303	5868	2433	2433	2343	2313
			燃气	—	—	—	—	—	—	—	—	—	—	—	—	—	—	—	—	—	—	—
载货汽车	微型		汽油	—	—	—	—	—	—	—	—	—	—	—	—	—	—	—	—	—	—	—
			柴油	11699	11457	11215	11215	11215	11215	9150	7084	7084	5258	3431	3431	3431	3431	2160	889	889	885	884
			燃气	—	—	—	—	—	—	—	—	—	—	—	—	—	—	—	—	—	—	—
	轻型		汽油	—	—	—	—	—	—	—	—	—	—	—	—	—	—	—	—	—	—	—
			柴油	12167	11691	11215	11215	11215	11215	9150	7084	7084	5258	3431	3431	3431	3431	2588	1744	1744	1440	1338
			燃气	—	—	—	—	—	—	—	—	—	—	—	—	—	—	—	—	—	—	—
	中型		汽油	—	—	—	—	—	—	—	—	—	—	—	—	—	—	—	—	—	—	—
			柴油	47560	47560	40024	24951	24951	19219	7756	7756	7756	7348	6940	6940	6940	6940	4450	1959	1959	1794	1739
			燃气	—	—	—	—	—	—	—	—	—	—	—	—	—	—	—	—	—	—	—
	重型		汽油	—	—	—	—	—	—	—	—	—	—	—	—	—	—	—	—	—	—	—
			柴油	101100	101100	83097	47090	47090	37389	17988	17988	17988	12326	6665	6665	6665	6665	4478	2290	2290	1935	1817
			燃气	—	—	—	—	—	—	—	—	—	—	—	—	—	—	—	—	—	—	—
低速汽车	三轮汽车			4092	4092	4092	4092	4092	4092	4092	4092	4092	3220	3220	3220	3220	3220	3220	3220	3220	3220	3220
	低速货车			5581	5581	5581	5581	5581	5581	5581	5581	5581	4392	4392	4392	4392	4392	4392	4392	4392	4392	4392
摩托车	普通摩托车			—	—	—	—	—	—	—	—	—	—	—	—	—	—	—	—	—	—	—
	轻便摩托车			—	—	—	—	—	—	—	—	—	—	—	—	—	—	—	—	—	—	—

南充市 VOCs 排放系数

单位：克/（辆·年）

车辆类型		使用性质	燃料种类	1999年年底前	2000年	2001年	2002年	2003年	2004年	2005年	2006年	2007年	2008年	2009年	2010年	2011年	2012年	2013年	2014年	2015年	2016年	2017年
载客汽车	微型	出租车	汽油	787906	464798	141691	141691	141691	141691	107176	72661	72661	59366	46070	46070	38427	30784	30784	30784	30784	22639	19924
			燃气	443634	265443	87252	87252	87252	87252	66814	46375	46375	38066	29757	29757	24002	18247	18247	18247	18247	11934	9830
		其他	汽油	46673	28073	9473	9473	9473	9473	9094	8714	8714	7482	6250	6250	5998	5745	5745	5745	5745	4910	4631
			燃气	21399	11973	2547	2547	2547	2547	2448	2349	2349	1750	1151	1151	1080	1010	1010	1010	1010	731	638
	小型	出租车	汽油	787906	457788	127671	127671	127671	127671	118908	110145	110145	78108	46070	46070	38427	30784	30784	30784	30784	21166	17960
			柴油	215473	202607	189741	189741	189741	189741	171587	153433	153433	113672	73910	73910	73910	73910	54750	35591	35591	19564	14222
			燃气	443634	261580	79526	79526	79526	79526	73279	67032	67032	48394	29757	29757	24002	18247	18247	18247	18247	11122	8747
		其他	汽油	47329	28324	9320	9320	9320	9320	9358	9396	9396	7824	6253	6253	5955	5657	5657	5657	5657	4980	4755
			柴油	10759	9834	8910	8910	8910	8910	7598	6287	6287	4312	2337	2337	2337	2337	1970	1603	1603	1130	972
			燃气	21761	13010	4260	4260	4260	4260	3492	2724	2724	2022	1321	1321	1141	961	961	961	961	770	706
	中型	公交车	汽油	247419	247419	247419	247419	246822	168579	13287	13287	13287	13287	13287	13136	12984	12984	10556	8129	8129	8129	8129
			柴油	87806	87806	86086	82645	82645	64494	28192	28192	28192	20508	12823	12823	12823	12823	8958	5093	5093	4763	4653
			燃气	71579	71579	67602	59649	59649	57536	53311	53311	53311	42686	32061	32061	22219	22219	22154	22154	22154	22154	22154
		其他	汽油	128129	128129	128129	128129	127532	87210	7759	7759	7759	7759	7759	7614	7468	7468	6416	5365	5365	5365	5365
			柴油	30493	30493	28460	24394	24394	18567	6912	6912	6912	6506	6099	6099	6099	6099	3750	1402	1402	1243	1190
			燃气	34560	34560	32640	28800	28800	27780	25740	25740	25740	20623	15506	15506	10732	10732	9642	9642	9642	9642	9642
	大型	公交车	汽油	576727	576727	576727	576727	576130	388552	14590	14590	14590	14590	14590	14450	14311	14311	11545	8779	8779	8779	8779
			柴油	131708	131708	108010	60614	60614	60614	60614	60614	60614	43515	26416	26416	26416	26416	17675	8934	8934	5723	4653
			燃气	168926	168926	159541	140772	140772	135786	125815	125815	125815	100740	75665	75665	52438	52438	47188	47188	47188	47188	47188
		其他	汽油	1278025	1278025	1278025	1278025	1277428	860580	28077	28077	28077	28077	28077	21818	15559	15559	12368	9178	9178	9178	9178
			柴油	272891	272891	207397	76409	76409	76409	76409	76409	76409	55942	35476	35476	35476	35476	20706	5937	5937	5324	5119
			燃气	266186	266186	251398	221822	221822	213966	198253	198253	198253	158842	119430	119430	82662	82662	74261	74261	74261	74261	74261
载货汽车	微型		汽油	285200	154552	23904	23904	23904	23904	22352	20799	20799	19084	17370	17370	14228	11086	11086	11086	11086	9146	8499
			柴油	51177	47776	44376	44376	44376	44376	40370	36363	36363	27214	18065	18065	18065	18065	12546	7028	7028	4559	3736
			燃气	130761	68594	6427	6427	6427	6427	6017	5607	5607	4403	3199	3199	2574	1949	1949	1949	1949	1365	1171
	轻型		汽油	149101	90024	30947	30947	30947	30947	26697	22447	22447	20058	17668	17668	15362	13055	13055	13055	13055	10968	10272
			柴油	47536	45956	44376	44376	44376	44376	40370	36363	36363	27214	18065	18065	18065	18065	13590	9114	9114	6645	5822
			燃气	68554	41350	14145	14145	14145	14145	10326	6508	6508	5120	3733	3733	2975	2218	2218	2218	2218	1698	1525
	中型		汽油	423289	423289	423289	423289	422692	287312	17749	17749	17749	17749	17749	17609	17469	17469	13910	10351	10351	10351	10351
			柴油	98684	98684	92105	78947	78947	60087	22368	22368	22368	21062	19757	19757	19757	19757	14318	8880	8880	5284	4085
			燃气	111846	111846	105633	93206	93206	89903	83298	83298	83298	66764	50230	50230	67974	67974	33099	33099	33099	33099	33099
	重型		汽油	640078	640078	640078	640078	639480	431193	15812	15812	15812	15812	15812	12620	9428	9428	7829	6230	6230	6230	6230
			柴油	178527	178527	135680	49987	49987	49987	49987	49987	49987	36598	23208	23208	23208	23208	14638	6068	6068	4206	3586
			燃气	174141	174141	164466	145117	145117	139977	129698	129698	129698	103914	78130	78130	84486	84486	52022	52022	52022	52022	52022
低速汽车	三轮汽车			25300	25300	25300	25300	25300	25300	25300	25300	25300	16721	16721	16721	16721	16721	16721	16721	16721	16721	16721
	低速货车			33990	33990	33990	33990	33990	33990	33990	33990	33990	22464	22464	22464	22464	22464	22464	22464	22464	22464	22464
摩托车	普通摩托车			17897	17897	17897	17897	13356	8815	4719	4719	4719	4719	4719	3522	2324	2324	2324	2324	2324	2324	2324
	轻便摩托车			57876	57876	57876	57876	57876	11575	11575	5699	5699	5699	5699	4252	2806	2806	2806	2806	2806	2806	2806

眉山市 NO_x 排放系数

单位：克/（辆·年）

车辆类型		使用性质	燃料种类	1999年年底前	2000年	2001年	2002年	2003年	2004年	2005年	2006年	2007年	2008年	2009年	2010年	2011年	2012年	2013年	2014年	2015年	2016年	2017年
载客汽车	微型	出租车	汽油	372647	261604	150560	150560	150560	150560	114896	79232	79232	61284	43337	43337	34568	25799	25799	25799	25799	14140	10253
			燃气	266029	187737	109445	109445	109445	109445	83858	58270	58270	45318	32367	32367	25716	19066	19066	19066	19066	10338	7429
		其他	汽油	29113	18360	7608	7608	7608	7608	4834	2059	2059	1679	1299	1299	1082	865	865	865	865	581	486
			燃气	19894	11902	3911	3911	3911	3911	2565	1219	1219	990	762	762	606	449	449	449	449	349	316
	小型	出租车	汽油	417294	286656	156017	156017	156017	156017	118044	80071	80071	61704	43337	43337	33802	24268	24268	24268	24268	12756	8919
			柴油	517374	443404	369433	369433	369433	369433	326823	284213	284213	228222	172231	172231	172231	172231	136720	101208	101208	70287	59980
			燃气	297466	205376	113287	113287	113287	113287	86074	58861	58861	45614	32367	32367	25178	17988	17988	17988	17988	9364	6489
		其他	汽油	27178	17448	7717	7717	7717	7717	5146	2575	2575	1809	1043	1043	934	826	826	826	826	548	456
			柴油	23797	19538	15280	15280	15280	15280	14032	12785	12785	10036	7286	7286	7286	7286	6261	5236	5236	4461	4203
			燃气	18532	11872	5211	5211	5211	5211	3397	1583	1583	1082	582	582	502	421	421	421	421	326	295
	中型	公交车	汽油	325612	325612	325612	325612	325612	222447	16118	16118	16118	16118	16118	14455	12792	12792	9657	6522	6522	6522	6522
			柴油	364161	364161	363306	361595	361595	347225	318484	318484	318484	265282	212080	212080	212080	212080	173072	134065	134065	112242	104968
			燃气	386656	386656	382053	372847	372847	361282	338152	338152	338152	281434	224716	224716	142108	142108	111298	111298	111298	111298	111298
		其他	汽油	199630	199630	199630	199630	199630	135416	6987	6987	6987	6987	6987	6987	6987	6987	5240	3494	3494	3494	3494
			柴油	170775	170775	163646	149389	149389	148126	145599	145599	145599	124002	102406	102406	102406	102406	90927	79448	79448	67810	63930
			燃气	192841	192841	182128	160701	160701	159186	156157	156157	156157	132956	109756	109756	85495	85495	68675	68675	68675	68675	68675
	大型	公交车	汽油	1159992	1159992	1159992	1159992	1159992	797633	72914	72914	72914	72914	72914	72850	72786	72786	54590	36394	36394	36394	36394
			柴油	516488	516488	499799	466420	466420	453167	426661	426661	426661	418972	411284	411284	411284	411284	396454	381623	381623	344014	331478
			燃气	1038448	1038448	980756	865373	865373	801157	672725	672725	672725	576400	480076	480076	446951	446951	387389	387389	387389	387389	387389
		其他	汽油	2768689	2768689	2768689	2768689	2768689	1903803	174032	174032	174032	174032	174032	167506	160979	160979	120863	80747	80747	80747	80747
			柴油	1236829	1236829	1205003	1141351	1141351	1114741	1061522	1061522	1061522	1024148	986774	986774	986774	986774	939414	892054	892054	789459	755261
			燃气	2302223	2302223	2174322	1918519	1918519	1776153	1491420	1491420	1491420	1278360	1065300	1065300	961082	961082	815393	815393	815393	815393	815393
载货汽车	微型		汽油	119075	71363	23651	23651	23651	23651	16488	9324	9324	7646	5967	5967	5148	4328	4328	4328	4328	3049	2623
			柴油	85415	71199	56983	56983	56983	56983	51072	45161	45161	38132	31104	31104	31104	31104	22755	14406	14406	11812	10947
			燃气	81368	46763	12158	12158	12158	12158	8839	5520	5520	4510	3500	3500	2873	2247	2247	2247	2247	1841	1705
	轻型		汽油	88620	57477	26334	26334	26334	26334	18194	10055	10055	8478	6901	6901	5664	4428	4428	4428	4428	3176	2758
			柴油	85690	71336	56983	56983	56983	56983	51072	45161	45161	38132	31104	31104	31104	31104	24609	18114	18114	16172	15525
			燃气	60428	39105	17782	17782	17782	17782	11982	6181	6181	5016	3851	3851	3054	2257	2257	2257	2257	1902	1784
	中型		汽油	291282	291282	291282	291282	291282	198861	14018	14018	14018	14018	14018	14018	14018	14018	10518	7017	7017	7017	7017
			柴油	550484	550484	494295	381916	381916	363160	325649	325649	325649	321282	316914	316914	316914	316914	278052	239191	239191	205965	194890
			燃气	621613	621613	551353	410835	410835	390311	349263	349263	349263	344462	339660	339660	257396	257396	209355	209355	209355	209355	209355
	重型		汽油	1245555	1245555	1245555	1245555	1245555	856467	78292	78292	78292	78292	78292	75356	72420	72420	54373	36326	36326	36326	36326
			柴油	731631	731631	706658	656712	656712	632422	583842	583842	583842	560430	537017	537017	537017	537017	471240	405462	405462	279344	237304
			燃气	1361852	1361852	1275861	1103880	1103880	1009349	820288	820288	820288	700020	579752	579752	436837	436837	256198	256198	256198	256198	256198
低速汽车	三轮汽车			65550	65550	65550	65550	65550	65550	65550	65550	65550	53279	53279	53279	53279	53279	53279	53279	53279	53279	53279
	低速货车			88065	88065	88065	88065	88065	88065	88065	88065	88065	71579	71579	71579	71579	71579	71579	71579	71579	71579	71579
摩托车	普通摩托车			1336	1336	1336	1336	1292	1247	1158	1158	1158	1158	1158	1028	899	899	899	899	899	899	899
	轻便摩托车			890	890	890	890	890	445	445	445	445	445	445	396	346	346	346	346	346	346	346

眉山市 PM 排放系数

单位：克/（辆・年）

车辆类型		使用性质	燃料种类	1999 年年底前	2000 年	2001 年	2002 年	2003 年	2004 年	2005 年	2006 年	2007 年	2008 年	2009 年	2010 年	2011 年	2012 年	2013 年	2014 年	2015 年	2016 年	2017 年
载客汽车	微型	出租车	汽油	—	—	—	—	—	—	—	—	—	—	—	—	—	—	—	—	—	—	—
			燃气	—	—	—	—	—	—	—	—	—	—	—	—	—	—	—	—	—	—	—
		其他	汽油	—	—	—	—	—	—	—	—	—	—	—	—	—	—	—	—	—	—	—
			燃气	—	—	—	—	—	—	—	—	—	—	—	—	—	—	—	—	—	—	—
	小型	出租车	汽油	—	—	—	—	—	—	—	—	—	—	—	—	—	—	—	—	—	—	—
			柴油	58338	53410	48483	48483	48483	48483	32907	17331	17331	11328	5324	5324	5324	5324	4948	4572	4572	3781	3517
			燃气	—	—	—	—	—	—	—	—	—	—	—	—	—	—	—	—	—	—	—
		其他	汽油	—	—	—	—	—	—	—	—	—	—	—	—	—	—	—	—	—	—	—
			柴油	3580	3388	3195	3195	3195	3195	2294	1394	1394	1022	650	650	650	650	543	436	436	436	436
			燃气	—	—	—	—	—	—	—	—	—	—	—	—	—	—	—	—	—	—	—
	中型	公交车	汽油	—	—	—	—	—	—	—	—	—	—	—	—	—	—	—	—	—	—	—
			柴油	30592	30592	28032	22913	22913	17978	8108	8108	8108	6872	5637	5637	5637	5637	3504	1372	1372	1080	983
			燃气	—	—	—	—	—	—	—	—	—	—	—	—	—	—	—	—	—	—	—
		其他	汽油	—	—	—	—	—	—	—	—	—	—	—	—	—	—	—	—	—	—	—
			柴油	15274	15274	12888	8116	8116	6262	2553	2553	2553	2434	2316	2316	2316	2316	1366	415	415	399	394
			燃气	—	—	—	—	—	—	—	—	—	—	—	—	—	—	—	—	—	—	—
	大型	公交车	汽油	—	—	—	—	—	—	—	—	—	—	—	—	—	—	—	—	—	—	—
			柴油	94865	94865	93934	92071	92071	71272	29674	29674	29674	19994	10315	10315	10315	10315	6116	1916	1916	1845	1821
			燃气	—	—	—	—	—	—	—	—	—	—	—	—	—	—	—	—	—	—	—
		其他	汽油	—	—	—	—	—	—	—	—	—	—	—	—	—	—	—	—	—	—	—
			柴油	142314	142314	133412	115607	115607	85425	25061	25061	25061	17182	9303	9303	9303	9303	5868	2433	2433	2343	2313
			燃气	—	—	—	—	—	—	—	—	—	—	—	—	—	—	—	—	—	—	—
载货汽车	微型		汽油	—	—	—	—	—	—	—	—	—	—	—	—	—	—	—	—	—	—	—
			柴油	10130	9920	9711	9711	9711	9711	7898	6085	6085	4516	2947	2947	2947	2947	1856	764	764	760	759
			燃气	—	—	—	—	—	—	—	—	—	—	—	—	—	—	—	—	—	—	—
	轻型		汽油	—	—	—	—	—	—	—	—	—	—	—	—	—	—	—	—	—	—	—
			柴油	10535	10123	9711	9711	9711	9711	7898	6085	6085	4516	2947	2947	2947	2947	2222	1498	1498	1237	1150
			燃气	—	—	—	—	—	—	—	—	—	—	—	—	—	—	—	—	—	—	—
	中型		汽油	—	—	—	—	—	—	—	—	—	—	—	—	—	—	—	—	—	—	—
			柴油	47560	47560	40024	24951	24951	19219	7756	7756	7756	7348	6940	6940	6940	6940	4450	1959	1959	1794	1739
			燃气	—	—	—	—	—	—	—	—	—	—	—	—	—	—	—	—	—	—	—
	重型		汽油	—	—	—	—	—	—	—	—	—	—	—	—	—	—	—	—	—	—	—
			柴油	101100	101100	83097	47090	47090	37389	17988	17988	17988	12326	6665	6665	6665	6665	4478	2290	2290	1935	1817
			燃气	—	—	—	—	—	—	—	—	—	—	—	—	—	—	—	—	—	—	—
低速汽车	三轮汽车			4092	4092	4092	4092	4092	4092	4092	4092	4092	3220	3220	3220	3220	3220	3220	3220	3220	3220	3220
	低速货车			5581	5581	5581	5581	5581	5581	5581	5581	5581	4392	4392	4392	4392	4392	4392	4392	4392	4392	4392
摩托车	普通摩托车			—	—	—	—	—	—	—	—	—	—	—	—	—	—	—	—	—	—	—
	轻便摩托车			—	—	—	—	—	—	—	—	—	—	—	—	—	—	—	—	—	—	—

眉山市 VOCs 排放系数

单位：克/（辆·年）

车辆类型		使用性质	燃料种类	1999 年年底前	2000 年	2001 年	2002 年	2003 年	2004 年	2005 年	2006 年	2007 年	2008 年	2009 年	2010 年	2011 年	2012 年	2013 年	2014 年	2015 年	2016 年	2017 年
载客汽车	微型	出租车	汽油	885438	535938	186438	186438	186438	186438	144760	103082	103082	85225	67368	67368	54398	41427	41427	41427	41427	26547	21587
			燃气	508535	315025	121515	121515	121515	121515	95890	70264	70264	58512	46759	46759	36828	26897	26897	26897	26897	15246	11363
		其他	汽油	38529	23645	8761	8761	8761	8761	8391	8021	8021	6939	5857	5857	5590	5323	5323	5323	5323	4535	4272
			燃气	16908	9530	2151	2151	2151	2151	2057	1963	1963	1466	968	968	871	774	774	774	774	521	437
	小型	出租车	汽油	885438	528287	171136	171136	171136	171136	157713	144290	144290	105829	67368	67368	54398	41427	41427	41427	41427	25150	19724
			柴油	340171	318822	297473	297473	297473	297473	264788	232102	232102	178060	124017	124017	124017	124017	91516	59016	59016	30691	21249
			燃气	508535	310808	113082	113082	113082	113082	103028	92973	92973	69866	46759	46759	36828	26897	26897	26897	26897	14476	10336
		其他	汽油	39043	23840	8638	8638	8638	8638	8602	8566	8566	7213	5860	5860	5560	5260	5260	5260	5260	4587	4363
			柴油	9171	8398	7624	7624	7624	7624	6457	5290	5290	3682	2073	2073	2073	2073	1732	1392	1392	960	816
			燃气	17191	10356	3521	3521	3521	3521	2892	2264	2264	1682	1101	1101	920	739	739	739	739	550	487
	中型	公交车	汽油	247425	247425	247425	247425	246828	168585	13292	13292	13292	13292	13292	13140	12989	12989	10562	8135	8135	8135	8135
			柴油	87806	87806	86086	82645	82645	64494	28192	28192	28192	20508	12823	12823	12823	12823	8958	5093	5093	4763	4653
			燃气	71579	71579	67602	59649	59649	57536	53311	53311	53311	42686	32061	32061	22219	22219	22154	22154	22154	22154	22154
		其他	汽油	128135	128135	128135	128135	127538	87216	7765	7765	7765	7765	7765	7620	7474	7474	6422	5371	5371	5371	5371
			柴油	30493	30493	28460	24394	24394	18567	6912	6912	6912	6506	6099	6099	6099	6099	3750	1402	1402	1243	1190
			燃气	34560	34560	32640	28800	28800	27780	25740	25740	25740	20623	15506	15506	10732	10732	9642	9642	9642	9642	9642
	大型	公交车	汽油	576733	576733	576733	576733	576136	388558	14596	14596	14596	14596	14596	14456	14316	14316	11550	8784	8784	8784	8784
			柴油	131708	131708	108010	60614	60614	60614	60614	60614	60614	43515	26416	26416	26416	26416	17675	8934	8934	5723	4653
			燃气	168926	168926	159541	140772	140772	135786	125815	125815	125815	100740	75665	75665	52438	52438	47188	47188	47188	47188	47188
		其他	汽油	1278031	1278031	1278031	1278031	1277434	860586	28083	28083	28083	28083	28083	21824	15565	15565	12374	9183	9183	9183	9183
			柴油	272891	272891	207397	76409	76409	76409	76409	76409	76409	55942	35476	35476	35476	35476	20706	5937	5937	5324	5119
			燃气	266186	266186	251398	221822	221822	213966	198253	198253	198253	158842	119430	119430	82662	82662	74261	74261	74261	74261	74261
载货汽车	微型		汽油	241039	131230	21421	21421	21421	21421	20010	18600	18600	17058	15515	15515	12809	10103	10103	10103	10103	8323	7730
			柴油	43922	41002	38082	38082	38082	38082	34584	31086	31086	23388	15689	15689	15689	15689	10950	6210	6210	3941	3185
			燃气	105777	55518	5259	5259	5259	5259	4906	4552	4552	3558	2564	2564	2017	1469	1469	1469	1469	960	791
	轻型		汽油	126948	77136	27324	27324	27324	27324	23652	19981	19981	17872	15764	15764	13759	11754	11754	11754	11754	9850	9216
			柴油	40975	39528	38082	38082	38082	38082	34584	31086	31086	23388	15689	15689	15689	15689	11795	7901	7901	5632	4876
			燃气	55896	33517	11138	11138	11138	11138	8209	5281	5281	4121	2962	2962	2307	1651	1651	1651	1651	1184	1029
	中型		汽油	423294	423294	423294	423294	422697	287318	17755	17755	17755	17755	17755	17615	17475	17475	13916	10357	10357	10357	10357
			柴油	98684	98684	92105	78947	78947	60087	22368	22368	22368	21062	19757	19757	19757	19757	14318	8880	8880	5284	4085
			燃气	111846	111846	105633	93206	93206	89903	83298	83298	83298	66764	50230	50230	67974	67974	33099	33099	33099	33099	33099
	重型		汽油	640083	640083	640083	640083	639486	431198	15818	15818	15818	15818	15818	12626	9434	9434	7835	6236	6236	6236	6236
			柴油	178527	178527	135680	49987	49987	49987	49987	49987	49987	36598	23208	23208	23208	23208	14638	6068	6068	4206	3586
			燃气	174141	174141	164466	145117	145117	139977	129698	129698	129698	103914	78130	78130	84486	84486	52022	52022	52022	52022	52022
低速汽车	三轮汽车			25300	25300	25300	25300	25300	25300	25300	25300	25300	16721	16721	16721	16721	16721	16721	16721	16721	16721	16721
	低速货车			33990	33990	33990	33990	33990	33990	33990	33990	33990	22464	22464	22464	22464	22464	22464	22464	22464	22464	22464
摩托车	普通摩托车			17897	17897	17897	17897	13356	8815	4719	4719	4719	4719	4719	3522	2324	2324	2324	2324	2324	2324	2324
	轻便摩托车			57876	57876	57876	57876	57876	11575	11575	5699	5699	5699	5699	4252	2806	2806	2806	2806	2806	2806	2806

宜宾市 NO_x 排放系数

单位：克/（辆·年）

车辆类型		使用性质	燃料种类	1999 年年底前	2000 年	2001 年	2002 年	2003 年	2004 年	2005 年	2006 年	2007 年	2008 年	2009 年	2010 年	2011 年	2012 年	2013 年	2014 年	2015 年	2016 年	2017 年
载客汽车	微型	出租车	汽油	263368	181709	100050	100050	100050	100050	75074	50097	50097	37899	25701	25701	20725	15749	15749	15749	15749	9082	6859
			燃气	187650	130018	72385	72385	72385	72385	54496	36607	36607	27842	19078	19078	15309	11540	11540	11540	11540	6594	4945
		其他	汽油	28959	18259	7559	7559	7559	7559	4791	2023	2023	1649	1275	1275	1058	842	842	842	842	571	481
			燃气	19894	11902	3911	3911	3911	3911	2565	1219	1219	990	762	762	606	449	449	449	449	349	316
	小型	出租车	汽油	296571	200340	104108	104108	104108	104108	77414	50721	50721	38211	25701	25701	20156	14610	14610	14610	14610	8053	5867
			柴油	341894	289844	237794	237794	237794	237794	210880	183966	183966	147090	110214	110214	110214	110214	88583	66952	66952	48420	42243
			燃气	211091	143170	75250	75250	75250	75250	56149	37048	37048	28063	19078	19078	14907	10736	10736	10736	10736	5867	4244
		其他	汽油	27030	17348	7667	7667	7667	7667	5102	2538	2538	1779	1020	1020	912	803	803	803	803	540	452
			柴油	23735	19485	15235	15235	15235	15235	13989	12743	12743	10001	7259	7259	7259	7259	6236	5212	5212	4448	4193
			燃气	18532	11872	5211	5211	5211	5211	3397	1583	1583	1082	582	582	502	421	421	421	421	326	295
	中型	公交车	汽油	324756	324756	324756	324756	324756	221862	16075	16075	16075	16075	16075	14416	12758	12758	9632	6505	6505	6505	6505
			柴油	363461	363461	362608	360901	360901	346558	317873	317873	317873	264772	211672	211672	211672	211672	172740	133807	133807	112026	104766
			燃气	385913	385913	381319	372131	372131	360588	337502	337502	337502	280894	224285	224285	141835	141835	111084	111084	111084	111084	111084
		其他	汽油	199105	199105	199105	199105	199105	135060	6969	6969	6969	6969	6969	6969	6969	6969	5227	3485	3485	3485	3485
			柴油	170447	170447	163332	149102	149102	147841	145319	145319	145319	123764	102209	102209	102209	102209	90752	79295	79295	67679	63807
			燃气	192470	192470	181777	160392	160392	158880	155857	155857	155857	132701	109545	109545	85331	85331	68543	68543	68543	68543	68543
	大型	公交车	汽油	1156944	1156944	1156944	1156944	1156944	795537	72722	72722	72722	72722	72722	72658	72595	72595	54446	36298	36298	36298	36298
			柴油	515496	515496	498838	465523	465523	452296	425841	425841	425841	418167	410493	410493	410493	410493	395691	380889	380889	343353	330841
			燃气	1036453	1036453	978872	863711	863711	799618	671432	671432	671432	575293	479154	479154	446092	446092	386645	386645	386645	386645	386645
		其他	汽油	2761414	2761414	2761414	2761414	2761414	1898801	173575	173575	173575	173575	173575	167066	160557	160557	120546	80535	80535	80535	80535
			柴油	1234453	1234453	1202688	1139159	1139159	1112600	1059483	1059483	1059483	1022181	984879	984879	984879	984879	937610	890340	890340	787942	753810
			燃气	2297800	2297800	2170145	1914834	1914834	1772741	1488555	1488555	1488555	1275904	1063254	1063254	959236	959236	813826	813826	813826	813826	813826
载货汽车	微型		汽油	110880	66341	21802	21802	21802	21802	15147	8492	8492	6952	5413	5413	4684	3955	3955	3955	3955	2812	2431
			柴油	78812	65594	52377	52377	52377	52377	46966	41554	41554	35098	28643	28643	28643	28643	20953	13263	13263	10947	10175
			燃气	76171	43726	11280	11280	11280	11280	8199	5117	5117	4176	3235	3235	2672	2109	2109	2109	2109	1725	1597
	轻型		汽油	82432	53370	24308	24308	24308	24308	16742	9175	9175	7730	6286	6286	5168	4049	4049	4049	4049	2930	2557
			柴油	79069	65723	52377	52377	52377	52377	46966	41554	41554	35098	28643	28643	28643	28643	22686	16729	16729	15023	14454
			燃气	56516	36519	16521	16521	16521	16521	11122	5723	5723	4655	3587	3587	2855	2123	2123	2123	2123	1782	1669
	中型		汽油	291282	291282	291282	291282	291282	198861	14018	14018	14018	14018	14018	14018	14018	14018	10518	7017	7017	7017	7017
			柴油	550484	550484	494295	381916	381916	363160	325649	325649	325649	321282	316914	316914	316914	316914	278052	239191	239191	205965	194890
			燃气	621611	621611	551352	410835	410835	390311	349264	349264	349264	344462	339660	339660	257398	257398	209355	209355	209355	209355	209355
	重型		汽油	1245555	1245555	1245555	1245555	1245555	856467	78292	78292	78292	78292	78292	75356	72420	72420	54373	36326	36326	36326	36326
			柴油	731631	731631	706658	656712	656712	632422	583842	583842	583842	560430	537017	537017	537017	537017	471240	405462	405462	279344	237304
			燃气	1361852	1361852	1275861	1103880	1103880	1009349	820288	820288	820288	700020	579752	579752	436837	436837	256197	256197	256197	256197	256197
低速汽车	三轮汽车			65550	65550	65550	65550	65550	65550	65550	65550	65550	53279	53279	53279	53279	53279	53279	53279	53279	53279	53279
	低速货车			88065	88065	88065	88065	88065	88065	88065	88065	88065	71579	71579	71579	71579	71579	71579	71579	71579	71579	71579
摩托车	普通摩托车			1336	1336	1336	1336	1292	1247	1158	1158	1158	1158	1158	1028	899	899	899	899	899	899	899
	轻便摩托车			890	890	890	890	890	445	445	445	445	445	445	396	346	346	346	346	346	346	346

宜宾市 PM 排放系数

单位：克/（辆·年）

车辆类型		使用性质	燃料种类	1999 年年底前	2000 年	2001 年	2002 年	2003 年	2004 年	2005 年	2006 年	2007 年	2008 年	2009 年	2010 年	2011 年	2012 年	2013 年	2014 年	2015 年	2016 年	2017 年
载客汽车	微型	出租车	汽油	—	—	—	—	—	—	—	—	—	—	—	—	—	—	—	—	—	—	—
			燃气	—	—	—	—	—	—	—	—	—	—	—	—	—	—	—	—	—	—	—
		其他	汽油	—	—	—	—	—	—	—	—	—	—	—	—	—	—	—	—	—	—	—
			燃气	—	—	—	—	—	—	—	—	—	—	—	—	—	—	—	—	—	—	—
	小型	出租车	汽油	—	—	—	—	—	—	—	—	—	—	—	—	—	—	—	—	—	—	—
			柴油	43498	39824	36150	36150	36150	36150	24536	12922	12922	8446	3969	3969	3969	3969	3689	3409	3409	2819	2622
			燃气	—	—	—	—	—	—	—	—	—	—	—	—	—	—	—	—	—	—	—
		其他	汽油	—	—	—	—	—	—	—	—	—	—	—	—	—	—	—	—	—	—	—
			柴油	3580	3388	3195	3195	3195	3195	2294	1394	1394	1022	650	650	650	650	543	436	436	436	436
			燃气	—	—	—	—	—	—	—	—	—	—	—	—	—	—	—	—	—	—	—
	中型	公交车	汽油	—	—	—	—	—	—	—	—	—	—	—	—	—	—	—	—	—	—	—
			柴油	30592	30592	28032	22913	22913	17978	8108	8108	8108	6872	5637	5637	5637	5637	3504	1372	1372	1080	983
			燃气	—	—	—	—	—	—	—	—	—	—	—	—	—	—	—	—	—	—	—
		其他	汽油	—	—	—	—	—	—	—	—	—	—	—	—	—	—	—	—	—	—	—
			柴油	15274	15274	12888	8116	8116	6262	2553	2553	2553	2434	2316	2316	2316	2316	1366	415	415	399	394
			燃气	—	—	—	—	—	—	—	—	—	—	—	—	—	—	—	—	—	—	—
	大型	公交车	汽油	—	—	—	—	—	—	—	—	—	—	—	—	—	—	—	—	—	—	—
			柴油	94865	94865	93934	92071	92071	71272	29674	29674	29674	19994	10315	10315	10315	10315	6116	1916	1916	1845	1821
			燃气	—	—	—	—	—	—	—	—	—	—	—	—	—	—	—	—	—	—	—
		其他	汽油	—	—	—	—	—	—	—	—	—	—	—	—	—	—	—	—	—	—	—
			柴油	142314	142314	133412	115607	115607	85425	25061	25061	25061	17182	9303	9303	9303	9303	5868	2433	2433	2343	2313
			燃气	—	—	—	—	—	—	—	—	—	—	—	—	—	—	—	—	—	—	—
载货汽车	微型		汽油	—	—	—	—	—	—	—	—	—	—	—	—	—	—	—	—	—	—	—
			柴油	9488	9292	9095	9095	9095	9095	7397	5699	5699	4230	2760	2760	2760	2760	1738	715	715	712	711
			燃气	—	—	—	—	—	—	—	—	—	—	—	—	—	—	—	—	—	—	—
	轻型		汽油	—	—	—	—	—	—	—	—	—	—	—	—	—	—	—	—	—	—	—
			柴油	9867	9481	9095	9095	9095	9095	7397	5699	5699	4230	2760	2760	2760	2760	2082	1403	1403	1158	1077
			燃气	—	—	—	—	—	—	—	—	—	—	—	—	—	—	—	—	—	—	—
	中型		汽油	—	—	—	—	—	—	—	—	—	—	—	—	—	—	—	—	—	—	—
			柴油	47560	47560	40024	24951	24951	19219	7756	7756	7756	7348	6940	6940	6940	6940	4450	1959	1959	1794	1739
			燃气	—	—	—	—	—	—	—	—	—	—	—	—	—	—	—	—	—	—	—
	重型		汽油	—	—	—	—	—	—	—	—	—	—	—	—	—	—	—	—	—	—	—
			柴油	101100	101100	83097	47090	47090	37389	17988	17988	17988	12326	6665	6665	6665	6665	4478	2290	2290	1935	1817
			燃气	—	—	—	—	—	—	—	—	—	—	—	—	—	—	—	—	—	—	—
低速汽车	三轮汽车			4092	4092	4092	4092	4092	4092	4092	4092	4092	3220	3220	3220	3220	3220	3220	3220	3220	3220	3220
	低速货车			5581	5581	5581	5581	5581	5581	5581	5581	5581	4392	4392	4392	4392	4392	4392	4392	4392	4392	4392
摩托车	普通摩托车			—	—	—	—	—	—	—	—	—	—	—	—	—	—	—	—	—	—	—
	轻便摩托车			—	—	—	—	—	—	—	—	—	—	—	—	—	—	—	—	—	—	—

宜宾市 VOCs 排放系数

单位：克/（辆·年）

车辆类型		使用性质	燃料种类	1999 年年底前	2000 年	2001 年	2002 年	2003 年	2004 年	2005 年	2006 年	2007 年	2008 年	2009 年	2010 年	2011 年	2012 年	2013 年	2014 年	2015 年	2016 年	2017 年
载客汽车	微型	出租车	汽油	643966	384376	124785	124785	124785	124785	95654	66524	66524	54659	42794	42794	35126	27459	27459	27459	27459	18942	16103
			燃气	364453	221190	77927	77927	77927	77927	60456	42985	42985	35449	27913	27913	22144	16375	16375	16375	16375	9834	7654
		其他	汽油	38266	23518	8770	8770	8770	8770	8400	8030	8030	6976	5922	5922	5656	5389	5389	5389	5389	4642	4393
			燃气	16908	9530	2151	2151	2151	2151	2057	1963	1963	1466	968	968	871	774	774	774	774	521	437
	小型	出租车	汽油	643966	378670	113375	113375	113375	113375	105312	97249	97249	70022	42794	42794	35126	27459	27459	27459	27459	17900	14714
			柴油	202827	190440	178054	178054	178054	178054	159334	140613	140613	105960	71307	71307	71307	71307	52724	34142	34142	18309	13031
			燃气	364453	218046	71639	71639	71639	71639	65778	59917	59917	43915	27913	27913	22144	16375	16375	16375	16375	9260	6889
		其他	汽油	38780	23714	8648	8648	8648	8648	8612	8575	8575	7250	5925	5925	5625	5325	5325	5325	5325	4694	4484
			柴油	9110	8336	7563	7563	7563	7563	6396	5230	5230	3633	2036	2036	2036	2036	1696	1355	1355	938	799
			燃气	17191	10356	3521	3521	3521	3521	2892	2264	2264	1682	1101	1101	920	739	739	739	739	550	487
	中型	公交车	汽油	247596	247596	247596	247596	246999	168756	13463	13463	13463	13463	13463	13312	13160	13160	10733	8306	8306	8306	8306
			柴油	87806	87806	86086	82645	82645	64494	28192	28192	28192	20508	12823	12823	12823	12823	8958	5093	5093	4763	4653
			燃气	71579	71579	67602	59649	59649	57536	53311	53311	53311	42686	32061	32061	22219	22219	22154	22154	22154	22154	22154
		其他	汽油	128306	128306	128306	128306	127709	87387	7936	7936	7936	7936	7936	7790	7645	7645	6594	5542	5542	5542	5542
			柴油	30493	30493	28460	24394	24394	18567	6912	6912	6912	6506	6099	6099	6099	6099	3750	1402	1402	1243	1190
			燃气	34560	34560	32640	28800	28800	27780	25740	25740	25740	20623	15506	15506	10732	10732	9642	9642	9642	9642	9642
	大型	公交车	汽油	576904	576904	576904	576904	576307	388729	14767	14767	14767	14767	14767	14628	14488	14488	11722	8955	8955	8955	8955
			柴油	131708	131708	108010	60614	60614	60614	60614	60614	60614	43515	26416	26416	26416	26416	17675	8934	8934	5723	4653
			燃气	168926	168926	159541	140772	140772	135786	125815	125815	125815	100740	75665	75665	52438	52438	47188	47188	47188	47188	47188
		其他	汽油	1278202	1278202	1278202	1278202	1277605	860757	28254	28254	28254	28254	28254	21995	15736	15736	12545	9354	9354	9354	9354
			柴油	272891	272891	207397	76409	76409	76409	76409	76409	76409	55942	35476	35476	35476	35476	20706	5937	5937	5324	5119
			燃气	266186	266186	251398	221822	221822	213966	198253	198253	198253	158842	119430	119430	82662	82662	74261	74261	74261	74261	74261
载货汽车	微型		汽油	225571	122796	20022	20022	20022	20022	18734	17447	17447	16046	14645	14645	12159	9673	9673	9673	9673	8087	7558
			柴油	39864	37215	34566	34566	34566	34566	31428	28290	28290	21224	14157	14157	14157	14157	9856	5554	5554	3566	2904
			燃气	99670	52290	4911	4911	4911	4911	4588	4265	4265	3329	2394	2394	1892	1389	1389	1389	1389	911	752
	轻型		汽油	118717	72134	25551	25551	25551	25551	22146	18741	18741	16810	14879	14879	13048	11218	11218	11218	11218	9517	8950
			柴油	37104	35835	34566	34566	34566	34566	31428	28290	28290	21224	14157	14157	14157	14157	10648	7138	7138	5150	4488
			燃气	52627	31515	10403	10403	10403	10403	7676	4948	4948	3856	2765	2765	2161	1557	1557	1557	1557	1118	972
	中型		汽油	423466	423466	423466	423466	422868	287489	17926	17926	17926	17926	17926	17786	17646	17646	14087	10528	10528	10528	10528
			柴油	98684	98684	92105	78947	78947	60087	22368	22368	22368	21062	19757	19757	19757	19757	14318	8880	8880	5284	4085
			燃气	111846	111846	105633	93206	93206	89903	83298	83298	83298	66764	50230	50230	67974	67974	33099	33099	33099	33099	33099
	重型		汽油	640255	640255	640255	640255	639658	431370	15989	15989	15989	15989	15989	12797	9605	9605	8006	6407	6407	6407	6407
			柴油	178527	178527	135680	49987	49987	49987	49987	49987	49987	36598	23208	23208	23208	23208	14638	6068	6068	4206	3586
			燃气	174141	174141	164466	145117	145117	139977	129698	129698	129698	103914	78130	78130	84486	84486	52022	52022	52022	52022	52022
低速汽车	三轮汽车			25300	25300	25300	25300	25300	25300	25300	25300	25300	16721	16721	16721	16721	16721	16721	16721	16721	16721	16721
	低速货车			33990	33990	33990	33990	33990	33990	33990	33990	33990	22464	22464	22464	22464	22464	22464	22464	22464	22464	22464
摩托车	普通摩托车			17897	17897	17897	17897	13356	8815	4719	4719	4719	4719	4719	3522	2324	2324	2324	2324	2324	2324	2324
	轻便摩托车			57876	57876	57876	57876	57876	11575	11575	5699	5699	5699	5699	4252	2806	2806	2806	2806	2806	2806	2806

广安市 NO_x 排放系数

单位：克/（辆·年）

车辆类型		使用性质	燃料种类	1999 年年底前	2000 年	2001 年	2002 年	2003 年	2004 年	2005 年	2006 年	2007 年	2008 年	2009 年	2010 年	2011 年	2012 年	2013 年	2014 年	2015 年	2016 年	2017 年
载客汽车	微型	出租车	汽油	206494	140915	75336	75336	75336	75336	55882	36427	36427	27098	17769	17769	14468	11167	11167	11167	11167	6685	5191
			燃气	146474	100324	54175	54175	54175	54175	40288	26402	26402	19740	13078	13078	10582	8085	8085	8085	8085	4809	3717
		其他	汽油	29076	18338	7599	7599	7599	7599	4828	2057	2057	1678	1298	1298	1081	864	864	864	864	580	485
			燃气	19894	11902	3911	3911	3911	3911	2565	1219	1219	990	762	762	606	449	449	449	449	349	316
	小型	出租车	汽油	233311	155962	78614	78614	78614	78614	57772	36931	36931	27350	17769	17769	14008	10248	10248	10248	10248	5854	4390
			柴油	256127	215489	174851	174851	174851	174851	155340	135830	135830	108268	80707	80707	80707	80707	65462	50217	50217	37307	33004
			燃气	165382	110934	56486	56486	56486	56486	41622	26758	26758	19918	13078	13078	10257	7436	7436	7436	7436	4222	3151
		其他	汽油	27144	17426	7708	7708	7708	7708	5140	2573	2573	1808	1042	1042	934	825	825	825	825	548	456
			柴油	23776	19522	15267	15267	15267	15267	14020	12774	12774	10027	7280	7280	7280	7280	6256	5231	5231	4457	4199
			燃气	18532	11872	5211	5211	5211	5211	3397	1583	1583	1082	582	582	502	421	421	421	421	326	295
	中型	公交车	汽油	325173	325173	325173	325173	325173	222147	16096	16096	16096	16096	16096	14436	12775	12775	9644	6513	6513	6513	6513
			柴油	363802	363802	362948	361240	361240	346884	318171	318171	318171	265021	211871	211871	211871	211871	172902	133933	133933	112132	104865
			燃气	386276	386276	381677	372480	372480	360926	337819	337819	337819	281157	224495	224495	141968	141968	111188	111188	111188	111188	111188
		其他	汽油	199361	199361	199361	199361	199361	135233	6978	6978	6978	6978	6978	6978	6978	6978	5234	3490	3490	3490	3490
			柴油	170607	170607	163485	149242	149242	147980	145456	145456	145456	123880	102305	102305	102305	102305	90838	79370	79370	67743	63867
			燃气	192651	192651	181948	160543	160543	159030	156003	156003	156003	132826	109648	109648	85411	85411	68607	68607	68607	68607	68607
	大型	公交车	汽油	1158430	1158430	1158430	1158430	1158430	796559	72816	72816	72816	72816	72816	72752	72688	72688	54516	36345	36345	36345	36345
			柴油	515980	515980	499307	465961	465961	452721	426241	426241	426241	418560	410879	410879	410879	410879	396063	381247	381247	343676	331152
			燃气	1037426	1037426	979791	864522	864522	800369	672063	672063	672063	575834	479604	479604	446511	446511	387008	387008	387008	387008	387008
		其他	汽油	2764962	2764962	2764962	2764962	2764962	1901241	173798	173798	173798	173798	173798	167280	160763	160763	120701	80639	80639	80639	80639
			柴油	1235612	1235612	1203817	1140228	1140228	1113644	1060477	1060477	1060477	1023140	985803	985803	985803	985803	938490	891176	891176	788682	754517
			燃气	2299958	2299958	2172182	1916631	1916631	1774405	1489953	1489953	1489953	1277102	1064252	1064252	960136	960136	814590	814590	814590	814590	814590
载货汽车	微型		汽油	79942	47526	15110	15110	15110	15110	10382	5654	5654	4598	3542	3542	3124	2706	2706	2706	2706	1971	1726
			柴油	54259	44866	35472	35472	35472	35472	31884	28296	28296	23940	19583	19583	19583	19583	14338	9093	9093	7699	7234
			燃气	54697	31237	7777	7777	7777	7777	5564	3351	3351	2715	2079	2079	1743	1406	1406	1406	1406	1195	1125
	轻型		汽油	59252	38092	16933	16933	16933	16933	11542	6150	6150	5164	4177	4177	3476	2774	2774	2774	2774	2056	1817
			柴油	54446	44959	35472	35472	35472	35472	31884	28296	28296	23940	19583	19583	19583	19583	15598	11613	11613	10662	10345
			燃气	40453	25950	11448	11448	11448	11448	7616	3784	3784	3058	2333	2333	1874	1416	1416	1416	1416	1235	1175
	中型		汽油	291282	291282	291282	291282	291282	198861	14018	14018	14018	14018	14018	14018	14018	14018	10518	7017	7017	7017	7017
			柴油	550484	550484	494295	381916	381916	363160	325649	325649	325649	321282	316914	316914	316914	316914	278052	239191	239191	205965	194890
			燃气	621612	621612	551353	410836	410836	390311	349262	349262	349262	344461	339661	339661	257396	257396	209354	209354	209354	209354	209354
	重型		汽油	1127022	1127022	1127022	1127022	1127022	774962	70841	70841	70841	70841	70841	68184	65528	65528	49198	32869	32869	32869	32869
			柴油	689259	689259	665732	618679	618679	595796	550029	550029	550029	527972	505916	505916	505916	505916	442434	378951	378951	250961	208298
			燃气	1282981	1282981	1201970	1039949	1039949	950894	772782	772782	772782	659479	546176	546176	408275	408275	224882	224882	224882	224882	224882
低速汽车	三轮汽车			65550	65550	65550	65550	65550	65550	65550	65550	65550	53279	53279	53279	53279	53279	53279	53279	53279	53279	53279
	低速货车			88065	88065	88065	88065	88065	88065	88065	88065	88065	71579	71579	71579	71579	71579	71579	71579	71579	71579	71579
摩托车	普通摩托车			1336	1336	1336	1336	1292	1247	1158	1158	1158	1158	1158	1028	899	899	899	899	899	899	899
	轻便摩托车			890	890	890	890	890	445	445	445	445	445	445	396	346	346	346	346	346	346	346

广安市 PM 排放系数

单位：克/（辆·年）

车辆类型		使用性质	燃料种类	1999 年年底前	2000 年	2001 年	2002 年	2003 年	2004 年	2005 年	2006 年	2007 年	2008 年	2009 年	2010 年	2011 年	2012 年	2013 年	2014 年	2015 年	2016 年	2017 年
载客汽车	微型	出租车	汽油	—	—	—	—	—	—	—	—	—	—	—	—	—	—	—	—	—	—	—
			燃气	—	—	—	—	—	—	—	—	—	—	—	—	—	—	—	—	—	—	—
		其他	汽油	—	—	—	—	—	—	—	—	—	—	—	—	—	—	—	—	—	—	—
			燃气	—	—	—	—	—	—	—	—	—	—	—	—	—	—	—	—	—	—	—
	小型	出租车	汽油	—	—	—	—	—	—	—	—	—	—	—	—	—	—	—	—	—	—	—
			柴油	35088	32124	29161	29161	29161	29161	19792	10424	10424	6813	3202	3202	3202	3202	2976	2750	2750	2274	2115
			燃气	—	—	—	—	—	—	—	—	—	—	—	—	—	—	—	—	—	—	—
		其他	汽油	—	—	—	—	—	—	—	—	—	—	—	—	—	—	—	—	—	—	—
			柴油	3580	3388	3195	3195	3195	3195	2294	1394	1394	1022	650	650	650	650	543	436	436	436	436
			燃气	—	—	—	—	—	—	—	—	—	—	—	—	—	—	—	—	—	—	—
	中型	公交车	汽油	—	—	—	—	—	—	—	—	—	—	—	—	—	—	—	—	—	—	—
			柴油	30592	30592	28032	22913	22913	17978	8108	8108	8108	6872	5637	5637	5637	5637	3504	1372	1372	1080	983
			燃气	—	—	—	—	—	—	—	—	—	—	—	—	—	—	—	—	—	—	—
		其他	汽油	—	—	—	—	—	—	—	—	—	—	—	—	—	—	—	—	—	—	—
			柴油	15274	15274	12888	8116	8116	6262	2553	2553	2553	2434	2316	2316	2316	2316	1366	415	415	399	394
			燃气	—	—	—	—	—	—	—	—	—	—	—	—	—	—	—	—	—	—	—
	大型	公交车	汽油	—	—	—	—	—	—	—	—	—	—	—	—	—	—	—	—	—	—	—
			柴油	94865	94865	93934	92071	92071	71272	29674	29674	29674	19994	10315	10315	10315	10315	6116	1916	1916	1845	1821
			燃气	—	—	—	—	—	—	—	—	—	—	—	—	—	—	—	—	—	—	—
		其他	汽油	—	—	—	—	—	—	—	—	—	—	—	—	—	—	—	—	—	—	—
			柴油	142314	142314	133412	115607	115607	85425	25061	25061	25061	17182	9303	9303	9303	9303	5868	2433	2433	2343	2313
			燃气	—	—	—	—	—	—	—	—	—	—	—	—	—	—	—	—	—	—	—
载货汽车	微型		汽油	—	—	—	—	—	—	—	—	—	—	—	—	—	—	—	—	—	—	—
			柴油	6891	6748	6606	6606	6606	6606	5373	4140	4140	3072	2005	2005	2005	2005	1262	520	520	518	517
			燃气	—	—	—	—	—	—	—	—	—	—	—	—	—	—	—	—	—	—	—
	轻型		汽油	—	—	—	—	—	—	—	—	—	—	—	—	—	—	—	—	—	—	—
			柴油	7167	6886	6606	6606	6606	6606	5373	4140	4140	3072	2005	2005	2005	2005	1512	1019	1019	841	782
			燃气	—	—	—	—	—	—	—	—	—	—	—	—	—	—	—	—	—	—	—
	中型		汽油	—	—	—	—	—	—	—	—	—	—	—	—	—	—	—	—	—	—	—
			柴油	47560	47560	40024	24951	24951	19219	7756	7756	7756	7348	6940	6940	6940	6940	4450	1959	1959	1794	1739
			燃气	—	—	—	—	—	—	—	—	—	—	—	—	—	—	—	—	—	—	—
	重型		汽油	—	—	—	—	—	—	—	—	—	—	—	—	—	—	—	—	—	—	—
			柴油	92033	92033	75644	42867	42867	34036	16375	16375	16375	11221	6067	6067	6067	6067	4102	2138	2138	1807	1697
			燃气	—	—	—	—	—	—	—	—	—	—	—	—	—	—	—	—	—	—	—
低速汽车	三轮汽车			4092	4092	4092	4092	4092	4092	4092	4092	4092	3220	3220	3220	3220	3220	3220	3220	3220	3220	3220
	低速货车			5581	5581	5581	5581	5581	5581	5581	5581	5581	4392	4392	4392	4392	4392	4392	4392	4392	4392	4392
摩托车	普通摩托车			—	—	—	—	—	—	—	—	—	—	—	—	—	—	—	—	—	—	—
	轻便摩托车			—	—	—	—	—	—	—	—	—	—	—	—	—	—	—	—	—	—	—

广安市 VOCs 排放系数

单位：克/（辆·年）

车辆类型		使用性质	燃料种类	1999 年年底前	2000 年	2001 年	2002 年	2003 年	2004 年	2005 年	2006 年	2007 年	2008 年	2009 年	2010 年	2011 年	2012 年	2013 年	2014 年	2015 年	2016 年	2017 年
载客汽车	微型	出租车	汽油	512996	303766	94536	94536	94536	94536	71909	49282	49282	40312	31343	31343	26073	20803	20803	20803	20803	15030	13105
			燃气	287257	172161	57065	57065	57065	57065	43720	30374	30374	24856	19338	19338	15432	11526	11526	11526	11526	7232	5801
		其他	汽油	38523	23639	8755	8755	8755	8755	8385	8015	8015	6933	5851	5851	5584	5318	5318	5318	5318	4530	4267
			燃气	16908	9530	2151	2151	2151	2151	2057	1963	1963	1466	968	968	871	774	774	774	774	521	437
	小型	出租车	汽油	512996	299164	85332	85332	85332	85332	79699	74066	74066	52704	31343	31343	26073	20803	20803	20803	20803	14189	11984
			柴油	140490	132113	123736	123736	123736	123736	111218	98701	98701	73306	47912	47912	47912	47912	35506	23099	23099	12718	9258
			燃气	287257	169625	51993	51993	51993	51993	48012	44032	44032	31685	19338	19338	15432	11526	11526	11526	11526	6769	5183
		其他	汽油	39037	23835	8633	8633	8633	8633	8596	8560	8560	7207	5854	5854	5554	5254	5254	5254	5254	4581	4357
			柴油	9171	8398	7624	7624	7624	7624	6457	5290	5290	3682	2073	2073	2073	2073	1732	1392	1392	960	816
			燃气	17191	10356	3521	3521	3521	3521	2892	2264	2264	1682	1101	1101	920	739	739	739	739	550	487
	中型	公交车	汽油	247419	247419	247419	247419	246822	168579	13287	13287	13287	13287	13287	13136	12984	12984	10556	8129	8129	8129	8129
			柴油	87806	87806	86086	82645	82645	64494	28192	28192	28192	20508	12823	12823	12823	12823	8958	5093	5093	4763	4653
			燃气	71579	71579	67602	59649	59649	57536	53311	53311	53311	42686	32061	32061	22219	22219	22154	22154	22154	22154	22154
		其他	汽油	128129	128129	128129	128129	127532	87210	7759	7759	7759	7759	7759	7614	7468	7468	6416	5365	5365	5365	5365
			柴油	30493	30493	28460	24394	24394	18567	6912	6912	6912	6506	6099	6099	6099	6099	3750	1402	1402	1243	1190
			燃气	34560	34560	32640	28800	28800	27780	25740	25740	25740	20623	15506	15506	10732	10732	9642	9642	9642	9642	9642
	大型	公交车	汽油	576727	576727	576727	576727	576130	388552	14590	14590	14590	14590	14590	14450	14311	14311	11545	8779	8779	8779	8779
			柴油	131708	131708	108010	60614	60614	60614	60614	60614	60614	43515	26416	26416	26416	26416	17675	8934	8934	5723	4653
			燃气	168926	168926	159541	140772	140772	135786	125815	125815	125815	100740	75665	75665	52438	52438	47188	47188	47188	47188	47188
		其他	汽油	1278025	1278025	1278025	1278025	1277428	860580	28077	28077	28077	28077	28077	21818	15559	15559	12368	9178	9178	9178	9178
			柴油	272891	272891	207397	76409	76409	76409	76409	76409	76409	55942	35476	35476	35476	35476	20706	5937	5937	5324	5119
			燃气	266186	266186	251398	221822	221822	213966	198253	198253	198253	158842	119430	119430	82662	82662	74261	74261	74261	74261	74261
载货汽车	微型		汽油	164995	89918	14841	14841	14841	14841	13982	13124	13124	12103	11082	11082	9416	7749	7749	7749	7749	6650	6283
			柴油	25481	23809	22137	22137	22137	22137	20261	18385	18385	13626	8866	8866	8866	8866	6145	3424	3424	2321	1953
			燃气	72417	38032	3646	3646	3646	3646	3430	3214	3214	2524	1833	1833	1481	1128	1128	1128	1128	765	643
	轻型		汽油	87380	53118	18857	18857	18857	18857	16460	14064	14064	12658	11252	11252	10062	8872	8872	8872	8872	7688	7294
			柴油	23476	22806	22137	22137	22137	22137	20261	18385	18385	13626	8866	8866	8866	8866	6720	4575	4575	3472	3104
			燃气	38480	23086	7691	7691	7691	7691	5705	3720	3720	2918	2116	2116	1682	1248	1248	1248	1248	923	815
	中型		汽油	423289	423289	423289	423289	422692	287312	17749	17749	17749	17749	17749	17609	17469	17469	13910	10351	10351	10351	10351
			柴油	98684	98684	92105	78947	78947	60087	22368	22368	22368	21062	19757	19757	19757	19757	14318	8880	8880	5284	4085
			燃气	111846	111846	105633	93206	93206	89903	83298	83298	83298	66764	50230	50230	67974	67974	33099	33099	33099	33099	33099
	重型		汽油	579800	579800	579800	579800	579202	390621	14653	14653	14653	14653	14653	11751	8849	8849	7400	5952	5952	5952	5952
			柴油	169466	169466	128794	47451	47451	47451	47451	47451	47451	34741	22031	22031	22031	22031	13718	5406	5406	3798	3262
			燃气	165302	165302	156120	137754	137754	132876	123118	123118	123118	98643	74167	74167	75269	75269	47322	47322	47322	47322	47322
低速汽车	三轮汽车			25300	25300	25300	25300	25300	25300	25300	25300	25300	16721	16721	16721	16721	16721	16721	16721	16721	16721	16721
	低速货车			33990	33990	33990	33990	33990	33990	33990	33990	33990	22464	22464	22464	22464	22464	22464	22464	22464	22464	22464
摩托车	普通摩托车			17897	17897	17897	17897	13356	8815	4719	4719	4719	4719	4719	3522	2324	2324	2324	2324	2324	2324	2324
	轻便摩托车			57876	57876	57876	57876	57876	11575	11575	5699	5699	5699	5699	4252	2806	2806	2806	2806	2806	2806	2806

达州市 NO_x 排放系数

单位：克/（辆·年）

车辆类型		使用性质	燃料种类	1999年年底前	2000年	2001年	2002年	2003年	2004年	2005年	2006年	2007年	2008年	2009年	2010年	2011年	2012年	2013年	2014年	2015年	2016年	2017年
载客汽车	微型	出租车	汽油	206494	140915	75336	75336	75336	75336	55882	36427	36427	27098	17769	17769	14468	11167	11167	11167	11167	6685	5191
			燃气	146474	100324	54175	54175	54175	54175	40288	26402	26402	19740	13078	13078	10582	8085	8085	8085	8085	4809	3717
		其他	汽油	29076	18338	7599	7599	7599	7599	4828	2057	2057	1678	1298	1298	1081	864	864	864	864	580	485
			燃气	19894	11902	3911	3911	3911	3911	2565	1219	1219	990	762	762	606	449	449	449	449	349	316
	小型	出租车	汽油	233311	155962	78614	78614	78614	78614	57772	36931	36931	27350	17769	17769	14008	10248	10248	10248	10248	5854	4390
			柴油	256127	215489	174851	174851	174851	174851	155340	135830	135830	108268	80707	80707	80707	80707	65462	50217	50217	37307	33004
			燃气	165382	110934	56486	56486	56486	56486	41622	26758	26758	19918	13078	13078	10257	7436	7436	7436	7436	4222	3151
		其他	汽油	27144	17426	7708	7708	7708	7708	5140	2573	2573	1808	1042	1042	934	825	825	825	825	548	456
			柴油	23776	19522	15267	15267	15267	15267	14020	12774	12774	10027	7280	7280	7280	7280	6256	5231	5231	4457	4199
			燃气	18532	11872	5211	5211	5211	5211	3397	1583	1583	1082	582	582	502	421	421	421	421	326	295
	中型	公交车	汽油	325173	325173	325173	325173	325173	222147	16096	16096	16096	16096	16096	14436	12775	12775	9644	6513	6513	6513	6513
			柴油	363802	363802	362948	361240	361240	346884	318171	318171	318171	265021	211871	211871	211871	211871	172902	133933	133933	112132	104865
			燃气	386276	386276	381677	372480	372480	360926	337819	337819	337819	281157	224495	224495	141968	141968	111188	111188	111188	111188	111188
		其他	汽油	199361	199361	199361	199361	199361	135233	6978	6978	6978	6978	6978	6978	6978	6978	5234	3490	3490	3490	3490
			柴油	170607	170607	163485	149242	149242	147980	145456	145456	145456	123880	102305	102305	102305	102305	90838	79370	79370	67743	63867
			燃气	192651	192651	181948	160543	160543	159030	156003	156003	156003	132826	109648	109648	85411	85411	68607	68607	68607	68607	68607
	大型	公交车	汽油	1158430	1158430	1158430	1158430	1158430	796559	72816	72816	72816	72816	72816	72752	72688	72688	54516	36345	36345	36345	36345
			柴油	515980	515980	499307	465961	465961	452721	426241	426241	426241	418560	410879	410879	410879	410879	396063	381247	381247	343676	331152
			燃气	1037426	1037426	979791	864522	864522	800369	672063	672063	672063	575834	479604	479604	446511	446511	387008	387008	387008	387008	387008
		其他	汽油	2764962	2764962	2764962	2764962	2764962	1901241	173798	173798	173798	173798	173798	167280	160763	160763	120701	80639	80639	80639	80639
			柴油	1235612	1235612	1203817	1140228	1140228	1113644	1060477	1060477	1060477	1023140	985803	985803	985803	985803	938490	891176	891176	788682	754517
			燃气	2299958	2299958	2172182	1916631	1916631	1774405	1489953	1489953	1489953	1277102	1064252	1064252	960136	960136	814590	814590	814590	814590	814590
载货汽车	微型		汽油	107526	64292	21059	21059	21059	21059	14620	8180	8180	6693	5206	5206	4516	3826	3826	3826	3826	2722	2354
			柴油	75980	63194	50409	50409	50409	50409	45214	40019	40019	33808	27598	27598	27598	27598	20193	12788	12788	10581	9845
			燃气	73570	42204	10838	10838	10838	10838	7843	4848	4848	3952	3056	3056	2522	1988	1988	1988	1988	1647	1534
	轻型		汽油	79925	51708	23490	23490	23490	23490	16166	8843	8843	7448	6052	6052	4984	3917	3917	3917	3917	2837	2477
			柴油	76230	63320	50409	50409	50409	50409	45214	40019	40019	33808	27598	27598	27598	27598	21874	16150	16150	14534	13995
			燃气	54567	35224	15880	15880	15880	15880	10660	5441	5441	4410	3380	3380	2690	1999	1999	1999	1999	1702	1602
	中型		汽油	291282	291282	291282	291282	291282	198861	14018	14018	14018	14018	14018	14018	14018	14018	10518	7017	7017	7017	7017
			柴油	550484	550484	494295	381916	381916	363160	325649	325649	325649	321282	316914	316914	316914	316914	278052	239191	239191	205965	194890
			燃气	621612	621612	551353	410836	410836	390311	349262	349262	349262	344461	339661	339661	257396	257396	209354	209354	209354	209354	209354
	重型		汽油	1127022	1127022	1127022	1127022	1127022	774962	70841	70841	70841	70841	70841	68184	65528	65528	49198	32869	32869	32869	32869
			柴油	689259	689259	665732	618679	618679	595796	550029	550029	550029	527972	505916	505916	505916	505916	442434	378951	378951	250961	208298
			燃气	1282981	1282981	1201970	1039949	1039949	950894	772782	772782	772782	659479	546176	546176	408275	408275	224882	224882	224882	224882	224882
低速汽车	三轮汽车			65550	65550	65550	65550	65550	65550	65550	65550	65550	53279	53279	53279	53279	53279	53279	53279	53279	53279	53279
	低速货车			88065	88065	88065	88065	88065	88065	88065	88065	88065	71579	71579	71579	71579	71579	71579	71579	71579	71579	71579
摩托车	普通摩托车			1336	1336	1336	1336	1292	1247	1158	1158	1158	1158	1158	1028	899	899	899	899	899	899	899
	轻便摩托车			890	890	890	890	890	445	445	445	445	445	445	396	346	346	346	346	346	346	346

达州市 PM 排放系数

单位：克/（辆·年）

车辆类型		使用性质	燃料种类	1999 年年底前	2000 年	2001 年	2002 年	2003 年	2004 年	2005 年	2006 年	2007 年	2008 年	2009 年	2010 年	2011 年	2012 年	2013 年	2014 年	2015 年	2016 年	2017 年
载客汽车	微型	出租车	汽油	—	—	—	—	—	—	—	—	—	—	—	—	—	—	—	—	—	—	—
			燃气	—	—	—	—	—	—	—	—	—	—	—	—	—	—	—	—	—	—	—
		其他	汽油	—	—	—	—	—	—	—	—	—	—	—	—	—	—	—	—	—	—	—
			燃气	—	—	—	—	—	—	—	—	—	—	—	—	—	—	—	—	—	—	—
	小型	出租车	汽油	—	—	—	—	—	—	—	—	—	—	—	—	—	—	—	—	—	—	—
			柴油	35088	32124	29161	29161	29161	29161	19792	10424	10424	6813	3202	3202	3202	3202	2976	2750	2750	2274	2115
			燃气	—	—	—	—	—	—	—	—	—	—	—	—	—	—	—	—	—	—	—
		其他	汽油	—	—	—	—	—	—	—	—	—	—	—	—	—	—	—	—	—	—	—
			柴油	3580	3388	3195	3195	3195	3195	2294	1394	1394	1022	650	650	650	650	543	436	436	436	436
			燃气	—	—	—	—	—	—	—	—	—	—	—	—	—	—	—	—	—	—	—
	中型	公交车	汽油	—	—	—	—	—	—	—	—	—	—	—	—	—	—	—	—	—	—	—
			柴油	30592	30592	28032	22913	22913	17978	8108	8108	8108	6872	5637	5637	5637	5637	3504	1372	1372	1080	983
			燃气	—	—	—	—	—	—	—	—	—	—	—	—	—	—	—	—	—	—	—
		其他	汽油	—	—	—	—	—	—	—	—	—	—	—	—	—	—	—	—	—	—	—
			柴油	15274	15274	12888	8116	8116	6262	2553	2553	2553	2434	2316	2316	2316	2316	1366	415	415	399	394
			燃气	—	—	—	—	—	—	—	—	—	—	—	—	—	—	—	—	—	—	—
	大型	公交车	汽油	—	—	—	—	—	—	—	—	—	—	—	—	—	—	—	—	—	—	—
			柴油	94865	94865	93934	92071	92071	71272	29674	29674	29674	19994	10315	10315	10315	10315	6116	1916	1916	1845	1821
			燃气	—	—	—	—	—	—	—	—	—	—	—	—	—	—	—	—	—	—	—
		其他	汽油	—	—	—	—	—	—	—	—	—	—	—	—	—	—	—	—	—	—	—
			柴油	142314	142314	133412	115607	115607	85425	25061	25061	25061	17182	9303	9303	9303	9303	5868	2433	2433	2343	2313
			燃气	—	—	—	—	—	—	—	—	—	—	—	—	—	—	—	—	—	—	—
载货汽车	微型		汽油	—	—	—	—	—	—	—	—	—	—	—	—	—	—	—	—	—	—	—
			柴油	9193	9003	8813	8813	8813	8813	7168	5522	5522	4098	2675	2675	2675	2675	1684	693	693	690	689
			燃气	—	—	—	—	—	—	—	—	—	—	—	—	—	—	—	—	—	—	—
	轻型		汽油	—	—	—	—	—	—	—	—	—	—	—	—	—	—	—	—	—	—	—
			柴油	9561	9187	8813	8813	8813	8813	7168	5522	5522	4098	2675	2675	2675	2675	2017	1359	1359	1122	1043
			燃气	—	—	—	—	—	—	—	—	—	—	—	—	—	—	—	—	—	—	—
	中型		汽油	—	—	—	—	—	—	—	—	—	—	—	—	—	—	—	—	—	—	—
			柴油	47560	47560	40024	24951	24951	19219	7756	7756	7756	7348	6940	6940	6940	6940	4450	1959	1959	1794	1739
			燃气	—	—	—	—	—	—	—	—	—	—	—	—	—	—	—	—	—	—	—
	重型		汽油	—	—	—	—	—	—	—	—	—	—	—	—	—	—	—	—	—	—	—
			柴油	92033	92033	75644	42867	42867	34036	16375	16375	16375	11221	6067	6067	6067	6067	4102	2138	2138	1807	1697
			燃气	—	—	—	—	—	—	—	—	—	—	—	—	—	—	—	—	—	—	—
低速汽车	三轮汽车			4092	4092	4092	4092	4092	4092	4092	4092	4092	3220	3220	3220	3220	3220	3220	3220	3220	3220	3220
	低速货车			5581	5581	5581	5581	5581	5581	5581	5581	5581	4392	4392	4392	4392	4392	4392	4392	4392	4392	4392
摩托车	普通摩托车			—	—	—	—	—	—	—	—	—	—	—	—	—	—	—	—	—	—	—
	轻便摩托车			—	—	—	—	—	—	—	—	—	—	—	—	—	—	—	—	—	—	—

达州市 VOCs 排放系数

单位：克/（辆·年）

车辆类型		使用性质	燃料种类	1999 年年底前	2000 年	2001 年	2002 年	2003 年	2004 年	2005 年	2006 年	2007 年	2008 年	2009 年	2010 年	2011 年	2012 年	2013 年	2014 年	2015 年	2016 年	2017 年
载客汽车	微型	出租车	汽油	512996	303766	94536	94536	94536	94536	71909	49282	49282	40312	31343	31343	26073	20803	20803	20803	20803	15030	13105
			燃气	287257	172161	57065	57065	57065	57065	43720	30374	30374	24856	19338	19338	15432	11526	11526	11526	11526	7232	5801
		其他	汽油	38523	23639	8755	8755	8755	8755	8385	8015	8015	6933	5851	5851	5584	5318	5318	5318	5318	4530	4267
			燃气	16908	9530	2151	2151	2151	2151	2057	1963	1963	1466	968	968	871	774	774	774	774	521	437
	小型	出租车	汽油	512996	299164	85332	85332	85332	85332	79699	74066	74066	52704	31343	31343	26073	20803	20803	20803	20803	14189	11984
			柴油	140490	132113	123736	123736	123736	123736	111218	98701	98701	73306	47912	47912	47912	47912	35506	23099	23099	12718	9258
			燃气	287257	169625	51993	51993	51993	51993	48012	44032	44032	31685	19338	19338	15432	11526	11526	11526	11526	6769	5183
		其他	汽油	39037	23835	8633	8633	8633	8633	8596	8560	8560	7207	5854	5854	5554	5254	5254	5254	5254	4581	4357
			柴油	9171	8398	7624	7624	7624	7624	6457	5290	5290	3682	2073	2073	2073	2073	1732	1392	1392	960	816
			燃气	17191	10356	3521	3521	3521	3521	2892	2264	2264	1682	1101	1101	920	739	739	739	739	550	487
	中型	公交车	汽油	247419	247419	247419	247419	246822	168579	13287	13287	13287	13287	13287	13136	12984	12984	10556	8129	8129	8129	8129
			柴油	87806	87806	86086	82645	82645	64494	28192	28192	28192	20508	12823	12823	12823	12823	8958	5093	5093	4763	4653
			燃气	71579	71579	67602	59649	59649	57536	53311	53311	53311	42686	32061	32061	22219	22219	22154	22154	22154	22154	22154
		其他	汽油	128129	128129	128129	128129	127532	87210	7759	7759	7759	7759	7759	7614	7468	7468	6416	5365	5365	5365	5365
			柴油	30493	30493	28460	24394	24394	18567	6912	6912	6912	6506	6099	6099	6099	6099	3750	1402	1402	1243	1190
			燃气	34560	34560	32640	28800	28800	27780	25740	25740	25740	20623	15506	15506	10732	10732	9642	9642	9642	9642	9642
	大型	公交车	汽油	576727	576727	576727	576727	576130	388552	14590	14590	14590	14590	14590	14450	14311	14311	11545	8779	8779	8779	8779
			柴油	131708	131708	108010	60614	60614	60614	60614	60614	60614	43515	26416	26416	26416	26416	17675	8934	8934	5723	4653
			燃气	168926	168926	159541	140772	140772	135786	125815	125815	125815	100740	75665	75665	52438	52438	47188	47188	47188	47188	47188
		其他	汽油	1278025	1278025	1278025	1278025	1277428	860580	28077	28077	28077	28077	28077	21818	15559	15559	12368	9178	9178	9178	9178
			柴油	272891	272891	207397	76409	76409	76409	76409	76409	76409	55942	35476	35476	35476	35476	20706	5937	5937	5324	5119
			燃气	266186	266186	251398	221822	221822	213966	198253	198253	198253	158842	119430	119430	82662	82662	74261	74261	74261	74261	74261
载货汽车	微型		汽油	218882	119130	19379	19379	19379	19379	18146	16913	16913	15534	14155	14155	11767	9379	9379	9379	9379	7818	7298
			柴油	38150	35621	33092	33092	33092	33092	30112	27132	27132	20332	13533	13533	13533	13533	9426	5319	5319	3433	2804
			燃气	96069	50415	4761	4761	4761	4761	4452	4142	4142	3242	2342	2342	1853	1365	1365	1365	1365	902	747
	轻型		汽油	115342	70040	24737	24737	24737	24737	21452	18166	18166	16274	14382	14382	12630	10877	10877	10877	10877	9205	8648
			柴油	35475	34284	33092	33092	33092	33092	30112	27132	27132	20332	13533	13533	13533	13533	10194	6854	6854	4968	4339
			燃气	50794	30442	10089	10089	10089	10089	7447	4805	4805	3755	2705	2705	2117	1530	1530	1530	1530	1107	967
	中型		汽油	423289	423289	423289	423289	422692	287312	17749	17749	17749	17749	17749	17609	17469	17469	13910	10351	10351	10351	10351
			柴油	98684	98684	92105	78947	78947	60087	22368	22368	22368	21062	19757	19757	19757	19757	14318	8880	8880	5284	4085
			燃气	111846	111846	105633	93206	93206	89903	83298	83298	83298	66764	50230	50230	67974	67974	33099	33099	33099	33099	33099
	重型		汽油	579800	579800	579800	579800	579202	390621	14653	14653	14653	14653	14653	11751	8849	8849	7400	5952	5952	5952	5952
			柴油	169466	169466	128794	47451	47451	47451	47451	47451	47451	34741	22031	22031	22031	22031	13718	5406	5406	3798	3262
			燃气	165302	165302	156120	137754	137754	132876	123118	123118	123118	98643	74167	74167	75269	75269	47322	47322	47322	47322	47322
低速汽车	三轮汽车			25300	25300	25300	25300	25300	25300	25300	25300	25300	16721	16721	16721	16721	16721	16721	16721	16721	16721	16721
	低速货车			33990	33990	33990	33990	33990	33990	33990	33990	33990	22464	22464	22464	22464	22464	22464	22464	22464	22464	22464
摩托车	普通摩托车			17897	17897	17897	17897	13356	8815	4719	4719	4719	4719	4719	3522	2324	2324	2324	2324	2324	2324	2324
	轻便摩托车			57876	57876	57876	57876	57876	11575	11575	5699	5699	5699	5699	4252	2806	2806	2806	2806	2806	2806	2806

雅安市 NO_x 排放系数

单位：克/（辆·年）

车辆类型		使用性质	燃料种类	1999年年底前	2000年	2001年	2002年	2003年	2004年	2005年	2006年	2007年	2008年	2009年	2010年	2011年	2012年	2013年	2014年	2015年	2016年	2017年
载客汽车	微型	出租车	汽油	267512	180280	93049	93049	93049	93049	67970	42892	42892	31162	19431	19431	16020	12610	12610	12610	12610	7983	6441
			燃气	146474	100324	54175	54175	54175	54175	40288	26402	26402	19740	13078	13078	10582	8085	8085	8085	8085	4809	3717
		其他	汽油	38472	24178	9884	9884	9884	9884	6191	2498	2498	2028	1557	1557	1290	1023	1023	1023	1023	724	625
			燃气	19894	11902	3911	3911	3911	3911	2565	1219	1219	990	762	762	606	449	449	449	449	349	316
	小型	出租车	汽油	303482	200464	97445	97445	97445	97445	70506	43568	43568	31500	19431	19431	15404	11376	11376	11376	11376	6868	5366
			柴油	256250	215587	174924	174924	174924	174924	155406	135889	135889	108314	80739	80739	80739	80739	65490	50241	50241	37329	33025
			燃气	165382	110934	56486	56486	56486	56486	41622	26758	26758	19918	13078	13078	10257	7436	7436	7436	7436	4222	3151
		其他	汽油	35881	22955	10029	10029	10029	10029	6610	3190	3190	2202	1214	1214	1092	971	971	971	971	682	586
			柴油	23791	19534	15277	15277	15277	15277	14030	12782	12782	10033	7284	7284	7284	7284	6260	5235	5235	4460	4202
			燃气	18532	11872	5211	5211	5211	5211	3397	1583	1583	1082	582	582	502	421	421	421	421	326	295
	中型	公交车	汽油	436155	436155	436155	436155	436155	297967	21590	21590	21590	21590	21590	19362	17135	17135	12936	8736	8736	8736	8736
			柴油	364060	364060	363205	361496	361496	347129	318396	318396	318396	265208	212021	212021	212021	212021	173024	134028	134028	112211	104939
			燃气	386549	386549	381947	372744	372744	361182	338058	338058	338058	281356	224654	224654	142068	142068	111267	111267	111267	111267	111267
		其他	汽油	267403	267403	267403	267403	267403	181388	9359	9359	9359	9359	9359	9359	9359	9359	7020	4680	4680	4680	4680
			柴油	170728	170728	163601	149347	149347	148084	145559	145559	145559	123968	102377	102377	102377	102377	90902	79426	79426	67790	63912
			燃气	192788	192788	182077	160656	160656	159142	156114	156114	156114	132920	109726	109726	85472	85472	68656	68656	68656	68656	68656
	大型	公交车	汽油	1553802	1553802	1553802	1553802	1553802	1068424	97668	97668	97668	97668	97668	97582	97496	97496	73122	48749	48749	48749	48749
			柴油	516346	516346	499661	466291	466291	453042	426543	426543	426543	418856	411170	411170	411170	411170	396344	381517	381517	343920	331387
			燃气	1038161	1038161	980485	865134	865134	800936	672539	672539	672539	576242	479944	479944	446827	446827	387282	387282	387282	387282	387282
		其他	汽油	3708642	3708642	3708642	3708642	3708642	2550133	233115	233115	233115	233115	233115	224373	215631	215631	161896	108161	108161	108161	108161
			柴油	1236488	1236488	1204671	1141036	1141036	1114434	1061229	1061229	1061229	1023866	986502	986502	986502	986502	939155	891808	891808	789241	755052
			燃气	2301588	2301588	2173722	1917990	1917990	1775663	1491009	1491009	1491009	1278008	1065006	1065006	960817	960817	815168	815168	815168	815168	815168
载货汽车	微型		汽油	114541	67800	21059	21059	21059	21059	14300	7540	7540	6102	4663	4663	4142	3620	3620	3620	3620	2734	2438
			柴油	59268	49077	38886	38886	38886	38886	34934	30982	30982	26202	21423	21423	21423	21423	15682	9941	9941	8371	7848
			燃气	59230	33781	8333	8333	8333	8333	6006	3679	3679	2981	2282	2282	1935	1589	1589	1589	1589	1322	1233
	轻型		汽油	84596	54146	23697	23697	23697	23697	15978	8259	8259	6920	5582	5582	4650	3719	3719	3719	3719	2857	2570
			柴油	59471	49178	38886	38886	38886	38886	34934	30982	30982	26202	21423	21423	21423	21423	17042	12662	12662	11571	11207
			燃气	43693	28003	12313	12313	12313	12313	8206	4098	4098	3387	2676	2676	2144	1612	1612	1612	1612	1373	1294
	中型		汽油	390318	390318	390318	390318	390318	266473	18784	18784	18784	18784	18784	18784	18784	18784	14094	9403	9403	9403	9403
			柴油	550484	550484	494295	381916	381916	363160	325649	325649	325649	321282	316914	316914	316914	316914	278052	239191	239191	205965	194890
			燃气	621613	621613	551354	410836	410836	390312	349263	349263	349263	344463	339663	339663	257398	257398	209356	209356	209356	209356	209356
	重型		汽油	1510209	1510209	1510209	1510209	1510209	1038448	94927	94927	94927	94927	94927	91368	87808	87808	65926	44044	44044	44044	44044
			柴油	689259	689259	665732	618679	618679	595796	550029	550029	550029	527972	505916	505916	505916	505916	442434	378951	378951	250961	208298
			燃气	1282981	1282981	1201970	1039950	1039950	950894	772782	772782	772782	659479	546176	546176	408275	408275	224882	224882	224882	224882	224882
低速汽车	三轮汽车			65550	65550	65550	65550	65550	65550	65550	65550	65550	53279	53279	53279	53279	53279	53279	53279	53279	53279	53279
	低速货车			88065	88065	88065	88065	88065	88065	88065	88065	88065	71579	71579	71579	71579	71579	71579	71579	71579	71579	71579
摩托车	普通摩托车			1336	1336	1336	1336	1292	1247	1158	1158	1158	1158	1158	1028	899	899	899	899	899	899	899
	轻便摩托车			890	890	890	890	890	445	445	445	445	445	445	396	346	346	346	346	346	346	346

雅安市 PM 排放系数

单位：克/（辆·年）

车辆类型		使用性质	燃料种类	1999 年年底前	2000 年	2001 年	2002 年	2003 年	2004 年	2005 年	2006 年	2007 年	2008 年	2009 年	2010 年	2011 年	2012 年	2013 年	2014 年	2015 年	2016 年	2017 年
载客汽车	微型	出租车	汽油	—	—	—	—	—	—	—	—	—	—	—	—	—	—	—	—	—	—	—
			燃气	—	—	—	—	—	—	—	—	—	—	—	—	—	—	—	—	—	—	—
		其他	汽油	—	—	—	—	—	—	—	—	—	—	—	—	—	—	—	—	—	—	—
			燃气	—	—	—	—	—	—	—	—	—	—	—	—	—	—	—	—	—	—	—
	小型	出租车	汽油	—	—	—	—	—	—	—	—	—	—	—	—	—	—	—	—	—	—	—
			柴油	35088	32124	29161	29161	29161	29161	19792	10424	10424	6813	3202	3202	3202	3202	2976	2750	2750	2274	2115
			燃气	—	—	—	—	—	—	—	—	—	—	—	—	—	—	—	—	—	—	—
		其他	汽油	—	—	—	—	—	—	—	—	—	—	—	—	—	—	—	—	—	—	—
			柴油	3580	3388	3195	3195	3195	3195	2294	1394	1394	1022	650	650	650	650	543	436	436	436	436
			燃气	—	—	—	—	—	—	—	—	—	—	—	—	—	—	—	—	—	—	—
	中型	公交车	汽油	—	—	—	—	—	—	—	—	—	—	—	—	—	—	—	—	—	—	—
			柴油	30592	30592	28032	22913	22913	17978	8108	8108	8108	6872	5637	5637	5637	5637	3504	1372	1372	1080	983
			燃气	—	—	—	—	—	—	—	—	—	—	—	—	—	—	—	—	—	—	—
		其他	汽油	—	—	—	—	—	—	—	—	—	—	—	—	—	—	—	—	—	—	—
			柴油	15274	15274	12888	8116	8116	6262	2553	2553	2553	2434	2316	2316	2316	2316	1366	415	415	399	394
			燃气	—	—	—	—	—	—	—	—	—	—	—	—	—	—	—	—	—	—	—
	大型	公交车	汽油	—	—	—	—	—	—	—	—	—	—	—	—	—	—	—	—	—	—	—
			柴油	94865	94865	93934	92071	92071	71272	29674	29674	29674	19994	10315	10315	10315	10315	6116	1916	1916	1845	1821
			燃气	—	—	—	—	—	—	—	—	—	—	—	—	—	—	—	—	—	—	—
		其他	汽油	—	—	—	—	—	—	—	—	—	—	—	—	—	—	—	—	—	—	—
			柴油	142314	142314	133412	115607	115607	85425	25061	25061	25061	17182	9303	9303	9303	9303	5868	2433	2433	2343	2313
			燃气	—	—	—	—	—	—	—	—	—	—	—	—	—	—	—	—	—	—	—
载货汽车	微型		汽油	—	—	—	—	—	—	—	—	—	—	—	—	—	—	—	—	—	—	—
			柴油	7436	7282	7129	7129	7129	7129	5798	4467	4467	3316	2164	2164	2164	2164	1362	561	561	558	557
			燃气	—	—	—	—	—	—	—	—	—	—	—	—	—	—	—	—	—	—	—
	轻型		汽油	—	—	—	—	—	—	—	—	—	—	—	—	—	—	—	—	—	—	—
			柴油	7734	7432	7129	7129	7129	7129	5798	4467	4467	3316	2164	2164	2164	2164	1632	1099	1099	908	844
			燃气	—	—	—	—	—	—	—	—	—	—	—	—	—	—	—	—	—	—	—
	中型		汽油	—	—	—	—	—	—	—	—	—	—	—	—	—	—	—	—	—	—	—
			柴油	47560	47560	40024	24951	24951	19219	7756	7756	7756	7348	6940	6940	6940	6940	4450	1959	1959	1794	1739
			燃气	—	—	—	—	—	—	—	—	—	—	—	—	—	—	—	—	—	—	—
	重型		汽油	—	—	—	—	—	—	—	—	—	—	—	—	—	—	—	—	—	—	—
			柴油	92033	92033	75644	42867	42867	34036	16375	16375	16375	11221	6067	6067	6067	6067	4102	2138	2138	1807	1697
			燃气	—	—	—	—	—	—	—	—	—	—	—	—	—	—	—	—	—	—	—
低速汽车	三轮汽车			4092	4092	4092	4092	4092	4092	4092	4092	4092	3220	3220	3220	3220	3220	3220	3220	3220	3220	3220
	低速货车			5581	5581	5581	5581	5581	5581	5581	5581	5581	4392	4392	4392	4392	4392	4392	4392	4392	4392	4392
摩托车	普通摩托车			—	—	—	—	—	—	—	—	—	—	—	—	—	—	—	—	—	—	—
	轻便摩托车			—	—	—	—	—	—	—	—	—	—	—	—	—	—	—	—	—	—	—

雅安市 VOCs 排放系数

单位：克/（辆·年）

车辆类型		使用性质	燃料种类	1999 年年底前	2000 年	2001 年	2002 年	2003 年	2004 年	2005 年	2006 年	2007 年	2008 年	2009 年	2010 年	2011 年	2012 年	2013 年	2014 年	2015 年	2016 年	2017 年
载客汽车	微型	出租车	汽油	513023	303793	94563	94563	94563	94563	71936	49308	49308	40339	31370	31370	26100	20830	20830	20830	20830	15056	13131
			燃气	287257	172161	57065	57065	57065	57065	43720	30374	30374	24856	19338	19338	15432	11526	11526	11526	11526	7232	5801
		其他	汽油	38550	23666	8782	8782	8782	8782	8412	8042	8042	6960	5878	5878	5611	5344	5344	5344	5344	4556	4294
			燃气	16908	9530	2151	2151	2151	2151	2057	1963	1963	1466	968	968	871	774	774	774	774	521	437
	小型	出租车	汽油	513023	299191	85359	85359	85359	85359	79726	74093	74093	52732	31370	31370	26100	20830	20830	20830	20830	14216	12011
			柴油	140490	132113	123736	123736	123736	123736	111218	98701	98701	73306	47912	47912	47912	47912	35506	23099	23099	12718	9258
			燃气	287257	169625	51993	51993	51993	51993	48012	44032	44032	31685	19338	19338	15432	11526	11526	11526	11526	6769	5183
		其他	汽油	39064	23862	8659	8659	8659	8659	8623	8587	8587	7234	5881	5881	5581	5281	5281	5281	5281	4608	4384
			柴油	9171	8398	7624	7624	7624	7624	6457	5290	5290	3682	2073	2073	2073	2073	1732	1392	1392	960	816
			燃气	17191	10356	3521	3521	3521	3521	2892	2264	2264	1682	1101	1101	920	739	739	739	739	550	487
	中型	公交车	汽油	247446	247446	247446	247446	246849	168606	13314	13314	13314	13314	13314	13162	13010	13010	10583	8156	8156	8156	8156
			柴油	87806	87806	86086	82645	82645	64494	28192	28192	28192	20508	12823	12823	12823	12823	8958	5093	5093	4763	4653
			燃气	71579	71579	67602	59649	59649	57536	53311	53311	53311	42686	32061	32061	22219	22219	22154	22154	22154	22154	22154
		其他	汽油	128156	128156	128156	128156	127559	87237	7786	7786	7786	7786	7786	7640	7495	7495	6444	5392	5392	5392	5392
			柴油	30493	30493	28460	24394	24394	18567	6912	6912	6912	6506	6099	6099	6099	6099	3750	1402	1402	1243	1190
			燃气	34560	34560	32640	28800	28800	27780	25740	25740	25740	20623	15506	15506	10732	10732	9642	9642	9642	9642	9642
	大型	公交车	汽油	576754	576754	576754	576754	576157	388579	14617	14617	14617	14617	14617	14478	14338	14338	11572	8806	8806	8806	8806
			柴油	131708	131708	108010	60614	60614	60614	60614	60614	60614	43515	26416	26416	26416	26416	17675	8934	8934	5723	4653
			燃气	168926	168926	159541	140772	140772	135786	125815	125815	125815	100740	75665	75665	52438	52438	47188	47188	47188	47188	47188
		其他	汽油	1278052	1278052	1278052	1278052	1277455	860607	28104	28104	28104	28104	28104	21845	15586	15586	12396	9205	9205	9205	9205
			柴油	272891	272891	207397	76409	76409	76409	76409	76409	76409	55942	35476	35476	35476	35476	20706	5937	5937	5324	5119
			燃气	266186	266186	251398	221822	221822	213966	198253	198253	198253	158842	119430	119430	82662	82662	74261	74261	74261	74261	74261
载货汽车	微型		汽油	177706	96794	15882	15882	15882	15882	14943	14004	14004	12904	11804	11804	9974	8145	8145	8145	8145	6946	6546
			柴油	28285	26424	24563	24563	24563	24563	22447	20331	20331	15110	9890	9890	9890	9890	6862	3835	3835	2567	2144
			燃气	77942	40916	3890	3890	3890	3890	3654	3418	3418	2681	1944	1944	1562	1180	1180	1180	1180	795	666
	轻型		汽油	93956	57086	20216	20216	20216	20216	17617	15018	15018	13502	11987	11987	10672	9356	9356	9356	9356	8067	7637
			柴油	26122	25342	24563	24563	24563	24563	22447	20331	20331	15110	9890	9890	9890	9890	7484	5077	5077	3808	3385
			燃气	41347	24784	8220	8220	8220	8220	6090	3960	3960	3102	2244	2244	1777	1309	1309	1309	1309	964	848
	中型		汽油	423316	423316	423316	423316	422718	287339	17776	17776	17776	17776	17776	17636	17496	17496	13937	10378	10378	10378	10378
			柴油	98684	98684	92105	78947	78947	60087	22368	22368	22368	21062	19757	19757	19757	19757	14318	8880	8880	5284	4085
			燃气	111846	111846	105633	93206	93206	89903	83298	83298	83298	66764	50230	50230	67974	67974	33099	33099	33099	33099	33099
	重型		汽油	579827	579827	579827	579827	579230	390648	14680	14680	14680	14680	14680	11778	8876	8876	7428	5979	5979	5979	5979
			柴油	169466	169466	128794	47451	47451	47451	47451	47451	47451	34741	22031	22031	22031	22031	13718	5406	5406	3798	3262
			燃气	165302	165302	156120	137754	137754	132876	123118	123118	123118	98643	74167	74167	75269	75269	47322	47322	47322	47322	47322
低速汽车	三轮汽车			25300	25300	25300	25300	25300	25300	25300	25300	25300	16721	16721	16721	16721	16721	16721	16721	16721	16721	16721
	低速货车			33990	33990	33990	33990	33990	33990	33990	33990	33990	22464	22464	22464	22464	22464	22464	22464	22464	22464	22464
摩托车	普通摩托车			17897	17897	17897	17897	13356	8815	4719	4719	4719	4719	4719	3522	2324	2324	2324	2324	2324	2324	2324
	轻便摩托车			57876	57876	57876	57876	57876	11575	11575	5699	5699	5699	5699	4252	2806	2806	2806	2806	2806	2806	2806

巴中市 NO_x 排放系数

单位：克/（辆·年）

车辆类型		使用性质	燃料种类	1999年年底前	2000年	2001年	2002年	2003年	2004年	2005年	2006年	2007年	2008年	2009年	2010年	2011年	2012年	2013年	2014年	2015年	2016年	2017年
载客汽车	微型	出租车	汽油	216871	147610	78349	78349	78349	78349	57938	37526	37526	27788	18051	18051	14732	11413	11413	11413	11413	6906	5404
			燃气	146474	100324	54175	54175	54175	54175	40288	26402	26402	19740	13078	13078	10582	8085	8085	8085	8085	4809	3717
		其他	汽油	30674	19331	7988	7988	7988	7988	5060	2132	2132	1737	1342	1342	1116	891	891	891	891	604	509
			燃气	19894	11902	3911	3911	3911	3911	2565	1219	1219	990	762	762	606	449	449	449	449	349	316
	小型	出租车	汽油	245245	163531	81817	81817	81817	81817	59938	38059	38059	28055	18051	18051	14245	10439	10439	10439	10439	6027	4556
			柴油	266169	223506	180842	180842	180842	180842	160734	140626	140626	112001	83376	83376	83376	83376	67781	52186	52186	39036	34652
			燃气	165382	110934	56486	56486	56486	56486	41622	26758	26758	19918	13078	13078	10257	7436	7436	7436	7436	4222	3151
		其他	汽油	28630	18366	8102	8102	8102	8102	5390	2678	2678	1875	1072	1072	961	850	850	850	850	571	478
			柴油	25030	20536	16043	16043	16043	16043	14736	13430	13430	10538	7646	7646	7646	7646	6574	5503	5503	4702	4435
			燃气	18532	11872	5211	5211	5211	5211	3397	1583	1583	1082	582	582	502	421	421	421	421	326	295
	中型	公交车	汽油	325154	325154	325154	325154	325154	222134	16095	16095	16095	16095	16095	14434	12774	12774	9644	6513	6513	6513	6513
			柴油	363786	363786	362932	361224	361224	346868	318157	318157	318157	265010	211862	211862	211862	211862	172894	133927	133927	112127	104860
			燃气	386259	386259	381661	372464	372464	360911	337804	337804	337804	281144	224485	224485	141962	141962	111183	111183	111183	111183	111183
		其他	汽油	199349	199349	199349	199349	199349	135225	6977	6977	6977	6977	6977	6977	6977	6977	5233	3489	3489	3489	3489
			柴油	170599	170599	163478	149235	149235	147973	145449	145449	145449	123874	102300	102300	102300	102300	90833	79366	79366	67740	63864
			燃气	192642	192642	181940	160535	160535	159022	155996	155996	155996	132820	109643	109643	85408	85408	68604	68604	68604	68604	68604
	大型	公交车	汽油	1158360	1158360	1158360	1158360	1158360	796510	72811	72811	72811	72811	72811	72747	72683	72683	54513	36343	36343	36343	36343
			柴油	515957	515957	499285	465940	465940	452701	426222	426222	426222	418542	410861	410861	410861	410861	396046	381230	381230	343660	331137
			燃气	1037380	1037380	979748	864483	864483	800333	672033	672033	672033	575808	479582	479582	446491	446491	386991	386991	386991	386991	386991
		其他	汽油	2764795	2764795	2764795	2764795	2764795	1901126	173787	173787	173787	173787	173787	167270	160753	160753	120694	80634	80634	80634	80634
			柴油	1235557	1235557	1203764	1140177	1140177	1113595	1060430	1060430	1060430	1023095	985760	985760	985760	985760	938448	891137	891137	788647	754484
			燃气	2299856	2299856	2172086	1916546	1916546	1774326	1489887	1489887	1489887	1277046	1064205	1064205	960094	960094	814554	814554	814554	814554	814554
载货汽车	微型		汽油	92411	54958	17506	17506	17506	17506	12026	6547	6547	5327	4107	4107	3612	3117	3117	3117	3117	2276	1995
			柴油	63030	52145	41260	41260	41260	41260	37076	32891	32891	27822	22753	22753	22753	22753	16652	10551	10551	8922	8379
			燃气	59934	34253	8571	8571	8571	8571	6157	3743	3743	3038	2332	2332	1951	1571	1571	1571	1571	1322	1239
	轻型		汽油	68483	44048	19614	19614	19614	19614	13368	7122	7122	5982	4841	4841	4018	3196	3196	3196	3196	2375	2101
			柴油	63247	52254	41260	41260	41260	41260	37076	32891	32891	27822	22753	22753	22753	22753	18110	13466	13466	12349	11977
			燃气	44329	28472	12615	12615	12615	12615	8413	4210	4210	3419	2628	2628	2106	1583	1583	1583	1583	1368	1297
	中型		汽油	291282	291282	291282	291282	291282	198861	14018	14018	14018	14018	14018	14018	14018	14018	10518	7017	7017	7017	7017
			柴油	550484	550484	494295	381916	381916	363160	325649	325649	325649	321282	316914	316914	316914	316914	278052	239191	239191	205965	194890
			燃气	621612	621612	551353	410834	410834	390311	349263	349263	349263	344462	339662	339662	257400	257400	209355	209355	209355	209355	209355
	重型		汽油	1127022	1127022	1127022	1127022	1127022	774962	70841	70841	70841	70841	70841	68184	65528	65528	49198	32869	32869	32869	32869
			柴油	689259	689259	665732	618679	618679	595796	550029	550029	550029	527972	505916	505916	505916	505916	442434	378951	378951	250961	208298
			燃气	1282981	1282981	1201971	1039950	1039950	950894	772782	772782	772782	659479	546176	546176	408275	408275	224882	224882	224882	224882	224882
低速汽车	三轮汽车			65550	65550	65550	65550	65550	65550	65550	65550	65550	53279	53279	53279	53279	53279	53279	53279	53279	53279	53279
	低速货车			88065	88065	88065	88065	88065	88065	88065	88065	88065	71579	71579	71579	71579	71579	71579	71579	71579	71579	71579
摩托车	普通摩托车			1336	1336	1336	1336	1292	1247	1158	1158	1158	1158	1158	1028	899	899	899	899	899	899	899
	轻便摩托车			890	890	890	890	890	445	445	445	445	445	445	396	346	346	346	346	346	346	346

巴中市 PM 排放系数

单位：克/（辆·年）

车辆类型		使用性质	燃料种类	1999 年年底前	2000 年	2001 年	2002 年	2003 年	2004 年	2005 年	2006 年	2007 年	2008 年	2009 年	2010 年	2011 年	2012 年	2013 年	2014 年	2015 年	2016 年	2017 年
载客汽车	微型	出租车	汽油	—	—	—	—	—	—	—	—	—	—	—	—	—	—	—	—	—	—	—
			燃气	—	—	—	—	—	—	—	—	—	—	—	—	—	—	—	—	—	—	—
		其他	汽油	—	—	—	—	—	—	—	—	—	—	—	—	—	—	—	—	—	—	—
			燃气	—	—	—	—	—	—	—	—	—	—	—	—	—	—	—	—	—	—	—
	小型	出租车	汽油	—	—	—	—	—	—	—	—	—	—	—	—	—	—	—	—	—	—	—
			柴油	35088	32124	29161	29161	29161	29161	19792	10424	10424	6813	3202	3202	3202	3202	2976	2750	2750	2274	2115
			燃气	—	—	—	—	—	—	—	—	—	—	—	—	—	—	—	—	—	—	—
		其他	汽油	—	—	—	—	—	—	—	—	—	—	—	—	—	—	—	—	—	—	—
			柴油	3580	3388	3195	3195	3195	3195	2294	1394	1394	1022	650	650	650	650	543	436	436	436	436
			燃气	—	—	—	—	—	—	—	—	—	—	—	—	—	—	—	—	—	—	—
	中型	公交车	汽油	—	—	—	—	—	—	—	—	—	—	—	—	—	—	—	—	—	—	—
			柴油	30592	30592	28032	22913	22913	17978	8108	8108	8108	6872	5637	5637	5637	5637	3504	1372	1372	1080	983
			燃气	—	—	—	—	—	—	—	—	—	—	—	—	—	—	—	—	—	—	—
		其他	汽油	—	—	—	—	—	—	—	—	—	—	—	—	—	—	—	—	—	—	—
			柴油	15274	15274	12888	8116	8116	6262	2553	2553	2553	2434	2316	2316	2316	2316	1366	415	415	399	394
			燃气	—	—	—	—	—	—	—	—	—	—	—	—	—	—	—	—	—	—	—
	大型	公交车	汽油	—	—	—	—	—	—	—	—	—	—	—	—	—	—	—	—	—	—	—
			柴油	94865	94865	93934	92071	92071	71272	29674	29674	29674	19994	10315	10315	10315	10315	6116	1916	1916	1845	1821
			燃气	—	—	—	—	—	—	—	—	—	—	—	—	—	—	—	—	—	—	—
		其他	汽油	—	—	—	—	—	—	—	—	—	—	—	—	—	—	—	—	—	—	—
			柴油	142314	142314	133412	115607	115607	85425	25061	25061	25061	17182	9303	9303	9303	9303	5868	2433	2433	2343	2313
			燃气	—	—	—	—	—	—	—	—	—	—	—	—	—	—	—	—	—	—	—
载货汽车	微型		汽油	—	—	—	—	—	—	—	—	—	—	—	—	—	—	—	—	—	—	—
			柴油	7533	7377	7221	7221	7221	7221	5873	4525	4525	3358	2192	2192	2192	2192	1380	568	568	566	565
			燃气	—	—	—	—	—	—	—	—	—	—	—	—	—	—	—	—	—	—	—
	轻型		汽油	—	—	—	—	—	—	—	—	—	—	—	—	—	—	—	—	—	—	—
			柴油	7834	7528	7221	7221	7221	7221	5873	4525	4525	3358	2192	2192	2192	2192	1653	1114	1114	920	855
			燃气	—	—	—	—	—	—	—	—	—	—	—	—	—	—	—	—	—	—	—
	中型		汽油	—	—	—	—	—	—	—	—	—	—	—	—	—	—	—	—	—	—	—
			柴油	47560	47560	40024	24951	24951	19219	7756	7756	7756	7348	6940	6940	6940	6940	4450	1959	1959	1794	1739
			燃气	—	—	—	—	—	—	—	—	—	—	—	—	—	—	—	—	—	—	—
	重型		汽油	—	—	—	—	—	—	—	—	—	—	—	—	—	—	—	—	—	—	—
			柴油	92033	92033	75644	42867	42867	34036	16375	16375	16375	11221	6067	6067	6067	6067	4102	2138	2138	1807	1697
			燃气	—	—	—	—	—	—	—	—	—	—	—	—	—	—	—	—	—	—	—
低速汽车	三轮汽车			4092	4092	4092	4092	4092	4092	4092	4092	4092	3220	3220	3220	3220	3220	3220	3220	3220	3220	3220
	低速货车			5581	5581	5581	5581	5581	5581	5581	5581	5581	4392	4392	4392	4392	4392	4392	4392	4392	4392	4392
摩托车	普通摩托车			—	—	—	—	—	—	—	—	—	—	—	—	—	—	—	—	—	—	—
	轻便摩托车			—	—	—	—	—	—	—	—	—	—	—	—	—	—	—	—	—	—	—

巴中市 VOCs 排放系数

单位：克/（辆·年）

车辆类型		使用性质	燃料种类	1999 年年底前	2000 年	2001 年	2002 年	2003 年	2004 年	2005 年	2006 年	2007 年	2008 年	2009 年	2010 年	2011 年	2012 年	2013 年	2014 年	2015 年	2016 年	2017 年
载客汽车	微型	出租车	汽油	520552	308139	95726	95726	95726	95726	72811	49896	49896	40838	31779	31779	26486	21194	21194	21194	21194	15415	13489
			燃气	287257	172161	57065	57065	57065	57065	43720	30374	30374	24856	19338	19338	15432	11526	11526	11526	11526	7232	5801
		其他	汽油	39245	24154	9064	9064	9064	9064	8694	8323	8323	7230	6138	6138	5868	5599	5599	5599	5599	4807	4543
			燃气	16908	9530	2151	2151	2151	2151	2057	1963	1963	1466	968	968	871	774	774	774	774	521	437
	小型	出租车	汽油	520552	303466	86380	86380	86380	86380	80722	75065	75065	53422	31779	31779	26486	21194	21194	21194	21194	14562	12351
			柴油	141158	132756	124353	124353	124353	124353	111808	99264	99264	73644	48024	48024	48024	48024	35592	23161	23161	12777	9316
			燃气	287257	169625	51993	51993	51993	51993	48012	44032	44032	31685	19338	19338	15432	11526	11526	11526	11526	6769	5183
		其他	汽油	39767	24354	8940	8940	8940	8940	8908	8877	8877	7509	6141	6141	5838	5535	5535	5535	5535	4860	4635
			柴油	9271	8488	7705	7705	7705	7705	6524	5343	5343	3715	2087	2087	2087	2087	1745	1403	1403	970	825
			燃气	17191	10356	3521	3521	3521	3521	2892	2264	2264	1682	1101	1101	920	739	739	739	739	550	487
	中型	公交车	汽油	247684	247684	247684	247684	247087	168844	13551	13551	13551	13551	13551	13400	13248	13248	10821	8394	8394	8394	8394
			柴油	87806	87806	86086	82645	82645	64494	28192	28192	28192	20508	12823	12823	12823	12823	8958	5093	5093	4763	4653
			燃气	71579	71579	67602	59649	59649	57536	53311	53311	53311	42686	32061	32061	22219	22219	22154	22154	22154	22154	22154
		其他	汽油	128394	128394	128394	128394	127797	87475	8024	8024	8024	8024	8024	7878	7733	7733	6682	5630	5630	5630	5630
			柴油	30493	30493	28460	24394	24394	18567	6912	6912	6912	6506	6099	6099	6099	6099	3750	1402	1402	1243	1190
			燃气	34560	34560	32640	28800	28800	27780	25740	25740	25740	20623	15506	15506	10732	10732	9642	9642	9642	9642	9642
	大型	公交车	汽油	576992	576992	576992	576992	576395	388817	14855	14855	14855	14855	14855	14715	14575	14575	11809	9043	9043	9043	9043
			柴油	131708	131708	108010	60614	60614	60614	60614	60614	60614	43515	26416	26416	26416	26416	17675	8934	8934	5723	4653
			燃气	168926	168926	159541	140772	140772	135786	125815	125815	125815	100740	75665	75665	52438	52438	47188	47188	47188	47188	47188
		其他	汽油	1278290	1278290	1278290	1278290	1277693	860845	28342	28342	28342	28342	28342	22083	15824	15824	12633	9442	9442	9442	9442
			柴油	272891	272891	207397	76409	76409	76409	76409	76409	76409	55942	35476	35476	35476	35476	20706	5937	5937	5324	5119
			燃气	266186	266186	251398	221822	221822	213966	198253	198253	198253	158842	119430	119430	82662	82662	74261	74261	74261	74261	74261
载货汽车	微型		汽油	182792	99604	16417	16417	16417	16417	15459	14501	14501	13380	12259	12259	10378	8498	8498	8498	8498	7277	6870
			柴油	29055	27142	25230	25230	25230	25230	23057	20884	20884	15519	10154	10154	10154	10154	7043	3932	3932	2633	2200
			燃气	78753	41324	3896	3896	3896	3896	3658	3420	3420	2677	1933	1933	1554	1175	1175	1175	1175	789	661
	轻型		汽油	96640	58758	20875	20875	20875	20875	18210	15544	15544	13996	12447	12447	11096	9744	9744	9744	9744	8431	7993
			柴油	26830	26030	25230	25230	25230	25230	23057	20884	20884	15519	10154	10154	10154	10154	7682	5209	5209	3910	3477
			燃气	41777	24999	8222	8222	8222	8222	6093	3964	3964	3098	2232	2232	1766	1301	1301	1301	1301	955	840
	中型		汽油	423553	423553	423553	423553	422956	287577	18014	18014	18014	18014	18014	17874	17734	17734	14175	10616	10616	10616	10616
			柴油	98684	98684	92105	78947	78947	60087	22368	22368	22368	21062	19757	19757	19757	19757	14318	8880	8880	5284	4085
			燃气	111846	111846	105633	93206	93206	89903	83298	83298	83298	66764	50230	50230	67974	67974	33099	33099	33099	33099	33099
	重型		汽油	580065	580065	580065	580065	579468	390886	14918	14918	14918	14918	14918	12016	9114	9114	7666	6217	6217	6217	6217
			柴油	169466	169466	128794	47451	47451	47451	47451	47451	47451	34741	22031	22031	22031	22031	13718	5406	5406	3798	3262
			燃气	165302	165302	156120	137754	137754	132876	123118	123118	123118	98643	74167	74167	75269	75269	47322	47322	47322	47322	47322
低速汽车	三轮汽车			25300	25300	25300	25300	25300	25300	25300	25300	25300	16721	16721	16721	16721	16721	16721	16721	16721	16721	16721
	低速货车			33990	33990	33990	33990	33990	33990	33990	33990	33990	22464	22464	22464	22464	22464	22464	22464	22464	22464	22464
摩托车	普通摩托车			17897	17897	17897	17897	13356	8815	4719	4719	4719	4719	4719	3522	2324	2324	2324	2324	2324	2324	2324
	轻便摩托车			57876	57876	57876	57876	57876	11575	11575	5699	5699	5699	5699	4252	2806	2806	2806	2806	2806	2806	2806

资阳市 NO_x 排放系数

单位：克/（辆·年）

车辆类型		使用性质	燃料种类	1999 年年底前	2000 年	2001 年	2002 年	2003 年	2004 年	2005 年	2006 年	2007 年	2008 年	2009 年	2010 年	2011 年	2012 年	2013 年	2014 年	2015 年	2016 年	2017 年
载客汽车	微型	出租车	汽油	206449	140884	75319	75319	75319	75319	55864	36410	36410	27084	17758	17758	14457	11156	11156	11156	11156	6682	5190
			燃气	146474	100324	54175	54175	54175	54175	40288	26402	26402	19740	13078	13078	10582	8085	8085	8085	8085	4809	3717
		其他	汽油	29034	18308	7583	7583	7583	7583	4812	2041	2041	1664	1287	1287	1070	853	853	853	853	576	483
			燃气	19894	11902	3911	3911	3911	3911	2565	1219	1219	990	762	762	606	449	449	449	449	349	316
	小型	出租车	汽油	233265	155931	78597	78597	78597	78597	57756	36914	36914	27336	17758	17758	13998	10237	10237	10237	10237	5850	4388
			柴油	256114	215476	174839	174839	174839	174839	155329	135819	135819	108258	80698	80698	80698	80698	65454	50209	50209	37304	33003
			燃气	165382	110934	56486	56486	56486	56486	41622	26758	26758	19918	13078	13078	10257	7436	7436	7436	7436	4222	3151
		其他	汽油	27102	17396	7691	7691	7691	7691	5124	2557	2557	1794	1032	1032	923	814	814	814	814	544	454
			柴油	23765	19511	15257	15257	15257	15257	14010	12764	12764	10018	7272	7272	7272	7272	6248	5224	5224	4454	4198
			燃气	18532	11872	5211	5211	5211	5211	3397	1583	1583	1082	582	582	502	421	421	421	421	326	295
	中型	公交车	汽油	325165	325165	325165	325165	325165	222142	16096	16096	16096	16096	16096	14435	12774	12774	9644	6513	6513	6513	6513
			柴油	363796	363796	362942	361233	361233	346877	318165	318165	318165	265016	211867	211867	211867	211867	172898	133930	133930	112130	104863
			燃气	386269	386269	381670	372473	372473	360920	337813	337813	337813	281152	224491	224491	141965	141965	111186	111186	111186	111186	111186
		其他	汽油	199356	199356	199356	199356	199356	135230	6977	6977	6977	6977	6977	6977	6977	6977	5233	3489	3489	3489	3489
			柴油	170604	170604	163482	149239	149239	147977	145453	145453	145453	123878	102303	102303	102303	102303	90836	79368	79368	67742	63866
			燃气	192647	192647	181945	160540	160540	159027	156000	156000	156000	132823	109646	109646	85410	85410	68606	68606	68606	68606	68606
	大型	公交车	汽油	1158401	1158401	1158401	1158401	1158401	796539	72814	72814	72814	72814	72814	72750	72686	72686	54515	36344	36344	36344	36344
			柴油	515970	515970	499297	465952	465952	452712	426233	426233	426233	418552	410871	410871	410871	410871	396056	381240	381240	343670	331146
			燃气	1037407	1037407	979773	864506	864506	800354	672050	672050	672050	575822	479595	479595	446503	446503	387001	387001	387001	387001	387001
		其他	汽油	2764893	2764893	2764893	2764893	2764893	1901193	173793	173793	173793	173793	173793	167276	160759	160759	120698	80637	80637	80637	80637
			柴油	1235589	1235589	1203795	1140207	1140207	1113624	1060458	1060458	1060458	1023122	985785	985785	985785	985785	938472	891160	891160	788667	754503
			燃气	2299915	2299915	2172142	1916596	1916596	1774372	1489925	1489925	1489925	1277078	1064232	1064232	960119	960119	814575	814575	814575	814575	814575
载货汽车	微型		汽油	99315	59278	19241	19241	19241	19241	13312	7382	7382	6030	4677	4677	4074	3470	3470	3470	3470	2490	2164
			柴油	69395	57620	45844	45844	45844	45844	41143	36442	36442	30798	25155	25155	25155	25155	18406	11658	11658	9714	9066
			燃气	68050	38987	9924	9924	9924	9924	7166	4409	4409	3589	2769	2769	2298	1827	1827	1827	1827	1518	1416
	轻型		汽油	73746	47620	21493	21493	21493	21493	14744	7996	7996	6728	5461	5461	4508	3555	3555	3555	3555	2597	2278
			柴油	69626	57735	45844	45844	45844	45844	41143	36442	36442	30798	25155	25155	25155	25155	19964	14772	14772	13376	12911
			燃气	50427	32495	14562	14562	14562	14562	9756	4950	4950	4015	3080	3080	2459	1839	1839	1839	1839	1570	1480
	中型		汽油	291282	291282	291282	291282	291282	198861	14018	14018	14018	14018	14018	14018	14018	14018	10518	7017	7017	7017	7017
			柴油	550484	550484	494295	381916	381916	363160	325649	325649	325649	321282	316914	316914	316914	316914	278052	239191	239191	205965	194890
			燃气	621610	621610	551352	410836	410836	390312	349262	349262	349262	344462	339661	339661	257400	257400	209354	209354	209354	209354	209354
	重型		汽油	1127022	1127022	1127022	1127022	1127022	774962	70841	70841	70841	70841	70841	68184	65528	65528	49198	32869	32869	32869	32869
			柴油	689259	689259	665732	618679	618679	595796	550029	550029	550029	527972	505916	505916	505916	505916	442434	378951	378951	250961	208298
			燃气	1282981	1282981	1201970	1039949	1039949	950893	772781	772781	772781	659479	546176	546176	408275	408275	224882	224882	224882	224882	224882
低速汽车	三轮汽车			65550	65550	65550	65550	65550	65550	65550	65550	65550	53279	53279	53279	53279	53279	53279	53279	53279	53279	53279
	低速货车			88065	88065	88065	88065	88065	88065	88065	88065	88065	71579	71579	71579	71579	71579	71579	71579	71579	71579	71579
摩托车	普通摩托车			1336	1336	1336	1336	1292	1247	1158	1158	1158	1158	1158	1028	899	899	899	899	899	899	899
	轻便摩托车			890	890	890	890	890	445	445	445	445	445	445	396	346	346	346	346	346	346	346

资阳市 PM 排放系数

单位：克/（辆·年）

车辆类型		使用性质	燃料种类	1999年年底前	2000年	2001年	2002年	2003年	2004年	2005年	2006年	2007年	2008年	2009年	2010年	2011年	2012年	2013年	2014年	2015年	2016年	2017年
载客汽车	微型	出租车	汽油	—	—	—	—	—	—	—	—	—	—	—	—	—	—	—	—	—	—	—
			燃气	—	—	—	—	—	—	—	—	—	—	—	—	—	—	—	—	—	—	—
		其他	汽油	—	—	—	—	—	—	—	—	—	—	—	—	—	—	—	—	—	—	—
			燃气	—	—	—	—	—	—	—	—	—	—	—	—	—	—	—	—	—	—	—
	小型	出租车	汽油	—	—	—	—	—	—	—	—	—	—	—	—	—	—	—	—	—	—	—
			柴油	35088	32124	29161	29161	29161	29161	19792	10424	10424	6813	3202	3202	3202	3202	2976	2750	2750	2274	2115
			燃气	—	—	—	—	—	—	—	—	—	—	—	—	—	—	—	—	—	—	—
		其他	汽油	—	—	—	—	—	—	—	—	—	—	—	—	—	—	—	—	—	—	—
			柴油	3580	3388	3195	3195	3195	3195	2294	1394	1394	1022	650	650	650	650	543	436	436	436	436
			燃气	—	—	—	—	—	—	—	—	—	—	—	—	—	—	—	—	—	—	—
	中型	公交车	汽油	—	—	—	—	—	—	—	—	—	—	—	—	—	—	—	—	—	—	—
			柴油	30592	30592	28032	22913	22913	17978	8108	8108	8108	6872	5637	5637	5637	5637	3504	1372	1372	1080	983
			燃气	—	—	—	—	—	—	—	—	—	—	—	—	—	—	—	—	—	—	—
		其他	汽油	—	—	—	—	—	—	—	—	—	—	—	—	—	—	—	—	—	—	—
			柴油	15274	15274	12888	8116	8116	6262	2553	2553	2553	2434	2316	2316	2316	2316	1366	415	415	399	394
			燃气	—	—	—	—	—	—	—	—	—	—	—	—	—	—	—	—	—	—	—
	大型	公交车	汽油	—	—	—	—	—	—	—	—	—	—	—	—	—	—	—	—	—	—	—
			柴油	94865	94865	93934	92071	92071	71272	29674	29674	29674	19994	10315	10315	10315	10315	6116	1916	1916	1845	1821
			燃气	—	—	—	—	—	—	—	—	—	—	—	—	—	—	—	—	—	—	—
		其他	汽油	—	—	—	—	—	—	—	—	—	—	—	—	—	—	—	—	—	—	—
			柴油	142314	142314	133412	115607	115607	85425	25061	25061	25061	17182	9303	9303	9303	9303	5868	2433	2433	2343	2313
			燃气	—	—	—	—	—	—	—	—	—	—	—	—	—	—	—	—	—	—	—
载货汽车	微型		汽油	—	—	—	—	—	—	—	—	—	—	—	—	—	—	—	—	—	—	—
			柴油	8517	8340	8164	8164	8164	8164	6640	5116	5116	3797	2478	2478	2478	2478	1560	642	642	639	638
			燃气	—	—	—	—	—	—	—	—	—	—	—	—	—	—	—	—	—	—	—
	轻型		汽油	—	—	—	—	—	—	—	—	—	—	—	—	—	—	—	—	—	—	—
			柴油	8857	8510	8164	8164	8164	8164	6640	5116	5116	3797	2478	2478	2478	2478	1868	1259	1259	1040	967
			燃气	—	—	—	—	—	—	—	—	—	—	—	—	—	—	—	—	—	—	—
	中型		汽油	—	—	—	—	—	—	—	—	—	—	—	—	—	—	—	—	—	—	—
			柴油	47560	47560	40024	24951	24951	19219	7756	7756	7756	7348	6940	6940	6940	6940	4450	1959	1959	1794	1739
			燃气	—	—	—	—	—	—	—	—	—	—	—	—	—	—	—	—	—	—	—
	重型		汽油	—	—	—	—	—	—	—	—	—	—	—	—	—	—	—	—	—	—	—
			柴油	92033	92033	75644	42867	42867	34036	16375	16375	16375	11221	6067	6067	6067	6067	4102	2138	2138	1807	1697
			燃气	—	—	—	—	—	—	—	—	—	—	—	—	—	—	—	—	—	—	—
低速汽车	三轮汽车			4092	4092	4092	4092	4092	4092	4092	4092	4092	3220	3220	3220	3220	3220	3220	3220	3220	3220	3220
	低速货车			5581	5581	5581	5581	5581	5581	5581	5581	5581	4392	4392	4392	4392	4392	4392	4392	4392	4392	4392
摩托车	普通摩托车			—	—	—	—	—	—	—	—	—	—	—	—	—	—	—	—	—	—	—
	轻便摩托车			—	—	—	—	—	—	—	—	—	—	—	—	—	—	—	—	—	—	—

资阳市 VOCs 排放系数

单位：克/（辆•年）

车辆类型		使用性质	燃料种类	1999 年年底前	2000 年	2001 年	2002 年	2003 年	2004 年	2005 年	2006 年	2007 年	2008 年	2009 年	2010 年	2011 年	2012 年	2013 年	2014 年	2015 年	2016 年	2017 年
载客汽车	微型	出租车	汽油	512938	303776	94614	94614	94614	94614	71986	49359	49359	40404	31449	31449	26178	20908	20908	20908	20908	15156	13238
			燃气	287257	172161	57065	57065	57065	57065	43720	30374	30374	24856	19338	19338	15432	11526	11526	11526	11526	7232	5801
		其他	汽油	38464	23648	8833	8833	8833	8833	8463	8093	8093	7025	5957	5957	5690	5423	5423	5423	5423	4656	4400
			燃气	16908	9530	2151	2151	2151	2151	2057	1963	1963	1466	968	968	871	774	774	774	774	521	437
	小型	出租车	汽油	512938	299174	85410	85410	85410	85410	79777	74144	74144	52796	31449	31449	26178	20908	20908	20908	20908	14315	12117
			柴油	140460	132083	123706	123706	123706	123706	111188	98670	98670	73282	47893	47893	47893	47893	35486	23080	23080	12707	9249
			燃气	287257	169625	51993	51993	51993	51993	48012	44032	44032	31685	19338	19338	15432	11526	11526	11526	11526	6769	5183
		其他	汽油	38979	23844	8710	8710	8710	8710	8674	8638	8638	7299	5960	5960	5660	5360	5360	5360	5360	4708	4491
			柴油	9140	8366	7593	7593	7593	7593	6426	5260	5260	3658	2055	2055	2055	2055	1714	1373	1373	948	807
			燃气	17191	10356	3521	3521	3521	3521	2892	2264	2264	1682	1101	1101	920	739	739	739	739	550	487
	中型	公交车	汽油	247578	247578	247578	247578	246981	168738	13445	13445	13445	13445	13445	13294	13142	13142	10715	8288	8288	8288	8288
			柴油	87806	87806	86086	82645	82645	64494	28192	28192	28192	20508	12823	12823	12823	12823	8958	5093	5093	4763	4653
			燃气	71579	71579	67602	59649	59649	57536	53311	53311	53311	42686	32061	32061	22219	22219	22154	22154	22154	22154	22154
		其他	汽油	128288	128288	128288	128288	127691	87369	7918	7918	7918	7918	7918	7772	7627	7627	6576	5524	5524	5524	5524
			柴油	30493	30493	28460	24394	24394	18567	6912	6912	6912	6506	6099	6099	6099	6099	3750	1402	1402	1243	1190
			燃气	34560	34560	32640	28800	28800	27780	25740	25740	25740	20623	15506	15506	10732	10732	9642	9642	9642	9642	9642
	大型	公交车	汽油	576886	576886	576886	576886	576289	388711	14749	14749	14749	14749	14749	14609	14469	14469	11703	8937	8937	8937	8937
			柴油	131708	131708	108010	60614	60614	60614	60614	60614	60614	43515	26416	26416	26416	26416	17675	8934	8934	5723	4653
			燃气	168926	168926	159541	140772	140772	135786	125815	125815	125815	100740	75665	75665	52438	52438	47188	47188	47188	47188	47188
		其他	汽油	1278184	1278184	1278184	1278184	1277587	860738	28235	28235	28235	28235	28235	21976	15718	15718	12527	9336	9336	9336	9336
			柴油	272891	272891	207397	76409	76409	76409	76409	76409	76409	55942	35476	35476	35476	35476	20706	5937	5937	5324	5119
			燃气	266186	266186	251398	221822	221822	213966	198253	198253	198253	158842	119430	119430	82662	82662	74261	74261	74261	74261	74261
载货汽车	微型		汽油	202908	110482	18055	18055	18055	18055	16940	15826	15826	14573	13320	13320	11153	8986	8986	8986	8986	7593	7129
			柴油	34173	31912	29650	29650	29650	29650	27020	24389	24389	18220	12050	12050	12050	12050	8375	4700	4700	3075	2533
			燃气	89194	46796	4397	4397	4397	4397	4118	3839	3839	3002	2164	2164	1724	1283	1283	1283	1283	852	708
	轻型		汽油	106987	65002	23018	23018	23018	23018	20003	16988	16988	15259	13530	13530	11952	10373	10373	10373	10373	8878	8379
			柴油	31695	30672	29650	29650	29650	29650	27020	24389	24389	18220	12050	12050	12050	12050	9086	6122	6122	4497	3955
			燃气	47185	28245	9305	9305	9305	9305	6879	4453	4453	3476	2499	2499	1965	1430	1430	1430	1430	1039	909
	中型		汽油	423447	423447	423447	423447	422850	287471	17908	17908	17908	17908	17908	17768	17628	17628	14068	10509	10509	10509	10509
			柴油	98684	98684	92105	78947	78947	60087	22368	22368	22368	21062	19757	19757	19757	19757	14318	8880	8880	5284	4085
			燃气	111846	111846	105633	93206	93206	89903	83298	83298	83298	66764	50230	50230	67974	67974	33099	33099	33099	33099	33099
	重型		汽油	579959	579959	579959	579959	579362	390780	14812	14812	14812	14812	14812	11910	9008	9008	7559	6110	6110	6110	6110
			柴油	169466	169466	128794	47451	47451	47451	47451	47451	47451	34741	22031	22031	22031	22031	13718	5406	5406	3798	3262
			燃气	165302	165302	156120	137754	137754	132876	123118	123118	123118	98643	74167	74167	75269	75269	47322	47322	47322	47322	47322
低速汽车	三轮汽车			25300	25300	25300	25300	25300	25300	25300	25300	25300	16721	16721	16721	16721	16721	16721	16721	16721	16721	16721
	低速货车			33990	33990	33990	33990	33990	33990	33990	33990	33990	22464	22464	22464	22464	22464	22464	22464	22464	22464	22464
摩托车	普通摩托车			17897	17897	17897	17897	13356	8815	4719	4719	4719	4719	4719	3522	2324	2324	2324	2324	2324	2324	2324
	轻便摩托车			57876	57876	57876	57876	57876	11575	11575	5699	5699	5699	5699	4252	2806	2806	2806	2806	2806	2806	2806

阿坝藏族羌族自治州 NO_x 排放系数

单位：克/（辆·年）

车辆类型		使用性质	燃料种类	1999年年底前	2000年	2001年	2002年	2003年	2004年	2005年	2006年	2007年	2008年	2009年	2010年	2011年	2012年	2013年	2014年	2015年	2016年	2017年
载客汽车	微型	出租车	汽油	219857	149553	79249	79249	79249	79249	58592	37935	37935	28072	18208	18208	14884	11559	11559	11559	11559	6994	5473
			燃气	146474	100324	54175	54175	54175	54175	40288	26402	26402	19740	13078	13078	10582	8085	8085	8085	8085	4809	3717
		其他	汽油	31402	19808	8213	8213	8213	8213	5245	2277	2277	1857	1437	1437	1210	982	982	982	982	642	529
			燃气	19894	11902	3911	3911	3911	3911	2565	1219	1219	990	762	762	606	449	449	449	449	349	316
	小型	出租车	汽油	248631	165698	82766	82766	82766	82766	60620	38475	38475	28342	18208	18208	14390	10573	10573	10573	10573	6102	4612
			柴油	268133	225090	182046	182046	182046	182046	161826	141605	141605	112770	83936	83936	83936	83936	68275	52614	52614	39382	34971
			燃气	165382	110934	56486	56486	56486	56486	41622	26758	26758	19918	13078	13078	10257	7436	7436	7436	7436	4222	3151
		其他	汽油	29329	18830	8330	8330	8330	8330	5580	2831	2831	1997	1163	1163	1052	940	940	940	940	608	498
			柴油	25343	20804	16266	16266	16266	16266	14948	13631	13631	10702	7773	7773	7773	7773	6693	5613	5613	4770	4489
			燃气	18532	11872	5211	5211	5211	5211	3397	1583	1583	1082	582	582	502	421	421	421	421	326	295
	中型	公交车	汽油	329740	329740	329740	329740	329740	225267	16322	16322	16322	16322	16322	14638	12954	12954	9780	6605	6605	6605	6605
			柴油	367536	367536	366673	364947	364947	350444	321437	321437	321437	267742	214046	214046	214046	214046	174677	135308	135308	113283	105941
			燃气	390240	390240	385594	376303	376303	364631	341286	341286	341286	284043	226800	226800	143425	143425	112329	112329	112329	112329	112329
		其他	汽油	202160	202160	202160	202160	202160	137132	7076	7076	7076	7076	7076	7076	7076	7076	5308	3539	3539	3539	3539
			柴油	172358	172358	165163	150773	150773	149498	146948	146948	146948	125152	103355	103355	103355	103355	91770	80184	80184	68438	64523
			燃气	194628	194628	183815	162190	162190	160662	157605	157605	157605	134189	110773	110773	86288	86288	69311	69311	69311	69311	69311
	大型	公交车	汽油	1174698	1174698	1174698	1174698	1174698	807745	73838	73838	73838	73838	73838	73774	73709	73709	55282	36855	36855	36855	36855
			柴油	521276	521276	504432	470743	470743	457367	430616	430616	430616	422856	415096	415096	415096	415096	400128	385160	385160	347203	334551
			燃气	1048074	1048074	989848	873395	873395	808584	678961	678961	678961	581744	484526	484526	451094	451094	390980	390980	390980	390980	390980
		其他	汽油	2803791	2803791	2803791	2803791	2803791	1927940	176238	176238	176238	176238	176238	169629	163020	163020	122396	81771	81771	81771	81771
			柴油	1248294	1248294	1216173	1151931	1151931	1125075	1071362	1071362	1071362	1033642	995922	995922	995922	995922	948122	900323	900323	796777	762262
			燃气	2323564	2323564	2194477	1936303	1936303	1792617	1505245	1505245	1505245	1290210	1075175	1075175	969991	969991	822951	822951	822951	822951	822951
载货汽车	微型		汽油	146325	87860	29394	29394	29394	29394	20574	11754	11754	9654	7553	7553	6498	5443	5443	5443	5443	3792	3241
			柴油	105737	88290	70844	70844	70844	70844	63465	56086	56086	47340	38595	38595	38595	38595	28242	17889	17889	14553	13441
			燃气	92701	53349	13997	13997	13997	13997	10145	6293	6293	5149	4005	4005	3247	2489	2489	2489	2489	2074	1936
	轻型		汽油	109049	70864	32678	32678	32678	32678	22664	12650	12650	10673	8696	8696	7131	5566	5566	5566	5566	3946	3406
			柴油	106073	88458	70844	70844	70844	70844	63465	56086	56086	47340	38595	38595	38595	38595	30504	22412	22412	19872	19026
			燃气	68904	44673	20442	20442	20442	20442	13758	7073	7073	5713	4352	4352	3422	2493	2493	2493	2493	2136	2018
	中型		汽油	291282	291282	291282	291282	291282	198861	14018	14018	14018	14018	14018	14018	14018	14018	10518	7017	7017	7017	7017
			柴油	550484	550484	494295	381916	381916	363160	325649	325649	325649	321282	316914	316914	316914	316914	278052	239191	239191	205965	194890
			燃气	621611	621611	551353	410836	410836	390313	349266	349266	349266	344463	339660	339660	257399	257399	209352	209352	209352	209352	209352
	重型		汽油	1127022	1127022	1127022	1127022	1127022	774962	70841	70841	70841	70841	70841	68184	65528	65528	49198	32869	32869	32869	32869
			柴油	689259	689259	665732	618679	618679	595796	550029	550029	550029	527972	505916	505916	505916	505916	442434	378951	378951	250961	208298
			燃气	1282981	1282981	1201970	1039949	1039949	950893	772781	772781	772781	659478	546176	546176	408275	408275	224882	224882	224882	224882	224882
低速汽车	三轮汽车			65550	65550	65550	65550	65550	65550	65550	65550	65550	53279	53279	53279	53279	53279	53279	53279	53279	53279	53279
	低速货车			88065	88065	88065	88065	88065	88065	88065	88065	88065	71579	71579	71579	71579	71579	71579	71579	71579	71579	71579
摩托车	普通摩托车			1336	1336	1336	1336	1292	1247	1158	1158	1158	1158	1158	1028	899	899	899	899	899	899	899
	轻便摩托车			890	890	890	890	890	445	445	445	445	445	445	396	346	346	346	346	346	346	346

阿坝藏族羌族自治州 PM 排放系数

单位：克/（辆·年）

车辆类型		使用性质	燃料种类	1999 年年底前	2000 年	2001 年	2002 年	2003 年	2004 年	2005 年	2006 年	2007 年	2008 年	2009 年	2010 年	2011 年	2012 年	2013 年	2014 年	2015 年	2016 年	2017 年
载客汽车	微型	出租车	汽油	—	—	—	—	—	—	—	—	—	—	—	—	—	—	—	—	—	—	—
			燃气	—	—	—	—	—	—	—	—	—	—	—	—	—	—	—	—	—	—	—
		其他	汽油	—	—	—	—	—	—	—	—	—	—	—	—	—	—	—	—	—	—	—
			燃气	—	—	—	—	—	—	—	—	—	—	—	—	—	—	—	—	—	—	—
	小型	出租车	汽油	—	—	—	—	—	—	—	—	—	—	—	—	—	—	—	—	—	—	—
			柴油	35088	32124	29161	29161	29161	29161	19792	10424	10424	6813	3202	3202	3202	3202	2976	2750	2750	2274	2115
			燃气	—	—	—	—	—	—	—	—	—	—	—	—	—	—	—	—	—	—	—
		其他	汽油	—	—	—	—	—	—	—	—	—	—	—	—	—	—	—	—	—	—	—
			柴油	3580	3388	3195	3195	3195	3195	2294	1394	1394	1022	650	650	650	650	543	436	436	436	436
			燃气	—	—	—	—	—	—	—	—	—	—	—	—	—	—	—	—	—	—	—
	中型	公交车	汽油	—	—	—	—	—	—	—	—	—	—	—	—	—	—	—	—	—	—	—
			柴油	30592	30592	28032	22913	22913	17978	8108	8108	8108	6872	5637	5637	5637	5637	3504	1372	1372	1080	983
			燃气	—	—	—	—	—	—	—	—	—	—	—	—	—	—	—	—	—	—	—
		其他	汽油	—	—	—	—	—	—	—	—	—	—	—	—	—	—	—	—	—	—	—
			柴油	15274	15274	12888	8116	8116	6262	2553	2553	2553	2434	2316	2316	2316	2316	1366	415	415	399	394
			燃气	—	—	—	—	—	—	—	—	—	—	—	—	—	—	—	—	—	—	—
	大型	公交车	汽油	—	—	—	—	—	—	—	—	—	—	—	—	—	—	—	—	—	—	—
			柴油	94865	94865	93934	92071	92071	71272	29674	29674	29674	19994	10315	10315	10315	10315	6116	1916	1916	1845	1821
			燃气	—	—	—	—	—	—	—	—	—	—	—	—	—	—	—	—	—	—	—
		其他	汽油	—	—	—	—	—	—	—	—	—	—	—	—	—	—	—	—	—	—	—
			柴油	142314	142314	133412	115607	115607	85425	25061	25061	25061	17182	9303	9303	9303	9303	5868	2433	2433	2343	2313
			燃气	—	—	—	—	—	—	—	—	—	—	—	—	—	—	—	—	—	—	—
载货汽车	微型		汽油	—	—	—	—	—	—	—	—	—	—	—	—	—	—	—	—	—	—	—
			柴油	11572	11332	11093	11093	11093	11093	9022	6951	6951	5159	3367	3367	3367	3367	2120	873	873	868	867
			燃气	—	—	—	—	—	—	—	—	—	—	—	—	—	—	—	—	—	—	—
	轻型		汽油	—	—	—	—	—	—	—	—	—	—	—	—	—	—	—	—	—	—	—
			柴油	12034	11564	11093	11093	11093	11093	9022	6951	6951	5159	3367	3367	3367	3367	2539	1711	1711	1412	1313
			燃气	—	—	—	—	—	—	—	—	—	—	—	—	—	—	—	—	—	—	—
	中型		汽油	—	—	—	—	—	—	—	—	—	—	—	—	—	—	—	—	—	—	—
			柴油	47560	47560	40024	24951	24951	19219	7756	7756	7756	7348	6940	6940	6940	6940	4450	1959	1959	1794	1739
			燃气	—	—	—	—	—	—	—	—	—	—	—	—	—	—	—	—	—	—	—
	重型		汽油	—	—	—	—	—	—	—	—	—	—	—	—	—	—	—	—	—	—	—
			柴油	92033	92033	75644	42867	42867	34036	16375	16375	16375	11221	6067	6067	6067	6067	4102	2138	2138	1807	1697
			燃气	—	—	—	—	—	—	—	—	—	—	—	—	—	—	—	—	—	—	—
低速汽车	三轮汽车			4092	4092	4092	4092	4092	4092	4092	4092	4092	3220	3220	3220	3220	3220	3220	3220	3220	3220	3220
	低速货车			5581	5581	5581	5581	5581	5581	5581	5581	5581	4392	4392	4392	4392	4392	4392	4392	4392	4392	4392
摩托车	普通摩托车			—	—	—	—	—	—	—	—	—	—	—	—	—	—	—	—	—	—	—
	轻便摩托车			—	—	—	—	—	—	—	—	—	—	—	—	—	—	—	—	—	—	—

阿坝藏族羌族自治州 VOCs 排放系数

单位：克/（辆·年）

车辆类型		使用性质	燃料种类	1999 年年底前	2000 年	2001 年	2002 年	2003 年	2004 年	2005 年	2006 年	2007 年	2008 年	2009 年	2010 年	2011 年	2012 年	2013 年	2014 年	2015 年	2016 年	2017 年
载客汽车	微型	出租车	汽油	1054724	609495	164266	164266	164266	164266	120418	76570	76570	60759	44948	44948	38047	31146	31146	31146	31146	24593	22409
			燃气	287257	172161	57065	57065	57065	57065	43720	30374	30374	24856	19338	19338	15432	11526	11526	11526	11526	7232	5801
		其他	汽油	76109	44814	13518	13518	13518	13518	13106	12694	12694	10584	8474	8474	8022	7571	7571	7571	7571	6094	5602
			燃气	16908	9530	2151	2151	2151	2151	2057	1963	1963	1466	968	968	871	774	774	774	774	521	437
	小型	出租车	汽油	1054724	599630	144536	144536	144536	144536	137118	129699	129699	87324	44948	44948	38047	31146	31146	31146	31146	22792	20007
			柴油	171344	161812	152279	152279	152279	152279	138536	124794	124794	89065	53336	53336	53336	53336	39784	26231	26231	15596	12051
			燃气	287257	169625	51993	51993	51993	51993	48012	44032	44032	31685	19338	19338	15432	11526	11526	11526	11526	6769	5183
		其他	汽油	77211	45233	13255	13255	13255	13255	13558	13862	13862	11170	8479	8479	7956	7434	7434	7434	7434	6206	5796
			柴油	14257	13051	11845	11845	11845	11845	10036	8227	8227	5619	3011	3011	3011	3011	2609	2207	2207	1581	1372
			燃气	17191	10356	3521	3521	3521	3521	2892	2264	2264	1682	1101	1101	920	739	739	739	739	550	487
	中型	公交车	汽油	247481	247481	247481	247481	246884	168641	13348	13348	13348	13348	13348	13196	13045	13045	10618	8191	8191	8191	8191
			柴油	87806	87806	86086	82645	82645	64494	28192	28192	28192	20508	12823	12823	12823	12823	8958	5093	5093	4763	4653
			燃气	71579	71579	67602	59649	59649	57536	53311	53311	53311	42686	32061	32061	22219	22219	22154	22154	22154	22154	22154
		其他	汽油	128191	128191	128191	128191	127594	87271	7820	7820	7820	7820	7820	7674	7529	7529	6478	5427	5427	5427	5427
			柴油	30493	30493	28460	24394	24394	18567	6912	6912	6912	6506	6099	6099	6099	6099	3750	1402	1402	1243	1190
			燃气	34560	34560	32640	28800	28800	27780	25740	25740	25740	20623	15506	15506	10732	10732	9642	9642	9642	9642	9642
	大型	公交车	汽油	576789	576789	576789	576789	576192	388614	14652	14652	14652	14652	14652	14512	14372	14372	11606	8840	8840	8840	8840
			柴油	131708	131708	108010	60614	60614	60614	60614	60614	60614	43515	26416	26416	26416	26416	17675	8934	8934	5723	4653
			燃气	168926	168926	159541	140772	140772	135786	125815	125815	125815	100740	75665	75665	52438	52438	47188	47188	47188	47188	47188
		其他	汽油	1278087	1278087	1278087	1278087	1277490	860641	28138	28138	28138	28138	28138	21880	15621	15621	12430	9239	9239	9239	9239
			柴油	272891	272891	207397	76409	76409	76409	76409	76409	76409	55942	35476	35476	35476	35476	20706	5937	5937	5324	5119
			燃气	266186	266186	251398	221822	221822	213966	198253	198253	198253	158842	119430	119430	82662	82662	74261	74261	74261	74261	74261
载货汽车	微型		汽油	573692	306405	39118	39118	39118	39118	36957	34796	34796	31956	29117	29117	23454	17791	17791	17791	17791	14862	13885
			柴油	72265	67510	62754	62754	62754	62754	57431	52108	52108	38582	25055	25055	25055	25055	17316	9576	9576	6518	5498
			燃气	127449	66837	6225	6225	6225	6225	5803	5381	5381	4353	3326	3326	2572	1819	1819	1819	1819	1267	1083
	轻型		汽油	294323	173948	53573	53573	53573	53573	45876	38178	38178	33953	29728	29728	25780	21831	21831	21831	21831	18602	17525
			柴油	66529	64642	62754	62754	62754	62754	57431	52108	52108	38582	25055	25055	25055	25055	18961	12867	12867	9808	8789
			燃气	65531	39881	14231	14231	14231	14231	10233	6235	6235	5048	3860	3860	3015	2170	2170	2170	2170	1647	1473
	中型		汽油	423350	423350	423350	423350	422753	287374	17810	17810	17810	17810	17810	17670	17531	17531	13972	10412	10412	10412	10412
			柴油	98684	98684	92105	78947	78947	60087	22368	22368	22368	21062	19757	19757	19757	19757	14318	8880	8880	5284	4085
			燃气	111846	111846	105633	93206	93206	89903	83298	83298	83298	66764	50230	50230	67974	67974	33099	33099	33099	33099	33099
	重型		汽油	579862	579862	579862	579862	579264	390683	14714	14714	14714	14714	14714	11812	8910	8910	7462	6013	6013	6013	6013
			柴油	169466	169466	128794	47451	47451	47451	47451	47451	47451	34741	22031	22031	22031	22031	13718	5406	5406	3798	3262
			燃气	165302	165302	156120	137754	137754	132876	123118	123118	123118	98643	74167	74167	75269	75269	47322	47322	47322	47322	47322
低速汽车	三轮汽车			25300	25300	25300	25300	25300	25300	25300	25300	25300	16721	16721	16721	16721	16721	16721	16721	16721	16721	16721
	低速货车			33990	33990	33990	33990	33990	33990	33990	33990	33990	22464	22464	22464	22464	22464	22464	22464	22464	22464	22464
摩托车	普通摩托车			17897	17897	17897	17897	13356	8815	4719	4719	4719	4719	4719	3522	2324	2324	2324	2324	2324	2324	2324
	轻便摩托车			57876	57876	57876	57876	57876	11575	11575	5699	5699	5699	5699	4252	2806	2806	2806	2806	2806	2806	2806

甘孜藏族自治州 NO_x 排放系数

单位：克/（辆·年）

车辆类型		使用性质	燃料种类	1999 年年底前	2000 年	2001 年	2002 年	2003 年	2004 年	2005 年	2006 年	2007 年	2008 年	2009 年	2010 年	2011 年	2012 年	2013 年	2014 年	2015 年	2016 年	2017 年
载客汽车	微型	出租车	汽油	208877	142468	76058	76058	76058	76058	56410	36761	36761	27330	17900	17900	14596	11291	11291	11291	11291	6758	5247
			燃气	146474	100324	54175	54175	54175	54175	40288	26402	26402	19740	13078	13078	10582	8085	8085	8085	8085	4809	3717
		其他	汽油	29681	18736	7790	7790	7790	7790	4987	2184	2184	1782	1381	1381	1162	944	944	944	944	612	502
			燃气	19894	11902	3911	3911	3911	3911	2565	1219	1219	990	762	762	606	449	449	449	449	349	316
	小型	出租车	汽油	236009	157692	79374	79374	79374	79374	58322	37271	37271	27586	17900	17900	14130	10361	10361	10361	10361	5917	4436
			柴油	257682	216744	175807	175807	175807	175807	156208	136609	136609	108881	81153	81153	81153	81153	65856	50560	50560	37583	33257
			燃气	165382	110934	56486	56486	56486	56486	41622	26758	26758	19918	13078	13078	10257	7436	7436	7436	7436	4222	3151
		其他	汽油	27726	17812	7899	7899	7899	7899	5302	2706	2706	1914	1123	1123	1014	904	904	904	904	581	473
			柴油	24030	19740	15451	15451	15451	15451	14196	12940	12940	10163	7386	7386	7386	7386	6354	5323	5323	4513	4243
			燃气	18532	11872	5211	5211	5211	5211	3397	1583	1583	1082	582	582	502	421	421	421	421	326	295
	中型	公交车	汽油	328995	328995	328995	328995	328995	224758	16285	16285	16285	16285	16285	14605	12925	12925	9758	6590	6590	6590	6590
			柴油	366927	366927	366066	364343	364343	349863	320904	320904	320904	267298	213691	213691	213691	213691	174387	135083	135083	113095	105766
			燃气	389594	389594	384956	375680	375680	364027	340721	340721	340721	283572	226424	226424	143187	143187	112143	112143	112143	112143	112143
		其他	汽油	201704	201704	201704	201704	201704	136823	7060	7060	7060	7060	7060	7060	7060	7060	5296	3531	3531	3531	3531
			柴油	172072	172072	164889	150524	150524	149251	146705	146705	146705	124944	103184	103184	103184	103184	91618	80051	80051	68325	64416
			燃气	194306	194306	183511	161922	161922	160396	157343	157343	157343	133966	110590	110590	86145	86145	69197	69197	69197	69197	69197
	大型	公交车	汽油	1172045	1172045	1172045	1172045	1172045	805920	73671	73671	73671	73671	73671	73606	73542	73542	55157	36772	36772	36772	36772
			柴油	520412	520412	503596	469963	469963	456610	429903	429903	429903	422156	414408	414408	414408	414408	399465	384522	384522	346628	333996
			燃气	1046337	1046337	988207	871948	871948	807244	677836	677836	677836	580780	483723	483723	450346	450346	390332	390332	390332	390332	390332
		其他	汽油	2797458	2797458	2797458	2797458	2797458	1923585	175840	175840	175840	175840	175840	169246	162652	162652	122119	81586	81586	81586	81586
			柴油	1246226	1246226	1214158	1150022	1150022	1123210	1069587	1069587	1069587	1031929	994271	994271	994271	994271	946551	898831	898831	795456	760998
			燃气	2319714	2319714	2190841	1933095	1933095	1789647	1502751	1502751	1502751	1288072	1073394	1073394	968384	968384	821588	821588	821588	821588	821588
载货汽车	微型		汽油	87667	52204	16741	16741	16741	16741	11558	6374	6374	5192	4011	4011	3532	3054	3054	3054	3054	2191	1903
			柴油	59727	49460	39194	39194	39194	39194	35220	31245	31245	26428	21610	21610	21610	21610	15832	10055	10055	8449	7914
			燃气	58760	33582	8405	8405	8405	8405	5981	3558	3558	2885	2213	2213	1833	1453	1453	1453	1453	1262	1198
	轻型		汽油	65079	41905	18731	18731	18731	18731	12824	6917	6917	5810	4704	4704	3916	3129	3129	3129	3129	2284	2003
			柴油	59931	49562	39194	39194	39194	39194	35220	31245	31245	26428	21610	21610	21610	21610	17204	12797	12797	11674	11300
			燃气	43499	27928	12357	12357	12357	12357	8202	4046	4046	3242	2438	2438	1948	1457	1457	1457	1457	1301	1249
	中型		汽油	291282	291282	291282	291282	291282	198861	14018	14018	14018	14018	14018	14018	14018	14018	10518	7017	7017	7017	7017
			柴油	550484	550484	494295	381916	381916	363160	325649	325649	325649	321282	316914	316914	316914	316914	278052	239191	239191	205965	194890
			燃气	621614	621614	551354	410835	410835	390311	349263	349263	349263	344462	339660	339660	257400	257400	209355	209355	209355	209355	209355
	重型		汽油	1127022	1127022	1127022	1127022	1127022	774962	70841	70841	70841	70841	70841	68184	65528	65528	49198	32869	32869	32869	32869
			柴油	689259	689259	665732	618679	618679	595796	550029	550029	550029	527972	505916	505916	505916	505916	442434	378951	378951	250961	208298
			燃气	1282981	1282981	1201970	1039950	1039950	950894	772781	772781	772781	659479	546176	546176	408275	408275	224883	224883	224883	224883	224883
低速汽车	三轮汽车			65550	65550	65550	65550	65550	65550	65550	65550	65550	53279	53279	53279	53279	53279	53279	53279	53279	53279	53279
	低速货车			88065	88065	88065	88065	88065	88065	88065	88065	88065	71579	71579	71579	71579	71579	71579	71579	71579	71579	71579
摩托车	普通摩托车			1336	1336	1336	1336	1292	1247	1158	1158	1158	1158	1158	1028	899	899	899	899	899	899	899
	轻便摩托车			890	890	890	890	890	445	445	445	445	445	445	396	346	346	346	346	346	346	346

甘孜藏族自治州 PM 排放系数

单位：克/（辆·年）

车辆类型		使用性质	燃料种类	1999 年年底前	2000 年	2001 年	2002 年	2003 年	2004 年	2005 年	2006 年	2007 年	2008 年	2009 年	2010 年	2011 年	2012 年	2013 年	2014 年	2015 年	2016 年	2017 年
载客汽车	微型	出租车	汽油	—	—	—	—	—	—	—	—	—	—	—	—	—	—	—	—	—	—	—
			燃气	—	—	—	—	—	—	—	—	—	—	—	—	—	—	—	—	—	—	—
		其他	汽油	—	—	—	—	—	—	—	—	—	—	—	—	—	—	—	—	—	—	—
			燃气	—	—	—	—	—	—	—	—	—	—	—	—	—	—	—	—	—	—	—
	小型	出租车	汽油	—	—	—	—	—	—	—	—	—	—	—	—	—	—	—	—	—	—	—
			柴油	35088	32124	29161	29161	29161	29161	19792	10424	10424	6813	3202	3202	3202	3202	2976	2750	2750	2274	2115
			燃气	—	—	—	—	—	—	—	—	—	—	—	—	—	—	—	—	—	—	—
		其他	汽油	—	—	—	—	—	—	—	—	—	—	—	—	—	—	—	—	—	—	—
			柴油	3580	3388	3195	3195	3195	3195	2294	1394	1394	1022	650	650	650	650	543	436	436	436	436
			燃气	—	—	—	—	—	—	—	—	—	—	—	—	—	—	—	—	—	—	—
	中型	公交车	汽油	—	—	—	—	—	—	—	—	—	—	—	—	—	—	—	—	—	—	—
			柴油	30592	30592	28032	22913	22913	17978	8108	8108	8108	6872	5637	5637	5637	5637	3504	1372	1372	1080	983
			燃气	—	—	—	—	—	—	—	—	—	—	—	—	—	—	—	—	—	—	—
		其他	汽油	—	—	—	—	—	—	—	—	—	—	—	—	—	—	—	—	—	—	—
			柴油	15274	15274	12888	8116	8116	6262	2553	2553	2553	2434	2316	2316	2316	2316	1366	415	415	399	394
			燃气	—	—	—	—	—	—	—	—	—	—	—	—	—	—	—	—	—	—	—
	大型	公交车	汽油	—	—	—	—	—	—	—	—	—	—	—	—	—	—	—	—	—	—	—
			柴油	94865	94865	93934	92071	92071	71272	29674	29674	29674	19994	10315	10315	10315	10315	6116	1916	1916	1845	1821
			燃气	—	—	—	—	—	—	—	—	—	—	—	—	—	—	—	—	—	—	—
		其他	汽油	—	—	—	—	—	—	—	—	—	—	—	—	—	—	—	—	—	—	—
			柴油	142314	142314	133412	115607	115607	85425	25061	25061	25061	17182	9303	9303	9303	9303	5868	2433	2433	2343	2313
			燃气	—	—	—	—	—	—	—	—	—	—	—	—	—	—	—	—	—	—	—
载货汽车	微型		汽油	—	—	—	—	—	—	—	—	—	—	—	—	—	—	—	—	—	—	—
			柴油	7436	7282	7129	7129	7129	7129	5798	4467	4467	3316	2164	2164	2164	2164	1362	561	561	558	557
			燃气	—	—	—	—	—	—	—	—	—	—	—	—	—	—	—	—	—	—	—
	轻型		汽油	—	—	—	—	—	—	—	—	—	—	—	—	—	—	—	—	—	—	—
			柴油	7734	7432	7129	7129	7129	7129	5798	4467	4467	3316	2164	2164	2164	2164	1632	1099	1099	908	844
			燃气	—	—	—	—	—	—	—	—	—	—	—	—	—	—	—	—	—	—	—
	中型		汽油	—	—	—	—	—	—	—	—	—	—	—	—	—	—	—	—	—	—	—
			柴油	47560	47560	40024	24951	24951	19219	7756	7756	7756	7348	6940	6940	6940	6940	4450	1959	1959	1794	1739
			燃气	—	—	—	—	—	—	—	—	—	—	—	—	—	—	—	—	—	—	—
	重型		汽油	—	—	—	—	—	—	—	—	—	—	—	—	—	—	—	—	—	—	—
			柴油	92033	92033	75644	42867	42867	34036	16375	16375	16375	11221	6067	6067	6067	6067	4102	2138	2138	1807	1697
			燃气	—	—	—	—	—	—	—	—	—	—	—	—	—	—	—	—	—	—	—
低速汽车	三轮汽车			4092	4092	4092	4092	4092	4092	4092	4092	4092	3220	3220	3220	3220	3220	3220	3220	3220	3220	3220
	低速货车			5581	5581	5581	5581	5581	5581	5581	5581	5581	4392	4392	4392	4392	4392	4392	4392	4392	4392	4392
摩托车	普通摩托车			—	—	—	—	—	—	—	—	—	—	—	—	—	—	—	—	—	—	—
	轻便摩托车			—	—	—	—	—	—	—	—	—	—	—	—	—	—	—	—	—	—	—

甘孜藏族自治州 VOCs 排放系数

单位：克/（辆·年）

车辆类型		使用性质	燃料种类	1999 年年底前	2000 年	2001 年	2002 年	2003 年	2004 年	2005 年	2006 年	2007 年	2008 年	2009 年	2010 年	2011 年	2012 年	2013 年	2014 年	2015 年	2016 年	2017 年
载客汽车	微型	出租车	汽油	990289	573058	155826	155826	155826	155826	114467	73108	73108	58164	43221	43221	36511	29801	29801	29801	29801	23436	21315
			燃气	287257	172161	57065	57065	57065	57065	43720	30374	30374	24856	19338	19338	15432	11526	11526	11526	11526	7232	5801
		其他	汽油	70810	41754	12698	12698	12698	12698	12291	11884	11884	9960	8035	8035	7605	7175	7175	7175	7175	5875	5442
			燃气	16908	9530	2151	2151	2151	2151	2057	1963	1963	1466	968	968	871	774	774	774	774	521	437
	小型	出租车	汽油	990289	563810	137331	137331	137331	137331	130122	122913	122913	83067	43221	43221	36511	29801	29801	29801	29801	21748	19063
			柴油	168202	158782	149361	149361	149361	149361	135738	122114	122114	87416	52718	52718	52718	52718	39276	25834	25834	15260	11736
			燃气	287257	169625	51993	51993	51993	51993	48012	44032	44032	31685	19338	19338	15432	11526	11526	11526	11526	6769	5183
		其他	汽油	71843	42148	12452	12452	12452	12452	12716	12979	12979	10510	8040	8040	7544	7047	7047	7047	7047	5980	5624
			柴油	13613	12449	11285	11285	11285	11285	9538	7791	7791	5309	2827	2827	2827	2827	2432	2036	2036	1464	1274
			燃气	17191	10356	3521	3521	3521	3521	2892	2264	2264	1682	1101	1101	920	739	739	739	739	550	487
	中型	公交车	汽油	247587	247587	247587	247587	246990	168747	13454	13454	13454	13454	13454	13302	13151	13151	10724	8297	8297	8297	8297
			柴油	87806	87806	86086	82645	82645	64494	28192	28192	28192	20508	12823	12823	12823	12823	8958	5093	5093	4763	4653
			燃气	71579	71579	67602	59649	59649	57536	53311	53311	53311	42686	32061	32061	22219	22219	22154	22154	22154	22154	22154
		其他	汽油	128297	128297	128297	128297	127700	87377	7926	7926	7926	7926	7926	7780	7635	7635	6584	5533	5533	5533	5533
			柴油	30493	30493	28460	24394	24394	18567	6912	6912	6912	6506	6099	6099	6099	6099	3750	1402	1402	1243	1190
			燃气	34560	34560	32640	28800	28800	27780	25740	25740	25740	20623	15506	15506	10732	10732	9642	9642	9642	9642	9642
	大型	公交车	汽油	576895	576895	576895	576895	576298	388720	14758	14758	14758	14758	14758	14618	14478	14478	11712	8946	8946	8946	8946
			柴油	131708	131708	108010	60614	60614	60614	60614	60614	60614	43515	26416	26416	26416	26416	17675	8934	8934	5723	4653
			燃气	168926	168926	159541	140772	140772	135786	125815	125815	125815	100740	75665	75665	52438	52438	47188	47188	47188	47188	47188
		其他	汽油	1278193	1278193	1278193	1278193	1277596	860747	28244	28244	28244	28244	28244	21986	15727	15727	12536	9345	9345	9345	9345
			柴油	272891	272891	207397	76409	76409	76409	76409	76409	76409	55942	35476	35476	35476	35476	20706	5937	5937	5324	5119
			燃气	266186	266186	251398	221822	221822	213966	198253	198253	198253	158842	119430	119430	82662	82662	74261	74261	74261	74261	74261
载货汽车	微型		汽油	347237	185722	24207	24207	24207	24207	23012	21817	21817	20123	18429	18429	15215	12001	12001	12001	12001	10343	9790
			柴油	39197	36648	34099	34099	34099	34099	31431	28763	28763	21004	13245	13245	13245	13245	9086	4927	4927	3579	3130
			燃气	82913	43507	4101	4101	4101	4101	3852	3604	3604	2912	2220	2220	1757	1295	1295	1295	1295	913	786
	轻型		汽油	178942	105928	32915	32915	32915	32915	28384	23854	23854	21326	18797	18797	16616	14435	14435	14435	14435	12596	11983
			柴油	35658	34878	34099	34099	34099	34099	31431	28763	28763	21004	13245	13245	13245	13245	10102	6958	6958	5610	5161
			燃气	42818	26063	9307	9307	9307	9307	6734	4161	4161	3368	2574	2574	2044	1514	1514	1514	1514	1157	1038
	中型		汽油	423456	423456	423456	423456	422859	287480	17916	17916	17916	17916	17916	17776	17637	17637	14078	10518	10518	10518	10518
			柴油	98684	98684	92105	78947	78947	60087	22368	22368	22368	21062	19757	19757	19757	19757	14318	8880	8880	5284	4085
			燃气	111846	111846	105633	93206	93206	89903	83298	83298	83298	66764	50230	50230	67974	67974	33099	33099	33099	33099	33099
	重型		汽油	579968	579968	579968	579968	579370	390789	14821	14821	14821	14821	14821	11918	9016	9016	7568	6119	6119	6119	6119
			柴油	169466	169466	128794	47451	47451	47451	47451	47451	47451	34741	22031	22031	22031	22031	13718	5406	5406	3798	3262
			燃气	165302	165302	156120	137754	137754	132876	123118	123118	123118	98643	74167	74167	75269	75269	47322	47322	47322	47322	47322
低速汽车	三轮汽车			25300	25300	25300	25300	25300	25300	25300	25300	25300	16721	16721	16721	16721	16721	16721	16721	16721	16721	16721
	低速货车			33990	33990	33990	33990	33990	33990	33990	33990	33990	22464	22464	22464	22464	22464	22464	22464	22464	22464	22464
摩托车	普通摩托车			17897	17897	17897	17897	13356	8815	4719	4719	4719	4719	4719	3522	2324	2324	2324	2324	2324	2324	2324
	轻便摩托车			57876	57876	57876	57876	57876	11575	11575	5699	5699	5699	5699	4252	2806	2806	2806	2806	2806	2806	2806

凉山彝族自治州 NO_x 排放系数

单位：克/（辆·年）

车辆类型		使用性质	燃料种类	1999年年底前	2000年	2001年	2002年	2003年	2004年	2005年	2006年	2007年	2008年	2009年	2010年	2011年	2012年	2013年	2014年	2015年	2016年	2017年
载客汽车	微型	出租车	汽油	400778	266270	131763	131763	131763	131763	94428	57094	57094	40112	23129	23129	19478	15828	15828	15828	15828	10840	9178
			燃气	146474	100324	54175	54175	54175	54175	40288	26402	26402	19740	13078	13078	10582	8085	8085	8085	8085	4809	3717
		其他	汽油	59234	37104	14975	14975	14975	14975	9273	3571	3571	2883	2195	2195	1819	1443	1443	1443	1443	1067	942
			燃气	19894	11902	3911	3911	3911	3911	2565	1219	1219	990	762	762	606	449	449	449	449	349	316
	小型	出租车	汽油	456696	297646	138597	138597	138597	138597	98371	58145	58145	40637	23129	23129	18520	13910	13910	13910	13910	9107	7506
			柴油	365922	303156	240390	240390	240390	240390	214350	188309	188309	149118	109927	109927	109927	109927	90858	71788	71788	56205	51011
			燃气	165382	110934	56486	56486	56486	56486	41622	26758	26758	19918	13078	13078	10257	7436	7436	7436	7436	4222	3151
		其他	汽油	55206	35204	15201	15201	15201	15201	9924	4647	4647	3155	1663	1663	1512	1362	1362	1362	1362	1001	881
			柴油	37546	30679	23812	23812	23812	23812	21912	20013	20013	15670	11327	11327	11327	11327	9791	8255	8255	7152	6785
			燃气	18532	11872	5211	5211	5211	5211	3397	1583	1583	1082	582	582	502	421	421	421	421	326	295
	中型	公交车	汽油	678031	678031	678031	678031	678031	463208	33563	33563	33563	33563	33563	30100	26637	26637	20109	13581	13581	13581	13581
			柴油	594616	594616	593220	590427	590427	566963	520034	520034	520034	433163	346292	346292	346292	346292	282599	218906	218906	183274	171396
			燃气	631347	631347	623831	608799	608799	589915	552147	552147	552147	459536	366926	366926	232039	232039	181731	181731	181731	181731	181731
		其他	汽油	415695	415695	415695	415695	415695	281980	14549	14549	14549	14549	14549	14549	14549	14549	10912	7276	7276	7276	7276
			柴油	278848	278848	267208	243928	243928	241865	237740	237740	237740	202476	167212	167212	167212	167212	148468	129725	129725	110722	104388
			燃气	314878	314878	297385	262398	262398	259925	254979	254979	254979	217096	179214	179214	139600	139600	112135	112135	112135	112135	112135
	大型	公交车	汽油	2415486	2415486	2415486	2415486	2415486	1660934	151831	151831	151831	151831	151831	151698	151564	151564	113674	75784	75784	75784	75784
			柴油	843342	843342	816091	761588	761588	739948	696669	696669	696669	684114	671560	671560	671560	671560	647344	623129	623129	561720	541251
			燃气	1695619	1695619	1601418	1413016	1413016	1308161	1098451	1098451	1098451	941169	783887	783887	729799	729799	632544	632544	632544	632544	632544
		其他	汽油	5765325	5765325	5765325	5765325	5765325	3964347	362392	362392	362392	362392	362392	348802	335212	335212	251678	168143	168143	168143	168143
			柴油	2019543	2019543	1967576	1863643	1863643	1820194	1733295	1733295	1733295	1672270	1611244	1611244	1611244	1611244	1533912	1456581	1456581	1289060	1233219
			燃气	3759161	3759161	3550319	3132634	3132634	2900173	2435250	2435250	2435250	2087357	1739464	1739464	1569293	1569293	1331406	1331406	1331406	1331406	1331406
载货汽车	微型		汽油	174121	102458	30794	30794	30794	30794	20596	10399	10399	8346	6294	6294	5685	5076	5076	5076	5076	4000	3641
			柴油	89531	73497	57463	57463	57463	57463	51760	46058	46058	39028	31997	31997	31997	31997	23406	14814	14814	12947	12325
			燃气	58479	33261	8042	8042	8042	8042	5796	3550	3550	2867	2185	2185	1882	1579	1579	1579	1579	1311	1221
	轻型		汽油	128092	81470	34849	34849	34849	34849	23176	11504	11504	9605	7706	7706	6466	5227	5227	5227	5227	4190	3845
			柴油	89857	73660	57463	57463	57463	57463	51760	46058	46058	39028	31997	31997	31997	31997	25602	19208	19208	18115	17751
			燃气	42999	27473	11946	11946	11946	11946	7933	3919	3919	3308	2697	2697	2156	1616	1616	1616	1616	1370	1287
	中型		汽油	600041	600041	600041	600041	600040	409652	28877	28877	28877	28877	28877	28877	28877	28877	21666	14456	14456	14456	14456
			柴油	891784	891784	800757	618704	618704	588320	527551	527551	527551	520476	513401	513401	513401	513401	450445	387489	387489	333663	315721
			燃气	1007012	1007012	893192	665552	665552	632303	565805	565805	565805	558028	550251	550251	416986	416986	339152	339152	339152	339152	339152
	重型		汽油	2321664	2321664	2321664	2321664	2321664	1596420	145933	145933	145933	145933	145933	140460	134988	134988	101349	67710	67710	67710	67710
			柴油	1116599	1116599	1078486	1002259	1002259	965188	891046	891046	891046	855315	819584	819584	819584	819584	716742	613901	613901	406558	337443
			燃气	2078428	2078428	1947191	1684717	1684717	1540446	1251904	1251904	1251904	1068355	884805	884805	661405	661405	364310	364310	364310	364310	364310
低速汽车	三轮汽车			65550	65550	65550	65550	65550	65550	65550	65550	65550	53279	53279	53279	53279	53279	53279	53279	53279	53279	53279
	低速货车			88065	88065	88065	88065	88065	88065	88065	88065	88065	71579	71579	71579	71579	71579	71579	71579	71579	71579	71579
摩托车	普通摩托车			1336	1336	1336	1336	1292	1247	1158	1158	1158	1158	1158	1028	899	899	899	899	899	899	899
	轻便摩托车			890	890	890	890	890	445	445	445	445	445	445	396	346	346	346	346	346	346	346

凉山彝族自治州 PM 排放系数

单位：克/（辆·年）

车辆类型		使用性质	燃料种类	1999 年年底前	2000 年	2001 年	2002 年	2003 年	2004 年	2005 年	2006 年	2007 年	2008 年	2009 年	2010 年	2011 年	2012 年	2013 年	2014 年	2015 年	2016 年	2017 年
载客汽车	微型	出租车	汽油	—	—	—	—	—	—	—	—	—	—	—	—	—	—	—	—	—	—	—
			燃气	—	—	—	—	—	—	—	—	—	—	—	—	—	—	—	—	—	—	—
		其他	汽油	—	—	—	—	—	—	—	—	—	—	—	—	—	—	—	—	—	—	—
			燃气	—	—	—	—	—	—	—	—	—	—	—	—	—	—	—	—	—	—	—
	小型	出租车	汽油	—	—	—	—	—	—	—	—	—	—	—	—	—	—	—	—	—	—	—
			柴油	35088	32124	29161	29161	29161	29161	19792	10424	10424	6813	3202	3202	3202	3202	2976	2750	2750	2274	2115
			燃气	—	—	—	—	—	—	—	—	—	—	—	—	—	—	—	—	—	—	—
		其他	汽油	—	—	—	—	—	—	—	—	—	—	—	—	—	—	—	—	—	—	—
			柴油	3580	3388	3195	3195	3195	3195	2294	1394	1394	1022	650	650	650	650	543	436	436	436	436
			燃气	—	—	—	—	—	—	—	—	—	—	—	—	—	—	—	—	—	—	—
	中型	公交车	汽油	—	—	—	—	—	—	—	—	—	—	—	—	—	—	—	—	—	—	—
			柴油	30592	30592	28032	22913	22913	17978	8108	8108	8108	6872	5637	5637	5637	5637	3504	1372	1372	1080	983
			燃气	—	—	—	—	—	—	—	—	—	—	—	—	—	—	—	—	—	—	—
		其他	汽油	—	—	—	—	—	—	—	—	—	—	—	—	—	—	—	—	—	—	—
			柴油	15274	15274	12888	8116	8116	6262	2553	2553	2553	2434	2316	2316	2316	2316	1366	415	415	399	394
			燃气	—	—	—	—	—	—	—	—	—	—	—	—	—	—	—	—	—	—	—
	大型	公交车	汽油	—	—	—	—	—	—	—	—	—	—	—	—	—	—	—	—	—	—	—
			柴油	94865	94865	93934	92071	92071	71272	29674	29674	29674	19994	10315	10315	10315	10315	6116	1916	1916	1845	1821
			燃气	—	—	—	—	—	—	—	—	—	—	—	—	—	—	—	—	—	—	—
		其他	汽油	—	—	—	—	—	—	—	—	—	—	—	—	—	—	—	—	—	—	—
			柴油	142314	142314	133412	115607	115607	85425	25061	25061	25061	17182	9303	9303	9303	9303	5868	2433	2433	2343	2313
			燃气	—	—	—	—	—	—	—	—	—	—	—	—	—	—	—	—	—	—	—
载货汽车	微型		汽油	—	—	—	—	—	—	—	—	—	—	—	—	—	—	—	—	—	—	—
			柴油	7353	7201	7049	7049	7049	7049	5733	4417	4417	3278	2139	2139	2139	2139	1346	554	554	552	551
			燃气	—	—	—	—	—	—	—	—	—	—	—	—	—	—	—	—	—	—	—
	轻型		汽油	—	—	—	—	—	—	—	—	—	—	—	—	—	—	—	—	—	—	—
			柴油	7647	7348	7049	7049	7049	7049	5733	4417	4417	3278	2139	2139	2139	2139	1613	1087	1087	897	834
			燃气	—	—	—	—	—	—	—	—	—	—	—	—	—	—	—	—	—	—	—
	中型		汽油	—	—	—	—	—	—	—	—	—	—	—	—	—	—	—	—	—	—	—
			柴油	47560	47560	40024	24951	24951	19219	7756	7756	7756	7348	6940	6940	6940	6940	4450	1959	1959	1794	1739
			燃气	—	—	—	—	—	—	—	—	—	—	—	—	—	—	—	—	—	—	—
	重型		汽油	—	—	—	—	—	—	—	—	—	—	—	—	—	—	—	—	—	—	—
			柴油	92033	92033	75644	42867	42867	34036	16375	16375	16375	11221	6067	6067	6067	6067	4102	2138	2138	1807	1697
			燃气	—	—	—	—	—	—	—	—	—	—	—	—	—	—	—	—	—	—	—
低速汽车	三轮汽车			4092	4092	4092	4092	4092	4092	4092	4092	4092	3220	3220	3220	3220	3220	3220	3220	3220	3220	3220
	低速货车			5581	5581	5581	5581	5581	5581	5581	5581	5581	4392	4392	4392	4392	4392	4392	4392	4392	4392	4392
摩托车	普通摩托车			—	—	—	—	—	—	—	—	—	—	—	—	—	—	—	—	—	—	—
	轻便摩托车			—	—	—	—	—	—	—	—	—	—	—	—	—	—	—	—	—	—	—

凉山彝族自治州 VOCs 排放系数

单位：克/（辆·年）

车辆类型		使用性质	燃料种类	1999 年年底前	2000 年	2001 年	2002 年	2003 年	2004 年	2005 年	2006 年	2007 年	2008 年	2009 年	2010 年	2011 年	2012 年	2013 年	2014 年	2015 年	2016 年	2017 年
载客汽车	微型	出租车	汽油	1075336	620973	166610	166610	166610	166610	121895	77180	77180	61194	45207	45207	38239	31271	31271	31271	31271	24840	22697
			燃气	287257	172161	57065	57065	57065	57065	43720	30374	30374	24856	19338	19338	15432	11526	11526	11526	11526	7232	5801
		其他	汽油	76133	44670	13208	13208	13208	13208	12794	12381	12381	10332	8284	8284	7825	7366	7366	7366	7366	6014	5564
			燃气	16908	9530	2151	2151	2151	2151	2057	1963	1963	1466	968	968	871	774	774	774	774	521	437
	小型	出租车	汽油	1075336	610893	146450	146450	146450	146450	138958	131467	131467	88337	45207	45207	38239	31271	31271	31271	31271	23000	20243
			柴油	168202	158782	149361	149361	149361	149361	135738	122114	122114	87416	52718	52718	52718	52718	39276	25834	25834	15260	11736
			燃气	287257	169625	51993	51993	51993	51993	48012	44032	44032	31685	19338	19338	15432	11526	11526	11526	11526	6769	5183
		其他	汽油	77259	45100	12940	12940	12940	12940	13258	13575	13575	10932	8290	8290	7758	7227	7227	7227	7227	6129	5763
			柴油	13613	12449	11285	11285	11285	11285	9538	7791	7791	5309	2827	2827	2827	2827	2432	2036	2036	1464	1274
			燃气	17191	10356	3521	3521	3521	3521	2892	2264	2264	1682	1101	1101	920	739	739	739	739	550	487
	中型	公交车	汽油	269370	269370	269370	269370	268773	183556	14317	14317	14317	14317	14317	14164	14012	14012	11368	8723	8723	8723	8723
			柴油	87806	87806	86086	82645	82645	64494	28192	28192	28192	20508	12823	12823	12823	12823	8958	5093	5093	4763	4653
			燃气	71579	71579	67602	59649	59649	57536	53311	53311	53311	42686	32061	32061	22219	22219	22154	22154	22154	22154	22154
		其他	汽油	139344	139344	139344	139344	138747	94864	8292	8292	8292	8292	8292	8146	8000	8000	6856	5711	5711	5711	5711
			柴油	30493	30493	28460	24394	24394	18567	6912	6912	6912	6506	6099	6099	6099	6099	3750	1402	1402	1243	1190
			燃气	34560	34560	32640	28800	28800	27780	25740	25740	25740	20623	15506	15506	10732	10732	9642	9642	9642	9642	9642
	大型	公交车	汽油	628316	628316	628316	628316	627719	423327	15738	15738	15738	15738	15738	15598	15458	15458	12444	9431	9431	9431	9431
			柴油	131708	131708	108010	60614	60614	60614	60614	60614	60614	43515	26416	26416	26416	26416	17675	8934	8934	5723	4653
			燃气	168926	168926	159541	140772	140772	135786	125815	125815	125815	100740	75665	75665	52438	52438	47188	47188	47188	47188	47188
		其他	汽油	1392731	1392731	1392731	1392731	1392134	937837	30438	30438	30438	30438	30438	23628	16819	16819	13342	9866	9866	9866	9866
			柴油	272891	272891	207397	76409	76409	76409	76409	76409	76409	55942	35476	35476	35476	35476	20706	5937	5937	5324	5119
			燃气	266186	266186	251398	221822	221822	213966	198253	198253	198253	158842	119430	119430	82662	82662	74261	74261	74261	74261	74261
载货汽车	微型		汽油	372998	199125	25252	25252	25252	25252	24027	22802	22802	21048	19293	19293	15874	12456	12456	12456	12456	10774	10214
			柴油	38641	36129	33617	33617	33617	33617	30993	28369	28369	20709	13049	13049	13049	13049	8951	4853	4853	3532	3091
			燃气	82837	43475	4112	4112	4112	4112	3864	3615	3615	2935	2254	2254	1782	1309	1309	1309	1309	929	802
	轻型		汽油	191614	113126	34637	34637	34637	34637	29818	24998	24998	22344	19690	19690	17384	15079	15079	15079	15079	13203	12578
			柴油	35142	34380	33617	33617	33617	33617	30993	28369	28369	20709	13049	13049	13049	13049	9954	6860	6860	5538	5098
			燃气	42636	26031	9425	9425	9425	9425	6797	4169	4169	3392	2615	2615	2078	1542	1542	1542	1542	1183	1063
	中型		汽油	461068	461068	461068	461068	460471	312976	19181	19181	19181	19181	19181	19041	18901	18901	15023	11145	11145	11145	11145
			柴油	98684	98684	92105	78947	78947	60087	22368	22368	22368	21062	19757	19757	19757	19757	14318	8880	8880	5284	4085
			燃气	111846	111846	105633	93206	93206	89903	83298	83298	83298	66764	50230	50230	67974	67974	33099	33099	33099	33099	33099
	重型		汽油	631665	631665	631665	631665	631068	425582	15806	15806	15806	15806	15806	12656	9505	9505	7927	6349	6349	6349	6349
			柴油	169466	169466	128794	47451	47451	47451	47451	47451	47451	34741	22031	22031	22031	22031	13718	5406	5406	3798	3262
			燃气	165302	165302	156120	137754	137754	132876	123118	123118	123118	98643	74167	74167	75269	75269	47322	47322	47322	47322	47322
低速汽车	三轮汽车			25300	25300	25300	25300	25300	25300	25300	25300	25300	16721	16721	16721	16721	16721	16721	16721	16721	16721	16721
	低速货车			33990	33990	33990	33990	33990	33990	33990	33990	33990	22464	22464	22464	22464	22464	22464	22464	22464	22464	22464
摩托车	普通摩托车			17897	17897	17897	17897	13356	8815	4719	4719	4719	4719	4719	3522	2324	2324	2324	2324	2324	2324	2324
	轻便摩托车			57876	57876	57876	57876	57876	11575	11575	5699	5699	5699	5699	4252	2806	2806	2806	2806	2806	2806	2806

贵阳市 NO_x 排放系数

单位：克/（辆·年）

车辆类型		使用性质	燃料种类	1999年年底前	2000年	2001年	2002年	2003年	2004年	2005年	2006年	2007年	2008年	2009年	2010年	2011年	2012年	2013年	2014年	2015年	2016年	2017年
载客汽车	微型	出租车	汽油	381232	255610	129988	129988	129988	129988	95320	60653	60653	44485	28317	28317	23876	19435	19435	19435	19435	12342	9978
			燃气	222510	151230	79950	79950	79950	79950	59510	39070	39070	29322	19574	19574	16190	12806	12806	12806	12806	7737	6047
		其他	汽油	47801	29975	12149	12149	12149	12149	7558	2968	2968	2406	1845	1845	1610	1375	1375	1375	1375	998	872
			燃气	26598	15866	5135	5135	5135	5135	3348	1560	1560	1266	971	971	823	675	675	675	675	526	477
	小型	出租车	汽油	432283	284142	136001	136001	136001	136001	98789	61577	61577	44947	28317	28317	22875	17433	17433	17433	17433	10575	8289
			柴油	462817	385890	308964	308964	308964	308964	276567	244170	244170	193816	143461	143461	143461	143461	117684	91908	91908	73538	67415
			燃气	251317	167330	83343	83343	83343	83343	61467	39591	39591	29582	19574	19574	15626	11677	11677	11677	11677	6739	5093
		其他	汽油	44560	28445	12330	12330	12330	12330	8080	3830	3830	2623	1416	1416	1356	1295	1295	1295	1295	936	816
			柴油	41328	33752	26177	26177	26177	26177	24097	22017	22017	17314	12611	12611	12611	12611	10891	9171	9171	8238	7927
			燃气	24769	15821	6873	6873	6873	6873	4460	2046	2046	1388	729	729	680	630	630	630	630	491	445
	中型	公交车	汽油	459734	459734	459734	459734	459734	314075	22757	22757	22757	22757	22757	20409	18061	18061	13635	9209	9209	9209	9209
			柴油	499394	499394	498221	495876	495876	476169	436755	436755	436755	363796	290837	290837	290837	290837	237344	183851	183851	153924	143949
			燃气	530243	530243	523931	511306	511306	495446	463726	463726	463726	385946	308166	308166	194880	194880	152629	152629	152629	152629	152629
		其他	汽油	281859	281859	281859	281859	281859	191194	9865	9865	9865	9865	9865	9865	9865	9865	7400	4934	4934	4934	4934
			柴油	234193	234193	224417	204865	204865	203133	199668	199668	199668	170052	140435	140435	140435	140435	124693	108951	108951	92991	87671
			燃气	264453	264453	249761	220378	220378	218301	214147	214147	214147	182331	150515	150515	117245	117245	94178	94178	94178	94178	94178
	大型	公交车	汽油	1637802	1637802	1637802	1637802	1637802	1126184	102948	102948	102948	102948	102948	102858	102767	102767	77076	51385	51385	51385	51385
			柴油	708289	708289	685402	639627	639627	621453	585104	585104	585104	574560	564016	564016	564016	564016	543678	523340	523340	471766	454574
			燃气	1424082	1424082	1344966	1186735	1186735	1098672	922545	922545	922545	790450	658355	658355	612929	612929	531248	531248	531248	531248	531248
		其他	汽油	3909135	3909135	3909135	3909135	3909135	2687996	245717	245717	245717	245717	245717	236502	227288	227288	170648	114008	114008	114008	114008
			柴油	1696133	1696133	1652488	1565199	1565199	1528707	1455724	1455724	1455724	1404472	1353219	1353219	1353219	1353219	1288272	1223324	1223324	1082629	1035731
			燃气	3157167	3157167	2981769	2630972	2630972	2435737	2045268	2045268	2045268	1753087	1460906	1460906	1317986	1317986	1118194	1118194	1118194	1118194	1118194
载货汽车	微型		汽油	169099	99742	30386	30386	30386	30386	20650	10913	10913	8843	6773	6773	5980	5187	5187	5187	5187	3922	3500
			柴油	117806	97006	76206	76206	76206	76206	68602	60999	60999	51778	42558	42558	42558	42558	31101	19644	19644	17000	16119
			燃气	94092	53468	12843	12843	12843	12843	9290	5736	5736	4650	3565	3565	3055	2546	2546	2546	2546	2073	1915
	轻型		汽油	121294	77730	34167	34167	34167	34167	23056	11944	11944	10017	8090	8090	6710	5329	5329	5329	5329	4100	3690
			柴油	118225	97216	76206	76206	76206	76206	68602	60999	60999	51778	42558	42558	42558	42558	33950	25343	25343	23701	23154
			燃气	67422	43234	19045	19045	19045	19045	12713	6381	6381	5273	4165	4165	3379	2592	2592	2592	2592	2157	2012
	中型		汽油	395664	395664	395664	395664	395664	270123	19041	19041	19041	19041	19041	19041	19041	19041	14286	9532	9532	9532	9532
			柴油	718556	718556	645211	498522	498522	474040	425075	425075	425075	429874	434672	434672	434672	434672	381370	328068	328068	282496	267306
			燃气	811400	811400	719691	536272	536272	509481	455899	455899	455899	460885	465871	465871	353042	353042	287146	287146	287146	287146	287146
	重型		汽油	1694124	1694124	1694124	1694124	1694124	1164912	106488	106488	106488	106488	106488	102494	98501	98501	73954	49408	49408	49408	49408
			柴油	904760	904760	873878	812113	812113	782075	721999	721999	721999	693046	664094	664094	664094	664094	611380	558667	558667	420038	373828
			燃气	1684112	1684112	1577773	1365096	1365096	1248196	1014397	1014397	1014397	865669	716942	716942	601897	601897	403591	403591	403591	403591	403591
低速汽车	三轮汽车			65550	65550	65550	65550	65550	65550	65550	65550	65550	53279	53279	53279	53279	53279	53279	53279	53279	53279	53279
	低速货车			88065	88065	88065	88065	88065	88065	88065	88065	88065	71579	71579	71579	71579	71579	71579	71579	71579	71579	71579
摩托车	普通摩托车			1336	1336	1336	1336	1292	1247	1158	1158	1158	1158	1158	1028	899	899	899	899	899	899	899
	轻便摩托车			890	890	890	890	890	445	445	445	445	445	445	396	346	346	346	346	346	346	346

贵阳市 PM 排放系数

单位：克/（辆·年）

车辆类型		使用性质	燃料种类	1999 年年底前	2000 年	2001 年	2002 年	2003 年	2004 年	2005 年	2006 年	2007 年	2008 年	2009 年	2010 年	2011 年	2012 年	2013 年	2014 年	2015 年	2016 年	2017 年
载客汽车	微型	出租车	汽油	—	—	—	—	—	—	—	—	—	—	—	—	—	—	—	—	—	—	—
			燃气	—	—	—	—	—	—	—	—	—	—	—	—	—	—	—	—	—	—	—
		其他	汽油	—	—	—	—	—	—	—	—	—	—	—	—	—	—	—	—	—	—	—
			燃气	—	—	—	—	—	—	—	—	—	—	—	—	—	—	—	—	—	—	—
	小型	出租车	汽油	—	—	—	—	—	—	—	—	—	—	—	—	—	—	—	—	—	—	—
			柴油	57330	52534	47737	47737	47737	47737	32476	17214	17214	11272	5329	5329	5329	5329	4952	4576	4576	3784	3520
			燃气	—	—	—	—	—	—	—	—	—	—	—	—	—	—	—	—	—	—	—
		其他	汽油	—	—	—	—	—	—	—	—	—	—	—	—	—	—	—	—	—	—	—
			柴油	5332	5046	4759	4759	4759	4759	3410	2062	2062	1522	981	981	981	981	810	640	640	640	640
			燃气	—	—	—	—	—	—	—	—	—	—	—	—	—	—	—	—	—	—	—
	中型	公交车	汽油	—	—	—	—	—	—	—	—	—	—	—	—	—	—	—	—	—	—	—
			柴油	30592	30592	28032	22913	22913	17978	8108	8108	8108	6872	5637	5637	5637	5637	3504	1372	1372	1080	983
			燃气	—	—	—	—	—	—	—	—	—	—	—	—	—	—	—	—	—	—	—
		其他	汽油	—	—	—	—	—	—	—	—	—	—	—	—	—	—	—	—	—	—	—
			柴油	15274	15274	12888	8116	8116	6262	2553	2553	2553	2434	2316	2316	2316	2316	1366	415	415	399	394
			燃气	—	—	—	—	—	—	—	—	—	—	—	—	—	—	—	—	—	—	—
	大型	公交车	汽油	—	—	—	—	—	—	—	—	—	—	—	—	—	—	—	—	—	—	—
			柴油	94865	94865	93934	92071	92071	71272	29674	29674	29674	19994	10315	10315	10315	10315	6116	1916	1916	1845	1821
			燃气	—	—	—	—	—	—	—	—	—	—	—	—	—	—	—	—	—	—	—
		其他	汽油	—	—	—	—	—	—	—	—	—	—	—	—	—	—	—	—	—	—	—
			柴油	142314	142314	133412	115607	115607	85425	25061	25061	25061	17182	9303	9303	9303	9303	5868	2433	2433	2343	2313
			燃气	—	—	—	—	—	—	—	—	—	—	—	—	—	—	—	—	—	—	—
载货汽车	微型		汽油	—	—	—	—	—	—	—	—	—	—	—	—	—	—	—	—	—	—	—
			柴油	12117	11866	11616	11616	11616	11616	9500	7385	7385	5481	3577	3577	3577	3577	2252	927	927	922	921
			燃气	—	—	—	—	—	—	—	—	—	—	—	—	—	—	—	—	—	—	—
	轻型		汽油	—	—	—	—	—	—	—	—	—	—	—	—	—	—	—	—	—	—	—
			柴油	12602	12109	11616	11616	11616	11616	9500	7385	7385	5481	3577	3577	3577	3577	2698	1818	1818	1501	1395
			燃气	—	—	—	—	—	—	—	—	—	—	—	—	—	—	—	—	—	—	—
	中型		汽油	—	—	—	—	—	—	—	—	—	—	—	—	—	—	—	—	—	—	—
			柴油	44300	44300	37280	23240	23240	17937	7332	7332	7332	6946	6560	6560	6560	6560	4206	1852	1852	1696	1644
			燃气	—	—	—	—	—	—	—	—	—	—	—	—	—	—	—	—	—	—	—
	重型		汽油	—	—	—	—	—	—	—	—	—	—	—	—	—	—	—	—	—	—	—
			柴油	111810	111810	91900	52079	52079	41351	19894	19894	19894	13632	7371	7371	7371	7371	4878	2384	2384	2015	1892
			燃气	—	—	—	—	—	—	—	—	—	—	—	—	—	—	—	—	—	—	—
低速汽车	三轮汽车			4092	4092	4092	4092	4092	4092	4092	4092	4092	3220	3220	3220	3220	3220	3220	3220	3220	3220	3220
	低速货车			5581	5581	5581	5581	5581	5581	5581	5581	5581	4392	4392	4392	4392	4392	4392	4392	4392	4392	4392
摩托车	普通摩托车			—	—	—	—	—	—	—	—	—	—	—	—	—	—	—	—	—	—	—
	轻便摩托车			—	—	—	—	—	—	—	—	—	—	—	—	—	—	—	—	—	—	—

贵阳市 VOCs 排放系数

单位：克/（辆·年）

车辆类型		使用性质	燃料种类	1999年年底前	2000年	2001年	2002年	2003年	2004年	2005年	2006年	2007年	2008年	2009年	2010年	2011年	2012年	2013年	2014年	2015年	2016年	2017年
载客汽车	微型	出租车	汽油	758155	451624	145093	145093	145093	145093	108878	72664	72664	59819	46974	46974	39152	31330	31330	31330	31330	22417	19446
			燃气	431360	260378	89397	89397	89397	89397	67871	46345	46345	38265	30185	30185	24363	18541	18541	18541	18541	11858	9630
		其他	汽油	51045	30611	10177	10177	10177	10177	9746	9314	9314	7984	6654	6654	6363	6072	6072	6072	6072	5116	4797
			燃气	24106	13546	2985	2985	2985	2985	2854	2723	2723	2044	1366	1366	1288	1210	1210	1210	1210	858	741
	小型	出租车	汽油	758155	444248	130342	130342	130342	130342	120794	111245	111245	79110	46974	46974	39152	31330	31330	31330	31330	20986	17538
			柴油	216214	203457	190700	190700	190700	190700	173806	156913	156913	114982	73052	73052	73052	73052	54162	35271	35271	19637	14426
			燃气	431360	256266	81172	81172	81172	81172	74514	67856	67856	49020	30185	30185	24363	18541	18541	18541	18541	11060	8567
		其他	汽油	51776	30886	9997	9997	9997	9997	10050	10102	10102	8380	6658	6658	6312	5966	5966	5966	5966	5191	4933
			柴油	12502	11418	10335	10335	10335	10335	8854	7374	7374	5018	2662	2662	2662	2662	2245	1828	1828	1298	1121
			燃气	24514	14768	5023	5023	5023	5023	4092	3162	3162	2366	1571	1571	1361	1151	1151	1151	1151	900	817
	中型	公交车	汽油	252258	252258	252258	252258	251661	171868	13476	13476	13476	13476	13476	13324	13173	13173	10698	8222	8222	8222	8222
			柴油	87806	87806	86086	82645	82645	64494	28192	28192	28192	20508	12823	12823	12823	12823	8958	5093	5093	4763	4653
			燃气	71579	71579	67602	59649	59649	57536	53311	53311	53311	42686	32061	32061	22219	22219	22154	22154	22154	22154	22154
		其他	汽油	130582	130582	130582	130582	129985	88871	7838	7838	7838	7838	7838	7692	7547	7547	6475	5403	5403	5403	5403
			柴油	30493	30493	28460	24394	24394	18567	6912	6912	6912	6506	6099	6099	6099	6099	3750	1402	1402	1243	1190
			燃气	34560	34560	32640	28800	28800	27780	25740	25740	25740	20623	15506	15506	10732	10732	9642	9642	9642	9642	9642
	大型	公交车	汽油	588152	588152	588152	588152	587555	396241	14806	14806	14806	14806	14806	14666	14526	14526	11705	8884	8884	8884	8884
			柴油	131708	131708	108010	60614	60614	60614	60614	60614	60614	43515	26416	26416	26416	26416	17675	8934	8934	5723	4653
			燃气	168926	168926	159541	140772	140772	135786	125815	125815	125815	100740	75665	75665	52438	52438	47188	47188	47188	47188	47188
		其他	汽油	1303476	1303476	1303476	1303476	1302879	877709	28562	28562	28562	28562	28562	22181	15800	15800	12546	9291	9291	9291	9291
			柴油	272891	272891	207397	76409	76409	76409	76409	76409	76409	55942	35476	35476	35476	35476	20706	5937	5937	5324	5119
			燃气	266186	266186	251398	221822	221822	213966	198253	198253	198253	158842	119430	119430	82662	82662	74261	74261	74261	74261	74261
载货汽车	微型		汽油	296038	159453	22868	22868	22868	22868	21500	20133	20133	18538	16944	16944	13902	10860	10860	10860	10860	9170	8607
			柴油	47015	43908	40802	40802	40802	40802	37342	33883	33883	25056	16228	16228	16228	16228	11170	6111	6111	4183	3540
			燃气	139804	73256	6707	6707	6707	6707	6297	5886	5886	4682	3478	3478	2821	2164	2164	2164	2164	1538	1330
	轻型		汽油	153519	91880	30242	30242	30242	30242	26050	21859	21859	19558	17256	17256	15088	12921	12921	12921	12921	11078	10464
			柴油	43241	42022	40802	40802	40802	40802	37342	33883	33883	25056	16228	16228	16228	16228	12253	8278	8278	6349	5706
			燃气	72686	43940	15195	15195	15195	15195	11019	6842	6842	5457	4072	4072	3282	2493	2493	2493	2493	1923	1733
	中型		汽油	387349	387349	387349	387349	386752	262946	16529	16529	16529	16529	16529	16389	16249	16249	12994	9740	9740	9740	9740
			柴油	90061	90061	84057	72049	72049	54837	20414	20414	20414	19228	18042	18042	18042	18042	13076	8109	8109	4825	3730
			燃气	102073	102073	96403	85062	85062	82049	76021	76021	76021	60945	45870	45870	62073	62073	30222	30222	30222	30222	30222
	重型		汽油	682198	682198	682198	682198	681600	459541	16618	16618	16618	16618	16618	13224	9829	9829	8125	6421	6421	6421	6421
			柴油	162896	162896	123801	45611	45611	45611	45611	45611	45611	33394	21176	21176	21176	21176	13838	6501	6501	4833	4277
			燃气	158894	158894	150067	132413	132413	127723	118344	118344	118344	94816	71289	71289	90515	90515	62046	62046	62046	62046	62046
低速汽车	三轮汽车			25300	25300	25300	25300	25300	25300	25300	25300	25300	16721	16721	16721	16721	16721	16721	16721	16721	16721	16721
	低速货车			33990	33990	33990	33990	33990	33990	33990	33990	33990	22464	22464	22464	22464	22464	22464	22464	22464	22464	22464
摩托车	普通摩托车			17897	17897	17897	17897	13356	8815	4719	4719	4719	4719	4719	3522	2324	2324	2324	2324	2324	2324	2324
	轻便摩托车			57876	57876	57876	57876	57876	11575	11575	5699	5699	5699	5699	4252	2806	2806	2806	2806	2806	2806	2806

六盘水市 NO_x 排放系数

单位：克/（辆·年）

车辆类型		使用性质	燃料种类	1999 年年底前	2000 年	2001 年	2002 年	2003 年	2004 年	2005 年	2006 年	2007 年	2008 年	2009 年	2010 年	2011 年	2012 年	2013 年	2014 年	2015 年	2016 年	2017 年
载客汽车	微型	出租车	汽油	278962	186346	93731	93731	93731	93731	68436	43141	43141	31426	19712	19712	16158	12603	12603	12603	12603	8050	6532
			燃气	162196	109722	57248	57248	57248	57248	42386	27524	27524	20506	13489	13489	10894	8300	8300	8300	8300	5043	3957
		其他	汽油	43823	27461	11099	11099	11099	11099	6932	2765	2765	2250	1734	1734	1426	1117	1117	1117	1117	806	702
			燃气	24353	14524	4696	4696	4696	4696	3070	1445	1445	1176	908	908	718	529	529	529	529	418	381
	小型	出租车	汽油	316649	207410	98171	98171	98171	98171	70998	43824	43824	31768	19712	19712	15542	11371	11371	11371	11371	6920	5436
			柴油	317555	264529	211503	211503	211503	211503	188465	165427	165427	130876	96325	96325	96325	96325	79032	61740	61740	48038	43470
			燃气	183462	121608	59753	59753	59753	59753	43831	27909	27909	20699	13489	13489	10547	7605	7605	7605	7605	4406	3339
		其他	汽油	40861	26062	11262	11262	11262	11262	7404	3547	3547	2445	1343	1343	1200	1058	1058	1058	1058	757	657
			柴油	34510	28235	21960	21960	21960	21960	20200	18439	18439	14424	10408	10408	10408	10408	8970	7533	7533	6538	6206
			燃气	22682	14476	6271	6271	6271	6271	4078	1886	1886	1286	687	687	592	496	496	496	496	391	356
	中型	公交车	汽油	459734	459734	459734	459734	459734	314075	22757	22757	22757	22757	22757	20409	18061	18061	13635	9209	9209	9209	9209
			柴油	499394	499394	498221	495876	495876	476169	436755	436755	436755	363796	290837	290837	290837	290837	237344	183851	183851	153924	143949
			燃气	530243	530243	523931	511306	511306	495446	463726	463726	463726	385946	308166	308166	194880	194880	152629	152629	152629	152629	152629
		其他	汽油	281859	281859	281859	281859	281859	191194	9865	9865	9865	9865	9865	9865	9865	9865	7400	4934	4934	4934	4934
			柴油	234193	234193	224417	204865	204865	203133	199668	199668	199668	170052	140435	140435	140435	140435	124693	108951	108951	92991	87671
			燃气	264453	264453	249761	220378	220378	218301	214147	214147	214147	182331	150515	150515	117245	117245	94178	94178	94178	94178	94178
	大型	公交车	汽油	1637802	1637802	1637802	1637802	1637802	1126184	102948	102948	102948	102948	102948	102858	102767	102767	77076	51385	51385	51385	51385
			柴油	708289	708289	685402	639627	639627	621453	585104	585104	585104	574560	564016	564016	564016	564016	543678	523340	523340	471766	454574
			燃气	1424082	1424082	1344966	1186735	1186735	1098672	922545	922545	922545	790450	658355	658355	612929	612929	531248	531248	531248	531248	531248
		其他	汽油	3909135	3909135	3909135	3909135	3909135	2687996	245717	245717	245717	245717	245717	236502	227288	227288	170648	114008	114008	114008	114008
			柴油	1696133	1696133	1652488	1565199	1565199	1528707	1455724	1455724	1455724	1404472	1353219	1353219	1353219	1353219	1288272	1223324	1223324	1082629	1035731
			燃气	3157167	3157167	2981769	2630972	2630972	2435737	2045268	2045268	2045268	1753087	1460906	1460906	1317986	1317986	1118194	1118194	1118194	1118194	1118194
载货汽车	微型		汽油	127114	75198	23281	23281	23281	23281	15731	8181	8181	6604	5028	5028	4484	3941	3941	3941	3941	3019	2712
			柴油	81441	66978	52516	52516	52516	52516	47300	42084	42084	35635	29186	29186	29186	29186	21342	13498	13498	11719	11126
			燃气	70639	40245	9850	9850	9850	9850	7063	4275	4275	3454	2633	2633	2250	1866	1866	1866	1866	1571	1472
	轻型		汽油	94531	60388	26245	26245	26245	26245	17616	8988	8988	7524	6060	6060	5056	4052	4052	4052	4052	3159	2861
			柴油	81734	67125	52516	52516	52516	52516	47300	42084	42084	35635	29186	29186	29186	29186	23315	17444	17444	16359	15997
			燃气	52474	33544	14614	14614	14614	14614	9697	4779	4779	3940	3100	3100	2500	1900	1900	1900	1900	1638	1550
	中型		汽油	395664	395664	395664	395664	395664	270123	19041	19041	19041	19041	19041	19041	19041	19041	14286	9532	9532	9532	9532
			柴油	718556	718556	645211	498522	498522	474040	425075	425075	425075	429874	434672	434672	434672	434672	381370	328068	328068	282496	267306
			燃气	811400	811400	719691	536272	536272	509481	455899	455899	455899	460885	465871	465871	353042	353042	287146	287146	287146	287146	287146
	重型		汽油	2823188	2823188	2823188	2823188	2823188	1941278	177458	177458	177458	177458	177458	170803	164148	164148	123242	82337	82337	82337	82337
			柴油	1565277	1565277	1511849	1404992	1404992	1353025	1249091	1249091	1249091	1199002	1148913	1148913	1148913	1148913	1042958	937003	937003	681816	596753
			燃气	2913593	2913593	2729621	2361677	2361677	2159435	1754952	1754952	1754952	1497647	1240342	1240342	1009509	1009509	644265	644265	644265	644265	644265
低速汽车	三轮汽车			65550	65550	65550	65550	65550	65550	65550	65550	65550	53279	53279	53279	53279	53279	53279	53279	53279	53279	53279
	低速货车			88065	88065	88065	88065	88065	88065	88065	88065	88065	71579	71579	71579	71579	71579	71579	71579	71579	71579	71579
摩托车	普通摩托车			1336	1336	1336	1336	1292	1247	1158	1158	1158	1158	1158	1028	899	899	899	899	899	899	899
	轻便摩托车			890	890	890	890	890	445	445	445	445	445	445	396	346	346	346	346	346	346	346

六盘水市 PM 排放系数

单位：克/（辆·年）

车辆类型		使用性质	燃料种类	1999 年年底前	2000 年	2001 年	2002 年	2003 年	2004 年	2005 年	2006 年	2007 年	2008 年	2009 年	2010 年	2011 年	2012 年	2013 年	2014 年	2015 年	2016 年	2017 年
载客汽车	微型	出租车	汽油	—	—	—	—	—	—	—	—	—	—	—	—	—	—	—	—	—	—	—
			燃气	—	—	—	—	—	—	—	—	—	—	—	—	—	—	—	—	—	—	—
		其他	汽油	—	—	—	—	—	—	—	—	—	—	—	—	—	—	—	—	—	—	—
			燃气	—	—	—	—	—	—	—	—	—	—	—	—	—	—	—	—	—	—	—
	小型	出租车	汽油	—	—	—	—	—	—	—	—	—	—	—	—	—	—	—	—	—	—	—
			柴油	38873	35602	32330	32330	32330	32330	22070	11809	11809	7692	3575	3575	3575	3575	3322	3070	3070	2539	2362
			燃气	—	—	—	—	—	—	—	—	—	—	—	—	—	—	—	—	—	—	—
		其他	汽油	—	—	—	—	—	—	—	—	—	—	—	—	—	—	—	—	—	—	—
			柴油	4379	4144	3909	3909	3909	3909	2812	1715	1715	1256	797	797	797	797	669	541	541	541	541
			燃气	—	—	—	—	—	—	—	—	—	—	—	—	—	—	—	—	—	—	—
	中型	公交车	汽油	—	—	—	—	—	—	—	—	—	—	—	—	—	—	—	—	—	—	—
			柴油	30592	30592	28032	22913	22913	17978	8108	8108	8108	6872	5637	5637	5637	5637	3504	1372	1372	1080	983
			燃气	—	—	—	—	—	—	—	—	—	—	—	—	—	—	—	—	—	—	—
		其他	汽油	—	—	—	—	—	—	—	—	—	—	—	—	—	—	—	—	—	—	—
			柴油	15274	15274	12888	8116	8116	6262	2553	2553	2553	2434	2316	2316	2316	2316	1366	415	415	399	394
			燃气	—	—	—	—	—	—	—	—	—	—	—	—	—	—	—	—	—	—	—
	大型	公交车	汽油	—	—	—	—	—	—	—	—	—	—	—	—	—	—	—	—	—	—	—
			柴油	94865	94865	93934	92071	92071	71272	29674	29674	29674	19994	10315	10315	10315	10315	6116	1916	1916	1845	1821
			燃气	—	—	—	—	—	—	—	—	—	—	—	—	—	—	—	—	—	—	—
		其他	汽油	—	—	—	—	—	—	—	—	—	—	—	—	—	—	—	—	—	—	—
			柴油	142314	142314	133412	115607	115607	85425	25061	25061	25061	17182	9303	9303	9303	9303	5868	2433	2433	2343	2313
			燃气	—	—	—	—	—	—	—	—	—	—	—	—	—	—	—	—	—	—	—
载货汽车	微型		汽油	—	—	—	—	—	—	—	—	—	—	—	—	—	—	—	—	—	—	—
			柴油	8882	8698	8514	8514	8514	8514	6928	5341	5341	3964	2587	2587	2587	2587	1628	670	670	667	666
			燃气	—	—	—	—	—	—	—	—	—	—	—	—	—	—	—	—	—	—	—
	轻型		汽油	—	—	—	—	—	—	—	—	—	—	—	—	—	—	—	—	—	—	—
			柴油	9237	8876	8514	8514	8514	8514	6928	5341	5341	3964	2587	2587	2587	2587	1951	1315	1315	1086	1009
			燃气	—	—	—	—	—	—	—	—	—	—	—	—	—	—	—	—	—	—	—
	中型		汽油	—	—	—	—	—	—	—	—	—	—	—	—	—	—	—	—	—	—	—
			柴油	44300	44300	37280	23240	23240	17937	7332	7332	7332	6946	6560	6560	6560	6560	4206	1852	1852	1696	1644
			燃气	—	—	—	—	—	—	—	—	—	—	—	—	—	—	—	—	—	—	—
	重型		汽油	—	—	—	—	—	—	—	—	—	—	—	—	—	—	—	—	—	—	—
			柴油	180984	180984	148755	84298	84298	66933	32202	32202	32202	22066	11931	11931	11931	11931	7965	3999	3999	3380	3173
			燃气	—	—	—	—	—	—	—	—	—	—	—	—	—	—	—	—	—	—	—
低速汽车	三轮汽车			4092	4092	4092	4092	4092	4092	4092	4092	4092	3220	3220	3220	3220	3220	3220	3220	3220	3220	3220
	低速货车			5581	5581	5581	5581	5581	5581	5581	5581	5581	4392	4392	4392	4392	4392	4392	4392	4392	4392	4392
摩托车	普通摩托车			—	—	—	—	—	—	—	—	—	—	—	—	—	—	—	—	—	—	—
	轻便摩托车			—	—	—	—	—	—	—	—	—	—	—	—	—	—	—	—	—	—	—

六盘水市 VOCs 排放系数

单位：克/（辆·年）

车辆类型		使用性质	燃料种类	1999年年底前	2000年	2001年	2002年	2003年	2004年	2005年	2006年	2007年	2008年	2009年	2010年	2011年	2012年	2013年	2014年	2015年	2016年	2017年
载客汽车	微型	出租车	汽油	528008	314191	100374	100374	100374	100374	75832	51290	51290	41986	32683	32683	27084	21484	21484	21484	21484	15086	12953
			燃气	298678	179694	60709	60709	60709	60709	46176	31642	31642	25900	20159	20159	16060	11961	11961	11961	11961	7316	5768
		其他	汽油	44070	26750	9429	9429	9429	9429	9036	8644	8644	7419	6194	6194	5874	5554	5554	5554	5554	4674	4381
			燃气	20217	11392	2568	2568	2568	2568	2458	2349	2349	1750	1152	1152	1036	921	921	921	921	612	509
	小型	出租车	汽油	528008	309138	90269	90269	90269	90269	84278	78286	78286	55484	32683	32683	27084	21484	21484	21484	21484	14262	11854
			柴油	145087	136535	127983	127983	127983	127983	115428	102874	102874	75748	48621	48621	48621	48621	36055	23489	23489	13101	9638
			燃气	298678	176876	55075	55075	55075	55075	50884	46694	46694	33426	20159	20159	16060	11961	11961	11961	11961	6856	5155
		其他	汽油	44680	26980	9281	9281	9281	9281	9292	9302	9302	7750	6197	6197	5838	5478	5478	5478	5478	4736	4488
			柴油	10710	9796	8883	8883	8883	8883	7509	6135	6135	4240	2346	2346	2346	2346	1960	1575	1575	1099	940
			燃气	20557	12401	4245	4245	4245	4245	3480	2716	2716	2016	1315	1315	1097	879	879	879	879	646	569
	中型	公交车	汽油	252258	252258	252258	252258	251661	171868	13476	13476	13476	13476	13476	13324	13173	13173	10698	8222	8222	8222	8222
			柴油	87806	87806	86086	82645	82645	64494	28192	28192	28192	20508	12823	12823	12823	12823	8958	5093	5093	4763	4653
			燃气	71579	71579	67602	59649	59649	57536	53311	53311	53311	42686	32061	32061	22219	22219	22154	22154	22154	22154	22154
		其他	汽油	130582	130582	130582	130582	129985	88871	7838	7838	7838	7838	7838	7692	7547	7547	6475	5403	5403	5403	5403
			柴油	30493	30493	28460	24394	24394	18567	6912	6912	6912	6506	6099	6099	6099	6099	3750	1402	1402	1243	1190
			燃气	34560	34560	32640	28800	28800	27780	25740	25740	25740	20623	15506	15506	10732	10732	9642	9642	9642	9642	9642
	大型	公交车	汽油	588152	588152	588152	588152	587555	396241	14806	14806	14806	14806	14806	14666	14526	14526	11705	8884	8884	8884	8884
			柴油	131708	131708	108010	60614	60614	60614	60614	60614	60614	43515	26416	26416	26416	26416	17675	8934	8934	5723	4653
			燃气	168926	168926	159541	140772	140772	135786	125815	125815	125815	100740	75665	75665	52438	52438	47188	47188	47188	47188	47188
		其他	汽油	1303476	1303476	1303476	1303476	1302879	877709	28562	28562	28562	28562	28562	22181	15800	15800	12546	9291	9291	9291	9291
			柴油	272891	272891	207397	76409	76409	76409	76409	76409	76409	55942	35476	35476	35476	35476	20706	5937	5937	5324	5119
			燃气	266186	266186	251398	221822	221822	213966	198253	198253	198253	158842	119430	119430	82662	82662	74261	74261	74261	74261	74261
载货汽车	微型		汽油	208359	112776	17193	17193	17193	17193	16206	15220	15220	14039	12858	12858	10774	8690	8690	8690	8690	7449	7035
			柴油	30960	28925	26890	26890	26890	26890	24643	22396	22396	16544	10693	10693	10693	10693	7378	4062	4062	2794	2371
			燃气	95584	50133	4683	4683	4683	4683	4409	4136	4136	3264	2391	2391	1916	1441	1441	1441	1441	973	817
	轻型		汽油	109077	65704	22330	22330	22330	22330	19376	16422	16422	14748	13075	13075	11600	10126	10126	10126	10126	8778	8328
			柴油	28449	27670	26890	26890	26890	26890	24643	22396	22396	16544	10693	10693	10693	10693	8098	5504	5504	4236	3813
			燃气	50186	30200	10213	10213	10213	10213	7504	4795	4795	3785	2775	2775	2200	1625	1625	1625	1625	1198	1056
	中型		汽油	387349	387349	387349	387349	386752	262946	16529	16529	16529	16529	16529	16389	16249	16249	12994	9740	9740	9740	9740
			柴油	90061	90061	84057	72049	72049	54837	20414	20414	20414	19228	18042	18042	18042	18042	13076	8109	8109	4825	3730
			燃气	102073	102073	96403	85062	85062	82049	76021	76021	76021	60945	45870	45870	62073	62073	30222	30222	30222	30222	30222
	重型		汽油	1120402	1120402	1120402	1120402	1119804	754486	25045	25045	25045	25045	25045	19544	14043	14043	11246	8448	8448	8448	8448
			柴油	281791	281791	214161	78902	78902	78902	78902	78902	78902	57768	36633	36633	36633	36633	23666	10700	10700	7763	6784
			燃气	274867	274867	259598	229059	229059	220947	204721	204721	204721	164023	123325	123325	148978	148978	98415	98415	98415	98415	98415
低速汽车	三轮汽车			25300	25300	25300	25300	25300	25300	25300	25300	25300	16721	16721	16721	16721	16721	16721	16721	16721	16721	16721
	低速货车			33990	33990	33990	33990	33990	33990	33990	33990	33990	22464	22464	22464	22464	22464	22464	22464	22464	22464	22464
摩托车	普通摩托车			17897	17897	17897	17897	13356	8815	4719	4719	4719	4719	4719	3522	2324	2324	2324	2324	2324	2324	2324
	轻便摩托车			57876	57876	57876	57876	57876	11575	11575	5699	5699	5699	5699	4252	2806	2806	2806	2806	2806	2806	2806

遵义市 NO_x 排放系数

单位：克/（辆·年）

车辆类型		使用性质	燃料种类	1999 年年底前	2000 年	2001 年	2002 年	2003 年	2004 年	2005 年	2006 年	2007 年	2008 年	2009 年	2010 年	2011 年	2012 年	2013 年	2014 年	2015 年	2016 年	2017 年
载客汽车	微型	出租车	汽油	364600	244628	124655	124655	124655	124655	91488	58320	58320	42845	27370	27370	22316	17261	17261	17261	17261	10813	8664
			燃气	200085	136620	73154	73154	73154	73154	54723	36292	36292	27435	18578	18578	14904	11230	11230	11230	11230	6585	5037
		其他	汽油	47005	29435	11865	11865	11865	11865	7392	2918	2918	2372	1825	1825	1499	1173	1173	1173	1173	855	749
			燃气	24353	14524	4696	4696	4696	4696	3070	1445	1445	1176	908	908	718	529	529	529	529	418	381
	小型	出租车	汽油	413334	271864	130395	130395	130395	130395	94799	59203	59203	43286	27370	27370	21519	15668	15668	15668	15668	9353	7248
			柴油	353054	297772	242490	242490	242490	242490	215426	188361	188361	149861	111361	111361	111361	111361	90003	68645	68645	51112	45268
			燃气	225666	150916	76167	76167	76167	76167	56461	36755	36755	27666	18578	18578	14486	10393	10393	10393	10393	5819	4294
		其他	汽油	43821	27931	12041	12041	12041	12041	7900	3758	3758	2582	1405	1405	1258	1110	1110	1110	1110	803	701
			柴油	28918	23710	18502	18502	18502	18502	17006	15510	15510	12147	8784	8784	8784	8784	7555	6326	6326	5445	5151
			燃气	22682	14476	6271	6271	6271	6271	4078	1886	1886	1286	687	687	592	496	496	496	496	391	356
	中型	公交车	汽油	436784	436784	436784	436784	436784	298396	21621	21621	21621	21621	21621	19390	17159	17159	12954	8749	8749	8749	8749
			柴油	364444	364444	363588	361877	361877	347495	318732	318732	318732	265488	212245	212245	212245	212245	173207	134169	134169	112330	105050
			燃气	386957	386957	382350	373137	373137	361563	338415	338415	338415	281653	224891	224891	142218	142218	111384	111384	111384	111384	111384
		其他	汽油	267788	267788	267788	267788	267788	181650	9373	9373	9373	9373	9373	9373	9373	9373	7030	4687	4687	4687	4687
			柴油	170908	170908	163774	149505	149505	148241	145712	145712	145712	124098	102485	102485	102485	102485	90998	79510	79510	67862	63980
			燃气	192991	192991	182269	160826	160826	159310	156279	156279	156279	133060	109842	109842	85562	85562	68728	68728	68728	68728	68728
	大型	公交车	汽油	1556044	1556044	1556044	1556044	1556044	1069966	97809	97809	97809	97809	97809	97723	97637	97637	73228	48820	48820	48820	48820
			柴油	516890	516890	500188	466783	466783	453520	426993	426993	426993	419298	411604	411604	411604	411604	396762	381920	381920	344282	331736
			燃气	1039257	1039257	981520	866047	866047	801781	673249	673249	673249	576850	480450	480450	447299	447299	387691	387691	387691	387691	387691
		其他	汽油	3713995	3713995	3713995	3713995	3713995	2553814	233451	233451	233451	233451	233451	224696	215942	215942	162130	108317	108317	108317	108317
			柴油	1237792	1237792	1205941	1142240	1142240	1115610	1062349	1062349	1062349	1024946	987543	987543	987543	987543	940146	892749	892749	790074	755849
			燃气	2304016	2304016	2176015	1920013	1920013	1777536	1492582	1492582	1492582	1279356	1066130	1066130	961831	961831	816028	816028	816028	816028	816028
载货汽车	微型		汽油	168478	99840	31201	31201	31201	31201	21146	11091	11091	8975	6859	6859	6074	5288	5288	5288	5288	4028	3608
			柴油	87540	72512	57484	57484	57484	57484	51652	45820	45820	38735	31650	31650	31650	31650	23148	14646	14646	12340	11571
			燃气	87287	49818	12349	12349	12349	12349	8921	5492	5492	4452	3413	3413	2899	2385	2385	2385	2385	1973	1835
	轻型		汽油	125373	80247	35121	35121	35121	35121	23640	12160	12160	10192	8223	8223	6829	5435	5435	5435	5435	4213	3806
			柴油	87838	72661	57484	57484	57484	57484	51652	45820	45820	38735	31650	31650	31650	31650	25153	18656	18656	17055	16521
			燃气	64894	41592	18291	18291	18291	18291	12197	6103	6103	5062	4021	4021	3225	2429	2429	2429	2429	2057	1933
	中型		汽油	376021	376021	376021	376021	376021	256713	18096	18096	18096	18096	18096	18096	18096	18096	13578	9059	9059	9059	9059
			柴油	524493	524493	470957	363885	363885	346015	310274	310274	310274	313776	317279	317279	317279	317279	278372	239466	239466	206202	195114
			燃气	592263	592263	525322	391440	391440	371885	332775	332775	332775	336415	340055	340055	257693	257693	209594	209594	209594	209594	209594
	重型		汽油	1505027	1505027	1505027	1505027	1505027	1034885	94602	94602	94602	94602	94602	91054	87507	87507	65700	43893	43893	43893	43893
			柴油	612679	612679	591766	549941	549941	529600	488918	488918	488918	469312	449707	449707	449707	449707	413420	377133	377133	285368	254779
			燃气	1140436	1140436	1068426	924406	924406	845245	686921	686921	686921	586208	485494	485494	406316	406316	275064	275064	275064	275064	275064
低速汽车	三轮汽车			65550	65550	65550	65550	65550	65550	65550	65550	65550	53279	53279	53279	53279	53279	53279	53279	53279	53279	53279
	低速货车			88065	88065	88065	88065	88065	88065	88065	88065	88065	71579	71579	71579	71579	71579	71579	71579	71579	71579	71579
摩托车	普通摩托车			1336	1336	1336	1336	1292	1247	1158	1158	1158	1158	1158	1028	899	899	899	899	899	899	899
	轻便摩托车			890	890	890	890	890	445	445	445	445	445	445	396	346	346	346	346	346	346	346

遵义市 PM 排放系数

单位：克/（辆·年）

车辆类型		使用性质	燃料种类	1999 年年底前	2000 年	2001 年	2002 年	2003 年	2004 年	2005 年	2006 年	2007 年	2008 年	2009 年	2010 年	2011 年	2012 年	2013 年	2014 年	2015 年	2016 年	2017 年
载客汽车	微型	出租车	汽油	—	—	—	—	—	—	—	—	—	—	—	—	—	—	—	—	—	—	—
			燃气	—	—	—	—	—	—	—	—	—	—	—	—	—	—	—	—	—	—	—
		其他	汽油	—	—	—	—	—	—	—	—	—	—	—	—	—	—	—	—	—	—	—
			燃气	—	—	—	—	—	—	—	—	—	—	—	—	—	—	—	—	—	—	—
	小型	出租车	汽油	—	—	—	—	—	—	—	—	—	—	—	—	—	—	—	—	—	—	—
			柴油	46759	42824	38889	38889	38889	38889	26546	14204	14204	9252	4300	4300	4300	4300	3996	3693	3693	3054	2841
			燃气	—	—	—	—	—	—	—	—	—	—	—	—	—	—	—	—	—	—	—
		其他	汽油	—	—	—	—	—	—	—	—	—	—	—	—	—	—	—	—	—	—	—
			柴油	4379	4144	3909	3909	3909	3909	2812	1715	1715	1256	797	797	797	797	669	541	541	541	541
			燃气	—	—	—	—	—	—	—	—	—	—	—	—	—	—	—	—	—	—	—
	中型	公交车	汽油	—	—	—	—	—	—	—	—	—	—	—	—	—	—	—	—	—	—	—
			柴油	30592	30592	28032	22913	22913	17978	8108	8108	8108	6872	5637	5637	5637	5637	3504	1372	1372	1080	983
			燃气	—	—	—	—	—	—	—	—	—	—	—	—	—	—	—	—	—	—	—
		其他	汽油	—	—	—	—	—	—	—	—	—	—	—	—	—	—	—	—	—	—	—
			柴油	15274	15274	12888	8116	8116	6262	2553	2553	2553	2434	2316	2316	2316	2316	1366	415	415	399	394
			燃气	—	—	—	—	—	—	—	—	—	—	—	—	—	—	—	—	—	—	—
	大型	公交车	汽油	—	—	—	—	—	—	—	—	—	—	—	—	—	—	—	—	—	—	—
			柴油	94865	94865	93934	92071	92071	71272	29674	29674	29674	19994	10315	10315	10315	10315	6116	1916	1916	1845	1821
			燃气	—	—	—	—	—	—	—	—	—	—	—	—	—	—	—	—	—	—	—
		其他	汽油	—	—	—	—	—	—	—	—	—	—	—	—	—	—	—	—	—	—	—
			柴油	142314	142314	133412	115607	115607	85425	25061	25061	25061	17182	9303	9303	9303	9303	5868	2433	2433	2343	2313
			燃气	—	—	—	—	—	—	—	—	—	—	—	—	—	—	—	—	—	—	—
载货汽车	微型		汽油	—	—	—	—	—	—	—	—	—	—	—	—	—	—	—	—	—	—	—
			柴油	10930	10704	10478	10478	10478	10478	8526	6573	6573	4878	3184	3184	3184	3184	2004	825	825	821	820
			燃气	—	—	—	—	—	—	—	—	—	—	—	—	—	—	—	—	—	—	—
	轻型		汽油	—	—	—	—	—	—	—	—	—	—	—	—	—	—	—	—	—	—	—
			柴油	11367	10922	10478	10478	10478	10478	8526	6573	6573	4878	3184	3184	3184	3184	2401	1618	1618	1336	1242
			燃气	—	—	—	—	—	—	—	—	—	—	—	—	—	—	—	—	—	—	—
	中型		汽油	—	—	—	—	—	—	—	—	—	—	—	—	—	—	—	—	—	—	—
			柴油	44300	44300	37280	23240	23240	17937	7332	7332	7332	6946	6560	6560	6560	6560	4206	1852	1852	1696	1644
			燃气	—	—	—	—	—	—	—	—	—	—	—	—	—	—	—	—	—	—	—
	重型		汽油	—	—	—	—	—	—	—	—	—	—	—	—	—	—	—	—	—	—	—
			柴油	103985	103985	85468	48434	48434	38457	18502	18502	18502	12678	6855	6855	6855	6855	4534	2212	2212	1869	1755
			燃气	—	—	—	—	—	—	—	—	—	—	—	—	—	—	—	—	—	—	—
低速汽车	三轮汽车			4092	4092	4092	4092	4092	4092	4092	4092	4092	3220	3220	3220	3220	3220	3220	3220	3220	3220	3220
	低速货车			5581	5581	5581	5581	5581	5581	5581	5581	5581	4392	4392	4392	4392	4392	4392	4392	4392	4392	4392
摩托车	普通摩托车			—	—	—	—	—	—	—	—	—	—	—	—	—	—	—	—	—	—	—
	轻便摩托车			—	—	—	—	—	—	—	—	—	—	—	—	—	—	—	—	—	—	—

遵义市 VOCs 排放系数

单位：克/（辆·年）

车辆类型		使用性质	燃料种类	1999 年年底前	2000 年	2001 年	2002 年	2003 年	2004 年	2005 年	2006 年	2007 年	2008 年	2009 年	2010 年	2011 年	2012 年	2013 年	2014 年	2015 年	2016 年	2017 年
载客汽车	微型	出租车	汽油	649091	388570	128050	128050	128050	128050	97354	66658	66658	54730	42802	42802	35110	27419	27419	27419	27419	18537	15576
			燃气	366125	222526	78926	78926	78926	78926	60683	42440	42440	34962	27484	27484	21792	16101	16101	16101	16101	9514	7319
		其他	汽油	44836	27250	9665	9665	9665	9665	9272	8878	8878	7627	6376	6376	6054	5731	5731	5731	5731	4824	4521
			燃气	20217	11392	2568	2568	2568	2568	2458	2349	2349	1750	1152	1152	1036	921	921	921	921	612	509
	小型	出租车	汽油	649091	382422	115752	115752	115752	115752	107632	99512	99512	71157	42802	42802	35110	27419	27419	27419	27419	17533	14238
			柴油	199980	187979	175978	175978	175978	175978	158178	140378	140378	104501	68624	68624	68624	68624	50810	32996	32996	18040	13054
			燃气	366125	219137	72149	72149	72149	72149	66347	60545	60545	44014	27484	27484	21792	16101	16101	16101	16101	8962	6582
		其他	汽油	45453	27484	9515	9515	9515	9515	9530	9544	9544	7962	6379	6379	6016	5654	5654	5654	5654	4885	4629
			柴油	10994	10057	9120	9120	9120	9120	7711	6302	6302	4352	2401	2401	2401	2401	2012	1624	1624	1135	972
			燃气	20557	12401	4245	4245	4245	4245	3480	2716	2716	2016	1315	1315	1097	879	879	879	879	646	569
	中型	公交车	汽油	247515	247515	247515	247515	246918	168675	13382	13382	13382	13382	13382	13230	13079	13079	10652	8225	8225	8225	8225
			柴油	87806	87806	86086	82645	82645	64494	28192	28192	28192	20508	12823	12823	12823	12823	8958	5093	5093	4763	4653
			燃气	71579	71579	67602	59649	59649	57536	53311	53311	53311	42686	32061	32061	22219	22219	22154	22154	22154	22154	22154
		其他	汽油	128225	128225	128225	128225	127628	87305	7854	7854	7854	7854	7854	7708	7563	7563	6512	5461	5461	5461	5461
			柴油	30493	30493	28460	24394	24394	18567	6912	6912	6912	6506	6099	6099	6099	6099	3750	1402	1402	1243	1190
			燃气	34560	34560	32640	28800	28800	27780	25740	25740	25740	20623	15506	15506	10732	10732	9642	9642	9642	9642	9642
	大型	公交车	汽油	576823	576823	576823	576823	576226	388648	14686	14686	14686	14686	14686	14546	14406	14406	11640	8874	8874	8874	8874
			柴油	131708	131708	108010	60614	60614	60614	60614	60614	60614	43515	26416	26416	26416	26416	17675	8934	8934	5723	4653
			燃气	168926	168926	159541	140772	140772	135786	125815	125815	125815	100740	75665	75665	52438	52438	47188	47188	47188	47188	47188
		其他	汽油	1278121	1278121	1278121	1278121	1277524	860675	28172	28172	28172	28172	28172	21914	15655	15655	12464	9273	9273	9273	9273
			柴油	272891	272891	207397	76409	76409	76409	76409	76409	76409	55942	35476	35476	35476	35476	20706	5937	5937	5324	5119
			燃气	266186	266186	251398	221822	221822	213966	198253	198253	198253	158842	119430	119430	82662	82662	74261	74261	74261	74261	74261
载货汽车	微型		汽油	258837	140046	21256	21256	21256	21256	19968	18680	18680	17184	15689	15689	12979	10269	10269	10269	10269	8636	8092
			柴油	41986	39211	36436	36436	36436	36436	33278	30119	30119	22398	14677	14677	14677	14677	10161	5645	5645	3767	3141
			燃气	116712	61180	5648	5648	5648	5648	5295	4942	4942	3889	2835	2835	2242	1650	1650	1650	1650	1096	911
	轻型		汽油	135223	81438	27652	27652	27652	27652	23914	20177	20177	18068	15960	15960	14008	12057	12057	12057	12057	10292	9703
			柴油	38797	37616	36436	36436	36436	36436	33278	30119	30119	22398	14677	14677	14677	14677	11077	7477	7477	5599	4973
			燃气	61157	36747	12337	12337	12337	12337	9039	5742	5742	4516	3290	3290	2582	1874	1874	1874	1874	1363	1193
	中型		汽油	379957	379957	379957	379957	379360	257967	16375	16375	16375	16375	16375	16235	16095	16095	12904	9713	9713	9713	9713
			柴油	90061	90061	84057	72049	72049	54837	20414	20414	20414	19228	18042	18042	18042	18042	13076	8109	8109	4825	3730
			燃气	102073	102073	96403	85062	85062	82049	76021	76021	76021	60945	45870	45870	62073	62073	30222	30222	30222	30222	30222
	重型		汽油	625335	625335	625335	625335	624738	421301	15622	15622	15622	15622	15622	12502	9381	9381	7819	6257	6257	6257	6257
			柴油	151234	151234	114938	42346	42346	42346	42346	42346	42346	31003	19660	19660	19660	19660	12882	6103	6103	4476	3933
			燃气	147518	147518	139323	122934	122934	118580	109872	109872	109872	88029	66185	66185	84973	84973	57056	57056	57056	57056	57056
低速汽车	三轮汽车			25300	25300	25300	25300	25300	25300	25300	25300	25300	16721	16721	16721	16721	16721	16721	16721	16721	16721	16721
	低速货车			33990	33990	33990	33990	33990	33990	33990	33990	33990	22464	22464	22464	22464	22464	22464	22464	22464	22464	22464
摩托车	普通摩托车			17897	17897	17897	17897	13356	8815	4719	4719	4719	4719	4719	3522	2324	2324	2324	2324	2324	2324	2324
	轻便摩托车			57876	57876	57876	57876	57876	11575	11575	5699	5699	5699	5699	4252	2806	2806	2806	2806	2806	2806	2806

安顺市 NO_x 排放系数

单位：克/（辆·年）

车辆类型		使用性质	燃料种类	1999 年年底前	2000 年	2001 年	2002 年	2003 年	2004 年	2005 年	2006 年	2007 年	2008 年	2009 年	2010 年	2011 年	2012 年	2013 年	2014 年	2015 年	2016 年	2017 年
载客汽车	微型	出租车	汽油	354046	238574	123103	123103	123103	123103	90820	58536	58536	43346	28156	28156	22864	17571	17571	17571	17571	10798	8540
			燃气	207141	141668	76195	76195	76195	76195	57096	37998	37998	28792	19587	19587	15696	11806	11806	11806	11806	6884	5243
		其他	汽油	43900	27510	11120	11120	11120	11120	6947	2774	2774	2257	1740	1740	1431	1122	1122	1122	1122	808	703
			燃气	24353	14524	4696	4696	4696	4696	3070	1445	1445	1176	908	908	718	529	529	529	529	418	381
	小型	出租车	汽油	400835	264725	128615	128615	128615	128615	94000	59384	59384	43770	28156	28156	22099	16042	16042	16042	16042	9396	7180
			柴油	418583	351072	283562	283562	283562	283562	252244	220926	220926	175328	129729	129729	129729	129729	105542	81355	81355	61817	55304
			燃气	233504	156402	79301	79301	79301	79301	58888	38475	38475	29031	19587	19587	15266	10944	10944	10944	10944	6094	4477
		其他	汽油	40934	26109	11284	11284	11284	11284	7420	3557	3557	2452	1348	1348	1206	1063	1063	1063	1063	760	659
			柴油	34549	28267	21985	21985	21985	21985	20223	18461	18461	14441	10421	10421	10421	10421	8982	7543	7543	6546	6213
			燃气	22682	14476	6271	6271	6271	6271	4078	1886	1886	1286	687	687	592	496	496	496	496	391	356
	中型	公交车	汽油	460410	460410	460410	460410	460410	314537	22790	22790	22790	22790	22790	20439	18088	18088	13655	9222	9222	9222	9222
			柴油	499931	499931	498757	496409	496409	476681	437225	437225	437225	364188	291150	291150	291150	291150	237599	184048	184048	154089	144103
			燃气	530814	530814	524495	511856	511856	495979	464225	464225	464225	386362	308498	308498	195090	195090	152793	152793	152793	152793	152793
		其他	汽油	282273	282273	282273	282273	282273	191475	9880	9880	9880	9880	9880	9880	9880	9880	7410	4941	4941	4941	4941
			柴油	234445	234445	224658	205085	205085	203351	199883	199883	199883	170234	140586	140586	140586	140586	124827	109068	109068	93091	87765
			燃气	264738	264738	250030	220615	220615	218536	214377	214377	214377	182527	150677	150677	117371	117371	94279	94279	94279	94279	94279
	大型	公交车	汽油	1640211	1640211	1640211	1640211	1640211	1127840	103099	103099	103099	103099	103099	103008	102918	102918	77189	51460	51460	51460	51460
			柴油	709051	709051	686139	640315	640315	622121	585734	585734	585734	575178	564623	564623	564623	564623	544263	523903	523903	472273	455063
			燃气	1425613	1425613	1346412	1188011	1188011	1099853	923537	923537	923537	791300	659063	659063	613588	613588	531820	531820	531820	531820	531820
		其他	汽油	3914885	3914885	3914885	3914885	3914885	2691949	246078	246078	246078	246078	246078	236850	227623	227623	170900	114176	114176	114176	114176
			柴油	1697957	1697957	1654265	1566882	1566882	1530351	1457290	1457290	1457290	1405982	1354675	1354675	1354675	1354675	1289658	1224640	1224640	1083794	1036845
			燃气	3160563	3160563	2984976	2633803	2633803	2438358	2047468	2047468	2047468	1754972	1462477	1462477	1319403	1319403	1119396	1119396	1119396	1119396	1119396
载货汽车	微型		汽油	147199	87250	27301	27301	27301	27301	18522	9743	9743	7886	6029	6029	5341	4653	4653	4653	4653	3530	3156
			柴油	95656	78846	62035	62035	62035	62035	55828	49620	49620	41993	34366	34366	34366	34366	25125	15884	15884	13670	12932
			燃气	81657	46593	11529	11529	11529	11529	8302	5075	5075	4111	3146	3146	2670	2194	2194	2194	2194	1831	1710
	轻型		汽油	109574	70148	30722	30722	30722	30722	20699	10676	10676	8948	7220	7220	6000	4781	4781	4781	4781	3691	3328
			柴油	95994	79014	62035	62035	62035	62035	55828	49620	49620	41993	34366	34366	34366	34366	27402	20439	20439	19025	18554
			燃气	60716	38895	17074	17074	17074	17074	11367	5661	5661	4670	3680	3680	2955	2231	2231	2231	2231	1906	1798
	中型		汽油	395664	395664	395664	395664	395664	270123	19041	19041	19041	19041	19041	19041	19041	19041	14286	9532	9532	9532	9532
			柴油	718556	718556	645211	498522	498522	474040	425075	425075	425075	429874	434672	434672	434672	434672	381370	328068	328068	282496	267306
			燃气	811402	811402	719692	536272	536272	509481	455898	455898	455898	460885	465872	465872	353043	353043	287146	287146	287146	287146	287146
	重型		汽油	3301376	3301376	3301376	3301376	3301376	2270089	207515	207515	207515	207515	207515	199733	191951	191951	144117	96283	96283	96283	96283
			柴油	1790443	1790443	1729329	1607102	1607102	1547659	1428773	1428773	1428773	1371479	1314185	1314185	1314185	1314185	1204558	1094930	1094930	813825	720123
			燃气	3332716	3332716	3122280	2701410	2701410	2470074	2007402	2007402	2007402	1713083	1418765	1418765	1179656	1179656	777457	777457	777457	777457	777457
低速汽车	三轮汽车			65550	65550	65550	65550	65550	65550	65550	65550	65550	53279	53279	53279	53279	53279	53279	53279	53279	53279	53279
	低速货车			88065	88065	88065	88065	88065	88065	88065	88065	88065	71579	71579	71579	71579	71579	71579	71579	71579	71579	71579
摩托车	普通摩托车			1336	1336	1336	1336	1292	1247	1158	1158	1158	1158	1158	1028	899	899	899	899	899	899	899
	轻便摩托车			890	890	890	890	890	445	445	445	445	445	445	396	346	346	346	346	346	346	346

安顺市 PM 排放系数

单位：克/（辆•年）

车辆类型		使用性质	燃料种类	1999 年年底前	2000 年	2001 年	2002 年	2003 年	2004 年	2005 年	2006 年	2007 年	2008 年	2009 年	2010 年	2011 年	2012 年	2013 年	2014 年	2015 年	2016 年	2017 年
载客汽车	微型	出租车	汽油	—	—	—	—	—	—	—	—	—	—	—	—	—	—	—	—	—	—	—
			燃气	—	—	—	—	—	—	—	—	—	—	—	—	—	—	—	—	—	—	—
		其他	汽油	—	—	—	—	—	—	—	—	—	—	—	—	—	—	—	—	—	—	—
			燃气	—	—	—	—	—	—	—	—	—	—	—	—	—	—	—	—	—	—	—
	小型	出租车	汽油	—	—	—	—	—	—	—	—	—	—	—	—	—	—	—	—	—	—	—
			柴油	48190	44135	40080	40080	40080	40080	27360	14639	14639	9536	4432	4432	4432	4432	4119	3806	3806	3148	2928
			燃气	—	—	—	—	—	—	—	—	—	—	—	—	—	—	—	—	—	—	—
		其他	汽油	—	—	—	—	—	—	—	—	—	—	—	—	—	—	—	—	—	—	—
			柴油	4379	4144	3909	3909	3909	3909	2812	1715	1715	1256	797	797	797	797	669	541	541	541	541
			燃气	—	—	—	—	—	—	—	—	—	—	—	—	—	—	—	—	—	—	—
	中型	公交车	汽油	—	—	—	—	—	—	—	—	—	—	—	—	—	—	—	—	—	—	—
			柴油	30592	30592	28032	22913	22913	17978	8108	8108	8108	6872	5637	5637	5637	5637	3504	1372	1372	1080	983
			燃气	—	—	—	—	—	—	—	—	—	—	—	—	—	—	—	—	—	—	—
		其他	汽油	—	—	—	—	—	—	—	—	—	—	—	—	—	—	—	—	—	—	—
			柴油	15274	15274	12888	8116	8116	6262	2553	2553	2553	2434	2316	2316	2316	2316	1366	415	415	399	394
			燃气	—	—	—	—	—	—	—	—	—	—	—	—	—	—	—	—	—	—	—
	大型	公交车	汽油	—	—	—	—	—	—	—	—	—	—	—	—	—	—	—	—	—	—	—
			柴油	94865	94865	93934	92071	92071	71272	29674	29674	29674	19994	10315	10315	10315	10315	6116	1916	1916	1845	1821
			燃气	—	—	—	—	—	—	—	—	—	—	—	—	—	—	—	—	—	—	—
		其他	汽油	—	—	—	—	—	—	—	—	—	—	—	—	—	—	—	—	—	—	—
			柴油	142314	142314	133412	115607	115607	85425	25061	25061	25061	17182	9303	9303	9303	9303	5868	2433	2433	2343	2313
			燃气	—	—	—	—	—	—	—	—	—	—	—	—	—	—	—	—	—	—	—
载货汽车	微型		汽油	—	—	—	—	—	—	—	—	—	—	—	—	—	—	—	—	—	—	—
			柴油	10241	10029	9817	9817	9817	9817	7988	6159	6159	4571	2983	2983	2983	2983	1878	773	773	769	768
			燃气	—	—	—	—	—	—	—	—	—	—	—	—	—	—	—	—	—	—	—
	轻型		汽油	—	—	—	—	—	—	—	—	—	—	—	—	—	—	—	—	—	—	—
			柴油	10651	10234	9817	9817	9817	9817	7988	6159	6159	4571	2983	2983	2983	2983	2250	1516	1516	1252	1164
			燃气	—	—	—	—	—	—	—	—	—	—	—	—	—	—	—	—	—	—	—
	中型		汽油	—	—	—	—	—	—	—	—	—	—	—	—	—	—	—	—	—	—	—
			柴油	44300	44300	37280	23240	23240	17937	7332	7332	7332	6946	6560	6560	6560	6560	4206	1852	1852	1696	1644
			燃气	—	—	—	—	—	—	—	—	—	—	—	—	—	—	—	—	—	—	—
	重型		汽油	—	—	—	—	—	—	—	—	—	—	—	—	—	—	—	—	—	—	—
			柴油	216235	216235	177729	100718	100718	79970	38474	38474	38474	26364	14255	14255	14255	14255	9462	4670	4670	3947	3706
			燃气	—	—	—	—	—	—	—	—	—	—	—	—	—	—	—	—	—	—	—
低速汽车	三轮汽车			4092	4092	4092	4092	4092	4092	4092	4092	4092	3220	3220	3220	3220	3220	3220	3220	3220	3220	3220
	低速货车			5581	5581	5581	5581	5581	5581	5581	5581	5581	4392	4392	4392	4392	4392	4392	4392	4392	4392	4392
摩托车	普通摩托车			—	—	—	—	—	—	—	—	—	—	—	—	—	—	—	—	—	—	—
	轻便摩托车			—	—	—	—	—	—	—	—	—	—	—	—	—	—	—	—	—	—	—

安顺市 VOCs 排放系数

单位：克/（辆·年）

车辆类型		使用性质	燃料种类	1999 年年底前	2000 年	2001 年	2002 年	2003 年	2004 年	2005 年	2006 年	2007 年	2008 年	2009 年	2010 年	2011 年	2012 年	2013 年	2014 年	2015 年	2016 年	2017 年
载客汽车	微型	出租车	汽油	714847	426909	138971	138971	138971	138971	105278	71586	71586	58609	45632	45632	37368	29105	29105	29105	29105	19643	16489
			燃气	378612	230528	82445	82445	82445	82445	63501	44557	44557	36744	28930	28930	22922	16914	16914	16914	16914	9939	7614
		其他	汽油	47202	28444	9686	9686	9686	9686	9289	8892	8892	7580	6268	6268	5930	5592	5592	5592	5592	4658	4346
			燃气	20217	11392	2568	2568	2568	2568	2458	2349	2349	1750	1152	1152	1036	921	921	921	921	612	509
	小型	出租车	汽油	714847	420106	125364	125364	125364	125364	116652	107939	107939	76786	45632	45632	37368	29105	29105	29105	29105	18533	15009
			柴油	212562	199808	187055	187055	187055	187055	168142	149229	149229	111066	72902	72902	72902	72902	53974	35046	35046	19166	13872
			燃气	378612	227036	75460	75460	75460	75460	69338	63217	63217	46074	28930	28930	22922	16914	16914	16914	16914	9370	6855
		其他	汽油	47864	28694	9525	9525	9525	9525	9566	9607	9607	7939	6271	6271	5890	5510	5510	5510	5510	4724	4462
			柴油	11262	10300	9338	9338	9338	9338	7891	6444	6444	4440	2437	2437	2437	2437	2044	1652	1652	1160	996
			燃气	20557	12401	4245	4245	4245	4245	3480	2716	2716	2016	1315	1315	1097	879	879	879	879	646	569
	中型	公交车	汽油	252120	252120	252120	252120	251523	171730	13339	13339	13339	13339	13339	13187	13035	13035	10560	8084	8084	8084	8084
			柴油	87806	87806	86086	82645	82645	64494	28192	28192	28192	20508	12823	12823	12823	12823	8958	5093	5093	4763	4653
			燃气	71579	71579	67602	59649	59649	57536	53311	53311	53311	42686	32061	32061	22219	22219	22154	22154	22154	22154	22154
		其他	汽油	130444	130444	130444	130444	129848	88734	7700	7700	7700	7700	7700	7554	7409	7409	6337	5265	5265	5265	5265
			柴油	30493	30493	28460	24394	24394	18567	6912	6912	6912	6506	6099	6099	6099	6099	3750	1402	1402	1243	1190
			燃气	34560	34560	32640	28800	28800	27780	25740	25740	25740	20623	15506	15506	10732	10732	9642	9642	9642	9642	9642
	大型	公交车	汽油	588014	588014	588014	588014	587417	396103	14668	14668	14668	14668	14668	14528	14389	14389	11568	8747	8747	8747	8747
			柴油	131708	131708	108010	60614	60614	60614	60614	60614	60614	43515	26416	26416	26416	26416	17675	8934	8934	5723	4653
			燃气	168926	168926	159541	140772	140772	135786	125815	125815	125815	100740	75665	75665	52438	52438	47188	47188	47188	47188	47188
		其他	汽油	1303338	1303338	1303338	1303338	1302741	877571	28425	28425	28425	28425	28425	22044	15662	15662	12408	9154	9154	9154	9154
			柴油	272891	272891	207397	76409	76409	76409	76409	76409	76409	55942	35476	35476	35476	35476	20706	5937	5937	5324	5119
			燃气	266186	266186	251398	221822	221822	213966	198253	198253	198253	158842	119430	119430	82662	82662	74261	74261	74261	74261	74261
载货汽车	微型		汽油	259314	139880	20447	20447	20447	20447	19239	18031	18031	16593	15155	15155	12515	9875	9875	9875	9875	8348	7839
			柴油	39136	36556	33975	33975	33975	33975	31088	28200	28200	20890	13581	13581	13581	13581	9379	5177	5177	3515	2961
			燃气	111066	58244	5421	5421	5421	5421	5092	4763	4763	3774	2785	2785	2206	1626	1626	1626	1626	1095	918
	轻型		汽油	134965	80923	26881	26881	26881	26881	23209	19537	19537	17482	15427	15427	13550	11673	11673	11673	11673	10012	9459
			柴油	36048	35012	33975	33975	33975	33975	31088	28200	28200	20890	13581	13581	13581	13581	10266	6951	6951	5289	4735
			燃气	57966	34973	11980	11980	11980	11980	8752	5523	5523	4379	3235	3235	2549	1862	1862	1862	1862	1370	1206
	中型		汽油	387211	387211	387211	387211	386614	262809	16391	16391	16391	16391	16391	16251	16111	16111	12856	9602	9602	9602	9602
			柴油	90061	90061	84057	72049	72049	54837	20414	20414	20414	19228	18042	18042	18042	18042	13076	8109	8109	4825	3730
			燃气	102073	102073	96403	85062	85062	82049	76021	76021	76021	60945	45870	45870	62073	62073	30222	30222	30222	30222	30222
	重型		汽油	1319114	1319114	1319114	1319114	1318516	888190	28731	28731	28731	28731	28731	22274	15817	15817	12524	9230	9230	9230	9230
			柴油	322156	322156	244839	90204	90204	90204	90204	90204	90204	66042	41880	41880	41880	41880	27254	12628	12628	9340	8244
			燃气	314241	314241	296784	261870	261870	252595	234046	234046	234046	187517	140989	140989	175822	175822	119595	119595	119595	119595	119595
低速汽车	三轮汽车			25300	25300	25300	25300	25300	25300	25300	25300	25300	16721	16721	16721	16721	16721	16721	16721	16721	16721	16721
	低速货车			33990	33990	33990	33990	33990	33990	33990	33990	33990	22464	22464	22464	22464	22464	22464	22464	22464	22464	22464
摩托车	普通摩托车			17897	17897	17897	17897	13356	8815	4719	4719	4719	4719	4719	3522	2324	2324	2324	2324	2324	2324	2324
	轻便摩托车			57876	57876	57876	57876	57876	11575	11575	5699	5699	5699	5699	4252	2806	2806	2806	2806	2806	2806	2806

毕节市 NO_x 排放系数

单位：克/（辆·年）

车辆类型		使用性质	燃料种类	1999年年底前	2000年	2001年	2002年	2003年	2004年	2005年	2006年	2007年	2008年	2009年	2010年	2011年	2012年	2013年	2014年	2015年	2016年	2017年
载客汽车	微型	出租车	汽油	498404	330950	163495	163495	163495	163495	118392	73290	73290	52686	32082	32082	26458	20835	20835	20835	20835	13770	11415
			燃气	207141	141668	76195	76195	76195	76195	57096	37998	37998	28792	19587	19587	15696	11806	11806	11806	11806	6884	5243
		其他	汽油	63499	39665	15831	15831	15831	15831	9764	3697	3697	2993	2289	2289	1873	1457	1457	1457	1457	1110	994
			燃气	24353	14524	4696	4696	4696	4696	3070	1445	1445	1176	908	908	718	529	529	529	529	418	381
	小型	出租车	汽油	566842	369199	171556	171556	171556	171556	123042	74529	74529	53306	32082	32082	25340	18597	18597	18597	18597	11719	9426
			柴油	471958	393686	315413	315413	315413	315413	280948	246484	246484	195122	143761	143761	143761	143761	117735	91709	91709	71038	64147
			燃气	233504	156402	79301	79301	79301	79301	58888	38475	38475	29031	19587	19587	15266	10944	10944	10944	10944	6094	4477
		其他	汽油	59160	37616	16071	16071	16071	16071	10456	4841	4841	3278	1716	1716	1544	1371	1371	1371	1371	1039	928
			柴油	40457	33050	25644	25644	25644	25644	23603	21562	21562	16852	12143	12143	12143	12143	10484	8826	8826	7702	7327
			燃气	22682	14476	6271	6271	6271	6271	4078	1886	1886	1286	687	687	592	496	496	496	496	391	356
	中型	公交车	汽油	673424	673424	673424	673424	673424	460061	33334	33334	33334	33334	33334	29895	26456	26456	19972	13489	13489	13489	13489
			柴油	591653	591653	590264	587486	587486	564138	517443	517443	517443	431005	344567	344567	344567	344567	281192	217816	217816	182360	170542
			燃气	628202	628202	620723	605766	605766	586976	549396	549396	549396	457247	365098	365098	230883	230883	180826	180826	180826	180826	180826
		其他	汽油	412870	412870	412870	412870	412870	280063	14450	14450	14450	14450	14450	14450	14450	14450	10838	7227	7227	7227	7227
			柴油	277459	277459	265877	242712	242712	240660	236555	236555	236555	201467	166379	166379	166379	166379	147729	129079	129079	110171	103868
			燃气	313309	313309	295903	261091	261091	258630	253709	253709	253709	216015	178321	178321	138905	138905	111576	111576	111576	111576	111576
	大型	公交车	汽油	2399073	2399073	2399073	2399073	2399073	1649648	150799	150799	150799	150799	150799	150666	150534	150534	112902	75269	75269	75269	75269
			柴油	839140	839140	812025	757794	757794	736262	693198	693198	693198	680706	668214	668214	668214	668214	644119	620024	620024	558922	538554
			燃气	1687171	1687171	1593439	1405975	1405975	1301643	1092979	1092979	1092979	936480	779982	779982	726163	726163	629393	629393	629393	629393	629393
		其他	汽油	5726150	5726150	5726150	5726150	5726150	3937410	359929	359929	359929	359929	359929	346432	332935	332935	249968	167000	167000	167000	167000
			柴油	2009481	2009481	1957773	1854358	1854358	1811125	1724659	1724659	1724659	1663938	1603216	1603216	1603216	1603216	1526270	1449324	1449324	1282637	1227075
			燃气	3740431	3740431	3532629	3117026	3117026	2885723	2423117	2423117	2423117	2076958	1730798	1730798	1561474	1561474	1324772	1324772	1324772	1324772	1324772
载货汽车	微型		汽油	213006	125570	38135	38135	38135	38135	25506	12878	12878	10346	7815	7815	7021	6227	6227	6227	6227	4926	4493
			柴油	110833	91101	71369	71369	71369	71369	64282	57196	57196	48434	39672	39672	39672	39672	28996	18320	18320	15958	15170
			燃气	81692	46502	11312	11312	11312	11312	8173	5033	5033	4067	3100	3100	2680	2261	2261	2261	2261	1857	1722
	轻型		汽油	157974	100557	43140	43140	43140	43140	28691	14242	14242	11900	9557	9557	7986	6414	6414	6414	6414	5162	4745
			柴油	111233	91301	71369	71369	71369	71369	64282	57196	57196	48434	39672	39672	39672	39672	31691	23710	23710	22296	21824
			燃气	60567	38700	16833	16833	16833	16833	11191	5549	5549	4687	3826	3826	3073	2320	2320	2320	2320	1945	1820
	中型		汽油	578062	578062	578062	578062	578062	394648	27819	27819	27819	27819	27819	27819	27819	27819	20872	13926	13926	13926	13926
			柴油	849679	849679	762950	589493	589493	560543	502644	502644	502644	508318	513992	513992	513992	513992	450964	387935	387935	334048	316085
			燃气	959465	959465	851020	634131	634131	602452	539094	539094	539094	544989	550884	550884	417466	417466	339542	339542	339542	339542	339542
	重型		汽油	4823288	4823288	4823288	4823288	4823288	3316585	303178	303178	303178	303178	303178	291809	280440	280440	210554	140669	140669	140669	140669
			柴油	2117166	2117166	2044900	1900368	1900368	1830078	1689499	1689499	1689499	1621750	1554000	1554000	1554000	1554000	1424368	1294735	1294735	962333	851532
			燃气	3940875	3940875	3692038	3194365	3194365	2920816	2373718	2373718	2373718	2025692	1677665	1677665	1394923	1394923	919329	919329	919329	919329	919329
低速汽车	三轮汽车			65550	65550	65550	65550	65550	65550	65550	65550	65550	53279	53279	53279	53279	53279	53279	53279	53279	53279	53279
	低速货车			88065	88065	88065	88065	88065	88065	88065	88065	88065	71579	71579	71579	71579	71579	71579	71579	71579	71579	71579
摩托车	普通摩托车			1336	1336	1336	1336	1292	1247	1158	1158	1158	1158	1158	1028	899	899	899	899	899	899	899
	轻便摩托车			890	890	890	890	890	445	445	445	445	445	445	396	346	346	346	346	346	346	346

毕节市 PM 排放系数

单位：克/（辆·年）

车辆类型		使用性质	燃料种类	1999 年年底前	2000 年	2001 年	2002 年	2003 年	2004 年	2005 年	2006 年	2007 年	2008 年	2009 年	2010 年	2011 年	2012 年	2013 年	2014 年	2015 年	2016 年	2017 年
载客汽车	微型	出租车	汽油	—	—	—	—	—	—	—	—	—	—	—	—	—	—	—	—	—	—	—
			燃气	—	—	—	—	—	—	—	—	—	—	—	—	—	—	—	—	—	—	—
		其他	汽油	—	—	—	—	—	—	—	—	—	—	—	—	—	—	—	—	—	—	—
			燃气	—	—	—	—	—	—	—	—	—	—	—	—	—	—	—	—	—	—	—
	小型	出租车	汽油	—	—	—	—	—	—	—	—	—	—	—	—	—	—	—	—	—	—	—
			柴油	48190	44135	40080	40080	40080	40080	27360	14639	14639	9536	4432	4432	4432	4432	4119	3806	3806	3148	2928
			燃气	—	—	—	—	—	—	—	—	—	—	—	—	—	—	—	—	—	—	—
		其他	汽油	—	—	—	—	—	—	—	—	—	—	—	—	—	—	—	—	—	—	—
			柴油	4379	4144	3909	3909	3909	3909	2812	1715	1715	1256	797	797	797	797	669	541	541	541	541
			燃气	—	—	—	—	—	—	—	—	—	—	—	—	—	—	—	—	—	—	—
	中型	公交车	汽油	—	—	—	—	—	—	—	—	—	—	—	—	—	—	—	—	—	—	—
			柴油	30592	30592	28032	22913	22913	17978	8108	8108	8108	6872	5637	5637	5637	5637	3504	1372	1372	1080	983
			燃气	—	—	—	—	—	—	—	—	—	—	—	—	—	—	—	—	—	—	—
		其他	汽油	—	—	—	—	—	—	—	—	—	—	—	—	—	—	—	—	—	—	—
			柴油	15274	15274	12888	8116	8116	6262	2553	2553	2553	2434	2316	2316	2316	2316	1366	415	415	399	394
			燃气	—	—	—	—	—	—	—	—	—	—	—	—	—	—	—	—	—	—	—
	大型	公交车	汽油	—	—	—	—	—	—	—	—	—	—	—	—	—	—	—	—	—	—	—
			柴油	94865	94865	93934	92071	92071	71272	29674	29674	29674	19994	10315	10315	10315	10315	6116	1916	1916	1845	1821
			燃气	—	—	—	—	—	—	—	—	—	—	—	—	—	—	—	—	—	—	—
		其他	汽油	—	—	—	—	—	—	—	—	—	—	—	—	—	—	—	—	—	—	—
			柴油	142314	142314	133412	115607	115607	85425	25061	25061	25061	17182	9303	9303	9303	9303	5868	2433	2433	2343	2313
			燃气	—	—	—	—	—	—	—	—	—	—	—	—	—	—	—	—	—	—	—
载货汽车	微型		汽油	—	—	—	—	—	—	—	—	—	—	—	—	—	—	—	—	—	—	—
			柴油	10241	10029	9817	9817	9817	9817	7988	6159	6159	4571	2983	2983	2983	2983	1878	773	773	769	768
			燃气	—	—	—	—	—	—	—	—	—	—	—	—	—	—	—	—	—	—	—
	轻型		汽油	—	—	—	—	—	—	—	—	—	—	—	—	—	—	—	—	—	—	—
			柴油	10651	10234	9817	9817	9817	9817	7988	6159	6159	4571	2983	2983	2983	2983	2250	1516	1516	1252	1164
			燃气	—	—	—	—	—	—	—	—	—	—	—	—	—	—	—	—	—	—	—
	中型		汽油	—	—	—	—	—	—	—	—	—	—	—	—	—	—	—	—	—	—	—
			柴油	44300	44300	37280	23240	23240	17937	7332	7332	7332	6946	6560	6560	6560	6560	4206	1852	1852	1696	1644
			燃气	—	—	—	—	—	—	—	—	—	—	—	—	—	—	—	—	—	—	—
	重型		汽油	—	—	—	—	—	—	—	—	—	—	—	—	—	—	—	—	—	—	—
			柴油	216235	216235	177729	100718	100718	79970	38474	38474	38474	26364	14255	14255	14255	14255	9462	4670	4670	3947	3706
			燃气	—	—	—	—	—	—	—	—	—	—	—	—	—	—	—	—	—	—	—
低速汽车	三轮汽车			4092	4092	4092	4092	4092	4092	4092	4092	4092	3220	3220	3220	3220	3220	3220	3220	3220	3220	3220
	低速货车			5581	5581	5581	5581	5581	5581	5581	5581	5581	4392	4392	4392	4392	4392	4392	4392	4392	4392	4392
摩托车	普通摩托车			—	—	—	—	—	—	—	—	—	—	—	—	—	—	—	—	—	—	—
	轻便摩托车			—	—	—	—	—	—	—	—	—	—	—	—	—	—	—	—	—	—	—

毕节市 VOCs 排放系数

单位：克/（辆·年）

车辆类型		使用性质	燃料种类	1999 年年底前	2000 年	2001 年	2002 年	2003 年	2004 年	2005 年	2006 年	2007 年	2008 年	2009 年	2010 年	2011 年	2012 年	2013 年	2014 年	2015 年	2016 年	2017 年
载客汽车	微型	出租车	汽油	760048	452644	145240	145240	145240	145240	109656	74071	74071	60516	46961	46961	38536	30110	30110	30110	30110	20536	17345
			燃气	378612	230528	82445	82445	82445	82445	63501	44557	44557	36744	28930	28930	22922	16914	16914	16914	16914	9939	7614
		其他	汽油	50156	30158	10159	10159	10159	10159	9758	9357	9357	7970	6583	6583	6230	5877	5877	5877	5877	4894	4567
			燃气	20217	11392	2568	2568	2568	2568	2458	2349	2349	1750	1152	1152	1036	921	921	921	921	612	509
	小型	出租车	汽油	760048	445374	130699	130699	130699	130699	121809	112919	112919	79940	46961	46961	38536	30110	30110	30110	30110	19350	15763
			柴油	212593	199839	187085	187085	187085	187085	168172	149259	149259	111090	72921	72921	72921	72921	53993	35065	35065	19177	13881
			燃气	378612	227036	75460	75460	75460	75460	69338	63217	63217	46074	28930	28930	22922	16914	16914	16914	16914	9370	6855
		其他	汽油	50864	30426	9987	9987	9987	9987	10054	10121	10121	8354	6587	6587	6188	5788	5788	5788	5788	4965	4691
			柴油	11293	10330	9368	9368	9368	9368	7922	6475	6475	4466	2456	2456	2456	2456	2064	1671	1671	1172	1005
			燃气	20557	12401	4245	4245	4245	4245	3480	2716	2716	2016	1315	1315	1097	879	879	879	879	646	569
	中型	公交车	汽油	269203	269203	269203	269203	268606	183389	14149	14149	14149	14149	14149	13996	13844	13844	11200	8556	8556	8556	8556
			柴油	87806	87806	86086	82645	82645	64494	28192	28192	28192	20508	12823	12823	12823	12823	8958	5093	5093	4763	4653
			燃气	71579	71579	67602	59649	59649	57536	53311	53311	53311	42686	32061	32061	22219	22219	22154	22154	22154	22154	22154
		其他	汽油	139177	139177	139177	139177	138580	94697	8124	8124	8124	8124	8124	7978	7832	7832	6688	5543	5543	5543	5543
			柴油	30493	30493	28460	24394	24394	18567	6912	6912	6912	6506	6099	6099	6099	6099	3750	1402	1402	1243	1190
			燃气	34560	34560	32640	28800	28800	27780	25740	25740	25740	20623	15506	15506	10732	10732	9642	9642	9642	9642	9642
	大型	公交车	汽油	628148	628148	628148	628148	627551	423160	15571	15571	15571	15571	15571	15431	15291	15291	12278	9264	9264	9264	9264
			柴油	131708	131708	108010	60614	60614	60614	60614	60614	60614	43515	26416	26416	26416	26416	17675	8934	8934	5723	4653
			燃气	168926	168926	159541	140772	140772	135786	125815	125815	125815	100740	75665	75665	52438	52438	47188	47188	47188	47188	47188
		其他	汽油	1392563	1392563	1392563	1392563	1391966	937670	30271	30271	30271	30271	30271	23462	16652	16652	13176	9699	9699	9699	9699
			柴油	272891	272891	207397	76409	76409	76409	76409	76409	76409	55942	35476	35476	35476	35476	20706	5937	5937	5324	5119
			燃气	266186	266186	251398	221822	221822	213966	198253	198253	198253	158842	119430	119430	82662	82662	74261	74261	74261	74261	74261
载货汽车	微型		汽油	276523	148960	21398	21398	21398	21398	20164	18931	18931	17434	15938	15938	13158	10377	10377	10377	10377	8806	8282
			柴油	39166	36586	34005	34005	34005	34005	31118	28230	28230	20915	13600	13600	13600	13600	9398	5195	5195	3526	2969
			燃气	111462	58435	5409	5409	5409	5409	5081	4752	4752	3771	2789	2789	2208	1626	1626	1626	1626	1099	923
	轻型		汽油	143641	85958	28274	28274	28274	28274	24406	20539	20539	18384	16228	16228	14264	12299	12299	12299	12299	10585	10014
			柴油	36078	35042	34005	34005	34005	34005	31118	28230	28230	20915	13600	13600	13600	13600	10284	6969	6969	5300	4744
			燃气	58053	35036	12018	12018	12018	12018	8765	5512	5512	4376	3240	3240	2554	1868	1868	1868	1868	1378	1215
	中型		汽油	413565	413565	413565	413565	412968	280718	17411	17411	17411	17411	17411	17272	17132	17132	13655	10178	10178	10178	10178
			柴油	90061	90061	84057	72049	72049	54837	20414	20414	20414	19228	18042	18042	18042	18042	13076	8109	8109	4825	3730
			燃气	102073	102073	96403	85062	85062	82049	76021	76021	76021	60945	45870	45870	62073	62073	30222	30222	30222	30222	30222
	重型		汽油	1409422	1409422	1409422	1409422	1408824	949018	30599	30599	30599	30599	30599	23708	16817	16817	13298	9780	9780	9780	9780
			柴油	322156	322156	244839	90204	90204	90204	90204	90204	90204	66042	41880	41880	41880	41880	27254	12628	12628	9340	8244
			燃气	314241	314241	296784	261870	261870	252595	234046	234046	234046	187517	140989	140989	175822	175822	119595	119595	119595	119595	119595
低速汽车	三轮汽车			25300	25300	25300	25300	25300	25300	25300	25300	25300	16721	16721	16721	16721	16721	16721	16721	16721	16721	16721
	低速货车			33990	33990	33990	33990	33990	33990	33990	33990	33990	22464	22464	22464	22464	22464	22464	22464	22464	22464	22464
摩托车	普通摩托车			17897	17897	17897	17897	13356	8815	4719	4719	4719	4719	4719	3522	2324	2324	2324	2324	2324	2324	2324
	轻便摩托车			57876	57876	57876	57876	57876	11575	11575	5699	5699	5699	5699	4252	2806	2806	2806	2806	2806	2806	2806

铜仁市 NO_x 排放系数

单位：克/（辆·年）

车辆类型		使用性质	燃料种类	1999年年底前	2000年	2001年	2002年	2003年	2004年	2005年	2006年	2007年	2008年	2009年	2010年	2011年	2012年	2013年	2014年	2015年	2016年	2017年
载客汽车	微型	出租车	汽油	305667	207614	109562	109562	109562	109562	81570	53579	53579	40205	26831	26831	21650	16468	16468	16468	16468	9798	7575
			燃气	207141	141668	76195	76195	76195	76195	57096	37998	37998	28792	19587	19587	15696	11806	11806	11806	11806	6884	5243
		其他	汽油	37296	23410	9525	9525	9525	9525	5986	2448	2448	1996	1545	1545	1272	998	998	998	998	702	604
			燃气	24353	14524	4696	4696	4696	4696	3070	1445	1445	1176	908	908	718	529	529	529	529	418	381
	小型	出租车	汽油	345208	229714	114220	114220	114220	114220	84258	54295	54295	40563	26831	26831	21003	15175	15175	15175	15175	8613	6426
			柴油	381011	321074	261138	261138	261138	261138	232035	202932	202932	161390	119849	119849	119849	119849	96956	74062	74062	55325	49079
			燃气	233504	156402	79301	79301	79301	79301	58888	38475	38475	29031	19587	19587	15266	10944	10944	10944	10944	6094	4477
		其他	汽油	34789	22226	9664	9664	9664	9664	6387	3110	3110	2162	1214	1214	1082	949	949	949	949	662	567
			柴油	30384	24894	19403	19403	19403	19403	17838	16272	16272	12738	9203	9203	9203	9203	7919	6635	6635	5730	5428
			燃气	22682	14476	6271	6271	6271	6271	4078	1886	1886	1286	687	687	592	496	496	496	496	391	356
	中型	公交车	汽油	324983	324983	324983	324983	324983	222018	16087	16087	16087	16087	16087	14427	12767	12767	9638	6510	6510	6510	6510
			柴油	363646	363646	362792	361085	361085	346735	318035	318035	318035	264908	211780	211780	211780	211780	172828	133876	133876	112084	104820
			燃气	386110	386110	381514	372321	372321	360772	337674	337674	337674	281036	224399	224399	141907	141907	111140	111140	111140	111140	111140
		其他	汽油	199244	199244	199244	199244	199244	135154	6974	6974	6974	6974	6974	6974	6974	6974	5230	3487	3487	3487	3487
			柴油	170534	170534	163415	149178	149178	147916	145393	145393	145393	123827	102261	102261	102261	102261	90798	79336	79336	67714	63840
			燃气	192569	192569	181871	160474	160474	158962	155937	155937	155937	132769	109601	109601	85375	85375	68578	68578	68578	68578	68578
	大型	公交车	汽油	1157752	1157752	1157752	1157752	1157752	796092	72773	72773	72773	72773	72773	72709	72645	72645	54484	36323	36323	36323	36323
			柴油	515759	515759	499093	465761	465761	452527	426059	426059	426059	418381	410703	410703	410703	410703	395894	381084	381084	343528	331010
			燃气	1036982	1036982	979372	864152	864152	800026	671775	671775	671775	575586	479398	479398	446320	446320	386842	386842	386842	386842	386842
		其他	汽油	2763343	2763343	2763343	2763343	2763343	1900127	173696	173696	173696	173696	173696	167182	160669	160669	120630	80591	80591	80591	80591
			柴油	1235083	1235083	1203302	1139740	1139740	1113168	1060023	1060023	1060023	1022702	985381	985381	985381	985381	938088	890795	890795	788344	754194
			燃气	2298973	2298973	2171252	1915811	1915811	1773646	1489315	1489315	1489315	1276556	1063796	1063796	959725	959725	814242	814242	814242	814242	814242
载货汽车	微型		汽油	125121	74388	23656	23656	23656	23656	16166	8676	8676	7048	5420	5420	4768	4115	4115	4115	4115	3059	2707
			柴油	84968	70214	55460	55460	55460	55460	49870	44281	44281	37454	30627	30627	30627	30627	22396	14165	14165	12058	11355
			燃气	81700	46681	11663	11663	11663	11663	8392	5121	5121	4153	3185	3185	2683	2181	2181	2181	2181	1826	1708
	轻型		汽油	93325	59936	26548	26548	26548	26548	18006	9464	9464	7945	6426	6426	5324	4223	4223	4223	4223	3195	2852
			柴油	85262	70361	55460	55460	55460	55460	49870	44281	44281	37454	30627	30627	30627	30627	24380	18132	18132	16722	16252
			燃气	60847	39037	17227	17227	17227	17227	11483	5739	5739	4688	3636	3636	2922	2207	2207	2207	2207	1895	1791
	中型		汽油	280613	280613	280613	280613	280612	191576	13504	13504	13504	13504	13504	13504	13504	13504	10132	6760	6760	6760	6760
			柴油	524493	524493	470957	363885	363885	346015	310274	310274	310274	313776	317279	317279	317279	317279	278372	239466	239466	206202	195114
			燃气	592264	592264	525322	391439	391439	371884	332775	332775	332775	336414	340052	340052	257694	257694	209595	209595	209595	209595	209595
	重型		汽油	2341402	2341402	2341402	2341402	2341402	1609993	147174	147174	147174	147174	147174	141655	136136	136136	102211	68286	68286	68286	68286
			柴油	1306893	1306893	1262284	1173067	1173067	1129678	1042900	1042900	1042900	1001080	959259	959259	959259	959259	879239	799219	799219	594032	525637
			燃气	2432640	2432640	2279037	1971831	1971831	1802973	1465257	1465257	1465257	1250426	1035595	1035595	861063	861063	567488	567488	567488	567488	567488
低速汽车	三轮汽车			65550	65550	65550	65550	65550	65550	65550	65550	65550	53279	53279	53279	53279	53279	53279	53279	53279	53279	53279
	低速货车			88065	88065	88065	88065	88065	88065	88065	88065	88065	71579	71579	71579	71579	71579	71579	71579	71579	71579	71579
摩托车	普通摩托车			1336	1336	1336	1336	1292	1247	1158	1158	1158	1158	1158	1028	899	899	899	899	899	899	899
	轻便摩托车			890	890	890	890	890	445	445	445	445	445	445	396	346	346	346	346	346	346	346

铜仁市 PM 排放系数

单位：克/（辆·年）

车辆类型		使用性质	燃料种类	1999 年年底前	2000 年	2001 年	2002 年	2003 年	2004 年	2005 年	2006 年	2007 年	2008 年	2009 年	2010 年	2011 年	2012 年	2013 年	2014 年	2015 年	2016 年	2017 年
载客汽车	微型	出租车	汽油	—	—	—	—	—	—	—	—	—	—	—	—	—	—	—	—	—	—	—
			燃气	—	—	—	—	—	—	—	—	—	—	—	—	—	—	—	—	—	—	—
		其他	汽油	—	—	—	—	—	—	—	—	—	—	—	—	—	—	—	—	—	—	—
			燃气	—	—	—	—	—	—	—	—	—	—	—	—	—	—	—	—	—	—	—
	小型	出租车	汽油	—	—	—	—	—	—	—	—	—	—	—	—	—	—	—	—	—	—	—
			柴油	48190	44135	40080	40080	40080	40080	27360	14639	14639	9536	4432	4432	4432	4432	4119	3806	3806	3148	2928
			燃气	—	—	—	—	—	—	—	—	—	—	—	—	—	—	—	—	—	—	—
		其他	汽油	—	—	—	—	—	—	—	—	—	—	—	—	—	—	—	—	—	—	—
			柴油	4379	4144	3909	3909	3909	3909	2812	1715	1715	1256	797	797	797	797	669	541	541	541	541
			燃气	—	—	—	—	—	—	—	—	—	—	—	—	—	—	—	—	—	—	—
	中型	公交车	汽油	—	—	—	—	—	—	—	—	—	—	—	—	—	—	—	—	—	—	—
			柴油	30592	30592	28032	22913	22913	17978	8108	8108	8108	6872	5637	5637	5637	5637	3504	1372	1372	1080	983
			燃气	—	—	—	—	—	—	—	—	—	—	—	—	—	—	—	—	—	—	—
		其他	汽油	—	—	—	—	—	—	—	—	—	—	—	—	—	—	—	—	—	—	—
			柴油	15274	15274	12888	8116	8116	6262	2553	2553	2553	2434	2316	2316	2316	2316	1366	415	415	399	394
			燃气	—	—	—	—	—	—	—	—	—	—	—	—	—	—	—	—	—	—	—
	大型	公交车	汽油	—	—	—	—	—	—	—	—	—	—	—	—	—	—	—	—	—	—	—
			柴油	94865	94865	93934	92071	92071	71272	29674	29674	29674	19994	10315	10315	10315	10315	6116	1916	1916	1845	1821
			燃气	—	—	—	—	—	—	—	—	—	—	—	—	—	—	—	—	—	—	—
		其他	汽油	—	—	—	—	—	—	—	—	—	—	—	—	—	—	—	—	—	—	—
			柴油	142314	142314	133412	115607	115607	85425	25061	25061	25061	17182	9303	9303	9303	9303	5868	2433	2433	2343	2313
			燃气	—	—	—	—	—	—	—	—	—	—	—	—	—	—	—	—	—	—	—
载货汽车	微型		汽油	—	—	—	—	—	—	—	—	—	—	—	—	—	—	—	—	—	—	—
			柴油	10241	10029	9817	9817	9817	9817	7988	6159	6159	4571	2983	2983	2983	2983	1878	773	773	769	768
			燃气	—	—	—	—	—	—	—	—	—	—	—	—	—	—	—	—	—	—	—
	轻型		汽油	—	—	—	—	—	—	—	—	—	—	—	—	—	—	—	—	—	—	—
			柴油	10651	10234	9817	9817	9817	9817	7988	6159	6159	4571	2983	2983	2983	2983	2250	1516	1516	1252	1164
			燃气	—	—	—	—	—	—	—	—	—	—	—	—	—	—	—	—	—	—	—
	中型		汽油	—	—	—	—	—	—	—	—	—	—	—	—	—	—	—	—	—	—	—
			柴油	44300	44300	37280	23240	23240	17937	7332	7332	7332	6946	6560	6560	6560	6560	4206	1852	1852	1696	1644
			燃气	—	—	—	—	—	—	—	—	—	—	—	—	—	—	—	—	—	—	—
	重型		汽油	—	—	—	—	—	—	—	—	—	—	—	—	—	—	—	—	—	—	—
			柴油	216235	216235	177729	100718	100718	79970	38474	38474	38474	26364	14255	14255	14255	14255	9462	4670	4670	3947	3706
			燃气	—	—	—	—	—	—	—	—	—	—	—	—	—	—	—	—	—	—	—
低速汽车	三轮汽车			4092	4092	4092	4092	4092	4092	4092	4092	4092	3220	3220	3220	3220	3220	3220	3220	3220	3220	3220
	低速货车			5581	5581	5581	5581	5581	5581	5581	5581	5581	4392	4392	4392	4392	4392	4392	4392	4392	4392	4392
摩托车	普通摩托车			—	—	—	—	—	—	—	—	—	—	—	—	—	—	—	—	—	—	—
	轻便摩托车			—	—	—	—	—	—	—	—	—	—	—	—	—	—	—	—	—	—	—

铜仁市 VOCs 排放系数

单位：克/（辆·年）

车辆类型		使用性质	燃料种类	1999 年年底前	2000 年	2001 年	2002 年	2003 年	2004 年	2005 年	2006 年	2007 年	2008 年	2009 年	2010 年	2011 年	2012 年	2013 年	2014 年	2015 年	2016 年	2017 年
载客汽车	微型	出租车	汽油	679513	407025	134537	134537	134537	134537	102336	70136	70136	57634	45133	45133	36998	28862	28862	28862	28862	19517	16402
			燃气	378612	230528	82445	82445	82445	82445	63501	44557	44557	36744	28930	28930	22922	16914	16914	16914	16914	9939	7614
		其他	汽油	45192	27508	9824	9824	9824	9824	9430	9036	9036	7802	6569	6569	6243	5917	5917	5917	5917	5048	4759
			燃气	20217	11392	2568	2568	2568	2568	2458	2349	2349	1750	1152	1152	1036	921	921	921	921	612	509
	小型	出租车	汽油	679513	400590	121666	121666	121666	121666	113094	104521	104521	74827	45133	45133	36998	28862	28862	28862	28862	18467	15002
			柴油	211393	198682	185970	185970	185970	185970	167098	148226	148226	110452	72678	72678	72678	72678	53792	34905	34905	19045	13758
			燃气	378612	227036	75460	75460	75460	75460	69338	63217	63217	46074	28930	28930	22922	16914	16914	16914	16914	9370	6855
		其他	汽油	45819	27746	9672	9672	9672	9672	9692	9711	9711	8142	6572	6572	6206	5839	5839	5839	5839	5112	4869
			柴油	11052	10103	9154	9154	9154	9154	7728	6302	6302	4340	2377	2377	2377	2377	1986	1596	1596	1122	964
			燃气	20557	12401	4245	4245	4245	4245	3480	2716	2716	2016	1315	1315	1097	879	879	879	879	646	569
	中型	公交车	汽油	247795	247795	247795	247795	247198	168955	13663	13663	13663	13663	13663	13512	13360	13360	10932	8505	8505	8505	8505
			柴油	87806	87806	86086	82645	82645	64494	28192	28192	28192	20508	12823	12823	12823	12823	8958	5093	5093	4763	4653
			燃气	71579	71579	67602	59649	59649	57536	53311	53311	53311	42686	32061	32061	22219	22219	22154	22154	22154	22154	22154
		其他	汽油	128505	128505	128505	128505	127908	87586	8135	8135	8135	8135	8135	7990	7844	7844	6792	5741	5741	5741	5741
			柴油	30493	30493	28460	24394	24394	18567	6912	6912	6912	6506	6099	6099	6099	6099	3750	1402	1402	1243	1190
			燃气	34560	34560	32640	28800	28800	27780	25740	25740	25740	20623	15506	15506	10732	10732	9642	9642	9642	9642	9642
	大型	公交车	汽油	577103	577103	577103	577103	576506	388928	14966	14966	14966	14966	14966	14826	14687	14687	11921	9155	9155	9155	9155
			柴油	131708	131708	108010	60614	60614	60614	60614	60614	60614	43515	26416	26416	26416	26416	17675	8934	8934	5723	4653
			燃气	168926	168926	159541	140772	140772	135786	125815	125815	125815	100740	75665	75665	52438	52438	47188	47188	47188	47188	47188
		其他	汽油	1278401	1278401	1278401	1278401	1277804	860956	28453	28453	28453	28453	28453	22194	15935	15935	12744	9554	9554	9554	9554
			柴油	272891	272891	207397	76409	76409	76409	76409	76409	76409	55942	35476	35476	35476	35476	20706	5937	5937	5324	5119
			燃气	266186	266186	251398	221822	221822	213966	198253	198253	198253	158842	119430	119430	82662	82662	74261	74261	74261	74261	74261
载货汽车	微型		汽油	246060	133134	20208	20208	20208	20208	19020	17832	17832	16460	15088	15088	12558	10027	10027	10027	10027	8564	8076
			柴油	38654	36100	33547	33547	33547	33547	30681	27815	27815	20616	13416	13416	13416	13416	9258	5101	5101	3455	2906
			燃气	110077	57680	5282	5282	5282	5282	4959	4636	4636	3641	2646	2646	2103	1561	1561	1561	1561	1038	864
	轻型		汽油	128443	77368	26293	26293	26293	26293	22774	19256	19256	17300	15345	15345	13536	11728	11728	11728	11728	10139	9609
			柴油	35620	34584	33547	33547	33547	33547	30681	27815	27815	20616	13416	13416	13416	13416	10130	6844	6844	5198	4649
			燃气	57627	34583	11540	11540	11540	11540	8463	5386	5386	4228	3070	3070	2418	1766	1766	1766	1766	1284	1123
	中型		汽油	380238	380238	380238	380238	379641	258248	16655	16655	16655	16655	16655	16515	16375	16375	13184	9993	9993	9993	9993
			柴油	90061	90061	84057	72049	72049	54837	20414	20414	20414	19228	18042	18042	18042	18042	13076	8109	8109	4825	3730
			燃气	102073	102073	96403	85062	85062	82049	76021	76021	76021	60945	45870	45870	62073	62073	30222	30222	30222	30222	30222
	重型		汽油	1293869	1293869	1293869	1293869	1293271	871367	28754	28754	28754	28754	28754	22421	16088	16088	12858	9629	9629	9629	9629
			柴油	322156	322156	244839	90204	90204	90204	90204	90204	90204	66042	41880	41880	41880	41880	27254	12628	12628	9340	8244
			燃气	314241	314241	296784	261870	261870	252595	234046	234046	234046	187517	140989	140989	175822	175822	119595	119595	119595	119595	119595
低速汽车	三轮汽车			25300	25300	25300	25300	25300	25300	25300	25300	25300	16721	16721	16721	16721	16721	16721	16721	16721	16721	16721
	低速货车			33990	33990	33990	33990	33990	33990	33990	33990	33990	22464	22464	22464	22464	22464	22464	22464	22464	22464	22464
摩托车	普通摩托车			17897	17897	17897	17897	13356	8815	4719	4719	4719	4719	4719	3522	2324	2324	2324	2324	2324	2324	2324
	轻便摩托车			57876	57876	57876	57876	57876	11575	11575	5699	5699	5699	5699	4252	2806	2806	2806	2806	2806	2806	2806

黔西南布依族苗族自治州 NO_x 排放系数

单位：克/（辆·年）

车辆类型		使用性质	燃料种类	1999年年底前	2000年	2001年	2002年	2003年	2004年	2005年	2006年	2007年	2008年	2009年	2010年	2011年	2012年	2013年	2014年	2015年	2016年	2017年
载客汽车	微型	出租车	汽油	240311	161612	82913	82913	82913	82913	61048	39182	39182	28918	18654	18654	15188	11722	11722	11722	11722	7251	5761
			燃气	162196	109722	57248	57248	57248	57248	42386	27524	27524	20506	13489	13489	10894	8300	8300	8300	8300	5043	3957
		其他	汽油	37296	23410	9525	9525	9525	9525	5986	2448	2448	1996	1545	1545	1272	998	998	998	998	702	604
			燃气	24353	14524	4696	4696	4696	4696	3070	1445	1445	1176	908	908	718	529	529	529	529	418	381
	小型	出租车	汽油	272207	179438	86670	86670	86670	86670	63215	39760	39760	29207	18654	18654	14666	10679	10679	10679	10679	6295	4834
			柴油	287501	240534	193566	193566	193566	193566	172300	151033	151033	119728	88422	88422	88422	88422	72164	55907	55907	42844	38490
			燃气	183462	121608	59753	59753	59753	59753	43831	27909	27909	20699	13489	13489	10547	7605	7605	7605	7605	4406	3339
		其他	汽油	34789	22226	9664	9664	9664	9664	6387	3110	3110	2162	1214	1214	1082	949	949	949	949	662	567
			柴油	30384	24894	19403	19403	19403	19403	17838	16272	16272	12738	9203	9203	9203	9203	7919	6635	6635	5730	5428
			燃气	22682	14476	6271	6271	6271	6271	4078	1886	1886	1286	687	687	592	496	496	496	496	391	356
	中型	公交车	汽油	324983	324983	324983	324983	324983	222018	16087	16087	16087	16087	16087	14427	12767	12767	9638	6510	6510	6510	6510
			柴油	363646	363646	362792	361085	361085	346735	318035	318035	318035	264908	211780	211780	211780	211780	172828	133876	133876	112084	104820
			燃气	386110	386110	381514	372321	372321	360772	337674	337674	337674	281036	224399	224399	141907	141907	111140	111140	111140	111140	111140
		其他	汽油	199244	199244	199244	199244	199244	135154	6974	6974	6974	6974	6974	6974	6974	6974	5230	3487	3487	3487	3487
			柴油	170534	170534	163415	149178	149178	147916	145393	145393	145393	123827	102261	102261	102261	102261	90798	79336	79336	67714	63840
			燃气	192569	192569	181871	160474	160474	158962	155937	155937	155937	132769	109601	109601	85375	85375	68578	68578	68578	68578	68578
	大型	公交车	汽油	1157752	1157752	1157752	1157752	1157752	796092	72773	72773	72773	72773	72773	72709	72645	72645	54484	36323	36323	36323	36323
			柴油	515759	515759	499093	465761	465761	452527	426059	426059	426059	418381	410703	410703	410703	410703	395894	381084	381084	343528	331010
			燃气	1036982	1036982	979372	864152	864152	800026	671775	671775	671775	575586	479398	479398	446320	446320	386842	386842	386842	386842	386842
		其他	汽油	2763343	2763343	2763343	2763343	2763343	1900127	173696	173696	173696	173696	173696	167182	160669	160669	120630	80591	80591	80591	80591
			柴油	1235083	1235083	1203302	1139740	1139740	1113168	1060023	1060023	1060023	1022702	985381	985381	985381	985381	938088	890795	890795	788344	754194
			燃气	2298973	2298973	2171252	1915811	1915811	1773646	1489315	1489315	1489315	1276556	1063796	1063796	959725	959725	814242	814242	814242	814242	814242
载货汽车	微型		汽油	108156	64154	20153	20153	20153	20153	13710	7267	7267	5887	4507	4507	3994	3481	3481	3481	3481	2615	2326
			柴油	72250	59556	46862	46862	46862	46862	42178	37494	37494	31732	25971	25971	25971	25971	18996	12021	12021	10333	9770
			燃气	70622	40279	9936	9936	9936	9936	7113	4290	4290	3469	2649	2649	2247	1845	1845	1845	1845	1562	1467
	轻型		汽油	80580	51620	22661	22661	22661	22661	15306	7951	7951	6666	5380	5380	4478	3575	3575	3575	3575	2733	2452
			柴油	72506	59684	46862	46862	46862	46862	42178	37494	37494	31732	25971	25971	25971	25971	20716	15461	15461	14378	14017
			燃气	52537	33621	14705	14705	14705	14705	9763	4822	4822	3933	3045	3045	2457	1868	1868	1868	1868	1622	1540
	中型		汽油	280613	280613	280613	280613	280612	191576	13504	13504	13504	13504	13504	13504	13504	13504	10132	6760	6760	6760	6760
			柴油	524493	524493	470957	363885	363885	346015	310274	310274	310274	313776	317279	317279	317279	317279	278372	239466	239466	206202	195114
			燃气	592264	592264	525322	391439	391439	371884	332775	332775	332775	336414	340052	340052	257694	257694	209595	209595	209595	209595	209595
	重型		汽油	2002261	2002261	2002261	2002261	2002261	1376793	125856	125856	125856	125856	125856	121136	116417	116417	87406	58395	58395	58395	58395
			柴油	1142538	1142538	1103539	1025542	1025542	987610	911745	911745	911745	875184	838623	838623	838623	838623	761284	683944	683944	497676	435586
			燃气	2126711	2126711	1992425	1723853	1723853	1576231	1280987	1280987	1280987	1093173	905359	905359	736868	736868	470267	470267	470267	470267	470267
低速汽车	三轮汽车			65550	65550	65550	65550	65550	65550	65550	65550	65550	53279	53279	53279	53279	53279	53279	53279	53279	53279	53279
	低速货车			88065	88065	88065	88065	88065	88065	88065	88065	88065	71579	71579	71579	71579	71579	71579	71579	71579	71579	71579
摩托车	普通摩托车			1336	1336	1336	1336	1292	1247	1158	1158	1158	1158	1158	1028	899	899	899	899	899	899	899
	轻便摩托车			890	890	890	890	890	445	445	445	445	445	445	396	346	346	346	346	346	346	346

黔西南布依族苗族自治州 PM 排放系数

单位：克/（辆·年）

车辆类型		使用性质	燃料种类	1999 年年底前	2000 年	2001 年	2002 年	2003 年	2004 年	2005 年	2006 年	2007 年	2008 年	2009 年	2010 年	2011 年	2012 年	2013 年	2014 年	2015 年	2016 年	2017 年
载客汽车	微型	出租车	汽油	—	—	—	—	—	—	—	—	—	—	—	—	—	—	—	—	—	—	—
			燃气	—	—	—	—	—	—	—	—	—	—	—	—	—	—	—	—	—	—	—
		其他	汽油	—	—	—	—	—	—	—	—	—	—	—	—	—	—	—	—	—	—	—
			燃气	—	—	—	—	—	—	—	—	—	—	—	—	—	—	—	—	—	—	—
	小型	出租车	汽油	—	—	—	—	—	—	—	—	—	—	—	—	—	—	—	—	—	—	—
			柴油	38873	35602	32330	32330	32330	32330	22070	11809	11809	7692	3575	3575	3575	3575	3322	3070	3070	2539	2362
			燃气	—	—	—	—	—	—	—	—	—	—	—	—	—	—	—	—	—	—	—
		其他	汽油	—	—	—	—	—	—	—	—	—	—	—	—	—	—	—	—	—	—	—
			柴油	4379	4144	3909	3909	3909	3909	2812	1715	1715	1256	797	797	797	797	669	541	541	541	541
			燃气	—	—	—	—	—	—	—	—	—	—	—	—	—	—	—	—	—	—	—
	中型	公交车	汽油	—	—	—	—	—	—	—	—	—	—	—	—	—	—	—	—	—	—	—
			柴油	30592	30592	28032	22913	22913	17978	8108	8108	8108	6872	5637	5637	5637	5637	3504	1372	1372	1080	983
			燃气	—	—	—	—	—	—	—	—	—	—	—	—	—	—	—	—	—	—	—
		其他	汽油	—	—	—	—	—	—	—	—	—	—	—	—	—	—	—	—	—	—	—
			柴油	15274	15274	12888	8116	8116	6262	2553	2553	2553	2434	2316	2316	2316	2316	1366	415	415	399	394
			燃气	—	—	—	—	—	—	—	—	—	—	—	—	—	—	—	—	—	—	—
	大型	公交车	汽油	—	—	—	—	—	—	—	—	—	—	—	—	—	—	—	—	—	—	—
			柴油	94865	94865	93934	92071	92071	71272	29674	29674	29674	19994	10315	10315	10315	10315	6116	1916	1916	1845	1821
			燃气	—	—	—	—	—	—	—	—	—	—	—	—	—	—	—	—	—	—	—
		其他	汽油	—	—	—	—	—	—	—	—	—	—	—	—	—	—	—	—	—	—	—
			柴油	142314	142314	133412	115607	115607	85425	25061	25061	25061	17182	9303	9303	9303	9303	5868	2433	2433	2343	2313
			燃气	—	—	—	—	—	—	—	—	—	—	—	—	—	—	—	—	—	—	—
载货汽车	微型		汽油	—	—	—	—	—	—	—	—	—	—	—	—	—	—	—	—	—	—	—
			柴油	8882	8698	8514	8514	8514	8514	6928	5341	5341	3964	2587	2587	2587	2587	1628	670	670	667	666
			燃气	—	—	—	—	—	—	—	—	—	—	—	—	—	—	—	—	—	—	—
	轻型		汽油	—	—	—	—	—	—	—	—	—	—	—	—	—	—	—	—	—	—	—
			柴油	9237	8876	8514	8514	8514	8514	6928	5341	5341	3964	2587	2587	2587	2587	1951	1315	1315	1086	1009
			燃气	—	—	—	—	—	—	—	—	—	—	—	—	—	—	—	—	—	—	—
	中型		汽油	—	—	—	—	—	—	—	—	—	—	—	—	—	—	—	—	—	—	—
			柴油	44300	44300	37280	23240	23240	17937	7332	7332	7332	6946	6560	6560	6560	6560	4206	1852	1852	1696	1644
			燃气	—	—	—	—	—	—	—	—	—	—	—	—	—	—	—	—	—	—	—
	重型		汽油	—	—	—	—	—	—	—	—	—	—	—	—	—	—	—	—	—	—	—
			柴油	180984	180984	148755	84298	84298	66933	32202	32202	32202	22066	11931	11931	11931	11931	7965	3999	3999	3380	3173
			燃气	—	—	—	—	—	—	—	—	—	—	—	—	—	—	—	—	—	—	—
低速汽车	三轮汽车			4092	4092	4092	4092	4092	4092	4092	4092	4092	3220	3220	3220	3220	3220	3220	3220	3220	3220	3220
	低速货车			5581	5581	5581	5581	5581	5581	5581	5581	5581	4392	4392	4392	4392	4392	4392	4392	4392	4392	4392
摩托车	普通摩托车			—	—	—	—	—	—	—	—	—	—	—	—	—	—	—	—	—	—	—
	轻便摩托车			—	—	—	—	—	—	—	—	—	—	—	—	—	—	—	—	—	—	—

黔西南布依族苗族自治州 VOCs 排放系数

单位：克/（辆·年）

车辆类型		使用性质	燃料种类	1999年年底前	2000年	2001年	2002年	2003年	2004年	2005年	2006年	2007年	2008年	2009年	2010年	2011年	2012年	2013年	2014年	2015年	2016年	2017年
载客汽车	微型	出租车	汽油	541493	321982	102472	102472	102472	102472	77368	52264	52264	42807	33350	33350	27702	22054	22054	22054	22054	15650	13515
			燃气	298678	179694	60709	60709	60709	60709	46176	31642	31642	25900	20159	20159	16060	11961	11961	11961	11961	7316	5768
		其他	汽油	45192	27508	9824	9824	9824	9824	9430	9036	9036	7802	6569	6569	6243	5917	5917	5917	5917	5048	4759
			燃气	20217	11392	2568	2568	2568	2568	2458	2349	2349	1750	1152	1152	1036	921	921	921	921	612	509
	小型	出租车	汽油	541493	316792	92090	92090	92090	92090	86046	80001	80001	56676	33350	33350	27702	22054	22054	22054	22054	14803	12386
			柴油	147346	138706	130067	130067	130067	130067	117427	104787	104787	76886	48984	48984	48984	48984	36332	23681	23681	13291	9828
			燃气	298678	176876	55075	55075	55075	55075	50884	46694	46694	33426	20159	20159	16060	11961	11961	11961	11961	6856	5155
		其他	汽油	45819	27746	9672	9672	9672	9672	9692	9711	9711	8142	6572	6572	6206	5839	5839	5839	5839	5112	4869
			柴油	11052	10103	9154	9154	9154	9154	7728	6302	6302	4340	2377	2377	2377	2377	1986	1596	1596	1122	964
			燃气	20557	12401	4245	4245	4245	4245	3480	2716	2716	2016	1315	1315	1097	879	879	879	879	646	569
	中型	公交车	汽油	247795	247795	247795	247795	247198	168955	13663	13663	13663	13663	13663	13512	13360	13360	10932	8505	8505	8505	8505
			柴油	87806	87806	86086	82645	82645	64494	28192	28192	28192	20508	12823	12823	12823	12823	8958	5093	5093	4763	4653
			燃气	71579	71579	67602	59649	59649	57536	53311	53311	53311	42686	32061	32061	22219	22219	22154	22154	22154	22154	22154
		其他	汽油	128505	128505	128505	128505	127908	87586	8135	8135	8135	8135	8135	7990	7844	7844	6792	5741	5741	5741	5741
			柴油	30493	30493	28460	24394	24394	18567	6912	6912	6912	6506	6099	6099	6099	6099	3750	1402	1402	1243	1190
			燃气	34560	34560	32640	28800	28800	27780	25740	25740	25740	20623	15506	15506	10732	10732	9642	9642	9642	9642	9642
	大型	公交车	汽油	577103	577103	577103	577103	576506	388928	14966	14966	14966	14966	14966	14826	14687	14687	11921	9155	9155	9155	9155
			柴油	131708	131708	108010	60614	60614	60614	60614	60614	60614	43515	26416	26416	26416	26416	17675	8934	8934	5723	4653
			燃气	168926	168926	159541	140772	140772	135786	125815	125815	125815	100740	75665	75665	52438	52438	47188	47188	47188	47188	47188
		其他	汽油	1278401	1278401	1278401	1278401	1277804	860956	28453	28453	28453	28453	28453	22194	15935	15935	12744	9554	9554	9554	9554
			柴油	272891	272891	207397	76409	76409	76409	76409	76409	76409	55942	35476	35476	35476	35476	20706	5937	5937	5324	5119
			燃气	266186	266186	251398	221822	221822	213966	198253	198253	198253	158842	119430	119430	82662	82662	74261	74261	74261	74261	74261
载货汽车	微型		汽油	213906	115817	17728	17728	17728	17728	16734	15739	15739	14558	13376	13376	11248	9119	9119	9119	9119	7890	7481
			柴油	31857	29762	27666	27666	27666	27666	25371	23076	23076	17014	10951	10951	10951	10951	7536	4121	4121	2860	2440
			燃气	95693	50163	4634	4634	4634	4634	4363	4092	4092	3219	2346	2346	1883	1419	1419	1419	1419	955	800
	轻型		汽油	111899	67452	23006	23006	23006	23006	19990	16974	16974	15286	13599	13599	12096	10594	10594	10594	10594	9256	8810
			柴油	29225	28446	27666	27666	27666	27666	25371	23076	23076	17014	10951	10951	10951	10951	8292	5633	5633	4372	3952
			燃气	50204	30151	10097	10097	10097	10097	7422	4747	4747	3734	2721	2721	2158	1595	1595	1595	1595	1171	1030
	中型		汽油	380238	380238	380238	380238	379641	258248	16655	16655	16655	16655	16655	16515	16375	16375	13184	9993	9993	9993	9993
			柴油	90061	90061	84057	72049	72049	54837	20414	20414	20414	19228	18042	18042	18042	18042	13076	8109	8109	4825	3730
			燃气	102073	102073	96403	85062	85062	82049	76021	76021	76021	60945	45870	45870	62073	62073	30222	30222	30222	30222	30222
	重型		汽油	1098918	1098918	1098918	1098918	1098320	740150	25005	25005	25005	25005	25005	19609	14213	14213	11470	8727	8727	8727	8727
			柴油	281791	281791	214161	78902	78902	78902	78902	78902	78902	57768	36633	36633	36633	36633	23666	10700	10700	7763	6784
			燃气	274867	274867	259598	229059	229059	220947	204721	204721	204721	164023	123325	123325	148978	148978	98415	98415	98415	98415	98415
低速汽车	三轮汽车			25300	25300	25300	25300	25300	25300	25300	25300	25300	16721	16721	16721	16721	16721	16721	16721	16721	16721	16721
	低速货车			33990	33990	33990	33990	33990	33990	33990	33990	33990	22464	22464	22464	22464	22464	22464	22464	22464	22464	22464
摩托车	普通摩托车			17897	17897	17897	17897	13356	8815	4719	4719	4719	4719	4719	3522	2324	2324	2324	2324	2324	2324	2324
	轻便摩托车			57876	57876	57876	57876	57876	11575	11575	5699	5699	5699	5699	4252	2806	2806	2806	2806	2806	2806	2806

黔东南苗族侗族自治州 NO_x 排放系数

单位：克/（辆·年）

车辆类型		使用性质	燃料种类	1999 年年底前	2000 年	2001 年	2002 年	2003 年	2004 年	2005 年	2006 年	2007 年	2008 年	2009 年	2010 年	2011 年	2012 年	2013 年	2014 年	2015 年	2016 年	2017 年
载客汽车	微型	出租车	汽油	498404	330950	163495	163495	163495	163495	118392	73290	73290	52686	32082	32082	26458	20835	20835	20835	20835	13770	11415
			燃气	207141	141668	76195	76195	76195	76195	57096	37998	37998	28792	19587	19587	15696	11806	11806	11806	11806	6884	5243
		其他	汽油	63499	39665	15831	15831	15831	15831	9764	3697	3697	2993	2289	2289	1873	1457	1457	1457	1457	1110	994
			燃气	24353	14524	4696	4696	4696	4696	3070	1445	1445	1176	908	908	718	529	529	529	529	418	381
	小型	出租车	汽油	566842	369199	171556	171556	171556	171556	123042	74529	74529	53306	32082	32082	25340	18597	18597	18597	18597	11719	9426
			柴油	471958	393686	315413	315413	315413	315413	280948	246484	246484	195122	143761	143761	143761	143761	117735	91709	91709	71038	64147
			燃气	233504	156402	79301	79301	79301	79301	58888	38475	38475	29031	19587	19587	15266	10944	10944	10944	10944	6094	4477
		其他	汽油	59160	37616	16071	16071	16071	16071	10456	4841	4841	3278	1716	1716	1544	1371	1371	1371	1371	1039	928
			柴油	40457	33050	25644	25644	25644	25644	23603	21562	21562	16852	12143	12143	12143	12143	10484	8826	8826	7702	7327
			燃气	22682	14476	6271	6271	6271	6271	4078	1886	1886	1286	687	687	592	496	496	496	496	391	356
	中型	公交车	汽油	673424	673424	673424	673424	673424	460061	33334	33334	33334	33334	33334	29895	26456	26456	19972	13489	13489	13489	13489
			柴油	591653	591653	590264	587486	587486	564138	517443	517443	517443	431005	344567	344567	344567	344567	281192	217816	217816	182360	170542
			燃气	628202	628202	620723	605766	605766	586976	549396	549396	549396	457247	365098	365098	230883	230883	180826	180826	180826	180826	180826
		其他	汽油	412870	412870	412870	412870	412870	280063	14450	14450	14450	14450	14450	14450	14450	14450	10838	7227	7227	7227	7227
			柴油	277459	277459	265877	242712	242712	240660	236555	236555	236555	201467	166379	166379	166379	166379	147729	129079	129079	110171	103868
			燃气	313309	313309	295903	261091	261091	258630	253709	253709	253709	216015	178321	178321	138905	138905	111576	111576	111576	111576	111576
	大型	公交车	汽油	2399073	2399073	2399073	2399073	2399073	1649648	150799	150799	150799	150799	150799	150666	150534	150534	112902	75269	75269	75269	75269
			柴油	839140	839140	812025	757794	757794	736262	693198	693198	693198	680706	668214	668214	668214	668214	644119	620024	620024	558922	538554
			燃气	1687171	1687171	1593439	1405975	1405975	1301643	1092979	1092979	1092979	936480	779982	779982	726163	726163	629393	629393	629393	629393	629393
		其他	汽油	5726150	5726150	5726150	5726150	5726150	3937410	359929	359929	359929	359929	359929	346432	332935	332935	249968	167000	167000	167000	167000
			柴油	2009481	2009481	1957773	1854358	1854358	1811125	1724659	1724659	1724659	1663938	1603216	1603216	1603216	1603216	1526270	1449324	1449324	1282637	1227075
			燃气	3740431	3740431	3532629	3117026	3117026	2885723	2423117	2423117	2423117	2076958	1730798	1730798	1561474	1561474	1324772	1324772	1324772	1324772	1324772
载货汽车	微型		汽油	213006	125570	38135	38135	38135	38135	25506	12878	12878	10346	7815	7815	7021	6227	6227	6227	6227	4926	4493
			柴油	110833	91101	71369	71369	71369	71369	64282	57196	57196	48434	39672	39672	39672	39672	28996	18320	18320	15958	15170
			燃气	81692	46502	11312	11312	11312	11312	8173	5033	5033	4067	3100	3100	2680	2261	2261	2261	2261	1857	1722
	轻型		汽油	157974	100557	43140	43140	43140	43140	28691	14242	14242	11900	9557	9557	7986	6414	6414	6414	6414	5162	4745
			柴油	111233	91301	71369	71369	71369	71369	64282	57196	57196	48434	39672	39672	39672	39672	31691	23710	23710	22296	21824
			燃气	60567	38700	16833	16833	16833	16833	11191	5549	5549	4687	3826	3826	3073	2320	2320	2320	2320	1945	1820
	中型		汽油	578062	578062	578062	578062	578062	394648	27819	27819	27819	27819	27819	27819	27819	27819	20872	13926	13926	13926	13926
			柴油	849679	849679	762950	589493	589493	560543	502644	502644	502644	508318	513992	513992	513992	513992	450964	387935	387935	334048	316085
			燃气	959465	959465	851020	634131	634131	602452	539094	539094	539094	544989	550884	550884	417466	417466	339542	339542	339542	339542	339542
	重型		汽油	4823288	4823288	4823288	4823288	4823288	3316585	303178	303178	303178	303178	303178	291809	280440	280440	210554	140669	140669	140669	140669
			柴油	2117166	2117166	2044900	1900368	1900368	1830078	1689499	1689499	1689499	1621750	1554000	1554000	1554000	1554000	1424368	1294735	1294735	962333	851532
			燃气	3940875	3940875	3692038	3194365	3194365	2920816	2373718	2373718	2373718	2025692	1677665	1677665	1394923	1394923	919329	919329	919329	919329	919329
低速汽车	三轮汽车			65550	65550	65550	65550	65550	65550	65550	65550	65550	53279	53279	53279	53279	53279	53279	53279	53279	53279	53279
	低速货车			88065	88065	88065	88065	88065	88065	88065	88065	88065	71579	71579	71579	71579	71579	71579	71579	71579	71579	71579
摩托车	普通摩托车			1336	1336	1336	1336	1292	1247	1158	1158	1158	1158	1158	1028	899	899	899	899	899	899	899
	轻便摩托车			890	890	890	890	890	445	445	445	445	445	445	396	346	346	346	346	346	346	346

黔东南苗族侗族自治州 PM 排放系数

单位：克/（辆·年）

车辆类型		使用性质	燃料种类	1999 年年底前	2000 年	2001 年	2002 年	2003 年	2004 年	2005 年	2006 年	2007 年	2008 年	2009 年	2010 年	2011 年	2012 年	2013 年	2014 年	2015 年	2016 年	2017 年
载客汽车	微型	出租车	汽油	—	—	—	—	—	—	—	—	—	—	—	—	—	—	—	—	—	—	—
			燃气	—	—	—	—	—	—	—	—	—	—	—	—	—	—	—	—	—	—	—
		其他	汽油	—	—	—	—	—	—	—	—	—	—	—	—	—	—	—	—	—	—	—
			燃气	—	—	—	—	—	—	—	—	—	—	—	—	—	—	—	—	—	—	—
	小型	出租车	汽油	—	—	—	—	—	—	—	—	—	—	—	—	—	—	—	—	—	—	—
			柴油	48190	44135	40080	40080	40080	40080	27360	14639	14639	9536	4432	4432	4432	4432	4119	3806	3806	3148	2928
			燃气	—	—	—	—	—	—	—	—	—	—	—	—	—	—	—	—	—	—	—
		其他	汽油	—	—	—	—	—	—	—	—	—	—	—	—	—	—	—	—	—	—	—
			柴油	4379	4144	3909	3909	3909	3909	2812	1715	1715	1256	797	797	797	797	669	541	541	541	541
			燃气	—	—	—	—	—	—	—	—	—	—	—	—	—	—	—	—	—	—	—
	中型	公交车	汽油	—	—	—	—	—	—	—	—	—	—	—	—	—	—	—	—	—	—	—
			柴油	30592	30592	28032	22913	22913	17978	8108	8108	8108	6872	5637	5637	5637	5637	3504	1372	1372	1080	983
			燃气	—	—	—	—	—	—	—	—	—	—	—	—	—	—	—	—	—	—	—
		其他	汽油	—	—	—	—	—	—	—	—	—	—	—	—	—	—	—	—	—	—	—
			柴油	15274	15274	12888	8116	8116	6262	2553	2553	2553	2434	2316	2316	2316	2316	1366	415	415	399	394
			燃气	—	—	—	—	—	—	—	—	—	—	—	—	—	—	—	—	—	—	—
	大型	公交车	汽油	—	—	—	—	—	—	—	—	—	—	—	—	—	—	—	—	—	—	—
			柴油	94865	94865	93934	92071	92071	71272	29674	29674	29674	19994	10315	10315	10315	10315	6116	1916	1916	1845	1821
			燃气	—	—	—	—	—	—	—	—	—	—	—	—	—	—	—	—	—	—	—
		其他	汽油	—	—	—	—	—	—	—	—	—	—	—	—	—	—	—	—	—	—	—
			柴油	142314	142314	133412	115607	115607	85425	25061	25061	25061	17182	9303	9303	9303	9303	5868	2433	2433	2343	2313
			燃气	—	—	—	—	—	—	—	—	—	—	—	—	—	—	—	—	—	—	—
载货汽车	微型		汽油	—	—	—	—	—	—	—	—	—	—	—	—	—	—	—	—	—	—	—
			柴油	10241	10029	9817	9817	9817	9817	7988	6159	6159	4571	2983	2983	2983	2983	1878	773	773	769	768
			燃气	—	—	—	—	—	—	—	—	—	—	—	—	—	—	—	—	—	—	—
	轻型		汽油	—	—	—	—	—	—	—	—	—	—	—	—	—	—	—	—	—	—	—
			柴油	10651	10234	9817	9817	9817	9817	7988	6159	6159	4571	2983	2983	2983	2983	2250	1516	1516	1252	1164
			燃气	—	—	—	—	—	—	—	—	—	—	—	—	—	—	—	—	—	—	—
	中型		汽油	—	—	—	—	—	—	—	—	—	—	—	—	—	—	—	—	—	—	—
			柴油	44300	44300	37280	23240	23240	17937	7332	7332	7332	6946	6560	6560	6560	6560	4206	1852	1852	1696	1644
			燃气	—	—	—	—	—	—	—	—	—	—	—	—	—	—	—	—	—	—	—
	重型		汽油	—	—	—	—	—	—	—	—	—	—	—	—	—	—	—	—	—	—	—
			柴油	216235	216235	177729	100718	100718	79970	38474	38474	38474	26364	14255	14255	14255	14255	9462	4670	4670	3947	3706
			燃气	—	—	—	—	—	—	—	—	—	—	—	—	—	—	—	—	—	—	—
低速汽车	三轮汽车			4092	4092	4092	4092	4092	4092	4092	4092	4092	3220	3220	3220	3220	3220	3220	3220	3220	3220	3220
	低速货车			5581	5581	5581	5581	5581	5581	5581	5581	5581	4392	4392	4392	4392	4392	4392	4392	4392	4392	4392
摩托车	普通摩托车			—	—	—	—	—	—	—	—	—	—	—	—	—	—	—	—	—	—	—
	轻便摩托车			—	—	—	—	—	—	—	—	—	—	—	—	—	—	—	—	—	—	—

黔东南苗族侗族自治州 VOCs 排放系数

单位：克/（辆·年）

车辆类型		使用性质	燃料种类	1999年年底前	2000年	2001年	2002年	2003年	2004年	2005年	2006年	2007年	2008年	2009年	2010年	2011年	2012年	2013年	2014年	2015年	2016年	2017年
载客汽车	微型	出租车	汽油	760048	452644	145240	145240	145240	145240	109656	74071	74071	60516	46961	46961	38536	30110	30110	30110	30110	20536	17345
			燃气	378612	230528	82445	82445	82445	82445	63501	44557	44557	36744	28930	28930	22922	16914	16914	16914	16914	9939	7614
		其他	汽油	50156	30158	10159	10159	10159	10159	9758	9357	9357	7970	6583	6583	6230	5877	5877	5877	5877	4894	4567
			燃气	20217	11392	2568	2568	2568	2568	2458	2349	2349	1750	1152	1152	1036	921	921	921	921	612	509
	小型	出租车	汽油	760048	445374	130699	130699	130699	130699	121809	112919	112919	79940	46961	46961	38536	30110	30110	30110	30110	19350	15763
			柴油	212593	199839	187085	187085	187085	187085	168172	149259	149259	111090	72921	72921	72921	72921	53993	35065	35065	19177	13881
			燃气	378612	227036	75460	75460	75460	75460	69338	63217	63217	46074	28930	28930	22922	16914	16914	16914	16914	9370	6855
		其他	汽油	50864	30426	9987	9987	9987	9987	10054	10121	10121	8354	6587	6587	6188	5788	5788	5788	5788	4965	4691
			柴油	11293	10330	9368	9368	9368	9368	7922	6475	6475	4466	2456	2456	2456	2456	2064	1671	1671	1172	1005
			燃气	20557	12401	4245	4245	4245	4245	3480	2716	2716	2016	1315	1315	1097	879	879	879	879	646	569
	中型	公交车	汽油	269203	269203	269203	269203	268606	183389	14149	14149	14149	14149	14149	13996	13844	13844	11200	8556	8556	8556	8556
			柴油	87806	87806	86086	82645	82645	64494	28192	28192	28192	20508	12823	12823	12823	12823	8958	5093	5093	4763	4653
			燃气	71579	71579	67602	59649	59649	57536	53311	53311	53311	42686	32061	32061	22219	22219	22154	22154	22154	22154	22154
		其他	汽油	139177	139177	139177	139177	138580	94697	8124	8124	8124	8124	8124	7978	7832	7832	6688	5543	5543	5543	5543
			柴油	30493	30493	28460	24394	24394	18567	6912	6912	6912	6506	6099	6099	6099	6099	3750	1402	1402	1243	1190
			燃气	34560	34560	32640	28800	28800	27780	25740	25740	25740	20623	15506	15506	10732	10732	9642	9642	9642	9642	9642
	大型	公交车	汽油	628148	628148	628148	628148	627551	423160	15571	15571	15571	15571	15571	15431	15291	15291	12278	9264	9264	9264	9264
			柴油	131708	131708	108010	60614	60614	60614	60614	60614	60614	43515	26416	26416	26416	26416	17675	8934	8934	5723	4653
			燃气	168926	168926	159541	140772	140772	135786	125815	125815	125815	100740	75665	75665	52438	52438	47188	47188	47188	47188	47188
		其他	汽油	1392563	1392563	1392563	1392563	1391966	937670	30271	30271	30271	30271	30271	23462	16652	16652	13176	9699	9699	9699	9699
			柴油	272891	272891	207397	76409	76409	76409	76409	76409	76409	55942	35476	35476	35476	35476	20706	5937	5937	5324	5119
			燃气	266186	266186	251398	221822	221822	213966	198253	198253	198253	158842	119430	119430	82662	82662	74261	74261	74261	74261	74261
载货汽车	微型		汽油	276523	148960	21398	21398	21398	21398	20164	18931	18931	17434	15938	15938	13158	10377	10377	10377	10377	8806	8282
			柴油	39166	36586	34005	34005	34005	34005	31118	28230	28230	20915	13600	13600	13600	13600	9398	5195	5195	3526	2969
			燃气	111462	58435	5409	5409	5409	5409	5081	4752	4752	3771	2789	2789	2208	1626	1626	1626	1626	1099	923
	轻型		汽油	143641	85958	28274	28274	28274	28274	24406	20539	20539	18384	16228	16228	14264	12299	12299	12299	12299	10585	10014
			柴油	36078	35042	34005	34005	34005	34005	31118	28230	28230	20915	13600	13600	13600	13600	10284	6969	6969	5300	4744
			燃气	58053	35036	12018	12018	12018	12018	8765	5512	5512	4376	3240	3240	2554	1868	1868	1868	1868	1378	1215
	中型		汽油	413565	413565	413565	413565	412968	280718	17411	17411	17411	17411	17411	17272	17132	17132	13655	10178	10178	10178	10178
			柴油	90061	90061	84057	72049	72049	54837	20414	20414	20414	19228	18042	18042	18042	18042	13076	8109	8109	4825	3730
			燃气	102073	102073	96403	85062	85062	82049	76021	76021	76021	60945	45870	45870	62073	62073	30222	30222	30222	30222	30222
	重型		汽油	1409422	1409422	1409422	1409422	1408824	949018	30599	30599	30599	30599	30599	23708	16817	16817	13298	9780	9780	9780	9780
			柴油	322156	322156	244839	90204	90204	90204	90204	90204	90204	66042	41880	41880	41880	41880	27254	12628	12628	9340	8244
			燃气	314241	314241	296784	261870	261870	252595	234046	234046	234046	187517	140989	140989	175822	175822	119595	119595	119595	119595	119595
低速汽车	三轮汽车			25300	25300	25300	25300	25300	25300	25300	25300	25300	16721	16721	16721	16721	16721	16721	16721	16721	16721	16721
	低速货车			33990	33990	33990	33990	33990	33990	33990	33990	33990	22464	22464	22464	22464	22464	22464	22464	22464	22464	22464
摩托车	普通摩托车			17897	17897	17897	17897	13356	8815	4719	4719	4719	4719	4719	3522	2324	2324	2324	2324	2324	2324	2324
	轻便摩托车			57876	57876	57876	57876	57876	11575	11575	5699	5699	5699	5699	4252	2806	2806	2806	2806	2806	2806	2806

黔南布依族苗族自治州 NO_x 排放系数

单位：克/（辆·年）

车辆类型		使用性质	燃料种类	1999 年年底前	2000 年	2001 年	2002 年	2003 年	2004 年	2005 年	2006 年	2007 年	2008 年	2009 年	2010 年	2011 年	2012 年	2013 年	2014 年	2015 年	2016 年	2017 年
载客汽车	微型	出租车	汽油	498404	330950	163495	163495	163495	163495	118392	73290	73290	52686	32082	32082	26458	20835	20835	20835	20835	13770	11415
			燃气	207141	141668	76195	76195	76195	76195	57096	37998	37998	28792	19587	19587	15696	11806	11806	11806	11806	6884	5243
		其他	汽油	63499	39665	15831	15831	15831	15831	9764	3697	3697	2993	2289	2289	1873	1457	1457	1457	1457	1110	994
			燃气	24353	14524	4696	4696	4696	4696	3070	1445	1445	1176	908	908	718	529	529	529	529	418	381
	小型	出租车	汽油	566842	369199	171556	171556	171556	171556	123042	74529	74529	53306	32082	32082	25340	18597	18597	18597	18597	11719	9426
			柴油	471958	393686	315413	315413	315413	315413	280948	246484	246484	195122	143761	143761	143761	143761	117735	91709	91709	71038	64147
			燃气	233504	156402	79301	79301	79301	79301	58888	38475	38475	29031	19587	19587	15266	10944	10944	10944	10944	6094	4477
		其他	汽油	59160	37616	16071	16071	16071	16071	10456	4841	4841	3278	1716	1716	1544	1371	1371	1371	1371	1039	928
			柴油	40457	33050	25644	25644	25644	25644	23603	21562	21562	16852	12143	12143	12143	12143	10484	8826	8826	7702	7327
			燃气	22682	14476	6271	6271	6271	6271	4078	1886	1886	1286	687	687	592	496	496	496	496	391	356
	中型	公交车	汽油	673424	673424	673424	673424	673424	460061	33334	33334	33334	33334	33334	29895	26456	26456	19972	13489	13489	13489	13489
			柴油	591653	591653	590264	587486	587486	564138	517443	517443	517443	431005	344567	344567	344567	344567	281192	217816	217816	182360	170542
			燃气	628202	628202	620723	605766	605766	586976	549396	549396	549396	457247	365098	365098	230883	230883	180826	180826	180826	180826	180826
		其他	汽油	412870	412870	412870	412870	412870	280063	14450	14450	14450	14450	14450	14450	14450	14450	10838	7227	7227	7227	7227
			柴油	277459	277459	265877	242712	242712	240660	236555	236555	236555	201467	166379	166379	166379	166379	147729	129079	129079	110171	103868
			燃气	313309	313309	295903	261091	261091	258630	253709	253709	253709	216015	178321	178321	138905	138905	111576	111576	111576	111576	111576
	大型	公交车	汽油	2399073	2399073	2399073	2399073	2399073	1649648	150799	150799	150799	150799	150799	150666	150534	150534	112902	75269	75269	75269	75269
			柴油	839140	839140	812025	757794	757794	736262	693198	693198	693198	680706	668214	668214	668214	668214	644119	620024	620024	558922	538554
			燃气	1687171	1687171	1593439	1405975	1405975	1301643	1092979	1092979	1092979	936480	779982	779982	726163	726163	629393	629393	629393	629393	629393
		其他	汽油	5726150	5726150	5726150	5726150	5726150	3937410	359929	359929	359929	359929	359929	346432	332935	332935	249968	167000	167000	167000	167000
			柴油	2009481	2009481	1957773	1854358	1854358	1811125	1724659	1724659	1724659	1663938	1603216	1603216	1603216	1603216	1526270	1449324	1449324	1282637	1227075
			燃气	3740431	3740431	3532629	3117026	3117026	2885723	2423117	2423117	2423117	2076958	1730798	1730798	1561474	1561474	1324772	1324772	1324772	1324772	1324772
载货汽车	微型		汽油	213006	125570	38135	38135	38135	38135	25506	12878	12878	10346	7815	7815	7021	6227	6227	6227	6227	4926	4493
			柴油	110833	91101	71369	71369	71369	71369	64282	57196	57196	48434	39672	39672	39672	39672	28996	18320	18320	15958	15170
			燃气	81692	46502	11312	11312	11312	11312	8173	5033	5033	4067	3100	3100	2680	2261	2261	2261	2261	1857	1722
	轻型		汽油	157974	100557	43140	43140	43140	43140	28691	14242	14242	11900	9557	9557	7986	6414	6414	6414	6414	5162	4745
			柴油	111233	91301	71369	71369	71369	71369	64282	57196	57196	48434	39672	39672	39672	39672	31691	23710	23710	22296	21824
			燃气	60567	38700	16833	16833	16833	16833	11191	5549	5549	4687	3826	3826	3073	2320	2320	2320	2320	1945	1820
	中型		汽油	578062	578062	578062	578062	578062	394648	27819	27819	27819	27819	27819	27819	27819	27819	20872	13926	13926	13926	13926
			柴油	849679	849679	762950	589493	589493	560543	502644	502644	502644	508318	513992	513992	513992	513992	450964	387935	387935	334048	316085
			燃气	959465	959465	851020	634131	634131	602452	539094	539094	539094	544989	550884	550884	417466	417466	339542	339542	339542	339542	339542
	重型		汽油	4823288	4823288	4823288	4823288	4823288	3316585	303178	303178	303178	303178	303178	291809	280440	280440	210554	140669	140669	140669	140669
			柴油	2117166	2117166	2044900	1900368	1900368	1830078	1689499	1689499	1689499	1621750	1554000	1554000	1554000	1554000	1424368	1294735	1294735	962333	851532
			燃气	3940875	3940875	3692038	3194365	3194365	2920816	2373718	2373718	2373718	2025692	1677665	1677665	1394923	1394923	919329	919329	919329	919329	919329
低速汽车	三轮汽车			65550	65550	65550	65550	65550	65550	65550	65550	65550	53279	53279	53279	53279	53279	53279	53279	53279	53279	53279
	低速货车			88065	88065	88065	88065	88065	88065	88065	88065	88065	71579	71579	71579	71579	71579	71579	71579	71579	71579	71579
摩托车	普通摩托车			1336	1336	1336	1336	1292	1247	1158	1158	1158	1158	1158	1028	899	899	899	899	899	899	899
	轻便摩托车			890	890	890	890	890	445	445	445	445	445	445	396	346	346	346	346	346	346	346

黔南布依族苗族自治州 PM 排放系数

单位：克/（辆·年）

车辆类型		使用性质	燃料种类	1999 年年底前	2000 年	2001 年	2002 年	2003 年	2004 年	2005 年	2006 年	2007 年	2008 年	2009 年	2010 年	2011 年	2012 年	2013 年	2014 年	2015 年	2016 年	2017 年
载客汽车	微型	出租车	汽油	—	—	—	—	—	—	—	—	—	—	—	—	—	—	—	—	—	—	—
			燃气	—	—	—	—	—	—	—	—	—	—	—	—	—	—	—	—	—	—	—
		其他	汽油	—	—	—	—	—	—	—	—	—	—	—	—	—	—	—	—	—	—	—
			燃气	—	—	—	—	—	—	—	—	—	—	—	—	—	—	—	—	—	—	—
	小型	出租车	汽油	—	—	—	—	—	—	—	—	—	—	—	—	—	—	—	—	—	—	—
			柴油	48190	44135	40080	40080	40080	40080	27360	14639	14639	9536	4432	4432	4432	4432	4119	3806	3806	3148	2928
			燃气	—	—	—	—	—	—	—	—	—	—	—	—	—	—	—	—	—	—	—
		其他	汽油	—	—	—	—	—	—	—	—	—	—	—	—	—	—	—	—	—	—	—
			柴油	4379	4144	3909	3909	3909	3909	2812	1715	1715	1256	797	797	797	797	669	541	541	541	541
			燃气	—	—	—	—	—	—	—	—	—	—	—	—	—	—	—	—	—	—	—
	中型	公交车	汽油	—	—	—	—	—	—	—	—	—	—	—	—	—	—	—	—	—	—	—
			柴油	30592	30592	28032	22913	22913	17978	8108	8108	8108	6872	5637	5637	5637	5637	3504	1372	1372	1080	983
			燃气	—	—	—	—	—	—	—	—	—	—	—	—	—	—	—	—	—	—	—
		其他	汽油	—	—	—	—	—	—	—	—	—	—	—	—	—	—	—	—	—	—	—
			柴油	15274	15274	12888	8116	8116	6262	2553	2553	2553	2434	2316	2316	2316	2316	1366	415	415	399	394
			燃气	—	—	—	—	—	—	—	—	—	—	—	—	—	—	—	—	—	—	—
	大型	公交车	汽油	—	—	—	—	—	—	—	—	—	—	—	—	—	—	—	—	—	—	—
			柴油	94865	94865	93934	92071	92071	71272	29674	29674	29674	19994	10315	10315	10315	10315	6116	1916	1916	1845	1821
			燃气	—	—	—	—	—	—	—	—	—	—	—	—	—	—	—	—	—	—	—
		其他	汽油	—	—	—	—	—	—	—	—	—	—	—	—	—	—	—	—	—	—	—
			柴油	142314	142314	133412	115607	115607	85425	25061	25061	25061	17182	9303	9303	9303	9303	5868	2433	2433	2343	2313
			燃气	—	—	—	—	—	—	—	—	—	—	—	—	—	—	—	—	—	—	—
载货汽车	微型		汽油	—	—	—	—	—	—	—	—	—	—	—	—	—	—	—	—	—	—	—
			柴油	10241	10029	9817	9817	9817	9817	7988	6159	6159	4571	2983	2983	2983	2983	1878	773	773	769	768
			燃气	—	—	—	—	—	—	—	—	—	—	—	—	—	—	—	—	—	—	—
	轻型		汽油	—	—	—	—	—	—	—	—	—	—	—	—	—	—	—	—	—	—	—
			柴油	10651	10234	9817	9817	9817	9817	7988	6159	6159	4571	2983	2983	2983	2983	2250	1516	1516	1252	1164
			燃气	—	—	—	—	—	—	—	—	—	—	—	—	—	—	—	—	—	—	—
	中型		汽油	—	—	—	—	—	—	—	—	—	—	—	—	—	—	—	—	—	—	—
			柴油	44300	44300	37280	23240	23240	17937	7332	7332	7332	6946	6560	6560	6560	6560	4206	1852	1852	1696	1644
			燃气	—	—	—	—	—	—	—	—	—	—	—	—	—	—	—	—	—	—	—
	重型		汽油	—	—	—	—	—	—	—	—	—	—	—	—	—	—	—	—	—	—	—
			柴油	216235	216235	177729	100718	100718	79970	38474	38474	38474	26364	14255	14255	14255	14255	9462	4670	4670	3947	3706
			燃气	—	—	—	—	—	—	—	—	—	—	—	—	—	—	—	—	—	—	—
低速汽车	三轮汽车			4092	4092	4092	4092	4092	4092	4092	4092	4092	3220	3220	3220	3220	3220	3220	3220	3220	3220	3220
	低速货车			5581	5581	5581	5581	5581	5581	5581	5581	5581	4392	4392	4392	4392	4392	4392	4392	4392	4392	4392
摩托车	普通摩托车			—	—	—	—	—	—	—	—	—	—	—	—	—	—	—	—	—	—	—
	轻便摩托车			—	—	—	—	—	—	—	—	—	—	—	—	—	—	—	—	—	—	—

黔南布依族苗族自治州 VOCs 排放系数

单位：克/（辆·年）

车辆类型		使用性质	燃料种类	1999 年年底前	2000 年	2001 年	2002 年	2003 年	2004 年	2005 年	2006 年	2007 年	2008 年	2009 年	2010 年	2011 年	2012 年	2013 年	2014 年	2015 年	2016 年	2017 年
载客汽车	微型	出租车	汽油	760048	452644	145240	145240	145240	145240	109656	74071	74071	60516	46961	46961	38536	30110	30110	30110	30110	20536	17345
			燃气	378612	230528	82445	82445	82445	82445	63501	44557	44557	36744	28930	28930	22922	16914	16914	16914	16914	9939	7614
		其他	汽油	50156	30158	10159	10159	10159	10159	9758	9357	9357	7970	6583	6583	6230	5877	5877	5877	5877	4894	4567
			燃气	20217	11392	2568	2568	2568	2568	2458	2349	2349	1750	1152	1152	1036	921	921	921	921	612	509
	小型	出租车	汽油	760048	445374	130699	130699	130699	130699	121809	112919	112919	79940	46961	46961	38536	30110	30110	30110	30110	19350	15763
			柴油	212593	199839	187085	187085	187085	187085	168172	149259	149259	111090	72921	72921	72921	72921	53993	35065	35065	19177	13881
			燃气	378612	227036	75460	75460	75460	75460	69338	63217	63217	46074	28930	28930	22922	16914	16914	16914	16914	9370	6855
		其他	汽油	50864	30426	9987	9987	9987	9987	10054	10121	10121	8354	6587	6587	6188	5788	5788	5788	5788	4965	4691
			柴油	11293	10330	9368	9368	9368	9368	7922	6475	6475	4466	2456	2456	2456	2456	2064	1671	1671	1172	1005
			燃气	20557	12401	4245	4245	4245	4245	3480	2716	2716	2016	1315	1315	1097	879	879	879	879	646	569
	中型	公交车	汽油	269203	269203	269203	269203	268606	183389	14149	14149	14149	14149	14149	13996	13844	13844	11200	8556	8556	8556	8556
			柴油	87806	87806	86086	82645	82645	64494	28192	28192	28192	20508	12823	12823	12823	12823	8958	5093	5093	4763	4653
			燃气	71579	71579	67602	59649	59649	57536	53311	53311	53311	42686	32061	32061	22219	22219	22154	22154	22154	22154	22154
		其他	汽油	139177	139177	139177	139177	138580	94697	8124	8124	8124	8124	8124	7978	7832	7832	6688	5543	5543	5543	5543
			柴油	30493	30493	28460	24394	24394	18567	6912	6912	6912	6506	6099	6099	6099	6099	3750	1402	1402	1243	1190
			燃气	34560	34560	32640	28800	28800	27780	25740	25740	25740	20623	15506	15506	10732	10732	9642	9642	9642	9642	9642
	大型	公交车	汽油	628148	628148	628148	628148	627551	423160	15571	15571	15571	15571	15571	15431	15291	15291	12278	9264	9264	9264	9264
			柴油	131708	131708	108010	60614	60614	60614	60614	60614	60614	43515	26416	26416	26416	26416	17675	8934	8934	5723	4653
			燃气	168926	168926	159541	140772	140772	135786	125815	125815	125815	100740	75665	75665	52438	52438	47188	47188	47188	47188	47188
		其他	汽油	1392563	1392563	1392563	1392563	1391966	937670	30271	30271	30271	30271	30271	23462	16652	16652	13176	9699	9699	9699	9699
			柴油	272891	272891	207397	76409	76409	76409	76409	76409	76409	55942	35476	35476	35476	35476	20706	5937	5937	5324	5119
			燃气	266186	266186	251398	221822	221822	213966	198253	198253	198253	158842	119430	119430	82662	82662	74261	74261	74261	74261	74261
载货汽车	微型		汽油	276523	148960	21398	21398	21398	21398	20164	18931	18931	17434	15938	15938	13158	10377	10377	10377	10377	8806	8282
			柴油	39166	36586	34005	34005	34005	34005	31118	28230	28230	20915	13600	13600	13600	13600	9398	5195	5195	3526	2969
			燃气	111462	58435	5409	5409	5409	5409	5081	4752	4752	3771	2789	2789	2208	1626	1626	1626	1626	1099	923
	轻型		汽油	143641	85958	28274	28274	28274	28274	24406	20539	20539	18384	16228	16228	14264	12299	12299	12299	12299	10585	10014
			柴油	36078	35042	34005	34005	34005	34005	31118	28230	28230	20915	13600	13600	13600	13600	10284	6969	6969	5300	4744
			燃气	58053	35036	12018	12018	12018	12018	8765	5512	5512	4376	3240	3240	2554	1868	1868	1868	1868	1378	1215
	中型		汽油	413565	413565	413565	413565	412968	280718	17411	17411	17411	17411	17411	17272	17132	17132	13655	10178	10178	10178	10178
			柴油	90061	90061	84057	72049	72049	54837	20414	20414	20414	19228	18042	18042	18042	18042	13076	8109	8109	4825	3730
			燃气	102073	102073	96403	85062	85062	82049	76021	76021	76021	60945	45870	45870	62073	62073	30222	30222	30222	30222	30222
	重型		汽油	1409422	1409422	1409422	1409422	1408824	949018	30599	30599	30599	30599	30599	23708	16817	16817	13298	9780	9780	9780	9780
			柴油	322156	322156	244839	90204	90204	90204	90204	90204	90204	66042	41880	41880	41880	41880	27254	12628	12628	9340	8244
			燃气	314241	314241	296784	261870	261870	252595	234046	234046	234046	187517	140989	140989	175822	175822	119595	119595	119595	119595	119595
低速汽车	三轮汽车			25300	25300	25300	25300	25300	25300	25300	25300	25300	16721	16721	16721	16721	16721	16721	16721	16721	16721	16721
	低速货车			33990	33990	33990	33990	33990	33990	33990	33990	33990	22464	22464	22464	22464	22464	22464	22464	22464	22464	22464
摩托车	普通摩托车			17897	17897	17897	17897	13356	8815	4719	4719	4719	4719	4719	3522	2324	2324	2324	2324	2324	2324	2324
	轻便摩托车			57876	57876	57876	57876	57876	11575	11575	5699	5699	5699	5699	4252	2806	2806	2806	2806	2806	2806	2806

昆明市 NO_x 排放系数

单位：克/（辆·年）

车辆类型		使用性质	燃料种类	1999年年底前	2000年	2001年	2002年	2003年	2004年	2005年	2006年	2007年	2008年	2009年	2010年	2011年	2012年	2013年	2014年	2015年	2016年	2017年
载客汽车	微型	出租车	汽油	528671	350348	172025	172025	172025	172025	124011	75997	75997	54132	32267	32267	27228	22188	22188	22188	22188	14948	12535
			燃气	218438	148778	79118	79118	79118	79118	58942	38766	38766	29108	19451	19451	15836	12221	12221	12221	12221	7294	5651
		其他	汽油	62940	39413	15886	15886	15886	15886	9762	3639	3639	2926	2212	2212	1871	1530	1530	1530	1530	1170	1050
			燃气	24128	14402	4676	4676	4676	4676	3042	1407	1407	1136	866	866	710	553	553	553	553	440	402
	小型	出租车	汽油	601838	391265	180692	180692	180692	180692	129010	77329	77329	54798	32267	32267	25927	19587	19587	19587	19587	12611	10286
			柴油	499667	415310	330952	330952	330952	330952	295582	260213	260213	206033	151853	151853	151853	151853	124976	98099	98099	77778	71004
			燃气	246634	164546	82458	82458	82458	82458	60868	39279	39279	29365	19451	19451	15335	11219	11219	11219	11219	6394	4785
		其他	汽油	58630	37380	16129	16129	16129	16129	10463	4797	4797	3220	1643	1643	1539	1435	1435	1435	1435	1094	980
			柴油	41484	33839	26194	26194	26194	26194	24108	22023	22023	17268	12513	12513	12513	12513	10825	9137	9137	8068	7712
			燃气	22467	14368	6270	6270	6270	6270	4062	1853	1853	1250	646	646	581	516	516	516	516	410	375
	中型	公交车	汽油	673169	673169	673169	673169	673169	459887	33322	33322	33322	33322	33322	29884	26446	26446	19965	13484	13484	13484	13484
			柴油	591489	591489	590100	587323	587323	563982	517300	517300	517300	430886	344472	344472	344472	344472	281114	217755	217755	182310	170495
			燃气	628028	628028	620551	605598	605598	586813	549244	549244	549244	457120	364997	364997	230819	230819	180776	180776	180776	180776	180776
		其他	汽油	412714	412714	412714	412714	412714	279958	14445	14445	14445	14445	14445	14445	14445	14445	10834	7224	7224	7224	7224
			柴油	277382	277382	265803	242645	242645	240593	236489	236489	236489	201411	166333	166333	166333	166333	147688	129043	129043	110140	103839
			燃气	313222	313222	295821	261019	261019	258559	253639	253639	253639	215956	178272	178272	138866	138866	111545	111545	111545	111545	111545
	大型	公交车	汽油	2398165	2398165	2398165	2398165	2398165	1649024	150742	150742	150742	150742	150742	150610	150477	150477	112858	75240	75240	75240	75240
			柴油	838908	838908	811800	757584	757584	736058	693006	693006	693006	680518	668029	668029	668029	668029	643940	619852	619852	558767	538405
			燃气	1686703	1686703	1592997	1405586	1405586	1301283	1092676	1092676	1092676	936221	779766	779766	725962	725962	629218	629218	629218	629218	629218
		其他	汽油	5723983	5723983	5723983	5723983	5723983	3935920	359793	359793	359793	359793	359793	346301	332809	332809	249873	166937	166937	166937	166937
			柴油	2008924	2008924	1957231	1853844	1853844	1810623	1724181	1724181	1724181	1663476	1602772	1602772	1602772	1602772	1525847	1448922	1448922	1282282	1226735
			燃气	3739395	3739395	3531651	3116162	3116162	2884923	2422445	2422445	2422445	2076382	1730318	1730318	1561042	1561042	1324405	1324405	1324405	1324405	1324405
载货汽车	微型		汽油	209957	123138	36320	36320	36320	36320	24310	12301	12301	9888	7474	7474	6707	5940	5940	5940	5940	4690	4274
			柴油	112713	92580	72446	72446	72446	72446	65224	58001	58001	49214	40427	40427	40427	40427	29543	18659	18659	16311	15528
			燃气	80487	45589	10691	10691	10691	10691	7723	4756	4756	3841	2926	2926	2537	2147	2147	2147	2147	1764	1636
	轻型		汽油	150174	95624	41074	41074	41074	41074	27336	13597	13597	11363	9129	9129	7624	6118	6118	6118	6118	4915	4514
			柴油	113122	92784	72446	72446	72446	72446	65224	58001	58001	49214	40427	40427	40427	40427	32308	24189	24189	22814	22355
			燃气	57547	36757	15967	15967	15967	15967	10610	5252	5252	4421	3589	3589	2895	2200	2200	2200	2200	1845	1727
	中型		汽油	637496	637496	637496	637496	637496	435223	30679	30679	30679	30679	30679	30679	30679	30679	23018	15358	15358	15358	15358
			柴油	939683	939683	843767	651936	651936	619920	555887	555887	555887	555730	555573	555573	555573	555573	487446	419318	419318	361072	341656
			燃气	1061098	1061098	941166	701303	701303	666269	596199	596199	596199	595825	595451	595451	451237	451237	367011	367011	367011	367011	367011
	重型		汽油	2124455	2124455	2124455	2124455	2124455	1460816	133537	133537	133537	133537	133537	128530	123522	123522	92740	61959	61959	61959	61959
			柴油	906323	906323	875387	813515	813515	783425	723245	723245	723245	694243	665241	665241	665241	665241	615780	566318	566318	434364	390380
			燃气	1687022	1687022	1580499	1367453	1367453	1250351	1016147	1016147	1016147	867163	718180	718180	610141	610141	421461	421461	421461	421461	421461
低速汽车	三轮汽车			65550	65550	65550	65550	65550	65550	65550	65550	65550	53279	53279	53279	53279	53279	53279	53279	53279	53279	53279
	低速货车			88065	88065	88065	88065	88065	88065	88065	88065	88065	71579	71579	71579	71579	71579	71579	71579	71579	71579	71579
摩托车	普通摩托车			1336	1336	1336	1336	1292	1247	1158	1158	1158	1158	1158	1028	899	899	899	899	899	899	899
	轻便摩托车			890	890	890	890	890	445	445	445	445	445	445	396	346	346	346	346	346	346	346

昆明市 PM 排放系数

单位：克/（辆·年）

车辆类型		使用性质	燃料种类	1999 年年底前	2000 年	2001 年	2002 年	2003 年	2004 年	2005 年	2006 年	2007 年	2008 年	2009 年	2010 年	2011 年	2012 年	2013 年	2014 年	2015 年	2016 年	2017 年
载客汽车	微型	出租车	汽油	—	—	—	—	—	—	—	—	—	—	—	—	—	—	—	—	—	—	—
			燃气	—	—	—	—	—	—	—	—	—	—	—	—	—	—	—	—	—	—	—
		其他	汽油	—	—	—	—	—	—	—	—	—	—	—	—	—	—	—	—	—	—	—
			燃气	—	—	—	—	—	—	—	—	—	—	—	—	—	—	—	—	—	—	—
	小型	出租车	汽油	—	—	—	—	—	—	—	—	—	—	—	—	—	—	—	—	—	—	—
			柴油	53198	48726	44253	44253	44253	44253	30111	15969	15969	10440	4910	4910	4910	4910	4564	4217	4217	3487	3244
			燃气	—	—	—	—	—	—	—	—	—	—	—	—	—	—	—	—	—	—	—
		其他	汽油	—	—	—	—	—	—	—	—	—	—	—	—	—	—	—	—	—	—	—
			柴油	4557	4312	4066	4066	4066	4066	2916	1765	1765	1298	832	832	832	832	688	545	545	545	545
			燃气	—	—	—	—	—	—	—	—	—	—	—	—	—	—	—	—	—	—	—
	中型	公交车	汽油	—	—	—	—	—	—	—	—	—	—	—	—	—	—	—	—	—	—	—
			柴油	30592	30592	28032	22913	22913	17978	8108	8108	8108	6872	5637	5637	5637	5637	3504	1372	1372	1080	983
			燃气	—	—	—	—	—	—	—	—	—	—	—	—	—	—	—	—	—	—	—
		其他	汽油	—	—	—	—	—	—	—	—	—	—	—	—	—	—	—	—	—	—	—
			柴油	15274	15274	12888	8116	8116	6262	2553	2553	2553	2434	2316	2316	2316	2316	1366	415	415	399	394
			燃气	—	—	—	—	—	—	—	—	—	—	—	—	—	—	—	—	—	—	—
	大型	公交车	汽油	—	—	—	—	—	—	—	—	—	—	—	—	—	—	—	—	—	—	—
			柴油	94865	94865	93934	92071	92071	71272	29674	29674	29674	19994	10315	10315	10315	10315	6116	1916	1916	1845	1821
			燃气	—	—	—	—	—	—	—	—	—	—	—	—	—	—	—	—	—	—	—
		其他	汽油	—	—	—	—	—	—	—	—	—	—	—	—	—	—	—	—	—	—	—
			柴油	142314	142314	133412	115607	115607	85425	25061	25061	25061	17182	9303	9303	9303	9303	5868	2433	2433	2343	2313
			燃气	—	—	—	—	—	—	—	—	—	—	—	—	—	—	—	—	—	—	—
载货汽车	微型		汽油	—	—	—	—	—	—	—	—	—	—	—	—	—	—	—	—	—	—	—
			柴油	10239	10028	9816	9816	9816	9816	8000	6184	6184	4590	2995	2995	2995	2995	1886	776	776	773	772
			燃气	—	—	—	—	—	—	—	—	—	—	—	—	—	—	—	—	—	—	—
	轻型		汽油	—	—	—	—	—	—	—	—	—	—	—	—	—	—	—	—	—	—	—
			柴油	10649	10232	9816	9816	9816	9816	8000	6184	6184	4590	2995	2995	2995	2995	2258	1522	1522	1256	1168
			燃气	—	—	—	—	—	—	—	—	—	—	—	—	—	—	—	—	—	—	—
	中型		汽油	—	—	—	—	—	—	—	—	—	—	—	—	—	—	—	—	—	—	—
			柴油	49461	49461	41623	25948	25948	20014	8145	8145	8145	7716	7288	7288	7288	7288	4673	2058	2058	1885	1827
			燃气	—	—	—	—	—	—	—	—	—	—	—	—	—	—	—	—	—	—	—
	重型		汽油	—	—	—	—	—	—	—	—	—	—	—	—	—	—	—	—	—	—	—
			柴油	98601	98601	81043	45926	45926	36465	17544	17544	17544	12022	6500	6500	6500	6500	4264	2029	2029	1715	1610
			燃气	—	—	—	—	—	—	—	—	—	—	—	—	—	—	—	—	—	—	—
低速汽车	三轮汽车			4092	4092	4092	4092	4092	4092	4092	4092	4092	3220	3220	3220	3220	3220	3220	3220	3220	3220	3220
	低速货车			5581	5581	5581	5581	5581	5581	5581	5581	5581	4392	4392	4392	4392	4392	4392	4392	4392	4392	4392
摩托车	普通摩托车			—	—	—	—	—	—	—	—	—	—	—	—	—	—	—	—	—	—	—
	轻便摩托车			—	—	—	—	—	—	—	—	—	—	—	—	—	—	—	—	—	—	—

昆明市 VOCs 排放系数

单位：克/（辆·年）

车辆类型		使用性质	燃料种类	1999 年年底前	2000 年	2001 年	2002 年	2003 年	2004 年	2005 年	2006 年	2007 年	2008 年	2009 年	2010 年	2011 年	2012 年	2013 年	2014 年	2015 年	2016 年	2017 年
载客汽车	微型	出租车	汽油	837668	495348	153027	153027	153027	153027	114809	76591	76591	62534	48476	48476	40313	32150	32150	32150	32150	23205	20223
			燃气	415362	250472	85582	85582	85582	85582	65431	45280	45280	37254	29228	29228	23404	17579	17579	17579	17579	10961	8755
		其他	汽油	52558	31540	10521	10521	10521	10521	10131	9741	9741	8377	7013	7013	6708	6404	6404	6404	6404	5501	5200
			燃气	21312	11930	2547	2547	2547	2547	2448	2349	2349	1746	1143	1143	1060	978	978	978	978	692	597
	小型	出租车	汽油	837668	487398	137128	137128	137128	137128	128034	118941	118941	83708	48476	48476	40313	32150	32150	32150	32150	21744	18275
			柴油	213938	201268	188597	188597	188597	188597	170646	152694	152694	112518	72342	72342	72342	72342	53611	34880	34880	19360	14186
			燃气	415362	246654	77945	77945	77945	77945	71784	65622	65622	47425	29228	29228	23404	17579	17579	17579	17579	10259	7819
		其他	汽油	53310	31826	10342	10342	10342	10342	10438	10533	10533	8775	7017	7017	6661	6305	6305	6305	6305	5578	5335
			柴油	11072	10114	9157	9157	9157	9157	7770	6382	6382	4352	2321	2321	2321	2321	1965	1609	1609	1152	999
			燃气	21673	12981	4289	4289	4289	4289	3509	2729	2729	2022	1315	1315	1123	931	931	931	931	729	662
	中型	公交车	汽油	269702	269702	269702	269702	269105	183888	14649	14649	14649	14649	14649	14496	14344	14344	11700	9055	9055	9055	9055
			柴油	87806	87806	86086	82645	82645	64494	28192	28192	28192	20508	12823	12823	12823	12823	8958	5093	5093	4763	4653
			燃气	71579	71579	67602	59649	59649	57536	53311	53311	53311	42686	32061	32061	22219	22219	22154	22154	22154	22154	22154
		其他	汽油	139676	139676	139676	139676	139079	95196	8624	8624	8624	8624	8624	8478	8332	8332	7188	6043	6043	6043	6043
			柴油	30493	30493	28460	24394	24394	18567	6912	6912	6912	6506	6099	6099	6099	6099	3750	1402	1402	1243	1190
			燃气	34560	34560	32640	28800	28800	27780	25740	25740	25740	20623	15506	15506	10732	10732	9642	9642	9642	9642	9642
	大型	公交车	汽油	628648	628648	628648	628648	628051	423659	16070	16070	16070	16070	16070	15930	15790	15790	12776	9763	9763	9763	9763
			柴油	131708	131708	108010	60614	60614	60614	60614	60614	60614	43515	26416	26416	26416	26416	17675	8934	8934	5723	4653
			燃气	168926	168926	159541	140772	140772	135786	125815	125815	125815	100740	75665	75665	52438	52438	47188	47188	47188	47188	47188
		其他	汽油	1393063	1393063	1393063	1393063	1392466	938170	30771	30771	30771	30771	30771	23961	17151	17151	13674	10198	10198	10198	10198
			柴油	272891	272891	207397	76409	76409	76409	76409	76409	76409	55942	35476	35476	35476	35476	20706	5937	5937	5324	5119
			燃气	266186	266186	251398	221822	221822	213966	198253	198253	198253	158842	119430	119430	82662	82662	74261	74261	74261	74261	74261
载货汽车	微型		汽油	281206	151516	21825	21825	21825	21825	20598	19370	19370	17902	16433	16433	13627	10821	10821	10821	10821	9306	8801
			柴油	39773	37150	34527	34527	34527	34527	31618	28709	28709	21211	13713	13713	13713	13713	9442	5171	5171	3554	3015
			燃气	114028	59656	5284	5284	5284	5284	4977	4671	4671	3675	2678	2678	2165	1653	1653	1653	1653	1171	1010
	轻型		汽油	145906	87366	28825	28825	28825	28825	24916	21008	21008	18868	16729	16729	14754	12778	12778	12778	12778	11118	10564
			柴油	36551	35539	34527	34527	34527	34527	31618	28709	28709	21211	13713	13713	13713	13713	10366	7020	7020	5403	4864
			燃气	59318	35636	11954	11954	11954	11954	8699	5443	5443	4289	3135	3135	2511	1887	1887	1887	1887	1455	1311
	中型		汽油	471839	471839	471839	471839	471242	320385	19866	19866	19866	19866	19866	19726	19587	19587	15620	11653	11653	11653	11653
			柴油	101292	101292	94539	81034	81034	61676	22960	22960	22960	21618	20275	20275	20275	20275	14694	9113	9113	5422	4192
			燃气	114802	114802	108425	95670	95670	92281	85502	85502	85502	68524	51547	51547	69758	69758	33966	33966	33966	33966	33966
	重型		汽油	632354	632354	632354	632354	631756	426154	16145	16145	16145	16145	16145	12993	9841	9841	8262	6684	6684	6684	6684
			柴油	141072	141072	107215	39500	39500	39500	39500	39500	39500	28920	18339	18339	18339	18339	12049	5759	5759	4238	3731
			燃气	137606	137606	129961	114672	114672	110611	102488	102488	102488	82113	61738	61738	80184	80184	54125	54125	54125	54125	54125
低速汽车	三轮汽车			25300	25300	25300	25300	25300	25300	25300	25300	25300	16721	16721	16721	16721	16721	16721	16721	16721	16721	16721
	低速货车			33990	33990	33990	33990	33990	33990	33990	33990	33990	22464	22464	22464	22464	22464	22464	22464	22464	22464	22464
摩托车	普通摩托车			17897	17897	17897	17897	13356	8815	4719	4719	4719	4719	4719	3522	2324	2324	2324	2324	2324	2324	2324
	轻便摩托车			57876	57876	57876	57876	57876	11575	11575	5699	5699	5699	5699	4252	2806	2806	2806	2806	2806	2806	2806

曲靖市 NO_x 排放系数

单位：克/（辆·年）

车辆类型		使用性质	燃料种类	1999 年年底前	2000 年	2001 年	2002 年	2003 年	2004 年	2005 年	2006 年	2007 年	2008 年	2009 年	2010 年	2011 年	2012 年	2013 年	2014 年	2015 年	2016 年	2017 年
载客汽车	微型	出租车	汽油	464316	309208	154101	154101	154101	154101	111583	69065	69065	49577	30089	30089	24868	19646	19646	19646	19646	12948	10716
			燃气	193185	132503	71821	71821	71821	71821	53813	35805	35805	27102	18398	18398	14764	11129	11129	11129	11129	6477	4926
		其他	汽油	49798	31122	12446	12446	12446	12446	7682	2919	2919	2359	1799	1799	1482	1166	1166	1166	1166	877	781
			燃气	19019	11332	3646	3646	3646	3646	2374	1101	1101	894	686	686	544	402	402	402	402	322	295
	小型	出租车	汽油	528009	344856	161702	161702	161702	161702	115968	70233	70233	50161	30089	30089	23811	17533	17533	17533	17533	11022	8851
			柴油	441154	368104	295055	295055	295055	295055	262704	230352	230352	182580	134808	134808	134808	134808	110376	85944	85944	66202	59621
			燃气	217730	146240	74750	74750	74750	74750	55503	36256	36256	27327	18398	18398	14356	10314	10314	10314	10314	5734	4207
		其他	汽油	46402	29518	12635	12635	12635	12635	8228	3820	3820	2585	1350	1350	1224	1099	1099	1099	1099	822	730
			柴油	31450	25674	19898	19898	19898	19898	18321	16744	16744	13090	9437	9437	9437	9437	8164	6891	6891	6005	5710
			燃气	17711	11298	4885	4885	4885	4885	3166	1448	1448	980	513	513	444	376	376	376	376	301	276
	中型	公交车	汽油	673169	673169	673169	673169	673169	459887	33322	33322	33322	33322	33322	29884	26446	26446	19965	13484	13484	13484	13484
			柴油	591489	591489	590100	587323	587323	563982	517300	517300	517300	430886	344472	344472	344472	344472	281114	217755	217755	182310	170495
			燃气	628028	628028	620551	605598	605598	586813	549244	549244	549244	457120	364997	364997	230819	230819	180776	180776	180776	180776	180776
		其他	汽油	412714	412714	412714	412714	412714	279958	14445	14445	14445	14445	14445	14445	14445	14445	10834	7224	7224	7224	7224
			柴油	277382	277382	265803	242645	242645	240593	236489	236489	236489	201411	166333	166333	166333	166333	147688	129043	129043	110140	103839
			燃气	313222	313222	295821	261019	261019	258559	253639	253639	253639	215956	178272	178272	138866	138866	111545	111545	111545	111545	111545
	大型	公交车	汽油	2398165	2398165	2398165	2398165	2398165	1649024	150742	150742	150742	150742	150742	150610	150477	150477	112858	75240	75240	75240	75240
			柴油	838908	838908	811800	757584	757584	736058	693006	693006	693006	680518	668029	668029	668029	668029	643940	619852	619852	558767	538405
			燃气	1686703	1686703	1592997	1405586	1405586	1301283	1092676	1092676	1092676	936221	779766	779766	725962	725962	629218	629218	629218	629218	629218
		其他	汽油	5723983	5723983	5723983	5723983	5723983	3935920	359793	359793	359793	359793	359793	346301	332809	332809	249873	166937	166937	166937	166937
			柴油	2008924	2008924	1957231	1853844	1853844	1810623	1724181	1724181	1724181	1663476	1602772	1602772	1602772	1602772	1525847	1448922	1448922	1282282	1226735
			燃气	3739395	3739395	3531651	3116162	3116162	2884923	2422445	2422445	2422445	2076382	1730318	1730318	1561042	1561042	1324405	1324405	1324405	1324405	1324405
载货汽车	微型		汽油	214124	126351	38578	38578	38578	38578	25896	13214	13214	10640	8066	8066	7208	6351	6351	6351	6351	4977	4519
			柴油	112806	92910	73014	73014	73014	73014	65696	58379	58379	49416	40453	40453	40453	40453	29566	18678	18678	16136	15289
			燃气	81779	46540	11301	11301	11301	11301	8143	4984	4984	4030	3076	3076	2633	2190	2190	2190	2190	1828	1707
	轻型		汽油	158361	100970	43578	43578	43578	43578	29078	14577	14577	12192	9807	9807	8172	6538	6538	6538	6538	5213	4771
			柴油	113207	93110	73014	73014	73014	73014	65696	58379	58379	49416	40453	40453	40453	40453	32264	24076	24076	22484	21953
			燃气	60444	38646	16848	16848	16848	16848	11187	5526	5526	4626	3727	3727	2982	2237	2237	2237	2237	1912	1804
	中型		汽油	637496	637496	637496	637496	637496	435223	30679	30679	30679	30679	30679	30679	30679	30679	23018	15358	15358	15358	15358
			柴油	939683	939683	843767	651936	651936	619920	555887	555887	555887	555730	555573	555573	555573	555573	487446	419318	419318	361072	341656
			燃气	1061098	1061098	941166	701303	701303	666269	596199	596199	596199	595825	595451	595451	451237	451237	367011	367011	367011	367011	367011
	重型		汽油	2662294	2662294	2662294	2662294	2662294	1830644	167344	167344	167344	167344	167344	161068	154793	154793	116218	77644	77644	77644	77644
			柴油	1177136	1177136	1136956	1056597	1056597	1017516	939354	939354	939354	901686	864018	864018	864018	864018	787965	711912	711912	527740	466350
			燃气	2191111	2191111	2052759	1776054	1776054	1623962	1319776	1319776	1319776	1126276	932775	932775	767001	767001	503480	503480	503480	503480	503480
低速汽车	三轮汽车			65550	65550	65550	65550	65550	65550	65550	65550	65550	53279	53279	53279	53279	53279	53279	53279	53279	53279	53279
	低速货车			88065	88065	88065	88065	88065	88065	88065	88065	88065	71579	71579	71579	71579	71579	71579	71579	71579	71579	71579
摩托车	普通摩托车			1336	1336	1336	1336	1292	1247	1158	1158	1158	1158	1158	1028	899	899	899	899	899	899	899
	轻便摩托车			890	890	890	890	890	445	445	445	445	445	445	396	346	346	346	346	346	346	346

曲靖市 PM 排放系数

单位：克/（辆·年）

车辆类型		使用性质	燃料种类	1999 年年底前	2000 年	2001 年	2002 年	2003 年	2004 年	2005 年	2006 年	2007 年	2008 年	2009 年	2010 年	2011 年	2012 年	2013 年	2014 年	2015 年	2016 年	2017 年
载客汽车	微型	出租车	汽油	—	—	—	—	—	—	—	—	—	—	—	—	—	—	—	—	—	—	—
			燃气	—	—	—	—	—	—	—	—	—	—	—	—	—	—	—	—	—	—	—
		其他	汽油	—	—	—	—	—	—	—	—	—	—	—	—	—	—	—	—	—	—	—
			燃气	—	—	—	—	—	—	—	—	—	—	—	—	—	—	—	—	—	—	—
	小型	出租车	汽油	—	—	—	—	—	—	—	—	—	—	—	—	—	—	—	—	—	—	—
			柴油	45049	41252	37456	37456	37456	37456	25516	13577	13577	8854	4131	4131	4131	4131	3840	3548	3548	2934	2729
			燃气	—	—	—	—	—	—	—	—	—	—	—	—	—	—	—	—	—	—	—
		其他	汽油	—	—	—	—	—	—	—	—	—	—	—	—	—	—	—	—	—	—	—
			柴油	3426	3242	3058	3058	3058	3058	2198	1339	1339	981	623	623	623	623	522	421	421	421	421
			燃气	—	—	—	—	—	—	—	—	—	—	—	—	—	—	—	—	—	—	—
	中型	公交车	汽油	—	—	—	—	—	—	—	—	—	—	—	—	—	—	—	—	—	—	—
			柴油	30592	30592	28032	22913	22913	17978	8108	8108	8108	6872	5637	5637	5637	5637	3504	1372	1372	1080	983
			燃气	—	—	—	—	—	—	—	—	—	—	—	—	—	—	—	—	—	—	—
		其他	汽油	—	—	—	—	—	—	—	—	—	—	—	—	—	—	—	—	—	—	—
			柴油	15274	15274	12888	8116	8116	6262	2553	2553	2553	2434	2316	2316	2316	2316	1366	415	415	399	394
			燃气	—	—	—	—	—	—	—	—	—	—	—	—	—	—	—	—	—	—	—
	大型	公交车	汽油	—	—	—	—	—	—	—	—	—	—	—	—	—	—	—	—	—	—	—
			柴油	94865	94865	93934	92071	92071	71272	29674	29674	29674	19994	10315	10315	10315	10315	6116	1916	1916	1845	1821
			燃气	—	—	—	—	—	—	—	—	—	—	—	—	—	—	—	—	—	—	—
		其他	汽油	—	—	—	—	—	—	—	—	—	—	—	—	—	—	—	—	—	—	—
			柴油	142314	142314	133412	115607	115607	85425	25061	25061	25061	17182	9303	9303	9303	9303	5868	2433	2433	2343	2313
			燃气	—	—	—	—	—	—	—	—	—	—	—	—	—	—	—	—	—	—	—
载货汽车	微型		汽油	—	—	—	—	—	—	—	—	—	—	—	—	—	—	—	—	—	—	—
			柴油	10276	10063	9850	9850	9850	9850	8012	6175	6175	4583	2991	2991	2991	2991	1883	775	775	771	770
			燃气	—	—	—	—	—	—	—	—	—	—	—	—	—	—	—	—	—	—	—
	轻型		汽油	—	—	—	—	—	—	—	—	—	—	—	—	—	—	—	—	—	—	—
			柴油	10687	10268	9850	9850	9850	9850	8012	6175	6175	4583	2991	2991	2991	2991	2256	1520	1520	1255	1167
			燃气	—	—	—	—	—	—	—	—	—	—	—	—	—	—	—	—	—	—	—
	中型		汽油	—	—	—	—	—	—	—	—	—	—	—	—	—	—	—	—	—	—	—
			柴油	49461	49461	41623	25948	25948	20014	8145	8145	8145	7716	7288	7288	7288	7288	4673	2058	2058	1885	1827
			燃气	—	—	—	—	—	—	—	—	—	—	—	—	—	—	—	—	—	—	—
	重型		汽油	—	—	—	—	—	—	—	—	—	—	—	—	—	—	—	—	—	—	—
			柴油	120420	120420	98976	56089	56089	44535	21426	21426	21426	14682	7938	7938	7938	7938	5244	2550	2550	2156	2024
			燃气	—	—	—	—	—	—	—	—	—	—	—	—	—	—	—	—	—	—	—
低速汽车	三轮汽车			4092	4092	4092	4092	4092	4092	4092	4092	4092	3220	3220	3220	3220	3220	3220	3220	3220	3220	3220
	低速货车			5581	5581	5581	5581	5581	5581	5581	5581	5581	4392	4392	4392	4392	4392	4392	4392	4392	4392	4392
摩托车	普通摩托车			—	—	—	—	—	—	—	—	—	—	—	—	—	—	—	—	—	—	—
	轻便摩托车			—	—	—	—	—	—	—	—	—	—	—	—	—	—	—	—	—	—	—

曲靖市 VOCs 排放系数

单位：克/（辆·年）

车辆类型		使用性质	燃料种类	1999 年年底前	2000 年	2001 年	2002 年	2003 年	2004 年	2005 年	2006 年	2007 年	2008 年	2009 年	2010 年	2011 年	2012 年	2013 年	2014 年	2015 年	2016 年	2017 年
载客汽车	微型	出租车	汽油	725753	431206	136658	136658	136658	136658	103422	70187	70187	57378	44570	44570	36744	28917	28917	28917	28917	20208	17305
			燃气	361089	219182	77275	77275	77275	77275	59574	41874	41874	34491	27108	27108	21502	15897	15897	15897	15897	9467	7324
		其他	汽油	41306	25331	9356	9356	9356	9356	9002	8649	8649	7520	6390	6390	6124	5857	5857	5857	5857	5059	4793
			燃气	15857	8900	1944	1944	1944	1944	1868	1792	1792	1328	864	864	784	703	703	703	703	475	399
	小型	出租车	汽油	725753	424416	123079	123079	123079	123079	114834	106588	106588	75579	44570	44570	36744	28917	28917	28917	28917	19056	15769
			柴油	199057	187090	175123	175123	175123	175123	157273	139423	139423	103949	68475	68475	68475	68475	50690	32904	32904	17956	12973
			燃气	361089	215920	70752	70752	70752	70752	65056	59359	59359	43234	27108	27108	21502	15897	15897	15897	15897	8914	6586
		其他	汽油	41863	25542	9222	9222	9222	9222	9234	9247	9247	7820	6393	6393	6090	5788	5788	5788	5788	5115	4891
			柴油	8588	7856	7123	7123	7123	7123	6022	4920	4920	3377	1834	1834	1834	1834	1556	1278	1278	905	781
			燃气	16124	9690	3255	3255	3255	3255	2667	2079	2079	1535	991	991	830	670	670	670	670	502	446
	中型	公交车	汽油	269702	269702	269702	269702	269105	183888	14649	14649	14649	14649	14649	14496	14344	14344	11700	9055	9055	9055	9055
			柴油	87806	87806	86086	82645	82645	64494	28192	28192	28192	20508	12823	12823	12823	12823	8958	5093	5093	4763	4653
			燃气	71579	71579	67602	59649	59649	57536	53311	53311	53311	42686	32061	32061	22219	22219	22154	22154	22154	22154	22154
		其他	汽油	139676	139676	139676	139676	139079	95196	8624	8624	8624	8624	8624	8478	8332	8332	7188	6043	6043	6043	6043
			柴油	30493	30493	28460	24394	24394	18567	6912	6912	6912	6506	6099	6099	6099	6099	3750	1402	1402	1243	1190
			燃气	34560	34560	32640	28800	28800	27780	25740	25740	25740	20623	15506	15506	10732	10732	9642	9642	9642	9642	9642
	大型	公交车	汽油	628648	628648	628648	628648	628051	423659	16070	16070	16070	16070	16070	15930	15790	15790	12776	9763	9763	9763	9763
			柴油	131708	131708	108010	60614	60614	60614	60614	60614	60614	43515	26416	26416	26416	26416	17675	8934	8934	5723	4653
			燃气	168926	168926	159541	140772	140772	135786	125815	125815	125815	100740	75665	75665	52438	52438	47188	47188	47188	47188	47188
		其他	汽油	1393063	1393063	1393063	1393063	1392466	938170	30771	30771	30771	30771	30771	23961	17151	17151	13674	10198	10198	10198	10198
			柴油	272891	272891	207397	76409	76409	76409	76409	76409	76409	55942	35476	35476	35476	35476	20706	5937	5937	5324	5119
			燃气	266186	266186	251398	221822	221822	213966	198253	198253	198253	158842	119430	119430	82662	82662	74261	74261	74261	74261	74261
载货汽车	微型		汽油	277370	149866	22361	22361	22361	22361	21045	19729	19729	18201	16673	16673	13810	10948	10948	10948	10948	9314	8769
			柴油	41182	38457	35732	35732	35732	35732	32608	29484	29484	21953	14422	14422	14422	14422	9990	5558	5558	3688	3065
			燃气	106480	55563	4646	4646	4646	4646	4367	4088	4088	3171	2254	2254	1784	1314	1314	1314	1314	876	730
	轻型		汽油	144446	86842	29238	29238	29238	29238	25288	21338	21338	19151	16964	16964	14917	12870	12870	12870	12870	11093	10501
			柴油	38093	36912	35732	35732	35732	35732	32608	29484	29484	21953	14422	14422	14422	14422	10876	7331	7331	5461	4838
			燃气	55635	32977	10320	10320	10320	10320	7559	4797	4797	3714	2630	2630	2060	1490	1490	1490	1490	1091	958
	中型		汽油	471839	471839	471839	471839	471242	320385	19866	19866	19866	19866	19866	19726	19587	19587	15620	11653	11653	11653	11653
			柴油	101292	101292	94539	81034	81034	61676	22960	22960	22960	21618	20275	20275	20275	20275	14694	9113	9113	5422	4192
			燃气	114802	114802	108425	95670	95670	92281	85502	85502	85502	68524	51547	51547	69758	69758	33966	33966	33966	33966	33966
	重型		汽油	781426	781426	781426	781426	780828	526491	19012	19012	19012	19012	19012	15143	11274	11274	9324	7373	7373	7373	7373
			柴油	184035	184035	139867	51530	51530	51530	51530	51530	51530	37728	23925	23925	23925	23925	15517	7109	7109	5091	4418
			燃气	179513	179513	169541	149596	149596	144298	133701	133701	133701	107122	80544	80544	98980	98980	64092	64092	64092	64092	64092
低速汽车	三轮汽车			25300	25300	25300	25300	25300	25300	25300	25300	25300	16721	16721	16721	16721	16721	16721	16721	16721	16721	16721
	低速货车			33990	33990	33990	33990	33990	33990	33990	33990	33990	22464	22464	22464	22464	22464	22464	22464	22464	22464	22464
摩托车	普通摩托车			17897	17897	17897	17897	13356	8815	4719	4719	4719	4719	4719	3522	2324	2324	2324	2324	2324	2324	2324
	轻便摩托车			57876	57876	57876	57876	57876	11575	11575	5699	5699	5699	5699	4252	2806	2806	2806	2806	2806	2806	2806

玉溪市 NO_x 排放系数

单位：克/（辆·年）

车辆类型		使用性质	燃料种类	1999年年底前	2000年	2001年	2002年	2003年	2004年	2005年	2006年	2007年	2008年	2009年	2010年	2011年	2012年	2013年	2014年	2015年	2016年	2017年
载客汽车	微型	出租车	汽油	478919	319273	159627	159627	159627	159627	115740	71854	71854	51701	31548	31548	26032	20517	20517	20517	20517	13450	11094
			燃气	200029	137425	74821	74821	74821	74821	56159	37497	37497	28449	19401	19401	15552	11702	11702	11702	11702	6772	5128
		其他	汽油	49673	31042	12410	12410	12410	12410	7654	2899	2899	2342	1786	1786	1470	1154	1154	1154	1154	872	778
			燃气	19019	11332	3646	3646	3646	3646	2374	1101	1101	894	686	686	544	402	402	402	402	322	295
	小型	出租车	汽油	544448	355948	167447	167447	167447	167447	120252	73056	73056	52302	31548	31548	24946	18343	18343	18343	18343	11467	9175
			柴油	458003	382540	307077	307077	307077	307077	273340	239603	239603	189996	140388	140388	140388	140388	114802	89216	89216	68492	61584
			燃气	225326	151583	77840	77840	77840	77840	57900	37961	37961	28681	19401	19401	15132	10863	10863	10863	10863	6006	4387
		其他	汽油	46282	29440	12598	12598	12598	12598	8198	3798	3798	2568	1338	1338	1212	1087	1087	1087	1087	817	727
			柴油	31402	25634	19865	19865	19865	19865	18290	16714	16714	13066	9419	9419	9419	9419	8147	6875	6875	5994	5701
			燃气	17711	11298	4885	4885	4885	4885	3166	1448	1448	980	513	513	444	376	376	376	376	301	276
	中型	公交车	汽油	671997	671997	671997	671997	671997	459086	33264	33264	33264	33264	33264	29832	26400	26400	19930	13460	13460	13460	13460
			柴油	590736	590736	589349	586574	586574	563263	516640	516640	516640	430336	344033	344033	344033	344033	280756	217478	217478	182078	170278
			燃气	627228	627228	619761	604827	604827	586066	548544	548544	548544	456538	364532	364532	230525	230525	180545	180545	180545	180545	180545
		其他	汽油	411995	411995	411995	411995	411995	279470	14420	14420	14420	14420	14420	14420	14420	14420	10816	7211	7211	7211	7211
			柴油	277028	277028	265464	242336	242336	240287	236188	236188	236188	201154	166121	166121	166121	166121	147500	128879	128879	109999	103706
			燃气	312823	312823	295444	260686	260686	258229	253316	253316	253316	215680	178045	178045	138689	138689	111403	111403	111403	111403	111403
	大型	公交车	汽油	2393990	2393990	2393990	2393990	2393990	1646153	150479	150479	150479	150479	150479	150347	150215	150215	112662	75109	75109	75109	75109
			柴油	837839	837839	810765	756618	756618	735120	692123	692123	692123	679650	667178	667178	667178	667178	643120	619062	619062	558055	537719
			燃气	1684554	1684554	1590968	1403795	1403795	1299625	1091284	1091284	1091284	935028	778772	778772	725037	725037	628417	628417	628417	628417	628417
		其他	汽油	5714018	5714018	5714018	5714018	5714018	3929068	359167	359167	359167	359167	359167	345698	332229	332229	249438	166646	166646	166646	166646
			柴油	2006365	2006365	1954737	1851482	1851482	1808316	1721984	1721984	1721984	1661357	1600730	1600730	1600730	1600730	1523903	1447076	1447076	1280648	1225172
			燃气	3734631	3734631	3527151	3112192	3112192	2881248	2419359	2419359	2419359	2073736	1728113	1728113	1559053	1559053	1322718	1322718	1322718	1322718	1322718
载货汽车	微型		汽油	200025	117942	35858	35858	35858	35858	24026	12194	12194	9808	7422	7422	6650	5877	5877	5877	5877	4629	4213
			柴油	104723	86164	67604	67604	67604	67604	60850	54096	54096	45802	37507	37507	37507	37507	27412	17318	17318	15025	14261
			燃气	76586	43561	10535	10535	10535	10535	7583	4631	4631	3741	2851	2851	2449	2047	2047	2047	2047	1710	1597
	轻型		汽油	147868	94202	40535	40535	40535	40535	27002	13469	13469	11260	9050	9050	7552	6053	6053	6053	6053	4849	4448
			柴油	105098	86351	67604	67604	67604	67604	60850	54096	54096	45802	37507	37507	37507	37507	29938	22369	22369	20965	20497
			燃气	56586	36152	15718	15718	15718	15718	10426	5135	5135	4302	3470	3470	2782	2094	2094	2094	2094	1790	1689
	中型		汽油	637496	637496	637496	637496	637496	435223	30679	30679	30679	30679	30679	30679	30679	30679	23018	15358	15358	15358	15358
			柴油	939683	939683	843767	651936	651936	619920	555887	555887	555887	555730	555573	555573	555573	555573	487446	419318	419318	361072	341656
			燃气	1061100	1061100	941167	701301	701301	666267	596199	596199	596199	595825	595451	595451	451236	451236	367014	367014	367014	367014	367014
	重型		汽油	2461577	2461577	2461577	2461577	2461577	1692627	154728	154728	154728	154728	154728	148926	143123	143123	107457	71791	71791	71791	71791
			柴油	1144171	1144171	1105117	1027008	1027008	989021	913048	913048	913048	876434	839821	839821	839821	839821	750946	662070	662070	470834	407088
			燃气	2129750	2129750	1995273	1726318	1726318	1578484	1282817	1282817	1282817	1094735	906652	906652	713302	713302	439500	439500	439500	439500	439500
低速汽车	三轮汽车			65550	65550	65550	65550	65550	65550	65550	65550	65550	53279	53279	53279	53279	53279	53279	53279	53279	53279	53279
	低速货车			88065	88065	88065	88065	88065	88065	88065	88065	88065	71579	71579	71579	71579	71579	71579	71579	71579	71579	71579
摩托车	普通摩托车			1336	1336	1336	1336	1292	1247	1158	1158	1158	1158	1158	1028	899	899	899	899	899	899	899
	轻便摩托车			890	890	890	890	890	445	445	445	445	445	445	396	346	346	346	346	346	346	346

玉溪市 PM 排放系数

单位：克/（辆•年）

车辆类型		使用性质	燃料种类	1999 年年底前	2000 年	2001 年	2002 年	2003 年	2004 年	2005 年	2006 年	2007 年	2008 年	2009 年	2010 年	2011 年	2012 年	2013 年	2014 年	2015 年	2016 年	2017 年
载客汽车	微型	出租车	汽油	—	—	—	—	—	—	—	—	—	—	—	—	—	—	—	—	—	—	—
			燃气	—	—	—	—	—	—	—	—	—	—	—	—	—	—	—	—	—	—	—
		其他	汽油	—	—	—	—	—	—	—	—	—	—	—	—	—	—	—	—	—	—	—
			燃气	—	—	—	—	—	—	—	—	—	—	—	—	—	—	—	—	—	—	—
	小型	出租车	汽油	—	—	—	—	—	—	—	—	—	—	—	—	—	—	—	—	—	—	—
			柴油	46428	42515	38602	38602	38602	38602	26297	13992	13992	9125	4258	4258	4258	4258	3957	3656	3656	3024	2813
			燃气	—	—	—	—	—	—	—	—	—	—	—	—	—	—	—	—	—	—	—
		其他	汽油	—	—	—	—	—	—	—	—	—	—	—	—	—	—	—	—	—	—	—
			柴油	3426	3242	3058	3058	3058	3058	2198	1339	1339	981	623	623	623	623	522	421	421	421	421
			燃气	—	—	—	—	—	—	—	—	—	—	—	—	—	—	—	—	—	—	—
	中型	公交车	汽油	—	—	—	—	—	—	—	—	—	—	—	—	—	—	—	—	—	—	—
			柴油	30592	30592	28032	22913	22913	17978	8108	8108	8108	6872	5637	5637	5637	5637	3504	1372	1372	1080	983
			燃气	—	—	—	—	—	—	—	—	—	—	—	—	—	—	—	—	—	—	—
		其他	汽油	—	—	—	—	—	—	—	—	—	—	—	—	—	—	—	—	—	—	—
			柴油	15274	15274	12888	8116	8116	6262	2553	2553	2553	2434	2316	2316	2316	2316	1366	415	415	399	394
			燃气	—	—	—	—	—	—	—	—	—	—	—	—	—	—	—	—	—	—	—
	大型	公交车	汽油	—	—	—	—	—	—	—	—	—	—	—	—	—	—	—	—	—	—	—
			柴油	94865	94865	93934	92071	92071	71272	29674	29674	29674	19994	10315	10315	10315	10315	6116	1916	1916	1845	1821
			燃气	—	—	—	—	—	—	—	—	—	—	—	—	—	—	—	—	—	—	—
		其他	汽油	—	—	—	—	—	—	—	—	—	—	—	—	—	—	—	—	—	—	—
			柴油	142314	142314	133412	115607	115607	85425	25061	25061	25061	17182	9303	9303	9303	9303	5868	2433	2433	2343	2313
			燃气	—	—	—	—	—	—	—	—	—	—	—	—	—	—	—	—	—	—	—
载货汽车	微型		汽油	—	—	—	—	—	—	—	—	—	—	—	—	—	—	—	—	—	—	—
			柴油	9628	9428	9229	9229	9229	9229	7508	5786	5786	4294	2802	2802	2802	2802	1764	726	726	723	722
			燃气	—	—	—	—	—	—	—	—	—	—	—	—	—	—	—	—	—	—	—
	轻型		汽油	—	—	—	—	—	—	—	—	—	—	—	—	—	—	—	—	—	—	—
			柴油	10013	9621	9229	9229	9229	9229	7508	5786	5786	4294	2802	2802	2802	2802	2113	1424	1424	1176	1093
			燃气	—	—	—	—	—	—	—	—	—	—	—	—	—	—	—	—	—	—	—
	中型		汽油	—	—	—	—	—	—	—	—	—	—	—	—	—	—	—	—	—	—	—
			柴油	49461	49461	41623	25948	25948	20014	8145	8145	8145	7716	7288	7288	7288	7288	4673	2058	2058	1885	1827
			燃气	—	—	—	—	—	—	—	—	—	—	—	—	—	—	—	—	—	—	—
	重型		汽油	—	—	—	—	—	—	—	—	—	—	—	—	—	—	—	—	—	—	—
			柴油	107526	107526	88378	50083	50083	39766	19132	19132	19132	13110	7088	7088	7088	7088	4732	2376	2376	2008	1886
			燃气	—	—	—	—	—	—	—	—	—	—	—	—	—	—	—	—	—	—	—
低速汽车	三轮汽车			4092	4092	4092	4092	4092	4092	4092	4092	4092	3220	3220	3220	3220	3220	3220	3220	3220	3220	3220
	低速货车			5581	5581	5581	5581	5581	5581	5581	5581	5581	4392	4392	4392	4392	4392	4392	4392	4392	4392	4392
摩托车	普通摩托车			—	—	—	—	—	—	—	—	—	—	—	—	—	—	—	—	—	—	—
	轻便摩托车			—	—	—	—	—	—	—	—	—	—	—	—	—	—	—	—	—	—	—

玉溪市 VOCs 排放系数

单位：克/（辆·年）

车辆类型		使用性质	燃料种类	1999 年年底前	2000 年	2001 年	2002 年	2003 年	2004 年	2005 年	2006 年	2007 年	2008 年	2009 年	2010 年	2011 年	2012 年	2013 年	2014 年	2015 年	2016 年	2017 年
载客汽车	微型	出租车	汽油	804000	476746	149492	149492	149492	149492	112826	76159	76159	62170	48182	48182	39756	31329	31329	31329	31329	22071	18985
			燃气	373422	227082	80743	80743	80743	80743	62358	43974	43974	36258	28542	28542	22623	16704	16704	16704	16704	9891	7620
		其他	汽油	43974	26923	9872	9872	9872	9872	9515	9158	9158	7983	6808	6808	6527	6246	6246	6246	6246	5444	5176
			燃气	15857	8900	1944	1944	1944	1944	1868	1792	1792	1328	864	864	784	703	703	703	703	475	399
	小型	出租车	汽油	804000	469193	134386	134386	134386	134386	125520	116653	116653	82418	48182	48182	39756	31329	31329	31329	31329	20789	17276
			柴油	213289	200505	187721	187721	187721	187721	168688	149654	149654	111336	73017	73017	73017	73017	54054	35091	35091	19220	13929
			燃气	373422	223722	74021	74021	74021	74021	68008	61994	61994	45268	28542	28542	22623	16704	16704	16704	16704	9320	6859
		其他	汽油	44576	27152	9727	9727	9727	9727	9765	9803	9803	8307	6811	6811	6491	6171	6171	6171	6171	5504	5282
			柴油	8960	8190	7419	7419	7419	7419	6261	5103	5103	3486	1869	1869	1869	1869	1586	1303	1303	931	807
			燃气	16124	9690	3255	3255	3255	3255	2667	2079	2079	1535	991	991	830	670	670	670	670	502	446
	中型	公交车	汽油	270049	270049	270049	270049	269452	184235	14995	14995	14995	14995	14995	14842	14690	14690	12046	9402	9402	9402	9402
			柴油	87806	87806	86086	82645	82645	64494	28192	28192	28192	20508	12823	12823	12823	12823	8958	5093	5093	4763	4653
			燃气	71579	71579	67602	59649	59649	57536	53311	53311	53311	42686	32061	32061	22219	22219	22154	22154	22154	22154	22154
		其他	汽油	140023	140023	140023	140023	139426	95543	8970	8970	8970	8970	8970	8824	8678	8678	7534	6389	6389	6389	6389
			柴油	30493	30493	28460	24394	24394	18567	6912	6912	6912	6506	6099	6099	6099	6099	3750	1402	1402	1243	1190
			燃气	34560	34560	32640	28800	28800	27780	25740	25740	25740	20623	15506	15506	10732	10732	9642	9642	9642	9642	9642
	大型	公交车	汽油	628994	628994	628994	628994	628398	424006	16417	16417	16417	16417	16417	16277	16137	16137	13124	10110	10110	10110	10110
			柴油	131708	131708	108010	60614	60614	60614	60614	60614	60614	43515	26416	26416	26416	26416	17675	8934	8934	5723	4653
			燃气	168926	168926	159541	140772	140772	135786	125815	125815	125815	100740	75665	75665	52438	52438	47188	47188	47188	47188	47188
		其他	汽油	1393409	1393409	1393409	1393409	1392812	938516	31117	31117	31117	31117	31117	24308	17498	17498	14022	10545	10545	10545	10545
			柴油	272891	272891	207397	76409	76409	76409	76409	76409	76409	55942	35476	35476	35476	35476	20706	5937	5937	5324	5119
			燃气	266186	266186	251398	221822	221822	213966	198253	198253	198253	158842	119430	119430	82662	82662	74261	74261	74261	74261	74261
载货汽车	微型		汽油	279745	150934	22122	22122	22122	22122	20883	19644	19644	18184	16724	16724	13918	11113	11113	11113	11113	9603	9100
			柴油	38970	36396	33822	33822	33822	33822	30934	28046	28046	20776	13506	13506	13506	13506	9316	5127	5127	3481	2932
			燃气	100876	52616	4356	4356	4356	4356	4100	3844	3844	2983	2122	2122	1687	1251	1251	1251	1251	839	701
	轻型		汽油	145311	87194	29077	29077	29077	29077	25174	21272	21272	19145	17018	17018	15038	13057	13057	13057	13057	11403	10852
			柴油	35894	34858	33822	33822	33822	33822	30934	28046	28046	20776	13506	13506	13506	13506	10199	6892	6892	5246	4697
			燃气	52562	31146	9730	9730	9730	9730	7121	4511	4511	3494	2476	2476	1947	1418	1418	1418	1418	1042	916
	中型		汽油	472185	472185	472185	472185	471588	320732	20213	20213	20213	20213	20213	20073	19933	19933	15966	12000	12000	12000	12000
			柴油	101292	101292	94539	81034	81034	61676	22960	22960	22960	21618	20275	20275	20275	20275	14694	9113	9113	5422	4192
			燃气	114802	114802	108425	95670	95670	92281	85502	85502	85502	68524	51547	51547	69758	69758	33966	33966	33966	33966	33966
	重型		汽油	711422	711422	711422	711422	710824	479487	18006	18006	18006	18006	18006	14475	10944	10944	9169	7394	7394	7394	7394
			柴油	179677	179677	136555	50310	50310	50310	50310	50310	50310	36834	23358	23358	23358	23358	14949	6540	6540	4479	3792
			燃气	175262	175262	165526	146054	146054	140881	130536	130536	130536	104585	78635	78635	91058	91058	55010	55010	55010	55010	55010
低速汽车	三轮汽车			25300	25300	25300	25300	25300	25300	25300	25300	25300	16721	16721	16721	16721	16721	16721	16721	16721	16721	16721
	低速货车			33990	33990	33990	33990	33990	33990	33990	33990	33990	22464	22464	22464	22464	22464	22464	22464	22464	22464	22464
摩托车	普通摩托车			17897	17897	17897	17897	13356	8815	4719	4719	4719	4719	4719	3522	2324	2324	2324	2324	2324	2324	2324
	轻便摩托车			57876	57876	57876	57876	57876	11575	11575	5699	5699	5699	5699	4252	2806	2806	2806	2806	2806	2806	2806

保山市 NO_x 排放系数

单位：克/（辆·年）

车辆类型		使用性质	燃料种类	1999 年年底前	2000 年	2001 年	2002 年	2003 年	2004 年	2005 年	2006 年	2007 年	2008 年	2009 年	2010 年	2011 年	2012 年	2013 年	2014 年	2015 年	2016 年	2017 年
载客汽车	微型	出租车	汽油	380282	251824	123365	123365	123365	123365	88662	53958	53958	38216	22475	22475	18739	15003	15003	15003	15003	10204	8605
			燃气	156459	106300	56140	56140	56140	56140	41630	27120	27120	20230	13339	13339	10778	8216	8216	8216	8216	4953	3865
		其他	汽油	49738	31085	12432	12432	12432	12432	7674	2917	2917	2358	1798	1798	1482	1165	1165	1165	1165	876	780
			燃气	19019	11332	3646	3646	3646	3646	2374	1101	1101	894	686	686	544	402	402	402	402	322	295
	小型	出租车	汽油	433167	281422	129676	129676	129676	129676	92302	54928	54928	38702	22475	22475	17862	13249	13249	13249	13249	8604	7056
			柴油	349714	290202	230691	230691	230691	230691	205680	180670	180670	142846	105023	105023	105023	105023	86590	68157	68157	53486	48595
			燃气	176865	117720	58575	58575	58575	58575	43034	27494	27494	20416	13339	13339	10439	7539	7539	7539	7539	4335	3267
		其他	汽油	46346	29483	12620	12620	12620	12620	8218	3816	3816	2582	1349	1349	1224	1098	1098	1098	1098	821	729
			柴油	31423	25652	19882	19882	19882	19882	18306	16730	16730	13080	9429	9429	9429	9429	8157	6885	6885	6000	5705
			燃气	17711	11298	4885	4885	4885	4885	3166	1448	1448	980	513	513	444	376	376	376	376	301	276
	中型	公交车	汽油	672332	672332	672332	672332	672332	459315	33280	33280	33280	33280	33280	29846	26413	26413	19940	13467	13467	13467	13467
			柴油	590951	590951	589563	586788	586788	563468	516829	516829	516829	430494	344158	344158	344158	344158	280858	217557	217557	182144	170340
			燃气	627456	627456	619986	605047	605047	586279	548744	548744	548744	456704	364664	364664	230609	230609	180611	180611	180611	180611	180611
		其他	汽油	412200	412200	412200	412200	412200	279609	14427	14427	14427	14427	14427	14427	14427	14427	10821	7215	7215	7215	7215
			柴油	277129	277129	265561	242424	242424	240374	236274	236274	236274	201228	166181	166181	166181	166181	147554	128926	128926	110040	103744
			燃气	312937	312937	295552	260781	260781	258323	253408	253408	253408	215758	178109	178109	138740	138740	111444	111444	111444	111444	111444
	大型	公交车	汽油	2395182	2395182	2395182	2395182	2395182	1646973	150554	150554	150554	150554	150554	150422	150290	150290	112718	75147	75147	75147	75147
			柴油	838144	838144	811061	756894	756894	735388	692375	692375	692375	679898	667421	667421	667421	667421	643354	619288	619288	558258	537914
			燃气	1685167	1685167	1591547	1404306	1404306	1300098	1091681	1091681	1091681	935368	779056	779056	725301	725301	628645	628645	628645	628645	628645
		其他	汽油	5716862	5716862	5716862	5716862	5716862	3931023	359346	359346	359346	359346	359346	345870	332395	332395	249562	166729	166729	166729	166729
			柴油	2007095	2007095	1955449	1852156	1852156	1808974	1722611	1722611	1722611	1661962	1601313	1601313	1601313	1601313	1524458	1447603	1447603	1281114	1225618
			燃气	3735991	3735991	3528436	3113325	3113325	2882297	2420240	2420240	2420240	2074492	1728743	1728743	1559620	1559620	1323199	1323199	1323199	1323199	1323199
载货汽车	微型		汽油	173244	102005	30766	30766	30766	30766	20552	10338	10338	8297	6256	6256	5639	5022	5022	5022	5022	3982	3636
			柴油	89423	73423	57423	57423	57423	57423	51727	46031	46031	38994	31956	31956	31956	31956	23362	14767	14767	12913	12295
			燃气	66246	37634	9023	9023	9023	9023	6462	3902	3902	3144	2387	2387	2060	1733	1733	1733	1733	1465	1375
	轻型		汽油	127986	81405	34824	34824	34824	34824	23134	11445	11445	9557	7669	7669	6422	5174	5174	5174	5174	4174	3840
			柴油	89748	73586	57423	57423	57423	57423	51727	46031	46031	38994	31956	31956	31956	31956	25553	19150	19150	18067	17706
			燃气	48910	31195	13480	13480	13480	13480	8911	4343	4343	3630	2916	2916	2344	1772	1772	1772	1772	1533	1454
	中型		汽油	637496	637496	637496	637496	637496	435223	30679	30679	30679	30679	30679	30679	30679	30679	23018	15358	15358	15358	15358
			柴油	939683	939683	843767	651936	651936	619920	555887	555887	555887	555730	555573	555573	555573	555573	487446	419318	419318	361072	341656
			燃气	1061100	1061100	941167	701302	701302	666268	596199	596199	596199	595824	595450	595450	451237	451237	367014	367014	367014	367014	367014
	重型		汽油	2227450	2227450	2227450	2227450	2227450	1531637	140011	140011	140011	140011	140011	134760	129510	129510	97236	64962	64962	64962	64962
			柴油	1078550	1078550	1041736	968107	968107	932299	860683	860683	860683	826170	791656	791656	791656	791656	704278	616900	616900	421160	355913
			燃气	2007605	2007605	1880840	1627310	1627310	1487955	1209245	1209245	1209245	1031950	854655	854655	664636	664636	384250	384250	384250	384250	384250
低速汽车	三轮汽车			65550	65550	65550	65550	65550	65550	65550	65550	65550	53279	53279	53279	53279	53279	53279	53279	53279	53279	53279
	低速货车			88065	88065	88065	88065	88065	88065	88065	88065	88065	71579	71579	71579	71579	71579	71579	71579	71579	71579	71579
摩托车	普通摩托车			1336	1336	1336	1336	1292	1247	1158	1158	1158	1158	1158	1028	899	899	899	899	899	899	899
	轻便摩托车			890	890	890	890	890	445	445	445	445	445	445	396	346	346	346	346	346	346	346

保山市 PM 排放系数

单位：克/（辆·年）

车辆类型		使用性质	燃料种类	1999 年年底前	2000 年	2001 年	2002 年	2003 年	2004 年	2005 年	2006 年	2007 年	2008 年	2009 年	2010 年	2011 年	2012 年	2013 年	2014 年	2015 年	2016 年	2017 年
载客汽车	微型	出租车	汽油	—	—	—	—	—	—	—	—	—	—	—	—	—	—	—	—	—	—	—
			燃气	—	—	—	—	—	—	—	—	—	—	—	—	—	—	—	—	—	—	—
		其他	汽油	—	—	—	—	—	—	—	—	—	—	—	—	—	—	—	—	—	—	—
			燃气	—	—	—	—	—	—	—	—	—	—	—	—	—	—	—	—	—	—	—
	小型	出租车	汽油	—	—	—	—	—	—	—	—	—	—	—	—	—	—	—	—	—	—	—
			柴油	37451	34295	31139	31139	31139	31139	21213	11287	11287	7360	3434	3434	3434	3434	3192	2949	2949	2439	2269
			燃气	—	—	—	—	—	—	—	—	—	—	—	—	—	—	—	—	—	—	—
		其他	汽油	—	—	—	—	—	—	—	—	—	—	—	—	—	—	—	—	—	—	—
			柴油	3426	3242	3058	3058	3058	3058	2198	1339	1339	981	623	623	623	623	522	421	421	421	421
			燃气	—	—	—	—	—	—	—	—	—	—	—	—	—	—	—	—	—	—	—
	中型	公交车	汽油	—	—	—	—	—	—	—	—	—	—	—	—	—	—	—	—	—	—	—
			柴油	30592	30592	28032	22913	22913	17978	8108	8108	8108	6872	5637	5637	5637	5637	3504	1372	1372	1080	983
			燃气	—	—	—	—	—	—	—	—	—	—	—	—	—	—	—	—	—	—	—
		其他	汽油	—	—	—	—	—	—	—	—	—	—	—	—	—	—	—	—	—	—	—
			柴油	15274	15274	12888	8116	8116	6262	2553	2553	2553	2434	2316	2316	2316	2316	1366	415	415	399	394
			燃气	—	—	—	—	—	—	—	—	—	—	—	—	—	—	—	—	—	—	—
	大型	公交车	汽油	—	—	—	—	—	—	—	—	—	—	—	—	—	—	—	—	—	—	—
			柴油	94865	94865	93934	92071	92071	71272	29674	29674	29674	19994	10315	10315	10315	10315	6116	1916	1916	1845	1821
			燃气	—	—	—	—	—	—	—	—	—	—	—	—	—	—	—	—	—	—	—
		其他	汽油	—	—	—	—	—	—	—	—	—	—	—	—	—	—	—	—	—	—	—
			柴油	142314	142314	133412	115607	115607	85425	25061	25061	25061	17182	9303	9303	9303	9303	5868	2433	2433	2343	2313
			燃气	—	—	—	—	—	—	—	—	—	—	—	—	—	—	—	—	—	—	—
载货汽车	微型		汽油	—	—	—	—	—	—	—	—	—	—	—	—	—	—	—	—	—	—	—
			柴油	8350	8178	8005	8005	8005	8005	6512	5018	5018	3724	2430	2430	2430	2430	1530	630	630	627	626
			燃气	—	—	—	—	—	—	—	—	—	—	—	—	—	—	—	—	—	—	—
	轻型		汽油	—	—	—	—	—	—	—	—	—	—	—	—	—	—	—	—	—	—	—
			柴油	8684	8344	8005	8005	8005	8005	6512	5018	5018	3724	2430	2430	2430	2430	1832	1235	1235	1020	948
			燃气	—	—	—	—	—	—	—	—	—	—	—	—	—	—	—	—	—	—	—
	中型		汽油	—	—	—	—	—	—	—	—	—	—	—	—	—	—	—	—	—	—	—
			柴油	49461	49461	41623	25948	25948	20014	8145	8145	8145	7716	7288	7288	7288	7288	4673	2058	2058	1885	1827
			燃气	—	—	—	—	—	—	—	—	—	—	—	—	—	—	—	—	—	—	—
	重型		汽油	—	—	—	—	—	—	—	—	—	—	—	—	—	—	—	—	—	—	—
			柴油	97102	97102	79811	45228	45228	35911	17277	17277	17277	11839	6401	6401	6401	6401	4298	2196	2196	1856	1743
			燃气	—	—	—	—	—	—	—	—	—	—	—	—	—	—	—	—	—	—	—
低速汽车	三轮汽车			4092	4092	4092	4092	4092	4092	4092	4092	4092	3220	3220	3220	3220	3220	3220	3220	3220	3220	3220
	低速货车			5581	5581	5581	5581	5581	5581	5581	5581	5581	4392	4392	4392	4392	4392	4392	4392	4392	4392	4392
摩托车	普通摩托车			—	—	—	—	—	—	—	—	—	—	—	—	—	—	—	—	—	—	—
	轻便摩托车			—	—	—	—	—	—	—	—	—	—	—	—	—	—	—	—	—	—	—

保山市 VOCs 排放系数

单位：克/（辆·年）

车辆类型		使用性质	燃料种类	1999年年底前	2000年	2001年	2002年	2003年	2004年	2005年	2006年	2007年	2008年	2009年	2010年	2011年	2012年	2013年	2014年	2015年	2016年	2017年
载客汽车	微型	出租车	汽油	554009	328484	102959	102959	102959	102959	77877	52795	52795	43223	33651	33651	28068	22486	22486	22486	22486	16270	14198
			燃气	294492	176914	59336	59336	59336	59336	45254	31172	31172	25509	19846	19846	15819	11792	11792	11792	11792	7277	5772
		其他	汽油	38991	24160	9330	9330	9330	9330	8980	8630	8630	7560	6490	6490	6238	5986	5986	5986	5986	5214	4956
			燃气	15857	8900	1944	1944	1944	1944	1868	1792	1792	1328	864	864	784	703	703	703	703	475	399
	小型	出租车	汽油	554009	323288	92566	92566	92566	92566	86610	80653	80653	57152	33651	33651	28068	22486	22486	22486	22486	15388	13022
			柴油	142846	134380	125913	125913	125913	125913	113377	100841	100841	74552	48263	48263	48263	48263	35778	23292	23292	12910	9449
			燃气	294492	174203	53914	53914	53914	53914	49811	45708	45708	32777	19846	19846	15819	11792	11792	11792	11792	6817	5159
		其他	汽油	39505	24356	9206	9206	9206	9206	9193	9180	9180	7836	6492	6492	6207	5922	5922	5922	5922	5265	5046
			柴油	8185	7490	6796	6796	6796	6796	5752	4707	4707	3244	1780	1780	1780	1780	1508	1235	1235	868	746
			燃气	16124	9690	3255	3255	3255	3255	2667	2079	2079	1535	991	991	830	670	670	670	670	502	446
	中型	公交车	汽油	269926	269926	269926	269926	269330	184113	14873	14873	14873	14873	14873	14720	14568	14568	11924	9279	9279	9279	9279
			柴油	87806	87806	86086	82645	82645	64494	28192	28192	28192	20508	12823	12823	12823	12823	8958	5093	5093	4763	4653
			燃气	71579	71579	67602	59649	59649	57536	53311	53311	53311	42686	32061	32061	22219	22219	22154	22154	22154	22154	22154
		其他	汽油	139901	139901	139901	139901	139304	95421	8848	8848	8848	8848	8848	8702	8556	8556	7412	6267	6267	6267	6267
			柴油	30493	30493	28460	24394	24394	18567	6912	6912	6912	6506	6099	6099	6099	6099	3750	1402	1402	1243	1190
			燃气	34560	34560	32640	28800	28800	27780	25740	25740	25740	20623	15506	15506	10732	10732	9642	9642	9642	9642	9642
	大型	公交车	汽油	628872	628872	628872	628872	628275	423883	16294	16294	16294	16294	16294	16154	16015	16015	13002	9988	9988	9988	9988
			柴油	131708	131708	108010	60614	60614	60614	60614	60614	60614	43515	26416	26416	26416	26416	17675	8934	8934	5723	4653
			燃气	168926	168926	159541	140772	140772	135786	125815	125815	125815	100740	75665	75665	52438	52438	47188	47188	47188	47188	47188
		其他	汽油	1393287	1393287	1393287	1393287	1392690	938394	30995	30995	30995	30995	30995	24186	17376	17376	13899	10422	10422	10422	10422
			柴油	272891	272891	207397	76409	76409	76409	76409	76409	76409	55942	35476	35476	35476	35476	20706	5937	5937	5324	5119
			燃气	266186	266186	251398	221822	221822	213966	198253	198253	198253	158842	119430	119430	82662	82662	74261	74261	74261	74261	74261
载货汽车	微型		汽油	209386	113656	17926	17926	17926	17926	16939	15952	15952	14770	13588	13588	11502	9415	9415	9415	9415	8173	7759
			柴油	29746	27790	25834	25834	25834	25834	23646	21457	21457	15892	10328	10328	10328	10328	7144	3959	3959	2691	2268
			燃气	85154	44444	3735	3735	3735	3735	3524	3312	3312	2561	1809	1809	1457	1106	1106	1106	1106	745	625
	轻型		汽油	109949	66510	23071	23071	23071	23071	20114	17156	17156	15481	13806	13806	12330	10853	10853	10853	10853	9504	9055
			柴油	27393	26614	25834	25834	25834	25834	23646	21457	21457	15892	10328	10328	10328	10328	7819	5310	5310	4042	3619
			燃气	44876	26517	8157	8157	8157	8157	6021	3885	3885	2996	2107	2107	1668	1228	1228	1228	1228	907	800
	中型		汽油	472063	472063	472063	472063	471466	320610	20091	20091	20091	20091	20091	19951	19811	19811	15844	11878	11878	11878	11878
			柴油	101292	101292	94539	81034	81034	61676	22960	22960	22960	21618	20275	20275	20275	20275	14694	9113	9113	5422	4192
			燃气	114802	114802	108425	95670	95670	92281	85502	85502	85502	68524	51547	51547	69758	69758	33966	33966	33966	33966	33966
	重型		汽油	640635	640635	640635	640635	640038	431802	16525	16525	16525	16525	16525	13334	10143	10143	8544	6945	6945	6945	6945
			柴油	169993	169993	129195	47598	47598	47598	47598	47598	47598	34848	22099	22099	22099	22099	13940	5782	5782	4025	3439
			燃气	165816	165816	156605	138181	138181	133287	123499	123499	123499	98948	74396	74396	80504	80504	49889	49889	49889	49889	49889
低速汽车	三轮汽车			25300	25300	25300	25300	25300	25300	25300	25300	25300	16721	16721	16721	16721	16721	16721	16721	16721	16721	16721
	低速货车			33990	33990	33990	33990	33990	33990	33990	33990	33990	22464	22464	22464	22464	22464	22464	22464	22464	22464	22464
摩托车	普通摩托车			17897	17897	17897	17897	13356	8815	4719	4719	4719	4719	4719	3522	2324	2324	2324	2324	2324	2324	2324
	轻便摩托车			57876	57876	57876	57876	57876	11575	11575	5699	5699	5699	5699	4252	2806	2806	2806	2806	2806	2806	2806

昭通市 NO_x 排放系数

单位：克/（辆·年）

车辆类型		使用性质	燃料种类	1999年年底前	2000年	2001年	2002年	2003年	2004年	2005年	2006年	2007年	2008年	2009年	2010年	2011年	2012年	2013年	2014年	2015年	2016年	2017年
载客汽车	微型	出租车	汽油	381866	252846	123825	123825	123825	123825	88988	54150	54150	38346	22541	22541	18802	15063	15063	15063	15063	10245	8639
			燃气	156459	106300	56140	56140	56140	56140	41630	27120	27120	20230	13339	13339	10778	8216	8216	8216	8216	4953	3865
		其他	汽油	50039	31279	12519	12519	12519	12519	7742	2965	2965	2397	1829	1829	1512	1194	1194	1194	1194	889	787
			燃气	19019	11332	3646	3646	3646	3646	2374	1101	1101	894	686	686	544	402	402	402	402	322	295
	小型	出租车	汽油	434975	282568	130162	130162	130162	130162	92643	55124	55124	38832	22541	22541	17921	13301	13301	13301	13301	8638	7084
			柴油	350560	290883	231206	231206	231206	231206	206146	181087	181087	143172	105258	105258	105258	105258	86796	68335	68335	53634	48733
			燃气	176865	117720	58575	58575	58575	58575	43034	27494	27494	20416	13339	13339	10439	7539	7539	7539	7539	4335	3267
		其他	汽油	46632	29670	12709	12709	12709	12709	8288	3867	3867	2623	1379	1379	1252	1126	1126	1126	1126	834	736
			柴油	31539	25750	19962	19962	19962	19962	18382	16802	16802	13138	9474	9474	9474	9474	8198	6923	6923	6024	5725
			燃气	17711	11298	4885	4885	4885	4885	3166	1448	1448	980	513	513	444	376	376	376	376	301	276
	中型	公交车	汽油	675168	675168	675168	675168	675168	461252	33421	33421	33421	33421	33421	29972	26524	26524	20024	13524	13524	13524	13524
			柴油	592775	592775	591383	588599	588599	565207	518424	518424	518424	431822	345220	345220	345220	345220	281724	218229	218229	182706	170865
			燃气	629393	629393	621900	606914	606914	588089	550438	550438	550438	458114	365790	365790	231321	231321	181168	181168	181168	181168	181168
		其他	汽油	413939	413939	413939	413939	413939	280789	14488	14488	14488	14488	14488	14488	14488	14488	10866	7245	7245	7245	7245
			柴油	277985	277985	266381	243172	243172	241116	237003	237003	237003	201848	166694	166694	166694	166694	148009	129324	129324	110379	104064
			燃气	313903	313903	296464	261586	261586	259121	254190	254190	254190	216424	178659	178659	139168	139168	111788	111788	111788	111788	111788
	大型	公交车	汽油	2405287	2405287	2405287	2405287	2405287	1653921	151189	151189	151189	151189	151189	151056	150924	150924	113194	75464	75464	75464	75464
			柴油	840731	840731	813564	759230	759230	737657	694512	694512	694512	681996	669481	669481	669481	669481	645340	621199	621199	559981	539575
			燃气	1690369	1690369	1596460	1408641	1408641	1304111	1095050	1095050	1095050	938255	781460	781460	727539	727539	630586	630586	630586	630586	630586
		其他	汽油	5740981	5740981	5740981	5740981	5740981	3947608	360862	360862	360862	360862	360862	347330	333797	333797	250615	167433	167433	167433	167433
			柴油	2013290	2013290	1961484	1857873	1857873	1814558	1727928	1727928	1727928	1667092	1606256	1606256	1606256	1606256	1529164	1452071	1452071	1285068	1229401
			燃气	3747522	3747522	3539326	3122935	3122935	2891193	2427710	2427710	2427710	2080894	1734079	1734079	1564434	1564434	1327283	1327283	1327283	1327283	1327283
载货汽车	微型		汽油	174055	102488	30921	30921	30921	30921	20666	10411	10411	8356	6301	6301	5683	5065	5065	5065	5065	4007	3654
			柴油	89692	73644	57597	57597	57597	57597	51887	46177	46177	39118	32059	32059	32059	32059	23442	14824	14824	12957	12335
			燃气	66155	37580	9005	9005	9005	9005	6436	3866	3866	3115	2363	2363	2034	1705	1705	1705	1705	1454	1370
	轻型		汽油	128606	81802	34997	34997	34997	34997	23260	11522	11522	9621	7720	7720	6468	5217	5217	5217	5217	4199	3860
			柴油	90019	73808	57597	57597	57597	57597	51887	46177	46177	39118	32059	32059	32059	32059	25640	19220	19220	18126	17762
			燃气	48845	31148	13452	13452	13452	13452	8883	4314	4314	3593	2872	2872	2307	1742	1742	1742	1742	1521	1448
	中型		汽油	637496	637496	637496	637496	637496	435223	30679	30679	30679	30679	30679	30679	30679	30679	23018	15358	15358	15358	15358
			柴油	939683	939683	843767	651936	651936	619920	555887	555887	555887	555730	555573	555573	555573	555573	487446	419318	419318	361072	341656
			燃气	1061098	1061098	941166	701303	701303	666268	596199	596199	596199	595825	595451	595451	451236	451236	367015	367015	367015	367015	367015
	重型		汽油	2227450	2227450	2227450	2227450	2227450	1531637	140011	140011	140011	140011	140011	134760	129510	129510	97236	64962	64962	64962	64962
			柴油	1078550	1078550	1041736	968107	968107	932299	860683	860683	860683	826170	791656	791656	791656	791656	704278	616900	616900	421160	355913
			燃气	2007604	2007604	1880840	1627310	1627310	1487955	1209245	1209245	1209245	1031950	854655	854655	664636	664636	384250	384250	384250	384250	384250
低速汽车	三轮汽车			65550	65550	65550	65550	65550	65550	65550	65550	65550	53279	53279	53279	53279	53279	53279	53279	53279	53279	53279
	低速货车			88065	88065	88065	88065	88065	88065	88065	88065	88065	71579	71579	71579	71579	71579	71579	71579	71579	71579	71579
摩托车	普通摩托车			1336	1336	1336	1336	1292	1247	1158	1158	1158	1158	1158	1028	899	899	899	899	899	899	899
	轻便摩托车			890	890	890	890	890	445	445	445	445	445	445	396	346	346	346	346	346	346	346

昭通市 PM 排放系数

单位：克/（辆·年）

车辆类型		使用性质	燃料种类	1999 年年底前	2000 年	2001 年	2002 年	2003 年	2004 年	2005 年	2006 年	2007 年	2008 年	2009 年	2010 年	2011 年	2012 年	2013 年	2014 年	2015 年	2016 年	2017 年
载客汽车	微型	出租车	汽油	—	—	—	—	—	—	—	—	—	—	—	—	—	—	—	—	—	—	—
			燃气	—	—	—	—	—	—	—	—	—	—	—	—	—	—	—	—	—	—	—
		其他	汽油	—	—	—	—	—	—	—	—	—	—	—	—	—	—	—	—	—	—	—
			燃气	—	—	—	—	—	—	—	—	—	—	—	—	—	—	—	—	—	—	—
	小型	出租车	汽油	—	—	—	—	—	—	—	—	—	—	—	—	—	—	—	—	—	—	—
			柴油	37451	34295	31139	31139	31139	31139	21213	11287	11287	7360	3434	3434	3434	3434	3192	2949	2949	2439	2269
			燃气	—	—	—	—	—	—	—	—	—	—	—	—	—	—	—	—	—	—	—
		其他	汽油	—	—	—	—	—	—	—	—	—	—	—	—	—	—	—	—	—	—	—
			柴油	3426	3242	3058	3058	3058	3058	2198	1339	1339	981	623	623	623	623	522	421	421	421	421
			燃气	—	—	—	—	—	—	—	—	—	—	—	—	—	—	—	—	—	—	—
	中型	公交车	汽油	—	—	—	—	—	—	—	—	—	—	—	—	—	—	—	—	—	—	—
			柴油	30592	30592	28032	22913	22913	17978	8108	8108	8108	6872	5637	5637	5637	5637	3504	1372	1372	1080	983
			燃气	—	—	—	—	—	—	—	—	—	—	—	—	—	—	—	—	—	—	—
		其他	汽油	—	—	—	—	—	—	—	—	—	—	—	—	—	—	—	—	—	—	—
			柴油	15274	15274	12888	8116	8116	6262	2553	2553	2553	2434	2316	2316	2316	2316	1366	415	415	399	394
			燃气	—	—	—	—	—	—	—	—	—	—	—	—	—	—	—	—	—	—	—
	大型	公交车	汽油	—	—	—	—	—	—	—	—	—	—	—	—	—	—	—	—	—	—	—
			柴油	94865	94865	93934	92071	92071	71272	29674	29674	29674	19994	10315	10315	10315	10315	6116	1916	1916	1845	1821
			燃气	—	—	—	—	—	—	—	—	—	—	—	—	—	—	—	—	—	—	—
		其他	汽油	—	—	—	—	—	—	—	—	—	—	—	—	—	—	—	—	—	—	—
			柴油	142314	142314	133412	115607	115607	85425	25061	25061	25061	17182	9303	9303	9303	9303	5868	2433	2433	2343	2313
			燃气	—	—	—	—	—	—	—	—	—	—	—	—	—	—	—	—	—	—	—
载货汽车	微型		汽油	—	—	—	—	—	—	—	—	—	—	—	—	—	—	—	—	—	—	—
			柴油	8350	8178	8005	8005	8005	8005	6512	5018	5018	3724	2430	2430	2430	2430	1530	630	630	627	626
			燃气	—	—	—	—	—	—	—	—	—	—	—	—	—	—	—	—	—	—	—
	轻型		汽油	—	—	—	—	—	—	—	—	—	—	—	—	—	—	—	—	—	—	—
			柴油	8684	8344	8005	8005	8005	8005	6512	5018	5018	3724	2430	2430	2430	2430	1832	1235	1235	1020	948
			燃气	—	—	—	—	—	—	—	—	—	—	—	—	—	—	—	—	—	—	—
	中型		汽油	—	—	—	—	—	—	—	—	—	—	—	—	—	—	—	—	—	—	—
			柴油	49461	49461	41623	25948	25948	20014	8145	8145	8145	7716	7288	7288	7288	7288	4673	2058	2058	1885	1827
			燃气	—	—	—	—	—	—	—	—	—	—	—	—	—	—	—	—	—	—	—
	重型		汽油	—	—	—	—	—	—	—	—	—	—	—	—	—	—	—	—	—	—	—
			柴油	97102	97102	79811	45228	45228	35911	17277	17277	17277	11839	6401	6401	6401	6401	4298	2196	2196	1856	1743
			燃气	—	—	—	—	—	—	—	—	—	—	—	—	—	—	—	—	—	—	—
低速汽车	三轮汽车			4092	4092	4092	4092	4092	4092	4092	4092	4092	3220	3220	3220	3220	3220	3220	3220	3220	3220	3220
	低速货车			5581	5581	5581	5581	5581	5581	5581	5581	5581	4392	4392	4392	4392	4392	4392	4392	4392	4392	4392
摩托车	普通摩托车			—	—	—	—	—	—	—	—	—	—	—	—	—	—	—	—	—	—	—
	轻便摩托车			—	—	—	—	—	—	—	—	—	—	—	—	—	—	—	—	—	—	—

昭通市 VOCs 排放系数

单位：克/（辆·年）

车辆类型		使用性质	燃料种类	1999年年底前	2000年	2001年	2002年	2003年	2004年	2005年	2006年	2007年	2008年	2009年	2010年	2011年	2012年	2013年	2014年	2015年	2016年	2017年
载客汽车	微型	出租车	汽油	686438	403350	120263	120263	120263	120263	89744	59226	59226	47962	36697	36697	30664	24632	24632	24632	24632	18142	15978
			燃气	294492	176914	59336	59336	59336	59336	45254	31172	31172	25509	19846	19846	15819	11792	11792	11792	11792	7277	5772
		其他	汽油	46907	28428	9948	9948	9948	9948	9588	9228	9228	7935	6642	6642	6346	6051	6051	6051	6051	5136	4831
			燃气	15857	8900	1944	1944	1944	1944	1868	1792	1792	1328	864	864	784	703	703	703	703	475	399
	小型	出租车	汽油	686438	396810	107182	107182	107182	107182	100738	94293	94293	65495	36697	36697	30664	24632	24632	24632	24632	17032	14498
			柴油	152031	143218	134404	134404	134404	134404	121517	108630	108630	79236	49841	49841	49841	49841	37014	24187	24187	13746	10265
			燃气	294492	174203	53914	53914	53914	53914	49811	45708	45708	32777	19846	19846	15819	11792	11792	11792	11792	6817	5159
		其他	汽油	47553	28672	9792	9792	9792	9792	9856	9921	9921	8284	6646	6646	6308	5971	5971	5971	5971	5202	4945
			柴油	9490	8681	7872	7872	7872	7872	6657	5442	5442	3722	2001	2001	2001	2001	1712	1423	1423	1016	880
			燃气	16124	9690	3255	3255	3255	3255	2667	2079	2079	1535	991	991	830	670	670	670	670	502	446
	中型	公交车	汽油	269537	269537	269537	269537	268940	183723	14484	14484	14484	14484	14484	14332	14179	14179	11534	8890	8890	8890	8890
			柴油	87806	87806	86086	82645	82645	64494	28192	28192	28192	20508	12823	12823	12823	12823	8958	5093	5093	4763	4653
			燃气	71579	71579	67602	59649	59649	57536	53311	53311	53311	42686	32061	32061	22219	22219	22154	22154	22154	22154	22154
		其他	汽油	139511	139511	139511	139511	138914	95032	8459	8459	8459	8459	8459	8313	8167	8167	7022	5878	5878	5878	5878
			柴油	30493	30493	28460	24394	24394	18567	6912	6912	6912	6506	6099	6099	6099	6099	3750	1402	1402	1243	1190
			燃气	34560	34560	32640	28800	28800	27780	25740	25740	25740	20623	15506	15506	10732	10732	9642	9642	9642	9642	9642
	大型	公交车	汽油	628483	628483	628483	628483	627886	423494	15905	15905	15905	15905	15905	15766	15626	15626	12612	9598	9598	9598	9598
			柴油	131708	131708	108010	60614	60614	60614	60614	60614	60614	43515	26416	26416	26416	26416	17675	8934	8934	5723	4653
			燃气	168926	168926	159541	140772	140772	135786	125815	125815	125815	100740	75665	75665	52438	52438	47188	47188	47188	47188	47188
		其他	汽油	1392898	1392898	1392898	1392898	1392301	938005	30606	30606	30606	30606	30606	23796	16986	16986	13510	10033	10033	10033	10033
			柴油	272891	272891	207397	76409	76409	76409	76409	76409	76409	55942	35476	35476	35476	35476	20706	5937	5937	5324	5119
			燃气	266186	266186	251398	221822	221822	213966	198253	198253	198253	158842	119430	119430	82662	82662	74261	74261	74261	74261	74261
载货汽车	微型		汽油	260522	140269	20016	20016	20016	20016	18952	17887	17887	16526	15166	15166	12658	10150	10150	10150	10150	8771	8311
			柴油	33465	31274	29082	29082	29082	29082	26706	24329	24329	17898	11467	11467	11467	11467	7895	4323	4323	3032	2601
			燃气	88070	45991	3911	3911	3911	3911	3692	3474	3474	2723	1973	1973	1576	1179	1179	1179	1179	810	686
	轻型		汽油	135353	80923	26493	26493	26493	26493	22948	19402	19402	17420	15439	15439	13700	11960	11960	11960	11960	10446	9942
			柴油	30640	29861	29082	29082	29082	29082	26706	24329	24329	17898	11467	11467	11467	11467	8706	5944	5944	4652	4222
			燃气	45895	27351	8807	8807	8807	8807	6436	4066	4066	3184	2302	2302	1822	1342	1342	1342	1342	1008	897
	中型		汽油	471674	471674	471674	471674	471077	320220	19701	19701	19701	19701	19701	19562	19422	19422	15455	11488	11488	11488	11488
			柴油	101292	101292	94539	81034	81034	61676	22960	22960	22960	21618	20275	20275	20275	20275	14694	9113	9113	5422	4192
			燃气	114802	114802	108425	95670	95670	92281	85502	85502	85502	68524	51547	51547	69758	69758	33966	33966	33966	33966	33966
	重型		汽油	640245	640245	640245	640245	639648	431412	16135	16135	16135	16135	16135	12944	9753	9753	8154	6556	6556	6556	6556
			柴油	169993	169993	129195	47598	47598	47598	47598	47598	47598	34848	22099	22099	22099	22099	13940	5782	5782	4025	3439
			燃气	165816	165816	156605	138181	138181	133287	123499	123499	123499	98948	74396	74396	80504	80504	49889	49889	49889	49889	49889
低速汽车	三轮汽车			25300	25300	25300	25300	25300	25300	25300	25300	25300	16721	16721	16721	16721	16721	16721	16721	16721	16721	16721
	低速货车			33990	33990	33990	33990	33990	33990	33990	33990	33990	22464	22464	22464	22464	22464	22464	22464	22464	22464	22464
摩托车	普通摩托车			17897	17897	17897	17897	13356	8815	4719	4719	4719	4719	4719	3522	2324	2324	2324	2324	2324	2324	2324
	轻便摩托车			57876	57876	57876	57876	57876	11575	11575	5699	5699	5699	5699	4252	2806	2806	2806	2806	2806	2806	2806

丽江市 NO_x 排放系数

单位：克/（辆·年）

车辆类型		使用性质	燃料种类	1999年年底前	2000年	2001年	2002年	2003年	2004年	2005年	2006年	2007年	2008年	2009年	2010年	2011年	2012年	2013年	2014年	2015年	2016年	2017年
载客汽车	微型	出租车	汽油	589337	390136	190936	190936	190936	190936	137124	83313	83313	58945	34577	34577	28824	23072	23072	23072	23072	15753	13313
			燃气	200029	137425	74821	74821	74821	74821	56159	37497	37497	28449	19401	19401	15552	11702	11702	11702	11702	6772	5128
		其他	汽油	61996	38698	15400	15400	15400	15400	9458	3516	3516	2835	2154	2154	1772	1389	1389	1389	1389	1070	963
			燃气	19019	11332	3646	3646	3646	3646	2374	1101	1101	894	686	686	544	402	402	402	402	322	295
	小型	出租车	汽油	671410	436070	200730	200730	200730	200730	142774	84818	84818	59698	34577	34577	27463	20349	20349	20349	20349	13269	10909
			柴油	458982	383328	307673	307673	307673	307673	273880	240086	240086	190373	140660	140660	140660	140660	115042	89423	89423	68664	61744
			燃气	225326	151583	77840	77840	77840	77840	57900	37961	37961	28681	19401	19401	15132	10863	10863	10863	10863	6006	4387
		其他	汽油	57749	36692	15636	15636	15636	15636	10138	4641	4641	3117	1593	1593	1449	1305	1305	1305	1305	1000	899
			柴油	31517	25732	19948	19948	19948	19948	18368	16789	16789	13128	9466	9466	9466	9466	8191	6916	6916	6020	5721
			燃气	17711	11298	4885	4885	4885	4885	3166	1448	1448	980	513	513	444	376	376	376	376	301	276
	中型	公交车	汽油	841658	841658	841658	841658	841658	574993	41662	41662	41662	41662	41662	37364	33065	33065	24962	16859	16859	16859	16859
			柴油	592433	592433	591042	588260	588260	564882	518125	518125	518125	431573	345021	345021	345021	345021	281562	218103	218103	182601	170767
			燃气	629030	629030	621541	606564	606564	587749	550120	550120	550120	457850	365579	365579	231187	231187	181064	181064	181064	181064	181064
		其他	汽油	516013	516013	516013	516013	516013	350029	18060	18060	18060	18060	18060	18060	18060	18060	13546	9032	9032	9032	9032
			柴油	277824	277824	266227	243032	243032	240977	236867	236867	236867	201732	166598	166598	166598	166598	147924	129249	129249	110315	104004
			燃气	313722	313722	296293	261435	261435	258971	254043	254043	254043	216300	178556	178556	139088	139088	111723	111723	111723	111723	111723
	大型	公交车	汽油	2998408	2998408	2998408	2998408	2998408	2061762	188471	188471	188471	188471	188471	188306	188141	188141	141107	94073	94073	94073	94073
			柴油	840246	840246	813095	758792	758792	737232	694112	694112	694112	681604	669095	669095	669095	669095	644968	620841	620841	559658	539264
			燃气	1689394	1689394	1595539	1407829	1407829	1303359	1094419	1094419	1094419	937714	781010	781010	727120	727120	630222	630222	630222	630222	630222
		其他	汽油	7156654	7156654	7156654	7156654	7156654	4921052	449847	449847	449847	449847	449847	432978	416108	416108	312414	208720	208720	208720	208720
			柴油	2012130	2012130	1960354	1856802	1856802	1813512	1726932	1726932	1726932	1666131	1605330	1605330	1605330	1605330	1528282	1451234	1451234	1284328	1228692
			燃气	3745361	3745361	3537285	3121134	3121134	2889526	2426310	2426310	2426310	2079694	1733079	1733079	1563532	1563532	1326518	1326518	1326518	1326518	1326518
载货汽车	微型		汽油	249387	146682	43976	43976	43976	43976	29272	14569	14569	11674	8778	8778	7926	7075	7075	7075	7075	5679	5214
			柴油	105017	86406	67796	67796	67796	67796	61026	54257	54257	45939	37621	37621	37621	37621	27502	17383	17383	15073	14303
			燃气	76506	43459	10411	10411	10411	10411	7487	4562	4562	3679	2796	2796	2422	2048	2048	2048	2048	1710	1597
	轻型		汽油	184062	116948	49834	49834	49834	49834	33000	16166	16166	13492	10818	10818	9056	7295	7295	7295	7295	5956	5509
			柴油	105393	86594	67796	67796	67796	67796	61026	54257	54257	45939	37621	37621	37621	37621	30034	22448	22448	21030	20557
			燃气	56450	36009	15569	15569	15569	15569	10306	5044	5044	4264	3484	3484	2793	2102	2102	2102	2102	1794	1691
	中型		汽油	795322	795322	795322	795322	795322	542972	38275	38275	38275	38275	38275	38275	38275	38275	28718	19160	19160	19160	19160
			柴油	939683	939683	843767	651936	651936	619920	555887	555887	555887	555730	555573	555573	555573	555573	487446	419318	419318	361072	341656
			燃气	1061101	1061101	941168	701302	701302	666267	596196	596196	596196	595823	595451	595451	451238	451238	367013	367013	367013	367013	367013
	重型		汽油	1663270	1663270	1663270	1663270	1663270	1143696	104548	104548	104548	104548	104548	100628	96707	96707	72608	48508	48508	48508	48508
			柴油	627685	627685	606260	563410	563410	542571	500893	500893	500893	480807	460721	460721	460721	460721	413798	366876	366876	262700	227975
			燃气	1168367	1168367	1094594	947047	947047	865946	703746	703746	703746	600565	497384	497384	395265	395265	246126	246126	246126	246126	246126
低速汽车	三轮汽车			65550	65550	65550	65550	65550	65550	65550	65550	65550	53279	53279	53279	53279	53279	53279	53279	53279	53279	53279
	低速货车			88065	88065	88065	88065	88065	88065	88065	88065	88065	71579	71579	71579	71579	71579	71579	71579	71579	71579	71579
摩托车	普通摩托车			1336	1336	1336	1336	1292	1247	1158	1158	1158	1158	1158	1028	899	899	899	899	899	899	899
	轻便摩托车			890	890	890	890	890	445	445	445	445	445	445	396	346	346	346	346	346	346	346

丽江市 PM 排放系数

单位：克/（辆·年）

车辆类型		使用性质	燃料种类	1999 年年底前	2000 年	2001 年	2002 年	2003 年	2004 年	2005 年	2006 年	2007 年	2008 年	2009 年	2010 年	2011 年	2012 年	2013 年	2014 年	2015 年	2016 年	2017 年
载客汽车	微型	出租车	汽油	—	—	—	—	—	—	—	—	—	—	—	—	—	—	—	—	—	—	—
			燃气	—	—	—	—	—	—	—	—	—	—	—	—	—	—	—	—	—	—	—
		其他	汽油	—	—	—	—	—	—	—	—	—	—	—	—	—	—	—	—	—	—	—
			燃气	—	—	—	—	—	—	—	—	—	—	—	—	—	—	—	—	—	—	—
	小型	出租车	汽油	—	—	—	—	—	—	—	—	—	—	—	—	—	—	—	—	—	—	—
			柴油	46428	42515	38602	38602	38602	38602	26297	13992	13992	9125	4258	4258	4258	4258	3957	3656	3656	3024	2813
			燃气	—	—	—	—	—	—	—	—	—	—	—	—	—	—	—	—	—	—	—
		其他	汽油	—	—	—	—	—	—	—	—	—	—	—	—	—	—	—	—	—	—	—
			柴油	3426	3242	3058	3058	3058	3058	2198	1339	1339	981	623	623	623	623	522	421	421	421	421
			燃气	—	—	—	—	—	—	—	—	—	—	—	—	—	—	—	—	—	—	—
	中型	公交车	汽油	—	—	—	—	—	—	—	—	—	—	—	—	—	—	—	—	—	—	—
			柴油	30592	30592	28032	22913	22913	17978	8108	8108	8108	6872	5637	5637	5637	5637	3504	1372	1372	1080	983
			燃气	—	—	—	—	—	—	—	—	—	—	—	—	—	—	—	—	—	—	—
		其他	汽油	—	—	—	—	—	—	—	—	—	—	—	—	—	—	—	—	—	—	—
			柴油	15274	15274	12888	8116	8116	6262	2553	2553	2553	2434	2316	2316	2316	2316	1366	415	415	399	394
			燃气	—	—	—	—	—	—	—	—	—	—	—	—	—	—	—	—	—	—	—
	大型	公交车	汽油	—	—	—	—	—	—	—	—	—	—	—	—	—	—	—	—	—	—	—
			柴油	94865	94865	93934	92071	92071	71272	29674	29674	29674	19994	10315	10315	10315	10315	6116	1916	1916	1845	1821
			燃气	—	—	—	—	—	—	—	—	—	—	—	—	—	—	—	—	—	—	—
		其他	汽油	—	—	—	—	—	—	—	—	—	—	—	—	—	—	—	—	—	—	—
			柴油	142314	142314	133412	115607	115607	85425	25061	25061	25061	17182	9303	9303	9303	9303	5868	2433	2433	2343	2313
			燃气	—	—	—	—	—	—	—	—	—	—	—	—	—	—	—	—	—	—	—
载货汽车	微型		汽油	—	—	—	—	—	—	—	—	—	—	—	—	—	—	—	—	—	—	—
			柴油	9628	9428	9229	9229	9229	9229	7508	5786	5786	4294	2802	2802	2802	2802	1764	726	726	723	722
			燃气	—	—	—	—	—	—	—	—	—	—	—	—	—	—	—	—	—	—	—
	轻型		汽油	—	—	—	—	—	—	—	—	—	—	—	—	—	—	—	—	—	—	—
			柴油	10013	9621	9229	9229	9229	9229	7508	5786	5786	4294	2802	2802	2802	2802	2113	1424	1424	1176	1093
			燃气	—	—	—	—	—	—	—	—	—	—	—	—	—	—	—	—	—	—	—
	中型		汽油	—	—	—	—	—	—	—	—	—	—	—	—	—	—	—	—	—	—	—
			柴油	49461	49461	41623	25948	25948	20014	8145	8145	8145	7716	7288	7288	7288	7288	4673	2058	2058	1885	1827
			燃气	—	—	—	—	—	—	—	—	—	—	—	—	—	—	—	—	—	—	—
	重型		汽油	—	—	—	—	—	—	—	—	—	—	—	—	—	—	—	—	—	—	—
			柴油	59468	59468	48878	27699	27699	21993	10581	10581	10581	7250	3920	3920	3920	3920	2616	1313	1313	1110	1042
			燃气	—	—	—	—	—	—	—	—	—	—	—	—	—	—	—	—	—	—	—
低速汽车	三轮汽车			4092	4092	4092	4092	4092	4092	4092	4092	4092	3220	3220	3220	3220	3220	3220	3220	3220	3220	3220
	低速货车			5581	5581	5581	5581	5581	5581	5581	5581	5581	4392	4392	4392	4392	4392	4392	4392	4392	4392	4392
摩托车	普通摩托车			—	—	—	—	—	—	—	—	—	—	—	—	—	—	—	—	—	—	—
	轻便摩托车			—	—	—	—	—	—	—	—	—	—	—	—	—	—	—	—	—	—	—

丽江市 VOCs 排放系数

单位：克/（辆·年）

车辆类型		使用性质	燃料种类	1999 年年底前	2000 年	2001 年	2002 年	2003 年	2004 年	2005 年	2006 年	2007 年	2008 年	2009 年	2010 年	2011 年	2012 年	2013 年	2014 年	2015 年	2016 年	2017 年
载客汽车	微型	出租车	汽油	917313	540776	164240	164240	164240	164240	122920	81601	81601	66160	50719	50719	41908	33096	33096	33096	33096	23597	20431
			燃气	373422	227082	80743	80743	80743	80743	62358	43974	43974	36258	28542	28542	22623	16704	16704	16704	16704	9891	7620
		其他	汽油	49465	29840	10215	10215	10215	10215	9851	9487	9487	8147	6807	6807	6496	6185	6185	6185	6185	5267	4961
			燃气	15857	8900	1944	1944	1944	1944	1868	1792	1792	1328	864	864	784	703	703	703	703	475	399
	小型	出租车	汽油	917313	532072	146832	146832	146832	146832	137548	128264	128264	89492	50719	50719	41908	33096	33096	33096	33096	22120	18461
			柴油	217135	204208	191281	191281	191281	191281	172102	152924	152924	113312	73700	73700	73700	73700	54596	35492	35492	19584	14281
			燃气	373422	223722	74021	74021	74021	74021	68008	61994	61994	45268	28542	28542	22623	16704	16704	16704	16704	9320	6859
		其他	汽油	50158	30103	10048	10048	10048	10048	10140	10231	10231	8521	6811	6811	6455	6099	6099	6099	6099	5337	5083
			柴油	9454	8645	7836	7836	7836	7836	6621	5406	5406	3692	1979	1979	1979	1979	1690	1401	1401	1002	869
			燃气	16124	9690	3255	3255	3255	3255	2667	2079	2079	1535	991	991	830	670	670	670	670	502	446
	中型	公交车	汽油	289002	289002	289002	289002	288405	196990	15353	15353	15353	15353	15353	15200	15046	15046	12208	9371	9371	9371	9371
			柴油	87806	87806	86086	82645	82645	64494	28192	28192	28192	20508	12823	12823	12823	12823	8958	5093	5093	4763	4653
			燃气	71579	71579	67602	59649	59649	57536	53311	53311	53311	42686	32061	32061	22219	22219	22154	22154	22154	22154	22154
		其他	汽油	149433	149433	149433	149433	148836	101788	8886	8886	8886	8886	8886	8740	8593	8593	7366	6138	6138	6138	6138
			柴油	30493	30493	28460	24394	24394	18567	6912	6912	6912	6506	6099	6099	6099	6099	3750	1402	1402	1243	1190
			燃气	34560	34560	32640	28800	28800	27780	25740	25740	25740	20623	15506	15506	10732	10732	9642	9642	9642	9642	9642
	大型	公交车	汽油	674293	674293	674293	674293	673696	454359	16878	16878	16878	16878	16878	16738	16599	16599	13365	10131	10131	10131	10131
			柴油	131708	131708	108010	60614	60614	60614	60614	60614	60614	43515	26416	26416	26416	26416	17675	8934	8934	5723	4653
			燃气	168926	168926	159541	140772	140772	135786	125815	125815	125815	100740	75665	75665	52438	52438	47188	47188	47188	47188	47188
		其他	汽油	1494811	1494811	1494811	1494811	1494214	1006631	32658	32658	32658	32658	32658	25358	18059	18059	14328	10598	10598	10598	10598
			柴油	272891	272891	207397	76409	76409	76409	76409	76409	76409	55942	35476	35476	35476	35476	20706	5937	5937	5324	5119
			燃气	266186	266186	251398	221822	221822	213966	198253	198253	198253	158842	119430	119430	82662	82662	74261	74261	74261	74261	74261
载货汽车	微型		汽油	320444	172080	23716	23716	23716	23716	22416	21115	21115	19506	17897	17897	14756	11615	11615	11615	11615	9987	9444
			柴油	40453	37788	35124	35124	35124	35124	32164	29203	29203	21590	13977	13977	13977	13977	9638	5299	5299	3631	3075
			燃气	102725	53619	4513	4513	4513	4513	4251	3988	3988	3130	2272	2272	1796	1320	1320	1320	1320	900	760
	轻型		汽油	165528	98630	31732	31732	31732	31732	27362	22991	22991	20614	18236	18236	16046	13856	13856	13856	13856	12060	11462
			柴油	37196	36160	35124	35124	35124	35124	32164	29203	29203	21590	13977	13977	13977	13977	10573	7169	7169	5501	4945
			燃气	53211	31745	10279	10279	10279	10279	7476	4672	4672	3663	2653	2653	2088	1522	1522	1522	1522	1135	1006
	中型		汽油	505975	505975	505975	505975	505378	343505	20953	20953	20953	20953	20953	20813	20673	20673	16416	12160	12160	12160	12160
			柴油	101292	101292	94539	81034	81034	61676	22960	22960	22960	21618	20275	20275	20275	20275	14694	9113	9113	5422	4192
			燃气	114802	114802	108425	95670	95670	92281	85502	85502	85502	68524	51547	51547	69758	69758	33966	33966	33966	33966	33966
	重型		汽油	417365	417365	417365	417365	416768	281427	11941	11941	11941	11941	11941	9822	7703	7703	6660	5618	5618	5618	5618
			柴油	98261	98261	74678	27513	27513	27513	27513	27513	27513	20144	12774	12774	12774	12774	8194	3614	3614	2533	2173
			燃气	95847	95847	90522	79873	79873	77044	71386	71386	71386	57195	43004	43004	50318	50318	31524	31524	31524	31524	31524
低速汽车	三轮汽车			25300	25300	25300	25300	25300	25300	25300	25300	25300	16721	16721	16721	16721	16721	16721	16721	16721	16721	16721
	低速货车			33990	33990	33990	33990	33990	33990	33990	33990	33990	22464	22464	22464	22464	22464	22464	22464	22464	22464	22464
摩托车	普通摩托车			17897	17897	17897	17897	13356	8815	4719	4719	4719	4719	4719	3522	2324	2324	2324	2324	2324	2324	2324
	轻便摩托车			57876	57876	57876	57876	57876	11575	11575	5699	5699	5699	5699	4252	2806	2806	2806	2806	2806	2806	2806

普洱市 NO_x 排放系数

单位：克/（辆·年）

车辆类型		使用性质	燃料种类	1999 年年底前	2000 年	2001 年	2002 年	2003 年	2004 年	2005 年	2006 年	2007 年	2008 年	2009 年	2010 年	2011 年	2012 年	2013 年	2014 年	2015 年	2016 年	2017 年
载客汽车	微型	出租车	汽油	469158	308860	148563	148563	148563	148563	105870	63176	63176	44042	24909	24909	20982	17055	17055	17055	17055	12057	10391
			燃气	156459	106300	56140	56140	56140	56140	41630	27120	27120	20230	13339	13339	10778	8216	8216	8216	8216	4953	3865
		其他	汽油	61996	38698	15400	15400	15400	15400	9458	3516	3516	2835	2154	2154	1772	1389	1389	1389	1389	1070	963
			燃气	19019	11332	3646	3646	3646	3646	2374	1101	1101	894	686	686	544	402	402	402	402	322	295
	小型	出租车	汽油	535362	345912	156463	156463	156463	156463	110426	64390	64390	44650	24909	24909	19884	14859	14859	14859	14859	10053	8451
			柴油	350402	290756	231110	231110	231110	231110	206060	181010	181010	143112	105214	105214	105214	105214	86758	68302	68302	53606	48708
			燃气	176865	117720	58575	58575	58575	58575	43034	27494	27494	20416	13339	13339	10439	7539	7539	7539	7539	4335	3267
		其他	汽油	57749	36692	15636	15636	15636	15636	10138	4641	4641	3117	1593	1593	1449	1305	1305	1305	1305	1000	899
			柴油	31517	25732	19948	19948	19948	19948	18368	16789	16789	13128	9466	9466	9466	9466	8191	6916	6916	6020	5721
			燃气	17711	11298	4885	4885	4885	4885	3166	1448	1448	980	513	513	444	376	376	376	376	301	276
	中型	公交车	汽油	841658	841658	841658	841658	841658	574993	41662	41662	41662	41662	41662	37364	33065	33065	24962	16859	16859	16859	16859
			柴油	592433	592433	591042	588260	588260	564882	518125	518125	518125	431573	345021	345021	345021	345021	281562	218103	218103	182601	170767
			燃气	629030	629030	621541	606564	606564	587749	550120	550120	550120	457850	365579	365579	231187	231187	181064	181064	181064	181064	181064
		其他	汽油	516013	516013	516013	516013	516013	350029	18060	18060	18060	18060	18060	18060	18060	18060	13546	9032	9032	9032	9032
			柴油	277824	277824	266227	243032	243032	240977	236867	236867	236867	201732	166598	166598	166598	166598	147924	129249	129249	110315	104004
			燃气	313722	313722	296293	261435	261435	258971	254043	254043	254043	216300	178556	178556	139088	139088	111723	111723	111723	111723	111723
	大型	公交车	汽油	2998408	2998408	2998408	2998408	2998408	2061762	188471	188471	188471	188471	188471	188306	188141	188141	141107	94073	94073	94073	94073
			柴油	840246	840246	813095	758792	758792	737232	694112	694112	694112	681604	669095	669095	669095	669095	644968	620841	620841	559658	539264
			燃气	1689394	1689394	1595539	1407829	1407829	1303359	1094419	1094419	1094419	937714	781010	781010	727120	727120	630222	630222	630222	630222	630222
		其他	汽油	7156654	7156654	7156654	7156654	7156654	4921052	449847	449847	449847	449847	449847	432978	416108	416108	312414	208720	208720	208720	208720
			柴油	2012130	2012130	1960354	1856802	1856802	1813512	1726932	1726932	1726932	1666131	1605330	1605330	1605330	1605330	1528282	1451234	1451234	1284328	1228692
			燃气	3745361	3745361	3537285	3121134	3121134	2889526	2426310	2426310	2426310	2079694	1733079	1733079	1563532	1563532	1326518	1326518	1326518	1326518	1326518
载货汽车	微型		汽油	215946	126864	37783	37783	37783	37783	25084	12385	12385	9904	7424	7424	6738	6052	6052	6052	6052	4890	4502
			柴油	89642	73604	57565	57565	57565	57565	51858	46150	46150	39095	32040	32040	32040	32040	23427	14814	14814	12949	12327
			燃气	66247	37596	8945	8945	8945	8945	6412	3878	3878	3121	2364	2364	2058	1752	1752	1752	1752	1472	1379
	轻型		汽油	159290	101076	42863	42863	42863	42863	28316	13769	13769	11481	9193	9193	7718	6243	6243	6243	6243	5128	4757
			柴油	89968	73766	57565	57565	57565	57565	51858	46150	46150	39095	32040	32040	32040	32040	25624	19207	19207	18115	17751
			燃气	48853	31122	13391	13391	13391	13391	8844	4296	4296	3628	2960	2960	2380	1799	1799	1799	1799	1545	1460
	中型		汽油	795322	795322	795322	795322	795322	542972	38275	38275	38275	38275	38275	38275	38275	38275	28718	19160	19160	19160	19160
			柴油	939683	939683	843767	651936	651936	619920	555887	555887	555887	555730	555573	555573	555573	555573	487446	419318	419318	361072	341656
			燃气	1061101	1061101	941168	701302	701302	666267	596196	596196	596196	595823	595451	595451	451238	451238	367013	367013	367013	367013	367013
	重型		汽油	2778906	2778906	2778906	2778906	2778906	1910829	174674	174674	174674	174674	174674	168124	161574	161574	121310	81045	81045	81045	81045
			柴油	1078550	1078550	1041736	968107	968107	932299	860683	860683	860683	826170	791656	791656	791656	791656	704278	616900	616900	421160	355913
			燃气	2007603	2007603	1880839	1627310	1627310	1487955	1209245	1209245	1209245	1031950	854654	854654	664636	664636	384250	384250	384250	384250	384250
低速汽车	三轮汽车			65550	65550	65550	65550	65550	65550	65550	65550	65550	53279	53279	53279	53279	53279	53279	53279	53279	53279	53279
	低速货车			88065	88065	88065	88065	88065	88065	88065	88065	88065	71579	71579	71579	71579	71579	71579	71579	71579	71579	71579
摩托车	普通摩托车			1336	1336	1336	1336	1292	1247	1158	1158	1158	1158	1158	1028	899	899	899	899	899	899	899
	轻便摩托车			890	890	890	890	890	445	445	445	445	445	445	396	346	346	346	346	346	346	346

普洱市 PM 排放系数

单位：克/（辆•年）

车辆类型		使用性质	燃料种类	1999 年年底前	2000 年	2001 年	2002 年	2003 年	2004 年	2005 年	2006 年	2007 年	2008 年	2009 年	2010 年	2011 年	2012 年	2013 年	2014 年	2015 年	2016 年	2017 年
载客汽车	微型	出租车	汽油	—	—	—	—	—	—	—	—	—	—	—	—	—	—	—	—	—	—	—
			燃气	—	—	—	—	—	—	—	—	—	—	—	—	—	—	—	—	—	—	—
		其他	汽油	—	—	—	—	—	—	—	—	—	—	—	—	—	—	—	—	—	—	—
			燃气	—	—	—	—	—	—	—	—	—	—	—	—	—	—	—	—	—	—	—
	小型	出租车	汽油	—	—	—	—	—	—	—	—	—	—	—	—	—	—	—	—	—	—	—
			柴油	37451	34295	31139	31139	31139	31139	21213	11287	11287	7360	3434	3434	3434	3434	3192	2949	2949	2439	2269
			燃气	—	—	—	—	—	—	—	—	—	—	—	—	—	—	—	—	—	—	—
		其他	汽油	—	—	—	—	—	—	—	—	—	—	—	—	—	—	—	—	—	—	—
			柴油	3426	3242	3058	3058	3058	3058	2198	1339	1339	981	623	623	623	623	522	421	421	421	421
			燃气	—	—	—	—	—	—	—	—	—	—	—	—	—	—	—	—	—	—	—
	中型	公交车	汽油	—	—	—	—	—	—	—	—	—	—	—	—	—	—	—	—	—	—	—
			柴油	30592	30592	28032	22913	22913	17978	8108	8108	8108	6872	5637	5637	5637	5637	3504	1372	1372	1080	983
			燃气	—	—	—	—	—	—	—	—	—	—	—	—	—	—	—	—	—	—	—
		其他	汽油	—	—	—	—	—	—	—	—	—	—	—	—	—	—	—	—	—	—	—
			柴油	15274	15274	12888	8116	8116	6262	2553	2553	2553	2434	2316	2316	2316	2316	1366	415	415	399	394
			燃气	—	—	—	—	—	—	—	—	—	—	—	—	—	—	—	—	—	—	—
	大型	公交车	汽油	—	—	—	—	—	—	—	—	—	—	—	—	—	—	—	—	—	—	—
			柴油	94865	94865	93934	92071	92071	71272	29674	29674	29674	19994	10315	10315	10315	10315	6116	1916	1916	1845	1821
			燃气	—	—	—	—	—	—	—	—	—	—	—	—	—	—	—	—	—	—	—
		其他	汽油	—	—	—	—	—	—	—	—	—	—	—	—	—	—	—	—	—	—	—
			柴油	142314	142314	133412	115607	115607	85425	25061	25061	25061	17182	9303	9303	9303	9303	5868	2433	2433	2343	2313
			燃气	—	—	—	—	—	—	—	—	—	—	—	—	—	—	—	—	—	—	—
载货汽车	微型		汽油	—	—	—	—	—	—	—	—	—	—	—	—	—	—	—	—	—	—	—
			柴油	8350	8178	8005	8005	8005	8005	6512	5018	5018	3724	2430	2430	2430	2430	1530	630	630	627	626
			燃气	—	—	—	—	—	—	—	—	—	—	—	—	—	—	—	—	—	—	—
	轻型		汽油	—	—	—	—	—	—	—	—	—	—	—	—	—	—	—	—	—	—	—
			柴油	8684	8344	8005	8005	8005	8005	6512	5018	5018	3724	2430	2430	2430	2430	1832	1235	1235	1020	948
			燃气	—	—	—	—	—	—	—	—	—	—	—	—	—	—	—	—	—	—	—
	中型		汽油	—	—	—	—	—	—	—	—	—	—	—	—	—	—	—	—	—	—	—
			柴油	49461	49461	41623	25948	25948	20014	8145	8145	8145	7716	7288	7288	7288	7288	4673	2058	2058	1885	1827
			燃气	—	—	—	—	—	—	—	—	—	—	—	—	—	—	—	—	—	—	—
	重型		汽油	—	—	—	—	—	—	—	—	—	—	—	—	—	—	—	—	—	—	—
			柴油	97102	97102	79811	45228	45228	35911	17277	17277	17277	11839	6401	6401	6401	6401	4298	2196	2196	1856	1743
			燃气	—	—	—	—	—	—	—	—	—	—	—	—	—	—	—	—	—	—	—
低速汽车	三轮汽车			4092	4092	4092	4092	4092	4092	4092	4092	4092	3220	3220	3220	3220	3220	3220	3220	3220	3220	3220
	低速货车			5581	5581	5581	5581	5581	5581	5581	5581	5581	4392	4392	4392	4392	4392	4392	4392	4392	4392	4392
摩托车	普通摩托车			—	—	—	—	—	—	—	—	—	—	—	—	—	—	—	—	—	—	—
	轻便摩托车			—	—	—	—	—	—	—	—	—	—	—	—	—	—	—	—	—	—	—

普洱市 VOCs 排放系数

单位：克/（辆·年）

车辆类型		使用性质	燃料种类	1999 年年底前	2000 年	2001 年	2002 年	2003 年	2004 年	2005 年	2006 年	2007 年	2008 年	2009 年	2010 年	2011 年	2012 年	2013 年	2014 年	2015 年	2016 年	2017 年
载客汽车	微型	出租车	汽油	733449	429968	126488	126488	126488	126488	94028	61568	61568	49732	37895	37895	31702	25509	25509	25509	25509	18968	16788
			燃气	294492	176914	59336	59336	59336	59336	45254	31172	31172	25509	19846	19846	15819	11792	11792	11792	11792	7277	5772
		其他	汽油	49465	29840	10215	10215	10215	10215	9851	9487	9487	8147	6807	6807	6496	6185	6185	6185	6185	5267	4961
			燃气	15857	8900	1944	1944	1944	1944	1868	1792	1792	1328	864	864	784	703	703	703	703	475	399
	小型	出租车	汽油	733449	422948	112446	112446	112446	112446	105828	99209	99209	68552	37895	37895	31702	25509	25509	25509	25509	17777	15200
			柴油	151995	143182	134369	134369	134369	134369	121482	108594	108594	79207	49820	49820	49820	49820	36993	24166	24166	13733	10255
			燃气	294492	174203	53914	53914	53914	53914	49811	45708	45708	32777	19846	19846	15819	11792	11792	11792	11792	6817	5159
		其他	汽油	50158	30103	10048	10048	10048	10048	10140	10231	10231	8521	6811	6811	6455	6099	6099	6099	6099	5337	5083
			柴油	9454	8645	7836	7836	7836	7836	6621	5406	5406	3692	1979	1979	1979	1979	1690	1401	1401	1002	869
			燃气	16124	9690	3255	3255	3255	3255	2667	2079	2079	1535	991	991	830	670	670	670	670	502	446
	中型	公交车	汽油	289002	289002	289002	289002	288405	196990	15353	15353	15353	15353	15353	15200	15046	15046	12208	9371	9371	9371	9371
			柴油	87806	87806	86086	82645	82645	64494	28192	28192	28192	20508	12823	12823	12823	12823	8958	5093	5093	4763	4653
			燃气	71579	71579	67602	59649	59649	57536	53311	53311	53311	42686	32061	32061	22219	22219	22154	22154	22154	22154	22154
		其他	汽油	149433	149433	149433	149433	148836	101788	8886	8886	8886	8886	8886	8740	8593	8593	7366	6138	6138	6138	6138
			柴油	30493	30493	28460	24394	24394	18567	6912	6912	6912	6506	6099	6099	6099	6099	3750	1402	1402	1243	1190
			燃气	34560	34560	32640	28800	28800	27780	25740	25740	25740	20623	15506	15506	10732	10732	9642	9642	9642	9642	9642
	大型	公交车	汽油	674293	674293	674293	674293	673696	454359	16878	16878	16878	16878	16878	16738	16599	16599	13365	10131	10131	10131	10131
			柴油	131708	131708	108010	60614	60614	60614	60614	60614	60614	43515	26416	26416	26416	26416	17675	8934	8934	5723	4653
			燃气	168926	168926	159541	140772	140772	135786	125815	125815	125815	100740	75665	75665	52438	52438	47188	47188	47188	47188	47188
		其他	汽油	1494811	1494811	1494811	1494811	1494214	1006631	32658	32658	32658	32658	32658	25358	18059	18059	14328	10598	10598	10598	10598
			柴油	272891	272891	207397	76409	76409	76409	76409	76409	76409	55942	35476	35476	35476	35476	20706	5937	5937	5324	5119
			燃气	266186	266186	251398	221822	221822	213966	198253	198253	198253	158842	119430	119430	82662	82662	74261	74261	74261	74261	74261
载货汽车	微型		汽油	278511	149660	20809	20809	20809	20809	19716	18624	18624	17232	15840	15840	13182	10523	10523	10523	10523	9143	8683
			柴油	33429	31238	29046	29046	29046	29046	26670	24293	24293	17869	11445	11445	11445	11445	7873	4301	4301	3018	2590
			燃气	89282	46621	3960	3960	3960	3960	3739	3518	3518	2764	2011	2011	1603	1196	1196	1196	1196	823	698
	轻型		汽油	144155	85958	27760	27760	27760	27760	24005	20250	20250	18192	16133	16133	14300	12466	12466	12466	12466	10941	10433
			柴油	30605	29826	29046	29046	29046	29046	26670	24293	24293	17869	11445	11445	11445	11445	8684	5922	5922	4639	4211
			燃气	46341	27667	8993	8993	8993	8993	6554	4115	4115	3231	2347	2347	1858	1369	1369	1369	1369	1029	915
	中型		汽油	505975	505975	505975	505975	505378	343505	20953	20953	20953	20953	20953	20813	20673	20673	16416	12160	12160	12160	12160
			柴油	101292	101292	94539	81034	81034	61676	22960	22960	22960	21618	20275	20275	20275	20275	14694	9113	9113	5422	4192
			燃气	114802	114802	108425	95670	95670	92281	85502	85502	85502	68524	51547	51547	69758	69758	33966	33966	33966	33966	33966
	重型		汽油	686918	686918	686918	686918	686320	462857	17125	17125	17125	17125	17125	13710	10295	10295	8580	6865	6865	6865	6865
			柴油	169993	169993	129195	47598	47598	47598	47598	47598	47598	34848	22099	22099	22099	22099	13940	5782	5782	4025	3439
			燃气	165816	165816	156605	138181	138181	133287	123499	123499	123499	98948	74396	74396	80504	80504	49889	49889	49889	49889	49889
低速汽车	三轮汽车			25300	25300	25300	25300	25300	25300	25300	25300	25300	16721	16721	16721	16721	16721	16721	16721	16721	16721	16721
	低速货车			33990	33990	33990	33990	33990	33990	33990	33990	33990	22464	22464	22464	22464	22464	22464	22464	22464	22464	22464
摩托车	普通摩托车			17897	17897	17897	17897	13356	8815	4719	4719	4719	4719	4719	3522	2324	2324	2324	2324	2324	2324	2324
	轻便摩托车			57876	57876	57876	57876	57876	11575	11575	5699	5699	5699	5699	4252	2806	2806	2806	2806	2806	2806	2806

临沧市 NO_x 排放系数

单位：克/（辆·年）

车辆类型		使用性质	燃料种类	1999年年底前	2000年	2001年	2002年	2003年	2004年	2005年	2006年	2007年	2008年	2009年	2010年	2011年	2012年	2013年	2014年	2015年	2016年	2017年
载客汽车	微型	出租车	汽油	379218	251136	123054	123054	123054	123054	88439	53824	53824	38126	22427	22427	18693	14959	14959	14959	14959	10176	8582
			燃气	156459	106300	56140	56140	56140	56140	41630	27120	27120	20230	13339	13339	10778	8216	8216	8216	8216	4953	3865
		其他	汽油	49522	30944	12367	12367	12367	12367	7622	2878	2878	2325	1772	1772	1456	1141	1141	1141	1141	866	774
			燃气	19019	11332	3646	3646	3646	3646	2374	1101	1101	894	686	686	544	402	402	402	402	322	295
	小型	出租车	汽油	431956	280652	129347	129347	129347	129347	92069	54791	54791	38609	22427	22427	17818	13210	13210	13210	13210	8580	7037
			柴油	349150	289748	230347	230347	230347	230347	205368	180390	180390	142628	104865	104865	104865	104865	86450	68036	68036	53386	48503
			燃气	176865	117720	58575	58575	58575	58575	43034	27494	27494	20416	13339	13339	10439	7539	7539	7539	7539	4335	3267
		其他	汽油	46139	29347	12555	12555	12555	12555	8165	3775	3775	2550	1325	1325	1200	1074	1074	1074	1074	811	723
			柴油	31342	25583	19824	19824	19824	19824	18251	16678	16678	13038	9397	9397	9397	9397	8127	6857	6857	5982	5691
			燃气	17711	11298	4885	4885	4885	4885	3166	1448	1448	980	513	513	444	376	376	376	376	301	276
	中型	公交车	汽油	670458	670458	670458	670458	670458	458035	33188	33188	33188	33188	33188	29764	26339	26339	19884	13430	13430	13430	13430
			柴油	589746	589746	588361	585592	585592	562320	515775	515775	515775	429616	343456	343456	343456	343456	280284	217113	217113	181772	169992
			燃气	626177	626177	618722	603813	603813	585084	547625	547625	547625	455773	363921	363921	230139	230139	180243	180243	180243	180243	180243
		其他	汽油	411052	411052	411052	411052	411052	278830	14387	14387	14387	14387	14387	14387	14387	14387	10791	7195	7195	7195	7195
			柴油	276564	276564	265019	241930	241930	239884	235792	235792	235792	200818	165843	165843	165843	165843	147253	128663	128663	109816	103533
			燃气	312299	312299	294949	260249	260249	257796	252891	252891	252891	215318	177746	177746	138457	138457	111217	111217	111217	111217	111217
	大型	公交车	汽油	2388507	2388507	2388507	2388507	2388507	1642383	150135	150135	150135	150135	150135	150003	149871	149871	112404	74937	74937	74937	74937
			柴油	836435	836435	809407	755351	755351	733889	690964	690964	690964	678512	666060	666060	666060	666060	642042	618025	618025	557120	536818
			燃气	1681732	1681732	1588302	1401443	1401443	1297447	1089455	1089455	1089455	933461	777467	777467	723822	723822	627364	627364	627364	627364	627364
		其他	汽油	5700931	5700931	5700931	5700931	5700931	3920069	358344	358344	358344	358344	358344	344906	331468	331468	248866	166265	166265	166265	166265
			柴油	2003003	2003003	1951462	1848380	1848380	1805286	1719099	1719099	1719099	1658574	1598048	1598048	1598048	1598048	1521350	1444652	1444652	1278502	1223119
			燃气	3728374	3728374	3521242	3106978	3106978	2876421	2415306	2415306	2415306	2070262	1725218	1725218	1556441	1556441	1320501	1320501	1320501	1320501	1320501
载货汽车	微型		汽油	172691	101674	30656	30656	30656	30656	20470	10284	10284	8253	6222	6222	5606	4989	4989	4989	4989	3964	3623
			柴油	89240	73272	57303	57303	57303	57303	51616	45930	45930	38907	31884	31884	31884	31884	23305	14726	14726	12883	12269
			燃气	66322	37680	9038	9038	9038	9038	6486	3934	3934	3171	2409	2409	2083	1758	1758	1758	1758	1475	1381
	轻型		汽油	127559	81131	34703	34703	34703	34703	23045	11387	11387	9509	7631	7631	6386	5141	5141	5141	5141	4155	3826
			柴油	89565	73434	57303	57303	57303	57303	51616	45930	45930	38907	31884	31884	31884	31884	25492	19100	19100	18026	17668
			燃气	48965	31234	13503	13503	13503	13503	8935	4368	4368	3661	2954	2954	2377	1800	1800	1800	1800	1545	1461
	中型		汽油	637496	637496	637496	637496	637496	435223	30679	30679	30679	30679	30679	30679	30679	30679	23018	15358	15358	15358	15358
			柴油	939683	939683	843767	651936	651936	619920	555887	555887	555887	555730	555573	555573	555573	555573	487446	419318	419318	361072	341656
			燃气	1061100	1061100	941167	701301	701301	666267	596198	596198	596198	595823	595448	595448	451237	451237	367013	367013	367013	367013	367013
	重型		汽油	2227450	2227450	2227450	2227450	2227450	1531637	140011	140011	140011	140011	140011	134760	129510	129510	97236	64962	64962	64962	64962
			柴油	1078550	1078550	1041736	968107	968107	932299	860683	860683	860683	826170	791656	791656	791656	791656	704278	616900	616900	421160	355913
			燃气	2007604	2007604	1880840	1627310	1627310	1487955	1209246	1209246	1209246	1031950	854655	854655	664637	664637	384250	384250	384250	384250	384250
低速汽车	三轮汽车			65550	65550	65550	65550	65550	65550	65550	65550	65550	53279	53279	53279	53279	53279	53279	53279	53279	53279	53279
	低速货车			88065	88065	88065	88065	88065	88065	88065	88065	88065	71579	71579	71579	71579	71579	71579	71579	71579	71579	71579
摩托车	普通摩托车			1336	1336	1336	1336	1292	1247	1158	1158	1158	1158	1158	1028	899	899	899	899	899	899	899
	轻便摩托车			890	890	890	890	890	445	445	445	445	445	445	396	346	346	346	346	346	346	346

临沧市 PM 排放系数

单位：克/（辆·年）

车辆类型		使用性质	燃料种类	1999 年年底前	2000 年	2001 年	2002 年	2003 年	2004 年	2005 年	2006 年	2007 年	2008 年	2009 年	2010 年	2011 年	2012 年	2013 年	2014 年	2015 年	2016 年	2017 年
载客汽车	微型	出租车	汽油	—	—	—	—	—	—	—	—	—	—	—	—	—	—	—	—	—	—	—
			燃气	—	—	—	—	—	—	—	—	—	—	—	—	—	—	—	—	—	—	—
		其他	汽油	—	—	—	—	—	—	—	—	—	—	—	—	—	—	—	—	—	—	—
			燃气	—	—	—	—	—	—	—	—	—	—	—	—	—	—	—	—	—	—	—
	小型	出租车	汽油	—	—	—	—	—	—	—	—	—	—	—	—	—	—	—	—	—	—	—
			柴油	37451	34295	31139	31139	31139	31139	21213	11287	11287	7360	3434	3434	3434	3434	3192	2949	2949	2439	2269
			燃气	—	—	—	—	—	—	—	—	—	—	—	—	—	—	—	—	—	—	—
		其他	汽油	—	—	—	—	—	—	—	—	—	—	—	—	—	—	—	—	—	—	—
			柴油	3426	3242	3058	3058	3058	3058	2198	1339	1339	981	623	623	623	623	522	421	421	421	421
			燃气	—	—	—	—	—	—	—	—	—	—	—	—	—	—	—	—	—	—	—
	中型	公交车	汽油	—	—	—	—	—	—	—	—	—	—	—	—	—	—	—	—	—	—	—
			柴油	30592	30592	28032	22913	22913	17978	8108	8108	8108	6872	5637	5637	5637	5637	3504	1372	1372	1080	983
			燃气	—	—	—	—	—	—	—	—	—	—	—	—	—	—	—	—	—	—	—
		其他	汽油	—	—	—	—	—	—	—	—	—	—	—	—	—	—	—	—	—	—	—
			柴油	15274	15274	12888	8116	8116	6262	2553	2553	2553	2434	2316	2316	2316	2316	1366	415	415	399	394
			燃气	—	—	—	—	—	—	—	—	—	—	—	—	—	—	—	—	—	—	—
	大型	公交车	汽油	—	—	—	—	—	—	—	—	—	—	—	—	—	—	—	—	—	—	—
			柴油	94865	94865	93934	92071	92071	71272	29674	29674	29674	19994	10315	10315	10315	10315	6116	1916	1916	1845	1821
			燃气	—	—	—	—	—	—	—	—	—	—	—	—	—	—	—	—	—	—	—
		其他	汽油	—	—	—	—	—	—	—	—	—	—	—	—	—	—	—	—	—	—	—
			柴油	142314	142314	133412	115607	115607	85425	25061	25061	25061	17182	9303	9303	9303	9303	5868	2433	2433	2343	2313
			燃气	—	—	—	—	—	—	—	—	—	—	—	—	—	—	—	—	—	—	—
载货汽车	微型		汽油	—	—	—	—	—	—	—	—	—	—	—	—	—	—	—	—	—	—	—
			柴油	8350	8178	8005	8005	8005	8005	6512	5018	5018	3724	2430	2430	2430	2430	1530	630	630	627	626
			燃气	—	—	—	—	—	—	—	—	—	—	—	—	—	—	—	—	—	—	—
	轻型		汽油	—	—	—	—	—	—	—	—	—	—	—	—	—	—	—	—	—	—	—
			柴油	8684	8344	8005	8005	8005	8005	6512	5018	5018	3724	2430	2430	2430	2430	1832	1235	1235	1020	948
			燃气	—	—	—	—	—	—	—	—	—	—	—	—	—	—	—	—	—	—	—
	中型		汽油	—	—	—	—	—	—	—	—	—	—	—	—	—	—	—	—	—	—	—
			柴油	49461	49461	41623	25948	25948	20014	8145	8145	8145	7716	7288	7288	7288	7288	4673	2058	2058	1885	1827
			燃气	—	—	—	—	—	—	—	—	—	—	—	—	—	—	—	—	—	—	—
	重型		汽油	—	—	—	—	—	—	—	—	—	—	—	—	—	—	—	—	—	—	—
			柴油	97102	97102	79811	45228	45228	35911	17277	17277	17277	11839	6401	6401	6401	6401	4298	2196	2196	1856	1743
			燃气	—	—	—	—	—	—	—	—	—	—	—	—	—	—	—	—	—	—	—
低速汽车	三轮汽车			4092	4092	4092	4092	4092	4092	4092	4092	4092	3220	3220	3220	3220	3220	3220	3220	3220	3220	3220
	低速货车			5581	5581	5581	5581	5581	5581	5581	5581	5581	4392	4392	4392	4392	4392	4392	4392	4392	4392	4392
摩托车	普通摩托车			—	—	—	—	—	—	—	—	—	—	—	—	—	—	—	—	—	—	—
	轻便摩托车			—	—	—	—	—	—	—	—	—	—	—	—	—	—	—	—	—	—	—

临沧市 VOCs 排放系数

单位：克/（辆·年）

车辆类型		使用性质	燃料种类	1999 年年底前	2000 年	2001 年	2002 年	2003 年	2004 年	2005 年	2006 年	2007 年	2008 年	2009 年	2010 年	2011 年	2012 年	2013 年	2014 年	2015 年	2016 年	2017 年
载客汽车	微型	出租车	汽油	509391	303117	96843	96843	96843	96843	73574	50304	50304	41310	32315	32315	26882	21450	21450	21450	21450	15344	13309
			燃气	294492	176914	59336	59336	59336	59336	45254	31172	31172	25509	19846	19846	15819	11792	11792	11792	11792	7277	5772
		其他	汽油	35877	22327	8777	8777	8777	8777	8430	8083	8083	7100	6118	6118	5880	5643	5643	5643	5643	4937	4702
			燃气	15857	8900	1944	1944	1944	1944	1868	1792	1792	1328	864	864	784	703	703	703	703	475	399
	小型	出租车	汽油	509391	298369	87347	87347	87347	87347	81553	75759	75759	54037	32315	32315	26882	21450	21450	21450	21450	14539	12235
			柴油	139757	131406	123054	123054	123054	123054	110636	98217	98217	72968	47720	47720	47720	47720	35348	22977	22977	12621	9169
			燃气	294492	174203	53914	53914	53914	53914	49811	45708	45708	32777	19846	19846	15819	11792	11792	11792	11792	6817	5159
		其他	汽油	36346	22504	8663	8663	8663	8663	8624	8586	8586	7353	6120	6120	5852	5584	5584	5584	5584	4985	4785
			柴油	7721	7065	6409	6409	6409	6409	5422	4434	4434	3062	1689	1689	1689	1689	1422	1155	1155	808	693
			燃气	16124	9690	3255	3255	3255	3255	2667	2079	2079	1535	991	991	830	670	670	670	670	502	446
	中型	公交车	汽油	269785	269785	269785	269785	269188	183971	14731	14731	14731	14731	14731	14578	14426	14426	11782	9138	9138	9138	9138
			柴油	87806	87806	86086	82645	82645	64494	28192	28192	28192	20508	12823	12823	12823	12823	8958	5093	5093	4763	4653
			燃气	71579	71579	67602	59649	59649	57536	53311	53311	53311	42686	32061	32061	22219	22219	22154	22154	22154	22154	22154
		其他	汽油	139759	139759	139759	139759	139162	95279	8706	8706	8706	8706	8706	8560	8414	8414	7270	6125	6125	6125	6125
			柴油	30493	30493	28460	24394	24394	18567	6912	6912	6912	6506	6099	6099	6099	6099	3750	1402	1402	1243	1190
			燃气	34560	34560	32640	28800	28800	27780	25740	25740	25740	20623	15506	15506	10732	10732	9642	9642	9642	9642	9642
	大型	公交车	汽油	628730	628730	628730	628730	628134	423742	16153	16153	16153	16153	16153	16013	15873	15873	12860	9846	9846	9846	9846
			柴油	131708	131708	108010	60614	60614	60614	60614	60614	60614	43515	26416	26416	26416	26416	17675	8934	8934	5723	4653
			燃气	168926	168926	159541	140772	140772	135786	125815	125815	125815	100740	75665	75665	52438	52438	47188	47188	47188	47188	47188
		其他	汽油	1393145	1393145	1393145	1393145	1392548	938252	30853	30853	30853	30853	30853	24044	17234	17234	13758	10281	10281	10281	10281
			柴油	272891	272891	207397	76409	76409	76409	76409	76409	76409	55942	35476	35476	35476	35476	20706	5937	5937	5324	5119
			燃气	266186	266186	251398	221822	221822	213966	198253	198253	198253	158842	119430	119430	82662	82662	74261	74261	74261	74261	74261
载货汽车	微型		汽油	191865	104373	16881	16881	16881	16881	15920	14959	14959	13850	12741	12741	10795	8849	8849	8849	8849	7672	7280
			柴油	28478	26600	24723	24723	24723	24723	22598	20472	20472	15202	9931	9931	9931	9931	6876	3820	3820	2566	2148
			燃气	84801	44270	3739	3739	3739	3739	3528	3316	3316	2558	1799	1799	1451	1102	1102	1102	1102	739	618
	轻型		汽油	101005	61294	21582	21582	21582	21582	18820	16059	16059	14500	12940	12940	11552	10163	10163	10163	10163	8889	8464
			柴油	26282	25502	24723	24723	24723	24723	22598	20472	20472	15202	9931	9931	9931	9931	7506	5081	5081	3827	3409
			燃气	44808	26459	8109	8109	8109	8109	5999	3888	3888	2992	2095	2095	1657	1219	1219	1219	1219	897	789
	中型		汽油	471921	471921	471921	471921	471324	320468	19949	19949	19949	19949	19949	19809	19669	19669	15702	11736	11736	11736	11736
			柴油	101292	101292	94539	81034	81034	61676	22960	22960	22960	21618	20275	20275	20275	20275	14694	9113	9113	5422	4192
			燃气	114802	114802	108425	95670	95670	92281	85502	85502	85502	68524	51547	51547	69758	69758	33966	33966	33966	33966	33966
	重型		汽油	640493	640493	640493	640493	639896	431660	16383	16383	16383	16383	16383	13192	10001	10001	8402	6803	6803	6803	6803
			柴油	169993	169993	129195	47598	47598	47598	47598	47598	47598	34848	22099	22099	22099	22099	13940	5782	5782	4025	3439
			燃气	165816	165816	156605	138181	138181	133287	123499	123499	123499	98948	74396	74396	80504	80504	49889	49889	49889	49889	49889
低速汽车	三轮汽车			25300	25300	25300	25300	25300	25300	25300	25300	25300	16721	16721	16721	16721	16721	16721	16721	16721	16721	16721
	低速货车			33990	33990	33990	33990	33990	33990	33990	33990	33990	22464	22464	22464	22464	22464	22464	22464	22464	22464	22464
摩托车	普通摩托车			17897	17897	17897	17897	13356	8815	4719	4719	4719	4719	4719	3522	2324	2324	2324	2324	2324	2324	2324
	轻便摩托车			57876	57876	57876	57876	57876	11575	11575	5699	5699	5699	5699	4252	2806	2806	2806	2806	2806	2806	2806

楚雄彝族自治州 NO_x 排放系数

单位：克/（辆·年）

车辆类型		使用性质	燃料种类	1999年年底前	2000年	2001年	2002年	2003年	2004年	2005年	2006年	2007年	2008年	2009年	2010年	2011年	2012年	2013年	2014年	2015年	2016年	2017年
载客汽车	微型	出租车	汽油	380224	251786	123348	123348	123348	123348	88650	53952	53952	38212	22473	22473	18738	15002	15002	15002	15002	10204	8604
			燃气	156459	106300	56140	56140	56140	56140	41630	27120	27120	20230	13339	13339	10778	8216	8216	8216	8216	4953	3865
		其他	汽油	49730	31080	12430	12430	12430	12430	7673	2916	2916	2356	1797	1797	1481	1165	1165	1165	1165	876	780
			燃气	19019	11332	3646	3646	3646	3646	2374	1101	1101	894	686	686	544	402	402	402	402	322	295
	小型	出租车	汽油	433101	281380	129658	129658	129658	129658	92290	54922	54922	38698	22473	22473	17860	13248	13248	13248	13248	8603	7055
			柴油	349682	290177	230672	230672	230672	230672	205664	180655	180655	142835	105015	105015	105015	105015	86583	68151	68151	53480	48590
			燃气	176865	117720	58575	58575	58575	58575	43034	27494	27494	20416	13339	13339	10439	7539	7539	7539	7539	4335	3267
		其他	汽油	46338	29478	12618	12618	12618	12618	8216	3815	3815	2582	1349	1349	1223	1097	1097	1097	1097	821	729
			柴油	31419	25649	19879	19879	19879	19879	18304	16728	16728	13078	9428	9428	9428	9428	8156	6884	6884	5999	5704
			燃气	17711	11298	4885	4885	4885	4885	3166	1448	1448	980	513	513	444	376	376	376	376	301	276
	中型	公交车	汽油	672222	672222	672222	672222	672222	459240	33275	33275	33275	33275	33275	29842	26409	26409	19937	13465	13465	13465	13465
			柴油	590880	590880	589493	586718	586718	563401	516767	516767	516767	430442	344117	344117	344117	344117	280824	217531	217531	182122	170319
			燃气	627381	627381	619912	604975	604975	586209	548678	548678	548678	456650	364621	364621	230581	230581	180589	180589	180589	180589	180589
		其他	汽油	412133	412133	412133	412133	412133	279564	14425	14425	14425	14425	14425	14425	14425	14425	10820	7214	7214	7214	7214
			柴油	277096	277096	265529	242395	242395	240345	236246	236246	236246	201204	166161	166161	166161	166161	147536	128910	128910	110026	103732
			燃气	312900	312900	295517	260750	260750	258292	253377	253377	253377	215732	178088	178088	138723	138723	111431	111431	111431	111431	111431
	大型	公交车	汽油	2394791	2394791	2394791	2394791	2394791	1646704	150530	150530	150530	150530	150530	150398	150266	150266	112700	75135	75135	75135	75135
			柴油	838044	838044	810964	756804	756804	735300	692292	692292	692292	679816	667341	667341	667341	667341	643278	619214	619214	558191	537850
			燃气	1684966	1684966	1591357	1404139	1404139	1299943	1091551	1091551	1091551	935257	778963	778963	725214	725214	628570	628570	628570	628570	628570
		其他	汽油	5715929	5715929	5715929	5715929	5715929	3930382	359287	359287	359287	359287	359287	345814	332340	332340	249521	166702	166702	166702	166702
			柴油	2006856	2006856	1955216	1851935	1851935	1808759	1722406	1722406	1722406	1661764	1601122	1601122	1601122	1601122	1524276	1447430	1447430	1280962	1225472
			燃气	3735544	3735544	3528014	3112954	3112954	2881953	2419951	2419951	2419951	2074244	1728536	1728536	1559434	1559434	1323041	1323041	1323041	1323041	1323041
载货汽车	微型		汽油	173216	101988	30761	30761	30761	30761	20549	10337	10337	8296	6256	6256	5638	5021	5021	5021	5021	3982	3635
			柴油	89413	73415	57417	57417	57417	57417	51722	46026	46026	38989	31952	31952	31952	31952	23359	14766	14766	12912	12294
			燃气	66246	37634	9023	9023	9023	9023	6463	3903	3903	3146	2388	2388	2060	1733	1733	1733	1733	1464	1375
	轻型		汽油	127966	81392	34819	34819	34819	34819	23131	11443	11443	9556	7668	7668	6420	5173	5173	5173	5173	4172	3839
			柴油	89738	73578	57417	57417	57417	57417	51722	46026	46026	38989	31952	31952	31952	31952	25550	19148	19148	18065	17704
			燃气	48910	31195	13480	13480	13480	13480	8912	4343	4343	3630	2916	2916	2345	1773	1773	1773	1773	1533	1453
	中型		汽油	637496	637496	637496	637496	637496	435223	30679	30679	30679	30679	30679	30679	30679	30679	23018	15358	15358	15358	15358
			柴油	939683	939683	843767	651936	651936	619920	555887	555887	555887	555730	555573	555573	555573	555573	487446	419318	419318	361072	341656
			燃气	1061101	1061101	941168	701303	701303	666267	596196	596196	596196	595824	595452	595452	451238	451238	367014	367014	367014	367014	367014
	重型		汽油	2227450	2227450	2227450	2227450	2227450	1531637	140011	140011	140011	140011	140011	134760	129510	129510	97236	64962	64962	64962	64962
			柴油	1078550	1078550	1041736	968107	968107	932299	860683	860683	860683	826170	791656	791656	791656	791656	704278	616900	616900	421160	355913
			燃气	2007603	2007603	1880839	1627310	1627310	1487955	1209245	1209245	1209245	1031950	854654	854654	664637	664637	384250	384250	384250	384250	384250
低速汽车	三轮汽车			65550	65550	65550	65550	65550	65550	65550	65550	65550	53279	53279	53279	53279	53279	53279	53279	53279	53279	53279
	低速货车			88065	88065	88065	88065	88065	88065	88065	88065	88065	71579	71579	71579	71579	71579	71579	71579	71579	71579	71579
摩托车	普通摩托车			1336	1336	1336	1336	1292	1247	1158	1158	1158	1158	1158	1028	899	899	899	899	899	899	899
	轻便摩托车			890	890	890	890	890	445	445	445	445	445	445	396	346	346	346	346	346	346	346

楚雄彝族自治州 PM 排放系数

单位：克/（辆·年）

车辆类型		使用性质	燃料种类	1999 年年底前	2000 年	2001 年	2002 年	2003 年	2004 年	2005 年	2006 年	2007 年	2008 年	2009 年	2010 年	2011 年	2012 年	2013 年	2014 年	2015 年	2016 年	2017 年
载客汽车	微型	出租车	汽油	—	—	—	—	—	—	—	—	—	—	—	—	—	—	—	—	—	—	—
			燃气	—	—	—	—	—	—	—	—	—	—	—	—	—	—	—	—	—	—	—
		其他	汽油	—	—	—	—	—	—	—	—	—	—	—	—	—	—	—	—	—	—	—
			燃气	—	—	—	—	—	—	—	—	—	—	—	—	—	—	—	—	—	—	—
	小型	出租车	汽油	—	—	—	—	—	—	—	—	—	—	—	—	—	—	—	—	—	—	—
			柴油	37451	34295	31139	31139	31139	31139	21213	11287	11287	7360	3434	3434	3434	3434	3192	2949	2949	2439	2269
			燃气	—	—	—	—	—	—	—	—	—	—	—	—	—	—	—	—	—	—	—
		其他	汽油	—	—	—	—	—	—	—	—	—	—	—	—	—	—	—	—	—	—	—
			柴油	3426	3242	3058	3058	3058	3058	2198	1339	1339	981	623	623	623	623	522	421	421	421	421
			燃气	—	—	—	—	—	—	—	—	—	—	—	—	—	—	—	—	—	—	—
	中型	公交车	汽油	—	—	—	—	—	—	—	—	—	—	—	—	—	—	—	—	—	—	—
			柴油	30592	30592	28032	22913	22913	17978	8108	8108	8108	6872	5637	5637	5637	5637	3504	1372	1372	1080	983
			燃气	—	—	—	—	—	—	—	—	—	—	—	—	—	—	—	—	—	—	—
		其他	汽油	—	—	—	—	—	—	—	—	—	—	—	—	—	—	—	—	—	—	—
			柴油	15274	15274	12888	8116	8116	6262	2553	2553	2553	2434	2316	2316	2316	2316	1366	415	415	399	394
			燃气	—	—	—	—	—	—	—	—	—	—	—	—	—	—	—	—	—	—	—
	大型	公交车	汽油	—	—	—	—	—	—	—	—	—	—	—	—	—	—	—	—	—	—	—
			柴油	94865	94865	93934	92071	92071	71272	29674	29674	29674	19994	10315	10315	10315	10315	6116	1916	1916	1845	1821
			燃气	—	—	—	—	—	—	—	—	—	—	—	—	—	—	—	—	—	—	—
		其他	汽油	—	—	—	—	—	—	—	—	—	—	—	—	—	—	—	—	—	—	—
			柴油	142314	142314	133412	115607	115607	85425	25061	25061	25061	17182	9303	9303	9303	9303	5868	2433	2433	2343	2313
			燃气	—	—	—	—	—	—	—	—	—	—	—	—	—	—	—	—	—	—	—
载货汽车	微型		汽油	—	—	—	—	—	—	—	—	—	—	—	—	—	—	—	—	—	—	—
			柴油	8350	8178	8005	8005	8005	8005	6512	5018	5018	3724	2430	2430	2430	2430	1530	630	630	627	626
			燃气	—	—	—	—	—	—	—	—	—	—	—	—	—	—	—	—	—	—	—
	轻型		汽油	—	—	—	—	—	—	—	—	—	—	—	—	—	—	—	—	—	—	—
			柴油	8684	8344	8005	8005	8005	8005	6512	5018	5018	3724	2430	2430	2430	2430	1832	1235	1235	1020	948
			燃气	—	—	—	—	—	—	—	—	—	—	—	—	—	—	—	—	—	—	—
	中型		汽油	—	—	—	—	—	—	—	—	—	—	—	—	—	—	—	—	—	—	—
			柴油	49461	49461	41623	25948	25948	20014	8145	8145	8145	7716	7288	7288	7288	7288	4673	2058	2058	1885	1827
			燃气	—	—	—	—	—	—	—	—	—	—	—	—	—	—	—	—	—	—	—
	重型		汽油	—	—	—	—	—	—	—	—	—	—	—	—	—	—	—	—	—	—	—
			柴油	97102	97102	79811	45228	45228	35911	17277	17277	17277	11839	6401	6401	6401	6401	4298	2196	2196	1856	1743
			燃气	—	—	—	—	—	—	—	—	—	—	—	—	—	—	—	—	—	—	—
低速汽车	三轮汽车			4092	4092	4092	4092	4092	4092	4092	4092	4092	3220	3220	3220	3220	3220	3220	3220	3220	3220	3220
	低速货车			5581	5581	5581	5581	5581	5581	5581	5581	5581	4392	4392	4392	4392	4392	4392	4392	4392	4392	4392
摩托车	普通摩托车			—	—	—	—	—	—	—	—	—	—	—	—	—	—	—	—	—	—	—
	轻便摩托车			—	—	—	—	—	—	—	—	—	—	—	—	—	—	—	—	—	—	—

楚雄彝族自治州 VOCs 排放系数

单位：克/（辆·年）

车辆类型		使用性质	燃料种类	1999年年底前	2000年	2001年	2002年	2003年	2004年	2005年	2006年	2007年	2008年	2009年	2010年	2011年	2012年	2013年	2014年	2015年	2016年	2017年
载客汽车	微型	出租车	汽油	642115	378359	114603	114603	114603	114603	85896	57190	57190	46520	35849	35849	29966	24084	24084	24084	24084	17728	15610
			燃气	294492	176914	59336	59336	59336	59336	45254	31172	31172	25509	19846	19846	15819	11792	11792	11792	11792	7277	5772
		其他	汽油	44088	26969	9850	9850	9850	9850	9493	9136	9136	7948	6759	6759	6478	6196	6196	6196	6196	5372	5098
			燃气	15857	8900	1944	1944	1944	1944	1868	1792	1792	1328	864	864	784	703	703	703	703	475	399
	小型	出租车	汽油	642115	372266	102418	102418	102418	102418	96136	89855	89855	62852	35849	35849	29966	24084	24084	24084	24084	16695	14232
			柴油	148905	140208	131510	131510	131510	131510	118740	105969	105969	77622	49276	49276	49276	49276	36563	23850	23850	13443	9974
			燃气	294492	174203	53914	53914	53914	53914	49811	45708	45708	32777	19846	19846	15819	11792	11792	11792	11792	6817	5159
		其他	汽油	44690	27198	9705	9705	9705	9705	9744	9782	9782	8272	6762	6762	6442	6122	6122	6122	6122	5434	5204
			柴油	8991	8220	7449	7449	7449	7449	6291	5133	5133	3510	1888	1888	1888	1888	1604	1321	1321	942	816
			燃气	16124	9690	3255	3255	3255	3255	2667	2079	2079	1535	991	991	830	670	670	670	670	502	446
	中型	公交车	汽油	269946	269946	269946	269946	269349	184132	14893	14893	14893	14893	14893	14740	14588	14588	11944	9299	9299	9299	9299
			柴油	87806	87806	86086	82645	82645	64494	28192	28192	28192	20508	12823	12823	12823	12823	8958	5093	5093	4763	4653
			燃气	71579	71579	67602	59649	59649	57536	53311	53311	53311	42686	32061	32061	22219	22219	22154	22154	22154	22154	22154
		其他	汽油	139920	139920	139920	139920	139323	95440	8868	8868	8868	8868	8868	8722	8576	8576	7432	6287	6287	6287	6287
			柴油	30493	30493	28460	24394	24394	18567	6912	6912	6912	6506	6099	6099	6099	6099	3750	1402	1402	1243	1190
			燃气	34560	34560	32640	28800	28800	27780	25740	25740	25740	20623	15506	15506	10732	10732	9642	9642	9642	9642	9642
	大型	公交车	汽油	628892	628892	628892	628892	628295	423903	16314	16314	16314	16314	16314	16174	16034	16034	13020	10007	10007	10007	10007
			柴油	131708	131708	108010	60614	60614	60614	60614	60614	60614	43515	26416	26416	26416	26416	17675	8934	8934	5723	4653
			燃气	168926	168926	159541	140772	140772	135786	125815	125815	125815	100740	75665	75665	52438	52438	47188	47188	47188	47188	47188
		其他	汽油	1393307	1393307	1393307	1393307	1392710	938413	31014	31014	31014	31014	31014	24204	17395	17395	13918	10442	10442	10442	10442
			柴油	272891	272891	207397	76409	76409	76409	76409	76409	76409	55942	35476	35476	35476	35476	20706	5937	5937	5324	5119
			燃气	266186	266186	251398	221822	221822	213966	198253	198253	198253	158842	119430	119430	82662	82662	74261	74261	74261	74261	74261
载货汽车	微型		汽油	243297	131362	19427	19427	19427	19427	18388	17350	17350	16078	14807	14807	12440	10072	10072	10072	10072	8783	8353
			柴油	32161	30048	27935	27935	27935	27935	25621	23307	23307	17178	11048	11048	11048	11048	7605	4162	4162	2894	2471
			燃气	87506	45670	3834	3834	3834	3834	3619	3403	3403	2648	1893	1893	1518	1143	1143	1143	1143	776	654
	轻型		汽油	126705	76082	25460	25460	25460	25460	22110	18761	18761	16912	15062	15062	13410	11758	11758	11758	11758	10344	9872
			柴油	29494	28714	27935	27935	27935	27935	25621	23307	23307	17178	11048	11048	11048	11048	8370	5693	5693	4425	4002
			燃气	45715	27127	8539	8539	8539	8539	6263	3987	3987	3097	2207	2207	1747	1287	1287	1287	1287	956	846
	中型		汽油	472083	472083	472083	472083	471486	320629	20110	20110	20110	20110	20110	19970	19831	19831	15864	11897	11897	11897	11897
			柴油	101292	101292	94539	81034	81034	61676	22960	22960	22960	21618	20275	20275	20275	20275	14694	9113	9113	5422	4192
			燃气	114802	114802	108425	95670	95670	92281	85502	85502	85502	68524	51547	51547	69758	69758	33966	33966	33966	33966	33966
	重型		汽油	640654	640654	640654	640654	640056	431821	16544	16544	16544	16544	16544	13353	10162	10162	8564	6965	6965	6965	6965
			柴油	169993	169993	129195	47598	47598	47598	47598	47598	47598	34848	22099	22099	22099	22099	13940	5782	5782	4025	3439
			燃气	165816	165816	156605	138181	138181	133287	123499	123499	123499	98948	74396	74396	80504	80504	49889	49889	49889	49889	49889
低速汽车	三轮汽车			25300	25300	25300	25300	25300	25300	25300	25300	25300	16721	16721	16721	16721	16721	16721	16721	16721	16721	16721
	低速货车			33990	33990	33990	33990	33990	33990	33990	33990	33990	22464	22464	22464	22464	22464	22464	22464	22464	22464	22464
摩托车	普通摩托车			17897	17897	17897	17897	13356	8815	4719	4719	4719	4719	4719	3522	2324	2324	2324	2324	2324	2324	2324
	轻便摩托车			57876	57876	57876	57876	57876	11575	11575	5699	5699	5699	5699	4252	2806	2806	2806	2806	2806	2806	2806

红河哈尼族彝族自治州 NO_x 排放系数

单位：克/（辆·年）

车辆类型		使用性质	燃料种类	1999 年年底前	2000 年	2001 年	2002 年	2003 年	2004 年	2005 年	2006 年	2007 年	2008 年	2009 年	2010 年	2011 年	2012 年	2013 年	2014 年	2015 年	2016 年	2017 年
载客汽车	微型	出租车	汽油	479106	319396	159685	159685	159685	159685	115785	71885	71885	51724	31563	31563	26047	20531	20531	20531	20531	13457	11099
			燃气	200029	137425	74821	74821	74821	74821	56159	37497	37497	28449	19401	19401	15552	11702	11702	11702	11702	6772	5128
		其他	汽油	49730	31080	12430	12430	12430	12430	7673	2916	2916	2356	1797	1797	1481	1165	1165	1165	1165	876	780
			燃气	19019	11332	3646	3646	3646	3646	2374	1101	1101	894	686	686	544	402	402	402	402	322	295
	小型	出租车	汽油	544657	356082	167507	167507	167507	167507	120298	73088	73088	52326	31563	31563	24960	18357	18357	18357	18357	11474	9179
			柴油	458094	382614	307135	307135	307135	307135	273393	239651	239651	190034	140417	140417	140417	140417	114828	89239	89239	68509	61599
			燃气	225326	151583	77840	77840	77840	77840	57900	37961	37961	28681	19401	19401	15132	10863	10863	10863	10863	6006	4387
		其他	汽油	46338	29478	12618	12618	12618	12618	8216	3815	3815	2582	1349	1349	1223	1097	1097	1097	1097	821	729
			柴油	31419	25649	19879	19879	19879	19879	18304	16728	16728	13078	9428	9428	9428	9428	8156	6884	6884	5999	5704
			燃气	17711	11298	4885	4885	4885	4885	3166	1448	1448	980	513	513	444	376	376	376	376	301	276
	中型	公交车	汽油	672222	672222	672222	672222	672222	459240	33275	33275	33275	33275	33275	29842	26409	26409	19937	13465	13465	13465	13465
			柴油	590880	590880	589493	586718	586718	563401	516767	516767	516767	430442	344117	344117	344117	344117	280824	217531	217531	182122	170319
			燃气	627381	627381	619912	604975	604975	586209	548678	548678	548678	456650	364621	364621	230581	230581	180589	180589	180589	180589	180589
		其他	汽油	412133	412133	412133	412133	412133	279564	14425	14425	14425	14425	14425	14425	14425	14425	10820	7214	7214	7214	7214
			柴油	277096	277096	265529	242395	242395	240345	236246	236246	236246	201204	166161	166161	166161	166161	147536	128910	128910	110026	103732
			燃气	312900	312900	295517	260750	260750	258292	253377	253377	253377	215732	178088	178088	138723	138723	111431	111431	111431	111431	111431
	大型	公交车	汽油	2394791	2394791	2394791	2394791	2394791	1646704	150530	150530	150530	150530	150530	150398	150266	150266	112700	75135	75135	75135	75135
			柴油	838044	838044	810964	756804	756804	735300	692292	692292	692292	679816	667341	667341	667341	667341	643278	619214	619214	558191	537850
			燃气	1684966	1684966	1591357	1404139	1404139	1299943	1091551	1091551	1091551	935257	778963	778963	725214	725214	628570	628570	628570	628570	628570
		其他	汽油	5715929	5715929	5715929	5715929	5715929	3930382	359287	359287	359287	359287	359287	345814	332340	332340	249521	166702	166702	166702	166702
			柴油	2006856	2006856	1955216	1851935	1851935	1808759	1722406	1722406	1722406	1661764	1601122	1601122	1601122	1601122	1524276	1447430	1447430	1280962	1225472
			燃气	3735544	3735544	3528014	3112954	3112954	2881953	2419951	2419951	2419951	2074244	1728536	1728536	1559434	1559434	1323041	1323041	1323041	1323041	1323041
载货汽车	微型		汽油	200131	118008	35885	35885	35885	35885	24049	12213	12213	9824	7434	7434	6662	5890	5890	5890	5890	4634	4216
			柴油	104756	86192	67628	67628	67628	67628	60872	54117	54117	45820	37522	37522	37522	37522	27426	17329	17329	15031	14265
			燃气	76539	43533	10526	10526	10526	10526	7569	4611	4611	3725	2838	2838	2435	2032	2032	2032	2032	1704	1595
	轻型		汽油	147956	94260	40563	40563	40563	40563	27026	13489	13489	11276	9063	9063	7564	6065	6065	6065	6065	4854	4451
			柴油	105131	86380	67628	67628	67628	67628	60872	54117	54117	45820	37522	37522	37522	37522	29952	22382	22382	20973	20503
			燃气	56551	36127	15704	15704	15704	15704	10412	5120	5120	4283	3446	3446	2763	2079	2079	2079	2079	1784	1685
	中型		汽油	637496	637496	637496	637496	637496	435223	30679	30679	30679	30679	30679	30679	30679	30679	23018	15358	15358	15358	15358
			柴油	939683	939683	843767	651936	651936	619920	555887	555887	555887	555730	555573	555573	555573	555573	487446	419318	419318	361072	341656
			燃气	1061101	1061101	941168	701303	701303	666267	596196	596196	596196	595824	595452	595452	451238	451238	367014	367014	367014	367014	367014
	重型		汽油	2461577	2461577	2461577	2461577	2461577	1692627	154728	154728	154728	154728	154728	148926	143123	143123	107457	71791	71791	71791	71791
			柴油	1144171	1144171	1105117	1027008	1027008	989021	913048	913048	913048	876434	839821	839821	839821	839821	750946	662070	662070	470834	407088
			燃气	2129750	2129750	1995273	1726318	1726318	1578484	1282817	1282817	1282817	1094735	906652	906652	713302	713302	439499	439499	439499	439499	439499
低速汽车	三轮汽车			65550	65550	65550	65550	65550	65550	65550	65550	65550	53279	53279	53279	53279	53279	53279	53279	53279	53279	53279
	低速货车			88065	88065	88065	88065	88065	88065	88065	88065	88065	71579	71579	71579	71579	71579	71579	71579	71579	71579	71579
摩托车	普通摩托车			1336	1336	1336	1336	1292	1247	1158	1158	1158	1158	1158	1028	899	899	899	899	899	899	899
	轻便摩托车			890	890	890	890	890	445	445	445	445	445	445	396	346	346	346	346	346	346	346

红河哈尼族彝族自治州 PM 排放系数

单位：克/（辆·年）

车辆类型		使用性质	燃料种类	1999 年年底前	2000 年	2001 年	2002 年	2003 年	2004 年	2005 年	2006 年	2007 年	2008 年	2009 年	2010 年	2011 年	2012 年	2013 年	2014 年	2015 年	2016 年	2017 年
载客汽车	微型	出租车	汽油	—	—	—	—	—	—	—	—	—	—	—	—	—	—	—	—	—	—	—
			燃气	—	—	—	—	—	—	—	—	—	—	—	—	—	—	—	—	—	—	—
		其他	汽油	—	—	—	—	—	—	—	—	—	—	—	—	—	—	—	—	—	—	—
			燃气	—	—	—	—	—	—	—	—	—	—	—	—	—	—	—	—	—	—	—
	小型	出租车	汽油	—	—	—	—	—	—	—	—	—	—	—	—	—	—	—	—	—	—	—
			柴油	46428	42515	38602	38602	38602	38602	26297	13992	13992	9125	4258	4258	4258	4258	3957	3656	3656	3024	2813
			燃气	—	—	—	—	—	—	—	—	—	—	—	—	—	—	—	—	—	—	—
		其他	汽油	—	—	—	—	—	—	—	—	—	—	—	—	—	—	—	—	—	—	—
			柴油	3426	3242	3058	3058	3058	3058	2198	1339	1339	981	623	623	623	623	522	421	421	421	421
			燃气	—	—	—	—	—	—	—	—	—	—	—	—	—	—	—	—	—	—	—
	中型	公交车	汽油	—	—	—	—	—	—	—	—	—	—	—	—	—	—	—	—	—	—	—
			柴油	30592	30592	28032	22913	22913	17978	8108	8108	8108	6872	5637	5637	5637	5637	3504	1372	1372	1080	983
			燃气	—	—	—	—	—	—	—	—	—	—	—	—	—	—	—	—	—	—	—
		其他	汽油	—	—	—	—	—	—	—	—	—	—	—	—	—	—	—	—	—	—	—
			柴油	15274	15274	12888	8116	8116	6262	2553	2553	2553	2434	2316	2316	2316	2316	1366	415	415	399	394
			燃气	—	—	—	—	—	—	—	—	—	—	—	—	—	—	—	—	—	—	—
	大型	公交车	汽油	—	—	—	—	—	—	—	—	—	—	—	—	—	—	—	—	—	—	—
			柴油	94865	94865	93934	92071	92071	71272	29674	29674	29674	19994	10315	10315	10315	10315	6116	1916	1916	1845	1821
			燃气	—	—	—	—	—	—	—	—	—	—	—	—	—	—	—	—	—	—	—
		其他	汽油	—	—	—	—	—	—	—	—	—	—	—	—	—	—	—	—	—	—	—
			柴油	142314	142314	133412	115607	115607	85425	25061	25061	25061	17182	9303	9303	9303	9303	5868	2433	2433	2343	2313
			燃气	—	—	—	—	—	—	—	—	—	—	—	—	—	—	—	—	—	—	—
载货汽车	微型		汽油	—	—	—	—	—	—	—	—	—	—	—	—	—	—	—	—	—	—	—
			柴油	9628	9428	9229	9229	9229	9229	7508	5786	5786	4294	2802	2802	2802	2802	1764	726	726	723	722
			燃气	—	—	—	—	—	—	—	—	—	—	—	—	—	—	—	—	—	—	—
	轻型		汽油	—	—	—	—	—	—	—	—	—	—	—	—	—	—	—	—	—	—	—
			柴油	10013	9621	9229	9229	9229	9229	7508	5786	5786	4294	2802	2802	2802	2802	2113	1424	1424	1176	1093
			燃气	—	—	—	—	—	—	—	—	—	—	—	—	—	—	—	—	—	—	—
	中型		汽油	—	—	—	—	—	—	—	—	—	—	—	—	—	—	—	—	—	—	—
			柴油	49461	49461	41623	25948	25948	20014	8145	8145	8145	7716	7288	7288	7288	7288	4673	2058	2058	1885	1827
			燃气	—	—	—	—	—	—	—	—	—	—	—	—	—	—	—	—	—	—	—
	重型		汽油	—	—	—	—	—	—	—	—	—	—	—	—	—	—	—	—	—	—	—
			柴油	107526	107526	88378	50083	50083	39766	19132	19132	19132	13110	7088	7088	7088	7088	4732	2376	2376	2008	1886
			燃气	—	—	—	—	—	—	—	—	—	—	—	—	—	—	—	—	—	—	—
低速汽车	三轮汽车			4092	4092	4092	4092	4092	4092	4092	4092	4092	3220	3220	3220	3220	3220	3220	3220	3220	3220	3220
	低速货车			5581	5581	5581	5581	5581	5581	5581	5581	5581	4392	4392	4392	4392	4392	4392	4392	4392	4392	4392
摩托车	普通摩托车			—	—	—	—	—	—	—	—	—	—	—	—	—	—	—	—	—	—	—
	轻便摩托车			—	—	—	—	—	—	—	—	—	—	—	—	—	—	—	—	—	—	—

红河哈尼族彝族自治州 VOCs 排放系数

单位：克/（辆·年）

车辆类型		使用性质	燃料种类	1999 年年底前	2000 年	2001 年	2002 年	2003 年	2004 年	2005 年	2006 年	2007 年	2008 年	2009 年	2010 年	2011 年	2012 年	2013 年	2014 年	2015 年	2016 年	2017 年
载客汽车	微型	出租车	汽油	804114	476792	149470	149470	149470	149470	112804	76137	76137	62134	48132	48132	39706	31279	31279	31279	31279	22000	18907
			燃气	373422	227082	80743	80743	80743	80743	62358	43974	43974	36258	28542	28542	22623	16704	16704	16704	16704	9891	7620
		其他	汽油	44088	26969	9850	9850	9850	9850	9493	9136	9136	7948	6759	6759	6478	6196	6196	6196	6196	5372	5098
			燃气	15857	8900	1944	1944	1944	1944	1868	1792	1792	1328	864	864	784	703	703	703	703	475	399
	小型	出租车	汽油	804114	469239	134364	134364	134364	134364	125498	116631	116631	82382	48132	48132	39706	31279	31279	31279	31279	20718	17198
			柴油	213319	200535	187751	187751	187751	187751	168718	149684	149684	111360	73035	73035	73035	73035	54072	35110	35110	19230	13937
			燃气	373422	223722	74021	74021	74021	74021	68008	61994	61994	45268	28542	28542	22623	16704	16704	16704	16704	9320	6859
		其他	汽油	44690	27198	9705	9705	9705	9705	9744	9782	9782	8272	6762	6762	6442	6122	6122	6122	6122	5434	5204
			柴油	8991	8220	7449	7449	7449	7449	6291	5133	5133	3510	1888	1888	1888	1888	1604	1321	1321	942	816
			燃气	16124	9690	3255	3255	3255	3255	2667	2079	2079	1535	991	991	830	670	670	670	670	502	446
	中型	公交车	汽油	269946	269946	269946	269946	269349	184132	14893	14893	14893	14893	14893	14740	14588	14588	11944	9299	9299	9299	9299
			柴油	87806	87806	86086	82645	82645	64494	28192	28192	28192	20508	12823	12823	12823	12823	8958	5093	5093	4763	4653
			燃气	71579	71579	67602	59649	59649	57536	53311	53311	53311	42686	32061	32061	22219	22219	22154	22154	22154	22154	22154
		其他	汽油	139920	139920	139920	139920	139323	95440	8868	8868	8868	8868	8868	8722	8576	8576	7432	6287	6287	6287	6287
			柴油	30493	30493	28460	24394	24394	18567	6912	6912	6912	6506	6099	6099	6099	6099	3750	1402	1402	1243	1190
			燃气	34560	34560	32640	28800	28800	27780	25740	25740	25740	20623	15506	15506	10732	10732	9642	9642	9642	9642	9642
	大型	公交车	汽油	628892	628892	628892	628892	628295	423903	16314	16314	16314	16314	16314	16174	16034	16034	13020	10007	10007	10007	10007
			柴油	131708	131708	108010	60614	60614	60614	60614	60614	60614	43515	26416	26416	26416	26416	17675	8934	8934	5723	4653
			燃气	168926	168926	159541	140772	140772	135786	125815	125815	125815	100740	75665	75665	52438	52438	47188	47188	47188	47188	47188
		其他	汽油	1393307	1393307	1393307	1393307	1392710	938413	31014	31014	31014	31014	31014	24204	17395	17395	13918	10442	10442	10442	10442
			柴油	272891	272891	207397	76409	76409	76409	76409	76409	76409	55942	35476	35476	35476	35476	20706	5937	5937	5324	5119
			燃气	266186	266186	251398	221822	221822	213966	198253	198253	198253	158842	119430	119430	82662	82662	74261	74261	74261	74261	74261
载货汽车	微型		汽油	279860	150980	22100	22100	22100	22100	20862	19623	19623	18149	16675	16675	13869	11063	11063	11063	11063	9533	9023
			柴油	39000	36426	33852	33852	33852	33852	30964	28076	28076	20800	13525	13525	13525	13525	9335	5145	5145	3492	2941
			燃气	100656	52509	4362	4362	4362	4362	4105	3849	3849	2990	2132	2132	1693	1255	1255	1255	1255	843	706
	轻型		汽油	145426	87241	29056	29056	29056	29056	25153	21250	21250	19110	16969	16969	14988	13008	13008	13008	13008	11332	10774
			柴油	35925	34888	33852	33852	33852	33852	30964	28076	28076	20800	13525	13525	13525	13525	10218	6911	6911	5257	4706
			燃气	52469	31107	9745	9745	9745	9745	7131	4516	4516	3502	2487	2487	1955	1424	1424	1424	1424	1048	923
	中型		汽油	472083	472083	472083	472083	471486	320629	20110	20110	20110	20110	20110	19970	19831	19831	15864	11897	11897	11897	11897
			柴油	101292	101292	94539	81034	81034	61676	22960	22960	22960	21618	20275	20275	20275	20275	14694	9113	9113	5422	4192
			燃气	114802	114802	108425	95670	95670	92281	85502	85502	85502	68524	51547	51547	69758	69758	33966	33966	33966	33966	33966
	重型		汽油	711320	711320	711320	711320	710722	479384	17903	17903	17903	17903	17903	14372	10842	10842	9067	7292	7292	7292	7292
			柴油	179677	179677	136555	50310	50310	50310	50310	50310	50310	36834	23358	23358	23358	23358	14949	6540	6540	4479	3792
			燃气	175262	175262	165526	146054	146054	140881	130536	130536	130536	104585	78635	78635	91058	91058	55010	55010	55010	55010	55010
低速汽车	三轮汽车			25300	25300	25300	25300	25300	25300	25300	25300	25300	16721	16721	16721	16721	16721	16721	16721	16721	16721	16721
	低速货车			33990	33990	33990	33990	33990	33990	33990	33990	33990	22464	22464	22464	22464	22464	22464	22464	22464	22464	22464
摩托车	普通摩托车			17897	17897	17897	17897	13356	8815	4719	4719	4719	4719	4719	3522	2324	2324	2324	2324	2324	2324	2324
	轻便摩托车			57876	57876	57876	57876	57876	11575	11575	5699	5699	5699	5699	4252	2806	2806	2806	2806	2806	2806	2806

文山壮族苗族自治州 NO_x 排放系数

单位：克/（辆·年）

车辆类型		使用性质	燃料种类	1999 年年底前	2000 年	2001 年	2002 年	2003 年	2004 年	2005 年	2006 年	2007 年	2008 年	2009 年	2010 年	2011 年	2012 年	2013 年	2014 年	2015 年	2016 年	2017 年
载客汽车	微型	出租车	汽油	380224	251786	123348	123348	123348	123348	88650	53952	53952	38212	22473	22473	18738	15002	15002	15002	15002	10204	8604
			燃气	156459	106300	56140	56140	56140	56140	41630	27120	27120	20230	13339	13339	10778	8216	8216	8216	8216	4953	3865
		其他	汽油	49730	31080	12430	12430	12430	12430	7673	2916	2916	2356	1797	1797	1481	1165	1165	1165	1165	876	780
			燃气	19019	11332	3646	3646	3646	3646	2374	1101	1101	894	686	686	544	402	402	402	402	322	295
	小型	出租车	汽油	433101	281380	129658	129658	129658	129658	92290	54922	54922	38698	22473	22473	17860	13248	13248	13248	13248	8603	7055
			柴油	349682	290177	230672	230672	230672	230672	205664	180655	180655	142835	105015	105015	105015	105015	86583	68151	68151	53480	48590
			燃气	176865	117720	58575	58575	58575	58575	43034	27494	27494	20416	13339	13339	10439	7539	7539	7539	7539	4335	3267
		其他	汽油	46338	29478	12618	12618	12618	12618	8216	3815	3815	2582	1349	1349	1223	1097	1097	1097	1097	821	729
			柴油	31419	25649	19879	19879	19879	19879	18304	16728	16728	13078	9428	9428	9428	9428	8156	6884	6884	5999	5704
			燃气	17711	11298	4885	4885	4885	4885	3166	1448	1448	980	513	513	444	376	376	376	376	301	276
	中型	公交车	汽油	672222	672222	672222	672222	672222	459240	33275	33275	33275	33275	33275	29842	26409	26409	19937	13465	13465	13465	13465
			柴油	590880	590880	589493	586718	586718	563401	516767	516767	516767	430442	344117	344117	344117	344117	280824	217531	217531	182122	170319
			燃气	627381	627381	619912	604975	604975	586209	548678	548678	548678	456650	364621	364621	230581	230581	180589	180589	180589	180589	180589
		其他	汽油	412133	412133	412133	412133	412133	279564	14425	14425	14425	14425	14425	14425	14425	14425	10820	7214	7214	7214	7214
			柴油	277096	277096	265529	242395	242395	240345	236246	236246	236246	201204	166161	166161	166161	166161	147536	128910	128910	110026	103732
			燃气	312900	312900	295517	260750	260750	258292	253377	253377	253377	215732	178088	178088	138723	138723	111431	111431	111431	111431	111431
	大型	公交车	汽油	2394791	2394791	2394791	2394791	2394791	1646704	150530	150530	150530	150530	150530	150398	150266	150266	112700	75135	75135	75135	75135
			柴油	838044	838044	810964	756804	756804	735300	692292	692292	692292	679816	667341	667341	667341	667341	643278	619214	619214	558191	537850
			燃气	1684966	1684966	1591357	1404139	1404139	1299943	1091551	1091551	1091551	935257	778963	778963	725214	725214	628570	628570	628570	628570	628570
		其他	汽油	5715929	5715929	5715929	5715929	5715929	3930382	359287	359287	359287	359287	359287	345814	332340	332340	249521	166702	166702	166702	166702
			柴油	2006856	2006856	1955216	1851935	1851935	1808759	1722406	1722406	1722406	1661764	1601122	1601122	1601122	1601122	1524276	1447430	1447430	1280962	1225472
			燃气	3735544	3735544	3528014	3112954	3112954	2881953	2419951	2419951	2419951	2074244	1728536	1728536	1559434	1559434	1323041	1323041	1323041	1323041	1323041
载货汽车	微型		汽油	173216	101988	30761	30761	30761	30761	20549	10337	10337	8296	6256	6256	5638	5021	5021	5021	5021	3982	3635
			柴油	89413	73415	57417	57417	57417	57417	51722	46026	46026	38989	31952	31952	31952	31952	23359	14766	14766	12912	12294
			燃气	66246	37634	9023	9023	9023	9023	6463	3903	3903	3146	2388	2388	2060	1733	1733	1733	1733	1464	1375
	轻型		汽油	127966	81392	34819	34819	34819	34819	23131	11443	11443	9556	7668	7668	6420	5173	5173	5173	5173	4172	3839
			柴油	89738	73578	57417	57417	57417	57417	51722	46026	46026	38989	31952	31952	31952	31952	25550	19148	19148	18065	17704
			燃气	48910	31195	13480	13480	13480	13480	8912	4343	4343	3630	2916	2916	2345	1773	1773	1773	1773	1533	1453
	中型		汽油	637496	637496	637496	637496	637496	435223	30679	30679	30679	30679	30679	30679	30679	30679	23018	15358	15358	15358	15358
			柴油	939683	939683	843767	651936	651936	619920	555887	555887	555887	555730	555573	555573	555573	555573	487446	419318	419318	361072	341656
			燃气	1061101	1061101	941168	701303	701303	666267	596196	596196	596196	595824	595452	595452	451238	451238	367014	367014	367014	367014	367014
	重型		汽油	2227450	2227450	2227450	2227450	2227450	1531637	140011	140011	140011	140011	140011	134760	129510	129510	97236	64962	64962	64962	64962
			柴油	1078550	1078550	1041736	968107	968107	932299	860683	860683	860683	826170	791656	791656	791656	791656	704278	616900	616900	421160	355913
			燃气	2007603	2007603	1880839	1627310	1627310	1487955	1209245	1209245	1209245	1031950	854654	854654	664637	664637	384250	384250	384250	384250	384250
低速汽车	三轮汽车			65550	65550	65550	65550	65550	65550	65550	65550	65550	53279	53279	53279	53279	53279	53279	53279	53279	53279	53279
	低速货车			88065	88065	88065	88065	88065	88065	88065	88065	88065	71579	71579	71579	71579	71579	71579	71579	71579	71579	71579
摩托车	普通摩托车			1336	1336	1336	1336	1292	1247	1158	1158	1158	1158	1158	1028	899	899	899	899	899	899	899
	轻便摩托车			890	890	890	890	890	445	445	445	445	445	445	396	346	346	346	346	346	346	346

文山壮族苗族自治州 PM 排放系数

单位：克/（辆·年）

车辆类型		使用性质	燃料种类	1999 年年底前	2000 年	2001 年	2002 年	2003 年	2004 年	2005 年	2006 年	2007 年	2008 年	2009 年	2010 年	2011 年	2012 年	2013 年	2014 年	2015 年	2016 年	2017 年
载客汽车	微型	出租车	汽油	—	—	—	—	—	—	—	—	—	—	—	—	—	—	—	—	—	—	—
			燃气	—	—	—	—	—	—	—	—	—	—	—	—	—	—	—	—	—	—	—
		其他	汽油	—	—	—	—	—	—	—	—	—	—	—	—	—	—	—	—	—	—	—
			燃气	—	—	—	—	—	—	—	—	—	—	—	—	—	—	—	—	—	—	—
	小型	出租车	汽油	—	—	—	—	—	—	—	—	—	—	—	—	—	—	—	—	—	—	—
			柴油	37451	34295	31139	31139	31139	31139	21213	11287	11287	7360	3434	3434	3434	3434	3192	2949	2949	2439	2269
			燃气	—	—	—	—	—	—	—	—	—	—	—	—	—	—	—	—	—	—	—
		其他	汽油	—	—	—	—	—	—	—	—	—	—	—	—	—	—	—	—	—	—	—
			柴油	3426	3242	3058	3058	3058	3058	2198	1339	1339	981	623	623	623	623	522	421	421	421	421
			燃气	—	—	—	—	—	—	—	—	—	—	—	—	—	—	—	—	—	—	—
	中型	公交车	汽油	—	—	—	—	—	—	—	—	—	—	—	—	—	—	—	—	—	—	—
			柴油	30592	30592	28032	22913	22913	17978	8108	8108	8108	6872	5637	5637	5637	5637	3504	1372	1372	1080	983
			燃气	—	—	—	—	—	—	—	—	—	—	—	—	—	—	—	—	—	—	—
		其他	汽油	—	—	—	—	—	—	—	—	—	—	—	—	—	—	—	—	—	—	—
			柴油	15274	15274	12888	8116	8116	6262	2553	2553	2553	2434	2316	2316	2316	2316	1366	415	415	399	394
			燃气	—	—	—	—	—	—	—	—	—	—	—	—	—	—	—	—	—	—	—
	大型	公交车	汽油	—	—	—	—	—	—	—	—	—	—	—	—	—	—	—	—	—	—	—
			柴油	94865	94865	93934	92071	92071	71272	29674	29674	29674	19994	10315	10315	10315	10315	6116	1916	1916	1845	1821
			燃气	—	—	—	—	—	—	—	—	—	—	—	—	—	—	—	—	—	—	—
		其他	汽油	—	—	—	—	—	—	—	—	—	—	—	—	—	—	—	—	—	—	—
			柴油	142314	142314	133412	115607	115607	85425	25061	25061	25061	17182	9303	9303	9303	9303	5868	2433	2433	2343	2313
			燃气	—	—	—	—	—	—	—	—	—	—	—	—	—	—	—	—	—	—	—
载货汽车	微型		汽油	—	—	—	—	—	—	—	—	—	—	—	—	—	—	—	—	—	—	—
			柴油	8350	8178	8005	8005	8005	8005	6512	5018	5018	3724	2430	2430	2430	2430	1530	630	630	627	626
			燃气	—	—	—	—	—	—	—	—	—	—	—	—	—	—	—	—	—	—	—
	轻型		汽油	—	—	—	—	—	—	—	—	—	—	—	—	—	—	—	—	—	—	—
			柴油	8684	8344	8005	8005	8005	8005	6512	5018	5018	3724	2430	2430	2430	2430	1832	1235	1235	1020	948
			燃气	—	—	—	—	—	—	—	—	—	—	—	—	—	—	—	—	—	—	—
	中型		汽油	—	—	—	—	—	—	—	—	—	—	—	—	—	—	—	—	—	—	—
			柴油	49461	49461	41623	25948	25948	20014	8145	8145	8145	7716	7288	7288	7288	7288	4673	2058	2058	1885	1827
			燃气	—	—	—	—	—	—	—	—	—	—	—	—	—	—	—	—	—	—	—
	重型		汽油	—	—	—	—	—	—	—	—	—	—	—	—	—	—	—	—	—	—	—
			柴油	97102	97102	79811	45228	45228	35911	17277	17277	17277	11839	6401	6401	6401	6401	4298	2196	2196	1856	1743
			燃气	—	—	—	—	—	—	—	—	—	—	—	—	—	—	—	—	—	—	—
低速汽车	三轮汽车			4092	4092	4092	4092	4092	4092	4092	4092	4092	3220	3220	3220	3220	3220	3220	3220	3220	3220	3220
	低速货车			5581	5581	5581	5581	5581	5581	5581	5581	5581	4392	4392	4392	4392	4392	4392	4392	4392	4392	4392
摩托车	普通摩托车			—	—	—	—	—	—	—	—	—	—	—	—	—	—	—	—	—	—	—
	轻便摩托车			—	—	—	—	—	—	—	—	—	—	—	—	—	—	—	—	—	—	—

文山壮族苗族自治州 VOCs 排放系数

单位：克/（辆·年）

车辆类型		使用性质	燃料种类	1999 年年底前	2000 年	2001 年	2002 年	2003 年	2004 年	2005 年	2006 年	2007 年	2008 年	2009 年	2010 年	2011 年	2012 年	2013 年	2014 年	2015 年	2016 年	2017 年
载客汽车	微型	出租车	汽油	642115	378359	114603	114603	114603	114603	85896	57190	57190	46520	35849	35849	29966	24084	24084	24084	24084	17728	15610
			燃气	294492	176914	59336	59336	59336	59336	45254	31172	31172	25509	19846	19846	15819	11792	11792	11792	11792	7277	5772
		其他	汽油	44088	26969	9850	9850	9850	9850	9493	9136	9136	7948	6759	6759	6478	6196	6196	6196	6196	5372	5098
			燃气	15857	8900	1944	1944	1944	1944	1868	1792	1792	1328	864	864	784	703	703	703	703	475	399
	小型	出租车	汽油	642115	372266	102418	102418	102418	102418	96136	89855	89855	62852	35849	35849	29966	24084	24084	24084	24084	16695	14232
			柴油	148905	140208	131510	131510	131510	131510	118740	105969	105969	77622	49276	49276	49276	49276	36563	23850	23850	13443	9974
			燃气	294492	174203	53914	53914	53914	53914	49811	45708	45708	32777	19846	19846	15819	11792	11792	11792	11792	6817	5159
		其他	汽油	44690	27198	9705	9705	9705	9705	9744	9782	9782	8272	6762	6762	6442	6122	6122	6122	6122	5434	5204
			柴油	8991	8220	7449	7449	7449	7449	6291	5133	5133	3510	1888	1888	1888	1888	1604	1321	1321	942	816
			燃气	16124	9690	3255	3255	3255	3255	2667	2079	2079	1535	991	991	830	670	670	670	670	502	446
	中型	公交车	汽油	269946	269946	269946	269946	269349	184132	14893	14893	14893	14893	14893	14740	14588	14588	11944	9299	9299	9299	9299
			柴油	87806	87806	86086	82645	82645	64494	28192	28192	28192	20508	12823	12823	12823	12823	8958	5093	5093	4763	4653
			燃气	71579	71579	67602	59649	59649	57536	53311	53311	53311	42686	32061	32061	22219	22219	22154	22154	22154	22154	22154
		其他	汽油	139920	139920	139920	139920	139323	95440	8868	8868	8868	8868	8868	8722	8576	8576	7432	6287	6287	6287	6287
			柴油	30493	30493	28460	24394	24394	18567	6912	6912	6912	6506	6099	6099	6099	6099	3750	1402	1402	1243	1190
			燃气	34560	34560	32640	28800	28800	27780	25740	25740	25740	20623	15506	15506	10732	10732	9642	9642	9642	9642	9642
	大型	公交车	汽油	628892	628892	628892	628892	628295	423903	16314	16314	16314	16314	16314	16174	16034	16034	13020	10007	10007	10007	10007
			柴油	131708	131708	108010	60614	60614	60614	60614	60614	60614	43515	26416	26416	26416	26416	17675	8934	8934	5723	4653
			燃气	168926	168926	159541	140772	140772	135786	125815	125815	125815	100740	75665	75665	52438	52438	47188	47188	47188	47188	47188
		其他	汽油	1393307	1393307	1393307	1393307	1392710	938413	31014	31014	31014	31014	31014	24204	17395	17395	13918	10442	10442	10442	10442
			柴油	272891	272891	207397	76409	76409	76409	76409	76409	76409	55942	35476	35476	35476	35476	20706	5937	5937	5324	5119
			燃气	266186	266186	251398	221822	221822	213966	198253	198253	198253	158842	119430	119430	82662	82662	74261	74261	74261	74261	74261
载货汽车	微型		汽油	243297	131362	19427	19427	19427	19427	18388	17350	17350	16078	14807	14807	12440	10072	10072	10072	10072	8783	8353
			柴油	32161	30048	27935	27935	27935	27935	25621	23307	23307	17178	11048	11048	11048	11048	7605	4162	4162	2894	2471
			燃气	87506	45670	3834	3834	3834	3834	3619	3403	3403	2648	1893	1893	1518	1143	1143	1143	1143	776	654
	轻型		汽油	126705	76082	25460	25460	25460	25460	22110	18761	18761	16912	15062	15062	13410	11758	11758	11758	11758	10344	9872
			柴油	29494	28714	27935	27935	27935	27935	25621	23307	23307	17178	11048	11048	11048	11048	8370	5693	5693	4425	4002
			燃气	45715	27127	8539	8539	8539	8539	6263	3987	3987	3097	2207	2207	1747	1287	1287	1287	1287	956	846
	中型		汽油	472083	472083	472083	472083	471486	320629	20110	20110	20110	20110	20110	19970	19831	19831	15864	11897	11897	11897	11897
			柴油	101292	101292	94539	81034	81034	61676	22960	22960	22960	21618	20275	20275	20275	20275	14694	9113	9113	5422	4192
			燃气	114802	114802	108425	95670	95670	92281	85502	85502	85502	68524	51547	51547	69758	69758	33966	33966	33966	33966	33966
	重型		汽油	640654	640654	640654	640654	640056	431821	16544	16544	16544	16544	16544	13353	10162	10162	8564	6965	6965	6965	6965
			柴油	169993	169993	129195	47598	47598	47598	47598	47598	47598	34848	22099	22099	22099	22099	13940	5782	5782	4025	3439
			燃气	165816	165816	156605	138181	138181	133287	123499	123499	123499	98948	74396	74396	80504	80504	49889	49889	49889	49889	49889
低速汽车	三轮汽车			25300	25300	25300	25300	25300	25300	25300	25300	25300	16721	16721	16721	16721	16721	16721	16721	16721	16721	16721
	低速货车			33990	33990	33990	33990	33990	33990	33990	33990	33990	22464	22464	22464	22464	22464	22464	22464	22464	22464	22464
摩托车	普通摩托车			17897	17897	17897	17897	13356	8815	4719	4719	4719	4719	4719	3522	2324	2324	2324	2324	2324	2324	2324
	轻便摩托车			57876	57876	57876	57876	57876	11575	11575	5699	5699	5699	5699	4252	2806	2806	2806	2806	2806	2806	2806

西双版纳傣族自治州 NO_x 排放系数

单位：克/（辆·年）

车辆类型		使用性质	燃料种类	1999年年底前	2000年	2001年	2002年	2003年	2004年	2005年	2006年	2007年	2008年	2009年	2010年	2011年	2012年	2013年	2014年	2015年	2016年	2017年
载客汽车	微型	出租车	汽油	702207	464626	227046	227046	227046	227046	162896	98747	98747	69758	40769	40769	33989	27209	27209	27209	27209	18672	15826
			燃气	219652	151601	83550	83550	83550	83550	63006	42462	42462	32418	22374	22374	17885	13396	13396	13396	13396	7636	5716
		其他	汽油	67807	42279	16751	16751	16751	16751	10212	3672	3672	2954	2237	2237	1821	1405	1405	1405	1405	1130	1039
			燃气	19019	11332	3646	3646	3646	3646	2374	1101	1101	894	686	686	544	402	402	402	402	322	295
	小型	出租车	汽油	800180	519458	238737	238737	238737	238737	169640	100544	100544	70656	40769	40769	32364	23958	23958	23958	23958	15706	12956
			柴油	645209	534928	424648	424648	424648	424648	378660	332672	332672	262906	193141	193141	193141	193141	159376	125610	125610	98921	90025
			燃气	247070	166946	86822	86822	86822	86822	64894	42965	42965	32670	22374	22374	17430	12487	12487	12487	12487	6806	4913
		其他	汽油	63129	40070	17011	17011	17011	17011	10962	4912	4912	3266	1619	1619	1466	1313	1313	1313	1313	1055	969
			柴油	42746	34804	26863	26863	26863	26863	24746	22630	22630	17663	12696	12696	12696	12696	11000	9303	9303	8206	7840
			燃气	17711	11298	4885	4885	4885	4885	3166	1448	1448	980	513	513	444	376	376	376	376	301	276
	中型	公交车	汽油	664747	664747	664747	664747	664747	454133	32905	32905	32905	32905	32905	29510	26115	26115	19715	13315	13315	13315	13315
			柴油	586074	586074	584698	581945	581945	558818	512563	512563	512563	426940	341318	341318	341318	341318	278540	215761	215761	180641	168934
			燃气	622278	622278	614870	600053	600053	581440	544215	544215	544215	452935	361655	361655	228706	228706	179120	179120	179120	179120	179120
		其他	汽油	407550	407550	407550	407550	407550	276455	14264	14264	14264	14264	14264	14264	14264	14264	10699	7134	7134	7134	7134
			柴油	274842	274842	263369	240423	240423	238390	234324	234324	234324	199567	164810	164810	164810	164810	146336	127862	127862	109132	102888
			燃气	310355	310355	293113	258629	258629	256191	251316	251316	251316	213978	176639	176639	137595	137595	110524	110524	110524	110524	110524
	大型	公交车	汽油	2368162	2368162	2368162	2368162	2368162	1628393	148856	148856	148856	148856	148856	148726	148595	148595	111447	74299	74299	74299	74299
			柴油	831227	831227	804367	750647	750647	729318	686661	686661	686661	674286	661912	661912	661912	661912	638044	614177	614177	553650	533475
			燃气	1671260	1671260	1578412	1392716	1392716	1289368	1082671	1082671	1082671	927648	772626	772626	719315	719315	623457	623457	623457	623457	623457
		其他	汽油	5652372	5652372	5652372	5652372	5652372	3886679	355292	355292	355292	355292	355292	341968	328645	328645	246746	164848	164848	164848	164848
			柴油	1990531	1990531	1939311	1836870	1836870	1794045	1708395	1708395	1708395	1648246	1588097	1588097	1588097	1588097	1511876	1435656	1435656	1270541	1215503
			燃气	3705157	3705157	3499315	3087631	3087631	2858509	2400265	2400265	2400265	2057370	1714475	1714475	1546749	1546749	1312279	1312279	1312279	1312279	1312279
载货汽车	微型		汽油	216062	126712	37363	37363	37363	37363	24666	11968	11968	9543	7118	7118	6488	5859	5859	5859	5859	4823	4478
			柴油	108555	88660	68764	68764	68764	68764	62037	55310	55310	46906	38502	38502	38502	38502	28120	17737	17737	15883	15265
			燃气	60603	34368	8132	8132	8132	8132	5860	3588	3588	2886	2183	2183	1930	1676	1676	1676	1676	1373	1271
	轻型		汽油	159149	100808	42466	42466	42466	42466	27912	13359	13359	11126	8894	8894	7472	6050	6050	6050	6050	5064	4735
			柴油	108966	88865	68764	68764	68764	68764	62037	55310	55310	46906	38502	38502	38502	38502	30884	23265	23265	22384	22090
			燃气	44650	28422	12195	12195	12195	12195	8066	3938	3938	3378	2818	2818	2275	1733	1733	1733	1733	1445	1349
	中型		汽油	637496	637496	637496	637496	637496	435223	30679	30679	30679	30679	30679	30679	30679	30679	23018	15358	15358	15358	15358
			柴油	939683	939683	843767	651936	651936	619920	555887	555887	555887	555730	555573	555573	555573	555573	487446	419318	419318	361072	341656
			燃气	1061102	1061102	941169	701304	701304	666268	596197	596197	596197	595823	595448	595448	451237	451237	367013	367013	367013	367013	367013
	重型		汽油	2227450	2227450	2227450	2227450	2227450	1531637	140011	140011	140011	140011	140011	134760	129510	129510	97236	64962	64962	64962	64962
			柴油	1078550	1078550	1041736	968107	968107	932299	860683	860683	860683	826170	791656	791656	791656	791656	704278	616900	616900	421160	355913
			燃气	2007604	2007604	1880839	1627310	1627310	1487955	1209245	1209245	1209245	1031950	854655	854655	664637	664637	384250	384250	384250	384250	384250
低速汽车	三轮汽车			65550	65550	65550	65550	65550	65550	65550	65550	65550	53279	53279	53279	53279	53279	53279	53279	53279	53279	53279
	低速货车			88065	88065	88065	88065	88065	88065	88065	88065	88065	71579	71579	71579	71579	71579	71579	71579	71579	71579	71579
摩托车	普通摩托车			1336	1336	1336	1336	1292	1247	1158	1158	1158	1158	1158	1028	899	899	899	899	899	899	899
	轻便摩托车			890	890	890	890	890	445	445	445	445	445	445	396	346	346	346	346	346	346	346

西双版纳傣族自治州 PM 排放系数

单位：克/（辆·年）

车辆类型		使用性质	燃料种类	1999 年年底前	2000 年	2001 年	2002 年	2003 年	2004 年	2005 年	2006 年	2007 年	2008 年	2009 年	2010 年	2011 年	2012 年	2013 年	2014 年	2015 年	2016 年	2017 年
载客汽车	微型	出租车	汽油	—	—	—	—	—	—	—	—	—	—	—	—	—	—	—	—	—	—	—
			燃气	—	—	—	—	—	—	—	—	—	—	—	—	—	—	—	—	—	—	—
		其他	汽油	—	—	—	—	—	—	—	—	—	—	—	—	—	—	—	—	—	—	—
			燃气	—	—	—	—	—	—	—	—	—	—	—	—	—	—	—	—	—	—	—
	小型	出租车	汽油	—	—	—	—	—	—	—	—	—	—	—	—	—	—	—	—	—	—	—
			柴油	50321	46080	41839	41839	41839	41839	28502	15166	15166	9890	4615	4615	4615	4615	4289	3963	3963	3277	3048
			燃气	—	—	—	—	—	—	—	—	—	—	—	—	—	—	—	—	—	—	—
		其他	汽油	—	—	—	—	—	—	—	—	—	—	—	—	—	—	—	—	—	—	—
			柴油	3426	3242	3058	3058	3058	3058	2198	1339	1339	981	623	623	623	623	522	421	421	421	421
			燃气	—	—	—	—	—	—	—	—	—	—	—	—	—	—	—	—	—	—	—
	中型	公交车	汽油	—	—	—	—	—	—	—	—	—	—	—	—	—	—	—	—	—	—	—
			柴油	30592	30592	28032	22913	22913	17978	8108	8108	8108	6872	5637	5637	5637	5637	3504	1372	1372	1080	983
			燃气	—	—	—	—	—	—	—	—	—	—	—	—	—	—	—	—	—	—	—
		其他	汽油	—	—	—	—	—	—	—	—	—	—	—	—	—	—	—	—	—	—	—
			柴油	15274	15274	12888	8116	8116	6262	2553	2553	2553	2434	2316	2316	2316	2316	1366	415	415	399	394
			燃气	—	—	—	—	—	—	—	—	—	—	—	—	—	—	—	—	—	—	—
	大型	公交车	汽油	—	—	—	—	—	—	—	—	—	—	—	—	—	—	—	—	—	—	—
			柴油	94865	94865	93934	92071	92071	71272	29674	29674	29674	19994	10315	10315	10315	10315	6116	1916	1916	1845	1821
			燃气	—	—	—	—	—	—	—	—	—	—	—	—	—	—	—	—	—	—	—
		其他	汽油	—	—	—	—	—	—	—	—	—	—	—	—	—	—	—	—	—	—	—
			柴油	142314	142314	133412	115607	115607	85425	25061	25061	25061	17182	9303	9303	9303	9303	5868	2433	2433	2343	2313
			燃气	—	—	—	—	—	—	—	—	—	—	—	—	—	—	—	—	—	—	—
载货汽车	微型		汽油	—	—	—	—	—	—	—	—	—	—	—	—	—	—	—	—	—	—	—
			柴油	7616	7458	7301	7301	7301	7301	5939	4577	4577	3397	2217	2217	2217	2217	1396	575	575	572	571
			燃气	—	—	—	—	—	—	—	—	—	—	—	—	—	—	—	—	—	—	—
	轻型		汽油	—	—	—	—	—	—	—	—	—	—	—	—	—	—	—	—	—	—	—
			柴油	7921	7611	7301	7301	7301	7301	5939	4577	4577	3397	2217	2217	2217	2217	1672	1127	1127	930	865
			燃气	—	—	—	—	—	—	—	—	—	—	—	—	—	—	—	—	—	—	—
	中型		汽油	—	—	—	—	—	—	—	—	—	—	—	—	—	—	—	—	—	—	—
			柴油	49461	49461	41623	25948	25948	20014	8145	8145	8145	7716	7288	7288	7288	7288	4673	2058	2058	1885	1827
			燃气	—	—	—	—	—	—	—	—	—	—	—	—	—	—	—	—	—	—	—
	重型		汽油	—	—	—	—	—	—	—	—	—	—	—	—	—	—	—	—	—	—	—
			柴油	97102	97102	79811	45228	45228	35911	17277	17277	17277	11839	6401	6401	6401	6401	4298	2196	2196	1856	1743
			燃气	—	—	—	—	—	—	—	—	—	—	—	—	—	—	—	—	—	—	—
低速汽车	三轮汽车			4092	4092	4092	4092	4092	4092	4092	4092	4092	3220	3220	3220	3220	3220	3220	3220	3220	3220	3220
	低速货车			5581	5581	5581	5581	5581	5581	5581	5581	5581	4392	4392	4392	4392	4392	4392	4392	4392	4392	4392
摩托车	普通摩托车			—	—	—	—	—	—	—	—	—	—	—	—	—	—	—	—	—	—	—
	轻便摩托车			—	—	—	—	—	—	—	—	—	—	—	—	—	—	—	—	—	—	—

西双版纳傣族自治州 VOCs 排放系数

单位：克/（辆•年）

车辆类型		使用性质	燃料种类	1999 年年底前	2000 年	2001 年	2002 年	2003 年	2004 年	2005 年	2006 年	2007 年	2008 年	2009 年	2010 年	2011 年	2012 年	2013 年	2014 年	2015 年	2016 年	2017 年
载客汽车	微型	出租车	汽油	692657	417174	141691	141691	141691	141691	108934	76176	76176	62984	49791	49791	40745	31699	31699	31699	31699	21384	17946
			燃气	408652	249771	90890	90890	90890	90890	70528	50167	50167	41477	32787	32787	25936	19085	19085	19085	19085	11128	8476
		其他	汽油	35542	22354	9167	9167	9167	9167	8820	8474	8474	7552	6631	6631	6394	6158	6158	6158	6158	5538	5331
			燃气	15857	8900	1944	1944	1944	1944	1868	1792	1792	1328	864	864	784	703	703	703	703	475	399
	小型	出租车	汽油	692657	410842	129027	129027	129027	129027	119576	110124	110124	79958	49791	49791	40745	31699	31699	31699	31699	20310	16513
			柴油	233333	218963	204593	204593	204593	204593	182892	161191	161191	121994	82798	82798	82798	82798	61161	39524	39524	20999	14824
			燃气	408652	246128	83604	83604	83604	83604	76650	69697	69697	51242	32787	32787	25936	19085	19085	19085	19085	10510	7652
		其他	汽油	36008	22532	9055	9055	9055	9055	9014	8974	8974	7804	6633	6633	6366	6100	6100	6100	6100	5585	5413
			柴油	7700	7034	6369	6369	6369	6369	5368	4366	4366	2997	1628	1628	1628	1628	1360	1091	1091	772	666
			燃气	16124	9690	3255	3255	3255	3255	2667	2079	2079	1535	991	991	830	670	670	670	670	502	446
	中型	公交车	汽油	270519	270519	270519	270519	269922	184705	15466	15466	15466	15466	15466	15314	15161	15161	12516	9872	9872	9872	9872
			柴油	87806	87806	86086	82645	82645	64494	28192	28192	28192	20508	12823	12823	12823	12823	8958	5093	5093	4763	4653
			燃气	71579	71579	67602	59649	59649	57536	53311	53311	53311	42686	32061	32061	22219	22219	22154	22154	22154	22154	22154
		其他	汽油	140493	140493	140493	140493	139896	96013	9441	9441	9441	9441	9441	9295	9149	9149	8004	6860	6860	6860	6860
			柴油	30493	30493	28460	24394	24394	18567	6912	6912	6912	6506	6099	6099	6099	6099	3750	1402	1402	1243	1190
			燃气	34560	34560	32640	28800	28800	27780	25740	25740	25740	20623	15506	15506	10732	10732	9642	9642	9642	9642	9642
	大型	公交车	汽油	629465	629465	629465	629465	628868	424476	16887	16887	16887	16887	16887	16747	16607	16607	13594	10580	10580	10580	10580
			柴油	131708	131708	108010	60614	60614	60614	60614	60614	60614	43515	26416	26416	26416	26416	17675	8934	8934	5723	4653
			燃气	168926	168926	159541	140772	140772	135786	125815	125815	125815	100740	75665	75665	52438	52438	47188	47188	47188	47188	47188
		其他	汽油	1393880	1393880	1393880	1393880	1393283	938986	31587	31587	31587	31587	31587	24778	17968	17968	14492	11015	11015	11015	11015
			柴油	272891	272891	207397	76409	76409	76409	76409	76409	76409	55942	35476	35476	35476	35476	20706	5937	5937	5324	5119
			燃气	266186	266186	251398	221822	221822	213966	198253	198253	198253	158842	119430	119430	82662	82662	74261	74261	74261	74261	74261
载货汽车	微型		汽油	174057	95014	15971	15971	15971	15971	15110	14250	14250	13298	12346	12346	10616	8885	8885	8885	8885	7912	7588
			柴油	25257	23589	21921	21921	21921	21921	20068	18216	18216	13462	8709	8709	8709	8709	5993	3277	3277	2249	1906
			燃气	77655	40521	3387	3387	3387	3387	3200	3013	3013	2311	1609	1609	1311	1014	1014	1014	1014	680	568
	轻型		汽油	91803	56015	20227	20227	20227	20227	17736	15246	15246	13886	12526	12526	11300	10074	10074	10074	10074	9014	8660
			柴油	23218	22570	21921	21921	21921	21921	20068	18216	18216	13462	8709	8709	8709	8709	6578	4447	4447	3420	3077
			燃气	41108	24190	7271	7271	7271	7271	5402	3532	3532	2702	1871	1871	1489	1106	1106	1106	1106	812	714
	中型		汽油	472656	472656	472656	472656	472059	321202	20683	20683	20683	20683	20683	20543	20403	20403	16436	12470	12470	12470	12470
			柴油	101292	101292	94539	81034	81034	61676	22960	22960	22960	21618	20275	20275	20275	20275	14694	9113	9113	5422	4192
			燃气	114802	114802	108425	95670	95670	92281	85502	85502	85502	68524	51547	51547	69758	69758	33966	33966	33966	33966	33966
	重型		汽油	641228	641228	641228	641228	640630	432395	17118	17118	17118	17118	17118	13927	10736	10736	9137	7538	7538	7538	7538
			柴油	169993	169993	129195	47598	47598	47598	47598	47598	47598	34848	22099	22099	22099	22099	13940	5782	5782	4025	3439
			燃气	165816	165816	156605	138181	138181	133287	123499	123499	123499	98948	74396	74396	80504	80504	49889	49889	49889	49889	49889
低速汽车	三轮汽车			25300	25300	25300	25300	25300	25300	25300	25300	25300	16721	16721	16721	16721	16721	16721	16721	16721	16721	16721
	低速货车			33990	33990	33990	33990	33990	33990	33990	33990	33990	22464	22464	22464	22464	22464	22464	22464	22464	22464	22464
摩托车	普通摩托车			17897	17897	17897	17897	13356	8815	4719	4719	4719	4719	4719	3522	2324	2324	2324	2324	2324	2324	2324
	轻便摩托车			57876	57876	57876	57876	57876	11575	11575	5699	5699	5699	5699	4252	2806	2806	2806	2806	2806	2806	2806

大理白族自治州 NO_x 排放系数

单位：克/（辆·年）

车辆类型		使用性质	燃料种类	1999年年底前	2000年	2001年	2002年	2003年	2004年	2005年	2006年	2007年	2008年	2009年	2010年	2011年	2012年	2013年	2014年	2015年	2016年	2017年
载客汽车	微型	出租车	汽油	479596	319710	159824	159824	159824	159824	115880	71936	71936	51756	31577	31577	26060	20542	20542	20542	20542	13467	11109
			燃气	200029	137425	74821	74821	74821	74821	56159	37497	37497	28449	19401	19401	15552	11702	11702	11702	11702	6772	5128
		其他	汽油	49784	31114	12443	12443	12443	12443	7681	2919	2919	2359	1799	1799	1482	1166	1166	1166	1166	877	781
			燃气	19019	11332	3646	3646	3646	3646	2374	1101	1101	894	686	686	544	402	402	402	402	322	295
	小型	出租车	汽油	545221	356438	167655	167655	167655	167655	120398	73140	73140	52358	31577	31577	24971	18365	18365	18365	18365	11482	9187
			柴油	458365	382831	307297	307297	307297	307297	273539	239781	239781	190134	140488	140488	140488	140488	114890	89292	89292	68555	61643
			燃气	225326	151583	77840	77840	77840	77840	57900	37961	37961	28681	19401	19401	15132	10863	10863	10863	10863	6006	4387
		其他	汽油	46389	29510	12632	12632	12632	12632	8226	3819	3819	2584	1350	1350	1224	1098	1098	1098	1098	821	729
			柴油	31444	25670	19895	19895	19895	19895	18318	16741	16741	13088	9435	9435	9435	9435	8162	6890	6890	6004	5709
			燃气	17711	11298	4885	4885	4885	4885	3166	1448	1448	980	513	513	444	376	376	376	376	301	276
	中型	公交车	汽油	672976	672976	672976	672976	672976	459755	33312	33312	33312	33312	33312	29875	26438	26438	19959	13480	13480	13480	13480
			柴油	591365	591365	589977	587200	587200	563864	517191	517191	517191	430795	344399	344399	344399	344399	281054	217710	217710	182272	170459
			燃气	627896	627896	620421	605471	605471	586690	549129	549129	549129	457024	364920	364920	230770	230770	180738	180738	180738	180738	180738
		其他	汽油	412595	412595	412595	412595	412595	279877	14441	14441	14441	14441	14441	14441	14441	14441	10832	7222	7222	7222	7222
			柴油	277324	277324	265747	242594	242594	240543	236440	236440	236440	201369	166298	166298	166298	166298	147657	129016	129016	110117	103817
			燃气	313157	313157	295759	260964	260964	258504	253585	253585	253585	215910	178234	178234	138837	138837	111522	111522	111522	111522	111522
	大型	公交车	汽油	2397477	2397477	2397477	2397477	2397477	1648551	150699	150699	150699	150699	150699	150566	150434	150434	112826	75219	75219	75219	75219
			柴油	838732	838732	811630	757425	757425	735904	692861	692861	692861	680375	667889	667889	667889	667889	643806	619722	619722	558650	538292
			燃气	1686349	1686349	1592663	1405291	1405291	1301009	1092446	1092446	1092446	936024	779602	779602	725809	725809	629086	629086	629086	629086	629086
		其他	汽油	5722341	5722341	5722341	5722341	5722341	3934791	359690	359690	359690	359690	359690	346202	332713	332713	249801	166889	166889	166889	166889
			柴油	2008503	2008503	1956820	1853455	1853455	1810243	1723819	1723819	1723819	1663128	1602436	1602436	1602436	1602436	1525527	1448618	1448618	1282012	1226477
			燃气	3738610	3738610	3530909	3115508	3115508	2884318	2421937	2421937	2421937	2075946	1729955	1729955	1560714	1560714	1324127	1324127	1324127	1324127	1324127
载货汽车	微型		汽油	200350	118136	35921	35921	35921	35921	24072	12224	12224	9832	7440	7440	6668	5895	5895	5895	5895	4639	4220
			柴油	104831	86252	67674	67674	67674	67674	60914	54155	54155	45852	37548	37548	37548	37548	27444	17341	17341	15042	14276
			燃气	76540	43533	10525	10525	10525	10525	7568	4611	4611	3724	2837	2837	2435	2032	2032	2032	2032	1704	1594
	轻型		汽油	148117	94360	40604	40604	40604	40604	27052	13501	13501	11286	9071	9071	7570	6070	6070	6070	6070	4860	4456
			柴油	105206	86440	67674	67674	67674	67674	60914	54155	54155	45852	37548	37548	37548	37548	29973	22398	22398	20989	20519
			燃气	56550	36126	15702	15702	15702	15702	10411	5119	5119	4283	3447	3447	2763	2079	2079	2079	2079	1785	1687
	中型		汽油	637496	637496	637496	637496	637496	435223	30679	30679	30679	30679	30679	30679	30679	30679	23018	15358	15358	15358	15358
			柴油	939683	939683	843767	651936	651936	619920	555887	555887	555887	555730	555573	555573	555573	555573	487446	419318	419318	361072	341656
			燃气	1061099	1061099	941167	701303	701303	666267	596196	596196	596196	595823	595449	595449	451237	451237	367013	367013	367013	367013	367013
	重型		汽油	2461577	2461577	2461577	2461577	2461577	1692627	154728	154728	154728	154728	154728	148926	143123	143123	107457	71791	71791	71791	71791
			柴油	1144171	1144171	1105117	1027008	1027008	989021	913048	913048	913048	876434	839821	839821	839821	839821	750946	662070	662070	470834	407088
			燃气	2129750	2129750	1995272	1726317	1726317	1578484	1282817	1282817	1282817	1094735	906652	906652	713302	713302	439500	439500	439500	439500	439500
低速汽车	三轮汽车			65550	65550	65550	65550	65550	65550	65550	65550	65550	53279	53279	53279	53279	53279	53279	53279	53279	53279	53279
	低速货车			88065	88065	88065	88065	88065	88065	88065	88065	88065	71579	71579	71579	71579	71579	71579	71579	71579	71579	71579
摩托车	普通摩托车			1336	1336	1336	1336	1292	1247	1158	1158	1158	1158	1158	1028	899	899	899	899	899	899	899
	轻便摩托车			890	890	890	890	890	445	445	445	445	445	445	396	346	346	346	346	346	346	346

大理白族自治州 PM 排放系数

单位：克/（辆·年）

车辆类型		使用性质	燃料种类	1999 年年底前	2000 年	2001 年	2002 年	2003 年	2004 年	2005 年	2006 年	2007 年	2008 年	2009 年	2010 年	2011 年	2012 年	2013 年	2014 年	2015 年	2016 年	2017 年
载客汽车	微型	出租车	汽油	—	—	—	—	—	—	—	—	—	—	—	—	—	—	—	—	—	—	—
			燃气	—	—	—	—	—	—	—	—	—	—	—	—	—	—	—	—	—	—	—
		其他	汽油	—	—	—	—	—	—	—	—	—	—	—	—	—	—	—	—	—	—	—
			燃气	—	—	—	—	—	—	—	—	—	—	—	—	—	—	—	—	—	—	—
	小型	出租车	汽油	—	—	—	—	—	—	—	—	—	—	—	—	—	—	—	—	—	—	—
			柴油	46428	42515	38602	38602	38602	38602	26297	13992	13992	9125	4258	4258	4258	4258	3957	3656	3656	3024	2813
			燃气	—	—	—	—	—	—	—	—	—	—	—	—	—	—	—	—	—	—	—
		其他	汽油	—	—	—	—	—	—	—	—	—	—	—	—	—	—	—	—	—	—	—
			柴油	3426	3242	3058	3058	3058	3058	2198	1339	1339	981	623	623	623	623	522	421	421	421	421
			燃气	—	—	—	—	—	—	—	—	—	—	—	—	—	—	—	—	—	—	—
	中型	公交车	汽油	—	—	—	—	—	—	—	—	—	—	—	—	—	—	—	—	—	—	—
			柴油	30592	30592	28032	22913	22913	17978	8108	8108	8108	6872	5637	5637	5637	5637	3504	1372	1372	1080	983
			燃气	—	—	—	—	—	—	—	—	—	—	—	—	—	—	—	—	—	—	—
		其他	汽油	—	—	—	—	—	—	—	—	—	—	—	—	—	—	—	—	—	—	—
			柴油	15274	15274	12888	8116	8116	6262	2553	2553	2553	2434	2316	2316	2316	2316	1366	415	415	399	394
			燃气	—	—	—	—	—	—	—	—	—	—	—	—	—	—	—	—	—	—	—
	大型	公交车	汽油	—	—	—	—	—	—	—	—	—	—	—	—	—	—	—	—	—	—	—
			柴油	94865	94865	93934	92071	92071	71272	29674	29674	29674	19994	10315	10315	10315	10315	6116	1916	1916	1845	1821
			燃气	—	—	—	—	—	—	—	—	—	—	—	—	—	—	—	—	—	—	—
		其他	汽油	—	—	—	—	—	—	—	—	—	—	—	—	—	—	—	—	—	—	—
			柴油	142314	142314	133412	115607	115607	85425	25061	25061	25061	17182	9303	9303	9303	9303	5868	2433	2433	2343	2313
			燃气	—	—	—	—	—	—	—	—	—	—	—	—	—	—	—	—	—	—	—
载货汽车	微型		汽油	—	—	—	—	—	—	—	—	—	—	—	—	—	—	—	—	—	—	—
			柴油	9628	9428	9229	9229	9229	9229	7508	5786	5786	4294	2802	2802	2802	2802	1764	726	726	723	722
			燃气	—	—	—	—	—	—	—	—	—	—	—	—	—	—	—	—	—	—	—
	轻型		汽油	—	—	—	—	—	—	—	—	—	—	—	—	—	—	—	—	—	—	—
			柴油	10013	9621	9229	9229	9229	9229	7508	5786	5786	4294	2802	2802	2802	2802	2113	1424	1424	1176	1093
			燃气	—	—	—	—	—	—	—	—	—	—	—	—	—	—	—	—	—	—	—
	中型		汽油	—	—	—	—	—	—	—	—	—	—	—	—	—	—	—	—	—	—	—
			柴油	49461	49461	41623	25948	25948	20014	8145	8145	8145	7716	7288	7288	7288	7288	4673	2058	2058	1885	1827
			燃气	—	—	—	—	—	—	—	—	—	—	—	—	—	—	—	—	—	—	—
	重型		汽油	—	—	—	—	—	—	—	—	—	—	—	—	—	—	—	—	—	—	—
			柴油	107526	107526	88378	50083	50083	39766	19132	19132	19132	13110	7088	7088	7088	7088	4732	2376	2376	2008	1886
			燃气	—	—	—	—	—	—	—	—	—	—	—	—	—	—	—	—	—	—	—
低速汽车	三轮汽车			4092	4092	4092	4092	4092	4092	4092	4092	4092	3220	3220	3220	3220	3220	3220	3220	3220	3220	3220
	低速货车			5581	5581	5581	5581	5581	5581	5581	5581	5581	4392	4392	4392	4392	4392	4392	4392	4392	4392	4392
摩托车	普通摩托车			—	—	—	—	—	—	—	—	—	—	—	—	—	—	—	—	—	—	—
	轻便摩托车			—	—	—	—	—	—	—	—	—	—	—	—	—	—	—	—	—	—	—

大理白族自治州 VOCs 排放系数

单位：克/（辆·年）

车辆类型		使用性质	燃料种类	1999 年年底前	2000 年	2001 年	2002 年	2003 年	2004 年	2005 年	2006 年	2007 年	2008 年	2009 年	2010 年	2011 年	2012 年	2013 年	2014 年	2015 年	2016 年	2017 年
载客汽车	微型	出租车	汽油	803940	476618	149296	149296	149296	149296	112630	75963	75963	61960	47958	47958	39532	31105	31105	31105	31105	21826	18733
			燃气	373422	227082	80743	80743	80743	80743	62358	43974	43974	36258	28542	28542	22623	16704	16704	16704	16704	9891	7620
		其他	汽油	43914	26795	9676	9676	9676	9676	9319	8962	8962	7774	6585	6585	6304	6022	6022	6022	6022	5198	4924
			燃气	15857	8900	1944	1944	1944	1944	1868	1792	1792	1328	864	864	784	703	703	703	703	475	399
	小型	出租车	汽油	803940	469065	134190	134190	134190	134190	125324	116457	116457	82208	47958	47958	39532	31105	31105	31105	31105	20544	17024
			柴油	213319	200535	187751	187751	187751	187751	168718	149684	149684	111360	73035	73035	73035	73035	54072	35110	35110	19230	13937
			燃气	373422	223722	74021	74021	74021	74021	68008	61994	61994	45268	28542	28542	22623	16704	16704	16704	16704	9320	6859
		其他	汽油	44516	27024	9531	9531	9531	9531	9570	9608	9608	8098	6588	6588	6268	5948	5948	5948	5948	5260	5030
			柴油	8991	8220	7449	7449	7449	7449	6291	5133	5133	3510	1888	1888	1888	1888	1604	1321	1321	942	816
			燃气	16124	9690	3255	3255	3255	3255	2667	2079	2079	1535	991	991	830	670	670	670	670	502	446
	中型	公交车	汽油	269772	269772	269772	269772	269175	183958	14719	14719	14719	14719	14719	14566	14414	14414	11770	9125	9125	9125	9125
			柴油	87806	87806	86086	82645	82645	64494	28192	28192	28192	20508	12823	12823	12823	12823	8958	5093	5093	4763	4653
			燃气	71579	71579	67602	59649	59649	57536	53311	53311	53311	42686	32061	32061	22219	22219	22154	22154	22154	22154	22154
		其他	汽油	139746	139746	139746	139746	139149	95266	8694	8694	8694	8694	8694	8548	8402	8402	7258	6113	6113	6113	6113
			柴油	30493	30493	28460	24394	24394	18567	6912	6912	6912	6506	6099	6099	6099	6099	3750	1402	1402	1243	1190
			燃气	34560	34560	32640	28800	28800	27780	25740	25740	25740	20623	15506	15506	10732	10732	9642	9642	9642	9642	9642
	大型	公交车	汽油	628718	628718	628718	628718	628121	423729	16140	16140	16140	16140	16140	16000	15860	15860	12846	9833	9833	9833	9833
			柴油	131708	131708	108010	60614	60614	60614	60614	60614	60614	43515	26416	26416	26416	26416	17675	8934	8934	5723	4653
			燃气	168926	168926	159541	140772	140772	135786	125815	125815	125815	100740	75665	75665	52438	52438	47188	47188	47188	47188	47188
		其他	汽油	1393133	1393133	1393133	1393133	1392536	938239	30840	30840	30840	30840	30840	24030	17221	17221	13744	10268	10268	10268	10268
			柴油	272891	272891	207397	76409	76409	76409	76409	76409	76409	55942	35476	35476	35476	35476	20706	5937	5937	5324	5119
			燃气	266186	266186	251398	221822	221822	213966	198253	198253	198253	158842	119430	119430	82662	82662	74261	74261	74261	74261	74261
载货汽车	微型		汽油	279686	150806	21926	21926	21926	21926	20688	19449	19449	17975	16501	16501	13695	10889	10889	10889	10889	9359	8849
			柴油	39000	36426	33852	33852	33852	33852	30964	28076	28076	20800	13525	13525	13525	13525	9335	5145	5145	3492	2941
			燃气	100992	52699	4405	4405	4405	4405	4147	3889	3889	3027	2165	2165	1718	1271	1271	1271	1271	856	717
	轻型		汽油	145252	87067	28882	28882	28882	28882	24979	21076	21076	18936	16795	16795	14814	12834	12834	12834	12834	11159	10601
			柴油	35925	34888	33852	33852	33852	33852	30964	28076	28076	20800	13525	13525	13525	13525	10218	6911	6911	5257	4706
			燃气	52611	31237	9864	9864	9864	9864	7212	4560	4560	3543	2526	2526	1986	1446	1446	1446	1446	1066	940
	中型		汽油	471909	471909	471909	471909	471312	320455	19936	19936	19936	19936	19936	19796	19657	19657	15690	11723	11723	11723	11723
			柴油	101292	101292	94539	81034	81034	61676	22960	22960	22960	21618	20275	20275	20275	20275	14694	9113	9113	5422	4192
			燃气	114802	114802	108425	95670	95670	92281	85502	85502	85502	68524	51547	51547	69758	69758	33966	33966	33966	33966	33966
	重型		汽油	711146	711146	711146	711146	710548	479210	17729	17729	17729	17729	17729	14198	10668	10668	8893	7118	7118	7118	7118
			柴油	179677	179677	136555	50310	50310	50310	50310	50310	50310	36834	23358	23358	23358	23358	14949	6540	6540	4479	3792
			燃气	175262	175262	165526	146054	146054	140881	130536	130536	130536	104585	78635	78635	91058	91058	55010	55010	55010	55010	55010
低速汽车	三轮汽车			25300	25300	25300	25300	25300	25300	25300	25300	25300	16721	16721	16721	16721	16721	16721	16721	16721	16721	16721
	低速货车			33990	33990	33990	33990	33990	33990	33990	33990	33990	22464	22464	22464	22464	22464	22464	22464	22464	22464	22464
摩托车	普通摩托车			17897	17897	17897	17897	13356	8815	4719	4719	4719	4719	4719	3522	2324	2324	2324	2324	2324	2324	2324
	轻便摩托车			57876	57876	57876	57876	57876	11575	11575	5699	5699	5699	5699	4252	2806	2806	2806	2806	2806	2806	2806

德宏傣族景颇族自治州 NO_x 排放系数

单位：克/（辆·年）

车辆类型		使用性质	燃料种类	1999年年底前	2000年	2001年	2002年	2003年	2004年	2005年	2006年	2007年	2008年	2009年	2010年	2011年	2012年	2013年	2014年	2015年	2016年	2017年
载客汽车	微型	出租车	汽油	380620	252040	123460	123460	123460	123460	88726	53993	53993	38238	22484	22484	18748	15011	15011	15011	15011	10212	8612
			燃气	156459	106300	56140	56140	56140	56140	41630	27120	27120	20230	13339	13339	10778	8216	8216	8216	8216	4953	3865
		其他	汽油	49784	31114	12443	12443	12443	12443	7681	2919	2919	2359	1799	1799	1482	1166	1166	1166	1166	877	781
			燃气	19019	11332	3646	3646	3646	3646	2374	1101	1101	894	686	686	544	402	402	402	402	322	295
	小型	出租车	汽油	433556	281666	129777	129777	129777	129777	92370	54964	54964	38724	22484	22484	17870	13255	13255	13255	13255	8610	7061
			柴油	349901	290352	230803	230803	230803	230803	205781	180759	180759	142916	105072	105072	105072	105072	86632	68193	68193	53518	48626
			燃气	176865	117720	58575	58575	58575	58575	43034	27494	27494	20416	13339	13339	10439	7539	7539	7539	7539	4335	3267
		其他	汽油	46389	29510	12632	12632	12632	12632	8226	3819	3819	2584	1350	1350	1224	1098	1098	1098	1098	821	729
			柴油	31444	25670	19895	19895	19895	19895	18318	16741	16741	13088	9435	9435	9435	9435	8162	6890	6890	6004	5709
			燃气	17711	11298	4885	4885	4885	4885	3166	1448	1448	980	513	513	444	376	376	376	376	301	276
	中型	公交车	汽油	672976	672976	672976	672976	672976	459755	33312	33312	33312	33312	33312	29875	26438	26438	19959	13480	13480	13480	13480
			柴油	591365	591365	589977	587200	587200	563864	517191	517191	517191	430795	344399	344399	344399	344399	281054	217710	217710	182272	170459
			燃气	627896	627896	620421	605471	605471	586690	549129	549129	549129	457024	364920	364920	230770	230770	180738	180738	180738	180738	180738
		其他	汽油	412595	412595	412595	412595	412595	279877	14441	14441	14441	14441	14441	14441	14441	14441	10832	7222	7222	7222	7222
			柴油	277324	277324	265747	242594	242594	240543	236440	236440	236440	201369	166298	166298	166298	166298	147657	129016	129016	110117	103817
			燃气	313157	313157	295759	260964	260964	258504	253585	253585	253585	215910	178234	178234	138837	138837	111522	111522	111522	111522	111522
	大型	公交车	汽油	2397477	2397477	2397477	2397477	2397477	1648551	150699	150699	150699	150699	150699	150566	150434	150434	112826	75219	75219	75219	75219
			柴油	838732	838732	811630	757425	757425	735904	692861	692861	692861	680375	667889	667889	667889	667889	643806	619722	619722	558650	538292
			燃气	1686349	1686349	1592663	1405291	1405291	1301009	1092446	1092446	1092446	936024	779602	779602	725809	725809	629086	629086	629086	629086	629086
		其他	汽油	5722341	5722341	5722341	5722341	5722341	3934791	359690	359690	359690	359690	359690	346202	332713	332713	249801	166889	166889	166889	166889
			柴油	2008503	2008503	1956820	1853455	1853455	1810243	1723819	1723819	1723819	1663128	1602436	1602436	1602436	1602436	1525527	1448618	1448618	1282012	1226477
			燃气	3738610	3738610	3530909	3115508	3115508	2884318	2421937	2421937	2421937	2075946	1729955	1729955	1560714	1560714	1324127	1324127	1324127	1324127	1324127
载货汽车	微型		汽油	173406	102099	30792	30792	30792	30792	20569	10346	10346	8304	6261	6261	5644	5026	5026	5026	5026	3986	3639
			柴油	89478	73468	57457	57457	57457	57457	51758	46058	46058	39016	31975	31975	31975	31975	23376	14776	14776	12922	12304
			燃气	66246	37634	9023	9023	9023	9023	6462	3902	3902	3145	2387	2387	2060	1733	1733	1733	1733	1464	1375
	轻型		汽油	128105	81480	34854	34854	34854	34854	23154	11453	11453	9564	7675	7675	6426	5178	5178	5178	5178	4177	3843
			柴油	89804	73630	57457	57457	57457	57457	51758	46058	46058	39016	31975	31975	31975	31975	25568	19162	19162	18079	17718
			燃气	48910	31194	13479	13479	13479	13479	8911	4342	4342	3629	2916	2916	2345	1773	1773	1773	1773	1535	1455
	中型		汽油	637496	637496	637496	637496	637496	435223	30679	30679	30679	30679	30679	30679	30679	30679	23018	15358	15358	15358	15358
			柴油	939683	939683	843767	651936	651936	619920	555887	555887	555887	555730	555573	555573	555573	555573	487446	419318	419318	361072	341656
			燃气	1061099	1061099	941167	701303	701303	666267	596196	596196	596196	595823	595449	595449	451237	451237	367013	367013	367013	367013	367013
	重型		汽油	2227450	2227450	2227450	2227450	2227450	1531637	140011	140011	140011	140011	140011	134760	129510	129510	97236	64962	64962	64962	64962
			柴油	1078550	1078550	1041736	968107	968107	932299	860683	860683	860683	826170	791656	791656	791656	791656	704278	616900	616900	421160	355913
			燃气	2007604	2007604	1880839	1627310	1627310	1487955	1209245	1209245	1209245	1031950	854655	854655	664637	664637	384250	384250	384250	384250	384250
低速汽车	三轮汽车			65550	65550	65550	65550	65550	65550	65550	65550	65550	53279	53279	53279	53279	53279	53279	53279	53279	53279	53279
	低速货车			88065	88065	88065	88065	88065	88065	88065	88065	88065	71579	71579	71579	71579	71579	71579	71579	71579	71579	71579
摩托车	普通摩托车			1336	1336	1336	1336	1292	1247	1158	1158	1158	1158	1158	1028	899	899	899	899	899	899	899
	轻便摩托车			890	890	890	890	890	445	445	445	445	445	445	396	346	346	346	346	346	346	346

德宏傣族景颇族自治州 PM 排放系数

单位：克/（辆·年）

车辆类型		使用性质	燃料种类	1999 年年底前	2000 年	2001 年	2002 年	2003 年	2004 年	2005 年	2006 年	2007 年	2008 年	2009 年	2010 年	2011 年	2012 年	2013 年	2014 年	2015 年	2016 年	2017 年
载客汽车	微型	出租车	汽油	—	—	—	—	—	—	—	—	—	—	—	—	—	—	—	—	—	—	—
			燃气	—	—	—	—	—	—	—	—	—	—	—	—	—	—	—	—	—	—	—
		其他	汽油	—	—	—	—	—	—	—	—	—	—	—	—	—	—	—	—	—	—	—
			燃气	—	—	—	—	—	—	—	—	—	—	—	—	—	—	—	—	—	—	—
	小型	出租车	汽油	—	—	—	—	—	—	—	—	—	—	—	—	—	—	—	—	—	—	—
			柴油	37451	34295	31139	31139	31139	31139	21213	11287	11287	7360	3434	3434	3434	3434	3192	2949	2949	2439	2269
			燃气	—	—	—	—	—	—	—	—	—	—	—	—	—	—	—	—	—	—	—
		其他	汽油	—	—	—	—	—	—	—	—	—	—	—	—	—	—	—	—	—	—	—
			柴油	3426	3242	3058	3058	3058	3058	2198	1339	1339	981	623	623	623	623	522	421	421	421	421
			燃气	—	—	—	—	—	—	—	—	—	—	—	—	—	—	—	—	—	—	—
	中型	公交车	汽油	—	—	—	—	—	—	—	—	—	—	—	—	—	—	—	—	—	—	—
			柴油	30592	30592	28032	22913	22913	17978	8108	8108	8108	6872	5637	5637	5637	5637	3504	1372	1372	1080	983
			燃气	—	—	—	—	—	—	—	—	—	—	—	—	—	—	—	—	—	—	—
		其他	汽油	—	—	—	—	—	—	—	—	—	—	—	—	—	—	—	—	—	—	—
			柴油	15274	15274	12888	8116	8116	6262	2553	2553	2553	2434	2316	2316	2316	2316	1366	415	415	399	394
			燃气	—	—	—	—	—	—	—	—	—	—	—	—	—	—	—	—	—	—	—
	大型	公交车	汽油	—	—	—	—	—	—	—	—	—	—	—	—	—	—	—	—	—	—	—
			柴油	94865	94865	93934	92071	92071	71272	29674	29674	29674	19994	10315	10315	10315	10315	6116	1916	1916	1845	1821
			燃气	—	—	—	—	—	—	—	—	—	—	—	—	—	—	—	—	—	—	—
		其他	汽油	—	—	—	—	—	—	—	—	—	—	—	—	—	—	—	—	—	—	—
			柴油	142314	142314	133412	115607	115607	85425	25061	25061	25061	17182	9303	9303	9303	9303	5868	2433	2433	2343	2313
			燃气	—	—	—	—	—	—	—	—	—	—	—	—	—	—	—	—	—	—	—
载货汽车	微型		汽油	—	—	—	—	—	—	—	—	—	—	—	—	—	—	—	—	—	—	—
			柴油	8350	8178	8005	8005	8005	8005	6512	5018	5018	3724	2430	2430	2430	2430	1530	630	630	627	626
			燃气	—	—	—	—	—	—	—	—	—	—	—	—	—	—	—	—	—	—	—
	轻型		汽油	—	—	—	—	—	—	—	—	—	—	—	—	—	—	—	—	—	—	—
			柴油	8684	8344	8005	8005	8005	8005	6512	5018	5018	3724	2430	2430	2430	2430	1832	1235	1235	1020	948
			燃气	—	—	—	—	—	—	—	—	—	—	—	—	—	—	—	—	—	—	—
	中型		汽油	—	—	—	—	—	—	—	—	—	—	—	—	—	—	—	—	—	—	—
			柴油	49461	49461	41623	25948	25948	20014	8145	8145	8145	7716	7288	7288	7288	7288	4673	2058	2058	1885	1827
			燃气	—	—	—	—	—	—	—	—	—	—	—	—	—	—	—	—	—	—	—
	重型		汽油	—	—	—	—	—	—	—	—	—	—	—	—	—	—	—	—	—	—	—
			柴油	97102	97102	79811	45228	45228	35911	17277	17277	17277	11839	6401	6401	6401	6401	4298	2196	2196	1856	1743
			燃气	—	—	—	—	—	—	—	—	—	—	—	—	—	—	—	—	—	—	—
低速汽车	三轮汽车			4092	4092	4092	4092	4092	4092	4092	4092	4092	3220	3220	3220	3220	3220	3220	3220	3220	3220	3220
	低速货车			5581	5581	5581	5581	5581	5581	5581	5581	5581	4392	4392	4392	4392	4392	4392	4392	4392	4392	4392
摩托车	普通摩托车			—	—	—	—	—	—	—	—	—	—	—	—	—	—	—	—	—	—	—
	轻便摩托车			—	—	—	—	—	—	—	—	—	—	—	—	—	—	—	—	—	—	—

德宏傣族景颇族自治州 VOCs 排放系数

单位：克/（辆·年）

车辆类型		使用性质	燃料种类	1999年年底前	2000年	2001年	2002年	2003年	2004年	2005年	2006年	2007年	2008年	2009年	2010年	2011年	2012年	2013年	2014年	2015年	2016年	2017年
载客汽车	微型	出租车	汽油	642687	378932	115176	115176	115176	115176	86470	57763	57763	47092	36422	36422	30540	24657	24657	24657	24657	18302	16183
			燃气	294492	176914	59336	59336	59336	59336	45254	31172	31172	25509	19846	19846	15819	11792	11792	11792	11792	7277	5772
		其他	汽油	44661	27542	10423	10423	10423	10423	10066	9709	9709	8520	7331	7331	7050	6769	6769	6769	6769	5946	5671
			燃气	15857	8900	1944	1944	1944	1944	1868	1792	1792	1328	864	864	784	703	703	703	703	475	399
	小型	出租车	汽油	642687	372838	102990	102990	102990	102990	96708	90427	90427	63424	36422	36422	30540	24657	24657	24657	24657	17268	14805
			柴油	148905	140208	131510	131510	131510	131510	118740	105969	105969	77622	49276	49276	49276	49276	36563	23850	23850	13443	9974
			燃气	294492	174203	53914	53914	53914	53914	49811	45708	45708	32777	19846	19846	15819	11792	11792	11792	11792	6817	5159
		其他	汽油	45263	27770	10278	10278	10278	10278	10316	10355	10355	8845	7335	7335	7014	6694	6694	6694	6694	6006	5777
			柴油	8991	8220	7449	7449	7449	7449	6291	5133	5133	3510	1888	1888	1888	1888	1604	1321	1321	942	816
			燃气	16124	9690	3255	3255	3255	3255	2667	2079	2079	1535	991	991	830	670	670	670	670	502	446
	中型	公交车	汽油	270519	270519	270519	270519	269922	184705	15466	15466	15466	15466	15466	15314	15161	15161	12516	9872	9872	9872	9872
			柴油	87806	87806	86086	82645	82645	64494	28192	28192	28192	20508	12823	12823	12823	12823	8958	5093	5093	4763	4653
			燃气	71579	71579	67602	59649	59649	57536	53311	53311	53311	42686	32061	32061	22219	22219	22154	22154	22154	22154	22154
		其他	汽油	140493	140493	140493	140493	139896	96013	9441	9441	9441	9441	9441	9295	9149	9149	8004	6860	6860	6860	6860
			柴油	30493	30493	28460	24394	24394	18567	6912	6912	6912	6506	6099	6099	6099	6099	3750	1402	1402	1243	1190
			燃气	34560	34560	32640	28800	28800	27780	25740	25740	25740	20623	15506	15506	10732	10732	9642	9642	9642	9642	9642
	大型	公交车	汽油	629465	629465	629465	629465	628868	424476	16887	16887	16887	16887	16887	16747	16607	16607	13594	10580	10580	10580	10580
			柴油	131708	131708	108010	60614	60614	60614	60614	60614	60614	43515	26416	26416	26416	26416	17675	8934	8934	5723	4653
			燃气	168926	168926	159541	140772	140772	135786	125815	125815	125815	100740	75665	75665	52438	52438	47188	47188	47188	47188	47188
		其他	汽油	1393880	1393880	1393880	1393880	1393283	938986	31587	31587	31587	31587	31587	24778	17968	17968	14492	11015	11015	11015	11015
			柴油	272891	272891	207397	76409	76409	76409	76409	76409	76409	55942	35476	35476	35476	35476	20706	5937	5937	5324	5119
			燃气	266186	266186	251398	221822	221822	213966	198253	198253	198253	158842	119430	119430	82662	82662	74261	74261	74261	74261	74261
载货汽车	微型		汽油	243869	131934	20000	20000	20000	20000	18962	17923	17923	16652	15380	15380	13012	10645	10645	10645	10645	9356	8926
			柴油	32161	30048	27935	27935	27935	27935	25621	23307	23307	17178	11048	11048	11048	11048	7605	4162	4162	2894	2471
			燃气	86586	45158	3730	3730	3730	3730	3519	3308	3308	2560	1813	1813	1459	1106	1106	1106	1106	747	628
	轻型		汽油	127278	76656	26033	26033	26033	26033	22684	19334	19334	17484	15635	15635	13983	12331	12331	12331	12331	10916	10445
			柴油	29494	28714	27935	27935	27935	27935	25621	23307	23307	17178	11048	11048	11048	11048	8370	5693	5693	4425	4002
			燃气	45340	26792	8245	8245	8245	8245	6063	3882	3882	2997	2112	2112	1673	1234	1234	1234	1234	913	806
	中型		汽油	472656	472656	472656	472656	472059	321202	20683	20683	20683	20683	20683	20543	20403	20403	16436	12470	12470	12470	12470
			柴油	101292	101292	94539	81034	81034	61676	22960	22960	22960	21618	20275	20275	20275	20275	14694	9113	9113	5422	4192
			燃气	114802	114802	108425	95670	95670	92281	85502	85502	85502	68524	51547	51547	69758	69758	33966	33966	33966	33966	33966
	重型		汽油	641228	641228	641228	641228	640630	432395	17118	17118	17118	17118	17118	13927	10736	10736	9137	7538	7538	7538	7538
			柴油	169993	169993	129195	47598	47598	47598	47598	47598	47598	34848	22099	22099	22099	22099	13940	5782	5782	4025	3439
			燃气	165816	165816	156605	138181	138181	133287	123499	123499	123499	98948	74396	74396	80504	80504	49889	49889	49889	49889	49889
低速汽车	三轮汽车			25300	25300	25300	25300	25300	25300	25300	25300	25300	16721	16721	16721	16721	16721	16721	16721	16721	16721	16721
	低速货车			33990	33990	33990	33990	33990	33990	33990	33990	33990	22464	22464	22464	22464	22464	22464	22464	22464	22464	22464
摩托车	普通摩托车			17897	17897	17897	17897	13356	8815	4719	4719	4719	4719	4719	3522	2324	2324	2324	2324	2324	2324	2324
	轻便摩托车			57876	57876	57876	57876	57876	11575	11575	5699	5699	5699	5699	4252	2806	2806	2806	2806	2806	2806	2806

怒江傈僳族自治州 NO_x 排放系数

单位：克/（辆·年）

车辆类型		使用性质	燃料种类	1999年年底前	2000年	2001年	2002年	2003年	2004年	2005年	2006年	2007年	2008年	2009年	2010年	2011年	2012年	2013年	2014年	2015年	2016年	2017年
载客汽车	微型	出租车	汽油	446718	294449	142180	142180	142180	142180	101488	60795	60795	42523	24251	24251	20372	16493	16493	16493	16493	11574	9935
			燃气	156459	106300	56140	56140	56140	56140	41630	27120	27120	20230	13339	13339	10778	8216	8216	8216	8216	4953	3865
		其他	汽油	58743	36664	14585	14585	14585	14585	8939	3293	3293	2655	2017	2017	1651	1285	1285	1285	1285	1003	909
			燃气	19019	11332	3646	3646	3646	3646	2374	1101	1101	894	686	686	544	402	402	402	402	322	295
	小型	出租车	汽油	509587	329635	149683	149683	149683	149683	105816	61948	61948	43100	24251	24251	19329	14407	14407	14407	14407	9672	8094
			柴油	400606	330826	261045	261045	261045	261045	233017	204989	204989	161710	118430	118430	118430	118430	98236	78043	78043	62252	56989
			燃气	176865	117720	58575	58575	58575	58575	43034	27494	27494	20416	13339	13339	10439	7539	7539	7539	7539	4335	3267
		其他	汽油	54710	34760	14809	14809	14809	14809	9586	4362	4362	2923	1484	1484	1344	1205	1205	1205	1205	938	849
			柴油	37071	30218	23364	23364	23364	23364	21518	19673	19673	15366	11059	11059	11059	11059	9575	8091	8091	7100	6770
			燃气	17711	11298	4885	4885	4885	4885	3166	1448	1448	980	513	513	444	376	376	376	376	301	276
	中型	公交车	汽油	667577	667577	667577	667577	667577	456066	33045	33045	33045	33045	33045	29636	26226	26226	19799	13372	13372	13372	13372
			柴油	587893	587893	586513	583752	583752	560553	514154	514154	514154	428266	342377	342377	342377	342377	279404	216431	216431	181201	169458
			燃气	624209	624209	616778	601916	601916	583245	545904	545904	545904	454340	362777	362777	229415	229415	179676	179676	179676	179676	179676
		其他	汽油	409285	409285	409285	409285	409285	277632	14325	14325	14325	14325	14325	14325	14325	14325	10744	7164	7164	7164	7164
			柴油	275695	275695	264187	241170	241170	239131	235052	235052	235052	200186	165321	165321	165321	165321	146790	128259	128259	109470	103207
			燃气	311318	311318	294023	259432	259432	256987	252097	252097	252097	214642	177188	177188	138022	138022	110867	110867	110867	110867	110867
	大型	公交车	汽油	2378241	2378241	2378241	2378241	2378241	1635324	149489	149489	149489	149489	149489	149358	149227	149227	111921	74615	74615	74615	74615
			柴油	833807	833807	806864	752978	752978	731583	688793	688793	688793	676380	663967	663967	663967	663967	640025	616083	616083	555369	535131
			燃气	1676448	1676448	1583312	1397040	1397040	1293371	1086032	1086032	1086032	930528	775024	775024	721548	721548	625393	625393	625393	625393	625393
		其他	汽油	5676429	5676429	5676429	5676429	5676429	3903221	356804	356804	356804	356804	356804	343424	330044	330044	247797	165550	165550	165550	165550
			柴油	1996710	1996710	1945331	1842573	1842573	1799615	1713698	1713698	1713698	1653362	1593027	1593027	1593027	1593027	1516570	1440113	1440113	1274485	1219276
			燃气	3716659	3716659	3510178	3097216	3097216	2867383	2407717	2407717	2407717	2063758	1719798	1719798	1551550	1551550	1316352	1316352	1316352	1316352	1316352
载货汽车	微型		汽油	205069	120511	35953	35953	35953	35953	23876	11800	11800	9442	7083	7083	6414	5746	5746	5746	5746	4644	4277
			柴油	104600	85670	66741	66741	66741	66741	60161	53581	53581	45412	37242	37242	37242	37242	27210	17178	17178	15194	14533
			燃气	66394	37691	8988	8988	8988	8988	6466	3945	3945	3177	2409	2409	2103	1798	1798	1798	1798	1490	1388
	轻型		汽油	151268	96022	40777	40777	40777	40777	26946	13115	13115	10939	8763	8763	7345	5927	5927	5927	5927	4871	4519
			柴油	104988	85864	66741	66741	66741	66741	60161	53581	53581	45412	37242	37242	37242	37242	29820	22397	22397	21333	20978
			燃气	48969	31210	13451	13451	13451	13451	8902	4354	4354	3691	3029	3029	2439	1849	1849	1849	1849	1564	1469
	中型		汽油	637496	637496	637496	637496	637496	435223	30679	30679	30679	30679	30679	30679	30679	30679	23018	15358	15358	15358	15358
			柴油	939683	939683	843767	651936	651936	619920	555887	555887	555887	555730	555573	555573	555573	555573	487446	419318	419318	361072	341656
			燃气	1061101	1061101	941168	701302	701302	666267	596198	596198	596198	595825	595453	595453	451236	451236	367014	367014	367014	367014	367014
	重型		汽油	2227450	2227450	2227450	2227450	2227450	1531637	140011	140011	140011	140011	140011	134760	129510	129510	97236	64962	64962	64962	64962
			柴油	1078550	1078550	1041736	968107	968107	932299	860683	860683	860683	826170	791656	791656	791656	791656	704278	616900	616900	421160	355913
			燃气	2007604	2007604	1880839	1627309	1627309	1487955	1209245	1209245	1209245	1031950	854655	854655	664636	664636	384250	384250	384250	384250	384250
低速汽车	三轮汽车			65550	65550	65550	65550	65550	65550	65550	65550	65550	53279	53279	53279	53279	53279	53279	53279	53279	53279	53279
	低速货车			88065	88065	88065	88065	88065	88065	88065	88065	88065	71579	71579	71579	71579	71579	71579	71579	71579	71579	71579
摩托车	普通摩托车			1336	1336	1336	1336	1292	1247	1158	1158	1158	1158	1158	1028	899	899	899	899	899	899	899
	轻便摩托车			890	890	890	890	890	445	445	445	445	445	445	396	346	346	346	346	346	346	346

怒江傈僳族自治州 PM 排放系数

单位：克/（辆·年）

车辆类型		使用性质	燃料种类	1999 年年底前	2000 年	2001 年	2002 年	2003 年	2004 年	2005 年	2006 年	2007 年	2008 年	2009 年	2010 年	2011 年	2012 年	2013 年	2014 年	2015 年	2016 年	2017 年
载客汽车	微型	出租车	汽油	—	—	—	—	—	—	—	—	—	—	—	—	—	—	—	—	—	—	—
			燃气	—	—	—	—	—	—	—	—	—	—	—	—	—	—	—	—	—	—	—
		其他	汽油	—	—	—	—	—	—	—	—	—	—	—	—	—	—	—	—	—	—	—
			燃气	—	—	—	—	—	—	—	—	—	—	—	—	—	—	—	—	—	—	—
	小型	出租车	汽油	—	—	—	—	—	—	—	—	—	—	—	—	—	—	—	—	—	—	—
			柴油	37451	34295	31139	31139	31139	31139	21213	11287	11287	7360	3434	3434	3434	3434	3192	2949	2949	2439	2269
			燃气	—	—	—	—	—	—	—	—	—	—	—	—	—	—	—	—	—	—	—
		其他	汽油	—	—	—	—	—	—	—	—	—	—	—	—	—	—	—	—	—	—	—
			柴油	3426	3242	3058	3058	3058	3058	2198	1339	1339	981	623	623	623	623	522	421	421	421	421
			燃气	—	—	—	—	—	—	—	—	—	—	—	—	—	—	—	—	—	—	—
	中型	公交车	汽油	—	—	—	—	—	—	—	—	—	—	—	—	—	—	—	—	—	—	—
			柴油	30592	30592	28032	22913	22913	17978	8108	8108	8108	6872	5637	5637	5637	5637	3504	1372	1372	1080	983
			燃气	—	—	—	—	—	—	—	—	—	—	—	—	—	—	—	—	—	—	—
		其他	汽油	—	—	—	—	—	—	—	—	—	—	—	—	—	—	—	—	—	—	—
			柴油	15274	15274	12888	8116	8116	6262	2553	2553	2553	2434	2316	2316	2316	2316	1366	415	415	399	394
			燃气	—	—	—	—	—	—	—	—	—	—	—	—	—	—	—	—	—	—	—
	大型	公交车	汽油	—	—	—	—	—	—	—	—	—	—	—	—	—	—	—	—	—	—	—
			柴油	94865	94865	93934	92071	92071	71272	29674	29674	29674	19994	10315	10315	10315	10315	6116	1916	1916	1845	1821
			燃气	—	—	—	—	—	—	—	—	—	—	—	—	—	—	—	—	—	—	—
		其他	汽油	—	—	—	—	—	—	—	—	—	—	—	—	—	—	—	—	—	—	—
			柴油	142314	142314	133412	115607	115607	85425	25061	25061	25061	17182	9303	9303	9303	9303	5868	2433	2433	2343	2313
			燃气	—	—	—	—	—	—	—	—	—	—	—	—	—	—	—	—	—	—	—
载货汽车	微型		汽油	—	—	—	—	—	—	—	—	—	—	—	—	—	—	—	—	—	—	—
			柴油	8350	8178	8005	8005	8005	8005	6512	5018	5018	3724	2430	2430	2430	2430	1530	630	630	627	626
			燃气	—	—	—	—	—	—	—	—	—	—	—	—	—	—	—	—	—	—	—
	轻型		汽油	—	—	—	—	—	—	—	—	—	—	—	—	—	—	—	—	—	—	—
			柴油	8684	8344	8005	8005	8005	8005	6512	5018	5018	3724	2430	2430	2430	2430	1832	1235	1235	1020	948
			燃气	—	—	—	—	—	—	—	—	—	—	—	—	—	—	—	—	—	—	—
	中型		汽油	—	—	—	—	—	—	—	—	—	—	—	—	—	—	—	—	—	—	—
			柴油	49461	49461	41623	25948	25948	20014	8145	8145	8145	7716	7288	7288	7288	7288	4673	2058	2058	1885	1827
			燃气	—	—	—	—	—	—	—	—	—	—	—	—	—	—	—	—	—	—	—
	重型		汽油	—	—	—	—	—	—	—	—	—	—	—	—	—	—	—	—	—	—	—
			柴油	97102	97102	79811	45228	45228	35911	17277	17277	17277	11839	6401	6401	6401	6401	4298	2196	2196	1856	1743
			燃气	—	—	—	—	—	—	—	—	—	—	—	—	—	—	—	—	—	—	—
低速汽车	三轮汽车			4092	4092	4092	4092	4092	4092	4092	4092	4092	3220	3220	3220	3220	3220	3220	3220	3220	3220	3220
	低速货车			5581	5581	5581	5581	5581	5581	5581	5581	5581	4392	4392	4392	4392	4392	4392	4392	4392	4392	4392
摩托车	普通摩托车			—	—	—	—	—	—	—	—	—	—	—	—	—	—	—	—	—	—	—
	轻便摩托车			—	—	—	—	—	—	—	—	—	—	—	—	—	—	—	—	—	—	—

怒江傈僳族自治州 VOCs 排放系数

单位：克/（辆·年）

车辆类型		使用性质	燃料种类	1999 年年底前	2000 年	2001 年	2002 年	2003 年	2004 年	2005 年	2006 年	2007 年	2008 年	2009 年	2010 年	2011 年	2012 年	2013 年	2014 年	2015 年	2016 年	2017 年
载客汽车	微型	出租车	汽油	485641	289748	93855	93855	93855	93855	71563	49271	49271	40587	31903	31903	26552	21200	21200	21200	21200	15153	13137
			燃气	294492	176914	59336	59336	59336	59336	45254	31172	31172	25509	19846	19846	15819	11792	11792	11792	11792	7277	5772
		其他	汽油	34519	21654	8789	8789	8789	8789	8444	8099	8099	7162	6226	6226	5996	5767	5767	5767	5767	5096	4873
			燃气	15857	8900	1944	1944	1944	1944	1868	1792	1792	1328	864	864	784	703	703	703	703	475	399
	小型	出租车	汽油	485641	285242	84842	84842	84842	84842	79136	73430	73430	52666	31903	31903	26552	21200	21200	21200	21200	14388	12117
			柴油	138587	130279	121971	121971	121971	121971	109596	97222	97222	72366	47511	47511	47511	47511	35182	22853	22853	12509	9061
			燃气	294492	174203	53914	53914	53914	53914	49811	45708	45708	32777	19846	19846	15819	11792	11792	11792	11792	6817	5159
		其他	汽油	34964	21823	8682	8682	8682	8682	8630	8577	8577	7402	6228	6228	5970	5711	5711	5711	5711	5141	4951
			柴油	7539	6898	6256	6256	6256	6256	5290	4324	4324	2987	1650	1650	1650	1650	1385	1120	1120	783	671
			燃气	16124	9690	3255	3255	3255	3255	2667	2079	2079	1535	991	991	830	670	670	670	670	502	446
	中型	公交车	汽油	270013	270013	270013	270013	269416	184199	14960	14960	14960	14960	14960	14808	14655	14655	12010	9366	9366	9366	9366
			柴油	87806	87806	86086	82645	82645	64494	28192	28192	28192	20508	12823	12823	12823	12823	8958	5093	5093	4763	4653
			燃气	71579	71579	67602	59649	59649	57536	53311	53311	53311	42686	32061	32061	22219	22219	22154	22154	22154	22154	22154
		其他	汽油	139987	139987	139987	139987	139390	95507	8935	8935	8935	8935	8935	8789	8643	8643	7498	6354	6354	6354	6354
			柴油	30493	30493	28460	24394	24394	18567	6912	6912	6912	6506	6099	6099	6099	6099	3750	1402	1402	1243	1190
			燃气	34560	34560	32640	28800	28800	27780	25740	25740	25740	20623	15506	15506	10732	10732	9642	9642	9642	9642	9642
	大型	公交车	汽油	628959	628959	628959	628959	628362	423970	16381	16381	16381	16381	16381	16241	16101	16101	13088	10074	10074	10074	10074
			柴油	131708	131708	108010	60614	60614	60614	60614	60614	60614	43515	26416	26416	26416	26416	17675	8934	8934	5723	4653
			燃气	168926	168926	159541	140772	140772	135786	125815	125815	125815	100740	75665	75665	52438	52438	47188	47188	47188	47188	47188
		其他	汽油	1393374	1393374	1393374	1393374	1392777	938480	31081	31081	31081	31081	31081	24272	17462	17462	13986	10509	10509	10509	10509
			柴油	272891	272891	207397	76409	76409	76409	76409	76409	76409	55942	35476	35476	35476	35476	20706	5937	5937	5324	5119
			燃气	266186	266186	251398	221822	221822	213966	198253	198253	198253	158842	119430	119430	82662	82662	74261	74261	74261	74261	74261
载货汽车	微型		汽油	182735	99682	16629	16629	16629	16629	15682	14735	14735	13664	12594	12594	10724	8853	8853	8853	8853	7709	7328
			柴油	27994	26146	24298	24298	24298	24298	22196	20094	20094	14936	9777	9777	9777	9777	6770	3763	3763	2516	2101
			燃气	83943	43811	3678	3678	3678	3678	3469	3260	3260	2504	1748	1748	1413	1079	1079	1079	1079	720	600
	轻型		汽油	96501	58796	21091	21091	21091	21091	18435	15779	15779	14280	12782	12782	11441	10100	10100	10100	10100	8864	8452
			柴油	25856	25077	24298	24298	24298	24298	22196	20094	20094	14936	9777	9777	9777	9777	7384	4990	4990	3744	3328
			燃气	44502	26205	7907	7907	7907	7907	5866	3825	3825	2929	2034	2034	1609	1185	1185	1185	1185	867	761
	中型		汽油	472150	472150	472150	472150	471553	320696	20177	20177	20177	20177	20177	20038	19898	19898	15931	11964	11964	11964	11964
			柴油	101292	101292	94539	81034	81034	61676	22960	22960	22960	21618	20275	20275	20275	20275	14694	9113	9113	5422	4192
			燃气	114802	114802	108425	95670	95670	92281	85502	85502	85502	68524	51547	51547	69758	69758	33966	33966	33966	33966	33966
	重型		汽油	640722	640722	640722	640722	640124	431888	16612	16612	16612	16612	16612	13420	10229	10229	8630	7032	7032	7032	7032
			柴油	169993	169993	129195	47598	47598	47598	47598	47598	47598	34848	22099	22099	22099	22099	13940	5782	5782	4025	3439
			燃气	165816	165816	156605	138181	138181	133287	123499	123499	123499	98948	74396	74396	80504	80504	49889	49889	49889	49889	49889
低速汽车	三轮汽车			25300	25300	25300	25300	25300	25300	25300	25300	25300	16721	16721	16721	16721	16721	16721	16721	16721	16721	16721
	低速货车			33990	33990	33990	33990	33990	33990	33990	33990	33990	22464	22464	22464	22464	22464	22464	22464	22464	22464	22464
摩托车	普通摩托车			17897	17897	17897	17897	13356	8815	4719	4719	4719	4719	4719	3522	2324	2324	2324	2324	2324	2324	2324
	轻便摩托车			57876	57876	57876	57876	57876	11575	11575	5699	5699	5699	5699	4252	2806	2806	2806	2806	2806	2806	2806

迪庆藏族自治州 NO_x 排放系数

单位：克/（辆·年）

车辆类型		使用性质	燃料种类	1999年年底前	2000年	2001年	2002年	2003年	2004年	2005年	2006年	2007年	2008年	2009年	2010年	2011年	2012年	2013年	2014年	2015年	2016年	2017年
载客汽车	微型	出租车	汽油	446718	294449	142180	142180	142180	142180	101488	60795	60795	42523	24251	24251	20372	16493	16493	16493	16493	11574	9935
			燃气	156459	106300	56140	56140	56140	56140	41630	27120	27120	20230	13339	13339	10778	8216	8216	8216	8216	4953	3865
		其他	汽油	58743	36664	14585	14585	14585	14585	8939	3293	3293	2655	2017	2017	1651	1285	1285	1285	1285	1003	909
			燃气	19019	11332	3646	3646	3646	3646	2374	1101	1101	894	686	686	544	402	402	402	402	322	295
	小型	出租车	汽油	509587	329635	149683	149683	149683	149683	105816	61948	61948	43100	24251	24251	19329	14407	14407	14407	14407	9672	8094
			柴油	400606	330826	261045	261045	261045	261045	233017	204989	204989	161710	118430	118430	118430	118430	98236	78043	78043	62252	56989
			燃气	176865	117720	58575	58575	58575	58575	43034	27494	27494	20416	13339	13339	10439	7539	7539	7539	7539	4335	3267
		其他	汽油	54710	34760	14809	14809	14809	14809	9586	4362	4362	2923	1484	1484	1344	1205	1205	1205	1205	938	849
			柴油	37071	30218	23364	23364	23364	23364	21518	19673	19673	15366	11059	11059	11059	11059	9575	8091	8091	7100	6770
			燃气	17711	11298	4885	4885	4885	4885	3166	1448	1448	980	513	513	444	376	376	376	376	301	276
	中型	公交车	汽油	667577	667577	667577	667577	667577	456066	33045	33045	33045	33045	33045	29636	26226	26226	19799	13372	13372	13372	13372
			柴油	587893	587893	586513	583752	583752	560553	514154	514154	514154	428266	342377	342377	342377	342377	279404	216431	216431	181201	169458
			燃气	624209	624209	616778	601916	601916	583245	545904	545904	545904	454340	362777	362777	229415	229415	179676	179676	179676	179676	179676
		其他	汽油	409285	409285	409285	409285	409285	277632	14325	14325	14325	14325	14325	14325	14325	14325	10744	7164	7164	7164	7164
			柴油	275695	275695	264187	241170	241170	239131	235052	235052	235052	200186	165321	165321	165321	165321	146790	128259	128259	109470	103207
			燃气	311318	311318	294023	259432	259432	256987	252097	252097	252097	214642	177188	177188	138022	138022	110867	110867	110867	110867	110867
	大型	公交车	汽油	2378241	2378241	2378241	2378241	2378241	1635324	149489	149489	149489	149489	149489	149358	149227	149227	111921	74615	74615	74615	74615
			柴油	833807	833807	806864	752978	752978	731583	688793	688793	688793	676380	663967	663967	663967	663967	640025	616083	616083	555369	535131
			燃气	1676448	1676448	1583312	1397040	1397040	1293371	1086032	1086032	1086032	930528	775024	775024	721548	721548	625393	625393	625393	625393	625393
		其他	汽油	5676429	5676429	5676429	5676429	5676429	3903221	356804	356804	356804	356804	356804	343424	330044	330044	247797	165550	165550	165550	165550
			柴油	1996710	1996710	1945331	1842573	1842573	1799615	1713698	1713698	1713698	1653362	1593027	1593027	1593027	1593027	1516570	1440113	1440113	1274485	1219276
			燃气	3716659	3716659	3510178	3097216	3097216	2867383	2407717	2407717	2407717	2063758	1719798	1719798	1551550	1551550	1316352	1316352	1316352	1316352	1316352
载货汽车	微型		汽油	205069	120511	35953	35953	35953	35953	23876	11800	11800	9442	7083	7083	6414	5746	5746	5746	5746	4644	4277
			柴油	104600	85670	66741	66741	66741	66741	60161	53581	53581	45412	37242	37242	37242	37242	27210	17178	17178	15194	14533
			燃气	66394	37691	8988	8988	8988	8988	6466	3945	3945	3177	2409	2409	2103	1798	1798	1798	1798	1490	1388
	轻型		汽油	151268	96022	40777	40777	40777	40777	26946	13115	13115	10939	8763	8763	7345	5927	5927	5927	5927	4871	4519
			柴油	104988	85864	66741	66741	66741	66741	60161	53581	53581	45412	37242	37242	37242	37242	29820	22397	22397	21333	20978
			燃气	48969	31210	13451	13451	13451	13451	8902	4354	4354	3691	3029	3029	2439	1849	1849	1849	1849	1564	1469
	中型		汽油	637496	637496	637496	637496	637496	435223	30679	30679	30679	30679	30679	30679	30679	30679	23018	15358	15358	15358	15358
			柴油	939683	939683	843767	651936	651936	619920	555887	555887	555887	555730	555573	555573	555573	555573	487446	419318	419318	361072	341656
			燃气	1061101	1061101	941168	701302	701302	666267	596198	596198	596198	595825	595453	595453	451236	451236	367014	367014	367014	367014	367014
	重型		汽油	2227450	2227450	2227450	2227450	2227450	1531637	140011	140011	140011	140011	140011	134760	129510	129510	97236	64962	64962	64962	64962
			柴油	1078550	1078550	1041736	968107	968107	932299	860683	860683	860683	826170	791656	791656	791656	791656	704278	616900	616900	421160	355913
			燃气	2007604	2007604	1880839	1627309	1627309	1487955	1209245	1209245	1209245	1031950	854655	854655	664636	664636	384250	384250	384250	384250	384250
低速汽车	三轮汽车			65550	65550	65550	65550	65550	65550	65550	65550	65550	53279	53279	53279	53279	53279	53279	53279	53279	53279	53279
	低速货车			88065	88065	88065	88065	88065	88065	88065	88065	88065	71579	71579	71579	71579	71579	71579	71579	71579	71579	71579
摩托车	普通摩托车			1336	1336	1336	1336	1292	1247	1158	1158	1158	1158	1158	1028	899	899	899	899	899	899	899
	轻便摩托车			890	890	890	890	890	445	445	445	445	445	445	396	346	346	346	346	346	346	346

迪庆藏族自治州 PM 排放系数

单位：克/（辆·年）

车辆类型		使用性质	燃料种类	1999 年年底前	2000 年	2001 年	2002 年	2003 年	2004 年	2005 年	2006 年	2007 年	2008 年	2009 年	2010 年	2011 年	2012 年	2013 年	2014 年	2015 年	2016 年	2017 年
载客汽车	微型	出租车	汽油	—	—	—	—	—	—	—	—	—	—	—	—	—	—	—	—	—	—	—
			燃气	—	—	—	—	—	—	—	—	—	—	—	—	—	—	—	—	—	—	—
		其他	汽油	—	—	—	—	—	—	—	—	—	—	—	—	—	—	—	—	—	—	—
			燃气	—	—	—	—	—	—	—	—	—	—	—	—	—	—	—	—	—	—	—
	小型	出租车	汽油	—	—	—	—	—	—	—	—	—	—	—	—	—	—	—	—	—	—	—
			柴油	37451	34295	31139	31139	31139	31139	21213	11287	11287	7360	3434	3434	3434	3434	3192	2949	2949	2439	2269
			燃气	—	—	—	—	—	—	—	—	—	—	—	—	—	—	—	—	—	—	—
		其他	汽油	—	—	—	—	—	—	—	—	—	—	—	—	—	—	—	—	—	—	—
			柴油	3426	3242	3058	3058	3058	3058	2198	1339	1339	981	623	623	623	623	522	421	421	421	421
			燃气	—	—	—	—	—	—	—	—	—	—	—	—	—	—	—	—	—	—	—
	中型	公交车	汽油	—	—	—	—	—	—	—	—	—	—	—	—	—	—	—	—	—	—	—
			柴油	30592	30592	28032	22913	22913	17978	8108	8108	8108	6872	5637	5637	5637	5637	3504	1372	1372	1080	983
			燃气	—	—	—	—	—	—	—	—	—	—	—	—	—	—	—	—	—	—	—
		其他	汽油	—	—	—	—	—	—	—	—	—	—	—	—	—	—	—	—	—	—	—
			柴油	15274	15274	12888	8116	8116	6262	2553	2553	2553	2434	2316	2316	2316	2316	1366	415	415	399	394
			燃气	—	—	—	—	—	—	—	—	—	—	—	—	—	—	—	—	—	—	—
	大型	公交车	汽油	—	—	—	—	—	—	—	—	—	—	—	—	—	—	—	—	—	—	—
			柴油	94865	94865	93934	92071	92071	71272	29674	29674	29674	19994	10315	10315	10315	10315	6116	1916	1916	1845	1821
			燃气	—	—	—	—	—	—	—	—	—	—	—	—	—	—	—	—	—	—	—
		其他	汽油	—	—	—	—	—	—	—	—	—	—	—	—	—	—	—	—	—	—	—
			柴油	142314	142314	133412	115607	115607	85425	25061	25061	25061	17182	9303	9303	9303	9303	5868	2433	2433	2343	2313
			燃气	—	—	—	—	—	—	—	—	—	—	—	—	—	—	—	—	—	—	—
载货汽车	微型		汽油	—	—	—	—	—	—	—	—	—	—	—	—	—	—	—	—	—	—	—
			柴油	8350	8178	8005	8005	8005	8005	6512	5018	5018	3724	2430	2430	2430	2430	1530	630	630	627	626
			燃气	—	—	—	—	—	—	—	—	—	—	—	—	—	—	—	—	—	—	—
	轻型		汽油	—	—	—	—	—	—	—	—	—	—	—	—	—	—	—	—	—	—	—
			柴油	8684	8344	8005	8005	8005	8005	6512	5018	5018	3724	2430	2430	2430	2430	1832	1235	1235	1020	948
			燃气	—	—	—	—	—	—	—	—	—	—	—	—	—	—	—	—	—	—	—
	中型		汽油	—	—	—	—	—	—	—	—	—	—	—	—	—	—	—	—	—	—	—
			柴油	49461	49461	41623	25948	25948	20014	8145	8145	8145	7716	7288	7288	7288	7288	4673	2058	2058	1885	1827
			燃气	—	—	—	—	—	—	—	—	—	—	—	—	—	—	—	—	—	—	—
	重型		汽油	—	—	—	—	—	—	—	—	—	—	—	—	—	—	—	—	—	—	—
			柴油	97102	97102	79811	45228	45228	35911	17277	17277	17277	11839	6401	6401	6401	6401	4298	2196	2196	1856	1743
			燃气	—	—	—	—	—	—	—	—	—	—	—	—	—	—	—	—	—	—	—
低速汽车	三轮汽车			4092	4092	4092	4092	4092	4092	4092	4092	4092	3220	3220	3220	3220	3220	3220	3220	3220	3220	3220
	低速货车			5581	5581	5581	5581	5581	5581	5581	5581	5581	4392	4392	4392	4392	4392	4392	4392	4392	4392	4392
摩托车	普通摩托车			—	—	—	—	—	—	—	—	—	—	—	—	—	—	—	—	—	—	—
	轻便摩托车			—	—	—	—	—	—	—	—	—	—	—	—	—	—	—	—	—	—	—

迪庆藏族自治州 VOCs 排放系数

单位：克/（辆·年）

车辆类型		使用性质	燃料种类	1999 年年底前	2000 年	2001 年	2002 年	2003 年	2004 年	2005 年	2006 年	2007 年	2008 年	2009 年	2010 年	2011 年	2012 年	2013 年	2014 年	2015 年	2016 年	2017 年
载客汽车	微型	出租车	汽油	485400	289507	93614	93614	93614	93614	71322	49030	49030	40346	31662	31662	26310	20959	20959	20959	20959	14912	12896
			燃气	294492	176914	59336	59336	59336	59336	45254	31172	31172	25509	19846	19846	15819	11792	11792	11792	11792	7277	5772
		其他	汽油	34278	21413	8548	8548	8548	8548	8203	7858	7858	6922	5985	5985	5756	5526	5526	5526	5526	4855	4631
			燃气	15857	8900	1944	1944	1944	1944	1868	1792	1792	1328	864	864	784	703	703	703	703	475	399
	小型	出租车	汽油	485400	285000	84601	84601	84601	84601	78895	73189	73189	52426	31662	31662	26310	20959	20959	20959	20959	14147	11876
			柴油	138587	130279	121971	121971	121971	121971	109596	97222	97222	72366	47511	47511	47511	47511	35182	22853	22853	12509	9061
			燃气	294492	174203	53914	53914	53914	53914	49811	45708	45708	32777	19846	19846	15819	11792	11792	11792	11792	6817	5159
		其他	汽油	34723	21582	8441	8441	8441	8441	8388	8335	8335	7161	5987	5987	5728	5470	5470	5470	5470	4900	4710
			柴油	7539	6898	6256	6256	6256	6256	5290	4324	4324	2987	1650	1650	1650	1650	1385	1120	1120	783	671
			燃气	16124	9690	3255	3255	3255	3255	2667	2079	2079	1535	991	991	830	670	670	670	670	502	446
	中型	公交车	汽油	269772	269772	269772	269772	269175	183958	14719	14719	14719	14719	14719	14566	14414	14414	11770	9125	9125	9125	9125
			柴油	87806	87806	86086	82645	82645	64494	28192	28192	28192	20508	12823	12823	12823	12823	8958	5093	5093	4763	4653
			燃气	71579	71579	67602	59649	59649	57536	53311	53311	53311	42686	32061	32061	22219	22219	22154	22154	22154	22154	22154
		其他	汽油	139746	139746	139746	139746	139149	95266	8694	8694	8694	8694	8694	8548	8402	8402	7258	6113	6113	6113	6113
			柴油	30493	30493	28460	24394	24394	18567	6912	6912	6912	6506	6099	6099	6099	6099	3750	1402	1402	1243	1190
			燃气	34560	34560	32640	28800	28800	27780	25740	25740	25740	20623	15506	15506	10732	10732	9642	9642	9642	9642	9642
	大型	公交车	汽油	628718	628718	628718	628718	628121	423729	16140	16140	16140	16140	16140	16000	15860	15860	12846	9833	9833	9833	9833
			柴油	131708	131708	108010	60614	60614	60614	60614	60614	60614	43515	26416	26416	26416	26416	17675	8934	8934	5723	4653
			燃气	168926	168926	159541	140772	140772	135786	125815	125815	125815	100740	75665	75665	52438	52438	47188	47188	47188	47188	47188
		其他	汽油	1393133	1393133	1393133	1393133	1392536	938239	30840	30840	30840	30840	30840	24030	17221	17221	13744	10268	10268	10268	10268
			柴油	272891	272891	207397	76409	76409	76409	76409	76409	76409	55942	35476	35476	35476	35476	20706	5937	5937	5324	5119
			燃气	266186	266186	251398	221822	221822	213966	198253	198253	198253	158842	119430	119430	82662	82662	74261	74261	74261	74261	74261
载货汽车	微型		汽油	182494	99441	16388	16388	16388	16388	15441	14494	14494	13423	12352	12352	10482	8612	8612	8612	8612	7468	7087
			柴油	27994	26146	24298	24298	24298	24298	22196	20094	20094	14936	9777	9777	9777	9777	6770	3763	3763	2516	2101
			燃气	84422	44074	3727	3727	3727	3727	3516	3305	3305	2544	1783	1783	1439	1096	1096	1096	1096	732	611
	轻型		汽油	96260	58555	20850	20850	20850	20850	18194	15538	15538	14040	12541	12541	11200	9859	9859	9859	9859	8623	8211
			柴油	25856	25077	24298	24298	24298	24298	22196	20094	20094	14936	9777	9777	9777	9777	7384	4990	4990	3744	3328
			燃气	44699	26370	8040	8040	8040	8040	5958	3876	3876	2976	2076	2076	1642	1208	1208	1208	1208	885	778
	中型		汽油	471909	471909	471909	471909	471312	320455	19936	19936	19936	19936	19936	19796	19657	19657	15690	11723	11723	11723	11723
			柴油	101292	101292	94539	81034	81034	61676	22960	22960	22960	21618	20275	20275	20275	20275	14694	9113	9113	5422	4192
			燃气	114802	114802	108425	95670	95670	92281	85502	85502	85502	68524	51547	51547	69758	69758	33966	33966	33966	33966	33966
	重型		汽油	640480	640480	640480	640480	639882	431647	16370	16370	16370	16370	16370	13179	9988	9988	8390	6791	6791	6791	6791
			柴油	169993	169993	129195	47598	47598	47598	47598	47598	47598	34848	22099	22099	22099	22099	13940	5782	5782	4025	3439
			燃气	165816	165816	156605	138181	138181	133287	123499	123499	123499	98948	74396	74396	80504	80504	49889	49889	49889	49889	49889
低速汽车	三轮汽车			25300	25300	25300	25300	25300	25300	25300	25300	25300	16721	16721	16721	16721	16721	16721	16721	16721	16721	16721
	低速货车			33990	33990	33990	33990	33990	33990	33990	33990	33990	22464	22464	22464	22464	22464	22464	22464	22464	22464	22464
摩托车	普通摩托车			17897	17897	17897	17897	13356	8815	4719	4719	4719	4719	4719	3522	2324	2324	2324	2324	2324	2324	2324
	轻便摩托车			57876	57876	57876	57876	57876	11575	11575	5699	5699	5699	5699	4252	2806	2806	2806	2806	2806	2806	2806

拉萨市 NO_x 排放系数

单位：克/（辆·年）

车辆类型		使用性质	燃料种类	1999 年年底前	2000 年	2001 年	2002 年	2003 年	2004 年	2005 年	2006 年	2007 年	2008 年	2009 年	2010 年	2011 年	2012 年	2013 年	2014 年	2015 年	2016 年	2017 年
载客汽车	微型	出租车	汽油	575990	375622	175255	175255	175255	175255	124112	72970	72970	50379	27788	27788	25540	23292	23292	23292	23292	17078	15006
			燃气	177207	119098	60988	60988	60988	60988	44938	28889	28889	21386	13882	13882	11822	9762	9762	9762	9762	6181	4987
		其他	汽油	71502	44564	17627	17627	17627	17627	10804	3982	3982	3210	2438	2438	2246	2055	2055	2055	2055	1563	1399
			燃气	20316	12075	3834	3834	3834	3834	2482	1131	1131	916	702	702	625	548	548	548	548	434	396
	小型	出租车	汽油	658189	421513	184837	184837	184837	184837	129640	74442	74442	51115	27788	27788	23769	19750	19750	19750	19750	13982	12059
			柴油	453546	373110	292673	292673	292673	292673	263946	235219	235219	185726	136232	136232	136232	136232	113714	91196	91196	77934	73513
			燃气	200725	132227	63729	63729	63729	63729	46520	29311	29311	21596	13882	13882	11315	8748	8748	8748	8748	5295	4144
		其他	汽油	66599	42249	17899	17899	17899	17899	11588	5277	5277	3534	1790	1790	1854	1918	1918	1918	1918	1458	1304
			柴油	42327	34468	26609	26609	26609	26609	24576	22542	22542	17737	12932	12932	12932	12932	11228	9525	9525	8775	8525
			燃气	18913	12036	5158	5158	5158	5158	3330	1502	1502	1009	516	516	512	508	508	508	508	404	369
	中型	公交车	汽油	885958	885958	885958	885958	885958	605257	43855	43855	43855	43855	43855	39330	34805	34805	26276	17746	17746	17746	17746
			柴油	621825	621825	620365	617445	617445	592907	543831	543831	543831	452985	362139	362139	362139	362139	295531	228923	228923	191660	179239
			燃气	660238	660238	652378	636658	636658	616910	577413	577413	577413	480564	383716	383716	242657	242657	190047	190047	190047	190047	190047
		其他	汽油	521603	521603	521603	521603	521603	353821	18256	18256	18256	18256	18256	18256	18256	18256	13693	9130	9130	9130	9130
			柴油	280028	280028	268339	244960	244960	242889	238746	238746	238746	203333	167920	167920	167920	167920	149098	130275	130275	111191	104830
			燃气	316211	316211	298644	263509	263509	261026	256059	256059	256059	218016	179973	179973	140191	140191	112610	112610	112610	112610	112610
	大型	公交车	汽油	3156224	3156224	3156224	3156224	3156224	2170280	198391	198391	198391	198391	198391	198217	198043	198043	148534	99024	99024	99024	99024
			柴油	881934	881934	853435	796438	796438	773808	728549	728549	728549	715420	702290	702290	702290	702290	676966	651643	651643	587424	566018
			燃气	1773210	1773210	1674698	1477675	1477675	1368022	1148716	1148716	1148716	984237	819758	819758	763195	763195	661489	661489	661489	661489	661489
		其他	汽油	7234184	7234184	7234184	7234184	7234184	4974363	454720	454720	454720	454720	454720	437668	420616	420616	315798	210981	210981	210981	210981
			柴油	2028092	2028092	1975905	1871532	1871532	1827899	1740632	1740632	1740632	1679348	1618065	1618065	1618065	1618065	1540406	1462747	1462747	1294516	1238439
			燃气	3775073	3775073	3565347	3145894	3145894	2912449	2445558	2445558	2445558	2096192	1746827	1746827	1575936	1575936	1337041	1337041	1337041	1337041	1337041
载货汽车	微型		汽油	268627	156766	44904	44904	44904	44904	29699	14494	14494	11563	8632	8632	7877	7122	7122	7122	7122	5815	5379
			柴油	121327	99194	77062	77062	77062	77062	69602	62142	62142	52895	43648	43648	43648	43648	31900	20153	20153	17952	17219
			燃气	76326	43046	9767	9767	9767	9767	6942	4117	4117	3301	2486	2486	2192	1899	1899	1899	1899	1617	1523
	轻型		汽油	190959	120986	51012	51012	51012	51012	33586	16159	16159	13459	10759	10759	9055	7351	7351	7351	7351	6103	5687
			柴油	121782	99422	77062	77062	77062	77062	69602	62142	62142	52895	43648	43648	43648	43648	35010	26371	26371	25265	24896
			燃气	54229	34465	14700	14700	14700	14700	9650	4599	4599	3850	3101	3101	2524	1947	1947	1947	1947	1694	1609
	中型		汽油	754933	754933	754933	754933	754932	515398	36331	36331	36331	36331	36331	36331	36331	36331	27259	18187	18187	18187	18187
			柴油	893130	893130	801966	619638	619638	589208	528348	528348	528348	528349	528350	528350	528350	528350	463561	398772	398772	343379	324915
			燃气	1008533	1008533	894542	666559	666559	633260	566662	566662	566662	566468	566274	566274	429125	429125	349029	349029	349029	349029	349029
	重型		汽油	2843817	2843817	2843817	2843817	2843817	1955463	178754	178754	178754	178754	178754	172051	165348	165348	124143	82938	82938	82938	82938
			柴油	1099684	1099684	1062148	987076	987076	950567	877548	877548	877548	842358	807168	807168	807168	807168	712603	618038	618038	415459	347933
			燃气	2046942	2046942	1917693	1659195	1659195	1517110	1232940	1232940	1232940	1052170	871401	871401	665862	665862	375635	375635	375635	375635	375635
低速汽车	三轮汽车			65550	65550	65550	65550	65550	65550	65550	65550	65550	53279	53279	53279	53279	53279	53279	53279	53279	53279	53279
	低速货车			88065	88065	88065	88065	88065	88065	88065	88065	88065	71579	71579	71579	71579	71579	71579	71579	71579	71579	71579
摩托车	普通摩托车			992	992	992	992	959	926	860	860	860	860	860	764	668	668	668	668	668	668	668
	轻便摩托车			661	661	661	661	661	331	331	331	331	331	331	294	257	257	257	257	257	257	257

拉萨市 PM 排放系数

单位：克/（辆 • 年）

车辆类型		使用性质	燃料种类	1999 年年底前	2000 年	2001 年	2002 年	2003 年	2004 年	2005 年	2006 年	2007 年	2008 年	2009 年	2010 年	2011 年	2012 年	2013 年	2014 年	2015 年	2016 年	2017 年
载客汽车	微型	出租车	汽油	—	—	—	—	—	—	—	—	—	—	—	—	—	—	—	—	—	—	—
			燃气	—	—	—	—	—	—	—	—	—	—	—	—	—	—	—	—	—	—	—
		其他	汽油	—	—	—	—	—	—	—	—	—	—	—	—	—	—	—	—	—	—	—
			燃气	—	—	—	—	—	—	—	—	—	—	—	—	—	—	—	—	—	—	—
	小型	出租车	汽油	—	—	—	—	—	—	—	—	—	—	—	—	—	—	—	—	—	—	—
			柴油	49541	45413	41285	41285	41285	41285	28118	14952	14952	9795	4638	4638	4638	4638	4310	3983	3983	3294	3064
			燃气	—	—	—	—	—	—	—	—	—	—	—	—	—	—	—	—	—	—	—
		其他	汽油	—	—	—	—	—	—	—	—	—	—	—	—	—	—	—	—	—	—	—
			柴油	4392	4156	3921	3921	3921	3921	2812	1702	1702	1258	814	814	814	814	672	529	529	529	529
			燃气	—	—	—	—	—	—	—	—	—	—	—	—	—	—	—	—	—	—	—
	中型	公交车	汽油	—	—	—	—	—	—	—	—	—	—	—	—	—	—	—	—	—	—	—
			柴油	31857	31857	29192	23861	23861	18722	8443	8443	8443	7156	5870	5870	5870	5870	3649	1428	1428	1124	1023
			燃气	—	—	—	—	—	—	—	—	—	—	—	—	—	—	—	—	—	—	—
		其他	汽油	—	—	—	—	—	—	—	—	—	—	—	—	—	—	—	—	—	—	—
			柴油	15274	15274	12888	8116	8116	6262	2553	2553	2553	2434	2316	2316	2316	2316	1366	415	415	399	394
			燃气	—	—	—	—	—	—	—	—	—	—	—	—	—	—	—	—	—	—	—
	大型	公交车	汽油	—	—	—	—	—	—	—	—	—	—	—	—	—	—	—	—	—	—	—
			柴油	98788	98788	97818	95878	95878	74219	30901	30901	30901	20821	10741	10741	10741	10741	6368	1995	1995	1921	1896
			燃气	—	—	—	—	—	—	—	—	—	—	—	—	—	—	—	—	—	—	—
		其他	汽油	—	—	—	—	—	—	—	—	—	—	—	—	—	—	—	—	—	—	—
			柴油	142314	142314	133412	115607	115607	85425	25061	25061	25061	17182	9303	9303	9303	9303	5868	2433	2433	2343	2313
			燃气	—	—	—	—	—	—	—	—	—	—	—	—	—	—	—	—	—	—	—
载货汽车	微型		汽油	—	—	—	—	—	—	—	—	—	—	—	—	—	—	—	—	—	—	—
			柴油	10079	9870	9662	9662	9662	9662	7920	6179	6179	4586	2993	2993	2993	2993	1884	776	776	772	771
			燃气	—	—	—	—	—	—	—	—	—	—	—	—	—	—	—	—	—	—	—
	轻型		汽油	—	—	—	—	—	—	—	—	—	—	—	—	—	—	—	—	—	—	—
			柴油	10483	10072	9662	9662	9662	9662	7920	6179	6179	4586	2993	2993	2993	2993	2257	1521	1521	1256	1167
			燃气	—	—	—	—	—	—	—	—	—	—	—	—	—	—	—	—	—	—	—
	中型		汽油	—	—	—	—	—	—	—	—	—	—	—	—	—	—	—	—	—	—	—
			柴油	47029	47029	39577	24672	24672	19027	7737	7737	7737	7330	6923	6923	6923	6923	4439	1955	1955	1790	1735
			燃气	—	—	—	—	—	—	—	—	—	—	—	—	—	—	—	—	—	—	—
	重型		汽油	—	—	—	—	—	—	—	—	—	—	—	—	—	—	—	—	—	—	—
			柴油	93905	93905	77183	43739	43739	34729	16708	16708	16708	11449	6190	6190	6190	6190	4190	2189	2189	1850	1737
			燃气	—	—	—	—	—	—	—	—	—	—	—	—	—	—	—	—	—	—	—
低速汽车	三轮汽车			4092	4092	4092	4092	4092	4092	4092	4092	4092	3220	3220	3220	3220	3220	3220	3220	3220	3220	3220
	低速货车			5581	5581	5581	5581	5581	5581	5581	5581	5581	4392	4392	4392	4392	4392	4392	4392	4392	4392	4392
摩托车	普通摩托车			—	—	—	—	—	—	—	—	—	—	—	—	—	—	—	—	—	—	—
	轻便摩托车			—	—	—	—	—	—	—	—	—	—	—	—	—	—	—	—	—	—	—

拉萨市 VOCs 排放系数

单位：克/（辆·年）

车辆类型		使用性质	燃料种类	1999年年底前	2000年	2001年	2002年	2003年	2004年	2005年	2006年	2007年	2008年	2009年	2010年	2011年	2012年	2013年	2014年	2015年	2016年	2017年
载客汽车	微型	出租车	汽油	1745417	1011520	277622	277622	277622	277622	196255	114888	114888	92264	69641	69641	60783	51925	51925	51925	51925	43429	40597
			燃气	353366	211886	70405	70405	70405	70405	52496	34587	34587	28560	22534	22534	18454	14375	14375	14375	14375	9733	8186
		其他	汽油	109577	63286	16995	16995	16995	16995	16404	15814	15814	13202	10591	10591	10154	9718	9718	9718	9718	7920	7321
			燃气	19222	10774	2326	2326	2326	2326	2222	2119	2119	1597	1075	1075	1044	1012	1012	1012	1012	737	645
	小型	出租车	汽油	1745417	992888	240360	240360	240360	240360	225409	210458	210458	140050	69641	69641	60783	51925	51925	51925	51925	39647	35554
			柴油	207557	196638	185718	185718	185718	185718	175194	164669	164669	112654	60640	60640	60640	60640	45416	30193	30193	19104	15407
			燃气	353366	208320	63275	63275	63275	63275	58074	52873	52873	37704	22534	22534	18454	14375	14375	14375	14375	9010	7221
		其他	汽油	111289	63924	16560	16560	16560	16560	17124	17687	17687	14144	10601	10601	10024	9447	9447	9447	9447	8096	7646
			柴油	16250	14816	13382	13382	13382	13382	11572	9763	9763	6442	3120	3120	3120	3120	2748	2377	2377	1783	1585
			燃气	19549	11782	4015	4015	4015	4015	3246	2477	2477	1864	1250	1250	1106	961	961	961	961	770	707
	中型	公交车	汽油	300578	300578	300578	300578	299981	204817	15682	15682	15682	15682	15682	15528	15374	15374	12420	9466	9466	9466	9466
			柴油	91436	91436	89645	86063	86063	67161	29358	29358	29358	21356	13354	13354	13354	13354	9328	5303	5303	4960	4846
			燃气	74539	74539	70398	62116	62116	59916	55516	55516	55516	44452	33387	33387	23138	23138	23070	23070	23070	23070	23070
		其他	汽油	149294	149294	149294	149294	148697	101649	8746	8746	8746	8746	8746	8600	8453	8453	7226	5999	5999	5999	5999
			柴油	30493	30493	28460	24394	24394	18567	6912	6912	6912	6506	6099	6099	6099	6099	3750	1402	1402	1243	1190
			燃气	34560	34560	32640	28800	28800	27780	25740	25740	25740	20623	15506	15506	10732	10732	9642	9642	9642	9642	9642
	大型	公交车	汽油	701801	701801	701801	701801	701204	472828	17271	17271	17271	17271	17271	17131	16991	16991	13624	10258	10258	10258	10258
			柴油	137155	137155	112477	63120	63120	63120	63120	63120	63120	45314	27508	27508	27508	27508	18406	9304	9304	5960	4846
			燃气	175912	175912	166139	146593	146593	141401	131018	131018	131018	104906	78794	78794	54606	54606	49139	49139	49139	49139	49139
		其他	汽油	1494672	1494672	1494672	1494672	1494075	1006491	32518	32518	32518	32518	32518	25219	17920	17920	14190	10459	10459	10459	10459
			柴油	272891	272891	207397	76409	76409	76409	76409	76409	76409	55942	35476	35476	35476	35476	20706	5937	5937	5324	5119
			燃气	266186	266186	251398	221822	221822	213966	198253	198253	198253	158842	119430	119430	82662	82662	74261	74261	74261	74261	74261
载货汽车	微型		汽油	720708	380677	40646	40646	40646	40646	38880	37113	37113	34432	31752	31752	25443	19134	19134	19134	19134	16954	16228
			柴油	56591	52912	49232	49232	49232	49232	45674	42117	42117	30279	18441	18441	18441	18441	12417	6393	6393	5046	4597
			燃气	126427	65995	5563	5563	5563	5563	5268	4973	4973	4098	3223	3223	2608	1993	1993	1993	1993	1570	1430
	轻型		汽油	363443	211288	59133	59133	59133	59133	50286	41439	41439	36986	32533	32533	28417	24301	24301	24301	24301	21738	20883
			柴油	50791	50012	49232	49232	49232	49232	45674	42117	42117	30279	18441	18441	18441	18441	14082	9724	9724	8376	7927
			燃气	63842	39090	14337	14337	14337	14337	10070	5803	5803	4820	3836	3836	3154	2472	2472	2472	2472	2066	1931
	中型		汽油	479949	479949	479949	479949	479352	325815	19938	19938	19938	19938	19938	19798	19658	19658	15621	11584	11584	11584	11584
			柴油	96439	96439	90010	77151	77151	58721	21860	21860	21860	20584	19309	19309	19309	19309	13994	8679	8679	5164	3992
			燃气	109302	109302	103230	91086	91086	87859	81406	81406	81406	65248	49091	49091	66436	66436	32345	32345	32345	32345	32345
	重型		汽油	685618	685618	685618	685618	685020	461936	16963	16963	16963	16963	16963	13554	10144	10144	8432	6720	6720	6720	6720
			柴油	168228	168228	127853	47104	47104	47104	47104	47104	47104	34487	21870	21870	21870	21870	13734	5597	5597	3927	3370
			燃气	164095	164095	154979	136747	136747	131904	122217	122217	122217	97921	73625	73625	77928	77928	48888	48888	48888	48888	48888
低速汽车	三轮汽车			25300	25300	25300	25300	25300	25300	25300	25300	25300	16721	16721	16721	16721	16721	16721	16721	16721	16721	16721
	低速货车			33990	33990	33990	33990	33990	33990	33990	33990	33990	22464	22464	22464	22464	22464	22464	22464	22464	22464	22464
摩托车	普通摩托车			13290	13290	13290	13290	9918	6546	3504	3504	3504	3504	3504	2615	1726	1726	1726	1726	1726	1726	1726
	轻便摩托车			42978	42978	42978	42978	42978	8596	8596	4232	4232	4232	4232	3158	2084	2084	2084	2084	2084	2084	2084

日喀则市 NO_x 排放系数

单位：克/（辆·年）

车辆类型		使用性质	燃料种类	1999 年年底前	2000 年	2001 年	2002 年	2003 年	2004 年	2005 年	2006 年	2007 年	2008 年	2009 年	2010 年	2011 年	2012 年	2013 年	2014 年	2015 年	2016 年	2017 年
载客汽车	微型	出租车	汽油	565300	368853	172406	172406	172406	172406	122168	71930	71930	49730	27529	27529	23452	19376	19376	19376	19376	14234	12520
			燃气	165239	111472	57704	57704	57704	57704	42698	27691	27691	20629	13567	13567	11002	8437	8437	8437	8437	5179	4093
		其他	汽油	71351	44436	17520	17520	17520	17520	10740	3961	3961	3197	2433	2433	2028	1624	1624	1624	1624	1266	1146
			燃气	19116	11361	3606	3606	3606	3606	2339	1072	1072	870	668	668	536	404	404	404	404	330	306
	小型	出租车	汽油	645895	413851	181807	181807	181807	181807	127591	73375	73375	50452	27529	27529	22108	16686	16686	16686	16686	11759	10117
			柴油	412479	340324	268170	268170	268170	268170	239800	211429	211429	166372	121314	121314	121314	121314	100752	80190	80190	64954	59876
			燃气	186962	123600	60238	60238	60238	60238	44159	28080	28080	20824	13567	13567	10640	7712	7712	7712	7712	4512	3446
		其他	汽油	66458	42124	17790	17790	17790	17790	11519	5248	5248	3517	1786	1786	1655	1524	1524	1524	1524	1183	1069
			柴油	36741	29947	23153	23153	23153	23153	21363	19573	19573	15283	10993	10993	10993	10993	9538	8083	8083	7126	6807
			燃气	17797	11321	4845	4845	4845	4845	3132	1419	1419	956	494	494	436	377	377	377	377	309	286
	中型	公交车	汽油	850640	850640	850640	850640	850640	581129	42107	42107	42107	42107	42107	37762	33418	33418	25228	17039	17039	17039	17039
			柴油	597062	597062	595660	592857	592857	569296	522174	522174	522174	434946	347717	347717	347717	347717	283762	219807	219807	184028	172101
			燃气	633945	633945	626398	611304	611304	592342	554419	554419	554419	461428	368436	368436	232994	232994	182479	182479	182479	182479	182479
		其他	汽油	521519	521519	521519	521519	521519	353764	18253	18253	18253	18253	18253	18253	18253	18253	13690	9128	9128	9128	9128
			柴油	279995	279995	268307	244931	244931	242860	238718	238718	238718	203309	167900	167900	167900	167900	149080	130259	130259	111178	104817
			燃气	316174	316174	298609	263478	263478	260995	256028	256028	256028	217990	179951	179951	140175	140175	112596	112596	112596	112596	112596
	大型	公交车	汽油	3030404	3030404	3030404	3030404	3030404	2083764	190483	190483	190483	190483	190483	190316	190148	190148	142612	95076	95076	95076	95076
			柴油	846812	846812	819449	764722	764722	742993	699536	699536	699536	686930	674323	674323	674323	674323	650008	625692	625692	564032	543478
			燃气	1702596	1702596	1608007	1418830	1418830	1313544	1102971	1102971	1102971	945042	787113	787113	732802	732802	635147	635147	635147	635147	635147
		其他	汽油	7233023	7233023	7233023	7233023	7233023	4973564	454647	454647	454647	454647	454647	437598	420549	420549	315748	210947	210947	210947	210947
			柴油	2027853	2027853	1975672	1871311	1871311	1827683	1740427	1740427	1740427	1679150	1617874	1617874	1617874	1617874	1540224	1462574	1462574	1294363	1238293
			燃气	3774628	3774628	3564926	3145523	3145523	2912105	2445270	2445270	2445270	2095946	1746621	1746621	1575750	1575750	1336884	1336884	1336884	1336884	1336884
载货汽车	微型		汽油	272620	159988	47356	47356	47356	47356	31278	15201	15201	12118	9035	9035	8256	7477	7477	7477	7477	6131	5682
			柴油	111730	91446	71162	71162	71162	71162	64238	57313	57313	48594	39874	39874	39874	39874	29149	18424	18424	16326	15626
			燃气	73039	41393	9747	9747	9747	9747	6930	4114	4114	3297	2481	2481	2170	1860	1860	1860	1860	1603	1517
	轻型		汽油	201928	127876	53825	53825	53825	53825	35395	16965	16965	14126	11287	11287	9503	7719	7719	7719	7719	6436	6008
			柴油	112146	91654	71162	71162	71162	71162	64238	57313	57313	48594	39874	39874	39874	39874	31960	24046	24046	22938	22568
			燃气	54075	34367	14659	14659	14659	14659	9623	4587	4587	3855	3122	3122	2516	1909	1909	1909	1909	1683	1607
	中型		汽油	754933	754933	754933	754933	754932	515398	36331	36331	36331	36331	36331	36331	36331	36331	27259	18187	18187	18187	18187
			柴油	893130	893130	801966	619638	619638	589208	528348	528348	528348	528349	528350	528350	528350	528350	463561	398772	398772	343379	324915
			燃气	1008534	1008534	894542	666559	666559	633259	566660	566660	566660	566466	566272	566272	429129	429129	349029	349029	349029	349029	349029
	重型		汽油	2843817	2843817	2843817	2843817	2843817	1955463	178754	178754	178754	178754	178754	172051	165348	165348	124143	82938	82938	82938	82938
			柴油	1099684	1099684	1062148	987076	987076	950567	877548	877548	877548	842358	807168	807168	807168	807168	712603	618038	618038	415459	347933
			燃气	2046942	2046942	1917693	1659195	1659195	1517110	1232940	1232940	1232940	1052170	871401	871401	665863	665863	375635	375635	375635	375635	375635
低速汽车	三轮汽车			65550	65550	65550	65550	65550	65550	65550	65550	65550	53279	53279	53279	53279	53279	53279	53279	53279	53279	53279
	低速货车			88065	88065	88065	88065	88065	88065	88065	88065	88065	71579	71579	71579	71579	71579	71579	71579	71579	71579	71579
摩托车	普通摩托车			992	992	992	992	959	926	860	860	860	860	860	764	668	668	668	668	668	668	668
	轻便摩托车			661	661	661	661	661	331	331	331	331	331	331	294	257	257	257	257	257	257	257

日喀则市 PM 排放系数

单位：克/（辆·年）

车辆类型		使用性质	燃料种类	1999 年年底前	2000 年	2001 年	2002 年	2003 年	2004 年	2005 年	2006 年	2007 年	2008 年	2009 年	2010 年	2011 年	2012 年	2013 年	2014 年	2015 年	2016 年	2017 年
载客汽车	微型	出租车	汽油	—	—	—	—	—	—	—	—	—	—	—	—	—	—	—	—	—	—	—
			燃气	—	—	—	—	—	—	—	—	—	—	—	—	—	—	—	—	—	—	—
		其他	汽油	—	—	—	—	—	—	—	—	—	—	—	—	—	—	—	—	—	—	—
			燃气	—	—	—	—	—	—	—	—	—	—	—	—	—	—	—	—	—	—	—
	小型	出租车	汽油	—	—	—	—	—	—	—	—	—	—	—	—	—	—	—	—	—	—	—
			柴油	40407	37012	33617	33617	33617	33617	22994	12371	12371	8050	3728	3728	3728	3728	3464	3201	3201	2648	2463
			燃气	—	—	—	—	—	—	—	—	—	—	—	—	—	—	—	—	—	—	—
		其他	汽油	—	—	—	—	—	—	—	—	—	—	—	—	—	—	—	—	—	—	—
			柴油	3548	3358	3168	3168	3168	3168	2282	1396	1396	1022	647	647	647	647	544	440	440	440	440
			燃气	—	—	—	—	—	—	—	—	—	—	—	—	—	—	—	—	—	—	—
	中型	公交车	汽油	—	—	—	—	—	—	—	—	—	—	—	—	—	—	—	—	—	—	—
			柴油	30592	30592	28032	22913	22913	17978	8108	8108	8108	6872	5637	5637	5637	5637	3504	1372	1372	1080	983
			燃气	—	—	—	—	—	—	—	—	—	—	—	—	—	—	—	—	—	—	—
		其他	汽油	—	—	—	—	—	—	—	—	—	—	—	—	—	—	—	—	—	—	—
			柴油	15274	15274	12888	8116	8116	6262	2553	2553	2553	2434	2316	2316	2316	2316	1366	415	415	399	394
			燃气	—	—	—	—	—	—	—	—	—	—	—	—	—	—	—	—	—	—	—
	大型	公交车	汽油	—	—	—	—	—	—	—	—	—	—	—	—	—	—	—	—	—	—	—
			柴油	94865	94865	93934	92071	92071	71272	29674	29674	29674	19994	10315	10315	10315	10315	6116	1916	1916	1845	1821
			燃气	—	—	—	—	—	—	—	—	—	—	—	—	—	—	—	—	—	—	—
		其他	汽油	—	—	—	—	—	—	—	—	—	—	—	—	—	—	—	—	—	—	—
			柴油	142314	142314	133412	115607	115607	85425	25061	25061	25061	17182	9303	9303	9303	9303	5868	2433	2433	2343	2313
			燃气	—	—	—	—	—	—	—	—	—	—	—	—	—	—	—	—	—	—	—
载货汽车	微型		汽油	—	—	—	—	—	—	—	—	—	—	—	—	—	—	—	—	—	—	—
			柴油	9271	9080	8888	8888	8888	8888	7238	5588	5588	4148	2707	2707	2707	2707	1704	702	702	698	697
			燃气	—	—	—	—	—	—	—	—	—	—	—	—	—	—	—	—	—	—	—
	轻型		汽油	—	—	—	—	—	—	—	—	—	—	—	—	—	—	—	—	—	—	—
			柴油	9642	9265	8888	8888	8888	8888	7238	5588	5588	4148	2707	2707	2707	2707	2042	1376	1376	1136	1056
			燃气	—	—	—	—	—	—	—	—	—	—	—	—	—	—	—	—	—	—	—
	中型		汽油	—	—	—	—	—	—	—	—	—	—	—	—	—	—	—	—	—	—	—
			柴油	47029	47029	39577	24672	24672	19027	7737	7737	7737	7330	6923	6923	6923	6923	4439	1955	1955	1790	1735
			燃气	—	—	—	—	—	—	—	—	—	—	—	—	—	—	—	—	—	—	—
	重型		汽油	—	—	—	—	—	—	—	—	—	—	—	—	—	—	—	—	—	—	—
			柴油	93905	93905	77183	43739	43739	34729	16708	16708	16708	11449	6190	6190	6190	6190	4190	2189	2189	1850	1737
			燃气	—	—	—	—	—	—	—	—	—	—	—	—	—	—	—	—	—	—	—
低速汽车	三轮汽车			4092	4092	4092	4092	4092	4092	4092	4092	4092	3220	3220	3220	3220	3220	3220	3220	3220	3220	3220
	低速货车			5581	5581	5581	5581	5581	5581	5581	5581	5581	4392	4392	4392	4392	4392	4392	4392	4392	4392	4392
摩托车	普通摩托车			—	—	—	—	—	—	—	—	—	—	—	—	—	—	—	—	—	—	—
	轻便摩托车			—	—	—	—	—	—	—	—	—	—	—	—	—	—	—	—	—	—	—

日喀则市 VOCs 排放系数

单位：克/（辆·年）

车辆类型		使用性质	燃料种类	1999 年年底前	2000 年	2001 年	2002 年	2003 年	2004 年	2005 年	2006 年	2007 年	2008 年	2009 年	2010 年	2011 年	2012 年	2013 年	2014 年	2015 年	2016 年	2017 年
载客汽车	微型	出租车	汽油	1282374	744767	207160	207160	207160	207160	149400	91639	91639	72895	54151	54151	45648	37145	37145	37145	37145	28602	25755
			燃气	304058	183188	62319	62319	62319	62319	47220	32120	32120	26346	20573	20573	16414	12254	12254	12254	12254	7511	5930
		其他	汽油	81826	47955	14084	14084	14084	14084	13652	13221	13221	11074	8927	8927	8442	7956	7956	7956	7956	6515	6035
			燃气	16105	9030	1955	1955	1955	1955	1878	1800	1800	1336	871	871	797	723	723	723	723	492	415
	小型	出租车	汽油	1282374	731586	180797	180797	180797	180797	171122	161448	161448	107800	54151	54151	45648	37145	37145	37145	37145	26464	22903
			柴油	184385	174348	164312	164312	164312	164312	150652	136992	136992	96196	55400	55400	55400	55400	41355	27310	27310	16701	13165
			燃气	304058	180248	56437	56437	56437	56437	52067	47697	47697	34135	20573	20573	16414	12254	12254	12254	12254	7034	5294
		其他	汽油	83051	48416	13782	13782	13782	13782	14166	14549	14549	11742	8934	8934	8366	7798	7798	7798	7798	6635	6247
			柴油	13193	12049	10905	10905	10905	10905	9224	7543	7543	5050	2558	2558	2558	2558	2243	1928	1928	1434	1269
			燃气	16378	9850	3322	3322	3322	3322	2709	2096	2096	1551	1006	1006	847	688	688	688	688	518	462
	中型	公交车	汽油	289068	289068	289068	289068	288471	197056	15419	15419	15419	15419	15419	15266	15112	15112	12274	9437	9437	9437	9437
			柴油	87806	87806	86086	82645	82645	64494	28192	28192	28192	20508	12823	12823	12823	12823	8958	5093	5093	4763	4653
			燃气	71579	71579	67602	59649	59649	57536	53311	53311	53311	42686	32061	32061	22219	22219	22154	22154	22154	22154	22154
		其他	汽油	149499	149499	149499	149499	148902	101854	8952	8952	8952	8952	8952	8806	8659	8659	7432	6204	6204	6204	6204
			柴油	30493	30493	28460	24394	24394	18567	6912	6912	6912	6506	6099	6099	6099	6099	3750	1402	1402	1243	1190
			燃气	34560	34560	32640	28800	28800	27780	25740	25740	25740	20623	15506	15506	10732	10732	9642	9642	9642	9642	9642
	大型	公交车	汽油	674359	674359	674359	674359	673762	454425	16944	16944	16944	16944	16944	16804	16665	16665	13431	10197	10197	10197	10197
			柴油	131708	131708	108010	60614	60614	60614	60614	60614	60614	43515	26416	26416	26416	26416	17675	8934	8934	5723	4653
			燃气	168926	168926	159541	140772	140772	135786	125815	125815	125815	100740	75665	75665	52438	52438	47188	47188	47188	47188	47188
		其他	汽油	1494877	1494877	1494877	1494877	1494280	1006696	32723	32723	32723	32723	32723	25424	18125	18125	14394	10664	10664	10664	10664
			柴油	272891	272891	207397	76409	76409	76409	76409	76409	76409	55942	35476	35476	35476	35476	20706	5937	5937	5324	5119
			燃气	266186	266186	251398	221822	221822	213966	198253	198253	198253	158842	119430	119430	82662	82662	74261	74261	74261	74261	74261
载货汽车	微型		汽油	532391	282500	32608	32608	32608	32608	31130	29651	29651	27469	25287	25287	20540	15794	15794	15794	15794	13878	13239
			柴油	47466	44380	41293	41293	41293	41293	38224	35156	35156	25444	15732	15732	15732	15732	10680	5629	5629	4281	3832
			燃气	104785	54656	4526	4526	4526	4526	4282	4037	4037	3252	2467	2467	1951	1435	1435	1435	1435	1042	910
	轻型		汽油	270539	158348	46156	46156	46156	46156	39488	32821	32821	29340	25859	25859	22720	19581	19581	19581	19581	17384	16651
			柴油	42852	42072	41293	41293	41293	41293	38224	35156	35156	25444	15732	15732	15732	15732	12007	8282	8282	6934	6485
			燃气	53351	32238	11125	11125	11125	11125	7927	4728	4728	3820	2912	2912	2320	1728	1728	1728	1728	1355	1231
	中型		汽油	480154	480154	480154	480154	479557	326021	20143	20143	20143	20143	20143	20003	19863	19863	15826	11789	11789	11789	11789
			柴油	96439	96439	90010	77151	77151	58721	21860	21860	21860	20584	19309	19309	19309	19309	13994	8679	8679	5164	3992
			燃气	109302	109302	103230	91086	91086	87859	81406	81406	81406	65248	49091	49091	66436	66436	32345	32345	32345	32345	32345
	重型		汽油	685823	685823	685823	685823	685226	462142	17169	17169	17169	17169	17169	13760	10350	10350	8638	6926	6926	6926	6926
			柴油	168228	168228	127853	47104	47104	47104	47104	47104	47104	34487	21870	21870	21870	21870	13734	5597	5597	3927	3370
			燃气	164095	164095	154979	136747	136747	131904	122217	122217	122217	97921	73625	73625	77928	77928	48888	48888	48888	48888	48888
低速汽车	三轮汽车			25300	25300	25300	25300	25300	25300	25300	25300	25300	16721	16721	16721	16721	16721	16721	16721	16721	16721	16721
	低速货车			33990	33990	33990	33990	33990	33990	33990	33990	33990	22464	22464	22464	22464	22464	22464	22464	22464	22464	22464
摩托车	普通摩托车			13290	13290	13290	13290	9918	6546	3504	3504	3504	3504	3504	2615	1726	1726	1726	1726	1726	1726	1726
	轻便摩托车			42978	42978	42978	42978	42978	8596	8596	4232	4232	4232	4232	3158	2084	2084	2084	2084	2084	2084	2084

昌都市 NO_x 排放系数

单位：克/（辆·年）

车辆类型		使用性质	燃料种类	1999年年底前	2000年	2001年	2002年	2003年	2004年	2005年	2006年	2007年	2008年	2009年	2010年	2011年	2012年	2013年	2014年	2015年	2016年	2017年
载客汽车	微型	出租车	汽油	565320	368866	172411	172411	172411	172411	122172	71932	71932	49731	27530	27530	23453	19376	19376	19376	19376	14234	12520
			燃气	165239	111472	57704	57704	57704	57704	42698	27691	27691	20629	13567	13567	11002	8437	8437	8437	8437	5179	4093
		其他	汽油	71354	44438	17521	17521	17521	17521	10741	3961	3961	3197	2433	2433	2028	1624	1624	1624	1624	1266	1146
			燃气	19116	11361	3606	3606	3606	3606	2339	1072	1072	870	668	668	536	404	404	404	404	330	306
	小型	出租车	汽油	645918	413866	181813	181813	181813	181813	127595	73377	73377	50454	27530	27530	22108	16686	16686	16686	16686	11759	10117
			柴油	412488	340332	268175	268175	268175	268175	239804	211433	211433	166375	121317	121317	121317	121317	100754	80192	80192	64956	59877
			燃气	186962	123600	60238	60238	60238	60238	44159	28080	28080	20824	13567	13567	10640	7712	7712	7712	7712	4512	3446
		其他	汽油	66461	42126	17791	17791	17791	17791	11520	5248	5248	3517	1786	1786	1655	1524	1524	1524	1524	1183	1069
			柴油	36742	29948	23154	23154	23154	23154	21364	19573	19573	15284	10994	10994	10994	10994	9538	8083	8083	7126	6807
			燃气	17797	11321	4845	4845	4845	4845	3132	1419	1419	956	494	494	436	377	377	377	377	309	286
	中型	公交车	汽油	850672	850672	850672	850672	850672	581151	42108	42108	42108	42108	42108	37764	33419	33419	25229	17039	17039	17039	17039
			柴油	597079	597079	595677	592873	592873	569311	522188	522188	522188	434958	347727	347727	347727	347727	283770	219813	219813	184033	172106
			燃气	633962	633962	626415	611321	611321	592359	554434	554434	554434	461440	368446	368446	233000	233000	182484	182484	182484	182484	182484
		其他	汽油	521539	521539	521539	521539	521539	353777	18254	18254	18254	18254	18254	18254	18254	18254	13692	9129	9129	9129	9129
			柴油	280003	280003	268315	244938	244938	242867	238724	238724	238724	203314	167905	167905	167905	167905	149084	130263	130263	111181	104820
			燃气	316182	316182	298616	263485	263485	261002	256035	256035	256035	217996	179956	179956	140179	140179	112600	112600	112600	112600	112600
	大型	公交车	汽油	3030517	3030517	3030517	3030517	3030517	2083841	190490	190490	190490	190490	190490	190322	190155	190155	142618	95080	95080	95080	95080
			柴油	846835	846835	819471	764743	764743	743014	699555	699555	699555	686948	674342	674342	674342	674342	650026	625709	625709	564046	543492
			燃气	1702642	1702642	1608051	1418868	1418868	1313579	1103001	1103001	1103001	945068	787134	787134	732822	732822	635164	635164	635164	635164	635164
		其他	汽油	7233292	7233292	7233292	7233292	7233292	4973749	454664	454664	454664	454664	454664	437614	420564	420564	315760	210955	210955	210955	210955
			柴油	2027908	2027908	1975726	1871363	1871363	1827733	1740474	1740474	1740474	1679196	1617918	1617918	1617918	1617918	1540266	1462614	1462614	1294399	1238327
			燃气	3774731	3774731	3565024	3145609	3145609	2912185	2445337	2445337	2445337	2096003	1746669	1746669	1575793	1575793	1336920	1336920	1336920	1336920	1336920
载货汽车	微型		汽油	272630	159994	47358	47358	47358	47358	31280	15202	15202	12118	9035	9035	8256	7477	7477	7477	7477	6131	5682
			柴油	111733	91448	71164	71164	71164	71164	64239	57314	57314	48594	39875	39875	39875	39875	29150	18424	18424	16326	15626
			燃气	73039	41393	9747	9747	9747	9747	6931	4114	4114	3297	2481	2481	2170	1860	1860	1860	1860	1603	1517
	轻型		汽油	201935	127881	53827	53827	53827	53827	35396	16965	16965	14126	11288	11288	9504	7719	7719	7719	7719	6436	6008
			柴油	112149	91656	71164	71164	71164	71164	64239	57314	57314	48594	39875	39875	39875	39875	31961	24047	24047	22938	22568
			燃气	54074	34367	14659	14659	14659	14659	9623	4587	4587	3855	3122	3122	2516	1909	1909	1909	1909	1683	1607
	中型		汽油	754933	754933	754933	754933	754932	515398	36331	36331	36331	36331	36331	36331	36331	36331	27259	18187	18187	18187	18187
			柴油	893130	893130	801966	619638	619638	589208	528348	528348	528348	528349	528350	528350	528350	528350	463561	398772	398772	343379	324915
			燃气	1008531	1008531	894540	666558	666558	633259	566661	566661	566661	566466	566271	566271	429128	429128	349031	349031	349031	349031	349031
	重型		汽油	2843817	2843817	2843817	2843817	2843817	1955463	178754	178754	178754	178754	178754	172051	165348	165348	124143	82938	82938	82938	82938
			柴油	1099684	1099684	1062148	987076	987076	950567	877548	877548	877548	842358	807168	807168	807168	807168	712603	618038	618038	415459	347933
			燃气	2046943	2046943	1917693	1659194	1659194	1517110	1232940	1232940	1232940	1052171	871401	871401	665863	665863	375635	375635	375635	375635	375635
低速汽车	三轮汽车			65550	65550	65550	65550	65550	65550	65550	65550	65550	53279	53279	53279	53279	53279	53279	53279	53279	53279	53279
	低速货车			88065	88065	88065	88065	88065	88065	88065	88065	88065	71579	71579	71579	71579	71579	71579	71579	71579	71579	71579
摩托车	普通摩托车			992	992	992	992	959	926	860	860	860	860	860	764	668	668	668	668	668	668	668
	轻便摩托车			661	661	661	661	661	331	331	331	331	331	331	294	257	257	257	257	257	257	257

昌都市 PM 排放系数

单位：克/（辆·年）

车辆类型		使用性质	燃料种类	1999 年年底前	2000 年	2001 年	2002 年	2003 年	2004 年	2005 年	2006 年	2007 年	2008 年	2009 年	2010 年	2011 年	2012 年	2013 年	2014 年	2015 年	2016 年	2017 年
载客汽车	微型	出租车	汽油	—	—	—	—	—	—	—	—	—	—	—	—	—	—	—	—	—	—	—
			燃气	—	—	—	—	—	—	—	—	—	—	—	—	—	—	—	—	—	—	—
		其他	汽油	—	—	—	—	—	—	—	—	—	—	—	—	—	—	—	—	—	—	—
			燃气	—	—	—	—	—	—	—	—	—	—	—	—	—	—	—	—	—	—	—
	小型	出租车	汽油	—	—	—	—	—	—	—	—	—	—	—	—	—	—	—	—	—	—	—
			柴油	40407	37012	33617	33617	33617	33617	22994	12371	12371	8050	3728	3728	3728	3728	3464	3201	3201	2648	2463
			燃气	—	—	—	—	—	—	—	—	—	—	—	—	—	—	—	—	—	—	—
		其他	汽油	—	—	—	—	—	—	—	—	—	—	—	—	—	—	—	—	—	—	—
			柴油	3548	3358	3168	3168	3168	3168	2282	1396	1396	1022	647	647	647	647	544	440	440	440	440
			燃气	—	—	—	—	—	—	—	—	—	—	—	—	—	—	—	—	—	—	—
	中型	公交车	汽油	—	—	—	—	—	—	—	—	—	—	—	—	—	—	—	—	—	—	—
			柴油	30592	30592	28032	22913	22913	17978	8108	8108	8108	6872	5637	5637	5637	5637	3504	1372	1372	1080	983
			燃气	—	—	—	—	—	—	—	—	—	—	—	—	—	—	—	—	—	—	—
		其他	汽油	—	—	—	—	—	—	—	—	—	—	—	—	—	—	—	—	—	—	—
			柴油	15274	15274	12888	8116	8116	6262	2553	2553	2553	2434	2316	2316	2316	2316	1366	415	415	399	394
			燃气	—	—	—	—	—	—	—	—	—	—	—	—	—	—	—	—	—	—	—
	大型	公交车	汽油	—	—	—	—	—	—	—	—	—	—	—	—	—	—	—	—	—	—	—
			柴油	94865	94865	93934	92071	92071	71272	29674	29674	29674	19994	10315	10315	10315	10315	6116	1916	1916	1845	1821
			燃气	—	—	—	—	—	—	—	—	—	—	—	—	—	—	—	—	—	—	—
		其他	汽油	—	—	—	—	—	—	—	—	—	—	—	—	—	—	—	—	—	—	—
			柴油	142314	142314	133412	115607	115607	85425	25061	25061	25061	17182	9303	9303	9303	9303	5868	2433	2433	2343	2313
			燃气	—	—	—	—	—	—	—	—	—	—	—	—	—	—	—	—	—	—	—
载货汽车	微型		汽油	—	—	—	—	—	—	—	—	—	—	—	—	—	—	—	—	—	—	—
			柴油	9271	9080	8888	8888	8888	8888	7238	5588	5588	4148	2707	2707	2707	2707	1704	702	702	698	697
			燃气	—	—	—	—	—	—	—	—	—	—	—	—	—	—	—	—	—	—	—
	轻型		汽油	—	—	—	—	—	—	—	—	—	—	—	—	—	—	—	—	—	—	—
			柴油	9642	9265	8888	8888	8888	8888	7238	5588	5588	4148	2707	2707	2707	2707	2042	1376	1376	1136	1056
			燃气	—	—	—	—	—	—	—	—	—	—	—	—	—	—	—	—	—	—	—
	中型		汽油	—	—	—	—	—	—	—	—	—	—	—	—	—	—	—	—	—	—	—
			柴油	47029	47029	39577	24672	24672	19027	7737	7737	7737	7330	6923	6923	6923	6923	4439	1955	1955	1790	1735
			燃气	—	—	—	—	—	—	—	—	—	—	—	—	—	—	—	—	—	—	—
	重型		汽油	—	—	—	—	—	—	—	—	—	—	—	—	—	—	—	—	—	—	—
			柴油	93905	93905	77183	43739	43739	34729	16708	16708	16708	11449	6190	6190	6190	6190	4190	2189	2189	1850	1737
			燃气	—	—	—	—	—	—	—	—	—	—	—	—	—	—	—	—	—	—	—
低速汽车	三轮汽车			4092	4092	4092	4092	4092	4092	4092	4092	4092	3220	3220	3220	3220	3220	3220	3220	3220	3220	3220
	低速货车			5581	5581	5581	5581	5581	5581	5581	5581	5581	4392	4392	4392	4392	4392	4392	4392	4392	4392	4392
摩托车	普通摩托车			—	—	—	—	—	—	—	—	—	—	—	—	—	—	—	—	—	—	—
	轻便摩托车			—	—	—	—	—	—	—	—	—	—	—	—	—	—	—	—	—	—	—

昌都市 VOCs 排放系数

单位：克/（辆·年）

车辆类型		使用性质	燃料种类	1999 年年底前	2000 年	2001 年	2002 年	2003 年	2004 年	2005 年	2006 年	2007 年	2008 年	2009 年	2010 年	2011 年	2012 年	2013 年	2014 年	2015 年	2016 年	2017 年
载客汽车	微型	出租车	汽油	1282374	744767	207160	207160	207160	207160	149400	91639	91639	72895	54151	54151	45648	37145	37145	37145	37145	28602	25755
			燃气	304058	183188	62319	62319	62319	62319	47220	32120	32120	26346	20573	20573	16414	12254	12254	12254	12254	7511	5930
		其他	汽油	81826	47955	14084	14084	14084	14084	13652	13221	13221	11074	8927	8927	8442	7956	7956	7956	7956	6515	6035
			燃气	16105	9030	1955	1955	1955	1955	1878	1800	1800	1336	871	871	797	723	723	723	723	492	415
	小型	出租车	汽油	1282374	731586	180797	180797	180797	180797	171122	161448	161448	107800	54151	54151	45648	37145	37145	37145	37145	26464	22903
			柴油	184385	174348	164312	164312	164312	164312	150652	136992	136992	96196	55400	55400	55400	55400	41355	27310	27310	16701	13165
			燃气	304058	180248	56437	56437	56437	56437	52067	47697	47697	34135	20573	20573	16414	12254	12254	12254	12254	7034	5294
		其他	汽油	83051	48416	13782	13782	13782	13782	14166	14549	14549	11742	8934	8934	8366	7798	7798	7798	7798	6635	6247
			柴油	13193	12049	10905	10905	10905	10905	9224	7543	7543	5050	2558	2558	2558	2558	2243	1928	1928	1434	1269
			燃气	16378	9850	3322	3322	3322	3322	2709	2096	2096	1551	1006	1006	847	688	688	688	688	518	462
	中型	公交车	汽油	289068	289068	289068	289068	288471	197056	15419	15419	15419	15419	15419	15266	15112	15112	12274	9437	9437	9437	9437
			柴油	87806	87806	86086	82645	82645	64494	28192	28192	28192	20508	12823	12823	12823	12823	8958	5093	5093	4763	4653
			燃气	71579	71579	67602	59649	59649	57536	53311	53311	53311	42686	32061	32061	22219	22219	22154	22154	22154	22154	22154
		其他	汽油	149499	149499	149499	149499	148902	101854	8952	8952	8952	8952	8952	8806	8659	8659	7432	6204	6204	6204	6204
			柴油	30493	30493	28460	24394	24394	18567	6912	6912	6912	6506	6099	6099	6099	6099	3750	1402	1402	1243	1190
			燃气	34560	34560	32640	28800	28800	27780	25740	25740	25740	20623	15506	15506	10732	10732	9642	9642	9642	9642	9642
	大型	公交车	汽油	674359	674359	674359	674359	673762	454425	16944	16944	16944	16944	16944	16804	16665	16665	13431	10197	10197	10197	10197
			柴油	131708	131708	108010	60614	60614	60614	60614	60614	60614	43515	26416	26416	26416	26416	17675	8934	8934	5723	4653
			燃气	168926	168926	159541	140772	140772	135786	125815	125815	125815	100740	75665	75665	52438	52438	47188	47188	47188	47188	47188
		其他	汽油	1494877	1494877	1494877	1494877	1494280	1006696	32723	32723	32723	32723	32723	25424	18125	18125	14394	10664	10664	10664	10664
			柴油	272891	272891	207397	76409	76409	76409	76409	76409	76409	55942	35476	35476	35476	35476	20706	5937	5937	5324	5119
			燃气	266186	266186	251398	221822	221822	213966	198253	198253	198253	158842	119430	119430	82662	82662	74261	74261	74261	74261	74261
载货汽车	微型		汽油	532391	282500	32608	32608	32608	32608	31130	29651	29651	27469	25287	25287	20540	15794	15794	15794	15794	13878	13239
			柴油	47466	44380	41293	41293	41293	41293	38224	35156	35156	25444	15732	15732	15732	15732	10680	5629	5629	4281	3832
			燃气	104785	54656	4526	4526	4526	4526	4282	4037	4037	3252	2467	2467	1951	1435	1435	1435	1435	1042	910
	轻型		汽油	270539	158348	46156	46156	46156	46156	39488	32821	32821	29340	25859	25859	22720	19581	19581	19581	19581	17384	16651
			柴油	42852	42072	41293	41293	41293	41293	38224	35156	35156	25444	15732	15732	15732	15732	12007	8282	8282	6934	6485
			燃气	53351	32238	11125	11125	11125	11125	7927	4728	4728	3820	2912	2912	2320	1728	1728	1728	1728	1355	1231
	中型		汽油	480154	480154	480154	480154	479557	326021	20143	20143	20143	20143	20143	20003	19863	19863	15826	11789	11789	11789	11789
			柴油	96439	96439	90010	77151	77151	58721	21860	21860	21860	20584	19309	19309	19309	19309	13994	8679	8679	5164	3992
			燃气	109302	109302	103230	91086	91086	87859	81406	81406	81406	65248	49091	49091	66436	66436	32345	32345	32345	32345	32345
	重型		汽油	685823	685823	685823	685823	685226	462142	17169	17169	17169	17169	17169	13760	10350	10350	8638	6926	6926	6926	6926
			柴油	168228	168228	127853	47104	47104	47104	47104	47104	47104	34487	21870	21870	21870	21870	13734	5597	5597	3927	3370
			燃气	164095	164095	154979	136747	136747	131904	122217	122217	122217	97921	73625	73625	77928	77928	48888	48888	48888	48888	48888
低速汽车	三轮汽车			25300	25300	25300	25300	25300	25300	25300	25300	25300	16721	16721	16721	16721	16721	16721	16721	16721	16721	16721
	低速货车			33990	33990	33990	33990	33990	33990	33990	33990	33990	22464	22464	22464	22464	22464	22464	22464	22464	22464	22464
摩托车	普通摩托车			13290	13290	13290	13290	9918	6546	3504	3504	3504	3504	3504	2615	1726	1726	1726	1726	1726	1726	1726
	轻便摩托车			42978	42978	42978	42978	42978	8596	8596	4232	4232	4232	4232	3158	2084	2084	2084	2084	2084	2084	2084

林芝市 NO_x 排放系数

单位：克/（辆·年）

车辆类型		使用性质	燃料种类	1999 年年底前	2000 年	2001 年	2002 年	2003 年	2004 年	2005 年	2006 年	2007 年	2008 年	2009 年	2010 年	2011 年	2012 年	2013 年	2014 年	2015 年	2016 年	2017 年
载客汽车	微型	出租车	汽油	502717	328890	155064	155064	155064	155064	110328	65592	65592	45709	25826	25826	21878	17929	17929	17929	17929	12913	11241
			燃气	165239	111472	57704	57704	57704	57704	42698	27691	27691	20629	13567	13567	11002	8437	8437	8437	8437	5179	4093
		其他	汽油	63201	39383	15565	15565	15565	15565	9570	3574	3574	2888	2201	2201	1838	1476	1476	1476	1476	1134	1020
			燃气	19116	11361	3606	3606	3606	3606	2339	1072	1072	870	668	668	536	404	404	404	404	330	306
	小型	出租车	汽油	573930	368650	163371	163371	163371	163371	115120	66869	66869	46348	25826	25826	20689	15552	15552	15552	15552	10726	9117
			柴油	374161	309732	245303	245303	245303	245303	219162	193020	193020	152130	111240	111240	111240	111240	91998	72756	72756	58275	53448
			燃气	186962	123600	60238	60238	60238	60238	44159	28080	28080	20824	13567	13567	10640	7712	7712	7712	7712	4512	3446
		其他	汽油	58878	37340	15803	15803	15803	15803	10257	4711	4711	3170	1630	1630	1508	1387	1387	1387	1387	1061	952
			柴油	32643	26630	20616	20616	20616	20616	19017	17418	17418	13608	9797	9797	9797	9797	8494	7191	7191	6318	6027
			燃气	17797	11321	4845	4845	4845	4845	3132	1419	1419	956	494	494	436	377	377	377	377	309	286
	中型	公交车	汽油	850448	850448	850448	850448	850448	580998	42097	42097	42097	42097	42097	37754	33410	33410	25222	17035	17035	17035	17035
			柴油	596964	596964	595562	592759	592759	569202	522087	522087	522087	434874	347660	347660	347660	347660	283716	219771	219771	183998	172073
			燃气	633840	633840	626294	611203	611203	592244	554327	554327	554327	461351	368375	368375	232955	232955	182449	182449	182449	182449	182449
		其他	汽油	521402	521402	521402	521402	521402	353684	18249	18249	18249	18249	18249	18249	18249	18249	13688	9126	9126	9126	9126
			柴油	279949	279949	268263	244891	244891	242820	238678	238678	238678	203275	167872	167872	167872	167872	149055	130238	130238	111160	104800
			燃气	316121	316121	298559	263434	263434	260951	255986	255986	255986	217954	179922	179922	140151	140151	112578	112578	112578	112578	112578
	大型	公交车	汽油	3029721	3029721	3029721	3029721	3029721	2083294	190440	190440	190440	190440	190440	190273	190106	190106	142580	95055	95055	95055	95055
			柴油	846672	846672	819313	764595	764595	742870	699420	699420	699420	686816	674212	674212	674212	674212	649900	625589	625589	563938	543388
			燃气	1702314	1702314	1607741	1418595	1418595	1313326	1102789	1102789	1102789	944886	786982	786982	732681	732681	635042	635042	635042	635042	635042
		其他	汽油	7231393	7231393	7231393	7231393	7231393	4972444	454545	454545	454545	454545	454545	437500	420454	420454	315677	210900	210900	210900	210900
			柴油	2027517	2027517	1975345	1871002	1871002	1827381	1740139	1740139	1740139	1678872	1617606	1617606	1617606	1617606	1539969	1462332	1462332	1294149	1238088
			燃气	3774003	3774003	3564336	3145003	3145003	2911624	2444865	2444865	2444865	2095598	1746332	1746332	1575489	1575489	1336662	1336662	1336662	1336662	1336662
载货汽车	微型		汽油	241351	141774	42197	42197	42197	42197	27951	13705	13705	10944	8182	8182	7454	6725	6725	6725	6725	5465	5045
			柴油	99872	81871	63870	63870	63870	63870	57627	51384	51384	43552	35719	35719	35719	35719	26118	16517	16517	14534	13873
			燃气	73000	41388	9776	9776	9776	9776	6943	4111	4111	3297	2483	2483	2162	1841	1841	1841	1841	1595	1514
	轻型		汽油	178889	113401	47913	47913	47913	47913	31588	15263	15263	12718	10172	10172	8556	6939	6939	6939	6939	5734	5333
			柴油	100240	82055	63870	63870	63870	63870	57627	51384	51384	43552	35719	35719	35719	35719	28602	21485	21485	20376	20007
			燃气	54073	34381	14690	14690	14690	14690	9643	4597	4597	3840	3083	3083	2484	1886	1886	1886	1886	1673	1602
	中型		汽油	754933	754933	754933	754933	754932	515398	36331	36331	36331	36331	36331	36331	36331	36331	27259	18187	18187	18187	18187
			柴油	893130	893130	801966	619638	619638	589208	528348	528348	528348	528349	528350	528350	528350	528350	463561	398772	398772	343379	324915
			燃气	1008531	1008531	894539	666557	666557	633258	566662	566662	566662	566469	566275	566275	429124	429124	349029	349029	349029	349029	349029
	重型		汽油	2843817	2843817	2843817	2843817	2843817	1955463	178754	178754	178754	178754	178754	172051	165348	165348	124143	82938	82938	82938	82938
			柴油	1099684	1099684	1062148	987076	987076	950567	877548	877548	877548	842358	807168	807168	807168	807168	712603	618038	618038	415459	347933
			燃气	2046942	2046942	1917693	1659195	1659195	1517110	1232940	1232940	1232940	1052170	871401	871401	665863	665863	375635	375635	375635	375635	375635
低速汽车	三轮汽车			65550	65550	65550	65550	65550	65550	65550	65550	65550	53279	53279	53279	53279	53279	53279	53279	53279	53279	53279
	低速货车			88065	88065	88065	88065	88065	88065	88065	88065	88065	71579	71579	71579	71579	71579	71579	71579	71579	71579	71579
摩托车	普通摩托车			992	992	992	992	959	926	860	860	860	860	860	764	668	668	668	668	668	668	668
	轻便摩托车			661	661	661	661	661	331	331	331	331	331	331	294	257	257	257	257	257	257	257

林芝市 PM 排放系数

单位：克/（辆·年）

车辆类型		使用性质	燃料种类	1999 年年底前	2000 年	2001 年	2002 年	2003 年	2004 年	2005 年	2006 年	2007 年	2008 年	2009 年	2010 年	2011 年	2012 年	2013 年	2014 年	2015 年	2016 年	2017 年
载客汽车	微型	出租车	汽油	—	—	—	—	—	—	—	—	—	—	—	—	—	—	—	—	—	—	—
			燃气	—	—	—	—	—	—	—	—	—	—	—	—	—	—	—	—	—	—	—
		其他	汽油	—	—	—	—	—	—	—	—	—	—	—	—	—	—	—	—	—	—	—
			燃气	—	—	—	—	—	—	—	—	—	—	—	—	—	—	—	—	—	—	—
	小型	出租车	汽油	—	—	—	—	—	—	—	—	—	—	—	—	—	—	—	—	—	—	—
			柴油	40407	37012	33617	33617	33617	33617	22994	12371	12371	8050	3728	3728	3728	3728	3464	3201	3201	2648	2463
			燃气	—	—	—	—	—	—	—	—	—	—	—	—	—	—	—	—	—	—	—
		其他	汽油	—	—	—	—	—	—	—	—	—	—	—	—	—	—	—	—	—	—	—
			柴油	3548	3358	3168	3168	3168	3168	2282	1396	1396	1022	647	647	647	647	544	440	440	440	440
			燃气	—	—	—	—	—	—	—	—	—	—	—	—	—	—	—	—	—	—	—
	中型	公交车	汽油	—	—	—	—	—	—	—	—	—	—	—	—	—	—	—	—	—	—	—
			柴油	30592	30592	28032	22913	22913	17978	8108	8108	8108	6872	5637	5637	5637	5637	3504	1372	1372	1080	983
			燃气	—	—	—	—	—	—	—	—	—	—	—	—	—	—	—	—	—	—	—
		其他	汽油	—	—	—	—	—	—	—	—	—	—	—	—	—	—	—	—	—	—	—
			柴油	15274	15274	12888	8116	8116	6262	2553	2553	2553	2434	2316	2316	2316	2316	1366	415	415	399	394
			燃气	—	—	—	—	—	—	—	—	—	—	—	—	—	—	—	—	—	—	—
	大型	公交车	汽油	—	—	—	—	—	—	—	—	—	—	—	—	—	—	—	—	—	—	—
			柴油	94865	94865	93934	92071	92071	71272	29674	29674	29674	19994	10315	10315	10315	10315	6116	1916	1916	1845	1821
			燃气	—	—	—	—	—	—	—	—	—	—	—	—	—	—	—	—	—	—	—
		其他	汽油	—	—	—	—	—	—	—	—	—	—	—	—	—	—	—	—	—	—	—
			柴油	142314	142314	133412	115607	115607	85425	25061	25061	25061	17182	9303	9303	9303	9303	5868	2433	2433	2343	2313
			燃气	—	—	—	—	—	—	—	—	—	—	—	—	—	—	—	—	—	—	—
载货汽车	微型		汽油	—	—	—	—	—	—	—	—	—	—	—	—	—	—	—	—	—	—	—
			柴油	9271	9080	8888	8888	8888	8888	7238	5588	5588	4148	2707	2707	2707	2707	1704	702	702	698	697
			燃气	—	—	—	—	—	—	—	—	—	—	—	—	—	—	—	—	—	—	—
	轻型		汽油	—	—	—	—	—	—	—	—	—	—	—	—	—	—	—	—	—	—	—
			柴油	9642	9265	8888	8888	8888	8888	7238	5588	5588	4148	2707	2707	2707	2707	2042	1376	1376	1136	1056
			燃气	—	—	—	—	—	—	—	—	—	—	—	—	—	—	—	—	—	—	—
	中型		汽油	—	—	—	—	—	—	—	—	—	—	—	—	—	—	—	—	—	—	—
			柴油	47029	47029	39577	24672	24672	19027	7737	7737	7737	7330	6923	6923	6923	6923	4439	1955	1955	1790	1735
			燃气	—	—	—	—	—	—	—	—	—	—	—	—	—	—	—	—	—	—	—
	重型		汽油	—	—	—	—	—	—	—	—	—	—	—	—	—	—	—	—	—	—	—
			柴油	93905	93905	77183	43739	43739	34729	16708	16708	16708	11449	6190	6190	6190	6190	4190	2189	2189	1850	1737
			燃气	—	—	—	—	—	—	—	—	—	—	—	—	—	—	—	—	—	—	—
低速汽车	三轮汽车			4092	4092	4092	4092	4092	4092	4092	4092	4092	3220	3220	3220	3220	3220	3220	3220	3220	3220	3220
	低速货车			5581	5581	5581	5581	5581	5581	5581	5581	5581	4392	4392	4392	4392	4392	4392	4392	4392	4392	4392
摩托车	普通摩托车			—	—	—	—	—	—	—	—	—	—	—	—	—	—	—	—	—	—	—
	轻便摩托车			—	—	—	—	—	—	—	—	—	—	—	—	—	—	—	—	—	—	—

林芝市 VOCs 排放系数

单位：克/（辆·年）

车辆类型		使用性质	燃料种类	1999 年年底前	2000 年	2001 年	2002 年	2003 年	2004 年	2005 年	2006 年	2007 年	2008 年	2009 年	2010 年	2011 年	2012 年	2013 年	2014 年	2015 年	2016 年	2017 年
载客汽车	微型	出租车	汽油	1415964	820605	225246	225246	225246	225246	161652	98058	98058	77674	57291	57291	48282	39272	39272	39272	39272	30462	27526
			燃气	304058	183188	62319	62319	62319	62319	47220	32120	32120	26346	20573	20573	16414	12254	12254	12254	12254	7511	5930
		其他	汽油	88647	51506	14364	14364	14364	14364	13918	13473	13473	11183	8893	8893	8363	7833	7833	7833	7833	6360	5869
			燃气	16105	9030	1955	1955	1955	1955	1878	1800	1800	1336	871	871	797	723	723	723	723	492	415
	小型	出租车	汽油	1415964	805991	196018	196018	196018	196018	185735	175452	175452	116372	57291	57291	48282	39272	39272	39272	39272	28091	24364
			柴油	187966	177790	167614	167614	167614	167614	153833	140052	140052	98010	55969	55969	55969	55969	41786	27604	27604	16998	13463
			燃气	304058	180248	56437	56437	56437	56437	52067	47697	47697	34135	20573	20573	16414	12254	12254	12254	12254	7034	5294
		其他	汽油	90005	52018	14030	14030	14030	14030	14488	14946	14946	11923	8900	8900	8278	7657	7657	7657	7657	6492	6104
			柴油	13583	12395	11207	11207	11207	11207	9462	7717	7717	5146	2576	2576	2576	2576	2255	1934	1934	1450	1289
			燃气	16378	9850	3322	3322	3322	3322	2709	2096	2096	1551	1006	1006	847	688	688	688	688	518	462
	中型	公交车	汽油	288770	288770	288770	288770	288174	196758	15121	15121	15121	15121	15121	14968	14814	14814	11976	9139	9139	9139	9139
			柴油	87806	87806	86086	82645	82645	64494	28192	28192	28192	20508	12823	12823	12823	12823	8958	5093	5093	4763	4653
			燃气	71579	71579	67602	59649	59649	57536	53311	53311	53311	42686	32061	32061	22219	22219	22154	22154	22154	22154	22154
		其他	汽油	149201	149201	149201	149201	148604	101556	8654	8654	8654	8654	8654	8508	8361	8361	7134	5906	5906	5906	5906
			柴油	30493	30493	28460	24394	24394	18567	6912	6912	6912	6506	6099	6099	6099	6099	3750	1402	1402	1243	1190
			燃气	34560	34560	32640	28800	28800	27780	25740	25740	25740	20623	15506	15506	10732	10732	9642	9642	9642	9642	9642
	大型	公交车	汽油	674061	674061	674061	674061	673464	454127	16646	16646	16646	16646	16646	16506	16367	16367	13133	9899	9899	9899	9899
			柴油	131708	131708	108010	60614	60614	60614	60614	60614	60614	43515	26416	26416	26416	26416	17675	8934	8934	5723	4653
			燃气	168926	168926	159541	140772	140772	135786	125815	125815	125815	100740	75665	75665	52438	52438	47188	47188	47188	47188	47188
		其他	汽油	1494580	1494580	1494580	1494580	1493983	1006399	32426	32426	32426	32426	32426	25127	17828	17828	14097	10366	10366	10366	10366
			柴油	272891	272891	207397	76409	76409	76409	76409	76409	76409	55942	35476	35476	35476	35476	20706	5937	5937	5324	5119
			燃气	266186	266186	251398	221822	221822	213966	198253	198253	198253	158842	119430	119430	82662	82662	74261	74261	74261	74261	74261
载货汽车	微型		汽油	587797	311188	34578	34578	34578	34578	33014	31449	31449	29151	26853	26853	21641	16429	16429	16429	16429	14483	13834
			柴油	48891	45708	42524	42524	42524	42524	39378	36233	36233	26184	16135	16135	16135	16135	10923	5711	5711	4380	3937
			燃气	106788	55747	4706	4706	4706	4706	4454	4202	4202	3416	2630	2630	2073	1516	1516	1516	1516	1113	978
	轻型		汽油	297492	173545	49598	49598	49598	49598	42281	34964	34964	31226	27488	27488	24058	20628	20628	20628	20628	18370	17617
			柴油	44083	43304	42524	42524	42524	42524	39378	36233	36233	26184	16135	16135	16135	16135	12306	8476	8476	7146	6702
			燃气	54134	32939	11744	11744	11744	11744	8324	4903	4903	4005	3107	3107	2480	1853	1853	1853	1853	1463	1333
	中型		汽油	479856	479856	479856	479856	479259	325723	19845	19845	19845	19845	19845	19705	19565	19565	15528	11491	11491	11491	11491
			柴油	96439	96439	90010	77151	77151	58721	21860	21860	21860	20584	19309	19309	19309	19309	13994	8679	8679	5164	3992
			燃气	109302	109302	103230	91086	91086	87859	81406	81406	81406	65248	49091	49091	66436	66436	32345	32345	32345	32345	32345
	重型		汽油	685525	685525	685525	685525	684928	461844	16871	16871	16871	16871	16871	13462	10052	10052	8340	6628	6628	6628	6628
			柴油	168228	168228	127853	47104	47104	47104	47104	47104	47104	34487	21870	21870	21870	21870	13734	5597	5597	3927	3370
			燃气	164095	164095	154979	136747	136747	131904	122217	122217	122217	97921	73625	73625	77928	77928	48888	48888	48888	48888	48888
低速汽车	三轮汽车			25300	25300	25300	25300	25300	25300	25300	25300	25300	16721	16721	16721	16721	16721	16721	16721	16721	16721	16721
	低速货车			33990	33990	33990	33990	33990	33990	33990	33990	33990	22464	22464	22464	22464	22464	22464	22464	22464	22464	22464
摩托车	普通摩托车			13290	13290	13290	13290	9918	6546	3504	3504	3504	3504	3504	2615	1726	1726	1726	1726	1726	1726	1726
	轻便摩托车			42978	42978	42978	42978	42978	8596	8596	4232	4232	4232	4232	3158	2084	2084	2084	2084	2084	2084	2084

山南市 NO_x 排放系数

单位：克/（辆·年）

车辆类型		使用性质	燃料种类	1999年年底前	2000年	2001年	2002年	2003年	2004年	2005年	2006年	2007年	2008年	2009年	2010年	2011年	2012年	2013年	2014年	2015年	2016年	2017年
载客汽车	微型	出租车	汽油	565320	368866	172411	172411	172411	172411	122172	71932	71932	49731	27530	27530	23453	19376	19376	19376	19376	14234	12520
			燃气	165239	111472	57704	57704	57704	57704	42698	27691	27691	20629	13567	13567	11002	8437	8437	8437	8437	5179	4093
		其他	汽油	71354	44438	17521	17521	17521	17521	10741	3961	3961	3197	2433	2433	2028	1624	1624	1624	1624	1266	1146
			燃气	19116	11361	3606	3606	3606	3606	2339	1072	1072	870	668	668	536	404	404	404	404	330	306
	小型	出租车	汽油	645918	413866	181813	181813	181813	181813	127595	73377	73377	50454	27530	27530	22108	16686	16686	16686	16686	11759	10117
			柴油	412488	340332	268175	268175	268175	268175	239804	211433	211433	166375	121317	121317	121317	121317	100754	80192	80192	64956	59877
			燃气	186962	123600	60238	60238	60238	60238	44159	28080	28080	20824	13567	13567	10640	7712	7712	7712	7712	4512	3446
		其他	汽油	66461	42126	17791	17791	17791	17791	11520	5248	5248	3517	1786	1786	1655	1524	1524	1524	1524	1183	1069
			柴油	36742	29948	23154	23154	23154	23154	21364	19573	19573	15284	10994	10994	10994	10994	9538	8083	8083	7126	6807
			燃气	17797	11321	4845	4845	4845	4845	3132	1419	1419	956	494	494	436	377	377	377	377	309	286
	中型	公交车	汽油	850672	850672	850672	850672	850672	581151	42108	42108	42108	42108	42108	37764	33419	33419	25229	17039	17039	17039	17039
			柴油	597079	597079	595677	592873	592873	569311	522188	522188	522188	434958	347727	347727	347727	347727	283770	219813	219813	184033	172106
			燃气	633962	633962	626415	611321	611321	592359	554434	554434	554434	461440	368446	368446	233000	233000	182484	182484	182484	182484	182484
		其他	汽油	521539	521539	521539	521539	521539	353777	18254	18254	18254	18254	18254	18254	18254	18254	13692	9129	9129	9129	9129
			柴油	280003	280003	268315	244938	244938	242867	238724	238724	238724	203314	167905	167905	167905	167905	149084	130263	130263	111181	104820
			燃气	316182	316182	298616	263485	263485	261002	256035	256035	256035	217996	179956	179956	140179	140179	112600	112600	112600	112600	112600
	大型	公交车	汽油	3030517	3030517	3030517	3030517	3030517	2083841	190490	190490	190490	190490	190490	190322	190155	190155	142618	95080	95080	95080	95080
			柴油	846835	846835	819471	764743	764743	743014	699555	699555	699555	686948	674342	674342	674342	674342	650026	625709	625709	564046	543492
			燃气	1702642	1702642	1608051	1418868	1418868	1313579	1103001	1103001	1103001	945068	787134	787134	732822	732822	635164	635164	635164	635164	635164
		其他	汽油	7233292	7233292	7233292	7233292	7233292	4973749	454664	454664	454664	454664	454664	437614	420564	420564	315760	210955	210955	210955	210955
			柴油	2027908	2027908	1975726	1871363	1871363	1827733	1740474	1740474	1740474	1679196	1617918	1617918	1617918	1617918	1540266	1462614	1462614	1294399	1238327
			燃气	3774731	3774731	3565024	3145609	3145609	2912185	2445337	2445337	2445337	2096003	1746669	1746669	1575793	1575793	1336920	1336920	1336920	1336920	1336920
载货汽车	微型		汽油	272630	159994	47358	47358	47358	47358	31280	15202	15202	12118	9035	9035	8256	7477	7477	7477	7477	6131	5682
			柴油	111733	91448	71164	71164	71164	71164	64239	57314	57314	48594	39875	39875	39875	39875	29150	18424	18424	16326	15626
			燃气	73039	41393	9747	9747	9747	9747	6931	4114	4114	3297	2481	2481	2170	1860	1860	1860	1860	1603	1517
	轻型		汽油	201935	127881	53827	53827	53827	53827	35396	16965	16965	14126	11288	11288	9504	7719	7719	7719	7719	6436	6008
			柴油	112149	91656	71164	71164	71164	71164	64239	57314	57314	48594	39875	39875	39875	39875	31961	24047	24047	22938	22568
			燃气	54074	34367	14659	14659	14659	14659	9623	4587	4587	3855	3122	3122	2516	1909	1909	1909	1909	1683	1607
	中型		汽油	754933	754933	754933	754933	754932	515398	36331	36331	36331	36331	36331	36331	36331	36331	27259	18187	18187	18187	18187
			柴油	893130	893130	801966	619638	619638	589208	528348	528348	528348	528349	528350	528350	528350	528350	463561	398772	398772	343379	324915
			燃气	1008531	1008531	894540	666558	666558	633259	566661	566661	566661	566466	566271	566271	429128	429128	349031	349031	349031	349031	349031
	重型		汽油	2843817	2843817	2843817	2843817	2843817	1955463	178754	178754	178754	178754	178754	172051	165348	165348	124143	82938	82938	82938	82938
			柴油	1099684	1099684	1062148	987076	987076	950567	877548	877548	877548	842358	807168	807168	807168	807168	712603	618038	618038	415459	347933
			燃气	2046943	2046943	1917693	1659194	1659194	1517110	1232940	1232940	1232940	1052171	871401	871401	665863	665863	375635	375635	375635	375635	375635
低速汽车	三轮汽车			65550	65550	65550	65550	65550	65550	65550	65550	65550	53279	53279	53279	53279	53279	53279	53279	53279	53279	53279
	低速货车			88065	88065	88065	88065	88065	88065	88065	88065	88065	71579	71579	71579	71579	71579	71579	71579	71579	71579	71579
摩托车	普通摩托车			992	992	992	992	959	926	860	860	860	860	860	764	668	668	668	668	668	668	668
	轻便摩托车			661	661	661	661	661	331	331	331	331	331	331	294	257	257	257	257	257	257	257

山南市 PM 排放系数

单位：克/（辆·年）

车辆类型		使用性质	燃料种类	1999年年底前	2000年	2001年	2002年	2003年	2004年	2005年	2006年	2007年	2008年	2009年	2010年	2011年	2012年	2013年	2014年	2015年	2016年	2017年
载客汽车	微型	出租车	汽油	—	—	—	—	—	—	—	—	—	—	—	—	—	—	—	—	—	—	—
			燃气	—	—	—	—	—	—	—	—	—	—	—	—	—	—	—	—	—	—	—
		其他	汽油	—	—	—	—	—	—	—	—	—	—	—	—	—	—	—	—	—	—	—
			燃气	—	—	—	—	—	—	—	—	—	—	—	—	—	—	—	—	—	—	—
	小型	出租车	汽油	—	—	—	—	—	—	—	—	—	—	—	—	—	—	—	—	—	—	—
			柴油	40407	37012	33617	33617	33617	33617	22994	12371	12371	8050	3728	3728	3728	3728	3464	3201	3201	2648	2463
			燃气	—	—	—	—	—	—	—	—	—	—	—	—	—	—	—	—	—	—	—
		其他	汽油	—	—	—	—	—	—	—	—	—	—	—	—	—	—	—	—	—	—	—
			柴油	3548	3358	3168	3168	3168	3168	2282	1396	1396	1022	647	647	647	647	544	440	440	440	440
			燃气	—	—	—	—	—	—	—	—	—	—	—	—	—	—	—	—	—	—	—
	中型	公交车	汽油	—	—	—	—	—	—	—	—	—	—	—	—	—	—	—	—	—	—	—
			柴油	30592	30592	28032	22913	22913	17978	8108	8108	8108	6872	5637	5637	5637	5637	3504	1372	1372	1080	983
			燃气	—	—	—	—	—	—	—	—	—	—	—	—	—	—	—	—	—	—	—
		其他	汽油	—	—	—	—	—	—	—	—	—	—	—	—	—	—	—	—	—	—	—
			柴油	15274	15274	12888	8116	8116	6262	2553	2553	2553	2434	2316	2316	2316	2316	1366	415	415	399	394
			燃气	—	—	—	—	—	—	—	—	—	—	—	—	—	—	—	—	—	—	—
	大型	公交车	汽油	—	—	—	—	—	—	—	—	—	—	—	—	—	—	—	—	—	—	—
			柴油	94865	94865	93934	92071	92071	71272	29674	29674	29674	19994	10315	10315	10315	10315	6116	1916	1916	1845	1821
			燃气	—	—	—	—	—	—	—	—	—	—	—	—	—	—	—	—	—	—	—
		其他	汽油	—	—	—	—	—	—	—	—	—	—	—	—	—	—	—	—	—	—	—
			柴油	142314	142314	133412	115607	115607	85425	25061	25061	25061	17182	9303	9303	9303	9303	5868	2433	2433	2343	2313
			燃气	—	—	—	—	—	—	—	—	—	—	—	—	—	—	—	—	—	—	—
载货汽车	微型		汽油	—	—	—	—	—	—	—	—	—	—	—	—	—	—	—	—	—	—	—
			柴油	9271	9080	8888	8888	8888	8888	7238	5588	5588	4148	2707	2707	2707	2707	1704	702	702	698	697
			燃气	—	—	—	—	—	—	—	—	—	—	—	—	—	—	—	—	—	—	—
	轻型		汽油	—	—	—	—	—	—	—	—	—	—	—	—	—	—	—	—	—	—	—
			柴油	9642	9265	8888	8888	8888	8888	7238	5588	5588	4148	2707	2707	2707	2707	2042	1376	1376	1136	1056
			燃气	—	—	—	—	—	—	—	—	—	—	—	—	—	—	—	—	—	—	—
	中型		汽油	—	—	—	—	—	—	—	—	—	—	—	—	—	—	—	—	—	—	—
			柴油	47029	47029	39577	24672	24672	19027	7737	7737	7737	7330	6923	6923	6923	6923	4439	1955	1955	1790	1735
			燃气	—	—	—	—	—	—	—	—	—	—	—	—	—	—	—	—	—	—	—
	重型		汽油	—	—	—	—	—	—	—	—	—	—	—	—	—	—	—	—	—	—	—
			柴油	93905	93905	77183	43739	43739	34729	16708	16708	16708	11449	6190	6190	6190	6190	4190	2189	2189	1850	1737
			燃气	—	—	—	—	—	—	—	—	—	—	—	—	—	—	—	—	—	—	—
低速汽车	三轮汽车			4092	4092	4092	4092	4092	4092	4092	4092	4092	3220	3220	3220	3220	3220	3220	3220	3220	3220	3220
	低速货车			5581	5581	5581	5581	5581	5581	5581	5581	5581	4392	4392	4392	4392	4392	4392	4392	4392	4392	4392
摩托车	普通摩托车			—	—	—	—	—	—	—	—	—	—	—	—	—	—	—	—	—	—	—
	轻便摩托车			—	—	—	—	—	—	—	—	—	—	—	—	—	—	—	—	—	—	—

山南市 VOCs 排放系数

单位：克/（辆·年）

车辆类型		使用性质	燃料种类	1999 年年底前	2000 年	2001 年	2002 年	2003 年	2004 年	2005 年	2006 年	2007 年	2008 年	2009 年	2010 年	2011 年	2012 年	2013 年	2014 年	2015 年	2016 年	2017 年
载客汽车	微型	出租车	汽油	1282374	744767	207160	207160	207160	207160	149400	91639	91639	72895	54151	54151	45648	37145	37145	37145	37145	28602	25755
			燃气	304058	183188	62319	62319	62319	62319	47220	32120	32120	26346	20573	20573	16414	12254	12254	12254	12254	7511	5930
		其他	汽油	81826	47955	14084	14084	14084	14084	13652	13221	13221	11074	8927	8927	8442	7956	7956	7956	7956	6515	6035
			燃气	16105	9030	1955	1955	1955	1955	1878	1800	1800	1336	871	871	797	723	723	723	723	492	415
	小型	出租车	汽油	1282374	731586	180797	180797	180797	180797	171122	161448	161448	107800	54151	54151	45648	37145	37145	37145	37145	26464	22903
			柴油	184385	174348	164312	164312	164312	164312	150652	136992	136992	96196	55400	55400	55400	55400	41355	27310	27310	16701	13165
			燃气	304058	180248	56437	56437	56437	56437	52067	47697	47697	34135	20573	20573	16414	12254	12254	12254	12254	7034	5294
		其他	汽油	83051	48416	13782	13782	13782	13782	14166	14549	14549	11742	8934	8934	8366	7798	7798	7798	7798	6635	6247
			柴油	13193	12049	10905	10905	10905	10905	9224	7543	7543	5050	2558	2558	2558	2558	2243	1928	1928	1434	1269
			燃气	16378	9850	3322	3322	3322	3322	2709	2096	2096	1551	1006	1006	847	688	688	688	688	518	462
	中型	公交车	汽油	289068	289068	289068	289068	288471	197056	15419	15419	15419	15419	15419	15266	15112	15112	12274	9437	9437	9437	9437
			柴油	87806	87806	86086	82645	82645	64494	28192	28192	28192	20508	12823	12823	12823	12823	8958	5093	5093	4763	4653
			燃气	71579	71579	67602	59649	59649	57536	53311	53311	53311	42686	32061	32061	22219	22219	22154	22154	22154	22154	22154
		其他	汽油	149499	149499	149499	149499	148902	101854	8952	8952	8952	8952	8952	8806	8659	8659	7432	6204	6204	6204	6204
			柴油	30493	30493	28460	24394	24394	18567	6912	6912	6912	6506	6099	6099	6099	6099	3750	1402	1402	1243	1190
			燃气	34560	34560	32640	28800	28800	27780	25740	25740	25740	20623	15506	15506	10732	10732	9642	9642	9642	9642	9642
	大型	公交车	汽油	674359	674359	674359	674359	673762	454425	16944	16944	16944	16944	16944	16804	16665	16665	13431	10197	10197	10197	10197
			柴油	131708	131708	108010	60614	60614	60614	60614	60614	60614	43515	26416	26416	26416	26416	17675	8934	8934	5723	4653
			燃气	168926	168926	159541	140772	140772	135786	125815	125815	125815	100740	75665	75665	52438	52438	47188	47188	47188	47188	47188
		其他	汽油	1494877	1494877	1494877	1494877	1494280	1006696	32723	32723	32723	32723	32723	25424	18125	18125	14394	10664	10664	10664	10664
			柴油	272891	272891	207397	76409	76409	76409	76409	76409	76409	55942	35476	35476	35476	35476	20706	5937	5937	5324	5119
			燃气	266186	266186	251398	221822	221822	213966	198253	198253	198253	158842	119430	119430	82662	82662	74261	74261	74261	74261	74261
载货汽车	微型		汽油	532391	282500	32608	32608	32608	32608	31130	29651	29651	27469	25287	25287	20540	15794	15794	15794	15794	13878	13239
			柴油	47466	44380	41293	41293	41293	41293	38224	35156	35156	25444	15732	15732	15732	15732	10680	5629	5629	4281	3832
			燃气	104785	54656	4526	4526	4526	4526	4282	4037	4037	3252	2467	2467	1951	1435	1435	1435	1435	1042	910
	轻型		汽油	270539	158348	46156	46156	46156	46156	39488	32821	32821	29340	25859	25859	22720	19581	19581	19581	19581	17384	16651
			柴油	42852	42072	41293	41293	41293	41293	38224	35156	35156	25444	15732	15732	15732	15732	12007	8282	8282	6934	6485
			燃气	53351	32238	11125	11125	11125	11125	7927	4728	4728	3820	2912	2912	2320	1728	1728	1728	1728	1355	1231
	中型		汽油	480154	480154	480154	480154	479557	326021	20143	20143	20143	20143	20143	20003	19863	19863	15826	11789	11789	11789	11789
			柴油	96439	96439	90010	77151	77151	58721	21860	21860	21860	20584	19309	19309	19309	19309	13994	8679	8679	5164	3992
			燃气	109302	109302	103230	91086	91086	87859	81406	81406	81406	65248	49091	49091	66436	66436	32345	32345	32345	32345	32345
	重型		汽油	685823	685823	685823	685823	685226	462142	17169	17169	17169	17169	17169	13760	10350	10350	8638	6926	6926	6926	6926
			柴油	168228	168228	127853	47104	47104	47104	47104	47104	47104	34487	21870	21870	21870	21870	13734	5597	5597	3927	3370
			燃气	164095	164095	154979	136747	136747	131904	122217	122217	122217	97921	73625	73625	77928	77928	48888	48888	48888	48888	48888
低速汽车	三轮汽车			25300	25300	25300	25300	25300	25300	25300	25300	25300	16721	16721	16721	16721	16721	16721	16721	16721	16721	16721
	低速货车			33990	33990	33990	33990	33990	33990	33990	33990	33990	22464	22464	22464	22464	22464	22464	22464	22464	22464	22464
摩托车	普通摩托车			13290	13290	13290	13290	9918	6546	3504	3504	3504	3504	3504	2615	1726	1726	1726	1726	1726	1726	1726
	轻便摩托车			42978	42978	42978	42978	42978	8596	8596	4232	4232	4232	4232	3158	2084	2084	2084	2084	2084	2084	2084

那曲市 NO_x 排放系数

单位：克/（辆·年）

车辆类型		使用性质	燃料种类	1999 年年底前	2000 年	2001 年	2002 年	2003 年	2004 年	2005 年	2006 年	2007 年	2008 年	2009 年	2010 年	2011 年	2012 年	2013 年	2014 年	2015 年	2016 年	2017 年
载客汽车	微型	出租车	汽油	692318	449964	207611	207611	207611	207611	146212	84814	84814	57908	31003	31003	26667	22331	22331	22331	22331	16921	15118
			燃气	165239	111472	57704	57704	57704	57704	42698	27691	27691	20629	13567	13567	11002	8437	8437	8437	8437	5179	4093
		其他	汽油	87956	54736	21515	21515	21515	21515	13145	4775	4775	3848	2922	2922	2434	1945	1945	1945	1945	1540	1405
			燃气	19116	11361	3606	3606	3606	3606	2339	1072	1072	870	668	668	536	404	404	404	404	330	306
	小型	出租车	汽油	791946	505589	219232	219232	219232	219232	152916	86600	86600	58802	31003	31003	25004	19006	19006	19006	19006	13862	12148
			柴油	489934	402166	314398	314398	314398	314398	281524	248650	248650	195169	141688	141688	141688	141688	118458	95228	95228	78458	72868
			燃气	186962	123600	60238	60238	60238	60238	44159	28080	28080	20824	13567	13567	10640	7712	7712	7712	7712	4512	3446
		其他	汽油	81907	51878	21848	21848	21848	21848	14107	6366	6366	4244	2123	2123	1972	1820	1820	1820	1820	1438	1310
			柴油	45040	36670	28300	28300	28300	28300	26122	23945	23945	18685	13425	13425	13425	13425	11661	9897	9897	8764	8387
			燃气	17797	11321	4845	4845	4845	4845	3132	1419	1419	956	494	494	436	377	377	377	377	309	286
	中型	公交车	汽油	853201	853201	853201	853201	853201	582878	42233	42233	42233	42233	42233	37876	33519	33519	25304	17090	17090	17090	17090
			柴油	598382	598382	596977	594167	594167	570554	523328	523328	523328	435907	348486	348486	348486	348486	284390	220293	220293	184435	172482
			燃气	635347	635347	627783	612656	612656	593652	555645	555645	555645	462448	369250	369250	233509	233509	182882	182882	182882	182882	182882
		其他	汽油	523090	523090	523090	523090	523090	354829	18308	18308	18308	18308	18308	18308	18308	18308	13732	9156	9156	9156	9156
			柴油	280614	280614	268900	245473	245473	243397	239245	239245	239245	203758	168271	168271	168271	168271	149409	130547	130547	111424	105049
			燃气	316873	316873	299269	264061	264061	261572	256595	256595	256595	218472	180349	180349	140485	140485	112845	112845	112845	112845	112845
	大型	公交车	汽油	3039528	3039528	3039528	3039528	3039528	2090037	191056	191056	191056	191056	191056	190888	190721	190721	143042	95363	95363	95363	95363
			柴油	848685	848685	821261	766413	766413	744636	701082	701082	701082	688448	675814	675814	675814	675814	651445	627076	627076	565278	544679
			燃气	1706360	1706360	1611562	1421967	1421967	1316448	1105410	1105410	1105410	947132	788853	788853	734422	734422	636551	636551	636551	636551	636551
		其他	汽油	7254800	7254800	7254800	7254800	7254800	4988539	456016	456016	456016	456016	456016	438916	421815	421815	316698	211582	211582	211582	211582
			柴油	2032336	2032336	1980040	1875449	1875449	1831724	1744275	1744275	1744275	1682863	1621451	1621451	1621451	1621451	1543630	1465808	1465808	1297225	1241031
			燃气	3782974	3782974	3572809	3152478	3152478	2918544	2450677	2450677	2450677	2100580	1750483	1750483	1579234	1579234	1339840	1339840	1339840	1339840	1339840
载货汽车	微型		汽油	336120	196985	57850	57850	57850	57850	38058	18265	18265	14524	10784	10784	9902	9021	9021	9021	9021	7488	6977
			柴油	135711	110814	85917	85917	85917	85917	77614	69312	69312	58798	48283	48283	48283	48283	35286	22290	22290	19950	19170
			燃气	73051	41373	9696	9696	9696	9696	6898	4101	4101	3283	2465	2465	2170	1874	1874	1874	1874	1608	1520
	轻型		汽油	248734	157291	65848	65848	65848	65848	43146	20445	20445	17006	13568	13568	11444	9320	9320	9320	9320	7864	7379
			柴油	136225	111071	85917	85917	85917	85917	77614	69312	69312	58798	48283	48283	48283	48283	38760	29236	29236	28118	27745
			燃气	54046	34324	14602	14602	14602	14602	9580	4557	4557	3857	3157	3157	2544	1931	1931	1931	1931	1691	1611
	中型		汽油	754933	754933	754933	754933	754932	515398	36331	36331	36331	36331	36331	36331	36331	36331	27259	18187	18187	18187	18187
			柴油	893130	893130	801966	619638	619638	589208	528348	528348	528348	528349	528350	528350	528350	528350	463561	398772	398772	343379	324915
			燃气	1008534	1008534	894542	666559	666559	633261	566664	566664	566664	566469	566273	566273	429129	429129	349028	349028	349028	349028	349028
	重型		汽油	2843817	2843817	2843817	2843817	2843817	1955463	178754	178754	178754	178754	178754	172051	165348	165348	124143	82938	82938	82938	82938
			柴油	1099684	1099684	1062148	987076	987076	950567	877548	877548	877548	842358	807168	807168	807168	807168	712603	618038	618038	415459	347933
			燃气	2046943	2046943	1917694	1659195	1659195	1517110	1232940	1232940	1232940	1052171	871401	871401	665863	665863	375635	375635	375635	375635	375635
低速汽车	三轮汽车			65550	65550	65550	65550	65550	65550	65550	65550	65550	53279	53279	53279	53279	53279	53279	53279	53279	53279	53279
	低速货车			88065	88065	88065	88065	88065	88065	88065	88065	88065	71579	71579	71579	71579	71579	71579	71579	71579	71579	71579
摩托车	普通摩托车			992	992	992	992	959	926	860	860	860	860	860	764	668	668	668	668	668	668	668
	轻便摩托车			661	661	661	661	661	331	331	331	331	331	331	294	257	257	257	257	257	257	257

那曲市 PM 排放系数

单位：克/（辆·年）

车辆类型		使用性质	燃料种类	1999年年底前	2000年	2001年	2002年	2003年	2004年	2005年	2006年	2007年	2008年	2009年	2010年	2011年	2012年	2013年	2014年	2015年	2016年	2017年
载客汽车	微型	出租车	汽油	—	—	—	—	—	—	—	—	—	—	—	—	—	—	—	—	—	—	—
			燃气	—	—	—	—	—	—	—	—	—	—	—	—	—	—	—	—	—	—	—
		其他	汽油	—	—	—	—	—	—	—	—	—	—	—	—	—	—	—	—	—	—	—
			燃气	—	—	—	—	—	—	—	—	—	—	—	—	—	—	—	—	—	—	—
	小型	出租车	汽油	—	—	—	—	—	—	—	—	—	—	—	—	—	—	—	—	—	—	—
			柴油	40407	37012	33617	33617	33617	33617	22994	12371	12371	8050	3728	3728	3728	3728	3464	3201	3201	2648	2463
			燃气	—	—	—	—	—	—	—	—	—	—	—	—	—	—	—	—	—	—	—
		其他	汽油	—	—	—	—	—	—	—	—	—	—	—	—	—	—	—	—	—	—	—
			柴油	3548	3358	3168	3168	3168	3168	2282	1396	1396	1022	647	647	647	647	544	440	440	440	440
			燃气	—	—	—	—	—	—	—	—	—	—	—	—	—	—	—	—	—	—	—
	中型	公交车	汽油	—	—	—	—	—	—	—	—	—	—	—	—	—	—	—	—	—	—	—
			柴油	30592	30592	28032	22913	22913	17978	8108	8108	8108	6872	5637	5637	5637	5637	3504	1372	1372	1080	983
			燃气	—	—	—	—	—	—	—	—	—	—	—	—	—	—	—	—	—	—	—
		其他	汽油	—	—	—	—	—	—	—	—	—	—	—	—	—	—	—	—	—	—	—
			柴油	15274	15274	12888	8116	8116	6262	2553	2553	2553	2434	2316	2316	2316	2316	1366	415	415	399	394
			燃气	—	—	—	—	—	—	—	—	—	—	—	—	—	—	—	—	—	—	—
	大型	公交车	汽油	—	—	—	—	—	—	—	—	—	—	—	—	—	—	—	—	—	—	—
			柴油	94865	94865	93934	92071	92071	71272	29674	29674	29674	19994	10315	10315	10315	10315	6116	1916	1916	1845	1821
			燃气	—	—	—	—	—	—	—	—	—	—	—	—	—	—	—	—	—	—	—
		其他	汽油	—	—	—	—	—	—	—	—	—	—	—	—	—	—	—	—	—	—	—
			柴油	142314	142314	133412	115607	115607	85425	25061	25061	25061	17182	9303	9303	9303	9303	5868	2433	2433	2343	2313
			燃气	—	—	—	—	—	—	—	—	—	—	—	—	—	—	—	—	—	—	—
载货汽车	微型		汽油	—	—	—	—	—	—	—	—	—	—	—	—	—	—	—	—	—	—	—
			柴油	9271	9080	8888	8888	8888	8888	7238	5588	5588	4148	2707	2707	2707	2707	1704	702	702	698	697
			燃气	—	—	—	—	—	—	—	—	—	—	—	—	—	—	—	—	—	—	—
	轻型		汽油	—	—	—	—	—	—	—	—	—	—	—	—	—	—	—	—	—	—	—
			柴油	9642	9265	8888	8888	8888	8888	7238	5588	5588	4148	2707	2707	2707	2707	2042	1376	1376	1136	1056
			燃气	—	—	—	—	—	—	—	—	—	—	—	—	—	—	—	—	—	—	—
	中型		汽油	—	—	—	—	—	—	—	—	—	—	—	—	—	—	—	—	—	—	—
			柴油	47029	47029	39577	24672	24672	19027	7737	7737	7737	7330	6923	6923	6923	6923	4439	1955	1955	1790	1735
			燃气	—	—	—	—	—	—	—	—	—	—	—	—	—	—	—	—	—	—	—
	重型		汽油	—	—	—	—	—	—	—	—	—	—	—	—	—	—	—	—	—	—	—
			柴油	93905	93905	77183	43739	43739	34729	16708	16708	16708	11449	6190	6190	6190	6190	4190	2189	2189	1850	1737
			燃气	—	—	—	—	—	—	—	—	—	—	—	—	—	—	—	—	—	—	—
低速汽车	三轮汽车			4092	4092	4092	4092	4092	4092	4092	4092	4092	3220	3220	3220	3220	3220	3220	3220	3220	3220	3220
	低速货车			5581	5581	5581	5581	5581	5581	5581	5581	5581	4392	4392	4392	4392	4392	4392	4392	4392	4392	4392
摩托车	普通摩托车			—	—	—	—	—	—	—	—	—	—	—	—	—	—	—	—	—	—	—
	轻便摩托车			—	—	—	—	—	—	—	—	—	—	—	—	—	—	—	—	—	—	—

那曲市 VOCs 排放系数

单位：克/（辆·年）

车辆类型		使用性质	燃料种类	1999年年底前	2000年	2001年	2002年	2003年	2004年	2005年	2006年	2007年	2008年	2009年	2010年	2011年	2012年	2013年	2014年	2015年	2016年	2017年
载客汽车	微型	出租车	汽油	1605146	928654	252161	252161	252161	252161	180548	108936	108936	85938	62939	62939	53234	43529	43529	43529	43529	33816	30579
			燃气	304058	183188	62319	62319	62319	62319	47220	32120	32120	26346	20573	20573	16414	12254	12254	12254	12254	7511	5930
		其他	汽油	103592	60199	16806	16806	16806	16806	16341	15876	15876	13028	10179	10179	9588	8996	8996	8996	8996	6942	6258
			燃气	16105	9030	1955	1955	1955	1955	1878	1800	1800	1336	871	871	797	723	723	723	723	492	415
	小型	出租车	汽油	1605146	912071	218996	218996	218996	218996	207876	196757	196757	129848	62939	62939	53234	43529	43529	43529	43529	31126	26991
			柴油	192992	182651	172310	172310	172310	172310	158384	144458	144458	100788	57117	57117	57117	57117	42770	28424	28424	17638	14042
			燃气	304058	180248	56437	56437	56437	56437	52067	47697	47697	34135	20573	20573	16414	12254	12254	12254	12254	7034	5294
		其他	汽油	105133	60780	16426	16426	16426	16426	16986	17547	17547	13868	10188	10188	9492	8797	8797	8797	8797	7093	6525
			柴油	14815	13576	12336	12336	12336	12336	10515	8694	8694	5882	3070	3070	3070	3070	2741	2412	2412	1756	1538
			燃气	16378	9850	3322	3322	3322	3322	2709	2096	2096	1551	1006	1006	847	688	688	688	688	518	462
	中型	公交车	汽油	288329	288329	288329	288329	287732	196317	14680	14680	14680	14680	14680	14526	14373	14373	11536	8698	8698	8698	8698
			柴油	87806	87806	86086	82645	82645	64494	28192	28192	28192	20508	12823	12823	12823	12823	8958	5093	5093	4763	4653
			燃气	71579	71579	67602	59649	59649	57536	53311	53311	53311	42686	32061	32061	22219	22219	22154	22154	22154	22154	22154
		其他	汽油	148760	148760	148760	148760	148163	101115	8212	8212	8212	8212	8212	8066	7919	7919	6692	5465	5465	5465	5465
			柴油	30493	30493	28460	24394	24394	18567	6912	6912	6912	6506	6099	6099	6099	6099	3750	1402	1402	1243	1190
			燃气	34560	34560	32640	28800	28800	27780	25740	25740	25740	20623	15506	15506	10732	10732	9642	9642	9642	9642	9642
	大型	公交车	汽油	673620	673620	673620	673620	673023	453686	16205	16205	16205	16205	16205	16065	15925	15925	12692	9458	9458	9458	9458
			柴油	131708	131708	108010	60614	60614	60614	60614	60614	60614	43515	26416	26416	26416	26416	17675	8934	8934	5723	4653
			燃气	168926	168926	159541	140772	140772	135786	125815	125815	125815	100740	75665	75665	52438	52438	47188	47188	47188	47188	47188
		其他	汽油	1494138	1494138	1494138	1494138	1493541	1005957	31984	31984	31984	31984	31984	24685	17386	17386	13656	9925	9925	9925	9925
			柴油	272891	272891	207397	76409	76409	76409	76409	76409	76409	55942	35476	35476	35476	35476	20706	5937	5937	5324	5119
			燃气	266186	266186	251398	221822	221822	213966	198253	198253	198253	158842	119430	119430	82662	82662	74261	74261	74261	74261	74261
载货汽车	微型		汽油	669519	354430	39342	39342	39342	39342	37660	35977	35977	33158	30340	30340	24488	18635	18635	18635	18635	16112	15271
			柴油	51354	48055	44756	44756	44756	44756	41520	38283	38283	27685	17087	17087	17087	17087	11684	6281	6281	4786	4288
			燃气	104087	54332	4577	4577	4577	4577	4328	4079	4079	3338	2596	2596	2047	1498	1498	1498	1498	1134	1013
	轻型		汽油	340106	198246	56386	56386	56386	56386	48176	39965	39965	35512	31060	31060	27230	23399	23399	23399	23399	20523	19564
			柴油	46315	45536	44756	44756	44756	44756	41520	38283	38283	27685	17087	17087	17087	17087	13133	9179	9179	7684	7185
			燃气	52983	32193	11404	11404	11404	11404	8089	4774	4774	3920	3067	3067	2448	1830	1830	1830	1830	1496	1385
	中型		汽油	479415	479415	479415	479415	478818	325282	19404	19404	19404	19404	19404	19264	19124	19124	15087	11050	11050	11050	11050
			柴油	96439	96439	90010	77151	77151	58721	21860	21860	21860	20584	19309	19309	19309	19309	13994	8679	8679	5164	3992
			燃气	109302	109302	103230	91086	91086	87859	81406	81406	81406	65248	49091	49091	66436	66436	32345	32345	32345	32345	32345
	重型		汽油	685083	685083	685083	685083	684486	461402	16429	16429	16429	16429	16429	13020	9610	9610	7898	6186	6186	6186	6186
			柴油	168228	168228	127853	47104	47104	47104	47104	47104	47104	34487	21870	21870	21870	21870	13734	5597	5597	3927	3370
			燃气	164095	164095	154979	136747	136747	131904	122217	122217	122217	97921	73625	73625	77928	77928	48888	48888	48888	48888	48888
低速汽车	三轮汽车			25300	25300	25300	25300	25300	25300	25300	25300	25300	16721	16721	16721	16721	16721	16721	16721	16721	16721	16721
	低速货车			33990	33990	33990	33990	33990	33990	33990	33990	33990	22464	22464	22464	22464	22464	22464	22464	22464	22464	22464
摩托车	普通摩托车			13290	13290	13290	13290	9918	6546	3504	3504	3504	3504	3504	2615	1726	1726	1726	1726	1726	1726	1726
	轻便摩托车			42978	42978	42978	42978	42978	8596	8596	4232	4232	4232	4232	3158	2084	2084	2084	2084	2084	2084	2084

阿里地区 NO_x 排放系数

单位：克/（辆·年）

车辆类型		使用性质	燃料种类	1999 年年底前	2000 年	2001 年	2002 年	2003 年	2004 年	2005 年	2006 年	2007 年	2008 年	2009 年	2010 年	2011 年	2012 年	2013 年	2014 年	2015 年	2016 年	2017 年
载客汽车	微型	出租车	汽油	692318	449964	207611	207611	207611	207611	146212	84814	84814	57908	31003	31003	26667	22331	22331	22331	22331	16921	15118
			燃气	165239	111472	57704	57704	57704	57704	42698	27691	27691	20629	13567	13567	11002	8437	8437	8437	8437	5179	4093
		其他	汽油	87956	54736	21515	21515	21515	21515	13145	4775	4775	3848	2922	2922	2434	1945	1945	1945	1945	1540	1405
			燃气	19116	11361	3606	3606	3606	3606	2339	1072	1072	870	668	668	536	404	404	404	404	330	306
	小型	出租车	汽油	791946	505589	219232	219232	219232	219232	152916	86600	86600	58802	31003	31003	25004	19006	19006	19006	19006	13862	12148
			柴油	489934	402166	314398	314398	314398	314398	281524	248650	248650	195169	141688	141688	141688	141688	118458	95228	95228	78458	72868
			燃气	186962	123600	60238	60238	60238	60238	44159	28080	28080	20824	13567	13567	10640	7712	7712	7712	7712	4512	3446
		其他	汽油	81907	51878	21848	21848	21848	21848	14107	6366	6366	4244	2123	2123	1972	1820	1820	1820	1820	1438	1310
			柴油	45040	36670	28300	28300	28300	28300	26122	23945	23945	18685	13425	13425	13425	13425	11661	9897	9897	8764	8387
			燃气	17797	11321	4845	4845	4845	4845	3132	1419	1419	956	494	494	436	377	377	377	377	309	286
	中型	公交车	汽油	853201	853201	853201	853201	853201	582878	42233	42233	42233	42233	42233	37876	33519	33519	25304	17090	17090	17090	17090
			柴油	598382	598382	596977	594167	594167	570554	523328	523328	523328	435907	348486	348486	348486	348486	284390	220293	220293	184435	172482
			燃气	635347	635347	627783	612656	612656	593652	555645	555645	555645	462448	369250	369250	233509	233509	182882	182882	182882	182882	182882
		其他	汽油	523090	523090	523090	523090	523090	354829	18308	18308	18308	18308	18308	18308	18308	18308	13732	9156	9156	9156	9156
			柴油	280614	280614	268900	245473	245473	243397	239245	239245	239245	203758	168271	168271	168271	168271	149409	130547	130547	111424	105049
			燃气	316873	316873	299269	264061	264061	261572	256595	256595	256595	218472	180349	180349	140485	140485	112845	112845	112845	112845	112845
	大型	公交车	汽油	3039528	3039528	3039528	3039528	3039528	2090037	191056	191056	191056	191056	191056	190888	190721	190721	143042	95363	95363	95363	95363
			柴油	848685	848685	821261	766413	766413	744636	701082	701082	701082	688448	675814	675814	675814	675814	651445	627076	627076	565278	544679
			燃气	1706360	1706360	1611562	1421967	1421967	1316448	1105410	1105410	1105410	947132	788853	788853	734422	734422	636551	636551	636551	636551	636551
		其他	汽油	7254800	7254800	7254800	7254800	7254800	4988539	456016	456016	456016	456016	456016	438916	421815	421815	316698	211582	211582	211582	211582
			柴油	2032336	2032336	1980040	1875449	1875449	1831724	1744275	1744275	1744275	1682863	1621451	1621451	1621451	1621451	1543630	1465808	1465808	1297225	1241031
			燃气	3782974	3782974	3572809	3152478	3152478	2918544	2450677	2450677	2450677	2100580	1750483	1750483	1579234	1579234	1339840	1339840	1339840	1339840	1339840
载货汽车	微型		汽油	336120	196985	57850	57850	57850	57850	38058	18265	18265	14524	10784	10784	9902	9021	9021	9021	9021	7488	6977
			柴油	135711	110814	85917	85917	85917	85917	77614	69312	69312	58798	48283	48283	48283	48283	35286	22290	22290	19950	19170
			燃气	73051	41373	9696	9696	9696	9696	6898	4101	4101	3283	2465	2465	2170	1874	1874	1874	1874	1608	1520
	轻型		汽油	248734	157291	65848	65848	65848	65848	43146	20445	20445	17006	13568	13568	11444	9320	9320	9320	9320	7864	7379
			柴油	136225	111071	85917	85917	85917	85917	77614	69312	69312	58798	48283	48283	48283	48283	38760	29236	29236	28118	27745
			燃气	54046	34324	14602	14602	14602	14602	9580	4557	4557	3857	3157	3157	2544	1931	1931	1931	1931	1691	1611
	中型		汽油	754933	754933	754933	754933	754932	515398	36331	36331	36331	36331	36331	36331	36331	36331	27259	18187	18187	18187	18187
			柴油	893130	893130	801966	619638	619638	589208	528348	528348	528348	528349	528350	528350	528350	528350	463561	398772	398772	343379	324915
			燃气	1008534	1008534	894542	666559	666559	633261	566664	566664	566664	566469	566273	566273	429129	429129	349028	349028	349028	349028	349028
	重型		汽油	2843817	2843817	2843817	2843817	2843817	1955463	178754	178754	178754	178754	178754	172051	165348	165348	124143	82938	82938	82938	82938
			柴油	1099684	1099684	1062148	987076	987076	950567	877548	877548	877548	842358	807168	807168	807168	807168	712603	618038	618038	415459	347933
			燃气	2046943	2046943	1917694	1659195	1659195	1517110	1232940	1232940	1232940	1052171	871401	871401	665863	665863	375635	375635	375635	375635	375635
低速汽车	三轮汽车			65550	65550	65550	65550	65550	65550	65550	65550	65550	53279	53279	53279	53279	53279	53279	53279	53279	53279	53279
	低速货车			88065	88065	88065	88065	88065	88065	88065	88065	88065	71579	71579	71579	71579	71579	71579	71579	71579	71579	71579
摩托车	普通摩托车			992	992	992	992	959	926	860	860	860	860	860	764	668	668	668	668	668	668	668
	轻便摩托车			661	661	661	661	661	331	331	331	331	331	331	294	257	257	257	257	257	257	257

阿里地区 PM 排放系数

单位：克/（辆·年）

车辆类型		使用性质	燃料种类	1999 年年底前	2000 年	2001 年	2002 年	2003 年	2004 年	2005 年	2006 年	2007 年	2008 年	2009 年	2010 年	2011 年	2012 年	2013 年	2014 年	2015 年	2016 年	2017 年
载客汽车	微型	出租车	汽油	—	—	—	—	—	—	—	—	—	—	—	—	—	—	—	—	—	—	—
			燃气	—	—	—	—	—	—	—	—	—	—	—	—	—	—	—	—	—	—	—
		其他	汽油	—	—	—	—	—	—	—	—	—	—	—	—	—	—	—	—	—	—	—
			燃气	—	—	—	—	—	—	—	—	—	—	—	—	—	—	—	—	—	—	—
	小型	出租车	汽油	—	—	—	—	—	—	—	—	—	—	—	—	—	—	—	—	—	—	—
			柴油	40407	37012	33617	33617	33617	33617	22994	12371	12371	8050	3728	3728	3728	3728	3464	3201	3201	2648	2463
			燃气	—	—	—	—	—	—	—	—	—	—	—	—	—	—	—	—	—	—	—
		其他	汽油	—	—	—	—	—	—	—	—	—	—	—	—	—	—	—	—	—	—	—
			柴油	3548	3358	3168	3168	3168	3168	2282	1396	1396	1022	647	647	647	647	544	440	440	440	440
			燃气	—	—	—	—	—	—	—	—	—	—	—	—	—	—	—	—	—	—	—
	中型	公交车	汽油	—	—	—	—	—	—	—	—	—	—	—	—	—	—	—	—	—	—	—
			柴油	30592	30592	28032	22913	22913	17978	8108	8108	8108	6872	5637	5637	5637	5637	3504	1372	1372	1080	983
			燃气	—	—	—	—	—	—	—	—	—	—	—	—	—	—	—	—	—	—	—
		其他	汽油	—	—	—	—	—	—	—	—	—	—	—	—	—	—	—	—	—	—	—
			柴油	15274	15274	12888	8116	8116	6262	2553	2553	2553	2434	2316	2316	2316	2316	1366	415	415	399	394
			燃气	—	—	—	—	—	—	—	—	—	—	—	—	—	—	—	—	—	—	—
	大型	公交车	汽油	—	—	—	—	—	—	—	—	—	—	—	—	—	—	—	—	—	—	—
			柴油	94865	94865	93934	92071	92071	71272	29674	29674	29674	19994	10315	10315	10315	10315	6116	1916	1916	1845	1821
			燃气	—	—	—	—	—	—	—	—	—	—	—	—	—	—	—	—	—	—	—
		其他	汽油	—	—	—	—	—	—	—	—	—	—	—	—	—	—	—	—	—	—	—
			柴油	142314	142314	133412	115607	115607	85425	25061	25061	25061	17182	9303	9303	9303	9303	5868	2433	2433	2343	2313
			燃气	—	—	—	—	—	—	—	—	—	—	—	—	—	—	—	—	—	—	—
载货汽车	微型		汽油	—	—	—	—	—	—	—	—	—	—	—	—	—	—	—	—	—	—	—
			柴油	9271	9080	8888	8888	8888	8888	7238	5588	5588	4148	2707	2707	2707	2707	1704	702	702	698	697
			燃气	—	—	—	—	—	—	—	—	—	—	—	—	—	—	—	—	—	—	—
	轻型		汽油	—	—	—	—	—	—	—	—	—	—	—	—	—	—	—	—	—	—	—
			柴油	9642	9265	8888	8888	8888	8888	7238	5588	5588	4148	2707	2707	2707	2707	2042	1376	1376	1136	1056
			燃气	—	—	—	—	—	—	—	—	—	—	—	—	—	—	—	—	—	—	—
	中型		汽油	—	—	—	—	—	—	—	—	—	—	—	—	—	—	—	—	—	—	—
			柴油	47029	47029	39577	24672	24672	19027	7737	7737	7737	7330	6923	6923	6923	6923	4439	1955	1955	1790	1735
			燃气	—	—	—	—	—	—	—	—	—	—	—	—	—	—	—	—	—	—	—
	重型		汽油	—	—	—	—	—	—	—	—	—	—	—	—	—	—	—	—	—	—	—
			柴油	93905	93905	77183	43739	43739	34729	16708	16708	16708	11449	6190	6190	6190	6190	4190	2189	2189	1850	1737
			燃气	—	—	—	—	—	—	—	—	—	—	—	—	—	—	—	—	—	—	—
低速汽车	三轮汽车			4092	4092	4092	4092	4092	4092	4092	4092	4092	3220	3220	3220	3220	3220	3220	3220	3220	3220	3220
	低速货车			5581	5581	5581	5581	5581	5581	5581	5581	5581	4392	4392	4392	4392	4392	4392	4392	4392	4392	4392
摩托车	普通摩托车			—	—	—	—	—	—	—	—	—	—	—	—	—	—	—	—	—	—	—
	轻便摩托车			—	—	—	—	—	—	—	—	—	—	—	—	—	—	—	—	—	—	—

阿里地区 VOCs 排放系数

单位：克/（辆·年）

车辆类型		使用性质	燃料种类	1999 年年底前	2000 年	2001 年	2002 年	2003 年	2004 年	2005 年	2006 年	2007 年	2008 年	2009 年	2010 年	2011 年	2012 年	2013 年	2014 年	2015 年	2016 年	2017 年
载客汽车	微型	出租车	汽油	1605146	928654	252161	252161	252161	252161	180548	108936	108936	85938	62939	62939	53234	43529	43529	43529	43529	33816	30579
			燃气	304058	183188	62319	62319	62319	62319	47220	32120	32120	26346	20573	20573	16414	12254	12254	12254	12254	7511	5930
		其他	汽油	103592	60199	16806	16806	16806	16806	16341	15876	15876	13028	10179	10179	9588	8996	8996	8996	8996	6942	6258
			燃气	16105	9030	1955	1955	1955	1955	1878	1800	1800	1336	871	871	797	723	723	723	723	492	415
	小型	出租车	汽油	1605146	912071	218996	218996	218996	218996	207876	196757	196757	129848	62939	62939	53234	43529	43529	43529	43529	31126	26991
			柴油	192992	182651	172310	172310	172310	172310	158384	144458	144458	100788	57117	57117	57117	57117	42770	28424	28424	17638	14042
			燃气	304058	180248	56437	56437	56437	56437	52067	47697	47697	34135	20573	20573	16414	12254	12254	12254	12254	7034	5294
		其他	汽油	105133	60780	16426	16426	16426	16426	16986	17547	17547	13868	10188	10188	9492	8797	8797	8797	8797	7093	6525
			柴油	14815	13576	12336	12336	12336	12336	10515	8694	8694	5882	3070	3070	3070	3070	2741	2412	2412	1756	1538
			燃气	16378	9850	3322	3322	3322	3322	2709	2096	2096	1551	1006	1006	847	688	688	688	688	518	462
	中型	公交车	汽油	288329	288329	288329	288329	287732	196317	14680	14680	14680	14680	14680	14526	14373	14373	11536	8698	8698	8698	8698
			柴油	87806	87806	86086	82645	82645	64494	28192	28192	28192	20508	12823	12823	12823	12823	8958	5093	5093	4763	4653
			燃气	71579	71579	67602	59649	59649	57536	53311	53311	53311	42686	32061	32061	22219	22219	22154	22154	22154	22154	22154
		其他	汽油	148760	148760	148760	148760	148163	101115	8212	8212	8212	8212	8212	8066	7919	7919	6692	5465	5465	5465	5465
			柴油	30493	30493	28460	24394	24394	18567	6912	6912	6912	6506	6099	6099	6099	6099	3750	1402	1402	1243	1190
			燃气	34560	34560	32640	28800	28800	27780	25740	25740	25740	20623	15506	15506	10732	10732	9642	9642	9642	9642	9642
	大型	公交车	汽油	673620	673620	673620	673620	673023	453686	16205	16205	16205	16205	16205	16065	15925	15925	12692	9458	9458	9458	9458
			柴油	131708	131708	108010	60614	60614	60614	60614	60614	60614	43515	26416	26416	26416	26416	17675	8934	8934	5723	4653
			燃气	168926	168926	159541	140772	140772	135786	125815	125815	125815	100740	75665	75665	52438	52438	47188	47188	47188	47188	47188
		其他	汽油	1494138	1494138	1494138	1494138	1493541	1005957	31984	31984	31984	31984	31984	24685	17386	17386	13656	9925	9925	9925	9925
			柴油	272891	272891	207397	76409	76409	76409	76409	76409	76409	55942	35476	35476	35476	35476	20706	5937	5937	5324	5119
			燃气	266186	266186	251398	221822	221822	213966	198253	198253	198253	158842	119430	119430	82662	82662	74261	74261	74261	74261	74261
载货汽车	微型		汽油	669519	354430	39342	39342	39342	39342	37660	35977	35977	33158	30340	30340	24488	18635	18635	18635	18635	16112	15271
			柴油	51354	48055	44756	44756	44756	44756	41520	38283	38283	27685	17087	17087	17087	17087	11684	6281	6281	4786	4288
			燃气	104087	54332	4577	4577	4577	4577	4328	4079	4079	3338	2596	2596	2047	1498	1498	1498	1498	1134	1013
	轻型		汽油	340106	198246	56386	56386	56386	56386	48176	39965	39965	35512	31060	31060	27230	23399	23399	23399	23399	20523	19564
			柴油	46315	45536	44756	44756	44756	44756	41520	38283	38283	27685	17087	17087	17087	17087	13133	9179	9179	7684	7185
			燃气	52983	32193	11404	11404	11404	11404	8089	4774	4774	3920	3067	3067	2448	1830	1830	1830	1830	1496	1385
	中型		汽油	479415	479415	479415	479415	478818	325282	19404	19404	19404	19404	19404	19264	19124	19124	15087	11050	11050	11050	11050
			柴油	96439	96439	90010	77151	77151	58721	21860	21860	21860	20584	19309	19309	19309	19309	13994	8679	8679	5164	3992
			燃气	109302	109302	103230	91086	91086	87859	81406	81406	81406	65248	49091	49091	66436	66436	32345	32345	32345	32345	32345
	重型		汽油	685083	685083	685083	685083	684486	461402	16429	16429	16429	16429	16429	13020	9610	9610	7898	6186	6186	6186	6186
			柴油	168228	168228	127853	47104	47104	47104	47104	47104	47104	34487	21870	21870	21870	21870	13734	5597	5597	3927	3370
			燃气	164095	164095	154979	136747	136747	131904	122217	122217	122217	97921	73625	73625	77928	77928	48888	48888	48888	48888	48888
低速汽车	三轮汽车			25300	25300	25300	25300	25300	25300	25300	25300	25300	16721	16721	16721	16721	16721	16721	16721	16721	16721	16721
	低速货车			33990	33990	33990	33990	33990	33990	33990	33990	33990	22464	22464	22464	22464	22464	22464	22464	22464	22464	22464
摩托车	普通摩托车			13290	13290	13290	13290	9918	6546	3504	3504	3504	3504	3504	2615	1726	1726	1726	1726	1726	1726	1726
	轻便摩托车			42978	42978	42978	42978	42978	8596	8596	4232	4232	4232	4232	3158	2084	2084	2084	2084	2084	2084	2084

西安市 NO_x 排放系数

单位：克/（辆·年）

车辆类型		使用性质	燃料种类	1999 年年底前	2000 年	2001 年	2002 年	2003 年	2004 年	2005 年	2006 年	2007 年	2008 年	2009 年	2010 年	2011 年	2012 年	2013 年	2014 年	2015 年	2016 年	2017 年
载客汽车	微型	出租车	汽油	339922	230954	121986	121986	121986	121986	90544	59103	59103	44095	29087	29087	24065	19043	19043	19043	19043	11635	9166
			燃气	228278	156216	84153	84153	84153	84153	62896	41639	41639	31398	21157	21157	17343	13529	13529	13529	13529	8087	6273
		其他	汽油	35234	22162	9089	9089	9089	9089	5713	2337	2337	1898	1458	1458	1270	1083	1083	1083	1083	768	663
			燃气	22689	13543	4397	4397	4397	4397	2864	1330	1330	1077	824	824	694	563	563	563	563	450	413
	小型	出租车	汽油	384141	255702	127264	127264	127264	127264	93589	59914	59914	44500	29087	29087	23222	17357	17357	17357	17357	10119	7706
			柴油	435732	365983	296234	296234	296234	296234	264539	232844	232844	185310	137777	137777	137777	137777	112015	86253	86253	66423	59813
			燃气	257472	172555	87638	87638	87638	87638	64906	42175	42175	31666	21157	21157	16786	12415	12415	12415	12415	7086	5309
		其他	汽油	32871	21046	9221	9221	9221	9221	6096	2970	2970	2058	1145	1145	1086	1026	1026	1026	1026	722	621
			柴油	31162	25484	19805	19805	19805	19805	18272	16738	16738	13142	9545	9545	9545	9545	8240	6935	6935	6142	5878
			燃气	21128	13508	5889	5889	5889	5889	3818	1748	1748	1182	617	617	571	525	525	525	525	421	386
	中型	公交车	汽油	341771	341771	341771	341771	341771	233487	16918	16918	16918	16918	16918	15172	13427	13427	10136	6846	6846	6846	6846
			柴油	381423	381423	380527	378736	378736	363685	333582	333582	333582	277858	222133	222133	222133	222133	181276	140420	140420	117563	109944
			燃气	404985	404985	400164	390521	390521	378408	354181	354181	354181	294775	235369	235369	148844	148844	116573	116573	116573	116573	116573
		其他	汽油	201216	201216	201216	201216	201216	136492	7043	7043	7043	7043	7043	7043	7043	7043	5282	3522	3522	3522	3522
			柴油	171767	171767	164597	150257	150257	148986	146445	146445	146445	124723	103001	103001	103001	103001	91455	79909	79909	68204	64302
			燃气	193961	193961	183185	161634	161634	160111	157064	157064	157064	133729	110394	110394	85992	85992	69074	69074	69074	69074	69074
	大型	公交车	汽油	1217560	1217560	1217560	1217560	1217560	837217	76532	76532	76532	76532	76532	76465	76398	76398	57299	38200	38200	38200	38200
			柴油	540971	540971	523490	488529	488529	474648	446886	446886	446886	438833	430780	430780	430780	430780	415246	399713	399713	360322	347191
			燃气	1087673	1087673	1027247	906395	906395	839135	704614	704614	704614	603724	502833	502833	468138	468138	405753	405753	405753	405753	405753
		其他	汽油	2790693	2790693	2790693	2790693	2790693	1918934	175415	175415	175415	175415	175415	168837	162259	162259	121824	81389	81389	81389	81389
			柴油	1244016	1244016	1212005	1147983	1147983	1121219	1067690	1067690	1067690	1030099	992508	992508	992508	992508	944873	897238	897238	794046	759649
			燃气	2315601	2315601	2186957	1929668	1929668	1786474	1500087	1500087	1500087	1285789	1071491	1071491	966667	966667	820131	820131	820131	820131	820131
载货汽车	微型		汽油	118864	70401	21938	21938	21938	21938	14994	8051	8051	6538	5024	5024	4430	3835	3835	3835	3835	2844	2514
			柴油	84456	69654	54852	54852	54852	54852	49460	44069	44069	37370	30672	30672	30672	30672	22432	14191	14191	12186	11518
			燃气	76543	43578	10613	10613	10613	10613	7597	4582	4582	3711	2839	2839	2416	1994	1994	1994	1994	1673	1566
	轻型		汽油	86702	55662	24623	24623	24623	24623	16703	8783	8783	7371	5959	5959	4948	3936	3936	3936	3936	2971	2649
			柴油	84753	69802	54852	54852	54852	54852	49460	44069	44069	37370	30672	30672	30672	30672	24457	18242	18242	16950	16519
			燃气	55728	35727	15726	15726	15726	15726	10447	5169	5169	4190	3211	3211	2613	2014	2014	2014	2014	1738	1647
	中型		汽油	249169	249169	249169	249169	249169	170110	11991	11991	11991	11991	11991	11991	11991	11991	8997	6003	6003	6003	6003
			柴油	474088	474088	425697	328914	328914	312761	280455	280455	280455	271826	263198	263198	263198	263198	230924	198649	198649	171055	161857
			燃气	535345	535345	474836	353818	353818	336143	300791	300791	300791	291440	282089	282089	213771	213771	173869	173869	173869	173869	173869
	重型		汽油	1758648	1758648	1758648	1758648	1758648	1209280	110544	110544	110544	110544	110544	106398	102253	102253	76772	51290	51290	51290	51290
			柴油	966932	966932	933927	867918	867918	835816	771612	771612	771612	740670	709728	709728	709728	709728	623890	538053	538053	375143	320840
			燃气	1799839	1799839	1686193	1458901	1458901	1333968	1084102	1084102	1084102	925155	766208	766208	579688	579688	346385	346385	346385	346385	346385
低速汽车	三轮汽车			65550	65550	65550	65550	65550	65550	65550	65550	65550	53279	53279	53279	53279	53279	53279	53279	53279	53279	53279
	低速货车			88065	88065	88065	88065	88065	88065	88065	88065	88065	71579	71579	71579	71579	71579	71579	71579	71579	71579	71579
摩托车	普通摩托车			965	965	965	965	932	900	836	836	836	836	836	743	650	650	650	650	650	650	650
	轻便摩托车			643	643	643	643	643	322	322	322	322	322	322	286	250	250	250	250	250	250	250

西安市 **PM** 排放系数

单位：克/（辆・年）

车辆类型		使用性质	燃料种类	1999 年年底前	2000 年	2001 年	2002 年	2003 年	2004 年	2005 年	2006 年	2007 年	2008 年	2009 年	2010 年	2011 年	2012 年	2013 年	2014 年	2015 年	2016 年	2017 年
载客汽车	微型	出租车	汽油	—	—	—	—	—	—	—	—	—	—	—	—	—	—	—	—	—	—	—
			燃气	—	—	—	—	—	—	—	—	—	—	—	—	—	—	—	—	—	—	—
		其他	汽油	—	—	—	—	—	—	—	—	—	—	—	—	—	—	—	—	—	—	—
			燃气	—	—	—	—	—	—	—	—	—	—	—	—	—	—	—	—	—	—	—
	小型	出租车	汽油	—	—	—	—	—	—	—	—	—	—	—	—	—	—	—	—	—	—	—
			柴油	57709	52872	48036	48036	48036	48036	32706	17375	17375	11354	5333	5333	5333	5333	4956	4580	4580	3787	3523
			燃气	—	—	—	—	—	—	—	—	—	—	—	—	—	—	—	—	—	—	—
		其他	汽油	—	—	—	—	—	—	—	—	—	—	—	—	—	—	—	—	—	—	—
			柴油	4572	4327	4082	4082	4082	4082	2935	1788	1788	1313	838	838	838	838	698	557	557	557	557
			燃气	—	—	—	—	—	—	—	—	—	—	—	—	—	—	—	—	—	—	—
	中型	公交车	汽油	—	—	—	—	—	—	—	—	—	—	—	—	—	—	—	—	—	—	—
			柴油	31857	31857	29192	23861	23861	18722	8443	8443	8443	7156	5870	5870	5870	5870	3649	1428	1428	1124	1023
			燃气	—	—	—	—	—	—	—	—	—	—	—	—	—	—	—	—	—	—	—
		其他	汽油	—	—	—	—	—	—	—	—	—	—	—	—	—	—	—	—	—	—	—
			柴油	15274	15274	12888	8116	8116	6262	2553	2553	2553	2434	2316	2316	2316	2316	1366	415	415	399	394
			燃气	—	—	—	—	—	—	—	—	—	—	—	—	—	—	—	—	—	—	—
	大型	公交车	汽油	—	—	—	—	—	—	—	—	—	—	—	—	—	—	—	—	—	—	—
			柴油	98788	98788	97818	95878	95878	74219	30901	30901	30901	20821	10741	10741	10741	10741	6368	1995	1995	1921	1896
			燃气	—	—	—	—	—	—	—	—	—	—	—	—	—	—	—	—	—	—	—
		其他	汽油	—	—	—	—	—	—	—	—	—	—	—	—	—	—	—	—	—	—	—
			柴油	142314	142314	133412	115607	115607	85425	25061	25061	25061	17182	9303	9303	9303	9303	5868	2433	2433	2343	2313
			燃气	—	—	—	—	—	—	—	—	—	—	—	—	—	—	—	—	—	—	—
载货汽车	微型		汽油	—	—	—	—	—	—	—	—	—	—	—	—	—	—	—	—	—	—	—
			柴油	9830	9626	9423	9423	9423	9423	7706	5989	5989	4445	2901	2901	2901	2901	1826	752	752	748	747
			燃气	—	—	—	—	—	—	—	—	—	—	—	—	—	—	—	—	—	—	—
	轻型		汽油	—	—	—	—	—	—	—	—	—	—	—	—	—	—	—	—	—	—	—
			柴油	10223	9823	9423	9423	9423	9423	7706	5989	5989	4445	2901	2901	2901	2901	2188	1474	1474	1218	1132
			燃气	—	—	—	—	—	—	—	—	—	—	—	—	—	—	—	—	—	—	—
	中型		汽油	—	—	—	—	—	—	—	—	—	—	—	—	—	—	—	—	—	—	—
			柴油	41640	41640	35042	21845	21845	16808	6733	6733	6733	6378	6024	6024	6024	6024	3862	1701	1701	1558	1510
			燃气	—	—	—	—	—	—	—	—	—	—	—	—	—	—	—	—	—	—	—
	重型		汽油	—	—	—	—	—	—	—	—	—	—	—	—	—	—	—	—	—	—	—
			柴油	131413	131413	108012	61209	61209	48600	23382	23382	23382	16022	8663	8663	8663	8663	5750	2836	2836	2396	2250
			燃气	—	—	—	—	—	—	—	—	—	—	—	—	—	—	—	—	—	—	—
低速汽车	三轮汽车			4092	4092	4092	4092	4092	4092	4092	4092	4092	3220	3220	3220	3220	3220	3220	3220	3220	3220	3220
	低速货车			5581	5581	5581	5581	5581	5581	5581	5581	5581	4392	4392	4392	4392	4392	4392	4392	4392	4392	4392
摩托车	普通摩托车			—	—	—	—	—	—	—	—	—	—	—	—	—	—	—	—	—	—	—
	轻便摩托车			—	—	—	—	—	—	—	—	—	—	—	—	—	—	—	—	—	—	—

西安市 VOCs 排放系数

单位：克/（辆·年）

车辆类型		使用性质	燃料种类	1999 年年底前	2000 年	2001 年	2002 年	2003 年	2004 年	2005 年	2006 年	2007 年	2008 年	2009 年	2010 年	2011 年	2012 年	2013 年	2014 年	2015 年	2016 年	2017 年
载客汽车	微型	出租车	汽油	1028404	605896	183388	183388	183388	183388	136156	88925	88925	72613	56301	56301	47002	37702	37702	37702	37702	27875	24599
			燃气	451347	272672	93998	93998	93998	93998	71732	49467	49467	40896	32325	32325	25932	19538	19538	19538	19538	12333	9931
		其他	汽油	58654	35002	11351	11351	11351	11351	10904	10456	10456	8968	7479	7479	7146	6814	6814	6814	6814	5759	5407
			燃气	21043	11808	2572	2572	2572	2572	2453	2334	2334	1754	1174	1174	1096	1018	1018	1018	1018	724	626
	小型	出租车	汽油	1028404	595976	163548	163548	163548	163548	152204	140861	140861	98581	56301	56301	47002	37702	37702	37702	37702	25964	22052
			柴油	245170	230839	216508	216508	216508	216508	197042	177575	177575	129618	81660	81660	81660	81660	60585	39510	39510	22300	16564
			燃气	451347	268496	85646	85646	85646	85646	78488	71330	71330	51828	32325	32325	25932	19538	19538	19538	19538	11529	8859
		其他	汽油	59500	35322	11144	11144	11144	11144	11250	11356	11356	9420	7483	7483	7090	6696	6696	6696	6696	5840	5554
			柴油	12397	11322	10248	10248	10248	10248	8748	7248	7248	4906	2565	2565	2565	2565	2194	1823	1823	1326	1160
			燃气	21399	12872	4344	4344	4344	4344	3528	2713	2713	2033	1353	1353	1160	968	968	968	968	758	688
	中型	公交车	汽油	257807	257807	257807	257807	257210	175763	14062	14062	14062	14062	14062	13910	13758	13758	11231	8704	8704	8704	8704
			柴油	91436	91436	89645	86063	86063	67161	29358	29358	29358	21356	13354	13354	13354	13354	9328	5303	5303	4960	4846
			燃气	74539	74539	70398	62116	62116	59916	55516	55516	55516	44452	33387	33387	23138	23138	23070	23070	23070	23070	23070
		其他	汽油	128504	128504	128504	128504	127907	87585	8134	8134	8134	8134	8134	7988	7843	7843	6792	5740	5740	5740	5740
			柴油	30493	30493	28460	24394	24394	18567	6912	6912	6912	6506	6099	6099	6099	6099	3750	1402	1402	1243	1190
			燃气	34560	34560	32640	28800	28800	27780	25740	25740	25740	20623	15506	15506	10732	10732	9642	9642	9642	9642	9642
	大型	公交车	汽油	600732	600732	600732	600732	600135	404832	15419	15419	15419	15419	15419	15280	15140	15140	12260	9380	9380	9380	9380
			柴油	137155	137155	112477	63120	63120	63120	63120	63120	63120	45314	27508	27508	27508	27508	18406	9304	9304	5960	4846
			燃气	175912	175912	166139	146593	146593	141401	131018	131018	131018	104906	78794	78794	54606	54606	49139	49139	49139	49139	49139
		其他	汽油	1278400	1278400	1278400	1278400	1277803	860955	28452	28452	28452	28452	28452	22193	15934	15934	12743	9552	9552	9552	9552
			柴油	272891	272891	207397	76409	76409	76409	76409	76409	76409	55942	35476	35476	35476	35476	20706	5937	5937	5324	5119
			燃气	266186	266186	251398	221822	221822	213966	198253	198253	198253	158842	119430	119430	82662	82662	74261	74261	74261	74261	74261
载货汽车	微型		汽油	318131	170698	23266	23266	23266	23266	22025	20784	20784	19202	17619	17619	14552	11485	11485	11485	11485	9902	9374
			柴油	42286	39512	36738	36738	36738	36738	33823	30908	30908	22660	14411	14411	14411	14411	9872	5332	5332	3802	3292
			燃气	114134	59703	5272	5272	5272	5272	4956	4639	4639	3703	2766	2766	2241	1716	1716	1716	1716	1243	1085
	轻型		汽油	164277	97752	31227	31227	31227	31227	26937	22647	22647	20302	17956	17956	15833	13710	13710	13710	13710	11961	11378
			柴油	38612	37675	36738	36738	36738	36738	33823	30908	30908	22660	14411	14411	14411	14411	10932	7452	7452	5922	5412
			燃气	59082	35627	12172	12172	12172	12172	8791	5410	5410	4329	3247	3247	2614	1982	1982	1982	1982	1553	1409
	中型		汽油	380269	380269	380269	380269	379672	258268	16655	16655	16655	16655	16655	16515	16375	16375	13184	9993	9993	9993	9993
			柴油	87624	87624	81782	70099	70099	53353	19861	19861	19861	18698	17536	17536	17536	17536	12709	7882	7882	4690	3626
			燃气	99311	99311	93794	82760	82760	79827	73962	73962	73962	59272	44583	44583	60335	60335	29380	29380	29380	29380	29380
	重型		汽油	848369	848369	848369	848369	847772	571511	20186	20186	20186	20186	20186	15994	11803	11803	9685	7567	7567	7567	7567
			柴油	225454	225454	171345	63127	63127	63127	63127	63127	63127	46218	29309	29309	29309	29309	18488	7668	7668	5636	4959
			燃气	219915	219915	207697	183263	183263	176773	163791	163791	163791	131230	98669	98669	106763	106763	71940	71940	71940	71940	71940
低速汽车	三轮汽车			25300	25300	25300	25300	25300	25300	25300	25300	25300	16721	16721	16721	16721	16721	16721	16721	16721	16721	16721
	低速货车			33990	33990	33990	33990	33990	33990	33990	33990	33990	22464	22464	22464	22464	22464	22464	22464	22464	22464	22464
摩托车	普通摩托车			12928	12928	12928	12928	9648	6368	3409	3409	3409	3409	3409	2544	1679	1679	1679	1679	1679	1679	1679
	轻便摩托车			41808	41808	41808	41808	41808	8362	8362	4116	4116	4116	4116	3072	2027	2027	2027	2027	2027	2027	2027

西咸新区 NO_x 排放系数

单位：克/（辆・年）

车辆类型		使用性质	燃料种类	1999年年底前	2000年	2001年	2002年	2003年	2004年	2005年	2006年	2007年	2008年	2009年	2010年	2011年	2012年	2013年	2014年	2015年	2016年	2017年
载客汽车	微型	出租车	汽油	276477	182348	88220	88220	88220	88220	63334	38449	38449	27196	15943	15943	13975	12007	12007	12007	12007	8318	7089
			燃气	140744	94158	47573	47573	47573	47573	34757	21941	21941	16012	10084	10084	8560	7037	7037	7037	7037	4571	3749
		其他	汽油	46136	28884	11631	11631	11631	11631	7218	2804	2804	2270	1735	1735	1540	1346	1346	1346	1346	988	869
			燃气	22406	13348	4290	4290	4290	4290	2788	1287	1287	1042	798	798	686	575	575	575	575	455	415
	小型	出租车	汽油	315029	203895	92761	92761	92761	92761	65954	39147	39147	27545	15943	15943	13200	10456	10456	10456	10456	6943	5772
			柴油	257407	213118	168830	168830	168830	168830	151498	134166	134166	106146	78127	78127	78127	78127	64672	51216	51216	42062	39011
			燃气	159741	104776	49811	49811	49811	49811	36048	22285	22285	16184	10084	10084	8178	6273	6273	6273	6273	3893	3100
		其他	汽油	43004	27405	11806	11806	11806	11806	7721	3636	3636	2478	1321	1321	1294	1266	1266	1266	1266	926	812
			柴油	31388	25648	19907	19907	19907	19907	18321	16735	16735	13162	9588	9588	9588	9588	8286	6985	6985	6267	6028
			燃气	20862	13308	5754	5754	5754	5754	3726	1697	1697	1146	594	594	564	535	535	535	535	424	387
	中型	公交车	汽油	439734	439734	439734	439734	439734	300412	21767	21767	21767	21767	21767	19521	17275	17275	13042	8808	8808	8808	8808
			柴油	366244	366244	365384	363664	363664	349211	320306	320306	320306	266800	213293	213293	213293	213293	174062	134832	134832	112885	105569
			燃气	388868	388868	384239	374980	374980	363349	340086	340086	340086	283044	226002	226002	142921	142921	111934	111934	111934	111934	111934
		其他	汽油	269597	269597	269597	269597	269597	182877	9436	9436	9436	9436	9436	9436	9436	9436	7078	4719	4719	4719	4719
			柴油	171752	171752	164582	150243	150243	148973	146432	146432	146432	124712	102991	102991	102991	102991	91446	79902	79902	68198	64296
			燃气	193944	193944	183169	161620	161620	160097	157050	157050	157050	133717	110384	110384	85985	85985	69068	69068	69068	69068	69068
	大型	公交车	汽油	1566551	1566551	1566551	1566551	1566551	1077190	98469	98469	98469	98469	98469	98382	98296	98296	73722	49149	49149	49149	49149
			柴油	519443	519443	502658	469088	469088	455759	429102	429102	429102	421369	413636	413636	413636	413636	398721	383806	383806	345982	333374
			燃气	1044389	1044389	986367	870324	870324	805740	676573	676573	676573	579698	482822	482822	449508	449508	389605	389605	389605	389605	389605
		其他	汽油	3739071	3739071	3739071	3739071	3739071	2571056	235027	235027	235027	235027	235027	226214	217400	217400	163224	109048	109048	109048	109048
			柴油	1243905	1243905	1211897	1147881	1147881	1121119	1067595	1067595	1067595	1030007	992419	992419	992419	992419	944788	897157	897157	793975	759581
			燃气	2315393	2315393	2186760	1929495	1929495	1786314	1499952	1499952	1499952	1285673	1071394	1071394	966580	966580	820057	820057	820057	820057	820057
载货汽车	微型		汽油	184159	108471	32783	32783	32783	32783	22153	11523	11523	9310	7096	7096	6304	5513	5513	5513	5513	4234	3808
			柴油	100883	83254	65624	65624	65624	65624	59077	52530	52530	44564	36598	36598	36598	36598	26757	16916	16916	14497	13691
			燃气	89437	50764	12092	12092	12092	12092	8690	5289	5289	4276	3264	3264	2809	2355	2355	2355	2355	1953	1819
	轻型		汽油	132661	84802	36942	36942	36942	36942	24800	12657	12657	10600	8544	8544	7106	5668	5668	5668	5668	4430	4017
			柴油	101237	83430	65624	65624	65624	65624	59077	52530	52530	44564	36598	36598	36598	36598	29160	21722	21722	20149	19625
			燃气	64356	41180	18005	18005	18005	18005	11956	5907	5907	4875	3842	3842	3119	2395	2395	2395	2395	2035	1915
	中型		汽油	333886	333886	333886	333886	333886	227947	16068	16068	16068	16068	16068	16068	16068	16068	12056	8044	8044	8044	8044
			柴油	474088	474088	425697	328914	328914	312761	280455	280455	280455	271826	263198	263198	263198	263198	230924	198649	198649	171055	161857
			燃气	535345	535345	474837	353821	353821	336144	300791	300791	300791	291441	282091	282091	213772	213772	173870	173870	173870	173870	173870
	重型		汽油	3617294	3617294	3617294	3617294	3617294	2487320	227373	227373	227373	227373	227373	218846	210320	210320	157908	105496	105496	105496	105496
			柴油	1475274	1475274	1424918	1324206	1324206	1275227	1177269	1177269	1177269	1130060	1082851	1082851	1082851	1082851	962211	841571	841571	606018	527500
			燃气	2746061	2746061	2572668	2225883	2225883	2035269	1654042	1654042	1654042	1411532	1169022	1169022	906693	906693	569498	569498	569498	569498	569498
低速汽车	三轮汽车			65550	65550	65550	65550	65550	65550	65550	65550	65550	53279	53279	53279	53279	53279	53279	53279	53279	53279	53279
	低速货车			88065	88065	88065	88065	88065	88065	88065	88065	88065	71579	71579	71579	71579	71579	71579	71579	71579	71579	71579
摩托车	普通摩托车			965	965	965	965	932	900	836	836	836	836	836	743	650	650	650	650	650	650	650
	轻便摩托车			643	643	643	643	643	322	322	322	322	322	322	286	250	250	250	250	250	250	250

西咸新区 PM 排放系数

单位：克/（辆·年）

车辆类型		使用性质	燃料种类	1999 年年底前	2000 年	2001 年	2002 年	2003 年	2004 年	2005 年	2006 年	2007 年	2008 年	2009 年	2010 年	2011 年	2012 年	2013 年	2014 年	2015 年	2016 年	2017 年
载客汽车	微型	出租车	汽油	—	—	—	—	—	—	—	—	—	—	—	—	—	—	—	—	—	—	—
			燃气	—	—	—	—	—	—	—	—	—	—	—	—	—	—	—	—	—	—	—
		其他	汽油	—	—	—	—	—	—	—	—	—	—	—	—	—	—	—	—	—	—	—
			燃气	—	—	—	—	—	—	—	—	—	—	—	—	—	—	—	—	—	—	—
	小型	出租车	汽油	—	—	—	—	—	—	—	—	—	—	—	—	—	—	—	—	—	—	—
			柴油	38533	35310	32086	32086	32086	32086	21866	11646	11646	7616	3585	3585	3585	3585	3332	3079	3079	2546	2368
			燃气	—	—	—	—	—	—	—	—	—	—	—	—	—	—	—	—	—	—	—
		其他	汽油	—	—	—	—	—	—	—	—	—	—	—	—	—	—	—	—	—	—	—
			柴油	4593	4346	4100	4100	4100	4100	2946	1791	1791	1320	848	848	848	848	702	557	557	557	557
			燃气	—	—	—	—	—	—	—	—	—	—	—	—	—	—	—	—	—	—	—
	中型	公交车	汽油	—	—	—	—	—	—	—	—	—	—	—	—	—	—	—	—	—	—	—
			柴油	30592	30592	28032	22913	22913	17978	8108	8108	8108	6872	5637	5637	5637	5637	3504	1372	1372	1080	983
			燃气	—	—	—	—	—	—	—	—	—	—	—	—	—	—	—	—	—	—	—
		其他	汽油	—	—	—	—	—	—	—	—	—	—	—	—	—	—	—	—	—	—	—
			柴油	15274	15274	12888	8116	8116	6262	2553	2553	2553	2434	2316	2316	2316	2316	1366	415	415	399	394
			燃气	—	—	—	—	—	—	—	—	—	—	—	—	—	—	—	—	—	—	—
	大型	公交车	汽油	—	—	—	—	—	—	—	—	—	—	—	—	—	—	—	—	—	—	—
			柴油	94865	94865	93934	92071	92071	71272	29674	29674	29674	19994	10315	10315	10315	10315	6116	1916	1916	1845	1821
			燃气	—	—	—	—	—	—	—	—	—	—	—	—	—	—	—	—	—	—	—
		其他	汽油	—	—	—	—	—	—	—	—	—	—	—	—	—	—	—	—	—	—	—
			柴油	142314	142314	133412	115607	115607	85425	25061	25061	25061	17182	9303	9303	9303	9303	5868	2433	2433	2343	2313
			燃气	—	—	—	—	—	—	—	—	—	—	—	—	—	—	—	—	—	—	—
载货汽车	微型		汽油	—	—	—	—	—	—	—	—	—	—	—	—	—	—	—	—	—	—	—
			柴油	11578	11338	11099	11099	11099	11099	9080	7062	7062	5241	3420	3420	3420	3420	2153	886	886	882	881
			燃气	—	—	—	—	—	—	—	—	—	—	—	—	—	—	—	—	—	—	—
	轻型		汽油	—	—	—	—	—	—	—	—	—	—	—	—	—	—	—	—	—	—	—
			柴油	12041	11570	11099	11099	11099	11099	9080	7062	7062	5241	3420	3420	3420	3420	2579	1738	1738	1435	1334
			燃气	—	—	—	—	—	—	—	—	—	—	—	—	—	—	—	—	—	—	—
	中型		汽油	—	—	—	—	—	—	—	—	—	—	—	—	—	—	—	—	—	—	—
			柴油	41640	41640	35042	21845	21845	16808	6733	6733	6733	6378	6024	6024	6024	6024	3862	1701	1701	1558	1510
			燃气	—	—	—	—	—	—	—	—	—	—	—	—	—	—	—	—	—	—	—
	重型		汽油	—	—	—	—	—	—	—	—	—	—	—	—	—	—	—	—	—	—	—
			柴油	205589	205589	168979	95759	95759	76033	36580	36580	36580	25066	13553	13553	13553	13553	8948	4344	4344	3671	3447
			燃气	—	—	—	—	—	—	—	—	—	—	—	—	—	—	—	—	—	—	—
低速汽车	三轮汽车			4092	4092	4092	4092	4092	4092	4092	4092	4092	3220	3220	3220	3220	3220	3220	3220	3220	3220	3220
	低速货车			5581	5581	5581	5581	5581	5581	5581	5581	5581	4392	4392	4392	4392	4392	4392	4392	4392	4392	4392
摩托车	普通摩托车			—	—	—	—	—	—	—	—	—	—	—	—	—	—	—	—	—	—	—
	轻便摩托车			—	—	—	—	—	—	—	—	—	—	—	—	—	—	—	—	—	—	—

西咸新区 VOCs 排放系数

单位：克/（辆·年）

车辆类型		使用性质	燃料种类	1999 年年底前	2000 年	2001 年	2002 年	2003 年	2004 年	2005 年	2006 年	2007 年	2008 年	2009 年	2010 年	2011 年	2012 年	2013 年	2014 年	2015 年	2016 年	2017 年
载客汽车	微型	出租车	汽油	696599	407256	117913	117913	117913	117913	85920	53928	53928	43899	33870	33870	29171	24472	24472	24472	24472	19532	17886
			燃气	281192	167027	52862	52862	52862	52862	39224	25585	25585	20944	16304	16304	13344	10385	10385	10385	10385	7159	6084
		其他	汽油	61055	36302	11549	11549	11549	11549	11106	10664	10664	9124	7585	7585	7276	6968	6968	6968	6968	5857	5487
			燃气	20715	11624	2532	2532	2532	2532	2421	2310	2310	1738	1166	1166	1108	1051	1051	1051	1051	752	652
	小型	出租车	汽油	696599	400188	103776	103776	103776	103776	97222	90667	90667	62268	33870	33870	29171	24472	24472	24472	24472	18146	16038
			柴油	128529	121552	114576	114576	114576	114576	106508	98439	98439	68724	39008	39008	39008	39008	29141	19274	19274	11812	9325
			燃气	281192	164238	47284	47284	47284	47284	43682	40081	40081	28192	16304	16304	13344	10385	10385	10385	10385	6612	5355
		其他	汽油	61946	36636	11327	11327	11327	11327	11478	11629	11629	9610	7590	7590	7212	6835	6835	6835	6835	5948	5652
			柴油	12947	11816	10685	10685	10685	10685	9166	7646	7646	5133	2620	2620	2620	2620	2256	1892	1892	1390	1222
			燃气	21067	12688	4308	4308	4308	4308	3500	2691	2691	2020	1349	1349	1174	999	999	999	999	788	717
	中型	公交车	汽油	247709	247709	247709	247709	247112	168869	13577	13577	13577	13577	13577	13426	13274	13274	10846	8419	8419	8419	8419
			柴油	87806	87806	86086	82645	82645	64494	28192	28192	28192	20508	12823	12823	12823	12823	8958	5093	5093	4763	4653
			燃气	71579	71579	67602	59649	59649	57536	53311	53311	53311	42686	32061	32061	22219	22219	22154	22154	22154	22154	22154
		其他	汽油	128419	128419	128419	128419	127822	87500	8049	8049	8049	8049	8049	7904	7758	7758	6706	5655	5655	5655	5655
			柴油	30493	30493	28460	24394	24394	18567	6912	6912	6912	6506	6099	6099	6099	6099	3750	1402	1402	1243	1190
			燃气	34560	34560	32640	28800	28800	27780	25740	25740	25740	20623	15506	15506	10732	10732	9642	9642	9642	9642	9642
	大型	公交车	汽油	577017	577017	577017	577017	576420	388842	14880	14880	14880	14880	14880	14740	14601	14601	11835	9069	9069	9069	9069
			柴油	131708	131708	108010	60614	60614	60614	60614	60614	60614	43515	26416	26416	26416	26416	17675	8934	8934	5723	4653
			燃气	168926	168926	159541	140772	140772	135786	125815	125815	125815	100740	75665	75665	52438	52438	47188	47188	47188	47188	47188
		其他	汽油	1278315	1278315	1278315	1278315	1277718	860870	28367	28367	28367	28367	28367	22108	15849	15849	12658	9468	9468	9468	9468
			柴油	272891	272891	207397	76409	76409	76409	76409	76409	76409	55942	35476	35476	35476	35476	20706	5937	5937	5324	5119
			燃气	266186	266186	251398	221822	221822	213966	198253	198253	198253	158842	119430	119430	82662	82662	74261	74261	74261	74261	74261
载货汽车	微型		汽油	398870	213256	27643	27643	27643	27643	26154	24666	24666	22778	20890	20890	17036	13182	13182	13182	13182	11322	10702
			柴油	52988	49504	46020	46020	46020	46020	42323	38626	38626	28288	17951	17951	17951	17951	12264	6577	6577	4714	4093
			燃气	135330	70695	6060	6060	6060	6060	5702	5343	5343	4277	3211	3211	2600	1988	1988	1988	1988	1451	1272
	轻型		汽油	204682	121187	37692	37692	37692	37692	32354	27017	27017	24166	21315	21315	18653	15991	15991	15991	15991	13922	13232
			柴油	48338	47179	46020	46020	46020	46020	42323	38626	38626	28288	17951	17951	17951	17951	13600	9250	9250	7386	6765
			燃气	69610	41972	14335	14335	14335	14335	10294	6252	6252	5020	3788	3788	3063	2337	2337	2337	2337	1843	1679
	中型		汽油	380184	380184	380184	380184	379587	258183	16570	16570	16570	16570	16570	16430	16291	16291	13100	9908	9908	9908	9908
			柴油	87624	87624	81782	70099	70099	53353	19861	19861	19861	18698	17536	17536	17536	17536	12709	7882	7882	4690	3626
			燃气	99311	99311	93794	82760	82760	79827	73962	73962	73962	59272	44583	44583	60335	60335	29380	29380	29380	29380	29380
	重型		汽油	1300302	1300302	1300302	1300302	1299704	875669	28794	28794	28794	28794	28794	22429	16064	16064	12818	9573	9573	9573	9573
			柴油	333997	333997	253838	93519	93519	93519	93519	93519	93519	68470	43420	43420	43420	43420	27651	11882	11882	9225	8339
			燃气	325791	325791	307692	271494	271494	261878	242647	242647	242647	194410	146173	146173	165435	165435	120973	120973	120973	120973	120973
低速汽车	三轮汽车			25300	25300	25300	25300	25300	25300	25300	25300	25300	16721	16721	16721	16721	16721	16721	16721	16721	16721	16721
	低速货车			33990	33990	33990	33990	33990	33990	33990	33990	33990	22464	22464	22464	22464	22464	22464	22464	22464	22464	22464
摩托车	普通摩托车			12928	12928	12928	12928	9648	6368	3409	3409	3409	3409	3409	2544	1679	1679	1679	1679	1679	1679	1679
	轻便摩托车			41808	41808	41808	41808	41808	8362	8362	4116	4116	4116	4116	3072	2027	2027	2027	2027	2027	2027	2027

杨凌示范区 NO_x 排放系数

单位：克/（辆·年）

车辆类型		使用性质	燃料种类	1999年年底前	2000年	2001年	2002年	2003年	2004年	2005年	2006年	2007年	2008年	2009年	2010年	2011年	2012年	2013年	2014年	2015年	2016年	2017年
载客汽车	微型	出租车	汽油	233418	157580	81742	81742	81742	81742	60256	38769	38769	28629	18489	18489	15069	11649	11649	11649	11649	7156	5658
			燃气	156459	106300	56140	56140	56140	56140	41630	27120	27120	20230	13339	13339	10778	8216	8216	8216	8216	4953	3865
		其他	汽油	31298	19660	8023	8023	8023	8023	5060	2097	2097	1708	1319	1319	1097	875	875	875	875	602	511
			燃气	20141	12008	3876	3876	3876	3876	2528	1179	1179	958	736	736	583	430	430	430	430	343	314
	小型	出租车	汽油	264271	174848	85424	85424	85424	85424	62380	39335	39335	28912	18489	18489	14557	10625	10625	10625	10625	6222	4754
			柴油	280712	235117	189522	189522	189522	189522	168600	147678	147678	117253	86828	86828	86828	86828	70780	54733	54733	41594	37215
			燃气	176865	117720	58575	58575	58575	58575	43034	27494	27494	20416	13339	13339	10439	7539	7539	7539	7539	4335	3267
		其他	汽油	29205	18672	8139	8139	8139	8139	5396	2652	2652	1847	1042	1042	938	834	834	834	834	568	479
			柴油	25181	20622	16064	16064	16064	16064	14774	13484	13484	10560	7637	7637	7637	7637	6585	5533	5533	4763	4506
			燃气	18756	11971	5186	5186	5186	5186	3366	1546	1546	1050	553	553	478	403	403	403	403	320	293
	中型	公交车	汽油	341165	341165	341165	341165	341165	233073	16888	16888	16888	16888	16888	15146	13403	13403	10118	6834	6834	6834	6834
			柴油	380927	380927	380033	378244	378244	363212	333148	333148	333148	277496	221844	221844	221844	221844	181040	140237	140237	117410	109801
			燃气	404458	404458	399643	390013	390013	377915	353720	353720	353720	294392	235063	235063	148650	148650	116422	116422	116422	116422	116422
		其他	汽油	200859	200859	200859	200859	200859	136249	7030	7030	7030	7030	7030	7030	7030	7030	5273	3516	3516	3516	3516
			柴油	171544	171544	164383	150061	150061	148792	146254	146254	146254	124560	102867	102867	102867	102867	91336	79806	79806	68115	64218
			燃气	193709	193709	182947	161424	161424	159903	156860	156860	156860	133555	110250	110250	85880	85880	68984	68984	68984	68984	68984
	大型	公交车	汽油	1215399	1215399	1215399	1215399	1215399	835731	76396	76396	76396	76396	76396	76329	76262	76262	57197	38132	38132	38132	38132
			柴油	540268	540268	522810	487894	487894	474031	446305	446305	446305	438262	430219	430219	430219	430219	414706	399193	399193	359853	346740
			燃气	1086259	1086259	1025911	905216	905216	838043	703697	703697	703697	602938	502179	502179	467529	467529	405225	405225	405225	405225	405225
		其他	汽油	2785740	2785740	2785740	2785740	2785740	1915528	175104	175104	175104	175104	175104	168538	161971	161971	121608	81245	81245	81245	81245
			柴油	1242398	1242398	1210429	1146490	1146490	1119761	1066302	1066302	1066302	1028760	991218	991218	991218	991218	943644	896071	896071	793014	758661
			燃气	2312589	2312589	2184112	1927158	1927158	1784151	1498136	1498136	1498136	1284116	1070097	1070097	965410	965410	819064	819064	819064	819064	819064
载货汽车	微型		汽油	102758	60988	19218	19218	19218	19218	13116	7013	7013	5688	4364	4364	3860	3357	3357	3357	3357	2497	2210
			柴油	68818	56788	44758	44758	44758	44758	40260	35763	35763	30264	24764	24764	24764	24764	18118	11473	11473	9812	9258
			燃气	66127	37706	9284	9284	9284	9284	6614	3943	3943	3189	2435	2435	2042	1650	1650	1650	1650	1431	1358
	轻型		汽油	76355	48970	21585	21585	21585	21585	14622	7659	7659	6424	5189	5189	4318	3446	3446	3446	3446	2608	2329
			柴油	69059	56908	44758	44758	44758	44758	40260	35763	35763	30264	24764	24764	24764	24764	19742	14721	14721	13630	13267
			燃气	49037	31395	13754	13754	13754	13754	9109	4465	4465	3609	2754	2754	2210	1665	1665	1665	1665	1485	1425
	中型		汽油	309464	309464	309464	309464	309464	211273	14893	14893	14893	14893	14893	14893	14893	14893	11174	7455	7455	7455	7455
			柴油	580051	580051	520844	402430	402430	382667	343140	343140	343140	343044	342947	342947	342947	342947	300892	258838	258838	222884	210899
			燃气	654999	654999	580967	432903	432903	411277	368024	368024	368024	367792	367561	367561	278538	278538	226551	226551	226551	226551	226551
	重型		汽油	1182384	1182384	1182384	1182384	1182384	813030	74321	74321	74321	74321	74321	71534	68747	68747	51616	34484	34484	34484	34484
			柴油	684662	684662	661292	614553	614553	591822	546361	546361	546361	524452	502542	502542	502542	502542	452958	403375	403375	300269	265900
			燃气	1274424	1274424	1193954	1033014	1033014	944552	767628	767628	767628	655081	542533	542533	434589	434589	287070	287070	287070	287070	287070
低速汽车	三轮汽车			65550	65550	65550	65550	65550	65550	65550	65550	65550	53279	53279	53279	53279	53279	53279	53279	53279	53279	53279
	低速货车			88065	88065	88065	88065	88065	88065	88065	88065	88065	71579	71579	71579	71579	71579	71579	71579	71579	71579	71579
摩托车	普通摩托车			965	965	965	965	932	900	836	836	836	836	836	743	650	650	650	650	650	650	650
	轻便摩托车			643	643	643	643	643	322	322	322	322	322	322	286	250	250	250	250	250	250	250

杨凌示范区 PM 排放系数

单位：克/（辆·年）

车辆类型		使用性质	燃料种类	1999 年年底前	2000 年	2001 年	2002 年	2003 年	2004 年	2005 年	2006 年	2007 年	2008 年	2009 年	2010 年	2011 年	2012 年	2013 年	2014 年	2015 年	2016 年	2017 年
载客汽车	微型	出租车	汽油	—	—	—	—	—	—	—	—	—	—	—	—	—	—	—	—	—	—	—
			燃气	—	—	—	—	—	—	—	—	—	—	—	—	—	—	—	—	—	—	—
		其他	汽油	—	—	—	—	—	—	—	—	—	—	—	—	—	—	—	—	—	—	—
			燃气	—	—	—	—	—	—	—	—	—	—	—	—	—	—	—	—	—	—	—
	小型	出租车	汽油	—	—	—	—	—	—	—	—	—	—	—	—	—	—	—	—	—	—	—
			柴油	37451	34295	31139	31139	31139	31139	21213	11287	11287	7360	3434	3434	3434	3434	3192	2949	2949	2439	2269
			燃气	—	—	—	—	—	—	—	—	—	—	—	—	—	—	—	—	—	—	—
		其他	汽油	—	—	—	—	—	—	—	—	—	—	—	—	—	—	—	—	—	—	—
			柴油	3624	3430	3235	3235	3235	3235	2326	1416	1416	1038	659	659	659	659	552	445	445	445	445
			燃气	—	—	—	—	—	—	—	—	—	—	—	—	—	—	—	—	—	—	—
	中型	公交车	汽油	—	—	—	—	—	—	—	—	—	—	—	—	—	—	—	—	—	—	—
			柴油	31857	31857	29192	23861	23861	18722	8443	8443	8443	7156	5870	5870	5870	5870	3649	1428	1428	1124	1023
			燃气	—	—	—	—	—	—	—	—	—	—	—	—	—	—	—	—	—	—	—
		其他	汽油	—	—	—	—	—	—	—	—	—	—	—	—	—	—	—	—	—	—	—
			柴油	15274	15274	12888	8116	8116	6262	2553	2553	2553	2434	2316	2316	2316	2316	1366	415	415	399	394
			燃气	—	—	—	—	—	—	—	—	—	—	—	—	—	—	—	—	—	—	—
	大型	公交车	汽油	—	—	—	—	—	—	—	—	—	—	—	—	—	—	—	—	—	—	—
			柴油	98788	98788	97818	95878	95878	74219	30901	30901	30901	20821	10741	10741	10741	10741	6368	1995	1995	1921	1896
			燃气	—	—	—	—	—	—	—	—	—	—	—	—	—	—	—	—	—	—	—
		其他	汽油	—	—	—	—	—	—	—	—	—	—	—	—	—	—	—	—	—	—	—
			柴油	142314	142314	133412	115607	115607	85425	25061	25061	25061	17182	9303	9303	9303	9303	5868	2433	2433	2343	2313
			燃气	—	—	—	—	—	—	—	—	—	—	—	—	—	—	—	—	—	—	—
载货汽车	微型		汽油	—	—	—	—	—	—	—	—	—	—	—	—	—	—	—	—	—	—	—
			柴油	8350	8178	8005	8005	8005	8005	6512	5018	5018	3724	2430	2430	2430	2430	1530	630	630	627	626
			燃气	—	—	—	—	—	—	—	—	—	—	—	—	—	—	—	—	—	—	—
	轻型		汽油	—	—	—	—	—	—	—	—	—	—	—	—	—	—	—	—	—	—	—
			柴油	8684	8344	8005	8005	8005	8005	6512	5018	5018	3724	2430	2430	2430	2430	1832	1235	1235	1020	948
			燃气	—	—	—	—	—	—	—	—	—	—	—	—	—	—	—	—	—	—	—
	中型		汽油	—	—	—	—	—	—	—	—	—	—	—	—	—	—	—	—	—	—	—
			柴油	49461	49461	41623	25948	25948	20014	8145	8145	8145	7716	7288	7288	7288	7288	4673	2058	2058	1885	1827
			燃气	—	—	—	—	—	—	—	—	—	—	—	—	—	—	—	—	—	—	—
	重型		汽油	—	—	—	—	—	—	—	—	—	—	—	—	—	—	—	—	—	—	—
			柴油	108748	108748	89383	50652	50652	40218	19349	19349	19349	13259	7169	7169	7169	7169	4764	2359	2359	1994	1872
			燃气	—	—	—	—	—	—	—	—	—	—	—	—	—	—	—	—	—	—	—
低速汽车	三轮汽车			4092	4092	4092	4092	4092	4092	4092	4092	4092	3220	3220	3220	3220	3220	3220	3220	3220	3220	3220
	低速货车			5581	5581	5581	5581	5581	5581	5581	5581	5581	4392	4392	4392	4392	4392	4392	4392	4392	4392	4392
摩托车	普通摩托车			—	—	—	—	—	—	—	—	—	—	—	—	—	—	—	—	—	—	—
	轻便摩托车			—	—	—	—	—	—	—	—	—	—	—	—	—	—	—	—	—	—	—

杨凌示范区 VOCs 排放系数

单位：克/（辆·年）

车辆类型		使用性质	燃料种类	1999 年年底前	2000 年	2001 年	2002 年	2003 年	2004 年	2005 年	2006 年	2007 年	2008 年	2009 年	2010 年	2011 年	2012 年	2013 年	2014 年	2015 年	2016 年	2017 年
载客汽车	微型	出租车	汽油	576602	341157	105712	105712	105712	105712	79697	53682	53682	43811	33940	33940	28280	22621	22621	22621	22621	16344	14252
			燃气	294492	176914	59336	59336	59336	59336	45254	31172	31172	25509	19846	19846	15819	11792	11792	11792	11792	7277	5772
		其他	汽油	42068	25763	9458	9458	9458	9458	9096	8733	8733	7568	6404	6404	6126	5848	5848	5848	5848	5010	4730
			燃气	16803	9443	2083	2083	2083	2083	1999	1915	1915	1422	929	929	840	751	751	751	751	506	424
	小型	出租车	汽油	576602	335730	94858	94858	94858	94858	88818	82778	82778	58359	33940	33940	28280	22621	22621	22621	22621	15423	13024
			柴油	148238	139567	130896	130896	130896	130896	118153	105410	105410	77295	49180	49180	49180	49180	36494	23807	23807	13395	9924
			燃气	294492	174203	53914	53914	53914	53914	49811	45708	45708	32777	19846	19846	15819	11792	11792	11792	11792	6817	5159
		其他	汽油	42635	25978	9321	9321	9321	9321	9331	9341	9341	7874	6407	6407	6092	5778	5778	5778	5778	5067	4830
			柴油	9529	8716	7902	7902	7902	7902	6680	5457	5457	3746	2035	2035	2035	2035	1725	1415	1415	1002	864
			燃气	17087	10278	3470	3470	3470	3470	2844	2219	2219	1641	1063	1063	890	716	716	716	716	534	474
	中型	公交车	汽油	257813	257813	257813	257813	257216	175769	14068	14068	14068	14068	14068	13916	13764	13764	11237	8710	8710	8710	8710
			柴油	91436	91436	89645	86063	86063	67161	29358	29358	29358	21356	13354	13354	13354	13354	9328	5303	5303	4960	4846
			燃气	74539	74539	70398	62116	62116	59916	55516	55516	55516	44452	33387	33387	23138	23138	23070	23070	23070	23070	23070
		其他	汽油	128510	128510	128510	128510	127913	87591	8140	8140	8140	8140	8140	7994	7849	7849	6798	5746	5746	5746	5746
			柴油	30493	30493	28460	24394	24394	18567	6912	6912	6912	6506	6099	6099	6099	6099	3750	1402	1402	1243	1190
			燃气	34560	34560	32640	28800	28800	27780	25740	25740	25740	20623	15506	15506	10732	10732	9642	9642	9642	9642	9642
	大型	公交车	汽油	600738	600738	600738	600738	600142	404839	15426	15426	15426	15426	15426	15286	15146	15146	12266	9387	9387	9387	9387
			柴油	137155	137155	112477	63120	63120	63120	63120	63120	63120	45314	27508	27508	27508	27508	18406	9304	9304	5960	4846
			燃气	175912	175912	166139	146593	146593	141401	131018	131018	131018	104906	78794	78794	54606	54606	49139	49139	49139	49139	49139
		其他	汽油	1278406	1278406	1278406	1278406	1277809	860961	28458	28458	28458	28458	28458	22199	15940	15940	12750	9559	9559	9559	9559
			柴油	272891	272891	207397	76409	76409	76409	76409	76409	76409	55942	35476	35476	35476	35476	20706	5937	5937	5324	5119
			燃气	266186	266186	251398	221822	221822	213966	198253	198253	198253	158842	119430	119430	82662	82662	74261	74261	74261	74261	74261
载货汽车	微型		汽油	218030	118049	18068	18068	18068	18068	17068	16068	16068	14846	13625	13625	11466	9308	9308	9308	9308	8029	7603
			柴油	31917	29822	27727	27727	27727	27727	25428	23128	23128	17057	10986	10986	10986	10986	7573	4160	4160	2884	2458
			燃气	87087	45533	3979	3979	3979	3979	3751	3523	3523	2750	1977	1977	1586	1195	1195	1195	1195	810	682
	轻型		汽油	114177	68810	23442	23442	23442	23442	20384	17325	17325	15588	13852	13852	12331	10810	10810	10810	10810	9420	8956
			柴油	29286	28506	27727	27727	27727	27727	25428	23128	23128	17057	10986	10986	10986	10986	8328	5671	5671	4394	3968
			燃气	45759	27243	8727	8727	8727	8727	6421	4116	4116	3207	2298	2298	1819	1340	1340	1340	1340	994	879
	中型		汽油	433246	433246	433246	433246	432649	294186	18454	18454	18454	18454	18454	18314	18174	18174	14534	10894	10894	10894	10894
			柴油	101292	101292	94539	81034	81034	61676	22960	22960	22960	21618	20275	20275	20275	20275	14694	9113	9113	5422	4192
			燃气	114802	114802	108425	95670	95670	92281	85502	85502	85502	68524	51547	51547	69758	69758	33966	33966	33966	33966	33966
	重型		汽油	650967	650967	650967	650967	650370	438647	16396	16396	16396	16396	16396	13154	9911	9911	8286	6660	6660	6660	6660
			柴油	172835	172835	131355	48394	48394	48394	48394	48394	48394	35432	22469	22469	22469	22469	14634	6799	6799	4670	3961
			燃气	168588	168588	159223	140492	140492	135516	125564	125564	125564	100603	75642	75642	94664	94664	57462	57462	57462	57462	57462
低速汽车	三轮汽车			25300	25300	25300	25300	25300	25300	25300	25300	25300	16721	16721	16721	16721	16721	16721	16721	16721	16721	16721
	低速货车			33990	33990	33990	33990	33990	33990	33990	33990	33990	22464	22464	22464	22464	22464	22464	22464	22464	22464	22464
摩托车	普通摩托车			12928	12928	12928	12928	9648	6368	3409	3409	3409	3409	3409	2544	1679	1679	1679	1679	1679	1679	1679
	轻便摩托车			41808	41808	41808	41808	41808	8362	8362	4116	4116	4116	4116	3072	2027	2027	2027	2027	2027	2027	2027

韩城市 NO_x 排放系数

单位：克/（辆·年）

车辆类型		使用性质	燃料种类	1999年年底前	2000年	2001年	2002年	2003年	2004年	2005年	2006年	2007年	2008年	2009年	2010年	2011年	2012年	2013年	2014年	2015年	2016年	2017年
载客汽车	微型	出租车	汽油	556239	377256	198272	198272	198272	198272	147498	96723	96723	72534	48344	48344	39205	30066	30066	30066	30066	18101	14113
			燃气	291983	203106	114230	114230	114230	114230	87124	60017	60017	46529	33041	33041	26325	19609	19609	19609	19609	10907	8006
		其他	汽油	43899	27473	11047	11047	11047	11047	6910	2772	2772	2252	1732	1732	1461	1190	1190	1190	1190	850	736
			燃气	21052	12534	4017	4017	4017	4017	2616	1216	1216	988	761	761	612	463	463	463	463	373	343
	小型	出租车	汽油	628380	417558	206735	206735	206735	206735	152380	98024	98024	73184	48344	48344	37984	27623	27623	27623	27623	15858	11936
			柴油	580733	494000	407268	407268	407268	407268	361351	315434	315434	251829	188224	188224	188224	188224	150623	113022	113022	82009	71671
			燃气	327313	222844	118375	118375	118375	118375	89514	60654	60654	46848	33041	33041	25727	18413	18413	18413	18413	9808	6940
		其他	汽油	40941	26076	11210	11210	11210	11210	7380	3551	3551	2446	1342	1342	1236	1129	1129	1129	1129	800	690
			柴油	27265	22322	17380	17380	17380	17380	16010	14639	14639	11462	8286	8286	8286	8286	7158	6029	6029	5226	4958
			燃气	19603	12492	5381	5381	5381	5381	3489	1597	1597	1083	569	569	501	433	433	433	433	348	320
	中型	公交车	汽油	442440	442440	442440	442440	442440	302260	21901	21901	21901	21901	21901	19642	17382	17382	13122	8862	8862	8862	8862
			柴油	367896	367896	367032	365304	365304	350786	321751	321751	321751	268003	214255	214255	214255	214255	174848	135440	135440	113394	106045
			燃气	390622	390622	385972	376671	376671	364987	341620	341620	341620	284320	227021	227021	143565	143565	112439	112439	112439	112439	112439
		其他	汽油	271256	271256	271256	271256	271256	184002	9494	9494	9494	9494	9494	9494	9494	9494	7121	4748	4748	4748	4748
			柴油	172526	172526	165324	150921	150921	149645	147092	147092	147092	125274	103456	103456	103456	103456	91860	80263	80263	68505	64586
			燃气	194819	194819	183996	162349	162349	160819	157759	157759	157759	134320	110882	110882	86372	86372	69379	69379	69379	69379	69379
	大型	公交车	汽油	1576194	1576194	1576194	1576194	1576194	1083821	99075	99075	99075	99075	99075	98988	98901	98901	74176	49452	49452	49452	49452
			柴油	521785	521785	504924	471203	471203	457814	431037	431037	431037	423270	415502	415502	415502	415502	400520	385537	385537	347543	334878
			燃气	1049099	1049099	990816	874249	874249	809374	679624	679624	679624	582312	485000	485000	451535	451535	391362	391362	391362	391362	391362
		其他	汽油	3762087	3762087	3762087	3762087	3762087	2586883	236474	236474	236474	236474	236474	227606	218738	218738	164228	109719	109719	109719	109719
			柴油	1249514	1249514	1217362	1153057	1153057	1126174	1072409	1072409	1072409	1034652	996895	996895	996895	996895	949049	901203	901203	797556	763007
			燃气	2325836	2325836	2196623	1938196	1938196	1794370	1506717	1506717	1506717	1291472	1076226	1076226	970939	970939	823756	823756	823756	823756	823756
载货汽车	微型		汽油	153655	90757	27859	27859	27859	27859	18770	9682	9682	7802	5921	5921	5308	4695	4695	4695	4695	3621	3263
			柴油	77812	64158	50503	50503	50503	50503	45482	40462	40462	34256	28051	28051	28051	28051	20530	13010	13010	11158	10540
			燃气	73686	41908	10130	10130	10130	10130	7189	4247	4247	3424	2602	2602	2214	1827	1827	1827	1827	1597	1521
	轻型		汽油	114056	72750	31444	31444	31444	31444	21052	10659	10659	8914	7169	7169	5999	4829	4829	4829	4829	3790	3443
			柴油	78087	64295	50503	50503	50503	50503	45482	40462	40462	34256	28051	28051	28051	28051	22384	16718	16718	15517	15117
			燃气	54611	34852	15094	15094	15094	15094	9944	4794	4794	3917	3040	3040	2446	1852	1852	1852	1852	1661	1597
	中型		汽油	333886	333886	333886	333886	333886	227947	16068	16068	16068	16068	16068	16068	16068	16068	12056	8044	8044	8044	8044
			柴油	474088	474088	425697	328914	328914	312761	280455	280455	280455	271826	263198	263198	263198	263198	230924	198649	198649	171055	161857
			燃气	535347	535347	474838	353820	353820	336144	300793	300793	300793	291442	282090	282090	213769	213769	173869	173869	173869	173869	173869
	重型		汽油	2777741	2777741	2777741	2777741	2777741	1910028	174601	174601	174601	174601	174601	168054	161506	161506	121258	81011	81011	81011	81011
			柴油	1133876	1133876	1095173	1017767	1017767	980122	904833	904833	904833	868549	832265	832265	832265	832265	739394	646522	646522	460805	398899
			燃气	2110588	2110588	1977320	1710784	1710784	1564281	1271275	1271275	1271275	1084885	898495	898495	696551	696551	430658	430658	430658	430658	430658
低速汽车	三轮汽车			65550	65550	65550	65550	65550	65550	65550	65550	65550	53279	53279	53279	53279	53279	53279	53279	53279	53279	53279
	低速货车			88065	88065	88065	88065	88065	88065	88065	88065	88065	71579	71579	71579	71579	71579	71579	71579	71579	71579	71579
摩托车	普通摩托车			965	965	965	965	932	900	836	836	836	836	836	743	650	650	650	650	650	650	650
	轻便摩托车			643	643	643	643	643	322	322	322	322	322	322	286	250	250	250	250	250	250	250

韩城市 PM 排放系数

单位：克/（辆·年）

车辆类型		使用性质	燃料种类	1999 年年底前	2000 年	2001 年	2002 年	2003 年	2004 年	2005 年	2006 年	2007 年	2008 年	2009 年	2010 年	2011 年	2012 年	2013 年	2014 年	2015 年	2016 年	2017 年
载客汽车	微型	出租车	汽油	—	—	—	—	—	—	—	—	—	—	—	—	—	—	—	—	—	—	—
			燃气	—	—	—	—	—	—	—	—	—	—	—	—	—	—	—	—	—	—	—
		其他	汽油	—	—	—	—	—	—	—	—	—	—	—	—	—	—	—	—	—	—	—
			燃气	—	—	—	—	—	—	—	—	—	—	—	—	—	—	—	—	—	—	—
	小型	出租车	汽油	—	—	—	—	—	—	—	—	—	—	—	—	—	—	—	—	—	—	—
			柴油	66201	60635	55069	55069	55069	55069	37640	20212	20212	13156	6101	6101	6101	6101	5670	5239	5239	4332	4030
			燃气	—	—	—	—	—	—	—	—	—	—	—	—	—	—	—	—	—	—	—
		其他	汽油	—	—	—	—	—	—	—	—	—	—	—	—	—	—	—	—	—	—	—
			柴油	3921	3711	3501	3501	3501	3501	2522	1542	1542	1128	715	715	715	715	600	485	485	485	485
			燃气	—	—	—	—	—	—	—	—	—	—	—	—	—	—	—	—	—	—	—
	中型	公交车	汽油	—	—	—	—	—	—	—	—	—	—	—	—	—	—	—	—	—	—	—
			柴油	30592	30592	28032	22913	22913	17978	8108	8108	8108	6872	5637	5637	5637	5637	3504	1372	1372	1080	983
			燃气	—	—	—	—	—	—	—	—	—	—	—	—	—	—	—	—	—	—	—
		其他	汽油	—	—	—	—	—	—	—	—	—	—	—	—	—	—	—	—	—	—	—
			柴油	15274	15274	12888	8116	8116	6262	2553	2553	2553	2434	2316	2316	2316	2316	1366	415	415	399	394
			燃气	—	—	—	—	—	—	—	—	—	—	—	—	—	—	—	—	—	—	—
	大型	公交车	汽油	—	—	—	—	—	—	—	—	—	—	—	—	—	—	—	—	—	—	—
			柴油	94865	94865	93934	92071	92071	71272	29674	29674	29674	19994	10315	10315	10315	10315	6116	1916	1916	1845	1821
			燃气	—	—	—	—	—	—	—	—	—	—	—	—	—	—	—	—	—	—	—
		其他	汽油	—	—	—	—	—	—	—	—	—	—	—	—	—	—	—	—	—	—	—
			柴油	142314	142314	133412	115607	115607	85425	25061	25061	25061	17182	9303	9303	9303	9303	5868	2433	2433	2343	2313
			燃气	—	—	—	—	—	—	—	—	—	—	—	—	—	—	—	—	—	—	—
载货汽车	微型		汽油	—	—	—	—	—	—	—	—	—	—	—	—	—	—	—	—	—	—	—
			柴油	9367	9174	8980	8980	8980	8980	7314	5647	5647	4191	2735	2735	2735	2735	1722	709	709	706	705
			燃气	—	—	—	—	—	—	—	—	—	—	—	—	—	—	—	—	—	—	—
	轻型		汽油	—	—	—	—	—	—	—	—	—	—	—	—	—	—	—	—	—	—	—
			柴油	9742	9361	8980	8980	8980	8980	7314	5647	5647	4191	2735	2735	2735	2735	2062	1390	1390	1148	1067
			燃气	—	—	—	—	—	—	—	—	—	—	—	—	—	—	—	—	—	—	—
	中型		汽油	—	—	—	—	—	—	—	—	—	—	—	—	—	—	—	—	—	—	—
			柴油	41640	41640	35042	21845	21845	16808	6733	6733	6733	6378	6024	6024	6024	6024	3862	1701	1701	1558	1510
			燃气	—	—	—	—	—	—	—	—	—	—	—	—	—	—	—	—	—	—	—
	重型		汽油	—	—	—	—	—	—	—	—	—	—	—	—	—	—	—	—	—	—	—
			柴油	157863	157863	129752	73529	73529	58382	28088	28088	28088	19248	10407	10407	10407	10407	6874	3340	3340	2822	2650
			燃气	—	—	—	—	—	—	—	—	—	—	—	—	—	—	—	—	—	—	—
低速汽车	三轮汽车			4092	4092	4092	4092	4092	4092	4092	4092	4092	3220	3220	3220	3220	3220	3220	3220	3220	3220	3220
	低速货车			5581	5581	5581	5581	5581	5581	5581	5581	5581	4392	4392	4392	4392	4392	4392	4392	4392	4392	4392
摩托车	普通摩托车			—	—	—	—	—	—	—	—	—	—	—	—	—	—	—	—	—	—	—
	轻便摩托车			—	—	—	—	—	—	—	—	—	—	—	—	—	—	—	—	—	—	—

韩城市 VOCs 排放系数

单位：克/（辆·年）

车辆类型		使用性质	燃料种类	1999 年年底前	2000 年	2001 年	2002 年	2003 年	2004 年	2005 年	2006 年	2007 年	2008 年	2009 年	2010 年	2011 年	2012 年	2013 年	2014 年	2015 年	2016 年	2017 年
载客汽车	微型	出租车	汽油	1104662	664688	224714	224714	224714	224714	170903	117092	117092	96292	75491	75491	61228	46965	46965	46965	46965	30257	24688
			燃气	533891	331628	129366	129366	129366	129366	101102	72838	72838	60735	48632	48632	38334	28036	28036	28036	28036	15740	11642
		其他	汽油	49504	29876	10247	10247	10247	10247	9856	9466	9466	8008	6549	6549	6238	5928	5928	5928	5928	4744	4350
			燃气	17924	10076	2227	2227	2227	2227	2132	2038	2038	1520	1001	1001	912	824	824	824	824	558	469
	小型	出租车	汽油	1104662	654134	203607	203607	203607	203607	188294	172982	172982	124236	75491	75491	61228	46965	46965	46965	46965	28504	22351
			柴油	363840	341606	319372	319372	319372	319372	286427	253482	253482	190834	128187	128187	128187	128187	94808	61429	61429	32940	23444
			燃气	533891	326806	119722	119722	119722	119722	109048	98375	98375	73504	48632	48632	38334	28036	28036	28036	28036	14940	10575
		其他	汽油	50167	30126	10084	10084	10084	10084	10133	10182	10182	8368	6553	6553	6198	5842	5842	5842	5842	4808	4464
			柴油	10874	9970	9067	9067	9067	9067	7735	6403	6403	4410	2416	2416	2416	2416	2092	1768	1768	1247	1073
			燃气	18227	10984	3740	3740	3740	3740	3052	2365	2365	1758	1150	1150	967	784	784	784	784	588	522
	中型	公交车	汽油	246918	246918	246918	246918	246321	168078	12785	12785	12785	12785	12785	12634	12482	12482	10055	7628	7628	7628	7628
			柴油	87806	87806	86086	82645	82645	64494	28192	28192	28192	20508	12823	12823	12823	12823	8958	5093	5093	4763	4653
			燃气	71579	71579	67602	59649	59649	57536	53311	53311	53311	42686	32061	32061	22219	22219	22154	22154	22154	22154	22154
		其他	汽油	127628	127628	127628	127628	127031	86709	7258	7258	7258	7258	7258	7112	6967	6967	5916	4864	4864	4864	4864
			柴油	30493	30493	28460	24394	24394	18567	6912	6912	6912	6506	6099	6099	6099	6099	3750	1402	1402	1243	1190
			燃气	34560	34560	32640	28800	28800	27780	25740	25740	25740	20623	15506	15506	10732	10732	9642	9642	9642	9642	9642
	大型	公交车	汽油	576226	576226	576226	576226	575629	388051	14089	14089	14089	14089	14089	13949	13809	13809	11043	8277	8277	8277	8277
			柴油	131708	131708	108010	60614	60614	60614	60614	60614	60614	43515	26416	26416	26416	26416	17675	8934	8934	5723	4653
			燃气	168926	168926	159541	140772	140772	135786	125815	125815	125815	100740	75665	75665	52438	52438	47188	47188	47188	47188	47188
		其他	汽油	1277524	1277524	1277524	1277524	1276927	860079	27576	27576	27576	27576	27576	21317	15058	15058	11867	8676	8676	8676	8676
			柴油	272891	272891	207397	76409	76409	76409	76409	76409	76409	55942	35476	35476	35476	35476	20706	5937	5937	5324	5119
			燃气	266186	266186	251398	221822	221822	213966	198253	198253	198253	158842	119430	119430	82662	82662	74261	74261	74261	74261	74261
载货汽车	微型		汽油	270391	145549	20707	20707	20707	20707	19594	18482	18482	16919	15356	15356	12746	10137	10137	10137	10137	8471	7916
			柴油	37072	34664	32255	32255	32255	32255	29670	27084	27084	19924	12765	12765	12765	12765	8835	4905	4905	3440	2951
			燃气	97901	51201	4500	4500	4500	4500	4240	3979	3979	3163	2347	2347	1878	1409	1409	1409	1409	992	853
	轻型		汽油	141183	84288	27392	27392	27392	27392	23719	20046	20046	17842	15638	15638	13822	12005	12005	12005	12005	10200	9599
			柴油	33939	33097	32255	32255	32255	32255	29670	27084	27084	19924	12765	12765	12765	12765	9736	6706	6706	5240	4752
			燃气	51296	30727	10159	10159	10159	10159	7408	4656	4656	3700	2744	2744	2178	1611	1611	1611	1611	1245	1122
	中型		汽油	379393	379393	379393	379393	378796	257392	15779	15779	15779	15779	15779	15639	15499	15499	12308	9117	9117	9117	9117
			柴油	87624	87624	81782	70099	70099	53353	19861	19861	19861	18698	17536	17536	17536	17536	12709	7882	7882	4690	3626
			燃气	99311	99311	93794	82760	82760	79827	73962	73962	73962	59272	44583	44583	60335	60335	29380	29380	29380	29380	29380
	重型		汽油	999386	999386	999386	999386	998788	672871	22230	22230	22230	22230	22230	17308	12386	12386	9890	7393	7393	7393	7393
			柴油	258641	258641	196567	72419	72419	72419	72419	72419	72419	53021	33623	33623	33623	33623	21314	9006	9006	7020	6358
			燃气	252286	252286	238270	210239	210239	202793	187900	187900	187900	150546	113192	113192	125392	125392	92235	92235	92235	92235	92235
低速汽车	三轮汽车			25300	25300	25300	25300	25300	25300	25300	25300	25300	16721	16721	16721	16721	16721	16721	16721	16721	16721	16721
	低速货车			33990	33990	33990	33990	33990	33990	33990	33990	33990	22464	22464	22464	22464	22464	22464	22464	22464	22464	22464
摩托车	普通摩托车			12928	12928	12928	12928	9648	6368	3409	3409	3409	3409	3409	2544	1679	1679	1679	1679	1679	1679	1679
	轻便摩托车			41808	41808	41808	41808	41808	8362	8362	4116	4116	4116	4116	3072	2027	2027	2027	2027	2027	2027	2027

铜川市 NO_x 排放系数

单位：克/（辆·年）

车辆类型		使用性质	燃料种类	1999年年底前	2000年	2001年	2002年	2003年	2004年	2005年	2006年	2007年	2008年	2009年	2010年	2011年	2012年	2013年	2014年	2015年	2016年	2017年
载客汽车	微型	出租车	汽油	300276	199836	99395	99395	99395	99395	72320	45245	45245	32782	20320	20320	16828	13336	13336	13336	13336	8710	7168
			燃气	162084	109568	57053	57053	57053	57053	42253	27453	27453	20468	13483	13483	10947	8411	8411	8411	8411	5150	4063
		其他	汽油	41289	25843	10397	10397	10397	10397	6497	2597	2597	2110	1624	1624	1365	1106	1106	1106	1106	796	692
			燃气	21052	12534	4017	4017	4017	4017	2616	1216	1216	988	761	761	612	463	463	463	463	373	343
	小型	出租车	汽油	341139	222664	104189	104189	104189	104189	75086	45982	45982	33151	20320	20320	16136	11953	11953	11953	11953	7440	5935
			柴油	282285	236379	190473	190473	190473	190473	169668	148864	148864	118020	87175	87175	87175	87175	71086	54996	54996	42273	38032
			燃气	183334	121440	59546	59546	59546	59546	43691	27836	27836	20660	13483	13483	10588	7692	7692	7692	7692	4490	3422
		其他	汽油	38503	24527	10551	10551	10551	10551	6941	3331	3331	2294	1256	1256	1152	1048	1048	1048	1048	747	647
			柴油	25775	21110	16444	16444	16444	16444	15142	13839	13839	10837	7835	7835	7835	7835	6760	5686	5686	4928	4676
			燃气	19603	12492	5381	5381	5381	5381	3489	1597	1597	1083	569	569	501	433	433	433	433	348	320
	中型	公交车	汽油	440887	440887	440887	440887	440887	301199	21824	21824	21824	21824	21824	19572	17321	17321	13076	8831	8831	8831	8831
			柴油	366948	366948	366086	364363	364363	349883	320922	320922	320922	267312	213703	213703	213703	213703	174397	135091	135091	113101	105771
			燃气	389615	389615	384977	375701	375701	364047	340739	340739	340739	283588	226436	226436	143195	143195	112149	112149	112149	112149	112149
		其他	汽油	270304	270304	270304	270304	270304	183356	9461	9461	9461	9461	9461	9461	9461	9461	7096	4731	4731	4731	4731
			柴油	172082	172082	164899	150532	150532	149259	146713	146713	146713	124951	103189	103189	103189	103189	91622	80056	80056	68328	64419
			燃气	194317	194317	183522	161931	161931	160405	157352	157352	157352	133974	110596	110596	86150	86150	69200	69200	69200	69200	69200
	大型	公交车	汽油	1570660	1570660	1570660	1570660	1570660	1080016	98727	98727	98727	98727	98727	98640	98554	98554	73916	49278	49278	49278	49278
			柴油	520441	520441	503624	469989	469989	456635	429927	429927	429927	422179	414431	414431	414431	414431	399487	384543	384543	346647	334015
			燃气	1046395	1046395	988262	871996	871996	807288	677873	677873	677873	580812	483750	483750	450372	450372	390354	390354	390354	390354	390354
		其他	汽油	3748878	3748878	3748878	3748878	3748878	2577800	235644	235644	235644	235644	235644	226807	217970	217970	163652	109334	109334	109334	109334
			柴油	1246295	1246295	1214225	1150086	1150086	1123273	1069646	1069646	1069646	1031986	994327	994327	994327	994327	946604	898881	898881	795501	761041
			燃气	2319843	2319843	2190963	1933202	1933202	1789746	1502835	1502835	1502835	1288144	1073453	1073453	968438	968438	821633	821633	821633	821633	821633
载货汽车	微型		汽油	160177	94792	29406	29406	29406	29406	19888	10371	10371	8379	6387	6387	5683	4979	4979	4979	4979	3808	3417
			柴油	82788	68448	54107	54107	54107	54107	48676	43245	43245	36587	29929	29929	29929	29929	21896	13864	13864	11766	11067
			燃气	81669	46515	11361	11361	11361	11361	8109	4856	4856	3924	2993	2993	2539	2084	2084	2084	2084	1791	1694
	轻型		汽油	118999	76066	33133	33133	33133	33133	22260	11387	11387	9536	7685	7685	6402	5118	5118	5118	5118	3983	3605
			柴油	83074	68590	54107	54107	54107	54107	48676	43245	43245	36587	29929	29929	29929	29929	23826	17723	17723	16304	15831
			燃气	60586	38742	16898	16898	16898	16898	11179	5459	5459	4470	3482	3482	2798	2115	2115	2115	2115	1866	1783
	中型		汽油	333886	333886	333886	333886	333886	227947	16068	16068	16068	16068	16068	16068	16068	16068	12056	8044	8044	8044	8044
			柴油	474088	474088	425697	328914	328914	312761	280455	280455	280455	271826	263198	263198	263198	263198	230924	198649	198649	171055	161857
			燃气	535346	535346	474837	353821	353821	336145	300792	300792	300792	291441	282091	282091	213771	213771	173870	173870	173870	173870	173870
	重型		汽油	1720217	1720217	1720217	1720217	1720217	1182854	108128	108128	108128	108128	108128	104073	100018	100018	75094	50169	50169	50169	50169
			柴油	716451	716451	691996	643086	643086	619300	571728	571728	571728	548802	525875	525875	525875	525875	459356	392837	392837	276783	238098
			燃气	1333596	1333596	1249389	1080976	1080976	988407	803268	803268	803268	685496	567723	567723	423235	423235	257055	257055	257055	257055	257055
低速汽车	三轮汽车			65550	65550	65550	65550	65550	65550	65550	65550	65550	53279	53279	53279	53279	53279	53279	53279	53279	53279	53279
	低速货车			88065	88065	88065	88065	88065	88065	88065	88065	88065	71579	71579	71579	71579	71579	71579	71579	71579	71579	71579
摩托车	普通摩托车			965	965	965	965	932	900	836	836	836	836	836	743	650	650	650	650	650	650	650
	轻便摩托车			643	643	643	643	643	322	322	322	322	322	322	286	250	250	250	250	250	250	250

铜川市 PM 排放系数

单位：克/（辆·年）

车辆类型		使用性质	燃料种类	1999 年年底前	2000 年	2001 年	2002 年	2003 年	2004 年	2005 年	2006 年	2007 年	2008 年	2009 年	2010 年	2011 年	2012 年	2013 年	2014 年	2015 年	2016 年	2017 年
载客汽车	微型	出租车	汽油	—	—	—	—	—	—	—	—	—	—	—	—	—	—	—	—	—	—	—
			燃气	—	—	—	—	—	—	—	—	—	—	—	—	—	—	—	—	—	—	—
		其他	汽油	—	—	—	—	—	—	—	—	—	—	—	—	—	—	—	—	—	—	—
			燃气	—	—	—	—	—	—	—	—	—	—	—	—	—	—	—	—	—	—	—
	小型	出租车	汽油	—	—	—	—	—	—	—	—	—	—	—	—	—	—	—	—	—	—	—
			柴油	39817	36469	33121	33121	33121	33121	22639	12157	12157	7913	3669	3669	3669	3669	3410	3151	3151	2606	2424
			燃气	—	—	—	—	—	—	—	—	—	—	—	—	—	—	—	—	—	—	—
		其他	汽油	—	—	—	—	—	—	—	—	—	—	—	—	—	—	—	—	—	—	—
			柴油	3921	3711	3501	3501	3501	3501	2522	1542	1542	1128	715	715	715	715	600	485	485	485	485
			燃气	—	—	—	—	—	—	—	—	—	—	—	—	—	—	—	—	—	—	—
	中型	公交车	汽油	—	—	—	—	—	—	—	—	—	—	—	—	—	—	—	—	—	—	—
			柴油	30592	30592	28032	22913	22913	17978	8108	8108	8108	6872	5637	5637	5637	5637	3504	1372	1372	1080	983
			燃气	—	—	—	—	—	—	—	—	—	—	—	—	—	—	—	—	—	—	—
		其他	汽油	—	—	—	—	—	—	—	—	—	—	—	—	—	—	—	—	—	—	—
			柴油	15274	15274	12888	8116	8116	6262	2553	2553	2553	2434	2316	2316	2316	2316	1366	415	415	399	394
			燃气	—	—	—	—	—	—	—	—	—	—	—	—	—	—	—	—	—	—	—
	大型	公交车	汽油	—	—	—	—	—	—	—	—	—	—	—	—	—	—	—	—	—	—	—
			柴油	94865	94865	93934	92071	92071	71272	29674	29674	29674	19994	10315	10315	10315	10315	6116	1916	1916	1845	1821
			燃气	—	—	—	—	—	—	—	—	—	—	—	—	—	—	—	—	—	—	—
		其他	汽油	—	—	—	—	—	—	—	—	—	—	—	—	—	—	—	—	—	—	—
			柴油	142314	142314	133412	115607	115607	85425	25061	25061	25061	17182	9303	9303	9303	9303	5868	2433	2433	2343	2313
			燃气	—	—	—	—	—	—	—	—	—	—	—	—	—	—	—	—	—	—	—
载货汽车	微型		汽油	—	—	—	—	—	—	—	—	—	—	—	—	—	—	—	—	—	—	—
			柴油	10343	10129	9915	9915	9915	9915	8075	6235	6235	4628	3020	3020	3020	3020	1902	783	783	779	778
			燃气	—	—	—	—	—	—	—	—	—	—	—	—	—	—	—	—	—	—	—
	轻型		汽油	—	—	—	—	—	—	—	—	—	—	—	—	—	—	—	—	—	—	—
			柴油	10757	10336	9915	9915	9915	9915	8075	6235	6235	4628	3020	3020	3020	3020	2278	1535	1535	1267	1178
			燃气	—	—	—	—	—	—	—	—	—	—	—	—	—	—	—	—	—	—	—
	中型		汽油	—	—	—	—	—	—	—	—	—	—	—	—	—	—	—	—	—	—	—
			柴油	41640	41640	35042	21845	21845	16808	6733	6733	6733	6378	6024	6024	6024	6024	3862	1701	1701	1558	1510
			燃气	—	—	—	—	—	—	—	—	—	—	—	—	—	—	—	—	—	—	—
	重型		汽油	—	—	—	—	—	—	—	—	—	—	—	—	—	—	—	—	—	—	—
			柴油	94966	94966	78055	44233	44233	35121	16897	16897	16897	11578	6260	6260	6260	6260	4174	2088	2088	1765	1657
			燃气	—	—	—	—	—	—	—	—	—	—	—	—	—	—	—	—	—	—	—
低速汽车	三轮汽车			4092	4092	4092	4092	4092	4092	4092	4092	4092	3220	3220	3220	3220	3220	3220	3220	3220	3220	3220
	低速货车			5581	5581	5581	5581	5581	5581	5581	5581	5581	4392	4392	4392	4392	4392	4392	4392	4392	4392	4392
摩托车	普通摩托车			—	—	—	—	—	—	—	—	—	—	—	—	—	—	—	—	—	—	—
	轻便摩托车			—	—	—	—	—	—	—	—	—	—	—	—	—	—	—	—	—	—	—

铜川市 VOCs 排放系数

单位：克/（辆·年）

车辆类型		使用性质	燃料种类	1999 年年底前	2000 年	2001 年	2002 年	2003 年	2004 年	2005 年	2006 年	2007 年	2008 年	2009 年	2010 年	2011 年	2012 年	2013 年	2014 年	2015 年	2016 年	2017 年
载客汽车	微型	出租车	汽油	729169	429279	129389	129389	129389	129389	95836	62284	62284	50529	38774	38774	32418	26061	26061	26061	26061	19046	16707
			燃气	302507	182147	61787	61787	61787	61787	46854	31922	31922	26193	20464	20464	16338	12211	12211	12211	12211	7530	5969
		其他	汽油	53833	32317	10801	10801	10801	10801	10400	10000	10000	8524	7049	7049	6708	6367	6367	6367	6367	5283	4922
			燃气	17924	10076	2227	2227	2227	2227	2132	2038	2038	1520	1001	1001	912	824	824	824	824	558	469
	小型	出租车	汽油	729169	422041	114913	114913	114913	114913	107764	100616	100616	69695	38774	38774	32418	26061	26061	26061	26061	17844	15105
			柴油	159316	150230	141143	141143	141143	141143	128316	115488	115488	83327	51166	51166	51166	51166	38056	24946	24946	14462	10968
			燃气	302507	179247	55987	55987	55987	55987	51634	47282	47282	33873	20464	20464	16338	12211	12211	12211	12211	7048	5327
		其他	汽油	54589	32602	10615	10615	10615	10615	10716	10817	10817	8936	7054	7054	6662	6269	6269	6269	6269	5356	5052
			柴油	11306	10340	9373	9373	9373	9373	7950	6527	6527	4446	2365	2365	2365	2365	2032	1699	1699	1224	1065
			燃气	18227	10984	3740	3740	3740	3740	3052	2365	2365	1758	1150	1150	967	784	784	784	784	588	522
	中型	公交车	汽油	247544	247544	247544	247544	246947	168704	13412	13412	13412	13412	13412	13260	13109	13109	10682	8254	8254	8254	8254
			柴油	87806	87806	86086	82645	82645	64494	28192	28192	28192	20508	12823	12823	12823	12823	8958	5093	5093	4763	4653
			燃气	71579	71579	67602	59649	59649	57536	53311	53311	53311	42686	32061	32061	22219	22219	22154	22154	22154	22154	22154
		其他	汽油	128254	128254	128254	128254	127658	87335	7884	7884	7884	7884	7884	7738	7593	7593	6542	5491	5491	5491	5491
			柴油	30493	30493	28460	24394	24394	18567	6912	6912	6912	6506	6099	6099	6099	6099	3750	1402	1402	1243	1190
			燃气	34560	34560	32640	28800	28800	27780	25740	25740	25740	20623	15506	15506	10732	10732	9642	9642	9642	9642	9642
	大型	公交车	汽油	576852	576852	576852	576852	576255	388677	14716	14716	14716	14716	14716	14576	14436	14436	11670	8904	8904	8904	8904
			柴油	131708	131708	108010	60614	60614	60614	60614	60614	60614	43515	26416	26416	26416	26416	17675	8934	8934	5723	4653
			燃气	168926	168926	159541	140772	140772	135786	125815	125815	125815	100740	75665	75665	52438	52438	47188	47188	47188	47188	47188
		其他	汽油	1278150	1278150	1278150	1278150	1277553	860705	28202	28202	28202	28202	28202	21943	15684	15684	12494	9303	9303	9303	9303
			柴油	272891	272891	207397	76409	76409	76409	76409	76409	76409	55942	35476	35476	35476	35476	20706	5937	5937	5324	5119
			燃气	266186	266186	251398	221822	221822	213966	198253	198253	198253	158842	119430	119430	82662	82662	74261	74261	74261	74261	74261
载货汽车	微型		汽油	336475	180452	24430	24430	24430	24430	23112	21793	21793	20082	18371	18371	15108	11845	11845	11845	11845	10105	9525
			柴油	44179	41282	38386	38386	38386	38386	35264	32143	32143	23636	15129	15129	15129	15129	10402	5676	5676	3988	3426
			燃气	112031	58534	5037	5037	5037	5037	4739	4441	4441	3525	2609	2609	2071	1533	1533	1533	1533	1064	908
	轻型		汽油	173788	103318	32848	32848	32848	32848	28306	23763	23763	21245	18727	18727	16462	14198	14198	14198	14198	12283	11645
			柴油	40439	39412	38386	38386	38386	38386	35264	32143	32143	23636	15129	15129	15129	15129	11478	7827	7827	6140	5577
			燃气	58027	34800	11573	11573	11573	11573	8384	5195	5195	4124	3053	3053	2414	1776	1776	1776	1776	1346	1203
	中型		汽油	380019	380019	380019	380019	379422	258018	16405	16405	16405	16405	16405	16266	16126	16126	12934	9743	9743	9743	9743
			柴油	87624	87624	81782	70099	70099	53353	19861	19861	19861	18698	17536	17536	17536	17536	12709	7882	7882	4690	3626
			燃气	99311	99311	93794	82760	82760	79827	73962	73962	73962	59272	44583	44583	60335	60335	29380	29380	29380	29380	29380
	重型		汽油	618216	618216	618216	618216	617618	416519	15515	15515	15515	15515	15515	12428	9342	9342	7798	6254	6254	6254	6254
			柴油	165376	165376	125686	46305	46305	46305	46305	46305	46305	33902	21499	21499	21499	21499	13672	5845	5845	4122	3548
			燃气	161313	161313	152351	134427	134427	129666	120144	120144	120144	96260	72376	72376	81381	81381	51471	51471	51471	51471	51471
低速汽车	三轮汽车			25300	25300	25300	25300	25300	25300	25300	25300	25300	16721	16721	16721	16721	16721	16721	16721	16721	16721	16721
	低速货车			33990	33990	33990	33990	33990	33990	33990	33990	33990	22464	22464	22464	22464	22464	22464	22464	22464	22464	22464
摩托车	普通摩托车			12928	12928	12928	12928	9648	6368	3409	3409	3409	3409	3409	2544	1679	1679	1679	1679	1679	1679	1679
	轻便摩托车			41808	41808	41808	41808	41808	8362	8362	4116	4116	4116	4116	3072	2027	2027	2027	2027	2027	2027	2027

宝鸡市 NO_x 排放系数

单位：克/（辆·年）

车辆类型		使用性质	燃料种类	1999年年底前	2000年	2001年	2002年	2003年	2004年	2005年	2006年	2007年	2008年	2009年	2010年	2011年	2012年	2013年	2014年	2015年	2016年	2017年
载客汽车	微型	出租车	汽油	359541	241909	124277	124277	124277	124277	91625	58973	58973	43640	28308	28308	23132	17957	17957	17957	17957	11159	8893
			燃气	207002	141478	75953	75953	75953	75953	56932	37910	37910	28745	19580	19580	15762	11944	11944	11944	11944	7017	5375
		其他	汽油	38803	24294	9786	9786	9786	9786	6117	2448	2448	1990	1532	1532	1286	1039	1039	1039	1039	747	650
			燃气	21052	12534	4017	4017	4017	4017	2616	1216	1216	988	761	761	612	463	463	463	463	373	343
	小型	出租车	汽油	407150	268506	129862	129862	129862	129862	94846	59831	59831	44070	28308	28308	22326	16345	16345	16345	16345	9678	7456
			柴油	359796	304142	248488	248488	248488	248488	220814	193141	193141	153772	114403	114403	114403	114403	92226	70049	70049	52041	46038
			燃气	233345	156194	79043	79043	79043	79043	58714	38385	38385	28982	19580	19580	15316	11052	11052	11052	11052	6198	4580
		其他	汽油	36185	23058	9930	9930	9930	9930	6534	3138	3138	2162	1187	1187	1086	984	984	984	984	703	609
			柴油	24329	19934	15540	15540	15540	15540	14304	13068	13068	10235	7402	7402	7402	7402	6380	5359	5359	4641	4402
			燃气	19603	12492	5381	5381	5381	5381	3489	1597	1597	1083	569	569	501	433	433	433	433	348	320
	中型	公交车	汽油	439919	439919	439919	439919	439919	300538	21776	21776	21776	21776	21776	19530	17283	17283	13048	8812	8812	8812	8812
			柴油	366357	366357	365497	363776	363776	349319	320405	320405	320405	266882	213359	213359	213359	213359	174116	134873	134873	112919	105601
			燃气	388988	388988	384357	375096	375096	363461	340191	340191	340191	283132	226072	226072	142965	142965	111969	111969	111969	111969	111969
		其他	汽油	269710	269710	269710	269710	269710	182953	9440	9440	9440	9440	9440	9440	9440	9440	7080	4721	4721	4721	4721
			柴油	171805	171805	164633	150290	150290	149019	146477	146477	146477	124750	103023	103023	103023	103023	91475	79927	79927	68219	64316
			燃气	194004	194004	183226	161670	161670	160146	157099	157099	157099	133758	110418	110418	86011	86011	69089	69089	69089	69089	69089
	大型	公交车	汽油	1567212	1567212	1567212	1567212	1567212	1077645	98510	98510	98510	98510	98510	98424	98338	98338	73754	49170	49170	49170	49170
			柴油	519603	519603	502813	469233	469233	455900	429235	429235	429235	421500	413764	413764	413764	413764	398844	383924	383924	346089	333477
			燃气	1044711	1044711	986672	870593	870593	805989	676782	676782	676782	579877	482972	482972	449647	449647	389726	389726	389726	389726	389726
		其他	汽油	3740649	3740649	3740649	3740649	3740649	2572142	235127	235127	235127	235127	235127	226310	217492	217492	163293	109094	109094	109094	109094
			柴油	1244289	1244289	1212271	1148235	1148235	1121465	1067925	1067925	1067925	1030326	992726	992726	992726	992726	945080	897435	897435	794221	759816
			燃气	2316109	2316109	2187436	1930091	1930091	1786866	1500416	1500416	1500416	1286071	1071726	1071726	966879	966879	820311	820311	820311	820311	820311
载货汽车	微型		汽油	131996	78048	24100	24100	24100	24100	16274	8448	8448	6818	5187	5187	4631	4075	4075	4075	4075	3127	2811
			柴油	67659	55870	44082	44082	44082	44082	39676	35271	35271	29850	24430	24430	24430	24430	17877	11324	11324	9654	9098
			燃气	71612	40753	9893	9893	9893	9893	7045	4196	4196	3386	2577	2577	2196	1816	1816	1816	1816	1566	1483
	轻型		汽油	98028	62602	27175	27175	27175	27175	18230	9286	9286	7772	6257	6257	5224	4190	4190	4190	4190	3271	2965
			柴油	67895	55988	44082	44082	44082	44082	39676	35271	35271	29850	24430	24430	24430	24430	19470	14509	14509	13400	13031
			燃气	53106	33916	14726	14726	14726	14726	9726	4726	4726	3863	2999	2999	2422	1844	1844	1844	1844	1629	1558
	中型		汽油	333886	333886	333886	333886	333886	227947	16068	16068	16068	16068	16068	16068	16068	16068	12056	8044	8044	8044	8044
			柴油	474088	474088	425697	328914	328914	312761	280455	280455	280455	271826	263198	263198	263198	263198	230924	198649	198649	171055	161857
			燃气	535345	535345	474837	353819	353819	336144	300793	300793	300793	291441	282090	282090	213770	213770	173869	173869	173869	173869	173869
	重型		汽油	2777741	2777741	2777741	2777741	2777741	1910028	174601	174601	174601	174601	174601	168054	161506	161506	121258	81011	81011	81011	81011
			柴油	1133876	1133876	1095173	1017767	1017767	980122	904833	904833	904833	868549	832265	832265	832265	832265	739394	646522	646522	460805	398899
			燃气	2110587	2110587	1977320	1710785	1710785	1564281	1271275	1271275	1271275	1084885	898496	898496	696550	696550	430659	430659	430659	430659	430659
低速汽车	三轮汽车			65550	65550	65550	65550	65550	65550	65550	65550	65550	53279	53279	53279	53279	53279	53279	53279	53279	53279	53279
	低速货车			88065	88065	88065	88065	88065	88065	88065	88065	88065	71579	71579	71579	71579	71579	71579	71579	71579	71579	71579
摩托车	普通摩托车			965	965	965	965	932	900	836	836	836	836	836	743	650	650	650	650	650	650	650
	轻便摩托车			643	643	643	643	643	322	322	322	322	322	322	286	250	250	250	250	250	250	250

宝鸡市 PM 排放系数

单位：克/（辆·年）

车辆类型		使用性质	燃料种类	1999 年年底前	2000 年	2001 年	2002 年	2003 年	2004 年	2005 年	2006 年	2007 年	2008 年	2009 年	2010 年	2011 年	2012 年	2013 年	2014 年	2015 年	2016 年	2017 年
载客汽车	微型	出租车	汽油	—	—	—	—	—	—	—	—	—	—	—	—	—	—	—	—	—	—	—
			燃气	—	—	—	—	—	—	—	—	—	—	—	—	—	—	—	—	—	—	—
		其他	汽油	—	—	—	—	—	—	—	—	—	—	—	—	—	—	—	—	—	—	—
			燃气	—	—	—	—	—	—	—	—	—	—	—	—	—	—	—	—	—	—	—
	小型	出租车	汽油	—	—	—	—	—	—	—	—	—	—	—	—	—	—	—	—	—	—	—
			柴油	49361	45210	41060	41060	41060	41060	28066	15071	15071	9810	4549	4549	4549	4549	4228	3907	3907	3230	3005
			燃气	—	—	—	—	—	—	—	—	—	—	—	—	—	—	—	—	—	—	—
		其他	汽油	—	—	—	—	—	—	—	—	—	—	—	—	—	—	—	—	—	—	—
			柴油	3921	3711	3501	3501	3501	3501	2522	1542	1542	1128	715	715	715	715	600	485	485	485	485
			燃气	—	—	—	—	—	—	—	—	—	—	—	—	—	—	—	—	—	—	—
	中型	公交车	汽油	—	—	—	—	—	—	—	—	—	—	—	—	—	—	—	—	—	—	—
			柴油	30592	30592	28032	22913	22913	17978	8108	8108	8108	6872	5637	5637	5637	5637	3504	1372	1372	1080	983
			燃气	—	—	—	—	—	—	—	—	—	—	—	—	—	—	—	—	—	—	—
		其他	汽油	—	—	—	—	—	—	—	—	—	—	—	—	—	—	—	—	—	—	—
			柴油	15274	15274	12888	8116	8116	6262	2553	2553	2553	2434	2316	2316	2316	2316	1366	415	415	399	394
			燃气	—	—	—	—	—	—	—	—	—	—	—	—	—	—	—	—	—	—	—
	大型	公交车	汽油	—	—	—	—	—	—	—	—	—	—	—	—	—	—	—	—	—	—	—
			柴油	94865	94865	93934	92071	92071	71272	29674	29674	29674	19994	10315	10315	10315	10315	6116	1916	1916	1845	1821
			燃气	—	—	—	—	—	—	—	—	—	—	—	—	—	—	—	—	—	—	—
		其他	汽油	—	—	—	—	—	—	—	—	—	—	—	—	—	—	—	—	—	—	—
			柴油	142314	142314	133412	115607	115607	85425	25061	25061	25061	17182	9303	9303	9303	9303	5868	2433	2433	2343	2313
			燃气	—	—	—	—	—	—	—	—	—	—	—	—	—	—	—	—	—	—	—
载货汽车	微型		汽油	—	—	—	—	—	—	—	—	—	—	—	—	—	—	—	—	—	—	—
			柴油	9078	8890	8703	8703	8703	8703	7088	5472	5472	4062	2651	2651	2651	2651	1669	687	687	684	683
			燃气	—	—	—	—	—	—	—	—	—	—	—	—	—	—	—	—	—	—	—
	轻型		汽油	—	—	—	—	—	—	—	—	—	—	—	—	—	—	—	—	—	—	—
			柴油	9442	9072	8703	8703	8703	8703	7088	5472	5472	4062	2651	2651	2651	2651	1999	1347	1347	1112	1034
			燃气	—	—	—	—	—	—	—	—	—	—	—	—	—	—	—	—	—	—	—
	中型		汽油	—	—	—	—	—	—	—	—	—	—	—	—	—	—	—	—	—	—	—
			柴油	41640	41640	35042	21845	21845	16808	6733	6733	6733	6378	6024	6024	6024	6024	3862	1701	1701	1558	1510
			燃气	—	—	—	—	—	—	—	—	—	—	—	—	—	—	—	—	—	—	—
	重型		汽油	—	—	—	—	—	—	—	—	—	—	—	—	—	—	—	—	—	—	—
			柴油	157863	157863	129752	73529	73529	58382	28088	28088	28088	19248	10407	10407	10407	10407	6874	3340	3340	2822	2650
			燃气	—	—	—	—	—	—	—	—	—	—	—	—	—	—	—	—	—	—	—
低速汽车	三轮汽车			4092	4092	4092	4092	4092	4092	4092	4092	4092	3220	3220	3220	3220	3220	3220	3220	3220	3220	3220
	低速货车			5581	5581	5581	5581	5581	5581	5581	5581	5581	4392	4392	4392	4392	4392	4392	4392	4392	4392	4392
摩托车	普通摩托车			—	—	—	—	—	—	—	—	—	—	—	—	—	—	—	—	—	—	—
	轻便摩托车			—	—	—	—	—	—	—	—	—	—	—	—	—	—	—	—	—	—	—

宝鸡市 VOCs 排放系数

单位：克/（辆·年）

车辆类型		使用性质	燃料种类	1999 年年底前	2000 年	2001 年	2002 年	2003 年	2004 年	2005 年	2006 年	2007 年	2008 年	2009 年	2010 年	2011 年	2012 年	2013 年	2014 年	2015 年	2016 年	2017 年
载客汽车	微型	出租车	汽油	845779	502287	158795	158795	158795	158795	118944	79092	79092	64622	50153	50153	41380	32606	32606	32606	32606	22748	19462
			燃气	383358	233570	83781	83781	83781	83781	64342	44904	44904	37106	29309	29309	23266	17224	17224	17224	17224	10203	7863
		其他	汽油	50020	30226	10431	10431	10431	10431	10037	9643	9643	8289	6935	6935	6613	6291	6291	6291	6291	5308	4981
			燃气	17924	10076	2227	2227	2227	2227	2132	2038	2038	1520	1001	1001	912	824	824	824	824	558	469
	小型	出租车	汽油	845779	494007	142235	142235	142235	142235	132588	122942	122942	86548	50153	50153	41380	32606	32606	32606	32606	21373	17629
			柴油	220772	207708	194645	194645	194645	194645	175716	156788	156788	115592	74397	74397	74397	74397	55143	35889	35889	19970	14663
			燃气	383358	229974	76591	76591	76591	76591	70268	63945	63945	46627	29309	29309	23266	17224	17224	17224	17224	9606	7067
		其他	汽油	50717	30488	10260	10260	10260	10260	10328	10397	10397	8668	6939	6939	6570	6201	6201	6201	6201	5376	5101
			柴油	10602	9694	8785	8785	8785	8785	7446	6107	6107	4166	2224	2224	2224	2224	1899	1574	1574	1131	983
			燃气	18227	10984	3740	3740	3740	3740	3052	2365	2365	1758	1150	1150	967	784	784	784	784	588	522
	中型	公交车	汽油	247768	247768	247768	247768	247171	168928	13635	13635	13635	13635	13635	13484	13332	13332	10905	8478	8478	8478	8478
			柴油	87806	87806	86086	82645	82645	64494	28192	28192	28192	20508	12823	12823	12823	12823	8958	5093	5093	4763	4653
			燃气	71579	71579	67602	59649	59649	57536	53311	53311	53311	42686	32061	32061	22219	22219	22154	22154	22154	22154	22154
		其他	汽油	128478	128478	128478	128478	127881	87559	8108	8108	8108	8108	8108	7962	7817	7817	6766	5714	5714	5714	5714
			柴油	30493	30493	28460	24394	24394	18567	6912	6912	6912	6506	6099	6099	6099	6099	3750	1402	1402	1243	1190
			燃气	34560	34560	32640	28800	28800	27780	25740	25740	25740	20623	15506	15506	10732	10732	9642	9642	9642	9642	9642
	大型	公交车	汽油	577076	577076	577076	577076	576479	388901	14939	14939	14939	14939	14939	14799	14659	14659	11893	9127	9127	9127	9127
			柴油	131708	131708	108010	60614	60614	60614	60614	60614	60614	43515	26416	26416	26416	26416	17675	8934	8934	5723	4653
			燃气	168926	168926	159541	140772	140772	135786	125815	125815	125815	100740	75665	75665	52438	52438	47188	47188	47188	47188	47188
		其他	汽油	1278374	1278374	1278374	1278374	1277777	860929	28426	28426	28426	28426	28426	22167	15908	15908	12717	9526	9526	9526	9526
			柴油	272891	272891	207397	76409	76409	76409	76409	76409	76409	55942	35476	35476	35476	35476	20706	5937	5937	5324	5119
			燃气	266186	266186	251398	221822	221822	213966	198253	198253	198253	158842	119430	119430	82662	82662	74261	74261	74261	74261	74261
载货汽车	微型		汽油	273711	147199	20687	20687	20687	20687	19596	18505	18505	17100	15696	15696	13074	10451	10451	10451	10451	9038	8567
			柴油	35417	33098	30780	30780	30780	30780	28306	25833	25833	18958	12082	12082	12082	12082	8298	4513	4513	3202	2765
			燃气	98081	51249	4417	4417	4417	4417	4164	3911	3911	3088	2266	2266	1817	1369	1369	1369	1369	947	807
	轻型		汽油	141946	84726	27505	27505	27505	27505	23803	20101	20101	18042	15984	15984	14170	12357	12357	12357	12357	10802	10284
			柴油	32361	31570	30780	30780	30780	30780	28306	25833	25833	18958	12082	12082	12082	12082	9176	6270	6270	4959	4522
			燃气	51013	30520	10026	10026	10026	10026	7299	4572	4572	3611	2649	2649	2106	1562	1562	1562	1562	1180	1052
	中型		汽油	380243	380243	380243	380243	379646	258242	16629	16629	16629	16629	16629	16489	16349	16349	13158	9967	9967	9967	9967
			柴油	87624	87624	81782	70099	70099	53353	19861	19861	19861	18698	17536	17536	17536	17536	12709	7882	7882	4690	3626
			燃气	99311	99311	93794	82760	82760	79827	73962	73962	73962	59272	44583	44583	60335	60335	29380	29380	29380	29380	29380
	重型		汽油	1000237	1000237	1000237	1000237	999640	673722	23081	23081	23081	23081	23081	18159	13237	13237	10740	8244	8244	8244	8244
			柴油	258641	258641	196567	72419	72419	72419	72419	72419	72419	53021	33623	33623	33623	33623	21314	9006	9006	7020	6358
			燃气	252286	252286	238270	210239	210239	202793	187900	187900	187900	150546	113192	113192	125392	125392	92235	92235	92235	92235	92235
低速汽车	三轮汽车			25300	25300	25300	25300	25300	25300	25300	25300	25300	16721	16721	16721	16721	16721	16721	16721	16721	16721	16721
	低速货车			33990	33990	33990	33990	33990	33990	33990	33990	33990	22464	22464	22464	22464	22464	22464	22464	22464	22464	22464
摩托车	普通摩托车			12928	12928	12928	12928	9648	6368	3409	3409	3409	3409	3409	2544	1679	1679	1679	1679	1679	1679	1679
	轻便摩托车			41808	41808	41808	41808	41808	8362	8362	4116	4116	4116	4116	3072	2027	2027	2027	2027	2027	2027	2027

咸阳市 NO_x 排放系数

单位：克/（辆·年）

车辆类型		使用性质	燃料种类	1999年年底前	2000年	2001年	2002年	2003年	2004年	2005年	2006年	2007年	2008年	2009年	2010年	2011年	2012年	2013年	2014年	2015年	2016年	2017年
载客汽车	微型	出租车	汽油	276477	182348	88220	88220	88220	88220	63334	38449	38449	27196	15943	15943	13975	12007	12007	12007	12007	8318	7089
			燃气	140744	94158	47573	47573	47573	47573	34757	21941	21941	16012	10084	10084	8560	7037	7037	7037	7037	4571	3749
		其他	汽油	46136	28884	11631	11631	11631	11631	7218	2804	2804	2270	1735	1735	1540	1346	1346	1346	1346	988	869
			燃气	22406	13348	4290	4290	4290	4290	2788	1287	1287	1042	798	798	686	575	575	575	575	455	415
	小型	出租车	汽油	315029	203895	92761	92761	92761	92761	65954	39147	39147	27545	15943	15943	13200	10456	10456	10456	10456	6943	5772
			柴油	257407	213118	168830	168830	168830	168830	151498	134166	134166	106146	78127	78127	78127	78127	64672	51216	51216	42062	39011
			燃气	159741	104776	49811	49811	49811	49811	36048	22285	22285	16184	10084	10084	8178	6273	6273	6273	6273	3893	3100
		其他	汽油	43004	27405	11806	11806	11806	11806	7721	3636	3636	2478	1321	1321	1294	1266	1266	1266	1266	926	812
			柴油	31388	25648	19907	19907	19907	19907	18321	16735	16735	13162	9588	9588	9588	9588	8286	6985	6985	6267	6028
			燃气	20862	13308	5754	5754	5754	5754	3726	1697	1697	1146	594	594	564	535	535	535	535	424	387
	中型	公交车	汽油	439734	439734	439734	439734	439734	300412	21767	21767	21767	21767	21767	19521	17275	17275	13042	8808	8808	8808	8808
			柴油	366244	366244	365384	363664	363664	349211	320306	320306	320306	266800	213293	213293	213293	213293	174062	134832	134832	112885	105569
			燃气	388868	388868	384239	374980	374980	363349	340086	340086	340086	283044	226002	226002	142921	142921	111934	111934	111934	111934	111934
		其他	汽油	269597	269597	269597	269597	269597	182877	9436	9436	9436	9436	9436	9436	9436	9436	7078	4719	4719	4719	4719
			柴油	171752	171752	164582	150243	150243	148973	146432	146432	146432	124712	102991	102991	102991	102991	91446	79902	79902	68198	64296
			燃气	193944	193944	183169	161620	161620	160097	157050	157050	157050	133717	110384	110384	85985	85985	69068	69068	69068	69068	69068
	大型	公交车	汽油	1566551	1566551	1566551	1566551	1566551	1077190	98469	98469	98469	98469	98469	98382	98296	98296	73722	49149	49149	49149	49149
			柴油	519443	519443	502658	469088	469088	455759	429102	429102	429102	421369	413636	413636	413636	413636	398721	383806	383806	345982	333374
			燃气	1044389	1044389	986367	870324	870324	805740	676573	676573	676573	579698	482822	482822	449508	449508	389605	389605	389605	389605	389605
		其他	汽油	3739071	3739071	3739071	3739071	3739071	2571056	235027	235027	235027	235027	235027	226214	217400	217400	163224	109048	109048	109048	109048
			柴油	1243905	1243905	1211897	1147881	1147881	1121119	1067595	1067595	1067595	1030007	992419	992419	992419	992419	944788	897157	897157	793975	759581
			燃气	2315393	2315393	2186760	1929495	1929495	1786314	1499952	1499952	1499952	1285673	1071394	1071394	966580	966580	820057	820057	820057	820057	820057
载货汽车	微型		汽油	184159	108471	32783	32783	32783	32783	22153	11523	11523	9310	7096	7096	6304	5513	5513	5513	5513	4234	3808
			柴油	100883	83254	65624	65624	65624	65624	59077	52530	52530	44564	36598	36598	36598	36598	26757	16916	16916	14497	13691
			燃气	89437	50764	12092	12092	12092	12092	8690	5289	5289	4276	3264	3264	2809	2355	2355	2355	2355	1953	1819
	轻型		汽油	132661	84802	36942	36942	36942	36942	24800	12657	12657	10600	8544	8544	7106	5668	5668	5668	5668	4430	4017
			柴油	101237	83430	65624	65624	65624	65624	59077	52530	52530	44564	36598	36598	36598	36598	29160	21722	21722	20149	19625
			燃气	64356	41180	18005	18005	18005	18005	11956	5907	5907	4875	3842	3842	3119	2395	2395	2395	2395	2035	1915
	中型		汽油	333886	333886	333886	333886	333886	227947	16068	16068	16068	16068	16068	16068	16068	16068	12056	8044	8044	8044	8044
			柴油	474088	474088	425697	328914	328914	312761	280455	280455	280455	271826	263198	263198	263198	263198	230924	198649	198649	171055	161857
			燃气	535345	535345	474837	353821	353821	336144	300791	300791	300791	291441	282091	282091	213772	213772	173870	173870	173870	173870	173870
	重型		汽油	3617294	3617294	3617294	3617294	3617294	2487320	227373	227373	227373	227373	227373	218846	210320	210320	157908	105496	105496	105496	105496
			柴油	1475274	1475274	1424918	1324206	1324206	1275227	1177269	1177269	1177269	1130060	1082851	1082851	1082851	1082851	962211	841571	841571	606018	527500
			燃气	2746061	2746061	2572668	2225883	2225883	2035269	1654042	1654042	1654042	1411532	1169022	1169022	906693	906693	569498	569498	569498	569498	569498
低速汽车	三轮汽车			65550	65550	65550	65550	65550	65550	65550	65550	65550	53279	53279	53279	53279	53279	53279	53279	53279	53279	53279
	低速货车			88065	88065	88065	88065	88065	88065	88065	88065	88065	71579	71579	71579	71579	71579	71579	71579	71579	71579	71579
摩托车	普通摩托车			965	965	965	965	932	900	836	836	836	836	836	743	650	650	650	650	650	650	650
	轻便摩托车			643	643	643	643	643	322	322	322	322	322	322	286	250	250	250	250	250	250	250

咸阳市 PM 排放系数

单位：克/（辆·年）

车辆类型		使用性质	燃料种类	1999 年年底前	2000 年	2001 年	2002 年	2003 年	2004 年	2005 年	2006 年	2007 年	2008 年	2009 年	2010 年	2011 年	2012 年	2013 年	2014 年	2015 年	2016 年	2017 年
载客汽车	微型	出租车	汽油	—	—	—	—	—	—	—	—	—	—	—	—	—	—	—	—	—	—	—
			燃气	—	—	—	—	—	—	—	—	—	—	—	—	—	—	—	—	—	—	—
		其他	汽油	—	—	—	—	—	—	—	—	—	—	—	—	—	—	—	—	—	—	—
			燃气	—	—	—	—	—	—	—	—	—	—	—	—	—	—	—	—	—	—	—
	小型	出租车	汽油	—	—	—	—	—	—	—	—	—	—	—	—	—	—	—	—	—	—	—
			柴油	38533	35310	32086	32086	32086	32086	21866	11646	11646	7616	3585	3585	3585	3585	3332	3079	3079	2546	2368
			燃气	—	—	—	—	—	—	—	—	—	—	—	—	—	—	—	—	—	—	—
		其他	汽油	—	—	—	—	—	—	—	—	—	—	—	—	—	—	—	—	—	—	—
			柴油	4593	4346	4100	4100	4100	4100	2946	1791	1791	1320	848	848	848	848	702	557	557	557	557
			燃气	—	—	—	—	—	—	—	—	—	—	—	—	—	—	—	—	—	—	—
	中型	公交车	汽油	—	—	—	—	—	—	—	—	—	—	—	—	—	—	—	—	—	—	—
			柴油	30592	30592	28032	22913	22913	17978	8108	8108	8108	6872	5637	5637	5637	5637	3504	1372	1372	1080	983
			燃气	—	—	—	—	—	—	—	—	—	—	—	—	—	—	—	—	—	—	—
		其他	汽油	—	—	—	—	—	—	—	—	—	—	—	—	—	—	—	—	—	—	—
			柴油	15274	15274	12888	8116	8116	6262	2553	2553	2553	2434	2316	2316	2316	2316	1366	415	415	399	394
			燃气	—	—	—	—	—	—	—	—	—	—	—	—	—	—	—	—	—	—	—
	大型	公交车	汽油	—	—	—	—	—	—	—	—	—	—	—	—	—	—	—	—	—	—	—
			柴油	94865	94865	93934	92071	92071	71272	29674	29674	29674	19994	10315	10315	10315	10315	6116	1916	1916	1845	1821
			燃气	—	—	—	—	—	—	—	—	—	—	—	—	—	—	—	—	—	—	—
		其他	汽油	—	—	—	—	—	—	—	—	—	—	—	—	—	—	—	—	—	—	—
			柴油	142314	142314	133412	115607	115607	85425	25061	25061	25061	17182	9303	9303	9303	9303	5868	2433	2433	2343	2313
			燃气	—	—	—	—	—	—	—	—	—	—	—	—	—	—	—	—	—	—	—
载货汽车	微型		汽油	—	—	—	—	—	—	—	—	—	—	—	—	—	—	—	—	—	—	—
			柴油	11578	11338	11099	11099	11099	11099	9080	7062	7062	5241	3420	3420	3420	3420	2153	886	886	882	881
			燃气	—	—	—	—	—	—	—	—	—	—	—	—	—	—	—	—	—	—	—
	轻型		汽油	—	—	—	—	—	—	—	—	—	—	—	—	—	—	—	—	—	—	—
			柴油	12041	11570	11099	11099	11099	11099	9080	7062	7062	5241	3420	3420	3420	3420	2579	1738	1738	1435	1334
			燃气	—	—	—	—	—	—	—	—	—	—	—	—	—	—	—	—	—	—	—
	中型		汽油	—	—	—	—	—	—	—	—	—	—	—	—	—	—	—	—	—	—	—
			柴油	41640	41640	35042	21845	21845	16808	6733	6733	6733	6378	6024	6024	6024	6024	3862	1701	1701	1558	1510
			燃气	—	—	—	—	—	—	—	—	—	—	—	—	—	—	—	—	—	—	—
	重型		汽油	—	—	—	—	—	—	—	—	—	—	—	—	—	—	—	—	—	—	—
			柴油	205589	205589	168979	95759	95759	76033	36580	36580	36580	25066	13553	13553	13553	13553	8948	4344	4344	3671	3447
			燃气	—	—	—	—	—	—	—	—	—	—	—	—	—	—	—	—	—	—	—
低速汽车	三轮汽车			4092	4092	4092	4092	4092	4092	4092	4092	4092	3220	3220	3220	3220	3220	3220	3220	3220	3220	3220
	低速货车			5581	5581	5581	5581	5581	5581	5581	5581	5581	4392	4392	4392	4392	4392	4392	4392	4392	4392	4392
摩托车	普通摩托车			—	—	—	—	—	—	—	—	—	—	—	—	—	—	—	—	—	—	—
	轻便摩托车			—	—	—	—	—	—	—	—	—	—	—	—	—	—	—	—	—	—	—

咸阳市 VOCs 排放系数

单位：克/（辆·年）

车辆类型		使用性质	燃料种类	1999 年年底前	2000 年	2001 年	2002 年	2003 年	2004 年	2005 年	2006 年	2007 年	2008 年	2009 年	2010 年	2011 年	2012 年	2013 年	2014 年	2015 年	2016 年	2017 年
载客汽车	微型	出租车	汽油	696599	407256	117913	117913	117913	117913	85920	53928	53928	43899	33870	33870	29171	24472	24472	24472	24472	19532	17886
			燃气	281192	167027	52862	52862	52862	52862	39224	25585	25585	20944	16304	16304	13344	10385	10385	10385	10385	7159	6084
		其他	汽油	61055	36302	11549	11549	11549	11549	11106	10664	10664	9124	7585	7585	7276	6968	6968	6968	6968	5857	5487
			燃气	20715	11624	2532	2532	2532	2532	2421	2310	2310	1738	1166	1166	1108	1051	1051	1051	1051	752	652
	小型	出租车	汽油	696599	400188	103776	103776	103776	103776	97222	90667	90667	62268	33870	33870	29171	24472	24472	24472	24472	18146	16038
			柴油	128529	121552	114576	114576	114576	114576	106508	98439	98439	68724	39008	39008	39008	39008	29141	19274	19274	11812	9325
			燃气	281192	164238	47284	47284	47284	47284	43682	40081	40081	28192	16304	16304	13344	10385	10385	10385	10385	6612	5355
		其他	汽油	61946	36636	11327	11327	11327	11327	11478	11629	11629	9610	7590	7590	7212	6835	6835	6835	6835	5948	5652
			柴油	12947	11816	10685	10685	10685	10685	9166	7646	7646	5133	2620	2620	2620	2620	2256	1892	1892	1390	1222
			燃气	21067	12688	4308	4308	4308	4308	3500	2691	2691	2020	1349	1349	1174	999	999	999	999	788	717
	中型	公交车	汽油	247709	247709	247709	247709	247112	168869	13577	13577	13577	13577	13577	13426	13274	13274	10846	8419	8419	8419	8419
			柴油	87806	87806	86086	82645	82645	64494	28192	28192	28192	20508	12823	12823	12823	12823	8958	5093	5093	4763	4653
			燃气	71579	71579	67602	59649	59649	57536	53311	53311	53311	42686	32061	32061	22219	22219	22154	22154	22154	22154	22154
		其他	汽油	128419	128419	128419	128419	127822	87500	8049	8049	8049	8049	8049	7904	7758	7758	6706	5655	5655	5655	5655
			柴油	30493	30493	28460	24394	24394	18567	6912	6912	6912	6506	6099	6099	6099	6099	3750	1402	1402	1243	1190
			燃气	34560	34560	32640	28800	28800	27780	25740	25740	25740	20623	15506	15506	10732	10732	9642	9642	9642	9642	9642
	大型	公交车	汽油	577017	577017	577017	577017	576420	388842	14880	14880	14880	14880	14880	14740	14601	14601	11835	9069	9069	9069	9069
			柴油	131708	131708	108010	60614	60614	60614	60614	60614	60614	43515	26416	26416	26416	26416	17675	8934	8934	5723	4653
			燃气	168926	168926	159541	140772	140772	135786	125815	125815	125815	100740	75665	75665	52438	52438	47188	47188	47188	47188	47188
		其他	汽油	1278315	1278315	1278315	1278315	1277718	860870	28367	28367	28367	28367	28367	22108	15849	15849	12658	9468	9468	9468	9468
			柴油	272891	272891	207397	76409	76409	76409	76409	76409	76409	55942	35476	35476	35476	35476	20706	5937	5937	5324	5119
			燃气	266186	266186	251398	221822	221822	213966	198253	198253	198253	158842	119430	119430	82662	82662	74261	74261	74261	74261	74261
载货汽车	微型		汽油	398870	213256	27643	27643	27643	27643	26154	24666	24666	22778	20890	20890	17036	13182	13182	13182	13182	11322	10702
			柴油	52988	49504	46020	46020	46020	46020	42323	38626	38626	28288	17951	17951	17951	17951	12264	6577	6577	4714	4093
			燃气	135330	70695	6060	6060	6060	6060	5702	5343	5343	4277	3211	3211	2600	1988	1988	1988	1988	1451	1272
	轻型		汽油	204682	121187	37692	37692	37692	37692	32354	27017	27017	24166	21315	21315	18653	15991	15991	15991	15991	13922	13232
			柴油	48338	47179	46020	46020	46020	46020	42323	38626	38626	28288	17951	17951	17951	17951	13600	9250	9250	7386	6765
			燃气	69610	41972	14335	14335	14335	14335	10294	6252	6252	5020	3788	3788	3063	2337	2337	2337	2337	1843	1679
	中型		汽油	380184	380184	380184	380184	379587	258183	16570	16570	16570	16570	16570	16430	16291	16291	13100	9908	9908	9908	9908
			柴油	87624	87624	81782	70099	70099	53353	19861	19861	19861	18698	17536	17536	17536	17536	12709	7882	7882	4690	3626
			燃气	99311	99311	93794	82760	82760	79827	73962	73962	73962	59272	44583	44583	60335	60335	29380	29380	29380	29380	29380
	重型		汽油	1300302	1300302	1300302	1300302	1299704	875669	28794	28794	28794	28794	28794	22429	16064	16064	12818	9573	9573	9573	9573
			柴油	333997	333997	253838	93519	93519	93519	93519	93519	93519	68470	43420	43420	43420	43420	27651	11882	11882	9225	8339
			燃气	325791	325791	307692	271494	271494	261878	242647	242647	242647	194410	146173	146173	165435	165435	120973	120973	120973	120973	120973
低速汽车	三轮汽车			25300	25300	25300	25300	25300	25300	25300	25300	25300	16721	16721	16721	16721	16721	16721	16721	16721	16721	16721
	低速货车			33990	33990	33990	33990	33990	33990	33990	33990	33990	22464	22464	22464	22464	22464	22464	22464	22464	22464	22464
摩托车	普通摩托车			12928	12928	12928	12928	9648	6368	3409	3409	3409	3409	3409	2544	1679	1679	1679	1679	1679	1679	1679
	轻便摩托车			41808	41808	41808	41808	41808	8362	8362	4116	4116	4116	4116	3072	2027	2027	2027	2027	2027	2027	2027

渭南市 NO_x 排放系数

单位：克/（辆·年）

车辆类型		使用性质	燃料种类	1999年年底前	2000年	2001年	2002年	2003年	2004年	2005年	2006年	2007年	2008年	2009年	2010年	2011年	2012年	2013年	2014年	2015年	2016年	2017年
载客汽车	微型	出租车	汽油	556239	377256	198272	198272	198272	198272	147498	96723	96723	72534	48344	48344	39205	30066	30066	30066	30066	18101	14113
			燃气	291983	203106	114230	114230	114230	114230	87124	60017	60017	46529	33041	33041	26325	19609	19609	19609	19609	10907	8006
		其他	汽油	43899	27473	11047	11047	11047	11047	6910	2772	2772	2252	1732	1732	1461	1190	1190	1190	1190	850	736
			燃气	21052	12534	4017	4017	4017	4017	2616	1216	1216	988	761	761	612	463	463	463	463	373	343
	小型	出租车	汽油	628380	417558	206735	206735	206735	206735	152380	98024	98024	73184	48344	48344	37984	27623	27623	27623	27623	15858	11936
			柴油	580733	494000	407268	407268	407268	407268	361351	315434	315434	251829	188224	188224	188224	188224	150623	113022	113022	82009	71671
			燃气	327313	222844	118375	118375	118375	118375	89514	60654	60654	46848	33041	33041	25727	18413	18413	18413	18413	9808	6940
		其他	汽油	40941	26076	11210	11210	11210	11210	7380	3551	3551	2446	1342	1342	1236	1129	1129	1129	1129	800	690
			柴油	27265	22322	17380	17380	17380	17380	16010	14639	14639	11462	8286	8286	8286	8286	7158	6029	6029	5226	4958
			燃气	19603	12492	5381	5381	5381	5381	3489	1597	1597	1083	569	569	501	433	433	433	433	348	320
	中型	公交车	汽油	442440	442440	442440	442440	442440	302260	21901	21901	21901	21901	21901	19642	17382	17382	13122	8862	8862	8862	8862
			柴油	367896	367896	367032	365304	365304	350786	321751	321751	321751	268003	214255	214255	214255	214255	174848	135440	135440	113394	106045
			燃气	390622	390622	385972	376671	376671	364987	341620	341620	341620	284320	227021	227021	143565	143565	112439	112439	112439	112439	112439
		其他	汽油	271256	271256	271256	271256	271256	184002	9494	9494	9494	9494	9494	9494	9494	9494	7121	4748	4748	4748	4748
			柴油	172526	172526	165324	150921	150921	149645	147092	147092	147092	125274	103456	103456	103456	103456	91860	80263	80263	68505	64586
			燃气	194819	194819	183996	162349	162349	160819	157759	157759	157759	134320	110882	110882	86372	86372	69379	69379	69379	69379	69379
	大型	公交车	汽油	1576194	1576194	1576194	1576194	1576194	1083821	99075	99075	99075	99075	99075	98988	98901	98901	74176	49452	49452	49452	49452
			柴油	521785	521785	504924	471203	471203	457814	431037	431037	431037	423270	415502	415502	415502	415502	400520	385537	385537	347543	334878
			燃气	1049099	1049099	990816	874249	874249	809374	679624	679624	679624	582312	485000	485000	451535	451535	391362	391362	391362	391362	391362
		其他	汽油	3762087	3762087	3762087	3762087	3762087	2586883	236474	236474	236474	236474	236474	227606	218738	218738	164228	109719	109719	109719	109719
			柴油	1249514	1249514	1217362	1153057	1153057	1126174	1072409	1072409	1072409	1034652	996895	996895	996895	996895	949049	901203	901203	797556	763007
			燃气	2325836	2325836	2196623	1938196	1938196	1794370	1506717	1506717	1506717	1291472	1076226	1076226	970939	970939	823756	823756	823756	823756	823756
载货汽车	微型		汽油	153655	90757	27859	27859	27859	27859	18770	9682	9682	7802	5921	5921	5308	4695	4695	4695	4695	3621	3263
			柴油	77812	64158	50503	50503	50503	50503	45482	40462	40462	34256	28051	28051	28051	28051	20530	13010	13010	11158	10540
			燃气	73686	41908	10130	10130	10130	10130	7189	4247	4247	3424	2602	2602	2214	1827	1827	1827	1827	1597	1521
	轻型		汽油	114056	72750	31444	31444	31444	31444	21052	10659	10659	8914	7169	7169	5999	4829	4829	4829	4829	3790	3443
			柴油	78087	64295	50503	50503	50503	50503	45482	40462	40462	34256	28051	28051	28051	28051	22384	16718	16718	15517	15117
			燃气	54611	34852	15094	15094	15094	15094	9944	4794	4794	3917	3040	3040	2446	1852	1852	1852	1852	1661	1597
	中型		汽油	333886	333886	333886	333886	333886	227947	16068	16068	16068	16068	16068	16068	16068	16068	12056	8044	8044	8044	8044
			柴油	474088	474088	425697	328914	328914	312761	280455	280455	280455	271826	263198	263198	263198	263198	230924	198649	198649	171055	161857
			燃气	535347	535347	474838	353820	353820	336144	300793	300793	300793	291442	282090	282090	213769	213769	173869	173869	173869	173869	173869
	重型		汽油	2777741	2777741	2777741	2777741	2777741	1910028	174601	174601	174601	174601	174601	168054	161506	161506	121258	81011	81011	81011	81011
			柴油	1133876	1133876	1095173	1017767	1017767	980122	904833	904833	904833	868549	832265	832265	832265	832265	739394	646522	646522	460805	398899
			燃气	2110588	2110588	1977320	1710784	1710784	1564281	1271275	1271275	1271275	1084885	898495	898495	696551	696551	430658	430658	430658	430658	430658
低速汽车	三轮汽车			65550	65550	65550	65550	65550	65550	65550	65550	65550	53279	53279	53279	53279	53279	53279	53279	53279	53279	53279
	低速货车			88065	88065	88065	88065	88065	88065	88065	88065	88065	71579	71579	71579	71579	71579	71579	71579	71579	71579	71579
摩托车	普通摩托车			965	965	965	965	932	900	836	836	836	836	836	743	650	650	650	650	650	650	650
	轻便摩托车			643	643	643	643	643	322	322	322	322	322	322	286	250	250	250	250	250	250	250

渭南市 PM 排放系数

单位：克/（辆·年）

车辆类型		使用性质	燃料种类	1999 年年底前	2000 年	2001 年	2002 年	2003 年	2004 年	2005 年	2006 年	2007 年	2008 年	2009 年	2010 年	2011 年	2012 年	2013 年	2014 年	2015 年	2016 年	2017 年
载客汽车	微型	出租车	汽油	—	—	—	—	—	—	—	—	—	—	—	—	—	—	—	—	—	—	—
			燃气	—	—	—	—	—	—	—	—	—	—	—	—	—	—	—	—	—	—	—
		其他	汽油	—	—	—	—	—	—	—	—	—	—	—	—	—	—	—	—	—	—	—
			燃气	—	—	—	—	—	—	—	—	—	—	—	—	—	—	—	—	—	—	—
	小型	出租车	汽油	—	—	—	—	—	—	—	—	—	—	—	—	—	—	—	—	—	—	—
			柴油	66201	60635	55069	55069	55069	55069	37640	20212	20212	13156	6101	6101	6101	6101	5670	5239	5239	4332	4030
			燃气	—	—	—	—	—	—	—	—	—	—	—	—	—	—	—	—	—	—	—
		其他	汽油	—	—	—	—	—	—	—	—	—	—	—	—	—	—	—	—	—	—	—
			柴油	3921	3711	3501	3501	3501	3501	2522	1542	1542	1128	715	715	715	715	600	485	485	485	485
			燃气	—	—	—	—	—	—	—	—	—	—	—	—	—	—	—	—	—	—	—
	中型	公交车	汽油	—	—	—	—	—	—	—	—	—	—	—	—	—	—	—	—	—	—	—
			柴油	30592	30592	28032	22913	22913	17978	8108	8108	8108	6872	5637	5637	5637	5637	3504	1372	1372	1080	983
			燃气	—	—	—	—	—	—	—	—	—	—	—	—	—	—	—	—	—	—	—
		其他	汽油	—	—	—	—	—	—	—	—	—	—	—	—	—	—	—	—	—	—	—
			柴油	15274	15274	12888	8116	8116	6262	2553	2553	2553	2434	2316	2316	2316	2316	1366	415	415	399	394
			燃气	—	—	—	—	—	—	—	—	—	—	—	—	—	—	—	—	—	—	—
	大型	公交车	汽油	—	—	—	—	—	—	—	—	—	—	—	—	—	—	—	—	—	—	—
			柴油	94865	94865	93934	92071	92071	71272	29674	29674	29674	19994	10315	10315	10315	10315	6116	1916	1916	1845	1821
			燃气	—	—	—	—	—	—	—	—	—	—	—	—	—	—	—	—	—	—	—
		其他	汽油	—	—	—	—	—	—	—	—	—	—	—	—	—	—	—	—	—	—	—
			柴油	142314	142314	133412	115607	115607	85425	25061	25061	25061	17182	9303	9303	9303	9303	5868	2433	2433	2343	2313
			燃气	—	—	—	—	—	—	—	—	—	—	—	—	—	—	—	—	—	—	—
载货汽车	微型		汽油	—	—	—	—	—	—	—	—	—	—	—	—	—	—	—	—	—	—	—
			柴油	9367	9174	8980	8980	8980	8980	7314	5647	5647	4191	2735	2735	2735	2735	1722	709	709	706	705
			燃气	—	—	—	—	—	—	—	—	—	—	—	—	—	—	—	—	—	—	—
	轻型		汽油	—	—	—	—	—	—	—	—	—	—	—	—	—	—	—	—	—	—	—
			柴油	9742	9361	8980	8980	8980	8980	7314	5647	5647	4191	2735	2735	2735	2735	2062	1390	1390	1148	1067
			燃气	—	—	—	—	—	—	—	—	—	—	—	—	—	—	—	—	—	—	—
	中型		汽油	—	—	—	—	—	—	—	—	—	—	—	—	—	—	—	—	—	—	—
			柴油	41640	41640	35042	21845	21845	16808	6733	6733	6733	6378	6024	6024	6024	6024	3862	1701	1701	1558	1510
			燃气	—	—	—	—	—	—	—	—	—	—	—	—	—	—	—	—	—	—	—
	重型		汽油	—	—	—	—	—	—	—	—	—	—	—	—	—	—	—	—	—	—	—
			柴油	157863	157863	129752	73529	73529	58382	28088	28088	28088	19248	10407	10407	10407	10407	6874	3340	3340	2822	2650
			燃气	—	—	—	—	—	—	—	—	—	—	—	—	—	—	—	—	—	—	—
低速汽车	三轮汽车			4092	4092	4092	4092	4092	4092	4092	4092	4092	3220	3220	3220	3220	3220	3220	3220	3220	3220	3220
	低速货车			5581	5581	5581	5581	5581	5581	5581	5581	5581	4392	4392	4392	4392	4392	4392	4392	4392	4392	4392
摩托车	普通摩托车			—	—	—	—	—	—	—	—	—	—	—	—	—	—	—	—	—	—	—
	轻便摩托车			—	—	—	—	—	—	—	—	—	—	—	—	—	—	—	—	—	—	—

渭南市 VOCs 排放系数

单位：克/（辆·年）

车辆类型		使用性质	燃料种类	1999年年底前	2000年	2001年	2002年	2003年	2004年	2005年	2006年	2007年	2008年	2009年	2010年	2011年	2012年	2013年	2014年	2015年	2016年	2017年
载客汽车	微型	出租车	汽油	1104662	664688	224714	224714	224714	224714	170903	117092	117092	96292	75491	75491	61228	46965	46965	46965	46965	30257	24688
			燃气	533891	331628	129366	129366	129366	129366	101102	72838	72838	60735	48632	48632	38334	28036	28036	28036	28036	15740	11642
		其他	汽油	49504	29876	10247	10247	10247	10247	9856	9466	9466	8008	6549	6549	6238	5928	5928	5928	5928	4744	4350
			燃气	17924	10076	2227	2227	2227	2227	2132	2038	2038	1520	1001	1001	912	824	824	824	824	558	469
	小型	出租车	汽油	1104662	654134	203607	203607	203607	203607	188294	172982	172982	124236	75491	75491	61228	46965	46965	46965	46965	28504	22351
			柴油	363840	341606	319372	319372	319372	319372	286427	253482	253482	190834	128187	128187	128187	128187	94808	61429	61429	32940	23444
			燃气	533891	326806	119722	119722	119722	119722	109048	98375	98375	73504	48632	48632	38334	28036	28036	28036	28036	14940	10575
		其他	汽油	50167	30126	10084	10084	10084	10084	10133	10182	10182	8368	6553	6553	6198	5842	5842	5842	5842	4808	4464
			柴油	10874	9970	9067	9067	9067	9067	7735	6403	6403	4410	2416	2416	2416	2416	2092	1768	1768	1247	1073
			燃气	18227	10984	3740	3740	3740	3740	3052	2365	2365	1758	1150	1150	967	784	784	784	784	588	522
	中型	公交车	汽油	246918	246918	246918	246918	246321	168078	12785	12785	12785	12785	12785	12634	12482	12482	10055	7628	7628	7628	7628
			柴油	87806	87806	86086	82645	82645	64494	28192	28192	28192	20508	12823	12823	12823	12823	8958	5093	5093	4763	4653
			燃气	71579	71579	67602	59649	59649	57536	53311	53311	53311	42686	32061	32061	22219	22219	22154	22154	22154	22154	22154
		其他	汽油	127628	127628	127628	127628	127031	86709	7258	7258	7258	7258	7258	7112	6967	6967	5916	4864	4864	4864	4864
			柴油	30493	30493	28460	24394	24394	18567	6912	6912	6912	6506	6099	6099	6099	6099	3750	1402	1402	1243	1190
			燃气	34560	34560	32640	28800	28800	27780	25740	25740	25740	20623	15506	15506	10732	10732	9642	9642	9642	9642	9642
	大型	公交车	汽油	576226	576226	576226	576226	575629	388051	14089	14089	14089	14089	14089	13949	13809	13809	11043	8277	8277	8277	8277
			柴油	131708	131708	108010	60614	60614	60614	60614	60614	60614	43515	26416	26416	26416	26416	17675	8934	8934	5723	4653
			燃气	168926	168926	159541	140772	140772	135786	125815	125815	125815	100740	75665	75665	52438	52438	47188	47188	47188	47188	47188
		其他	汽油	1277524	1277524	1277524	1277524	1276927	860079	27576	27576	27576	27576	27576	21317	15058	15058	11867	8676	8676	8676	8676
			柴油	272891	272891	207397	76409	76409	76409	76409	76409	76409	55942	35476	35476	35476	35476	20706	5937	5937	5324	5119
			燃气	266186	266186	251398	221822	221822	213966	198253	198253	198253	158842	119430	119430	82662	82662	74261	74261	74261	74261	74261
载货汽车	微型		汽油	270391	145549	20707	20707	20707	20707	19594	18482	18482	16919	15356	15356	12746	10137	10137	10137	10137	8471	7916
			柴油	37072	34664	32255	32255	32255	32255	29670	27084	27084	19924	12765	12765	12765	12765	8835	4905	4905	3440	2951
			燃气	97901	51201	4500	4500	4500	4500	4240	3979	3979	3163	2347	2347	1878	1409	1409	1409	1409	992	853
	轻型		汽油	141183	84288	27392	27392	27392	27392	23719	20046	20046	17842	15638	15638	13822	12005	12005	12005	12005	10200	9599
			柴油	33939	33097	32255	32255	32255	32255	29670	27084	27084	19924	12765	12765	12765	12765	9736	6706	6706	5240	4752
			燃气	51296	30727	10159	10159	10159	10159	7408	4656	4656	3700	2744	2744	2178	1611	1611	1611	1611	1245	1122
	中型		汽油	379393	379393	379393	379393	378796	257392	15779	15779	15779	15779	15779	15639	15499	15499	12308	9117	9117	9117	9117
			柴油	87624	87624	81782	70099	70099	53353	19861	19861	19861	18698	17536	17536	17536	17536	12709	7882	7882	4690	3626
			燃气	99311	99311	93794	82760	82760	79827	73962	73962	73962	59272	44583	44583	60335	60335	29380	29380	29380	29380	29380
	重型		汽油	999386	999386	999386	999386	998788	672871	22230	22230	22230	22230	22230	17308	12386	12386	9890	7393	7393	7393	7393
			柴油	258641	258641	196567	72419	72419	72419	72419	72419	72419	53021	33623	33623	33623	33623	21314	9006	9006	7020	6358
			燃气	252286	252286	238270	210239	210239	202793	187900	187900	187900	150546	113192	113192	125392	125392	92235	92235	92235	92235	92235
低速汽车	三轮汽车			25300	25300	25300	25300	25300	25300	25300	25300	25300	16721	16721	16721	16721	16721	16721	16721	16721	16721	16721
	低速货车			33990	33990	33990	33990	33990	33990	33990	33990	33990	22464	22464	22464	22464	22464	22464	22464	22464	22464	22464
摩托车	普通摩托车			12928	12928	12928	12928	9648	6368	3409	3409	3409	3409	3409	2544	1679	1679	1679	1679	1679	1679	1679
	轻便摩托车			41808	41808	41808	41808	41808	8362	8362	4116	4116	4116	4116	3072	2027	2027	2027	2027	2027	2027	2027

延安市 NO_x 排放系数

单位：克/（辆·年）

车辆类型		使用性质	燃料种类	1999 年年底前	2000 年	2001 年	2002 年	2003 年	2004 年	2005 年	2006 年	2007 年	2008 年	2009 年	2010 年	2011 年	2012 年	2013 年	2014 年	2015 年	2016 年	2017 年
载客汽车	微型	出租车	汽油	554580	376186	197792	197792	197792	197792	147150	96509	96509	72386	48262	48262	39126	29989	29989	29989	29989	18054	14075
			燃气	291983	203106	114230	114230	114230	114230	87124	60017	60017	46529	33041	33041	26325	19609	19609	19609	19609	10907	8006
		其他	汽油	43612	27283	10954	10954	10954	10954	6829	2704	2704	2196	1688	1688	1418	1147	1147	1147	1147	833	728
			燃气	21052	12534	4017	4017	4017	4017	2616	1216	1216	988	761	761	612	463	463	463	463	373	343
	小型	出租车	汽油	626496	416362	206228	206228	206228	206228	152017	97806	97806	73034	48262	48262	37908	27555	27555	27555	27555	15818	11905
			柴油	579889	493319	406749	406749	406749	406749	360879	315009	315009	251496	187983	187983	187983	187983	150410	112837	112837	81858	71531
			燃气	327313	222844	118375	118375	118375	118375	89514	60654	60654	46848	33041	33041	25727	18413	18413	18413	18413	9808	6940
		其他	汽油	40663	25890	11117	11117	11117	11117	7299	3481	3481	2390	1298	1298	1192	1085	1085	1085	1085	782	681
			柴油	27169	22238	17306	17306	17306	17306	15938	14570	14570	11406	8241	8241	8241	8241	7114	5988	5988	5204	4942
			燃气	19603	12492	5381	5381	5381	5381	3489	1597	1597	1083	569	569	501	433	433	433	433	348	320
	中型	公交车	汽油	441057	441057	441057	441057	441057	301315	21832	21832	21832	21832	21832	19580	17327	17327	13081	8835	8835	8835	8835
			柴油	367051	367051	366189	364466	364466	349982	321013	321013	321013	267388	213764	213764	213764	213764	174446	135129	135129	113133	105801
			燃气	389726	389726	385086	375807	375807	364150	340836	340836	340836	283668	226500	226500	143236	143236	112181	112181	112181	112181	112181
		其他	汽油	270408	270408	270408	270408	270408	183427	9464	9464	9464	9464	9464	9464	9464	9464	7098	4733	4733	4733	4733
			柴油	172131	172131	164946	150575	150575	149302	146755	146755	146755	124987	103219	103219	103219	103219	91648	80078	80078	68348	64438
			燃气	194372	194372	183573	161976	161976	160450	157397	157397	157397	134012	110627	110627	86174	86174	69220	69220	69220	69220	69220
	大型	公交车	汽油	1571266	1571266	1571266	1571266	1571266	1080432	98765	98765	98765	98765	98765	98678	98592	98592	73944	49297	49297	49297	49297
			柴油	520588	520588	503766	470122	470122	456764	430048	430048	430048	422298	414549	414549	414549	414549	399600	384652	384652	346746	334110
			燃气	1046692	1046692	988542	872243	872243	807517	678065	678065	678065	580976	483887	483887	450499	450499	390464	390464	390464	390464	390464
		其他	汽油	3750326	3750326	3750326	3750326	3750326	2578796	235735	235735	235735	235735	235735	226895	218055	218055	163716	109376	109376	109376	109376
			柴油	1246648	1246648	1214569	1150412	1150412	1123591	1069949	1069949	1069949	1032278	994608	994608	994608	994608	946872	899136	899136	795726	761256
			燃气	2320499	2320499	2191583	1933750	1933750	1790253	1503260	1503260	1503260	1288508	1073757	1073757	968712	968712	821866	821866	821866	821866	821866
载货汽车	微型		汽油	160982	95127	29272	29272	29272	29272	19728	10183	10183	8210	6238	6238	5574	4911	4911	4911	4911	3793	3420
			柴油	82131	67771	53411	53411	53411	53411	48082	42752	42752	36186	29620	29620	29620	29620	21669	13718	13718	11739	11079
			燃气	77708	44221	10734	10734	10734	10734	7657	4579	4579	3696	2812	2812	2397	1982	1982	1982	1982	1704	1611
	轻型		汽油	119488	76258	33027	33027	33027	33027	22116	11206	11206	9376	7546	7546	6299	5052	5052	5052	5052	3970	3609
			柴油	82419	67915	53411	53411	53411	53411	48082	42752	42752	36186	29620	29620	29620	29620	23613	17606	17606	16311	15879
			燃气	57603	36795	15986	15986	15986	15986	10564	5141	5141	4224	3308	3308	2662	2016	2016	2016	2016	1776	1696
	中型		汽油	333886	333886	333886	333886	333886	227947	16068	16068	16068	16068	16068	16068	16068	16068	12056	8044	8044	8044	8044
			柴油	474088	474088	425697	328914	328914	312761	280455	280455	280455	271826	263198	263198	263198	263198	230924	198649	198649	171055	161857
			燃气	535345	535345	474836	353818	353818	336143	300792	300792	300792	291440	282088	282088	213771	213771	173869	173869	173869	173869	173869
	重型		汽油	1720217	1720217	1720217	1720217	1720217	1182854	108128	108128	108128	108128	108128	104073	100018	100018	75094	50169	50169	50169	50169
			柴油	716451	716451	691996	643086	643086	619300	571728	571728	571728	548802	525875	525875	525875	525875	459356	392837	392837	276783	238098
			燃气	1333595	1333595	1249389	1080976	1080976	988407	803268	803268	803268	685496	567723	567723	423235	423235	257055	257055	257055	257055	257055
低速汽车	三轮汽车			65550	65550	65550	65550	65550	65550	65550	65550	65550	53279	53279	53279	53279	53279	53279	53279	53279	53279	53279
	低速货车			88065	88065	88065	88065	88065	88065	88065	88065	88065	71579	71579	71579	71579	71579	71579	71579	71579	71579	71579
摩托车	普通摩托车			965	965	965	965	932	900	836	836	836	836	836	743	650	650	650	650	650	650	650
	轻便摩托车			643	643	643	643	643	322	322	322	322	322	322	286	250	250	250	250	250	250	250

延安市 PM 排放系数

单位：克/（辆·年）

车辆类型		使用性质	燃料种类	1999 年年底前	2000 年	2001 年	2002 年	2003 年	2004 年	2005 年	2006 年	2007 年	2008 年	2009 年	2010 年	2011 年	2012 年	2013 年	2014 年	2015 年	2016 年	2017 年
载客汽车	微型	出租车	汽油	—	—	—	—	—	—	—	—	—	—	—	—	—	—	—	—	—	—	—
			燃气	—	—	—	—	—	—	—	—	—	—	—	—	—	—	—	—	—	—	—
		其他	汽油	—	—	—	—	—	—	—	—	—	—	—	—	—	—	—	—	—	—	—
			燃气	—	—	—	—	—	—	—	—	—	—	—	—	—	—	—	—	—	—	—
	小型	出租车	汽油	—	—	—	—	—	—	—	—	—	—	—	—	—	—	—	—	—	—	—
			柴油	66201	60635	55069	55069	55069	55069	37640	20212	20212	13156	6101	6101	6101	6101	5670	5239	5239	4332	4030
			燃气	—	—	—	—	—	—	—	—	—	—	—	—	—	—	—	—	—	—	—
		其他	汽油	—	—	—	—	—	—	—	—	—	—	—	—	—	—	—	—	—	—	—
			柴油	3921	3711	3501	3501	3501	3501	2522	1542	1542	1128	715	715	715	715	600	485	485	485	485
			燃气	—	—	—	—	—	—	—	—	—	—	—	—	—	—	—	—	—	—	—
	中型	公交车	汽油	—	—	—	—	—	—	—	—	—	—	—	—	—	—	—	—	—	—	—
			柴油	30592	30592	28032	22913	22913	17978	8108	8108	8108	6872	5637	5637	5637	5637	3504	1372	1372	1080	983
			燃气	—	—	—	—	—	—	—	—	—	—	—	—	—	—	—	—	—	—	—
		其他	汽油	—	—	—	—	—	—	—	—	—	—	—	—	—	—	—	—	—	—	—
			柴油	15274	15274	12888	8116	8116	6262	2553	2553	2553	2434	2316	2316	2316	2316	1366	415	415	399	394
			燃气	—	—	—	—	—	—	—	—	—	—	—	—	—	—	—	—	—	—	—
	大型	公交车	汽油	—	—	—	—	—	—	—	—	—	—	—	—	—	—	—	—	—	—	—
			柴油	94865	94865	93934	92071	92071	71272	29674	29674	29674	19994	10315	10315	10315	10315	6116	1916	1916	1845	1821
			燃气	—	—	—	—	—	—	—	—	—	—	—	—	—	—	—	—	—	—	—
		其他	汽油	—	—	—	—	—	—	—	—	—	—	—	—	—	—	—	—	—	—	—
			柴油	142314	142314	133412	115607	115607	85425	25061	25061	25061	17182	9303	9303	9303	9303	5868	2433	2433	2343	2313
			燃气	—	—	—	—	—	—	—	—	—	—	—	—	—	—	—	—	—	—	—
载货汽车	微型		汽油	—	—	—	—	—	—	—	—	—	—	—	—	—	—	—	—	—	—	—
			柴油	9846	9642	9439	9439	9439	9439	7687	5935	5935	4405	2875	2875	2875	2875	1810	745	745	742	741
			燃气	—	—	—	—	—	—	—	—	—	—	—	—	—	—	—	—	—	—	—
	轻型		汽油	—	—	—	—	—	—	—	—	—	—	—	—	—	—	—	—	—	—	—
			柴油	10240	9840	9439	9439	9439	9439	7687	5935	5935	4405	2875	2875	2875	2875	2168	1461	1461	1206	1121
			燃气	—	—	—	—	—	—	—	—	—	—	—	—	—	—	—	—	—	—	—
	中型		汽油	—	—	—	—	—	—	—	—	—	—	—	—	—	—	—	—	—	—	—
			柴油	41640	41640	35042	21845	21845	16808	6733	6733	6733	6378	6024	6024	6024	6024	3862	1701	1701	1558	1510
			燃气	—	—	—	—	—	—	—	—	—	—	—	—	—	—	—	—	—	—	—
	重型		汽油	—	—	—	—	—	—	—	—	—	—	—	—	—	—	—	—	—	—	—
			柴油	94966	94966	78055	44233	44233	35121	16897	16897	16897	11578	6260	6260	6260	6260	4174	2088	2088	1765	1657
			燃气	—	—	—	—	—	—	—	—	—	—	—	—	—	—	—	—	—	—	—
低速汽车	三轮汽车			4092	4092	4092	4092	4092	4092	4092	4092	4092	3220	3220	3220	3220	3220	3220	3220	3220	3220	3220
	低速货车			5581	5581	5581	5581	5581	5581	5581	5581	5581	4392	4392	4392	4392	4392	4392	4392	4392	4392	4392
摩托车	普通摩托车			—	—	—	—	—	—	—	—	—	—	—	—	—	—	—	—	—	—	—
	轻便摩托车			—	—	—	—	—	—	—	—	—	—	—	—	—	—	—	—	—	—	—

延安市 VOCs 排放系数

单位：克/（辆·年）

车辆类型		使用性质	燃料种类	1999 年年底前	2000 年	2001 年	2002 年	2003 年	2004 年	2005 年	2006 年	2007 年	2008 年	2009 年	2010 年	2011 年	2012 年	2013 年	2014 年	2015 年	2016 年	2017 年
载客汽车	微型	出租车	汽油	1904847	1119795	334743	334743	334743	334743	246456	158169	158169	127582	96994	96994	79792	62591	62591	62591	62591	44326	38238
			燃气	533891	331628	129366	129366	129366	129366	101102	72838	72838	60735	48632	48632	38334	28036	28036	28036	28036	15740	11642
		其他	汽油	79225	46400	13574	13574	13574	13574	13126	12678	12678	10626	8574	8574	8088	7603	7603	7603	7603	6252	5802
			燃气	17924	10076	2227	2227	2227	2227	2132	2038	2038	1520	1001	1001	912	824	824	824	824	558	469
	小型	出租车	汽油	1904847	1100778	296708	296708	296708	296708	277797	258886	258886	177940	96994	96994	79792	62591	62591	62591	62591	41168	34027
			柴油	395647	372192	348738	348738	348738	348738	314728	280719	280719	207076	133433	133433	133433	133433	98843	64253	64253	35699	26181
			燃气	533891	326806	119722	119722	119722	119722	109048	98375	98375	73504	48632	48632	38334	28036	28036	28036	28036	14940	10575
		其他	汽油	80420	46850	13280	13280	13280	13280	13625	13970	13970	11276	8581	8581	8014	7448	7448	7448	7448	6368	6008
			柴油	13380	12217	11054	11054	11054	11054	9345	7636	7636	5140	2645	2645	2645	2645	2284	1923	1923	1418	1249
			燃气	18227	10984	3740	3740	3740	3740	3052	2365	2365	1758	1150	1150	967	784	784	784	784	588	522
	中型	公交车	汽油	247790	247790	247790	247790	247193	168950	13657	13657	13657	13657	13657	13506	13354	13354	10927	8500	8500	8500	8500
			柴油	87806	87806	86086	82645	82645	64494	28192	28192	28192	20508	12823	12823	12823	12823	8958	5093	5093	4763	4653
			燃气	71579	71579	67602	59649	59649	57536	53311	53311	53311	42686	32061	32061	22219	22219	22154	22154	22154	22154	22154
		其他	汽油	128500	128500	128500	128500	127903	87581	8130	8130	8130	8130	8130	7984	7839	7839	6788	5736	5736	5736	5736
			柴油	30493	30493	28460	24394	24394	18567	6912	6912	6912	6506	6099	6099	6099	6099	3750	1402	1402	1243	1190
			燃气	34560	34560	32640	28800	28800	27780	25740	25740	25740	20623	15506	15506	10732	10732	9642	9642	9642	9642	9642
	大型	公交车	汽油	577098	577098	577098	577098	576501	388923	14961	14961	14961	14961	14961	14821	14681	14681	11915	9149	9149	9149	9149
			柴油	131708	131708	108010	60614	60614	60614	60614	60614	60614	43515	26416	26416	26416	26416	17675	8934	8934	5723	4653
			燃气	168926	168926	159541	140772	140772	135786	125815	125815	125815	100740	75665	75665	52438	52438	47188	47188	47188	47188	47188
		其他	汽油	1278396	1278396	1278396	1278396	1277799	860950	28447	28447	28447	28447	28447	22188	15930	15930	12739	9548	9548	9548	9548
			柴油	272891	272891	207397	76409	76409	76409	76409	76409	76409	55942	35476	35476	35476	35476	20706	5937	5937	5324	5119
			燃气	266186	266186	251398	221822	221822	213966	198253	198253	198253	158842	119430	119430	82662	82662	74261	74261	74261	74261	74261
载货汽车	微型		汽油	498341	264841	31341	31341	31341	31341	29828	28316	28316	26218	24119	24119	19568	15016	15016	15016	15016	13121	12489
			柴油	47903	44770	41638	41638	41638	41638	38408	35178	35178	25628	16077	16077	16077	16077	10957	5837	5837	4294	3780
			燃气	112746	58944	5142	5142	5142	5142	4847	4552	4552	3684	2816	2816	2222	1627	1627	1627	1627	1164	1010
	轻型		汽油	253598	148801	44004	44004	44004	44004	37642	31279	31279	27966	24654	24654	21604	18555	18555	18555	18555	16397	15678
			柴油	43498	42568	41638	41638	41638	41638	38408	35178	35178	25628	16077	16077	16077	16077	12224	8370	8370	6826	6312
			燃气	57477	34935	12393	12393	12393	12393	8844	5295	5295	4300	3304	3304	2629	1953	1953	1953	1953	1510	1362
	中型		汽油	380265	380265	380265	380265	379668	258264	16651	16651	16651	16651	16651	16511	16371	16371	13180	9989	9989	9989	9989
			柴油	87624	87624	81782	70099	70099	53353	19861	19861	19861	18698	17536	17536	17536	17536	12709	7882	7882	4690	3626
			燃气	99311	99311	93794	82760	82760	79827	73962	73962	73962	59272	44583	44583	60335	60335	29380	29380	29380	29380	29380
	重型		汽油	618461	618461	618461	618461	617864	416764	15760	15760	15760	15760	15760	12674	9588	9588	8044	6500	6500	6500	6500
			柴油	165376	165376	125686	46305	46305	46305	46305	46305	46305	33902	21499	21499	21499	21499	13672	5845	5845	4122	3548
			燃气	161313	161313	152351	134427	134427	129666	120144	120144	120144	96260	72376	72376	81381	81381	51471	51471	51471	51471	51471
低速汽车	三轮汽车			25300	25300	25300	25300	25300	25300	25300	25300	25300	16721	16721	16721	16721	16721	16721	16721	16721	16721	16721
	低速货车			33990	33990	33990	33990	33990	33990	33990	33990	33990	22464	22464	22464	22464	22464	22464	22464	22464	22464	22464
摩托车	普通摩托车			12928	12928	12928	12928	9648	6368	3409	3409	3409	3409	3409	2544	1679	1679	1679	1679	1679	1679	1679
	轻便摩托车			41808	41808	41808	41808	41808	8362	8362	4116	4116	4116	4116	3072	2027	2027	2027	2027	2027	2027	2027

汉中市 NO_x 排放系数

单位：克/（辆·年）

车辆类型		使用性质	燃料种类	1999 年年底前	2000 年	2001 年	2002 年	2003 年	2004 年	2005 年	2006 年	2007 年	2008 年	2009 年	2010 年	2011 年	2012 年	2013 年	2014 年	2015 年	2016 年	2017 年
载客汽车	微型	出租车	汽油	292231	194346	96461	96461	96461	96461	70114	43767	43767	31662	19556	19556	16206	12857	12857	12857	12857	8433	6958
			燃气	158076	106747	55418	55418	55418	55418	40992	26567	26567	19773	12979	12979	10548	8116	8116	8116	8116	4992	3950
		其他	汽油	41062	25694	10325	10325	10325	10325	6436	2547	2547	2069	1591	1591	1332	1074	1074	1074	1074	782	685
			燃气	21052	12534	4017	4017	4017	4017	2616	1216	1216	988	761	761	612	463	463	463	463	373	343
	小型	出租车	汽油	332079	216607	101135	101135	101135	101135	72810	44485	44485	32020	19556	19556	15532	11508	11508	11508	11508	7194	5756
			柴油	273850	229162	184473	184473	184473	184473	164350	144226	144226	114306	84387	84387	84387	84387	68864	53342	53342	41103	37023
			燃气	178857	118356	57856	57856	57856	57856	42399	26942	26942	19960	12979	12979	10196	7412	7412	7412	7412	4344	3322
		其他	汽油	38284	24381	10478	10478	10478	10478	6878	3279	3279	2252	1224	1224	1120	1017	1017	1017	1017	735	641
			柴油	25697	21041	16385	16385	16385	16385	15085	13785	13785	10792	7799	7799	7799	7799	6726	5654	5654	4911	4663
			燃气	19603	12492	5381	5381	5381	5381	3489	1597	1597	1083	569	569	501	433	433	433	433	348	320
	中型	公交车	汽油	439619	439619	439619	439619	439619	300333	21761	21761	21761	21761	21761	19516	17271	17271	13038	8806	8806	8806	8806
			柴油	366174	366174	365314	363594	363594	349144	320245	320245	320245	266748	213252	213252	213252	213252	174029	134806	134806	112862	105548
			燃气	388794	388794	384165	374908	374908	363279	340021	340021	340021	282990	225959	225959	142893	142893	111913	111913	111913	111913	111913
		其他	汽油	269526	269526	269526	269526	269526	182828	9433	9433	9433	9433	9433	9433	9433	9433	7076	4718	4718	4718	4718
			柴油	171719	171719	164551	150215	150215	148945	146404	146404	146404	124688	102972	102972	102972	102972	91430	79887	79887	68185	64284
			燃气	193907	193907	183134	161589	161589	160066	157020	157020	157020	133692	110363	110363	85968	85968	69055	69055	69055	69055	69055
	大型	公交车	汽油	1566142	1566142	1566142	1566142	1566142	1076909	98443	98443	98443	98443	98443	98356	98270	98270	73703	49136	49136	49136	49136
			柴油	519343	519343	502561	468998	468998	455672	429020	429020	429020	421288	413557	413557	413557	413557	398644	383732	383732	345916	333311
			燃气	1044189	1044189	986178	870157	870157	805586	676444	676444	676444	579587	482730	482730	449422	449422	389531	389531	389531	389531	389531
		其他	汽油	3738095	3738095	3738095	3738095	3738095	2570385	234966	234966	234966	234966	234966	226155	217344	217344	163182	109020	109020	109020	109020
			柴油	1243666	1243666	1211664	1147661	1147661	1120904	1067390	1067390	1067390	1029810	992230	992230	992230	992230	944608	896986	896986	793824	759436
			燃气	2314950	2314950	2186342	1929125	1929125	1785972	1499665	1499665	1499665	1285427	1071189	1071189	966395	966395	819900	819900	819900	819900	819900
载货汽车	微型		汽油	148686	87904	27122	27122	27122	27122	18298	9473	9473	7644	5814	5814	5186	4559	4559	4559	4559	3512	3163
			柴油	76277	62983	49689	49689	49689	49689	44720	39750	39750	33640	27529	27529	27529	27529	20138	12747	12747	10880	10257
			燃气	76230	43391	10552	10552	10552	10552	7537	4523	4523	3652	2781	2781	2373	1965	1965	1965	1965	1679	1584
	轻型		汽油	110389	70489	30589	30589	30589	30589	20504	10418	10418	8720	7021	7021	5855	4689	4689	4689	4689	3675	3337
			柴油	76543	63116	49689	49689	49689	49689	44720	39750	39750	33640	27529	27529	27529	27529	21934	16339	16339	15103	14691
			燃气	56524	36116	15709	15709	15709	15709	10392	5074	5074	4169	3264	3264	2630	1996	1996	1996	1996	1749	1666
	中型		汽油	333886	333886	333886	333886	333886	227947	16068	16068	16068	16068	16068	16068	16068	16068	12056	8044	8044	8044	8044
			柴油	474088	474088	425697	328914	328914	312761	280455	280455	280455	271826	263198	263198	263198	263198	230924	198649	198649	171055	161857
			燃气	535345	535345	474837	353819	353819	336143	300791	300791	300791	291440	282090	282090	213770	213770	173870	173870	173870	173870	173870
	重型		汽油	1720217	1720217	1720217	1720217	1720217	1182854	108128	108128	108128	108128	108128	104073	100018	100018	75094	50169	50169	50169	50169
			柴油	716451	716451	691996	643086	643086	619300	571728	571728	571728	548802	525875	525875	525875	525875	459356	392837	392837	276783	238098
			燃气	1333596	1333596	1249389	1080975	1080975	988406	803268	803268	803268	685495	567723	567723	423235	423235	257055	257055	257055	257055	257055
低速汽车	三轮汽车			65550	65550	65550	65550	65550	65550	65550	65550	65550	53279	53279	53279	53279	53279	53279	53279	53279	53279	53279
	低速货车			88065	88065	88065	88065	88065	88065	88065	88065	88065	71579	71579	71579	71579	71579	71579	71579	71579	71579	71579
摩托车	普通摩托车			965	965	965	965	932	900	836	836	836	836	836	743	650	650	650	650	650	650	650
	轻便摩托车			643	643	643	643	643	322	322	322	322	322	322	286	250	250	250	250	250	250	250

汉中市 PM 排放系数

单位：克/（辆·年）

车辆类型		使用性质	燃料种类	1999 年年底前	2000 年	2001 年	2002 年	2003 年	2004 年	2005 年	2006 年	2007 年	2008 年	2009 年	2010 年	2011 年	2012 年	2013 年	2014 年	2015 年	2016 年	2017 年
载客汽车	微型	出租车	汽油	—	—	—	—	—	—	—	—	—	—	—	—	—	—	—	—	—	—	—
			燃气	—	—	—	—	—	—	—	—	—	—	—	—	—	—	—	—	—	—	—
		其他	汽油	—	—	—	—	—	—	—	—	—	—	—	—	—	—	—	—	—	—	—
			燃气	—	—	—	—	—	—	—	—	—	—	—	—	—	—	—	—	—	—	—
	小型	出租车	汽油	—	—	—	—	—	—	—	—	—	—	—	—	—	—	—	—	—	—	—
			柴油	38940	35666	32392	32392	32392	32392	22140	11889	11889	7739	3589	3589	3589	3589	3336	3082	3082	2549	2371
			燃气	—	—	—	—	—	—	—	—	—	—	—	—	—	—	—	—	—	—	—
		其他	汽油	—	—	—	—	—	—	—	—	—	—	—	—	—	—	—	—	—	—	—
			柴油	3921	3711	3501	3501	3501	3501	2522	1542	1542	1128	715	715	715	715	600	485	485	485	485
			燃气	—	—	—	—	—	—	—	—	—	—	—	—	—	—	—	—	—	—	—
	中型	公交车	汽油	—	—	—	—	—	—	—	—	—	—	—	—	—	—	—	—	—	—	—
			柴油	30592	30592	28032	22913	22913	17978	8108	8108	8108	6872	5637	5637	5637	5637	3504	1372	1372	1080	983
			燃气	—	—	—	—	—	—	—	—	—	—	—	—	—	—	—	—	—	—	—
		其他	汽油	—	—	—	—	—	—	—	—	—	—	—	—	—	—	—	—	—	—	—
			柴油	15274	15274	12888	8116	8116	6262	2553	2553	2553	2434	2316	2316	2316	2316	1366	415	415	399	394
			燃气	—	—	—	—	—	—	—	—	—	—	—	—	—	—	—	—	—	—	—
	大型	公交车	汽油	—	—	—	—	—	—	—	—	—	—	—	—	—	—	—	—	—	—	—
			柴油	94865	94865	93934	92071	92071	71272	29674	29674	29674	19994	10315	10315	10315	10315	6116	1916	1916	1845	1821
			燃气	—	—	—	—	—	—	—	—	—	—	—	—	—	—	—	—	—	—	—
		其他	汽油	—	—	—	—	—	—	—	—	—	—	—	—	—	—	—	—	—	—	—
			柴油	142314	142314	133412	115607	115607	85425	25061	25061	25061	17182	9303	9303	9303	9303	5868	2433	2433	2343	2313
			燃气	—	—	—	—	—	—	—	—	—	—	—	—	—	—	—	—	—	—	—
载货汽车	微型		汽油	—	—	—	—	—	—	—	—	—	—	—	—	—	—	—	—	—	—	—
			柴油	9647	9448	9248	9248	9248	9248	7532	5815	5815	4316	2817	2817	2817	2817	1774	730	730	727	726
			燃气	—	—	—	—	—	—	—	—	—	—	—	—	—	—	—	—	—	—	—
	轻型		汽油	—	—	—	—	—	—	—	—	—	—	—	—	—	—	—	—	—	—	—
			柴油	10033	9640	9248	9248	9248	9248	7532	5815	5815	4316	2817	2817	2817	2817	2124	1431	1431	1182	1099
			燃气	—	—	—	—	—	—	—	—	—	—	—	—	—	—	—	—	—	—	—
	中型		汽油	—	—	—	—	—	—	—	—	—	—	—	—	—	—	—	—	—	—	—
			柴油	41640	41640	35042	21845	21845	16808	6733	6733	6733	6378	6024	6024	6024	6024	3862	1701	1701	1558	1510
			燃气	—	—	—	—	—	—	—	—	—	—	—	—	—	—	—	—	—	—	—
	重型		汽油	—	—	—	—	—	—	—	—	—	—	—	—	—	—	—	—	—	—	—
			柴油	94966	94966	78055	44233	44233	35121	16897	16897	16897	11578	6260	6260	6260	6260	4174	2088	2088	1765	1657
			燃气	—	—	—	—	—	—	—	—	—	—	—	—	—	—	—	—	—	—	—
低速汽车	三轮汽车			4092	4092	4092	4092	4092	4092	4092	4092	4092	3220	3220	3220	3220	3220	3220	3220	3220	3220	3220
	低速货车			5581	5581	5581	5581	5581	5581	5581	5581	5581	4392	4392	4392	4392	4392	4392	4392	4392	4392	4392
摩托车	普通摩托车			—	—	—	—	—	—	—	—	—	—	—	—	—	—	—	—	—	—	—
	轻便摩托车			—	—	—	—	—	—	—	—	—	—	—	—	—	—	—	—	—	—	—

汉中市 VOCs 排放系数

单位：克/（辆·年）

车辆类型		使用性质	燃料种类	1999 年年底前	2000 年	2001 年	2002 年	2003 年	2004 年	2005 年	2006 年	2007 年	2008 年	2009 年	2010 年	2011 年	2012 年	2013 年	2014 年	2015 年	2016 年	2017 年
载客汽车	微型	出租车	汽油	711651	418668	125686	125686	125686	125686	92949	60212	60212	48830	37447	37447	31312	25178	25178	25178	25178	18504	16280
			燃气	295242	177574	59906	59906	59906	59906	45370	30833	30833	25280	19728	19728	15760	11791	11791	11791	11791	7301	5804
		其他	汽油	52897	31677	10457	10457	10457	10457	10056	9656	9656	8242	6827	6827	6486	6145	6145	6145	6145	5151	4820
			燃气	17924	10076	2227	2227	2227	2227	2132	2038	2038	1520	1001	1001	912	824	824	824	824	558	469
	小型	出租车	汽油	711651	411590	111529	111529	111529	111529	104615	97701	97701	67574	37447	37447	31312	25178	25178	25178	25178	17329	14713
			柴油	153601	144860	136118	136118	136118	136118	123805	111492	111492	80294	49097	49097	49097	49097	36508	23918	23918	13912	10576
			燃气	295242	174738	54233	54233	54233	54233	50044	45854	45854	32791	19728	19728	15760	11791	11791	11791	11791	6830	5176
		其他	汽油	53653	31962	10271	10271	10271	10271	10372	10474	10474	8653	6832	6832	6440	6047	6047	6047	6047	5224	4950
			柴油	11174	10208	9242	9242	9242	9242	7819	6396	6396	4340	2284	2284	2284	2284	1951	1618	1618	1175	1027
			燃气	18227	10984	3740	3740	3740	3740	3052	2365	2365	1758	1150	1150	967	784	784	784	784	588	522
	中型	公交车	汽油	247552	247552	247552	247552	246955	168712	13420	13420	13420	13420	13420	13268	13117	13117	10690	8262	8262	8262	8262
			柴油	87806	87806	86086	82645	82645	64494	28192	28192	28192	20508	12823	12823	12823	12823	8958	5093	5093	4763	4653
			燃气	71579	71579	67602	59649	59649	57536	53311	53311	53311	42686	32061	32061	22219	22219	22154	22154	22154	22154	22154
		其他	汽油	128263	128263	128263	128263	127666	87343	7892	7892	7892	7892	7892	7746	7601	7601	6550	5499	5499	5499	5499
			柴油	30493	30493	28460	24394	24394	18567	6912	6912	6912	6506	6099	6099	6099	6099	3750	1402	1402	1243	1190
			燃气	34560	34560	32640	28800	28800	27780	25740	25740	25740	20623	15506	15506	10732	10732	9642	9642	9642	9642	9642
	大型	公交车	汽油	576860	576860	576860	576860	576263	388685	14724	14724	14724	14724	14724	14584	14444	14444	11678	8912	8912	8912	8912
			柴油	131708	131708	108010	60614	60614	60614	60614	60614	60614	43515	26416	26416	26416	26416	17675	8934	8934	5723	4653
			燃气	168926	168926	159541	140772	140772	135786	125815	125815	125815	100740	75665	75665	52438	52438	47188	47188	47188	47188	47188
		其他	汽油	1278158	1278158	1278158	1278158	1277562	860713	28210	28210	28210	28210	28210	21952	15693	15693	12502	9311	9311	9311	9311
			柴油	272891	272891	207397	76409	76409	76409	76409	76409	76409	55942	35476	35476	35476	35476	20706	5937	5937	5324	5119
			燃气	266186	266186	251398	221822	221822	213966	198253	198253	198253	158842	119430	119430	82662	82662	74261	74261	74261	74261	74261
载货汽车	微型		汽油	313231	167892	22553	22553	22553	22553	21344	20134	20134	18598	17061	17061	14054	11046	11046	11046	11046	9526	9019
			柴油	40189	37552	34914	34914	34914	34914	32106	29297	29297	21483	13669	13669	13669	13669	9364	5059	5059	3603	3118
			燃气	106137	55470	4803	4803	4803	4803	4526	4249	4249	3376	2502	2502	1991	1481	1481	1481	1481	1028	878
	轻型		汽油	161489	95946	30404	30404	30404	30404	26188	21971	21971	19682	17393	17393	15317	13241	13241	13241	13241	11558	10997
			柴油	36700	35807	34914	34914	34914	34914	32106	29297	29297	21483	13669	13669	13669	13669	10367	7065	7065	5609	5124
			燃气	54861	32966	11071	11071	11071	11071	8016	4961	4961	3944	2928	2928	2322	1717	1717	1717	1717	1299	1160
	中型		汽油	380027	380027	380027	380027	379430	258027	16414	16414	16414	16414	16414	16274	16134	16134	12942	9751	9751	9751	9751
			柴油	87624	87624	81782	70099	70099	53353	19861	19861	19861	18698	17536	17536	17536	17536	12709	7882	7882	4690	3626
			燃气	99311	99311	93794	82760	82760	79827	73962	73962	73962	59272	44583	44583	60335	60335	29380	29380	29380	29380	29380
	重型		汽油	618224	618224	618224	618224	617626	416527	15523	15523	15523	15523	15523	12436	9350	9350	7806	6262	6262	6262	6262
			柴油	165376	165376	125686	46305	46305	46305	46305	46305	46305	33902	21499	21499	21499	21499	13672	5845	5845	4122	3548
			燃气	161313	161313	152351	134427	134427	129666	120144	120144	120144	96260	72376	72376	81381	81381	51471	51471	51471	51471	51471
低速汽车	三轮汽车			25300	25300	25300	25300	25300	25300	25300	25300	25300	16721	16721	16721	16721	16721	16721	16721	16721	16721	16721
	低速货车			33990	33990	33990	33990	33990	33990	33990	33990	33990	22464	22464	22464	22464	22464	22464	22464	22464	22464	22464
摩托车	普通摩托车			12928	12928	12928	12928	9648	6368	3409	3409	3409	3409	3409	2544	1679	1679	1679	1679	1679	1679	1679
	轻便摩托车			41808	41808	41808	41808	41808	8362	8362	4116	4116	4116	4116	3072	2027	2027	2027	2027	2027	2027	2027

榆林市 NO_x 排放系数

单位：克/（辆 • 年）

车辆类型		使用性质	燃料种类	1999 年年底前	2000 年	2001 年	2002 年	2003 年	2004 年	2005 年	2006 年	2007 年	2008 年	2009 年	2010 年	2011 年	2012 年	2013 年	2014 年	2015 年	2016 年	2017 年
载客汽车	微型	出租车	汽油	274397	180968	87539	87539	87539	87539	62938	38338	38338	27207	16076	16076	13506	10935	10935	10935	10935	7500	6355
			燃气	133030	89222	45414	45414	45414	45414	33322	21229	21229	15608	9987	9987	8170	6354	6354	6354	6354	4027	3251
		其他	汽油	45901	28706	11511	11511	11511	11511	7170	2828	2828	2296	1763	1763	1481	1199	1199	1199	1199	873	764
			燃气	21052	12534	4017	4017	4017	4017	2616	1216	1216	988	761	761	612	463	463	463	463	373	343
	小型	出租车	汽油	312569	202293	92017	92017	92017	92017	65522	39026	39026	27551	16076	16076	12859	9642	9642	9642	9642	6314	5204
			柴油	300534	247682	194830	194830	194830	194830	174272	153714	153714	120954	88195	88195	88195	88195	73370	58544	58544	47535	43865
			燃气	150835	99168	47502	47502	47502	47502	34526	21551	21551	15769	9987	9987	7869	5751	5751	5751	5751	3472	2713
		其他	汽油	42796	27239	11682	11682	11682	11682	7664	3646	3646	2500	1353	1353	1244	1135	1135	1135	1135	820	715
			柴油	36551	29833	23115	23115	23115	23115	21308	19500	19500	15240	10980	10980	10980	10980	9504	8027	8027	7055	6731
			燃气	19603	12492	5381	5381	5381	5381	3489	1597	1597	1083	569	569	501	433	433	433	433	348	320
	中型	公交车	汽油	464551	464551	464551	464551	464551	317366	22995	22995	22995	22995	22995	20622	18250	18250	13778	9305	9305	9305	9305
			柴油	503221	503221	502039	499676	499676	479818	440102	440102	440102	366584	293066	293066	293066	293066	239162	185259	185259	155104	145052
			燃气	534306	534306	527945	515224	515224	499243	467280	467280	467280	388904	310528	310528	196374	196374	153798	153798	153798	153798	153798
		其他	汽油	284812	284812	284812	284812	284812	193197	9968	9968	9968	9968	9968	9968	9968	9968	7476	4985	4985	4985	4985
			柴油	235988	235988	226137	206435	206435	204689	201198	201198	201198	171354	141511	141511	141511	141511	125648	109786	109786	93704	88343
			燃气	266480	266480	251676	222067	222067	219974	215788	215788	215788	183728	151668	151668	118143	118143	94899	94899	94899	94899	94899
	大型	公交车	汽油	1654962	1654962	1654962	1654962	1654962	1137983	104026	104026	104026	104026	104026	103935	103844	103844	77884	51923	51923	51923	51923
			柴油	713717	713717	690654	644529	644529	626215	589588	589588	589588	578963	568338	568338	568338	568338	547844	527351	527351	475381	458058
			燃气	1434994	1434994	1355272	1195829	1195829	1107091	929614	929614	929614	796507	663400	663400	617626	617626	535319	535319	535319	535319	535319
		其他	汽油	3950092	3950092	3950092	3950092	3950092	2716158	248291	248291	248291	248291	248291	238980	229670	229670	172436	115202	115202	115202	115202
			柴油	1709130	1709130	1665151	1577193	1577193	1540422	1466880	1466880	1466880	1415234	1363589	1363589	1363589	1363589	1298144	1232698	1232698	1090926	1043668
			燃气	3181361	3181361	3004619	2651134	2651134	2454403	2060941	2060941	2060941	1766521	1472101	1472101	1328085	1328085	1126762	1126762	1126762	1126762	1126762
载货汽车	微型		汽油	147301	86858	26415	26415	26415	26415	17720	9025	9025	7255	5485	5485	4941	4397	4397	4397	4397	3434	3113
			柴油	93094	76285	59476	59476	59476	59476	53662	47849	47849	40564	33280	33280	33280	33280	24335	15390	15390	13563	12954
			燃气	67558	38388	9218	9218	9218	9218	6549	3881	3881	3124	2368	2368	2033	1698	1698	1698	1698	1473	1398
	轻型		汽油	109218	69540	29862	29862	29862	29862	19914	9965	9965	8325	6685	6685	5606	4526	4526	4526	4526	3596	3286
			柴油	93438	76457	59476	59476	59476	59476	53662	47849	47849	40564	33280	33280	33280	33280	26658	20035	20035	19025	18688
			燃气	50028	31892	13755	13755	13755	13755	9060	4365	4365	3588	2811	2811	2269	1727	1727	1727	1727	1535	1471
	中型		汽油	351328	351328	351328	351328	351328	239855	16908	16908	16908	16908	16908	16908	16908	16908	12686	8464	8464	8464	8464
			柴油	649500	649500	583204	450612	450612	428483	384224	384224	384224	372403	360582	360582	360582	360582	316366	272149	272149	234345	221744
			燃气	733422	733422	650526	484734	484734	460518	412086	412086	412086	399275	386463	386463	292865	292865	238200	238200	238200	238200	238200
	重型		汽油	2922847	2922847	2922847	2922847	2922847	2009805	183722	183722	183722	183722	183722	176832	169943	169943	127593	85243	85243	85243	85243
			柴油	1553411	1553411	1500388	1394341	1394341	1342768	1239622	1239622	1239622	1189912	1140203	1140203	1140203	1140203	1012969	885735	885735	631303	546492
			燃气	2891507	2891507	2708929	2343775	2343775	2143066	1741647	1741647	1741647	1486293	1230938	1230938	954274	954274	590002	590002	590002	590002	590002
低速汽车	三轮汽车			65550	65550	65550	65550	65550	65550	65550	65550	65550	53279	53279	53279	53279	53279	53279	53279	53279	53279	53279
	低速货车			88065	88065	88065	88065	88065	88065	88065	88065	88065	71579	71579	71579	71579	71579	71579	71579	71579	71579	71579
摩托车	普通摩托车			965	965	965	965	932	900	836	836	836	836	836	743	650	650	650	650	650	650	650
	轻便摩托车			643	643	643	643	643	322	322	322	322	322	322	286	250	250	250	250	250	250	250

榆林市 PM 排放系数

单位：克/（辆·年）

车辆类型		使用性质	燃料种类	1999年年底前	2000年	2001年	2002年	2003年	2004年	2005年	2006年	2007年	2008年	2009年	2010年	2011年	2012年	2013年	2014年	2015年	2016年	2017年
载客汽车	微型	出租车	汽油	—	—	—	—	—	—	—	—	—	—	—	—	—	—	—	—	—	—	—
			燃气	—	—	—	—	—	—	—	—	—	—	—	—	—	—	—	—	—	—	—
		其他	汽油	—	—	—	—	—	—	—	—	—	—	—	—	—	—	—	—	—	—	—
			燃气	—	—	—	—	—	—	—	—	—	—	—	—	—	—	—	—	—	—	—
	小型	出租车	汽油	—	—	—	—	—	—	—	—	—	—	—	—	—	—	—	—	—	—	—
			柴油	33361	30556	27751	27751	27751	27751	18968	10186	10186	6630	3074	3074	3074	3074	2857	2640	2640	2183	2031
			燃气	—	—	—	—	—	—	—	—	—	—	—	—	—	—	—	—	—	—	—
		其他	汽油	—	—	—	—	—	—	—	—	—	—	—	—	—	—	—	—	—	—	—
			柴油	3921	3711	3501	3501	3501	3501	2522	1542	1542	1128	715	715	715	715	600	485	485	485	485
			燃气	—	—	—	—	—	—	—	—	—	—	—	—	—	—	—	—	—	—	—
	中型	公交车	汽油	—	—	—	—	—	—	—	—	—	—	—	—	—	—	—	—	—	—	—
			柴油	30592	30592	28032	22913	22913	17978	8108	8108	8108	6872	5637	5637	5637	5637	3504	1372	1372	1080	983
			燃气	—	—	—	—	—	—	—	—	—	—	—	—	—	—	—	—	—	—	—
		其他	汽油	—	—	—	—	—	—	—	—	—	—	—	—	—	—	—	—	—	—	—
			柴油	15274	15274	12888	8116	8116	6262	2553	2553	2553	2434	2316	2316	2316	2316	1366	415	415	399	394
			燃气	—	—	—	—	—	—	—	—	—	—	—	—	—	—	—	—	—	—	—
	大型	公交车	汽油	—	—	—	—	—	—	—	—	—	—	—	—	—	—	—	—	—	—	—
			柴油	94865	94865	93934	92071	92071	71272	29674	29674	29674	19994	10315	10315	10315	10315	6116	1916	1916	1845	1821
			燃气	—	—	—	—	—	—	—	—	—	—	—	—	—	—	—	—	—	—	—
		其他	汽油	—	—	—	—	—	—	—	—	—	—	—	—	—	—	—	—	—	—	—
			柴油	142314	142314	133412	115607	115607	85425	25061	25061	25061	17182	9303	9303	9303	9303	5868	2433	2433	2343	2313
			燃气	—	—	—	—	—	—	—	—	—	—	—	—	—	—	—	—	—	—	—
载货汽车	微型		汽油	—	—	—	—	—	—	—	—	—	—	—	—	—	—	—	—	—	—	—
			柴油	8580	8402	8225	8225	8225	8225	6698	5172	5172	3838	2505	2505	2505	2505	1577	649	649	646	645
			燃气	—	—	—	—	—	—	—	—	—	—	—	—	—	—	—	—	—	—	—
	轻型		汽油	—	—	—	—	—	—	—	—	—	—	—	—	—	—	—	—	—	—	—
			柴油	8923	8574	8225	8225	8225	8225	6698	5172	5172	3838	2505	2505	2505	2505	1889	1273	1273	1051	977
			燃气	—	—	—	—	—	—	—	—	—	—	—	—	—	—	—	—	—	—	—
	中型		汽油	—	—	—	—	—	—	—	—	—	—	—	—	—	—	—	—	—	—	—
			柴油	41640	41640	35042	21845	21845	16808	6733	6733	6733	6378	6024	6024	6024	6024	3862	1701	1701	1558	1510
			燃气	—	—	—	—	—	—	—	—	—	—	—	—	—	—	—	—	—	—	—
	重型		汽油	—	—	—	—	—	—	—	—	—	—	—	—	—	—	—	—	—	—	—
			柴油	157863	157863	129752	73529	73529	58382	28088	28088	28088	19248	10407	10407	10407	10407	6874	3340	3340	2822	2650
			燃气	—	—	—	—	—	—	—	—	—	—	—	—	—	—	—	—	—	—	—
低速汽车	三轮汽车			4092	4092	4092	4092	4092	4092	4092	4092	4092	3220	3220	3220	3220	3220	3220	3220	3220	3220	3220
	低速货车			5581	5581	5581	5581	5581	5581	5581	5581	5581	4392	4392	4392	4392	4392	4392	4392	4392	4392	4392
摩托车	普通摩托车			—	—	—	—	—	—	—	—	—	—	—	—	—	—	—	—	—	—	—
	轻便摩托车			—	—	—	—	—	—	—	—	—	—	—	—	—	—	—	—	—	—	—

榆林市 VOCs 排放系数

单位：克/（辆·年）

车辆类型		使用性质	燃料种类	1999年年底前	2000年	2001年	2002年	2003年	2004年	2005年	2006年	2007年	2008年	2009年	2010年	2011年	2012年	2013年	2014年	2015年	2016年	2017年
载客汽车	微型	出租车	汽油	923617	536396	149175	149175	149175	149175	108033	66891	66891	53377	39863	39863	33904	27944	27944	27944	27944	21829	19791
			燃气	249645	149065	48485	48485	48485	48485	36398	24310	24310	19828	15345	15345	12311	9277	9277	9277	9277	5911	4789
		其他	汽油	79437	46726	14016	14016	14016	14016	13571	13126	13126	10998	8869	8869	8392	7914	7914	7914	7914	6416	5916
			燃气	17924	10076	2227	2227	2227	2227	2132	2038	2038	1520	1001	1001	912	824	824	824	824	558	469
	小型	出租车	汽油	923617	527014	130412	130412	130412	130412	123494	116575	116575	78219	39863	39863	33904	27944	27944	27944	27944	20272	17714
			柴油	130023	122968	115912	115912	115912	115912	106316	96721	96721	67942	39164	39164	39164	39164	29289	19414	19414	11886	9377
			燃气	249645	146635	43625	43625	43625	43625	40402	37179	37179	26262	15345	15345	12311	9277	9277	9277	9277	5508	4251
		其他	汽油	80607	47168	13729	13729	13729	13729	14060	14391	14391	11633	8875	8875	8318	7762	7762	7762	7762	6528	6117
			柴油	13132	12015	10898	10898	10898	10898	9256	7614	7614	5170	2725	2725	2725	2725	2371	2017	2017	1461	1276
			燃气	18227	10984	3740	3740	3740	3740	3052	2365	2365	1758	1150	1150	967	784	784	784	784	588	522
	中型	公交车	汽油	252585	252585	252585	252585	251988	172195	13803	13803	13803	13803	13803	13652	13500	13500	11024	8549	8549	8549	8549
			柴油	87806	87806	86086	82645	82645	64494	28192	28192	28192	20508	12823	12823	12823	12823	8958	5093	5093	4763	4653
			燃气	71579	71579	67602	59649	59649	57536	53311	53311	53311	42686	32061	32061	22219	22219	22154	22154	22154	22154	22154
		其他	汽油	130909	130909	130909	130909	130312	89198	8165	8165	8165	8165	8165	8020	7874	7874	6802	5730	5730	5730	5730
			柴油	30493	30493	28460	24394	24394	18567	6912	6912	6912	6506	6099	6099	6099	6099	3750	1402	1402	1243	1190
			燃气	34560	34560	32640	28800	28800	27780	25740	25740	25740	20623	15506	15506	10732	10732	9642	9642	9642	9642	9642
	大型	公交车	汽油	588479	588479	588479	588479	587882	396568	15133	15133	15133	15133	15133	14993	14853	14853	12032	9211	9211	9211	9211
			柴油	131708	131708	108010	60614	60614	60614	60614	60614	60614	43515	26416	26416	26416	26416	17675	8934	8934	5723	4653
			燃气	168926	168926	159541	140772	140772	135786	125815	125815	125815	100740	75665	75665	52438	52438	47188	47188	47188	47188	47188
		其他	汽油	1303803	1303803	1303803	1303803	1303206	878036	28889	28889	28889	28889	28889	22508	16127	16127	12872	9618	9618	9618	9618
			柴油	272891	272891	207397	76409	76409	76409	76409	76409	76409	55942	35476	35476	35476	35476	20706	5937	5937	5324	5119
			燃气	266186	266186	251398	221822	221822	213966	198253	198253	198253	158842	119430	119430	82662	82662	74261	74261	74261	74261	74261
载货汽车	微型		汽油	427773	227804	27834	27834	27834	27834	26558	25282	25282	23356	21431	21431	17596	13761	13761	13761	13761	11969	11372
			柴油	39231	36692	34153	34153	34153	34153	31573	28993	28993	21088	13182	13182	13182	13182	9030	4878	4878	3613	3191
			燃气	96522	50472	4423	4423	4423	4423	4174	3925	3925	3172	2419	2419	1926	1433	1433	1433	1433	1034	902
	轻型		汽油	219008	128822	38636	38636	38636	38636	33223	27810	27810	24849	21888	21888	19334	16780	16780	16780	16780	14764	14092
			柴油	35565	34859	34153	34153	34153	34153	31573	28993	28993	21088	13182	13182	13182	13182	10084	6985	6985	5720	5299
			燃气	49522	30024	10525	10525	10525	10525	7548	4570	4570	3703	2836	2836	2266	1695	1695	1695	1695	1326	1203
	中型		汽油	387709	387709	387709	387709	387112	263296	16857	16857	16857	16857	16857	16717	16577	16577	13322	10067	10067	10067	10067
			柴油	87624	87624	81782	70099	70099	53353	19861	19861	19861	18698	17536	17536	17536	17536	12709	7882	7882	4690	3626
			燃气	99311	99311	93794	82760	82760	79827	73962	73962	73962	59272	44583	44583	60335	60335	29380	29380	29380	29380	29380
	重型		汽油	1020103	1020103	1020103	1020103	1019506	687084	23437	23437	23437	23437	23437	18420	13403	13403	10856	8310	8310	8310	8310
			柴油	258641	258641	196567	72419	72419	72419	72419	72419	72419	53021	33623	33623	33623	33623	21314	9006	9006	7020	6358
			燃气	252286	252286	238270	210239	210239	202793	187900	187900	187900	150546	113192	113192	125392	125392	92235	92235	92235	92235	92235
低速汽车	三轮汽车			25300	25300	25300	25300	25300	25300	25300	25300	25300	16721	16721	16721	16721	16721	16721	16721	16721	16721	16721
	低速货车			33990	33990	33990	33990	33990	33990	33990	33990	33990	22464	22464	22464	22464	22464	22464	22464	22464	22464	22464
摩托车	普通摩托车			12928	12928	12928	12928	9648	6368	3409	3409	3409	3409	3409	2544	1679	1679	1679	1679	1679	1679	1679
	轻便摩托车			41808	41808	41808	41808	41808	8362	8362	4116	4116	4116	4116	3072	2027	2027	2027	2027	2027	2027	2027

安康市 NO_x 排放系数

单位：克/（辆·年）

车辆类型		使用性质	燃料种类	1999年年底前	2000年	2001年	2002年	2003年	2004年	2005年	2006年	2007年	2008年	2009年	2010年	2011年	2012年	2013年	2014年	2015年	2016年	2017年
载客汽车	微型	出租车	汽油	241922	162522	83122	83122	83122	83122	61198	39273	39273	28990	18708	18708	15326	11944	11944	11944	11944	7454	5958
			燃气	162084	109568	57053	57053	57053	57053	42253	27453	27453	20468	13483	13483	10947	8411	8411	8411	8411	5150	4063
		其他	汽油	32675	20494	8312	8312	8312	8312	5232	2153	2153	1754	1356	1356	1140	924	924	924	924	646	554
			燃气	21052	12534	4017	4017	4017	4017	2616	1216	1216	988	761	761	612	463	463	463	463	373	343
	小型	出租车	汽油	274051	180472	86892	86892	86892	86892	63372	39852	39852	29280	18708	18708	14782	10856	10856	10856	10856	6456	4989
			柴油	293162	245056	196950	196950	196950	196950	175511	154072	154072	122048	90024	90024	90024	90024	73558	57092	57092	44166	39858
			燃气	183334	121440	59546	59546	59546	59546	43691	27836	27836	20660	13483	13483	10588	7692	7692	7692	7692	4490	3422
		其他	汽油	30485	19459	8433	8433	8433	8433	5582	2730	2730	1898	1067	1067	972	878	878	878	878	610	520
			柴油	27051	22136	17222	17222	17222	17222	15858	14493	14493	11342	8192	8192	8192	8192	7068	5945	5945	5178	4922
			燃气	19603	12492	5381	5381	5381	5381	3489	1597	1597	1083	569	569	501	433	433	433	433	348	320
	中型	公交车	汽油	327617	327617	327617	327617	327617	223817	16217	16217	16217	16217	16217	14544	12871	12871	9716	6562	6562	6562	6562
			柴油	365800	365800	364941	363224	363224	348789	319918	319918	319918	266476	213035	213035	213035	213035	173852	134668	134668	112748	105441
			燃气	388397	388397	383773	374526	374526	362909	339674	339674	339674	282701	225728	225728	142748	142748	111799	111799	111799	111799	111799
		其他	汽油	200859	200859	200859	200859	200859	136249	7030	7030	7030	7030	7030	7030	7030	7030	5273	3516	3516	3516	3516
			柴油	171544	171544	164383	150061	150061	148792	146254	146254	146254	124560	102867	102867	102867	102867	91336	79806	79806	68115	64218
			燃气	193709	193709	182947	161424	161424	159903	156860	156860	156860	133555	110250	110250	85880	85880	68984	68984	68984	68984	68984
	大型	公交车	汽油	1167135	1167135	1167135	1167135	1167135	802544	73363	73363	73363	73363	73363	73298	73234	73234	54926	36618	36618	36618	36618
			柴油	518814	518814	502049	468520	468520	455207	428582	428582	428582	420858	413135	413135	413135	413135	398238	383341	383341	345564	332971
			燃气	1043124	1043124	985173	869270	869270	804765	675754	675754	675754	578996	482238	482238	448963	448963	389133	389133	389133	389133	389133
		其他	汽油	2785740	2785740	2785740	2785740	2785740	1915528	175104	175104	175104	175104	175104	168538	161971	161971	121608	81245	81245	81245	81245
			柴油	1242398	1242398	1210429	1146490	1146490	1119761	1066302	1066302	1066302	1028760	991218	991218	991218	991218	943644	896071	896071	793014	758661
			燃气	2312589	2312589	2184112	1927158	1927158	1784151	1498136	1498136	1498136	1284116	1070097	1070097	965410	965410	819064	819064	819064	819064	819064
载货汽车	微型		汽油	110256	65373	20490	20490	20490	20490	13935	7380	7380	5976	4573	4573	4057	3541	3541	3541	3541	2660	2367
			柴油	74067	61026	47984	47984	47984	47984	43216	38449	38449	32555	26661	26661	26661	26661	19502	12343	12343	10630	10059
			燃气	71036	40469	9902	9902	9902	9902	7035	4168	4168	3367	2566	2566	2170	1774	1774	1774	1774	1543	1465
	轻型		汽油	82042	52543	23044	23044	23044	23044	15560	8076	8076	6769	5462	5462	4550	3637	3637	3637	3637	2781	2496
			柴油	74330	61157	47984	47984	47984	47984	43216	38449	38449	32555	26661	26661	26661	26661	21276	15890	15890	14801	14438
			燃气	52756	33730	14704	14704	14704	14704	9714	4724	4724	3819	2913	2913	2353	1794	1794	1794	1794	1600	1536
	中型		汽油	249169	249169	249169	249169	249169	170110	11991	11991	11991	11991	11991	11991	11991	11991	8997	6003	6003	6003	6003
			柴油	474088	474088	425697	328914	328914	312761	280455	280455	280455	271826	263198	263198	263198	263198	230924	198649	198649	171055	161857
			燃气	535344	535344	474836	353820	353820	336144	300793	300793	300793	291441	282088	282088	213768	213768	173869	173869	173869	173869	173869
	重型		汽油	1283744	1283744	1283744	1283744	1283744	882727	80692	80692	80692	80692	80692	77666	74641	74641	56040	37440	37440	37440	37440
			柴油	716451	716451	691996	643086	643086	619300	571728	571728	571728	548802	525875	525875	525875	525875	459356	392837	392837	276783	238098
			燃气	1333596	1333596	1249389	1080976	1080976	988407	803268	803268	803268	685496	567723	567723	423235	423235	257055	257055	257055	257055	257055
低速汽车	三轮汽车			65550	65550	65550	65550	65550	65550	65550	65550	65550	53279	53279	53279	53279	53279	53279	53279	53279	53279	53279
	低速货车			88065	88065	88065	88065	88065	88065	88065	88065	88065	71579	71579	71579	71579	71579	71579	71579	71579	71579	71579
摩托车	普通摩托车			965	965	965	965	932	900	836	836	836	836	836	743	650	650	650	650	650	650	650
	轻便摩托车			643	643	643	643	643	322	322	322	322	322	322	286	250	250	250	250	250	250	250

安康市 PM 排放系数

单位：克/（辆·年）

车辆类型		使用性质	燃料种类	1999 年年底前	2000 年	2001 年	2002 年	2003 年	2004 年	2005 年	2006 年	2007 年	2008 年	2009 年	2010 年	2011 年	2012 年	2013 年	2014 年	2015 年	2016 年	2017 年
载客汽车	微型	出租车	汽油	—	—	—	—	—	—	—	—	—	—	—	—	—	—	—	—	—	—	—
			燃气	—	—	—	—	—	—	—	—	—	—	—	—	—	—	—	—	—	—	—
		其他	汽油	—	—	—	—	—	—	—	—	—	—	—	—	—	—	—	—	—	—	—
			燃气	—	—	—	—	—	—	—	—	—	—	—	—	—	—	—	—	—	—	—
	小型	出租车	汽油	—	—	—	—	—	—	—	—	—	—	—	—	—	—	—	—	—	—	—
			柴油	39817	36469	33121	33121	33121	33121	22639	12157	12157	7913	3669	3669	3669	3669	3410	3151	3151	2606	2424
			燃气	—	—	—	—	—	—	—	—	—	—	—	—	—	—	—	—	—	—	—
		其他	汽油	—	—	—	—	—	—	—	—	—	—	—	—	—	—	—	—	—	—	—
			柴油	3921	3711	3501	3501	3501	3501	2522	1542	1542	1128	715	715	715	715	600	485	485	485	485
			燃气	—	—	—	—	—	—	—	—	—	—	—	—	—	—	—	—	—	—	—
	中型	公交车	汽油	—	—	—	—	—	—	—	—	—	—	—	—	—	—	—	—	—	—	—
			柴油	30592	30592	28032	22913	22913	17978	8108	8108	8108	6872	5637	5637	5637	5637	3504	1372	1372	1080	983
			燃气	—	—	—	—	—	—	—	—	—	—	—	—	—	—	—	—	—	—	—
		其他	汽油	—	—	—	—	—	—	—	—	—	—	—	—	—	—	—	—	—	—	—
			柴油	15274	15274	12888	8116	8116	6262	2553	2553	2553	2434	2316	2316	2316	2316	1366	415	415	399	394
			燃气	—	—	—	—	—	—	—	—	—	—	—	—	—	—	—	—	—	—	—
	大型	公交车	汽油	—	—	—	—	—	—	—	—	—	—	—	—	—	—	—	—	—	—	—
			柴油	94865	94865	93934	92071	92071	71272	29674	29674	29674	19994	10315	10315	10315	10315	6116	1916	1916	1845	1821
			燃气	—	—	—	—	—	—	—	—	—	—	—	—	—	—	—	—	—	—	—
		其他	汽油	—	—	—	—	—	—	—	—	—	—	—	—	—	—	—	—	—	—	—
			柴油	142314	142314	133412	115607	115607	85425	25061	25061	25061	17182	9303	9303	9303	9303	5868	2433	2433	2343	2313
			燃气	—	—	—	—	—	—	—	—	—	—	—	—	—	—	—	—	—	—	—
载货汽车	微型		汽油	—	—	—	—	—	—	—	—	—	—	—	—	—	—	—	—	—	—	—
			柴油	9013	8826	8640	8640	8640	8640	7036	5433	5433	4032	2632	2632	2632	2632	1657	682	682	679	678
			燃气	—	—	—	—	—	—	—	—	—	—	—	—	—	—	—	—	—	—	—
	轻型		汽油	—	—	—	—	—	—	—	—	—	—	—	—	—	—	—	—	—	—	—
			柴油	9374	9007	8640	8640	8640	8640	7036	5433	5433	4032	2632	2632	2632	2632	1984	1337	1337	1104	1026
			燃气	—	—	—	—	—	—	—	—	—	—	—	—	—	—	—	—	—	—	—
	中型		汽油	—	—	—	—	—	—	—	—	—	—	—	—	—	—	—	—	—	—	—
			柴油	41640	41640	35042	21845	21845	16808	6733	6733	6733	6378	6024	6024	6024	6024	3862	1701	1701	1558	1510
			燃气	—	—	—	—	—	—	—	—	—	—	—	—	—	—	—	—	—	—	—
	重型		汽油	—	—	—	—	—	—	—	—	—	—	—	—	—	—	—	—	—	—	—
			柴油	94966	94966	78055	44233	44233	35121	16897	16897	16897	11578	6260	6260	6260	6260	4174	2088	2088	1765	1657
			燃气	—	—	—	—	—	—	—	—	—	—	—	—	—	—	—	—	—	—	—
低速汽车	三轮汽车			4092	4092	4092	4092	4092	4092	4092	4092	4092	3220	3220	3220	3220	3220	3220	3220	3220	3220	3220
	低速货车			5581	5581	5581	5581	5581	5581	5581	5581	5581	4392	4392	4392	4392	4392	4392	4392	4392	4392	4392
摩托车	普通摩托车			—	—	—	—	—	—	—	—	—	—	—	—	—	—	—	—	—	—	—
	轻便摩托车			—	—	—	—	—	—	—	—	—	—	—	—	—	—	—	—	—	—	—

安康市 VOCs 排放系数

单位：克/（辆·年）

车辆类型		使用性质	燃料种类	1999 年年底前	2000 年	2001 年	2002 年	2003 年	2004 年	2005 年	2006 年	2007 年	2008 年	2009 年	2010 年	2011 年	2012 年	2013 年	2014 年	2015 年	2016 年	2017 年
载客汽车	微型	出租车	汽油	592646	351632	110617	110617	110617	110617	82900	55184	55184	45181	35178	35178	29318	23459	23459	23459	23459	16848	14645
			燃气	302507	182147	61787	61787	61787	61787	46854	31922	31922	26193	20464	20464	16338	12211	12211	12211	12211	7530	5969
		其他	汽油	44311	27030	9748	9748	9748	9748	9364	8979	8979	7778	6576	6576	6284	5993	5993	5993	5993	5114	4821
			燃气	17924	10076	2227	2227	2227	2227	2132	2038	2038	1520	1001	1001	912	824	824	824	824	558	469
	小型	出租车	汽油	592646	345826	99007	99007	99007	99007	92468	85928	85928	60553	35178	35178	29318	23459	23459	23459	23459	15885	13360
			柴油	152330	143503	134676	134676	134676	134676	122075	109474	109474	79696	49917	49917	49917	49917	37064	24212	24212	13795	10323
			燃气	302507	179247	55987	55987	55987	55987	51634	47282	47282	33873	20464	20464	16338	12211	12211	12211	12211	7048	5327
		其他	汽油	44917	27258	9598	9598	9598	9598	9616	9634	9634	8107	6580	6580	6247	5914	5914	5914	5914	5173	4926
			柴油	10170	9296	8422	8422	8422	8422	7132	5843	5843	3987	2131	2131	2131	2131	1812	1492	1492	1070	930
			燃气	18227	10984	3740	3740	3740	3740	3052	2365	2365	1758	1150	1150	967	784	784	784	784	588	522
	中型	公交车	汽油	247800	247800	247800	247800	247203	168960	13668	13668	13668	13668	13668	13516	13365	13365	10938	8510	8510	8510	8510
			柴油	87806	87806	86086	82645	82645	64494	28192	28192	28192	20508	12823	12823	12823	12823	8958	5093	5093	4763	4653
			燃气	71579	71579	67602	59649	59649	57536	53311	53311	53311	42686	32061	32061	22219	22219	22154	22154	22154	22154	22154
		其他	汽油	128510	128510	128510	128510	127913	87591	8140	8140	8140	8140	8140	7994	7849	7849	6798	5746	5746	5746	5746
			柴油	30493	30493	28460	24394	24394	18567	6912	6912	6912	6506	6099	6099	6099	6099	3750	1402	1402	1243	1190
			燃气	34560	34560	32640	28800	28800	27780	25740	25740	25740	20623	15506	15506	10732	10732	9642	9642	9642	9642	9642
	大型	公交车	汽油	577108	577108	577108	577108	576511	388933	14971	14971	14971	14971	14971	14832	14692	14692	11926	9160	9160	9160	9160
			柴油	131708	131708	108010	60614	60614	60614	60614	60614	60614	43515	26416	26416	26416	26416	17675	8934	8934	5723	4653
			燃气	168926	168926	159541	140772	140772	135786	125815	125815	125815	100740	75665	75665	52438	52438	47188	47188	47188	47188	47188
		其他	汽油	1278406	1278406	1278406	1278406	1277809	860961	28458	28458	28458	28458	28458	22199	15940	15940	12750	9559	9559	9559	9559
			柴油	272891	272891	207397	76409	76409	76409	76409	76409	76409	55942	35476	35476	35476	35476	20706	5937	5937	5324	5119
			燃气	266186	266186	251398	221822	221822	213966	198253	198253	198253	158842	119430	119430	82662	82662	74261	74261	74261	74261	74261
载货汽车	微型		汽油	237498	128209	18920	18920	18920	18920	17890	16860	16860	15587	14314	14314	11994	9674	9674	9674	9674	8368	7932
			柴油	33983	31754	29524	29524	29524	29524	27130	24737	24737	18174	11612	11612	11612	11612	7974	4337	4337	3060	2634
			燃气	96069	50196	4322	4322	4322	4322	4075	3827	3827	3003	2179	2179	1754	1330	1330	1330	1330	911	772
	轻型		汽油	123792	74298	24803	24803	24803	24803	21520	18236	18236	16400	14563	14563	12940	11318	11318	11318	11318	9890	9414
			柴油	31083	30304	29524	29524	29524	29524	27130	24737	24737	18174	11612	11612	11612	11612	8808	6004	6004	4727	4301
			燃气	50234	29949	9665	9665	9665	9665	7071	4477	4477	3511	2545	2545	2023	1500	1500	1500	1500	1123	998
	中型		汽油	380275	380275	380275	380275	379678	258274	16661	16661	16661	16661	16661	16522	16382	16382	13190	9999	9999	9999	9999
			柴油	87624	87624	81782	70099	70099	53353	19861	19861	19861	18698	17536	17536	17536	17536	12709	7882	7882	4690	3626
			燃气	99311	99311	93794	82760	82760	79827	73962	73962	73962	59272	44583	44583	60335	60335	29380	29380	29380	29380	29380
	重型		汽油	618472	618472	618472	618472	617874	416775	15771	15771	15771	15771	15771	12684	9598	9598	8054	6510	6510	6510	6510
			柴油	165376	165376	125686	46305	46305	46305	46305	46305	46305	33902	21499	21499	21499	21499	13672	5845	5845	4122	3548
			燃气	161313	161313	152351	134427	134427	129666	120144	120144	120144	96260	72376	72376	81381	81381	51471	51471	51471	51471	51471
低速汽车	三轮汽车			25300	25300	25300	25300	25300	25300	25300	25300	25300	16721	16721	16721	16721	16721	16721	16721	16721	16721	16721
	低速货车			33990	33990	33990	33990	33990	33990	33990	33990	33990	22464	22464	22464	22464	22464	22464	22464	22464	22464	22464
摩托车	普通摩托车			12928	12928	12928	12928	9648	6368	3409	3409	3409	3409	3409	2544	1679	1679	1679	1679	1679	1679	1679
	轻便摩托车			41808	41808	41808	41808	41808	8362	8362	4116	4116	4116	4116	3072	2027	2027	2027	2027	2027	2027	2027

商洛市 NO_x 排放系数

单位：克/（辆·年）

车辆类型		使用性质	燃料种类	1999年年底前	2000年	2001年	2002年	2003年	2004年	2005年	2006年	2007年	2008年	2009年	2010年	2011年	2012年	2013年	2014年	2015年	2016年	2017年
载客汽车	微型	出租车	汽油	307856	208879	109902	109902	109902	109902	81818	53733	53733	40327	26921	26921	21838	16755	16755	16755	16755	10058	7825
			燃气	207143	141578	76014	76014	76014	76014	56979	37944	37944	28772	19601	19601	15778	11956	11956	11956	11956	7023	5379
		其他	汽油	32675	20494	8312	8312	8312	8312	5232	2153	2153	1754	1356	1356	1140	924	924	924	924	646	554
			燃气	21052	12534	4017	4017	4017	4017	2616	1216	1216	988	761	761	612	463	463	463	463	373	343
	小型	出租车	汽油	347710	231144	114577	114577	114577	114577	84514	54452	54452	40686	26921	26921	21163	15405	15405	15405	15405	8818	6623
			柴油	388330	326940	265551	265551	265551	265551	236208	206865	206865	164400	121935	121935	121935	121935	98762	75588	75588	57003	50808
			燃气	233501	156304	79106	79106	79106	79106	58762	38419	38419	29010	19601	19601	15332	11063	11063	11063	11063	6203	4583
		其他	汽油	30485	19459	8433	8433	8433	8433	5582	2730	2730	1898	1067	1067	972	878	878	878	878	610	520
			柴油	27051	22136	17222	17222	17222	17222	15858	14493	14493	11342	8192	8192	8192	8192	7068	5945	5945	5178	4922
			燃气	19603	12492	5381	5381	5381	5381	3489	1597	1597	1083	569	569	501	433	433	433	433	348	320
	中型	公交车	汽油	327617	327617	327617	327617	327617	223817	16217	16217	16217	16217	16217	14544	12871	12871	9716	6562	6562	6562	6562
			柴油	365800	365800	364941	363224	363224	348789	319918	319918	319918	266476	213035	213035	213035	213035	173852	134668	134668	112748	105441
			燃气	388397	388397	383773	374526	374526	362909	339674	339674	339674	282701	225728	225728	142748	142748	111799	111799	111799	111799	111799
		其他	汽油	200859	200859	200859	200859	200859	136249	7030	7030	7030	7030	7030	7030	7030	7030	5273	3516	3516	3516	3516
			柴油	171544	171544	164383	150061	150061	148792	146254	146254	146254	124560	102867	102867	102867	102867	91336	79806	79806	68115	64218
			燃气	193709	193709	182947	161424	161424	159903	156860	156860	156860	133555	110250	110250	85880	85880	68984	68984	68984	68984	68984
	大型	公交车	汽油	1167135	1167135	1167135	1167135	1167135	802544	73363	73363	73363	73363	73363	73298	73234	73234	54926	36618	36618	36618	36618
			柴油	518814	518814	502049	468520	468520	455207	428582	428582	428582	420858	413135	413135	413135	413135	398238	383341	383341	345564	332971
			燃气	1043124	1043124	985173	869270	869270	804765	675754	675754	675754	578996	482238	482238	448963	448963	389133	389133	389133	389133	389133
		其他	汽油	2785740	2785740	2785740	2785740	2785740	1915528	175104	175104	175104	175104	175104	168538	161971	161971	121608	81245	81245	81245	81245
			柴油	1242398	1242398	1210429	1146490	1146490	1119761	1066302	1066302	1066302	1028760	991218	991218	991218	991218	943644	896071	896071	793014	758661
			燃气	2312589	2312589	2184112	1927158	1927158	1784151	1498136	1498136	1498136	1284116	1070097	1070097	965410	965410	819064	819064	819064	819064	819064
载货汽车	微型		汽油	110256	65373	20490	20490	20490	20490	13935	7380	7380	5976	4573	4573	4057	3541	3541	3541	3541	2660	2367
			柴油	74067	61026	47984	47984	47984	47984	43216	38449	38449	32555	26661	26661	26661	26661	19502	12343	12343	10630	10059
			燃气	71036	40469	9902	9902	9902	9902	7035	4168	4168	3367	2566	2566	2170	1774	1774	1774	1774	1543	1465
	轻型		汽油	82042	52543	23044	23044	23044	23044	15560	8076	8076	6769	5462	5462	4550	3637	3637	3637	3637	2781	2496
			柴油	74330	61157	47984	47984	47984	47984	43216	38449	38449	32555	26661	26661	26661	26661	21276	15890	15890	14801	14438
			燃气	52756	33730	14704	14704	14704	14704	9714	4724	4724	3819	2913	2913	2353	1794	1794	1794	1794	1600	1536
	中型		汽油	249169	249169	249169	249169	249169	170110	11991	11991	11991	11991	11991	11991	11991	11991	8997	6003	6003	6003	6003
			柴油	474088	474088	425697	328914	328914	312761	280455	280455	280455	271826	263198	263198	263198	263198	230924	198649	198649	171055	161857
			燃气	535344	535344	474836	353820	353820	336144	300793	300793	300793	291441	282088	282088	213768	213768	173869	173869	173869	173869	173869
	重型		汽油	1283744	1283744	1283744	1283744	1283744	882727	80692	80692	80692	80692	80692	77666	74641	74641	56040	37440	37440	37440	37440
			柴油	716451	716451	691996	643086	643086	619300	571728	571728	571728	548802	525875	525875	525875	525875	459356	392837	392837	276783	238098
			燃气	1333596	1333596	1249389	1080976	1080976	988407	803268	803268	803268	685496	567723	567723	423235	423235	257055	257055	257055	257055	257055
低速汽车	三轮汽车			65550	65550	65550	65550	65550	65550	65550	65550	65550	53279	53279	53279	53279	53279	53279	53279	53279	53279	53279
	低速货车			88065	88065	88065	88065	88065	88065	88065	88065	88065	71579	71579	71579	71579	71579	71579	71579	71579	71579	71579
摩托车	普通摩托车			965	965	965	965	932	900	836	836	836	836	836	743	650	650	650	650	650	650	650
	轻便摩托车			643	643	643	643	643	322	322	322	322	322	322	286	250	250	250	250	250	250	250

商洛市 PM 排放系数

单位：克/（辆·年）

车辆类型		使用性质	燃料种类	1999 年年底前	2000 年	2001 年	2002 年	2003 年	2004 年	2005 年	2006 年	2007 年	2008 年	2009 年	2010 年	2011 年	2012 年	2013 年	2014 年	2015 年	2016 年	2017 年
载客汽车	微型	出租车	汽油	—	—	—	—	—	—	—	—	—	—	—	—	—	—	—	—	—	—	—
			燃气	—	—	—	—	—	—	—	—	—	—	—	—	—	—	—	—	—	—	—
		其他	汽油	—	—	—	—	—	—	—	—	—	—	—	—	—	—	—	—	—	—	—
			燃气	—	—	—	—	—	—	—	—	—	—	—	—	—	—	—	—	—	—	—
	小型	出租车	汽油	—	—	—	—	—	—	—	—	—	—	—	—	—	—	—	—	—	—	—
			柴油	49390	45238	41085	41085	41085	41085	28082	15080	15080	9816	4552	4552	4552	4552	4230	3909	3909	3232	3007
			燃气	—	—	—	—	—	—	—	—	—	—	—	—	—	—	—	—	—	—	—
		其他	汽油	—	—	—	—	—	—	—	—	—	—	—	—	—	—	—	—	—	—	—
			柴油	3921	3711	3501	3501	3501	3501	2522	1542	1542	1128	715	715	715	715	600	485	485	485	485
			燃气	—	—	—	—	—	—	—	—	—	—	—	—	—	—	—	—	—	—	—
	中型	公交车	汽油	—	—	—	—	—	—	—	—	—	—	—	—	—	—	—	—	—	—	—
			柴油	30592	30592	28032	22913	22913	17978	8108	8108	8108	6872	5637	5637	5637	5637	3504	1372	1372	1080	983
			燃气	—	—	—	—	—	—	—	—	—	—	—	—	—	—	—	—	—	—	—
		其他	汽油	—	—	—	—	—	—	—	—	—	—	—	—	—	—	—	—	—	—	—
			柴油	15274	15274	12888	8116	8116	6262	2553	2553	2553	2434	2316	2316	2316	2316	1366	415	415	399	394
			燃气	—	—	—	—	—	—	—	—	—	—	—	—	—	—	—	—	—	—	—
	大型	公交车	汽油	—	—	—	—	—	—	—	—	—	—	—	—	—	—	—	—	—	—	—
			柴油	94865	94865	93934	92071	92071	71272	29674	29674	29674	19994	10315	10315	10315	10315	6116	1916	1916	1845	1821
			燃气	—	—	—	—	—	—	—	—	—	—	—	—	—	—	—	—	—	—	—
		其他	汽油	—	—	—	—	—	—	—	—	—	—	—	—	—	—	—	—	—	—	—
			柴油	142314	142314	133412	115607	115607	85425	25061	25061	25061	17182	9303	9303	9303	9303	5868	2433	2433	2343	2313
			燃气	—	—	—	—	—	—	—	—	—	—	—	—	—	—	—	—	—	—	—
载货汽车	微型		汽油	—	—	—	—	—	—	—	—	—	—	—	—	—	—	—	—	—	—	—
			柴油	9013	8826	8640	8640	8640	8640	7036	5433	5433	4032	2632	2632	2632	2632	1657	682	682	679	678
			燃气	—	—	—	—	—	—	—	—	—	—	—	—	—	—	—	—	—	—	—
	轻型		汽油	—	—	—	—	—	—	—	—	—	—	—	—	—	—	—	—	—	—	—
			柴油	9374	9007	8640	8640	8640	8640	7036	5433	5433	4032	2632	2632	2632	2632	1984	1337	1337	1104	1026
			燃气	—	—	—	—	—	—	—	—	—	—	—	—	—	—	—	—	—	—	—
	中型		汽油	—	—	—	—	—	—	—	—	—	—	—	—	—	—	—	—	—	—	—
			柴油	41640	41640	35042	21845	21845	16808	6733	6733	6733	6378	6024	6024	6024	6024	3862	1701	1701	1558	1510
			燃气	—	—	—	—	—	—	—	—	—	—	—	—	—	—	—	—	—	—	—
	重型		汽油	—	—	—	—	—	—	—	—	—	—	—	—	—	—	—	—	—	—	—
			柴油	94966	94966	78055	44233	44233	35121	16897	16897	16897	11578	6260	6260	6260	6260	4174	2088	2088	1765	1657
			燃气	—	—	—	—	—	—	—	—	—	—	—	—	—	—	—	—	—	—	—
低速汽车	三轮汽车			4092	4092	4092	4092	4092	4092	4092	4092	4092	3220	3220	3220	3220	3220	3220	3220	3220	3220	3220
	低速货车			5581	5581	5581	5581	5581	5581	5581	5581	5581	4392	4392	4392	4392	4392	4392	4392	4392	4392	4392
摩托车	普通摩托车			—	—	—	—	—	—	—	—	—	—	—	—	—	—	—	—	—	—	—
	轻便摩托车			—	—	—	—	—	—	—	—	—	—	—	—	—	—	—	—	—	—	—

商洛市 VOCs 排放系数

单位：克/（辆·年）

车辆类型		使用性质	燃料种类	1999 年年底前	2000 年	2001 年	2002 年	2003 年	2004 年	2005 年	2006 年	2007 年	2008 年	2009 年	2010 年	2011 年	2012 年	2013 年	2014 年	2015 年	2016 年	2017 年
载客汽车	微型	出租车	汽油	743276	443988	144700	144700	144700	144700	109236	73772	73772	60592	47411	47411	39004	30598	30598	30598	30598	20998	17798
			燃气	383610	233732	83853	83853	83853	83853	64400	44947	44947	37142	29338	29338	23289	17240	17240	17240	17240	10212	7869
		其他	汽油	44311	27030	9748	9748	9748	9748	9364	8979	8979	7778	6576	6576	6284	5993	5993	5993	5993	5114	4821
			燃气	17924	10076	2227	2227	2227	2227	2132	2038	2038	1520	1001	1001	912	824	824	824	824	558	469
	小型	出租车	汽油	743276	436787	130298	130298	130298	130298	121103	111908	111908	79660	47411	47411	39004	30598	30598	30598	30598	19802	16204
			柴油	217772	204814	191857	191857	191857	191857	173012	154167	154167	114036	73905	73905	73905	73905	54748	35592	35592	19683	14380
			燃气	383610	230134	76658	76658	76658	76658	70328	63999	63999	46668	29338	29338	23289	17240	17240	17240	17240	9615	7073
		其他	汽油	44917	27258	9598	9598	9598	9598	9616	9634	9634	8107	6580	6580	6247	5914	5914	5914	5914	5173	4926
			柴油	10170	9296	8422	8422	8422	8422	7132	5843	5843	3987	2131	2131	2131	2131	1812	1492	1492	1070	930
			燃气	18227	10984	3740	3740	3740	3740	3052	2365	2365	1758	1150	1150	967	784	784	784	784	588	522
	中型	公交车	汽油	247800	247800	247800	247800	247203	168960	13668	13668	13668	13668	13668	13516	13365	13365	10938	8510	8510	8510	8510
			柴油	87806	87806	86086	82645	82645	64494	28192	28192	28192	20508	12823	12823	12823	12823	8958	5093	5093	4763	4653
			燃气	71579	71579	67602	59649	59649	57536	53311	53311	53311	42686	32061	32061	22219	22219	22154	22154	22154	22154	22154
		其他	汽油	128510	128510	128510	128510	127913	87591	8140	8140	8140	8140	8140	7994	7849	7849	6798	5746	5746	5746	5746
			柴油	30493	30493	28460	24394	24394	18567	6912	6912	6912	6506	6099	6099	6099	6099	3750	1402	1402	1243	1190
			燃气	34560	34560	32640	28800	28800	27780	25740	25740	25740	20623	15506	15506	10732	10732	9642	9642	9642	9642	9642
	大型	公交车	汽油	577108	577108	577108	577108	576511	388933	14971	14971	14971	14971	14971	14832	14692	14692	11926	9160	9160	9160	9160
			柴油	131708	131708	108010	60614	60614	60614	60614	60614	60614	43515	26416	26416	26416	26416	17675	8934	8934	5723	4653
			燃气	168926	168926	159541	140772	140772	135786	125815	125815	125815	100740	75665	75665	52438	52438	47188	47188	47188	47188	47188
		其他	汽油	1278406	1278406	1278406	1278406	1277809	860961	28458	28458	28458	28458	28458	22199	15940	15940	12750	9559	9559	9559	9559
			柴油	272891	272891	207397	76409	76409	76409	76409	76409	76409	55942	35476	35476	35476	35476	20706	5937	5937	5324	5119
			燃气	266186	266186	251398	221822	221822	213966	198253	198253	198253	158842	119430	119430	82662	82662	74261	74261	74261	74261	74261
载货汽车	微型		汽油	237498	128209	18920	18920	18920	18920	17890	16860	16860	15587	14314	14314	11994	9674	9674	9674	9674	8368	7932
			柴油	33983	31754	29524	29524	29524	29524	27130	24737	24737	18174	11612	11612	11612	11612	7974	4337	4337	3060	2634
			燃气	96069	50196	4322	4322	4322	4322	4075	3827	3827	3003	2179	2179	1754	1330	1330	1330	1330	911	772
	轻型		汽油	123792	74298	24803	24803	24803	24803	21520	18236	18236	16400	14563	14563	12940	11318	11318	11318	11318	9890	9414
			柴油	31083	30304	29524	29524	29524	29524	27130	24737	24737	18174	11612	11612	11612	11612	8808	6004	6004	4727	4301
			燃气	50234	29949	9665	9665	9665	9665	7071	4477	4477	3511	2545	2545	2023	1500	1500	1500	1500	1123	998
	中型		汽油	380275	380275	380275	380275	379678	258274	16661	16661	16661	16661	16661	16522	16382	16382	13190	9999	9999	9999	9999
			柴油	87624	87624	81782	70099	70099	53353	19861	19861	19861	18698	17536	17536	17536	17536	12709	7882	7882	4690	3626
			燃气	99311	99311	93794	82760	82760	79827	73962	73962	73962	59272	44583	44583	60335	60335	29380	29380	29380	29380	29380
	重型		汽油	618472	618472	618472	618472	617874	416775	15771	15771	15771	15771	15771	12684	9598	9598	8054	6510	6510	6510	6510
			柴油	165376	165376	125686	46305	46305	46305	46305	46305	46305	33902	21499	21499	21499	21499	13672	5845	5845	4122	3548
			燃气	161313	161313	152351	134427	134427	129666	120144	120144	120144	96260	72376	72376	81381	81381	51471	51471	51471	51471	51471
低速汽车	三轮汽车			25300	25300	25300	25300	25300	25300	25300	25300	25300	16721	16721	16721	16721	16721	16721	16721	16721	16721	16721
	低速货车			33990	33990	33990	33990	33990	33990	33990	33990	33990	22464	22464	22464	22464	22464	22464	22464	22464	22464	22464
摩托车	普通摩托车			12928	12928	12928	12928	9648	6368	3409	3409	3409	3409	3409	2544	1679	1679	1679	1679	1679	1679	1679
	轻便摩托车			41808	41808	41808	41808	41808	8362	8362	4116	4116	4116	4116	3072	2027	2027	2027	2027	2027	2027	2027

兰州市 NO_x 排放系数

单位：克/（辆·年）

车辆类型		使用性质	燃料种类	1999 年年底前	2000 年	2001 年	2002 年	2003 年	2004 年	2005 年	2006 年	2007 年	2008 年	2009 年	2010 年	2011 年	2012 年	2013 年	2014 年	2015 年	2016 年	2017 年
载客汽车	微型	出租车	汽油	350871	231246	111621	111621	111621	111621	78469	45317	45317	30488	15660	15660	14708	13757	13757	13757	13757	10213	9032
			燃气	117595	79082	40570	40570	40570	40570	29329	18088	18088	12885	7682	7682	6726	5771	5771	5771	5771	3840	3196
		其他	汽油	66519	41804	17090	17090	17090	17090	10488	3887	3887	3104	2322	2322	2110	1898	1898	1898	1898	1422	1264
			燃气	21134	12656	4178	4178	4178	4178	2716	1253	1253	1006	760	760	666	573	573	573	573	444	401
	小型	出租车	汽油	401352	259638	117923	117923	117923	117923	82104	46286	46286	30973	15660	15660	13604	11547	11547	11547	11547	8306	7226
			柴油	319298	260388	201477	201477	201477	201477	181701	161925	161925	128149	94373	94373	94373	94373	79708	65042	65042	55301	52054
			燃气	133719	88151	42583	42583	42583	42583	30490	18397	18397	13040	7682	7682	6374	5065	5065	5065	5065	3230	2619
		其他	汽油	61964	39658	17352	17352	17352	17352	11245	5138	5138	3428	1719	1719	1746	1774	1774	1774	1774	1328	1179
			柴油	47344	38560	29776	29776	29776	29776	27408	25040	25040	19768	14497	14497	14497	14497	12572	10647	10647	9628	9288
			燃气	19679	12642	5604	5604	5604	5604	3628	1652	1652	1110	567	567	550	534	534	534	534	414	374
	中型	公交车	汽油	706439	706439	706439	706439	706439	482616	34969	34969	34969	34969	34969	31361	27753	27753	20952	14150	14150	14150	14150
			柴油	619442	619442	617988	615079	615079	590635	541746	541746	541746	451248	360751	360751	360751	360751	294398	228046	228046	190926	178552
			燃气	657707	657707	649877	634218	634218	614545	575200	575200	575200	478723	382246	382246	241727	241727	189319	189319	189319	189319	189319
		其他	汽油	415913	415913	415913	415913	415913	282128	14557	14557	14557	14557	14557	14557	14557	14557	10918	7280	7280	7280	7280
			柴油	278955	278955	267310	244021	244021	241958	237831	237831	237831	202554	167276	167276	167276	167276	148526	129775	129775	110765	104428
			燃气	314999	314999	297499	262499	262499	260025	255077	255077	255077	217180	179283	179283	139654	139654	112178	112178	112178	112178	112178
	大型	公交车	汽油	2516689	2516689	2516689	2516689	2516689	1730523	158192	158192	158192	158192	158192	158053	157914	157914	118436	78959	78959	78959	78959
			柴油	878554	878554	850165	793386	793386	770843	725757	725757	725757	712678	699599	699599	699599	699599	674372	649145	649145	585173	563849
			燃气	1766414	1766414	1668280	1472012	1472012	1362779	1144314	1144314	1144314	980465	816616	816616	760270	760270	658954	658954	658954	658954	658954
		其他	汽油	5768347	5768347	5768347	5768347	5768347	3966425	362582	362582	362582	362582	362582	348985	335388	335388	251810	168231	168231	168231	168231
			柴油	2020320	2020320	1968333	1864360	1864360	1820894	1733961	1733961	1733961	1672912	1611864	1611864	1611864	1611864	1534502	1457141	1457141	1289555	1233693
			燃气	3760606	3760606	3551683	3133838	3133838	2901287	2436186	2436186	2436186	2088160	1740133	1740133	1569896	1569896	1331917	1331917	1331917	1331917	1331917
载货汽车	微型		汽油	195515	114261	33007	33007	33007	33007	22000	10994	10994	8810	6626	6626	5996	5367	5367	5367	5367	4279	3916
			柴油	110212	90180	70148	70148	70148	70148	63318	56489	56489	48080	39672	39672	39672	39672	28995	18318	18318	16264	15580
			燃气	62118	35094	8069	8069	8069	8069	5807	3544	3544	2856	2169	2169	1894	1620	1620	1620	1620	1337	1242
	轻型		汽油	138135	87764	37394	37394	37394	37394	24792	12190	12190	10172	8153	8153	6842	5532	5532	5532	5532	4486	4137
			柴油	110624	90386	70148	70148	70148	70148	63318	56489	56489	48080	39672	39672	39672	39672	31802	23931	23931	22865	22510
			燃气	43870	27973	12077	12077	12077	12077	7998	3919	3919	3304	2689	2689	2177	1665	1665	1665	1665	1401	1312
	中型		汽油	533778	533778	533778	533778	533778	364414	25688	25688	25688	25688	25688	25688	25688	25688	19274	12859	12859	12859	12859
			柴油	790687	790687	709980	548565	548565	521625	467746	467746	467746	464004	460262	460262	460262	460262	403822	347382	347382	299128	283043
			燃气	892852	892852	791936	590104	590104	560624	501664	501664	501664	497482	493299	493299	373826	373826	304049	304049	304049	304049	304049
	重型		汽油	1645101	1645101	1645101	1645101	1645101	1131203	103406	103406	103406	103406	103406	99528	95651	95651	71815	47979	47979	47979	47979
			柴油	756827	756827	730994	679328	679328	654201	603948	603948	603948	579730	555511	555511	555511	555511	479904	404296	404296	266981	221209
			燃气	1408751	1408751	1319799	1141895	1141895	1044109	848537	848537	848537	724127	599717	599717	435581	435581	238821	238821	238821	238821	238821
低速汽车	三轮汽车			65550	65550	65550	65550	65550	65550	65550	65550	65550	53279	53279	53279	53279	53279	53279	53279	53279	53279	53279
	低速货车			88065	88065	88065	88065	88065	88065	88065	88065	88065	71579	71579	71579	71579	71579	71579	71579	71579	71579	71579
摩托车	普通摩托车			992	992	992	992	959	926	860	860	860	860	860	764	668	668	668	668	668	668	668
	轻便摩托车			661	661	661	661	661	331	331	331	331	331	331	294	257	257	257	257	257	257	257

兰州市PM排放系数

单位：克/（辆·年）

车辆类型		使用性质	燃料种类	1999年年底前	2000年	2001年	2002年	2003年	2004年	2005年	2006年	2007年	2008年	2009年	2010年	2011年	2012年	2013年	2014年	2015年	2016年	2017年
载客汽车	微型	出租车	汽油	—	—	—	—	—	—	—	—	—	—	—	—	—	—	—	—	—	—	—
			燃气	—	—	—	—	—	—	—	—	—	—	—	—	—	—	—	—	—	—	—
		其他	汽油	—	—	—	—	—	—	—	—	—	—	—	—	—	—	—	—	—	—	—
			燃气	—	—	—	—	—	—	—	—	—	—	—	—	—	—	—	—	—	—	—
	小型	出租车	汽油	—	—	—	—	—	—	—	—	—	—	—	—	—	—	—	—	—	—	—
			柴油	33596	30776	27955	27955	27955	27955	18837	9719	9719	6408	3096	3096	3096	3096	2878	2659	2659	2198	2045
			燃气	—	—	—	—	—	—	—	—	—	—	—	—	—	—	—	—	—	—	—
		其他	汽油	—	—	—	—	—	—	—	—	—	—	—	—	—	—	—	—	—	—	—
			柴油	4383	4147	3911	3911	3911	3911	2792	1672	1672	1240	808	808	808	808	661	514	514	514	514
			燃气	—	—	—	—	—	—	—	—	—	—	—	—	—	—	—	—	—	—	—
	中型	公交车	汽油	—	—	—	—	—	—	—	—	—	—	—	—	—	—	—	—	—	—	—
			柴油	31857	31857	29192	23861	23861	18722	8443	8443	8443	7156	5870	5870	5870	5870	3649	1428	1428	1124	1023
			燃气	—	—	—	—	—	—	—	—	—	—	—	—	—	—	—	—	—	—	—
		其他	汽油	—	—	—	—	—	—	—	—	—	—	—	—	—	—	—	—	—	—	—
			柴油	15274	15274	12888	8116	8116	6262	2553	2553	2553	2434	2316	2316	2316	2316	1366	415	415	399	394
			燃气	—	—	—	—	—	—	—	—	—	—	—	—	—	—	—	—	—	—	—
	大型	公交车	汽油	—	—	—	—	—	—	—	—	—	—	—	—	—	—	—	—	—	—	—
			柴油	98788	98788	97818	95878	95878	74219	30901	30901	30901	20821	10741	10741	10741	10741	6368	1995	1995	1921	1896
			燃气	—	—	—	—	—	—	—	—	—	—	—	—	—	—	—	—	—	—	—
		其他	汽油	—	—	—	—	—	—	—	—	—	—	—	—	—	—	—	—	—	—	—
			柴油	142314	142314	133412	115607	115607	85425	25061	25061	25061	17182	9303	9303	9303	9303	5868	2433	2433	2343	2313
			燃气	—	—	—	—	—	—	—	—	—	—	—	—	—	—	—	—	—	—	—
载货汽车	微型		汽油	—	—	—	—	—	—	—	—	—	—	—	—	—	—	—	—	—	—	—
			柴油	8145	7976	7808	7808	7808	7808	6398	4988	4988	3702	2416	2416	2416	2416	1521	626	626	623	622
			燃气	—	—	—	—	—	—	—	—	—	—	—	—	—	—	—	—	—	—	—
	轻型		汽油	—	—	—	—	—	—	—	—	—	—	—	—	—	—	—	—	—	—	—
			柴油	8471	8140	7808	7808	7808	7808	6398	4988	4988	3702	2416	2416	2416	2416	1822	1228	1228	1014	942
			燃气	—	—	—	—	—	—	—	—	—	—	—	—	—	—	—	—	—	—	—
	中型		汽油	—	—	—	—	—	—	—	—	—	—	—	—	—	—	—	—	—	—	—
			柴油	41967	41967	35317	22017	22017	16968	6871	6871	6871	6510	6148	6148	6148	6148	3942	1736	1736	1590	1541
			燃气	—	—	—	—	—	—	—	—	—	—	—	—	—	—	—	—	—	—	—
	重型		汽油	—	—	—	—	—	—	—	—	—	—	—	—	—	—	—	—	—	—	—
			柴油	56124	56124	46130	26141	26141	20756	9986	9986	9986	6843	3700	3700	3700	3700	2492	1283	1283	1084	1018
			燃气	—	—	—	—	—	—	—	—	—	—	—	—	—	—	—	—	—	—	—
低速汽车	三轮汽车			4092	4092	4092	4092	4092	4092	4092	4092	4092	3220	3220	3220	3220	3220	3220	3220	3220	3220	3220
	低速货车			5581	5581	5581	5581	5581	5581	5581	5581	5581	4392	4392	4392	4392	4392	4392	4392	4392	4392	4392
摩托车	普通摩托车			—	—	—	—	—	—	—	—	—	—	—	—	—	—	—	—	—	—	—
	轻便摩托车			—	—	—	—	—	—	—	—	—	—	—	—	—	—	—	—	—	—	—

兰州市 VOCs 排放系数

单位：克/（辆·年）

车辆类型		使用性质	燃料种类	1999 年年底前	2000 年	2001 年	2002 年	2003 年	2004 年	2005 年	2006 年	2007 年	2008 年	2009 年	2010 年	2011 年	2012 年	2013 年	2014 年	2015 年	2016 年	2017 年
载客汽车	微型	出租车	汽油	903467	516926	130386	130386	130386	130386	93795	57204	57204	45505	33806	33806	30138	26471	26471	26471	26471	23830	22949
			燃气	262902	152978	43053	43053	43053	43053	31711	20369	20369	16422	12476	12476	10432	8389	8389	8389	8389	6488	5854
		其他	汽油	81856	47816	13777	13777	13777	13777	13328	12878	12878	10862	8845	8845	8541	8237	8237	8237	8237	6904	6460
			燃气	20563	11486	2408	2408	2408	2408	2310	2212	2212	1658	1105	1105	1068	1031	1031	1031	1031	769	682
	小型	出租车	汽油	903467	508496	113525	113525	113525	113525	107560	101595	101595	67700	33806	33806	30138	26471	26471	26471	26471	21877	20346
			柴油	108571	102958	97344	97344	97344	97344	91452	85560	85560	58404	31247	31247	31247	31247	23484	15720	15720	10109	8239
			燃气	262902	150580	38258	38258	38258	38258	35626	32993	32993	22734	12476	12476	10432	8389	8389	8389	8389	5933	5114
		其他	汽油	83084	48285	13486	13486	13486	13486	13822	14157	14157	11504	8851	8851	8454	8056	8056	8056	8056	7039	6700
			柴油	14174	12944	11714	11714	11714	11714	10100	8485	8485	5696	2906	2906	2906	2906	2530	2153	2153	1574	1381
			燃气	20912	12501	4090	4090	4090	4090	3333	2576	2576	1926	1276	1276	1128	980	980	980	980	808	751
	中型	公交车	汽油	280507	280507	280507	280507	279910	191201	14976	14976	14976	14976	14976	14823	14670	14670	11917	9164	9164	9164	9164
			柴油	91436	91436	89645	86063	86063	67161	29358	29358	29358	21356	13354	13354	13354	13354	9328	5303	5303	4960	4846
			燃气	74539	74539	70398	62116	62116	59916	55516	55516	55516	44452	33387	33387	23138	23138	23070	23070	23070	23070	23070
		其他	汽油	139567	139567	139567	139567	138970	95087	8514	8514	8514	8514	8514	8368	8222	8222	7078	5933	5933	5933	5933
			柴油	30493	30493	28460	24394	24394	18567	6912	6912	6912	6506	6099	6099	6099	6099	3750	1402	1402	1243	1190
			燃气	34560	34560	32640	28800	28800	27780	25740	25740	25740	20623	15506	15506	10732	10732	9642	9642	9642	9642	9642
	大型	公交车	汽油	654295	654295	654295	654295	653698	440886	16456	16456	16456	16456	16456	16316	16176	16176	13038	9901	9901	9901	9901
			柴油	137155	137155	112477	63120	63120	63120	63120	63120	63120	45314	27508	27508	27508	27508	18406	9304	9304	5960	4846
			燃气	175912	175912	166139	146593	146593	141401	131018	131018	131018	104906	78794	78794	54606	54606	49139	49139	49139	49139	49139
		其他	汽油	1392953	1392953	1392953	1392953	1392356	938060	30661	30661	30661	30661	30661	23852	17042	17042	13565	10088	10088	10088	10088
			柴油	272891	272891	207397	76409	76409	76409	76409	76409	76409	55942	35476	35476	35476	35476	20706	5937	5937	5324	5119
			燃气	266186	266186	251398	221822	221822	213966	198253	198253	198253	158842	119430	119430	82662	82662	74261	74261	74261	74261	74261
载货汽车	微型		汽油	397004	211718	26431	26431	26431	26431	25173	23915	23915	22111	20307	20307	16692	13078	13078	13078	13078	11385	10821
			柴油	42428	39669	36910	36910	36910	36910	34102	31293	31293	22730	14168	14168	14168	14168	9660	5151	5151	3844	3408
			燃气	99731	52175	4620	4620	4620	4620	4364	4108	4108	3322	2537	2537	2087	1637	1637	1637	1637	1266	1142
	轻型		汽油	203481	119963	36445	36445	36445	36445	31352	26258	26258	23494	20730	20730	18304	15877	15877	15877	15877	13976	13342
			柴油	38423	37666	36910	36910	36910	36910	34102	31293	31293	22730	14168	14168	14168	14168	10810	7451	7451	6144	5708
			燃气	51216	31134	11053	11053	11053	11053	7915	4778	4778	3883	2989	2989	2460	1931	1931	1931	1931	1604	1495
	中型		汽油	404496	404496	404496	404496	403899	274695	17481	17481	17481	17481	17481	17341	17201	17201	13804	10408	10408	10408	10408
			柴油	86676	86676	80898	69341	69341	52776	19647	19647	19647	18501	17355	17355	17355	17355	12578	7800	7800	4641	3588
			燃气	98236	98236	92779	81865	81865	78965	73165	73165	73165	58644	44123	44123	59707	59707	29072	29072	29072	29072	29072
	重型		汽油	411949	411949	411949	411949	411352	277769	11799	11799	11799	11799	11799	9706	7613	7613	6584	5555	5555	5555	5555
			柴油	108549	108549	82497	30394	30394	30394	30394	30394	30394	22252	14111	14111	14111	14111	8788	3466	3466	2446	2106
			燃气	105882	105882	100000	88236	88236	85111	78861	78861	78861	63183	47505	47505	48258	48258	30552	30552	30552	30552	30552
低速汽车	三轮汽车			25300	25300	25300	25300	25300	25300	25300	25300	25300	16721	16721	16721	16721	16721	16721	16721	16721	16721	16721
	低速货车			33990	33990	33990	33990	33990	33990	33990	33990	33990	22464	22464	22464	22464	22464	22464	22464	22464	22464	22464
摩托车	普通摩托车			13290	13290	13290	13290	9918	6546	3504	3504	3504	3504	3504	2615	1726	1726	1726	1726	1726	1726	1726
	轻便摩托车			42978	42978	42978	42978	42978	8596	8596	4232	4232	4232	4232	3158	2084	2084	2084	2084	2084	2084	2084

嘉峪关市 NO_x 排放系数

单位：克/（辆·年）

车辆类型		使用性质	燃料种类	1999年年底前	2000年	2001年	2002年	2003年	2004年	2005年	2006年	2007年	2008年	2009年	2010年	2011年	2012年	2013年	2014年	2015年	2016年	2017年
载客汽车	微型	出租车	汽油	432879	286620	140360	140360	140360	140360	100281	60202	60202	42086	23970	23970	20315	16660	16660	16660	16660	11623	9944
			燃气	149780	102344	54908	54908	54908	54908	40789	26670	26670	19918	13166	13166	10681	8196	8196	8196	8196	4914	3820
		其他	汽油	58027	36292	14557	14557	14557	14557	8978	3398	3398	2741	2084	2084	1737	1390	1390	1390	1390	1050	937
			燃气	18421	11000	3578	3578	3578	3578	2337	1096	1096	890	684	684	548	411	411	411	411	326	297
	小型	出租车	汽油	493629	320684	147740	147740	147740	147740	104538	61336	61336	42653	23970	23970	19262	14554	14554	14554	14554	9716	8104
			柴油	392750	324568	256386	256386	256386	256386	228944	201501	201501	159304	117107	117107	117107	117107	97094	77080	77080	61170	55867
			燃气	169185	113226	57266	57266	57266	57266	42149	27032	27032	20099	13166	13166	10344	7523	7523	7523	7523	4305	3232
		其他	汽油	54068	34423	14778	14778	14778	14778	9616	4453	4453	3006	1560	1560	1434	1309	1309	1309	1309	984	875
			柴油	37096	30266	23437	23437	23437	23437	21596	19755	19755	15454	11154	11154	11154	11154	9658	8161	8161	7140	6800
			燃气	17156	10969	4782	4782	4782	4782	3108	1434	1434	975	516	516	450	385	385	385	385	304	277
	中型	公交车	汽油	678387	678387	678387	678387	678387	463451	33580	33580	33580	33580	33580	30116	26651	26651	20120	13588	13588	13588	13588
			柴油	594844	594844	593447	590654	590654	567181	520234	520234	520234	433330	346426	346426	346426	346426	282708	218990	218990	183344	171462
			燃气	631590	631590	624071	609033	609033	590142	552359	552359	552359	459713	367067	367067	232128	232128	181801	181801	181801	181801	181801
		其他	汽油	415913	415913	415913	415913	415913	282128	14557	14557	14557	14557	14557	14557	14557	14557	10918	7280	7280	7280	7280
			柴油	278955	278955	267310	244021	244021	241958	237831	237831	237831	202554	167276	167276	167276	167276	148526	129775	129775	110765	104428
			燃气	314999	314999	297499	262499	262499	260025	255077	255077	255077	217180	179283	179283	139654	139654	112178	112178	112178	112178	112178
	大型	公交车	汽油	2416752	2416752	2416752	2416752	2416752	1661805	151910	151910	151910	151910	151910	151777	151644	151644	113734	75824	75824	75824	75824
			柴油	843666	843666	816404	761881	761881	740233	696937	696937	696937	684378	671818	671818	671818	671818	647593	623368	623368	561936	541459
			燃气	1696271	1696271	1602034	1413559	1413559	1308664	1098874	1098874	1098874	941532	784189	784189	730080	730080	632787	632787	632787	632787	632787
		其他	汽油	5768347	5768347	5768347	5768347	5768347	3966425	362582	362582	362582	362582	362582	348985	335388	335388	251810	168231	168231	168231	168231
			柴油	2020320	2020320	1968333	1864360	1864360	1820894	1733961	1733961	1733961	1672912	1611864	1611864	1611864	1611864	1534502	1457141	1457141	1289555	1233693
			燃气	3760606	3760606	3551683	3133838	3133838	2901287	2436186	2436186	2436186	2088160	1740133	1740133	1569896	1569896	1331917	1331917	1331917	1331917	1331917
载货汽车	微型		汽油	192907	113462	34017	34017	34017	34017	22670	11322	11322	9072	6822	6822	6174	5525	5525	5525	5525	4408	4036
			柴油	99194	81320	63445	63445	63445	63445	57208	50970	50970	43204	35437	35437	35437	35437	25908	16379	16379	14413	13758
			燃气	61239	34800	8361	8361	8361	8361	6006	3652	3652	2945	2239	2239	1936	1634	1634	1634	1634	1368	1279
	轻型		汽油	142396	90469	38542	38542	38542	38542	25548	12555	12555	10476	8397	8397	7046	5695	5695	5695	5695	4622	4264
			柴油	99559	81502	63445	63445	63445	63445	57208	50970	50970	43204	35437	35437	35437	35437	28371	21305	21305	20206	19840
			燃气	45183	28827	12472	12472	12472	12472	8257	4043	4043	3410	2777	2777	2226	1675	1675	1675	1675	1431	1350
	中型		汽油	533778	533778	533778	533778	533778	364414	25688	25688	25688	25688	25688	25688	25688	25688	19274	12859	12859	12859	12859
			柴油	790687	790687	709980	548565	548565	521625	467746	467746	467746	464004	460262	460262	460262	460262	403822	347382	347382	299128	283043
			燃气	892852	892852	791936	590104	590104	560624	501664	501664	501664	497482	493299	493299	373826	373826	304049	304049	304049	304049	304049
	重型		汽油	2362025	2362025	2362025	2362025	2362025	1624173	148470	148470	148470	148470	148470	142902	137335	137335	103111	68887	68887	68887	68887
			柴油	1111455	1111455	1073517	997642	997642	960742	886941	886941	886941	851374	815808	815808	815808	815808	704148	592489	592489	379521	308532
			燃气	2068853	2068853	1938220	1676955	1676955	1533349	1246137	1246137	1246137	1063433	880728	880728	638336	638336	333097	333097	333097	333097	333097
低速汽车	三轮汽车			65550	65550	65550	65550	65550	65550	65550	65550	65550	53279	53279	53279	53279	53279	53279	53279	53279	53279	53279
	低速货车			88065	88065	88065	88065	88065	88065	88065	88065	88065	71579	71579	71579	71579	71579	71579	71579	71579	71579	71579
摩托车	普通摩托车			992	992	992	992	959	926	860	860	860	860	860	764	668	668	668	668	668	668	668
	轻便摩托车			661	661	661	661	661	331	331	331	331	331	331	294	257	257	257	257	257	257	257

嘉峪关市 PM 排放系数

单位：克/（辆·年）

车辆类型		使用性质	燃料种类	1999 年年底前	2000 年	2001 年	2002 年	2003 年	2004 年	2005 年	2006 年	2007 年	2008 年	2009 年	2010 年	2011 年	2012 年	2013 年	2014 年	2015 年	2016 年	2017 年
载客汽车	微型	出租车	汽油	—	—	—	—	—	—	—	—	—	—	—	—	—	—	—	—	—	—	—
			燃气	—	—	—	—	—	—	—	—	—	—	—	—	—	—	—	—	—	—	—
		其他	汽油	—	—	—	—	—	—	—	—	—	—	—	—	—	—	—	—	—	—	—
			燃气	—	—	—	—	—	—	—	—	—	—	—	—	—	—	—	—	—	—	—
	小型	出租车	汽油	—	—	—	—	—	—	—	—	—	—	—	—	—	—	—	—	—	—	—
			柴油	36332	33268	30203	30203	30203	30203	20526	10849	10849	7086	3323	3323	3323	3323	3088	2854	2854	2360	2195
			燃气	—	—	—	—	—	—	—	—	—	—	—	—	—	—	—	—	—	—	—
		其他	汽油	—	—	—	—	—	—	—	—	—	—	—	—	—	—	—	—	—	—	—
			柴油	3379	3198	3016	3016	3016	3016	2168	1320	1320	968	615	615	615	615	514	414	414	414	414
			燃气	—	—	—	—	—	—	—	—	—	—	—	—	—	—	—	—	—	—	—
	中型	公交车	汽油	—	—	—	—	—	—	—	—	—	—	—	—	—	—	—	—	—	—	—
			柴油	30592	30592	28032	22913	22913	17978	8108	8108	8108	6872	5637	5637	5637	5637	3504	1372	1372	1080	983
			燃气	—	—	—	—	—	—	—	—	—	—	—	—	—	—	—	—	—	—	—
		其他	汽油	—	—	—	—	—	—	—	—	—	—	—	—	—	—	—	—	—	—	—
			柴油	15274	15274	12888	8116	8116	6262	2553	2553	2553	2434	2316	2316	2316	2316	1366	415	415	399	394
			燃气	—	—	—	—	—	—	—	—	—	—	—	—	—	—	—	—	—	—	—
	大型	公交车	汽油	—	—	—	—	—	—	—	—	—	—	—	—	—	—	—	—	—	—	—
			柴油	94865	94865	93934	92071	92071	71272	29674	29674	29674	19994	10315	10315	10315	10315	6116	1916	1916	1845	1821
			燃气	—	—	—	—	—	—	—	—	—	—	—	—	—	—	—	—	—	—	—
		其他	汽油	—	—	—	—	—	—	—	—	—	—	—	—	—	—	—	—	—	—	—
			柴油	142314	142314	133412	115607	115607	85425	25061	25061	25061	17182	9303	9303	9303	9303	5868	2433	2433	2343	2313
			燃气	—	—	—	—	—	—	—	—	—	—	—	—	—	—	—	—	—	—	—
载货汽车	微型		汽油	—	—	—	—	—	—	—	—	—	—	—	—	—	—	—	—	—	—	—
			柴油	7728	7568	7408	7408	7408	7408	6030	4652	4652	3452	2253	2253	2253	2253	1418	584	584	581	580
			燃气	—	—	—	—	—	—	—	—	—	—	—	—	—	—	—	—	—	—	—
	轻型		汽油	—	—	—	—	—	—	—	—	—	—	—	—	—	—	—	—	—	—	—
			柴油	8037	7722	7408	7408	7408	7408	6030	4652	4652	3452	2253	2253	2253	2253	1699	1145	1145	946	879
			燃气	—	—	—	—	—	—	—	—	—	—	—	—	—	—	—	—	—	—	—
	中型		汽油	—	—	—	—	—	—	—	—	—	—	—	—	—	—	—	—	—	—	—
			柴油	41967	41967	35317	22017	22017	16968	6871	6871	6871	6510	6148	6148	6148	6148	3942	1736	1736	1590	1541
			燃气	—	—	—	—	—	—	—	—	—	—	—	—	—	—	—	—	—	—	—
	重型		汽油	—	—	—	—	—	—	—	—	—	—	—	—	—	—	—	—	—	—	—
			柴油	80917	80917	66508	37690	37690	29926	14397	14397	14397	9866	5334	5334	5334	5334	3610	1887	1887	1594	1497
			燃气	—	—	—	—	—	—	—	—	—	—	—	—	—	—	—	—	—	—	—
低速汽车	三轮汽车			4092	4092	4092	4092	4092	4092	4092	4092	4092	3220	3220	3220	3220	3220	3220	3220	3220	3220	3220
	低速货车			5581	5581	5581	5581	5581	5581	5581	5581	5581	4392	4392	4392	4392	4392	4392	4392	4392	4392	4392
摩托车	普通摩托车			—	—	—	—	—	—	—	—	—	—	—	—	—	—	—	—	—	—	—
	轻便摩托车			—	—	—	—	—	—	—	—	—	—	—	—	—	—	—	—	—	—	—

嘉峪关市 VOCs 排放系数

单位：克/（辆•年）

车辆类型		使用性质	燃料种类	1999 年年底前	2000 年	2001 年	2002 年	2003 年	2004 年	2005 年	2006 年	2007 年	2008 年	2009 年	2010 年	2011 年	2012 年	2013 年	2014 年	2015 年	2016 年	2017 年
载客汽车	微型	出租车	汽油	977302	566680	156057	156057	156057	156057	114542	73028	73028	58320	43612	43612	36860	30108	30108	30108	30108	23601	21432
			燃气	293133	175718	58304	58304	58304	58304	44536	30769	30769	25197	19625	19625	15678	11732	11732	11732	11732	7385	5936
		其他	汽油	65042	38632	12221	12221	12221	12221	11822	11423	11423	9666	7908	7908	7524	7140	7140	7140	7140	5920	5513
			燃气	15782	8874	1966	1966	1966	1966	1882	1798	1798	1340	883	883	801	719	719	719	719	490	413
	小型	出租车	汽油	977302	557426	137549	137549	137549	137549	130067	122585	122585	83098	43612	43612	36860	30108	30108	30108	30108	21920	19191
			柴油	163206	153975	144744	144744	144744	144744	131510	118276	118276	85089	51902	51902	51902	51902	38640	25379	25379	14832	11316
			燃气	293133	173087	53041	53041	53041	53041	48952	44862	44862	32244	19625	19625	15678	11732	11732	11732	11732	6907	5299
		其他	汽油	65976	38986	11996	11996	11996	11996	12207	12418	12418	10166	7913	7913	7468	7022	7022	7022	7022	6013	5677
			柴油	11538	10558	9578	9578	9578	9578	8124	6669	6669	4548	2427	2427	2427	2427	2098	1769	1769	1271	1105
			燃气	16047	9656	3264	3264	3264	3264	2672	2081	2081	1545	1009	1009	848	686	686	686	686	516	460
	中型	公交车	汽油	269593	269593	269593	269593	268996	183779	14539	14539	14539	14539	14539	14386	14234	14234	11590	8946	8946	8946	8946
			柴油	87806	87806	86086	82645	82645	64494	28192	28192	28192	20508	12823	12823	12823	12823	8958	5093	5093	4763	4653
			燃气	71579	71579	67602	59649	59649	57536	53311	53311	53311	42686	32061	32061	22219	22219	22154	22154	22154	22154	22154
		其他	汽油	139567	139567	139567	139567	138970	95087	8514	8514	8514	8514	8514	8368	8222	8222	7078	5933	5933	5933	5933
			柴油	30493	30493	28460	24394	24394	18567	6912	6912	6912	6506	6099	6099	6099	6099	3750	1402	1402	1243	1190
			燃气	34560	34560	32640	28800	28800	27780	25740	25740	25740	20623	15506	15506	10732	10732	9642	9642	9642	9642	9642
	大型	公交车	汽油	628538	628538	628538	628538	627941	423549	15960	15960	15960	15960	15960	15820	15681	15681	12668	9654	9654	9654	9654
			柴油	131708	131708	108010	60614	60614	60614	60614	60614	60614	43515	26416	26416	26416	26416	17675	8934	8934	5723	4653
			燃气	168926	168926	159541	140772	140772	135786	125815	125815	125815	100740	75665	75665	52438	52438	47188	47188	47188	47188	47188
		其他	汽油	1392953	1392953	1392953	1392953	1392356	938060	30661	30661	30661	30661	30661	23852	17042	17042	13565	10088	10088	10088	10088
			柴油	272891	272891	207397	76409	76409	76409	76409	76409	76409	55942	35476	35476	35476	35476	20706	5937	5937	5324	5119
			燃气	266186	266186	251398	221822	221822	213966	198253	198253	198253	158842	119430	119430	82662	82662	74261	74261	74261	74261	74261
载货汽车	微型		汽油	351460	187998	24536	24536	24536	24536	23334	22133	22133	20440	18747	18747	15498	12249	12249	12249	12249	10603	10054
			柴油	37516	35075	32634	32634	32634	32634	30065	27496	27496	20121	12746	12746	12746	12746	8760	4775	4775	3433	2986
			燃气	85279	44613	3947	3947	3947	3947	3715	3484	3484	2789	2093	2093	1663	1233	1233	1233	1233	873	753
	轻型		汽油	181044	107199	33354	33354	33354	33354	28775	24196	24196	21658	19119	19119	16916	14714	14714	14714	14714	12884	12274
			柴油	34193	33414	32634	32634	32634	32634	30065	27496	27496	20121	12746	12746	12746	12746	9716	6685	6685	5343	4896
			燃气	44034	26555	9075	9075	9075	9075	6565	4055	4055	3246	2438	2438	1938	1437	1437	1437	1437	1105	995
	中型		汽油	404496	404496	404496	404496	403899	274695	17481	17481	17481	17481	17481	17341	17201	17201	13804	10408	10408	10408	10408
			柴油	86676	86676	80898	69341	69341	52776	19647	19647	19647	18501	17355	17355	17355	17355	12578	7800	7800	4641	3588
			燃气	98236	98236	92779	81865	81865	78965	73165	73165	73165	58644	44123	44123	59707	59707	29072	29072	29072	29072	29072
	重型		汽油	590845	590845	590845	590845	590248	398180	15239	15239	15239	15239	15239	12286	9333	9333	7858	6382	6382	6382	6382
			柴油	160729	160729	122154	45004	45004	45004	45004	45004	45004	32950	20895	20895	20895	20895	12908	4920	4920	3496	3021
			燃气	156780	156780	148070	130651	130651	126023	116769	116769	116769	93556	70343	70343	68502	68502	43825	43825	43825	43825	43825
低速汽车	三轮汽车			25300	25300	25300	25300	25300	25300	25300	25300	25300	16721	16721	16721	16721	16721	16721	16721	16721	16721	16721
	低速货车			33990	33990	33990	33990	33990	33990	33990	33990	33990	22464	22464	22464	22464	22464	22464	22464	22464	22464	22464
摩托车	普通摩托车			13290	13290	13290	13290	9918	6546	3504	3504	3504	3504	3504	2615	1726	1726	1726	1726	1726	1726	1726
	轻便摩托车			42978	42978	42978	42978	42978	8596	8596	4232	4232	4232	4232	3158	2084	2084	2084	2084	2084	2084	2084

金昌市 NO_x 排放系数

单位：克/（辆·年）

车辆类型		使用性质	燃料种类	1999年年底前	2000年	2001年	2002年	2003年	2004年	2005年	2006年	2007年	2008年	2009年	2010年	2011年	2012年	2013年	2014年	2015年	2016年	2017年
载客汽车	微型	出租车	汽油	432879	286620	140360	140360	140360	140360	100281	60202	60202	42086	23970	23970	20315	16660	16660	16660	16660	11623	9944
			燃气	149780	102344	54908	54908	54908	54908	40789	26670	26670	19918	13166	13166	10681	8196	8196	8196	8196	4914	3820
		其他	汽油	58027	36292	14557	14557	14557	14557	8978	3398	3398	2741	2084	2084	1737	1390	1390	1390	1390	1050	937
			燃气	18421	11000	3578	3578	3578	3578	2337	1096	1096	890	684	684	548	411	411	411	411	326	297
	小型	出租车	汽油	493629	320684	147740	147740	147740	147740	104538	61336	61336	42653	23970	23970	19262	14554	14554	14554	14554	9716	8104
			柴油	392750	324568	256386	256386	256386	256386	228944	201501	201501	159304	117107	117107	117107	117107	97094	77080	77080	61170	55867
			燃气	169185	113226	57266	57266	57266	57266	42149	27032	27032	20099	13166	13166	10344	7523	7523	7523	7523	4305	3232
		其他	汽油	54068	34423	14778	14778	14778	14778	9616	4453	4453	3006	1560	1560	1434	1309	1309	1309	1309	984	875
			柴油	37096	30266	23437	23437	23437	23437	21596	19755	19755	15454	11154	11154	11154	11154	9658	8161	8161	7140	6800
			燃气	17156	10969	4782	4782	4782	4782	3108	1434	1434	975	516	516	450	385	385	385	385	304	277
	中型	公交车	汽油	678387	678387	678387	678387	678387	463451	33580	33580	33580	33580	33580	30116	26651	26651	20120	13588	13588	13588	13588
			柴油	594844	594844	593447	590654	590654	567181	520234	520234	520234	433330	346426	346426	346426	346426	282708	218990	218990	183344	171462
			燃气	631590	631590	624071	609033	609033	590142	552359	552359	552359	459713	367067	367067	232128	232128	181801	181801	181801	181801	181801
		其他	汽油	415913	415913	415913	415913	415913	282128	14557	14557	14557	14557	14557	14557	14557	14557	10918	7280	7280	7280	7280
			柴油	278955	278955	267310	244021	244021	241958	237831	237831	237831	202554	167276	167276	167276	167276	148526	129775	129775	110765	104428
			燃气	314999	314999	297499	262499	262499	260025	255077	255077	255077	217180	179283	179283	139654	139654	112178	112178	112178	112178	112178
	大型	公交车	汽油	2416752	2416752	2416752	2416752	2416752	1661805	151910	151910	151910	151910	151910	151777	151644	151644	113734	75824	75824	75824	75824
			柴油	843666	843666	816404	761881	761881	740233	696937	696937	696937	684378	671818	671818	671818	671818	647593	623368	623368	561936	541459
			燃气	1696271	1696271	1602034	1413559	1413559	1308664	1098874	1098874	1098874	941532	784189	784189	730080	730080	632787	632787	632787	632787	632787
		其他	汽油	5768347	5768347	5768347	5768347	5768347	3966425	362582	362582	362582	362582	362582	348985	335388	335388	251810	168231	168231	168231	168231
			柴油	2020320	2020320	1968333	1864360	1864360	1820894	1733961	1733961	1733961	1672912	1611864	1611864	1611864	1611864	1534502	1457141	1457141	1289555	1233693
			燃气	3760606	3760606	3551683	3133838	3133838	2901287	2436186	2436186	2436186	2088160	1740133	1740133	1569896	1569896	1331917	1331917	1331917	1331917	1331917
载货汽车	微型		汽油	192907	113462	34017	34017	34017	34017	22670	11322	11322	9072	6822	6822	6174	5525	5525	5525	5525	4408	4036
			柴油	99194	81320	63445	63445	63445	63445	57208	50970	50970	43204	35437	35437	35437	35437	25908	16379	16379	14413	13758
			燃气	61239	34800	8361	8361	8361	8361	6006	3652	3652	2945	2239	2239	1936	1634	1634	1634	1634	1368	1279
	轻型		汽油	142396	90469	38542	38542	38542	38542	25548	12555	12555	10476	8397	8397	7046	5695	5695	5695	5695	4622	4264
			柴油	99559	81502	63445	63445	63445	63445	57208	50970	50970	43204	35437	35437	35437	35437	28371	21305	21305	20206	19840
			燃气	45183	28827	12472	12472	12472	12472	8257	4043	4043	3410	2777	2777	2226	1675	1675	1675	1675	1431	1350
	中型		汽油	533778	533778	533778	533778	533778	364414	25688	25688	25688	25688	25688	25688	25688	25688	19274	12859	12859	12859	12859
			柴油	790687	790687	709980	548565	548565	521625	467746	467746	467746	464004	460262	460262	460262	460262	403822	347382	347382	299128	283043
			燃气	892852	892852	791936	590104	590104	560624	501664	501664	501664	497482	493299	493299	373826	373826	304049	304049	304049	304049	304049
	重型		汽油	2362025	2362025	2362025	2362025	2362025	1624173	148470	148470	148470	148470	148470	142902	137335	137335	103111	68887	68887	68887	68887
			柴油	1111455	1111455	1073517	997642	997642	960742	886941	886941	886941	851374	815808	815808	815808	815808	704148	592489	592489	379521	308532
			燃气	2068853	2068853	1938220	1676955	1676955	1533349	1246137	1246137	1246137	1063433	880728	880728	638336	638336	333097	333097	333097	333097	333097
低速汽车	三轮汽车			65550	65550	65550	65550	65550	65550	65550	65550	65550	53279	53279	53279	53279	53279	53279	53279	53279	53279	53279
	低速货车			88065	88065	88065	88065	88065	88065	88065	88065	88065	71579	71579	71579	71579	71579	71579	71579	71579	71579	71579
摩托车	普通摩托车			992	992	992	992	959	926	860	860	860	860	860	764	668	668	668	668	668	668	668
	轻便摩托车			661	661	661	661	661	331	331	331	331	331	331	294	257	257	257	257	257	257	257

金昌市 PM 排放系数

单位：克/（辆•年）

车辆类型		使用性质	燃料种类	1999年年底前	2000年	2001年	2002年	2003年	2004年	2005年	2006年	2007年	2008年	2009年	2010年	2011年	2012年	2013年	2014年	2015年	2016年	2017年
载客汽车	微型	出租车	汽油	—	—	—	—	—	—	—	—	—	—	—	—	—	—	—	—	—	—	—
			燃气	—	—	—	—	—	—	—	—	—	—	—	—	—	—	—	—	—	—	—
		其他	汽油	—	—	—	—	—	—	—	—	—	—	—	—	—	—	—	—	—	—	—
			燃气	—	—	—	—	—	—	—	—	—	—	—	—	—	—	—	—	—	—	—
	小型	出租车	汽油	—	—	—	—	—	—	—	—	—	—	—	—	—	—	—	—	—	—	—
			柴油	36332	33268	30203	30203	30203	30203	20526	10849	10849	7086	3323	3323	3323	3323	3088	2854	2854	2360	2195
			燃气	—	—	—	—	—	—	—	—	—	—	—	—	—	—	—	—	—	—	—
		其他	汽油	—	—	—	—	—	—	—	—	—	—	—	—	—	—	—	—	—	—	—
			柴油	3379	3198	3016	3016	3016	3016	2168	1320	1320	968	615	615	615	615	514	414	414	414	414
			燃气	—	—	—	—	—	—	—	—	—	—	—	—	—	—	—	—	—	—	—
	中型	公交车	汽油	—	—	—	—	—	—	—	—	—	—	—	—	—	—	—	—	—	—	—
			柴油	30592	30592	28032	22913	22913	17978	8108	8108	8108	6872	5637	5637	5637	5637	3504	1372	1372	1080	983
			燃气	—	—	—	—	—	—	—	—	—	—	—	—	—	—	—	—	—	—	—
		其他	汽油	—	—	—	—	—	—	—	—	—	—	—	—	—	—	—	—	—	—	—
			柴油	15274	15274	12888	8116	8116	6262	2553	2553	2553	2434	2316	2316	2316	2316	1366	415	415	399	394
			燃气	—	—	—	—	—	—	—	—	—	—	—	—	—	—	—	—	—	—	—
	大型	公交车	汽油	—	—	—	—	—	—	—	—	—	—	—	—	—	—	—	—	—	—	—
			柴油	94865	94865	93934	92071	92071	71272	29674	29674	29674	19994	10315	10315	10315	10315	6116	1916	1916	1845	1821
			燃气	—	—	—	—	—	—	—	—	—	—	—	—	—	—	—	—	—	—	—
		其他	汽油	—	—	—	—	—	—	—	—	—	—	—	—	—	—	—	—	—	—	—
			柴油	142314	142314	133412	115607	115607	85425	25061	25061	25061	17182	9303	9303	9303	9303	5868	2433	2433	2343	2313
			燃气	—	—	—	—	—	—	—	—	—	—	—	—	—	—	—	—	—	—	—
载货汽车	微型		汽油	—	—	—	—	—	—	—	—	—	—	—	—	—	—	—	—	—	—	—
			柴油	7728	7568	7408	7408	7408	7408	6030	4652	4652	3452	2253	2253	2253	2253	1418	584	584	581	580
			燃气	—	—	—	—	—	—	—	—	—	—	—	—	—	—	—	—	—	—	—
	轻型		汽油	—	—	—	—	—	—	—	—	—	—	—	—	—	—	—	—	—	—	—
			柴油	8037	7722	7408	7408	7408	7408	6030	4652	4652	3452	2253	2253	2253	2253	1699	1145	1145	946	879
			燃气	—	—	—	—	—	—	—	—	—	—	—	—	—	—	—	—	—	—	—
	中型		汽油	—	—	—	—	—	—	—	—	—	—	—	—	—	—	—	—	—	—	—
			柴油	41967	41967	35317	22017	22017	16968	6871	6871	6871	6510	6148	6148	6148	6148	3942	1736	1736	1590	1541
			燃气	—	—	—	—	—	—	—	—	—	—	—	—	—	—	—	—	—	—	—
	重型		汽油	—	—	—	—	—	—	—	—	—	—	—	—	—	—	—	—	—	—	—
			柴油	80917	80917	66508	37690	37690	29926	14397	14397	14397	9866	5334	5334	5334	5334	3610	1887	1887	1594	1497
			燃气	—	—	—	—	—	—	—	—	—	—	—	—	—	—	—	—	—	—	—
低速汽车	三轮汽车			4092	4092	4092	4092	4092	4092	4092	4092	4092	3220	3220	3220	3220	3220	3220	3220	3220	3220	3220
	低速货车			5581	5581	5581	5581	5581	5581	5581	5581	5581	4392	4392	4392	4392	4392	4392	4392	4392	4392	4392
摩托车	普通摩托车			—	—	—	—	—	—	—	—	—	—	—	—	—	—	—	—	—	—	—
	轻便摩托车			—	—	—	—	—	—	—	—	—	—	—	—	—	—	—	—	—	—	—

金昌市 VOCs 排放系数

单位：克/（辆·年）

车辆类型		使用性质	燃料种类	1999 年年底前	2000 年	2001 年	2002 年	2003 年	2004 年	2005 年	2006 年	2007 年	2008 年	2009 年	2010 年	2011 年	2012 年	2013 年	2014 年	2015 年	2016 年	2017 年
载客汽车	微型	出租车	汽油	977302	566680	156057	156057	156057	156057	114542	73028	73028	58320	43612	43612	36860	30108	30108	30108	30108	23601	21432
			燃气	293133	175718	58304	58304	58304	58304	44536	30769	30769	25197	19625	19625	15678	11732	11732	11732	11732	7385	5936
		其他	汽油	65042	38632	12221	12221	12221	12221	11822	11423	11423	9666	7908	7908	7524	7140	7140	7140	7140	5920	5513
			燃气	15782	8874	1966	1966	1966	1966	1882	1798	1798	1340	883	883	801	719	719	719	719	490	413
	小型	出租车	汽油	977302	557426	137549	137549	137549	137549	130067	122585	122585	83098	43612	43612	36860	30108	30108	30108	30108	21920	19191
			柴油	163206	153975	144744	144744	144744	144744	131510	118276	118276	85089	51902	51902	51902	51902	38640	25379	25379	14832	11316
			燃气	293133	173087	53041	53041	53041	53041	48952	44862	44862	32244	19625	19625	15678	11732	11732	11732	11732	6907	5299
		其他	汽油	65976	38986	11996	11996	11996	11996	12207	12418	12418	10166	7913	7913	7468	7022	7022	7022	7022	6013	5677
			柴油	11538	10558	9578	9578	9578	9578	8124	6669	6669	4548	2427	2427	2427	2427	2098	1769	1769	1271	1105
			燃气	16047	9656	3264	3264	3264	3264	2672	2081	2081	1545	1009	1009	848	686	686	686	686	516	460
	中型	公交车	汽油	269593	269593	269593	269593	268996	183779	14539	14539	14539	14539	14539	14386	14234	14234	11590	8946	8946	8946	8946
			柴油	87806	87806	86086	82645	82645	64494	28192	28192	28192	20508	12823	12823	12823	12823	8958	5093	5093	4763	4653
			燃气	71579	71579	67602	59649	59649	57536	53311	53311	53311	42686	32061	32061	22219	22219	22154	22154	22154	22154	22154
		其他	汽油	139567	139567	139567	139567	138970	95087	8514	8514	8514	8514	8514	8368	8222	8222	7078	5933	5933	5933	5933
			柴油	30493	30493	28460	24394	24394	18567	6912	6912	6912	6506	6099	6099	6099	6099	3750	1402	1402	1243	1190
			燃气	34560	34560	32640	28800	28800	27780	25740	25740	25740	20623	15506	15506	10732	10732	9642	9642	9642	9642	9642
	大型	公交车	汽油	628538	628538	628538	628538	627941	423549	15960	15960	15960	15960	15960	15820	15681	15681	12668	9654	9654	9654	9654
			柴油	131708	131708	108010	60614	60614	60614	60614	60614	60614	43515	26416	26416	26416	26416	17675	8934	8934	5723	4653
			燃气	168926	168926	159541	140772	140772	135786	125815	125815	125815	100740	75665	75665	52438	52438	47188	47188	47188	47188	47188
		其他	汽油	1392953	1392953	1392953	1392953	1392356	938060	30661	30661	30661	30661	30661	23852	17042	17042	13565	10088	10088	10088	10088
			柴油	272891	272891	207397	76409	76409	76409	76409	76409	76409	55942	35476	35476	35476	35476	20706	5937	5937	5324	5119
			燃气	266186	266186	251398	221822	221822	213966	198253	198253	198253	158842	119430	119430	82662	82662	74261	74261	74261	74261	74261
载货汽车	微型		汽油	351460	187998	24536	24536	24536	24536	23334	22133	22133	20440	18747	18747	15498	12249	12249	12249	12249	10603	10054
			柴油	37516	35075	32634	32634	32634	32634	30065	27496	27496	20121	12746	12746	12746	12746	8760	4775	4775	3433	2986
			燃气	85279	44613	3947	3947	3947	3947	3715	3484	3484	2789	2093	2093	1663	1233	1233	1233	1233	873	753
	轻型		汽油	181044	107199	33354	33354	33354	33354	28775	24196	24196	21658	19119	19119	16916	14714	14714	14714	14714	12884	12274
			柴油	34193	33414	32634	32634	32634	32634	30065	27496	27496	20121	12746	12746	12746	12746	9716	6685	6685	5343	4896
			燃气	44034	26555	9075	9075	9075	9075	6565	4055	4055	3246	2438	2438	1938	1437	1437	1437	1437	1105	995
	中型		汽油	404496	404496	404496	404496	403899	274695	17481	17481	17481	17481	17481	17341	17201	17201	13804	10408	10408	10408	10408
			柴油	86676	86676	80898	69341	69341	52776	19647	19647	19647	18501	17355	17355	17355	17355	12578	7800	7800	4641	3588
			燃气	98236	98236	92779	81865	81865	78965	73165	73165	73165	58644	44123	44123	59707	59707	29072	29072	29072	29072	29072
	重型		汽油	590845	590845	590845	590845	590248	398180	15239	15239	15239	15239	15239	12286	9333	9333	7858	6382	6382	6382	6382
			柴油	160729	160729	122154	45004	45004	45004	45004	45004	45004	32950	20895	20895	20895	20895	12908	4920	4920	3496	3021
			燃气	156780	156780	148070	130651	130651	126023	116769	116769	116769	93556	70343	70343	68502	68502	43825	43825	43825	43825	43825
低速汽车	三轮汽车			25300	25300	25300	25300	25300	25300	25300	25300	25300	16721	16721	16721	16721	16721	16721	16721	16721	16721	16721
	低速货车			33990	33990	33990	33990	33990	33990	33990	33990	33990	22464	22464	22464	22464	22464	22464	22464	22464	22464	22464
摩托车	普通摩托车			13290	13290	13290	13290	9918	6546	3504	3504	3504	3504	3504	2615	1726	1726	1726	1726	1726	1726	1726
	轻便摩托车			42978	42978	42978	42978	42978	8596	8596	4232	4232	4232	4232	3158	2084	2084	2084	2084	2084	2084	2084

白银市 NO_x 排放系数

单位：克/（辆·年）

车辆类型		使用性质	燃料种类	1999 年年底前	2000 年	2001 年	2002 年	2003 年	2004 年	2005 年	2006 年	2007 年	2008 年	2009 年	2010 年	2011 年	2012 年	2013 年	2014 年	2015 年	2016 年	2017 年
载客汽车	微型	出租车	汽油	410542	272228	133913	133913	133913	133913	95878	57844	57844	40600	23357	23357	19740	16122	16122	16122	16122	11140	9480
			燃气	149780	102344	54908	54908	54908	54908	40789	26670	26670	19918	13166	13166	10681	8196	8196	8196	8196	4914	3820
		其他	汽油	54900	34348	13796	13796	13796	13796	8521	3246	3246	2620	1993	1993	1662	1332	1332	1332	1332	1000	889
			燃气	18421	11000	3578	3578	3578	3578	2337	1096	1096	890	684	684	548	411	411	411	411	326	297
	小型	出租车	汽油	467944	304416	140887	140887	140887	140887	99902	58916	58916	41136	23357	23357	18744	14132	14132	14132	14132	9339	7741
			柴油	375704	310958	246213	246213	246213	246213	219774	193335	193335	152952	112570	112570	112570	112570	93151	73732	73732	58218	53046
			燃气	169185	113226	57266	57266	57266	57266	42149	27032	27032	20099	13166	13166	10344	7523	7523	7523	7523	4305	3232
		其他	汽油	51158	32582	14005	14005	14005	14005	9124	4243	4243	2871	1499	1499	1376	1254	1254	1254	1254	937	831
			柴油	35153	28693	22233	22233	22233	22233	20484	18734	18734	14660	10585	10585	10585	10585	9160	7736	7736	6757	6431
			燃气	17156	10969	4782	4782	4782	4782	3108	1434	1434	975	516	516	450	385	385	385	385	304	277
	中型	公交车	汽油	678249	678249	678249	678249	678249	463357	33573	33573	33573	33573	33573	30110	26646	26646	20116	13586	13586	13586	13586
			柴油	594756	594756	593360	590567	590567	567097	520157	520157	520157	433266	346374	346374	346374	346374	282666	218958	218958	183316	171436
			燃气	631496	631496	623978	608943	608943	590054	552277	552277	552277	459645	367013	367013	232094	232094	181774	181774	181774	181774	181774
		其他	汽油	415828	415828	415828	415828	415828	282070	14554	14554	14554	14554	14554	14554	14554	14554	10916	7278	7278	7278	7278
			柴油	278914	278914	267271	243985	243985	241922	237796	237796	237796	202524	167251	167251	167251	167251	148504	129756	129756	110748	104412
			燃气	314952	314952	297455	262460	262460	259987	255040	255040	255040	217148	179256	179256	139633	139633	112162	112162	112162	112162	112162
	大型	公交车	汽油	2416264	2416264	2416264	2416264	2416264	1661469	151879	151879	151879	151879	151879	151746	151613	151613	113710	75808	75808	75808	75808
			柴油	843541	843541	816283	761768	761768	740123	696834	696834	696834	684276	671718	671718	671718	671718	647497	623276	623276	561852	541378
			燃气	1696019	1696019	1601796	1413349	1413349	1308470	1098711	1098711	1098711	941392	784072	784072	729971	729971	632694	632694	632694	632694	632694
		其他	汽油	5767181	5767181	5767181	5767181	5767181	3965624	362509	362509	362509	362509	362509	348914	335320	335320	251758	168197	168197	168197	168197
			柴油	2020020	2020020	1968041	1864083	1864083	1820623	1733704	1733704	1733704	1672664	1611625	1611625	1611625	1611625	1534275	1456925	1456925	1289364	1233510
			燃气	3760048	3760048	3551156	3133373	3133373	2900857	2435825	2435825	2435825	2087850	1739875	1739875	1569663	1569663	1331720	1331720	1331720	1331720	1331720
载货汽车	微型		汽油	182488	107397	32306	32306	32306	32306	21564	10823	10823	8680	6538	6538	5906	5274	5274	5274	5274	4187	3825
			柴油	94271	77344	60417	60417	60417	60417	54464	48511	48511	41112	33714	33714	33714	33714	24650	15587	15587	13670	13031
			燃气	61232	34805	8379	8379	8379	8379	6016	3654	3654	2949	2244	2244	1936	1627	1627	1627	1627	1365	1278
	轻型		汽油	134761	85672	36582	36582	36582	36582	24286	11989	11989	10008	8026	8026	6730	5434	5434	5434	5434	4388	4040
			柴油	94617	77517	60417	60417	60417	60417	54464	48511	48511	41112	33714	33714	33714	33714	26978	20243	20243	19144	18778
			燃气	45193	28842	12491	12491	12491	12491	8271	4052	4052	3407	2763	2763	2216	1668	1668	1668	1668	1427	1347
	中型		汽油	533778	533778	533778	533778	533778	364414	25688	25688	25688	25688	25688	25688	25688	25688	19274	12859	12859	12859	12859
			柴油	790687	790687	709980	548565	548565	521625	467746	467746	467746	464004	460262	460262	460262	460262	403822	347382	347382	299128	283043
			燃气	892850	892850	791935	590103	590103	560624	501665	501665	501665	497482	493299	493299	373825	373825	304052	304052	304052	304052	304052
	重型		汽油	2362025	2362025	2362025	2362025	2362025	1624173	148470	148470	148470	148470	148470	142902	137335	137335	103111	68887	68887	68887	68887
			柴油	1111455	1111455	1073517	997642	997642	960742	886941	886941	886941	851374	815808	815808	815808	815808	704148	592489	592489	379521	308532
			燃气	2068853	2068853	1938220	1676956	1676956	1533349	1246137	1246137	1246137	1063433	880728	880728	638336	638336	333097	333097	333097	333097	333097
低速汽车	三轮汽车			65550	65550	65550	65550	65550	65550	65550	65550	65550	53279	53279	53279	53279	53279	53279	53279	53279	53279	53279
	低速货车			88065	88065	88065	88065	88065	88065	88065	88065	88065	71579	71579	71579	71579	71579	71579	71579	71579	71579	71579
摩托车	普通摩托车			992	992	992	992	959	926	860	860	860	860	860	764	668	668	668	668	668	668	668
	轻便摩托车			661	661	661	661	661	331	331	331	331	331	331	294	257	257	257	257	257	257	257

白银市 PM 排放系数

单位：克/（辆·年）

车辆类型		使用性质	燃料种类	1999 年年底前	2000 年	2001 年	2002 年	2003 年	2004 年	2005 年	2006 年	2007 年	2008 年	2009 年	2010 年	2011 年	2012 年	2013 年	2014 年	2015 年	2016 年	2017 年
载客汽车	微型	出租车	汽油	—	—	—	—	—	—	—	—	—	—	—	—	—	—	—	—	—	—	—
			燃气	—	—	—	—	—	—	—	—	—	—	—	—	—	—	—	—	—	—	—
		其他	汽油	—	—	—	—	—	—	—	—	—	—	—	—	—	—	—	—	—	—	—
			燃气	—	—	—	—	—	—	—	—	—	—	—	—	—	—	—	—	—	—	—
	小型	出租车	汽油	—	—	—	—	—	—	—	—	—	—	—	—	—	—	—	—	—	—	—
			柴油	36332	33268	30203	30203	30203	30203	20526	10849	10849	7086	3323	3323	3323	3323	3088	2854	2854	2360	2195
			燃气	—	—	—	—	—	—	—	—	—	—	—	—	—	—	—	—	—	—	—
		其他	汽油	—	—	—	—	—	—	—	—	—	—	—	—	—	—	—	—	—	—	—
			柴油	3379	3198	3016	3016	3016	3016	2168	1320	1320	968	615	615	615	615	514	414	414	414	414
			燃气	—	—	—	—	—	—	—	—	—	—	—	—	—	—	—	—	—	—	—
	中型	公交车	汽油	—	—	—	—	—	—	—	—	—	—	—	—	—	—	—	—	—	—	—
			柴油	30592	30592	28032	22913	22913	17978	8108	8108	8108	6872	5637	5637	5637	5637	3504	1372	1372	1080	983
			燃气	—	—	—	—	—	—	—	—	—	—	—	—	—	—	—	—	—	—	—
		其他	汽油	—	—	—	—	—	—	—	—	—	—	—	—	—	—	—	—	—	—	—
			柴油	15274	15274	12888	8116	8116	6262	2553	2553	2553	2434	2316	2316	2316	2316	1366	415	415	399	394
			燃气	—	—	—	—	—	—	—	—	—	—	—	—	—	—	—	—	—	—	—
	大型	公交车	汽油	—	—	—	—	—	—	—	—	—	—	—	—	—	—	—	—	—	—	—
			柴油	94865	94865	93934	92071	92071	71272	29674	29674	29674	19994	10315	10315	10315	10315	6116	1916	1916	1845	1821
			燃气	—	—	—	—	—	—	—	—	—	—	—	—	—	—	—	—	—	—	—
		其他	汽油	—	—	—	—	—	—	—	—	—	—	—	—	—	—	—	—	—	—	—
			柴油	142314	142314	133412	115607	115607	85425	25061	25061	25061	17182	9303	9303	9303	9303	5868	2433	2433	2343	2313
			燃气	—	—	—	—	—	—	—	—	—	—	—	—	—	—	—	—	—	—	—
载货汽车	微型		汽油	—	—	—	—	—	—	—	—	—	—	—	—	—	—	—	—	—	—	—
			柴油	7728	7568	7408	7408	7408	7408	6030	4652	4652	3452	2253	2253	2253	2253	1418	584	584	581	580
			燃气	—	—	—	—	—	—	—	—	—	—	—	—	—	—	—	—	—	—	—
	轻型		汽油	—	—	—	—	—	—	—	—	—	—	—	—	—	—	—	—	—	—	—
			柴油	8037	7722	7408	7408	7408	7408	6030	4652	4652	3452	2253	2253	2253	2253	1699	1145	1145	946	879
			燃气	—	—	—	—	—	—	—	—	—	—	—	—	—	—	—	—	—	—	—
	中型		汽油	—	—	—	—	—	—	—	—	—	—	—	—	—	—	—	—	—	—	—
			柴油	41967	41967	35317	22017	22017	16968	6871	6871	6871	6510	6148	6148	6148	6148	3942	1736	1736	1590	1541
			燃气	—	—	—	—	—	—	—	—	—	—	—	—	—	—	—	—	—	—	—
	重型		汽油	—	—	—	—	—	—	—	—	—	—	—	—	—	—	—	—	—	—	—
			柴油	80917	80917	66508	37690	37690	29926	14397	14397	14397	9866	5334	5334	5334	5334	3610	1887	1887	1594	1497
			燃气	—	—	—	—	—	—	—	—	—	—	—	—	—	—	—	—	—	—	—
低速汽车	三轮汽车			4092	4092	4092	4092	4092	4092	4092	4092	4092	3220	3220	3220	3220	3220	3220	3220	3220	3220	3220
	低速货车			5581	5581	5581	5581	5581	5581	5581	5581	5581	4392	4392	4392	4392	4392	4392	4392	4392	4392	4392
摩托车	普通摩托车			—	—	—	—	—	—	—	—	—	—	—	—	—	—	—	—	—	—	—
	轻便摩托车			—	—	—	—	—	—	—	—	—	—	—	—	—	—	—	—	—	—	—

白银市 VOCs 排放系数

单位：克/（辆·年）

车辆类型		使用性质	燃料种类	1999 年年底前	2000 年	2001 年	2002 年	2003 年	2004 年	2005 年	2006 年	2007 年	2008 年	2009 年	2010 年	2011 年	2012 年	2013 年	2014 年	2015 年	2016 年	2017 年
载客汽车	微型	出租车	汽油	962478	558282	154085	154085	154085	154085	113142	72200	72200	57712	43224	43224	36516	29809	29809	29809	29809	23384	21243
			燃气	293133	175718	58304	58304	58304	58304	44536	30769	30769	25197	19625	19625	15678	11732	11732	11732	11732	7385	5936
		其他	汽油	63629	37815	12001	12001	12001	12001	11603	11205	11205	9514	7822	7822	7442	7063	7063	7063	7063	5920	5539
			燃气	15782	8874	1966	1966	1966	1966	1882	1798	1798	1340	883	883	801	719	719	719	719	490	413
	小型	出租车	汽油	962478	549168	135859	135859	135859	135859	128430	121000	121000	82112	43224	43224	36516	29809	29809	29809	29809	21729	19036
			柴油	162105	152912	143719	143719	143719	143719	130522	117326	117326	84498	51671	51671	51671	51671	38448	25224	25224	14705	11199
			燃气	293133	173087	53041	53041	53041	53041	48952	44862	44862	32244	19625	19625	15678	11732	11732	11732	11732	6907	5299
		其他	汽油	64549	38164	11779	11779	11779	11779	11982	12185	12185	10006	7826	7826	7386	6946	6946	6946	6946	6012	5700
			柴油	11301	10334	9367	9367	9367	9367	7931	6495	6495	4421	2347	2347	2347	2347	2020	1693	1693	1220	1063
			燃气	16047	9656	3264	3264	3264	3264	2672	2081	2081	1545	1009	1009	848	686	686	686	686	516	460
	中型	公交车	汽油	269723	269723	269723	269723	269126	183909	14670	14670	14670	14670	14670	14517	14364	14364	11720	9076	9076	9076	9076
			柴油	87806	87806	86086	82645	82645	64494	28192	28192	28192	20508	12823	12823	12823	12823	8958	5093	5093	4763	4653
			燃气	71579	71579	67602	59649	59649	57536	53311	53311	53311	42686	32061	32061	22219	22219	22154	22154	22154	22154	22154
		其他	汽油	139697	139697	139697	139697	139100	95217	8645	8645	8645	8645	8645	8498	8352	8352	7208	6063	6063	6063	6063
			柴油	30493	30493	28460	24394	24394	18567	6912	6912	6912	6506	6099	6099	6099	6099	3750	1402	1402	1243	1190
			燃气	34560	34560	32640	28800	28800	27780	25740	25740	25740	20623	15506	15506	10732	10732	9642	9642	9642	9642	9642
	大型	公交车	汽油	628669	628669	628669	628669	628072	423680	16091	16091	16091	16091	16091	15951	15811	15811	12798	9784	9784	9784	9784
			柴油	131708	131708	108010	60614	60614	60614	60614	60614	60614	43515	26416	26416	26416	26416	17675	8934	8934	5723	4653
			燃气	168926	168926	159541	140772	140772	135786	125815	125815	125815	100740	75665	75665	52438	52438	47188	47188	47188	47188	47188
		其他	汽油	1393083	1393083	1393083	1393083	1392486	938190	30791	30791	30791	30791	30791	23982	17172	17172	13696	10219	10219	10219	10219
			柴油	272891	272891	207397	76409	76409	76409	76409	76409	76409	55942	35476	35476	35476	35476	20706	5937	5937	5324	5119
			燃气	266186	266186	251398	221822	221822	213966	198253	198253	198253	158842	119430	119430	82662	82662	74261	74261	74261	74261	74261
载货汽车	微型		汽油	345725	184948	24171	24171	24171	24171	22978	21784	21784	20152	18519	18519	15312	12106	12106	12106	12106	10536	10013
			柴油	37025	34609	32193	32193	32193	32193	29644	27095	27095	19831	12567	12567	12567	12567	8624	4680	4680	3363	2924
			燃气	85751	44855	3960	3960	3960	3960	3728	3496	3496	2793	2091	2091	1661	1232	1232	1232	1232	868	747
	轻型		汽油	177911	105382	32854	32854	32854	32854	28335	23816	23816	21351	18886	18886	16710	14533	14533	14533	14533	12782	12199
			柴油	33752	32972	32193	32193	32193	32193	29644	27095	27095	19831	12567	12567	12567	12567	9564	6561	6561	5243	4804
			燃气	44229	26666	9104	9104	9104	9104	6586	4067	4067	3251	2435	2435	1935	1435	1435	1435	1435	1097	984
	中型		汽油	404626	404626	404626	404626	404029	274825	17611	17611	17611	17611	17611	17472	17332	17332	13935	10538	10538	10538	10538
			柴油	86676	86676	80898	69341	69341	52776	19647	19647	19647	18501	17355	17355	17355	17355	12578	7800	7800	4641	3588
			燃气	98236	98236	92779	81865	81865	78965	73165	73165	73165	58644	44123	44123	59707	59707	29072	29072	29072	29072	29072
	重型		汽油	590975	590975	590975	590975	590378	398310	15370	15370	15370	15370	15370	12416	9463	9463	7988	6513	6513	6513	6513
			柴油	160729	160729	122154	45004	45004	45004	45004	45004	45004	32950	20895	20895	20895	20895	12908	4920	4920	3496	3021
			燃气	156780	156780	148070	130651	130651	126023	116769	116769	116769	93556	70343	70343	68502	68502	43825	43825	43825	43825	43825
低速汽车	三轮汽车			25300	25300	25300	25300	25300	25300	25300	25300	25300	16721	16721	16721	16721	16721	16721	16721	16721	16721	16721
	低速货车			33990	33990	33990	33990	33990	33990	33990	33990	33990	22464	22464	22464	22464	22464	22464	22464	22464	22464	22464
摩托车	普通摩托车			13290	13290	13290	13290	9918	6546	3504	3504	3504	3504	3504	2615	1726	1726	1726	1726	1726	1726	1726
	轻便摩托车			42978	42978	42978	42978	42978	8596	8596	4232	4232	4232	4232	3158	2084	2084	2084	2084	2084	2084	2084

天水市 NO_x 排放系数

单位：克/（辆·年）

车辆类型		使用性质	燃料种类	1999 年年底前	2000 年	2001 年	2002 年	2003 年	2004 年	2005 年	2006 年	2007 年	2008 年	2009 年	2010 年	2011 年	2012 年	2013 年	2014 年	2015 年	2016 年	2017 年
载客汽车	微型	出租车	汽油	274442	184542	94643	94643	94643	94643	69074	43506	43506	31576	19647	19647	16257	12867	12867	12867	12867	8207	6654
			燃气	149780	102344	54908	54908	54908	54908	40789	26670	26670	19918	13166	13166	10681	8196	8196	8196	8196	4914	3820
		其他	汽油	35921	22556	9191	9191	9191	9191	5772	2352	2352	1910	1467	1467	1233	999	999	999	999	699	599
			燃气	18421	11000	3578	3578	3578	3578	2337	1096	1096	890	684	684	548	411	411	411	411	326	297
	小型	出租车	汽油	311433	205284	99136	99136	99136	99136	71666	44197	44197	31922	19647	19647	15616	11585	11585	11585	11585	7047	5534
			柴油	316112	263384	210655	210655	210655	210655	187724	164794	164794	130754	96715	96715	96715	96715	79374	62033	62033	47896	43184
			燃气	169185	113226	57266	57266	57266	57266	42149	27032	27032	20099	13166	13166	10344	7523	7523	7523	7523	4305	3232
		其他	汽油	33510	21418	9326	9326	9326	9326	6160	2994	2994	2071	1148	1148	1048	949	949	949	949	658	561
			柴油	28367	23201	18035	18035	18035	18035	16606	15176	15176	11888	8601	8601	8601	8601	7430	6260	6260	5424	5145
			燃气	17156	10969	4782	4782	4782	4782	3108	1434	1434	975	516	516	450	385	385	385	385	304	277
	中型	公交车	汽油	464027	464027	464027	464027	464027	317008	22969	22969	22969	22969	22969	20600	18230	18230	13762	9295	9295	9295	9295
			柴油	502804	502804	501624	499263	499263	479421	439738	439738	439738	366280	292823	292823	292823	292823	238964	185106	185106	154976	144932
			燃气	533864	533864	527509	514798	514798	498830	466893	466893	466893	388582	310271	310271	196211	196211	153671	153671	153671	153671	153671
		其他	汽油	284490	284490	284490	284490	284490	192979	9957	9957	9957	9957	9957	9957	9957	9957	7468	4980	4980	4980	4980
			柴油	235793	235793	225950	206264	206264	204520	201031	201031	201031	171212	141394	141394	141394	141394	125544	109695	109695	93626	88270
			燃气	266259	266259	251467	221883	221883	219792	215609	215609	215609	183576	151543	151543	118045	118045	94821	94821	94821	94821	94821
	大型	公交车	汽油	1653095	1653095	1653095	1653095	1653095	1136700	103909	103909	103909	103909	103909	103818	103727	103727	77796	51864	51864	51864	51864
			柴油	713126	713126	690082	643995	643995	625697	589100	589100	589100	578484	567868	567868	567868	567868	547392	526915	526915	474988	457679
			燃气	1433807	1433807	1354151	1194839	1194839	1106174	928845	928845	928845	795848	662851	662851	617115	617115	534877	534877	534877	534877	534877
		其他	汽油	3945637	3945637	3945637	3945637	3945637	2713095	248011	248011	248011	248011	248011	238711	229411	229411	172242	115072	115072	115072	115072
			柴油	1707716	1707716	1663773	1575888	1575888	1539147	1465666	1465666	1465666	1414064	1362461	1362461	1362461	1362461	1297070	1231678	1231678	1090022	1042804
			燃气	3178729	3178729	3002133	2648941	2648941	2452373	2059236	2059236	2059236	1765060	1470883	1470883	1326987	1326987	1125830	1125830	1125830	1125830	1125830
载货汽车	微型		汽油	119058	70484	21910	21910	21910	21910	14866	7821	7821	6325	4829	4829	4299	3769	3769	3769	3769	2849	2542
			柴油	77070	63456	49841	49841	49841	49841	44884	39927	39927	33812	27697	27697	27697	27697	20262	12828	12828	11075	10491
			燃气	61055	34792	8529	8529	8529	8529	6087	3644	3644	2948	2252	2252	1901	1551	1551	1551	1551	1333	1260
	轻型		汽油	88302	56484	24665	24665	24665	24665	16618	8572	8572	7180	5788	5788	4830	3873	3873	3873	3873	2979	2681
			柴油	77345	63593	49841	49841	49841	49841	44884	39927	39927	33812	27697	27697	27697	27697	22116	16535	16535	15435	15068
			燃气	45208	28927	12647	12647	12647	12647	8376	4106	4106	3354	2602	2602	2086	1571	1571	1571	1571	1386	1324
	中型		汽油	365353	365353	365353	365353	365352	249429	17583	17583	17583	17583	17583	17583	17583	17583	13192	8802	8802	8802	8802
			柴油	668667	668667	600415	463910	463910	441128	395563	395563	395563	392398	389234	389234	389234	389234	341504	293774	293774	252966	239364
			燃气	755063	755063	669722	499039	499039	474108	424248	424248	424248	420710	417172	417172	316136	316136	257129	257129	257129	257129	257129
	重型		汽油	1616726	1616726	1616726	1616726	1616726	1111692	101623	101623	101623	101623	101623	97812	94001	94001	70576	47151	47151	47151	47151
			柴油	939934	939934	907851	843685	843685	812479	750067	750067	750067	719990	689912	689912	689912	689912	595484	501055	501055	320953	260919
			燃气	1749586	1749586	1639113	1418167	1418167	1296722	1053831	1053831	1053831	899323	744814	744814	539827	539827	281693	281693	281693	281693	281693
低速汽车	三轮汽车			65550	65550	65550	65550	65550	65550	65550	65550	65550	53279	53279	53279	53279	53279	53279	53279	53279	53279	53279
	低速货车			88065	88065	88065	88065	88065	88065	88065	88065	88065	71579	71579	71579	71579	71579	71579	71579	71579	71579	71579
摩托车	普通摩托车			992	992	992	992	959	926	860	860	860	860	860	764	668	668	668	668	668	668	668
	轻便摩托车			661	661	661	661	661	331	331	331	331	331	331	294	257	257	257	257	257	257	257

天水市 PM 排放系数

单位：克/（辆·年）

车辆类型		使用性质	燃料种类	1999 年年底前	2000 年	2001 年	2002 年	2003 年	2004 年	2005 年	2006 年	2007 年	2008 年	2009 年	2010 年	2011 年	2012 年	2013 年	2014 年	2015 年	2016 年	2017 年
载客汽车	微型	出租车	汽油	—	—	—	—	—	—	—	—	—	—	—	—	—	—	—	—	—	—	—
			燃气	—	—	—	—	—	—	—	—	—	—	—	—	—	—	—	—	—	—	—
		其他	汽油	—	—	—	—	—	—	—	—	—	—	—	—	—	—	—	—	—	—	—
			燃气	—	—	—	—	—	—	—	—	—	—	—	—	—	—	—	—	—	—	—
	小型	出租车	汽油	—	—	—	—	—	—	—	—	—	—	—	—	—	—	—	—	—	—	—
			柴油	36332	33268	30203	30203	30203	30203	20526	10849	10849	7086	3323	3323	3323	3323	3088	2854	2854	2360	2195
			燃气	—	—	—	—	—	—	—	—	—	—	—	—	—	—	—	—	—	—	—
		其他	汽油	—	—	—	—	—	—	—	—	—	—	—	—	—	—	—	—	—	—	—
			柴油	3379	3198	3016	3016	3016	3016	2168	1320	1320	968	615	615	615	615	514	414	414	414	414
			燃气	—	—	—	—	—	—	—	—	—	—	—	—	—	—	—	—	—	—	—
	中型	公交车	汽油	—	—	—	—	—	—	—	—	—	—	—	—	—	—	—	—	—	—	—
			柴油	30592	30592	28032	22913	22913	17978	8108	8108	8108	6872	5637	5637	5637	5637	3504	1372	1372	1080	983
			燃气	—	—	—	—	—	—	—	—	—	—	—	—	—	—	—	—	—	—	—
		其他	汽油	—	—	—	—	—	—	—	—	—	—	—	—	—	—	—	—	—	—	—
			柴油	15274	15274	12888	8116	8116	6262	2553	2553	2553	2434	2316	2316	2316	2316	1366	415	415	399	394
			燃气	—	—	—	—	—	—	—	—	—	—	—	—	—	—	—	—	—	—	—
	大型	公交车	汽油	—	—	—	—	—	—	—	—	—	—	—	—	—	—	—	—	—	—	—
			柴油	94865	94865	93934	92071	92071	71272	29674	29674	29674	19994	10315	10315	10315	10315	6116	1916	1916	1845	1821
			燃气	—	—	—	—	—	—	—	—	—	—	—	—	—	—	—	—	—	—	—
		其他	汽油	—	—	—	—	—	—	—	—	—	—	—	—	—	—	—	—	—	—	—
			柴油	142314	142314	133412	115607	115607	85425	25061	25061	25061	17182	9303	9303	9303	9303	5868	2433	2433	2343	2313
			燃气	—	—	—	—	—	—	—	—	—	—	—	—	—	—	—	—	—	—	—
载货汽车	微型		汽油	—	—	—	—	—	—	—	—	—	—	—	—	—	—	—	—	—	—	—
			柴油	7728	7568	7408	7408	7408	7408	6030	4652	4652	3452	2253	2253	2253	2253	1418	584	584	581	580
			燃气	—	—	—	—	—	—	—	—	—	—	—	—	—	—	—	—	—	—	—
	轻型		汽油	—	—	—	—	—	—	—	—	—	—	—	—	—	—	—	—	—	—	—
			柴油	8037	7722	7408	7408	7408	7408	6030	4652	4652	3452	2253	2253	2253	2253	1699	1145	1145	946	879
			燃气	—	—	—	—	—	—	—	—	—	—	—	—	—	—	—	—	—	—	—
	中型		汽油	—	—	—	—	—	—	—	—	—	—	—	—	—	—	—	—	—	—	—
			柴油	41967	41967	35317	22017	22017	16968	6871	6871	6871	6510	6148	6148	6148	6148	3942	1736	1736	1590	1541
			燃气	—	—	—	—	—	—	—	—	—	—	—	—	—	—	—	—	—	—	—
	重型		汽油	—	—	—	—	—	—	—	—	—	—	—	—	—	—	—	—	—	—	—
			柴油	80917	80917	66508	37690	37690	29926	14397	14397	14397	9866	5334	5334	5334	5334	3610	1887	1887	1594	1497
			燃气	—	—	—	—	—	—	—	—	—	—	—	—	—	—	—	—	—	—	—
低速汽车	三轮汽车			4092	4092	4092	4092	4092	4092	4092	4092	4092	3220	3220	3220	3220	3220	3220	3220	3220	3220	3220
	低速货车			5581	5581	5581	5581	5581	5581	5581	5581	5581	4392	4392	4392	4392	4392	4392	4392	4392	4392	4392
摩托车	普通摩托车			—	—	—	—	—	—	—	—	—	—	—	—	—	—	—	—	—	—	—
	轻便摩托车			—	—	—	—	—	—	—	—	—	—	—	—	—	—	—	—	—	—	—

天水市 VOCs 排放系数

单位：克/（辆·年）

车辆类型		使用性质	燃料种类	1999 年年底前	2000 年	2001 年	2002 年	2003 年	2004 年	2005 年	2006 年	2007 年	2008 年	2009 年	2010 年	2011 年	2012 年	2013 年	2014 年	2015 年	2016 年	2017 年
载客汽车	微型	出租车	汽油	708333	414669	121005	121005	121005	121005	90248	59491	59491	48112	36732	36732	30815	24898	24898	24898	24898	18740	16687
			燃气	293133	175718	58304	58304	58304	58304	44536	30769	30769	25197	19625	19625	15678	11732	11732	11732	11732	7385	5936
		其他	汽油	48457	29295	10133	10133	10133	10133	9758	9382	9382	8042	6701	6701	6402	6102	6102	6102	6102	5128	4803
			燃气	15782	8874	1966	1966	1966	1966	1882	1798	1798	1340	883	883	801	719	719	719	719	490	413
	小型	出租车	汽油	708333	408074	107814	107814	107814	107814	101312	94809	94809	65770	36732	36732	30815	24898	24898	24898	24898	17542	15090
			柴油	151437	142649	133861	133861	133861	133861	121064	108266	108266	79061	49856	49856	49856	49856	37036	24215	24215	13749	10260
			燃气	293133	173087	53041	53041	53041	53041	48952	44862	44862	32244	19625	19625	15678	11732	11732	11732	11732	6907	5299
		其他	汽油	49123	29548	9973	9973	9973	9973	10032	10091	10091	8398	6704	6704	6361	6018	6018	6018	6018	5194	4919
			柴油	9813	8984	8155	8155	8155	8155	6922	5688	5688	3908	2129	2129	2129	2129	1822	1514	1514	1072	924
			燃气	16047	9656	3264	3264	3264	3264	2672	2081	2081	1545	1009	1009	848	686	686	686	686	516	460
	中型	公交车	汽油	252433	252433	252433	252433	251836	172043	13651	13651	13651	13651	13651	13500	13348	13348	10872	8397	8397	8397	8397
			柴油	87806	87806	86086	82645	82645	64494	28192	28192	28192	20508	12823	12823	12823	12823	8958	5093	5093	4763	4653
			燃气	71579	71579	67602	59649	59649	57536	53311	53311	53311	42686	32061	32061	22219	22219	22154	22154	22154	22154	22154
		其他	汽油	130757	130757	130757	130757	130160	89046	8013	8013	8013	8013	8013	7868	7722	7722	6650	5578	5578	5578	5578
			柴油	30493	30493	28460	24394	24394	18567	6912	6912	6912	6506	6099	6099	6099	6099	3750	1402	1402	1243	1190
			燃气	34560	34560	32640	28800	28800	27780	25740	25740	25740	20623	15506	15506	10732	10732	9642	9642	9642	9642	9642
	大型	公交车	汽油	588327	588327	588327	588327	587730	396416	14981	14981	14981	14981	14981	14842	14702	14702	11881	9060	9060	9060	9060
			柴油	131708	131708	108010	60614	60614	60614	60614	60614	60614	43515	26416	26416	26416	26416	17675	8934	8934	5723	4653
			燃气	168926	168926	159541	140772	140772	135786	125815	125815	125815	100740	75665	75665	52438	52438	47188	47188	47188	47188	47188
		其他	汽油	1303651	1303651	1303651	1303651	1303054	877884	28738	28738	28738	28738	28738	22356	15975	15975	12720	9466	9466	9466	9466
			柴油	272891	272891	207397	76409	76409	76409	76409	76409	76409	55942	35476	35476	35476	35476	20706	5937	5937	5324	5119
			燃气	266186	266186	251398	221822	221822	213966	198253	198253	198253	158842	119430	119430	82662	82662	74261	74261	74261	74261	74261
载货汽车	微型		汽油	253541	136636	19731	19731	19731	19731	18678	17624	17624	16250	14876	14876	12429	9982	9982	9982	9982	8564	8091
			柴油	32837	30691	28545	28545	28545	28545	26210	23876	23876	17592	11307	11307	11307	11307	7808	4309	4309	3000	2564
			燃气	82576	43202	3828	3828	3828	3828	3603	3378	3378	2669	1960	1960	1568	1176	1176	1176	1176	816	696
	轻型		汽油	132086	79050	26015	26015	26015	26015	22555	19095	19095	17118	15141	15141	13440	11738	11738	11738	11738	10190	9674
			柴油	30104	29324	28545	28545	28545	28545	26210	23876	23876	17592	11307	11307	11307	11307	8593	5879	5879	4570	4134
			燃气	43149	25831	8514	8514	8514	8514	6226	3938	3938	3108	2279	2279	1808	1338	1338	1338	1338	1013	905
	中型		汽油	378673	378673	378673	378673	378076	257121	16404	16404	16404	16404	16404	16264	16125	16125	12946	9766	9766	9766	9766
			柴油	86676	86676	80898	69341	69341	52776	19647	19647	19647	18501	17355	17355	17355	17355	12578	7800	7800	4641	3588
			燃气	98236	98236	92779	81865	81865	78965	73165	73165	73165	58644	44123	44123	59707	59707	29072	29072	29072	29072	29072
	重型		汽油	553054	553054	553054	553054	552456	372675	14307	14307	14307	14307	14307	11534	8761	8761	7380	5998	5998	5998	5998
			柴油	160729	160729	122154	45004	45004	45004	45004	45004	45004	32950	20895	20895	20895	20895	12908	4920	4920	3496	3021
			燃气	156780	156780	148070	130651	130651	126023	116769	116769	116769	93556	70343	70343	68502	68502	43825	43825	43825	43825	43825
低速汽车	三轮汽车			25300	25300	25300	25300	25300	25300	25300	25300	25300	16721	16721	16721	16721	16721	16721	16721	16721	16721	16721
	低速货车			33990	33990	33990	33990	33990	33990	33990	33990	33990	22464	22464	22464	22464	22464	22464	22464	22464	22464	22464
摩托车	普通摩托车			13290	13290	13290	13290	9918	6546	3504	3504	3504	3504	3504	2615	1726	1726	1726	1726	1726	1726	1726
	轻便摩托车			42978	42978	42978	42978	42978	8596	8596	4232	4232	4232	4232	3158	2084	2084	2084	2084	2084	2084	2084

武威市 NO_x 排放系数

单位：克/（辆·年）

车辆类型		使用性质	燃料种类	1999 年年底前	2000 年	2001 年	2002 年	2003 年	2004 年	2005 年	2006 年	2007 年	2008 年	2009 年	2010 年	2011 年	2012 年	2013 年	2014 年	2015 年	2016 年	2017 年
载客汽车	微型	出租车	汽油	433416	286967	140518	140518	140518	140518	100393	60268	60268	42130	23993	23993	20337	16681	16681	16681	16681	11637	9956
			燃气	149780	102344	54908	54908	54908	54908	40789	26670	26670	19918	13166	13166	10681	8196	8196	8196	8196	4914	3820
		其他	汽油	58131	36359	14587	14587	14587	14587	9001	3415	3415	2754	2094	2094	1747	1400	1400	1400	1400	1055	940
			燃气	18421	11000	3578	3578	3578	3578	2337	1096	1096	890	684	684	548	411	411	411	411	326	297
	小型	出租车	汽油	494242	321075	147908	147908	147908	147908	104656	61404	61404	42698	23993	23993	19283	14573	14573	14573	14573	9728	8113
			柴油	393041	324802	256562	256562	256562	256562	229104	201645	201645	159416	117188	117188	117188	117188	97165	77142	77142	61222	55915
			燃气	169185	113226	57266	57266	57266	57266	42149	27032	27032	20099	13166	13166	10344	7523	7523	7523	7523	4305	3232
		其他	汽油	54166	34488	14809	14809	14809	14809	9640	4471	4471	3020	1570	1570	1444	1318	1318	1318	1318	988	878
			柴油	37137	30302	23466	23466	23466	23466	21623	19780	19780	15475	11170	11170	11170	11170	9672	8174	8174	7149	6807
			燃气	17156	10969	4782	4782	4782	4782	3108	1434	1434	975	516	516	450	385	385	385	385	304	277
	中型	公交车	汽油	679230	679230	679230	679230	679230	464027	33622	33622	33622	33622	33622	30153	26684	26684	20144	13605	13605	13605	13605
			柴油	595387	595387	593989	591193	591193	567698	520708	520708	520708	433725	346742	346742	346742	346742	282966	219190	219190	183511	171618
			燃气	632166	632166	624640	609589	609589	590680	552863	552863	552863	460132	367402	367402	232340	232340	181967	181967	181967	181967	181967
		其他	汽油	416430	416430	416430	416430	416430	282478	14575	14575	14575	14575	14575	14575	14575	14575	10932	7289	7289	7289	7289
			柴油	279210	279210	267555	244244	244244	242179	238048	238048	238048	202738	167429	167429	167429	167429	148662	129894	129894	110866	104523
			燃气	315286	315286	297770	262739	262739	260263	255310	255310	255310	217378	179446	179446	139781	139781	112281	112281	112281	112281	112281
	大型	公交车	汽油	2419758	2419758	2419758	2419758	2419758	1663872	152099	152099	152099	152099	152099	151966	151832	151832	113875	75918	75918	75918	75918
			柴油	844436	844436	817149	762576	762576	740908	697573	697573	697573	685002	672431	672431	672431	672431	648184	623937	623937	562449	541953
			燃气	1697818	1697818	1603495	1414848	1414848	1309857	1099876	1099876	1099876	942390	784904	784904	730745	730745	633365	633365	633365	633365	633365
		其他	汽油	5775522	5775522	5775522	5775522	5775522	3971359	363033	363033	363033	363033	363033	349419	335805	335805	252122	168440	168440	168440	168440
			柴油	2022162	2022162	1970128	1866060	1866060	1822554	1735543	1735543	1735543	1674438	1613334	1613334	1613334	1613334	1535902	1458470	1458470	1290732	1234819
			燃气	3764036	3764036	3554923	3136697	3136697	2903934	2438408	2438408	2438408	2090064	1741720	1741720	1571328	1571328	1333132	1333132	1333132	1333132	1333132
载货汽车	微型		汽油	193175	113622	34069	34069	34069	34069	22708	11346	11346	9092	6837	6837	6188	5539	5539	5539	5539	4417	4043
			柴油	99284	81394	63503	63503	63503	63503	57261	51019	51019	43246	35472	35472	35472	35472	25935	16398	16398	14428	13771
			燃气	61215	34786	8357	8357	8357	8357	5999	3641	3641	2937	2233	2233	1930	1626	1626	1626	1626	1365	1277
	轻型		汽油	142602	90600	38599	38599	38599	38599	25590	12581	12581	10498	8414	8414	7062	5709	5709	5709	5709	4630	4271
			柴油	99649	81576	63503	63503	63503	63503	57261	51019	51019	43246	35472	35472	35472	35472	28400	21329	21329	20226	19859
			燃气	45166	28815	12464	12464	12464	12464	8250	4035	4035	3400	2765	2765	2217	1668	1668	1668	1668	1428	1347
	中型		汽油	533778	533778	533778	533778	533778	364414	25688	25688	25688	25688	25688	25688	25688	25688	19274	12859	12859	12859	12859
			柴油	790687	790687	709980	548565	548565	521625	467746	467746	467746	464004	460262	460262	460262	460262	403822	347382	347382	299128	283043
			燃气	892850	892850	791934	590104	590104	560624	501665	501665	501665	497481	493297	493297	373823	373823	304051	304051	304051	304051	304051
	重型		汽油	2362025	2362025	2362025	2362025	2362025	1624173	148470	148470	148470	148470	148470	142902	137335	137335	103111	68887	68887	68887	68887
			柴油	1111455	1111455	1073517	997642	997642	960742	886941	886941	886941	851374	815808	815808	815808	815808	704148	592489	592489	379521	308532
			燃气	2068853	2068853	1938221	1676956	1676956	1533350	1246137	1246137	1246137	1063433	880728	880728	638336	638336	333096	333096	333096	333096	333096
低速汽车	三轮汽车			65550	65550	65550	65550	65550	65550	65550	65550	65550	53279	53279	53279	53279	53279	53279	53279	53279	53279	53279
	低速货车			88065	88065	88065	88065	88065	88065	88065	88065	88065	71579	71579	71579	71579	71579	71579	71579	71579	71579	71579
摩托车	普通摩托车			992	992	992	992	959	926	860	860	860	860	860	764	668	668	668	668	668	668	668
	轻便摩托车			661	661	661	661	661	331	331	331	331	331	331	294	257	257	257	257	257	257	257

武威市 PM 排放系数

单位：克/（辆·年）

车辆类型		使用性质	燃料种类	1999 年年底前	2000 年	2001 年	2002 年	2003 年	2004 年	2005 年	2006 年	2007 年	2008 年	2009 年	2010 年	2011 年	2012 年	2013 年	2014 年	2015 年	2016 年	2017 年
载客汽车	微型	出租车	汽油	—	—	—	—	—	—	—	—	—	—	—	—	—	—	—	—	—	—	—
			燃气	—	—	—	—	—	—	—	—	—	—	—	—	—	—	—	—	—	—	—
		其他	汽油	—	—	—	—	—	—	—	—	—	—	—	—	—	—	—	—	—	—	—
			燃气	—	—	—	—	—	—	—	—	—	—	—	—	—	—	—	—	—	—	—
	小型	出租车	汽油	—	—	—	—	—	—	—	—	—	—	—	—	—	—	—	—	—	—	—
			柴油	36332	33268	30203	30203	30203	30203	20526	10849	10849	7086	3323	3323	3323	3323	3088	2854	2854	2360	2195
			燃气	—	—	—	—	—	—	—	—	—	—	—	—	—	—	—	—	—	—	—
		其他	汽油	—	—	—	—	—	—	—	—	—	—	—	—	—	—	—	—	—	—	—
			柴油	3379	3198	3016	3016	3016	3016	2168	1320	1320	968	615	615	615	615	514	414	414	414	414
			燃气	—	—	—	—	—	—	—	—	—	—	—	—	—	—	—	—	—	—	—
	中型	公交车	汽油	—	—	—	—	—	—	—	—	—	—	—	—	—	—	—	—	—	—	—
			柴油	30592	30592	28032	22913	22913	17978	8108	8108	8108	6872	5637	5637	5637	5637	3504	1372	1372	1080	983
			燃气	—	—	—	—	—	—	—	—	—	—	—	—	—	—	—	—	—	—	—
		其他	汽油	—	—	—	—	—	—	—	—	—	—	—	—	—	—	—	—	—	—	—
			柴油	15274	15274	12888	8116	8116	6262	2553	2553	2553	2434	2316	2316	2316	2316	1366	415	415	399	394
			燃气	—	—	—	—	—	—	—	—	—	—	—	—	—	—	—	—	—	—	—
	大型	公交车	汽油	—	—	—	—	—	—	—	—	—	—	—	—	—	—	—	—	—	—	—
			柴油	94865	94865	93934	92071	92071	71272	29674	29674	29674	19994	10315	10315	10315	10315	6116	1916	1916	1845	1821
			燃气	—	—	—	—	—	—	—	—	—	—	—	—	—	—	—	—	—	—	—
		其他	汽油	—	—	—	—	—	—	—	—	—	—	—	—	—	—	—	—	—	—	—
			柴油	142314	142314	133412	115607	115607	85425	25061	25061	25061	17182	9303	9303	9303	9303	5868	2433	2433	2343	2313
			燃气	—	—	—	—	—	—	—	—	—	—	—	—	—	—	—	—	—	—	—
载货汽车	微型		汽油	—	—	—	—	—	—	—	—	—	—	—	—	—	—	—	—	—	—	—
			柴油	7728	7568	7408	7408	7408	7408	6030	4652	4652	3452	2253	2253	2253	2253	1418	584	584	581	580
			燃气	—	—	—	—	—	—	—	—	—	—	—	—	—	—	—	—	—	—	—
	轻型		汽油	—	—	—	—	—	—	—	—	—	—	—	—	—	—	—	—	—	—	—
			柴油	8037	7722	7408	7408	7408	7408	6030	4652	4652	3452	2253	2253	2253	2253	1699	1145	1145	946	879
			燃气	—	—	—	—	—	—	—	—	—	—	—	—	—	—	—	—	—	—	—
	中型		汽油	—	—	—	—	—	—	—	—	—	—	—	—	—	—	—	—	—	—	—
			柴油	41967	41967	35317	22017	22017	16968	6871	6871	6871	6510	6148	6148	6148	6148	3942	1736	1736	1590	1541
			燃气	—	—	—	—	—	—	—	—	—	—	—	—	—	—	—	—	—	—	—
	重型		汽油	—	—	—	—	—	—	—	—	—	—	—	—	—	—	—	—	—	—	—
			柴油	80917	80917	66508	37690	37690	29926	14397	14397	14397	9866	5334	5334	5334	5334	3610	1887	1887	1594	1497
			燃气	—	—	—	—	—	—	—	—	—	—	—	—	—	—	—	—	—	—	—
低速汽车	三轮汽车			4092	4092	4092	4092	4092	4092	4092	4092	4092	3220	3220	3220	3220	3220	3220	3220	3220	3220	3220
	低速货车			5581	5581	5581	5581	5581	5581	5581	5581	5581	4392	4392	4392	4392	4392	4392	4392	4392	4392	4392
摩托车	普通摩托车			—	—	—	—	—	—	—	—	—	—	—	—	—	—	—	—	—	—	—
	轻便摩托车			—	—	—	—	—	—	—	—	—	—	—	—	—	—	—	—	—	—	—

武威市 VOCs 排放系数

单位：克/（辆·年）

车辆类型		使用性质	燃料种类	1999 年年底前	2000 年	2001 年	2002 年	2003 年	2004 年	2005 年	2006 年	2007 年	2008 年	2009 年	2010 年	2011 年	2012 年	2013 年	2014 年	2015 年	2016 年	2017 年
载客汽车	微型	出租车	汽油	1124037	649576	175116	175116	175116	175116	127744	80371	80371	63821	47271	47271	40064	32857	32857	32857	32857	26118	23871
			燃气	293133	175718	58304	58304	58304	58304	44536	30769	30769	25197	19625	19625	15678	11732	11732	11732	11732	7385	5936
		其他	汽油	74323	43826	13328	13328	13328	13328	12916	12504	12504	10490	8477	8477	8047	7617	7617	7617	7617	6220	5755
			燃气	15782	8874	1966	1966	1966	1966	1882	1798	1798	1340	883	883	801	719	719	719	719	490	413
	小型	出租车	汽油	1124037	638874	153712	153712	153712	153712	145696	137681	137681	92476	47271	47271	40064	32857	32857	32857	32857	24174	21279
			柴油	171352	161816	152280	152280	152280	152280	138746	125211	125211	89274	53337	53337	53337	53337	39772	26206	26206	15593	12055
			燃气	293133	173087	53041	53041	53041	53041	48952	44862	44862	32244	19625	19625	15678	11732	11732	11732	11732	6907	5299
		其他	汽油	75404	44236	13068	13068	13068	13068	13362	13655	13655	11069	8483	8483	7982	7481	7481	7481	7481	6328	5944
			柴油	12769	11685	10601	10601	10601	10601	8994	7387	7387	5023	2659	2659	2659	2659	2315	1971	1971	1424	1242
			燃气	16047	9656	3264	3264	3264	3264	2672	2081	2081	1545	1009	1009	848	686	686	686	686	516	460
	中型	公交车	汽油	269510	269510	269510	269510	268913	183696	14456	14456	14456	14456	14456	14304	14151	14151	11507	8863	8863	8863	8863
			柴油	87806	87806	86086	82645	82645	64494	28192	28192	28192	20508	12823	12823	12823	12823	8958	5093	5093	4763	4653
			燃气	71579	71579	67602	59649	59649	57536	53311	53311	53311	42686	32061	32061	22219	22219	22154	22154	22154	22154	22154
		其他	汽油	139484	139484	139484	139484	138887	95004	8431	8431	8431	8431	8431	8285	8139	8139	6994	5850	5850	5850	5850
			柴油	30493	30493	28460	24394	24394	18567	6912	6912	6912	6506	6099	6099	6099	6099	3750	1402	1402	1243	1190
			燃气	34560	34560	32640	28800	28800	27780	25740	25740	25740	20623	15506	15506	10732	10732	9642	9642	9642	9642	9642
	大型	公交车	汽油	628455	628455	628455	628455	627858	423466	15877	15877	15877	15877	15877	15738	15598	15598	12584	9571	9571	9571	9571
			柴油	131708	131708	108010	60614	60614	60614	60614	60614	60614	43515	26416	26416	26416	26416	17675	8934	8934	5723	4653
			燃气	168926	168926	159541	140772	140772	135786	125815	125815	125815	100740	75665	75665	52438	52438	47188	47188	47188	47188	47188
		其他	汽油	1392870	1392870	1392870	1392870	1392273	937977	30578	30578	30578	30578	30578	23768	16959	16959	13482	10005	10005	10005	10005
			柴油	272891	272891	207397	76409	76409	76409	76409	76409	76409	55942	35476	35476	35476	35476	20706	5937	5937	5324	5119
			燃气	266186	266186	251398	221822	221822	213966	198253	198253	198253	158842	119430	119430	82662	82662	74261	74261	74261	74261	74261
载货汽车	微型		汽油	405037	216080	27122	27122	27122	27122	25840	24558	24558	22662	20766	20766	17080	13395	13395	13395	13395	11582	10977
			柴油	40781	38136	35492	35492	35492	35492	32762	30031	30031	21897	13763	13763	13763	13763	9442	5122	5122	3748	3290
			燃气	86007	45004	4001	4001	4001	4001	3766	3531	3531	2847	2163	2163	1714	1264	1264	1264	1264	907	788
	轻型		汽油	207957	122638	37319	37319	37319	37319	32132	26944	26944	24070	21197	21197	18722	16246	16246	16246	16246	14220	13545
			柴油	37051	36272	35492	35492	35492	35492	32762	30031	30031	21897	13763	13763	13763	13763	10514	7265	7265	5891	5433
			燃气	44256	26789	9321	9321	9321	9321	6714	4106	4106	3314	2521	2521	2005	1490	1490	1490	1490	1159	1048
	中型		汽油	404413	404413	404413	404413	403816	274612	17398	17398	17398	17398	17398	17258	17118	17118	13722	10325	10325	10325	10325
			柴油	86676	86676	80898	69341	69341	52776	19647	19647	19647	18501	17355	17355	17355	17355	12578	7800	7800	4641	3588
			燃气	98236	98236	92779	81865	81865	78965	73165	73165	73165	58644	44123	44123	59707	59707	29072	29072	29072	29072	29072
	重型		汽油	590762	590762	590762	590762	590164	398097	15156	15156	15156	15156	15156	12203	9250	9250	7774	6299	6299	6299	6299
			柴油	160729	160729	122154	45004	45004	45004	45004	45004	45004	32950	20895	20895	20895	20895	12908	4920	4920	3496	3021
			燃气	156780	156780	148070	130651	130651	126023	116769	116769	116769	93556	70343	70343	68502	68502	43825	43825	43825	43825	43825
低速汽车	三轮汽车			25300	25300	25300	25300	25300	25300	25300	25300	25300	16721	16721	16721	16721	16721	16721	16721	16721	16721	16721
	低速货车			33990	33990	33990	33990	33990	33990	33990	33990	33990	22464	22464	22464	22464	22464	22464	22464	22464	22464	22464
摩托车	普通摩托车			13290	13290	13290	13290	9918	6546	3504	3504	3504	3504	3504	2615	1726	1726	1726	1726	1726	1726	1726
	轻便摩托车			42978	42978	42978	42978	42978	8596	8596	4232	4232	4232	4232	3158	2084	2084	2084	2084	2084	2084	2084

张掖市 NO_x 排放系数

单位：克/（辆·年）

车辆类型		使用性质	燃料种类	1999 年年底前	2000 年	2001 年	2002 年	2003 年	2004 年	2005 年	2006 年	2007 年	2008 年	2009 年	2010 年	2011 年	2012 年	2013 年	2014 年	2015 年	2016 年	2017 年
载客汽车	微型	出租车	汽油	305516	204566	103615	103615	103615	103615	75206	46798	46798	33654	20509	20509	17067	13625	13625	13625	13625	8882	7301
			燃气	149780	102344	54908	54908	54908	54908	40789	26670	26670	19918	13166	13166	10681	8196	8196	8196	8196	4914	3820
		其他	汽油	40309	25288	10266	10266	10266	10266	6423	2580	2580	2092	1603	1603	1348	1092	1092	1092	1092	774	668
			燃气	18421	11000	3578	3578	3578	3578	2337	1096	1096	890	684	684	548	411	411	411	411	326	297
	小型	出租车	汽油	347157	227916	108674	108674	108674	108674	78125	47576	47576	34042	20509	20509	16346	12182	12182	12182	12182	7575	6039
			柴油	345266	286662	228057	228057	228057	228057	203411	178765	178765	141622	104478	104478	104478	104478	86122	67765	67765	52947	48008
			燃气	169185	113226	57266	57266	57266	57266	42149	27032	27032	20099	13166	13166	10344	7523	7523	7523	7523	4305	3232
		其他	汽油	37595	24006	10417	10417	10417	10417	6860	3304	3304	2274	1244	1244	1140	1036	1036	1036	1036	728	625
			柴油	31700	25901	20102	20102	20102	20102	18516	16930	16930	13256	9582	9582	9582	9582	8288	6993	6993	6080	5776
			燃气	17156	10969	4782	4782	4782	4782	3108	1434	1434	975	516	516	450	385	385	385	385	304	277
	中型	公交车	汽油	464996	464996	464996	464996	464996	317670	23017	23017	23017	23017	23017	20642	18268	18268	13791	9314	9314	9314	9314
			柴油	503575	503575	502393	500028	500028	480156	440412	440412	440412	366842	293272	293272	293272	293272	239331	185390	185390	155213	145154
			燃气	534683	534683	528318	515587	515587	499594	467609	467609	467609	389178	310746	310746	196512	196512	153906	153906	153906	153906	153906
		其他	汽油	285085	285085	285085	285085	285085	193383	9978	9978	9978	9978	9978	9978	9978	9978	7484	4990	4990	4990	4990
			柴油	236154	236154	226296	206580	206580	204833	201339	201339	201339	171474	141610	141610	141610	141610	125736	109863	109863	93770	88405
			燃气	266667	266667	251852	222223	222223	220129	215940	215940	215940	183858	151775	151775	118226	118226	94966	94966	94966	94966	94966
	大型	公交车	汽油	1656550	1656550	1656550	1656550	1656550	1139075	104126	104126	104126	104126	104126	104034	103943	103943	77958	51973	51973	51973	51973
			柴油	714219	714219	691140	644982	644982	626656	590003	590003	590003	579370	568738	568738	568738	568738	548230	527722	527722	475716	458380
			燃气	1436005	1436005	1356227	1196670	1196670	1107870	930269	930269	930269	797068	663867	663867	618060	618060	535696	535696	535696	535696	535696
		其他	汽油	3953883	3953883	3953883	3953883	3953883	2718765	248530	248530	248530	248530	248530	239210	229890	229890	172602	115313	115313	115313	115313
			柴油	1710333	1710333	1666323	1578303	1578303	1541506	1467912	1467912	1467912	1416230	1364549	1364549	1364549	1364549	1299058	1233566	1233566	1091693	1044402
			燃气	3183600	3183600	3006733	2653000	2653000	2456131	2062392	2062392	2062392	1767764	1473137	1473137	1329020	1329020	1127556	1127556	1127556	1127556	1127556
载货汽车	微型		汽油	133574	78939	24304	24304	24304	24304	16417	8530	8530	6882	5235	5235	4682	4129	4129	4129	4129	3160	2837
			柴油	85496	70262	55027	55027	55027	55027	49583	44139	44139	37394	30650	30650	30650	30650	22419	14188	14188	12348	11735
			燃气	61043	34757	8471	8471	8471	8471	6047	3624	3624	2929	2234	2234	1894	1554	1554	1554	1554	1335	1261
	轻型		汽油	98951	63178	27405	27405	27405	27405	18390	9376	9376	7845	6314	6314	5280	4245	4245	4245	4245	3306	2993
			柴油	85805	70416	55027	55027	55027	55027	49583	44139	44139	37394	30650	30650	30650	30650	24504	18359	18359	17253	16884
			燃气	45155	28868	12580	12580	12580	12580	8325	4069	4069	3344	2619	2619	2098	1578	1578	1578	1578	1389	1326
	中型		汽油	365353	365353	365353	365353	365352	249429	17583	17583	17583	17583	17583	17583	17583	17583	13192	8802	8802	8802	8802
			柴油	668667	668667	600415	463910	463910	441128	395563	395563	395563	392398	389234	389234	389234	389234	341504	293774	293774	252966	239364
			燃气	755064	755064	669722	499039	499039	474109	424249	424249	424249	420711	417174	417174	316137	316137	257128	257128	257128	257128	257128
	重型		汽油	1616726	1616726	1616726	1616726	1616726	1111692	101623	101623	101623	101623	101623	97812	94001	94001	70576	47151	47151	47151	47151
			柴油	939934	939934	907851	843685	843685	812479	750067	750067	750067	719990	689912	689912	689912	689912	595484	501055	501055	320953	260919
			燃气	1749586	1749586	1639112	1418166	1418166	1296722	1053832	1053832	1053832	899323	744814	744814	539827	539827	281693	281693	281693	281693	281693
低速汽车	三轮汽车			65550	65550	65550	65550	65550	65550	65550	65550	65550	53279	53279	53279	53279	53279	53279	53279	53279	53279	53279
	低速货车			88065	88065	88065	88065	88065	88065	88065	88065	88065	71579	71579	71579	71579	71579	71579	71579	71579	71579	71579
摩托车	普通摩托车			992	992	992	992	959	926	860	860	860	860	860	764	668	668	668	668	668	668	668
	轻便摩托车			661	661	661	661	661	331	331	331	331	331	331	294	257	257	257	257	257	257	257

张掖市 PM 排放系数

单位：克/（辆·年）

车辆类型		使用性质	燃料种类	1999 年年底前	2000 年	2001 年	2002 年	2003 年	2004 年	2005 年	2006 年	2007 年	2008 年	2009 年	2010 年	2011 年	2012 年	2013 年	2014 年	2015 年	2016 年	2017 年
载客汽车	微型	出租车	汽油	—	—	—	—	—	—	—	—	—	—	—	—	—	—	—	—	—	—	—
			燃气	—	—	—	—	—	—	—	—	—	—	—	—	—	—	—	—	—	—	—
		其他	汽油	—	—	—	—	—	—	—	—	—	—	—	—	—	—	—	—	—	—	—
			燃气	—	—	—	—	—	—	—	—	—	—	—	—	—	—	—	—	—	—	—
	小型	出租车	汽油	—	—	—	—	—	—	—	—	—	—	—	—	—	—	—	—	—	—	—
			柴油	36332	33268	30203	30203	30203	30203	20526	10849	10849	7086	3323	3323	3323	3323	3088	2854	2854	2360	2195
			燃气	—	—	—	—	—	—	—	—	—	—	—	—	—	—	—	—	—	—	—
		其他	汽油	—	—	—	—	—	—	—	—	—	—	—	—	—	—	—	—	—	—	—
			柴油	3379	3198	3016	3016	3016	3016	2168	1320	1320	968	615	615	615	615	514	414	414	414	414
			燃气	—	—	—	—	—	—	—	—	—	—	—	—	—	—	—	—	—	—	—
	中型	公交车	汽油	—	—	—	—	—	—	—	—	—	—	—	—	—	—	—	—	—	—	—
			柴油	30592	30592	28032	22913	22913	17978	8108	8108	8108	6872	5637	5637	5637	5637	3504	1372	1372	1080	983
			燃气	—	—	—	—	—	—	—	—	—	—	—	—	—	—	—	—	—	—	—
		其他	汽油	—	—	—	—	—	—	—	—	—	—	—	—	—	—	—	—	—	—	—
			柴油	15274	15274	12888	8116	8116	6262	2553	2553	2553	2434	2316	2316	2316	2316	1366	415	415	399	394
			燃气	—	—	—	—	—	—	—	—	—	—	—	—	—	—	—	—	—	—	—
	大型	公交车	汽油	—	—	—	—	—	—	—	—	—	—	—	—	—	—	—	—	—	—	—
			柴油	94865	94865	93934	92071	92071	71272	29674	29674	29674	19994	10315	10315	10315	10315	6116	1916	1916	1845	1821
			燃气	—	—	—	—	—	—	—	—	—	—	—	—	—	—	—	—	—	—	—
		其他	汽油	—	—	—	—	—	—	—	—	—	—	—	—	—	—	—	—	—	—	—
			柴油	142314	142314	133412	115607	115607	85425	25061	25061	25061	17182	9303	9303	9303	9303	5868	2433	2433	2343	2313
			燃气	—	—	—	—	—	—	—	—	—	—	—	—	—	—	—	—	—	—	—
载货汽车	微型		汽油	—	—	—	—	—	—	—	—	—	—	—	—	—	—	—	—	—	—	—
			柴油	7728	7568	7408	7408	7408	7408	6030	4652	4652	3452	2253	2253	2253	2253	1418	584	584	581	580
			燃气	—	—	—	—	—	—	—	—	—	—	—	—	—	—	—	—	—	—	—
	轻型		汽油	—	—	—	—	—	—	—	—	—	—	—	—	—	—	—	—	—	—	—
			柴油	8037	7722	7408	7408	7408	7408	6030	4652	4652	3452	2253	2253	2253	2253	1699	1145	1145	946	879
			燃气	—	—	—	—	—	—	—	—	—	—	—	—	—	—	—	—	—	—	—
	中型		汽油	—	—	—	—	—	—	—	—	—	—	—	—	—	—	—	—	—	—	—
			柴油	41967	41967	35317	22017	22017	16968	6871	6871	6871	6510	6148	6148	6148	6148	3942	1736	1736	1590	1541
			燃气	—	—	—	—	—	—	—	—	—	—	—	—	—	—	—	—	—	—	—
	重型		汽油	—	—	—	—	—	—	—	—	—	—	—	—	—	—	—	—	—	—	—
			柴油	80917	80917	66508	37690	37690	29926	14397	14397	14397	9866	5334	5334	5334	5334	3610	1887	1887	1594	1497
			燃气	—	—	—	—	—	—	—	—	—	—	—	—	—	—	—	—	—	—	—
低速汽车	三轮汽车			4092	4092	4092	4092	4092	4092	4092	4092	4092	3220	3220	3220	3220	3220	3220	3220	3220	3220	3220
	低速货车			5581	5581	5581	5581	5581	5581	5581	5581	5581	4392	4392	4392	4392	4392	4392	4392	4392	4392	4392
摩托车	普通摩托车			—	—	—	—	—	—	—	—	—	—	—	—	—	—	—	—	—	—	—
	轻便摩托车			—	—	—	—	—	—	—	—	—	—	—	—	—	—	—	—	—	—	—

张掖市 VOCs 排放系数

单位：克/（辆·年）

车辆类型		使用性质	燃料种类	1999年年底前	2000年	2001年	2002年	2003年	2004年	2005年	2006年	2007年	2008年	2009年	2010年	2011年	2012年	2013年	2014年	2015年	2016年	2017年
载客汽车	微型	出租车	汽油	968955	562089	155223	155223	155223	155223	114084	72944	72944	58286	43629	43629	36906	30183	30183	30183	30183	23590	21393
			燃气	293133	175718	58304	58304	58304	58304	44536	30769	30769	25197	19625	19625	15678	11732	11732	11732	11732	7385	5936
		其他	汽油	65487	39012	12536	12536	12536	12536	12138	11739	11739	9930	8122	8122	7741	7360	7360	7360	7360	6051	5615
			燃气	15782	8874	1966	1966	1966	1966	1882	1798	1798	1340	883	883	801	719	719	719	719	490	413
	小型	出租车	汽油	968955	552928	136900	136900	136900	136900	129452	122004	122004	82816	43629	43629	36906	30183	30183	30183	30183	21927	19175
			柴油	165269	155964	146660	146660	146660	146660	133354	120048	120048	86180	52311	52311	52311	52311	38976	25641	25641	15053	11524
			燃气	293133	173087	53041	53041	53041	53041	48952	44862	44862	32244	19625	19625	15678	11732	11732	11732	11732	6907	5299
		其他	汽油	66412	39362	12313	12313	12313	12313	12518	12724	12724	10426	8127	8127	7685	7243	7243	7243	7243	6144	5777
			柴油	11938	10933	9928	9928	9928	9928	8437	6946	6946	4746	2547	2547	2547	2547	2214	1882	1882	1346	1168
			燃气	16047	9656	3264	3264	3264	3264	2672	2081	2081	1545	1009	1009	848	686	686	686	686	516	460
	中型	公交车	汽油	252644	252644	252644	252644	252048	172255	13863	13863	13863	13863	13863	13711	13559	13559	11084	8608	8608	8608	8608
			柴油	87806	87806	86086	82645	82645	64494	28192	28192	28192	20508	12823	12823	12823	12823	8958	5093	5093	4763	4653
			燃气	71579	71579	67602	59649	59649	57536	53311	53311	53311	42686	32061	32061	22219	22219	22154	22154	22154	22154	22154
		其他	汽油	130969	130969	130969	130969	130372	89258	8225	8225	8225	8225	8225	8079	7933	7933	6861	5789	5789	5789	5789
			柴油	30493	30493	28460	24394	24394	18567	6912	6912	6912	6506	6099	6099	6099	6099	3750	1402	1402	1243	1190
			燃气	34560	34560	32640	28800	28800	27780	25740	25740	25740	20623	15506	15506	10732	10732	9642	9642	9642	9642	9642
	大型	公交车	汽油	588539	588539	588539	588539	587942	396628	15193	15193	15193	15193	15193	15053	14913	14913	12092	9271	9271	9271	9271
			柴油	131708	131708	108010	60614	60614	60614	60614	60614	60614	43515	26416	26416	26416	26416	17675	8934	8934	5723	4653
			燃气	168926	168926	159541	140772	140772	135786	125815	125815	125815	100740	75665	75665	52438	52438	47188	47188	47188	47188	47188
		其他	汽油	1303863	1303863	1303863	1303863	1303266	878096	28949	28949	28949	28949	28949	22568	16187	16187	12932	9678	9678	9678	9678
			柴油	272891	272891	207397	76409	76409	76409	76409	76409	76409	55942	35476	35476	35476	35476	20706	5937	5937	5324	5119
			燃气	266186	266186	251398	221822	221822	213966	198253	198253	198253	158842	119430	119430	82662	82662	74261	74261	74261	74261	74261
载货汽车	微型		汽油	349072	186914	24756	24756	24756	24756	23560	22363	22363	20616	18868	18868	15647	12426	12426	12426	12426	10690	10112
			柴油	38405	35915	33425	33425	33425	33425	30818	28210	28210	20632	13054	13054	13054	13054	8988	4922	4922	3548	3090
			燃气	84124	44003	3882	3882	3882	3882	3654	3425	3425	2738	2051	2051	1633	1214	1214	1214	1214	861	744
	轻型		汽油	180362	106924	33485	33485	33485	33485	28945	24405	24405	21821	19237	19237	17052	14866	14866	14866	14866	12949	12310
			柴油	34984	34204	33425	33425	33425	33425	30818	28210	28210	20632	13054	13054	13054	13054	9971	6888	6888	5513	5055
			燃气	43581	26228	8876	8876	8876	8876	6434	3991	3991	3190	2388	2388	1898	1408	1408	1408	1408	1087	980
	中型		汽油	378884	378884	378884	378884	378287	257332	16616	16616	16616	16616	16616	16476	16336	16336	13156	9977	9977	9977	9977
			柴油	86676	86676	80898	69341	69341	52776	19647	19647	19647	18501	17355	17355	17355	17355	12578	7800	7800	4641	3588
			燃气	98236	98236	92779	81865	81865	78965	73165	73165	73165	58644	44123	44123	59707	59707	29072	29072	29072	29072	29072
	重型		汽油	553266	553266	553266	553266	552668	372887	14518	14518	14518	14518	14518	11746	8973	8973	7592	6210	6210	6210	6210
			柴油	160729	160729	122154	45004	45004	45004	45004	45004	45004	32950	20895	20895	20895	20895	12908	4920	4920	3496	3021
			燃气	156780	156780	148070	130651	130651	126023	116769	116769	116769	93556	70343	70343	68502	68502	43825	43825	43825	43825	43825
低速汽车	三轮汽车			25300	25300	25300	25300	25300	25300	25300	25300	25300	16721	16721	16721	16721	16721	16721	16721	16721	16721	16721
	低速货车			33990	33990	33990	33990	33990	33990	33990	33990	33990	22464	22464	22464	22464	22464	22464	22464	22464	22464	22464
摩托车	普通摩托车			13290	13290	13290	13290	9918	6546	3504	3504	3504	3504	3504	2615	1726	1726	1726	1726	1726	1726	1726
	轻便摩托车			42978	42978	42978	42978	42978	8596	8596	4232	4232	4232	4232	3158	2084	2084	2084	2084	2084	2084	2084

平凉市 NO_x 排放系数

单位：克/（辆·年）

车辆类型		使用性质	燃料种类	1999年年底前	2000年	2001年	2002年	2003年	2004年	2005年	2006年	2007年	2008年	2009年	2010年	2011年	2012年	2013年	2014年	2015年	2016年	2017年
载客汽车	微型	出租车	汽油	305345	204454	103562	103562	103562	103562	75166	46770	46770	33633	20496	20496	17054	13613	13613	13613	13613	8876	7297
			燃气	149780	102344	54908	54908	54908	54908	40789	26670	26670	19918	13166	13166	10681	8196	8196	8196	8196	4914	3820
		其他	汽油	40254	25250	10247	10247	10247	10247	6406	2565	2565	2079	1593	1593	1338	1082	1082	1082	1082	770	666
			燃气	18421	11000	3578	3578	3578	3578	2337	1096	1096	890	684	684	548	411	411	411	411	326	297
	小型	出租车	汽油	346966	227792	108619	108619	108619	108619	78083	47547	47547	34022	20496	20496	16333	12170	12170	12170	12170	7570	6036
			柴油	345164	286578	227992	227992	227992	227992	203352	178711	178711	141579	104447	104447	104447	104447	86094	67740	67740	52929	47992
			燃气	169185	113226	57266	57266	57266	57266	42149	27032	27032	20099	13166	13166	10344	7523	7523	7523	7523	4305	3232
		其他	汽油	37542	23970	10399	10399	10399	10399	6844	3289	3289	2262	1235	1235	1130	1026	1026	1026	1026	724	624
			柴油	31680	25884	20087	20087	20087	20087	18502	16916	16916	13244	9572	9572	9572	9572	8278	6984	6984	6076	5773
			燃气	17156	10969	4782	4782	4782	4782	3108	1434	1434	975	516	516	450	385	385	385	385	304	277
	中型	公交车	汽油	464771	464771	464771	464771	464771	317516	23006	23006	23006	23006	23006	20632	18259	18259	13784	9310	9310	9310	9310
			柴油	503395	503395	502213	499849	499849	479984	440255	440255	440255	366711	293167	293167	293167	293167	239246	185324	185324	155158	145102
			燃气	534492	534492	528129	515403	515403	499416	467442	467442	467442	389039	310636	310636	196442	196442	153852	153852	153852	153852	153852
		其他	汽油	284947	284947	284947	284947	284947	193289	9973	9973	9973	9973	9973	9973	9973	9973	7480	4988	4988	4988	4988
			柴油	236070	236070	226216	206507	206507	204761	201268	201268	201268	171414	141560	141560	141560	141560	125692	109824	109824	93736	88373
			燃气	266572	266572	251763	222144	222144	220050	215863	215863	215863	183792	151721	151721	118184	118184	94932	94932	94932	94932	94932
	大型	公交车	汽油	1655745	1655745	1655745	1655745	1655745	1138522	104075	104075	104075	104075	104075	103984	103893	103893	77920	51948	51948	51948	51948
			柴油	713965	713965	690894	644752	644752	626432	589793	589793	589793	579164	568535	568535	568535	568535	548034	527534	527534	475546	458217
			燃气	1435493	1435493	1355743	1196244	1196244	1107475	929937	929937	929937	796784	663631	663631	617840	617840	535505	535505	535505	535505	535505
		其他	汽油	3951962	3951962	3951962	3951962	3951962	2717444	248409	248409	248409	248409	248409	239094	229778	229778	172518	115257	115257	115257	115257
			柴油	1709724	1709724	1665729	1577740	1577740	1540956	1467389	1467389	1467389	1415726	1364062	1364062	1364062	1364062	1298594	1233126	1233126	1091304	1044030
			燃气	3182465	3182465	3005661	2652054	2652054	2455255	2061657	2061657	2061657	1767134	1472612	1472612	1328547	1328547	1127154	1127154	1127154	1127154	1127154
载货汽车	微型		汽油	133475	78878	24280	24280	24280	24280	16396	8513	8513	6868	5224	5224	4671	4118	4118	4118	4118	3155	2834
			柴油	85460	70231	55002	55002	55002	55002	49560	44117	44117	37376	30634	30634	30634	30634	22406	14177	14177	12342	11730
			燃气	61081	34779	8478	8478	8478	8478	6058	3638	3638	2940	2243	2243	1904	1564	1564	1564	1564	1339	1264
	轻型		汽油	98870	63124	27379	27379	27379	27379	18368	9358	9358	7830	6303	6303	5268	4234	4234	4234	4234	3301	2990
			柴油	85769	70386	55002	55002	55002	55002	49560	44117	44117	37376	30634	30634	30634	30634	24490	18347	18347	17244	16877
			燃气	45182	28886	12590	12590	12590	12590	8335	4080	4080	3357	2633	2633	2111	1589	1589	1589	1589	1393	1327
	中型		汽油	365353	365353	365353	365353	365352	249429	17583	17583	17583	17583	17583	17583	17583	17583	13192	8802	8802	8802	8802
			柴油	668667	668667	600415	463910	463910	441128	395563	395563	395563	392398	389234	389234	389234	389234	341504	293774	293774	252966	239364
			燃气	755064	755064	669722	499038	499038	474108	424247	424247	424247	420710	417173	417173	316137	316137	257129	257129	257129	257129	257129
	重型		汽油	1616726	1616726	1616726	1616726	1616726	1111692	101623	101623	101623	101623	101623	97812	94001	94001	70576	47151	47151	47151	47151
			柴油	939934	939934	907851	843685	843685	812479	750067	750067	750067	719990	689912	689912	689912	689912	595484	501055	501055	320953	260919
			燃气	1749585	1749585	1639112	1418167	1418167	1296722	1053832	1053832	1053832	899323	744814	744814	539827	539827	281693	281693	281693	281693	281693
低速汽车	三轮汽车			65550	65550	65550	65550	65550	65550	65550	65550	65550	53279	53279	53279	53279	53279	53279	53279	53279	53279	53279
	低速货车			88065	88065	88065	88065	88065	88065	88065	88065	88065	71579	71579	71579	71579	71579	71579	71579	71579	71579	71579
摩托车	普通摩托车			992	992	992	992	959	926	860	860	860	860	860	764	668	668	668	668	668	668	668
	轻便摩托车			661	661	661	661	661	331	331	331	331	331	331	294	257	257	257	257	257	257	257

平凉市 **PM** 排放系数

单位：克/（辆·年）

车辆类型		使用性质	燃料种类	1999 年年底前	2000 年	2001 年	2002 年	2003 年	2004 年	2005 年	2006 年	2007 年	2008 年	2009 年	2010 年	2011 年	2012 年	2013 年	2014 年	2015 年	2016 年	2017 年
载客汽车	微型	出租车	汽油	—	—	—	—	—	—	—	—	—	—	—	—	—	—	—	—	—	—	—
			燃气	—	—	—	—	—	—	—	—	—	—	—	—	—	—	—	—	—	—	—
		其他	汽油	—	—	—	—	—	—	—	—	—	—	—	—	—	—	—	—	—	—	—
			燃气	—	—	—	—	—	—	—	—	—	—	—	—	—	—	—	—	—	—	—
	小型	出租车	汽油	—	—	—	—	—	—	—	—	—	—	—	—	—	—	—	—	—	—	—
			柴油	36332	33268	30203	30203	30203	30203	20526	10849	10849	7086	3323	3323	3323	3323	3088	2854	2854	2360	2195
			燃气	—	—	—	—	—	—	—	—	—	—	—	—	—	—	—	—	—	—	—
		其他	汽油	—	—	—	—	—	—	—	—	—	—	—	—	—	—	—	—	—	—	—
			柴油	3379	3198	3016	3016	3016	3016	2168	1320	1320	968	615	615	615	615	514	414	414	414	414
			燃气	—	—	—	—	—	—	—	—	—	—	—	—	—	—	—	—	—	—	—
	中型	公交车	汽油	—	—	—	—	—	—	—	—	—	—	—	—	—	—	—	—	—	—	—
			柴油	30592	30592	28032	22913	22913	17978	8108	8108	8108	6872	5637	5637	5637	5637	3504	1372	1372	1080	983
			燃气	—	—	—	—	—	—	—	—	—	—	—	—	—	—	—	—	—	—	—
		其他	汽油	—	—	—	—	—	—	—	—	—	—	—	—	—	—	—	—	—	—	—
			柴油	15274	15274	12888	8116	8116	6262	2553	2553	2553	2434	2316	2316	2316	2316	1366	415	415	399	394
			燃气	—	—	—	—	—	—	—	—	—	—	—	—	—	—	—	—	—	—	—
	大型	公交车	汽油	—	—	—	—	—	—	—	—	—	—	—	—	—	—	—	—	—	—	—
			柴油	94865	94865	93934	92071	92071	71272	29674	29674	29674	19994	10315	10315	10315	10315	6116	1916	1916	1845	1821
			燃气	—	—	—	—	—	—	—	—	—	—	—	—	—	—	—	—	—	—	—
		其他	汽油	—	—	—	—	—	—	—	—	—	—	—	—	—	—	—	—	—	—	—
			柴油	142314	142314	133412	115607	115607	85425	25061	25061	25061	17182	9303	9303	9303	9303	5868	2433	2433	2343	2313
			燃气	—	—	—	—	—	—	—	—	—	—	—	—	—	—	—	—	—	—	—
载货汽车	微型		汽油	—	—	—	—	—	—	—	—	—	—	—	—	—	—	—	—	—	—	—
			柴油	7728	7568	7408	7408	7408	7408	6030	4652	4652	3452	2253	2253	2253	2253	1418	584	584	581	580
			燃气	—	—	—	—	—	—	—	—	—	—	—	—	—	—	—	—	—	—	—
	轻型		汽油	—	—	—	—	—	—	—	—	—	—	—	—	—	—	—	—	—	—	—
			柴油	8037	7722	7408	7408	7408	7408	6030	4652	4652	3452	2253	2253	2253	2253	1699	1145	1145	946	879
			燃气	—	—	—	—	—	—	—	—	—	—	—	—	—	—	—	—	—	—	—
	中型		汽油	—	—	—	—	—	—	—	—	—	—	—	—	—	—	—	—	—	—	—
			柴油	41967	41967	35317	22017	22017	16968	6871	6871	6871	6510	6148	6148	6148	6148	3942	1736	1736	1590	1541
			燃气	—	—	—	—	—	—	—	—	—	—	—	—	—	—	—	—	—	—	—
	重型		汽油	—	—	—	—	—	—	—	—	—	—	—	—	—	—	—	—	—	—	—
			柴油	80917	80917	66508	37690	37690	29926	14397	14397	14397	9866	5334	5334	5334	5334	3610	1887	1887	1594	1497
			燃气	—	—	—	—	—	—	—	—	—	—	—	—	—	—	—	—	—	—	—
低速汽车	三轮汽车			4092	4092	4092	4092	4092	4092	4092	4092	4092	3220	3220	3220	3220	3220	3220	3220	3220	3220	3220
	低速货车			5581	5581	5581	5581	5581	5581	5581	5581	5581	4392	4392	4392	4392	4392	4392	4392	4392	4392	4392
摩托车	普通摩托车			—	—	—	—	—	—	—	—	—	—	—	—	—	—	—	—	—	—	—
	轻便摩托车			—	—	—	—	—	—	—	—	—	—	—	—	—	—	—	—	—	—	—

平凉市 VOCs 排放系数

单位：克/（辆·年）

车辆类型		使用性质	燃料种类	1999 年年底前	2000 年	2001 年	2002 年	2003 年	2004 年	2005 年	2006 年	2007 年	2008 年	2009 年	2010 年	2011 年	2012 年	2013 年	2014 年	2015 年	2016 年	2017 年
载客汽车	微型	出租车	汽油	1010179	585048	159917	159917	159917	159917	117051	74185	74185	59097	44009	44009	37152	30295	30295	30295	30295	23801	21636
			燃气	293133	175718	58304	58304	58304	58304	44536	30769	30769	25197	19625	19625	15678	11732	11732	11732	11732	7385	5936
		其他	汽油	66209	39074	11939	11939	11939	11939	11537	11135	11135	9364	7592	7592	7198	6803	6803	6803	6803	5608	5210
			燃气	15782	8874	1966	1966	1966	1966	1882	1798	1798	1340	883	883	801	719	719	719	719	490	413
	小型	出租车	汽油	1010179	575460	140740	140740	140740	140740	133135	125530	125530	84770	44009	44009	37152	30295	30295	30295	30295	22059	19314
			柴油	168108	158688	149268	149268	149268	149268	135848	122427	122427	87564	52700	52700	52700	52700	39250	25799	25799	15248	11731
			燃气	293133	173087	53041	53041	53041	53041	48952	44862	44862	32244	19625	19625	15678	11732	11732	11732	11732	6907	5299
		其他	汽油	67177	39442	11706	11706	11706	11706	11936	12166	12166	9882	7597	7597	7139	6681	6681	6681	6681	5705	5380
			柴油	12151	11106	10062	10062	10062	10062	8513	6964	6964	4722	2479	2479	2479	2479	2140	1802	1802	1310	1146
			燃气	16047	9656	3264	3264	3264	3264	2672	2081	2081	1545	1009	1009	848	686	686	686	686	516	460
	中型	公交车	汽油	252346	252346	252346	252346	251749	171956	13564	13564	13564	13564	13564	13412	13261	13261	10786	8310	8310	8310	8310
			柴油	87806	87806	86086	82645	82645	64494	28192	28192	28192	20508	12823	12823	12823	12823	8958	5093	5093	4763	4653
			燃气	71579	71579	67602	59649	59649	57536	53311	53311	53311	42686	32061	32061	22219	22219	22154	22154	22154	22154	22154
		其他	汽油	130670	130670	130670	130670	130073	88959	7926	7926	7926	7926	7926	7780	7635	7635	6563	5491	5491	5491	5491
			柴油	30493	30493	28460	24394	24394	18567	6912	6912	6912	6506	6099	6099	6099	6099	3750	1402	1402	1243	1190
			燃气	34560	34560	32640	28800	28800	27780	25740	25740	25740	20623	15506	15506	10732	10732	9642	9642	9642	9642	9642
	大型	公交车	汽油	588240	588240	588240	588240	587643	396329	14894	14894	14894	14894	14894	14754	14615	14615	11794	8972	8972	8972	8972
			柴油	131708	131708	108010	60614	60614	60614	60614	60614	60614	43515	26416	26416	26416	26416	17675	8934	8934	5723	4653
			燃气	168926	168926	159541	140772	140772	135786	125815	125815	125815	100740	75665	75665	52438	52438	47188	47188	47188	47188	47188
		其他	汽油	1303564	1303564	1303564	1303564	1302967	877797	28650	28650	28650	28650	28650	22269	15888	15888	12634	9379	9379	9379	9379
			柴油	272891	272891	207397	76409	76409	76409	76409	76409	76409	55942	35476	35476	35476	35476	20706	5937	5937	5324	5119
			燃气	266186	266186	251398	221822	221822	213966	198253	198253	198253	158842	119430	119430	82662	82662	74261	74261	74261	74261	74261
载货汽车	微型		汽油	362846	193720	24595	24595	24595	24595	23375	22155	22155	20460	18765	18765	15416	12066	12066	12066	12066	10448	9908
			柴油	39391	36824	34256	34256	34256	34256	31587	28918	28918	21102	13285	13285	13285	13285	9092	4898	4898	3573	3131
			燃气	86490	45270	4050	4050	4050	4050	3814	3577	3577	2880	2182	2182	1729	1275	1275	1275	1275	908	785
	轻型		汽油	186279	110005	33731	33731	33731	33731	29012	24293	24293	21722	19151	19151	16886	14620	14620	14620	14620	12812	12209
			柴油	35815	35036	34256	34256	34256	34256	31587	28918	28918	21102	13285	13285	13285	13285	10119	6953	6953	5627	5185
			燃气	44498	26951	9405	9405	9405	9405	6780	4155	4155	3349	2544	2544	2022	1501	1501	1501	1501	1158	1044
	中型		汽油	378586	378586	378586	378586	377989	257034	16317	16317	16317	16317	16317	16177	16037	16037	12858	9679	9679	9679	9679
			柴油	86676	86676	80898	69341	69341	52776	19647	19647	19647	18501	17355	17355	17355	17355	12578	7800	7800	4641	3588
			燃气	98236	98236	92779	81865	81865	78965	73165	73165	73165	58644	44123	44123	59707	59707	29072	29072	29072	29072	29072
	重型		汽油	552967	552967	552967	552967	552370	372588	14219	14219	14219	14219	14219	11446	8674	8674	7292	5911	5911	5911	5911
			柴油	160729	160729	122154	45004	45004	45004	45004	45004	45004	32950	20895	20895	20895	20895	12908	4920	4920	3496	3021
			燃气	156780	156780	148070	130651	130651	126023	116769	116769	116769	93556	70343	70343	68502	68502	43825	43825	43825	43825	43825
低速汽车	三轮汽车			25300	25300	25300	25300	25300	25300	25300	25300	25300	16721	16721	16721	16721	16721	16721	16721	16721	16721	16721
	低速货车			33990	33990	33990	33990	33990	33990	33990	33990	33990	22464	22464	22464	22464	22464	22464	22464	22464	22464	22464
摩托车	普通摩托车			13290	13290	13290	13290	9918	6546	3504	3504	3504	3504	3504	2615	1726	1726	1726	1726	1726	1726	1726
	轻便摩托车			42978	42978	42978	42978	42978	8596	8596	4232	4232	4232	4232	3158	2084	2084	2084	2084	2084	2084	2084

酒泉市 NO_x 排放系数

单位：克/（辆·年）

车辆类型		使用性质	燃料种类	1999年年底前	2000年	2001年	2002年	2003年	2004年	2005年	2006年	2007年	2008年	2009年	2010年	2011年	2012年	2013年	2014年	2015年	2016年	2017年
载客汽车	微型	出租车	汽油	305508	204560	103613	103613	103613	103613	75205	46797	46797	33653	20509	20509	17067	13625	13625	13625	13625	8882	7301
			燃气	149780	102344	54908	54908	54908	54908	40789	26670	26670	19918	13166	13166	10681	8196	8196	8196	8196	4914	3820
		其他	汽油	40308	25286	10265	10265	10265	10265	6422	2580	2580	2092	1603	1603	1348	1092	1092	1092	1092	774	668
			燃气	18421	11000	3578	3578	3578	3578	2337	1096	1096	890	684	684	548	411	411	411	411	326	297
	小型	出租车	汽油	347148	227910	108672	108672	108672	108672	78124	47575	47575	34042	20509	20509	16346	12182	12182	12182	12182	7575	6039
			柴油	345260	286656	228053	228053	228053	228053	203408	178762	178762	141620	104477	104477	104477	104477	86120	67763	67763	52946	48007
			燃气	169185	113226	57266	57266	57266	57266	42149	27032	27032	20099	13166	13166	10344	7523	7523	7523	7523	4305	3232
		其他	汽油	37594	24006	10417	10417	10417	10417	6860	3304	3304	2274	1244	1244	1140	1036	1036	1036	1036	728	625
			柴油	31699	25900	20102	20102	20102	20102	18516	16930	16930	13256	9582	9582	9582	9582	8288	6993	6993	6080	5776
			燃气	17156	10969	4782	4782	4782	4782	3108	1434	1434	975	516	516	450	385	385	385	385	304	277
	中型	公交车	汽油	464983	464983	464983	464983	464983	317661	23017	23017	23017	23017	23017	20642	18267	18267	13790	9314	9314	9314	9314
			柴油	503564	503564	502382	500017	500017	480146	440403	440403	440403	366834	293266	293266	293266	293266	239326	185386	185386	155210	145151
			燃气	534671	534671	528306	515576	515576	499584	467599	467599	467599	389170	310740	310740	196508	196508	153903	153903	153903	153903	153903
		其他	汽油	285077	285077	285077	285077	285077	193377	9978	9978	9978	9978	9978	9978	9978	9978	7484	4990	4990	4990	4990
			柴油	236149	236149	226291	206576	206576	204829	201335	201335	201335	171471	141607	141607	141607	141607	125734	109861	109861	93768	88403
			燃气	266662	266662	251847	222218	222218	220124	215935	215935	215935	183854	151772	151772	118224	118224	94964	94964	94964	94964	94964
	大型	公交车	汽油	1656502	1656502	1656502	1656502	1656502	1139042	104123	104123	104123	104123	104123	104032	103940	103940	77956	51971	51971	51971	51971
			柴油	714204	714204	691126	644969	644969	626643	589991	589991	589991	579358	568726	568726	568726	568726	548218	527711	527711	475706	458371
			燃气	1435974	1435974	1356198	1196645	1196645	1107846	930249	930249	930249	797051	663853	663853	618047	618047	535685	535685	535685	535685	535685
		其他	汽油	3953769	3953769	3953769	3953769	3953769	2718687	248523	248523	248523	248523	248523	239203	229883	229883	172596	115310	115310	115310	115310
			柴油	1710297	1710297	1666288	1578270	1578270	1541474	1467881	1467881	1467881	1416200	1364520	1364520	1364520	1364520	1299030	1233540	1233540	1091670	1044380
			燃气	3183533	3183533	3006670	2652944	2652944	2456079	2062348	2062348	2062348	1767727	1473106	1473106	1328992	1328992	1127532	1127532	1127532	1127532	1127532
载货汽车	微型		汽油	133570	78936	24303	24303	24303	24303	16416	8530	8530	6882	5235	5235	4682	4129	4129	4129	4129	3160	2837
			柴油	85494	70260	55026	55026	55026	55026	49582	44138	44138	37394	30649	30649	30649	30649	22418	14188	14188	12348	11735
			燃气	61042	34757	8471	8471	8471	8471	6047	3624	3624	2929	2234	2234	1894	1554	1554	1554	1554	1335	1261
	轻型		汽油	98949	63177	27405	27405	27405	27405	18390	9376	9376	7845	6314	6314	5280	4245	4245	4245	4245	3306	2993
			柴油	85803	70414	55026	55026	55026	55026	49582	44138	44138	37394	30649	30649	30649	30649	24504	18359	18359	17253	16884
			燃气	45155	28868	12580	12580	12580	12580	8325	4069	4069	3344	2619	2619	2098	1578	1578	1578	1578	1389	1326
	中型		汽油	365353	365353	365353	365353	365352	249429	17583	17583	17583	17583	17583	17583	17583	17583	13192	8802	8802	8802	8802
			柴油	668667	668667	600415	463910	463910	441128	395563	395563	395563	392398	389234	389234	389234	389234	341504	293774	293774	252966	239364
			燃气	755066	755066	669723	499037	499037	474107	424248	424248	424248	420711	417174	417174	316137	316137	257129	257129	257129	257129	257129
	重型		汽油	1423416	1423416	1423416	1423416	1423416	978768	89472	89472	89472	89472	89472	86116	82761	82761	62137	41513	41513	41513	41513
			柴油	822977	822977	794886	738704	738704	711381	656736	656736	656736	630400	604065	604065	604065	604065	521954	439843	439843	290838	241170
			燃气	1531883	1531883	1435156	1241702	1241702	1135369	922703	922703	922703	787419	652135	652135	473878	473878	260372	260372	260372	260372	260372
低速汽车	三轮汽车			65550	65550	65550	65550	65550	65550	65550	65550	65550	53279	53279	53279	53279	53279	53279	53279	53279	53279	53279
	低速货车			88065	88065	88065	88065	88065	88065	88065	88065	88065	71579	71579	71579	71579	71579	71579	71579	71579	71579	71579
摩托车	普通摩托车			992	992	992	992	959	926	860	860	860	860	860	764	668	668	668	668	668	668	668
	轻便摩托车			661	661	661	661	661	331	331	331	331	331	331	294	257	257	257	257	257	257	257

酒泉市 PM 排放系数

单位：克/（辆•年）

车辆类型		使用性质	燃料种类	1999 年年底前	2000 年	2001 年	2002 年	2003 年	2004 年	2005 年	2006 年	2007 年	2008 年	2009 年	2010 年	2011 年	2012 年	2013 年	2014 年	2015 年	2016 年	2017 年
载客汽车	微型	出租车	汽油	—	—	—	—	—	—	—	—	—	—	—	—	—	—	—	—	—	—	—
			燃气	—	—	—	—	—	—	—	—	—	—	—	—	—	—	—	—	—	—	—
		其他	汽油	—	—	—	—	—	—	—	—	—	—	—	—	—	—	—	—	—	—	—
			燃气	—	—	—	—	—	—	—	—	—	—	—	—	—	—	—	—	—	—	—
	小型	出租车	汽油	—	—	—	—	—	—	—	—	—	—	—	—	—	—	—	—	—	—	—
			柴油	36332	33268	30203	30203	30203	30203	20526	10849	10849	7086	3323	3323	3323	3323	3088	2854	2854	2360	2195
			燃气	—	—	—	—	—	—	—	—	—	—	—	—	—	—	—	—	—	—	—
		其他	汽油	—	—	—	—	—	—	—	—	—	—	—	—	—	—	—	—	—	—	—
			柴油	3379	3198	3016	3016	3016	3016	2168	1320	1320	968	615	615	615	615	514	414	414	414	414
			燃气	—	—	—	—	—	—	—	—	—	—	—	—	—	—	—	—	—	—	—
	中型	公交车	汽油	—	—	—	—	—	—	—	—	—	—	—	—	—	—	—	—	—	—	—
			柴油	30592	30592	28032	22913	22913	17978	8108	8108	8108	6872	5637	5637	5637	5637	3504	1372	1372	1080	983
			燃气	—	—	—	—	—	—	—	—	—	—	—	—	—	—	—	—	—	—	—
		其他	汽油	—	—	—	—	—	—	—	—	—	—	—	—	—	—	—	—	—	—	—
			柴油	15274	15274	12888	8116	8116	6262	2553	2553	2553	2434	2316	2316	2316	2316	1366	415	415	399	394
			燃气	—	—	—	—	—	—	—	—	—	—	—	—	—	—	—	—	—	—	—
	大型	公交车	汽油	—	—	—	—	—	—	—	—	—	—	—	—	—	—	—	—	—	—	—
			柴油	94865	94865	93934	92071	92071	71272	29674	29674	29674	19994	10315	10315	10315	10315	6116	1916	1916	1845	1821
			燃气	—	—	—	—	—	—	—	—	—	—	—	—	—	—	—	—	—	—	—
		其他	汽油	—	—	—	—	—	—	—	—	—	—	—	—	—	—	—	—	—	—	—
			柴油	142314	142314	133412	115607	115607	85425	25061	25061	25061	17182	9303	9303	9303	9303	5868	2433	2433	2343	2313
			燃气	—	—	—	—	—	—	—	—	—	—	—	—	—	—	—	—	—	—	—
载货汽车	微型		汽油	—	—	—	—	—	—	—	—	—	—	—	—	—	—	—	—	—	—	—
			柴油	7728	7568	7408	7408	7408	7408	6030	4652	4652	3452	2253	2253	2253	2253	1418	584	584	581	580
			燃气	—	—	—	—	—	—	—	—	—	—	—	—	—	—	—	—	—	—	—
	轻型		汽油	—	—	—	—	—	—	—	—	—	—	—	—	—	—	—	—	—	—	—
			柴油	8037	7722	7408	7408	7408	7408	6030	4652	4652	3452	2253	2253	2253	2253	1699	1145	1145	946	879
			燃气	—	—	—	—	—	—	—	—	—	—	—	—	—	—	—	—	—	—	—
	中型		汽油	—	—	—	—	—	—	—	—	—	—	—	—	—	—	—	—	—	—	—
			柴油	41967	41967	35317	22017	22017	16968	6871	6871	6871	6510	6148	6148	6148	6148	3942	1736	1736	1590	1541
			燃气	—	—	—	—	—	—	—	—	—	—	—	—	—	—	—	—	—	—	—
	重型		汽油	—	—	—	—	—	—	—	—	—	—	—	—	—	—	—	—	—	—	—
			柴油	70963	70963	58326	33053	33053	26244	12626	12626	12626	8652	4678	4678	4678	4678	3158	1638	1638	1384	1300
			燃气	—	—	—	—	—	—	—	—	—	—	—	—	—	—	—	—	—	—	—
低速汽车	三轮汽车			4092	4092	4092	4092	4092	4092	4092	4092	4092	3220	3220	3220	3220	3220	3220	3220	3220	3220	3220
	低速货车			5581	5581	5581	5581	5581	5581	5581	5581	5581	4392	4392	4392	4392	4392	4392	4392	4392	4392	4392
摩托车	普通摩托车			—	—	—	—	—	—	—	—	—	—	—	—	—	—	—	—	—	—	—
	轻便摩托车			—	—	—	—	—	—	—	—	—	—	—	—	—	—	—	—	—	—	—

酒泉市 VOCs 排放系数

单位：克/（辆·年）

车辆类型		使用性质	燃料种类	1999年年底前	2000年	2001年	2002年	2003年	2004年	2005年	2006年	2007年	2008年	2009年	2010年	2011年	2012年	2013年	2014年	2015年	2016年	2017年
载客汽车	微型	出租车	汽油	968849	561983	155117	155117	155117	155117	113978	72838	72838	58180	43522	43522	36800	30077	30077	30077	30077	23484	21287
			燃气	293133	175718	58304	58304	58304	58304	44536	30769	30769	25197	19625	19625	15678	11732	11732	11732	11732	7385	5936
		其他	汽油	65381	38905	12429	12429	12429	12429	12031	11633	11633	9824	8016	8016	7635	7254	7254	7254	7254	5945	5509
			燃气	15782	8874	1966	1966	1966	1966	1882	1798	1798	1340	883	883	801	719	719	719	719	490	413
	小型	出租车	汽油	968849	552822	136794	136794	136794	136794	129346	121898	121898	82710	43522	43522	36800	30077	30077	30077	30077	21821	19069
			柴油	165269	155964	146660	146660	146660	146660	133354	120048	120048	86180	52311	52311	52311	52311	38976	25641	25641	15053	11524
			燃气	293133	173087	53041	53041	53041	53041	48952	44862	44862	32244	19625	19625	15678	11732	11732	11732	11732	6907	5299
		其他	汽油	66306	39256	12207	12207	12207	12207	12412	12618	12618	10320	8021	8021	7579	7137	7137	7137	7137	6038	5671
			柴油	11938	10933	9928	9928	9928	9928	8437	6946	6946	4746	2547	2547	2547	2547	2214	1882	1882	1346	1168
			燃气	16047	9656	3264	3264	3264	3264	2672	2081	2081	1545	1009	1009	848	686	686	686	686	516	460
	中型	公交车	汽油	252538	252538	252538	252538	251941	172148	13757	13757	13757	13757	13757	13605	13453	13453	10978	8502	8502	8502	8502
			柴油	87806	87806	86086	82645	82645	64494	28192	28192	28192	20508	12823	12823	12823	12823	8958	5093	5093	4763	4653
			燃气	71579	71579	67602	59649	59649	57536	53311	53311	53311	42686	32061	32061	22219	22219	22154	22154	22154	22154	22154
		其他	汽油	130863	130863	130863	130863	130266	89152	8119	8119	8119	8119	8119	7973	7827	7827	6755	5683	5683	5683	5683
			柴油	30493	30493	28460	24394	24394	18567	6912	6912	6912	6506	6099	6099	6099	6099	3750	1402	1402	1243	1190
			燃气	34560	34560	32640	28800	28800	27780	25740	25740	25740	20623	15506	15506	10732	10732	9642	9642	9642	9642	9642
	大型	公交车	汽油	588432	588432	588432	588432	587836	396522	15087	15087	15087	15087	15087	14947	14807	14807	11986	9165	9165	9165	9165
			柴油	131708	131708	108010	60614	60614	60614	60614	60614	60614	43515	26416	26416	26416	26416	17675	8934	8934	5723	4653
			燃气	168926	168926	159541	140772	140772	135786	125815	125815	125815	100740	75665	75665	52438	52438	47188	47188	47188	47188	47188
		其他	汽油	1303756	1303756	1303756	1303756	1303160	877990	28843	28843	28843	28843	28843	22462	16080	16080	12826	9572	9572	9572	9572
			柴油	272891	272891	207397	76409	76409	76409	76409	76409	76409	55942	35476	35476	35476	35476	20706	5937	5937	5324	5119
			燃气	266186	266186	251398	221822	221822	213966	198253	198253	198253	158842	119430	119430	82662	82662	74261	74261	74261	74261	74261
载货汽车	微型		汽油	348966	186808	24650	24650	24650	24650	23454	22257	22257	20510	18762	18762	15541	12320	12320	12320	12320	10584	10006
			柴油	38405	35915	33425	33425	33425	33425	30818	28210	28210	20632	13054	13054	13054	13054	8988	4922	4922	3548	3090
			燃气	84235	44067	3899	3899	3899	3899	3670	3440	3440	2753	2067	2067	1644	1221	1221	1221	1221	868	750
	轻型		汽油	180256	106818	33379	33379	33379	33379	28839	24299	24299	21715	19131	19131	16946	14760	14760	14760	14760	12843	12204
			柴油	34984	34204	33425	33425	33425	33425	30818	28210	28210	20632	13054	13054	13054	13054	9971	6888	6888	5513	5055
			燃气	43625	26275	8925	8925	8925	8925	6466	4007	4007	3207	2407	2407	1913	1419	1419	1419	1419	1097	990
	中型		汽油	378778	378778	378778	378778	378181	257226	16510	16510	16510	16510	16510	16370	16230	16230	13050	9871	9871	9871	9871
			柴油	86676	86676	80898	69341	69341	52776	19647	19647	19647	18501	17355	17355	17355	17355	12578	7800	7800	4641	3588
			燃气	98236	98236	92779	81865	81865	78965	73165	73165	73165	58644	44123	44123	59707	59707	29072	29072	29072	29072	29072
	重型		汽油	484582	484582	484582	484582	483984	326622	13093	13093	13093	13093	13093	10650	8207	8207	6997	5787	5787	5787	5787
			柴油	137702	137702	104654	38557	38557	38557	38557	38557	38557	28229	17901	17901	17901	17901	11168	4436	4436	3168	2746
			燃气	134319	134319	126857	111934	111934	107970	100041	100041	100041	80152	60264	60264	61763	61763	39836	39836	39836	39836	39836
低速汽车	三轮汽车			25300	25300	25300	25300	25300	25300	25300	25300	25300	16721	16721	16721	16721	16721	16721	16721	16721	16721	16721
	低速货车			33990	33990	33990	33990	33990	33990	33990	33990	33990	22464	22464	22464	22464	22464	22464	22464	22464	22464	22464
摩托车	普通摩托车			13290	13290	13290	13290	9918	6546	3504	3504	3504	3504	3504	2615	1726	1726	1726	1726	1726	1726	1726
	轻便摩托车			42978	42978	42978	42978	42978	8596	8596	4232	4232	4232	4232	3158	2084	2084	2084	2084	2084	2084	2084

庆阳市 NO_x 排放系数

单位：克/（辆·年）

车辆类型		使用性质	燃料种类	1999年年底前	2000年	2001年	2002年	2003年	2004年	2005年	2006年	2007年	2008年	2009年	2010年	2011年	2012年	2013年	2014年	2015年	2016年	2017年
载客汽车	微型	出租车	汽油	305508	204560	103613	103613	103613	103613	75205	46797	46797	33653	20509	20509	17067	13625	13625	13625	13625	8882	7301
			燃气	149780	102344	54908	54908	54908	54908	40789	26670	26670	19918	13166	13166	10681	8196	8196	8196	8196	4914	3820
		其他	汽油	40308	25286	10265	10265	10265	10265	6422	2580	2580	2092	1603	1603	1348	1092	1092	1092	1092	774	668
			燃气	18421	11000	3578	3578	3578	3578	2337	1096	1096	890	684	684	548	411	411	411	411	326	297
	小型	出租车	汽油	347148	227910	108672	108672	108672	108672	78124	47575	47575	34042	20509	20509	16346	12182	12182	12182	12182	7575	6039
			柴油	345260	286656	228053	228053	228053	228053	203408	178762	178762	141620	104477	104477	104477	104477	86120	67763	67763	52946	48007
			燃气	169185	113226	57266	57266	57266	57266	42149	27032	27032	20099	13166	13166	10344	7523	7523	7523	7523	4305	3232
		其他	汽油	37594	24006	10417	10417	10417	10417	6860	3304	3304	2274	1244	1244	1140	1036	1036	1036	1036	728	625
			柴油	31699	25900	20102	20102	20102	20102	18516	16930	16930	13256	9582	9582	9582	9582	8288	6993	6993	6080	5776
			燃气	17156	10969	4782	4782	4782	4782	3108	1434	1434	975	516	516	450	385	385	385	385	304	277
	中型	公交车	汽油	464983	464983	464983	464983	464983	317661	23017	23017	23017	23017	23017	20642	18267	18267	13790	9314	9314	9314	9314
			柴油	503564	503564	502382	500017	500017	480146	440403	440403	440403	366834	293266	293266	293266	293266	239326	185386	185386	155210	145151
			燃气	534671	534671	528306	515576	515576	499584	467599	467599	467599	389170	310740	310740	196508	196508	153903	153903	153903	153903	153903
		其他	汽油	285077	285077	285077	285077	285077	193377	9978	9978	9978	9978	9978	9978	9978	9978	7484	4990	4990	4990	4990
			柴油	236149	236149	226291	206576	206576	204829	201335	201335	201335	171471	141607	141607	141607	141607	125734	109861	109861	93768	88403
			燃气	266662	266662	251847	222218	222218	220124	215935	215935	215935	183854	151772	151772	118224	118224	94964	94964	94964	94964	94964
	大型	公交车	汽油	1656502	1656502	1656502	1656502	1656502	1139042	104123	104123	104123	104123	104123	104032	103940	103940	77956	51971	51971	51971	51971
			柴油	714204	714204	691126	644969	644969	626643	589991	589991	589991	579358	568726	568726	568726	568726	548218	527711	527711	475706	458371
			燃气	1435974	1435974	1356198	1196645	1196645	1107846	930249	930249	930249	797051	663853	663853	618047	618047	535685	535685	535685	535685	535685
		其他	汽油	3953769	3953769	3953769	3953769	3953769	2718687	248523	248523	248523	248523	248523	239203	229883	229883	172596	115310	115310	115310	115310
			柴油	1710297	1710297	1666288	1578270	1578270	1541474	1467881	1467881	1467881	1416200	1364520	1364520	1364520	1364520	1299030	1233540	1233540	1091670	1044380
			燃气	3183533	3183533	3006670	2652944	2652944	2456079	2062348	2062348	2062348	1767727	1473106	1473106	1328992	1328992	1127532	1127532	1127532	1127532	1127532
载货汽车	微型		汽油	133570	78936	24303	24303	24303	24303	16416	8530	8530	6882	5235	5235	4682	4129	4129	4129	4129	3160	2837
			柴油	85494	70260	55026	55026	55026	55026	49582	44138	44138	37394	30649	30649	30649	30649	22418	14188	14188	12348	11735
			燃气	61042	34757	8471	8471	8471	8471	6047	3624	3624	2929	2234	2234	1894	1554	1554	1554	1554	1335	1261
	轻型		汽油	98949	63177	27405	27405	27405	27405	18390	9376	9376	7845	6314	6314	5280	4245	4245	4245	4245	3306	2993
			柴油	85803	70414	55026	55026	55026	55026	49582	44138	44138	37394	30649	30649	30649	30649	24504	18359	18359	17253	16884
			燃气	45155	28868	12580	12580	12580	12580	8325	4069	4069	3344	2619	2619	2098	1578	1578	1578	1578	1389	1326
	中型		汽油	365353	365353	365353	365353	365352	249429	17583	17583	17583	17583	17583	17583	17583	17583	13192	8802	8802	8802	8802
			柴油	668667	668667	600415	463910	463910	441128	395563	395563	395563	392398	389234	389234	389234	389234	341504	293774	293774	252966	239364
			燃气	755066	755066	669723	499037	499037	474107	424248	424248	424248	420711	417174	417174	316137	316137	257129	257129	257129	257129	257129
	重型		汽油	1616726	1616726	1616726	1616726	1616726	1111692	101623	101623	101623	101623	101623	97812	94001	94001	70576	47151	47151	47151	47151
			柴油	939934	939934	907851	843685	843685	812479	750067	750067	750067	719990	689912	689912	689912	689912	595484	501055	501055	320953	260919
			燃气	1749586	1749586	1639112	1418166	1418166	1296721	1053831	1053831	1053831	899323	744814	744814	539827	539827	281693	281693	281693	281693	281693
低速汽车	三轮汽车			65550	65550	65550	65550	65550	65550	65550	65550	65550	53279	53279	53279	53279	53279	53279	53279	53279	53279	53279
	低速货车			88065	88065	88065	88065	88065	88065	88065	88065	88065	71579	71579	71579	71579	71579	71579	71579	71579	71579	71579
摩托车	普通摩托车			992	992	992	992	959	926	860	860	860	860	860	764	668	668	668	668	668	668	668
	轻便摩托车			661	661	661	661	661	331	331	331	331	331	331	294	257	257	257	257	257	257	257

庆阳市 PM 排放系数

单位：克/（辆·年）

车辆类型		使用性质	燃料种类	1999 年年底前	2000 年	2001 年	2002 年	2003 年	2004 年	2005 年	2006 年	2007 年	2008 年	2009 年	2010 年	2011 年	2012 年	2013 年	2014 年	2015 年	2016 年	2017 年
载客汽车	微型	出租车	汽油	—	—	—	—	—	—	—	—	—	—	—	—	—	—	—	—	—	—	—
			燃气	—	—	—	—	—	—	—	—	—	—	—	—	—	—	—	—	—	—	—
		其他	汽油	—	—	—	—	—	—	—	—	—	—	—	—	—	—	—	—	—	—	—
			燃气	—	—	—	—	—	—	—	—	—	—	—	—	—	—	—	—	—	—	—
	小型	出租车	汽油	—	—	—	—	—	—	—	—	—	—	—	—	—	—	—	—	—	—	—
			柴油	36332	33268	30203	30203	30203	30203	20526	10849	10849	7086	3323	3323	3323	3323	3088	2854	2854	2360	2195
			燃气	—	—	—	—	—	—	—	—	—	—	—	—	—	—	—	—	—	—	—
		其他	汽油	—	—	—	—	—	—	—	—	—	—	—	—	—	—	—	—	—	—	—
			柴油	3379	3198	3016	3016	3016	3016	2168	1320	1320	968	615	615	615	615	514	414	414	414	414
			燃气	—	—	—	—	—	—	—	—	—	—	—	—	—	—	—	—	—	—	—
	中型	公交车	汽油	—	—	—	—	—	—	—	—	—	—	—	—	—	—	—	—	—	—	—
			柴油	30592	30592	28032	22913	22913	17978	8108	8108	8108	6872	5637	5637	5637	5637	3504	1372	1372	1080	983
			燃气	—	—	—	—	—	—	—	—	—	—	—	—	—	—	—	—	—	—	—
		其他	汽油	—	—	—	—	—	—	—	—	—	—	—	—	—	—	—	—	—	—	—
			柴油	15274	15274	12888	8116	8116	6262	2553	2553	2553	2434	2316	2316	2316	2316	1366	415	415	399	394
			燃气	—	—	—	—	—	—	—	—	—	—	—	—	—	—	—	—	—	—	—
	大型	公交车	汽油	—	—	—	—	—	—	—	—	—	—	—	—	—	—	—	—	—	—	—
			柴油	94865	94865	93934	92071	92071	71272	29674	29674	29674	19994	10315	10315	10315	10315	6116	1916	1916	1845	1821
			燃气	—	—	—	—	—	—	—	—	—	—	—	—	—	—	—	—	—	—	—
		其他	汽油	—	—	—	—	—	—	—	—	—	—	—	—	—	—	—	—	—	—	—
			柴油	142314	142314	133412	115607	115607	85425	25061	25061	25061	17182	9303	9303	9303	9303	5868	2433	2433	2343	2313
			燃气	—	—	—	—	—	—	—	—	—	—	—	—	—	—	—	—	—	—	—
载货汽车	微型		汽油	—	—	—	—	—	—	—	—	—	—	—	—	—	—	—	—	—	—	—
			柴油	7728	7568	7408	7408	7408	7408	6030	4652	4652	3452	2253	2253	2253	2253	1418	584	584	581	580
			燃气	—	—	—	—	—	—	—	—	—	—	—	—	—	—	—	—	—	—	—
	轻型		汽油	—	—	—	—	—	—	—	—	—	—	—	—	—	—	—	—	—	—	—
			柴油	8037	7722	7408	7408	7408	7408	6030	4652	4652	3452	2253	2253	2253	2253	1699	1145	1145	946	879
			燃气	—	—	—	—	—	—	—	—	—	—	—	—	—	—	—	—	—	—	—
	中型		汽油	—	—	—	—	—	—	—	—	—	—	—	—	—	—	—	—	—	—	—
			柴油	41967	41967	35317	22017	22017	16968	6871	6871	6871	6510	6148	6148	6148	6148	3942	1736	1736	1590	1541
			燃气	—	—	—	—	—	—	—	—	—	—	—	—	—	—	—	—	—	—	—
	重型		汽油	—	—	—	—	—	—	—	—	—	—	—	—	—	—	—	—	—	—	—
			柴油	80917	80917	66508	37690	37690	29926	14397	14397	14397	9866	5334	5334	5334	5334	3610	1887	1887	1594	1497
			燃气	—	—	—	—	—	—	—	—	—	—	—	—	—	—	—	—	—	—	—
低速汽车	三轮汽车			4092	4092	4092	4092	4092	4092	4092	4092	4092	3220	3220	3220	3220	3220	3220	3220	3220	3220	3220
	低速货车			5581	5581	5581	5581	5581	5581	5581	5581	5581	4392	4392	4392	4392	4392	4392	4392	4392	4392	4392
摩托车	普通摩托车			—	—	—	—	—	—	—	—	—	—	—	—	—	—	—	—	—	—	—
	轻便摩托车			—	—	—	—	—	—	—	—	—	—	—	—	—	—	—	—	—	—	—

庆阳市 VOCs 排放系数

单位：克/（辆·年）

车辆类型		使用性质	燃料种类	1999年年底前	2000年	2001年	2002年	2003年	2004年	2005年	2006年	2007年	2008年	2009年	2010年	2011年	2012年	2013年	2014年	2015年	2016年	2017年
载客汽车	微型	出租车	汽油	968849	561983	155117	155117	155117	155117	113978	72838	72838	58180	43522	43522	36800	30077	30077	30077	30077	23484	21287
			燃气	293133	175718	58304	58304	58304	58304	44536	30769	30769	25197	19625	19625	15678	11732	11732	11732	11732	7385	5936
		其他	汽油	65381	38905	12429	12429	12429	12429	12031	11633	11633	9824	8016	8016	7635	7254	7254	7254	7254	5945	5509
			燃气	15782	8874	1966	1966	1966	1966	1882	1798	1798	1340	883	883	801	719	719	719	719	490	413
	小型	出租车	汽油	968849	552822	136794	136794	136794	136794	129346	121898	121898	82710	43522	43522	36800	30077	30077	30077	30077	21821	19069
			柴油	165269	155964	146660	146660	146660	146660	133354	120048	120048	86180	52311	52311	52311	52311	38976	25641	25641	15053	11524
			燃气	293133	173087	53041	53041	53041	53041	48952	44862	44862	32244	19625	19625	15678	11732	11732	11732	11732	6907	5299
		其他	汽油	66306	39256	12207	12207	12207	12207	12412	12618	12618	10320	8021	8021	7579	7137	7137	7137	7137	6038	5671
			柴油	11938	10933	9928	9928	9928	9928	8437	6946	6946	4746	2547	2547	2547	2547	2214	1882	1882	1346	1168
			燃气	16047	9656	3264	3264	3264	3264	2672	2081	2081	1545	1009	1009	848	686	686	686	686	516	460
	中型	公交车	汽油	252538	252538	252538	252538	251941	172148	13757	13757	13757	13757	13757	13605	13453	13453	10978	8502	8502	8502	8502
			柴油	87806	87806	86086	82645	82645	64494	28192	28192	28192	20508	12823	12823	12823	12823	8958	5093	5093	4763	4653
			燃气	71579	71579	67602	59649	59649	57536	53311	53311	53311	42686	32061	32061	22219	22219	22154	22154	22154	22154	22154
		其他	汽油	130863	130863	130863	130863	130266	89152	8119	8119	8119	8119	8119	7973	7827	7827	6755	5683	5683	5683	5683
			柴油	30493	30493	28460	24394	24394	18567	6912	6912	6912	6506	6099	6099	6099	6099	3750	1402	1402	1243	1190
			燃气	34560	34560	32640	28800	28800	27780	25740	25740	25740	20623	15506	15506	10732	10732	9642	9642	9642	9642	9642
	大型	公交车	汽油	588432	588432	588432	588432	587836	396522	15087	15087	15087	15087	15087	14947	14807	14807	11986	9165	9165	9165	9165
			柴油	131708	131708	108010	60614	60614	60614	60614	60614	60614	43515	26416	26416	26416	26416	17675	8934	8934	5723	4653
			燃气	168926	168926	159541	140772	140772	135786	125815	125815	125815	100740	75665	75665	52438	52438	47188	47188	47188	47188	47188
		其他	汽油	1303756	1303756	1303756	1303756	1303160	877990	28843	28843	28843	28843	28843	22462	16080	16080	12826	9572	9572	9572	9572
			柴油	272891	272891	207397	76409	76409	76409	76409	76409	76409	55942	35476	35476	35476	35476	20706	5937	5937	5324	5119
			燃气	266186	266186	251398	221822	221822	213966	198253	198253	198253	158842	119430	119430	82662	82662	74261	74261	74261	74261	74261
载货汽车	微型		汽油	348966	186808	24650	24650	24650	24650	23454	22257	22257	20510	18762	18762	15541	12320	12320	12320	12320	10584	10006
			柴油	38405	35915	33425	33425	33425	33425	30818	28210	28210	20632	13054	13054	13054	13054	8988	4922	4922	3548	3090
			燃气	84235	44067	3899	3899	3899	3899	3670	3440	3440	2753	2067	2067	1644	1221	1221	1221	1221	868	750
	轻型		汽油	180256	106818	33379	33379	33379	33379	28839	24299	24299	21715	19131	19131	16946	14760	14760	14760	14760	12843	12204
			柴油	34984	34204	33425	33425	33425	33425	30818	28210	28210	20632	13054	13054	13054	13054	9971	6888	6888	5513	5055
			燃气	43625	26275	8925	8925	8925	8925	6466	4007	4007	3207	2407	2407	1913	1419	1419	1419	1419	1097	990
	中型		汽油	378778	378778	378778	378778	378181	257226	16510	16510	16510	16510	16510	16370	16230	16230	13050	9871	9871	9871	9871
			柴油	86676	86676	80898	69341	69341	52776	19647	19647	19647	18501	17355	17355	17355	17355	12578	7800	7800	4641	3588
			燃气	98236	98236	92779	81865	81865	78965	73165	73165	73165	58644	44123	44123	59707	59707	29072	29072	29072	29072	29072
	重型		汽油	553160	553160	553160	553160	552562	372781	14412	14412	14412	14412	14412	11640	8867	8867	7486	6104	6104	6104	6104
			柴油	160729	160729	122154	45004	45004	45004	45004	45004	45004	32950	20895	20895	20895	20895	12908	4920	4920	3496	3021
			燃气	156780	156780	148070	130651	130651	126023	116769	116769	116769	93556	70343	70343	68502	68502	43825	43825	43825	43825	43825
低速汽车	三轮汽车			25300	25300	25300	25300	25300	25300	25300	25300	25300	16721	16721	16721	16721	16721	16721	16721	16721	16721	16721
	低速货车			33990	33990	33990	33990	33990	33990	33990	33990	33990	22464	22464	22464	22464	22464	22464	22464	22464	22464	22464
摩托车	普通摩托车			13290	13290	13290	13290	9918	6546	3504	3504	3504	3504	3504	2615	1726	1726	1726	1726	1726	1726	1726
	轻便摩托车			42978	42978	42978	42978	42978	8596	8596	4232	4232	4232	4232	3158	2084	2084	2084	2084	2084	2084	2084

定西市 NO_x 排放系数

单位：克/（辆·年）

车辆类型		使用性质	燃料种类	1999 年年底前	2000 年	2001 年	2002 年	2003 年	2004 年	2005 年	2006 年	2007 年	2008 年	2009 年	2010 年	2011 年	2012 年	2013 年	2014 年	2015 年	2016 年	2017 年
载客汽车	微型	出租车	汽油	336998	224856	112715	112715	112715	112715	81437	50159	50159	35781	21403	21403	17909	14415	14415	14415	14415	9572	7958
			燃气	149780	102344	54908	54908	54908	54908	40789	26670	26670	19918	13166	13166	10681	8196	8196	8196	8196	4914	3820
		其他	汽油	44829	28108	11386	11386	11386	11386	7116	2846	2846	2306	1765	1765	1486	1208	1208	1208	1208	858	741
			燃气	18421	11000	3578	3578	3578	3578	2337	1096	1096	890	684	684	548	411	411	411	411	326	297
	小型	出租车	汽油	383338	250842	118345	118345	118345	118345	84684	51024	51024	36214	21403	21403	17106	12808	12808	12808	12808	8118	6554
			柴油	374663	310138	245613	245613	245613	245613	219238	192864	192864	152590	112317	112317	112317	112317	92936	73556	73556	58043	52872
			燃气	169185	113226	57266	57266	57266	57266	42149	27032	27032	20099	13166	13166	10344	7523	7523	7523	7523	4305	3232
		其他	汽油	41809	26682	11554	11554	11554	11554	7602	3651	3651	2508	1365	1365	1256	1146	1146	1146	1146	807	694
			柴油	35079	28643	22207	22207	22207	22207	20464	18720	18720	14653	10586	10586	10586	10586	9166	7747	7747	6747	6414
			燃气	17156	10969	4782	4782	4782	4782	3108	1434	1434	975	516	516	450	385	385	385	385	304	277
	中型	公交车	汽油	466257	466257	466257	466257	466257	318531	23080	23080	23080	23080	23080	20698	18317	18317	13828	9339	9339	9339	9339
			柴油	504576	504576	503391	501022	501022	481111	441288	441288	441288	367572	293855	293855	293855	293855	239807	185759	185759	155521	145442
			燃气	535746	535746	529368	516612	516612	500588	468539	468539	468539	389952	311364	311364	196903	196903	154213	154213	154213	154213	154213
		其他	汽油	285858	285858	285858	285858	285858	193907	10005	10005	10005	10005	10005	10005	10005	10005	7504	5004	5004	5004	5004
			柴油	236624	236624	226746	206991	206991	205241	201740	201740	201740	171816	141892	141892	141892	141892	125987	110082	110082	93956	88581
			燃气	267198	267198	252354	222665	222665	220566	216369	216369	216369	184223	152077	152077	118461	118461	95155	95155	95155	95155	95155
	大型	公交车	汽油	1661041	1661041	1661041	1661041	1661041	1142163	104408	104408	104408	104408	104408	104316	104225	104225	78170	52114	52114	52114	52114
			柴油	715640	715640	692515	646265	646265	627902	591176	591176	591176	580522	569869	569869	569869	569869	549320	528772	528772	476662	459292
			燃气	1438861	1438861	1358924	1199050	1199050	1110073	932119	932119	932119	798654	665188	665188	619290	619290	536762	536762	536762	536762	536762
		其他	汽油	3964602	3964602	3964602	3964602	3964602	2726136	249204	249204	249204	249204	249204	239858	230513	230513	173070	115626	115626	115626	115626
			柴油	1713735	1713735	1669637	1581442	1581442	1544572	1470832	1470832	1470832	1419047	1367262	1367262	1367262	1367262	1301640	1236019	1236019	1093865	1046480
			燃气	3189932	3189932	3012714	2658277	2658277	2461016	2066494	2066494	2066494	1771280	1476067	1476067	1331664	1331664	1129798	1129798	1129798	1129798	1129798
载货汽车	微型		汽油	148327	87542	26757	26757	26757	26757	18020	9282	9282	7475	5668	5668	5092	4515	4515	4515	4515	3483	3139
			柴油	94007	77140	60274	60274	60274	60274	54340	48405	48405	41023	33641	33641	33641	33641	24608	15575	15575	13637	12991
			燃气	60950	34679	8408	8408	8408	8408	5991	3575	3575	2886	2197	2197	1866	1536	1536	1536	1536	1328	1258
	轻型		汽油	109798	70004	30209	30209	30209	30209	20216	10222	10222	8546	6870	6870	5758	4645	4645	4645	4645	3646	3313
			柴油	94351	77312	60274	60274	60274	60274	54340	48405	48405	41023	33641	33641	33641	33641	26927	20213	20213	19091	18717
			燃气	45055	28779	12503	12503	12503	12503	8259	4015	4015	3306	2597	2597	2079	1560	1560	1560	1560	1382	1322
	中型		汽油	365353	365353	365353	365353	365352	249429	17583	17583	17583	17583	17583	17583	17583	17583	13192	8802	8802	8802	8802
			柴油	668667	668667	600415	463910	463910	441128	395563	395563	395563	392398	389234	389234	389234	389234	341504	293774	293774	252966	239364
			燃气	755065	755065	669723	499039	499039	474108	424247	424247	424247	420710	417173	417173	316135	316135	257128	257128	257128	257128	257128
	重型		汽油	1616726	1616726	1616726	1616726	1616726	1111692	101623	101623	101623	101623	101623	97812	94001	94001	70576	47151	47151	47151	47151
			柴油	939934	939934	907851	843685	843685	812479	750067	750067	750067	719990	689912	689912	689912	689912	595484	501055	501055	320953	260919
			燃气	1749585	1749585	1639112	1418167	1418167	1296722	1053831	1053831	1053831	899323	744814	744814	539827	539827	281693	281693	281693	281693	281693
低速汽车	三轮汽车			65550	65550	65550	65550	65550	65550	65550	65550	65550	53279	53279	53279	53279	53279	53279	53279	53279	53279	53279
	低速货车			88065	88065	88065	88065	88065	88065	88065	88065	88065	71579	71579	71579	71579	71579	71579	71579	71579	71579	71579
摩托车	普通摩托车			992	992	992	992	959	926	860	860	860	860	860	764	668	668	668	668	668	668	668
	轻便摩托车			661	661	661	661	661	331	331	331	331	331	331	294	257	257	257	257	257	257	257

定西市 PM 排放系数

单位：克/（辆·年）

车辆类型		使用性质	燃料种类	1999年年底前	2000年	2001年	2002年	2003年	2004年	2005年	2006年	2007年	2008年	2009年	2010年	2011年	2012年	2013年	2014年	2015年	2016年	2017年
载客汽车	微型	出租车	汽油	—	—	—	—	—	—	—	—	—	—	—	—	—	—	—	—	—	—	—
			燃气	—	—	—	—	—	—	—	—	—	—	—	—	—	—	—	—	—	—	—
		其他	汽油	—	—	—	—	—	—	—	—	—	—	—	—	—	—	—	—	—	—	—
			燃气	—	—	—	—	—	—	—	—	—	—	—	—	—	—	—	—	—	—	—
	小型	出租车	汽油	—	—	—	—	—	—	—	—	—	—	—	—	—	—	—	—	—	—	—
			柴油	36332	33268	30203	30203	30203	30203	20526	10849	10849	7086	3323	3323	3323	3323	3088	2854	2854	2360	2195
			燃气	—	—	—	—	—	—	—	—	—	—	—	—	—	—	—	—	—	—	—
		其他	汽油	—	—	—	—	—	—	—	—	—	—	—	—	—	—	—	—	—	—	—
			柴油	3379	3198	3016	3016	3016	3016	2168	1320	1320	968	615	615	615	615	514	414	414	414	414
			燃气	—	—	—	—	—	—	—	—	—	—	—	—	—	—	—	—	—	—	—
	中型	公交车	汽油	—	—	—	—	—	—	—	—	—	—	—	—	—	—	—	—	—	—	—
			柴油	30592	30592	28032	22913	22913	17978	8108	8108	8108	6872	5637	5637	5637	5637	3504	1372	1372	1080	983
			燃气	—	—	—	—	—	—	—	—	—	—	—	—	—	—	—	—	—	—	—
		其他	汽油	—	—	—	—	—	—	—	—	—	—	—	—	—	—	—	—	—	—	—
			柴油	15274	15274	12888	8116	8116	6262	2553	2553	2553	2434	2316	2316	2316	2316	1366	415	415	399	394
			燃气	—	—	—	—	—	—	—	—	—	—	—	—	—	—	—	—	—	—	—
	大型	公交车	汽油	—	—	—	—	—	—	—	—	—	—	—	—	—	—	—	—	—	—	—
			柴油	94865	94865	93934	92071	92071	71272	29674	29674	29674	19994	10315	10315	10315	10315	6116	1916	1916	1845	1821
			燃气	—	—	—	—	—	—	—	—	—	—	—	—	—	—	—	—	—	—	—
		其他	汽油	—	—	—	—	—	—	—	—	—	—	—	—	—	—	—	—	—	—	—
			柴油	142314	142314	133412	115607	115607	85425	25061	25061	25061	17182	9303	9303	9303	9303	5868	2433	2433	2343	2313
			燃气	—	—	—	—	—	—	—	—	—	—	—	—	—	—	—	—	—	—	—
载货汽车	微型		汽油	—	—	—	—	—	—	—	—	—	—	—	—	—	—	—	—	—	—	—
			柴油	7728	7568	7408	7408	7408	7408	6030	4652	4652	3452	2253	2253	2253	2253	1418	584	584	581	580
			燃气	—	—	—	—	—	—	—	—	—	—	—	—	—	—	—	—	—	—	—
	轻型		汽油	—	—	—	—	—	—	—	—	—	—	—	—	—	—	—	—	—	—	—
			柴油	8037	7722	7408	7408	7408	7408	6030	4652	4652	3452	2253	2253	2253	2253	1699	1145	1145	946	879
			燃气	—	—	—	—	—	—	—	—	—	—	—	—	—	—	—	—	—	—	—
	中型		汽油	—	—	—	—	—	—	—	—	—	—	—	—	—	—	—	—	—	—	—
			柴油	41967	41967	35317	22017	22017	16968	6871	6871	6871	6510	6148	6148	6148	6148	3942	1736	1736	1590	1541
			燃气	—	—	—	—	—	—	—	—	—	—	—	—	—	—	—	—	—	—	—
	重型		汽油	—	—	—	—	—	—	—	—	—	—	—	—	—	—	—	—	—	—	—
			柴油	80917	80917	66508	37690	37690	29926	14397	14397	14397	9866	5334	5334	5334	5334	3610	1887	1887	1594	1497
			燃气	—	—	—	—	—	—	—	—	—	—	—	—	—	—	—	—	—	—	—
低速汽车	三轮汽车			4092	4092	4092	4092	4092	4092	4092	4092	4092	3220	3220	3220	3220	3220	3220	3220	3220	3220	3220
	低速货车			5581	5581	5581	5581	5581	5581	5581	5581	5581	4392	4392	4392	4392	4392	4392	4392	4392	4392	4392
摩托车	普通摩托车			—	—	—	—	—	—	—	—	—	—	—	—	—	—	—	—	—	—	—
	轻便摩托车			—	—	—	—	—	—	—	—	—	—	—	—	—	—	—	—	—	—	—

定西市 VOCs 排放系数

单位：克/（辆·年）

车辆类型		使用性质	燃料种类	1999年年底前	2000年	2001年	2002年	2003年	2004年	2005年	2006年	2007年	2008年	2009年	2010年	2011年	2012年	2013年	2014年	2015年	2016年	2017年
载客汽车	微型	出租车	汽油	990181	573922	157662	157662	157662	157662	115704	73745	73745	58734	43722	43722	36936	30149	30149	30149	30149	23382	21126
			燃气	293133	175718	58304	58304	58304	58304	44536	30769	30769	25197	19625	19625	15678	11732	11732	11732	11732	7385	5936
		其他	汽油	67496	39980	12465	12465	12465	12465	12065	11665	11665	9724	7784	7784	7396	7009	7009	7009	7009	5533	5041
			燃气	15782	8874	1966	1966	1966	1966	1882	1798	1798	1340	883	883	801	719	719	719	719	490	413
	小型	出租车	汽油	990181	564558	138935	138935	138935	138935	131412	123890	123890	83806	43722	43722	36936	30149	30149	30149	30149	21681	18858
			柴油	168705	159278	149852	149852	149852	149852	136426	122999	122999	87996	52992	52992	52992	52992	39536	26079	26079	15423	11871
			燃气	293133	173087	53041	53041	53041	53041	48952	44862	44862	32244	19625	19625	15678	11732	11732	11732	11732	6907	5299
		其他	汽油	68442	40340	12237	12237	12237	12237	12454	12672	12672	10230	7789	7789	7339	6889	6889	6889	6889	5627	5206
			柴油	12604	11558	10511	10511	10511	10511	8958	7406	7406	5076	2746	2746	2746	2746	2408	2069	2069	1473	1274
			燃气	16047	9656	3264	3264	3264	3264	2672	2081	2081	1545	1009	1009	848	686	686	686	686	516	460
	中型	公交车	汽油	251851	251851	251851	251851	251254	171461	13069	13069	13069	13069	13069	12918	12766	12766	10290	7815	7815	7815	7815
			柴油	87806	87806	86086	82645	82645	64494	28192	28192	28192	20508	12823	12823	12823	12823	8958	5093	5093	4763	4653
			燃气	71579	71579	67602	59649	59649	57536	53311	53311	53311	42686	32061	32061	22219	22219	22154	22154	22154	22154	22154
		其他	汽油	130175	130175	130175	130175	129578	88464	7431	7431	7431	7431	7431	7286	7140	7140	6068	4996	4996	4996	4996
			柴油	30493	30493	28460	24394	24394	18567	6912	6912	6912	6506	6099	6099	6099	6099	3750	1402	1402	1243	1190
			燃气	34560	34560	32640	28800	28800	27780	25740	25740	25740	20623	15506	15506	10732	10732	9642	9642	9642	9642	9642
	大型	公交车	汽油	587745	587745	587745	587745	587148	395834	14399	14399	14399	14399	14399	14259	14119	14119	11298	8477	8477	8477	8477
			柴油	131708	131708	108010	60614	60614	60614	60614	60614	60614	43515	26416	26416	26416	26416	17675	8934	8934	5723	4653
			燃气	168926	168926	159541	140772	140772	135786	125815	125815	125815	100740	75665	75665	52438	52438	47188	47188	47188	47188	47188
		其他	汽油	1303069	1303069	1303069	1303069	1302472	877302	28155	28155	28155	28155	28155	21774	15393	15393	12138	8884	8884	8884	8884
			柴油	272891	272891	207397	76409	76409	76409	76409	76409	76409	55942	35476	35476	35476	35476	20706	5937	5937	5324	5119
			燃气	266186	266186	251398	221822	221822	213966	198253	198253	198253	158842	119430	119430	82662	82662	74261	74261	74261	74261	74261
载货汽车	微型		汽油	357274	191083	24892	24892	24892	24892	23684	22477	22477	20604	18732	18732	15450	12168	12168	12168	12168	10267	9633
			柴油	39886	37314	34743	34743	34743	34743	32070	29398	29398	21483	13568	13568	13568	13568	9368	5168	5168	3738	3262
			燃气	83538	43732	3926	3926	3926	3926	3695	3465	3465	2795	2125	2125	1687	1248	1248	1248	1248	904	789
	轻型		汽油	184836	109325	33814	33814	33814	33814	29189	24564	24564	21836	19109	19109	16886	14662	14662	14662	14662	12576	11880
			柴油	36302	35522	34743	34743	34743	34743	32070	29398	29398	21483	13568	13568	13568	13568	10398	7227	7227	5798	5321
			燃气	43337	26178	9019	9019	9019	9019	6527	4034	4034	3255	2475	2475	1968	1460	1460	1460	1460	1152	1050
	中型		汽油	378091	378091	378091	378091	377494	256539	15822	15822	15822	15822	15822	15682	15542	15542	12362	9183	9183	9183	9183
			柴油	86676	86676	80898	69341	69341	52776	19647	19647	19647	18501	17355	17355	17355	17355	12578	7800	7800	4641	3588
			燃气	98236	98236	92779	81865	81865	78965	73165	73165	73165	58644	44123	44123	59707	59707	29072	29072	29072	29072	29072
	重型		汽油	552472	552472	552472	552472	551874	372092	13724	13724	13724	13724	13724	10951	8178	8178	6796	5415	5415	5415	5415
			柴油	160729	160729	122154	45004	45004	45004	45004	45004	45004	32950	20895	20895	20895	20895	12908	4920	4920	3496	3021
			燃气	156780	156780	148070	130651	130651	126023	116769	116769	116769	93556	70343	70343	68502	68502	43825	43825	43825	43825	43825
低速汽车	三轮汽车			25300	25300	25300	25300	25300	25300	25300	25300	25300	16721	16721	16721	16721	16721	16721	16721	16721	16721	16721
	低速货车			33990	33990	33990	33990	33990	33990	33990	33990	33990	22464	22464	22464	22464	22464	22464	22464	22464	22464	22464
摩托车	普通摩托车			13290	13290	13290	13290	9918	6546	3504	3504	3504	3504	3504	2615	1726	1726	1726	1726	1726	1726	1726
	轻便摩托车			42978	42978	42978	42978	42978	8596	8596	4232	4232	4232	4232	3158	2084	2084	2084	2084	2084	2084	2084

陇南市 NO_x 排放系数

单位：克/（辆·年）

车辆类型		使用性质	燃料种类	1999年年底前	2000年	2001年	2002年	2003年	2004年	2005年	2006年	2007年	2008年	2009年	2010年	2011年	2012年	2013年	2014年	2015年	2016年	2017年
载客汽车	微型	出租车	汽油	336998	224856	112715	112715	112715	112715	81437	50159	50159	35781	21403	21403	17909	14415	14415	14415	14415	9572	7958
			燃气	149780	102344	54908	54908	54908	54908	40789	26670	26670	19918	13166	13166	10681	8196	8196	8196	8196	4914	3820
		其他	汽油	44829	28108	11386	11386	11386	11386	7116	2846	2846	2306	1765	1765	1486	1208	1208	1208	1208	858	741
			燃气	18421	11000	3578	3578	3578	3578	2337	1096	1096	890	684	684	548	411	411	411	411	326	297
	小型	出租车	汽油	383338	250842	118345	118345	118345	118345	84684	51024	51024	36214	21403	21403	17106	12808	12808	12808	12808	8118	6554
			柴油	374663	310138	245613	245613	245613	245613	219238	192864	192864	152590	112317	112317	112317	112317	92936	73556	73556	58043	52872
			燃气	169185	113226	57266	57266	57266	57266	42149	27032	27032	20099	13166	13166	10344	7523	7523	7523	7523	4305	3232
		其他	汽油	41809	26682	11554	11554	11554	11554	7602	3651	3651	2508	1365	1365	1256	1146	1146	1146	1146	807	694
			柴油	35079	28643	22207	22207	22207	22207	20464	18720	18720	14653	10586	10586	10586	10586	9166	7747	7747	6747	6414
			燃气	17156	10969	4782	4782	4782	4782	3108	1434	1434	975	516	516	450	385	385	385	385	304	277
	中型	公交车	汽油	466257	466257	466257	466257	466257	318531	23080	23080	23080	23080	23080	20698	18317	18317	13828	9339	9339	9339	9339
			柴油	504576	504576	503391	501022	501022	481111	441288	441288	441288	367572	293855	293855	293855	293855	239807	185759	185759	155521	145442
			燃气	535746	535746	529368	516612	516612	500588	468539	468539	468539	389952	311364	311364	196903	196903	154213	154213	154213	154213	154213
		其他	汽油	285858	285858	285858	285858	285858	193907	10005	10005	10005	10005	10005	10005	10005	10005	7504	5004	5004	5004	5004
			柴油	236624	236624	226746	206991	206991	205241	201740	201740	201740	171816	141892	141892	141892	141892	125987	110082	110082	93956	88581
			燃气	267198	267198	252354	222665	222665	220566	216369	216369	216369	184223	152077	152077	118461	118461	95155	95155	95155	95155	95155
	大型	公交车	汽油	1661041	1661041	1661041	1661041	1661041	1142163	104408	104408	104408	104408	104408	104316	104225	104225	78170	52114	52114	52114	52114
			柴油	715640	715640	692515	646265	646265	627902	591176	591176	591176	580522	569869	569869	569869	569869	549320	528772	528772	476662	459292
			燃气	1438861	1438861	1358924	1199050	1199050	1110073	932119	932119	932119	798654	665188	665188	619290	619290	536762	536762	536762	536762	536762
		其他	汽油	3964602	3964602	3964602	3964602	3964602	2726136	249204	249204	249204	249204	249204	239858	230513	230513	173070	115626	115626	115626	115626
			柴油	1713735	1713735	1669637	1581442	1581442	1544572	1470832	1470832	1470832	1419047	1367262	1367262	1367262	1367262	1301640	1236019	1236019	1093865	1046480
			燃气	3189932	3189932	3012714	2658277	2658277	2461016	2066494	2066494	2066494	1771280	1476067	1476067	1331664	1331664	1129798	1129798	1129798	1129798	1129798
载货汽车	微型		汽油	148327	87542	26757	26757	26757	26757	18020	9282	9282	7475	5668	5668	5092	4515	4515	4515	4515	3483	3139
			柴油	94007	77140	60274	60274	60274	60274	54340	48405	48405	41023	33641	33641	33641	33641	24608	15575	15575	13637	12991
			燃气	60950	34679	8408	8408	8408	8408	5991	3575	3575	2886	2197	2197	1866	1536	1536	1536	1536	1328	1258
	轻型		汽油	109798	70004	30209	30209	30209	30209	20216	10222	10222	8546	6870	6870	5758	4645	4645	4645	4645	3646	3313
			柴油	94351	77312	60274	60274	60274	60274	54340	48405	48405	41023	33641	33641	33641	33641	26927	20213	20213	19091	18717
			燃气	45055	28779	12503	12503	12503	12503	8259	4015	4015	3306	2597	2597	2079	1560	1560	1560	1560	1382	1322
	中型		汽油	365353	365353	365353	365353	365352	249429	17583	17583	17583	17583	17583	17583	17583	17583	13192	8802	8802	8802	8802
			柴油	668667	668667	600415	463910	463910	441128	395563	395563	395563	392398	389234	389234	389234	389234	341504	293774	293774	252966	239364
			燃气	755065	755065	669723	499039	499039	474108	424247	424247	424247	420710	417173	417173	316135	316135	257128	257128	257128	257128	257128
	重型		汽油	1616726	1616726	1616726	1616726	1616726	1111692	101623	101623	101623	101623	101623	97812	94001	94001	70576	47151	47151	47151	47151
			柴油	939934	939934	907851	843685	843685	812479	750067	750067	750067	719990	689912	689912	689912	689912	595484	501055	501055	320953	260919
			燃气	1749585	1749585	1639112	1418167	1418167	1296722	1053831	1053831	1053831	899323	744814	744814	539827	539827	281693	281693	281693	281693	281693
低速汽车	三轮汽车			65550	65550	65550	65550	65550	65550	65550	65550	65550	53279	53279	53279	53279	53279	53279	53279	53279	53279	53279
	低速货车			88065	88065	88065	88065	88065	88065	88065	88065	88065	71579	71579	71579	71579	71579	71579	71579	71579	71579	71579
摩托车	普通摩托车			992	992	992	992	959	926	860	860	860	860	860	764	668	668	668	668	668	668	668
	轻便摩托车			661	661	661	661	661	331	331	331	331	331	331	294	257	257	257	257	257	257	257

陇南市 PM 排放系数

单位：克/（辆·年）

车辆类型		使用性质	燃料种类	1999 年年底前	2000 年	2001 年	2002 年	2003 年	2004 年	2005 年	2006 年	2007 年	2008 年	2009 年	2010 年	2011 年	2012 年	2013 年	2014 年	2015 年	2016 年	2017 年
载客汽车	微型	出租车	汽油	—	—	—	—	—	—	—	—	—	—	—	—	—	—	—	—	—	—	—
			燃气	—	—	—	—	—	—	—	—	—	—	—	—	—	—	—	—	—	—	—
		其他	汽油	—	—	—	—	—	—	—	—	—	—	—	—	—	—	—	—	—	—	—
			燃气	—	—	—	—	—	—	—	—	—	—	—	—	—	—	—	—	—	—	—
	小型	出租车	汽油	—	—	—	—	—	—	—	—	—	—	—	—	—	—	—	—	—	—	—
			柴油	36332	33268	30203	30203	30203	30203	20526	10849	10849	7086	3323	3323	3323	3323	3088	2854	2854	2360	2195
			燃气	—	—	—	—	—	—	—	—	—	—	—	—	—	—	—	—	—	—	—
		其他	汽油	—	—	—	—	—	—	—	—	—	—	—	—	—	—	—	—	—	—	—
			柴油	3379	3198	3016	3016	3016	3016	2168	1320	1320	968	615	615	615	615	514	414	414	414	414
			燃气	—	—	—	—	—	—	—	—	—	—	—	—	—	—	—	—	—	—	—
	中型	公交车	汽油	—	—	—	—	—	—	—	—	—	—	—	—	—	—	—	—	—	—	—
			柴油	30592	30592	28032	22913	22913	17978	8108	8108	8108	6872	5637	5637	5637	5637	3504	1372	1372	1080	983
			燃气	—	—	—	—	—	—	—	—	—	—	—	—	—	—	—	—	—	—	—
		其他	汽油	—	—	—	—	—	—	—	—	—	—	—	—	—	—	—	—	—	—	—
			柴油	15274	15274	12888	8116	8116	6262	2553	2553	2553	2434	2316	2316	2316	2316	1366	415	415	399	394
			燃气	—	—	—	—	—	—	—	—	—	—	—	—	—	—	—	—	—	—	—
	大型	公交车	汽油	—	—	—	—	—	—	—	—	—	—	—	—	—	—	—	—	—	—	—
			柴油	94865	94865	93934	92071	92071	71272	29674	29674	29674	19994	10315	10315	10315	10315	6116	1916	1916	1845	1821
			燃气	—	—	—	—	—	—	—	—	—	—	—	—	—	—	—	—	—	—	—
		其他	汽油	—	—	—	—	—	—	—	—	—	—	—	—	—	—	—	—	—	—	—
			柴油	142314	142314	133412	115607	115607	85425	25061	25061	25061	17182	9303	9303	9303	9303	5868	2433	2433	2343	2313
			燃气	—	—	—	—	—	—	—	—	—	—	—	—	—	—	—	—	—	—	—
载货汽车	微型		汽油	—	—	—	—	—	—	—	—	—	—	—	—	—	—	—	—	—	—	—
			柴油	7728	7568	7408	7408	7408	7408	6030	4652	4652	3452	2253	2253	2253	2253	1418	584	584	581	580
			燃气	—	—	—	—	—	—	—	—	—	—	—	—	—	—	—	—	—	—	—
	轻型		汽油	—	—	—	—	—	—	—	—	—	—	—	—	—	—	—	—	—	—	—
			柴油	8037	7722	7408	7408	7408	7408	6030	4652	4652	3452	2253	2253	2253	2253	1699	1145	1145	946	879
			燃气	—	—	—	—	—	—	—	—	—	—	—	—	—	—	—	—	—	—	—
	中型		汽油	—	—	—	—	—	—	—	—	—	—	—	—	—	—	—	—	—	—	—
			柴油	41967	41967	35317	22017	22017	16968	6871	6871	6871	6510	6148	6148	6148	6148	3942	1736	1736	1590	1541
			燃气	—	—	—	—	—	—	—	—	—	—	—	—	—	—	—	—	—	—	—
	重型		汽油	—	—	—	—	—	—	—	—	—	—	—	—	—	—	—	—	—	—	—
			柴油	80917	80917	66508	37690	37690	29926	14397	14397	14397	9866	5334	5334	5334	5334	3610	1887	1887	1594	1497
			燃气	—	—	—	—	—	—	—	—	—	—	—	—	—	—	—	—	—	—	—
低速汽车	三轮汽车			4092	4092	4092	4092	4092	4092	4092	4092	4092	3220	3220	3220	3220	3220	3220	3220	3220	3220	3220
	低速货车			5581	5581	5581	5581	5581	5581	5581	5581	5581	4392	4392	4392	4392	4392	4392	4392	4392	4392	4392
摩托车	普通摩托车			—	—	—	—	—	—	—	—	—	—	—	—	—	—	—	—	—	—	—
	轻便摩托车			—	—	—	—	—	—	—	—	—	—	—	—	—	—	—	—	—	—	—

陇南市 VOCs 排放系数

单位：克/（辆•年）

车辆类型		使用性质	燃料种类	1999 年年底前	2000 年	2001 年	2002 年	2003 年	2004 年	2005 年	2006 年	2007 年	2008 年	2009 年	2010 年	2011 年	2012 年	2013 年	2014 年	2015 年	2016 年	2017 年
载客汽车	微型	出租车	汽油	990181	573922	157662	157662	157662	157662	115704	73745	73745	58734	43722	43722	36936	30149	30149	30149	30149	23382	21126
			燃气	293133	175718	58304	58304	58304	58304	44536	30769	30769	25197	19625	19625	15678	11732	11732	11732	11732	7385	5936
		其他	汽油	67496	39980	12465	12465	12465	12465	12065	11665	11665	9724	7784	7784	7396	7009	7009	7009	7009	5533	5041
			燃气	15782	8874	1966	1966	1966	1966	1882	1798	1798	1340	883	883	801	719	719	719	719	490	413
	小型	出租车	汽油	990181	564558	138935	138935	138935	138935	131412	123890	123890	83806	43722	43722	36936	30149	30149	30149	30149	21681	18858
			柴油	168705	159278	149852	149852	149852	149852	136426	122999	122999	87996	52992	52992	52992	52992	39536	26079	26079	15423	11871
			燃气	293133	173087	53041	53041	53041	53041	48952	44862	44862	32244	19625	19625	15678	11732	11732	11732	11732	6907	5299
		其他	汽油	68442	40340	12237	12237	12237	12237	12454	12672	12672	10230	7789	7789	7339	6889	6889	6889	6889	5627	5206
			柴油	12604	11558	10511	10511	10511	10511	8958	7406	7406	5076	2746	2746	2746	2746	2408	2069	2069	1473	1274
			燃气	16047	9656	3264	3264	3264	3264	2672	2081	2081	1545	1009	1009	848	686	686	686	686	516	460
	中型	公交车	汽油	251851	251851	251851	251851	251254	171461	13069	13069	13069	13069	13069	12918	12766	12766	10290	7815	7815	7815	7815
			柴油	87806	87806	86086	82645	82645	64494	28192	28192	28192	20508	12823	12823	12823	12823	8958	5093	5093	4763	4653
			燃气	71579	71579	67602	59649	59649	57536	53311	53311	53311	42686	32061	32061	22219	22219	22154	22154	22154	22154	22154
		其他	汽油	130175	130175	130175	130175	129578	88464	7431	7431	7431	7431	7431	7286	7140	7140	6068	4996	4996	4996	4996
			柴油	30493	30493	28460	24394	24394	18567	6912	6912	6912	6506	6099	6099	6099	6099	3750	1402	1402	1243	1190
			燃气	34560	34560	32640	28800	28800	27780	25740	25740	25740	20623	15506	15506	10732	10732	9642	9642	9642	9642	9642
	大型	公交车	汽油	587745	587745	587745	587745	587148	395834	14399	14399	14399	14399	14399	14259	14119	14119	11298	8477	8477	8477	8477
			柴油	131708	131708	108010	60614	60614	60614	60614	60614	60614	43515	26416	26416	26416	26416	17675	8934	8934	5723	4653
			燃气	168926	168926	159541	140772	140772	135786	125815	125815	125815	100740	75665	75665	52438	52438	47188	47188	47188	47188	47188
		其他	汽油	1303069	1303069	1303069	1303069	1302472	877302	28155	28155	28155	28155	28155	21774	15393	15393	12138	8884	8884	8884	8884
			柴油	272891	272891	207397	76409	76409	76409	76409	76409	76409	55942	35476	35476	35476	35476	20706	5937	5937	5324	5119
			燃气	266186	266186	251398	221822	221822	213966	198253	198253	198253	158842	119430	119430	82662	82662	74261	74261	74261	74261	74261
载货汽车	微型		汽油	357274	191083	24892	24892	24892	24892	23684	22477	22477	20604	18732	18732	15450	12168	12168	12168	12168	10267	9633
			柴油	39886	37314	34743	34743	34743	34743	32070	29398	29398	21483	13568	13568	13568	13568	9368	5168	5168	3738	3262
			燃气	83538	43732	3926	3926	3926	3926	3695	3465	3465	2795	2125	2125	1687	1248	1248	1248	1248	904	789
	轻型		汽油	184836	109325	33814	33814	33814	33814	29189	24564	24564	21836	19109	19109	16886	14662	14662	14662	14662	12576	11880
			柴油	36302	35522	34743	34743	34743	34743	32070	29398	29398	21483	13568	13568	13568	13568	10398	7227	7227	5798	5321
			燃气	43337	26178	9019	9019	9019	9019	6527	4034	4034	3255	2475	2475	1968	1460	1460	1460	1460	1152	1050
	中型		汽油	378091	378091	378091	378091	377494	256539	15822	15822	15822	15822	15822	15682	15542	15542	12362	9183	9183	9183	9183
			柴油	86676	86676	80898	69341	69341	52776	19647	19647	19647	18501	17355	17355	17355	17355	12578	7800	7800	4641	3588
			燃气	98236	98236	92779	81865	81865	78965	73165	73165	73165	58644	44123	44123	59707	59707	29072	29072	29072	29072	29072
	重型		汽油	552472	552472	552472	552472	551874	372092	13724	13724	13724	13724	13724	10951	8178	8178	6796	5415	5415	5415	5415
			柴油	160729	160729	122154	45004	45004	45004	45004	45004	45004	32950	20895	20895	20895	20895	12908	4920	4920	3496	3021
			燃气	156780	156780	148070	130651	130651	126023	116769	116769	116769	93556	70343	70343	68502	68502	43825	43825	43825	43825	43825
低速汽车	三轮汽车			25300	25300	25300	25300	25300	25300	25300	25300	25300	16721	16721	16721	16721	16721	16721	16721	16721	16721	16721
	低速货车			33990	33990	33990	33990	33990	33990	33990	33990	33990	22464	22464	22464	22464	22464	22464	22464	22464	22464	22464
摩托车	普通摩托车			13290	13290	13290	13290	9918	6546	3504	3504	3504	3504	3504	2615	1726	1726	1726	1726	1726	1726	1726
	轻便摩托车			42978	42978	42978	42978	42978	8596	8596	4232	4232	4232	4232	3158	2084	2084	2084	2084	2084	2084	2084

临夏回族自治州 NO_x 排放系数

单位：克/（辆·年）

车辆类型		使用性质	燃料种类	1999 年年底前	2000 年	2001 年	2002 年	2003 年	2004 年	2005 年	2006 年	2007 年	2008 年	2009 年	2010 年	2011 年	2012 年	2013 年	2014 年	2015 年	2016 年	2017 年
载客汽车	微型	出租车	汽油	537095	367303	197511	197511	197511	197511	146968	96425	96425	72144	47864	47864	38860	29856	29856	29856	29856	17780	13755
			燃气	271526	191096	110665	110665	110665	110665	84690	58716	58716	45615	32514	32514	25882	19251	19251	19251	19251	10514	7601
		其他	汽油	40358	25320	10281	10281	10281	10281	6436	2591	2591	2100	1610	1610	1354	1098	1098	1098	1098	776	669
			燃气	18421	11000	3578	3578	3578	3578	2337	1096	1096	890	684	684	548	411	411	411	411	326	297
	小型	出租车	汽油	606376	406152	205928	205928	205928	205928	151824	97719	97719	72792	47864	47864	37659	27454	27454	27454	27454	15606	11656
			柴油	665489	561660	457831	457831	457831	457831	406686	355541	355541	283630	211718	211718	211718	211718	171035	130352	130352	96272	84912
			燃气	303788	209186	114584	114584	114584	114584	86951	59318	59318	45916	32514	32514	25324	18133	18133	18133	18133	9501	6624
		其他	汽油	37642	24038	10433	10433	10433	10433	6874	3315	3315	2283	1251	1251	1146	1042	1042	1042	1042	731	627
			柴油	31720	25918	20117	20117	20117	20117	18530	16944	16944	13267	9590	9590	9590	9590	8295	7000	7000	6085	5780
			燃气	17156	10969	4782	4782	4782	4782	3108	1434	1434	975	516	516	450	385	385	385	385	304	277
	中型	公交车	汽油	465317	465317	465317	465317	465317	317889	23033	23033	23033	23033	23033	20656	18280	18280	13800	9321	9321	9321	9321
			柴油	503829	503829	502646	500280	500280	480398	440635	440635	440635	367028	293420	293420	293420	293420	239452	185484	185484	155291	145227
			燃气	534953	534953	528584	515847	515847	499846	467845	467845	467845	389374	310903	310903	196611	196611	153984	153984	153984	153984	153984
		其他	汽油	285281	285281	285281	285281	285281	193516	9985	9985	9985	9985	9985	9985	9985	9985	7489	4993	4993	4993	4993
			柴油	236273	236273	226410	206685	206685	204937	201441	201441	201441	171562	141682	141682	141682	141682	125800	109919	109919	93817	88450
			燃气	266802	266802	251980	222335	222335	220240	216049	216049	216049	183950	151852	151852	118286	118286	95014	95014	95014	95014	95014
	大型	公交车	汽油	1657691	1657691	1657691	1657691	1657691	1139860	104198	104198	104198	104198	104198	104106	104015	104015	78012	52009	52009	52009	52009
			柴油	714580	714580	691489	645308	645308	626972	590301	590301	590301	579664	569026	569026	569026	569026	548508	527989	527989	475956	458612
			燃气	1436731	1436731	1356912	1197275	1197275	1108430	930739	930739	930739	797471	664203	664203	618373	618373	535967	535967	535967	535967	535967
		其他	汽油	3956607	3956607	3956607	3956607	3956607	2720638	248701	248701	248701	248701	248701	239374	230048	230048	172720	115392	115392	115392	115392
			柴油	1711198	1711198	1667166	1579101	1579101	1542285	1468654	1468654	1468654	1416946	1365238	1365238	1365238	1365238	1299714	1234189	1234189	1092245	1044930
			燃气	3185210	3185210	3008254	2654341	2654341	2457372	2063434	2063434	2063434	1768658	1473882	1473882	1329692	1329692	1128126	1128126	1128126	1128126	1128126
载货汽车	微型		汽油	148578	87922	27267	27267	27267	27267	18469	9671	9671	7817	5963	5963	5308	4652	4652	4652	4652	3538	3167
			柴油	96043	79051	62059	62059	62059	62059	55887	49715	49715	42102	34489	34489	34489	34489	25224	15958	15958	13806	13088
			燃气	67817	38653	9489	9489	9489	9489	6790	4091	4091	3312	2533	2533	2137	1741	1741	1741	1741	1490	1406
	轻型		汽油	110138	70424	30711	30711	30711	30711	20660	10610	10610	8886	7161	7161	5971	4781	4781	4781	4781	3700	3340
			柴油	96386	79222	62059	62059	62059	62059	55887	49715	49715	42102	34489	34489	34489	34489	27538	20587	20587	19250	18804
			燃气	50197	32137	14076	14076	14076	14076	9333	4590	4590	3772	2954	2954	2360	1766	1766	1766	1766	1548	1476
	中型		汽油	365353	365353	365353	365353	365352	249429	17583	17583	17583	17583	17583	17583	17583	17583	13192	8802	8802	8802	8802
			柴油	668667	668667	600415	463910	463910	441128	395563	395563	395563	392398	389234	389234	389234	389234	341504	293774	293774	252966	239364
			燃气	755066	755066	669723	499037	499037	474107	424248	424248	424248	420711	417173	417173	316136	316136	257128	257128	257128	257128	257128
	重型		汽油	1616726	1616726	1616726	1616726	1616726	1111692	101623	101623	101623	101623	101623	97812	94001	94001	70576	47151	47151	47151	47151
			柴油	939934	939934	907851	843685	843685	812479	750067	750067	750067	719990	689912	689912	689912	689912	595484	501055	501055	320953	260919
			燃气	1749585	1749585	1639112	1418166	1418166	1296721	1053831	1053831	1053831	899323	744814	744814	539827	539827	281693	281693	281693	281693	281693
低速汽车	三轮汽车			65550	65550	65550	65550	65550	65550	65550	65550	65550	53279	53279	53279	53279	53279	53279	53279	53279	53279	53279
	低速货车			88065	88065	88065	88065	88065	88065	88065	88065	88065	71579	71579	71579	71579	71579	71579	71579	71579	71579	71579
摩托车	普通摩托车			992	992	992	992	959	926	860	860	860	860	860	764	668	668	668	668	668	668	668
	轻便摩托车			661	661	661	661	661	331	331	331	331	331	331	294	257	257	257	257	257	257	257

临夏回族自治州 PM 排放系数

单位：克/（辆·年）

车辆类型		使用性质	燃料种类	1999 年年底前	2000 年	2001 年	2002 年	2003 年	2004 年	2005 年	2006 年	2007 年	2008 年	2009 年	2010 年	2011 年	2012 年	2013 年	2014 年	2015 年	2016 年	2017 年
载客汽车	微型	出租车	汽油	—	—	—	—	—	—	—	—	—	—	—	—	—	—	—	—	—	—	—
			燃气	—	—	—	—	—	—	—	—	—	—	—	—	—	—	—	—	—	—	—
		其他	汽油	—	—	—	—	—	—	—	—	—	—	—	—	—	—	—	—	—	—	—
			燃气	—	—	—	—	—	—	—	—	—	—	—	—	—	—	—	—	—	—	—
	小型	出租车	汽油	—	—	—	—	—	—	—	—	—	—	—	—	—	—	—	—	—	—	—
			柴油	60406	55312	50217	50217	50217	50217	34128	18038	18038	11782	5525	5525	5525	5525	5135	4745	4745	3924	3650
			燃气	—	—	—	—	—	—	—	—	—	—	—	—	—	—	—	—	—	—	—
		其他	汽油	—	—	—	—	—	—	—	—	—	—	—	—	—	—	—	—	—	—	—
			柴油	3379	3198	3016	3016	3016	3016	2168	1320	1320	968	615	615	615	615	514	414	414	414	414
			燃气	—	—	—	—	—	—	—	—	—	—	—	—	—	—	—	—	—	—	—
	中型	公交车	汽油	—	—	—	—	—	—	—	—	—	—	—	—	—	—	—	—	—	—	—
			柴油	30592	30592	28032	22913	22913	17978	8108	8108	8108	6872	5637	5637	5637	5637	3504	1372	1372	1080	983
			燃气	—	—	—	—	—	—	—	—	—	—	—	—	—	—	—	—	—	—	—
		其他	汽油	—	—	—	—	—	—	—	—	—	—	—	—	—	—	—	—	—	—	—
			柴油	15274	15274	12888	8116	8116	6262	2553	2553	2553	2434	2316	2316	2316	2316	1366	415	415	399	394
			燃气	—	—	—	—	—	—	—	—	—	—	—	—	—	—	—	—	—	—	—
	大型	公交车	汽油	—	—	—	—	—	—	—	—	—	—	—	—	—	—	—	—	—	—	—
			柴油	94865	94865	93934	92071	92071	71272	29674	29674	29674	19994	10315	10315	10315	10315	6116	1916	1916	1845	1821
			燃气	—	—	—	—	—	—	—	—	—	—	—	—	—	—	—	—	—	—	—
		其他	汽油	—	—	—	—	—	—	—	—	—	—	—	—	—	—	—	—	—	—	—
			柴油	142314	142314	133412	115607	115607	85425	25061	25061	25061	17182	9303	9303	9303	9303	5868	2433	2433	2343	2313
			燃气	—	—	—	—	—	—	—	—	—	—	—	—	—	—	—	—	—	—	—
载货汽车	微型		汽油	—	—	—	—	—	—	—	—	—	—	—	—	—	—	—	—	—	—	—
			柴油	8574	8397	8220	8220	8220	8220	6690	5161	5161	3830	2500	2500	2500	2500	1574	648	648	645	644
			燃气	—	—	—	—	—	—	—	—	—	—	—	—	—	—	—	—	—	—	—
	轻型		汽油	—	—	—	—	—	—	—	—	—	—	—	—	—	—	—	—	—	—	—
			柴油	8917	8568	8220	8220	8220	8220	6690	5161	5161	3830	2500	2500	2500	2500	1885	1270	1270	1049	975
			燃气	—	—	—	—	—	—	—	—	—	—	—	—	—	—	—	—	—	—	—
	中型		汽油	—	—	—	—	—	—	—	—	—	—	—	—	—	—	—	—	—	—	—
			柴油	41967	41967	35317	22017	22017	16968	6871	6871	6871	6510	6148	6148	6148	6148	3942	1736	1736	1590	1541
			燃气	—	—	—	—	—	—	—	—	—	—	—	—	—	—	—	—	—	—	—
	重型		汽油	—	—	—	—	—	—	—	—	—	—	—	—	—	—	—	—	—	—	—
			柴油	80917	80917	66508	37690	37690	29926	14397	14397	14397	9866	5334	5334	5334	5334	3610	1887	1887	1594	1497
			燃气	—	—	—	—	—	—	—	—	—	—	—	—	—	—	—	—	—	—	—
低速汽车	三轮汽车			4092	4092	4092	4092	4092	4092	4092	4092	4092	3220	3220	3220	3220	3220	3220	3220	3220	3220	3220
	低速货车			5581	5581	5581	5581	5581	5581	5581	5581	5581	4392	4392	4392	4392	4392	4392	4392	4392	4392	4392
摩托车	普通摩托车			—	—	—	—	—	—	—	—	—	—	—	—	—	—	—	—	—	—	—
	轻便摩托车			—	—	—	—	—	—	—	—	—	—	—	—	—	—	—	—	—	—	—

临夏回族自治州 VOCs 排放系数

单位：克/（辆·年）

车辆类型		使用性质	燃料种类	1999 年年底前	2000 年	2001 年	2002 年	2003 年	2004 年	2005 年	2006 年	2007 年	2008 年	2009 年	2010 年	2011 年	2012 年	2013 年	2014 年	2015 年	2016 年	2017 年
载客汽车	微型	出租车	汽油	1627964	956156	284349	284349	284349	284349	212397	140445	140445	113451	86457	86457	71110	55764	55764	55764	55764	39784	34457
			燃气	518305	320940	123576	123576	123576	123576	97248	70921	70921	59079	47237	47237	37238	27239	27239	27239	27239	15501	11588
		其他	汽油	64402	38282	12161	12161	12161	12161	11764	11366	11366	9600	7835	7835	7456	7078	7078	7078	7078	5822	5403
			燃气	15782	8874	1966	1966	1966	1966	1882	1798	1798	1340	883	883	801	719	719	719	719	490	413
	小型	出租车	汽油	1627964	941050	254135	254135	254135	254135	237740	221346	221346	153902	86457	86457	71110	55764	55764	55764	55764	37040	30799
			柴油	382859	359898	336937	336937	336937	336937	302871	268805	268805	200113	131421	131421	131421	131421	97306	63192	63192	34603	25073
			燃气	518305	316565	114825	114825	114825	114825	104588	94352	94352	70794	47237	47237	37238	27239	27239	27239	27239	14706	10528
		其他	汽油	65320	38630	11940	11940	11940	11940	12142	12343	12343	10092	7840	7840	7401	6962	6962	6962	6962	5914	5564
			柴油	12020	11000	9981	9981	9981	9981	8468	6956	6956	4740	2524	2524	2524	2524	2190	1855	1855	1334	1161
			燃气	16047	9656	3264	3264	3264	3264	2672	2081	2081	1545	1009	1009	848	686	686	686	686	516	460
	中型	公交车	汽油	252502	252502	252502	252502	251905	172112	13721	13721	13721	13721	13721	13569	13417	13417	10942	8466	8466	8466	8466
			柴油	87806	87806	86086	82645	82645	64494	28192	28192	28192	20508	12823	12823	12823	12823	8958	5093	5093	4763	4653
			燃气	71579	71579	67602	59649	59649	57536	53311	53311	53311	42686	32061	32061	22219	22219	22154	22154	22154	22154	22154
		其他	汽油	130827	130827	130827	130827	130230	89116	8083	8083	8083	8083	8083	7937	7791	7791	6719	5647	5647	5647	5647
			柴油	30493	30493	28460	24394	24394	18567	6912	6912	6912	6506	6099	6099	6099	6099	3750	1402	1402	1243	1190
			燃气	34560	34560	32640	28800	28800	27780	25740	25740	25740	20623	15506	15506	10732	10732	9642	9642	9642	9642	9642
	大型	公交车	汽油	588396	588396	588396	588396	587799	396485	15051	15051	15051	15051	15051	14911	14771	14771	11950	9129	9129	9129	9129
			柴油	131708	131708	108010	60614	60614	60614	60614	60614	60614	43515	26416	26416	26416	26416	17675	8934	8934	5723	4653
			燃气	168926	168926	159541	140772	140772	135786	125815	125815	125815	100740	75665	75665	52438	52438	47188	47188	47188	47188	47188
		其他	汽油	1303720	1303720	1303720	1303720	1303124	877954	28807	28807	28807	28807	28807	22426	16044	16044	12790	9536	9536	9536	9536
			柴油	272891	272891	207397	76409	76409	76409	76409	76409	76409	55942	35476	35476	35476	35476	20706	5937	5937	5324	5119
			燃气	266186	266186	251398	221822	221822	213966	198253	198253	198253	158842	119430	119430	82662	82662	74261	74261	74261	74261	74261
载货汽车	微型		汽油	382815	204748	26681	26681	26681	26681	25331	23981	23981	22101	20221	20221	16620	13020	13020	13020	13020	11152	10529
			柴油	44294	41405	38516	38516	38516	38516	35446	32376	32376	23736	15095	15095	15095	15095	10381	5667	5667	4040	3497
			燃气	93811	49062	4313	4313	4313	4313	4053	3794	3794	3036	2279	2279	1801	1323	1323	1323	1323	934	805
	轻型		汽油	197162	116724	36287	36287	36287	36287	31258	26229	26229	23428	20627	20627	18166	15705	15705	15705	15705	13637	12948
			柴油	40435	39476	38516	38516	38516	38516	35446	32376	32376	23736	15095	15095	15095	15095	11489	7883	7883	6256	5713
			燃气	48436	29178	9920	9920	9920	9920	7171	4422	4422	3538	2655	2655	2101	1547	1547	1547	1547	1190	1070
	中型		汽油	378742	378742	378742	378742	378145	257190	16474	16474	16474	16474	16474	16334	16194	16194	13014	9835	9835	9835	9835
			柴油	86676	86676	80898	69341	69341	52776	19647	19647	19647	18501	17355	17355	17355	17355	12578	7800	7800	4641	3588
			燃气	98236	98236	92779	81865	81865	78965	73165	73165	73165	58644	44123	44123	59707	59707	29072	29072	29072	29072	29072
	重型		汽油	553124	553124	553124	553124	552526	372745	14376	14376	14376	14376	14376	11604	8831	8831	7450	6068	6068	6068	6068
			柴油	160729	160729	122154	45004	45004	45004	45004	45004	45004	32950	20895	20895	20895	20895	12908	4920	4920	3496	3021
			燃气	156780	156780	148070	130651	130651	126023	116769	116769	116769	93556	70343	70343	68502	68502	43825	43825	43825	43825	43825
低速汽车	三轮汽车			25300	25300	25300	25300	25300	25300	25300	25300	25300	16721	16721	16721	16721	16721	16721	16721	16721	16721	16721
	低速货车			33990	33990	33990	33990	33990	33990	33990	33990	33990	22464	22464	22464	22464	22464	22464	22464	22464	22464	22464
摩托车	普通摩托车			13290	13290	13290	13290	9918	6546	3504	3504	3504	3504	3504	2615	1726	1726	1726	1726	1726	1726	1726
	轻便摩托车			42978	42978	42978	42978	42978	8596	8596	4232	4232	4232	4232	3158	2084	2084	2084	2084	2084	2084	2084

甘南藏族自治州 NO_x 排放系数

单位：克/（辆·年）

车辆类型		使用性质	燃料种类	1999 年年底前	2000 年	2001 年	2002 年	2003 年	2004 年	2005 年	2006 年	2007 年	2008 年	2009 年	2010 年	2011 年	2012 年	2013 年	2014 年	2015 年	2016 年	2017 年
载客汽车	微型	出租车	汽油	305730	204705	103680	103680	103680	103680	75254	46827	46827	33674	20520	20520	17078	13636	13636	13636	13636	8888	7306
			燃气	149780	102344	54908	54908	54908	54908	40789	26670	26670	19918	13166	13166	10681	8196	8196	8196	8196	4914	3820
		其他	汽油	40358	25320	10281	10281	10281	10281	6436	2591	2591	2100	1610	1610	1354	1098	1098	1098	1098	776	669
			燃气	18421	11000	3578	3578	3578	3578	2337	1096	1096	890	684	684	548	411	411	411	411	326	297
	小型	出租车	汽油	347400	228071	108742	108742	108742	108742	78174	47606	47606	34063	20520	20520	16356	12191	12191	12191	12191	7581	6044
			柴油	345404	286772	228141	228141	228141	228141	203488	178834	178834	141676	104518	104518	104518	104518	86156	67795	67795	52972	48031
			燃气	169185	113226	57266	57266	57266	57266	42149	27032	27032	20099	13166	13166	10344	7523	7523	7523	7523	4305	3232
		其他	汽油	37642	24038	10433	10433	10433	10433	6874	3315	3315	2283	1251	1251	1146	1042	1042	1042	1042	731	627
			柴油	31720	25918	20117	20117	20117	20117	18530	16944	16944	13267	9590	9590	9590	9590	8295	7000	7000	6085	5780
			燃气	17156	10969	4782	4782	4782	4782	3108	1434	1434	975	516	516	450	385	385	385	385	304	277
	中型	公交车	汽油	465317	465317	465317	465317	465317	317889	23033	23033	23033	23033	23033	20656	18280	18280	13800	9321	9321	9321	9321
			柴油	503829	503829	502646	500280	500280	480398	440635	440635	440635	367028	293420	293420	293420	293420	239452	185484	185484	155291	145227
			燃气	534953	534953	528584	515847	515847	499846	467845	467845	467845	389374	310903	310903	196611	196611	153984	153984	153984	153984	153984
		其他	汽油	285281	285281	285281	285281	285281	193516	9985	9985	9985	9985	9985	9985	9985	9985	7489	4993	4993	4993	4993
			柴油	236273	236273	226410	206685	206685	204937	201441	201441	201441	171562	141682	141682	141682	141682	125800	109919	109919	93817	88450
			燃气	266802	266802	251980	222335	222335	220240	216049	216049	216049	183950	151852	151852	118286	118286	95014	95014	95014	95014	95014
	大型	公交车	汽油	1657691	1657691	1657691	1657691	1657691	1139860	104198	104198	104198	104198	104198	104106	104015	104015	78012	52009	52009	52009	52009
			柴油	714580	714580	691489	645308	645308	626972	590301	590301	590301	579664	569026	569026	569026	569026	548508	527989	527989	475956	458612
			燃气	1436731	1436731	1356912	1197275	1197275	1108430	930739	930739	930739	797471	664203	664203	618373	618373	535967	535967	535967	535967	535967
		其他	汽油	3956607	3956607	3956607	3956607	3956607	2720638	248701	248701	248701	248701	248701	239374	230048	230048	172720	115392	115392	115392	115392
			柴油	1711198	1711198	1667166	1579101	1579101	1542285	1468654	1468654	1468654	1416946	1365238	1365238	1365238	1365238	1299714	1234189	1234189	1092245	1044930
			燃气	3185210	3185210	3008254	2654341	2654341	2457372	2063434	2063434	2063434	1768658	1473882	1473882	1329692	1329692	1128126	1128126	1128126	1128126	1128126
载货汽车	微型		汽油	133686	79007	24328	24328	24328	24328	16436	8544	8544	6894	5243	5243	4690	4137	4137	4137	4137	3164	2840
			柴油	85540	70298	55056	55056	55056	55056	49610	44164	44164	37416	30667	30667	30667	30667	22433	14199	14199	12356	11741
			燃气	61020	34743	8467	8467	8467	8467	6040	3614	3614	2921	2227	2227	1888	1549	1549	1549	1549	1333	1261
	轻型		汽油	99039	63235	27431	27431	27431	27431	18410	9390	9390	7857	6324	6324	5288	4253	4253	4253	4253	3310	2996
			柴油	85849	70452	55056	55056	55056	55056	49610	44164	44164	37416	30667	30667	30667	30667	24519	18371	18371	17262	16893
			燃气	45139	28856	12573	12573	12573	12573	8318	4062	4062	3335	2608	2608	2090	1571	1571	1571	1571	1386	1324
	中型		汽油	365353	365353	365353	365353	365352	249429	17583	17583	17583	17583	17583	17583	17583	17583	13192	8802	8802	8802	8802
			柴油	668667	668667	600415	463910	463910	441128	395563	395563	395563	392398	389234	389234	389234	389234	341504	293774	293774	252966	239364
			燃气	755066	755066	669723	499037	499037	474107	424248	424248	424248	420711	417173	417173	316136	316136	257128	257128	257128	257128	257128
	重型		汽油	1616726	1616726	1616726	1616726	1616726	1111692	101623	101623	101623	101623	101623	97812	94001	94001	70576	47151	47151	47151	47151
			柴油	939934	939934	907851	843685	843685	812479	750067	750067	750067	719990	689912	689912	689912	689912	595484	501055	501055	320953	260919
			燃气	1749585	1749585	1639112	1418166	1418166	1296721	1053831	1053831	1053831	899323	744814	744814	539827	539827	281693	281693	281693	281693	281693
低速汽车	三轮汽车			65550	65550	65550	65550	65550	65550	65550	65550	65550	53279	53279	53279	53279	53279	53279	53279	53279	53279	53279
	低速货车			88065	88065	88065	88065	88065	88065	88065	88065	88065	71579	71579	71579	71579	71579	71579	71579	71579	71579	71579
摩托车	普通摩托车			992	992	992	992	959	926	860	860	860	860	860	764	668	668	668	668	668	668	668
	轻便摩托车			661	661	661	661	661	331	331	331	331	331	331	294	257	257	257	257	257	257	257

甘南藏族自治州 PM 排放系数

单位：克/（辆·年）

车辆类型		使用性质	燃料种类	1999 年年底前	2000 年	2001 年	2002 年	2003 年	2004 年	2005 年	2006 年	2007 年	2008 年	2009 年	2010 年	2011 年	2012 年	2013 年	2014 年	2015 年	2016 年	2017 年
载客汽车	微型	出租车	汽油	—	—	—	—	—	—	—	—	—	—	—	—	—	—	—	—	—	—	—
			燃气	—	—	—	—	—	—	—	—	—	—	—	—	—	—	—	—	—	—	—
		其他	汽油	—	—	—	—	—	—	—	—	—	—	—	—	—	—	—	—	—	—	—
			燃气	—	—	—	—	—	—	—	—	—	—	—	—	—	—	—	—	—	—	—
	小型	出租车	汽油	—	—	—	—	—	—	—	—	—	—	—	—	—	—	—	—	—	—	—
			柴油	36332	33268	30203	30203	30203	30203	20526	10849	10849	7086	3323	3323	3323	3323	3088	2854	2854	2360	2195
			燃气	—	—	—	—	—	—	—	—	—	—	—	—	—	—	—	—	—	—	—
		其他	汽油	—	—	—	—	—	—	—	—	—	—	—	—	—	—	—	—	—	—	—
			柴油	3379	3198	3016	3016	3016	3016	2168	1320	1320	968	615	615	615	615	514	414	414	414	414
			燃气	—	—	—	—	—	—	—	—	—	—	—	—	—	—	—	—	—	—	—
	中型	公交车	汽油	—	—	—	—	—	—	—	—	—	—	—	—	—	—	—	—	—	—	—
			柴油	30592	30592	28032	22913	22913	17978	8108	8108	8108	6872	5637	5637	5637	5637	3504	1372	1372	1080	983
			燃气	—	—	—	—	—	—	—	—	—	—	—	—	—	—	—	—	—	—	—
		其他	汽油	—	—	—	—	—	—	—	—	—	—	—	—	—	—	—	—	—	—	—
			柴油	15274	15274	12888	8116	8116	6262	2553	2553	2553	2434	2316	2316	2316	2316	1366	415	415	399	394
			燃气	—	—	—	—	—	—	—	—	—	—	—	—	—	—	—	—	—	—	—
	大型	公交车	汽油	—	—	—	—	—	—	—	—	—	—	—	—	—	—	—	—	—	—	—
			柴油	94865	94865	93934	92071	92071	71272	29674	29674	29674	19994	10315	10315	10315	10315	6116	1916	1916	1845	1821
			燃气	—	—	—	—	—	—	—	—	—	—	—	—	—	—	—	—	—	—	—
		其他	汽油	—	—	—	—	—	—	—	—	—	—	—	—	—	—	—	—	—	—	—
			柴油	142314	142314	133412	115607	115607	85425	25061	25061	25061	17182	9303	9303	9303	9303	5868	2433	2433	2343	2313
			燃气	—	—	—	—	—	—	—	—	—	—	—	—	—	—	—	—	—	—	—
载货汽车	微型		汽油	—	—	—	—	—	—	—	—	—	—	—	—	—	—	—	—	—	—	—
			柴油	7728	7568	7408	7408	7408	7408	6030	4652	4652	3452	2253	2253	2253	2253	1418	584	584	581	580
			燃气	—	—	—	—	—	—	—	—	—	—	—	—	—	—	—	—	—	—	—
	轻型		汽油	—	—	—	—	—	—	—	—	—	—	—	—	—	—	—	—	—	—	—
			柴油	8037	7722	7408	7408	7408	7408	6030	4652	4652	3452	2253	2253	2253	2253	1699	1145	1145	946	879
			燃气	—	—	—	—	—	—	—	—	—	—	—	—	—	—	—	—	—	—	—
	中型		汽油	—	—	—	—	—	—	—	—	—	—	—	—	—	—	—	—	—	—	—
			柴油	41967	41967	35317	22017	22017	16968	6871	6871	6871	6510	6148	6148	6148	6148	3942	1736	1736	1590	1541
			燃气	—	—	—	—	—	—	—	—	—	—	—	—	—	—	—	—	—	—	—
	重型		汽油	—	—	—	—	—	—	—	—	—	—	—	—	—	—	—	—	—	—	—
			柴油	80917	80917	66508	37690	37690	29926	14397	14397	14397	9866	5334	5334	5334	5334	3610	1887	1887	1594	1497
			燃气	—	—	—	—	—	—	—	—	—	—	—	—	—	—	—	—	—	—	—
低速汽车	三轮汽车			4092	4092	4092	4092	4092	4092	4092	4092	4092	3220	3220	3220	3220	3220	3220	3220	3220	3220	3220
	低速货车			5581	5581	5581	5581	5581	5581	5581	5581	5581	4392	4392	4392	4392	4392	4392	4392	4392	4392	4392
摩托车	普通摩托车			—	—	—	—	—	—	—	—	—	—	—	—	—	—	—	—	—	—	—
	轻便摩托车			—	—	—	—	—	—	—	—	—	—	—	—	—	—	—	—	—	—	—

甘南藏族自治州 VOCs 排放系数

单位：克/（辆·年）

车辆类型		使用性质	燃料种类	1999年年底前	2000年	2001年	2002年	2003年	2004年	2005年	2006年	2007年	2008年	2009年	2010年	2011年	2012年	2013年	2014年	2015年	2016年	2017年
载客汽车	微型	出租车	汽油	960749	557334	153918	153918	153918	153918	113082	72247	72247	57714	43181	43181	36482	29782	29782	29782	29782	23246	21067
			燃气	293133	175718	58304	58304	58304	58304	44536	30769	30769	25197	19625	19625	15678	11732	11732	11732	11732	7385	5936
		其他	汽油	64402	38282	12161	12161	12161	12161	11764	11366	11366	9600	7835	7835	7456	7078	7078	7078	7078	5822	5403
			燃气	15782	8874	1966	1966	1966	1966	1882	1798	1798	1340	883	883	801	719	719	719	719	490	413
	小型	出租车	汽油	960749	548248	135746	135746	135746	135746	128326	120905	120905	82043	43181	43181	36482	29782	29782	29782	29782	21596	18867
			柴油	166313	156966	147620	147620	147620	147620	134272	120924	120924	86690	52456	52456	52456	52456	39078	25701	25701	15126	11601
			燃气	293133	173087	53041	53041	53041	53041	48952	44862	44862	32244	19625	19625	15678	11732	11732	11732	11732	6907	5299
		其他	汽油	65320	38630	11940	11940	11940	11940	12142	12343	12343	10092	7840	7840	7401	6962	6962	6962	6962	5914	5564
			柴油	12020	11000	9981	9981	9981	9981	8468	6956	6956	4740	2524	2524	2524	2524	2190	1855	1855	1334	1161
			燃气	16047	9656	3264	3264	3264	3264	2672	2081	2081	1545	1009	1009	848	686	686	686	686	516	460
	中型	公交车	汽油	252502	252502	252502	252502	251905	172112	13721	13721	13721	13721	13721	13569	13417	13417	10942	8466	8466	8466	8466
			柴油	87806	87806	86086	82645	82645	64494	28192	28192	28192	20508	12823	12823	12823	12823	8958	5093	5093	4763	4653
			燃气	71579	71579	67602	59649	59649	57536	53311	53311	53311	42686	32061	32061	22219	22219	22154	22154	22154	22154	22154
		其他	汽油	130827	130827	130827	130827	130230	89116	8083	8083	8083	8083	8083	7937	7791	7791	6719	5647	5647	5647	5647
			柴油	30493	30493	28460	24394	24394	18567	6912	6912	6912	6506	6099	6099	6099	6099	3750	1402	1402	1243	1190
			燃气	34560	34560	32640	28800	28800	27780	25740	25740	25740	20623	15506	15506	10732	10732	9642	9642	9642	9642	9642
	大型	公交车	汽油	588396	588396	588396	588396	587799	396485	15051	15051	15051	15051	15051	14911	14771	14771	11950	9129	9129	9129	9129
			柴油	131708	131708	108010	60614	60614	60614	60614	60614	60614	43515	26416	26416	26416	26416	17675	8934	8934	5723	4653
			燃气	168926	168926	159541	140772	140772	135786	125815	125815	125815	100740	75665	75665	52438	52438	47188	47188	47188	47188	47188
		其他	汽油	1303720	1303720	1303720	1303720	1303124	877954	28807	28807	28807	28807	28807	22426	16044	16044	12790	9536	9536	9536	9536
			柴油	272891	272891	207397	76409	76409	76409	76409	76409	76409	55942	35476	35476	35476	35476	20706	5937	5937	5324	5119
			燃气	266186	266186	251398	221822	221822	213966	198253	198253	198253	158842	119430	119430	82662	82662	74261	74261	74261	74261	74261
载货汽车	微型		汽油	345692	184998	24305	24305	24305	24305	23112	21920	21920	20212	18505	18505	15307	12109	12109	12109	12109	10426	9865
			柴油	38770	36252	33733	33733	33733	33733	31102	28472	28472	20806	13141	13141	13141	13141	9028	4916	4916	3558	3106
			燃气	84713	44321	3929	3929	3929	3929	3698	3468	3468	2777	2086	2086	1658	1230	1230	1230	1230	873	754
	轻型		汽油	178364	105664	32963	32963	32963	32963	28454	23946	23946	21408	18871	18871	16700	14529	14529	14529	14529	12666	12045
			柴油	35292	34512	33733	33733	33733	33733	31102	28472	28472	20806	13141	13141	13141	13141	10028	6914	6914	5556	5104
			燃气	43818	26415	9011	9011	9011	9011	6524	4037	4037	3233	2429	2429	1930	1432	1432	1432	1432	1105	996
	中型		汽油	378742	378742	378742	378742	378145	257190	16474	16474	16474	16474	16474	16334	16194	16194	13014	9835	9835	9835	9835
			柴油	86676	86676	80898	69341	69341	52776	19647	19647	19647	18501	17355	17355	17355	17355	12578	7800	7800	4641	3588
			燃气	98236	98236	92779	81865	81865	78965	73165	73165	73165	58644	44123	44123	59707	59707	29072	29072	29072	29072	29072
	重型		汽油	553124	553124	553124	553124	552526	372745	14376	14376	14376	14376	14376	11604	8831	8831	7450	6068	6068	6068	6068
			柴油	160729	160729	122154	45004	45004	45004	45004	45004	45004	32950	20895	20895	20895	20895	12908	4920	4920	3496	3021
			燃气	156780	156780	148070	130651	130651	126023	116769	116769	116769	93556	70343	70343	68502	68502	43825	43825	43825	43825	43825
低速汽车	三轮汽车			25300	25300	25300	25300	25300	25300	25300	25300	25300	16721	16721	16721	16721	16721	16721	16721	16721	16721	16721
	低速货车			33990	33990	33990	33990	33990	33990	33990	33990	33990	22464	22464	22464	22464	22464	22464	22464	22464	22464	22464
摩托车	普通摩托车			13290	13290	13290	13290	9918	6546	3504	3504	3504	3504	3504	2615	1726	1726	1726	1726	1726	1726	1726
	轻便摩托车			42978	42978	42978	42978	42978	8596	8596	4232	4232	4232	4232	3158	2084	2084	2084	2084	2084	2084	2084

西宁市 NO_x 排放系数

单位：克/（辆·年）

车辆类型		使用性质	燃料种类	1999年年底前	2000年	2001年	2002年	2003年	2004年	2005年	2006年	2007年	2008年	2009年	2010年	2011年	2012年	2013年	2014年	2015年	2016年	2017年
载客汽车	微型	出租车	汽油	759207	495659	232111	232111	232111	232111	164863	97615	97615	67842	38068	38068	33490	28912	28912	28912	28912	21030	18403
			燃气	213210	144638	76066	76066	76066	76066	56710	37355	37355	28136	18916	18916	15564	12212	12212	12212	12212	7386	5777
		其他	汽油	114757	71534	28310	28310	28310	28310	17294	6278	6278	5062	3846	3846	3354	2861	2861	2861	2861	2265	2066
			燃气	29453	17581	5709	5709	5709	5709	3740	1772	1772	1444	1116	1116	940	763	763	763	763	595	539
	小型	出租车	汽油	867089	555860	244631	244631	244631	244631	172085	99539	99539	68804	38068	38068	31434	24800	24800	24800	24800	17344	14858
			柴油	581962	480532	379101	379101	379101	379101	340412	301723	301723	237970	174216	174216	174216	174216	144624	115033	115033	95483	88966
			燃气	240760	160012	79263	79263	79263	79263	58554	37846	37846	28381	18916	18916	15039	11162	11162	11162	11162	6444	4872
		其他	汽油	106854	67800	28747	28747	28747	28747	18556	8364	8364	5583	2802	2802	2735	2668	2668	2668	2668	2112	1926
			柴油	64817	52851	40885	40885	40885	40885	37697	34509	34509	27050	19592	19592	19592	19592	16949	14306	14306	12944	12490
			燃气	27434	17523	7612	7612	7612	7612	4958	2305	2305	1578	850	850	782	714	714	714	714	556	504
	中型	公交车	汽油	883592	883592	883592	883592	883592	603641	43738	43738	43738	43738	43738	39226	34713	34713	26206	17699	17699	17699	17699
			柴油	620606	620606	619149	616235	616235	591745	542764	542764	542764	452096	361429	361429	361429	361429	294952	228475	228475	191285	178888
			燃气	658943	658943	651099	635410	635410	615700	576281	576281	576281	479622	382964	382964	242181	242181	189674	189674	189674	189674	189674
		其他	汽油	520211	520211	520211	520211	520211	352876	18207	18207	18207	18207	18207	18207	18207	18207	13656	9105	9105	9105	9105
			柴油	279479	279479	267813	244480	244480	242413	238278	238278	238278	202934	167591	167591	167591	167591	148805	130019	130019	110973	104624
			燃气	315591	315591	298058	262992	262992	260514	255557	255557	255557	217588	179620	179620	139916	139916	112389	112389	112389	112389	112389
	大型	公交车	汽油	3147798	3147798	3147798	3147798	3147798	2164486	197862	197862	197862	197862	197862	197688	197514	197514	148137	98760	98760	98760	98760
			柴油	880204	880204	851762	794877	794877	772291	727120	727120	727120	714017	700914	700914	700914	700914	675640	650365	650365	586272	564908
			燃气	1769733	1769733	1671415	1474778	1474778	1365340	1146464	1146464	1146464	982308	818151	818151	761698	761698	660192	660192	660192	660192	660192
		其他	汽油	7214871	7214871	7214871	7214871	7214871	4961083	453506	453506	453506	453506	453506	436500	419493	419493	314956	210418	210418	210418	210418
			柴油	2024116	2024116	1972032	1867863	1867863	1824315	1737219	1737219	1737219	1676056	1614892	1614892	1614892	1614892	1537386	1459879	1459879	1291978	1236011
			燃气	3767672	3767672	3558357	3139726	3139726	2906739	2440764	2440764	2440764	2092084	1743403	1743403	1572846	1572846	1334420	1334420	1334420	1334420	1334420
载货汽车	微型		汽油	357943	209050	60156	60156	60156	60156	39838	19519	19519	15593	11667	11667	10598	9529	9529	9529	9529	7768	7181
			柴油	156846	128480	100115	100115	100115	100115	90338	80560	80560	68463	56366	56366	56366	56366	41183	26000	26000	22996	21995
			燃气	91868	52000	12131	12131	12131	12131	8820	5509	5509	4447	3385	3385	2963	2541	2541	2541	2541	2040	1873
	轻型		汽油	254582	161438	68295	68295	68295	68295	45016	21738	21738	18120	14501	14501	12168	9834	9834	9834	9834	8152	7591
			柴油	157427	128771	100115	100115	100115	100115	90338	80560	80560	68463	56366	56366	56366	56366	45132	33899	33899	32284	31746
			燃气	65362	41723	18084	18084	18084	18084	12037	5991	5991	5195	4399	4399	3515	2632	2632	2632	2632	2148	1986
	中型		汽油	715646	715646	715646	715646	715646	488577	34440	34440	34440	34440	34440	34440	34440	34440	25840	17241	17241	17241	17241
			柴油	856772	856772	769319	594414	594414	565222	506839	506839	506839	493257	479675	479675	479675	479675	420854	362034	362034	311744	294981
			燃气	967477	967477	858126	639423	639423	607480	543593	543593	543593	528849	514104	514104	389592	389592	316874	316874	316874	316874	316874
	重型		汽油	2831081	2831081	2831081	2831081	2831081	1946705	177954	177954	177954	177954	177954	171280	164607	164607	123587	82567	82567	82567	82567
			柴油	1006564	1006564	972207	903492	903492	870074	803238	803238	803238	771028	738818	738818	738818	738818	643019	547220	547220	377735	321240
			燃气	1873610	1873610	1755305	1518697	1518697	1388643	1128536	1128536	1128536	963074	797612	797612	589564	589564	346817	346817	346817	346817	346817
低速汽车	三轮汽车			65550	65550	65550	65550	65550	65550	65550	65550	65550	53279	53279	53279	53279	53279	53279	53279	53279	53279	53279
	低速货车			88065	88065	88065	88065	88065	88065	88065	88065	88065	71579	71579	71579	71579	71579	71579	71579	71579	71579	71579
摩托车	普通摩托车			992	992	992	992	959	926	860	860	860	860	860	764	668	668	668	668	668	668	668
	轻便摩托车			661	661	661	661	661	331	331	331	331	331	331	294	257	257	257	257	257	257	257

西宁市 PM 排放系数

单位：克/（辆·年）

车辆类型		使用性质	燃料种类	1999 年年底前	2000 年	2001 年	2002 年	2003 年	2004 年	2005 年	2006 年	2007 年	2008 年	2009 年	2010 年	2011 年	2012 年	2013 年	2014 年	2015 年	2016 年	2017 年
载客汽车	微型	出租车	汽油	—	—	—	—	—	—	—	—	—	—	—	—	—	—	—	—	—	—	—
			燃气	—	—	—	—	—	—	—	—	—	—	—	—	—	—	—	—	—	—	—
		其他	汽油	—	—	—	—	—	—	—	—	—	—	—	—	—	—	—	—	—	—	—
			燃气	—	—	—	—	—	—	—	—	—	—	—	—	—	—	—	—	—	—	—
	小型	出租车	汽油	—	—	—	—	—	—	—	—	—	—	—	—	—	—	—	—	—	—	—
			柴油	54413	49866	45320	45320	45320	45320	30974	16628	16628	10849	5070	5070	5070	5070	4712	4354	4354	3600	3349
			燃气	—	—	—	—	—	—	—	—	—	—	—	—	—	—	—	—	—	—	—
		其他	汽油	—	—	—	—	—	—	—	—	—	—	—	—	—	—	—	—	—	—	—
			柴油	5920	5602	5285	5285	5285	5285	3802	2319	2319	1704	1090	1090	1090	1090	906	722	722	722	722
			燃气	—	—	—	—	—	—	—	—	—	—	—	—	—	—	—	—	—	—	—
	中型	公交车	汽油	—	—	—	—	—	—	—	—	—	—	—	—	—	—	—	—	—	—	—
			柴油	31857	31857	29192	23861	23861	18722	8443	8443	8443	7156	5870	5870	5870	5870	3649	1428	1428	1124	1023
			燃气	—	—	—	—	—	—	—	—	—	—	—	—	—	—	—	—	—	—	—
		其他	汽油	—	—	—	—	—	—	—	—	—	—	—	—	—	—	—	—	—	—	—
			柴油	15274	15274	12888	8116	8116	6262	2553	2553	2553	2434	2316	2316	2316	2316	1366	415	415	399	394
			燃气	—	—	—	—	—	—	—	—	—	—	—	—	—	—	—	—	—	—	—
	大型	公交车	汽油	—	—	—	—	—	—	—	—	—	—	—	—	—	—	—	—	—	—	—
			柴油	98788	98788	97818	95878	95878	74219	30901	30901	30901	20821	10741	10741	10741	10741	6368	1995	1995	1921	1896
			燃气	—	—	—	—	—	—	—	—	—	—	—	—	—	—	—	—	—	—	—
		其他	汽油	—	—	—	—	—	—	—	—	—	—	—	—	—	—	—	—	—	—	—
			柴油	142314	142314	133412	115607	115607	85425	25061	25061	25061	17182	9303	9303	9303	9303	5868	2433	2433	2343	2313
			燃气	—	—	—	—	—	—	—	—	—	—	—	—	—	—	—	—	—	—	—
载货汽车	微型		汽油	—	—	—	—	—	—	—	—	—	—	—	—	—	—	—	—	—	—	—
			柴油	11777	11533	11289	11289	11289	11289	9230	7172	7172	5323	3474	3474	3474	3474	2187	900	900	896	895
			燃气	—	—	—	—	—	—	—	—	—	—	—	—	—	—	—	—	—	—	—
	轻型		汽油	—	—	—	—	—	—	—	—	—	—	—	—	—	—	—	—	—	—	—
			柴油	12248	11768	11289	11289	11289	11289	9230	7172	7172	5323	3474	3474	3474	3474	2620	1765	1765	1458	1355
			燃气	—	—	—	—	—	—	—	—	—	—	—	—	—	—	—	—	—	—	—
	中型		汽油	—	—	—	—	—	—	—	—	—	—	—	—	—	—	—	—	—	—	—
			柴油	46267	46267	38936	24273	24273	18681	7496	7496	7496	7102	6707	6707	6707	6707	4300	1894	1894	1734	1681
			燃气	—	—	—	—	—	—	—	—	—	—	—	—	—	—	—	—	—	—	—
	重型		汽油	—	—	—	—	—	—	—	—	—	—	—	—	—	—	—	—	—	—	—
			柴油	81067	81067	66631	37759	37759	29981	14424	14424	14424	9884	5344	5344	5344	5344	3562	1779	1779	1504	1412
			燃气	—	—	—	—	—	—	—	—	—	—	—	—	—	—	—	—	—	—	—
低速汽车	三轮汽车			4092	4092	4092	4092	4092	4092	4092	4092	4092	3220	3220	3220	3220	3220	3220	3220	3220	3220	3220
	低速货车			5581	5581	5581	5581	5581	5581	5581	5581	5581	4392	4392	4392	4392	4392	4392	4392	4392	4392	4392
摩托车	普通摩托车			—	—	—	—	—	—	—	—	—	—	—	—	—	—	—	—	—	—	—
	轻便摩托车			—	—	—	—	—	—	—	—	—	—	—	—	—	—	—	—	—	—	—

西宁市 VOCs 排放系数

单位：克/（辆·年）

车辆类型		使用性质	燃料种类	1999 年年底前	2000 年	2001 年	2002 年	2003 年	2004 年	2005 年	2006 年	2007 年	2008 年	2009 年	2010 年	2011 年	2012 年	2013 年	2014 年	2015 年	2016 年	2017 年
载客汽车	微型	出租车	汽油	1641331	956800	272270	272270	272270	272270	195798	119326	119326	96057	72788	72788	61794	50800	50800	50800	50800	39562	35816
			燃气	402562	244286	86011	86011	86011	86011	65303	44595	44595	36952	29309	29309	23549	17789	17789	17789	17789	11111	8885
		其他	汽油	125388	72248	19109	19109	19109	19109	18457	17805	17805	14722	11639	11639	10960	10280	10280	10280	10280	8200	7506
			燃气	26752	15102	3451	3451	3451	3451	3282	3113	3113	2356	1599	1599	1487	1375	1375	1375	1375	955	815
	小型	出租车	汽油	1641331	939624	237917	237917	237917	237917	223304	208692	208692	140740	72788	72788	61794	50800	50800	50800	50800	36402	31602
			柴油	256123	241998	227874	227874	227874	227874	210800	193726	193726	136400	79074	79074	79074	79074	58964	38855	38855	23386	18229
			燃气	402562	240352	78141	78141	78141	78141	71604	65067	65067	47188	29309	29309	23549	17789	17789	17789	17789	10387	7920
		其他	汽油	127354	72986	18617	18617	18617	18617	19280	19942	19942	15796	11650	11650	10822	9994	9994	9994	9994	8394	7861
			柴油	22017	20089	18161	18161	18161	18161	15528	12896	12896	8648	4399	4399	4399	4399	3784	3170	3170	2336	2058
			燃气	27202	16470	5738	5738	5738	5738	4670	3602	3602	2717	1832	1832	1570	1309	1309	1309	1309	1000	897
	中型	公交车	汽油	300556	300556	300556	300556	299959	204795	15660	15660	15660	15660	15660	15506	15352	15352	12398	9444	9444	9444	9444
			柴油	91436	91436	89645	86063	86063	67161	29358	29358	29358	21356	13354	13354	13354	13354	9328	5303	5303	4960	4846
			燃气	74539	74539	70398	62116	62116	59916	55516	55516	55516	44452	33387	33387	23138	23138	23070	23070	23070	23070	23070
		其他	汽油	149272	149272	149272	149272	148675	101627	8724	8724	8724	8724	8724	8578	8431	8431	7204	5977	5977	5977	5977
			柴油	30493	30493	28460	24394	24394	18567	6912	6912	6912	6506	6099	6099	6099	6099	3750	1402	1402	1243	1190
			燃气	34560	34560	32640	28800	28800	27780	25740	25740	25740	20623	15506	15506	10732	10732	9642	9642	9642	9642	9642
	大型	公交车	汽油	701779	701779	701779	701779	701182	472806	17249	17249	17249	17249	17249	17109	16969	16969	13602	10236	10236	10236	10236
			柴油	137155	137155	112477	63120	63120	63120	63120	63120	63120	45314	27508	27508	27508	27508	18406	9304	9304	5960	4846
			燃气	175912	175912	166139	146593	146593	141401	131018	131018	131018	104906	78794	78794	54606	54606	49139	49139	49139	49139	49139
		其他	汽油	1494650	1494650	1494650	1494650	1494053	1006469	32496	32496	32496	32496	32496	25197	17898	17898	14168	10437	10437	10437	10437
			柴油	272891	272891	207397	76409	76409	76409	76409	76409	76409	55942	35476	35476	35476	35476	20706	5937	5937	5324	5119
			燃气	266186	266186	251398	221822	221822	213966	198253	198253	198253	158842	119430	119430	82662	82662	74261	74261	74261	74261	74261
载货汽车	微型		汽油	682963	361926	40890	40890	40890	40890	38958	37025	37025	34234	31442	31442	25241	19040	19040	19040	19040	16548	15718
			柴油	65260	60998	56737	56737	56737	56737	52421	48105	48105	34934	21764	21764	21764	21764	14792	7820	7820	5846	5188
			燃气	145713	76549	7385	7385	7385	7385	6929	6473	6473	5396	4320	4320	3433	2547	2547	2547	2547	1917	1707
	轻型		汽油	346194	202254	58315	58315	58315	58315	49708	41102	41102	36640	32179	32179	28045	23911	23911	23911	23911	21057	20106
			柴油	59098	57918	56737	56737	56737	56737	52421	48105	48105	34934	21764	21764	21764	21764	16564	11364	11364	9391	8733
			燃气	73945	45959	17973	17973	17973	17973	12699	7424	7424	6242	5060	5060	4096	3132	3132	3132	3132	2504	2294
	中型		汽油	490444	490444	490444	490444	489847	332924	20272	20272	20272	20272	20272	20132	19992	19992	15866	11739	11739	11739	11739
			柴油	97005	97005	90538	77604	77604	59065	21988	21988	21988	20701	19414	19414	19414	19414	14070	8726	8726	5192	4014
			燃气	109943	109943	103836	91621	91621	88375	81882	81882	81882	65620	49358	49358	66796	66796	32524	32524	32524	32524	32524
	重型		汽油	618485	618485	618485	618485	617888	416744	15651	15651	15651	15651	15651	12564	9477	9477	7932	6388	6388	6388	6388
			柴油	146987	146987	111710	41156	41156	41156	41156	41156	41156	30132	19108	19108	19108	19108	12009	4910	4910	3446	2958
			燃气	143375	143375	135410	119479	119479	115248	106785	106785	106785	85556	64327	64327	68363	68363	42912	42912	42912	42912	42912
低速汽车	三轮汽车			25300	25300	25300	25300	25300	25300	25300	25300	25300	16721	16721	16721	16721	16721	16721	16721	16721	16721	16721
	低速货车			33990	33990	33990	33990	33990	33990	33990	33990	33990	22464	22464	22464	22464	22464	22464	22464	22464	22464	22464
摩托车	普通摩托车			13290	13290	13290	13290	9918	6546	3504	3504	3504	3504	3504	2615	1726	1726	1726	1726	1726	1726	1726
	轻便摩托车			42978	42978	42978	42978	42978	8596	8596	4232	4232	4232	4232	3158	2084	2084	2084	2084	2084	2084	2084

海东市 NO_x 排放系数

单位：克/（辆·年）

车辆类型		使用性质	燃料种类	1999年年底前	2000年	2001年	2002年	2003年	2004年	2005年	200 6年	2007年	2008年	2009年	2010年	2011年	2012年	2013年	2014年	2015年	2016年	2017年
载客汽车	微型	出租车	汽油	577639	377486	177332	177332	177332	177332	125532	73732	73732	50808	27885	27885	23760	19635	19635	19635	19635	14426	12689
			燃气	160776	108814	56853	56853	56853	56853	42116	27380	27380	20415	13450	13450	10888	8327	8327	8327	8327	5068	3981
		其他	汽油	106266	66263	26260	26260	26260	26260	16071	5882	5882	4748	3613	3613	2965	2317	2317	2317	2317	1836	1676
			燃气	27284	16302	5321	5321	5321	5321	3496	1671	1671	1364	1057	1057	840	624	624	624	624	486	440
	小型	出租车	汽油	660083	423564	187044	187044	187044	187044	131134	75225	75225	51555	27885	27885	22388	16890	16890	16890	16890	11909	10249
			柴油	418147	344850	271553	271553	271553	271553	242704	213855	213855	168398	122940	122940	122940	122940	102165	81390	81390	65671	60431
			燃气	181830	120582	59333	59333	59333	59333	43547	27761	27761	20606	13450	13450	10538	7625	7625	7625	7625	4425	3358
		其他	汽油	98958	62811	26664	26664	26664	26664	17237	7810	7810	5229	2648	2648	2408	2169	2169	2169	2169	1714	1563
			柴油	55046	44944	34841	34841	34841	34841	32084	29326	29326	22917	16508	16508	16508	16508	14260	12012	12012	10536	10044
			燃气	25418	16249	7080	7080	7080	7080	4622	2164	2164	1487	810	810	698	586	586	586	586	455	411
	中型	公交车	汽油	848505	848505	848505	848505	848505	579670	42001	42001	42001	42001	42001	37668	33334	33334	25165	16996	16996	16996	16996
			柴油	595962	595962	594563	591764	591764	568246	521211	521211	521211	434144	347076	347076	347076	347076	283239	219402	219402	183688	171784
			燃气	632777	632777	625244	610178	610178	591251	553397	553397	553397	460577	367757	367757	232564	232564	182143	182143	182143	182143	182143
		其他	汽油	520211	520211	520211	520211	520211	352876	18207	18207	18207	18207	18207	18207	18207	18207	13656	9105	9105	9105	9105
			柴油	279479	279479	267813	244480	244480	242413	238278	238278	238278	202934	167591	167591	167591	167591	148805	130019	130019	110973	104624
			燃气	315591	315591	298058	262992	262992	260514	255557	255557	255557	217588	179620	179620	139916	139916	112389	112389	112389	112389	112389
	大型	公交车	汽油	3022799	3022799	3022799	3022799	3022799	2078534	190005	190005	190005	190005	190005	189838	189671	189671	142254	94838	94838	94838	94838
			柴油	845252	845252	817939	763312	763312	741623	698246	698246	698246	685663	673080	673080	673080	673080	648810	624539	624539	562992	542476
			燃气	1699458	1699458	1605044	1416215	1416215	1311123	1100938	1100938	1100938	943300	785662	785662	731451	731451	633976	633976	633976	633976	633976
		其他	汽油	7214871	7214871	7214871	7214871	7214871	4961083	453506	453506	453506	453506	453506	436500	419493	419493	314956	210418	210418	210418	210418
			柴油	2024116	2024116	1972032	1867863	1867863	1824315	1737219	1737219	1737219	1676056	1614892	1614892	1614892	1614892	1537386	1459879	1459879	1291978	1236011
			燃气	3767672	3767672	3558357	3139726	3139726	2906739	2440764	2440764	2440764	2092084	1743403	1743403	1572846	1572846	1334420	1334420	1334420	1334420	1334420
载货汽车	微型		汽油	274199	160862	47526	47526	47526	47526	31390	15255	15255	12160	9066	9066	8286	7505	7505	7505	7505	6154	5703
			柴油	111965	91637	71309	71309	71309	71309	64345	57381	57381	48648	39916	39916	39916	39916	29180	18445	18445	16344	15643
			燃气	70401	40016	9630	9630	9630	9630	6982	4334	4334	3493	2652	2652	2337	2021	2021	2021	2021	1628	1497
	轻型		汽油	202676	128348	54020	54020	54020	54020	35522	17025	17025	14176	11327	11327	9538	7748	7748	7748	7748	6460	6030
			柴油	112383	91846	71309	71309	71309	71309	64345	57381	57381	48648	39916	39916	39916	39916	31995	24074	24074	22963	22593
			燃气	52059	33201	14344	14344	14344	14344	9531	4717	4717	4091	3465	3465	2779	2093	2093	2093	2093	1713	1586
	中型		汽油	715646	715646	715646	715646	715646	488577	34440	34440	34440	34440	34440	34440	34440	34440	25840	17241	17241	17241	17241
			柴油	856772	856772	769319	594414	594414	565222	506839	506839	506839	493257	479675	479675	479675	479675	420854	362034	362034	311744	294981
			燃气	967477	967477	858126	639423	639423	607480	543593	543593	543593	528849	514104	514104	389592	389592	316874	316874	316874	316874	316874
	重型		汽油	2965738	2965738	2965738	2965738	2965738	2039298	186418	186418	186418	186418	186418	179427	172436	172436	129465	86494	86494	86494	86494
			柴油	1115043	1115043	1076983	1000863	1000863	963844	889805	889805	889805	854124	818442	818442	818442	818442	710094	601747	601747	390640	320271
			燃气	2075531	2075531	1944477	1682369	1682369	1538300	1250161	1250161	1250161	1066867	883573	883573	648311	648311	345770	345770	345770	345770	345770
低速汽车	三轮汽车			65550	65550	65550	65550	65550	65550	65550	65550	65550	53279	53279	53279	53279	53279	53279	53279	53279	53279	53279
	低速货车			88065	88065	88065	88065	88065	88065	88065	88065	88065	71579	71579	71579	71579	71579	71579	71579	71579	71579	71579
摩托车	普通摩托车			992	992	992	992	959	926	860	860	860	860	860	764	668	668	668	668	668	668	668
	轻便摩托车			661	661	661	661	661	331	331	331	331	331	331	294	257	257	257	257	257	257	257

海东市 PM 排放系数

单位：克/（辆・年）

车辆类型		使用性质	燃料种类	1999年年底前	2000年	2001年	2002年	2003年	2004年	2005年	2006年	2007年	2008年	2009年	2010年	2011年	2012年	2013年	2014年	2015年	2016年	2017年
载客汽车	微型	出租车	汽油	—	—	—	—	—	—	—	—	—	—	—	—	—	—	—	—	—	—	—
			燃气	—	—	—	—	—	—	—	—	—	—	—	—	—	—	—	—	—	—	—
		其他	汽油	—	—	—	—	—	—	—	—	—	—	—	—	—	—	—	—	—	—	—
			燃气	—	—	—	—	—	—	—	—	—	—	—	—	—	—	—	—	—	—	—
	小型	出租车	汽油	—	—	—	—	—	—	—	—	—	—	—	—	—	—	—	—	—	—	—
			柴油	38943	35666	32390	32390	32390	32390	22117	11844	11844	7714	3584	3584	3584	3584	3331	3078	3078	2545	2367
			燃气	—	—	—	—	—	—	—	—	—	—	—	—	—	—	—	—	—	—	—
		其他	汽油	—	—	—	—	—	—	—	—	—	—	—	—	—	—	—	—	—	—	—
			柴油	4964	4698	4432	4432	4432	4432	3190	1947	1947	1426	904	904	904	904	759	614	614	614	614
			燃气	—	—	—	—	—	—	—	—	—	—	—	—	—	—	—	—	—	—	—
	中型	公交车	汽油	—	—	—	—	—	—	—	—	—	—	—	—	—	—	—	—	—	—	—
			柴油	30592	30592	28032	22913	22913	17978	8108	8108	8108	6872	5637	5637	5637	5637	3504	1372	1372	1080	983
			燃气	—	—	—	—	—	—	—	—	—	—	—	—	—	—	—	—	—	—	—
		其他	汽油	—	—	—	—	—	—	—	—	—	—	—	—	—	—	—	—	—	—	—
			柴油	15274	15274	12888	8116	8116	6262	2553	2553	2553	2434	2316	2316	2316	2316	1366	415	415	399	394
			燃气	—	—	—	—	—	—	—	—	—	—	—	—	—	—	—	—	—	—	—
	大型	公交车	汽油	—	—	—	—	—	—	—	—	—	—	—	—	—	—	—	—	—	—	—
			柴油	94865	94865	93934	92071	92071	71272	29674	29674	29674	19994	10315	10315	10315	10315	6116	1916	1916	1845	1821
			燃气	—	—	—	—	—	—	—	—	—	—	—	—	—	—	—	—	—	—	—
		其他	汽油	—	—	—	—	—	—	—	—	—	—	—	—	—	—	—	—	—	—	—
			柴油	142314	142314	133412	115607	115607	85425	25061	25061	25061	17182	9303	9303	9303	9303	5868	2433	2433	2343	2313
			燃气	—	—	—	—	—	—	—	—	—	—	—	—	—	—	—	—	—	—	—
载货汽车	微型		汽油	—	—	—	—	—	—	—	—	—	—	—	—	—	—	—	—	—	—	—
			柴油	8826	8644	8461	8461	8461	8461	6888	5314	5314	3944	2574	2574	2574	2574	1620	667	667	664	663
			燃气	—	—	—	—	—	—	—	—	—	—	—	—	—	—	—	—	—	—	—
	轻型		汽油	—	—	—	—	—	—	—	—	—	—	—	—	—	—	—	—	—	—	—
			柴油	9179	8820	8461	8461	8461	8461	6888	5314	5314	3944	2574	2574	2574	2574	1941	1308	1308	1080	1004
			燃气	—	—	—	—	—	—	—	—	—	—	—	—	—	—	—	—	—	—	—
	中型		汽油	—	—	—	—	—	—	—	—	—	—	—	—	—	—	—	—	—	—	—
			柴油	46267	46267	38936	24273	24273	18681	7496	7496	7496	7102	6707	6707	6707	6707	4300	1894	1894	1734	1681
			燃气	—	—	—	—	—	—	—	—	—	—	—	—	—	—	—	—	—	—	—
	重型		汽油	—	—	—	—	—	—	—	—	—	—	—	—	—	—	—	—	—	—	—
			柴油	86460	86460	71064	40271	40271	31975	15383	15383	15383	10542	5700	5700	5700	5700	3836	1971	1971	1666	1564
			燃气	—	—	—	—	—	—	—	—	—	—	—	—	—	—	—	—	—	—	—
低速汽车	三轮汽车			4092	4092	4092	4092	4092	4092	4092	4092	4092	3220	3220	3220	3220	3220	3220	3220	3220	3220	3220
	低速货车			5581	5581	5581	5581	5581	5581	5581	5581	5581	4392	4392	4392	4392	4392	4392	4392	4392	4392	4392
摩托车	普通摩托车			—	—	—	—	—	—	—	—	—	—	—	—	—	—	—	—	—	—	—
	轻便摩托车			—	—	—	—	—	—	—	—	—	—	—	—	—	—	—	—	—	—	—

海东市 VOCs 排放系数

单位：克/（辆·年）

车辆类型		使用性质	燃料种类	1999 年年底前	2000 年	2001 年	2002 年	2003 年	2004 年	2005 年	2006 年	2007 年	2008 年	2009 年	2010 年	2011 年	2012 年	2013 年	2014 年	2015 年	2016 年	2017 年
载客汽车	微型	出租车	汽油	1227534	711944	196355	196355	196355	196355	142156	87956	87956	69840	51723	51723	43615	35507	35507	35507	35507	27424	24729
			燃气	298745	179798	60852	60852	60852	60852	46248	31645	31645	25934	20223	20223	16126	12030	12030	12030	12030	7390	5844
		其他	汽油	109004	63102	17199	17199	17199	17199	16671	16143	16143	13283	10423	10423	9721	9019	9019	9019	9019	7165	6547
			燃气	22999	13006	3014	3014	3014	3014	2873	2732	2732	2050	1367	1367	1226	1086	1086	1086	1086	718	596
	小型	出租车	汽油	1227534	699600	171665	171665	171665	171665	162668	153672	153672	102698	51723	51723	43615	35507	35507	35507	35507	25380	22005
			柴油	178570	168758	158947	158947	158947	158947	145303	131659	131659	93056	54453	54453	54453	54453	40635	26817	26817	16200	12661
			燃气	298745	176970	55196	55196	55196	55196	50948	46700	46700	33462	20223	20223	16126	12030	12030	12030	12030	6922	5220
		其他	汽油	110683	63736	16789	16789	16789	16789	17372	17955	17955	14194	10432	10432	9619	8806	8806	8806	8806	7332	6840
			柴油	18969	17330	15692	15692	15692	15692	13257	10822	10822	7346	3870	3870	3870	3870	3309	2748	2748	1990	1737
			燃气	23383	14152	4921	4921	4921	4921	4034	3147	3147	2350	1553	1553	1295	1037	1037	1037	1037	756	663
	中型	公交车	汽油	288841	288841	288841	288841	288244	196829	15192	15192	15192	15192	15192	15038	14885	14885	12048	9210	9210	9210	9210
			柴油	87806	87806	86086	82645	82645	64494	28192	28192	28192	20508	12823	12823	12823	12823	8958	5093	5093	4763	4653
			燃气	71579	71579	67602	59649	59649	57536	53311	53311	53311	42686	32061	32061	22219	22219	22154	22154	22154	22154	22154
		其他	汽油	149272	149272	149272	149272	148675	101627	8724	8724	8724	8724	8724	8578	8431	8431	7204	5977	5977	5977	5977
			柴油	30493	30493	28460	24394	24394	18567	6912	6912	6912	6506	6099	6099	6099	6099	3750	1402	1402	1243	1190
			燃气	34560	34560	32640	28800	28800	27780	25740	25740	25740	20623	15506	15506	10732	10732	9642	9642	9642	9642	9642
	大型	公交车	汽油	674131	674131	674131	674131	673534	454198	16717	16717	16717	16717	16717	16577	16437	16437	13204	9970	9970	9970	9970
			柴油	131708	131708	108010	60614	60614	60614	60614	60614	60614	43515	26416	26416	26416	26416	17675	8934	8934	5723	4653
			燃气	168926	168926	159541	140772	140772	135786	125815	125815	125815	100740	75665	75665	52438	52438	47188	47188	47188	47188	47188
		其他	汽油	1494650	1494650	1494650	1494650	1494053	1006469	32496	32496	32496	32496	32496	25197	17898	17898	14168	10437	10437	10437	10437
			柴油	272891	272891	207397	76409	76409	76409	76409	76409	76409	55942	35476	35476	35476	35476	20706	5937	5937	5324	5119
			燃气	266186	266186	251398	221822	221822	213966	198253	198253	198253	158842	119430	119430	82662	82662	74261	74261	74261	74261	74261
载货汽车	微型		汽油	492546	261716	30887	30887	30887	30887	29470	28054	28054	25932	23809	23809	19397	14985	14985	14985	14985	13056	12413
			柴油	44767	41863	38959	38959	38959	38959	36026	33092	33092	24022	14952	14952	14952	14952	10202	5453	5453	4081	3624
			燃气	103923	54668	5413	5413	5413	5413	5080	4748	4748	3935	3123	3123	2463	1804	1804	1804	1804	1299	1130
	轻型		汽油	251114	147246	43378	43378	43378	43378	37178	30977	30977	27657	24337	24337	21407	18477	18477	18477	18477	16288	15559
			柴油	40518	39738	38959	38959	38959	38959	36026	33092	33092	24022	14952	14952	14952	14952	11424	7896	7896	6524	6066
			燃气	53051	32883	12714	12714	12714	12714	9072	5429	5429	4526	3623	3623	2899	2176	2176	2176	2176	1675	1508
	中型		汽油	490444	490444	490444	490444	489847	332924	20272	20272	20272	20272	20272	20132	19992	19992	15866	11739	11739	11739	11739
			柴油	97005	97005	90538	77604	77604	59065	21988	21988	21988	20701	19414	19414	19414	19414	14070	8726	8726	5192	4014
			燃气	109943	109943	103836	91621	91621	88375	81882	81882	81882	65620	49358	49358	66796	66796	32524	32524	32524	32524	32524
	重型		汽油	651503	651503	651503	651503	650906	438967	16286	16286	16286	16286	16286	13040	9795	9795	8168	6541	6541	6541	6541
			柴油	167112	167112	127005	46791	46791	46791	46791	46791	46791	34258	21725	21725	21725	21725	13404	5084	5084	3610	3118
			燃气	163006	163006	153950	135838	135838	131027	121405	121405	121405	97271	73137	73137	70786	70786	45233	45233	45233	45233	45233
低速汽车	三轮汽车			25300	25300	25300	25300	25300	25300	25300	25300	25300	16721	16721	16721	16721	16721	16721	16721	16721	16721	16721
	低速货车			33990	33990	33990	33990	33990	33990	33990	33990	33990	22464	22464	22464	22464	22464	22464	22464	22464	22464	22464
摩托车	普通摩托车			13290	13290	13290	13290	9918	6546	3504	3504	3504	3504	3504	2615	1726	1726	1726	1726	1726	1726	1726
	轻便摩托车			42978	42978	42978	42978	42978	8596	8596	4232	4232	4232	4232	3158	2084	2084	2084	2084	2084	2084	2084

海北藏族自治州 NO_x 排放系数

单位：克/（辆·年）

车辆类型		使用性质	燃料种类	1999年年底前	2000年	2001年	2002年	2003年	2004年	2005年	2006年	2007年	2008年	2009年	2010年	2011年	2012年	2013年	2014年	2015年	2016年	2017年
载客汽车	微型	出租车	汽油	577639	377486	177332	177332	177332	177332	125532	73732	73732	50808	27885	27885	23760	19635	19635	19635	19635	14426	12689
			燃气	160776	108814	56853	56853	56853	56853	42116	27380	27380	20415	13450	13450	10888	8327	8327	8327	8327	5068	3981
		其他	汽油	106266	66263	26260	26260	26260	26260	16071	5882	5882	4748	3613	3613	2965	2317	2317	2317	2317	1836	1676
			燃气	27284	16302	5321	5321	5321	5321	3496	1671	1671	1364	1057	1057	840	624	624	624	624	486	440
	小型	出租车	汽油	660083	423564	187044	187044	187044	187044	131134	75225	75225	51555	27885	27885	22388	16890	16890	16890	16890	11909	10249
			柴油	418147	344850	271553	271553	271553	271553	242704	213855	213855	168398	122940	122940	122940	122940	102165	81390	81390	65671	60431
			燃气	181830	120582	59333	59333	59333	59333	43547	27761	27761	20606	13450	13450	10538	7625	7625	7625	7625	4425	3358
		其他	汽油	98958	62811	26664	26664	26664	26664	17237	7810	7810	5229	2648	2648	2408	2169	2169	2169	2169	1714	1563
			柴油	55046	44944	34841	34841	34841	34841	32084	29326	29326	22917	16508	16508	16508	16508	14260	12012	12012	10536	10044
			燃气	25418	16249	7080	7080	7080	7080	4622	2164	2164	1487	810	810	698	586	586	586	586	455	411
	中型	公交车	汽油	848505	848505	848505	848505	848505	579670	42001	42001	42001	42001	42001	37668	33334	33334	25165	16996	16996	16996	16996
			柴油	595962	595962	594563	591764	591764	568246	521211	521211	521211	434144	347076	347076	347076	347076	283239	219402	219402	183688	171784
			燃气	632777	632777	625244	610178	610178	591251	553397	553397	553397	460577	367757	367757	232564	232564	182143	182143	182143	182143	182143
		其他	汽油	520211	520211	520211	520211	520211	352876	18207	18207	18207	18207	18207	18207	18207	18207	13656	9105	9105	9105	9105
			柴油	279479	279479	267813	244480	244480	242413	238278	238278	238278	202934	167591	167591	167591	167591	148805	130019	130019	110973	104624
			燃气	315591	315591	298058	262992	262992	260514	255557	255557	255557	217588	179620	179620	139916	139916	112389	112389	112389	112389	112389
	大型	公交车	汽油	3022799	3022799	3022799	3022799	3022799	2078534	190005	190005	190005	190005	190005	189838	189671	189671	142254	94838	94838	94838	94838
			柴油	845252	845252	817939	763312	763312	741623	698246	698246	698246	685663	673080	673080	673080	673080	648810	624539	624539	562992	542476
			燃气	1699458	1699458	1605044	1416215	1416215	1311123	1100938	1100938	1100938	943300	785662	785662	731451	731451	633976	633976	633976	633976	633976
		其他	汽油	7214871	7214871	7214871	7214871	7214871	4961083	453506	453506	453506	453506	453506	436500	419493	419493	314956	210418	210418	210418	210418
			柴油	2024116	2024116	1972032	1867863	1867863	1824315	1737219	1737219	1737219	1676056	1614892	1614892	1614892	1614892	1537386	1459879	1459879	1291978	1236011
			燃气	3767672	3767672	3558357	3139726	3139726	2906739	2440764	2440764	2440764	2092084	1743403	1743403	1572846	1572846	1334420	1334420	1334420	1334420	1334420
载货汽车	微型		汽油	274199	160862	47526	47526	47526	47526	31390	15255	15255	12160	9066	9066	8286	7505	7505	7505	7505	6154	5703
			柴油	111965	91637	71309	71309	71309	71309	64345	57381	57381	48648	39916	39916	39916	39916	29180	18445	18445	16344	15643
			燃气	70401	40016	9630	9630	9630	9630	6982	4334	4334	3493	2652	2652	2337	2021	2021	2021	2021	1628	1497
	轻型		汽油	202676	128348	54020	54020	54020	54020	35522	17025	17025	14176	11327	11327	9538	7748	7748	7748	7748	6460	6030
			柴油	112383	91846	71309	71309	71309	71309	64345	57381	57381	48648	39916	39916	39916	39916	31995	24074	24074	22963	22593
			燃气	52059	33201	14344	14344	14344	14344	9531	4717	4717	4091	3465	3465	2779	2093	2093	2093	2093	1713	1586
	中型		汽油	715646	715646	715646	715646	715646	488577	34440	34440	34440	34440	34440	34440	34440	34440	25840	17241	17241	17241	17241
			柴油	856772	856772	769319	594414	594414	565222	506839	506839	506839	493257	479675	479675	479675	479675	420854	362034	362034	311744	294981
			燃气	967477	967477	858126	639423	639423	607480	543593	543593	543593	528849	514104	514104	389592	389592	316874	316874	316874	316874	316874
	重型		汽油	2965738	2965738	2965738	2965738	2965738	2039298	186418	186418	186418	186418	186418	179427	172436	172436	129465	86494	86494	86494	86494
			柴油	1115043	1115043	1076983	1000863	1000863	963844	889805	889805	889805	854124	818442	818442	818442	818442	710094	601747	601747	390640	320271
			燃气	2075531	2075531	1944477	1682369	1682369	1538300	1250161	1250161	1250161	1066867	883573	883573	648311	648311	345770	345770	345770	345770	345770
低速汽车	三轮汽车			65550	65550	65550	65550	65550	65550	65550	65550	65550	53279	53279	53279	53279	53279	53279	53279	53279	53279	53279
	低速货车			88065	88065	88065	88065	88065	88065	88065	88065	88065	71579	71579	71579	71579	71579	71579	71579	71579	71579	71579
摩托车	普通摩托车			992	992	992	992	959	926	860	860	860	860	860	764	668	668	668	668	668	668	668
	轻便摩托车			661	661	661	661	661	331	331	331	331	331	331	294	257	257	257	257	257	257	257

海北藏族自治州 PM 排放系数

单位：克/（辆·年）

车辆类型		使用性质	燃料种类	1999 年年底前	2000 年	2001 年	2002 年	2003 年	2004 年	2005 年	2006 年	2007 年	2008 年	2009 年	2010 年	2011 年	2012 年	2013 年	2014 年	2015 年	2016 年	2017 年
载客汽车	微型	出租车	汽油	—	—	—	—	—	—	—	—	—	—	—	—	—	—	—	—	—	—	—
			燃气	—	—	—	—	—	—	—	—	—	—	—	—	—	—	—	—	—	—	—
		其他	汽油	—	—	—	—	—	—	—	—	—	—	—	—	—	—	—	—	—	—	—
			燃气	—	—	—	—	—	—	—	—	—	—	—	—	—	—	—	—	—	—	—
	小型	出租车	汽油	—	—	—	—	—	—	—	—	—	—	—	—	—	—	—	—	—	—	—
			柴油	38943	35666	32390	32390	32390	32390	22117	11844	11844	7714	3584	3584	3584	3584	3331	3078	3078	2545	2367
			燃气	—	—	—	—	—	—	—	—	—	—	—	—	—	—	—	—	—	—	—
		其他	汽油	—	—	—	—	—	—	—	—	—	—	—	—	—	—	—	—	—	—	—
			柴油	4964	4698	4432	4432	4432	4432	3190	1947	1947	1426	904	904	904	904	759	614	614	614	614
			燃气	—	—	—	—	—	—	—	—	—	—	—	—	—	—	—	—	—	—	—
	中型	公交车	汽油	—	—	—	—	—	—	—	—	—	—	—	—	—	—	—	—	—	—	—
			柴油	30592	30592	28032	22913	22913	17978	8108	8108	8108	6872	5637	5637	5637	5637	3504	1372	1372	1080	983
			燃气	—	—	—	—	—	—	—	—	—	—	—	—	—	—	—	—	—	—	—
		其他	汽油	—	—	—	—	—	—	—	—	—	—	—	—	—	—	—	—	—	—	—
			柴油	15274	15274	12888	8116	8116	6262	2553	2553	2553	2434	2316	2316	2316	2316	1366	415	415	399	394
			燃气	—	—	—	—	—	—	—	—	—	—	—	—	—	—	—	—	—	—	—
	大型	公交车	汽油	—	—	—	—	—	—	—	—	—	—	—	—	—	—	—	—	—	—	—
			柴油	94865	94865	93934	92071	92071	71272	29674	29674	29674	19994	10315	10315	10315	10315	6116	1916	1916	1845	1821
			燃气	—	—	—	—	—	—	—	—	—	—	—	—	—	—	—	—	—	—	—
		其他	汽油	—	—	—	—	—	—	—	—	—	—	—	—	—	—	—	—	—	—	—
			柴油	142314	142314	133412	115607	115607	85425	25061	25061	25061	17182	9303	9303	9303	9303	5868	2433	2433	2343	2313
			燃气	—	—	—	—	—	—	—	—	—	—	—	—	—	—	—	—	—	—	—
载货汽车	微型		汽油	—	—	—	—	—	—	—	—	—	—	—	—	—	—	—	—	—	—	—
			柴油	8826	8644	8461	8461	8461	8461	6888	5314	5314	3944	2574	2574	2574	2574	1620	667	667	664	663
			燃气	—	—	—	—	—	—	—	—	—	—	—	—	—	—	—	—	—	—	—
	轻型		汽油	—	—	—	—	—	—	—	—	—	—	—	—	—	—	—	—	—	—	—
			柴油	9179	8820	8461	8461	8461	8461	6888	5314	5314	3944	2574	2574	2574	2574	1941	1308	1308	1080	1004
			燃气	—	—	—	—	—	—	—	—	—	—	—	—	—	—	—	—	—	—	—
	中型		汽油	—	—	—	—	—	—	—	—	—	—	—	—	—	—	—	—	—	—	—
			柴油	46267	46267	38936	24273	24273	18681	7496	7496	7496	7102	6707	6707	6707	6707	4300	1894	1894	1734	1681
			燃气	—	—	—	—	—	—	—	—	—	—	—	—	—	—	—	—	—	—	—
	重型		汽油	—	—	—	—	—	—	—	—	—	—	—	—	—	—	—	—	—	—	—
			柴油	86460	86460	71064	40271	40271	31975	15383	15383	15383	10542	5700	5700	5700	5700	3836	1971	1971	1666	1564
			燃气	—	—	—	—	—	—	—	—	—	—	—	—	—	—	—	—	—	—	—
低速汽车	三轮汽车			4092	4092	4092	4092	4092	4092	4092	4092	4092	3220	3220	3220	3220	3220	3220	3220	3220	3220	3220
	低速货车			5581	5581	5581	5581	5581	5581	5581	5581	5581	4392	4392	4392	4392	4392	4392	4392	4392	4392	4392
摩托车	普通摩托车			—	—	—	—	—	—	—	—	—	—	—	—	—	—	—	—	—	—	—
	轻便摩托车			—	—	—	—	—	—	—	—	—	—	—	—	—	—	—	—	—	—	—

海北藏族自治州 VOCs 排放系数

单位：克/（辆·年）

车辆类型		使用性质	燃料种类	1999年年底前	2000年	2001年	2002年	2003年	2004年	2005年	2006年	2007年	2008年	2009年	2010年	2011年	2012年	2013年	2014年	2015年	2016年	2017年
载客汽车	微型	出租车	汽油	1227534	711944	196355	196355	196355	196355	142156	87956	87956	69840	51723	51723	43615	35507	35507	35507	35507	27424	24729
			燃气	298745	179798	60852	60852	60852	60852	46248	31645	31645	25934	20223	20223	16126	12030	12030	12030	12030	7390	5844
		其他	汽油	109004	63102	17199	17199	17199	17199	16671	16143	16143	13283	10423	10423	9721	9019	9019	9019	9019	7165	6547
			燃气	22999	13006	3014	3014	3014	3014	2873	2732	2732	2050	1367	1367	1226	1086	1086	1086	1086	718	596
	小型	出租车	汽油	1227534	699600	171665	171665	171665	171665	162668	153672	153672	102698	51723	51723	43615	35507	35507	35507	35507	25380	22005
			柴油	178570	168758	158947	158947	158947	158947	145303	131659	131659	93056	54453	54453	54453	54453	40635	26817	26817	16200	12661
			燃气	298745	176970	55196	55196	55196	55196	50948	46700	46700	33462	20223	20223	16126	12030	12030	12030	12030	6922	5220
		其他	汽油	110683	63736	16789	16789	16789	16789	17372	17955	17955	14194	10432	10432	9619	8806	8806	8806	8806	7332	6840
			柴油	18969	17330	15692	15692	15692	15692	13257	10822	10822	7346	3870	3870	3870	3870	3309	2748	2748	1990	1737
			燃气	23383	14152	4921	4921	4921	4921	4034	3147	3147	2350	1553	1553	1295	1037	1037	1037	1037	756	663
	中型	公交车	汽油	288841	288841	288841	288841	288244	196829	15192	15192	15192	15192	15192	15038	14885	14885	12048	9210	9210	9210	9210
			柴油	87806	87806	86086	82645	82645	64494	28192	28192	28192	20508	12823	12823	12823	12823	8958	5093	5093	4763	4653
			燃气	71579	71579	67602	59649	59649	57536	53311	53311	53311	42686	32061	32061	22219	22219	22154	22154	22154	22154	22154
		其他	汽油	149272	149272	149272	149272	148675	101627	8724	8724	8724	8724	8724	8578	8431	8431	7204	5977	5977	5977	5977
			柴油	30493	30493	28460	24394	24394	18567	6912	6912	6912	6506	6099	6099	6099	6099	3750	1402	1402	1243	1190
			燃气	34560	34560	32640	28800	28800	27780	25740	25740	25740	20623	15506	15506	10732	10732	9642	9642	9642	9642	9642
	大型	公交车	汽油	674131	674131	674131	674131	673534	454198	16717	16717	16717	16717	16717	16577	16437	16437	13204	9970	9970	9970	9970
			柴油	131708	131708	108010	60614	60614	60614	60614	60614	60614	43515	26416	26416	26416	26416	17675	8934	8934	5723	4653
			燃气	168926	168926	159541	140772	140772	135786	125815	125815	125815	100740	75665	75665	52438	52438	47188	47188	47188	47188	47188
		其他	汽油	1494650	1494650	1494650	1494650	1494053	1006469	32496	32496	32496	32496	32496	25197	17898	17898	14168	10437	10437	10437	10437
			柴油	272891	272891	207397	76409	76409	76409	76409	76409	76409	55942	35476	35476	35476	35476	20706	5937	5937	5324	5119
			燃气	266186	266186	251398	221822	221822	213966	198253	198253	198253	158842	119430	119430	82662	82662	74261	74261	74261	74261	74261
载货汽车	微型		汽油	492546	261716	30887	30887	30887	30887	29470	28054	28054	25932	23809	23809	19397	14985	14985	14985	14985	13056	12413
			柴油	44767	41863	38959	38959	38959	38959	36026	33092	33092	24022	14952	14952	14952	14952	10202	5453	5453	4081	3624
			燃气	103923	54668	5413	5413	5413	5413	5080	4748	4748	3935	3123	3123	2463	1804	1804	1804	1804	1299	1130
	轻型		汽油	251114	147246	43378	43378	43378	43378	37178	30977	30977	27657	24337	24337	21407	18477	18477	18477	18477	16288	15559
			柴油	40518	39738	38959	38959	38959	38959	36026	33092	33092	24022	14952	14952	14952	14952	11424	7896	7896	6524	6066
			燃气	53051	32883	12714	12714	12714	12714	9072	5429	5429	4526	3623	3623	2899	2176	2176	2176	2176	1675	1508
	中型		汽油	490444	490444	490444	490444	489847	332924	20272	20272	20272	20272	20272	20132	19992	19992	15866	11739	11739	11739	11739
			柴油	97005	97005	90538	77604	77604	59065	21988	21988	21988	20701	19414	19414	19414	19414	14070	8726	8726	5192	4014
			燃气	109943	109943	103836	91621	91621	88375	81882	81882	81882	65620	49358	49358	66796	66796	32524	32524	32524	32524	32524
	重型		汽油	651503	651503	651503	651503	650906	438967	16286	16286	16286	16286	16286	13040	9795	9795	8168	6541	6541	6541	6541
			柴油	167112	167112	127005	46791	46791	46791	46791	46791	46791	34258	21725	21725	21725	21725	13404	5084	5084	3610	3118
			燃气	163006	163006	153950	135838	135838	131027	121405	121405	121405	97271	73137	73137	70786	70786	45233	45233	45233	45233	45233
低速汽车	三轮汽车			25300	25300	25300	25300	25300	25300	25300	25300	25300	16721	16721	16721	16721	16721	16721	16721	16721	16721	16721
	低速货车			33990	33990	33990	33990	33990	33990	33990	33990	33990	22464	22464	22464	22464	22464	22464	22464	22464	22464	22464
摩托车	普通摩托车			13290	13290	13290	13290	9918	6546	3504	3504	3504	3504	3504	2615	1726	1726	1726	1726	1726	1726	1726
	轻便摩托车			42978	42978	42978	42978	42978	8596	8596	4232	4232	4232	4232	3158	2084	2084	2084	2084	2084	2084	2084

黄南藏族自治州 NO_x 排放系数

单位：克/（辆·年）

车辆类型		使用性质	燃料种类	1999 年年底前	2000 年	2001 年	2002 年	2003 年	2004 年	2005 年	2006 年	2007 年	2008 年	2009 年	2010 年	2011 年	2012 年	2013 年	2014 年	2015 年	2016 年	2017 年
载客汽车	微型	出租车	汽油	577639	377486	177332	177332	177332	177332	125532	73732	73732	50808	27885	27885	23760	19635	19635	19635	19635	14426	12689
			燃气	160776	108814	56853	56853	56853	56853	42116	27380	27380	20415	13450	13450	10888	8327	8327	8327	8327	5068	3981
		其他	汽油	106266	66263	26260	26260	26260	26260	16071	5882	5882	4748	3613	3613	2965	2317	2317	2317	2317	1836	1676
			燃气	27284	16302	5321	5321	5321	5321	3496	1671	1671	1364	1057	1057	840	624	624	624	624	486	440
	小型	出租车	汽油	660083	423564	187044	187044	187044	187044	131134	75225	75225	51555	27885	27885	22388	16890	16890	16890	16890	11909	10249
			柴油	418147	344850	271553	271553	271553	271553	242704	213855	213855	168398	122940	122940	122940	122940	102165	81390	81390	65671	60431
			燃气	181830	120582	59333	59333	59333	59333	43547	27761	27761	20606	13450	13450	10538	7625	7625	7625	7625	4425	3358
		其他	汽油	98958	62811	26664	26664	26664	26664	17237	7810	7810	5229	2648	2648	2408	2169	2169	2169	2169	1714	1563
			柴油	55046	44944	34841	34841	34841	34841	32084	29326	29326	22917	16508	16508	16508	16508	14260	12012	12012	10536	10044
			燃气	25418	16249	7080	7080	7080	7080	4622	2164	2164	1487	810	810	698	586	586	586	586	455	411
	中型	公交车	汽油	848505	848505	848505	848505	848505	579670	42001	42001	42001	42001	42001	37668	33334	33334	25165	16996	16996	16996	16996
			柴油	595962	595962	594563	591764	591764	568246	521211	521211	521211	434144	347076	347076	347076	347076	283239	219402	219402	183688	171784
			燃气	632777	632777	625244	610178	610178	591251	553397	553397	553397	460577	367757	367757	232564	232564	182143	182143	182143	182143	182143
		其他	汽油	520211	520211	520211	520211	520211	352876	18207	18207	18207	18207	18207	18207	18207	18207	13656	9105	9105	9105	9105
			柴油	279479	279479	267813	244480	244480	242413	238278	238278	238278	202934	167591	167591	167591	167591	148805	130019	130019	110973	104624
			燃气	315591	315591	298058	262992	262992	260514	255557	255557	255557	217588	179620	179620	139916	139916	112389	112389	112389	112389	112389
	大型	公交车	汽油	3022799	3022799	3022799	3022799	3022799	2078534	190005	190005	190005	190005	190005	189838	189671	189671	142254	94838	94838	94838	94838
			柴油	845252	845252	817939	763312	763312	741623	698246	698246	698246	685663	673080	673080	673080	673080	648810	624539	624539	562992	542476
			燃气	1699458	1699458	1605044	1416215	1416215	1311123	1100938	1100938	1100938	943300	785662	785662	731451	731451	633976	633976	633976	633976	633976
		其他	汽油	7214871	7214871	7214871	7214871	7214871	4961083	453506	453506	453506	453506	453506	436500	419493	419493	314956	210418	210418	210418	210418
			柴油	2024116	2024116	1972032	1867863	1867863	1824315	1737219	1737219	1737219	1676056	1614892	1614892	1614892	1614892	1537386	1459879	1459879	1291978	1236011
			燃气	3767672	3767672	3558357	3139726	3139726	2906739	2440764	2440764	2440764	2092084	1743403	1743403	1572846	1572846	1334420	1334420	1334420	1334420	1334420
载货汽车	微型		汽油	274199	160862	47526	47526	47526	47526	31390	15255	15255	12160	9066	9066	8286	7505	7505	7505	7505	6154	5703
			柴油	111965	91637	71309	71309	71309	71309	64345	57381	57381	48648	39916	39916	39916	39916	29180	18445	18445	16344	15643
			燃气	70401	40016	9630	9630	9630	9630	6982	4334	4334	3493	2652	2652	2337	2021	2021	2021	2021	1628	1497
	轻型		汽油	202676	128348	54020	54020	54020	54020	35522	17025	17025	14176	11327	11327	9538	7748	7748	7748	7748	6460	6030
			柴油	112383	91846	71309	71309	71309	71309	64345	57381	57381	48648	39916	39916	39916	39916	31995	24074	24074	22963	22593
			燃气	52059	33201	14344	14344	14344	14344	9531	4717	4717	4091	3465	3465	2779	2093	2093	2093	2093	1713	1586
	中型		汽油	715646	715646	715646	715646	715646	488577	34440	34440	34440	34440	34440	34440	34440	34440	25840	17241	17241	17241	17241
			柴油	856772	856772	769319	594414	594414	565222	506839	506839	506839	493257	479675	479675	479675	479675	420854	362034	362034	311744	294981
			燃气	967477	967477	858126	639423	639423	607480	543593	543593	543593	528849	514104	514104	389592	389592	316874	316874	316874	316874	316874
	重型		汽油	2965738	2965738	2965738	2965738	2965738	2039298	186418	186418	186418	186418	186418	179427	172436	172436	129465	86494	86494	86494	86494
			柴油	1115043	1115043	1076983	1000863	1000863	963844	889805	889805	889805	854124	818442	818442	818442	818442	710094	601747	601747	390640	320271
			燃气	2075531	2075531	1944477	1682369	1682369	1538300	1250161	1250161	1250161	1066867	883573	883573	648311	648311	345770	345770	345770	345770	345770
低速汽车	三轮汽车			65550	65550	65550	65550	65550	65550	65550	65550	65550	53279	53279	53279	53279	53279	53279	53279	53279	53279	53279
	低速货车			88065	88065	88065	88065	88065	88065	88065	88065	88065	71579	71579	71579	71579	71579	71579	71579	71579	71579	71579
摩托车	普通摩托车			992	992	992	992	959	926	860	860	860	860	860	764	668	668	668	668	668	668	668
	轻便摩托车			661	661	661	661	661	331	331	331	331	331	331	294	257	257	257	257	257	257	257

黄南藏族自治州 PM 排放系数

单位：克/（辆·年）

车辆类型		使用性质	燃料种类	1999 年年底前	2000 年	2001 年	2002 年	2003 年	2004 年	2005 年	2006 年	2007 年	2008 年	2009 年	2010 年	2011 年	2012 年	2013 年	2014 年	2015 年	2016 年	2017 年
载客汽车	微型	出租车	汽油	—	—	—	—	—	—	—	—	—	—	—	—	—	—	—	—	—	—	—
			燃气	—	—	—	—	—	—	—	—	—	—	—	—	—	—	—	—	—	—	—
		其他	汽油	—	—	—	—	—	—	—	—	—	—	—	—	—	—	—	—	—	—	—
			燃气	—	—	—	—	—	—	—	—	—	—	—	—	—	—	—	—	—	—	—
	小型	出租车	汽油	—	—	—	—	—	—	—	—	—	—	—	—	—	—	—	—	—	—	—
			柴油	38943	35666	32390	32390	32390	32390	22117	11844	11844	7714	3584	3584	3584	3584	3331	3078	3078	2545	2367
			燃气	—	—	—	—	—	—	—	—	—	—	—	—	—	—	—	—	—	—	—
		其他	汽油	—	—	—	—	—	—	—	—	—	—	—	—	—	—	—	—	—	—	—
			柴油	4964	4698	4432	4432	4432	4432	3190	1947	1947	1426	904	904	904	904	759	614	614	614	614
			燃气	—	—	—	—	—	—	—	—	—	—	—	—	—	—	—	—	—	—	—
	中型	公交车	汽油	—	—	—	—	—	—	—	—	—	—	—	—	—	—	—	—	—	—	—
			柴油	30592	30592	28032	22913	22913	17978	8108	8108	8108	6872	5637	5637	5637	5637	3504	1372	1372	1080	983
			燃气	—	—	—	—	—	—	—	—	—	—	—	—	—	—	—	—	—	—	—
		其他	汽油	—	—	—	—	—	—	—	—	—	—	—	—	—	—	—	—	—	—	—
			柴油	15274	15274	12888	8116	8116	6262	2553	2553	2553	2434	2316	2316	2316	2316	1366	415	415	399	394
			燃气	—	—	—	—	—	—	—	—	—	—	—	—	—	—	—	—	—	—	—
	大型	公交车	汽油	—	—	—	—	—	—	—	—	—	—	—	—	—	—	—	—	—	—	—
			柴油	94865	94865	93934	92071	92071	71272	29674	29674	29674	19994	10315	10315	10315	10315	6116	1916	1916	1845	1821
			燃气	—	—	—	—	—	—	—	—	—	—	—	—	—	—	—	—	—	—	—
		其他	汽油	—	—	—	—	—	—	—	—	—	—	—	—	—	—	—	—	—	—	—
			柴油	142314	142314	133412	115607	115607	85425	25061	25061	25061	17182	9303	9303	9303	9303	5868	2433	2433	2343	2313
			燃气	—	—	—	—	—	—	—	—	—	—	—	—	—	—	—	—	—	—	—
载货汽车	微型		汽油	—	—	—	—	—	—	—	—	—	—	—	—	—	—	—	—	—	—	—
			柴油	8826	8644	8461	8461	8461	8461	6888	5314	5314	3944	2574	2574	2574	2574	1620	667	667	664	663
			燃气	—	—	—	—	—	—	—	—	—	—	—	—	—	—	—	—	—	—	—
	轻型		汽油	—	—	—	—	—	—	—	—	—	—	—	—	—	—	—	—	—	—	—
			柴油	9179	8820	8461	8461	8461	8461	6888	5314	5314	3944	2574	2574	2574	2574	1941	1308	1308	1080	1004
			燃气	—	—	—	—	—	—	—	—	—	—	—	—	—	—	—	—	—	—	—
	中型		汽油	—	—	—	—	—	—	—	—	—	—	—	—	—	—	—	—	—	—	—
			柴油	46267	46267	38936	24273	24273	18681	7496	7496	7496	7102	6707	6707	6707	6707	4300	1894	1894	1734	1681
			燃气	—	—	—	—	—	—	—	—	—	—	—	—	—	—	—	—	—	—	—
	重型		汽油	—	—	—	—	—	—	—	—	—	—	—	—	—	—	—	—	—	—	—
			柴油	86460	86460	71064	40271	40271	31975	15383	15383	15383	10542	5700	5700	5700	5700	3836	1971	1971	1666	1564
			燃气	—	—	—	—	—	—	—	—	—	—	—	—	—	—	—	—	—	—	—
低速汽车	三轮汽车			4092	4092	4092	4092	4092	4092	4092	4092	4092	3220	3220	3220	3220	3220	3220	3220	3220	3220	3220
	低速货车			5581	5581	5581	5581	5581	5581	5581	5581	5581	4392	4392	4392	4392	4392	4392	4392	4392	4392	4392
摩托车	普通摩托车			—	—	—	—	—	—	—	—	—	—	—	—	—	—	—	—	—	—	—
	轻便摩托车			—	—	—	—	—	—	—	—	—	—	—	—	—	—	—	—	—	—	—

黄南藏族自治州 VOCs 排放系数

单位：克/（辆·年）

车辆类型		使用性质	燃料种类	1999年年底前	2000年	2001年	2002年	2003年	2004年	2005年	2006年	2007年	2008年	2009年	2010年	2011年	2012年	2013年	2014年	2015年	2016年	2017年
载客汽车	微型	出租车	汽油	1227534	711944	196355	196355	196355	196355	142156	87956	87956	69840	51723	51723	43615	35507	35507	35507	35507	27424	24729
			燃气	298745	179798	60852	60852	60852	60852	46248	31645	31645	25934	20223	20223	16126	12030	12030	12030	12030	7390	5844
		其他	汽油	109004	63102	17199	17199	17199	17199	16671	16143	16143	13283	10423	10423	9721	9019	9019	9019	9019	7165	6547
			燃气	22999	13006	3014	3014	3014	3014	2873	2732	2732	2050	1367	1367	1226	1086	1086	1086	1086	718	596
	小型	出租车	汽油	1227534	699600	171665	171665	171665	171665	162668	153672	153672	102698	51723	51723	43615	35507	35507	35507	35507	25380	22005
			柴油	178570	168758	158947	158947	158947	158947	145303	131659	131659	93056	54453	54453	54453	54453	40635	26817	26817	16200	12661
			燃气	298745	176970	55196	55196	55196	55196	50948	46700	46700	33462	20223	20223	16126	12030	12030	12030	12030	6922	5220
		其他	汽油	110683	63736	16789	16789	16789	16789	17372	17955	17955	14194	10432	10432	9619	8806	8806	8806	8806	7332	6840
			柴油	18969	17330	15692	15692	15692	15692	13257	10822	10822	7346	3870	3870	3870	3870	3309	2748	2748	1990	1737
			燃气	23383	14152	4921	4921	4921	4921	4034	3147	3147	2350	1553	1553	1295	1037	1037	1037	1037	756	663
	中型	公交车	汽油	288841	288841	288841	288841	288244	196829	15192	15192	15192	15192	15192	15038	14885	14885	12048	9210	9210	9210	9210
			柴油	87806	87806	86086	82645	82645	64494	28192	28192	28192	20508	12823	12823	12823	12823	8958	5093	5093	4763	4653
			燃气	71579	71579	67602	59649	59649	57536	53311	53311	53311	42686	32061	32061	22219	22219	22154	22154	22154	22154	22154
		其他	汽油	149272	149272	149272	149272	148675	101627	8724	8724	8724	8724	8724	8578	8431	8431	7204	5977	5977	5977	5977
			柴油	30493	30493	28460	24394	24394	18567	6912	6912	6912	6506	6099	6099	6099	6099	3750	1402	1402	1243	1190
			燃气	34560	34560	32640	28800	28800	27780	25740	25740	25740	20623	15506	15506	10732	10732	9642	9642	9642	9642	9642
	大型	公交车	汽油	674131	674131	674131	674131	673534	454198	16717	16717	16717	16717	16717	16577	16437	16437	13204	9970	9970	9970	9970
			柴油	131708	131708	108010	60614	60614	60614	60614	60614	60614	43515	26416	26416	26416	26416	17675	8934	8934	5723	4653
			燃气	168926	168926	159541	140772	140772	135786	125815	125815	125815	100740	75665	75665	52438	52438	47188	47188	47188	47188	47188
		其他	汽油	1494650	1494650	1494650	1494650	1494053	1006469	32496	32496	32496	32496	32496	25197	17898	17898	14168	10437	10437	10437	10437
			柴油	272891	272891	207397	76409	76409	76409	76409	76409	76409	55942	35476	35476	35476	35476	20706	5937	5937	5324	5119
			燃气	266186	266186	251398	221822	221822	213966	198253	198253	198253	158842	119430	119430	82662	82662	74261	74261	74261	74261	74261
载货汽车	微型		汽油	492546	261716	30887	30887	30887	30887	29470	28054	28054	25932	23809	23809	19397	14985	14985	14985	14985	13056	12413
			柴油	44767	41863	38959	38959	38959	38959	36026	33092	33092	24022	14952	14952	14952	14952	10202	5453	5453	4081	3624
			燃气	103923	54668	5413	5413	5413	5413	5080	4748	4748	3935	3123	3123	2463	1804	1804	1804	1804	1299	1130
	轻型		汽油	251114	147246	43378	43378	43378	43378	37178	30977	30977	27657	24337	24337	21407	18477	18477	18477	18477	16288	15559
			柴油	40518	39738	38959	38959	38959	38959	36026	33092	33092	24022	14952	14952	14952	14952	11424	7896	7896	6524	6066
			燃气	53051	32883	12714	12714	12714	12714	9072	5429	5429	4526	3623	3623	2899	2176	2176	2176	2176	1675	1508
	中型		汽油	490444	490444	490444	490444	489847	332924	20272	20272	20272	20272	20272	20132	19992	19992	15866	11739	11739	11739	11739
			柴油	97005	97005	90538	77604	77604	59065	21988	21988	21988	20701	19414	19414	19414	19414	14070	8726	8726	5192	4014
			燃气	109943	109943	103836	91621	91621	88375	81882	81882	81882	65620	49358	49358	66796	66796	32524	32524	32524	32524	32524
	重型		汽油	651503	651503	651503	651503	650906	438967	16286	16286	16286	16286	16286	13040	9795	9795	8168	6541	6541	6541	6541
			柴油	167112	167112	127005	46791	46791	46791	46791	46791	46791	34258	21725	21725	21725	21725	13404	5084	5084	3610	3118
			燃气	163006	163006	153950	135838	135838	131027	121405	121405	121405	97271	73137	73137	70786	70786	45233	45233	45233	45233	45233
低速汽车	三轮汽车			25300	25300	25300	25300	25300	25300	25300	25300	25300	16721	16721	16721	16721	16721	16721	16721	16721	16721	16721
	低速货车			33990	33990	33990	33990	33990	33990	33990	33990	33990	22464	22464	22464	22464	22464	22464	22464	22464	22464	22464
摩托车	普通摩托车			13290	13290	13290	13290	9918	6546	3504	3504	3504	3504	3504	2615	1726	1726	1726	1726	1726	1726	1726
	轻便摩托车			42978	42978	42978	42978	42978	8596	8596	4232	4232	4232	4232	3158	2084	2084	2084	2084	2084	2084	2084

海南藏族自治州 NO_x 排放系数

单位：克/（辆·年）

车辆类型		使用性质	燃料种类	1999 年年底前	2000 年	2001 年	2002 年	2003 年	2004 年	2005 年	2006 年	2007 年	2008 年	2009 年	2010 年	2011 年	2012 年	2013 年	2014 年	2015 年	2016 年	2017 年
载客汽车	微型	出租车	汽油	577639	377486	177332	177332	177332	177332	125532	73732	73732	50808	27885	27885	23760	19635	19635	19635	19635	14426	12689
			燃气	160776	108814	56853	56853	56853	56853	42116	27380	27380	20415	13450	13450	10888	8327	8327	8327	8327	5068	3981
		其他	汽油	106266	66263	26260	26260	26260	26260	16071	5882	5882	4748	3613	3613	2965	2317	2317	2317	2317	1836	1676
			燃气	27284	16302	5321	5321	5321	5321	3496	1671	1671	1364	1057	1057	840	624	624	624	624	486	440
	小型	出租车	汽油	660083	423564	187044	187044	187044	187044	131134	75225	75225	51555	27885	27885	22388	16890	16890	16890	16890	11909	10249
			柴油	418147	344850	271553	271553	271553	271553	242704	213855	213855	168398	122940	122940	122940	122940	102165	81390	81390	65671	60431
			燃气	181830	120582	59333	59333	59333	59333	43547	27761	27761	20606	13450	13450	10538	7625	7625	7625	7625	4425	3358
		其他	汽油	98958	62811	26664	26664	26664	26664	17237	7810	7810	5229	2648	2648	2408	2169	2169	2169	2169	1714	1563
			柴油	55046	44944	34841	34841	34841	34841	32084	29326	29326	22917	16508	16508	16508	16508	14260	12012	12012	10536	10044
			燃气	25418	16249	7080	7080	7080	7080	4622	2164	2164	1487	810	810	698	586	586	586	586	455	411
	中型	公交车	汽油	848505	848505	848505	848505	848505	579670	42001	42001	42001	42001	42001	37668	33334	33334	25165	16996	16996	16996	16996
			柴油	595962	595962	594563	591764	591764	568246	521211	521211	521211	434144	347076	347076	347076	347076	283239	219402	219402	183688	171784
			燃气	632777	632777	625244	610178	610178	591251	553397	553397	553397	460577	367757	367757	232564	232564	182143	182143	182143	182143	182143
		其他	汽油	520211	520211	520211	520211	520211	352876	18207	18207	18207	18207	18207	18207	18207	18207	13656	9105	9105	9105	9105
			柴油	279479	279479	267813	244480	244480	242413	238278	238278	238278	202934	167591	167591	167591	167591	148805	130019	130019	110973	104624
			燃气	315591	315591	298058	262992	262992	260514	255557	255557	255557	217588	179620	179620	139916	139916	112389	112389	112389	112389	112389
	大型	公交车	汽油	3022799	3022799	3022799	3022799	3022799	2078534	190005	190005	190005	190005	190005	189838	189671	189671	142254	94838	94838	94838	94838
			柴油	845252	845252	817939	763312	763312	741623	698246	698246	698246	685663	673080	673080	673080	673080	648810	624539	624539	562992	542476
			燃气	1699458	1699458	1605044	1416215	1416215	1311123	1100938	1100938	1100938	943300	785662	785662	731451	731451	633976	633976	633976	633976	633976
		其他	汽油	7214871	7214871	7214871	7214871	7214871	4961083	453506	453506	453506	453506	453506	436500	419493	419493	314956	210418	210418	210418	210418
			柴油	2024116	2024116	1972032	1867863	1867863	1824315	1737219	1737219	1737219	1676056	1614892	1614892	1614892	1614892	1537386	1459879	1459879	1291978	1236011
			燃气	3767672	3767672	3558357	3139726	3139726	2906739	2440764	2440764	2440764	2092084	1743403	1743403	1572846	1572846	1334420	1334420	1334420	1334420	1334420
载货汽车	微型		汽油	274199	160862	47526	47526	47526	47526	31390	15255	15255	12160	9066	9066	8286	7505	7505	7505	7505	6154	5703
			柴油	111965	91637	71309	71309	71309	71309	64345	57381	57381	48648	39916	39916	39916	39916	29180	18445	18445	16344	15643
			燃气	70401	40016	9630	9630	9630	9630	6982	4334	4334	3493	2652	2652	2337	2021	2021	2021	2021	1628	1497
	轻型		汽油	202676	128348	54020	54020	54020	54020	35522	17025	17025	14176	11327	11327	9538	7748	7748	7748	7748	6460	6030
			柴油	112383	91846	71309	71309	71309	71309	64345	57381	57381	48648	39916	39916	39916	39916	31995	24074	24074	22963	22593
			燃气	52059	33201	14344	14344	14344	14344	9531	4717	4717	4091	3465	3465	2779	2093	2093	2093	2093	1713	1586
	中型		汽油	715646	715646	715646	715646	715646	488577	34440	34440	34440	34440	34440	34440	34440	34440	25840	17241	17241	17241	17241
			柴油	856772	856772	769319	594414	594414	565222	506839	506839	506839	493257	479675	479675	479675	479675	420854	362034	362034	311744	294981
			燃气	967477	967477	858126	639423	639423	607480	543593	543593	543593	528849	514104	514104	389592	389592	316874	316874	316874	316874	316874
	重型		汽油	2965738	2965738	2965738	2965738	2965738	2039298	186418	186418	186418	186418	186418	179427	172436	172436	129465	86494	86494	86494	86494
			柴油	1115043	1115043	1076983	1000863	1000863	963844	889805	889805	889805	854124	818442	818442	818442	818442	710094	601747	601747	390640	320271
			燃气	2075531	2075531	1944477	1682369	1682369	1538300	1250161	1250161	1250161	1066867	883573	883573	648311	648311	345770	345770	345770	345770	345770
低速汽车	三轮汽车			65550	65550	65550	65550	65550	65550	65550	65550	65550	53279	53279	53279	53279	53279	53279	53279	53279	53279	53279
	低速货车			88065	88065	88065	88065	88065	88065	88065	88065	88065	71579	71579	71579	71579	71579	71579	71579	71579	71579	71579
摩托车	普通摩托车			992	992	992	992	959	926	860	860	860	860	860	764	668	668	668	668	668	668	668
	轻便摩托车			661	661	661	661	661	331	331	331	331	331	331	294	257	257	257	257	257	257	257

海南藏族自治州 PM 排放系数

单位：克/（辆・年）

车辆类型		使用性质	燃料种类	1999年年底前	2000年	2001年	2002年	2003年	2004年	2005年	2006年	2007年	2008年	2009年	2010年	2011年	2012年	2013年	2014年	2015年	2016年	2017年
载客汽车	微型	出租车	汽油	—	—	—	—	—	—	—	—	—	—	—	—	—	—	—	—	—	—	—
			燃气	—	—	—	—	—	—	—	—	—	—	—	—	—	—	—	—	—	—	—
		其他	汽油	—	—	—	—	—	—	—	—	—	—	—	—	—	—	—	—	—	—	—
			燃气	—	—	—	—	—	—	—	—	—	—	—	—	—	—	—	—	—	—	—
	小型	出租车	汽油	—	—	—	—	—	—	—	—	—	—	—	—	—	—	—	—	—	—	—
			柴油	38943	35666	32390	32390	32390	32390	22117	11844	11844	7714	3584	3584	3584	3584	3331	3078	3078	2545	2367
			燃气	—	—	—	—	—	—	—	—	—	—	—	—	—	—	—	—	—	—	—
		其他	汽油	—	—	—	—	—	—	—	—	—	—	—	—	—	—	—	—	—	—	—
			柴油	4964	4698	4432	4432	4432	4432	3190	1947	1947	1426	904	904	904	904	759	614	614	614	614
			燃气	—	—	—	—	—	—	—	—	—	—	—	—	—	—	—	—	—	—	—
	中型	公交车	汽油	—	—	—	—	—	—	—	—	—	—	—	—	—	—	—	—	—	—	—
			柴油	30592	30592	28032	22913	22913	17978	8108	8108	8108	6872	5637	5637	5637	5637	3504	1372	1372	1080	983
			燃气	—	—	—	—	—	—	—	—	—	—	—	—	—	—	—	—	—	—	—
		其他	汽油	—	—	—	—	—	—	—	—	—	—	—	—	—	—	—	—	—	—	—
			柴油	15274	15274	12888	8116	8116	6262	2553	2553	2553	2434	2316	2316	2316	2316	1366	415	415	399	394
			燃气	—	—	—	—	—	—	—	—	—	—	—	—	—	—	—	—	—	—	—
	大型	公交车	汽油	—	—	—	—	—	—	—	—	—	—	—	—	—	—	—	—	—	—	—
			柴油	94865	94865	93934	92071	92071	71272	29674	29674	29674	19994	10315	10315	10315	10315	6116	1916	1916	1845	1821
			燃气	—	—	—	—	—	—	—	—	—	—	—	—	—	—	—	—	—	—	—
		其他	汽油	—	—	—	—	—	—	—	—	—	—	—	—	—	—	—	—	—	—	—
			柴油	142314	142314	133412	115607	115607	85425	25061	25061	25061	17182	9303	9303	9303	9303	5868	2433	2433	2343	2313
			燃气	—	—	—	—	—	—	—	—	—	—	—	—	—	—	—	—	—	—	—
载货汽车	微型		汽油	—	—	—	—	—	—	—	—	—	—	—	—	—	—	—	—	—	—	—
			柴油	8826	8644	8461	8461	8461	8461	6888	5314	5314	3944	2574	2574	2574	2574	1620	667	667	664	663
			燃气	—	—	—	—	—	—	—	—	—	—	—	—	—	—	—	—	—	—	—
	轻型		汽油	—	—	—	—	—	—	—	—	—	—	—	—	—	—	—	—	—	—	—
			柴油	9179	8820	8461	8461	8461	8461	6888	5314	5314	3944	2574	2574	2574	2574	1941	1308	1308	1080	1004
			燃气	—	—	—	—	—	—	—	—	—	—	—	—	—	—	—	—	—	—	—
	中型		汽油	—	—	—	—	—	—	—	—	—	—	—	—	—	—	—	—	—	—	—
			柴油	46267	46267	38936	24273	24273	18681	7496	7496	7496	7102	6707	6707	6707	6707	4300	1894	1894	1734	1681
			燃气	—	—	—	—	—	—	—	—	—	—	—	—	—	—	—	—	—	—	—
	重型		汽油	—	—	—	—	—	—	—	—	—	—	—	—	—	—	—	—	—	—	—
			柴油	86460	86460	71064	40271	40271	31975	15383	15383	15383	10542	5700	5700	5700	5700	3836	1971	1971	1666	1564
			燃气	—	—	—	—	—	—	—	—	—	—	—	—	—	—	—	—	—	—	—
低速汽车	三轮汽车			4092	4092	4092	4092	4092	4092	4092	4092	4092	3220	3220	3220	3220	3220	3220	3220	3220	3220	3220
	低速货车			5581	5581	5581	5581	5581	5581	5581	5581	5581	4392	4392	4392	4392	4392	4392	4392	4392	4392	4392
摩托车	普通摩托车			—	—	—	—	—	—	—	—	—	—	—	—	—	—	—	—	—	—	—
	轻便摩托车			—	—	—	—	—	—	—	—	—	—	—	—	—	—	—	—	—	—	—

海南藏族自治州 VOCs 排放系数

单位：克/（辆·年）

车辆类型		使用性质	燃料种类	1999 年年底前	2000 年	2001 年	2002 年	2003 年	2004 年	2005 年	2006 年	2007 年	2008 年	2009 年	2010 年	2011 年	2012 年	2013 年	2014 年	2015 年	2016 年	2017 年
载客汽车	微型	出租车	汽油	1227534	711944	196355	196355	196355	196355	142156	87956	87956	69840	51723	51723	43615	35507	35507	35507	35507	27424	24729
			燃气	298745	179798	60852	60852	60852	60852	46248	31645	31645	25934	20223	20223	16126	12030	12030	12030	12030	7390	5844
		其他	汽油	109004	63102	17199	17199	17199	17199	16671	16143	16143	13283	10423	10423	9721	9019	9019	9019	9019	7165	6547
			燃气	22999	13006	3014	3014	3014	3014	2873	2732	2732	2050	1367	1367	1226	1086	1086	1086	1086	718	596
	小型	出租车	汽油	1227534	699600	171665	171665	171665	171665	162668	153672	153672	102698	51723	51723	43615	35507	35507	35507	35507	25380	22005
			柴油	178570	168758	158947	158947	158947	158947	145303	131659	131659	93056	54453	54453	54453	54453	40635	26817	26817	16200	12661
			燃气	298745	176970	55196	55196	55196	55196	50948	46700	46700	33462	20223	20223	16126	12030	12030	12030	12030	6922	5220
		其他	汽油	110683	63736	16789	16789	16789	16789	17372	17955	17955	14194	10432	10432	9619	8806	8806	8806	8806	7332	6840
			柴油	18969	17330	15692	15692	15692	15692	13257	10822	10822	7346	3870	3870	3870	3870	3309	2748	2748	1990	1737
			燃气	23383	14152	4921	4921	4921	4921	4034	3147	3147	2350	1553	1553	1295	1037	1037	1037	1037	756	663
	中型	公交车	汽油	288841	288841	288841	288841	288244	196829	15192	15192	15192	15192	15192	15038	14885	14885	12048	9210	9210	9210	9210
			柴油	87806	87806	86086	82645	82645	64494	28192	28192	28192	20508	12823	12823	12823	12823	8958	5093	5093	4763	4653
			燃气	71579	71579	67602	59649	59649	57536	53311	53311	53311	42686	32061	32061	22219	22219	22154	22154	22154	22154	22154
		其他	汽油	149272	149272	149272	149272	148675	101627	8724	8724	8724	8724	8724	8578	8431	8431	7204	5977	5977	5977	5977
			柴油	30493	30493	28460	24394	24394	18567	6912	6912	6912	6506	6099	6099	6099	6099	3750	1402	1402	1243	1190
			燃气	34560	34560	32640	28800	28800	27780	25740	25740	25740	20623	15506	15506	10732	10732	9642	9642	9642	9642	9642
	大型	公交车	汽油	674131	674131	674131	674131	673534	454198	16717	16717	16717	16717	16717	16577	16437	16437	13204	9970	9970	9970	9970
			柴油	131708	131708	108010	60614	60614	60614	60614	60614	60614	43515	26416	26416	26416	26416	17675	8934	8934	5723	4653
			燃气	168926	168926	159541	140772	140772	135786	125815	125815	125815	100740	75665	75665	52438	52438	47188	47188	47188	47188	47188
		其他	汽油	1494650	1494650	1494650	1494650	1494053	1006469	32496	32496	32496	32496	32496	25197	17898	17898	14168	10437	10437	10437	10437
			柴油	272891	272891	207397	76409	76409	76409	76409	76409	76409	55942	35476	35476	35476	35476	20706	5937	5937	5324	5119
			燃气	266186	266186	251398	221822	221822	213966	198253	198253	198253	158842	119430	119430	82662	82662	74261	74261	74261	74261	74261
载货汽车	微型		汽油	492546	261716	30887	30887	30887	30887	29470	28054	28054	25932	23809	23809	19397	14985	14985	14985	14985	13056	12413
			柴油	44767	41863	38959	38959	38959	38959	36026	33092	33092	24022	14952	14952	14952	14952	10202	5453	5453	4081	3624
			燃气	103923	54668	5413	5413	5413	5413	5080	4748	4748	3935	3123	3123	2463	1804	1804	1804	1804	1299	1130
	轻型		汽油	251114	147246	43378	43378	43378	43378	37178	30977	30977	27657	24337	24337	21407	18477	18477	18477	18477	16288	15559
			柴油	40518	39738	38959	38959	38959	38959	36026	33092	33092	24022	14952	14952	14952	14952	11424	7896	7896	6524	6066
			燃气	53051	32883	12714	12714	12714	12714	9072	5429	5429	4526	3623	3623	2899	2176	2176	2176	2176	1675	1508
	中型		汽油	490444	490444	490444	490444	489847	332924	20272	20272	20272	20272	20272	20132	19992	19992	15866	11739	11739	11739	11739
			柴油	97005	97005	90538	77604	77604	59065	21988	21988	21988	20701	19414	19414	19414	19414	14070	8726	8726	5192	4014
			燃气	109943	109943	103836	91621	91621	88375	81882	81882	81882	65620	49358	49358	66796	66796	32524	32524	32524	32524	32524
	重型		汽油	651503	651503	651503	651503	650906	438967	16286	16286	16286	16286	16286	13040	9795	9795	8168	6541	6541	6541	6541
			柴油	167112	167112	127005	46791	46791	46791	46791	46791	46791	34258	21725	21725	21725	21725	13404	5084	5084	3610	3118
			燃气	163006	163006	153950	135838	135838	131027	121405	121405	121405	97271	73137	73137	70786	70786	45233	45233	45233	45233	45233
低速汽车	三轮汽车			25300	25300	25300	25300	25300	25300	25300	25300	25300	16721	16721	16721	16721	16721	16721	16721	16721	16721	16721
	低速货车			33990	33990	33990	33990	33990	33990	33990	33990	33990	22464	22464	22464	22464	22464	22464	22464	22464	22464	22464
摩托车	普通摩托车			13290	13290	13290	13290	9918	6546	3504	3504	3504	3504	3504	2615	1726	1726	1726	1726	1726	1726	1726
	轻便摩托车			42978	42978	42978	42978	42978	8596	8596	4232	4232	4232	4232	3158	2084	2084	2084	2084	2084	2084	2084

果洛藏族自治州 NO_x 排放系数

单位：克/（辆·年）

车辆类型		使用性质	燃料种类	1999年年底前	2000年	2001年	2002年	2003年	2004年	2005年	2006年	2007年	2008年	2009年	2010年	2011年	2012年	2013年	2014年	2015年	2016年	2017年
载客汽车	微型	出租车	汽油	640066	417436	194807	194807	194807	194807	137470	80132	80132	54865	29598	29598	25343	21088	21088	21088	21088	15740	13957
			燃气	160776	108814	56853	56853	56853	56853	42116	27380	27380	20415	13450	13450	10888	8327	8327	8327	8327	5068	3981
		其他	汽油	118164	73647	29130	29130	29130	29130	17796	6463	6463	5212	3961	3961	3250	2540	2540	2540	2540	2028	1858
			燃气	27284	16302	5321	5321	5321	5321	3496	1671	1671	1364	1057	1057	840	624	624	624	624	486	440
	小型	出租车	汽油	731861	468741	205621	205621	205621	205621	143708	81794	81794	55696	29598	29598	23815	18032	18032	18032	18032	12938	11240
			柴油	455833	374940	294048	294048	294048	294048	262991	231934	231934	182402	132870	132870	132870	132870	110796	88721	88721	72211	66708
			燃气	181830	120582	59333	59333	59333	59333	43547	27761	27761	20606	13450	13450	10538	7625	7625	7625	7625	4425	3358
		其他	汽油	110027	69804	29580	29580	29580	29580	19095	8610	8610	5748	2886	2886	2630	2375	2375	2375	2375	1894	1733
			柴油	60911	49694	38476	38476	38476	38476	35444	32411	32411	25318	18224	18224	18224	18224	15758	13293	13293	11690	11155
			燃气	25418	16249	7080	7080	7080	7080	4622	2164	2164	1487	810	810	698	586	586	586	586	455	411
	中型	公交车	汽油	851251	851251	851251	851251	851251	581546	42137	42137	42137	42137	42137	37790	33442	33442	25246	17051	17051	17051	17051
			柴油	597377	597377	595974	593169	593169	569596	522449	522449	522449	435175	347901	347901	347901	347901	283912	219923	219923	184125	172192
			燃气	634280	634280	626729	611627	611627	592655	554712	554712	554712	461671	368630	368630	233117	233117	182575	182575	182575	182575	182575
		其他	汽油	521894	521894	521894	521894	521894	354018	18266	18266	18266	18266	18266	18266	18266	18266	13700	9135	9135	9135	9135
			柴油	280143	280143	268449	245061	245061	242989	238844	238844	238844	203416	167989	167989	167989	167989	149158	130328	130328	111236	104872
			燃气	316340	316340	298766	263617	263617	261133	256164	256164	256164	218105	180046	180046	140249	140249	112656	112656	112656	112656	112656
	大型	公交车	汽油	3032582	3032582	3032582	3032582	3032582	2085261	190619	190619	190619	190619	190619	190452	190285	190285	142715	95145	95145	95145	95145
			柴油	847259	847259	819881	765125	765125	743385	699905	699905	699905	687292	674679	674679	674679	674679	650351	626023	626023	564329	543764
			燃气	1703494	1703494	1608855	1419578	1419578	1314236	1103553	1103553	1103553	945540	787528	787528	733189	733189	635482	635482	635482	635482	635482
		其他	汽油	7238220	7238220	7238220	7238220	7238220	4977138	454974	454974	454974	454974	454974	437912	420851	420851	315975	211099	211099	211099	211099
			柴油	2028923	2028923	1976715	1872299	1872299	1828648	1741345	1741345	1741345	1680036	1618728	1618728	1618728	1618728	1541037	1463346	1463346	1295047	1238947
			燃气	3776620	3776620	3566808	3147183	3147183	2913642	2446560	2446560	2446560	2097052	1747543	1747543	1576581	1576581	1337589	1337589	1337589	1337589	1337589
载货汽车	微型		汽油	304896	178744	52593	52593	52593	52593	34666	16740	16740	13328	9915	9915	9084	8254	8254	8254	8254	6810	6328
			柴油	123466	100926	78386	78386	78386	78386	70759	63132	63132	53540	43947	43947	43947	43947	32124	20300	20300	18081	17341
			燃气	70400	40004	9607	9607	9607	9607	6967	4328	4328	3487	2646	2646	2337	2028	2028	2028	2028	1631	1499
	轻型		汽油	225260	142542	59823	59823	59823	59823	39267	18711	18711	15572	12432	12432	10478	8525	8525	8525	8525	7150	6692
			柴油	123930	101158	78386	78386	78386	78386	70759	63132	63132	53540	43947	43947	43947	43947	35254	26562	26562	25444	25072
			燃气	52039	33179	14319	14319	14319	14319	9511	4703	4703	4096	3489	3489	2796	2103	2103	2103	2103	1716	1587
	中型		汽油	715646	715646	715646	715646	715646	488577	34440	34440	34440	34440	34440	34440	34440	34440	25840	17241	17241	17241	17241
			柴油	856772	856772	769319	594414	594414	565222	506839	506839	506839	493257	479675	479675	479675	479675	420854	362034	362034	311744	294981
			燃气	967475	967475	858124	639423	639423	607480	543593	543593	543593	528848	514103	514103	389593	389593	316876	316876	316876	316876	316876
	重型		汽油	2965738	2965738	2965738	2965738	2965738	2039298	186418	186418	186418	186418	186418	179427	172436	172436	129465	86494	86494	86494	86494
			柴油	1115043	1115043	1076983	1000863	1000863	963844	889805	889805	889805	854124	818442	818442	818442	818442	710094	601747	601747	390640	320271
			燃气	2075532	2075532	1944478	1682370	1682370	1538300	1250161	1250161	1250161	1066866	883572	883572	648311	648311	345770	345770	345770	345770	345770
低速汽车	三轮汽车			65550	65550	65550	65550	65550	65550	65550	65550	65550	53279	53279	53279	53279	53279	53279	53279	53279	53279	53279
	低速货车			88065	88065	88065	88065	88065	88065	88065	88065	88065	71579	71579	71579	71579	71579	71579	71579	71579	71579	71579
摩托车	普通摩托车			992	992	992	992	959	926	860	860	860	860	860	764	668	668	668	668	668	668	668
	轻便摩托车			661	661	661	661	661	331	331	331	331	331	331	294	257	257	257	257	257	257	257

果洛藏族自治州 PM 排放系数

单位：克/（辆•年）

车辆类型		使用性质	燃料种类	1999 年年底前	2000 年	2001 年	2002 年	2003 年	2004 年	2005 年	2006 年	2007 年	2008 年	2009 年	2010 年	2011 年	2012 年	2013 年	2014 年	2015 年	2016 年	2017 年
载客汽车	微型	出租车	汽油	—	—	—	—	—	—	—	—	—	—	—	—	—	—	—	—	—	—	—
			燃气	—	—	—	—	—	—	—	—	—	—	—	—	—	—	—	—	—	—	—
		其他	汽油	—	—	—	—	—	—	—	—	—	—	—	—	—	—	—	—	—	—	—
			燃气	—	—	—	—	—	—	—	—	—	—	—	—	—	—	—	—	—	—	—
	小型	出租车	汽油	—	—	—	—	—	—	—	—	—	—	—	—	—	—	—	—	—	—	—
			柴油	38943	35666	32390	32390	32390	32390	22117	11844	11844	7714	3584	3584	3584	3584	3331	3078	3078	2545	2367
			燃气	—	—	—	—	—	—	—	—	—	—	—	—	—	—	—	—	—	—	—
		其他	汽油	—	—	—	—	—	—	—	—	—	—	—	—	—	—	—	—	—	—	—
			柴油	4964	4698	4432	4432	4432	4432	3190	1947	1947	1426	904	904	904	904	759	614	614	614	614
			燃气	—	—	—	—	—	—	—	—	—	—	—	—	—	—	—	—	—	—	—
	中型	公交车	汽油	—	—	—	—	—	—	—	—	—	—	—	—	—	—	—	—	—	—	—
			柴油	30592	30592	28032	22913	22913	17978	8108	8108	8108	6872	5637	5637	5637	5637	3504	1372	1372	1080	983
			燃气	—	—	—	—	—	—	—	—	—	—	—	—	—	—	—	—	—	—	—
		其他	汽油	—	—	—	—	—	—	—	—	—	—	—	—	—	—	—	—	—	—	—
			柴油	15274	15274	12888	8116	8116	6262	2553	2553	2553	2434	2316	2316	2316	2316	1366	415	415	399	394
			燃气	—	—	—	—	—	—	—	—	—	—	—	—	—	—	—	—	—	—	—
	大型	公交车	汽油	—	—	—	—	—	—	—	—	—	—	—	—	—	—	—	—	—	—	—
			柴油	94865	94865	93934	92071	92071	71272	29674	29674	29674	19994	10315	10315	10315	10315	6116	1916	1916	1845	1821
			燃气	—	—	—	—	—	—	—	—	—	—	—	—	—	—	—	—	—	—	—
		其他	汽油	—	—	—	—	—	—	—	—	—	—	—	—	—	—	—	—	—	—	—
			柴油	142314	142314	133412	115607	115607	85425	25061	25061	25061	17182	9303	9303	9303	9303	5868	2433	2433	2343	2313
			燃气	—	—	—	—	—	—	—	—	—	—	—	—	—	—	—	—	—	—	—
载货汽车	微型		汽油	—	—	—	—	—	—	—	—	—	—	—	—	—	—	—	—	—	—	—
			柴油	8826	8644	8461	8461	8461	8461	6888	5314	5314	3944	2574	2574	2574	2574	1620	667	667	664	663
			燃气	—	—	—	—	—	—	—	—	—	—	—	—	—	—	—	—	—	—	—
	轻型		汽油	—	—	—	—	—	—	—	—	—	—	—	—	—	—	—	—	—	—	—
			柴油	9179	8820	8461	8461	8461	8461	6888	5314	5314	3944	2574	2574	2574	2574	1941	1308	1308	1080	1004
			燃气	—	—	—	—	—	—	—	—	—	—	—	—	—	—	—	—	—	—	—
	中型		汽油	—	—	—	—	—	—	—	—	—	—	—	—	—	—	—	—	—	—	—
			柴油	46267	46267	38936	24273	24273	18681	7496	7496	7496	7102	6707	6707	6707	6707	4300	1894	1894	1734	1681
			燃气	—	—	—	—	—	—	—	—	—	—	—	—	—	—	—	—	—	—	—
	重型		汽油	—	—	—	—	—	—	—	—	—	—	—	—	—	—	—	—	—	—	—
			柴油	86460	86460	71064	40271	40271	31975	15383	15383	15383	10542	5700	5700	5700	5700	3836	1971	1971	1666	1564
			燃气	—	—	—	—	—	—	—	—	—	—	—	—	—	—	—	—	—	—	—
低速汽车	三轮汽车			4092	4092	4092	4092	4092	4092	4092	4092	4092	3220	3220	3220	3220	3220	3220	3220	3220	3220	3220
	低速货车			5581	5581	5581	5581	5581	5581	5581	5581	5581	4392	4392	4392	4392	4392	4392	4392	4392	4392	4392
摩托车	普通摩托车			—	—	—	—	—	—	—	—	—	—	—	—	—	—	—	—	—	—	—
	轻便摩托车			—	—	—	—	—	—	—	—	—	—	—	—	—	—	—	—	—	—	—

果洛藏族自治州 VOCs 排放系数

单位：克/（辆·年）

车辆类型		使用性质	燃料种类	1999 年年底前	2000 年	2001 年	2002 年	2003 年	2004 年	2005 年	2006 年	2007 年	2008 年	2009 年	2010 年	2011 年	2012 年	2013 年	2014 年	2015 年	2016 年	2017 年
载客汽车	微型	出租车	汽油	1725323	994703	264083	264083	264083	264083	188860	113636	113636	89174	64713	64713	54816	44920	44920	44920	44920	35583	32471
			燃气	298745	179798	60852	60852	60852	60852	46248	31645	31645	25934	20223	20223	16126	12030	12030	12030	12030	7390	5844
		其他	汽油	151651	86733	21815	21815	21815	21815	21222	20628	20628	16658	12688	12688	11752	10815	10815	10815	10815	8284	7440
			燃气	22999	13006	3014	3014	3014	3014	2873	2732	2732	2050	1367	1367	1226	1086	1086	1086	1086	718	596
	小型	出租车	汽油	1725323	977180	229038	229038	229038	229038	217976	206913	206913	135813	64713	64713	54816	44920	44920	44920	44920	32684	28605
			柴油	187606	177465	167324	167324	167324	167324	153372	139421	139421	97778	56134	56134	56134	56134	41990	27845	27845	17104	13524
			燃气	298745	176970	55196	55196	55196	55196	50948	46700	46700	33462	20223	20223	16126	12030	12030	12030	12030	6922	5220
		其他	汽油	154034	87633	21232	21232	21232	21232	22216	23200	23200	17950	12700	12700	11606	10512	10512	10512	10512	8519	7855
			柴油	20939	19149	17359	17359	17359	17359	14702	12044	12044	8179	4314	4314	4314	4314	3732	3149	3149	2278	1988
			燃气	23383	14152	4921	4921	4921	4921	4034	3147	3147	2350	1553	1553	1295	1037	1037	1037	1037	756	663
	中型	公交车	汽油	288427	288427	288427	288427	287830	196415	14778	14778	14778	14778	14778	14624	14471	14471	11634	8796	8796	8796	8796
			柴油	87806	87806	86086	82645	82645	64494	28192	28192	28192	20508	12823	12823	12823	12823	8958	5093	5093	4763	4653
			燃气	71579	71579	67602	59649	59649	57536	53311	53311	53311	42686	32061	32061	22219	22219	22154	22154	22154	22154	22154
		其他	汽油	148858	148858	148858	148858	148261	101213	8311	8311	8311	8311	8311	8164	8018	8018	6790	5563	5563	5563	5563
			柴油	30493	30493	28460	24394	24394	18567	6912	6912	6912	6506	6099	6099	6099	6099	3750	1402	1402	1243	1190
			燃气	34560	34560	32640	28800	28800	27780	25740	25740	25740	20623	15506	15506	10732	10732	9642	9642	9642	9642	9642
	大型	公交车	汽油	673718	673718	673718	673718	673121	453784	16303	16303	16303	16303	16303	16164	16024	16024	12790	9556	9556	9556	9556
			柴油	131708	131708	108010	60614	60614	60614	60614	60614	60614	43515	26416	26416	26416	26416	17675	8934	8934	5723	4653
			燃气	168926	168926	159541	140772	140772	135786	125815	125815	125815	100740	75665	75665	52438	52438	47188	47188	47188	47188	47188
		其他	汽油	1494236	1494236	1494236	1494236	1493640	1006056	32083	32083	32083	32083	32083	24784	17485	17485	13754	10023	10023	10023	10023
			柴油	272891	272891	207397	76409	76409	76409	76409	76409	76409	55942	35476	35476	35476	35476	20706	5937	5937	5324	5119
			燃气	266186	266186	251398	221822	221822	213966	198253	198253	198253	158842	119430	119430	82662	82662	74261	74261	74261	74261	74261
载货汽车	微型		汽油	694863	367542	40221	40221	40221	40221	38498	36776	36776	33952	31127	31127	25057	18987	18987	18987	18987	16522	15700
			柴油	48651	45519	42387	42387	42387	42387	39272	36158	36158	26194	16229	16229	16229	16229	11104	5979	5979	4516	4029
			燃气	105381	55469	5557	5557	5557	5557	5214	4871	4871	4112	3354	3354	2630	1907	1907	1907	1907	1420	1258
	轻型		汽油	352176	205064	57952	57952	57952	57952	49438	40925	40925	36400	31876	31876	27910	23943	23943	23943	23943	21110	20165
			柴油	43945	43166	42387	42387	42387	42387	39272	36158	36158	26194	16229	16229	16229	16229	12456	8683	8683	7220	6733
			燃气	53462	33447	13432	13432	13432	13432	9492	5551	5551	4725	3898	3898	3130	2362	2362	2362	2362	1867	1702
	中型		汽油	490031	490031	490031	490031	489434	332510	19858	19858	19858	19858	19858	19718	19578	19578	15452	11326	11326	11326	11326
			柴油	97005	97005	90538	77604	77604	59065	21988	21988	21988	20701	19414	19414	19414	19414	14070	8726	8726	5192	4014
			燃气	109943	109943	103836	91621	91621	88375	81882	81882	81882	65620	49358	49358	66796	66796	32524	32524	32524	32524	32524
	重型		汽油	651089	651089	651089	651089	650492	438553	15872	15872	15872	15872	15872	12626	9380	9380	7754	6127	6127	6127	6127
			柴油	167112	167112	127005	46791	46791	46791	46791	46791	46791	34258	21725	21725	21725	21725	13404	5084	5084	3610	3118
			燃气	163006	163006	153950	135838	135838	131027	121405	121405	121405	97271	73137	73137	70786	70786	45233	45233	45233	45233	45233
低速汽车	三轮汽车			25300	25300	25300	25300	25300	25300	25300	25300	25300	16721	16721	16721	16721	16721	16721	16721	16721	16721	16721
	低速货车			33990	33990	33990	33990	33990	33990	33990	33990	33990	22464	22464	22464	22464	22464	22464	22464	22464	22464	22464
摩托车	普通摩托车			13290	13290	13290	13290	9918	6546	3504	3504	3504	3504	3504	2615	1726	1726	1726	1726	1726	1726	1726
	轻便摩托车			42978	42978	42978	42978	42978	8596	8596	4232	4232	4232	4232	3158	2084	2084	2084	2084	2084	2084	2084

玉树藏族自治州 NO_x 排放系数

单位：克/（辆·年）

车辆类型		使用性质	燃料种类	1999年年底前	2000年	2001年	2002年	2003年	2004年	2005年	2006年	2007年	2008年	2009年	2010年	2011年	2012年	2013年	2014年	2015年	2016年	2017年
载客汽车	微型	出租车	汽油	608833	397449	186065	186065	186065	186065	131498	76932	76932	52838	28743	28743	24553	20363	20363	20363	20363	15083	13323
			燃气	160776	108814	56853	56853	56853	56853	42116	27380	27380	20415	13450	13450	10888	8327	8327	8327	8327	5068	3981
		其他	汽油	112217	69956	27696	27696	27696	27696	16936	6175	6175	4982	3788	3788	3109	2430	2430	2430	2430	1933	1767
			燃气	27284	16302	5321	5321	5321	5321	3496	1671	1671	1364	1057	1057	840	624	624	624	624	486	440
	小型	出租车	汽油	695948	446138	196327	196327	196327	196327	137418	78509	78509	53626	28743	28743	23102	17462	17462	17462	17462	12424	10745
			柴油	436980	359888	282795	282795	282795	282795	252842	222890	222890	175396	127903	127903	127903	127903	106479	85055	85055	68940	63568
			燃气	181830	120582	59333	59333	59333	59333	43547	27761	27761	20606	13450	13450	10538	7625	7625	7625	7625	4425	3358
		其他	汽油	104495	66309	28123	28123	28123	28123	18168	8212	8212	5490	2768	2768	2521	2274	2274	2274	2274	1804	1648
			柴油	57978	47318	36659	36659	36659	36659	33764	30869	30869	24118	17367	17367	17367	17367	15010	12654	12654	11113	10599
			燃气	25418	16249	7080	7080	7080	7080	4622	2164	2164	1487	810	810	698	586	586	586	586	455	411
	中型	公交车	汽油	849911	849911	849911	849911	849911	580631	42071	42071	42071	42071	42071	37730	33389	33389	25206	17024	17024	17024	17024
			柴油	596687	596687	595286	592484	592484	568938	521845	521845	521845	434672	347498	347498	347498	347498	283584	219669	219669	183912	171993
			燃气	633546	633546	626004	610920	610920	591970	554070	554070	554070	461137	368204	368204	232847	232847	182364	182364	182364	182364	182364
		其他	汽油	521072	521072	521072	521072	521072	353461	18238	18238	18238	18238	18238	18238	18238	18238	13680	9121	9121	9121	9121
			柴油	279819	279819	268138	244777	244777	242707	238567	238567	238567	203180	167794	167794	167794	167794	148986	130177	130177	111108	104751
			燃气	315975	315975	298421	263312	263312	260830	255867	255867	255867	217852	179838	179838	140086	140086	112526	112526	112526	112526	112526
	大型	公交车	汽油	3027807	3027807	3027807	3027807	3027807	2081978	190319	190319	190319	190319	190319	190152	189985	189985	142490	94995	94995	94995	94995
			柴油	846279	846279	818933	764241	764241	742526	699095	699095	699095	686497	673899	673899	673899	673899	649599	625299	625299	563677	543136
			燃气	1701524	1701524	1606995	1417937	1417937	1312717	1102277	1102277	1102277	944447	786617	786617	732341	732341	634747	634747	634747	634747	634747
		其他	汽油	7226825	7226825	7226825	7226825	7226825	4969303	454258	454258	454258	454258	454258	437223	420188	420188	315478	210767	210767	210767	210767
			柴油	2026577	2026577	1974429	1870134	1870134	1826533	1739331	1739331	1739331	1678094	1616856	1616856	1616856	1616856	1539255	1461654	1461654	1293549	1237514
			燃气	3772253	3772253	3562683	3143544	3143544	2910273	2443731	2443731	2443731	2094626	1745522	1745522	1574758	1574758	1336042	1336042	1336042	1336042	1336042
载货汽车	微型		汽油	289541	169800	50060	50060	50060	50060	33030	16000	16000	12746	9492	9492	8686	7881	7881	7881	7881	6482	6016
			柴油	117714	96280	74847	74847	74847	74847	67552	60257	60257	51094	41932	41932	41932	41932	30652	19373	19373	17212	16491
			燃气	70398	40008	9618	9618	9618	9618	6974	4330	4330	3489	2649	2649	2336	2024	2024	2024	2024	1629	1498
	轻型		汽油	213966	135444	56922	56922	56922	56922	37396	17870	17870	14876	11881	11881	10010	8138	8138	8138	8138	6805	6361
			柴油	118154	96500	74847	74847	74847	74847	67552	60257	60257	51094	41932	41932	41932	41932	33626	25319	25319	24204	23832
			燃气	52046	33188	14330	14330	14330	14330	9520	4709	4709	4093	3477	3477	2787	2097	2097	2097	2097	1714	1586
	中型		汽油	715646	715646	715646	715646	715646	488577	34440	34440	34440	34440	34440	34440	34440	34440	25840	17241	17241	17241	17241
			柴油	856772	856772	769319	594414	594414	565222	506839	506839	506839	493257	479675	479675	479675	479675	420854	362034	362034	311744	294981
			燃气	967477	967477	858126	639424	639424	607481	543593	543593	543593	528849	514105	514105	389592	389592	316876	316876	316876	316876	316876
	重型		汽油	2965738	2965738	2965738	2965738	2965738	2039298	186418	186418	186418	186418	186418	179427	172436	172436	129465	86494	86494	86494	86494
			柴油	1115043	1115043	1076983	1000863	1000863	963844	889805	889805	889805	854124	818442	818442	818442	818442	710094	601747	601747	390640	320271
			燃气	2075531	2075531	1944478	1682370	1682370	1538300	1250161	1250161	1250161	1066867	883572	883572	648311	648311	345770	345770	345770	345770	345770
低速汽车	三轮汽车			65550	65550	65550	65550	65550	65550	65550	65550	65550	53279	53279	53279	53279	53279	53279	53279	53279	53279	53279
	低速货车			88065	88065	88065	88065	88065	88065	88065	88065	88065	71579	71579	71579	71579	71579	71579	71579	71579	71579	71579
摩托车	普通摩托车			992	992	992	992	959	926	860	860	860	860	860	764	668	668	668	668	668	668	668
	轻便摩托车			661	661	661	661	661	331	331	331	331	331	331	294	257	257	257	257	257	257	257

玉树藏族自治州 PM 排放系数

单位：克/（辆·年）

车辆类型		使用性质	燃料种类	1999年年底前	2000年	2001年	2002年	2003年	2004年	2005年	2006年	2007年	2008年	2009年	2010年	2011年	2012年	2013年	2014年	2015年	2016年	2017年
载客汽车	微型	出租车	汽油	—	—	—	—	—	—	—	—	—	—	—	—	—	—	—	—	—	—	—
			燃气	—	—	—	—	—	—	—	—	—	—	—	—	—	—	—	—	—	—	—
		其他	汽油	—	—	—	—	—	—	—	—	—	—	—	—	—	—	—	—	—	—	—
			燃气	—	—	—	—	—	—	—	—	—	—	—	—	—	—	—	—	—	—	—
	小型	出租车	汽油	—	—	—	—	—	—	—	—	—	—	—	—	—	—	—	—	—	—	—
			柴油	38943	35666	32390	32390	32390	32390	22117	11844	11844	7714	3584	3584	3584	3584	3331	3078	3078	2545	2367
			燃气	—	—	—	—	—	—	—	—	—	—	—	—	—	—	—	—	—	—	—
		其他	汽油	—	—	—	—	—	—	—	—	—	—	—	—	—	—	—	—	—	—	—
			柴油	4964	4698	4432	4432	4432	4432	3190	1947	1947	1426	904	904	904	904	759	614	614	614	614
			燃气	—	—	—	—	—	—	—	—	—	—	—	—	—	—	—	—	—	—	—
	中型	公交车	汽油	—	—	—	—	—	—	—	—	—	—	—	—	—	—	—	—	—	—	—
			柴油	30592	30592	28032	22913	22913	17978	8108	8108	8108	6872	5637	5637	5637	5637	3504	1372	1372	1080	983
			燃气	—	—	—	—	—	—	—	—	—	—	—	—	—	—	—	—	—	—	—
		其他	汽油	—	—	—	—	—	—	—	—	—	—	—	—	—	—	—	—	—	—	—
			柴油	15274	15274	12888	8116	8116	6262	2553	2553	2553	2434	2316	2316	2316	2316	1366	415	415	399	394
			燃气	—	—	—	—	—	—	—	—	—	—	—	—	—	—	—	—	—	—	—
	大型	公交车	汽油	—	—	—	—	—	—	—	—	—	—	—	—	—	—	—	—	—	—	—
			柴油	94865	94865	93934	92071	92071	71272	29674	29674	29674	19994	10315	10315	10315	10315	6116	1916	1916	1845	1821
			燃气	—	—	—	—	—	—	—	—	—	—	—	—	—	—	—	—	—	—	—
		其他	汽油	—	—	—	—	—	—	—	—	—	—	—	—	—	—	—	—	—	—	—
			柴油	142314	142314	133412	115607	115607	85425	25061	25061	25061	17182	9303	9303	9303	9303	5868	2433	2433	2343	2313
			燃气	—	—	—	—	—	—	—	—	—	—	—	—	—	—	—	—	—	—	—
载货汽车	微型		汽油	—	—	—	—	—	—	—	—	—	—	—	—	—	—	—	—	—	—	—
			柴油	8826	8644	8461	8461	8461	8461	6888	5314	5314	3944	2574	2574	2574	2574	1620	667	667	664	663
			燃气	—	—	—	—	—	—	—	—	—	—	—	—	—	—	—	—	—	—	—
	轻型		汽油	—	—	—	—	—	—	—	—	—	—	—	—	—	—	—	—	—	—	—
			柴油	9179	8820	8461	8461	8461	8461	6888	5314	5314	3944	2574	2574	2574	2574	1941	1308	1308	1080	1004
			燃气	—	—	—	—	—	—	—	—	—	—	—	—	—	—	—	—	—	—	—
	中型		汽油	—	—	—	—	—	—	—	—	—	—	—	—	—	—	—	—	—	—	—
			柴油	46267	46267	38936	24273	24273	18681	7496	7496	7496	7102	6707	6707	6707	6707	4300	1894	1894	1734	1681
			燃气	—	—	—	—	—	—	—	—	—	—	—	—	—	—	—	—	—	—	—
	重型		汽油	—	—	—	—	—	—	—	—	—	—	—	—	—	—	—	—	—	—	—
			柴油	86460	86460	71064	40271	40271	31975	15383	15383	15383	10542	5700	5700	5700	5700	3836	1971	1971	1666	1564
			燃气	—	—	—	—	—	—	—	—	—	—	—	—	—	—	—	—	—	—	—
低速汽车	三轮汽车			4092	4092	4092	4092	4092	4092	4092	4092	4092	3220	3220	3220	3220	3220	3220	3220	3220	3220	3220
	低速货车			5581	5581	5581	5581	5581	5581	5581	5581	5581	4392	4392	4392	4392	4392	4392	4392	4392	4392	4392
摩托车	普通摩托车			—	—	—	—	—	—	—	—	—	—	—	—	—	—	—	—	—	—	—
	轻便摩托车			—	—	—	—	—	—	—	—	—	—	—	—	—	—	—	—	—	—	—

玉树藏族自治州 VOCs 排放系数

单位：克/（辆·年）

车辆类型		使用性质	燃料种类	1999 年年底前	2000 年	2001 年	2002 年	2003 年	2004 年	2005 年	2006 年	2007 年	2008 年	2009 年	2010 年	2011 年	2012 年	2013 年	2014 年	2015 年	2016 年	2017 年
载客汽车	微型	出租车	汽油	1357768	785931	214094	214094	214094	214094	154412	94729	94729	74922	55116	55116	46542	37968	37968	37968	37968	29506	26686
			燃气	298745	179798	60852	60852	60852	60852	46248	31645	31645	25934	20223	20223	16126	12030	12030	12030	12030	7390	5844
		其他	汽油	120537	69508	18478	18478	18478	18478	17933	17388	17388	14204	11020	11020	10256	9493	9493	9493	9493	7412	6718
			燃气	22999	13006	3014	3014	3014	3014	2873	2732	2732	2050	1367	1367	1226	1086	1086	1086	1086	718	596
	小型	出租车	汽油	1357768	772236	186703	186703	186703	186703	177168	167632	167632	111374	55116	55116	46542	37968	37968	37968	37968	27240	23664
			柴油	185514	175445	165376	165376	165376	165376	151492	137607	137607	96650	55693	55693	55693	55693	41620	27547	27547	16862	13300
			燃气	298745	176970	55196	55196	55196	55196	50948	46700	46700	33462	20223	20223	16126	12030	12030	12030	12030	6922	5220
		其他	汽油	122400	70212	18023	18023	18023	18023	18710	19398	19398	15214	11030	11030	10144	9257	9257	9257	9257	7596	7042
			柴油	20388	18632	16875	16875	16875	16875	14266	11657	11657	7900	4143	4143	4143	4143	3565	2987	2987	2170	1898
			燃气	23383	14152	4921	4921	4921	4921	4034	3147	3147	2350	1553	1553	1295	1037	1037	1037	1037	756	663
	中型	公交车	汽油	288609	288609	288609	288609	288012	196596	14959	14959	14959	14959	14959	14806	14652	14652	11815	8978	8978	8978	8978
			柴油	87806	87806	86086	82645	82645	64494	28192	28192	28192	20508	12823	12823	12823	12823	8958	5093	5093	4763	4653
			燃气	71579	71579	67602	59649	59649	57536	53311	53311	53311	42686	32061	32061	22219	22219	22154	22154	22154	22154	22154
		其他	汽油	149040	149040	149040	149040	148443	101395	8492	8492	8492	8492	8492	8346	8199	8199	6972	5744	5744	5744	5744
			柴油	30493	30493	28460	24394	24394	18567	6912	6912	6912	6506	6099	6099	6099	6099	3750	1402	1402	1243	1190
			燃气	34560	34560	32640	28800	28800	27780	25740	25740	25740	20623	15506	15506	10732	10732	9642	9642	9642	9642	9642
	大型	公交车	汽油	673899	673899	673899	673899	673302	453965	16485	16485	16485	16485	16485	16345	16205	16205	12972	9738	9738	9738	9738
			柴油	131708	131708	108010	60614	60614	60614	60614	60614	60614	43515	26416	26416	26416	26416	17675	8934	8934	5723	4653
			燃气	168926	168926	159541	140772	140772	135786	125815	125815	125815	100740	75665	75665	52438	52438	47188	47188	47188	47188	47188
		其他	汽油	1494418	1494418	1494418	1494418	1493821	1006237	32264	32264	32264	32264	32264	24965	17666	17666	13936	10205	10205	10205	10205
			柴油	272891	272891	207397	76409	76409	76409	76409	76409	76409	55942	35476	35476	35476	35476	20706	5937	5937	5324	5119
			燃气	266186	266186	251398	221822	221822	213966	198253	198253	198253	158842	119430	119430	82662	82662	74261	74261	74261	74261	74261
载货汽车	微型		汽油	545721	289558	33396	33396	33396	33396	31900	30404	30404	28064	25723	25723	20879	16035	16035	16035	16035	13915	13208
			柴油	47683	44600	41518	41518	41518	41518	38443	35368	35368	25622	15876	15876	15876	15876	10833	5790	5790	4377	3906
			燃气	104126	54787	5447	5447	5447	5447	5112	4777	4777	3984	3191	3191	2513	1834	1834	1834	1834	1337	1172
	轻型		汽油	277882	162568	47254	47254	47254	47254	40450	33646	33646	29978	26309	26309	23109	19909	19909	19909	19909	17501	16698
			柴油	43077	42298	41518	41518	41518	41518	38443	35368	35368	25622	15876	15876	15876	15876	12156	8437	8437	7024	6553
			燃气	53086	32994	12902	12902	12902	12902	9180	5458	5458	4581	3704	3704	2967	2230	2230	2230	2230	1737	1572
	中型		汽油	490212	490212	490212	490212	489615	332692	20039	20039	20039	20039	20039	19900	19760	19760	15634	11507	11507	11507	11507
			柴油	97005	97005	90538	77604	77604	59065	21988	21988	21988	20701	19414	19414	19414	19414	14070	8726	8726	5192	4014
			燃气	109943	109943	103836	91621	91621	88375	81882	81882	81882	65620	49358	49358	66796	66796	32524	32524	32524	32524	32524
	重型		汽油	651271	651271	651271	651271	650674	438735	16053	16053	16053	16053	16053	12808	9562	9562	7935	6308	6308	6308	6308
			柴油	167112	167112	127005	46791	46791	46791	46791	46791	46791	34258	21725	21725	21725	21725	13404	5084	5084	3610	3118
			燃气	163006	163006	153950	135838	135838	131027	121405	121405	121405	97271	73137	73137	70786	70786	45233	45233	45233	45233	45233
低速汽车	三轮汽车			25300	25300	25300	25300	25300	25300	25300	25300	25300	16721	16721	16721	16721	16721	16721	16721	16721	16721	16721
	低速货车			33990	33990	33990	33990	33990	33990	33990	33990	33990	22464	22464	22464	22464	22464	22464	22464	22464	22464	22464
摩托车	普通摩托车			13290	13290	13290	13290	9918	6546	3504	3504	3504	3504	3504	2615	1726	1726	1726	1726	1726	1726	1726
	轻便摩托车			42978	42978	42978	42978	42978	8596	8596	4232	4232	4232	4232	3158	2084	2084	2084	2084	2084	2084	2084

海西蒙古族藏族自治州 NO_x 排放系数

单位：克/（辆·年）

车辆类型		使用性质	燃料种类	1999年年底前	2000年	2001年	2002年	2003年	2004年	2005年	2006年	2007年	2008年	2009年	2010年	2011年	2012年	2013年	2014年	2015年	2016年	2017年
载客汽车	微型	出租车	汽油	608833	397449	186065	186065	186065	186065	131498	76932	76932	52838	28743	28743	24553	20363	20363	20363	20363	15083	13323
			燃气	160776	108814	56853	56853	56853	56853	42116	27380	27380	20415	13450	13450	10888	8327	8327	8327	8327	5068	3981
		其他	汽油	112217	69956	27696	27696	27696	27696	16936	6175	6175	4982	3788	3788	3109	2430	2430	2430	2430	1933	1767
			燃气	27284	16302	5321	5321	5321	5321	3496	1671	1671	1364	1057	1057	840	624	624	624	624	486	440
	小型	出租车	汽油	695948	446138	196327	196327	196327	196327	137418	78509	78509	53626	28743	28743	23102	17462	17462	17462	17462	12424	10745
			柴油	436980	359888	282795	282795	282795	282795	252842	222890	222890	175396	127903	127903	127903	127903	106479	85055	85055	68940	63568
			燃气	181830	120582	59333	59333	59333	59333	43547	27761	27761	20606	13450	13450	10538	7625	7625	7625	7625	4425	3358
		其他	汽油	104495	66309	28123	28123	28123	28123	18168	8212	8212	5490	2768	2768	2521	2274	2274	2274	2274	1804	1648
			柴油	57978	47318	36659	36659	36659	36659	33764	30869	30869	24118	17367	17367	17367	17367	15010	12654	12654	11113	10599
			燃气	25418	16249	7080	7080	7080	7080	4622	2164	2164	1487	810	810	698	586	586	586	586	455	411
	中型	公交车	汽油	849911	849911	849911	849911	849911	580631	42071	42071	42071	42071	42071	37730	33389	33389	25206	17024	17024	17024	17024
			柴油	596687	596687	595286	592484	592484	568938	521845	521845	521845	434672	347498	347498	347498	347498	283584	219669	219669	183912	171993
			燃气	633546	633546	626004	610920	610920	591970	554070	554070	554070	461137	368204	368204	232847	232847	182364	182364	182364	182364	182364
		其他	汽油	521072	521072	521072	521072	521072	353461	18238	18238	18238	18238	18238	18238	18238	18238	13680	9121	9121	9121	9121
			柴油	279819	279819	268138	244777	244777	242707	238567	238567	238567	203180	167794	167794	167794	167794	148986	130177	130177	111108	104751
			燃气	315975	315975	298421	263312	263312	260830	255867	255867	255867	217852	179838	179838	140086	140086	112526	112526	112526	112526	112526
	大型	公交车	汽油	3027807	3027807	3027807	3027807	3027807	2081978	190319	190319	190319	190319	190319	190152	189985	189985	142490	94995	94995	94995	94995
			柴油	846279	846279	818933	764241	764241	742526	699095	699095	699095	686497	673899	673899	673899	673899	649599	625299	625299	563677	543136
			燃气	1701524	1701524	1606995	1417937	1417937	1312717	1102277	1102277	1102277	944447	786617	786617	732341	732341	634747	634747	634747	634747	634747
		其他	汽油	7226825	7226825	7226825	7226825	7226825	4969303	454258	454258	454258	454258	454258	437223	420188	420188	315478	210767	210767	210767	210767
			柴油	2026577	2026577	1974429	1870134	1870134	1826533	1739331	1739331	1739331	1678094	1616856	1616856	1616856	1616856	1539255	1461654	1461654	1293549	1237514
			燃气	3772253	3772253	3562683	3143544	3143544	2910273	2443731	2443731	2443731	2094626	1745522	1745522	1574758	1574758	1336042	1336042	1336042	1336042	1336042
载货汽车	微型		汽油	289541	169800	50060	50060	50060	50060	33030	16000	16000	12746	9492	9492	8686	7881	7881	7881	7881	6482	6016
			柴油	117714	96280	74847	74847	74847	74847	67552	60257	60257	51094	41932	41932	41932	41932	30652	19373	19373	17212	16491
			燃气	70398	40008	9618	9618	9618	9618	6974	4330	4330	3489	2649	2649	2336	2024	2024	2024	2024	1629	1498
	轻型		汽油	213966	135444	56922	56922	56922	56922	37396	17870	17870	14876	11881	11881	10010	8138	8138	8138	8138	6805	6361
			柴油	118154	96500	74847	74847	74847	74847	67552	60257	60257	51094	41932	41932	41932	41932	33626	25319	25319	24204	23832
			燃气	52046	33188	14330	14330	14330	14330	9520	4709	4709	4093	3477	3477	2787	2097	2097	2097	2097	1714	1586
	中型		汽油	715646	715646	715646	715646	715646	488577	34440	34440	34440	34440	34440	34440	34440	34440	25840	17241	17241	17241	17241
			柴油	856772	856772	769319	594414	594414	565222	506839	506839	506839	493257	479675	479675	479675	479675	420854	362034	362034	311744	294981
			燃气	967477	967477	858126	639424	639424	607481	543593	543593	543593	528849	514105	514105	389592	389592	316876	316876	316876	316876	316876
	重型		汽油	2965738	2965738	2965738	2965738	2965738	2039298	186418	186418	186418	186418	186418	179427	172436	172436	129465	86494	86494	86494	86494
			柴油	1115043	1115043	1076983	1000863	1000863	963844	889805	889805	889805	854124	818442	818442	818442	818442	710094	601747	601747	390640	320271
			燃气	2075531	2075531	1944478	1682370	1682370	1538300	1250161	1250161	1250161	1066867	883572	883572	648311	648311	345770	345770	345770	345770	345770
低速汽车	三轮汽车			65550	65550	65550	65550	65550	65550	65550	65550	65550	53279	53279	53279	53279	53279	53279	53279	53279	53279	53279
	低速货车			88065	88065	88065	88065	88065	88065	88065	88065	88065	71579	71579	71579	71579	71579	71579	71579	71579	71579	71579
摩托车	普通摩托车			992	992	992	992	959	926	860	860	860	860	860	764	668	668	668	668	668	668	668
	轻便摩托车			661	661	661	661	661	331	331	331	331	331	331	294	257	257	257	257	257	257	257

海西蒙古族藏族自治州 PM 排放系数

单位：克/（辆・年）

车辆类型		使用性质	燃料种类	1999 年年底前	2000 年	2001 年	2002 年	2003 年	2004 年	2005 年	2006 年	2007 年	2008 年	2009 年	2010 年	2011 年	2012 年	2013 年	2014 年	2015 年	2016 年	2017 年
载客汽车	微型	出租车	汽油	—	—	—	—	—	—	—	—	—	—	—	—	—	—	—	—	—	—	—
			燃气	—	—	—	—	—	—	—	—	—	—	—	—	—	—	—	—	—	—	—
		其他	汽油	—	—	—	—	—	—	—	—	—	—	—	—	—	—	—	—	—	—	—
			燃气	—	—	—	—	—	—	—	—	—	—	—	—	—	—	—	—	—	—	—
	小型	出租车	汽油	—	—	—	—	—	—	—	—	—	—	—	—	—	—	—	—	—	—	—
			柴油	38943	35666	32390	32390	32390	32390	22117	11844	11844	7714	3584	3584	3584	3584	3331	3078	3078	2545	2367
			燃气	—	—	—	—	—	—	—	—	—	—	—	—	—	—	—	—	—	—	—
		其他	汽油	—	—	—	—	—	—	—	—	—	—	—	—	—	—	—	—	—	—	—
			柴油	4964	4698	4432	4432	4432	4432	3190	1947	1947	1426	904	904	904	904	759	614	614	614	614
			燃气	—	—	—	—	—	—	—	—	—	—	—	—	—	—	—	—	—	—	—
	中型	公交车	汽油	—	—	—	—	—	—	—	—	—	—	—	—	—	—	—	—	—	—	—
			柴油	30592	30592	28032	22913	22913	17978	8108	8108	8108	6872	5637	5637	5637	5637	3504	1372	1372	1080	983
			燃气	—	—	—	—	—	—	—	—	—	—	—	—	—	—	—	—	—	—	—
		其他	汽油	—	—	—	—	—	—	—	—	—	—	—	—	—	—	—	—	—	—	—
			柴油	15274	15274	12888	8116	8116	6262	2553	2553	2553	2434	2316	2316	2316	2316	1366	415	415	399	394
			燃气	—	—	—	—	—	—	—	—	—	—	—	—	—	—	—	—	—	—	—
	大型	公交车	汽油	—	—	—	—	—	—	—	—	—	—	—	—	—	—	—	—	—	—	—
			柴油	94865	94865	93934	92071	92071	71272	29674	29674	29674	19994	10315	10315	10315	10315	6116	1916	1916	1845	1821
			燃气	—	—	—	—	—	—	—	—	—	—	—	—	—	—	—	—	—	—	—
		其他	汽油	—	—	—	—	—	—	—	—	—	—	—	—	—	—	—	—	—	—	—
			柴油	142314	142314	133412	115607	115607	85425	25061	25061	25061	17182	9303	9303	9303	9303	5868	2433	2433	2343	2313
			燃气	—	—	—	—	—	—	—	—	—	—	—	—	—	—	—	—	—	—	—
载货汽车	微型		汽油	—	—	—	—	—	—	—	—	—	—	—	—	—	—	—	—	—	—	—
			柴油	8826	8644	8461	8461	8461	8461	6888	5314	5314	3944	2574	2574	2574	2574	1620	667	667	664	663
			燃气	—	—	—	—	—	—	—	—	—	—	—	—	—	—	—	—	—	—	—
	轻型		汽油	—	—	—	—	—	—	—	—	—	—	—	—	—	—	—	—	—	—	—
			柴油	9179	8820	8461	8461	8461	8461	6888	5314	5314	3944	2574	2574	2574	2574	1941	1308	1308	1080	1004
			燃气	—	—	—	—	—	—	—	—	—	—	—	—	—	—	—	—	—	—	—
	中型		汽油	—	—	—	—	—	—	—	—	—	—	—	—	—	—	—	—	—	—	—
			柴油	46267	46267	38936	24273	24273	18681	7496	7496	7496	7102	6707	6707	6707	6707	4300	1894	1894	1734	1681
			燃气	—	—	—	—	—	—	—	—	—	—	—	—	—	—	—	—	—	—	—
	重型		汽油	—	—	—	—	—	—	—	—	—	—	—	—	—	—	—	—	—	—	—
			柴油	86460	86460	71064	40271	40271	31975	15383	15383	15383	10542	5700	5700	5700	5700	3836	1971	1971	1666	1564
			燃气	—	—	—	—	—	—	—	—	—	—	—	—	—	—	—	—	—	—	—
低速汽车	三轮汽车			4092	4092	4092	4092	4092	4092	4092	4092	4092	3220	3220	3220	3220	3220	3220	3220	3220	3220	3220
	低速货车			5581	5581	5581	5581	5581	5581	5581	5581	5581	4392	4392	4392	4392	4392	4392	4392	4392	4392	4392
摩托车	普通摩托车			—	—	—	—	—	—	—	—	—	—	—	—	—	—	—	—	—	—	—
	轻便摩托车			—	—	—	—	—	—	—	—	—	—	—	—	—	—	—	—	—	—	—

海西蒙古族藏族自治州 VOCs 排放系数

单位：克/（辆·年）

车辆类型		使用性质	燃料种类	1999 年年底前	2000 年	2001 年	2002 年	2003 年	2004 年	2005 年	2006 年	2007 年	2008 年	2009 年	2010 年	2011 年	2012 年	2013 年	2014 年	2015 年	2016 年	2017 年
载客汽车	微型	出租车	汽油	1357768	785931	214094	214094	214094	214094	154412	94729	94729	74922	55116	55116	46542	37968	37968	37968	37968	29506	26686
			燃气	298745	179798	60852	60852	60852	60852	46248	31645	31645	25934	20223	20223	16126	12030	12030	12030	12030	7390	5844
		其他	汽油	120537	69508	18478	18478	18478	18478	17933	17388	17388	14204	11020	11020	10256	9493	9493	9493	9493	7412	6718
			燃气	22999	13006	3014	3014	3014	3014	2873	2732	2732	2050	1367	1367	1226	1086	1086	1086	1086	718	596
	小型	出租车	汽油	1357768	772236	186703	186703	186703	186703	177168	167632	167632	111374	55116	55116	46542	37968	37968	37968	37968	27240	23664
			柴油	185514	175445	165376	165376	165376	165376	151492	137607	137607	96650	55693	55693	55693	55693	41620	27547	27547	16862	13300
			燃气	298745	176970	55196	55196	55196	55196	50948	46700	46700	33462	20223	20223	16126	12030	12030	12030	12030	6922	5220
		其他	汽油	122400	70212	18023	18023	18023	18023	18710	19398	19398	15214	11030	11030	10144	9257	9257	9257	9257	7596	7042
			柴油	20388	18632	16875	16875	16875	16875	14266	11657	11657	7900	4143	4143	4143	4143	3565	2987	2987	2170	1898
			燃气	23383	14152	4921	4921	4921	4921	4034	3147	3147	2350	1553	1553	1295	1037	1037	1037	1037	756	663
	中型	公交车	汽油	288609	288609	288609	288609	288012	196596	14959	14959	14959	14959	14959	14806	14652	14652	11815	8978	8978	8978	8978
			柴油	87806	87806	86086	82645	82645	64494	28192	28192	28192	20508	12823	12823	12823	12823	8958	5093	5093	4763	4653
			燃气	71579	71579	67602	59649	59649	57536	53311	53311	53311	42686	32061	32061	22219	22219	22154	22154	22154	22154	22154
		其他	汽油	149040	149040	149040	149040	148443	101395	8492	8492	8492	8492	8492	8346	8199	8199	6972	5744	5744	5744	5744
			柴油	30493	30493	28460	24394	24394	18567	6912	6912	6912	6506	6099	6099	6099	6099	3750	1402	1402	1243	1190
			燃气	34560	34560	32640	28800	28800	27780	25740	25740	25740	20623	15506	15506	10732	10732	9642	9642	9642	9642	9642
	大型	公交车	汽油	673899	673899	673899	673899	673302	453965	16485	16485	16485	16485	16485	16345	16205	16205	12972	9738	9738	9738	9738
			柴油	131708	131708	108010	60614	60614	60614	60614	60614	60614	43515	26416	26416	26416	26416	17675	8934	8934	5723	4653
			燃气	168926	168926	159541	140772	140772	135786	125815	125815	125815	100740	75665	75665	52438	52438	47188	47188	47188	47188	47188
		其他	汽油	1494418	1494418	1494418	1494418	1493821	1006237	32264	32264	32264	32264	32264	24965	17666	17666	13936	10205	10205	10205	10205
			柴油	272891	272891	207397	76409	76409	76409	76409	76409	76409	55942	35476	35476	35476	35476	20706	5937	5937	5324	5119
			燃气	266186	266186	251398	221822	221822	213966	198253	198253	198253	158842	119430	119430	82662	82662	74261	74261	74261	74261	74261
载货汽车	微型		汽油	545721	289558	33396	33396	33396	33396	31900	30404	30404	28064	25723	25723	20879	16035	16035	16035	16035	13915	13208
			柴油	47683	44600	41518	41518	41518	41518	38443	35368	35368	25622	15876	15876	15876	15876	10833	5790	5790	4377	3906
			燃气	104126	54787	5447	5447	5447	5447	5112	4777	4777	3984	3191	3191	2513	1834	1834	1834	1834	1337	1172
	轻型		汽油	277882	162568	47254	47254	47254	47254	40450	33646	33646	29978	26309	26309	23109	19909	19909	19909	19909	17501	16698
			柴油	43077	42298	41518	41518	41518	41518	38443	35368	35368	25622	15876	15876	15876	15876	12156	8437	8437	7024	6553
			燃气	53086	32994	12902	12902	12902	12902	9180	5458	5458	4581	3704	3704	2967	2230	2230	2230	2230	1737	1572
	中型		汽油	490212	490212	490212	490212	489615	332692	20039	20039	20039	20039	20039	19900	19760	19760	15634	11507	11507	11507	11507
			柴油	97005	97005	90538	77604	77604	59065	21988	21988	21988	20701	19414	19414	19414	19414	14070	8726	8726	5192	4014
			燃气	109943	109943	103836	91621	91621	88375	81882	81882	81882	65620	49358	49358	66796	66796	32524	32524	32524	32524	32524
	重型		汽油	651271	651271	651271	651271	650674	438735	16053	16053	16053	16053	16053	12808	9562	9562	7935	6308	6308	6308	6308
			柴油	167112	167112	127005	46791	46791	46791	46791	46791	46791	34258	21725	21725	21725	21725	13404	5084	5084	3610	3118
			燃气	163006	163006	153950	135838	135838	131027	121405	121405	121405	97271	73137	73137	70786	70786	45233	45233	45233	45233	45233
低速汽车	三轮汽车			25300	25300	25300	25300	25300	25300	25300	25300	25300	16721	16721	16721	16721	16721	16721	16721	16721	16721	16721
	低速货车			33990	33990	33990	33990	33990	33990	33990	33990	33990	22464	22464	22464	22464	22464	22464	22464	22464	22464	22464
摩托车	普通摩托车			13290	13290	13290	13290	9918	6546	3504	3504	3504	3504	3504	2615	1726	1726	1726	1726	1726	1726	1726
	轻便摩托车			42978	42978	42978	42978	42978	8596	8596	4232	4232	4232	4232	3158	2084	2084	2084	2084	2084	2084	2084

银川市 NO_x 排放系数

单位：克/（辆·年）

车辆类型		使用性质	燃料种类	1999年年底前	2000年	2001年	2002年	2003年	2004年	2005年	2006年	2007年	2008年	2009年	2010年	2011年	2012年	2013年	2014年	2015年	2016年	2017年
载客汽车	微型	出租车	汽油	431032	287166	143301	143301	143301	143301	104236	65172	65172	47176	29180	29180	24232	19283	19283	19283	19283	12558	10317
			燃气	211605	144000	76395	76395	76395	76395	56935	37475	37475	28175	18875	18875	15294	11713	11713	11713	11713	6992	5418
		其他	汽油	55095	34511	13927	13927	13927	13927	8649	3371	3371	2730	2088	2088	1756	1425	1425	1425	1425	1053	929
			燃气	25335	15118	4901	4901	4901	4901	3199	1497	1497	1215	933	933	756	579	579	579	579	460	421
	小型	出租车	汽油	489704	319960	150215	150215	150215	150215	108224	66234	66234	47707	29180	29180	23220	17260	17260	17260	17260	10721	8541
			柴油	489161	406440	323719	323719	323719	323719	289097	254475	254475	201250	148025	148025	148025	148025	121865	95705	95705	75816	69187
			燃气	238914	159264	79613	79613	79613	79613	58792	37970	37970	28422	18875	18875	14824	10772	10772	10772	10772	6136	4591
		其他	汽油	51355	32746	14136	14136	14136	14136	9250	4365	4365	2980	1594	1594	1470	1345	1345	1345	1345	988	869
			柴油	44607	36413	28219	28219	28219	28219	26004	23789	23789	18616	13442	13442	13442	13442	11622	9801	9801	8630	8240
			燃气	23595	15074	6553	6553	6553	6553	4256	1959	1959	1331	703	703	622	541	541	541	541	430	393
	中型	公交车	汽油	484778	484778	484778	484778	484778	331184	23997	23997	23997	23997	23997	21521	19045	19045	14378	9710	9710	9710	9710
			柴油	524838	524838	523606	521141	521141	500430	459008	459008	459008	382332	305655	305655	305655	305655	249436	193218	193218	161767	151283
			燃气	557259	557259	550625	537357	537357	520689	487353	487353	487353	405610	323868	323868	204809	204809	160405	160405	160405	160405	160405
		其他	汽油	285411	285411	285411	285411	285411	193604	9989	9989	9989	9989	9989	9989	9989	9989	7492	4996	4996	4996	4996
			柴油	236352	236352	226486	206753	206753	205005	201508	201508	201508	171618	141729	141729	141729	141729	125842	109955	109955	93848	88479
			燃气	266891	266891	252064	222409	222409	220313	216121	216121	216121	184012	151902	151902	118325	118325	95046	95046	95046	95046	95046
	大型	公交车	汽油	1727023	1727023	1727023	1727023	1727023	1187534	108556	108556	108556	108556	108556	108460	108365	108365	81274	54184	54184	54184	54184
			柴油	744377	744377	720324	672217	672217	653117	614916	614916	614916	603834	592753	592753	592753	592753	571379	550005	550005	495802	477735
			燃气	1496640	1496640	1413493	1247200	1247200	1154650	969549	969549	969549	830724	691899	691899	644158	644158	558316	558316	558316	558316	558316
		其他	汽油	3958401	3958401	3958401	3958401	3958401	2721872	248814	248814	248814	248814	248814	239484	230153	230153	172799	115445	115445	115445	115445
			柴油	1711767	1711767	1667720	1579626	1579626	1542798	1469143	1469143	1469143	1417418	1365693	1365693	1365693	1365693	1300146	1234600	1234600	1092608	1045278
			燃气	3186269	3186269	3009254	2655224	2655224	2458190	2064121	2064121	2064121	1769246	1474372	1474372	1330135	1330135	1128501	1128501	1128501	1128501	1128501
载货汽车	微型		汽油	191757	113256	34754	34754	34754	34754	23460	12166	12166	9822	7477	7477	6658	5839	5839	5839	5839	4494	4046
			柴油	125459	103135	80811	80811	80811	80811	72834	64858	64858	54972	45086	45086	45086	45086	32954	20821	20821	18132	17236
			燃气	88178	50204	12230	12230	12230	12230	8816	5403	5403	4372	3341	3341	2857	2372	2372	2372	2372	1968	1834
	轻型		汽油	141117	90150	39183	39183	39183	39183	26278	13374	13374	11197	9020	9020	7512	6005	6005	6005	6005	4703	4269
			柴油	125912	103362	80811	80811	80811	80811	72834	64858	64858	54972	45086	45086	45086	45086	36015	26944	26944	25332	24795
			燃气	64836	41500	18164	18164	18164	18164	12083	6002	6002	4990	3978	3978	3197	2415	2415	2415	2415	2052	1931
	中型		汽油	356498	356498	356498	356498	356498	243383	17156	17156	17156	17156	17156	17156	17156	17156	12872	8589	8589	8589	8589
			柴油	653289	653289	586606	453241	453241	430982	386465	386465	386465	380785	375105	375105	375105	375105	329108	283110	283110	243784	230675
			燃气	737700	737700	654321	487562	487562	463205	414491	414491	414491	408260	402029	402029	304661	304661	247796	247796	247796	247796	247796
	重型		汽油	2509499	2509499	2509499	2509499	2509499	1725579	157740	157740	157740	157740	157740	151824	145909	145909	109548	73188	73188	73188	73188
			柴油	1362892	1362892	1316372	1223332	1223332	1178084	1087588	1087588	1087588	1043976	1000363	1000363	1000363	1000363	885274	770186	770186	541829	465710
			燃气	2536876	2536876	2376691	2056323	2056323	1880229	1528043	1528043	1528043	1304006	1079970	1079970	829784	829784	502789	502789	502789	502789	502789
低速汽车	三轮汽车			65550	65550	65550	65550	65550	65550	65550	65550	65550	53279	53279	53279	53279	53279	53279	53279	53279	53279	53279
	低速货车			88065	88065	88065	88065	88065	88065	88065	88065	88065	71579	71579	71579	71579	71579	71579	71579	71579	71579	71579
摩托车	普通摩托车			992	992	992	992	959	926	860	860	860	860	860	764	668	668	668	668	668	668	668
	轻便摩托车			661	661	661	661	661	331	331	331	331	331	331	294	257	257	257	257	257	257	257

银川市 PM 排放系数

单位：克/（辆·年）

车辆类型		使用性质	燃料种类	1999 年年底前	2000 年	2001 年	2002 年	2003 年	2004 年	2005 年	2006 年	2007 年	2008 年	2009 年	2010 年	2011 年	2012 年	2013 年	2014 年	2015 年	2016 年	2017 年
载客汽车	微型	出租车	汽油	—	—	—	—	—	—	—	—	—	—	—	—	—	—	—	—	—	—	—
			燃气	—	—	—	—	—	—	—	—	—	—	—	—	—	—	—	—	—	—	—
		其他	汽油	—	—	—	—	—	—	—	—	—	—	—	—	—	—	—	—	—	—	—
			燃气	—	—	—	—	—	—	—	—	—	—	—	—	—	—	—	—	—	—	—
	小型	出租车	汽油	—	—	—	—	—	—	—	—	—	—	—	—	—	—	—	—	—	—	—
			柴油	51020	46732	42444	42444	42444	42444	28948	15452	15452	10080	4709	4709	4709	4709	4376	4044	4044	3344	3111
			燃气	—	—	—	—	—	—	—	—	—	—	—	—	—	—	—	—	—	—	—
		其他	汽油	—	—	—	—	—	—	—	—	—	—	—	—	—	—	—	—	—	—	—
			柴油	4782	4525	4268	4268	4268	4268	3068	1868	1868	1370	871	871	871	871	726	582	582	582	582
			燃气	—	—	—	—	—	—	—	—	—	—	—	—	—	—	—	—	—	—	—
	中型	公交车	汽油	—	—	—	—	—	—	—	—	—	—	—	—	—	—	—	—	—	—	—
			柴油	31857	31857	29192	23861	23861	18722	8443	8443	8443	7156	5870	5870	5870	5870	3649	1428	1428	1124	1023
			燃气	—	—	—	—	—	—	—	—	—	—	—	—	—	—	—	—	—	—	—
		其他	汽油	—	—	—	—	—	—	—	—	—	—	—	—	—	—	—	—	—	—	—
			柴油	15274	15274	12888	8116	8116	6262	2553	2553	2553	2434	2316	2316	2316	2316	1366	415	415	399	394
			燃气	—	—	—	—	—	—	—	—	—	—	—	—	—	—	—	—	—	—	—
	大型	公交车	汽油	—	—	—	—	—	—	—	—	—	—	—	—	—	—	—	—	—	—	—
			柴油	98788	98788	97818	95878	95878	74219	30901	30901	30901	20821	10741	10741	10741	10741	6368	1995	1995	1921	1896
			燃气	—	—	—	—	—	—	—	—	—	—	—	—	—	—	—	—	—	—	—
		其他	汽油	—	—	—	—	—	—	—	—	—	—	—	—	—	—	—	—	—	—	—
			柴油	142314	142314	133412	115607	115607	85425	25061	25061	25061	17182	9303	9303	9303	9303	5868	2433	2433	2343	2313
			燃气	—	—	—	—	—	—	—	—	—	—	—	—	—	—	—	—	—	—	—
载货汽车	微型		汽油	—	—	—	—	—	—	—	—	—	—	—	—	—	—	—	—	—	—	—
			柴油	11158	10927	10696	10696	10696	10696	8716	6736	6736	5000	3263	3263	3263	3263	2054	846	846	842	840
			燃气	—	—	—	—	—	—	—	—	—	—	—	—	—	—	—	—	—	—	—
	轻型		汽油	—	—	—	—	—	—	—	—	—	—	—	—	—	—	—	—	—	—	—
			柴油	11604	11150	10696	10696	10696	10696	8716	6736	6736	5000	3263	3263	3263	3263	2460	1658	1658	1369	1273
			燃气	—	—	—	—	—	—	—	—	—	—	—	—	—	—	—	—	—	—	—
	中型		汽油	—	—	—	—	—	—	—	—	—	—	—	—	—	—	—	—	—	—	—
			柴油	41228	41228	34695	21629	21629	16664	6734	6734	6734	6380	6025	6025	6025	6025	3863	1701	1701	1558	1510
			燃气	—	—	—	—	—	—	—	—	—	—	—	—	—	—	—	—	—	—	—
	重型		汽油	—	—	—	—	—	—	—	—	—	—	—	—	—	—	—	—	—	—	—
			柴油	132695	132695	109065	61806	61806	49074	23610	23610	23610	16178	8747	8747	8747	8747	5814	2880	2880	2434	2286
			燃气	—	—	—	—	—	—	—	—	—	—	—	—	—	—	—	—	—	—	—
低速汽车	三轮汽车			4092	4092	4092	4092	4092	4092	4092	4092	4092	3220	3220	3220	3220	3220	3220	3220	3220	3220	3220
	低速货车			5581	5581	5581	5581	5581	5581	5581	5581	5581	4392	4392	4392	4392	4392	4392	4392	4392	4392	4392
摩托车	普通摩托车			—	—	—	—	—	—	—	—	—	—	—	—	—	—	—	—	—	—	—
	轻便摩托车			—	—	—	—	—	—	—	—	—	—	—	—	—	—	—	—	—	—	—

银川市 VOCs 排放系数

单位：克/（辆·年）

车辆类型		使用性质	燃料种类	1999 年年底前	2000 年	2001 年	2002 年	2003 年	2004 年	2005 年	2006 年	2007 年	2008 年	2009 年	2010 年	2011 年	2012 年	2013 年	2014 年	2015 年	2016 年	2017 年
载客汽车	微型	出租车	汽油	1046608	614466	182323	182323	182323	182323	134921	87519	87519	70770	54020	54020	45107	36194	36194	36194	36194	26492	23258
			燃气	395513	239158	82803	82803	82803	82803	63296	43788	43788	36058	28327	28327	22603	16879	16879	16879	16879	10327	8143
		其他	汽油	71862	42580	13299	13299	13299	13299	12850	12400	12400	10445	8490	8490	8058	7625	7625	7625	7625	6214	5744
			燃气	22089	12416	2744	2744	2744	2744	2624	2505	2505	1870	1236	1236	1130	1023	1023	1023	1023	704	597
	小型	出租车	汽油	1046608	604230	161851	161851	161851	161851	151868	141885	141885	97952	54020	54020	45107	36194	36194	36194	36194	24708	20879
			柴油	223592	210707	197822	197822	197822	197822	179755	161688	161688	117338	72987	72987	72987	72987	54248	35509	35509	20317	15253
			燃气	395513	235470	75428	75428	75428	75428	69401	63374	63374	45850	28327	28327	22603	16879	16879	16879	16879	9684	7286
		其他	汽油	72896	42972	13048	13048	13048	13048	13276	13504	13504	11000	8496	8496	7994	7491	7491	7491	7491	6311	5918
			柴油	14529	13294	12059	12059	12059	12059	10254	8448	8448	5768	3088	3088	3088	3088	2657	2226	2226	1592	1380
			燃气	22461	13520	4579	4579	4579	4579	3741	2903	2903	2160	1416	1416	1196	975	975	975	975	738	659
	中型	公交车	汽油	262763	262763	262763	262763	262166	179105	14177	14177	14177	14177	14177	14024	13872	13872	11295	8718	8718	8718	8718
			柴油	91436	91436	89645	86063	86063	67161	29358	29358	29358	21356	13354	13354	13354	13354	9328	5303	5303	4960	4846
			燃气	74539	74539	70398	62116	62116	59916	55516	55516	55516	44452	33387	33387	23138	23138	23070	23070	23070	23070	23070
		其他	汽油	130874	130874	130874	130874	130277	89163	8130	8130	8130	8130	8130	7984	7839	7839	6767	5695	5695	5695	5695
			柴油	30493	30493	28460	24394	24394	18567	6912	6912	6912	6506	6099	6099	6099	6099	3750	1402	1402	1243	1190
			燃气	34560	34560	32640	28800	28800	27780	25740	25740	25740	20623	15506	15506	10732	10732	9642	9642	9642	9642	9642
	大型	公交车	汽油	612547	612547	612547	612547	611950	412756	15562	15562	15562	15562	15562	15422	15282	15282	12345	9408	9408	9408	9408
			柴油	137155	137155	112477	63120	63120	63120	63120	63120	63120	45314	27508	27508	27508	27508	18406	9304	9304	5960	4846
			燃气	175912	175912	166139	146593	146593	141401	131018	131018	131018	104906	78794	78794	54606	54606	49139	49139	49139	49139	49139
		其他	汽油	1303768	1303768	1303768	1303768	1303171	878001	28854	28854	28854	28854	28854	22473	16092	16092	12838	9583	9583	9583	9583
			柴油	272891	272891	207397	76409	76409	76409	76409	76409	76409	55942	35476	35476	35476	35476	20706	5937	5937	5324	5119
			燃气	266186	266186	251398	221822	221822	213966	198253	198253	198253	158842	119430	119430	82662	82662	74261	74261	74261	74261	74261
载货汽车	微型		汽油	407862	218388	28913	28913	28913	28913	27402	25890	25890	23822	21753	21753	17833	13913	13913	13913	13913	11799	11094
			柴油	51153	47809	44465	44465	44465	44465	40872	37278	37278	27416	17553	17553	17553	17553	12094	6636	6636	4660	4001
			燃气	125369	65667	5966	5966	5966	5966	5598	5230	5230	4199	3167	3167	2517	1867	1867	1867	1867	1331	1153
	轻型		汽油	210386	124758	39130	39130	39130	39130	33706	28281	28281	25233	22185	22185	19477	16769	16769	16769	16769	14442	13667
			柴油	46825	45645	44465	44465	44465	44465	40872	37278	37278	27416	17553	17553	17553	17553	13339	9125	9125	7150	6491
			燃气	64825	39279	13732	13732	13732	13732	9906	6080	6080	4889	3698	3698	2940	2183	2183	2183	2183	1687	1522
	中型		汽油	376624	376624	376624	376624	376027	255769	16448	16448	16448	16448	16448	16308	16168	16168	13007	9846	9846	9846	9846
			柴油	85487	85487	79788	68389	68389	52052	19377	19377	19377	18242	17108	17108	17108	17108	12398	7689	7689	4575	3537
			燃气	96889	96889	91506	80741	80741	77881	72159	72159	72159	57827	43495	43495	58858	58858	28659	28659	28659	28659	28659
	重型		汽油	868395	868395	868395	868395	867798	584962	20486	20486	20486	20486	20486	16198	11909	11909	9741	7573	7573	7573	7573
			柴油	222339	222339	168978	62255	62255	62255	62255	62255	62255	45580	28904	28904	28904	28904	18246	7589	7589	5940	5391
			燃气	216876	216876	204828	180732	180732	174331	161529	161529	161529	129417	97305	97305	105663	105663	78207	78207	78207	78207	78207
低速汽车	三轮汽车			25300	25300	25300	25300	25300	25300	25300	25300	25300	16721	16721	16721	16721	16721	16721	16721	16721	16721	16721
	低速货车			33990	33990	33990	33990	33990	33990	33990	33990	33990	22464	22464	22464	22464	22464	22464	22464	22464	22464	22464
摩托车	普通摩托车			13290	13290	13290	13290	9918	6546	3504	3504	3504	3504	3504	2615	1726	1726	1726	1726	1726	1726	1726
	轻便摩托车			42978	42978	42978	42978	42978	8596	8596	4232	4232	4232	4232	3158	2084	2084	2084	2084	2084	2084	2084

石嘴山市 NO_x 排放系数

单位：克/（辆•年）

车辆类型		使用性质	燃料种类	1999年年底前	2000年	2001年	2002年	2003年	2004年	2005年	2006年	2007年	2008年	2009年	2010年	2011年	2012年	2013年	2014年	2015年	2016年	2017年
载客汽车	微型	出租车	汽油	329458	218671	107884	107884	107884	107884	78120	48356	48356	34742	21128	21128	17521	13914	13914	13914	13914	9218	7653
			燃气	160776	108814	56853	56853	56853	56853	42116	27380	27380	20415	13450	13450	10888	8327	8327	8327	8327	5068	3981
		其他	汽油	51997	32542	13087	13087	13087	13087	8148	3209	3209	2606	2003	2003	1662	1320	1320	1320	1320	964	845
			燃气	23893	14252	4611	4611	4611	4611	3016	1421	1421	1158	894	894	712	530	530	530	530	419	382
	小型	出租车	汽油	374690	243951	113212	113212	113212	113212	81194	49175	49175	35152	21128	21128	16768	12407	12407	12407	12407	7838	6315
			柴油	366443	303568	240692	240692	240692	240692	214872	189053	189053	149186	109318	109318	109318	109318	90326	71335	71335	56698	51819
			燃气	181830	120582	59333	59333	59333	59333	43547	27761	27761	20606	13450	13450	10538	7625	7625	7625	7625	4425	3358
		其他	汽油	48475	30878	13282	13282	13282	13282	8710	4138	4138	2838	1537	1537	1393	1249	1249	1249	1249	906	791
			柴油	41022	33512	26001	26001	26001	26001	23944	21887	21887	17110	12334	12334	12334	12334	10656	8977	8977	7848	7472
			燃气	22254	14205	6156	6156	6156	6156	4005	1854	1854	1266	677	677	587	497	497	497	497	392	357
	中型	公交车	汽油	465528	465528	465528	465528	465528	318033	23044	23044	23044	23044	23044	20666	18289	18289	13807	9325	9325	9325	9325
			柴油	503997	503997	502814	500447	500447	480559	440782	440782	440782	367150	293518	293518	293518	293518	239532	185545	185545	155343	145276
			燃气	535131	535131	528760	516019	516019	500013	468001	468001	468001	389504	311007	311007	196677	196677	154036	154036	154036	154036	154036
		其他	汽油	285411	285411	285411	285411	285411	193604	9989	9989	9989	9989	9989	9989	9989	9989	7492	4996	4996	4996	4996
			柴油	236352	236352	226486	206754	206754	205005	201508	201508	201508	171618	141729	141729	141729	141729	125842	109956	109956	93848	88479
			燃气	266891	266891	252064	222409	222409	220313	216121	216121	216121	184012	151902	151902	118325	118325	95046	95046	95046	95046	95046
	大型	公交车	汽油	1658445	1658445	1658445	1658445	1658445	1140378	104245	104245	104245	104245	104245	104154	104062	104062	78047	52032	52032	52032	52032
			柴油	714818	714818	691720	645524	645524	627182	590498	590498	590498	579856	569215	569215	569215	569215	548690	528165	528165	476115	458765
			燃气	1437210	1437210	1357365	1197675	1197675	1108800	931049	931049	931049	797736	664424	664424	618579	618579	536146	536146	536146	536146	536146
		其他	汽油	3958405	3958405	3958405	3958405	3958405	2721875	248814	248814	248814	248814	248814	239484	230153	230153	172799	115445	115445	115445	115445
			柴油	1711769	1711769	1667722	1579628	1579628	1542800	1469144	1469144	1469144	1417419	1365694	1365694	1365694	1365694	1300148	1234601	1234601	1092610	1045279
			燃气	3186272	3186272	3009257	2655226	2655226	2458191	2064122	2064122	2064122	1769248	1474373	1474373	1330136	1330136	1128502	1128502	1128502	1128502	1128502
载货汽车	微型		汽油	152280	89868	27456	27456	27456	27456	18448	9439	9439	7596	5752	5752	5168	4584	4584	4584	4584	3566	3226
			柴油	96189	78895	61601	61601	61601	61601	55547	49493	49493	41941	34389	34389	34389	34389	25146	15902	15902	13961	13314
			燃气	69974	39824	9674	9674	9674	9674	6927	4180	4180	3374	2567	2567	2204	1841	1841	1841	1841	1554	1458
	轻型		汽油	113039	72028	31018	31018	31018	31018	20714	10410	10410	8701	6992	6992	5855	4718	4718	4718	4718	3733	3405
			柴油	96542	79072	61601	61601	61601	61601	55547	49493	49493	41941	34389	34389	34389	34389	27526	20662	20662	19559	19191
			燃气	51894	33135	14376	14376	14376	14376	9520	4664	4664	3872	3080	3080	2479	1877	1877	1877	1877	1622	1537
	中型		汽油	356498	356498	356498	356498	356498	243383	17156	17156	17156	17156	17156	17156	17156	17156	12872	8589	8589	8589	8589
			柴油	653289	653289	586606	453241	453241	430982	386465	386465	386465	380785	375105	375105	375105	375105	329108	283110	283110	243784	230675
			燃气	737700	737700	654320	487560	487560	463203	414491	414491	414491	408260	402029	402029	304658	304658	247796	247796	247796	247796	247796
	重型		汽油	1781604	1781604	1781604	1781604	1781604	1225065	111987	111987	111987	111987	111987	107788	103588	103588	77774	51960	51960	51960	51960
			柴油	973382	973382	940157	873708	873708	841392	776759	776759	776759	745610	714462	714462	714462	714462	623868	533274	533274	374442	321498
			燃气	1811845	1811845	1697441	1468632	1468632	1342866	1091333	1091333	1091333	931325	771317	771317	574539	574539	347095	347095	347095	347095	347095
低速汽车	三轮汽车			65550	65550	65550	65550	65550	65550	65550	65550	65550	53279	53279	53279	53279	53279	53279	53279	53279	53279	53279
	低速货车			88065	88065	88065	88065	88065	88065	88065	88065	88065	71579	71579	71579	71579	71579	71579	71579	71579	71579	71579
摩托车	普通摩托车			992	992	992	992	959	926	860	860	860	860	860	764	668	668	668	668	668	668	668
	轻便摩托车			661	661	661	661	661	331	331	331	331	331	331	294	257	257	257	257	257	257	257

石嘴山市 PM 排放系数

单位：克/（辆·年）

车辆类型		使用性质	燃料种类	1999 年年底前	2000 年	2001 年	2002 年	2003 年	2004 年	2005 年	2006 年	2007 年	2008 年	2009 年	2010 年	2011 年	2012 年	2013 年	2014 年	2015 年	2016 年	2017 年
载客汽车	微型	出租车	汽油	—	—	—	—	—	—	—	—	—	—	—	—	—	—	—	—	—	—	—
			燃气	—	—	—	—	—	—	—	—	—	—	—	—	—	—	—	—	—	—	—
		其他	汽油	—	—	—	—	—	—	—	—	—	—	—	—	—	—	—	—	—	—	—
			燃气	—	—	—	—	—	—	—	—	—	—	—	—	—	—	—	—	—	—	—
	小型	出租车	汽油	—	—	—	—	—	—	—	—	—	—	—	—	—	—	—	—	—	—	—
			柴油	38943	35666	32390	32390	32390	32390	22117	11844	11844	7714	3584	3584	3584	3584	3331	3078	3078	2545	2367
			燃气	—	—	—	—	—	—	—	—	—	—	—	—	—	—	—	—	—	—	—
		其他	汽油	—	—	—	—	—	—	—	—	—	—	—	—	—	—	—	—	—	—	—
			柴油	4360	4126	3893	3893	3893	3893	2802	1711	1711	1252	794	794	794	794	666	539	539	539	539
			燃气	—	—	—	—	—	—	—	—	—	—	—	—	—	—	—	—	—	—	—
	中型	公交车	汽油	—	—	—	—	—	—	—	—	—	—	—	—	—	—	—	—	—	—	—
			柴油	30592	30592	28032	22913	22913	17978	8108	8108	8108	6872	5637	5637	5637	5637	3504	1372	1372	1080	983
			燃气	—	—	—	—	—	—	—	—	—	—	—	—	—	—	—	—	—	—	—
		其他	汽油	—	—	—	—	—	—	—	—	—	—	—	—	—	—	—	—	—	—	—
			柴油	15274	15274	12888	8116	8116	6262	2553	2553	2553	2434	2316	2316	2316	2316	1366	415	415	399	394
			燃气	—	—	—	—	—	—	—	—	—	—	—	—	—	—	—	—	—	—	—
	大型	公交车	汽油	—	—	—	—	—	—	—	—	—	—	—	—	—	—	—	—	—	—	—
			柴油	94865	94865	93934	92071	92071	71272	29674	29674	29674	19994	10315	10315	10315	10315	6116	1916	1916	1845	1821
			燃气	—	—	—	—	—	—	—	—	—	—	—	—	—	—	—	—	—	—	—
		其他	汽油	—	—	—	—	—	—	—	—	—	—	—	—	—	—	—	—	—	—	—
			柴油	142314	142314	133412	115607	115607	85425	25061	25061	25061	17182	9303	9303	9303	9303	5868	2433	2433	2343	2313
			燃气	—	—	—	—	—	—	—	—	—	—	—	—	—	—	—	—	—	—	—
载货汽车	微型		汽油	—	—	—	—	—	—	—	—	—	—	—	—	—	—	—	—	—	—	—
			柴油	8826	8644	8461	8461	8461	8461	6888	5314	5314	3944	2574	2574	2574	2574	1620	667	667	664	663
			燃气	—	—	—	—	—	—	—	—	—	—	—	—	—	—	—	—	—	—	—
	轻型		汽油	—	—	—	—	—	—	—	—	—	—	—	—	—	—	—	—	—	—	—
			柴油	9179	8820	8461	8461	8461	8461	6888	5314	5314	3944	2574	2574	2574	2574	1941	1308	1308	1080	1004
			燃气	—	—	—	—	—	—	—	—	—	—	—	—	—	—	—	—	—	—	—
	中型		汽油	—	—	—	—	—	—	—	—	—	—	—	—	—	—	—	—	—	—	—
			柴油	41228	41228	34695	21629	21629	16664	6734	6734	6734	6380	6025	6025	6025	6025	3863	1701	1701	1558	1510
			燃气	—	—	—	—	—	—	—	—	—	—	—	—	—	—	—	—	—	—	—
	重型		汽油	—	—	—	—	—	—	—	—	—	—	—	—	—	—	—	—	—	—	—
			柴油	91777	91777	75434	42748	42748	33942	16329	16329	16329	11190	6050	6050	6050	6050	4047	2044	2044	1728	1622
			燃气	—	—	—	—	—	—	—	—	—	—	—	—	—	—	—	—	—	—	—
低速汽车	三轮汽车			4092	4092	4092	4092	4092	4092	4092	4092	4092	3220	3220	3220	3220	3220	3220	3220	3220	3220	3220
	低速货车			5581	5581	5581	5581	5581	5581	5581	5581	5581	4392	4392	4392	4392	4392	4392	4392	4392	4392	4392
摩托车	普通摩托车			—	—	—	—	—	—	—	—	—	—	—	—	—	—	—	—	—	—	—
	轻便摩托车			—	—	—	—	—	—	—	—	—	—	—	—	—	—	—	—	—	—	—

石嘴山市 VOCs 排放系数

单位：克/（辆•年）

车辆类型		使用性质	燃料种类	1999 年年底前	2000 年	2001 年	2002 年	2003 年	2004 年	2005 年	2006 年	2007 年	2008 年	2009 年	2010 年	2011 年	2012 年	2013 年	2014 年	2015 年	2016 年	2017 年
载客汽车	微型	出租车	汽油	797439	467781	138123	138123	138123	138123	102176	66228	66228	53464	40701	40701	34146	27590	27590	27590	27590	20365	17957
			燃气	298745	179798	60852	60852	60852	60852	46248	31645	31645	25934	20223	20223	16126	12030	12030	12030	12030	7390	5844
		其他	汽油	66346	39567	12788	12788	12788	12788	12358	11929	11929	10072	8216	8216	7790	7363	7363	7363	7363	5984	5524
			燃气	20101	11330	2560	2560	2560	2560	2448	2336	2336	1744	1153	1153	1041	929	929	929	929	621	518
	小型	出租车	汽油	797439	459931	122423	122423	122423	122423	115220	108016	108016	74358	40701	40701	34146	27590	27590	27590	27590	19066	16225
			柴油	160986	151845	142704	142704	142704	142704	129685	116666	116666	84090	51513	51513	51513	51513	38358	25202	25202	14650	11133
			燃气	298745	176970	55196	55196	55196	55196	50948	46700	46700	33462	20223	20223	16126	12030	12030	12030	12030	6922	5220
		其他	汽油	67284	39922	12559	12559	12559	12559	12750	12941	12941	10581	8221	8221	7732	7244	7244	7244	7244	6077	5688
			柴油	13581	12436	11292	11292	11292	11292	9588	7885	7885	5414	2942	2942	2942	2942	2526	2109	2109	1494	1289
			燃气	20439	12338	4236	4236	4236	4236	3468	2700	2700	2008	1317	1317	1102	886	886	886	886	654	576
	中型	公交车	汽油	252550	252550	252550	252550	251953	172160	13768	13768	13768	13768	13768	13616	13465	13465	10990	8514	8514	8514	8514
			柴油	87806	87806	86086	82645	82645	64494	28192	28192	28192	20508	12823	12823	12823	12823	8958	5093	5093	4763	4653
			燃气	71579	71579	67602	59649	59649	57536	53311	53311	53311	42686	32061	32061	22219	22219	22154	22154	22154	22154	22154
		其他	汽油	130874	130874	130874	130874	130277	89163	8130	8130	8130	8130	8130	7984	7839	7839	6767	5695	5695	5695	5695
			柴油	30493	30493	28460	24394	24394	18567	6912	6912	6912	6506	6099	6099	6099	6099	3750	1402	1402	1243	1190
			燃气	34560	34560	32640	28800	28800	27780	25740	25740	25740	20623	15506	15506	10732	10732	9642	9642	9642	9642	9642
	大型	公交车	汽油	588444	588444	588444	588444	587847	396533	15098	15098	15098	15098	15098	14958	14818	14818	11997	9176	9176	9176	9176
			柴油	131708	131708	108010	60614	60614	60614	60614	60614	60614	43515	26416	26416	26416	26416	17675	8934	8934	5723	4653
			燃气	168926	168926	159541	140772	140772	135786	125815	125815	125815	100740	75665	75665	52438	52438	47188	47188	47188	47188	47188
		其他	汽油	1303768	1303768	1303768	1303768	1303171	878001	28854	28854	28854	28854	28854	22473	16092	16092	12838	9583	9583	9583	9583
			柴油	272891	272891	207397	76409	76409	76409	76409	76409	76409	55942	35476	35476	35476	35476	20706	5937	5937	5324	5119
			燃气	266186	266186	251398	221822	221822	213966	198253	198253	198253	158842	119430	119430	82662	82662	74261	74261	74261	74261	74261
载货汽车	微型		汽油	318974	171162	23349	23349	23349	23349	22198	21048	21048	19380	17712	17712	14740	11767	11767	11767	11767	10074	9509
			柴油	37651	35210	32769	32769	32769	32769	30203	27637	27637	20234	12832	12832	12832	12832	8846	4860	4860	3485	3027
			燃气	96640	50657	4674	4674	4674	4674	4398	4122	4122	3304	2486	2486	1985	1485	1485	1485	1485	1040	892
	轻型		汽油	165450	98372	31293	31293	31293	31293	27100	22907	22907	20478	18048	18048	16018	13988	13988	13988	13988	12130	11510
			柴油	34328	33548	32769	32769	32769	32769	30203	27637	27637	20234	12832	12832	12832	12832	9801	6770	6770	5395	4937
			燃气	50259	30407	10555	10555	10555	10555	7667	4779	4779	3835	2891	2891	2301	1711	1711	1711	1711	1302	1166
	中型		汽油	376624	376624	376624	376624	376027	255769	16448	16448	16448	16448	16448	16308	16168	16168	13007	9846	9846	9846	9846
			柴油	85487	85487	79788	68389	68389	52052	19377	19377	19377	18242	17108	17108	17108	17108	12398	7689	7689	4575	3537
			燃气	96889	96889	91506	80741	80741	77881	72159	72159	72159	57827	43495	43495	58858	58858	28659	28659	28659	28659	28659
	重型		汽油	617030	617030	617030	617030	616432	415774	15652	15652	15652	15652	15652	12572	9492	9492	7952	6411	6411	6411	6411
			柴油	160055	160055	121642	44815	44815	44815	44815	44815	44815	32811	20807	20807	20807	20807	13196	5584	5584	4002	3475
			燃气	156122	156122	147449	130102	130102	125494	116278	116278	116278	93163	70047	70047	77747	77747	50412	50412	50412	50412	50412
低速汽车	三轮汽车			25300	25300	25300	25300	25300	25300	25300	25300	25300	16721	16721	16721	16721	16721	16721	16721	16721	16721	16721
	低速货车			33990	33990	33990	33990	33990	33990	33990	33990	33990	22464	22464	22464	22464	22464	22464	22464	22464	22464	22464
摩托车	普通摩托车			13290	13290	13290	13290	9918	6546	3504	3504	3504	3504	3504	2615	1726	1726	1726	1726	1726	1726	1726
	轻便摩托车			42978	42978	42978	42978	42978	8596	8596	4232	4232	4232	4232	3158	2084	2084	2084	2084	2084	2084	2084

吴忠市 NO_x 排放系数

单位：克/（辆·年）

车辆类型		使用性质	燃料种类	1999 年年底前	2000 年	2001 年	2002 年	2003 年	2004 年	2005 年	2006 年	2007 年	2008 年	2009 年	2010 年	2011 年	2012 年	2013 年	2014 年	2015 年	2016 年	2017 年
载客汽车	微型	出租车	汽油	329457	218670	107884	107884	107884	107884	78120	48356	48356	34742	21128	21128	17521	13914	13914	13914	13914	9218	7653
			燃气	160776	108814	56853	56853	56853	56853	42116	27380	27380	20415	13450	13450	10888	8327	8327	8327	8327	5068	3981
		其他	汽油	51997	32542	13087	13087	13087	13087	8148	3208	3208	2606	2003	2003	1662	1320	1320	1320	1320	964	845
			燃气	23893	14252	4611	4611	4611	4611	3016	1421	1421	1158	894	894	712	530	530	530	530	419	382
	小型	出租车	汽油	374690	243951	113212	113212	113212	113212	81194	49175	49175	35152	21128	21128	16768	12407	12407	12407	12407	7838	6315
			柴油	366442	303567	240692	240692	240692	240692	214872	189053	189053	149186	109318	109318	109318	109318	90326	71335	71335	56698	51819
			燃气	181830	120582	59333	59333	59333	59333	43547	27761	27761	20606	13450	13450	10538	7625	7625	7625	7625	4425	3358
		其他	汽油	48475	30878	13282	13282	13282	13282	8710	4138	4138	2838	1537	1537	1393	1249	1249	1249	1249	906	791
			柴油	41022	33512	26001	26001	26001	26001	23944	21887	21887	17110	12334	12334	12334	12334	10656	8977	8977	7848	7472
			燃气	22254	14205	6156	6156	6156	6156	4005	1854	1854	1266	677	677	587	497	497	497	497	392	357
	中型	公交车	汽油	465527	465527	465527	465527	465527	318033	23044	23044	23044	23044	23044	20666	18289	18289	13807	9325	9325	9325	9325
			柴油	503997	503997	502813	500446	500446	480558	440781	440781	440781	367150	293518	293518	293518	293518	239532	185545	185545	155342	145275
			燃气	535130	535130	528760	516019	516019	500013	468000	468000	468000	389504	311007	311007	196676	196676	154035	154035	154035	154035	154035
		其他	汽油	285411	285411	285411	285411	285411	193604	9989	9989	9989	9989	9989	9989	9989	9989	7492	4996	4996	4996	4996
			柴油	236352	236352	226486	206753	206753	205005	201508	201508	201508	171618	141729	141729	141729	141729	125842	109955	109955	93848	88479
			燃气	266891	266891	252064	222409	222409	220313	216121	216121	216121	184012	151902	151902	118325	118325	95046	95046	95046	95046	95046
	大型	公交车	汽油	1658441	1658441	1658441	1658441	1658441	1140376	104245	104245	104245	104245	104245	104154	104062	104062	78047	52032	52032	52032	52032
			柴油	714817	714817	691719	645523	645523	627181	590497	590497	590497	579856	569215	569215	569215	569215	548690	528164	528164	476114	458764
			燃气	1437207	1437207	1357362	1197673	1197673	1108798	931048	931048	931048	797736	664423	664423	618578	618578	536145	536145	536145	536145	536145
		其他	汽油	3958397	3958397	3958397	3958397	3958397	2721869	248814	248814	248814	248814	248814	239483	230152	230152	172798	115445	115445	115445	115445
			柴油	1711766	1711766	1667719	1579625	1579625	1542797	1469142	1469142	1469142	1417416	1365691	1365691	1365691	1365691	1300145	1234599	1234599	1092608	1045277
			燃气	3186267	3186267	3009252	2655222	2655222	2458188	2064119	2064119	2064119	1769245	1474371	1474371	1330134	1330134	1128500	1128500	1128500	1128500	1128500
载货汽车	微型		汽油	152279	89868	27456	27456	27456	27456	18448	9439	9439	7596	5752	5752	5168	4584	4584	4584	4584	3566	3226
			柴油	96189	78895	61601	61601	61601	61601	55547	49493	49493	41941	34389	34389	34389	34389	25146	15902	15902	13961	13314
			燃气	69973	39824	9674	9674	9674	9674	6927	4181	4181	3374	2567	2567	2204	1841	1841	1841	1841	1554	1458
	轻型		汽油	113039	72028	31018	31018	31018	31018	20714	10410	10410	8701	6992	6992	5855	4718	4718	4718	4718	3733	3405
			柴油	96542	79072	61601	61601	61601	61601	55547	49493	49493	41941	34389	34389	34389	34389	27526	20662	20662	19559	19191
			燃气	51894	33135	14376	14376	14376	14376	9520	4664	4664	3872	3080	3080	2479	1877	1877	1877	1877	1622	1537
	中型		汽油	356498	356498	356498	356498	356498	243383	17156	17156	17156	17156	17156	17156	17156	17156	12872	8589	8589	8589	8589
			柴油	653289	653289	586606	453241	453241	430982	386465	386465	386465	380785	375105	375105	375105	375105	329108	283110	283110	243784	230675
			燃气	737700	737700	654321	487562	487562	463205	414491	414491	414491	408260	402029	402029	304661	304661	247796	247796	247796	247796	247796
	重型		汽油	1781604	1781604	1781604	1781604	1781604	1225065	111987	111987	111987	111987	111987	107788	103588	103588	77774	51960	51960	51960	51960
			柴油	973382	973382	940157	873708	873708	841392	776759	776759	776759	745610	714462	714462	714462	714462	623868	533274	533274	374442	321498
			燃气	1811845	1811845	1697441	1468633	1468633	1342866	1091333	1091333	1091333	931325	771318	771318	574539	574539	347095	347095	347095	347095	347095
低速汽车	三轮汽车			65550	65550	65550	65550	65550	65550	65550	65550	65550	53279	53279	53279	53279	53279	53279	53279	53279	53279	53279
	低速货车			88065	88065	88065	88065	88065	88065	88065	88065	88065	71579	71579	71579	71579	71579	71579	71579	71579	71579	71579
摩托车	普通摩托车			992	992	992	992	959	926	860	860	860	860	860	764	668	668	668	668	668	668	668
	轻便摩托车			661	661	661	661	661	331	331	331	331	331	331	294	257	257	257	257	257	257	257

吴忠市 PM 排放系数

单位：克/（辆·年）

车辆类型		使用性质	燃料种类	1999 年年底前	2000 年	2001 年	2002 年	2003 年	2004 年	2005 年	2006 年	2007 年	2008 年	2009 年	2010 年	2011 年	2012 年	2013 年	2014 年	2015 年	2016 年	2017 年
载客汽车	微型	出租车	汽油	—	—	—	—	—	—	—	—	—	—	—	—	—	—	—	—	—	—	—
			燃气	—	—	—	—	—	—	—	—	—	—	—	—	—	—	—	—	—	—	—
		其他	汽油	—	—	—	—	—	—	—	—	—	—	—	—	—	—	—	—	—	—	—
			燃气	—	—	—	—	—	—	—	—	—	—	—	—	—	—	—	—	—	—	—
	小型	出租车	汽油	—	—	—	—	—	—	—	—	—	—	—	—	—	—	—	—	—	—	—
			柴油	38943	35666	32390	32390	32390	32390	22117	11844	11844	7714	3584	3584	3584	3584	3331	3078	3078	2545	2367
			燃气	—	—	—	—	—	—	—	—	—	—	—	—	—	—	—	—	—	—	—
		其他	汽油	—	—	—	—	—	—	—	—	—	—	—	—	—	—	—	—	—	—	—
			柴油	4360	4126	3893	3893	3893	3893	2802	1711	1711	1252	794	794	794	794	666	539	539	539	539
			燃气	—	—	—	—	—	—	—	—	—	—	—	—	—	—	—	—	—	—	—
	中型	公交车	汽油	—	—	—	—	—	—	—	—	—	—	—	—	—	—	—	—	—	—	—
			柴油	30592	30592	28032	22913	22913	17978	8108	8108	8108	6872	5637	5637	5637	5637	3504	1372	1372	1080	983
			燃气	—	—	—	—	—	—	—	—	—	—	—	—	—	—	—	—	—	—	—
		其他	汽油	—	—	—	—	—	—	—	—	—	—	—	—	—	—	—	—	—	—	—
			柴油	15274	15274	12888	8116	8116	6262	2553	2553	2553	2434	2316	2316	2316	2316	1366	415	415	399	394
			燃气	—	—	—	—	—	—	—	—	—	—	—	—	—	—	—	—	—	—	—
	大型	公交车	汽油	—	—	—	—	—	—	—	—	—	—	—	—	—	—	—	—	—	—	—
			柴油	94865	94865	93934	92071	92071	71272	29674	29674	29674	19994	10315	10315	10315	10315	6116	1916	1916	1845	1821
			燃气	—	—	—	—	—	—	—	—	—	—	—	—	—	—	—	—	—	—	—
		其他	汽油	—	—	—	—	—	—	—	—	—	—	—	—	—	—	—	—	—	—	—
			柴油	142314	142314	133412	115607	115607	85425	25061	25061	25061	17182	9303	9303	9303	9303	5868	2433	2433	2343	2313
			燃气	—	—	—	—	—	—	—	—	—	—	—	—	—	—	—	—	—	—	—
载货汽车	微型		汽油	—	—	—	—	—	—	—	—	—	—	—	—	—	—	—	—	—	—	—
			柴油	8826	8644	8461	8461	8461	8461	6888	5314	5314	3944	2574	2574	2574	2574	1620	667	667	664	663
			燃气	—	—	—	—	—	—	—	—	—	—	—	—	—	—	—	—	—	—	—
	轻型		汽油	—	—	—	—	—	—	—	—	—	—	—	—	—	—	—	—	—	—	—
			柴油	9179	8820	8461	8461	8461	8461	6888	5314	5314	3944	2574	2574	2574	2574	1941	1308	1308	1080	1004
			燃气	—	—	—	—	—	—	—	—	—	—	—	—	—	—	—	—	—	—	—
	中型		汽油	—	—	—	—	—	—	—	—	—	—	—	—	—	—	—	—	—	—	—
			柴油	41228	41228	34695	21629	21629	16664	6734	6734	6734	6380	6025	6025	6025	6025	3863	1701	1701	1558	1510
			燃气	—	—	—	—	—	—	—	—	—	—	—	—	—	—	—	—	—	—	—
	重型		汽油	—	—	—	—	—	—	—	—	—	—	—	—	—	—	—	—	—	—	—
			柴油	91777	91777	75434	42748	42748	33942	16329	16329	16329	11190	6050	6050	6050	6050	4047	2044	2044	1728	1622
			燃气	—	—	—	—	—	—	—	—	—	—	—	—	—	—	—	—	—	—	—
低速汽车	三轮汽车			4092	4092	4092	4092	4092	4092	4092	4092	4092	3220	3220	3220	3220	3220	3220	3220	3220	3220	3220
	低速货车			5581	5581	5581	5581	5581	5581	5581	5581	5581	4392	4392	4392	4392	4392	4392	4392	4392	4392	4392
摩托车	普通摩托车			—	—	—	—	—	—	—	—	—	—	—	—	—	—	—	—	—	—	—
	轻便摩托车			—	—	—	—	—	—	—	—	—	—	—	—	—	—	—	—	—	—	—

吴忠市 VOCs 排放系数

单位：克/（辆·年）

车辆类型		使用性质	燃料种类	1999 年年底前	2000 年	2001 年	2002 年	2003 年	2004 年	2005 年	2006 年	2007 年	2008 年	2009 年	2010 年	2011 年	2012 年	2013 年	2014 年	2015 年	2016 年	2017 年
载客汽车	微型	出租车	汽油	797439	467781	138123	138123	138123	138123	102176	66228	66228	53464	40701	40701	34146	27590	27590	27590	27590	20365	17957
			燃气	298745	179798	60852	60852	60852	60852	46248	31645	31645	25934	20223	20223	16126	12030	12030	12030	12030	7390	5844
		其他	汽油	66346	39567	12788	12788	12788	12788	12358	11929	11929	10072	8216	8216	7790	7363	7363	7363	7363	5984	5524
			燃气	20101	11330	2560	2560	2560	2560	2448	2336	2336	1744	1153	1153	1041	929	929	929	929	621	518
	小型	出租车	汽油	797439	459931	122423	122423	122423	122423	115220	108016	108016	74358	40701	40701	34146	27590	27590	27590	27590	19066	16225
			柴油	160986	151845	142704	142704	142704	142704	129685	116666	116666	84090	51513	51513	51513	51513	38358	25202	25202	14650	11133
			燃气	298745	176970	55196	55196	55196	55196	50948	46700	46700	33462	20223	20223	16126	12030	12030	12030	12030	6922	5220
		其他	汽油	67284	39922	12559	12559	12559	12559	12750	12941	12941	10581	8221	8221	7732	7244	7244	7244	7244	6077	5688
			柴油	13581	12436	11292	11292	11292	11292	9588	7885	7885	5414	2942	2942	2942	2942	2526	2109	2109	1494	1289
			燃气	20439	12338	4236	4236	4236	4236	3468	2700	2700	2008	1317	1317	1102	886	886	886	886	654	576
	中型	公交车	汽油	252550	252550	252550	252550	251953	172160	13768	13768	13768	13768	13768	13616	13465	13465	10990	8514	8514	8514	8514
			柴油	87806	87806	86086	82645	82645	64494	28192	28192	28192	20508	12823	12823	12823	12823	8958	5093	5093	4763	4653
			燃气	71579	71579	67602	59649	59649	57536	53311	53311	53311	42686	32061	32061	22219	22219	22154	22154	22154	22154	22154
		其他	汽油	130874	130874	130874	130874	130277	89163	8130	8130	8130	8130	8130	7984	7839	7839	6767	5695	5695	5695	5695
			柴油	30493	30493	28460	24394	24394	18567	6912	6912	6912	6506	6099	6099	6099	6099	3750	1402	1402	1243	1190
			燃气	34560	34560	32640	28800	28800	27780	25740	25740	25740	20623	15506	15506	10732	10732	9642	9642	9642	9642	9642
	大型	公交车	汽油	588444	588444	588444	588444	587847	396533	15098	15098	15098	15098	15098	14958	14818	14818	11997	9176	9176	9176	9176
			柴油	131708	131708	108010	60614	60614	60614	60614	60614	60614	43515	26416	26416	26416	26416	17675	8934	8934	5723	4653
			燃气	168926	168926	159541	140772	140772	135786	125815	125815	125815	100740	75665	75665	52438	52438	47188	47188	47188	47188	47188
		其他	汽油	1303768	1303768	1303768	1303768	1303171	878001	28854	28854	28854	28854	28854	22473	16092	16092	12838	9583	9583	9583	9583
			柴油	272891	272891	207397	76409	76409	76409	76409	76409	76409	55942	35476	35476	35476	35476	20706	5937	5937	5324	5119
			燃气	266186	266186	251398	221822	221822	213966	198253	198253	198253	158842	119430	119430	82662	82662	74261	74261	74261	74261	74261
载货汽车	微型		汽油	318974	171162	23349	23349	23349	23349	22198	21048	21048	19380	17712	17712	14740	11767	11767	11767	11767	10074	9509
			柴油	37651	35210	32769	32769	32769	32769	30203	27637	27637	20234	12832	12832	12832	12832	8846	4860	4860	3485	3027
			燃气	96640	50657	4674	4674	4674	4674	4398	4122	4122	3304	2486	2486	1985	1485	1485	1485	1485	1040	892
	轻型		汽油	165450	98372	31293	31293	31293	31293	27100	22907	22907	20478	18048	18048	16018	13988	13988	13988	13988	12130	11510
			柴油	34328	33548	32769	32769	32769	32769	30203	27637	27637	20234	12832	12832	12832	12832	9801	6770	6770	5395	4937
			燃气	50259	30407	10555	10555	10555	10555	7667	4779	4779	3835	2891	2891	2301	1711	1711	1711	1711	1302	1166
	中型		汽油	376624	376624	376624	376624	376027	255769	16448	16448	16448	16448	16448	16308	16168	16168	13007	9846	9846	9846	9846
			柴油	85487	85487	79788	68389	68389	52052	19377	19377	19377	18242	17108	17108	17108	17108	12398	7689	7689	4575	3537
			燃气	96889	96889	91506	80741	80741	77881	72159	72159	72159	57827	43495	43495	58858	58858	28659	28659	28659	28659	28659
	重型		汽油	617030	617030	617030	617030	616432	415774	15652	15652	15652	15652	15652	12572	9492	9492	7952	6411	6411	6411	6411
			柴油	160055	160055	121642	44815	44815	44815	44815	44815	44815	32811	20807	20807	20807	20807	13196	5584	5584	4002	3475
			燃气	156122	156122	147449	130102	130102	125494	116278	116278	116278	93163	70047	70047	77747	77747	50412	50412	50412	50412	50412
低速汽车	三轮汽车			25300	25300	25300	25300	25300	25300	25300	25300	25300	16721	16721	16721	16721	16721	16721	16721	16721	16721	16721
	低速货车			33990	33990	33990	33990	33990	33990	33990	33990	33990	22464	22464	22464	22464	22464	22464	22464	22464	22464	22464
摩托车	普通摩托车			13290	13290	13290	13290	9918	6546	3504	3504	3504	3504	3504	2615	1726	1726	1726	1726	1726	1726	1726
	轻便摩托车			42978	42978	42978	42978	42978	8596	8596	4232	4232	4232	4232	3158	2084	2084	2084	2084	2084	2084	2084

固原市 NO_x 排放系数

单位：克/（辆·年）

车辆类型		使用性质	燃料种类	1999 年年底前	2000 年	2001 年	2002 年	2003 年	2004 年	2005 年	2006 年	2007 年	2008 年	2009 年	2010 年	2011 年	2012 年	2013 年	2014 年	2015 年	2016 年	2017 年
载客汽车	微型	出租车	汽油	469290	308152	147015	147015	147015	147015	104838	62660	62660	43800	24940	24940	21042	17143	17143	17143	17143	12154	10491
			燃气	160776	108814	56853	56853	56853	56853	42116	27380	27380	20415	13450	13450	10888	8327	8327	8327	8327	5068	3981
		其他	汽油	75340	47022	18704	18704	18704	18704	11512	4319	4319	3492	2665	2665	2201	1737	1737	1737	1737	1334	1200
			燃气	23893	14252	4611	4611	4611	4611	3016	1421	1421	1158	894	894	712	530	530	530	530	419	382
	小型	出租车	汽油	535486	345150	154813	154813	154813	154813	109336	63859	63859	44400	24940	24940	19940	14939	14939	14939	14939	10134	8532
			柴油	418556	345176	271795	271795	271795	271795	242922	214048	214048	168546	123045	123045	123045	123045	102256	81467	81467	65741	60499
			燃气	181830	120582	59333	59333	59333	59333	43547	27761	27761	20606	13450	13450	10538	7625	7625	7625	7625	4425	3358
		其他	汽油	70186	44588	18989	18989	18989	18989	12334	5679	5679	3832	1984	1984	1808	1633	1633	1633	1633	1249	1121
			柴油	48141	39277	30413	30413	30413	30413	28022	25630	25630	20023	14416	14416	14416	14416	12472	10529	10529	9248	8821
			燃气	22254	14205	6156	6156	6156	6156	4005	1854	1854	1266	677	677	587	497	497	497	497	392	357
	中型	公交车	汽油	681274	681274	681274	681274	681274	465424	33723	33723	33723	33723	33723	30244	26764	26764	20205	13646	13646	13646	13646
			柴油	596701	596701	595300	592498	592498	568951	521858	521858	521858	434682	347507	347507	347507	347507	283590	219674	219674	183916	171997
			燃气	633562	633562	626019	610934	610934	591984	554083	554083	554083	461148	368213	368213	232853	232853	182368	182368	182368	182368	182368
		其他	汽油	417683	417683	417683	417683	417683	283328	14619	14619	14619	14619	14619	14619	14619	14619	10965	7311	7311	7311	7311
			柴油	279826	279826	268145	244783	244783	242713	238573	238573	238573	203186	167798	167798	167798	167798	148989	130180	130180	111110	104754
			燃气	315982	315982	298428	263319	263319	260837	255874	255874	255874	217858	179843	179843	140090	140090	112528	112528	112528	112528	112528
	大型	公交车	汽油	2427038	2427038	2427038	2427038	2427038	1668878	152557	152557	152557	152557	152557	152423	152289	152289	114218	76146	76146	76146	76146
			柴油	846300	846300	818953	764259	764259	742543	699112	699112	699112	686514	673915	673915	673915	673915	649614	625314	625314	563690	543149
			燃气	1701565	1701565	1607034	1417971	1417971	1312749	1102304	1102304	1102304	944470	786636	786636	732358	732358	634763	634763	634763	634763	634763
		其他	汽油	5792898	5792898	5792898	5792898	5792898	3983307	364125	364125	364125	364125	364125	350470	336816	336816	252882	168947	168947	168947	168947
			柴油	2026626	2026626	1974477	1870179	1870179	1826577	1739373	1739373	1739373	1678134	1616895	1616895	1616895	1616895	1539292	1461689	1461689	1293580	1237544
			燃气	3772344	3772344	3562769	3143620	3143620	2910343	2443790	2443790	2443790	2094677	1745564	1745564	1574796	1574796	1336075	1336075	1336075	1336075	1336075
载货汽车	微型		汽油	220984	129878	38771	38771	38771	38771	25748	12724	12724	10174	7625	7625	6930	6236	6236	6236	6236	5026	4623
			柴油	112086	91734	71381	71381	71381	71381	64410	57439	57439	48698	39957	39957	39957	39957	29209	18461	18461	16361	15661
			燃气	70082	39820	9558	9558	9558	9558	6872	4186	4186	3372	2558	2558	2230	1903	1903	1903	1903	1579	1472
	轻型		汽油	163558	103772	43985	43985	43985	43985	29066	14146	14146	11793	9440	9440	7936	6431	6431	6431	6431	5272	4885
			柴油	112504	91942	71381	71381	71381	71381	64410	57439	57439	48698	39957	39957	39957	39957	32027	24097	24097	22988	22619
			燃气	51860	33060	14259	14259	14259	14259	9439	4618	4618	3920	3221	3221	2589	1957	1957	1957	1957	1656	1556
	中型		汽油	520840	520840	520840	520840	520840	355582	25065	25065	25065	25065	25065	25065	25065	25065	18806	12548	12548	12548	12548
			柴油	772502	772502	693651	535949	535949	509629	456988	456988	456988	450272	443555	443555	443555	443555	389164	334772	334772	288270	272769
			燃气	872316	872316	773722	576533	576533	547732	490128	490128	490128	482761	475395	475395	360257	360257	293012	293012	293012	293012	293012
	重型		汽油	2602912	2602912	2602912	2602912	2602912	1789812	163612	163612	163612	163612	163612	157476	151341	151341	113627	75913	75913	75913	75913
			柴油	1151007	1151007	1111719	1033144	1033144	994930	918503	918503	918503	881671	844839	844839	844839	844839	737712	630586	630586	442770	380165
			燃气	2142474	2142474	2007194	1736632	1736632	1587915	1290481	1290481	1290481	1101275	912069	912069	679381	679381	410433	410433	410433	410433	410433
低速汽车	三轮汽车			65550	65550	65550	65550	65550	65550	65550	65550	65550	53279	53279	53279	53279	53279	53279	53279	53279	53279	53279
	低速货车			88065	88065	88065	88065	88065	88065	88065	88065	88065	71579	71579	71579	71579	71579	71579	71579	71579	71579	71579
摩托车	普通摩托车			992	992	992	992	959	926	860	860	860	860	860	764	668	668	668	668	668	668	668
	轻便摩托车			661	661	661	661	661	331	331	331	331	331	331	294	257	257	257	257	257	257	257

固原市 PM 排放系数

单位：克/（辆·年）

车辆类型		使用性质	燃料种类	1999 年年底前	2000 年	2001 年	2002 年	2003 年	2004 年	2005 年	2006 年	2007 年	2008 年	2009 年	2010 年	2011 年	2012 年	2013 年	2014 年	2015 年	2016 年	2017 年
载客汽车	微型	出租车	汽油	—	—	—	—	—	—	—	—	—	—	—	—	—	—	—	—	—	—	—
			燃气	—	—	—	—	—	—	—	—	—	—	—	—	—	—	—	—	—	—	—
		其他	汽油	—	—	—	—	—	—	—	—	—	—	—	—	—	—	—	—	—	—	—
			燃气	—	—	—	—	—	—	—	—	—	—	—	—	—	—	—	—	—	—	—
	小型	出租车	汽油	—	—	—	—	—	—	—	—	—	—	—	—	—	—	—	—	—	—	—
			柴油	38943	35666	32390	32390	32390	32390	22117	11844	11844	7714	3584	3584	3584	3584	3331	3078	3078	2545	2367
			燃气	—	—	—	—	—	—	—	—	—	—	—	—	—	—	—	—	—	—	—
		其他	汽油	—	—	—	—	—	—	—	—	—	—	—	—	—	—	—	—	—	—	—
			柴油	4360	4126	3893	3893	3893	3893	2802	1711	1711	1252	794	794	794	794	666	539	539	539	539
			燃气	—	—	—	—	—	—	—	—	—	—	—	—	—	—	—	—	—	—	—
	中型	公交车	汽油	—	—	—	—	—	—	—	—	—	—	—	—	—	—	—	—	—	—	—
			柴油	30592	30592	28032	22913	22913	17978	8108	8108	8108	6872	5637	5637	5637	5637	3504	1372	1372	1080	983
			燃气	—	—	—	—	—	—	—	—	—	—	—	—	—	—	—	—	—	—	—
		其他	汽油	—	—	—	—	—	—	—	—	—	—	—	—	—	—	—	—	—	—	—
			柴油	15274	15274	12888	8116	8116	6262	2553	2553	2553	2434	2316	2316	2316	2316	1366	415	415	399	394
			燃气	—	—	—	—	—	—	—	—	—	—	—	—	—	—	—	—	—	—	—
	大型	公交车	汽油	—	—	—	—	—	—	—	—	—	—	—	—	—	—	—	—	—	—	—
			柴油	94865	94865	93934	92071	92071	71272	29674	29674	29674	19994	10315	10315	10315	10315	6116	1916	1916	1845	1821
			燃气	—	—	—	—	—	—	—	—	—	—	—	—	—	—	—	—	—	—	—
		其他	汽油	—	—	—	—	—	—	—	—	—	—	—	—	—	—	—	—	—	—	—
			柴油	142314	142314	133412	115607	115607	85425	25061	25061	25061	17182	9303	9303	9303	9303	5868	2433	2433	2343	2313
			燃气	—	—	—	—	—	—	—	—	—	—	—	—	—	—	—	—	—	—	—
载货汽车	微型		汽油	—	—	—	—	—	—	—	—	—	—	—	—	—	—	—	—	—	—	—
			柴油	8826	8644	8461	8461	8461	8461	6888	5314	5314	3944	2574	2574	2574	2574	1620	667	667	664	663
			燃气	—	—	—	—	—	—	—	—	—	—	—	—	—	—	—	—	—	—	—
	轻型		汽油	—	—	—	—	—	—	—	—	—	—	—	—	—	—	—	—	—	—	—
			柴油	9179	8820	8461	8461	8461	8461	6888	5314	5314	3944	2574	2574	2574	2574	1941	1308	1308	1080	1004
			燃气	—	—	—	—	—	—	—	—	—	—	—	—	—	—	—	—	—	—	—
	中型		汽油	—	—	—	—	—	—	—	—	—	—	—	—	—	—	—	—	—	—	—
			柴油	41228	41228	34695	21629	21629	16664	6734	6734	6734	6380	6025	6025	6025	6025	3863	1701	1701	1558	1510
			燃气	—	—	—	—	—	—	—	—	—	—	—	—	—	—	—	—	—	—	—
	重型		汽油	—	—	—	—	—	—	—	—	—	—	—	—	—	—	—	—	—	—	—
			柴油	91777	91777	75434	42748	42748	33942	16329	16329	16329	11190	6050	6050	6050	6050	4047	2044	2044	1728	1622
			燃气	—	—	—	—	—	—	—	—	—	—	—	—	—	—	—	—	—	—	—
低速汽车	三轮汽车			4092	4092	4092	4092	4092	4092	4092	4092	4092	3220	3220	3220	3220	3220	3220	3220	3220	3220	3220
	低速货车			5581	5581	5581	5581	5581	5581	5581	5581	5581	4392	4392	4392	4392	4392	4392	4392	4392	4392	4392
摩托车	普通摩托车			—	—	—	—	—	—	—	—	—	—	—	—	—	—	—	—	—	—	—
	轻便摩托车			—	—	—	—	—	—	—	—	—	—	—	—	—	—	—	—	—	—	—

固原市 VOCs 排放系数

单位：克/（辆·年）

车辆类型		使用性质	燃料种类	1999年年底前	2000年	2001年	2002年	2003年	2004年	2005年	2006年	2007年	2008年	2009年	2010年	2011年	2012年	2013年	2014年	2015年	2016年	2017年
载客汽车	微型	出租车	汽油	1053363	613074	172786	172786	172786	172786	125993	79200	79200	63225	47250	47250	39772	32294	32294	32294	32294	24514	21920
			燃气	298745	179798	60852	60852	60852	60852	46248	31645	31645	25934	20223	20223	16126	12030	12030	12030	12030	7390	5844
		其他	汽油	84941	49791	14641	14641	14641	14641	14182	13722	13722	11413	9104	9104	8572	8039	8039	8039	8039	6428	5891
			燃气	20101	11330	2560	2560	2560	2560	2448	2336	2336	1744	1153	1153	1041	929	929	929	929	621	518
	小型	出租车	汽油	1053363	602554	151744	151744	151744	151744	143475	135206	135206	91228	47250	47250	39772	32294	32294	32294	32294	22772	19598
			柴油	171959	162402	152846	152846	152846	152846	139440	126033	126033	89706	53378	53378	53378	53378	39812	26245	26245	15636	12100
			燃气	298745	176970	55196	55196	55196	55196	50948	46700	46700	33462	20223	20223	16126	12030	12030	12030	12030	6922	5220
		其他	汽油	86198	50266	14334	14334	14334	14334	14706	15079	15079	12095	9111	9111	8495	7879	7879	7879	7879	6552	6110
			柴油	15407	14094	12782	12782	12782	12782	10832	8883	8883	6050	3216	3216	3216	3216	2776	2336	2336	1680	1462
			燃气	20439	12338	4236	4236	4236	4236	3468	2700	2700	2008	1317	1317	1102	886	886	886	886	654	576
	中型	公交车	汽油	269365	269365	269365	269365	268768	183551	14312	14312	14312	14312	14312	14160	14007	14007	11362	8718	8718	8718	8718
			柴油	87806	87806	86086	82645	82645	64494	28192	28192	28192	20508	12823	12823	12823	12823	8958	5093	5093	4763	4653
			燃气	71579	71579	67602	59649	59649	57536	53311	53311	53311	42686	32061	32061	22219	22219	22154	22154	22154	22154	22154
		其他	汽油	139339	139339	139339	139339	138742	94859	8287	8287	8287	8287	8287	8141	7995	7995	6850	5706	5706	5706	5706
			柴油	30493	30493	28460	24394	24394	18567	6912	6912	6912	6506	6099	6099	6099	6099	3750	1402	1402	1243	1190
			燃气	34560	34560	32640	28800	28800	27780	25740	25740	25740	20623	15506	15506	10732	10732	9642	9642	9642	9642	9642
	大型	公交车	汽油	628311	628311	628311	628311	627714	423322	15733	15733	15733	15733	15733	15593	15453	15453	12440	9426	9426	9426	9426
			柴油	131708	131708	108010	60614	60614	60614	60614	60614	60614	43515	26416	26416	26416	26416	17675	8934	8934	5723	4653
			燃气	168926	168926	159541	140772	140772	135786	125815	125815	125815	100740	75665	75665	52438	52438	47188	47188	47188	47188	47188
		其他	汽油	1392726	1392726	1392726	1392726	1392129	937832	30433	30433	30433	30433	30433	23624	16814	16814	13338	9861	9861	9861	9861
			柴油	272891	272891	207397	76409	76409	76409	76409	76409	76409	55942	35476	35476	35476	35476	20706	5937	5937	5324	5119
			燃气	266186	266186	251398	221822	221822	213966	198253	198253	198253	158842	119430	119430	82662	82662	74261	74261	74261	74261	74261
载货汽车	微型		汽油	422472	225180	27889	27889	27889	27889	26580	25272	25272	23303	21334	21334	17506	13679	13679	13679	13679	11800	11173
			柴油	42132	39404	36675	36675	36675	36675	33882	31088	31088	22638	14188	14188	14188	14188	9728	5269	5269	3880	3417
			燃气	99977	52427	4876	4876	4876	4876	4589	4302	4302	3502	2702	2702	2141	1581	1581	1581	1581	1132	982
	轻型		汽油	216713	127624	38535	38535	38535	38535	33149	27763	27763	24774	21784	21784	19220	16655	16655	16655	16655	14554	13854
			柴油	38234	37454	36675	36675	36675	36675	33882	31088	31088	22638	14188	14188	14188	14188	10848	7509	7509	6120	5657
			燃气	51386	31387	11388	11388	11388	11388	8180	4971	4971	4060	3149	3149	2511	1873	1873	1873	1873	1448	1306
	中型		汽油	401954	401954	401954	401954	401357	272898	17175	17175	17175	17175	17175	17035	16895	16895	13518	10141	10141	10141	10141
			柴油	85487	85487	79788	68389	68389	52052	19377	19377	19377	18242	17108	17108	17108	17108	12398	7689	7689	4575	3537
			燃气	96889	96889	91506	80741	80741	77881	72159	72159	72159	57827	43495	43495	58858	58858	28659	28659	28659	28659	28659
	重型		汽油	658858	658858	658858	658858	658260	443883	16324	16324	16324	16324	16324	13042	9761	9761	8116	6470	6470	6470	6470
			柴油	160055	160055	121642	44815	44815	44815	44815	44815	44815	32811	20807	20807	20807	20807	13196	5584	5584	4002	3475
			燃气	156122	156122	147449	130102	130102	125494	116278	116278	116278	93163	70047	70047	77747	77747	50412	50412	50412	50412	50412
低速汽车	三轮汽车			25300	25300	25300	25300	25300	25300	25300	25300	25300	16721	16721	16721	16721	16721	16721	16721	16721	16721	16721
	低速货车			33990	33990	33990	33990	33990	33990	33990	33990	33990	22464	22464	22464	22464	22464	22464	22464	22464	22464	22464
摩托车	普通摩托车			13290	13290	13290	13290	9918	6546	3504	3504	3504	3504	3504	2615	1726	1726	1726	1726	1726	1726	1726
	轻便摩托车			42978	42978	42978	42978	42978	8596	8596	4232	4232	4232	4232	3158	2084	2084	2084	2084	2084	2084	2084

中卫市 NO_x 排放系数

单位：克/（辆·年）

车辆类型		使用性质	燃料种类	1999 年年底前	2000 年	2001 年	2002 年	2003 年	2004 年	2005 年	2006 年	2007 年	2008 年	2009 年	2010 年	2011 年	2012 年	2013 年	2014 年	2015 年	2016 年	2017 年
载客汽车	微型	出租车	汽油	329513	218705	107897	107897	107897	107897	78127	48357	48357	34741	21125	21125	17518	13911	13911	13911	13911	9218	7654
			燃气	160776	108814	56853	56853	56853	56853	42116	27380	27380	20415	13450	13450	10888	8327	8327	8327	8327	5068	3981
		其他	汽油	51991	32537	13083	13083	13083	13083	8142	3202	3202	2600	1998	1998	1656	1315	1315	1315	1315	962	845
			燃气	23893	14252	4611	4611	4611	4611	3016	1421	1421	1158	894	894	712	530	530	530	530	419	382
	小型	出租车	汽油	374756	243992	113227	113227	113227	113227	81202	49176	49176	35150	21125	21125	16764	12404	12404	12404	12404	7837	6315
			柴油	366489	303604	240718	240718	240718	240718	214896	189073	189073	149200	109328	109328	109328	109328	90335	71342	71342	56706	51827
			燃气	181830	120582	59333	59333	59333	59333	43547	27761	27761	20606	13450	13450	10538	7625	7625	7625	7625	4425	3358
		其他	汽油	48468	30873	13278	13278	13278	13278	8705	4132	4132	2832	1533	1533	1388	1244	1244	1244	1244	904	790
			柴油	41024	33512	26001	26001	26001	26001	23944	21886	21886	17110	12333	12333	12333	12333	10654	8975	8975	7848	7473
			燃气	22254	14205	6156	6156	6156	6156	4005	1854	1854	1266	677	677	587	497	497	497	497	392	357
	中型	公交车	汽油	465641	465641	465641	465641	465641	318110	23049	23049	23049	23049	23049	20671	18293	18293	13810	9327	9327	9327	9327
			柴油	504087	504087	502903	500536	500536	480644	440860	440860	440860	367215	293570	293570	293570	293570	239574	185578	185578	155370	145301
			燃气	535226	535226	528854	516111	516111	500102	468084	468084	468084	389573	311062	311062	196712	196712	154063	154063	154063	154063	154063
		其他	汽油	285480	285480	285480	285480	285480	193651	9992	9992	9992	9992	9992	9992	9992	9992	7494	4997	4997	4997	4997
			柴油	236394	236394	226526	206790	206790	205041	201544	201544	201544	171649	141754	141754	141754	141754	125864	109975	109975	93865	88495
			燃气	266938	266938	252108	222449	222449	220352	216159	216159	216159	184044	151929	151929	118346	118346	95063	95063	95063	95063	95063
	大型	公交车	汽油	1658845	1658845	1658845	1658845	1658845	1140653	104270	104270	104270	104270	104270	104178	104087	104087	78066	52045	52045	52045	52045
			柴油	714945	714945	691843	645638	645638	627293	590603	590603	590603	579960	569316	569316	569316	569316	548787	528258	528258	476199	458846
			燃气	1437464	1437464	1357605	1197887	1197887	1108996	931214	931214	931214	797878	664542	664542	618689	618689	536241	536241	536241	536241	536241
		其他	汽油	3959361	3959361	3959361	3959361	3959361	2722532	248874	248874	248874	248874	248874	239542	230209	230209	172841	115473	115473	115473	115473
			柴油	1712072	1712072	1668017	1579907	1579907	1543073	1469404	1469404	1469404	1417670	1365936	1365936	1365936	1365936	1300378	1234820	1234820	1092803	1045464
			燃气	3186836	3186836	3009790	2655697	2655697	2458627	2064488	2064488	2064488	1769561	1474634	1474634	1330371	1330371	1128702	1128702	1128702	1128702	1128702
载货汽车	微型		汽油	152298	89876	27454	27454	27454	27454	18444	9434	9434	7591	5748	5748	5164	4580	4580	4580	4580	3564	3226
			柴油	96200	78903	61606	61606	61606	61606	55551	49496	49496	41944	34391	34391	34391	34391	25146	15901	15901	13962	13316
			燃气	69990	39833	9676	9676	9676	9676	6931	4187	4187	3379	2572	2572	2209	1846	1846	1846	1846	1555	1458
	轻型		汽油	113048	72033	31018	31018	31018	31018	20712	10405	10405	8697	6989	6989	5852	4714	4714	4714	4714	3732	3405
			柴油	96553	79080	61606	61606	61606	61606	55551	49496	49496	41944	34391	34391	34391	34391	27526	20662	20662	19561	19194
			燃气	51906	33143	14381	14381	14381	14381	9525	4669	4669	3878	3086	3086	2485	1883	1883	1883	1883	1625	1539
	中型		汽油	356498	356498	356498	356498	356498	243383	17156	17156	17156	17156	17156	17156	17156	17156	12872	8589	8589	8589	8589
			柴油	653289	653289	586606	453241	453241	430982	386465	386465	386465	380785	375105	375105	375105	375105	329108	283110	283110	243784	230675
			燃气	737699	737699	654320	487562	487562	463205	414490	414490	414490	408260	402030	402030	304660	304660	247795	247795	247795	247795	247795
	重型		汽油	1781604	1781604	1781604	1781604	1781604	1225065	111987	111987	111987	111987	111987	107788	103588	103588	77774	51960	51960	51960	51960
			柴油	973382	973382	940157	873708	873708	841392	776759	776759	776759	745610	714462	714462	714462	714462	623868	533274	533274	374442	321498
			燃气	1811845	1811845	1697441	1468633	1468633	1342867	1091333	1091333	1091333	931325	771317	771317	574539	574539	347095	347095	347095	347095	347095
低速汽车	三轮汽车			65550	65550	65550	65550	65550	65550	65550	65550	65550	53279	53279	53279	53279	53279	53279	53279	53279	53279	53279
	低速货车			88065	88065	88065	88065	88065	88065	88065	88065	88065	71579	71579	71579	71579	71579	71579	71579	71579	71579	71579
摩托车	普通摩托车			992	992	992	992	959	926	860	860	860	860	860	764	668	668	668	668	668	668	668
	轻便摩托车			661	661	661	661	661	331	331	331	331	331	331	294	257	257	257	257	257	257	257

中卫市 PM 排放系数

单位：克/（辆·年）

车辆类型		使用性质	燃料种类	1999 年年底前	2000 年	2001 年	2002 年	2003 年	2004 年	2005 年	2006 年	2007 年	2008 年	2009 年	2010 年	2011 年	2012 年	2013 年	2014 年	2015 年	2016 年	2017 年
载客汽车	微型	出租车	汽油	—	—	—	—	—	—	—	—	—	—	—	—	—	—	—	—	—	—	—
			燃气	—	—	—	—	—	—	—	—	—	—	—	—	—	—	—	—	—	—	—
		其他	汽油	—	—	—	—	—	—	—	—	—	—	—	—	—	—	—	—	—	—	—
			燃气	—	—	—	—	—	—	—	—	—	—	—	—	—	—	—	—	—	—	—
	小型	出租车	汽油	—	—	—	—	—	—	—	—	—	—	—	—	—	—	—	—	—	—	—
			柴油	38943	35666	32390	32390	32390	32390	22117	11844	11844	7714	3584	3584	3584	3584	3331	3078	3078	2545	2367
			燃气	—	—	—	—	—	—	—	—	—	—	—	—	—	—	—	—	—	—	—
		其他	汽油	—	—	—	—	—	—	—	—	—	—	—	—	—	—	—	—	—	—	—
			柴油	4360	4126	3893	3893	3893	3893	2802	1711	1711	1252	794	794	794	794	666	539	539	539	539
			燃气	—	—	—	—	—	—	—	—	—	—	—	—	—	—	—	—	—	—	—
	中型	公交车	汽油	—	—	—	—	—	—	—	—	—	—	—	—	—	—	—	—	—	—	—
			柴油	30592	30592	28032	22913	22913	17978	8108	8108	8108	6872	5637	5637	5637	5637	3504	1372	1372	1080	983
			燃气	—	—	—	—	—	—	—	—	—	—	—	—	—	—	—	—	—	—	—
		其他	汽油	—	—	—	—	—	—	—	—	—	—	—	—	—	—	—	—	—	—	—
			柴油	15274	15274	12888	8116	8116	6262	2553	2553	2553	2434	2316	2316	2316	2316	1366	415	415	399	394
			燃气	—	—	—	—	—	—	—	—	—	—	—	—	—	—	—	—	—	—	—
	大型	公交车	汽油	—	—	—	—	—	—	—	—	—	—	—	—	—	—	—	—	—	—	—
			柴油	94865	94865	93934	92071	92071	71272	29674	29674	29674	19994	10315	10315	10315	10315	6116	1916	1916	1845	1821
			燃气	—	—	—	—	—	—	—	—	—	—	—	—	—	—	—	—	—	—	—
		其他	汽油	—	—	—	—	—	—	—	—	—	—	—	—	—	—	—	—	—	—	—
			柴油	142314	142314	133412	115607	115607	85425	25061	25061	25061	17182	9303	9303	9303	9303	5868	2433	2433	2343	2313
			燃气	—	—	—	—	—	—	—	—	—	—	—	—	—	—	—	—	—	—	—
载货汽车	微型		汽油	—	—	—	—	—	—	—	—	—	—	—	—	—	—	—	—	—	—	—
			柴油	8826	8644	8461	8461	8461	8461	6888	5314	5314	3944	2574	2574	2574	2574	1620	667	667	664	663
			燃气	—	—	—	—	—	—	—	—	—	—	—	—	—	—	—	—	—	—	—
	轻型		汽油	—	—	—	—	—	—	—	—	—	—	—	—	—	—	—	—	—	—	—
			柴油	9179	8820	8461	8461	8461	8461	6888	5314	5314	3944	2574	2574	2574	2574	1941	1308	1308	1080	1004
			燃气	—	—	—	—	—	—	—	—	—	—	—	—	—	—	—	—	—	—	—
	中型		汽油	—	—	—	—	—	—	—	—	—	—	—	—	—	—	—	—	—	—	—
			柴油	41228	41228	34695	21629	21629	16664	6734	6734	6734	6380	6025	6025	6025	6025	3863	1701	1701	1558	1510
			燃气	—	—	—	—	—	—	—	—	—	—	—	—	—	—	—	—	—	—	—
	重型		汽油	—	—	—	—	—	—	—	—	—	—	—	—	—	—	—	—	—	—	—
			柴油	91777	91777	75434	42748	42748	33942	16329	16329	16329	11190	6050	6050	6050	6050	4047	2044	2044	1728	1622
			燃气	—	—	—	—	—	—	—	—	—	—	—	—	—	—	—	—	—	—	—
低速汽车	三轮汽车			4092	4092	4092	4092	4092	4092	4092	4092	4092	3220	3220	3220	3220	3220	3220	3220	3220	3220	3220
	低速货车			5581	5581	5581	5581	5581	5581	5581	5581	5581	4392	4392	4392	4392	4392	4392	4392	4392	4392	4392
摩托车	普通摩托车			—	—	—	—	—	—	—	—	—	—	—	—	—	—	—	—	—	—	—
	轻便摩托车			—	—	—	—	—	—	—	—	—	—	—	—	—	—	—	—	—	—	—

中卫市 VOCs 排放系数

单位：克/（辆·年）

车辆类型		使用性质	燃料种类	1999 年年底前	2000 年	2001 年	2002 年	2003 年	2004 年	2005 年	2006 年	2007 年	2008 年	2009 年	2010 年	2011 年	2012 年	2013 年	2014 年	2015 年	2016 年	2017 年
载客汽车	微型	出租车	汽油	796788	467358	137927	137927	137927	137927	101980	66032	66032	53316	40599	40599	34044	27488	27488	27488	27488	20332	17947
			燃气	298745	179798	60852	60852	60852	60852	46248	31645	31645	25934	20223	20223	16126	12030	12030	12030	12030	7390	5844
		其他	汽油	65695	39144	12592	12592	12592	12592	12162	11733	11733	9923	8113	8113	7687	7261	7261	7261	7261	5951	5514
			燃气	20101	11330	2560	2560	2560	2560	2448	2336	2336	1744	1153	1153	1041	929	929	929	929	621	518
	小型	出租车	汽油	796788	459508	122227	122227	122227	122227	115024	107820	107820	74210	40599	40599	34044	27488	27488	27488	27488	19033	16215
			柴油	160885	151744	142603	142603	142603	142603	129584	116564	116564	84008	51451	51451	51451	51451	38296	25140	25140	14612	11103
			燃气	298745	176970	55196	55196	55196	55196	50948	46700	46700	33462	20223	20223	16126	12030	12030	12030	12030	6922	5220
		其他	汽油	66633	39498	12363	12363	12363	12363	12554	12745	12745	10432	8118	8118	7630	7141	7141	7141	7141	6044	5678
			柴油	13480	12336	11191	11191	11191	11191	9488	7784	7784	5332	2880	2880	2880	2880	2464	2047	2047	1456	1259
			燃气	20439	12338	4236	4236	4236	4236	3468	2700	2700	2008	1317	1317	1102	886	886	886	886	654	576
	中型	公交车	汽油	252624	252624	252624	252624	252027	172234	13843	13843	13843	13843	13843	13691	13539	13539	11064	8588	8588	8588	8588
			柴油	87806	87806	86086	82645	82645	64494	28192	28192	28192	20508	12823	12823	12823	12823	8958	5093	5093	4763	4653
			燃气	71579	71579	67602	59649	59649	57536	53311	53311	53311	42686	32061	32061	22219	22219	22154	22154	22154	22154	22154
		其他	汽油	130949	130949	130949	130949	130352	89238	8204	8204	8204	8204	8204	8058	7913	7913	6841	5769	5769	5769	5769
			柴油	30493	30493	28460	24394	24394	18567	6912	6912	6912	6506	6099	6099	6099	6099	3750	1402	1402	1243	1190
			燃气	34560	34560	32640	28800	28800	27780	25740	25740	25740	20623	15506	15506	10732	10732	9642	9642	9642	9642	9642
	大型	公交车	汽油	588518	588518	588518	588518	587921	396607	15172	15172	15172	15172	15172	15032	14893	14893	12072	9251	9251	9251	9251
			柴油	131708	131708	108010	60614	60614	60614	60614	60614	60614	43515	26416	26416	26416	26416	17675	8934	8934	5723	4653
			燃气	168926	168926	159541	140772	140772	135786	125815	125815	125815	100740	75665	75665	52438	52438	47188	47188	47188	47188	47188
		其他	汽油	1303842	1303842	1303842	1303842	1303245	878075	28929	28929	28929	28929	28929	22548	16166	16166	12912	9658	9658	9658	9658
			柴油	272891	272891	207397	76409	76409	76409	76409	76409	76409	55942	35476	35476	35476	35476	20706	5937	5937	5324	5119
			燃气	266186	266186	251398	221822	221822	213966	198253	198253	198253	158842	119430	119430	82662	82662	74261	74261	74261	74261	74261
载货汽车	微型		汽油	318323	170738	23153	23153	23153	23153	22002	20852	20852	19230	17609	17609	14637	11665	11665	11665	11665	10040	9499
			柴油	37550	35109	32668	32668	32668	32668	30102	27536	27536	20153	12770	12770	12770	12770	8784	4797	4797	3447	2997
			燃气	97399	51053	4707	4707	4707	4707	4429	4152	4152	3327	2503	2503	1998	1492	1492	1492	1492	1042	892
	轻型		汽油	164800	97948	31097	31097	31097	31097	26904	22711	22711	20328	17945	17945	15915	13885	13885	13885	13885	12096	11500
			柴油	34227	33448	32668	32668	32668	32668	30102	27536	27536	20153	12770	12770	12770	12770	9738	6707	6707	5357	4907
			燃气	50551	30603	10655	10655	10655	10655	7733	4811	4811	3861	2911	2911	2317	1723	1723	1723	1723	1306	1167
	中型		汽油	376698	376698	376698	376698	376101	255843	16522	16522	16522	16522	16522	16382	16242	16242	13081	9920	9920	9920	9920
			柴油	85487	85487	79788	68389	68389	52052	19377	19377	19377	18242	17108	17108	17108	17108	12398	7689	7689	4575	3537
			燃气	96889	96889	91506	80741	80741	77881	72159	72159	72159	57827	43495	43495	58858	58858	28659	28659	28659	28659	28659
	重型		汽油	617104	617104	617104	617104	616506	415848	15726	15726	15726	15726	15726	12646	9567	9567	8026	6485	6485	6485	6485
			柴油	160055	160055	121642	44815	44815	44815	44815	44815	44815	32811	20807	20807	20807	20807	13196	5584	5584	4002	3475
			燃气	156122	156122	147449	130102	130102	125494	116278	116278	116278	93163	70047	70047	77747	77747	50412	50412	50412	50412	50412
低速汽车	三轮汽车			25300	25300	25300	25300	25300	25300	25300	25300	25300	16721	16721	16721	16721	16721	16721	16721	16721	16721	16721
	低速货车			33990	33990	33990	33990	33990	33990	33990	33990	33990	22464	22464	22464	22464	22464	22464	22464	22464	22464	22464
摩托车	普通摩托车			13290	13290	13290	13290	9918	6546	3504	3504	3504	3504	3504	2615	1726	1726	1726	1726	1726	1726	1726
	轻便摩托车			42978	42978	42978	42978	42978	8596	8596	4232	4232	4232	4232	3158	2084	2084	2084	2084	2084	2084	2084

宁东能源化工园区 NO_x 排放系数

单位：克/（辆·年）

车辆类型		使用性质	燃料种类	1999年年底前	2000年	2001年	2002年	2003年	2004年	2005年	2006年	2007年	2008年	2009年	2010年	2011年	2012年	2013年	2014年	2015年	2016年	2017年
载客汽车	微型	出租车	汽油	431032	287166	143301	143301	143301	143301	104236	65172	65172	47176	29180	29180	24232	19283	19283	19283	19283	12558	10317
载客汽车	微型	出租车	燃气	211605	144000	76395	76395	76395	76395	56935	37475	37475	28175	18875	18875	15294	11713	11713	11713	11713	6992	5418
载客汽车	微型	其他	汽油	55095	34511	13927	13927	13927	13927	8649	3371	3371	2730	2088	2088	1756	1425	1425	1425	1425	1053	929
载客汽车	微型	其他	燃气	25335	15118	4901	4901	4901	4901	3199	1497	1497	1215	933	933	756	579	579	579	579	460	421
载客汽车	小型	出租车	汽油	489704	319960	150215	150215	150215	150215	108224	66234	66234	47707	29180	29180	23220	17260	17260	17260	17260	10721	8541
载客汽车	小型	出租车	柴油	489161	406440	323719	323719	323719	323719	289097	254475	254475	201250	148025	148025	148025	148025	121865	95705	95705	75816	69187
载客汽车	小型	出租车	燃气	238914	159264	79613	79613	79613	79613	58792	37970	37970	28422	18875	18875	14824	10772	10772	10772	10772	6136	4591
载客汽车	小型	其他	汽油	51355	32746	14136	14136	14136	14136	9250	4365	4365	2980	1594	1594	1470	1345	1345	1345	1345	988	869
载客汽车	小型	其他	柴油	44607	36413	28219	28219	28219	28219	26004	23789	23789	18616	13442	13442	13442	13442	11622	9801	9801	8630	8240
载客汽车	小型	其他	燃气	23595	15074	6553	6553	6553	6553	4256	1959	1959	1331	703	703	622	541	541	541	541	430	393
载客汽车	中型	公交车	汽油	484778	484778	484778	484778	484778	331184	23997	23997	23997	23997	23997	21521	19045	19045	14378	9710	9710	9710	9710
载客汽车	中型	公交车	柴油	524838	524838	523606	521141	521141	500430	459008	459008	459008	382332	305655	305655	305655	305655	249436	193218	193218	161767	151283
载客汽车	中型	公交车	燃气	557259	557259	550625	537357	537357	520689	487353	487353	487353	405610	323868	323868	204809	204809	160405	160405	160405	160405	160405
载客汽车	中型	其他	汽油	285411	285411	285411	285411	285411	193604	9989	9989	9989	9989	9989	9989	9989	9989	7492	4996	4996	4996	4996
载客汽车	中型	其他	柴油	236352	236352	226486	206753	206753	205005	201508	201508	201508	171618	141729	141729	141729	141729	125842	109955	109955	93848	88479
载客汽车	中型	其他	燃气	266891	266891	252064	222409	222409	220313	216121	216121	216121	184012	151902	151902	118325	118325	95046	95046	95046	95046	95046
载客汽车	大型	公交车	汽油	1727023	1727023	1727023	1727023	1727023	1187534	108556	108556	108556	108556	108556	108460	108365	108365	81274	54184	54184	54184	54184
载客汽车	大型	公交车	柴油	744377	744377	720324	672217	672217	653117	614916	614916	614916	603834	592753	592753	592753	592753	571379	550005	550005	495802	477735
载客汽车	大型	公交车	燃气	1496640	1496640	1413493	1247200	1247200	1154650	969549	969549	969549	830724	691899	691899	644158	644158	558316	558316	558316	558316	558316
载客汽车	大型	其他	汽油	3958401	3958401	3958401	3958401	3958401	2721872	248814	248814	248814	248814	248814	239484	230153	230153	172799	115445	115445	115445	115445
载客汽车	大型	其他	柴油	1711767	1711767	1667720	1579626	1579626	1542798	1469143	1469143	1469143	1417418	1365693	1365693	1365693	1365693	1300146	1234600	1234600	1092608	1045278
载客汽车	大型	其他	燃气	3186269	3186269	3009254	2655224	2655224	2458190	2064121	2064121	2064121	1769246	1474372	1474372	1330135	1330135	1128501	1128501	1128501	1128501	1128501
载货汽车	微型		汽油	191757	113256	34754	34754	34754	34754	23460	12166	12166	9822	7477	7477	6658	5839	5839	5839	5839	4494	4046
载货汽车	微型		柴油	125459	103135	80811	80811	80811	80811	72834	64858	64858	54972	45086	45086	45086	45086	32954	20821	20821	18132	17236
载货汽车	微型		燃气	88178	50204	12230	12230	12230	12230	8816	5403	5403	4372	3341	3341	2857	2372	2372	2372	2372	1968	1834
载货汽车	轻型		汽油	141117	90150	39183	39183	39183	39183	26278	13374	13374	11197	9020	9020	7512	6005	6005	6005	6005	4703	4269
载货汽车	轻型		柴油	125912	103362	80811	80811	80811	80811	72834	64858	64858	54972	45086	45086	45086	45086	36015	26944	26944	25332	24795
载货汽车	轻型		燃气	64836	41500	18164	18164	18164	18164	12083	6002	6002	4990	3978	3978	3197	2415	2415	2415	2415	2052	1931
载货汽车	中型		汽油	356498	356498	356498	356498	356498	243383	17156	17156	17156	17156	17156	17156	17156	17156	12872	8589	8589	8589	8589
载货汽车	中型		柴油	653289	653289	586606	453241	453241	430982	386465	386465	386465	380785	375105	375105	375105	375105	329108	283110	283110	243784	230675
载货汽车	中型		燃气	737700	737700	654321	487562	487562	463205	414491	414491	414491	408260	402029	402029	304661	304661	247796	247796	247796	247796	247796
载货汽车	重型		汽油	2509499	2509499	2509499	2509499	2509499	1725579	157740	157740	157740	157740	157740	151824	145909	145909	109548	73188	73188	73188	73188
载货汽车	重型		柴油	1362892	1362892	1316372	1223332	1223332	1178084	1087588	1087588	1087588	1043976	1000363	1000363	1000363	1000363	885274	770186	770186	541829	465710
载货汽车	重型		燃气	2536876	2536876	2376691	2056323	2056323	1880229	1528043	1528043	1528043	1304006	1079970	1079970	829784	829784	502789	502789	502789	502789	502789
低速汽车	三轮汽车			65550	65550	65550	65550	65550	65550	65550	65550	65550	53279	53279	53279	53279	53279	53279	53279	53279	53279	53279
低速汽车	低速货车			88065	88065	88065	88065	88065	88065	88065	88065	88065	71579	71579	71579	71579	71579	71579	71579	71579	71579	71579
摩托车	普通摩托车			992	992	992	992	959	926	860	860	860	860	860	764	668	668	668	668	668	668	668
摩托车	轻便摩托车			661	661	661	661	661	331	331	331	331	331	331	294	257	257	257	257	257	257	257

宁东能源化工园区 **PM** 排放系数

单位：克/（辆·年）

车辆类型		使用性质	燃料种类	1999 年年底前	2000 年	2001 年	2002 年	2003 年	2004 年	2005 年	2006 年	2007 年	2008 年	2009 年	2010 年	2011 年	2012 年	2013 年	2014 年	2015 年	2016 年	2017 年
载客汽车	微型	出租车	汽油	—	—	—	—	—	—	—	—	—	—	—	—	—	—	—	—	—	—	—
			燃气	—	—	—	—	—	—	—	—	—	—	—	—	—	—	—	—	—	—	—
		其他	汽油	—	—	—	—	—	—	—	—	—	—	—	—	—	—	—	—	—	—	—
			燃气	—	—	—	—	—	—	—	—	—	—	—	—	—	—	—	—	—	—	—
	小型	出租车	汽油	—	—	—	—	—	—	—	—	—	—	—	—	—	—	—	—	—	—	—
			柴油	51020	46732	42444	42444	42444	42444	28948	15452	15452	10080	4709	4709	4709	4709	4376	4044	4044	3344	3111
			燃气	—	—	—	—	—	—	—	—	—	—	—	—	—	—	—	—	—	—	—
		其他	汽油	—	—	—	—	—	—	—	—	—	—	—	—	—	—	—	—	—	—	—
			柴油	4782	4525	4268	4268	4268	4268	3068	1868	1868	1370	871	871	871	871	726	582	582	582	582
			燃气	—	—	—	—	—	—	—	—	—	—	—	—	—	—	—	—	—	—	—
	中型	公交车	汽油	—	—	—	—	—	—	—	—	—	—	—	—	—	—	—	—	—	—	—
			柴油	31857	31857	29192	23861	23861	18722	8443	8443	8443	7156	5870	5870	5870	5870	3649	1428	1428	1124	1023
			燃气	—	—	—	—	—	—	—	—	—	—	—	—	—	—	—	—	—	—	—
		其他	汽油	—	—	—	—	—	—	—	—	—	—	—	—	—	—	—	—	—	—	—
			柴油	15274	15274	12888	8116	8116	6262	2553	2553	2553	2434	2316	2316	2316	2316	1366	415	415	399	394
			燃气	—	—	—	—	—	—	—	—	—	—	—	—	—	—	—	—	—	—	—
	大型	公交车	汽油	—	—	—	—	—	—	—	—	—	—	—	—	—	—	—	—	—	—	—
			柴油	98788	98788	97818	95878	95878	74219	30901	30901	30901	20821	10741	10741	10741	10741	6368	1995	1995	1921	1896
			燃气	—	—	—	—	—	—	—	—	—	—	—	—	—	—	—	—	—	—	—
		其他	汽油	—	—	—	—	—	—	—	—	—	—	—	—	—	—	—	—	—	—	—
			柴油	142314	142314	133412	115607	115607	85425	25061	25061	25061	17182	9303	9303	9303	9303	5868	2433	2433	2343	2313
			燃气	—	—	—	—	—	—	—	—	—	—	—	—	—	—	—	—	—	—	—
载货汽车	微型		汽油	—	—	—	—	—	—	—	—	—	—	—	—	—	—	—	—	—	—	—
			柴油	11158	10927	10696	10696	10696	10696	8716	6736	6736	5000	3263	3263	3263	3263	2054	846	846	842	840
			燃气	—	—	—	—	—	—	—	—	—	—	—	—	—	—	—	—	—	—	—
	轻型		汽油	—	—	—	—	—	—	—	—	—	—	—	—	—	—	—	—	—	—	—
			柴油	11604	11150	10696	10696	10696	10696	8716	6736	6736	5000	3263	3263	3263	3263	2460	1658	1658	1369	1273
			燃气	—	—	—	—	—	—	—	—	—	—	—	—	—	—	—	—	—	—	—
	中型		汽油	—	—	—	—	—	—	—	—	—	—	—	—	—	—	—	—	—	—	—
			柴油	41228	41228	34695	21629	21629	16664	6734	6734	6734	6380	6025	6025	6025	6025	3863	1701	1701	1558	1510
			燃气	—	—	—	—	—	—	—	—	—	—	—	—	—	—	—	—	—	—	—
	重型		汽油	—	—	—	—	—	—	—	—	—	—	—	—	—	—	—	—	—	—	—
			柴油	132695	132695	109065	61806	61806	49074	23610	23610	23610	16178	8747	8747	8747	8747	5814	2880	2880	2434	2286
			燃气	—	—	—	—	—	—	—	—	—	—	—	—	—	—	—	—	—	—	—
低速汽车	三轮汽车			4092	4092	4092	4092	4092	4092	4092	4092	4092	3220	3220	3220	3220	3220	3220	3220	3220	3220	3220
	低速货车			5581	5581	5581	5581	5581	5581	5581	5581	5581	4392	4392	4392	4392	4392	4392	4392	4392	4392	4392
摩托车	普通摩托车			—	—	—	—	—	—	—	—	—	—	—	—	—	—	—	—	—	—	—
	轻便摩托车			—	—	—	—	—	—	—	—	—	—	—	—	—	—	—	—	—	—	—

宁东能源化工园区 VOCs 排放系数

单位：克/（辆·年）

车辆类型		使用性质	燃料种类	1999 年年底前	2000 年	2001 年	2002 年	2003 年	2004 年	2005 年	2006 年	2007 年	2008 年	2009 年	2010 年	2011 年	2012 年	2013 年	2014 年	2015 年	2016 年	2017 年
载客汽车	微型	出租车	汽油	1046608	614466	182323	182323	182323	182323	134921	87519	87519	70770	54020	54020	45107	36194	36194	36194	36194	26492	23258
			燃气	395513	239158	82803	82803	82803	82803	63296	43788	43788	36058	28327	28327	22603	16879	16879	16879	16879	10327	8143
		其他	汽油	71862	42580	13299	13299	13299	13299	12850	12400	12400	10445	8490	8490	8058	7625	7625	7625	7625	6214	5744
			燃气	22089	12416	2744	2744	2744	2744	2624	2505	2505	1870	1236	1236	1130	1023	1023	1023	1023	704	597
	小型	出租车	汽油	1046608	604230	161851	161851	161851	161851	151868	141885	141885	97952	54020	54020	45107	36194	36194	36194	36194	24708	20879
			柴油	223592	210707	197822	197822	197822	197822	179755	161688	161688	117338	72987	72987	72987	72987	54248	35509	35509	20317	15253
			燃气	395513	235470	75428	75428	75428	75428	69401	63374	63374	45850	28327	28327	22603	16879	16879	16879	16879	9684	7286
		其他	汽油	72896	42972	13048	13048	13048	13048	13276	13504	13504	11000	8496	8496	7994	7491	7491	7491	7491	6311	5918
			柴油	14529	13294	12059	12059	12059	12059	10254	8448	8448	5768	3088	3088	3088	3088	2657	2226	2226	1592	1380
			燃气	22461	13520	4579	4579	4579	4579	3741	2903	2903	2160	1416	1416	1196	975	975	975	975	738	659
	中型	公交车	汽油	262763	262763	262763	262763	262166	179105	14177	14177	14177	14177	14177	14024	13872	13872	11295	8718	8718	8718	8718
			柴油	91436	91436	89645	86063	86063	67161	29358	29358	29358	21356	13354	13354	13354	13354	9328	5303	5303	4960	4846
			燃气	74539	74539	70398	62116	62116	59916	55516	55516	55516	44452	33387	33387	23138	23138	23070	23070	23070	23070	23070
		其他	汽油	130874	130874	130874	130874	130277	89163	8130	8130	8130	8130	8130	7984	7839	7839	6767	5695	5695	5695	5695
			柴油	30493	30493	28460	24394	24394	18567	6912	6912	6912	6506	6099	6099	6099	6099	3750	1402	1402	1243	1190
			燃气	34560	34560	32640	28800	28800	27780	25740	25740	25740	20623	15506	15506	10732	10732	9642	9642	9642	9642	9642
	大型	公交车	汽油	612547	612547	612547	612547	611950	412756	15562	15562	15562	15562	15562	15422	15282	15282	12345	9408	9408	9408	9408
			柴油	137155	137155	112477	63120	63120	63120	63120	63120	63120	45314	27508	27508	27508	27508	18406	9304	9304	5960	4846
			燃气	175912	175912	166139	146593	146593	141401	131018	131018	131018	104906	78794	78794	54606	54606	49139	49139	49139	49139	49139
		其他	汽油	1303768	1303768	1303768	1303768	1303171	878001	28854	28854	28854	28854	28854	22473	16092	16092	12838	9583	9583	9583	9583
			柴油	272891	272891	207397	76409	76409	76409	76409	76409	76409	55942	35476	35476	35476	35476	20706	5937	5937	5324	5119
			燃气	266186	266186	251398	221822	221822	213966	198253	198253	198253	158842	119430	119430	82662	82662	74261	74261	74261	74261	74261
载货汽车	微型		汽油	407862	218388	28913	28913	28913	28913	27402	25890	25890	23822	21753	21753	17833	13913	13913	13913	13913	11799	11094
			柴油	51153	47809	44465	44465	44465	44465	40872	37278	37278	27416	17553	17553	17553	17553	12094	6636	6636	4660	4001
			燃气	125369	65667	5966	5966	5966	5966	5598	5230	5230	4199	3167	3167	2517	1867	1867	1867	1867	1331	1153
	轻型		汽油	210386	124758	39130	39130	39130	39130	33706	28281	28281	25233	22185	22185	19477	16769	16769	16769	16769	14442	13667
			柴油	46825	45645	44465	44465	44465	44465	40872	37278	37278	27416	17553	17553	17553	17553	13339	9125	9125	7150	6491
			燃气	64825	39279	13732	13732	13732	13732	9906	6080	6080	4889	3698	3698	2940	2183	2183	2183	2183	1687	1522
	中型		汽油	376624	376624	376624	376624	376027	255769	16448	16448	16448	16448	16448	16308	16168	16168	13007	9846	9846	9846	9846
			柴油	85487	85487	79788	68389	68389	52052	19377	19377	19377	18242	17108	17108	17108	17108	12398	7689	7689	4575	3537
			燃气	96889	96889	91506	80741	80741	77881	72159	72159	72159	57827	43495	43495	58858	58858	28659	28659	28659	28659	28659
	重型		汽油	868395	868395	868395	868395	867798	584962	20486	20486	20486	20486	20486	16198	11909	11909	9741	7573	7573	7573	7573
			柴油	222339	222339	168978	62255	62255	62255	62255	62255	62255	45580	28904	28904	28904	28904	18246	7589	7589	5940	5391
			燃气	216876	216876	204828	180732	180732	174331	161529	161529	161529	129417	97305	97305	105663	105663	78207	78207	78207	78207	78207
低速汽车	三轮汽车			25300	25300	25300	25300	25300	25300	25300	25300	25300	16721	16721	16721	16721	16721	16721	16721	16721	16721	16721
	低速货车			33990	33990	33990	33990	33990	33990	33990	33990	33990	22464	22464	22464	22464	22464	22464	22464	22464	22464	22464
摩托车	普通摩托车			13290	13290	13290	13290	9918	6546	3504	3504	3504	3504	3504	2615	1726	1726	1726	1726	1726	1726	1726
	轻便摩托车			42978	42978	42978	42978	42978	8596	8596	4232	4232	4232	4232	3158	2084	2084	2084	2084	2084	2084	2084

乌鲁木齐市 NO_x 排放系数

单位：克/（辆·年）

车辆类型		使用性质	燃料种类	1999年年底前	2000年	2001年	2002年	2003年	2004年	2005年	2006年	2007年	2008年	2009年	2010年	2011年	2012年	2013年	2014年	2015年	2016年	2017年
载客汽车	微型	出租车	汽油	473015	313730	154446	154446	154446	154446	112040	69634	69634	50236	30838	30838	26079	21320	21320	21320	21320	14122	11722
			燃气	220965	149968	78971	78971	78971	78971	58842	38712	38712	29120	19528	19528	16004	12480	12480	12480	12480	7516	5861
		其他	汽油	59011	36910	14808	14808	14808	14808	9166	3525	3525	2852	2179	2179	1880	1582	1582	1582	1582	1172	1036
			燃气	25741	15338	4936	4936	4936	4936	3214	1492	1492	1210	929	929	774	619	619	619	619	490	447
	小型	出租车	汽油	537802	349900	161998	161998	161998	161998	116396	70795	70795	50816	30838	30838	24879	18920	18920	18920	18920	11970	9653
			柴油	448539	374502	300466	300466	300466	300466	268430	236394	236394	187407	138420	138420	138420	138420	113310	88199	88199	69837	63716
			燃气	249540	165921	82302	82302	82302	82302	60763	39224	39224	29376	19528	19528	15474	11421	11421	11421	11421	6567	4949
		其他	汽油	54995	35013	15031	15031	15031	15031	9810	4589	4589	3119	1649	1649	1568	1488	1488	1488	1488	1098	968
			柴油	38371	31350	24329	24329	24329	24329	22394	20459	20459	16058	11657	11657	11657	11657	10074	8490	8490	7550	7236
			燃气	23969	15291	6613	6613	6613	6613	4287	1961	1961	1328	695	695	636	578	578	578	578	457	417
	中型	公交车	汽油	460945	460945	460945	460945	460945	314902	22817	22817	22817	22817	22817	20463	18109	18109	13671	9233	9233	9233	9233
			柴油	383236	383236	382336	380537	380537	365414	335168	335168	335168	279178	223189	223189	223189	223189	182138	141088	141088	118122	110467
			燃气	406910	406910	402066	392378	392378	380207	355865	355865	355865	296176	236488	236488	149552	149552	117128	117128	117128	117128	117128
		其他	汽油	271379	271379	271379	271379	271379	184085	9498	9498	9498	9498	9498	9498	9498	9498	7124	4750	4750	4750	4750
			柴油	172584	172584	165380	150971	150971	149694	147141	147141	147141	125316	103490	103490	103490	103490	91890	80289	80289	68528	64607
			燃气	194884	194884	184057	162403	162403	160872	157811	157811	157811	134365	110919	110919	86401	86401	69402	69402	69402	69402	69402
	大型	公交车	汽油	1642118	1642118	1642118	1642118	1642118	1129152	103219	103219	103219	103219	103219	103128	103038	103038	77279	51520	51520	51520	51520
			柴油	543543	543543	525979	490852	490852	476905	449011	449011	449011	440920	432828	432828	432828	432828	417220	401613	401613	362035	348842
			燃气	1092845	1092845	1032131	910704	910704	843124	707964	707964	707964	606594	505224	505224	470364	470364	407682	407682	407682	407682	407682
		其他	汽油	3763796	3763796	3763796	3763796	3763796	2588058	236581	236581	236581	236581	236581	227710	218838	218838	164304	109769	109769	109769	109769
			柴油	1249931	1249931	1217768	1153442	1153442	1126550	1072767	1072767	1072767	1034997	997227	997227	997227	997227	949366	901504	901504	797822	763261
			燃气	2326611	2326611	2197355	1938842	1938842	1794968	1507219	1507219	1507219	1291902	1076585	1076585	971263	971263	824030	824030	824030	824030	824030
载货汽车	微型		汽油	199334	116968	34601	34601	34601	34601	23234	11866	11866	9550	7234	7234	6485	5736	5736	5736	5736	4480	4061
			柴油	103823	85412	67001	67001	67001	67001	60300	53600	53600	45488	37375	37375	37375	37375	27328	17282	17282	14992	14229
			燃气	86951	49242	11534	11534	11534	11534	8278	5022	5022	4053	3084	3084	2664	2244	2244	2244	2244	1875	1752
	轻型		汽油	142325	90708	39091	39091	39091	39091	26090	13090	13090	10944	8798	8798	7351	5904	5904	5904	5904	4691	4287
			柴油	104196	85598	67001	67001	67001	67001	60300	53600	53600	45488	37375	37375	37375	37375	29850	22325	22325	20922	20455
			燃气	62031	39615	17198	17198	17198	17198	11396	5594	5594	4651	3708	3708	3001	2293	2293	2293	2293	1958	1847
	中型		汽油	544706	544706	544706	544706	544706	371875	26214	26214	26214	26214	26214	26214	26214	26214	19668	13123	13123	13123	13123
			柴油	779360	779360	699809	540707	540707	514153	461045	461045	461045	438918	416790	416790	416790	416790	365681	314572	314572	270876	256310
			燃气	880063	880063	780592	581651	581651	552593	494478	494478	494478	470594	446709	446709	338519	338519	275333	275333	275333	275333	275333
	重型		汽油	1355296	1355296	1355296	1355296	1355296	931927	85190	85190	85190	85190	85190	81996	78801	78801	59164	39526	39526	39526	39526
			柴油	602636	602636	582066	540926	540926	520919	480904	480904	480904	461620	442335	442335	442335	442335	391376	340418	340418	246233	214838
			燃气	1121742	1121742	1050912	909253	909253	831389	675662	675662	675662	576599	477535	477535	366760	366760	231943	231943	231943	231943	231943
低速汽车	三轮汽车			65550	65550	65550	65550	65550	65550	65550	65550	65550	53279	53279	53279	53279	53279	53279	53279	53279	53279	53279
	低速货车			88065	88065	88065	88065	88065	88065	88065	88065	88065	71579	71579	71579	71579	71579	71579	71579	71579	71579	71579
摩托车	普通摩托车			992	992	992	992	959	926	860	860	860	860	860	764	668	668	668	668	668	668	668
	轻便摩托车			661	661	661	661	661	331	331	331	331	331	331	294	257	257	257	257	257	257	257

乌鲁木齐市 PM 排放系数

单位：克/（辆·年）

车辆类型		使用性质	燃料种类	1999 年年底前	2000 年	2001 年	2002 年	2003 年	2004 年	2005 年	2006 年	2007 年	2008 年	2009 年	2010 年	2011 年	2012 年	2013 年	2014 年	2015 年	2016 年	2017 年
载客汽车	微型	出租车	汽油	—	—	—	—	—	—	—	—	—	—	—	—	—	—	—	—	—	—	—
			燃气	—	—	—	—	—	—	—	—	—	—	—	—	—	—	—	—	—	—	—
		其他	汽油	—	—	—	—	—	—	—	—	—	—	—	—	—	—	—	—	—	—	—
			燃气	—	—	—	—	—	—	—	—	—	—	—	—	—	—	—	—	—	—	—
	小型	出租车	汽油	—	—	—	—	—	—	—	—	—	—	—	—	—	—	—	—	—	—	—
			柴油	55583	50922	46262	46262	46262	46262	31565	16868	16868	11014	5159	5159	5159	5159	4795	4431	4431	3664	3408
			燃气	—	—	—	—	—	—	—	—	—	—	—	—	—	—	—	—	—	—	—
		其他	汽油	—	—	—	—	—	—	—	—	—	—	—	—	—	—	—	—	—	—	—
			柴油	5038	4767	4496	4496	4496	4496	3229	1962	1962	1443	924	924	924	924	766	608	608	608	608
			燃气	—	—	—	—	—	—	—	—	—	—	—	—	—	—	—	—	—	—	—
	中型	公交车	汽油	—	—	—	—	—	—	—	—	—	—	—	—	—	—	—	—	—	—	—
			柴油	31857	31857	29192	23861	23861	18722	8443	8443	8443	7156	5870	5870	5870	5870	3649	1428	1428	1124	1023
			燃气	—	—	—	—	—	—	—	—	—	—	—	—	—	—	—	—	—	—	—
		其他	汽油	—	—	—	—	—	—	—	—	—	—	—	—	—	—	—	—	—	—	—
			柴油	15274	15274	12888	8116	8116	6262	2553	2553	2553	2434	2316	2316	2316	2316	1366	415	415	399	394
			燃气	—	—	—	—	—	—	—	—	—	—	—	—	—	—	—	—	—	—	—
	大型	公交车	汽油	—	—	—	—	—	—	—	—	—	—	—	—	—	—	—	—	—	—	—
			柴油	98788	98788	97818	95878	95878	74219	30901	30901	30901	20821	10741	10741	10741	10741	6368	1995	1995	1921	1896
			燃气	—	—	—	—	—	—	—	—	—	—	—	—	—	—	—	—	—	—	—
		其他	汽油	—	—	—	—	—	—	—	—	—	—	—	—	—	—	—	—	—	—	—
			柴油	142314	142314	133412	115607	115607	85425	25061	25061	25061	17182	9303	9303	9303	9303	5868	2433	2433	2343	2313
			燃气	—	—	—	—	—	—	—	—	—	—	—	—	—	—	—	—	—	—	—
载货汽车	微型		汽油	—	—	—	—	—	—	—	—	—	—	—	—	—	—	—	—	—	—	—
			柴油	11168	10937	10706	10706	10706	10706	8740	6774	6774	5028	3281	3281	3281	3281	2066	850	850	846	845
			燃气	—	—	—	—	—	—	—	—	—	—	—	—	—	—	—	—	—	—	—
	轻型		汽油	—	—	—	—	—	—	—	—	—	—	—	—	—	—	—	—	—	—	—
			柴油	11615	11160	10706	10706	10706	10706	8740	6774	6774	5028	3281	3281	3281	3281	2474	1667	1667	1377	1280
			燃气	—	—	—	—	—	—	—	—	—	—	—	—	—	—	—	—	—	—	—
	中型		汽油	—	—	—	—	—	—	—	—	—	—	—	—	—	—	—	—	—	—	—
			柴油	69416	69416	58416	36416	36416	27980	11109	11109	11109	10524	9939	9939	9939	9939	6372	2806	2806	2570	2491
			燃气	—	—	—	—	—	—	—	—	—	—	—	—	—	—	—	—	—	—	—
	重型		汽油	—	—	—	—	—	—	—	—	—	—	—	—	—	—	—	—	—	—	—
			柴油	85223	85223	70047	39695	39695	31518	15163	15163	15163	10390	5618	5618	5618	5618	3661	1704	1704	1440	1352
			燃气	—	—	—	—	—	—	—	—	—	—	—	—	—	—	—	—	—	—	—
低速汽车	三轮汽车			4092	4092	4092	4092	4092	4092	4092	4092	4092	3220	3220	3220	3220	3220	3220	3220	3220	3220	3220
	低速货车			5581	5581	5581	5581	5581	5581	5581	5581	5581	4392	4392	4392	4392	4392	4392	4392	4392	4392	4392
摩托车	普通摩托车			—	—	—	—	—	—	—	—	—	—	—	—	—	—	—	—	—	—	—
	轻便摩托车			—	—	—	—	—	—	—	—	—	—	—	—	—	—	—	—	—	—	—

乌鲁木齐市 VOCs 排放系数

单位：克/（辆·年）

车辆类型		使用性质	燃料种类	1999年年底前	2000年	2001年	2002年	2003年	2004年	2005年	2006年	2007年	2008年	2009年	2010年	2011年	2012年	2013年	2014年	2015年	2016年	2017年
载客汽车	微型	出租车	汽油	1862936	1081801	300666	300666	300666	300666	215902	131137	131137	104631	78125	78125	66366	54606	54606	54606	54606	42776	38833
			燃气	416559	252309	88059	88059	88059	88059	66994	45930	45930	37934	29937	29937	24027	18117	18117	18117	18117	11264	8980
		其他	汽油	119433	68788	18143	18143	18143	18143	17594	17044	17044	14018	10993	10993	10381	9769	9769	9769	9769	7770	7104
			燃气	22837	12826	2816	2816	2816	2816	2696	2576	2576	1928	1281	1281	1196	1112	1112	1112	1112	780	669
	小型	出租车	汽油	1862936	1062546	262157	262157	262157	262157	247207	232257	232257	155191	78125	78125	66366	54606	54606	54606	54606	39286	34180
			柴油	249069	235080	221092	221092	221092	221092	203106	185121	185121	131952	78783	78783	78783	78783	58678	38574	38574	22708	17419
			燃气	416559	248300	80040	80040	80040	80040	73513	66986	66986	48462	29937	29937	24027	18117	18117	18117	18117	10538	8011
		其他	汽油	121289	69488	17686	17686	17686	17686	18368	19049	19049	15026	11003	11003	10256	9509	9509	9509	9509	7955	7437
			柴油	16746	15306	13866	13866	13866	13866	11860	9853	9853	6646	3439	3439	3439	3439	2991	2543	2543	1848	1617
			燃气	23223	13986	4748	4748	4748	4748	3870	2993	2993	2234	1475	1475	1266	1058	1058	1058	1058	818	738
	中型	公交车	汽油	257514	257514	257514	257514	256917	175470	13769	13769	13769	13769	13769	13617	13465	13465	10938	8411	8411	8411	8411
			柴油	91436	91436	89645	86063	86063	67161	29358	29358	29358	21356	13354	13354	13354	13354	9328	5303	5303	4960	4846
			燃气	74539	74539	70398	62116	62116	59916	55516	55516	55516	44452	33387	33387	23138	23138	23070	23070	23070	23070	23070
		其他	汽油	128211	128211	128211	128211	127614	87292	7841	7841	7841	7841	7841	7696	7550	7550	6498	5447	5447	5447	5447
			柴油	30493	30493	28460	24394	24394	18567	6912	6912	6912	6506	6099	6099	6099	6099	3750	1402	1402	1243	1190
			燃气	34560	34560	32640	28800	28800	27780	25740	25740	25740	20623	15506	15506	10732	10732	9642	9642	9642	9642	9642
	大型	公交车	汽油	600439	600439	600439	600439	599842	404539	15126	15126	15126	15126	15126	14986	14847	14847	11967	9087	9087	9087	9087
			柴油	137155	137155	112477	63120	63120	63120	63120	63120	63120	45314	27508	27508	27508	27508	18406	9304	9304	5960	4846
			燃气	175912	175912	166139	146593	146593	141401	131018	131018	131018	104906	78794	78794	54606	54606	49139	49139	49139	49139	49139
		其他	汽油	1278107	1278107	1278107	1278107	1277510	860662	28159	28159	28159	28159	28159	21900	15641	15641	12450	9259	9259	9259	9259
			柴油	272891	272891	207397	76409	76409	76409	76409	76409	76409	55942	35476	35476	35476	35476	20706	5937	5937	5324	5119
			燃气	266186	266186	251398	221822	221822	213966	198253	198253	198253	158842	119430	119430	82662	82662	74261	74261	74261	74261	74261
载货汽车	微型		汽油	696623	368750	40877	40877	40877	40877	39019	37161	37161	34353	31545	31545	25324	19104	19104	19104	19104	16642	15821
			柴油	54197	50672	47148	47148	47148	47148	43508	39869	39869	29023	18177	18177	18177	18177	12424	6670	6670	4922	4340
			燃气	133203	69774	6345	6345	6345	6345	5981	5616	5616	4646	3676	3676	2925	2175	2175	2175	2175	1661	1490
	轻型		汽油	352817	205742	58666	58666	58666	58666	49994	41323	41323	36810	32297	32297	28186	24076	24076	24076	24076	21245	20301
			柴油	49172	48160	47148	47148	47148	47148	43508	39869	39869	29023	18177	18177	18177	18177	13865	9553	9553	7806	7223
			燃气	67553	41651	15750	15750	15750	15750	11121	6493	6493	5411	4330	4330	3504	2679	2679	2679	2679	2181	2015
	中型		汽油	647311	647311	647311	647311	646714	439214	25410	25410	25410	25410	25410	25270	25130	25130	19672	14215	14215	14215	14215
			柴油	147700	147700	137853	118160	118160	89933	33479	33479	33479	31508	29538	29538	29538	29538	21407	13276	13276	7899	6107
			燃气	167399	167399	158100	139502	139502	134559	124674	124674	124674	99886	75097	75097	101625	101625	49482	49482	49482	49482	49482
	重型		汽油	494376	494376	494376	494376	493778	333151	13090	13090	13090	13090	13090	10599	8108	8108	6873	5638	5638	5638	5638
			柴油	146558	146558	111384	41036	41036	41036	41036	41036	41036	30044	19053	19053	19053	19053	11974	4896	4896	3801	3436
			燃气	142957	142957	135015	119131	119131	114912	106473	106473	106473	85308	64142	64142	68168	68168	49846	49846	49846	49846	49846
低速汽车	三轮汽车			25300	25300	25300	25300	25300	25300	25300	25300	25300	16721	16721	16721	16721	16721	16721	16721	16721	16721	16721
	低速货车			33990	33990	33990	33990	33990	33990	33990	33990	33990	22464	22464	22464	22464	22464	22464	22464	22464	22464	22464
摩托车	普通摩托车			13290	13290	13290	13290	9918	6546	3504	3504	3504	3504	3504	2615	1726	1726	1726	1726	1726	1726	1726
	轻便摩托车			42978	42978	42978	42978	42978	8596	8596	4232	4232	4232	4232	3158	2084	2084	2084	2084	2084	2084	2084

克拉玛依市 NO_x 排放系数

单位：克/（辆·年）

车辆类型		使用性质	燃料种类	1999 年年底前	2000 年	2001 年	2002 年	2003 年	2004 年	2005 年	2006 年	2007 年	2008 年	2009 年	2010 年	2011 年	2012 年	2013 年	2014 年	2015 年	2016 年	2017 年
载客汽车	微型	出租车	汽油	286932	191532	96132	96132	96132	96132	70092	44051	44051	32006	19960	19960	16464	12968	12968	12968	12968	8363	6828
			燃气	159943	108322	56702	56702	56702	56702	42014	27325	27325	20376	13428	13428	10880	8332	8332	8332	8332	5072	3985
		其他	汽油	43343	27164	10984	10984	10984	10984	6872	2761	2761	2245	1729	1729	1440	1151	1151	1151	1151	823	714
			燃气	22925	13672	4420	4420	4420	4420	2888	1357	1357	1104	851	851	680	508	508	508	508	403	368
	小型	出租车	汽油	325796	213258	100720	100720	100720	100720	72738	44756	44756	32358	19960	19960	15812	11664	11664	11664	11664	7168	5670
			柴油	334851	278344	221836	221836	221836	221836	197838	173840	173840	137417	100994	100994	100994	100994	83092	65191	65191	51195	46530
			燃气	180871	120022	59172	59172	59172	59172	43438	27704	27704	20566	13428	13428	10529	7630	7630	7630	7630	4428	3361
		其他	汽油	40421	25784	11146	11146	11146	11146	7340	3533	3533	2438	1343	1343	1218	1092	1092	1092	1092	775	669
			柴油	35355	28905	22455	22455	22455	22455	20668	18882	18882	14770	10658	10658	10658	10658	9201	7744	7744	6749	6417
			燃气	21351	13628	5905	5905	5905	5905	3839	1773	1773	1208	644	644	560	476	476	476	476	377	344
	中型	公交车	汽油	329898	329898	329898	329898	329898	225375	16330	16330	16330	16330	16330	14645	12960	12960	9784	6608	6608	6608	6608
			柴油	367666	367666	366803	365076	365076	350567	321550	321550	321550	267836	214121	214121	214121	214121	174738	135355	135355	113322	105978
			燃气	390378	390378	385731	376436	376436	364759	341406	341406	341406	284142	226879	226879	143475	143475	112369	112369	112369	112369	112369
		其他	汽油	202257	202257	202257	202257	202257	137198	7079	7079	7079	7079	7079	7079	7079	7079	5310	3540	3540	3540	3540
			柴油	172419	172419	165222	150827	150827	149551	147000	147000	147000	125196	103391	103391	103391	103391	91802	80212	80212	68462	64545
			燃气	194697	194697	183880	162247	162247	160718	157660	157660	157660	134236	110812	110812	86318	86318	69336	69336	69336	69336	69336
	大型	公交车	汽油	1175262	1175262	1175262	1175262	1175262	808133	73874	73874	73874	73874	73874	73809	73744	73744	55308	36873	36873	36873	36873
			柴油	521459	521459	504609	470909	470909	457529	430768	430768	430768	423005	415242	415242	415242	415242	400269	385296	385296	347326	334669
			燃气	1048443	1048443	990196	873702	873702	808868	679200	679200	679200	581948	484697	484697	451253	451253	391118	391118	391118	391118	391118
		其他	汽油	2805136	2805136	2805136	2805136	2805136	1928865	176323	176323	176323	176323	176323	169711	163099	163099	122454	81810	81810	81810	81810
			柴油	1248733	1248733	1216601	1152337	1152337	1125471	1071739	1071739	1071739	1034006	996272	996272	996272	996272	948456	900640	900640	797058	762530
			燃气	2324382	2324382	2195250	1936985	1936985	1793248	1505775	1505775	1505775	1290664	1075554	1075554	970333	970333	823241	823241	823241	823241	823241
载货汽车	微型		汽油	131260	77582	23903	23903	23903	23903	16150	8397	8397	6776	5156	5156	4607	4058	4058	4058	4058	3106	2788
			柴油	86150	70786	55423	55423	55423	55423	49934	44445	44445	37652	30860	30860	30860	30860	22569	14278	14278	12440	11827
			燃气	69426	39522	9619	9619	9619	9619	6873	4127	4127	3332	2538	2538	2164	1791	1791	1791	1791	1525	1437
	轻型		汽油	97208	62078	26949	26949	26949	26949	18088	9227	9227	7722	6217	6217	5194	4172	4172	4172	4172	3249	2941
			柴油	86462	70942	55423	55423	55423	55423	49934	44445	44445	37652	30860	30860	30860	30860	24672	18484	18484	17385	17019
			燃气	51347	32812	14277	14277	14277	14277	9454	4630	4630	3806	2981	2981	2400	1819	1819	1819	1819	1589	1512
	中型		汽油	406497	406497	406497	406497	406496	277518	19563	19563	19563	19563	19563	19563	19563	19563	14678	9793	9793	9793	9793
			柴油	779360	779360	699809	540707	540707	514153	461045	461045	461045	438918	416790	416790	416790	416790	365681	314572	314572	270876	256310
			燃气	880060	880060	780589	581647	581647	552591	494479	494479	494479	470592	446706	446706	338518	338518	275335	275335	275335	275335	275335
	重型		汽油	1060544	1060544	1060544	1060544	1060544	729250	66663	66663	66663	66663	66663	64163	61663	61663	46296	30930	30930	30930	30930
			柴油	699348	699348	675477	627735	627735	604517	558080	558080	558080	535701	513322	513322	513322	513322	446182	379042	379042	252640	210506
			燃气	1301761	1301761	1219565	1055172	1055172	964812	784093	784093	784093	669132	554171	554171	408373	408373	227266	227266	227266	227266	227266
低速汽车	三轮汽车			65550	65550	65550	65550	65550	65550	65550	65550	65550	53279	53279	53279	53279	53279	53279	53279	53279	53279	53279
	低速货车			88065	88065	88065	88065	88065	88065	88065	88065	88065	71579	71579	71579	71579	71579	71579	71579	71579	71579	71579
摩托车	普通摩托车			992	992	992	992	959	926	860	860	860	860	860	764	668	668	668	668	668	668	668
	轻便摩托车			661	661	661	661	661	331	331	331	331	331	331	294	257	257	257	257	257	257	257

克拉玛依市 PM 排放系数

单位：克/（辆·年）

车辆类型		使用性质	燃料种类	1999 年年底前	2000 年	2001 年	2002 年	2003 年	2004 年	2005 年	2006 年	2007 年	2008 年	2009 年	2010 年	2011 年	2012 年	2013 年	2014 年	2015 年	2016 年	2017 年
载客汽车	微型	出租车	汽油	—	—	—	—	—	—	—	—	—	—	—	—	—	—	—	—	—	—	—
			燃气	—	—	—	—	—	—	—	—	—	—	—	—	—	—	—	—	—	—	—
		其他	汽油	—	—	—	—	—	—	—	—	—	—	—	—	—	—	—	—	—	—	—
			燃气	—	—	—	—	—	—	—	—	—	—	—	—	—	—	—	—	—	—	—
	小型	出租车	汽油	—	—	—	—	—	—	—	—	—	—	—	—	—	—	—	—	—	—	—
			柴油	38900	35626	32351	32351	32351	32351	22086	11821	11821	7700	3578	3578	3578	3578	3325	3072	3072	2540	2363
			燃气	—	—	—	—	—	—	—	—	—	—	—	—	—	—	—	—	—	—	—
		其他	汽油	—	—	—	—	—	—	—	—	—	—	—	—	—	—	—	—	—	—	—
			柴油	4200	3975	3750	3750	3750	3750	2699	1648	1648	1206	765	765	765	765	642	518	518	518	518
			燃气	—	—	—	—	—	—	—	—	—	—	—	—	—	—	—	—	—	—	—
	中型	公交车	汽油	—	—	—	—	—	—	—	—	—	—	—	—	—	—	—	—	—	—	—
			柴油	30592	30592	28032	22913	22913	17978	8108	8108	8108	6872	5637	5637	5637	5637	3504	1372	1372	1080	983
			燃气	—	—	—	—	—	—	—	—	—	—	—	—	—	—	—	—	—	—	—
		其他	汽油	—	—	—	—	—	—	—	—	—	—	—	—	—	—	—	—	—	—	—
			柴油	15274	15274	12888	8116	8116	6262	2553	2553	2553	2434	2316	2316	2316	2316	1366	415	415	399	394
			燃气	—	—	—	—	—	—	—	—	—	—	—	—	—	—	—	—	—	—	—
	大型	公交车	汽油	—	—	—	—	—	—	—	—	—	—	—	—	—	—	—	—	—	—	—
			柴油	94865	94865	93934	92071	92071	71272	29674	29674	29674	19994	10315	10315	10315	10315	6116	1916	1916	1845	1821
			燃气	—	—	—	—	—	—	—	—	—	—	—	—	—	—	—	—	—	—	—
		其他	汽油	—	—	—	—	—	—	—	—	—	—	—	—	—	—	—	—	—	—	—
			柴油	142314	142314	133412	115607	115607	85425	25061	25061	25061	17182	9303	9303	9303	9303	5868	2433	2433	2343	2313
			燃气	—	—	—	—	—	—	—	—	—	—	—	—	—	—	—	—	—	—	—
载货汽车	微型		汽油	—	—	—	—	—	—	—	—	—	—	—	—	—	—	—	—	—	—	—
			柴油	8770	8588	8407	8407	8407	8407	6842	5278	5278	3917	2556	2556	2556	2556	1610	663	663	660	659
			燃气	—	—	—	—	—	—	—	—	—	—	—	—	—	—	—	—	—	—	—
	轻型		汽油	—	—	—	—	—	—	—	—	—	—	—	—	—	—	—	—	—	—	—
			柴油	9121	8764	8407	8407	8407	8407	6842	5278	5278	3917	2556	2556	2556	2556	1928	1299	1299	1072	997
			燃气	—	—	—	—	—	—	—	—	—	—	—	—	—	—	—	—	—	—	—
	中型		汽油	—	—	—	—	—	—	—	—	—	—	—	—	—	—	—	—	—	—	—
			柴油	69416	69416	58416	36416	36416	27980	11109	11109	11109	10524	9939	9939	9939	9939	6372	2806	2806	2570	2491
			燃气	—	—	—	—	—	—	—	—	—	—	—	—	—	—	—	—	—	—	—
	重型		汽油	—	—	—	—	—	—	—	—	—	—	—	—	—	—	—	—	—	—	—
			柴油	94215	94215	77438	43883	43883	34843	16763	16763	16763	11487	6211	6211	6211	6211	4128	2044	2044	1728	1622
			燃气	—	—	—	—	—	—	—	—	—	—	—	—	—	—	—	—	—	—	—
低速汽车	三轮汽车			4092	4092	4092	4092	4092	4092	4092	4092	4092	3220	3220	3220	3220	3220	3220	3220	3220	3220	3220
	低速货车			5581	5581	5581	5581	5581	5581	5581	5581	5581	4392	4392	4392	4392	4392	4392	4392	4392	4392	4392
摩托车	普通摩托车			—	—	—	—	—	—	—	—	—	—	—	—	—	—	—	—	—	—	—
	轻便摩托车			—	—	—	—	—	—	—	—	—	—	—	—	—	—	—	—	—	—	—

克拉玛依市 VOCs 排放系数

单位：克/（辆·年）

车辆类型		使用性质	燃料种类	1999 年年底前	2000 年	2001 年	2002 年	2003 年	2004 年	2005 年	2006 年	2007 年	2008 年	2009 年	2010 年	2011 年	2012 年	2013 年	2014 年	2015 年	2016 年	2017 年
载客汽车	微型	出租车	汽油	1442325	833686	225047	225047	225047	225047	161922	98798	98798	78051	57304	57304	48473	39642	39642	39642	39642	31197	28382
			燃气	299488	180167	60846	60846	60846	60846	46244	31642	31642	25934	20226	20226	16136	12047	12047	12047	12047	7427	5887
		其他	汽油	109024	63061	17098	17098	17098	17098	16605	16112	16112	13264	10417	10417	9757	9097	9097	9097	9097	7261	6649
			燃气	19384	10917	2450	2450	2450	2450	2344	2238	2238	1670	1103	1103	998	893	893	893	893	600	502
	小型	出租车	汽油	1442325	819144	195962	195962	195962	195962	186084	176206	176206	116755	57304	57304	48473	39642	39642	39642	39642	28766	25141
			柴油	173570	163951	154332	154332	154332	154332	140857	127382	127382	90518	53653	53653	53653	53653	40022	26391	26391	15787	12252
			燃气	299488	177339	55190	55190	55190	55190	50942	46693	46693	33460	20226	20226	16136	12047	12047	12047	12047	6954	5256
		其他	汽油	110702	63695	16688	16688	16688	16688	17304	17920	17920	14173	10426	10426	9654	8883	8883	8883	8883	7426	6940
			柴油	15057	13772	12486	12486	12486	12486	10579	8672	8672	5894	3116	3116	3116	3116	2696	2276	2276	1646	1436
			燃气	19710	11888	4066	4066	4066	4066	3328	2589	2589	1925	1261	1261	1056	852	852	852	852	632	559
	中型	公交车	汽油	247738	247738	247738	247738	247141	168898	13606	13606	13606	13606	13606	13454	13303	13303	10876	8448	8448	8448	8448
			柴油	87806	87806	86086	82645	82645	64494	28192	28192	28192	20508	12823	12823	12823	12823	8958	5093	5093	4763	4653
			燃气	71579	71579	67602	59649	59649	57536	53311	53311	53311	42686	32061	32061	22219	22219	22154	22154	22154	22154	22154
		其他	汽油	128449	128449	128449	128449	127852	87529	8078	8078	8078	8078	8078	7932	7787	7787	6736	5685	5685	5685	5685
			柴油	30493	30493	28460	24394	24394	18567	6912	6912	6912	6506	6099	6099	6099	6099	3750	1402	1402	1243	1190
			燃气	34560	34560	32640	28800	28800	27780	25740	25740	25740	20623	15506	15506	10732	10732	9642	9642	9642	9642	9642
	大型	公交车	汽油	577046	577046	577046	577046	576449	388871	14910	14910	14910	14910	14910	14770	14630	14630	11864	9098	9098	9098	9098
			柴油	131708	131708	108010	60614	60614	60614	60614	60614	60614	43515	26416	26416	26416	26416	17675	8934	8934	5723	4653
			燃气	168926	168926	159541	140772	140772	135786	125815	125815	125815	100740	75665	75665	52438	52438	47188	47188	47188	47188	47188
		其他	汽油	1278344	1278344	1278344	1278344	1277747	860899	28396	28396	28396	28396	28396	22137	15878	15878	12688	9497	9497	9497	9497
			柴油	272891	272891	207397	76409	76409	76409	76409	76409	76409	55942	35476	35476	35476	35476	20706	5937	5937	5324	5119
			燃气	266186	266186	251398	221822	221822	213966	198253	198253	198253	158842	119430	119430	82662	82662	74261	74261	74261	74261	74261
载货汽车	微型		汽油	573198	303894	34591	34591	34591	34591	33052	31513	31513	29155	26797	26797	21720	16643	16643	16643	16643	14567	13875
			柴油	42623	39862	37100	37100	37100	37100	34274	31448	31448	22886	14324	14324	14324	14324	9812	5299	5299	3914	3453
			燃气	101912	53434	4957	4957	4957	4957	4667	4377	4377	3607	2837	2837	2236	1634	1634	1634	1634	1194	1048
	轻型		汽油	291158	170171	49184	49184	49184	49184	42056	34927	34927	31170	27414	27414	24068	20722	20722	20722	20722	18343	17550
			柴油	38659	37880	37100	37100	37100	37100	34274	31448	31448	22886	14324	14324	14324	14324	10950	7576	7576	6192	5730
			燃气	51839	31911	11984	11984	11984	11984	8515	5046	5046	4181	3316	3316	2652	1988	1988	1988	1988	1557	1414
	中型		汽油	647548	647548	647548	647548	646950	439451	25648	25648	25648	25648	25648	25508	25368	25368	19910	14452	14452	14452	14452
			柴油	147700	147700	137853	118160	118160	89933	33479	33479	33479	31508	29538	29538	29538	29538	21407	13276	13276	7899	6107
			燃气	167399	167399	158100	139502	139502	134559	124674	124674	124674	99886	75097	75097	101625	101625	49482	49482	49482	49482	49482
	重型		汽油	535213	535213	535213	535213	534616	360715	14109	14109	14109	14109	14109	11423	8737	8737	7400	6063	6063	6063	6063
			柴油	187645	187645	142610	52541	52541	52541	52541	52541	52541	38468	24394	24394	24394	24394	14954	5513	5513	3832	3272
			燃气	183035	183035	172867	152531	152531	147129	136324	136324	136324	109223	82122	82122	76759	76759	47467	47467	47467	47467	47467
低速汽车	三轮汽车			25300	25300	25300	25300	25300	25300	25300	25300	25300	16721	16721	16721	16721	16721	16721	16721	16721	16721	16721
	低速货车			33990	33990	33990	33990	33990	33990	33990	33990	33990	22464	22464	22464	22464	22464	22464	22464	22464	22464	22464
摩托车	普通摩托车			13290	13290	13290	13290	9918	6546	3504	3504	3504	3504	3504	2615	1726	1726	1726	1726	1726	1726	1726
	轻便摩托车			42978	42978	42978	42978	42978	8596	8596	4232	4232	4232	4232	3158	2084	2084	2084	2084	2084	2084	2084

吐鲁番市 NO_x 排放系数

单位：克/（辆·年）

车辆类型		使用性质	燃料种类	1999年年底前	2000年	2001年	2002年	2003年	2004年	2005年	2006年	2007年	2008年	2009年	2010年	2011年	2012年	2013年	2014年	2015年	2016年	2017年
载客汽车	微型	出租车	汽油	274205	183380	92555	92555	92555	92555	67641	42727	42727	31162	19597	19597	16126	12655	12655	12655	12655	8089	6567
			燃气	159943	108322	56702	56702	56702	56702	42014	27325	27325	20376	13428	13428	10880	8332	8332	8332	8332	5072	3985
		其他	汽油	41235	25850	10466	10466	10466	10466	6552	2637	2637	2145	1653	1653	1375	1097	1097	1097	1097	784	680
			燃气	22925	13672	4420	4420	4420	4420	2888	1357	1357	1104	851	851	680	508	508	508	508	403	368
	小型	出租车	汽油	311171	204045	96919	96919	96919	96919	70158	43397	43397	31497	19597	19597	15506	11415	11415	11415	11415	6952	5464
			柴油	322799	268718	214638	214638	214638	214638	191347	168056	168056	132934	97813	97813	97813	97813	80326	62840	62840	49104	44525
			燃气	180871	120022	59172	59172	59172	59172	43438	27704	27704	20566	13428	13428	10529	7630	7630	7630	7630	4428	3361
		其他	汽油	38455	24538	10620	10620	10620	10620	6996	3371	3371	2328	1286	1286	1163	1040	1040	1040	1040	738	637
			柴油	33754	27606	21459	21459	21459	21459	19746	18034	18034	14109	10184	10184	10184	10184	8786	7388	7388	6432	6114
			燃气	21351	13628	5905	5905	5905	5905	3839	1773	1773	1208	644	644	560	476	476	476	476	377	344
	中型	公交车	汽油	328582	328582	328582	328582	328582	224476	16265	16265	16265	16265	16265	14587	12909	12909	9746	6582	6582	6582	6582
			柴油	366590	366590	365729	364007	364007	349541	320609	320609	320609	267052	213494	213494	213494	213494	174226	134959	134959	112991	105668
			燃气	389235	389235	384601	375334	375334	363692	340407	340407	340407	283311	226215	226215	143056	143056	112040	112040	112040	112040	112040
		其他	汽油	201451	201451	201451	201451	201451	136651	7051	7051	7051	7051	7051	7051	7051	7051	5288	3526	3526	3526	3526
			柴油	171914	171914	164738	150385	150385	149113	146570	146570	146570	124830	103089	103089	103089	103089	91534	79978	79978	68262	64357
			燃气	194127	194127	183342	161773	161773	160248	157199	157199	157199	133844	110488	110488	86066	86066	69133	69133	69133	69133	69133
	大型	公交车	汽油	1170574	1170574	1170574	1170574	1170574	804909	73579	73579	73579	73579	73579	73514	73450	73450	55088	36726	36726	36726	36726
			柴油	519933	519933	503132	469531	469531	456190	429507	429507	429507	421767	414027	414027	414027	414027	399098	384168	384168	346309	333689
			燃气	1045374	1045374	987298	871145	871145	806501	677212	677212	677212	580245	483278	483278	449932	449932	389973	389973	389973	389973	389973
		其他	汽油	2793947	2793947	2793947	2793947	2793947	1921171	175620	175620	175620	175620	175620	169034	162448	162448	121966	81484	81484	81484	81484
			柴油	1245079	1245079	1213041	1148964	1148964	1122177	1068602	1068602	1068602	1030979	993356	993356	993356	993356	945680	898004	898004	794724	760298
			燃气	2317579	2317579	2188825	1931316	1931316	1788000	1501368	1501368	1501368	1286887	1072406	1072406	967493	967493	820832	820832	820832	820832	820832
载货汽车	微型		汽油	124978	73918	22857	22857	22857	22857	15466	8074	8074	6522	4970	4970	4430	3891	3891	3891	3891	2967	2659
			柴油	82483	67822	53162	53162	53162	53162	47884	42607	42607	36090	29572	29572	29572	29572	21626	13680	13680	11884	11286
			燃气	69483	39568	9653	9653	9653	9653	6904	4155	4155	3357	2559	2559	2180	1802	1802	1802	1802	1530	1439
	轻型		汽油	92589	59172	25755	25755	25755	25755	17310	8864	8864	7422	5979	5979	4990	4000	4000	4000	4000	3104	2805
			柴油	82780	67971	53162	53162	53162	53162	47884	42607	42607	36090	29572	29572	29572	29572	23628	17685	17685	16594	16230
			燃气	51407	32864	14320	14320	14320	14320	9491	4662	4662	3828	2994	2994	2412	1831	1831	1831	1831	1594	1515
	中型		汽油	406497	406497	406497	406497	406496	277518	19563	19563	19563	19563	19563	19563	19563	19563	14678	9793	9793	9793	9793
			柴油	779360	779360	699809	540707	540707	514153	461045	461045	461045	438918	416790	416790	416790	416790	365681	314572	314572	270876	256310
			燃气	880061	880061	780592	581652	581652	552595	494479	494479	494479	470592	446704	446704	338518	338518	275331	275331	275331	275331	275331
	重型		汽油	1060544	1060544	1060544	1060544	1060544	729250	66663	66663	66663	66663	66663	64163	61663	61663	46296	30930	30930	30930	30930
			柴油	699348	699348	675477	627735	627735	604517	558080	558080	558080	535701	513322	513322	513322	513322	446182	379042	379042	252640	210506
			燃气	1301760	1301760	1219564	1055172	1055172	964812	784093	784093	784093	669132	554172	554172	408373	408373	227266	227266	227266	227266	227266
低速汽车	三轮汽车			65550	65550	65550	65550	65550	65550	65550	65550	65550	53279	53279	53279	53279	53279	53279	53279	53279	53279	53279
	低速货车			88065	88065	88065	88065	88065	88065	88065	88065	88065	71579	71579	71579	71579	71579	71579	71579	71579	71579	71579
摩托车	普通摩托车			992	992	992	992	959	926	860	860	860	860	860	764	668	668	668	668	668	668	668
	轻便摩托车			661	661	661	661	661	331	331	331	331	331	331	294	257	257	257	257	257	257	257

吐鲁番市 PM 排放系数

单位：克/（辆·年）

车辆类型		使用性质	燃料种类	1999 年年底前	2000 年	2001 年	2002 年	2003 年	2004 年	2005 年	2006 年	2007 年	2008 年	2009 年	2010 年	2011 年	2012 年	2013 年	2014 年	2015 年	2016 年	2017 年
载客汽车	微型	出租车	汽油	—	—	—	—	—	—	—	—	—	—	—	—	—	—	—	—	—	—	—
			燃气	—	—	—	—	—	—	—	—	—	—	—	—	—	—	—	—	—	—	—
		其他	汽油	—	—	—	—	—	—	—	—	—	—	—	—	—	—	—	—	—	—	—
			燃气	—	—	—	—	—	—	—	—	—	—	—	—	—	—	—	—	—	—	—
	小型	出租车	汽油	—	—	—	—	—	—	—	—	—	—	—	—	—	—	—	—	—	—	—
			柴油	38900	35626	32351	32351	32351	32351	22086	11821	11821	7700	3578	3578	3578	3578	3325	3072	3072	2540	2363
			燃气	—	—	—	—	—	—	—	—	—	—	—	—	—	—	—	—	—	—	—
		其他	汽油	—	—	—	—	—	—	—	—	—	—	—	—	—	—	—	—	—	—	—
			柴油	4200	3975	3750	3750	3750	3750	2699	1648	1648	1206	765	765	765	765	642	518	518	518	518
			燃气	—	—	—	—	—	—	—	—	—	—	—	—	—	—	—	—	—	—	—
	中型	公交车	汽油	—	—	—	—	—	—	—	—	—	—	—	—	—	—	—	—	—	—	—
			柴油	30592	30592	28032	22913	22913	17978	8108	8108	8108	6872	5637	5637	5637	5637	3504	1372	1372	1080	983
			燃气	—	—	—	—	—	—	—	—	—	—	—	—	—	—	—	—	—	—	—
		其他	汽油	—	—	—	—	—	—	—	—	—	—	—	—	—	—	—	—	—	—	—
			柴油	15274	15274	12888	8116	8116	6262	2553	2553	2553	2434	2316	2316	2316	2316	1366	415	415	399	394
			燃气	—	—	—	—	—	—	—	—	—	—	—	—	—	—	—	—	—	—	—
	大型	公交车	汽油	—	—	—	—	—	—	—	—	—	—	—	—	—	—	—	—	—	—	—
			柴油	94865	94865	93934	92071	92071	71272	29674	29674	29674	19994	10315	10315	10315	10315	6116	1916	1916	1845	1821
			燃气	—	—	—	—	—	—	—	—	—	—	—	—	—	—	—	—	—	—	—
		其他	汽油	—	—	—	—	—	—	—	—	—	—	—	—	—	—	—	—	—	—	—
			柴油	142314	142314	133412	115607	115607	85425	25061	25061	25061	17182	9303	9303	9303	9303	5868	2433	2433	2343	2313
			燃气	—	—	—	—	—	—	—	—	—	—	—	—	—	—	—	—	—	—	—
载货汽车	微型		汽油	—	—	—	—	—	—	—	—	—	—	—	—	—	—	—	—	—	—	—
			柴油	8770	8588	8407	8407	8407	8407	6842	5278	5278	3917	2556	2556	2556	2556	1610	663	663	660	659
			燃气	—	—	—	—	—	—	—	—	—	—	—	—	—	—	—	—	—	—	—
	轻型		汽油	—	—	—	—	—	—	—	—	—	—	—	—	—	—	—	—	—	—	—
			柴油	9121	8764	8407	8407	8407	8407	6842	5278	5278	3917	2556	2556	2556	2556	1928	1299	1299	1072	997
			燃气	—	—	—	—	—	—	—	—	—	—	—	—	—	—	—	—	—	—	—
	中型		汽油	—	—	—	—	—	—	—	—	—	—	—	—	—	—	—	—	—	—	—
			柴油	69416	69416	58416	36416	36416	27980	11109	11109	11109	10524	9939	9939	9939	9939	6372	2806	2806	2570	2491
			燃气	—	—	—	—	—	—	—	—	—	—	—	—	—	—	—	—	—	—	—
	重型		汽油	—	—	—	—	—	—	—	—	—	—	—	—	—	—	—	—	—	—	—
			柴油	94215	94215	77438	43883	43883	34843	16763	16763	16763	11487	6211	6211	6211	6211	4128	2044	2044	1728	1622
			燃气	—	—	—	—	—	—	—	—	—	—	—	—	—	—	—	—	—	—	—
低速汽车	三轮汽车			4092	4092	4092	4092	4092	4092	4092	4092	4092	3220	3220	3220	3220	3220	3220	3220	3220	3220	3220
	低速货车			5581	5581	5581	5581	5581	5581	5581	5581	5581	4392	4392	4392	4392	4392	4392	4392	4392	4392	4392
摩托车	普通摩托车			—	—	—	—	—	—	—	—	—	—	—	—	—	—	—	—	—	—	—
	轻便摩托车			—	—	—	—	—	—	—	—	—	—	—	—	—	—	—	—	—	—	—

吐鲁番市 VOCs 排放系数

单位：克/（辆·年）

车辆类型		使用性质	燃料种类	1999 年年底前	2000 年	2001 年	2002 年	2003 年	2004 年	2005 年	2006 年	2007 年	2008 年	2009 年	2010 年	2011 年	2012 年	2013 年	2014 年	2015 年	2016 年	2017 年
载客汽车	微型	出租车	汽油	871372	509991	148610	148610	148610	148610	109638	70665	70665	57080	43494	43494	36703	29912	29912	29912	29912	22687	20279
			燃气	299488	180167	60846	60846	60846	60846	46244	31642	31642	25934	20226	20226	16136	12047	12047	12047	12047	7427	5887
		其他	汽油	69624	41746	13868	13868	13868	13868	13440	13011	13011	11150	9290	9290	8856	8422	8422	8422	8422	7109	6671
			燃气	19384	10917	2450	2450	2450	2450	2344	2238	2238	1670	1103	1103	998	893	893	893	893	600	502
	小型	出租车	汽油	871372	501396	131421	131421	131421	131421	123918	116414	116414	79954	43494	43494	36703	29912	29912	29912	29912	21251	18364
			柴油	158150	149112	140074	140074	140074	140074	127143	114212	114212	82602	50993	50993	50993	50993	37937	24881	24881	14375	10873
			燃气	299488	177339	55190	55190	55190	55190	50942	46693	46693	33460	20226	20226	16136	12047	12047	12047	12047	6954	5256
		其他	汽油	70616	42121	13626	13626	13626	13626	13852	14079	14079	11688	9296	9296	8796	8295	8295	8295	8295	7206	6843
			柴油	12509	11450	10391	10391	10391	10391	8816	7240	7240	4966	2693	2693	2693	2693	2305	1917	1917	1361	1176
			燃气	19710	11888	4066	4066	4066	4066	3328	2589	2589	1925	1261	1261	1056	852	852	852	852	632	559
	中型	公交车	汽油	248875	248875	248875	248875	248278	170035	14743	14743	14743	14743	14743	14592	14440	14440	12012	9585	9585	9585	9585
			柴油	87806	87806	86086	82645	82645	64494	28192	28192	28192	20508	12823	12823	12823	12823	8958	5093	5093	4763	4653
			燃气	71579	71579	67602	59649	59649	57536	53311	53311	53311	42686	32061	32061	22219	22219	22154	22154	22154	22154	22154
		其他	汽油	129586	129586	129586	129586	128989	88666	9215	9215	9215	9215	9215	9070	8924	8924	7873	6822	6822	6822	6822
			柴油	30493	30493	28460	24394	24394	18567	6912	6912	6912	6506	6099	6099	6099	6099	3750	1402	1402	1243	1190
			燃气	34560	34560	32640	28800	28800	27780	25740	25740	25740	20623	15506	15506	10732	10732	9642	9642	9642	9642	9642
	大型	公交车	汽油	578183	578183	578183	578183	577586	390008	16047	16047	16047	16047	16047	15907	15767	15767	13001	10235	10235	10235	10235
			柴油	131708	131708	108010	60614	60614	60614	60614	60614	60614	43515	26416	26416	26416	26416	17675	8934	8934	5723	4653
			燃气	168926	168926	159541	140772	140772	135786	125815	125815	125815	100740	75665	75665	52438	52438	47188	47188	47188	47188	47188
		其他	汽油	1279481	1279481	1279481	1279481	1278884	862036	29533	29533	29533	29533	29533	23274	17016	17016	13825	10634	10634	10634	10634
			柴油	272891	272891	207397	76409	76409	76409	76409	76409	76409	55942	35476	35476	35476	35476	20706	5937	5937	5324	5119
			燃气	266186	266186	251398	221822	221822	213966	198253	198253	198253	158842	119430	119430	82662	82662	74261	74261	74261	74261	74261
载货汽车	微型		汽油	345246	185282	25317	25317	25317	25317	24126	22936	22936	21258	19580	19580	16392	13204	13204	13204	13204	11561	11013
			柴油	36308	33946	31583	31583	31583	31583	29076	26568	26568	19478	12387	12387	12387	12387	8532	4678	4678	3334	2886
			燃气	96120	50296	4473	4473	4473	4473	4209	3945	3945	3135	2325	2325	1862	1400	1400	1400	1400	972	829
	轻型		汽油	178557	106250	33942	33942	33942	33942	29448	24954	24954	22449	19944	19944	17780	15615	15615	15615	15615	13792	13185
			柴油	33142	32362	31583	31583	31583	31583	29076	26568	26568	19478	12387	12387	12387	12387	9442	6497	6497	5153	4705
			燃气	49838	29983	10128	10128	10128	10128	7359	4589	4589	3647	2705	2705	2155	1604	1604	1604	1604	1209	1077
	中型		汽油	648685	648685	648685	648685	648088	440588	26785	26785	26785	26785	26785	26645	26505	26505	21047	15589	15589	15589	15589
			柴油	147700	147700	137853	118160	118160	89933	33479	33479	33479	31508	29538	29538	29538	29538	21407	13276	13276	7899	6107
			燃气	167399	167399	158100	139502	139502	134559	124674	124674	124674	99886	75097	75097	101625	101625	49482	49482	49482	49482	49482
	重型		汽油	536351	536351	536351	536351	535754	361853	15247	15247	15247	15247	15247	12561	9875	9875	8538	7202	7202	7202	7202
			柴油	187645	187645	142610	52541	52541	52541	52541	52541	52541	38468	24394	24394	24394	24394	14954	5513	5513	3832	3272
			燃气	183035	183035	172867	152531	152531	147129	136324	136324	136324	109223	82122	82122	76759	76759	47467	47467	47467	47467	47467
低速汽车	三轮汽车			25300	25300	25300	25300	25300	25300	25300	25300	25300	16721	16721	16721	16721	16721	16721	16721	16721	16721	16721
	低速货车			33990	33990	33990	33990	33990	33990	33990	33990	33990	22464	22464	22464	22464	22464	22464	22464	22464	22464	22464
摩托车	普通摩托车			13290	13290	13290	13290	9918	6546	3504	3504	3504	3504	3504	2615	1726	1726	1726	1726	1726	1726	1726
	轻便摩托车			42978	42978	42978	42978	42978	8596	8596	4232	4232	4232	4232	3158	2084	2084	2084	2084	2084	2084	2084

哈密市 NO_x 排放系数

单位：克/（辆・年）

车辆类型		使用性质	燃料种类	1999 年年底前	2000 年	2001 年	2002 年	2003 年	2004 年	2005 年	2006 年	2007 年	2008 年	2009 年	2010 年	2011 年	2012 年	2013 年	2014 年	2015 年	2016 年	2017 年
载客汽车	微型	出租车	汽油	327949	217788	107628	107628	107628	107628	77934	48239	48239	34652	21064	21064	17486	13908	13908	13908	13908	9226	7666
			燃气	159943	108322	56702	56702	56702	56702	42014	27325	27325	20376	13428	13428	10880	8332	8332	8332	8332	5072	3985
		其他	汽油	49909	31233	12557	12557	12557	12557	7806	3054	3054	2478	1902	1902	1578	1255	1255	1255	1255	924	813
			燃气	22925	13672	4420	4420	4420	4420	2888	1357	1357	1104	851	851	680	508	508	508	508	403	368
	小型	出租车	汽油	372970	242956	112943	112943	112943	112943	80999	49055	49055	35060	21064	21064	16731	12398	12398	12398	12398	7842	6323
			柴油	300775	251138	201501	201501	201501	201501	179504	157507	157507	124764	92021	92021	92021	92021	75295	58569	58569	45286	40858
			燃气	180871	120022	59172	59172	59172	59172	43438	27704	27704	20566	13428	13428	10529	7630	7630	7630	7630	4428	3361
		其他	汽油	46524	29634	12745	12745	12745	12745	8346	3948	3948	2702	1455	1455	1320	1186	1186	1186	1186	867	761
			柴油	30867	25272	19676	19676	19676	19676	18101	16526	16526	12938	9349	9349	9349	9349	8058	6768	6768	5866	5566
			燃气	21351	13628	5905	5905	5905	5905	3839	1773	1773	1208	644	644	560	476	476	476	476	377	344
	中型	公交车	汽油	441853	441853	441853	441853	441853	301859	21872	21872	21872	21872	21872	19616	17359	17359	13105	8851	8851	8851	8851
			柴油	367537	367537	366674	364948	364948	350445	321438	321438	321438	267742	214046	214046	214046	214046	174677	135308	135308	113283	105941
			燃气	390241	390241	385595	376304	376304	364632	341287	341287	341287	284044	226800	226800	143425	143425	112330	112330	112330	112330	112330
		其他	汽油	270896	270896	270896	270896	270896	183758	9481	9481	9481	9481	9481	9481	9481	9481	7112	4742	4742	4742	4742
			柴油	172358	172358	165163	150774	150774	149499	146949	146949	146949	125152	103355	103355	103355	103355	91770	80184	80184	68438	64523
			燃气	194629	194629	183816	162191	162191	160662	157605	157605	157605	134190	110774	110774	86288	86288	69312	69312	69312	69312	69312
	大型	公交车	汽油	1574102	1574102	1574102	1574102	1574102	1082383	98944	98944	98944	98944	98944	98857	98770	98770	74078	49386	49386	49386	49386
			柴油	521277	521277	504433	470744	470744	457368	430617	430617	430617	422857	415097	415097	415097	415097	400129	385161	385161	347204	334552
			燃气	1048077	1048077	989850	873397	873397	808586	678963	678963	678963	581746	484528	484528	451095	451095	390981	390981	390981	390981	390981
		其他	汽油	3757094	3757094	3757094	3757094	3757094	2583449	236160	236160	236160	236160	236160	227304	218448	218448	164011	109574	109574	109574	109574
			柴油	1248298	1248298	1216177	1151934	1151934	1125078	1071365	1071365	1071365	1033644	995924	995924	995924	995924	948125	900326	900326	796780	762264
			燃气	2323571	2323571	2194484	1936309	1936309	1792623	1505250	1505250	1505250	1290214	1075178	1075178	969994	969994	822954	822954	822954	822954	822954
载货汽车	微型		汽油	151367	89278	27189	27189	27189	27189	18262	9335	9335	7512	5689	5689	5108	4526	4526	4526	4526	3527	3194
			柴油	75813	62439	49065	49065	49065	49065	44175	39285	39285	33264	27244	27244	27244	27244	19931	12618	12618	10880	10301
			燃气	69528	39549	9570	9570	9570	9570	6859	4148	4148	3347	2545	2545	2189	1832	1832	1832	1832	1542	1446
	轻型		汽油	111920	71319	30718	30718	30718	30718	20508	10297	10297	8607	6917	6917	5788	4658	4658	4658	4658	3693	3371
			柴油	76082	62574	49065	49065	49065	49065	44175	39285	39285	33264	27244	27244	27244	27244	21749	16254	16254	15157	14791
			燃气	51363	32798	14232	14232	14232	14232	9428	4624	4624	3843	3062	3062	2466	1869	1869	1869	1869	1610	1524
	中型		汽油	544706	544706	544706	544706	544706	371875	26214	26214	26214	26214	26214	26214	26214	26214	19668	13123	13123	13123	13123
			柴油	779360	779360	699809	540707	540707	514153	461045	461045	461045	438918	416790	416790	416790	416790	365681	314572	314572	270876	256310
			燃气	880064	880064	780593	581651	581651	552593	494478	494478	494478	470593	446708	446708	338519	338519	275334	275334	275334	275334	275334
	重型		汽油	1421129	1421129	1421129	1421129	1421129	977195	89328	89328	89328	89328	89328	85978	82629	82629	62038	41446	41446	41446	41446
			柴油	699348	699348	675477	627735	627735	604517	558080	558080	558080	535701	513322	513322	513322	513322	446182	379042	379042	252640	210506
			燃气	1301760	1301760	1219564	1055172	1055172	964813	784093	784093	784093	669132	554171	554171	408373	408373	227266	227266	227266	227266	227266
低速汽车	三轮汽车			65550	65550	65550	65550	65550	65550	65550	65550	65550	53279	53279	53279	53279	53279	53279	53279	53279	53279	53279
	低速货车			88065	88065	88065	88065	88065	88065	88065	88065	88065	71579	71579	71579	71579	71579	71579	71579	71579	71579	71579
摩托车	普通摩托车			992	992	992	992	959	926	860	860	860	860	860	764	668	668	668	668	668	668	668
	轻便摩托车			661	661	661	661	661	331	331	331	331	331	331	294	257	257	257	257	257	257	257

哈密市 PM 排放系数

单位：克/（辆·年）

车辆类型		使用性质	燃料种类	1999 年年底前	2000 年	2001 年	2002 年	2003 年	2004 年	2005 年	2006 年	2007 年	2008 年	2009 年	2010 年	2011 年	2012 年	2013 年	2014 年	2015 年	2016 年	2017 年
载客汽车	微型	出租车	汽油	—	—	—	—	—	—	—	—	—	—	—	—	—	—	—	—	—	—	—
			燃气	—	—	—	—	—	—	—	—	—	—	—	—	—	—	—	—	—	—	—
		其他	汽油	—	—	—	—	—	—	—	—	—	—	—	—	—	—	—	—	—	—	—
			燃气	—	—	—	—	—	—	—	—	—	—	—	—	—	—	—	—	—	—	—
	小型	出租车	汽油	—	—	—	—	—	—	—	—	—	—	—	—	—	—	—	—	—	—	—
			柴油	38900	35626	32351	32351	32351	32351	22086	11821	11821	7700	3578	3578	3578	3578	3325	3072	3072	2540	2363
			燃气	—	—	—	—	—	—	—	—	—	—	—	—	—	—	—	—	—	—	—
		其他	汽油	—	—	—	—	—	—	—	—	—	—	—	—	—	—	—	—	—	—	—
			柴油	4200	3975	3750	3750	3750	3750	2699	1648	1648	1206	765	765	765	765	642	518	518	518	518
			燃气	—	—	—	—	—	—	—	—	—	—	—	—	—	—	—	—	—	—	—
	中型	公交车	汽油	—	—	—	—	—	—	—	—	—	—	—	—	—	—	—	—	—	—	—
			柴油	30592	30592	28032	22913	22913	17978	8108	8108	8108	6872	5637	5637	5637	5637	3504	1372	1372	1080	983
			燃气	—	—	—	—	—	—	—	—	—	—	—	—	—	—	—	—	—	—	—
		其他	汽油	—	—	—	—	—	—	—	—	—	—	—	—	—	—	—	—	—	—	—
			柴油	15274	15274	12888	8116	8116	6262	2553	2553	2553	2434	2316	2316	2316	2316	1366	415	415	399	394
			燃气	—	—	—	—	—	—	—	—	—	—	—	—	—	—	—	—	—	—	—
	大型	公交车	汽油	—	—	—	—	—	—	—	—	—	—	—	—	—	—	—	—	—	—	—
			柴油	94865	94865	93934	92071	92071	71272	29674	29674	29674	19994	10315	10315	10315	10315	6116	1916	1916	1845	1821
			燃气	—	—	—	—	—	—	—	—	—	—	—	—	—	—	—	—	—	—	—
		其他	汽油	—	—	—	—	—	—	—	—	—	—	—	—	—	—	—	—	—	—	—
			柴油	142314	142314	133412	115607	115607	85425	25061	25061	25061	17182	9303	9303	9303	9303	5868	2433	2433	2343	2313
			燃气	—	—	—	—	—	—	—	—	—	—	—	—	—	—	—	—	—	—	—
载货汽车	微型		汽油	—	—	—	—	—	—	—	—	—	—	—	—	—	—	—	—	—	—	—
			柴油	8770	8588	8407	8407	8407	8407	6842	5278	5278	3917	2556	2556	2556	2556	1610	663	663	660	659
			燃气	—	—	—	—	—	—	—	—	—	—	—	—	—	—	—	—	—	—	—
	轻型		汽油	—	—	—	—	—	—	—	—	—	—	—	—	—	—	—	—	—	—	—
			柴油	9121	8764	8407	8407	8407	8407	6842	5278	5278	3917	2556	2556	2556	2556	1928	1299	1299	1072	997
			燃气	—	—	—	—	—	—	—	—	—	—	—	—	—	—	—	—	—	—	—
	中型		汽油	—	—	—	—	—	—	—	—	—	—	—	—	—	—	—	—	—	—	—
			柴油	69416	69416	58416	36416	36416	27980	11109	11109	11109	10524	9939	9939	9939	9939	6372	2806	2806	2570	2491
			燃气	—	—	—	—	—	—	—	—	—	—	—	—	—	—	—	—	—	—	—
	重型		汽油	—	—	—	—	—	—	—	—	—	—	—	—	—	—	—	—	—	—	—
			柴油	94215	94215	77438	43883	43883	34843	16763	16763	16763	11487	6211	6211	6211	6211	4128	2044	2044	1728	1622
			燃气	—	—	—	—	—	—	—	—	—	—	—	—	—	—	—	—	—	—	—
低速汽车	三轮汽车			4092	4092	4092	4092	4092	4092	4092	4092	4092	3220	3220	3220	3220	3220	3220	3220	3220	3220	3220
	低速货车			5581	5581	5581	5581	5581	5581	5581	5581	5581	4392	4392	4392	4392	4392	4392	4392	4392	4392	4392
摩托车	普通摩托车			—	—	—	—	—	—	—	—	—	—	—	—	—	—	—	—	—	—	—
	轻便摩托车			—	—	—	—	—	—	—	—	—	—	—	—	—	—	—	—	—	—	—

哈密市 VOCs 排放系数

单位：克/（辆·年）

车辆类型		使用性质	燃料种类	1999 年年底前	2000 年	2001 年	2002 年	2003 年	2004 年	2005 年	2006 年	2007 年	2008 年	2009 年	2010 年	2011 年	2012 年	2013 年	2014 年	2015 年	2016 年	2017 年
载客汽车	微型	出租车	汽油	1037507	604051	170595	170595	170595	170595	124578	78561	78561	62896	47230	47230	39844	32458	32458	32458	32458	24890	22367
			燃气	299488	180167	60846	60846	60846	60846	46244	31642	31642	25934	20226	20226	16136	12047	12047	12047	12047	7427	5887
		其他	汽油	80724	47612	14501	14501	14501	14501	14054	13606	13606	11466	9327	9327	8827	8327	8327	8327	8327	6874	6389
			燃气	19384	10917	2450	2450	2450	2450	2344	2238	2238	1670	1103	1103	998	893	893	893	893	600	502
	小型	出租车	汽油	1037507	593722	149936	149936	149936	149936	141740	133544	133544	90387	47230	47230	39844	32458	32458	32458	32458	23163	20065
			柴油	167461	158070	148679	148679	148679	148679	135417	122155	122155	87362	52568	52568	52568	52568	39162	25756	25756	15207	11691
			燃气	299488	177339	55190	55190	55190	55190	50942	46693	46693	33460	20226	20226	16136	12047	12047	12047	12047	6954	5256
		其他	汽油	81916	48063	14210	14210	14210	14210	14550	14890	14890	12112	9333	9333	8754	8175	8175	8175	8175	6991	6596
			柴油	13988	12792	11595	11595	11595	11595	9818	8040	8040	5473	2906	2906	2906	2906	2499	2092	2092	1508	1313
			燃气	19710	11888	4066	4066	4066	4066	3328	2589	2589	1925	1261	1261	1056	852	852	852	852	632	559
	中型	公交车	汽油	248284	248284	248284	248284	247687	169444	14151	14151	14151	14151	14151	14000	13848	13848	11421	8994	8994	8994	8994
			柴油	87806	87806	86086	82645	82645	64494	28192	28192	28192	20508	12823	12823	12823	12823	8958	5093	5093	4763	4653
			燃气	71579	71579	67602	59649	59649	57536	53311	53311	53311	42686	32061	32061	22219	22219	22154	22154	22154	22154	22154
		其他	汽油	128994	128994	128994	128994	128397	88075	8624	8624	8624	8624	8624	8478	8333	8333	7282	6230	6230	6230	6230
			柴油	30493	30493	28460	24394	24394	18567	6912	6912	6912	6506	6099	6099	6099	6099	3750	1402	1402	1243	1190
			燃气	34560	34560	32640	28800	28800	27780	25740	25740	25740	20623	15506	15506	10732	10732	9642	9642	9642	9642	9642
	大型	公交车	汽油	577592	577592	577592	577592	576995	389417	15455	15455	15455	15455	15455	15316	15176	15176	12410	9644	9644	9644	9644
			柴油	131708	131708	108010	60614	60614	60614	60614	60614	60614	43515	26416	26416	26416	26416	17675	8934	8934	5723	4653
			燃气	168926	168926	159541	140772	140772	135786	125815	125815	125815	100740	75665	75665	52438	52438	47188	47188	47188	47188	47188
		其他	汽油	1278890	1278890	1278890	1278890	1278293	861445	28942	28942	28942	28942	28942	22683	16424	16424	13234	10043	10043	10043	10043
			柴油	272891	272891	207397	76409	76409	76409	76409	76409	76409	55942	35476	35476	35476	35476	20706	5937	5937	5324	5119
			燃气	266186	266186	251398	221822	221822	213966	198253	198253	198253	158842	119430	119430	82662	82662	74261	74261	74261	74261	74261
载货汽车	微型		汽油	411339	219526	27713	27713	27713	27713	26421	25129	25129	23261	21393	21393	17654	13915	13915	13915	13915	12158	11573
			柴油	40079	37474	34869	34869	34869	34869	32168	29466	29466	21494	13522	13522	13522	13522	9267	5012	5012	3660	3210
			燃气	98774	51728	4682	4682	4682	4682	4408	4133	4133	3332	2530	2530	2011	1492	1492	1492	1492	1055	909
	轻型		汽油	211007	124542	38078	38078	38078	38078	32816	27554	27554	24692	21831	21831	19322	16812	16812	16812	16812	14840	14183
			柴油	36427	35648	34869	34869	34869	34869	32168	29466	29466	21494	13522	13522	13522	13522	10316	7109	7109	5758	5308
			燃气	50771	30833	10896	10896	10896	10896	7843	4791	4791	3870	2950	2950	2351	1752	1752	1752	1752	1340	1202
	中型		汽油	648094	648094	648094	648094	647496	439997	26193	26193	26193	26193	26193	26054	25914	25914	20456	14998	14998	14998	14998
			柴油	147700	147700	137853	118160	118160	89933	33479	33479	33479	31508	29538	29538	29538	29538	21407	13276	13276	7899	6107
			燃气	167399	167399	158100	139502	139502	134559	124674	124674	124674	99886	75097	75097	101625	101625	49482	49482	49482	49482	49482
	重型		汽油	535759	535759	535759	535759	535162	361261	14655	14655	14655	14655	14655	11969	9283	9283	7946	6610	6610	6610	6610
			柴油	187645	187645	142610	52541	52541	52541	52541	52541	52541	38468	24394	24394	24394	24394	14954	5513	5513	3832	3272
			燃气	183035	183035	172867	152531	152531	147129	136324	136324	136324	109223	82122	82122	76759	76759	47467	47467	47467	47467	47467
低速汽车	三轮汽车			25300	25300	25300	25300	25300	25300	25300	25300	25300	16721	16721	16721	16721	16721	16721	16721	16721	16721	16721
	低速货车			33990	33990	33990	33990	33990	33990	33990	33990	33990	22464	22464	22464	22464	22464	22464	22464	22464	22464	22464
摩托车	普通摩托车			13290	13290	13290	13290	9918	6546	3504	3504	3504	3504	3504	2615	1726	1726	1726	1726	1726	1726	1726
	轻便摩托车			42978	42978	42978	42978	42978	8596	8596	4232	4232	4232	4232	3158	2084	2084	2084	2084	2084	2084	2084

昌吉回族自治州 NO_x 排放系数

单位：克/（辆·年）

车辆类型		使用性质	燃料种类	1999年年底前	2000年	2001年	2002年	2003年	2004年	2005年	2006年	2007年	2008年	2009年	2010年	2011年	2012年	2013年	2014年	2015年	2016年	2017年
载客汽车	微型	出租车	汽油	344288	228255	112222	112222	112222	112222	81083	49944	49944	35740	21535	21535	17924	14314	14314	14314	14314	9580	8002
			燃气	159943	108322	56702	56702	56702	56702	42014	27325	27325	20376	13428	13428	10880	8332	8332	8332	8332	5072	3985
		其他	汽油	52632	32930	13229	13229	13229	13229	8224	3220	3220	2612	2004	2004	1667	1330	1330	1330	1330	976	858
			燃气	22925	13672	4420	4420	4420	4420	2888	1357	1357	1104	851	851	680	508	508	508	508	403	368
	小型	出租车	汽油	391743	254784	117824	117824	117824	117824	84314	50805	50805	36170	21535	21535	17128	12721	12721	12721	12721	8120	6587
			柴油	312449	260463	208477	208477	208477	208477	185796	163116	163116	129112	95107	95107	95107	95107	77979	60851	60851	47313	42800
			燃气	180871	120022	59172	59172	59172	59172	43438	27704	27704	20566	13428	13428	10529	7630	7630	7630	7630	4428	3361
		其他	汽油	49064	31246	13427	13427	13427	13427	8795	4163	4163	2848	1533	1533	1396	1258	1258	1258	1258	917	803
			柴油	32426	26539	20652	20652	20652	20652	19004	17357	17357	13586	9815	9815	9815	9815	8468	7121	7121	6175	5860
			燃气	21351	13628	5905	5905	5905	5905	3839	1773	1773	1208	644	644	560	476	476	476	476	377	344
	中型	公交车	汽油	442692	442692	442692	442692	442692	302432	21913	21913	21913	21913	21913	19652	17391	17391	13129	8867	8867	8867	8867
			柴油	368049	368049	367185	365456	365456	350932	321885	321885	321885	268114	214344	214344	214344	214344	174920	135496	135496	113441	106089
			燃气	390785	390785	386133	376828	376828	365139	341762	341762	341762	284439	227116	227116	143625	143625	112486	112486	112486	112486	112486
		其他	汽油	271410	271410	271410	271410	271410	184106	9499	9499	9499	9499	9499	9499	9499	9499	7125	4751	4751	4751	4751
			柴油	172598	172598	165393	150984	150984	149707	147153	147153	147153	125326	103499	103499	103499	103499	91898	80296	80296	68534	64613
			燃气	194900	194900	184072	162417	162417	160886	157824	157824	157824	134376	110928	110928	86408	86408	69408	69408	69408	69408	69408
	大型	公交车	汽油	1577089	1577089	1577089	1577089	1577089	1084436	99131	99131	99131	99131	99131	99044	98957	98957	74218	49480	49480	49480	49480
			柴油	522003	522003	505135	471400	471400	458006	431217	431217	431217	423446	415675	415675	415675	415675	400686	385697	385697	347688	335018
			燃气	1049536	1049536	991228	874613	874613	809711	679908	679908	679908	582555	485202	485202	451723	451723	391526	391526	391526	391526	391526
		其他	汽油	3764224	3764224	3764224	3764224	3764224	2588352	236608	236608	236608	236608	236608	227736	218863	218863	164322	109782	109782	109782	109782
			柴油	1250035	1250035	1217869	1153538	1153538	1126644	1072857	1072857	1072857	1035084	997311	997311	997311	997311	949445	901579	901579	797888	763325
			燃气	2326805	2326805	2197538	1939005	1939005	1795118	1507345	1507345	1507345	1292010	1076675	1076675	971344	971344	824099	824099	824099	824099	824099
载货汽车	微型		汽油	159442	93990	28538	28538	28538	28538	19147	9756	9756	7844	5933	5933	5338	4744	4744	4744	4744	3706	3360
			柴油	79372	65318	51264	51264	51264	51264	46169	41074	41074	34786	28499	28499	28499	28499	20852	13204	13204	11420	10826
			燃气	69448	39492	9535	9535	9535	9535	6823	4111	4111	3315	2519	2519	2166	1812	1812	1812	1812	1534	1441
	轻型		汽油	117863	75060	32258	32258	32258	32258	21514	10770	10770	8999	7228	7228	6056	4883	4883	4883	4883	3881	3547
			柴油	79656	65460	51264	51264	51264	51264	46169	41074	41074	34786	28499	28499	28499	28499	22768	17036	17036	15926	15556
			燃气	51290	32738	14187	14187	14187	14187	9387	4587	4587	3812	3036	3036	2442	1848	1848	1848	1848	1602	1520
	中型		汽油	544706	544706	544706	544706	544706	371875	26214	26214	26214	26214	26214	26214	26214	26214	19668	13123	13123	13123	13123
			柴油	779360	779360	699809	540707	540707	514153	461045	461045	461045	438918	416790	416790	416790	416790	365681	314572	314572	270876	256310
			燃气	880064	880064	780593	581651	581651	552593	494478	494478	494478	470592	446707	446707	338517	338517	275331	275331	275331	275331	275331
	重型		汽油	1421129	1421129	1421129	1421129	1421129	977195	89328	89328	89328	89328	89328	85978	82629	82629	62038	41446	41446	41446	41446
			柴油	699348	699348	675477	627735	627735	604517	558080	558080	558080	535701	513322	513322	513322	513322	446182	379042	379042	252640	210506
			燃气	1301761	1301761	1219565	1055172	1055172	964812	784092	784092	784092	669132	554171	554171	408373	408373	227266	227266	227266	227266	227266
低速汽车	三轮汽车			65550	65550	65550	65550	65550	65550	65550	65550	65550	53279	53279	53279	53279	53279	53279	53279	53279	53279	53279
	低速货车			88065	88065	88065	88065	88065	88065	88065	88065	88065	71579	71579	71579	71579	71579	71579	71579	71579	71579	71579
摩托车	普通摩托车			992	992	992	992	959	926	860	860	860	860	860	764	668	668	668	668	668	668	668
	轻便摩托车			661	661	661	661	661	331	331	331	331	331	331	294	257	257	257	257	257	257	257

昌吉回族自治州 PM 排放系数

单位：克/（辆·年）

车辆类型		使用性质	燃料种类	1999 年年底前	2000 年	2001 年	2002 年	2003 年	2004 年	2005 年	2006 年	2007 年	2008 年	2009 年	2010 年	2011 年	2012 年	2013 年	2014 年	2015 年	2016 年	2017 年
载客汽车	微型	出租车	汽油	—	—	—	—	—	—	—	—	—	—	—	—	—	—	—	—	—	—	—
			燃气	—	—	—	—	—	—	—	—	—	—	—	—	—	—	—	—	—	—	—
		其他	汽油	—	—	—	—	—	—	—	—	—	—	—	—	—	—	—	—	—	—	—
			燃气	—	—	—	—	—	—	—	—	—	—	—	—	—	—	—	—	—	—	—
	小型	出租车	汽油	—	—	—	—	—	—	—	—	—	—	—	—	—	—	—	—	—	—	—
			柴油	38900	35626	32351	32351	32351	32351	22086	11821	11821	7700	3578	3578	3578	3578	3325	3072	3072	2540	2363
			燃气	—	—	—	—	—	—	—	—	—	—	—	—	—	—	—	—	—	—	—
		其他	汽油	—	—	—	—	—	—	—	—	—	—	—	—	—	—	—	—	—	—	—
			柴油	4200	3975	3750	3750	3750	3750	2699	1648	1648	1206	765	765	765	765	642	518	518	518	518
			燃气	—	—	—	—	—	—	—	—	—	—	—	—	—	—	—	—	—	—	—
	中型	公交车	汽油	—	—	—	—	—	—	—	—	—	—	—	—	—	—	—	—	—	—	—
			柴油	30592	30592	28032	22913	22913	17978	8108	8108	8108	6872	5637	5637	5637	5637	3504	1372	1372	1080	983
			燃气	—	—	—	—	—	—	—	—	—	—	—	—	—	—	—	—	—	—	—
		其他	汽油	—	—	—	—	—	—	—	—	—	—	—	—	—	—	—	—	—	—	—
			柴油	15274	15274	12888	8116	8116	6262	2553	2553	2553	2434	2316	2316	2316	2316	1366	415	415	399	394
			燃气	—	—	—	—	—	—	—	—	—	—	—	—	—	—	—	—	—	—	—
	大型	公交车	汽油	—	—	—	—	—	—	—	—	—	—	—	—	—	—	—	—	—	—	—
			柴油	94865	94865	93934	92071	92071	71272	29674	29674	29674	19994	10315	10315	10315	10315	6116	1916	1916	1845	1821
			燃气	—	—	—	—	—	—	—	—	—	—	—	—	—	—	—	—	—	—	—
		其他	汽油	—	—	—	—	—	—	—	—	—	—	—	—	—	—	—	—	—	—	—
			柴油	142314	142314	133412	115607	115607	85425	25061	25061	25061	17182	9303	9303	9303	9303	5868	2433	2433	2343	2313
			燃气	—	—	—	—	—	—	—	—	—	—	—	—	—	—	—	—	—	—	—
载货汽车	微型		汽油	—	—	—	—	—	—	—	—	—	—	—	—	—	—	—	—	—	—	—
			柴油	8770	8588	8407	8407	8407	8407	6842	5278	5278	3917	2556	2556	2556	2556	1610	663	663	660	659
			燃气	—	—	—	—	—	—	—	—	—	—	—	—	—	—	—	—	—	—	—
	轻型		汽油	—	—	—	—	—	—	—	—	—	—	—	—	—	—	—	—	—	—	—
			柴油	9121	8764	8407	8407	8407	8407	6842	5278	5278	3917	2556	2556	2556	2556	1928	1299	1299	1072	997
			燃气	—	—	—	—	—	—	—	—	—	—	—	—	—	—	—	—	—	—	—
	中型		汽油	—	—	—	—	—	—	—	—	—	—	—	—	—	—	—	—	—	—	—
			柴油	69416	69416	58416	36416	36416	27980	11109	11109	11109	10524	9939	9939	9939	9939	6372	2806	2806	2570	2491
			燃气	—	—	—	—	—	—	—	—	—	—	—	—	—	—	—	—	—	—	—
	重型		汽油	—	—	—	—	—	—	—	—	—	—	—	—	—	—	—	—	—	—	—
			柴油	94215	94215	77438	43883	43883	34843	16763	16763	16763	11487	6211	6211	6211	6211	4128	2044	2044	1728	1622
			燃气	—	—	—	—	—	—	—	—	—	—	—	—	—	—	—	—	—	—	—
低速汽车	三轮汽车			4092	4092	4092	4092	4092	4092	4092	4092	4092	3220	3220	3220	3220	3220	3220	3220	3220	3220	3220
	低速货车			5581	5581	5581	5581	5581	5581	5581	5581	5581	4392	4392	4392	4392	4392	4392	4392	4392	4392	4392
摩托车	普通摩托车			—	—	—	—	—	—	—	—	—	—	—	—	—	—	—	—	—	—	—
	轻便摩托车			—	—	—	—	—	—	—	—	—	—	—	—	—	—	—	—	—	—	—

昌吉回族自治州 VOCs 排放系数

单位：克/（辆·年）

车辆类型		使用性质	燃料种类	1999 年年底前	2000 年	2001 年	2002 年	2003 年	2004 年	2005 年	2006 年	2007 年	2008 年	2009 年	2010 年	2011 年	2012 年	2013 年	2014 年	2015 年	2016 年	2017 年
载客汽车	微型	出租车	汽油	1402242	810838	219433	219433	219433	219433	158008	96583	96583	76306	56029	56029	47342	38655	38655	38655	38655	30246	27443
			燃气	299488	180167	60846	60846	60846	60846	46244	31642	31642	25934	20226	20226	16136	12047	12047	12047	12047	7427	5887
		其他	汽油	106341	61488	16635	16635	16635	16635	16146	15658	15658	12846	10035	10035	9391	8747	8747	8747	8747	6898	6282
			燃气	19384	10917	2450	2450	2450	2450	2344	2238	2238	1670	1103	1103	998	893	893	893	893	600	502
	小型	出租车	汽油	1402242	796714	191185	191185	191185	191185	181474	171764	171764	113896	56029	56029	47342	38655	38655	38655	38655	27886	24296
			柴油	171453	161917	152381	152381	152381	152381	138984	125586	125586	89456	53325	53325	53325	53325	39776	26227	26227	15617	12080
			燃气	299488	177339	55190	55190	55190	55190	50942	46693	46693	33460	20226	20226	16136	12047	12047	12047	12047	6954	5256
		其他	汽油	107971	62104	16237	16237	16237	16237	16826	17414	17414	13729	10044	10044	9292	8539	8539	8539	8539	7058	6565
			柴油	14777	13524	12272	12272	12272	12272	10412	8552	8552	5830	3107	3107	3107	3107	2692	2277	2277	1636	1423
			燃气	19710	11888	4066	4066	4066	4066	3328	2589	2589	1925	1261	1261	1056	852	852	852	852	632	559
	中型	公交车	汽油	247389	247389	247389	247389	246792	168549	13257	13257	13257	13257	13257	13106	12954	12954	10526	8099	8099	8099	8099
			柴油	87806	87806	86086	82645	82645	64494	28192	28192	28192	20508	12823	12823	12823	12823	8958	5093	5093	4763	4653
			燃气	71579	71579	67602	59649	59649	57536	53311	53311	53311	42686	32061	32061	22219	22219	22154	22154	22154	22154	22154
		其他	汽油	128100	128100	128100	128100	127503	87180	7729	7729	7729	7729	7729	7584	7438	7438	6387	5336	5336	5336	5336
			柴油	30493	30493	28460	24394	24394	18567	6912	6912	6912	6506	6099	6099	6099	6099	3750	1402	1402	1243	1190
			燃气	34560	34560	32640	28800	28800	27780	25740	25740	25740	20623	15506	15506	10732	10732	9642	9642	9642	9642	9642
	大型	公交车	汽油	576697	576697	576697	576697	576100	388522	14561	14561	14561	14561	14561	14421	14281	14281	11515	8749	8749	8749	8749
			柴油	131708	131708	108010	60614	60614	60614	60614	60614	60614	43515	26416	26416	26416	26416	17675	8934	8934	5723	4653
			燃气	168926	168926	159541	140772	140772	135786	125815	125815	125815	100740	75665	75665	52438	52438	47188	47188	47188	47188	47188
		其他	汽油	1277995	1277995	1277995	1277995	1277398	860550	28047	28047	28047	28047	28047	21788	15530	15530	12339	9148	9148	9148	9148
			柴油	272891	272891	207397	76409	76409	76409	76409	76409	76409	55942	35476	35476	35476	35476	20706	5937	5937	5324	5119
			燃气	266186	266186	251398	221822	221822	213966	198253	198253	198253	158842	119430	119430	82662	82662	74261	74261	74261	74261	74261
载货汽车	微型		汽油	557248	295476	33703	33703	33703	33703	32188	30674	30674	28330	25986	25986	21042	16099	16099	16099	16099	14004	13305
			柴油	41806	39102	36397	36397	36397	36397	33616	30836	30836	22468	14099	14099	14099	14099	9680	5262	5262	3863	3397
			燃气	101576	53270	4964	4964	4964	4964	4674	4384	4384	3620	2856	2856	2250	1644	1644	1644	1644	1208	1063
	轻型		汽油	283325	165600	47876	47876	47876	47876	40933	33990	33990	30288	26585	26585	23322	20060	20060	20060	20060	17670	16874
			柴油	37955	37176	36397	36397	36397	36397	33616	30836	30836	22468	14099	14099	14099	14099	10786	7473	7473	6074	5608
			燃气	51721	31855	11989	11989	11989	11989	8521	5053	5053	4196	3338	3338	2670	2002	2002	2002	2002	1578	1437
	中型		汽油	647199	647199	647199	647199	646602	439102	25299	25299	25299	25299	25299	25159	25019	25019	19561	14103	14103	14103	14103
			柴油	147700	147700	137853	118160	118160	89933	33479	33479	33479	31508	29538	29538	29538	29538	21407	13276	13276	7899	6107
			燃气	167399	167399	158100	139502	139502	134559	124674	124674	124674	99886	75097	75097	101625	101625	49482	49482	49482	49482	49482
	重型		汽油	534864	534864	534864	534864	534266	360366	13760	13760	13760	13760	13760	11074	8387	8387	7050	5714	5714	5714	5714
			柴油	187645	187645	142610	52541	52541	52541	52541	52541	52541	38468	24394	24394	24394	24394	14954	5513	5513	3832	3272
			燃气	183035	183035	172867	152531	152531	147129	136324	136324	136324	109223	82122	82122	76759	76759	47467	47467	47467	47467	47467
低速汽车	三轮汽车			25300	25300	25300	25300	25300	25300	25300	25300	25300	16721	16721	16721	16721	16721	16721	16721	16721	16721	16721
	低速货车			33990	33990	33990	33990	33990	33990	33990	33990	33990	22464	22464	22464	22464	22464	22464	22464	22464	22464	22464
摩托车	普通摩托车			13290	13290	13290	13290	9918	6546	3504	3504	3504	3504	3504	2615	1726	1726	1726	1726	1726	1726	1726
	轻便摩托车			42978	42978	42978	42978	42978	8596	8596	4232	4232	4232	4232	3158	2084	2084	2084	2084	2084	2084	2084

博尔塔拉蒙古自治州 NO_x 排放系数

单位：克/（辆・年）

车辆类型		使用性质	燃料种类	1999 年年底前	2000 年	2001 年	2002 年	2003 年	2004 年	2005 年	2006 年	2007 年	2008 年	2009 年	2010 年	2011 年	2012 年	2013 年	2014 年	2015 年	2016 年	2017 年
载客汽车	微型	出租车	汽油	344288	228255	112222	112222	112222	112222	81083	49944	49944	35740	21535	21535	17924	14314	14314	14314	14314	9580	8002
			燃气	159943	108322	56702	56702	56702	56702	42014	27325	27325	20376	13428	13428	10880	8332	8332	8332	8332	5072	3985
		其他	汽油	52632	32930	13229	13229	13229	13229	8224	3220	3220	2612	2004	2004	1667	1330	1330	1330	1330	976	858
			燃气	22925	13672	4420	4420	4420	4420	2888	1357	1357	1104	851	851	680	508	508	508	508	403	368
	小型	出租车	汽油	391743	254784	117824	117824	117824	117824	84314	50805	50805	36170	21535	21535	17128	12721	12721	12721	12721	8120	6587
			柴油	312449	260463	208477	208477	208477	208477	185796	163116	163116	129112	95107	95107	95107	95107	77979	60851	60851	47313	42800
			燃气	180871	120022	59172	59172	59172	59172	43438	27704	27704	20566	13428	13428	10529	7630	7630	7630	7630	4428	3361
		其他	汽油	49064	31246	13427	13427	13427	13427	8795	4163	4163	2848	1533	1533	1396	1258	1258	1258	1258	917	803
			柴油	32426	26539	20652	20652	20652	20652	19004	17357	17357	13586	9815	9815	9815	9815	8468	7121	7121	6175	5860
			燃气	21351	13628	5905	5905	5905	5905	3839	1773	1773	1208	644	644	560	476	476	476	476	377	344
	中型	公交车	汽油	442692	442692	442692	442692	442692	302432	21913	21913	21913	21913	21913	19652	17391	17391	13129	8867	8867	8867	8867
			柴油	368049	368049	367185	365456	365456	350932	321885	321885	321885	268114	214344	214344	214344	214344	174920	135496	135496	113441	106089
			燃气	390785	390785	386133	376828	376828	365139	341762	341762	341762	284439	227116	227116	143625	143625	112486	112486	112486	112486	112486
		其他	汽油	271410	271410	271410	271410	271410	184106	9499	9499	9499	9499	9499	9499	9499	9499	7125	4751	4751	4751	4751
			柴油	172598	172598	165393	150984	150984	149707	147153	147153	147153	125326	103499	103499	103499	103499	91898	80296	80296	68534	64613
			燃气	194900	194900	184072	162417	162417	160886	157824	157824	157824	134376	110928	110928	86408	86408	69408	69408	69408	69408	69408
	大型	公交车	汽油	1577089	1577089	1577089	1577089	1577089	1084436	99131	99131	99131	99131	99131	99044	98957	98957	74218	49480	49480	49480	49480
			柴油	522003	522003	505135	471400	471400	458006	431217	431217	431217	423446	415675	415675	415675	415675	400686	385697	385697	347688	335018
			燃气	1049536	1049536	991228	874613	874613	809711	679908	679908	679908	582555	485202	485202	451723	451723	391526	391526	391526	391526	391526
		其他	汽油	3764224	3764224	3764224	3764224	3764224	2588352	236608	236608	236608	236608	236608	227736	218863	218863	164322	109782	109782	109782	109782
			柴油	1250035	1250035	1217869	1153538	1153538	1126644	1072857	1072857	1072857	1035084	997311	997311	997311	997311	949445	901579	901579	797888	763325
			燃气	2326805	2326805	2197538	1939005	1939005	1795118	1507345	1507345	1507345	1292010	1076675	1076675	971344	971344	824099	824099	824099	824099	824099
载货汽车	微型		汽油	159442	93990	28538	28538	28538	28538	19147	9756	9756	7844	5933	5933	5338	4744	4744	4744	4744	3706	3360
			柴油	79372	65318	51264	51264	51264	51264	46169	41074	41074	34786	28499	28499	28499	28499	20852	13204	13204	11420	10826
			燃气	69448	39492	9535	9535	9535	9535	6823	4111	4111	3315	2519	2519	2166	1812	1812	1812	1812	1534	1441
	轻型		汽油	117863	75060	32258	32258	32258	32258	21514	10770	10770	8999	7228	7228	6056	4883	4883	4883	4883	3881	3547
			柴油	79656	65460	51264	51264	51264	51264	46169	41074	41074	34786	28499	28499	28499	28499	22768	17036	17036	15926	15556
			燃气	51290	32738	14187	14187	14187	14187	9387	4587	4587	3812	3036	3036	2442	1848	1848	1848	1848	1602	1520
	中型		汽油	544706	544706	544706	544706	544706	371875	26214	26214	26214	26214	26214	26214	26214	26214	19668	13123	13123	13123	13123
			柴油	779360	779360	699809	540707	540707	514153	461045	461045	461045	438918	416790	416790	416790	416790	365681	314572	314572	270876	256310
			燃气	880064	880064	780593	581651	581651	552593	494478	494478	494478	470592	446707	446707	338517	338517	275331	275331	275331	275331	275331
	重型		汽油	1421129	1421129	1421129	1421129	1421129	977195	89328	89328	89328	89328	89328	85978	82629	82629	62038	41446	41446	41446	41446
			柴油	699348	699348	675477	627735	627735	604517	558080	558080	558080	535701	513322	513322	513322	513322	446182	379042	379042	252640	210506
			燃气	1301761	1301761	1219565	1055172	1055172	964812	784092	784092	784092	669132	554171	554171	408373	408373	227266	227266	227266	227266	227266
低速汽车	三轮汽车			65550	65550	65550	65550	65550	65550	65550	65550	65550	53279	53279	53279	53279	53279	53279	53279	53279	53279	53279
	低速货车			88065	88065	88065	88065	88065	88065	88065	88065	88065	71579	71579	71579	71579	71579	71579	71579	71579	71579	71579
摩托车	普通摩托车			992	992	992	992	959	926	860	860	860	860	860	764	668	668	668	668	668	668	668
	轻便摩托车			661	661	661	661	661	331	331	331	331	331	331	294	257	257	257	257	257	257	257

博尔塔拉蒙古自治州 PM 排放系数

单位：克/（辆·年）

车辆类型		使用性质	燃料种类	1999 年年底前	2000 年	2001 年	2002 年	2003 年	2004 年	2005 年	2006 年	2007 年	2008 年	2009 年	2010 年	2011 年	2012 年	2013 年	2014 年	2015 年	2016 年	2017 年
载客汽车	微型	出租车	汽油	—	—	—	—	—	—	—	—	—	—	—	—	—	—	—	—	—	—	—
			燃气	—	—	—	—	—	—	—	—	—	—	—	—	—	—	—	—	—	—	—
		其他	汽油	—	—	—	—	—	—	—	—	—	—	—	—	—	—	—	—	—	—	—
			燃气	—	—	—	—	—	—	—	—	—	—	—	—	—	—	—	—	—	—	—
	小型	出租车	汽油	—	—	—	—	—	—	—	—	—	—	—	—	—	—	—	—	—	—	—
			柴油	38900	35626	32351	32351	32351	32351	22086	11821	11821	7700	3578	3578	3578	3578	3325	3072	3072	2540	2363
			燃气	—	—	—	—	—	—	—	—	—	—	—	—	—	—	—	—	—	—	—
		其他	汽油	—	—	—	—	—	—	—	—	—	—	—	—	—	—	—	—	—	—	—
			柴油	4200	3975	3750	3750	3750	3750	2699	1648	1648	1206	765	765	765	765	642	518	518	518	518
			燃气	—	—	—	—	—	—	—	—	—	—	—	—	—	—	—	—	—	—	—
	中型	公交车	汽油	—	—	—	—	—	—	—	—	—	—	—	—	—	—	—	—	—	—	—
			柴油	30592	30592	28032	22913	22913	17978	8108	8108	8108	6872	5637	5637	5637	5637	3504	1372	1372	1080	983
			燃气	—	—	—	—	—	—	—	—	—	—	—	—	—	—	—	—	—	—	—
		其他	汽油	—	—	—	—	—	—	—	—	—	—	—	—	—	—	—	—	—	—	—
			柴油	15274	15274	12888	8116	8116	6262	2553	2553	2553	2434	2316	2316	2316	2316	1366	415	415	399	394
			燃气	—	—	—	—	—	—	—	—	—	—	—	—	—	—	—	—	—	—	—
	大型	公交车	汽油	—	—	—	—	—	—	—	—	—	—	—	—	—	—	—	—	—	—	—
			柴油	94865	94865	93934	92071	92071	71272	29674	29674	29674	19994	10315	10315	10315	10315	6116	1916	1916	1845	1821
			燃气	—	—	—	—	—	—	—	—	—	—	—	—	—	—	—	—	—	—	—
		其他	汽油	—	—	—	—	—	—	—	—	—	—	—	—	—	—	—	—	—	—	—
			柴油	142314	142314	133412	115607	115607	85425	25061	25061	25061	17182	9303	9303	9303	9303	5868	2433	2433	2343	2313
			燃气	—	—	—	—	—	—	—	—	—	—	—	—	—	—	—	—	—	—	—
载货汽车	微型		汽油	—	—	—	—	—	—	—	—	—	—	—	—	—	—	—	—	—	—	—
			柴油	8770	8588	8407	8407	8407	8407	6842	5278	5278	3917	2556	2556	2556	2556	1610	663	663	660	659
			燃气	—	—	—	—	—	—	—	—	—	—	—	—	—	—	—	—	—	—	—
	轻型		汽油	—	—	—	—	—	—	—	—	—	—	—	—	—	—	—	—	—	—	—
			柴油	9121	8764	8407	8407	8407	8407	6842	5278	5278	3917	2556	2556	2556	2556	1928	1299	1299	1072	997
			燃气	—	—	—	—	—	—	—	—	—	—	—	—	—	—	—	—	—	—	—
	中型		汽油	—	—	—	—	—	—	—	—	—	—	—	—	—	—	—	—	—	—	—
			柴油	69416	69416	58416	36416	36416	27980	11109	11109	11109	10524	9939	9939	9939	9939	6372	2806	2806	2570	2491
			燃气	—	—	—	—	—	—	—	—	—	—	—	—	—	—	—	—	—	—	—
	重型		汽油	—	—	—	—	—	—	—	—	—	—	—	—	—	—	—	—	—	—	—
			柴油	94215	94215	77438	43883	43883	34843	16763	16763	16763	11487	6211	6211	6211	6211	4128	2044	2044	1728	1622
			燃气	—	—	—	—	—	—	—	—	—	—	—	—	—	—	—	—	—	—	—
低速汽车	三轮汽车			4092	4092	4092	4092	4092	4092	4092	4092	4092	3220	3220	3220	3220	3220	3220	3220	3220	3220	3220
	低速货车			5581	5581	5581	5581	5581	5581	5581	5581	5581	4392	4392	4392	4392	4392	4392	4392	4392	4392	4392
摩托车	普通摩托车			—	—	—	—	—	—	—	—	—	—	—	—	—	—	—	—	—	—	—
	轻便摩托车			—	—	—	—	—	—	—	—	—	—	—	—	—	—	—	—	—	—	—

博尔塔拉蒙古自治州 VOCs 排放系数

单位：克/（辆•年）

车辆类型		使用性质	燃料种类	1999 年年底前	2000 年	2001 年	2002 年	2003 年	2004 年	2005 年	2006 年	2007 年	2008 年	2009 年	2010 年	2011 年	2012 年	2013 年	2014 年	2015 年	2016 年	2017 年
载客汽车	微型	出租车	汽油	1402242	810838	219433	219433	219433	219433	158008	96583	96583	76306	56029	56029	47342	38655	38655	38655	38655	30246	27443
			燃气	299488	180167	60846	60846	60846	60846	46244	31642	31642	25934	20226	20226	16136	12047	12047	12047	12047	7427	5887
		其他	汽油	106341	61488	16635	16635	16635	16635	16146	15658	15658	12846	10035	10035	9391	8747	8747	8747	8747	6898	6282
			燃气	19384	10917	2450	2450	2450	2450	2344	2238	2238	1670	1103	1103	998	893	893	893	893	600	502
	小型	出租车	汽油	1402242	796714	191185	191185	191185	191185	181474	171764	171764	113896	56029	56029	47342	38655	38655	38655	38655	27886	24296
			柴油	171453	161917	152381	152381	152381	152381	138984	125586	125586	89456	53325	53325	53325	53325	39776	26227	26227	15617	12080
			燃气	299488	177339	55190	55190	55190	55190	50942	46693	46693	33460	20226	20226	16136	12047	12047	12047	12047	6954	5256
		其他	汽油	107971	62104	16237	16237	16237	16237	16826	17414	17414	13729	10044	10044	9292	8539	8539	8539	8539	7058	6565
			柴油	14777	13524	12272	12272	12272	12272	10412	8552	8552	5830	3107	3107	3107	3107	2692	2277	2277	1636	1423
			燃气	19710	11888	4066	4066	4066	4066	3328	2589	2589	1925	1261	1261	1056	852	852	852	852	632	559
	中型	公交车	汽油	247389	247389	247389	247389	246792	168549	13257	13257	13257	13257	13257	13106	12954	12954	10526	8099	8099	8099	8099
			柴油	87806	87806	86086	82645	82645	64494	28192	28192	28192	20508	12823	12823	12823	12823	8958	5093	5093	4763	4653
			燃气	71579	71579	67602	59649	59649	57536	53311	53311	53311	42686	32061	32061	22219	22219	22154	22154	22154	22154	22154
		其他	汽油	128100	128100	128100	128100	127503	87180	7729	7729	7729	7729	7729	7584	7438	7438	6387	5336	5336	5336	5336
			柴油	30493	30493	28460	24394	24394	18567	6912	6912	6912	6506	6099	6099	6099	6099	3750	1402	1402	1243	1190
			燃气	34560	34560	32640	28800	28800	27780	25740	25740	25740	20623	15506	15506	10732	10732	9642	9642	9642	9642	9642
	大型	公交车	汽油	576697	576697	576697	576697	576100	388522	14561	14561	14561	14561	14561	14421	14281	14281	11515	8749	8749	8749	8749
			柴油	131708	131708	108010	60614	60614	60614	60614	60614	60614	43515	26416	26416	26416	26416	17675	8934	8934	5723	4653
			燃气	168926	168926	159541	140772	140772	135786	125815	125815	125815	100740	75665	75665	52438	52438	47188	47188	47188	47188	47188
		其他	汽油	1277995	1277995	1277995	1277995	1277398	860550	28047	28047	28047	28047	28047	21788	15530	15530	12339	9148	9148	9148	9148
			柴油	272891	272891	207397	76409	76409	76409	76409	76409	76409	55942	35476	35476	35476	35476	20706	5937	5937	5324	5119
			燃气	266186	266186	251398	221822	221822	213966	198253	198253	198253	158842	119430	119430	82662	82662	74261	74261	74261	74261	74261
载货汽车	微型		汽油	557248	295476	33703	33703	33703	33703	32188	30674	30674	28330	25986	25986	21042	16099	16099	16099	16099	14004	13305
			柴油	41806	39102	36397	36397	36397	36397	33616	30836	30836	22468	14099	14099	14099	14099	9680	5262	5262	3863	3397
			燃气	101576	53270	4964	4964	4964	4964	4674	4384	4384	3620	2856	2856	2250	1644	1644	1644	1644	1208	1063
	轻型		汽油	283325	165600	47876	47876	47876	47876	40933	33990	33990	30288	26585	26585	23322	20060	20060	20060	20060	17670	16874
			柴油	37955	37176	36397	36397	36397	36397	33616	30836	30836	22468	14099	14099	14099	14099	10786	7473	7473	6074	5608
			燃气	51721	31855	11989	11989	11989	11989	8521	5053	5053	4196	3338	3338	2670	2002	2002	2002	2002	1578	1437
	中型		汽油	647199	647199	647199	647199	646602	439102	25299	25299	25299	25299	25299	25159	25019	25019	19561	14103	14103	14103	14103
			柴油	147700	147700	137853	118160	118160	89933	33479	33479	33479	31508	29538	29538	29538	29538	21407	13276	13276	7899	6107
			燃气	167399	167399	158100	139502	139502	134559	124674	124674	124674	99886	75097	75097	101625	101625	49482	49482	49482	49482	49482
	重型		汽油	534864	534864	534864	534864	534266	360366	13760	13760	13760	13760	13760	11074	8387	8387	7050	5714	5714	5714	5714
			柴油	187645	187645	142610	52541	52541	52541	52541	52541	52541	38468	24394	24394	24394	24394	14954	5513	5513	3832	3272
			燃气	183035	183035	172867	152531	152531	147129	136324	136324	136324	109223	82122	82122	76759	76759	47467	47467	47467	47467	47467
低速汽车	三轮汽车			25300	25300	25300	25300	25300	25300	25300	25300	25300	16721	16721	16721	16721	16721	16721	16721	16721	16721	16721
	低速货车			33990	33990	33990	33990	33990	33990	33990	33990	33990	22464	22464	22464	22464	22464	22464	22464	22464	22464	22464
摩托车	普通摩托车			13290	13290	13290	13290	9918	6546	3504	3504	3504	3504	3504	2615	1726	1726	1726	1726	1726	1726	1726
	轻便摩托车			42978	42978	42978	42978	42978	8596	8596	4232	4232	4232	4232	3158	2084	2084	2084	2084	2084	2084	2084

巴音郭楞蒙古自治州 NO_x 排放系数

单位：克/（辆·年）

车辆类型		使用性质	燃料种类	1999 年年底前	2000 年	2001 年	2002 年	2003 年	2004 年	2005 年	2006 年	2007 年	2008 年	2009 年	2010 年	2011 年	2012 年	2013 年	2014 年	2015 年	2016 年	2017 年
载客汽车	微型	出租车	汽油	344288	228255	112222	112222	112222	112222	81083	49944	49944	35740	21535	21535	17924	14314	14314	14314	14314	9580	8002
			燃气	159943	108322	56702	56702	56702	56702	42014	27325	27325	20376	13428	13428	10880	8332	8332	8332	8332	5072	3985
		其他	汽油	52632	32930	13229	13229	13229	13229	8224	3220	3220	2612	2004	2004	1667	1330	1330	1330	1330	976	858
			燃气	22925	13672	4420	4420	4420	4420	2888	1357	1357	1104	851	851	680	508	508	508	508	403	368
	小型	出租车	汽油	391743	254784	117824	117824	117824	117824	84314	50805	50805	36170	21535	21535	17128	12721	12721	12721	12721	8120	6587
			柴油	312449	260463	208477	208477	208477	208477	185796	163116	163116	129112	95107	95107	95107	95107	77979	60851	60851	47313	42800
			燃气	180871	120022	59172	59172	59172	59172	43438	27704	27704	20566	13428	13428	10529	7630	7630	7630	7630	4428	3361
		其他	汽油	49064	31246	13427	13427	13427	13427	8795	4163	4163	2848	1533	1533	1396	1258	1258	1258	1258	917	803
			柴油	32426	26539	20652	20652	20652	20652	19004	17357	17357	13586	9815	9815	9815	9815	8468	7121	7121	6175	5860
			燃气	21351	13628	5905	5905	5905	5905	3839	1773	1773	1208	644	644	560	476	476	476	476	377	344
	中型	公交车	汽油	442692	442692	442692	442692	442692	302432	21913	21913	21913	21913	21913	19652	17391	17391	13129	8867	8867	8867	8867
			柴油	368049	368049	367185	365456	365456	350932	321885	321885	321885	268114	214344	214344	214344	214344	174920	135496	135496	113441	106089
			燃气	390785	390785	386133	376828	376828	365139	341762	341762	341762	284439	227116	227116	143625	143625	112486	112486	112486	112486	112486
		其他	汽油	271410	271410	271410	271410	271410	184106	9499	9499	9499	9499	9499	9499	9499	9499	7125	4751	4751	4751	4751
			柴油	172598	172598	165393	150984	150984	149707	147153	147153	147153	125326	103499	103499	103499	103499	91898	80296	80296	68534	64613
			燃气	194900	194900	184072	162417	162417	160886	157824	157824	157824	134376	110928	110928	86408	86408	69408	69408	69408	69408	69408
	大型	公交车	汽油	1577089	1577089	1577089	1577089	1577089	1084436	99131	99131	99131	99131	99131	99044	98957	98957	74218	49480	49480	49480	49480
			柴油	522003	522003	505135	471400	471400	458006	431217	431217	431217	423446	415675	415675	415675	415675	400686	385697	385697	347688	335018
			燃气	1049536	1049536	991228	874613	874613	809711	679908	679908	679908	582555	485202	485202	451723	451723	391526	391526	391526	391526	391526
		其他	汽油	3764224	3764224	3764224	3764224	3764224	2588352	236608	236608	236608	236608	236608	227736	218863	218863	164322	109782	109782	109782	109782
			柴油	1250035	1250035	1217869	1153538	1153538	1126644	1072857	1072857	1072857	1035084	997311	997311	997311	997311	949445	901579	901579	797888	763325
			燃气	2326805	2326805	2197538	1939005	1939005	1795118	1507345	1507345	1507345	1292010	1076675	1076675	971344	971344	824099	824099	824099	824099	824099
载货汽车	微型		汽油	159442	93990	28538	28538	28538	28538	19147	9756	9756	7844	5933	5933	5338	4744	4744	4744	4744	3706	3360
			柴油	79372	65318	51264	51264	51264	51264	46169	41074	41074	34786	28499	28499	28499	28499	20852	13204	13204	11420	10826
			燃气	69448	39492	9535	9535	9535	9535	6823	4111	4111	3315	2519	2519	2166	1812	1812	1812	1812	1534	1441
	轻型		汽油	117863	75060	32258	32258	32258	32258	21514	10770	10770	8999	7228	7228	6056	4883	4883	4883	4883	3881	3547
			柴油	79656	65460	51264	51264	51264	51264	46169	41074	41074	34786	28499	28499	28499	28499	22768	17036	17036	15926	15556
			燃气	51290	32738	14187	14187	14187	14187	9387	4587	4587	3812	3036	3036	2442	1848	1848	1848	1848	1602	1520
	中型		汽油	544706	544706	544706	544706	544706	371875	26214	26214	26214	26214	26214	26214	26214	26214	19668	13123	13123	13123	13123
			柴油	779360	779360	699809	540707	540707	514153	461045	461045	461045	438918	416790	416790	416790	416790	365681	314572	314572	270876	256310
			燃气	880064	880064	780593	581651	581651	552593	494478	494478	494478	470592	446707	446707	338517	338517	275331	275331	275331	275331	275331
	重型		汽油	1421129	1421129	1421129	1421129	1421129	977195	89328	89328	89328	89328	89328	85978	82629	82629	62038	41446	41446	41446	41446
			柴油	699348	699348	675477	627735	627735	604517	558080	558080	558080	535701	513322	513322	513322	513322	446182	379042	379042	252640	210506
			燃气	1301761	1301761	1219565	1055172	1055172	964812	784092	784092	784092	669132	554171	554171	408373	408373	227266	227266	227266	227266	227266
低速汽车	三轮汽车			65550	65550	65550	65550	65550	65550	65550	65550	65550	53279	53279	53279	53279	53279	53279	53279	53279	53279	53279
	低速货车			88065	88065	88065	88065	88065	88065	88065	88065	88065	71579	71579	71579	71579	71579	71579	71579	71579	71579	71579
摩托车	普通摩托车			992	992	992	992	959	926	860	860	860	860	860	764	668	668	668	668	668	668	668
	轻便摩托车			661	661	661	661	661	331	331	331	331	331	331	294	257	257	257	257	257	257	257

巴音郭楞蒙古自治州 PM 排放系数

单位：克/（辆·年）

车辆类型		使用性质	燃料种类	1999 年年底前	2000 年	2001 年	2002 年	2003 年	2004 年	2005 年	2006 年	2007 年	2008 年	2009 年	2010 年	2011 年	2012 年	2013 年	2014 年	2015 年	2016 年	2017 年
载客汽车	微型	出租车	汽油	—	—	—	—	—	—	—	—	—	—	—	—	—	—	—	—	—	—	—
			燃气	—	—	—	—	—	—	—	—	—	—	—	—	—	—	—	—	—	—	—
		其他	汽油	—	—	—	—	—	—	—	—	—	—	—	—	—	—	—	—	—	—	—
			燃气	—	—	—	—	—	—	—	—	—	—	—	—	—	—	—	—	—	—	—
	小型	出租车	汽油	—	—	—	—	—	—	—	—	—	—	—	—	—	—	—	—	—	—	—
			柴油	38900	35626	32351	32351	32351	32351	22086	11821	11821	7700	3578	3578	3578	3578	3325	3072	3072	2540	2363
			燃气	—	—	—	—	—	—	—	—	—	—	—	—	—	—	—	—	—	—	—
		其他	汽油	—	—	—	—	—	—	—	—	—	—	—	—	—	—	—	—	—	—	—
			柴油	4200	3975	3750	3750	3750	3750	2699	1648	1648	1206	765	765	765	765	642	518	518	518	518
			燃气	—	—	—	—	—	—	—	—	—	—	—	—	—	—	—	—	—	—	—
	中型	公交车	汽油	—	—	—	—	—	—	—	—	—	—	—	—	—	—	—	—	—	—	—
			柴油	30592	30592	28032	22913	22913	17978	8108	8108	8108	6872	5637	5637	5637	5637	3504	1372	1372	1080	983
			燃气	—	—	—	—	—	—	—	—	—	—	—	—	—	—	—	—	—	—	—
		其他	汽油	—	—	—	—	—	—	—	—	—	—	—	—	—	—	—	—	—	—	—
			柴油	15274	15274	12888	8116	8116	6262	2553	2553	2553	2434	2316	2316	2316	2316	1366	415	415	399	394
			燃气	—	—	—	—	—	—	—	—	—	—	—	—	—	—	—	—	—	—	—
	大型	公交车	汽油	—	—	—	—	—	—	—	—	—	—	—	—	—	—	—	—	—	—	—
			柴油	94865	94865	93934	92071	92071	71272	29674	29674	29674	19994	10315	10315	10315	10315	6116	1916	1916	1845	1821
			燃气	—	—	—	—	—	—	—	—	—	—	—	—	—	—	—	—	—	—	—
		其他	汽油	—	—	—	—	—	—	—	—	—	—	—	—	—	—	—	—	—	—	—
			柴油	142314	142314	133412	115607	115607	85425	25061	25061	25061	17182	9303	9303	9303	9303	5868	2433	2433	2343	2313
			燃气	—	—	—	—	—	—	—	—	—	—	—	—	—	—	—	—	—	—	—
载货汽车	微型		汽油	—	—	—	—	—	—	—	—	—	—	—	—	—	—	—	—	—	—	—
			柴油	8770	8588	8407	8407	8407	8407	6842	5278	5278	3917	2556	2556	2556	2556	1610	663	663	660	659
			燃气	—	—	—	—	—	—	—	—	—	—	—	—	—	—	—	—	—	—	—
	轻型		汽油	—	—	—	—	—	—	—	—	—	—	—	—	—	—	—	—	—	—	—
			柴油	9121	8764	8407	8407	8407	8407	6842	5278	5278	3917	2556	2556	2556	2556	1928	1299	1299	1072	997
			燃气	—	—	—	—	—	—	—	—	—	—	—	—	—	—	—	—	—	—	—
	中型		汽油	—	—	—	—	—	—	—	—	—	—	—	—	—	—	—	—	—	—	—
			柴油	69416	69416	58416	36416	36416	27980	11109	11109	11109	10524	9939	9939	9939	9939	6372	2806	2806	2570	2491
			燃气	—	—	—	—	—	—	—	—	—	—	—	—	—	—	—	—	—	—	—
	重型		汽油	—	—	—	—	—	—	—	—	—	—	—	—	—	—	—	—	—	—	—
			柴油	94215	94215	77438	43883	43883	34843	16763	16763	16763	11487	6211	6211	6211	6211	4128	2044	2044	1728	1622
			燃气	—	—	—	—	—	—	—	—	—	—	—	—	—	—	—	—	—	—	—
低速汽车	三轮汽车			4092	4092	4092	4092	4092	4092	4092	4092	4092	3220	3220	3220	3220	3220	3220	3220	3220	3220	3220
	低速货车			5581	5581	5581	5581	5581	5581	5581	5581	5581	4392	4392	4392	4392	4392	4392	4392	4392	4392	4392
摩托车	普通摩托车			—	—	—	—	—	—	—	—	—	—	—	—	—	—	—	—	—	—	—
	轻便摩托车			—	—	—	—	—	—	—	—	—	—	—	—	—	—	—	—	—	—	—

巴音郭楞蒙古自治州 VOCs 排放系数

单位：克/（辆·年）

车辆类型		使用性质	燃料种类	1999 年年底前	2000 年	2001 年	2002 年	2003 年	2004 年	2005 年	2006 年	2007 年	2008 年	2009 年	2010 年	2011 年	2012 年	2013 年	2014 年	2015 年	2016 年	2017 年
载客汽车	微型	出租车	汽油	1402242	810838	219433	219433	219433	219433	158008	96583	96583	76306	56029	56029	47342	38655	38655	38655	38655	30246	27443
			燃气	299488	180167	60846	60846	60846	60846	46244	31642	31642	25934	20226	20226	16136	12047	12047	12047	12047	7427	5887
		其他	汽油	106341	61488	16635	16635	16635	16635	16146	15658	15658	12846	10035	10035	9391	8747	8747	8747	8747	6898	6282
			燃气	19384	10917	2450	2450	2450	2450	2344	2238	2238	1670	1103	1103	998	893	893	893	893	600	502
	小型	出租车	汽油	1402242	796714	191185	191185	191185	191185	181474	171764	171764	113896	56029	56029	47342	38655	38655	38655	38655	27886	24296
			柴油	171453	161917	152381	152381	152381	152381	138984	125586	125586	89456	53325	53325	53325	53325	39776	26227	26227	15617	12080
			燃气	299488	177339	55190	55190	55190	55190	50942	46693	46693	33460	20226	20226	16136	12047	12047	12047	12047	6954	5256
		其他	汽油	107971	62104	16237	16237	16237	16237	16826	17414	17414	13729	10044	10044	9292	8539	8539	8539	8539	7058	6565
			柴油	14777	13524	12272	12272	12272	12272	10412	8552	8552	5830	3107	3107	3107	3107	2692	2277	2277	1636	1423
			燃气	19710	11888	4066	4066	4066	4066	3328	2589	2589	1925	1261	1261	1056	852	852	852	852	632	559
	中型	公交车	汽油	247389	247389	247389	247389	246792	168549	13257	13257	13257	13257	13257	13106	12954	12954	10526	8099	8099	8099	8099
			柴油	87806	87806	86086	82645	82645	64494	28192	28192	28192	20508	12823	12823	12823	12823	8958	5093	5093	4763	4653
			燃气	71579	71579	67602	59649	59649	57536	53311	53311	53311	42686	32061	32061	22219	22219	22154	22154	22154	22154	22154
		其他	汽油	128100	128100	128100	128100	127503	87180	7729	7729	7729	7729	7729	7584	7438	7438	6387	5336	5336	5336	5336
			柴油	30493	30493	28460	24394	24394	18567	6912	6912	6912	6506	6099	6099	6099	6099	3750	1402	1402	1243	1190
			燃气	34560	34560	32640	28800	28800	27780	25740	25740	25740	20623	15506	15506	10732	10732	9642	9642	9642	9642	9642
	大型	公交车	汽油	576697	576697	576697	576697	576100	388522	14561	14561	14561	14561	14561	14421	14281	14281	11515	8749	8749	8749	8749
			柴油	131708	131708	108010	60614	60614	60614	60614	60614	60614	43515	26416	26416	26416	26416	17675	8934	8934	5723	4653
			燃气	168926	168926	159541	140772	140772	135786	125815	125815	125815	100740	75665	75665	52438	52438	47188	47188	47188	47188	47188
		其他	汽油	1277995	1277995	1277995	1277995	1277398	860550	28047	28047	28047	28047	28047	21788	15530	15530	12339	9148	9148	9148	9148
			柴油	272891	272891	207397	76409	76409	76409	76409	76409	76409	55942	35476	35476	35476	35476	20706	5937	5937	5324	5119
			燃气	266186	266186	251398	221822	221822	213966	198253	198253	198253	158842	119430	119430	82662	82662	74261	74261	74261	74261	74261
载货汽车	微型		汽油	557248	295476	33703	33703	33703	33703	32188	30674	30674	28330	25986	25986	21042	16099	16099	16099	16099	14004	13305
			柴油	41806	39102	36397	36397	36397	36397	33616	30836	30836	22468	14099	14099	14099	14099	9680	5262	5262	3863	3397
			燃气	101576	53270	4964	4964	4964	4964	4674	4384	4384	3620	2856	2856	2250	1644	1644	1644	1644	1208	1063
	轻型		汽油	283325	165600	47876	47876	47876	47876	40933	33990	33990	30288	26585	26585	23322	20060	20060	20060	20060	17670	16874
			柴油	37955	37176	36397	36397	36397	36397	33616	30836	30836	22468	14099	14099	14099	14099	10786	7473	7473	6074	5608
			燃气	51721	31855	11989	11989	11989	11989	8521	5053	5053	4196	3338	3338	2670	2002	2002	2002	2002	1578	1437
	中型		汽油	647199	647199	647199	647199	646602	439102	25299	25299	25299	25299	25299	25159	25019	25019	19561	14103	14103	14103	14103
			柴油	147700	147700	137853	118160	118160	89933	33479	33479	33479	31508	29538	29538	29538	29538	21407	13276	13276	7899	6107
			燃气	167399	167399	158100	139502	139502	134559	124674	124674	124674	99886	75097	75097	101625	101625	49482	49482	49482	49482	49482
	重型		汽油	534864	534864	534864	534864	534266	360366	13760	13760	13760	13760	13760	11074	8387	8387	7050	5714	5714	5714	5714
			柴油	187645	187645	142610	52541	52541	52541	52541	52541	52541	38468	24394	24394	24394	24394	14954	5513	5513	3832	3272
			燃气	183035	183035	172867	152531	152531	147129	136324	136324	136324	109223	82122	82122	76759	76759	47467	47467	47467	47467	47467
低速汽车	三轮汽车			25300	25300	25300	25300	25300	25300	25300	25300	25300	16721	16721	16721	16721	16721	16721	16721	16721	16721	16721
	低速货车			33990	33990	33990	33990	33990	33990	33990	33990	33990	22464	22464	22464	22464	22464	22464	22464	22464	22464	22464
摩托车	普通摩托车			13290	13290	13290	13290	9918	6546	3504	3504	3504	3504	3504	2615	1726	1726	1726	1726	1726	1726	1726
	轻便摩托车			42978	42978	42978	42978	42978	8596	8596	4232	4232	4232	4232	3158	2084	2084	2084	2084	2084	2084	2084

阿克苏地区 NO_x 排放系数

单位：克/（辆·年）

车辆类型		使用性质	燃料种类	1999 年年底前	2000 年	2001 年	2002 年	2003 年	2004 年	2005 年	2006 年	2007 年	2008 年	2009 年	2010 年	2011 年	2012 年	2013 年	2014 年	2015 年	2016 年	2017 年
载客汽车	微型	出租车	汽油	327192	217304	107416	107416	107416	107416	77788	48161	48161	34602	21044	21044	17468	13891	13891	13891	13891	9210	7650
			燃气	159943	108322	56702	56702	56702	56702	42014	27325	27325	20376	13428	13428	10880	8332	8332	8332	8332	5072	3985
		其他	汽油	49787	31158	12528	12528	12528	12528	7788	3048	3048	2473	1898	1898	1576	1253	1253	1253	1253	922	811
			燃气	22925	13672	4420	4420	4420	4420	2888	1357	1357	1104	851	851	680	508	508	508	508	403	368
	小型	出租车	汽油	372099	242408	112717	112717	112717	112717	80846	48976	48976	35010	21044	21044	16714	12384	12384	12384	12384	7829	6311
			柴油	365763	303020	240277	240277	240277	240277	214463	188649	188649	148888	109127	109127	109127	109127	90158	71190	71190	56554	51676
			燃气	180871	120022	59172	59172	59172	59172	43438	27704	27704	20566	13428	13428	10529	7630	7630	7630	7630	4428	3361
		其他	汽油	46410	29562	12715	12715	12715	12715	8328	3940	3940	2696	1452	1452	1318	1184	1184	1184	1184	865	759
			柴油	39412	32187	24962	24962	24962	24962	22983	21004	21004	16420	11836	11836	11836	11836	10227	8618	8618	7544	7186
			燃气	21351	13628	5905	5905	5905	5905	3839	1773	1773	1208	644	644	560	476	476	476	476	377	344
	中型	公交车	汽油	464942	464942	464942	464942	464942	317633	23015	23015	23015	23015	23015	20640	18266	18266	13790	9313	9313	9313	9313
			柴油	503532	503532	502350	499985	499985	480115	440375	440375	440375	366811	293247	293247	293247	293247	239310	185374	185374	155199	145141
			燃气	534637	534637	528272	515543	515543	499552	467569	467569	467569	389144	310720	310720	196495	196495	153893	153893	153893	153893	153893
		其他	汽油	285052	285052	285052	285052	285052	193360	9977	9977	9977	9977	9977	9977	9977	9977	7483	4989	4989	4989	4989
			柴油	236134	236134	226277	206563	206563	204816	201322	201322	201322	171460	141598	141598	141598	141598	125726	109854	109854	93761	88397
			燃气	266645	266645	251831	222204	222204	220110	215921	215921	215921	183842	151762	151762	118216	118216	94958	94958	94958	94958	94958
	大型	公交车	汽油	1656357	1656357	1656357	1656357	1656357	1138943	104114	104114	104114	104114	104114	104022	103931	103931	77949	51967	51967	51967	51967
			柴油	714158	714158	691081	644927	644927	626602	589953	589953	589953	579322	568690	568690	568690	568690	548184	527677	527677	475675	458341
			燃气	1435882	1435882	1356111	1196568	1196568	1107775	930189	930189	930189	797000	663811	663811	618008	618008	535650	535650	535650	535650	535650
		其他	汽油	3953423	3953423	3953423	3953423	3953423	2718449	248501	248501	248501	248501	248501	239182	229863	229863	172582	115300	115300	115300	115300
			柴油	1710187	1710187	1666181	1578168	1578168	1541374	1467787	1467787	1467787	1416110	1364432	1364432	1364432	1364432	1298946	1233461	1233461	1091600	1044313
			燃气	3183329	3183329	3006477	2652774	2652774	2455921	2062216	2062216	2062216	1767614	1473011	1473011	1328907	1328907	1127459	1127459	1127459	1127459	1127459
载货汽车	微型		汽油	150995	89062	27128	27128	27128	27128	18222	9317	9317	7498	5679	5679	5098	4517	4517	4517	4517	3519	3186
			柴油	95516	78347	61178	61178	61178	61178	55146	49114	49114	41622	34131	34131	34131	34131	24952	15774	15774	13851	13210
			燃气	69527	39549	9571	9571	9571	9571	6860	4148	4148	3347	2546	2546	2189	1831	1831	1831	1831	1542	1446
	轻型		汽油	111648	71148	30648	30648	30648	30648	20462	10277	10277	8590	6904	6904	5776	4649	4649	4649	4649	3684	3363
			柴油	95867	78522	61178	61178	61178	61178	55146	49114	49114	41622	34131	34131	34131	34131	27314	20497	20497	19404	19040
			燃气	51364	32799	14233	14233	14233	14233	9429	4625	4625	3843	3062	3062	2466	1869	1869	1869	1869	1610	1524
	中型		汽油	573160	573160	573160	573160	573160	391300	27583	27583	27583	27583	27583	27583	27583	27583	20696	13808	13808	13808	13808
			柴油	1067724	1067724	958739	740769	740769	704390	631632	631632	631632	601318	571003	571003	571003	571003	500984	430964	430964	371099	351144
			燃气	1205685	1205685	1069410	796860	796860	757052	677435	677435	677435	644713	611990	611990	463769	463769	377207	377207	377207	377207	377207
	重型		汽油	1495367	1495367	1495367	1495367	1495367	1028243	93995	93995	93995	93995	93995	90470	86945	86945	65278	43612	43612	43612	43612
			柴油	958107	958107	925404	859997	859997	828188	764570	764570	764570	733910	703251	703251	703251	703251	611269	519287	519287	346116	288393
			燃气	1783413	1783413	1670804	1445586	1445586	1321793	1074208	1074208	1074208	916711	759214	759214	559470	559470	311354	311354	311354	311354	311354
低速汽车	三轮汽车			65550	65550	65550	65550	65550	65550	65550	65550	65550	53279	53279	53279	53279	53279	53279	53279	53279	53279	53279
	低速货车			88065	88065	88065	88065	88065	88065	88065	88065	88065	71579	71579	71579	71579	71579	71579	71579	71579	71579	71579
摩托车	普通摩托车			992	992	992	992	959	926	860	860	860	860	860	764	668	668	668	668	668	668	668
	轻便摩托车			661	661	661	661	661	331	331	331	331	331	331	294	257	257	257	257	257	257	257

阿克苏地区 PM 排放系数

单位：克/（辆·年）

车辆类型		使用性质	燃料种类	1999年年底前	2000年	2001年	2002年	2003年	2004年	2005年	2006年	2007年	2008年	2009年	2010年	2011年	2012年	2013年	2014年	2015年	2016年	2017年
载客汽车	微型	出租车	汽油	—	—	—	—	—	—	—	—	—	—	—	—	—	—	—	—	—	—	—
			燃气	—	—	—	—	—	—	—	—	—	—	—	—	—	—	—	—	—	—	—
		其他	汽油	—	—	—	—	—	—	—	—	—	—	—	—	—	—	—	—	—	—	—
			燃气	—	—	—	—	—	—	—	—	—	—	—	—	—	—	—	—	—	—	—
	小型	出租车	汽油	—	—	—	—	—	—	—	—	—	—	—	—	—	—	—	—	—	—	—
			柴油	38900	35626	32351	32351	32351	32351	22086	11821	11821	7700	3578	3578	3578	3578	3325	3072	3072	2540	2363
			燃气	—	—	—	—	—	—	—	—	—	—	—	—	—	—	—	—	—	—	—
		其他	汽油	—	—	—	—	—	—	—	—	—	—	—	—	—	—	—	—	—	—	—
			柴油	4200	3975	3750	3750	3750	3750	2699	1648	1648	1206	765	765	765	765	642	518	518	518	518
			燃气	—	—	—	—	—	—	—	—	—	—	—	—	—	—	—	—	—	—	—
	中型	公交车	汽油	—	—	—	—	—	—	—	—	—	—	—	—	—	—	—	—	—	—	—
			柴油	30592	30592	28032	22913	22913	17978	8108	8108	8108	6872	5637	5637	5637	5637	3504	1372	1372	1080	983
			燃气	—	—	—	—	—	—	—	—	—	—	—	—	—	—	—	—	—	—	—
		其他	汽油	—	—	—	—	—	—	—	—	—	—	—	—	—	—	—	—	—	—	—
			柴油	15274	15274	12888	8116	8116	6262	2553	2553	2553	2434	2316	2316	2316	2316	1366	415	415	399	394
			燃气	—	—	—	—	—	—	—	—	—	—	—	—	—	—	—	—	—	—	—
	大型	公交车	汽油	—	—	—	—	—	—	—	—	—	—	—	—	—	—	—	—	—	—	—
			柴油	94865	94865	93934	92071	92071	71272	29674	29674	29674	19994	10315	10315	10315	10315	6116	1916	1916	1845	1821
			燃气	—	—	—	—	—	—	—	—	—	—	—	—	—	—	—	—	—	—	—
		其他	汽油	—	—	—	—	—	—	—	—	—	—	—	—	—	—	—	—	—	—	—
			柴油	142314	142314	133412	115607	115607	85425	25061	25061	25061	17182	9303	9303	9303	9303	5868	2433	2433	2343	2313
			燃气	—	—	—	—	—	—	—	—	—	—	—	—	—	—	—	—	—	—	—
载货汽车	微型		汽油	—	—	—	—	—	—	—	—	—	—	—	—	—	—	—	—	—	—	—
			柴油	8770	8588	8407	8407	8407	8407	6842	5278	5278	3917	2556	2556	2556	2556	1610	663	663	660	659
			燃气	—	—	—	—	—	—	—	—	—	—	—	—	—	—	—	—	—	—	—
	轻型		汽油	—	—	—	—	—	—	—	—	—	—	—	—	—	—	—	—	—	—	—
			柴油	9121	8764	8407	8407	8407	8407	6842	5278	5278	3917	2556	2556	2556	2556	1928	1299	1299	1072	997
			燃气	—	—	—	—	—	—	—	—	—	—	—	—	—	—	—	—	—	—	—
	中型		汽油	—	—	—	—	—	—	—	—	—	—	—	—	—	—	—	—	—	—	—
			柴油	69416	69416	58416	36416	36416	27980	11109	11109	11109	10524	9939	9939	9939	9939	6372	2806	2806	2570	2491
			燃气	—	—	—	—	—	—	—	—	—	—	—	—	—	—	—	—	—	—	—
	重型		汽油	—	—	—	—	—	—	—	—	—	—	—	—	—	—	—	—	—	—	—
			柴油	94215	94215	77438	43883	43883	34843	16763	16763	16763	11487	6211	6211	6211	6211	4128	2044	2044	1728	1622
			燃气	—	—	—	—	—	—	—	—	—	—	—	—	—	—	—	—	—	—	—
低速汽车	三轮汽车			4092	4092	4092	4092	4092	4092	4092	4092	4092	3220	3220	3220	3220	3220	3220	3220	3220	3220	3220
	低速货车			5581	5581	5581	5581	5581	5581	5581	5581	5581	4392	4392	4392	4392	4392	4392	4392	4392	4392	4392
摩托车	普通摩托车			—	—	—	—	—	—	—	—	—	—	—	—	—	—	—	—	—	—	—
	轻便摩托车			—	—	—	—	—	—	—	—	—	—	—	—	—	—	—	—	—	—	—

阿克苏地区 VOCs 排放系数

单位：克/（辆·年）

车辆类型		使用性质	燃料种类	1999 年年底前	2000 年	2001 年	2002 年	2003 年	2004 年	2005 年	2006 年	2007 年	2008 年	2009 年	2010 年	2011 年	2012 年	2013 年	2014 年	2015 年	2016 年	2017 年
载客汽车	微型	出租车	汽油	946079	552028	157977	157977	157977	157977	115815	73653	73653	59118	44584	44584	37523	30462	30462	30462	30462	23071	20607
载客汽车	微型	出租车	燃气	299488	180167	60846	60846	60846	60846	46244	31642	31642	25934	20226	20226	16136	12047	12047	12047	12047	7427	5887
载客汽车	微型	其他	汽油	74137	43852	13568	13568	13568	13568	13130	12693	12693	10699	8705	8705	8240	7776	7776	7776	7776	6388	5926
载客汽车	微型	其他	燃气	19384	10917	2450	2450	2450	2450	2344	2238	2238	1670	1103	1103	998	893	893	893	893	600	502
载客汽车	小型	出租车	汽油	946079	542648	139217	139217	139217	139217	131400	123583	123583	84084	44584	44584	37523	30462	30462	30462	30462	21503	18517
载客汽车	小型	出租车	柴油	160974	151830	142685	142685	142685	142685	129654	116624	116624	84052	51480	51480	51480	51480	38318	25157	25157	14633	11125
载客汽车	小型	出租车	燃气	299488	177339	55190	55190	55190	55190	50942	46693	46693	33460	20226	20226	16136	12047	12047	12047	12047	6954	5256
载客汽车	小型	其他	汽油	75220	44262	13304	13304	13304	13304	13582	13859	13859	11284	8710	8710	8174	7638	7638	7638	7638	6495	6114
载客汽车	小型	其他	柴油	12976	11876	10775	10775	10775	10775	9138	7502	7502	5136	2770	2770	2770	2770	2376	1983	1983	1414	1224
载客汽车	小型	其他	燃气	19710	11888	4066	4066	4066	4066	3328	2589	2589	1925	1261	1261	1056	852	852	852	852	632	559
载客汽车	中型	公交车	汽油	252819	252819	252819	252819	252222	172429	14038	14038	14038	14038	14038	13886	13734	13734	11258	8783	8783	8783	8783
载客汽车	中型	公交车	柴油	87806	87806	86086	82645	82645	64494	28192	28192	28192	20508	12823	12823	12823	12823	8958	5093	5093	4763	4653
载客汽车	中型	公交车	燃气	71579	71579	67602	59649	59649	57536	53311	53311	53311	42686	32061	32061	22219	22219	22154	22154	22154	22154	22154
载客汽车	中型	其他	汽油	131144	131144	131144	131144	130547	89433	8400	8400	8400	8400	8400	8254	8108	8108	7036	5964	5964	5964	5964
载客汽车	中型	其他	柴油	30493	30493	28460	24394	24394	18567	6912	6912	6912	6506	6099	6099	6099	6099	3750	1402	1402	1243	1190
载客汽车	中型	其他	燃气	34560	34560	32640	28800	28800	27780	25740	25740	25740	20623	15506	15506	10732	10732	9642	9642	9642	9642	9642
载客汽车	大型	公交车	汽油	588713	588713	588713	588713	588116	396802	15368	15368	15368	15368	15368	15228	15088	15088	12267	9446	9446	9446	9446
载客汽车	大型	公交车	柴油	131708	131708	108010	60614	60614	60614	60614	60614	60614	43515	26416	26416	26416	26416	17675	8934	8934	5723	4653
载客汽车	大型	公交车	燃气	168926	168926	159541	140772	140772	135786	125815	125815	125815	100740	75665	75665	52438	52438	47188	47188	47188	47188	47188
载客汽车	大型	其他	汽油	1304037	1304037	1304037	1304037	1303440	878270	29124	29124	29124	29124	29124	22742	16361	16361	13107	9853	9853	9853	9853
载客汽车	大型	其他	柴油	272891	272891	207397	76409	76409	76409	76409	76409	76409	55942	35476	35476	35476	35476	20706	5937	5937	5324	5119
载客汽车	大型	其他	燃气	266186	266186	251398	221822	221822	213966	198253	198253	198253	158842	119430	119430	82662	82662	74261	74261	74261	74261	74261
载货汽车	微型		汽油	374658	200236	25815	25815	25815	25815	24578	23342	23342	21570	19798	19798	16361	12924	12924	12924	12924	11218	10649
载货汽车	微型		柴油	37464	35028	32593	32593	32593	32593	30027	27461	27461	20102	12742	12742	12742	12742	8767	4792	4792	3440	2990
载货汽车	微型		燃气	97959	51310	4661	4661	4661	4661	4389	4116	4116	3312	2509	2509	1996	1484	1484	1484	1484	1048	902
载货汽车	轻型		汽油	192737	113982	35228	35228	35228	35228	30386	25545	25545	22870	20196	20196	17876	15555	15555	15555	15555	13653	13019
载货汽车	轻型		柴油	34152	33372	32593	32593	32593	32593	30027	27461	27461	20102	12742	12742	12742	12742	9718	6694	6694	5342	4892
载货汽车	轻型		燃气	50503	30635	10766	10766	10766	10766	7769	4772	4772	3848	2924	2924	2330	1735	1735	1735	1735	1327	1190
载货汽车	中型		汽油	660625	660625	660625	660625	660028	448393	26320	26320	26320	26320	26320	26180	26041	26041	20474	14907	14907	14907	14907
载货汽车	中型		柴油	147700	147700	137853	118160	118160	89933	33479	33479	33479	31508	29538	29538	29538	29538	21407	13276	13276	7899	6107
载货汽车	中型		燃气	167399	167399	158100	139502	139502	134559	124674	124674	124674	99886	75097	75097	101625	101625	49482	49482	49482	49482	49482
载货汽车	重型		汽油	546043	546043	546043	546043	545446	368082	14551	14551	14551	14551	14551	11814	9077	9077	7714	6351	6351	6351	6351
载货汽车	重型		柴油	187645	187645	142610	52541	52541	52541	52541	52541	52541	38468	24394	24394	24394	24394	14954	5513	5513	3832	3272
载货汽车	重型		燃气	183035	183035	172867	152531	152531	147129	136324	136324	136324	109223	82122	82122	76759	76759	47467	47467	47467	47467	47467
低速汽车	三轮汽车			25300	25300	25300	25300	25300	25300	25300	25300	25300	16721	16721	16721	16721	16721	16721	16721	16721	16721	16721
低速汽车	低速货车			33990	33990	33990	33990	33990	33990	33990	33990	33990	22464	22464	22464	22464	22464	22464	22464	22464	22464	22464
摩托车	普通摩托车			13290	13290	13290	13290	9918	6546	3504	3504	3504	3504	3504	2615	1726	1726	1726	1726	1726	1726	1726
摩托车	轻便摩托车			42978	42978	42978	42978	42978	8596	8596	4232	4232	4232	4232	3158	2084	2084	2084	2084	2084	2084	2084

克孜勒苏柯尔克孜自治州 NO_x 排放系数

单位：克/（辆·年）

车辆类型		使用性质	燃料种类	1999 年年底前	2000 年	2001 年	2002 年	2003 年	2004 年	2005 年	2006 年	2007 年	2008 年	2009 年	2010 年	2011 年	2012 年	2013 年	2014 年	2015 年	2016 年	2017 年
载客汽车	微型	出租车	汽油	327192	217304	107416	107416	107416	107416	77788	48161	48161	34602	21044	21044	17468	13891	13891	13891	13891	9210	7650
			燃气	159943	108322	56702	56702	56702	56702	42014	27325	27325	20376	13428	13428	10880	8332	8332	8332	8332	5072	3985
		其他	汽油	49787	31158	12528	12528	12528	12528	7788	3048	3048	2473	1898	1898	1576	1253	1253	1253	1253	922	811
			燃气	22925	13672	4420	4420	4420	4420	2888	1357	1357	1104	851	851	680	508	508	508	508	403	368
	小型	出租车	汽油	372099	242408	112717	112717	112717	112717	80846	48976	48976	35010	21044	21044	16714	12384	12384	12384	12384	7829	6311
			柴油	365763	303020	240277	240277	240277	240277	214463	188649	188649	148888	109127	109127	109127	109127	90158	71190	71190	56554	51676
			燃气	180871	120022	59172	59172	59172	59172	43438	27704	27704	20566	13428	13428	10529	7630	7630	7630	7630	4428	3361
		其他	汽油	46410	29562	12715	12715	12715	12715	8328	3940	3940	2696	1452	1452	1318	1184	1184	1184	1184	865	759
			柴油	39412	32187	24962	24962	24962	24962	22983	21004	21004	16420	11836	11836	11836	11836	10227	8618	8618	7544	7186
			燃气	21351	13628	5905	5905	5905	5905	3839	1773	1773	1208	644	644	560	476	476	476	476	377	344
	中型	公交车	汽油	464942	464942	464942	464942	464942	317633	23015	23015	23015	23015	23015	20640	18266	18266	13790	9313	9313	9313	9313
			柴油	503532	503532	502350	499985	499985	480115	440375	440375	440375	366811	293247	293247	293247	293247	239310	185374	185374	155199	145141
			燃气	534637	534637	528272	515543	515543	499552	467569	467569	467569	389144	310720	310720	196495	196495	153893	153893	153893	153893	153893
		其他	汽油	285052	285052	285052	285052	285052	193360	9977	9977	9977	9977	9977	9977	9977	9977	7483	4989	4989	4989	4989
			柴油	236134	236134	226277	206563	206563	204816	201322	201322	201322	171460	141598	141598	141598	141598	125726	109854	109854	93761	88397
			燃气	266645	266645	251831	222204	222204	220110	215921	215921	215921	183842	151762	151762	118216	118216	94958	94958	94958	94958	94958
	大型	公交车	汽油	1656357	1656357	1656357	1656357	1656357	1138943	104114	104114	104114	104114	104114	104022	103931	103931	77949	51967	51967	51967	51967
			柴油	714158	714158	691081	644927	644927	626602	589953	589953	589953	579322	568690	568690	568690	568690	548184	527677	527677	475675	458341
			燃气	1435882	1435882	1356111	1196568	1196568	1107775	930189	930189	930189	797000	663811	663811	618008	618008	535650	535650	535650	535650	535650
		其他	汽油	3953423	3953423	3953423	3953423	3953423	2718449	248501	248501	248501	248501	248501	239182	229863	229863	172582	115300	115300	115300	115300
			柴油	1710187	1710187	1666181	1578168	1578168	1541374	1467787	1467787	1467787	1416110	1364432	1364432	1364432	1364432	1298946	1233461	1233461	1091600	1044313
			燃气	3183329	3183329	3006477	2652774	2652774	2455921	2062216	2062216	2062216	1767614	1473011	1473011	1328907	1328907	1127459	1127459	1127459	1127459	1127459
载货汽车	微型		汽油	150995	89062	27128	27128	27128	27128	18222	9317	9317	7498	5679	5679	5098	4517	4517	4517	4517	3519	3186
			柴油	95516	78347	61178	61178	61178	61178	55146	49114	49114	41622	34131	34131	34131	34131	24952	15774	15774	13851	13210
			燃气	69527	39549	9571	9571	9571	9571	6860	4148	4148	3347	2546	2546	2189	1831	1831	1831	1831	1542	1446
	轻型		汽油	111648	71148	30648	30648	30648	30648	20462	10277	10277	8590	6904	6904	5776	4649	4649	4649	4649	3684	3363
			柴油	95867	78522	61178	61178	61178	61178	55146	49114	49114	41622	34131	34131	34131	34131	27314	20497	20497	19404	19040
			燃气	51364	32799	14233	14233	14233	14233	9429	4625	4625	3843	3062	3062	2466	1869	1869	1869	1869	1610	1524
	中型		汽油	573160	573160	573160	573160	573160	391300	27583	27583	27583	27583	27583	27583	27583	27583	20696	13808	13808	13808	13808
			柴油	1067724	1067724	958739	740769	740769	704390	631632	631632	631632	601318	571003	571003	571003	571003	500984	430964	430964	371099	351144
			燃气	1205685	1205685	1069410	796860	796860	757052	677435	677435	677435	644713	611990	611990	463769	463769	377207	377207	377207	377207	377207
	重型		汽油	1495367	1495367	1495367	1495367	1495367	1028243	93995	93995	93995	93995	93995	90470	86945	86945	65278	43612	43612	43612	43612
			柴油	958107	958107	925404	859997	859997	828188	764570	764570	764570	733910	703251	703251	703251	703251	611269	519287	519287	346116	288393
			燃气	1783413	1783413	1670804	1445586	1445586	1321793	1074208	1074208	1074208	916711	759214	759214	559470	559470	311354	311354	311354	311354	311354
低速汽车	三轮汽车			65550	65550	65550	65550	65550	65550	65550	65550	65550	53279	53279	53279	53279	53279	53279	53279	53279	53279	53279
	低速货车			88065	88065	88065	88065	88065	88065	88065	88065	88065	71579	71579	71579	71579	71579	71579	71579	71579	71579	71579
摩托车	普通摩托车			992	992	992	992	959	926	860	860	860	860	860	764	668	668	668	668	668	668	668
	轻便摩托车			661	661	661	661	661	331	331	331	331	331	331	294	257	257	257	257	257	257	257

克孜勒苏柯尔克孜自治州 PM 排放系数

单位：克/（辆·年）

车辆类型		使用性质	燃料种类	1999 年年底前	2000 年	2001 年	2002 年	2003 年	2004 年	2005 年	2006 年	2007 年	2008 年	2009 年	2010 年	2011 年	2012 年	2013 年	2014 年	2015 年	2016 年	2017 年
载客汽车	微型	出租车	汽油	—	—	—	—	—	—	—	—	—	—	—	—	—	—	—	—	—	—	—
			燃气	—	—	—	—	—	—	—	—	—	—	—	—	—	—	—	—	—	—	—
		其他	汽油	—	—	—	—	—	—	—	—	—	—	—	—	—	—	—	—	—	—	—
			燃气	—	—	—	—	—	—	—	—	—	—	—	—	—	—	—	—	—	—	—
	小型	出租车	汽油	—	—	—	—	—	—	—	—	—	—	—	—	—	—	—	—	—	—	—
			柴油	38900	35626	32351	32351	32351	32351	22086	11821	11821	7700	3578	3578	3578	3578	3325	3072	3072	2540	2363
			燃气	—	—	—	—	—	—	—	—	—	—	—	—	—	—	—	—	—	—	—
		其他	汽油	—	—	—	—	—	—	—	—	—	—	—	—	—	—	—	—	—	—	—
			柴油	4200	3975	3750	3750	3750	3750	2699	1648	1648	1206	765	765	765	765	642	518	518	518	518
			燃气	—	—	—	—	—	—	—	—	—	—	—	—	—	—	—	—	—	—	—
	中型	公交车	汽油	—	—	—	—	—	—	—	—	—	—	—	—	—	—	—	—	—	—	—
			柴油	30592	30592	28032	22913	22913	17978	8108	8108	8108	6872	5637	5637	5637	5637	3504	1372	1372	1080	983
			燃气	—	—	—	—	—	—	—	—	—	—	—	—	—	—	—	—	—	—	—
		其他	汽油	—	—	—	—	—	—	—	—	—	—	—	—	—	—	—	—	—	—	—
			柴油	15274	15274	12888	8116	8116	6262	2553	2553	2553	2434	2316	2316	2316	2316	1366	415	415	399	394
			燃气	—	—	—	—	—	—	—	—	—	—	—	—	—	—	—	—	—	—	—
	大型	公交车	汽油	—	—	—	—	—	—	—	—	—	—	—	—	—	—	—	—	—	—	—
			柴油	94865	94865	93934	92071	92071	71272	29674	29674	29674	19994	10315	10315	10315	10315	6116	1916	1916	1845	1821
			燃气	—	—	—	—	—	—	—	—	—	—	—	—	—	—	—	—	—	—	—
		其他	汽油	—	—	—	—	—	—	—	—	—	—	—	—	—	—	—	—	—	—	—
			柴油	142314	142314	133412	115607	115607	85425	25061	25061	25061	17182	9303	9303	9303	9303	5868	2433	2433	2343	2313
			燃气	—	—	—	—	—	—	—	—	—	—	—	—	—	—	—	—	—	—	—
载货汽车	微型		汽油	—	—	—	—	—	—	—	—	—	—	—	—	—	—	—	—	—	—	—
			柴油	8770	8588	8407	8407	8407	8407	6842	5278	5278	3917	2556	2556	2556	2556	1610	663	663	660	659
			燃气	—	—	—	—	—	—	—	—	—	—	—	—	—	—	—	—	—	—	—
	轻型		汽油	—	—	—	—	—	—	—	—	—	—	—	—	—	—	—	—	—	—	—
			柴油	9121	8764	8407	8407	8407	8407	6842	5278	5278	3917	2556	2556	2556	2556	1928	1299	1299	1072	997
			燃气	—	—	—	—	—	—	—	—	—	—	—	—	—	—	—	—	—	—	—
	中型		汽油	—	—	—	—	—	—	—	—	—	—	—	—	—	—	—	—	—	—	—
			柴油	69416	69416	58416	36416	36416	27980	11109	11109	11109	10524	9939	9939	9939	9939	6372	2806	2806	2570	2491
			燃气	—	—	—	—	—	—	—	—	—	—	—	—	—	—	—	—	—	—	—
	重型		汽油	—	—	—	—	—	—	—	—	—	—	—	—	—	—	—	—	—	—	—
			柴油	94215	94215	77438	43883	43883	34843	16763	16763	16763	11487	6211	6211	6211	6211	4128	2044	2044	1728	1622
			燃气	—	—	—	—	—	—	—	—	—	—	—	—	—	—	—	—	—	—	—
低速汽车	三轮汽车			4092	4092	4092	4092	4092	4092	4092	4092	4092	3220	3220	3220	3220	3220	3220	3220	3220	3220	3220
	低速货车			5581	5581	5581	5581	5581	5581	5581	5581	5581	4392	4392	4392	4392	4392	4392	4392	4392	4392	4392
摩托车	普通摩托车			—	—	—	—	—	—	—	—	—	—	—	—	—	—	—	—	—	—	—
	轻便摩托车			—	—	—	—	—	—	—	—	—	—	—	—	—	—	—	—	—	—	—

克孜勒苏柯尔克孜自治州 VOCs 排放系数

单位：克/（辆·年）

车辆类型		使用性质	燃料种类	1999 年年底前	2000 年	2001 年	2002 年	2003 年	2004 年	2005 年	2006 年	2007 年	2008 年	2009 年	2010 年	2011 年	2012 年	2013 年	2014 年	2015 年	2016 年	2017 年
载客汽车	微型	出租车	汽油	946079	552028	157977	157977	157977	157977	115815	73653	73653	59118	44584	44584	37523	30462	30462	30462	30462	23071	20607
			燃气	299488	180167	60846	60846	60846	60846	46244	31642	31642	25934	20226	20226	16136	12047	12047	12047	12047	7427	5887
		其他	汽油	74137	43852	13568	13568	13568	13568	13130	12693	12693	10699	8705	8705	8240	7776	7776	7776	7776	6388	5926
			燃气	19384	10917	2450	2450	2450	2450	2344	2238	2238	1670	1103	1103	998	893	893	893	893	600	502
	小型	出租车	汽油	946079	542648	139217	139217	139217	139217	131400	123583	123583	84084	44584	44584	37523	30462	30462	30462	30462	21503	18517
			柴油	160974	151830	142685	142685	142685	142685	129654	116624	116624	84052	51480	51480	51480	51480	38318	25157	25157	14633	11125
			燃气	299488	177339	55190	55190	55190	55190	50942	46693	46693	33460	20226	20226	16136	12047	12047	12047	12047	6954	5256
		其他	汽油	75220	44262	13304	13304	13304	13304	13582	13859	13859	11284	8710	8710	8174	7638	7638	7638	7638	6495	6114
			柴油	12976	11876	10775	10775	10775	10775	9138	7502	7502	5136	2770	2770	2770	2770	2376	1983	1983	1414	1224
			燃气	19710	11888	4066	4066	4066	4066	3328	2589	2589	1925	1261	1261	1056	852	852	852	852	632	559
	中型	公交车	汽油	252819	252819	252819	252819	252222	172429	14038	14038	14038	14038	14038	13886	13734	13734	11258	8783	8783	8783	8783
			柴油	87806	87806	86086	82645	82645	64494	28192	28192	28192	20508	12823	12823	12823	12823	8958	5093	5093	4763	4653
			燃气	71579	71579	67602	59649	59649	57536	53311	53311	53311	42686	32061	32061	22219	22219	22154	22154	22154	22154	22154
		其他	汽油	131144	131144	131144	131144	130547	89433	8400	8400	8400	8400	8400	8254	8108	8108	7036	5964	5964	5964	5964
			柴油	30493	30493	28460	24394	24394	18567	6912	6912	6912	6506	6099	6099	6099	6099	3750	1402	1402	1243	1190
			燃气	34560	34560	32640	28800	28800	27780	25740	25740	25740	20623	15506	15506	10732	10732	9642	9642	9642	9642	9642
	大型	公交车	汽油	588713	588713	588713	588713	588116	396802	15368	15368	15368	15368	15368	15228	15088	15088	12267	9446	9446	9446	9446
			柴油	131708	131708	108010	60614	60614	60614	60614	60614	60614	43515	26416	26416	26416	26416	17675	8934	8934	5723	4653
			燃气	168926	168926	159541	140772	140772	135786	125815	125815	125815	100740	75665	75665	52438	52438	47188	47188	47188	47188	47188
		其他	汽油	1304037	1304037	1304037	1304037	1303440	878270	29124	29124	29124	29124	29124	22742	16361	16361	13107	9853	9853	9853	9853
			柴油	272891	272891	207397	76409	76409	76409	76409	76409	76409	55942	35476	35476	35476	35476	20706	5937	5937	5324	5119
			燃气	266186	266186	251398	221822	221822	213966	198253	198253	198253	158842	119430	119430	82662	82662	74261	74261	74261	74261	74261
载货汽车	微型		汽油	374658	200236	25815	25815	25815	25815	24578	23342	23342	21570	19798	19798	16361	12924	12924	12924	12924	11218	10649
			柴油	37464	35028	32593	32593	32593	32593	30027	27461	27461	20102	12742	12742	12742	12742	8767	4792	4792	3440	2990
			燃气	97959	51310	4661	4661	4661	4661	4389	4116	4116	3312	2509	2509	1996	1484	1484	1484	1484	1048	902
	轻型		汽油	192737	113982	35228	35228	35228	35228	30386	25545	25545	22870	20196	20196	17876	15555	15555	15555	15555	13653	13019
			柴油	34152	33372	32593	32593	32593	32593	30027	27461	27461	20102	12742	12742	12742	12742	9718	6694	6694	5342	4892
			燃气	50503	30635	10766	10766	10766	10766	7769	4772	4772	3848	2924	2924	2330	1735	1735	1735	1735	1327	1190
	中型		汽油	660625	660625	660625	660625	660028	448393	26320	26320	26320	26320	26320	26180	26041	26041	20474	14907	14907	14907	14907
			柴油	147700	147700	137853	118160	118160	89933	33479	33479	33479	31508	29538	29538	29538	29538	21407	13276	13276	7899	6107
			燃气	167399	167399	158100	139502	139502	134559	124674	124674	124674	99886	75097	75097	101625	101625	49482	49482	49482	49482	49482
	重型		汽油	546043	546043	546043	546043	545446	368082	14551	14551	14551	14551	14551	11814	9077	9077	7714	6351	6351	6351	6351
			柴油	187645	187645	142610	52541	52541	52541	52541	52541	52541	38468	24394	24394	24394	24394	14954	5513	5513	3832	3272
			燃气	183035	183035	172867	152531	152531	147129	136324	136324	136324	109223	82122	82122	76759	76759	47467	47467	47467	47467	47467
低速汽车	三轮汽车			25300	25300	25300	25300	25300	25300	25300	25300	25300	16721	16721	16721	16721	16721	16721	16721	16721	16721	16721
	低速货车			33990	33990	33990	33990	33990	33990	33990	33990	33990	22464	22464	22464	22464	22464	22464	22464	22464	22464	22464
摩托车	普通摩托车			13290	13290	13290	13290	9918	6546	3504	3504	3504	3504	3504	2615	1726	1726	1726	1726	1726	1726	1726
	轻便摩托车			42978	42978	42978	42978	42978	8596	8596	4232	4232	4232	4232	3158	2084	2084	2084	2084	2084	2084	2084

喀什地区 NO_x 排放系数

单位：克/（辆·年）

车辆类型		使用性质	燃料种类	1999年年底前	2000年	2001年	2002年	2003年	2004年	2005年	2006年	2007年	2008年	2009年	2010年	2011年	2012年	2013年	2014年	2015年	2016年	2017年
载客汽车	微型	出租车	汽油	343324	227630	111937	111937	111937	111937	80872	49807	49807	35642	21477	21477	17868	14259	14259	14259	14259	9549	7979
			燃气	159943	108322	56702	56702	56702	56702	42014	27325	27325	20376	13428	13428	10880	8332	8332	8332	8332	5072	3985
		其他	汽油	52366	32756	13145	13145	13145	13145	8153	3161	3161	2563	1965	1965	1629	1293	1293	1293	1293	961	850
			燃气	22925	13672	4420	4420	4420	4420	2888	1357	1357	1104	851	851	680	508	508	508	508	403	368
	小型	出租车	汽油	390654	254089	117524	117524	117524	117524	84095	50666	50666	36072	21477	21477	17074	12671	12671	12671	12671	8094	6568
			柴油	381074	315242	249411	249411	249411	249411	222698	195984	195984	154570	113155	113155	113155	113155	93658	74161	74161	59209	54225
			燃气	180871	120022	59172	59172	59172	59172	43438	27704	27704	20566	13428	13428	10529	7630	7630	7630	7630	4428	3361
		其他	汽油	48807	31074	13342	13342	13342	13342	8722	4102	4102	2798	1495	1495	1358	1221	1221	1221	1221	902	795
			柴油	41421	33812	26203	26203	26203	26203	24129	22055	22055	17236	12418	12418	12418	12418	10734	9050	9050	7938	7568
			燃气	21351	13628	5905	5905	5905	5905	3839	1773	1773	1208	644	644	560	476	476	476	476	377	344
	中型	公交车	汽油	464513	464513	464513	464513	464513	317340	22993	22993	22993	22993	22993	20621	18249	18249	13776	9304	9304	9304	9304
			柴油	503191	503191	502009	499646	499646	479789	440076	440076	440076	366562	293048	293048	293048	293048	239148	185248	185248	155094	145043
			燃气	534275	534275	527915	515194	515194	499213	467252	467252	467252	388880	310509	310509	196362	196362	153789	153789	153789	153789	153789
		其他	汽油	284789	284789	284789	284789	284789	193182	9968	9968	9968	9968	9968	9968	9968	9968	7476	4985	4985	4985	4985
			柴油	235974	235974	226124	206423	206423	204677	201186	201186	201186	171344	141502	141502	141502	141502	125641	109780	109780	93698	88338
			燃气	266464	266464	251660	222053	222053	219960	215775	215775	215775	183717	151659	151659	118136	118136	94894	94894	94894	94894	94894
	大型	公交车	汽油	1654829	1654829	1654829	1654829	1654829	1137892	104018	104018	104018	104018	104018	103926	103835	103835	77877	51919	51919	51919	51919
			柴油	713675	713675	690614	644491	644491	626178	589553	589553	589553	578929	568305	568305	568305	568305	547812	527320	527320	475353	458031
			燃气	1434910	1434910	1355193	1195758	1195758	1107025	929560	929560	929560	796460	663361	663361	617589	617589	535288	535288	535288	535288	535288
		其他	汽油	3949775	3949775	3949775	3949775	3949775	2715941	248272	248272	248272	248272	248272	238962	229651	229651	172422	115193	115193	115193	115193
			柴油	1709030	1709030	1665053	1577100	1577100	1540331	1466793	1466793	1466793	1415150	1363508	1363508	1363508	1363508	1298066	1232625	1232625	1090861	1043606
			燃气	3181173	3181173	3004441	2650978	2650978	2454259	2060820	2060820	2060820	1766417	1472014	1472014	1328007	1328007	1126696	1126696	1126696	1126696	1126696
载货汽车	微型		汽油	158901	93660	28418	28418	28418	28418	19051	9684	9684	7786	5887	5887	5294	4700	4700	4700	4700	3684	3346
			柴油	100155	82092	64028	64028	64028	64028	57726	51425	51425	43588	35751	35751	35751	35751	26133	16515	16515	14549	13894
			燃气	69564	39560	9556	9556	9556	9556	6856	4157	4157	3353	2550	2550	2198	1847	1847	1847	1847	1548	1449
	轻型		汽油	117432	74780	32128	32128	32128	32128	21412	10696	10696	8938	7179	7179	6008	4838	4838	4838	4838	3858	3532
			柴油	100525	82276	64028	64028	64028	64028	57726	51425	51425	43588	35751	35751	35751	35751	28622	21493	21493	20404	20041
			燃气	51372	32795	14219	14219	14219	14219	9421	4623	4623	3858	3092	3092	2489	1886	1886	1886	1886	1618	1528
	中型		汽油	573160	573160	573160	573160	573160	391300	27583	27583	27583	27583	27583	27583	27583	27583	20696	13808	13808	13808	13808
			柴油	1067724	1067724	958739	740769	740769	704390	631632	631632	631632	601318	571003	571003	571003	571003	500984	430964	430964	371099	351144
			燃气	1205684	1205684	1069409	796859	796859	757051	677435	677435	677435	644712	611990	611990	463767	463767	377204	377204	377204	377204	377204
	重型		汽油	1495367	1495367	1495367	1495367	1495367	1028243	93995	93995	93995	93995	93995	90470	86945	86945	65278	43612	43612	43612	43612
			柴油	958107	958107	925404	859997	859997	828188	764570	764570	764570	733910	703251	703251	703251	703251	611269	519287	519287	346116	288393
			燃气	1783412	1783412	1670803	1445586	1445586	1321793	1074208	1074208	1074208	916711	759215	759215	559470	559470	311354	311354	311354	311354	311354
低速汽车	三轮汽车			65550	65550	65550	65550	65550	65550	65550	65550	65550	53279	53279	53279	53279	53279	53279	53279	53279	53279	53279
	低速货车			88065	88065	88065	88065	88065	88065	88065	88065	88065	71579	71579	71579	71579	71579	71579	71579	71579	71579	71579
摩托车	普通摩托车			992	992	992	992	959	926	860	860	860	860	860	764	668	668	668	668	668	668	668
	轻便摩托车			661	661	661	661	661	331	331	331	331	331	331	294	257	257	257	257	257	257	257

喀什地区 PM 排放系数

单位：克/（辆·年）

车辆类型		使用性质	燃料种类	1999 年年底前	2000 年	2001 年	2002 年	2003 年	2004 年	2005 年	2006 年	2007 年	2008 年	2009 年	2010 年	2011 年	2012 年	2013 年	2014 年	2015 年	2016 年	2017 年
载客汽车	微型	出租车	汽油	—	—	—	—	—	—	—	—	—	—	—	—	—	—	—	—	—	—	—
			燃气	—	—	—	—	—	—	—	—	—	—	—	—	—	—	—	—	—	—	—
		其他	汽油	—	—	—	—	—	—	—	—	—	—	—	—	—	—	—	—	—	—	—
			燃气	—	—	—	—	—	—	—	—	—	—	—	—	—	—	—	—	—	—	—
	小型	出租车	汽油	—	—	—	—	—	—	—	—	—	—	—	—	—	—	—	—	—	—	—
			柴油	38900	35626	32351	32351	32351	32351	22086	11821	11821	7700	3578	3578	3578	3578	3325	3072	3072	2540	2363
			燃气	—	—	—	—	—	—	—	—	—	—	—	—	—	—	—	—	—	—	—
		其他	汽油	—	—	—	—	—	—	—	—	—	—	—	—	—	—	—	—	—	—	—
			柴油	4200	3975	3750	3750	3750	3750	2699	1648	1648	1206	765	765	765	765	642	518	518	518	518
			燃气	—	—	—	—	—	—	—	—	—	—	—	—	—	—	—	—	—	—	—
	中型	公交车	汽油	—	—	—	—	—	—	—	—	—	—	—	—	—	—	—	—	—	—	—
			柴油	30592	30592	28032	22913	22913	17978	8108	8108	8108	6872	5637	5637	5637	5637	3504	1372	1372	1080	983
			燃气	—	—	—	—	—	—	—	—	—	—	—	—	—	—	—	—	—	—	—
		其他	汽油	—	—	—	—	—	—	—	—	—	—	—	—	—	—	—	—	—	—	—
			柴油	15274	15274	12888	8116	8116	6262	2553	2553	2553	2434	2316	2316	2316	2316	1366	415	415	399	394
			燃气	—	—	—	—	—	—	—	—	—	—	—	—	—	—	—	—	—	—	—
	大型	公交车	汽油	—	—	—	—	—	—	—	—	—	—	—	—	—	—	—	—	—	—	—
			柴油	94865	94865	93934	92071	92071	71272	29674	29674	29674	19994	10315	10315	10315	10315	6116	1916	1916	1845	1821
			燃气	—	—	—	—	—	—	—	—	—	—	—	—	—	—	—	—	—	—	—
		其他	汽油	—	—	—	—	—	—	—	—	—	—	—	—	—	—	—	—	—	—	—
			柴油	142314	142314	133412	115607	115607	85425	25061	25061	25061	17182	9303	9303	9303	9303	5868	2433	2433	2343	2313
			燃气	—	—	—	—	—	—	—	—	—	—	—	—	—	—	—	—	—	—	—
载货汽车	微型		汽油	—	—	—	—	—	—	—	—	—	—	—	—	—	—	—	—	—	—	—
			柴油	8770	8588	8407	8407	8407	8407	6842	5278	5278	3917	2556	2556	2556	2556	1610	663	663	660	659
			燃气	—	—	—	—	—	—	—	—	—	—	—	—	—	—	—	—	—	—	—
	轻型		汽油	—	—	—	—	—	—	—	—	—	—	—	—	—	—	—	—	—	—	—
			柴油	9121	8764	8407	8407	8407	8407	6842	5278	5278	3917	2556	2556	2556	2556	1928	1299	1299	1072	997
			燃气	—	—	—	—	—	—	—	—	—	—	—	—	—	—	—	—	—	—	—
	中型		汽油	—	—	—	—	—	—	—	—	—	—	—	—	—	—	—	—	—	—	—
			柴油	69416	69416	58416	36416	36416	27980	11109	11109	11109	10524	9939	9939	9939	9939	6372	2806	2806	2570	2491
			燃气	—	—	—	—	—	—	—	—	—	—	—	—	—	—	—	—	—	—	—
	重型		汽油	—	—	—	—	—	—	—	—	—	—	—	—	—	—	—	—	—	—	—
			柴油	94215	94215	77438	43883	43883	34843	16763	16763	16763	11487	6211	6211	6211	6211	4128	2044	2044	1728	1622
			燃气	—	—	—	—	—	—	—	—	—	—	—	—	—	—	—	—	—	—	—
低速汽车	三轮汽车			4092	4092	4092	4092	4092	4092	4092	4092	4092	3220	3220	3220	3220	3220	3220	3220	3220	3220	3220
	低速货车			5581	5581	5581	5581	5581	5581	5581	5581	5581	4392	4392	4392	4392	4392	4392	4392	4392	4392	4392
摩托车	普通摩托车			—	—	—	—	—	—	—	—	—	—	—	—	—	—	—	—	—	—	—
	轻便摩托车			—	—	—	—	—	—	—	—	—	—	—	—	—	—	—	—	—	—	—

喀什地区 VOCs 排放系数

单位：克/（辆·年）

车辆类型		使用性质	燃料种类	1999 年年底前	2000 年	2001 年	2002 年	2003 年	2004 年	2005 年	2006 年	2007 年	2008 年	2009 年	2010 年	2011 年	2012 年	2013 年	2014 年	2015 年	2016 年	2017 年
载客汽车	微型	出租车	汽油	959092	559324	159555	159555	159555	159555	116812	74068	74068	59410	44751	44751	37642	30532	30532	30532	30532	23183	20733
			燃气	299488	180167	60846	60846	60846	60846	46244	31642	31642	25934	20226	20226	16136	12047	12047	12047	12047	7427	5887
		其他	汽油	74351	43867	13383	13383	13383	13383	12944	12506	12506	10536	8567	8567	8098	7628	7628	7628	7628	6300	5857
			燃气	19384	10917	2450	2450	2450	2450	2344	2238	2238	1670	1103	1103	998	893	893	893	893	600	502
	小型	出租车	汽油	959092	549800	140509	140509	140509	140509	132635	124761	124761	84756	44751	44751	37642	30532	30532	30532	30532	21591	18611
			柴油	161838	152656	143475	143475	143475	143475	130410	117345	117345	84462	51579	51579	51579	51579	38382	25184	25184	14681	11180
			燃气	299488	177339	55190	55190	55190	55190	50942	46693	46693	33460	20226	20226	16136	12047	12047	12047	12047	6954	5256
		其他	汽油	75450	44282	13115	13115	13115	13115	13402	13690	13690	11132	8573	8573	8030	7488	7488	7488	7488	6407	6047
			柴油	13025	11910	10795	10795	10795	10795	9138	7481	7481	5104	2728	2728	2728	2728	2332	1937	1937	1390	1207
			燃气	19710	11888	4066	4066	4066	4066	3328	2589	2589	1925	1261	1261	1056	852	852	852	852	632	559
	中型	公交车	汽油	252811	252811	252811	252811	252214	172421	14029	14029	14029	14029	14029	13878	13726	13726	11250	8775	8775	8775	8775
			柴油	87806	87806	86086	82645	82645	64494	28192	28192	28192	20508	12823	12823	12823	12823	8958	5093	5093	4763	4653
			燃气	71579	71579	67602	59649	59649	57536	53311	53311	53311	42686	32061	32061	22219	22219	22154	22154	22154	22154	22154
		其他	汽油	131135	131135	131135	131135	130538	89424	8391	8391	8391	8391	8391	8246	8100	8100	7028	5956	5956	5956	5956
			柴油	30493	30493	28460	24394	24394	18567	6912	6912	6912	6506	6099	6099	6099	6099	3750	1402	1402	1243	1190
			燃气	34560	34560	32640	28800	28800	27780	25740	25740	25740	20623	15506	15506	10732	10732	9642	9642	9642	9642	9642
	大型	公交车	汽油	588705	588705	588705	588705	588108	396794	15359	15359	15359	15359	15359	15219	15079	15079	12258	9437	9437	9437	9437
			柴油	131708	131708	108010	60614	60614	60614	60614	60614	60614	43515	26416	26416	26416	26416	17675	8934	8934	5723	4653
			燃气	168926	168926	159541	140772	140772	135786	125815	125815	125815	100740	75665	75665	52438	52438	47188	47188	47188	47188	47188
		其他	汽油	1304029	1304029	1304029	1304029	1303432	878262	29115	29115	29115	29115	29115	22734	16353	16353	13098	9844	9844	9844	9844
			柴油	272891	272891	207397	76409	76409	76409	76409	76409	76409	55942	35476	35476	35476	35476	20706	5937	5937	5324	5119
			燃气	266186	266186	251398	221822	221822	213966	198253	198253	198253	158842	119430	119430	82662	82662	74261	74261	74261	74261	74261
载货汽车	微型		汽油	379412	202594	25776	25776	25776	25776	24532	23287	23287	21547	19807	19807	16324	12842	12842	12842	12842	11197	10649
			柴油	37752	35292	32831	32831	32831	32831	30244	27658	27658	20227	12796	12796	12796	12796	8779	4762	4762	3435	2993
			燃气	98916	51818	4719	4719	4719	4719	4443	4167	4167	3359	2550	2550	2027	1503	1503	1503	1503	1060	913
	轻型		汽油	194713	115022	35332	35332	35332	35332	30428	25523	25523	22867	20211	20211	17862	15513	15513	15513	15513	13670	13056
			柴油	34389	33610	32831	32831	32831	32831	30244	27658	27658	20227	12796	12796	12796	12796	9745	6694	6694	5366	4924
			燃气	50865	30910	10954	10954	10954	10954	7890	4827	4827	3900	2973	2973	2369	1765	1765	1765	1765	1346	1207
	中型		汽油	660617	660617	660617	660617	660020	448385	26312	26312	26312	26312	26312	26172	26032	26032	20466	14899	14899	14899	14899
			柴油	147700	147700	137853	118160	118160	89933	33479	33479	33479	31508	29538	29538	29538	29538	21407	13276	13276	7899	6107
			燃气	167399	167399	158100	139502	139502	134559	124674	124674	124674	99886	75097	75097	101625	101625	49482	49482	49482	49482	49482
	重型		汽油	546035	546035	546035	546035	545438	368074	14543	14543	14543	14543	14543	11806	9068	9068	7705	6342	6342	6342	6342
			柴油	187645	187645	142610	52541	52541	52541	52541	52541	52541	38468	24394	24394	24394	24394	14954	5513	5513	3832	3272
			燃气	183035	183035	172867	152531	152531	147129	136324	136324	136324	109223	82122	82122	76759	76759	47467	47467	47467	47467	47467
低速汽车	三轮汽车			25300	25300	25300	25300	25300	25300	25300	25300	25300	16721	16721	16721	16721	16721	16721	16721	16721	16721	16721
	低速货车			33990	33990	33990	33990	33990	33990	33990	33990	33990	22464	22464	22464	22464	22464	22464	22464	22464	22464	22464
摩托车	普通摩托车			13290	13290	13290	13290	9918	6546	3504	3504	3504	3504	3504	2615	1726	1726	1726	1726	1726	1726	1726
	轻便摩托车			42978	42978	42978	42978	42978	8596	8596	4232	4232	4232	4232	3158	2084	2084	2084	2084	2084	2084	2084

和田地区 NO_x 排放系数

单位：克/（辆·年）

车辆类型		使用性质	燃料种类	1999年年底前	2000年	2001年	2002年	2003年	2004年	2005年	2006年	2007年	2008年	2009年	2010年	2011年	2012年	2013年	2014年	2015年	2016年	2017年
载客汽车	微型	出租车	汽油	343320	227628	111936	111936	111936	111936	80871	49806	49806	35642	21477	21477	17868	14259	14259	14259	14259	9549	7979
			燃气	159943	108322	56702	56702	56702	56702	42014	27325	27325	20376	13428	13428	10880	8332	8332	8332	8332	5072	3985
		其他	汽油	52365	32755	13145	13145	13145	13145	8153	3161	3161	2563	1965	1965	1629	1293	1293	1293	1293	961	850
			燃气	22925	13672	4420	4420	4420	4420	2888	1357	1357	1104	851	851	680	508	508	508	508	403	368
	小型	出租车	汽油	390649	254086	117523	117523	117523	117523	84094	50665	50665	36071	21477	21477	17074	12671	12671	12671	12671	8094	6568
			柴油	381071	315240	249409	249409	249409	249409	222696	195982	195982	154568	113155	113155	113155	113155	93658	74160	74160	59209	54225
			燃气	180871	120022	59172	59172	59172	59172	43438	27704	27704	20566	13428	13428	10529	7630	7630	7630	7630	4428	3361
		其他	汽油	48806	31074	13342	13342	13342	13342	8722	4102	4102	2798	1495	1495	1358	1221	1221	1221	1221	902	795
			柴油	41421	33812	26203	26203	26203	26203	24129	22055	22055	17236	12418	12418	12418	12418	10734	9050	9050	7938	7568
			燃气	21351	13628	5905	5905	5905	5905	3839	1773	1773	1208	644	644	560	476	476	476	476	377	344
	中型	公交车	汽油	464507	464507	464507	464507	464507	317336	22993	22993	22993	22993	22993	20621	18249	18249	13776	9304	9304	9304	9304
			柴油	503186	503186	502005	499642	499642	479785	440072	440072	440072	366559	293046	293046	293046	293046	239146	185247	185247	155093	145042
			燃气	534270	534270	527910	515189	515189	499209	467248	467248	467248	388878	310507	310507	196360	196360	153788	153788	153788	153788	153788
		其他	汽油	284785	284785	284785	284785	284785	193179	9967	9967	9967	9967	9967	9967	9967	9967	7476	4985	4985	4985	4985
			柴油	235972	235972	226122	206421	206421	204675	201184	201184	201184	171342	141501	141501	141501	141501	125640	109779	109779	93698	88337
			燃气	266462	266462	251658	222051	222051	219958	215773	215773	215773	183716	151658	151658	118135	118135	94893	94893	94893	94893	94893
	大型	公交车	汽油	1654807	1654807	1654807	1654807	1654807	1137877	104016	104016	104016	104016	104016	103925	103834	103834	77876	51918	51918	51918	51918
			柴油	713668	713668	690607	644485	644485	626173	589548	589548	589548	578924	568299	568299	568299	568299	547807	527315	527315	475349	458027
			燃气	1434896	1434896	1355180	1195747	1195747	1107015	929551	929551	929551	796453	663355	663355	617583	617583	535283	535283	535283	535283	535283
		其他	汽油	3949724	3949724	3949724	3949724	3949724	2715905	248268	248268	248268	248268	248268	238958	229648	229648	172420	115192	115192	115192	115192
			柴油	1709013	1709013	1665037	1577085	1577085	1540316	1466779	1466779	1466779	1415138	1363496	1363496	1363496	1363496	1298055	1232614	1232614	1090850	1043596
			燃气	3181143	3181143	3004413	2650953	2650953	2454235	2060800	2060800	2060800	1766400	1472000	1472000	1327995	1327995	1126685	1126685	1126685	1126685	1126685
载货汽车	微型		汽油	158899	93658	28418	28418	28418	28418	19051	9684	9684	7786	5887	5887	5293	4699	4699	4699	4699	3684	3346
			柴油	100155	82092	64028	64028	64028	64028	57726	51425	51425	43588	35751	35751	35751	35751	26132	16514	16514	14549	13894
			燃气	69565	39560	9556	9556	9556	9556	6856	4157	4157	3353	2550	2550	2198	1846	1846	1846	1846	1548	1449
	轻型		汽油	117430	74779	32128	32128	32128	32128	21412	10696	10696	8938	7179	7179	6008	4838	4838	4838	4838	3858	3532
			柴油	100524	82276	64028	64028	64028	64028	57726	51425	51425	43588	35751	35751	35751	35751	28622	21493	21493	20404	20041
			燃气	51372	32796	14219	14219	14219	14219	9421	4623	4623	3858	3092	3092	2489	1886	1886	1886	1886	1618	1528
	中型		汽油	573160	573160	573160	573160	573160	391300	27583	27583	27583	27583	27583	27583	27583	27583	20696	13808	13808	13808	13808
			柴油	1067724	1067724	958739	740769	740769	704390	631632	631632	631632	601318	571003	571003	571003	571003	500984	430964	430964	371099	351144
			燃气	1205685	1205685	1069410	796859	796859	757051	677435	677435	677435	644713	611990	611990	463767	463767	377204	377204	377204	377204	377204
	重型		汽油	1495367	1495367	1495367	1495367	1495367	1028243	93995	93995	93995	93995	93995	90470	86945	86945	65278	43612	43612	43612	43612
			柴油	958107	958107	925404	859997	859997	828188	764570	764570	764570	733910	703251	703251	703251	703251	611269	519287	519287	346116	288393
			燃气	1783413	1783413	1670804	1445586	1445586	1321793	1074208	1074208	1074208	916711	759214	759214	559470	559470	311354	311354	311354	311354	311354
低速汽车	三轮汽车			65550	65550	65550	65550	65550	65550	65550	65550	65550	53279	53279	53279	53279	53279	53279	53279	53279	53279	53279
	低速货车			88065	88065	88065	88065	88065	88065	88065	88065	88065	71579	71579	71579	71579	71579	71579	71579	71579	71579	71579
摩托车	普通摩托车			992	992	992	992	959	926	860	860	860	860	860	764	668	668	668	668	668	668	668
	轻便摩托车			661	661	661	661	661	331	331	331	331	331	331	294	257	257	257	257	257	257	257

和田地区 PM 排放系数

单位：克/（辆 • 年）

车辆类型		使用性质	燃料种类	1999 年年底前	2000 年	2001 年	2002 年	2003 年	2004 年	2005 年	2006 年	2007 年	2008 年	2009 年	2010 年	2011 年	2012 年	2013 年	2014 年	2015 年	2016 年	2017 年
载客汽车	微型	出租车	汽油	—	—	—	—	—	—	—	—	—	—	—	—	—	—	—	—	—	—	—
			燃气	—	—	—	—	—	—	—	—	—	—	—	—	—	—	—	—	—	—	—
		其他	汽油	—	—	—	—	—	—	—	—	—	—	—	—	—	—	—	—	—	—	—
			燃气	—	—	—	—	—	—	—	—	—	—	—	—	—	—	—	—	—	—	—
	小型	出租车	汽油	—	—	—	—	—	—	—	—	—	—	—	—	—	—	—	—	—	—	—
			柴油	38900	35626	32351	32351	32351	32351	22086	11821	11821	7700	3578	3578	3578	3578	3325	3072	3072	2540	2363
			燃气	—	—	—	—	—	—	—	—	—	—	—	—	—	—	—	—	—	—	—
		其他	汽油	—	—	—	—	—	—	—	—	—	—	—	—	—	—	—	—	—	—	—
			柴油	4200	3975	3750	3750	3750	3750	2699	1648	1648	1206	765	765	765	765	642	518	518	518	518
			燃气	—	—	—	—	—	—	—	—	—	—	—	—	—	—	—	—	—	—	—
	中型	公交车	汽油	—	—	—	—	—	—	—	—	—	—	—	—	—	—	—	—	—	—	—
			柴油	30592	30592	28032	22913	22913	17978	8108	8108	8108	6872	5637	5637	5637	5637	3504	1372	1372	1080	983
			燃气	—	—	—	—	—	—	—	—	—	—	—	—	—	—	—	—	—	—	—
		其他	汽油	—	—	—	—	—	—	—	—	—	—	—	—	—	—	—	—	—	—	—
			柴油	15274	15274	12888	8116	8116	6262	2553	2553	2553	2434	2316	2316	2316	2316	1366	415	415	399	394
			燃气	—	—	—	—	—	—	—	—	—	—	—	—	—	—	—	—	—	—	—
	大型	公交车	汽油	—	—	—	—	—	—	—	—	—	—	—	—	—	—	—	—	—	—	—
			柴油	94865	94865	93934	92071	92071	71272	29674	29674	29674	19994	10315	10315	10315	10315	6116	1916	1916	1845	1821
			燃气	—	—	—	—	—	—	—	—	—	—	—	—	—	—	—	—	—	—	—
		其他	汽油	—	—	—	—	—	—	—	—	—	—	—	—	—	—	—	—	—	—	—
			柴油	142314	142314	133412	115607	115607	85425	25061	25061	25061	17182	9303	9303	9303	9303	5868	2433	2433	2343	2313
			燃气	—	—	—	—	—	—	—	—	—	—	—	—	—	—	—	—	—	—	—
载货汽车	微型		汽油	—	—	—	—	—	—	—	—	—	—	—	—	—	—	—	—	—	—	—
			柴油	8770	8588	8407	8407	8407	8407	6842	5278	5278	3917	2556	2556	2556	2556	1610	663	663	660	659
			燃气	—	—	—	—	—	—	—	—	—	—	—	—	—	—	—	—	—	—	—
	轻型		汽油	—	—	—	—	—	—	—	—	—	—	—	—	—	—	—	—	—	—	—
			柴油	9121	8764	8407	8407	8407	8407	6842	5278	5278	3917	2556	2556	2556	2556	1928	1299	1299	1072	997
			燃气	—	—	—	—	—	—	—	—	—	—	—	—	—	—	—	—	—	—	—
	中型		汽油	—	—	—	—	—	—	—	—	—	—	—	—	—	—	—	—	—	—	—
			柴油	69416	69416	58416	36416	36416	27980	11109	11109	11109	10524	9939	9939	9939	9939	6372	2806	2806	2570	2491
			燃气	—	—	—	—	—	—	—	—	—	—	—	—	—	—	—	—	—	—	—
	重型		汽油	—	—	—	—	—	—	—	—	—	—	—	—	—	—	—	—	—	—	—
			柴油	94215	94215	77438	43883	43883	34843	16763	16763	16763	11487	6211	6211	6211	6211	4128	2044	2044	1728	1622
			燃气	—	—	—	—	—	—	—	—	—	—	—	—	—	—	—	—	—	—	—
低速汽车	三轮汽车			4092	4092	4092	4092	4092	4092	4092	4092	4092	3220	3220	3220	3220	3220	3220	3220	3220	3220	3220
	低速货车			5581	5581	5581	5581	5581	5581	5581	5581	5581	4392	4392	4392	4392	4392	4392	4392	4392	4392	4392
摩托车	普通摩托车			—	—	—	—	—	—	—	—	—	—	—	—	—	—	—	—	—	—	—
	轻便摩托车			—	—	—	—	—	—	—	—	—	—	—	—	—	—	—	—	—	—	—

和田地区 VOCs 排放系数

单位：克/（辆·年）

车辆类型		使用性质	燃料种类	1999年年底前	2000年	2001年	2002年	2003年	2004年	2005年	2006年	2007年	2008年	2009年	2010年	2011年	2012年	2013年	2014年	2015年	2016年	2017年
载客汽车	微型	出租车	汽油	959092	559324	159555	159555	159555	159555	116812	74068	74068	59410	44751	44751	37642	30532	30532	30532	30532	23183	20733
			燃气	299488	180167	60846	60846	60846	60846	46244	31642	31642	25934	20226	20226	16136	12047	12047	12047	12047	7427	5887
		其他	汽油	74351	43867	13383	13383	13383	13383	12944	12506	12506	10536	8567	8567	8098	7628	7628	7628	7628	6300	5857
			燃气	19384	10917	2450	2450	2450	2450	2344	2238	2238	1670	1103	1103	998	893	893	893	893	600	502
	小型	出租车	汽油	959092	549800	140509	140509	140509	140509	132635	124761	124761	84756	44751	44751	37642	30532	30532	30532	30532	21591	18611
			柴油	161838	152656	143475	143475	143475	143475	130410	117345	117345	84462	51579	51579	51579	51579	38382	25184	25184	14681	11180
			燃气	299488	177339	55190	55190	55190	55190	50942	46693	46693	33460	20226	20226	16136	12047	12047	12047	12047	6954	5256
		其他	汽油	75450	44282	13115	13115	13115	13115	13402	13690	13690	11132	8573	8573	8030	7488	7488	7488	7488	6407	6047
			柴油	13025	11910	10795	10795	10795	10795	9138	7481	7481	5104	2728	2728	2728	2728	2332	1937	1937	1390	1207
			燃气	19710	11888	4066	4066	4066	4066	3328	2589	2589	1925	1261	1261	1056	852	852	852	852	632	559
	中型	公交车	汽油	252811	252811	252811	252811	252214	172421	14029	14029	14029	14029	14029	13878	13726	13726	11250	8775	8775	8775	8775
			柴油	87806	87806	86086	82645	82645	64494	28192	28192	28192	20508	12823	12823	12823	12823	8958	5093	5093	4763	4653
			燃气	71579	71579	67602	59649	59649	57536	53311	53311	53311	42686	32061	32061	22219	22219	22154	22154	22154	22154	22154
		其他	汽油	131135	131135	131135	131135	130538	89424	8391	8391	8391	8391	8391	8246	8100	8100	7028	5956	5956	5956	5956
			柴油	30493	30493	28460	24394	24394	18567	6912	6912	6912	6506	6099	6099	6099	6099	3750	1402	1402	1243	1190
			燃气	34560	34560	32640	28800	28800	27780	25740	25740	25740	20623	15506	15506	10732	10732	9642	9642	9642	9642	9642
	大型	公交车	汽油	588705	588705	588705	588705	588108	396794	15359	15359	15359	15359	15359	15219	15079	15079	12258	9437	9437	9437	9437
			柴油	131708	131708	108010	60614	60614	60614	60614	60614	60614	43515	26416	26416	26416	26416	17675	8934	8934	5723	4653
			燃气	168926	168926	159541	140772	140772	135786	125815	125815	125815	100740	75665	75665	52438	52438	47188	47188	47188	47188	47188
		其他	汽油	1304029	1304029	1304029	1304029	1303432	878262	29115	29115	29115	29115	29115	22734	16353	16353	13098	9844	9844	9844	9844
			柴油	272891	272891	207397	76409	76409	76409	76409	76409	76409	55942	35476	35476	35476	35476	20706	5937	5937	5324	5119
			燃气	266186	266186	251398	221822	221822	213966	198253	198253	198253	158842	119430	119430	82662	82662	74261	74261	74261	74261	74261
载货汽车	微型		汽油	379412	202594	25776	25776	25776	25776	24532	23287	23287	21547	19807	19807	16324	12842	12842	12842	12842	11197	10649
			柴油	37752	35292	32831	32831	32831	32831	30244	27658	27658	20227	12796	12796	12796	12796	8779	4762	4762	3435	2993
			燃气	98916	51818	4719	4719	4719	4719	4443	4167	4167	3359	2550	2550	2027	1503	1503	1503	1503	1060	913
	轻型		汽油	194713	115022	35332	35332	35332	35332	30428	25523	25523	22867	20211	20211	17862	15513	15513	15513	15513	13670	13056
			柴油	34389	33610	32831	32831	32831	32831	30244	27658	27658	20227	12796	12796	12796	12796	9745	6694	6694	5366	4924
			燃气	50865	30910	10954	10954	10954	10954	7890	4827	4827	3900	2973	2973	2369	1765	1765	1765	1765	1346	1207
	中型		汽油	660617	660617	660617	660617	660020	448385	26312	26312	26312	26312	26312	26172	26032	26032	20466	14899	14899	14899	14899
			柴油	147700	147700	137853	118160	118160	89933	33479	33479	33479	31508	29538	29538	29538	29538	21407	13276	13276	7899	6107
			燃气	167399	167399	158100	139502	139502	134559	124674	124674	124674	99886	75097	75097	101625	101625	49482	49482	49482	49482	49482
	重型		汽油	546035	546035	546035	546035	545438	368074	14543	14543	14543	14543	14543	11806	9068	9068	7705	6342	6342	6342	6342
			柴油	187645	187645	142610	52541	52541	52541	52541	52541	52541	38468	24394	24394	24394	24394	14954	5513	5513	3832	3272
			燃气	183035	183035	172867	152531	152531	147129	136324	136324	136324	109223	82122	82122	76759	76759	47467	47467	47467	47467	47467
低速汽车	三轮汽车			25300	25300	25300	25300	25300	25300	25300	25300	25300	16721	16721	16721	16721	16721	16721	16721	16721	16721	16721
	低速货车			33990	33990	33990	33990	33990	33990	33990	33990	33990	22464	22464	22464	22464	22464	22464	22464	22464	22464	22464
摩托车	普通摩托车			13290	13290	13290	13290	9918	6546	3504	3504	3504	3504	3504	2615	1726	1726	1726	1726	1726	1726	1726
	轻便摩托车			42978	42978	42978	42978	42978	8596	8596	4232	4232	4232	4232	3158	2084	2084	2084	2084	2084	2084	2084

伊犁哈萨克自治州 NO_x 排放系数

单位：克/（辆·年）

车辆类型		使用性质	燃料种类	1999 年年底前	2000 年	2001 年	2002 年	2003 年	2004 年	2005 年	2006 年	2007 年	2008 年	2009 年	2010 年	2011 年	2012 年	2013 年	2014 年	2015 年	2016 年	2017 年
载客汽车	微型	出租车	汽油	375816	248454	121091	121091	121091	121091	87120	53148	53148	37742	22335	22335	19171	16007	16007	16007	16007	10943	9255
			燃气	174312	117531	60750	60750	60750	60750	44776	28802	28802	21304	13807	13807	11456	9104	9104	9104	9104	5688	4549
		其他	汽油	56916	35620	14323	14323	14323	14323	8856	3389	3389	2740	2092	2092	1807	1522	1522	1522	1522	1137	1009
			燃气	24937	14872	4806	4806	4806	4806	3132	1458	1458	1182	907	907	758	609	609	609	609	481	438
	小型	出租车	汽油	428020	277638	127257	127257	127257	127257	90676	54096	54096	38216	22335	22335	18186	14038	14038	14038	14038	9183	7565
			柴油	425156	350435	275714	275714	275714	275714	247224	218733	218733	172588	126444	126444	126444	126444	105204	83965	83965	69255	64352
			燃气	197396	130436	63477	63477	63477	63477	46350	29222	29222	21514	13807	13807	11020	8234	8234	8234	8234	4910	3802
		其他	汽油	53037	33788	14540	14540	14540	14540	9480	4420	4420	3000	1579	1579	1504	1430	1430	1430	1430	1064	942
			柴油	47964	39108	30251	30251	30251	30251	27853	25455	25455	19962	14468	14468	14468	14468	12522	10575	10575	9486	9123
			燃气	23222	14828	6435	6435	6435	6435	4174	1914	1914	1298	681	681	625	569	569	569	569	449	409
	中型	公交车	汽油	464507	464507	464507	464507	464507	317336	22993	22993	22993	22993	22993	20621	18249	18249	13776	9304	9304	9304	9304
			柴油	503186	503186	502005	499642	499642	479785	440072	440072	440072	366559	293046	293046	293046	293046	239146	185247	185247	155093	145042
			燃气	534270	534270	527910	515189	515189	499209	467248	467248	467248	388878	310507	310507	196360	196360	153788	153788	153788	153788	153788
		其他	汽油	284785	284785	284785	284785	284785	193179	9967	9967	9967	9967	9967	9967	9967	9967	7476	4985	4985	4985	4985
			柴油	235972	235972	226122	206421	206421	204675	201184	201184	201184	171342	141501	141501	141501	141501	125640	109779	109779	93698	88337
			燃气	266462	266462	251658	222051	222051	219958	215773	215773	215773	183716	151658	151658	118135	118135	94893	94893	94893	94893	94893
	大型	公交车	汽油	1654807	1654807	1654807	1654807	1654807	1137877	104016	104016	104016	104016	104016	103925	103834	103834	77876	51918	51918	51918	51918
			柴油	713668	713668	690607	644485	644485	626173	589548	589548	589548	578924	568299	568299	568299	568299	547807	527315	527315	475349	458027
			燃气	1434896	1434896	1355180	1195747	1195747	1107015	929551	929551	929551	796453	663355	663355	617583	617583	535283	535283	535283	535283	535283
		其他	汽油	3949724	3949724	3949724	3949724	3949724	2715905	248268	248268	248268	248268	248268	238958	229648	229648	172420	115192	115192	115192	115192
			柴油	1709013	1709013	1665037	1577085	1577085	1540316	1466779	1466779	1466779	1415138	1363496	1363496	1363496	1363496	1298055	1232614	1232614	1090850	1043596
			燃气	3181143	3181143	3004413	2650953	2650953	2454235	2060800	2060800	2060800	1766400	1472000	1472000	1327995	1327995	1126685	1126685	1126685	1126685	1126685
载货汽车	微型		汽油	169536	99428	29320	29320	29320	29320	19632	9944	9944	7990	6035	6035	5432	4830	4830	4830	4830	3800	3457
			柴油	111124	90948	70771	70771	70771	70771	63822	56873	56873	48322	39771	39771	39771	39771	29064	18357	18357	16283	15592
			燃气	74280	42059	9838	9838	9838	9838	7058	4278	4278	3447	2617	2617	2275	1933	1933	1933	1933	1609	1501
	轻型		汽油	121462	77312	33162	33162	33162	33162	22077	10992	10992	9182	7373	7373	6174	4974	4974	4974	4974	3981	3650
			柴油	111538	91154	70771	70771	70771	70771	63822	56873	56873	48322	39771	39771	39771	39771	31870	23969	23969	22883	22521
			燃气	53182	33929	14677	14677	14677	14677	9718	4760	4760	3970	3180	3180	2580	1979	1979	1979	1979	1683	1585
	中型		汽油	573160	573160	573160	573160	573160	391300	27583	27583	27583	27583	27583	27583	27583	27583	20696	13808	13808	13808	13808
			柴油	1067724	1067724	958739	740769	740769	704390	631632	631632	631632	601318	571003	571003	571003	571003	500984	430964	430964	371099	351144
			燃气	1205685	1205685	1069410	796859	796859	757051	677435	677435	677435	644713	611990	611990	463767	463767	377204	377204	377204	377204	377204
	重型		汽油	1495367	1495367	1495367	1495367	1495367	1028243	93995	93995	93995	93995	93995	90470	86945	86945	65278	43612	43612	43612	43612
			柴油	958107	958107	925404	859997	859997	828188	764570	764570	764570	733910	703251	703251	703251	703251	611269	519287	519287	346116	288393
			燃气	1783413	1783413	1670804	1445586	1445586	1321793	1074208	1074208	1074208	916711	759214	759214	559470	559470	311354	311354	311354	311354	311354
低速汽车	三轮汽车			65550	65550	65550	65550	65550	65550	65550	65550	65550	53279	53279	53279	53279	53279	53279	53279	53279	53279	53279
	低速货车			88065	88065	88065	88065	88065	88065	88065	88065	88065	71579	71579	71579	71579	71579	71579	71579	71579	71579	71579
摩托车	普通摩托车			992	992	992	992	959	926	860	860	860	860	860	764	668	668	668	668	668	668	668
	轻便摩托车			661	661	661	661	661	331	331	331	331	331	331	294	257	257	257	257	257	257	257

伊犁哈萨克自治州 PM 排放系数

单位：克/（辆·年）

车辆类型		使用性质	燃料种类	1999 年年底前	2000 年	2001 年	2002 年	2003 年	2004 年	2005 年	2006 年	2007 年	2008 年	2009 年	2010 年	2011 年	2012 年	2013 年	2014 年	2015 年	2016 年	2017 年
载客汽车	微型	出租车	汽油	—	—	—	—	—	—	—	—	—	—	—	—	—	—	—	—	—	—	—
			燃气	—	—	—	—	—	—	—	—	—	—	—	—	—	—	—	—	—	—	—
		其他	汽油	—	—	—	—	—	—	—	—	—	—	—	—	—	—	—	—	—	—	—
			燃气	—	—	—	—	—	—	—	—	—	—	—	—	—	—	—	—	—	—	—
	小型	出租车	汽油	—	—	—	—	—	—	—	—	—	—	—	—	—	—	—	—	—	—	—
			柴油	45203	41412	37620	37620	37620	37620	25632	13644	13644	8916	4187	4187	4187	4187	3892	3596	3596	2974	2766
			燃气	—	—	—	—	—	—	—	—	—	—	—	—	—	—	—	—	—	—	—
		其他	汽油	—	—	—	—	—	—	—	—	—	—	—	—	—	—	—	—	—	—	—
			柴油	4909	4645	4381	4381	4381	4381	3147	1913	1913	1407	901	901	901	901	748	594	594	594	594
			燃气	—	—	—	—	—	—	—	—	—	—	—	—	—	—	—	—	—	—	—
	中型	公交车	汽油	—	—	—	—	—	—	—	—	—	—	—	—	—	—	—	—	—	—	—
			柴油	30592	30592	28032	22913	22913	17978	8108	8108	8108	6872	5637	5637	5637	5637	3504	1372	1372	1080	983
			燃气	—	—	—	—	—	—	—	—	—	—	—	—	—	—	—	—	—	—	—
		其他	汽油	—	—	—	—	—	—	—	—	—	—	—	—	—	—	—	—	—	—	—
			柴油	15274	15274	12888	8116	8116	6262	2553	2553	2553	2434	2316	2316	2316	2316	1366	415	415	399	394
			燃气	—	—	—	—	—	—	—	—	—	—	—	—	—	—	—	—	—	—	—
	大型	公交车	汽油	—	—	—	—	—	—	—	—	—	—	—	—	—	—	—	—	—	—	—
			柴油	94865	94865	93934	92071	92071	71272	29674	29674	29674	19994	10315	10315	10315	10315	6116	1916	1916	1845	1821
			燃气	—	—	—	—	—	—	—	—	—	—	—	—	—	—	—	—	—	—	—
		其他	汽油	—	—	—	—	—	—	—	—	—	—	—	—	—	—	—	—	—	—	—
			柴油	142314	142314	133412	115607	115607	85425	25061	25061	25061	17182	9303	9303	9303	9303	5868	2433	2433	2343	2313
			燃气	—	—	—	—	—	—	—	—	—	—	—	—	—	—	—	—	—	—	—
载货汽车	微型		汽油	—	—	—	—	—	—	—	—	—	—	—	—	—	—	—	—	—	—	—
			柴油	9540	9342	9145	9145	9145	9145	7468	5791	5791	4298	2805	2805	2805	2805	1766	727	727	723	722
			燃气	—	—	—	—	—	—	—	—	—	—	—	—	—	—	—	—	—	—	—
	轻型		汽油	—	—	—	—	—	—	—	—	—	—	—	—	—	—	—	—	—	—	—
			柴油	9922	9534	9145	9145	9145	9145	7468	5791	5791	4298	2805	2805	2805	2805	2115	1425	1425	1177	1094
			燃气	—	—	—	—	—	—	—	—	—	—	—	—	—	—	—	—	—	—	—
	中型		汽油	—	—	—	—	—	—	—	—	—	—	—	—	—	—	—	—	—	—	—
			柴油	69416	69416	58416	36416	36416	27980	11109	11109	11109	10524	9939	9939	9939	9939	6372	2806	2806	2570	2491
			燃气	—	—	—	—	—	—	—	—	—	—	—	—	—	—	—	—	—	—	—
	重型		汽油	—	—	—	—	—	—	—	—	—	—	—	—	—	—	—	—	—	—	—
			柴油	94215	94215	77438	43883	43883	34843	16763	16763	16763	11487	6211	6211	6211	6211	4128	2044	2044	1728	1622
			燃气	—	—	—	—	—	—	—	—	—	—	—	—	—	—	—	—	—	—	—
低速汽车	三轮汽车			4092	4092	4092	4092	4092	4092	4092	4092	4092	3220	3220	3220	3220	3220	3220	3220	3220	3220	3220
	低速货车			5581	5581	5581	5581	5581	5581	5581	5581	5581	4392	4392	4392	4392	4392	4392	4392	4392	4392	4392
摩托车	普通摩托车			—	—	—	—	—	—	—	—	—	—	—	—	—	—	—	—	—	—	—
	轻便摩托车			—	—	—	—	—	—	—	—	—	—	—	—	—	—	—	—	—	—	—

伊犁哈萨克自治州 VOCs 排放系数

单位：克/（辆·年）

车辆类型		使用性质	燃料种类	1999 年年底前	2000 年	2001 年	2002 年	2003 年	2004 年	2005 年	2006 年	2007 年	2008 年	2009 年	2010 年	2011 年	2012 年	2013 年	2014 年	2015 年	2016 年	2017 年
载客汽车	微型	出租车	汽油	1092652	635664	178676	178676	178676	178676	129612	80547	80547	64779	49011	49011	41834	34656	34656	34656	34656	27438	25032
			燃气	339144	202834	66523	66523	66523	66523	50044	33565	33565	27528	21491	21491	17382	13272	13272	13272	13272	8690	7163
		其他	汽油	84410	49428	14446	14446	14446	14446	13960	13474	13474	11342	9211	9211	8761	8311	8311	8311	8311	6872	6392
			燃气	22370	12568	2766	2766	2766	2766	2646	2525	2525	1894	1262	1262	1179	1096	1096	1096	1096	770	661
	小型	出租车	汽油	1092652	624666	156681	156681	156681	156681	147518	138356	138356	93684	49011	49011	41834	34656	34656	34656	34656	25377	22284
			柴油	172657	163064	153470	153470	153470	153470	141262	129055	129055	91450	53844	53844	53844	53844	40138	26431	26431	15764	12208
			燃气	339144	199568	59992	59992	59992	59992	55361	50730	50730	36110	21491	21491	17382	13272	13272	13272	13272	8078	6347
		其他	汽油	85685	49909	14133	14133	14133	14133	14490	14847	14847	12032	9218	9218	8674	8131	8131	8131	8131	6998	6621
			柴油	14777	13496	12215	12215	12215	12215	10428	8642	8642	5834	3027	3027	3027	3027	2602	2176	2176	1583	1385
			燃气	22749	13702	4655	4655	4655	4655	3794	2933	2933	2193	1453	1453	1248	1043	1043	1043	1043	808	729
	中型	公交车	汽油	252811	252811	252811	252811	252214	172421	14029	14029	14029	14029	14029	13878	13726	13726	11250	8775	8775	8775	8775
			柴油	87806	87806	86086	82645	82645	64494	28192	28192	28192	20508	12823	12823	12823	12823	8958	5093	5093	4763	4653
			燃气	71579	71579	67602	59649	59649	57536	53311	53311	53311	42686	32061	32061	22219	22219	22154	22154	22154	22154	22154
		其他	汽油	131135	131135	131135	131135	130538	89424	8391	8391	8391	8391	8391	8246	8100	8100	7028	5956	5956	5956	5956
			柴油	30493	30493	28460	24394	24394	18567	6912	6912	6912	6506	6099	6099	6099	6099	3750	1402	1402	1243	1190
			燃气	34560	34560	32640	28800	28800	27780	25740	25740	25740	20623	15506	15506	10732	10732	9642	9642	9642	9642	9642
	大型	公交车	汽油	588705	588705	588705	588705	588108	396794	15359	15359	15359	15359	15359	15219	15079	15079	12258	9437	9437	9437	9437
			柴油	131708	131708	108010	60614	60614	60614	60614	60614	60614	43515	26416	26416	26416	26416	17675	8934	8934	5723	4653
			燃气	168926	168926	159541	140772	140772	135786	125815	125815	125815	100740	75665	75665	52438	52438	47188	47188	47188	47188	47188
		其他	汽油	1304029	1304029	1304029	1304029	1303432	878262	29115	29115	29115	29115	29115	22734	16353	16353	13098	9844	9844	9844	9844
			柴油	272891	272891	207397	76409	76409	76409	76409	76409	76409	55942	35476	35476	35476	35476	20706	5937	5937	5324	5119
			燃气	266186	266186	251398	221822	221822	213966	198253	198253	198253	158842	119430	119430	82662	82662	74261	74261	74261	74261	74261
载货汽车	微型		汽油	423256	225474	27693	27693	27693	27693	26382	25070	25070	23214	21359	21359	17512	13666	13666	13666	13666	11960	11392
			柴油	41746	39026	36305	36305	36305	36305	33507	30709	30709	22346	13983	13983	13983	13983	9540	5097	5097	3770	3328
			燃气	112170	58736	5302	5302	5302	5302	5000	4698	4698	3812	2926	2926	2364	1802	1802	1802	1802	1334	1178
	轻型		汽油	216368	127383	38398	38398	38398	38398	32986	27575	27575	24693	21811	21811	19234	16658	16658	16658	16658	14730	14088
			柴油	37864	37084	36305	36305	36305	36305	33507	30709	30709	22346	13983	13983	13983	13983	10654	7326	7326	5998	5556
			燃气	57445	35046	12647	12647	12647	12647	9047	5447	5447	4443	3438	3438	2787	2137	2137	2137	2137	1698	1551
	中型		汽油	660617	660617	660617	660617	660020	448385	26312	26312	26312	26312	26312	26172	26032	26032	20466	14899	14899	14899	14899
			柴油	147700	147700	137853	118160	118160	89933	33479	33479	33479	31508	29538	29538	29538	29538	21407	13276	13276	7899	6107
			燃气	167399	167399	158100	139502	139502	134559	124674	124674	124674	99886	75097	75097	101625	101625	49482	49482	49482	49482	49482
	重型		汽油	546035	546035	546035	546035	545438	368074	14543	14543	14543	14543	14543	11806	9068	9068	7705	6342	6342	6342	6342
			柴油	187645	187645	142610	52541	52541	52541	52541	52541	52541	38468	24394	24394	24394	24394	14954	5513	5513	3832	3272
			燃气	183035	183035	172867	152531	152531	147129	136324	136324	136324	109223	82122	82122	76759	76759	47467	47467	47467	47467	47467
低速汽车	三轮汽车			25300	25300	25300	25300	25300	25300	25300	25300	25300	16721	16721	16721	16721	16721	16721	16721	16721	16721	16721
	低速货车			33990	33990	33990	33990	33990	33990	33990	33990	33990	22464	22464	22464	22464	22464	22464	22464	22464	22464	22464
摩托车	普通摩托车			13290	13290	13290	13290	9918	6546	3504	3504	3504	3504	3504	2615	1726	1726	1726	1726	1726	1726	1726
	轻便摩托车			42978	42978	42978	42978	42978	8596	8596	4232	4232	4232	4232	3158	2084	2084	2084	2084	2084	2084	2084

塔城地区 NO_x 排放系数

单位：克/（辆·年）

车辆类型		使用性质	燃料种类	1999年年底前	2000年	2001年	2002年	2003年	2004年	2005年	2006年	2007年	2008年	2009年	2010年	2011年	2012年	2013年	2014年	2015年	2016年	2017年
载客汽车	微型	出租车	汽油	344328	228280	112233	112233	112233	112233	81090	49948	49948	35742	21536	21536	17926	14315	14315	14315	14315	9581	8003
			燃气	159943	108322	56702	56702	56702	56702	42014	27325	27325	20376	13428	13428	10880	8332	8332	8332	8332	5072	3985
		其他	汽油	52638	32934	13231	13231	13231	13231	8226	3220	3220	2612	2004	2004	1667	1330	1330	1330	1330	976	858
			燃气	22925	13672	4420	4420	4420	4420	2888	1357	1357	1104	851	851	680	508	508	508	508	403	368
	小型	出租车	汽油	391788	254812	117836	117836	117836	117836	84323	50810	50810	36173	21536	21536	17129	12722	12722	12722	12722	8122	6588
			柴油	312470	260480	208490	208490	208490	208490	185808	163126	163126	129120	95113	95113	95113	95113	77984	60856	60856	47317	42804
			燃气	180871	120022	59172	59172	59172	59172	43438	27704	27704	20566	13428	13428	10529	7630	7630	7630	7630	4428	3361
		其他	汽油	49069	31249	13429	13429	13429	13429	8796	4163	4163	2848	1533	1533	1396	1258	1258	1258	1258	917	803
			柴油	32429	26541	20653	20653	20653	20653	19006	17358	17358	13587	9816	9816	9816	9816	8468	7121	7121	6176	5861
			燃气	21351	13628	5905	5905	5905	5905	3839	1773	1773	1208	644	644	560	476	476	476	476	377	344
	中型	公交车	汽油	442747	442747	442747	442747	442747	302470	21916	21916	21916	21916	21916	19655	17394	17394	13131	8868	8868	8868	8868
			柴油	368083	368083	367219	365490	365490	350965	321915	321915	321915	268140	214364	214364	214364	214364	174936	135509	135509	113452	106099
			燃气	390821	390821	386168	376863	376863	365173	341794	341794	341794	284466	227137	227137	143638	143638	112496	112496	112496	112496	112496
		其他	汽油	271444	271444	271444	271444	271444	184130	9501	9501	9501	9501	9501	9501	9501	9501	7126	4751	4751	4751	4751
			柴油	172614	172614	165409	150998	150998	149721	147167	147167	147167	125338	103509	103509	103509	103509	91906	80303	80303	68540	64619
			燃气	194918	194918	184089	162431	162431	160900	157839	157839	157839	134388	110938	110938	86416	86416	69415	69415	69415	69415	69415
	大型	公交车	汽油	1577287	1577287	1577287	1577287	1577287	1084573	99144	99144	99144	99144	99144	99057	98970	98970	74228	49486	49486	49486	49486
			柴油	522051	522051	505182	471443	471443	458048	431257	431257	431257	423485	415713	415713	415713	415713	400723	385733	385733	347719	335048
			燃气	1049633	1049633	991320	874694	874694	809786	679970	679970	679970	582608	485247	485247	451765	451765	391562	391562	391562	391562	391562
		其他	汽油	3764696	3764696	3764696	3764696	3764696	2588677	236638	236638	236638	236638	236638	227764	218890	218890	164342	109795	109795	109795	109795
			柴油	1250150	1250150	1217981	1153644	1153644	1126748	1072955	1072955	1072955	1035179	997403	997403	997403	997403	949532	901662	901662	797962	763395
			燃气	2327019	2327019	2197740	1939183	1939183	1795283	1507484	1507484	1507484	1292129	1076774	1076774	971434	971434	824175	824175	824175	824175	824175
载货汽车	微型		汽油	159461	94001	28541	28541	28541	28541	19149	9757	9757	7846	5934	5934	5340	4745	4745	4745	4745	3706	3360
			柴油	79378	65323	51268	51268	51268	51268	46173	41078	41078	34790	28501	28501	28501	28501	20853	13205	13205	11422	10827
			燃气	69449	39492	9535	9535	9535	9535	6823	4112	4112	3316	2520	2520	2166	1812	1812	1812	1812	1534	1441
	轻型		汽油	117877	75069	32261	32261	32261	32261	21516	10771	10771	9000	7229	7229	6056	4884	4884	4884	4884	3881	3547
			柴油	79662	65465	51268	51268	51268	51268	46173	41078	41078	34790	28501	28501	28501	28501	22769	17037	17037	15927	15557
			燃气	51291	32738	14186	14186	14186	14186	9387	4587	4587	3812	3037	3037	2442	1848	1848	1848	1848	1602	1520
	中型		汽油	544706	544706	544706	544706	544706	371875	26214	26214	26214	26214	26214	26214	26214	26214	19668	13123	13123	13123	13123
			柴油	779360	779360	699809	540707	540707	514153	461045	461045	461045	438918	416790	416790	416790	416790	365681	314572	314572	270876	256310
			燃气	880064	880064	780591	581647	581647	552591	494478	494478	494478	470591	446704	446704	338519	338519	275333	275333	275333	275333	275333
	重型		汽油	1421129	1421129	1421129	1421129	1421129	977195	89328	89328	89328	89328	89328	85978	82629	82629	62038	41446	41446	41446	41446
			柴油	699348	699348	675477	627735	627735	604517	558080	558080	558080	535701	513322	513322	513322	513322	446182	379042	379042	252640	210506
			燃气	1301761	1301761	1219564	1055172	1055172	964812	784093	784093	784093	669132	554171	554171	408373	408373	227266	227266	227266	227266	227266
低速汽车	三轮汽车			65550	65550	65550	65550	65550	65550	65550	65550	65550	53279	53279	53279	53279	53279	53279	53279	53279	53279	53279
	低速货车			88065	88065	88065	88065	88065	88065	88065	88065	88065	71579	71579	71579	71579	71579	71579	71579	71579	71579	71579
摩托车	普通摩托车			992	992	992	992	959	926	860	860	860	860	860	764	668	668	668	668	668	668	668
	轻便摩托车			661	661	661	661	661	331	331	331	331	331	331	294	257	257	257	257	257	257	257

塔城地区 PM 排放系数

单位：克/（辆•年）

车辆类型		使用性质	燃料种类	1999 年年底前	2000 年	2001 年	2002 年	2003 年	2004 年	2005 年	2006 年	2007 年	2008 年	2009 年	2010 年	2011 年	2012 年	2013 年	2014 年	2015 年	2016 年	2017 年
载客汽车	微型	出租车	汽油	—	—	—	—	—	—	—	—	—	—	—	—	—	—	—	—	—	—	—
			燃气	—	—	—	—	—	—	—	—	—	—	—	—	—	—	—	—	—	—	—
		其他	汽油	—	—	—	—	—	—	—	—	—	—	—	—	—	—	—	—	—	—	—
			燃气	—	—	—	—	—	—	—	—	—	—	—	—	—	—	—	—	—	—	—
	小型	出租车	汽油	—	—	—	—	—	—	—	—	—	—	—	—	—	—	—	—	—	—	—
			柴油	38900	35626	32351	32351	32351	32351	22086	11821	11821	7700	3578	3578	3578	3578	3325	3072	3072	2540	2363
			燃气	—	—	—	—	—	—	—	—	—	—	—	—	—	—	—	—	—	—	—
		其他	汽油	—	—	—	—	—	—	—	—	—	—	—	—	—	—	—	—	—	—	—
			柴油	4200	3975	3750	3750	3750	3750	2699	1648	1648	1206	765	765	765	765	642	518	518	518	518
			燃气	—	—	—	—	—	—	—	—	—	—	—	—	—	—	—	—	—	—	—
	中型	公交车	汽油	—	—	—	—	—	—	—	—	—	—	—	—	—	—	—	—	—	—	—
			柴油	30592	30592	28032	22913	22913	17978	8108	8108	8108	6872	5637	5637	5637	5637	3504	1372	1372	1080	983
			燃气	—	—	—	—	—	—	—	—	—	—	—	—	—	—	—	—	—	—	—
		其他	汽油	—	—	—	—	—	—	—	—	—	—	—	—	—	—	—	—	—	—	—
			柴油	15274	15274	12888	8116	8116	6262	2553	2553	2553	2434	2316	2316	2316	2316	1366	415	415	399	394
			燃气	—	—	—	—	—	—	—	—	—	—	—	—	—	—	—	—	—	—	—
	大型	公交车	汽油	—	—	—	—	—	—	—	—	—	—	—	—	—	—	—	—	—	—	—
			柴油	94865	94865	93934	92071	92071	71272	29674	29674	29674	19994	10315	10315	10315	10315	6116	1916	1916	1845	1821
			燃气	—	—	—	—	—	—	—	—	—	—	—	—	—	—	—	—	—	—	—
		其他	汽油	—	—	—	—	—	—	—	—	—	—	—	—	—	—	—	—	—	—	—
			柴油	142314	142314	133412	115607	115607	85425	25061	25061	25061	17182	9303	9303	9303	9303	5868	2433	2433	2343	2313
			燃气	—	—	—	—	—	—	—	—	—	—	—	—	—	—	—	—	—	—	—
载货汽车	微型		汽油	—	—	—	—	—	—	—	—	—	—	—	—	—	—	—	—	—	—	—
			柴油	8770	8588	8407	8407	8407	8407	6842	5278	5278	3917	2556	2556	2556	2556	1610	663	663	660	659
			燃气	—	—	—	—	—	—	—	—	—	—	—	—	—	—	—	—	—	—	—
	轻型		汽油	—	—	—	—	—	—	—	—	—	—	—	—	—	—	—	—	—	—	—
			柴油	9121	8764	8407	8407	8407	8407	6842	5278	5278	3917	2556	2556	2556	2556	1928	1299	1299	1072	997
			燃气	—	—	—	—	—	—	—	—	—	—	—	—	—	—	—	—	—	—	—
	中型		汽油	—	—	—	—	—	—	—	—	—	—	—	—	—	—	—	—	—	—	—
			柴油	69416	69416	58416	36416	36416	27980	11109	11109	11109	10524	9939	9939	9939	9939	6372	2806	2806	2570	2491
			燃气	—	—	—	—	—	—	—	—	—	—	—	—	—	—	—	—	—	—	—
	重型		汽油	—	—	—	—	—	—	—	—	—	—	—	—	—	—	—	—	—	—	—
			柴油	94215	94215	77438	43883	43883	34843	16763	16763	16763	11487	6211	6211	6211	6211	4128	2044	2044	1728	1622
			燃气	—	—	—	—	—	—	—	—	—	—	—	—	—	—	—	—	—	—	—
低速汽车	三轮汽车			4092	4092	4092	4092	4092	4092	4092	4092	4092	3220	3220	3220	3220	3220	3220	3220	3220	3220	3220
	低速货车			5581	5581	5581	5581	5581	5581	5581	5581	5581	4392	4392	4392	4392	4392	4392	4392	4392	4392	4392
摩托车	普通摩托车			—	—	—	—	—	—	—	—	—	—	—	—	—	—	—	—	—	—	—
	轻便摩托车			—	—	—	—	—	—	—	—	—	—	—	—	—	—	—	—	—	—	—

塔城地区 VOCs 排放系数

单位：克/（辆•年）

车辆类型		使用性质	燃料种类	1999 年年底前	2000 年	2001 年	2002 年	2003 年	2004 年	2005 年	2006 年	2007 年	2008 年	2009 年	2010 年	2011 年	2012 年	2013 年	2014 年	2015 年	2016 年	2017 年
载客汽车	微型	出租车	汽油	1394787	806764	218740	218740	218740	218740	157646	96551	96551	76371	56191	56191	47532	38872	38872	38872	38872	30479	27681
			燃气	299488	180167	60846	60846	60846	60846	46244	31642	31642	25934	20226	20226	16136	12047	12047	12047	12047	7427	5887
		其他	汽油	106165	61554	16944	16944	16944	16944	16456	15968	15968	13170	10371	10371	9730	9089	9089	9089	9089	7246	6631
			燃气	19384	10917	2450	2450	2450	2450	2344	2238	2238	1670	1103	1103	998	893	893	893	893	600	502
	小型	出租车	汽油	1394787	792721	190655	190655	190655	190655	180976	171298	171298	113744	56191	56191	47532	38872	38872	38872	38872	28132	24552
			柴油	172711	163127	153543	153543	153543	153543	140101	126659	126659	90098	53536	53536	53536	53536	39940	26343	26343	15728	12190
			燃气	299488	177339	55190	55190	55190	55190	50942	46693	46693	33460	20226	20226	16136	12047	12047	12047	12047	6954	5256
		其他	汽油	107785	62166	16548	16548	16548	16548	17131	17714	17714	14046	10379	10379	9630	8882	8882	8882	8882	7404	6912
			柴油	14974	13702	12431	12431	12431	12431	10544	8657	8657	5895	3133	3133	3133	3133	2716	2298	2298	1655	1441
			燃气	19710	11888	4066	4066	4066	4066	3328	2589	2589	1925	1261	1261	1056	852	852	852	852	632	559
	中型	公交车	汽油	247752	247752	247752	247752	247155	168912	13619	13619	13619	13619	13619	13468	13316	13316	10889	8462	8462	8462	8462
			柴油	87806	87806	86086	82645	82645	64494	28192	28192	28192	20508	12823	12823	12823	12823	8958	5093	5093	4763	4653
			燃气	71579	71579	67602	59649	59649	57536	53311	53311	53311	42686	32061	32061	22219	22219	22154	22154	22154	22154	22154
		其他	汽油	128462	128462	128462	128462	127865	87543	8092	8092	8092	8092	8092	7946	7801	7801	6750	5698	5698	5698	5698
			柴油	30493	30493	28460	24394	24394	18567	6912	6912	6912	6506	6099	6099	6099	6099	3750	1402	1402	1243	1190
			燃气	34560	34560	32640	28800	28800	27780	25740	25740	25740	20623	15506	15506	10732	10732	9642	9642	9642	9642	9642
	大型	公交车	汽油	577060	577060	577060	577060	576463	388885	14923	14923	14923	14923	14923	14783	14643	14643	11877	9111	9111	9111	9111
			柴油	131708	131708	108010	60614	60614	60614	60614	60614	60614	43515	26416	26416	26416	26416	17675	8934	8934	5723	4653
			燃气	168926	168926	159541	140772	140772	135786	125815	125815	125815	100740	75665	75665	52438	52438	47188	47188	47188	47188	47188
		其他	汽油	1278358	1278358	1278358	1278358	1277761	860913	28410	28410	28410	28410	28410	22151	15892	15892	12701	9510	9510	9510	9510
			柴油	272891	272891	207397	76409	76409	76409	76409	76409	76409	55942	35476	35476	35476	35476	20706	5937	5937	5324	5119
			燃气	266186	266186	251398	221822	221822	213966	198253	198253	198253	158842	119430	119430	82662	82662	74261	74261	74261	74261	74261
载货汽车	微型		汽油	554490	294210	33929	33929	33929	33929	32419	30909	30909	28574	26238	26238	21320	16402	16402	16402	16402	14312	13615
			柴油	42313	39576	36838	36838	36838	36838	34031	31224	31224	22737	14250	14250	14250	14250	9778	5305	5305	3906	3439
			燃气	101241	53073	4906	4906	4906	4906	4619	4332	4332	3561	2791	2791	2201	1612	1612	1612	1612	1176	1031
	轻型		汽油	282147	165084	48020	48020	48020	48020	41113	34206	34206	30520	26834	26834	23588	20341	20341	20341	20341	17958	17163
			柴油	38397	37618	36838	36838	36838	36838	34031	31224	31224	22737	14250	14250	14250	14250	10902	7554	7554	6155	5689
			燃气	51595	31697	11799	11799	11799	11799	8399	4999	4999	4130	3260	3260	2606	1951	1951	1951	1951	1529	1388
	中型		汽油	647562	647562	647562	647562	646964	439465	25661	25661	25661	25661	25661	25522	25382	25382	19924	14466	14466	14466	14466
			柴油	147700	147700	137853	118160	118160	89933	33479	33479	33479	31508	29538	29538	29538	29538	21407	13276	13276	7899	6107
			燃气	167399	167399	158100	139502	139502	134559	124674	124674	124674	99886	75097	75097	101625	101625	49482	49482	49482	49482	49482
	重型		汽油	535227	535227	535227	535227	534629	360728	14123	14123	14123	14123	14123	11436	8750	8750	7414	6077	6077	6077	6077
			柴油	187645	187645	142610	52541	52541	52541	52541	52541	52541	38468	24394	24394	24394	24394	14954	5513	5513	3832	3272
			燃气	183035	183035	172867	152531	152531	147129	136324	136324	136324	109223	82122	82122	76759	76759	47467	47467	47467	47467	47467
低速汽车	三轮汽车			25300	25300	25300	25300	25300	25300	25300	25300	25300	16721	16721	16721	16721	16721	16721	16721	16721	16721	16721
	低速货车			33990	33990	33990	33990	33990	33990	33990	33990	33990	22464	22464	22464	22464	22464	22464	22464	22464	22464	22464
摩托车	普通摩托车			13290	13290	13290	13290	9918	6546	3504	3504	3504	3504	3504	2615	1726	1726	1726	1726	1726	1726	1726
	轻便摩托车			42978	42978	42978	42978	42978	8596	8596	4232	4232	4232	4232	3158	2084	2084	2084	2084	2084	2084	2084

阿勒泰地区 NO_x 排放系数

单位：克/（辆·年）

车辆类型		使用性质	燃料种类	1999 年年底前	2000 年	2001 年	2002 年	2003 年	2004 年	2005 年	2006 年	2007 年	2008 年	2009 年	2010 年	2011 年	2012 年	2013 年	2014 年	2015 年	2016 年	2017 年
载客汽车	微型	出租车	汽油	344735	228542	112349	112349	112349	112349	81172	49995	49995	35773	21551	21551	17940	14328	14328	14328	14328	9591	8012
			燃气	159943	108322	56702	56702	56702	56702	42014	27325	27325	20376	13428	13428	10880	8332	8332	8332	8332	5072	3985
		其他	汽油	52719	32986	13253	13253	13253	13253	8242	3230	3230	2620	2010	2010	1673	1336	1336	1336	1336	979	860
			燃气	22925	13672	4420	4420	4420	4420	2888	1357	1357	1104	851	851	680	508	508	508	508	403	368
	小型	出租车	汽油	392253	255106	117959	117959	117959	117959	84408	50857	50857	36204	21551	21551	17142	12734	12734	12734	12734	8130	6595
			柴油	312681	260650	208618	208618	208618	208618	185924	163229	163229	129200	95170	95170	95170	95170	78034	60899	60899	47354	42839
			燃气	180871	120022	59172	59172	59172	59172	43438	27704	27704	20566	13428	13428	10529	7630	7630	7630	7630	4428	3361
		其他	汽油	49145	31298	13451	13451	13451	13451	8812	4174	4174	2856	1538	1538	1400	1263	1263	1263	1263	919	804
			柴油	32461	26568	20675	20675	20675	20675	19026	17377	17377	13602	9827	9827	9827	9827	8478	7130	7130	6182	5866
			燃气	21351	13628	5905	5905	5905	5905	3839	1773	1773	1208	644	644	560	476	476	476	476	377	344
	中型	公交车	汽油	443291	443291	443291	443291	443291	302842	21943	21943	21943	21943	21943	19679	17415	17415	13147	8879	8879	8879	8879
			柴油	368415	368415	367550	365820	365820	351282	322205	322205	322205	268382	214558	214558	214558	214558	175094	135631	135631	113553	106194
			燃气	391173	391173	386516	377203	377203	365503	342102	342102	342102	284722	227342	227342	143768	143768	112598	112598	112598	112598	112598
		其他	汽油	271778	271778	271778	271778	271778	184356	9512	9512	9512	9512	9512	9512	9512	9512	7134	4757	4757	4757	4757
			柴油	172770	172770	165558	151134	151134	149856	147300	147300	147300	125451	103602	103602	103602	103602	91989	80376	80376	68602	64677
			燃气	195094	195094	184255	162578	162578	161046	157981	157981	157981	134510	111038	111038	86494	86494	69477	69477	69477	69477	69477
	大型	公交车	汽油	1579225	1579225	1579225	1579225	1579225	1085905	99266	99266	99266	99266	99266	99178	99091	99091	74319	49547	49547	49547	49547
			柴油	522522	522522	505637	471868	471868	458461	431646	431646	431646	423867	416088	416088	416088	416088	401084	386081	386081	348034	335351
			燃气	1050580	1050580	992214	875483	875483	810517	680584	680584	680584	583134	485685	485685	452172	452172	391915	391915	391915	391915	391915
		其他	汽油	3769323	3769323	3769323	3769323	3769323	2591858	236929	236929	236929	236929	236929	228044	219159	219159	164544	109930	109930	109930	109930
			柴油	1251278	1251278	1219080	1154685	1154685	1127764	1073923	1073923	1073923	1036112	998302	998302	998302	998302	950388	902475	902475	798682	764084
			燃气	2329119	2329119	2199723	1940932	1940932	1796903	1508844	1508844	1508844	1293295	1077746	1077746	972310	972310	824919	824919	824919	824919	824919
载货汽车	微型		汽油	159670	94124	28579	28579	28579	28579	19176	9773	9773	7858	5943	5943	5348	4754	4754	4754	4754	3712	3365
			柴油	79445	65378	51311	51311	51311	51311	46212	41113	41113	34820	28526	28526	28526	28526	20872	13219	13219	11432	10837
			燃气	69433	39482	9531	9531	9531	9531	6819	4106	4106	3311	2516	2516	2162	1808	1808	1808	1808	1532	1440
	轻型		汽油	118034	75169	32304	32304	32304	32304	21546	10788	10788	9014	7240	7240	6066	4893	4893	4893	4893	3887	3552
			柴油	79729	65520	51311	51311	51311	51311	46212	41113	41113	34820	28526	28526	28526	28526	22790	17054	17054	15942	15571
			燃气	51280	32731	14181	14181	14181	14181	9382	4582	4582	3807	3032	3032	2438	1844	1844	1844	1844	1601	1520
	中型		汽油	544706	544706	544706	544706	544706	371875	26214	26214	26214	26214	26214	26214	26214	26214	19668	13123	13123	13123	13123
			柴油	779360	779360	699809	540707	540707	514153	461045	461045	461045	438918	416790	416790	416790	416790	365681	314572	314572	270876	256310
			燃气	880063	880063	780592	581650	581650	552592	494476	494476	494476	470591	446705	446705	338516	338516	275332	275332	275332	275332	275332
	重型		汽油	1421129	1421129	1421129	1421129	1421129	977195	89328	89328	89328	89328	89328	85978	82629	82629	62038	41446	41446	41446	41446
			柴油	699348	699348	675477	627735	627735	604517	558080	558080	558080	535701	513322	513322	513322	513322	446182	379042	379042	252640	210506
			燃气	1301761	1301761	1219564	1055172	1055172	964812	784093	784093	784093	669132	554172	554172	408373	408373	227266	227266	227266	227266	227266
低速汽车	三轮汽车			65550	65550	65550	65550	65550	65550	65550	65550	65550	53279	53279	53279	53279	53279	53279	53279	53279	53279	53279
	低速货车			88065	88065	88065	88065	88065	88065	88065	88065	88065	71579	71579	71579	71579	71579	71579	71579	71579	71579	71579
摩托车	普通摩托车			992	992	992	992	959	926	860	860	860	860	860	764	668	668	668	668	668	668	668
	轻便摩托车			661	661	661	661	661	331	331	331	331	331	331	294	257	257	257	257	257	257	257

阿勒泰地区 PM 排放系数

单位：克/（辆·年）

车辆类型		使用性质	燃料种类	1999 年年底前	2000 年	2001 年	2002 年	2003 年	2004 年	2005 年	2006 年	2007 年	2008 年	2009 年	2010 年	2011 年	2012 年	2013 年	2014 年	2015 年	2016 年	2017 年
载客汽车	微型	出租车	汽油	—	—	—	—	—	—	—	—	—	—	—	—	—	—	—	—	—	—	—
			燃气	—	—	—	—	—	—	—	—	—	—	—	—	—	—	—	—	—	—	—
		其他	汽油	—	—	—	—	—	—	—	—	—	—	—	—	—	—	—	—	—	—	—
			燃气	—	—	—	—	—	—	—	—	—	—	—	—	—	—	—	—	—	—	—
	小型	出租车	汽油	—	—	—	—	—	—	—	—	—	—	—	—	—	—	—	—	—	—	—
			柴油	38900	35626	32351	32351	32351	32351	22086	11821	11821	7700	3578	3578	3578	3578	3325	3072	3072	2540	2363
			燃气	—	—	—	—	—	—	—	—	—	—	—	—	—	—	—	—	—	—	—
		其他	汽油	—	—	—	—	—	—	—	—	—	—	—	—	—	—	—	—	—	—	—
			柴油	4200	3975	3750	3750	3750	3750	2699	1648	1648	1206	765	765	765	765	642	518	518	518	518
			燃气	—	—	—	—	—	—	—	—	—	—	—	—	—	—	—	—	—	—	—
	中型	公交车	汽油	—	—	—	—	—	—	—	—	—	—	—	—	—	—	—	—	—	—	—
			柴油	30592	30592	28032	22913	22913	17978	8108	8108	8108	6872	5637	5637	5637	5637	3504	1372	1372	1080	983
			燃气	—	—	—	—	—	—	—	—	—	—	—	—	—	—	—	—	—	—	—
		其他	汽油	—	—	—	—	—	—	—	—	—	—	—	—	—	—	—	—	—	—	—
			柴油	15274	15274	12888	8116	8116	6262	2553	2553	2553	2434	2316	2316	2316	2316	1366	415	415	399	394
			燃气	—	—	—	—	—	—	—	—	—	—	—	—	—	—	—	—	—	—	—
	大型	公交车	汽油	—	—	—	—	—	—	—	—	—	—	—	—	—	—	—	—	—	—	—
			柴油	94865	94865	93934	92071	92071	71272	29674	29674	29674	19994	10315	10315	10315	10315	6116	1916	1916	1845	1821
			燃气	—	—	—	—	—	—	—	—	—	—	—	—	—	—	—	—	—	—	—
		其他	汽油	—	—	—	—	—	—	—	—	—	—	—	—	—	—	—	—	—	—	—
			柴油	142314	142314	133412	115607	115607	85425	25061	25061	25061	17182	9303	9303	9303	9303	5868	2433	2433	2343	2313
			燃气	—	—	—	—	—	—	—	—	—	—	—	—	—	—	—	—	—	—	—
载货汽车	微型		汽油	—	—	—	—	—	—	—	—	—	—	—	—	—	—	—	—	—	—	—
			柴油	8770	8588	8407	8407	8407	8407	6842	5278	5278	3917	2556	2556	2556	2556	1610	663	663	660	659
			燃气	—	—	—	—	—	—	—	—	—	—	—	—	—	—	—	—	—	—	—
	轻型		汽油	—	—	—	—	—	—	—	—	—	—	—	—	—	—	—	—	—	—	—
			柴油	9121	8764	8407	8407	8407	8407	6842	5278	5278	3917	2556	2556	2556	2556	1928	1299	1299	1072	997
			燃气	—	—	—	—	—	—	—	—	—	—	—	—	—	—	—	—	—	—	—
	中型		汽油	—	—	—	—	—	—	—	—	—	—	—	—	—	—	—	—	—	—	—
			柴油	69416	69416	58416	36416	36416	27980	11109	11109	11109	10524	9939	9939	9939	9939	6372	2806	2806	2570	2491
			燃气	—	—	—	—	—	—	—	—	—	—	—	—	—	—	—	—	—	—	—
	重型		汽油	—	—	—	—	—	—	—	—	—	—	—	—	—	—	—	—	—	—	—
			柴油	94215	94215	77438	43883	43883	34843	16763	16763	16763	11487	6211	6211	6211	6211	4128	2044	2044	1728	1622
			燃气	—	—	—	—	—	—	—	—	—	—	—	—	—	—	—	—	—	—	—
低速汽车	三轮汽车			4092	4092	4092	4092	4092	4092	4092	4092	4092	3220	3220	3220	3220	3220	3220	3220	3220	3220	3220
	低速货车			5581	5581	5581	5581	5581	5581	5581	5581	5581	4392	4392	4392	4392	4392	4392	4392	4392	4392	4392
摩托车	普通摩托车			—	—	—	—	—	—	—	—	—	—	—	—	—	—	—	—	—	—	—
	轻便摩托车			—	—	—	—	—	—	—	—	—	—	—	—	—	—	—	—	—	—	—

阿勒泰地区 VOCs 排放系数

单位：克/（辆·年）

车辆类型		使用性质	燃料种类	1999 年年底前	2000 年	2001 年	2002 年	2003 年	2004 年	2005 年	2006 年	2007 年	2008 年	2009 年	2010 年	2011 年	2012 年	2013 年	2014 年	2015 年	2016 年	2017 年
载客汽车	微型	出租车	汽油	1447529	836672	225815	225815	225815	225815	162509	99203	99203	78328	57452	57452	48606	39760	39760	39760	39760	31196	28341
			燃气	299488	180167	60846	60846	60846	60846	46244	31642	31642	25934	20226	20226	16136	12047	12047	12047	12047	7427	5887
		其他	汽油	110234	63774	17315	17315	17315	17315	16822	16328	16328	13400	10471	10471	9809	9147	9147	9147	9147	7197	6547
			燃气	19384	10917	2450	2450	2450	2450	2344	2238	2238	1670	1103	1103	998	893	893	893	893	600	502
	小型	出租车	汽油	1447529	822085	196641	196641	196641	196641	186745	176849	176849	117150	57452	57452	48606	39760	39760	39760	39760	28758	25090
			柴油	174986	165320	155653	155653	155653	155653	142134	128614	128614	91288	53962	53962	53962	53962	40284	26606	26606	15958	12409
			燃气	299488	177339	55190	55190	55190	55190	50942	46693	46693	33460	20226	20226	16136	12047	12047	12047	12047	6954	5256
		其他	汽油	111918	64412	16905	16905	16905	16905	17524	18142	18142	14311	10480	10480	9706	8932	8932	8932	8932	7363	6840
			柴油	15414	14110	12807	12807	12807	12807	10872	8938	8938	6090	3241	3241	3241	3241	2818	2396	2396	1724	1500
			燃气	19710	11888	4066	4066	4066	4066	3328	2589	2589	1925	1261	1261	1056	852	852	852	852	632	559
	中型	公交车	汽油	247494	247494	247494	247494	246898	168655	13362	13362	13362	13362	13362	13210	13059	13059	10632	8204	8204	8204	8204
			柴油	87806	87806	86086	82645	82645	64494	28192	28192	28192	20508	12823	12823	12823	12823	8958	5093	5093	4763	4653
			燃气	71579	71579	67602	59649	59649	57536	53311	53311	53311	42686	32061	32061	22219	22219	22154	22154	22154	22154	22154
		其他	汽油	128205	128205	128205	128205	127608	87285	7834	7834	7834	7834	7834	7688	7543	7543	6492	5441	5441	5441	5441
			柴油	30493	30493	28460	24394	24394	18567	6912	6912	6912	6506	6099	6099	6099	6099	3750	1402	1402	1243	1190
			燃气	34560	34560	32640	28800	28800	27780	25740	25740	25740	20623	15506	15506	10732	10732	9642	9642	9642	9642	9642
	大型	公交车	汽油	576802	576802	576802	576802	576206	388628	14666	14666	14666	14666	14666	14526	14386	14386	11620	8854	8854	8854	8854
			柴油	131708	131708	108010	60614	60614	60614	60614	60614	60614	43515	26416	26416	26416	26416	17675	8934	8934	5723	4653
			燃气	168926	168926	159541	140772	140772	135786	125815	125815	125815	100740	75665	75665	52438	52438	47188	47188	47188	47188	47188
		其他	汽油	1278101	1278101	1278101	1278101	1277504	860655	28152	28152	28152	28152	28152	21894	15635	15635	12444	9253	9253	9253	9253
			柴油	272891	272891	207397	76409	76409	76409	76409	76409	76409	55942	35476	35476	35476	35476	20706	5937	5937	5324	5119
			燃气	266186	266186	251398	221822	221822	213966	198253	198253	198253	158842	119430	119430	82662	82662	74261	74261	74261	74261	74261
载货汽车	微型		汽油	575825	305340	34855	34855	34855	34855	33313	31771	31771	29334	26896	26896	21805	16714	16714	16714	16714	14525	13795
			柴油	43290	40496	37701	37701	37701	37701	34849	31997	31997	23286	14574	14574	14574	14574	10007	5440	5440	4017	3543
			燃气	101255	53094	4932	4932	4932	4932	4643	4355	4355	3594	2833	2833	2232	1632	1632	1632	1632	1201	1058
	轻型		汽油	292919	171206	49492	49492	49492	49492	42344	35196	35196	31356	27515	27515	24160	20806	20806	20806	20806	18312	17481
			柴油	39260	38480	37701	37701	37701	37701	34849	31997	31997	23286	14574	14574	14574	14574	11164	7755	7755	6332	5858
			燃气	51586	31745	11904	11904	11904	11904	8463	5023	5023	4167	3311	3311	2648	1985	1985	1985	1985	1568	1429
	中型		汽油	647305	647305	647305	647305	646707	439207	25404	25404	25404	25404	25404	25264	25124	25124	19666	14208	14208	14208	14208
			柴油	147700	147700	137853	118160	118160	89933	33479	33479	33479	31508	29538	29538	29538	29538	21407	13276	13276	7899	6107
			燃气	167399	167399	158100	139502	139502	134559	124674	124674	124674	99886	75097	75097	101625	101625	49482	49482	49482	49482	49482
	重型		汽油	534969	534969	534969	534969	534372	360471	13865	13865	13865	13865	13865	11178	8492	8492	7156	5819	5819	5819	5819
			柴油	187645	187645	142610	52541	52541	52541	52541	52541	52541	38468	24394	24394	24394	24394	14954	5513	5513	3832	3272
			燃气	183035	183035	172867	152531	152531	147129	136324	136324	136324	109223	82122	82122	76759	76759	47467	47467	47467	47467	47467
低速汽车	三轮汽车			25300	25300	25300	25300	25300	25300	25300	25300	25300	16721	16721	16721	16721	16721	16721	16721	16721	16721	16721
	低速货车			33990	33990	33990	33990	33990	33990	33990	33990	33990	22464	22464	22464	22464	22464	22464	22464	22464	22464	22464
摩托车	普通摩托车			13290	13290	13290	13290	9918	6546	3504	3504	3504	3504	3504	2615	1726	1726	1726	1726	1726	1726	1726
	轻便摩托车			42978	42978	42978	42978	42978	8596	8596	4232	4232	4232	4232	3158	2084	2084	2084	2084	2084	2084	2084

一师 NO_x 排放系数

单位：克/（辆·年）

车辆类型		使用性质	燃料种类	1999年年底前	2000年	2001年	2002年	2003年	2004年	2005年	2006年	2007年	2008年	2009年	2010年	2011年	2012年	2013年	2014年	2015年	2016年	2017年
载客汽车	微型	出租车	汽油	327192	217304	107416	107416	107416	107416	77788	48161	48161	34602	21044	21044	17468	13891	13891	13891	13891	9210	7650
			燃气	159943	108322	56702	56702	56702	56702	42014	27325	27325	20376	13428	13428	10880	8332	8332	8332	8332	5072	3985
		其他	汽油	49787	31158	12528	12528	12528	12528	7788	3048	3048	2473	1898	1898	1576	1253	1253	1253	1253	922	811
			燃气	22925	13672	4420	4420	4420	4420	2888	1357	1357	1104	851	851	680	508	508	508	508	403	368
	小型	出租车	汽油	372099	242408	112717	112717	112717	112717	80846	48976	48976	35010	21044	21044	16714	12384	12384	12384	12384	7829	6311
			柴油	365763	303020	240277	240277	240277	240277	214463	188649	188649	148888	109127	109127	109127	109127	90158	71190	71190	56554	51676
			燃气	180871	120022	59172	59172	59172	59172	43438	27704	27704	20566	13428	13428	10529	7630	7630	7630	7630	4428	3361
		其他	汽油	46410	29562	12715	12715	12715	12715	8328	3940	3940	2696	1452	1452	1318	1184	1184	1184	1184	865	759
			柴油	39412	32187	24962	24962	24962	24962	22983	21004	21004	16420	11836	11836	11836	11836	10227	8618	8618	7544	7186
			燃气	21351	13628	5905	5905	5905	5905	3839	1773	1773	1208	644	644	560	476	476	476	476	377	344
	中型	公交车	汽油	464942	464942	464942	464942	464942	317633	23015	23015	23015	23015	23015	20640	18266	18266	13790	9313	9313	9313	9313
			柴油	503532	503532	502350	499985	499985	480115	440375	440375	440375	366811	293247	293247	293247	293247	239310	185374	185374	155199	145141
			燃气	534637	534637	528272	515543	515543	499552	467569	467569	467569	389144	310720	310720	196495	196495	153893	153893	153893	153893	153893
		其他	汽油	285052	285052	285052	285052	285052	193360	9977	9977	9977	9977	9977	9977	9977	9977	7483	4989	4989	4989	4989
			柴油	236134	236134	226277	206563	206563	204816	201322	201322	201322	171460	141598	141598	141598	141598	125726	109854	109854	93761	88397
			燃气	266645	266645	251831	222204	222204	220110	215921	215921	215921	183842	151762	151762	118216	118216	94958	94958	94958	94958	94958
	大型	公交车	汽油	1656357	1656357	1656357	1656357	1656357	1138943	104114	104114	104114	104114	104114	104022	103931	103931	77949	51967	51967	51967	51967
			柴油	714158	714158	691081	644927	644927	626602	589953	589953	589953	579322	568690	568690	568690	568690	548184	527677	527677	475675	458341
			燃气	1435882	1435882	1356111	1196568	1196568	1107775	930189	930189	930189	797000	663811	663811	618008	618008	535650	535650	535650	535650	535650
		其他	汽油	3953423	3953423	3953423	3953423	3953423	2718449	248501	248501	248501	248501	248501	239182	229863	229863	172582	115300	115300	115300	115300
			柴油	1710187	1710187	1666181	1578168	1578168	1541374	1467787	1467787	1467787	1416110	1364432	1364432	1364432	1364432	1298946	1233461	1233461	1091600	1044313
			燃气	3183329	3183329	3006477	2652774	2652774	2455921	2062216	2062216	2062216	1767614	1473011	1473011	1328907	1328907	1127459	1127459	1127459	1127459	1127459
载货汽车	微型		汽油	150995	89062	27128	27128	27128	27128	18222	9317	9317	7498	5679	5679	5098	4517	4517	4517	4517	3519	3186
			柴油	95516	78347	61178	61178	61178	61178	55146	49114	49114	41622	34131	34131	34131	34131	24952	15774	15774	13851	13210
			燃气	69527	39549	9571	9571	9571	9571	6860	4148	4148	3347	2546	2546	2189	1831	1831	1831	1831	1542	1446
	轻型		汽油	111648	71148	30648	30648	30648	30648	20462	10277	10277	8590	6904	6904	5776	4649	4649	4649	4649	3684	3363
			柴油	95867	78522	61178	61178	61178	61178	55146	49114	49114	41622	34131	34131	34131	34131	27314	20497	20497	19404	19040
			燃气	51364	32799	14233	14233	14233	14233	9429	4625	4625	3843	3062	3062	2466	1869	1869	1869	1869	1610	1524
	中型		汽油	573160	573160	573160	573160	573160	391300	27583	27583	27583	27583	27583	27583	27583	27583	20696	13808	13808	13808	13808
			柴油	1067724	1067724	958739	740769	740769	704390	631632	631632	631632	601318	571003	571003	571003	571003	500984	430964	430964	371099	351144
			燃气	1205685	1205685	1069410	796860	796860	757052	677435	677435	677435	644713	611990	611990	463769	463769	377207	377207	377207	377207	377207
	重型		汽油	1495367	1495367	1495367	1495367	1495367	1028243	93995	93995	93995	93995	93995	90470	86945	86945	65278	43612	43612	43612	43612
			柴油	958107	958107	925404	859997	859997	828188	764570	764570	764570	733910	703251	703251	703251	703251	611269	519287	519287	346116	288393
			燃气	1783413	1783413	1670804	1445586	1445586	1321793	1074208	1074208	1074208	916711	759214	759214	559470	559470	311354	311354	311354	311354	311354
低速汽车	三轮汽车			65550	65550	65550	65550	65550	65550	65550	65550	65550	53279	53279	53279	53279	53279	53279	53279	53279	53279	53279
	低速货车			88065	88065	88065	88065	88065	88065	88065	88065	88065	71579	71579	71579	71579	71579	71579	71579	71579	71579	71579
摩托车	普通摩托车			992	992	992	992	959	926	860	860	860	860	860	764	668	668	668	668	668	668	668
	轻便摩托车			661	661	661	661	661	331	331	331	331	331	331	294	257	257	257	257	257	257	257

一师 PM 排放系数

单位：克/（辆·年）

车辆类型		使用性质	燃料种类	1999 年年底前	2000 年	2001 年	2002 年	2003 年	2004 年	2005 年	2006 年	2007 年	2008 年	2009 年	2010 年	2011 年	2012 年	2013 年	2014 年	2015 年	2016 年	2017 年
载客汽车	微型	出租车	汽油	—	—	—	—	—	—	—	—	—	—	—	—	—	—	—	—	—	—	—
			燃气	—	—	—	—	—	—	—	—	—	—	—	—	—	—	—	—	—	—	—
		其他	汽油	—	—	—	—	—	—	—	—	—	—	—	—	—	—	—	—	—	—	—
			燃气	—	—	—	—	—	—	—	—	—	—	—	—	—	—	—	—	—	—	—
	小型	出租车	汽油	—	—	—	—	—	—	—	—	—	—	—	—	—	—	—	—	—	—	—
			柴油	38900	35626	32351	32351	32351	32351	22086	11821	11821	7700	3578	3578	3578	3578	3325	3072	3072	2540	2363
			燃气	—	—	—	—	—	—	—	—	—	—	—	—	—	—	—	—	—	—	—
		其他	汽油	—	—	—	—	—	—	—	—	—	—	—	—	—	—	—	—	—	—	—
			柴油	4200	3975	3750	3750	3750	3750	2699	1648	1648	1206	765	765	765	765	642	518	518	518	518
			燃气	—	—	—	—	—	—	—	—	—	—	—	—	—	—	—	—	—	—	—
	中型	公交车	汽油	—	—	—	—	—	—	—	—	—	—	—	—	—	—	—	—	—	—	—
			柴油	30592	30592	28032	22913	22913	17978	8108	8108	8108	6872	5637	5637	5637	5637	3504	1372	1372	1080	983
			燃气	—	—	—	—	—	—	—	—	—	—	—	—	—	—	—	—	—	—	—
		其他	汽油	—	—	—	—	—	—	—	—	—	—	—	—	—	—	—	—	—	—	—
			柴油	15274	15274	12888	8116	8116	6262	2553	2553	2553	2434	2316	2316	2316	2316	1366	415	415	399	394
			燃气	—	—	—	—	—	—	—	—	—	—	—	—	—	—	—	—	—	—	—
	大型	公交车	汽油	—	—	—	—	—	—	—	—	—	—	—	—	—	—	—	—	—	—	—
			柴油	94865	94865	93934	92071	92071	71272	29674	29674	29674	19994	10315	10315	10315	10315	6116	1916	1916	1845	1821
			燃气	—	—	—	—	—	—	—	—	—	—	—	—	—	—	—	—	—	—	—
		其他	汽油	—	—	—	—	—	—	—	—	—	—	—	—	—	—	—	—	—	—	—
			柴油	142314	142314	133412	115607	115607	85425	25061	25061	25061	17182	9303	9303	9303	9303	5868	2433	2433	2343	2313
			燃气	—	—	—	—	—	—	—	—	—	—	—	—	—	—	—	—	—	—	—
载货汽车	微型		汽油	—	—	—	—	—	—	—	—	—	—	—	—	—	—	—	—	—	—	—
			柴油	8770	8588	8407	8407	8407	8407	6842	5278	5278	3917	2556	2556	2556	2556	1610	663	663	660	659
			燃气	—	—	—	—	—	—	—	—	—	—	—	—	—	—	—	—	—	—	—
	轻型		汽油	—	—	—	—	—	—	—	—	—	—	—	—	—	—	—	—	—	—	—
			柴油	9121	8764	8407	8407	8407	8407	6842	5278	5278	3917	2556	2556	2556	2556	1928	1299	1299	1072	997
			燃气	—	—	—	—	—	—	—	—	—	—	—	—	—	—	—	—	—	—	—
	中型		汽油	—	—	—	—	—	—	—	—	—	—	—	—	—	—	—	—	—	—	—
			柴油	69416	69416	58416	36416	36416	27980	11109	11109	11109	10524	9939	9939	9939	9939	6372	2806	2806	2570	2491
			燃气	—	—	—	—	—	—	—	—	—	—	—	—	—	—	—	—	—	—	—
	重型		汽油	—	—	—	—	—	—	—	—	—	—	—	—	—	—	—	—	—	—	—
			柴油	94215	94215	77438	43883	43883	34843	16763	16763	16763	11487	6211	6211	6211	6211	4128	2044	2044	1728	1622
			燃气	—	—	—	—	—	—	—	—	—	—	—	—	—	—	—	—	—	—	—
低速汽车	三轮汽车			4092	4092	4092	4092	4092	4092	4092	4092	4092	3220	3220	3220	3220	3220	3220	3220	3220	3220	3220
	低速货车			5581	5581	5581	5581	5581	5581	5581	5581	5581	4392	4392	4392	4392	4392	4392	4392	4392	4392	4392
摩托车	普通摩托车			—	—	—	—	—	—	—	—	—	—	—	—	—	—	—	—	—	—	—
	轻便摩托车			—	—	—	—	—	—	—	—	—	—	—	—	—	—	—	—	—	—	—

一师 VOCs 排放系数

单位：克/（辆·年）

车辆类型		使用性质	燃料种类	1999年年底前	2000年	2001年	2002年	2003年	2004年	2005年	2006年	2007年	2008年	2009年	2010年	2011年	2012年	2013年	2014年	2015年	2016年	2017年
载客汽车	微型	出租车	汽油	946079	552028	157977	157977	157977	157977	115815	73653	73653	59118	44584	44584	37523	30462	30462	30462	30462	23071	20607
			燃气	299488	180167	60846	60846	60846	60846	46244	31642	31642	25934	20226	20226	16136	12047	12047	12047	12047	7427	5887
		其他	汽油	74137	43852	13568	13568	13568	13568	13130	12693	12693	10699	8705	8705	8240	7776	7776	7776	7776	6388	5926
			燃气	19384	10917	2450	2450	2450	2450	2344	2238	2238	1670	1103	1103	998	893	893	893	893	600	502
	小型	出租车	汽油	946079	542648	139217	139217	139217	139217	131400	123583	123583	84084	44584	44584	37523	30462	30462	30462	30462	21503	18517
			柴油	160974	151830	142685	142685	142685	142685	129654	116624	116624	84052	51480	51480	51480	51480	38318	25157	25157	14633	11125
			燃气	299488	177339	55190	55190	55190	55190	50942	46693	46693	33460	20226	20226	16136	12047	12047	12047	12047	6954	5256
		其他	汽油	75220	44262	13304	13304	13304	13304	13582	13859	13859	11284	8710	8710	8174	7638	7638	7638	7638	6495	6114
			柴油	12976	11876	10775	10775	10775	10775	9138	7502	7502	5136	2770	2770	2770	2770	2376	1983	1983	1414	1224
			燃气	19710	11888	4066	4066	4066	4066	3328	2589	2589	1925	1261	1261	1056	852	852	852	852	632	559
	中型	公交车	汽油	252819	252819	252819	252819	252222	172429	14038	14038	14038	14038	14038	13886	13734	13734	11258	8783	8783	8783	8783
			柴油	87806	87806	86086	82645	82645	64494	28192	28192	28192	20508	12823	12823	12823	12823	8958	5093	5093	4763	4653
			燃气	71579	71579	67602	59649	59649	57536	53311	53311	53311	42686	32061	32061	22219	22219	22154	22154	22154	22154	22154
		其他	汽油	131144	131144	131144	131144	130547	89433	8400	8400	8400	8400	8400	8254	8108	8108	7036	5964	5964	5964	5964
			柴油	30493	30493	28460	24394	24394	18567	6912	6912	6912	6506	6099	6099	6099	6099	3750	1402	1402	1243	1190
			燃气	34560	34560	32640	28800	28800	27780	25740	25740	25740	20623	15506	15506	10732	10732	9642	9642	9642	9642	9642
	大型	公交车	汽油	588713	588713	588713	588713	588116	396802	15368	15368	15368	15368	15368	15228	15088	15088	12267	9446	9446	9446	9446
			柴油	131708	131708	108010	60614	60614	60614	60614	60614	60614	43515	26416	26416	26416	26416	17675	8934	8934	5723	4653
			燃气	168926	168926	159541	140772	140772	135786	125815	125815	125815	100740	75665	75665	52438	52438	47188	47188	47188	47188	47188
		其他	汽油	1304037	1304037	1304037	1304037	1303440	878270	29124	29124	29124	29124	29124	22742	16361	16361	13107	9853	9853	9853	9853
			柴油	272891	272891	207397	76409	76409	76409	76409	76409	76409	55942	35476	35476	35476	35476	20706	5937	5937	5324	5119
			燃气	266186	266186	251398	221822	221822	213966	198253	198253	198253	158842	119430	119430	82662	82662	74261	74261	74261	74261	74261
载货汽车	微型		汽油	374658	200236	25815	25815	25815	25815	24578	23342	23342	21570	19798	19798	16361	12924	12924	12924	12924	11218	10649
			柴油	37464	35028	32593	32593	32593	32593	30027	27461	27461	20102	12742	12742	12742	12742	8767	4792	4792	3440	2990
			燃气	97959	51310	4661	4661	4661	4661	4389	4116	4116	3312	2509	2509	1996	1484	1484	1484	1484	1048	902
	轻型		汽油	192737	113982	35228	35228	35228	35228	30386	25545	25545	22870	20196	20196	17876	15555	15555	15555	15555	13653	13019
			柴油	34152	33372	32593	32593	32593	32593	30027	27461	27461	20102	12742	12742	12742	12742	9718	6694	6694	5342	4892
			燃气	50503	30635	10766	10766	10766	10766	7769	4772	4772	3848	2924	2924	2330	1735	1735	1735	1735	1327	1190
	中型		汽油	660625	660625	660625	660625	660028	448393	26320	26320	26320	26320	26320	26180	26041	26041	20474	14907	14907	14907	14907
			柴油	147700	147700	137853	118160	118160	89933	33479	33479	33479	31508	29538	29538	29538	29538	21407	13276	13276	7899	6107
			燃气	167399	167399	158100	139502	139502	134559	124674	124674	124674	99886	75097	75097	101625	101625	49482	49482	49482	49482	49482
	重型		汽油	546043	546043	546043	546043	545446	368082	14551	14551	14551	14551	14551	11814	9077	9077	7714	6351	6351	6351	6351
			柴油	187645	187645	142610	52541	52541	52541	52541	52541	52541	38468	24394	24394	24394	24394	14954	5513	5513	3832	3272
			燃气	183035	183035	172867	152531	152531	147129	136324	136324	136324	109223	82122	82122	76759	76759	47467	47467	47467	47467	47467
低速汽车	三轮汽车			25300	25300	25300	25300	25300	25300	25300	25300	25300	16721	16721	16721	16721	16721	16721	16721	16721	16721	16721
	低速货车			33990	33990	33990	33990	33990	33990	33990	33990	33990	22464	22464	22464	22464	22464	22464	22464	22464	22464	22464
摩托车	普通摩托车			13290	13290	13290	13290	9918	6546	3504	3504	3504	3504	3504	2615	1726	1726	1726	1726	1726	1726	1726
	轻便摩托车			42978	42978	42978	42978	42978	8596	8596	4232	4232	4232	4232	3158	2084	2084	2084	2084	2084	2084	2084

二师 NO_x 排放系数

单位：克/（辆·年）

车辆类型		使用性质	燃料种类	1999 年年底前	2000 年	2001 年	2002 年	2003 年	2004 年	2005 年	2006 年	2007 年	2008 年	2009 年	2010 年	2011 年	2012 年	2013 年	2014 年	2015 年	2016 年	2017 年
载客汽车	微型	出租车	汽油	344288	228255	112222	112222	112222	112222	81083	49944	49944	35740	21535	21535	17924	14314	14314	14314	14314	9580	8002
			燃气	159943	108322	56702	56702	56702	56702	42014	27325	27325	20376	13428	13428	10880	8332	8332	8332	8332	5072	3985
		其他	汽油	52632	32930	13229	13229	13229	13229	8224	3220	3220	2612	2004	2004	1667	1330	1330	1330	1330	976	858
			燃气	22925	13672	4420	4420	4420	4420	2888	1357	1357	1104	851	851	680	508	508	508	508	403	368
	小型	出租车	汽油	391743	254784	117824	117824	117824	117824	84314	50805	50805	36170	21535	21535	17128	12721	12721	12721	12721	8120	6587
			柴油	312449	260463	208477	208477	208477	208477	185796	163116	163116	129112	95107	95107	95107	95107	77979	60851	60851	47313	42800
			燃气	180871	120022	59172	59172	59172	59172	43438	27704	27704	20566	13428	13428	10529	7630	7630	7630	7630	4428	3361
		其他	汽油	49064	31246	13427	13427	13427	13427	8795	4163	4163	2848	1533	1533	1396	1258	1258	1258	1258	917	803
			柴油	32426	26539	20652	20652	20652	20652	19004	17357	17357	13586	9815	9815	9815	9815	8468	7121	7121	6175	5860
			燃气	21351	13628	5905	5905	5905	5905	3839	1773	1773	1208	644	644	560	476	476	476	476	377	344
	中型	公交车	汽油	442692	442692	442692	442692	442692	302432	21913	21913	21913	21913	21913	19652	17391	17391	13129	8867	8867	8867	8867
			柴油	368049	368049	367185	365456	365456	350932	321885	321885	321885	268114	214344	214344	214344	214344	174920	135496	135496	113441	106089
			燃气	390785	390785	386133	376828	376828	365139	341762	341762	341762	284439	227116	227116	143625	143625	112486	112486	112486	112486	112486
		其他	汽油	271410	271410	271410	271410	271410	184106	9499	9499	9499	9499	9499	9499	9499	9499	7125	4751	4751	4751	4751
			柴油	172598	172598	165393	150984	150984	149707	147153	147153	147153	125326	103499	103499	103499	103499	91898	80296	80296	68534	64613
			燃气	194900	194900	184072	162417	162417	160886	157824	157824	157824	134376	110928	110928	86408	86408	69408	69408	69408	69408	69408
	大型	公交车	汽油	1577089	1577089	1577089	1577089	1577089	1084436	99131	99131	99131	99131	99131	99044	98957	98957	74218	49480	49480	49480	49480
			柴油	522003	522003	505135	471400	471400	458006	431217	431217	431217	423446	415675	415675	415675	415675	400686	385697	385697	347688	335018
			燃气	1049536	1049536	991228	874613	874613	809711	679908	679908	679908	582555	485202	485202	451723	451723	391526	391526	391526	391526	391526
		其他	汽油	3764224	3764224	3764224	3764224	3764224	2588352	236608	236608	236608	236608	236608	227736	218863	218863	164322	109782	109782	109782	109782
			柴油	1250035	1250035	1217869	1153538	1153538	1126644	1072857	1072857	1072857	1035084	997311	997311	997311	997311	949445	901579	901579	797888	763325
			燃气	2326805	2326805	2197538	1939005	1939005	1795118	1507345	1507345	1507345	1292010	1076675	1076675	971344	971344	824099	824099	824099	824099	824099
载货汽车	微型		汽油	159442	93990	28538	28538	28538	28538	19147	9756	9756	7844	5933	5933	5338	4744	4744	4744	4744	3706	3360
			柴油	79372	65318	51264	51264	51264	51264	46169	41074	41074	34786	28499	28499	28499	28499	20852	13204	13204	11420	10826
			燃气	69448	39492	9535	9535	9535	9535	6823	4111	4111	3315	2519	2519	2166	1812	1812	1812	1812	1534	1441
	轻型		汽油	117863	75060	32258	32258	32258	32258	21514	10770	10770	8999	7228	7228	6056	4883	4883	4883	4883	3881	3547
			柴油	79656	65460	51264	51264	51264	51264	46169	41074	41074	34786	28499	28499	28499	28499	22768	17036	17036	15926	15556
			燃气	51290	32738	14187	14187	14187	14187	9387	4587	4587	3812	3036	3036	2442	1848	1848	1848	1848	1602	1520
	中型		汽油	544706	544706	544706	544706	544706	371875	26214	26214	26214	26214	26214	26214	26214	26214	19668	13123	13123	13123	13123
			柴油	779360	779360	699809	540707	540707	514153	461045	461045	461045	438918	416790	416790	416790	416790	365681	314572	314572	270876	256310
			燃气	880064	880064	780593	581651	581651	552593	494478	494478	494478	470592	446707	446707	338517	338517	275331	275331	275331	275331	275331
	重型		汽油	1421129	1421129	1421129	1421129	1421129	977195	89328	89328	89328	89328	89328	85978	82629	82629	62038	41446	41446	41446	41446
			柴油	699348	699348	675477	627735	627735	604517	558080	558080	558080	535701	513322	513322	513322	513322	446182	379042	379042	252640	210506
			燃气	1301761	1301761	1219565	1055172	1055172	964812	784092	784092	784092	669132	554171	554171	408373	408373	227266	227266	227266	227266	227266
低速汽车	三轮汽车			65550	65550	65550	65550	65550	65550	65550	65550	65550	53279	53279	53279	53279	53279	53279	53279	53279	53279	53279
	低速货车			88065	88065	88065	88065	88065	88065	88065	88065	88065	71579	71579	71579	71579	71579	71579	71579	71579	71579	71579
摩托车	普通摩托车			992	992	992	992	959	926	860	860	860	860	860	764	668	668	668	668	668	668	668
	轻便摩托车			661	661	661	661	661	331	331	331	331	331	331	294	257	257	257	257	257	257	257

二师 PM 排放系数

单位：克/（辆·年）

车辆类型		使用性质	燃料种类	1999 年年底前	2000 年	2001 年	2002 年	2003 年	2004 年	2005 年	2006 年	2007 年	2008 年	2009 年	2010 年	2011 年	2012 年	2013 年	2014 年	2015 年	2016 年	2017 年
载客汽车	微型	出租车	汽油	—	—	—	—	—	—	—	—	—	—	—	—	—	—	—	—	—	—	—
			燃气	—	—	—	—	—	—	—	—	—	—	—	—	—	—	—	—	—	—	—
		其他	汽油	—	—	—	—	—	—	—	—	—	—	—	—	—	—	—	—	—	—	—
			燃气	—	—	—	—	—	—	—	—	—	—	—	—	—	—	—	—	—	—	—
	小型	出租车	汽油	—	—	—	—	—	—	—	—	—	—	—	—	—	—	—	—	—	—	—
			柴油	38900	35626	32351	32351	32351	32351	22086	11821	11821	7700	3578	3578	3578	3578	3325	3072	3072	2540	2363
			燃气	—	—	—	—	—	—	—	—	—	—	—	—	—	—	—	—	—	—	—
		其他	汽油	—	—	—	—	—	—	—	—	—	—	—	—	—	—	—	—	—	—	—
			柴油	4200	3975	3750	3750	3750	3750	2699	1648	1648	1206	765	765	765	765	642	518	518	518	518
			燃气	—	—	—	—	—	—	—	—	—	—	—	—	—	—	—	—	—	—	—
	中型	公交车	汽油	—	—	—	—	—	—	—	—	—	—	—	—	—	—	—	—	—	—	—
			柴油	30592	30592	28032	22913	22913	17978	8108	8108	8108	6872	5637	5637	5637	5637	3504	1372	1372	1080	983
			燃气	—	—	—	—	—	—	—	—	—	—	—	—	—	—	—	—	—	—	—
		其他	汽油	—	—	—	—	—	—	—	—	—	—	—	—	—	—	—	—	—	—	—
			柴油	15274	15274	12888	8116	8116	6262	2553	2553	2553	2434	2316	2316	2316	2316	1366	415	415	399	394
			燃气	—	—	—	—	—	—	—	—	—	—	—	—	—	—	—	—	—	—	—
	大型	公交车	汽油	—	—	—	—	—	—	—	—	—	—	—	—	—	—	—	—	—	—	—
			柴油	94865	94865	93934	92071	92071	71272	29674	29674	29674	19994	10315	10315	10315	10315	6116	1916	1916	1845	1821
			燃气	—	—	—	—	—	—	—	—	—	—	—	—	—	—	—	—	—	—	—
		其他	汽油	—	—	—	—	—	—	—	—	—	—	—	—	—	—	—	—	—	—	—
			柴油	142314	142314	133412	115607	115607	85425	25061	25061	25061	17182	9303	9303	9303	9303	5868	2433	2433	2343	2313
			燃气	—	—	—	—	—	—	—	—	—	—	—	—	—	—	—	—	—	—	—
载货汽车	微型		汽油	—	—	—	—	—	—	—	—	—	—	—	—	—	—	—	—	—	—	—
			柴油	8770	8588	8407	8407	8407	8407	6842	5278	5278	3917	2556	2556	2556	2556	1610	663	663	660	659
			燃气	—	—	—	—	—	—	—	—	—	—	—	—	—	—	—	—	—	—	—
	轻型		汽油	—	—	—	—	—	—	—	—	—	—	—	—	—	—	—	—	—	—	—
			柴油	9121	8764	8407	8407	8407	8407	6842	5278	5278	3917	2556	2556	2556	2556	1928	1299	1299	1072	997
			燃气	—	—	—	—	—	—	—	—	—	—	—	—	—	—	—	—	—	—	—
	中型		汽油	—	—	—	—	—	—	—	—	—	—	—	—	—	—	—	—	—	—	—
			柴油	69416	69416	58416	36416	36416	27980	11109	11109	11109	10524	9939	9939	9939	9939	6372	2806	2806	2570	2491
			燃气	—	—	—	—	—	—	—	—	—	—	—	—	—	—	—	—	—	—	—
	重型		汽油	—	—	—	—	—	—	—	—	—	—	—	—	—	—	—	—	—	—	—
			柴油	94215	94215	77438	43883	43883	34843	16763	16763	16763	11487	6211	6211	6211	6211	4128	2044	2044	1728	1622
			燃气	—	—	—	—	—	—	—	—	—	—	—	—	—	—	—	—	—	—	—
低速汽车	三轮汽车			4092	4092	4092	4092	4092	4092	4092	4092	4092	3220	3220	3220	3220	3220	3220	3220	3220	3220	3220
	低速货车			5581	5581	5581	5581	5581	5581	5581	5581	5581	4392	4392	4392	4392	4392	4392	4392	4392	4392	4392
摩托车	普通摩托车			—	—	—	—	—	—	—	—	—	—	—	—	—	—	—	—	—	—	—
	轻便摩托车			—	—	—	—	—	—	—	—	—	—	—	—	—	—	—	—	—	—	—

二师 VOCs 排放系数

单位：克/（辆·年）

车辆类型		使用性质	燃料种类	1999 年年底前	2000 年	2001 年	2002 年	2003 年	2004 年	2005 年	2006 年	2007 年	2008 年	2009 年	2010 年	2011 年	2012 年	2013 年	2014 年	2015 年	2016 年	2017 年
载客汽车	微型	出租车	汽油	1402242	810838	219433	219433	219433	219433	158008	96583	96583	76306	56029	56029	47342	38655	38655	38655	38655	30246	27443
			燃气	299488	180167	60846	60846	60846	60846	46244	31642	31642	25934	20226	20226	16136	12047	12047	12047	12047	7427	5887
		其他	汽油	106341	61488	16635	16635	16635	16635	16146	15658	15658	12846	10035	10035	9391	8747	8747	8747	8747	6898	6282
			燃气	19384	10917	2450	2450	2450	2450	2344	2238	2238	1670	1103	1103	998	893	893	893	893	600	502
	小型	出租车	汽油	1402242	796714	191185	191185	191185	191185	181474	171764	171764	113896	56029	56029	47342	38655	38655	38655	38655	27886	24296
			柴油	171453	161917	152381	152381	152381	152381	138984	125586	125586	89456	53325	53325	53325	53325	39776	26227	26227	15617	12080
			燃气	299488	177339	55190	55190	55190	55190	50942	46693	46693	33460	20226	20226	16136	12047	12047	12047	12047	6954	5256
		其他	汽油	107971	62104	16237	16237	16237	16237	16826	17414	17414	13729	10044	10044	9292	8539	8539	8539	8539	7058	6565
			柴油	14777	13524	12272	12272	12272	12272	10412	8552	8552	5830	3107	3107	3107	3107	2692	2277	2277	1636	1423
			燃气	19710	11888	4066	4066	4066	4066	3328	2589	2589	1925	1261	1261	1056	852	852	852	852	632	559
	中型	公交车	汽油	247389	247389	247389	247389	246792	168549	13257	13257	13257	13257	13257	13106	12954	12954	10526	8099	8099	8099	8099
			柴油	87806	87806	86086	82645	82645	64494	28192	28192	28192	20508	12823	12823	12823	12823	8958	5093	5093	4763	4653
			燃气	71579	71579	67602	59649	59649	57536	53311	53311	53311	42686	32061	32061	22219	22219	22154	22154	22154	22154	22154
		其他	汽油	128100	128100	128100	128100	127503	87180	7729	7729	7729	7729	7729	7584	7438	7438	6387	5336	5336	5336	5336
			柴油	30493	30493	28460	24394	24394	18567	6912	6912	6912	6506	6099	6099	6099	6099	3750	1402	1402	1243	1190
			燃气	34560	34560	32640	28800	28800	27780	25740	25740	25740	20623	15506	15506	10732	10732	9642	9642	9642	9642	9642
	大型	公交车	汽油	576697	576697	576697	576697	576100	388522	14561	14561	14561	14561	14561	14421	14281	14281	11515	8749	8749	8749	8749
			柴油	131708	131708	108010	60614	60614	60614	60614	60614	60614	43515	26416	26416	26416	26416	17675	8934	8934	5723	4653
			燃气	168926	168926	159541	140772	140772	135786	125815	125815	125815	100740	75665	75665	52438	52438	47188	47188	47188	47188	47188
		其他	汽油	1277995	1277995	1277995	1277995	1277398	860550	28047	28047	28047	28047	28047	21788	15530	15530	12339	9148	9148	9148	9148
			柴油	272891	272891	207397	76409	76409	76409	76409	76409	76409	55942	35476	35476	35476	35476	20706	5937	5937	5324	5119
			燃气	266186	266186	251398	221822	221822	213966	198253	198253	198253	158842	119430	119430	82662	82662	74261	74261	74261	74261	74261
载货汽车	微型		汽油	557248	295476	33703	33703	33703	33703	32188	30674	30674	28330	25986	25986	21042	16099	16099	16099	16099	14004	13305
			柴油	41806	39102	36397	36397	36397	36397	33616	30836	30836	22468	14099	14099	14099	14099	9680	5262	5262	3863	3397
			燃气	101576	53270	4964	4964	4964	4964	4674	4384	4384	3620	2856	2856	2250	1644	1644	1644	1644	1208	1063
	轻型		汽油	283325	165600	47876	47876	47876	47876	40933	33990	33990	30288	26585	26585	23322	20060	20060	20060	20060	17670	16874
			柴油	37955	37176	36397	36397	36397	36397	33616	30836	30836	22468	14099	14099	14099	14099	10786	7473	7473	6074	5608
			燃气	51721	31855	11989	11989	11989	11989	8521	5053	5053	4196	3338	3338	2670	2002	2002	2002	2002	1578	1437
	中型		汽油	647199	647199	647199	647199	646602	439102	25299	25299	25299	25299	25299	25159	25019	25019	19561	14103	14103	14103	14103
			柴油	147700	147700	137853	118160	118160	89933	33479	33479	33479	31508	29538	29538	29538	29538	21407	13276	13276	7899	6107
			燃气	167399	167399	158100	139502	139502	134559	124674	124674	124674	99886	75097	75097	101625	101625	49482	49482	49482	49482	49482
	重型		汽油	534864	534864	534864	534864	534266	360366	13760	13760	13760	13760	13760	11074	8387	8387	7050	5714	5714	5714	5714
			柴油	187645	187645	142610	52541	52541	52541	52541	52541	52541	38468	24394	24394	24394	24394	14954	5513	5513	3832	3272
			燃气	183035	183035	172867	152531	152531	147129	136324	136324	136324	109223	82122	82122	76759	76759	47467	47467	47467	47467	47467
低速汽车	三轮汽车			25300	25300	25300	25300	25300	25300	25300	25300	25300	16721	16721	16721	16721	16721	16721	16721	16721	16721	16721
	低速货车			33990	33990	33990	33990	33990	33990	33990	33990	33990	22464	22464	22464	22464	22464	22464	22464	22464	22464	22464
摩托车	普通摩托车			13290	13290	13290	13290	9918	6546	3504	3504	3504	3504	3504	2615	1726	1726	1726	1726	1726	1726	1726
	轻便摩托车			42978	42978	42978	42978	42978	8596	8596	4232	4232	4232	4232	3158	2084	2084	2084	2084	2084	2084	2084

三师 NO_x 排放系数

单位：克/（辆·年）

车辆类型		使用性质	燃料种类	1999年年底前	2000年	2001年	2002年	2003年	2004年	2005年	2006年	2007年	2008年	2009年	2010年	2011年	2012年	2013年	2014年	2015年	2016年	2017年
载客汽车	微型	出租车	汽油	327192	217304	107416	107416	107416	107416	77788	48161	48161	34602	21044	21044	17468	13891	13891	13891	13891	9210	7650
			燃气	159943	108322	56702	56702	56702	56702	42014	27325	27325	20376	13428	13428	10880	8332	8332	8332	8332	5072	3985
		其他	汽油	49787	31158	12528	12528	12528	12528	7788	3048	3048	2473	1898	1898	1576	1253	1253	1253	1253	922	811
			燃气	22925	13672	4420	4420	4420	4420	2888	1357	1357	1104	851	851	680	508	508	508	508	403	368
	小型	出租车	汽油	372099	242408	112717	112717	112717	112717	80846	48976	48976	35010	21044	21044	16714	12384	12384	12384	12384	7829	6311
			柴油	365763	303020	240277	240277	240277	240277	214463	188649	188649	148888	109127	109127	109127	109127	90158	71190	71190	56554	51676
			燃气	180871	120022	59172	59172	59172	59172	43438	27704	27704	20566	13428	13428	10529	7630	7630	7630	7630	4428	3361
		其他	汽油	46410	29562	12715	12715	12715	12715	8328	3940	3940	2696	1452	1452	1318	1184	1184	1184	1184	865	759
			柴油	39412	32187	24962	24962	24962	24962	22983	21004	21004	16420	11836	11836	11836	11836	10227	8618	8618	7544	7186
			燃气	21351	13628	5905	5905	5905	5905	3839	1773	1773	1208	644	644	560	476	476	476	476	377	344
	中型	公交车	汽油	464942	464942	464942	464942	464942	317633	23015	23015	23015	23015	23015	20640	18266	18266	13790	9313	9313	9313	9313
			柴油	503532	503532	502350	499985	499985	480115	440375	440375	440375	366811	293247	293247	293247	293247	239310	185374	185374	155199	145141
			燃气	534637	534637	528272	515543	515543	499552	467569	467569	467569	389144	310720	310720	196495	196495	153893	153893	153893	153893	153893
		其他	汽油	285052	285052	285052	285052	285052	193360	9977	9977	9977	9977	9977	9977	9977	9977	7483	4989	4989	4989	4989
			柴油	236134	236134	226277	206563	206563	204816	201322	201322	201322	171460	141598	141598	141598	141598	125726	109854	109854	93761	88397
			燃气	266645	266645	251831	222204	222204	220110	215921	215921	215921	183842	151762	151762	118216	118216	94958	94958	94958	94958	94958
	大型	公交车	汽油	1656357	1656357	1656357	1656357	1656357	1138943	104114	104114	104114	104114	104114	104022	103931	103931	77949	51967	51967	51967	51967
			柴油	714158	714158	691081	644927	644927	626602	589953	589953	589953	579322	568690	568690	568690	568690	548184	527677	527677	475675	458341
			燃气	1435882	1435882	1356111	1196568	1196568	1107775	930189	930189	930189	797000	663811	663811	618008	618008	535650	535650	535650	535650	535650
		其他	汽油	3953423	3953423	3953423	3953423	3953423	2718449	248501	248501	248501	248501	248501	239182	229863	229863	172582	115300	115300	115300	115300
			柴油	1710187	1710187	1666181	1578168	1578168	1541374	1467787	1467787	1467787	1416110	1364432	1364432	1364432	1364432	1298946	1233461	1233461	1091600	1044313
			燃气	3183329	3183329	3006477	2652774	2652774	2455921	2062216	2062216	2062216	1767614	1473011	1473011	1328907	1328907	1127459	1127459	1127459	1127459	1127459
载货汽车	微型		汽油	150995	89062	27128	27128	27128	27128	18222	9317	9317	7498	5679	5679	5098	4517	4517	4517	4517	3519	3186
			柴油	95516	78347	61178	61178	61178	61178	55146	49114	49114	41622	34131	34131	34131	34131	24952	15774	15774	13851	13210
			燃气	69527	39549	9571	9571	9571	9571	6860	4148	4148	3347	2546	2546	2189	1831	1831	1831	1831	1542	1446
	轻型		汽油	111648	71148	30648	30648	30648	30648	20462	10277	10277	8590	6904	6904	5776	4649	4649	4649	4649	3684	3363
			柴油	95867	78522	61178	61178	61178	61178	55146	49114	49114	41622	34131	34131	34131	34131	27314	20497	20497	19404	19040
			燃气	51364	32799	14233	14233	14233	14233	9429	4625	4625	3843	3062	3062	2466	1869	1869	1869	1869	1610	1524
	中型		汽油	573160	573160	573160	573160	573160	391300	27583	27583	27583	27583	27583	27583	27583	27583	20696	13808	13808	13808	13808
			柴油	1067724	1067724	958739	740769	740769	704390	631632	631632	631632	601318	571003	571003	571003	571003	500984	430964	430964	371099	351144
			燃气	1205685	1205685	1069410	796860	796860	757052	677435	677435	677435	644713	611990	611990	463769	463769	377207	377207	377207	377207	377207
	重型		汽油	1495367	1495367	1495367	1495367	1495367	1028243	93995	93995	93995	93995	93995	90470	86945	86945	65278	43612	43612	43612	43612
			柴油	958107	958107	925404	859997	859997	828188	764570	764570	764570	733910	703251	703251	703251	703251	611269	519287	519287	346116	288393
			燃气	1783413	1783413	1670804	1445586	1445586	1321793	1074208	1074208	1074208	916711	759214	759214	559470	559470	311354	311354	311354	311354	311354
低速汽车	三轮汽车			65550	65550	65550	65550	65550	65550	65550	65550	65550	53279	53279	53279	53279	53279	53279	53279	53279	53279	53279
	低速货车			88065	88065	88065	88065	88065	88065	88065	88065	88065	71579	71579	71579	71579	71579	71579	71579	71579	71579	71579
摩托车	普通摩托车			992	992	992	992	959	926	860	860	860	860	860	764	668	668	668	668	668	668	668
	轻便摩托车			661	661	661	661	661	331	331	331	331	331	331	294	257	257	257	257	257	257	257

三师 PM 排放系数

单位：克/（辆·年）

车辆类型		使用性质	燃料种类	1999 年年底前	2000 年	2001 年	2002 年	2003 年	2004 年	2005 年	2006 年	2007 年	2008 年	2009 年	2010 年	2011 年	2012 年	2013 年	2014 年	2015 年	2016 年	2017 年
载客汽车	微型	出租车	汽油	—	—	—	—	—	—	—	—	—	—	—	—	—	—	—	—	—	—	—
			燃气	—	—	—	—	—	—	—	—	—	—	—	—	—	—	—	—	—	—	—
		其他	汽油	—	—	—	—	—	—	—	—	—	—	—	—	—	—	—	—	—	—	—
			燃气	—	—	—	—	—	—	—	—	—	—	—	—	—	—	—	—	—	—	—
	小型	出租车	汽油	—	—	—	—	—	—	—	—	—	—	—	—	—	—	—	—	—	—	—
			柴油	38900	35626	32351	32351	32351	32351	22086	11821	11821	7700	3578	3578	3578	3578	3325	3072	3072	2540	2363
			燃气	—	—	—	—	—	—	—	—	—	—	—	—	—	—	—	—	—	—	—
		其他	汽油	—	—	—	—	—	—	—	—	—	—	—	—	—	—	—	—	—	—	—
			柴油	4200	3975	3750	3750	3750	3750	2699	1648	1648	1206	765	765	765	765	642	518	518	518	518
			燃气	—	—	—	—	—	—	—	—	—	—	—	—	—	—	—	—	—	—	—
	中型	公交车	汽油	—	—	—	—	—	—	—	—	—	—	—	—	—	—	—	—	—	—	—
			柴油	30592	30592	28032	22913	22913	17978	8108	8108	8108	6872	5637	5637	5637	5637	3504	1372	1372	1080	983
			燃气	—	—	—	—	—	—	—	—	—	—	—	—	—	—	—	—	—	—	—
		其他	汽油	—	—	—	—	—	—	—	—	—	—	—	—	—	—	—	—	—	—	—
			柴油	15274	15274	12888	8116	8116	6262	2553	2553	2553	2434	2316	2316	2316	2316	1366	415	415	399	394
			燃气	—	—	—	—	—	—	—	—	—	—	—	—	—	—	—	—	—	—	—
	大型	公交车	汽油	—	—	—	—	—	—	—	—	—	—	—	—	—	—	—	—	—	—	—
			柴油	94865	94865	93934	92071	92071	71272	29674	29674	29674	19994	10315	10315	10315	10315	6116	1916	1916	1845	1821
			燃气	—	—	—	—	—	—	—	—	—	—	—	—	—	—	—	—	—	—	—
		其他	汽油	—	—	—	—	—	—	—	—	—	—	—	—	—	—	—	—	—	—	—
			柴油	142314	142314	133412	115607	115607	85425	25061	25061	25061	17182	9303	9303	9303	9303	5868	2433	2433	2343	2313
			燃气	—	—	—	—	—	—	—	—	—	—	—	—	—	—	—	—	—	—	—
载货汽车	微型		汽油	—	—	—	—	—	—	—	—	—	—	—	—	—	—	—	—	—	—	—
			柴油	8770	8588	8407	8407	8407	8407	6842	5278	5278	3917	2556	2556	2556	2556	1610	663	663	660	659
			燃气	—	—	—	—	—	—	—	—	—	—	—	—	—	—	—	—	—	—	—
	轻型		汽油	—	—	—	—	—	—	—	—	—	—	—	—	—	—	—	—	—	—	—
			柴油	9121	8764	8407	8407	8407	8407	6842	5278	5278	3917	2556	2556	2556	2556	1928	1299	1299	1072	997
			燃气	—	—	—	—	—	—	—	—	—	—	—	—	—	—	—	—	—	—	—
	中型		汽油	—	—	—	—	—	—	—	—	—	—	—	—	—	—	—	—	—	—	—
			柴油	69416	69416	58416	36416	36416	27980	11109	11109	11109	10524	9939	9939	9939	9939	6372	2806	2806	2570	2491
			燃气	—	—	—	—	—	—	—	—	—	—	—	—	—	—	—	—	—	—	—
	重型		汽油	—	—	—	—	—	—	—	—	—	—	—	—	—	—	—	—	—	—	—
			柴油	94215	94215	77438	43883	43883	34843	16763	16763	16763	11487	6211	6211	6211	6211	4128	2044	2044	1728	1622
			燃气	—	—	—	—	—	—	—	—	—	—	—	—	—	—	—	—	—	—	—
低速汽车	三轮汽车			4092	4092	4092	4092	4092	4092	4092	4092	4092	3220	3220	3220	3220	3220	3220	3220	3220	3220	3220
	低速货车			5581	5581	5581	5581	5581	5581	5581	5581	5581	4392	4392	4392	4392	4392	4392	4392	4392	4392	4392
摩托车	普通摩托车			—	—	—	—	—	—	—	—	—	—	—	—	—	—	—	—	—	—	—
	轻便摩托车			—	—	—	—	—	—	—	—	—	—	—	—	—	—	—	—	—	—	—

三师 VOCs 排放系数

单位：克/（辆·年）

车辆类型		使用性质	燃料种类	1999 年年底前	2000 年	2001 年	2002 年	2003 年	2004 年	2005 年	2006 年	2007 年	2008 年	2009 年	2010 年	2011 年	2012 年	2013 年	2014 年	2015 年	2016 年	2017 年
载客汽车	微型	出租车	汽油	946079	552028	157977	157977	157977	157977	115815	73653	73653	59118	44584	44584	37523	30462	30462	30462	30462	23071	20607
			燃气	299488	180167	60846	60846	60846	60846	46244	31642	31642	25934	20226	20226	16136	12047	12047	12047	12047	7427	5887
		其他	汽油	74137	43852	13568	13568	13568	13568	13130	12693	12693	10699	8705	8705	8240	7776	7776	7776	7776	6388	5926
			燃气	19384	10917	2450	2450	2450	2450	2344	2238	2238	1670	1103	1103	998	893	893	893	893	600	502
	小型	出租车	汽油	946079	542648	139217	139217	139217	139217	131400	123583	123583	84084	44584	44584	37523	30462	30462	30462	30462	21503	18517
			柴油	160974	151830	142685	142685	142685	142685	129654	116624	116624	84052	51480	51480	51480	51480	38318	25157	25157	14633	11125
			燃气	299488	177339	55190	55190	55190	55190	50942	46693	46693	33460	20226	20226	16136	12047	12047	12047	12047	6954	5256
		其他	汽油	75220	44262	13304	13304	13304	13304	13582	13859	13859	11284	8710	8710	8174	7638	7638	7638	7638	6495	6114
			柴油	12976	11876	10775	10775	10775	10775	9138	7502	7502	5136	2770	2770	2770	2770	2376	1983	1983	1414	1224
			燃气	19710	11888	4066	4066	4066	4066	3328	2589	2589	1925	1261	1261	1056	852	852	852	852	632	559
	中型	公交车	汽油	252819	252819	252819	252819	252222	172429	14038	14038	14038	14038	14038	13886	13734	13734	11258	8783	8783	8783	8783
			柴油	87806	87806	86086	82645	82645	64494	28192	28192	28192	20508	12823	12823	12823	12823	8958	5093	5093	4763	4653
			燃气	71579	71579	67602	59649	59649	57536	53311	53311	53311	42686	32061	32061	22219	22219	22154	22154	22154	22154	22154
		其他	汽油	131144	131144	131144	131144	130547	89433	8400	8400	8400	8400	8400	8254	8108	8108	7036	5964	5964	5964	5964
			柴油	30493	30493	28460	24394	24394	18567	6912	6912	6912	6506	6099	6099	6099	6099	3750	1402	1402	1243	1190
			燃气	34560	34560	32640	28800	28800	27780	25740	25740	25740	20623	15506	15506	10732	10732	9642	9642	9642	9642	9642
	大型	公交车	汽油	588713	588713	588713	588713	588116	396802	15368	15368	15368	15368	15368	15228	15088	15088	12267	9446	9446	9446	9446
			柴油	131708	131708	108010	60614	60614	60614	60614	60614	60614	43515	26416	26416	26416	26416	17675	8934	8934	5723	4653
			燃气	168926	168926	159541	140772	140772	135786	125815	125815	125815	100740	75665	75665	52438	52438	47188	47188	47188	47188	47188
		其他	汽油	1304037	1304037	1304037	1304037	1303440	878270	29124	29124	29124	29124	29124	22742	16361	16361	13107	9853	9853	9853	9853
			柴油	272891	272891	207397	76409	76409	76409	76409	76409	76409	55942	35476	35476	35476	35476	20706	5937	5937	5324	5119
			燃气	266186	266186	251398	221822	221822	213966	198253	198253	198253	158842	119430	119430	82662	82662	74261	74261	74261	74261	74261
载货汽车	微型		汽油	374658	200236	25815	25815	25815	25815	24578	23342	23342	21570	19798	19798	16361	12924	12924	12924	12924	11218	10649
			柴油	37464	35028	32593	32593	32593	32593	30027	27461	27461	20102	12742	12742	12742	12742	8767	4792	4792	3440	2990
			燃气	97959	51310	4661	4661	4661	4661	4389	4116	4116	3312	2509	2509	1996	1484	1484	1484	1484	1048	902
	轻型		汽油	192737	113982	35228	35228	35228	35228	30386	25545	25545	22870	20196	20196	17876	15555	15555	15555	15555	13653	13019
			柴油	34152	33372	32593	32593	32593	32593	30027	27461	27461	20102	12742	12742	12742	12742	9718	6694	6694	5342	4892
			燃气	50503	30635	10766	10766	10766	10766	7769	4772	4772	3848	2924	2924	2330	1735	1735	1735	1735	1327	1190
	中型		汽油	660625	660625	660625	660625	660028	448393	26320	26320	26320	26320	26320	26180	26041	26041	20474	14907	14907	14907	14907
			柴油	147700	147700	137853	118160	118160	89933	33479	33479	33479	31508	29538	29538	29538	29538	21407	13276	13276	7899	6107
			燃气	167399	167399	158100	139502	139502	134559	124674	124674	124674	99886	75097	75097	101625	101625	49482	49482	49482	49482	49482
	重型		汽油	546043	546043	546043	546043	545446	368082	14551	14551	14551	14551	14551	11814	9077	9077	7714	6351	6351	6351	6351
			柴油	187645	187645	142610	52541	52541	52541	52541	52541	52541	38468	24394	24394	24394	24394	14954	5513	5513	3832	3272
			燃气	183035	183035	172867	152531	152531	147129	136324	136324	136324	109223	82122	82122	76759	76759	47467	47467	47467	47467	47467
低速汽车	三轮汽车			25300	25300	25300	25300	25300	25300	25300	25300	25300	16721	16721	16721	16721	16721	16721	16721	16721	16721	16721
	低速货车			33990	33990	33990	33990	33990	33990	33990	33990	33990	22464	22464	22464	22464	22464	22464	22464	22464	22464	22464
摩托车	普通摩托车			13290	13290	13290	13290	9918	6546	3504	3504	3504	3504	3504	2615	1726	1726	1726	1726	1726	1726	1726
	轻便摩托车			42978	42978	42978	42978	42978	8596	8596	4232	4232	4232	4232	3158	2084	2084	2084	2084	2084	2084	2084

四师 NO_x 排放系数

单位：克/（辆·年）

车辆类型		使用性质	燃料种类	1999年年底前	2000年	2001年	2002年	2003年	2004年	2005年	2006年	2007年	2008年	2009年	2010年	2011年	2012年	2013年	2014年	2015年	2016年	2017年
载客汽车	微型	出租车	汽油	375816	248454	121091	121091	121091	121091	87120	53148	53148	37742	22335	22335	19171	16007	16007	16007	16007	10943	9255
			燃气	174312	117531	60750	60750	60750	60750	44776	28802	28802	21304	13807	13807	11456	9104	9104	9104	9104	5688	4549
		其他	汽油	56916	35620	14323	14323	14323	14323	8856	3389	3389	2740	2092	2092	1807	1522	1522	1522	1522	1137	1009
			燃气	24937	14872	4806	4806	4806	4806	3132	1458	1458	1182	907	907	758	609	609	609	609	481	438
	小型	出租车	汽油	428020	277638	127257	127257	127257	127257	90676	54096	54096	38216	22335	22335	18186	14038	14038	14038	14038	9183	7565
			柴油	425156	350435	275714	275714	275714	275714	247224	218733	218733	172588	126444	126444	126444	126444	105204	83965	83965	69255	64352
			燃气	197396	130436	63477	63477	63477	63477	46350	29222	29222	21514	13807	13807	11020	8234	8234	8234	8234	4910	3802
		其他	汽油	53037	33788	14540	14540	14540	14540	9480	4420	4420	3000	1579	1579	1504	1430	1430	1430	1430	1064	942
			柴油	47964	39108	30251	30251	30251	30251	27853	25455	25455	19962	14468	14468	14468	14468	12522	10575	10575	9486	9123
			燃气	23222	14828	6435	6435	6435	6435	4174	1914	1914	1298	681	681	625	569	569	569	569	449	409
	中型	公交车	汽油	464507	464507	464507	464507	464507	317336	22993	22993	22993	22993	22993	20621	18249	18249	13776	9304	9304	9304	9304
			柴油	503186	503186	502005	499642	499642	479785	440072	440072	440072	366559	293046	293046	293046	293046	239146	185247	185247	155093	145042
			燃气	534270	534270	527910	515189	515189	499209	467248	467248	467248	388878	310507	310507	196360	196360	153788	153788	153788	153788	153788
		其他	汽油	284785	284785	284785	284785	284785	193179	9967	9967	9967	9967	9967	9967	9967	9967	7476	4985	4985	4985	4985
			柴油	235972	235972	226122	206421	206421	204675	201184	201184	201184	171342	141501	141501	141501	141501	125640	109779	109779	93698	88337
			燃气	266462	266462	251658	222051	222051	219958	215773	215773	215773	183716	151658	151658	118135	118135	94893	94893	94893	94893	94893
	大型	公交车	汽油	1654807	1654807	1654807	1654807	1654807	1137877	104016	104016	104016	104016	104016	103925	103834	103834	77876	51918	51918	51918	51918
			柴油	713668	713668	690607	644485	644485	626173	589548	589548	589548	578924	568299	568299	568299	568299	547807	527315	527315	475349	458027
			燃气	1434896	1434896	1355180	1195747	1195747	1107015	929551	929551	929551	796453	663355	663355	617583	617583	535283	535283	535283	535283	535283
		其他	汽油	3949724	3949724	3949724	3949724	3949724	2715905	248268	248268	248268	248268	248268	238958	229648	229648	172420	115192	115192	115192	115192
			柴油	1709013	1709013	1665037	1577085	1577085	1540316	1466779	1466779	1466779	1415138	1363496	1363496	1363496	1363496	1298055	1232614	1232614	1090850	1043596
			燃气	3181143	3181143	3004413	2650953	2650953	2454235	2060800	2060800	2060800	1766400	1472000	1472000	1327995	1327995	1126685	1126685	1126685	1126685	1126685
载货汽车	微型		汽油	169536	99428	29320	29320	29320	29320	19632	9944	9944	7990	6035	6035	5432	4830	4830	4830	4830	3800	3457
			柴油	111124	90948	70771	70771	70771	70771	63822	56873	56873	48322	39771	39771	39771	39771	29064	18357	18357	16283	15592
			燃气	74280	42059	9838	9838	9838	9838	7058	4278	4278	3447	2617	2617	2275	1933	1933	1933	1933	1609	1501
	轻型		汽油	121462	77312	33162	33162	33162	33162	22077	10992	10992	9182	7373	7373	6174	4974	4974	4974	4974	3981	3650
			柴油	111538	91154	70771	70771	70771	70771	63822	56873	56873	48322	39771	39771	39771	39771	31870	23969	23969	22883	22521
			燃气	53182	33929	14677	14677	14677	14677	9718	4760	4760	3970	3180	3180	2580	1979	1979	1979	1979	1683	1585
	中型		汽油	573160	573160	573160	573160	573160	391300	27583	27583	27583	27583	27583	27583	27583	27583	20696	13808	13808	13808	13808
			柴油	1067724	1067724	958739	740769	740769	704390	631632	631632	631632	601318	571003	571003	571003	571003	500984	430964	430964	371099	351144
			燃气	1205685	1205685	1069410	796859	796859	757051	677435	677435	677435	644713	611990	611990	463767	463767	377204	377204	377204	377204	377204
	重型		汽油	1495367	1495367	1495367	1495367	1495367	1028243	93995	93995	93995	93995	93995	90470	86945	86945	65278	43612	43612	43612	43612
			柴油	958107	958107	925404	859997	859997	828188	764570	764570	764570	733910	703251	703251	703251	703251	611269	519287	519287	346116	288393
			燃气	1783413	1783413	1670804	1445586	1445586	1321793	1074208	1074208	1074208	916711	759214	759214	559470	559470	311354	311354	311354	311354	311354
低速汽车	三轮汽车			65550	65550	65550	65550	65550	65550	65550	65550	65550	53279	53279	53279	53279	53279	53279	53279	53279	53279	53279
	低速货车			88065	88065	88065	88065	88065	88065	88065	88065	88065	71579	71579	71579	71579	71579	71579	71579	71579	71579	71579
摩托车	普通摩托车			992	992	992	992	959	926	860	860	860	860	860	764	668	668	668	668	668	668	668
	轻便摩托车			661	661	661	661	661	331	331	331	331	331	331	294	257	257	257	257	257	257	257

四师 PM 排放系数

单位：克/（辆·年）

车辆类型		使用性质	燃料种类	1999 年年底前	2000 年	2001 年	2002 年	2003 年	2004 年	2005 年	2006 年	2007 年	2008 年	2009 年	2010 年	2011 年	2012 年	2013 年	2014 年	2015 年	2016 年	2017 年
载客汽车	微型	出租车	汽油	—	—	—	—	—	—	—	—	—	—	—	—	—	—	—	—	—	—	—
			燃气	—	—	—	—	—	—	—	—	—	—	—	—	—	—	—	—	—	—	—
		其他	汽油	—	—	—	—	—	—	—	—	—	—	—	—	—	—	—	—	—	—	—
			燃气	—	—	—	—	—	—	—	—	—	—	—	—	—	—	—	—	—	—	—
	小型	出租车	汽油	—	—	—	—	—	—	—	—	—	—	—	—	—	—	—	—	—	—	—
			柴油	45203	41412	37620	37620	37620	37620	25632	13644	13644	8916	4187	4187	4187	4187	3892	3596	3596	2974	2766
			燃气	—	—	—	—	—	—	—	—	—	—	—	—	—	—	—	—	—	—	—
		其他	汽油	—	—	—	—	—	—	—	—	—	—	—	—	—	—	—	—	—	—	—
			柴油	4909	4645	4381	4381	4381	4381	3147	1913	1913	1407	901	901	901	901	748	594	594	594	594
			燃气	—	—	—	—	—	—	—	—	—	—	—	—	—	—	—	—	—	—	—
	中型	公交车	汽油	—	—	—	—	—	—	—	—	—	—	—	—	—	—	—	—	—	—	—
			柴油	30592	30592	28032	22913	22913	17978	8108	8108	8108	6872	5637	5637	5637	5637	3504	1372	1372	1080	983
			燃气	—	—	—	—	—	—	—	—	—	—	—	—	—	—	—	—	—	—	—
		其他	汽油	—	—	—	—	—	—	—	—	—	—	—	—	—	—	—	—	—	—	—
			柴油	15274	15274	12888	8116	8116	6262	2553	2553	2553	2434	2316	2316	2316	2316	1366	415	415	399	394
			燃气	—	—	—	—	—	—	—	—	—	—	—	—	—	—	—	—	—	—	—
	大型	公交车	汽油	—	—	—	—	—	—	—	—	—	—	—	—	—	—	—	—	—	—	—
			柴油	94865	94865	93934	92071	92071	71272	29674	29674	29674	19994	10315	10315	10315	10315	6116	1916	1916	1845	1821
			燃气	—	—	—	—	—	—	—	—	—	—	—	—	—	—	—	—	—	—	—
		其他	汽油	—	—	—	—	—	—	—	—	—	—	—	—	—	—	—	—	—	—	—
			柴油	142314	142314	133412	115607	115607	85425	25061	25061	25061	17182	9303	9303	9303	9303	5868	2433	2433	2343	2313
			燃气	—	—	—	—	—	—	—	—	—	—	—	—	—	—	—	—	—	—	—
载货汽车	微型		汽油	—	—	—	—	—	—	—	—	—	—	—	—	—	—	—	—	—	—	—
			柴油	9540	9342	9145	9145	9145	9145	7468	5791	5791	4298	2805	2805	2805	2805	1766	727	727	723	722
			燃气	—	—	—	—	—	—	—	—	—	—	—	—	—	—	—	—	—	—	—
	轻型		汽油	—	—	—	—	—	—	—	—	—	—	—	—	—	—	—	—	—	—	—
			柴油	9922	9534	9145	9145	9145	9145	7468	5791	5791	4298	2805	2805	2805	2805	2115	1425	1425	1177	1094
			燃气	—	—	—	—	—	—	—	—	—	—	—	—	—	—	—	—	—	—	—
	中型		汽油	—	—	—	—	—	—	—	—	—	—	—	—	—	—	—	—	—	—	—
			柴油	69416	69416	58416	36416	36416	27980	11109	11109	11109	10524	9939	9939	9939	9939	6372	2806	2806	2570	2491
			燃气	—	—	—	—	—	—	—	—	—	—	—	—	—	—	—	—	—	—	—
	重型		汽油	—	—	—	—	—	—	—	—	—	—	—	—	—	—	—	—	—	—	—
			柴油	94215	94215	77438	43883	43883	34843	16763	16763	16763	11487	6211	6211	6211	6211	4128	2044	2044	1728	1622
			燃气	—	—	—	—	—	—	—	—	—	—	—	—	—	—	—	—	—	—	—
低速汽车	三轮汽车			4092	4092	4092	4092	4092	4092	4092	4092	4092	3220	3220	3220	3220	3220	3220	3220	3220	3220	3220
	低速货车			5581	5581	5581	5581	5581	5581	5581	5581	5581	4392	4392	4392	4392	4392	4392	4392	4392	4392	4392
摩托车	普通摩托车			—	—	—	—	—	—	—	—	—	—	—	—	—	—	—	—	—	—	—
	轻便摩托车			—	—	—	—	—	—	—	—	—	—	—	—	—	—	—	—	—	—	—

四师 VOCs 排放系数

单位：克/（辆·年）

车辆类型		使用性质	燃料种类	1999 年年底前	2000 年	2001 年	2002 年	2003 年	2004 年	2005 年	2006 年	2007 年	2008 年	2009 年	2010 年	2011 年	2012 年	2013 年	2014 年	2015 年	2016 年	2017 年
载客汽车	微型	出租车	汽油	1092652	635664	178676	178676	178676	178676	129612	80547	80547	64779	49011	49011	41834	34656	34656	34656	34656	27438	25032
			燃气	339144	202834	66523	66523	66523	66523	50044	33565	33565	27528	21491	21491	17382	13272	13272	13272	13272	8690	7163
		其他	汽油	84410	49428	14446	14446	14446	14446	13960	13474	13474	11342	9211	9211	8761	8311	8311	8311	8311	6872	6392
			燃气	22370	12568	2766	2766	2766	2766	2646	2525	2525	1894	1262	1262	1179	1096	1096	1096	1096	770	661
	小型	出租车	汽油	1092652	624666	156681	156681	156681	156681	147518	138356	138356	93684	49011	49011	41834	34656	34656	34656	34656	25377	22284
			柴油	172657	163064	153470	153470	153470	153470	141262	129055	129055	91450	53844	53844	53844	53844	40138	26431	26431	15764	12208
			燃气	339144	199568	59992	59992	59992	59992	55361	50730	50730	36110	21491	21491	17382	13272	13272	13272	13272	8078	6347
		其他	汽油	85685	49909	14133	14133	14133	14133	14490	14847	14847	12032	9218	9218	8674	8131	8131	8131	8131	6998	6621
			柴油	14777	13496	12215	12215	12215	12215	10428	8642	8642	5834	3027	3027	3027	3027	2602	2176	2176	1583	1385
			燃气	22749	13702	4655	4655	4655	4655	3794	2933	2933	2193	1453	1453	1248	1043	1043	1043	1043	808	729
	中型	公交车	汽油	252811	252811	252811	252811	252214	172421	14029	14029	14029	14029	14029	13878	13726	13726	11250	8775	8775	8775	8775
			柴油	87806	87806	86086	82645	82645	64494	28192	28192	28192	20508	12823	12823	12823	12823	8958	5093	5093	4763	4653
			燃气	71579	71579	67602	59649	59649	57536	53311	53311	53311	42686	32061	32061	22219	22219	22154	22154	22154	22154	22154
		其他	汽油	131135	131135	131135	131135	130538	89424	8391	8391	8391	8391	8391	8246	8100	8100	7028	5956	5956	5956	5956
			柴油	30493	30493	28460	24394	24394	18567	6912	6912	6912	6506	6099	6099	6099	6099	3750	1402	1402	1243	1190
			燃气	34560	34560	32640	28800	28800	27780	25740	25740	25740	20623	15506	15506	10732	10732	9642	9642	9642	9642	9642
	大型	公交车	汽油	588705	588705	588705	588705	588108	396794	15359	15359	15359	15359	15359	15219	15079	15079	12258	9437	9437	9437	9437
			柴油	131708	131708	108010	60614	60614	60614	60614	60614	60614	43515	26416	26416	26416	26416	17675	8934	8934	5723	4653
			燃气	168926	168926	159541	140772	140772	135786	125815	125815	125815	100740	75665	75665	52438	52438	47188	47188	47188	47188	47188
		其他	汽油	1304029	1304029	1304029	1304029	1303432	878262	29115	29115	29115	29115	29115	22734	16353	16353	13098	9844	9844	9844	9844
			柴油	272891	272891	207397	76409	76409	76409	76409	76409	76409	55942	35476	35476	35476	35476	20706	5937	5937	5324	5119
			燃气	266186	266186	251398	221822	221822	213966	198253	198253	198253	158842	119430	119430	82662	82662	74261	74261	74261	74261	74261
载货汽车	微型		汽油	423256	225474	27693	27693	27693	27693	26382	25070	25070	23214	21359	21359	17512	13666	13666	13666	13666	11960	11392
			柴油	41746	39026	36305	36305	36305	36305	33507	30709	30709	22346	13983	13983	13983	13983	9540	5097	5097	3770	3328
			燃气	112170	58736	5302	5302	5302	5302	5000	4698	4698	3812	2926	2926	2364	1802	1802	1802	1802	1334	1178
	轻型		汽油	216368	127383	38398	38398	38398	38398	32986	27575	27575	24693	21811	21811	19234	16658	16658	16658	16658	14730	14088
			柴油	37864	37084	36305	36305	36305	36305	33507	30709	30709	22346	13983	13983	13983	13983	10654	7326	7326	5998	5556
			燃气	57445	35046	12647	12647	12647	12647	9047	5447	5447	4443	3438	3438	2787	2137	2137	2137	2137	1698	1551
	中型		汽油	660617	660617	660617	660617	660020	448385	26312	26312	26312	26312	26312	26172	26032	26032	20466	14899	14899	14899	14899
			柴油	147700	147700	137853	118160	118160	89933	33479	33479	33479	31508	29538	29538	29538	29538	21407	13276	13276	7899	6107
			燃气	167399	167399	158100	139502	139502	134559	124674	124674	124674	99886	75097	75097	101625	101625	49482	49482	49482	49482	49482
	重型		汽油	546035	546035	546035	546035	545438	368074	14543	14543	14543	14543	14543	11806	9068	9068	7705	6342	6342	6342	6342
			柴油	187645	187645	142610	52541	52541	52541	52541	52541	52541	38468	24394	24394	24394	24394	14954	5513	5513	3832	3272
			燃气	183035	183035	172867	152531	152531	147129	136324	136324	136324	109223	82122	82122	76759	76759	47467	47467	47467	47467	47467
低速汽车	三轮汽车			25300	25300	25300	25300	25300	25300	25300	25300	25300	16721	16721	16721	16721	16721	16721	16721	16721	16721	16721
	低速货车			33990	33990	33990	33990	33990	33990	33990	33990	33990	22464	22464	22464	22464	22464	22464	22464	22464	22464	22464
摩托车	普通摩托车			13290	13290	13290	13290	9918	6546	3504	3504	3504	3504	3504	2615	1726	1726	1726	1726	1726	1726	1726
	轻便摩托车			42978	42978	42978	42978	42978	8596	8596	4232	4232	4232	4232	3158	2084	2084	2084	2084	2084	2084	2084

五师 NO_x 排放系数

单位：克/（辆·年）

车辆类型		使用性质	燃料种类	1999年年底前	2000年	2001年	2002年	2003年	2004年	2005年	2006年	2007年	2008年	2009年	2010年	2011年	2012年	2013年	2014年	2015年	2016年	2017年
载客汽车	微型	出租车	汽油	344288	228255	112222	112222	112222	112222	81083	49944	49944	35740	21535	21535	17924	14314	14314	14314	14314	9580	8002
			燃气	159943	108322	56702	56702	56702	56702	42014	27325	27325	20376	13428	13428	10880	8332	8332	8332	8332	5072	3985
		其他	汽油	52632	32930	13229	13229	13229	13229	8224	3220	3220	2612	2004	2004	1667	1330	1330	1330	1330	976	858
			燃气	22925	13672	4420	4420	4420	4420	2888	1357	1357	1104	851	851	680	508	508	508	508	403	368
	小型	出租车	汽油	391743	254784	117824	117824	117824	117824	84314	50805	50805	36170	21535	21535	17128	12721	12721	12721	12721	8120	6587
			柴油	312449	260463	208477	208477	208477	208477	185796	163116	163116	129112	95107	95107	95107	95107	77979	60851	60851	47313	42800
			燃气	180871	120022	59172	59172	59172	59172	43438	27704	27704	20566	13428	13428	10529	7630	7630	7630	7630	4428	3361
		其他	汽油	49064	31246	13427	13427	13427	13427	8795	4163	4163	2848	1533	1533	1396	1258	1258	1258	1258	917	803
			柴油	32426	26539	20652	20652	20652	20652	19004	17357	17357	13586	9815	9815	9815	9815	8468	7121	7121	6175	5860
			燃气	21351	13628	5905	5905	5905	5905	3839	1773	1773	1208	644	644	560	476	476	476	476	377	344
	中型	公交车	汽油	442692	442692	442692	442692	442692	302432	21913	21913	21913	21913	21913	19652	17391	17391	13129	8867	8867	8867	8867
			柴油	368049	368049	367185	365456	365456	350932	321885	321885	321885	268114	214344	214344	214344	214344	174920	135496	135496	113441	106089
			燃气	390785	390785	386133	376828	376828	365139	341762	341762	341762	284439	227116	227116	143625	143625	112486	112486	112486	112486	112486
		其他	汽油	271410	271410	271410	271410	271410	184106	9499	9499	9499	9499	9499	9499	9499	9499	7125	4751	4751	4751	4751
			柴油	172598	172598	165393	150984	150984	149707	147153	147153	147153	125326	103499	103499	103499	103499	91898	80296	80296	68534	64613
			燃气	194900	194900	184072	162417	162417	160886	157824	157824	157824	134376	110928	110928	86408	86408	69408	69408	69408	69408	69408
	大型	公交车	汽油	1577089	1577089	1577089	1577089	1577089	1084436	99131	99131	99131	99131	99131	99044	98957	98957	74218	49480	49480	49480	49480
			柴油	522003	522003	505135	471400	471400	458006	431217	431217	431217	423446	415675	415675	415675	415675	400686	385697	385697	347688	335018
			燃气	1049536	1049536	991228	874613	874613	809711	679908	679908	679908	582555	485202	485202	451723	451723	391526	391526	391526	391526	391526
		其他	汽油	3764224	3764224	3764224	3764224	3764224	2588352	236608	236608	236608	236608	236608	227736	218863	218863	164322	109782	109782	109782	109782
			柴油	1250035	1250035	1217869	1153538	1153538	1126644	1072857	1072857	1072857	1035084	997311	997311	997311	997311	949445	901579	901579	797888	763325
			燃气	2326805	2326805	2197538	1939005	1939005	1795118	1507345	1507345	1507345	1292010	1076675	1076675	971344	971344	824099	824099	824099	824099	824099
载货汽车	微型		汽油	159442	93990	28538	28538	28538	28538	19147	9756	9756	7844	5933	5933	5338	4744	4744	4744	4744	3706	3360
			柴油	79372	65318	51264	51264	51264	51264	46169	41074	41074	34786	28499	28499	28499	28499	20852	13204	13204	11420	10826
			燃气	69448	39492	9535	9535	9535	9535	6823	4111	4111	3315	2519	2519	2166	1812	1812	1812	1812	1534	1441
	轻型		汽油	117863	75060	32258	32258	32258	32258	21514	10770	10770	8999	7228	7228	6056	4883	4883	4883	4883	3881	3547
			柴油	79656	65460	51264	51264	51264	51264	46169	41074	41074	34786	28499	28499	28499	28499	22768	17036	17036	15926	15556
			燃气	51290	32738	14187	14187	14187	14187	9387	4587	4587	3812	3036	3036	2442	1848	1848	1848	1848	1602	1520
	中型		汽油	544706	544706	544706	544706	544706	371875	26214	26214	26214	26214	26214	26214	26214	26214	19668	13123	13123	13123	13123
			柴油	779360	779360	699809	540707	540707	514153	461045	461045	461045	438918	416790	416790	416790	416790	365681	314572	314572	270876	256310
			燃气	880064	880064	780593	581651	581651	552593	494478	494478	494478	470592	446707	446707	338517	338517	275331	275331	275331	275331	275331
	重型		汽油	1421129	1421129	1421129	1421129	1421129	977195	89328	89328	89328	89328	89328	85978	82629	82629	62038	41446	41446	41446	41446
			柴油	699348	699348	675477	627735	627735	604517	558080	558080	558080	535701	513322	513322	513322	513322	446182	379042	379042	252640	210506
			燃气	1301761	1301761	1219565	1055172	1055172	964812	784092	784092	784092	669132	554171	554171	408373	408373	227266	227266	227266	227266	227266
低速汽车	三轮汽车			65550	65550	65550	65550	65550	65550	65550	65550	65550	53279	53279	53279	53279	53279	53279	53279	53279	53279	53279
	低速货车			88065	88065	88065	88065	88065	88065	88065	88065	88065	71579	71579	71579	71579	71579	71579	71579	71579	71579	71579
摩托车	普通摩托车			992	992	992	992	959	926	860	860	860	860	860	764	668	668	668	668	668	668	668
	轻便摩托车			661	661	661	661	661	331	331	331	331	331	331	294	257	257	257	257	257	257	257

五师 PM 排放系数

单位：克/（辆·年）

车辆类型		使用性质	燃料种类	1999 年年底前	2000 年	2001 年	2002 年	2003 年	2004 年	2005 年	2006 年	2007 年	2008 年	2009 年	2010 年	2011 年	2012 年	2013 年	2014 年	2015 年	2016 年	2017 年
载客汽车	微型	出租车	汽油	—	—	—	—	—	—	—	—	—	—	—	—	—	—	—	—	—	—	—
			燃气	—	—	—	—	—	—	—	—	—	—	—	—	—	—	—	—	—	—	—
		其他	汽油	—	—	—	—	—	—	—	—	—	—	—	—	—	—	—	—	—	—	—
			燃气	—	—	—	—	—	—	—	—	—	—	—	—	—	—	—	—	—	—	—
	小型	出租车	汽油	—	—	—	—	—	—	—	—	—	—	—	—	—	—	—	—	—	—	—
			柴油	38900	35626	32351	32351	32351	32351	22086	11821	11821	7700	3578	3578	3578	3578	3325	3072	3072	2540	2363
			燃气	—	—	—	—	—	—	—	—	—	—	—	—	—	—	—	—	—	—	—
		其他	汽油	—	—	—	—	—	—	—	—	—	—	—	—	—	—	—	—	—	—	—
			柴油	4200	3975	3750	3750	3750	3750	2699	1648	1648	1206	765	765	765	765	642	518	518	518	518
			燃气	—	—	—	—	—	—	—	—	—	—	—	—	—	—	—	—	—	—	—
	中型	公交车	汽油	—	—	—	—	—	—	—	—	—	—	—	—	—	—	—	—	—	—	—
			柴油	30592	30592	28032	22913	22913	17978	8108	8108	8108	6872	5637	5637	5637	5637	3504	1372	1372	1080	983
			燃气	—	—	—	—	—	—	—	—	—	—	—	—	—	—	—	—	—	—	—
		其他	汽油	—	—	—	—	—	—	—	—	—	—	—	—	—	—	—	—	—	—	—
			柴油	15274	15274	12888	8116	8116	6262	2553	2553	2553	2434	2316	2316	2316	2316	1366	415	415	399	394
			燃气	—	—	—	—	—	—	—	—	—	—	—	—	—	—	—	—	—	—	—
	大型	公交车	汽油	—	—	—	—	—	—	—	—	—	—	—	—	—	—	—	—	—	—	—
			柴油	94865	94865	93934	92071	92071	71272	29674	29674	29674	19994	10315	10315	10315	10315	6116	1916	1916	1845	1821
			燃气	—	—	—	—	—	—	—	—	—	—	—	—	—	—	—	—	—	—	—
		其他	汽油	—	—	—	—	—	—	—	—	—	—	—	—	—	—	—	—	—	—	—
			柴油	142314	142314	133412	115607	115607	85425	25061	25061	25061	17182	9303	9303	9303	9303	5868	2433	2433	2343	2313
			燃气	—	—	—	—	—	—	—	—	—	—	—	—	—	—	—	—	—	—	—
载货汽车	微型		汽油	—	—	—	—	—	—	—	—	—	—	—	—	—	—	—	—	—	—	—
			柴油	8770	8588	8407	8407	8407	8407	6842	5278	5278	3917	2556	2556	2556	2556	1610	663	663	660	659
			燃气	—	—	—	—	—	—	—	—	—	—	—	—	—	—	—	—	—	—	—
	轻型		汽油	—	—	—	—	—	—	—	—	—	—	—	—	—	—	—	—	—	—	—
			柴油	9121	8764	8407	8407	8407	8407	6842	5278	5278	3917	2556	2556	2556	2556	1928	1299	1299	1072	997
			燃气	—	—	—	—	—	—	—	—	—	—	—	—	—	—	—	—	—	—	—
	中型		汽油	—	—	—	—	—	—	—	—	—	—	—	—	—	—	—	—	—	—	—
			柴油	69416	69416	58416	36416	36416	27980	11109	11109	11109	10524	9939	9939	9939	9939	6372	2806	2806	2570	2491
			燃气	—	—	—	—	—	—	—	—	—	—	—	—	—	—	—	—	—	—	—
	重型		汽油	—	—	—	—	—	—	—	—	—	—	—	—	—	—	—	—	—	—	—
			柴油	94215	94215	77438	43883	43883	34843	16763	16763	16763	11487	6211	6211	6211	6211	4128	2044	2044	1728	1622
			燃气	—	—	—	—	—	—	—	—	—	—	—	—	—	—	—	—	—	—	—
低速汽车	三轮汽车			4092	4092	4092	4092	4092	4092	4092	4092	4092	3220	3220	3220	3220	3220	3220	3220	3220	3220	3220
	低速货车			5581	5581	5581	5581	5581	5581	5581	5581	5581	4392	4392	4392	4392	4392	4392	4392	4392	4392	4392
摩托车	普通摩托车			—	—	—	—	—	—	—	—	—	—	—	—	—	—	—	—	—	—	—
	轻便摩托车			—	—	—	—	—	—	—	—	—	—	—	—	—	—	—	—	—	—	—

五师 VOCs 排放系数

单位：克/（辆·年）

车辆类型		使用性质	燃料种类	1999年年底前	2000年	2001年	2002年	2003年	2004年	2005年	2006年	2007年	2008年	2009年	2010年	2011年	2012年	2013年	2014年	2015年	2016年	2017年
载客汽车	微型	出租车	汽油	1402242	810838	219433	219433	219433	219433	158008	96583	96583	76306	56029	56029	47342	38655	38655	38655	38655	30246	27443
			燃气	299488	180167	60846	60846	60846	60846	46244	31642	31642	25934	20226	20226	16136	12047	12047	12047	12047	7427	5887
		其他	汽油	106341	61488	16635	16635	16635	16635	16146	15658	15658	12846	10035	10035	9391	8747	8747	8747	8747	6898	6282
			燃气	19384	10917	2450	2450	2450	2450	2344	2238	2238	1670	1103	1103	998	893	893	893	893	600	502
	小型	出租车	汽油	1402242	796714	191185	191185	191185	191185	181474	171764	171764	113896	56029	56029	47342	38655	38655	38655	38655	27886	24296
			柴油	171453	161917	152381	152381	152381	152381	138984	125586	125586	89456	53325	53325	53325	53325	39776	26227	26227	15617	12080
			燃气	299488	177339	55190	55190	55190	55190	50942	46693	46693	33460	20226	20226	16136	12047	12047	12047	12047	6954	5256
		其他	汽油	107971	62104	16237	16237	16237	16237	16826	17414	17414	13729	10044	10044	9292	8539	8539	8539	8539	7058	6565
			柴油	14777	13524	12272	12272	12272	12272	10412	8552	8552	5830	3107	3107	3107	3107	2692	2277	2277	1636	1423
			燃气	19710	11888	4066	4066	4066	4066	3328	2589	2589	1925	1261	1261	1056	852	852	852	852	632	559
	中型	公交车	汽油	247389	247389	247389	247389	246792	168549	13257	13257	13257	13257	13257	13106	12954	12954	10526	8099	8099	8099	8099
			柴油	87806	87806	86086	82645	82645	64494	28192	28192	28192	20508	12823	12823	12823	12823	8958	5093	5093	4763	4653
			燃气	71579	71579	67602	59649	59649	57536	53311	53311	53311	42686	32061	32061	22219	22219	22154	22154	22154	22154	22154
		其他	汽油	128100	128100	128100	128100	127503	87180	7729	7729	7729	7729	7729	7584	7438	7438	6387	5336	5336	5336	5336
			柴油	30493	30493	28460	24394	24394	18567	6912	6912	6912	6506	6099	6099	6099	6099	3750	1402	1402	1243	1190
			燃气	34560	34560	32640	28800	28800	27780	25740	25740	25740	20623	15506	15506	10732	10732	9642	9642	9642	9642	9642
	大型	公交车	汽油	576697	576697	576697	576697	576100	388522	14561	14561	14561	14561	14561	14421	14281	14281	11515	8749	8749	8749	8749
			柴油	131708	131708	108010	60614	60614	60614	60614	60614	60614	43515	26416	26416	26416	26416	17675	8934	8934	5723	4653
			燃气	168926	168926	159541	140772	140772	135786	125815	125815	125815	100740	75665	75665	52438	52438	47188	47188	47188	47188	47188
		其他	汽油	1277995	1277995	1277995	1277995	1277398	860550	28047	28047	28047	28047	28047	21788	15530	15530	12339	9148	9148	9148	9148
			柴油	272891	272891	207397	76409	76409	76409	76409	76409	76409	55942	35476	35476	35476	35476	20706	5937	5937	5324	5119
			燃气	266186	266186	251398	221822	221822	213966	198253	198253	198253	158842	119430	119430	82662	82662	74261	74261	74261	74261	74261
载货汽车	微型		汽油	557248	295476	33703	33703	33703	33703	32188	30674	30674	28330	25986	25986	21042	16099	16099	16099	16099	14004	13305
			柴油	41806	39102	36397	36397	36397	36397	33616	30836	30836	22468	14099	14099	14099	14099	9680	5262	5262	3863	3397
			燃气	101576	53270	4964	4964	4964	4964	4674	4384	4384	3620	2856	2856	2250	1644	1644	1644	1644	1208	1063
	轻型		汽油	283325	165600	47876	47876	47876	47876	40933	33990	33990	30288	26585	26585	23322	20060	20060	20060	20060	17670	16874
			柴油	37955	37176	36397	36397	36397	36397	33616	30836	30836	22468	14099	14099	14099	14099	10786	7473	7473	6074	5608
			燃气	51721	31855	11989	11989	11989	11989	8521	5053	5053	4196	3338	3338	2670	2002	2002	2002	2002	1578	1437
	中型		汽油	647199	647199	647199	647199	646602	439102	25299	25299	25299	25299	25299	25159	25019	25019	19561	14103	14103	14103	14103
			柴油	147700	147700	137853	118160	118160	89933	33479	33479	33479	31508	29538	29538	29538	29538	21407	13276	13276	7899	6107
			燃气	167399	167399	158100	139502	139502	134559	124674	124674	124674	99886	75097	75097	101625	101625	49482	49482	49482	49482	49482
	重型		汽油	534864	534864	534864	534864	534266	360366	13760	13760	13760	13760	13760	11074	8387	8387	7050	5714	5714	5714	5714
			柴油	187645	187645	142610	52541	52541	52541	52541	52541	52541	38468	24394	24394	24394	24394	14954	5513	5513	3832	3272
			燃气	183035	183035	172867	152531	152531	147129	136324	136324	136324	109223	82122	82122	76759	76759	47467	47467	47467	47467	47467
低速汽车	三轮汽车			25300	25300	25300	25300	25300	25300	25300	25300	25300	16721	16721	16721	16721	16721	16721	16721	16721	16721	16721
	低速货车			33990	33990	33990	33990	33990	33990	33990	33990	33990	22464	22464	22464	22464	22464	22464	22464	22464	22464	22464
摩托车	普通摩托车			13290	13290	13290	13290	9918	6546	3504	3504	3504	3504	3504	2615	1726	1726	1726	1726	1726	1726	1726
	轻便摩托车			42978	42978	42978	42978	42978	8596	8596	4232	4232	4232	4232	3158	2084	2084	2084	2084	2084	2084	2084

六师 NO_x 排放系数

单位：克/（辆·年）

车辆类型		使用性质	燃料种类	1999年年底前	2000年	2001年	2002年	2003年	2004年	2005年	2006年	2007年	2008年	2009年	2010年	2011年	2012年	2013年	2014年	2015年	2016年	2017年
载客汽车	微型	出租车	汽油	344288	228255	112222	112222	112222	112222	81083	49944	49944	35740	21535	21535	17924	14314	14314	14314	14314	9580	8002
			燃气	159943	108322	56702	56702	56702	56702	42014	27325	27325	20376	13428	13428	10880	8332	8332	8332	8332	5072	3985
		其他	汽油	52632	32930	13229	13229	13229	13229	8224	3220	3220	2612	2004	2004	1667	1330	1330	1330	1330	976	858
			燃气	22925	13672	4420	4420	4420	4420	2888	1357	1357	1104	851	851	680	508	508	508	508	403	368
	小型	出租车	汽油	391743	254784	117824	117824	117824	117824	84314	50805	50805	36170	21535	21535	17128	12721	12721	12721	12721	8120	6587
			柴油	312449	260463	208477	208477	208477	208477	185796	163116	163116	129112	95107	95107	95107	95107	77979	60851	60851	47313	42800
			燃气	180871	120022	59172	59172	59172	59172	43438	27704	27704	20566	13428	13428	10529	7630	7630	7630	7630	4428	3361
		其他	汽油	49064	31246	13427	13427	13427	13427	8795	4163	4163	2848	1533	1533	1396	1258	1258	1258	1258	917	803
			柴油	32426	26539	20652	20652	20652	20652	19004	17357	17357	13586	9815	9815	9815	9815	8468	7121	7121	6175	5860
			燃气	21351	13628	5905	5905	5905	5905	3839	1773	1773	1208	644	644	560	476	476	476	476	377	344
	中型	公交车	汽油	442692	442692	442692	442692	442692	302432	21913	21913	21913	21913	21913	19652	17391	17391	13129	8867	8867	8867	8867
			柴油	368049	368049	367185	365456	365456	350932	321885	321885	321885	268114	214344	214344	214344	214344	174920	135496	135496	113441	106089
			燃气	390785	390785	386133	376828	376828	365139	341762	341762	341762	284439	227116	227116	143625	143625	112486	112486	112486	112486	112486
		其他	汽油	271410	271410	271410	271410	271410	184106	9499	9499	9499	9499	9499	9499	9499	9499	7125	4751	4751	4751	4751
			柴油	172598	172598	165393	150984	150984	149707	147153	147153	147153	125326	103499	103499	103499	103499	91898	80296	80296	68534	64613
			燃气	194900	194900	184072	162417	162417	160886	157824	157824	157824	134376	110928	110928	86408	86408	69408	69408	69408	69408	69408
	大型	公交车	汽油	1577089	1577089	1577089	1577089	1577089	1084436	99131	99131	99131	99131	99131	99044	98957	98957	74218	49480	49480	49480	49480
			柴油	522003	522003	505135	471400	471400	458006	431217	431217	431217	423446	415675	415675	415675	415675	400686	385697	385697	347688	335018
			燃气	1049536	1049536	991228	874613	874613	809711	679908	679908	679908	582555	485202	485202	451723	451723	391526	391526	391526	391526	391526
		其他	汽油	3764224	3764224	3764224	3764224	3764224	2588352	236608	236608	236608	236608	236608	227736	218863	218863	164322	109782	109782	109782	109782
			柴油	1250035	1250035	1217869	1153538	1153538	1126644	1072857	1072857	1072857	1035084	997311	997311	997311	997311	949445	901579	901579	797888	763325
			燃气	2326805	2326805	2197538	1939005	1939005	1795118	1507345	1507345	1507345	1292010	1076675	1076675	971344	971344	824099	824099	824099	824099	824099
载货汽车	微型		汽油	159442	93990	28538	28538	28538	28538	19147	9756	9756	7844	5933	5933	5338	4744	4744	4744	4744	3706	3360
			柴油	79372	65318	51264	51264	51264	51264	46169	41074	41074	34786	28499	28499	28499	28499	20852	13204	13204	11420	10826
			燃气	69448	39492	9535	9535	9535	9535	6823	4111	4111	3315	2519	2519	2166	1812	1812	1812	1812	1534	1441
	轻型		汽油	117863	75060	32258	32258	32258	32258	21514	10770	10770	8999	7228	7228	6056	4883	4883	4883	4883	3881	3547
			柴油	79656	65460	51264	51264	51264	51264	46169	41074	41074	34786	28499	28499	28499	28499	22768	17036	17036	15926	15556
			燃气	51290	32738	14187	14187	14187	14187	9387	4587	4587	3812	3036	3036	2442	1848	1848	1848	1848	1602	1520
	中型		汽油	544706	544706	544706	544706	544706	371875	26214	26214	26214	26214	26214	26214	26214	26214	19668	13123	13123	13123	13123
			柴油	779360	779360	699809	540707	540707	514153	461045	461045	461045	438918	416790	416790	416790	416790	365681	314572	314572	270876	256310
			燃气	880064	880064	780593	581651	581651	552593	494478	494478	494478	470592	446707	446707	338517	338517	275331	275331	275331	275331	275331
	重型		汽油	1421129	1421129	1421129	1421129	1421129	977195	89328	89328	89328	89328	89328	85978	82629	82629	62038	41446	41446	41446	41446
			柴油	699348	699348	675477	627735	627735	604517	558080	558080	558080	535701	513322	513322	513322	513322	446182	379042	379042	252640	210506
			燃气	1301761	1301761	1219565	1055172	1055172	964812	784092	784092	784092	669132	554171	554171	408373	408373	227266	227266	227266	227266	227266
低速汽车	三轮汽车			65550	65550	65550	65550	65550	65550	65550	65550	65550	53279	53279	53279	53279	53279	53279	53279	53279	53279	53279
	低速货车			88065	88065	88065	88065	88065	88065	88065	88065	88065	71579	71579	71579	71579	71579	71579	71579	71579	71579	71579
摩托车	普通摩托车			992	992	992	992	959	926	860	860	860	860	860	764	668	668	668	668	668	668	668
	轻便摩托车			661	661	661	661	661	331	331	331	331	331	331	294	257	257	257	257	257	257	257

六师 PM 排放系数

单位：克/（辆·年）

车辆类型		使用性质	燃料种类	1999 年年底前	2000 年	2001 年	2002 年	2003 年	2004 年	2005 年	2006 年	2007 年	2008 年	2009 年	2010 年	2011 年	2012 年	2013 年	2014 年	2015 年	2016 年	2017 年
载客汽车	微型	出租车	汽油	—	—	—	—	—	—	—	—	—	—	—	—	—	—	—	—	—	—	—
			燃气	—	—	—	—	—	—	—	—	—	—	—	—	—	—	—	—	—	—	—
		其他	汽油	—	—	—	—	—	—	—	—	—	—	—	—	—	—	—	—	—	—	—
			燃气	—	—	—	—	—	—	—	—	—	—	—	—	—	—	—	—	—	—	—
	小型	出租车	汽油	—	—	—	—	—	—	—	—	—	—	—	—	—	—	—	—	—	—	—
			柴油	38900	35626	32351	32351	32351	32351	22086	11821	11821	7700	3578	3578	3578	3578	3325	3072	3072	2540	2363
			燃气	—	—	—	—	—	—	—	—	—	—	—	—	—	—	—	—	—	—	—
		其他	汽油	—	—	—	—	—	—	—	—	—	—	—	—	—	—	—	—	—	—	—
			柴油	4200	3975	3750	3750	3750	3750	2699	1648	1648	1206	765	765	765	765	642	518	518	518	518
			燃气	—	—	—	—	—	—	—	—	—	—	—	—	—	—	—	—	—	—	—
	中型	公交车	汽油	—	—	—	—	—	—	—	—	—	—	—	—	—	—	—	—	—	—	—
			柴油	30592	30592	28032	22913	22913	17978	8108	8108	8108	6872	5637	5637	5637	5637	3504	1372	1372	1080	983
			燃气	—	—	—	—	—	—	—	—	—	—	—	—	—	—	—	—	—	—	—
		其他	汽油	—	—	—	—	—	—	—	—	—	—	—	—	—	—	—	—	—	—	—
			柴油	15274	15274	12888	8116	8116	6262	2553	2553	2553	2434	2316	2316	2316	2316	1366	415	415	399	394
			燃气	—	—	—	—	—	—	—	—	—	—	—	—	—	—	—	—	—	—	—
	大型	公交车	汽油	—	—	—	—	—	—	—	—	—	—	—	—	—	—	—	—	—	—	—
			柴油	94865	94865	93934	92071	92071	71272	29674	29674	29674	19994	10315	10315	10315	10315	6116	1916	1916	1845	1821
			燃气	—	—	—	—	—	—	—	—	—	—	—	—	—	—	—	—	—	—	—
		其他	汽油	—	—	—	—	—	—	—	—	—	—	—	—	—	—	—	—	—	—	—
			柴油	142314	142314	133412	115607	115607	85425	25061	25061	25061	17182	9303	9303	9303	9303	5868	2433	2433	2343	2313
			燃气	—	—	—	—	—	—	—	—	—	—	—	—	—	—	—	—	—	—	—
载货汽车	微型		汽油	—	—	—	—	—	—	—	—	—	—	—	—	—	—	—	—	—	—	—
			柴油	8770	8588	8407	8407	8407	8407	6842	5278	5278	3917	2556	2556	2556	2556	1610	663	663	660	659
			燃气	—	—	—	—	—	—	—	—	—	—	—	—	—	—	—	—	—	—	—
	轻型		汽油	—	—	—	—	—	—	—	—	—	—	—	—	—	—	—	—	—	—	—
			柴油	9121	8764	8407	8407	8407	8407	6842	5278	5278	3917	2556	2556	2556	2556	1928	1299	1299	1072	997
			燃气	—	—	—	—	—	—	—	—	—	—	—	—	—	—	—	—	—	—	—
	中型		汽油	—	—	—	—	—	—	—	—	—	—	—	—	—	—	—	—	—	—	—
			柴油	69416	69416	58416	36416	36416	27980	11109	11109	11109	10524	9939	9939	9939	9939	6372	2806	2806	2570	2491
			燃气	—	—	—	—	—	—	—	—	—	—	—	—	—	—	—	—	—	—	—
	重型		汽油	—	—	—	—	—	—	—	—	—	—	—	—	—	—	—	—	—	—	—
			柴油	94215	94215	77438	43883	43883	34843	16763	16763	16763	11487	6211	6211	6211	6211	4128	2044	2044	1728	1622
			燃气	—	—	—	—	—	—	—	—	—	—	—	—	—	—	—	—	—	—	—
低速汽车	三轮汽车			4092	4092	4092	4092	4092	4092	4092	4092	4092	3220	3220	3220	3220	3220	3220	3220	3220	3220	3220
	低速货车			5581	5581	5581	5581	5581	5581	5581	5581	5581	4392	4392	4392	4392	4392	4392	4392	4392	4392	4392
摩托车	普通摩托车			—	—	—	—	—	—	—	—	—	—	—	—	—	—	—	—	—	—	—
	轻便摩托车			—	—	—	—	—	—	—	—	—	—	—	—	—	—	—	—	—	—	—

六师 VOCs 排放系数

单位：克/（辆·年）

车辆类型		使用性质	燃料种类	1999年年底前	2000年	2001年	2002年	2003年	2004年	2005年	2006年	2007年	2008年	2009年	2010年	2011年	2012年	2013年	2014年	2015年	2016年	2017年
载客汽车	微型	出租车	汽油	1402242	810838	219433	219433	219433	219433	158008	96583	96583	76306	56029	56029	47342	38655	38655	38655	38655	30246	27443
			燃气	299488	180167	60846	60846	60846	60846	46244	31642	31642	25934	20226	20226	16136	12047	12047	12047	12047	7427	5887
		其他	汽油	106341	61488	16635	16635	16635	16635	16146	15658	15658	12846	10035	10035	9391	8747	8747	8747	8747	6898	6282
			燃气	19384	10917	2450	2450	2450	2450	2344	2238	2238	1670	1103	1103	998	893	893	893	893	600	502
	小型	出租车	汽油	1402242	796714	191185	191185	191185	191185	181474	171764	171764	113896	56029	56029	47342	38655	38655	38655	38655	27886	24296
			柴油	171453	161917	152381	152381	152381	152381	138984	125586	125586	89456	53325	53325	53325	53325	39776	26227	26227	15617	12080
			燃气	299488	177339	55190	55190	55190	55190	50942	46693	46693	33460	20226	20226	16136	12047	12047	12047	12047	6954	5256
		其他	汽油	107971	62104	16237	16237	16237	16237	16826	17414	17414	13729	10044	10044	9292	8539	8539	8539	8539	7058	6565
			柴油	14777	13524	12272	12272	12272	12272	10412	8552	8552	5830	3107	3107	3107	3107	2692	2277	2277	1636	1423
			燃气	19710	11888	4066	4066	4066	4066	3328	2589	2589	1925	1261	1261	1056	852	852	852	852	632	559
	中型	公交车	汽油	247389	247389	247389	247389	246792	168549	13257	13257	13257	13257	13257	13106	12954	12954	10526	8099	8099	8099	8099
			柴油	87806	87806	86086	82645	82645	64494	28192	28192	28192	20508	12823	12823	12823	12823	8958	5093	5093	4763	4653
			燃气	71579	71579	67602	59649	59649	57536	53311	53311	53311	42686	32061	32061	22219	22219	22154	22154	22154	22154	22154
		其他	汽油	128100	128100	128100	128100	127503	87180	7729	7729	7729	7729	7729	7584	7438	7438	6387	5336	5336	5336	5336
			柴油	30493	30493	28460	24394	24394	18567	6912	6912	6912	6506	6099	6099	6099	6099	3750	1402	1402	1243	1190
			燃气	34560	34560	32640	28800	28800	27780	25740	25740	25740	20623	15506	15506	10732	10732	9642	9642	9642	9642	9642
	大型	公交车	汽油	576697	576697	576697	576697	576100	388522	14561	14561	14561	14561	14561	14421	14281	14281	11515	8749	8749	8749	8749
			柴油	131708	131708	108010	60614	60614	60614	60614	60614	60614	43515	26416	26416	26416	26416	17675	8934	8934	5723	4653
			燃气	168926	168926	159541	140772	140772	135786	125815	125815	125815	100740	75665	75665	52438	52438	47188	47188	47188	47188	47188
		其他	汽油	1277995	1277995	1277995	1277995	1277398	860550	28047	28047	28047	28047	28047	21788	15530	15530	12339	9148	9148	9148	9148
			柴油	272891	272891	207397	76409	76409	76409	76409	76409	76409	55942	35476	35476	35476	35476	20706	5937	5937	5324	5119
			燃气	266186	266186	251398	221822	221822	213966	198253	198253	198253	158842	119430	119430	82662	82662	74261	74261	74261	74261	74261
载货汽车	微型		汽油	557248	295476	33703	33703	33703	33703	32188	30674	30674	28330	25986	25986	21042	16099	16099	16099	16099	14004	13305
			柴油	41806	39102	36397	36397	36397	36397	33616	30836	30836	22468	14099	14099	14099	14099	9680	5262	5262	3863	3397
			燃气	101576	53270	4964	4964	4964	4964	4674	4384	4384	3620	2856	2856	2250	1644	1644	1644	1644	1208	1063
	轻型		汽油	283325	165600	47876	47876	47876	47876	40933	33990	33990	30288	26585	26585	23322	20060	20060	20060	20060	17670	16874
			柴油	37955	37176	36397	36397	36397	36397	33616	30836	30836	22468	14099	14099	14099	14099	10786	7473	7473	6074	5608
			燃气	51721	31855	11989	11989	11989	11989	8521	5053	5053	4196	3338	3338	2670	2002	2002	2002	2002	1578	1437
	中型		汽油	647199	647199	647199	647199	646602	439102	25299	25299	25299	25299	25299	25159	25019	25019	19561	14103	14103	14103	14103
			柴油	147700	147700	137853	118160	118160	89933	33479	33479	33479	31508	29538	29538	29538	29538	21407	13276	13276	7899	6107
			燃气	167399	167399	158100	139502	139502	134559	124674	124674	124674	99886	75097	75097	101625	101625	49482	49482	49482	49482	49482
	重型		汽油	534864	534864	534864	534864	534266	360366	13760	13760	13760	13760	13760	11074	8387	8387	7050	5714	5714	5714	5714
			柴油	187645	187645	142610	52541	52541	52541	52541	52541	52541	38468	24394	24394	24394	24394	14954	5513	5513	3832	3272
			燃气	183035	183035	172867	152531	152531	147129	136324	136324	136324	109223	82122	82122	76759	76759	47467	47467	47467	47467	47467
低速汽车	三轮汽车			25300	25300	25300	25300	25300	25300	25300	25300	25300	16721	16721	16721	16721	16721	16721	16721	16721	16721	16721
	低速货车			33990	33990	33990	33990	33990	33990	33990	33990	33990	22464	22464	22464	22464	22464	22464	22464	22464	22464	22464
摩托车	普通摩托车			13290	13290	13290	13290	9918	6546	3504	3504	3504	3504	3504	2615	1726	1726	1726	1726	1726	1726	1726
	轻便摩托车			42978	42978	42978	42978	42978	8596	8596	4232	4232	4232	4232	3158	2084	2084	2084	2084	2084	2084	2084

七师 NO_x 排放系数

单位：克/（辆·年）

车辆类型		使用性质	燃料种类	1999年年底前	2000年	2001年	2002年	2003年	2004年	2005年	2006年	2007年	2008年	2009年	2010年	2011年	2012年	2013年	2014年	2015年	2016年	2017年
载客汽车	微型	出租车	汽油	286932	191532	96132	96132	96132	96132	70092	44051	44051	32006	19960	19960	16464	12968	12968	12968	12968	8363	6828
			燃气	159943	108322	56702	56702	56702	56702	42014	27325	27325	20376	13428	13428	10880	8332	8332	8332	8332	5072	3985
		其他	汽油	43343	27164	10984	10984	10984	10984	6872	2761	2761	2245	1729	1729	1440	1151	1151	1151	1151	823	714
			燃气	22925	13672	4420	4420	4420	4420	2888	1357	1357	1104	851	851	680	508	508	508	508	403	368
	小型	出租车	汽油	325796	213258	100720	100720	100720	100720	72738	44756	44756	32358	19960	19960	15812	11664	11664	11664	11664	7168	5670
			柴油	334851	278344	221836	221836	221836	221836	197838	173840	173840	137417	100994	100994	100994	100994	83092	65191	65191	51195	46530
			燃气	180871	120022	59172	59172	59172	59172	43438	27704	27704	20566	13428	13428	10529	7630	7630	7630	7630	4428	3361
		其他	汽油	40421	25784	11146	11146	11146	11146	7340	3533	3533	2438	1343	1343	1218	1092	1092	1092	1092	775	669
			柴油	35355	28905	22455	22455	22455	22455	20668	18882	18882	14770	10658	10658	10658	10658	9201	7744	7744	6749	6417
			燃气	21351	13628	5905	5905	5905	5905	3839	1773	1773	1208	644	644	560	476	476	476	476	377	344
	中型	公交车	汽油	329898	329898	329898	329898	329898	225375	16330	16330	16330	16330	16330	14645	12960	12960	9784	6608	6608	6608	6608
			柴油	367666	367666	366803	365076	365076	350567	321550	321550	321550	267836	214121	214121	214121	214121	174738	135355	135355	113322	105978
			燃气	390378	390378	385731	376436	376436	364759	341406	341406	341406	284142	226879	226879	143475	143475	112369	112369	112369	112369	112369
		其他	汽油	202257	202257	202257	202257	202257	137198	7079	7079	7079	7079	7079	7079	7079	7079	5310	3540	3540	3540	3540
			柴油	172419	172419	165222	150827	150827	149551	147000	147000	147000	125196	103391	103391	103391	103391	91802	80212	80212	68462	64545
			燃气	194697	194697	183880	162247	162247	160718	157660	157660	157660	134236	110812	110812	86318	86318	69336	69336	69336	69336	69336
	大型	公交车	汽油	1175262	1175262	1175262	1175262	1175262	808133	73874	73874	73874	73874	73874	73809	73744	73744	55308	36873	36873	36873	36873
			柴油	521459	521459	504609	470909	470909	457529	430768	430768	430768	423005	415242	415242	415242	415242	400269	385296	385296	347326	334669
			燃气	1048443	1048443	990196	873702	873702	808868	679200	679200	679200	581948	484697	484697	451253	451253	391118	391118	391118	391118	391118
		其他	汽油	2805136	2805136	2805136	2805136	2805136	1928865	176323	176323	176323	176323	176323	169711	163099	163099	122454	81810	81810	81810	81810
			柴油	1248733	1248733	1216601	1152337	1152337	1125471	1071739	1071739	1071739	1034006	996272	996272	996272	996272	948456	900640	900640	797058	762530
			燃气	2324382	2324382	2195250	1936985	1936985	1793248	1505775	1505775	1505775	1290664	1075554	1075554	970333	970333	823241	823241	823241	823241	823241
载货汽车	微型		汽油	131260	77582	23903	23903	23903	23903	16150	8397	8397	6776	5156	5156	4607	4058	4058	4058	4058	3106	2788
			柴油	86150	70786	55423	55423	55423	55423	49934	44445	44445	37652	30860	30860	30860	30860	22569	14278	14278	12440	11827
			燃气	69426	39522	9619	9619	9619	9619	6873	4127	4127	3332	2538	2538	2164	1791	1791	1791	1791	1525	1437
	轻型		汽油	97208	62078	26949	26949	26949	26949	18088	9227	9227	7722	6217	6217	5194	4172	4172	4172	4172	3249	2941
			柴油	86462	70942	55423	55423	55423	55423	49934	44445	44445	37652	30860	30860	30860	30860	24672	18484	18484	17385	17019
			燃气	51347	32812	14277	14277	14277	14277	9454	4630	4630	3806	2981	2981	2400	1819	1819	1819	1819	1589	1512
	中型		汽油	406497	406497	406497	406497	406496	277518	19563	19563	19563	19563	19563	19563	19563	19563	14678	9793	9793	9793	9793
			柴油	779360	779360	699809	540707	540707	514153	461045	461045	461045	438918	416790	416790	416790	416790	365681	314572	314572	270876	256310
			燃气	880060	880060	780589	581647	581647	552591	494479	494479	494479	470592	446706	446706	338518	338518	275335	275335	275335	275335	275335
	重型		汽油	1060544	1060544	1060544	1060544	1060544	729250	66663	66663	66663	66663	66663	64163	61663	61663	46296	30930	30930	30930	30930
			柴油	699348	699348	675477	627735	627735	604517	558080	558080	558080	535701	513322	513322	513322	513322	446182	379042	379042	252640	210506
			燃气	1301761	1301761	1219565	1055172	1055172	964812	784093	784093	784093	669132	554171	554171	408373	408373	227266	227266	227266	227266	227266
低速汽车	三轮汽车			65550	65550	65550	65550	65550	65550	65550	65550	65550	53279	53279	53279	53279	53279	53279	53279	53279	53279	53279
	低速货车			88065	88065	88065	88065	88065	88065	88065	88065	88065	71579	71579	71579	71579	71579	71579	71579	71579	71579	71579
摩托车	普通摩托车			992	992	992	992	959	926	860	860	860	860	860	764	668	668	668	668	668	668	668
	轻便摩托车			661	661	661	661	661	331	331	331	331	331	331	294	257	257	257	257	257	257	257

七师 PM 排放系数

单位：克/（辆·年）

车辆类型		使用性质	燃料种类	1999 年年底前	2000 年	2001 年	2002 年	2003 年	2004 年	2005 年	2006 年	2007 年	2008 年	2009 年	2010 年	2011 年	2012 年	2013 年	2014 年	2015 年	2016 年	2017 年
载客汽车	微型	出租车	汽油	—	—	—	—	—	—	—	—	—	—	—	—	—	—	—	—	—	—	—
			燃气	—	—	—	—	—	—	—	—	—	—	—	—	—	—	—	—	—	—	—
		其他	汽油	—	—	—	—	—	—	—	—	—	—	—	—	—	—	—	—	—	—	—
			燃气	—	—	—	—	—	—	—	—	—	—	—	—	—	—	—	—	—	—	—
	小型	出租车	汽油	—	—	—	—	—	—	—	—	—	—	—	—	—	—	—	—	—	—	—
			柴油	38900	35626	32351	32351	32351	32351	22086	11821	11821	7700	3578	3578	3578	3578	3325	3072	3072	2540	2363
			燃气	—	—	—	—	—	—	—	—	—	—	—	—	—	—	—	—	—	—	—
		其他	汽油	—	—	—	—	—	—	—	—	—	—	—	—	—	—	—	—	—	—	—
			柴油	4200	3975	3750	3750	3750	3750	2699	1648	1648	1206	765	765	765	765	642	518	518	518	518
			燃气	—	—	—	—	—	—	—	—	—	—	—	—	—	—	—	—	—	—	—
	中型	公交车	汽油	—	—	—	—	—	—	—	—	—	—	—	—	—	—	—	—	—	—	—
			柴油	30592	30592	28032	22913	22913	17978	8108	8108	8108	6872	5637	5637	5637	5637	3504	1372	1372	1080	983
			燃气	—	—	—	—	—	—	—	—	—	—	—	—	—	—	—	—	—	—	—
		其他	汽油	—	—	—	—	—	—	—	—	—	—	—	—	—	—	—	—	—	—	—
			柴油	15274	15274	12888	8116	8116	6262	2553	2553	2553	2434	2316	2316	2316	2316	1366	415	415	399	394
			燃气	—	—	—	—	—	—	—	—	—	—	—	—	—	—	—	—	—	—	—
	大型	公交车	汽油	—	—	—	—	—	—	—	—	—	—	—	—	—	—	—	—	—	—	—
			柴油	94865	94865	93934	92071	92071	71272	29674	29674	29674	19994	10315	10315	10315	10315	6116	1916	1916	1845	1821
			燃气	—	—	—	—	—	—	—	—	—	—	—	—	—	—	—	—	—	—	—
		其他	汽油	—	—	—	—	—	—	—	—	—	—	—	—	—	—	—	—	—	—	—
			柴油	142314	142314	133412	115607	115607	85425	25061	25061	25061	17182	9303	9303	9303	9303	5868	2433	2433	2343	2313
			燃气	—	—	—	—	—	—	—	—	—	—	—	—	—	—	—	—	—	—	—
载货汽车	微型		汽油	—	—	—	—	—	—	—	—	—	—	—	—	—	—	—	—	—	—	—
			柴油	8770	8588	8407	8407	8407	8407	6842	5278	5278	3917	2556	2556	2556	2556	1610	663	663	660	659
			燃气	—	—	—	—	—	—	—	—	—	—	—	—	—	—	—	—	—	—	—
	轻型		汽油	—	—	—	—	—	—	—	—	—	—	—	—	—	—	—	—	—	—	—
			柴油	9121	8764	8407	8407	8407	8407	6842	5278	5278	3917	2556	2556	2556	2556	1928	1299	1299	1072	997
			燃气	—	—	—	—	—	—	—	—	—	—	—	—	—	—	—	—	—	—	—
	中型		汽油	—	—	—	—	—	—	—	—	—	—	—	—	—	—	—	—	—	—	—
			柴油	69416	69416	58416	36416	36416	27980	11109	11109	11109	10524	9939	9939	9939	9939	6372	2806	2806	2570	2491
			燃气	—	—	—	—	—	—	—	—	—	—	—	—	—	—	—	—	—	—	—
	重型		汽油	—	—	—	—	—	—	—	—	—	—	—	—	—	—	—	—	—	—	—
			柴油	94215	94215	77438	43883	43883	34843	16763	16763	16763	11487	6211	6211	6211	6211	4128	2044	2044	1728	1622
			燃气	—	—	—	—	—	—	—	—	—	—	—	—	—	—	—	—	—	—	—
低速汽车	三轮汽车			4092	4092	4092	4092	4092	4092	4092	4092	4092	3220	3220	3220	3220	3220	3220	3220	3220	3220	3220
	低速货车			5581	5581	5581	5581	5581	5581	5581	5581	5581	4392	4392	4392	4392	4392	4392	4392	4392	4392	4392
摩托车	普通摩托车			—	—	—	—	—	—	—	—	—	—	—	—	—	—	—	—	—	—	—
	轻便摩托车			—	—	—	—	—	—	—	—	—	—	—	—	—	—	—	—	—	—	—

七师 VOCs 排放系数

单位：克/（辆·年）

车辆类型		使用性质	燃料种类	1999 年年底前	2000 年	2001 年	2002 年	2003 年	2004 年	2005 年	2006 年	2007 年	2008 年	2009 年	2010 年	2011 年	2012 年	2013 年	2014 年	2015 年	2016 年	2017 年
载客汽车	微型	出租车	汽油	1442325	833686	225047	225047	225047	225047	161922	98798	98798	78051	57304	57304	48473	39642	39642	39642	39642	31197	28382
			燃气	299488	180167	60846	60846	60846	60846	46244	31642	31642	25934	20226	20226	16136	12047	12047	12047	12047	7427	5887
		其他	汽油	109024	63061	17098	17098	17098	17098	16605	16112	16112	13264	10417	10417	9757	9097	9097	9097	9097	7261	6649
			燃气	19384	10917	2450	2450	2450	2450	2344	2238	2238	1670	1103	1103	998	893	893	893	893	600	502
	小型	出租车	汽油	1442325	819144	195962	195962	195962	195962	186084	176206	176206	116755	57304	57304	48473	39642	39642	39642	39642	28766	25141
			柴油	173570	163951	154332	154332	154332	154332	140857	127382	127382	90518	53653	53653	53653	53653	40022	26391	26391	15787	12252
			燃气	299488	177339	55190	55190	55190	55190	50942	46693	46693	33460	20226	20226	16136	12047	12047	12047	12047	6954	5256
		其他	汽油	110702	63695	16688	16688	16688	16688	17304	17920	17920	14173	10426	10426	9654	8883	8883	8883	8883	7426	6940
			柴油	15057	13772	12486	12486	12486	12486	10579	8672	8672	5894	3116	3116	3116	3116	2696	2276	2276	1646	1436
			燃气	19710	11888	4066	4066	4066	4066	3328	2589	2589	1925	1261	1261	1056	852	852	852	852	632	559
	中型	公交车	汽油	247738	247738	247738	247738	247141	168898	13606	13606	13606	13606	13606	13454	13303	13303	10876	8448	8448	8448	8448
			柴油	87806	87806	86086	82645	82645	64494	28192	28192	28192	20508	12823	12823	12823	12823	8958	5093	5093	4763	4653
			燃气	71579	71579	67602	59649	59649	57536	53311	53311	53311	42686	32061	32061	22219	22219	22154	22154	22154	22154	22154
		其他	汽油	128449	128449	128449	128449	127852	87529	8078	8078	8078	8078	8078	7932	7787	7787	6736	5685	5685	5685	5685
			柴油	30493	30493	28460	24394	24394	18567	6912	6912	6912	6506	6099	6099	6099	6099	3750	1402	1402	1243	1190
			燃气	34560	34560	32640	28800	28800	27780	25740	25740	25740	20623	15506	15506	10732	10732	9642	9642	9642	9642	9642
	大型	公交车	汽油	577046	577046	577046	577046	576449	388871	14910	14910	14910	14910	14910	14770	14630	14630	11864	9098	9098	9098	9098
			柴油	131708	131708	108010	60614	60614	60614	60614	60614	60614	43515	26416	26416	26416	26416	17675	8934	8934	5723	4653
			燃气	168926	168926	159541	140772	140772	135786	125815	125815	125815	100740	75665	75665	52438	52438	47188	47188	47188	47188	47188
		其他	汽油	1278344	1278344	1278344	1278344	1277747	860899	28396	28396	28396	28396	28396	22137	15878	15878	12688	9497	9497	9497	9497
			柴油	272891	272891	207397	76409	76409	76409	76409	76409	76409	55942	35476	35476	35476	35476	20706	5937	5937	5324	5119
			燃气	266186	266186	251398	221822	221822	213966	198253	198253	198253	158842	119430	119430	82662	82662	74261	74261	74261	74261	74261
载货汽车	微型		汽油	573198	303894	34591	34591	34591	34591	33052	31513	31513	29155	26797	26797	21720	16643	16643	16643	16643	14567	13875
			柴油	42623	39862	37100	37100	37100	37100	34274	31448	31448	22886	14324	14324	14324	14324	9812	5299	5299	3914	3453
			燃气	101912	53434	4957	4957	4957	4957	4667	4377	4377	3607	2837	2837	2236	1634	1634	1634	1634	1194	1048
	轻型		汽油	291158	170171	49184	49184	49184	49184	42056	34927	34927	31170	27414	27414	24068	20722	20722	20722	20722	18343	17550
			柴油	38659	37880	37100	37100	37100	37100	34274	31448	31448	22886	14324	14324	14324	14324	10950	7576	7576	6192	5730
			燃气	51839	31911	11984	11984	11984	11984	8515	5046	5046	4181	3316	3316	2652	1988	1988	1988	1988	1557	1414
	中型		汽油	647548	647548	647548	647548	646950	439451	25648	25648	25648	25648	25648	25508	25368	25368	19910	14452	14452	14452	14452
			柴油	147700	147700	137853	118160	118160	89933	33479	33479	33479	31508	29538	29538	29538	29538	21407	13276	13276	7899	6107
			燃气	167399	167399	158100	139502	139502	134559	124674	124674	124674	99886	75097	75097	101625	101625	49482	49482	49482	49482	49482
	重型		汽油	535213	535213	535213	535213	534616	360715	14109	14109	14109	14109	14109	11423	8737	8737	7400	6063	6063	6063	6063
			柴油	187645	187645	142610	52541	52541	52541	52541	52541	52541	38468	24394	24394	24394	24394	14954	5513	5513	3832	3272
			燃气	183035	183035	172867	152531	152531	147129	136324	136324	136324	109223	82122	82122	76759	76759	47467	47467	47467	47467	47467
低速汽车	三轮汽车			25300	25300	25300	25300	25300	25300	25300	25300	25300	16721	16721	16721	16721	16721	16721	16721	16721	16721	16721
	低速货车			33990	33990	33990	33990	33990	33990	33990	33990	33990	22464	22464	22464	22464	22464	22464	22464	22464	22464	22464
摩托车	普通摩托车			13290	13290	13290	13290	9918	6546	3504	3504	3504	3504	3504	2615	1726	1726	1726	1726	1726	1726	1726
	轻便摩托车			42978	42978	42978	42978	42978	8596	8596	4232	4232	4232	4232	3158	2084	2084	2084	2084	2084	2084	2084

八师 NO_x 排放系数

单位：克/（辆·年）

车辆类型		使用性质	燃料种类	1999年年底前	2000年	2001年	2002年	2003年	2004年	2005年	2006年	2007年	2008年	2009年	2010年	2011年	2012年	2013年	2014年	2015年	2016年	2017年
载客汽车	微型	出租车	汽油	344288	228255	112222	112222	112222	112222	81083	49944	49944	35740	21535	21535	17924	14314	14314	14314	14314	9580	8002
			燃气	159943	108322	56702	56702	56702	56702	42014	27325	27325	20376	13428	13428	10880	8332	8332	8332	8332	5072	3985
		其他	汽油	52632	32930	13229	13229	13229	13229	8224	3220	3220	2612	2004	2004	1667	1330	1330	1330	1330	976	858
			燃气	22925	13672	4420	4420	4420	4420	2888	1357	1357	1104	851	851	680	508	508	508	508	403	368
	小型	出租车	汽油	391743	254784	117824	117824	117824	117824	84314	50805	50805	36170	21535	21535	17128	12721	12721	12721	12721	8120	6587
			柴油	312449	260463	208477	208477	208477	208477	185796	163116	163116	129112	95107	95107	95107	95107	77979	60851	60851	47313	42800
			燃气	180871	120022	59172	59172	59172	59172	43438	27704	27704	20566	13428	13428	10529	7630	7630	7630	7630	4428	3361
		其他	汽油	49064	31246	13427	13427	13427	13427	8795	4163	4163	2848	1533	1533	1396	1258	1258	1258	1258	917	803
			柴油	32426	26539	20652	20652	20652	20652	19004	17357	17357	13586	9815	9815	9815	9815	8468	7121	7121	6175	5860
			燃气	21351	13628	5905	5905	5905	5905	3839	1773	1773	1208	644	644	560	476	476	476	476	377	344
	中型	公交车	汽油	442692	442692	442692	442692	442692	302432	21913	21913	21913	21913	21913	19652	17391	17391	13129	8867	8867	8867	8867
			柴油	368049	368049	367185	365456	365456	350932	321885	321885	321885	268114	214344	214344	214344	214344	174920	135496	135496	113441	106089
			燃气	390785	390785	386133	376828	376828	365139	341762	341762	341762	284439	227116	227116	143625	143625	112486	112486	112486	112486	112486
		其他	汽油	271410	271410	271410	271410	271410	184106	9499	9499	9499	9499	9499	9499	9499	9499	7125	4751	4751	4751	4751
			柴油	172598	172598	165393	150984	150984	149707	147153	147153	147153	125326	103499	103499	103499	103499	91898	80296	80296	68534	64613
			燃气	194900	194900	184072	162417	162417	160886	157824	157824	157824	134376	110928	110928	86408	86408	69408	69408	69408	69408	69408
	大型	公交车	汽油	1577089	1577089	1577089	1577089	1577089	1084436	99131	99131	99131	99131	99131	99044	98957	98957	74218	49480	49480	49480	49480
			柴油	522003	522003	505135	471400	471400	458006	431217	431217	431217	423446	415675	415675	415675	415675	400686	385697	385697	347688	335018
			燃气	1049536	1049536	991228	874613	874613	809711	679908	679908	679908	582555	485202	485202	451723	451723	391526	391526	391526	391526	391526
		其他	汽油	3764224	3764224	3764224	3764224	3764224	2588352	236608	236608	236608	236608	236608	227736	218863	218863	164322	109782	109782	109782	109782
			柴油	1250035	1250035	1217869	1153538	1153538	1126644	1072857	1072857	1072857	1035084	997311	997311	997311	997311	949445	901579	901579	797888	763325
			燃气	2326805	2326805	2197538	1939005	1939005	1795118	1507345	1507345	1507345	1292010	1076675	1076675	971344	971344	824099	824099	824099	824099	824099
载货汽车	微型		汽油	159442	93990	28538	28538	28538	28538	19147	9756	9756	7844	5933	5933	5338	4744	4744	4744	4744	3706	3360
			柴油	79372	65318	51264	51264	51264	51264	46169	41074	41074	34786	28499	28499	28499	28499	20852	13204	13204	11420	10826
			燃气	69448	39492	9535	9535	9535	9535	6823	4111	4111	3315	2519	2519	2166	1812	1812	1812	1812	1534	1441
	轻型		汽油	117863	75060	32258	32258	32258	32258	21514	10770	10770	8999	7228	7228	6056	4883	4883	4883	4883	3881	3547
			柴油	79656	65460	51264	51264	51264	51264	46169	41074	41074	34786	28499	28499	28499	28499	22768	17036	17036	15926	15556
			燃气	51290	32738	14187	14187	14187	14187	9387	4587	4587	3812	3036	3036	2442	1848	1848	1848	1848	1602	1520
	中型		汽油	544706	544706	544706	544706	544706	371875	26214	26214	26214	26214	26214	26214	26214	26214	19668	13123	13123	13123	13123
			柴油	779360	779360	699809	540707	540707	514153	461045	461045	461045	438918	416790	416790	416790	416790	365681	314572	314572	270876	256310
			燃气	880064	880064	780593	581651	581651	552593	494478	494478	494478	470592	446707	446707	338517	338517	275331	275331	275331	275331	275331
	重型		汽油	1421129	1421129	1421129	1421129	1421129	977195	89328	89328	89328	89328	89328	85978	82629	82629	62038	41446	41446	41446	41446
			柴油	699348	699348	675477	627735	627735	604517	558080	558080	558080	535701	513322	513322	513322	513322	446182	379042	379042	252640	210506
			燃气	1301761	1301761	1219565	1055172	1055172	964812	784092	784092	784092	669132	554171	554171	408373	408373	227266	227266	227266	227266	227266
低速汽车	三轮汽车			65550	65550	65550	65550	65550	65550	65550	65550	65550	53279	53279	53279	53279	53279	53279	53279	53279	53279	53279
	低速货车			88065	88065	88065	88065	88065	88065	88065	88065	88065	71579	71579	71579	71579	71579	71579	71579	71579	71579	71579
摩托车	普通摩托车			992	992	992	992	959	926	860	860	860	860	860	764	668	668	668	668	668	668	668
	轻便摩托车			661	661	661	661	661	331	331	331	331	331	331	294	257	257	257	257	257	257	257

八师 PM 排放系数

单位：克/（辆·年）

车辆类型		使用性质	燃料种类	1999年年底前	2000年	2001年	2002年	2003年	2004年	2005年	2006年	2007年	2008年	2009年	2010年	2011年	2012年	2013年	2014年	2015年	2016年	2017年
载客汽车	微型	出租车	汽油	—	—	—	—	—	—	—	—	—	—	—	—	—	—	—	—	—	—	—
			燃气	—	—	—	—	—	—	—	—	—	—	—	—	—	—	—	—	—	—	—
		其他	汽油	—	—	—	—	—	—	—	—	—	—	—	—	—	—	—	—	—	—	—
			燃气	—	—	—	—	—	—	—	—	—	—	—	—	—	—	—	—	—	—	—
	小型	出租车	汽油	—	—	—	—	—	—	—	—	—	—	—	—	—	—	—	—	—	—	—
			柴油	38900	35626	32351	32351	32351	32351	22086	11821	11821	7700	3578	3578	3578	3578	3325	3072	3072	2540	2363
			燃气	—	—	—	—	—	—	—	—	—	—	—	—	—	—	—	—	—	—	—
		其他	汽油	—	—	—	—	—	—	—	—	—	—	—	—	—	—	—	—	—	—	—
			柴油	4200	3975	3750	3750	3750	3750	2699	1648	1648	1206	765	765	765	765	642	518	518	518	518
			燃气	—	—	—	—	—	—	—	—	—	—	—	—	—	—	—	—	—	—	—
	中型	公交车	汽油	—	—	—	—	—	—	—	—	—	—	—	—	—	—	—	—	—	—	—
			柴油	30592	30592	28032	22913	22913	17978	8108	8108	8108	6872	5637	5637	5637	5637	3504	1372	1372	1080	983
			燃气	—	—	—	—	—	—	—	—	—	—	—	—	—	—	—	—	—	—	—
		其他	汽油	—	—	—	—	—	—	—	—	—	—	—	—	—	—	—	—	—	—	—
			柴油	15274	15274	12888	8116	8116	6262	2553	2553	2553	2434	2316	2316	2316	2316	1366	415	415	399	394
			燃气	—	—	—	—	—	—	—	—	—	—	—	—	—	—	—	—	—	—	—
	大型	公交车	汽油	—	—	—	—	—	—	—	—	—	—	—	—	—	—	—	—	—	—	—
			柴油	94865	94865	93934	92071	92071	71272	29674	29674	29674	19994	10315	10315	10315	10315	6116	1916	1916	1845	1821
			燃气	—	—	—	—	—	—	—	—	—	—	—	—	—	—	—	—	—	—	—
		其他	汽油	—	—	—	—	—	—	—	—	—	—	—	—	—	—	—	—	—	—	—
			柴油	142314	142314	133412	115607	115607	85425	25061	25061	25061	17182	9303	9303	9303	9303	5868	2433	2433	2343	2313
			燃气	—	—	—	—	—	—	—	—	—	—	—	—	—	—	—	—	—	—	—
载货汽车	微型		汽油	—	—	—	—	—	—	—	—	—	—	—	—	—	—	—	—	—	—	—
			柴油	8770	8588	8407	8407	8407	8407	6842	5278	5278	3917	2556	2556	2556	2556	1610	663	663	660	659
			燃气	—	—	—	—	—	—	—	—	—	—	—	—	—	—	—	—	—	—	—
	轻型		汽油	—	—	—	—	—	—	—	—	—	—	—	—	—	—	—	—	—	—	—
			柴油	9121	8764	8407	8407	8407	8407	6842	5278	5278	3917	2556	2556	2556	2556	1928	1299	1299	1072	997
			燃气	—	—	—	—	—	—	—	—	—	—	—	—	—	—	—	—	—	—	—
	中型		汽油	—	—	—	—	—	—	—	—	—	—	—	—	—	—	—	—	—	—	—
			柴油	69416	69416	58416	36416	36416	27980	11109	11109	11109	10524	9939	9939	9939	9939	6372	2806	2806	2570	2491
			燃气	—	—	—	—	—	—	—	—	—	—	—	—	—	—	—	—	—	—	—
	重型		汽油	—	—	—	—	—	—	—	—	—	—	—	—	—	—	—	—	—	—	—
			柴油	94215	94215	77438	43883	43883	34843	16763	16763	16763	11487	6211	6211	6211	6211	4128	2044	2044	1728	1622
			燃气	—	—	—	—	—	—	—	—	—	—	—	—	—	—	—	—	—	—	—
低速汽车	三轮汽车			4092	4092	4092	4092	4092	4092	4092	4092	4092	3220	3220	3220	3220	3220	3220	3220	3220	3220	3220
	低速货车			5581	5581	5581	5581	5581	5581	5581	5581	5581	4392	4392	4392	4392	4392	4392	4392	4392	4392	4392
摩托车	普通摩托车			—	—	—	—	—	—	—	—	—	—	—	—	—	—	—	—	—	—	—
	轻便摩托车			—	—	—	—	—	—	—	—	—	—	—	—	—	—	—	—	—	—	—

八师 VOCs 排放系数

单位：克/（辆·年）

车辆类型		使用性质	燃料种类	1999 年年底前	2000 年	2001 年	2002 年	2003 年	2004 年	2005 年	2006 年	2007 年	2008 年	2009 年	2010 年	2011 年	2012 年	2013 年	2014 年	2015 年	2016 年	2017 年
载客汽车	微型	出租车	汽油	1402242	810838	219433	219433	219433	219433	158008	96583	96583	76306	56029	56029	47342	38655	38655	38655	38655	30246	27443
			燃气	299488	180167	60846	60846	60846	60846	46244	31642	31642	25934	20226	20226	16136	12047	12047	12047	12047	7427	5887
		其他	汽油	106341	61488	16635	16635	16635	16635	16146	15658	15658	12846	10035	10035	9391	8747	8747	8747	8747	6898	6282
			燃气	19384	10917	2450	2450	2450	2450	2344	2238	2238	1670	1103	1103	998	893	893	893	893	600	502
	小型	出租车	汽油	1402242	796714	191185	191185	191185	191185	181474	171764	171764	113896	56029	56029	47342	38655	38655	38655	38655	27886	24296
			柴油	171453	161917	152381	152381	152381	152381	138984	125586	125586	89456	53325	53325	53325	53325	39776	26227	26227	15617	12080
			燃气	299488	177339	55190	55190	55190	55190	50942	46693	46693	33460	20226	20226	16136	12047	12047	12047	12047	6954	5256
		其他	汽油	107971	62104	16237	16237	16237	16237	16826	17414	17414	13729	10044	10044	9292	8539	8539	8539	8539	7058	6565
			柴油	14777	13524	12272	12272	12272	12272	10412	8552	8552	5830	3107	3107	3107	3107	2692	2277	2277	1636	1423
			燃气	19710	11888	4066	4066	4066	4066	3328	2589	2589	1925	1261	1261	1056	852	852	852	852	632	559
	中型	公交车	汽油	247389	247389	247389	247389	246792	168549	13257	13257	13257	13257	13257	13106	12954	12954	10526	8099	8099	8099	8099
			柴油	87806	87806	86086	82645	82645	64494	28192	28192	28192	20508	12823	12823	12823	12823	8958	5093	5093	4763	4653
			燃气	71579	71579	67602	59649	59649	57536	53311	53311	53311	42686	32061	32061	22219	22219	22154	22154	22154	22154	22154
		其他	汽油	128100	128100	128100	128100	127503	87180	7729	7729	7729	7729	7729	7584	7438	7438	6387	5336	5336	5336	5336
			柴油	30493	30493	28460	24394	24394	18567	6912	6912	6912	6506	6099	6099	6099	6099	3750	1402	1402	1243	1190
			燃气	34560	34560	32640	28800	28800	27780	25740	25740	25740	20623	15506	15506	10732	10732	9642	9642	9642	9642	9642
	大型	公交车	汽油	576697	576697	576697	576697	576100	388522	14561	14561	14561	14561	14561	14421	14281	14281	11515	8749	8749	8749	8749
			柴油	131708	131708	108010	60614	60614	60614	60614	60614	60614	43515	26416	26416	26416	26416	17675	8934	8934	5723	4653
			燃气	168926	168926	159541	140772	140772	135786	125815	125815	125815	100740	75665	75665	52438	52438	47188	47188	47188	47188	47188
		其他	汽油	1277995	1277995	1277995	1277995	1277398	860550	28047	28047	28047	28047	28047	21788	15530	15530	12339	9148	9148	9148	9148
			柴油	272891	272891	207397	76409	76409	76409	76409	76409	76409	55942	35476	35476	35476	35476	20706	5937	5937	5324	5119
			燃气	266186	266186	251398	221822	221822	213966	198253	198253	198253	158842	119430	119430	82662	82662	74261	74261	74261	74261	74261
载货汽车	微型		汽油	557248	295476	33703	33703	33703	33703	32188	30674	30674	28330	25986	25986	21042	16099	16099	16099	16099	14004	13305
			柴油	41806	39102	36397	36397	36397	36397	33616	30836	30836	22468	14099	14099	14099	14099	9680	5262	5262	3863	3397
			燃气	101576	53270	4964	4964	4964	4964	4674	4384	4384	3620	2856	2856	2250	1644	1644	1644	1644	1208	1063
	轻型		汽油	283325	165600	47876	47876	47876	47876	40933	33990	33990	30288	26585	26585	23322	20060	20060	20060	20060	17670	16874
			柴油	37955	37176	36397	36397	36397	36397	33616	30836	30836	22468	14099	14099	14099	14099	10786	7473	7473	6074	5608
			燃气	51721	31855	11989	11989	11989	11989	8521	5053	5053	4196	3338	3338	2670	2002	2002	2002	2002	1578	1437
	中型		汽油	647199	647199	647199	647199	646602	439102	25299	25299	25299	25299	25299	25159	25019	25019	19561	14103	14103	14103	14103
			柴油	147700	147700	137853	118160	118160	89933	33479	33479	33479	31508	29538	29538	29538	29538	21407	13276	13276	7899	6107
			燃气	167399	167399	158100	139502	139502	134559	124674	124674	124674	99886	75097	75097	101625	101625	49482	49482	49482	49482	49482
	重型		汽油	534864	534864	534864	534864	534266	360366	13760	13760	13760	13760	13760	11074	8387	8387	7050	5714	5714	5714	5714
			柴油	187645	187645	142610	52541	52541	52541	52541	52541	52541	38468	24394	24394	24394	24394	14954	5513	5513	3832	3272
			燃气	183035	183035	172867	152531	152531	147129	136324	136324	136324	109223	82122	82122	76759	76759	47467	47467	47467	47467	47467
低速汽车	三轮汽车			25300	25300	25300	25300	25300	25300	25300	25300	25300	16721	16721	16721	16721	16721	16721	16721	16721	16721	16721
	低速货车			33990	33990	33990	33990	33990	33990	33990	33990	33990	22464	22464	22464	22464	22464	22464	22464	22464	22464	22464
摩托车	普通摩托车			13290	13290	13290	13290	9918	6546	3504	3504	3504	3504	3504	2615	1726	1726	1726	1726	1726	1726	1726
	轻便摩托车			42978	42978	42978	42978	42978	8596	8596	4232	4232	4232	4232	3158	2084	2084	2084	2084	2084	2084	2084

九师 NO_x 排放系数

单位：克/（辆·年）

车辆类型		使用性质	燃料种类	1999年年底前	2000年	2001年	2002年	2003年	2004年	2005年	2006年	2007年	2008年	2009年	2010年	2011年	2012年	2013年	2014年	2015年	2016年	2017年
载客汽车	微型	出租车	汽油	344328	228280	112233	112233	112233	112233	81090	49948	49948	35742	21536	21536	17926	14315	14315	14315	14315	9581	8003
			燃气	159943	108322	56702	56702	56702	56702	42014	27325	27325	20376	13428	13428	10880	8332	8332	8332	8332	5072	3985
		其他	汽油	52638	32934	13231	13231	13231	13231	8226	3220	3220	2612	2004	2004	1667	1330	1330	1330	1330	976	858
			燃气	22925	13672	4420	4420	4420	4420	2888	1357	1357	1104	851	851	680	508	508	508	508	403	368
	小型	出租车	汽油	391788	254812	117836	117836	117836	117836	84323	50810	50810	36173	21536	21536	17129	12722	12722	12722	12722	8122	6588
			柴油	312470	260480	208490	208490	208490	208490	185808	163126	163126	129120	95113	95113	95113	95113	77984	60856	60856	47317	42804
			燃气	180871	120022	59172	59172	59172	59172	43438	27704	27704	20566	13428	13428	10529	7630	7630	7630	7630	4428	3361
		其他	汽油	49069	31249	13429	13429	13429	13429	8796	4163	4163	2848	1533	1533	1396	1258	1258	1258	1258	917	803
			柴油	32429	26541	20653	20653	20653	20653	19006	17358	17358	13587	9816	9816	9816	9816	8468	7121	7121	6176	5861
			燃气	21351	13628	5905	5905	5905	5905	3839	1773	1773	1208	644	644	560	476	476	476	476	377	344
	中型	公交车	汽油	442747	442747	442747	442747	442747	302470	21916	21916	21916	21916	21916	19655	17394	17394	13131	8868	8868	8868	8868
			柴油	368083	368083	367219	365490	365490	350965	321915	321915	321915	268140	214364	214364	214364	214364	174936	135509	135509	113452	106099
			燃气	390821	390821	386168	376863	376863	365173	341794	341794	341794	284466	227137	227137	143638	143638	112496	112496	112496	112496	112496
		其他	汽油	271444	271444	271444	271444	271444	184130	9501	9501	9501	9501	9501	9501	9501	9501	7126	4751	4751	4751	4751
			柴油	172614	172614	165409	150998	150998	149721	147167	147167	147167	125338	103509	103509	103509	103509	91906	80303	80303	68540	64619
			燃气	194918	194918	184089	162431	162431	160900	157839	157839	157839	134388	110938	110938	86416	86416	69415	69415	69415	69415	69415
	大型	公交车	汽油	1577287	1577287	1577287	1577287	1577287	1084573	99144	99144	99144	99144	99144	99057	98970	98970	74228	49486	49486	49486	49486
			柴油	522051	522051	505182	471443	471443	458048	431257	431257	431257	423485	415713	415713	415713	415713	400723	385733	385733	347719	335048
			燃气	1049633	1049633	991320	874694	874694	809786	679970	679970	679970	582608	485247	485247	451765	451765	391562	391562	391562	391562	391562
		其他	汽油	3764696	3764696	3764696	3764696	3764696	2588677	236638	236638	236638	236638	236638	227764	218890	218890	164342	109795	109795	109795	109795
			柴油	1250150	1250150	1217981	1153644	1153644	1126748	1072955	1072955	1072955	1035179	997403	997403	997403	997403	949532	901662	901662	797962	763395
			燃气	2327019	2327019	2197740	1939183	1939183	1795283	1507484	1507484	1507484	1292129	1076774	1076774	971434	971434	824175	824175	824175	824175	824175
载货汽车	微型		汽油	159461	94001	28541	28541	28541	28541	19149	9757	9757	7846	5934	5934	5340	4745	4745	4745	4745	3706	3360
			柴油	79378	65323	51268	51268	51268	51268	46173	41078	41078	34790	28501	28501	28501	28501	20853	13205	13205	11422	10827
			燃气	69449	39492	9535	9535	9535	9535	6823	4112	4112	3316	2520	2520	2166	1812	1812	1812	1812	1534	1441
	轻型		汽油	117877	75069	32261	32261	32261	32261	21516	10771	10771	9000	7229	7229	6056	4884	4884	4884	4884	3881	3547
			柴油	79662	65465	51268	51268	51268	51268	46173	41078	41078	34790	28501	28501	28501	28501	22769	17037	17037	15927	15557
			燃气	51291	32738	14186	14186	14186	14186	9387	4587	4587	3812	3037	3037	2442	1848	1848	1848	1848	1602	1520
	中型		汽油	544706	544706	544706	544706	544706	371875	26214	26214	26214	26214	26214	26214	26214	26214	19668	13123	13123	13123	13123
			柴油	779360	779360	699809	540707	540707	514153	461045	461045	461045	438918	416790	416790	416790	416790	365681	314572	314572	270876	256310
			燃气	880064	880064	780591	581647	581647	552591	494478	494478	494478	470591	446704	446704	338519	338519	275333	275333	275333	275333	275333
	重型		汽油	1421129	1421129	1421129	1421129	1421129	977195	89328	89328	89328	89328	89328	85978	82629	82629	62038	41446	41446	41446	41446
			柴油	699348	699348	675477	627735	627735	604517	558080	558080	558080	535701	513322	513322	513322	513322	446182	379042	379042	252640	210506
			燃气	1301761	1301761	1219564	1055172	1055172	964812	784093	784093	784093	669132	554171	554171	408373	408373	227266	227266	227266	227266	227266
低速汽车	三轮汽车			65550	65550	65550	65550	65550	65550	65550	65550	65550	53279	53279	53279	53279	53279	53279	53279	53279	53279	53279
	低速货车			88065	88065	88065	88065	88065	88065	88065	88065	88065	71579	71579	71579	71579	71579	71579	71579	71579	71579	71579
摩托车	普通摩托车			992	992	992	992	959	926	860	860	860	860	860	764	668	668	668	668	668	668	668
	轻便摩托车			661	661	661	661	661	331	331	331	331	331	331	294	257	257	257	257	257	257	257

九师 PM 排放系数

单位：克/（辆·年）

车辆类型		使用性质	燃料种类	1999年年底前	2000年	2001年	2002年	2003年	2004年	2005年	2006年	2007年	2008年	2009年	2010年	2011年	2012年	2013年	2014年	2015年	2016年	2017年
载客汽车	微型	出租车	汽油	—	—	—	—	—	—	—	—	—	—	—	—	—	—	—	—	—	—	—
			燃气	—	—	—	—	—	—	—	—	—	—	—	—	—	—	—	—	—	—	—
		其他	汽油	—	—	—	—	—	—	—	—	—	—	—	—	—	—	—	—	—	—	—
			燃气	—	—	—	—	—	—	—	—	—	—	—	—	—	—	—	—	—	—	—
	小型	出租车	汽油	—	—	—	—	—	—	—	—	—	—	—	—	—	—	—	—	—	—	—
			柴油	38900	35626	32351	32351	32351	32351	22086	11821	11821	7700	3578	3578	3578	3578	3325	3072	3072	2540	2363
			燃气	—	—	—	—	—	—	—	—	—	—	—	—	—	—	—	—	—	—	—
		其他	汽油	—	—	—	—	—	—	—	—	—	—	—	—	—	—	—	—	—	—	—
			柴油	4200	3975	3750	3750	3750	3750	2699	1648	1648	1206	765	765	765	765	642	518	518	518	518
			燃气	—	—	—	—	—	—	—	—	—	—	—	—	—	—	—	—	—	—	—
	中型	公交车	汽油	—	—	—	—	—	—	—	—	—	—	—	—	—	—	—	—	—	—	—
			柴油	30592	30592	28032	22913	22913	17978	8108	8108	8108	6872	5637	5637	5637	5637	3504	1372	1372	1080	983
			燃气	—	—	—	—	—	—	—	—	—	—	—	—	—	—	—	—	—	—	—
		其他	汽油	—	—	—	—	—	—	—	—	—	—	—	—	—	—	—	—	—	—	—
			柴油	15274	15274	12888	8116	8116	6262	2553	2553	2553	2434	2316	2316	2316	2316	1366	415	415	399	394
			燃气	—	—	—	—	—	—	—	—	—	—	—	—	—	—	—	—	—	—	—
	大型	公交车	汽油	—	—	—	—	—	—	—	—	—	—	—	—	—	—	—	—	—	—	—
			柴油	94865	94865	93934	92071	92071	71272	29674	29674	29674	19994	10315	10315	10315	10315	6116	1916	1916	1845	1821
			燃气	—	—	—	—	—	—	—	—	—	—	—	—	—	—	—	—	—	—	—
		其他	汽油	—	—	—	—	—	—	—	—	—	—	—	—	—	—	—	—	—	—	—
			柴油	142314	142314	133412	115607	115607	85425	25061	25061	25061	17182	9303	9303	9303	9303	5868	2433	2433	2343	2313
			燃气	—	—	—	—	—	—	—	—	—	—	—	—	—	—	—	—	—	—	—
载货汽车	微型		汽油	—	—	—	—	—	—	—	—	—	—	—	—	—	—	—	—	—	—	—
			柴油	8770	8588	8407	8407	8407	8407	6842	5278	5278	3917	2556	2556	2556	2556	1610	663	663	660	659
			燃气	—	—	—	—	—	—	—	—	—	—	—	—	—	—	—	—	—	—	—
	轻型		汽油	—	—	—	—	—	—	—	—	—	—	—	—	—	—	—	—	—	—	—
			柴油	9121	8764	8407	8407	8407	8407	6842	5278	5278	3917	2556	2556	2556	2556	1928	1299	1299	1072	997
			燃气	—	—	—	—	—	—	—	—	—	—	—	—	—	—	—	—	—	—	—
	中型		汽油	—	—	—	—	—	—	—	—	—	—	—	—	—	—	—	—	—	—	—
			柴油	69416	69416	58416	36416	36416	27980	11109	11109	11109	10524	9939	9939	9939	9939	6372	2806	2806	2570	2491
			燃气	—	—	—	—	—	—	—	—	—	—	—	—	—	—	—	—	—	—	—
	重型		汽油	—	—	—	—	—	—	—	—	—	—	—	—	—	—	—	—	—	—	—
			柴油	94215	94215	77438	43883	43883	34843	16763	16763	16763	11487	6211	6211	6211	6211	4128	2044	2044	1728	1622
			燃气	—	—	—	—	—	—	—	—	—	—	—	—	—	—	—	—	—	—	—
低速汽车	三轮汽车			4092	4092	4092	4092	4092	4092	4092	4092	4092	3220	3220	3220	3220	3220	3220	3220	3220	3220	3220
	低速货车			5581	5581	5581	5581	5581	5581	5581	5581	5581	4392	4392	4392	4392	4392	4392	4392	4392	4392	4392
摩托车	普通摩托车			—	—	—	—	—	—	—	—	—	—	—	—	—	—	—	—	—	—	—
	轻便摩托车			—	—	—	—	—	—	—	—	—	—	—	—	—	—	—	—	—	—	—

九师 VOCs 排放系数

单位：克/（辆·年）

车辆类型		使用性质	燃料种类	1999 年年底前	2000 年	2001 年	2002 年	2003 年	2004 年	2005 年	2006 年	2007 年	2008 年	2009 年	2010 年	2011 年	2012 年	2013 年	2014 年	2015 年	2016 年	2017 年
载客汽车	微型	出租车	汽油	1394787	806764	218740	218740	218740	218740	157646	96551	96551	76371	56191	56191	47532	38872	38872	38872	38872	30479	27681
			燃气	299488	180167	60846	60846	60846	60846	46244	31642	31642	25934	20226	20226	16136	12047	12047	12047	12047	7427	5887
		其他	汽油	106165	61554	16944	16944	16944	16944	16456	15968	15968	13170	10371	10371	9730	9089	9089	9089	9089	7246	6631
			燃气	19384	10917	2450	2450	2450	2450	2344	2238	2238	1670	1103	1103	998	893	893	893	893	600	502
	小型	出租车	汽油	1394787	792721	190655	190655	190655	190655	180976	171298	171298	113744	56191	56191	47532	38872	38872	38872	38872	28132	24552
			柴油	172711	163127	153543	153543	153543	153543	140101	126659	126659	90098	53536	53536	53536	53536	39940	26343	26343	15728	12190
			燃气	299488	177339	55190	55190	55190	55190	50942	46693	46693	33460	20226	20226	16136	12047	12047	12047	12047	6954	5256
		其他	汽油	107785	62166	16548	16548	16548	16548	17131	17714	17714	14046	10379	10379	9630	8882	8882	8882	8882	7404	6912
			柴油	14974	13702	12431	12431	12431	12431	10544	8657	8657	5895	3133	3133	3133	3133	2716	2298	2298	1655	1441
			燃气	19710	11888	4066	4066	4066	4066	3328	2589	2589	1925	1261	1261	1056	852	852	852	852	632	559
	中型	公交车	汽油	247752	247752	247752	247752	247155	168912	13619	13619	13619	13619	13619	13468	13316	13316	10889	8462	8462	8462	8462
			柴油	87806	87806	86086	82645	82645	64494	28192	28192	28192	20508	12823	12823	12823	12823	8958	5093	5093	4763	4653
			燃气	71579	71579	67602	59649	59649	57536	53311	53311	53311	42686	32061	32061	22219	22219	22154	22154	22154	22154	22154
		其他	汽油	128462	128462	128462	128462	127865	87543	8092	8092	8092	8092	8092	7946	7801	7801	6750	5698	5698	5698	5698
			柴油	30493	30493	28460	24394	24394	18567	6912	6912	6912	6506	6099	6099	6099	6099	3750	1402	1402	1243	1190
			燃气	34560	34560	32640	28800	28800	27780	25740	25740	25740	20623	15506	15506	10732	10732	9642	9642	9642	9642	9642
	大型	公交车	汽油	577060	577060	577060	577060	576463	388885	14923	14923	14923	14923	14923	14783	14643	14643	11877	9111	9111	9111	9111
			柴油	131708	131708	108010	60614	60614	60614	60614	60614	60614	43515	26416	26416	26416	26416	17675	8934	8934	5723	4653
			燃气	168926	168926	159541	140772	140772	135786	125815	125815	125815	100740	75665	75665	52438	52438	47188	47188	47188	47188	47188
		其他	汽油	1278358	1278358	1278358	1278358	1277761	860913	28410	28410	28410	28410	28410	22151	15892	15892	12701	9510	9510	9510	9510
			柴油	272891	272891	207397	76409	76409	76409	76409	76409	76409	55942	35476	35476	35476	35476	20706	5937	5937	5324	5119
			燃气	266186	266186	251398	221822	221822	213966	198253	198253	198253	158842	119430	119430	82662	82662	74261	74261	74261	74261	74261
载货汽车	微型		汽油	554490	294210	33929	33929	33929	33929	32419	30909	30909	28574	26238	26238	21320	16402	16402	16402	16402	14312	13615
			柴油	42313	39576	36838	36838	36838	36838	34031	31224	31224	22737	14250	14250	14250	14250	9778	5305	5305	3906	3439
			燃气	101241	53073	4906	4906	4906	4906	4619	4332	4332	3561	2791	2791	2201	1612	1612	1612	1612	1176	1031
	轻型		汽油	282147	165084	48020	48020	48020	48020	41113	34206	34206	30520	26834	26834	23588	20341	20341	20341	20341	17958	17163
			柴油	38397	37618	36838	36838	36838	36838	34031	31224	31224	22737	14250	14250	14250	14250	10902	7554	7554	6155	5689
			燃气	51595	31697	11799	11799	11799	11799	8399	4999	4999	4130	3260	3260	2606	1951	1951	1951	1951	1529	1388
	中型		汽油	647562	647562	647562	647562	646964	439465	25661	25661	25661	25661	25661	25522	25382	25382	19924	14466	14466	14466	14466
			柴油	147700	147700	137853	118160	118160	89933	33479	33479	33479	31508	29538	29538	29538	29538	21407	13276	13276	7899	6107
			燃气	167399	167399	158100	139502	139502	134559	124674	124674	124674	99886	75097	75097	101625	101625	49482	49482	49482	49482	49482
	重型		汽油	535227	535227	535227	535227	534629	360728	14123	14123	14123	14123	14123	11436	8750	8750	7414	6077	6077	6077	6077
			柴油	187645	187645	142610	52541	52541	52541	52541	52541	52541	38468	24394	24394	24394	24394	14954	5513	5513	3832	3272
			燃气	183035	183035	172867	152531	152531	147129	136324	136324	136324	109223	82122	82122	76759	76759	47467	47467	47467	47467	47467
低速汽车	三轮汽车			25300	25300	25300	25300	25300	25300	25300	25300	25300	16721	16721	16721	16721	16721	16721	16721	16721	16721	16721
	低速货车			33990	33990	33990	33990	33990	33990	33990	33990	33990	22464	22464	22464	22464	22464	22464	22464	22464	22464	22464
摩托车	普通摩托车			13290	13290	13290	13290	9918	6546	3504	3504	3504	3504	3504	2615	1726	1726	1726	1726	1726	1726	1726
	轻便摩托车			42978	42978	42978	42978	42978	8596	8596	4232	4232	4232	4232	3158	2084	2084	2084	2084	2084	2084	2084

十师 NO_x 排放系数

单位：克/（辆·年）

车辆类型		使用性质	燃料种类	1999年年底前	2000年	2001年	2002年	2003年	2004年	2005年	2006年	2007年	2008年	2009年	2010年	2011年	2012年	2013年	2014年	2015年	2016年	2017年
载客汽车	微型	出租车	汽油	344328	228280	112233	112233	112233	112233	81090	49948	49948	35742	21536	21536	17926	14315	14315	14315	14315	9581	8003
			燃气	159943	108322	56702	56702	56702	56702	42014	27325	27325	20376	13428	13428	10880	8332	8332	8332	8332	5072	3985
		其他	汽油	52638	32934	13231	13231	13231	13231	8226	3220	3220	2612	2004	2004	1667	1330	1330	1330	1330	976	858
			燃气	22925	13672	4420	4420	4420	4420	2888	1357	1357	1104	851	851	680	508	508	508	508	403	368
	小型	出租车	汽油	391788	254812	117836	117836	117836	117836	84323	50810	50810	36173	21536	21536	17129	12722	12722	12722	12722	8122	6588
			柴油	312470	260480	208490	208490	208490	208490	185808	163126	163126	129120	95113	95113	95113	95113	77984	60856	60856	47317	42804
			燃气	180871	120022	59172	59172	59172	59172	43438	27704	27704	20566	13428	13428	10529	7630	7630	7630	7630	4428	3361
		其他	汽油	49069	31249	13429	13429	13429	13429	8796	4163	4163	2848	1533	1533	1396	1258	1258	1258	1258	917	803
			柴油	32429	26541	20653	20653	20653	20653	19006	17358	17358	13587	9816	9816	9816	9816	8468	7121	7121	6176	5861
			燃气	21351	13628	5905	5905	5905	5905	3839	1773	1773	1208	644	644	560	476	476	476	476	377	344
	中型	公交车	汽油	442747	442747	442747	442747	442747	302470	21916	21916	21916	21916	21916	19655	17394	17394	13131	8868	8868	8868	8868
			柴油	368083	368083	367219	365490	365490	350965	321915	321915	321915	268140	214364	214364	214364	214364	174936	135509	135509	113452	106099
			燃气	390821	390821	386168	376863	376863	365173	341794	341794	341794	284466	227137	227137	143638	143638	112496	112496	112496	112496	112496
		其他	汽油	271444	271444	271444	271444	271444	184130	9501	9501	9501	9501	9501	9501	9501	9501	7126	4751	4751	4751	4751
			柴油	172614	172614	165409	150998	150998	149721	147167	147167	147167	125338	103509	103509	103509	103509	91906	80303	80303	68540	64619
			燃气	194918	194918	184089	162431	162431	160900	157839	157839	157839	134388	110938	110938	86416	86416	69415	69415	69415	69415	69415
	大型	公交车	汽油	1577287	1577287	1577287	1577287	1577287	1084573	99144	99144	99144	99144	99144	99057	98970	98970	74228	49486	49486	49486	49486
			柴油	522051	522051	505182	471443	471443	458048	431257	431257	431257	423485	415713	415713	415713	415713	400723	385733	385733	347719	335048
			燃气	1049633	1049633	991320	874694	874694	809786	679970	679970	679970	582608	485247	485247	451765	451765	391562	391562	391562	391562	391562
		其他	汽油	3764696	3764696	3764696	3764696	3764696	2588677	236638	236638	236638	236638	236638	227764	218890	218890	164342	109795	109795	109795	109795
			柴油	1250150	1250150	1217981	1153644	1153644	1126748	1072955	1072955	1072955	1035179	997403	997403	997403	997403	949532	901662	901662	797962	763395
			燃气	2327019	2327019	2197740	1939183	1939183	1795283	1507484	1507484	1507484	1292129	1076774	1076774	971434	971434	824175	824175	824175	824175	824175
载货汽车	微型		汽油	159461	94001	28541	28541	28541	28541	19149	9757	9757	7846	5934	5934	5340	4745	4745	4745	4745	3706	3360
			柴油	79378	65323	51268	51268	51268	51268	46173	41078	41078	34790	28501	28501	28501	28501	20853	13205	13205	11422	10827
			燃气	69449	39492	9535	9535	9535	9535	6823	4112	4112	3316	2520	2520	2166	1812	1812	1812	1812	1534	1441
	轻型		汽油	117877	75069	32261	32261	32261	32261	21516	10771	10771	9000	7229	7229	6056	4884	4884	4884	4884	3881	3547
			柴油	79662	65465	51268	51268	51268	51268	46173	41078	41078	34790	28501	28501	28501	28501	22769	17037	17037	15927	15557
			燃气	51291	32738	14186	14186	14186	14186	9387	4587	4587	3812	3037	3037	2442	1848	1848	1848	1848	1602	1520
	中型		汽油	544706	544706	544706	544706	544706	371875	26214	26214	26214	26214	26214	26214	26214	26214	19668	13123	13123	13123	13123
			柴油	779360	779360	699809	540707	540707	514153	461045	461045	461045	438918	416790	416790	416790	416790	365681	314572	314572	270876	256310
			燃气	880064	880064	780591	581647	581647	552591	494478	494478	494478	470591	446704	446704	338519	338519	275333	275333	275333	275333	275333
	重型		汽油	1421129	1421129	1421129	1421129	1421129	977195	89328	89328	89328	89328	89328	85978	82629	82629	62038	41446	41446	41446	41446
			柴油	699348	699348	675477	627735	627735	604517	558080	558080	558080	535701	513322	513322	513322	513322	446182	379042	379042	252640	210506
			燃气	1301761	1301761	1219564	1055172	1055172	964812	784093	784093	784093	669132	554171	554171	408373	408373	227266	227266	227266	227266	227266
低速汽车	三轮汽车			65550	65550	65550	65550	65550	65550	65550	65550	65550	53279	53279	53279	53279	53279	53279	53279	53279	53279	53279
	低速货车			88065	88065	88065	88065	88065	88065	88065	88065	88065	71579	71579	71579	71579	71579	71579	71579	71579	71579	71579
摩托车	普通摩托车			992	992	992	992	959	926	860	860	860	860	860	764	668	668	668	668	668	668	668
	轻便摩托车			661	661	661	661	661	331	331	331	331	331	331	294	257	257	257	257	257	257	257

十师 PM 排放系数

单位：克/（辆·年）

车辆类型		使用性质	燃料种类	1999 年年底前	2000 年	2001 年	2002 年	2003 年	2004 年	2005 年	2006 年	2007 年	2008 年	2009 年	2010 年	2011 年	2012 年	2013 年	2014 年	2015 年	2016 年	2017 年
载客汽车	微型	出租车	汽油	—	—	—	—	—	—	—	—	—	—	—	—	—	—	—	—	—	—	—
			燃气	—	—	—	—	—	—	—	—	—	—	—	—	—	—	—	—	—	—	—
		其他	汽油	—	—	—	—	—	—	—	—	—	—	—	—	—	—	—	—	—	—	—
			燃气	—	—	—	—	—	—	—	—	—	—	—	—	—	—	—	—	—	—	—
	小型	出租车	汽油	—	—	—	—	—	—	—	—	—	—	—	—	—	—	—	—	—	—	—
			柴油	38900	35626	32351	32351	32351	32351	22086	11821	11821	7700	3578	3578	3578	3578	3325	3072	3072	2540	2363
			燃气	—	—	—	—	—	—	—	—	—	—	—	—	—	—	—	—	—	—	—
		其他	汽油	—	—	—	—	—	—	—	—	—	—	—	—	—	—	—	—	—	—	—
			柴油	4200	3975	3750	3750	3750	3750	2699	1648	1648	1206	765	765	765	765	642	518	518	518	518
			燃气	—	—	—	—	—	—	—	—	—	—	—	—	—	—	—	—	—	—	—
	中型	公交车	汽油	—	—	—	—	—	—	—	—	—	—	—	—	—	—	—	—	—	—	—
			柴油	30592	30592	28032	22913	22913	17978	8108	8108	8108	6872	5637	5637	5637	5637	3504	1372	1372	1080	983
			燃气	—	—	—	—	—	—	—	—	—	—	—	—	—	—	—	—	—	—	—
		其他	汽油	—	—	—	—	—	—	—	—	—	—	—	—	—	—	—	—	—	—	—
			柴油	15274	15274	12888	8116	8116	6262	2553	2553	2553	2434	2316	2316	2316	2316	1366	415	415	399	394
			燃气	—	—	—	—	—	—	—	—	—	—	—	—	—	—	—	—	—	—	—
	大型	公交车	汽油	—	—	—	—	—	—	—	—	—	—	—	—	—	—	—	—	—	—	—
			柴油	94865	94865	93934	92071	92071	71272	29674	29674	29674	19994	10315	10315	10315	10315	6116	1916	1916	1845	1821
			燃气	—	—	—	—	—	—	—	—	—	—	—	—	—	—	—	—	—	—	—
		其他	汽油	—	—	—	—	—	—	—	—	—	—	—	—	—	—	—	—	—	—	—
			柴油	142314	142314	133412	115607	115607	85425	25061	25061	25061	17182	9303	9303	9303	9303	5868	2433	2433	2343	2313
			燃气	—	—	—	—	—	—	—	—	—	—	—	—	—	—	—	—	—	—	—
载货汽车	微型		汽油	—	—	—	—	—	—	—	—	—	—	—	—	—	—	—	—	—	—	—
			柴油	8770	8588	8407	8407	8407	8407	6842	5278	5278	3917	2556	2556	2556	2556	1610	663	663	660	659
			燃气	—	—	—	—	—	—	—	—	—	—	—	—	—	—	—	—	—	—	—
	轻型		汽油	—	—	—	—	—	—	—	—	—	—	—	—	—	—	—	—	—	—	—
			柴油	9121	8764	8407	8407	8407	8407	6842	5278	5278	3917	2556	2556	2556	2556	1928	1299	1299	1072	997
			燃气	—	—	—	—	—	—	—	—	—	—	—	—	—	—	—	—	—	—	—
	中型		汽油	—	—	—	—	—	—	—	—	—	—	—	—	—	—	—	—	—	—	—
			柴油	69416	69416	58416	36416	36416	27980	11109	11109	11109	10524	9939	9939	9939	9939	6372	2806	2806	2570	2491
			燃气	—	—	—	—	—	—	—	—	—	—	—	—	—	—	—	—	—	—	—
	重型		汽油	—	—	—	—	—	—	—	—	—	—	—	—	—	—	—	—	—	—	—
			柴油	94215	94215	77438	43883	43883	34843	16763	16763	16763	11487	6211	6211	6211	6211	4128	2044	2044	1728	1622
			燃气	—	—	—	—	—	—	—	—	—	—	—	—	—	—	—	—	—	—	—
低速汽车	三轮汽车			4092	4092	4092	4092	4092	4092	4092	4092	4092	3220	3220	3220	3220	3220	3220	3220	3220	3220	3220
	低速货车			5581	5581	5581	5581	5581	5581	5581	5581	5581	4392	4392	4392	4392	4392	4392	4392	4392	4392	4392
摩托车	普通摩托车			—	—	—	—	—	—	—	—	—	—	—	—	—	—	—	—	—	—	—
	轻便摩托车			—	—	—	—	—	—	—	—	—	—	—	—	—	—	—	—	—	—	—

十师 VOCs 排放系数

单位：克/（辆·年）

车辆类型		使用性质	燃料种类	1999 年年底前	2000 年	2001 年	2002 年	2003 年	2004 年	2005 年	2006 年	2007 年	2008 年	2009 年	2010 年	2011 年	2012 年	2013 年	2014 年	2015 年	2016 年	2017 年
载客汽车	微型	出租车	汽油	1394787	806764	218740	218740	218740	218740	157646	96551	96551	76371	56191	56191	47532	38872	38872	38872	38872	30479	27681
			燃气	299488	180167	60846	60846	60846	60846	46244	31642	31642	25934	20226	20226	16136	12047	12047	12047	12047	7427	5887
		其他	汽油	106165	61554	16944	16944	16944	16944	16456	15968	15968	13170	10371	10371	9730	9089	9089	9089	9089	7246	6631
			燃气	19384	10917	2450	2450	2450	2450	2344	2238	2238	1670	1103	1103	998	893	893	893	893	600	502
	小型	出租车	汽油	1394787	792721	190655	190655	190655	190655	180976	171298	171298	113744	56191	56191	47532	38872	38872	38872	38872	28132	24552
			柴油	172711	163127	153543	153543	153543	153543	140101	126659	126659	90098	53536	53536	53536	53536	39940	26343	26343	15728	12190
			燃气	299488	177339	55190	55190	55190	55190	50942	46693	46693	33460	20226	20226	16136	12047	12047	12047	12047	6954	5256
		其他	汽油	107785	62166	16548	16548	16548	16548	17131	17714	17714	14046	10379	10379	9630	8882	8882	8882	8882	7404	6912
			柴油	14974	13702	12431	12431	12431	12431	10544	8657	8657	5895	3133	3133	3133	3133	2716	2298	2298	1655	1441
			燃气	19710	11888	4066	4066	4066	4066	3328	2589	2589	1925	1261	1261	1056	852	852	852	852	632	559
	中型	公交车	汽油	247752	247752	247752	247752	247155	168912	13619	13619	13619	13619	13619	13468	13316	13316	10889	8462	8462	8462	8462
			柴油	87806	87806	86086	82645	82645	64494	28192	28192	28192	20508	12823	12823	12823	12823	8958	5093	5093	4763	4653
			燃气	71579	71579	67602	59649	59649	57536	53311	53311	53311	42686	32061	32061	22219	22219	22154	22154	22154	22154	22154
		其他	汽油	128462	128462	128462	128462	127865	87543	8092	8092	8092	8092	8092	7946	7801	7801	6750	5698	5698	5698	5698
			柴油	30493	30493	28460	24394	24394	18567	6912	6912	6912	6506	6099	6099	6099	6099	3750	1402	1402	1243	1190
			燃气	34560	34560	32640	28800	28800	27780	25740	25740	25740	20623	15506	15506	10732	10732	9642	9642	9642	9642	9642
	大型	公交车	汽油	577060	577060	577060	577060	576463	388885	14923	14923	14923	14923	14923	14783	14643	14643	11877	9111	9111	9111	9111
			柴油	131708	131708	108010	60614	60614	60614	60614	60614	60614	43515	26416	26416	26416	26416	17675	8934	8934	5723	4653
			燃气	168926	168926	159541	140772	140772	135786	125815	125815	125815	100740	75665	75665	52438	52438	47188	47188	47188	47188	47188
		其他	汽油	1278358	1278358	1278358	1278358	1277761	860913	28410	28410	28410	28410	28410	22151	15892	15892	12701	9510	9510	9510	9510
			柴油	272891	272891	207397	76409	76409	76409	76409	76409	76409	55942	35476	35476	35476	35476	20706	5937	5937	5324	5119
			燃气	266186	266186	251398	221822	221822	213966	198253	198253	198253	158842	119430	119430	82662	82662	74261	74261	74261	74261	74261
载货汽车	微型		汽油	554490	294210	33929	33929	33929	33929	32419	30909	30909	28574	26238	26238	21320	16402	16402	16402	16402	14312	13615
			柴油	42313	39576	36838	36838	36838	36838	34031	31224	31224	22737	14250	14250	14250	14250	9778	5305	5305	3906	3439
			燃气	101241	53073	4906	4906	4906	4906	4619	4332	4332	3561	2791	2791	2201	1612	1612	1612	1612	1176	1031
	轻型		汽油	282147	165084	48020	48020	48020	48020	41113	34206	34206	30520	26834	26834	23588	20341	20341	20341	20341	17958	17163
			柴油	38397	37618	36838	36838	36838	36838	34031	31224	31224	22737	14250	14250	14250	14250	10902	7554	7554	6155	5689
			燃气	51595	31697	11799	11799	11799	11799	8399	4999	4999	4130	3260	3260	2606	1951	1951	1951	1951	1529	1388
	中型		汽油	647562	647562	647562	647562	646964	439465	25661	25661	25661	25661	25661	25522	25382	25382	19924	14466	14466	14466	14466
			柴油	147700	147700	137853	118160	118160	89933	33479	33479	33479	31508	29538	29538	29538	29538	21407	13276	13276	7899	6107
			燃气	167399	167399	158100	139502	139502	134559	124674	124674	124674	99886	75097	75097	101625	101625	49482	49482	49482	49482	49482
	重型		汽油	535227	535227	535227	535227	534629	360728	14123	14123	14123	14123	14123	11436	8750	8750	7414	6077	6077	6077	6077
			柴油	187645	187645	142610	52541	52541	52541	52541	52541	52541	38468	24394	24394	24394	24394	14954	5513	5513	3832	3272
			燃气	183035	183035	172867	152531	152531	147129	136324	136324	136324	109223	82122	82122	76759	76759	47467	47467	47467	47467	47467
低速汽车	三轮汽车			25300	25300	25300	25300	25300	25300	25300	25300	25300	16721	16721	16721	16721	16721	16721	16721	16721	16721	16721
	低速货车			33990	33990	33990	33990	33990	33990	33990	33990	33990	22464	22464	22464	22464	22464	22464	22464	22464	22464	22464
摩托车	普通摩托车			13290	13290	13290	13290	9918	6546	3504	3504	3504	3504	3504	2615	1726	1726	1726	1726	1726	1726	1726
	轻便摩托车			42978	42978	42978	42978	42978	8596	8596	4232	4232	4232	4232	3158	2084	2084	2084	2084	2084	2084	2084

十二师 NO_x 排放系数

单位：克/（辆·年）

车辆类型		使用性质	燃料种类	1999年年底前	2000年	2001年	2002年	2003年	2004年	2005年	2006年	2007年	2008年	2009年	2010年	2011年	2012年	2013年	2014年	2015年	2016年	2017年
载客汽车	微型	出租车	汽油	473015	313730	154446	154446	154446	154446	112040	69634	69634	50236	30838	30838	26079	21320	21320	21320	21320	14122	11722
			燃气	220965	149968	78971	78971	78971	78971	58842	38712	38712	29120	19528	19528	16004	12480	12480	12480	12480	7516	5861
		其他	汽油	59011	36910	14808	14808	14808	14808	9166	3525	3525	2852	2179	2179	1880	1582	1582	1582	1582	1172	1036
			燃气	25741	15338	4936	4936	4936	4936	3214	1492	1492	1210	929	929	774	619	619	619	619	490	447
	小型	出租车	汽油	537802	349900	161998	161998	161998	161998	116396	70795	70795	50816	30838	30838	24879	18920	18920	18920	18920	11970	9653
			柴油	448539	374502	300466	300466	300466	300466	268430	236394	236394	187407	138420	138420	138420	138420	113310	88199	88199	69837	63716
			燃气	249540	165921	82302	82302	82302	82302	60763	39224	39224	29376	19528	19528	15474	11421	11421	11421	11421	6567	4949
		其他	汽油	54995	35013	15031	15031	15031	15031	9810	4589	4589	3119	1649	1649	1568	1488	1488	1488	1488	1098	968
			柴油	38371	31350	24329	24329	24329	24329	22394	20459	20459	16058	11657	11657	11657	11657	10074	8490	8490	7550	7236
			燃气	23969	15291	6613	6613	6613	6613	4287	1961	1961	1328	695	695	636	578	578	578	578	457	417
	中型	公交车	汽油	460945	460945	460945	460945	460945	314902	22817	22817	22817	22817	22817	20463	18109	18109	13671	9233	9233	9233	9233
			柴油	383236	383236	382336	380537	380537	365414	335168	335168	335168	279178	223189	223189	223189	223189	182138	141088	141088	118122	110467
			燃气	406910	406910	402066	392378	392378	380207	355865	355865	355865	296176	236488	236488	149552	149552	117128	117128	117128	117128	117128
		其他	汽油	271379	271379	271379	271379	271379	184085	9498	9498	9498	9498	9498	9498	9498	9498	7124	4750	4750	4750	4750
			柴油	172584	172584	165380	150971	150971	149694	147141	147141	147141	125316	103490	103490	103490	103490	91890	80289	80289	68528	64607
			燃气	194884	194884	184057	162403	162403	160872	157811	157811	157811	134365	110919	110919	86401	86401	69402	69402	69402	69402	69402
	大型	公交车	汽油	1642118	1642118	1642118	1642118	1642118	1129152	103219	103219	103219	103219	103219	103128	103038	103038	77279	51520	51520	51520	51520
			柴油	543543	543543	525979	490852	490852	476905	449011	449011	449011	440920	432828	432828	432828	432828	417220	401613	401613	362035	348842
			燃气	1092845	1092845	1032131	910704	910704	843124	707964	707964	707964	606594	505224	505224	470364	470364	407682	407682	407682	407682	407682
		其他	汽油	3763796	3763796	3763796	3763796	3763796	2588058	236581	236581	236581	236581	236581	227710	218838	218838	164304	109769	109769	109769	109769
			柴油	1249931	1249931	1217768	1153442	1153442	1126550	1072767	1072767	1072767	1034997	997227	997227	997227	997227	949366	901504	901504	797822	763261
			燃气	2326611	2326611	2197355	1938842	1938842	1794968	1507219	1507219	1507219	1291902	1076585	1076585	971263	971263	824030	824030	824030	824030	824030
载货汽车	微型		汽油	199334	116968	34601	34601	34601	34601	23234	11866	11866	9550	7234	7234	6485	5736	5736	5736	5736	4480	4061
			柴油	103823	85412	67001	67001	67001	67001	60300	53600	53600	45488	37375	37375	37375	37375	27328	17282	17282	14992	14229
			燃气	86951	49242	11534	11534	11534	11534	8278	5022	5022	4053	3084	3084	2664	2244	2244	2244	2244	1875	1752
	轻型		汽油	142325	90708	39091	39091	39091	39091	26090	13090	13090	10944	8798	8798	7351	5904	5904	5904	5904	4691	4287
			柴油	104196	85598	67001	67001	67001	67001	60300	53600	53600	45488	37375	37375	37375	37375	29850	22325	22325	20922	20455
			燃气	62031	39615	17198	17198	17198	17198	11396	5594	5594	4651	3708	3708	3001	2293	2293	2293	2293	1958	1847
	中型		汽油	544706	544706	544706	544706	544706	371875	26214	26214	26214	26214	26214	26214	26214	26214	19668	13123	13123	13123	13123
			柴油	779360	779360	699809	540707	540707	514153	461045	461045	461045	438918	416790	416790	416790	416790	365681	314572	314572	270876	256310
			燃气	880063	880063	780592	581651	581651	552593	494478	494478	494478	470594	446709	446709	338519	338519	275333	275333	275333	275333	275333
	重型		汽油	1355296	1355296	1355296	1355296	1355296	931927	85190	85190	85190	85190	85190	81996	78801	78801	59164	39526	39526	39526	39526
			柴油	602636	602636	582066	540926	540926	520919	480904	480904	480904	461620	442335	442335	442335	442335	391376	340418	340418	246233	214838
			燃气	1121742	1121742	1050912	909253	909253	831389	675662	675662	675662	576599	477535	477535	366760	366760	231943	231943	231943	231943	231943
低速汽车	三轮汽车			65550	65550	65550	65550	65550	65550	65550	65550	65550	53279	53279	53279	53279	53279	53279	53279	53279	53279	53279
	低速货车			88065	88065	88065	88065	88065	88065	88065	88065	88065	71579	71579	71579	71579	71579	71579	71579	71579	71579	71579
摩托车	普通摩托车			992	992	992	992	959	926	860	860	860	860	860	764	668	668	668	668	668	668	668
	轻便摩托车			661	661	661	661	661	331	331	331	331	331	331	294	257	257	257	257	257	257	257

十二师 PM 排放系数

单位：克/（辆·年）

车辆类型		使用性质	燃料种类	1999 年年底前	2000 年	2001 年	2002 年	2003 年	2004 年	2005 年	2006 年	2007 年	2008 年	2009 年	2010 年	2011 年	2012 年	2013 年	2014 年	2015 年	2016 年	2017 年
载客汽车	微型	出租车	汽油	—	—	—	—	—	—	—	—	—	—	—	—	—	—	—	—	—	—	—
			燃气	—	—	—	—	—	—	—	—	—	—	—	—	—	—	—	—	—	—	—
		其他	汽油	—	—	—	—	—	—	—	—	—	—	—	—	—	—	—	—	—	—	—
			燃气	—	—	—	—	—	—	—	—	—	—	—	—	—	—	—	—	—	—	—
	小型	出租车	汽油	—	—	—	—	—	—	—	—	—	—	—	—	—	—	—	—	—	—	—
			柴油	55583	50922	46262	46262	46262	46262	31565	16868	16868	11014	5159	5159	5159	5159	4795	4431	4431	3664	3408
			燃气	—	—	—	—	—	—	—	—	—	—	—	—	—	—	—	—	—	—	—
		其他	汽油	—	—	—	—	—	—	—	—	—	—	—	—	—	—	—	—	—	—	—
			柴油	5038	4767	4496	4496	4496	4496	3229	1962	1962	1443	924	924	924	924	766	608	608	608	608
			燃气	—	—	—	—	—	—	—	—	—	—	—	—	—	—	—	—	—	—	—
	中型	公交车	汽油	—	—	—	—	—	—	—	—	—	—	—	—	—	—	—	—	—	—	—
			柴油	31857	31857	29192	23861	23861	18722	8443	8443	8443	7156	5870	5870	5870	5870	3649	1428	1428	1124	1023
			燃气	—	—	—	—	—	—	—	—	—	—	—	—	—	—	—	—	—	—	—
		其他	汽油	—	—	—	—	—	—	—	—	—	—	—	—	—	—	—	—	—	—	—
			柴油	15274	15274	12888	8116	8116	6262	2553	2553	2553	2434	2316	2316	2316	2316	1366	415	415	399	394
			燃气	—	—	—	—	—	—	—	—	—	—	—	—	—	—	—	—	—	—	—
	大型	公交车	汽油	—	—	—	—	—	—	—	—	—	—	—	—	—	—	—	—	—	—	—
			柴油	98788	98788	97818	95878	95878	74219	30901	30901	30901	20821	10741	10741	10741	10741	6368	1995	1995	1921	1896
			燃气	—	—	—	—	—	—	—	—	—	—	—	—	—	—	—	—	—	—	—
		其他	汽油	—	—	—	—	—	—	—	—	—	—	—	—	—	—	—	—	—	—	—
			柴油	142314	142314	133412	115607	115607	85425	25061	25061	25061	17182	9303	9303	9303	9303	5868	2433	2433	2343	2313
			燃气	—	—	—	—	—	—	—	—	—	—	—	—	—	—	—	—	—	—	—
载货汽车	微型		汽油	—	—	—	—	—	—	—	—	—	—	—	—	—	—	—	—	—	—	—
			柴油	11168	10937	10706	10706	10706	10706	8740	6774	6774	5028	3281	3281	3281	3281	2066	850	850	846	845
			燃气	—	—	—	—	—	—	—	—	—	—	—	—	—	—	—	—	—	—	—
	轻型		汽油	—	—	—	—	—	—	—	—	—	—	—	—	—	—	—	—	—	—	—
			柴油	11615	11160	10706	10706	10706	10706	8740	6774	6774	5028	3281	3281	3281	3281	2474	1667	1667	1377	1280
			燃气	—	—	—	—	—	—	—	—	—	—	—	—	—	—	—	—	—	—	—
	中型		汽油	—	—	—	—	—	—	—	—	—	—	—	—	—	—	—	—	—	—	—
			柴油	69416	69416	58416	36416	36416	27980	11109	11109	11109	10524	9939	9939	9939	9939	6372	2806	2806	2570	2491
			燃气	—	—	—	—	—	—	—	—	—	—	—	—	—	—	—	—	—	—	—
	重型		汽油	—	—	—	—	—	—	—	—	—	—	—	—	—	—	—	—	—	—	—
			柴油	85223	85223	70047	39695	39695	31518	15163	15163	15163	10390	5618	5618	5618	5618	3661	1704	1704	1440	1352
			燃气	—	—	—	—	—	—	—	—	—	—	—	—	—	—	—	—	—	—	—
低速汽车	三轮汽车			4092	4092	4092	4092	4092	4092	4092	4092	4092	3220	3220	3220	3220	3220	3220	3220	3220	3220	3220
	低速货车			5581	5581	5581	5581	5581	5581	5581	5581	5581	4392	4392	4392	4392	4392	4392	4392	4392	4392	4392
摩托车	普通摩托车			—	—	—	—	—	—	—	—	—	—	—	—	—	—	—	—	—	—	—
	轻便摩托车			—	—	—	—	—	—	—	—	—	—	—	—	—	—	—	—	—	—	—

十二师 VOCs 排放系数

单位：克/（辆·年）

车辆类型		使用性质	燃料种类	1999 年年底前	2000 年	2001 年	2002 年	2003 年	2004 年	2005 年	2006 年	2007 年	2008 年	2009 年	2010 年	2011 年	2012 年	2013 年	2014 年	2015 年	2016 年	2017 年
载客汽车	微型	出租车	汽油	1862936	1081801	300666	300666	300666	300666	215902	131137	131137	104631	78125	78125	66366	54606	54606	54606	54606	42776	38833
			燃气	416559	252309	88059	88059	88059	88059	66994	45930	45930	37934	29937	29937	24027	18117	18117	18117	18117	11264	8980
		其他	汽油	119433	68788	18143	18143	18143	18143	17594	17044	17044	14018	10993	10993	10381	9769	9769	9769	9769	7770	7104
			燃气	22837	12826	2816	2816	2816	2816	2696	2576	2576	1928	1281	1281	1196	1112	1112	1112	1112	780	669
	小型	出租车	汽油	1862936	1062546	262157	262157	262157	262157	247207	232257	232257	155191	78125	78125	66366	54606	54606	54606	54606	39286	34180
			柴油	249069	235080	221092	221092	221092	221092	203106	185121	185121	131952	78783	78783	78783	78783	58678	38574	38574	22708	17419
			燃气	416559	248300	80040	80040	80040	80040	73513	66986	66986	48462	29937	29937	24027	18117	18117	18117	18117	10538	8011
		其他	汽油	121289	69488	17686	17686	17686	17686	18368	19049	19049	15026	11003	11003	10256	9509	9509	9509	9509	7955	7437
			柴油	16746	15306	13866	13866	13866	13866	11860	9853	9853	6646	3439	3439	3439	3439	2991	2543	2543	1848	1617
			燃气	23223	13986	4748	4748	4748	4748	3870	2993	2993	2234	1475	1475	1266	1058	1058	1058	1058	818	738
	中型	公交车	汽油	257514	257514	257514	257514	256917	175470	13769	13769	13769	13769	13769	13617	13465	13465	10938	8411	8411	8411	8411
			柴油	91436	91436	89645	86063	86063	67161	29358	29358	29358	21356	13354	13354	13354	13354	9328	5303	5303	4960	4846
			燃气	74539	74539	70398	62116	62116	59916	55516	55516	55516	44452	33387	33387	23138	23138	23070	23070	23070	23070	23070
		其他	汽油	128211	128211	128211	128211	127614	87292	7841	7841	7841	7841	7841	7696	7550	7550	6498	5447	5447	5447	5447
			柴油	30493	30493	28460	24394	24394	18567	6912	6912	6912	6506	6099	6099	6099	6099	3750	1402	1402	1243	1190
			燃气	34560	34560	32640	28800	28800	27780	25740	25740	25740	20623	15506	15506	10732	10732	9642	9642	9642	9642	9642
	大型	公交车	汽油	600439	600439	600439	600439	599842	404539	15126	15126	15126	15126	15126	14986	14847	14847	11967	9087	9087	9087	9087
			柴油	137155	137155	112477	63120	63120	63120	63120	63120	63120	45314	27508	27508	27508	27508	18406	9304	9304	5960	4846
			燃气	175912	175912	166139	146593	146593	141401	131018	131018	131018	104906	78794	78794	54606	54606	49139	49139	49139	49139	49139
		其他	汽油	1278107	1278107	1278107	1278107	1277510	860662	28159	28159	28159	28159	28159	21900	15641	15641	12450	9259	9259	9259	9259
			柴油	272891	272891	207397	76409	76409	76409	76409	76409	76409	55942	35476	35476	35476	35476	20706	5937	5937	5324	5119
			燃气	266186	266186	251398	221822	221822	213966	198253	198253	198253	158842	119430	119430	82662	82662	74261	74261	74261	74261	74261
载货汽车	微型		汽油	696623	368750	40877	40877	40877	40877	39019	37161	37161	34353	31545	31545	25324	19104	19104	19104	19104	16642	15821
			柴油	54197	50672	47148	47148	47148	47148	43508	39869	39869	29023	18177	18177	18177	18177	12424	6670	6670	4922	4340
			燃气	133203	69774	6345	6345	6345	6345	5981	5616	5616	4646	3676	3676	2925	2175	2175	2175	2175	1661	1490
	轻型		汽油	352817	205742	58666	58666	58666	58666	49994	41323	41323	36810	32297	32297	28186	24076	24076	24076	24076	21245	20301
			柴油	49172	48160	47148	47148	47148	47148	43508	39869	39869	29023	18177	18177	18177	18177	13865	9553	9553	7806	7223
			燃气	67553	41651	15750	15750	15750	15750	11121	6493	6493	5411	4330	4330	3504	2679	2679	2679	2679	2181	2015
	中型		汽油	647311	647311	647311	647311	646714	439214	25410	25410	25410	25410	25410	25270	25130	25130	19672	14215	14215	14215	14215
			柴油	147700	147700	137853	118160	118160	89933	33479	33479	33479	31508	29538	29538	29538	29538	21407	13276	13276	7899	6107
			燃气	167399	167399	158100	139502	139502	134559	124674	124674	124674	99886	75097	75097	101625	101625	49482	49482	49482	49482	49482
	重型		汽油	494376	494376	494376	494376	493778	333151	13090	13090	13090	13090	13090	10599	8108	8108	6873	5638	5638	5638	5638
			柴油	146558	146558	111384	41036	41036	41036	41036	41036	41036	30044	19053	19053	19053	19053	11974	4896	4896	3801	3436
			燃气	142957	142957	135015	119131	119131	114912	106473	106473	106473	85308	64142	64142	68168	68168	49846	49846	49846	49846	49846
低速汽车	三轮汽车			25300	25300	25300	25300	25300	25300	25300	25300	25300	16721	16721	16721	16721	16721	16721	16721	16721	16721	16721
	低速货车			33990	33990	33990	33990	33990	33990	33990	33990	33990	22464	22464	22464	22464	22464	22464	22464	22464	22464	22464
摩托车	普通摩托车			13290	13290	13290	13290	9918	6546	3504	3504	3504	3504	3504	2615	1726	1726	1726	1726	1726	1726	1726
	轻便摩托车			42978	42978	42978	42978	42978	8596	8596	4232	4232	4232	4232	3158	2084	2084	2084	2084	2084	2084	2084

十三师 NO_x 排放系数

单位：克/（辆·年）

车辆类型		使用性质	燃料种类	1999 年年底前	2000 年	2001 年	2002 年	2003 年	2004 年	2005 年	2006 年	2007 年	2008 年	2009 年	2010 年	2011 年	2012 年	2013 年	2014 年	2015 年	2016 年	2017 年
载客汽车	微型	出租车	汽油	327949	217788	107628	107628	107628	107628	77934	48239	48239	34652	21064	21064	17486	13908	13908	13908	13908	9226	7666
			燃气	159943	108322	56702	56702	56702	56702	42014	27325	27325	20376	13428	13428	10880	8332	8332	8332	8332	5072	3985
		其他	汽油	49909	31233	12557	12557	12557	12557	7806	3054	3054	2478	1902	1902	1578	1255	1255	1255	1255	924	813
			燃气	22925	13672	4420	4420	4420	4420	2888	1357	1357	1104	851	851	680	508	508	508	508	403	368
	小型	出租车	汽油	372970	242956	112943	112943	112943	112943	80999	49055	49055	35060	21064	21064	16731	12398	12398	12398	12398	7842	6323
			柴油	300775	251138	201501	201501	201501	201501	179504	157507	157507	124764	92021	92021	92021	92021	75295	58569	58569	45286	40858
			燃气	180871	120022	59172	59172	59172	59172	43438	27704	27704	20566	13428	13428	10529	7630	7630	7630	7630	4428	3361
		其他	汽油	46524	29634	12745	12745	12745	12745	8346	3948	3948	2702	1455	1455	1320	1186	1186	1186	1186	867	761
			柴油	30867	25272	19676	19676	19676	19676	18101	16526	16526	12938	9349	9349	9349	9349	8058	6768	6768	5866	5566
			燃气	21351	13628	5905	5905	5905	5905	3839	1773	1773	1208	644	644	560	476	476	476	476	377	344
	中型	公交车	汽油	441853	441853	441853	441853	441853	301859	21872	21872	21872	21872	21872	19616	17359	17359	13105	8851	8851	8851	8851
			柴油	367537	367537	366674	364948	364948	350445	321438	321438	321438	267742	214046	214046	214046	214046	174677	135308	135308	113283	105941
			燃气	390241	390241	385595	376304	376304	364632	341287	341287	341287	284044	226800	226800	143425	143425	112330	112330	112330	112330	112330
		其他	汽油	270896	270896	270896	270896	270896	183758	9481	9481	9481	9481	9481	9481	9481	9481	7112	4742	4742	4742	4742
			柴油	172358	172358	165163	150774	150774	149499	146949	146949	146949	125152	103355	103355	103355	103355	91770	80184	80184	68438	64523
			燃气	194629	194629	183816	162191	162191	160662	157605	157605	157605	134190	110774	110774	86288	86288	69312	69312	69312	69312	69312
	大型	公交车	汽油	1574102	1574102	1574102	1574102	1574102	1082383	98944	98944	98944	98944	98944	98857	98770	98770	74078	49386	49386	49386	49386
			柴油	521277	521277	504433	470744	470744	457368	430617	430617	430617	422857	415097	415097	415097	415097	400129	385161	385161	347204	334552
			燃气	1048077	1048077	989850	873397	873397	808586	678963	678963	678963	581746	484528	484528	451095	451095	390981	390981	390981	390981	390981
		其他	汽油	3757094	3757094	3757094	3757094	3757094	2583449	236160	236160	236160	236160	236160	227304	218448	218448	164011	109574	109574	109574	109574
			柴油	1248298	1248298	1216177	1151934	1151934	1125078	1071365	1071365	1071365	1033644	995924	995924	995924	995924	948125	900326	900326	796780	762264
			燃气	2323571	2323571	2194484	1936309	1936309	1792623	1505250	1505250	1505250	1290214	1075178	1075178	969994	969994	822954	822954	822954	822954	822954
载货汽车	微型		汽油	151367	89278	27189	27189	27189	27189	18262	9335	9335	7512	5689	5689	5108	4526	4526	4526	4526	3527	3194
			柴油	75813	62439	49065	49065	49065	49065	44175	39285	39285	33264	27244	27244	27244	27244	19931	12618	12618	10880	10301
			燃气	69528	39549	9570	9570	9570	9570	6859	4148	4148	3347	2545	2545	2189	1832	1832	1832	1832	1542	1446
	轻型		汽油	111920	71319	30718	30718	30718	30718	20508	10297	10297	8607	6917	6917	5788	4658	4658	4658	4658	3693	3371
			柴油	76082	62574	49065	49065	49065	49065	44175	39285	39285	33264	27244	27244	27244	27244	21749	16254	16254	15157	14791
			燃气	51363	32798	14232	14232	14232	14232	9428	4624	4624	3843	3062	3062	2466	1869	1869	1869	1869	1610	1524
	中型		汽油	544706	544706	544706	544706	544706	371875	26214	26214	26214	26214	26214	26214	26214	26214	19668	13123	13123	13123	13123
			柴油	779360	779360	699809	540707	540707	514153	461045	461045	461045	438918	416790	416790	416790	416790	365681	314572	314572	270876	256310
			燃气	880064	880064	780593	581651	581651	552593	494478	494478	494478	470593	446708	446708	338519	338519	275334	275334	275334	275334	275334
	重型		汽油	1421129	1421129	1421129	1421129	1421129	977195	89328	89328	89328	89328	89328	85978	82629	82629	62038	41446	41446	41446	41446
			柴油	699348	699348	675477	627735	627735	604517	558080	558080	558080	535701	513322	513322	513322	513322	446182	379042	379042	252640	210506
			燃气	1301760	1301760	1219564	1055172	1055172	964813	784093	784093	784093	669132	554171	554171	408373	408373	227266	227266	227266	227266	227266
低速汽车	三轮汽车			65550	65550	65550	65550	65550	65550	65550	65550	65550	53279	53279	53279	53279	53279	53279	53279	53279	53279	53279
	低速货车			88065	88065	88065	88065	88065	88065	88065	88065	88065	71579	71579	71579	71579	71579	71579	71579	71579	71579	71579
摩托车	普通摩托车			992	992	992	992	959	926	860	860	860	860	860	764	668	668	668	668	668	668	668
	轻便摩托车			661	661	661	661	661	331	331	331	331	331	331	294	257	257	257	257	257	257	257

十三师 PM 排放系数

单位：克/（辆 • 年）

车辆类型		使用性质	燃料种类	1999 年年底前	2000 年	2001 年	2002 年	2003 年	2004 年	2005 年	2006 年	2007 年	2008 年	2009 年	2010 年	2011 年	2012 年	2013 年	2014 年	2015 年	2016 年	2017 年
载客汽车	微型	出租车	汽油	—	—	—	—	—	—	—	—	—	—	—	—	—	—	—	—	—	—	—
			燃气	—	—	—	—	—	—	—	—	—	—	—	—	—	—	—	—	—	—	—
		其他	汽油	—	—	—	—	—	—	—	—	—	—	—	—	—	—	—	—	—	—	—
			燃气	—	—	—	—	—	—	—	—	—	—	—	—	—	—	—	—	—	—	—
	小型	出租车	汽油	—	—	—	—	—	—	—	—	—	—	—	—	—	—	—	—	—	—	—
			柴油	38900	35626	32351	32351	32351	32351	22086	11821	11821	7700	3578	3578	3578	3578	3325	3072	3072	2540	2363
			燃气	—	—	—	—	—	—	—	—	—	—	—	—	—	—	—	—	—	—	—
		其他	汽油	—	—	—	—	—	—	—	—	—	—	—	—	—	—	—	—	—	—	—
			柴油	4200	3975	3750	3750	3750	3750	2699	1648	1648	1206	765	765	765	765	642	518	518	518	518
			燃气	—	—	—	—	—	—	—	—	—	—	—	—	—	—	—	—	—	—	—
	中型	公交车	汽油	—	—	—	—	—	—	—	—	—	—	—	—	—	—	—	—	—	—	—
			柴油	30592	30592	28032	22913	22913	17978	8108	8108	8108	6872	5637	5637	5637	5637	3504	1372	1372	1080	983
			燃气	—	—	—	—	—	—	—	—	—	—	—	—	—	—	—	—	—	—	—
		其他	汽油	—	—	—	—	—	—	—	—	—	—	—	—	—	—	—	—	—	—	—
			柴油	15274	15274	12888	8116	8116	6262	2553	2553	2553	2434	2316	2316	2316	2316	1366	415	415	399	394
			燃气	—	—	—	—	—	—	—	—	—	—	—	—	—	—	—	—	—	—	—
	大型	公交车	汽油	—	—	—	—	—	—	—	—	—	—	—	—	—	—	—	—	—	—	—
			柴油	94865	94865	93934	92071	92071	71272	29674	29674	29674	19994	10315	10315	10315	10315	6116	1916	1916	1845	1821
			燃气	—	—	—	—	—	—	—	—	—	—	—	—	—	—	—	—	—	—	—
		其他	汽油	—	—	—	—	—	—	—	—	—	—	—	—	—	—	—	—	—	—	—
			柴油	142314	142314	133412	115607	115607	85425	25061	25061	25061	17182	9303	9303	9303	9303	5868	2433	2433	2343	2313
			燃气	—	—	—	—	—	—	—	—	—	—	—	—	—	—	—	—	—	—	—
载货汽车	微型		汽油	—	—	—	—	—	—	—	—	—	—	—	—	—	—	—	—	—	—	—
			柴油	8770	8588	8407	8407	8407	8407	6842	5278	5278	3917	2556	2556	2556	2556	1610	663	663	660	659
			燃气	—	—	—	—	—	—	—	—	—	—	—	—	—	—	—	—	—	—	—
	轻型		汽油	—	—	—	—	—	—	—	—	—	—	—	—	—	—	—	—	—	—	—
			柴油	9121	8764	8407	8407	8407	8407	6842	5278	5278	3917	2556	2556	2556	2556	1928	1299	1299	1072	997
			燃气	—	—	—	—	—	—	—	—	—	—	—	—	—	—	—	—	—	—	—
	中型		汽油	—	—	—	—	—	—	—	—	—	—	—	—	—	—	—	—	—	—	—
			柴油	69416	69416	58416	36416	36416	27980	11109	11109	11109	10524	9939	9939	9939	9939	6372	2806	2806	2570	2491
			燃气	—	—	—	—	—	—	—	—	—	—	—	—	—	—	—	—	—	—	—
	重型		汽油	—	—	—	—	—	—	—	—	—	—	—	—	—	—	—	—	—	—	—
			柴油	94215	94215	77438	43883	43883	34843	16763	16763	16763	11487	6211	6211	6211	6211	4128	2044	2044	1728	1622
			燃气	—	—	—	—	—	—	—	—	—	—	—	—	—	—	—	—	—	—	—
低速汽车	三轮汽车			4092	4092	4092	4092	4092	4092	4092	4092	4092	3220	3220	3220	3220	3220	3220	3220	3220	3220	3220
	低速货车			5581	5581	5581	5581	5581	5581	5581	5581	5581	4392	4392	4392	4392	4392	4392	4392	4392	4392	4392
摩托车	普通摩托车			—	—	—	—	—	—	—	—	—	—	—	—	—	—	—	—	—	—	—
	轻便摩托车			—	—	—	—	—	—	—	—	—	—	—	—	—	—	—	—	—	—	—

十三师 VOCs 排放系数

单位：克/（辆·年）

车辆类型		使用性质	燃料种类	1999年年底前	2000年	2001年	2002年	2003年	2004年	2005年	2006年	2007年	2008年	2009年	2010年	2011年	2012年	2013年	2014年	2015年	2016年	2017年
载客汽车	微型	出租车	汽油	1037507	604051	170595	170595	170595	170595	124578	78561	78561	62896	47230	47230	39844	32458	32458	32458	32458	24890	22367
			燃气	299488	180167	60846	60846	60846	60846	46244	31642	31642	25934	20226	20226	16136	12047	12047	12047	12047	7427	5887
		其他	汽油	80724	47612	14501	14501	14501	14501	14054	13606	13606	11466	9327	9327	8827	8327	8327	8327	8327	6874	6389
			燃气	19384	10917	2450	2450	2450	2450	2344	2238	2238	1670	1103	1103	998	893	893	893	893	600	502
	小型	出租车	汽油	1037507	593722	149936	149936	149936	149936	141740	133544	133544	90387	47230	47230	39844	32458	32458	32458	32458	23163	20065
			柴油	167461	158070	148679	148679	148679	148679	135417	122155	122155	87362	52568	52568	52568	52568	39162	25756	25756	15207	11691
			燃气	299488	177339	55190	55190	55190	55190	50942	46693	46693	33460	20226	20226	16136	12047	12047	12047	12047	6954	5256
		其他	汽油	81916	48063	14210	14210	14210	14210	14550	14890	14890	12112	9333	9333	8754	8175	8175	8175	8175	6991	6596
			柴油	13988	12792	11595	11595	11595	11595	9818	8040	8040	5473	2906	2906	2906	2906	2499	2092	2092	1508	1313
			燃气	19710	11888	4066	4066	4066	4066	3328	2589	2589	1925	1261	1261	1056	852	852	852	852	632	559
	中型	公交车	汽油	248284	248284	248284	248284	247687	169444	14151	14151	14151	14151	14151	14000	13848	13848	11421	8994	8994	8994	8994
			柴油	87806	87806	86086	82645	82645	64494	28192	28192	28192	20508	12823	12823	12823	12823	8958	5093	5093	4763	4653
			燃气	71579	71579	67602	59649	59649	57536	53311	53311	53311	42686	32061	32061	22219	22219	22154	22154	22154	22154	22154
		其他	汽油	128994	128994	128994	128994	128397	88075	8624	8624	8624	8624	8624	8478	8333	8333	7282	6230	6230	6230	6230
			柴油	30493	30493	28460	24394	24394	18567	6912	6912	6912	6506	6099	6099	6099	6099	3750	1402	1402	1243	1190
			燃气	34560	34560	32640	28800	28800	27780	25740	25740	25740	20623	15506	15506	10732	10732	9642	9642	9642	9642	9642
	大型	公交车	汽油	577592	577592	577592	577592	576995	389417	15455	15455	15455	15455	15455	15316	15176	15176	12410	9644	9644	9644	9644
			柴油	131708	131708	108010	60614	60614	60614	60614	60614	60614	43515	26416	26416	26416	26416	17675	8934	8934	5723	4653
			燃气	168926	168926	159541	140772	140772	135786	125815	125815	125815	100740	75665	75665	52438	52438	47188	47188	47188	47188	47188
		其他	汽油	1278890	1278890	1278890	1278890	1278293	861445	28942	28942	28942	28942	28942	22683	16424	16424	13234	10043	10043	10043	10043
			柴油	272891	272891	207397	76409	76409	76409	76409	76409	76409	55942	35476	35476	35476	35476	20706	5937	5937	5324	5119
			燃气	266186	266186	251398	221822	221822	213966	198253	198253	198253	158842	119430	119430	82662	82662	74261	74261	74261	74261	74261
载货汽车	微型		汽油	411339	219526	27713	27713	27713	27713	26421	25129	25129	23261	21393	21393	17654	13915	13915	13915	13915	12158	11573
			柴油	40079	37474	34869	34869	34869	34869	32168	29466	29466	21494	13522	13522	13522	13522	9267	5012	5012	3660	3210
			燃气	98774	51728	4682	4682	4682	4682	4408	4133	4133	3332	2530	2530	2011	1492	1492	1492	1492	1055	909
	轻型		汽油	211007	124542	38078	38078	38078	38078	32816	27554	27554	24692	21831	21831	19322	16812	16812	16812	16812	14840	14183
			柴油	36427	35648	34869	34869	34869	34869	32168	29466	29466	21494	13522	13522	13522	13522	10316	7109	7109	5758	5308
			燃气	50771	30833	10896	10896	10896	10896	7843	4791	4791	3870	2950	2950	2351	1752	1752	1752	1752	1340	1202
	中型		汽油	648094	648094	648094	648094	647496	439997	26193	26193	26193	26193	26193	26054	25914	25914	20456	14998	14998	14998	14998
			柴油	147700	147700	137853	118160	118160	89933	33479	33479	33479	31508	29538	29538	29538	29538	21407	13276	13276	7899	6107
			燃气	167399	167399	158100	139502	139502	134559	124674	124674	124674	99886	75097	75097	101625	101625	49482	49482	49482	49482	49482
	重型		汽油	535759	535759	535759	535759	535162	361261	14655	14655	14655	14655	14655	11969	9283	9283	7946	6610	6610	6610	6610
			柴油	187645	187645	142610	52541	52541	52541	52541	52541	52541	38468	24394	24394	24394	24394	14954	5513	5513	3832	3272
			燃气	183035	183035	172867	152531	152531	147129	136324	136324	136324	109223	82122	82122	76759	76759	47467	47467	47467	47467	47467
低速汽车	三轮汽车			25300	25300	25300	25300	25300	25300	25300	25300	25300	16721	16721	16721	16721	16721	16721	16721	16721	16721	16721
	低速货车			33990	33990	33990	33990	33990	33990	33990	33990	33990	22464	22464	22464	22464	22464	22464	22464	22464	22464	22464
摩托车	普通摩托车			13290	13290	13290	13290	9918	6546	3504	3504	3504	3504	3504	2615	1726	1726	1726	1726	1726	1726	1726
	轻便摩托车			42978	42978	42978	42978	42978	8596	8596	4232	4232	4232	4232	3158	2084	2084	2084	2084	2084	2084	2084

十四师 NO_x 排放系数

单位：克/（辆·年）

车辆类型		使用性质	燃料种类	1999年年底前	2000年	2001年	2002年	2003年	2004年	2005年	2006年	2007年	2008年	2009年	2010年	2011年	2012年	2013年	2014年	2015年	2016年	2017年
载客汽车	微型	出租车	汽油	343320	227628	111936	111936	111936	111936	80871	49806	49806	35642	21477	21477	17868	14259	14259	14259	14259	9549	7979
			燃气	159943	108322	56702	56702	56702	56702	42014	27325	27325	20376	13428	13428	10880	8332	8332	8332	8332	5072	3985
		其他	汽油	52365	32755	13145	13145	13145	13145	8153	3161	3161	2563	1965	1965	1629	1293	1293	1293	1293	961	850
			燃气	22925	13672	4420	4420	4420	4420	2888	1357	1357	1104	851	851	680	508	508	508	508	403	368
	小型	出租车	汽油	390649	254086	117523	117523	117523	117523	84094	50665	50665	36071	21477	21477	17074	12671	12671	12671	12671	8094	6568
			柴油	381071	315240	249409	249409	249409	249409	222696	195982	195982	154568	113155	113155	113155	113155	93658	74160	74160	59209	54225
			燃气	180871	120022	59172	59172	59172	59172	43438	27704	27704	20566	13428	13428	10529	7630	7630	7630	7630	4428	3361
		其他	汽油	48806	31074	13342	13342	13342	13342	8722	4102	4102	2798	1495	1495	1358	1221	1221	1221	1221	902	795
			柴油	41421	33812	26203	26203	26203	26203	24129	22055	22055	17236	12418	12418	12418	12418	10734	9050	9050	7938	7568
			燃气	21351	13628	5905	5905	5905	5905	3839	1773	1773	1208	644	644	560	476	476	476	476	377	344
	中型	公交车	汽油	464507	464507	464507	464507	464507	317336	22993	22993	22993	22993	22993	20621	18249	18249	13776	9304	9304	9304	9304
			柴油	503186	503186	502005	499642	499642	479785	440072	440072	440072	366559	293046	293046	293046	293046	239146	185247	185247	155093	145042
			燃气	534270	534270	527910	515189	515189	499209	467248	467248	467248	388878	310507	310507	196360	196360	153788	153788	153788	153788	153788
		其他	汽油	284785	284785	284785	284785	284785	193179	9967	9967	9967	9967	9967	9967	9967	9967	7476	4985	4985	4985	4985
			柴油	235972	235972	226122	206421	206421	204675	201184	201184	201184	171342	141501	141501	141501	141501	125640	109779	109779	93698	88337
			燃气	266462	266462	251658	222051	222051	219958	215773	215773	215773	183716	151658	151658	118135	118135	94893	94893	94893	94893	94893
	大型	公交车	汽油	1654807	1654807	1654807	1654807	1654807	1137877	104016	104016	104016	104016	104016	103925	103834	103834	77876	51918	51918	51918	51918
			柴油	713668	713668	690607	644485	644485	626173	589548	589548	589548	578924	568299	568299	568299	568299	547807	527315	527315	475349	458027
			燃气	1434896	1434896	1355180	1195747	1195747	1107015	929551	929551	929551	796453	663355	663355	617583	617583	535283	535283	535283	535283	535283
		其他	汽油	3949724	3949724	3949724	3949724	3949724	2715905	248268	248268	248268	248268	248268	238958	229648	229648	172420	115192	115192	115192	115192
			柴油	1709013	1709013	1665037	1577085	1577085	1540316	1466779	1466779	1466779	1415138	1363496	1363496	1363496	1363496	1298055	1232614	1232614	1090850	1043596
			燃气	3181143	3181143	3004413	2650953	2650953	2454235	2060800	2060800	2060800	1766400	1472000	1472000	1327995	1327995	1126685	1126685	1126685	1126685	1126685
载货汽车	微型		汽油	158899	93658	28418	28418	28418	28418	19051	9684	9684	7786	5887	5887	5293	4699	4699	4699	4699	3684	3346
			柴油	100155	82092	64028	64028	64028	64028	57726	51425	51425	43588	35751	35751	35751	35751	26132	16514	16514	14549	13894
			燃气	69565	39560	9556	9556	9556	9556	6856	4157	4157	3353	2550	2550	2198	1846	1846	1846	1846	1548	1449
	轻型		汽油	117430	74779	32128	32128	32128	32128	21412	10696	10696	8938	7179	7179	6008	4838	4838	4838	4838	3858	3532
			柴油	100524	82276	64028	64028	64028	64028	57726	51425	51425	43588	35751	35751	35751	35751	28622	21493	21493	20404	20041
			燃气	51372	32796	14219	14219	14219	14219	9421	4623	4623	3858	3092	3092	2489	1886	1886	1886	1886	1618	1528
	中型		汽油	573160	573160	573160	573160	573160	391300	27583	27583	27583	27583	27583	27583	27583	27583	20696	13808	13808	13808	13808
			柴油	1067724	1067724	958739	740769	740769	704390	631632	631632	631632	601318	571003	571003	571003	571003	500984	430964	430964	371099	351144
			燃气	1205685	1205685	1069410	796859	796859	757051	677435	677435	677435	644713	611990	611990	463767	463767	377204	377204	377204	377204	377204
	重型		汽油	1495367	1495367	1495367	1495367	1495367	1028243	93995	93995	93995	93995	93995	90470	86945	86945	65278	43612	43612	43612	43612
			柴油	958107	958107	925404	859997	859997	828188	764570	764570	764570	733910	703251	703251	703251	703251	611269	519287	519287	346116	288393
			燃气	1783413	1783413	1670804	1445586	1445586	1321793	1074208	1074208	1074208	916711	759214	759214	559470	559470	311354	311354	311354	311354	311354
低速汽车	三轮汽车			65550	65550	65550	65550	65550	65550	65550	65550	65550	53279	53279	53279	53279	53279	53279	53279	53279	53279	53279
	低速货车			88065	88065	88065	88065	88065	88065	88065	88065	88065	71579	71579	71579	71579	71579	71579	71579	71579	71579	71579
摩托车	普通摩托车			992	992	992	992	959	926	860	860	860	860	860	764	668	668	668	668	668	668	668
	轻便摩托车			661	661	661	661	661	331	331	331	331	331	331	294	257	257	257	257	257	257	257

十四师 PM 排放系数

单位：克/（辆·年）

车辆类型		使用性质	燃料种类	1999 年年底前	2000 年	2001 年	2002 年	2003 年	2004 年	2005 年	2006 年	2007 年	2008 年	2009 年	2010 年	2011 年	2012 年	2013 年	2014 年	2015 年	2016 年	2017 年
载客汽车	微型	出租车	汽油	—	—	—	—	—	—	—	—	—	—	—	—	—	—	—	—	—	—	—
			燃气	—	—	—	—	—	—	—	—	—	—	—	—	—	—	—	—	—	—	—
		其他	汽油	—	—	—	—	—	—	—	—	—	—	—	—	—	—	—	—	—	—	—
			燃气	—	—	—	—	—	—	—	—	—	—	—	—	—	—	—	—	—	—	—
	小型	出租车	汽油	—	—	—	—	—	—	—	—	—	—	—	—	—	—	—	—	—	—	—
			柴油	38900	35626	32351	32351	32351	32351	22086	11821	11821	7700	3578	3578	3578	3578	3325	3072	3072	2540	2363
			燃气	—	—	—	—	—	—	—	—	—	—	—	—	—	—	—	—	—	—	—
		其他	汽油	—	—	—	—	—	—	—	—	—	—	—	—	—	—	—	—	—	—	—
			柴油	4200	3975	3750	3750	3750	3750	2699	1648	1648	1206	765	765	765	765	642	518	518	518	518
			燃气	—	—	—	—	—	—	—	—	—	—	—	—	—	—	—	—	—	—	—
	中型	公交车	汽油	—	—	—	—	—	—	—	—	—	—	—	—	—	—	—	—	—	—	—
			柴油	30592	30592	28032	22913	22913	17978	8108	8108	8108	6872	5637	5637	5637	5637	3504	1372	1372	1080	983
			燃气	—	—	—	—	—	—	—	—	—	—	—	—	—	—	—	—	—	—	—
		其他	汽油	—	—	—	—	—	—	—	—	—	—	—	—	—	—	—	—	—	—	—
			柴油	15274	15274	12888	8116	8116	6262	2553	2553	2553	2434	2316	2316	2316	2316	1366	415	415	399	394
			燃气	—	—	—	—	—	—	—	—	—	—	—	—	—	—	—	—	—	—	—
	大型	公交车	汽油	—	—	—	—	—	—	—	—	—	—	—	—	—	—	—	—	—	—	—
			柴油	94865	94865	93934	92071	92071	71272	29674	29674	29674	19994	10315	10315	10315	10315	6116	1916	1916	1845	1821
			燃气	—	—	—	—	—	—	—	—	—	—	—	—	—	—	—	—	—	—	—
		其他	汽油	—	—	—	—	—	—	—	—	—	—	—	—	—	—	—	—	—	—	—
			柴油	142314	142314	133412	115607	115607	85425	25061	25061	25061	17182	9303	9303	9303	9303	5868	2433	2433	2343	2313
			燃气	—	—	—	—	—	—	—	—	—	—	—	—	—	—	—	—	—	—	—
载货汽车	微型		汽油	—	—	—	—	—	—	—	—	—	—	—	—	—	—	—	—	—	—	—
			柴油	8770	8588	8407	8407	8407	8407	6842	5278	5278	3917	2556	2556	2556	2556	1610	663	663	660	659
			燃气	—	—	—	—	—	—	—	—	—	—	—	—	—	—	—	—	—	—	—
	轻型		汽油	—	—	—	—	—	—	—	—	—	—	—	—	—	—	—	—	—	—	—
			柴油	9121	8764	8407	8407	8407	8407	6842	5278	5278	3917	2556	2556	2556	2556	1928	1299	1299	1072	997
			燃气	—	—	—	—	—	—	—	—	—	—	—	—	—	—	—	—	—	—	—
	中型		汽油	—	—	—	—	—	—	—	—	—	—	—	—	—	—	—	—	—	—	—
			柴油	69416	69416	58416	36416	36416	27980	11109	11109	11109	10524	9939	9939	9939	9939	6372	2806	2806	2570	2491
			燃气	—	—	—	—	—	—	—	—	—	—	—	—	—	—	—	—	—	—	—
	重型		汽油	—	—	—	—	—	—	—	—	—	—	—	—	—	—	—	—	—	—	—
			柴油	94215	94215	77438	43883	43883	34843	16763	16763	16763	11487	6211	6211	6211	6211	4128	2044	2044	1728	1622
			燃气	—	—	—	—	—	—	—	—	—	—	—	—	—	—	—	—	—	—	—
低速汽车	三轮汽车			4092	4092	4092	4092	4092	4092	4092	4092	4092	3220	3220	3220	3220	3220	3220	3220	3220	3220	3220
	低速货车			5581	5581	5581	5581	5581	5581	5581	5581	5581	4392	4392	4392	4392	4392	4392	4392	4392	4392	4392
摩托车	普通摩托车			—	—	—	—	—	—	—	—	—	—	—	—	—	—	—	—	—	—	—
	轻便摩托车			—	—	—	—	—	—	—	—	—	—	—	—	—	—	—	—	—	—	—

十四师 VOCs 排放系数

单位：克/（辆·年）

车辆类型		使用性质	燃料种类	1999 年年底前	2000 年	2001 年	2002 年	2003 年	2004 年	2005 年	2006 年	2007 年	2008 年	2009 年	2010 年	2011 年	2012 年	2013 年	2014 年	2015 年	2016 年	2017 年
载客汽车	微型	出租车	汽油	959092	559324	159555	159555	159555	159555	116812	74068	74068	59410	44751	44751	37642	30532	30532	30532	30532	23183	20733
			燃气	299488	180167	60846	60846	60846	60846	46244	31642	31642	25934	20226	20226	16136	12047	12047	12047	12047	7427	5887
		其他	汽油	74351	43867	13383	13383	13383	13383	12944	12506	12506	10536	8567	8567	8098	7628	7628	7628	7628	6300	5857
			燃气	19384	10917	2450	2450	2450	2450	2344	2238	2238	1670	1103	1103	998	893	893	893	893	600	502
	小型	出租车	汽油	959092	549800	140509	140509	140509	140509	132635	124761	124761	84756	44751	44751	37642	30532	30532	30532	30532	21591	18611
			柴油	161838	152656	143475	143475	143475	143475	130410	117345	117345	84462	51579	51579	51579	51579	38382	25184	25184	14681	11180
			燃气	299488	177339	55190	55190	55190	55190	50942	46693	46693	33460	20226	20226	16136	12047	12047	12047	12047	6954	5256
		其他	汽油	75450	44282	13115	13115	13115	13115	13402	13690	13690	11132	8573	8573	8030	7488	7488	7488	7488	6407	6047
			柴油	13025	11910	10795	10795	10795	10795	9138	7481	7481	5104	2728	2728	2728	2728	2332	1937	1937	1390	1207
			燃气	19710	11888	4066	4066	4066	4066	3328	2589	2589	1925	1261	1261	1056	852	852	852	852	632	559
	中型	公交车	汽油	252811	252811	252811	252811	252214	172421	14029	14029	14029	14029	14029	13878	13726	13726	11250	8775	8775	8775	8775
			柴油	87806	87806	86086	82645	82645	64494	28192	28192	28192	20508	12823	12823	12823	12823	8958	5093	5093	4763	4653
			燃气	71579	71579	67602	59649	59649	57536	53311	53311	53311	42686	32061	32061	22219	22219	22154	22154	22154	22154	22154
		其他	汽油	131135	131135	131135	131135	130538	89424	8391	8391	8391	8391	8391	8246	8100	8100	7028	5956	5956	5956	5956
			柴油	30493	30493	28460	24394	24394	18567	6912	6912	6912	6506	6099	6099	6099	6099	3750	1402	1402	1243	1190
			燃气	34560	34560	32640	28800	28800	27780	25740	25740	25740	20623	15506	15506	10732	10732	9642	9642	9642	9642	9642
	大型	公交车	汽油	588705	588705	588705	588705	588108	396794	15359	15359	15359	15359	15359	15219	15079	15079	12258	9437	9437	9437	9437
			柴油	131708	131708	108010	60614	60614	60614	60614	60614	60614	43515	26416	26416	26416	26416	17675	8934	8934	5723	4653
			燃气	168926	168926	159541	140772	140772	135786	125815	125815	125815	100740	75665	75665	52438	52438	47188	47188	47188	47188	47188
		其他	汽油	1304029	1304029	1304029	1304029	1303432	878262	29115	29115	29115	29115	29115	22734	16353	16353	13098	9844	9844	9844	9844
			柴油	272891	272891	207397	76409	76409	76409	76409	76409	76409	55942	35476	35476	35476	35476	20706	5937	5937	5324	5119
			燃气	266186	266186	251398	221822	221822	213966	198253	198253	198253	158842	119430	119430	82662	82662	74261	74261	74261	74261	74261
载货汽车	微型		汽油	379412	202594	25776	25776	25776	25776	24532	23287	23287	21547	19807	19807	16324	12842	12842	12842	12842	11197	10649
			柴油	37752	35292	32831	32831	32831	32831	30244	27658	27658	20227	12796	12796	12796	12796	8779	4762	4762	3435	2993
			燃气	98916	51818	4719	4719	4719	4719	4443	4167	4167	3359	2550	2550	2027	1503	1503	1503	1503	1060	913
	轻型		汽油	194713	115022	35332	35332	35332	35332	30428	25523	25523	22867	20211	20211	17862	15513	15513	15513	15513	13670	13056
			柴油	34389	33610	32831	32831	32831	32831	30244	27658	27658	20227	12796	12796	12796	12796	9745	6694	6694	5366	4924
			燃气	50865	30910	10954	10954	10954	10954	7890	4827	4827	3900	2973	2973	2369	1765	1765	1765	1765	1346	1207
	中型		汽油	660617	660617	660617	660617	660020	448385	26312	26312	26312	26312	26312	26172	26032	26032	20466	14899	14899	14899	14899
			柴油	147700	147700	137853	118160	118160	89933	33479	33479	33479	31508	29538	29538	29538	29538	21407	13276	13276	7899	6107
			燃气	167399	167399	158100	139502	139502	134559	124674	124674	124674	99886	75097	75097	101625	101625	49482	49482	49482	49482	49482
	重型		汽油	546035	546035	546035	546035	545438	368074	14543	14543	14543	14543	14543	11806	9068	9068	7705	6342	6342	6342	6342
			柴油	187645	187645	142610	52541	52541	52541	52541	52541	52541	38468	24394	24394	24394	24394	14954	5513	5513	3832	3272
			燃气	183035	183035	172867	152531	152531	147129	136324	136324	136324	109223	82122	82122	76759	76759	47467	47467	47467	47467	47467
低速汽车	三轮汽车			25300	25300	25300	25300	25300	25300	25300	25300	25300	16721	16721	16721	16721	16721	16721	16721	16721	16721	16721
	低速货车			33990	33990	33990	33990	33990	33990	33990	33990	33990	22464	22464	22464	22464	22464	22464	22464	22464	22464	22464
摩托车	普通摩托车			13290	13290	13290	13290	9918	6546	3504	3504	3504	3504	3504	2615	1726	1726	1726	1726	1726	1726	1726
	轻便摩托车			42978	42978	42978	42978	42978	8596	8596	4232	4232	4232	4232	3158	2084	2084	2084	2084	2084	2084	2084

第二篇

非道路移动源排放系数

编制说明

污染源普查是重大国情调查。为贯彻《国务院关于开展第二次全国污染源普查的通知》和《国务院办公厅关于印发第二次全国污染源普查方案的通知》的精神和要求，中国环境科学研究院机动车排污监控中心（以下称机动车中心）受生态环境部第二次全国污染源普查工作办公室委托，牵头承担“移动源普查技术规范制订及组织实施”项目，为移动源普查工作的开展提供技术支撑。此次移动源普查排放量核算采用的是排放系数法，移动源排放系数测算更新是移动源排放量核算重要工作内容。

在第一次全国污染源普查中，移动源仅开展了机动车的普查，而本次普查对象范围涵盖了整个移动源，包括机动车和非道路移动污染源。其中非道路移动源普查对象包括工程机械、农业机械、铁路内燃机车、船舶和民航飞机。为了保证按期完成非道路移动源排放系数的测算更新任务，2017年机动车中心研究编制了移动源普查技术方案、移动源排放系数测算实施方案；2018 年 3 月，机动车中心牵头成立包括机动车中心、中国农业大学、北京交通大学、北京理工大学、交通运输部水运科学研究院、河北正润公司等单位的项目组；2018 年 4 月，组织召开排放系数核算实施方案专家论证会，通过专家评审；2018 年 6 月，项目任务书及经费下达，各污染源负责单位启动项目研究；2018 年 6—10 月，对 120 台非道路机械进行了 PEMS 测试，初步搭建了我国非道路机械的排放因子库；2018 年 9—11 月，机动车中心和三一重工、小松建机、日立建机、沃尔沃重工、卡特、临工等国内工程机械龙头企业进行合作，开发了工程机械的活动水平数据库，又与中国农业大学合作，建立了农业机械的活动水平数据库；与北京理工大学、交通运输部水运科学研究院开展船舶排放因子数据收集和测试工作；2018 年 12 月，完成了非道路移动源排放系数手册（初稿）；2019 年 1—5 月，开展非道路移动源排放系数验证校核工作；2019 年 6—9 月，继续完善了非道路移动源排放系数，完成了非道路移动源排放系数手册（终稿）。

本手册具有以下三个典型特点：一是范围基本全覆盖，包括非道路移动机械、铁路内燃机车、船舶和民航飞机等；二是排放因子更接近实际排放水平，利用车载排放测试技术（PEMS），开发了基于作业工况的非道路移动机械排放因子模拟方法，结合国际最近研究成果和我国实际情况调研，研究确定铁路内燃机车、船舶和民航飞机排放因子；三是利用大数据获取海量活动水平信息，与各个工程机械企业进行充分对接，利用现代信息化监管技术，借助车载诊断系统（OBD）、远程监控终端等，获得了海量移动源活动水平信息，研究确定了可靠的工程机械工作时间、实际功率、负载因子等重要参数，显著提升了排放系数的科学性和合理性，为今后开展非道路机械移动源排放的防治工作提供了很好的数据支撑。

第一章工程机械排放系数手册编制人员包括付明亮、尹航、谢琼、白艳英、姜艳、伊飞、季欧、祖雷、李轶、桑健、王金星等；第二章农业机械排放系数手册编制人员包括付明亮、尹航、谢琼、姜艳、伊飞、季欧、祖雷、李轶、桑健、张学敏、侯秀宁等；第三章铁路内燃机车排放系数编制人员包括王锦、黄志辉、陈蕊、谢琼等；第四章船舶排放系数手册编制人员包括马冬、田玉军、葛蕴珊、陈俊峰、郝利君、李涛、王春杰、任利利、黄志辉、谢琼等；第五章民航飞机排放系数编制人员包括尹建坤、黄志辉、伯鑫、谢琼等。

第一章　工程机械排放系数

1　适用范围

本手册给出了全国非道路移动机械中工程机械污染物排放系数。仅用于第二次全国污染源普查移动源普查中工程机械排放量核算。其中，工程机械范围包括挖掘机、装载机、压路机、平地机、摊铺机、推土机、叉车。

废气指标包括氮氧化物（NO_x）、颗粒物（PM）、挥发性有机物（VOCs）。

2　主要术语与解释

2.1　排放系数

排放系数是基准年内某一类型工程机械单台排放某种污染物质量，单位克/（台·年）。本次污染源普查以2017年为基准年。

2.2　排放因子

排放因子是某一类型工程机械的单台输出1千瓦·时的动力功所排放污染物的质量，单位：克/千瓦·时。

2.3　发动机平均负载因子

发动机平均负载因子是发动机在各种工况下输出功率和额定功率的平均比值。

2.4　挖掘机

挖掘机是用铲斗挖掘高于或低于承机面的物料，并装入运输车辆或卸至堆料场的土方机械。

2.5　装载机

装载机是一种广泛用于公路、铁路、建筑、水电、港口、矿山等建设工程的土石方施工机械，它主要用于铲装土壤、砂石、石灰、煤炭等散状物料，也可对矿石、硬土等做轻度铲挖作业。

2.6　压路机

压路机是指用于填方压实作业的一种路面机械。

2.7 平地机

平地机是利用刮刀平整地面的土方机械。

2.8 摊铺机

摊铺机是主要用于高速公路上基层和面层各种材料摊铺作业的路面机械。

2.9 推土机

推土机是能够进行挖掘、运输和排弃岩土的土方工程机械。

2.10 叉车

叉车是指对成件托盘货物进行装卸、堆垛和短距离运输作业的各种轮式搬运车辆。

3 系数测算方法

各类型工程机械的排放系数计算公式如下：

$$\gamma_k = G_k \times LF_k \times hr_k \times EF_k$$

式中，γ—— 排放系数，克/（台·年）；

k—— 机型；

G—— 发动机的平均功率，千瓦/台；

LF—— 负载因子；

hr—— 年作业小时数，小时/年；

EF—— 排放因子，克/（千瓦·时）。

工程机械排放系数测算方法如下：

首先，利用国内工程机械龙头企业 ECU 和 GPS 在线监控数据，提取扭矩、转速、位置等信息，识别怠速、行走、作业和停止工况的发动机状态，建立模态百分比数据库。

其次，采用便携式排放测试系统开展实际工况测试，测量瞬时尾气流量、油耗和排放速率，通过 ECU 单元读取发动机转速、扭矩，建立各循环工况模态输出功率及基本排放因子，结合模态百分比，加权计算得到实测的综合工况排放因子。通过对非道路用发动机的台架数据进行分类整理分析，得到不同排放阶段和不同功率段发动机的平均排放因子。利用实测的综合工况排放因子对各个功率段的排放因子进行修正，最终得到各种类型机械的不同排放标准、不同功率段的排放因子。

再次，根据实际工况测试获得的发动机平均功率计算得到各类型机械的平均负载因子。收集工程机械行业协会及国内工程机械龙头企业数据，经分析和处理，得到不同机械平均功率、年工作时间。

最后，将排放因子与平均功率、负载因子、年工作时间相乘后得到工程机械排放系数。

4　排放量核算方法

工程机械排放量核算公式如下：

$$E=\sum_{k}P_k\times\gamma_k\times10^{-6}$$

式中，E—— 排放量，吨；

k—— 机型；

P—— 保有量，台；

γ—— 排放系数，克/（台·年）。

其中，保有量数据主要通过中国工程机械协会提供的历年工程机械分省销售量统计数据结合工程机械的存活曲线获得。

5　系数手册使用方法

工程机械保有量根据中国工程机械协会提供的历年分省的各机型销售量数据以及各个机型的存活曲线相乘得到分省的保有量结果。

工程机械排放系数通过所在辖区、机械类型、销售年或出厂日期确定仅适用于 2017 年。

将按机械类型、销售年划分的保有量与对应的排放系数相乘并加和后获取工程机械排放量。

6　排放量计算示例

以××市为例，涉及的主要污染物为氮氧化物、颗粒物、挥发性有机物。以氮氧化物为例说明排放量计算过程。

6.1　获取工程机械的保有量

通过中国工程机械协会提供的各个机型销售量数据乘以各个机型的存活曲线可计算得到××市各类型工程机械保有量，如表 2-1-1 所示：

表 2-1-1　XX 市各类工程机械保有量　　单位：台

	挖掘机	推土机	装载机
2003 年及以前	302	96	2700
2004 年	198	40	2483
2005 年	366	66	4368
2006 年	920	120	2877
2007 年	2020	360	7128
2008 年	4170	64	12528
2009 年	6258	114	12312
2010 年	13383	352	16478
2011 年	33264	128	16560

	挖掘机	推土机	装载机
2012 年	5142	316	12411
2013 年	3498	565	18430
2014 年	5940	300	10836
2015 年	3558	80	8100
2016 年	4455	60	4374
2017 年	12012	184	6848

6.2 查找排放系数及计量单位

根据省份、机械类型、销售日期可在《工程机械氮氧化物排放系数表》中查得××市各类型工程机械氮氧化物排放系数，如表 2-1-2 所示：

表 2-1-2　××市工程机械氮氧化物排放系数　　单位：克/（台·年）

机械类型	挖掘机	推土机	装载机
2003 年及以前	521293	615081	978606
2004 年	521293	615081	978606
2005 年	521293	615081	978606
2006 年	521293	615081	978606
2007 年	521293	615081	978606
2008 年	473902	565875	889642
2009 年	473902	565875	889642
2010 年	353527	369049	589152
2011 年	353527	369049	589152
2012 年	353527	369049	589152
2013 年	353527	369049	589152
2014 年	353527	369049	589152
2015 年	353527	369049	589152
2016 年	243190	276787	401228
2017 年	243190	276787	401228

6.3 计算工程机械排放量

将各个机型对应年份排放系数乘以对应的保有量得到各个机型历年的排放量，将所有机械的排放量相加可得到××市工程机械氮氧化物排放量结果，如表 2-1-3 所示：

表 2-1-3　××市工程机械氮氧化物的排放量　　单位：吨

机械类型	挖掘机	推土机	装载机
2003 年及以前	157	59	2642
2004 年	103	25	2430
2005 年	191	41	4275
2006 年	480	74	2815
2007 年	1053	221	6976
2008 年	1976	36	11145
2009 年	2966	65	10953

机械类型	挖掘机	推土机	装载机
2010 年	4731	130	9708
2011 年	11760	47	9756
2012 年	1818	117	7312
2013 年	1237	209	10858
2014 年	2100	111	6384
2015 年	1258	30	4772
2016 年	1083	17	1755
2017 年	2921	51	2748

7 排放系数表

表 2-1-4 工程机械氮氧化物排放系数

单位：克/（台·年）

省（区、市）	机械类型	2003 年及以前	2004 年	2005 年	2006 年	2007 年	2008 年	2009 年	2010 年	2011 年	2012 年	2013 年	2014 年	2015 年	2016 年	2017 年
安徽省	挖掘机	482918	482918	482918	482918	482918	439016	439016	327502	327502	327502	327502	327502	327502	225288	225288
	推土机	600988	600988	600988	600988	600988	552909	552909	360593	360593	360593	360593	360593	360593	270445	270445
	装载机	856077	856077	856077	856077	856077	778252	778252	515386	515386	515386	515386	515386	515386	350991	350991
	叉车	155841	155841	155841	155841	155841	141673	141673	118909	118909	118909	118909	118909	118909	89066	89066
	压路机	1152728	1152728	1152728	1152728	1152728	1047935	1047935	731761	731761	731761	731761	731761	731761	511584	511584
	摊铺机	699930	699930	699930	699930	699930	643936	643936	419958	419958	419958	419958	419958	419958	314969	314969
	平地机	1033763	1033763	1033763	1033763	1033763	939784	939784	615043	615043	615043	615043	615043	615043	419566	419566
北京市	挖掘机	365035	365035	365035	365035	365035	331850	331850	247557	247557	247557	247557	247557	247557	170294	170294
	推土机	665749	665749	665749	665749	665749	612489	612489	399449	399449	399449	399449	399449	399449	299587	299587
	装载机	1165077	1165077	1165077	1165077	1165077	1059161	1059161	701414	701414	701414	701414	701414	701414	477681	477681
	叉车	155873	155873	155873	155873	155873	141702	141702	118934	118934	118934	118934	118934	118934	89084	89084
	压路机	920815	920815	920815	920815	920815	837104	837104	584540	584540	584540	584540	584540	584540	408660	408660
	摊铺机	792343	792343	792343	792343	792343	728956	728956	475406	475406	475406	475406	475406	475406	356554	356554
	平地机	1116547	1116547	1116547	1116547	1116547	1015043	1015043	664295	664295	664295	664295	664295	664295	453165	453165
福建省	挖掘机	827891	827891	827891	827891	827891	752628	752628	561454	561454	561454	561454	561454	561454	386222	386222
	推土机	629322	629322	629322	629322	629322	578977	578977	377593	377593	377593	377593	377593	377593	283195	283195
	装载机	1016163	1016163	1016163	1016163	1016163	923785	923785	611763	611763	611763	611763	611763	611763	416627	416627
	叉车	155847	155847	155847	155847	155847	141679	141679	118915	118915	118915	118915	118915	118915	89070	89070
	压路机	1124553	1124553	1124553	1124553	1124553	1022321	1022321	713875	713875	713875	713875	713875	713875	499079	499079
	摊铺机	713525	713525	713525	713525	713525	656443	656443	428115	428115	428115	428115	428115	428115	321086	321086
	平地机	1109928	1109928	1109928	1109928	1109928	1009025	1009025	660357	660357	660357	660357	660357	660357	450479	450479
甘肃省	挖掘机	460851	460851	460851	460851	460851	418956	418956	312537	312537	312537	312537	312537	312537	214993	214993
	推土机	746663	746663	746663	746663	746663	686930	686930	447998	447998	447998	447998	447998	447998	335998	335998
	装载机	837759	837759	837759	837759	837759	761599	761599	504358	504358	504358	504358	504358	504358	343481	343481
	叉车	155850	155850	155850	155850	155850	141682	141682	118917	118917	118917	118917	118917	118917	89071	89071

省（区、市）	机械类型	2003 年及以前	2004 年	2005 年	2006 年	2007 年	2008 年	2009 年	2010 年	2011 年	2012 年	2013 年	2014 年	2015 年	2016 年	2017 年
甘肃省	压路机	1231604	1231604	1231604	1231604	1231604	1119640	1119640	781832	781832	781832	781832	781832	781832	546589	546589
	摊铺机	742858	742858	742858	742858	742858	683429	683429	445715	445715	445715	445715	445715	445715	334286	334286
	平地机	1040909	1040909	1040909	1040909	1040909	946281	946281	619294	619294	619294	619294	619294	619294	422467	422467
广东省	挖掘机	627971	627971	627971	627971	627971	570883	570883	425874	425874	425874	425874	425874	425874	292957	292957
	推土机	629459	629459	629459	629459	629459	579103	579103	377676	377676	377676	377676	377676	377676	283257	283257
	装载机	1216344	1216344	1216344	1216344	1216344	1105767	1105767	732278	732278	732278	732278	732278	732278	498700	498700
	叉车	155850	155850	155850	155850	155850	141681	141681	118916	118916	118916	118916	118916	118916	89071	89071
	压路机	1138818	1138818	1138818	1138818	1138818	1035289	1035289	722930	722930	722930	722930	722930	722930	505410	505410
	摊铺机	710465	710465	710465	710465	710465	653627	653627	426279	426279	426279	426279	426279	426279	319709	319709
	平地机	1076475	1076475	1076475	1076475	1076475	978614	978614	640455	640455	640455	640455	640455	640455	436902	436902
广西壮族自治区	挖掘机	584922	584922	584922	584922	584922	531747	531747	396679	396679	396679	396679	396679	396679	272874	272874
	推土机	609480	609480	609480	609480	609480	560721	560721	365688	365688	365688	365688	365688	365688	274266	274266
	装载机	1127154	1127154	1127154	1127154	1127154	1024685	1024685	678583	678583	678583	678583	678583	678583	462133	462133
	叉车	155874	155874	155874	155874	155874	141703	141703	118934	118934	118934	118934	118934	118934	89085	89085
	压路机	1240841	1240841	1240841	1240841	1240841	1128037	1128037	787695	787695	787695	787695	787695	787695	550688	550688
	摊铺机	741757	741757	741757	741757	741757	682416	682416	445054	445054	445054	445054	445054	445054	333790	333790
	平地机	1024374	1024374	1024374	1024374	1024374	931249	931249	609457	609457	609457	609457	609457	609457	415755	415755
贵州省	挖掘机	653969	653969	653969	653969	653969	594517	594517	443504	443504	443504	443504	443504	443504	305085	305085
	推土机	649816	649816	649816	649816	649816	597831	597831	389890	389890	389890	389890	389890	389890	292417	292417
	装载机	840006	840006	840006	840006	840006	763642	763642	505711	505711	505711	505711	505711	505711	344402	344402
	叉车	155826	155826	155826	155826	155826	141660	141660	118899	118899	118899	118899	118899	118899	89058	89058
	压路机	1226089	1226089	1226089	1226089	1226089	1114626	1114626	778331	778331	778331	778331	778331	778331	544141	544141
	摊铺机	701923	701923	701923	701923	701923	645770	645770	421154	421154	421154	421154	421154	421154	315866	315866
	平地机	1058318	1058318	1058318	1058318	1058318	962108	962108	629652	629652	629652	629652	629652	629652	429532	429532
海南省	挖掘机	631088	631088	631088	631088	631088	573717	573717	427988	427988	427988	427988	427988	427988	294411	294411
	推土机	626357	626357	626357	626357	626357	576249	576249	375814	375814	375814	375814	375814	375814	281861	281861
	装载机	1264888	1264888	1264888	1264888	1264888	1149898	1149898	761503	761503	761503	761503	761503	761503	518604	518604
	叉车	155896	155896	155896	155896	155896	141723	141723	118951	118951	118951	118951	118951	118951	89097	89097
	压路机	1045684	1045684	1045684	1045684	1045684	950622	950622	663809	663809	663809	663809	663809	663809	464077	464077
	摊铺机	688813	688813	688813	688813	688813	633708	633708	413288	413288	413288	413288	413288	413288	309966	309966
	平地机	1010809	1010809	1010809	1010809	1010809	918917	918917	601386	601386	601386	601386	601386	601386	410250	410250

省（区、市）	机械类型	2003年及以前	2004年	2005年	2006年	2007年	2008年	2009年	2010年	2011年	2012年	2013年	2014年	2015年	2016年	2017年
河北省	挖掘机	575832	575832	575832	575832	575832	523483	523483	390514	390514	390514	390514	390514	390514	268633	268633
	推土机	656863	656863	656863	656863	656863	604314	604314	394118	394118	394118	394118	394118	394118	295588	295588
	装载机	1329753	1329753	1329753	1329753	1329753	1208866	1208866	800554	800554	800554	800554	800554	800554	545198	545198
	叉车	155837	155837	155837	155837	155837	141670	141670	118907	118907	118907	118907	118907	118907	89064	89064
	压路机	1098929	1098929	1098929	1098929	1098929	999027	999027	697609	697609	697609	697609	697609	697609	487708	487708
	摊铺机	764796	764796	764796	764796	764796	703613	703613	458878	458878	458878	458878	458878	458878	344158	344158
	平地机	1077000	1077000	1077000	1077000	1077000	979091	979091	640767	640767	640767	640767	640767	640767	437114	437114
河南省	挖掘机	525909	525909	525909	525909	525909	478099	478099	356658	356658	356658	356658	356658	356658	245344	245344
	推土机	665847	665847	665847	665847	665847	612580	612580	399508	399508	399508	399508	399508	399508	299631	299631
	装载机	843970	843970	843970	843970	843970	767246	767246	508097	508097	508097	508097	508097	508097	346027	346027
	叉车	155848	155848	155848	155848	155848	141680	141680	118915	118915	118915	118915	118915	118915	89070	89070
	压路机	1141681	1141681	1141681	1141681	1141681	1037892	1037892	724748	724748	724748	724748	724748	724748	506681	506681
	摊铺机	748354	748354	748354	748354	748354	688485	688485	449012	449012	449012	449012	449012	449012	336759	336759
	平地机	1068425	1068425	1068425	1068425	1068425	971295	971295	635665	635665	635665	635665	635665	635665	433634	433634
黑龙江省	挖掘机	470601	470601	470601	470601	470601	427819	427819	319149	319149	319149	319149	319149	319149	219542	219542
	推土机	663808	663808	663808	663808	663808	610704	610704	398285	398285	398285	398285	398285	398285	298714	298714
	装载机	727391	727391	727391	727391	727391	661264	661264	437913	437913	437913	437913	437913	437913	298230	298230
	叉车	155831	155831	155831	155831	155831	141665	141665	118902	118902	118902	118902	118902	118902	89061	89061
	压路机	1068931	1068931	1068931	1068931	1068931	971755	971755	678566	678566	678566	678566	678566	678566	474394	474394
	摊铺机	770124	770124	770124	770124	770124	708514	708514	462075	462075	462075	462075	462075	462075	346556	346556
	平地机	1164179	1164179	1164179	1164179	1164179	1058344	1058344	692634	692634	692634	692634	692634	692634	472497	472497
湖北省	挖掘机	515321	515321	515321	515321	515321	468474	468474	349477	349477	349477	349477	349477	349477	240404	240404
	推土机	605434	605434	605434	605434	605434	557000	557000	363261	363261	363261	363261	363261	363261	272445	272445
	装载机	853711	853711	853711	853711	853711	776101	776101	513962	513962	513962	513962	513962	513962	350021	350021
	叉车	155846	155846	155846	155846	155846	141678	141678	118914	118914	118914	118914	118914	118914	89069	89069
	压路机	1204016	1204016	1204016	1204016	1204016	1094560	1094560	764319	764319	764319	764319	764319	764319	534345	534345
	摊铺机	742456	742456	742456	742456	742456	683060	683060	445474	445474	445474	445474	445474	445474	334105	334105
	平地机	1060431	1060431	1060431	1060431	1060431	964028	964028	630909	630909	630909	630909	630909	630909	430390	430390
湖南省	挖掘机	528638	528638	528638	528638	528638	480580	480580	358508	358508	358508	358508	358508	358508	246616	246616
	推土机	651834	651834	651834	651834	651834	599688	599688	391101	391101	391101	391101	391101	391101	293325	293325
	装载机	906448	906448	906448	906448	906448	824044	824044	545711	545711	545711	545711	545711	545711	371643	371643

省（区、市）	机械类型	2003 年及以前	2004 年	2005 年	2006 年	2007 年	2008 年	2009 年	2010 年	2011 年	2012 年	2013 年	2014 年	2015 年	2016 年	2017 年
湖南省	叉车	155834	155834	155834	155834	155834	141668	141668	118905	118905	118905	118905	118905	118905	89062	89062
	压路机	1250102	1250102	1250102	1250102	1250102	1136457	1136457	793575	793575	793575	793575	793575	793575	554799	554799
	摊铺机	771895	771895	771895	771895	771895	710143	710143	463137	463137	463137	463137	463137	463137	347353	347353
	平地机	1134328	1134328	1134328	1134328	1134328	1031207	1031207	674874	674874	674874	674874	674874	674874	460382	460382
吉林省	挖掘机	438639	438639	438639	438639	438639	398763	398763	297474	297474	297474	297474	297474	297474	204631	204631
	推土机	672338	672338	672338	672338	672338	618551	618551	403403	403403	403403	403403	403403	403403	302552	302552
	装载机	795847	795847	795847	795847	795847	723498	723498	479126	479126	479126	479126	479126	479126	326297	326297
	叉车	155832	155832	155832	155832	155832	141666	141666	118903	118903	118903	118903	118903	118903	89061	89061
	压路机	1030004	1030004	1030004	1030004	1030004	936367	936367	653854	653854	653854	653854	653854	653854	457118	457118
	摊铺机	767041	767041	767041	767041	767041	705678	705678	460224	460224	460224	460224	460224	460224	345168	345168
	平地机	1099546	1099546	1099546	1099546	1099546	999587	999587	654181	654181	654181	654181	654181	654181	446265	446265
江苏省	挖掘机	495799	495799	495799	495799	495799	450727	450727	336238	336238	336238	336238	336238	336238	231297	231297
	推土机	617881	617881	617881	617881	617881	568450	568450	370729	370729	370729	370729	370729	370729	278046	278046
	装载机	950836	950836	950836	950836	950836	864396	864396	572433	572433	572433	572433	572433	572433	389842	389842
	叉车	155850	155850	155850	155850	155850	141682	141682	118917	118917	118917	118917	118917	118917	89071	89071
	压路机	1180277	1180277	1180277	1180277	1180277	1072979	1072979	749249	749249	749249	749249	749249	749249	523810	523810
	摊铺机	833851	833851	833851	833851	833851	767143	767143	500311	500311	500311	500311	500311	500311	375233	375233
	平地机	1041738	1041738	1041738	1041738	1041738	947035	947035	619788	619788	619788	619788	619788	619788	422803	422803
江西省	挖掘机	517625	517625	517625	517625	517625	470568	470568	351040	351040	351040	351040	351040	351040	241479	241479
	推土机	599051	599051	599051	599051	599051	551127	551127	359431	359431	359431	359431	359431	359431	269573	269573
	装载机	804527	804527	804527	804527	804527	731388	731388	484351	484351	484351	484351	484351	484351	329856	329856
	叉车	155837	155837	155837	155837	155837	141670	141670	118907	118907	118907	118907	118907	118907	89064	89064
	压路机	1175341	1175341	1175341	1175341	1175341	1068492	1068492	746116	746116	746116	746116	746116	746116	521619	521619
	摊铺机	742974	742974	742974	742974	742974	683536	683536	445785	445785	445785	445785	445785	445785	334338	334338
	平地机	1098958	1098958	1098958	1098958	1098958	999053	999053	653831	653831	653831	653831	653831	653831	446027	446027
辽宁省	挖掘机	577723	577723	577723	577723	577723	525202	525202	391796	391796	391796	391796	391796	391796	269515	269515
	推土机	713497	713497	713497	713497	713497	656417	656417	428098	428098	428098	428098	428098	428098	321074	321074
	装载机	1189319	1189319	1189319	1189319	1189319	1081199	1081199	716008	716008	716008	716008	716008	716008	487620	487620
	叉车	155839	155839	155839	155839	155839	141672	141672	118908	118908	118908	118908	118908	118908	89065	89065
	压路机	1080856	1080856	1080856	1080856	1080856	982597	982597	686136	686136	686136	686136	686136	686136	479687	479687
	摊铺机	711018	711018	711018	711018	711018	654137	654137	426611	426611	426611	426611	426611	426611	319958	319958
	平地机	1138352	1138352	1138352	1138352	1138352	1034866	1034866	677269	677269	677269	677269	677269	677269	462015	462015

省（区、市）	机械类型	2003 年及以前	2004 年	2005 年	2006 年	2007 年	2008 年	2009 年	2010 年	2011 年	2012 年	2013 年	2014 年	2015 年	2016 年	2017 年
内蒙古自治区	挖掘机	1052876	1052876	1052876	1052876	1052876	957160	957160	714033	714033	714033	714033	714033	714033	491181	491181
	推土机	624609	624609	624609	624609	624609	574641	574641	374766	374766	374766	374766	374766	374766	281074	281074
	装载机	1066824	1066824	1066824	1066824	1066824	969840	969840	642262	642262	642262	642262	642262	642262	437397	437397
	叉车	155864	155864	155864	155864	155864	141694	141694	118927	118927	118927	118927	118927	118927	89079	89079
	压路机	1013753	1013753	1013753	1013753	1013753	921594	921594	643538	643538	643538	643538	643538	643538	449906	449906
	摊铺机	636296	636296	636296	636296	636296	585392	585392	381778	381778	381778	381778	381778	381778	286333	286333
	平地机	1138168	1138168	1138168	1138168	1138168	1034698	1034698	677159	677159	677159	677159	677159	677159	461940	461940
宁夏回族自治区	挖掘机	521293	521293	521293	521293	521293	473902	473902	353527	353527	353527	353527	353527	353527	243190	243190
	推土机	615081	615081	615081	615081	615081	565875	565875	369049	369049	369049	369049	369049	369049	276787	276787
	装载机	978606	978606	978606	978606	978606	889642	889642	589152	589152	589152	589152	589152	589152	401228	401228
	叉车	155847	155847	155847	155847	155847	141679	141679	118915	118915	118915	118915	118915	118915	89070	89070
	压路机	1162292	1162292	1162292	1162292	1162292	1056629	1056629	737832	737832	737832	737832	737832	737832	515828	515828
	摊铺机	928869	928869	928869	928869	928869	854560	854560	557321	557321	557321	557321	557321	557321	417991	417991
	平地机	1079924	1079924	1079924	1079924	1079924	981749	981749	642507	642507	642507	642507	642507	642507	438301	438301
青海省	挖掘机	388584	388584	388584	388584	388584	353258	353258	263528	263528	263528	263528	263528	263528	181280	181280
	推土机	624755	624755	624755	624755	624755	574774	574774	374853	374853	374853	374853	374853	374853	281140	281140
	装载机	689936	689936	689936	689936	689936	627215	627215	415364	415364	415364	415364	415364	415364	282874	282874
	叉车	155906	155906	155906	155906	155906	141733	141733	118959	118959	118959	118959	118959	118959	89103	89103
	压路机	1240944	1240944	1240944	1240944	1240944	1128131	1128131	787761	787761	787761	787761	787761	787761	550734	550734
	摊铺机	789539	789539	789539	789539	789539	726376	726376	473723	473723	473723	473723	473723	473723	355292	355292
	平地机	1020663	1020663	1020663	1020663	1020663	927875	927875	607249	607249	607249	607249	607249	607249	414249	414249
山东省	挖掘机	544690	544690	544690	544690	544690	495173	495173	369395	369395	369395	369395	369395	369395	254105	254105
	推土机	663009	663009	663009	663009	663009	609969	609969	397806	397806	397806	397806	397806	397806	298354	298354
	装载机	1118752	1118752	1118752	1118752	1118752	1017047	1017047	673524	673524	673524	673524	673524	673524	458688	458688
	叉车	155850	155850	155850	155850	155850	141682	141682	118916	118916	118916	118916	118916	118916	89071	89071
	压路机	1117441	1117441	1117441	1117441	1117441	1015856	1015856	709360	709360	709360	709360	709360	709360	495923	495923
	摊铺机	794643	794643	794643	794643	794643	731072	731072	476786	476786	476786	476786	476786	476786	357589	357589
	平地机	1085288	1085288	1085288	1085288	1085288	986626	986626	645698	645698	645698	645698	645698	645698	440478	440478
山西省	挖掘机	673886	673886	673886	673886	673886	612623	612623	457012	457012	457012	457012	457012	457012	314377	314377
	推土机	728680	728680	728680	728680	728680	670386	670386	437208	437208	437208	437208	437208	437208	327906	327906
	装载机	1331999	1331999	1331999	1331999	1331999	1210908	1210908	801906	801906	801906	801906	801906	801906	546119	546119

省（区、市）	机械类型	2003 年及以前	2004 年	2005 年	2006 年	2007 年	2008 年	2009 年	2010 年	2011 年	2012 年	2013 年	2014 年	2015 年	2016 年	2017 年
山西省	叉车	155847	155847	155847	155847	155847	141679	141679	118915	118915	118915	118915	118915	118915	89070	89070
	压路机	958729	958729	958729	958729	958729	871571	871571	608608	608608	608608	608608	608608	608608	425486	425486
	摊铺机	658016	658016	658016	658016	658016	605375	605375	394810	394810	394810	394810	394810	394810	296107	296107
	平地机	1076405	1076405	1076405	1076405	1076405	978550	978550	640413	640413	640413	640413	640413	640413	436873	436873
陕西省	挖掘机	454474	454474	454474	454474	454474	413159	413159	308213	308213	308213	308213	308213	308213	212018	212018
	推土机	653293	653293	653293	653293	653293	601030	601030	391976	391976	391976	391976	391976	391976	293982	293982
	装载机	881542	881542	881542	881542	881542	801402	801402	530716	530716	530716	530716	530716	530716	361432	361432
	叉车	155842	155842	155842	155842	155842	141675	141675	118911	118911	118911	118911	118911	118911	89067	89067
	压路机	1157679	1157679	1157679	1157679	1157679	1052436	1052436	734904	734904	734904	734904	734904	734904	513781	513781
	摊铺机	771898	771898	771898	771898	771898	710146	710146	463139	463139	463139	463139	463139	463139	347354	347354
	平地机	1049777	1049777	1049777	1049777	1049777	954343	954343	624571	624571	624571	624571	624571	624571	426066	426066
上海市	挖掘机	229194	229194	229194	229194	229194	208358	208358	155433	155433	155433	155433	155433	155433	106922	106922
	推土机	734370	734370	734370	734370	734370	675620	675620	440622	440622	440622	440622	440622	440622	330467	330467
	装载机	1032057	1032057	1032057	1032057	1032057	938234	938234	621332	621332	621332	621332	621332	621332	423143	423143
	叉车	155847	155847	155847	155847	155847	141679	141679	118915	118915	118915	118915	118915	118915	89070	89070
	压路机	968773	968773	968773	968773	968773	880703	880703	614985	614985	614985	614985	614985	614985	429944	429944
	摊铺机	672628	672628	672628	672628	672628	618818	618818	403577	403577	403577	403577	403577	403577	302683	302683
	平地机	1172125	1172125	1172125	1172125	1172125	1065568	1065568	697362	697362	697362	697362	697362	697362	475722	475722
四川省	挖掘机	577785	577785	577785	577785	577785	525260	525260	391839	391839	391839	391839	391839	391839	269545	269545
	推土机	697897	697897	697897	697897	697897	642065	642065	418738	418738	418738	418738	418738	418738	314054	314054
	装载机	974950	974950	974950	974950	974950	886318	886318	586951	586951	586951	586951	586951	586951	399729	399729
	叉车	155842	155842	155842	155842	155842	141674	141674	118910	118910	118910	118910	118910	118910	89067	89067
	压路机	1239119	1239119	1239119	1239119	1239119	1126472	1126472	786603	786603	786603	786603	786603	786603	549924	549924
	摊铺机	678350	678350	678350	678350	678350	624082	624082	407010	407010	407010	407010	407010	407010	305258	305258
	平地机	1051085	1051085	1051085	1051085	1051085	955532	955532	625348	625348	625348	625348	625348	625348	426597	426597
天津市	挖掘机	543683	543683	543683	543683	543683	494258	494258	368712	368712	368712	368712	368712	368712	253636	253636
	推土机	692942	692942	692942	692942	692942	637507	637507	415765	415765	415765	415765	415765	415765	311824	311824
	装载机	1135895	1135895	1135895	1135895	1135895	1032631	1032631	683845	683845	683845	683845	683845	683845	465716	465716
	叉车	155829	155829	155829	155829	155829	141663	141663	118901	118901	118901	118901	118901	118901	89060	89060
	压路机	965204	965204	965204	965204	965204	877458	877458	612719	612719	612719	612719	612719	612719	428360	428360
	摊铺机	750911	750911	750911	750911	750911	690839	690839	450547	450547	450547	450547	450547	450547	337910	337910
	平地机	1054780	1054780	1054780	1054780	1054780	958891	958891	627547	627547	627547	627547	627547	627547	428096	428096

省（区、市）	机械类型	2003 年及以前	2004 年	2005 年	2006 年	2007 年	2008 年	2009 年	2010 年	2011 年	2012 年	2013 年	2014 年	2015 年	2016 年	2017 年
西藏自治区	挖掘机	601176	601176	601176	601176	601176	546524	546524	407702	407702	407702	407702	407702	407702	280457	280457
	推土机	764514	764514	764514	764514	764514	703353	703353	458708	458708	458708	458708	458708	458708	344031	344031
	装载机	935596	935596	935596	935596	935596	850542	850542	563259	563259	563259	563259	563259	563259	383594	383594
	叉车	155801	155801	155801	155801	155801	141637	141637	118879	118879	118879	118879	118879	118879	89043	89043
	压路机	1185909	1185909	1185909	1185909	1185909	1078099	1078099	752825	752825	752825	752825	752825	752825	526310	526310
	摊铺机	620620	620620	620620	620620	620620	570970	570970	372372	372372	372372	372372	372372	372372	279279	279279
	平地机	1055529	1055529	1055529	1055529	1055529	959572	959572	627993	627993	627993	627993	627993	627993	428400	428400
新疆维吾尔自治区	挖掘机	602686	602686	602686	602686	602686	547896	547896	408726	408726	408726	408726	408726	408726	281161	281161
	推土机	703711	703711	703711	703711	703711	647414	647414	422226	422226	422226	422226	422226	422226	316670	316670
	装载机	918080	918080	918080	918080	918080	834619	834619	552714	552714	552714	552714	552714	552714	376413	376413
	叉车	155847	155847	155847	155847	155847	141679	141679	118915	118915	118915	118915	118915	118915	89070	89070
	压路机	1259764	1259764	1259764	1259764	1259764	1145240	1145240	799708	799708	799708	799708	799708	799708	559087	559087
	摊铺机	804804	804804	804804	804804	804804	740420	740420	482882	482882	482882	482882	482882	482882	362162	362162
	平地机	1089394	1089394	1089394	1089394	1089394	990358	990358	648141	648141	648141	648141	648141	648141	442145	442145
云南省	挖掘机	579757	579757	579757	579757	579757	527052	527052	393176	393176	393176	393176	393176	393176	270464	270464
	推土机	666115	666115	666115	666115	666115	612826	612826	399669	399669	399669	399669	399669	399669	299752	299752
	装载机	807662	807662	807662	807662	807662	734238	734238	486238	486238	486238	486238	486238	486238	331141	331141
	叉车	155920	155920	155920	155920	155920	141746	141746	118970	118970	118970	118970	118970	118970	89111	89111
	压路机	1301475	1301475	1301475	1301475	1301475	1183159	1183159	826187	826187	826187	826187	826187	826187	577598	577598
	摊铺机	727754	727754	727754	727754	727754	669534	669534	436652	436652	436652	436652	436652	436652	327489	327489
	平地机	1050125	1050125	1050125	1050125	1050125	954659	954659	624778	624778	624778	624778	624778	624778	426207	426207
浙江省	挖掘机	641734	641734	641734	641734	641734	583395	583395	435207	435207	435207	435207	435207	435207	299378	299378
	推土机	644295	644295	644295	644295	644295	592752	592752	386577	386577	386577	386577	386577	386577	289933	289933
	装载机	1087176	1087176	1087176	1087176	1087176	988342	988342	654515	654515	654515	654515	654515	654515	445742	445742
	叉车	155847	155847	155847	155847	155847	141679	141679	118915	118915	118915	118915	118915	118915	89070	89070
	压路机	1081259	1081259	1081259	1081259	1081259	982962	982962	686391	686391	686391	686391	686391	686391	479865	479865
	摊铺机	677913	677913	677913	677913	677913	623680	623680	406748	406748	406748	406748	406748	406748	305061	305061
	平地机	1100433	1100433	1100433	1100433	1100433	1000394	1000394	654708	654708	654708	654708	654708	654708	446625	446625
重庆市	挖掘机	659709	659709	659709	659709	659709	599735	599735	447397	447397	447397	447397	447397	447397	307763	307763
	推土机	618849	618849	618849	618849	618849	569341	569341	371309	371309	371309	371309	371309	371309	278482	278482
	装载机	949710	949710	949710	949710	949710	863372	863372	571755	571755	571755	571755	571755	571755	389381	389381

省（区、市）	机械类型	2003 年及以前	2004 年	2005 年	2006 年	2007 年	2008 年	2009 年	2010 年	2011 年	2012 年	2013 年	2014 年	2015 年	2016 年	2017 年
重庆市	叉车	155858	155858	155858	155858	155858	141689	141689	118923	118923	118923	118923	118923	118923	89076	89076
	压路机	1114265	1114265	1114265	1114265	1114265	1012968	1012968	707344	707344	707344	707344	707344	707344	494513	494513
	摊铺机	767433	767433	767433	767433	767433	706039	706039	460460	460460	460460	460460	460460	460460	345345	345345
	平地机	1066965	1066965	1066965	1066965	1066965	969968	969968	634797	634797	634797	634797	634797	634797	433042	433042

表 2-1-5　工程机械颗粒物排放系数

单位：克/（台・年）

省（区、市）	机械类型	2003 年及以前	2004 年	2005 年	2006 年	2007 年	2008 年	2009 年	2010 年	2011 年	2012 年	2013 年	2014 年	2015 年	2016 年	2017 年
安徽省	挖掘机	41530	41530	41530	41530	41530	37755	37755	22241	22241	22241	22241	22241	22241	17207	17207
	推土机	48079	48079	48079	48079	48079	42069	42069	18030	18030	18030	18030	18030	18030	15025	15025
	装载机	44211	44211	44211	44211	44211	40192	40192	18702	18702	18702	18702	18702	18702	18124	18124
	叉车	7055	7055	7055	7055	7055	6467	6467	4703	4703	4703	4703	4703	4703	2842	2842
	压路机	2645	2645	2645	2645	2645	2405	2405	1344	1344	1344	1344	1344	1344	1083	1083
	摊铺机	55994	55994	55994	55994	55994	48995	48995	20998	20998	20998	20998	20998	20998	17498	17498
	平地机	19772	19772	19772	19772	19772	17974	17974	8258	8258	8258	8258	8258	8258	8087	8087
北京市	挖掘机	31393	31393	31393	31393	31393	28539	28539	16812	16812	16812	16812	16812	16812	13006	13006
	推土机	53260	53260	53260	53260	53260	46602	46602	19972	19972	19972	19972	19972	19972	16644	16644
	装载机	60169	60169	60169	60169	60169	54699	54699	25453	25453	25453	25453	25453	25453	24666	24666
	叉车	7056	7056	7056	7056	7056	6468	6468	4704	4704	4704	4704	4704	4704	2842	2842
	压路机	2113	2113	2113	2113	2113	1921	1921	1074	1074	1074	1074	1074	1074	865	865
	摊铺机	63387	63387	63387	63387	63387	55464	55464	23770	23770	23770	23770	23770	23770	19809	19809
	平地机	21355	21355	21355	21355	21355	19414	19414	8920	8920	8920	8920	8920	8920	8735	8735
福建省	挖掘机	71198	71198	71198	71198	71198	64725	64725	38129	38129	38129	38129	38129	38129	29498	29498
	推土机	50346	50346	50346	50346	50346	44053	44053	18880	18880	18880	18880	18880	18880	15733	15733
	装载机	52479	52479	52479	52479	52479	47708	47708	22200	22200	22200	22200	22200	22200	21513	21513
	叉车	7055	7055	7055	7055	7055	6467	6467	4704	4704	4704	4704	4704	4704	2842	2842
	压路机	2581	2581	2581	2581	2581	2346	2346	1311	1311	1311	1311	1311	1311	1056	1056
	摊铺机	57082	57082	57082	57082	57082	49947	49947	21406	21406	21406	21406	21406	21406	17838	17838
	平地机	21228	21228	21228	21228	21228	19299	19299	8867	8867	8867	8867	8867	8867	8683	8683
甘肃省	挖掘机	39633	39633	39633	39633	39633	36030	36030	21225	21225	21225	21225	21225	21225	16420	16420
	推土机	59733	59733	59733	59733	59733	52266	52266	22400	22400	22400	22400	22400	22400	18667	18667

省（区、市）	机械类型	2003年及以前	2004年	2005年	2006年	2007年	2008年	2009年	2010年	2011年	2012年	2013年	2014年	2015年	2016年	2017年
甘肃省	装载机	43265	43265	43265	43265	43265	39332	39332	18302	18302	18302	18302	18302	18302	17736	17736
	叉车	7055	7055	7055	7055	7055	6467	6467	4704	4704	4704	4704	4704	4704	2842	2842
	压路机	2826	2826	2826	2826	2826	2569	2569	1436	1436	1436	1436	1436	1436	1157	1157
	摊铺机	59429	59429	59429	59429	59429	52000	52000	22286	22286	22286	22286	22286	22286	18571	18571
	平地机	19908	19908	19908	19908	19908	18098	18098	8316	8316	8316	8316	8316	8316	8143	8143
广东省	挖掘机	54005	54005	54005	54005	54005	49095	49095	28921	28921	28921	28921	28921	28921	22375	22375
	推土机	50357	50357	50357	50357	50357	44062	44062	18884	18884	18884	18884	18884	18884	15736	15736
	装载机	62817	62817	62817	62817	62817	57106	57106	26573	26573	26573	26573	26573	26573	25751	25751
	叉车	7055	7055	7055	7055	7055	6467	6467	4704	4704	4704	4704	4704	4704	2842	2842
	压路机	2613	2613	2613	2613	2613	2376	2376	1328	1328	1328	1328	1328	1328	1070	1070
	摊铺机	56837	56837	56837	56837	56837	49733	49733	21314	21314	21314	21314	21314	21314	17762	17762
	平地机	20589	20589	20589	20589	20589	18717	18717	8600	8600	8600	8600	8600	8600	8422	8422
广西壮族自治区	挖掘机	50303	50303	50303	50303	50303	45730	45730	26939	26939	26939	26939	26939	26939	20841	20841
	推土机	48758	48758	48758	48758	48758	42664	42664	18284	18284	18284	18284	18284	18284	15237	15237
	装载机	58211	58211	58211	58211	58211	52919	52919	24624	24624	24624	24624	24624	24624	23863	23863
	叉车	7056	7056	7056	7056	7056	6468	6468	4704	4704	4704	4704	4704	4704	2842	2842
	压路机	2847	2847	2847	2847	2847	2589	2589	1447	1447	1447	1447	1447	1447	1165	1165
	摊铺机	59341	59341	59341	59341	59341	51923	51923	22253	22253	22253	22253	22253	22253	18544	18544
	平地机	19592	19592	19592	19592	19592	17811	17811	8183	8183	8183	8183	8183	8183	8014	8014
贵州省	挖掘机	56241	56241	56241	56241	56241	51128	51128	30119	30119	30119	30119	30119	30119	23301	23301
	推土机	51985	51985	51985	51985	51985	45487	45487	19494	19494	19494	19494	19494	19494	16245	16245
	装载机	43381	43381	43381	43381	43381	39438	39438	18351	18351	18351	18351	18351	18351	17784	17784
	叉车	7054	7054	7054	7054	7054	6466	6466	4703	4703	4703	4703	4703	4703	2841	2841
	压路机	2814	2814	2814	2814	2814	2558	2558	1430	1430	1430	1430	1430	1430	1152	1152
	摊铺机	56154	56154	56154	56154	56154	49135	49135	21058	21058	21058	21058	21058	21058	17548	17548
	平地机	20241	20241	20241	20241	20241	18401	18401	8455	8455	8455	8455	8455	8455	8279	8279
海南省	挖掘机	54273	54273	54273	54273	54273	49339	49339	29065	29065	29065	29065	29065	29065	22486	22486
	推土机	50109	50109	50109	50109	50109	43845	43845	18791	18791	18791	18791	18791	18791	15659	15659
	装载机	65324	65324	65324	65324	65324	59385	59385	27633	27633	27633	27633	27633	27633	26779	26779
	叉车	7057	7057	7057	7057	7057	6469	6469	4705	4705	4705	4705	4705	4705	2843	2843
	压路机	2400	2400	2400	2400	2400	2181	2181	1219	1219	1219	1219	1219	1219	982	982

省（区、市）	机械类型	2003年及以前	2004年	2005年	2006年	2007年	2008年	2009年	2010年	2011年	2012年	2013年	2014年	2015年	2016年	2017年
海南省	摊铺机	55105	55105	55105	55105	55105	48217	48217	20664	20664	20664	20664	20664	20664	17220	17220
	平地机	19333	19333	19333	19333	19333	17575	17575	8075	8075	8075	8075	8075	8075	7908	7908
河北省	挖掘机	49521	49521	49521	49521	49521	45019	45019	26520	26520	26520	26520	26520	26520	20517	20517
	推土机	52549	52549	52549	52549	52549	45980	45980	19706	19706	19706	19706	19706	19706	16422	16422
	装载机	68674	68674	68674	68674	68674	62431	62431	29050	29050	29050	29050	29050	29050	28152	28152
	叉车	7055	7055	7055	7055	7055	6467	6467	4703	4703	4703	4703	4703	4703	2842	2842
	压路机	2522	2522	2522	2522	2522	2293	2293	1282	1282	1282	1282	1282	1282	1032	1032
	摊铺机	61184	61184	61184	61184	61184	53536	53536	22944	22944	22944	22944	22944	22944	19120	19120
	平地机	20599	20599	20599	20599	20599	18726	18726	8604	8604	8604	8604	8604	8604	8426	8426
河南省	挖掘机	45228	45228	45228	45228	45228	41116	41116	24221	24221	24221	24221	24221	24221	18738	18738
	推土机	53268	53268	53268	53268	53268	46609	46609	19975	19975	19975	19975	19975	19975	16646	16646
	装载机	43586	43586	43586	43586	43586	39624	39624	18438	18438	18438	18438	18438	18438	17868	17868
	叉车	7055	7055	7055	7055	7055	6467	6467	4704	4704	4704	4704	4704	4704	2842	2842
	压路机	2620	2620	2620	2620	2620	2382	2382	1331	1331	1331	1331	1331	1331	1072	1072
	摊铺机	59868	59868	59868	59868	59868	52385	52385	22451	22451	22451	22451	22451	22451	18709	18709
	平地机	20435	20435	20435	20435	20435	18577	18577	8535	8535	8535	8535	8535	8535	8359	8359
黑龙江省	挖掘机	40471	40471	40471	40471	40471	36792	36792	21674	21674	21674	21674	21674	21674	16768	16768
	推土机	53105	53105	53105	53105	53105	46467	46467	19914	19914	19914	19914	19914	19914	16595	16595
	装载机	37565	37565	37565	37565	37565	34150	34150	15891	15891	15891	15891	15891	15891	15400	15400
	叉车	7055	7055	7055	7055	7055	6467	6467	4703	4703	4703	4703	4703	4703	2841	2841
	压路机	2453	2453	2453	2453	2453	2230	2230	1247	1247	1247	1247	1247	1247	1004	1004
	摊铺机	61610	61610	61610	61610	61610	53909	53909	23104	23104	23104	23104	23104	23104	19253	19253
	平地机	22266	22266	22266	22266	22266	20242	20242	9300	9300	9300	9300	9300	9300	9108	9108
湖北省	挖掘机	44317	44317	44317	44317	44317	40288	40288	23733	23733	23733	23733	23733	23733	18361	18361
	推土机	48435	48435	48435	48435	48435	42380	42380	18163	18163	18163	18163	18163	18163	15136	15136
	装载机	44089	44089	44089	44089	44089	40081	40081	18651	18651	18651	18651	18651	18651	18074	18074
	叉车	7055	7055	7055	7055	7055	6467	6467	4703	4703	4703	4703	4703	4703	2842	2842
	压路机	2763	2763	2763	2763	2763	2512	2512	1404	1404	1404	1404	1404	1404	1131	1131
	摊铺机	59396	59396	59396	59396	59396	51972	51972	22274	22274	22274	22274	22274	22274	18561	18561
	平地机	20282	20282	20282	20282	20282	18438	18438	8472	8472	8472	8472	8472	8472	8296	8296

省（区、市）	机械类型	2003 年及以前	2004 年	2005 年	2006 年	2007 年	2008 年	2009 年	2010 年	2011 年	2012 年	2013 年	2014 年	2015 年	2016 年	2017 年
湖南省	挖掘机	45462	45462	45462	45462	45462	41329	41329	24346	24346	24346	24346	24346	24346	18836	18836
	推土机	52147	52147	52147	52147	52147	45628	45628	19555	19555	19555	19555	19555	19555	16296	16296
	装载机	46813	46813	46813	46813	46813	42557	42557	19803	19803	19803	19803	19803	19803	19190	19190
	叉车	7055	7055	7055	7055	7055	6467	6467	4703	4703	4703	4703	4703	4703	2841	2841
	压路机	2869	2869	2869	2869	2869	2608	2608	1458	1458	1458	1458	1458	1458	1174	1174
	摊铺机	61752	61752	61752	61752	61752	54033	54033	23157	23157	23157	23157	23157	23157	19297	19297
	平地机	21695	21695	21695	21695	21695	19723	19723	9062	9062	9062	9062	9062	9062	8874	8874
吉林省	挖掘机	37723	37723	37723	37723	37723	34293	34293	20202	20202	20202	20202	20202	20202	15629	15629
	推土机	53787	53787	53787	53787	53787	47064	47064	20170	20170	20170	20170	20170	20170	16808	16808
	装载机	41101	41101	41101	41101	41101	37364	37364	17386	17386	17386	17386	17386	17386	16849	16849
	叉车	7055	7055	7055	7055	7055	6467	6467	4703	4703	4703	4703	4703	4703	2841	2841
	压路机	2364	2364	2364	2364	2364	2149	2149	1201	1201	1201	1201	1201	1201	967	967
	摊铺机	61363	61363	61363	61363	61363	53693	53693	23011	23011	23011	23011	23011	23011	19176	19176
	平地机	21030	21030	21030	21030	21030	19118	19118	8784	8784	8784	8784	8784	8784	8602	8602
江苏省	挖掘机	42638	42638	42638	42638	42638	38762	38762	22834	22834	22834	22834	22834	22834	17665	17665
	推土机	49430	49430	49430	49430	49430	43252	43252	18536	18536	18536	18536	18536	18536	15447	15447
	装载机	49105	49105	49105	49105	49105	44641	44641	20772	20772	20772	20772	20772	20772	20130	20130
	叉车	7055	7055	7055	7055	7055	6467	6467	4704	4704	4704	4704	4704	4704	2842	2842
	压路机	2709	2709	2709	2709	2709	2462	2462	1376	1376	1376	1376	1376	1376	1109	1109
	摊铺机	66708	66708	66708	66708	66708	58370	58370	25016	25016	25016	25016	25016	25016	20846	20846
	平地机	19924	19924	19924	19924	19924	18113	18113	8322	8322	8322	8322	8322	8322	8150	8150
江西省	挖掘机	44515	44515	44515	44515	44515	40468	40468	23839	23839	23839	23839	23839	23839	18443	18443
	推土机	47924	47924	47924	47924	47924	41934	41934	17972	17972	17972	17972	17972	17972	14976	14976
	装载机	41549	41549	41549	41549	41549	37772	37772	17576	17576	17576	17576	17576	17576	17033	17033
	叉车	7055	7055	7055	7055	7055	6467	6467	4703	4703	4703	4703	4703	4703	2842	2842
	压路机	2697	2697	2697	2697	2697	2452	2452	1371	1371	1371	1371	1371	1371	1104	1104
	摊铺机	59438	59438	59438	59438	59438	52008	52008	22289	22289	22289	22289	22289	22289	18574	18574
	平地机	21019	21019	21019	21019	21019	19108	19108	8779	8779	8779	8779	8779	8779	8597	8597
辽宁省	挖掘机	49684	49684	49684	49684	49684	45167	45167	26607	26607	26607	26607	26607	26607	20584	20584
	推土机	57080	57080	57080	57080	57080	49945	49945	21405	21405	21405	21405	21405	21405	17837	17837
	装载机	61421	61421	61421	61421	61421	55837	55837	25982	25982	25982	25982	25982	25982	25179	25179

省（区、市）	机械类型	2003 年及以前	2004 年	2005 年	2006 年	2007 年	2008 年	2009 年	2010 年	2011 年	2012 年	2013 年	2014 年	2015 年	2016 年	2017 年
辽宁省	叉车	7055	7055	7055	7055	7055	6467	6467	4703	4703	4703	4703	4703	4703	2842	2842
	压路机	2480	2480	2480	2480	2480	2255	2255	1261	1261	1261	1261	1261	1261	1015	1015
	摊铺机	56881	56881	56881	56881	56881	49771	49771	21331	21331	21331	21331	21331	21331	17775	17775
	平地机	21772	21772	21772	21772	21772	19793	19793	9094	9094	9094	9094	9094	9094	8906	8906
内蒙古自治区	挖掘机	90546	90546	90546	90546	90546	82315	82315	48490	48490	48490	48490	48490	48490	37514	37514
	推土机	49969	49969	49969	49969	49969	43723	43723	18738	18738	18738	18738	18738	18738	15615	15615
	装载机	55095	55095	55095	55095	55095	50086	50086	23306	23306	23306	23306	23306	23306	22586	22586
	叉车	7056	7056	7056	7056	7056	6468	6468	4704	4704	4704	4704	4704	4704	2842	2842
	压路机	2326	2326	2326	2326	2326	2115	2115	1182	1182	1182	1182	1182	1182	952	952
	摊铺机	50904	50904	50904	50904	50904	44541	44541	19089	19089	19089	19089	19089	19089	15907	15907
	平地机	21768	21768	21768	21768	21768	19790	19790	9093	9093	9093	9093	9093	9093	8904	8904
宁夏回族自治区	挖掘机	44831	44831	44831	44831	44831	40755	40755	24008	24008	24008	24008	24008	24008	18574	18574
	推土机	49206	49206	49206	49206	49206	43056	43056	18452	18452	18452	18452	18452	18452	15377	15377
	装载机	50539	50539	50539	50539	50539	45945	45945	21379	21379	21379	21379	21379	21379	20718	20718
	叉车	7055	7055	7055	7055	7055	6467	6467	4704	4704	4704	4704	4704	4704	2842	2842
	压路机	2667	2667	2667	2667	2667	2425	2425	1355	1355	1355	1355	1355	1355	1092	1092
	摊铺机	74310	74310	74310	74310	74310	65021	65021	27866	27866	27866	27866	27866	27866	23222	23222
	平地机	20655	20655	20655	20655	20655	18777	18777	8627	8627	8627	8627	8627	8627	8448	8448
青海省	挖掘机	33418	33418	33418	33418	33418	30380	30380	17896	17896	17896	17896	17896	17896	13845	13845
	推土机	49980	49980	49980	49980	49980	43733	43733	18743	18743	18743	18743	18743	18743	15619	15619
	装载机	35631	35631	35631	35631	35631	32392	32392	15073	15073	15073	15073	15073	15073	14607	14607
	叉车	7058	7058	7058	7058	7058	6470	6470	4705	4705	4705	4705	4705	4705	2843	2843
	压路机	2848	2848	2848	2848	2848	2589	2589	1447	1447	1447	1447	1447	1447	1165	1165
	摊铺机	63163	63163	63163	63163	63163	55268	55268	23686	23686	23686	23686	23686	23686	19738	19738
	平地机	19521	19521	19521	19521	19521	17746	17746	8154	8154	8154	8154	8154	8154	7985	7985
山东省	挖掘机	46843	46843	46843	46843	46843	42584	42584	25086	25086	25086	25086	25086	25086	19407	19407
	推土机	53041	53041	53041	53041	53041	46411	46411	19890	19890	19890	19890	19890	19890	16575	16575
	装载机	57777	57777	57777	57777	57777	52524	52524	24441	24441	24441	24441	24441	24441	23685	23685
	叉车	7055	7055	7055	7055	7055	6467	6467	4704	4704	4704	4704	4704	4704	2842	2842
	压路机	2564	2564	2564	2564	2564	2331	2331	1303	1303	1303	1303	1303	1303	1049	1049
	摊铺机	63571	63571	63571	63571	63571	55625	55625	23839	23839	23839	23839	23839	23839	19866	19866
	平地机	20757	20757	20757	20757	20757	18870	18870	8670	8670	8670	8670	8670	8670	8490	8490

省（区、市）	机械类型	2003 年及以前	2004 年	2005 年	2006 年	2007 年	2008 年	2009 年	2010 年	2011 年	2012 年	2013 年	2014 年	2015 年	2016 年	2017 年
山西省	挖掘机	57954	57954	57954	57954	57954	52685	52685	31036	31036	31036	31036	31036	31036	24011	24011
	推土机	58294	58294	58294	58294	58294	51008	51008	21860	21860	21860	21860	21860	21860	18217	18217
	装载机	68790	68790	68790	68790	68790	62536	62536	29100	29100	29100	29100	29100	29100	28200	28200
	叉车	7055	7055	7055	7055	7055	6467	6467	4704	4704	4704	4704	4704	4704	2842	2842
	压路机	2200	2200	2200	2200	2200	2000	2000	1118	1118	1118	1118	1118	1118	900	900
	摊铺机	52641	52641	52641	52641	52641	46061	46061	19740	19740	19740	19740	19740	19740	16450	16450
	平地机	20587	20587	20587	20587	20587	18716	18716	8599	8599	8599	8599	8599	8599	8421	8421
陕西省	挖掘机	39084	39084	39084	39084	39084	35531	35531	20931	20931	20931	20931	20931	20931	16193	16193
	推土机	52263	52263	52263	52263	52263	45731	45731	19599	19599	19599	19599	19599	19599	16332	16332
	装载机	45526	45526	45526	45526	45526	41388	41388	19259	19259	19259	19259	19259	19259	18663	18663
	叉车	7055	7055	7055	7055	7055	6467	6467	4703	4703	4703	4703	4703	4703	2842	2842
	压路机	2657	2657	2657	2657	2657	2415	2415	1350	1350	1350	1350	1350	1350	1087	1087
	摊铺机	61752	61752	61752	61752	61752	54033	54033	23157	23157	23157	23157	23157	23157	19297	19297
	平地机	20078	20078	20078	20078	20078	18253	18253	8386	8386	8386	8386	8386	8386	8213	8213
上海市	挖掘机	19710	19710	19710	19710	19710	17919	17919	10556	10556	10556	10556	10556	10556	8166	8166
	推土机	58750	58750	58750	58750	58750	51406	51406	22031	22031	22031	22031	22031	22031	18359	18359
	装载机	53300	53300	53300	53300	53300	48454	48454	22547	22547	22547	22547	22547	22547	21850	21850
	叉车	7055	7055	7055	7055	7055	6467	6467	4704	4704	4704	4704	4704	4704	2842	2842
	压路机	2223	2223	2223	2223	2223	2021	2021	1130	1130	1130	1130	1130	1130	910	910
	摊铺机	53810	53810	53810	53810	53810	47084	47084	20179	20179	20179	20179	20179	20179	16816	16816
	平地机	22418	22418	22418	22418	22418	20380	20380	9364	9364	9364	9364	9364	9364	9170	9170
四川省	挖掘机	49689	49689	49689	49689	49689	45172	45172	26610	26610	26610	26610	26610	26610	20587	20587
	推土机	55832	55832	55832	55832	55832	48853	48853	20937	20937	20937	20937	20937	20937	17447	17447
	装载机	50350	50350	50350	50350	50350	45773	45773	21299	21299	21299	21299	21299	21299	20641	20641
	叉车	7055	7055	7055	7055	7055	6467	6467	4703	4703	4703	4703	4703	4703	2842	2842
	压路机	2844	2844	2844	2844	2844	2585	2585	1445	1445	1445	1445	1445	1445	1164	1164
	摊铺机	54268	54268	54268	54268	54268	47485	47485	20351	20351	20351	20351	20351	20351	16959	16959
	平地机	20103	20103	20103	20103	20103	18275	18275	8397	8397	8397	8397	8397	8397	8223	8223
天津市	挖掘机	46756	46756	46756	46756	46756	42506	42506	25039	25039	25039	25039	25039	25039	19372	19372
	推土机	55435	55435	55435	55435	55435	48506	48506	20788	20788	20788	20788	20788	20788	17324	17324
	装载机	58662	58662	58662	58662	58662	53329	53329	24815	24815	24815	24815	24815	24815	24048	24048

省（区、市）	机械类型	2003年及以前	2004年	2005年	2006年	2007年	2008年	2009年	2010年	2011年	2012年	2013年	2014年	2015年	2016年	2017年
天津市	叉车	7054	7054	7054	7054	7054	6467	6467	4703	4703	4703	4703	4703	4703	2841	2841
	压路机	2215	2215	2215	2215	2215	2014	2014	1126	1126	1126	1126	1126	1126	907	907
	摊铺机	60073	60073	60073	60073	60073	52564	52564	22527	22527	22527	22527	22527	22527	18773	18773
	平地机	20174	20174	20174	20174	20174	18340	18340	8426	8426	8426	8426	8426	8426	8252	8252
西藏自治区	挖掘机	51701	51701	51701	51701	51701	47001	47001	27687	27687	27687	27687	27687	27687	21420	21420
	推土机	61161	61161	61161	61161	61161	53516	53516	22935	22935	22935	22935	22935	22935	19113	19113
	装载机	48318	48318	48318	48318	48318	43925	43925	20440	20440	20440	20440	20440	20440	19807	19807
	叉车	7053	7053	7053	7053	7053	6465	6465	4702	4702	4702	4702	4702	4702	2841	2841
	压路机	2721	2721	2721	2721	2721	2474	2474	1383	1383	1383	1383	1383	1383	1114	1114
	摊铺机	49650	49650	49650	49650	49650	43443	43443	18619	18619	18619	18619	18619	18619	15516	15516
	平地机	20188	20188	20188	20188	20188	18353	18353	8432	8432	8432	8432	8432	8432	8258	8258
新疆维吾尔自治区	挖掘机	51830	51830	51830	51830	51830	47119	47119	27757	27757	27757	27757	27757	27757	21474	21474
	推土机	56297	56297	56297	56297	56297	49260	49260	21111	21111	21111	21111	21111	21111	17593	17593
	装载机	47413	47413	47413	47413	47413	43103	43103	20057	20057	20057	20057	20057	20057	19437	19437
	叉车	7055	7055	7055	7055	7055	6467	6467	4704	4704	4704	4704	4704	4704	2842	2842
	压路机	2891	2891	2891	2891	2891	2628	2628	1469	1469	1469	1469	1469	1469	1183	1183
	摊铺机	64384	64384	64384	64384	64384	56336	56336	24144	24144	24144	24144	24144	24144	20120	20120
	平地机	20836	20836	20836	20836	20836	18942	18942	8703	8703	8703	8703	8703	8703	8523	8523
云南省	挖掘机	49859	49859	49859	49859	49859	45326	45326	26701	26701	26701	26701	26701	26701	20657	20657
	推土机	53289	53289	53289	53289	53289	46628	46628	19983	19983	19983	19983	19983	19983	16653	16653
	装载机	41711	41711	41711	41711	41711	37919	37919	17645	17645	17645	17645	17645	17645	17099	17099
	叉车	7059	7059	7059	7059	7059	6470	6470	4706	4706	4706	4706	4706	4706	2843	2843
	压路机	2987	2987	2987	2987	2987	2715	2715	1518	1518	1518	1518	1518	1518	1222	1222
	摊铺机	58220	58220	58220	58220	58220	50943	50943	21833	21833	21833	21833	21833	21833	18194	18194
	平地机	20085	20085	20085	20085	20085	18259	18259	8389	8389	8389	8389	8389	8389	8215	8215
浙江省	挖掘机	55189	55189	55189	55189	55189	50171	50171	29555	29555	29555	29555	29555	29555	22865	22865
	推土机	51544	51544	51544	51544	51544	45101	45101	19329	19329	19329	19329	19329	19329	16107	16107
	装载机	56146	56146	56146	56146	56146	51042	51042	23751	23751	23751	23751	23751	23751	23016	23016
	叉车	7055	7055	7055	7055	7055	6467	6467	4704	4704	4704	4704	4704	4704	2842	2842
	压路机	2481	2481	2481	2481	2481	2256	2256	1261	1261	1261	1261	1261	1261	1016	1016
	摊铺机	54233	54233	54233	54233	54233	47454	47454	20337	20337	20337	20337	20337	20337	16948	16948
	平地机	21047	21047	21047	21047	21047	19133	19133	8791	8791	8791	8791	8791	8791	8609	8609

省（区、市）	机械类型	2003 年及以前	2004 年	2005 年	2006 年	2007 年	2008 年	2009 年	2010 年	2011 年	2012 年	2013 年	2014 年	2015 年	2016 年	2017 年
重庆市	挖掘机	56734	56734	56734	56734	56734	51577	51577	30383	30383	30383	30383	30383	30383	23506	23506
	推土机	49508	49508	49508	49508	49508	43319	43319	18565	18565	18565	18565	18565	18565	15471	15471
	装载机	49047	49047	49047	49047	49047	44588	44588	20748	20748	20748	20748	20748	20748	20106	20106
	叉车	7056	7056	7056	7056	7056	6468	6468	4704	4704	4704	4704	4704	4704	2842	2842
	压路机	2557	2557	2557	2557	2557	2325	2325	1299	1299	1299	1299	1299	1299	1047	1047
	摊铺机	61395	61395	61395	61395	61395	53720	53720	23023	23023	23023	23023	23023	23023	19186	19186
	平地机	20407	20407	20407	20407	20407	18552	18552	8524	8524	8524	8524	8524	8524	8347	8347

表 2-1-6 工程机械挥发性有机物排放系数

单位：克/（台•年）

省（区、市）	机械类型	2003 年及以前	2004 年	2005 年	2006 年	2007 年	2008 年	2009 年	2010 年	2011 年	2012 年	2013 年	2014 年	2015 年	2016 年	2017 年
安徽省	挖掘机	38505	38505	38505	38505	38505	35005	35005	27097	27097	27097	27097	27097	27097	17886	17886
	推土机	78128	78128	78128	78128	78128	78128	78128	60099	60099	60099	60099	60099	60099	48079	48079
	装载机	71419	71419	71419	71419	71419	64926	64926	45022	45022	45022	45022	45022	45022	26873	26873
	叉车	10680	10680	10680	10680	10680	9701	9701	7447	7447	7447	7447	7447	7447	4801	4801
	压路机	78166	78166	78166	78166	78166	71060	71060	51567	51567	51567	51567	51567	51567	30135	30135
	摊铺机	90991	90991	90991	90991	90991	90991	90991	69993	69993	69993	69993	69993	69993	55994	55994
	平地机	62657	62657	62657	62657	62657	56960	56960	39351	39351	39351	39351	39351	39351	22261	22261
北京市	挖掘机	29106	29106	29106	29106	29106	26460	26460	20483	20483	20483	20483	20483	20483	13520	13520
	推土机	86547	86547	86547	86547	86547	86547	86547	66575	66575	66575	66575	66575	66575	53260	53260
	装载机	97198	97198	97198	97198	97198	88362	88362	61272	61272	61272	61272	61272	61272	36572	36572
	叉车	10683	10683	10683	10683	10683	9703	9703	7448	7448	7448	7448	7448	7448	4802	4802
	压路机	62440	62440	62440	62440	62440	56764	56764	41193	41193	41193	41193	41193	41193	24073	24073
	摊铺机	103005	103005	103005	103005	103005	103005	103005	79234	79234	79234	79234	79234	79234	63387	63387
	平地机	67674	67674	67674	67674	67674	61522	61522	42502	42502	42502	42502	42502	42502	24044	24044
福建省	挖掘机	66012	66012	66012	66012	66012	60011	60011	46454	46454	46454	46454	46454	46454	30663	30663
	推土机	81812	81812	81812	81812	81812	81812	81812	62932	62932	62932	62932	62932	62932	50346	50346
	装载机	84774	84774	84774	84774	84774	77068	77068	53441	53441	53441	53441	53441	53441	31898	31898
	叉车	10681	10681	10681	10681	10681	9701	9701	7447	7447	7447	7447	7447	7447	4802	4802
	压路机	76256	76256	76256	76256	76256	69323	69323	50307	50307	50307	50307	50307	50307	29399	29399
	摊铺机	92758	92758	92758	92758	92758	92758	92758	71353	71353	71353	71353	71353	71353	57082	57082
	平地机	67273	67273	67273	67273	67273	61157	61157	42250	42250	42250	42250	42250	42250	23901	23901

省（区、市）	机械类型	2003年及以前	2004年	2005年	2006年	2007年	2008年	2009年	2010年	2011年	2012年	2013年	2014年	2015年	2016年	2017年
甘肃省	挖掘机	36746	36746	36746	36746	36746	33405	33405	25859	25859	25859	25859	25859	25859	17069	17069
	推土机	97066	97066	97066	97066	97066	97066	97066	74666	74666	74666	74666	74666	74666	59733	59733
	装载机	69891	69891	69891	69891	69891	63537	63537	44058	44058	44058	44058	44058	44058	26298	26298
	叉车	10681	10681	10681	10681	10681	9701	9701	7447	7447	7447	7447	7447	7447	4802	4802
	压路机	83515	83515	83515	83515	83515	75923	75923	55096	55096	55096	55096	55096	55096	32197	32197
	摊铺机	96571	96571	96571	96571	96571	96571	96571	74286	74286	74286	74286	74286	74286	59429	59429
	平地机	63090	63090	63090	63090	63090	57354	57354	39623	39623	39623	39623	39623	39623	22415	22415
广东省	挖掘机	50071	50071	50071	50071	50071	45519	45519	35237	35237	35237	35237	35237	35237	23258	23258
	推土机	81830	81830	81830	81830	81830	81830	81830	62946	62946	62946	62946	62946	62946	50357	50357
	装载机	101475	101475	101475	101475	101475	92250	92250	63968	63968	63968	63968	63968	63968	38181	38181
	叉车	10681	10681	10681	10681	10681	9701	9701	7447	7447	7447	7447	7447	7447	4802	4802
	压路机	77223	77223	77223	77223	77223	70203	70203	50945	50945	50945	50945	50945	50945	29772	29772
	摊铺机	92360	92360	92360	92360	92360	92360	92360	71046	71046	71046	71046	71046	71046	56837	56837
	平地机	65245	65245	65245	65245	65245	59314	59314	40976	40976	40976	40976	40976	40976	23181	23181
广西壮族自治区	挖掘机	46639	46639	46639	46639	46639	42399	42399	32821	32821	32821	32821	32821	32821	21664	21664
	推土机	79232	79232	79232	79232	79232	79232	79232	60948	60948	60948	60948	60948	60948	48758	48758
	装载机	94034	94034	94034	94034	94034	85485	85485	59278	59278	59278	59278	59278	59278	35382	35382
	叉车	10683	10683	10683	10683	10683	9703	9703	7449	7449	7449	7449	7449	7449	4802	4802
	压路机	84141	84141	84141	84141	84141	76492	76492	55509	55509	55509	55509	55509	55509	32439	32439
	摊铺机	96428	96428	96428	96428	96428	96428	96428	74176	74176	74176	74176	74176	74176	59341	59341
	平地机	62087	62087	62087	62087	62087	56443	56443	38993	38993	38993	38993	38993	38993	22059	22059
贵州省	挖掘机	52144	52144	52144	52144	52144	47404	47404	36695	36695	36695	36695	36695	36695	24221	24221
	推土机	84476	84476	84476	84476	84476	84476	84476	64982	64982	64982	64982	64982	64982	51985	51985
	装载机	70078	70078	70078	70078	70078	63708	63708	44176	44176	44176	44176	44176	44176	26368	26368
	叉车	10679	10679	10679	10679	10679	9700	9700	7446	7446	7446	7446	7446	7446	4801	4801
	压路机	83141	83141	83141	83141	83141	75583	75583	54849	54849	54849	54849	54849	54849	32053	32053
	摊铺机	91250	91250	91250	91250	91250	91250	91250	70192	70192	70192	70192	70192	70192	56154	56154
	平地机	64145	64145	64145	64145	64145	58313	58313	40285	40285	40285	40285	40285	40285	22790	22790
海南省	挖掘机	50320	50320	50320	50320	50320	45745	45745	35412	35412	35412	35412	35412	35412	23374	23374
	推土机	81426	81426	81426	81426	81426	81426	81426	62636	62636	62636	62636	62636	62636	50109	50109
	装载机	105525	105525	105525	105525	105525	95931	95931	66521	66521	66521	66521	66521	66521	39705	39705

省（区、市）	机械类型	2003 年及以前	2004 年	2005 年	2006 年	2007 年	2008 年	2009 年	2010 年	2011 年	2012 年	2013 年	2014 年	2015 年	2016 年	2017 年
海南省	叉车	10684	10684	10684	10684	10684	9704	9704	7450	7450	7450	7450	7450	7450	4803	4803
	压路机	70908	70908	70908	70908	70908	64461	64461	46779	46779	46779	46779	46779	46779	27337	27337
	摊铺机	89546	89546	89546	89546	89546	89546	89546	68881	68881	68881	68881	68881	68881	55105	55105
	平地机	61265	61265	61265	61265	61265	55696	55696	38477	38477	38477	38477	38477	38477	21767	21767
河北省	挖掘机	45914	45914	45914	45914	45914	41740	41740	32311	32311	32311	32311	32311	32311	21327	21327
	推土机	85392	85392	85392	85392	85392	85392	85392	65686	65686	65686	65686	65686	65686	52549	52549
	装载机	110936	110936	110936	110936	110936	100851	100851	69932	69932	69932	69932	69932	69932	41741	41741
	叉车	10680	10680	10680	10680	10680	9700	9700	7447	7447	7447	7447	7447	7447	4801	4801
	压路机	74518	74518	74518	74518	74518	67744	67744	49160	49160	49160	49160	49160	49160	28729	28729
	摊铺机	99424	99424	99424	99424	99424	99424	99424	76480	76480	76480	76480	76480	76480	61184	61184
	平地机	65277	65277	65277	65277	65277	59343	59343	40996	40996	40996	40996	40996	40996	23192	23192
河南省	挖掘机	41933	41933	41933	41933	41933	38121	38121	29510	29510	29510	29510	29510	29510	19478	19478
	推土机	86560	86560	86560	86560	86560	86560	86560	66585	66585	66585	66585	66585	66585	53268	53268
	装载机	70409	70409	70409	70409	70409	64008	64008	44385	44385	44385	44385	44385	44385	26492	26492
	叉车	10681	10681	10681	10681	10681	9701	9701	7447	7447	7447	7447	7447	7447	4802	4802
	压路机	77417	77417	77417	77417	77417	70379	70379	51073	51073	51073	51073	51073	51073	29847	29847
	摊铺机	97286	97286	97286	97286	97286	97286	97286	74835	74835	74835	74835	74835	74835	59868	59868
	平地机	64757	64757	64757	64757	64757	58870	58870	40670	40670	40670	40670	40670	40670	23007	23007
黑龙江省	挖掘机	37523	37523	37523	37523	37523	34112	34112	26406	26406	26406	26406	26406	26406	17430	17430
	推土机	86295	86295	86295	86295	86295	86295	86295	66381	66381	66381	66381	66381	66381	53105	53105
	装载机	60683	60683	60683	60683	60683	55167	55167	38254	38254	38254	38254	38254	38254	22833	22833
	叉车	10680	10680	10680	10680	10680	9700	9700	7446	7446	7446	7446	7446	7446	4801	4801
	压路机	72484	72484	72484	72484	72484	65894	65894	47818	47818	47818	47818	47818	47818	27945	27945
	摊铺机	100116	100116	100116	100116	100116	100116	100116	77012	77012	77012	77012	77012	77012	61610	61610
	平地机	70561	70561	70561	70561	70561	64146	64146	44315	44315	44315	44315	44315	44315	25069	25069
湖北省	挖掘机	41089	41089	41089	41089	41089	37354	37354	28916	28916	28916	28916	28916	28916	19086	19086
	推土机	78706	78706	78706	78706	78706	78706	78706	60543	60543	60543	60543	60543	60543	48435	48435
	装载机	71222	71222	71222	71222	71222	64747	64747	44897	44897	44897	44897	44897	44897	26798	26798
	叉车	10681	10681	10681	10681	10681	9701	9701	7447	7447	7447	7447	7447	7447	4801	4801
	压路机	81644	81644	81644	81644	81644	74222	74222	53862	53862	53862	53862	53862	53862	31476	31476
	摊铺机	96519	96519	96519	96519	96519	96519	96519	74246	74246	74246	74246	74246	74246	59396	59396
	平地机	64273	64273	64273	64273	64273	58430	58430	40366	40366	40366	40366	40366	40366	22835	22835

省（区、市）	机械类型	2003 年及以前	2004 年	2005 年	2006 年	2007 年	2008 年	2009 年	2010 年	2011 年	2012 年	2013 年	2014 年	2015 年	2016 年	2017 年
湖南省	挖掘机	42151	42151	42151	42151	42151	38319	38319	29663	29663	29663	29663	29663	29663	19579	19579
	推土机	84738	84738	84738	84738	84738	84738	84738	65183	65183	65183	65183	65183	65183	52147	52147
	装载机	75621	75621	75621	75621	75621	68747	68747	47671	47671	47671	47671	47671	47671	28454	28454
	叉车	10680	10680	10680	10680	10680	9700	9700	7447	7447	7447	7447	7447	7447	4801	4801
	压路机	84769	84769	84769	84769	84769	77063	77063	55923	55923	55923	55923	55923	55923	32681	32681
	摊铺机	100346	100346	100346	100346	100346	100346	100346	77189	77189	77189	77189	77189	77189	61752	61752
	平地机	68752	68752	68752	68752	68752	62502	62502	43179	43179	43179	43179	43179	43179	24426	24426
吉林省	挖掘机	34975	34975	34975	34975	34975	31795	31795	24613	24613	24613	24613	24613	24613	16246	16246
	推土机	87404	87404	87404	87404	87404	87404	87404	67234	67234	67234	67234	67234	67234	53787	53787
	装载机	66394	66394	66394	66394	66394	60358	60358	41854	41854	41854	41854	41854	41854	24982	24982
	叉车	10680	10680	10680	10680	10680	9700	9700	7447	7447	7447	7447	7447	7447	4801	4801
	压路机	69844	69844	69844	69844	69844	63495	63495	46077	46077	46077	46077	46077	46077	26927	26927
	摊铺机	99715	99715	99715	99715	99715	99715	99715	76704	76704	76704	76704	76704	76704	61363	61363
	平地机	66644	66644	66644	66644	66644	60585	60585	41855	41855	41855	41855	41855	41855	23677	23677
江苏省	挖掘机	39532	39532	39532	39532	39532	35939	35939	27820	27820	27820	27820	27820	27820	18363	18363
	推土机	80325	80325	80325	80325	80325	80325	80325	61788	61788	61788	61788	61788	61788	49430	49430
	装载机	79324	79324	79324	79324	79324	72113	72113	50005	50005	50005	50005	50005	50005	29847	29847
	叉车	10681	10681	10681	10681	10681	9701	9701	7447	7447	7447	7447	7447	7447	4802	4802
	压路机	80034	80034	80034	80034	80034	72758	72758	52800	52800	52800	52800	52800	52800	30856	30856
	摊铺机	108401	108401	108401	108401	108401	108401	108401	83385	83385	83385	83385	83385	83385	66708	66708
	平地机	63140	63140	63140	63140	63140	57400	57400	39654	39654	39654	39654	39654	39654	22433	22433
江西省	挖掘机	41273	41273	41273	41273	41273	37521	37521	29045	29045	29045	29045	29045	29045	19172	19172
	推土机	77877	77877	77877	77877	77877	77877	77877	59905	59905	59905	59905	59905	59905	47924	47924
	装载机	67118	67118	67118	67118	67118	61017	61017	42311	42311	42311	42311	42311	42311	25254	25254
	叉车	10680	10680	10680	10680	10680	9700	9700	7447	7447	7447	7447	7447	7447	4801	4801
	压路机	79700	79700	79700	79700	79700	72454	72454	52579	52579	52579	52579	52579	52579	30726	30726
	摊铺机	96587	96587	96587	96587	96587	96587	96587	74297	74297	74297	74297	74297	74297	59438	59438
	平地机	66608	66608	66608	66608	66608	60553	60553	41832	41832	41832	41832	41832	41832	23665	23665
辽宁省	挖掘机	46065	46065	46065	46065	46065	41877	41877	32417	32417	32417	32417	32417	32417	21397	21397
	推土机	92755	92755	92755	92755	92755	92755	92755	71350	71350	71350	71350	71350	71350	57080	57080
	装载机	99220	99220	99220	99220	99220	90200	90200	62547	62547	62547	62547	62547	62547	37333	37333

省（区、市）	机械类型	2003 年及以前	2004 年	2005 年	2006 年	2007 年	2008 年	2009 年	2010 年	2011 年	2012 年	2013 年	2014 年	2015 年	2016 年	2017 年
辽宁省	叉车	10680	10680	10680	10680	10680	9700	9700	7447	7447	7447	7447	7447	7447	4801	4801
	压路机	73293	73293	73293	73293	73293	66630	66630	48352	48352	48352	48352	48352	48352	28256	28256
	摊铺机	92432	92432	92432	92432	92432	92432	92432	71102	71102	71102	71102	71102	71102	56881	56881
	平地机	68996	68996	68996	68996	68996	62723	62723	43332	43332	43332	43332	43332	43332	24513	24513
内蒙古自治区	挖掘机	83951	83951	83951	83951	83951	76319	76319	59079	59079	59079	59079	59079	59079	38996	38996
	推土机	81199	81199	81199	81199	81199	81199	81199	62461	62461	62461	62461	62461	62461	49969	49969
	装载机	89001	89001	89001	89001	89001	80910	80910	56105	56105	56105	56105	56105	56105	33488	33488
	叉车	10682	10682	10682	10682	10682	9702	9702	7448	7448	7448	7448	7448	7448	4802	4802
	压路机	68742	68742	68742	68742	68742	62493	62493	45350	45350	45350	45350	45350	45350	26502	26502
	摊铺机	82718	82718	82718	82718	82718	82718	82718	63630	63630	63630	63630	63630	63630	50904	50904
	平地机	68985	68985	68985	68985	68985	62713	62713	43325	43325	43325	43325	43325	43325	24509	24509
宁夏回族自治区	挖掘机	41565	41565	41565	41565	41565	37786	37786	29251	29251	29251	29251	29251	29251	19307	19307
	推土机	79961	79961	79961	79961	79961	79961	79961	61508	61508	61508	61508	61508	61508	49206	49206
	装载机	81641	81641	81641	81641	81641	74219	74219	51465	51465	51465	51465	51465	51465	30719	30719
	叉车	10681	10681	10681	10681	10681	9701	9701	7447	7447	7447	7447	7447	7447	4802	4802
	压路机	78815	78815	78815	78815	78815	71650	71650	51995	51995	51995	51995	51995	51995	30385	30385
	摊铺机	120753	120753	120753	120753	120753	120753	120753	92887	92887	92887	92887	92887	92887	74310	74310
	平地机	65454	65454	65454	65454	65454	59504	59504	41108	41108	41108	41108	41108	41108	23255	23255
青海省	挖掘机	30984	30984	30984	30984	30984	28167	28167	21804	21804	21804	21804	21804	21804	14392	14392
	推土机	81218	81218	81218	81218	81218	81218	81218	62475	62475	62475	62475	62475	62475	49980	49980
	装载机	57559	57559	57559	57559	57559	52326	52326	36284	36284	36284	36284	36284	36284	21657	21657
	叉车	10685	10685	10685	10685	10685	9705	9705	7450	7450	7450	7450	7450	7450	4803	4803
	压路机	84148	84148	84148	84148	84148	76498	76498	55513	55513	55513	55513	55513	55513	32442	32442
	摊铺机	102640	102640	102640	102640	102640	102640	102640	78954	78954	78954	78954	78954	78954	63163	63163
	平地机	61863	61863	61863	61863	61863	56239	56239	38852	38852	38852	38852	38852	38852	21979	21979
山东省	挖掘机	43431	43431	43431	43431	43431	39482	39482	30564	30564	30564	30564	30564	30564	20174	20174
	推土机	86191	86191	86191	86191	86191	86191	86191	66301	66301	66301	66301	66301	66301	53041	53041
	装载机	93333	93333	93333	93333	93333	84848	84848	58836	58836	58836	58836	58836	58836	35118	35118
	叉车	10681	10681	10681	10681	10681	9701	9701	7447	7447	7447	7447	7447	7447	4802	4802
	压路机	75773	75773	75773	75773	75773	68885	68885	49989	49989	49989	49989	49989	49989	29213	29213
	摊铺机	103304	103304	103304	103304	103304	103304	103304	79464	79464	79464	79464	79464	79464	63571	63571
	平地机	65779	65779	65779	65779	65779	59800	59800	41312	41312	41312	41312	41312	41312	23370	23370

省（区、市）	机械类型	2003 年及以前	2004 年	2005 年	2006 年	2007 年	2008 年	2009 年	2010 年	2011 年	2012 年	2013 年	2014 年	2015 年	2016 年	2017 年
山西省	挖掘机	53732	53732	53732	53732	53732	48847	48847	37813	37813	37813	37813	37813	37813	24959	24959
	推土机	94728	94728	94728	94728	94728	94728	94728	72868	72868	72868	72868	72868	72868	58294	58294
	装载机	111123	111123	111123	111123	111123	101021	101021	70051	70051	70051	70051	70051	70051	41812	41812
	叉车	10681	10681	10681	10681	10681	9701	9701	7447	7447	7447	7447	7447	7447	4802	4802
	压路机	65011	65011	65011	65011	65011	59101	59101	42889	42889	42889	42889	42889	42889	25064	25064
	摊铺机	85542	85542	85542	85542	85542	85542	85542	65802	65802	65802	65802	65802	65802	52641	52641
	平地机	65241	65241	65241	65241	65241	59310	59310	40974	40974	40974	40974	40974	40974	23179	23179
陕西省	挖掘机	36237	36237	36237	36237	36237	32943	32943	25501	25501	25501	25501	25501	25501	16833	16833
	推土机	84928	84928	84928	84928	84928	84928	84928	65329	65329	65329	65329	65329	65329	52263	52263
	装载机	73544	73544	73544	73544	73544	66858	66858	46361	46361	46361	46361	46361	46361	27672	27672
	叉车	10681	10681	10681	10681	10681	9701	9701	7447	7447	7447	7447	7447	7447	4801	4801
	压路机	78502	78502	78502	78502	78502	71365	71365	51789	51789	51789	51789	51789	51789	30265	30265
	摊铺机	100347	100347	100347	100347	100347	100347	100347	77190	77190	77190	77190	77190	77190	61752	61752
	平地机	63627	63627	63627	63627	63627	57843	57843	39960	39960	39960	39960	39960	39960	22606	22606
上海市	挖掘机	18275	18275	18275	18275	18275	16613	16613	12860	12860	12860	12860	12860	12860	8489	8489
	推土机	95468	95468	95468	95468	95468	95468	95468	73437	73437	73437	73437	73437	73437	58750	58750
	装载机	86100	86100	86100	86100	86100	78273	78273	54277	54277	54277	54277	54277	54277	32397	32397
	叉车	10681	10681	10681	10681	10681	9701	9701	7447	7447	7447	7447	7447	7447	4802	4802
	压路机	65692	65692	65692	65692	65692	59720	59720	43338	43338	43338	43338	43338	43338	25326	25326
	摊铺机	87442	87442	87442	87442	87442	87442	87442	67263	67263	67263	67263	67263	67263	53810	53810
	平地机	71043	71043	71043	71043	71043	64584	64584	44617	44617	44617	44617	44617	44617	25240	25240
四川省	挖掘机	46070	46070	46070	46070	46070	41881	41881	32421	32421	32421	32421	32421	32421	21400	21400
	推土机	90727	90727	90727	90727	90727	90727	90727	69790	69790	69790	69790	69790	69790	55832	55832
	装载机	81336	81336	81336	81336	81336	73942	73942	51273	51273	51273	51273	51273	51273	30604	30604
	叉车	10681	10681	10681	10681	10681	9701	9701	7447	7447	7447	7447	7447	7447	4801	4801
	压路机	84024	84024	84024	84024	84024	76386	76386	55432	55432	55432	55432	55432	55432	32394	32394
	摊铺机	88186	88186	88186	88186	88186	88186	88186	67835	67835	67835	67835	67835	67835	54268	54268
	平地机	63706	63706	63706	63706	63706	57915	57915	40010	40010	40010	40010	40010	40010	22634	22634
天津市	挖掘机	43350	43350	43350	43350	43350	39409	39409	30507	30507	30507	30507	30507	30507	20137	20137
	推土机	90082	90082	90082	90082	90082	90082	90082	69294	69294	69294	69294	69294	69294	55435	55435
	装载机	94763	94763	94763	94763	94763	86148	86148	59737	59737	59737	59737	59737	59737	35656	35656

省（区、市）	机械类型	2003 年及以前	2004 年	2005 年	2006 年	2007 年	2008 年	2009 年	2010 年	2011 年	2012 年	2013 年	2014 年	2015 年	2016 年	2017 年
天津市	叉车	10680	10680	10680	10680	10680	9700	9700	7446	7446	7446	7446	7446	7446	4801	4801
	压路机	65450	65450	65450	65450	65450	59500	59500	43178	43178	43178	43178	43178	43178	25233	25233
	摊铺机	97618	97618	97618	97618	97618	97618	97618	75091	75091	75091	75091	75091	75091	60073	60073
	平地机	63930	63930	63930	63930	63930	58119	58119	40151	40151	40151	40151	40151	40151	22714	22714
西藏自治区	挖掘机	47935	47935	47935	47935	47935	43577	43577	33733	33733	33733	33733	33733	33733	22266	22266
	推土机	99387	99387	99387	99387	99387	99387	99387	76451	76451	76451	76451	76451	76451	61161	61161
	装载机	78053	78053	78053	78053	78053	70957	70957	49204	49204	49204	49204	49204	49204	29369	29369
	叉车	10678	10678	10678	10678	10678	9698	9698	7445	7445	7445	7445	7445	7445	4800	4800
	压路机	80416	80416	80416	80416	80416	73106	73106	53052	53052	53052	53052	53052	53052	31003	31003
	摊铺机	80681	80681	80681	80681	80681	80681	80681	62062	62062	62062	62062	62062	62062	49650	49650
	平地机	63976	63976	63976	63976	63976	58160	58160	40179	40179	40179	40179	40179	40179	22730	22730
新疆维吾尔自治区	挖掘机	48055	48055	48055	48055	48055	43686	43686	33818	33818	33818	33818	33818	33818	22322	22322
	推土机	91482	91482	91482	91482	91482	91482	91482	70371	70371	70371	70371	70371	70371	56297	56297
	装载机	76592	76592	76592	76592	76592	69629	69629	48282	48282	48282	48282	48282	48282	28819	28819
	叉车	10681	10681	10681	10681	10681	9701	9701	7447	7447	7447	7447	7447	7447	4802	4802
	压路机	85424	85424	85424	85424	85424	77658	77658	56355	56355	56355	56355	56355	56355	32934	32934
	摊铺机	104625	104625	104625	104625	104625	104625	104625	80480	80480	80480	80480	80480	80480	64384	64384
	平地机	66028	66028	66028	66028	66028	60026	60026	41468	41468	41468	41468	41468	41468	23459	23459
云南省	挖掘机	46227	46227	46227	46227	46227	42024	42024	32531	32531	32531	32531	32531	32531	21473	21473
	推土机	86595	86595	86595	86595	86595	86595	86595	66612	66612	66612	66612	66612	66612	53289	53289
	装载机	67380	67380	67380	67380	67380	61255	61255	42475	42475	42475	42475	42475	42475	25353	25353
	叉车	10686	10686	10686	10686	10686	9706	9706	7451	7451	7451	7451	7451	7451	4804	4804
	压路机	88253	88253	88253	88253	88253	80230	80230	58221	58221	58221	58221	58221	58221	34024	34024
	摊铺机	94608	94608	94608	94608	94608	94608	94608	72775	72775	72775	72775	72775	72775	58220	58220
	平地机	63648	63648	63648	63648	63648	57862	57862	39973	39973	39973	39973	39973	39973	22613	22613
浙江省	挖掘机	51168	51168	51168	51168	51168	46517	46517	36009	36009	36009	36009	36009	36009	23768	23768
	推土机	83758	83758	83758	83758	83758	83758	83758	64430	64430	64430	64430	64430	64430	51544	51544
	装载机	90699	90699	90699	90699	90699	82453	82453	57175	57175	57175	57175	57175	57175	34127	34127
	叉车	10681	10681	10681	10681	10681	9701	9701	7447	7447	7447	7447	7447	7447	4802	4802
	压路机	73320	73320	73320	73320	73320	66654	66654	48370	48370	48370	48370	48370	48370	28267	28267
	摊铺机	88129	88129	88129	88129	88129	88129	88129	67791	67791	67791	67791	67791	67791	54233	54233
	平地机	66697	66697	66697	66697	66697	60634	60634	41888	41888	41888	41888	41888	41888	23697	23697

省（区、市）	机械类型	2003 年及以前	2004 年	2005 年	2006 年	2007 年	2008 年	2009 年	2010 年	2011 年	2012 年	2013 年	2014 年	2015 年	2016 年	2017 年
重庆市	挖掘机	52602	52602	52602	52602	52602	47820	47820	37017	37017	37017	37017	37017	37017	24434	24434
	推土机	80450	80450	80450	80450	80450	80450	80450	61885	61885	61885	61885	61885	61885	49508	49508
	装载机	79230	79230	79230	79230	79230	72028	72028	49946	49946	49946	49946	49946	49946	29812	29812
	叉车	10682	10682	10682	10682	10682	9702	9702	7448	7448	7448	7448	7448	7448	4802	4802
	压路机	75558	75558	75558	75558	75558	68689	68689	49846	49846	49846	49846	49846	49846	29130	29130
	摊铺机	99766	99766	99766	99766	99766	99766	99766	76743	76743	76743	76743	76743	76743	61395	61395
	平地机	64669	64669	64669	64669	64669	58790	58790	40614	40614	40614	40614	40614	40614	22976	22976

第二章 农业机械排放系数

1 适用范围

本手册给出了全国非道路移动机械中农业机械污染物排放系数。仅用于第二次全国污染源普查移动源普查中农业机械排放量核算。其中，农业机械范围包括拖拉机、收割机、排灌机械、渔船、其他农业机械。

废气指标包括氮氧化物（NO_x）、颗粒物（PM）、挥发性有机物（VOCs）。

2 主要术语与解释

2.1 排放系数

排放系数是指基准年内某一类型农业机械单位千瓦动力排放某种污染物质量，单位克/（千瓦·年）。本次污染源普查以 2017 年为基准年。

2.2 排放因子

排放因子是指某一类型农业机械单台输出 1 千瓦 •时的动力功所排放污染物的质量，单位克/（千瓦 • 时）。

2.3 发动机平均负载因子

发动机平均负载因子是指发动机在各种工况下的输出功率和额定功率的平均比值。

2.4 拖拉机

拖拉机是指用于牵引和驱动作业机械完成各项移动式作业的自走式动力机。

2.5 收割机

收割机是指可进行收割、脱粒，并将谷粒集中到储藏仓，然后再通过传送带将作物进行传输转运的农业机械。

2.6 渔船

渔船是指用以捕捞和采收水生动植物的船舶。

2.7　排灌机械

排灌机械是指利用各种能源和动力，提水灌入农田或排除农田多余水分的机械和设备。

2.8　其他农业机械

其他农业机械主要是指微耕机、插秧机等农业生产方面使用频率较低，使用范围较小的柴油动力机械。

3　系数测算方法

各类型农业机械的排放系数计算公式如下：

$$\gamma_k = EF_k \times LF_k \times hr_k$$

式中，γ—— 排放系数，克/（千瓦·年）；

k—— 机型；

LF—— 负载因子；

hr—— 年作业小时数，小时/年；

EF—— 排放因子，克/（千瓦·时）。

农业机械排放系数测算方法如下：

首先，选择北京市、山东省、黑龙江省、河南省、内蒙古自治区、甘肃省、安徽省等省区中农业机械保有量大、具有典型代表性的城市，采用网络调查、实地走访及问卷调查等方式，建立农业机械模态百分比数据库。

其次，采用便携式排放测试系统开展实际工况测试，测量瞬时尾气流量、油耗和排放速率，通过 ECU 单元读取发动机转速、扭矩，建立各循环工况模态输出功率及基本排放因子，结合模态百分比，加权计算得到农业机械综合工况排放因子。通过对非道路用发动机的台架数据进行分类整理分析，得到不同排放阶段和不同功率段发动机的平均排放因子。利用实测的综合工况排放因子对各个功率段的排放因子进行修正，最终得到各种类型机械的不同排放标准、不同功率段的排放因子。再次，根据实际工况测试获得的发动机功率数据计算得到不同机械的平均负载因子。通过农机大户、经销商及合作社、当地农机协会实地走访及问卷调查，得到不同机械的年工作时间。

最后，将排放因子与负载因子、年工作时间相乘后得到农业机械的排放系数。

4　排放量核算方法

农业机械排放量根据动力法进行测算，公式如下：

$$E = \sum_k D_k \times \gamma_k \times 10^{-6}$$

式中，E—— 排放量，吨；

k—— 机型；

D—— 总功率，为保有量与额定功率的乘积，千瓦；

γ—— 排放系数，克/（千瓦·年）。

其中，总功率数据通过全国各个区县普查结果进行汇总，得到全国农业机械总动力。

5 系数手册使用方法

农业机械总动力通过各地农机部门获取。

农业机械排放系数通过所在辖区、机械类型确定，仅适用于 2017 年。

将按机械类型划分的总动力与对应的排放系数相乘并加和后获取农业机械排放量。

6 排放量计算示例

××市农业机械排放涉及的主要污染物为氮氧化物、颗粒物、挥发性有机物。以大中型拖拉机为例说明排放量计算过程。

6.1 获取总动力数据

根据××市上报的大中型拖拉机总动力数据可知：××市大中型拖拉机的总动力为 10 万千瓦。

6.2 查找排放系数及计量单位

根据省份、机械类型，可在《农业机械污染物排放系数表》查到××市大中型拖拉机的排放系数，如表 2-2-1 所示：

表 2-2-1　××市大中型拖拉机排放系数　　单位：克/（千瓦·年）

机械类型	氮氧化物	颗粒物	挥发性有机物
大中型拖拉机	1299	27	136

6.3 计算排放量

大中型拖拉机的排放量=大中型拖拉机的排放系数×大中型拖拉机的总动力

通过以上公式可计算得到××市大中型拖拉机的排放量，如表 2-2-2 所示：

表 2-2-2　××市大中型拖拉机的排放量　　单位：吨

机械类型	氮氧化物	颗粒物	挥发性有机物
大中型拖拉机	129.90	2.70	13.60

7 排放系数表

表 2-2-3 农业机械氮氧化物排放系数 单位：克/（千瓦·年）

省（区、市）	大中型拖拉机	小型拖拉机	联合收割机	柴油排灌机械	机动渔船	其他农业机械
安徽省	1504	1784	749	2075	1901	2075
北京市	1299	1517	511	2075	1901	2075
福建省	1168	1713	509	2075	1901	2075
甘肃省	1934	2011	552	2075	1901	2075
广东省	1346	1548	586	2075	1901	2075
广西壮族自治区	2691	3096	899	2075	1901	2075
贵州省	1495	1720	749	2075	1901	2075
河北省	3364	3869	1291	2075	1901	2075
河南省	3383	4025	1470	2075	1901	2075
黑龙江省	3009	1881	1048	2075	1901	2075
湖南省	2897	3332	1048	2075	1901	2075
吉林省	2990	3439	674	2075	1901	2075
江西省	3177	3654	749	2075	1901	2075
辽宁省	2990	3439	684	2075	1901	2075
内蒙古自治区	2542	2924	509	2075	1901	2075
宁夏回族自治区	4196	4643	2381	2075	1901	2075
青海省	1570	1720	505	2075	1901	2075
山东省	3794	4344	2108	2075	1901	2075
山西省	3299	3840	1677	2075	1901	2075
陕西省	3355	3928	1905	2075	1901	2075
上海市	1299	1517	511	2075	1901	2075
四川省	1589	1827	487	2075	1901	2075
天津市	3252	3654	1821	2075	1901	2075
新疆维吾尔自治区	5765	6628	1966	2075	1901	2075
云南省	2336	2687	786	2075	1901	2075
浙江省	1196	1793	511	2075	1901	2075
重庆市	1486	1648	502	2075	1901	2075
湖北省	1121	1612	492	2075	1901	2075
海南省	1962	3010	768	2075	1901	2075
西藏自治区	813	2257	262	2075	1901	2075
江苏省	1542	1745	612	2075	1901	2075

表 2-2-4 农业机械颗粒物排放系数 单位：克/（千瓦·年）

省（区、市）	大中型拖拉机	小型拖拉机	联合收割机	柴油排灌机械	机动渔船	其他农业机械
安徽省	31	38	30	240	141	240
北京市	27	32	20	240	141	240
福建省	24	36	20	240	141	240
甘肃省	40	43	22	240	141	240
广东省	28	33	23	240	141	240
广西壮族自治区	55	66	36	240	141	240

省（区、市）	大中型拖拉机	小型拖拉机	联合收割机	柴油排灌机械	机动渔船	其他农业机械
贵州省	31	37	30	240	141	240
河北省	69	82	51	240	141	240
河南省	70	86	58	240	141	240
黑龙江省	62	40	41	240	141	240
湖南省	60	71	41	240	141	240
吉林省	62	73	27	240	141	240
江西省	65	78	30	240	141	240
辽宁省	62	73	27	240	141	240
内蒙古自治区	52	62	20	240	141	240
宁夏回族自治区	86	99	94	240	141	240
青海省	32	37	20	240	141	240
山东省	78	92	83	240	141	240
山西省	68	82	66	240	141	240
陕西省	69	84	75	240	141	240
上海市	27	32	20	240	141	240
四川省	33	39	19	240	141	240
天津市	67	78	72	240	141	240
新疆维吾尔自治区	119	141	78	240	141	240
云南省	48	57	31	240	141	240
浙江省	25	38	20	240	141	240
重庆市	31	35	20	240	141	240
湖北省	23	34	19	240	141	240
海南省	40	64	30	240	141	240
西藏自治区	17	48	10	240	141	240
江苏省	32	37	24	240	141	240

表 2-2-5 农业机械挥发性有机物排放系数 单位：克/（千瓦·年）

省（区、市）	大中型拖拉机	小型拖拉机	联合收割机	柴油排灌机械	机动渔船	其他农业机械
安徽省	157	193	60	318	316	318
北京市	136	164	41	318	316	318
福建省	122	186	41	318	316	318
甘肃省	202	218	44	318	316	318
广东省	141	168	47	318	316	318
广西壮族自治区	282	335	72	318	316	318
贵州省	156	186	60	318	316	318
河北省	352	419	103	318	316	318
河南省	354	436	118	318	316	318
黑龙江省	315	204	84	318	316	318
湖南省	303	361	84	318	316	318
吉林省	313	373	54	318	316	318
江西省	332	396	60	318	316	318
辽宁省	313	373	55	318	316	318
内蒙古自治区	266	317	41	318	316	318
宁夏回族自治区	439	503	191	318	316	318
青海省	164	186	41	318	316	318
山东省	397	471	169	318	316	318

省（区、市）	大中型拖拉机	小型拖拉机	联合收割机	柴油排灌机械	机动渔船	其他农业机械
山西省	345	416	134	318	316	318
陕西省	351	426	153	318	316	318
上海市	136	164	41	318	316	318
四川省	166	198	39	318	316	318
天津市	340	396	146	318	316	318
新疆维吾尔自治区	603	718	158	318	316	318
云南省	244	291	63	318	316	318
浙江省	125	194	41	318	316	318
重庆市	155	179	40	318	316	318
湖北省	117	175	39	318	316	318
海南省	205	326	62	318	316	318
西藏自治区	85	245	21	318	316	318
江苏省	161	189	49	318	316	318

第三章　铁路内燃机车排放系数

1　适用范围

本手册给出了铁路内燃机车排放系数，仅用于第二次全国污染源普查移动源普查中《国民经济行业分类》（GB/T 4754—2017）之 53“铁路运输”使用排放系数法核算大气污染物排放量。

废气指标包括氮氧化物（NO_x）、颗粒物（PM）、挥发性有机物（VOCs）。

2　主要术语与解释

2.1　铁路内燃机车

铁路内燃机车是指以内燃机产生动力，并通过传动装置驱动车轮的铁路机车。

2.2　铁路内燃机车燃油消耗量

根据用途分为调车燃油消耗量、客车牵引燃油消耗量、货车牵引燃油消耗量。其中，调车燃油消耗量是指在铁路运输生产过程中，除列车在车站的到达、出发、通过以及在区间内运行外，凡机车车辆进行一切有目的移动的燃油消耗量；客车牵引燃油消耗量是指在铁路运输生产过程中，客运列车在车站的到达、出发、通过以及在区间内运行的燃油消耗量；货车牵引燃油消耗量是指在铁路运输生产过程中，货运列车在车站的到达、出发、通过以及在区间内运行的燃油消耗量。

3　系数测算方法

铁路内燃机车排放系数为不同年代内燃机车排放因子与 2017 年不同年代内燃机车拥有量比例的乘积。其中，不同年代内燃机车排放因子通过文献调研获取；2017 年不同年代内燃机车拥有量比例通过中国国家铁路集团有限公司获取。

4　排放量核算方法

铁路内燃机车排放主要为尾气排放，根据燃油消耗量进行计算，公式如下：

$$E=\sum_{i=1}^{3}Y_i\times EF_i\times10^{-6}$$

式中，E—— 铁路内燃机车排放量，吨；

i——用途；

Y_i——燃油消耗量，千克；

EF_i——排放系数，克/千克燃油。

5　系数手册使用方法

根据我国实际情况，目前铁路运输行业采用的是以省级行政区为单位计算排放量。

铁路内燃机车燃油消耗量通过中国国家铁路集团有限公司获取。

铁路内燃机车排放系数通过所在辖区确定，仅适用于 2017 年。

将燃油消耗量和对应的排放系数相乘后获取铁路内燃机车排放量。

6　排放量计算示例

某省铁路内燃机车燃油消耗总量 18.1260 万吨，运输过程主要污染物为氮氧化物、颗粒物和挥发性有机物。

氮氧化物排放量=燃油消耗量×排放系数

=18.126 万吨×54.14 克/千克燃油×10

=9813.42 吨

颗粒物排放量=燃油消耗量×排放系数

=18.126 万吨×2.02 克/千克燃油×10

=366.14 吨

挥发性有机物排放量=燃油消耗量×排放系数

=18.126 万吨×2.95 克/千克燃油×10

=534.72 吨

7　排放系数表

表 2-3-1　铁路运输排放系数　　单位：克/（千克燃油）

省（区、市）	氮氧化物排放系数	颗粒物排放系数	挥发性有机物排放系数
北京市	54.14	2.02	2.95
天津市	54.14	2.02	2.95
河北省	54.14	2.02	2.95
山西省	54.14	2.02	2.95
内蒙古自治区	54.14	2.02	2.95
辽宁省	54.14	2.02	2.95
吉林省	54.14	2.02	2.95
黑龙江省	54.14	2.02	2.95
上海市	54.14	2.02	2.95
江苏省	54.14	2.02	2.95
浙江省	54.14	2.02	2.95

省（区、市）	氮氧化物排放系数	颗粒物排放系数	挥发性有机物排放系数
安徽省	54.14	2.02	2.95
福建省	54.14	2.02	2.95
江西省	54.14	2.02	2.95
山东省	54.14	2.02	2.95
河南省	54.14	2.02	2.95
湖北省	54.14	2.02	2.95
湖南省	54.14	2.02	2.95
广东省	54.14	2.02	2.95
广西壮族自治区	54.14	2.02	2.95
海南省	54.14	2.02	2.95
重庆市	54.14	2.02	2.95
四川省	54.14	2.02	2.95
贵州省	54.14	2.02	2.95
云南省	54.14	2.02	2.95
西藏自治区	63.80	0.85	1.56
陕西省	54.14	2.02	2.95
甘肃省	54.14	2.02	2.95
青海省	63.80	0.85	1.56
宁夏回族自治区	54.14	2.02	2.95
新疆维吾尔自治区	54.14	2.02	2.95

第四章 船舶排放系数

1 适用范围

本手册给出了第二次全国污染源普查范围中船舶源排放系数。

普查对象为营运船舶，不包括军用船舶、渔业船舶、体育运动船艇等非营运船舶。营运船舶包括从事营运的散货船、集装箱船、液货船、杂货船、滚装船、客船等。

船舶排放污染物包括氮氧化物（NO_x）、颗粒物（PM）、二氧化硫（SO_2）。

2 主要术语与解释

2.1 船舶排放系数

船舶排放系数是指不同类型船舶主机、副机和锅炉单位时间所消耗单位功的污染物排放量，单位克/（千瓦·时）。

2.2 船舶自动识别系统（AIS）

船舶自动识别系统（AIS）是指一种应用于船与岸、船与船之间的海事安全与通信的助航系统。

2.3 散货船

散货船是散装货船简称，是专门用来运输不加包扎的货物，如煤炭、矿石、木材、牲畜、谷物等。散装运输谷物、煤、矿砂、盐、水泥等大宗干散货物的船舶，都可以称为干散货船，或简称散货船。

2.4 液货船

液货船是指专门运载液态货物的船舶，是载运散装液态货物的运输船舶。根据运载货物不同，液货船分为油船、液化气船、液体化学品船。

2.5 集装箱船

集装箱船是指可用于装载国际标准集装箱的船舶；狭义是指全部舱室及甲板专用于装载集装箱的全集装箱船舶。

2.6 杂货船

杂货船主要指运载成包、成箱、成捆杂件货的船。

2.7 滚装船

滚装船是指通过跳板采用滚装方式装卸载货和车辆的船舶，本次普查将滚装客货船也归到滚装船。

2.8 客船

客船是指专门用于运送旅客及其所携带的行李和邮件的船舶。包括海洋客船、旅游船、内河客船等。

2.9 船舶主机

船舶主机是指船舶动力装置，是为各类船舶提供动力的机械。船舶主机根据采用燃料的性质、燃烧的场所、使用的工质及其工作方式等的不同，可分为蒸汽机、内燃机等。

2.10 船舶副机

船舶副机通常指的是船用发电机组的原动机，也可以认为是船用发电机组。

2.11 船舶锅炉

船舶锅炉是指为推进船舶的蒸汽动力机械供应蒸汽的锅炉。

3 系数测算方法

船舶排放系数公式为

$$EF=BEF\times LCF\times FCF\times CF$$

式中，EF —— 船舶排放系数；

BEF —— 基本排放因子，克/（千瓦・时）；

LCF —— 低负荷修正因子；

FCF —— 燃料修正因子；

CF —— 排放控制技术修正因子。

3.1 基本排放因子

船舶主机、副机和锅炉基本排放因子根据发动机类型、燃料类型确定。本次普查在调研国外船舶排放因子的基础上，根据船舶发动机台架测试数据和船舶实际航行大气污染排放测试数据，建立了符合我国实际情况的基本排放因子。

3.2 低负荷修正因子

通常假定船舶主机负荷大于等于 20%时，排放状况维持不变，当主机负荷低于 20%时，随着负荷的减少，其排放因子变大。

3.3　燃料修正因子

船舶燃料修正因子依据海事部门对船舶燃料硫含量抽样调查数据，按不同类型船型和不同区域统计。

3.4　排放控制技术修正因子

排放控制技术也会对船舶排放产生影响。如在船用主机上安装燃油滑阀、涡轮增压系统增加断路器以及进行气缸润滑油系统优化等。由于船舶排放控制技术参数获取困难，本次普查暂不考虑。

4　排放量核算方法

基于船舶自动识别系统（AIS）动力法核算船舶大气污染物排放量。船舶总排放量计算公式如下：

$$E=\sum_{i=1}^{n}E_i$$

式中，i —— 船舶艘次；

E —— 船舶总排放量，吨；

E_i —— i 船舶排放量，吨。

船舶主机排放、副机排放、锅炉排放计算公式如下：

$$E_i=E_{主,i}+E_{副,i}+E_{锅,i}$$

式中，$E_{主,i}$ —— i 船舶主机排放量，吨；

$E_{副,i}$ —— i 船舶副机排放量，吨；

$E_{锅,i}$ —— i 船舶锅炉排放量，吨。

4.1　主机排放量的计算

$$E_{主,i}=MCR\times LF\times hr\times EF\times 10^{-6}$$

式中，MCR —— 船舶主机额定净功率，千瓦；

LF —— 负荷系数，为船舶实际航速与设计航速之比的三次方；

hr —— 不同状态下（包括系泊、锚泊、港内机动、巡航、低速巡航）的航行时间，小时；

EF —— 船舶主机排放系数，克/（千瓦·时）。

4.2　副机排放量的计算

$$E_{副,i}=MCR\times LF\times hr\times EF\times 10^{-6}$$

式中，MCR —— 船舶副机额定净功率，千瓦；

LF —— 负荷系数，通过船舶类型和航行状态确定；

hr —— 不同状态下（包括系泊、锚泊、港内机动、巡航、低速巡航）的航行时间，小时；

EF —— 船舶副机排放系数，克/（千瓦·时）。

4.3 锅炉排放量的计算

$$E_{锅,i} = G \times hr \times EF \times 10^{-6}$$

式中，*G* —— 锅炉实际功率，千瓦；

hr —— 不同状态下（包括系泊、锚泊、港内机动、巡航、低速巡航）的航行时间，小时；

EF —— 船舶锅炉排放系数，克/（千瓦·时）。

5 系数手册使用方法

5.1 船舶 AIS 及静态数据获取

通过交通海事部门获取核算水域 AIS 数据、营运船舶登记注册数据、船舶进出港数据等。同时还可以通过购买劳氏数据、克拉克森数据等，对船舶静态数据库进行扩充。

5.2 船舶 AIS 及静态数据处理及匹配

对 AIS 数据进行解析、清洗、缺失数据补全后与船舶静态数据库进行匹配，对无法匹配的数据进行估算。通过 AIS 数据和船舶静态数据，可以获取船舶的主机功率、副机功率、锅炉功率、最大设计航速等排放计算相关数据。

5.3 船舶排放量计算及校核

（1）利用动力法分别计算每艘次船舶主机、副机、锅炉不同污染物排放量，求和后得到每艘次船舶污染物排放量，累加核算水域内所有艘次船舶排放量可得到船舶总排放量。具体见排放量核算方法。

船舶主机、副机、锅炉额定净功率可以通过 AIS 数据与船舶静态数据匹配获取，负荷系数可以通过 AIS 中实际航速数据和匹配的最大设计航速计算得到，不同状态下（包括系泊、锚泊、港内机动、巡航、低速巡航）的航行时间可以通过 AIS 数据获得，船舶污染物排放系数中的基本排放因子依据船舶发动机类型、燃料类型、排放阶段等通过查询系数表中表 2-4-1 获得，主机低负荷修正因子依据负荷系数通过查询系数表中表 2-4-2 获得，船舶燃料修正因子依据海事部门对船舶燃料硫含量抽样调查数据获取，如无调查数据可参考表 2-4-3。获取数据后，依据公式计算得到主机、副机、锅炉不同污染物排放量。

（2）通过收集整理各类船舶燃料消耗量，采用燃料法对核算结果进行校验修正，最终得到核算水域各类船舶各类污染物排放量。

6 排放系数表

表 2-4-1 船舶主机、副机和锅炉基本排放因子

用途	发动机类型	燃料类型	硫含量/[%（*m*/*m*）]	排放阶段	排放因子/[克/（千瓦·时）]		
					氮氧化物	颗粒物	二氧化硫
主机	低速柴油机	重油	2.70	Tier0	18.1	1.42	10.29
				Tier1	17	1.42	10.29
				Tier2	15.3	1.42	10.29
		船用燃料油	0.30	Tier0	17	0.45	1.2
				Tier1	16	0.38	1.2
				Tier2	14.4	0.32	1.2
	中速柴油机	重油	2.70	Tier0	14	1.43	11.24
				Tier1	13	1.42	11.24
				Tier2	11.2	1.41	11.24
		船用燃料油	0.30	Tier0	13.2	0.45	1.3
				Tier1	12.2	0.38	1.3
				Tier2	10.5	0.32	1.3
		柴油	0.035	Tier0	13.2	0.29	0.14
				Tier1	12.2	0.28	0.14
				Tier2	10.5	0.27	0.14
		柴油	0.005	Tier0	14	0.25	0.02
				Tier1	13	0.23	0.02
				Tier2	11.2	0.21	0.02
		柴油	0.001	Tier0	13.2	0.19	0.004
				Tier1	12.2	0.17	0.004
				Tier2	10.5	0.16	0.004
	高速柴油机	重油	2.70	Tier0	14	1.5	11.5
				Tier1	13	1.5	11.5
				Tier2	11.2	1.5	11.5
		船用燃料油	0.30	Tier0	13.2	0.32	1.3
				Tier1	12.2	0.32	1.3
				Tier2	10.5	0.32	1.3
		柴油	0.035	Tier0	12.2	0.29	0.14
				Tier1	11.2	0.28	0.14
				Tier2	10.5	0.27	0.14
		柴油	0.005	Tier0	11.5	0.25	0.02
				Tier1	11.01	0.23	0.02
				Tier2	10.5	0.21	0.02
			0.001	Tier0	11.2	0.19	0.004
				Tier1	10.2	0.17	0.004
				Tier2	9.5	0.16	0.004
				Tier3	9.5	0.15	0.004
	燃气轮机	重油	2.70	—	6.1	0.05	16.5
		船用燃料油	0.30	—	5.7	0.01	1.8
	蒸汽轮机	重油	2.70	—	2.1	0.8	16.5

用途	发动机类型	燃料类型	硫含量/[%（*m*/*m*）]	排放阶段	排放因子/［克/（千瓦·时）］		
					氮氧化物	颗粒物	二氧化硫
		船用燃料油	0.30	—	2	0.17	1.8
副机	柴油机	重油	2.70	Tier0	14.7	1.5	12.3
				Tier1	13	1.5	12.3
				Tier2	11.2	1.5	12.3
		船用燃料油	0.30	Tier0	13.8	0.32	1.4
				Tier1	12.2	0.32	1.4
				Tier2	10.5	0.32	1.4
		柴油	0.001	Tier0	11.2	0.19	0.004
				Tier1	10.2	0.17	0.004
				Tier2	9.5	0.16	0.004
				Tier3	9.5	0.15	0.004
锅炉	蒸汽锅炉	重油	2.70	—	2.1	0.8	16.5
		船用燃料油	0.30	—	2	0.17	1.8

表 2-4-2　船舶主机低负荷修正因子

负荷系数/%	氮氧化物	颗粒物	二氧化硫
1	11.47	19.17	5.99
2	4.63	7.29	3.36
3	2.92	4.33	2.49
4	2.21	3.09	2.05
5	1.83	2.44	1.79
6	1.60	2.04	1.61
7	1.45	1.79	1.49
8	1.35	1.61	1.39
9	1.27	1.48	1.32
10	1.22	1.38	1.26
11	1.17	1.30	1.21
12	1.14	1.24	1.18
13	1.11	1.19	1.14
14	1.08	1.15	1.11
15	1.06	1.11	1.09
16	1.05	1.08	1.07
17	1.03	1.06	1.05
18	1.02	1.04	1.03
19	1.01	1.02	1.01
20	1.00	1.00	1.00

表 2-4-3　船舶燃料修正因子

船舶类型	硫含量	
沿海远洋船舶	硫含量≤0.5%（*m*/*m*）（排放控制区内核心港口区域靠岸停泊期间）	硫含量≤2.7%（*m*/*m*）（其他期间）
内河船舶	硫含量≤0.035%（*m*/*m*）（2017 年 1 月 1 日—6 月 30 日）	硫含量≤0.005%（*m*/*m*）（2017 年 7 月 1 日—12 月 31 日）

第五章　民航飞机排放系数

1　适用范围

本手册给出了民航飞机排放系数，仅用于第二次全国污染源普查移动污染源普查中《国民经济行业分类》（GB/T 4754—2017）之 56“航空运输”排放系数法核算大气污染物排放量。

废气指标包括氮氧化物（NO_x）、颗粒物（PM）、挥发性有机物（VOCs）。

2　主要术语与解释

民航飞机

民航飞机是指执行商业航班飞行的非军事用途的飞机。

3　系数测算方法

民航飞机排放系数根据机场不同机型起飞降落的比例与不同机型排放因子获取。其中，机场不同机型起飞/降落比例根据部分典型机场调研获取；机场不同机型排放因子为不同循环模态下的排放率和飞行时间的加权值，排放率采用国际民用航空组织（ICAO）发动机排放数据库数据，飞行时间结合文献调研和部分实地调研获取。

4　排放量核算方法

民航飞机排放量根据飞机起降架次进行计算，公式如下：

$$E = \sum_{i=1}^{n} C_i \times ef_i \times 10^{-3}$$

式中，E—— 机场民航客运飞机排放量，吨；

i—— 机场；

C_i—— 机场起降架次，架次；

ef_i—— 排放系数，千克/架次。

5　系数手册使用方法

目前航空运输行业仅考虑民航客运飞机起降时排放，暂不考虑高空巡航时排放及民航货运飞机、通用飞机和军用飞机排放。

民航飞机起降架次通过民用航空部门获取。

民航飞机排放系数通过所在机场等级确定，仅适用于 2017 年。

将起降架次和对应的排放系数相乘后获取各机场民航飞机排放量，然后将辖区内机场汇总后逐级得到地市、省、国家污染物排放量。

6 排放量计算示例

以某等级为 F 的机场为例，起降次 597259 架次，起降过程主要污染物为氮氧化物、颗粒物和挥发性有机物。

氮氧化物排放量=起降架次×排放系数×10^{-3}

=597259 架次×9.42 千克/架次×10^{-3}

=5626.18 吨

颗粒物排放量=起降架次×排放系数×10^{-3}

=597259 架次×0.31 千克/架次×10^{-3}

=185.15 吨

挥发性有机物排放量=起降架次×排放系数×10^{-3}

=597259 架次×0.60 千克/架次×10^{-3}

=358.36 吨

7 排放系数表

表 2-5-1 民航飞机排放系数

单位：千克/架次

序号	机场	机场等级	氮氧化物排放系数	颗粒物排放系数	挥发性有机物排放系数
1	北京/首都	F	9.420	0.310	0.600
2	上海/浦东	F	9.420	0.310	0.600
3	广州/白云	F	9.420	0.310	0.600
4	成都/双流	F	9.420	0.310	0.600
5	深圳/宝安	F	9.420	0.310	0.600
6	昆明/长水	F	9.420	0.310	0.600
7	上海/虹桥	F	9.420	0.310	0.600
8	西安/咸阳	F	9.420	0.310	0.600
9	重庆/江北	F	9.420	0.310	0.600
10	杭州/萧山	F	9.420	0.310	0.600
11	南京/禄口	F	9.420	0.310	0.600
12	厦门/高崎	F	9.420	0.310	0.600
13	郑州/新郑	F	9.420	0.310	0.600
14	长沙/黄花	F	9.420	0.310	0.600
15	青岛/流亭	F	9.420	0.310	0.600
16	武汉/天河	F	9.420	0.310	0.600

序号	机场	机场等级	氮氧化物排放系数	颗粒物排放系数	挥发性有机物排放系数
17	海口/美兰	E	5.045	0.170	0.370
18	乌鲁木齐/地窝堡	E	5.045	0.170	0.370
19	天津/滨海	E	5.045	0.170	0.370
20	三亚/凤凰	E	5.045	0.170	0.370
21	哈尔滨/太平	E	5.045	0.170	0.370
22	贵阳/龙洞堡	E	5.045	0.170	0.370
23	大连/周水子	E	5.045	0.170	0.370
24	沈阳/桃仙	E	5.045	0.170	0.370
25	济南/遥墙	E	5.045	0.170	0.370
26	南宁/吴圩	E	5.045	0.170	0.370
27	兰州/中川	E	5.045	0.170	0.370
28	福州/长乐	E	5.045	0.170	0.370
29	太原/武宿	E	5.045	0.170	0.370
30	长春/龙嘉	E	5.045	0.170	0.370
31	南昌/昌北	E	5.045	0.170	0.370
32	呼和浩特/白塔	E	5.045	0.170	0.370
33	石家庄/正定	E	5.045	0.170	0.370
34	宁波/栎社	E	5.045	0.170	0.370
35	温州/龙湾	E	5.045	0.170	0.370
36	珠海/金湾	E	5.045	0.170	0.370
37	合肥/新桥	E	5.045	0.170	0.370
38	银川/河东	E	5.045	0.170	0.370
39	桂林/两江	F	9.420	0.310	0.600
40	丽江/三义	D	4.870	0.160	0.365
41	无锡/硕放	E	5.045	0.170	0.370
42	烟台/蓬莱	E	5.045	0.170	0.370
43	北京/南苑	C	4.810	0.160	0.360
44	西宁/曹家堡	E	5.045	0.170	0.370
45	泉州/晋江	D	4.870	0.160	0.365
46	揭阳/潮汕	D	4.870	0.160	0.365
47	西双版纳/嘎洒	D	4.870	0.160	0.365
48	拉萨/贡嘎	E	5.045	0.170	0.370
49	绵阳/南郊	D	4.870	0.160	0.365
50	常州/奔牛	D	4.870	0.160	0.365
51	宜昌/三峡	D	4.870	0.160	0.365
52	呼伦贝尔/东山	D	4.870	0.160	0.365
53	鄂尔多斯/伊金霍洛	D	4.870	0.160	0.365
54	湛江	D	4.870	0.160	0.365
55	包头/二里半	D	4.870	0.160	0.365
56	喀什	D	4.870	0.160	0.365
57	威海/大水泊	D	4.870	0.160	0.365
58	南通/兴东	D	4.870	0.160	0.365
59	徐州/观音	D	4.870	0.160	0.365
60	扬州/泰州	D	4.870	0.160	0.365
61	张家界/荷花	D	4.870	0.160	0.365
62	榆林/榆阳	D	4.870	0.160	0.365
63	北海/福成	D	4.870	0.160	0.365

序号	机场	机场等级	氮氧化物排放系数	颗粒物排放系数	挥发性有机物排放系数
64	德宏/芒市	D	4.870	0.160	0.365
65	大理	D	4.870	0.160	0.365
66	遵义/新舟	C	4.810	0.160	0.360
67	运城/张孝	C	4.810	0.160	0.360
68	延吉/朝阳川	C	4.810	0.160	0.360
69	铜仁/凤凰	C	4.810	0.160	0.360
70	临沂/沭埠岭	C	4.810	0.160	0.360
71	盐城/南洋	C	4.810	0.160	0.360
72	义乌	C	4.810	0.160	0.360
73	淮安/涟水	C	4.810	0.160	0.360
74	库尔勒	C	4.810	0.160	0.360
75	赣州/黄金	C	4.810	0.160	0.360
76	阿克苏/温宿	C	4.810	0.160	0.360
77	赤峰/玉龙	C	4.810	0.160	0.360
78	伊宁	C	4.810	0.160	0.360
79	柳州/白莲	C	4.810	0.160	0.360
80	毕节/飞雄	C	4.810	0.160	0.360
81	连云港/白塔埠	C	4.810	0.160	0.360
82	和田	C	4.810	0.160	0.360
83	襄阳/刘集	C	4.810	0.160	0.360
84	舟山/普陀山	C	4.810	0.160	0.360
85	腾冲/驼峰	C	4.810	0.160	0.360
86	济宁/曲阜	C	4.810	0.160	0.360
87	惠州/平潭	C	4.810	0.160	0.360
88	通辽	C	4.810	0.160	0.360
89	兴义	C	4.810	0.160	0.360
90	洛阳/北郊	C	4.810	0.160	0.360
91	十堰/武当山	C	4.810	0.160	0.360
92	宜宾/菜坝	C	4.810	0.160	0.360
93	台州/路桥	C	4.810	0.160	0.360
94	牡丹江/海浪	C	4.810	0.160	0.360
95	南阳/姜营	C	4.810	0.160	0.360
96	恩施/许家坪	C	4.810	0.160	0.360
97	南充/高坪	C	4.810	0.160	0.360
98	日照/山字河	C	4.810	0.160	0.360
99	黄山/屯溪	C	4.810	0.160	0.360
100	邯郸	C	4.810	0.160	0.360
101	乌兰浩特/义勒力特	C	4.810	0.160	0.360
102	佳木斯/东郊	C	4.810	0.160	0.360
103	万州/五桥	C	4.810	0.160	0.360
104	锡林浩特	C	4.810	0.160	0.360
105	大同/云冈	C	4.810	0.160	0.360
106	西昌/青山	C	4.810	0.160	0.360
107	白山/长白山	C	4.810	0.160	0.360
108	井冈山	C	4.810	0.160	0.360
109	景德镇/罗家	C	4.810	0.160	0.360
110	大庆/萨尔图	C	4.810	0.160	0.360

序号	机场	机场等级	氮氧化物排放系数	颗粒物排放系数	挥发性有机物排放系数
111	阜阳	C	4.810	0.160	0.360
112	保山/云瑞	C	4.810	0.160	0.360
113	张家口/宁远	C	4.810	0.160	0.360
114	潍坊	C	4.810	0.160	0.360
115	普洱/思茅	C	4.810	0.160	0.360
116	迪庆/香格里拉	C	4.810	0.160	0.360
117	长治/王村	C	4.810	0.160	0.360
118	宜春/明月山	C	4.810	0.160	0.360
119	东营/胜利	C	4.810	0.160	0.360
120	敦煌	C	4.810	0.160	0.360
121	九寨/黄龙	C	4.810	0.160	0.360
122	唐山/三女河	C	4.810	0.160	0.360
123	满洲里/西郊	C	4.810	0.160	0.360
124	武夷山	C	4.810	0.160	0.360
125	池州/九华山	C	4.810	0.160	0.360
126	佛山/沙堤	C	4.810	0.160	0.360
127	衡阳/南岳	C	4.810	0.160	0.360
128	林芝/米林	C	4.810	0.160	0.360
129	安庆	C	4.810	0.160	0.360
130	乌海	C	4.810	0.160	0.360
131	常德/桃花源	C	4.810	0.160	0.360
132	嘉峪关	C	4.810	0.160	0.360
133	凯里/黄平	C	4.810	0.160	0.360
134	达州/河市	C	4.810	0.160	0.360
135	安顺/黄果树	C	4.810	0.160	0.360
136	汉中/城固	C	4.810	0.160	0.360
137	齐齐哈尔/三家子	C	4.810	0.160	0.360
138	临沧	C	4.810	0.160	0.360
139	梅县/长岗岌	C	4.810	0.160	0.360
140	泸州/蓝田	C	4.810	0.160	0.360
141	克拉玛依	C	4.810	0.160	0.360
142	六盘水/月照	C	4.810	0.160	0.360
143	庆阳	C	4.810	0.160	0.360
144	延安/二十里堡	C	4.810	0.160	0.360
145	秦皇岛/北戴河	C	4.810	0.160	0.360
146	乌兰察布/集宁	C	4.810	0.160	0.360
147	琼海/博鳌	C	4.810	0.160	0.360
148	哈密	C	4.810	0.160	0.360
149	库车/龟兹	C	4.810	0.160	0.360
150	黔江/武陵山	C	4.810	0.160	0.360
151	巴彦淖尔/天吉泰	C	4.810	0.160	0.360
152	昭通	C	4.810	0.160	0.360
153	吕梁/大武	C	4.810	0.160	0.360
154	攀枝花/保安营	C	4.810	0.160	0.360
155	广元/盘龙	C	4.810	0.160	0.360
156	玉树/巴塘	C	4.810	0.160	0.360
157	忻州/五台山	C	4.810	0.160	0.360

序号	机场	机场等级	氮氧化物排放系数	颗粒物排放系数	挥发性有机物排放系数
158	临汾/乔李	C	4.810	0.160	0.360
159	锦州/锦州湾	C	4.810	0.160	0.360
160	昌都/邦达	C	4.810	0.160	0.360
161	鸡西/兴凯湖	C	4.810	0.160	0.360
162	营口/兰旗	C	4.810	0.160	0.360
163	衢州	C	4.810	0.160	0.360
164	鞍山/腾鳌	C	4.810	0.160	0.360
165	稻城/亚丁	C	4.810	0.160	0.360
166	丹东/浪头	C	4.810	0.160	0.360
167	三明/沙县	C	4.810	0.160	0.360
168	怀化/芷江	C	4.810	0.160	0.360
169	天水/麦积山	C	4.810	0.160	0.360
170	格尔木	C	4.810	0.160	0.360
171	二连浩特/赛乌素	C	4.810	0.160	0.360
172	中卫/香山	C	4.810	0.160	0.360
173	固原/六盘山	C	4.810	0.160	0.360
174	阿尔山/伊尔施	C	4.810	0.160	0.360
175	金昌/金川	C	4.810	0.160	0.360
176	黑河	C	4.810	0.160	0.360
177	吐鲁番/交河	C	4.810	0.160	0.360
178	加格达奇	C	4.810	0.160	0.360
179	承德/普宁	C	4.810	0.160	0.360
180	上饶/三清山	C	4.810	0.160	0.360
181	连城/冠豸山	C	4.810	0.160	0.360
182	张掖/甘州	C	4.810	0.160	0.360
183	朝阳	C	4.810	0.160	0.360
184	伊春/林都	C	4.810	0.160	0.360
185	博乐/阿拉山口	C	4.810	0.160	0.360
186	阿拉善左旗/巴彦浩特	C	4.810	0.160	0.360
187	布尔津/喀纳斯	C	4.810	0.160	0.360
188	永州/零陵	C	4.810	0.160	0.360
189	甘南/夏河	C	4.810	0.160	0.360
190	甘孜/康定	C	4.810	0.160	0.360
191	百色/巴马	C	4.810	0.160	0.360
192	文山/普者黑	C	4.810	0.160	0.360
193	阿勒泰	C	4.810	0.160	0.360
194	通化/三源浦	C	4.810	0.160	0.360
195	遵义/茅台	C	4.810	0.160	0.360
196	黔南州/荔波	C	4.810	0.160	0.360
197	黎平	C	4.810	0.160	0.360
198	那拉提	C	4.810	0.160	0.360
199	漠河/古莲	C	4.810	0.160	0.360
200	邵阳/武冈	C	4.810	0.160	0.360
201	沧源/佤山	C	4.810	0.160	0.360
202	海西/德令哈	C	4.810	0.160	0.360
203	石河子/花园	C	4.810	0.160	0.360
204	塔城	C	4.810	0.160	0.360

序号	机场	机场等级	氮氧化物排放系数	颗粒物排放系数	挥发性有机物排放系数
205	果洛	C	4.810	0.160	0.360
206	阿里/昆莎	C	4.810	0.160	0.360
207	抚远/东极	C	4.810	0.160	0.360
208	日喀则	C	4.810	0.160	0.360
209	澜沧/景迈	C	4.810	0.160	0.360
210	扎兰屯/成吉思汗	C	4.810	0.160	0.360
211	且末	C	4.810	0.160	0.360
212	三沙/永兴	C	4.810	0.160	0.360
213	宁蒗/泸沽湖	C	4.810	0.160	0.360
214	霍林河	C	4.810	0.160	0.360
215	莎车	C	4.810	0.160	0.360
216	富蕴/可可托海	C	4.810	0.160	0.360
217	海西/花土沟	C	4.810	0.160	0.360
218	白城/长安	C	4.810	0.160	0.360
219	梧州/长州岛	C	4.810	0.160	0.360
220	松原/查干湖	C	4.810	0.160	0.360
221	额济纳旗/桃来	C	4.810	0.160	0.360
222	河池/金城江	C	4.810	0.160	0.360
223	阿拉善右旗/巴丹吉林	C	4.810	0.160	0.360
224	阿坝/红原	C	4.810	0.160	0.360
225	建三江/湿地	C	4.810	0.160	0.360
226	神农架/红坪	C	4.810	0.160	0.360
227	五大连池/德都	C	4.810	0.160	0.360
228	长海/大长山岛	C	4.810	0.160	0.360
229	安康	C	4.810	0.160	0.360

后　记

《第二次全国污染源普查成果系列丛书》（以下简称《丛书》）是污染源普查工作成果的具体体现。这一成果是在国务院第二次全国污染源普查领导小组统一领导和部署、地方各级人民政府全力支持下，全国生态环境、农业农村、统计及有关部门普查工作人员和几十万普查员、普查指导员，历经三年多时间，不懈努力、辛勤劳动获得的。及时整理相关材料、全面总结实践经验、编辑出版这些成果资料，使政府有关部门、广大人民群众、科研人员及社会各界了解污染源普查情况、开发利用普查成果，是十分必要且非常有意义的一件大事。

在《丛书》编纂指导委员会指导下，《丛书》主要由第二次全国污染源普查工作办公室的同志编纂完成，技术支持单位研究人员和地方普查工作人员参与了部分内容的编写。在编纂过程中，得到了生态环境部领导、相关司局的关心和支持。中国环境出版集团许多同志不辞辛苦，作了大量编辑工作。中图地理信息有限公司参与了《第二次全国污染源普查图集》的制作。在此一并表示由衷的感谢！

从第二次全国污染源普查启动至《丛书》出版，历时4年多时间，相关数据、资料整理过程中会有不尽如人意之处，希望读者谅解指正。

主编 

2021年6月

A GUIDE TO THE EMISSION COEFFICIENT OF THE SECOND NATIONAL CENSUS OF POLLUTION SOURCES

第二次 全国污染源普查产排污系数手册

|移动源 · 上册|

生态环境部第二次全国污染源普查工作办公室 编

中国环境出版集团 · 北京

图书在版编目（CIP）数据

第二次全国污染源普查产排污系数手册. 移动源/生态环境部第二次全国污染源普查工作办公室编. —北京：中国环境出版集团，2022.11

ISBN 978-7-5111-4379-2

Ⅰ. ①第… Ⅱ. ①生… Ⅲ. ①移动污染源－污染源调查－排污系数－中国 Ⅳ. ①X508.2

中国版本图书馆 CIP 数据核字（2020）第 135517 号

出 版 人 武德凯
责任编辑 曲 婷
责任校对 任 丽
封面设计 王春声

出版发行 中国环境出版集团
（100062 北京市东城区广渠门内大街 16 号）
网 址：http://www.cesp.com.cn
电子邮箱：bjgl@cesp.com.cn
联系电话：010-67112765（编辑管理部）
发行热线：010-67125803，010-67113405（传真）
印 刷 北京中科印刷有限公司
经 销 各地新华书店
版 次 2022 年 11 月第 1 版
印 次 2022 年 11 月第 1 次印刷
开 本 880×1230 1/16
印 张 79.25
字 数 2000 千字
定 价 550.00 元（上下册）

第二次全国污染源普查资料

编纂委员会

主任委员

孙金龙　黄润秋

副主任委员

库热西·买合苏提　翟　青　赵英民　刘　华　庄国泰　张　波

委　　员

田为勇　刘长根　徐必久　别　涛　叶　民　邹首民　崔书红
柯　昶　刘炳江　李　高　苏克敬　邱启文　郭承站　汤　搏
江　光　刘志全　柏仇勇　曹立平　郭　敬　刘友宾　宋铁栋
王志斌　洪亚雄　赵群英

第二次全国污染源普查资料

编写人员

主　编

赵英民

副主编

洪亚雄　刘舒生　景立新

编　委（按姓氏笔画排序）

王　强　王夏娇　王赫婧　毛玉如　邢　瑜　朱　琦　刘晨峰
李雪迎　杨庆榜　吴　琼　汪志锋　汪震宇　沈　忱　张　震
陈敏敏　周潇云　郑国峰　赵学涛　柳王荣　谢明辉

国务院第二次全国污染源普查领导小组人员名单

国发〔2016〕59号文，2016年10月20日

组　长

张高丽　国务院副总理

副组长

陈吉宁　环境保护部部长
宁吉喆　国家统计局局长
丁向阳　国务院副秘书长

成　员

郭卫民　国务院新闻办副主任
张　勇　国家发展改革委副主任
辛国斌　工业和信息化部副部长
黄　明　公安部副部长
刘　昆　财政部副部长
汪　民　国土资源部副部长
翟　青　环境保护部副部长
倪　虹　住房城乡建设部副部长
戴东昌　交通运输部副部长
陆桂华　水利部副部长
张桃林　农业部副部长
孙瑞标　税务总局副局长
刘玉亭　工商总局副局长
田世宏　质检总局党组成员、国家标准委主任
钱毅平　中央军委后勤保障部副部长

* 领导小组办公室主任由环境保护部副部长翟青兼任

国务院第二次全国污染源普查领导小组人员名单

国办函〔2018〕74 号文，2018 年 11 月 5 日

组　长

韩　正　国务院副总理

副组长

丁学东　国务院副秘书长

李干杰　生态环境部部长

宁吉喆　统计局局长

成　员

郭卫民　中央宣传部部务会议成员、新闻办副主任

张　勇　发展改革委副主任

辛国斌　工业和信息化部副部长

杜航伟　公安部副部长

刘　伟　财政部副部长

王春峰　自然资源部党组成员

赵英民　生态环境部副部长

倪　虹　住房城乡建设部副部长

戴东昌　交通运输部副部长

魏山忠　水利部副部长

张桃林　农业农村部副部长

孙瑞标　税务总局副局长

马正其　市场监管总局副局长

钱毅平　中央军委后勤保障部副部长

★领导小组办公室设在生态环境部，办公室主任由生态环境部副部长赵英民兼任

第二次全国污染源普查

工作办公室人员

主　任　洪亚雄

副主任　刘舒生　景立新

综合（农业）组　毛玉如　汪志锋　赵兴征　刘晨峰　王夏娇
柳王荣　沈　忱　周潇云　罗建波

督办组　谢明辉　李雪迎

技术组　赵学涛　朱　琦　王　强　张　震　陈敏敏　王赫婧
郑国峰　吴　琼　邢　瑜

宣传组　汪震宇　杨庆榜

此外，于飞、张山岭、王振刚、崔积山、王利强、范育鹏、孙嘉绩、王俊能、谷萍同志也参加了普查工作。

序 言

掌握生态环境保护底数 助力打赢污染防治攻坚战

第二次全国污染源普查是中国特色社会主义进入新时代的一次重大国情调查，是在决胜全面建成小康社会关键阶段、坚决打赢打好污染防治攻坚战的大背景下实施的一项系统工程，是为全面摸清建设“美丽中国”生态环境底数、加快补齐生态环境短板采取的一项重大举措。在以习近平同志为核心的党中央坚强领导下，按照国务院和国务院第二次全国污染源普查领导小组的部署，各地区、各部门和各级普查机构深入贯彻习近平新时代中国特色社会主义思想和习近平生态文明思想，精心组织、奋力作为，广大普查人员无私奉献、辛勤付出，广大普查对象积极支持、大力配合，第二次全国污染源普查取得重大成果，达到了“治污先治本、治本先清源”的目的，为依法治污、科学治污、精准治污和制定决策规划提供了真实可靠的数据基础，集中反映了十年来中国经济社会健康稳步发展和生态环境保护不断深化优化的新成就，昭示着生态文明建设迈向高质量发展的新图景。

一、第二次全国污染源普查高质量完成

第二次全国污染源普查对象为中华人民共和国境内有污染源的单位和个体经营户，范围包括：工业污染源，农业污染源，生活污染源，集中式污染治理设施，移动源及其他产生、排放污染物的设施。普查标准时点为 2017 年 12 月 31 日，时期资料为 2017 年度。这次污染源普查历时 3 年时间，经过前期准备、全面调查和总结发布三个阶段，对全国 357.97 万个产业活动单位和个体经营户进行入户调查和产排污核算工作，摸清了全国各类污染源数量、结构和分布情况，掌握了各类污染物产生、排放和处理情况，建立了重点污染源档案和污染源信息数据库，高标准、高质量完成了既定的目标任务。这次污染源普查的主要特点有：

党中央、国务院高度重视，凝聚工作合力。张高丽、韩正副总理先后担任国务院第二次全国污染源普查领导小组组长，领导小组办公室设在生态环境部。按照“全国统一领导、部门分工协作、地方分级负责、各方共同参与”的原则，县以上各级政府和相关部门组建了普查机构。各级生态环境部门重视普查工作中党的建设，着力打造一支生态环境保护铁军，做到组织到位、人员到位、措施到位、经费到位，为普查顺利实施提供了有力保障。全国（不含港、澳、台）共成立普查机构 9321 个，投入普查经费 90 亿元，动员 50 万人参与，确保了普查顺利实施。

科学设计，普查方案执行有力。依据相关法律法规，加强顶层设计，制定《第二次全国污染源普查方案》，提高普查的科学性和规范性。坚持目标引领、问题导向，经过 12 个省（区、市）普查综合试点、10 个省（区、市）普查专项试点检验，完善涵盖工业源 41 个行业大类的污染源产排污核算方法体系。采取“地毯式”全面清查和全面入户调查相结合的方式，了解掌握“污染源在哪里、排什么、如何排和排多少”四个关键问题，全面摸清生态环境底数。31 个省（区、市）和新疆生产建设兵团以“钉钉子”精神推进污染源普查工作“全国一盘棋”。

运用现代信息技术，推动实践创新。积极推进政务信息大数据共享应用，有效减轻调查对象负担和普查成本。共有 17 个部门作为国务院第二次全国污染源普查领导小组成员单位和联络员单位参与普查，累计提供行政记录和业务资料近 1 亿条，通过比对、合并形成普查清查底册和污染源基本单位名录。首次运用全国环保云资源，建立完善联网直报系统。全面采用电子化手段进行普查小区划分和空间信息采集，使用手持移动终端（PDA）采集和传输数据，提高普查效率。

聚焦数据质量，强化全过程控制。严格“真实、准确、全面”要求，建立细化的数据质量标准，完善数据质量溯源机制，严格普查质量管理和工作纪律。组建普查专家咨询和技术支持团队，开展分类指导和专项督办，引入 4692 个第三方机构参与普查工作，发挥公众监督作用，推动普查公正透明。国务院第二次全国污染源普查领导小组办公室先后对普查各个阶段组织开展工作督导，对全国 31 个省（区、市）和新疆生产建设兵团普查调研指导全覆盖、质量核查全覆盖，确保普查数据质量。

广泛开展宣传培训，营造良好社会氛围。加强普查新闻宣传矩阵平台建设，采取通俗易懂、喜闻乐见的形式，推进普查宣传进基层、进乡镇、进社区、进企业，推广工作中的好经验好方法，营造全社会关注、支持和参与普查的舆论氛围。创新培训方式，统一培训与分级培训相结合，现场培训与网络远程培训相结合，理论传授与案例讲解相结合，由国家负责省级和试点地区、省级负责地市和区县，全方位提高各级普查人员工作能力和技术水平。专题为新疆、西藏等西部地区培训普查业务骨干，深化对口援疆、援藏、援青工作。总的看，第二次全国污染源普查为生态环境保护做了一次高质量“体检”，获得了极其宝贵的海量数据，为加强生态文明建设、推动经济社会高质量发展、推进生态环境领域国家治理体系和治理能力现代化提供了丰富详实的数据支撑。

二、十年来我国生态环境保护取得重大成就

对比第二次全国污染源普查与第一次全国污染源普查结果，可以发现，十年来特别是党的十八大以来，我国在经济规模、结构调整、产业升级、创新动力、区域协调、环境治理等方面呈现诸多积极变化，高质量发展迈出了稳健步伐，生态文明建设取得积极成效，生态环境质量显著改善。

十年来，我国经济社会发展状况以及生态环境保护领域重大改革措施取得重大成果。从十年间两次普查的变化来看：2017 年，化学需氧量、二氧化硫、氮氧化物等污染物排放量较 2007 年分别下降 46%、72%、34%。工业企业废水处理、脱硫和除尘等设施数量，分别是 2007 年的 2.35 倍、3.27 倍和 5.02 倍。城镇污水处理厂数量增加 5.4 倍，设计处理能力增加 1.7 倍，实际污水处理量增加 3 倍；城镇生活污水化学需氧量去除率由 2007 年的 28% 提高至 2017 年的 67%。生活垃圾处置厂数量增加 86%，其中垃圾焚烧厂数量增加 303%，焚烧处理量增加 577%，焚烧处理量比例由 8% 提高到 27%。危险废物集中利用处置厂数量增加 8.22 倍，设计处理能力增加 4279 万吨 / 年，提高 10.4 倍，集中处置利用量增加 1467 万吨，提高 12.5 倍。这些变化充分体现了生态文明建设战略实施的成就。

十年来，我国经济结构优化升级、协调发展取得新进展。我国正处在转变发展方式、优化经济结构、转换增长动能的攻关期。两次普查数据相比，十年间，工业结构持续改善，制造业转型升级表现突出。工业源普查对象涵盖国民经济行业分类 41 个工业大类行业产业活动单位，数量由 157.55 万个增加到 247.74 万个，增加 90.19 万个，增幅达 57.24%。重点行业生产规模集中，造纸制浆、皮革鞣制、铜铅锌冶炼、炼铁炼钢、水泥制造、炼焦行业的普查对象数量分别减少 24%、36%、51%、50%、37% 和 62%，产品产量分别增加 61%、7%、89%、50%、71% 和 30%。农业源普查对象中，畜禽规模程度明显提高，养殖结构得到优化，生猪规模养殖场（500 头及以上）养殖量占比由 22% 上升为 41%。同时，生猪规模养殖场采用干清粪方式养殖量占比从 55% 提高到 81%。这些深刻反映了我国经济结构的重大变化，表明重点行业产业集中度提高，产业优化升级、淘汰落后产能、严格环境准入等结构调整政策取得积极成效。重点行

业产业结构调整既获得了规模效益和经济效益，同时取得了好的环境成效。

十年来，我国工业企业节能减排成效显著。两次普查相比，在工业源方面，废气、废水污染治理快速发展，治理水平大幅提升。2017 年废水治理设施套数比 2007 年提高了 135.47%，废水治理能力提高了 26.88%。脱硫设施数和除尘设施数分别提高了 226.88%、401.72%。十年间，总量控制重点关注行业排放量占比明显下降，化学需氧量、氨氮、二氧化硫、氮氧化物等四项主要污染物排放量分别下降 83.89%、77.56%、75.05%、45.65%。电力、热力生产和供应业二氧化硫、氮氧化物，造纸和纸制品业化学需氧量分别下降 86.54%、76.93%、84.44%。铜铅锌冶炼行业二氧化硫减少 78%。炼铁炼钢行业二氧化硫减少 54%。水泥制造行业氮氧化物减少 23%。表明全国各领域生态环境基础设施建设的均等化水平提升，污染治理能力大幅提高，污染治理效果显著。

另外，普查结果也显示当前生态环境保护工作仍然存在薄弱环节，全国污染物排放量总体处于较高水平。第二次全国污染源普查数据为下一步精准施策、科学治污奠定了坚实基础。

三、贯彻落实新发展理念　推动生态环境质量持续改善

习近平总书记强调，小康全面不全面，生态环境很关键。普查结果显示，在党中央、国务院的坚强领导下，经济高质量发展和生态环境高水平保护协同推动，依法治污、科学治污、精准治污方向不变、力度不减，扎实推进蓝天、碧水、净土保卫战，污染防治攻坚战取得关键进展，生态环境质量持续明显改善。从普查数据中也发现，当前污染防治攻坚战面临的困难、问题和挑战还很大，形势仍然严峻，不容乐观。我们既要看到发展的有利条件，也要清醒认识到内外挑战相互交织、生态文明建设“三期叠加”影响持续深化、经济下行压力加大的复杂形势。要以习近平新时代中国特色社会主义思想为指导，紧紧围绕统筹推进“五位一体”总体布局和协调推进“四个全面”战略布局，紧密围绕污染防治攻坚战阶段性目标任务，持续改善生态环境质量，构建生态环境治理体系，为推动生态环境根本好转、建设生态文明和美丽中国、开启全面建设社会主义现代化国家新征程奠定坚实基础。

深入贯彻落实新发展理念。深入贯彻落实习近平生态文明思想，增强各方面践行新发展理念的思想自觉、政治自觉、行动自觉。充分发挥生态环境保护的引导、优化和促进作用，支持服务重大国家战略实施。落实生态环境监管服务、推动经济高质量发展、支持服务民营企业绿色发展各项举措，继续推进“放管服”改革，主动加强环境治理服务，推动环保产业发展。

坚定不移推进污染治理。用好第二次全国污染源普查成果，推进数据开放共享，以改善生态环境质量为核心，制定国民经济和社会发展“十四五”规划和重大发展战略。全面完成《打赢蓝天保卫战三年行动计划》目标任务，狠抓重点区域秋冬季大气污染综合治理攻坚，积极稳妥推进北方地区清洁取暖，持续整治“散乱污”企业，深入推进柴油货车污染治理，继续实施重污染天气应急减排按企业环保绩效分级管控。深入实施《水污染防治行动计划》，巩固饮用水水源地环境整治成效，持续开展城市黑臭水体整治，加强入海入河排污口治理，推进农村环境综合整治。全面实施《土壤污染防治行动计划》，推进农用地污染综合整治，强化建设用地土壤污染风险管控和修复，组织开展危险废物专项排查整治，深入推进“无废城市”建设试点，基本实现固体废物零进口。

加强生态系统保护和修复。协调推进生态保护红线评估优化和勘界定标。对各地排查违法违规挤占生态空间、破坏自然遗迹等行为情况进行检查。持续开展“绿盾”自然保护地强化监督。全力推动《生物多样性公约》第十五次缔约方大会圆满成功。开展国家生态文明建设示范市县和“绿水青山就是金山银山”实践创新基地评选工作。

着力构建生态环境治理体系。推动落实关于构建现代环境治理体系的指导意见、中央和国家机关有关部门生态环境保护责任清单。基本建立生态环境保护综合行政执法体制。构建以排污许可制为核心的固定污染源监管制度体系。健全生态环境监测和评价制度、生态环境损害赔偿制度。夯实生态环境科技支撑。强化生态环境保护宣传引导。加强国际交流和履约能力建设。妥善应对突发环境事件。

加强生态环境保护督察帮扶指导。持续开展中央生态环境保护督察。持续开展蓝天保卫战重点区域强化监督定点帮扶，聚焦污染防治攻坚战其他重点领域，开展统筹强化监督工作。精准分析影响生态环境质量的突出问题，分流域区域、分行业企业对症下药，实施精细化管理。充分发挥国家生态环境科技成果转化综合平台作用，切实提高环境治理措施的系统性、针对性、有效性。坚持依法行政、依法推进，规范自由裁量权，严格禁止“一刀切”，避免处置措施简单粗暴。

充分发挥党建引领作用。牢固树立“抓好党建是本职、不抓党建是失职、抓不好党建是渎职”的管党治党意识，始终把党的政治建设摆在首位，巩固深化“不忘初心、牢记使命”主题教育成果，着力解决形式主义突出问题，严格落实中央八项规定及其实施细则精神，进一步发挥巡视利剑作用，一体推进不敢腐、不能腐、不想腐，营造风清气正的政治生态，加快打造生态环境保护铁军。

目录

第一篇 机动车排放系数

第二篇　非道路移动源排放系数

第一篇

机动车排放系数

编制说明

污染源普查是重大国情调查。为贯彻《国务院关于开展第二次全国污染源普查的通知》和《国务院办公厅关于印发第二次全国污染源普查方案的通知》的精神和要求，中国环境科学研究院机动车排污监控中心（以下简称机动车中心）受生态环境部第二次全国污染源普查工作办公室委托，牵头承担“移动源普查技术规范制订及组织实施”项目，为移动源普查提供技术支撑工作，机动车污染源排放系数测算更新是一项重要工作内容。

2017 年机动车中心研究编制了移动源普查技术方案、移动源排放系数测算实施方案；2018 年 3 月，成立项目组，成员包括机动车中心、北京交通大学、北京交通发展研究院、中山大学等；2018 年 4 月，移动源普查实施方案通过专家论证；2018 年 6 月，项目任务书及经费下达，开展外委项目招投标工作；2018 年 9—11 月，开展重型车尾气排放因子的车载排放测试（PEMS）和轻型车蒸发排放因子测试，初步搭建我国机动车排放因子库；2018 年 12 月，完成机动车排放系数手册（初稿）；2019 年 1—5 月，开展排放系数验证校核工作，顺利通过专家论证；2019 年 6—9 月，继续完善机动车排放系数，完成机动车排放系数手册（终稿）。

与第一次全国污染源普查比较，本次排放系数测算采用的技术方法更加科学合理。利用 PEMS 开发了基于机动车功率（VSP）的机动车排放因子模拟方法，使之更接近于实际排放水平；充分利用现代信息化监管技术，借助车载诊断系统（OBD）、卫星定位数据、环保定期检验、售后维修保养、浮点车等大数据，研究确定了机动车行驶里程、循环工况及路况分布等重要参数，显著提升了排放系数的科学性和合理性。本书编制人员包括丁焰、尹航、黄志辉、陈伟程、宋国华、刘莹、王鑫、程颖、何巍楠、彭頔、王宏丽、吉喆、白艳英、谢琼、赵海光、肖寒、李涛、吴亦政、周瑜芳等。

1　适用范围

本手册给出的全国机动车污染物排放系数，仅用于第二次全国污染源普查移动污染源普查中，使用排放系数法核算机动车大气污染物排放量。

废气指标包括：氮氧化物（NO_x）、颗粒物（PM）、挥发性有机物（VOCs）。

2　主要术语与解释

2.1　机动车

指以动力装置驱动或者牵引、上道路行驶的供人员乘用或者用于运送物品以及进行工程专项作业的轮式车辆。

2.2　车辆类型

指根据中华人民共和国公共安全行业标准《机动车类型 术语和定义》（GA 802—2014）规定的机动车类型分类的规格术语，具体见表 1-2-1。

表 1-2-1　机动车类型分类

分类		说明
载客汽车	微型	车长不大于 3500 毫米，发动机排气量不大于 1 升的载客汽车
	小型	车长小于 6000 毫米但大于 3500 毫米且乘坐人数小于等于 9 人的载客汽车
	中型	车长小于 6000 毫米且乘坐人数为 10～19 人的载客汽车
	大型	车长大于等于 6000 毫米或者乘坐人数大于等于 20 人的载客汽车
载货汽车	微型	车长不大于 3500 毫米，总质量小于等于 1800 千克的载货汽车
	轻型	车长小于 6000 毫米且总质量小于 4500 千克的载货汽车
	中型	车长大于等于 6000 毫米或者总质量大于等于 4500 千克且小于 12000 千克的载货汽车，但不包括低速货车
	重型	总质量大于等于 12000 千克的载货汽车
低速汽车	三轮汽车	以柴油机为动力，最大设计车速小于等于 50 千米/小时，总质量小于等于 2000 千克，长小于等于 4600 毫米，宽小于等于 1600 毫米，高小于等于 2000 毫米，具有三个车轮的货车。其中，采用方向盘转向、由传递轴传递动力、有驾驶室且驾驶人座椅后有物品放置空间的，总质量应小于等于 3000 千克，车长应小于等于 5200 毫米，宽应小于等于 1800 毫米，高应小于等于 2200 毫米
	低速货车	以柴油机为动力，最大设计车速小于 70 千米/小时，总质量小于等于 4500 千克，长小于等于 6000 毫米，宽小于等于 2000 毫米，高小于等于 2500 毫米，具有四个车轮的货车
摩托车	普通	最大设计车速大于 50 千米/小时或者发动机气缸总排量大于 50 毫升的摩托车
	轻便	最大设计车速小于等于 50 千米/小时，且若使用发动机驱动、发动机气缸总排量小于等于 50 毫升的摩托车

2.3　使用性质

指根据中华人民共和国公共安全行业标准《机动车类型 术语和定义》（GA 802—2014）规定的机动车类型分类的使用性质术语。具体见表 1-2-2。

表 1-2-2　机动车使用性质

分 类	说　明
出租车	以行驶里程和时间计费，将乘客运载至其指定地点的载客汽车
公交车	城市内专门从事公共交通客运的载客汽车
其他车	除公交车、出租车外的其余载客汽车

2.4　初次登记日期

指初次办理机动车车辆注册登记时的日期。

3　系数测算方法

机动车排放系数为综合排放因子和年均行驶里程的乘积。

综合排放因子为基本排放因子与修正因子的乘积，定义为单位行驶里程（或时间）机动车污染物排放量，单位是克/千米。基本排放因子基于车载排放测试数据、典型实际路面循环工况信息以及道路路况信息等获取；修正因子包括劣化、温度、速度、空调、海拔、负载、燃油修正等，通过实际测试和文献调研获取。

基本排放因子计算公式如下：

$$BEF=ZML+DR\times Mc \tag{3-1}$$

式中，BEF —— 基本排放因子，克/千米；

ZML —— 新车零千米排放水平，克/千米；

DR —— 劣化率，克/（千米·10^4 千米）；

Mc —— 总行驶里程，10^4 千米。

综合排放因子计算公式如下：

$$EF=SUM（BEF，AC，V，L，A，F） \tag{3-2}$$

式中，SUM —— 物理量的综合函数；

EF —— 综合排放因子；

AC —— 空调装置修正参数；

V —— 工况速度修正参数；

L —— 负载修正参数；

A —— 海拔修正参数；

F —— 温度和冷热启动工况等修正参数。

修正参数的作用是建立车队平均排放率与基本排放率、车型组成、当地温度变化、燃料特征，以及高排放工况（如空调）等之间的关系。

4　排放量核算方法

机动车行业污染物排放包括尾气排放和蒸发排放。污染物排放总量根据车辆保有量进行计算，公式如下：

$$E = \sum P_{i,j,k} \times PX_{i,j,k} \times 10^{-6} \tag{4-1}$$

式中，E—— 排放量，吨；

i—— 车型；

j—— 燃油种类；

k—— 初次登记日期所在年；

P—— 保有量，辆；

PX—— 排放系数，年行驶里程与排放因子的乘积，克/（辆·年）。

5　系数手册使用方法

由公安交管部门获取，按车辆类型、排放阶段、初次登记日期划分的保有量。

根据所在辖区、车辆类型、排放阶段、初次登记日期选取合适的排放系数。

将按车辆类型、排放阶段、初次登记日期划分的保有量与对应的排放系数相乘，并加和后获取机动车排放量。

6　排放量计算示例

以某地市为例，涉及的主要污染物为氮氧化物、颗粒物、挥发性有机物。以颗粒物为例说明排放量计算过程。

6.1　获取机动车保有量

根据报表填报信息，调用各车辆类型、排放阶段、初次登记日期划分的保有量，具体见表 1-6-1。

6.2　查找排放系数及计量单位

根据地市、车辆类型、排放阶段、初次登记日期划分，调用《机动车排放系数手册》中相应地市的颗粒物排放系数，单位为克/（辆·年），具体见表 1-6-2。

6.3　计算机动车排放量

6.3.1　微型客车

（1）微型汽油出租车 PM 排放量

排放量=保有量×排放系数

$$= \sum_{i=1999}^{2017} P_i \times PX_i \times 10^{-6}$$

=0 吨

（2）微型燃气出租车 PM 排放量

排放量=保有量×排放系数

$$= \sum_{i=1999}^{2017} P_i \times PX_i \times 10^{-6}$$

=0 吨

（3）微型汽油其他客车 PM 排放量

排放量=保有量×排放系数

$$= \sum_{i=1999}^{2017} P_i \times PX_i \times 10^{-6}$$

=0 吨

（4）微型燃气其他客车 PM 排放量

排放量=保有量×排放系数

$$= \sum_{i=1999}^{2017} P_i \times PX_i \times 10^{-6}$$

=0 吨

（5）微型客车 PM 排放量

微型客车 PM 排放量=微型汽油出租车 PM 排放量+微型燃气出租车 PM 排放量+微型汽油其他客车 PM 排放量+微型燃气其他客车 PM 排放量=0 吨

6.3.2 小型客车

（1）小型汽油出租车 PM 排放量

排放量=保有量×排放系数

$$= \sum_{i=1999}^{2017} P_i \times PX_i \times 10^{-6}$$

=0 吨

（2）小型柴油出租车 PM 排放量

排放量=保有量×排放系数

$$= \sum_{i=1999}^{2017} P_i \times PX_i \times 10^{-6}$$

=0 吨

（3）小型燃气出租车 PM 排放量

排放量=保有量×排放系数

$$= \sum_{i=1999}^{2017} P_i \times PX_i \times 10^{-6}$$

=0 吨

（4）小型汽油其他客车 PM 排放量

排放量=保有量×排放系数

$$= \sum_{i=1999}^{2017} P_i \times PX_i \times 10^{-6}$$

=0 吨

（5）小型柴油其他客车 PM 排放量

排放量=保有量×排放系数

$$= \sum_{i=1999}^{2017} P_i \times PX_i \times 10^{-6}$$

=0 吨

（6）小型燃气其他客车 PM 排放量

排放量=保有量×排放系数

$$= \sum_{i=1999}^{2017} P_i \times PX_i \times 10^{-6}$$

=0 吨

（7）小型客车 PM 排放量

小型客车 PM 排放量=小型汽油出租车 PM 排放量+小型柴油出租车 PM 排放量+
小型燃气出租车 PM 排放量+小型汽油其他客车 PM 排放量+
小型柴油其他客车 PM 排放量+小型燃气其他客车 PM 排放量=0 吨

6.3.3　中型客车

（1）中型汽油公交车 PM 排放量

排放量=保有量×排放系数

$$= \sum_{i=1999}^{2017} P_i \times PX_i \times 10^{-6}$$

=0 吨

（2）中型柴油公交车 PM 排放量

排放量=保有量×排放系数

$$= \sum_{i=1999}^{2017} P_i \times PX_i \times 10^{-6}$$

=0 吨

（3）中型燃气公交车 PM 排放量

排放量=保有量×排放系数

$$= \sum_{i=1999}^{2017} P_i \times PX_i \times 10^{-6}$$

=0 吨

（4）中型汽油其他客车 PM 排放量

排放量=保有量×排放系数

$$= \sum_{i=1999}^{2017} P_i \times PX_i \times 10^{-6}$$

=0 吨

（5）中型柴油其他客车 PM 排放量

排放量=保有量×排放系数

$$= \sum_{i=1999}^{2017} P_i \times PX_i \times 10^{-6}$$

=0 吨

（6）中型燃气其他客车 PM 排放量

排放量=保有量×排放系数

$$= \sum_{i=1999}^{2017} P_i \times PX_i \times 10^{-6}$$

=0 吨

（7）中型客车 PM 排放量

中型客车 PM 排放量=中型汽油公交车 PM 排放量+中型柴油公交车 PM 排放量+
中型燃气公交车 PM 排放量+中型汽油其他客车 PM 排放量+
中型柴油其他客车 PM 排放量+中型燃气其他客车 PM 排放量=0 吨

6.3.4 大型客车

（1）大型汽油公交车 PM 排放量

排放量=保有量×排放系数

$$= \sum_{i=1999}^{2017} P_i \times PX_i \times 10^{-6}$$

=0 吨

（2）大型柴油公交车 PM 排放量

排放量=保有量×排放系数

$$= \sum_{i=1999}^{2017} P_i \times PX_i \times 10^{-6}$$

=158 吨

（3）大型燃气公交车 PM 排放量

排放量=保有量×排放系数

$$= \sum_{i=1999}^{2017} P_i \times PX_i \times 10^{-6}$$

=0 吨

（4）大型汽油其他客车 PM 排放量

排放量=保有量×排放系数

$$= \sum_{i=1999}^{2017} P_i \times PX_i \times 10^{-6}$$

=0 吨

（5）大型柴油其他客车 PM 排放量

排放量=保有量×排放系数

$$= \sum_{i=1999}^{2017} P_i \times PX_i \times 10^{-6}$$

=95 吨

（6）大型燃气其他客车 PM 排放量

排放量=保有量×排放系数

$$= \sum_{i=1999}^{2017} P_i \times PX_i \times 10^{-6}$$

=0 吨

（7）大型客车 PM 排放量

大型客车 PM 排放量=大型汽油公交车 PM 排放量+大型柴油公交车 PM 排放量+
大型燃气公交车 PM 排放量+大型汽油其他客车 PM 排放量+
大型柴油其他客车 PM 排放量+大型燃气其他客车 PM 排放量=253 吨

6.3.5 微型货车

（1）微型汽油货车 PM 排放量

排放量=保有量×排放系数

$$=\sum_{i=1999}^{2017} P_i \times PX_i \times 10^{-6}$$

=0 吨

（2）微型柴油货车 PM 排放量

排放量=保有量×排放系数

$$=\sum_{i=1999}^{2017} P_i \times PX_i \times 10^{-6}$$

=0 吨

（3）微型燃气货车 PM 排放量

排放量=保有量×排放系数

$$=\sum_{i=1999}^{2017} P_i \times PX_i \times 10^{-6}$$

=0 吨

（4）微型货车 PM 排放量

微型货车 PM 排放量=微型汽油货车 PM 排放量+微型柴油货车 PM 排放量+
微型燃气货车 PM 排放量=0 吨

6.3.6 轻型货车

（1）轻型汽油货车 PM 排放量

排放量=保有量×排放系数

$$=\sum_{i=1999}^{2017} P_i \times PX_i \times 10^{-6}$$

=0 吨

（2）轻型柴油货车 PM 排放量

排放量=保有量×排放系数

$$=\sum_{i=1999}^{2017} P_i \times PX_i \times 10^{-6}$$

=118 吨

（3）轻型燃气货车 PM 排放量

排放量=保有量×排放系数

$$=\sum_{i=1999}^{2017} P_i \times PX_i \times 10^{-6}$$

=0 吨

（4）轻型货车 PM 排放量

轻型货车 PM 排放量=轻型汽油货车 PM 排放量+轻型柴油货车 PM 排放量+轻型燃气货车 PM 排放量=118 吨

6.3.7 中型货车

（1）中型汽油货车 PM 排放量

排放量=保有量×排放系数

$$= \sum_{i=1999}^{2017} P_i \times PX_i \times 10^{-6}$$

=0 吨

（2）中型柴油货车 PM 排放量

排放量=保有量×排放系数

$$= \sum_{i=1999}^{2017} P_i \times PX_i \times 10^{-6}$$

=673 吨

（3）中型燃气货车 PM 排放量

排放量=保有量×排放系数

$$= \sum_{i=1999}^{2017} P_i \times PX_i \times 10^{-6}$$

=0 吨

（4）中型货车 PM 排放量

中型货车 PM 排放量=中型汽油货车 PM 排放量+中型柴油货车 PM 排放量+中型燃气货车 PM 排放量=673 吨

6.3.8 重型货车

（1）重型汽油货车 PM 排放量

排放量=保有量×排放系数

$$= \sum_{i=1999}^{2017} P_i \times PX_i \times 10^{-6}$$

=0 吨

（2）重型柴油货车 PM 排放量

排放量=保有量×排放系数

$$= \sum_{i=1999}^{2017} P_i \times PX_i \times 10^{-6}$$

=462 吨

（3）重型燃气货车 PM 排放量

排放量=保有量×排放系数

$$= \sum_{i=1999}^{2017} P_i \times PX_i \times 10^{-6}$$

=0 吨

（4）重型货车 PM 排放量

重型货车 PM 排放量=重型汽油货车 PM 排放量+重型柴油货车 PM 排放量+重型燃气货车 PM 排放量=462 吨

6.3.9 低速汽车

（1）三轮汽车 PM 排放量

排放量=保有量×排放系数

$$= \sum_{i=1999}^{2017} P_i \times PX_i \times 10^{-6}$$

=0 吨

（2）低速货车 PM 排放量

排放量=保有量×排放系数

$$= \sum_{i=1999}^{2017} P_i \times PX_i \times 10^{-6}$$

=0 吨

（3）低速汽车 PM 排放量

低速汽车 PM 排放量=三轮汽车 PM 排放量+低速货车 PM 排放量=0 吨

6.3.10 摩托车

（1）普通摩托车 PM 排放量

排放量=保有量×排放系数

$$= \sum_{i=1999}^{2017} P_i \times PX_i \times 10^{-6}$$

=0 吨

（2）轻便摩托车 PM 排放量

排放量=保有量×排放系数

$$= \sum_{i=1999}^{2017} P_i \times PX_i \times 10^{-6}$$

=0 吨

（3）摩托车 PM 排放量

摩托车 PM 排放量=普通摩托车 PM 排放量+轻便摩托车 PM 排放量=0 吨

6.3.11 机动车

机动车 PM 排放量=微型客车 PM 排放量+小型客车 PM 排放量+中型客车 PM 排放量+大型客车 PM 排放量+微型货车 PM 排放量+轻型货车 PM 排放量+中型货车 PM 排放量+重型货车 PM 排放量+低速汽车 PM 排放量+摩托车 PM 排放量

=1507 吨

表 1-6-1　某地市机动车保有量

机动车类型	代码	保有量	其中：按初次登记注册日期分为																		
			1999年年底前	2000年	2001年	2002年	2003年	2004年	2005年	2006年	2007年	2008年	2009年	2010年	2011年	2012年	2013年	2014年	2015年	2016年	2017年
甲	乙	01	02	03	04	05	06	07	08	09	10	11	12	13	14	15	16	17	18	19	20
合计	01	292600	1000	1000	1000	1100	1100	1100	12100	12100	14100	22100	22100	22100	22100	24100	27100	27100	27100	27100	27100
一、载客汽车	02	54600	1000	1000	1000	1100	1100	1100	1100	1100	3100	3100	3100	3100	3100	5100	5100	5100	5100	5100	5100
（一）微型客车	03	0	0	0	0	0	0	0	0	0	0	0	0	0	0	0	0	0	0	0	0
1、出租车	04	0	0	0	0	0	0	0	0	0	0	0	0	0	0	0	0	0	0	0	0
其中：汽油	05	0	0	0	0	0	0	0	0	0	0	0	0	0	0	0	0	0	0	0	0
燃气	06	0	0	0	0	0	0	0	0	0	0	0	0	0	0	0	0	0	0	0	0
2、其他车	07	0	0	0	0	0	0	0	0	0	0	0	0	0	0	0	0	0	0	0	0
其中：汽油	08	0	0	0	0	0	0	0	0	0	0	0	0	0	0	0	0	0	0	0	0
燃气	09	0	0	0	0	0	0	0	0	0	0	0	0	0	0	0	0	0	0	0	0
（二）小型客车	10	19000	1000	1000	1000	1000	1000	1000	1000	1000	1000	1000	1000	1000	1000	1000	1000	1000	1000	1000	1000
1、出租车	11	0	0	0	0	0	0	0	0	0	0	0	0	0	0	0	0	0	0	0	0
其中：汽油	12	0	0	0	0	0	0	0	0	0	0	0	0	0	0	0	0	0	0	0	0
柴油	13	0	0	0	0	0	0	0	0	0	0	0	0	0	0	0	0	0	0	0	0
燃气	14	0	0	0	0	0	0	0	0	0	0	0	0	0	0	0	0	0	0	0	0
2、其他车	15	19000	1000	1000	1000	1000	1000	1000	1000	1000	1000	1000	1000	1000	1000	1000	1000	1000	1000	1000	1000
其中：汽油	16	19000	1000	1000	1000	1000	1000	1000	1000	1000	1000	1000	1000	1000	1000	1000	1000	1000	1000	1000	1000
柴油	17	0	0	0	0	0	0	0	0	0	0	0	0	0	0	0	0	0	0	0	0
燃气	18	0	0	0	0	0	0	0	0	0	0	0	0	0	0	0	0	0	0	0	0
（三）中型客车	19	1600	0	0	0	100	100	100	100	100	100	100	100	100	100	100	100	100	100	100	100

机动车类型	代码	保有量	其中：按初次登记注册日期分为																		
			1999年年底前	2000年	2001年	2002年	2003年	2004年	2005年	2006年	2007年	2008年	2009年	2010年	2011年	2012年	2013年	2014年	2015年	2016年	2017年
1、公交车	20	0	0	0	0	0	0	0	0	0	0	0	0	0	0	0	0	0	0	0	0
其中：汽油	21	0	0	0	0	0	0	0	0	0	0	0	0	0	0	0	0	0	0	0	0
柴油	22	0	0	0	0	0	0	0	0	0	0	0	0	0	0	0	0	0	0	0	0
燃气	23	0	0	0	0	0	0	0	0	0	0	0	0	0	0	0	0	0	0	0	0
2、其他车	24	1600	0	0	0	100	100	100	100	100	100	100	100	100	100	100	100	100	100	100	100
其中：汽油	25	1600	0	0	0	100	100	100	100	100	100	100	100	100	100	100	100	100	100	100	100
柴油	26	0	0	0	0	0	0	0	0	0	0	0	0	0	0	0	0	0	0	0	0
燃气	27	0	0	0	0	0	0	0	0	0	0	0	0	0	0	0	0	0	0	0	0
（四）大型客车	28	34000	0	0	0	0	0	0	0	0	2000	2000	2000	2000	2000	4000	4000	4000	4000	4000	4000
1、公交车	29	17000	0	0	0	0	0	0	0	0	1000	1000	1000	1000	1000	2000	2000	2000	2000	2000	2000
其中：汽油	30	0	0	0	0	0	0	0	0	0	0	0	0	0	0	0	0	0	0	0	0
柴油	31	11000	0	0	0	0	0	0	0	0	1000	1000	1000	1000	1000	1000	1000	1000	1000	1000	1000
燃气	32	6000	0	0	0	0	0	0	0	0	0	0	0	0	0	1000	1000	1000	1000	1000	1000
2、其他车	33	17000	0	0	0	0	0	0	0	0	1000	1000	1000	1000	1000	2000	2000	2000	2000	2000	2000
其中：汽油	34	0	0	0	0	0	0	0	0	0	0	0	0	0	0	0	0	0	0	0	0
柴油	35	11000	0	0	0	0	0	0	0	0	1000	1000	1000	1000	1000	1000	1000	1000	1000	1000	1000
燃气	36	6000	0	0	0	0	0	0	0	0	0	0	0	0	0	1000	1000	1000	1000	1000	1000
二、载货汽车	37	95000	0	0	0	0	0	0	0	0	0	8000	8000	8000	8000	8000	11000	11000	11000	11000	11000
（一）微型货车	38	0	0	0	0	0	0	0	0	0	0	0	0	0	0	0	0	0	0	0	0
1、汽油	39	0	0	0	0	0	0	0	0	0	0	0	0	0	0	0	0	0	0	0	0
2、柴油	40	0	0	0	0	0	0	0	0	0	0	0	0	0	0	0	0	0	0	0	0
3、燃气	41	0	0	0	0	0	0	0	0	0	0	0	0	0	0	0	0	0	0	0	0

机动车类型	代码	保有量	其中：按初次登记注册日期分为																		
			1999 年年底前	2000 年	2001 年	2002 年	2003 年	2004 年	2005 年	2006 年	2007 年	2008 年	2009 年	2010 年	2011 年	2012 年	2013 年	2014 年	2015 年	2016 年	2017 年
（二）轻型货车	42	45000	0	0	0	0	0	0	0	0	0	3000	3000	3000	3000	3000	6000	6000	6000	6000	6000
1、汽油	43	10000	0	0	0	0	0	0	0	0	0	1000	1000	1000	1000	1000	1000	1000	1000	1000	1000
2、柴油	44	35000	0	0	0	0	0	0	0	0	0	2000	2000	2000	2000	2000	5000	5000	5000	5000	5000
3、燃气	45	0	0	0	0	0	0	0	0	0	0	0	0	0	0	0	0	0	0	0	0
（三）中型货车	46	20000	0	0	0	0	0	0	0	0	0	2000	2000	2000	2000	2000	2000	2000	2000	2000	2000
1、汽油	47	0	0	0	0	0	0	0	0	0	0	0	0	0	0	0	0	0	0	0	0
2、柴油	48	20000	0	0	0	0	0	0	0	0	0	2000	2000	2000	2000	2000	2000	2000	2000	2000	2000
3、燃气	49	0	0	0	0	0	0	0	0	0	0	0	0	0	0	0	0	0	0	0	0
（四）重型货车	50	30000	0	0	0	0	0	0	0	0	0	3000	3000	3000	3000	3000	3000	3000	3000	3000	3000
1、汽油	51	0	0	0	0	0	0	0	0	0	0	0	0	0	0	0	0	0	0	0	0
2、柴油	52	30000	0	0	0	0	0	0	0	0	0	3000	3000	3000	3000	3000	3000	3000	3000	3000	3000
3、燃气	53	0	0	0	0	0	0	0	0	0	0	0	0	0	0	0	0	0	0	0	0
三、低速汽车	54	0	0	0	0	0	0	0	0	0	0	0	0	0	0	0	0	0	0	0	0
（一）三轮汽车	55	0	0	0	0	0	0	0	0	0	0	0	0	0	0	0	0	0	0	0	0
（二）低速汽车	56	0	0	0	0	0	0	0	0	0	0	0	0	0	0	0	0	0	0	0	0
四、摩托车	57	143000	0	0	0	0	0	0	11000	11000	11000	11000	11000	11000	11000	11000	11000	11000	11000	11000	11000
（一）普通摩托车	58	130000	0	0	0	0	0	0	10000	10000	10000	10000	10000	10000	10000	10000	10000	10000	10000	10000	10000
（二）轻便摩托车	59	13000	0	0	0	0	0	0	1000	1000	1000	1000	1000	1000	1000	1000	1000	1000	1000	1000	1000

表 1-6-2　某地市机动车 PM 排放系数

车辆类型		使用性质	燃料种类	PM 排放系数																		
				1999 年年底前	2000 年	2001 年	2002 年	2003 年	2004 年	2005 年	2006 年	2007 年	2008 年	2009 年	2010 年	2011 年	2012 年	2013 年	2014 年	2015 年	2016 年	2017 年
				克/（辆·年）																		
载客汽车	微型	出租	汽油	—	—	—	—	—	—	—	—	—	—	—	—	—	—	—	—	—	—	—
			燃气	—	—	—	—	—	—	—	—	—	—	—	—	—	—	—	—	—	—	—
		其他	汽油	—	—	—	—	—	—	—	—	—	—	—	—	—	—	—	—	—	—	—
			燃气	—	—	—	—	—	—	—	—	—	—	—	—	—	—	—	—	—	—	—
	小型	出租	汽油	—	—	—	—	—	—	—	—	—	—	—	—	—	—	—	—	—	—	—
			柴油	62352	57096	51839	51839	51839	51839	35011	18183	18183	11954	5724	5724	5724	5724	5320	4915	4915	4065	3781
			燃气	—	—	—	—	—	—	—	—	—	—	—	—	—	—	—	—	—	—	—
		其他	汽油	—	—	—	—	—	—	—	—	—	—	—	—	—	—	—	—	—	—	—
			柴油	4139	3916	3693	3693	3693	3693	2640	1587	1587	1173	759	759	759	759	625	490	490	490	490
			燃气	—	—	—	—	—	—	—	—	—	—	—	—	—	—	—	—	—	—	—
	中型	公交	汽油	—	—	—	—	—	—	—	—	—	—	—	—	—	—	—	—	—	—	—
			柴油	46275	46275	42403	34660	34660	27195	12264	12264	12264	10395	8526	8526	8526	8526	5301	2075	2075	1633	1486
			燃气	—	—	—	—	—	—	—	—	—	—	—	—	—	—	—	—	—	—	—
		其他	汽油	—	—	—	—	—	—	—	—	—	—	—	—	—	—	—	—	—	—	—
			柴油	15274	15274	12888	8116	8116	6262	2553	2553	2553	2435	2316	2316	2316	2316	1366	415	415	399	394
			燃气	—	—	—	—	—	—	—	—	—	—	—	—	—	—	—	—	—	—	—
	大型	公交	汽油	—	—	—	—	—	—	—	—	—	—	—	—	—	—	—	—	—	—	—
			柴油	143498	143498	142089	139271	139271	107810	44887	44887	44887	30245	15603	15603	15603	15603	9251	2898	2898	2790	2754
			燃气	—	—	—	—	—	—	—	—	—	—	—	—	—	—	—	—	—	—	—

车辆类型		使用性质	燃料种类	PM 排放系数																		
				1999 年年底前	2000 年	2001 年	2002 年	2003 年	2004 年	2005 年	2006 年	2007 年	2008 年	2009 年	2010 年	2011 年	2012 年	2013 年	2014 年	2015 年	2016 年	2017 年
				克/（辆·年）																		
载客汽车	大型	其他	汽油	—	—	—	—	—	—	—	—	—	—	—	—	—	—	—	—	—	—	—
			柴油	142314	142314	133412	115607	115607	85425	25061	25061	25061	17182	9303	9303	9303	9303	5868	2433	2433	2343	2313
			燃气	—	—	—	—	—	—	—	—	—	—	—	—	—	—	—	—	—	—	—
载货汽车	微型		汽油	—	—	—	—	—	—	—	—	—	—	—	—	—	—	—	—	—	—	—
			柴油	16842	16494	16145	16145	16145	16145	13168	10191	10191	7564	4936	4936	4936	4936	3108	1279	1279	1274	1272
			燃气	—	—	—	—	—	—	—	—	—	—	—	—	—	—	—	—	—	—	—
	轻型		汽油	—	—	—	—	—	—	—	—	—	—	—	—	—	—	—	—	—	—	—
			柴油	14597	15371	16145	16145	16145	16145	13168	10191	10191	7564	4936	4936	4936	4936	3722	2508	2508	2071	1925
			燃气	—	—	—	—	—	—	—	—	—	—	—	—	—	—	—	—	—	—	—
	中型		汽油	—	—	—	—	—	—	—	—	—	—	—	—	—	—	—	—	—	—	—
			柴油	345657	345657	290883	181336	181336	139407	55550	55550	55550	52626	49702	49702	49702	49702	31868	14034	14034	12851	12457
			燃气	—	—	—	—	—	—	—	—	—	—	—	—	—	—	—	—	—	—	—
	重型		汽油	—	—	—	—	—	—	—	—	—	—	—	—	—	—	—	—	—	—	—
			柴油	311508	311508	256036	145093	145093	115204	55425	55425	55425	37980	20535	20535	20535	20535	13118	5701	5701	4818	4524
			燃气	—	—	—	—	—	—	—	—	—	—	—	—	—	—	—	—	—	—	—
低速汽车	三轮汽车			27692	27692	27692	27692	27692	27692	27692	27692	27508	12788	12788	12788	12788	12788	12788	12788	12788	12788	12788
	低速货车			37204	37204	37204	37204	37204	37204	37204	37204	36956	17180	17180	17180	17180	17180	17180	17180	17180	17180	17180
摩托车	普通摩托车			—	—	—	—	—	—	—	—	—	—	—	—	—	—	—	—	—	—	—
	轻便摩托车			—	—	—	—	—	—	—	—	—	—	—	—	—	—	—	—	—	—	—

7 系数表

北京市 NO_x 排放系数

单位：克/（辆·年）

车辆类型		使用性质	燃料种类	1999年年底前	2000年	2001年	2002年	2003年	2004年	2005年	2006年	2007年	2008年	2009年	2010年	2011年	2012年	2013年	2014年	2015年	2016年	2017年
载客汽车	微型	出租车	汽油	251970	87719	87719	87719	41761	41761	41761	20060	20060	14486	13371	13371	13371	13371	7727	6598	6598	6598	6598
			燃气	186394	65185	65185	65185	31032	31032	31032	14960	14960	10716	9867	9867	9867	9867	5717	4887	4887	4887	4887
		其他	汽油	33283	8580	8580	8580	2227	2227	2227	1392	1392	1085	1024	1024	1024	1024	673	603	603	603	603
			燃气	23933	4598	4598	4598	1375	1375	1375	849	849	620	574	574	574	574	442	416	416	416	416
	小型	出租车	汽油	285231	91643	91643	91643	42364	42364	42364	20060	20060	13434	12109	12109	12109	12109	6617	5519	5519	5519	5519
			柴油	313979	211397	211397	211397	165980	165980	165980	97718	97718	67875	61906	61906	61906	61906	47010	44031	44031	44031	44031
			燃气	211008	68089	68089	68089	31479	31479	31479	14960	14960	9938	8934	8934	8934	8934	4897	4089	4089	4089	4089
		其他	汽油	31055	8705	8705	8705	2822	2822	2822	1098	1098	992	971	971	971	971	633	565	565	565	565
			柴油	28640	18226	18226	18226	15279	15279	15279	8751	8751	6754	6354	6354	6354	6354	5525	5359	5359	5359	5359
			燃气	22284	6172	6172	6172	1816	1816	1816	631	631	551	535	535	535	535	413	388	388	388	388
	中型	公交车	汽油	497561	497561	497561	497561	497561	261095	24629	24629	24629	24629	24629	22088	19547	19547	14757	9966	9966	9966	9966
			柴油	554956	551047	551047	551047	485349	485349	485349	323196	323196	323196	323196	323196	323196	323196	263751	204306	185830	159964	159964
			燃气	589238	568194	568194	568194	515320	515320	515320	342453	342453	342453	342453	342453	216563	216563	216563	216563	196999	169610	169610
		其他	汽油	201665	201665	201665	201665	201665	104362	7058	7058	7058	7058	7058	7058	7058	7058	5294	3530	3530	3530	3530
			柴油	172048	150503	150503	150503	146684	146684	146684	103169	103169	103169	103169	103169	103169	103169	91605	80040	73526	64407	64407
			燃气	194279	161899	161899	161899	157321	157321	157321	110574	110574	110574	110574	110574	86133	86133	86133	86133	79072	69187	69187
	大型	公交车	汽油	1772561	1772561	1772561	1772561	1772561	941990	111418	111418	111418	111418	111418	111321	111223	111223	83418	55613	55613	55613	55613
			柴油	787093	710792	710792	710792	650203	650203	650203	626768	626768	626768	626768	626768	626768	626768	604168	581567	549727	505150	505150
			燃气	1582525	1318771	1318771	1318771	1025187	1025187	1025187	731604	731604	731604	731604	731604	681123	681123	681123	681123	643303	590355	590355
		其他	汽油	2796925	2796925	2796925	2796925	2796925	1486366	175807	175807	175807	175807	175807	169214	162621	162621	122096	81571	81571	81571	81571
			柴油	1246052	1149862	1149862	1149862	1069437	1069437	1069437	994132	994132	994132	994132	994132	994132	994132	946419	898706	841284	760892	760892
			燃气	2319390	1932825	1932825	1932825	1502541	1502541	1502541	1073244	1073244	1073244	1073244	1073244	968249	968249	968249	968249	907092	821473	821473
载货汽车	微型		汽油	131786	24939	24939	24939	9644	9644	9644	6139	6139	4763	4487	4487	4487	4487	3069	2786	2786	2786	2786
			柴油	96272	63596	63596	63596	50493	50493	50493	35024	35024	19331	16193	16193	16193	16193	13225	12631	12631	12631	12631
			燃气	94764	13365	13365	13365	5954	5954	5954	3744	3744	2720	2515	2515	2515	2515	2021	1922	1922	1922	1922
	轻型		汽油	94638	27823	27823	27823	10430	10430	10430	7143	7143	5020	4595	4595	4595	4595	3208	2931	2931	2931	2931
			柴油	96592	63596	63596	63596	50493	50493	50493	35024	35024	22951	20536	20536	20536	20536	18417	17993	17993	17993	17993
			燃气	67909	19727	19727	19727	6712	6712	6712	4105	4105	2794	2532	2532	2532	2532	2099	2013	2013	2013	2013
	中型		汽油	202665	202665	202665	202665	202665	106209	9753	9753	9753	9753	9753	9753	9753	9753	7318	4883	4883	4883	4883
			柴油	384817	266979	266979	266979	227645	227645	227645	215887	215887	215887	215887	215887	215887	215887	189413	162940	150366	132762	132762
			燃气	434541	287195	287195	287195	244153	244153	244153	231382	231382	231382	231382	231382	175344	175344	175344	175344	161707	142615	142615
	重型		汽油	1099294	1099294	1099294	1099294	1099294	584196	69098	69098	69098	69098	69098	66507	63916	63916	47988	32060	32060	32060	32060
			柴油	680443	610766	610766	610766	542994	542994	542994	499445	499445	499445	499445	499445	499445	499445	463314	427182	373394	298090	298090
			燃气	1266571	1026647	1026647	1026647	762897	762897	762897	539190	539190	539190	539190	539190	460238	460238	460238	460238	402565	321824	321824
低速汽车	三轮汽车			65550	65550	65550	65550	65550	65550	65550	65550	65550	53279	53279	53279	53279	53279	53279	53279	53279	53279	53279
	低速货车			88065	88065	88065	88065	88065	88065	88065	88065	88065	71579	71579	71579	71579	71579	71579	71579	71579	71579	71579
摩托车	普通摩托车			892	892	892	892	863	833	773	773	773	773	773	687	601	601	601	601	601	601	601
	轻便摩托车			595	595	595	595	595	297	297	297	297	297	297	264	231	231	231	231	231	231	231

北京市 PM 排放系数

单位：克/（辆•年）

车辆类型		使用性质	燃料种类	1999 年年底前	2000 年	2001 年	2002 年	2003 年	2004 年	2005 年	2006 年	2007 年	2008 年	2009 年	2010 年	2011 年	2012 年	2013 年	2014 年	2015 年	2016 年	2017 年
载客汽车	微型	出租车	汽油	—	—	—	—	—	—	—	—	—	—	—	—	—	—	—	—	—	—	—
			燃气	—	—	—	—	—	—	—	—	—	—	—	—	—	—	—	—	—	—	—
		其他	汽油	—	—	—	—	—	—	—	—	—	—	—	—	—	—	—	—	—	—	—
			燃气	—	—	—	—	—	—	—	—	—	—	—	—	—	—	—	—	—	—	—
	小型	出租车	汽油	—	—	—	—	—	—	—	—	—	—	—	—	—	—	—	—	—	—	—
			柴油	46584	38760	38760	38760	14007	14007	14007	4314	4314	3807	3705	3705	3705	3705	2993	2850	2850	2850	2850
			燃气	—	—	—	—	—	—	—	—	—	—	—	—	—	—	—	—	—	—	—
		其他	汽油	—	—	—	—	—	—	—	—	—	—	—	—	—	—	—	—	—	—	—
			柴油	4524	4037	4037	4037	1754	1754	1754	830	830	589	541	541	541	541	541	541	541	541	541
			燃气	—	—	—	—	—	—	—	—	—	—	—	—	—	—	—	—	—	—	—
	中型	公交车	汽油	—	—	—	—	—	—	—	—	—	—	—	—	—	—	—	—	—	—	—
			柴油	45614	34165	34165	34165	12089	12089	12089	8404	8404	5225	2045	2045	2045	2045	2045	2045	1803	1465	1465
			燃气	—	—	—	—	—	—	—	—	—	—	—	—	—	—	—	—	—	—	—
		其他	汽油	—	—	—	—	—	—	—	—	—	—	—	—	—	—	—	—	—	—	—
			柴油	15056	8000	8000	8000	2517	2517	2517	2283	2283	1346	409	409	409	409	409	409	400	388	388
			燃气	—	—	—	—	—	—	—	—	—	—	—	—	—	—	—	—	—	—	—
	大型	公交车	汽油	—	—	—	—	—	—	—	—	—	—	—	—	—	—	—	—	—	—	—
			柴油	141450	137282	137282	137282	44246	44246	44246	15380	15380	9119	2857	2857	2857	2857	2857	2857	2798	2715	2715
			燃气	—	—	—	—	—	—	—	—	—	—	—	—	—	—	—	—	—	—	—
		其他	汽油	—	—	—	—	—	—	—	—	—	—	—	—	—	—	—	—	—	—	—
			柴油	140282	113956	113956	113956	24703	24703	24703	9170	9170	5784	2398	2398	2398	2398	2398	2398	2349	2280	2280
			燃气	—	—	—	—	—	—	—	—	—	—	—	—	—	—	—	—	—	—	—
载货汽车	微型		汽油	—	—	—	—	—	—	—	—	—	—	—	—	—	—	—	—	—	—	—
			柴油	11671	11188	11188	11188	7079	7079	7079	3429	3429	1312	889	889	889	889	884	883	883	883	883
			燃气	—	—	—	—	—	—	—	—	—	—	—	—	—	—	—	—	—	—	—
	轻型		汽油	—	—	—	—	—	—	—	—	—	—	—	—	—	—	—	—	—	—	—
			柴油	12138	11188	11188	11188	7079	7079	7079	3429	3429	2024	1743	1743	1743	1743	1405	1338	1338	1338	1338
			燃气	—	—	—	—	—	—	—	—	—	—	—	—	—	—	—	—	—	—	—
	中型		汽油	—	—	—	—	—	—	—	—	—	—	—	—	—	—	—	—	—	—	—
			柴油	33512	17581	17581	17581	5423	5423	5423	4853	4853	3111	1370	1370	1370	1370	1370	1370	1306	1216	1216
			燃气	—	—	—	—	—	—	—	—	—	—	—	—	—	—	—	—	—	—	—
	重型		汽油	—	—	—	—	—	—	—	—	—	—	—	—	—	—	—	—	—	—	—
			柴油	137077	63848	63848	63848	24390	24390	24390	9037	9037	5764	2491	2491	2491	2491	2491	2491	2276	1976	1976
			燃气	—	—	—	—	—	—	—	—	—	—	—	—	—	—	—	—	—	—	—
低速汽车	三轮汽车			4092	4092	4092	4092	4092	4092	4092	4092	4092	3220	3220	3220	3220	3220	3220	3220	3220	3220	3220
	低速货车			5581	5581	5581	5581	5581	5581	5581	5581	5581	4392	4392	4392	4392	4392	4392	4392	4392	4392	4392
摩托车	普通摩托车			—	—	—	—	—	—	—	—	—	—	—	—	—	—	—	—	—	—	—
	轻便摩托车			—	—	—	—	—	—	—	—	—	—	—	—	—	—	—	—	—	—	—

北京市 VOCs 排放系数

单位：克/（辆·年）

车辆类型		使用性质	燃料种类	1999年年底前	2000年	2001年	2002年	2003年	2004年	2005年	2006年	2007年	2008年	2009年	2010年	2011年	2012年	2013年	2014年	2015年	2016年	2017年
载客汽车	微型	出租车	汽油	861388	148611	148611	148611	70132	70132	70132	43673	43673	32494	30258	30258	30258	30258	22277	20681	20681	20681	20681
			燃气	363623	71574	71574	71574	36296	36296	36296	23244	23244	15854	14376	14376	14376	14376	8846	7740	7740	7740	7740
		其他	汽油	61059	11410	11410	11410	10578	10578	10578	7427	7427	6890	6782	6782	6782	6782	5580	5339	5339	5339	5339
			燃气	21477	2581	2581	2581	2375	2375	2375	1170	1170	1056	1033	1033	1033	1033	702	636	636	636	636
	小型	出租车	汽油	861388	131570	131570	131570	115013	115013	115013	43673	43673	32494	30258	30258	30258	30258	20485	18530	18530	18530	18530
			柴油	171350	151692	151692	151692	125719	125719	125719	55753	55753	31901	27131	27131	27131	27131	14331	11771	11771	11771	11771
			燃气	363623	64608	64608	64608	54642	54642	54642	23244	23244	15854	14376	14376	14376	14376	8114	6861	6861	6861	6861
		其他	汽油	61951	11193	11193	11193	11532	11532	11532	7431	7431	6787	6658	6658	6658	6658	5695	5502	5502	5502	5502
			柴油	11628	9621	9621	9621	6816	6816	6816	2434	2434	1847	1730	1730	1730	1730	1191	1083	1083	1083	1083
			燃气	21841	4381	4381	4381	2765	2765	2765	1350	1350	1043	982	982	982	982	749	702	702	702	702
	中型	公交车	汽油	366217	366217	366217	366217	365620	191646	18268	18268	18268	18268	18268	18111	17953	17953	14345	10737	10737	10737	10737
			柴油	131658	123921	123921	123921	42272	42272	42272	19228	19228	13432	7636	7636	7636	7636	7636	7636	7361	6977	6977
			燃气	107328	89440	89440	89440	79937	79937	79937	48074	48074	40695	33316	33316	33316	33316	33316	33316	33275	33218	33218
		其他	汽油	126499	126499	126499	126499	125902	66620	7934	7934	7934	7934	7934	7789	7644	7644	6609	5573	5573	5573	5573
			柴油	30226	24181	24181	24181	6851	6851	6851	6045	6045	3718	1390	1390	1390	1390	1390	1390	1302	1179	1179
			燃气	34257	28548	28548	28548	25515	25515	25515	15370	15370	13004	10638	10638	10638	10638	10638	10638	10188	9557	9557
	大型	公交车	汽油	856765	856765	856765	856765	856168	437891	20210	20210	20210	20210	20210	20070	19930	19930	15817	11704	11704	11704	11704
			柴油	197487	90886	90886	90886	90886	90886	90886	39609	39609	26503	13396	13396	13396	13396	13396	13396	10721	6977	6977
			燃气	253293	211077	211077	211077	188650	188650	188650	113454	113454	96040	78626	78626	78626	78626	78626	78626	75346	70755	70755
		其他	汽油	1258895	1258895	1258895	1258895	1258298	642822	27943	27943	27943	27943	27943	21778	15612	15612	12470	9327	9327	9327	9327
			柴油	270505	75741	75741	75741	75741	75741	75741	35166	35166	20526	5885	5885	5885	5885	5885	5885	5547	5074	5074
			燃气	263859	219882	219882	219882	196520	196520	196520	118385	118385	100162	81939	81939	81939	81939	81939	81939	78469	73612	73612
载货汽车	微型		汽油	390718	27634	27634	27634	24440	24440	24440	20583	20583	14021	12708	12708	12708	12708	10501	10059	10059	10059	10059
			柴油	51705	44860	44860	44860	37064	37064	37064	17981	17981	8708	6853	6853	6853	6853	4352	3852	3852	3852	3852
			燃气	137432	6251	6251	6251	5487	5487	5487	3242	3242	2153	1936	1936	1936	1936	1321	1198	1198	1198	1198
	轻型		汽油	200681	37466	37466	37466	26741	26741	26741	20999	20999	16380	15456	15456	15456	15456	13022	12535	12535	12535	12535
			柴油	47718	44860	44860	44860	37064	37064	37064	17981	17981	10612	9138	9138	9138	9138	6637	6137	6137	6137	6137
			燃气	70751	14665	14665	14665	6412	6412	6412	3815	3815	2536	2280	2280	2280	2280	1713	1599	1599	1599	1599
	中型		汽油	305495	305495	305495	305495	305186	158553	12227	12227	12227	12227	12227	12155	12083	12083	9509	6935	6935	6935	6935
			柴油	69912	55930	55930	55930	15847	15847	15847	13978	13978	10130	6283	6283	6283	6283	6283	6283	4869	2890	2890
			燃气	79236	66030	66030	66030	59017	59017	59017	35540	35540	41811	48083	48083	48083	48083	48083	48083	37810	23428	23428
	重型		汽油	683503	683503	683503	683503	683098	349185	15677	15677	15677	15677	15677	12314	8951	8951	7245	5539	5539	5539	5539
			柴油	206615	57852	57852	57852	57852	57852	57852	26860	26860	17572	8284	8284	8284	8284	8284	8284	6793	4706	4706
			燃气	201539	167949	167949	167949	150105	150105	150105	90422	90422	102879	115335	115335	115335	115335	115335	115335	95724	68269	68269
低速汽车	三轮汽车			25300	25300	25300	25300	25300	25300	25300	25300	25300	16721	16721	16721	16721	16721	16721	16721	16721	16721	16721
	低速货车			33990	33990	33990	33990	33990	33990	33990	33990	33990	22464	22464	22464	22464	22464	22464	22464	22464	22464	22464
摩托车	普通摩托车			11957	11957	11957	11957	8924	5890	3153	3153	3153	3153	3153	2353	1553	1553	1553	1553	1553	1553	1553
	轻便摩托车			38669	38669	38669	38669	38669	7734	7734	3807	3807	3807	3807	2841	1875	1875	1875	1875	1875	1875	1875

天津市 NO_x 排放系数

单位：克/（辆•年）

车辆类型		使用性质	燃料种类	1999年年底前	2000年	2001年	2002年	2003年	2004年	2005年	2006年	2007年	2008年	2009年	2010年	2011年	2012年	2013年	2014年	2015年	2016年	2017年
载客汽车	微型	出租车	汽油	342219	238060	133902	133902	133902	133902	101046	68189	68189	51936	35684	35684	29194	22704	22704	22704	22704	12954	9704
			燃气	254034	177006	99978	99978	99978	99978	75501	51024	51024	38928	26832	26832	21886	16941	16941	16941	16941	9655	7226
		其他	汽油	29880	18868	7855	7855	7855	7855	4978	2101	2101	1707	1313	1313	1140	968	968	968	968	647	540
			燃气	21437	12824	4210	4210	4210	4210	2746	1283	1283	1037	791	791	662	533	533	533	533	411	370
	小型	出租车	汽油	384594	261867	139140	139140	139140	139140	104067	68994	68994	52339	35684	35684	28350	21015	21015	21015	21015	11482	8304
			柴油	469940	399264	328589	328589	328589	328589	291795	255001	255001	204596	154192	154192	154192	154192	123727	93262	93262	68180	59820
			燃气	285424	194641	103858	103858	103858	103858	77739	51620	51620	39226	26832	26832	21261	15690	15690	15690	15690	8564	6189
		其他	汽油	27892	17930	7968	7968	7968	7968	5303	2638	2638	1844	1050	1050	986	921	921	921	921	610	507
			柴油	25771	21122	16474	16474	16474	16474	15114	13754	13754	10852	7950	7950	7950	7950	6848	5747	5747	5022	4781
			燃气	19964	12798	5632	5632	5632	5632	3656	1681	1681	1138	596	596	547	498	498	498	498	383	345
	中型	公交车	汽油	497063	497063	497063	497063	497063	339577	24605	24605	24605	24605	24605	22066	19527	19527	14742	9956	9956	9956	9956
			柴油	554549	554549	553247	550643	550643	528760	484993	484993	484993	403976	322958	322958	322958	322958	263557	204156	204156	170924	159847
			燃气	588806	588806	581796	567777	567777	550165	514942	514942	514942	428572	342202	342202	216404	216404	169486	169486	169486	169486	169486
		其他	汽油	201464	201464	201464	201464	201464	136660	7051	7051	7051	7051	7051	7051	7051	7051	5288	3526	3526	3526	3526
			柴油	171922	171922	164745	150392	150392	149120	146577	146577	146577	124836	103094	103094	103094	103094	91538	79981	79981	68265	64360
			燃气	194136	194136	183351	161780	161780	160255	157206	157206	157206	133850	110493	110493	86070	86070	69136	69136	69136	69136	69136
	大型	公交车	汽油	1770787	1770787	1770787	1770787	1770787	1217627	111307	111307	111307	111307	111307	111209	111111	111111	83334	55557	55557	55557	55557
			柴油	786516	786516	761101	710271	710271	690089	649726	649726	649726	638018	626309	626309	626309	626309	603725	581141	581141	523870	504780
			燃气	1581364	1581364	1493511	1317804	1317804	1220014	1024435	1024435	1024435	877751	731067	731067	680624	680624	589922	589922	589922	589922	589922
		其他	汽油	2794127	2794127	2794127	2794127	2794127	1921295	175631	175631	175631	175631	175631	169045	162459	162459	121974	81489	81489	81489	81489
			柴油	1245138	1245138	1213098	1149018	1149018	1122230	1068653	1068653	1068653	1031028	993403	993403	993403	993403	945725	898047	898047	794762	760334
			燃气	2317689	2317689	2188928	1931407	1931407	1788084	1501439	1501439	1501439	1286948	1072457	1072457	967538	967538	820870	820870	820870	820870	820870
载货汽车	微型		汽油	187555	113227	38899	38899	38899	38899	27694	16489	16489	13651	10813	10813	9120	7426	7426	7426	7426	4967	4147
			柴油	149580	125696	101812	101812	101812	101812	90904	79996	79996	67532	55068	55068	55068	55068	40268	25469	25469	20194	18435
			燃气	134559	77704	20848	20848	20848	20848	15459	10069	10069	8292	6514	6514	5302	4089	4089	4089	4089	3153	2841
	轻型		汽油	136638	89779	42920	42920	42920	42920	30253	17586	17586	14900	12214	12214	9896	7577	7577	7577	7577	5156	4349
			柴油	150028	125920	101812	101812	101812	101812	90904	79996	79996	67532	55068	55068	55068	55068	43294	31520	31520	27309	25905
			燃气	97800	64069	30337	30337	30337	30337	20772	11206	11206	9070	6933	6933	5515	4097	4097	4097	4097	3244	2959
	中型		汽油	372999	372999	372999	372999	372999	254650	17951	17951	17951	17951	17951	17951	17951	17951	13468	8986	8986	8986	8986
			柴油	712442	712442	639721	494280	494280	470006	421458	421458	421458	406152	390847	390847	390847	390847	342919	294991	294991	254015	240356
			燃气	804496	804496	713567	531708	531708	505145	452020	452020	452020	435459	418898	418898	317449	317449	258192	258192	258192	258192	258192
	重型		汽油	2145127	2145127	2145127	2145127	2145127	1475030	134837	134837	134837	134837	134837	129780	124724	124724	93643	62562	62562	62562	62562
			柴油	1361367	1361367	1314899	1221963	1221963	1176766	1086371	1086371	1086371	1042808	999244	999244	999244	999244	907572	815900	815900	594771	521061
			燃气	2534037	2534037	2374032	2054022	2054022	1878125	1526332	1526332	1526332	1302548	1078763	1078763	879034	879034	562547	562547	562547	562547	562547
低速汽车	三轮汽车			65550	65550	65550	65550	65550	65550	65550	65550	65550	53279	53279	53279	53279	53279	53279	53279	53279	53279	53279
	低速货车			88065	88065	88065	88065	88065	88065	88065	88065	88065	71579	71579	71579	71579	71579	71579	71579	71579	71579	71579
摩托车	普通摩托车			892	892	892	892	862	833	773	773	773	773	773	687	601	601	601	601	601	601	601
	轻便摩托车			595	595	595	595	595	297	297	297	297	297	297	264	231	231	231	231	231	231	231

天津市 PM 排放系数

单位：克/（辆·年）

车辆类型		使用性质	燃料种类	1999 年年底前	2000 年	2001 年	2002 年	2003 年	2004 年	2005 年	2006 年	2007 年	2008 年	2009 年	2010 年	2011 年	2012 年	2013 年	2014 年	2015 年	2016 年	2017 年
载客汽车	微型	出租车	汽油	—	—	—	—	—	—	—	—	—	—	—	—	—	—	—	—	—	—	—
			燃气	—	—	—	—	—	—	—	—	—	—	—	—	—	—	—	—	—	—	—
		其他	汽油	—	—	—	—	—	—	—	—	—	—	—	—	—	—	—	—	—	—	—
			燃气	—	—	—	—	—	—	—	—	—	—	—	—	—	—	—	—	—	—	—
	小型	出租车	汽油	—	—	—	—	—	—	—	—	—	—	—	—	—	—	—	—	—	—	—
			柴油	62352	57096	51839	51839	51839	51839	35011	18183	18183	11954	5724	5724	5724	5724	5320	4915	4915	4064	3781
			燃气	—	—	—	—	—	—	—	—	—	—	—	—	—	—	—	—	—	—	—
		其他	汽油	—	—	—	—	—	—	—	—	—	—	—	—	—	—	—	—	—	—	—
			柴油	4139	3916	3693	3693	3693	3693	2640	1587	1587	1173	759	759	759	759	624	490	490	490	490
			燃气	—	—	—	—	—	—	—	—	—	—	—	—	—	—	—	—	—	—	—
	中型	公交车	汽油	—	—	—	—	—	—	—	—	—	—	—	—	—	—	—	—	—	—	—
			柴油	46275	46275	42403	34660	34660	27195	12264	12264	12264	10395	8526	8526	8526	8526	5300	2075	2075	1633	1486
			燃气	—	—	—	—	—	—	—	—	—	—	—	—	—	—	—	—	—	—	—
		其他	汽油	—	—	—	—	—	—	—	—	—	—	—	—	—	—	—	—	—	—	—
			柴油	15274	15274	12888	8116	8116	6262	2553	2553	2553	2434	2316	2316	2316	2316	1366	415	415	399	394
			燃气	—	—	—	—	—	—	—	—	—	—	—	—	—	—	—	—	—	—	—
	大型	公交车	汽油	—	—	—	—	—	—	—	—	—	—	—	—	—	—	—	—	—	—	—
			柴油	143498	143498	142089	139271	139271	107810	44887	44887	44887	30245	15603	15603	15603	15603	9250	2898	2898	2790	2754
			燃气	—	—	—	—	—	—	—	—	—	—	—	—	—	—	—	—	—	—	—
		其他	汽油	—	—	—	—	—	—	—	—	—	—	—	—	—	—	—	—	—	—	—
			柴油	142314	142314	133412	115607	115607	85425	25061	25061	25061	17182	9303	9303	9303	9303	5868	2433	2433	2343	2313
			燃气	—	—	—	—	—	—	—	—	—	—	—	—	—	—	—	—	—	—	—
载货汽车	微型		汽油	—	—	—	—	—	—	—	—	—	—	—	—	—	—	—	—	—	—	—
			柴油	16842	16494	16145	16145	16145	16145	13168	10191	10191	7564	4936	4936	4936	4936	3108	1279	1279	1274	1272
			燃气	—	—	—	—	—	—	—	—	—	—	—	—	—	—	—	—	—	—	—
	轻型		汽油	—	—	—	—	—	—	—	—	—	—	—	—	—	—	—	—	—	—	—
			柴油	17516	16830	16145	16145	16145	16145	13168	10191	10191	7564	4936	4936	4936	4936	3722	2508	2508	2071	1925
			燃气	—	—	—	—	—	—	—	—	—	—	—	—	—	—	—	—	—	—	—
	中型		汽油	—	—	—	—	—	—	—	—	—	—	—	—	—	—	—	—	—	—	—
			柴油	62720	62720	52781	32904	32904	25296	10080	10080	10080	9550	9019	9019	9019	9019	5782	2546	2546	2332	2260
			燃气	—	—	—	—	—	—	—	—	—	—	—	—	—	—	—	—	—	—	—
	重型		汽油	—	—	—	—	—	—	—	—	—	—	—	—	—	—	—	—	—	—	—
			柴油	251216	251216	206481	117011	117011	92907	44698	44698	44698	30629	16560	16560	16560	16560	10578	4597	4597	3885	3648
			燃气	—	—	—	—	—	—	—	—	—	—	—	—	—	—	—	—	—	—	—
低速汽车	三轮汽车			4092	4092	4092	4092	4092	4092	4092	4092	4092	3220	3220	3220	3220	3220	3220	3220	3220	3220	3220
	低速货车			5581	5581	5581	5581	5581	5581	5581	5581	5581	4392	4392	4392	4392	4392	4392	4392	4392	4392	4392
摩托车	普通摩托车			—	—	—	—	—	—	—	—	—	—	—	—	—	—	—	—	—	—	—
	轻便摩托车			—	—	—	—	—	—	—	—	—	—	—	—	—	—	—	—	—	—	—

天津市 VOCs 排放系数

单位：克/（辆·年）

车辆类型		使用性质	燃料种类	1999 年年底前	2000 年	2001 年	2002 年	2003 年	2004 年	2005 年	2006 年	2007 年	2008 年	2009 年	2010 年	2011 年	2012 年	2013 年	2014 年	2015 年	2016 年	2017 年
载客汽车	微型	出租车	汽油	1224909	719800	214691	214691	214691	214691	161028	107366	107366	87276	67185	67185	56066	44947	44947	44947	44947	33323	29448
			燃气	520523	315734	110945	110945	110945	110945	85980	61016	61016	50486	39956	39956	32026	24095	24095	24095	24095	15058	12046
		其他	汽油	56431	33658	10884	10884	10884	10884	10492	10101	10101	8620	7140	7140	6858	6577	6577	6577	6577	5563	5225
			燃气	19312	10832	2351	2351	2351	2351	2256	2162	2162	1616	1069	1069	1004	940	940	940	940	672	582
	小型	出租车	汽油	1224909	708701	192493	192493	192493	192493	179516	166540	166540	116862	67185	67185	56066	44947	44947	44947	44947	30983	26328
			柴油	303411	285206	267000	267000	267000	267000	241450	215901	215901	160339	104777	104777	104777	104777	77584	50391	50391	27543	19927
			燃气	520523	311266	102010	102010	102010	102010	93424	84837	84837	62396	39956	39956	32026	24095	24095	24095	24095	14116	10790
		其他	汽油	57241	33966	10691	10691	10691	10691	10824	10957	10957	9050	7144	7144	6804	6464	6464	6464	6464	5651	5380
			柴油	11492	10504	9516	9516	9516	9516	8140	6764	6764	4608	2452	2452	2452	2452	2091	1730	1730	1230	1064
			燃气	19638	11784	3929	3929	3929	3929	3218	2507	2507	1866	1226	1226	1060	895	895	895	895	707	644
	中型	公交车	汽油	371791	371791	371791	371791	371194	253228	18491	18491	18491	18491	18491	18334	18176	18176	14512	10848	10848	10848	10848
			柴油	132819	132819	130217	125014	125014	97558	42645	42645	42645	31021	19397	19397	19397	19397	13550	7703	7703	7205	7039
			燃气	108274	108274	102259	90228	90228	87033	80642	80642	80642	64570	48498	48498	33610	33610	33511	33511	33511	33511	33511
		其他	汽油	128368	128368	128368	128368	127771	87449	7998	7998	7998	7998	7998	7852	7707	7707	6656	5604	5604	5604	5604
			柴油	30493	30493	28460	24394	24394	18567	6912	6912	6912	6506	6099	6099	6099	6099	3750	1402	1402	1243	1190
			燃气	34560	34560	32640	28800	28800	27780	25740	25740	25740	20623	15506	15506	10732	10732	9642	9642	9642	9642	9642
	大型	公交车	汽油	869920	869920	869920	869920	869323	585972	20463	20463	20463	20463	20463	20323	20183	20183	16007	11831	11831	11831	11831
			柴油	199229	199229	163382	91687	91687	91687	91687	91687	91687	65822	39958	39958	39958	39958	26736	13515	13515	8658	7039
			燃气	255527	255527	241331	212939	212939	205397	190314	190314	190314	152384	114455	114455	79320	79320	71379	71379	71379	71379	71379
		其他	汽油	1278264	1278264	1278264	1278264	1277667	860819	28316	28316	28316	28316	28316	22057	15798	15798	12607	9416	9416	9416	9416
			柴油	272891	272891	207397	76409	76409	76409	76409	76409	76409	55942	35476	35476	35476	35476	20706	5937	5937	5324	5119
			燃气	266186	266186	251398	221822	221822	213966	198253	198253	198253	158842	119430	119430	82662	82662	74261	74261	74261	74261	74261
载货汽车	微型		汽油	553005	297978	42952	42952	42952	42952	40072	37191	37191	34045	30899	30899	24683	18467	18467	18467	18467	14869	13670
			柴油	94017	87735	81453	81453	81453	81453	73768	66083	66083	49852	33622	33622	33622	33622	23451	13280	13280	8326	6674
			燃气	189251	99265	9278	9278	9278	9278	8619	7960	7960	6293	4626	4626	3633	2639	2639	2639	2639	1802	1523
	轻型		汽油	286109	171436	56762	56762	56762	56762	48592	40422	40422	35952	31483	31483	26905	22327	22327	22327	22327	18442	17147
			柴油	87892	84672	81453	81453	81453	81453	73768	66083	66083	49852	33622	33622	33622	33622	25201	16780	16780	11826	10175
			燃气	98157	59509	20860	20860	20860	20860	15055	9249	9249	7326	5403	5403	4247	3091	3091	3091	3091	2312	2053
	中型		汽油	578487	578487	578487	578487	577890	392606	23233	23233	23233	23233	23233	23093	22953	22953	18080	13207	13207	13207	13207
			柴油	132156	132156	123346	105725	105725	80468	29955	29955	29955	28194	26432	26432	26432	26432	19156	11880	11880	7069	5465
			燃气	149782	149782	141462	124821	124821	120398	111551	111551	111551	89376	67200	67200	90939	90939	44280	44280	44280	44280	44280
	重型		汽油	1243102	1243102	1243102	1243102	1242504	837152	27643	27643	27643	27643	27643	21553	15463	15463	12360	9257	9257	9257	9257
			柴油	411544	411544	312773	115232	115232	115232	115232	115232	115232	84366	53501	53501	53501	53501	34058	14615	14615	9939	8380
			燃气	401432	401432	379131	334529	334529	322680	298984	298984	298984	239548	180111	180111	203487	203487	121568	121568	121568	121568	121568
低速汽车	三轮汽车			25300	25300	25300	25300	25300	25300	25300	25300	25300	16721	16721	16721	16721	16721	16721	16721	16721	16721	16721
	低速货车			33990	33990	33990	33990	33990	33990	33990	33990	33990	22464	22464	22464	22464	22464	22464	22464	22464	22464	22464
摩托车	普通摩托车			11957	11957	11957	11957	8924	5890	3153	3153	3153	3153	3153	2353	1553	1553	1553	1553	1553	1553	1553
	轻便摩托车			38669	38669	38669	38669	38669	7734	7734	3807	3807	3807	3807	2841	1875	1875	1875	1875	1875	1875	1875

石家庄市 NO_x 排放系数

单位：克/（辆·年）

车辆类型		使用性质	燃料种类	1999年年底前	2000年	2001年	2002年	2003年	2004年	2005年	2006年	2007年	2008年	2009年	2010年	2011年	2012年	2013年	2014年	2015年	2016年	2017年
载客汽车	微型	出租车	汽油	308178	207942	107706	107706	107706	107706	79244	50783	50783	37382	23980	23980	19762	15544	15544	15544	15544	9590	7606
			燃气	196801	133986	71172	71172	71172	71172	52852	34533	34533	25800	17067	17067	13904	10742	10742	10742	10742	6430	4992
		其他	汽油	31104	19521	7938	7938	7938	7938	4980	2022	2022	1639	1256	1256	1068	881	881	881	881	607	516
			燃气	18900	11250	3600	3600	3600	3600	2330	1061	1061	856	652	652	529	406	406	406	406	326	299
	小型	出租车	汽油	349073	230838	112603	112603	112603	112603	82069	51535	51535	37758	23980	23980	19039	14098	14098	14098	14098	8303	6371
			柴油	372156	311310	250463	250463	250463	250463	223256	196049	196049	155854	115660	115660	115660	115660	94472	73283	73283	56556	50981
			燃气	222368	148301	74234	74234	74234	74234	54619	35004	35004	26036	17067	17067	13452	9838	9838	9838	9838	5624	4219
		其他	汽油	29016	18536	8055	8055	8055	8055	5317	2579	2579	1780	980	980	908	836	836	836	836	571	483
			柴油	25142	20538	15933	15933	15933	15933	14672	13411	13411	10526	7642	7642	7642	7642	6616	5590	5590	4892	4659
			燃气	17594	11219	4844	4844	4844	4844	3126	1409	1409	944	480	480	429	378	378	378	378	304	279
	中型	公交车	汽油	342124	342124	342124	342124	342124	233728	16935	16935	16935	16935	16935	15188	13441	13441	10147	6853	6853	6853	6853
			柴油	381711	381711	380815	379022	379022	363959	333834	333834	333834	278068	222301	222301	222301	222301	181414	140526	140526	117652	110027
			燃气	405291	405291	400466	390816	390816	378694	354449	354449	354449	294998	235547	235547	148956	148956	116662	116662	116662	116662	116662
		其他	汽油	201424	201424	201424	201424	201424	136633	7050	7050	7050	7050	7050	7050	7050	7050	5288	3526	3526	3526	3526
			柴油	171897	171897	164721	150370	150370	149099	146556	146556	146556	124818	103079	103079	103079	103079	91524	79970	79970	68255	64350
			燃气	194108	194108	183324	161757	161757	160232	157183	157183	157183	133830	110477	110477	86057	86057	69126	69126	69126	69126	69126
	大型	公交车	汽油	1218815	1218815	1218815	1218815	1218815	838080	76611	76611	76611	76611	76611	76544	76477	76477	57358	38239	38239	38239	38239
			柴油	541380	541380	523886	488898	488898	475007	447224	447224	447224	439164	431105	431105	431105	431105	415560	400015	400015	360594	347454
			燃气	1088495	1088495	1028023	907079	907079	839768	705146	705146	705146	604180	503213	503213	468491	468491	406059	406059	406059	406059	406059
		其他	汽油	2793571	2793571	2793571	2793571	2793571	1920913	175596	175596	175596	175596	175596	169011	162426	162426	121950	81473	81473	81473	81473
			柴油	1244956	1244956	1212921	1148851	1148851	1122066	1068497	1068497	1068497	1030878	993258	993258	993258	993258	945587	897916	897916	794646	760223
			燃气	2317351	2317351	2188609	1931126	1931126	1787824	1501220	1501220	1501220	1286760	1072300	1072300	967397	967397	820751	820751	820751	820751	820751
载货汽车	微型		汽油	120833	71469	22105	22105	22105	22105	15038	7970	7970	6456	4942	4942	4380	3818	3818	3818	3818	2868	2552
			柴油	82297	67784	53271	53271	53271	53271	47921	42571	42571	36078	29585	29585	29585	29585	21637	13689	13689	11809	11182
			燃气	73423	41724	10025	10025	10025	10025	7104	4182	4182	3374	2565	2565	2162	1759	1759	1759	1759	1549	1479
	轻型		汽油	88398	56627	24856	24856	24856	24856	16788	8720	8720	7310	5900	5900	4910	3921	3921	3921	3921	2998	2690
			柴油	82590	67930	53271	53271	53271	53271	47921	42571	42571	36078	29585	29585	29585	29585	23610	17636	17636	16451	16056
			燃气	53601	34274	14948	14948	14948	14948	9856	4764	4764	3827	2890	2890	2331	1773	1773	1773	1773	1609	1554
	中型		汽油	377147	377147	377147	377147	377146	257481	18150	18150	18150	18150	18150	18150	18150	18150	13618	9086	9086	9086	9086
			柴油	724869	724869	650880	502902	502902	478205	428810	428810	428810	408577	388344	388344	388344	388344	340723	293102	293102	252388	238816
			燃气	818530	818530	726015	540985	540985	513958	459904	459904	459904	438060	416216	416216	315412	315412	256541	256541	256541	256541	256541
	重型		汽油	2350897	2350897	2350897	2350897	2350897	1616522	147771	147771	147771	147771	147771	142230	136688	136688	102626	68563	68563	68563	68563
			柴油	1396017	1396017	1348366	1253065	1253065	1206717	1114022	1114022	1114022	1069350	1024677	1024677	1024677	1024677	943922	863168	863168	678508	616955
			燃气	2598535	2598535	2434457	2106301	2106301	1925928	1565182	1565182	1565182	1335701	1106219	1106219	929960	929960	666076	666076	666076	666076	666076
低速汽车	三轮汽车			65550	65550	65550	65550	65550	65550	65550	65550	65550	53279	53279	53279	53279	53279	53279	53279	53279	53279	53279
	低速货车			88065	88065	88065	88065	88065	88065	88065	88065	88065	71579	71579	71579	71579	71579	71579	71579	71579	71579	71579
摩托车	普通摩托车			892	892	892	892	862	833	773	773	773	773	773	687	601	601	601	601	601	601	601
	轻便摩托车			595	595	595	595	595	297	297	297	297	297	297	264	231	231	231	231	231	231	231

石家庄市 PM 排放系数

单位：克/（辆·年）

车辆类型		使用性质	燃料种类	1999 年年底前	2000 年	2001 年	2002 年	2003 年	2004 年	2005 年	2006 年	2007 年	2008 年	2009 年	2010 年	2011 年	2012 年	2013 年	2014 年	2015 年	2016 年	2017 年
载客汽车	微型	出租车	汽油	—	—	—	—	—	—	—	—	—	—	—	—	—	—	—	—	—	—	—
			燃气	—	—	—	—	—	—	—	—	—	—	—	—	—	—	—	—	—	—	—
		其他	汽油	—	—	—	—	—	—	—	—	—	—	—	—	—	—	—	—	—	—	—
			燃气	—	—	—	—	—	—	—	—	—	—	—	—	—	—	—	—	—	—	—
	小型	出租车	汽油	—	—	—	—	—	—	—	—	—	—	—	—	—	—	—	—	—	—	—
			柴油	47924	43894	39864	39864	39864	39864	27058	14253	14253	9332	4410	4410	4410	4410	4098	3787	3787	3132	2913
			燃气	—	—	—	—	—	—	—	—	—	—	—	—	—	—	—	—	—	—	—
		其他	汽油	—	—	—	—	—	—	—	—	—	—	—	—	—	—	—	—	—	—	—
			柴油	3496	3308	3120	3120	3120	3120	2234	1348	1348	993	638	638	638	638	530	421	421	421	421
			燃气	—	—	—	—	—	—	—	—	—	—	—	—	—	—	—	—	—	—	—
	中型	公交车	汽油	—	—	—	—	—	—	—	—	—	—	—	—	—	—	—	—	—	—	—
			柴油	31857	31857	29192	23861	23861	18722	8443	8443	8443	7156	5870	5870	5870	5870	3649	1428	1428	1124	1023
			燃气	—	—	—	—	—	—	—	—	—	—	—	—	—	—	—	—	—	—	—
		其他	汽油	—	—	—	—	—	—	—	—	—	—	—	—	—	—	—	—	—	—	—
			柴油	15274	15274	12888	8116	8116	6262	2553	2553	2553	2434	2316	2316	2316	2316	1366	415	415	399	394
			燃气	—	—	—	—	—	—	—	—	—	—	—	—	—	—	—	—	—	—	—
	大型	公交车	汽油	—	—	—	—	—	—	—	—	—	—	—	—	—	—	—	—	—	—	—
			柴油	98788	98788	97818	95878	95878	74219	30901	30901	30901	20821	10741	10741	10741	10741	6368	1995	1995	1921	1896
			燃气	—	—	—	—	—	—	—	—	—	—	—	—	—	—	—	—	—	—	—
		其他	汽油	—	—	—	—	—	—	—	—	—	—	—	—	—	—	—	—	—	—	—
			柴油	142314	142314	133412	115607	115607	85425	25061	25061	25061	17182	9303	9303	9303	9303	5868	2433	2433	2343	2313
			燃气	—	—	—	—	—	—	—	—	—	—	—	—	—	—	—	—	—	—	—
载货汽车	微型		汽油	—	—	—	—	—	—	—	—	—	—	—	—	—	—	—	—	—	—	—
			柴油	9415	9220	9025	9025	9025	9025	7354	5684	5684	4218	2753	2753	2753	2753	1733	713	713	710	709
			燃气	—	—	—	—	—	—	—	—	—	—	—	—	—	—	—	—	—	—	—
	轻型		汽油	—	—	—	—	—	—	—	—	—	—	—	—	—	—	—	—	—	—	—
			柴油	9792	9408	9025	9025	9025	9025	7354	5684	5684	4218	2753	2753	2753	2753	2076	1399	1399	1155	1074
			燃气	—	—	—	—	—	—	—	—	—	—	—	—	—	—	—	—	—	—	—
	中型		汽油	—	—	—	—	—	—	—	—	—	—	—	—	—	—	—	—	—	—	—
			柴油	64535	64535	54309	33856	33856	26005	10303	10303	10303	9760	9218	9218	9218	9218	5910	2602	2602	2384	2311
			燃气	—	—	—	—	—	—	—	—	—	—	—	—	—	—	—	—	—	—	—
	重型		汽油	—	—	—	—	—	—	—	—	—	—	—	—	—	—	—	—	—	—	—
			柴油	286421	286421	235417	133408	133408	105926	50962	50962	50962	34922	18881	18881	18881	18881	11940	4999	4999	4225	3967
			燃气	—	—	—	—	—	—	—	—	—	—	—	—	—	—	—	—	—	—	—
低速汽车	三轮汽车			4092	4092	4092	4092	4092	4092	4092	4092	4092	3220	3220	3220	3220	3220	3220	3220	3220	3220	3220
	低速货车			5581	5581	5581	5581	5581	5581	5581	5581	5581	4392	4392	4392	4392	4392	4392	4392	4392	4392	4392
摩托车	普通摩托车			—	—	—	—	—	—	—	—	—	—	—	—	—	—	—	—	—	—	—
	轻便摩托车			—	—	—	—	—	—	—	—	—	—	—	—	—	—	—	—	—	—	—

石家庄市 VOCs 排放系数

单位：克/（辆·年）

车辆类型		使用性质	燃料种类	1999年年底前	2000年	2001年	2002年	2003年	2004年	2005年	2006年	2007年	2008年	2009年	2010年	2011年	2012年	2013年	2014年	2015年	2016年	2017年
载客汽车	微型	出租车	汽油	872431	511896	151362	151362	151362	151362	112707	74052	74052	59889	45726	45726	38307	30888	30888	30888	30888	22977	20340
			燃气	375644	225646	75649	75649	75649	75649	57744	39840	39840	32642	25444	25444	20396	15349	15349	15349	15349	9663	7768
		其他	汽油	47569	28780	9992	9992	9992	9992	9647	9302	9302	8007	6712	6712	6457	6202	6202	6202	6202	5301	5001
			燃气	16025	8952	1878	1878	1878	1878	1814	1749	1749	1289	829	829	771	713	713	713	713	502	431
	小型	出租车	汽油	872431	503631	134831	134831	134831	134831	126544	118257	118257	81992	45726	45726	38307	30888	30888	30888	30888	21461	18319
			柴油	197037	185626	174215	174215	174215	174215	158283	142351	142351	103509	64667	64667	64667	64667	48016	31366	31366	17796	13273
			燃气	375644	222220	68795	68795	68795	68795	63482	58169	58169	41806	25444	25444	20396	15349	15349	15349	15349	9035	6930
		其他	汽油	48226	29030	9834	9834	9834	9834	9918	10002	10002	8358	6715	6715	6416	6117	6117	6117	6117	5371	5122
			柴油	9498	8681	7864	7864	7864	7864	6684	5503	5503	3720	1937	1937	1937	1937	1678	1419	1419	1023	891
			燃气	16297	9750	3202	3202	3202	3202	2620	2039	2039	1498	958	958	818	678	678	678	678	530	481
	中型	公交车	汽油	257838	257838	257838	257838	257241	175794	14093	14093	14093	14093	14093	13941	13789	13789	11262	8735	8735	8735	8735
			柴油	91436	91436	89645	86063	86063	67161	29358	29358	29358	21356	13354	13354	13354	13354	9328	5303	5303	4960	4846
			燃气	74539	74539	70398	62116	62116	59916	55516	55516	55516	44452	33387	33387	23138	23138	23070	23070	23070	23070	23070
		其他	汽油	128535	128535	128535	128535	127938	87616	8165	8165	8165	8165	8165	8020	7874	7874	6822	5771	5771	5771	5771
			柴油	30493	30493	28460	24394	24394	18567	6912	6912	6912	6506	6099	6099	6099	6099	3750	1402	1402	1243	1190
			燃气	34560	34560	32640	28800	28800	27780	25740	25740	25740	20623	15506	15506	10732	10732	9642	9642	9642	9642	9642
	大型	公交车	汽油	600763	600763	600763	600763	600166	404863	15451	15451	15451	15451	15451	15311	15171	15171	12291	9411	9411	9411	9411
			柴油	137155	137155	112477	63120	63120	63120	63120	63120	63120	45314	27508	27508	27508	27508	18406	9304	9304	5960	4846
			燃气	175912	175912	166139	146593	146593	141401	131018	131018	131018	104906	78794	78794	54606	54606	49139	49139	49139	49139	49139
		其他	汽油	1278431	1278431	1278431	1278431	1277834	860986	28483	28483	28483	28483	28483	22224	15965	15965	12774	9583	9583	9583	9583
			柴油	272891	272891	207397	76409	76409	76409	76409	76409	76409	55942	35476	35476	35476	35476	20706	5937	5937	5324	5119
			燃气	266186	266186	251398	221822	221822	213966	198253	198253	198253	158842	119430	119430	82662	82662	74261	74261	74261	74261	74261
载货汽车	微型		汽油	297016	159520	22023	22023	22023	22023	20862	19700	19700	18208	16715	16715	13867	11019	11019	11019	11019	9527	9030
			柴油	38692	36157	33622	33622	33622	33622	30897	28172	28172	20658	13144	13144	13144	13144	9013	4882	4882	3477	3009
			燃气	100058	52099	4139	4139	4139	4139	3922	3704	3704	2884	2064	2064	1666	1267	1267	1267	1267	900	778
	轻型		汽油	153647	91544	29441	29441	29441	29441	25438	21435	21435	19232	17029	17029	15061	13093	13093	13093	13093	11447	10898
			柴油	35328	34475	33622	33622	33622	33622	30897	28172	28172	20658	13144	13144	13144	13144	9978	6811	6811	5406	4937
			燃气	51922	30754	9586	9586	9586	9586	6978	4370	4370	3400	2429	2429	1940	1451	1451	1451	1451	1130	1023
	中型		汽油	601389	601389	601389	601389	600792	408186	24169	24169	24169	24169	24169	24029	23889	23889	18824	13758	13758	13758	13758
			柴油	137395	137395	128235	109916	109916	83658	31143	31143	31143	29315	27487	27487	27487	27487	19921	12355	12355	7351	5683
			燃气	155720	155720	147070	129769	129769	125171	115975	115975	115975	92929	69883	69883	94575	94575	46047	46047	46047	46047	46047
	重型		汽油	1400664	1400664	1400664	1400664	1400066	943258	30837	30837	30837	30837	30837	23990	17144	17144	13648	10153	10153	10153	10153
			柴油	414719	414719	315186	116121	116121	116121	116121	116121	116121	85017	53913	53913	53913	53913	35498	17084	17084	11561	9720
			燃气	404529	404529	382056	337109	337109	325170	301291	301291	301291	241395	181498	181498	237864	237864	141007	141007	141007	141007	141007
低速汽车	三轮汽车			25300	25300	25300	25300	25300	25300	25300	25300	25300	16721	16721	16721	16721	16721	16721	16721	16721	16721	16721
	低速货车			33990	33990	33990	33990	33990	33990	33990	33990	33990	22464	22464	22464	22464	22464	22464	22464	22464	22464	22464
摩托车	普通摩托车			11957	11957	11957	11957	8924	5890	3153	3153	3153	3153	3153	2353	1553	1553	1553	1553	1553	1553	1553
	轻便摩托车			38669	38669	38669	38669	38669	7734	7734	3807	3807	3807	3807	2841	1875	1875	1875	1875	1875	1875	1875

唐山市 NO_x 排放系数

单位：克/（辆•年）

车辆类型		使用性质	燃料种类	1999年年底前	2000年	2001年	2002年	2003年	2004年	2005年	2006年	2007年	2008年	2009年	2010年	2011年	2012年	2013年	2014年	2015年	2016年	2017年
载客汽车	微型	出租车	汽油	302761	205035	107309	107309	107309	107309	78881	50453	50453	37032	23611	23611	19370	15130	15130	15130	15130	9344	7416
			燃气	184827	126606	68386	68386	68386	68386	50878	33370	33370	24966	16562	16562	13409	10256	10256	10256	10256	6084	4694
		其他	汽油	29798	18718	7638	7638	7638	7638	4806	1974	1974	1601	1228	1228	1036	845	845	845	845	581	493
			燃气	17163	10228	3293	3293	3293	3293	2137	981	981	793	605	605	484	363	363	363	363	293	270
	小型	出租车	汽油	342927	227570	112212	112212	112212	112212	81710	51207	51207	37409	23611	23611	18678	13744	13744	13744	13744	8098	6216
			柴油	362592	303434	244275	244275	244275	244275	217411	190547	190547	151588	112630	112630	112630	112630	91943	71256	71256	54119	48407
			燃气	208666	139981	71296	71296	71296	71296	52556	33817	33817	25190	16562	16562	12998	9433	9433	9433	9433	5344	3981
		其他	汽油	27804	17777	7750	7750	7750	7750	5128	2507	2507	1736	964	964	884	804	804	804	804	548	462
			柴油	23898	19532	15167	15167	15167	15167	13966	12766	12766	10002	7239	7239	7239	7239	6266	5292	5292	4579	4341
			燃气	15980	10202	4423	4423	4423	4423	2860	1297	1297	872	448	448	394	339	339	339	339	274	252
	中型	公交车	汽油	328957	328957	328957	328957	328957	224732	16283	16283	16283	16283	16283	14603	12923	12923	9756	6589	6589	6589	6589
			柴油	366896	366896	366035	364312	364312	349834	320877	320877	320877	267275	213673	213673	213673	213673	174372	135072	135072	113086	105757
			燃气	389561	389561	384923	375648	375648	363996	340692	340692	340692	283548	226405	226405	143175	143175	112134	112134	112134	112134	112134
		其他	汽油	201681	201681	201681	201681	201681	136807	7059	7059	7059	7059	7059	7059	7059	7059	5294	3530	3530	3530	3530
			柴油	172058	172058	164876	150511	150511	149238	146693	146693	146693	124934	103175	103175	103175	103175	91610	80045	80045	68319	64410
			燃气	194289	194289	183495	161908	161908	160382	157330	157330	157330	133956	110581	110581	86138	86138	69191	69191	69191	69191	69191
	大型	公交车	汽油	1171910	1171910	1171910	1171910	1171910	805828	73663	73663	73663	73663	73663	73598	73534	73534	55151	36768	36768	36768	36768
			柴油	520368	520368	503553	469923	469923	456571	429866	429866	429866	422120	414373	414373	414373	414373	399431	384489	384489	346598	333968
			燃气	1046249	1046249	988124	871874	871874	807175	677778	677778	677778	580730	483683	483683	450308	450308	390299	390299	390299	390299	390299
		其他	汽油	2797136	2797136	2797136	2797136	2797136	1923364	175820	175820	175820	175820	175820	169226	162633	162633	122105	81577	81577	81577	81577
			柴油	1246120	1246120	1214055	1149925	1149925	1123115	1069496	1069496	1069496	1031842	994187	994187	994187	994187	946471	898755	898755	795389	760934
			燃气	2319518	2319518	2190656	1932932	1932932	1789496	1502624	1502624	1502624	1287964	1073303	1073303	968302	968302	821518	821518	821518	821518	821518
载货汽车	微型		汽油	129765	76959	24153	24153	24153	24153	16494	8836	8836	7173	5510	5510	4858	4206	4206	4206	4206	3129	2770
			柴油	88005	72654	57304	57304	57304	57304	51538	45771	45771	38746	31720	31720	31720	31720	23199	14678	14678	12540	11828
			燃气	74742	42577	10413	10413	10413	10413	7402	4391	4391	3553	2715	2715	2261	1807	1807	1807	1807	1589	1517
	轻型		汽油	95581	61348	27116	27116	27116	27116	18380	9644	9644	8093	6542	6542	5430	4317	4317	4317	4317	3268	2919
			柴油	88312	72808	57304	57304	57304	57304	51538	45771	45771	38746	31720	31720	31720	31720	25271	18822	18822	17414	16944
			燃气	54934	35205	15475	15475	15475	15475	10232	4989	4989	4015	3040	3040	2430	1820	1820	1820	1820	1649	1592
	中型		汽油	377147	377147	377147	377147	377146	257481	18150	18150	18150	18150	18150	18150	18150	18150	13618	9086	9086	9086	9086
			柴油	724869	724869	650880	502902	502902	478205	428810	428810	428810	408577	388344	388344	388344	388344	340723	293102	293102	252388	238816
			燃气	818527	818527	726012	540983	540983	513956	459904	459904	459904	438062	416220	416220	315413	315413	256543	256543	256543	256543	256543
	重型		汽油	2015662	2015662	2015662	2015662	2015662	1386008	126699	126699	126699	126699	126699	121948	117196	117196	87991	58786	58786	58786	58786
			柴油	1220545	1220545	1178884	1095561	1095561	1055039	973995	973995	973995	934938	895880	895880	895880	895880	819248	742617	742617	574236	518109
			燃气	2271913	2271913	2128459	1841550	1841550	1683849	1368447	1368447	1368447	1167810	967173	967173	800082	800082	559360	559360	559360	559360	559360
低速汽车	三轮汽车			65550	65550	65550	65550	65550	65550	65550	65550	65550	53279	53279	53279	53279	53279	53279	53279	53279	53279	53279
	低速货车			88065	88065	88065	88065	88065	88065	88065	88065	88065	71579	71579	71579	71579	71579	71579	71579	71579	71579	71579
摩托车	普通摩托车			892	892	892	892	862	833	773	773	773	773	773	687	601	601	601	601	601	601	601
	轻便摩托车			595	595	595	595	595	297	297	297	297	297	297	264	231	231	231	231	231	231	231

唐山市 PM 排放系数

单位：克/（辆·年）

车辆类型		使用性质	燃料种类	1999 年年底前	2000 年	2001 年	2002 年	2003 年	2004 年	2005 年	2006 年	2007 年	2008 年	2009 年	2010 年	2011 年	2012 年	2013 年	2014 年	2015 年	2016 年	2017 年
载客汽车	微型	出租车	汽油	—	—	—	—	—	—	—	—	—	—	—	—	—	—	—	—	—	—	—
			燃气	—	—	—	—	—	—	—	—	—	—	—	—	—	—	—	—	—	—	—
		其他	汽油	—	—	—	—	—	—	—	—	—	—	—	—	—	—	—	—	—	—	—
			燃气	—	—	—	—	—	—	—	—	—	—	—	—	—	—	—	—	—	—	—
	小型	出租车	汽油	—	—	—	—	—	—	—	—	—	—	—	—	—	—	—	—	—	—	—
			柴油	44135	40413	36691	36691	36691	36691	24892	13094	13094	8564	4035	4035	4035	4035	3750	3466	3466	2866	2666
			燃气	—	—	—	—	—	—	—	—	—	—	—	—	—	—	—	—	—	—	—
		其他	汽油	—	—	—	—	—	—	—	—	—	—	—	—	—	—	—	—	—	—	—
			柴油	3144	2975	2806	2806	2806	2806	2014	1223	1223	897	571	571	571	571	476	382	382	382	382
			燃气	—	—	—	—	—	—	—	—	—	—	—	—	—	—	—	—	—	—	—
	中型	公交车	汽油	—	—	—	—	—	—	—	—	—	—	—	—	—	—	—	—	—	—	—
			柴油	30592	30592	28032	22913	22913	17978	8108	8108	8108	6872	5637	5637	5637	5637	3504	1372	1372	1080	983
			燃气	—	—	—	—	—	—	—	—	—	—	—	—	—	—	—	—	—	—	—
		其他	汽油	—	—	—	—	—	—	—	—	—	—	—	—	—	—	—	—	—	—	—
			柴油	15274	15274	12888	8116	8116	6262	2553	2553	2553	2434	2316	2316	2316	2316	1366	415	415	399	394
			燃气	—	—	—	—	—	—	—	—	—	—	—	—	—	—	—	—	—	—	—
	大型	公交车	汽油	—	—	—	—	—	—	—	—	—	—	—	—	—	—	—	—	—	—	—
			柴油	94865	94865	93934	92071	92071	71272	29674	29674	29674	19994	10315	10315	10315	10315	6116	1916	1916	1845	1821
			燃气	—	—	—	—	—	—	—	—	—	—	—	—	—	—	—	—	—	—	—
		其他	汽油	—	—	—	—	—	—	—	—	—	—	—	—	—	—	—	—	—	—	—
			柴油	142314	142314	133412	115607	115607	85425	25061	25061	25061	17182	9303	9303	9303	9303	5868	2433	2433	2343	2313
			燃气	—	—	—	—	—	—	—	—	—	—	—	—	—	—	—	—	—	—	—
载货汽车	微型		汽油	—	—	—	—	—	—	—	—	—	—	—	—	—	—	—	—	—	—	—
			柴油	9494	9298	9101	9101	9101	9101	7412	5722	5722	4246	2771	2771	2771	2771	1744	718	718	715	714
			燃气	—	—	—	—	—	—	—	—	—	—	—	—	—	—	—	—	—	—	—
	轻型		汽油	—	—	—	—	—	—	—	—	—	—	—	—	—	—	—	—	—	—	—
			柴油	9873	9487	9101	9101	9101	9101	7412	5722	5722	4246	2771	2771	2771	2771	2090	1408	1408	1163	1081
			燃气	—	—	—	—	—	—	—	—	—	—	—	—	—	—	—	—	—	—	—
	中型		汽油	—	—	—	—	—	—	—	—	—	—	—	—	—	—	—	—	—	—	—
			柴油	64535	64535	54309	33856	33856	26005	10303	10303	10303	9760	9218	9218	9218	9218	5910	2602	2602	2384	2311
			燃气	—	—	—	—	—	—	—	—	—	—	—	—	—	—	—	—	—	—	—
	重型		汽油	—	—	—	—	—	—	—	—	—	—	—	—	—	—	—	—	—	—	—
			柴油	241911	241911	198833	112677	112677	89465	43042	43042	43042	29494	15947	15947	15947	15947	10130	4312	4312	3644	3422
			燃气	—	—	—	—	—	—	—	—	—	—	—	—	—	—	—	—	—	—	—
低速汽车	三轮汽车			4092	4092	4092	4092	4092	4092	4092	4092	4092	3220	3220	3220	3220	3220	3220	3220	3220	3220	3220
	低速货车			5581	5581	5581	5581	5581	5581	5581	5581	5581	4392	4392	4392	4392	4392	4392	4392	4392	4392	4392
摩托车	普通摩托车			—	—	—	—	—	—	—	—	—	—	—	—	—	—	—	—	—	—	—
	轻便摩托车			—	—	—	—	—	—	—	—	—	—	—	—	—	—	—	—	—	—	—

唐山市 VOCs 排放系数

单位：克/（辆•年）

车辆类型		使用性质	燃料种类	1999年年底前	2000年	2001年	2002年	2003年	2004年	2005年	2006年	2007年	2008年	2009年	2010年	2011年	2012年	2013年	2014年	2015年	2016年	2017年
载客汽车	微型	出租车	汽油	1151888	667425	182962	182962	182962	182962	134493	86024	86024	68526	51029	51029	42879	34729	34729	34729	34729	27024	24456
			燃气	360558	216236	71913	71913	71913	71913	55126	38339	38339	31394	24450	24450	19522	14595	14595	14595	14595	9158	7345
		其他	汽油	58271	34646	11022	11022	11022	11022	10660	10297	10297	8730	7163	7163	6832	6502	6502	6502	6502	5458	5110
			燃气	14612	8174	1736	1736	1736	1736	1672	1608	1608	1188	767	767	702	638	638	638	638	442	376
	小型	出租车	汽油	1151888	656674	161461	161461	161461	161461	152671	143881	143881	97455	51029	51029	42879	34729	34729	34729	34729	25043	21814
			柴油	194137	182906	171676	171676	171676	171676	155350	139024	139024	101282	63539	63539	63539	63539	47190	30840	30840	17559	13132
			燃气	360558	213056	65553	65553	65553	65553	60504	55454	55454	39952	24450	24450	19522	14595	14595	14595	14595	8571	6563
		其他	汽油	59108	34965	10822	10822	10822	10822	11004	11186	11186	9177	7168	7168	6783	6398	6398	6398	6398	5540	5254
			柴油	9400	8599	7798	7798	7798	7798	6606	5413	5413	3678	1942	1942	1942	1942	1687	1432	1432	1033	900
			燃气	14860	8899	2938	2938	2938	2938	2404	1871	1871	1377	883	883	745	607	607	607	607	466	419
	中型	公交车	汽油	247663	247663	247663	247663	247066	168824	13531	13531	13531	13531	13531	13380	13228	13228	10800	8373	8373	8373	8373
			柴油	87806	87806	86086	82645	82645	64494	28192	28192	28192	20508	12823	12823	12823	12823	8958	5093	5093	4763	4653
			燃气	71579	71579	67602	59649	59649	57536	53311	53311	53311	42686	32061	32061	22219	22219	22154	22154	22154	22154	22154
		其他	汽油	128374	128374	128374	128374	127777	87454	8003	8003	8003	8003	8003	7858	7712	7712	6661	5610	5610	5610	5610
			柴油	30493	30493	28460	24394	24394	18567	6912	6912	6912	6506	6099	6099	6099	6099	3750	1402	1402	1243	1190
			燃气	34560	34560	32640	28800	28800	27780	25740	25740	25740	20623	15506	15506	10732	10732	9642	9642	9642	9642	9642
	大型	公交车	汽油	576971	576971	576971	576971	576374	388797	14835	14835	14835	14835	14835	14695	14555	14555	11789	9023	9023	9023	9023
			柴油	131708	131708	108010	60614	60614	60614	60614	60614	60614	43515	26416	26416	26416	26416	17675	8934	8934	5723	4653
			燃气	168926	168926	159541	140772	140772	135786	125815	125815	125815	100740	75665	75665	52438	52438	47188	47188	47188	47188	47188
		其他	汽油	1278270	1278270	1278270	1278270	1277673	860824	28321	28321	28321	28321	28321	22062	15804	15804	12613	9422	9422	9422	9422
			柴油	272891	272891	207397	76409	76409	76409	76409	76409	76409	55942	35476	35476	35476	35476	20706	5937	5937	5324	5119
			燃气	266186	266186	251398	221822	221822	213966	198253	198253	198253	158842	119430	119430	82662	82662	74261	74261	74261	74261	74261
载货汽车	微型		汽油	411006	219373	27740	27740	27740	27740	26308	24876	24876	22980	21083	21083	17202	13322	13322	13322	13322	11496	10887
			柴油	43279	40439	37599	37599	37599	37599	34514	31429	31429	23136	14843	14843	14843	14843	10213	5583	5583	3904	3344
			燃气	103064	53716	4369	4369	4369	4369	4127	3885	3885	3071	2258	2258	1782	1307	1307	1307	1307	928	801
	轻型		汽油	210560	124336	38111	38111	38111	38111	32706	27302	27302	24412	21521	21521	18871	16221	16221	16221	16221	14180	13499
			柴油	39650	38624	37599	37599	37599	37599	34514	31429	31429	23136	14843	14843	14843	14843	11256	7668	7668	5988	5428
			燃气	52936	31641	10347	10347	10347	10347	7457	4567	4567	3609	2651	2651	2095	1539	1539	1539	1539	1192	1077
	中型		汽油	601228	601228	601228	601228	600630	408025	24008	24008	24008	24008	24008	23868	23728	23728	18662	13596	13596	13596	13596
			柴油	137395	137395	128235	109916	109916	83658	31143	31143	31143	29315	27487	27487	27487	27487	19921	12355	12355	7351	5683
			燃气	155720	155720	147070	129769	129769	125171	115975	115975	115975	92929	69883	69883	94575	94575	46047	46047	46047	46047	46047
	重型		汽油	1190255	1190255	1190255	1190255	1189658	801584	26632	26632	26632	26632	26632	20796	14961	14961	11990	9018	9018	9018	9018
			柴油	363849	363849	276525	101878	101878	101878	101878	101878	101878	74589	47300	47300	47300	47300	30942	14584	14584	9774	8170
			燃气	354909	354909	335193	295761	295761	285286	264336	264336	264336	211786	159236	159236	203056	203056	118522	118522	118522	118522	118522
低速汽车	三轮汽车			25300	25300	25300	25300	25300	25300	25300	25300	25300	16721	16721	16721	16721	16721	16721	16721	16721	16721	16721
	低速货车			33990	33990	33990	33990	33990	33990	33990	33990	33990	22464	22464	22464	22464	22464	22464	22464	22464	22464	22464
摩托车	普通摩托车			11957	11957	11957	11957	8924	5890	3153	3153	3153	3153	3153	2353	1553	1553	1553	1553	1553	1553	1553
	轻便摩托车			38669	38669	38669	38669	38669	7734	7734	3807	3807	3807	3807	2841	1875	1875	1875	1875	1875	1875	1875

秦皇岛市 NO_x 排放系数

单位：克/（辆·年）

车辆类型		使用性质	燃料种类	1999年年底前	2000年	2001年	2002年	2003年	2004年	2005年	2006年	2007年	2008年	2009年	2010年	2011年	2012年	2013年	2014年	2015年	2016年	2017年
载客汽车	微型	出租车	汽油	310091	209168	108244	108244	108244	108244	79230	50216	50216	36596	22976	22976	18848	14719	14719	14719	14719	9186	7341
			燃气	188877	128780	68682	68682	68682	68682	50860	33037	33037	24540	16043	16043	12990	9937	9937	9937	9937	5959	4633
		其他	汽油	33112	20824	8535	8535	8535	8535	5346	2156	2156	1742	1328	1328	1106	885	885	885	885	611	520
			燃气	19133	11413	3693	3693	3693	3693	2392	1091	1091	878	665	665	526	387	387	387	387	312	287
	小型	出租车	汽油	351623	232464	113304	113304	113304	113304	82149	50994	50994	36985	22976	22976	18150	13325	13325	13325	13325	7933	6136
			柴油	362617	302724	242831	242831	242831	242831	215976	189122	189122	150274	111425	111425	111425	111425	91208	70990	70990	54027	48373
			燃气	213527	142606	71685	71685	71685	71685	52592	33499	33499	24771	16043	16043	12576	9110	9110	9110	9110	5215	3917
		其他	汽油	30887	19774	8661	8661	8661	8661	5709	2757	2757	1895	1033	1033	937	841	841	841	841	576	488
			柴油	25675	20978	16280	16280	16280	16280	14974	13668	13668	10720	7773	7773	7773	7773	6728	5682	5682	4874	4605
			燃气	17813	11390	4967	4967	4967	4967	3208	1448	1448	970	491	491	426	361	361	361	361	290	267
	中型	公交车	汽油	328957	328957	328957	328957	328957	224732	16283	16283	16283	16283	16283	14603	12923	12923	9756	6589	6589	6589	6589
			柴油	366896	366896	366035	364312	364312	349834	320877	320877	320877	267275	213673	213673	213673	213673	174372	135072	135072	113086	105757
			燃气	389561	389561	384923	375648	375648	363996	340692	340692	340692	283548	226405	226405	143175	143175	112134	112134	112134	112134	112134
		其他	汽油	201681	201681	201681	201681	201681	136807	7059	7059	7059	7059	7059	7059	7059	7059	5294	3530	3530	3530	3530
			柴油	172058	172058	164876	150511	150511	149238	146693	146693	146693	124934	103175	103175	103175	103175	91610	80045	80045	68319	64410
			燃气	194289	194289	183495	161908	161908	160382	157330	157330	157330	133956	110581	110581	86138	86138	69191	69191	69191	69191	69191
	大型	公交车	汽油	1171910	1171910	1171910	1171910	1171910	805828	73663	73663	73663	73663	73663	73598	73534	73534	55151	36768	36768	36768	36768
			柴油	520368	520368	503553	469923	469923	456571	429866	429866	429866	422120	414373	414373	414373	414373	399431	384489	384489	346598	333968
			燃气	1046249	1046249	988124	871874	871874	807175	677778	677778	677778	580730	483683	483683	450308	450308	390299	390299	390299	390299	390299
		其他	汽油	2797136	2797136	2797136	2797136	2797136	1923364	175820	175820	175820	175820	175820	169226	162633	162633	122105	81577	81577	81577	81577
			柴油	1246120	1246120	1214055	1149925	1149925	1123115	1069496	1069496	1069496	1031842	994187	994187	994187	994187	946471	898755	898755	795389	760934
			燃气	2319518	2319518	2190656	1932932	1932932	1789496	1502624	1502624	1502624	1287964	1073303	1073303	968302	968302	821518	821518	821518	821518	821518
载货汽车	微型		汽油	134906	79916	24925	24925	24925	24925	16986	9046	9046	7336	5626	5626	4970	4313	4313	4313	4313	3228	2867
			柴油	89952	74214	58476	58476	58476	58476	52528	46580	46580	39423	32266	32266	32266	32266	23596	14927	14927	12785	12071
			燃气	77952	44369	10785	10785	10785	10785	7681	4578	4578	3697	2817	2817	2352	1886	1886	1886	1886	1658	1582
	轻型		汽油	99128	63566	28005	28005	28005	28005	18945	9885	9885	8292	6698	6698	5564	4429	4429	4429	4429	3374	3022
			柴油	90268	74372	58476	58476	58476	58476	52528	46580	46580	39423	32266	32266	32266	32266	25715	19164	19164	17767	17301
			燃气	57169	36615	16061	16061	16061	16061	10626	5192	5192	4188	3184	3184	2542	1901	1901	1901	1901	1715	1653
	中型		汽油	377147	377147	377147	377147	377146	257481	18150	18150	18150	18150	18150	18150	18150	18150	13618	9086	9086	9086	9086
			柴油	724869	724869	650880	502902	502902	478205	428810	428810	428810	408577	388344	388344	388344	388344	340723	293102	293102	252388	238816
			燃气	818527	818527	726012	540983	540983	513956	459904	459904	459904	438062	416220	416220	315413	315413	256543	256543	256543	256543	256543
	重型		汽油	2099142	2099142	2099142	2099142	2099142	1443410	131946	131946	131946	131946	131946	126998	122050	122050	91635	61220	61220	61220	61220
			柴油	1260003	1260003	1216995	1130979	1130979	1089147	1005482	1005482	1005482	965162	924842	924842	924842	924842	846722	768602	768602	598071	541227
			燃气	2345360	2345360	2197268	1901085	1901085	1738285	1412685	1412685	1412685	1205563	998440	998440	828078	828078	584318	584318	584318	584318	584318
低速汽车	三轮汽车			65550	65550	65550	65550	65550	65550	65550	65550	65550	53279	53279	53279	53279	53279	53279	53279	53279	53279	53279
	低速货车			88065	88065	88065	88065	88065	88065	88065	88065	88065	71579	71579	71579	71579	71579	71579	71579	71579	71579	71579
摩托车	普通摩托车			892	892	892	892	862	833	773	773	773	773	773	687	601	601	601	601	601	601	601
	轻便摩托车			595	595	595	595	595	297	297	297	297	297	297	264	231	231	231	231	231	231	231

秦皇岛市 PM 排放系数

单位：克/（辆·年）

车辆类型		使用性质	燃料种类	1999年年底前	2000年	2001年	2002年	2003年	2004年	2005年	2006年	2007年	2008年	2009年	2010年	2011年	2012年	2013年	2014年	2015年	2016年	2017年
载客汽车	微型	出租车	汽油	—	—	—	—	—	—	—	—	—	—	—	—	—	—	—	—	—	—	—
			燃气	—	—	—	—	—	—	—	—	—	—	—	—	—	—	—	—	—	—	—
		其他	汽油	—	—	—	—	—	—	—	—	—	—	—	—	—	—	—	—	—	—	—
			燃气	—	—	—	—	—	—	—	—	—	—	—	—	—	—	—	—	—	—	—
	小型	出租车	汽油	—	—	—	—	—	—	—	—	—	—	—	—	—	—	—	—	—	—	—
			柴油	44961	41159	37357	37357	37357	37357	25293	13229	13229	8664	4100	4100	4100	4100	3810	3521	3521	2911	2708
			燃气	—	—	—	—	—	—	—	—	—	—	—	—	—	—	—	—	—	—	—
		其他	汽油	—	—	—	—	—	—	—	—	—	—	—	—	—	—	—	—	—	—	—
			柴油	3385	3202	3020	3020	3020	3020	2160	1301	1301	957	613	613	613	613	509	405	405	405	405
			燃气	—	—	—	—	—	—	—	—	—	—	—	—	—	—	—	—	—	—	—
	中型	公交车	汽油	—	—	—	—	—	—	—	—	—	—	—	—	—	—	—	—	—	—	—
			柴油	30592	30592	28032	22913	22913	17978	8108	8108	8108	6872	5637	5637	5637	5637	3504	1372	1372	1080	983
			燃气	—	—	—	—	—	—	—	—	—	—	—	—	—	—	—	—	—	—	—
		其他	汽油	—	—	—	—	—	—	—	—	—	—	—	—	—	—	—	—	—	—	—
			柴油	15274	15274	12888	8116	8116	6262	2553	2553	2553	2434	2316	2316	2316	2316	1366	415	415	399	394
			燃气	—	—	—	—	—	—	—	—	—	—	—	—	—	—	—	—	—	—	—
	大型	公交车	汽油	—	—	—	—	—	—	—	—	—	—	—	—	—	—	—	—	—	—	—
			柴油	94865	94865	93934	92071	92071	71272	29674	29674	29674	19994	10315	10315	10315	10315	6116	1916	1916	1845	1821
			燃气	—	—	—	—	—	—	—	—	—	—	—	—	—	—	—	—	—	—	—
		其他	汽油	—	—	—	—	—	—	—	—	—	—	—	—	—	—	—	—	—	—	—
			柴油	142314	142314	133412	115607	115607	85425	25061	25061	25061	17182	9303	9303	9303	9303	5868	2433	2433	2343	2313
			燃气	—	—	—	—	—	—	—	—	—	—	—	—	—	—	—	—	—	—	—
载货汽车	微型		汽油	—	—	—	—	—	—	—	—	—	—	—	—	—	—	—	—	—	—	—
			柴油	9859	9655	9451	9451	9451	9451	7681	5911	5911	4387	2863	2863	2863	2863	1802	742	742	738	737
			燃气	—	—	—	—	—	—	—	—	—	—	—	—	—	—	—	—	—	—	—
	轻型		汽油	—	—	—	—	—	—	—	—	—	—	—	—	—	—	—	—	—	—	—
			柴油	10253	9852	9451	9451	9451	9451	7681	5911	5911	4387	2863	2863	2863	2863	2159	1455	1455	1202	1117
			燃气	—	—	—	—	—	—	—	—	—	—	—	—	—	—	—	—	—	—	—
	中型		汽油	—	—	—	—	—	—	—	—	—	—	—	—	—	—	—	—	—	—	—
			柴油	64535	64535	54309	33856	33856	26005	10303	10303	10303	9760	9218	9218	9218	9218	5910	2602	2602	2384	2311
			燃气	—	—	—	—	—	—	—	—	—	—	—	—	—	—	—	—	—	—	—
	重型		汽油	—	—	—	—	—	—	—	—	—	—	—	—	—	—	—	—	—	—	—
			柴油	251896	251896	207040	117328	117328	93158	44819	44819	44819	30712	16605	16605	16605	16605	10536	4466	4466	3774	3544
			燃气	—	—	—	—	—	—	—	—	—	—	—	—	—	—	—	—	—	—	—
低速汽车	三轮汽车			4092	4092	4092	4092	4092	4092	4092	4092	4092	3220	3220	3220	3220	3220	3220	3220	3220	3220	3220
	低速货车			5581	5581	5581	5581	5581	5581	5581	5581	5581	4392	4392	4392	4392	4392	4392	4392	4392	4392	4392
摩托车	普通摩托车			—	—	—	—	—	—	—	—	—	—	—	—	—	—	—	—	—	—	—
	轻便摩托车			—	—	—	—	—	—	—	—	—	—	—	—	—	—	—	—	—	—	—

秦皇岛市 VOCs 排放系数

单位：克/（辆·年）

车辆类型		使用性质	燃料种类	1999 年年底前	2000 年	2001 年	2002 年	2003 年	2004 年	2005 年	2006 年	2007 年	2008 年	2009 年	2010 年	2011 年	2012 年	2013 年	2014 年	2015 年	2016 年	2017 年
载客汽车	微型	出租车	汽油	1178651	680616	182580	182580	182580	182580	134138	85695	85695	67754	49814	49814	41964	34113	34113	34113	34113	26810	24375
			燃气	367285	219030	70776	70776	70776	70776	54129	37482	37482	30505	23528	23528	18822	14115	14115	14115	14115	8970	7255
		其他	汽油	63133	37242	11351	11351	11351	11351	11015	10679	10679	8978	7278	7278	6934	6591	6591	6591	6591	5544	5195
			燃气	16063	8954	1844	1844	1844	1844	1786	1729	1729	1266	802	802	734	667	667	667	667	468	402
	小型	出租车	汽油	1178651	669742	160833	160833	160833	160833	152816	144798	144798	97306	49814	49814	41964	34113	34113	34113	34113	24823	21726
			柴油	188436	177625	166814	166814	166814	166814	150826	134839	134839	97862	60885	60885	60885	60885	45244	29604	29604	16990	12785
			燃气	367285	215814	64343	64343	64343	64343	59654	54966	54966	39247	23528	23528	18822	14115	14115	14115	14115	8382	6471
		其他	汽油	64056	37597	11138	11138	11138	11138	11388	11639	11639	9460	7282	7282	6882	6482	6482	6482	6482	5640	5360
			柴油	9930	9080	8231	8231	8231	8231	6942	5654	5654	3840	2026	2026	2026	2026	1758	1489	1489	1074	935
			燃气	16336	9730	3125	3125	3125	3125	2569	2013	2013	1468	923	923	779	635	635	635	635	497	451
	中型	公交车	汽油	247663	247663	247663	247663	247066	168824	13531	13531	13531	13531	13531	13380	13228	13228	10800	8373	8373	8373	8373
			柴油	87806	87806	86086	82645	82645	64494	28192	28192	28192	20508	12823	12823	12823	12823	8958	5093	5093	4763	4653
			燃气	71579	71579	67602	59649	59649	57536	53311	53311	53311	42686	32061	32061	22219	22219	22154	22154	22154	22154	22154
		其他	汽油	128374	128374	128374	128374	127777	87454	8003	8003	8003	8003	8003	7858	7712	7712	6661	5610	5610	5610	5610
			柴油	30493	30493	28460	24394	24394	18567	6912	6912	6912	6506	6099	6099	6099	6099	3750	1402	1402	1243	1190
			燃气	34560	34560	32640	28800	28800	27780	25740	25740	25740	20623	15506	15506	10732	10732	9642	9642	9642	9642	9642
	大型	公交车	汽油	576971	576971	576971	576971	576374	388797	14835	14835	14835	14835	14835	14695	14555	14555	11789	9023	9023	9023	9023
			柴油	131708	131708	108010	60614	60614	60614	60614	60614	60614	43515	26416	26416	26416	26416	17675	8934	8934	5723	4653
			燃气	168926	168926	159541	140772	140772	135786	125815	125815	125815	100740	75665	75665	52438	52438	47188	47188	47188	47188	47188
		其他	汽油	1278270	1278270	1278270	1278270	1277673	860824	28321	28321	28321	28321	28321	22062	15804	15804	12613	9422	9422	9422	9422
			柴油	272891	272891	207397	76409	76409	76409	76409	76409	76409	55942	35476	35476	35476	35476	20706	5937	5937	5324	5119
			燃气	266186	266186	251398	221822	221822	213966	198253	198253	198253	158842	119430	119430	82662	82662	74261	74261	74261	74261	74261
载货汽车	微型		汽油	418879	223464	28049	28049	28049	28049	26610	25170	25170	23256	21342	21342	17401	13460	13460	13460	13460	11629	11019
			柴油	43504	40650	37797	37797	37797	37797	34672	31547	31547	23208	14869	14869	14869	14869	10225	5581	5581	3914	3358
			燃气	106576	55566	4557	4557	4557	4557	4316	4075	4075	3213	2352	2352	1857	1362	1362	1362	1362	980	853
	轻型		汽油	214426	126526	38627	38627	38627	38627	33136	27645	27645	24718	21790	21790	19104	16417	16417	16417	16417	14366	13682
			柴油	39830	38814	37797	37797	37797	37797	34672	31547	31547	23208	14869	14869	14869	14869	11277	7685	7685	6018	5462
			燃气	54684	32761	10838	10838	10838	10838	7809	4781	4781	3772	2762	2762	2185	1608	1608	1608	1608	1265	1151
	中型		汽油	601228	601228	601228	601228	600630	408025	24008	24008	24008	24008	24008	23868	23728	23728	18662	13596	13596	13596	13596
			柴油	137395	137395	128235	109916	109916	83658	31143	31143	31143	29315	27487	27487	27487	27487	19921	12355	12355	7351	5683
			燃气	155720	155720	147070	129769	129769	125171	115975	115975	115975	92929	69883	69883	94575	94575	46047	46047	46047	46047	46047
	重型		汽油	1241505	1241505	1241505	1241505	1240908	836079	27618	27618	27618	27618	27618	21536	15454	15454	12355	9256	9256	9256	9256
			柴油	375041	375041	285031	105012	105012	105012	105012	105012	105012	76884	48755	48755	48755	48755	31986	15217	15217	10161	8476
			燃气	365826	365826	345504	304859	304859	294062	272467	272467	272467	218300	164134	164134	211869	211869	122961	122961	122961	122961	122961
低速汽车	三轮汽车			25300	25300	25300	25300	25300	25300	25300	25300	25300	16721	16721	16721	16721	16721	16721	16721	16721	16721	16721
	低速货车			33990	33990	33990	33990	33990	33990	33990	33990	33990	22464	22464	22464	22464	22464	22464	22464	22464	22464	22464
摩托车	普通摩托车			11957	11957	11957	11957	8924	5890	3153	3153	3153	3153	3153	2353	1553	1553	1553	1553	1553	1553	1553
	轻便摩托车			38669	38669	38669	38669	38669	7734	7734	3807	3807	3807	3807	2841	1875	1875	1875	1875	1875	1875	1875

邯郸市 NO_x 排放系数

单位：克/（辆·年）

车辆类型		使用性质	燃料种类	1999年年底前	2000年	2001年	2002年	2003年	2004年	2005年	2006年	2007年	2008年	2009年	2010年	2011年	2012年	2013年	2014年	2015年	2016年	2017年
载客汽车	微型	出租车	汽油	321236	216278	111319	111319	111319	111319	81574	51830	51830	37891	23952	23952	19687	15422	15422	15422	15422	9637	7709
			燃气	195747	133237	70727	70727	70727	70727	52442	34158	34158	25450	16743	16743	13580	10418	10418	10418	10418	6253	4865
		其他	汽油	33815	21233	8651	8651	8651	8651	5414	2178	2178	1762	1347	1347	1131	915	915	915	915	638	545
			燃气	19550	11647	3744	3744	3744	3744	2424	1104	1104	890	677	677	541	405	405	405	405	327	301
	小型	出租车	汽油	364213	240352	116490	116490	116490	116490	84558	52625	52625	38288	23952	23952	18955	13958	13958	13958	13958	8320	6441
			柴油	379125	316524	253922	253922	253922	253922	226052	198183	198183	157346	116510	116510	116510	116510	95361	74212	74212	57068	51354
			燃气	221254	147525	73796	73796	73796	73796	54213	34630	34630	25686	16743	16743	13146	9549	9549	9549	9549	5472	4113
		其他	汽油	31540	20160	8779	8779	8779	8779	5784	2788	2788	1917	1046	1046	958	869	869	869	869	600	510
			柴油	26748	21846	16944	16944	16944	16944	15586	14227	14227	11154	8081	8081	8081	8081	6996	5911	5911	5125	4863
			燃气	18200	11618	5037	5037	5037	5037	3252	1466	1466	982	498	498	438	378	378	378	378	305	281
	中型	公交车	汽油	328957	328957	328957	328957	328957	224732	16283	16283	16283	16283	16283	14603	12923	12923	9756	6589	6589	6589	6589
			柴油	366896	366896	366035	364312	364312	349834	320877	320877	320877	267275	213673	213673	213673	213673	174372	135072	135072	113086	105757
			燃气	389561	389561	384923	375648	375648	363996	340692	340692	340692	283548	226405	226405	143175	143175	112134	112134	112134	112134	112134
		其他	汽油	201681	201681	201681	201681	201681	136807	7059	7059	7059	7059	7059	7059	7059	7059	5294	3530	3530	3530	3530
			柴油	172058	172058	164876	150511	150511	149238	146693	146693	146693	124934	103175	103175	103175	103175	91610	80045	80045	68319	64410
			燃气	194289	194289	183495	161908	161908	160382	157330	157330	157330	133956	110581	110581	86138	86138	69191	69191	69191	69191	69191
	大型	公交车	汽油	1171910	1171910	1171910	1171910	1171910	805828	73663	73663	73663	73663	73663	73598	73534	73534	55151	36768	36768	36768	36768
			柴油	520368	520368	503553	469923	469923	456571	429866	429866	429866	422120	414373	414373	414373	414373	399431	384489	384489	346598	333968
			燃气	1046249	1046249	988124	871874	871874	807175	677778	677778	677778	580730	483683	483683	450308	450308	390299	390299	390299	390299	390299
		其他	汽油	2797136	2797136	2797136	2797136	2797136	1923364	175820	175820	175820	175820	175820	169226	162633	162633	122105	81577	81577	81577	81577
			柴油	1246120	1246120	1214055	1149925	1149925	1123115	1069496	1069496	1069496	1031842	994187	994187	994187	994187	946471	898755	898755	795389	760934
			燃气	2319518	2319518	2190656	1932932	1932932	1789496	1502624	1502624	1502624	1287964	1073303	1073303	968302	968302	821518	821518	821518	821518	821518
载货汽车	微型		汽油	133191	78744	24298	24298	24298	24298	16531	8764	8764	7101	5438	5438	4814	4190	4190	4190	4190	3149	2802
			柴油	89330	73614	57898	57898	57898	57898	52036	46175	46175	39112	32048	32048	32048	32048	23436	14825	14825	12762	12074
			燃气	77004	43760	10516	10516	10516	10516	7479	4442	4442	3588	2733	2733	2294	1855	1855	1855	1855	1624	1548
	轻型		汽油	97052	62185	27318	27318	27318	27318	18453	9588	9588	8039	6490	6490	5396	4303	4303	4303	4303	3291	2954
			柴油	89647	73772	57898	57898	57898	57898	52036	46175	46175	39112	32048	32048	32048	32048	25564	19080	19080	17765	17327
			燃气	56003	35839	15674	15674	15674	15674	10358	5042	5042	4066	3090	3090	2481	1872	1872	1872	1872	1689	1628
	中型		汽油	377147	377147	377147	377147	377146	257481	18150	18150	18150	18150	18150	18150	18150	18150	13618	9086	9086	9086	9086
			柴油	724869	724869	650880	502902	502902	478205	428810	428810	428810	408577	388344	388344	388344	388344	340723	293102	293102	252388	238816
			燃气	818527	818527	726012	540983	540983	513956	459904	459904	459904	438062	416220	416220	315413	315413	256543	256543	256543	256543	256543
	重型		汽油	2282933	2282933	2282933	2282933	2282933	1569788	143499	143499	143499	143499	143499	138118	132736	132736	99658	66581	66581	66581	66581
			柴油	1358494	1358494	1312124	1219384	1219384	1174282	1084078	1084078	1084078	1040606	997135	997135	997135	997135	916142	835150	835150	657335	598063
			燃气	2528690	2528690	2369022	2049687	2049687	1874162	1523111	1523111	1523111	1299799	1076486	1076486	899775	899775	645680	645680	645680	645680	645680
低速汽车	三轮汽车			65550	65550	65550	65550	65550	65550	65550	65550	65550	53279	53279	53279	53279	53279	53279	53279	53279	53279	53279
	低速货车			88065	88065	88065	88065	88065	88065	88065	88065	88065	71579	71579	71579	71579	71579	71579	71579	71579	71579	71579
摩托车	普通摩托车			892	892	892	892	862	833	773	773	773	773	773	687	601	601	601	601	601	601	601
	轻便摩托车			595	595	595	595	595	297	297	297	297	297	297	264	231	231	231	231	231	231	231

邯郸市 PM 排放系数

单位：克/（辆·年）

车辆类型		使用性质	燃料种类	1999 年年底前	2000 年	2001 年	2002 年	2003 年	2004 年	2005 年	2006 年	2007 年	2008 年	2009 年	2010 年	2011 年	2012 年	2013 年	2014 年	2015 年	2016 年	2017 年
载客汽车	微型	出租车	汽油	—	—	—	—	—	—	—	—	—	—	—	—	—	—	—	—	—	—	—
			燃气	—	—	—	—	—	—	—	—	—	—	—	—	—	—	—	—	—	—	—
		其他	汽油	—	—	—	—	—	—	—	—	—	—	—	—	—	—	—	—	—	—	—
			燃气	—	—	—	—	—	—	—	—	—	—	—	—	—	—	—	—	—	—	—
	小型	出租车	汽油	—	—	—	—	—	—	—	—	—	—	—	—	—	—	—	—	—	—	—
			柴油	46939	42979	39019	39019	39019	39019	26496	13972	13972	9138	4303	4303	4303	4303	3999	3695	3695	3056	2843
			燃气	—	—	—	—	—	—	—	—	—	—	—	—	—	—	—	—	—	—	—
		其他	汽油	—	—	—	—	—	—	—	—	—	—	—	—	—	—	—	—	—	—	—
			柴油	3528	3338	3148	3148	3148	3148	2256	1365	1365	1003	641	641	641	641	533	425	425	425	425
			燃气	—	—	—	—	—	—	—	—	—	—	—	—	—	—	—	—	—	—	—
	中型	公交车	汽油	—	—	—	—	—	—	—	—	—	—	—	—	—	—	—	—	—	—	—
			柴油	30592	30592	28032	22913	22913	17978	8108	8108	8108	6872	5637	5637	5637	5637	3504	1372	1372	1080	983
			燃气	—	—	—	—	—	—	—	—	—	—	—	—	—	—	—	—	—	—	—
		其他	汽油	—	—	—	—	—	—	—	—	—	—	—	—	—	—	—	—	—	—	—
			柴油	15274	15274	12888	8116	8116	6262	2553	2553	2553	2434	2316	2316	2316	2316	1366	415	415	399	394
			燃气	—	—	—	—	—	—	—	—	—	—	—	—	—	—	—	—	—	—	—
	大型	公交车	汽油	—	—	—	—	—	—	—	—	—	—	—	—	—	—	—	—	—	—	—
			柴油	94865	94865	93934	92071	92071	71272	29674	29674	29674	19994	10315	10315	10315	10315	6116	1916	1916	1845	1821
			燃气	—	—	—	—	—	—	—	—	—	—	—	—	—	—	—	—	—	—	—
		其他	汽油	—	—	—	—	—	—	—	—	—	—	—	—	—	—	—	—	—	—	—
			柴油	142314	142314	133412	115607	115607	85425	25061	25061	25061	17182	9303	9303	9303	9303	5868	2433	2433	2343	2313
			燃气	—	—	—	—	—	—	—	—	—	—	—	—	—	—	—	—	—	—	—
载货汽车	微型		汽油	—	—	—	—	—	—	—	—	—	—	—	—	—	—	—	—	—	—	—
			柴油	9792	9590	9387	9387	9387	9387	7634	5880	5880	4364	2848	2848	2848	2848	1793	738	738	735	734
			燃气	—	—	—	—	—	—	—	—	—	—	—	—	—	—	—	—	—	—	—
	轻型		汽油	—	—	—	—	—	—	—	—	—	—	—	—	—	—	—	—	—	—	—
			柴油	10183	9785	9387	9387	9387	9387	7634	5880	5880	4364	2848	2848	2848	2848	2148	1447	1447	1195	1111
			燃气	—	—	—	—	—	—	—	—	—	—	—	—	—	—	—	—	—	—	—
	中型		汽油	—	—	—	—	—	—	—	—	—	—	—	—	—	—	—	—	—	—	—
			柴油	64535	64535	54309	33856	33856	26005	10303	10303	10303	9760	9218	9218	9218	9218	5910	2602	2602	2384	2311
			燃气	—	—	—	—	—	—	—	—	—	—	—	—	—	—	—	—	—	—	—
	重型		汽油	—	—	—	—	—	—	—	—	—	—	—	—	—	—	—	—	—	—	—
			柴油	276501	276501	227263	128788	128788	102258	49197	49197	49197	33712	18227	18227	18227	18227	11538	4850	4850	4099	3849
			燃气	—	—	—	—	—	—	—	—	—	—	—	—	—	—	—	—	—	—	—
低速汽车	三轮汽车			4092	4092	4092	4092	4092	4092	4092	4092	4092	3220	3220	3220	3220	3220	3220	3220	3220	3220	3220
	低速货车			5581	5581	5581	5581	5581	5581	5581	5581	5581	4392	4392	4392	4392	4392	4392	4392	4392	4392	4392
摩托车	普通摩托车			—	—	—	—	—	—	—	—	—	—	—	—	—	—	—	—	—	—	—
	轻便摩托车			—	—	—	—	—	—	—	—	—	—	—	—	—	—	—	—	—	—	—

邯郸市 VOCs 排放系数

单位：克/（辆·年）

车辆类型		使用性质	燃料种类	1999 年年底前	2000 年	2001 年	2002 年	2003 年	2004 年	2005 年	2006 年	2007 年	2008 年	2009 年	2010 年	2011 年	2012 年	2013 年	2014 年	2015 年	2016 年	2017 年
载客汽车	微型	出租车	汽油	1199385	695140	190894	190894	190894	190894	139962	89031	89031	70794	52558	52558	44211	35864	35864	35864	35864	27790	25099
			燃气	374430	224268	74107	74107	74107	74107	56611	39115	39115	31966	24818	24818	19852	14886	14886	14886	14886	9365	7525
		其他	汽油	64531	38058	11584	11584	11584	11584	11232	10880	10880	9160	7439	7439	7086	6734	6734	6734	6734	5642	5278
			燃气	16477	9195	1913	1913	1913	1913	1850	1788	1788	1315	842	842	776	710	710	710	710	497	426
	小型	出租车	汽油	1199385	683754	168124	168124	168124	168124	159277	150430	150430	101494	52558	52558	44211	35864	35864	35864	35864	25737	22361
			柴油	198112	186760	175408	175408	175408	175408	159088	142768	142768	103368	63967	63967	63967	63967	47538	31109	31109	17894	13489
			燃气	374430	220900	67371	67371	67371	67371	62324	57278	57278	41048	24818	24818	19852	14886	14886	14886	14886	8758	6715
		其他	汽油	65478	38420	11361	11361	11361	11361	11620	11879	11879	9662	7444	7444	7030	6617	6617	6617	6617	5741	5449
			柴油	10327	9440	8553	8553	8553	8553	7234	5914	5914	4002	2090	2090	2090	2090	1815	1540	1540	1118	977
			燃气	16757	10006	3254	3254	3254	3254	2669	2084	2084	1528	971	971	823	675	675	675	675	526	477
	中型	公交车	汽油	247663	247663	247663	247663	247066	168824	13531	13531	13531	13531	13531	13380	13228	13228	10800	8373	8373	8373	8373
			柴油	87806	87806	86086	82645	82645	64494	28192	28192	28192	20508	12823	12823	12823	12823	8958	5093	5093	4763	4653
			燃气	71579	71579	67602	59649	59649	57536	53311	53311	53311	42686	32061	32061	22219	22219	22154	22154	22154	22154	22154
		其他	汽油	128374	128374	128374	128374	127777	87454	8003	8003	8003	8003	8003	7858	7712	7712	6661	5610	5610	5610	5610
			柴油	30493	30493	28460	24394	24394	18567	6912	6912	6912	6506	6099	6099	6099	6099	3750	1402	1402	1243	1190
			燃气	34560	34560	32640	28800	28800	27780	25740	25740	25740	20623	15506	15506	10732	10732	9642	9642	9642	9642	9642
	大型	公交车	汽油	576971	576971	576971	576971	576374	388797	14835	14835	14835	14835	14835	14695	14555	14555	11789	9023	9023	9023	9023
			柴油	131708	131708	108010	60614	60614	60614	60614	60614	60614	43515	26416	26416	26416	26416	17675	8934	8934	5723	4653
			燃气	168926	168926	159541	140772	140772	135786	125815	125815	125815	100740	75665	75665	52438	52438	47188	47188	47188	47188	47188
		其他	汽油	1278270	1278270	1278270	1278270	1277673	860824	28321	28321	28321	28321	28321	22062	15804	15804	12613	9422	9422	9422	9422
			柴油	272891	272891	207397	76409	76409	76409	76409	76409	76409	55942	35476	35476	35476	35476	20706	5937	5937	5324	5119
			燃气	266186	266186	251398	221822	221822	213966	198253	198253	198253	158842	119430	119430	82662	82662	74261	74261	74261	74261	74261
载货汽车	微型		汽油	420100	223966	27833	27833	27833	27833	26428	25022	25022	23132	21242	21242	17324	13407	13407	13407	13407	11622	11027
			柴油	42927	40114	37302	37302	37302	37302	34266	31231	31231	22910	14590	14590	14590	14590	10010	5431	5431	3860	3337
			燃气	107266	55931	4596	4596	4596	4596	4354	4112	4112	3258	2404	2404	1909	1414	1414	1414	1414	1021	890
	轻型		汽油	214862	126657	38452	38452	38452	38452	32980	27507	27507	24598	21690	21690	19032	16375	16375	16375	16375	14370	13701
			柴油	39207	38254	37302	37302	37302	37302	34266	31231	31231	22910	14590	14590	14590	14590	11076	7562	7562	5992	5468
			燃气	54987	33000	11013	11013	11013	11013	7920	4826	4826	3827	2829	2829	2250	1670	1670	1670	1670	1317	1199
	中型		汽油	601228	601228	601228	601228	600630	408025	24008	24008	24008	24008	24008	23868	23728	23728	18662	13596	13596	13596	13596
			柴油	137395	137395	128235	109916	109916	83658	31143	31143	31143	29315	27487	27487	27487	27487	19921	12355	12355	7351	5683
			燃气	155720	155720	147070	129769	129769	125171	115975	115975	115975	92929	69883	69883	94575	94575	46047	46047	46047	46047	46047
	重型		汽油	1356983	1356983	1356983	1356983	1356385	913804	29839	29839	29839	29839	29839	23202	16564	16564	13177	9790	9790	9790	9790
			柴油	403068	403068	306332	112859	112859	112859	112859	112859	112859	82629	52399	52399	52399	52399	34556	16714	16714	11208	9372
			燃气	393165	393165	371323	327640	327640	316035	292827	292827	292827	234614	176401	176401	232712	232712	135959	135959	135959	135959	135959
低速汽车	三轮汽车			25300	25300	25300	25300	25300	25300	25300	25300	25300	16721	16721	16721	16721	16721	16721	16721	16721	16721	16721
	低速货车			33990	33990	33990	33990	33990	33990	33990	33990	33990	22464	22464	22464	22464	22464	22464	22464	22464	22464	22464
摩托车	普通摩托车			11957	11957	11957	11957	8924	5890	3153	3153	3153	3153	3153	2353	1553	1553	1553	1553	1553	1553	1553
	轻便摩托车			38669	38669	38669	38669	38669	7734	7734	3807	3807	3807	3807	2841	1875	1875	1875	1875	1875	1875	1875

邢台市 NO_x 排放系数

单位：克/（辆·年）

车辆类型		使用性质	燃料种类	1999年年底前	2000年	2001年	2002年	2003年	2004年	2005年	2006年	2007年	2008年	2009年	2010年	2011年	2012年	2013年	2014年	2015年	2016年	2017年
载客汽车	微型	出租车	汽油	313899	213247	112595	112595	112595	112595	83260	53926	53926	39963	26000	26000	21142	16285	16285	16285	16285	9821	7666
			燃气	200991	137862	74733	74733	74733	74733	55800	36868	36868	27735	18602	18602	14976	11349	11349	11349	11349	6634	5062
		其他	汽油	29905	18802	7698	7698	7698	7698	4842	1985	1985	1608	1232	1232	1030	829	829	829	829	567	480
			燃气	18157	10826	3495	3495	3495	3495	2267	1039	1039	838	638	638	506	374	374	374	374	301	277
	小型	出租车	汽油	355023	236298	117573	117573	117573	117573	86132	54691	54691	40346	26000	26000	20453	14906	14906	14906	14906	8578	6469
			柴油	380693	319838	258984	258984	258984	258984	230133	201282	201282	160284	119287	119287	119287	119287	96891	74495	74495	55719	49460
			燃气	226707	152276	77846	77846	77846	77846	57596	37347	37347	27974	18602	18602	14544	10487	10487	10487	10487	5856	4313
		其他	汽油	27903	17857	7811	7811	7811	7811	5166	2522	2522	1744	967	967	878	790	790	790	790	535	450
			柴油	23516	19229	14942	14942	14942	14942	13748	12555	12555	9844	7132	7132	7132	7132	6168	5204	5204	4472	4228
			燃气	16905	10800	4695	4695	4695	4695	3035	1375	1375	924	473	473	412	350	350	350	350	281	258
	中型	公交车	汽油	328461	328461	328461	328461	328461	224394	16259	16259	16259	16259	16259	14582	12904	12904	9742	6579	6579	6579	6579
			柴油	366490	366490	365630	363909	363909	349447	320522	320522	320522	266980	213437	213437	213437	213437	174180	134922	134922	112960	105640
			燃气	389130	389130	384497	375232	375232	363593	340315	340315	340315	283234	226154	226154	143017	143017	112010	112010	112010	112010	112010
		其他	汽油	201376	201376	201376	201376	201376	136600	7048	7048	7048	7048	7048	7048	7048	7048	5286	3525	3525	3525	3525
			柴油	171867	171867	164693	150344	150344	149073	146530	146530	146530	124796	103061	103061	103061	103061	91508	79956	79956	68243	64339
			燃气	194074	194074	183292	161729	161729	160205	157156	157156	157156	133807	110458	110458	86042	86042	69114	69114	69114	69114	69114
	大型	公交车	汽油	1170141	1170141	1170141	1170141	1170141	804611	73552	73552	73552	73552	73552	73488	73423	73423	55068	36712	36712	36712	36712
			柴油	519792	519792	502996	469403	469403	456066	429391	429391	429391	421653	413915	413915	413915	413915	398990	384064	384064	346215	333599
			燃气	1045091	1045091	987030	870909	870909	806282	677028	677028	677028	580088	483147	483147	449810	449810	389867	389867	389867	389867	389867
		其他	汽油	2792914	2792914	2792914	2792914	2792914	1920461	175555	175555	175555	175555	175555	168972	162388	162388	121921	81454	81454	81454	81454
			柴油	1244741	1244741	1212712	1148653	1148653	1121873	1068313	1068313	1068313	1030700	993087	993087	993087	993087	945424	897761	897761	794509	760092
			燃气	2316951	2316951	2188232	1930793	1930793	1787516	1500962	1500962	1500962	1286538	1072115	1072115	967231	967231	820609	820609	820609	820609	820609
载货汽车	微型		汽油	100957	59766	18575	18575	18575	18575	12638	6701	6701	5426	4150	4150	3688	3227	3227	3227	3227	2418	2148
			柴油	66907	55114	43320	43320	43320	43320	38968	34617	34617	29312	24007	24007	24007	24007	17566	11126	11126	9582	9067
			燃气	61297	34865	8433	8433	8433	8433	5970	3507	3507	2828	2149	2149	1802	1456	1456	1456	1456	1294	1240
	轻型		汽油	74450	47670	20891	20891	20891	20891	14112	7332	7332	6144	4956	4956	4135	3314	3314	3314	3314	2527	2265
			柴油	67145	55232	43320	43320	43320	43320	38968	34617	34617	29312	24007	24007	24007	24007	19166	14324	14324	13342	13015
			燃气	45105	28831	12557	12557	12557	12557	8277	3997	3997	3211	2424	2424	1946	1468	1468	1468	1468	1341	1299
	中型		汽油	377147	377147	377147	377147	377146	257481	18150	18150	18150	18150	18150	18150	18150	18150	13618	9086	9086	9086	9086
			柴油	724869	724869	650880	502902	502902	478205	428810	428810	428810	408577	388344	388344	388344	388344	340723	293102	293102	252388	238816
			燃气	818530	818530	726015	540985	540985	513959	459906	459906	459906	438061	416217	416217	315412	315412	256540	256540	256540	256540	256540
	重型		汽油	2310693	2310693	2310693	2310693	2310693	1588877	145244	145244	145244	145244	145244	139797	134350	134350	100870	67390	67390	67390	67390
			柴油	1389909	1389909	1342467	1247582	1247582	1201437	1109147	1109147	1109147	1064670	1020193	1020193	1020193	1020193	932246	844299	844299	657262	594916
			燃气	2587166	2587166	2423805	2097085	2097085	1917501	1558333	1558333	1558333	1329856	1101378	1101378	909632	909632	642282	642282	642282	642282	642282
低速汽车	三轮汽车			65550	65550	65550	65550	65550	65550	65550	65550	65550	53279	53279	53279	53279	53279	53279	53279	53279	53279	53279
	低速货车			88065	88065	88065	88065	88065	88065	88065	88065	88065	71579	71579	71579	71579	71579	71579	71579	71579	71579	71579
摩托车	普通摩托车			892	892	892	892	862	833	773	773	773	773	773	687	601	601	601	601	601	601	601
	轻便摩托车			595	595	595	595	595	297	297	297	297	297	297	264	231	231	231	231	231	231	231

邢台市 PM 排放系数

单位：克/（辆·年）

车辆类型		使用性质	燃料种类	1999 年年底前	2000 年	2001 年	2002 年	2003 年	2004 年	2005 年	2006 年	2007 年	2008 年	2009 年	2010 年	2011 年	2012 年	2013 年	2014 年	2015 年	2016 年	2017 年
载客汽车	微型	出租车	汽油	—	—	—	—	—	—	—	—	—	—	—	—	—	—	—	—	—	—	—
			燃气	—	—	—	—	—	—	—	—	—	—	—	—	—	—	—	—	—	—	—
		其他	汽油	—	—	—	—	—	—	—	—	—	—	—	—	—	—	—	—	—	—	—
			燃气	—	—	—	—	—	—	—	—	—	—	—	—	—	—	—	—	—	—	—
	小型	出租车	汽油	—	—	—	—	—	—	—	—	—	—	—	—	—	—	—	—	—	—	—
			柴油	46923	42962	39000	39000	39000	39000	26456	13911	13911	9100	4290	4290	4290	4290	3988	3685	3685	3047	2834
			燃气	—	—	—	—	—	—	—	—	—	—	—	—	—	—	—	—	—	—	—
		其他	汽油	—	—	—	—	—	—	—	—	—	—	—	—	—	—	—	—	—	—	—
			柴油	3247	3072	2897	2897	2897	2897	2076	1255	1255	922	589	589	589	589	490	392	392	392	392
			燃气	—	—	—	—	—	—	—	—	—	—	—	—	—	—	—	—	—	—	—
	中型	公交车	汽油	—	—	—	—	—	—	—	—	—	—	—	—	—	—	—	—	—	—	—
			柴油	30592	30592	28032	22913	22913	17978	8108	8108	8108	6872	5637	5637	5637	5637	3504	1372	1372	1080	983
			燃气	—	—	—	—	—	—	—	—	—	—	—	—	—	—	—	—	—	—	—
		其他	汽油	—	—	—	—	—	—	—	—	—	—	—	—	—	—	—	—	—	—	—
			柴油	15274	15274	12888	8116	8116	6262	2553	2553	2553	2434	2316	2316	2316	2316	1366	415	415	399	394
			燃气	—	—	—	—	—	—	—	—	—	—	—	—	—	—	—	—	—	—	—
	大型	公交车	汽油	—	—	—	—	—	—	—	—	—	—	—	—	—	—	—	—	—	—	—
			柴油	94865	94865	93934	92071	92071	71272	29674	29674	29674	19994	10315	10315	10315	10315	6116	1916	1916	1845	1821
			燃气	—	—	—	—	—	—	—	—	—	—	—	—	—	—	—	—	—	—	—
		其他	汽油	—	—	—	—	—	—	—	—	—	—	—	—	—	—	—	—	—	—	—
			柴油	142314	142314	133412	115607	115607	85425	25061	25061	25061	17182	9303	9303	9303	9303	5868	2433	2433	2343	2313
			燃气	—	—	—	—	—	—	—	—	—	—	—	—	—	—	—	—	—	—	—
载货汽车	微型		汽油	—	—	—	—	—	—	—	—	—	—	—	—	—	—	—	—	—	—	—
			柴油	7786	7625	7464	7464	7464	7464	6069	4674	4674	3469	2264	2264	2264	2264	1426	587	587	584	583
			燃气	—	—	—	—	—	—	—	—	—	—	—	—	—	—	—	—	—	—	—
	轻型		汽油	—	—	—	—	—	—	—	—	—	—	—	—	—	—	—	—	—	—	—
			柴油	8098	7781	7464	7464	7464	7464	6069	4674	4674	3469	2264	2264	2264	2264	1707	1150	1150	950	883
			燃气	—	—	—	—	—	—	—	—	—	—	—	—	—	—	—	—	—	—	—
	中型		汽油	—	—	—	—	—	—	—	—	—	—	—	—	—	—	—	—	—	—	—
			柴油	64535	64535	54309	33856	33856	26005	10303	10303	10303	9760	9218	9218	9218	9218	5910	2602	2602	2384	2311
			燃气	—	—	—	—	—	—	—	—	—	—	—	—	—	—	—	—	—	—	—
	重型		汽油	—	—	—	—	—	—	—	—	—	—	—	—	—	—	—	—	—	—	—
			柴油	276061	276061	226902	128583	128583	102095	49119	49119	49119	33658	18198	18198	18198	18198	11556	4915	4915	4154	3900
			燃气	—	—	—	—	—	—	—	—	—	—	—	—	—	—	—	—	—	—	—
低速汽车	三轮汽车			4092	4092	4092	4092	4092	4092	4092	4092	4092	3220	3220	3220	3220	3220	3220	3220	3220	3220	3220
	低速货车			5581	5581	5581	5581	5581	5581	5581	5581	5581	4392	4392	4392	4392	4392	4392	4392	4392	4392	4392
摩托车	普通摩托车			—	—	—	—	—	—	—	—	—	—	—	—	—	—	—	—	—	—	—
	轻便摩托车			—	—	—	—	—	—	—	—	—	—	—	—	—	—	—	—	—	—	—

邢台市 VOCs 排放系数

单位：克/（辆・年）

车辆类型		使用性质	燃料种类	1999 年年底前	2000 年	2001 年	2002 年	2003 年	2004 年	2005 年	2006 年	2007 年	2008 年	2009 年	2010 年	2011 年	2012 年	2013 年	2014 年	2015 年	2016 年	2017 年
载客汽车	微型	出租车	汽油	952323	557351	162379	162379	162379	162379	121390	80401	80401	64746	49090	49090	40842	32593	32593	32593	32593	24041	21190
			燃气	383907	231268	78629	78629	78629	78629	60582	42535	42535	34874	27214	27214	21665	16116	16116	16116	16116	9875	7795
		其他	汽油	48525	29288	10052	10052	10052	10052	9715	9378	9378	8050	6723	6723	6446	6168	6168	6168	6168	5278	4982
			燃气	15255	8522	1789	1789	1789	1789	1728	1667	1667	1226	784	784	716	649	649	649	649	451	385
	小型	出租车	汽油	952323	548596	144868	144868	144868	144868	136321	127774	127774	88432	49090	49090	40842	32593	32593	32593	32593	22467	19092
			柴油	211877	199426	186974	186974	186974	186974	168533	150092	150092	110404	70716	70716	70716	70716	52442	34167	34167	19099	14076
			燃气	383907	227902	71898	71898	71898	71898	66322	60745	60745	43980	27214	27214	21665	16116	16116	16116	16116	9270	6988
		其他	汽油	49198	29546	9894	9894	9894	9894	9990	10086	10086	8406	6727	6727	6407	6087	6087	6087	6087	5348	5101
			柴油	9187	8402	7616	7616	7616	7616	6432	5248	5248	3571	1894	1894	1894	1894	1634	1375	1375	988	859
			燃气	15514	9268	3022	3022	3022	3022	2480	1939	1939	1420	902	902	760	618	618	618	618	478	431
	中型	公交车	汽油	247848	247848	247848	247848	247251	169008	13716	13716	13716	13716	13716	13564	13413	13413	10986	8558	8558	8558	8558
			柴油	87806	87806	86086	82645	82645	64494	28192	28192	28192	20508	12823	12823	12823	12823	8958	5093	5093	4763	4653
			燃气	71579	71579	67602	59649	59649	57536	53311	53311	53311	42686	32061	32061	22219	22219	22154	22154	22154	22154	22154
		其他	汽油	128558	128558	128558	128558	127962	87639	8188	8188	8188	8188	8188	8042	7897	7897	6846	5795	5795	5795	5795
			柴油	30493	30493	28460	24394	24394	18567	6912	6912	6912	6506	6099	6099	6099	6099	3750	1402	1402	1243	1190
			燃气	34560	34560	32640	28800	28800	27780	25740	25740	25740	20623	15506	15506	10732	10732	9642	9642	9642	9642	9642
	大型	公交车	汽油	577156	577156	577156	577156	576559	388981	15020	15020	15020	15020	15020	14880	14740	14740	11974	9208	9208	9208	9208
			柴油	131708	131708	108010	60614	60614	60614	60614	60614	60614	43515	26416	26416	26416	26416	17675	8934	8934	5723	4653
			燃气	168926	168926	159541	140772	140772	135786	125815	125815	125815	100740	75665	75665	52438	52438	47188	47188	47188	47188	47188
		其他	汽油	1278454	1278454	1278454	1278454	1277857	861009	28506	28506	28506	28506	28506	22247	15988	15988	12798	9607	9607	9607	9607
			柴油	272891	272891	207397	76409	76409	76409	76409	76409	76409	55942	35476	35476	35476	35476	20706	5937	5937	5324	5119
			燃气	266186	266186	251398	221822	221822	213966	198253	198253	198253	158842	119430	119430	82662	82662	74261	74261	74261	74261	74261
载货汽车	微型		汽油	260859	140324	19789	19789	19789	19789	18774	17758	17758	16428	15098	15098	12634	10171	10171	10171	10171	8850	8409
			柴油	31896	29813	27730	27730	27730	27730	25500	23270	23270	17058	10846	10846	10846	10846	7450	4055	4055	2892	2505
			燃气	82007	42765	3522	3522	3522	3522	3339	3157	3157	2459	1761	1761	1415	1070	1070	1070	1070	755	650
	轻型		汽油	135384	80832	26281	26281	26281	26281	22779	19277	19277	17324	15372	15372	13679	11986	11986	11986	11986	10530	10044
			柴油	29114	28422	27730	27730	27730	27730	25500	23270	23270	17058	10846	10846	10846	10846	8248	5651	5651	4488	4100
			燃气	42692	25359	8027	8027	8027	8027	5867	3706	3706	2884	2061	2061	1639	1217	1217	1217	1217	941	849
	中型		汽油	601413	601413	601413	601413	600816	408210	24193	24193	24193	24193	24193	24053	23913	23913	18847	13781	13781	13781	13781
			柴油	137395	137395	128235	109916	109916	83658	31143	31143	31143	29315	27487	27487	27487	27487	19921	12355	12355	7351	5683
			燃气	155720	155720	147070	129769	129769	125171	115975	115975	115975	92929	69883	69883	94575	94575	46047	46047	46047	46047	46047
	重型		汽油	1363307	1363307	1363307	1363307	1362710	918122	30142	30142	30142	30142	30142	23475	16808	16808	13406	10003	10003	10003	10003
			柴油	413282	413282	314094	115719	115719	115719	115719	115719	115719	84723	53727	53727	53727	53727	35278	16830	16830	11165	9277
			燃气	403128	403128	380732	335942	335942	324044	300248	300248	300248	240560	180872	180872	234327	234327	134581	134581	134581	134581	134581
低速汽车	三轮汽车			25300	25300	25300	25300	25300	25300	25300	25300	25300	16721	16721	16721	16721	16721	16721	16721	16721	16721	16721
	低速货车			33990	33990	33990	33990	33990	33990	33990	33990	33990	22464	22464	22464	22464	22464	22464	22464	22464	22464	22464
摩托车	普通摩托车			11957	11957	11957	11957	8924	5890	3153	3153	3153	3153	3153	2353	1553	1553	1553	1553	1553	1553	1553
	轻便摩托车			38669	38669	38669	38669	38669	7734	7734	3807	3807	3807	3807	2841	1875	1875	1875	1875	1875	1875	1875

保定市 NO_x 排放系数

单位：克/（辆·年）

车辆类型		使用性质	燃料种类	1999 年年底前	2000 年	2001 年	2002 年	2003 年	2004 年	2005 年	2006 年	2007 年	2008 年	2009 年	2010 年	2011 年	2012 年	2013 年	2014 年	2015 年	2016 年	2017 年
载客汽车	微型	出租车	汽油	191792	127745	63698	63698	63698	63698	46048	28399	28399	20280	12161	12161	10099	8037	8037	8037	8037	5276	4355
			燃气	115919	77862	39804	39804	39804	39804	29036	18268	18268	13270	8273	8273	6766	5259	5259	5259	5259	3342	2703
		其他	汽油	30148	18932	7717	7717	7717	7717	4848	1979	1979	1604	1229	1229	1026	822	822	822	822	565	479
			燃气	17408	10372	3337	3337	3337	3337	2164	992	992	802	611	611	482	354	354	354	354	286	263
	小型	出租车	汽油	218150	142512	66874	66874	66874	66874	47880	28887	28887	20524	12161	12161	9663	7165	7165	7165	7165	4487	3594
			柴油	213417	176614	139810	139810	139810	139810	124664	109517	109517	86596	63675	63675	63675	63675	52706	41738	41738	32848	29884
			燃气	131579	86636	41692	41692	41692	41692	30125	18558	18558	13416	8273	8273	6507	4741	4741	4741	4741	2874	2251
		其他	汽油	28127	17978	7830	7830	7830	7830	5174	2519	2519	1740	962	962	872	783	783	783	783	532	449
			柴油	23538	19240	14941	14941	14941	14941	13747	12553	12553	9834	7114	7114	7114	7114	6156	5198	5198	4471	4229
			燃气	16207	10345	4483	4483	4483	4483	2898	1313	1313	882	452	452	392	331	331	331	331	266	245
	中型	公交车	汽油	328602	328602	328602	328602	328602	224490	16266	16266	16266	16266	16266	14588	12909	12909	9746	6582	6582	6582	6582
			柴油	366606	366606	365745	364023	364023	349556	320623	320623	320623	267064	213504	213504	213504	213504	174234	134965	134965	112996	105673
			燃气	389252	389252	384618	375350	375350	363707	340422	340422	340422	283324	226225	226225	143062	143062	112045	112045	112045	112045	112045
		其他	汽油	201463	201463	201463	201463	201463	136659	7051	7051	7051	7051	7051	7051	7051	7051	5288	3526	3526	3526	3526
			柴油	171921	171921	164745	150392	150392	149120	146576	146576	146576	124834	103093	103093	103093	103093	91537	79981	79981	68264	64359
			燃气	194136	194136	183351	161780	161780	160255	157205	157205	157205	133849	110493	110493	86069	86069	69136	69136	69136	69136	69136
	大型	公交车	汽油	1170644	1170644	1170644	1170644	1170644	804957	73583	73583	73583	73583	73583	73518	73454	73454	55091	36728	36728	36728	36728
			柴油	519956	519956	503154	469551	469551	456209	429526	429526	429526	421786	414045	414045	414045	414045	399115	384185	384185	346324	333704
			燃气	1045420	1045420	987341	871183	871183	806536	677241	677241	677241	580270	483299	483299	449952	449952	389990	389990	389990	389990	389990
		其他	汽油	2794114	2794114	2794114	2794114	2794114	1921286	175630	175630	175630	175630	175630	169044	162458	162458	121974	81489	81489	81489	81489
			柴油	1245133	1245133	1213093	1149014	1149014	1122226	1068649	1068649	1068649	1031024	993400	993400	993400	993400	945722	898043	898043	794759	760331
			燃气	2317680	2317680	2188920	1931400	1931400	1788078	1501434	1501434	1501434	1286944	1072453	1072453	967535	967535	820867	820867	820867	820867	820867
载货汽车	微型		汽油	113333	67122	20911	20911	20911	20911	14230	7548	7548	6114	4680	4680	4150	3620	3620	3620	3620	2716	2414
			柴油	75125	61918	48710	48710	48710	48710	43800	38889	38889	32920	26951	26951	26951	26951	19716	12480	12480	10728	10144
			燃气	65441	37241	9042	9042	9042	9042	6413	3784	3784	3055	2327	2327	1943	1559	1559	1559	1559	1384	1325
	轻型		汽油	83631	53572	23513	23513	23513	23513	15885	8257	8257	6922	5586	5586	4652	3718	3718	3718	3718	2838	2545
			柴油	75391	62050	48710	48710	48710	48710	43800	38889	38889	32920	26951	26951	26951	26951	21502	16052	16052	14929	14555
			燃气	48189	30826	13462	13462	13462	13462	8883	4304	4304	3464	2625	2625	2098	1572	1572	1572	1572	1434	1389
	中型		汽油	377147	377147	377147	377147	377146	257481	18150	18150	18150	18150	18150	18150	18150	18150	13618	9086	9086	9086	9086
			柴油	724869	724869	650880	502902	502902	478205	428810	428810	428810	408577	388344	388344	388344	388344	340723	293102	293102	252388	238816
			燃气	818534	818534	726017	540983	540983	513957	459905	459905	459905	438062	416219	416219	315412	315412	256542	256542	256542	256542	256542
	重型		汽油	2292717	2292717	2292717	2292717	2292717	1576516	144114	144114	144114	144114	144114	138710	133305	133305	100086	66866	66866	66866	66866
			柴油	1359354	1359354	1312955	1220156	1220156	1175025	1084764	1084764	1084764	1041265	997766	997766	997766	997766	920982	844199	844199	665934	606512
			燃气	2530290	2530290	2370521	2050984	2050984	1875348	1524075	1524075	1524075	1300621	1077166	1077166	909524	909524	654801	654801	654801	654801	654801
低速汽车	三轮汽车			65550	65550	65550	65550	65550	65550	65550	65550	65550	53279	53279	53279	53279	53279	53279	53279	53279	53279	53279
	低速货车			88065	88065	88065	88065	88065	88065	88065	88065	88065	71579	71579	71579	71579	71579	71579	71579	71579	71579	71579
摩托车	普通摩托车			892	892	892	892	862	833	773	773	773	773	773	687	601	601	601	601	601	601	601
	轻便摩托车			595	595	595	595	595	297	297	297	297	297	297	264	231	231	231	231	231	231	231

保定市 PM 排放系数

单位：克/（辆·年）

车辆类型		使用性质	燃料种类	1999 年年底前	2000 年	2001 年	2002 年	2003 年	2004 年	2005 年	2006 年	2007 年	2008 年	2009 年	2010 年	2011 年	2012 年	2013 年	2014 年	2015 年	2016 年	2017 年
载客汽车	微型	出租车	汽油	—	—	—	—	—	—	—	—	—	—	—	—	—	—	—	—	—	—	—
			燃气	—	—	—	—	—	—	—	—	—	—	—	—	—	—	—	—	—	—	—
		其他	汽油	—	—	—	—	—	—	—	—	—	—	—	—	—	—	—	—	—	—	—
			燃气	—	—	—	—	—	—	—	—	—	—	—	—	—	—	—	—	—	—	—
	小型	出租车	汽油	—	—	—	—	—	—	—	—	—	—	—	—	—	—	—	—	—	—	—
			柴油	28404	26006	23609	23609	23609	23609	16036	8463	8463	5531	2599	2599	2599	2599	2416	2232	2232	1846	1717
			燃气	—	—	—	—	—	—	—	—	—	—	—	—	—	—	—	—	—	—	—
		其他	汽油	—	—	—	—	—	—	—	—	—	—	—	—	—	—	—	—	—	—	—
			柴油	3091	2925	2759	2759	2759	2759	1978	1198	1198	880	561	561	561	561	468	375	375	375	375
			燃气	—	—	—	—	—	—	—	—	—	—	—	—	—	—	—	—	—	—	—
	中型	公交车	汽油	—	—	—	—	—	—	—	—	—	—	—	—	—	—	—	—	—	—	—
			柴油	30592	30592	28032	22913	22913	17978	8108	8108	8108	6872	5637	5637	5637	5637	3504	1372	1372	1080	983
			燃气	—	—	—	—	—	—	—	—	—	—	—	—	—	—	—	—	—	—	—
		其他	汽油	—	—	—	—	—	—	—	—	—	—	—	—	—	—	—	—	—	—	—
			柴油	15274	15274	12888	8116	8116	6262	2553	2553	2553	2434	2316	2316	2316	2316	1366	415	415	399	394
			燃气	—	—	—	—	—	—	—	—	—	—	—	—	—	—	—	—	—	—	—
	大型	公交车	汽油	—	—	—	—	—	—	—	—	—	—	—	—	—	—	—	—	—	—	—
			柴油	94865	94865	93934	92071	92071	71272	29674	29674	29674	19994	10315	10315	10315	10315	6116	1916	1916	1845	1821
			燃气	—	—	—	—	—	—	—	—	—	—	—	—	—	—	—	—	—	—	—
		其他	汽油	—	—	—	—	—	—	—	—	—	—	—	—	—	—	—	—	—	—	—
			柴油	142314	142314	133412	115607	115607	85425	25061	25061	25061	17182	9303	9303	9303	9303	5868	2433	2433	2343	2313
			燃气	—	—	—	—	—	—	—	—	—	—	—	—	—	—	—	—	—	—	—
载货汽车	微型		汽油	—	—	—	—	—	—	—	—	—	—	—	—	—	—	—	—	—	—	—
			柴油	8294	8122	7951	7951	7951	7951	6462	4974	4974	3692	2409	2409	2409	2409	1516	624	624	622	621
			燃气	—	—	—	—	—	—	—	—	—	—	—	—	—	—	—	—	—	—	—
	轻型		汽油	—	—	—	—	—	—	—	—	—	—	—	—	—	—	—	—	—	—	—
			柴油	8626	8288	7951	7951	7951	7951	6462	4974	4974	3692	2409	2409	2409	2409	1816	1224	1224	1011	940
			燃气	—	—	—	—	—	—	—	—	—	—	—	—	—	—	—	—	—	—	—
	中型		汽油	—	—	—	—	—	—	—	—	—	—	—	—	—	—	—	—	—	—	—
			柴油	64535	64535	54309	33856	33856	26005	10303	10303	10303	9760	9218	9218	9218	9218	5910	2602	2602	2384	2311
			燃气	—	—	—	—	—	—	—	—	—	—	—	—	—	—	—	—	—	—	—
	重型		汽油	—	—	—	—	—	—	—	—	—	—	—	—	—	—	—	—	—	—	—
			柴油	281211	281211	231135	130982	130982	104000	50035	50035	50035	34286	18538	18538	18538	18538	11711	4884	4884	4128	3876
			燃气	—	—	—	—	—	—	—	—	—	—	—	—	—	—	—	—	—	—	—
低速汽车	三轮汽车			4092	4092	4092	4092	4092	4092	4092	4092	4092	3220	3220	3220	3220	3220	3220	3220	3220	3220	3220
	低速货车			5581	5581	5581	5581	5581	5581	5581	5581	5581	4392	4392	4392	4392	4392	4392	4392	4392	4392	4392
摩托车	普通摩托车			—	—	—	—	—	—	—	—	—	—	—	—	—	—	—	—	—	—	—
	轻便摩托车			—	—	—	—	—	—	—	—	—	—	—	—	—	—	—	—	—	—	—

保定市 VOCs 排放系数

单位：克/（辆·年）

车辆类型		使用性质	燃料种类	1999 年年底前	2000 年	2001 年	2002 年	2003 年	2004 年	2005 年	2006 年	2007 年	2008 年	2009 年	2010 年	2011 年	2012 年	2013 年	2014 年	2015 年	2016 年	2017 年
载客汽车	微型	出租车	汽油	607329	352072	96814	96814	96814	96814	71397	45980	45980	36738	27497	27497	23502	19506	19506	19506	19506	15560	14245
			燃气	222126	131116	40105	40105	40105	40105	30138	20172	20172	16270	12367	12367	9958	7549	7549	7549	7549	5007	4160
		其他	汽油	49301	29693	10085	10085	10085	10085	9751	9417	9417	8068	6718	6718	6432	6146	6146	6146	6146	5243	4942
			燃气	14464	8084	1705	1705	1705	1705	1647	1589	1589	1168	748	748	682	616	616	616	616	424	360
	小型	出租车	汽油	607329	346348	85367	85367	85367	85367	81155	76943	76943	52220	27497	27497	23502	19506	19506	19506	19506	14555	12905
			柴油	101498	95936	90373	90373	90373	90373	82402	74432	74432	52644	30855	30855	30855	30855	23036	15216	15216	9189	7180
			燃气	222126	129074	36023	36023	36023	36023	33618	31213	31213	21790	12367	12367	9958	7549	7549	7549	7549	4649	3682
		其他	汽油	49988	29956	9923	9923	9923	9923	10034	10144	10144	8432	6721	6721	6392	6063	6063	6063	6063	5314	5064
			柴油	9276	8480	7684	7684	7684	7684	6481	5278	5278	3580	1883	1883	1883	1883	1630	1376	1376	995	868
			燃气	14709	8794	2879	2879	2879	2879	2364	1849	1849	1355	861	861	724	586	586	586	586	450	404
	中型	公交车	汽油	247802	247802	247802	247802	247206	168963	13670	13670	13670	13670	13670	13518	13367	13367	10940	8512	8512	8512	8512
			柴油	87806	87806	86086	82645	82645	64494	28192	28192	28192	20508	12823	12823	12823	12823	8958	5093	5093	4763	4653
			燃气	71579	71579	67602	59649	59649	57536	53311	53311	53311	42686	32061	32061	22219	22219	22154	22154	22154	22154	22154
		其他	汽油	128513	128513	128513	128513	127916	87593	8142	8142	8142	8142	8142	7996	7851	7851	6800	5749	5749	5749	5749
			柴油	30493	30493	28460	24394	24394	18567	6912	6912	6912	6506	6099	6099	6099	6099	3750	1402	1402	1243	1190
			燃气	34560	34560	32640	28800	28800	27780	25740	25740	25740	20623	15506	15506	10732	10732	9642	9642	9642	9642	9642
	大型	公交车	汽油	577110	577110	577110	577110	576514	388936	14974	14974	14974	14974	14974	14834	14694	14694	11928	9162	9162	9162	9162
			柴油	131708	131708	108010	60614	60614	60614	60614	60614	60614	43515	26416	26416	26416	26416	17675	8934	8934	5723	4653
			燃气	168926	168926	159541	140772	140772	135786	125815	125815	125815	100740	75665	75665	52438	52438	47188	47188	47188	47188	47188
		其他	汽油	1278409	1278409	1278409	1278409	1277812	860963	28460	28460	28460	28460	28460	22202	15943	15943	12752	9561	9561	9561	9561
			柴油	272891	272891	207397	76409	76409	76409	76409	76409	76409	55942	35476	35476	35476	35476	20706	5937	5937	5324	5119
			燃气	266186	266186	251398	221822	221822	213966	198253	198253	198253	158842	119430	119430	82662	82662	74261	74261	74261	74261	74261
载货汽车	微型		汽油	297086	159440	21795	21795	21795	21795	20661	19527	19527	18056	16584	16584	13762	10939	10939	10939	10939	9484	8999
			柴油	36377	33995	31613	31613	31613	31613	29053	26493	26493	19431	12369	12369	12369	12369	8488	4608	4608	3278	2835
			燃气	87160	45422	3685	3685	3685	3685	3490	3295	3295	2571	1847	1847	1471	1096	1096	1096	1096	766	656
	轻型		汽油	153539	91380	29222	29222	29222	29222	25244	21265	21265	19082	16898	16898	14956	13015	13015	13015	13015	11406	10870
			柴油	33220	32416	31613	31613	31613	31613	29053	26493	26493	19431	12369	12369	12369	12369	9394	6418	6418	5088	4645
			燃气	45179	26829	8478	8478	8478	8478	6177	3876	3876	3020	2165	2165	1711	1258	1258	1258	1258	965	867
	中型		汽油	601367	601367	601367	601367	600770	408164	24147	24147	24147	24147	24147	24007	23867	23867	18801	13735	13735	13735	13735
			柴油	137395	137395	128235	109916	109916	83658	31143	31143	31143	29315	27487	27487	27487	27487	19921	12355	12355	7351	5683
			燃气	155720	155720	147070	129769	129769	125171	115975	115975	115975	92929	69883	69883	94575	94575	46047	46047	46047	46047	46047
	重型		汽油	1370528	1370528	1370528	1370528	1369930	922967	30236	30236	30236	30236	30236	23534	16832	16832	13412	9991	9991	9991	9991
			柴油	403599	403599	306735	113008	113008	113008	113008	113008	113008	82738	52468	52468	52468	52468	34598	16727	16727	11388	9608
			燃气	393682	393682	371812	328072	328072	316453	293214	293214	293214	234924	176634	176634	232893	232893	139383	139383	139383	139383	139383
低速汽车	三轮汽车			25300	25300	25300	25300	25300	25300	25300	25300	25300	16721	16721	16721	16721	16721	16721	16721	16721	16721	16721
	低速货车			33990	33990	33990	33990	33990	33990	33990	33990	33990	22464	22464	22464	22464	22464	22464	22464	22464	22464	22464
摩托车	普通摩托车			11957	11957	11957	11957	8924	5890	3153	3153	3153	3153	3153	2353	1553	1553	1553	1553	1553	1553	1553
	轻便摩托车			38669	38669	38669	38669	38669	7734	7734	3807	3807	3807	3807	2841	1875	1875	1875	1875	1875	1875	1875

张家口市 NO_x 排放系数

单位：克/（辆·年）

车辆类型		使用性质	燃料种类	1999年年底前	2000年	2001年	2002年	2003年	2004年	2005年	2006年	2007年	2008年	2009年	2010年	2011年	2012年	2013年	2014年	2015年	2016年	2017年
载客汽车	微型	出租车	汽油	328436	219794	111151	111151	111151	111151	80806	50460	50460	36405	22350	22350	18414	14479	14479	14479	14479	9302	7577
			燃气	168611	114919	61227	61227	61227	61227	45447	29667	29667	22139	14611	14611	11788	8965	8965	8965	8965	5346	4139
		其他	汽油	37269	23378	9486	9486	9486	9486	5934	2383	2383	1928	1473	1473	1228	984	984	984	984	686	587
			燃气	17843	10634	3425	3425	3425	3425	2223	1021	1021	825	629	629	497	365	365	365	365	294	270
	小型	出租车	汽油	373093	244814	116534	116534	116534	116534	83910	51287	51287	36818	22350	22350	17676	13003	13003	13003	13003	7968	6289
			柴油	302088	253335	204582	204582	204582	204582	181837	159092	159092	126528	93964	93964	93964	93964	76498	59031	59031	44426	39557
			燃气	190520	127194	63868	63868	63868	63868	46970	30073	30073	22342	14611	14611	11426	8241	8241	8241	8241	4690	3507
		其他	汽油	34762	22194	9626	9626	9626	9626	6340	3053	3053	2098	1142	1142	1038	935	935	935	935	646	550
			柴油	21986	17998	14011	14011	14011	14011	12890	11769	11769	9228	6688	6688	6688	6688	5785	4882	4882	4166	3928
			燃气	16613	10606	4599	4599	4599	4599	2974	1350	1350	908	467	467	404	341	341	341	341	274	252
	中型	公交车	汽油	441656	441656	441656	441656	441656	301725	21862	21862	21862	21862	21862	19606	17351	17351	13099	8847	8847	8847	8847
			柴油	367417	367417	366554	364829	364829	350330	321332	321332	321332	267654	213976	213976	213976	213976	174620	135264	135264	113246	105907
			燃气	390113	390113	385469	376181	376181	364512	341175	341175	341175	283950	226726	226726	143378	143378	112293	112293	112293	112293	112293
		其他	汽油	270775	270775	270775	270775	270775	183676	9477	9477	9477	9477	9477	9477	9477	9477	7108	4740	4740	4740	4740
			柴油	172302	172302	165109	150724	150724	149450	146901	146901	146901	125111	103321	103321	103321	103321	91740	80158	80158	68416	64502
			燃气	194565	194565	183756	162138	162138	160610	157553	157553	157553	134145	110737	110737	86260	86260	69289	69289	69289	69289	69289
	大型	公交车	汽油	1573398	1573398	1573398	1573398	1573398	1081898	98899	98899	98899	98899	98899	98812	98726	98726	74045	49364	49364	49364	49364
			柴油	521106	521106	504267	470590	470590	457219	430476	430476	430476	422718	414961	414961	414961	414961	399998	385035	385035	347090	334442
			燃气	1047733	1047733	989526	873111	873111	808321	678740	678740	678740	581554	484369	484369	450947	450947	390853	390853	390853	390853	390853
		其他	汽油	3755414	3755414	3755414	3755414	3755414	2582294	236055	236055	236055	236055	236055	227203	218351	218351	163938	109525	109525	109525	109525
			柴油	1247888	1247888	1215777	1151556	1151556	1124708	1071013	1071013	1071013	1033306	995598	995598	995598	995598	947814	900030	900030	796518	762014
			燃气	2322808	2322808	2193763	1935674	1935674	1792035	1504756	1504756	1504756	1289791	1074826	1074826	969676	969676	822684	822684	822684	822684	822684
载货汽车	微型		汽油	147648	87279	26910	26910	26910	26910	18220	9531	9531	7702	5873	5873	5230	4588	4588	4588	4588	3492	3127
			柴油	75205	62192	49180	49180	49180	49180	44181	39182	39182	33144	27107	27107	27107	27107	19840	12573	12573	10646	10004
			燃气	70688	40202	9716	9716	9716	9716	6900	4084	4084	3296	2508	2508	2105	1702	1702	1702	1702	1504	1438
	轻型		汽油	108801	69557	30313	30313	30313	30313	20386	10459	10459	8758	7058	7058	5886	4715	4715	4715	4715	3652	3298
			柴油	75464	62322	49180	49180	49180	49180	44181	39182	39182	33144	27107	27107	27107	27107	21582	16057	16057	14744	14306
			燃气	51997	33240	14483	14483	14483	14483	9554	4625	4625	3756	2886	2886	2303	1720	1720	1720	1720	1563	1511
	中型		汽油	505377	505377	505377	505377	505376	345024	24321	24321	24321	24321	24321	24321	24321	24321	18248	12175	12175	12175	12175
			柴油	724869	724869	650880	502902	502902	478205	428810	428810	428810	408577	388344	388344	388344	388344	340723	293102	293102	252388	238816
			燃气	818529	818529	726014	540986	540986	513958	459904	459904	459904	438061	416218	416218	315414	315414	256540	256540	256540	256540	256540
	重型		汽油	3048983	3048983	3048983	3048983	3048983	2096539	191650	191650	191650	191650	191650	184464	177277	177277	133100	88922	88922	88922	88922
			柴油	1355744	1355744	1309468	1216916	1216916	1171905	1081884	1081884	1081884	1038500	995116	995116	995116	995116	915530	835944	835944	656025	596052
			燃气	2523570	2523570	2364226	2045539	2045539	1870369	1520030	1520030	1520030	1297168	1074306	1074306	900631	900631	643508	643508	643508	643508	643508
低速汽车	三轮汽车			65550	65550	65550	65550	65550	65550	65550	65550	65550	53279	53279	53279	53279	53279	53279	53279	53279	53279	53279
	低速货车			88065	88065	88065	88065	88065	88065	88065	88065	88065	71579	71579	71579	71579	71579	71579	71579	71579	71579	71579
摩托车	普通摩托车			892	892	892	892	862	833	773	773	773	773	773	687	601	601	601	601	601	601	601
	轻便摩托车			595	595	595	595	595	297	297	297	297	297	297	264	231	231	231	231	231	231	231

张家口市 PM 排放系数

单位：克/（辆•年）

车辆类型		使用性质	燃料种类	1999 年年底前	2000 年	2001 年	2002 年	2003 年	2004 年	2005 年	2006 年	2007 年	2008 年	2009 年	2010 年	2011 年	2012 年	2013 年	2014 年	2015 年	2016 年	2017 年
载客汽车	微型	出租车	汽油	—	—	—	—	—	—	—	—	—	—	—	—	—	—	—	—	—	—	—
			燃气	—	—	—	—	—	—	—	—	—	—	—	—	—	—	—	—	—	—	—
		其他	汽油	—	—	—	—	—	—	—	—	—	—	—	—	—	—	—	—	—	—	—
			燃气	—	—	—	—	—	—	—	—	—	—	—	—	—	—	—	—	—	—	—
	小型	出租车	汽油	—	—	—	—	—	—	—	—	—	—	—	—	—	—	—	—	—	—	—
			柴油	39739	36384	33030	33030	33030	33030	22436	11841	11841	7738	3636	3636	3636	3636	3379	3122	3122	2582	2402
			燃气	—	—	—	—	—	—	—	—	—	—	—	—	—	—	—	—	—	—	—
		其他	汽油	—	—	—	—	—	—	—	—	—	—	—	—	—	—	—	—	—	—	—
			柴油	3167	2997	2827	2827	2827	2827	2028	1228	1228	902	575	575	575	575	480	384	384	384	384
			燃气	—	—	—	—	—	—	—	—	—	—	—	—	—	—	—	—	—	—	—
	中型	公交车	汽油	—	—	—	—	—	—	—	—	—	—	—	—	—	—	—	—	—	—	—
			柴油	30592	30592	28032	22913	22913	17978	8108	8108	8108	6872	5637	5637	5637	5637	3504	1372	1372	1080	983
			燃气	—	—	—	—	—	—	—	—	—	—	—	—	—	—	—	—	—	—	—
		其他	汽油	—	—	—	—	—	—	—	—	—	—	—	—	—	—	—	—	—	—	—
			柴油	15274	15274	12888	8116	8116	6262	2553	2553	2553	2434	2316	2316	2316	2316	1366	415	415	399	394
			燃气	—	—	—	—	—	—	—	—	—	—	—	—	—	—	—	—	—	—	—
	大型	公交车	汽油	—	—	—	—	—	—	—	—	—	—	—	—	—	—	—	—	—	—	—
			柴油	94865	94865	93934	92071	92071	71272	29674	29674	29674	19994	10315	10315	10315	10315	6116	1916	1916	1845	1821
			燃气	—	—	—	—	—	—	—	—	—	—	—	—	—	—	—	—	—	—	—
		其他	汽油	—	—	—	—	—	—	—	—	—	—	—	—	—	—	—	—	—	—	—
			柴油	142314	142314	133412	115607	115607	85425	25061	25061	25061	17182	9303	9303	9303	9303	5868	2433	2433	2343	2313
			燃气	—	—	—	—	—	—	—	—	—	—	—	—	—	—	—	—	—	—	—
载货汽车	微型		汽油	—	—	—	—	—	—	—	—	—	—	—	—	—	—	—	—	—	—	—
			柴油	8957	8772	8587	8587	8587	8587	6980	5372	5372	3987	2602	2602	2602	2602	1638	674	674	671	670
			燃气	—	—	—	—	—	—	—	—	—	—	—	—	—	—	—	—	—	—	—
	轻型		汽油	—	—	—	—	—	—	—	—	—	—	—	—	—	—	—	—	—	—	—
			柴油	9316	8952	8587	8587	8587	8587	6980	5372	5372	3987	2602	2602	2602	2602	1962	1322	1322	1092	1015
			燃气	—	—	—	—	—	—	—	—	—	—	—	—	—	—	—	—	—	—	—
	中型		汽油	—	—	—	—	—	—	—	—	—	—	—	—	—	—	—	—	—	—	—
			柴油	64535	64535	54309	33856	33856	26005	10303	10303	10303	9760	9218	9218	9218	9218	5910	2602	2602	2384	2311
			燃气	—	—	—	—	—	—	—	—	—	—	—	—	—	—	—	—	—	—	—
	重型		汽油	—	—	—	—	—	—	—	—	—	—	—	—	—	—	—	—	—	—	—
			柴油	276691	276691	227419	128876	128876	102328	49231	49231	49231	33736	18240	18240	18240	18240	11542	4845	4845	4095	3845
			燃气	—	—	—	—	—	—	—	—	—	—	—	—	—	—	—	—	—	—	—
低速汽车	三轮汽车			4092	4092	4092	4092	4092	4092	4092	4092	4092	3220	3220	3220	3220	3220	3220	3220	3220	3220	3220
	低速货车			5581	5581	5581	5581	5581	5581	5581	5581	5581	4392	4392	4392	4392	4392	4392	4392	4392	4392	4392
摩托车	普通摩托车			—	—	—	—	—	—	—	—	—	—	—	—	—	—	—	—	—	—	—
	轻便摩托车			—	—	—	—	—	—	—	—	—	—	—	—	—	—	—	—	—	—	—

张家口市 VOCs 排放系数

单位：克/（辆·年）

车辆类型		使用性质	燃料种类	1999 年年底前	2000 年	2001 年	2002 年	2003 年	2004 年	2005 年	2006 年	2007 年	2008 年	2009 年	2010 年	2011 年	2012 年	2013 年	2014 年	2015 年	2016 年	2017 年
载客汽车	微型	出租车	汽油	1296021	747722	199422	199422	199422	199422	145397	91372	91372	72028	52683	52683	44520	36358	36358	36358	36358	28648	26078
			燃气	319613	191669	63725	63725	63725	63725	48798	33872	33872	27676	21479	21479	17126	12773	12773	12773	12773	7926	6311
		其他	汽油	75017	44154	13292	13292	13292	13292	12935	12578	12578	10489	8400	8400	7987	7574	7574	7574	7574	6156	5683
			燃气	14830	8293	1756	1756	1756	1756	1696	1635	1635	1203	771	771	702	633	633	633	633	436	370
	小型	出租车	汽油	1296021	735398	174775	174775	174775	174775	166408	158042	158042	105362	52683	52683	44520	36358	36358	36358	36358	26485	23194
			柴油	178950	168812	158673	158673	158673	158673	143875	129077	129077	93074	57070	57070	57070	57070	42503	27936	27936	16240	12341
			燃气	319613	188814	58014	58014	58014	58014	53666	49319	49319	35399	21479	21479	17126	12773	12773	12773	12773	7426	5643
		其他	汽油	76102	44569	13036	13036	13036	13036	13380	13724	13724	11064	8405	8405	7924	7443	7443	7443	7443	6268	5876
			柴油	10680	9794	8908	8908	8908	8908	7569	6230	6230	4264	2299	2299	2299	2299	2026	1752	1752	1246	1078
			燃气	15081	9020	2959	2959	2959	2959	2430	1901	1901	1394	887	887	745	603	603	603	603	461	414
	中型	公交车	汽油	247633	247633	247633	247633	247036	168793	13500	13500	13500	13500	13500	13348	13197	13197	10770	8343	8343	8343	8343
			柴油	87806	87806	86086	82645	82645	64494	28192	28192	28192	20508	12823	12823	12823	12823	8958	5093	5093	4763	4653
			燃气	71579	71579	67602	59649	59649	57536	53311	53311	53311	42686	32061	32061	22219	22219	22154	22154	22154	22154	22154
		其他	汽油	128343	128343	128343	128343	127746	87424	7973	7973	7973	7973	7973	7828	7682	7682	6630	5579	5579	5579	5579
			柴油	30493	30493	28460	24394	24394	18567	6912	6912	6912	6506	6099	6099	6099	6099	3750	1402	1402	1243	1190
			燃气	34560	34560	32640	28800	28800	27780	25740	25740	25740	20623	15506	15506	10732	10732	9642	9642	9642	9642	9642
	大型	公交车	汽油	576941	576941	576941	576941	576344	388766	14804	14804	14804	14804	14804	14664	14524	14524	11758	8992	8992	8992	8992
			柴油	131708	131708	108010	60614	60614	60614	60614	60614	60614	43515	26416	26416	26416	26416	17675	8934	8934	5723	4653
			燃气	168926	168926	159541	140772	140772	135786	125815	125815	125815	100740	75665	75665	52438	52438	47188	47188	47188	47188	47188
		其他	汽油	1278239	1278239	1278239	1278239	1277642	860794	28291	28291	28291	28291	28291	22032	15773	15773	12582	9391	9391	9391	9391
			柴油	272891	272891	207397	76409	76409	76409	76409	76409	76409	55942	35476	35476	35476	35476	20706	5937	5937	5324	5119
			燃气	266186	266186	251398	221822	221822	213966	198253	198253	198253	158842	119430	119430	82662	82662	74261	74261	74261	74261	74261
载货汽车	微型		汽油	488500	260044	31588	31588	31588	31588	30091	28594	28594	26368	24141	24141	19686	15231	15231	15231	15231	13116	12411
			柴油	43181	40377	37573	37573	37573	37573	34565	31557	31557	23159	14761	14761	14761	14761	10192	5623	5623	3988	3443
			燃气	96571	50372	4173	4173	4173	4173	3945	3717	3717	2966	2216	2216	1744	1273	1273	1273	1273	924	808
	轻型		汽油	249905	146919	43933	43933	43933	43933	37708	31482	31482	28072	24663	24663	21672	18682	18682	18682	18682	16310	15520
			柴油	39446	38510	37573	37573	37573	37573	34565	31557	31557	23159	14761	14761	14761	14761	11262	7764	7764	6129	5584
			燃气	49523	29748	9972	9972	9972	9972	7166	4361	4361	3482	2603	2603	2058	1514	1514	1514	1514	1198	1093
	中型		汽油	601197	601197	601197	601197	600600	407994	23977	23977	23977	23977	23977	23837	23697	23697	18632	13566	13566	13566	13566
			柴油	137395	137395	128235	109916	109916	83658	31143	31143	31143	29315	27487	27487	27487	27487	19921	12355	12355	7351	5683
			燃气	155720	155720	147070	129769	129769	125171	115975	115975	115975	92929	69883	69883	94575	94575	46047	46047	46047	46047	46047
	重型		汽油	1354117	1354117	1354117	1354117	1353520	911866	29754	29754	29754	29754	29754	23130	16506	16506	13126	9746	9746	9746	9746
			柴油	402876	402876	306186	112805	112805	112805	112805	112805	112805	82590	52374	52374	52374	52374	34470	16566	16566	11190	9398
			燃气	392977	392977	371146	327483	327483	315884	292687	292687	292687	234502	176317	176317	230652	230652	136336	136336	136336	136336	136336
低速汽车	三轮汽车			25300	25300	25300	25300	25300	25300	25300	25300	25300	16721	16721	16721	16721	16721	16721	16721	16721	16721	16721
	低速货车			33990	33990	33990	33990	33990	33990	33990	33990	33990	22464	22464	22464	22464	22464	22464	22464	22464	22464	22464
摩托车	普通摩托车			11957	11957	11957	11957	8924	5890	3153	3153	3153	3153	3153	2353	1553	1553	1553	1553	1553	1553	1553
	轻便摩托车			38669	38669	38669	38669	38669	7734	7734	3807	3807	3807	3807	2841	1875	1875	1875	1875	1875	1875	1875

承德市 NO_x 排放系数

单位：克/（辆·年）

车辆类型		使用性质	燃料种类	1999 年年底前	2000 年	2001 年	2002 年	2003 年	2004 年	2005 年	2006 年	2007 年	2008 年	2009 年	2010 年	2011 年	2012 年	2013 年	2014 年	2015 年	2016 年	2017 年
载客汽车	微型	出租车	汽油	293596	200680	107765	107765	107765	107765	80374	52983	52983	39780	26578	26578	21436	16294	16294	16294	16294	9560	7315
			燃气	196650	135466	74281	74281	74281	74281	55790	37300	37300	28308	19315	19315	15456	11597	11597	11597	11597	6662	5017
		其他	汽油	27054	17010	6965	6965	6965	6965	4428	1890	1890	1539	1188	1188	999	810	810	810	810	532	440
			燃气	17107	10192	3276	3276	3276	3276	2129	982	982	796	609	609	480	351	351	351	351	283	260
	小型	出租车	汽油	331291	221798	112304	112304	112304	112304	82992	53681	53681	40130	26578	26578	20815	15052	15052	15052	15052	8432	6225
			柴油	366340	309374	252408	252408	252408	252408	224011	195614	195614	155984	116355	116355	116355	116355	93926	71496	71496	52508	46178
			燃气	221440	149353	77266	77266	77266	77266	57512	37758	37758	28536	19315	19315	15048	10781	10781	10781	10781	5921	4301
		其他	汽油	25262	16163	7064	7064	7064	7064	4715	2366	2366	1658	951	951	863	775	775	775	775	504	413
			柴油	21157	17326	13496	13496	13496	13496	12420	11345	11345	8890	6436	6436	6436	6436	5564	4693	4693	4007	3778
			燃气	15928	10161	4394	4394	4394	4394	2844	1295	1295	874	453	453	390	328	328	328	328	264	242
	中型	公交车	汽油	329477	329477	329477	329477	329477	225088	16309	16309	16309	16309	16309	14626	12944	12944	9772	6600	6600	6600	6600
			柴油	367321	367321	366459	364734	364734	350239	321249	321249	321249	267585	213921	213921	213921	213921	174574	135228	135228	113216	105879
			燃气	390012	390012	385369	376083	376083	364417	341086	341086	341086	283876	226667	226667	143341	143341	112264	112264	112264	112264	112264
		其他	汽油	201999	201999	201999	201999	201999	137023	7070	7070	7070	7070	7070	7070	7070	7070	5303	3536	3536	3536	3536
			柴油	172257	172257	165066	150685	150685	149411	146863	146863	146863	125078	103294	103294	103294	103294	91716	80137	80137	68398	64485
			燃气	194514	194514	183708	162095	162095	160567	157512	157512	157512	134110	110709	110709	86237	86237	69271	69271	69271	69271	69271
	大型	公交车	汽油	1173762	1173762	1173762	1173762	1173762	807101	73779	73779	73779	73779	73779	73714	73650	73650	55238	36826	36826	36826	36826
			柴油	520971	520971	504137	470468	470468	457100	430364	430364	430364	422608	414853	414853	414853	414853	399894	384935	384935	347000	334355
			燃气	1047461	1047461	989269	872884	872884	808110	678563	678563	678563	581403	484243	484243	450830	450830	390751	390751	390751	390751	390751
		其他	汽油	2801555	2801555	2801555	2801555	2801555	1926403	176098	176098	176098	176098	176098	169494	162890	162890	122298	81706	81706	81706	81706
			柴油	1247564	1247564	1215462	1151257	1151257	1124416	1070735	1070735	1070735	1033037	995339	995339	995339	995339	947568	899796	899796	796311	761816
			燃气	2322205	2322205	2193194	1935171	1935171	1791569	1504365	1504365	1504365	1289456	1074546	1074546	969424	969424	822470	822470	822470	822470	822470
载货汽车	微型		汽油	115382	68716	22051	22051	22051	22051	15166	8280	8280	6742	5203	5203	4568	3932	3932	3932	3932	2863	2507
			柴油	78432	64948	51464	51464	51464	51464	46233	41002	41002	34666	28329	28329	28329	28329	20732	13136	13136	11064	10374
			燃气	72959	41665	10372	10372	10372	10372	7337	4302	4302	3485	2667	2667	2186	1704	1704	1704	1704	1537	1481
	轻型		汽油	85970	55332	24694	24694	24694	24694	16848	9001	9001	7562	6123	6123	5077	4031	4031	4031	4031	2988	2640
			柴油	78700	65082	51464	51464	51464	51464	46233	41002	41002	34666	28329	28329	28329	28329	22531	16733	16733	15294	14815
			燃气	54205	34783	15360	15360	15360	15360	10143	4927	4927	3922	2917	2917	2311	1706	1706	1706	1706	1587	1547
	中型		汽油	377147	377147	377147	377147	377146	257481	18150	18150	18150	18150	18150	18150	18150	18150	13618	9086	9086	9086	9086
			柴油	724869	724869	650880	502902	502902	478205	428810	428810	428810	408577	388344	388344	388344	388344	340723	293102	293102	252388	238816
			燃气	818528	818528	726013	540982	540982	513956	459903	459903	459903	438062	416221	416221	315413	315413	256541	256541	256541	256541	256541
	重型		汽油	2275360	2275360	2275360	2275360	2275360	1564581	143023	143023	143023	143023	143023	137660	132296	132296	99328	66360	66360	66360	66360
			柴油	1355744	1355744	1309468	1216916	1216916	1171905	1081884	1081884	1081884	1038500	995116	995116	995116	995116	915530	835944	835944	656025	596052
			燃气	2523570	2523570	2364226	2045539	2045539	1870369	1520029	1520029	1520029	1297167	1074305	1074305	900631	900631	643508	643508	643508	643508	643508
低速汽车	三轮汽车			65550	65550	65550	65550	65550	65550	65550	65550	65550	53279	53279	53279	53279	53279	53279	53279	53279	53279	53279
	低速货车			88065	88065	88065	88065	88065	88065	88065	88065	88065	71579	71579	71579	71579	71579	71579	71579	71579	71579	71579
摩托车	普通摩托车			892	892	892	892	862	833	773	773	773	773	773	687	601	601	601	601	601	601	601
	轻便摩托车			595	595	595	595	595	297	297	297	297	297	297	264	231	231	231	231	231	231	231

承德市 PM 排放系数

单位：克/（辆·年）

车辆类型		使用性质	燃料种类	1999 年年底前	2000 年	2001 年	2002 年	2003 年	2004 年	2005 年	2006 年	2007 年	2008 年	2009 年	2010 年	2011 年	2012 年	2013 年	2014 年	2015 年	2016 年	2017 年
载客汽车	微型	出租车	汽油	—	—	—	—	—	—	—	—	—	—	—	—	—	—	—	—	—	—	—
			燃气	—	—	—	—	—	—	—	—	—	—	—	—	—	—	—	—	—	—	—
		其他	汽油	—	—	—	—	—	—	—	—	—	—	—	—	—	—	—	—	—	—	—
			燃气	—	—	—	—	—	—	—	—	—	—	—	—	—	—	—	—	—	—	—
	小型	出租车	汽油	—	—	—	—	—	—	—	—	—	—	—	—	—	—	—	—	—	—	—
			柴油	45074	41272	37470	37470	37470	37470	25480	13491	13491	8808	4124	4124	4124	4124	3832	3541	3541	2928	2724
			燃气	—	—	—	—	—	—	—	—	—	—	—	—	—	—	—	—	—	—	—
		其他	汽油	—	—	—	—	—	—	—	—	—	—	—	—	—	—	—	—	—	—	—
			柴油	3039	2876	2712	2712	2712	2712	1948	1184	1184	868	552	552	552	552	462	372	372	372	372
			燃气	—	—	—	—	—	—	—	—	—	—	—	—	—	—	—	—	—	—	—
	中型	公交车	汽油	—	—	—	—	—	—	—	—	—	—	—	—	—	—	—	—	—	—	—
			柴油	30592	30592	28032	22913	22913	17978	8108	8108	8108	6872	5637	5637	5637	5637	3504	1372	1372	1080	983
			燃气	—	—	—	—	—	—	—	—	—	—	—	—	—	—	—	—	—	—	—
		其他	汽油	—	—	—	—	—	—	—	—	—	—	—	—	—	—	—	—	—	—	—
			柴油	15274	15274	12888	8116	8116	6262	2553	2553	2553	2434	2316	2316	2316	2316	1366	415	415	399	394
			燃气	—	—	—	—	—	—	—	—	—	—	—	—	—	—	—	—	—	—	—
	大型	公交车	汽油	—	—	—	—	—	—	—	—	—	—	—	—	—	—	—	—	—	—	—
			柴油	94865	94865	93934	92071	92071	71272	29674	29674	29674	19994	10315	10315	10315	10315	6116	1916	1916	1845	1821
			燃气	—	—	—	—	—	—	—	—	—	—	—	—	—	—	—	—	—	—	—
		其他	汽油	—	—	—	—	—	—	—	—	—	—	—	—	—	—	—	—	—	—	—
			柴油	142314	142314	133412	115607	115607	85425	25061	25061	25061	17182	9303	9303	9303	9303	5868	2433	2433	2343	2313
			燃气	—	—	—	—	—	—	—	—	—	—	—	—	—	—	—	—	—	—	—
载货汽车	微型		汽油	—	—	—	—	—	—	—	—	—	—	—	—	—	—	—	—	—	—	—
			柴油	9250	9058	8867	8867	8867	8867	7210	5553	5553	4121	2689	2689	2689	2689	1693	697	697	694	693
			燃气	—	—	—	—	—	—	—	—	—	—	—	—	—	—	—	—	—	—	—
	轻型		汽油	—	—	—	—	—	—	—	—	—	—	—	—	—	—	—	—	—	—	—
			柴油	9620	9244	8867	8867	8867	8867	7210	5553	5553	4121	2689	2689	2689	2689	2028	1367	1367	1128	1049
			燃气	—	—	—	—	—	—	—	—	—	—	—	—	—	—	—	—	—	—	—
	中型		汽油	—	—	—	—	—	—	—	—	—	—	—	—	—	—	—	—	—	—	—
			柴油	64535	64535	54309	33856	33856	26005	10303	10303	10303	9760	9218	9218	9218	9218	5910	2602	2602	2384	2311
			燃气	—	—	—	—	—	—	—	—	—	—	—	—	—	—	—	—	—	—	—
	重型		汽油	—	—	—	—	—	—	—	—	—	—	—	—	—	—	—	—	—	—	—
			柴油	276691	276691	227419	128876	128876	102328	49231	49231	49231	33736	18240	18240	18240	18240	11542	4845	4845	4095	3845
			燃气	—	—	—	—	—	—	—	—	—	—	—	—	—	—	—	—	—	—	—
低速汽车	三轮汽车			4092	4092	4092	4092	4092	4092	4092	4092	4092	3220	3220	3220	3220	3220	3220	3220	3220	3220	3220
	低速货车			5581	5581	5581	5581	5581	5581	5581	5581	5581	4392	4392	4392	4392	4392	4392	4392	4392	4392	4392
摩托车	普通摩托车			—	—	—	—	—	—	—	—	—	—	—	—	—	—	—	—	—	—	—
	轻便摩托车			—	—	—	—	—	—	—	—	—	—	—	—	—	—	—	—	—	—	—

承德市 VOCs 排放系数

单位：克/（辆·年）

车辆类型		使用性质	燃料种类	1999 年年底前	2000 年	2001 年	2002 年	2003 年	2004 年	2005 年	2006 年	2007 年	2008 年	2009 年	2010 年	2011 年	2012 年	2013 年	2014 年	2015 年	2016 年	2017 年
载客汽车	微型	出租车	汽油	1470752	852532	234311	234311	234311	234311	171618	108924	108924	86378	63832	63832	53338	42845	42845	42845	42845	32635	29232
			燃气	368938	224137	79336	79336	79336	79336	61436	43535	43535	35862	28188	28188	22329	16470	16470	16470	16470	9760	7524
		其他	汽油	71329	42108	12887	12887	12887	12887	12522	12157	12157	10184	8211	8211	7800	7388	7388	7388	7388	6043	5595
			燃气	14123	7914	1704	1704	1704	1704	1642	1580	1580	1166	752	752	682	611	611	611	611	414	348
	小型	出租车	汽油	1470752	838494	206235	206235	206235	206235	195424	184612	184612	124222	63832	63832	53338	42845	42845	42845	42845	30219	26010
			柴油	230755	217324	203893	203893	203893	203893	184006	164119	164119	120118	76118	76118	76118	76118	56523	36928	36928	20862	15507
			燃气	368938	220884	72831	72831	72831	72831	66951	61071	61071	44630	28188	28188	22329	16470	16470	16470	16470	9200	6777
		其他	汽油	72360	42500	12641	12641	12641	12641	12950	13258	13258	10737	8216	8216	7740	7263	7263	7263	7263	6149	5778
			柴油	10292	9433	8574	8574	8574	8574	7276	5978	5978	4087	2196	2196	2196	2196	1926	1657	1657	1182	1024
			燃气	14362	8612	2863	2863	2863	2863	2349	1835	1835	1349	863	863	722	582	582	582	582	439	391
	中型	公交车	汽油	247721	247721	247721	247721	247124	168881	13588	13588	13588	13588	13588	13436	13285	13285	10858	8431	8431	8431	8431
			柴油	87806	87806	86086	82645	82645	64494	28192	28192	28192	20508	12823	12823	12823	12823	8958	5093	5093	4763	4653
			燃气	71579	71579	67602	59649	59649	57536	53311	53311	53311	42686	32061	32061	22219	22219	22154	22154	22154	22154	22154
		其他	汽油	128431	128431	128431	128431	127834	87512	8061	8061	8061	8061	8061	7916	7770	7770	6718	5667	5667	5667	5667
			柴油	30493	30493	28460	24394	24394	18567	6912	6912	6912	6506	6099	6099	6099	6099	3750	1402	1402	1243	1190
			燃气	34560	34560	32640	28800	28800	27780	25740	25740	25740	20623	15506	15506	10732	10732	9642	9642	9642	9642	9642
	大型	公交车	汽油	577029	577029	577029	577029	576432	388854	14892	14892	14892	14892	14892	14752	14612	14612	11846	9080	9080	9080	9080
			柴油	131708	131708	108010	60614	60614	60614	60614	60614	60614	43515	26416	26416	26416	26416	17675	8934	8934	5723	4653
			燃气	168926	168926	159541	140772	140772	135786	125815	125815	125815	100740	75665	75665	52438	52438	47188	47188	47188	47188	47188
		其他	汽油	1278327	1278327	1278327	1278327	1277730	860882	28379	28379	28379	28379	28379	22120	15861	15861	12670	9479	9479	9479	9479
			柴油	272891	272891	207397	76409	76409	76409	76409	76409	76409	55942	35476	35476	35476	35476	20706	5937	5937	5324	5119
			燃气	266186	266186	251398	221822	221822	213966	198253	198253	198253	158842	119430	119430	82662	82662	74261	74261	74261	74261	74261
载货汽车	微型		汽油	504734	268646	32559	32559	32559	32559	30980	29401	29401	27136	24871	24871	20224	15577	15577	15577	15577	13434	12720
			柴油	45450	42486	39521	39521	39521	39521	36316	33111	33111	24347	15583	15583	15583	15583	10752	5920	5920	4160	3574
			燃气	99936	52121	4305	4305	4305	4305	4063	3821	3821	3049	2278	2278	1783	1288	1288	1288	1288	915	791
	轻型		汽油	257856	151594	45332	45332	45332	45332	38861	32390	32390	28900	25411	25411	22280	19148	19148	19148	19148	16740	15937
			柴油	41593	40557	39521	39521	39521	39521	36316	33111	33111	24347	15583	15583	15583	15583	11858	8133	8133	6374	5787
			燃气	51179	30723	10267	10267	10267	10267	7375	4483	4483	3576	2669	2669	2102	1534	1534	1534	1534	1192	1078
	中型		汽油	601285	601285	601285	601285	600688	408082	24065	24065	24065	24065	24065	23925	23785	23785	18720	13654	13654	13654	13654
			柴油	137395	137395	128235	109916	109916	83658	31143	31143	31143	29315	27487	27487	27487	27487	19921	12355	12355	7351	5683
			燃气	155720	155720	147070	129769	129769	125171	115975	115975	115975	92929	69883	69883	94575	94575	46047	46047	46047	46047	46047
	重型		汽油	1354205	1354205	1354205	1354205	1353608	911954	29842	29842	29842	29842	29842	23218	16594	16594	13214	9834	9834	9834	9834
			柴油	402876	402876	306186	112805	112805	112805	112805	112805	112805	82590	52374	52374	52374	52374	34470	16566	16566	11190	9398
			燃气	392977	392977	371146	327483	327483	315884	292687	292687	292687	234502	176317	176317	230652	230652	136336	136336	136336	136336	136336
低速汽车	三轮汽车			25300	25300	25300	25300	25300	25300	25300	25300	25300	16721	16721	16721	16721	16721	16721	16721	16721	16721	16721
	低速货车			33990	33990	33990	33990	33990	33990	33990	33990	33990	22464	22464	22464	22464	22464	22464	22464	22464	22464	22464
摩托车	普通摩托车			11957	11957	11957	11957	8924	5890	3153	3153	3153	3153	3153	2353	1553	1553	1553	1553	1553	1553	1553
	轻便摩托车			38669	38669	38669	38669	38669	7734	7734	3807	3807	3807	3807	2841	1875	1875	1875	1875	1875	1875	1875

沧州市 NO_x 排放系数

单位：克/（辆·年）

车辆类型		使用性质	燃料种类	1999 年年底前	2000 年	2001 年	2002 年	2003 年	2004 年	2005 年	2006 年	2007 年	2008 年	2009 年	2010 年	2011 年	2012 年	2013 年	2014 年	2015 年	2016 年	2017 年
载客汽车	微型	出租车	汽油	314967	214380	113793	113793	113793	113793	84078	54363	54363	40210	26058	26058	21286	16513	16513	16513	16513	10001	7830
			燃气	201548	138499	75450	75450	75450	75450	56290	37130	37130	27882	18635	18635	15062	11489	11489	11489	11489	6744	5162
		其他	汽油	29363	18462	7561	7561	7561	7561	4760	1958	1958	1588	1217	1217	1026	835	835	835	835	572	485
			燃气	17807	10618	3429	3429	3429	3429	2226	1022	1022	826	629	629	504	378	378	378	378	304	280
	小型	出租车	汽油	356251	237548	118846	118846	118846	118846	86993	55140	55140	40599	26058	26058	20571	15084	15084	15084	15084	8719	6597
			柴油	384212	322648	261084	261084	261084	261084	232172	203260	203260	161984	120709	120709	120709	120709	98126	75544	75544	56646	50346
			燃气	227348	152978	78609	78609	78609	78609	58112	37616	37616	28126	18635	18635	14616	10597	10597	10597	10597	5942	4391
		其他	汽油	27399	17536	7672	7672	7672	7672	5078	2485	2485	1721	957	957	876	795	795	795	795	540	455
			柴油	23560	19264	14969	14969	14969	14969	13780	12592	12592	9873	7154	7154	7154	7154	6187	5220	5220	4508	4270
			燃气	16579	10592	4605	4605	4605	4605	2978	1351	1351	909	467	467	410	353	353	353	353	284	261
	中型	公交车	汽油	328671	328671	328671	328671	328671	224537	16269	16269	16269	16269	16269	14590	12912	12912	9748	6583	6583	6583	6583
			柴油	366662	366662	365801	364080	364080	349611	320672	320672	320672	267104	213537	213537	213537	213537	174262	134986	134986	113013	105689
			燃气	389313	389313	384678	375408	375408	363764	340475	340475	340475	283368	226260	226260	143084	143084	112062	112062	112062	112062	112062
		其他	汽油	201505	201505	201505	201505	201505	136688	7053	7053	7053	7053	7053	7053	7053	7053	5290	3527	3527	3527	3527
			柴油	171948	171948	164770	150415	150415	149143	146599	146599	146599	124854	103109	103109	103109	103109	91552	79994	79994	68275	64369
			燃气	194166	194166	183379	161805	161805	160280	157230	157230	157230	133870	110510	110510	86083	86083	69147	69147	69147	69147	69147
	大型	公交车	汽油	1170891	1170891	1170891	1170891	1170891	805127	73599	73599	73599	73599	73599	73534	73470	73470	55103	36736	36736	36736	36736
			柴油	520037	520037	503233	469624	469624	456280	429592	429592	429592	421850	414109	414109	414109	414109	399176	384244	384244	346377	333755
			燃气	1045582	1045582	987494	871318	871318	806661	677346	677346	677346	580360	483374	483374	450021	450021	390051	390051	390051	390051	390051
		其他	汽油	2794704	2794704	2794704	2794704	2794704	1921692	175667	175667	175667	175667	175667	169080	162492	162492	121999	81506	81506	81506	81506
			柴油	1245326	1245326	1213281	1149192	1149192	1122400	1068815	1068815	1068815	1031184	993554	993554	993554	993554	945868	898183	898183	794882	760449
			燃气	2318040	2318040	2189260	1931700	1931700	1788356	1501667	1501667	1501667	1287143	1072619	1072619	967685	967685	820995	820995	820995	820995	820995
载货汽车	微型		汽油	132800	78898	24996	24996	24996	24996	17154	9311	9311	7579	5847	5847	5123	4399	4399	4399	4399	3231	2842
			柴油	91473	75688	59904	59904	59904	59904	53826	47749	47749	40402	33056	33056	33056	33056	24174	15293	15293	12946	12163
			燃气	80536	45936	11336	11336	11336	11336	8098	4860	4860	3941	3022	3022	2507	1991	1991	1991	1991	1728	1641
	轻型		汽油	97614	62810	28006	28006	28006	28006	19069	10132	10132	8514	6895	6895	5703	4511	4511	4511	4511	3373	2994
			柴油	91786	75845	59904	59904	59904	59904	53826	47749	47749	40402	33056	33056	33056	33056	26290	19523	19523	17920	17386
			燃气	59066	37938	16810	16810	16810	16810	11159	5508	5508	4437	3365	3365	2684	2003	2003	2003	2003	1789	1717
	中型		汽油	377147	377147	377147	377147	377146	257481	18150	18150	18150	18150	18150	18150	18150	18150	13618	9086	9086	9086	9086
			柴油	724869	724869	650880	502902	502902	478205	428810	428810	428810	408577	388344	388344	388344	388344	340723	293102	293102	252388	238816
			燃气	818532	818532	726016	540984	540984	513958	459906	459906	459906	438062	416219	416219	315412	315412	256543	256543	256543	256543	256543
	重型		汽油	2754750	2754750	2754750	2754750	2754750	1894219	173156	173156	173156	173156	173156	166662	160169	160169	120255	80341	80341	80341	80341
			柴油	1643665	1643665	1587561	1475353	1475353	1420783	1311644	1311644	1311644	1259047	1206450	1206450	1206450	1206450	1110269	1014088	1014088	790727	716273
			燃气	3059505	3059505	2866320	2479951	2479951	2267580	1842838	1842838	1842838	1572647	1302457	1302457	1092559	1092559	773302	773302	773302	773302	773302
低速汽车	三轮汽车			65550	65550	65550	65550	65550	65550	65550	65550	65550	53279	53279	53279	53279	53279	53279	53279	53279	53279	53279
	低速货车			88065	88065	88065	88065	88065	88065	88065	88065	88065	71579	71579	71579	71579	71579	71579	71579	71579	71579	71579
摩托车	普通摩托车			892	892	892	892	862	833	773	773	773	773	773	687	601	601	601	601	601	601	601
	轻便摩托车			595	595	595	595	595	297	297	297	297	297	297	264	231	231	231	231	231	231	231

沧州市 PM 排放系数

单位：克/（辆·年）

车辆类型		使用性质	燃料种类	1999 年年底前	2000 年	2001 年	2002 年	2003 年	2004 年	2005 年	2006 年	2007 年	2008 年	2009 年	2010 年	2011 年	2012 年	2013 年	2014 年	2015 年	2016 年	2017 年
载客汽车	微型	出租车	汽油	—	—	—	—	—	—	—	—	—	—	—	—	—	—	—	—	—	—	—
			燃气	—	—	—	—	—	—	—	—	—	—	—	—	—	—	—	—	—	—	—
		其他	汽油	—	—	—	—	—	—	—	—	—	—	—	—	—	—	—	—	—	—	—
			燃气	—	—	—	—	—	—	—	—	—	—	—	—	—	—	—	—	—	—	—
	小型	出租车	汽油	—	—	—	—	—	—	—	—	—	—	—	—	—	—	—	—	—	—	—
			柴油	47749	43721	39693	39693	39693	39693	26908	14122	14122	9242	4363	4363	4363	4363	4055	3747	3747	3098	2882
			燃气	—	—	—	—	—	—	—	—	—	—	—	—	—	—	—	—	—	—	—
		其他	汽油	—	—	—	—	—	—	—	—	—	—	—	—	—	—	—	—	—	—	—
			柴油	3255	3080	2905	2905	2905	2905	2084	1263	1263	927	591	591	591	591	492	394	394	394	394
			燃气	—	—	—	—	—	—	—	—	—	—	—	—	—	—	—	—	—	—	—
	中型	公交车	汽油	—	—	—	—	—	—	—	—	—	—	—	—	—	—	—	—	—	—	—
			柴油	30592	30592	28032	22913	22913	17978	8108	8108	8108	6872	5637	5637	5637	5637	3504	1372	1372	1080	983
			燃气	—	—	—	—	—	—	—	—	—	—	—	—	—	—	—	—	—	—	—
		其他	汽油	—	—	—	—	—	—	—	—	—	—	—	—	—	—	—	—	—	—	—
			柴油	15274	15274	12888	8116	8116	6262	2553	2553	2553	2434	2316	2316	2316	2316	1366	415	415	399	394
			燃气	—	—	—	—	—	—	—	—	—	—	—	—	—	—	—	—	—	—	—
	大型	公交车	汽油	—	—	—	—	—	—	—	—	—	—	—	—	—	—	—	—	—	—	—
			柴油	94865	94865	93934	92071	92071	71272	29674	29674	29674	19994	10315	10315	10315	10315	6116	1916	1916	1845	1821
			燃气	—	—	—	—	—	—	—	—	—	—	—	—	—	—	—	—	—	—	—
		其他	汽油	—	—	—	—	—	—	—	—	—	—	—	—	—	—	—	—	—	—	—
			柴油	142314	142314	133412	115607	115607	85425	25061	25061	25061	17182	9303	9303	9303	9303	5868	2433	2433	2343	2313
			燃气	—	—	—	—	—	—	—	—	—	—	—	—	—	—	—	—	—	—	—
载货汽车	微型		汽油	—	—	—	—	—	—	—	—	—	—	—	—	—	—	—	—	—	—	—
			柴油	10198	9987	9776	9776	9776	9776	7961	6146	6146	4562	2977	2977	2977	2977	1874	772	772	768	767
			燃气	—	—	—	—	—	—	—	—	—	—	—	—	—	—	—	—	—	—	—
	轻型		汽油	—	—	—	—	—	—	—	—	—	—	—	—	—	—	—	—	—	—	—
			柴油	10606	10191	9776	9776	9776	9776	7961	6146	6146	4562	2977	2977	2977	2977	2245	1513	1513	1249	1161
			燃气	—	—	—	—	—	—	—	—	—	—	—	—	—	—	—	—	—	—	—
	中型		汽油	—	—	—	—	—	—	—	—	—	—	—	—	—	—	—	—	—	—	—
			柴油	64535	64535	54309	33856	33856	26005	10303	10303	10303	9760	9218	9218	9218	9218	5910	2602	2602	2384	2311
			燃气	—	—	—	—	—	—	—	—	—	—	—	—	—	—	—	—	—	—	—
	重型		汽油	—	—	—	—	—	—	—	—	—	—	—	—	—	—	—	—	—	—	—
			柴油	334886	334886	275252	155983	155983	123850	59585	59585	59585	40830	22076	22076	22076	22076	13971	5866	5866	4958	4655
			燃气	—	—	—	—	—	—	—	—	—	—	—	—	—	—	—	—	—	—	—
低速汽车	三轮汽车			4092	4092	4092	4092	4092	4092	4092	4092	4092	3220	3220	3220	3220	3220	3220	3220	3220	3220	3220
	低速货车			5581	5581	5581	5581	5581	5581	5581	5581	5581	4392	4392	4392	4392	4392	4392	4392	4392	4392	4392
摩托车	普通摩托车			—	—	—	—	—	—	—	—	—	—	—	—	—	—	—	—	—	—	—
	轻便摩托车			—	—	—	—	—	—	—	—	—	—	—	—	—	—	—	—	—	—	—

沧州市 VOCs 排放系数

单位：克/（辆·年）

车辆类型		使用性质	燃料种类	1999 年年底前	2000 年	2001 年	2002 年	2003 年	2004 年	2005 年	2006 年	2007 年	2008 年	2009 年	2010 年	2011 年	2012 年	2013 年	2014 年	2015 年	2016 年	2017 年
载客汽车	微型	出租车	汽油	978302	571425	164548	164548	164548	164548	122780	81012	81012	65242	49471	49471	41240	33009	33009	33009	33009	24718	21954
			燃气	393926	236711	79496	79496	79496	79496	61150	42803	42803	35098	27394	27394	21852	16309	16309	16309	16309	10169	8122
		其他	汽油	48301	29147	9993	9993	9993	9993	9644	9294	9294	7982	6669	6669	6392	6114	6114	6114	6114	5216	4916
			燃气	15202	8501	1800	1800	1800	1800	1734	1668	1668	1232	795	795	728	662	662	662	662	460	393
	小型	出租车	汽油	978302	562495	146688	146688	146688	146688	137920	129152	129152	89312	49471	49471	41240	33009	33009	33009	33009	23051	19732
			柴油	212829	200341	187853	187853	187853	187853	169542	151230	151230	111098	70965	70965	70965	70965	52634	34304	34304	19221	14193
			燃气	393926	233278	72631	72631	72631	72631	66970	61308	61308	44351	27394	27394	21852	16309	16309	16309	16309	9528	7268
		其他	汽油	48971	29402	9834	9834	9834	9834	9918	10002	10002	8337	6672	6672	6351	6030	6030	6030	6030	5282	5032
			柴油	9235	8444	7654	7654	7654	7654	6477	5300	5300	3604	1907	1907	1907	1907	1646	1385	1385	998	869
			燃气	15460	9251	3042	3042	3042	3042	2491	1940	1940	1428	915	915	772	630	630	630	630	486	438
	中型	公交车	汽油	247762	247762	247762	247762	247165	168922	13629	13629	13629	13629	13629	13478	13326	13326	10899	8472	8472	8472	8472
			柴油	87806	87806	86086	82645	82645	64494	28192	28192	28192	20508	12823	12823	12823	12823	8958	5093	5093	4763	4653
			燃气	71579	71579	67602	59649	59649	57536	53311	53311	53311	42686	32061	32061	22219	22219	22154	22154	22154	22154	22154
		其他	汽油	128472	128472	128472	128472	127875	87552	8101	8101	8101	8101	8101	7956	7810	7810	6759	5708	5708	5708	5708
			柴油	30493	30493	28460	24394	24394	18567	6912	6912	6912	6506	6099	6099	6099	6099	3750	1402	1402	1243	1190
			燃气	34560	34560	32640	28800	28800	27780	25740	25740	25740	20623	15506	15506	10732	10732	9642	9642	9642	9642	9642
	大型	公交车	汽油	577070	577070	577070	577070	576473	388895	14933	14933	14933	14933	14933	14793	14653	14653	11887	9121	9121	9121	9121
			柴油	131708	131708	108010	60614	60614	60614	60614	60614	60614	43515	26416	26416	26416	26416	17675	8934	8934	5723	4653
			燃气	168926	168926	159541	140772	140772	135786	125815	125815	125815	100740	75665	75665	52438	52438	47188	47188	47188	47188	47188
		其他	汽油	1278368	1278368	1278368	1278368	1277771	860922	28419	28419	28419	28419	28419	22160	15902	15902	12711	9520	9520	9520	9520
			柴油	272891	272891	207397	76409	76409	76409	76409	76409	76409	55942	35476	35476	35476	35476	20706	5937	5937	5324	5119
			燃气	266186	266186	251398	221822	221822	213966	198253	198253	198253	158842	119430	119430	82662	82662	74261	74261	74261	74261	74261
载货汽车	微型		汽油	342462	183890	25317	25317	25317	25317	23902	22488	22488	20740	18993	18993	15596	12198	12198	12198	12198	10401	9802
			柴油	45933	42906	39879	39879	39879	39879	36518	33156	33156	24516	15875	15875	15875	15875	10945	6015	6015	4120	3488
			燃气	107785	56172	4560	4560	4560	4560	4298	4036	4036	3150	2264	2264	1792	1321	1321	1321	1321	918	784
	轻型		汽油	176904	105394	33883	33883	33883	33883	29188	24492	24492	21924	19355	19355	16974	14593	14593	14593	14593	12618	11959
			柴油	42240	41060	39879	39879	39879	39879	36518	33156	33156	24516	15875	15875	15875	15875	12006	8136	8136	6240	5608
			燃气	55848	33165	10481	10481	10481	10481	7616	4750	4750	3702	2654	2654	2089	1525	1525	1525	1525	1162	1041
	中型		汽油	601326	601326	601326	601326	600728	408123	24106	24106	24106	24106	24106	23966	23826	23826	18760	13694	13694	13694	13694
			柴油	137395	137395	128235	109916	109916	83658	31143	31143	31143	29315	27487	27487	27487	27487	19921	12355	12355	7351	5683
			燃气	155720	155720	147070	129769	129769	125171	115975	115975	115975	92929	69883	69883	94575	94575	46047	46047	46047	46047	46047
	重型		汽油	1638119	1638119	1638119	1638119	1637522	1103063	35342	35342	35342	35342	35342	27353	19364	19364	15276	11188	11188	11188	11188
			柴油	489956	489956	372367	137188	137188	137188	137188	137188	137188	100441	63694	63694	63694	63694	41766	19837	19837	13466	11343
			燃气	477918	477918	451368	398269	398269	384163	355952	355952	355952	285189	214426	214426	276194	276194	164552	164552	164552	164552	164552
低速汽车	三轮汽车			25300	25300	25300	25300	25300	25300	25300	25300	25300	16721	16721	16721	16721	16721	16721	16721	16721	16721	16721
	低速货车			33990	33990	33990	33990	33990	33990	33990	33990	33990	22464	22464	22464	22464	22464	22464	22464	22464	22464	22464
摩托车	普通摩托车			11957	11957	11957	11957	8924	5890	3153	3153	3153	3153	3153	2353	1553	1553	1553	1553	1553	1553	1553
	轻便摩托车			38669	38669	38669	38669	38669	7734	7734	3807	3807	3807	3807	2841	1875	1875	1875	1875	1875	1875	1875

廊坊市 NO_x 排放系数

单位：克/（辆·年）

车辆类型		使用性质	燃料种类	1999 年年底前	2000 年	2001 年	2002 年	2003 年	2004 年	2005 年	2006 年	2007 年	2008 年	2009 年	2010 年	2011 年	2012 年	2013 年	2014 年	2015 年	2016 年	2017 年
载客汽车	微型	出租车	汽油	365415	252609	139803	139803	139803	139803	105240	70677	70677	53736	36795	36795	29620	22444	22444	22444	22444	12880	9692
			燃气	235953	165068	94183	94183	94183	94183	71674	49164	49164	37934	26704	26704	21310	15915	15915	15915	15915	8843	6486
		其他	汽油	26332	16554	6775	6775	6775	6775	4290	1806	1806	1470	1134	1134	960	786	786	786	786	533	449
			燃气	15913	9490	3066	3066	3066	3066	1996	927	927	752	577	577	462	347	347	347	347	280	257
	小型	出租车	汽油	411115	278236	145357	145357	145357	145357	108444	71531	71531	54163	36795	36795	28832	20868	20868	20868	20868	11447	8307
			柴油	480794	408351	335908	335908	335908	335908	298034	260160	260160	208056	155951	155951	155951	155951	125074	94198	94198	67972	59230
			燃气	264513	181084	97654	97654	97654	97654	73676	49697	49697	38200	26704	26704	20817	14930	14930	14930	14930	7948	5620
		其他	汽油	24581	15727	6873	6873	6873	6873	4573	2273	2273	1588	902	902	826	750	750	750	750	504	422
			柴油	21471	17574	13677	13677	13677	13677	12606	11534	11534	9034	6533	6533	6533	6533	5646	4759	4759	4105	3887
			燃气	14818	9462	4106	4106	4106	4106	2662	1219	1219	826	432	432	378	325	325	325	325	261	240
	中型	公交车	汽油	328671	328671	328671	328671	328671	224537	16269	16269	16269	16269	16269	14590	12912	12912	9748	6583	6583	6583	6583
			柴油	366662	366662	365801	364080	364080	349611	320672	320672	320672	267104	213537	213537	213537	213537	174262	134986	134986	113013	105689
			燃气	389313	389313	384678	375408	375408	363764	340475	340475	340475	283368	226260	226260	143084	143084	112062	112062	112062	112062	112062
		其他	汽油	201505	201505	201505	201505	201505	136688	7053	7053	7053	7053	7053	7053	7053	7053	5290	3527	3527	3527	3527
			柴油	171948	171948	164770	150415	150415	149143	146599	146599	146599	124854	103109	103109	103109	103109	91552	79994	79994	68275	64369
			燃气	194166	194166	183379	161805	161805	160280	157230	157230	157230	133870	110510	110510	86083	86083	69147	69147	69147	69147	69147
	大型	公交车	汽油	1170891	1170891	1170891	1170891	1170891	805127	73599	73599	73599	73599	73599	73534	73470	73470	55103	36736	36736	36736	36736
			柴油	520037	520037	503233	469624	469624	456280	429592	429592	429592	421850	414109	414109	414109	414109	399176	384244	384244	346377	333755
			燃气	1045582	1045582	987494	871318	871318	806661	677346	677346	677346	580360	483374	483374	450021	450021	390051	390051	390051	390051	390051
		其他	汽油	2794704	2794704	2794704	2794704	2794704	1921692	175667	175667	175667	175667	175667	169080	162492	162492	121999	81506	81506	81506	81506
			柴油	1245326	1245326	1213281	1149192	1149192	1122400	1068815	1068815	1068815	1031184	993554	993554	993554	993554	945868	898183	898183	794882	760449
			燃气	2318040	2318040	2189260	1931700	1931700	1788356	1501667	1501667	1501667	1287143	1072619	1072619	967685	967685	820995	820995	820995	820995	820995
载货汽车	微型		汽油	163556	98235	32914	32914	32914	32914	22960	13005	13005	10674	8342	8342	7169	5996	5996	5996	5996	4226	3636
			柴油	119057	99336	79616	79616	79616	79616	71422	63228	63228	53375	43522	43522	43522	43522	31825	20128	20128	16459	15236
			燃气	98840	56868	14895	14895	14895	14895	10785	6675	6675	5460	4245	4245	3446	2647	2647	2647	2647	2223	2081
	轻型		汽油	122712	79670	36627	36627	36627	36627	25322	14018	14018	11826	9634	9634	7884	6135	6135	6135	6135	4401	3823
			柴油	119438	99527	79616	79616	79616	79616	71422	63228	63228	53375	43522	43522	43522	43522	34398	25274	25274	22510	21589
			燃气	73974	47927	21881	21881	21881	21881	14700	7518	7518	6066	4614	4614	3636	2658	2658	2658	2658	2295	2174
	中型		汽油	377147	377147	377147	377147	377146	257481	18150	18150	18150	18150	18150	18150	18150	18150	13618	9086	9086	9086	9086
			柴油	724869	724869	650880	502902	502902	478205	428810	428810	428810	408577	388344	388344	388344	388344	340723	293102	293102	252388	238816
			燃气	818532	818532	726016	540984	540984	513958	459906	459906	459906	438062	416219	416219	315412	315412	256543	256543	256543	256543	256543
	重型		汽油	1966749	1966749	1966749	1966749	1966749	1352374	123624	123624	123624	123624	123624	118988	114352	114352	85856	57359	57359	57359	57359
			柴油	1152558	1152558	1113217	1034536	1034536	996271	919742	919742	919742	882860	845978	845978	845978	845978	782480	718981	718981	570846	521467
			燃气	2145362	2145362	2009899	1738972	1738972	1590056	1292222	1292222	1292222	1102761	913299	913299	774616	774616	562986	562986	562986	562986	562986
低速汽车	三轮汽车			65550	65550	65550	65550	65550	65550	65550	65550	65550	53279	53279	53279	53279	53279	53279	53279	53279	53279	53279
	低速货车			88065	88065	88065	88065	88065	88065	88065	88065	88065	71579	71579	71579	71579	71579	71579	71579	71579	71579	71579
摩托车	普通摩托车			892	892	892	892	862	833	773	773	773	773	773	687	601	601	601	601	601	601	601
	轻便摩托车			595	595	595	595	595	297	297	297	297	297	297	264	231	231	231	231	231	231	231

廊坊市 PM 排放系数

单位：克/（辆·年）

车辆类型		使用性质	燃料种类	1999 年年底前	2000 年	2001 年	2002 年	2003 年	2004 年	2005 年	2006 年	2007 年	2008 年	2009 年	2010 年	2011 年	2012 年	2013 年	2014 年	2015 年	2016 年	2017 年
载客汽车	微型	出租车	汽油	—	—	—	—	—	—	—	—	—	—	—	—	—	—	—	—	—	—	—
			燃气	—	—	—	—	—	—	—	—	—	—	—	—	—	—	—	—	—	—	—
		其他	汽油	—	—	—	—	—	—	—	—	—	—	—	—	—	—	—	—	—	—	—
			燃气	—	—	—	—	—	—	—	—	—	—	—	—	—	—	—	—	—	—	—
	小型	出租车	汽油	—	—	—	—	—	—	—	—	—	—	—	—	—	—	—	—	—	—	—
			柴油	53406	48904	44402	44402	44402	44402	30190	15977	15977	10430	4884	4884	4884	4884	4540	4195	4195	3469	3227
			燃气	—	—	—	—	—	—	—	—	—	—	—	—	—	—	—	—	—	—	—
		其他	汽油	—	—	—	—	—	—	—	—	—	—	—	—	—	—	—	—	—	—	—
			柴油	2953	2794	2636	2636	2636	2636	1896	1156	1156	846	537	537	537	537	450	362	362	362	362
			燃气	—	—	—	—	—	—	—	—	—	—	—	—	—	—	—	—	—	—	—
	中型	公交车	汽油	—	—	—	—	—	—	—	—	—	—	—	—	—	—	—	—	—	—	—
			柴油	30592	30592	28032	22913	22913	17978	8108	8108	8108	6872	5637	5637	5637	5637	3504	1372	1372	1080	983
			燃气	—	—	—	—	—	—	—	—	—	—	—	—	—	—	—	—	—	—	—
		其他	汽油	—	—	—	—	—	—	—	—	—	—	—	—	—	—	—	—	—	—	—
			柴油	15274	15274	12888	8116	8116	6262	2553	2553	2553	2434	2316	2316	2316	2316	1366	415	415	399	394
			燃气	—	—	—	—	—	—	—	—	—	—	—	—	—	—	—	—	—	—	—
	大型	公交车	汽油	—	—	—	—	—	—	—	—	—	—	—	—	—	—	—	—	—	—	—
			柴油	94865	94865	93934	92071	92071	71272	29674	29674	29674	19994	10315	10315	10315	10315	6116	1916	1916	1845	1821
			燃气	—	—	—	—	—	—	—	—	—	—	—	—	—	—	—	—	—	—	—
		其他	汽油	—	—	—	—	—	—	—	—	—	—	—	—	—	—	—	—	—	—	—
			柴油	142314	142314	133412	115607	115607	85425	25061	25061	25061	17182	9303	9303	9303	9303	5868	2433	2433	2343	2313
			燃气	—	—	—	—	—	—	—	—	—	—	—	—	—	—	—	—	—	—	—
载货汽车	微型		汽油	—	—	—	—	—	—	—	—	—	—	—	—	—	—	—	—	—	—	—
			柴油	12355	12100	11844	11844	11844	11844	9647	7450	7450	5530	3609	3609	3609	3609	2272	935	935	931	930
			燃气	—	—	—	—	—	—	—	—	—	—	—	—	—	—	—	—	—	—	—
	轻型		汽油	—	—	—	—	—	—	—	—	—	—	—	—	—	—	—	—	—	—	—
			柴油	12849	12346	11844	11844	11844	11844	9647	7450	7450	5530	3609	3609	3609	3609	2722	1834	1834	1514	1408
			燃气	—	—	—	—	—	—	—	—	—	—	—	—	—	—	—	—	—	—	—
	中型		汽油	—	—	—	—	—	—	—	—	—	—	—	—	—	—	—	—	—	—	—
			柴油	64535	64535	54309	33856	33856	26005	10303	10303	10303	9760	9218	9218	9218	9218	5910	2602	2602	2384	2311
			燃气	—	—	—	—	—	—	—	—	—	—	—	—	—	—	—	—	—	—	—
	重型		汽油	—	—	—	—	—	—	—	—	—	—	—	—	—	—	—	—	—	—	—
			柴油	241330	241330	198355	112406	112406	89250	42939	42939	42939	29424	15909	15909	15909	15909	10034	4159	4159	3516	3301
			燃气	—	—	—	—	—	—	—	—	—	—	—	—	—	—	—	—	—	—	—
低速汽车	三轮汽车			4092	4092	4092	4092	4092	4092	4092	4092	4092	3220	3220	3220	3220	3220	3220	3220	3220	3220	3220
	低速货车			5581	5581	5581	5581	5581	5581	5581	5581	5581	4392	4392	4392	4392	4392	4392	4392	4392	4392	4392
摩托车	普通摩托车			—	—	—	—	—	—	—	—	—	—	—	—	—	—	—	—	—	—	—
	轻便摩托车			—	—	—	—	—	—	—	—	—	—	—	—	—	—	—	—	—	—	—

廊坊市 VOCs 排放系数

单位：克/（辆·年）

车辆类型		使用性质	燃料种类	1999 年年底前	2000 年	2001 年	2002 年	2003 年	2004 年	2005 年	2006 年	2007 年	2008 年	2009 年	2010 年	2011 年	2012 年	2013 年	2014 年	2015 年	2016 年	2017 年
载客汽车	微型	出租车	汽油	1100517	651664	202810	202810	202810	202810	153160	103509	103509	84389	65269	65269	53496	41722	41722	41722	41722	29049	24825
			燃气	452532	278374	104216	104216	104216	104216	81548	58879	58879	48918	38957	38957	30761	22565	22565	22565	22565	13044	9871
		其他	汽油	44382	27029	9676	9676	9676	9676	9315	8954	8954	7740	6525	6525	6256	5986	5986	5986	5986	5107	4814
			燃气	13696	7687	1678	1678	1678	1678	1608	1538	1538	1144	749	749	680	612	612	612	612	418	354
	小型	出租车	汽油	1100517	641576	182636	182636	182636	182636	170020	157403	157403	111336	65269	65269	53496	41722	41722	41722	41722	27233	22403
			柴油	298230	280105	261980	261980	261980	261980	234862	207743	207743	155958	104173	104173	104173	104173	77051	49929	49929	26942	19280
			燃气	452532	274496	96461	96461	96461	96461	88028	79596	79596	59276	38957	38957	30761	22565	22565	22565	22565	12347	8941
		其他	汽油	44985	27258	9531	9531	9531	9531	9564	9596	9596	8062	6528	6528	6219	5910	5910	5910	5910	5164	4916
			柴油	8605	7874	7144	7144	7144	7144	6056	4968	4968	3394	1820	1820	1820	1820	1568	1315	1315	942	818
			燃气	13927	8371	2815	2815	2815	2815	2300	1784	1784	1322	859	859	721	583	583	583	583	440	393
	中型	公交车	汽油	247762	247762	247762	247762	247165	168922	13629	13629	13629	13629	13629	13478	13326	13326	10899	8472	8472	8472	8472
			柴油	87806	87806	86086	82645	82645	64494	28192	28192	28192	20508	12823	12823	12823	12823	8958	5093	5093	4763	4653
			燃气	71579	71579	67602	59649	59649	57536	53311	53311	53311	42686	32061	32061	22219	22219	22154	22154	22154	22154	22154
		其他	汽油	128472	128472	128472	128472	127875	87552	8101	8101	8101	8101	8101	7956	7810	7810	6759	5708	5708	5708	5708
			柴油	30493	30493	28460	24394	24394	18567	6912	6912	6912	6506	6099	6099	6099	6099	3750	1402	1402	1243	1190
			燃气	34560	34560	32640	28800	28800	27780	25740	25740	25740	20623	15506	15506	10732	10732	9642	9642	9642	9642	9642
	大型	公交车	汽油	577070	577070	577070	577070	576473	388895	14933	14933	14933	14933	14933	14793	14653	14653	11887	9121	9121	9121	9121
			柴油	131708	131708	108010	60614	60614	60614	60614	60614	60614	43515	26416	26416	26416	26416	17675	8934	8934	5723	4653
			燃气	168926	168926	159541	140772	140772	135786	125815	125815	125815	100740	75665	75665	52438	52438	47188	47188	47188	47188	47188
		其他	汽油	1278368	1278368	1278368	1278368	1277771	860922	28419	28419	28419	28419	28419	22160	15902	15902	12711	9520	9520	9520	9520
			柴油	272891	272891	207397	76409	76409	76409	76409	76409	76409	55942	35476	35476	35476	35476	20706	5937	5937	5324	5119
			燃气	266186	266186	251398	221822	221822	213966	198253	198253	198253	158842	119430	119430	82662	82662	74261	74261	74261	74261	74261
载货汽车	微型		汽油	420930	226738	32545	32545	32545	32545	30501	28457	28457	26128	23798	23798	19273	14748	14748	14748	14748	12170	11311
			柴油	65350	61003	56656	56656	56656	56656	51544	46433	46433	34836	23238	23238	23238	23238	16168	9098	9098	5841	4755
			燃气	129896	67770	5644	5644	5644	5644	5266	4888	4888	3810	2732	2732	2120	1508	1508	1508	1508	1001	832
	轻型		汽油	218005	130525	43045	43045	43045	43045	36980	30914	30914	27578	24242	24242	20962	17682	17682	17682	17682	14887	13955
			柴油	60833	58744	56656	56656	56656	56656	51544	46433	46433	34836	23238	23238	23238	23238	17468	11698	11698	8441	7355
			燃气	67493	40103	12713	12713	12713	12713	9230	5747	5747	4469	3190	3190	2467	1744	1744	1744	1744	1273	1116
	中型		汽油	601326	601326	601326	601326	600728	408123	24106	24106	24106	24106	24106	23966	23826	23826	18760	13694	13694	13694	13694
			柴油	137395	137395	128235	109916	109916	83658	31143	31143	31143	29315	27487	27487	27487	27487	19921	12355	12355	7351	5683
			燃气	155720	155720	147070	129769	129769	125171	115975	115975	115975	92929	69883	69883	94575	94575	46047	46047	46047	46047	46047
	重型		汽油	1179344	1179344	1179344	1179344	1178746	794272	26519	26519	26519	26519	26519	20736	14953	14953	12010	9066	9066	9066	9066
			柴油	341795	341795	259764	95703	95703	95703	95703	95703	95703	70068	44433	44433	44433	44433	29382	14332	14332	9734	8201
			燃气	333397	333397	314876	277834	277834	267994	248314	248314	248314	198949	149584	149584	199547	199547	118971	118971	118971	118971	118971
低速汽车	三轮汽车			25300	25300	25300	25300	25300	25300	25300	25300	25300	16721	16721	16721	16721	16721	16721	16721	16721	16721	16721
	低速货车			33990	33990	33990	33990	33990	33990	33990	33990	33990	22464	22464	22464	22464	22464	22464	22464	22464	22464	22464
摩托车	普通摩托车			11957	11957	11957	11957	8924	5890	3153	3153	3153	3153	3153	2353	1553	1553	1553	1553	1553	1553	1553
	轻便摩托车			38669	38669	38669	38669	38669	7734	7734	3807	3807	3807	3807	2841	1875	1875	1875	1875	1875	1875	1875

衡水市 NO_x 排放系数

单位：克/（辆·年）

车辆类型		使用性质	燃料种类	1999 年年底前	2000 年	2001 年	2002 年	2003 年	2004 年	2005 年	2006 年	2007 年	2008 年	2009 年	2010 年	2011 年	2012 年	2013 年	2014 年	2015 年	2016 年	2017 年
载客汽车	微型	出租车	汽油	306600	209034	111468	111468	111468	111468	82882	54297	54297	40597	26897	26897	21725	16553	16553	16553	16553	9815	7569
			燃气	196650	135466	74281	74281	74281	74281	55790	37300	37300	28308	19315	19315	15456	11597	11597	11597	11597	6662	5017
		其他	汽油	28243	17736	7229	7229	7229	7229	4562	1894	1894	1540	1186	1186	990	793	793	793	793	538	453
			燃气	17107	10192	3276	3276	3276	3276	2129	982	982	796	609	609	480	351	351	351	351	283	260
	小型	出租车	汽油	346268	231256	116244	116244	116244	116244	85638	55031	55031	40964	26897	26897	21072	15247	15247	15247	15247	8628	6422
			柴油	378954	319436	259919	259919	259919	259919	230768	201617	201617	160644	119670	119670	119670	119670	96802	73935	73935	54667	48244
			燃气	221440	149353	77266	77266	77266	77266	57512	37758	37758	28536	19315	19315	15048	10781	10781	10781	10781	5921	4301
		其他	汽油	26357	16846	7334	7334	7334	7334	4864	2395	2395	1666	936	936	846	756	756	756	756	508	425
			柴油	22161	18132	14104	14104	14104	14104	12978	11853	11853	9282	6711	6711	6711	6711	5801	4891	4891	4199	3968
			燃气	15928	10161	4394	4394	4394	4394	2844	1295	1295	874	453	453	390	328	328	328	328	264	242
	中型	公交车	汽油	328671	328671	328671	328671	328671	224537	16269	16269	16269	16269	16269	14590	12912	12912	9748	6583	6583	6583	6583
			柴油	366662	366662	365801	364080	364080	349611	320672	320672	320672	267104	213537	213537	213537	213537	174262	134986	134986	113013	105689
			燃气	389313	389313	384678	375408	375408	363764	340475	340475	340475	283368	226260	226260	143084	143084	112062	112062	112062	112062	112062
		其他	汽油	201505	201505	201505	201505	201505	136688	7053	7053	7053	7053	7053	7053	7053	7053	5290	3527	3527	3527	3527
			柴油	171948	171948	164770	150415	150415	149143	146599	146599	146599	124854	103109	103109	103109	103109	91552	79994	79994	68275	64369
			燃气	194166	194166	183379	161805	161805	160280	157230	157230	157230	133870	110510	110510	86083	86083	69147	69147	69147	69147	69147
	大型	公交车	汽油	1170891	1170891	1170891	1170891	1170891	805127	73599	73599	73599	73599	73599	73534	73470	73470	55103	36736	36736	36736	36736
			柴油	520037	520037	503233	469624	469624	456280	429592	429592	429592	421850	414109	414109	414109	414109	399176	384244	384244	346377	333755
			燃气	1045582	1045582	987494	871318	871318	806661	677346	677346	677346	580360	483374	483374	450021	450021	390051	390051	390051	390051	390051
		其他	汽油	2794704	2794704	2794704	2794704	2794704	1921692	175667	175667	175667	175667	175667	169080	162492	162492	121999	81506	81506	81506	81506
			柴油	1245326	1245326	1213281	1149192	1149192	1122400	1068815	1068815	1068815	1031184	993554	993554	993554	993554	945868	898183	898183	794882	760449
			燃气	2318040	2318040	2189260	1931700	1931700	1788356	1501667	1501667	1501667	1287143	1072619	1072619	967685	967685	820995	820995	820995	820995	820995
载货汽车	微型		汽油	120999	71968	22938	22938	22938	22938	15716	8494	8494	6906	5319	5319	4674	4029	4029	4029	4029	2970	2617
			柴油	81864	67712	53559	53559	53559	53559	48126	42693	42693	36102	29511	29511	29511	29511	21587	13663	13663	11576	10880
			燃气	73290	41842	10395	10395	10395	10395	7399	4404	4404	3568	2731	2731	2257	1783	1783	1783	1783	1572	1502
	轻型		汽油	90048	57884	25719	25719	25719	25719	17486	9252	9252	7770	6288	6288	5210	4133	4133	4133	4133	3101	2757
			柴油	82145	67852	53559	53559	53559	53559	48126	42693	42693	36102	29511	29511	29511	29511	23481	17451	17451	16030	15556
			燃气	54418	34913	15409	15409	15409	15409	10206	5003	5003	4023	3043	3043	2418	1793	1793	1793	1793	1626	1570
	中型		汽油	377147	377147	377147	377147	377146	257481	18150	18150	18150	18150	18150	18150	18150	18150	13618	9086	9086	9086	9086
			柴油	724869	724869	650880	502902	502902	478205	428810	428810	428810	408577	388344	388344	388344	388344	340723	293102	293102	252388	238816
			燃气	818532	818532	726016	540984	540984	513958	459906	459906	459906	438062	416219	416219	315412	315412	256543	256543	256543	256543	256543
	重型		汽油	2868265	2868265	2868265	2868265	2868265	1972274	180291	180291	180291	180291	180291	173530	166769	166769	125210	83651	83651	83651	83651
			柴油	1729723	1729723	1670682	1552599	1552599	1495172	1380319	1380319	1380319	1324968	1269617	1269617	1269617	1269617	1160753	1051889	1051889	819240	741691
			燃气	3219693	3219693	3016393	2609795	2609795	2386305	1939325	1939325	1939325	1654988	1370651	1370651	1133285	1133285	800744	800744	800744	800744	800744
低速汽车	三轮汽车			65550	65550	65550	65550	65550	65550	65550	65550	65550	53279	53279	53279	53279	53279	53279	53279	53279	53279	53279
	低速货车			88065	88065	88065	88065	88065	88065	88065	88065	88065	71579	71579	71579	71579	71579	71579	71579	71579	71579	71579
摩托车	普通摩托车			892	892	892	892	862	833	773	773	773	773	773	687	601	601	601	601	601	601	601
	轻便摩托车			595	595	595	595	595	297	297	297	297	297	297	264	231	231	231	231	231	231	231

衡水市 PM 排放系数

单位：克/（辆·年）

车辆类型		使用性质	燃料种类	1999 年年底前	2000 年	2001 年	2002 年	2003 年	2004 年	2005 年	2006 年	2007 年	2008 年	2009 年	2010 年	2011 年	2012 年	2013 年	2014 年	2015 年	2016 年	2017 年
载客汽车	微型	出租车	汽油	—	—	—	—	—	—	—	—	—	—	—	—	—	—	—	—	—	—	—
			燃气	—	—	—	—	—	—	—	—	—	—	—	—	—	—	—	—	—	—	—
		其他	汽油	—	—	—	—	—	—	—	—	—	—	—	—	—	—	—	—	—	—	—
			燃气	—	—	—	—	—	—	—	—	—	—	—	—	—	—	—	—	—	—	—
	小型	出租车	汽油	—	—	—	—	—	—	—	—	—	—	—	—	—	—	—	—	—	—	—
			柴油	45074	41272	37470	37470	37470	37470	25480	13491	13491	8808	4124	4124	4124	4124	3832	3541	3541	2928	2724
			燃气	—	—	—	—	—	—	—	—	—	—	—	—	—	—	—	—	—	—	—
		其他	汽油	—	—	—	—	—	—	—	—	—	—	—	—	—	—	—	—	—	—	—
			柴油	3039	2876	2712	2712	2712	2712	1948	1184	1184	868	552	552	552	552	462	372	372	372	372
			燃气	—	—	—	—	—	—	—	—	—	—	—	—	—	—	—	—	—	—	—
	中型	公交车	汽油	—	—	—	—	—	—	—	—	—	—	—	—	—	—	—	—	—	—	—
			柴油	30592	30592	28032	22913	22913	17978	8108	8108	8108	6872	5637	5637	5637	5637	3504	1372	1372	1080	983
			燃气	—	—	—	—	—	—	—	—	—	—	—	—	—	—	—	—	—	—	—
		其他	汽油	—	—	—	—	—	—	—	—	—	—	—	—	—	—	—	—	—	—	—
			柴油	15274	15274	12888	8116	8116	6262	2553	2553	2553	2434	2316	2316	2316	2316	1366	415	415	399	394
			燃气	—	—	—	—	—	—	—	—	—	—	—	—	—	—	—	—	—	—	—
	大型	公交车	汽油	—	—	—	—	—	—	—	—	—	—	—	—	—	—	—	—	—	—	—
			柴油	94865	94865	93934	92071	92071	71272	29674	29674	29674	19994	10315	10315	10315	10315	6116	1916	1916	1845	1821
			燃气	—	—	—	—	—	—	—	—	—	—	—	—	—	—	—	—	—	—	—
		其他	汽油	—	—	—	—	—	—	—	—	—	—	—	—	—	—	—	—	—	—	—
			柴油	142314	142314	133412	115607	115607	85425	25061	25061	25061	17182	9303	9303	9303	9303	5868	2433	2433	2343	2313
			燃气	—	—	—	—	—	—	—	—	—	—	—	—	—	—	—	—	—	—	—
载货汽车	微型		汽油	—	—	—	—	—	—	—	—	—	—	—	—	—	—	—	—	—	—	—
			柴油	9250	9058	8867	8867	8867	8867	7210	5553	5553	4121	2689	2689	2689	2689	1693	697	697	694	693
			燃气	—	—	—	—	—	—	—	—	—	—	—	—	—	—	—	—	—	—	—
	轻型		汽油	—	—	—	—	—	—	—	—	—	—	—	—	—	—	—	—	—	—	—
			柴油	9620	9244	8867	8867	8867	8867	7210	5553	5553	4121	2689	2689	2689	2689	2028	1367	1367	1128	1049
			燃气	—	—	—	—	—	—	—	—	—	—	—	—	—	—	—	—	—	—	—
	中型		汽油	—	—	—	—	—	—	—	—	—	—	—	—	—	—	—	—	—	—	—
			柴油	64535	64535	54309	33856	33856	26005	10303	10303	10303	9760	9218	9218	9218	9218	5910	2602	2602	2384	2311
			燃气	—	—	—	—	—	—	—	—	—	—	—	—	—	—	—	—	—	—	—
	重型		汽油	—	—	—	—	—	—	—	—	—	—	—	—	—	—	—	—	—	—	—
			柴油	343786	343786	282567	160128	160128	127142	61169	61169	61169	41916	22663	22663	22663	22663	14392	6120	6120	5173	4857
			燃气	—	—	—	—	—	—	—	—	—	—	—	—	—	—	—	—	—	—	—
低速汽车	三轮汽车			4092	4092	4092	4092	4092	4092	4092	4092	4092	3220	3220	3220	3220	3220	3220	3220	3220	3220	3220
	低速货车			5581	5581	5581	5581	5581	5581	5581	5581	5581	4392	4392	4392	4392	4392	4392	4392	4392	4392	4392
摩托车	普通摩托车			—	—	—	—	—	—	—	—	—	—	—	—	—	—	—	—	—	—	—
	轻便摩托车			—	—	—	—	—	—	—	—	—	—	—	—	—	—	—	—	—	—	—

衡水市 VOCs 排放系数

单位：克/（辆·年）

车辆类型		使用性质	燃料种类	1999 年年底前	2000 年	2001 年	2002 年	2003 年	2004 年	2005 年	2006 年	2007 年	2008 年	2009 年	2010 年	2011 年	2012 年	2013 年	2014 年	2015 年	2016 年	2017 年
载客汽车	微型	出租车	汽油	909826	535484	161143	161143	161143	161143	120920	80698	80698	65298	49897	49897	41228	32560	32560	32560	32560	23294	20205
			燃气	368938	224137	79336	79336	79336	79336	61436	43535	43535	35862	28188	28188	22329	16470	16470	16470	16470	9760	7524
		其他	汽油	45493	27618	9743	9743	9743	9743	9404	9064	9064	7800	6535	6535	6258	5981	5981	5981	5981	5095	4800
			燃气	14123	7914	1704	1704	1704	1704	1642	1580	1580	1166	752	752	682	611	611	611	611	414	348
	小型	出租车	汽油	909826	527023	144220	144220	144220	144220	135270	126319	126319	88108	49897	49897	41228	32560	32560	32560	32560	21837	18263
			柴油	218447	205472	192497	192497	192497	192497	173102	153708	153708	113812	73915	73915	73915	73915	54770	35624	35624	19688	14376
			燃气	368938	220884	72831	72831	72831	72831	66951	61071	61071	44630	28188	28188	22329	16470	16470	16470	16470	9200	6777
		其他	汽油	46114	27854	9595	9595	9595	9595	9661	9727	9727	8133	6539	6539	6222	5906	5906	5906	5906	5160	4911
			柴油	8777	8030	7284	7284	7284	7284	6154	5024	5024	3429	1834	1834	1834	1834	1580	1327	1327	950	824
			燃气	14362	8612	2863	2863	2863	2863	2349	1835	1835	1349	863	863	722	582	582	582	582	439	391
	中型	公交车	汽油	247762	247762	247762	247762	247165	168922	13629	13629	13629	13629	13629	13478	13326	13326	10899	8472	8472	8472	8472
			柴油	87806	87806	86086	82645	82645	64494	28192	28192	28192	20508	12823	12823	12823	12823	8958	5093	5093	4763	4653
			燃气	71579	71579	67602	59649	59649	57536	53311	53311	53311	42686	32061	32061	22219	22219	22154	22154	22154	22154	22154
		其他	汽油	128472	128472	128472	128472	127875	87552	8101	8101	8101	8101	8101	7956	7810	7810	6759	5708	5708	5708	5708
			柴油	30493	30493	28460	24394	24394	18567	6912	6912	6912	6506	6099	6099	6099	6099	3750	1402	1402	1243	1190
			燃气	34560	34560	32640	28800	28800	27780	25740	25740	25740	20623	15506	15506	10732	10732	9642	9642	9642	9642	9642
	大型	公交车	汽油	577070	577070	577070	577070	576473	388895	14933	14933	14933	14933	14933	14793	14653	14653	11887	9121	9121	9121	9121
			柴油	131708	131708	108010	60614	60614	60614	60614	60614	60614	43515	26416	26416	26416	26416	17675	8934	8934	5723	4653
			燃气	168926	168926	159541	140772	140772	135786	125815	125815	125815	100740	75665	75665	52438	52438	47188	47188	47188	47188	47188
		其他	汽油	1278368	1278368	1278368	1278368	1277771	860922	28419	28419	28419	28419	28419	22160	15902	15902	12711	9520	9520	9520	9520
			柴油	272891	272891	207397	76409	76409	76409	76409	76409	76409	55942	35476	35476	35476	35476	20706	5937	5937	5324	5119
			燃气	266186	266186	251398	221822	221822	213966	198253	198253	198253	158842	119430	119430	82662	82662	74261	74261	74261	74261	74261
载货汽车	微型		汽油	308626	165930	23235	23235	23235	23235	21952	20670	20670	19072	17473	17473	14432	11392	11392	11392	11392	9749	9201
			柴油	40720	38041	35362	35362	35362	35362	32386	29410	29410	21739	14068	14068	14068	14068	9707	5346	5346	3667	3107
			燃气	95811	49937	4064	4064	4064	4064	3833	3603	3603	2807	2011	2011	1587	1164	1164	1164	1164	791	667
	轻型		汽油	159820	95377	30934	30934	30934	30934	26703	22472	22472	20136	17799	17799	15672	13544	13544	13544	13544	11741	11140
			柴油	37435	36398	35362	35362	35362	35362	32386	29410	29410	21739	14068	14068	14068	14068	10650	7231	7231	5552	4992
			燃气	49775	29503	9230	9230	9230	9230	6735	4239	4239	3294	2349	2349	1842	1335	1335	1335	1335	999	887
	中型		汽油	601326	601326	601326	601326	600728	408123	24106	24106	24106	24106	24106	23966	23826	23826	18760	13694	13694	13694	13694
			柴油	137395	137395	128235	109916	109916	83658	31143	31143	31143	29315	27487	27487	27487	27487	19921	12355	12355	7351	5683
			燃气	155720	155720	147070	129769	129769	125171	115975	115975	115975	92929	69883	69883	94575	94575	46047	46047	46047	46047	46047
	重型		汽油	1691397	1691397	1691397	1691397	1690800	1138923	36366	36366	36366	36366	36366	28122	19877	19877	15656	11434	11434	11434	11434
			柴油	513977	513977	390623	143914	143914	143914	143914	143914	143914	105366	66817	66817	66817	66817	43881	20945	20945	13938	11603
			燃气	501348	501348	473497	417795	417795	402998	373403	373403	373403	299171	224940	224940	291621	291621	168324	168324	168324	168324	168324
低速汽车	三轮汽车			25300	25300	25300	25300	25300	25300	25300	25300	25300	16721	16721	16721	16721	16721	16721	16721	16721	16721	16721
	低速货车			33990	33990	33990	33990	33990	33990	33990	33990	33990	22464	22464	22464	22464	22464	22464	22464	22464	22464	22464
摩托车	普通摩托车			11957	11957	11957	11957	8924	5890	3153	3153	3153	3153	3153	2353	1553	1553	1553	1553	1553	1553	1553
	轻便摩托车			38669	38669	38669	38669	38669	7734	7734	3807	3807	3807	3807	2841	1875	1875	1875	1875	1875	1875	1875

辛集市 NO_x 排放系数

单位：克/（辆·年）

车辆类型		使用性质	燃料种类	1999年年底前	2000年	2001年	2002年	2003年	2004年	2005年	2006年	2007年	2008年	2009年	2010年	2011年	2012年	2013年	2014年	2015年	2016年	2017年
载客汽车	微型	出租车	汽油	308178	207942	107706	107706	107706	107706	79244	50783	50783	37382	23980	23980	19762	15544	15544	15544	15544	9590	7606
			燃气	196801	133986	71172	71172	71172	71172	52852	34533	34533	25800	17067	17067	13904	10742	10742	10742	10742	6430	4992
		其他	汽油	31104	19521	7938	7938	7938	7938	4980	2022	2022	1639	1256	1256	1068	881	881	881	881	607	516
			燃气	18900	11250	3600	3600	3600	3600	2330	1061	1061	856	652	652	529	406	406	406	406	326	299
	小型	出租车	汽油	349073	230838	112603	112603	112603	112603	82069	51535	51535	37758	23980	23980	19039	14098	14098	14098	14098	8303	6371
			柴油	372156	311310	250463	250463	250463	250463	223256	196049	196049	155854	115660	115660	115660	115660	94472	73283	73283	56556	50981
			燃气	222368	148301	74234	74234	74234	74234	54619	35004	35004	26036	17067	17067	13452	9838	9838	9838	9838	5624	4219
		其他	汽油	29016	18536	8055	8055	8055	8055	5317	2579	2579	1780	980	980	908	836	836	836	836	571	483
			柴油	25142	20538	15933	15933	15933	15933	14672	13411	13411	10526	7642	7642	7642	7642	6616	5590	5590	4892	4659
			燃气	17594	11219	4844	4844	4844	4844	3126	1409	1409	944	480	480	429	378	378	378	378	304	279
	中型	公交车	汽油	342124	342124	342124	342124	342124	233728	16935	16935	16935	16935	16935	15188	13441	13441	10147	6853	6853	6853	6853
			柴油	381711	381711	380815	379022	379022	363959	333834	333834	333834	278068	222301	222301	222301	222301	181414	140526	140526	117652	110027
			燃气	405291	405291	400466	390816	390816	378694	354449	354449	354449	294998	235547	235547	148956	148956	116662	116662	116662	116662	116662
		其他	汽油	201424	201424	201424	201424	201424	136633	7050	7050	7050	7050	7050	7050	7050	7050	5288	3526	3526	3526	3526
			柴油	171897	171897	164721	150370	150370	149099	146556	146556	146556	124818	103079	103079	103079	103079	91524	79970	79970	68255	64350
			燃气	194108	194108	183324	161757	161757	160232	157183	157183	157183	133830	110477	110477	86057	86057	69126	69126	69126	69126	69126
	大型	公交车	汽油	1218815	1218815	1218815	1218815	1218815	838080	76611	76611	76611	76611	76611	76544	76477	76477	57358	38239	38239	38239	38239
			柴油	541380	541380	523886	488898	488898	475007	447224	447224	447224	439164	431105	431105	431105	431105	415560	400015	400015	360594	347454
			燃气	1088495	1088495	1028023	907079	907079	839768	705146	705146	705146	604180	503213	503213	468491	468491	406059	406059	406059	406059	406059
		其他	汽油	2793571	2793571	2793571	2793571	2793571	1920913	175596	175596	175596	175596	175596	169011	162426	162426	121950	81473	81473	81473	81473
			柴油	1244956	1244956	1212921	1148851	1148851	1122066	1068497	1068497	1068497	1030878	993258	993258	993258	993258	945587	897916	897916	794646	760223
			燃气	2317351	2317351	2188609	1931126	1931126	1787824	1501220	1501220	1501220	1286760	1072300	1072300	967397	967397	820751	820751	820751	820751	820751
载货汽车	微型		汽油	120833	71469	22105	22105	22105	22105	15038	7970	7970	6456	4942	4942	4380	3818	3818	3818	3818	2868	2552
			柴油	82297	67784	53271	53271	53271	53271	47921	42571	42571	36078	29585	29585	29585	29585	21637	13689	13689	11809	11182
			燃气	73423	41724	10025	10025	10025	10025	7104	4182	4182	3374	2565	2565	2162	1759	1759	1759	1759	1549	1479
	轻型		汽油	88398	56627	24856	24856	24856	24856	16788	8720	8720	7310	5900	5900	4910	3921	3921	3921	3921	2998	2690
			柴油	82590	67930	53271	53271	53271	53271	47921	42571	42571	36078	29585	29585	29585	29585	23610	17636	17636	16451	16056
			燃气	53601	34274	14948	14948	14948	14948	9856	4764	4764	3827	2890	2890	2331	1773	1773	1773	1773	1609	1554
	中型		汽油	377147	377147	377147	377147	377146	257481	18150	18150	18150	18150	18150	18150	18150	18150	13618	9086	9086	9086	9086
			柴油	724869	724869	650880	502902	502902	478205	428810	428810	428810	408577	388344	388344	388344	388344	340723	293102	293102	252388	238816
			燃气	818530	818530	726015	540985	540985	513958	459904	459904	459904	438060	416216	416216	315412	315412	256541	256541	256541	256541	256541
	重型		汽油	2350897	2350897	2350897	2350897	2350897	1616522	147771	147771	147771	147771	147771	142230	136688	136688	102626	68563	68563	68563	68563
			柴油	1396017	1396017	1348366	1253065	1253065	1206717	1114022	1114022	1114022	1069350	1024677	1024677	1024677	1024677	943922	863168	863168	678508	616955
			燃气	2598535	2598535	2434457	2106301	2106301	1925928	1565182	1565182	1565182	1335701	1106219	1106219	929960	929960	666076	666076	666076	666076	666076
低速汽车	三轮汽车			65550	65550	65550	65550	65550	65550	65550	65550	65550	53279	53279	53279	53279	53279	53279	53279	53279	53279	53279
	低速货车			88065	88065	88065	88065	88065	88065	88065	88065	88065	71579	71579	71579	71579	71579	71579	71579	71579	71579	71579
摩托车	普通摩托车			892	892	892	892	862	833	773	773	773	773	773	687	601	601	601	601	601	601	601
	轻便摩托车			595	595	595	595	595	297	297	297	297	297	297	264	231	231	231	231	231	231	231

辛集市 PM 排放系数

单位：克/（辆·年）

车辆类型		使用性质	燃料种类	1999 年年底前	2000 年	2001 年	2002 年	2003 年	2004 年	2005 年	2006 年	2007 年	2008 年	2009 年	2010 年	2011 年	2012 年	2013 年	2014 年	2015 年	2016 年	2017 年
载客汽车	微型	出租车	汽油	—	—	—	—	—	—	—	—	—	—	—	—	—	—	—	—	—	—	—
			燃气	—	—	—	—	—	—	—	—	—	—	—	—	—	—	—	—	—	—	—
		其他	汽油	—	—	—	—	—	—	—	—	—	—	—	—	—	—	—	—	—	—	—
			燃气	—	—	—	—	—	—	—	—	—	—	—	—	—	—	—	—	—	—	—
	小型	出租车	汽油	—	—	—	—	—	—	—	—	—	—	—	—	—	—	—	—	—	—	—
			柴油	47924	43894	39864	39864	39864	39864	27058	14253	14253	9332	4410	4410	4410	4410	4098	3787	3787	3132	2913
			燃气	—	—	—	—	—	—	—	—	—	—	—	—	—	—	—	—	—	—	—
		其他	汽油	—	—	—	—	—	—	—	—	—	—	—	—	—	—	—	—	—	—	—
			柴油	3496	3308	3120	3120	3120	3120	2234	1348	1348	993	638	638	638	638	530	421	421	421	421
			燃气	—	—	—	—	—	—	—	—	—	—	—	—	—	—	—	—	—	—	—
	中型	公交车	汽油	—	—	—	—	—	—	—	—	—	—	—	—	—	—	—	—	—	—	—
			柴油	31857	31857	29192	23861	23861	18722	8443	8443	8443	7156	5870	5870	5870	5870	3649	1428	1428	1124	1023
			燃气	—	—	—	—	—	—	—	—	—	—	—	—	—	—	—	—	—	—	—
		其他	汽油	—	—	—	—	—	—	—	—	—	—	—	—	—	—	—	—	—	—	—
			柴油	15274	15274	12888	8116	8116	6262	2553	2553	2553	2434	2316	2316	2316	2316	1366	415	415	399	394
			燃气	—	—	—	—	—	—	—	—	—	—	—	—	—	—	—	—	—	—	—
	大型	公交车	汽油	—	—	—	—	—	—	—	—	—	—	—	—	—	—	—	—	—	—	—
			柴油	98788	98788	97818	95878	95878	74219	30901	30901	30901	20821	10741	10741	10741	10741	6368	1995	1995	1921	1896
			燃气	—	—	—	—	—	—	—	—	—	—	—	—	—	—	—	—	—	—	—
		其他	汽油	—	—	—	—	—	—	—	—	—	—	—	—	—	—	—	—	—	—	—
			柴油	142314	142314	133412	115607	115607	85425	25061	25061	25061	17182	9303	9303	9303	9303	5868	2433	2433	2343	2313
			燃气	—	—	—	—	—	—	—	—	—	—	—	—	—	—	—	—	—	—	—
载货汽车	微型		汽油	—	—	—	—	—	—	—	—	—	—	—	—	—	—	—	—	—	—	—
			柴油	9415	9220	9025	9025	9025	9025	7354	5684	5684	4218	2753	2753	2753	2753	1733	713	713	710	709
			燃气	—	—	—	—	—	—	—	—	—	—	—	—	—	—	—	—	—	—	—
	轻型		汽油	—	—	—	—	—	—	—	—	—	—	—	—	—	—	—	—	—	—	—
			柴油	9792	9408	9025	9025	9025	9025	7354	5684	5684	4218	2753	2753	2753	2753	2076	1399	1399	1155	1074
			燃气	—	—	—	—	—	—	—	—	—	—	—	—	—	—	—	—	—	—	—
	中型		汽油	—	—	—	—	—	—	—	—	—	—	—	—	—	—	—	—	—	—	—
			柴油	64535	64535	54309	33856	33856	26005	10303	10303	10303	9760	9218	9218	9218	9218	5910	2602	2602	2384	2311
			燃气	—	—	—	—	—	—	—	—	—	—	—	—	—	—	—	—	—	—	—
	重型		汽油	—	—	—	—	—	—	—	—	—	—	—	—	—	—	—	—	—	—	—
			柴油	286421	286421	235417	133408	133408	105926	50962	50962	50962	34922	18881	18881	18881	18881	11940	4999	4999	4225	3967
			燃气	—	—	—	—	—	—	—	—	—	—	—	—	—	—	—	—	—	—	—
低速汽车	三轮汽车			4092	4092	4092	4092	4092	4092	4092	4092	4092	3220	3220	3220	3220	3220	3220	3220	3220	3220	3220
	低速货车			5581	5581	5581	5581	5581	5581	5581	5581	5581	4392	4392	4392	4392	4392	4392	4392	4392	4392	4392
摩托车	普通摩托车			—	—	—	—	—	—	—	—	—	—	—	—	—	—	—	—	—	—	—
	轻便摩托车			—	—	—	—	—	—	—	—	—	—	—	—	—	—	—	—	—	—	—

辛集市 VOCs 排放系数

单位：克/（辆・年）

车辆类型		使用性质	燃料种类	1999 年年底前	2000 年	2001 年	2002 年	2003 年	2004 年	2005 年	2006 年	2007 年	2008 年	2009 年	2010 年	2011 年	2012 年	2013 年	2014 年	2015 年	2016 年	2017 年
载客汽车	微型	出租车	汽油	872431	511896	151362	151362	151362	151362	112707	74052	74052	59889	45726	45726	38307	30888	30888	30888	30888	22977	20340
			燃气	375644	225646	75649	75649	75649	75649	57744	39840	39840	32642	25444	25444	20396	15349	15349	15349	15349	9663	7768
		其他	汽油	47569	28780	9992	9992	9992	9992	9647	9302	9302	8007	6712	6712	6457	6202	6202	6202	6202	5301	5001
			燃气	16025	8952	1878	1878	1878	1878	1814	1749	1749	1289	829	829	771	713	713	713	713	502	431
	小型	出租车	汽油	872431	503631	134831	134831	134831	134831	126544	118257	118257	81992	45726	45726	38307	30888	30888	30888	30888	21461	18319
			柴油	197037	185626	174215	174215	174215	174215	158283	142351	142351	103509	64667	64667	64667	64667	48016	31366	31366	17796	13273
			燃气	375644	222220	68795	68795	68795	68795	63482	58169	58169	41806	25444	25444	20396	15349	15349	15349	15349	9035	6930
		其他	汽油	48226	29030	9834	9834	9834	9834	9918	10002	10002	8358	6715	6715	6416	6117	6117	6117	6117	5371	5122
			柴油	9498	8681	7864	7864	7864	7864	6684	5503	5503	3720	1937	1937	1937	1937	1678	1419	1419	1023	891
			燃气	16297	9750	3202	3202	3202	3202	2620	2039	2039	1498	958	958	818	678	678	678	678	530	481
	中型	公交车	汽油	257838	257838	257838	257838	257241	175794	14093	14093	14093	14093	14093	13941	13789	13789	11262	8735	8735	8735	8735
			柴油	91436	91436	89645	86063	86063	67161	29358	29358	29358	21356	13354	13354	13354	13354	9328	5303	5303	4960	4846
			燃气	74539	74539	70398	62116	62116	59916	55516	55516	55516	44452	33387	33387	23138	23138	23070	23070	23070	23070	23070
		其他	汽油	128535	128535	128535	128535	127938	87616	8165	8165	8165	8165	8165	8020	7874	7874	6822	5771	5771	5771	5771
			柴油	30493	30493	28460	24394	24394	18567	6912	6912	6912	6506	6099	6099	6099	6099	3750	1402	1402	1243	1190
			燃气	34560	34560	32640	28800	28800	27780	25740	25740	25740	20623	15506	15506	10732	10732	9642	9642	9642	9642	9642
	大型	公交车	汽油	600763	600763	600763	600763	600166	404863	15451	15451	15451	15451	15451	15311	15171	15171	12291	9411	9411	9411	9411
			柴油	137155	137155	112477	63120	63120	63120	63120	63120	63120	45314	27508	27508	27508	27508	18406	9304	9304	5960	4846
			燃气	175912	175912	166139	146593	146593	141401	131018	131018	131018	104906	78794	78794	54606	54606	49139	49139	49139	49139	49139
		其他	汽油	1278431	1278431	1278431	1278431	1277834	860986	28483	28483	28483	28483	28483	22224	15965	15965	12774	9583	9583	9583	9583
			柴油	272891	272891	207397	76409	76409	76409	76409	76409	76409	55942	35476	35476	35476	35476	20706	5937	5937	5324	5119
			燃气	266186	266186	251398	221822	221822	213966	198253	198253	198253	158842	119430	119430	82662	82662	74261	74261	74261	74261	74261
载货汽车	微型		汽油	297016	159520	22023	22023	22023	22023	20862	19700	19700	18208	16715	16715	13867	11019	11019	11019	11019	9527	9030
			柴油	38692	36157	33622	33622	33622	33622	30897	28172	28172	20658	13144	13144	13144	13144	9013	4882	4882	3477	3009
			燃气	100058	52099	4139	4139	4139	4139	3922	3704	3704	2884	2064	2064	1666	1267	1267	1267	1267	900	778
	轻型		汽油	153647	91544	29441	29441	29441	29441	25438	21435	21435	19232	17029	17029	15061	13093	13093	13093	13093	11447	10898
			柴油	35328	34475	33622	33622	33622	33622	30897	28172	28172	20658	13144	13144	13144	13144	9978	6811	6811	5406	4937
			燃气	51922	30754	9586	9586	9586	9586	6978	4370	4370	3400	2429	2429	1940	1451	1451	1451	1451	1130	1023
	中型		汽油	601389	601389	601389	601389	600792	408186	24169	24169	24169	24169	24169	24029	23889	23889	18824	13758	13758	13758	13758
			柴油	137395	137395	128235	109916	109916	83658	31143	31143	31143	29315	27487	27487	27487	27487	19921	12355	12355	7351	5683
			燃气	155720	155720	147070	129769	129769	125171	115975	115975	115975	92929	69883	69883	94575	94575	46047	46047	46047	46047	46047
	重型		汽油	1400664	1400664	1400664	1400664	1400066	943258	30837	30837	30837	30837	30837	23990	17144	17144	13648	10153	10153	10153	10153
			柴油	414719	414719	315186	116121	116121	116121	116121	116121	116121	85017	53913	53913	53913	53913	35498	17084	17084	11561	9720
			燃气	404529	404529	382056	337109	337109	325170	301291	301291	301291	241395	181498	181498	237864	237864	141007	141007	141007	141007	141007
低速汽车	三轮汽车			25300	25300	25300	25300	25300	25300	25300	25300	25300	16721	16721	16721	16721	16721	16721	16721	16721	16721	16721
	低速货车			33990	33990	33990	33990	33990	33990	33990	33990	33990	22464	22464	22464	22464	22464	22464	22464	22464	22464	22464
摩托车	普通摩托车			11957	11957	11957	11957	8924	5890	3153	3153	3153	3153	3153	2353	1553	1553	1553	1553	1553	1553	1553
	轻便摩托车			38669	38669	38669	38669	38669	7734	7734	3807	3807	3807	3807	2841	1875	1875	1875	1875	1875	1875	1875

定州市 NO_x 排放系数

单位：克/（辆·年）

车辆类型		使用性质	燃料种类	1999年年底前	2000年	2001年	2002年	2003年	2004年	2005年	2006年	2007年	2008年	2009年	2010年	2011年	2012年	2013年	2014年	2015年	2016年	2017年
载客汽车	微型	出租车	汽油	191792	127745	63698	63698	63698	63698	46048	28399	28399	20280	12161	12161	10099	8037	8037	8037	8037	5276	4355
			燃气	115919	77862	39804	39804	39804	39804	29036	18268	18268	13270	8273	8273	6766	5259	5259	5259	5259	3342	2703
		其他	汽油	30148	18932	7717	7717	7717	7717	4848	1979	1979	1604	1229	1229	1026	822	822	822	822	565	479
			燃气	17408	10372	3337	3337	3337	3337	2164	992	992	802	611	611	482	354	354	354	354	286	263
	小型	出租车	汽油	218150	142512	66874	66874	66874	66874	47880	28887	28887	20524	12161	12161	9663	7165	7165	7165	7165	4487	3594
			柴油	213417	176614	139810	139810	139810	139810	124664	109517	109517	86596	63675	63675	63675	63675	52706	41738	41738	32848	29884
			燃气	131579	86636	41692	41692	41692	41692	30125	18558	18558	13416	8273	8273	6507	4741	4741	4741	4741	2874	2251
		其他	汽油	28127	17978	7830	7830	7830	7830	5174	2519	2519	1740	962	962	872	783	783	783	783	532	449
			柴油	23538	19240	14941	14941	14941	14941	13747	12553	12553	9834	7114	7114	7114	7114	6156	5198	5198	4471	4229
			燃气	16207	10345	4483	4483	4483	4483	2898	1313	1313	882	452	452	392	331	331	331	331	266	245
	中型	公交车	汽油	328602	328602	328602	328602	328602	224490	16266	16266	16266	16266	16266	14588	12909	12909	9746	6582	6582	6582	6582
			柴油	366606	366606	365745	364023	364023	349556	320623	320623	320623	267064	213504	213504	213504	213504	174234	134965	134965	112996	105673
			燃气	389252	389252	384618	375350	375350	363707	340422	340422	340422	283324	226225	226225	143062	143062	112045	112045	112045	112045	112045
		其他	汽油	201463	201463	201463	201463	201463	136659	7051	7051	7051	7051	7051	7051	7051	7051	5288	3526	3526	3526	3526
			柴油	171921	171921	164745	150392	150392	149120	146576	146576	146576	124834	103093	103093	103093	103093	91537	79981	79981	68264	64359
			燃气	194136	194136	183351	161780	161780	160255	157205	157205	157205	133849	110493	110493	86069	86069	69136	69136	69136	69136	69136
	大型	公交车	汽油	1170644	1170644	1170644	1170644	1170644	804957	73583	73583	73583	73583	73583	73518	73454	73454	55091	36728	36728	36728	36728
			柴油	519956	519956	503154	469551	469551	456209	429526	429526	429526	421786	414045	414045	414045	414045	399115	384185	384185	346324	333704
			燃气	1045420	1045420	987341	871183	871183	806536	677241	677241	677241	580270	483299	483299	449952	449952	389990	389990	389990	389990	389990
		其他	汽油	2794114	2794114	2794114	2794114	2794114	1921286	175630	175630	175630	175630	175630	169044	162458	162458	121974	81489	81489	81489	81489
			柴油	1245133	1245133	1213093	1149014	1149014	1122226	1068649	1068649	1068649	1031024	993400	993400	993400	993400	945722	898043	898043	794759	760331
			燃气	2317680	2317680	2188920	1931400	1931400	1788078	1501434	1501434	1501434	1286944	1072453	1072453	967535	967535	820867	820867	820867	820867	820867
载货汽车	微型		汽油	113333	67122	20911	20911	20911	20911	14230	7548	7548	6114	4680	4680	4150	3620	3620	3620	3620	2716	2414
			柴油	75125	61918	48710	48710	48710	48710	43800	38889	38889	32920	26951	26951	26951	26951	19716	12480	12480	10728	10144
			燃气	65441	37241	9042	9042	9042	9042	6413	3784	3784	3055	2327	2327	1943	1559	1559	1559	1559	1384	1325
	轻型		汽油	83631	53572	23513	23513	23513	23513	15885	8257	8257	6922	5586	5586	4652	3718	3718	3718	3718	2838	2545
			柴油	75391	62050	48710	48710	48710	48710	43800	38889	38889	32920	26951	26951	26951	26951	21502	16052	16052	14929	14555
			燃气	48189	30826	13462	13462	13462	13462	8883	4304	4304	3464	2625	2625	2098	1572	1572	1572	1572	1434	1389
	中型		汽油	377147	377147	377147	377147	377146	257481	18150	18150	18150	18150	18150	18150	18150	18150	13618	9086	9086	9086	9086
			柴油	724869	724869	650880	502902	502902	478205	428810	428810	428810	408577	388344	388344	388344	388344	340723	293102	293102	252388	238816
			燃气	818534	818534	726017	540983	540983	513957	459905	459905	459905	438062	416219	416219	315412	315412	256542	256542	256542	256542	256542
	重型		汽油	2292717	2292717	2292717	2292717	2292717	1576516	144114	144114	144114	144114	144114	138710	133305	133305	100086	66866	66866	66866	66866
			柴油	1359354	1359354	1312955	1220156	1220156	1175025	1084764	1084764	1084764	1041265	997766	997766	997766	997766	920982	844199	844199	665934	606512
			燃气	2530290	2530290	2370521	2050984	2050984	1875348	1524075	1524075	1524075	1300621	1077166	1077166	909524	909524	654801	654801	654801	654801	654801
低速汽车	三轮汽车			65550	65550	65550	65550	65550	65550	65550	65550	65550	53279	53279	53279	53279	53279	53279	53279	53279	53279	53279
	低速货车			88065	88065	88065	88065	88065	88065	88065	88065	88065	71579	71579	71579	71579	71579	71579	71579	71579	71579	71579
摩托车	普通摩托车			892	892	892	892	862	833	773	773	773	773	773	687	601	601	601	601	601	601	601
	轻便摩托车			595	595	595	595	595	297	297	297	297	297	297	264	231	231	231	231	231	231	231

定州市 PM 排放系数

单位：克/（辆•年）

车辆类型		使用性质	燃料种类	1999 年年底前	2000 年	2001 年	2002 年	2003 年	2004 年	2005 年	2006 年	2007 年	2008 年	2009 年	2010 年	2011 年	2012 年	2013 年	2014 年	2015 年	2016 年	2017 年
载客汽车	微型	出租车	汽油	—	—	—	—	—	—	—	—	—	—	—	—	—	—	—	—	—	—	—
			燃气	—	—	—	—	—	—	—	—	—	—	—	—	—	—	—	—	—	—	—
		其他	汽油	—	—	—	—	—	—	—	—	—	—	—	—	—	—	—	—	—	—	—
			燃气	—	—	—	—	—	—	—	—	—	—	—	—	—	—	—	—	—	—	—
	小型	出租车	汽油	—	—	—	—	—	—	—	—	—	—	—	—	—	—	—	—	—	—	—
			柴油	28404	26006	23609	23609	23609	23609	16036	8463	8463	5531	2599	2599	2599	2599	2416	2232	2232	1846	1717
			燃气	—	—	—	—	—	—	—	—	—	—	—	—	—	—	—	—	—	—	—
		其他	汽油	—	—	—	—	—	—	—	—	—	—	—	—	—	—	—	—	—	—	—
			柴油	3091	2925	2759	2759	2759	2759	1978	1198	1198	880	561	561	561	561	468	375	375	375	375
			燃气	—	—	—	—	—	—	—	—	—	—	—	—	—	—	—	—	—	—	—
	中型	公交车	汽油	—	—	—	—	—	—	—	—	—	—	—	—	—	—	—	—	—	—	—
			柴油	30592	30592	28032	22913	22913	17978	8108	8108	8108	6872	5637	5637	5637	5637	3504	1372	1372	1080	983
			燃气	—	—	—	—	—	—	—	—	—	—	—	—	—	—	—	—	—	—	—
		其他	汽油	—	—	—	—	—	—	—	—	—	—	—	—	—	—	—	—	—	—	—
			柴油	15274	15274	12888	8116	8116	6262	2553	2553	2553	2434	2316	2316	2316	2316	1366	415	415	399	394
			燃气	—	—	—	—	—	—	—	—	—	—	—	—	—	—	—	—	—	—	—
	大型	公交车	汽油	—	—	—	—	—	—	—	—	—	—	—	—	—	—	—	—	—	—	—
			柴油	94865	94865	93934	92071	92071	71272	29674	29674	29674	19994	10315	10315	10315	10315	6116	1916	1916	1845	1821
			燃气	—	—	—	—	—	—	—	—	—	—	—	—	—	—	—	—	—	—	—
		其他	汽油	—	—	—	—	—	—	—	—	—	—	—	—	—	—	—	—	—	—	—
			柴油	142314	142314	133412	115607	115607	85425	25061	25061	25061	17182	9303	9303	9303	9303	5868	2433	2433	2343	2313
			燃气	—	—	—	—	—	—	—	—	—	—	—	—	—	—	—	—	—	—	—
载货汽车	微型		汽油	—	—	—	—	—	—	—	—	—	—	—	—	—	—	—	—	—	—	—
			柴油	8294	8122	7951	7951	7951	7951	6462	4974	4974	3692	2409	2409	2409	2409	1516	624	624	622	621
			燃气	—	—	—	—	—	—	—	—	—	—	—	—	—	—	—	—	—	—	—
	轻型		汽油	—	—	—	—	—	—	—	—	—	—	—	—	—	—	—	—	—	—	—
			柴油	8626	8288	7951	7951	7951	7951	6462	4974	4974	3692	2409	2409	2409	2409	1816	1224	1224	1011	940
			燃气	—	—	—	—	—	—	—	—	—	—	—	—	—	—	—	—	—	—	—
	中型		汽油	—	—	—	—	—	—	—	—	—	—	—	—	—	—	—	—	—	—	—
			柴油	64535	64535	54309	33856	33856	26005	10303	10303	10303	9760	9218	9218	9218	9218	5910	2602	2602	2384	2311
			燃气	—	—	—	—	—	—	—	—	—	—	—	—	—	—	—	—	—	—	—
	重型		汽油	—	—	—	—	—	—	—	—	—	—	—	—	—	—	—	—	—	—	—
			柴油	281211	281211	231135	130982	130982	104000	50035	50035	50035	34286	18538	18538	18538	18538	11711	4884	4884	4128	3876
			燃气	—	—	—	—	—	—	—	—	—	—	—	—	—	—	—	—	—	—	—
低速汽车	三轮汽车			4092	4092	4092	4092	4092	4092	4092	4092	4092	3220	3220	3220	3220	3220	3220	3220	3220	3220	3220
	低速货车			5581	5581	5581	5581	5581	5581	5581	5581	5581	4392	4392	4392	4392	4392	4392	4392	4392	4392	4392
摩托车	普通摩托车			—	—	—	—	—	—	—	—	—	—	—	—	—	—	—	—	—	—	—
	轻便摩托车			—	—	—	—	—	—	—	—	—	—	—	—	—	—	—	—	—	—	—

定州市 VOCs 排放系数

单位：克/（辆・年）

车辆类型		使用性质	燃料种类	1999 年年底前	2000 年	2001 年	2002 年	2003 年	2004 年	2005 年	2006 年	2007 年	2008 年	2009 年	2010 年	2011 年	2012 年	2013 年	2014 年	2015 年	2016 年	2017 年
载客汽车	微型	出租车	汽油	607329	352072	96814	96814	96814	96814	71397	45980	45980	36738	27497	27497	23502	19506	19506	19506	19506	15560	14245
			燃气	222126	131116	40105	40105	40105	40105	30138	20172	20172	16270	12367	12367	9958	7549	7549	7549	7549	5007	4160
		其他	汽油	49301	29693	10085	10085	10085	10085	9751	9417	9417	8068	6718	6718	6432	6146	6146	6146	6146	5243	4942
			燃气	14464	8084	1705	1705	1705	1705	1647	1589	1589	1168	748	748	682	616	616	616	616	424	360
	小型	出租车	汽油	607329	346348	85367	85367	85367	85367	81155	76943	76943	52220	27497	27497	23502	19506	19506	19506	19506	14555	12905
			柴油	101498	95936	90373	90373	90373	90373	82402	74432	74432	52644	30855	30855	30855	30855	23036	15216	15216	9189	7180
			燃气	222126	129074	36023	36023	36023	36023	33618	31213	31213	21790	12367	12367	9958	7549	7549	7549	7549	4649	3682
		其他	汽油	49988	29956	9923	9923	9923	9923	10034	10144	10144	8432	6721	6721	6392	6063	6063	6063	6063	5314	5064
			柴油	9276	8480	7684	7684	7684	7684	6481	5278	5278	3580	1883	1883	1883	1883	1630	1376	1376	995	868
			燃气	14709	8794	2879	2879	2879	2879	2364	1849	1849	1355	861	861	724	586	586	586	586	450	404
	中型	公交车	汽油	247802	247802	247802	247802	247206	168963	13670	13670	13670	13670	13670	13518	13367	13367	10940	8512	8512	8512	8512
			柴油	87806	87806	86086	82645	82645	64494	28192	28192	28192	20508	12823	12823	12823	12823	8958	5093	5093	4763	4653
			燃气	71579	71579	67602	59649	59649	57536	53311	53311	53311	42686	32061	32061	22219	22219	22154	22154	22154	22154	22154
		其他	汽油	128513	128513	128513	128513	127916	87593	8142	8142	8142	8142	8142	7996	7851	7851	6800	5749	5749	5749	5749
			柴油	30493	30493	28460	24394	24394	18567	6912	6912	6912	6506	6099	6099	6099	6099	3750	1402	1402	1243	1190
			燃气	34560	34560	32640	28800	28800	27780	25740	25740	25740	20623	15506	15506	10732	10732	9642	9642	9642	9642	9642
	大型	公交车	汽油	577110	577110	577110	577110	576514	388936	14974	14974	14974	14974	14974	14834	14694	14694	11928	9162	9162	9162	9162
			柴油	131708	131708	108010	60614	60614	60614	60614	60614	60614	43515	26416	26416	26416	26416	17675	8934	8934	5723	4653
			燃气	168926	168926	159541	140772	140772	135786	125815	125815	125815	100740	75665	75665	52438	52438	47188	47188	47188	47188	47188
		其他	汽油	1278409	1278409	1278409	1278409	1277812	860963	28460	28460	28460	28460	28460	22202	15943	15943	12752	9561	9561	9561	9561
			柴油	272891	272891	207397	76409	76409	76409	76409	76409	76409	55942	35476	35476	35476	35476	20706	5937	5937	5324	5119
			燃气	266186	266186	251398	221822	221822	213966	198253	198253	198253	158842	119430	119430	82662	82662	74261	74261	74261	74261	74261
载货汽车	微型		汽油	297086	159440	21795	21795	21795	21795	20661	19527	19527	18056	16584	16584	13762	10939	10939	10939	10939	9484	8999
			柴油	36377	33995	31613	31613	31613	31613	29053	26493	26493	19431	12369	12369	12369	12369	8488	4608	4608	3278	2835
			燃气	87160	45422	3685	3685	3685	3685	3490	3295	3295	2571	1847	1847	1471	1096	1096	1096	1096	766	656
	轻型		汽油	153539	91380	29222	29222	29222	29222	25244	21265	21265	19082	16898	16898	14956	13015	13015	13015	13015	11406	10870
			柴油	33220	32416	31613	31613	31613	31613	29053	26493	26493	19431	12369	12369	12369	12369	9394	6418	6418	5088	4645
			燃气	45179	26829	8478	8478	8478	8478	6177	3876	3876	3020	2165	2165	1711	1258	1258	1258	1258	965	867
	中型		汽油	601367	601367	601367	601367	600770	408164	24147	24147	24147	24147	24147	24007	23867	23867	18801	13735	13735	13735	13735
			柴油	137395	137395	128235	109916	109916	83658	31143	31143	31143	29315	27487	27487	27487	27487	19921	12355	12355	7351	5683
			燃气	155720	155720	147070	129769	129769	125171	115975	115975	115975	92929	69883	69883	94575	94575	46047	46047	46047	46047	46047
	重型		汽油	1370528	1370528	1370528	1370528	1369930	922967	30236	30236	30236	30236	30236	23534	16832	16832	13412	9991	9991	9991	9991
			柴油	403599	403599	306735	113008	113008	113008	113008	113008	113008	82738	52468	52468	52468	52468	34598	16727	16727	11388	9608
			燃气	393682	393682	371812	328072	328072	316453	293214	293214	293214	234924	176634	176634	232893	232893	139383	139383	139383	139383	139383
低速汽车	三轮汽车			25300	25300	25300	25300	25300	25300	25300	25300	25300	16721	16721	16721	16721	16721	16721	16721	16721	16721	16721
	低速货车			33990	33990	33990	33990	33990	33990	33990	33990	33990	22464	22464	22464	22464	22464	22464	22464	22464	22464	22464
摩托车	普通摩托车			11957	11957	11957	11957	8924	5890	3153	3153	3153	3153	3153	2353	1553	1553	1553	1553	1553	1553	1553
	轻便摩托车			38669	38669	38669	38669	38669	7734	7734	3807	3807	3807	3807	2841	1875	1875	1875	1875	1875	1875	1875

太原市 NO_x 排放系数

单位：克/（辆·年）

车辆类型		使用性质	燃料种类	1999 年年底前	2000 年	2001 年	2002 年	2003 年	2004 年	2005 年	2006 年	2007 年	2008 年	2009 年	2010 年	2011 年	2012 年	2013 年	2014 年	2015 年	2016 年	2017 年
载客汽车	微型	出租车	汽油	480548	322820	165091	165091	165091	165091	121256	77421	77421	56924	36426	36426	29896	23366	23366	23366	23366	14566	11632
			燃气	249587	171297	93007	93007	93007	93007	69911	46815	46815	35608	24402	24402	19630	14857	14857	14857	14857	8568	6472
		其他	汽油	42696	26728	10759	10759	10759	10759	6698	2636	2636	2134	1633	1633	1374	1114	1114	1114	1114	797	691
			燃气	20558	12234	3911	3911	3911	3911	2536	1161	1161	940	718	718	577	436	436	436	436	350	322
	小型	出租车	汽油	544663	358662	172661	172661	172661	172661	125623	78585	78585	57506	36426	36426	28800	21174	21174	21174	21174	12590	9729
			柴油	470426	396904	323383	323383	323383	323383	287416	251449	251449	200315	149181	149181	149181	149181	120552	91924	91924	68780	61065
			燃气	281079	188902	96725	96725	96725	96725	72056	47387	47387	35894	24402	24402	19091	13780	13780	13780	13780	7598	5538
		其他	汽油	39808	25364	10919	10919	10919	10919	7161	3403	3403	2327	1251	1251	1152	1054	1054	1054	1054	748	646
			柴油	26072	21319	16566	16566	16566	16566	15250	13935	13935	10928	7921	7921	7921	7921	6852	5782	5782	5024	4772
			燃气	19140	12198	5256	5256	5256	5256	3396	1537	1537	1034	531	531	469	407	407	407	407	328	301
	中型	公交车	汽油	459382	459382	459382	459382	459382	313834	22739	22739	22739	22739	22739	20393	18047	18047	13624	9202	9202	9202	9202
			柴油	382282	382282	381385	379590	379590	364504	334333	334333	334333	278484	222634	222634	222634	222634	181685	140736	140736	117828	110192
			燃气	405897	405897	401065	391401	391401	379260	354979	354979	354979	295439	235899	235899	149179	149179	116836	116836	116836	116836	116836
		其他	汽油	270459	270459	270459	270459	270459	183461	9466	9466	9466	9466	9466	9466	9466	9466	7100	4734	4734	4734	4734
			柴油	172154	172154	164968	150595	150595	149322	146775	146775	146775	125004	103233	103233	103233	103233	91662	80090	80090	68358	64447
			燃气	194398	194398	183598	161999	161999	160472	157418	157418	157418	134030	110643	110643	86186	86186	69230	69230	69230	69230	69230
	大型	公交车	汽油	1636549	1636549	1636549	1636549	1636549	1125322	102869	102869	102869	102869	102869	102778	102688	102688	77016	51345	51345	51345	51345
			柴油	542190	542190	524670	489630	489630	475718	447893	447893	447893	439822	431750	431750	431750	431750	416182	400613	400613	361134	347974
			燃气	1090125	1090125	1029562	908437	908437	841025	706202	706202	706202	605084	503966	503966	469193	469193	406667	406667	406667	406667	406667
		其他	汽油	3751031	3751031	3751031	3751031	3751031	2579280	235779	235779	235779	235779	235779	226938	218096	218096	163746	109397	109397	109397	109397
			柴油	1246820	1246820	1214737	1150571	1150571	1123746	1070096	1070096	1070096	1032420	994745	994745	994745	994745	947002	899260	899260	795836	761361
			燃气	2320820	2320820	2191885	1934016	1934016	1790500	1503467	1503467	1503467	1288686	1073905	1073905	968845	968845	821979	821979	821979	821979	821979
载货汽车	微型		汽油	169145	99754	30363	30363	30363	30363	20469	10575	10575	8528	6482	6482	5790	5098	5098	5098	5098	3934	3546
			柴油	86724	71548	56371	56371	56371	56371	50678	44986	44986	38098	31210	31210	31210	31210	22831	14452	14452	12376	11684
			燃气	81443	46240	11037	11037	11037	11037	7847	4658	4658	3754	2850	2850	2423	1995	1995	1995	1995	1738	1652
	轻型		汽油	123841	79048	34254	34254	34254	34254	22944	11635	11635	9736	7837	7837	6540	5243	5243	5243	5243	4117	3742
			柴油	87028	71700	56371	56371	56371	56371	50678	44986	44986	38098	31210	31210	31210	31210	24882	18554	18554	17200	16748
			燃气	59544	38016	16489	16489	16489	16489	10872	5255	5255	4291	3326	3326	2676	2025	2025	2025	2025	1814	1744
	中型		汽油	322409	322409	322409	322409	322409	220111	15516	15516	15516	15516	15516	15516	15516	15516	11642	7767	7767	7767	7767
			柴油	453291	453291	407023	314486	314486	299042	268153	268153	268153	265016	261880	261880	261880	261880	229766	197653	197653	170198	161046
			燃气	511861	511861	454007	338301	338301	321400	287597	287597	287597	284137	280678	280678	212697	212697	172998	172998	172998	172998	172998
	重型		汽油	2158598	2158598	2158598	2158598	2158598	1484293	135683	135683	135683	135683	135683	130595	125507	125507	94230	62954	62954	62954	62954
			柴油	904059	904059	873200	811483	811483	781468	721439	721439	721439	692509	663579	663579	663579	663579	583496	503414	503414	347652	295732
			燃气	1682808	1682808	1576551	1364037	1364037	1247228	1013610	1013610	1013610	864998	716385	716385	542368	542368	319278	319278	319278	319278	319278
低速汽车	三轮汽车			65550	65550	65550	65550	65550	65550	65550	65550	65550	53279	53279	53279	53279	53279	53279	53279	53279	53279	53279
	低速货车			88065	88065	88065	88065	88065	88065	88065	88065	88065	71579	71579	71579	71579	71579	71579	71579	71579	71579	71579
摩托车	普通摩托车			965	965	965	965	932	900	836	836	836	836	836	743	650	650	650	650	650	650	650
	轻便摩托车			643	643	643	643	643	322	322	322	322	322	322	286	250	250	250	250	250	250	250

太原市 PM 排放系数

单位：克/（辆•年）

车辆类型		使用性质	燃料种类	1999 年年底前	2000 年	2001 年	2002 年	2003 年	2004 年	2005 年	2006 年	2007 年	2008 年	2009 年	2010 年	2011 年	2012 年	2013 年	2014 年	2015 年	2016 年	2017 年
载客汽车	微型	出租车	汽油	—	—	—	—	—	—	—	—	—	—	—	—	—	—	—	—	—	—	—
			燃气	—	—	—	—	—	—	—	—	—	—	—	—	—	—	—	—	—	—	—
		其他	汽油	—	—	—	—	—	—	—	—	—	—	—	—	—	—	—	—	—	—	—
			燃气	—	—	—	—	—	—	—	—	—	—	—	—	—	—	—	—	—	—	—
	小型	出租车	汽油	—	—	—	—	—	—	—	—	—	—	—	—	—	—	—	—	—	—	—
			柴油	58538	53612	48685	48685	48685	48685	33126	17567	17567	11479	5391	5391	5391	5391	5010	4630	4630	3828	3561
			燃气	—	—	—	—	—	—	—	—	—	—	—	—	—	—	—	—	—	—	—
		其他	汽油	—	—	—	—	—	—	—	—	—	—	—	—	—	—	—	—	—	—	—
			柴油	3790	3586	3382	3382	3382	3382	2424	1465	1465	1078	690	690	690	690	574	457	457	457	457
			燃气	—	—	—	—	—	—	—	—	—	—	—	—	—	—	—	—	—	—	—
	中型	公交车	汽油	—	—	—	—	—	—	—	—	—	—	—	—	—	—	—	—	—	—	—
			柴油	31857	31857	29192	23861	23861	18722	8443	8443	8443	7156	5870	5870	5870	5870	3649	1428	1428	1124	1023
			燃气	—	—	—	—	—	—	—	—	—	—	—	—	—	—	—	—	—	—	—
		其他	汽油	—	—	—	—	—	—	—	—	—	—	—	—	—	—	—	—	—	—	—
			柴油	15274	15274	12888	8116	8116	6262	2553	2553	2553	2434	2316	2316	2316	2316	1366	415	415	399	394
			燃气	—	—	—	—	—	—	—	—	—	—	—	—	—	—	—	—	—	—	—
	大型	公交车	汽油	—	—	—	—	—	—	—	—	—	—	—	—	—	—	—	—	—	—	—
			柴油	98788	98788	97818	95878	95878	74219	30901	30901	30901	20821	10741	10741	10741	10741	6368	1995	1995	1921	1896
			燃气	—	—	—	—	—	—	—	—	—	—	—	—	—	—	—	—	—	—	—
		其他	汽油	—	—	—	—	—	—	—	—	—	—	—	—	—	—	—	—	—	—	—
			柴油	142314	142314	133412	115607	115607	85425	25061	25061	25061	17182	9303	9303	9303	9303	5868	2433	2433	2343	2313
			燃气	—	—	—	—	—	—	—	—	—	—	—	—	—	—	—	—	—	—	—
载货汽车	微型		汽油	—	—	—	—	—	—	—	—	—	—	—	—	—	—	—	—	—	—	—
			柴油	10390	10175	9960	9960	9960	9960	8112	6264	6264	4649	3034	3034	3034	3034	1910	786	786	783	782
			燃气	—	—	—	—	—	—	—	—	—	—	—	—	—	—	—	—	—	—	—
	轻型		汽油	—	—	—	—	—	—	—	—	—	—	—	—	—	—	—	—	—	—	—
			柴油	10806	10383	9960	9960	9960	9960	8112	6264	6264	4649	3034	3034	3034	3034	2288	1542	1542	1274	1184
			燃气	—	—	—	—	—	—	—	—	—	—	—	—	—	—	—	—	—	—	—
	中型		汽油	—	—	—	—	—	—	—	—	—	—	—	—	—	—	—	—	—	—	—
			柴油	39086	39086	32892	20505	20505	15802	6395	6395	6395	6058	5722	5722	5722	5722	3669	1616	1616	1480	1434
			燃气	—	—	—	—	—	—	—	—	—	—	—	—	—	—	—	—	—	—	—
	重型		汽油	—	—	—	—	—	—	—	—	—	—	—	—	—	—	—	—	—	—	—
			柴油	117604	117604	96662	54778	54778	43494	20925	20925	20925	14339	7753	7753	7753	7753	5182	2611	2611	2207	2072
			燃气	—	—	—	—	—	—	—	—	—	—	—	—	—	—	—	—	—	—	—
低速汽车	三轮汽车			4092	4092	4092	4092	4092	4092	4092	4092	4092	3220	3220	3220	3220	3220	3220	3220	3220	3220	3220
	低速货车			5581	5581	5581	5581	5581	5581	5581	5581	5581	4392	4392	4392	4392	4392	4392	4392	4392	4392	4392
摩托车	普通摩托车			—	—	—	—	—	—	—	—	—	—	—	—	—	—	—	—	—	—	—
	轻便摩托车			—	—	—	—	—	—	—	—	—	—	—	—	—	—	—	—	—	—	—

太原市 VOCs 排放系数

单位：克/（辆·年）

车辆类型		使用性质	燃料种类	1999 年年底前	2000 年	2001 年	2002 年	2003 年	2004 年	2005 年	2006 年	2007 年	2008 年	2009 年	2010 年	2011 年	2012 年	2013 年	2014 年	2015 年	2016 年	2017 年
载客汽车	微型	出租车	汽油	1186096	699306	212516	212516	212516	212516	158454	104391	104391	84452	64514	64514	53428	42342	42342	42342	42342	30014	25905
			燃气	461728	281609	101490	101490	101490	101490	78388	55286	55286	45644	36003	36003	28610	21217	21217	21217	21217	12550	9661
		其他	汽油	57456	34461	11466	11466	11466	11466	11098	10731	10731	9120	7508	7508	7192	6875	6875	6875	6875	5713	5326
			燃气	17319	9691	2063	2063	2063	2063	1988	1914	1914	1411	908	908	837	766	766	766	766	529	450
	小型	出租车	汽油	1186096	687858	189619	189619	189619	189619	177586	165552	165552	115033	64514	64514	53428	42342	42342	42342	42342	28042	23276
			柴油	283952	267260	250568	250568	250568	250568	226687	202806	202806	148887	94968	94968	94968	94968	70437	45906	45906	25636	18880
			燃气	461728	277402	93076	93076	93076	93076	85418	77760	77760	56882	36003	36003	28610	21217	21217	21217	21217	11826	8695
		其他	汽油	58256	34764	11273	11273	11273	11273	11430	11588	11588	9550	7512	7512	7142	6773	6773	6773	6773	5794	5467
			柴油	11260	10303	9346	9346	9346	9346	7944	6543	6543	4440	2337	2337	2337	2337	2037	1737	1737	1246	1082
			燃气	17613	10557	3501	3501	3501	3501	2865	2229	2229	1638	1047	1047	888	729	729	729	729	559	502
	中型	公交车	汽油	257793	257793	257793	257793	257196	175749	14048	14048	14048	14048	14048	13896	13744	13744	11217	8690	8690	8690	8690
			柴油	91436	91436	89645	86063	86063	67161	29358	29358	29358	21356	13354	13354	13354	13354	9328	5303	5303	4960	4846
			燃气	74539	74539	70398	62116	62116	59916	55516	55516	55516	44452	33387	33387	23138	23138	23070	23070	23070	23070	23070
		其他	汽油	128491	128491	128491	128491	127894	87571	8120	8120	8120	8120	8120	7974	7829	7829	6778	5727	5727	5727	5727
			柴油	30493	30493	28460	24394	24394	18567	6912	6912	6912	6506	6099	6099	6099	6099	3750	1402	1402	1243	1190
			燃气	34560	34560	32640	28800	28800	27780	25740	25740	25740	20623	15506	15506	10732	10732	9642	9642	9642	9642	9642
	大型	公交车	汽油	600719	600719	600719	600719	600122	404819	15406	15406	15406	15406	15406	15266	15126	15126	12246	9367	9367	9367	9367
			柴油	137155	137155	112477	63120	63120	63120	63120	63120	63120	45314	27508	27508	27508	27508	18406	9304	9304	5960	4846
			燃气	175912	175912	166139	146593	146593	141401	131018	131018	131018	104906	78794	78794	54606	54606	49139	49139	49139	49139	49139
		其他	汽油	1278386	1278386	1278386	1278386	1277789	860941	28438	28438	28438	28438	28438	22180	15921	15921	12730	9539	9539	9539	9539
			柴油	272891	272891	207397	76409	76409	76409	76409	76409	76409	55942	35476	35476	35476	35476	20706	5937	5937	5324	5119
			燃气	266186	266186	251398	221822	221822	213966	198253	198253	198253	158842	119430	119430	82662	82662	74261	74261	74261	74261	74261
载货汽车	微型		汽油	365705	195872	26038	26038	26038	26038	24706	23374	23374	21547	19720	19720	16252	12785	12785	12785	12785	10950	10339
			柴油	45132	42186	39239	39239	39239	39239	36084	32929	32929	24134	15339	15339	15339	15339	10538	5738	5738	4096	3549
			燃气	110235	57460	4685	4685	4685	4685	4427	4169	4169	3277	2385	2385	1905	1424	1424	1424	1424	1011	874
	轻型		汽油	188703	111950	35196	35196	35196	35196	30356	25517	25517	22812	20107	20107	17726	15345	15345	15345	15345	13321	12646
			柴油	41187	40213	39239	39239	39239	39239	36084	32929	32929	24134	15339	15339	15339	15339	11669	7999	7999	6356	5809
			燃气	57052	33991	10931	10931	10931	10931	7919	4908	4908	3855	2802	2802	2227	1652	1652	1652	1652	1284	1161
	中型		汽油	348734	348734	348734	348734	348137	236885	15575	15575	15575	15575	15575	15435	15295	15295	12371	9447	9447	9447	9447
			柴油	80895	80895	75502	64716	64716	49256	18336	18336	18336	17264	16191	16191	16191	16191	11734	7277	7277	4330	3347
			燃气	91684	91684	86591	76405	76405	73697	68282	68282	68282	54723	41164	41164	55704	55704	27119	27119	27119	27119	27119
	重型		汽油	771432	771432	771432	771432	770834	519722	18693	18693	18693	18693	18693	14872	11050	11050	9124	7198	7198	7198	7198
			柴油	202807	202807	154133	56786	56786	56786	56786	56786	56786	41576	26365	26365	26365	26365	16583	6801	6801	5196	4661
			燃气	197824	197824	186834	164855	164855	159016	147339	147339	147339	118048	88758	88758	94692	94692	67617	67617	67617	67617	67617
低速汽车	三轮汽车			25300	25300	25300	25300	25300	25300	25300	25300	25300	16721	16721	16721	16721	16721	16721	16721	16721	16721	16721
	低速货车			33990	33990	33990	33990	33990	33990	33990	33990	33990	22464	22464	22464	22464	22464	22464	22464	22464	22464	22464
摩托车	普通摩托车			12928	12928	12928	12928	9648	6368	3409	3409	3409	3409	3409	2544	1679	1679	1679	1679	1679	1679	1679
	轻便摩托车			41808	41808	41808	41808	41808	8362	8362	4116	4116	4116	4116	3072	2027	2027	2027	2027	2027	2027	2027

大同市 NO_x 排放系数

单位：克/（辆·年）

车辆类型		使用性质	燃料种类	1999年年底前	2000年	2001年	2002年	2003年	2004年	2005年	2006年	2007年	2008年	2009年	2010年	2011年	2012年	2013年	2014年	2015年	2016年	2017年
载客汽车	微型	出租车	汽油	618988	415982	212977	212977	212977	212977	156560	100142	100142	73748	47354	47354	38644	29933	29933	29933	29933	18548	14753
			燃气	294718	203690	112662	112662	112662	112662	85319	57976	57976	44533	31090	31090	24818	18546	18546	18546	18546	10417	7707
		其他	汽油	48097	30084	12071	12071	12071	12071	7486	2901	2901	2345	1789	1789	1493	1197	1197	1197	1197	868	759
			燃气	20890	12430	3971	3971	3971	3971	2574	1176	1176	952	727	727	580	434	434	434	434	349	321
	小型	出租车	汽油	701446	462070	222694	222694	222694	222694	162164	101635	101635	74494	47354	47354	37273	27192	27192	27192	27192	16070	12363
			柴油	720807	603392	485977	485977	485977	485977	432446	378914	378914	300690	222467	222467	222467	222467	181412	140358	140358	107863	97031
			燃气	331137	224046	116954	116954	116954	116954	87795	58636	58636	44863	31090	31090	24212	17335	17335	17335	17335	9322	6651
		其他	汽油	44833	28542	12252	12252	12252	12252	8010	3768	3768	2563	1358	1358	1244	1131	1131	1131	1131	815	710
			柴油	37037	30194	23352	23352	23352	23352	21488	19625	19625	15356	11086	11086	11086	11086	9612	8138	8138	7142	6810
			燃气	19448	12393	5338	5338	5338	5338	3448	1559	1559	1048	537	537	470	404	404	404	404	326	300
	中型	公交车	汽油	465049	465049	465049	465049	465049	317706	23020	23020	23020	23020	23020	20645	18270	18270	13792	9315	9315	9315	9315
			柴油	503617	503617	502434	500069	500069	480196	440449	440449	440449	366873	293297	293297	293297	293297	239351	185405	185405	155226	145166
			燃气	534727	534727	528361	515630	515630	499636	467648	467648	467648	389210	310772	310772	196528	196528	153919	153919	153919	153919	153919
		其他	汽油	285118	285118	285118	285118	285118	193405	9979	9979	9979	9979	9979	9979	9979	9979	7485	4991	4991	4991	4991
			柴油	236174	236174	226315	206598	206598	204851	201356	201356	201356	171489	141622	141622	141622	141622	125748	109873	109873	93777	88412
			燃气	266690	266690	251874	222241	222241	220147	215958	215958	215958	183873	151788	151788	118236	118236	94974	94974	94974	94974	94974
	大型	公交车	汽油	1656739	1656739	1656739	1656739	1656739	1139205	104138	104138	104138	104138	104138	104046	103955	103955	77967	51979	51979	51979	51979
			柴油	714279	714279	691198	645036	645036	626708	590052	590052	590052	579419	568786	568786	568786	568786	548276	527766	527766	475756	458419
			燃气	1436125	1436125	1356340	1196771	1196771	1107963	930347	930347	930347	797135	663923	663923	618112	618112	535741	535741	535741	535741	535741
		其他	汽油	3954334	3954334	3954334	3954334	3954334	2719075	248558	248558	248558	248558	248558	239237	229916	229916	172621	115326	115326	115326	115326
			柴油	1710476	1710476	1666462	1578435	1578435	1541635	1468035	1468035	1468035	1416349	1364663	1364663	1364663	1364663	1299166	1233669	1233669	1091785	1044490
			燃气	3183866	3183866	3006985	2653222	2653222	2456336	2062564	2062564	2062564	1767912	1473260	1473260	1329132	1329132	1127650	1127650	1127650	1127650	1127650
载货汽车	微型		汽油	254003	149808	45613	45613	45613	45613	30901	16189	16189	13102	10014	10014	8855	7696	7696	7696	7696	5877	5271
			柴油	165804	136574	107345	107345	107345	107345	96431	85517	85517	72456	59394	59394	59394	59394	43399	27404	27404	23674	22431
			燃气	110321	62663	15005	15005	15005	15005	10784	6563	6563	5316	4069	4069	3430	2790	2790	2790	2790	2370	2229
	轻型		汽油	183177	117260	51344	51344	51344	51344	34548	17751	17751	14880	12010	12010	9960	7911	7911	7911	7911	6148	5560
			柴油	166392	136868	107345	107345	107345	107345	96431	85517	85517	72456	59394	59394	59394	59394	47358	35321	35321	32985	32206
			燃气	79460	50915	22370	22370	22370	22370	14857	7344	7344	6047	4749	4749	3788	2826	2826	2826	2826	2468	2349
	中型		汽油	339251	339251	339251	339251	339251	231609	16326	16326	16326	16326	16326	16326	16326	16326	12250	8173	8173	8173	8173
			柴油	621009	621009	557621	430845	430845	409686	367369	367369	367369	363072	358775	358775	358775	358775	314780	270785	270785	233171	220633
			燃气	701249	701249	621989	463467	463467	440315	394010	394010	394010	389269	384529	384529	291396	291396	237009	237009	237009	237009	237009
	重型		汽油	2971646	2971646	2971646	2971646	2971646	2043360	186789	186789	186789	186789	186789	179784	172780	172780	129723	86666	86666	86666	86666
			柴油	1575986	1575986	1522192	1414605	1414605	1362282	1257637	1257637	1257637	1207206	1156774	1156774	1156774	1156774	1029174	901575	901575	651040	567528
			燃气	2933527	2933527	2748297	2377837	2377837	2174211	1766958	1766958	1766958	1507893	1248828	1248828	971340	971340	612713	612713	612713	612713	612713
低速汽车	三轮汽车			65550	65550	65550	65550	65550	65550	65550	65550	65550	53279	53279	53279	53279	53279	53279	53279	53279	53279	53279
	低速货车			88065	88065	88065	88065	88065	88065	88065	88065	88065	71579	71579	71579	71579	71579	71579	71579	71579	71579	71579
摩托车	普通摩托车			965	965	965	965	932	900	836	836	836	836	836	743	650	650	650	650	650	650	650
	轻便摩托车			643	643	643	643	643	322	322	322	322	322	322	286	250	250	250	250	250	250	250

大同市 PM 排放系数

单位：克/（辆·年）

车辆类型		使用性质	燃料种类	1999 年年底前	2000 年	2001 年	2002 年	2003 年	2004 年	2005 年	2006 年	2007 年	2008 年	2009 年	2010 年	2011 年	2012 年	2013 年	2014 年	2015 年	2016 年	2017 年
载客汽车	微型	出租车	汽油	—	—	—	—	—	—	—	—	—	—	—	—	—	—	—	—	—	—	—
			燃气	—	—	—	—	—	—	—	—	—	—	—	—	—	—	—	—	—	—	—
		其他	汽油	—	—	—	—	—	—	—	—	—	—	—	—	—	—	—	—	—	—	—
			燃气	—	—	—	—	—	—	—	—	—	—	—	—	—	—	—	—	—	—	—
	小型	出租车	汽油	—	—	—	—	—	—	—	—	—	—	—	—	—	—	—	—	—	—	—
			柴油	66402	60812	55222	55222	55222	55222	37628	20035	20035	13077	6119	6119	6119	6119	5687	5255	5255	4345	4042
			燃气	—	—	—	—	—	—	—	—	—	—	—	—	—	—	—	—	—	—	—
		其他	汽油	—	—	—	—	—	—	—	—	—	—	—	—	—	—	—	—	—	—	—
			柴油	3779	3576	3372	3372	3372	3372	2420	1468	1468	1078	688	688	688	688	572	457	457	457	457
			燃气	—	—	—	—	—	—	—	—	—	—	—	—	—	—	—	—	—	—	—
	中型	公交车	汽油	—	—	—	—	—	—	—	—	—	—	—	—	—	—	—	—	—	—	—
			柴油	30592	30592	28032	22913	22913	17978	8108	8108	8108	6872	5637	5637	5637	5637	3504	1372	1372	1080	983
			燃气	—	—	—	—	—	—	—	—	—	—	—	—	—	—	—	—	—	—	—
		其他	汽油	—	—	—	—	—	—	—	—	—	—	—	—	—	—	—	—	—	—	—
			柴油	15274	15274	12888	8116	8116	6262	2553	2553	2553	2434	2316	2316	2316	2316	1366	415	415	399	394
			燃气	—	—	—	—	—	—	—	—	—	—	—	—	—	—	—	—	—	—	—
	大型	公交车	汽油	—	—	—	—	—	—	—	—	—	—	—	—	—	—	—	—	—	—	—
			柴油	94865	94865	93934	92071	92071	71272	29674	29674	29674	19994	10315	10315	10315	10315	6116	1916	1916	1845	1821
			燃气	—	—	—	—	—	—	—	—	—	—	—	—	—	—	—	—	—	—	—
		其他	汽油	—	—	—	—	—	—	—	—	—	—	—	—	—	—	—	—	—	—	—
			柴油	142314	142314	133412	115607	115607	85425	25061	25061	25061	17182	9303	9303	9303	9303	5868	2433	2433	2343	2313
			燃气	—	—	—	—	—	—	—	—	—	—	—	—	—	—	—	—	—	—	—
载货汽车	微型		汽油	—	—	—	—	—	—	—	—	—	—	—	—	—	—	—	—	—	—	—
			柴油	13965	13676	13388	13388	13388	13388	10892	8397	8397	6232	4067	4067	4067	4067	2560	1054	1054	1050	1048
			燃气	—	—	—	—	—	—	—	—	—	—	—	—	—	—	—	—	—	—	—
	轻型		汽油	—	—	—	—	—	—	—	—	—	—	—	—	—	—	—	—	—	—	—
			柴油	14524	13956	13388	13388	13388	13388	10892	8397	8397	6232	4067	4067	4067	4067	3067	2067	2067	1706	1586
			燃气	—	—	—	—	—	—	—	—	—	—	—	—	—	—	—	—	—	—	—
	中型		汽油	—	—	—	—	—	—	—	—	—	—	—	—	—	—	—	—	—	—	—
			柴油	39086	39086	32892	20505	20505	15802	6395	6395	6395	6058	5722	5722	5722	5722	3669	1616	1616	1480	1434
			燃气	—	—	—	—	—	—	—	—	—	—	—	—	—	—	—	—	—	—	—
	重型		汽油	—	—	—	—	—	—	—	—	—	—	—	—	—	—	—	—	—	—	—
			柴油	155406	155406	127732	72385	72385	57474	27651	27651	27651	18948	10245	10245	10245	10245	6792	3340	3340	2822	2650
			燃气	—	—	—	—	—	—	—	—	—	—	—	—	—	—	—	—	—	—	—
低速汽车	三轮汽车			4092	4092	4092	4092	4092	4092	4092	4092	4092	3220	3220	3220	3220	3220	3220	3220	3220	3220	3220
	低速货车			5581	5581	5581	5581	5581	5581	5581	5581	5581	4392	4392	4392	4392	4392	4392	4392	4392	4392	4392
摩托车	普通摩托车			—	—	—	—	—	—	—	—	—	—	—	—	—	—	—	—	—	—	—
	轻便摩托车			—	—	—	—	—	—	—	—	—	—	—	—	—	—	—	—	—	—	—

大同市 VOCs 排放系数

单位：克/（辆·年）

车辆类型		使用性质	燃料种类	1999 年年底前	2000 年	2001 年	2002 年	2003 年	2004 年	2005 年	2006 年	2007 年	2008 年	2009 年	2010 年	2011 年	2012 年	2013 年	2014 年	2015 年	2016 年	2017 年
载客汽车	微型	出租车	汽油	2163552	1261016	358481	358481	358481	358481	262472	166462	166462	132608	98755	98755	81950	65144	65144	65144	65144	47792	42008
			燃气	533110	328196	123283	123283	123283	123283	96102	68921	68921	57161	45401	45401	35890	26379	26379	26379	26379	15113	11358
		其他	汽油	88288	51488	14687	14687	14687	14687	14299	13911	13911	11510	9108	9108	8624	8139	8139	8139	8139	6544	6013
			燃气	17348	9704	2059	2059	2059	2059	1989	1919	1919	1414	910	910	836	762	762	762	762	525	446
	小型	出租车	汽油	2163552	1239714	315877	315877	315877	315877	298380	280884	280884	189820	98755	98755	81950	65144	65144	65144	65144	44184	37197
			柴油	370477	348668	326859	326859	326859	326859	295334	263809	263809	193927	124045	124045	124045	124045	91987	59929	59929	33417	24580
			燃气	533110	323430	113751	113751	113751	113751	104136	94521	94521	69961	45401	45401	35890	26379	26379	26379	26379	14306	10281
		其他	汽油	89604	51988	14371	14371	14371	14371	14847	15323	15323	12218	9114	9114	8544	7973	7973	7973	7973	6679	6248
			柴油	12666	11595	10524	10524	10524	10524	8940	7357	7357	4988	2620	2620	2620	2620	2304	1988	1988	1433	1248
			燃气	17642	10568	3494	3494	3494	3494	2864	2235	2235	1642	1049	1049	887	725	725	725	725	556	499
	中型	公交车	汽油	252419	252419	252419	252419	251822	172030	13638	13638	13638	13638	13638	13486	13334	13334	10858	8383	8383	8383	8383
			柴油	87806	87806	86086	82645	82645	64494	28192	28192	28192	20508	12823	12823	12823	12823	8958	5093	5093	4763	4653
			燃气	71579	71579	67602	59649	59649	57536	53311	53311	53311	42686	32061	32061	22219	22219	22154	22154	22154	22154	22154
		其他	汽油	130744	130744	130744	130744	130147	89033	8000	8000	8000	8000	8000	7854	7709	7709	6637	5565	5565	5565	5565
			柴油	30493	30493	28460	24394	24394	18567	6912	6912	6912	6506	6099	6099	6099	6099	3750	1402	1402	1243	1190
			燃气	34560	34560	32640	28800	28800	27780	25740	25740	25740	20623	15506	15506	10732	10732	9642	9642	9642	9642	9642
	大型	公交车	汽油	588314	588314	588314	588314	587717	396403	14968	14968	14968	14968	14968	14828	14688	14688	11867	9046	9046	9046	9046
			柴油	131708	131708	108010	60614	60614	60614	60614	60614	60614	43515	26416	26416	26416	26416	17675	8934	8934	5723	4653
			燃气	168926	168926	159541	140772	140772	135786	125815	125815	125815	100740	75665	75665	52438	52438	47188	47188	47188	47188	47188
		其他	汽油	1303638	1303638	1303638	1303638	1303041	877871	28724	28724	28724	28724	28724	22343	15962	15962	12708	9453	9453	9453	9453
			柴油	272891	272891	207397	76409	76409	76409	76409	76409	76409	55942	35476	35476	35476	35476	20706	5937	5937	5324	5119
			燃气	266186	266186	251398	221822	221822	213966	198253	198253	198253	158842	119430	119430	82662	82662	74261	74261	74261	74261	74261
载货汽车	微型		汽油	782296	415040	47785	47785	47785	47785	45382	42978	42978	39639	36300	36300	28982	21663	21663	21663	21663	18536	17493
			柴油	72117	67380	62644	62644	62644	62644	57409	52174	52174	38464	24753	24753	24753	24753	17048	9344	9344	6488	5536
			燃气	153716	80207	6699	6699	6699	6699	6314	5929	5929	4778	3627	3627	2827	2028	2028	2028	2028	1480	1298
	轻型		汽油	397073	232395	67717	67717	67717	67717	57680	47642	47642	42392	37143	37143	32188	27234	27234	27234	27234	23692	22512
			柴油	66146	64395	62644	62644	62644	62644	57409	52174	52174	38464	24753	24753	24753	24753	18758	12763	12763	9907	8955
			燃气	78179	47322	16464	16464	16464	16464	11706	6949	6949	5612	4275	4275	3376	2476	2476	2476	2476	1968	1798
	中型		汽油	355392	355392	355392	355392	354795	241333	15603	15603	15603	15603	15603	15463	15323	15323	12341	9359	9359	9359	9359
			柴油	80895	80895	75502	64716	64716	49256	18336	18336	18336	17264	16191	16191	16191	16191	11734	7277	7277	4330	3347
			燃气	91684	91684	86591	76405	76405	73697	68282	68282	68282	54723	41164	41164	55704	55704	27119	27119	27119	27119	27119
	重型		汽油	1025476	1025476	1025476	1025476	1024878	690647	23378	23378	23378	23378	23378	18334	13290	13290	10730	8170	8170	8170	8170
			柴油	250432	250432	190328	70121	70121	70121	70121	70121	70121	51338	32556	32556	32556	32556	20726	8895	8895	7162	6585
			燃气	244279	244279	230708	203567	203567	196358	181938	181938	181938	145769	109600	109600	123847	123847	95528	95528	95528	95528	95528
低速汽车	三轮汽车			25300	25300	25300	25300	25300	25300	25300	25300	25300	16721	16721	16721	16721	16721	16721	16721	16721	16721	16721
	低速货车			33990	33990	33990	33990	33990	33990	33990	33990	33990	22464	22464	22464	22464	22464	22464	22464	22464	22464	22464
摩托车	普通摩托车			12928	12928	12928	12928	9648	6368	3409	3409	3409	3409	3409	2544	1679	1679	1679	1679	1679	1679	1679
	轻便摩托车			41808	41808	41808	41808	41808	8362	8362	4116	4116	4116	4116	3072	2027	2027	2027	2027	2027	2027	2027

阳泉市 NO_x 排放系数

单位：克/（辆·年）

车辆类型		使用性质	燃料种类	1999 年年底前	2000 年	2001 年	2002 年	2003 年	2004 年	2005 年	2006 年	2007 年	2008 年	2009 年	2010 年	2011 年	2012 年	2013 年	2014 年	2015 年	2016 年	2017 年
载客汽车	微型	出租车	汽油	535041	364107	193173	193173	193173	193173	143988	94803	94803	71261	47719	47719	38260	28801	28801	28801	28801	16959	13012
			燃气	282581	197301	112021	112021	112021	112021	85616	59211	59211	46000	32790	32790	25914	19039	19039	19039	19039	10376	7488
		其他	汽油	38947	24371	9795	9795	9795	9795	6104	2414	2414	1958	1501	1501	1232	962	962	962	962	688	596
			燃气	18789	11184	3580	3580	3580	3580	2327	1074	1074	872	669	669	523	377	377	377	377	304	279
	小型	出租车	汽油	604038	402679	201320	201320	201320	201320	148688	96055	96055	71887	47719	47719	37170	26620	26620	26620	26620	14960	11074
			柴油	552653	471572	390490	390490	390490	390490	345628	300765	300765	240521	180277	180277	180277	180277	143712	107147	107147	75957	65560
			燃气	316501	216264	116026	116026	116026	116026	87926	59826	59826	46308	32790	32790	25378	17967	17967	17967	17967	9393	6535
		其他	汽油	36314	23128	9941	9941	9941	9941	6525	3109	3109	2132	1154	1154	1033	912	912	912	912	646	558
			柴油	22899	18746	14593	14593	14593	14593	13418	12242	12242	9580	6919	6919	6919	6919	5976	5032	5032	4308	4067
			燃气	17495	11148	4802	4802	4802	4802	3109	1416	1416	957	498	498	425	352	352	352	352	283	260
	中型	公交车	汽油	440752	440752	440752	440752	440752	301107	21817	21817	21817	21817	21817	19566	17315	17315	13072	8828	8828	8828	8828
			柴油	366865	366865	366004	364281	364281	349804	320850	320850	320850	267252	213655	213655	213655	213655	174358	135060	135060	113076	105748
			燃气	389528	389528	384891	375616	375616	363965	340663	340663	340663	283524	226385	226385	143163	143163	112124	112124	112124	112124	112124
		其他	汽油	270221	270221	270221	270221	270221	183300	9458	9458	9458	9458	9458	9458	9458	9458	7094	4730	4730	4730	4730
			柴油	172043	172043	164861	150498	150498	149225	146680	146680	146680	124923	103166	103166	103166	103166	91602	80038	80038	68313	64405
			燃气	194273	194273	183480	161894	161894	160368	157317	157317	157317	133944	110571	110571	86130	86130	69185	69185	69185	69185	69185
	大型	公交车	汽油	1570178	1570178	1570178	1570178	1570178	1079684	98697	98697	98697	98697	98697	98610	98524	98524	73894	49263	49263	49263	49263
			柴油	520324	520324	503511	469884	469884	456533	429830	429830	429830	422084	414338	414338	414338	414338	399398	384457	384457	346569	333940
			燃气	1046160	1046160	988040	871800	871800	807107	677721	677721	677721	580682	483642	483642	450270	450270	390266	390266	390266	390266	390266
		其他	汽油	3747729	3747729	3747729	3747729	3747729	2577010	235572	235572	235572	235572	235572	226738	217904	217904	163602	109301	109301	109301	109301
			柴油	1246015	1246015	1213953	1149828	1149828	1123021	1069406	1069406	1069406	1031754	994103	994103	994103	994103	946391	898679	898679	795322	760870
			燃气	2319321	2319321	2190470	1932768	1932768	1789344	1502497	1502497	1502497	1287854	1073212	1073212	968220	968220	821449	821449	821449	821449	821449
载货汽车	微型		汽油	144000	85062	26123	26123	26123	26123	17615	9107	9107	7344	5582	5582	4988	4393	4393	4393	4393	3386	3051
			柴油	72035	59474	46913	46913	46913	46913	42164	37415	37415	31649	25883	25883	25883	25883	18938	11993	11993	10230	9643
			燃气	69469	39508	9548	9548	9548	9548	6800	4052	4052	3270	2488	2488	2105	1722	1722	1722	1722	1502	1428
	轻型		汽油	106538	68004	29470	29470	29470	29470	19744	10019	10019	8383	6747	6747	5632	4518	4518	4518	4518	3544	3219
			柴油	72286	59600	46913	46913	46913	46913	42164	37415	37415	31649	25883	25883	25883	25883	20626	15370	15370	14202	13812
			燃气	51327	32781	14235	14235	14235	14235	9399	4563	4563	3737	2912	2912	2328	1744	1744	1744	1744	1561	1500
	中型		汽油	322409	322409	322409	322409	322409	220111	15516	15516	15516	15516	15516	15516	15516	15516	11642	7767	7767	7767	7767
			柴油	453291	453291	407023	314486	314486	299042	268153	268153	268153	265016	261880	261880	261880	261880	229766	197653	197653	170198	161046
			燃气	511862	511862	454008	338299	338299	321399	287599	287599	287599	284138	280677	280677	212697	212697	172998	172998	172998	172998	172998
	重型		汽油	3437213	3437213	3437213	3437213	3437213	2363493	216053	216053	216053	216053	216053	207951	199849	199849	150046	100244	100244	100244	100244
			柴油	1404547	1404547	1356605	1260721	1260721	1214090	1120828	1120828	1120828	1075882	1030937	1030937	1030937	1030937	918330	805724	805724	565994	486084
			燃气	2614411	2614411	2449331	2119170	2119170	1937695	1574744	1574744	1574744	1343861	1112977	1112977	868072	868072	524785	524785	524785	524785	524785
低速汽车	三轮汽车			65550	65550	65550	65550	65550	65550	65550	65550	65550	53279	53279	53279	53279	53279	53279	53279	53279	53279	53279
	低速货车			88065	88065	88065	88065	88065	88065	88065	88065	88065	71579	71579	71579	71579	71579	71579	71579	71579	71579	71579
摩托车	普通摩托车			965	965	965	965	932	900	836	836	836	836	836	743	650	650	650	650	650	650	650
	轻便摩托车			643	643	643	643	643	322	322	322	322	322	322	286	250	250	250	250	250	250	250

阳泉市 PM 排放系数

单位：克/（辆·年）

车辆类型		使用性质	燃料种类	1999 年年底前	2000 年	2001 年	2002 年	2003 年	2004 年	2005 年	2006 年	2007 年	2008 年	2009 年	2010 年	2011 年	2012 年	2013 年	2014 年	2015 年	2016 年	2017 年
载客汽车	微型	出租车	汽油	—	—	—	—	—	—	—	—	—	—	—	—	—	—	—	—	—	—	—
			燃气	—	—	—	—	—	—	—	—	—	—	—	—	—	—	—	—	—	—	—
		其他	汽油	—	—	—	—	—	—	—	—	—	—	—	—	—	—	—	—	—	—	—
			燃气	—	—	—	—	—	—	—	—	—	—	—	—	—	—	—	—	—	—	—
	小型	出租车	汽油	—	—	—	—	—	—	—	—	—	—	—	—	—	—	—	—	—	—	—
			柴油	60692	55576	50460	50460	50460	50460	34413	18366	18366	11968	5569	5569	5569	5569	5176	4783	4783	3955	3679
			燃气	—	—	—	—	—	—	—	—	—	—	—	—	—	—	—	—	—	—	—
		其他	汽油	—	—	—	—	—	—	—	—	—	—	—	—	—	—	—	—	—	—	—
			柴油	3289	3112	2936	2936	2936	2936	2110	1283	1283	940	597	597	597	597	500	404	404	404	404
			燃气	—	—	—	—	—	—	—	—	—	—	—	—	—	—	—	—	—	—	—
	中型	公交车	汽油	—	—	—	—	—	—	—	—	—	—	—	—	—	—	—	—	—	—	—
			柴油	30592	30592	28032	22913	22913	17978	8108	8108	8108	6872	5637	5637	5637	5637	3504	1372	1372	1080	983
			燃气	—	—	—	—	—	—	—	—	—	—	—	—	—	—	—	—	—	—	—
		其他	汽油	—	—	—	—	—	—	—	—	—	—	—	—	—	—	—	—	—	—	—
			柴油	15274	15274	12888	8116	8116	6262	2553	2553	2553	2434	2316	2316	2316	2316	1366	415	415	399	394
			燃气	—	—	—	—	—	—	—	—	—	—	—	—	—	—	—	—	—	—	—
	大型	公交车	汽油	—	—	—	—	—	—	—	—	—	—	—	—	—	—	—	—	—	—	—
			柴油	94865	94865	93934	92071	92071	71272	29674	29674	29674	19994	10315	10315	10315	10315	6116	1916	1916	1845	1821
			燃气	—	—	—	—	—	—	—	—	—	—	—	—	—	—	—	—	—	—	—
		其他	汽油	—	—	—	—	—	—	—	—	—	—	—	—	—	—	—	—	—	—	—
			柴油	142314	142314	133412	115607	115607	85425	25061	25061	25061	17182	9303	9303	9303	9303	5868	2433	2433	2343	2313
			燃气	—	—	—	—	—	—	—	—	—	—	—	—	—	—	—	—	—	—	—
载货汽车	微型		汽油	—	—	—	—	—	—	—	—	—	—	—	—	—	—	—	—	—	—	—
			柴油	8753	8572	8391	8391	8391	8391	6819	5247	5247	3894	2541	2541	2541	2541	1600	659	659	656	655
			燃气	—	—	—	—	—	—	—	—	—	—	—	—	—	—	—	—	—	—	—
	轻型		汽油	—	—	—	—	—	—	—	—	—	—	—	—	—	—	—	—	—	—	—
			柴油	9103	8747	8391	8391	8391	8391	6819	5247	5247	3894	2541	2541	2541	2541	1916	1291	1291	1066	991
			燃气	—	—	—	—	—	—	—	—	—	—	—	—	—	—	—	—	—	—	—
	中型		汽油	—	—	—	—	—	—	—	—	—	—	—	—	—	—	—	—	—	—	—
			柴油	39086	39086	32892	20505	20505	15802	6395	6395	6395	6058	5722	5722	5722	5722	3669	1616	1616	1480	1434
			燃气	—	—	—	—	—	—	—	—	—	—	—	—	—	—	—	—	—	—	—
	重型		汽油	—	—	—	—	—	—	—	—	—	—	—	—	—	—	—	—	—	—	—
			柴油	189838	189838	156033	88422	88422	70207	33777	33777	33777	23146	12514	12514	12514	12514	8297	4080	4080	3448	3237
			燃气	—	—	—	—	—	—	—	—	—	—	—	—	—	—	—	—	—	—	—
低速汽车	三轮汽车			4092	4092	4092	4092	4092	4092	4092	4092	4092	3220	3220	3220	3220	3220	3220	3220	3220	3220	3220
	低速货车			5581	5581	5581	5581	5581	5581	5581	5581	5581	4392	4392	4392	4392	4392	4392	4392	4392	4392	4392
摩托车	普通摩托车			—	—	—	—	—	—	—	—	—	—	—	—	—	—	—	—	—	—	—
	轻便摩托车			—	—	—	—	—	—	—	—	—	—	—	—	—	—	—	—	—	—	—

阳泉市 VOCs 排放系数

单位：克/（辆·年）

车辆类型		使用性质	燃料种类	1999 年年底前	2000 年	2001 年	2002 年	2003 年	2004 年	2005 年	2006 年	2007 年	2008 年	2009 年	2010 年	2011 年	2012 年	2013 年	2014 年	2015 年	2016 年	2017 年
载客汽车	微型	出租车	汽油	1184585	708201	231817	231817	231817	231817	176231	120645	120645	98496	76346	76346	61866	47386	47386	47386	47386	30857	25347
			燃气	503702	313682	123663	123663	123663	123663	97378	71094	71094	59175	47256	47256	37101	26946	26946	26946	26946	14776	10720
		其他	汽油	47348	28635	9922	9922	9922	9922	9580	9238	9238	7900	6562	6562	6262	5961	5961	5961	5961	5017	4702
			燃气	15195	8522	1848	1848	1848	1848	1782	1716	1716	1265	814	814	734	653	653	653	653	436	364
	小型	出租车	汽油	1184585	697094	209604	209604	209604	209604	195058	180512	180512	128429	76346	76346	61866	47386	47386	47386	47386	29083	22982
			柴油	363216	340994	318773	318773	318773	318773	285031	251289	251289	189493	127697	127697	127697	127697	94388	61080	61080	32653	23177
			燃气	503702	309300	114899	114899	114899	114899	104808	94716	94716	70986	47256	47256	37101	26946	26946	26946	26946	14077	9787
		其他	汽油	47999	28882	9766	9766	9766	9766	9852	9938	9938	8252	6565	6565	6224	5883	5883	5883	5883	5084	4818
			柴油	9579	8764	7948	7948	7948	7948	6704	5460	5460	3726	1993	1993	1993	1993	1716	1438	1438	1028	891
			燃气	15452	9276	3099	3099	3099	3099	2546	1992	1992	1463	934	934	778	623	623	623	623	463	410
	中型	公交车	汽油	247619	247619	247619	247619	247022	168779	13487	13487	13487	13487	13487	13336	13184	13184	10756	8329	8329	8329	8329
			柴油	87806	87806	86086	82645	82645	64494	28192	28192	28192	20508	12823	12823	12823	12823	8958	5093	5093	4763	4653
			燃气	71579	71579	67602	59649	59649	57536	53311	53311	53311	42686	32061	32061	22219	22219	22154	22154	22154	22154	22154
		其他	汽油	128329	128329	128329	128329	127732	87410	7959	7959	7959	7959	7959	7814	7668	7668	6616	5565	5565	5565	5565
			柴油	30493	30493	28460	24394	24394	18567	6912	6912	6912	6506	6099	6099	6099	6099	3750	1402	1402	1243	1190
			燃气	34560	34560	32640	28800	28800	27780	25740	25740	25740	20623	15506	15506	10732	10732	9642	9642	9642	9642	9642
	大型	公交车	汽油	576927	576927	576927	576927	576330	388752	14790	14790	14790	14790	14790	14650	14511	14511	11745	8979	8979	8979	8979
			柴油	131708	131708	108010	60614	60614	60614	60614	60614	60614	43515	26416	26416	26416	26416	17675	8934	8934	5723	4653
			燃气	168926	168926	159541	140772	140772	135786	125815	125815	125815	100740	75665	75665	52438	52438	47188	47188	47188	47188	47188
		其他	汽油	1278225	1278225	1278225	1278225	1277628	860780	28277	28277	28277	28277	28277	22018	15759	15759	12568	9378	9378	9378	9378
			柴油	272891	272891	207397	76409	76409	76409	76409	76409	76409	55942	35476	35476	35476	35476	20706	5937	5937	5324	5119
			燃气	266186	266186	251398	221822	221822	213966	198253	198253	198253	158842	119430	119430	82662	82662	74261	74261	74261	74261	74261
载货汽车	微型		汽油	282432	151818	21203	21203	21203	21203	20073	18943	18943	17480	16016	16016	13298	10581	10581	10581	10581	9098	8603
			柴油	36349	33969	31589	31589	31589	31589	29004	26420	26420	19425	12430	12430	12430	12430	8554	4678	4678	3290	2827
			燃气	90639	47294	3949	3949	3949	3949	3734	3519	3519	2753	1987	1987	1573	1159	1159	1159	1159	789	666
	轻型		汽油	146425	87332	28239	28239	28239	28239	24414	20589	20589	18452	16314	16314	14431	12548	12548	12548	12548	10918	10375
			柴油	33263	32426	31589	31589	31589	31589	29004	26420	26420	19425	12430	12430	12430	12430	9438	6447	6447	5059	4596
			燃气	47138	28049	8961	8961	8961	8961	6544	4127	4127	3224	2321	2321	1825	1329	1329	1329	1329	994	883
	中型		汽油	348573	348573	348573	348573	347976	236723	15413	15413	15413	15413	15413	15274	15134	15134	12210	9286	9286	9286	9286
			柴油	80895	80895	75502	64716	64716	49256	18336	18336	18336	17264	16191	16191	16191	16191	11734	7277	7277	4330	3347
			燃气	91684	91684	86591	76405	76405	73697	68282	68282	68282	54723	41164	41164	55704	55704	27119	27119	27119	27119	27119
	重型		汽油	1224441	1224441	1224441	1224441	1223844	824579	27246	27246	27246	27246	27246	21246	15246	15246	12189	9132	9132	9132	9132
			柴油	310665	310665	236105	86986	86986	86986	86986	86986	86986	63686	40386	40386	40386	40386	25398	10411	10411	8583	7974
			燃气	303032	303032	286197	252528	252528	243584	225696	225696	225696	180828	135960	135960	144954	144954	115678	115678	115678	115678	115678
低速汽车	三轮汽车			25300	25300	25300	25300	25300	25300	25300	25300	25300	16721	16721	16721	16721	16721	16721	16721	16721	16721	16721
	低速货车			33990	33990	33990	33990	33990	33990	33990	33990	33990	22464	22464	22464	22464	22464	22464	22464	22464	22464	22464
摩托车	普通摩托车			12928	12928	12928	12928	9648	6368	3409	3409	3409	3409	3409	2544	1679	1679	1679	1679	1679	1679	1679
	轻便摩托车			41808	41808	41808	41808	41808	8362	8362	4116	4116	4116	4116	3072	2027	2027	2027	2027	2027	2027	2027

长治市 NO_x 排放系数

单位：克/（辆·年）

车辆类型		使用性质	燃料种类	1999 年年底前	2000 年	2001 年	2002 年	2003 年	2004 年	2005 年	2006 年	2007 年	2008 年	2009 年	2010 年	2011 年	2012 年	2013 年	2014 年	2015 年	2016 年	2017 年
载客汽车	微型	出租车	汽油	344690	231427	118164	118164	118164	118164	86758	55351	55351	40671	25991	25991	21082	16172	16172	16172	16172	10041	7997
			燃气	187468	128164	68861	68861	68861	68861	51550	34240	34240	25906	17571	17571	14029	10487	10487	10487	10487	6092	4627
		其他	汽油	37022	23184	9347	9347	9347	9347	5852	2358	2358	1914	1471	1471	1214	956	956	956	956	668	572
			燃气	18789	11184	3580	3580	3580	3580	2327	1074	1074	872	669	669	523	377	377	377	377	304	279
	小型	出租车	汽油	390710	257154	123597	123597	123597	123597	89892	56187	56187	41089	25991	25991	20354	14718	14718	14718	14718	8708	6705
			柴油	329664	278304	226944	226944	226944	226944	201357	175770	175770	139914	104058	104058	104058	104058	84004	63949	63949	47160	41564
			燃气	211381	141532	71684	71684	71684	71684	53179	34674	34674	26122	17571	17571	13651	9731	9731	9731	9731	5399	3955
		其他	汽油	34531	22008	9485	9485	9485	9485	6251	3017	3017	2080	1142	1142	1026	909	909	909	909	629	536
			柴油	21771	17838	13904	13904	13904	13904	12784	11664	11664	9134	6603	6603	6603	6603	5702	4802	4802	4092	3855
			燃气	17495	11148	4802	4802	4802	4802	3109	1416	1416	957	498	498	425	352	352	352	352	283	260
	中型	公交车	汽油	441239	441239	441239	441239	441239	301440	21841	21841	21841	21841	21841	19588	17334	17334	13086	8838	8838	8838	8838
			柴油	367162	367162	366300	364576	364576	350087	321110	321110	321110	267469	213828	213828	213828	213828	174499	135170	135170	113167	105833
			燃气	389843	389843	385202	375920	375920	364260	340939	340939	340939	283754	226569	226569	143279	143279	112215	112215	112215	112215	112215
		其他	汽油	270520	270520	270520	270520	270520	183503	9468	9468	9468	9468	9468	9468	9468	9468	7102	4735	4735	4735	4735
			柴油	172183	172183	164995	150620	150620	149346	146799	146799	146799	125024	103250	103250	103250	103250	91676	80103	80103	68368	64457
			燃气	194430	194430	183628	162025	162025	160498	157444	157444	157444	134052	110661	110661	86200	86200	69241	69241	69241	69241	69241
	大型	公交车	汽油	1571914	1571914	1571914	1571914	1571914	1080878	98806	98806	98806	98806	98806	98720	98633	98633	73975	49317	49317	49317	49317
			柴油	520746	520746	503919	470264	470264	456902	430178	430178	430178	422426	414674	414674	414674	414674	399721	384768	384768	346850	334211
			燃气	1047008	1047008	988841	872507	872507	807761	678270	678270	678270	581152	484034	484034	450635	450635	390582	390582	390582	390582	390582
		其他	汽油	3751872	3751872	3751872	3751872	3751872	2579859	235832	235832	235832	235832	235832	226988	218145	218145	163783	109421	109421	109421	109421
			柴油	1247025	1247025	1214937	1150760	1150760	1123931	1070272	1070272	1070272	1032590	994909	994909	994909	994909	947158	899408	899408	795966	761486
			燃气	2321201	2321201	2192245	1934334	1934334	1790794	1503715	1503715	1503715	1288898	1074082	1074082	969005	969005	822114	822114	822114	822114	822114
载货汽车	微型		汽油	281902	168897	55892	55892	55892	55892	38812	21732	21732	17810	13888	13888	11946	10004	10004	10004	10004	7153	6203
			柴油	159974	134398	108821	108821	108821	108821	97248	85676	85676	72184	58691	58691	58691	58691	42920	27148	27148	21534	19662
			燃气	143068	82238	21407	21407	21407	21407	15653	9898	9898	8107	6316	6316	5131	3945	3945	3945	3945	3255	3026
	轻型		汽油	210242	136268	62293	62293	62293	62293	42885	23477	23477	19797	16117	16117	13180	10244	10244	10244	10244	7455	6525
			柴油	160455	134638	108821	108821	108821	108821	97248	85676	85676	72184	58691	58691	58691	58691	46148	33606	33606	29127	27634
			燃气	106518	69028	31537	31537	31537	31537	21278	11019	11019	9023	7028	7028	5498	3967	3967	3967	3967	3366	3165
	中型		汽油	322409	322409	322409	322409	322409	220111	15516	15516	15516	15516	15516	15516	15516	15516	11642	7767	7767	7767	7767
			柴油	453291	453291	407023	314486	314486	299042	268153	268153	268153	265016	261880	261880	261880	261880	229766	197653	197653	170198	161046
			燃气	511859	511859	454005	338299	338299	321399	287598	287598	287598	284137	280677	280677	212697	212697	172999	172999	172999	172999	172999
	重型		汽油	2056050	2056050	2056050	2056050	2056050	1413779	129237	129237	129237	129237	129237	124391	119545	119545	89754	59964	59964	59964	59964
			柴油	853222	853222	824099	765852	765852	737525	680871	680871	680871	653568	626265	626265	626265	626265	551704	477143	477143	331560	283032
			燃气	1588180	1588180	1487898	1287335	1287335	1177094	956613	956613	956613	816357	676102	676102	514065	514065	305566	305566	305566	305566	305566
低速汽车	三轮汽车			65550	65550	65550	65550	65550	65550	65550	65550	65550	53279	53279	53279	53279	53279	53279	53279	53279	53279	53279
	低速货车			88065	88065	88065	88065	88065	88065	88065	88065	88065	71579	71579	71579	71579	71579	71579	71579	71579	71579	71579
摩托车	普通摩托车			965	965	965	965	932	900	836	836	836	836	836	743	650	650	650	650	650	650	650
	轻便摩托车			643	643	643	643	643	322	322	322	322	322	322	286	250	250	250	250	250	250	250

长治市 PM 排放系数

单位：克/（辆·年）

车辆类型		使用性质	燃料种类	1999 年年底前	2000 年	2001 年	2002 年	2003 年	2004 年	2005 年	2006 年	2007 年	2008 年	2009 年	2010 年	2011 年	2012 年	2013 年	2014 年	2015 年	2016 年	2017 年
载客汽车	微型	出租车	汽油	—	—	—	—	—	—	—	—	—	—	—	—	—	—	—	—	—	—	—
			燃气	—	—	—	—	—	—	—	—	—	—	—	—	—	—	—	—	—	—	—
		其他	汽油	—	—	—	—	—	—	—	—	—	—	—	—	—	—	—	—	—	—	—
			燃气	—	—	—	—	—	—	—	—	—	—	—	—	—	—	—	—	—	—	—
	小型	出租车	汽油	—	—	—	—	—	—	—	—	—	—	—	—	—	—	—	—	—	—	—
			柴油	42785	39178	35572	35572	35572	35572	24260	12947	12947	8436	3926	3926	3926	3926	3649	3372	3372	2788	2594
			燃气	—	—	—	—	—	—	—	—	—	—	—	—	—	—	—	—	—	—	—
		其他	汽油	—	—	—	—	—	—	—	—	—	—	—	—	—	—	—	—	—	—	—
			柴油	3289	3112	2936	2936	2936	2936	2110	1283	1283	940	597	597	597	597	500	404	404	404	404
			燃气	—	—	—	—	—	—	—	—	—	—	—	—	—	—	—	—	—	—	—
	中型	公交车	汽油	—	—	—	—	—	—	—	—	—	—	—	—	—	—	—	—	—	—	—
			柴油	30592	30592	28032	22913	22913	17978	8108	8108	8108	6872	5637	5637	5637	5637	3504	1372	1372	1080	983
			燃气	—	—	—	—	—	—	—	—	—	—	—	—	—	—	—	—	—	—	—
		其他	汽油	—	—	—	—	—	—	—	—	—	—	—	—	—	—	—	—	—	—	—
			柴油	15274	15274	12888	8116	8116	6262	2553	2553	2553	2434	2316	2316	2316	2316	1366	415	415	399	394
			燃气	—	—	—	—	—	—	—	—	—	—	—	—	—	—	—	—	—	—	—
	大型	公交车	汽油	—	—	—	—	—	—	—	—	—	—	—	—	—	—	—	—	—	—	—
			柴油	94865	94865	93934	92071	92071	71272	29674	29674	29674	19994	10315	10315	10315	10315	6116	1916	1916	1845	1821
			燃气	—	—	—	—	—	—	—	—	—	—	—	—	—	—	—	—	—	—	—
		其他	汽油	—	—	—	—	—	—	—	—	—	—	—	—	—	—	—	—	—	—	—
			柴油	142314	142314	133412	115607	115607	85425	25061	25061	25061	17182	9303	9303	9303	9303	5868	2433	2433	2343	2313
			燃气	—	—	—	—	—	—	—	—	—	—	—	—	—	—	—	—	—	—	—
载货汽车	微型		汽油	—	—	—	—	—	—	—	—	—	—	—	—	—	—	—	—	—	—	—
			柴油	17697	17331	16965	16965	16965	16965	13786	10608	10608	7873	5138	5138	5138	5138	3235	1332	1332	1326	1324
			燃气	—	—	—	—	—	—	—	—	—	—	—	—	—	—	—	—	—	—	—
	轻型		汽油	—	—	—	—	—	—	—	—	—	—	—	—	—	—	—	—	—	—	—
			柴油	18405	17685	16965	16965	16965	16965	13786	10608	10608	7873	5138	5138	5138	5138	3874	2611	2611	2156	2004
			燃气	—	—	—	—	—	—	—	—	—	—	—	—	—	—	—	—	—	—	—
	中型		汽油	—	—	—	—	—	—	—	—	—	—	—	—	—	—	—	—	—	—	—
			柴油	39086	39086	32892	20505	20505	15802	6395	6395	6395	6058	5722	5722	5722	5722	3669	1616	1616	1480	1434
			燃气	—	—	—	—	—	—	—	—	—	—	—	—	—	—	—	—	—	—	—
	重型		汽油	—	—	—	—	—	—	—	—	—	—	—	—	—	—	—	—	—	—	—
			柴油	112108	112108	92145	52218	52218	41461	19947	19947	19947	13668	7390	7390	7390	7390	4930	2470	2470	2088	1960
			燃气	—	—	—	—	—	—	—	—	—	—	—	—	—	—	—	—	—	—	—
低速汽车	三轮汽车			4092	4092	4092	4092	4092	4092	4092	4092	4092	3220	3220	3220	3220	3220	3220	3220	3220	3220	3220
	低速货车			5581	5581	5581	5581	5581	5581	5581	5581	5581	4392	4392	4392	4392	4392	4392	4392	4392	4392	4392
摩托车	普通摩托车			—	—	—	—	—	—	—	—	—	—	—	—	—	—	—	—	—	—	—
	轻便摩托车			—	—	—	—	—	—	—	—	—	—	—	—	—	—	—	—	—	—	—

长治市 VOCs 排放系数

单位：克/（辆·年）

车辆类型		使用性质	燃料种类	1999 年年底前	2000 年	2001 年	2002 年	2003 年	2004 年	2005 年	2006 年	2007 年	2008 年	2009 年	2010 年	2011 年	2012 年	2013 年	2014 年	2015 年	2016 年	2017 年
载客汽车	微型	出租车	汽油	862401	508266	154132	154132	154132	154132	115266	76400	76400	61716	47033	47033	38866	30698	30698	30698	30698	21639	18619
			燃气	338948	206112	73277	73277	73277	73277	56541	39805	39805	32748	25691	25691	20326	14960	14960	14960	14960	8736	6661
		其他	汽油	50166	30272	10378	10378	10378	10378	10034	9690	9690	8256	6822	6822	6509	6196	6196	6196	6196	5165	4821
			燃气	15195	8522	1848	1848	1848	1848	1782	1716	1716	1265	814	814	734	653	653	653	653	436	364
	小型	出租车	汽油	862401	499988	137575	137575	137575	137575	129300	121025	121025	84029	47033	47033	38866	30698	30698	30698	30698	20316	16856
			柴油	201803	189962	178122	178122	178122	178122	160479	142836	142836	104994	67153	67153	67153	67153	49821	32489	32489	18191	13425
			燃气	338948	203023	67098	67098	67098	67098	61778	56457	56457	41074	25691	25691	20326	14960	14960	14960	14960	8242	6003
		其他	汽油	50855	30534	10213	10213	10213	10213	10322	10430	10430	8628	6826	6826	6470	6113	6113	6113	6113	5236	4943
			柴油	9815	8986	8157	8157	8157	8157	6893	5629	5629	3850	2070	2070	2070	2070	1790	1511	1511	1077	932
			燃气	15452	9276	3099	3099	3099	3099	2546	1992	1992	1463	934	934	778	623	623	623	623	463	410
	中型	公交车	汽油	247608	247608	247608	247608	247011	168768	13476	13476	13476	13476	13476	13324	13173	13173	10746	8318	8318	8318	8318
			柴油	87806	87806	86086	82645	82645	64494	28192	28192	28192	20508	12823	12823	12823	12823	8958	5093	5093	4763	4653
			燃气	71579	71579	67602	59649	59649	57536	53311	53311	53311	42686	32061	32061	22219	22219	22154	22154	22154	22154	22154
		其他	汽油	128318	128318	128318	128318	127721	87399	7948	7948	7948	7948	7948	7802	7657	7657	6606	5555	5555	5555	5555
			柴油	30493	30493	28460	24394	24394	18567	6912	6912	6912	6506	6099	6099	6099	6099	3750	1402	1402	1243	1190
			燃气	34560	34560	32640	28800	28800	27780	25740	25740	25740	20623	15506	15506	10732	10732	9642	9642	9642	9642	9642
	大型	公交车	汽油	576916	576916	576916	576916	576319	388741	14780	14780	14780	14780	14780	14640	14500	14500	11734	8968	8968	8968	8968
			柴油	131708	131708	108010	60614	60614	60614	60614	60614	60614	43515	26416	26416	26416	26416	17675	8934	8934	5723	4653
			燃气	168926	168926	159541	140772	140772	135786	125815	125815	125815	100740	75665	75665	52438	52438	47188	47188	47188	47188	47188
		其他	汽油	1278214	1278214	1278214	1278214	1277617	860769	28266	28266	28266	28266	28266	22007	15748	15748	12558	9367	9367	9367	9367
			柴油	272891	272891	207397	76409	76409	76409	76409	76409	76409	55942	35476	35476	35476	35476	20706	5937	5937	5324	5119
			燃气	266186	266186	251398	221822	221822	213966	198253	198253	198253	158842	119430	119430	82662	82662	74261	74261	74261	74261	74261
载货汽车	微型		汽油	602039	324118	46197	46197	46197	46197	43130	40064	40064	36647	33230	33230	26510	19790	19790	19790	19790	15886	14585
			柴油	98815	92216	85618	85618	85618	85618	77580	69541	69541	52512	35482	35482	35482	35482	24784	14085	14085	8798	7036
			燃气	182354	95290	8226	8226	8226	8226	7661	7095	7095	5530	3965	3965	3025	2086	2086	2086	2086	1347	1101
	轻型		汽油	311290	186265	61240	61240	61240	61240	52412	43584	43584	38725	33866	33866	28930	23995	23995	23995	23995	19778	18373
			柴油	92458	89038	85618	85618	85618	85618	77580	69541	69541	52512	35482	35482	35482	35482	26606	17730	17730	12443	10681
			燃气	94584	56583	18582	18582	18582	18582	13453	8324	8324	6479	4634	4634	3540	2445	2445	2445	2445	1754	1524
	中型		汽油	348562	348562	348562	348562	347964	236712	15403	15403	15403	15403	15403	15263	15123	15123	12199	9275	9275	9275	9275
			柴油	80895	80895	75502	64716	64716	49256	18336	18336	18336	17264	16191	16191	16191	16191	11734	7277	7277	4330	3347
			燃气	91684	91684	86591	76405	76405	73697	68282	68282	68282	54723	41164	41164	55704	55704	27119	27119	27119	27119	27119
	重型		汽油	735245	735245	735245	735245	734648	495309	17828	17828	17828	17828	17828	14180	10531	10531	8695	6859	6859	6859	6859
			柴油	191169	191169	145288	53527	53527	53527	53527	53527	53527	39190	24852	24852	24852	24852	15648	6444	6444	4958	4463
			燃气	186472	186472	176112	155394	155394	149890	138883	138883	138883	111273	83664	83664	89721	89721	64744	64744	64744	64744	64744
低速汽车	三轮汽车			25300	25300	25300	25300	25300	25300	25300	25300	25300	16721	16721	16721	16721	16721	16721	16721	16721	16721	16721
	低速货车			33990	33990	33990	33990	33990	33990	33990	33990	33990	22464	22464	22464	22464	22464	22464	22464	22464	22464	22464
摩托车	普通摩托车			12928	12928	12928	12928	9648	6368	3409	3409	3409	3409	3409	2544	1679	1679	1679	1679	1679	1679	1679
	轻便摩托车			41808	41808	41808	41808	41808	8362	8362	4116	4116	4116	4116	3072	2027	2027	2027	2027	2027	2027	2027

晋城市 NO_x 排放系数

单位：克/（辆·年）

车辆类型		使用性质	燃料种类	1999年年底前	2000年	2001年	2002年	2003年	2004年	2005年	2006年	2007年	2008年	2009年	2010年	2011年	2012年	2013年	2014年	2015年	2016年	2017年
载客汽车	微型	出租车	汽油	289626	193266	96905	96905	96905	96905	70622	44340	44340	32190	20039	20039	16362	12686	12686	12686	12686	8102	6574
			燃气	156429	106076	55724	55724	55724	55724	41346	26968	26968	20150	13332	13332	10700	8068	8068	8068	8068	4831	3752
		其他	汽油	37022	23184	9347	9347	9347	9347	5852	2358	2358	1914	1471	1471	1214	956	956	956	956	668	572
			燃气	18789	11184	3580	3580	3580	3580	2327	1074	1074	872	669	669	523	377	377	377	377	304	279
	小型	出租车	汽油	328889	215215	101541	101541	101541	101541	73296	45052	45052	32546	20039	20039	15742	11445	11445	11445	11445	6964	5471
			柴油	267023	224196	181368	181368	181368	181368	161124	140881	140881	111870	82860	82860	82860	82860	67336	51813	51813	38958	34673
			燃气	176830	117482	58133	58133	58133	58133	42736	27338	27338	20335	13332	13332	10378	7424	7424	7424	7424	4240	3179
		其他	汽油	34531	22008	9485	9485	9485	9485	6251	3017	3017	2080	1142	1142	1026	909	909	909	909	629	536
			柴油	21771	17838	13904	13904	13904	13904	12784	11664	11664	9134	6603	6603	6603	6603	5702	4802	4802	4092	3855
			燃气	17495	11148	4802	4802	4802	4802	3109	1416	1416	957	498	498	425	352	352	352	352	283	260
	中型	公交车	汽油	441239	441239	441239	441239	441239	301440	21841	21841	21841	21841	21841	19588	17334	17334	13086	8838	8838	8838	8838
			柴油	367162	367162	366300	364576	364576	350087	321110	321110	321110	267469	213828	213828	213828	213828	174499	135170	135170	113167	105833
			燃气	389843	389843	385202	375920	375920	364260	340939	340939	340939	283754	226569	226569	143279	143279	112215	112215	112215	112215	112215
		其他	汽油	270520	270520	270520	270520	270520	183503	9468	9468	9468	9468	9468	9468	9468	9468	7102	4735	4735	4735	4735
			柴油	172183	172183	164995	150620	150620	149346	146799	146799	146799	125024	103250	103250	103250	103250	91676	80103	80103	68368	64457
			燃气	194430	194430	183628	162025	162025	160498	157444	157444	157444	134052	110661	110661	86200	86200	69241	69241	69241	69241	69241
	大型	公交车	汽油	1571914	1571914	1571914	1571914	1571914	1080878	98806	98806	98806	98806	98806	98720	98633	98633	73975	49317	49317	49317	49317
			柴油	520746	520746	503919	470264	470264	456902	430178	430178	430178	422426	414674	414674	414674	414674	399721	384768	384768	346850	334211
			燃气	1047008	1047008	988841	872507	872507	807761	678270	678270	678270	581152	484034	484034	450635	450635	390582	390582	390582	390582	390582
		其他	汽油	3751872	3751872	3751872	3751872	3751872	2579859	235832	235832	235832	235832	235832	226988	218145	218145	163783	109421	109421	109421	109421
			柴油	1247025	1247025	1214937	1150760	1150760	1123931	1070272	1070272	1070272	1032590	994909	994909	994909	994909	947158	899408	899408	795966	761486
			燃气	2321201	2321201	2192245	1934334	1934334	1790794	1503715	1503715	1503715	1288898	1074082	1074082	969005	969005	822114	822114	822114	822114	822114
载货汽车	微型		汽油	132162	78112	24063	24063	24063	24063	16260	8458	8458	6826	5195	5195	4642	4089	4089	4089	4089	3128	2807
			柴油	66236	54718	43199	43199	43199	43199	38825	34451	34451	29140	23829	23829	23829	23829	17444	11060	11060	9402	8849
			燃气	67073	38145	9216	9216	9216	9216	6534	3852	3852	3108	2363	2363	1988	1613	1613	1613	1613	1430	1369
	轻型		汽油	97845	62486	27128	27128	27128	27128	18211	9294	9294	7778	6262	6262	5233	4204	4204	4204	4204	3272	2961
			柴油	66466	54832	43199	43199	43199	43199	38825	34451	34451	29140	23829	23829	23829	23829	18990	14152	14152	13038	12667
			燃气	49573	31653	13734	13734	13734	13734	9048	4362	4362	3546	2731	2731	2179	1628	1628	1628	1628	1484	1436
	中型		汽油	322409	322409	322409	322409	322409	220111	15516	15516	15516	15516	15516	15516	15516	15516	11642	7767	7767	7767	7767
			柴油	453291	453291	407023	314486	314486	299042	268153	268153	268153	265016	261880	261880	261880	261880	229766	197653	197653	170198	161046
			燃气	511859	511859	454005	338299	338299	321399	287598	287598	287598	284137	280677	280677	212697	212697	172999	172999	172999	172999	172999
	重型		汽油	1994938	1994938	1994938	1994938	1994938	1371757	125396	125396	125396	125396	125396	120694	115991	115991	87086	58181	58181	58181	58181
			柴油	830532	830532	802183	745486	745486	717912	662765	662765	662765	636188	609611	609611	609611	609611	537850	466089	466089	328018	281994
			燃气	1545945	1545945	1448330	1253101	1253101	1145792	931174	931174	931174	794648	658123	658123	502155	502155	304446	304446	304446	304446	304446
低速汽车	三轮汽车			65550	65550	65550	65550	65550	65550	65550	65550	65550	53279	53279	53279	53279	53279	53279	53279	53279	53279	53279
	低速货车			88065	88065	88065	88065	88065	88065	88065	88065	88065	71579	71579	71579	71579	71579	71579	71579	71579	71579	71579
摩托车	普通摩托车			965	965	965	965	932	900	836	836	836	836	836	743	650	650	650	650	650	650	650
	轻便摩托车			643	643	643	643	643	322	322	322	322	322	322	286	250	250	250	250	250	250	250

晋城市 PM 排放系数

单位：克/（辆·年）

车辆类型		使用性质	燃料种类	1999 年年底前	2000 年	2001 年	2002 年	2003 年	2004 年	2005 年	2006 年	2007 年	2008 年	2009 年	2010 年	2011 年	2012 年	2013 年	2014 年	2015 年	2016 年	2017 年
载客汽车	微型	出租车	汽油	—	—	—	—	—	—	—	—	—	—	—	—	—	—	—	—	—	—	—
			燃气	—	—	—	—	—	—	—	—	—	—	—	—	—	—	—	—	—	—	—
		其他	汽油	—	—	—	—	—	—	—	—	—	—	—	—	—	—	—	—	—	—	—
			燃气	—	—	—	—	—	—	—	—	—	—	—	—	—	—	—	—	—	—	—
	小型	出租车	汽油	—	—	—	—	—	—	—	—	—	—	—	—	—	—	—	—	—	—	—
			柴油	36503	33426	30349	30349	30349	30349	20698	11046	11046	7198	3350	3350	3350	3350	3114	2877	2877	2379	2213
			燃气	—	—	—	—	—	—	—	—	—	—	—	—	—	—	—	—	—	—	—
		其他	汽油	—	—	—	—	—	—	—	—	—	—	—	—	—	—	—	—	—	—	—
			柴油	3289	3112	2936	2936	2936	2936	2110	1283	1283	940	597	597	597	597	500	404	404	404	404
			燃气	—	—	—	—	—	—	—	—	—	—	—	—	—	—	—	—	—	—	—
	中型	公交车	汽油	—	—	—	—	—	—	—	—	—	—	—	—	—	—	—	—	—	—	—
			柴油	30592	30592	28032	22913	22913	17978	8108	8108	8108	6872	5637	5637	5637	5637	3504	1372	1372	1080	983
			燃气	—	—	—	—	—	—	—	—	—	—	—	—	—	—	—	—	—	—	—
		其他	汽油	—	—	—	—	—	—	—	—	—	—	—	—	—	—	—	—	—	—	—
			柴油	15274	15274	12888	8116	8116	6262	2553	2553	2553	2434	2316	2316	2316	2316	1366	415	415	399	394
			燃气	—	—	—	—	—	—	—	—	—	—	—	—	—	—	—	—	—	—	—
	大型	公交车	汽油	—	—	—	—	—	—	—	—	—	—	—	—	—	—	—	—	—	—	—
			柴油	94865	94865	93934	92071	92071	71272	29674	29674	29674	19994	10315	10315	10315	10315	6116	1916	1916	1845	1821
			燃气	—	—	—	—	—	—	—	—	—	—	—	—	—	—	—	—	—	—	—
		其他	汽油	—	—	—	—	—	—	—	—	—	—	—	—	—	—	—	—	—	—	—
			柴油	142314	142314	133412	115607	115607	85425	25061	25061	25061	17182	9303	9303	9303	9303	5868	2433	2433	2343	2313
			燃气	—	—	—	—	—	—	—	—	—	—	—	—	—	—	—	—	—	—	—
载货汽车	微型		汽油	—	—	—	—	—	—	—	—	—	—	—	—	—	—	—	—	—	—	—
			柴油	8475	8300	8124	8124	8124	8124	6602	5080	5080	3770	2461	2461	2461	2461	1550	638	638	635	634
			燃气	—	—	—	—	—	—	—	—	—	—	—	—	—	—	—	—	—	—	—
	轻型		汽油	—	—	—	—	—	—	—	—	—	—	—	—	—	—	—	—	—	—	—
			柴油	8814	8469	8124	8124	8124	8124	6602	5080	5080	3770	2461	2461	2461	2461	1856	1250	1250	1032	960
			燃气	—	—	—	—	—	—	—	—	—	—	—	—	—	—	—	—	—	—	—
	中型		汽油	—	—	—	—	—	—	—	—	—	—	—	—	—	—	—	—	—	—	—
			柴油	39086	39086	32892	20505	20505	15802	6395	6395	6395	6058	5722	5722	5722	5722	3669	1616	1616	1480	1434
			燃气	—	—	—	—	—	—	—	—	—	—	—	—	—	—	—	—	—	—	—
	重型		汽油	—	—	—	—	—	—	—	—	—	—	—	—	—	—	—	—	—	—	—
			柴油	108926	108926	89529	50735	50735	40284	19381	19381	19381	13281	7181	7181	7181	7181	4790	2400	2400	2028	1904
			燃气	—	—	—	—	—	—	—	—	—	—	—	—	—	—	—	—	—	—	—
低速汽车	三轮汽车			4092	4092	4092	4092	4092	4092	4092	4092	4092	3220	3220	3220	3220	3220	3220	3220	3220	3220	3220
	低速货车			5581	5581	5581	5581	5581	5581	5581	5581	5581	4392	4392	4392	4392	4392	4392	4392	4392	4392	4392
摩托车	普通摩托车			—	—	—	—	—	—	—	—	—	—	—	—	—	—	—	—	—	—	—
	轻便摩托车			—	—	—	—	—	—	—	—	—	—	—	—	—	—	—	—	—	—	—

晋城市 VOCs 排放系数

单位：克/（辆·年）

车辆类型		使用性质	燃料种类	1999年年底前	2000年	2001年	2002年	2003年	2004年	2005年	2006年	2007年	2008年	2009年	2010年	2011年	2012年	2013年	2014年	2015年	2016年	2017年
载客汽车	微型	出租车	汽油	731337	429308	127278	127278	127278	127278	94742	62206	62206	50108	38009	38009	31698	25386	25386	25386	25386	18441	16126
			燃气	284350	171354	58357	58357	58357	58357	44616	30874	30874	25256	19637	19637	15596	11555	11555	11555	11555	6949	5414
		其他	汽油	50166	30272	10378	10378	10378	10378	10034	9690	9690	8256	6822	6822	6509	6196	6196	6196	6196	5165	4821
			燃气	15195	8522	1848	1848	1848	1848	1782	1716	1716	1265	814	814	734	653	653	653	653	436	364
	小型	出租车	汽油	731337	422244	113152	113152	113152	113152	106715	100278	100278	69144	38009	38009	31698	25386	25386	25386	25386	17313	14622
			柴油	155577	146634	137691	137691	137691	137691	124494	111296	111296	80846	50396	50396	50396	50396	37464	24532	24532	14048	10554
			燃气	284350	168718	53086	53086	53086	53086	49084	45081	45081	32359	19637	19637	15596	11555	11555	11555	11555	6528	4853
		其他	汽油	50855	30534	10213	10213	10213	10213	10322	10430	10430	8628	6826	6826	6470	6113	6113	6113	6113	5236	4943
			柴油	9815	8986	8157	8157	8157	8157	6893	5629	5629	3850	2070	2070	2070	2070	1790	1511	1511	1077	932
			燃气	15452	9276	3099	3099	3099	3099	2546	1992	1992	1463	934	934	778	623	623	623	623	463	410
	中型	公交车	汽油	247608	247608	247608	247608	247011	168768	13476	13476	13476	13476	13476	13324	13173	13173	10746	8318	8318	8318	8318
			柴油	87806	87806	86086	82645	82645	64494	28192	28192	28192	20508	12823	12823	12823	12823	8958	5093	5093	4763	4653
			燃气	71579	71579	67602	59649	59649	57536	53311	53311	53311	42686	32061	32061	22219	22219	22154	22154	22154	22154	22154
		其他	汽油	128318	128318	128318	128318	127721	87399	7948	7948	7948	7948	7948	7802	7657	7657	6606	5555	5555	5555	5555
			柴油	30493	30493	28460	24394	24394	18567	6912	6912	6912	6506	6099	6099	6099	6099	3750	1402	1402	1243	1190
			燃气	34560	34560	32640	28800	28800	27780	25740	25740	25740	20623	15506	15506	10732	10732	9642	9642	9642	9642	9642
	大型	公交车	汽油	576916	576916	576916	576916	576319	388741	14780	14780	14780	14780	14780	14640	14500	14500	11734	8968	8968	8968	8968
			柴油	131708	131708	108010	60614	60614	60614	60614	60614	60614	43515	26416	26416	26416	26416	17675	8934	8934	5723	4653
			燃气	168926	168926	159541	140772	140772	135786	125815	125815	125815	100740	75665	75665	52438	52438	47188	47188	47188	47188	47188
		其他	汽油	1278214	1278214	1278214	1278214	1277617	860769	28266	28266	28266	28266	28266	22007	15748	15748	12558	9367	9367	9367	9367
			柴油	272891	272891	207397	76409	76409	76409	76409	76409	76409	55942	35476	35476	35476	35476	20706	5937	5937	5324	5119
			燃气	266186	266186	251398	221822	221822	213966	198253	198253	198253	158842	119430	119430	82662	82662	74261	74261	74261	74261	74261
载货汽车	微型		汽油	289223	155360	21497	21497	21497	21497	20387	19277	19277	17775	16273	16273	13532	10791	10791	10791	10791	9272	8765
			柴油	35370	33064	30757	30757	30757	30757	28274	25790	25790	18934	12079	12079	12079	12079	8322	4564	4564	3230	2786
			燃气	87604	45716	3828	3828	3828	3828	3621	3414	3414	2678	1942	1942	1539	1137	1137	1137	1137	781	662
	轻型		汽油	149986	89344	28701	28701	28701	28701	24832	20963	20963	18770	16577	16577	14690	12804	12804	12804	12804	11135	10579
			柴油	32326	31542	30757	30757	30757	30757	28274	25790	25790	18934	12079	12079	12079	12079	9194	6309	6309	4976	4531
			燃气	45572	27141	8709	8709	8709	8709	6356	4004	4004	3136	2268	2268	1787	1305	1305	1305	1305	984	877
	中型		汽油	348562	348562	348562	348562	347964	236712	15403	15403	15403	15403	15403	15263	15123	15123	12199	9275	9275	9275	9275
			柴油	80895	80895	75502	64716	64716	49256	18336	18336	18336	17264	16191	16191	16191	16191	11734	7277	7277	4330	3347
			燃气	91684	91684	86591	76405	76405	73697	68282	68282	68282	54723	41164	41164	55704	55704	27119	27119	27119	27119	27119
	重型		汽油	711931	711931	711931	711931	711334	479617	17380	17380	17380	17380	17380	13844	10307	10307	8529	6751	6751	6751	6751
			柴油	183746	183746	139647	51449	51449	51449	51449	51449	51449	37668	23887	23887	23887	23887	15112	6337	6337	4910	4435
			燃气	179231	179231	169275	149361	149361	144071	133491	133491	133491	106953	80416	80416	88231	88231	64338	64338	64338	64338	64338
低速汽车	三轮汽车			25300	25300	25300	25300	25300	25300	25300	25300	25300	16721	16721	16721	16721	16721	16721	16721	16721	16721	16721
	低速货车			33990	33990	33990	33990	33990	33990	33990	33990	33990	22464	22464	22464	22464	22464	22464	22464	22464	22464	22464
摩托车	普通摩托车			12928	12928	12928	12928	9648	6368	3409	3409	3409	3409	3409	2544	1679	1679	1679	1679	1679	1679	1679
	轻便摩托车			41808	41808	41808	41808	41808	8362	8362	4116	4116	4116	4116	3072	2027	2027	2027	2027	2027	2027	2027

朔州市 NO_x 排放系数

单位：克/（辆·年）

车辆类型		使用性质	燃料种类	1999年年底前	2000年	2001年	2002年	2003年	2004年	2005年	2006年	2007年	2008年	2009年	2010年	2011年	2012年	2013年	2014年	2015年	2016年	2017年
载客汽车	微型	出租车	汽油	264115	175717	87319	87319	87319	87319	63400	39481	39481	28482	17482	17482	14328	11175	11175	11175	11175	7242	5931
			燃气	142159	96014	49869	49869	49869	49869	36832	23795	23795	17660	11524	11524	9276	7029	7029	7029	7029	4279	3362
		其他	汽油	37022	23184	9347	9347	9347	9347	5852	2358	2358	1914	1471	1471	1214	956	956	956	956	668	572
			燃气	18789	11184	3580	3580	3580	3580	2327	1074	1074	872	669	669	523	377	377	377	377	304	279
	小型	出租车	汽油	300180	195878	91577	91577	91577	91577	65856	40136	40136	28809	17482	17482	13758	10034	10034	10034	10034	6197	4918
			柴油	239086	200178	161271	161271	161271	161271	143366	125461	125461	99500	73540	73540	73540	73540	59970	46401	46401	35230	31506
			燃气	160898	106490	52082	52082	52082	52082	38108	24135	24135	17830	11524	11524	8980	6437	6437	6437	6437	3736	2835
		其他	汽油	34531	22008	9485	9485	9485	9485	6251	3017	3017	2080	1142	1142	1026	909	909	909	909	629	536
			柴油	21771	17838	13904	13904	13904	13904	12784	11664	11664	9134	6603	6603	6603	6603	5702	4802	4802	4092	3855
			燃气	17495	11148	4802	4802	4802	4802	3109	1416	1416	957	498	498	425	352	352	352	352	283	260
	中型	公交车	汽油	441239	441239	441239	441239	441239	301440	21841	21841	21841	21841	21841	19588	17334	17334	13086	8838	8838	8838	8838
			柴油	367162	367162	366300	364576	364576	350087	321110	321110	321110	267469	213828	213828	213828	213828	174499	135170	135170	113167	105833
			燃气	389843	389843	385202	375920	375920	364260	340939	340939	340939	283754	226569	226569	143279	143279	112215	112215	112215	112215	112215
		其他	汽油	270520	270520	270520	270520	270520	183503	9468	9468	9468	9468	9468	9468	9468	9468	7102	4735	4735	4735	4735
			柴油	172183	172183	164995	150620	150620	149346	146799	146799	146799	125024	103250	103250	103250	103250	91676	80103	80103	68368	64457
			燃气	194430	194430	183628	162025	162025	160498	157444	157444	157444	134052	110661	110661	86200	86200	69241	69241	69241	69241	69241
	大型	公交车	汽油	1571914	1571914	1571914	1571914	1571914	1080878	98806	98806	98806	98806	98806	98720	98633	98633	73975	49317	49317	49317	49317
			柴油	520746	520746	503919	470264	470264	456902	430178	430178	430178	422426	414674	414674	414674	414674	399721	384768	384768	346850	334211
			燃气	1047008	1047008	988841	872507	872507	807761	678270	678270	678270	581152	484034	484034	450635	450635	390582	390582	390582	390582	390582
		其他	汽油	3751872	3751872	3751872	3751872	3751872	2579859	235832	235832	235832	235832	235832	226988	218145	218145	163783	109421	109421	109421	109421
			柴油	1247025	1247025	1214937	1150760	1150760	1123931	1070272	1070272	1070272	1032590	994909	994909	994909	994909	947158	899408	899408	795966	761486
			燃气	2321201	2321201	2192245	1934334	1934334	1790794	1503715	1503715	1503715	1288898	1074082	1074082	969005	969005	822114	822114	822114	822114	822114
载货汽车	微型		汽油	91996	54184	16373	16373	16373	16373	10995	5617	5617	4510	3404	3404	3091	2778	2778	2778	2778	2148	1938
			柴油	44319	36413	28507	28507	28507	28507	25678	22848	22848	19354	15859	15859	15859	15859	11624	7390	7390	6407	6079
			燃气	46689	26480	6271	6271	6271	6271	4415	2558	2558	2053	1548	1548	1322	1096	1096	1096	1096	983	945
	轻型		汽油	68022	43268	18514	18514	18514	18514	12358	6201	6201	5176	4150	4150	3504	2858	2858	2858	2858	2249	2046
			柴油	44480	36494	28507	28507	28507	28507	25678	22848	22848	19354	15859	15859	15859	15859	12704	9550	9550	8947	8746
			燃气	34463	21918	9373	9373	9373	9373	6142	2910	2910	2360	1810	1810	1458	1107	1107	1107	1107	1021	992
	中型		汽油	322409	322409	322409	322409	322409	220111	15516	15516	15516	15516	15516	15516	15516	15516	11642	7767	7767	7767	7767
			柴油	453291	453291	407023	314486	314486	299042	268153	268153	268153	265016	261880	261880	261880	261880	229766	197653	197653	170198	161046
			燃气	511859	511859	454005	338299	338299	321399	287598	287598	287598	284137	280677	280677	212697	212697	172999	172999	172999	172999	172999
	重型		汽油	2834425	2834425	2834425	2834425	2834425	1949005	178164	178164	178164	178164	178164	171483	164802	164802	123734	82665	82665	82665	82665
			柴油	1183011	1183011	1142631	1061870	1061870	1022594	944043	944043	944043	906186	868330	868330	868330	868330	762018	655707	655707	451134	382943
			燃气	2202046	2202046	2063003	1784917	1784917	1632067	1326365	1326365	1326365	1131898	937430	937430	706446	706446	413432	413432	413432	413432	413432
低速汽车	三轮汽车			65550	65550	65550	65550	65550	65550	65550	65550	65550	53279	53279	53279	53279	53279	53279	53279	53279	53279	53279
	低速货车			88065	88065	88065	88065	88065	88065	88065	88065	88065	71579	71579	71579	71579	71579	71579	71579	71579	71579	71579
摩托车	普通摩托车			965	965	965	965	932	900	836	836	836	836	836	743	650	650	650	650	650	650	650
	轻便摩托车			643	643	643	643	643	322	322	322	322	322	322	286	250	250	250	250	250	250	250

朔州市 PM 排放系数

单位：克/（辆·年）

车辆类型		使用性质	燃料种类	1999 年年底前	2000 年	2001 年	2002 年	2003 年	2004 年	2005 年	2006 年	2007 年	2008 年	2009 年	2010 年	2011 年	2012 年	2013 年	2014 年	2015 年	2016 年	2017 年
载客汽车	微型	出租车	汽油	—	—	—	—	—	—	—	—	—	—	—	—	—	—	—	—	—	—	—
			燃气	—	—	—	—	—	—	—	—	—	—	—	—	—	—	—	—	—	—	—
		其他	汽油	—	—	—	—	—	—	—	—	—	—	—	—	—	—	—	—	—	—	—
			燃气	—	—	—	—	—	—	—	—	—	—	—	—	—	—	—	—	—	—	—
	小型	出租车	汽油	—	—	—	—	—	—	—	—	—	—	—	—	—	—	—	—	—	—	—
			柴油	33530	30704	27877	27877	27877	27877	19012	10147	10147	6612	3077	3077	3077	3077	2860	2642	2642	2185	2033
			燃气	—	—	—	—	—	—	—	—	—	—	—	—	—	—	—	—	—	—	—
		其他	汽油	—	—	—	—	—	—	—	—	—	—	—	—	—	—	—	—	—	—	—
			柴油	3289	3112	2936	2936	2936	2936	2110	1283	1283	940	597	597	597	597	500	404	404	404	404
			燃气	—	—	—	—	—	—	—	—	—	—	—	—	—	—	—	—	—	—	—
	中型	公交车	汽油	—	—	—	—	—	—	—	—	—	—	—	—	—	—	—	—	—	—	—
			柴油	30592	30592	28032	22913	22913	17978	8108	8108	8108	6872	5637	5637	5637	5637	3504	1372	1372	1080	983
			燃气	—	—	—	—	—	—	—	—	—	—	—	—	—	—	—	—	—	—	—
		其他	汽油	—	—	—	—	—	—	—	—	—	—	—	—	—	—	—	—	—	—	—
			柴油	15274	15274	12888	8116	8116	6262	2553	2553	2553	2434	2316	2316	2316	2316	1366	415	415	399	394
			燃气	—	—	—	—	—	—	—	—	—	—	—	—	—	—	—	—	—	—	—
	大型	公交车	汽油	—	—	—	—	—	—	—	—	—	—	—	—	—	—	—	—	—	—	—
			柴油	94865	94865	93934	92071	92071	71272	29674	29674	29674	19994	10315	10315	10315	10315	6116	1916	1916	1845	1821
			燃气	—	—	—	—	—	—	—	—	—	—	—	—	—	—	—	—	—	—	—
		其他	汽油	—	—	—	—	—	—	—	—	—	—	—	—	—	—	—	—	—	—	—
			柴油	142314	142314	133412	115607	115607	85425	25061	25061	25061	17182	9303	9303	9303	9303	5868	2433	2433	2343	2313
			燃气	—	—	—	—	—	—	—	—	—	—	—	—	—	—	—	—	—	—	—
载货汽车	微型		汽油	—	—	—	—	—	—	—	—	—	—	—	—	—	—	—	—	—	—	—
			柴油	5921	5798	5676	5676	5676	5676	4612	3549	3549	2634	1719	1719	1719	1719	1082	446	446	444	443
			燃气	—	—	—	—	—	—	—	—	—	—	—	—	—	—	—	—	—	—	—
	轻型		汽油	—	—	—	—	—	—	—	—	—	—	—	—	—	—	—	—	—	—	—
			柴油	6158	5917	5676	5676	5676	5676	4612	3549	3549	2634	1719	1719	1719	1719	1296	874	874	722	671
			燃气	—	—	—	—	—	—	—	—	—	—	—	—	—	—	—	—	—	—	—
	中型		汽油	—	—	—	—	—	—	—	—	—	—	—	—	—	—	—	—	—	—	—
			柴油	39086	39086	32892	20505	20505	15802	6395	6395	6395	6058	5722	5722	5722	5722	3669	1616	1616	1480	1434
			燃气	—	—	—	—	—	—	—	—	—	—	—	—	—	—	—	—	—	—	—
	重型		汽油	—	—	—	—	—	—	—	—	—	—	—	—	—	—	—	—	—	—	—
			柴油	153779	153779	126395	71627	71627	56872	27361	27361	27361	18749	10137	10137	10137	10137	6778	3420	3420	2890	2714
			燃气	—	—	—	—	—	—	—	—	—	—	—	—	—	—	—	—	—	—	—
低速汽车	三轮汽车			4092	4092	4092	4092	4092	4092	4092	4092	4092	3220	3220	3220	3220	3220	3220	3220	3220	3220	3220
	低速货车			5581	5581	5581	5581	5581	5581	5581	5581	5581	4392	4392	4392	4392	4392	4392	4392	4392	4392	4392
摩托车	普通摩托车			—	—	—	—	—	—	—	—	—	—	—	—	—	—	—	—	—	—	—
	轻便摩托车			—	—	—	—	—	—	—	—	—	—	—	—	—	—	—	—	—	—	—

朔州市 VOCs 排放系数

单位：克/（辆·年）

车辆类型		使用性质	燃料种类	1999 年年底前	2000 年	2001 年	2002 年	2003 年	2004 年	2005 年	2006 年	2007 年	2008 年	2009 年	2010 年	2011 年	2012 年	2013 年	2014 年	2015 年	2016 年	2017 年
载客汽车	微型	出租车	汽油	670010	392595	115180	115180	115180	115180	85561	55942	55942	45008	34074	34074	28562	23049	23049	23049	23049	17002	14986
			燃气	259086	155440	51794	51794	51794	51794	39405	27016	27016	22030	17045	17045	13567	10089	10089	10089	10089	6165	4857
		其他	汽油	50166	30272	10378	10378	10378	10378	10034	9690	9690	8256	6822	6822	6509	6196	6196	6196	6196	5165	4821
			燃气	15195	8522	1848	1848	1848	1848	1782	1716	1716	1265	814	814	734	653	653	653	653	436	364
	小型	出租车	汽油	670010	386107	102204	102204	102204	102204	96558	90913	90913	62494	34074	34074	28562	23049	23049	23049	23049	15965	13604
			柴油	135699	127989	120279	120279	120279	120279	108962	97646	97646	70473	43300	43300	43300	43300	32228	21155	21155	12269	9307
			燃气	259086	153019	46952	46952	46952	46952	43510	40067	40067	28556	17045	17045	13567	10089	10089	10089	10089	5778	4341
		其他	汽油	50855	30534	10213	10213	10213	10213	10322	10430	10430	8628	6826	6826	6470	6113	6113	6113	6113	5236	4943
			柴油	9815	8986	8157	8157	8157	8157	6893	5629	5629	3850	2070	2070	2070	2070	1790	1511	1511	1077	932
			燃气	15452	9276	3099	3099	3099	3099	2546	1992	1992	1463	934	934	778	623	623	623	623	463	410
	中型	公交车	汽油	247608	247608	247608	247608	247011	168768	13476	13476	13476	13476	13476	13324	13173	13173	10746	8318	8318	8318	8318
			柴油	87806	87806	86086	82645	82645	64494	28192	28192	28192	20508	12823	12823	12823	12823	8958	5093	5093	4763	4653
			燃气	71579	71579	67602	59649	59649	57536	53311	53311	53311	42686	32061	32061	22219	22219	22154	22154	22154	22154	22154
		其他	汽油	128318	128318	128318	128318	127721	87399	7948	7948	7948	7948	7948	7802	7657	7657	6606	5555	5555	5555	5555
			柴油	30493	30493	28460	24394	24394	18567	6912	6912	6912	6506	6099	6099	6099	6099	3750	1402	1402	1243	1190
			燃气	34560	34560	32640	28800	28800	27780	25740	25740	25740	20623	15506	15506	10732	10732	9642	9642	9642	9642	9642
	大型	公交车	汽油	576916	576916	576916	576916	576319	388741	14780	14780	14780	14780	14780	14640	14500	14500	11734	8968	8968	8968	8968
			柴油	131708	131708	108010	60614	60614	60614	60614	60614	60614	43515	26416	26416	26416	26416	17675	8934	8934	5723	4653
			燃气	168926	168926	159541	140772	140772	135786	125815	125815	125815	100740	75665	75665	52438	52438	47188	47188	47188	47188	47188
		其他	汽油	1278214	1278214	1278214	1278214	1277617	860769	28266	28266	28266	28266	28266	22007	15748	15748	12558	9367	9367	9367	9367
			柴油	272891	272891	207397	76409	76409	76409	76409	76409	76409	55942	35476	35476	35476	35476	20706	5937	5937	5324	5119
			燃气	266186	266186	251398	221822	221822	213966	198253	198253	198253	158842	119430	119430	82662	82662	74261	74261	74261	74261	74261
载货汽车	微型		汽油	204264	110184	16103	16103	16103	16103	15348	14593	14593	13482	12370	12370	10544	8718	8718	8718	8718	7615	7247
			柴油	22528	21082	19636	19636	19636	19636	18165	16694	16694	12131	7568	7568	7568	7568	5207	2846	2846	2116	1872
			燃气	61870	32369	2867	2867	2867	2867	2726	2584	2584	2030	1476	1476	1197	919	919	919	919	640	547
	轻型		汽油	106991	64064	21136	21136	21136	21136	18454	15771	15771	14176	12582	12582	11354	10125	10125	10125	10125	8917	8514
			柴油	20402	20019	19636	19636	19636	19636	18165	16694	16694	12131	7568	7568	7568	7568	5816	4065	4065	3334	3091
			燃气	32509	19461	6413	6413	6413	6413	4713	3012	3012	2367	1722	1722	1377	1032	1032	1032	1032	788	706
	中型		汽油	348562	348562	348562	348562	347964	236712	15403	15403	15403	15403	15403	15263	15123	15123	12199	9275	9275	9275	9275
			柴油	80895	80895	75502	64716	64716	49256	18336	18336	18336	17264	16191	16191	16191	16191	11734	7277	7277	4330	3347
			燃气	91684	91684	86591	76405	76405	73697	68282	68282	68282	54723	41164	41164	55704	55704	27119	27119	27119	27119	27119
	重型		汽油	1011745	1011745	1011745	1011745	1011148	681415	23145	23145	23145	23145	23145	18168	13190	13190	10664	8138	8138	8138	8138
			柴油	267098	267098	202994	74787	74787	74787	74787	74787	74787	54755	34723	34723	34723	34723	21820	8916	8916	6714	5980
			燃气	260535	260535	246061	217113	217113	209424	194045	194045	194045	155470	116895	116895	124139	124139	86751	86751	86751	86751	86751
低速汽车	三轮汽车			25300	25300	25300	25300	25300	25300	25300	25300	25300	16721	16721	16721	16721	16721	16721	16721	16721	16721	16721
	低速货车			33990	33990	33990	33990	33990	33990	33990	33990	33990	22464	22464	22464	22464	22464	22464	22464	22464	22464	22464
摩托车	普通摩托车			12928	12928	12928	12928	9648	6368	3409	3409	3409	3409	3409	2544	1679	1679	1679	1679	1679	1679	1679
	轻便摩托车			41808	41808	41808	41808	41808	8362	8362	4116	4116	4116	4116	3072	2027	2027	2027	2027	2027	2027	2027

晋中市 NO_x 排放系数

单位：克/（辆·年）

车辆类型		使用性质	燃料种类	1999 年年底前	2000 年	2001 年	2002 年	2003 年	2004 年	2005 年	2006 年	2007 年	2008 年	2009 年	2010 年	2011 年	2012 年	2013 年	2014 年	2015 年	2016 年	2017 年
载客汽车	微型	出租车	汽油	510358	348310	186262	186262	186262	186262	139283	92304	92304	69688	47073	47073	37680	28287	28287	28287	28287	16476	12539
			燃气	282581	197301	112021	112021	112021	112021	85616	59211	59211	46000	32790	32790	25914	19039	19039	19039	19039	10376	7488
		其他	汽油	37022	23184	9347	9347	9347	9347	5852	2358	2358	1914	1471	1471	1214	956	956	956	956	668	572
			燃气	18789	11184	3580	3580	3580	3580	2327	1074	1074	872	669	669	523	377	377	377	377	304	279
	小型	出租车	汽油	575638	384804	193970	193970	193970	193970	143730	93489	93489	70281	47073	47073	36648	26223	26223	26223	26223	14584	10705
			柴油	535180	457627	380074	380074	380074	380074	336262	292449	292449	234082	175716	175716	175716	175716	139752	103787	103787	72975	62704
			燃气	316501	216264	116026	116026	116026	116026	87926	59826	59826	46308	32790	32790	25378	17967	17967	17967	17967	9393	6535
		其他	汽油	34531	22008	9485	9485	9485	9485	6251	3017	3017	2080	1142	1142	1026	909	909	909	909	629	536
			柴油	21771	17838	13904	13904	13904	13904	12784	11664	11664	9134	6603	6603	6603	6603	5702	4802	4802	4092	3855
			燃气	17495	11148	4802	4802	4802	4802	3109	1416	1416	957	498	498	425	352	352	352	352	283	260
	中型	公交车	汽油	441239	441239	441239	441239	441239	301440	21841	21841	21841	21841	21841	19588	17334	17334	13086	8838	8838	8838	8838
			柴油	367162	367162	366300	364576	364576	350087	321110	321110	321110	267469	213828	213828	213828	213828	174499	135170	135170	113167	105833
			燃气	389843	389843	385202	375920	375920	364260	340939	340939	340939	283754	226569	226569	143279	143279	112215	112215	112215	112215	112215
		其他	汽油	270520	270520	270520	270520	270520	183503	9468	9468	9468	9468	9468	9468	9468	9468	7102	4735	4735	4735	4735
			柴油	172183	172183	164995	150620	150620	149346	146799	146799	146799	125024	103250	103250	103250	103250	91676	80103	80103	68368	64457
			燃气	194430	194430	183628	162025	162025	160498	157444	157444	157444	134052	110661	110661	86200	86200	69241	69241	69241	69241	69241
	大型	公交车	汽油	1571914	1571914	1571914	1571914	1571914	1080878	98806	98806	98806	98806	98806	98720	98633	98633	73975	49317	49317	49317	49317
			柴油	520746	520746	503919	470264	470264	456902	430178	430178	430178	422426	414674	414674	414674	414674	399721	384768	384768	346850	334211
			燃气	1047008	1047008	988841	872507	872507	807761	678270	678270	678270	581152	484034	484034	450635	450635	390582	390582	390582	390582	390582
		其他	汽油	3751872	3751872	3751872	3751872	3751872	2579859	235832	235832	235832	235832	235832	226988	218145	218145	163783	109421	109421	109421	109421
			柴油	1247025	1247025	1214937	1150760	1150760	1123931	1070272	1070272	1070272	1032590	994909	994909	994909	994909	947158	899408	899408	795966	761486
			燃气	2321201	2321201	2192245	1934334	1934334	1790794	1503715	1503715	1503715	1288898	1074082	1074082	969005	969005	822114	822114	822114	822114	822114
载货汽车	微型		汽油	155991	92396	28802	28802	28802	28802	19548	10294	10294	8332	6370	6370	5648	4925	4925	4925	4925	3730	3331
			柴油	79911	66216	52522	52522	52522	52522	47151	41780	41780	35312	28845	28845	28845	28845	21108	13371	13371	11233	10520
			燃气	79167	45099	11031	11031	11031	11031	7860	4689	4689	3793	2897	2897	2420	1942	1942	1942	1942	1704	1625
	轻型		汽油	115606	74008	32409	32409	32409	32409	21843	11277	11277	9452	7626	7626	6343	5060	5060	5060	5060	3899	3512
			柴油	80182	66352	52522	52522	52522	52522	47151	41780	41780	35312	28845	28845	28845	28845	22928	17010	17010	15512	15012
			燃气	58571	37490	16408	16408	16408	16408	10850	5293	5293	4309	3326	3326	2642	1959	1959	1959	1959	1768	1704
	中型		汽油	322409	322409	322409	322409	322409	220111	15516	15516	15516	15516	15516	15516	15516	15516	11642	7767	7767	7767	7767
			柴油	453291	453291	407023	314486	314486	299042	268153	268153	268153	265016	261880	261880	261880	261880	229766	197653	197653	170198	161046
			燃气	511859	511859	454005	338299	338299	321399	287598	287598	287598	284137	280677	280677	212697	212697	172999	172999	172999	172999	172999
	重型		汽油	3293629	3293629	3293629	3293629	3293629	2264762	207028	207028	207028	207028	207028	199264	191501	191501	143779	96057	96057	96057	96057
			柴油	1364063	1364063	1317503	1224383	1224383	1179096	1088522	1088522	1088522	1044872	1001222	1001222	1001222	1001222	882994	764767	764767	535452	459013
			燃气	2539054	2539054	2378732	2058088	2058088	1881844	1529356	1529356	1529356	1305127	1080897	1080897	823945	823945	495559	495559	495559	495559	495559
低速汽车	三轮汽车			65550	65550	65550	65550	65550	65550	65550	65550	65550	53279	53279	53279	53279	53279	53279	53279	53279	53279	53279
	低速货车			88065	88065	88065	88065	88065	88065	88065	88065	88065	71579	71579	71579	71579	71579	71579	71579	71579	71579	71579
摩托车	普通摩托车			965	965	965	965	932	900	836	836	836	836	836	743	650	650	650	650	650	650	650
	轻便摩托车			643	643	643	643	643	322	322	322	322	322	322	286	250	250	250	250	250	250	250

晋中市 PM 排放系数

单位：克/（辆·年）

车辆类型		使用性质	燃料种类	1999 年年底前	2000 年	2001 年	2002 年	2003 年	2004 年	2005 年	2006 年	2007 年	2008 年	2009 年	2010 年	2011 年	2012 年	2013 年	2014 年	2015 年	2016 年	2017 年
载客汽车	微型	出租车	汽油	—	—	—	—	—	—	—	—	—	—	—	—	—	—	—	—	—	—	—
			燃气	—	—	—	—	—	—	—	—	—	—	—	—	—	—	—	—	—	—	—
		其他	汽油	—	—	—	—	—	—	—	—	—	—	—	—	—	—	—	—	—	—	—
			燃气	—	—	—	—	—	—	—	—	—	—	—	—	—	—	—	—	—	—	—
	小型	出租车	汽油	—	—	—	—	—	—	—	—	—	—	—	—	—	—	—	—	—	—	—
			柴油	60692	55576	50460	50460	50460	50460	34413	18366	18366	11968	5569	5569	5569	5569	5176	4783	4783	3955	3679
			燃气	—	—	—	—	—	—	—	—	—	—	—	—	—	—	—	—	—	—	—
		其他	汽油	—	—	—	—	—	—	—	—	—	—	—	—	—	—	—	—	—	—	—
			柴油	3289	3112	2936	2936	2936	2936	2110	1283	1283	940	597	597	597	597	500	404	404	404	404
			燃气	—	—	—	—	—	—	—	—	—	—	—	—	—	—	—	—	—	—	—
	中型	公交车	汽油	—	—	—	—	—	—	—	—	—	—	—	—	—	—	—	—	—	—	—
			柴油	30592	30592	28032	22913	22913	17978	8108	8108	8108	6872	5637	5637	5637	5637	3504	1372	1372	1080	983
			燃气	—	—	—	—	—	—	—	—	—	—	—	—	—	—	—	—	—	—	—
		其他	汽油	—	—	—	—	—	—	—	—	—	—	—	—	—	—	—	—	—	—	—
			柴油	15274	15274	12888	8116	8116	6262	2553	2553	2553	2434	2316	2316	2316	2316	1366	415	415	399	394
			燃气	—	—	—	—	—	—	—	—	—	—	—	—	—	—	—	—	—	—	—
	大型	公交车	汽油	—	—	—	—	—	—	—	—	—	—	—	—	—	—	—	—	—	—	—
			柴油	94865	94865	93934	92071	92071	71272	29674	29674	29674	19994	10315	10315	10315	10315	6116	1916	1916	1845	1821
			燃气	—	—	—	—	—	—	—	—	—	—	—	—	—	—	—	—	—	—	—
		其他	汽油	—	—	—	—	—	—	—	—	—	—	—	—	—	—	—	—	—	—	—
			柴油	142314	142314	133412	115607	115607	85425	25061	25061	25061	17182	9303	9303	9303	9303	5868	2433	2433	2343	2313
			燃气	—	—	—	—	—	—	—	—	—	—	—	—	—	—	—	—	—	—	—
载货汽车	微型		汽油	—	—	—	—	—	—	—	—	—	—	—	—	—	—	—	—	—	—	—
			柴油	9974	9768	9561	9561	9561	9561	7770	5978	5978	4437	2896	2896	2896	2896	1823	750	750	747	746
			燃气	—	—	—	—	—	—	—	—	—	—	—	—	—	—	—	—	—	—	—
	轻型		汽油	—	—	—	—	—	—	—	—	—	—	—	—	—	—	—	—	—	—	—
			柴油	10372	9966	9561	9561	9561	9561	7770	5978	5978	4437	2896	2896	2896	2896	2184	1471	1471	1215	1130
			燃气	—	—	—	—	—	—	—	—	—	—	—	—	—	—	—	—	—	—	—
	中型		汽油	—	—	—	—	—	—	—	—	—	—	—	—	—	—	—	—	—	—	—
			柴油	39086	39086	32892	20505	20505	15802	6395	6395	6395	6058	5722	5722	5722	5722	3669	1616	1616	1480	1434
			燃气	—	—	—	—	—	—	—	—	—	—	—	—	—	—	—	—	—	—	—
	重型		汽油	—	—	—	—	—	—	—	—	—	—	—	—	—	—	—	—	—	—	—
			柴油	179660	179660	147667	83682	83682	66443	31966	31966	31966	21904	11843	11843	11843	11843	7896	3949	3949	3337	3133
			燃气	—	—	—	—	—	—	—	—	—	—	—	—	—	—	—	—	—	—	—
低速汽车	三轮汽车			4092	4092	4092	4092	4092	4092	4092	4092	4092	3220	3220	3220	3220	3220	3220	3220	3220	3220	3220
	低速货车			5581	5581	5581	5581	5581	5581	5581	5581	5581	4392	4392	4392	4392	4392	4392	4392	4392	4392	4392
摩托车	普通摩托车			—	—	—	—	—	—	—	—	—	—	—	—	—	—	—	—	—	—	—
	轻便摩托车			—	—	—	—	—	—	—	—	—	—	—	—	—	—	—	—	—	—	—

晋中市 VOCs 排放系数

单位：克/（辆·年）

车辆类型		使用性质	燃料种类	1999 年年底前	2000 年	2001 年	2002 年	2003 年	2004 年	2005 年	2006 年	2007 年	2008 年	2009 年	2010 年	2011 年	2012 年	2013 年	2014 年	2015 年	2016 年	2017 年
载客汽车	微型	出租车	汽油	1247194	743758	240323	240323	240323	240323	182170	124017	124017	101030	78044	78044	63342	48640	48640	48640	48640	31921	26348
			燃气	503702	313682	123663	123663	123663	123663	97378	71094	71094	59175	47256	47256	37101	26946	26946	26946	26946	14776	10720
		其他	汽油	50166	30272	10378	10378	10378	10378	10034	9690	9690	8256	6822	6822	6509	6196	6196	6196	6196	5165	4821
			燃气	15195	8522	1848	1848	1848	1848	1782	1716	1716	1265	814	814	734	653	653	653	653	436	364
	小型	出租车	汽油	1247194	732015	216836	216836	216836	216836	202077	187318	187318	132681	78044	78044	63342	48640	48640	48640	48640	30045	23847
			柴油	365096	342807	320518	320518	320518	320518	286701	252884	252884	190468	128051	128051	128051	128051	94676	61302	61302	32845	23359
			燃气	503702	309300	114899	114899	114899	114899	104808	94716	94716	70986	47256	47256	37101	26946	26946	26946	26946	14077	9787
		其他	汽油	50855	30534	10213	10213	10213	10213	10322	10430	10430	8628	6826	6826	6470	6113	6113	6113	6113	5236	4943
			柴油	9815	8986	8157	8157	8157	8157	6893	5629	5629	3850	2070	2070	2070	2070	1790	1511	1511	1077	932
			燃气	15452	9276	3099	3099	3099	3099	2546	1992	1992	1463	934	934	778	623	623	623	623	463	410
	中型	公交车	汽油	247608	247608	247608	247608	247011	168768	13476	13476	13476	13476	13476	13324	13173	13173	10746	8318	8318	8318	8318
			柴油	87806	87806	86086	82645	82645	64494	28192	28192	28192	20508	12823	12823	12823	12823	8958	5093	5093	4763	4653
			燃气	71579	71579	67602	59649	59649	57536	53311	53311	53311	42686	32061	32061	22219	22219	22154	22154	22154	22154	22154
		其他	汽油	128318	128318	128318	128318	127721	87399	7948	7948	7948	7948	7948	7802	7657	7657	6606	5555	5555	5555	5555
			柴油	30493	30493	28460	24394	24394	18567	6912	6912	6912	6506	6099	6099	6099	6099	3750	1402	1402	1243	1190
			燃气	34560	34560	32640	28800	28800	27780	25740	25740	25740	20623	15506	15506	10732	10732	9642	9642	9642	9642	9642
	大型	公交车	汽油	576916	576916	576916	576916	576319	388741	14780	14780	14780	14780	14780	14640	14500	14500	11734	8968	8968	8968	8968
			柴油	131708	131708	108010	60614	60614	60614	60614	60614	60614	43515	26416	26416	26416	26416	17675	8934	8934	5723	4653
			燃气	168926	168926	159541	140772	140772	135786	125815	125815	125815	100740	75665	75665	52438	52438	47188	47188	47188	47188	47188
		其他	汽油	1278214	1278214	1278214	1278214	1277617	860769	28266	28266	28266	28266	28266	22007	15748	15748	12558	9367	9367	9367	9367
			柴油	272891	272891	207397	76409	76409	76409	76409	76409	76409	55942	35476	35476	35476	35476	20706	5937	5937	5324	5119
			燃气	266186	266186	251398	221822	221822	213966	198253	198253	198253	158842	119430	119430	82662	82662	74261	74261	74261	74261	74261
载货汽车	微型		汽油	339407	182180	24954	24954	24954	24954	23598	22242	22242	20482	18723	18723	15407	12091	12091	12091	12091	10279	9675
			柴油	43860	40982	38105	38105	38105	38105	34920	31736	31736	23430	15124	15124	15124	15124	10440	5757	5757	3971	3376
			燃气	102804	53624	4444	4444	4444	4444	4191	3939	3939	3086	2234	2234	1754	1274	1274	1274	1274	866	730
	轻型		汽油	175550	104491	33432	33432	33432	33432	28828	24225	24225	21653	19081	19081	16771	14461	14461	14461	14461	12473	11810
			柴油	40277	39191	38105	38105	38105	38105	34920	31736	31736	23430	15124	15124	15124	15124	11468	7811	7811	6025	5430
			燃气	53340	31742	10144	10144	10144	10144	7386	4627	4627	3619	2611	2611	2042	1474	1474	1474	1474	1103	980
	中型		汽油	348562	348562	348562	348562	347964	236712	15403	15403	15403	15403	15403	15263	15123	15123	12199	9275	9275	9275	9275
			柴油	80895	80895	75502	64716	64716	49256	18336	18336	18336	17264	16191	16191	16191	16191	11734	7277	7277	4330	3347
			燃气	91684	91684	86591	76405	76405	73697	68282	68282	68282	54723	41164	41164	55704	55704	27119	27119	27119	27119	27119
	重型		汽油	1173541	1173541	1173541	1173541	1172944	790316	26257	26257	26257	26257	26257	20501	14745	14745	11816	8886	8886	8886	8886
			柴油	303941	303941	230995	85103	85103	85103	85103	85103	85103	62308	39512	39512	39512	39512	24940	10367	10367	8009	7223
			燃气	296473	296473	280003	247061	247061	238311	220811	220811	220811	176914	133017	133017	144342	144342	104784	104784	104784	104784	104784
低速汽车	三轮汽车			25300	25300	25300	25300	25300	25300	25300	25300	25300	16721	16721	16721	16721	16721	16721	16721	16721	16721	16721
	低速货车			33990	33990	33990	33990	33990	33990	33990	33990	33990	22464	22464	22464	22464	22464	22464	22464	22464	22464	22464
摩托车	普通摩托车			12928	12928	12928	12928	9648	6368	3409	3409	3409	3409	3409	2544	1679	1679	1679	1679	1679	1679	1679
	轻便摩托车			41808	41808	41808	41808	41808	8362	8362	4116	4116	4116	4116	3072	2027	2027	2027	2027	2027	2027	2027

运城市 NO_x 排放系数

单位：克/（辆·年）

车辆类型		使用性质	燃料种类	1999 年年底前	2000 年	2001 年	2002 年	2003 年	2004 年	2005 年	2006 年	2007 年	2008 年	2009 年	2010 年	2011 年	2012 年	2013 年	2014 年	2015 年	2016 年	2017 年
载客汽车	微型	出租车	汽油	318426	216348	114270	114270	114270	114270	85060	55849	55849	41886	27923	27923	22432	16942	16942	16942	16942	10016	7707
			燃气	204540	140422	76303	76303	76303	76303	57372	38441	38441	29255	20069	20069	15986	11902	11902	11902	11902	6816	5121
		其他	汽油	30878	19365	7852	7852	7852	7852	4943	2034	2034	1655	1276	1276	1054	831	831	831	831	569	482
			燃气	18789	11184	3580	3580	3580	3580	2327	1074	1074	872	669	669	523	377	377	377	377	304	279
	小型	出租车	汽油	359623	239378	119134	119134	119134	119134	87866	56597	56597	42260	27923	27923	21782	15640	15640	15640	15640	8822	6550
			柴油	391444	330076	268707	268707	268707	268707	238463	208219	208219	165654	123090	123090	123090	123090	99488	75887	75887	56214	49656
			燃气	230328	154838	79348	79348	79348	79348	59128	38909	38909	29489	20069	20069	15578	11087	11087	11087	11087	6070	4397
		其他	汽油	28810	18388	7967	7967	7967	7967	5274	2580	2580	1792	1003	1003	898	792	792	792	792	537	452
			柴油	24025	19656	15287	15287	15287	15287	14058	12829	12829	10036	7244	7244	7244	7244	6258	5272	5272	4526	4277
			燃气	17495	11148	4802	4802	4802	4802	3109	1416	1416	957	498	498	425	352	352	352	352	283	260
	中型	公交车	汽油	328142	328142	328142	328142	328142	224176	16243	16243	16243	16243	16243	14567	12891	12891	9732	6573	6573	6573	6573
			柴油	366229	366229	365369	363649	363649	349197	320294	320294	320294	266790	213285	213285	213285	213285	174056	134826	134826	112880	105564
			燃气	388853	388853	384224	374965	374965	363334	340072	340072	340072	283032	225993	225993	142915	142915	111930	111930	111930	111930	111930
		其他	汽油	201181	201181	201181	201181	201181	136468	7041	7041	7041	7041	7041	7041	7041	7041	5281	3521	3521	3521	3521
			柴油	171745	171745	164576	150237	150237	148967	146426	146426	146426	124706	102987	102987	102987	102987	91443	79899	79899	68194	64293
			燃气	193936	193936	183162	161614	161614	160091	157044	157044	157044	133712	110380	110380	85981	85981	69065	69065	69065	69065	69065
	大型	公交车	汽油	1169004	1169004	1169004	1169004	1169004	803829	73480	73480	73480	73480	73480	73416	73351	73351	55014	36677	36677	36677	36677
			柴油	519422	519422	502638	469069	469069	455741	429085	429085	429085	421352	413620	413620	413620	413620	398705	383790	383790	345968	333361
			燃气	1044347	1044347	986328	870289	870289	805708	676546	676546	676546	579674	482803	482803	449490	449490	389590	389590	389590	389590	389590
		其他	汽油	2790200	2790200	2790200	2790200	2790200	1918595	175384	175384	175384	175384	175384	168807	162230	162230	121802	81375	81375	81375	81375
			柴油	1243855	1243855	1211848	1147835	1147835	1121074	1067552	1067552	1067552	1029966	992380	992380	992380	992380	944750	897121	897121	793944	759551
			燃气	2315301	2315301	2186673	1929418	1929418	1786243	1499893	1499893	1499893	1285622	1071352	1071352	966542	966542	820025	820025	820025	820025	820025
载货汽车	微型		汽油	151128	90058	28987	28987	28987	28987	19934	10880	10880	8868	6856	6856	5983	5110	5110	5110	5110	3738	3281
			柴油	103313	85656	67999	67999	67999	67999	61020	54041	54041	45665	37289	37289	37289	37289	27267	17245	17245	14475	13552
			燃气	91960	52588	13216	13216	13216	13216	9481	5745	5745	4670	3595	3595	2956	2318	2318	2318	2318	2004	1899
	轻型		汽油	112404	72425	32446	32446	32446	32446	22134	11823	11823	9942	8060	8060	6650	5239	5239	5239	5239	3901	3455
			柴油	103662	85830	67999	67999	67999	67999	61020	54041	54041	45665	37289	37289	37289	37289	29607	21925	21925	19979	19330
			燃气	68258	43907	19556	19556	19556	19556	13023	6489	6489	5245	4002	4002	3165	2328	2328	2328	2328	2073	1987
	中型		汽油	240604	240604	240604	240604	240604	164262	11579	11579	11579	11579	11579	11579	11579	11579	8688	5796	5796	5796	5796
			柴油	453291	453291	407023	314486	314486	299042	268153	268153	268153	265016	261880	261880	261880	261880	229766	197653	197653	170198	161046
			燃气	511860	511860	454007	338301	338301	321400	287598	287598	287598	284139	280679	280679	212699	212699	172999	172999	172999	172999	172999
	重型		汽油	2457932	2457932	2457932	2457932	2457932	1690121	154499	154499	154499	154499	154499	148705	142911	142911	107298	71684	71684	71684	71684
			柴油	1364063	1364063	1317503	1224383	1224383	1179096	1088522	1088522	1088522	1044872	1001222	1001222	1001222	1001222	882994	764767	764767	535452	459013
			燃气	2539055	2539055	2378733	2058089	2058089	1881845	1529356	1529356	1529356	1305127	1080898	1080898	823946	823946	495559	495559	495559	495559	495559
低速汽车	三轮汽车			65550	65550	65550	65550	65550	65550	65550	65550	65550	53279	53279	53279	53279	53279	53279	53279	53279	53279	53279
	低速货车			88065	88065	88065	88065	88065	88065	88065	88065	88065	71579	71579	71579	71579	71579	71579	71579	71579	71579	71579
摩托车	普通摩托车			965	965	965	965	932	900	836	836	836	836	836	743	650	650	650	650	650	650	650
	轻便摩托车			643	643	643	643	643	322	322	322	322	322	322	286	250	250	250	250	250	250	250

运城市 PM 排放系数

单位：克/（辆·年）

车辆类型		使用性质	燃料种类	1999 年年底前	2000 年	2001 年	2002 年	2003 年	2004 年	2005 年	2006 年	2007 年	2008 年	2009 年	2010 年	2011 年	2012 年	2013 年	2014 年	2015 年	2016 年	2017 年
载客汽车	微型	出租车	汽油	—	—	—	—	—	—	—	—	—	—	—	—	—	—	—	—	—	—	—
			燃气	—	—	—	—	—	—	—	—	—	—	—	—	—	—	—	—	—	—	—
		其他	汽油	—	—	—	—	—	—	—	—	—	—	—	—	—	—	—	—	—	—	—
			燃气	—	—	—	—	—	—	—	—	—	—	—	—	—	—	—	—	—	—	—
	小型	出租车	汽油	—	—	—	—	—	—	—	—	—	—	—	—	—	—	—	—	—	—	—
			柴油	46140	42251	38362	38362	38362	38362	26162	13963	13963	9098	4234	4234	4234	4234	3935	3636	3636	3007	2797
			燃气	—	—	—	—	—	—	—	—	—	—	—	—	—	—	—	—	—	—	—
		其他	汽油	—	—	—	—	—	—	—	—	—	—	—	—	—	—	—	—	—	—	—
			柴油	3289	3112	2936	2936	2936	2936	2110	1283	1283	940	597	597	597	597	500	404	404	404	404
			燃气	—	—	—	—	—	—	—	—	—	—	—	—	—	—	—	—	—	—	—
	中型	公交车	汽油	—	—	—	—	—	—	—	—	—	—	—	—	—	—	—	—	—	—	—
			柴油	30592	30592	28032	22913	22913	17978	8108	8108	8108	6872	5637	5637	5637	5637	3504	1372	1372	1080	983
			燃气	—	—	—	—	—	—	—	—	—	—	—	—	—	—	—	—	—	—	—
		其他	汽油	—	—	—	—	—	—	—	—	—	—	—	—	—	—	—	—	—	—	—
			柴油	15274	15274	12888	8116	8116	6262	2553	2553	2553	2434	2316	2316	2316	2316	1366	415	415	399	394
			燃气	—	—	—	—	—	—	—	—	—	—	—	—	—	—	—	—	—	—	—
	大型	公交车	汽油	—	—	—	—	—	—	—	—	—	—	—	—	—	—	—	—	—	—	—
			柴油	94865	94865	93934	92071	92071	71272	29674	29674	29674	19994	10315	10315	10315	10315	6116	1916	1916	1845	1821
			燃气	—	—	—	—	—	—	—	—	—	—	—	—	—	—	—	—	—	—	—
		其他	汽油	—	—	—	—	—	—	—	—	—	—	—	—	—	—	—	—	—	—	—
			柴油	142314	142314	133412	115607	115607	85425	25061	25061	25061	17182	9303	9303	9303	9303	5868	2433	2433	2343	2313
			燃气	—	—	—	—	—	—	—	—	—	—	—	—	—	—	—	—	—	—	—
载货汽车	微型		汽油	—	—	—	—	—	—	—	—	—	—	—	—	—	—	—	—	—	—	—
			柴油	11521	11282	11044	11044	11044	11044	8975	6906	6906	5126	3345	3345	3345	3345	2106	867	867	863	862
			燃气	—	—	—	—	—	—	—	—	—	—	—	—	—	—	—	—	—	—	—
	轻型		汽油	—	—	—	—	—	—	—	—	—	—	—	—	—	—	—	—	—	—	—
			柴油	11981	11512	11044	11044	11044	11044	8975	6906	6906	5126	3345	3345	3345	3345	2522	1700	1700	1404	1305
			燃气	—	—	—	—	—	—	—	—	—	—	—	—	—	—	—	—	—	—	—
	中型		汽油	—	—	—	—	—	—	—	—	—	—	—	—	—	—	—	—	—	—	—
			柴油	39086	39086	32892	20505	20505	15802	6395	6395	6395	6058	5722	5722	5722	5722	3669	1616	1616	1480	1434
			燃气	—	—	—	—	—	—	—	—	—	—	—	—	—	—	—	—	—	—	—
	重型		汽油	—	—	—	—	—	—	—	—	—	—	—	—	—	—	—	—	—	—	—
			柴油	179660	179660	147667	83682	83682	66443	31966	31966	31966	21904	11843	11843	11843	11843	7896	3949	3949	3337	3133
			燃气	—	—	—	—	—	—	—	—	—	—	—	—	—	—	—	—	—	—	—
低速汽车	三轮汽车			4092	4092	4092	4092	4092	4092	4092	4092	4092	3220	3220	3220	3220	3220	3220	3220	3220	3220	3220
	低速货车			5581	5581	5581	5581	5581	5581	5581	5581	5581	4392	4392	4392	4392	4392	4392	4392	4392	4392	4392
摩托车	普通摩托车			—	—	—	—	—	—	—	—	—	—	—	—	—	—	—	—	—	—	—
	轻便摩托车			—	—	—	—	—	—	—	—	—	—	—	—	—	—	—	—	—	—	—

运城市 VOCs 排放系数

单位：克/（辆·年）

车辆类型		使用性质	燃料种类	1999 年年底前	2000 年	2001 年	2002 年	2003 年	2004 年	2005 年	2006 年	2007 年	2008 年	2009 年	2010 年	2011 年	2012 年	2013 年	2014 年	2015 年	2016 年	2017 年
载客汽车	微型	出租车	汽油	898024	531270	164517	164517	164517	164517	123610	82702	82702	67071	51440	51440	42312	33185	33185	33185	33185	23034	19651
			燃气	368787	225309	81831	81831	81831	81831	63420	45010	45010	37128	29245	29245	23096	16948	16948	16948	16948	9760	7364
		其他	汽油	47935	29045	10155	10155	10155	10155	9812	9470	9470	8135	6800	6800	6496	6192	6192	6192	6192	5266	4958
			燃气	15195	8522	1848	1848	1848	1848	1782	1716	1716	1265	814	814	734	653	653	653	653	436	364
	小型	出租车	汽油	898024	522698	147372	147372	147372	147372	138142	128911	128911	90176	51440	51440	42312	33185	33185	33185	33185	21665	17825
			柴油	228453	214912	201370	201370	201370	201370	181102	160835	160835	118896	76958	76958	76958	76958	57025	37092	37092	20544	15028
			燃气	368787	221978	75168	75168	75168	75168	69068	62968	62968	46106	29245	29245	23096	16948	16948	16948	16948	9228	6655
		其他	汽油	48596	29296	9996	9996	9996	9996	10088	10181	10181	8492	6803	6803	6458	6112	6112	6112	6112	5335	5076
			柴油	9657	8830	8004	8004	8004	8004	6744	5483	5483	3734	1986	1986	1986	1986	1707	1428	1428	1025	891
			燃气	15452	9276	3099	3099	3099	3099	2546	1992	1992	1463	934	934	778	623	623	623	623	463	410
	中型	公交车	汽油	247891	247891	247891	247891	247294	169051	13759	13759	13759	13759	13759	13608	13456	13456	11028	8601	8601	8601	8601
			柴油	87806	87806	86086	82645	82645	64494	28192	28192	28192	20508	12823	12823	12823	12823	8958	5093	5093	4763	4653
			燃气	71579	71579	67602	59649	59649	57536	53311	53311	53311	42686	32061	32061	22219	22219	22154	22154	22154	22154	22154
		其他	汽油	128601	128601	128601	128601	128004	87682	8231	8231	8231	8231	8231	8086	7940	7940	6889	5838	5838	5838	5838
			柴油	30493	30493	28460	24394	24394	18567	6912	6912	6912	6506	6099	6099	6099	6099	3750	1402	1402	1243	1190
			燃气	34560	34560	32640	28800	28800	27780	25740	25740	25740	20623	15506	15506	10732	10732	9642	9642	9642	9642	9642
	大型	公交车	汽油	577199	577199	577199	577199	576602	389024	15063	15063	15063	15063	15063	14923	14783	14783	12017	9251	9251	9251	9251
			柴油	131708	131708	108010	60614	60614	60614	60614	60614	60614	43515	26416	26416	26416	26416	17675	8934	8934	5723	4653
			燃气	168926	168926	159541	140772	140772	135786	125815	125815	125815	100740	75665	75665	52438	52438	47188	47188	47188	47188	47188
		其他	汽油	1278497	1278497	1278497	1278497	1277900	861052	28549	28549	28549	28549	28549	22290	16031	16031	12840	9650	9650	9650	9650
			柴油	272891	272891	207397	76409	76409	76409	76409	76409	76409	55942	35476	35476	35476	35476	20706	5937	5937	5324	5119
			燃气	266186	266186	251398	221822	221822	213966	198253	198253	198253	158842	119430	119430	82662	82662	74261	74261	74261	74261	74261
载货汽车	微型		汽油	375931	201980	28029	28029	28029	28029	26412	24796	24796	22850	20903	20903	17088	13273	13273	13273	13273	11231	10550
			柴油	53119	49608	46097	46097	46097	46097	42114	38130	38130	28296	18461	18461	18461	18461	12752	7042	7042	4743	3977
			燃气	119167	62134	5101	5101	5101	5101	4797	4493	4493	3498	2502	2502	1951	1400	1400	1400	1400	931	775
	轻型		汽油	194193	115812	37432	37432	37432	37432	32214	26996	26996	24148	21300	21300	18600	15901	15901	15901	15901	13664	12918
			柴油	48996	47546	46097	46097	46097	46097	42114	38130	38130	28296	18461	18461	18461	18461	13934	9406	9406	7107	6341
			燃气	61747	36676	11605	11605	11605	11605	8443	5282	5282	4103	2924	2924	2273	1621	1621	1621	1621	1188	1043
	中型		汽油	348845	348845	348845	348845	348248	236996	15686	15686	15686	15686	15686	15546	15406	15406	12482	9558	9558	9558	9558
			柴油	80895	80895	75502	64716	64716	49256	18336	18336	18336	17264	16191	16191	16191	16191	11734	7277	7277	4330	3347
			燃气	91684	91684	86591	76405	76405	73697	68282	68282	68282	54723	41164	41164	55704	55704	27119	27119	27119	27119	27119
	重型		汽油	1173824	1173824	1173824	1173824	1173226	790599	26540	26540	26540	26540	26540	20784	15029	15029	12099	9169	9169	9169	9169
			柴油	303941	303941	230995	85103	85103	85103	85103	85103	85103	62308	39512	39512	39512	39512	24940	10367	10367	8009	7223
			燃气	296473	296473	280003	247061	247061	238311	220811	220811	220811	176914	133017	133017	144342	144342	104784	104784	104784	104784	104784
低速汽车	三轮汽车			25300	25300	25300	25300	25300	25300	25300	25300	25300	16721	16721	16721	16721	16721	16721	16721	16721	16721	16721
	低速货车			33990	33990	33990	33990	33990	33990	33990	33990	33990	22464	22464	22464	22464	22464	22464	22464	22464	22464	22464
摩托车	普通摩托车			12928	12928	12928	12928	9648	6368	3409	3409	3409	3409	3409	2544	1679	1679	1679	1679	1679	1679	1679
	轻便摩托车			41808	41808	41808	41808	41808	8362	8362	4116	4116	4116	4116	3072	2027	2027	2027	2027	2027	2027	2027

忻州市 NO_x 排放系数

单位：克/（辆·年）

车辆类型		使用性质	燃料种类	1999 年年底前	2000 年	2001 年	2002 年	2003 年	2004 年	2005 年	2006 年	2007 年	2008 年	2009 年	2010 年	2011 年	2012 年	2013 年	2014 年	2015 年	2016 年	2017 年
载客汽车	微型	出租车	汽油	243651	163746	83840	83840	83840	83840	61646	39453	39453	29048	18642	18642	15118	11594	11594	11594	11594	7156	5676
			燃气	155520	105434	55347	55347	55347	55347	41054	26762	26762	19988	13214	13214	10608	8001	8001	8001	8001	4796	3727
		其他	汽油	30878	19365	7852	7852	7852	7852	4943	2034	2034	1655	1276	1276	1054	831	831	831	831	569	482
			燃气	18789	11184	3580	3580	3580	3580	2327	1074	1074	872	669	669	523	377	377	377	377	304	279
	小型	出租车	汽油	276076	181872	87668	87668	87668	87668	63855	40042	40042	29342	18642	18642	14606	10569	10569	10569	10569	6216	4765
			柴油	285931	239172	192414	192414	192414	192414	171078	149741	149741	118702	87662	87662	87662	87662	71554	55447	55447	42253	37855
			燃气	175816	116780	57744	57744	57744	57744	42438	27131	27131	20172	13214	13214	10286	7359	7359	7359	7359	4208	3157
		其他	汽油	28810	18388	7967	7967	7967	7967	5274	2580	2580	1792	1003	1003	898	792	792	792	792	537	452
			柴油	24025	19656	15287	15287	15287	15287	14058	12829	12829	10036	7244	7244	7244	7244	6258	5272	5272	4526	4277
			燃气	17495	11148	4802	4802	4802	4802	3109	1416	1416	957	498	498	425	352	352	352	352	283	260
	中型	公交车	汽油	328142	328142	328142	328142	328142	224176	16243	16243	16243	16243	16243	14567	12891	12891	9732	6573	6573	6573	6573
			柴油	366229	366229	365369	363649	363649	349197	320294	320294	320294	266790	213285	213285	213285	213285	174056	134826	134826	112880	105564
			燃气	388853	388853	384224	374965	374965	363334	340072	340072	340072	283032	225993	225993	142915	142915	111930	111930	111930	111930	111930
		其他	汽油	201181	201181	201181	201181	201181	136468	7041	7041	7041	7041	7041	7041	7041	7041	5281	3521	3521	3521	3521
			柴油	171745	171745	164576	150237	150237	148967	146426	146426	146426	124706	102987	102987	102987	102987	91443	79899	79899	68194	64293
			燃气	193936	193936	183162	161614	161614	160091	157044	157044	157044	133712	110380	110380	85981	85981	69065	69065	69065	69065	69065
	大型	公交车	汽油	1169004	1169004	1169004	1169004	1169004	803829	73480	73480	73480	73480	73480	73416	73351	73351	55014	36677	36677	36677	36677
			柴油	519422	519422	502638	469069	469069	455741	429085	429085	429085	421352	413620	413620	413620	413620	398705	383790	383790	345968	333361
			燃气	1044347	1044347	986328	870289	870289	805708	676546	676546	676546	579674	482803	482803	449490	449490	389590	389590	389590	389590	389590
		其他	汽油	2790200	2790200	2790200	2790200	2790200	1918595	175384	175384	175384	175384	175384	168807	162230	162230	121802	81375	81375	81375	81375
			柴油	1243855	1243855	1211848	1147835	1147835	1121074	1067552	1067552	1067552	1029966	992380	992380	992380	992380	944750	897121	897121	793944	759551
			燃气	2315301	2315301	2186673	1929418	1929418	1786243	1499893	1499893	1499893	1285622	1071352	1071352	966542	966542	820025	820025	820025	820025	820025
载货汽车	微型		汽油	98616	58365	18114	18114	18114	18114	12292	6471	6471	5232	3992	3992	3560	3129	3129	3129	3129	2360	2104
			柴油	64147	52790	41434	41434	41434	41434	37281	33128	33128	28044	22960	22960	22960	22960	16802	10643	10643	9198	8717
			燃气	60007	34133	8259	8259	8259	8259	5838	3417	3417	2755	2093	2093	1756	1420	1420	1420	1420	1268	1218
	轻型		汽油	73099	46746	20394	20394	20394	20394	13743	7092	7092	5938	4785	4785	4000	3215	3215	3215	3215	2468	2219
			柴油	64377	52906	41434	41434	41434	41434	37281	33128	33128	28044	22960	22960	22960	22960	18344	13727	13727	12826	12525
			燃气	44390	28341	12292	12292	12292	12292	8092	3892	3892	3134	2376	2376	1902	1429	1429	1429	1429	1315	1276
	中型		汽油	240604	240604	240604	240604	240604	164262	11579	11579	11579	11579	11579	11579	11579	11579	8688	5796	5796	5796	5796
			柴油	453291	453291	407023	314486	314486	299042	268153	268153	268153	265016	261880	261880	261880	261880	229766	197653	197653	170198	161046
			燃气	511860	511860	454007	338301	338301	321400	287598	287598	287598	284139	280679	280679	212699	212699	172999	172999	172999	172999	172999
	重型		汽油	2115243	2115243	2115243	2115243	2115243	1454481	132958	132958	132958	132958	132958	127972	122986	122986	92338	61690	61690	61690	61690
			柴油	1183011	1183011	1142631	1061870	1061870	1022594	944043	944043	944043	906186	868330	868330	868330	868330	762018	655707	655707	451134	382943
			燃气	2202047	2202047	2063004	1784918	1784918	1632067	1326365	1326365	1326365	1131898	937430	937430	706447	706447	413432	413432	413432	413432	413432
低速汽车	三轮汽车			65550	65550	65550	65550	65550	65550	65550	65550	65550	53279	53279	53279	53279	53279	53279	53279	53279	53279	53279
	低速货车			88065	88065	88065	88065	88065	88065	88065	88065	88065	71579	71579	71579	71579	71579	71579	71579	71579	71579	71579
摩托车	普通摩托车			965	965	965	965	932	900	836	836	836	836	836	743	650	650	650	650	650	650	650
	轻便摩托车			643	643	643	643	643	322	322	322	322	322	322	286	250	250	250	250	250	250	250

忻州市 PM 排放系数

单位：克/（辆·年）

车辆类型		使用性质	燃料种类	1999 年年底前	2000 年	2001 年	2002 年	2003 年	2004 年	2005 年	2006 年	2007 年	2008 年	2009 年	2010 年	2011 年	2012 年	2013 年	2014 年	2015 年	2016 年	2017 年
载客汽车	微型	出租车	汽油	—	—	—	—	—	—	—	—	—	—	—	—	—	—	—	—	—	—	—
			燃气	—	—	—	—	—	—	—	—	—	—	—	—	—	—	—	—	—	—	—
		其他	汽油	—	—	—	—	—	—	—	—	—	—	—	—	—	—	—	—	—	—	—
			燃气	—	—	—	—	—	—	—	—	—	—	—	—	—	—	—	—	—	—	—
	小型	出租车	汽油	—	—	—	—	—	—	—	—	—	—	—	—	—	—	—	—	—	—	—
			柴油	36316	33254	30193	30193	30193	30193	20591	10989	10989	7161	3333	3333	3333	3333	3098	2862	2862	2367	2202
			燃气	—	—	—	—	—	—	—	—	—	—	—	—	—	—	—	—	—	—	—
		其他	汽油	—	—	—	—	—	—	—	—	—	—	—	—	—	—	—	—	—	—	—
			柴油	3289	3112	2936	2936	2936	2936	2110	1283	1283	940	597	597	597	597	500	404	404	404	404
			燃气	—	—	—	—	—	—	—	—	—	—	—	—	—	—	—	—	—	—	—
	中型	公交车	汽油	—	—	—	—	—	—	—	—	—	—	—	—	—	—	—	—	—	—	—
			柴油	30592	30592	28032	22913	22913	17978	8108	8108	8108	6872	5637	5637	5637	5637	3504	1372	1372	1080	983
			燃气	—	—	—	—	—	—	—	—	—	—	—	—	—	—	—	—	—	—	—
		其他	汽油	—	—	—	—	—	—	—	—	—	—	—	—	—	—	—	—	—	—	—
			柴油	15274	15274	12888	8116	8116	6262	2553	2553	2553	2434	2316	2316	2316	2316	1366	415	415	399	394
			燃气	—	—	—	—	—	—	—	—	—	—	—	—	—	—	—	—	—	—	—
	大型	公交车	汽油	—	—	—	—	—	—	—	—	—	—	—	—	—	—	—	—	—	—	—
			柴油	94865	94865	93934	92071	92071	71272	29674	29674	29674	19994	10315	10315	10315	10315	6116	1916	1916	1845	1821
			燃气	—	—	—	—	—	—	—	—	—	—	—	—	—	—	—	—	—	—	—
		其他	汽油	—	—	—	—	—	—	—	—	—	—	—	—	—	—	—	—	—	—	—
			柴油	142314	142314	133412	115607	115607	85425	25061	25061	25061	17182	9303	9303	9303	9303	5868	2433	2433	2343	2313
			燃气	—	—	—	—	—	—	—	—	—	—	—	—	—	—	—	—	—	—	—
载货汽车	微型		汽油	—	—	—	—	—	—	—	—	—	—	—	—	—	—	—	—	—	—	—
			柴油	7591	7434	7277	7277	7277	7277	5914	4550	4550	3377	2204	2204	2204	2204	1388	571	571	569	568
			燃气	—	—	—	—	—	—	—	—	—	—	—	—	—	—	—	—	—	—	—
	轻型		汽油	—	—	—	—	—	—	—	—	—	—	—	—	—	—	—	—	—	—	—
			柴油	7895	7586	7277	7277	7277	7277	5914	4550	4550	3377	2204	2204	2204	2204	1662	1120	1120	925	860
			燃气	—	—	—	—	—	—	—	—	—	—	—	—	—	—	—	—	—	—	—
	中型		汽油	—	—	—	—	—	—	—	—	—	—	—	—	—	—	—	—	—	—	—
			柴油	39086	39086	32892	20505	20505	15802	6395	6395	6395	6058	5722	5722	5722	5722	3669	1616	1616	1480	1434
			燃气	—	—	—	—	—	—	—	—	—	—	—	—	—	—	—	—	—	—	—
	重型		汽油	—	—	—	—	—	—	—	—	—	—	—	—	—	—	—	—	—	—	—
			柴油	153779	153779	126395	71627	71627	56872	27361	27361	27361	18749	10137	10137	10137	10137	6778	3420	3420	2890	2714
			燃气	—	—	—	—	—	—	—	—	—	—	—	—	—	—	—	—	—	—	—
低速汽车	三轮汽车			4092	4092	4092	4092	4092	4092	4092	4092	4092	3220	3220	3220	3220	3220	3220	3220	3220	3220	3220
	低速货车			5581	5581	5581	5581	5581	5581	5581	5581	5581	4392	4392	4392	4392	4392	4392	4392	4392	4392	4392
摩托车	普通摩托车			—	—	—	—	—	—	—	—	—	—	—	—	—	—	—	—	—	—	—
	轻便摩托车			—	—	—	—	—	—	—	—	—	—	—	—	—	—	—	—	—	—	—

忻州市 VOCs 排放系数

单位：克/（辆·年）

车辆类型		使用性质	燃料种类	1999 年年底前	2000 年	2001 年	2002 年	2003 年	2004 年	2005 年	2006 年	2007 年	2008 年	2009 年	2010 年	2011 年	2012 年	2013 年	2014 年	2015 年	2016 年	2017 年
载客汽车	微型	出租车	汽油	699597	411202	122807	122807	122807	122807	91584	60360	60360	48746	37131	37131	30968	24806	24806	24806	24806	18065	15818
			燃气	282743	170338	57933	57933	57933	57933	44278	30623	30623	25046	19468	19468	15464	11460	11460	11460	11460	6898	5378
		其他	汽油	47935	29045	10155	10155	10155	10155	9812	9470	9470	8135	6800	6800	6496	6192	6192	6192	6192	5266	4958
			燃气	15195	8522	1848	1848	1848	1848	1782	1716	1716	1265	814	814	734	653	653	653	653	436	364
	小型	出租车	汽油	699597	404455	109313	109313	109313	109313	103021	96729	96729	66930	37131	37131	30968	24806	24806	24806	24806	16987	14381
			柴油	153948	145094	136239	136239	136239	136239	123172	110106	110106	79962	49818	49818	49818	49818	37015	24212	24212	13866	10417
			燃气	282743	167716	52689	52689	52689	52689	48723	44757	44757	32112	19468	19468	15464	11460	11460	11460	11460	6480	4820
		其他	汽油	48596	29296	9996	9996	9996	9996	10088	10181	10181	8492	6803	6803	6458	6112	6112	6112	6112	5335	5076
			柴油	9657	8830	8004	8004	8004	8004	6744	5483	5483	3734	1986	1986	1986	1986	1707	1428	1428	1025	891
			燃气	15452	9276	3099	3099	3099	3099	2546	1992	1992	1463	934	934	778	623	623	623	623	463	410
	中型	公交车	汽油	247891	247891	247891	247891	247294	169051	13759	13759	13759	13759	13759	13608	13456	13456	11028	8601	8601	8601	8601
			柴油	87806	87806	86086	82645	82645	64494	28192	28192	28192	20508	12823	12823	12823	12823	8958	5093	5093	4763	4653
			燃气	71579	71579	67602	59649	59649	57536	53311	53311	53311	42686	32061	32061	22219	22219	22154	22154	22154	22154	22154
		其他	汽油	128601	128601	128601	128601	128004	87682	8231	8231	8231	8231	8231	8086	7940	7940	6889	5838	5838	5838	5838
			柴油	30493	30493	28460	24394	24394	18567	6912	6912	6912	6506	6099	6099	6099	6099	3750	1402	1402	1243	1190
			燃气	34560	34560	32640	28800	28800	27780	25740	25740	25740	20623	15506	15506	10732	10732	9642	9642	9642	9642	9642
	大型	公交车	汽油	577199	577199	577199	577199	576602	389024	15063	15063	15063	15063	15063	14923	14783	14783	12017	9251	9251	9251	9251
			柴油	131708	131708	108010	60614	60614	60614	60614	60614	60614	43515	26416	26416	26416	26416	17675	8934	8934	5723	4653
			燃气	168926	168926	159541	140772	140772	135786	125815	125815	125815	100740	75665	75665	52438	52438	47188	47188	47188	47188	47188
		其他	汽油	1278497	1278497	1278497	1278497	1277900	861052	28549	28549	28549	28549	28549	22290	16031	16031	12840	9650	9650	9650	9650
			柴油	272891	272891	207397	76409	76409	76409	76409	76409	76409	55942	35476	35476	35476	35476	20706	5937	5937	5324	5119
			燃气	266186	266186	251398	221822	221822	213966	198253	198253	198253	158842	119430	119430	82662	82662	74261	74261	74261	74261	74261
载货汽车	微型		汽油	249282	134172	19062	19062	19062	19062	18099	17136	17136	15863	14590	14590	12256	9922	9922	9922	9922	8663	8243
			柴油	30490	28502	26514	26514	26514	26514	24410	22306	22306	16312	10319	10319	10319	10319	7078	3837	3837	2768	2412
			燃气	79020	41245	3469	3469	3469	3469	3287	3105	3105	2426	1747	1747	1396	1046	1046	1046	1046	715	605
	轻型		汽油	129526	77392	25258	25258	25258	25258	21922	18586	18586	16718	14851	14851	13252	11654	11654	11654	11654	10266	9803
			柴油	27772	27143	26514	26514	26514	26514	24410	22306	22306	16312	10319	10319	10319	10319	7857	5395	5395	4326	3970
			燃气	41185	24508	7831	7831	7831	7831	5734	3637	3637	2838	2039	2039	1613	1188	1188	1188	1188	891	792
	中型		汽油	348845	348845	348845	348845	348248	236996	15686	15686	15686	15686	15686	15546	15406	15406	12482	9558	9558	9558	9558
			柴油	80895	80895	75502	64716	64716	49256	18336	18336	18336	17264	16191	16191	16191	16191	11734	7277	7277	4330	3347
			燃气	91684	91684	86591	76405	76405	73697	68282	68282	68282	54723	41164	41164	55704	55704	27119	27119	27119	27119	27119
	重型		汽油	1012029	1012029	1012029	1012029	1011431	681698	23429	23429	23429	23429	23429	18451	13473	13473	10947	8421	8421	8421	8421
			柴油	267098	267098	202994	74787	74787	74787	74787	74787	74787	54755	34723	34723	34723	34723	21820	8916	8916	6714	5980
			燃气	260535	260535	246061	217113	217113	209424	194045	194045	194045	155470	116895	116895	124139	124139	86751	86751	86751	86751	86751
低速汽车	三轮汽车			25300	25300	25300	25300	25300	25300	25300	25300	25300	16721	16721	16721	16721	16721	16721	16721	16721	16721	16721
	低速货车			33990	33990	33990	33990	33990	33990	33990	33990	33990	22464	22464	22464	22464	22464	22464	22464	22464	22464	22464
摩托车	普通摩托车			12928	12928	12928	12928	9648	6368	3409	3409	3409	3409	3409	2544	1679	1679	1679	1679	1679	1679	1679
	轻便摩托车			41808	41808	41808	41808	41808	8362	8362	4116	4116	4116	4116	3072	2027	2027	2027	2027	2027	2027	2027

临汾市 NO_x 排放系数

单位：克/（辆·年）

车辆类型		使用性质	燃料种类	1999年年底前	2000年	2001年	2002年	2003年	2004年	2005年	2006年	2007年	2008年	2009年	2010年	2011年	2012年	2013年	2014年	2015年	2016年	2017年
载客汽车	微型	出租车	汽油	378651	259290	139929	139929	139929	139929	105023	70117	70117	53198	36279	36279	28990	21701	21701	21701	21701	12486	9414
			燃气	244081	169077	94073	94073	94073	94073	71368	48662	48662	37463	26264	26264	20827	15390	15390	15390	15390	8572	6300
		其他	汽油	30909	19384	7860	7860	7860	7860	4948	2035	2035	1656	1277	1277	1054	831	831	831	831	569	482
			燃气	18789	11184	3580	3580	3580	3580	2327	1074	1074	872	669	669	523	377	377	377	377	304	279
	小型	出租车	汽油	426616	286104	145592	145592	145592	145592	108290	70988	70988	53634	36279	36279	28232	20185	20185	20185	20185	11096	8067
			柴油	480604	407436	334268	334268	334268	334268	296286	258303	258303	205985	153667	153667	153667	153667	123416	93166	93166	67679	59183
			燃气	274073	185844	97614	97614	97614	97614	73410	49206	49206	37735	26264	26264	20353	14442	14442	14442	14442	7704	5458
		其他	汽油	28839	18406	7974	7974	7974	7974	5278	2582	2582	1792	1003	1003	898	792	792	792	792	538	453
			柴油	24042	19670	15298	15298	15298	15298	14068	12838	12838	10044	7249	7249	7249	7249	6262	5276	5276	4529	4280
			燃气	17495	11148	4802	4802	4802	4802	3109	1416	1416	957	498	498	425	352	352	352	352	283	260
	中型	公交车	汽油	328487	328487	328487	328487	328487	224411	16260	16260	16260	16260	16260	14582	12905	12905	9742	6580	6580	6580	6580
			柴油	366512	366512	365651	363930	363930	349467	320541	320541	320541	266995	213449	213449	213449	213449	174190	134931	134931	112967	105646
			燃气	389153	389153	384520	375255	375255	363615	340335	340335	340335	283252	226168	226168	143025	143025	112016	112016	112016	112016	112016
		其他	汽油	201393	201393	201393	201393	201393	136612	7049	7049	7049	7049	7049	7049	7049	7049	5287	3525	3525	3525	3525
			柴油	171878	171878	164703	150353	150353	149082	146539	146539	146539	124803	103067	103067	103067	103067	91514	79961	79961	68248	64343
			燃气	194086	194086	183303	161738	161738	160214	157165	157165	157165	133815	110465	110465	86048	86048	69118	69118	69118	69118	69118
	大型	公交车	汽油	1170237	1170237	1170237	1170237	1170237	804677	73558	73558	73558	73558	73558	73494	73429	73429	55072	36715	36715	36715	36715
			柴油	519823	519823	503026	469431	469431	456093	429416	429416	429416	421678	413939	413939	413939	413939	399013	384087	384087	346236	333619
			燃气	1045154	1045154	987090	870961	870961	806330	677069	677069	677069	580122	483176	483176	449837	449837	389891	389891	389891	389891	389891
		其他	汽油	2793142	2793142	2793142	2793142	2793142	1920618	175569	175569	175569	175569	175569	168985	162401	162401	121931	81461	81461	81461	81461
			柴油	1244816	1244816	1212784	1148721	1148721	1121940	1068377	1068377	1068377	1030762	993146	993146	993146	993146	945480	897814	897814	794557	760138
			燃气	2317090	2317090	2188363	1930908	1930908	1787622	1501051	1501051	1501051	1286615	1072179	1072179	967288	967288	820658	820658	820658	820658	820658
载货汽车	微型		汽油	115811	68692	21573	21573	21573	21573	14700	7828	7828	6346	4865	4865	4305	3745	3745	3745	3745	2799	2484
			柴油	76587	63186	49785	49785	49785	49785	44753	39721	39721	33604	27487	27487	27487	27487	20108	12728	12728	10896	10285
			燃气	70399	40113	9826	9826	9826	9826	6979	4131	4131	3340	2549	2549	2124	1699	1699	1699	1699	1503	1438
	轻型		汽油	85930	55086	24242	24242	24242	24242	16399	8556	8556	7175	5794	5794	4820	3845	3845	3845	3845	2926	2619
			柴油	76856	63320	49785	49785	49785	49785	44753	39721	39721	33604	27487	27487	27487	27487	21912	16338	16338	15141	14742
			燃气	52129	33364	14599	14599	14599	14599	9645	4692	4692	3784	2877	2877	2293	1709	1709	1709	1709	1555	1503
	中型		汽油	240604	240604	240604	240604	240604	164262	11579	11579	11579	11579	11579	11579	11579	11579	8688	5796	5796	5796	5796
			柴油	453291	453291	407023	314486	314486	299042	268153	268153	268153	265016	261880	261880	261880	261880	229766	197653	197653	170198	161046
			燃气	511860	511860	454006	338299	338299	321399	287598	287598	287598	284137	280677	280677	212699	212699	172997	172997	172997	172997	172997
	重型		汽油	2457932	2457932	2457932	2457932	2457932	1690121	154499	154499	154499	154499	154499	148705	142911	142911	107298	71684	71684	71684	71684
			柴油	1364063	1364063	1317503	1224383	1224383	1179096	1088522	1088522	1088522	1044872	1001222	1001222	1001222	1001222	882994	764767	764767	535452	459013
			燃气	2539055	2539055	2378733	2058090	2058090	1881845	1529354	1529354	1529354	1305126	1080898	1080898	823946	823946	495558	495558	495558	495558	495558
低速汽车	三轮汽车			65550	65550	65550	65550	65550	65550	65550	65550	65550	53279	53279	53279	53279	53279	53279	53279	53279	53279	53279
	低速货车			88065	88065	88065	88065	88065	88065	88065	88065	88065	71579	71579	71579	71579	71579	71579	71579	71579	71579	71579
摩托车	普通摩托车			965	965	965	965	932	900	836	836	836	836	836	743	650	650	650	650	650	650	650
	轻便摩托车			643	643	643	643	643	322	322	322	322	322	322	286	250	250	250	250	250	250	250

临汾市 PM 排放系数

单位：克/（辆·年）

车辆类型		使用性质	燃料种类	1999 年年底前	2000 年	2001 年	2002 年	2003 年	2004 年	2005 年	2006 年	2007 年	2008 年	2009 年	2010 年	2011 年	2012 年	2013 年	2014 年	2015 年	2016 年	2017 年
载客汽车	微型	出租车	汽油	—	—	—	—	—	—	—	—	—	—	—	—	—	—	—	—	—	—	—
			燃气	—	—	—	—	—	—	—	—	—	—	—	—	—	—	—	—	—	—	—
		其他	汽油	—	—	—	—	—	—	—	—	—	—	—	—	—	—	—	—	—	—	—
			燃气	—	—	—	—	—	—	—	—	—	—	—	—	—	—	—	—	—	—	—
	小型	出租车	汽油	—	—	—	—	—	—	—	—	—	—	—	—	—	—	—	—	—	—	—
			柴油	53664	49140	44617	44617	44617	44617	30428	16239	16239	10582	4924	4924	4924	4924	4576	4229	4229	3497	3253
			燃气	—	—	—	—	—	—	—	—	—	—	—	—	—	—	—	—	—	—	—
		其他	汽油	—	—	—	—	—	—	—	—	—	—	—	—	—	—	—	—	—	—	—
			柴油	3289	3112	2936	2936	2936	2936	2110	1283	1283	940	597	597	597	597	500	404	404	404	404
			燃气	—	—	—	—	—	—	—	—	—	—	—	—	—	—	—	—	—	—	—
	中型	公交车	汽油	—	—	—	—	—	—	—	—	—	—	—	—	—	—	—	—	—	—	—
			柴油	30592	30592	28032	22913	22913	17978	8108	8108	8108	6872	5637	5637	5637	5637	3504	1372	1372	1080	983
			燃气	—	—	—	—	—	—	—	—	—	—	—	—	—	—	—	—	—	—	—
		其他	汽油	—	—	—	—	—	—	—	—	—	—	—	—	—	—	—	—	—	—	—
			柴油	15274	15274	12888	8116	8116	6262	2553	2553	2553	2434	2316	2316	2316	2316	1366	415	415	399	394
			燃气	—	—	—	—	—	—	—	—	—	—	—	—	—	—	—	—	—	—	—
	大型	公交车	汽油	—	—	—	—	—	—	—	—	—	—	—	—	—	—	—	—	—	—	—
			柴油	94865	94865	93934	92071	92071	71272	29674	29674	29674	19994	10315	10315	10315	10315	6116	1916	1916	1845	1821
			燃气	—	—	—	—	—	—	—	—	—	—	—	—	—	—	—	—	—	—	—
		其他	汽油	—	—	—	—	—	—	—	—	—	—	—	—	—	—	—	—	—	—	—
			柴油	142314	142314	133412	115607	115607	85425	25061	25061	25061	17182	9303	9303	9303	9303	5868	2433	2433	2343	2313
			燃气	—	—	—	—	—	—	—	—	—	—	—	—	—	—	—	—	—	—	—
载货汽车	微型		汽油	—	—	—	—	—	—	—	—	—	—	—	—	—	—	—	—	—	—	—
			柴油	8880	8696	8513	8513	8513	8513	6918	5323	5323	3950	2578	2578	2578	2578	1623	668	668	665	664
			燃气	—	—	—	—	—	—	—	—	—	—	—	—	—	—	—	—	—	—	—
	轻型		汽油	—	—	—	—	—	—	—	—	—	—	—	—	—	—	—	—	—	—	—
			柴油	9235	8874	8513	8513	8513	8513	6918	5323	5323	3950	2578	2578	2578	2578	1944	1310	1310	1082	1006
			燃气	—	—	—	—	—	—	—	—	—	—	—	—	—	—	—	—	—	—	—
	中型		汽油	—	—	—	—	—	—	—	—	—	—	—	—	—	—	—	—	—	—	—
			柴油	39086	39086	32892	20505	20505	15802	6395	6395	6395	6058	5722	5722	5722	5722	3669	1616	1616	1480	1434
			燃气	—	—	—	—	—	—	—	—	—	—	—	—	—	—	—	—	—	—	—
	重型		汽油	—	—	—	—	—	—	—	—	—	—	—	—	—	—	—	—	—	—	—
			柴油	179660	179660	147667	83682	83682	66443	31966	31966	31966	21904	11843	11843	11843	11843	7896	3949	3949	3337	3133
			燃气	—	—	—	—	—	—	—	—	—	—	—	—	—	—	—	—	—	—	—
低速汽车	三轮汽车			4092	4092	4092	4092	4092	4092	4092	4092	4092	3220	3220	3220	3220	3220	3220	3220	3220	3220	3220
	低速货车			5581	5581	5581	5581	5581	5581	5581	5581	5581	4392	4392	4392	4392	4392	4392	4392	4392	4392	4392
摩托车	普通摩托车			—	—	—	—	—	—	—	—	—	—	—	—	—	—	—	—	—	—	—
	轻便摩托车			—	—	—	—	—	—	—	—	—	—	—	—	—	—	—	—	—	—	—

临汾市 VOCs 排放系数

单位：克/（辆•年）

车辆类型		使用性质	燃料种类	1999 年年底前	2000 年	2001 年	2002 年	2003 年	2004 年	2005 年	2006 年	2007 年	2008 年	2009 年	2010 年	2011 年	2012 年	2013 年	2014 年	2015 年	2016 年	2017 年
载客汽车	微型	出租车	汽油	1246522	735862	225202	225202	225202	225202	168501	111800	111800	90342	68883	68883	56416	43948	43948	43948	43948	30309	25763
			燃气	437430	269966	102501	102501	102501	102501	80143	57785	57785	47908	38032	38032	29936	21839	21839	21839	21839	12238	9038
		其他	汽油	55566	33273	10980	10980	10980	10980	10630	10281	10281	8765	7249	7249	6900	6552	6552	6552	6552	5550	5216
			燃气	15195	8522	1848	1848	1848	1848	1782	1716	1716	1265	814	814	734	653	653	653	653	436	364
	小型	出租车	汽油	1246522	723906	201290	201290	201290	201290	188768	176247	176247	122565	68883	68883	56416	43948	43948	43948	43948	28400	23217
			柴油	307245	288988	270731	270731	270731	270731	243382	216033	216033	159879	103725	103725	103725	103725	76821	49917	49917	27582	20137
			燃气	437430	266091	94752	94752	94752	94752	86712	78672	78672	58352	38032	38032	29936	21839	21839	21839	21839	11619	8212
		其他	汽油	56359	33574	10790	10790	10790	10790	10962	11133	11133	9193	7253	7253	6854	6456	6456	6456	6456	5632	5357
			柴油	10741	9812	8882	8882	8882	8882	7466	6049	6049	4089	2129	2129	2129	2129	1836	1542	1542	1124	984
			燃气	15452	9276	3099	3099	3099	3099	2546	1992	1992	1463	934	934	778	623	623	623	623	463	410
	中型	公交车	汽油	247976	247976	247976	247976	247379	169136	13844	13844	13844	13844	13844	13692	13541	13541	11114	8686	8686	8686	8686
			柴油	87806	87806	86086	82645	82645	64494	28192	28192	28192	20508	12823	12823	12823	12823	8958	5093	5093	4763	4653
			燃气	71579	71579	67602	59649	59649	57536	53311	53311	53311	42686	32061	32061	22219	22219	22154	22154	22154	22154	22154
		其他	汽油	128686	128686	128686	128686	128090	87767	8316	8316	8316	8316	8316	8170	8025	8025	6974	5923	5923	5923	5923
			柴油	30493	30493	28460	24394	24394	18567	6912	6912	6912	6506	6099	6099	6099	6099	3750	1402	1402	1243	1190
			燃气	34560	34560	32640	28800	28800	27780	25740	25740	25740	20623	15506	15506	10732	10732	9642	9642	9642	9642	9642
	大型	公交车	汽油	577284	577284	577284	577284	576687	389109	15148	15148	15148	15148	15148	15008	14868	14868	12102	9336	9336	9336	9336
			柴油	131708	131708	108010	60614	60614	60614	60614	60614	60614	43515	26416	26416	26416	26416	17675	8934	8934	5723	4653
			燃气	168926	168926	159541	140772	140772	135786	125815	125815	125815	100740	75665	75665	52438	52438	47188	47188	47188	47188	47188
		其他	汽油	1278582	1278582	1278582	1278582	1277985	861137	28634	28634	28634	28634	28634	22375	16116	16116	12926	9735	9735	9735	9735
			柴油	272891	272891	207397	76409	76409	76409	76409	76409	76409	55942	35476	35476	35476	35476	20706	5937	5937	5324	5119
			燃气	266186	266186	251398	221822	221822	213966	198253	198253	198253	158842	119430	119430	82662	82662	74261	74261	74261	74261	74261
载货汽车	微型		汽油	345844	185090	24335	24335	24335	24335	23094	21854	21854	20230	18606	18606	15350	12095	12095	12095	12095	10530	10008
			柴油	40904	38224	35545	35545	35545	35545	32699	29853	29853	21834	13816	13816	13816	13816	9448	5081	5081	3664	3192
			燃气	94574	49335	4096	4096	4096	4096	3872	3648	3648	2868	2089	2089	1647	1205	1205	1205	1205	825	698
	轻型		汽油	177855	105441	33027	33027	33027	33027	28458	23888	23888	21430	18973	18973	16748	14524	14524	14524	14524	12778	12196
			柴油	37267	36406	35545	35545	35545	35545	32699	29853	29853	21834	13816	13816	13816	13816	10491	7166	7166	5749	5277
			燃气	48763	29124	9486	9486	9486	9486	6880	4274	4274	3359	2443	2443	1922	1402	1402	1402	1402	1050	933
	中型		汽油	348930	348930	348930	348930	348333	237081	15771	15771	15771	15771	15771	15631	15491	15491	12567	9643	9643	9643	9643
			柴油	80895	80895	75502	64716	64716	49256	18336	18336	18336	17264	16191	16191	16191	16191	11734	7277	7277	4330	3347
			燃气	91684	91684	86591	76405	76405	73697	68282	68282	68282	54723	41164	41164	55704	55704	27119	27119	27119	27119	27119
	重型		汽油	1173910	1173910	1173910	1173910	1173312	790684	26625	26625	26625	26625	26625	20870	15114	15114	12184	9255	9255	9255	9255
			柴油	303941	303941	230995	85103	85103	85103	85103	85103	85103	62308	39512	39512	39512	39512	24940	10367	10367	8009	7223
			燃气	296473	296473	280003	247061	247061	238311	220811	220811	220811	176914	133017	133017	144342	144342	104784	104784	104784	104784	104784
低速汽车	三轮汽车			25300	25300	25300	25300	25300	25300	25300	25300	25300	16721	16721	16721	16721	16721	16721	16721	16721	16721	16721
	低速货车			33990	33990	33990	33990	33990	33990	33990	33990	33990	22464	22464	22464	22464	22464	22464	22464	22464	22464	22464
摩托车	普通摩托车			12928	12928	12928	12928	9648	6368	3409	3409	3409	3409	3409	2544	1679	1679	1679	1679	1679	1679	1679
	轻便摩托车			41808	41808	41808	41808	41808	8362	8362	4116	4116	4116	4116	3072	2027	2027	2027	2027	2027	2027	2027

吕梁市 NO_x 排放系数

单位：克/（辆·年）

车辆类型		使用性质	燃料种类	1999年年底前	2000年	2001年	2002年	2003年	2004年	2005年	2006年	2007年	2008年	2009年	2010年	2011年	2012年	2013年	2014年	2015年	2016年	2017年
载客汽车	微型	出租车	汽油	234367	157266	80164	80164	80164	80164	58838	37512	37512	27540	17569	17569	14270	10971	10971	10971	10971	6815	5430
			燃气	149320	101056	52792	52792	52792	52792	39082	25373	25373	18896	12420	12420	9982	7545	7545	7545	7545	4554	3557
		其他	汽油	30909	19384	7860	7860	7860	7860	4948	2035	2035	1656	1277	1277	1054	831	831	831	831	569	482
			燃气	18789	11184	3580	3580	3580	3580	2327	1074	1074	872	669	669	523	377	377	377	377	304	279
	小型	出租车	汽油	265676	174768	83861	83861	83861	83861	60971	38081	38081	27825	17569	17569	13775	9981	9981	9981	9981	5908	4551
			柴油	273156	228218	183280	183280	183280	183280	163002	142725	142725	113080	83434	83434	83434	83434	68204	52973	52973	40531	36384
			燃气	168897	112000	55104	55104	55104	55104	40416	25728	25728	19074	12420	12420	9673	6926	6926	6926	6926	3987	3007
		其他	汽油	28839	18406	7974	7974	7974	7974	5278	2582	2582	1792	1003	1003	898	792	792	792	792	538	453
			柴油	24042	19670	15298	15298	15298	15298	14068	12838	12838	10044	7249	7249	7249	7249	6262	5276	5276	4529	4280
			燃气	17495	11148	4802	4802	4802	4802	3109	1416	1416	957	498	498	425	352	352	352	352	283	260
	中型	公交车	汽油	328487	328487	328487	328487	328487	224411	16260	16260	16260	16260	16260	14582	12905	12905	9742	6580	6580	6580	6580
			柴油	366512	366512	365651	363930	363930	349467	320541	320541	320541	266995	213449	213449	213449	213449	174190	134931	134931	112967	105646
			燃气	389153	389153	384520	375255	375255	363615	340335	340335	340335	283252	226168	226168	143025	143025	112016	112016	112016	112016	112016
		其他	汽油	201393	201393	201393	201393	201393	136612	7049	7049	7049	7049	7049	7049	7049	7049	5287	3525	3525	3525	3525
			柴油	171878	171878	164703	150353	150353	149082	146539	146539	146539	124803	103067	103067	103067	103067	91514	79961	79961	68248	64343
			燃气	194086	194086	183303	161738	161738	160214	157165	157165	157165	133815	110465	110465	86048	86048	69118	69118	69118	69118	69118
	大型	公交车	汽油	1170237	1170237	1170237	1170237	1170237	804677	73558	73558	73558	73558	73558	73494	73429	73429	55072	36715	36715	36715	36715
			柴油	519823	519823	503026	469431	469431	456093	429416	429416	429416	421678	413939	413939	413939	413939	399013	384087	384087	346236	333619
			燃气	1045154	1045154	987090	870961	870961	806330	677069	677069	677069	580122	483176	483176	449837	449837	389891	389891	389891	389891	389891
		其他	汽油	2793142	2793142	2793142	2793142	2793142	1920618	175569	175569	175569	175569	175569	168985	162401	162401	121931	81461	81461	81461	81461
			柴油	1244816	1244816	1212784	1148721	1148721	1121940	1068377	1068377	1068377	1030762	993146	993146	993146	993146	945480	897814	897814	794557	760138
			燃气	2317090	2317090	2188363	1930908	1930908	1787622	1501051	1501051	1501051	1286615	1072179	1072179	967288	967288	820658	820658	820658	820658	820658
载货汽车	微型		汽油	108361	64211	20061	20061	20061	20061	13645	7229	7229	5854	4478	4478	3976	3474	3474	3474	3474	2608	2319
			柴油	71142	58630	46118	46118	46118	46118	41473	36828	36828	31166	25503	25503	25503	25503	18658	11814	11814	10156	9603
			燃气	65871	37504	9137	9137	9137	9137	6476	3815	3815	3081	2346	2346	1961	1576	1576	1576	1576	1401	1342
	轻型		汽油	80366	51464	22562	22562	22562	22562	15236	7910	7910	6630	5349	5349	4458	3567	3567	3567	3567	2726	2445
			柴油	71394	58756	46118	46118	46118	46118	41473	36828	36828	31166	25503	25503	25503	25503	20350	15196	15196	14133	13779
			燃气	48754	31170	13587	13587	13587	13587	8962	4338	4338	3497	2656	2656	2121	1585	1585	1585	1585	1449	1403
	中型		汽油	240604	240604	240604	240604	240604	164262	11579	11579	11579	11579	11579	11579	11579	11579	8688	5796	5796	5796	5796
			柴油	453291	453291	407023	314486	314486	299042	268153	268153	268153	265016	261880	261880	261880	261880	229766	197653	197653	170198	161046
			燃气	511860	511860	454006	338299	338299	321399	287598	287598	287598	284137	280677	280677	212699	212699	172997	172997	172997	172997	172997
	重型		汽油	2115243	2115243	2115243	2115243	2115243	1454481	132958	132958	132958	132958	132958	127972	122986	122986	92338	61690	61690	61690	61690
			柴油	1183011	1183011	1142631	1061870	1061870	1022594	944043	944043	944043	906186	868330	868330	868330	868330	762018	655707	655707	451134	382943
			燃气	2202047	2202047	2063004	1784918	1784918	1632067	1326364	1326364	1326364	1131897	937430	937430	706446	706446	413432	413432	413432	413432	413432
低速汽车	三轮汽车			65550	65550	65550	65550	65550	65550	65550	65550	65550	53279	53279	53279	53279	53279	53279	53279	53279	53279	53279
	低速货车			88065	88065	88065	88065	88065	88065	88065	88065	88065	71579	71579	71579	71579	71579	71579	71579	71579	71579	71579
摩托车	普通摩托车			965	965	965	965	932	900	836	836	836	836	836	743	650	650	650	650	650	650	650
	轻便摩托车			643	643	643	643	643	322	322	322	322	322	322	286	250	250	250	250	250	250	250

吕梁市 PM 排放系数

单位：克/（辆·年）

车辆类型		使用性质	燃料种类	1999 年年底前	2000 年	2001 年	2002 年	2003 年	2004 年	2005 年	2006 年	2007 年	2008 年	2009 年	2010 年	2011 年	2012 年	2013 年	2014 年	2015 年	2016 年	2017 年
载客汽车	微型	出租车	汽油	—	—	—	—	—	—	—	—	—	—	—	—	—	—	—	—	—	—	—
			燃气	—	—	—	—	—	—	—	—	—	—	—	—	—	—	—	—	—	—	—
		其他	汽油	—	—	—	—	—	—	—	—	—	—	—	—	—	—	—	—	—	—	—
			燃气	—	—	—	—	—	—	—	—	—	—	—	—	—	—	—	—	—	—	—
	小型	出租车	汽油	—	—	—	—	—	—	—	—	—	—	—	—	—	—	—	—	—	—	—
			柴油	35029	32076	29124	29124	29124	29124	19862	10600	10600	6907	3214	3214	3214	3214	2988	2761	2761	2283	2124
			燃气	—	—	—	—	—	—	—	—	—	—	—	—	—	—	—	—	—	—	—
		其他	汽油	—	—	—	—	—	—	—	—	—	—	—	—	—	—	—	—	—	—	—
			柴油	3289	3112	2936	2936	2936	2936	2110	1283	1283	940	597	597	597	597	500	404	404	404	404
			燃气	—	—	—	—	—	—	—	—	—	—	—	—	—	—	—	—	—	—	—
	中型	公交车	汽油	—	—	—	—	—	—	—	—	—	—	—	—	—	—	—	—	—	—	—
			柴油	30592	30592	28032	22913	22913	17978	8108	8108	8108	6872	5637	5637	5637	5637	3504	1372	1372	1080	983
			燃气	—	—	—	—	—	—	—	—	—	—	—	—	—	—	—	—	—	—	—
		其他	汽油	—	—	—	—	—	—	—	—	—	—	—	—	—	—	—	—	—	—	—
			柴油	15274	15274	12888	8116	8116	6262	2553	2553	2553	2434	2316	2316	2316	2316	1366	415	415	399	394
			燃气	—	—	—	—	—	—	—	—	—	—	—	—	—	—	—	—	—	—	—
	大型	公交车	汽油	—	—	—	—	—	—	—	—	—	—	—	—	—	—	—	—	—	—	—
			柴油	94865	94865	93934	92071	92071	71272	29674	29674	29674	19994	10315	10315	10315	10315	6116	1916	1916	1845	1821
			燃气	—	—	—	—	—	—	—	—	—	—	—	—	—	—	—	—	—	—	—
		其他	汽油	—	—	—	—	—	—	—	—	—	—	—	—	—	—	—	—	—	—	—
			柴油	142314	142314	133412	115607	115607	85425	25061	25061	25061	17182	9303	9303	9303	9303	5868	2433	2433	2343	2313
			燃气	—	—	—	—	—	—	—	—	—	—	—	—	—	—	—	—	—	—	—
载货汽车	微型		汽油	—	—	—	—	—	—	—	—	—	—	—	—	—	—	—	—	—	—	—
			柴油	8320	8148	7976	7976	7976	7976	6482	4987	4987	3702	2416	2416	2416	2416	1521	626	626	623	622
			燃气	—	—	—	—	—	—	—	—	—	—	—	—	—	—	—	—	—	—	—
	轻型		汽油	—	—	—	—	—	—	—	—	—	—	—	—	—	—	—	—	—	—	—
			柴油	8653	8314	7976	7976	7976	7976	6482	4987	4987	3702	2416	2416	2416	2416	1822	1228	1228	1014	942
			燃气	—	—	—	—	—	—	—	—	—	—	—	—	—	—	—	—	—	—	—
	中型		汽油	—	—	—	—	—	—	—	—	—	—	—	—	—	—	—	—	—	—	—
			柴油	39086	39086	32892	20505	20505	15802	6395	6395	6395	6058	5722	5722	5722	5722	3669	1616	1616	1480	1434
			燃气	—	—	—	—	—	—	—	—	—	—	—	—	—	—	—	—	—	—	—
	重型		汽油	—	—	—	—	—	—	—	—	—	—	—	—	—	—	—	—	—	—	—
			柴油	153779	153779	126395	71627	71627	56872	27361	27361	27361	18749	10137	10137	10137	10137	6778	3420	3420	2890	2714
			燃气	—	—	—	—	—	—	—	—	—	—	—	—	—	—	—	—	—	—	—
低速汽车	三轮汽车			4092	4092	4092	4092	4092	4092	4092	4092	4092	3220	3220	3220	3220	3220	3220	3220	3220	3220	3220
	低速货车			5581	5581	5581	5581	5581	5581	5581	5581	5581	4392	4392	4392	4392	4392	4392	4392	4392	4392	4392
摩托车	普通摩托车			—	—	—	—	—	—	—	—	—	—	—	—	—	—	—	—	—	—	—
	轻便摩托车			—	—	—	—	—	—	—	—	—	—	—	—	—	—	—	—	—	—	—

吕梁市 VOCs 排放系数

单位：克/（辆·年）

车辆类型		使用性质	燃料种类	1999 年年底前	2000 年	2001 年	2002 年	2003 年	2004 年	2005 年	2006 年	2007 年	2008 年	2009 年	2010 年	2011 年	2012 年	2013 年	2014 年	2015 年	2016 年	2017 年
载客汽车	微型	出租车	汽油	800101	467329	134557	134557	134557	134557	99337	64117	64117	51385	38653	38653	32385	26117	26117	26117	26117	19517	17317
载客汽车	微型	出租车	燃气	271777	163420	55063	55063	55063	55063	41997	28931	28931	23630	18330	18330	14574	10817	10817	10817	10817	6556	5135
载客汽车	微型	其他	汽油	55566	33273	10980	10980	10980	10980	10630	10281	10281	8765	7249	7249	6900	6552	6552	6552	6552	5550	5216
载客汽车	微型	其他	燃气	15195	8522	1848	1848	1848	1848	1782	1716	1716	1265	814	814	734	653	653	653	653	436	364
载客汽车	小型	出租车	汽油	800101	459525	118949	118949	118949	118949	112567	106185	106185	72419	38653	38653	32385	26117	26117	26117	26117	18270	15655
载客汽车	小型	出租车	柴油	153217	144600	135983	135983	135983	135983	123410	110838	110838	79428	48018	48018	48018	48018	35736	23454	23454	13781	10557
载客汽车	小型	出租车	燃气	271777	160891	50005	50005	50005	50005	46285	42565	42565	30448	18330	18330	14574	10817	10817	10817	10817	6151	4596
载客汽车	小型	其他	汽油	56359	33574	10790	10790	10790	10790	10962	11133	11133	9193	7253	7253	6854	6456	6456	6456	6456	5632	5357
载客汽车	小型	其他	柴油	10741	9812	8882	8882	8882	8882	7466	6049	6049	4089	2129	2129	2129	2129	1836	1542	1542	1124	984
载客汽车	小型	其他	燃气	15452	9276	3099	3099	3099	3099	2546	1992	1992	1463	934	934	778	623	623	623	623	463	410
载客汽车	中型	公交车	汽油	247976	247976	247976	247976	247379	169136	13844	13844	13844	13844	13844	13692	13541	13541	11114	8686	8686	8686	8686
载客汽车	中型	公交车	柴油	87806	87806	86086	82645	82645	64494	28192	28192	28192	20508	12823	12823	12823	12823	8958	5093	5093	4763	4653
载客汽车	中型	公交车	燃气	71579	71579	67602	59649	59649	57536	53311	53311	53311	42686	32061	32061	22219	22219	22154	22154	22154	22154	22154
载客汽车	中型	其他	汽油	128686	128686	128686	128686	128090	87767	8316	8316	8316	8316	8316	8170	8025	8025	6974	5923	5923	5923	5923
载客汽车	中型	其他	柴油	30493	30493	28460	24394	24394	18567	6912	6912	6912	6506	6099	6099	6099	6099	3750	1402	1402	1243	1190
载客汽车	中型	其他	燃气	34560	34560	32640	28800	28800	27780	25740	25740	25740	20623	15506	15506	10732	10732	9642	9642	9642	9642	9642
载客汽车	大型	公交车	汽油	577284	577284	577284	577284	576687	389109	15148	15148	15148	15148	15148	15008	14868	14868	12102	9336	9336	9336	9336
载客汽车	大型	公交车	柴油	131708	131708	108010	60614	60614	60614	60614	60614	60614	43515	26416	26416	26416	26416	17675	8934	8934	5723	4653
载客汽车	大型	公交车	燃气	168926	168926	159541	140772	140772	135786	125815	125815	125815	100740	75665	75665	52438	52438	47188	47188	47188	47188	47188
载客汽车	大型	其他	汽油	1278582	1278582	1278582	1278582	1277985	861137	28634	28634	28634	28634	28634	22375	16116	16116	12926	9735	9735	9735	9735
载客汽车	大型	其他	柴油	272891	272891	207397	76409	76409	76409	76409	76409	76409	55942	35476	35476	35476	35476	20706	5937	5937	5324	5119
载客汽车	大型	其他	燃气	266186	266186	251398	221822	221822	213966	198253	198253	198253	158842	119430	119430	82662	82662	74261	74261	74261	74261	74261
载货汽车	微型		汽油	324363	173660	22956	22956	22956	22956	21807	20658	20658	19134	17611	17611	14589	11567	11567	11567	11567	10109	9623
载货汽车	微型		柴油	37622	35162	32703	32703	32703	32703	30118	27533	27533	20096	12659	12659	12659	12659	8648	4638	4638	3379	2959
载货汽车	微型		燃气	88700	46282	3864	3864	3864	3864	3656	3448	3448	2713	1978	1978	1565	1153	1153	1153	1153	792	672
载货汽车	轻型		汽油	166974	99036	31099	31099	31099	31099	26832	22564	22564	20260	17955	17955	15899	13843	13843	13843	13843	12216	11674
载货汽车	轻型		柴油	34215	33459	32703	32703	32703	32703	30118	27533	27533	20096	12659	12659	12659	12659	9625	6591	6591	5332	4913
载货汽车	轻型		燃气	45779	27356	8932	8932	8932	8932	6485	4037	4037	3175	2312	2312	1824	1336	1336	1336	1336	1004	893
载货汽车	中型		汽油	348930	348930	348930	348930	348333	237081	15771	15771	15771	15771	15771	15631	15491	15491	12567	9643	9643	9643	9643
载货汽车	中型		柴油	80895	80895	75502	64716	64716	49256	18336	18336	18336	17264	16191	16191	16191	16191	11734	7277	7277	4330	3347
载货汽车	中型		燃气	91684	91684	86591	76405	76405	73697	68282	68282	68282	54723	41164	41164	55704	55704	27119	27119	27119	27119	27119
载货汽车	重型		汽油	1012114	1012114	1012114	1012114	1011516	681784	23514	23514	23514	23514	23514	18536	13558	13558	11032	8506	8506	8506	8506
载货汽车	重型		柴油	267098	267098	202994	74787	74787	74787	74787	74787	74787	54755	34723	34723	34723	34723	21820	8916	8916	6714	5980
载货汽车	重型		燃气	260535	260535	246061	217113	217113	209424	194045	194045	194045	155470	116895	116895	124139	124139	86751	86751	86751	86751	86751
低速汽车	三轮汽车			25300	25300	25300	25300	25300	25300	25300	25300	25300	16721	16721	16721	16721	16721	16721	16721	16721	16721	16721
低速汽车	低速货车			33990	33990	33990	33990	33990	33990	33990	33990	33990	22464	22464	22464	22464	22464	22464	22464	22464	22464	22464
摩托车	普通摩托车			12928	12928	12928	12928	9648	6368	3409	3409	3409	3409	3409	2544	1679	1679	1679	1679	1679	1679	1679
摩托车	轻便摩托车			41808	41808	41808	41808	41808	8362	8362	4116	4116	4116	4116	3072	2027	2027	2027	2027	2027	2027	2027

呼和浩特市 NO_x 排放系数

单位：克/（辆·年）

车辆类型		使用性质	燃料种类	1999 年年底前	2000 年	2001 年	2002 年	2003 年	2004 年	2005 年	2006 年	2007 年	2008 年	2009 年	2010 年	2011 年	2012 年	2013 年	2014 年	2015 年	2016 年	2017 年
载客汽车	微型	出租车	汽油	165842	108247	50652	50652	50652	50652	35728	20805	20805	14182	7558	7558	6630	5703	5703	5703	5703	4226	3734
			燃气	74533	49186	23839	23839	23839	23839	17045	10251	10251	7200	4148	4148	3516	2884	2884	2884	2884	2022	1734
		其他	汽油	50555	31648	12741	12741	12741	12741	7920	3100	3100	2512	1924	1924	1630	1337	1337	1337	1337	983	865
			燃气	21954	13094	4234	4234	4234	4234	2762	1291	1291	1049	807	807	656	506	506	506	506	404	370
	小型	出租车	汽油	189609	121546	53483	53483	53483	53483	37362	21240	21240	14399	7558	7558	6213	4868	4868	4868	4868	3469	3003
			柴油	170233	138523	106813	106813	106813	106813	95975	85137	85137	66748	48358	48358	48358	48358	40950	33541	33541	28367	26642
			燃气	84996	55040	25085	25085	25085	25085	17764	10443	10443	7296	4148	4148	3332	2516	2516	2516	2516	1688	1412
		其他	汽油	47129	30030	12932	12932	12932	12932	8470	4009	4009	2740	1471	1471	1366	1262	1262	1262	1262	922	809
			柴油	41162	33588	26015	26015	26015	26015	23982	21949	21949	17172	12394	12394	12394	12394	10726	9057	9057	8005	7654
			燃气	20445	13054	5662	5662	5662	5662	3676	1691	1691	1149	607	607	540	473	473	473	473	377	345
	中型	公交车	汽油	466553	466553	466553	466553	466553	318733	23094	23094	23094	23094	23094	20712	18329	18329	13837	9345	9345	9345	9345
			柴油	504811	504811	503626	501255	501255	481335	441494	441494	441494	367743	293992	293992	293992	293992	239918	185845	185845	155594	145510
			燃气	535995	535995	529614	516853	516853	500821	468757	468757	468757	390133	311509	311509	196994	196994	154284	154284	154284	154284	154284
		其他	汽油	286039	286039	286039	286039	286039	194030	10011	10011	10011	10011	10011	10011	10011	10011	7509	5007	5007	5007	5007
			柴油	236734	236734	226852	207087	207087	205336	201834	201834	201834	171896	141958	141958	141958	141958	126046	110133	110133	94000	88622
			燃气	267322	267322	252471	222769	222769	220669	216470	216470	216470	184308	152147	152147	118517	118517	95199	95199	95199	95199	95199
	大型	公交车	汽油	1662094	1662094	1662094	1662094	1662094	1142887	104474	104474	104474	104474	104474	104382	104291	104291	78219	52147	52147	52147	52147
			柴油	715973	715973	692837	646566	646566	628195	591452	591452	591452	580794	570135	570135	570135	570135	549576	529018	529018	476884	459506
			燃气	1439531	1439531	1359557	1199609	1199609	1110590	932553	932553	932553	799025	665497	665497	619578	619578	537012	537012	537012	537012	537012
		其他	汽油	3967116	3967116	3967116	3967116	3967116	2727865	249362	249362	249362	249362	249362	240010	230659	230659	173179	115699	115699	115699	115699
			柴油	1714533	1714533	1670415	1582178	1582178	1545291	1471516	1471516	1471516	1419708	1367899	1367899	1367899	1367899	1302247	1236595	1236595	1094374	1046967
			燃气	3191417	3191417	3014116	2659514	2659514	2462161	2067456	2067456	2067456	1772105	1476754	1476754	1332284	1332284	1130324	1130324	1130324	1130324	1130324
载货汽车	微型		汽油	183516	108132	32749	32749	32749	32749	22070	11390	11390	9185	6980	6980	6234	5487	5487	5487	5487	4240	3825
			柴油	119378	98028	76677	76677	76677	76677	69114	61552	61552	52202	42853	42853	42853	42853	31323	19793	19793	17313	16486
			燃气	79694	45288	10883	10883	10883	10883	7813	4743	4743	3836	2928	2928	2502	2077	2077	2077	2077	1746	1636
	轻型		汽油	133624	85286	36949	36949	36949	36949	24742	12535	12535	10488	8442	8442	7044	5645	5645	5645	5645	4438	4036
			柴油	119812	98244	76677	76677	76677	76677	69114	61552	61552	52202	42853	42853	42853	42853	34262	25670	25670	24223	23741
			燃气	57967	37072	16177	16177	16177	16177	10732	5287	5287	4385	3484	3484	2800	2116	2116	2116	2116	1820	1721
	中型		汽油	340778	340778	340778	340778	340778	232651	16400	16400	16400	16400	16400	16400	16400	16400	12305	8210	8210	8210	8210
			柴油	623004	623004	559413	432230	432230	411003	368550	368550	368550	365759	362968	362968	362968	362968	318459	273950	273950	235896	223211
			燃气	703501	703501	623988	464961	464961	441733	395275	395275	395275	392148	389020	389020	294805	294805	239776	239776	239776	239776	239776
	重型		汽油	2521031	2521031	2521031	2521031	2521031	1733509	158465	158465	158465	158465	158465	152522	146580	146580	110052	73525	73525	73525	73525
			柴油	1395978	1395978	1348329	1253030	1253030	1206683	1113990	1113990	1113990	1069319	1024648	1024648	1024648	1024648	900668	776689	776689	533404	452309
			燃气	2598461	2598461	2434389	2106243	2106243	1925874	1565138	1565138	1565138	1335663	1106188	1106188	836790	836790	488321	488321	488321	488321	488321
低速汽车	三轮汽车			65550	65550	65550	65550	65550	65550	65550	65550	65550	53279	53279	53279	53279	53279	53279	53279	53279	53279	53279
	低速货车			88065	88065	88065	88065	88065	88065	88065	88065	88065	71579	71579	71579	71579	71579	71579	71579	71579	71579	71579
摩托车	普通摩托车			965	965	965	965	932	900	836	836	836	836	836	743	650	650	650	650	650	650	650
	轻便摩托车			643	643	643	643	643	322	322	322	322	322	322	286	250	250	250	250	250	250	250

呼和浩特市 PM 排放系数

单位：克/（辆·年）

车辆类型		使用性质	燃料种类	1999 年年底前	2000 年	2001 年	2002 年	2003 年	2004 年	2005 年	2006 年	2007 年	2008 年	2009 年	2010 年	2011 年	2012 年	2013 年	2014 年	2015 年	2016 年	2017 年
载客汽车	微型	出租车	汽油	—	—	—	—	—	—	—	—	—	—	—	—	—	—	—	—	—	—	—
			燃气	—	—	—	—	—	—	—	—	—	—	—	—	—	—	—	—	—	—	—
		其他	汽油	—	—	—	—	—	—	—	—	—	—	—	—	—	—	—	—	—	—	—
			燃气	—	—	—	—	—	—	—	—	—	—	—	—	—	—	—	—	—	—	—
	小型	出租车	汽油	—	—	—	—	—	—	—	—	—	—	—	—	—	—	—	—	—	—	—
			柴油	19740	18081	16422	16422	16422	16422	11194	5965	5965	3892	1819	1819	1819	1819	1690	1562	1562	1292	1202
			燃气	—	—	—	—	—	—	—	—	—	—	—	—	—	—	—	—	—	—	—
		其他	汽油	—	—	—	—	—	—	—	—	—	—	—	—	—	—	—	—	—	—	—
			柴油	4187	3962	3737	3737	3737	3737	2689	1641	1641	1202	764	764	764	764	638	511	511	511	511
			燃气	—	—	—	—	—	—	—	—	—	—	—	—	—	—	—	—	—	—	—
	中型	公交车	汽油	—	—	—	—	—	—	—	—	—	—	—	—	—	—	—	—	—	—	—
			柴油	30592	30592	28032	22913	22913	17978	8108	8108	8108	6872	5637	5637	5637	5637	3504	1372	1372	1080	983
			燃气	—	—	—	—	—	—	—	—	—	—	—	—	—	—	—	—	—	—	—
		其他	汽油	—	—	—	—	—	—	—	—	—	—	—	—	—	—	—	—	—	—	—
			柴油	15274	15274	12888	8116	8116	6262	2553	2553	2553	2434	2316	2316	2316	2316	1366	415	415	399	394
			燃气	—	—	—	—	—	—	—	—	—	—	—	—	—	—	—	—	—	—	—
	大型	公交车	汽油	—	—	—	—	—	—	—	—	—	—	—	—	—	—	—	—	—	—	—
			柴油	94865	94865	93934	92071	92071	71272	29674	29674	29674	19994	10315	10315	10315	10315	6116	1916	1916	1845	1821
			燃气	—	—	—	—	—	—	—	—	—	—	—	—	—	—	—	—	—	—	—
		其他	汽油	—	—	—	—	—	—	—	—	—	—	—	—	—	—	—	—	—	—	—
			柴油	142314	142314	133412	115607	115607	85425	25061	25061	25061	17182	9303	9303	9303	9303	5868	2433	2433	2343	2313
			燃气	—	—	—	—	—	—	—	—	—	—	—	—	—	—	—	—	—	—	—
载货汽车	微型		汽油	—	—	—	—	—	—	—	—	—	—	—	—	—	—	—	—	—	—	—
			柴油	10125	9916	9706	9706	9706	9706	7914	6121	6121	4543	2965	2965	2965	2965	1866	768	768	765	764
			燃气	—	—	—	—	—	—	—	—	—	—	—	—	—	—	—	—	—	—	—
	轻型		汽油	—	—	—	—	—	—	—	—	—	—	—	—	—	—	—	—	—	—	—
			柴油	10530	10118	9706	9706	9706	9706	7914	6121	6121	4543	2965	2965	2965	2965	2236	1507	1507	1244	1156
			燃气	—	—	—	—	—	—	—	—	—	—	—	—	—	—	—	—	—	—	—
	中型		汽油	—	—	—	—	—	—	—	—	—	—	—	—	—	—	—	—	—	—	—
			柴油	39074	39074	32882	20499	20499	15801	6405	6405	6405	6068	5731	5731	5731	5731	3674	1618	1618	1482	1436
			燃气	—	—	—	—	—	—	—	—	—	—	—	—	—	—	—	—	—	—	—
	重型		汽油	—	—	—	—	—	—	—	—	—	—	—	—	—	—	—	—	—	—	—
			柴油	132720	132720	109086	61818	61818	49083	23614	23614	23614	16182	8749	8749	8749	8749	5826	2902	2902	2453	2303
			燃气	—	—	—	—	—	—	—	—	—	—	—	—	—	—	—	—	—	—	—
低速汽车	三轮汽车			4092	4092	4092	4092	4092	4092	4092	4092	4092	3220	3220	3220	3220	3220	3220	3220	3220	3220	3220
	低速货车			5581	5581	5581	5581	5581	5581	5581	5581	5581	4392	4392	4392	4392	4392	4392	4392	4392	4392	4392
摩托车	普通摩托车			—	—	—	—	—	—	—	—	—	—	—	—	—	—	—	—	—	—	—
	轻便摩托车			—	—	—	—	—	—	—	—	—	—	—	—	—	—	—	—	—	—	—

呼和浩特市 VOCs 排放系数

单位：克/（辆·年）

车辆类型		使用性质	燃料种类	1999 年年底前	2000 年	2001 年	2002 年	2003 年	2004 年	2005 年	2006 年	2007 年	2008 年	2009 年	2010 年	2011 年	2012 年	2013 年	2014 年	2015 年	2016 年	2017 年
载客汽车	微型	出租车	汽油	663541	381562	99582	99582	99582	99582	71502	43422	43422	34375	25328	25328	22275	19222	19222	19222	19222	16322	15356
			燃气	145370	84778	24186	24186	24186	24186	17642	11099	11099	8870	6641	6641	5450	4258	4258	4258	4258	3092	2703
		其他	汽油	99111	57574	16038	16038	16038	16038	15538	15039	15039	12449	9859	9859	9290	8722	8722	8722	8722	6966	6381
			燃气	19204	10800	2397	2397	2397	2397	2290	2184	2184	1634	1083	1083	992	900	900	900	900	618	524
	小型	出租车	汽油	663541	374938	86336	86336	86336	86336	82452	78569	78569	51948	25328	25328	22275	19222	19222	19222	19222	15139	13778
			柴油	61750	58723	55696	55696	55696	55696	52050	48405	48405	32466	16526	16526	16526	16526	12546	8567	8567	5802	4880
			燃气	145370	83348	21327	21327	21327	21327	20006	18684	18684	12662	6641	6641	5450	4258	4258	4258	4258	2836	2362
		其他	汽油	100613	58142	15670	15670	15670	15670	16162	16653	16653	13260	9867	9867	9196	8524	8524	8524	8524	7106	6634
			柴油	14874	13607	12340	12340	12340	12340	10504	8667	8667	5877	3087	3087	3087	3087	2688	2288	2288	1658	1448
			燃气	19529	11769	4009	4009	4009	4009	3271	2533	2533	1888	1243	1243	1050	857	857	857	857	648	578
	中型	公交车	汽油	252388	252388	252388	252388	251791	171998	13607	13607	13607	13607	13607	13455	13303	13303	10828	8352	8352	8352	8352
			柴油	87806	87806	86086	82645	82645	64494	28192	28192	28192	20508	12823	12823	12823	12823	8958	5093	5093	4763	4653
			燃气	71579	71579	67602	59649	59649	57536	53311	53311	53311	42686	32061	32061	22219	22219	22154	22154	22154	22154	22154
		其他	汽油	130713	130713	130713	130713	130116	89002	7968	7968	7968	7968	7968	7822	7677	7677	6605	5533	5533	5533	5533
			柴油	30493	30493	28460	24394	24394	18567	6912	6912	6912	6506	6099	6099	6099	6099	3750	1402	1402	1243	1190
			燃气	34560	34560	32640	28800	28800	27780	25740	25740	25740	20623	15506	15506	10732	10732	9642	9642	9642	9642	9642
	大型	公交车	汽油	588282	588282	588282	588282	587685	396371	14936	14936	14936	14936	14936	14796	14657	14657	11836	9015	9015	9015	9015
			柴油	131708	131708	108010	60614	60614	60614	60614	60614	60614	43515	26416	26416	26416	26416	17675	8934	8934	5723	4653
			燃气	168926	168926	159541	140772	140772	135786	125815	125815	125815	100740	75665	75665	52438	52438	47188	47188	47188	47188	47188
		其他	汽油	1303606	1303606	1303606	1303606	1303009	877839	28693	28693	28693	28693	28693	22312	15930	15930	12676	9422	9422	9422	9422
			柴油	272891	272891	207397	76409	76409	76409	76409	76409	76409	55942	35476	35476	35476	35476	20706	5937	5937	5324	5119
			燃气	266186	266186	251398	221822	221822	213966	198253	198253	198253	158842	119430	119430	82662	82662	74261	74261	74261	74261	74261
载货汽车	微型		汽油	606474	321804	37134	37134	37134	37134	35393	33652	33652	31067	28482	28482	22990	17497	17497	17497	17497	15134	14346
			柴油	52269	48868	45466	45466	45466	45466	41930	38395	38395	28044	17694	17694	17694	17694	12134	6575	6575	4771	4170
			燃气	117512	61531	5550	5550	5550	5550	5218	4887	4887	4008	3129	3129	2467	1805	1805	1805	1805	1335	1178
	轻型		汽油	308415	180486	52556	52556	52556	52556	44908	37260	37260	33197	29134	29134	25470	21807	21807	21807	21807	19124	18229
			柴油	47565	46516	45466	45466	45466	45466	41930	38395	38395	28044	17694	17694	17694	17694	13488	9281	9281	7477	6876
			燃气	59863	36655	13446	13446	13446	13446	9557	5667	5667	4669	3670	3670	2931	2192	2192	2192	2192	1739	1588
	中型		汽油	352875	352875	352875	352875	352278	239616	15488	15488	15488	15488	15488	15348	15208	15208	12247	9286	9286	9286	9286
			柴油	80635	80635	75259	64508	64508	49098	18277	18277	18277	17210	16142	16142	16142	16142	11698	7255	7255	4316	3337
			燃气	91390	91390	86313	76159	76159	73460	68063	68063	68063	54551	41039	41039	55535	55535	27038	27038	27038	27038	27038
	重型		汽油	875206	875206	875206	875206	874608	589493	20458	20458	20458	20458	20458	16136	11814	11814	9629	7444	7444	7444	7444
			柴油	233036	233036	177107	65250	65250	65250	65250	65250	65250	47772	30295	30295	30295	30295	18999	7703	7703	5899	5298
			燃气	227310	227310	214682	189426	189426	182717	169300	169300	169300	135644	101988	101988	107250	107250	76858	76858	76858	76858	76858
低速汽车	三轮汽车			25300	25300	25300	25300	25300	25300	25300	25300	25300	16721	16721	16721	16721	16721	16721	16721	16721	16721	16721
	低速货车			33990	33990	33990	33990	33990	33990	33990	33990	33990	22464	22464	22464	22464	22464	22464	22464	22464	22464	22464
摩托车	普通摩托车			12928	12928	12928	12928	9648	6368	3409	3409	3409	3409	3409	2544	1679	1679	1679	1679	1679	1679	1679
	轻便摩托车			41808	41808	41808	41808	41808	8362	8362	4116	4116	4116	4116	3072	2027	2027	2027	2027	2027	2027	2027

包头市 NO_x 排放系数

单位：克/（辆•年）

车辆类型		使用性质	燃料种类	1999 年年底前	2000 年	2001 年	2002 年	2003 年	2004 年	2005 年	2006 年	2007 年	2008 年	2009 年	2010 年	2011 年	2012 年	2013 年	2014 年	2015 年	2016 年	2017 年
载客汽车	微型	出租车	汽油	133569	87055	40541	40541	40541	40541	28550	16560	16560	11242	5923	5923	5164	4404	4404	4404	4404	3284	2911
			燃气	59797	39359	18921	18921	18921	18921	13478	8034	8034	5602	3170	3170	2672	2175	2175	2175	2175	1550	1342
		其他	汽油	48201	30174	12147	12147	12147	12147	7561	2975	2975	2412	1848	1848	1540	1232	1232	1232	1232	894	782
			燃气	20918	12476	4033	4033	4033	4033	2632	1232	1232	1001	770	770	614	458	458	458	458	364	333
	小型	出租车	汽油	152751	97788	42825	42825	42825	42825	29868	16912	16912	11418	5923	5923	4840	3758	3758	3758	3758	2694	2340
			柴油	134566	109350	84135	84135	84135	84135	75484	66834	66834	52316	37798	37798	37798	37798	32072	26347	26347	22146	20745
			燃气	68246	44086	19927	19927	19927	19927	14058	8189	8189	5680	3170	3170	2530	1891	1891	1891	1891	1290	1090
		其他	汽油	44938	28633	12328	12328	12328	12328	8084	3839	3839	2628	1417	1417	1292	1166	1166	1166	1166	840	732
			柴油	37717	30792	23867	23867	23867	23867	21982	20097	20097	15714	11331	11331	11331	11331	9803	8275	8275	7229	6880
			燃气	19481	12436	5392	5392	5392	5392	3502	1613	1613	1097	581	581	505	429	429	429	429	340	311
	中型	公交车	汽油	466372	466372	466372	466372	466372	318610	23085	23085	23085	23085	23085	20704	18322	18322	13832	9342	9342	9342	9342
			柴油	504668	504668	503483	501113	501113	481198	441368	441368	441368	367638	293908	293908	293908	293908	239850	185792	185792	155550	145469
			燃气	535843	535843	529464	516705	516705	500678	468623	468623	468623	390022	311421	311421	196938	196938	154240	154240	154240	154240	154240
		其他	汽油	285928	285928	285928	285928	285928	193954	10007	10007	10007	10007	10007	10007	10007	10007	7506	5005	5005	5005	5005
			柴油	236666	236666	226787	207028	207028	205277	201776	201776	201776	171847	141918	141918	141918	141918	126010	110102	110102	93973	88597
			燃气	267246	267246	252399	222705	222705	220606	216408	216408	216408	184256	152104	152104	118483	118483	95172	95172	95172	95172	95172
	大型	公交车	汽油	1661449	1661449	1661449	1661449	1661449	1142444	104434	104434	104434	104434	104434	104342	104251	104251	78189	52127	52127	52127	52127
			柴油	715769	715769	692640	646382	646382	628016	591283	591283	591283	580628	569972	569972	569972	569972	549420	528867	528867	476748	459375
			燃气	1439120	1439120	1359169	1199267	1199267	1110274	932287	932287	932287	798798	665308	665308	619401	619401	536859	536859	536859	536859	536859
		其他	汽油	3965577	3965577	3965577	3965577	3965577	2726806	249265	249265	249265	249265	249265	239918	230570	230570	173112	115654	115654	115654	115654
			柴油	1714044	1714044	1669939	1581728	1581728	1544851	1471097	1471097	1471097	1419303	1367509	1367509	1367509	1367509	1301876	1236242	1236242	1094062	1046669
			燃气	3190508	3190508	3013258	2658757	2658757	2461460	2066867	2066867	2066867	1771600	1476333	1476333	1331904	1331904	1130002	1130002	1130002	1130002	1130002
载货汽车	微型		汽油	90414	53116	15817	15817	15817	15817	10558	5298	5298	4237	3176	3176	2914	2652	2652	2652	2652	2082	1892
			柴油	54937	44818	34699	34699	34699	34699	31350	28001	28001	23766	19530	19530	19530	19530	14302	9073	9073	8113	7793
			燃气	39237	22244	5251	5251	5251	5251	3723	2194	2194	1759	1323	1323	1155	986	986	986	986	851	806
	轻型		汽油	66771	42351	17931	17931	17931	17931	11902	5874	5874	4892	3911	3911	3322	2732	2732	2732	2732	2182	1999
			柴油	55147	44923	34699	34699	34699	34699	31350	28001	28001	23766	19530	19530	19530	19530	15716	11901	11901	11439	11285
			燃气	28946	18394	7843	7843	7843	7843	5155	2468	2468	2036	1604	1604	1304	1005	1005	1005	1005	888	849
	中型		汽油	340778	340778	340778	340778	340778	232651	16400	16400	16400	16400	16400	16400	16400	16400	12305	8210	8210	8210	8210
			柴油	623004	623004	559413	432230	432230	411003	368550	368550	368550	365759	362968	362968	362968	362968	318459	273950	273950	235896	223211
			燃气	703503	703503	623989	464960	464960	441732	395276	395276	395276	392148	389020	389020	294803	294803	239776	239776	239776	239776	239776
	重型		汽油	1857718	1857718	1857718	1857718	1857718	1277402	116771	116771	116771	116771	116771	112392	108013	108013	81096	54179	54179	54179	54179
			柴油	1023240	1023240	988313	918460	918460	884489	816546	816546	816546	783802	751058	751058	751058	751058	657953	564848	564848	392792	335440
			燃气	1904651	1904651	1784386	1543857	1543857	1411649	1147234	1147234	1147234	979030	810826	810826	608557	608557	362147	362147	362147	362147	362147
低速汽车	三轮汽车			65550	65550	65550	65550	65550	65550	65550	65550	65550	53279	53279	53279	53279	53279	53279	53279	53279	53279	53279
	低速货车			88065	88065	88065	88065	88065	88065	88065	88065	88065	71579	71579	71579	71579	71579	71579	71579	71579	71579	71579
摩托车	普通摩托车			965	965	965	965	932	900	836	836	836	836	836	743	650	650	650	650	650	650	650
	轻便摩托车			643	643	643	643	643	322	322	322	322	322	322	286	250	250	250	250	250	250	250

包头市 PM 排放系数

单位：克/（辆·年）

车辆类型		使用性质	燃料种类	1999 年年底前	2000 年	2001 年	2002 年	2003 年	2004 年	2005 年	2006 年	2007 年	2008 年	2009 年	2010 年	2011 年	2012 年	2013 年	2014 年	2015 年	2016 年	2017 年
载客汽车	微型	出租车	汽油	—	—	—	—	—	—	—	—	—	—	—	—	—	—	—	—	—	—	—
			燃气	—	—	—	—	—	—	—	—	—	—	—	—	—	—	—	—	—	—	—
		其他	汽油	—	—	—	—	—	—	—	—	—	—	—	—	—	—	—	—	—	—	—
			燃气	—	—	—	—	—	—	—	—	—	—	—	—	—	—	—	—	—	—	—
	小型	出租车	汽油	—	—	—	—	—	—	—	—	—	—	—	—	—	—	—	—	—	—	—
			柴油	15671	14351	13031	13031	13031	13031	8883	4735	4735	3086	1438	1438	1438	1438	1336	1235	1235	1021	950
			燃气	—	—	—	—	—	—	—	—	—	—	—	—	—	—	—	—	—	—	—
		其他	汽油	—	—	—	—	—	—	—	—	—	—	—	—	—	—	—	—	—	—	—
			柴油	3815	3610	3405	3405	3405	3405	2450	1494	1494	1094	694	694	694	694	582	469	469	469	469
			燃气	—	—	—	—	—	—	—	—	—	—	—	—	—	—	—	—	—	—	—
	中型	公交车	汽油	—	—	—	—	—	—	—	—	—	—	—	—	—	—	—	—	—	—	—
			柴油	30592	30592	28032	22913	22913	17978	8108	8108	8108	6872	5637	5637	5637	5637	3504	1372	1372	1080	983
			燃气	—	—	—	—	—	—	—	—	—	—	—	—	—	—	—	—	—	—	—
		其他	汽油	—	—	—	—	—	—	—	—	—	—	—	—	—	—	—	—	—	—	—
			柴油	15274	15274	12888	8116	8116	6262	2553	2553	2553	2434	2316	2316	2316	2316	1366	415	415	399	394
			燃气	—	—	—	—	—	—	—	—	—	—	—	—	—	—	—	—	—	—	—
	大型	公交车	汽油	—	—	—	—	—	—	—	—	—	—	—	—	—	—	—	—	—	—	—
			柴油	94865	94865	93934	92071	92071	71272	29674	29674	29674	19994	10315	10315	10315	10315	6116	1916	1916	1845	1821
			燃气	—	—	—	—	—	—	—	—	—	—	—	—	—	—	—	—	—	—	—
		其他	汽油	—	—	—	—	—	—	—	—	—	—	—	—	—	—	—	—	—	—	—
			柴油	142314	142314	133412	115607	115607	85425	25061	25061	25061	17182	9303	9303	9303	9303	5868	2433	2433	2343	2313
			燃气	—	—	—	—	—	—	—	—	—	—	—	—	—	—	—	—	—	—	—
载货汽车	微型		汽油	—	—	—	—	—	—	—	—	—	—	—	—	—	—	—	—	—	—	—
			柴油	4975	4872	4769	4769	4769	4769	3881	2993	2993	2222	1450	1450	1450	1450	913	376	376	374	373
			燃气	—	—	—	—	—	—	—	—	—	—	—	—	—	—	—	—	—	—	—
	轻型		汽油	—	—	—	—	—	—	—	—	—	—	—	—	—	—	—	—	—	—	—
			柴油	5174	4972	4769	4769	4769	4769	3881	2993	2993	2222	1450	1450	1450	1450	1094	737	737	608	565
			燃气	—	—	—	—	—	—	—	—	—	—	—	—	—	—	—	—	—	—	—
	中型		汽油	—	—	—	—	—	—	—	—	—	—	—	—	—	—	—	—	—	—	—
			柴油	39074	39074	32882	20499	20499	15801	6405	6405	6405	6068	5731	5731	5731	5731	3674	1618	1618	1482	1436
			燃气	—	—	—	—	—	—	—	—	—	—	—	—	—	—	—	—	—	—	—
	重型		汽油	—	—	—	—	—	—	—	—	—	—	—	—	—	—	—	—	—	—	—
			柴油	97193	97193	79885	45270	45270	35944	17293	17293	17293	11850	6407	6407	6407	6407	4268	2130	2130	1800	1690
			燃气	—	—	—	—	—	—	—	—	—	—	—	—	—	—	—	—	—	—	—
低速汽车	三轮汽车			4092	4092	4092	4092	4092	4092	4092	4092	4092	3220	3220	3220	3220	3220	3220	3220	3220	3220	3220
	低速货车			5581	5581	5581	5581	5581	5581	5581	5581	5581	4392	4392	4392	4392	4392	4392	4392	4392	4392	4392
摩托车	普通摩托车			—	—	—	—	—	—	—	—	—	—	—	—	—	—	—	—	—	—	—
	轻便摩托车			—	—	—	—	—	—	—	—	—	—	—	—	—	—	—	—	—	—	—

包头市 VOCs 排放系数

单位：克/（辆·年）

车辆类型		使用性质	燃料种类	1999 年年底前	2000 年	2001 年	2002 年	2003 年	2004 年	2005 年	2006 年	2007 年	2008 年	2009 年	2010 年	2011 年	2012 年	2013 年	2014 年	2015 年	2016 年	2017 年
载客汽车	微型	出租车	汽油	575053	330496	85940	85940	85940	85940	61914	37887	37887	29921	21955	21955	19376	16798	16798	16798	16798	14275	13434
			燃气	115712	67286	18859	18859	18859	18859	13720	8580	8580	6808	5036	5036	4124	3213	3213	3213	3213	2335	2042
		其他	汽油	98734	57364	15995	15995	15995	15995	15540	15085	15085	12458	9830	9830	9246	8662	8662	8662	8662	6924	6345
			燃气	17663	9936	2208	2208	2208	2208	2115	2022	2022	1506	990	990	897	804	804	804	804	542	455
	小型	出租车	汽油	575053	324789	74525	74525	74525	74525	71446	68368	68368	45162	21955	21955	19376	16798	16798	16798	16798	13301	12135
			柴油	46418	44168	41919	41919	41919	41919	39016	36114	36114	24216	12318	12318	12318	12318	9392	6467	6467	4406	3719
			燃气	115712	66148	16585	16585	16585	16585	15619	14653	14653	9844	5036	5036	4124	3213	3213	3213	3213	2141	1784
		其他	汽油	100228	57930	15633	15633	15633	15633	16160	16688	16688	13263	9838	9838	9156	8473	8473	8473	8473	7073	6606
			柴油	13268	12152	11035	11035	11035	11035	9372	7710	7710	5268	2825	2825	2825	2825	2457	2089	2089	1495	1297
			燃气	17960	10816	3672	3672	3672	3672	3007	2342	2342	1738	1133	1133	950	766	766	766	766	572	507
	中型	公交车	汽油	252504	252504	252504	252504	251907	172114	13722	13722	13722	13722	13722	13570	13419	13419	10944	8468	8468	8468	8468
			柴油	87806	87806	86086	82645	82645	64494	28192	28192	28192	20508	12823	12823	12823	12823	8958	5093	5093	4763	4653
			燃气	71579	71579	67602	59649	59649	57536	53311	53311	53311	42686	32061	32061	22219	22219	22154	22154	22154	22154	22154
		其他	汽油	130828	130828	130828	130828	130231	89117	8084	8084	8084	8084	8084	7938	7793	7793	6721	5649	5649	5649	5649
			柴油	30493	30493	28460	24394	24394	18567	6912	6912	6912	6506	6099	6099	6099	6099	3750	1402	1402	1243	1190
			燃气	34560	34560	32640	28800	28800	27780	25740	25740	25740	20623	15506	15506	10732	10732	9642	9642	9642	9642	9642
	大型	公交车	汽油	588398	588398	588398	588398	587801	396487	15052	15052	15052	15052	15052	14912	14772	14772	11951	9130	9130	9130	9130
			柴油	131708	131708	108010	60614	60614	60614	60614	60614	60614	43515	26416	26416	26416	26416	17675	8934	8934	5723	4653
			燃气	168926	168926	159541	140772	140772	135786	125815	125815	125815	100740	75665	75665	52438	52438	47188	47188	47188	47188	47188
		其他	汽油	1303722	1303722	1303722	1303722	1303125	877955	28808	28808	28808	28808	28808	22427	16046	16046	12792	9537	9537	9537	9537
			柴油	272891	272891	207397	76409	76409	76409	76409	76409	76409	55942	35476	35476	35476	35476	20706	5937	5937	5324	5119
			燃气	266186	266186	251398	221822	221822	213966	198253	198253	198253	158842	119430	119430	82662	82662	74261	74261	74261	74261	74261
载货汽车	微型		汽油	321737	171637	21537	21537	21537	21537	20668	19800	19800	18290	16779	16779	14057	11335	11335	11335	11335	9945	9482
			柴油	21367	20024	18680	18680	18680	18680	17391	16102	16102	11618	7134	7134	7134	7134	4934	2733	2733	2098	1886
			燃气	57557	30265	2973	2973	2973	2973	2814	2654	2654	2172	1690	1690	1371	1052	1052	1052	1052	773	680
	轻型		汽油	165841	97722	29603	29603	29603	29603	25645	21687	21687	19404	17120	17120	15355	13590	13590	13590	13590	12033	11514
			柴油	19221	18950	18680	18680	18680	18680	17391	16102	16102	11618	7134	7134	7134	7134	5550	3966	3966	3330	3118
			燃气	29717	18335	6953	6953	6953	6953	4998	3044	3044	2508	1972	1972	1600	1229	1229	1229	1229	970	884
	中型		汽油	352990	352990	352990	352990	352393	239732	15603	15603	15603	15603	15603	15464	15324	15324	12362	9401	9401	9401	9401
			柴油	80635	80635	75259	64508	64508	49098	18277	18277	18277	17210	16142	16142	16142	16142	11698	7255	7255	4316	3337
			燃气	91390	91390	86313	76159	76159	73460	68063	68063	68063	54551	41039	41039	55535	55535	27038	27038	27038	27038	27038
	重型		汽油	646442	646442	646442	646442	645844	435555	16172	16172	16172	16172	16172	12951	9730	9730	8116	6501	6501	6501	6501
			柴油	171147	171147	130072	47921	47921	47921	47921	47921	47921	35085	22249	22249	22249	22249	14033	5817	5817	4306	3803
			燃气	166942	166942	157668	139119	139119	134192	124337	124337	124337	99619	74901	74901	80991	80991	55170	55170	55170	55170	55170
低速汽车	三轮汽车			25300	25300	25300	25300	25300	25300	25300	25300	25300	16721	16721	16721	16721	16721	16721	16721	16721	16721	16721
	低速货车			33990	33990	33990	33990	33990	33990	33990	33990	33990	22464	22464	22464	22464	22464	22464	22464	22464	22464	22464
摩托车	普通摩托车			12928	12928	12928	12928	9648	6368	3409	3409	3409	3409	3409	2544	1679	1679	1679	1679	1679	1679	1679
	轻便摩托车			41808	41808	41808	41808	41808	8362	8362	4116	4116	4116	4116	3072	2027	2027	2027	2027	2027	2027	2027

乌海市 NO_x 排放系数

单位：克/（辆·年）

车辆类型		使用性质	燃料种类	1999年年底前	2000年	2001年	2002年	2003年	2004年	2005年	2006年	2007年	2008年	2009年	2010年	2011年	2012年	2013年	2014年	2015年	2016年	2017年
载客汽车	微型	出租车	汽油	253258	167030	80803	80803	80803	80803	57824	34844	34844	24472	14099	14099	11892	9684	9684	9684	9684	6727	5741
			燃气	116302	78047	39792	39792	39792	39792	29094	18397	18397	13432	8468	8468	6936	5404	5404	5404	5404	3444	2791
		其他	汽油	48054	30078	12103	12103	12103	12103	7526	2948	2948	2389	1830	1830	1522	1215	1215	1215	1215	887	778
			燃气	20918	12476	4033	4033	4033	4033	2632	1232	1232	1001	770	770	614	458	458	458	458	364	333
	小型	出租车	汽油	288739	186884	85029	85029	85029	85029	60262	35494	35494	24796	14099	14099	11294	8490	8490	8490	8490	5636	4685
			柴油	271116	222902	174688	174688	174688	174688	156197	137706	137706	108390	79073	79073	79073	79073	65994	52915	52915	42929	39600
			燃气	131958	86807	41656	41656	41656	41656	30170	18683	18683	13576	8468	8468	6672	4877	4877	4877	4877	2963	2325
		其他	汽油	44798	28540	12283	12283	12283	12283	8047	3811	3811	2606	1400	1400	1274	1149	1149	1149	1149	833	728
			柴油	37653	30738	23822	23822	23822	23822	21939	20056	20056	15680	11305	11305	11305	11305	9779	8253	8253	7215	6869
			燃气	19481	12436	5392	5392	5392	5392	3502	1613	1613	1097	581	581	505	429	429	429	429	340	311
	中型	公交车	汽油	465488	465488	465488	465488	465488	318006	23042	23042	23042	23042	23042	20664	18287	18287	13806	9324	9324	9324	9324
			柴油	503965	503965	502782	500415	500415	480528	440753	440753	440753	367126	293499	293499	293499	293499	239516	185533	185533	155333	145266
			燃气	535097	535097	528727	515986	515986	499981	467971	467971	467971	389479	310987	310987	196664	196664	154026	154026	154026	154026	154026
		其他	汽油	285386	285386	285386	285386	285386	193587	9989	9989	9989	9989	9989	9989	9989	9989	7492	4995	4995	4995	4995
			柴油	236337	236337	226471	206740	206740	204992	201496	201496	201496	171608	141720	141720	141720	141720	125834	109949	109949	93842	88473
			燃气	266874	266874	252048	222395	222395	220299	216107	216107	216107	184000	151892	151892	118318	118318	95040	95040	95040	95040	95040
	大型	公交车	汽油	1658300	1658300	1658300	1658300	1658300	1140279	104236	104236	104236	104236	104236	104144	104053	104053	78040	52028	52028	52028	52028
			柴油	714773	714773	691676	645482	645482	627141	590460	590460	590460	579820	569179	569179	569179	569179	548655	528131	528131	476085	458736
			燃气	1437117	1437117	1357277	1197598	1197598	1108729	930990	930990	930990	797686	664382	664382	618539	618539	536111	536111	536111	536111	536111
		其他	汽油	3958059	3958059	3958059	3958059	3958059	2721637	248792	248792	248792	248792	248792	239462	230133	230133	172784	115435	115435	115435	115435
			柴油	1711659	1711659	1667615	1579526	1579526	1542701	1469050	1469050	1469050	1417328	1365606	1365606	1365606	1365606	1300064	1234522	1234522	1092540	1045212
			燃气	3186067	3186067	3009063	2655056	2655056	2458034	2063990	2063990	2063990	1769134	1474279	1474279	1330050	1330050	1128429	1128429	1128429	1128429	1128429
载货汽车	微型		汽油	105678	62130	18583	18583	18583	18583	12409	6235	6235	4992	3750	3750	3420	3090	3090	3090	3090	2433	2214
			柴油	64876	52992	41109	41109	41109	41109	37116	33124	33124	28102	23081	23081	23081	23081	16890	10698	10698	9534	9146
			燃气	46002	26097	6192	6192	6192	6192	4399	2606	2606	2092	1578	1578	1371	1165	1165	1165	1165	1002	948
	轻型		汽油	78036	49545	21054	21054	21054	21054	13982	6909	6909	5760	4611	4611	3897	3183	3183	3183	3183	2549	2338
			柴油	65121	53115	41109	41109	41109	41109	37116	33124	33124	28102	23081	23081	23081	23081	18544	14007	14007	13425	13231
			燃气	33935	21589	9242	9242	9242	9242	6083	2924	2924	2419	1914	1914	1551	1188	1188	1188	1188	1046	999
	中型		汽油	340778	340778	340778	340778	340778	232651	16400	16400	16400	16400	16400	16400	16400	16400	12305	8210	8210	8210	8210
			柴油	623004	623004	559413	432230	432230	411003	368550	368550	368550	365759	362968	362968	362968	362968	318459	273950	273950	235896	223211
			燃气	703502	703502	623988	464960	464960	441731	395275	395275	395275	392147	389020	389020	294802	294802	239779	239779	239779	239779	239779
	重型		汽油	1598805	1598805	1598805	1598805	1598805	1099369	100496	100496	100496	100496	100496	96728	92959	92959	69794	46628	46628	46628	46628
			柴油	923198	923198	891686	828663	828663	798013	736712	736712	736712	707170	677628	677628	677628	677628	586970	496312	496312	320116	261384
			燃气	1718433	1718433	1609927	1392916	1392916	1273633	1035068	1035068	1035068	883310	731553	731553	534717	534717	282195	282195	282195	282195	282195
低速汽车	三轮汽车			65550	65550	65550	65550	65550	65550	65550	65550	65550	53279	53279	53279	53279	53279	53279	53279	53279	53279	53279
	低速货车			88065	88065	88065	88065	88065	88065	88065	88065	88065	71579	71579	71579	71579	71579	71579	71579	71579	71579	71579
摩托车	普通摩托车			965	965	965	965	932	900	836	836	836	836	836	743	650	650	650	650	650	650	650
	轻便摩托车			643	643	643	643	643	322	322	322	322	322	322	286	250	250	250	250	250	250	250

乌海市 PM 排放系数

单位：克/（辆·年）

车辆类型		使用性质	燃料种类	1999 年年底前	2000 年	2001 年	2002 年	2003 年	2004 年	2005 年	2006 年	2007 年	2008 年	2009 年	2010 年	2011 年	2012 年	2013 年	2014 年	2015 年	2016 年	2017 年
载客汽车	微型	出租车	汽油	—	—	—	—	—	—	—	—	—	—	—	—	—	—	—	—	—	—	—
			燃气	—	—	—	—	—	—	—	—	—	—	—	—	—	—	—	—	—	—	—
		其他	汽油	—	—	—	—	—	—	—	—	—	—	—	—	—	—	—	—	—	—	—
			燃气	—	—	—	—	—	—	—	—	—	—	—	—	—	—	—	—	—	—	—
	小型	出租车	汽油	—	—	—	—	—	—	—	—	—	—	—	—	—	—	—	—	—	—	—
			柴油	29041	26594	24148	24148	24148	24148	16461	8774	8774	5720	2666	2666	2666	2666	2478	2289	2289	1893	1761
			燃气	—	—	—	—	—	—	—	—	—	—	—	—	—	—	—	—	—	—	—
		其他	汽油	—	—	—	—	—	—	—	—	—	—	—	—	—	—	—	—	—	—	—
			柴油	3815	3610	3405	3405	3405	3405	2450	1494	1494	1094	694	694	694	694	582	469	469	469	469
			燃气	—	—	—	—	—	—	—	—	—	—	—	—	—	—	—	—	—	—	—
	中型	公交车	汽油	—	—	—	—	—	—	—	—	—	—	—	—	—	—	—	—	—	—	—
			柴油	30592	30592	28032	22913	22913	17978	8108	8108	8108	6872	5637	5637	5637	5637	3504	1372	1372	1080	983
			燃气	—	—	—	—	—	—	—	—	—	—	—	—	—	—	—	—	—	—	—
		其他	汽油	—	—	—	—	—	—	—	—	—	—	—	—	—	—	—	—	—	—	—
			柴油	15274	15274	12888	8116	8116	6262	2553	2553	2553	2434	2316	2316	2316	2316	1366	415	415	399	394
			燃气	—	—	—	—	—	—	—	—	—	—	—	—	—	—	—	—	—	—	—
	大型	公交车	汽油	—	—	—	—	—	—	—	—	—	—	—	—	—	—	—	—	—	—	—
			柴油	94865	94865	93934	92071	92071	71272	29674	29674	29674	19994	10315	10315	10315	10315	6116	1916	1916	1845	1821
			燃气	—	—	—	—	—	—	—	—	—	—	—	—	—	—	—	—	—	—	—
		其他	汽油	—	—	—	—	—	—	—	—	—	—	—	—	—	—	—	—	—	—	—
			柴油	142314	142314	133412	115607	115607	85425	25061	25061	25061	17182	9303	9303	9303	9303	5868	2433	2433	2343	2313
			燃气	—	—	—	—	—	—	—	—	—	—	—	—	—	—	—	—	—	—	—
载货汽车	微型		汽油	—	—	—	—	—	—	—	—	—	—	—	—	—	—	—	—	—	—	—
			柴油	5828	5708	5587	5587	5587	5587	4546	3506	3506	2602	1698	1698	1698	1698	1069	440	440	438	437
			燃气	—	—	—	—	—	—	—	—	—	—	—	—	—	—	—	—	—	—	—
	轻型		汽油	—	—	—	—	—	—	—	—	—	—	—	—	—	—	—	—	—	—	—
			柴油	6061	5824	5587	5587	5587	5587	4546	3506	3506	2602	1698	1698	1698	1698	1280	863	863	712	662
			燃气	—	—	—	—	—	—	—	—	—	—	—	—	—	—	—	—	—	—	—
	中型		汽油	—	—	—	—	—	—	—	—	—	—	—	—	—	—	—	—	—	—	—
			柴油	39074	39074	32882	20499	20499	15801	6405	6405	6405	6068	5731	5731	5731	5731	3674	1618	1618	1482	1436
			燃气	—	—	—	—	—	—	—	—	—	—	—	—	—	—	—	—	—	—	—
	重型		汽油	—	—	—	—	—	—	—	—	—	—	—	—	—	—	—	—	—	—	—
			柴油	82810	82810	68064	38571	38571	30625	14734	14734	14734	10096	5459	5459	5459	5459	3688	1917	1917	1620	1521
			燃气	—	—	—	—	—	—	—	—	—	—	—	—	—	—	—	—	—	—	—
低速汽车	三轮汽车			4092	4092	4092	4092	4092	4092	4092	4092	4092	3220	3220	3220	3220	3220	3220	3220	3220	3220	3220
	低速货车			5581	5581	5581	5581	5581	5581	5581	5581	5581	4392	4392	4392	4392	4392	4392	4392	4392	4392	4392
摩托车	普通摩托车			—	—	—	—	—	—	—	—	—	—	—	—	—	—	—	—	—	—	—
	轻便摩托车			—	—	—	—	—	—	—	—	—	—	—	—	—	—	—	—	—	—	—

乌海市 VOCs 排放系数

单位：克/（辆·年）

车辆类型		使用性质	燃料种类	1999 年年底前	2000 年	2001 年	2002 年	2003 年	2004 年	2005 年	2006 年	2007 年	2008 年	2009 年	2010 年	2011 年	2012 年	2013 年	2014 年	2015 年	2016 年	2017 年
载客汽车	微型	出租车	汽油	803785	465271	126757	126757	126757	126757	92208	57660	57660	45902	34143	34143	29240	24338	24338	24338	24338	19472	17850
			燃气	221979	131714	41450	41450	41450	41450	31088	20725	20725	16812	12899	12899	10370	7842	7842	7842	7842	5114	4204
		其他	汽油	76507	45150	13794	13794	13794	13794	13372	12949	12949	10882	8816	8816	8354	7893	7893	7893	7893	6466	5990
			燃气	17663	9936	2208	2208	2208	2208	2115	2022	2022	1506	990	990	897	804	804	804	804	542	455
	小型	出租车	汽油	803785	457358	110931	110931	110931	110931	105424	99917	99917	67030	34143	34143	29240	24338	24338	24338	24338	18121	16049
			柴油	108234	102366	96497	96497	96497	96497	88328	80158	80158	56392	32626	32626	32626	32626	24416	16206	16206	9908	7809
			燃气	221979	129608	37236	37236	37236	37236	34607	31978	31978	22438	12899	12899	10370	7842	7842	7842	7842	4754	3725
		其他	汽油	77625	45574	13523	13523	13523	13523	13836	14149	14149	11486	8822	8822	8287	7752	7752	7752	7752	6577	6185
			柴油	12579	11516	10452	10452	10452	10452	8868	7283	7283	4976	2669	2669	2669	2669	2309	1949	1949	1394	1209
			燃气	17960	10816	3672	3672	3672	3672	3007	2342	2342	1738	1133	1133	950	766	766	766	766	572	507
	中型	公交车	汽油	252791	252791	252791	252791	252194	172401	14009	14009	14009	14009	14009	13858	13706	13706	11230	8755	8755	8755	8755
			柴油	87806	87806	86086	82645	82645	64494	28192	28192	28192	20508	12823	12823	12823	12823	8958	5093	5093	4763	4653
			燃气	71579	71579	67602	59649	59649	57536	53311	53311	53311	42686	32061	32061	22219	22219	22154	22154	22154	22154	22154
		其他	汽油	131115	131115	131115	131115	130518	89404	8371	8371	8371	8371	8371	8226	8080	8080	7008	5936	5936	5936	5936
			柴油	30493	30493	28460	24394	24394	18567	6912	6912	6912	6506	6099	6099	6099	6099	3750	1402	1402	1243	1190
			燃气	34560	34560	32640	28800	28800	27780	25740	25740	25740	20623	15506	15506	10732	10732	9642	9642	9642	9642	9642
	大型	公交车	汽油	588685	588685	588685	588685	588088	396774	15339	15339	15339	15339	15339	15199	15059	15059	12238	9417	9417	9417	9417
			柴油	131708	131708	108010	60614	60614	60614	60614	60614	60614	43515	26416	26416	26416	26416	17675	8934	8934	5723	4653
			燃气	168926	168926	159541	140772	140772	135786	125815	125815	125815	100740	75665	75665	52438	52438	47188	47188	47188	47188	47188
		其他	汽油	1304009	1304009	1304009	1304009	1303412	878242	29095	29095	29095	29095	29095	22714	16333	16333	13078	9824	9824	9824	9824
			柴油	272891	272891	207397	76409	76409	76409	76409	76409	76409	55942	35476	35476	35476	35476	20706	5937	5937	5324	5119
			燃气	266186	266186	251398	221822	221822	213966	198253	198253	198253	158842	119430	119430	82662	82662	74261	74261	74261	74261	74261
载货汽车	微型		汽油	283503	151876	20250	20250	20250	20250	19383	18516	18516	17124	15732	15732	13268	10805	10805	10805	10805	9484	9043
			柴油	24462	22902	21342	21342	21342	21342	19800	18258	18258	13222	8187	8187	8187	8187	5636	3084	3084	2329	2077
			燃气	65452	34347	3241	3241	3241	3241	3066	2891	2891	2329	1767	1767	1434	1101	1101	1101	1101	790	687
	轻型		汽油	146889	87104	27319	27319	27319	27319	23744	20169	20169	18100	16030	16030	14406	12781	12781	12781	12781	11312	10823
			柴油	22085	21714	21342	21342	21342	21342	19800	18258	18258	13222	8187	8187	8187	8187	6318	4449	4449	3694	3443
			燃气	33986	20702	7418	7418	7418	7418	5378	3338	3338	2699	2059	2059	1661	1263	1263	1263	1263	981	887
	中型		汽油	353277	353277	353277	353277	352680	240019	15890	15890	15890	15890	15890	15750	15611	15611	12650	9688	9688	9688	9688
			柴油	80635	80635	75259	64508	64508	49098	18277	18277	18277	17210	16142	16142	16142	16142	11698	7255	7255	4316	3337
			燃气	91390	91390	86313	76159	76159	73460	68063	68063	68063	54551	41039	41039	55535	55535	27038	27038	27038	27038	27038
	重型		汽油	559110	559110	559110	559110	558512	376868	14774	14774	14774	14774	14774	11974	9174	9174	7778	6383	6383	6383	6383
			柴油	158767	158767	120663	44455	44455	44455	44455	44455	44455	32548	20640	20640	20640	20640	12785	4930	4930	3501	3025
			燃气	154866	154866	146263	129057	129057	124486	115344	115344	115344	92414	69485	69485	68641	68641	43883	43883	43883	43883	43883
低速汽车	三轮汽车			25300	25300	25300	25300	25300	25300	25300	25300	25300	16721	16721	16721	16721	16721	16721	16721	16721	16721	16721
	低速货车			33990	33990	33990	33990	33990	33990	33990	33990	33990	22464	22464	22464	22464	22464	22464	22464	22464	22464	22464
摩托车	普通摩托车			12928	12928	12928	12928	9648	6368	3409	3409	3409	3409	3409	2544	1679	1679	1679	1679	1679	1679	1679
	轻便摩托车			41808	41808	41808	41808	41808	8362	8362	4116	4116	4116	4116	3072	2027	2027	2027	2027	2027	2027	2027

赤峰市 NO_x 排放系数

单位：克/（辆·年）

车辆类型		使用性质	燃料种类	1999 年年底前	2000 年	2001 年	2002 年	2003 年	2004 年	2005 年	2006 年	2007 年	2008 年	2009 年	2010 年	2011 年	2012 年	2013 年	2014 年	2015 年	2016 年	2017 年
载客汽车	微型	出租车	汽油	268482	177777	87072	87072	87072	87072	62658	38245	38245	27138	16032	16032	13426	10819	10819	10819	10819	7334	6172
			燃气	129607	87326	45046	45046	45046	45046	33098	21151	21151	15564	9977	9977	8137	6297	6297	6297	6297	3939	3153
		其他	汽油	45883	28736	11589	11589	11589	11589	7228	2867	2867	2326	1784	1784	1488	1192	1192	1192	1192	858	747
			燃气	20918	12476	4033	4033	4033	4033	2632	1232	1232	1001	770	770	614	458	458	458	458	364	333
	小型	出租车	汽油	305729	198618	91508	91508	91508	91508	65218	38927	38927	27480	16032	16032	12798	9565	9565	9565	9565	6188	5063
			柴油	238448	198210	157971	157971	157971	157971	140860	123748	123748	97904	72059	72059	72059	72059	59310	46561	46561	36411	33028
			燃气	146872	96987	47102	47102	47102	47102	34284	21467	21467	15722	9977	9977	7846	5716	5716	5716	5716	3409	2640
		其他	汽油	42783	27272	11761	11761	11761	11761	7725	3689	3689	2532	1375	1375	1252	1130	1130	1130	1130	808	700
			柴油	28081	22994	17907	17907	17907	17907	16478	15048	15048	11786	8525	8525	8525	8525	7356	6188	6188	5340	5057
			燃气	19481	12436	5392	5392	5392	5392	3502	1613	1613	1097	581	581	505	429	429	429	429	340	311
	中型	公交车	汽油	443131	443131	443131	443131	443131	302732	21935	21935	21935	21935	21935	19672	17409	17409	13142	8876	8876	8876	8876
			柴油	368317	368317	367452	365722	365722	351188	322119	322119	322119	268310	214500	214500	214500	214500	175048	135595	135595	113523	106166
			燃气	391069	391069	386413	377102	377102	365405	342011	342011	342011	284646	227281	227281	143730	143730	112568	112568	112568	112568	112568
		其他	汽油	271679	271679	271679	271679	271679	184289	9509	9509	9509	9509	9509	9509	9509	9509	7132	4755	4755	4755	4755
			柴油	172724	172724	165514	151094	151094	149816	147261	147261	147261	125418	103574	103574	103574	103574	91964	80355	80355	68584	64660
			燃气	195042	195042	184206	162535	162535	161003	157939	157939	157939	134474	111009	111009	86471	86471	69459	69459	69459	69459	69459
	大型	公交车	汽油	1578653	1578653	1578653	1578653	1578653	1085512	99230	99230	99230	99230	99230	99143	99056	99056	74292	49529	49529	49529	49529
			柴油	522383	522383	505503	471743	471743	458339	431531	431531	431531	423754	415978	415978	415978	415978	400978	385978	385978	347940	335261
			燃气	1050300	1050300	991950	875250	875250	810301	680403	680403	680403	582979	485555	485555	452052	452052	391810	391810	391810	391810	391810
		其他	汽油	3767956	3767956	3767956	3767956	3767956	2590918	236843	236843	236843	236843	236843	227962	219080	219080	164485	109890	109890	109890	109890
			柴油	1250945	1250945	1218756	1154378	1154378	1127464	1073637	1073637	1073637	1035837	998037	998037	998037	998037	950136	902235	902235	798469	763880
			燃气	2328499	2328499	2199138	1940415	1940415	1796424	1508442	1508442	1508442	1292950	1077459	1077459	972051	972051	824699	824699	824699	824699	824699
载货汽车	微型		汽油	167813	99190	30567	30567	30567	30567	20640	10713	10713	8647	6581	6581	5869	5157	5157	5157	5157	3961	3562
			柴油	85509	70636	55762	55762	55762	55762	50150	44538	44538	37685	30832	30832	30832	30832	22558	14284	14284	12164	11457
			燃气	76506	43572	10637	10637	10637	10637	7620	4604	4604	3722	2840	2840	2411	1981	1981	1981	1981	1686	1588
	轻型		汽油	124223	79344	34464	34464	34464	34464	23120	11775	11775	9856	7938	7938	6620	5303	5303	5303	5303	4144	3758
			柴油	85806	70784	55762	55762	55762	55762	50150	44538	44538	37685	30832	30832	30832	30832	24561	18290	18290	16874	16402
			燃气	56564	36182	15801	15801	15801	15801	10475	5149	5149	4251	3354	3354	2684	2013	2013	2013	2013	1756	1670
	中型		汽油	323860	323860	323860	323860	323860	221101	15586	15586	15586	15586	15586	15586	15586	15586	11694	7802	7802	7802	7802
			柴油	454748	454748	408331	315496	315496	300002	269014	269014	269014	266977	264940	264940	264940	264940	232452	199963	199963	172187	162928
			燃气	513507	513507	455466	339386	339386	322431	288520	288520	288520	286239	283959	283959	215183	215183	175020	175020	175020	175020	175020
	重型		汽油	1659649	1659649	1659649	1659649	1659649	1141206	104321	104321	104321	104321	104321	100409	96497	96497	72450	48403	48403	48403	48403
			柴油	716851	716851	692383	643446	643446	619646	572047	572047	572047	549108	526169	526169	526169	526169	456502	386834	386834	259863	217539
			燃气	1334341	1334341	1250087	1081580	1081580	988959	803716	803716	803716	685879	568041	568041	416768	416768	234859	234859	234859	234859	234859
低速汽车	三轮汽车			65550	65550	65550	65550	65550	65550	65550	65550	65550	53279	53279	53279	53279	53279	53279	53279	53279	53279	53279
	低速货车			88065	88065	88065	88065	88065	88065	88065	88065	88065	71579	71579	71579	71579	71579	71579	71579	71579	71579	71579
摩托车	普通摩托车			965	965	965	965	932	900	836	836	836	836	836	743	650	650	650	650	650	650	650
	轻便摩托车			643	643	643	643	643	322	322	322	322	322	322	286	250	250	250	250	250	250	250

赤峰市 PM 排放系数

单位：克/（辆·年）

车辆类型		使用性质	燃料种类	1999 年年底前	2000 年	2001 年	2002 年	2003 年	2004 年	2005 年	2006 年	2007 年	2008 年	2009 年	2010 年	2011 年	2012 年	2013 年	2014 年	2015 年	2016 年	2017 年
载客汽车	微型	出租车	汽油	—	—	—	—	—	—	—	—	—	—	—	—	—	—	—	—	—	—	—
			燃气	—	—	—	—	—	—	—	—	—	—	—	—	—	—	—	—	—	—	—
		其他	汽油	—	—	—	—	—	—	—	—	—	—	—	—	—	—	—	—	—	—	—
			燃气	—	—	—	—	—	—	—	—	—	—	—	—	—	—	—	—	—	—	—
	小型	出租车	汽油	—	—	—	—	—	—	—	—	—	—	—	—	—	—	—	—	—	—	—
			柴油	32025	29327	26629	26629	26629	26629	18152	9676	9676	6308	2940	2940	2940	2940	2732	2525	2525	2088	1942
			燃气	—	—	—	—	—	—	—	—	—	—	—	—	—	—	—	—	—	—	—
		其他	汽油	—	—	—	—	—	—	—	—	—	—	—	—	—	—	—	—	—	—	—
			柴油	3815	3610	3405	3405	3405	3405	2450	1494	1494	1094	694	694	694	694	582	469	469	469	469
			燃气	—	—	—	—	—	—	—	—	—	—	—	—	—	—	—	—	—	—	—
	中型	公交车	汽油	—	—	—	—	—	—	—	—	—	—	—	—	—	—	—	—	—	—	—
			柴油	30592	30592	28032	22913	22913	17978	8108	8108	8108	6872	5637	5637	5637	5637	3504	1372	1372	1080	983
			燃气	—	—	—	—	—	—	—	—	—	—	—	—	—	—	—	—	—	—	—
		其他	汽油	—	—	—	—	—	—	—	—	—	—	—	—	—	—	—	—	—	—	—
			柴油	15274	15274	12888	8116	8116	6262	2553	2553	2553	2434	2316	2316	2316	2316	1366	415	415	399	394
			燃气	—	—	—	—	—	—	—	—	—	—	—	—	—	—	—	—	—	—	—
	大型	公交车	汽油	—	—	—	—	—	—	—	—	—	—	—	—	—	—	—	—	—	—	—
			柴油	94865	94865	93934	92071	92071	71272	29674	29674	29674	19994	10315	10315	10315	10315	6116	1916	1916	1845	1821
			燃气	—	—	—	—	—	—	—	—	—	—	—	—	—	—	—	—	—	—	—
		其他	汽油	—	—	—	—	—	—	—	—	—	—	—	—	—	—	—	—	—	—	—
			柴油	142314	142314	133412	115607	115607	85425	25061	25061	25061	17182	9303	9303	9303	9303	5868	2433	2433	2343	2313
			燃气	—	—	—	—	—	—	—	—	—	—	—	—	—	—	—	—	—	—	—
载货汽车	微型		汽油	—	—	—	—	—	—	—	—	—	—	—	—	—	—	—	—	—	—	—
			柴油	9654	9454	9255	9255	9255	9255	7531	5807	5807	4310	2813	2813	2813	2813	1771	729	729	726	725
			燃气	—	—	—	—	—	—	—	—	—	—	—	—	—	—	—	—	—	—	—
	轻型		汽油	—	—	—	—	—	—	—	—	—	—	—	—	—	—	—	—	—	—	—
			柴油	10040	9648	9255	9255	9255	9255	7531	5807	5807	4310	2813	2813	2813	2813	2121	1429	1429	1180	1097
			燃气	—	—	—	—	—	—	—	—	—	—	—	—	—	—	—	—	—	—	—
	中型		汽油	—	—	—	—	—	—	—	—	—	—	—	—	—	—	—	—	—	—	—
			柴油	39074	39074	32882	20499	20499	15801	6405	6405	6405	6068	5731	5731	5731	5731	3674	1618	1618	1482	1436
			燃气	—	—	—	—	—	—	—	—	—	—	—	—	—	—	—	—	—	—	—
	重型		汽油	—	—	—	—	—	—	—	—	—	—	—	—	—	—	—	—	—	—	—
			柴油	90395	90395	74298	42104	42104	33431	16084	16084	16084	11022	5959	5959	5959	5959	4003	2047	2047	1730	1625
			燃气	—	—	—	—	—	—	—	—	—	—	—	—	—	—	—	—	—	—	—
低速汽车	三轮汽车			4092	4092	4092	4092	4092	4092	4092	4092	4092	3220	3220	3220	3220	3220	3220	3220	3220	3220	3220
	低速货车			5581	5581	5581	5581	5581	5581	5581	5581	5581	4392	4392	4392	4392	4392	4392	4392	4392	4392	4392
摩托车	普通摩托车			—	—	—	—	—	—	—	—	—	—	—	—	—	—	—	—	—	—	—
	轻便摩托车			—	—	—	—	—	—	—	—	—	—	—	—	—	—	—	—	—	—	—

赤峰市 VOCs 排放系数

单位：克/（辆·年）

车辆类型		使用性质	燃料种类	1999年年底前	2000年	2001年	2002年	2003年	2004年	2005年	2006年	2007年	2008年	2009年	2010年	2011年	2012年	2013年	2014年	2015年	2016年	2017年
载客汽车	微型	出租车	汽油	1225590	705768	185947	185947	185947	185947	133600	81252	81252	63908	46563	46563	39746	32929	32929	32929	32929	26657	24566
			燃气	246651	146981	47311	47311	47311	47311	35677	24043	24043	19573	15103	15103	12108	9113	9113	9113	9113	5833	4740
		其他	汽油	102536	59442	16349	16349	16349	16349	15888	15427	15427	12711	9995	9995	9389	8783	8783	8783	8783	7006	6414
			燃气	17663	9936	2208	2208	2208	2208	2115	2022	2022	1506	990	990	897	804	804	804	804	542	455
	小型	出租车	汽油	1225590	693583	161576	161576	161576	161576	153950	146325	146325	96444	46563	46563	39746	32929	32929	32929	32929	24577	21793
			柴油	134578	127327	120076	120076	120076	120076	110030	99984	99984	70068	40152	40152	40152	40152	30054	19957	19957	12298	9745
			燃气	246651	144657	42663	42663	42663	42663	39558	36452	36452	25778	15103	15103	12108	9113	9113	9113	9113	5436	4211
		其他	汽油	104097	60034	15970	15970	15970	15970	16536	17102	17102	13552	10003	10003	9294	8586	8586	8586	8586	7162	6687
			柴油	14224	13016	11809	11809	11809	11809	10013	8217	8217	5585	2953	2953	2953	2953	2572	2192	2192	1584	1381
			燃气	17960	10816	3672	3672	3672	3672	3007	2342	2342	1738	1133	1133	950	766	766	766	766	572	507
	中型	公交车	汽油	247636	247636	247636	247636	247039	168796	13503	13503	13503	13503	13503	13352	13200	13200	10773	8346	8346	8346	8346
			柴油	87806	87806	86086	82645	82645	64494	28192	28192	28192	20508	12823	12823	12823	12823	8958	5093	5093	4763	4653
			燃气	71579	71579	67602	59649	59649	57536	53311	53311	53311	42686	32061	32061	22219	22219	22154	22154	22154	22154	22154
		其他	汽油	128346	128346	128346	128346	127749	87427	7976	7976	7976	7976	7976	7830	7685	7685	6634	5582	5582	5582	5582
			柴油	30493	30493	28460	24394	24394	18567	6912	6912	6912	6506	6099	6099	6099	6099	3750	1402	1402	1243	1190
			燃气	34560	34560	32640	28800	28800	27780	25740	25740	25740	20623	15506	15506	10732	10732	9642	9642	9642	9642	9642
	大型	公交车	汽油	576944	576944	576944	576944	576347	388769	14807	14807	14807	14807	14807	14667	14527	14527	11761	8995	8995	8995	8995
			柴油	131708	131708	108010	60614	60614	60614	60614	60614	60614	43515	26416	26416	26416	26416	17675	8934	8934	5723	4653
			燃气	168926	168926	159541	140772	140772	135786	125815	125815	125815	100740	75665	75665	52438	52438	47188	47188	47188	47188	47188
		其他	汽油	1278242	1278242	1278242	1278242	1277645	860797	28294	28294	28294	28294	28294	22035	15776	15776	12585	9394	9394	9394	9394
			柴油	272891	272891	207397	76409	76409	76409	76409	76409	76409	55942	35476	35476	35476	35476	20706	5937	5937	5324	5119
			燃气	266186	266186	251398	221822	221822	213966	198253	198253	198253	158842	119430	119430	82662	82662	74261	74261	74261	74261	74261
载货汽车	微型		汽油	641874	340256	38639	38639	38639	38639	36861	35083	35083	32418	29752	29752	23983	18214	18214	18214	18214	15824	15028
			柴油	50663	47368	44072	44072	44072	44072	40626	37181	37181	27164	17147	17147	17147	17147	11767	6387	6387	4629	4043
			燃气	110570	57894	5218	5218	5218	5218	4908	4598	4598	3773	2947	2947	2307	1667	1667	1667	1667	1216	1066
	轻型		汽油	325860	190425	54990	54990	54990	54990	46950	38909	38909	34676	30443	30443	26614	22785	22785	22785	22785	20055	19145
			柴油	46109	45090	44072	44072	44072	44072	40626	37181	37181	27164	17147	17147	17147	17147	13074	9002	9002	7244	6658
			燃气	56221	34432	12644	12644	12644	12644	8986	5328	5328	4388	3448	3448	2740	2033	2033	2033	2033	1597	1452
	中型		汽油	346152	346152	346152	346152	345555	235088	15348	15348	15348	15348	15348	15208	15068	15068	12164	9261	9261	9261	9261
			柴油	80635	80635	75259	64508	64508	49098	18277	18277	18277	17210	16142	16142	16142	16142	11698	7255	7255	4316	3337
			燃气	91390	91390	86313	76159	76159	73460	68063	68063	68063	54551	41039	41039	55535	55535	27038	27038	27038	27038	27038
	重型		汽油	597953	597953	597953	597953	597356	402910	15215	15215	15215	15215	15215	12226	9238	9238	7744	6251	6251	6251	6251
			柴油	167808	167808	127534	46986	46986	46986	46986	46986	46986	34400	21815	21815	21815	21815	13666	5518	5518	3866	3316
			燃气	163685	163685	154591	136404	136404	131573	121911	121911	121911	97676	73440	73440	76828	76828	48105	48105	48105	48105	48105
低速汽车	三轮汽车			25300	25300	25300	25300	25300	25300	25300	25300	25300	16721	16721	16721	16721	16721	16721	16721	16721	16721	16721
	低速货车			33990	33990	33990	33990	33990	33990	33990	33990	33990	22464	22464	22464	22464	22464	22464	22464	22464	22464	22464
摩托车	普通摩托车			12928	12928	12928	12928	9648	6368	3409	3409	3409	3409	3409	2544	1679	1679	1679	1679	1679	1679	1679
	轻便摩托车			41808	41808	41808	41808	41808	8362	8362	4116	4116	4116	4116	3072	2027	2027	2027	2027	2027	2027	2027

通辽市 NO_x 排放系数

单位：克/（辆·年）

车辆类型		使用性质	燃料种类	1999年年底前	2000年	2001年	2002年	2003年	2004年	2005年	2006年	2007年	2008年	2009年	2010年	2011年	2012年	2013年	2014年	2015年	2016年	2017年
载客汽车	微型	出租车	汽油	214274	142966	71657	71657	71657	71657	52114	32572	32572	23534	14496	14496	12012	9528	9528	9528	9528	6178	5061
			燃气	129060	86944	44828	44828	44828	44828	32932	21036	21036	15474	9913	9913	8086	6260	6260	6260	6260	3918	3138
		其他	汽油	36395	22848	9302	9302	9302	9302	5864	2426	2426	1974	1523	1523	1277	1031	1031	1031	1031	711	604
			燃气	20918	12476	4033	4033	4033	4033	2632	1232	1232	1001	770	770	614	458	458	458	458	364	333
	小型	出租车	汽油	243412	159270	75127	75127	75127	75127	54116	33105	33105	23800	14496	14496	11522	8547	8547	8547	8547	5282	4194
			柴油	246641	204692	162742	162742	162742	162742	145171	127600	127600	100876	74153	74153	74153	74153	61154	48156	48156	37865	34435
			燃气	146259	96568	46876	46876	46876	46876	34113	21350	21350	15632	9913	9913	7797	5681	5681	5681	5681	3390	2626
		其他	汽油	33961	21699	9437	9437	9437	9437	6254	3071	3071	2136	1202	1202	1092	982	982	982	982	671	567
			柴油	29440	24094	18747	18747	18747	18747	17254	15760	15760	12340	8921	8921	8921	8921	7702	6482	6482	5606	5314
			燃气	19481	12436	5392	5392	5392	5392	3502	1613	1613	1097	581	581	505	429	429	429	429	340	311
	中型	公交车	汽油	330756	330756	330756	330756	330756	225961	16372	16372	16372	16372	16372	14683	12994	12994	9810	6625	6625	6625	6625
			柴油	368367	368367	367502	365772	365772	351236	322163	322163	322163	268346	214529	214529	214529	214529	175071	135613	135613	113538	106180
			燃气	391122	391122	386466	377154	377154	365455	342057	342057	342057	284684	227312	227312	143749	143749	112583	112583	112583	112583	112583
		其他	汽油	202783	202783	202783	202783	202783	137554	7097	7097	7097	7097	7097	7097	7097	7097	5323	3549	3549	3549	3549
			柴油	172747	172747	165536	151114	151114	149836	147281	147281	147281	125434	103588	103588	103588	103588	91976	80365	80365	68593	64669
			燃气	195068	195068	184231	162557	162557	161025	157961	157961	157961	134492	111024	111024	86483	86483	69468	69468	69468	69468	69468
	大型	公交车	汽油	1178317	1178317	1178317	1178317	1178317	810233	74066	74066	74066	74066	74066	74001	73936	73936	55452	36969	36969	36969	36969
			柴油	522454	522454	505572	471807	471807	458401	431589	431589	431589	423812	416034	416034	416034	416034	401032	386030	386030	347988	335307
			燃气	1050442	1050442	992084	875369	875369	810411	680495	680495	680495	583058	485621	485621	452113	452113	391864	391864	391864	391864	391864
		其他	汽油	2812427	2812427	2812427	2812427	2812427	1933878	176781	176781	176781	176781	176781	170152	163523	163523	122773	82023	82023	82023	82023
			柴油	1251115	1251115	1218921	1154534	1154534	1127617	1073783	1073783	1073783	1035978	998172	998172	998172	998172	950265	902358	902358	798578	763984
			燃气	2328815	2328815	2199436	1940679	1940679	1796668	1508647	1508647	1508647	1293126	1077605	1077605	972183	972183	824811	824811	824811	824811	824811
载货汽车	微型		汽油	146354	86996	27639	27639	27639	27639	18918	10197	10197	8288	6379	6379	5610	4840	4840	4840	4840	3578	3158
			柴油	99466	82224	64983	64983	64983	64983	58423	51863	51863	43874	35885	35885	35885	35885	26246	16608	16608	14110	13277
			燃气	84117	48050	11983	11983	11983	11983	8581	5178	5178	4202	3225	3225	2688	2150	2150	2150	2150	1843	1741
	轻型		汽油	108741	69872	31002	31002	31002	31002	21058	11114	11114	9332	7549	7549	6257	4965	4965	4965	4965	3736	3327
			柴油	99809	82396	64983	64983	64983	64983	58423	51863	51863	43874	35885	35885	35885	35885	28562	21240	21240	19556	18994
			燃气	62377	40045	17714	17714	17714	17714	11776	5837	5837	4743	3649	3649	2909	2169	2169	2169	2169	1911	1825
	中型		汽油	241686	241686	241686	241686	241686	165001	11631	11631	11631	11631	11631	11631	11631	11631	8727	5823	5823	5823	5823
			柴油	454748	454748	408331	315496	315496	300002	269014	269014	269014	266977	264940	264940	264940	264940	232452	199963	199963	172187	162928
			燃气	513507	513507	455467	339387	339387	322432	288521	288521	288521	286240	283959	283959	215186	215186	175019	175019	175019	175019	175019
	重型		汽油	1238544	1238544	1238544	1238544	1238544	851646	77851	77851	77851	77851	77851	74932	72013	72013	54067	36121	36121	36121	36121
			柴油	716851	716851	692383	643446	643446	619646	572047	572047	572047	549108	526169	526169	526169	526169	456502	386834	386834	259863	217539
			燃气	1334340	1334340	1250087	1081581	1081581	988960	803716	803716	803716	685879	568041	568041	416767	416767	234859	234859	234859	234859	234859
低速汽车	三轮汽车			65550	65550	65550	65550	65550	65550	65550	65550	65550	53279	53279	53279	53279	53279	53279	53279	53279	53279	53279
	低速货车			88065	88065	88065	88065	88065	88065	88065	88065	88065	71579	71579	71579	71579	71579	71579	71579	71579	71579	71579
摩托车	普通摩托车			965	965	965	965	932	900	836	836	836	836	836	743	650	650	650	650	650	650	650
	轻便摩托车			643	643	643	643	643	322	322	322	322	322	322	286	250	250	250	250	250	250	250

通辽市 PM 排放系数

单位：克/（辆·年）

车辆类型		使用性质	燃料种类	1999 年年底前	2000 年	2001 年	2002 年	2003 年	2004 年	2005 年	2006 年	2007 年	2008 年	2009 年	2010 年	2011 年	2012 年	2013 年	2014 年	2015 年	2016 年	2017 年
载客汽车	微型	出租车	汽油	—	—	—	—	—	—	—	—	—	—	—	—	—	—	—	—	—	—	—
			燃气	—	—	—	—	—	—	—	—	—	—	—	—	—	—	—	—	—	—	—
		其他	汽油	—	—	—	—	—	—	—	—	—	—	—	—	—	—	—	—	—	—	—
			燃气	—	—	—	—	—	—	—	—	—	—	—	—	—	—	—	—	—	—	—
	小型	出租车	汽油	—	—	—	—	—	—	—	—	—	—	—	—	—	—	—	—	—	—	—
			柴油	31904	29216	26528	26528	26528	26528	18084	9639	9639	6284	2928	2928	2928	2928	2722	2515	2515	2080	1935
			燃气	—	—	—	—	—	—	—	—	—	—	—	—	—	—	—	—	—	—	—
		其他	汽油	—	—	—	—	—	—	—	—	—	—	—	—	—	—	—	—	—	—	—
			柴油	3815	3610	3405	3405	3405	3405	2450	1494	1494	1094	694	694	694	694	582	469	469	469	469
			燃气	—	—	—	—	—	—	—	—	—	—	—	—	—	—	—	—	—	—	—
	中型	公交车	汽油	—	—	—	—	—	—	—	—	—	—	—	—	—	—	—	—	—	—	—
			柴油	30592	30592	28032	22913	22913	17978	8108	8108	8108	6872	5637	5637	5637	5637	3504	1372	1372	1080	983
			燃气	—	—	—	—	—	—	—	—	—	—	—	—	—	—	—	—	—	—	—
		其他	汽油	—	—	—	—	—	—	—	—	—	—	—	—	—	—	—	—	—	—	—
			柴油	15274	15274	12888	8116	8116	6262	2553	2553	2553	2434	2316	2316	2316	2316	1366	415	415	399	394
			燃气	—	—	—	—	—	—	—	—	—	—	—	—	—	—	—	—	—	—	—
	大型	公交车	汽油	—	—	—	—	—	—	—	—	—	—	—	—	—	—	—	—	—	—	—
			柴油	94865	94865	93934	92071	92071	71272	29674	29674	29674	19994	10315	10315	10315	10315	6116	1916	1916	1845	1821
			燃气	—	—	—	—	—	—	—	—	—	—	—	—	—	—	—	—	—	—	—
		其他	汽油	—	—	—	—	—	—	—	—	—	—	—	—	—	—	—	—	—	—	—
			柴油	142314	142314	133412	115607	115607	85425	25061	25061	25061	17182	9303	9303	9303	9303	5868	2433	2433	2343	2313
			燃气	—	—	—	—	—	—	—	—	—	—	—	—	—	—	—	—	—	—	—
载货汽车	微型		汽油	—	—	—	—	—	—	—	—	—	—	—	—	—	—	—	—	—	—	—
			柴油	10608	10388	10169	10169	10169	10169	8275	6381	6381	4736	3091	3091	3091	3091	1946	801	801	797	796
			燃气	—	—	—	—	—	—	—	—	—	—	—	—	—	—	—	—	—	—	—
	轻型		汽油	—	—	—	—	—	—	—	—	—	—	—	—	—	—	—	—	—	—	—
			柴油	11033	10601	10169	10169	10169	10169	8275	6381	6381	4736	3091	3091	3091	3091	2331	1571	1571	1297	1206
			燃气	—	—	—	—	—	—	—	—	—	—	—	—	—	—	—	—	—	—	—
	中型		汽油	—	—	—	—	—	—	—	—	—	—	—	—	—	—	—	—	—	—	—
			柴油	39074	39074	32882	20499	20499	15801	6405	6405	6405	6068	5731	5731	5731	5731	3674	1618	1618	1482	1436
			燃气	—	—	—	—	—	—	—	—	—	—	—	—	—	—	—	—	—	—	—
	重型		汽油	—	—	—	—	—	—	—	—	—	—	—	—	—	—	—	—	—	—	—
			柴油	90395	90395	74298	42104	42104	33431	16084	16084	16084	11022	5959	5959	5959	5959	4003	2047	2047	1730	1625
			燃气	—	—	—	—	—	—	—	—	—	—	—	—	—	—	—	—	—	—	—
低速汽车	三轮汽车			4092	4092	4092	4092	4092	4092	4092	4092	4092	3220	3220	3220	3220	3220	3220	3220	3220	3220	3220
	低速货车			5581	5581	5581	5581	5581	5581	5581	5581	5581	4392	4392	4392	4392	4392	4392	4392	4392	4392	4392
摩托车	普通摩托车			—	—	—	—	—	—	—	—	—	—	—	—	—	—	—	—	—	—	—
	轻便摩托车			—	—	—	—	—	—	—	—	—	—	—	—	—	—	—	—	—	—	—

通辽市 VOCs 排放系数

单位：克/（辆·年）

车辆类型		使用性质	燃料种类	1999 年年底前	2000 年	2001 年	2002 年	2003 年	2004 年	2005 年	2006 年	2007 年	2008 年	2009 年	2010 年	2011 年	2012 年	2013 年	2014 年	2015 年	2016 年	2017 年
载客汽车	微型	出租车	汽油	1041057	601138	161219	161219	161219	161219	116548	71876	71876	56829	41782	41782	35618	29455	29455	29455	29455	23511	21530
			燃气	245639	146352	47066	47066	47066	47066	35484	23903	23903	19456	15010	15010	12034	9059	9059	9059	9059	5803	4718
		其他	汽油	88882	51906	14930	14930	14930	14930	14490	14049	14049	11648	9247	9247	8718	8189	8189	8189	8189	6551	6005
			燃气	17663	9936	2208	2208	2208	2208	2115	2022	2022	1506	990	990	897	804	804	804	804	542	455
	小型	出租车	汽油	1041057	590842	140626	140626	140626	140626	133744	126862	126862	84322	41782	41782	35618	29455	29455	29455	29455	21754	19187
			柴油	128957	121937	114917	114917	114917	114917	105117	95317	95317	67198	39079	39079	39079	39079	29232	19385	19385	11800	9272
			燃气	245639	144038	42436	42436	42436	42436	39351	36266	36266	25638	15010	15010	12034	9059	9059	9059	9059	5408	4191
		其他	汽油	90206	52408	14609	14609	14609	14609	15040	15470	15470	12362	9253	9253	8638	8022	8022	8022	8022	6682	6236
			柴油	13382	12254	11127	11127	11127	11127	9449	7771	7771	5306	2840	2840	2840	2840	2470	2101	2101	1506	1307
			燃气	17960	10816	3672	3672	3672	3672	3007	2342	2342	1738	1133	1133	950	766	766	766	766	572	507
	中型	公交车	汽油	247562	247562	247562	247562	246965	168722	13429	13429	13429	13429	13429	13278	13126	13126	10699	8272	8272	8272	8272
			柴油	87806	87806	86086	82645	82645	64494	28192	28192	28192	20508	12823	12823	12823	12823	8958	5093	5093	4763	4653
			燃气	71579	71579	67602	59649	59649	57536	53311	53311	53311	42686	32061	32061	22219	22219	22154	22154	22154	22154	22154
		其他	汽油	128272	128272	128272	128272	127675	87353	7902	7902	7902	7902	7902	7756	7611	7611	6560	5508	5508	5508	5508
			柴油	30493	30493	28460	24394	24394	18567	6912	6912	6912	6506	6099	6099	6099	6099	3750	1402	1402	1243	1190
			燃气	34560	34560	32640	28800	28800	27780	25740	25740	25740	20623	15506	15506	10732	10732	9642	9642	9642	9642	9642
	大型	公交车	汽油	576870	576870	576870	576870	576273	388695	14733	14733	14733	14733	14733	14593	14453	14453	11687	8921	8921	8921	8921
			柴油	131708	131708	108010	60614	60614	60614	60614	60614	60614	43515	26416	26416	26416	26416	17675	8934	8934	5723	4653
			燃气	168926	168926	159541	140772	140772	135786	125815	125815	125815	100740	75665	75665	52438	52438	47188	47188	47188	47188	47188
		其他	汽油	1278168	1278168	1278168	1278168	1277571	860722	28219	28219	28219	28219	28219	21960	15702	15702	12511	9320	9320	9320	9320
			柴油	272891	272891	207397	76409	76409	76409	76409	76409	76409	55942	35476	35476	35476	35476	20706	5937	5937	5324	5119
			燃气	266186	266186	251398	221822	221822	213966	198253	198253	198253	158842	119430	119430	82662	82662	74261	74261	74261	74261	74261
载货汽车	微型		汽油	600460	319050	37641	37641	37641	37641	35808	33975	33975	31332	28688	28688	23150	17613	17613	17613	17613	15124	14295
			柴油	54272	50728	47185	47185	47185	47185	43372	39558	39558	29070	18583	18583	18583	18583	12804	7026	7026	4952	4260
			燃气	119326	62446	5567	5567	5567	5567	5228	4890	4890	3981	3071	3071	2400	1729	1729	1729	1729	1245	1083
	轻型		汽油	305918	179400	52881	52881	52881	52881	45211	37541	37541	33436	29332	29332	25602	21873	21873	21873	21873	19068	18133
			柴油	49644	48414	47185	47185	47185	47185	43372	39558	39558	29070	18583	18583	18583	18583	14133	9683	9683	7608	6917
			燃气	60908	37100	13292	13292	13292	13292	9488	5683	5683	4637	3592	3592	2840	2089	2089	2089	2089	1628	1474
	中型		汽油	346078	346078	346078	346078	345481	235014	15273	15273	15273	15273	15273	15134	14994	14994	12090	9187	9187	9187	9187
			柴油	80635	80635	75259	64508	64508	49098	18277	18277	18277	17210	16142	16142	16142	16142	11698	7255	7255	4316	3337
			燃气	91390	91390	86313	76159	76159	73460	68063	68063	68063	54551	41039	41039	55535	55535	27038	27038	27038	27038	27038
	重型		汽油	597879	597879	597879	597879	597281	402836	15141	15141	15141	15141	15141	12152	9164	9164	7670	6177	6177	6177	6177
			柴油	167808	167808	127534	46986	46986	46986	46986	46986	46986	34400	21815	21815	21815	21815	13666	5518	5518	3866	3316
			燃气	163685	163685	154591	136404	136404	131573	121911	121911	121911	97676	73440	73440	76828	76828	48105	48105	48105	48105	48105
低速汽车	三轮汽车			25300	25300	25300	25300	25300	25300	25300	25300	25300	16721	16721	16721	16721	16721	16721	16721	16721	16721	16721
	低速货车			33990	33990	33990	33990	33990	33990	33990	33990	33990	22464	22464	22464	22464	22464	22464	22464	22464	22464	22464
摩托车	普通摩托车			12928	12928	12928	12928	9648	6368	3409	3409	3409	3409	3409	2544	1679	1679	1679	1679	1679	1679	1679
	轻便摩托车			41808	41808	41808	41808	41808	8362	8362	4116	4116	4116	4116	3072	2027	2027	2027	2027	2027	2027	2027

鄂尔多斯市 NO_x 排放系数

单位：克/（辆·年）

车辆类型		使用性质	燃料种类	1999 年年底前	2000 年	2001 年	2002 年	2003 年	2004 年	2005 年	2006 年	2007 年	2008 年	2009 年	2010 年	2011 年	2012 年	2013 年	2014 年	2015 年	2016 年	2017 年
载客汽车	微型	出租车	汽油	243299	162514	81729	81729	81729	81729	59498	37266	37266	26967	16668	16668	13794	10920	10920	10920	10920	7046	5754
			燃气	146731	98984	51236	51236	51236	51236	37693	24150	24150	17800	11449	11449	9332	7216	7216	7216	7216	4487	3577
		其他	汽油	38146	23956	9766	9766	9766	9766	6141	2516	2516	2044	1571	1571	1317	1063	1063	1063	1063	739	631
			燃气	21952	13094	4236	4236	4236	4236	2760	1285	1285	1042	799	799	638	477	477	477	477	381	349
	小型	出租车	汽油	276320	180992	85665	85665	85665	85665	61768	37871	37871	27270	16668	16668	13238	9807	9807	9807	9807	6032	4773
			柴油	280744	233200	185657	185657	185657	185657	165557	145457	145457	115066	84674	84674	84674	84674	69748	54822	54822	42976	39027
			燃气	166222	109890	53559	53559	53559	53559	39033	24507	24507	17978	11449	11449	9004	6559	6559	6559	6559	3888	2998
		其他	汽油	35589	22749	9909	9909	9909	9909	6552	3196	3196	2214	1233	1233	1122	1011	1011	1011	1011	697	592
			柴油	30806	25199	19592	19592	19592	19592	18032	16471	16471	12900	9330	9330	9330	9330	8058	6787	6787	5872	5567
			燃气	20442	13056	5671	5671	5671	5671	3679	1687	1687	1143	599	599	522	446	446	446	446	355	325
	中型	公交车	汽油	330756	330756	330756	330756	330756	225961	16372	16372	16372	16372	16372	14683	12994	12994	9810	6625	6625	6625	6625
			柴油	368367	368367	367502	365772	365772	351236	322163	322163	322163	268346	214529	214529	214529	214529	175071	135613	135613	113538	106180
			燃气	391122	391122	386466	377154	377154	365455	342057	342057	342057	284684	227312	227312	143749	143749	112583	112583	112583	112583	112583
		其他	汽油	202783	202783	202783	202783	202783	137554	7097	7097	7097	7097	7097	7097	7097	7097	5323	3549	3549	3549	3549
			柴油	172747	172747	165536	151114	151114	149836	147281	147281	147281	125434	103588	103588	103588	103588	91976	80365	80365	68593	64669
			燃气	195068	195068	184231	162557	162557	161025	157961	157961	157961	134492	111024	111024	86483	86483	69468	69468	69468	69468	69468
	大型	公交车	汽油	1178317	1178317	1178317	1178317	1178317	810233	74066	74066	74066	74066	74066	74001	73936	73936	55452	36969	36969	36969	36969
			柴油	522454	522454	505572	471807	471807	458401	431589	431589	431589	423812	416034	416034	416034	416034	401032	386030	386030	347988	335307
			燃气	1050442	1050442	992084	875369	875369	810411	680495	680495	680495	583058	485621	485621	452113	452113	391864	391864	391864	391864	391864
		其他	汽油	2812427	2812427	2812427	2812427	2812427	1933878	176781	176781	176781	176781	176781	170152	163523	163523	122773	82023	82023	82023	82023
			柴油	1251115	1251115	1218921	1154534	1154534	1127617	1073783	1073783	1073783	1035978	998172	998172	998172	998172	950265	902358	902358	798578	763984
			燃气	2328815	2328815	2199436	1940679	1940679	1796668	1508647	1508647	1508647	1293126	1077605	1077605	972183	972183	824811	824811	824811	824811	824811
载货汽车	微型		汽油	102738	60676	18613	18613	18613	18613	12602	6592	6592	5320	4048	4048	3630	3213	3213	3213	3213	2434	2174
			柴油	67061	55083	43105	43105	43105	43105	38837	34569	34569	29296	24024	24024	24024	24024	17585	11146	11146	9705	9225
			燃气	59123	33598	8073	8073	8073	8073	5720	3367	3367	2713	2059	2059	1750	1442	1442	1442	1442	1262	1202
	轻型		汽油	75708	48344	20979	20979	20979	20979	14108	7237	7237	6054	4871	4871	4086	3302	3302	3302	3302	2545	2293
			柴油	67305	55205	43105	43105	43105	43105	38837	34569	34569	29296	24024	24024	24024	24024	19226	14429	14429	13566	13278
			燃气	43486	27746	12006	12006	12006	12006	7913	3820	3820	3093	2366	2366	1912	1457	1457	1457	1457	1308	1259
	中型		汽油	241686	241686	241686	241686	241686	165001	11631	11631	11631	11631	11631	11631	11631	11631	8727	5823	5823	5823	5823
			柴油	454748	454748	408331	315496	315496	300002	269014	269014	269014	266977	264940	264940	264940	264940	232452	199963	199963	172187	162928
			燃气	513507	513507	455467	339387	339387	322432	288521	288521	288521	286240	283959	283959	215186	215186	175019	175019	175019	175019	175019
	重型		汽油	1331713	1331713	1331713	1331713	1331713	915711	83708	83708	83708	83708	83708	80569	77430	77430	58134	38839	38839	38839	38839
			柴油	763504	763504	737443	685322	685322	659974	609277	609277	609277	584844	560412	560412	560412	560412	488992	417571	417571	271155	222350
			燃气	1421180	1421180	1331444	1151971	1151971	1053322	856024	856024	856024	730516	605009	605009	449883	449883	240053	240053	240053	240053	240053
低速汽车	三轮汽车			65550	65550	65550	65550	65550	65550	65550	65550	65550	53279	53279	53279	53279	53279	53279	53279	53279	53279	53279
	低速货车			88065	88065	88065	88065	88065	88065	88065	88065	88065	71579	71579	71579	71579	71579	71579	71579	71579	71579	71579
摩托车	普通摩托车			965	965	965	965	932	900	836	836	836	836	836	743	650	650	650	650	650	650	650
	轻便摩托车			643	643	643	643	643	322	322	322	322	322	322	286	250	250	250	250	250	250	250

鄂尔多斯市 PM 排放系数

单位：克/（辆·年）

车辆类型		使用性质	燃料种类	1999 年年底前	2000 年	2001 年	2002 年	2003 年	2004 年	2005 年	2006 年	2007 年	2008 年	2009 年	2010 年	2011 年	2012 年	2013 年	2014 年	2015 年	2016 年	2017 年
载客汽车	微型	出租车	汽油	—	—	—	—	—	—	—	—	—	—	—	—	—	—	—	—	—	—	—
			燃气	—	—	—	—	—	—	—	—	—	—	—	—	—	—	—	—	—	—	—
		其他	汽油	—	—	—	—	—	—	—	—	—	—	—	—	—	—	—	—	—	—	—
			燃气	—	—	—	—	—	—	—	—	—	—	—	—	—	—	—	—	—	—	—
	小型	出租车	汽油	—	—	—	—	—	—	—	—	—	—	—	—	—	—	—	—	—	—	—
			柴油	36080	33039	29998	29998	29998	29998	20432	10865	10865	7088	3312	3312	3312	3312	3078	2844	2844	2352	2188
			燃气	—	—	—	—	—	—	—	—	—	—	—	—	—	—	—	—	—	—	—
		其他	汽油	—	—	—	—	—	—	—	—	—	—	—	—	—	—	—	—	—	—	—
			柴油	4010	3794	3579	3579	3579	3579	2572	1564	1564	1146	729	729	729	729	609	489	489	489	489
			燃气	—	—	—	—	—	—	—	—	—	—	—	—	—	—	—	—	—	—	—
	中型	公交车	汽油	—	—	—	—	—	—	—	—	—	—	—	—	—	—	—	—	—	—	—
			柴油	30592	30592	28032	22913	22913	17978	8108	8108	8108	6872	5637	5637	5637	5637	3504	1372	1372	1080	983
			燃气	—	—	—	—	—	—	—	—	—	—	—	—	—	—	—	—	—	—	—
		其他	汽油	—	—	—	—	—	—	—	—	—	—	—	—	—	—	—	—	—	—	—
			柴油	15274	15274	12888	8116	8116	6262	2553	2553	2553	2434	2316	2316	2316	2316	1366	415	415	399	394
			燃气	—	—	—	—	—	—	—	—	—	—	—	—	—	—	—	—	—	—	—
	大型	公交车	汽油	—	—	—	—	—	—	—	—	—	—	—	—	—	—	—	—	—	—	—
			柴油	94865	94865	93934	92071	92071	71272	29674	29674	29674	19994	10315	10315	10315	10315	6116	1916	1916	1845	1821
			燃气	—	—	—	—	—	—	—	—	—	—	—	—	—	—	—	—	—	—	—
		其他	汽油	—	—	—	—	—	—	—	—	—	—	—	—	—	—	—	—	—	—	—
			柴油	142314	142314	133412	115607	115607	85425	25061	25061	25061	17182	9303	9303	9303	9303	5868	2433	2433	2343	2313
			燃气	—	—	—	—	—	—	—	—	—	—	—	—	—	—	—	—	—	—	—
载货汽车	微型		汽油	—	—	—	—	—	—	—	—	—	—	—	—	—	—	—	—	—	—	—
			柴油	7513	7358	7202	7202	7202	7202	5860	4518	4518	3353	2188	2188	2188	2188	1378	567	567	565	564
			燃气	—	—	—	—	—	—	—	—	—	—	—	—	—	—	—	—	—	—	—
	轻型		汽油	—	—	—	—	—	—	—	—	—	—	—	—	—	—	—	—	—	—	—
			柴油	7813	7508	7202	7202	7202	7202	5860	4518	4518	3353	2188	2188	2188	2188	1650	1112	1112	918	854
			燃气	—	—	—	—	—	—	—	—	—	—	—	—	—	—	—	—	—	—	—
	中型		汽油	—	—	—	—	—	—	—	—	—	—	—	—	—	—	—	—	—	—	—
			柴油	39074	39074	32882	20499	20499	15801	6405	6405	6405	6068	5731	5731	5731	5731	3674	1618	1618	1482	1436
			燃气	—	—	—	—	—	—	—	—	—	—	—	—	—	—	—	—	—	—	—
	重型		汽油	—	—	—	—	—	—	—	—	—	—	—	—	—	—	—	—	—	—	—
			柴油	97718	97718	80317	45515	45515	36139	17387	17387	17387	11914	6442	6442	6442	6442	4314	2186	2186	1848	1735
			燃气	—	—	—	—	—	—	—	—	—	—	—	—	—	—	—	—	—	—	—
低速汽车	三轮汽车			4092	4092	4092	4092	4092	4092	4092	4092	4092	3220	3220	3220	3220	3220	3220	3220	3220	3220	3220
	低速货车			5581	5581	5581	5581	5581	5581	5581	5581	5581	4392	4392	4392	4392	4392	4392	4392	4392	4392	4392
摩托车	普通摩托车			—	—	—	—	—	—	—	—	—	—	—	—	—	—	—	—	—	—	—
	轻便摩托车			—	—	—	—	—	—	—	—	—	—	—	—	—	—	—	—	—	—	—

鄂尔多斯市 VOCs 排放系数

单位：克/（辆·年）

车辆类型		使用性质	燃料种类	1999 年年底前	2000 年	2001 年	2002 年	2003 年	2004 年	2005 年	2006 年	2007 年	2008 年	2009 年	2010 年	2011 年	2012 年	2013 年	2014 年	2015 年	2016 年	2017 年
载客汽车	微型	出租车	汽油	1181261	681468	181676	181676	181676	181676	131316	80956	80956	63888	46821	46821	39844	32868	32868	32868	32868	26252	24047
			燃气	279540	166627	53714	53714	53714	53714	40589	27464	27464	22365	17266	17266	13844	10421	10421	10421	10421	6667	5416
		其他	汽油	93341	54316	15291	15291	15291	15291	14852	14414	14414	11914	9413	9413	8873	8333	8333	8333	8333	6679	6128
			燃气	18665	10477	2289	2289	2289	2289	2196	2104	2104	1562	1021	1021	928	836	836	836	836	571	483
	小型	出租车	汽油	1181261	669862	158464	158464	158464	158464	150775	143086	143086	94954	46821	46821	39844	32868	32868	32868	32868	24244	21370
			柴油	147826	139731	131636	131636	131636	131636	120300	108963	108963	77025	45087	45087	45087	45087	33691	22295	22295	13488	10552
			燃气	279540	164018	48495	48495	48495	48495	44964	41433	41433	29350	17266	17266	13844	10421	10421	10421	10421	6216	4814
		其他	汽油	94743	54849	14955	14955	14955	14955	15430	15906	15906	12663	9420	9420	8789	8158	8158	8158	8158	6817	6370
			柴油	13859	12686	11513	11513	11513	11513	9766	8019	8019	5462	2905	2905	2905	2905	2530	2154	2154	1550	1348
			燃气	18980	11402	3824	3824	3824	3824	3132	2440	2440	1805	1170	1170	984	797	797	797	797	602	537
	中型	公交车	汽油	247562	247562	247562	247562	246965	168722	13429	13429	13429	13429	13429	13278	13126	13126	10699	8272	8272	8272	8272
			柴油	87806	87806	86086	82645	82645	64494	28192	28192	28192	20508	12823	12823	12823	12823	8958	5093	5093	4763	4653
			燃气	71579	71579	67602	59649	59649	57536	53311	53311	53311	42686	32061	32061	22219	22219	22154	22154	22154	22154	22154
		其他	汽油	128272	128272	128272	128272	127675	87353	7902	7902	7902	7902	7902	7756	7611	7611	6560	5508	5508	5508	5508
			柴油	30493	30493	28460	24394	24394	18567	6912	6912	6912	6506	6099	6099	6099	6099	3750	1402	1402	1243	1190
			燃气	34560	34560	32640	28800	28800	27780	25740	25740	25740	20623	15506	15506	10732	10732	9642	9642	9642	9642	9642
	大型	公交车	汽油	576870	576870	576870	576870	576273	388695	14733	14733	14733	14733	14733	14593	14453	14453	11687	8921	8921	8921	8921
			柴油	131708	131708	108010	60614	60614	60614	60614	60614	60614	43515	26416	26416	26416	26416	17675	8934	8934	5723	4653
			燃气	168926	168926	159541	140772	140772	135786	125815	125815	125815	100740	75665	75665	52438	52438	47188	47188	47188	47188	47188
		其他	汽油	1278168	1278168	1278168	1278168	1277571	860722	28219	28219	28219	28219	28219	21960	15702	15702	12511	9320	9320	9320	9320
			柴油	272891	272891	207397	76409	76409	76409	76409	76409	76409	55942	35476	35476	35476	35476	20706	5937	5937	5324	5119
			燃气	266186	266186	251398	221822	221822	213966	198253	198253	198253	158842	119430	119430	82662	82662	74261	74261	74261	74261	74261
载货汽车	微型		汽油	427132	227248	27364	27364	27364	27364	26158	24952	24952	23033	21114	21114	17352	13591	13591	13591	13591	11822	11232
			柴油	34622	32396	30171	30171	30171	30171	27923	25675	25675	18648	11620	11620	11620	11620	7984	4347	4347	3240	2871
			燃气	85412	44754	4096	4096	4096	4096	3869	3642	3642	2966	2290	2290	1827	1364	1364	1364	1364	1005	885
	轻型		汽油	218652	128402	38151	38151	38151	38151	32814	27476	27476	24523	21570	21570	19088	16606	16606	16606	16606	14612	13948
			柴油	31341	30756	30171	30171	30171	30171	27923	25675	25675	18648	11620	11620	11620	11620	8925	6230	6230	5123	4754
			燃气	43803	26779	9755	9755	9755	9755	6985	4215	4215	3447	2679	2679	2151	1622	1622	1622	1622	1287	1176
	中型		汽油	346078	346078	346078	346078	345481	235014	15273	15273	15273	15273	15273	15134	14994	14994	12090	9187	9187	9187	9187
			柴油	80635	80635	75259	64508	64508	49098	18277	18277	18277	17210	16142	16142	16142	16142	11698	7255	7255	4316	3337
			燃气	91390	91390	86313	76159	76159	73460	68063	68063	68063	54551	41039	41039	55535	55535	27038	27038	27038	27038	27038
	重型		汽油	643707	643707	643707	643707	643110	433682	16022	16022	16022	16022	16022	12814	9605	9605	7997	6389	6389	6389	6389
			柴油	181141	181141	137667	50719	50719	50719	50719	50719	50719	37134	23548	23548	23548	23548	14526	5504	5504	4072	3595
			燃气	176690	176690	166874	147242	147242	142027	131597	131597	131597	105436	79274	79274	76633	76633	52152	52152	52152	52152	52152
低速汽车	三轮汽车			25300	25300	25300	25300	25300	25300	25300	25300	25300	16721	16721	16721	16721	16721	16721	16721	16721	16721	16721
	低速货车			33990	33990	33990	33990	33990	33990	33990	33990	33990	22464	22464	22464	22464	22464	22464	22464	22464	22464	22464
摩托车	普通摩托车			12928	12928	12928	12928	9648	6368	3409	3409	3409	3409	3409	2544	1679	1679	1679	1679	1679	1679	1679
	轻便摩托车			41808	41808	41808	41808	41808	8362	8362	4116	4116	4116	4116	3072	2027	2027	2027	2027	2027	2027	2027

呼伦贝尔市 NO_x 排放系数

单位：克/（辆·年）

车辆类型		使用性质	燃料种类	1999 年年底前	2000 年	2001 年	2002 年	2003 年	2004 年	2005 年	2006 年	2007 年	2008 年	2009 年	2010 年	2011 年	2012 年	2013 年	2014 年	2015 年	2016 年	2017 年
载客汽车	微型	出租车	汽油	217487	142941	68395	68395	68395	68395	48718	29040	29040	20206	11373	11373	9670	7967	7967	7967	7967	5646	4873
			燃气	99063	66114	33166	33166	33166	33166	24080	14995	14995	10824	6652	6652	5484	4317	4317	4317	4317	2829	2333
		其他	汽油	48192	30168	12145	12145	12145	12145	7560	2975	2975	2412	1848	1848	1540	1232	1232	1232	1232	894	782
			燃气	20918	12476	4033	4033	4033	4033	2632	1232	1232	1001	770	770	614	458	458	458	458	364	333
	小型	出租车	汽油	248188	160120	72051	72051	72051	72051	50826	29602	29602	20488	11373	11373	9153	6933	6933	6933	6933	4702	3959
			柴油	184170	151867	119564	119564	119564	119564	106840	94115	94115	74186	54257	54257	54257	54257	45128	35999	35999	28904	26539
			燃气	112588	73682	34776	34776	34776	34776	25010	15243	15243	10948	6652	6652	5257	3862	3862	3862	3862	2414	1931
		其他	汽油	44930	28628	12326	12326	12326	12326	8082	3839	3839	2628	1417	1417	1292	1166	1166	1166	1166	840	732
			柴油	29440	24094	18747	18747	18747	18747	17254	15760	15760	12340	8921	8921	8921	8921	7702	6482	6482	5606	5314
			燃气	19481	12436	5392	5392	5392	5392	3502	1613	1613	1097	581	581	505	429	429	429	429	340	311
	中型	公交车	汽油	443212	443212	443212	443212	443212	302788	21939	21939	21939	21939	21939	19676	17412	17412	13145	8878	8878	8878	8878
			柴油	368367	368367	367502	365772	365772	351236	322163	322163	322163	268346	214529	214529	214529	214529	175071	135613	135613	113538	106180
			燃气	391122	391122	386466	377154	377154	365455	342057	342057	342057	284684	227312	227312	143749	143749	112583	112583	112583	112583	112583
		其他	汽油	271729	271729	271729	271729	271729	184323	9511	9511	9511	9511	9511	9511	9511	9511	7134	4756	4756	4756	4756
			柴油	172747	172747	165536	151114	151114	149836	147281	147281	147281	125434	103588	103588	103588	103588	91976	80365	80365	68593	64669
			燃气	195068	195068	184231	162557	162557	161025	157961	157961	157961	134492	111024	111024	86483	86483	69468	69468	69468	69468	69468
	大型	公交车	汽油	1578945	1578945	1578945	1578945	1578945	1085713	99248	99248	99248	99248	99248	99161	99074	99074	74306	49538	49538	49538	49538
			柴油	522454	522454	505572	471807	471807	458401	431589	431589	431589	423812	416034	416034	416034	416034	401032	386030	386030	347988	335307
			燃气	1050442	1050442	992084	875369	875369	810411	680495	680495	680495	583058	485621	485621	452113	452113	391864	391864	391864	391864	391864
		其他	汽油	3768653	3768653	3768653	3768653	3768653	2591398	236887	236887	236887	236887	236887	228004	219120	219120	164516	109911	109911	109911	109911
			柴油	1251115	1251115	1218921	1154534	1154534	1127617	1073783	1073783	1073783	1035978	998172	998172	998172	998172	950265	902358	902358	798578	763984
			燃气	2328815	2328815	2199436	1940679	1940679	1796668	1508647	1508647	1508647	1293126	1077605	1077605	972183	972183	824811	824811	824811	824811	824811
载货汽车	微型		汽油	140111	82556	25000	25000	25000	25000	16766	8531	8531	6854	5178	5178	4672	4167	4167	4167	4167	3254	2950
			柴油	69211	56914	44617	44617	44617	44617	40194	35770	35770	30300	24830	24830	24830	24830	18174	11518	11518	9984	9473
			燃气	60816	34559	8302	8302	8302	8302	5917	3533	3533	2845	2158	2158	1853	1549	1549	1549	1549	1329	1256
	轻型		汽油	103550	65910	28269	28269	28269	28269	18846	9422	9422	7869	6316	6316	5302	4289	4289	4289	4289	3408	3114
			柴油	69460	57038	44617	44617	44617	44617	40194	35770	35770	30300	24830	24830	24830	24830	19854	14877	14877	13934	13620
			燃气	44898	28632	12366	12366	12366	12366	8163	3959	3959	3274	2590	2590	2084	1578	1578	1578	1578	1387	1323
	中型		汽油	323860	323860	323860	323860	323860	221101	15586	15586	15586	15586	15586	15586	15586	15586	11694	7802	7802	7802	7802
			柴油	454748	454748	408331	315496	315496	300002	269014	269014	269014	266977	264940	264940	264940	264940	232452	199963	199963	172187	162928
			燃气	513507	513507	455467	339387	339387	322432	288521	288521	288521	286240	283959	283959	215186	215186	175019	175019	175019	175019	175019
	重型		汽油	1659649	1659649	1659649	1659649	1659649	1141206	104321	104321	104321	104321	104321	100409	96497	96497	72450	48403	48403	48403	48403
			柴油	716851	716851	692383	643446	643446	619646	572047	572047	572047	549108	526169	526169	526169	526169	456502	386834	386834	259863	217539
			燃气	1334340	1334340	1250087	1081581	1081581	988960	803716	803716	803716	685879	568041	568041	416767	416767	234859	234859	234859	234859	234859
低速汽车	三轮汽车			65550	65550	65550	65550	65550	65550	65550	65550	65550	53279	53279	53279	53279	53279	53279	53279	53279	53279	53279
	低速货车			88065	88065	88065	88065	88065	88065	88065	88065	88065	71579	71579	71579	71579	71579	71579	71579	71579	71579	71579
摩托车	普通摩托车			965	965	965	965	932	900	836	836	836	836	836	743	650	650	650	650	650	650	650
	轻便摩托车			643	643	643	643	643	322	322	322	322	322	322	286	250	250	250	250	250	250	250

呼伦贝尔市 PM 排放系数

单位：克/（辆·年）

车辆类型		使用性质	燃料种类	1999 年年底前	2000 年	2001 年	2002 年	2003 年	2004 年	2005 年	2006 年	2007 年	2008 年	2009 年	2010 年	2011 年	2012 年	2013 年	2014 年	2015 年	2016 年	2017 年
载客汽车	微型	出租车	汽油	—	—	—	—	—	—	—	—	—	—	—	—	—	—	—	—	—	—	—
			燃气	—	—	—	—	—	—	—	—	—	—	—	—	—	—	—	—	—	—	—
		其他	汽油	—	—	—	—	—	—	—	—	—	—	—	—	—	—	—	—	—	—	—
			燃气	—	—	—	—	—	—	—	—	—	—	—	—	—	—	—	—	—	—	—
	小型	出租车	汽油	—	—	—	—	—	—	—	—	—	—	—	—	—	—	—	—	—	—	—
			柴油	25086	22973	20860	20860	20860	20860	14220	7579	7579	4941	2303	2303	2303	2303	2140	1978	1978	1635	1521
			燃气	—	—	—	—	—	—	—	—	—	—	—	—	—	—	—	—	—	—	—
		其他	汽油	—	—	—	—	—	—	—	—	—	—	—	—	—	—	—	—	—	—	—
			柴油	3815	3610	3405	3405	3405	3405	2450	1494	1494	1094	694	694	694	694	582	469	469	469	469
			燃气	—	—	—	—	—	—	—	—	—	—	—	—	—	—	—	—	—	—	—
	中型	公交车	汽油	—	—	—	—	—	—	—	—	—	—	—	—	—	—	—	—	—	—	—
			柴油	30592	30592	28032	22913	22913	17978	8108	8108	8108	6872	5637	5637	5637	5637	3504	1372	1372	1080	983
			燃气	—	—	—	—	—	—	—	—	—	—	—	—	—	—	—	—	—	—	—
		其他	汽油	—	—	—	—	—	—	—	—	—	—	—	—	—	—	—	—	—	—	—
			柴油	15274	15274	12888	8116	8116	6262	2553	2553	2553	2434	2316	2316	2316	2316	1366	415	415	399	394
			燃气	—	—	—	—	—	—	—	—	—	—	—	—	—	—	—	—	—	—	—
	大型	公交车	汽油	—	—	—	—	—	—	—	—	—	—	—	—	—	—	—	—	—	—	—
			柴油	94865	94865	93934	92071	92071	71272	29674	29674	29674	19994	10315	10315	10315	10315	6116	1916	1916	1845	1821
			燃气	—	—	—	—	—	—	—	—	—	—	—	—	—	—	—	—	—	—	—
		其他	汽油	—	—	—	—	—	—	—	—	—	—	—	—	—	—	—	—	—	—	—
			柴油	142314	142314	133412	115607	115607	85425	25061	25061	25061	17182	9303	9303	9303	9303	5868	2433	2433	2343	2313
			燃气	—	—	—	—	—	—	—	—	—	—	—	—	—	—	—	—	—	—	—
载货汽车	微型		汽油	—	—	—	—	—	—	—	—	—	—	—	—	—	—	—	—	—	—	—
			柴油	7695	7536	7377	7377	7377	7377	6003	4629	4629	3436	2242	2242	2242	2242	1412	581	581	579	578
			燃气	—	—	—	—	—	—	—	—	—	—	—	—	—	—	—	—	—	—	—
	轻型		汽油	—	—	—	—	—	—	—	—	—	—	—	—	—	—	—	—	—	—	—
			柴油	8003	7690	7377	7377	7377	7377	6003	4629	4629	3436	2242	2242	2242	2242	1690	1139	1139	941	875
			燃气	—	—	—	—	—	—	—	—	—	—	—	—	—	—	—	—	—	—	—
	中型		汽油	—	—	—	—	—	—	—	—	—	—	—	—	—	—	—	—	—	—	—
			柴油	39074	39074	32882	20499	20499	15801	6405	6405	6405	6068	5731	5731	5731	5731	3674	1618	1618	1482	1436
			燃气	—	—	—	—	—	—	—	—	—	—	—	—	—	—	—	—	—	—	—
	重型		汽油	—	—	—	—	—	—	—	—	—	—	—	—	—	—	—	—	—	—	—
			柴油	90395	90395	74298	42104	42104	33431	16084	16084	16084	11022	5959	5959	5959	5959	4003	2047	2047	1730	1625
			燃气	—	—	—	—	—	—	—	—	—	—	—	—	—	—	—	—	—	—	—
低速汽车	三轮汽车			4092	4092	4092	4092	4092	4092	4092	4092	4092	3220	3220	3220	3220	3220	3220	3220	3220	3220	3220
	低速货车			5581	5581	5581	5581	5581	5581	5581	5581	5581	4392	4392	4392	4392	4392	4392	4392	4392	4392	4392
摩托车	普通摩托车			—	—	—	—	—	—	—	—	—	—	—	—	—	—	—	—	—	—	—
	轻便摩托车			—	—	—	—	—	—	—	—	—	—	—	—	—	—	—	—	—	—	—

呼伦贝尔市 VOCs 排放系数

单位：克/（辆·年）

车辆类型		使用性质	燃料种类	1999 年年底前	2000 年	2001 年	2002 年	2003 年	2004 年	2005 年	2006 年	2007 年	2008 年	2009 年	2010 年	2011 年	2012 年	2013 年	2014 年	2015 年	2016 年	2017 年
载客汽车	微型	出租车	汽油	817141	470922	124703	124703	124703	124703	89978	55254	55254	43638	32023	32023	27626	23230	23230	23230	23230	18990	17576
			燃气	189825	111985	34145	34145	34145	34145	25408	16670	16670	13451	10232	10232	8262	6292	6292	6292	6292	4217	3525
		其他	汽油	88882	51906	14930	14930	14930	14930	14490	14049	14049	11648	9247	9247	8718	8189	8189	8189	8189	6551	6005
			燃气	17663	9936	2208	2208	2208	2208	2115	2022	2022	1506	990	990	897	804	804	804	804	542	455
	小型	出租车	汽油	817141	462826	108510	108510	108510	108510	103500	98490	98490	65256	32023	32023	27626	23230	23230	23230	23230	17608	15734
			柴油	90115	85393	80671	80671	80671	80671	74242	67813	67813	46940	26066	26066	26066	26066	19600	13133	13133	8317	6712
			燃气	189825	110164	30504	30504	30504	30504	28448	26391	26391	18312	10232	10232	8262	6292	6292	6292	6292	3906	3110
		其他	汽油	90206	52408	14609	14609	14609	14609	15040	15470	15470	12362	9253	9253	8638	8022	8022	8022	8022	6682	6236
			柴油	13382	12254	11127	11127	11127	11127	9449	7771	7771	5306	2840	2840	2840	2840	2470	2101	2101	1506	1307
			燃气	17960	10816	3672	3672	3672	3672	3007	2342	2342	1738	1133	1133	950	766	766	766	766	572	507
	中型	公交车	汽油	247562	247562	247562	247562	246965	168722	13429	13429	13429	13429	13429	13278	13126	13126	10699	8272	8272	8272	8272
			柴油	87806	87806	86086	82645	82645	64494	28192	28192	28192	20508	12823	12823	12823	12823	8958	5093	5093	4763	4653
			燃气	71579	71579	67602	59649	59649	57536	53311	53311	53311	42686	32061	32061	22219	22219	22154	22154	22154	22154	22154
		其他	汽油	128272	128272	128272	128272	127675	87353	7902	7902	7902	7902	7902	7756	7611	7611	6560	5508	5508	5508	5508
			柴油	30493	30493	28460	24394	24394	18567	6912	6912	6912	6506	6099	6099	6099	6099	3750	1402	1402	1243	1190
			燃气	34560	34560	32640	28800	28800	27780	25740	25740	25740	20623	15506	15506	10732	10732	9642	9642	9642	9642	9642
	大型	公交车	汽油	576870	576870	576870	576870	576273	388695	14733	14733	14733	14733	14733	14593	14453	14453	11687	8921	8921	8921	8921
			柴油	131708	131708	108010	60614	60614	60614	60614	60614	60614	43515	26416	26416	26416	26416	17675	8934	8934	5723	4653
			燃气	168926	168926	159541	140772	140772	135786	125815	125815	125815	100740	75665	75665	52438	52438	47188	47188	47188	47188	47188
		其他	汽油	1278168	1278168	1278168	1278168	1277571	860722	28219	28219	28219	28219	28219	21960	15702	15702	12511	9320	9320	9320	9320
			柴油	272891	272891	207397	76409	76409	76409	76409	76409	76409	55942	35476	35476	35476	35476	20706	5937	5937	5324	5119
			燃气	266186	266186	251398	221822	221822	213966	198253	198253	198253	158842	119430	119430	82662	82662	74261	74261	74261	74261	74261
载货汽车	微型		汽油	437688	232888	28087	28087	28087	28087	26830	25572	25572	23600	21627	21627	17745	13863	13863	13863	13863	12033	11423
			柴油	36103	33778	31452	31452	31452	31452	29078	26704	26704	19438	12171	12171	12171	12171	8371	4571	4571	3371	2971
			燃气	86979	45566	4154	4154	4154	4154	3917	3680	3680	2998	2315	2315	1838	1361	1361	1361	1361	989	866
	轻型		汽油	224026	131584	39142	39142	39142	39142	33650	28159	28159	25126	22094	22094	19524	16953	16953	16953	16953	14894	14207
			柴油	32747	32100	31452	31452	31452	31452	29078	26704	26704	19438	12171	12171	12171	12171	9335	6499	6499	5298	4898
			燃气	44604	27221	9838	9838	9838	9838	7051	4263	4263	3484	2705	2705	2162	1619	1619	1619	1619	1271	1155
	中型		汽油	346078	346078	346078	346078	345481	235014	15273	15273	15273	15273	15273	15134	14994	14994	12090	9187	9187	9187	9187
			柴油	80635	80635	75259	64508	64508	49098	18277	18277	18277	17210	16142	16142	16142	16142	11698	7255	7255	4316	3337
			燃气	91390	91390	86313	76159	76159	73460	68063	68063	68063	54551	41039	41039	55535	55535	27038	27038	27038	27038	27038
	重型		汽油	597879	597879	597879	597879	597281	402836	15141	15141	15141	15141	15141	12152	9164	9164	7670	6177	6177	6177	6177
			柴油	167808	167808	127534	46986	46986	46986	46986	46986	46986	34400	21815	21815	21815	21815	13666	5518	5518	3866	3316
			燃气	163685	163685	154591	136404	136404	131573	121911	121911	121911	97676	73440	73440	76828	76828	48105	48105	48105	48105	48105
低速汽车	三轮汽车			25300	25300	25300	25300	25300	25300	25300	25300	25300	16721	16721	16721	16721	16721	16721	16721	16721	16721	16721
	低速货车			33990	33990	33990	33990	33990	33990	33990	33990	33990	22464	22464	22464	22464	22464	22464	22464	22464	22464	22464
摩托车	普通摩托车			12928	12928	12928	12928	9648	6368	3409	3409	3409	3409	3409	2544	1679	1679	1679	1679	1679	1679	1679
	轻便摩托车			41808	41808	41808	41808	41808	8362	8362	4116	4116	4116	4116	3072	2027	2027	2027	2027	2027	2027	2027

巴彦淖尔市 NO_x 排放系数

单位：克/（辆·年）

车辆类型		使用性质	燃料种类	1999年年底前	2000年	2001年	2002年	2003年	2004年	2005年	2006年	2007年	2008年	2009年	2010年	2011年	2012年	2013年	2014年	2015年	2016年	2017年
载客汽车	微型	出租车	汽油	260485	172344	84203	84203	84203	84203	60530	36857	36857	26102	15347	15347	12871	10395	10395	10395	10395	7078	5972
			燃气	125585	84515	43445	43445	43445	43445	31876	20307	20307	14909	9511	9511	7767	6023	6023	6023	6023	3788	3043
		其他	汽油	45884	28736	11589	11589	11589	11589	7228	2867	2867	2326	1784	1784	1488	1192	1192	1192	1192	858	747
			燃气	20918	12476	4033	4033	4033	4033	2632	1232	1232	1001	770	770	614	458	458	458	458	364	333
	小型	出租车	汽油	296690	192602	88514	88514	88514	88514	63017	37520	37520	26434	15347	15347	12262	9176	9176	9176	9176	5964	4894
			柴油	230181	191180	152179	152179	152179	152179	135724	119269	119269	94325	69381	69381	69381	69381	57166	44952	44952	35250	32016
			燃气	142367	93906	45444	45444	45444	45444	33029	20614	20614	15062	9511	9511	7484	5458	5458	5458	5458	3272	2544
		其他	汽油	42784	27272	11761	11761	11761	11761	7725	3689	3689	2532	1375	1375	1252	1130	1130	1130	1130	808	700
			柴油	28082	22994	17907	17907	17907	17907	16478	15048	15048	11786	8525	8525	8525	8525	7356	6188	6188	5340	5057
			燃气	19481	12436	5392	5392	5392	5392	3502	1613	1613	1097	581	581	505	429	429	429	429	340	311
	中型	公交车	汽油	443137	443137	443137	443137	443137	302736	21935	21935	21935	21935	21935	19672	17409	17409	13142	8876	8876	8876	8876
			柴油	368321	368321	367456	365726	365726	351192	322123	322123	322123	268313	214503	214503	214503	214503	175050	135596	135596	113524	106167
			燃气	391073	391073	386417	377106	377106	365409	342015	342015	342015	284650	227284	227284	143731	143731	112569	112569	112569	112569	112569
		其他	汽油	271683	271683	271683	271683	271683	184292	9509	9509	9509	9509	9509	9509	9509	9509	7132	4755	4755	4755	4755
			柴油	172726	172726	165516	151095	151095	149817	147262	147262	147262	125419	103576	103576	103576	103576	91966	80355	80355	68584	64660
			燃气	195044	195044	184208	162537	162537	161005	157941	157941	157941	134476	111010	111010	86472	86472	69459	69459	69459	69459	69459
	大型	公交车	汽油	1578676	1578676	1578676	1578676	1578676	1085528	99231	99231	99231	99231	99231	99144	99057	99057	74294	49530	49530	49530	49530
			柴油	522389	522389	505509	471748	471748	458344	431535	431535	431535	423758	415982	415982	415982	415982	400982	385982	385982	347944	335265
			燃气	1050311	1050311	991960	875259	875259	810309	680410	680410	680410	582986	485561	485561	452057	452057	391815	391815	391815	391815	391815
		其他	汽油	3768012	3768012	3768012	3768012	3768012	2590957	236846	236846	236846	236846	236846	227964	219083	219083	164488	109892	109892	109892	109892
			柴油	1250959	1250959	1218769	1154390	1154390	1127476	1073649	1073649	1073649	1035848	998047	998047	998047	998047	950146	902245	902245	798478	763889
			燃气	2328524	2328524	2199162	1940437	1940437	1796444	1508458	1508458	1508458	1292964	1077470	1077470	972062	972062	824708	824708	824708	824708	824708
载货汽车	微型		汽油	148752	87800	26848	26848	26848	26848	18077	9306	9306	7496	5687	5687	5100	4512	4512	4512	4512	3488	3146
			柴油	74721	61599	48477	48477	48477	48477	43632	38787	38787	32836	26885	26885	26885	26885	19676	12466	12466	10698	10109
			燃气	67814	38579	9343	9343	9343	9343	6671	3999	3999	3227	2455	2455	2094	1734	1734	1734	1734	1485	1402
	轻型		汽油	110041	70175	30309	30309	30309	30309	20279	10249	10249	8570	6892	6892	5767	4642	4642	4642	4642	3651	3321
			柴油	74985	61731	48477	48477	48477	48477	43632	38787	38787	32836	26885	26885	26885	26885	21454	16023	16023	14881	14500
			燃气	50105	32000	13896	13896	13896	13896	9188	4481	4481	3697	2912	2912	2337	1762	1762	1762	1762	1547	1475
	中型		汽油	323860	323860	323860	323860	323860	221101	15586	15586	15586	15586	15586	15586	15586	15586	11694	7802	7802	7802	7802
			柴油	454748	454748	408331	315496	315496	300002	269014	269014	269014	266977	264940	264940	264940	264940	232452	199963	199963	172187	162928
			燃气	513506	513506	455467	339388	339388	322432	288522	288522	288522	286239	283956	283956	215185	215185	175020	175020	175020	175020	175020
	重型		汽油	1519431	1519431	1519431	1519431	1519431	1044790	95507	95507	95507	95507	95507	91926	88344	88344	66328	44313	44313	44313	44313
			柴油	673867	673867	650866	604863	604863	582491	537746	537746	537746	516182	494619	494619	494619	494619	428446	362272	362272	233661	190791
			燃气	1254330	1254330	1175129	1016726	1016726	929659	755524	755524	755524	644752	533980	533980	390305	390305	205981	205981	205981	205981	205981
低速汽车	三轮汽车			65550	65550	65550	65550	65550	65550	65550	65550	65550	53279	53279	53279	53279	53279	53279	53279	53279	53279	53279
	低速货车			88065	88065	88065	88065	88065	88065	88065	88065	88065	71579	71579	71579	71579	71579	71579	71579	71579	71579	71579
摩托车	普通摩托车			965	965	965	965	932	900	836	836	836	836	836	743	650	650	650	650	650	650	650
	轻便摩托车			643	643	643	643	643	322	322	322	322	322	322	286	250	250	250	250	250	250	250

巴彦淖尔市 PM 排放系数

单位：克/（辆·年）

车辆类型		使用性质	燃料种类	1999 年年底前	2000 年	2001 年	2002 年	2003 年	2004 年	2005 年	2006 年	2007 年	2008 年	2009 年	2010 年	2011 年	2012 年	2013 年	2014 年	2015 年	2016 年	2017 年
载客汽车	微型	出租车	汽油	—	—	—	—	—	—	—	—	—	—	—	—	—	—	—	—	—	—	—
			燃气	—	—	—	—	—	—	—	—	—	—	—	—	—	—	—	—	—	—	—
		其他	汽油	—	—	—	—	—	—	—	—	—	—	—	—	—	—	—	—	—	—	—
			燃气	—	—	—	—	—	—	—	—	—	—	—	—	—	—	—	—	—	—	—
	小型	出租车	汽油	—	—	—	—	—	—	—	—	—	—	—	—	—	—	—	—	—	—	—
			柴油	31129	28506	25884	25884	25884	25884	17644	9405	9405	6131	2857	2857	2857	2857	2656	2454	2454	2030	1888
			燃气	—	—	—	—	—	—	—	—	—	—	—	—	—	—	—	—	—	—	—
		其他	汽油	—	—	—	—	—	—	—	—	—	—	—	—	—	—	—	—	—	—	—
			柴油	3815	3610	3405	3405	3405	3405	2450	1494	1494	1094	694	694	694	694	582	469	469	469	469
			燃气	—	—	—	—	—	—	—	—	—	—	—	—	—	—	—	—	—	—	—
	中型	公交车	汽油	—	—	—	—	—	—	—	—	—	—	—	—	—	—	—	—	—	—	—
			柴油	30592	30592	28032	22913	22913	17978	8108	8108	8108	6872	5637	5637	5637	5637	3504	1372	1372	1080	983
			燃气	—	—	—	—	—	—	—	—	—	—	—	—	—	—	—	—	—	—	—
		其他	汽油	—	—	—	—	—	—	—	—	—	—	—	—	—	—	—	—	—	—	—
			柴油	15274	15274	12888	8116	8116	6262	2553	2553	2553	2434	2316	2316	2316	2316	1366	415	415	399	394
			燃气	—	—	—	—	—	—	—	—	—	—	—	—	—	—	—	—	—	—	—
	大型	公交车	汽油	—	—	—	—	—	—	—	—	—	—	—	—	—	—	—	—	—	—	—
			柴油	94865	94865	93934	92071	92071	71272	29674	29674	29674	19994	10315	10315	10315	10315	6116	1916	1916	1845	1821
			燃气	—	—	—	—	—	—	—	—	—	—	—	—	—	—	—	—	—	—	—
		其他	汽油	—	—	—	—	—	—	—	—	—	—	—	—	—	—	—	—	—	—	—
			柴油	142314	142314	133412	115607	115607	85425	25061	25061	25061	17182	9303	9303	9303	9303	5868	2433	2433	2343	2313
			燃气	—	—	—	—	—	—	—	—	—	—	—	—	—	—	—	—	—	—	—
载货汽车	微型		汽油	—	—	—	—	—	—	—	—	—	—	—	—	—	—	—	—	—	—	—
			柴油	8573	8396	8219	8219	8219	8219	6688	5157	5157	3828	2498	2498	2498	2498	1572	647	647	644	643
			燃气	—	—	—	—	—	—	—	—	—	—	—	—	—	—	—	—	—	—	—
	轻型		汽油	—	—	—	—	—	—	—	—	—	—	—	—	—	—	—	—	—	—	—
			柴油	8916	8568	8219	8219	8219	8219	6688	5157	5157	3828	2498	2498	2498	2498	1884	1269	1269	1048	974
			燃气	—	—	—	—	—	—	—	—	—	—	—	—	—	—	—	—	—	—	—
	中型		汽油	—	—	—	—	—	—	—	—	—	—	—	—	—	—	—	—	—	—	—
			柴油	39074	39074	32882	20499	20499	15801	6405	6405	6405	6068	5731	5731	5731	5731	3674	1618	1618	1482	1436
			燃气	—	—	—	—	—	—	—	—	—	—	—	—	—	—	—	—	—	—	—
	重型		汽油	—	—	—	—	—	—	—	—	—	—	—	—	—	—	—	—	—	—	—
			柴油	82810	82810	68064	38571	38571	30625	14734	14734	14734	10096	5459	5459	5459	5459	3688	1917	1917	1620	1521
			燃气	—	—	—	—	—	—	—	—	—	—	—	—	—	—	—	—	—	—	—
低速汽车	三轮汽车			4092	4092	4092	4092	4092	4092	4092	4092	4092	3220	3220	3220	3220	3220	3220	3220	3220	3220	3220
	低速货车			5581	5581	5581	5581	5581	5581	5581	5581	5581	4392	4392	4392	4392	4392	4392	4392	4392	4392	4392
摩托车	普通摩托车			—	—	—	—	—	—	—	—	—	—	—	—	—	—	—	—	—	—	—
	轻便摩托车			—	—	—	—	—	—	—	—	—	—	—	—	—	—	—	—	—	—	—

巴彦淖尔市 VOCs 排放系数

单位：克/（辆•年）

车辆类型		使用性质	燃料种类	1999 年年底前	2000 年	2001 年	2002 年	2003 年	2004 年	2005 年	2006 年	2007 年	2008 年	2009 年	2010 年	2011 年	2012 年	2013 年	2014 年	2015 年	2016 年	2017 年
载客汽车	微型	出租车	汽油	1036636	598250	159865	159865	159865	159865	115462	71059	71059	56151	41243	41243	35220	29198	29198	29198	29198	23430	21507
			燃气	239206	142363	45520	45520	45520	45520	34272	23023	23023	18724	14424	14424	11573	8722	8722	8722	8722	5613	4577
		其他	汽油	90606	52896	15186	15186	15186	15186	14744	14301	14301	11862	9423	9423	8885	8347	8347	8347	8347	6692	6140
			燃气	17663	9936	2208	2208	2208	2208	2115	2022	2022	1506	990	990	897	804	804	804	804	542	455
	小型	出租车	汽油	1036636	587988	139341	139341	139341	139341	132602	125862	125862	83552	41243	41243	35220	29198	29198	29198	29198	21678	19171
			柴油	126053	119246	112440	112440	112440	112440	102991	93542	93542	65658	37775	37775	37775	37775	28278	18782	18782	11537	9122
			燃气	239206	140104	41002	41002	41002	41002	38044	35085	35085	24754	14424	14424	11573	8722	8722	8722	8722	5228	4063
		其他	汽油	91959	53409	14859	14859	14859	14859	15306	15752	15752	12591	9430	9430	8803	8176	8176	8176	8176	6826	6376
			柴油	13706	12548	11390	11390	11390	11390	9666	7943	7943	5414	2884	2884	2884	2884	2510	2136	2136	1536	1336
			燃气	17960	10816	3672	3672	3672	3672	3007	2342	2342	1738	1133	1133	950	766	766	766	766	572	507
	中型	公交车	汽油	247657	247657	247657	247657	247060	168817	13525	13525	13525	13525	13525	13374	13222	13222	10794	8367	8367	8367	8367
			柴油	87806	87806	86086	82645	82645	64494	28192	28192	28192	20508	12823	12823	12823	12823	8958	5093	5093	4763	4653
			燃气	71579	71579	67602	59649	59649	57536	53311	53311	53311	42686	32061	32061	22219	22219	22154	22154	22154	22154	22154
		其他	汽油	128367	128367	128367	128367	127770	87448	7997	7997	7997	7997	7997	7852	7706	7706	6654	5603	5603	5603	5603
			柴油	30493	30493	28460	24394	24394	18567	6912	6912	6912	6506	6099	6099	6099	6099	3750	1402	1402	1243	1190
			燃气	34560	34560	32640	28800	28800	27780	25740	25740	25740	20623	15506	15506	10732	10732	9642	9642	9642	9642	9642
	大型	公交车	汽油	576965	576965	576965	576965	576368	388790	14828	14828	14828	14828	14828	14688	14549	14549	11783	9017	9017	9017	9017
			柴油	131708	131708	108010	60614	60614	60614	60614	60614	60614	43515	26416	26416	26416	26416	17675	8934	8934	5723	4653
			燃气	168926	168926	159541	140772	140772	135786	125815	125815	125815	100740	75665	75665	52438	52438	47188	47188	47188	47188	47188
		其他	汽油	1278263	1278263	1278263	1278263	1277666	860818	28315	28315	28315	28315	28315	22056	15797	15797	12606	9416	9416	9416	9416
			柴油	272891	272891	207397	76409	76409	76409	76409	76409	76409	55942	35476	35476	35476	35476	20706	5937	5937	5324	5119
			燃气	266186	266186	251398	221822	221822	213966	198253	198253	198253	158842	119430	119430	82662	82662	74261	74261	74261	74261	74261
载货汽车	微型		汽油	496840	264128	31417	31417	31417	31417	29982	28547	28547	26354	24161	24161	19708	15254	15254	15254	15254	13226	12550
			柴油	42201	39469	36737	36737	36737	36737	33914	31090	31090	22673	14256	14256	14256	14256	9794	5332	5332	3898	3420
			燃气	96855	50712	4568	4568	4568	4568	4302	4036	4036	3287	2538	2538	2004	1469	1469	1469	1469	1065	930
	轻型		汽油	253690	148844	43998	43998	43998	43998	37744	31491	31491	28092	24692	24692	21731	18770	18770	18770	18770	16481	15718
			柴油	38344	37540	36737	36737	36737	36737	33914	31090	31090	22673	14256	14256	14256	14256	10902	7547	7547	6113	5635
			燃气	49547	30210	10873	10873	10873	10873	7777	4682	4682	3824	2967	2967	2363	1759	1759	1759	1759	1377	1250
	中型		汽油	346173	346173	346173	346173	345576	235109	15369	15369	15369	15369	15369	15229	15089	15089	12186	9282	9282	9282	9282
			柴油	80635	80635	75259	64508	64508	49098	18277	18277	18277	17210	16142	16142	16142	16142	11698	7255	7255	4316	3337
			燃气	91390	91390	86313	76159	76159	73460	68063	68063	68063	54551	41039	41039	55535	55535	27038	27038	27038	27038	27038
	重型		汽油	547970	547970	547970	547970	547372	369275	14274	14274	14274	14274	14274	11526	8779	8779	7410	6041	6041	6041	6041
			柴油	158767	158767	120663	44455	44455	44455	44455	44455	44455	32548	20640	20640	20640	20640	12785	4930	4930	3501	3025
			燃气	154866	154866	146263	129057	129057	124486	115344	115344	115344	92414	69485	69485	68641	68641	43883	43883	43883	43883	43883
低速汽车	三轮汽车			25300	25300	25300	25300	25300	25300	25300	25300	25300	16721	16721	16721	16721	16721	16721	16721	16721	16721	16721
	低速货车			33990	33990	33990	33990	33990	33990	33990	33990	33990	22464	22464	22464	22464	22464	22464	22464	22464	22464	22464
摩托车	普通摩托车			12928	12928	12928	12928	9648	6368	3409	3409	3409	3409	3409	2544	1679	1679	1679	1679	1679	1679	1679
	轻便摩托车			41808	41808	41808	41808	41808	8362	8362	4116	4116	4116	4116	3072	2027	2027	2027	2027	2027	2027	2027

乌兰察布市 NO_x 排放系数

单位：克/（辆·年）

车辆类型		使用性质	燃料种类	1999 年年底前	2000 年	2001 年	2002 年	2003 年	2004 年	2005 年	2006 年	2007 年	2008 年	2009 年	2010 年	2011 年	2012 年	2013 年	2014 年	2015 年	2016 年	2017 年
载客汽车	微型	出租车	汽油	284221	188492	92762	92762	92762	92762	66890	41018	41018	29216	17413	17413	14541	11669	11669	11669	11669	7843	6568
			燃气	137540	92886	48233	48233	48233	48233	35538	22844	22844	16881	10918	10918	8885	6852	6852	6852	6852	4243	3373
		其他	汽油	45884	28736	11589	11589	11589	11589	7228	2867	2867	2326	1784	1784	1488	1192	1192	1192	1192	858	747
			燃气	20918	12476	4033	4033	4033	4033	2632	1232	1232	1001	770	770	614	458	458	458	458	364	333
	小型	出租车	汽油	323508	210474	97441	97441	97441	97441	69589	41737	41737	29575	17413	17413	13880	10347	10347	10347	10347	6636	5399
			柴油	254892	212214	169536	169536	169536	169536	151110	132683	132683	105047	77411	77411	77411	77411	63586	49760	49760	38707	35023
			燃气	155750	103076	50402	50402	50402	50402	36790	23177	23177	17048	10918	10918	8578	6239	6239	6239	6239	3683	2831
		其他	汽油	42784	27272	11761	11761	11761	11761	7725	3689	3689	2532	1375	1375	1252	1130	1130	1130	1130	808	700
			柴油	28082	22994	17907	17907	17907	17907	16478	15048	15048	11786	8525	8525	8525	8525	7356	6188	6188	5340	5057
			燃气	19481	12436	5392	5392	5392	5392	3502	1613	1613	1097	581	581	505	429	429	429	429	340	311
	中型	公交车	汽油	443137	443137	443137	443137	443137	302736	21935	21935	21935	21935	21935	19672	17409	17409	13142	8876	8876	8876	8876
			柴油	368321	368321	367456	365726	365726	351192	322123	322123	322123	268313	214503	214503	214503	214503	175050	135596	135596	113524	106167
			燃气	391073	391073	386417	377106	377106	365409	342015	342015	342015	284650	227284	227284	143731	143731	112569	112569	112569	112569	112569
		其他	汽油	271683	271683	271683	271683	271683	184292	9509	9509	9509	9509	9509	9509	9509	9509	7132	4755	4755	4755	4755
			柴油	172726	172726	165516	151095	151095	149817	147262	147262	147262	125419	103576	103576	103576	103576	91966	80355	80355	68584	64660
			燃气	195044	195044	184208	162537	162537	161005	157941	157941	157941	134476	111010	111010	86472	86472	69459	69459	69459	69459	69459
	大型	公交车	汽油	1578676	1578676	1578676	1578676	1578676	1085528	99231	99231	99231	99231	99231	99144	99057	99057	74294	49530	49530	49530	49530
			柴油	522389	522389	505509	471748	471748	458344	431535	431535	431535	423758	415982	415982	415982	415982	400982	385982	385982	347944	335265
			燃气	1050311	1050311	991960	875259	875259	810309	680410	680410	680410	582986	485561	485561	452057	452057	391815	391815	391815	391815	391815
		其他	汽油	3768012	3768012	3768012	3768012	3768012	2590957	236846	236846	236846	236846	236846	227964	219083	219083	164488	109892	109892	109892	109892
			柴油	1250959	1250959	1218769	1154390	1154390	1127476	1073649	1073649	1073649	1035848	998047	998047	998047	998047	950146	902245	902245	798478	763889
			燃气	2328524	2328524	2199162	1940437	1940437	1796444	1508458	1508458	1508458	1292964	1077470	1077470	972062	972062	824708	824708	824708	824708	824708
载货汽车	微型		汽油	154093	90988	27884	27884	27884	27884	18789	9694	9694	7814	5933	5933	5312	4691	4691	4691	4691	3619	3262
			柴油	77718	64106	50495	50495	50495	50495	45438	40381	40381	34180	27980	27980	27980	27980	20475	12970	12970	11106	10485
			燃气	70249	39976	9704	9704	9704	9704	6935	4166	4166	3363	2561	2561	2182	1802	1802	1802	1802	1541	1454
	轻型		汽油	114013	72740	31467	31467	31467	31467	21069	10671	10671	8926	7181	7181	6003	4825	4825	4825	4825	3788	3443
			柴油	77991	64243	50495	50495	50495	50495	45438	40381	40381	34180	27980	27980	27980	27980	22316	16653	16653	15437	15032
			燃气	51914	33170	14426	14426	14426	14426	9546	4666	4666	3850	3034	3034	2433	1832	1832	1832	1832	1605	1530
	中型		汽油	323860	323860	323860	323860	323860	221101	15586	15586	15586	15586	15586	15586	15586	15586	11694	7802	7802	7802	7802
			柴油	454748	454748	408331	315496	315496	300002	269014	269014	269014	266977	264940	264940	264940	264940	232452	199963	199963	172187	162928
			燃气	513506	513506	455467	339388	339388	322432	288522	288522	288522	286239	283956	283956	215185	215185	175020	175020	175020	175020	175020
	重型		汽油	1519431	1519431	1519431	1519431	1519431	1044790	95507	95507	95507	95507	95507	91926	88344	88344	66328	44313	44313	44313	44313
			柴油	673867	673867	650866	604863	604863	582491	537746	537746	537746	516182	494619	494619	494619	494619	428446	362272	362272	233661	190791
			燃气	1254330	1254330	1175129	1016726	1016726	929659	755524	755524	755524	644752	533980	533980	390305	390305	205981	205981	205981	205981	205981
低速汽车	三轮汽车			65550	65550	65550	65550	65550	65550	65550	65550	65550	53279	53279	53279	53279	53279	53279	53279	53279	53279	53279
	低速货车			88065	88065	88065	88065	88065	88065	88065	88065	88065	71579	71579	71579	71579	71579	71579	71579	71579	71579	71579
摩托车	普通摩托车			965	965	965	965	932	900	836	836	836	836	836	743	650	650	650	650	650	650	650
	轻便摩托车			643	643	643	643	643	322	322	322	322	322	322	286	250	250	250	250	250	250	250

乌兰察布市 PM 排放系数

单位：克/（辆·年）

车辆类型		使用性质	燃料种类	1999 年年底前	2000 年	2001 年	2002 年	2003 年	2004 年	2005 年	2006 年	2007 年	2008 年	2009 年	2010 年	2011 年	2012 年	2013 年	2014 年	2015 年	2016 年	2017 年
载客汽车	微型	出租车	汽油	—	—	—	—	—	—	—	—	—	—	—	—	—	—	—	—	—	—	—
			燃气	—	—	—	—	—	—	—	—	—	—	—	—	—	—	—	—	—	—	—
		其他	汽油	—	—	—	—	—	—	—	—	—	—	—	—	—	—	—	—	—	—	—
			燃气	—	—	—	—	—	—	—	—	—	—	—	—	—	—	—	—	—	—	—
	小型	出租车	汽油	—	—	—	—	—	—	—	—	—	—	—	—	—	—	—	—	—	—	—
			柴油	33778	30932	28087	28087	28087	28087	19146	10206	10206	6654	3101	3101	3101	3101	2882	2663	2663	2202	2048
			燃气	—	—	—	—	—	—	—	—	—	—	—	—	—	—	—	—	—	—	—
		其他	汽油	—	—	—	—	—	—	—	—	—	—	—	—	—	—	—	—	—	—	—
			柴油	3815	3610	3405	3405	3405	3405	2450	1494	1494	1094	694	694	694	694	582	469	469	469	469
			燃气	—	—	—	—	—	—	—	—	—	—	—	—	—	—	—	—	—	—	—
	中型	公交车	汽油	—	—	—	—	—	—	—	—	—	—	—	—	—	—	—	—	—	—	—
			柴油	30592	30592	28032	22913	22913	17978	8108	8108	8108	6872	5637	5637	5637	5637	3504	1372	1372	1080	983
			燃气	—	—	—	—	—	—	—	—	—	—	—	—	—	—	—	—	—	—	—
		其他	汽油	—	—	—	—	—	—	—	—	—	—	—	—	—	—	—	—	—	—	—
			柴油	15274	15274	12888	8116	8116	6262	2553	2553	2553	2434	2316	2316	2316	2316	1366	415	415	399	394
			燃气	—	—	—	—	—	—	—	—	—	—	—	—	—	—	—	—	—	—	—
	大型	公交车	汽油	—	—	—	—	—	—	—	—	—	—	—	—	—	—	—	—	—	—	—
			柴油	94865	94865	93934	92071	92071	71272	29674	29674	29674	19994	10315	10315	10315	10315	6116	1916	1916	1845	1821
			燃气	—	—	—	—	—	—	—	—	—	—	—	—	—	—	—	—	—	—	—
		其他	汽油	—	—	—	—	—	—	—	—	—	—	—	—	—	—	—	—	—	—	—
			柴油	142314	142314	133412	115607	115607	85425	25061	25061	25061	17182	9303	9303	9303	9303	5868	2433	2433	2343	2313
			燃气	—	—	—	—	—	—	—	—	—	—	—	—	—	—	—	—	—	—	—
载货汽车	微型		汽油	—	—	—	—	—	—	—	—	—	—	—	—	—	—	—	—	—	—	—
			柴油	8877	8693	8509	8509	8509	8509	6924	5340	5340	3963	2586	2586	2586	2586	1628	670	670	667	666
			燃气	—	—	—	—	—	—	—	—	—	—	—	—	—	—	—	—	—	—	—
	轻型		汽油	—	—	—	—	—	—	—	—	—	—	—	—	—	—	—	—	—	—	—
			柴油	9232	8870	8509	8509	8509	8509	6924	5340	5340	3963	2586	2586	2586	2586	1950	1314	1314	1085	1009
			燃气	—	—	—	—	—	—	—	—	—	—	—	—	—	—	—	—	—	—	—
	中型		汽油	—	—	—	—	—	—	—	—	—	—	—	—	—	—	—	—	—	—	—
			柴油	39074	39074	32882	20499	20499	15801	6405	6405	6405	6068	5731	5731	5731	5731	3674	1618	1618	1482	1436
			燃气	—	—	—	—	—	—	—	—	—	—	—	—	—	—	—	—	—	—	—
	重型		汽油	—	—	—	—	—	—	—	—	—	—	—	—	—	—	—	—	—	—	—
			柴油	82810	82810	68064	38571	38571	30625	14734	14734	14734	10096	5459	5459	5459	5459	3688	1917	1917	1620	1521
			燃气	—	—	—	—	—	—	—	—	—	—	—	—	—	—	—	—	—	—	—
低速汽车	三轮汽车			4092	4092	4092	4092	4092	4092	4092	4092	4092	3220	3220	3220	3220	3220	3220	3220	3220	3220	3220
	低速货车			5581	5581	5581	5581	5581	5581	5581	5581	5581	4392	4392	4392	4392	4392	4392	4392	4392	4392	4392
摩托车	普通摩托车			—	—	—	—	—	—	—	—	—	—	—	—	—	—	—	—	—	—	—
	轻便摩托车			—	—	—	—	—	—	—	—	—	—	—	—	—	—	—	—	—	—	—

乌兰察布市 VOCs 排放系数

单位：克/（辆・年）

车辆类型		使用性质	燃料种类	1999 年年底前	2000 年	2001 年	2002 年	2003 年	2004 年	2005 年	2006 年	2007 年	2008 年	2009 年	2010 年	2011 年	2012 年	2013 年	2014 年	2015 年	2016 年	2017 年
载客汽车	微型	出租车	汽油	1125952	650339	174726	174726	174726	174726	126328	77929	77929	61624	45318	45318	38546	31775	31775	31775	31775	25269	23100
			燃气	261306	156100	50893	50893	50893	50893	38494	26095	26095	21284	16473	16473	13186	9900	9900	9900	9900	6272	5063
		其他	汽油	90606	52896	15186	15186	15186	15186	14744	14301	14301	11862	9423	9423	8885	8347	8347	8347	8347	6692	6140
			燃气	17663	9936	2208	2208	2208	2208	2115	2022	2022	1506	990	990	897	804	804	804	804	542	455
	小型	出租车	汽油	1125952	639204	152456	152456	152456	152456	144926	137396	137396	91357	45318	45318	38546	31775	31775	31775	31775	23368	20566
			柴油	142714	134910	127107	127107	127107	127107	116186	105264	105264	74355	43446	43446	43446	43446	32473	21500	21500	13032	10209
			燃气	261306	153648	45991	45991	45991	45991	42588	39184	39184	27828	16473	16473	13186	9900	9900	9900	9900	5854	4505
		其他	汽油	91959	53409	14859	14859	14859	14859	15306	15752	15752	12591	9430	9430	8803	8176	8176	8176	8176	6826	6376
			柴油	13706	12548	11390	11390	11390	11390	9666	7943	7943	5414	2884	2884	2884	2884	2510	2136	2136	1536	1336
			燃气	17960	10816	3672	3672	3672	3672	3007	2342	2342	1738	1133	1133	950	766	766	766	766	572	507
	中型	公交车	汽油	247657	247657	247657	247657	247060	168817	13525	13525	13525	13525	13525	13374	13222	13222	10794	8367	8367	8367	8367
			柴油	87806	87806	86086	82645	82645	64494	28192	28192	28192	20508	12823	12823	12823	12823	8958	5093	5093	4763	4653
			燃气	71579	71579	67602	59649	59649	57536	53311	53311	53311	42686	32061	32061	22219	22219	22154	22154	22154	22154	22154
		其他	汽油	128367	128367	128367	128367	127770	87448	7997	7997	7997	7997	7997	7852	7706	7706	6654	5603	5603	5603	5603
			柴油	30493	30493	28460	24394	24394	18567	6912	6912	6912	6506	6099	6099	6099	6099	3750	1402	1402	1243	1190
			燃气	34560	34560	32640	28800	28800	27780	25740	25740	25740	20623	15506	15506	10732	10732	9642	9642	9642	9642	9642
	大型	公交车	汽油	576965	576965	576965	576965	576368	388790	14828	14828	14828	14828	14828	14688	14549	14549	11783	9017	9017	9017	9017
			柴油	131708	131708	108010	60614	60614	60614	60614	60614	60614	43515	26416	26416	26416	26416	17675	8934	8934	5723	4653
			燃气	168926	168926	159541	140772	140772	135786	125815	125815	125815	100740	75665	75665	52438	52438	47188	47188	47188	47188	47188
		其他	汽油	1278263	1278263	1278263	1278263	1277666	860818	28315	28315	28315	28315	28315	22056	15797	15797	12606	9416	9416	9416	9416
			柴油	272891	272891	207397	76409	76409	76409	76409	76409	76409	55942	35476	35476	35476	35476	20706	5937	5937	5324	5119
			燃气	266186	266186	251398	221822	221822	213966	198253	198253	198253	158842	119430	119430	82662	82662	74261	74261	74261	74261	74261
载货汽车	微型		汽油	514135	273275	32415	32415	32415	32415	30921	29427	29427	27164	24902	24902	20274	15647	15647	15647	15647	13552	12854
			柴油	44084	41226	38368	38368	38368	38368	35398	32428	32428	23672	14916	14916	14916	14916	10250	5583	5583	4061	3554
			燃气	100227	52470	4713	4713	4713	4713	4437	4161	4161	3388	2616	2616	2062	1507	1507	1507	1507	1091	953
	轻型		汽油	262381	153911	45441	45441	45441	45441	38958	32475	32475	28964	25452	25452	22370	19288	19288	19288	19288	16922	16134
			柴油	40091	39230	38368	38368	38368	38368	35398	32428	32428	23672	14916	14916	14916	14916	11396	7876	7876	6355	5848
			燃气	51244	31237	11230	11230	11230	11230	8029	4828	4828	3943	3058	3058	2433	1807	1807	1807	1807	1414	1283
	中型		汽油	346173	346173	346173	346173	345576	235109	15369	15369	15369	15369	15369	15229	15089	15089	12186	9282	9282	9282	9282
			柴油	80635	80635	75259	64508	64508	49098	18277	18277	18277	17210	16142	16142	16142	16142	11698	7255	7255	4316	3337
			燃气	91390	91390	86313	76159	76159	73460	68063	68063	68063	54551	41039	41039	55535	55535	27038	27038	27038	27038	27038
	重型		汽油	547970	547970	547970	547970	547372	369275	14274	14274	14274	14274	14274	11526	8779	8779	7410	6041	6041	6041	6041
			柴油	158767	158767	120663	44455	44455	44455	44455	44455	44455	32548	20640	20640	20640	20640	12785	4930	4930	3501	3025
			燃气	154866	154866	146263	129057	129057	124486	115344	115344	115344	92414	69485	69485	68641	68641	43883	43883	43883	43883	43883
低速汽车	三轮汽车			25300	25300	25300	25300	25300	25300	25300	25300	25300	16721	16721	16721	16721	16721	16721	16721	16721	16721	16721
	低速货车			33990	33990	33990	33990	33990	33990	33990	33990	33990	22464	22464	22464	22464	22464	22464	22464	22464	22464	22464
摩托车	普通摩托车			12928	12928	12928	12928	9648	6368	3409	3409	3409	3409	3409	2544	1679	1679	1679	1679	1679	1679	1679
	轻便摩托车			41808	41808	41808	41808	41808	8362	8362	4116	4116	4116	4116	3072	2027	2027	2027	2027	2027	2027	2027

兴安盟 NO_x 排放系数

单位：克/（辆·年）

车辆类型		使用性质	燃料种类	1999年年底前	2000年	2001年	2002年	2003年	2004年	2005年	2006年	2007年	2008年	2009年	2010年	2011年	2012年	2013年	2014年	2015年	2016年	2017年
载客汽车	微型	出租车	汽油	218051	143316	68580	68580	68580	68580	48850	29121	29121	20264	11407	11407	9698	7990	7990	7990	7990	5662	4886
			燃气	99263	66252	33241	33241	33241	33241	24137	15033	15033	10852	6672	6672	5501	4330	4330	4330	4330	2837	2339
		其他	汽油	48225	30189	12153	12153	12153	12153	7564	2976	2976	2412	1849	1849	1540	1232	1232	1232	1232	895	783
			燃气	20918	12476	4033	4033	4033	4033	2632	1232	1232	1001	770	770	614	458	458	458	458	364	333
	小型	出租车	汽油	248831	160538	72245	72245	72245	72245	50965	29685	29685	20546	11407	11407	9180	6954	6954	6954	6954	4716	3970
			柴油	184653	152270	119887	119887	119887	119887	107127	94367	94367	74386	54405	54405	54405	54405	45249	36093	36093	28976	26604
			燃气	112812	73834	34855	34855	34855	34855	25068	15282	15282	10977	6672	6672	5272	3873	3873	3873	3873	2420	1935
		其他	汽油	44960	28647	12334	12334	12334	12334	8088	3841	3841	2630	1418	1418	1292	1166	1166	1166	1166	840	732
			柴油	29454	24105	18756	18756	18756	18756	17262	15767	15767	12346	8925	8925	8925	8925	7705	6485	6485	5609	5317
			燃气	19481	12436	5392	5392	5392	5392	3502	1613	1613	1097	581	581	505	429	429	429	429	340	311
	中型	公交车	汽油	443522	443522	443522	443522	443522	302999	21954	21954	21954	21954	21954	19689	17424	17424	13154	8884	8884	8884	8884
			柴油	368555	368555	367690	365959	365959	351415	322328	322328	322328	268484	214639	214639	214639	214639	175161	135683	135683	113597	106235
			燃气	391322	391322	386664	377347	377347	365642	342232	342232	342232	284830	227428	227428	143823	143823	112641	112641	112641	112641	112641
		其他	汽油	271919	271919	271919	271919	271919	184452	9517	9517	9517	9517	9517	9517	9517	9517	7138	4760	4760	4760	4760
			柴油	172836	172836	165621	151192	151192	149913	147356	147356	147356	125498	103641	103641	103641	103641	92024	80407	80407	68628	64702
			燃气	195168	195168	184325	162640	162640	161107	158042	158042	158042	134562	111081	111081	86527	86527	69504	69504	69504	69504	69504
	大型	公交车	汽油	1580046	1580046	1580046	1580046	1580046	1086470	99317	99317	99317	99317	99317	99230	99143	99143	74358	49573	49573	49573	49573
			柴油	522721	522721	505830	472048	472048	458635	431810	431810	431810	424028	416247	416247	416247	416247	401238	386228	386228	348166	335479
			燃气	1050980	1050980	992592	875817	875817	810826	680843	680843	680843	583356	485870	485870	452345	452345	392064	392064	392064	392064	392064
		其他	汽油	3771281	3771281	3771281	3771281	3771281	2593205	237052	237052	237052	237052	237052	228162	219273	219273	164630	109987	109987	109987	109987
			柴油	1251755	1251755	1219545	1155125	1155125	1128194	1074333	1074333	1074333	1036508	998683	998683	998683	998683	950752	902820	902820	798986	764375
			燃气	2330007	2330007	2200562	1941673	1941673	1797588	1509419	1509419	1509419	1293788	1078157	1078157	972681	972681	825233	825233	825233	825233	825233
载货汽车	微型		汽油	171082	101009	30936	30936	30936	30936	20831	10726	10726	8644	6563	6563	5872	5180	5180	5180	5180	4010	3620
			柴油	86321	71200	56080	56080	56080	56080	50460	44840	44840	37954	31067	31067	31067	31067	22728	14389	14389	12330	11644
			燃气	74208	42237	10266	10266	10266	10266	7353	4440	4440	3587	2733	2733	2329	1926	1926	1926	1926	1636	1540
	轻型		汽油	126552	80734	34917	34917	34917	34917	23364	11811	11811	9880	7949	7949	6639	5329	5329	5329	5329	4197	3820
			柴油	86625	71352	56080	56080	56080	56080	50460	44840	44840	37954	31067	31067	31067	31067	24774	18480	18480	17141	16695
			燃气	54835	35050	15265	15265	15265	15265	10112	4960	4960	4108	3257	3257	2609	1961	1961	1961	1961	1707	1623
	中型		汽油	323860	323860	323860	323860	323860	221101	15586	15586	15586	15586	15586	15586	15586	15586	11694	7802	7802	7802	7802
			柴油	454748	454748	408331	315496	315496	300002	269014	269014	269014	266977	264940	264940	264940	264940	232452	199963	199963	172187	162928
			燃气	513506	513506	455465	339385	339385	322431	288522	288522	288522	286241	283959	283959	215183	215183	175020	175020	175020	175020	175020
	重型		汽油	1519431	1519431	1519431	1519431	1519431	1044790	95507	95507	95507	95507	95507	91926	88344	88344	66328	44313	44313	44313	44313
			柴油	673867	673867	650866	604863	604863	582491	537746	537746	537746	516182	494619	494619	494619	494619	428446	362272	362272	233661	190791
			燃气	1254331	1254331	1175129	1016726	1016726	929659	755524	755524	755524	644752	533980	533980	390305	390305	205981	205981	205981	205981	205981
低速汽车	三轮汽车			65550	65550	65550	65550	65550	65550	65550	65550	65550	53279	53279	53279	53279	53279	53279	53279	53279	53279	53279
	低速货车			88065	88065	88065	88065	88065	88065	88065	88065	88065	71579	71579	71579	71579	71579	71579	71579	71579	71579	71579
摩托车	普通摩托车			965	965	965	965	932	900	836	836	836	836	836	743	650	650	650	650	650	650	650
	轻便摩托车			643	643	643	643	643	322	322	322	322	322	322	286	250	250	250	250	250	250	250

兴安盟 PM 排放系数

单位：克/（辆·年）

车辆类型		使用性质	燃料种类	1999 年年底前	2000 年	2001 年	2002 年	2003 年	2004 年	2005 年	2006 年	2007 年	2008 年	2009 年	2010 年	2011 年	2012 年	2013 年	2014 年	2015 年	2016 年	2017 年
载客汽车	微型	出租车	汽油	—	—	—	—	—	—	—	—	—	—	—	—	—	—	—	—	—	—	—
			燃气	—	—	—	—	—	—	—	—	—	—	—	—	—	—	—	—	—	—	—
		其他	汽油	—	—	—	—	—	—	—	—	—	—	—	—	—	—	—	—	—	—	—
			燃气	—	—	—	—	—	—	—	—	—	—	—	—	—	—	—	—	—	—	—
	小型	出租车	汽油	—	—	—	—	—	—	—	—	—	—	—	—	—	—	—	—	—	—	—
			柴油	25133	23016	20898	20898	20898	20898	14246	7593	7593	4950	2307	2307	2307	2307	2144	1981	1981	1638	1524
			燃气	—	—	—	—	—	—	—	—	—	—	—	—	—	—	—	—	—	—	—
		其他	汽油	—	—	—	—	—	—	—	—	—	—	—	—	—	—	—	—	—	—	—
			柴油	3815	3610	3405	3405	3405	3405	2450	1494	1494	1094	694	694	694	694	582	469	469	469	469
			燃气	—	—	—	—	—	—	—	—	—	—	—	—	—	—	—	—	—	—	—
	中型	公交车	汽油	—	—	—	—	—	—	—	—	—	—	—	—	—	—	—	—	—	—	—
			柴油	30592	30592	28032	22913	22913	17978	8108	8108	8108	6872	5637	5637	5637	5637	3504	1372	1372	1080	983
			燃气	—	—	—	—	—	—	—	—	—	—	—	—	—	—	—	—	—	—	—
		其他	汽油	—	—	—	—	—	—	—	—	—	—	—	—	—	—	—	—	—	—	—
			柴油	15274	15274	12888	8116	8116	6262	2553	2553	2553	2434	2316	2316	2316	2316	1366	415	415	399	394
			燃气	—	—	—	—	—	—	—	—	—	—	—	—	—	—	—	—	—	—	—
	大型	公交车	汽油	—	—	—	—	—	—	—	—	—	—	—	—	—	—	—	—	—	—	—
			柴油	94865	94865	93934	92071	92071	71272	29674	29674	29674	19994	10315	10315	10315	10315	6116	1916	1916	1845	1821
			燃气	—	—	—	—	—	—	—	—	—	—	—	—	—	—	—	—	—	—	—
		其他	汽油	—	—	—	—	—	—	—	—	—	—	—	—	—	—	—	—	—	—	—
			柴油	142314	142314	133412	115607	115607	85425	25061	25061	25061	17182	9303	9303	9303	9303	5868	2433	2433	2343	2313
			燃气	—	—	—	—	—	—	—	—	—	—	—	—	—	—	—	—	—	—	—
载货汽车	微型		汽油	—	—	—	—	—	—	—	—	—	—	—	—	—	—	—	—	—	—	—
			柴油	9366	9172	8978	8978	8978	8978	7306	5634	5634	4182	2729	2729	2729	2729	1718	707	707	704	703
			燃气	—	—	—	—	—	—	—	—	—	—	—	—	—	—	—	—	—	—	—
	轻型		汽油	—	—	—	—	—	—	—	—	—	—	—	—	—	—	—	—	—	—	—
			柴油	9741	9360	8978	8978	8978	8978	7306	5634	5634	4182	2729	2729	2729	2729	2058	1387	1387	1145	1064
			燃气	—	—	—	—	—	—	—	—	—	—	—	—	—	—	—	—	—	—	—
	中型		汽油	—	—	—	—	—	—	—	—	—	—	—	—	—	—	—	—	—	—	—
			柴油	39074	39074	32882	20499	20499	15801	6405	6405	6405	6068	5731	5731	5731	5731	3674	1618	1618	1482	1436
			燃气	—	—	—	—	—	—	—	—	—	—	—	—	—	—	—	—	—	—	—
	重型		汽油	—	—	—	—	—	—	—	—	—	—	—	—	—	—	—	—	—	—	—
			柴油	82810	82810	68064	38571	38571	30625	14734	14734	14734	10096	5459	5459	5459	5459	3688	1917	1917	1620	1521
			燃气	—	—	—	—	—	—	—	—	—	—	—	—	—	—	—	—	—	—	—
低速汽车	三轮汽车			4092	4092	4092	4092	4092	4092	4092	4092	4092	3220	3220	3220	3220	3220	3220	3220	3220	3220	3220
	低速货车			5581	5581	5581	5581	5581	5581	5581	5581	5581	4392	4392	4392	4392	4392	4392	4392	4392	4392	4392
摩托车	普通摩托车			—	—	—	—	—	—	—	—	—	—	—	—	—	—	—	—	—	—	—
	轻便摩托车			—	—	—	—	—	—	—	—	—	—	—	—	—	—	—	—	—	—	—

兴安盟 VOCs 排放系数

单位：克/（辆·年）

车辆类型		使用性质	燃料种类	1999年年底前	2000年	2001年	2002年	2003年	2004年	2005年	2006年	2007年	2008年	2009年	2010年	2011年	2012年	2013年	2014年	2015年	2016年	2017年
载客汽车	微型	出租车	汽油	1295734	742010	188286	188286	188286	188286	133672	79058	79058	61510	43963	43963	37917	31871	31871	31871	31871	26840	25163
			燃气	190198	112213	34228	34228	34228	34228	25472	16716	16716	13488	10261	10261	8285	6309	6309	6309	6309	4227	3533
		其他	汽油	134557	76968	19378	19378	19378	19378	18868	18358	18358	14896	11435	11435	10646	9857	9857	9857	9857	7752	7051
			燃气	17663	9936	2208	2208	2208	2208	2115	2022	2022	1506	990	990	897	804	804	804	804	542	455
	小型	出租车	汽油	1295734	729008	162281	162281	162281	162281	155388	148495	148495	96229	43963	43963	37917	31871	31871	31871	31871	24620	22203
			柴油	102502	97303	92104	92104	92104	92104	85206	78309	78309	53246	28183	28183	28183	28183	21238	14293	14293	9413	7786
			燃气	190198	110389	30580	30580	30580	30580	28518	26455	26455	18358	10261	10261	8285	6309	6309	6309	6309	3915	3117
		其他	汽油	136679	77772	18864	18864	18864	18864	19750	20636	20636	16041	11446	11446	10518	9589	9589	9589	9589	7964	7422
			柴油	16058	14676	13295	13295	13295	13295	11242	9190	9190	6194	3199	3199	3199	3199	2794	2389	2389	1754	1543
			燃气	17960	10816	3672	3672	3672	3672	3007	2342	2342	1738	1133	1133	950	766	766	766	766	572	507
	中型	公交车	汽油	247478	247478	247478	247478	246881	168638	13345	13345	13345	13345	13345	13194	13042	13042	10615	8188	8188	8188	8188
			柴油	87806	87806	86086	82645	82645	64494	28192	28192	28192	20508	12823	12823	12823	12823	8958	5093	5093	4763	4653
			燃气	71579	71579	67602	59649	59649	57536	53311	53311	53311	42686	32061	32061	22219	22219	22154	22154	22154	22154	22154
		其他	汽油	128188	128188	128188	128188	127591	87269	7818	7818	7818	7818	7818	7672	7526	7526	6475	5424	5424	5424	5424
			柴油	30493	30493	28460	24394	24394	18567	6912	6912	6912	6506	6099	6099	6099	6099	3750	1402	1402	1243	1190
			燃气	34560	34560	32640	28800	28800	27780	25740	25740	25740	20623	15506	15506	10732	10732	9642	9642	9642	9642	9642
	大型	公交车	汽油	576786	576786	576786	576786	576189	388611	14649	14649	14649	14649	14649	14509	14369	14369	11603	8837	8837	8837	8837
			柴油	131708	131708	108010	60614	60614	60614	60614	60614	60614	43515	26416	26416	26416	26416	17675	8934	8934	5723	4653
			燃气	168926	168926	159541	140772	140772	135786	125815	125815	125815	100740	75665	75665	52438	52438	47188	47188	47188	47188	47188
		其他	汽油	1278084	1278084	1278084	1278084	1277487	860638	28135	28135	28135	28135	28135	21876	15618	15618	12427	9236	9236	9236	9236
			柴油	272891	272891	207397	76409	76409	76409	76409	76409	76409	55942	35476	35476	35476	35476	20706	5937	5937	5324	5119
			燃气	266186	266186	251398	221822	221822	213966	198253	198253	198253	158842	119430	119430	82662	82662	74261	74261	74261	74261	74261
载货汽车	微型		汽油	840636	443782	46929	46929	46929	46929	44880	42831	42831	39664	36498	36498	29112	21725	21725	21725	21725	19102	18227
			柴油	54326	50796	47267	47267	47267	47267	43682	40098	40098	29118	18137	18137	18137	18137	12368	6600	6600	4932	4376
			燃气	110348	57848	5347	5347	5347	5347	5032	4718	4718	3939	3160	3160	2466	1772	1772	1772	1772	1325	1176
	轻型		汽油	423781	246139	68497	68497	68497	68497	58188	47878	47878	42644	37410	37410	32582	27754	27754	27754	27754	24683	23659
			柴油	49184	48226	47267	47267	47267	47267	43682	40098	40098	29118	18137	18137	18137	18137	13845	9553	9553	7885	7329
			燃气	55686	34510	13333	13333	13333	13333	9384	5434	5434	4568	3703	3703	2960	2217	2217	2217	2217	1766	1616
	中型		汽油	345994	345994	345994	345994	345397	234930	15189	15189	15189	15189	15189	15050	14910	14910	12006	9103	9103	9103	9103
			柴油	80635	80635	75259	64508	64508	49098	18277	18277	18277	17210	16142	16142	16142	16142	11698	7255	7255	4316	3337
			燃气	91390	91390	86313	76159	76159	73460	68063	68063	68063	54551	41039	41039	55535	55535	27038	27038	27038	27038	27038
	重型		汽油	547790	547790	547790	547790	547192	369095	14095	14095	14095	14095	14095	11347	8599	8599	7230	5862	5862	5862	5862
			柴油	158767	158767	120663	44455	44455	44455	44455	44455	44455	32548	20640	20640	20640	20640	12785	4930	4930	3501	3025
			燃气	154866	154866	146263	129057	129057	124486	115344	115344	115344	92414	69485	69485	68641	68641	43883	43883	43883	43883	43883
低速汽车	三轮汽车			25300	25300	25300	25300	25300	25300	25300	25300	25300	16721	16721	16721	16721	16721	16721	16721	16721	16721	16721
	低速货车			33990	33990	33990	33990	33990	33990	33990	33990	33990	22464	22464	22464	22464	22464	22464	22464	22464	22464	22464
摩托车	普通摩托车			12928	12928	12928	12928	9648	6368	3409	3409	3409	3409	3409	2544	1679	1679	1679	1679	1679	1679	1679
	轻便摩托车			41808	41808	41808	41808	41808	8362	8362	4116	4116	4116	4116	3072	2027	2027	2027	2027	2027	2027	2027

锡林郭勒盟 NO_x 排放系数

单位：克/（辆•年）

车辆类型		使用性质	燃料种类	1999年年底前	2000年	2001年	2002年	2003年	2004年	2005年	2006年	2007年	2008年	2009年	2010年	2011年	2012年	2013年	2014年	2015年	2016年	2017年
载客汽车	微型	出租车	汽油	159817	104439	49061	49061	49061	49061	34682	20303	20303	13898	7493	7493	6477	5461	5461	5461	5461	4001	3514
			燃气	71830	47491	23152	23152	23152	23152	16598	10043	10043	7088	4134	4134	3456	2779	2779	2779	2779	1922	1637
		其他	汽油	48356	30278	12199	12199	12199	12199	7606	3014	3014	2444	1874	1874	1566	1257	1257	1257	1257	904	787
			燃气	20918	12476	4033	4033	4033	4033	2632	1232	1232	1001	770	770	614	458	458	458	458	364	333
	小型	出租车	汽油	182641	117210	51779	51779	51779	51779	36250	20721	20721	14107	7493	7493	6093	4693	4693	4693	4693	3300	2835
			柴油	130006	106484	82961	82961	82961	82961	74277	65593	65593	51544	37494	37494	37494	37494	31482	25470	25470	20878	19347
			燃气	81869	53108	24347	24347	24347	24347	17287	10227	10227	7180	4134	4134	3288	2441	2441	2441	2441	1614	1339
		其他	汽油	45088	28734	12380	12380	12380	12380	8130	3880	3880	2662	1443	1443	1317	1191	1191	1191	1191	850	737
			柴油	29494	24142	18789	18789	18789	18789	17294	15799	15799	12372	8946	8946	8946	8946	7726	6506	6506	5619	5323
			燃气	19481	12436	5392	5392	5392	5392	3502	1613	1613	1097	581	581	505	429	429	429	429	340	311
	中型	公交车	汽油	443894	443894	443894	443894	443894	303254	21973	21973	21973	21973	21973	19706	17439	17439	13165	8891	8891	8891	8891
			柴油	368783	368783	367917	366185	366185	351632	322527	322527	322527	268650	214772	214772	214772	214772	175269	135766	135766	113666	106300
			燃气	391564	391564	386903	377580	377580	365868	342444	342444	342444	285006	227569	227569	143911	143911	112710	112710	112710	112710	112710
		其他	汽油	272148	272148	272148	272148	272148	184607	9525	9525	9525	9525	9525	9525	9525	9525	7144	4764	4764	4764	4764
			柴油	172943	172943	165724	151285	151285	150006	147447	147447	147447	125576	103705	103705	103705	103705	92080	80456	80456	68670	64742
			燃气	195289	195289	184439	162740	162740	161206	158139	158139	158139	134644	111149	111149	86581	86581	69547	69547	69547	69547	69547
	大型	公交车	汽油	1581374	1581374	1581374	1581374	1581374	1087383	99401	99401	99401	99401	99401	99314	99226	99226	74420	49614	49614	49614	49614
			柴油	523044	523044	506143	472340	472340	458919	432077	432077	432077	424290	416504	416504	416504	416504	401486	386467	386467	348381	335686
			燃气	1051629	1051629	993205	876358	876358	811327	681264	681264	681264	583717	486170	486170	452624	452624	392306	392306	392306	392306	392306
		其他	汽油	3774452	3774452	3774452	3774452	3774452	2595385	237251	237251	237251	237251	237251	228354	219457	219457	164768	110080	110080	110080	110080
			柴油	1252528	1252528	1220298	1155839	1155839	1128891	1074996	1074996	1074996	1037148	999300	999300	999300	999300	951338	903377	903377	799480	764847
			燃气	2331446	2331446	2201921	1942871	1942871	1798698	1510351	1510351	1510351	1294586	1078822	1078822	973281	973281	825743	825743	825743	825743	825743
载货汽车	微型		汽油	138675	81709	24743	24743	24743	24743	16600	8458	8458	6796	5134	5134	4638	4141	4141	4141	4141	3226	2921
			柴油	68360	56207	44054	44054	44054	44054	39692	35330	35330	29930	24529	24529	24529	24529	17958	11388	11388	9870	9364
			燃气	59988	34084	8180	8180	8180	8180	5819	3457	3457	2783	2109	2109	1809	1509	1509	1509	1509	1304	1236
	轻型		汽油	102506	65241	27976	27976	27976	27976	18658	9339	9339	7799	6259	6259	5260	4262	4262	4262	4262	3378	3083
			柴油	68606	56330	44054	44054	44054	44054	39692	35330	35330	29930	24529	24529	24529	24529	19620	14710	14710	13777	13466
			燃气	44289	28237	12185	12185	12185	12185	8034	3882	3882	3201	2520	2520	2028	1535	1535	1535	1535	1360	1301
	中型		汽油	323860	323860	323860	323860	323860	221101	15586	15586	15586	15586	15586	15586	15586	15586	11694	7802	7802	7802	7802
			柴油	454748	454748	408331	315496	315496	300002	269014	269014	269014	266977	264940	264940	264940	264940	232452	199963	199963	172187	162928
			燃气	513506	513506	455466	339385	339385	322430	288521	288521	288521	286239	283958	283958	215186	215186	175020	175020	175020	175020	175020
	重型		汽油	1573045	1573045	1573045	1573045	1573045	1081656	98877	98877	98877	98877	98877	95169	91461	91461	68669	45877	45877	45877	45877
			柴油	693239	693239	669576	622251	622251	599236	553205	553205	553205	531021	508837	508837	508837	508837	441537	374237	374237	243006	199262
			燃气	1290390	1290390	1208911	1045953	1045953	956383	777244	777244	777244	663286	549329	549329	403196	403196	215127	215127	215127	215127	215127
低速汽车	三轮汽车			65550	65550	65550	65550	65550	65550	65550	65550	65550	53279	53279	53279	53279	53279	53279	53279	53279	53279	53279
	低速货车			88065	88065	88065	88065	88065	88065	88065	88065	88065	71579	71579	71579	71579	71579	71579	71579	71579	71579	71579
摩托车	普通摩托车			965	965	965	965	932	900	836	836	836	836	836	743	650	650	650	650	650	650	650
	轻便摩托车			643	643	643	643	643	322	322	322	322	322	322	286	250	250	250	250	250	250	250

锡林郭勒盟 PM 排放系数

单位：克/（辆•年）

车辆类型		使用性质	燃料种类	1999 年年底前	2000 年	2001 年	2002 年	2003 年	2004 年	2005 年	2006 年	2007 年	2008 年	2009 年	2010 年	2011 年	2012 年	2013 年	2014 年	2015 年	2016 年	2017 年
载客汽车	微型	出租车	汽油	—	—	—	—	—	—	—	—	—	—	—	—	—	—	—	—	—	—	—
			燃气	—	—	—	—	—	—	—	—	—	—	—	—	—	—	—	—	—	—	—
		其他	汽油	—	—	—	—	—	—	—	—	—	—	—	—	—	—	—	—	—	—	—
			燃气	—	—	—	—	—	—	—	—	—	—	—	—	—	—	—	—	—	—	—
	小型	出租车	汽油	—	—	—	—	—	—	—	—	—	—	—	—	—	—	—	—	—	—	—
			柴油	18621	17052	15484	15484	15484	15484	10555	5626	5626	3668	1709	1709	1709	1709	1588	1468	1468	1214	1129
			燃气	—	—	—	—	—	—	—	—	—	—	—	—	—	—	—	—	—	—	—
		其他	汽油	—	—	—	—	—	—	—	—	—	—	—	—	—	—	—	—	—	—	—
			柴油	3815	3610	3405	3405	3405	3405	2450	1494	1494	1094	694	694	694	694	582	469	469	469	469
			燃气	—	—	—	—	—	—	—	—	—	—	—	—	—	—	—	—	—	—	—
	中型	公交车	汽油	—	—	—	—	—	—	—	—	—	—	—	—	—	—	—	—	—	—	—
			柴油	30592	30592	28032	22913	22913	17978	8108	8108	8108	6872	5637	5637	5637	5637	3504	1372	1372	1080	983
			燃气	—	—	—	—	—	—	—	—	—	—	—	—	—	—	—	—	—	—	—
		其他	汽油	—	—	—	—	—	—	—	—	—	—	—	—	—	—	—	—	—	—	—
			柴油	15274	15274	12888	8116	8116	6262	2553	2553	2553	2434	2316	2316	2316	2316	1366	415	415	399	394
			燃气	—	—	—	—	—	—	—	—	—	—	—	—	—	—	—	—	—	—	—
	大型	公交车	汽油	—	—	—	—	—	—	—	—	—	—	—	—	—	—	—	—	—	—	—
			柴油	94865	94865	93934	92071	92071	71272	29674	29674	29674	19994	10315	10315	10315	10315	6116	1916	1916	1845	1821
			燃气	—	—	—	—	—	—	—	—	—	—	—	—	—	—	—	—	—	—	—
		其他	汽油	—	—	—	—	—	—	—	—	—	—	—	—	—	—	—	—	—	—	—
			柴油	142314	142314	133412	115607	115607	85425	25061	25061	25061	17182	9303	9303	9303	9303	5868	2433	2433	2343	2313
			燃气	—	—	—	—	—	—	—	—	—	—	—	—	—	—	—	—	—	—	—
载货汽车	微型		汽油	—	—	—	—	—	—	—	—	—	—	—	—	—	—	—	—	—	—	—
			柴油	7601	7444	7286	7286	7286	7286	5929	4572	4572	3394	2215	2215	2215	2215	1394	574	574	571	570
			燃气	—	—	—	—	—	—	—	—	—	—	—	—	—	—	—	—	—	—	—
	轻型		汽油	—	—	—	—	—	—	—	—	—	—	—	—	—	—	—	—	—	—	—
			柴油	7905	7596	7286	7286	7286	7286	5929	4572	4572	3394	2215	2215	2215	2215	1670	1125	1125	929	864
			燃气	—	—	—	—	—	—	—	—	—	—	—	—	—	—	—	—	—	—	—
	中型		汽油	—	—	—	—	—	—	—	—	—	—	—	—	—	—	—	—	—	—	—
			柴油	39074	39074	32882	20499	20499	15801	6405	6405	6405	6068	5731	5731	5731	5731	3674	1618	1618	1482	1436
			燃气	—	—	—	—	—	—	—	—	—	—	—	—	—	—	—	—	—	—	—
	重型		汽油	—	—	—	—	—	—	—	—	—	—	—	—	—	—	—	—	—	—	—
			柴油	85666	85666	70411	39901	39901	31681	15242	15242	15242	10444	5647	5647	5647	5647	3808	1970	1970	1665	1563
			燃气	—	—	—	—	—	—	—	—	—	—	—	—	—	—	—	—	—	—	—
低速汽车	三轮汽车			4092	4092	4092	4092	4092	4092	4092	4092	4092	3220	3220	3220	3220	3220	3220	3220	3220	3220	3220
	低速货车			5581	5581	5581	5581	5581	5581	5581	5581	5581	4392	4392	4392	4392	4392	4392	4392	4392	4392	4392
摩托车	普通摩托车			—	—	—	—	—	—	—	—	—	—	—	—	—	—	—	—	—	—	—
	轻便摩托车			—	—	—	—	—	—	—	—	—	—	—	—	—	—	—	—	—	—	—

单位：克/（辆·年）

锡林郭勒盟 VOCs 排放系数

车辆类型		使用性质	燃料种类	1999年年底前	2000年	2001年	2002年	2003年	2004年	2005年	2006年	2007年	2008年	2009年	2010年	2011年	2012年	2013年	2014年	2015年	2016年	2017年
载客汽车	微型	出租车	汽油	868239	497600	126962	126962	126962	126962	90660	54358	54358	42486	30615	30615	26776	22937	22937	22937	22937	19405	18228
			燃气	138562	80946	23329	23329	23329	23329	17104	10878	10878	8684	6489	6489	5287	4085	4085	4085	4085	2886	2486
		其他	汽油	124307	71593	18879	18879	18879	18879	18388	17896	17896	14592	11289	11289	10569	9849	9849	9849	9849	7684	6963
			燃气	17663	9936	2208	2208	2208	2208	2115	2022	2022	1506	990	990	897	804	804	804	804	542	455
	小型	出租车	汽油	868239	488930	109621	109621	109621	109621	105141	100661	100661	65638	30615	30615	26776	22937	22937	22937	22937	17925	16254
			柴油	62986	59903	56820	56820	56820	56820	52811	48802	48802	32856	16909	16909	16909	16909	12870	8830	8830	5960	5003
			燃气	138562	79594	20627	20627	20627	20627	19360	18094	18094	12292	6489	6489	5287	4085	4085	4085	4085	2656	2179
		其他	汽油	126217	72316	18416	18416	18416	18416	19181	19946	19946	15622	11299	11299	10454	9608	9608	9608	9608	7875	7297
			柴油	14742	13511	12280	12280	12280	12280	10449	8618	8618	5884	3151	3151	3151	3151	2767	2383	2383	1707	1482
			燃气	17960	10816	3672	3672	3672	3672	3007	2342	2342	1738	1133	1133	950	766	766	766	766	572	507
	中型	公交车	汽油	247467	247467	247467	247467	246870	168627	13334	13334	13334	13334	13334	13182	13031	13031	10604	8177	8177	8177	8177
			柴油	87806	87806	86086	82645	82645	64494	28192	28192	28192	20508	12823	12823	12823	12823	8958	5093	5093	4763	4653
			燃气	71579	71579	67602	59649	59649	57536	53311	53311	53311	42686	32061	32061	22219	22219	22154	22154	22154	22154	22154
		其他	汽油	128177	128177	128177	128177	127580	87258	7807	7807	7807	7807	7807	7662	7516	7516	6464	5413	5413	5413	5413
			柴油	30493	30493	28460	24394	24394	18567	6912	6912	6912	6506	6099	6099	6099	6099	3750	1402	1402	1243	1190
			燃气	34560	34560	32640	28800	28800	27780	25740	25740	25740	20623	15506	15506	10732	10732	9642	9642	9642	9642	9642
	大型	公交车	汽油	576775	576775	576775	576775	576178	388600	14638	14638	14638	14638	14638	14498	14358	14358	11592	8826	8826	8826	8826
			柴油	131708	131708	108010	60614	60614	60614	60614	60614	60614	43515	26416	26416	26416	26416	17675	8934	8934	5723	4653
			燃气	168926	168926	159541	140772	140772	135786	125815	125815	125815	100740	75665	75665	52438	52438	47188	47188	47188	47188	47188
		其他	汽油	1278073	1278073	1278073	1278073	1277476	860628	28125	28125	28125	28125	28125	21866	15607	15607	12416	9225	9225	9225	9225
			柴油	272891	272891	207397	76409	76409	76409	76409	76409	76409	55942	35476	35476	35476	35476	20706	5937	5937	5324	5119
			燃气	266186	266186	251398	221822	221822	213966	198253	198253	198253	158842	119430	119430	82662	82662	74261	74261	74261	74261	74261
载货汽车	微型		汽油	618854	327669	36484	36484	36484	36484	34962	33439	33439	30874	28310	28310	22950	17590	17590	17590	17590	15337	14586
			柴油	38519	36055	33591	33591	33591	33591	31119	28647	28647	20798	12949	12949	12949	12949	8920	4892	4892	3651	3237
			燃气	87934	46101	4267	4267	4267	4267	4023	3778	3778	3130	2483	2483	1959	1436	1436	1436	1436	1074	953
	轻型		汽油	314377	183308	52238	52238	52238	52238	44682	37125	37125	33050	28976	28976	25484	21993	21993	21993	21993	19413	18553
			柴油	34853	34222	33591	33591	33591	33591	31119	28647	28647	20798	12949	12949	12949	12949	9973	6997	6997	5755	5341
			燃气	44734	27575	10416	10416	10416	10416	7387	4359	4359	3632	2906	2906	2329	1753	1753	1753	1753	1405	1289
	中型		汽油	345983	345983	345983	345983	345386	234919	15179	15179	15179	15179	15179	15039	14899	14899	11996	9092	9092	9092	9092
			柴油	80635	80635	75259	64508	64508	49098	18277	18277	18277	17210	16142	16142	16142	16142	11698	7255	7255	4316	3337
			燃气	91390	91390	86313	76159	76159	73460	68063	68063	68063	54551	41039	41039	55535	55535	27038	27038	27038	27038	27038
	重型		汽油	565880	565880	565880	565880	565282	381267	14432	14432	14432	14432	14432	11597	8762	8762	7348	5935	5935	5935	5935
			柴油	162810	162810	123736	45587	45587	45587	45587	45587	45587	33376	21165	21165	21165	21165	13118	5072	5072	3640	3163
			燃气	158810	158810	149987	132343	132343	127656	118281	118281	118281	94767	71252	71252	70618	70618	45885	45885	45885	45885	45885
低速汽车	三轮汽车			25300	25300	25300	25300	25300	25300	25300	25300	25300	16721	16721	16721	16721	16721	16721	16721	16721	16721	16721
	低速货车			33990	33990	33990	33990	33990	33990	33990	33990	33990	22464	22464	22464	22464	22464	22464	22464	22464	22464	22464
摩托车	普通摩托车			12928	12928	12928	12928	9648	6368	3409	3409	3409	3409	3409	2544	1679	1679	1679	1679	1679	1679	1679
	轻便摩托车			41808	41808	41808	41808	41808	8362	8362	4116	4116	4116	4116	3072	2027	2027	2027	2027	2027	2027	2027

阿拉善盟 NO_x 排放系数

单位：克/（辆·年）

车辆类型		使用性质	燃料种类	1999 年年底前	2000 年	2001 年	2002 年	2003 年	2004 年	2005 年	2006 年	2007 年	2008 年	2009 年	2010 年	2011 年	2012 年	2013 年	2014 年	2015 年	2016 年	2017 年
载客汽车	微型	出租车	汽油	283684	188711	93738	93738	93738	93738	67870	42003	42003	30133	18263	18263	15180	12096	12096	12096	12096	7993	6625
			燃气	144501	97782	51062	51062	51062	51062	37711	24360	24360	18065	11770	11770	9560	7351	7351	7351	7351	4513	3567
		其他	汽油	43561	27294	11026	11026	11026	11026	6890	2753	2753	2234	1716	1716	1432	1149	1149	1149	1149	821	712
			燃气	20918	12476	4033	4033	4033	4033	2632	1232	1232	1001	770	770	614	458	458	458	458	364	333
	小型	出租车	汽油	322600	210486	98372	98372	98372	98372	70544	42715	42715	30489	18263	18263	14524	10786	10786	10786	10786	6797	5467
			柴油	259153	216414	173675	173675	173675	173675	154682	135689	135689	107573	79457	79457	79457	79457	65022	50586	50586	38944	35064
			燃气	163532	108430	53329	53329	53329	53329	39018	24708	24708	18239	11770	11770	9240	6710	6710	6710	6710	3928	3000
		其他	汽油	40623	25906	11189	11189	11189	11189	7360	3531	3531	2430	1328	1328	1208	1089	1089	1089	1089	772	667
			柴油	26720	21892	17063	17063	17063	17063	15698	14333	14333	11230	8127	8127	8127	8127	7009	5891	5891	5073	4800
			燃气	19481	12436	5392	5392	5392	5392	3502	1613	1613	1097	581	581	505	429	429	429	429	340	311
	中型	公交车	汽油	443085	443085	443085	443085	443085	302701	21933	21933	21933	21933	21933	19670	17407	17407	13141	8875	8875	8875	8875
			柴油	368289	368289	367424	365694	365694	351161	322095	322095	322095	268290	214484	214484	214484	214484	175034	135585	135585	113515	106158
			燃气	391039	391039	386384	377074	377074	365378	341985	341985	341985	284624	227264	227264	143719	143719	112559	112559	112559	112559	112559
		其他	汽油	271651	271651	271651	271651	271651	184270	9508	9508	9508	9508	9508	9508	9508	9508	7132	4755	4755	4755	4755
			柴油	172711	172711	165501	151082	151082	149804	147249	147249	147249	125408	103567	103567	103567	103567	91958	80348	80348	68578	64655
			燃气	195027	195027	184192	162522	162522	160990	157927	157927	157927	134464	111000	111000	86465	86465	69453	69453	69453	69453	69453
	大型	公交车	汽油	1578489	1578489	1578489	1578489	1578489	1085399	99219	99219	99219	99219	99219	99132	99045	99045	74284	49524	49524	49524	49524
			柴油	522343	522343	505464	471707	471707	458304	431498	431498	431498	423722	415946	415946	415946	415946	400948	385949	385949	347914	335236
			燃气	1050220	1050220	991874	875183	875183	810239	680351	680351	680351	582934	485518	485518	452017	452017	391781	391781	391781	391781	391781
		其他	汽油	3767565	3767565	3767565	3767565	3767565	2590649	236818	236818	236818	236818	236818	227938	219057	219057	164468	109879	109879	109879	109879
			柴油	1250850	1250850	1218663	1154290	1154290	1127378	1073555	1073555	1073555	1035758	997961	997961	997961	997961	950064	902166	902166	798408	763822
			燃气	2328321	2328321	2198970	1940268	1940268	1796288	1508327	1508327	1508327	1292852	1077376	1077376	971977	971977	824636	824636	824636	824636	824636
载货汽车	微型		汽油	120645	71146	21646	21646	21646	21646	14557	7468	7468	6008	4548	4548	4099	3650	3650	3650	3650	2824	2548
			柴油	59903	49310	38716	38716	38716	38716	34870	31025	31025	26276	21528	21528	21528	21528	15764	10000	10000	8624	8166
			燃气	57934	32926	7917	7917	7917	7917	5630	3342	3342	2691	2041	2041	1748	1455	1455	1455	1455	1257	1192
	轻型		汽油	89234	56844	24455	24455	24455	24455	16344	8233	8233	6879	5525	5525	4640	3755	3755	3755	3755	2956	2689
			柴油	60117	49416	38716	38716	38716	38716	34870	31025	31025	26276	21528	21528	21528	21528	17207	12886	12886	12018	11729
			燃气	42793	27289	11785	11785	11785	11785	7773	3761	3761	3089	2417	2417	1948	1479	1479	1479	1479	1310	1254
	中型		汽油	323860	323860	323860	323860	323860	221101	15586	15586	15586	15586	15586	15586	15586	15586	11694	7802	7802	7802	7802
			柴油	454748	454748	408331	315496	315496	300002	269014	269014	269014	266977	264940	264940	264940	264940	232452	199963	199963	172187	162928
			燃气	513506	513506	455466	339386	339386	322431	288522	288522	288522	286238	283955	283955	215186	215186	175019	175019	175019	175019	175019
	重型		汽油	1519431	1519431	1519431	1519431	1519431	1044790	95507	95507	95507	95507	95507	91926	88344	88344	66328	44313	44313	44313	44313
			柴油	673867	673867	650866	604863	604863	582491	537746	537746	537746	516182	494619	494619	494619	494619	428446	362272	362272	233661	190791
			燃气	1254330	1254330	1175129	1016726	1016726	929659	755524	755524	755524	644752	533979	533979	390305	390305	205981	205981	205981	205981	205981
低速汽车	三轮汽车			65550	65550	65550	65550	65550	65550	65550	65550	65550	53279	53279	53279	53279	53279	53279	53279	53279	53279	53279
	低速货车			88065	88065	88065	88065	88065	88065	88065	88065	88065	71579	71579	71579	71579	71579	71579	71579	71579	71579	71579
摩托车	普通摩托车			965	965	965	965	932	900	836	836	836	836	836	743	650	650	650	650	650	650	650
	轻便摩托车			643	643	643	643	643	322	322	322	322	322	322	286	250	250	250	250	250	250	250

阿拉善盟 PM 排放系数

单位：克/（辆·年）

车辆类型		使用性质	燃料种类	1999 年年底前	2000 年	2001 年	2002 年	2003 年	2004 年	2005 年	2006 年	2007 年	2008 年	2009 年	2010 年	2011 年	2012 年	2013 年	2014 年	2015 年	2016 年	2017 年
载客汽车	微型	出租车	汽油	—	—	—	—	—	—	—	—	—	—	—	—	—	—	—	—	—	—	—
			燃气	—	—	—	—	—	—	—	—	—	—	—	—	—	—	—	—	—	—	—
		其他	汽油	—	—	—	—	—	—	—	—	—	—	—	—	—	—	—	—	—	—	—
			燃气	—	—	—	—	—	—	—	—	—	—	—	—	—	—	—	—	—	—	—
	小型	出租车	汽油	—	—	—	—	—	—	—	—	—	—	—	—	—	—	—	—	—	—	—
			柴油	35301	32327	29353	29353	29353	29353	20010	10666	10666	6953	3240	3240	3240	3240	3012	2783	2783	2302	2141
			燃气	—	—	—	—	—	—	—	—	—	—	—	—	—	—	—	—	—	—	—
		其他	汽油	—	—	—	—	—	—	—	—	—	—	—	—	—	—	—	—	—	—	—
			柴油	3815	3610	3405	3405	3405	3405	2450	1494	1494	1094	694	694	694	694	582	469	469	469	469
			燃气	—	—	—	—	—	—	—	—	—	—	—	—	—	—	—	—	—	—	—
	中型	公交车	汽油	—	—	—	—	—	—	—	—	—	—	—	—	—	—	—	—	—	—	—
			柴油	30592	30592	28032	22913	22913	17978	8108	8108	8108	6872	5637	5637	5637	5637	3504	1372	1372	1080	983
			燃气	—	—	—	—	—	—	—	—	—	—	—	—	—	—	—	—	—	—	—
		其他	汽油	—	—	—	—	—	—	—	—	—	—	—	—	—	—	—	—	—	—	—
			柴油	15274	15274	12888	8116	8116	6262	2553	2553	2553	2434	2316	2316	2316	2316	1366	415	415	399	394
			燃气	—	—	—	—	—	—	—	—	—	—	—	—	—	—	—	—	—	—	—
	大型	公交车	汽油	—	—	—	—	—	—	—	—	—	—	—	—	—	—	—	—	—	—	—
			柴油	94865	94865	93934	92071	92071	71272	29674	29674	29674	19994	10315	10315	10315	10315	6116	1916	1916	1845	1821
			燃气	—	—	—	—	—	—	—	—	—	—	—	—	—	—	—	—	—	—	—
		其他	汽油	—	—	—	—	—	—	—	—	—	—	—	—	—	—	—	—	—	—	—
			柴油	142314	142314	133412	115607	115607	85425	25061	25061	25061	17182	9303	9303	9303	9303	5868	2433	2433	2343	2313
			燃气	—	—	—	—	—	—	—	—	—	—	—	—	—	—	—	—	—	—	—
载货汽车	微型		汽油	—	—	—	—	—	—	—	—	—	—	—	—	—	—	—	—	—	—	—
			柴油	7340	7188	7036	7036	7036	7036	5726	4415	4415	3277	2139	2139	2139	2139	1346	554	554	552	551
			燃气	—	—	—	—	—	—	—	—	—	—	—	—	—	—	—	—	—	—	—
	轻型		汽油	—	—	—	—	—	—	—	—	—	—	—	—	—	—	—	—	—	—	—
			柴油	7633	7334	7036	7036	7036	7036	5726	4415	4415	3277	2139	2139	2139	2139	1613	1087	1087	897	834
			燃气	—	—	—	—	—	—	—	—	—	—	—	—	—	—	—	—	—	—	—
	中型		汽油	—	—	—	—	—	—	—	—	—	—	—	—	—	—	—	—	—	—	—
			柴油	39074	39074	32882	20499	20499	15801	6405	6405	6405	6068	5731	5731	5731	5731	3674	1618	1618	1482	1436
			燃气	—	—	—	—	—	—	—	—	—	—	—	—	—	—	—	—	—	—	—
	重型		汽油	—	—	—	—	—	—	—	—	—	—	—	—	—	—	—	—	—	—	—
			柴油	82810	82810	68064	38571	38571	30625	14734	14734	14734	10096	5459	5459	5459	5459	3688	1917	1917	1620	1521
			燃气	—	—	—	—	—	—	—	—	—	—	—	—	—	—	—	—	—	—	—
低速汽车	三轮汽车			4092	4092	4092	4092	4092	4092	4092	4092	4092	3220	3220	3220	3220	3220	3220	3220	3220	3220	3220
	低速货车			5581	5581	5581	5581	5581	5581	5581	5581	5581	4392	4392	4392	4392	4392	4392	4392	4392	4392	4392
摩托车	普通摩托车			—	—	—	—	—	—	—	—	—	—	—	—	—	—	—	—	—	—	—
	轻便摩托车			—	—	—	—	—	—	—	—	—	—	—	—	—	—	—	—	—	—	—

阿拉善盟 VOCs 排放系数

单位：克/（辆·年）

车辆类型		使用性质	燃料种类	1999 年年底前	2000 年	2001 年	2002 年	2003 年	2004 年	2005 年	2006 年	2007 年	2008 年	2009 年	2010 年	2011 年	2012 年	2013 年	2014 年	2015 年	2016 年	2017 年
载客汽车	微型	出租车	汽油	894108	519770	145432	145432	145432	145432	106454	67475	67475	53898	40322	40322	34074	27825	27825	27825	27825	21404	19263
			燃气	274132	164110	54087	54087	54087	54087	41013	27939	27939	22824	17710	17710	14158	10607	10607	10607	10607	6664	5350
		其他	汽油	70445	41650	12854	12854	12854	12854	12440	12027	12027	10082	8137	8137	7708	7280	7280	7280	7280	5891	5428
			燃气	17663	9936	2208	2208	2208	2208	2115	2022	2022	1506	990	990	897	804	804	804	804	542	455
	小型	出租车	汽油	894108	511028	127948	127948	127948	127948	121054	114161	114161	77242	40322	40322	34074	27825	27825	27825	27825	19912	17274
			柴油	151092	142744	134396	134396	134396	134396	122637	110878	110878	78722	46566	46566	46566	46566	34754	22942	22942	13757	10695
			燃气	274132	161548	48965	48965	48965	48965	45292	41618	41618	29664	17710	17710	14158	10607	10607	10607	10607	6227	4767
		其他	汽油	71461	42034	12608	12608	12608	12608	12862	13117	13117	10630	8142	8142	7647	7152	7152	7152	7152	5992	5605
			柴油	13366	12230	11095	11095	11095	11095	9405	7715	7715	5252	2789	2789	2789	2789	2418	2048	2048	1476	1285
			燃气	17960	10816	3672	3672	3672	3672	3007	2342	2342	1738	1133	1133	950	766	766	766	766	572	507
	中型	公交车	汽油	247505	247505	247505	247505	246908	168665	13373	13373	13373	13373	13373	13222	13070	13070	10642	8215	8215	8215	8215
			柴油	87806	87806	86086	82645	82645	64494	28192	28192	28192	20508	12823	12823	12823	12823	8958	5093	5093	4763	4653
			燃气	71579	71579	67602	59649	59649	57536	53311	53311	53311	42686	32061	32061	22219	22219	22154	22154	22154	22154	22154
		其他	汽油	128215	128215	128215	128215	127618	87296	7845	7845	7845	7845	7845	7700	7554	7554	6503	5452	5452	5452	5452
			柴油	30493	30493	28460	24394	24394	18567	6912	6912	6912	6506	6099	6099	6099	6099	3750	1402	1402	1243	1190
			燃气	34560	34560	32640	28800	28800	27780	25740	25740	25740	20623	15506	15506	10732	10732	9642	9642	9642	9642	9642
	大型	公交车	汽油	576813	576813	576813	576813	576216	388638	14677	14677	14677	14677	14677	14537	14397	14397	11631	8865	8865	8865	8865
			柴油	131708	131708	108010	60614	60614	60614	60614	60614	60614	43515	26416	26416	26416	26416	17675	8934	8934	5723	4653
			燃气	168926	168926	159541	140772	140772	135786	125815	125815	125815	100740	75665	75665	52438	52438	47188	47188	47188	47188	47188
		其他	汽油	1278111	1278111	1278111	1278111	1277514	860666	28163	28163	28163	28163	28163	21904	15645	15645	12454	9264	9264	9264	9264
			柴油	272891	272891	207397	76409	76409	76409	76409	76409	76409	55942	35476	35476	35476	35476	20706	5937	5937	5324	5119
			燃气	266186	266186	251398	221822	221822	213966	198253	198253	198253	158842	119430	119430	82662	82662	74261	74261	74261	74261	74261
载货汽车	微型		汽油	323426	172990	22553	22553	22553	22553	21502	20452	20452	18850	17248	17248	14338	11427	11427	11427	11427	9868	9349
			柴油	34170	31968	29765	29765	29765	29765	27536	25306	25306	18384	11463	11463	11463	11463	7862	4262	4262	3174	2811
			燃气	81094	42484	3874	3874	3874	3874	3656	3438	3438	2768	2099	2099	1680	1262	1262	1262	1262	903	784
	轻型		汽油	167053	98848	30644	30644	30644	30644	26494	22345	22345	19968	17590	17590	15640	13689	13689	13689	13689	11962	11386
			柴油	30942	30354	29765	29765	29765	29765	27536	25306	25306	18384	11463	11463	11463	11463	8790	6116	6116	5028	4665
			燃气	41985	25455	8925	8925	8925	8925	6457	3990	3990	3219	2448	2448	1957	1466	1466	1466	1466	1139	1030
	中型		汽油	346021	346021	346021	346021	345424	234957	15217	15217	15217	15217	15217	15077	14937	14937	12034	9131	9131	9131	9131
			柴油	80635	80635	75259	64508	64508	49098	18277	18277	18277	17210	16142	16142	16142	16142	11698	7255	7255	4316	3337
			燃气	91390	91390	86313	76159	76159	73460	68063	68063	68063	54551	41039	41039	55535	55535	27038	27038	27038	27038	27038
	重型		汽油	547818	547818	547818	547818	547220	369123	14123	14123	14123	14123	14123	11375	8627	8627	7258	5889	5889	5889	5889
			柴油	158767	158767	120663	44455	44455	44455	44455	44455	44455	32548	20640	20640	20640	20640	12785	4930	4930	3501	3025
			燃气	154866	154866	146263	129057	129057	124486	115344	115344	115344	92414	69485	69485	68641	68641	43883	43883	43883	43883	43883
低速汽车	三轮汽车			25300	25300	25300	25300	25300	25300	25300	25300	25300	16721	16721	16721	16721	16721	16721	16721	16721	16721	16721
	低速货车			33990	33990	33990	33990	33990	33990	33990	33990	33990	22464	22464	22464	22464	22464	22464	22464	22464	22464	22464
摩托车	普通摩托车			12928	12928	12928	12928	9648	6368	3409	3409	3409	3409	3409	2544	1679	1679	1679	1679	1679	1679	1679
	轻便摩托车			41808	41808	41808	41808	41808	8362	8362	4116	4116	4116	4116	3072	2027	2027	2027	2027	2027	2027	2027

沈阳市 NO_x 排放系数

单位：克/（辆·年）

车辆类型		使用性质	燃料种类	1999 年年底前	2000 年	2001 年	2002 年	2003 年	2004 年	2005 年	2006 年	2007 年	2008 年	2009 年	2010 年	2011 年	2012 年	2013 年	2014 年	2015 年	2016 年	2017 年
载客汽车	微型	出租车	汽油	333843	227144	120445	120445	120445	120445	89514	58582	58582	43782	28983	28983	23654	18324	18324	18324	18324	11021	8587
			燃气	223541	153230	82918	82918	82918	82918	62053	41188	41188	31116	21043	21043	17026	13010	13010	13010	13010	7657	5873
		其他	汽油	34153	21466	8779	8779	8779	8779	5544	2310	2310	1879	1448	1448	1232	1015	1015	1015	1015	696	590
			燃气	21792	12992	4191	4191	4191	4191	2727	1263	1263	1024	784	784	636	487	487	487	487	391	359
	小型	出租车	汽油	377126	251374	125622	125622	125622	125622	92500	59378	59378	44180	28983	28983	22894	16804	16804	16804	16804	9643	7256
			柴油	419951	353393	286835	286835	286835	286835	255238	223640	223640	178026	132411	132411	132411	132411	107356	82302	82302	61988	55217
			燃气	252024	169174	86325	86325	86325	86325	64018	41712	41712	31378	21043	21043	16526	12009	12009	12009	12009	6750	4997
		其他	汽油	31873	20390	8907	8907	8907	8907	5912	2917	2917	2032	1147	1147	1056	966	966	966	966	656	553
			柴油	28262	23128	17995	17995	17995	17995	16568	15140	15140	11870	8599	8599	8599	8599	7427	6255	6255	5434	5160
			燃气	20292	12954	5617	5617	5617	5617	3640	1662	1662	1124	586	586	520	455	455	455	455	365	335
	中型	公交车	汽油	342878	342878	342878	342878	342878	234243	16972	16972	16972	16972	16972	15221	13470	13470	10169	6868	6868	6868	6868
			柴油	382328	382328	381430	379634	379634	364547	334373	334373	334373	278516	222660	222660	222660	222660	181706	140753	140753	117842	110205
			燃气	405945	405945	401112	391447	391447	379305	355021	355021	355021	295474	235927	235927	149197	149197	116850	116850	116850	116850	116850
		其他	汽油	201867	201867	201867	201867	201867	136933	7065	7065	7065	7065	7065	7065	7065	7065	5299	3533	3533	3533	3533
			柴油	172175	172175	164988	150613	150613	149339	146792	146792	146792	125018	103245	103245	103245	103245	91672	80099	80099	68365	64454
			燃气	194421	194421	183620	162018	162018	160491	157437	157437	157437	134046	110656	110656	86196	86196	69238	69238	69238	69238	69238
	大型	公交车	汽油	1221501	1221501	1221501	1221501	1221501	839927	76780	76780	76780	76780	76780	76712	76645	76645	57484	38324	38324	38324	38324
			柴油	542254	542254	524732	489688	489688	475774	447946	447946	447946	439874	431801	431801	431801	431801	416231	400661	400661	361176	348015
			燃气	1090253	1090253	1029683	908544	908544	841124	706285	706285	706285	605156	504026	504026	469248	469248	406715	406715	406715	406715	406715
		其他	汽油	2799727	2799727	2799727	2799727	2799727	1925146	175983	175983	175983	175983	175983	169384	162784	162784	122218	81653	81653	81653	81653
			柴油	1246967	1246967	1214880	1150706	1150706	1123878	1070223	1070223	1070223	1032543	994863	994863	994863	994863	947114	899366	899366	795930	761451
			燃气	2321093	2321093	2192144	1934245	1934245	1790712	1503645	1503645	1503645	1288838	1074032	1074032	968960	968960	822076	822076	822076	822076	822076
载货汽车	微型		汽油	157111	93797	30483	30483	30483	30483	21035	11587	11587	9458	7328	7328	6381	5434	5434	5434	5434	3935	3435
			柴油	111313	92346	73379	73379	73379	73379	65954	58528	58528	49489	40450	40450	40450	40450	29583	18716	18716	15674	14660
			燃气	100248	57400	14552	14552	14552	14552	10444	6335	6335	5151	3968	3968	3287	2607	2607	2607	2607	2219	2090
	轻型		汽油	117292	75685	34078	34078	34078	34078	23322	12567	12567	10574	8580	8580	7074	5568	5568	5568	5568	4104	3616
			柴油	111686	92532	73379	73379	73379	73379	65954	58528	58528	49489	40450	40450	40450	40450	32110	23770	23770	21618	20900
			燃气	74674	48082	21491	21491	21491	21491	14325	7160	7160	5772	4384	4384	3503	2623	2623	2623	2623	2299	2191
	中型		汽油	216737	216737	216737	216737	216737	147968	10430	10430	10430	10430	10430	10430	10430	10430	7826	5221	5221	5221	5221
			柴油	405273	405273	363906	281171	281171	267363	239746	239746	239746	239370	238993	238993	238993	238993	209686	180380	180380	155323	146971
			燃气	457637	457637	405912	302462	302462	287352	257132	257132	257132	256640	256148	256148	194110	194110	157880	157880	157880	157880	157880
	重型		汽油	1908859	1908859	1908859	1908859	1908859	1312568	119985	119985	119985	119985	119985	115486	110987	110987	83329	55671	55671	55671	55671
			柴油	1102032	1102032	1064416	989184	989184	952596	879421	879421	879421	844156	808891	808891	808891	808891	691254	573616	573616	373437	306711
			燃气	2051312	2051312	1921788	1662739	1662739	1520350	1235571	1235571	1235571	1054416	873261	873261	618003	618003	331131	331131	331131	331131	331131
低速汽车	三轮汽车			65550	65550	65550	65550	65550	65550	65550	65550	65550	53279	53279	53279	53279	53279	53279	53279	53279	53279	53279
	低速货车			88065	88065	88065	88065	88065	88065	88065	88065	88065	71579	71579	71579	71579	71579	71579	71579	71579	71579	71579
摩托车	普通摩托车			781	781	781	781	755	729	677	677	677	677	677	602	526	526	526	526	526	526	526
	轻便摩托车			521	521	521	521	521	260	260	260	260	260	260	231	202	202	202	202	202	202	202

沈阳市 PM 排放系数

单位：克/（辆•年）

车辆类型		使用性质	燃料种类	1999 年年底前	2000 年	2001 年	2002 年	2003 年	2004 年	2005 年	2006 年	2007 年	2008 年	2009 年	2010 年	2011 年	2012 年	2013 年	2014 年	2015 年	2016 年	2017 年
载客汽车	微型	出租车	汽油	—	—	—	—	—	—	—	—	—	—	—	—	—	—	—	—	—	—	—
			燃气	—	—	—	—	—	—	—	—	—	—	—	—	—	—	—	—	—	—	—
		其他	汽油	—	—	—	—	—	—	—	—	—	—	—	—	—	—	—	—	—	—	—
			燃气	—	—	—	—	—	—	—	—	—	—	—	—	—	—	—	—	—	—	—
	小型	出租车	汽油	—	—	—	—	—	—	—	—	—	—	—	—	—	—	—	—	—	—	—
			柴油	53846	49314	44783	44783	44783	44783	30496	16209	16209	10580	4950	4950	4950	4950	4600	4251	4251	3515	3270
			燃气	—	—	—	—	—	—	—	—	—	—	—	—	—	—	—	—	—	—	—
		其他	汽油	—	—	—	—	—	—	—	—	—	—	—	—	—	—	—	—	—	—	—
			柴油	4088	3868	3649	3649	3649	3649	2624	1599	1599	1172	746	746	746	746	624	501	501	501	501
			燃气	—	—	—	—	—	—	—	—	—	—	—	—	—	—	—	—	—	—	—
	中型	公交车	汽油	—	—	—	—	—	—	—	—	—	—	—	—	—	—	—	—	—	—	—
			柴油	31857	31857	29192	23861	23861	18722	8443	8443	8443	7156	5870	5870	5870	5870	3649	1428	1428	1124	1023
			燃气	—	—	—	—	—	—	—	—	—	—	—	—	—	—	—	—	—	—	—
		其他	汽油	—	—	—	—	—	—	—	—	—	—	—	—	—	—	—	—	—	—	—
			柴油	15274	15274	12888	8116	8116	6262	2553	2553	2553	2434	2316	2316	2316	2316	1366	415	415	399	394
			燃气	—	—	—	—	—	—	—	—	—	—	—	—	—	—	—	—	—	—	—
	大型	公交车	汽油	—	—	—	—	—	—	—	—	—	—	—	—	—	—	—	—	—	—	—
			柴油	98788	98788	97818	95878	95878	74219	30901	30901	30901	20821	10741	10741	10741	10741	6368	1995	1995	1921	1896
			燃气	—	—	—	—	—	—	—	—	—	—	—	—	—	—	—	—	—	—	—
		其他	汽油	—	—	—	—	—	—	—	—	—	—	—	—	—	—	—	—	—	—	—
			柴油	142314	142314	133412	115607	115607	85425	25061	25061	25061	17182	9303	9303	9303	9303	5868	2433	2433	2343	2313
			燃气	—	—	—	—	—	—	—	—	—	—	—	—	—	—	—	—	—	—	—
载货汽车	微型		汽油	—	—	—	—	—	—	—	—	—	—	—	—	—	—	—	—	—	—	—
			柴油	12676	12414	12151	12151	12151	12151	9902	7652	7652	5680	3707	3707	3707	3707	2334	961	961	956	955
			燃气	—	—	—	—	—	—	—	—	—	—	—	—	—	—	—	—	—	—	—
	轻型		汽油	—	—	—	—	—	—	—	—	—	—	—	—	—	—	—	—	—	—	—
			柴油	13183	12667	12151	12151	12151	12151	9902	7652	7652	5680	3707	3707	3707	3707	2796	1884	1884	1556	1446
			燃气	—	—	—	—	—	—	—	—	—	—	—	—	—	—	—	—	—	—	—
	中型		汽油	—	—	—	—	—	—	—	—	—	—	—	—	—	—	—	—	—	—	—
			柴油	34673	34673	29179	18190	18190	14036	5727	5727	5727	5426	5124	5124	5124	5124	3286	1447	1447	1325	1284
			燃气	—	—	—	—	—	—	—	—	—	—	—	—	—	—	—	—	—	—	—
	重型		汽油	—	—	—	—	—	—	—	—	—	—	—	—	—	—	—	—	—	—	—
			柴油	127024	127024	104404	59165	59165	46977	22601	22601	22601	15488	8374	8374	8374	8374	5686	2999	2999	2535	2380
			燃气	—	—	—	—	—	—	—	—	—	—	—	—	—	—	—	—	—	—	—
低速汽车	三轮汽车			4092	4092	4092	4092	4092	4092	4092	4092	4092	3220	3220	3220	3220	3220	3220	3220	3220	3220	3220
	低速货车			5581	5581	5581	5581	5581	5581	5581	5581	5581	4392	4392	4392	4392	4392	4392	4392	4392	4392	4392
摩托车	普通摩托车			—	—	—	—	—	—	—	—	—	—	—	—	—	—	—	—	—	—	—
	轻便摩托车			—	—	—	—	—	—	—	—	—	—	—	—	—	—	—	—	—	—	—

沈阳市 VOCs 排放系数

单位：克/（辆·年）

车辆类型		使用性质	燃料种类	1999 年年底前	2000 年	2001 年	2002 年	2003 年	2004 年	2005 年	2006 年	2007 年	2008 年	2009 年	2010 年	2011 年	2012 年	2013 年	2014 年	2015 年	2016 年	2017 年
载客汽车	微型	出租车	汽油	1721733	997960	274188	274188	274188	274188	199118	124048	124048	98674	73301	73301	61594	49888	49888	49888	49888	38592	34826
			燃气	429212	259852	90493	90493	90493	90493	69477	48461	48461	39957	31453	31453	25065	18677	18677	18677	18677	11406	8983
		其他	汽油	91968	53546	15123	15123	15123	15123	14665	14207	14207	11772	9336	9336	8818	8299	8299	8299	8299	6643	6091
			燃气	18896	10600	2305	2305	2305	2305	2210	2115	2115	1575	1035	1035	950	865	865	865	865	597	508
	小型	出租车	汽油	1721733	981103	240473	240473	240473	240473	227057	213641	213641	143471	73301	73301	61594	49888	49888	49888	49888	35569	30796
			柴油	258145	243336	228527	228527	228527	228527	207630	186732	186732	135221	83710	83710	83710	83710	62234	40758	40758	23467	17703
			燃气	429212	255947	82682	82682	82682	82682	75950	69219	69219	50336	31453	31453	25065	18677	18677	18677	18677	10706	8049
		其他	汽油	93348	54068	14788	14788	14788	14788	15235	15682	15682	12512	9343	9343	8732	8120	8120	8120	8120	6779	6332
			柴油	13676	12518	11359	11359	11359	11359	9668	7976	7976	5420	2865	2865	2865	2865	2502	2138	2138	1545	1347
			燃气	19216	11548	3879	3879	3879	3879	3168	2457	2457	1824	1190	1190	1006	823	823	823	823	629	564
	中型	公交车	汽油	257481	257481	257481	257481	256884	175438	13737	13737	13737	13737	13737	13585	13433	13433	10906	8379	8379	8379	8379
			柴油	91436	91436	89645	86063	86063	67161	29358	29358	29358	21356	13354	13354	13354	13354	9328	5303	5303	4960	4846
			燃气	74539	74539	70398	62116	62116	59916	55516	55516	55516	44452	33387	33387	23138	23138	23070	23070	23070	23070	23070
		其他	汽油	128179	128179	128179	128179	127582	87259	7808	7808	7808	7808	7808	7662	7517	7517	6466	5415	5415	5415	5415
			柴油	30493	30493	28460	24394	24394	18567	6912	6912	6912	6506	6099	6099	6099	6099	3750	1402	1402	1243	1190
			燃气	34560	34560	32640	28800	28800	27780	25740	25740	25740	20623	15506	15506	10732	10732	9642	9642	9642	9642	9642
	大型	公交车	汽油	600407	600407	600407	600407	599810	404507	15094	15094	15094	15094	15094	14954	14815	14815	11935	9055	9055	9055	9055
			柴油	137155	137155	112477	63120	63120	63120	63120	63120	63120	45314	27508	27508	27508	27508	18406	9304	9304	5960	4846
			燃气	175912	175912	166139	146593	146593	141401	131018	131018	131018	104906	78794	78794	54606	54606	49139	49139	49139	49139	49139
		其他	汽油	1278075	1278075	1278075	1278075	1277478	860629	28126	28126	28126	28126	28126	21868	15609	15609	12418	9227	9227	9227	9227
			柴油	272891	272891	207397	76409	76409	76409	76409	76409	76409	55942	35476	35476	35476	35476	20706	5937	5937	5324	5119
			燃气	266186	266186	251398	221822	221822	213966	198253	198253	198253	158842	119430	119430	82662	82662	74261	74261	74261	74261	74261
载货汽车	微型		汽油	709246	376544	43843	43843	43843	43843	41638	39432	39432	36350	33267	33267	26634	20001	20001	20001	20001	17090	16119
			柴油	66516	62154	57791	57791	57791	57791	53058	48326	48326	35604	22882	22882	22882	22882	15764	8645	8645	6020	5145
			燃气	145724	76203	6682	6682	6682	6682	6276	5870	5870	4779	3688	3688	2886	2085	2085	2085	2085	1529	1344
	轻型		汽油	360545	211215	61885	61885	61885	61885	52770	43654	43654	38842	34029	34029	29536	25044	25044	25044	25044	21758	20662
			柴油	60984	59388	57791	57791	57791	57791	53058	48326	48326	35604	22882	22882	22882	22882	17355	11828	11828	9203	8328
			燃气	74219	45226	16233	16233	16233	16233	11536	6840	6840	5587	4334	4334	3436	2538	2538	2538	2538	2015	1840
	中型		汽油	304099	304099	304099	304099	303502	206524	13763	13763	13763	13763	13763	13623	13483	13483	10934	8386	8386	8386	8386
			柴油	71218	71218	66470	56974	56974	43364	16143	16143	16143	15202	14260	14260	14260	14260	10334	6409	6409	3813	2948
			燃气	80717	80717	76233	67265	67265	64882	60116	60116	60116	48185	36254	36254	49059	49059	23886	23886	23886	23886	23886
	重型		汽油	885970	885970	885970	885970	885372	596713	20589	20589	20589	20589	20589	16216	11842	11842	9630	7417	7417	7417	7417
			柴油	247307	247307	187953	69246	69246	69246	69246	69246	69246	50698	32150	32150	32150	32150	19972	7794	7794	5372	4564
			燃气	241231	241231	227829	201027	201027	193907	179668	179668	179668	143950	108233	108233	108517	108517	66210	66210	66210	66210	66210
低速汽车	三轮汽车			25300	25300	25300	25300	25300	25300	25300	25300	25300	16721	16721	16721	16721	16721	16721	16721	16721	16721	16721
	低速货车			33990	33990	33990	33990	33990	33990	33990	33990	33990	22464	22464	22464	22464	22464	22464	22464	22464	22464	22464
摩托车	普通摩托车			10464	10464	10464	10464	7809	5154	2759	2759	2759	2759	2759	2059	1359	1359	1359	1359	1359	1359	1359
	轻便摩托车			33839	33839	33839	33839	33839	6768	6768	3332	3332	3332	3332	2486	1641	1641	1641	1641	1641	1641	1641

大连市 NO_x 排放系数

单位：克/（辆·年）

车辆类型		使用性质	燃料种类	1999年年底前	2000年	2001年	2002年	2003年	2004年	2005年	2006年	2007年	2008年	2009年	2010年	2011年	2012年	2013年	2014年	2015年	2016年	2017年
载客汽车	微型	出租车	汽油	315102	213723	112344	112344	112344	112344	83292	54239	54239	40422	26605	26605	21728	16851	16851	16851	16851	10234	8029
			燃气	211040	144168	77296	77296	77296	77296	57698	38101	38101	28700	19298	19298	15626	11955	11955	11955	11955	7106	5489
		其他	汽油	30603	19198	7793	7793	7793	7793	4918	2042	2042	1664	1285	1285	1096	908	908	908	908	628	535
			燃气	19539	11626	3714	3714	3714	3714	2412	1111	1111	902	692	692	562	433	433	433	433	352	325
	小型	出租车	汽油	356217	236728	117240	117240	117240	117240	86116	54991	54991	40798	26605	26605	21011	15417	15417	15417	15417	8930	6767
			柴油	392037	329390	266742	266742	266742	266742	237567	208392	208392	165710	123027	123027	123027	123027	99932	76837	76837	58378	52225
			燃气	238126	159324	80522	80522	80522	80522	59560	38597	38597	28948	19298	19298	15154	11011	11011	11011	11011	6246	4658
		其他	汽油	28559	18232	7906	7906	7906	7906	5244	2582	2582	1798	1014	1014	939	864	864	864	864	592	501
			柴油	25578	20918	16257	16257	16257	16257	14982	13708	13708	10731	7754	7754	7754	7754	6704	5653	5653	4943	4706
			燃气	18193	11588	4984	4984	4984	4984	3225	1466	1466	990	514	514	459	404	404	404	404	328	303
	中型	公交车	汽油	342508	342508	342508	342508	342508	233990	16954	16954	16954	16954	16954	15205	13456	13456	10158	6861	6861	6861	6861
			柴油	382025	382025	381128	379334	379334	364259	334108	334108	334108	278296	222484	222484	222484	222484	181563	140642	140642	117748	110117
			燃气	405624	405624	400795	391138	391138	379005	354740	354740	354740	295240	235740	235740	149079	149079	116757	116757	116757	116757	116757
		其他	汽油	201650	201650	201650	201650	201650	136786	7058	7058	7058	7058	7058	7058	7058	7058	5294	3530	3530	3530	3530
			柴油	172038	172038	164857	150494	150494	149221	146676	146676	146676	124920	103163	103163	103163	103163	91600	80036	80036	68311	64403
			燃气	194268	194268	183475	161890	161890	160364	157312	157312	157312	133940	110568	110568	86128	86128	69183	69183	69183	69183	69183
	大型	公交车	汽油	1220183	1220183	1220183	1220183	1220183	839021	76697	76697	76697	76697	76697	76630	76563	76563	57422	38282	38282	38282	38282
			柴油	541825	541825	524317	489300	489300	475397	447592	447592	447592	439526	431460	431460	431460	431460	415902	400344	400344	360890	347739
			燃气	1089390	1089390	1028868	907825	907825	840459	705726	705726	705726	604676	503627	503627	468877	468877	406393	406393	406393	406393	406393
		其他	汽油	2796706	2796706	2796706	2796706	2796706	1923068	175793	175793	175793	175793	175793	169200	162608	162608	122086	81564	81564	81564	81564
			柴油	1245980	1245980	1213919	1149796	1149796	1122989	1069376	1069376	1069376	1031726	994075	994075	994075	994075	946364	898654	898654	795300	760848
			燃气	2319256	2319256	2190409	1932714	1932714	1789294	1502455	1502455	1502455	1287818	1073182	1073182	968193	968193	821426	821426	821426	821426	821426
载货汽车	微型		汽油	127022	75422	23821	23821	23821	23821	16274	8727	8727	7085	5443	5443	4800	4156	4156	4156	4156	3087	2731
			柴油	87284	72054	56824	56824	56824	56824	51178	45532	45532	38550	31569	31569	31569	31569	23090	14610	14610	12489	11782
			燃气	81099	46226	11353	11353	11353	11353	8050	4748	4748	3840	2931	2931	2457	1982	1982	1982	1982	1740	1659
	轻型		汽油	94224	60482	26740	26740	26740	26740	18132	9523	9523	7992	6460	6460	5363	4266	4266	4266	4266	3225	2878
			柴油	87589	72206	56824	56824	56824	56824	51178	45532	45532	38550	31569	31569	31569	31569	25155	18741	18741	17346	16881
			燃气	60024	38440	16857	16857	16857	16857	11132	5407	5407	4341	3275	3275	2635	1995	1995	1995	1995	1804	1741
	中型		汽油	216737	216737	216737	216737	216737	147968	10430	10430	10430	10430	10430	10430	10430	10430	7826	5221	5221	5221	5221
			柴油	405273	405273	363906	281171	281171	267363	239746	239746	239746	239370	238993	238993	238993	238993	209686	180380	180380	155323	146971
			燃气	457641	457641	405915	302462	302462	287352	257131	257131	257131	256639	256148	256148	194110	194110	157879	157879	157879	157879	157879
	重型		汽油	2106576	2106576	2106576	2106576	2106576	1448522	132413	132413	132413	132413	132413	127448	122482	122482	91960	61437	61437	61437	61437
			柴油	1206635	1206635	1165449	1083076	1083076	1043016	962895	962895	962895	924282	885670	885670	885670	885670	765699	645728	645728	437813	368508
			燃气	2246020	2246020	2104201	1820563	1820563	1664659	1352851	1352851	1352851	1154501	956150	956150	695695	695695	397848	397848	397848	397848	397848
低速汽车	三轮汽车			65550	65550	65550	65550	65550	65550	65550	65550	65550	53279	53279	53279	53279	53279	53279	53279	53279	53279	53279
	低速货车			88065	88065	88065	88065	88065	88065	88065	88065	88065	71579	71579	71579	71579	71579	71579	71579	71579	71579	71579
摩托车	普通摩托车			781	781	781	781	755	729	677	677	677	677	677	602	526	526	526	526	526	526	526
	轻便摩托车			521	521	521	521	521	260	260	260	260	260	260	231	202	202	202	202	202	202	202

大连市 PM 排放系数

单位：克/（辆·年）

车辆类型		使用性质	燃料种类	1999 年年底前	2000 年	2001 年	2002 年	2003 年	2004 年	2005 年	2006 年	2007 年	2008 年	2009 年	2010 年	2011 年	2012 年	2013 年	2014 年	2015 年	2016 年	2017 年
载客汽车	微型	出租车	汽油	—	—	—	—	—	—	—	—	—	—	—	—	—	—	—	—	—	—	—
			燃气	—	—	—	—	—	—	—	—	—	—	—	—	—	—	—	—	—	—	—
		其他	汽油	—	—	—	—	—	—	—	—	—	—	—	—	—	—	—	—	—	—	—
			燃气	—	—	—	—	—	—	—	—	—	—	—	—	—	—	—	—	—	—	—
	小型	出租车	汽油	—	—	—	—	—	—	—	—	—	—	—	—	—	—	—	—	—	—	—
			柴油	50997	46713	42429	42429	42429	42429	28947	15465	15465	10082	4698	4698	4698	4698	4366	4035	4035	3337	3104
			燃气	—	—	—	—	—	—	—	—	—	—	—	—	—	—	—	—	—	—	—
		其他	汽油	—	—	—	—	—	—	—	—	—	—	—	—	—	—	—	—	—	—	—
			柴油	3718	3519	3320	3320	3320	3320	2392	1465	1465	1072	679	679	679	679	570	460	460	460	460
			燃气	—	—	—	—	—	—	—	—	—	—	—	—	—	—	—	—	—	—	—
	中型	公交车	汽油	—	—	—	—	—	—	—	—	—	—	—	—	—	—	—	—	—	—	—
			柴油	31857	31857	29192	23861	23861	18722	8443	8443	8443	7156	5870	5870	5870	5870	3649	1428	1428	1124	1023
			燃气	—	—	—	—	—	—	—	—	—	—	—	—	—	—	—	—	—	—	—
		其他	汽油	—	—	—	—	—	—	—	—	—	—	—	—	—	—	—	—	—	—	—
			柴油	15274	15274	12888	8116	8116	6262	2553	2553	2553	2434	2316	2316	2316	2316	1366	415	415	399	394
			燃气	—	—	—	—	—	—	—	—	—	—	—	—	—	—	—	—	—	—	—
	大型	公交车	汽油	—	—	—	—	—	—	—	—	—	—	—	—	—	—	—	—	—	—	—
			柴油	98788	98788	97818	95878	95878	74219	30901	30901	30901	20821	10741	10741	10741	10741	6368	1995	1995	1921	1896
			燃气	—	—	—	—	—	—	—	—	—	—	—	—	—	—	—	—	—	—	—
		其他	汽油	—	—	—	—	—	—	—	—	—	—	—	—	—	—	—	—	—	—	—
			柴油	142314	142314	133412	115607	115607	85425	25061	25061	25061	17182	9303	9303	9303	9303	5868	2433	2433	2343	2313
			燃气	—	—	—	—	—	—	—	—	—	—	—	—	—	—	—	—	—	—	—
载货汽车	微型		汽油	—	—	—	—	—	—	—	—	—	—	—	—	—	—	—	—	—	—	—
			柴油	10342	10128	9914	9914	9914	9914	8084	6255	6255	4642	3030	3030	3030	3030	1908	785	785	781	780
			燃气	—	—	—	—	—	—	—	—	—	—	—	—	—	—	—	—	—	—	—
	轻型		汽油	—	—	—	—	—	—	—	—	—	—	—	—	—	—	—	—	—	—	—
			柴油	10756	10335	9914	9914	9914	9914	8084	6255	6255	4642	3030	3030	3030	3030	2285	1540	1540	1272	1182
			燃气	—	—	—	—	—	—	—	—	—	—	—	—	—	—	—	—	—	—	—
	中型		汽油	—	—	—	—	—	—	—	—	—	—	—	—	—	—	—	—	—	—	—
			柴油	34673	34673	29179	18190	18190	14036	5727	5727	5727	5426	5124	5124	5124	5124	3286	1447	1447	1325	1284
			燃气	—	—	—	—	—	—	—	—	—	—	—	—	—	—	—	—	—	—	—
	重型		汽油	—	—	—	—	—	—	—	—	—	—	—	—	—	—	—	—	—	—	—
			柴油	140394	140394	115394	65393	65393	51922	24980	24980	24980	17118	9255	9255	9255	9255	6218	3180	3180	2687	2523
			燃气	—	—	—	—	—	—	—	—	—	—	—	—	—	—	—	—	—	—	—
低速汽车	三轮汽车			4092	4092	4092	4092	4092	4092	4092	4092	4092	3220	3220	3220	3220	3220	3220	3220	3220	3220	3220
	低速货车			5581	5581	5581	5581	5581	5581	5581	5581	5581	4392	4392	4392	4392	4392	4392	4392	4392	4392	4392
摩托车	普通摩托车			—	—	—	—	—	—	—	—	—	—	—	—	—	—	—	—	—	—	—
	轻便摩托车			—	—	—	—	—	—	—	—	—	—	—	—	—	—	—	—	—	—	—

大连市 VOCs 排放系数

单位：克/（辆·年）

车辆类型		使用性质	燃料种类	1999年年底前	2000年	2001年	2002年	2003年	2004年	2005年	2006年	2007年	2008年	2009年	2010年	2011年	2012年	2013年	2014年	2015年	2016年	2017年
载客汽车	微型	出租车	汽油	1035925	608232	180539	180539	180539	180539	133466	86393	86393	69882	53370	53370	44290	35211	35211	35211	35211	25632	22439
			燃气	400288	242228	84169	84169	84169	84169	64405	44641	44641	36808	28975	28975	23089	17203	17203	17203	17203	10515	8286
		其他	汽油	54511	32450	10390	10390	10390	10390	9990	9591	9591	8120	6650	6650	6316	5982	5982	5982	5982	4917	4562
			燃气	16912	9490	2067	2067	2067	2067	1980	1894	1894	1412	930	930	854	779	779	779	779	535	454
	小型	出租车	汽油	1035925	598138	160351	160351	160351	160351	150096	139841	139841	96606	53370	53370	44290	35211	35211	35211	35211	23860	20077
			柴油	227586	214402	201218	201218	201218	201218	182614	164009	164009	119310	74611	74611	74611	74611	55394	36177	36177	20619	15433
			燃气	400288	238519	76750	76750	76750	76750	70516	64282	64282	46628	28975	28975	23089	17203	17203	17203	17203	9864	7418
		其他	汽油	55291	32744	10197	10197	10197	10197	10316	10435	10435	8544	6654	6654	6266	5878	5878	5878	5878	4992	4696
			柴油	10957	10014	9071	9071	9071	9071	7700	6328	6328	4278	2229	2229	2229	2229	1928	1628	1628	1189	1043
			燃气	17199	10352	3505	3505	3505	3505	2854	2204	2204	1638	1073	1073	907	741	741	741	741	562	503
	中型	公交车	汽油	257159	257159	257159	257159	256562	175116	13415	13415	13415	13415	13415	13263	13111	13111	10584	8057	8057	8057	8057
			柴油	91436	91436	89645	86063	86063	67161	29358	29358	29358	21356	13354	13354	13354	13354	9328	5303	5303	4960	4846
			燃气	74539	74539	70398	62116	62116	59916	55516	55516	55516	44452	33387	33387	23138	23138	23070	23070	23070	23070	23070
		其他	汽油	127857	127857	127857	127857	127260	86937	7486	7486	7486	7486	7486	7340	7195	7195	6144	5093	5093	5093	5093
			柴油	30493	30493	28460	24394	24394	18567	6912	6912	6912	6506	6099	6099	6099	6099	3750	1402	1402	1243	1190
			燃气	34560	34560	32640	28800	28800	27780	25740	25740	25740	20623	15506	15506	10732	10732	9642	9642	9642	9642	9642
	大型	公交车	汽油	600085	600085	600085	600085	599488	404185	14772	14772	14772	14772	14772	14632	14493	14493	11613	8733	8733	8733	8733
			柴油	137155	137155	112477	63120	63120	63120	63120	63120	63120	45314	27508	27508	27508	27508	18406	9304	9304	5960	4846
			燃气	175912	175912	166139	146593	146593	141401	131018	131018	131018	104906	78794	78794	54606	54606	49139	49139	49139	49139	49139
		其他	汽油	1277753	1277753	1277753	1277753	1277156	860307	27804	27804	27804	27804	27804	21546	15287	15287	12096	8905	8905	8905	8905
			柴油	272891	272891	207397	76409	76409	76409	76409	76409	76409	55942	35476	35476	35476	35476	20706	5937	5937	5324	5119
			燃气	266186	266186	251398	221822	221822	213966	198253	198253	198253	158842	119430	119430	82662	82662	74261	74261	74261	74261	74261
载货汽车	微型		汽油	368988	197164	25340	25340	25340	25340	23979	22618	22618	20839	19060	19060	15530	12001	12001	12001	12001	10246	9661
			柴油	45972	42958	39943	39943	39943	39943	36760	33578	33578	24612	15646	15646	15646	15646	10720	5793	5793	4134	3581
			燃气	114478	59760	5041	5041	5041	5041	4754	4467	4467	3566	2666	2666	2114	1563	1563	1563	1563	1112	961
	轻型		汽油	189496	112062	34628	34628	34628	34628	29710	24791	24791	22122	19453	19453	17025	14597	14597	14597	14597	12648	11999
			柴油	41967	40955	39943	39943	39943	39943	36760	33578	33578	24612	15646	15646	15646	15646	11872	8099	8099	6440	5887
			燃气	58945	35424	11903	11903	11903	11903	8569	5236	5236	4187	3137	3137	2489	1840	1840	1840	1840	1424	1285
	中型		汽油	303777	303777	303777	303777	303180	206202	13441	13441	13441	13441	13441	13301	13161	13161	10613	8065	8065	8065	8065
			柴油	71218	71218	66470	56974	56974	43364	16143	16143	16143	15202	14260	14260	14260	14260	10334	6409	6409	3813	2948
			燃气	80717	80717	76233	67265	67265	64882	60116	60116	60116	48185	36254	36254	49059	49059	23886	23886	23886	23886	23886
	重型		汽油	956995	956995	956995	956995	956398	644413	21639	21639	21639	21639	21639	16922	12206	12206	9816	7425	7425	7425	7425
			柴油	259324	259324	197086	72611	72611	72611	72611	72611	72611	53162	33712	33712	33712	33712	21030	8349	8349	6433	5794
			燃气	252952	252952	238900	210796	210796	203330	188399	188399	188399	150945	113491	113491	116245	116245	84053	84053	84053	84053	84053
低速汽车	三轮汽车			25300	25300	25300	25300	25300	25300	25300	25300	25300	16721	16721	16721	16721	16721	16721	16721	16721	16721	16721
	低速货车			33990	33990	33990	33990	33990	33990	33990	33990	33990	22464	22464	22464	22464	22464	22464	22464	22464	22464	22464
摩托车	普通摩托车			10464	10464	10464	10464	7809	5154	2759	2759	2759	2759	2759	2059	1359	1359	1359	1359	1359	1359	1359
	轻便摩托车			33839	33839	33839	33839	33839	6768	6768	3332	3332	3332	3332	2486	1641	1641	1641	1641	1641	1641	1641

鞍山市 NO_x 排放系数

单位：克/（辆·年）

车辆类型		使用性质	燃料种类	1999 年年底前	2000 年	2001 年	2002 年	2003 年	2004 年	2005 年	2006 年	2007 年	2008 年	2009 年	2010 年	2011 年	2012 年	2013 年	2014 年	2015 年	2016 年	2017 年
载客汽车	微型	出租车	汽油	299594	202944	106293	106293	106293	106293	78970	51647	51647	38640	25632	25632	20784	15936	15936	15936	15936	9593	7479
			燃气	200631	136906	73182	73182	73182	73182	54742	36302	36302	27447	18592	18592	14954	11316	11316	11316	11316	6668	5118
		其他	汽油	30546	19158	7771	7771	7771	7771	4909	2047	2047	1668	1289	1289	1087	885	885	885	885	605	512
			燃气	19477	11587	3697	3697	3697	3697	2402	1106	1106	898	690	690	552	413	413	413	413	335	309
	小型	出租车	汽油	338560	224716	110871	110871	110871	110871	81611	52351	52351	38992	25632	25632	20135	14638	14638	14638	14638	8402	6324
			柴油	372051	312944	253836	253836	253836	253836	225771	197706	197706	157077	116448	116448	116448	116448	94426	72404	72404	54640	48718
			燃气	226294	151246	76197	76197	76197	76197	56482	36766	36766	27679	18592	18592	14526	10461	10461	10461	10461	5883	4357
		其他	汽油	28508	18196	7884	7884	7884	7884	5234	2585	2585	1802	1020	1020	932	843	843	843	843	571	480
			柴油	24739	20240	15741	15741	15741	15741	14500	13258	13258	10376	7494	7494	7494	7494	6478	5461	5461	4734	4492
			燃气	18135	11548	4960	4960	4960	4960	3210	1460	1460	986	512	512	449	386	386	386	386	313	289
	中型	公交车	汽油	329003	329003	329003	329003	329003	224764	16286	16286	16286	16286	16286	14606	12925	12925	9758	6590	6590	6590	6590
			柴油	366934	366934	366072	364349	364349	349869	320910	320910	320910	267302	213695	213695	213695	213695	174390	135086	135086	113097	105767
			燃气	389600	389600	384962	375686	375686	364033	340726	340726	340726	283577	226428	226428	143190	143190	112145	112145	112145	112145	112145
		其他	汽油	201709	201709	201709	201709	201709	136826	7060	7060	7060	7060	7060	7060	7060	7060	5296	3531	3531	3531	3531
			柴油	172075	172075	164892	150526	150526	149253	146708	146708	146708	124946	103185	103185	103185	103185	91619	80053	80053	68326	64417
			燃气	194309	194309	183514	161924	161924	160398	157346	157346	157346	133969	110592	110592	86146	86146	69198	69198	69198	69198	69198
	大型	公交车	汽油	1172073	1172073	1172073	1172073	1172073	805940	73673	73673	73673	73673	73673	73608	73544	73544	55158	36773	36773	36773	36773
			柴油	520421	520421	503604	469971	469971	456617	429910	429910	429910	422162	414415	414415	414415	414415	399472	384529	384529	346634	334002
			燃气	1046355	1046355	988224	871963	871963	807258	677847	677847	677847	580790	483732	483732	450354	450354	390339	390339	390339	390339	390339
		其他	汽油	2797524	2797524	2797524	2797524	2797524	1923631	175844	175844	175844	175844	175844	169250	162656	162656	122122	81588	81588	81588	81588
			柴油	1246247	1246247	1214179	1150042	1150042	1123230	1069605	1069605	1069605	1031946	994288	994288	994288	994288	946568	898847	898847	795471	761012
			燃气	2319754	2319754	2190879	1933128	1933128	1789678	1502777	1502777	1502777	1288094	1073412	1073412	968401	968401	821602	821602	821602	821602	821602
载货汽车	微型		汽油	136836	81430	26025	26025	26025	26025	17828	9632	9632	7832	6032	6032	5298	4565	4565	4565	4565	3368	2969
			柴油	93610	77418	61226	61226	61226	61226	55062	48898	48898	41359	33820	33820	33820	33820	24736	15652	15652	13274	12482
			燃气	87251	49816	12381	12381	12381	12381	8793	5204	5204	4217	3229	3229	2680	2130	2130	2130	2130	1876	1792
	轻型		汽油	102148	65664	29181	29181	29181	29181	19836	10492	10492	8812	7131	7131	5907	4683	4683	4683	4683	3517	3128
			柴油	93933	77580	61226	61226	61226	61226	55062	48898	48898	41359	33820	33820	33820	33820	26910	20000	20000	18388	17850
			燃气	64980	41669	18358	18358	18358	18358	12142	5926	5926	4753	3579	3579	2862	2144	2144	2144	2144	1949	1883
	中型		汽油	216737	216737	216737	216737	216737	147968	10430	10430	10430	10430	10430	10430	10430	10430	7826	5221	5221	5221	5221
			柴油	405273	405273	363906	281171	281171	267363	239746	239746	239746	239370	238993	238993	238993	238993	209686	180380	180380	155323	146971
			燃气	457639	457639	405913	302462	302462	287351	257130	257130	257130	256640	256149	256149	194109	194109	157879	157879	157879	157879	157879
	重型		汽油	2259246	2259246	2259246	2259246	2259246	1553501	142010	142010	142010	142010	142010	136684	131359	131359	98624	65890	65890	65890	65890
			柴油	1295356	1295356	1251141	1162712	1162712	1119706	1033694	1033694	1033694	992243	950792	950792	950792	950792	821323	691854	691854	470526	396750
			燃气	2411165	2411165	2258918	1954425	1954425	1787058	1452323	1452323	1452323	1239389	1026455	1026455	745391	745391	428338	428338	428338	428338	428338
低速汽车	三轮汽车			65550	65550	65550	65550	65550	65550	65550	65550	65550	53279	53279	53279	53279	53279	53279	53279	53279	53279	53279
	低速货车			88065	88065	88065	88065	88065	88065	88065	88065	88065	71579	71579	71579	71579	71579	71579	71579	71579	71579	71579
摩托车	普通摩托车			781	781	781	781	755	729	677	677	677	677	677	602	526	526	526	526	526	526	526
	轻便摩托车			521	521	521	521	521	260	260	260	260	260	260	231	202	202	202	202	202	202	202

鞍山市 PM 排放系数

单位：克/（辆·年）

车辆类型		使用性质	燃料种类	1999 年年底前	2000 年	2001 年	2002 年	2003 年	2004 年	2005 年	2006 年	2007 年	2008 年	2009 年	2010 年	2011 年	2012 年	2013 年	2014 年	2015 年	2016 年	2017 年
载客汽车	微型	出租车	汽油	—	—	—	—	—	—	—	—	—	—	—	—	—	—	—	—	—	—	—
			燃气	—	—	—	—	—	—	—	—	—	—	—	—	—	—	—	—	—	—	—
		其他	汽油	—	—	—	—	—	—	—	—	—	—	—	—	—	—	—	—	—	—	—
			燃气	—	—	—	—	—	—	—	—	—	—	—	—	—	—	—	—	—	—	—
	小型	出租车	汽油	—	—	—	—	—	—	—	—	—	—	—	—	—	—	—	—	—	—	—
			柴油	47540	43542	39544	39544	39544	39544	27014	14485	14485	9432	4378	4378	4378	4378	4069	3760	3760	3109	2892
			燃气	—	—	—	—	—	—	—	—	—	—	—	—	—	—	—	—	—	—	—
		其他	汽油	—	—	—	—	—	—	—	—	—	—	—	—	—	—	—	—	—	—	—
			柴油	3582	3390	3198	3198	3198	3198	2302	1406	1406	1030	653	653	653	653	548	443	443	443	443
			燃气	—	—	—	—	—	—	—	—	—	—	—	—	—	—	—	—	—	—	—
	中型	公交车	汽油	—	—	—	—	—	—	—	—	—	—	—	—	—	—	—	—	—	—	—
			柴油	30592	30592	28032	22913	22913	17978	8108	8108	8108	6872	5637	5637	5637	5637	3504	1372	1372	1080	983
			燃气	—	—	—	—	—	—	—	—	—	—	—	—	—	—	—	—	—	—	—
		其他	汽油	—	—	—	—	—	—	—	—	—	—	—	—	—	—	—	—	—	—	—
			柴油	15274	15274	12888	8116	8116	6262	2553	2553	2553	2434	2316	2316	2316	2316	1366	415	415	399	394
			燃气	—	—	—	—	—	—	—	—	—	—	—	—	—	—	—	—	—	—	—
	大型	公交车	汽油	—	—	—	—	—	—	—	—	—	—	—	—	—	—	—	—	—	—	—
			柴油	94865	94865	93934	92071	92071	71272	29674	29674	29674	19994	10315	10315	10315	10315	6116	1916	1916	1845	1821
			燃气	—	—	—	—	—	—	—	—	—	—	—	—	—	—	—	—	—	—	—
		其他	汽油	—	—	—	—	—	—	—	—	—	—	—	—	—	—	—	—	—	—	—
			柴油	142314	142314	133412	115607	115607	85425	25061	25061	25061	17182	9303	9303	9303	9303	5868	2433	2433	2343	2313
			燃气	—	—	—	—	—	—	—	—	—	—	—	—	—	—	—	—	—	—	—
载货汽车	微型		汽油	—	—	—	—	—	—	—	—	—	—	—	—	—	—	—	—	—	—	—
			柴油	11060	10831	10602	10602	10602	10602	8632	6661	6661	4944	3226	3226	3226	3226	2031	836	836	832	831
			燃气	—	—	—	—	—	—	—	—	—	—	—	—	—	—	—	—	—	—	—
	轻型		汽油	—	—	—	—	—	—	—	—	—	—	—	—	—	—	—	—	—	—	—
			柴油	11502	11052	10602	10602	10602	10602	8632	6661	6661	4944	3226	3226	3226	3226	2432	1639	1639	1353	1258
			燃气	—	—	—	—	—	—	—	—	—	—	—	—	—	—	—	—	—	—	—
	中型		汽油	—	—	—	—	—	—	—	—	—	—	—	—	—	—	—	—	—	—	—
			柴油	34673	34673	29179	18190	18190	14036	5727	5727	5727	5426	5124	5124	5124	5124	3286	1447	1447	1325	1284
			燃气	—	—	—	—	—	—	—	—	—	—	—	—	—	—	—	—	—	—	—
	重型		汽油	—	—	—	—	—	—	—	—	—	—	—	—	—	—	—	—	—	—	—
			柴油	150725	150725	123885	70204	70204	55742	26818	26818	26818	18377	9936	9936	9936	9936	6678	3419	3419	2890	2713
			燃气	—	—	—	—	—	—	—	—	—	—	—	—	—	—	—	—	—	—	—
低速汽车	三轮汽车			4092	4092	4092	4092	4092	4092.	4092	4092	4092	3220	3220	3220	3220	3220	3220	3220	3220	3220	3220
	低速货车			5581	5581	5581	5581	5581	5581	5581	5581	5581	4392	4392	4392	4392	4392	4392	4392	4392	4392	4392
摩托车	普通摩托车			—	—	—	—	—	—	—	—	—	—	—	—	—	—	—	—	—	—	—
	轻便摩托车			—	—	—	—	—	—	—	—	—	—	—	—	—	—	—	—	—	—	—

鞍山市 VOCs 排放系数

单位：克/（辆·年）

车辆类型		使用性质	燃料种类	1999 年年底前	2000 年	2001 年	2002 年	2003 年	2004 年	2005 年	2006 年	2007 年	2008 年	2009 年	2010 年	2011 年	2012 年	2013 年	2014 年	2015 年	2016 年	2017 年
载客汽车	微型	出租车	汽油	1254137	733014	211891	211891	211891	211891	155200	98508	98508	78950	59393	59393	49484	39574	39574	39574	39574	29081	25583
			燃气	369509	224646	79783	79783	79783	79783	61229	42675	42675	35194	27714	27714	22000	16285	16285	16285	16285	9669	7464
		其他	汽油	69907	41340	12774	12774	12774	12774	12370	11965	11965	10029	8093	8093	7678	7264	7264	7264	7264	5858	5390
			燃气	16361	9180	1998	1998	1998	1998	1918	1839	1839	1364	890	890	812	734	734	734	734	498	419
	小型	出租车	汽油	1254137	720487	186837	186837	186837	186837	175968	165100	165100	112246	59393	59393	49484	39574	39574	39574	39574	27019	22834
			柴油	224014	211114	198215	198215	198215	198215	179732	161249	161249	117071	72893	72893	72893	72893	54180	35468	35468	20317	15267
			燃气	369509	221191	72873	72873	72873	72873	66956	61040	61040	44377	27714	27714	22000	16285	16285	16285	16285	9100	6705
		其他	汽油	70912	41720	12528	12528	12528	12528	12790	13051	13051	10574	8098	8098	7616	7135	7135	7135	7135	5957	5564
			柴油	11529	10561	9593	9593	9593	9593	8159	6725	6725	4582	2439	2439	2439	2439	2136	1834	1834	1318	1146
			燃气	16638	10006	3375	3375	3375	3375	2756	2138	2138	1582	1025	1025	862	698	698	698	698	525	467
	中型	公交车	汽油	247457	247457	247457	247457	246860	168617	13325	13325	13325	13325	13325	13173	13021	13021	10594	8167	8167	8167	8167
			柴油	87806	87806	86086	82645	82645	64494	28192	28192	28192	20508	12823	12823	12823	12823	8958	5093	5093	4763	4653
			燃气	71579	71579	67602	59649	59649	57536	53311	53311	53311	42686	32061	32061	22219	22219	22154	22154	22154	22154	22154
		其他	汽油	128167	128167	128167	128167	127570	87248	7797	7797	7797	7797	7797	7652	7506	7506	6454	5403	5403	5403	5403
			柴油	30493	30493	28460	24394	24394	18567	6912	6912	6912	6506	6099	6099	6099	6099	3750	1402	1402	1243	1190
			燃气	34560	34560	32640	28800	28800	27780	25740	25740	25740	20623	15506	15506	10732	10732	9642	9642	9642	9642	9642
	大型	公交车	汽油	576765	576765	576765	576765	576168	388590	14628	14628	14628	14628	14628	14488	14349	14349	11583	8817	8817	8817	8817
			柴油	131708	131708	108010	60614	60614	60614	60614	60614	60614	43515	26416	26416	26416	26416	17675	8934	8934	5723	4653
			燃气	168926	168926	159541	140772	140772	135786	125815	125815	125815	100740	75665	75665	52438	52438	47188	47188	47188	47188	47188
		其他	汽油	1278063	1278063	1278063	1278063	1277466	860618	28115	28115	28115	28115	28115	21856	15597	15597	12406	9216	9216	9216	9216
			柴油	272891	272891	207397	76409	76409	76409	76409	76409	76409	55942	35476	35476	35476	35476	20706	5937	5937	5324	5119
			燃气	266186	266186	251398	221822	221822	213966	198253	198253	198253	158842	119430	119430	82662	82662	74261	74261	74261	74261	74261
载货汽车	微型		汽油	515029	274242	33455	33455	33455	33455	31780	30105	30105	27734	25364	25364	20556	15748	15748	15748	15748	13457	12693
			柴油	52300	48884	45468	45468	45468	45468	41807	38146	38146	28023	17900	17900	17900	17900	12326	6752	6752	4766	4104
			燃气	120537	62885	5233	5233	5233	5233	4930	4627	4627	3708	2789	2789	2190	1591	1591	1591	1591	1138	987
	轻型		汽油	263328	154903	46478	46478	46478	46478	39815	33152	33152	29533	25914	25914	22651	19388	19388	19388	19388	16826	15972
			柴油	47828	46648	45468	45468	45468	45468	41807	38146	38146	28023	17900	17900	17900	17900	13611	9322	9322	7336	6674
			燃气	61784	37153	12521	12521	12521	12521	8976	5431	5431	4355	3280	3280	2588	1897	1897	1897	1897	1480	1341
	中型		汽油	304087	304087	304087	304087	303490	206512	13751	13751	13751	13751	13751	13611	13471	13471	10923	8375	8375	8375	8375
			柴油	71218	71218	66470	56974	56974	43364	16143	16143	16143	15202	14260	14260	14260	14260	10334	6409	6409	3813	2948
			燃气	80717	80717	76233	67265	67265	64882	60116	60116	60116	48185	36254	36254	49059	49059	23886	23886	23886	23886	23886
	重型		汽油	1027717	1027717	1027717	1027717	1027120	692116	23304	23304	23304	23304	23304	18248	13193	13193	10627	8061	8061	8061	8061
			柴油	278392	278392	211578	77950	77950	77950	77950	77950	77950	57070	36191	36191	36191	36191	22618	9045	9045	6905	6192
			燃气	271552	271552	256466	226296	226296	218281	202251	202251	202251	162044	121837	121837	125935	125935	89827	89827	89827	89827	89827
低速汽车	三轮汽车			25300	25300	25300	25300	25300	25300	25300	25300	25300	16721	16721	16721	16721	16721	16721	16721	16721	16721	16721
	低速货车			33990	33990	33990	33990	33990	33990	33990	33990	33990	22464	22464	22464	22464	22464	22464	22464	22464	22464	22464
摩托车	普通摩托车			10464	10464	10464	10464	7809	5154	2759	2759	2759	2759	2759	2059	1359	1359	1359	1359	1359	1359	1359
	轻便摩托车			33839	33839	33839	33839	33839	6768	6768	3332	3332	3332	3332	2486	1641	1641	1641	1641	1641	1641	1641

抚顺市 NO_x 排放系数

单位：克/（辆·年）

车辆类型		使用性质	燃料种类	1999年年底前	2000年	2001年	2002年	2003年	2004年	2005年	2006年	2007年	2008年	2009年	2010年	2011年	2012年	2013年	2014年	2015年	2016年	2017年
载客汽车	微型	出租车	汽油	310176	210418	110659	110659	110659	110659	82351	54043	54043	40527	27011	27011	21878	16746	16746	16746	16746	10022	7781
			燃气	207703	141964	76225	76225	76225	76225	57117	38009	38009	28805	19601	19601	15748	11895	11895	11895	11895	6969	5327
		其他	汽油	30642	19224	7807	7807	7807	7807	4944	2080	2080	1696	1311	1311	1109	907	907	907	907	613	515
			燃气	19477	11587	3697	3697	3697	3697	2402	1106	1106	898	690	690	552	413	413	413	413	335	309
	小型	出租车	汽油	350356	232868	115379	115379	115379	115379	85074	54769	54769	40890	27011	27011	21209	15407	15407	15407	15407	8794	6590
			柴油	387335	326136	264937	264937	264937	264937	235586	206235	206235	163930	121624	121624	121624	121624	98504	75385	75385	56675	50438
			燃气	234152	156742	79332	79332	79332	79332	58909	38486	38486	29044	19601	19601	15308	11014	11014	11014	11014	6160	4542
		其他	汽油	28603	18261	7919	7919	7919	7919	5268	2618	2618	1830	1042	1042	954	865	865	865	865	579	484
			柴油	24768	20267	15766	15766	15766	15766	14524	13283	13283	10397	7511	7511	7511	7511	6494	5478	5478	4742	4496
			燃气	18135	11548	4960	4960	4960	4960	3210	1460	1460	986	512	512	449	386	386	386	386	313	289
	中型	公交车	汽油	329175	329175	329175	329175	329175	224881	16294	16294	16294	16294	16294	14613	12932	12932	9763	6594	6594	6594	6594
			柴油	367075	367075	366213	364489	364489	350004	321033	321033	321033	267405	213777	213777	213777	213777	174458	135138	135138	113140	105808
			燃气	389750	389750	385110	375830	375830	364172	340857	340857	340857	283686	226515	226515	143245	143245	112188	112188	112188	112188	112188
		其他	汽油	201814	201814	201814	201814	201814	136897	7064	7064	7064	7064	7064	7064	7064	7064	5298	3532	3532	3532	3532
			柴油	172141	172141	164955	150584	150584	149311	146764	146764	146764	124994	103225	103225	103225	103225	91654	80084	80084	68352	64442
			燃气	194384	194384	183585	161987	161987	160460	157407	157407	157407	134020	110634	110634	86180	86180	69224	69224	69224	69224	69224
	大型	公交车	汽油	1172687	1172687	1172687	1172687	1172687	806362	73712	73712	73712	73712	73712	73647	73582	73582	55187	36792	36792	36792	36792
			柴油	520621	520621	503798	470152	470152	456793	430075	430075	430075	422324	414574	414574	414574	414574	399625	384676	384676	346767	334131
			燃气	1046757	1046757	988604	872298	872298	807568	678108	678108	678108	581013	483918	483918	450527	450527	390489	390489	390489	390489	390489
		其他	汽油	2798990	2798990	2798990	2798990	2798990	1924639	175936	175936	175936	175936	175936	169338	162741	162741	122186	81631	81631	81631	81631
			柴油	1246726	1246726	1214645	1150484	1150484	1123661	1070016	1070016	1070016	1032343	994670	994670	994670	994670	946931	899192	899192	795776	761304
			燃气	2320645	2320645	2191720	1933871	1933871	1790365	1503354	1503354	1503354	1288589	1073824	1073824	968773	968773	821917	821917	821917	821917	821917
载货汽车	微型		汽油	128143	76178	24214	24214	24214	24214	16562	8909	8909	7236	5562	5562	4905	4248	4248	4248	4248	3142	2774
			柴油	86915	71798	56680	56680	56680	56680	50999	45318	45318	38342	31367	31367	31367	31367	22948	14530	14530	12374	11656
			燃气	81452	46459	11467	11467	11467	11467	8102	4737	4737	3832	2927	2927	2431	1934	1934	1934	1934	1732	1664
	轻型		汽油	95625	61399	27173	27173	27173	27173	18444	9715	9715	8154	6592	6592	5476	4359	4359	4359	4359	3282	2923
			柴油	87217	71948	56680	56680	56680	56680	50999	45318	45318	38342	31367	31367	31367	31367	24986	18606	18606	17168	16688
			燃气	60629	38824	17020	17020	17020	17020	11219	5418	5418	4328	3239	3239	2592	1945	1945	1945	1945	1795	1745
	中型		汽油	216737	216737	216737	216737	216737	147968	10430	10430	10430	10430	10430	10430	10430	10430	7826	5221	5221	5221	5221
			柴油	405273	405273	363906	281171	281171	267363	239746	239746	239746	239370	238993	238993	238993	238993	209686	180380	180380	155323	146971
			燃气	457640	457640	405914	302463	302463	287352	257132	257132	257132	256639	256147	256147	194111	194111	157877	157877	157877	157877	157877
	重型		汽油	2436356	2436356	2436356	2436356	2436356	1675285	153142	153142	153142	153142	153142	147400	141657	141657	106356	71055	71055	71055	71055
			柴油	1396991	1396991	1349307	1253939	1253939	1207559	1114799	1114799	1114799	1070095	1025391	1025391	1025391	1025391	887484	749576	749576	512374	433307
			燃气	2600347	2600347	2436155	2107771	2107771	1927271	1566273	1566273	1566273	1336632	1106990	1106990	807579	807579	467806	467806	467806	467806	467806
低速汽车	三轮汽车			65550	65550	65550	65550	65550	65550	65550	65550	65550	53279	53279	53279	53279	53279	53279	53279	53279	53279	53279
	低速货车			88065	88065	88065	88065	88065	88065	88065	88065	88065	71579	71579	71579	71579	71579	71579	71579	71579	71579	71579
摩托车	普通摩托车			781	781	781	781	755	729	677	677	677	677	677	602	526	526	526	526	526	526	526
	轻便摩托车			521	521	521	521	521	260	260	260	260	260	260	231	202	202	202	202	202	202	202

抚顺市 PM 排放系数

单位：克/（辆•年）

车辆类型		使用性质	燃料种类	1999 年年底前	2000 年	2001 年	2002 年	2003 年	2004 年	2005 年	2006 年	2007 年	2008 年	2009 年	2010 年	2011 年	2012 年	2013 年	2014 年	2015 年	2016 年	2017 年
载客汽车	微型	出租车	汽油	—	—	—	—	—	—	—	—	—	—	—	—	—	—	—	—	—	—	—
			燃气	—	—	—	—	—	—	—	—	—	—	—	—	—	—	—	—	—	—	—
		其他	汽油	—	—	—	—	—	—	—	—	—	—	—	—	—	—	—	—	—	—	—
			燃气	—	—	—	—	—	—	—	—	—	—	—	—	—	—	—	—	—	—	—
	小型	出租车	汽油	—	—	—	—	—	—	—	—	—	—	—	—	—	—	—	—	—	—	—
			柴油	48995	44875	40755	40755	40755	40755	27842	14928	14928	9720	4512	4512	4512	4512	4194	3875	3875	3204	2981
			燃气	—	—	—	—	—	—	—	—	—	—	—	—	—	—	—	—	—	—	—
		其他	汽油	—	—	—	—	—	—	—	—	—	—	—	—	—	—	—	—	—	—	—
			柴油	3582	3390	3198	3198	3198	3198	2302	1406	1406	1030	653	653	653	653	548	443	443	443	443
			燃气	—	—	—	—	—	—	—	—	—	—	—	—	—	—	—	—	—	—	—
	中型	公交车	汽油	—	—	—	—	—	—	—	—	—	—	—	—	—	—	—	—	—	—	—
			柴油	30592	30592	28032	22913	22913	17978	8108	8108	8108	6872	5637	5637	5637	5637	3504	1372	1372	1080	983
			燃气	—	—	—	—	—	—	—	—	—	—	—	—	—	—	—	—	—	—	—
		其他	汽油	—	—	—	—	—	—	—	—	—	—	—	—	—	—	—	—	—	—	—
			柴油	15274	15274	12888	8116	8116	6262	2553	2553	2553	2434	2316	2316	2316	2316	1366	415	415	399	394
			燃气	—	—	—	—	—	—	—	—	—	—	—	—	—	—	—	—	—	—	—
	大型	公交车	汽油	—	—	—	—	—	—	—	—	—	—	—	—	—	—	—	—	—	—	—
			柴油	94865	94865	93934	92071	92071	71272	29674	29674	29674	19994	10315	10315	10315	10315	6116	1916	1916	1845	1821
			燃气	—	—	—	—	—	—	—	—	—	—	—	—	—	—	—	—	—	—	—
		其他	汽油	—	—	—	—	—	—	—	—	—	—	—	—	—	—	—	—	—	—	—
			柴油	142314	142314	133412	115607	115607	85425	25061	25061	25061	17182	9303	9303	9303	9303	5868	2433	2433	2343	2313
			燃气	—	—	—	—	—	—	—	—	—	—	—	—	—	—	—	—	—	—	—
载货汽车	微型		汽油	—	—	—	—	—	—	—	—	—	—	—	—	—	—	—	—	—	—	—
			柴油	10363	10148	9934	9934	9934	9934	8088	6241	6241	4632	3023	3023	3023	3023	1903	783	783	780	779
			燃气	—	—	—	—	—	—	—	—	—	—	—	—	—	—	—	—	—	—	—
	轻型		汽油	—	—	—	—	—	—	—	—	—	—	—	—	—	—	—	—	—	—	—
			柴油	10777	10356	9934	9934	9934	9934	8088	6241	6241	4632	3023	3023	3023	3023	2280	1536	1536	1268	1179
			燃气	—	—	—	—	—	—	—	—	—	—	—	—	—	—	—	—	—	—	—
	中型		汽油	—	—	—	—	—	—	—	—	—	—	—	—	—	—	—	—	—	—	—
			柴油	34673	34673	29179	18190	18190	14036	5727	5727	5727	5426	5124	5124	5124	5124	3286	1447	1447	1325	1284
			燃气	—	—	—	—	—	—	—	—	—	—	—	—	—	—	—	—	—	—	—
	重型		汽油	—	—	—	—	—	—	—	—	—	—	—	—	—	—	—	—	—	—	—
			柴油	162563	162563	133615	75718	75718	60120	28924	28924	28924	19820	10716	10716	10716	10716	7191	3666	3666	3098	2909
			燃气	—	—	—	—	—	—	—	—	—	—	—	—	—	—	—	—	—	—	—
低速汽车	三轮汽车			4092	4092	4092	4092	4092	4092	4092	4092	4092	3220	3220	3220	3220	3220	3220	3220	3220	3220	3220
	低速货车			5581	5581	5581	5581	5581	5581	5581	5581	5581	4392	4392	4392	4392	4392	4392	4392	4392	4392	4392
摩托车	普通摩托车			—	—	—	—	—	—	—	—	—	—	—	—	—	—	—	—	—	—	—
	轻便摩托车			—	—	—	—	—	—	—	—	—	—	—	—	—	—	—	—	—	—	—

抚顺市 VOCs 排放系数

单位：克/（辆·年）

车辆类型		使用性质	燃料种类	1999 年年底前	2000 年	2001 年	2002 年	2003 年	2004 年	2005 年	2006 年	2007 年	2008 年	2009 年	2010 年	2011 年	2012 年	2013 年	2014 年	2015 年	2016 年	2017 年
载客汽车	微型	出租车	汽油	1761862	1022626	283390	283390	283390	283390	204830	126271	126271	100149	74027	74027	61933	49839	49839	49839	49839	37792	33777
			燃气	382100	232714	83328	83328	83328	83328	64064	44800	44800	36984	29167	29167	23135	17103	17103	17103	17103	10098	7763
		其他	汽油	92251	53684	15117	15117	15117	15117	14676	14235	14235	11763	9291	9291	8749	8207	8207	8207	8207	6530	5971
			燃气	16361	9180	1998	1998	1998	1998	1918	1839	1839	1364	890	890	812	734	734	734	734	498	419
	小型	出租车	汽油	1761862	1004803	247744	247744	247744	247744	234381	221018	221018	147522	74027	74027	61933	49839	49839	49839	49839	34858	29865
			柴油	244458	230508	216559	216559	216559	216559	196700	176841	176841	127680	78519	78519	78519	78519	58398	38276	38276	22158	16785
			燃气	382100	229154	76207	76207	76207	76207	69967	63727	63727	46447	29167	29167	23135	17103	17103	17103	17103	9512	6982
		其他	汽油	93639	54208	14778	14778	14778	14778	15256	15734	15734	12516	9298	9298	8664	8030	8030	8030	8030	6666	6212
			柴油	12552	11492	10433	10433	10433	10433	8865	7297	7297	4952	2606	2606	2606	2606	2290	1975	1975	1430	1249
			燃气	16638	10006	3375	3375	3375	3375	2756	2138	2138	1582	1025	1025	862	698	698	698	698	525	467
	中型	公交车	汽油	247446	247446	247446	247446	246849	168606	13313	13313	13313	13313	13313	13162	13010	13010	10583	8156	8156	8156	8156
			柴油	87806	87806	86086	82645	82645	64494	28192	28192	28192	20508	12823	12823	12823	12823	8958	5093	5093	4763	4653
			燃气	71579	71579	67602	59649	59649	57536	53311	53311	53311	42686	32061	32061	22219	22219	22154	22154	22154	22154	22154
		其他	汽油	128156	128156	128156	128156	127559	87237	7786	7786	7786	7786	7786	7640	7495	7495	6444	5392	5392	5392	5392
			柴油	30493	30493	28460	24394	24394	18567	6912	6912	6912	6506	6099	6099	6099	6099	3750	1402	1402	1243	1190
			燃气	34560	34560	32640	28800	28800	27780	25740	25740	25740	20623	15506	15506	10732	10732	9642	9642	9642	9642	9642
	大型	公交车	汽油	576754	576754	576754	576754	576157	388579	14617	14617	14617	14617	14617	14477	14337	14337	11571	8805	8805	8805	8805
			柴油	131708	131708	108010	60614	60614	60614	60614	60614	60614	43515	26416	26416	26416	26416	17675	8934	8934	5723	4653
			燃气	168926	168926	159541	140772	140772	135786	125815	125815	125815	100740	75665	75665	52438	52438	47188	47188	47188	47188	47188
		其他	汽油	1278052	1278052	1278052	1278052	1277455	860607	28104	28104	28104	28104	28104	21845	15586	15586	12395	9204	9204	9204	9204
			柴油	272891	272891	207397	76409	76409	76409	76409	76409	76409	55942	35476	35476	35476	35476	20706	5937	5937	5324	5119
			燃气	266186	266186	251398	221822	221822	213966	198253	198253	198253	158842	119430	119430	82662	82662	74261	74261	74261	74261	74261
载货汽车	微型		汽油	660668	350010	39353	39353	39353	39353	37536	35719	35719	32996	30274	30274	24338	18402	18402	18402	18402	15973	15163
			柴油	51565	48210	44855	44855	44855	44855	41359	37863	37863	27659	17455	17455	17455	17455	11974	6493	6493	4709	4114
			燃气	117172	61186	5201	5201	5201	5201	4908	4614	4614	3757	2900	2900	2273	1646	1646	1646	1646	1209	1064
	轻型		汽油	335091	195645	56199	56199	56199	56199	47930	39661	39661	35324	30986	30986	27048	23111	23111	23111	23111	20332	19405
			柴油	46927	45891	44855	44855	44855	44855	41359	37863	37863	27659	17455	17455	17455	17455	13307	9159	9159	7375	6780
			燃气	59540	36187	12835	12835	12835	12835	9112	5389	5389	4403	3416	3416	2712	2009	2009	2009	2009	1596	1459
	中型		汽油	304076	304076	304076	304076	303479	206501	13740	13740	13740	13740	13740	13600	13460	13460	10912	8364	8364	8364	8364
			柴油	71218	71218	66470	56974	56974	43364	16143	16143	16143	15202	14260	14260	14260	14260	10334	6409	6409	3813	2948
			燃气	80717	80717	76233	67265	67265	64882	60116	60116	60116	48185	36254	36254	49059	49059	23886	23886	23886	23886	23886
	重型		汽油	1103808	1103808	1103808	1103808	1103210	743327	24756	24756	24756	24756	24756	19335	13914	13914	11158	8402	8402	8402	8402
			柴油	297887	297887	226394	83408	83408	83408	83408	83408	83408	61066	38725	38725	38725	38725	24212	9698	9698	7547	6830
			燃气	290568	290568	274425	242141	242141	233565	216413	216413	216413	173390	130368	130368	135027	135027	99082	99082	99082	99082	99082
低速汽车	三轮汽车			25300	25300	25300	25300	25300	25300	25300	25300	25300	16721	16721	16721	16721	16721	16721	16721	16721	16721	16721
	低速货车			33990	33990	33990	33990	33990	33990	33990	33990	33990	22464	22464	22464	22464	22464	22464	22464	22464	22464	22464
摩托车	普通摩托车			10464	10464	10464	10464	7809	5154	2759	2759	2759	2759	2759	2059	1359	1359	1359	1359	1359	1359	1359
	轻便摩托车			33839	33839	33839	33839	33839	6768	6768	3332	3332	3332	3332	2486	1641	1641	1641	1641	1641	1641	1641

本溪市 NO_x 排放系数

单位：克/（辆·年）

车辆类型		使用性质	燃料种类	1999年年底前	2000年	2001年	2002年	2003年	2004年	2005年	2006年	2007年	2008年	2009年	2010年	2011年	2012年	2013年	2014年	2015年	2016年	2017年
载客汽车	微型	出租车	汽油	244080	163960	83840	83840	83840	83840	61712	39584	39584	29200	18815	18815	15388	11961	11961	11961	11961	7438	5931
			燃气	162650	109961	57272	57272	57272	57272	42402	27533	27533	20516	13500	13500	10936	8372	8372	8372	8372	5112	4025
		其他	汽油	30654	19232	7809	7809	7809	7809	4945	2081	2081	1696	1311	1311	1109	907	907	907	907	614	516
			燃气	19477	11587	3697	3697	3697	3697	2402	1106	1106	898	690	690	552	413	413	413	413	335	309
	小型	出租车	汽油	276503	182076	87650	87650	87650	87650	63910	40170	40170	29492	18815	18815	14848	10881	10881	10881	10881	6448	4970
			柴油	292673	244676	196678	196678	196678	196678	175208	153738	153738	121808	89879	89879	89879	89879	73436	56994	56994	43946	39597
			燃气	183984	121882	59779	59779	59779	59779	43848	27918	27918	20709	13500	13500	10580	7661	7661	7661	7661	4459	3392
		其他	汽油	28613	18268	7922	7922	7922	7922	5270	2619	2619	1830	1042	1042	954	865	865	865	865	579	484
			柴油	24774	20272	15770	15770	15770	15770	14528	13286	13286	10400	7513	7513	7513	7513	6496	5479	5479	4743	4498
			燃气	18135	11548	4960	4960	4960	4960	3210	1460	1460	986	512	512	449	386	386	386	386	313	289
	中型	公交车	汽油	329301	329301	329301	329301	329301	224967	16300	16300	16300	16300	16300	14618	12937	12937	9766	6596	6596	6596	6596
			柴油	367177	367177	366315	364591	364591	350102	321123	321123	321123	267480	213837	213837	213837	213837	174506	135175	135175	113172	105838
			燃气	389859	389859	385218	375936	375936	364275	340953	340953	340953	283766	226578	226578	143285	143285	112220	112220	112220	112220	112220
		其他	汽油	201891	201891	201891	201891	201891	136949	7066	7066	7066	7066	7066	7066	7066	7066	5300	3534	3534	3534	3534
			柴油	172190	172190	165002	150626	150626	149352	146805	146805	146805	125030	103254	103254	103254	103254	91680	80106	80106	68372	64460
			燃气	194438	194438	183636	162032	162032	160505	157451	157451	157451	134058	110665	110665	86204	86204	69244	69244	69244	69244	69244
	大型	公交车	汽油	1173135	1173135	1173135	1173135	1173135	806670	73740	73740	73740	73740	73740	73676	73611	73611	55208	36806	36806	36806	36806
			柴油	520767	520767	503939	470283	470283	456921	430196	430196	430196	422444	414691	414691	414691	414691	399738	384784	384784	346864	334224
			燃气	1047051	1047051	988881	872542	872542	807794	678298	678298	678298	581176	484053	484053	450654	450654	390598	390598	390598	390598	390598
		其他	汽油	2800060	2800060	2800060	2800060	2800060	1925375	176004	176004	176004	176004	176004	169404	162803	162803	122232	81662	81662	81662	81662
			柴油	1247075	1247075	1214986	1150807	1150807	1123977	1070316	1070316	1070316	1032632	994949	994949	994949	994949	947196	899444	899444	795999	761517
			燃气	2321296	2321296	2192335	1934413	1934413	1790867	1503776	1503776	1503776	1288951	1074126	1074126	969044	969044	822148	822148	822148	822148	822148
载货汽车	微型		汽油	110852	65755	20658	20658	20658	20658	14071	7484	7484	6062	4640	4640	4123	3606	3606	3606	3606	2692	2387
			柴油	73965	60952	47940	47940	47940	47940	43175	38410	38410	32518	26626	26626	26626	26626	19486	12346	12346	10613	10035
			燃气	70433	40107	9780	9780	9780	9780	6879	3978	3978	3210	2442	2442	2042	1642	1642	1642	1642	1483	1429
	轻型		汽油	82638	52931	23224	23224	23224	23224	15704	8184	8184	6859	5534	5534	4618	3702	3702	3702	3702	2812	2516
			柴油	74227	61084	47940	47940	47940	47940	43175	38410	38410	32518	26626	26626	26626	26626	21254	15882	15882	14770	14400
			燃气	52376	33458	14541	14541	14541	14541	9551	4562	4562	3641	2719	2719	2186	1652	1652	1652	1652	1540	1502
	中型		汽油	216737	216737	216737	216737	216737	147968	10430	10430	10430	10430	10430	10430	10430	10430	7826	5221	5221	5221	5221
			柴油	405273	405273	363906	281171	281171	267363	239746	239746	239746	239370	238993	238993	238993	238993	209686	180380	180380	155323	146971
			燃气	457637	457637	405912	302462	302462	287352	257132	257132	257132	256639	256147	256147	194111	194111	157879	157879	157879	157879	157879
	重型		汽油	2101138	2101138	2101138	2101138	2101138	1444783	132072	132072	132072	132072	132072	127119	122166	122166	91722	61279	61279	61279	61279
			柴油	1208397	1208397	1167150	1084657	1084657	1044538	964301	964301	964301	925632	886963	886963	886963	886963	765280	643598	643598	432772	362497
			燃气	2249301	2249301	2107274	1823220	1823220	1667089	1354827	1354827	1354827	1156187	957547	957547	693400	693400	391359	391359	391359	391359	391359
低速汽车	三轮汽车			65550	65550	65550	65550	65550	65550	65550	65550	65550	53279	53279	53279	53279	53279	53279	53279	53279	53279	53279
	低速货车			88065	88065	88065	88065	88065	88065	88065	88065	88065	71579	71579	71579	71579	71579	71579	71579	71579	71579	71579
摩托车	普通摩托车			781	781	781	781	755	729	677	677	677	677	677	602	526	526	526	526	526	526	526
	轻便摩托车			521	521	521	521	521	260	260	260	260	260	260	231	202	202	202	202	202	202	202

本溪市 PM 排放系数

单位：克/（辆·年）

车辆类型		使用性质	燃料种类	1999 年年底前	2000 年	2001 年	2002 年	2003 年	2004 年	2005 年	2006 年	2007 年	2008 年	2009 年	2010 年	2011 年	2012 年	2013 年	2014 年	2015 年	2016 年	2017 年
载客汽车	微型	出租车	汽油	—	—	—	—	—	—	—	—	—	—	—	—	—	—	—	—	—	—	—
			燃气	—	—	—	—	—	—	—	—	—	—	—	—	—	—	—	—	—	—	—
		其他	汽油	—	—	—	—	—	—	—	—	—	—	—	—	—	—	—	—	—	—	—
			燃气	—	—	—	—	—	—	—	—	—	—	—	—	—	—	—	—	—	—	—
	小型	出租车	汽油	—	—	—	—	—	—	—	—	—	—	—	—	—	—	—	—	—	—	—
			柴油	39522	36198	32875	32875	32875	32875	22458	12042	12042	7840	3639	3639	3639	3639	3382	3126	3126	2584	2404
			燃气	—	—	—	—	—	—	—	—	—	—	—	—	—	—	—	—	—	—	—
		其他	汽油	—	—	—	—	—	—	—	—	—	—	—	—	—	—	—	—	—	—	—
			柴油	3582	3390	3198	3198	3198	3198	2302	1406	1406	1030	653	653	653	653	548	443	443	443	443
			燃气	—	—	—	—	—	—	—	—	—	—	—	—	—	—	—	—	—	—	—
	中型	公交车	汽油	—	—	—	—	—	—	—	—	—	—	—	—	—	—	—	—	—	—	—
			柴油	30592	30592	28032	22913	22913	17978	8108	8108	8108	6872	5637	5637	5637	5637	3504	1372	1372	1080	983
			燃气	—	—	—	—	—	—	—	—	—	—	—	—	—	—	—	—	—	—	—
		其他	汽油	—	—	—	—	—	—	—	—	—	—	—	—	—	—	—	—	—	—	—
			柴油	15274	15274	12888	8116	8116	6262	2553	2553	2553	2434	2316	2316	2316	2316	1366	415	415	399	394
			燃气	—	—	—	—	—	—	—	—	—	—	—	—	—	—	—	—	—	—	—
	大型	公交车	汽油	—	—	—	—	—	—	—	—	—	—	—	—	—	—	—	—	—	—	—
			柴油	94865	94865	93934	92071	92071	71272	29674	29674	29674	19994	10315	10315	10315	10315	6116	1916	1916	1845	1821
			燃气	—	—	—	—	—	—	—	—	—	—	—	—	—	—	—	—	—	—	—
		其他	汽油	—	—	—	—	—	—	—	—	—	—	—	—	—	—	—	—	—	—	—
			柴油	142314	142314	133412	115607	115607	85425	25061	25061	25061	17182	9303	9303	9303	9303	5868	2433	2433	2343	2313
			燃气	—	—	—	—	—	—	—	—	—	—	—	—	—	—	—	—	—	—	—
载货汽车	微型		汽油	—	—	—	—	—	—	—	—	—	—	—	—	—	—	—	—	—	—	—
			柴油	8987	8802	8616	8616	8616	8616	7014	5413	5413	4018	2622	2622	2622	2622	1650	679	679	676	675
			燃气	—	—	—	—	—	—	—	—	—	—	—	—	—	—	—	—	—	—	—
	轻型		汽油	—	—	—	—	—	—	—	—	—	—	—	—	—	—	—	—	—	—	—
			柴油	9347	8982	8616	8616	8616	8616	7014	5413	5413	4018	2622	2622	2622	2622	1977	1332	1332	1100	1023
			燃气	—	—	—	—	—	—	—	—	—	—	—	—	—	—	—	—	—	—	—
	中型		汽油	—	—	—	—	—	—	—	—	—	—	—	—	—	—	—	—	—	—	—
			柴油	34673	34673	29179	18190	18190	14036	5727	5727	5727	5426	5124	5124	5124	5124	3286	1447	1447	1325	1284
			燃气	—	—	—	—	—	—	—	—	—	—	—	—	—	—	—	—	—	—	—
	重型		汽油	—	—	—	—	—	—	—	—	—	—	—	—	—	—	—	—	—	—	—
			柴油	140127	140127	115174	65268	65268	51823	24932	24932	24932	17084	9237	9237	9237	9237	6219	3201	3201	2705	2540
			燃气	—	—	—	—	—	—	—	—	—	—	—	—	—	—	—	—	—	—	—
低速汽车	三轮汽车			4092	4092	4092	4092	4092	4092	4092	4092	4092	3220	3220	3220	3220	3220	3220	3220	3220	3220	3220
	低速货车			5581	5581	5581	5581	5581	5581	5581	5581	5581	4392	4392	4392	4392	4392	4392	4392	4392	4392	4392
摩托车	普通摩托车			—	—	—	—	—	—	—	—	—	—	—	—	—	—	—	—	—	—	—
	轻便摩托车			—	—	—	—	—	—	—	—	—	—	—	—	—	—	—	—	—	—	—

本溪市 VOCs 排放系数

单位：克/（辆·年）

车辆类型		使用性质	燃料种类	1999 年年底前	2000 年	2001 年	2002 年	2003 年	2004 年	2005 年	2006 年	2007 年	2008 年	2009 年	2010 年	2011 年	2012 年	2013 年	2014 年	2015 年	2016 年	2017 年
载客汽车	微型	出租车	汽油	1371871	794378	216884	216884	216884	216884	156240	95596	95596	75642	55688	55688	47006	38323	38323	38323	38323	29755	26899
			燃气	301492	181456	61421	61421	61421	61421	46630	31839	31839	26094	20350	20350	16232	12114	12114	12114	12114	7444	5888
		其他	汽油	89757	52326	14896	14896	14896	14896	14459	14022	14022	11608	9195	9195	8668	8140	8140	8140	8140	6489	5939
			燃气	16361	9180	1998	1998	1998	1998	1918	1839	1839	1364	890	890	812	734	734	734	734	498	419
	小型	出租车	汽油	1371871	780457	189043	189043	189043	189043	179320	169597	169597	112642	55688	55688	47006	38323	38323	38323	38323	27463	23843
			柴油	170730	161222	151713	151713	151713	151713	138396	125078	125078	89136	53194	53194	53194	53194	39674	26155	26155	15543	12006
			燃气	301492	178584	55677	55677	55677	55677	51392	47106	47106	33728	20350	20350	16232	12114	12114	12114	12114	6972	5258
		其他	汽油	91101	52834	14567	14567	14567	14567	15020	15473	15473	12338	9202	9202	8586	7969	7969	7969	7969	6622	6173
			柴油	12108	11090	10073	10073	10073	10073	8567	7061	7061	4804	2546	2546	2546	2546	2236	1927	1927	1389	1210
			燃气	16638	10006	3375	3375	3375	3375	2756	2138	2138	1582	1025	1025	862	698	698	698	698	525	467
	中型	公交车	汽油	247477	247477	247477	247477	246880	168637	13345	13345	13345	13345	13345	13194	13042	13042	10614	8187	8187	8187	8187
			柴油	87806	87806	86086	82645	82645	64494	28192	28192	28192	20508	12823	12823	12823	12823	8958	5093	5093	4763	4653
			燃气	71579	71579	67602	59649	59649	57536	53311	53311	53311	42686	32061	32061	22219	22219	22154	22154	22154	22154	22154
		其他	汽油	128187	128187	128187	128187	127590	87268	7817	7817	7817	7817	7817	7672	7526	7526	6474	5423	5423	5423	5423
			柴油	30493	30493	28460	24394	24394	18567	6912	6912	6912	6506	6099	6099	6099	6099	3750	1402	1402	1243	1190
			燃气	34560	34560	32640	28800	28800	27780	25740	25740	25740	20623	15506	15506	10732	10732	9642	9642	9642	9642	9642
	大型	公交车	汽油	576785	576785	576785	576785	576188	388610	14648	14648	14648	14648	14648	14508	14369	14369	11603	8837	8837	8837	8837
			柴油	131708	131708	108010	60614	60614	60614	60614	60614	60614	43515	26416	26416	26416	26416	17675	8934	8934	5723	4653
			燃气	168926	168926	159541	140772	140772	135786	125815	125815	125815	100740	75665	75665	52438	52438	47188	47188	47188	47188	47188
		其他	汽油	1278083	1278083	1278083	1278083	1277486	860638	28135	28135	28135	28135	28135	21876	15617	15617	12426	9236	9236	9236	9236
			柴油	272891	272891	207397	76409	76409	76409	76409	76409	76409	55942	35476	35476	35476	35476	20706	5937	5937	5324	5119
			燃气	266186	266186	251398	221822	221822	213966	198253	198253	198253	158842	119430	119430	82662	82662	74261	74261	74261	74261	74261
载货汽车	微型		汽油	556304	295025	33746	33746	33746	33746	32232	30719	30719	28378	26038	26038	21102	16167	16167	16167	16167	14073	13375
			柴油	41750	39049	36348	36348	36348	36348	33578	30808	30808	22448	14088	14088	14088	14088	9674	5259	5259	3860	3394
			燃气	101404	52965	4526	4526	4526	4526	4278	4029	4029	3275	2520	2520	1989	1458	1458	1458	1458	1072	944
	轻型		汽油	282903	165397	47891	47891	47891	47891	40960	34029	34029	30332	26635	26635	23378	20121	20121	20121	20121	17734	16938
			柴油	37907	37128	36348	36348	36348	36348	33578	30808	30808	22448	14088	14088	14088	14088	10778	7468	7468	6068	5602
			燃气	51667	31382	11096	11096	11096	11096	7899	4702	4702	3834	2967	2967	2365	1762	1762	1762	1762	1402	1281
	中型		汽油	304107	304107	304107	304107	303510	206532	13771	13771	13771	13771	13771	13631	13491	13491	10943	8395	8395	8395	8395
			柴油	71218	71218	66470	56974	56974	43364	16143	16143	16143	15202	14260	14260	14260	14260	10334	6409	6409	3813	2948
			燃气	80717	80717	76233	67265	67265	64882	60116	60116	60116	48185	36254	36254	49059	49059	23886	23886	23886	23886	23886
	重型		汽油	958398	958398	958398	958398	957800	645466	21991	21991	21991	21991	21991	17269	12547	12547	10154	7760	7760	7760	7760
			柴油	261428	261428	198685	73200	73200	73200	73200	73200	73200	53593	33986	33986	33986	33986	21182	8378	8378	6345	5667
			燃气	255005	255005	240838	212506	212506	204980	189927	189927	189927	152170	114414	114414	116649	116649	82211	82211	82211	82211	82211
低速汽车	三轮汽车			25300	25300	25300	25300	25300	25300	25300	25300	25300	16721	16721	16721	16721	16721	16721	16721	16721	16721	16721
	低速货车			33990	33990	33990	33990	33990	33990	33990	33990	33990	22464	22464	22464	22464	22464	22464	22464	22464	22464	22464
摩托车	普通摩托车			10464	10464	10464	10464	7809	5154	2759	2759	2759	2759	2759	2059	1359	1359	1359	1359	1359	1359	1359
	轻便摩托车			33839	33839	33839	33839	33839	6768	6768	3332	3332	3332	3332	2486	1641	1641	1641	1641	1641	1641	1641

丹东市 NO_x 排放系数

单位：克/（辆·年）

车辆类型		使用性质	燃料种类	1999年年底前	2000年	2001年	2002年	2003年	2004年	2005年	2006年	2007年	2008年	2009年	2010年	2011年	2012年	2013年	2014年	2015年	2016年	2017年
载客汽车	微型	出租车	汽油	310151	210397	110643	110643	110643	110643	82330	54018	54018	40505	26992	26992	21860	16727	16727	16727	16727	10016	7779
			燃气	207703	141964	76225	76225	76225	76225	57117	38009	38009	28805	19601	19601	15748	11895	11895	11895	11895	6969	5327
		其他	汽油	30572	19175	7778	7778	7778	7778	4914	2050	2050	1670	1291	1291	1088	886	886	886	886	606	512
			燃气	19477	11587	3697	3697	3697	3697	2402	1106	1106	898	690	690	552	413	413	413	413	335	309
	小型	出租车	汽油	350338	232851	115364	115364	115364	115364	85054	54744	54744	40868	26992	26992	21190	15388	15388	15388	15388	8787	6587
			柴油	387353	326146	264940	264940	264940	264940	235587	206234	206234	163927	121620	121620	121620	121620	98499	75378	75378	56675	50441
			燃气	234152	156742	79332	79332	79332	79332	58909	38486	38486	29044	19601	19601	15308	11014	11014	11014	11014	6160	4542
		其他	汽油	28532	18212	7891	7891	7891	7891	5240	2588	2588	1805	1022	1022	934	845	845	845	845	572	481
			柴油	24752	20251	15750	15750	15750	15750	14508	13266	13266	10382	7498	7498	7498	7498	6481	5464	5464	4737	4495
			燃气	18135	11548	4960	4960	4960	4960	3210	1460	1460	986	512	512	449	386	386	386	386	313	289
	中型	公交车	汽油	329238	329238	329238	329238	329238	224924	16297	16297	16297	16297	16297	14616	12934	12934	9764	6595	6595	6595	6595
			柴油	367126	367126	366264	364540	364540	350053	321078	321078	321078	267442	213807	213807	213807	213807	174482	135156	135156	113156	105823
			燃气	389804	389804	385164	375883	375883	364224	340905	340905	340905	283726	226546	226546	143265	143265	112204	112204	112204	112204	112204
		其他	汽油	201853	201853	201853	201853	201853	136924	7065	7065	7065	7065	7065	7065	7065	7065	5299	3533	3533	3533	3533
			柴油	172165	172165	164978	150605	150605	149331	146784	146784	146784	125012	103239	103239	103239	103239	91667	80095	80095	68362	64451
			燃气	194411	194411	183610	162009	162009	160482	157428	157428	157428	134039	110650	110650	86192	86192	69234	69234	69234	69234	69234
	大型	公交车	汽油	1172910	1172910	1172910	1172910	1172910	806515	73726	73726	73726	73726	73726	73661	73596	73596	55198	36799	36799	36799	36799
			柴油	520694	520694	503868	470217	470217	456856	430135	430135	430135	422384	414632	414632	414632	414632	399681	384730	384730	346815	334177
			燃气	1046903	1046903	988742	872419	872419	807680	678202	678202	678202	581094	483985	483985	450590	450590	390543	390543	390543	390543	390543
		其他	汽油	2799521	2799521	2799521	2799521	2799521	1925004	175970	175970	175970	175970	175970	169371	162772	162772	122210	81647	81647	81647	81647
			柴油	1246899	1246899	1214814	1150644	1150644	1123818	1070165	1070165	1070165	1032487	994809	994809	994809	994809	947063	899317	899317	795887	761410
			燃气	2320968	2320968	2192025	1934140	1934140	1790615	1503564	1503564	1503564	1288769	1073974	1073974	968908	968908	822032	822032	822032	822032	822032
载货汽车	微型		汽油	128091	76140	24188	24188	24188	24188	16534	8880	8880	7211	5542	5542	4885	4228	4228	4228	4228	3135	2771
			柴油	86906	71787	56668	56668	56668	56668	50986	45304	45304	38330	31357	31357	31357	31357	22938	14518	14518	12371	11655
			燃气	81605	46551	11497	11497	11497	11497	8144	4791	4791	3876	2962	2962	2466	1971	1971	1971	1971	1747	1672
	轻型		汽油	95566	61356	27147	27147	27147	27147	18416	9686	9686	8129	6572	6572	5456	4339	4339	4339	4339	3275	2920
			柴油	87208	71938	56668	56668	56668	56668	50986	45304	45304	38330	31357	31357	31357	31357	24976	18594	18594	17164	16688
			燃气	60742	38903	17064	17064	17064	17064	11264	5464	5464	4378	3292	3292	2637	1982	1982	1982	1982	1811	1754
	中型		汽油	216737	216737	216737	216737	216737	147968	10430	10430	10430	10430	10430	10430	10430	10430	7826	5221	5221	5221	5221
			柴油	405273	405273	363906	281171	281171	267363	239746	239746	239746	239370	238993	238993	238993	238993	209686	180380	180380	155323	146971
			燃气	457640	457640	405914	302462	302462	287351	257131	257131	257131	256640	256149	256149	194111	194111	157878	157878	157878	157878	157878
	重型		汽油	2436356	2436356	2436356	2436356	2436356	1675285	153142	153142	153142	153142	153142	147400	141657	141657	106356	71055	71055	71055	71055
			柴油	1396991	1396991	1349307	1253939	1253939	1207559	1114799	1114799	1114799	1070095	1025391	1025391	1025391	1025391	887484	749576	749576	512374	433307
			燃气	2600348	2600348	2436156	2107771	2107771	1927272	1566274	1566274	1566274	1336632	1106990	1106990	807580	807580	467806	467806	467806	467806	467806
低速汽车	三轮汽车			65550	65550	65550	65550	65550	65550	65550	65550	65550	53279	53279	53279	53279	53279	53279	53279	53279	53279	53279
	低速货车			88065	88065	88065	88065	88065	88065	88065	88065	88065	71579	71579	71579	71579	71579	71579	71579	71579	71579	71579
摩托车	普通摩托车			781	781	781	781	755	729	677	677	677	677	677	602	526	526	526	526	526	526	526
	轻便摩托车			521	521	521	521	521	260	260	260	260	260	260	231	202	202	202	202	202	202	202

丹东市 PM 排放系数

单位：克/（辆•年）

车辆类型		使用性质	燃料种类	1999 年年底前	2000 年	2001 年	2002 年	2003 年	2004 年	2005 年	2006 年	2007 年	2008 年	2009 年	2010 年	2011 年	2012 年	2013 年	2014 年	2015 年	2016 年	2017 年
载客汽车	微型	出租车	汽油	—	—	—	—	—	—	—	—	—	—	—	—	—	—	—	—	—	—	—
			燃气	—	—	—	—	—	—	—	—	—	—	—	—	—	—	—	—	—	—	—
		其他	汽油	—	—	—	—	—	—	—	—	—	—	—	—	—	—	—	—	—	—	—
			燃气	—	—	—	—	—	—	—	—	—	—	—	—	—	—	—	—	—	—	—
	小型	出租车	汽油	—	—	—	—	—	—	—	—	—	—	—	—	—	—	—	—	—	—	—
			柴油	48995	44875	40755	40755	40755	40755	27842	14928	14928	9720	4512	4512	4512	4512	4194	3875	3875	3204	2981
			燃气	—	—	—	—	—	—	—	—	—	—	—	—	—	—	—	—	—	—	—
		其他	汽油	—	—	—	—	—	—	—	—	—	—	—	—	—	—	—	—	—	—	—
			柴油	3582	3390	3198	3198	3198	3198	2302	1406	1406	1030	653	653	653	653	548	443	443	443	443
			燃气	—	—	—	—	—	—	—	—	—	—	—	—	—	—	—	—	—	—	—
	中型	公交车	汽油	—	—	—	—	—	—	—	—	—	—	—	—	—	—	—	—	—	—	—
			柴油	30592	30592	28032	22913	22913	17978	8108	8108	8108	6872	5637	5637	5637	5637	3504	1372	1372	1080	983
			燃气	—	—	—	—	—	—	—	—	—	—	—	—	—	—	—	—	—	—	—
		其他	汽油	—	—	—	—	—	—	—	—	—	—	—	—	—	—	—	—	—	—	—
			柴油	15274	15274	12888	8116	8116	6262	2553	2553	2553	2434	2316	2316	2316	2316	1366	415	415	399	394
			燃气	—	—	—	—	—	—	—	—	—	—	—	—	—	—	—	—	—	—	—
	大型	公交车	汽油	—	—	—	—	—	—	—	—	—	—	—	—	—	—	—	—	—	—	—
			柴油	94865	94865	93934	92071	92071	71272	29674	29674	29674	19994	10315	10315	10315	10315	6116	1916	1916	1845	1821
			燃气	—	—	—	—	—	—	—	—	—	—	—	—	—	—	—	—	—	—	—
		其他	汽油	—	—	—	—	—	—	—	—	—	—	—	—	—	—	—	—	—	—	—
			柴油	142314	142314	133412	115607	115607	85425	25061	25061	25061	17182	9303	9303	9303	9303	5868	2433	2433	2343	2313
			燃气	—	—	—	—	—	—	—	—	—	—	—	—	—	—	—	—	—	—	—
载货汽车	微型		汽油	—	—	—	—	—	—	—	—	—	—	—	—	—	—	—	—	—	—	—
			柴油	10363	10148	9934	9934	9934	9934	8088	6241	6241	4632	3023	3023	3023	3023	1903	783	783	780	779
			燃气	—	—	—	—	—	—	—	—	—	—	—	—	—	—	—	—	—	—	—
	轻型		汽油	—	—	—	—	—	—	—	—	—	—	—	—	—	—	—	—	—	—	—
			柴油	10777	10356	9934	9934	9934	9934	8088	6241	6241	4632	3023	3023	3023	3023	2280	1536	1536	1268	1179
			燃气	—	—	—	—	—	—	—	—	—	—	—	—	—	—	—	—	—	—	—
	中型		汽油	—	—	—	—	—	—	—	—	—	—	—	—	—	—	—	—	—	—	—
			柴油	34673	34673	29179	18190	18190	14036	5727	5727	5727	5426	5124	5124	5124	5124	3286	1447	1447	1325	1284
			燃气	—	—	—	—	—	—	—	—	—	—	—	—	—	—	—	—	—	—	—
	重型		汽油	—	—	—	—	—	—	—	—	—	—	—	—	—	—	—	—	—	—	—
			柴油	162563	162563	133615	75718	75718	60120	28924	28924	28924	19820	10716	10716	10716	10716	7191	3666	3666	3098	2909
			燃气	—	—	—	—	—	—	—	—	—	—	—	—	—	—	—	—	—	—	—
低速汽车	三轮汽车			4092	4092	4092	4092	4092	4092	4092	4092	4092	3220	3220	3220	3220	3220	3220	3220	3220	3220	3220
	低速货车			5581	5581	5581	5581	5581	5581	5581	5581	5581	4392	4392	4392	4392	4392	4392	4392	4392	4392	4392
摩托车	普通摩托车			—	—	—	—	—	—	—	—	—	—	—	—	—	—	—	—	—	—	—
	轻便摩托车			—	—	—	—	—	—	—	—	—	—	—	—	—	—	—	—	—	—	—

丹东市 VOCs 排放系数

单位：克/（辆·年）

车辆类型		使用性质	燃料种类	1999 年年底前	2000 年	2001 年	2002 年	2003 年	2004 年	2005 年	2006 年	2007 年	2008 年	2009 年	2010 年	2011 年	2012 年	2013 年	2014 年	2015 年	2016 年	2017 年
载客汽车	微型	出租车	汽油	1760069	1021356	282643	282643	282643	282643	204084	125524	125524	99510	73495	73495	61401	49307	49307	49307	49307	37420	33457
			燃气	382100	232714	83328	83328	83328	83328	64064	44800	44800	36984	29167	29167	23135	17103	17103	17103	17103	10098	7763
		其他	汽油	90458	52414	14370	14370	14370	14370	13928	13487	13487	11123	8759	8759	8217	7675	7675	7675	7675	6157	5651
			燃气	16361	9180	1998	1998	1998	1998	1918	1839	1839	1364	890	890	812	734	734	734	734	498	419
	小型	出租车	汽油	1760069	1003532	246996	246996	246996	246996	233633	220270	220270	146882	73495	73495	61401	49307	49307	49307	49307	34486	29545
			柴油	244225	230276	216326	216326	216326	216326	196467	176608	176608	127492	78376	78376	78376	78376	58255	38134	38134	22071	16717
			燃气	382100	229154	76207	76207	76207	76207	69967	63727	63727	46447	29167	29167	23135	17103	17103	17103	17103	9512	6982
		其他	汽油	91846	52938	14030	14030	14030	14030	14508	14986	14986	11876	8766	8766	8132	7497	7497	7497	7497	6293	5892
			柴油	12319	11260	10200	10200	10200	10200	8632	7065	7065	4764	2463	2463	2463	2463	2148	1832	1832	1344	1181
			燃气	16638	10006	3375	3375	3375	3375	2756	2138	2138	1582	1025	1025	862	698	698	698	698	525	467
	中型	公交车	汽油	247320	247320	247320	247320	246723	168480	13187	13187	13187	13187	13187	13036	12884	12884	10457	8030	8030	8030	8030
			柴油	87806	87806	86086	82645	82645	64494	28192	28192	28192	20508	12823	12823	12823	12823	8958	5093	5093	4763	4653
			燃气	71579	71579	67602	59649	59649	57536	53311	53311	53311	42686	32061	32061	22219	22219	22154	22154	22154	22154	22154
		其他	汽油	128030	128030	128030	128030	127433	87111	7660	7660	7660	7660	7660	7514	7369	7369	6318	5266	5266	5266	5266
			柴油	30493	30493	28460	24394	24394	18567	6912	6912	6912	6506	6099	6099	6099	6099	3750	1402	1402	1243	1190
			燃气	34560	34560	32640	28800	28800	27780	25740	25740	25740	20623	15506	15506	10732	10732	9642	9642	9642	9642	9642
	大型	公交车	汽油	576628	576628	576628	576628	576031	388453	14491	14491	14491	14491	14491	14351	14211	14211	11445	8679	8679	8679	8679
			柴油	131708	131708	108010	60614	60614	60614	60614	60614	60614	43515	26416	26416	26416	26416	17675	8934	8934	5723	4653
			燃气	168926	168926	159541	140772	140772	135786	125815	125815	125815	100740	75665	75665	52438	52438	47188	47188	47188	47188	47188
		其他	汽油	1277926	1277926	1277926	1277926	1277329	860481	27978	27978	27978	27978	27978	21719	15460	15460	12269	9078	9078	9078	9078
			柴油	272891	272891	207397	76409	76409	76409	76409	76409	76409	55942	35476	35476	35476	35476	20706	5937	5937	5324	5119
			燃气	266186	266186	251398	221822	221822	213966	198253	198253	198253	158842	119430	119430	82662	82662	74261	74261	74261	74261	74261
载货汽车	微型		汽油	658875	348740	38606	38606	38606	38606	36789	34972	34972	32357	29742	29742	23806	17870	17870	17870	17870	15600	14843
			柴油	51332	47977	44622	44622	44622	44622	41126	37630	37630	27471	17312	17312	17312	17312	11831	6350	6350	4622	4046
			燃气	119170	62269	5368	5368	5368	5368	5068	4769	4769	3895	3022	3022	2366	1709	1709	1709	1709	1253	1101
	轻型		汽油	333298	194374	55451	55451	55451	55451	47182	38914	38914	34684	30453	30453	26516	22579	22579	22579	22579	19958	19085
			柴油	46694	45658	44622	44622	44622	44622	41126	37630	37630	27471	17312	17312	17312	17312	13164	9016	9016	7288	6712
			燃气	60377	36858	13339	13339	13339	13339	9445	5552	5552	4556	3561	3561	2832	2102	2102	2102	2102	1660	1513
	中型		汽油	303950	303950	303950	303950	303353	206375	13614	13614	13614	13614	13614	13474	13334	13334	10786	8238	8238	8238	8238
			柴油	71218	71218	66470	56974	56974	43364	16143	16143	16143	15202	14260	14260	14260	14260	10334	6409	6409	3813	2948
			燃气	80717	80717	76233	67265	67265	64882	60116	60116	60116	48185	36254	36254	49059	49059	23886	23886	23886	23886	23886
	重型		汽油	1103681	1103681	1103681	1103681	1103084	743201	24630	24630	24630	24630	24630	19209	13788	13788	11032	8276	8276	8276	8276
			柴油	297887	297887	226394	83408	83408	83408	83408	83408	83408	61066	38725	38725	38725	38725	24212	9698	9698	7547	6830
			燃气	290568	290568	274425	242141	242141	233565	216413	216413	216413	173390	130368	130368	135027	135027	99082	99082	99082	99082	99082
低速汽车	三轮汽车			25300	25300	25300	25300	25300	25300	25300	25300	25300	16721	16721	16721	16721	16721	16721	16721	16721	16721	16721
	低速货车			33990	33990	33990	33990	33990	33990	33990	33990	33990	22464	22464	22464	22464	22464	22464	22464	22464	22464	22464
摩托车	普通摩托车			10464	10464	10464	10464	7809	5154	2759	2759	2759	2759	2759	2059	1359	1359	1359	1359	1359	1359	1359
	轻便摩托车			33839	33839	33839	33839	33839	6768	6768	3332	3332	3332	3332	2486	1641	1641	1641	1641	1641	1641	1641

锦州市 NO_x 排放系数

单位：克/（辆·年）

车辆类型		使用性质	燃料种类	1999 年年底前	2000 年	2001 年	2002 年	2003 年	2004 年	2005 年	2006 年	2007 年	2008 年	2009 年	2010 年	2011 年	2012 年	2013 年	2014 年	2015 年	2016 年	2017 年
载客汽车	微型	出租车	汽油	309984	210291	110598	110598	110598	110598	82302	54007	54007	40500	26992	26992	21860	16727	16727	16727	16727	10014	7776
			燃气	207703	141964	76225	76225	76225	76225	57117	38009	38009	28805	19601	19601	15748	11895	11895	11895	11895	6969	5327
		其他	汽油	30569	19174	7780	7780	7780	7780	4918	2056	2056	1676	1295	1295	1093	891	891	891	891	608	513
			燃气	19477	11587	3697	3697	3697	3697	2402	1106	1106	898	690	690	552	413	413	413	413	335	309
	小型	出租车	汽油	350143	232730	115316	115316	115316	115316	85024	54732	54732	40862	26992	26992	21190	15389	15389	15389	15389	8786	6585
			柴油	387226	326046	264866	264866	264866	264866	235520	206175	206175	163882	121589	121589	121589	121589	98472	75355	75355	56654	50420
			燃气	234152	156742	79332	79332	79332	79332	58909	38486	38486	29044	19601	19601	15308	11014	11014	11014	11014	6160	4542
		其他	汽油	28531	18212	7893	7893	7893	7893	5244	2594	2594	1810	1026	1026	938	849	849	849	849	573	481
			柴油	24745	20246	15747	15747	15747	15747	14506	13264	13264	10381	7498	7498	7498	7498	6482	5465	5465	4736	4493
			燃气	18135	11548	4960	4960	4960	4960	3210	1460	1460	986	512	512	449	386	386	386	386	313	289
	中型	公交车	汽油	329011	329011	329011	329011	329011	224769	16286	16286	16286	16286	16286	14606	12925	12925	9758	6590	6590	6590	6590
			柴油	366940	366940	366078	364355	364355	349875	320915	320915	320915	267306	213698	213698	213698	213698	174393	135088	135088	113099	105769
			燃气	389607	389607	384969	375692	375692	364039	340732	340732	340732	283582	226431	226431	143192	143192	112147	112147	112147	112147	112147
		其他	汽油	201713	201713	201713	201713	201713	136829	7060	7060	7060	7060	7060	7060	7060	7060	5296	3531	3531	3531	3531
			柴油	172078	172078	164895	150529	150529	149256	146710	146710	146710	124948	103187	103187	103187	103187	91620	80054	80054	68327	64418
			燃气	194313	194313	183518	161927	161927	160401	157349	157349	157349	133972	110594	110594	86148	86148	69199	69199	69199	69199	69199
	大型	公交车	汽油	1172100	1172100	1172100	1172100	1172100	805958	73675	73675	73675	73675	73675	73610	73546	73546	55160	36774	36774	36774	36774
			柴油	520430	520430	503613	469979	469979	456625	429917	429917	429917	422170	414422	414422	414422	414422	399478	384535	384535	346640	334008
			燃气	1046373	1046373	988241	871978	871978	807272	677859	677859	677859	580800	483740	483740	450362	450362	390346	390346	390346	390346	390346
		其他	汽油	2797589	2797589	2797589	2797589	2797589	1923675	175848	175848	175848	175848	175848	169254	162660	162660	122125	81590	81590	81590	81590
			柴油	1246268	1246268	1214199	1150062	1150062	1123249	1069623	1069623	1069623	1031964	994305	994305	994305	994305	946584	898862	898862	795484	761025
			燃气	2319793	2319793	2190916	1933161	1933161	1789708	1502803	1502803	1502803	1288116	1073430	1073430	968417	968417	821616	821616	821616	821616	821616
载货汽车	微型		汽油	128023	76102	24181	24181	24181	24181	16532	8883	8883	7214	5545	5545	4888	4231	4231	4231	4231	3135	2770
			柴油	86873	71761	56649	56649	56649	56649	50970	45290	45290	38318	31347	31347	31347	31347	22931	14515	14515	12366	11650
			燃气	81570	46530	11491	11491	11491	11491	8135	4779	4779	3866	2954	2954	2458	1961	1961	1961	1961	1742	1668
	轻型		汽油	95522	61330	27138	27138	27138	27138	18414	9689	9689	8132	6574	6574	5458	4342	4342	4342	4342	3275	2919
			柴油	87175	71912	56649	56649	56649	56649	50970	45290	45290	38318	31347	31347	31347	31347	24968	18589	18589	17157	16680
			燃气	60716	38885	17054	17054	17054	17054	11253	5453	5453	4367	3281	3281	2627	1974	1974	1974	1974	1809	1754
	中型		汽油	216737	216737	216737	216737	216737	147968	10430	10430	10430	10430	10430	10430	10430	10430	7826	5221	5221	5221	5221
			柴油	405273	405273	363906	281171	281171	267363	239746	239746	239746	239370	238993	238993	238993	238993	209686	180380	180380	155323	146971
			燃气	457640	457640	405914	302461	302461	287351	257132	257132	257132	256640	256148	256148	194111	194111	157879	157879	157879	157879	157879
	重型		汽油	2436356	2436356	2436356	2436356	2436356	1675285	153142	153142	153142	153142	153142	147400	141657	141657	106356	71055	71055	71055	71055
			柴油	1396991	1396991	1349307	1253939	1253939	1207559	1114799	1114799	1114799	1070095	1025391	1025391	1025391	1025391	887484	749576	749576	512374	433307
			燃气	2600348	2600348	2436155	2107770	2107770	1927271	1566275	1566275	1566275	1336632	1106990	1106990	807579	807579	467806	467806	467806	467806	467806
低速汽车	三轮汽车			65550	65550	65550	65550	65550	65550	65550	65550	65550	53279	53279	53279	53279	53279	53279	53279	53279	53279	53279
	低速货车			88065	88065	88065	88065	88065	88065	88065	88065	88065	71579	71579	71579	71579	71579	71579	71579	71579	71579	71579
摩托车	普通摩托车			781	781	781	781	755	729	677	677	677	677	677	602	526	526	526	526	526	526	526
	轻便摩托车			521	521	521	521	521	260	260	260	260	260	260	231	202	202	202	202	202	202	202

锦州市 PM 排放系数

单位：克/（辆·年）

车辆类型		使用性质	燃料种类	1999 年年底前	2000 年	2001 年	2002 年	2003 年	2004 年	2005 年	2006 年	2007 年	2008 年	2009 年	2010 年	2011 年	2012 年	2013 年	2014 年	2015 年	2016 年	2017 年
载客汽车	微型	出租车	汽油	—	—	—	—	—	—	—	—	—	—	—	—	—	—	—	—	—	—	—
			燃气	—	—	—	—	—	—	—	—	—	—	—	—	—	—	—	—	—	—	—
		其他	汽油	—	—	—	—	—	—	—	—	—	—	—	—	—	—	—	—	—	—	—
			燃气	—	—	—	—	—	—	—	—	—	—	—	—	—	—	—	—	—	—	—
	小型	出租车	汽油	—	—	—	—	—	—	—	—	—	—	—	—	—	—	—	—	—	—	—
			柴油	48995	44875	40755	40755	40755	40755	27842	14928	14928	9720	4512	4512	4512	4512	4194	3875	3875	3204	2981
			燃气	—	—	—	—	—	—	—	—	—	—	—	—	—	—	—	—	—	—	—
		其他	汽油	—	—	—	—	—	—	—	—	—	—	—	—	—	—	—	—	—	—	—
			柴油	3582	3390	3198	3198	3198	3198	2302	1406	1406	1030	653	653	653	653	548	443	443	443	443
			燃气	—	—	—	—	—	—	—	—	—	—	—	—	—	—	—	—	—	—	—
	中型	公交车	汽油	—	—	—	—	—	—	—	—	—	—	—	—	—	—	—	—	—	—	—
			柴油	30592	30592	28032	22913	22913	17978	8108	8108	8108	6872	5637	5637	5637	5637	3504	1372	1372	1080	983
			燃气	—	—	—	—	—	—	—	—	—	—	—	—	—	—	—	—	—	—	—
		其他	汽油	—	—	—	—	—	—	—	—	—	—	—	—	—	—	—	—	—	—	—
			柴油	15274	15274	12888	8116	8116	6262	2553	2553	2553	2434	2316	2316	2316	2316	1366	415	415	399	394
			燃气	—	—	—	—	—	—	—	—	—	—	—	—	—	—	—	—	—	—	—
	大型	公交车	汽油	—	—	—	—	—	—	—	—	—	—	—	—	—	—	—	—	—	—	—
			柴油	94865	94865	93934	92071	92071	71272	29674	29674	29674	19994	10315	10315	10315	10315	6116	1916	1916	1845	1821
			燃气	—	—	—	—	—	—	—	—	—	—	—	—	—	—	—	—	—	—	—
		其他	汽油	—	—	—	—	—	—	—	—	—	—	—	—	—	—	—	—	—	—	—
			柴油	142314	142314	133412	115607	115607	85425	25061	25061	25061	17182	9303	9303	9303	9303	5868	2433	2433	2343	2313
			燃气	—	—	—	—	—	—	—	—	—	—	—	—	—	—	—	—	—	—	—
载货汽车	微型		汽油	—	—	—	—	—	—	—	—	—	—	—	—	—	—	—	—	—	—	—
			柴油	10363	10148	9934	9934	9934	9934	8088	6241	6241	4632	3023	3023	3023	3023	1903	783	783	780	779
			燃气	—	—	—	—	—	—	—	—	—	—	—	—	—	—	—	—	—	—	—
	轻型		汽油	—	—	—	—	—	—	—	—	—	—	—	—	—	—	—	—	—	—	—
			柴油	10777	10356	9934	9934	9934	9934	8088	6241	6241	4632	3023	3023	3023	3023	2280	1536	1536	1268	1179
			燃气	—	—	—	—	—	—	—	—	—	—	—	—	—	—	—	—	—	—	—
	中型		汽油	—	—	—	—	—	—	—	—	—	—	—	—	—	—	—	—	—	—	—
			柴油	34673	34673	29179	18190	18190	14036	5727	5727	5727	5426	5124	5124	5124	5124	3286	1447	1447	1325	1284
			燃气	—	—	—	—	—	—	—	—	—	—	—	—	—	—	—	—	—	—	—
	重型		汽油	—	—	—	—	—	—	—	—	—	—	—	—	—	—	—	—	—	—	—
			柴油	162563	162563	133615	75718	75718	60120	28924	28924	28924	19820	10716	10716	10716	10716	7191	3666	3666	3098	2909
			燃气	—	—	—	—	—	—	—	—	—	—	—	—	—	—	—	—	—	—	—
低速汽车	三轮汽车			4092	4092	4092	4092	4092	4092	4092	4092	4092	3220	3220	3220	3220	3220	3220	3220	3220	3220	3220
	低速货车			5581	5581	5581	5581	5581	5581	5581	5581	5581	4392	4392	4392	4392	4392	4392	4392	4392	4392	4392
摩托车	普通摩托车			—	—	—	—	—	—	—	—	—	—	—	—	—	—	—	—	—	—	—
	轻便摩托车			—	—	—	—	—	—	—	—	—	—	—	—	—	—	—	—	—	—	—

锦州市 VOCs 排放系数

单位：克/（辆•年）

车辆类型		使用性质	燃料种类	1999年年底前	2000年	2001年	2002年	2003年	2004年	2005年	2006年	2007年	2008年	2009年	2010年	2011年	2012年	2013年	2014年	2015年	2016年	2017年
载客汽车	微型	出租车	汽油	1527112	889170	251229	251229	251229	251229	182652	114075	114075	90926	67777	67777	56536	45296	45296	45296	45296	33831	30009
			燃气	382100	232714	83328	83328	83328	83328	64064	44800	44800	36984	29167	29167	23135	17103	17103	17103	17103	10098	7763
		其他	汽油	80393	47054	13714	13714	13714	13714	13291	12868	12868	10711	8554	8554	8076	7597	7597	7597	7597	6125	5634
			燃气	16361	9180	1998	1998	1998	1998	1918	1839	1839	1364	890	890	812	734	734	734	734	498	419
	小型	出租车	汽油	1527112	873804	220495	220495	220495	220495	208130	195764	195764	131770	67777	67777	56536	45296	45296	45296	45296	31301	26636
			柴油	239762	225986	212211	212211	212211	212211	192512	172812	172812	125242	77673	77673	77673	77673	57724	37775	37775	21706	16349
			燃气	382100	229154	76207	76207	76207	76207	69967	63727	63727	46447	29167	29167	23135	17103	17103	17103	17103	9512	6982
		其他	汽油	81589	47505	13421	13421	13421	13421	13791	14161	14161	11360	8560	8560	8002	7444	7444	7444	7444	6242	5842
			柴油	11939	10925	9911	9911	9911	9911	8410	6910	6910	4685	2460	2460	2460	2460	2151	1842	1842	1336	1168
			燃气	16638	10006	3375	3375	3375	3375	2756	2138	2138	1582	1025	1025	862	698	698	698	698	525	467
	中型	公交车	汽油	247490	247490	247490	247490	246893	168650	13357	13357	13357	13357	13357	13206	13054	13054	10627	8200	8200	8200	8200
			柴油	87806	87806	86086	82645	82645	64494	28192	28192	28192	20508	12823	12823	12823	12823	8958	5093	5093	4763	4653
			燃气	71579	71579	67602	59649	59649	57536	53311	53311	53311	42686	32061	32061	22219	22219	22154	22154	22154	22154	22154
		其他	汽油	128200	128200	128200	128200	127603	87281	7830	7830	7830	7830	7830	7684	7539	7539	6488	5436	5436	5436	5436
			柴油	30493	30493	28460	24394	24394	18567	6912	6912	6912	6506	6099	6099	6099	6099	3750	1402	1402	1243	1190
			燃气	34560	34560	32640	28800	28800	27780	25740	25740	25740	20623	15506	15506	10732	10732	9642	9642	9642	9642	9642
	大型	公交车	汽油	576798	576798	576798	576798	576201	388623	14661	14661	14661	14661	14661	14521	14381	14381	11615	8849	8849	8849	8849
			柴油	131708	131708	108010	60614	60614	60614	60614	60614	60614	43515	26416	26416	26416	26416	17675	8934	8934	5723	4653
			燃气	168926	168926	159541	140772	140772	135786	125815	125815	125815	100740	75665	75665	52438	52438	47188	47188	47188	47188	47188
		其他	汽油	1278096	1278096	1278096	1278096	1277499	860651	28148	28148	28148	28148	28148	21889	15630	15630	12439	9248	9248	9248	9248
			柴油	272891	272891	207397	76409	76409	76409	76409	76409	76409	55942	35476	35476	35476	35476	20706	5937	5937	5324	5119
			燃气	266186	266186	251398	221822	221822	213966	198253	198253	198253	158842	119430	119430	82662	82662	74261	74261	74261	74261	74261
载货汽车	微型		汽油	571119	303144	35170	35170	35170	35170	33488	31807	31807	29380	26952	26952	21751	16550	16550	16550	16550	14334	13596
			柴油	49709	46466	43223	43223	43223	43223	39816	36409	36409	26634	16859	16859	16859	16859	11563	6267	6267	4515	3931
			燃气	116230	60677	5124	5124	5124	5124	4835	4546	4546	3675	2804	2804	2202	1599	1599	1599	1599	1158	1011
	轻型		汽油	290414	170054	49693	49693	49693	49693	42450	35206	35206	31386	27566	27566	24088	20610	20610	20610	20610	18092	17253
			柴油	45295	44259	43223	43223	43223	43223	39816	36409	36409	26634	16859	16859	16859	16859	12832	8804	8804	7052	6468
			燃气	59223	35859	12496	12496	12496	12496	8906	5315	5315	4308	3301	3301	2617	1933	1933	1933	1933	1518	1379
	中型		汽油	304120	304120	304120	304120	303523	206545	13784	13784	13784	13784	13784	13644	13504	13504	10956	8408	8408	8408	8408
			柴油	71218	71218	66470	56974	56974	43364	16143	16143	16143	15202	14260	14260	14260	14260	10334	6409	6409	3813	2948
			燃气	80717	80717	76233	67265	67265	64882	60116	60116	60116	48185	36254	36254	49059	49059	23886	23886	23886	23886	23886
	重型		汽油	1103852	1103852	1103852	1103852	1103254	743371	24800	24800	24800	24800	24800	19379	13958	13958	11202	8446	8446	8446	8446
			柴油	297887	297887	226394	83408	83408	83408	83408	83408	83408	61066	38725	38725	38725	38725	24212	9698	9698	7547	6830
			燃气	290568	290568	274425	242141	242141	233565	216413	216413	216413	173390	130368	130368	135027	135027	99082	99082	99082	99082	99082
低速汽车	三轮汽车			25300	25300	25300	25300	25300	25300	25300	25300	25300	16721	16721	16721	16721	16721	16721	16721	16721	16721	16721
	低速货车			33990	33990	33990	33990	33990	33990	33990	33990	33990	22464	22464	22464	22464	22464	22464	22464	22464	22464	22464
摩托车	普通摩托车			10464	10464	10464	10464	7809	5154	2759	2759	2759	2759	2759	2059	1359	1359	1359	1359	1359	1359	1359
	轻便摩托车			33839	33839	33839	33839	33839	6768	6768	3332	3332	3332	3332	2486	1641	1641	1641	1641	1641	1641	1641

营口市 NO_x 排放系数

单位：克/（辆·年）

车辆类型		使用性质	燃料种类	1999年年底前	2000年	2001年	2002年	2003年	2004年	2005年	2006年	2007年	2008年	2009年	2010年	2011年	2012年	2013年	2014年	2015年	2016年	2017年
载客汽车	微型	出租车	汽油	313930	212114	110299	110299	110299	110299	81710	53120	53120	39575	26030	26030	21152	16275	16275	16275	16275	9898	7772
			燃气	200631	136906	73182	73182	73182	73182	54742	36302	36302	27447	18592	18592	14954	11316	11316	11316	11316	6668	5118
		其他	汽油	32185	20178	8171	8171	8171	8171	5154	2137	2137	1740	1344	1344	1134	923	923	923	923	634	538
			燃气	19477	11587	3697	3697	3697	3697	2402	1106	1106	898	690	690	552	413	413	413	413	335	309
	小型	出租车	汽油	355040	235084	115129	115129	115129	115129	84496	53862	53862	39946	26030	26030	20468	14905	14905	14905	14905	8640	6552
			柴油	385908	324008	262108	262108	262108	262108	233233	204358	204358	162228	120098	120098	120098	120098	97599	75100	75100	57048	51030
			燃气	226294	151246	76197	76197	76197	76197	56482	36766	36766	27679	18592	18592	14526	10461	10461	10461	10461	5883	4357
		其他	汽油	30035	19162	8289	8289	8289	8289	5496	2704	2704	1882	1060	1060	970	879	879	879	879	598	504
			柴油	26018	21277	16536	16536	16536	16536	15235	13934	13934	10902	7871	7871	7871	7871	6807	5743	5743	4986	4734
			燃气	18135	11548	4960	4960	4960	4960	3210	1460	1460	986	512	512	449	386	386	386	386	313	289
	中型	公交车	汽油	329038	329038	329038	329038	329038	224788	16287	16287	16287	16287	16287	14607	12927	12927	9759	6591	6591	6591	6591
			柴油	366963	366963	366101	364378	364378	349897	320935	320935	320935	267324	213712	213712	213712	213712	174404	135096	135096	113106	105776
			燃气	389631	389631	384993	375716	375716	364062	340753	340753	340753	283600	226446	226446	143201	143201	112154	112154	112154	112154	112154
		其他	汽油	201730	201730	201730	201730	201730	136840	7061	7061	7061	7061	7061	7061	7061	7061	5296	3531	3531	3531	3531
			柴油	172089	172089	164905	150538	150538	149265	146719	146719	146719	124956	103194	103194	103194	103194	91626	80059	80059	68331	64422
			燃气	194325	194325	183529	161937	161937	160411	157359	157359	157359	133980	110601	110601	86153	86153	69203	69203	69203	69203	69203
	大型	公交车	汽油	1172199	1172199	1172199	1172199	1172199	806026	73681	73681	73681	73681	73681	73616	73552	73552	55164	36777	36777	36777	36777
			柴油	520462	520462	503644	470008	470008	456653	429944	429944	429944	422196	414448	414448	414448	414448	399504	384559	384559	346662	334029
			燃气	1046438	1046438	988303	872032	872032	807322	677901	677901	677901	580836	483770	483770	450390	450390	390370	390370	390370	390370	390370
		其他	汽油	2797826	2797826	2797826	2797826	2797826	1923838	175863	175863	175863	175863	175863	169268	162674	162674	122136	81597	81597	81597	81597
			柴油	1246346	1246346	1214275	1150133	1150133	1123319	1069690	1069690	1069690	1032028	994367	994367	994367	994367	946642	898918	898918	795534	761072
			燃气	2319937	2319937	2191052	1933281	1933281	1789819	1502896	1502896	1502896	1288196	1073497	1073497	968477	968477	821667	821667	821667	821667	821667
载货汽车	微型		汽油	144091	85660	27228	27228	27228	27228	18609	9990	9990	8114	6238	6238	5492	4747	4747	4747	4747	3524	3117
			柴油	97955	80928	63901	63901	63901	63901	57487	51073	51073	43208	35344	35344	35344	35344	25850	16355	16355	13932	13124
			燃气	87198	49759	12319	12319	12319	12319	8745	5170	5170	4186	3203	3203	2663	2124	2124	2124	2124	1874	1790
	轻型		汽油	107494	69026	30557	30557	30557	30557	20728	10898	10898	9148	7397	7397	6134	4872	4872	4872	4872	3682	3285
			柴油	98295	81098	63901	63901	63901	63901	57487	51073	51073	43208	35344	35344	35344	35344	28143	20942	20942	19326	18787
			燃气	64904	41595	18285	18285	18285	18285	12085	5884	5884	4729	3573	3573	2856	2139	2139	2139	2139	1948	1884
	中型		汽油	216737	216737	216737	216737	216737	147968	10430	10430	10430	10430	10430	10430	10430	10430	7826	5221	5221	5221	5221
			柴油	405273	405273	363906	281171	281171	267363	239746	239746	239746	239370	238993	238993	238993	238993	209686	180380	180380	155323	146971
			燃气	457639	457639	405913	302462	302462	287352	257132	257132	257132	256640	256147	256147	194110	194110	157878	157878	157878	157878	157878
	重型		汽油	2259246	2259246	2259246	2259246	2259246	1553501	142010	142010	142010	142010	142010	136684	131359	131359	98624	65890	65890	65890	65890
			柴油	1295356	1295356	1251141	1162712	1162712	1119706	1033694	1033694	1033694	992243	950792	950792	950792	950792	821323	691854	691854	470526	396750
			燃气	2411164	2411164	2258918	1954425	1954425	1787058	1452322	1452322	1452322	1239388	1026454	1026454	745390	745390	428338	428338	428338	428338	428338
低速汽车	三轮汽车			65550	65550	65550	65550	65550	65550	65550	65550	65550	53279	53279	53279	53279	53279	53279	53279	53279	53279	53279
	低速货车			88065	88065	88065	88065	88065	88065	88065	88065	88065	71579	71579	71579	71579	71579	71579	71579	71579	71579	71579
摩托车	普通摩托车			781	781	781	781	755	729	677	677	677	677	677	602	526	526	526	526	526	526	526
	轻便摩托车			521	521	521	521	521	260	260	260	260	260	260	231	202	202	202	202	202	202	202

营口市 PM 排放系数

单位：克/（辆·年）

车辆类型		使用性质	燃料种类	1999 年年底前	2000 年	2001 年	2002 年	2003 年	2004 年	2005 年	2006 年	2007 年	2008 年	2009 年	2010 年	2011 年	2012 年	2013 年	2014 年	2015 年	2016 年	2017 年
载客汽车	微型	出租车	汽油	—	—	—	—	—	—	—	—	—	—	—	—	—	—	—	—	—	—	—
			燃气	—	—	—	—	—	—	—	—	—	—	—	—	—	—	—	—	—	—	—
		其他	汽油	—	—	—	—	—	—	—	—	—	—	—	—	—	—	—	—	—	—	—
			燃气	—	—	—	—	—	—	—	—	—	—	—	—	—	—	—	—	—	—	—
	小型	出租车	汽油	—	—	—	—	—	—	—	—	—	—	—	—	—	—	—	—	—	—	—
			柴油	47540	43542	39544	39544	39544	39544	27014	14485	14485	9432	4378	4378	4378	4378	4069	3760	3760	3109	2892
			燃气	—	—	—	—	—	—	—	—	—	—	—	—	—	—	—	—	—	—	—
		其他	汽油	—	—	—	—	—	—	—	—	—	—	—	—	—	—	—	—	—	—	—
			柴油	3582	3390	3198	3198	3198	3198	2302	1406	1406	1030	653	653	653	653	548	443	443	443	443
			燃气	—	—	—	—	—	—	—	—	—	—	—	—	—	—	—	—	—	—	—
	中型	公交车	汽油	—	—	—	—	—	—	—	—	—	—	—	—	—	—	—	—	—	—	—
			柴油	30592	30592	28032	22913	22913	17978	8108	8108	8108	6872	5637	5637	5637	5637	3504	1372	1372	1080	983
			燃气	—	—	—	—	—	—	—	—	—	—	—	—	—	—	—	—	—	—	—
		其他	汽油	—	—	—	—	—	—	—	—	—	—	—	—	—	—	—	—	—	—	—
			柴油	15274	15274	12888	8116	8116	6262	2553	2553	2553	2434	2316	2316	2316	2316	1366	415	415	399	394
			燃气	—	—	—	—	—	—	—	—	—	—	—	—	—	—	—	—	—	—	—
	大型	公交车	汽油	—	—	—	—	—	—	—	—	—	—	—	—	—	—	—	—	—	—	—
			柴油	94865	94865	93934	92071	92071	71272	29674	29674	29674	19994	10315	10315	10315	10315	6116	1916	1916	1845	1821
			燃气	—	—	—	—	—	—	—	—	—	—	—	—	—	—	—	—	—	—	—
		其他	汽油	—	—	—	—	—	—	—	—	—	—	—	—	—	—	—	—	—	—	—
			柴油	142314	142314	133412	115607	115607	85425	25061	25061	25061	17182	9303	9303	9303	9303	5868	2433	2433	2343	2313
			燃气	—	—	—	—	—	—	—	—	—	—	—	—	—	—	—	—	—	—	—
载货汽车	微型		汽油	—	—	—	—	—	—	—	—	—	—	—	—	—	—	—	—	—	—	—
			柴油	11060	10831	10602	10602	10602	10602	8632	6661	6661	4944	3226	3226	3226	3226	2031	836	836	832	831
			燃气	—	—	—	—	—	—	—	—	—	—	—	—	—	—	—	—	—	—	—
	轻型		汽油	—	—	—	—	—	—	—	—	—	—	—	—	—	—	—	—	—	—	—
			柴油	11502	11052	10602	10602	10602	10602	8632	6661	6661	4944	3226	3226	3226	3226	2432	1639	1639	1353	1258
			燃气	—	—	—	—	—	—	—	—	—	—	—	—	—	—	—	—	—	—	—
	中型		汽油	—	—	—	—	—	—	—	—	—	—	—	—	—	—	—	—	—	—	—
			柴油	34673	34673	29179	18190	18190	14036	5727	5727	5727	5426	5124	5124	5124	5124	3286	1447	1447	1325	1284
			燃气	—	—	—	—	—	—	—	—	—	—	—	—	—	—	—	—	—	—	—
	重型		汽油	—	—	—	—	—	—	—	—	—	—	—	—	—	—	—	—	—	—	—
			柴油	150725	150725	123885	70204	70204	55742	26818	26818	26818	18377	9936	9936	9936	9936	6678	3419	3419	2890	2713
			燃气	—	—	—	—	—	—	—	—	—	—	—	—	—	—	—	—	—	—	—
低速汽车	三轮汽车			4092	4092	4092	4092	4092	4092	4092	4092	4092	3220	3220	3220	3220	3220	3220	3220	3220	3220	3220
	低速货车			5581	5581	5581	5581	5581	5581	5581	5581	5581	4392	4392	4392	4392	4392	4392	4392	4392	4392	4392
摩托车	普通摩托车			—	—	—	—	—	—	—	—	—	—	—	—	—	—	—	—	—	—	—
	轻便摩托车			—	—	—	—	—	—	—	—	—	—	—	—	—	—	—	—	—	—	—

营口市 VOCs 排放系数

单位：克/（辆•年）

车辆类型		使用性质	燃料种类	1999 年年底前	2000 年	2001 年	2002 年	2003 年	2004 年	2005 年	2006 年	2007 年	2008 年	2009 年	2010 年	2011 年	2012 年	2013 年	2014 年	2015 年	2016 年	2017 年
载客汽车	微型	出租车	汽油	1272429	743374	214320	214320	214320	214320	156852	99383	99383	79584	59786	59786	49810	39835	39835	39835	39835	29282	25765
			燃气	369509	224646	79783	79783	79783	79783	61229	42675	42675	35194	27714	27714	22000	16285	16285	16285	16285	9669	7464
		其他	汽油	70872	41842	12811	12811	12811	12811	12406	12000	12000	10030	8059	8059	7639	7219	7219	7219	7219	5784	5305
			燃气	16361	9180	1998	1998	1998	1998	1918	1839	1839	1364	890	890	812	734	734	734	734	498	419
	小型	出租车	汽油	1272429	730656	188884	188884	188884	188884	177938	166991	166991	113388	59786	59786	49810	39835	39835	39835	39835	27189	22974
			柴油	225308	212360	199412	199412	199412	199412	180886	162359	162359	117742	73124	73124	73124	73124	54364	35603	35603	20440	15386
			燃气	369509	221191	72873	72873	72873	72873	66956	61040	61040	44377	27714	27714	22000	16285	16285	16285	16285	9100	6705
		其他	汽油	71892	42227	12562	12562	12562	12562	12832	13102	13102	10583	8064	8064	7576	7089	7089	7089	7089	5884	5483
			柴油	11697	10716	9734	9734	9734	9734	8281	6828	6828	4652	2476	2476	2476	2476	2172	1867	1867	1342	1167
			燃气	16638	10006	3375	3375	3375	3375	2756	2138	2138	1582	1025	1025	862	698	698	698	698	525	467
	中型	公交车	汽油	247325	247325	247325	247325	246728	168486	13193	13193	13193	13193	13193	13042	12890	12890	10462	8035	8035	8035	8035
			柴油	87806	87806	86086	82645	82645	64494	28192	28192	28192	20508	12823	12823	12823	12823	8958	5093	5093	4763	4653
			燃气	71579	71579	67602	59649	59649	57536	53311	53311	53311	42686	32061	32061	22219	22219	22154	22154	22154	22154	22154
		其他	汽油	128036	128036	128036	128036	127439	87116	7665	7665	7665	7665	7665	7520	7374	7374	6323	5272	5272	5272	5272
			柴油	30493	30493	28460	24394	24394	18567	6912	6912	6912	6506	6099	6099	6099	6099	3750	1402	1402	1243	1190
			燃气	34560	34560	32640	28800	28800	27780	25740	25740	25740	20623	15506	15506	10732	10732	9642	9642	9642	9642	9642
	大型	公交车	汽油	576633	576633	576633	576633	576036	388459	14497	14497	14497	14497	14497	14357	14217	14217	11451	8685	8685	8685	8685
			柴油	131708	131708	108010	60614	60614	60614	60614	60614	60614	43515	26416	26416	26416	26416	17675	8934	8934	5723	4653
			燃气	168926	168926	159541	140772	140772	135786	125815	125815	125815	100740	75665	75665	52438	52438	47188	47188	47188	47188	47188
		其他	汽油	1277932	1277932	1277932	1277932	1277335	860486	27983	27983	27983	27983	27983	21724	15466	15466	12275	9084	9084	9084	9084
			柴油	272891	272891	207397	76409	76409	76409	76409	76409	76409	55942	35476	35476	35476	35476	20706	5937	5937	5324	5119
			燃气	266186	266186	251398	221822	221822	213966	198253	198253	198253	158842	119430	119430	82662	82662	74261	74261	74261	74261	74261
载货汽车	微型		汽油	522706	278222	33737	33737	33737	33737	32050	30363	30363	27958	25553	25553	20682	15812	15812	15812	15812	13489	12715
			柴油	52855	49405	45955	45955	45955	45955	42268	38580	38580	28328	18076	18076	18076	18076	12446	6815	6815	4822	4157
			燃气	120668	62965	5262	5262	5262	5262	4957	4653	4653	3738	2822	2822	2215	1608	1608	1608	1608	1155	1004
	轻型		汽油	267163	157061	46959	46959	46959	46959	40208	33456	33456	29784	26112	26112	22810	19508	19508	19508	19508	16910	16044
			柴油	48316	47136	45955	45955	45955	45955	42268	38580	38580	28328	18076	18076	18076	18076	13750	9424	9424	7431	6767
			燃气	61830	37223	12616	12616	12616	12616	9038	5459	5459	4389	3319	3319	2620	1921	1921	1921	1921	1505	1367
	中型		汽油	303955	303955	303955	303955	303358	206381	13620	13620	13620	13620	13620	13480	13340	13340	10792	8243	8243	8243	8243
			柴油	71218	71218	66470	56974	56974	43364	16143	16143	16143	15202	14260	14260	14260	14260	10334	6409	6409	3813	2948
			燃气	80717	80717	76233	67265	67265	64882	60116	60116	60116	48185	36254	36254	49059	49059	23886	23886	23886	23886	23886
	重型		汽油	1027585	1027585	1027585	1027585	1026988	691984	23172	23172	23172	23172	23172	18117	13062	13062	10496	7929	7929	7929	7929
			柴油	278392	278392	211578	77950	77950	77950	77950	77950	77950	57070	36191	36191	36191	36191	22618	9045	9045	6905	6192
			燃气	271552	271552	256466	226296	226296	218281	202251	202251	202251	162044	121837	121837	125935	125935	89827	89827	89827	89827	89827
低速汽车	三轮汽车			25300	25300	25300	25300	25300	25300	25300	25300	25300	16721	16721	16721	16721	16721	16721	16721	16721	16721	16721
	低速货车			33990	33990	33990	33990	33990	33990	33990	33990	33990	22464	22464	22464	22464	22464	22464	22464	22464	22464	22464
摩托车	普通摩托车			10464	10464	10464	10464	7809	5154	2759	2759	2759	2759	2759	2059	1359	1359	1359	1359	1359	1359	1359
	轻便摩托车			33839	33839	33839	33839	33839	6768	6768	3332	3332	3332	3332	2486	1641	1641	1641	1641	1641	1641	1641

阜新市 NO_x 排放系数

单位：克/（辆·年）

车辆类型		使用性质	燃料种类	1999年年底前	2000年	2001年	2002年	2003年	2004年	2005年	2006年	2007年	2008年	2009年	2010年	2011年	2012年	2013年	2014年	2015年	2016年	2017年
载客汽车	微型	出租车	汽油	244062	163948	83835	83835	83835	83835	61709	39583	39583	29198	18814	18814	15388	11961	11961	11961	11961	7438	5931
			燃气	162650	109961	57272	57272	57272	57272	42402	27533	27533	20516	13500	13500	10936	8372	8372	8372	8372	5112	4025
		其他	汽油	30651	19230	7809	7809	7809	7809	4945	2081	2081	1696	1311	1311	1109	907	907	907	907	614	516
			燃气	19477	11587	3697	3697	3697	3697	2402	1106	1106	898	690	690	552	413	413	413	413	335	309
	小型	出租车	汽油	276483	182064	87644	87644	87644	87644	63906	40168	40168	29491	18814	18814	14848	10881	10881	10881	10881	6447	4969
			柴油	292660	244665	196670	196670	196670	196670	175201	153732	153732	121804	89876	89876	89876	89876	73434	56992	56992	43944	39595
			燃气	183984	121882	59779	59779	59779	59779	43848	27918	27918	20709	13500	13500	10580	7661	7661	7661	7661	4459	3392
		其他	汽油	28611	18266	7922	7922	7922	7922	5270	2618	2618	1830	1042	1042	954	865	865	865	865	579	484
			柴油	24773	20271	15769	15769	15769	15769	14528	13286	13286	10400	7513	7513	7513	7513	6496	5479	5479	4742	4497
			燃气	18135	11548	4960	4960	4960	4960	3210	1460	1460	986	512	512	449	386	386	386	386	313	289
	中型	公交车	汽油	329274	329274	329274	329274	329274	224949	16299	16299	16299	16299	16299	14618	12936	12936	9766	6596	6596	6596	6596
			柴油	367155	367155	366293	364569	364569	350080	321103	321103	321103	267464	213824	213824	213824	213824	174496	135167	135167	113165	105831
			燃气	389836	389836	385195	375913	375913	364253	340932	340932	340932	283748	226564	226564	143276	143276	112213	112213	112213	112213	112213
		其他	汽油	201875	201875	201875	201875	201875	136939	7066	7066	7066	7066	7066	7066	7066	7066	5300	3534	3534	3534	3534
			柴油	172179	172179	164992	150617	150617	149343	146796	146796	146796	125022	103248	103248	103248	103248	91674	80101	80101	68367	64456
			燃气	194426	194426	183625	162022	162022	160495	157441	157441	157441	134050	110659	110659	86198	86198	69240	69240	69240	69240	69240
	大型	公交车	汽油	1173037	1173037	1173037	1173037	1173037	806603	73734	73734	73734	73734	73734	73669	73604	73604	55204	36803	36803	36803	36803
			柴油	520735	520735	503908	470255	470255	456893	430169	430169	430169	422417	414665	414665	414665	414665	399713	384761	384761	346843	334204
			燃气	1046987	1046987	988821	872489	872489	807745	678256	678256	678256	581140	484024	484024	450626	450626	390575	390575	390575	390575	390575
		其他	汽油	2799826	2799826	2799826	2799826	2799826	1925214	175989	175989	175989	175989	175989	169390	162790	162790	122222	81655	81655	81655	81655
			柴油	1246999	1246999	1214911	1150736	1150736	1123908	1070251	1070251	1070251	1032570	994888	994888	994888	994888	947138	899389	899389	795950	761471
			燃气	2321154	2321154	2192201	1934295	1934295	1790758	1503684	1503684	1503684	1288872	1074060	1074060	968985	968985	822098	822098	822098	822098	822098
载货汽车	微型		汽油	110843	65750	20656	20656	20656	20656	14070	7484	7484	6062	4640	4640	4123	3606	3606	3606	3606	2692	2387
			柴油	73961	60950	47938	47938	47938	47938	43173	38408	38408	32516	26624	26624	26624	26624	19484	12345	12345	10612	10034
			燃气	70435	40107	9779	9779	9779	9779	6878	3978	3978	3210	2442	2442	2042	1642	1642	1642	1642	1483	1429
	轻型		汽油	82632	52928	23223	23223	23223	23223	15703	8183	8183	6858	5533	5533	4618	3702	3702	3702	3702	2812	2516
			柴油	74223	61080	47938	47938	47938	47938	43173	38408	38408	32516	26624	26624	26624	26624	21252	15881	15881	14770	14399
			燃气	52376	33458	14540	14540	14540	14540	9552	4563	4563	3641	2719	2719	2185	1652	1652	1652	1652	1540	1502
	中型		汽油	216737	216737	216737	216737	216737	147968	10430	10430	10430	10430	10430	10430	10430	10430	7826	5221	5221	5221	5221
			柴油	405273	405273	363906	281171	281171	267363	239746	239746	239746	239370	238993	238993	238993	238993	209686	180380	180380	155323	146971
			燃气	457638	457638	405912	302462	302462	287352	257131	257131	257131	256639	256148	256148	194110	194110	157879	157879	157879	157879	157879
	重型		汽油	2101138	2101138	2101138	2101138	2101138	1444783	132072	132072	132072	132072	132072	127119	122166	122166	91722	61279	61279	61279	61279
			柴油	1208397	1208397	1167150	1084657	1084657	1044538	964301	964301	964301	925632	886963	886963	886963	886963	765280	643598	643598	432772	362497
			燃气	2249301	2249301	2107274	1823221	1823221	1667090	1354826	1354826	1354826	1156186	957546	957546	693401	693401	391358	391358	391358	391358	391358
低速汽车	三轮汽车			65550	65550	65550	65550	65550	65550	65550	65550	65550	53279	53279	53279	53279	53279	53279	53279	53279	53279	53279
	低速货车			88065	88065	88065	88065	88065	88065	88065	88065	88065	71579	71579	71579	71579	71579	71579	71579	71579	71579	71579
摩托车	普通摩托车			781	781	781	781	755	729	677	677	677	677	677	602	526	526	526	526	526	526	526
	轻便摩托车			521	521	521	521	521	260	260	260	260	260	260	231	202	202	202	202	202	202	202

阜新市 PM 排放系数

单位：克/（辆·年）

车辆类型		使用性质	燃料种类	1999 年年底前	2000 年	2001 年	2002 年	2003 年	2004 年	2005 年	2006 年	2007 年	2008 年	2009 年	2010 年	2011 年	2012 年	2013 年	2014 年	2015 年	2016 年	2017 年
载客汽车	微型	出租车	汽油	—	—	—	—	—	—	—	—	—	—	—	—	—	—	—	—	—	—	—
			燃气	—	—	—	—	—	—	—	—	—	—	—	—	—	—	—	—	—	—	—
		其他	汽油	—	—	—	—	—	—	—	—	—	—	—	—	—	—	—	—	—	—	—
			燃气	—	—	—	—	—	—	—	—	—	—	—	—	—	—	—	—	—	—	—
	小型	出租车	汽油	—	—	—	—	—	—	—	—	—	—	—	—	—	—	—	—	—	—	—
			柴油	39522	36198	32875	32875	32875	32875	22458	12042	12042	7840	3639	3639	3639	3639	3382	3126	3126	2584	2404
			燃气	—	—	—	—	—	—	—	—	—	—	—	—	—	—	—	—	—	—	—
		其他	汽油	—	—	—	—	—	—	—	—	—	—	—	—	—	—	—	—	—	—	—
			柴油	3582	3390	3198	3198	3198	3198	2302	1406	1406	1030	653	653	653	653	548	443	443	443	443
			燃气	—	—	—	—	—	—	—	—	—	—	—	—	—	—	—	—	—	—	—
	中型	公交车	汽油	—	—	—	—	—	—	—	—	—	—	—	—	—	—	—	—	—	—	—
			柴油	30592	30592	28032	22913	22913	17978	8108	8108	8108	6872	5637	5637	5637	5637	3504	1372	1372	1080	983
			燃气	—	—	—	—	—	—	—	—	—	—	—	—	—	—	—	—	—	—	—
		其他	汽油	—	—	—	—	—	—	—	—	—	—	—	—	—	—	—	—	—	—	—
			柴油	15274	15274	12888	8116	8116	6262	2553	2553	2553	2434	2316	2316	2316	2316	1366	415	415	399	394
			燃气	—	—	—	—	—	—	—	—	—	—	—	—	—	—	—	—	—	—	—
	大型	公交车	汽油	—	—	—	—	—	—	—	—	—	—	—	—	—	—	—	—	—	—	—
			柴油	94865	94865	93934	92071	92071	71272	29674	29674	29674	19994	10315	10315	10315	10315	6116	1916	1916	1845	1821
			燃气	—	—	—	—	—	—	—	—	—	—	—	—	—	—	—	—	—	—	—
		其他	汽油	—	—	—	—	—	—	—	—	—	—	—	—	—	—	—	—	—	—	—
			柴油	142314	142314	133412	115607	115607	85425	25061	25061	25061	17182	9303	9303	9303	9303	5868	2433	2433	2343	2313
			燃气	—	—	—	—	—	—	—	—	—	—	—	—	—	—	—	—	—	—	—
载货汽车	微型		汽油	—	—	—	—	—	—	—	—	—	—	—	—	—	—	—	—	—	—	—
			柴油	8987	8802	8616	8616	8616	8616	7014	5413	5413	4018	2622	2622	2622	2622	1650	679	679	676	675
			燃气	—	—	—	—	—	—	—	—	—	—	—	—	—	—	—	—	—	—	—
	轻型		汽油	—	—	—	—	—	—	—	—	—	—	—	—	—	—	—	—	—	—	—
			柴油	9347	8982	8616	8616	8616	8616	7014	5413	5413	4018	2622	2622	2622	2622	1977	1332	1332	1100	1023
			燃气	—	—	—	—	—	—	—	—	—	—	—	—	—	—	—	—	—	—	—
	中型		汽油	—	—	—	—	—	—	—	—	—	—	—	—	—	—	—	—	—	—	—
			柴油	34673	34673	29179	18190	18190	14036	5727	5727	5727	5426	5124	5124	5124	5124	3286	1447	1447	1325	1284
			燃气	—	—	—	—	—	—	—	—	—	—	—	—	—	—	—	—	—	—	—
	重型		汽油	—	—	—	—	—	—	—	—	—	—	—	—	—	—	—	—	—	—	—
			柴油	140127	140127	115174	65268	65268	51823	24932	24932	24932	17084	9237	9237	9237	9237	6219	3201	3201	2705	2540
			燃气	—	—	—	—	—	—	—	—	—	—	—	—	—	—	—	—	—	—	—
低速汽车	三轮汽车			4092	4092	4092	4092	4092	4092	4092	4092	4092	3220	3220	3220	3220	3220	3220	3220	3220	3220	3220
	低速货车			5581	5581	5581	5581	5581	5581	5581	5581	5581	4392	4392	4392	4392	4392	4392	4392	4392	4392	4392
摩托车	普通摩托车			—	—	—	—	—	—	—	—	—	—	—	—	—	—	—	—	—	—	—
	轻便摩托车			—	—	—	—	—	—	—	—	—	—	—	—	—	—	—	—	—	—	—

阜新市 VOCs 排放系数

单位：克/（辆·年）

车辆类型		使用性质	燃料种类	1999年年底前	2000年	2001年	2002年	2003年	2004年	2005年	2006年	2007年	2008年	2009年	2010年	2011年	2012年	2013年	2014年	2015年	2016年	2017年
载客汽车	微型	出租车	汽油	1226852	712060	197268	197268	197268	197268	142822	88375	88375	70228	52082	52082	43930	35777	35777	35777	35777	27514	24760
			燃气	301492	181456	61421	61421	61421	61421	46630	31839	31839	26094	20350	20350	16232	12114	12114	12114	12114	7444	5888
		其他	汽油	81481	47846	14212	14212	14212	14212	13789	13366	13366	11148	8930	8930	8452	7973	7973	7973	7973	6412	5891
			燃气	16361	9180	1998	1998	1998	1998	1918	1839	1839	1364	890	890	812	734	734	734	734	498	419
	小型	出租车	汽油	1226852	699664	172477	172477	172477	172477	163373	154269	154269	103176	52082	52082	43930	35777	35777	35777	35777	25474	22039
			柴油	170447	160949	151451	151451	151451	151451	138144	124836	124836	88992	53147	53147	53147	53147	39638	26129	26129	15518	11981
			燃气	301492	178584	55677	55677	55677	55677	51392	47106	47106	33728	20350	20350	16232	12114	12114	12114	12114	6972	5258
		其他	汽油	82677	48298	13919	13919	13919	13919	14288	14658	14658	11797	8936	8936	8378	7821	7821	7821	7821	6530	6099
			柴油	12071	11057	10043	10043	10043	10043	8542	7042	7042	4792	2541	2541	2541	2541	2232	1923	1923	1385	1206
			燃气	16638	10006	3375	3375	3375	3375	2756	2138	2138	1582	1025	1025	862	698	698	698	698	525	467
	中型	公交车	汽油	247637	247637	247637	247637	247040	168797	13504	13504	13504	13504	13504	13352	13201	13201	10774	8347	8347	8347	8347
			柴油	87806	87806	86086	82645	82645	64494	28192	28192	28192	20508	12823	12823	12823	12823	8958	5093	5093	4763	4653
			燃气	71579	71579	67602	59649	59649	57536	53311	53311	53311	42686	32061	32061	22219	22219	22154	22154	22154	22154	22154
		其他	汽油	128347	128347	128347	128347	127750	87428	7977	7977	7977	7977	7977	7831	7685	7685	6634	5583	5583	5583	5583
			柴油	30493	30493	28460	24394	24394	18567	6912	6912	6912	6506	6099	6099	6099	6099	3750	1402	1402	1243	1190
			燃气	34560	34560	32640	28800	28800	27780	25740	25740	25740	20623	15506	15506	10732	10732	9642	9642	9642	9642	9642
	大型	公交车	汽油	576945	576945	576945	576945	576348	388770	14808	14808	14808	14808	14808	14668	14528	14528	11762	8996	8996	8996	8996
			柴油	131708	131708	108010	60614	60614	60614	60614	60614	60614	43515	26416	26416	26416	26416	17675	8934	8934	5723	4653
			燃气	168926	168926	159541	140772	140772	135786	125815	125815	125815	100740	75665	75665	52438	52438	47188	47188	47188	47188	47188
		其他	汽油	1278243	1278243	1278243	1278243	1277646	860797	28294	28294	28294	28294	28294	22036	15777	15777	12586	9395	9395	9395	9395
			柴油	272891	272891	207397	76409	76409	76409	76409	76409	76409	55942	35476	35476	35476	35476	20706	5937	5937	5324	5119
			燃气	266186	266186	251398	221822	221822	213966	198253	198253	198253	158842	119430	119430	82662	82662	74261	74261	74261	74261	74261
载货汽车	微型		汽油	497291	264304	31318	31318	31318	31318	29896	28473	28473	26288	24104	24104	19659	15214	15214	15214	15214	13203	12533
			柴油	41635	38942	36248	36248	36248	36248	33484	30720	30720	22387	14054	14054	14054	14054	9652	5249	5249	3850	3384
			燃气	99854	52128	4403	4403	4403	4403	4160	3918	3918	3160	2402	2402	1901	1401	1401	1401	1401	1019	891
	轻型		汽油	253841	148878	43914	43914	43914	43914	37667	31420	31420	28028	24636	24636	21686	18735	18735	18735	18735	16462	15705
			柴油	37807	37028	36248	36248	36248	36248	33484	30720	30720	22387	14054	14054	14054	14054	10752	7449	7449	6050	5584
			燃气	51083	30866	10648	10648	10648	10648	7615	4583	4583	3704	2826	2826	2249	1672	1672	1672	1672	1320	1203
	中型		汽油	304267	304267	304267	304267	303670	206692	13931	13931	13931	13931	13931	13791	13651	13651	11103	8555	8555	8555	8555
			柴油	71218	71218	66470	56974	56974	43364	16143	16143	16143	15202	14260	14260	14260	14260	10334	6409	6409	3813	2948
			燃气	80717	80717	76233	67265	67265	64882	60116	60116	60116	48185	36254	36254	49059	49059	23886	23886	23886	23886	23886
	重型		汽油	958557	958557	958557	958557	957960	645625	22150	22150	22150	22150	22150	17428	12706	12706	10313	7920	7920	7920	7920
			柴油	261428	261428	198685	73200	73200	73200	73200	73200	73200	53593	33986	33986	33986	33986	21182	8378	8378	6345	5667
			燃气	255005	255005	240838	212506	212506	204980	189927	189927	189927	152170	114414	114414	116649	116649	82211	82211	82211	82211	82211
低速汽车	三轮汽车			25300	25300	25300	25300	25300	25300	25300	25300	25300	16721	16721	16721	16721	16721	16721	16721	16721	16721	16721
	低速货车			33990	33990	33990	33990	33990	33990	33990	33990	33990	22464	22464	22464	22464	22464	22464	22464	22464	22464	22464
摩托车	普通摩托车			10464	10464	10464	10464	7809	5154	2759	2759	2759	2759	2759	2059	1359	1359	1359	1359	1359	1359	1359
	轻便摩托车			33839	33839	33839	33839	33839	6768	6768	3332	3332	3332	3332	2486	1641	1641	1641	1641	1641	1641	1641

辽阳市 NO_x 排放系数

单位：克/（辆·年）

车辆类型		使用性质	燃料种类	1999 年年底前	2000 年	2001 年	2002 年	2003 年	2004 年	2005 年	2006 年	2007 年	2008 年	2009 年	2010 年	2011 年	2012 年	2013 年	2014 年	2015 年	2016 年	2017 年
载客汽车	微型	出租车	汽油	244049	163940	83832	83832	83832	83832	61706	39581	39581	29198	18814	18814	15388	11961	11961	11961	11961	7438	5930
			燃气	162650	109961	57272	57272	57272	57272	42402	27533	27533	20516	13500	13500	10936	8372	8372	8372	8372	5112	4025
		其他	汽油	30649	19228	7808	7808	7808	7808	4944	2081	2081	1696	1311	1311	1109	907	907	907	907	614	516
			燃气	19477	11587	3697	3697	3697	3697	2402	1106	1106	898	690	690	552	413	413	413	413	335	309
	小型	出租车	汽油	276468	182054	87641	87641	87641	87641	63904	40167	40167	29490	18814	18814	14848	10881	10881	10881	10881	6447	4969
			柴油	292651	244658	196665	196665	196665	196665	175196	153728	153728	121800	89873	89873	89873	89873	73432	56990	56990	43943	39594
			燃气	183984	121882	59779	59779	59779	59779	43848	27918	27918	20709	13500	13500	10580	7661	7661	7661	7661	4459	3392
		其他	汽油	28610	18266	7921	7921	7921	7921	5270	2618	2618	1830	1042	1042	954	865	865	865	865	579	484
			柴油	24772	20270	15769	15769	15769	15769	14527	13285	13285	10399	7513	7513	7513	7513	6496	5478	5478	4742	4497
			燃气	18135	11548	4960	4960	4960	4960	3210	1460	1460	986	512	512	449	386	386	386	386	313	289
	中型	公交车	汽油	329254	329254	329254	329254	329254	224935	16298	16298	16298	16298	16298	14616	12935	12935	9765	6595	6595	6595	6595
			柴油	367139	367139	366277	364553	364553	350065	321089	321089	321089	267452	213814	213814	213814	213814	174488	135161	135161	113160	105827
			燃气	389818	389818	385177	375896	375896	364236	340917	340917	340917	283736	226554	226554	143270	143270	112208	112208	112208	112208	112208
		其他	汽油	201862	201862	201862	201862	201862	136930	7065	7065	7065	7065	7065	7065	7065	7065	5299	3533	3533	3533	3533
			柴油	172171	172171	164984	150610	150610	149337	146790	146790	146790	125016	103243	103243	103243	103243	91670	80098	80098	68364	64453
			燃气	194418	194418	183617	162015	162015	160488	157434	157434	157434	134044	110654	110654	86195	86195	69237	69237	69237	69237	69237
	大型	公交车	汽油	1172967	1172967	1172967	1172967	1172967	806554	73729	73729	73729	73729	73729	73664	73600	73600	55200	36801	36801	36801	36801
			柴油	520712	520712	503886	470234	470234	456873	430151	430151	430151	422399	414647	414647	414647	414647	399696	384744	384744	346828	334189
			燃气	1046941	1046941	988778	872451	872451	807709	678226	678226	678226	581114	484002	484002	450606	450606	390557	390557	390557	390557	390557
		其他	汽油	2799658	2799658	2799658	2799658	2799658	1925098	175979	175979	175979	175979	175979	169380	162780	162780	122216	81651	81651	81651	81651
			柴油	1246944	1246944	1214858	1150685	1150685	1123858	1070203	1070203	1070203	1032524	994845	994845	994845	994845	947098	899350	899350	795915	761437
			燃气	2321051	2321051	2192104	1934209	1934209	1790679	1503618	1503618	1503618	1288816	1074013	1074013	968942	968942	822061	822061	822061	822061	822061
载货汽车	微型		汽油	110836	65746	20655	20655	20655	20655	14069	7483	7483	6061	4639	4639	4122	3606	3606	3606	3606	2692	2387
			柴油	73958	60947	47936	47936	47936	47936	43172	38407	38407	32515	26623	26623	26623	26623	19484	12345	12345	10612	10034
			燃气	70435	40107	9780	9780	9780	9780	6878	3977	3977	3209	2442	2442	2042	1642	1642	1642	1642	1483	1429
	轻型		汽油	82627	52924	23222	23222	23222	23222	15702	8183	8183	6858	5533	5533	4618	3702	3702	3702	3702	2812	2516
			柴油	74220	61078	47936	47936	47936	47936	43172	38407	38407	32515	26623	26623	26623	26623	21252	15880	15880	14768	14398
			燃气	52375	33458	14541	14541	14541	14541	9552	4563	4563	3641	2719	2719	2185	1652	1652	1652	1652	1540	1502
	中型		汽油	216737	216737	216737	216737	216737	147968	10430	10430	10430	10430	10430	10430	10430	10430	7826	5221	5221	5221	5221
			柴油	405273	405273	363906	281171	281171	267363	239746	239746	239746	239370	238993	238993	238993	238993	209686	180380	180380	155323	146971
			燃气	457640	457640	405914	302463	302463	287352	257130	257130	257130	256639	256148	256148	194110	194110	157880	157880	157880	157880	157880
	重型		汽油	2075162	2075162	2075162	2075162	2075162	1426921	130439	130439	130439	130439	130439	125548	120656	120656	90588	60521	60521	60521	60521
			柴油	1191336	1191336	1150672	1069343	1069343	1029791	950686	950686	950686	912564	874441	874441	874441	874441	745866	617290	617290	400276	327938
			燃气	2217543	2217543	2077522	1797480	1797480	1643553	1335699	1335699	1335699	1139863	944027	944027	665056	665056	354048	354048	354048	354048	354048
低速汽车	三轮汽车			65550	65550	65550	65550	65550	65550	65550	65550	65550	53279	53279	53279	53279	53279	53279	53279	53279	53279	53279
	低速货车			88065	88065	88065	88065	88065	88065	88065	88065	88065	71579	71579	71579	71579	71579	71579	71579	71579	71579	71579
摩托车	普通摩托车			781	781	781	781	755	729	677	677	677	677	677	602	526	526	526	526	526	526	526
	轻便摩托车			521	521	521	521	521	260	260	260	260	260	260	231	202	202	202	202	202	202	202

辽阳市 PM 排放系数

单位：克/（辆·年）

车辆类型		使用性质	燃料种类	1999 年年底前	2000 年	2001 年	2002 年	2003 年	2004 年	2005 年	2006 年	2007 年	2008 年	2009 年	2010 年	2011 年	2012 年	2013 年	2014 年	2015 年	2016 年	2017 年
载客汽车	微型	出租车	汽油	—	—	—	—	—	—	—	—	—	—	—	—	—	—	—	—	—	—	—
			燃气	—	—	—	—	—	—	—	—	—	—	—	—	—	—	—	—	—	—	—
		其他	汽油	—	—	—	—	—	—	—	—	—	—	—	—	—	—	—	—	—	—	—
			燃气	—	—	—	—	—	—	—	—	—	—	—	—	—	—	—	—	—	—	—
	小型	出租车	汽油	—	—	—	—	—	—	—	—	—	—	—	—	—	—	—	—	—	—	—
			柴油	39522	36198	32875	32875	32875	32875	22458	12042	12042	7840	3639	3639	3639	3639	3382	3126	3126	2584	2404
			燃气	—	—	—	—	—	—	—	—	—	—	—	—	—	—	—	—	—	—	—
		其他	汽油	—	—	—	—	—	—	—	—	—	—	—	—	—	—	—	—	—	—	—
			柴油	3582	3390	3198	3198	3198	3198	2302	1406	1406	1030	653	653	653	653	548	443	443	443	443
			燃气	—	—	—	—	—	—	—	—	—	—	—	—	—	—	—	—	—	—	—
	中型	公交车	汽油	—	—	—	—	—	—	—	—	—	—	—	—	—	—	—	—	—	—	—
			柴油	30592	30592	28032	22913	22913	17978	8108	8108	8108	6872	5637	5637	5637	5637	3504	1372	1372	1080	983
			燃气	—	—	—	—	—	—	—	—	—	—	—	—	—	—	—	—	—	—	—
		其他	汽油	—	—	—	—	—	—	—	—	—	—	—	—	—	—	—	—	—	—	—
			柴油	15274	15274	12888	8116	8116	6262	2553	2553	2553	2434	2316	2316	2316	2316	1366	415	415	399	394
			燃气	—	—	—	—	—	—	—	—	—	—	—	—	—	—	—	—	—	—	—
	大型	公交车	汽油	—	—	—	—	—	—	—	—	—	—	—	—	—	—	—	—	—	—	—
			柴油	94865	94865	93934	92071	92071	71272	29674	29674	29674	19994	10315	10315	10315	10315	6116	1916	1916	1845	1821
			燃气	—	—	—	—	—	—	—	—	—	—	—	—	—	—	—	—	—	—	—
		其他	汽油	—	—	—	—	—	—	—	—	—	—	—	—	—	—	—	—	—	—	—
			柴油	142314	142314	133412	115607	115607	85425	25061	25061	25061	17182	9303	9303	9303	9303	5868	2433	2433	2343	2313
			燃气	—	—	—	—	—	—	—	—	—	—	—	—	—	—	—	—	—	—	—
载货汽车	微型		汽油	—	—	—	—	—	—	—	—	—	—	—	—	—	—	—	—	—	—	—
			柴油	8987	8802	8616	8616	8616	8616	7014	5413	5413	4018	2622	2622	2622	2622	1650	679	679	676	675
			燃气	—	—	—	—	—	—	—	—	—	—	—	—	—	—	—	—	—	—	—
	轻型		汽油	—	—	—	—	—	—	—	—	—	—	—	—	—	—	—	—	—	—	—
			柴油	9347	8982	8616	8616	8616	8616	7014	5413	5413	4018	2622	2622	2622	2622	1977	1332	1332	1100	1023
			燃气	—	—	—	—	—	—	—	—	—	—	—	—	—	—	—	—	—	—	—
	中型		汽油	—	—	—	—	—	—	—	—	—	—	—	—	—	—	—	—	—	—	—
			柴油	34673	34673	29179	18190	18190	14036	5727	5727	5727	5426	5124	5124	5124	5124	3286	1447	1447	1325	1284
			燃气	—	—	—	—	—	—	—	—	—	—	—	—	—	—	—	—	—	—	—
	重型		汽油	—	—	—	—	—	—	—	—	—	—	—	—	—	—	—	—	—	—	—
			柴油	137854	137854	113306	64210	64210	50983	24528	24528	24528	16808	9088	9088	9088	9088	6176	3263	3263	2758	2590
			燃气	—	—	—	—	—	—	—	—	—	—	—	—	—	—	—	—	—	—	—
低速汽车	三轮汽车			4092	4092	4092	4092	4092	4092	4092	4092	4092	3220	3220	3220	3220	3220	3220	3220	3220	3220	3220
	低速货车			5581	5581	5581	5581	5581	5581	5581	5581	5581	4392	4392	4392	4392	4392	4392	4392	4392	4392	4392
摩托车	普通摩托车			—	—	—	—	—	—	—	—	—	—	—	—	—	—	—	—	—	—	—
	轻便摩托车			—	—	—	—	—	—	—	—	—	—	—	—	—	—	—	—	—	—	—

辽阳市 VOCs 排放系数

单位：克/（辆 • 年）

车辆类型		使用性质	燃料种类	1999年年底前	2000年	2001年	2002年	2003年	2004年	2005年	2006年	2007年	2008年	2009年	2010年	2011年	2012年	2013年	2014年	2015年	2016年	2017年
载客汽车	微型	出租车	汽油	1226677	711886	197094	197094	197094	197094	142647	88200	88200	70054	51907	51907	43754	35602	35602	35602	35602	27339	24585
			燃气	301492	181456	61421	61421	61421	61421	46630	31839	31839	26094	20350	20350	16232	12114	12114	12114	12114	7444	5888
		其他	汽油	81307	47672	14037	14037	14037	14037	13614	13192	13192	10974	8756	8756	8278	7799	7799	7799	7799	6237	5716
			燃气	16361	9180	1998	1998	1998	1998	1918	1839	1839	1364	890	890	812	734	734	734	734	498	419
	小型	出租车	汽油	1226677	699490	172303	172303	172303	172303	163198	154094	154094	103000	51907	51907	43754	35602	35602	35602	35602	25299	21865
			柴油	170447	160949	151451	151451	151451	151451	138144	124836	124836	88992	53147	53147	53147	53147	39638	26129	26129	15518	11981
			燃气	301492	178584	55677	55677	55677	55677	51392	47106	47106	33728	20350	20350	16232	12114	12114	12114	12114	6972	5258
		其他	汽油	82503	48124	13744	13744	13744	13744	14114	14484	14484	11623	8762	8762	8204	7646	7646	7646	7646	6354	5924
			柴油	12071	11057	10043	10043	10043	10043	8542	7042	7042	4792	2541	2541	2541	2541	2232	1923	1923	1385	1206
			燃气	16638	10006	3375	3375	3375	3375	2756	2138	2138	1582	1025	1025	862	698	698	698	698	525	467
	中型	公交车	汽油	247462	247462	247462	247462	246865	168622	13330	13330	13330	13330	13330	13178	13027	13027	10600	8172	8172	8172	8172
			柴油	87806	87806	86086	82645	82645	64494	28192	28192	28192	20508	12823	12823	12823	12823	8958	5093	5093	4763	4653
			燃气	71579	71579	67602	59649	59649	57536	53311	53311	53311	42686	32061	32061	22219	22219	22154	22154	22154	22154	22154
		其他	汽油	128172	128172	128172	128172	127575	87253	7802	7802	7802	7802	7802	7656	7511	7511	6460	5408	5408	5408	5408
			柴油	30493	30493	28460	24394	24394	18567	6912	6912	6912	6506	6099	6099	6099	6099	3750	1402	1402	1243	1190
			燃气	34560	34560	32640	28800	28800	27780	25740	25740	25740	20623	15506	15506	10732	10732	9642	9642	9642	9642	9642
	大型	公交车	汽油	576770	576770	576770	576770	576173	388595	14633	14633	14633	14633	14633	14494	14354	14354	11588	8822	8822	8822	8822
			柴油	131708	131708	108010	60614	60614	60614	60614	60614	60614	43515	26416	26416	26416	26416	17675	8934	8934	5723	4653
			燃气	168926	168926	159541	140772	140772	135786	125815	125815	125815	100740	75665	75665	52438	52438	47188	47188	47188	47188	47188
		其他	汽油	1278068	1278068	1278068	1278068	1277471	860623	28120	28120	28120	28120	28120	21861	15602	15602	12412	9221	9221	9221	9221
			柴油	272891	272891	207397	76409	76409	76409	76409	76409	76409	55942	35476	35476	35476	35476	20706	5937	5937	5324	5119
			燃气	266186	266186	251398	221822	221822	213966	198253	198253	198253	158842	119430	119430	82662	82662	74261	74261	74261	74261	74261
载货汽车	微型		汽油	497116	264130	31143	31143	31143	31143	29720	28298	28298	26114	23929	23929	19484	15039	15039	15039	15039	13028	12358
			柴油	41635	38942	36248	36248	36248	36248	33484	30720	30720	22387	14054	14054	14054	14054	9652	5249	5249	3850	3384
			燃气	100032	52232	4433	4433	4433	4433	4189	3945	3945	3189	2432	2432	1924	1415	1415	1415	1415	1033	906
	轻型		汽油	253666	148702	43739	43739	43739	43739	37492	31246	31246	27854	24462	24462	21511	18560	18560	18560	18560	16288	15530
			柴油	37807	37028	36248	36248	36248	36248	33484	30720	30720	22387	14054	14054	14054	14054	10752	7449	7449	6050	5584
			燃气	51156	30948	10741	10741	10741	10741	7676	4612	4612	3737	2862	2862	2278	1694	1694	1694	1694	1342	1224
	中型		汽油	304092	304092	304092	304092	303495	206517	13756	13756	13756	13756	13756	13616	13477	13477	10928	8380	8380	8380	8380
			柴油	71218	71218	66470	56974	56974	43364	16143	16143	16143	15202	14260	14260	14260	14260	10334	6409	6409	3813	2948
			燃气	80717	80717	76233	67265	67265	64882	60116	60116	60116	48185	36254	36254	49059	49059	23886	23886	23886	23886	23886
	重型		汽油	966011	966011	966011	966011	965414	650585	22122	22122	22122	22122	22122	17364	12605	12605	10193	7781	7781	7781	7781
			柴油	270074	270074	205256	75621	75621	75621	75621	75621	75621	55366	35110	35110	35110	35110	21800	8490	8490	5720	4797
			燃气	263438	263438	248804	219534	219534	211759	196208	196208	196208	157203	118198	118198	118208	118208	69590	69590	69590	69590	69590
低速汽车	三轮汽车			25300	25300	25300	25300	25300	25300	25300	25300	25300	16721	16721	16721	16721	16721	16721	16721	16721	16721	16721
	低速货车			33990	33990	33990	33990	33990	33990	33990	33990	33990	22464	22464	22464	22464	22464	22464	22464	22464	22464	22464
摩托车	普通摩托车			10464	10464	10464	10464	7809	5154	2759	2759	2759	2759	2759	2059	1359	1359	1359	1359	1359	1359	1359
	轻便摩托车			33839	33839	33839	33839	33839	6768	6768	3332	3332	3332	3332	2486	1641	1641	1641	1641	1641	1641	1641

盘锦市 NO_x 排放系数

单位：克/（辆·年）

车辆类型		使用性质	燃料种类	1999年年底前	2000年	2001年	2002年	2003年	2004年	2005年	2006年	2007年	2008年	2009年	2010年	2011年	2012年	2013年	2014年	2015年	2016年	2017年
载客汽车	微型	出租车	汽油	310240	210458	110676	110676	110676	110676	82363	54050	54050	40532	27013	27013	21880	16747	16747	16747	16747	10024	7783
			燃气	207703	141964	76225	76225	76225	76225	57117	38009	38009	28805	19601	19601	15748	11895	11895	11895	11895	6969	5327
		其他	汽油	30649	19228	7808	7808	7808	7808	4944	2081	2081	1696	1311	1311	1109	907	907	907	907	614	516
			燃气	19477	11587	3697	3697	3697	3697	2402	1106	1106	898	690	690	552	413	413	413	413	335	309
	小型	出租车	汽油	350429	232914	115398	115398	115398	115398	85087	54776	54776	40894	27013	27013	21210	15408	15408	15408	15408	8795	6591
			柴油	387381	326172	264964	264964	264964	264964	235610	206257	206257	163946	121636	121636	121636	121636	98514	75393	75393	56682	50445
			燃气	234152	156742	79332	79332	79332	79332	58909	38486	38486	29044	19601	19601	15308	11014	11014	11014	11014	6160	4542
		其他	汽油	28610	18266	7921	7921	7921	7921	5270	2618	2618	1830	1042	1042	954	865	865	865	865	579	484
			柴油	24772	20270	15769	15769	15769	15769	14527	13285	13285	10399	7513	7513	7513	7513	6496	5478	5478	4742	4497
			燃气	18135	11548	4960	4960	4960	4960	3210	1460	1460	986	512	512	449	386	386	386	386	313	289
	中型	公交车	汽油	329254	329254	329254	329254	329254	224935	16298	16298	16298	16298	16298	14616	12935	12935	9765	6595	6595	6595	6595
			柴油	367139	367139	366277	364553	364553	350065	321089	321089	321089	267452	213814	213814	213814	213814	174488	135161	135161	113160	105827
			燃气	389818	389818	385177	375896	375896	364236	340917	340917	340917	283736	226554	226554	143270	143270	112208	112208	112208	112208	112208
		其他	汽油	201862	201862	201862	201862	201862	136930	7065	7065	7065	7065	7065	7065	7065	7065	5299	3533	3533	3533	3533
			柴油	172171	172171	164984	150610	150610	149337	146790	146790	146790	125016	103243	103243	103243	103243	91670	80098	80098	68364	64453
			燃气	194418	194418	183617	162015	162015	160488	157434	157434	157434	134044	110654	110654	86195	86195	69237	69237	69237	69237	69237
	大型	公交车	汽油	1172967	1172967	1172967	1172967	1172967	806554	73729	73729	73729	73729	73729	73664	73600	73600	55200	36801	36801	36801	36801
			柴油	520712	520712	503886	470234	470234	456873	430151	430151	430151	422399	414647	414647	414647	414647	399696	384744	384744	346828	334189
			燃气	1046941	1046941	988778	872451	872451	807709	678226	678226	678226	581114	484002	484002	450606	450606	390557	390557	390557	390557	390557
		其他	汽油	2799658	2799658	2799658	2799658	2799658	1925098	175979	175979	175979	175979	175979	169380	162780	162780	122216	81651	81651	81651	81651
			柴油	1246944	1246944	1214858	1150685	1150685	1123858	1070203	1070203	1070203	1032524	994845	994845	994845	994845	947098	899350	899350	795915	761437
			燃气	2321051	2321051	2192104	1934209	1934209	1790679	1503618	1503618	1503618	1288816	1074013	1074013	968942	968942	822061	822061	822061	822061	822061
载货汽车	微型		汽油	128173	76196	24219	24219	24219	24219	16564	8910	8910	7236	5562	5562	4906	4249	4249	4249	4249	3144	2775
			柴油	86928	71808	56688	56688	56688	56688	51006	45324	45324	38348	31372	31372	31372	31372	22952	14532	14532	12376	11658
			燃气	81452	46460	11467	11467	11467	11467	8101	4735	4735	3831	2927	2927	2431	1935	1935	1935	1935	1730	1662
	轻型		汽油	95647	61412	27178	27178	27178	27178	18448	9717	9717	8155	6593	6593	5476	4360	4360	4360	4360	3283	2924
			柴油	87230	71959	56688	56688	56688	56688	51006	45324	45324	38348	31372	31372	31372	31372	24990	18608	18608	17170	16691
			燃气	60628	38823	17018	17018	17018	17018	11219	5419	5419	4329	3240	3240	2593	1946	1946	1946	1946	1796	1746
	中型		汽油	216737	216737	216737	216737	216737	147968	10430	10430	10430	10430	10430	10430	10430	10430	7826	5221	5221	5221	5221
			柴油	405273	405273	363906	281171	281171	267363	239746	239746	239746	239370	238993	238993	238993	238993	209686	180380	180380	155323	146971
			燃气	457640	457640	405914	302463	302463	287352	257130	257130	257130	256639	256148	256148	194110	194110	157880	157880	157880	157880	157880
	重型		汽油	1327468	1327468	1327468	1327468	1327468	912792	83441	83441	83441	83441	83441	80312	77183	77183	57949	38715	38715	38715	38715
			柴油	763674	763674	737607	685474	685474	660120	609412	609412	609412	584974	560537	560537	560537	560537	481998	403460	403460	258555	210253
			燃气	1421496	1421496	1331740	1152227	1152227	1053556	856214	856214	856214	730679	605144	605144	434680	434680	226993	226993	226993	226993	226993
低速汽车	三轮汽车			65550	65550	65550	65550	65550	65550	65550	65550	65550	53279	53279	53279	53279	53279	53279	53279	53279	53279	53279
	低速货车			88065	88065	88065	88065	88065	88065	88065	88065	88065	71579	71579	71579	71579	71579	71579	71579	71579	71579	71579
摩托车	普通摩托车			781	781	781	781	755	729	677	677	677	677	677	602	526	526	526	526	526	526	526
	轻便摩托车			521	521	521	521	521	260	260	260	260	260	260	231	202	202	202	202	202	202	202

盘锦市 PM 排放系数

单位：克/（辆·年）

车辆类型		使用性质	燃料种类	1999 年年底前	2000 年	2001 年	2002 年	2003 年	2004 年	2005 年	2006 年	2007 年	2008 年	2009 年	2010 年	2011 年	2012 年	2013 年	2014 年	2015 年	2016 年	2017 年
载客汽车	微型	出租车	汽油	—	—	—	—	—	—	—	—	—	—	—	—	—	—	—	—	—	—	—
			燃气	—	—	—	—	—	—	—	—	—	—	—	—	—	—	—	—	—	—	—
		其他	汽油	—	—	—	—	—	—	—	—	—	—	—	—	—	—	—	—	—	—	—
			燃气	—	—	—	—	—	—	—	—	—	—	—	—	—	—	—	—	—	—	—
	小型	出租车	汽油	—	—	—	—	—	—	—	—	—	—	—	—	—	—	—	—	—	—	—
			柴油	48995	44875	40755	40755	40755	40755	27842	14928	14928	9720	4512	4512	4512	4512	4194	3875	3875	3204	2981
			燃气	—	—	—	—	—	—	—	—	—	—	—	—	—	—	—	—	—	—	—
		其他	汽油	—	—	—	—	—	—	—	—	—	—	—	—	—	—	—	—	—	—	—
			柴油	3582	3390	3198	3198	3198	3198	2302	1406	1406	1030	653	653	653	653	548	443	443	443	443
			燃气	—	—	—	—	—	—	—	—	—	—	—	—	—	—	—	—	—	—	—
	中型	公交车	汽油	—	—	—	—	—	—	—	—	—	—	—	—	—	—	—	—	—	—	—
			柴油	30592	30592	28032	22913	22913	17978	8108	8108	8108	6872	5637	5637	5637	5637	3504	1372	1372	1080	983
			燃气	—	—	—	—	—	—	—	—	—	—	—	—	—	—	—	—	—	—	—
		其他	汽油	—	—	—	—	—	—	—	—	—	—	—	—	—	—	—	—	—	—	—
			柴油	15274	15274	12888	8116	8116	6262	2553	2553	2553	2434	2316	2316	2316	2316	1366	415	415	399	394
			燃气	—	—	—	—	—	—	—	—	—	—	—	—	—	—	—	—	—	—	—
	大型	公交车	汽油	—	—	—	—	—	—	—	—	—	—	—	—	—	—	—	—	—	—	—
			柴油	94865	94865	93934	92071	92071	71272	29674	29674	29674	19994	10315	10315	10315	10315	6116	1916	1916	1845	1821
			燃气	—	—	—	—	—	—	—	—	—	—	—	—	—	—	—	—	—	—	—
		其他	汽油	—	—	—	—	—	—	—	—	—	—	—	—	—	—	—	—	—	—	—
			柴油	142314	142314	133412	115607	115607	85425	25061	25061	25061	17182	9303	9303	9303	9303	5868	2433	2433	2343	2313
			燃气	—	—	—	—	—	—	—	—	—	—	—	—	—	—	—	—	—	—	—
载货汽车	微型		汽油	—	—	—	—	—	—	—	—	—	—	—	—	—	—	—	—	—	—	—
			柴油	10363	10148	9934	9934	9934	9934	8088	6241	6241	4632	3023	3023	3023	3023	1903	783	783	780	779
			燃气	—	—	—	—	—	—	—	—	—	—	—	—	—	—	—	—	—	—	—
	轻型		汽油	—	—	—	—	—	—	—	—	—	—	—	—	—	—	—	—	—	—	—
			柴油	10777	10356	9934	9934	9934	9934	8088	6241	6241	4632	3023	3023	3023	3023	2280	1536	1536	1268	1179
			燃气	—	—	—	—	—	—	—	—	—	—	—	—	—	—	—	—	—	—	—
	中型		汽油	—	—	—	—	—	—	—	—	—	—	—	—	—	—	—	—	—	—	—
			柴油	34673	34673	29179	18190	18190	14036	5727	5727	5727	5426	5124	5124	5124	5124	3286	1447	1447	1325	1284
			燃气	—	—	—	—	—	—	—	—	—	—	—	—	—	—	—	—	—	—	—
	重型		汽油	—	—	—	—	—	—	—	—	—	—	—	—	—	—	—	—	—	—	—
			柴油	88826	88826	73008	41373	41373	32850	15804	15804	15804	10830	5856	5856	5856	5856	3958	2060	2060	1741	1635
			燃气	—	—	—	—	—	—	—	—	—	—	—	—	—	—	—	—	—	—	—
低速汽车	三轮汽车			4092	4092	4092	4092	4092	4092	4092	4092	4092	3220	3220	3220	3220	3220	3220	3220	3220	3220	3220
	低速货车			5581	5581	5581	5581	5581	5581	5581	5581	5581	4392	4392	4392	4392	4392	4392	4392	4392	4392	4392
摩托车	普通摩托车			—	—	—	—	—	—	—	—	—	—	—	—	—	—	—	—	—	—	—
	轻便摩托车			—	—	—	—	—	—	—	—	—	—	—	—	—	—	—	—	—	—	—

盘锦市 VOCs 排放系数

单位：克/（辆·年）

车辆类型		使用性质	燃料种类	1999 年年底前	2000 年	2001 年	2002 年	2003 年	2004 年	2005 年	2006 年	2007 年	2008 年	2009 年	2010 年	2011 年	2012 年	2013 年	2014 年	2015 年	2016 年	2017 年
载客汽车	微型	出租车	汽油	1528026	889789	251552	251552	251552	251552	182976	114399	114399	91189	67979	67979	56738	45498	45498	45498	45498	33943	30091
			燃气	382100	232714	83328	83328	83328	83328	64064	44800	44800	36984	29167	29167	23135	17103	17103	17103	17103	10098	7763
		其他	汽油	81307	47672	14037	14037	14037	14037	13614	13192	13192	10974	8756	8756	8278	7799	7799	7799	7799	6237	5716
			燃气	16361	9180	1998	1998	1998	1998	1918	1839	1839	1364	890	890	812	734	734	734	734	498	419
	小型	出租车	汽油	1528026	874422	220819	220819	220819	220819	208453	196087	196087	132033	67979	67979	56738	45498	45498	45498	45498	31413	26718
			柴油	239894	226118	212343	212343	212343	212343	192644	172944	172944	125349	77754	77754	77754	77754	57805	37856	37856	21754	16387
			燃气	382100	229154	76207	76207	76207	76207	69967	63727	63727	46447	29167	29167	23135	17103	17103	17103	17103	9512	6982
		其他	汽油	82503	48124	13744	13744	13744	13744	14114	14484	14484	11623	8762	8762	8204	7646	7646	7646	7646	6354	5924
			柴油	12071	11057	10043	10043	10043	10043	8542	7042	7042	4792	2541	2541	2541	2541	2232	1923	1923	1385	1206
			燃气	16638	10006	3375	3375	3375	3375	2756	2138	2138	1582	1025	1025	862	698	698	698	698	525	467
	中型	公交车	汽油	247462	247462	247462	247462	246865	168622	13330	13330	13330	13330	13330	13178	13027	13027	10600	8172	8172	8172	8172
			柴油	87806	87806	86086	82645	82645	64494	28192	28192	28192	20508	12823	12823	12823	12823	8958	5093	5093	4763	4653
			燃气	71579	71579	67602	59649	59649	57536	53311	53311	53311	42686	32061	32061	22219	22219	22154	22154	22154	22154	22154
		其他	汽油	128172	128172	128172	128172	127575	87253	7802	7802	7802	7802	7802	7656	7511	7511	6460	5408	5408	5408	5408
			柴油	30493	30493	28460	24394	24394	18567	6912	6912	6912	6506	6099	6099	6099	6099	3750	1402	1402	1243	1190
			燃气	34560	34560	32640	28800	28800	27780	25740	25740	25740	20623	15506	15506	10732	10732	9642	9642	9642	9642	9642
	大型	公交车	汽油	576770	576770	576770	576770	576173	388595	14633	14633	14633	14633	14633	14494	14354	14354	11588	8822	8822	8822	8822
			柴油	131708	131708	108010	60614	60614	60614	60614	60614	60614	43515	26416	26416	26416	26416	17675	8934	8934	5723	4653
			燃气	168926	168926	159541	140772	140772	135786	125815	125815	125815	100740	75665	75665	52438	52438	47188	47188	47188	47188	47188
		其他	汽油	1278068	1278068	1278068	1278068	1277471	860623	28120	28120	28120	28120	28120	21861	15602	15602	12412	9221	9221	9221	9221
			柴油	272891	272891	207397	76409	76409	76409	76409	76409	76409	55942	35476	35476	35476	35476	20706	5937	5937	5324	5119
			燃气	266186	266186	251398	221822	221822	213966	198253	198253	198253	158842	119430	119430	82662	82662	74261	74261	74261	74261	74261
载货汽车	微型		汽油	572033	303763	35493	35493	35493	35493	33812	32131	32131	29642	27154	27154	21953	16752	16752	16752	16752	14446	13678
			柴油	49841	46598	43354	43354	43354	43354	39947	36540	36540	26740	16940	16940	16940	16940	11644	6348	6348	4564	3969
			燃气	115107	60080	5052	5052	5052	5052	4766	4479	4479	3620	2760	2760	2168	1577	1577	1577	1577	1146	1003
	轻型		汽油	291328	170672	50017	50017	50017	50017	42773	35529	35529	31648	27767	27767	24290	20812	20812	20812	20812	18204	17335
			柴油	45427	44390	43354	43354	43354	43354	39947	36540	36540	26740	16940	16940	16940	16940	12912	8885	8885	7101	6506
			燃气	58751	35517	12282	12282	12282	12282	8763	5244	5244	4246	3248	3248	2574	1900	1900	1900	1900	1500	1367
	中型		汽油	304092	304092	304092	304092	303495	206517	13756	13756	13756	13756	13756	13616	13477	13477	10928	8380	8380	8380	8380
			柴油	71218	71218	66470	56974	56974	43364	16143	16143	16143	15202	14260	14260	14260	14260	10334	6409	6409	3813	2948
			燃气	80717	80717	76233	67265	67265	64882	60116	60116	60116	48185	36254	36254	49059	49059	23886	23886	23886	23886	23886
	重型		汽油	614644	614644	614644	614644	614046	414088	15365	15365	15365	15365	15365	12296	9227	9227	7692	6156	6156	6156	6156
			柴油	170911	170911	129892	47855	47855	47855	47855	47855	47855	35036	22218	22218	22218	22218	13673	5128	5128	3782	3333
			燃气	166712	166712	157450	138927	138927	134007	124166	124166	124166	99481	74797	74797	71398	71398	48352	48352	48352	48352	48352
低速汽车	三轮汽车			25300	25300	25300	25300	25300	25300	25300	25300	25300	16721	16721	16721	16721	16721	16721	16721	16721	16721	16721
	低速货车			33990	33990	33990	33990	33990	33990	33990	33990	33990	22464	22464	22464	22464	22464	22464	22464	22464	22464	22464
摩托车	普通摩托车			10464	10464	10464	10464	7809	5154	2759	2759	2759	2759	2759	2059	1359	1359	1359	1359	1359	1359	1359
	轻便摩托车			33839	33839	33839	33839	33839	6768	6768	3332	3332	3332	3332	2486	1641	1641	1641	1641	1641	1641	1641

铁岭市 NO_x 排放系数

单位：克/（辆·年）

车辆类型		使用性质	燃料种类	1999 年年底前	2000 年	2001 年	2002 年	2003 年	2004 年	2005 年	2006 年	2007 年	2008 年	2009 年	2010 年	2011 年	2012 年	2013 年	2014 年	2015 年	2016 年	2017 年
载客汽车	微型	出租车	汽油	243999	163908	83818	83818	83818	83818	61697	39576	39576	29194	18812	18812	15386	11960	11960	11960	11960	7437	5929
			燃气	162650	109961	57272	57272	57272	57272	42402	27533	27533	20516	13500	13500	10936	8372	8372	8372	8372	5112	4025
		其他	汽油	30643	19225	7807	7807	7807	7807	4944	2080	2080	1696	1311	1311	1109	907	907	907	907	613	515
			燃气	19477	11587	3697	3697	3697	3697	2402	1106	1106	898	690	690	552	413	413	413	413	335	309
	小型	出租车	汽油	276410	182018	87626	87626	87626	87626	63894	40162	40162	29487	18812	18812	14846	10880	10880	10880	10880	6446	4968
			柴油	292615	244629	196643	196643	196643	196643	175176	153710	153710	121787	89864	89864	89864	89864	73424	56983	56983	43937	39588
			燃气	183984	121882	59779	59779	59779	59779	43848	27918	27918	20709	13500	13500	10580	7661	7661	7661	7661	4459	3392
		其他	汽油	28603	18262	7920	7920	7920	7920	5269	2618	2618	1830	1042	1042	954	865	865	865	865	579	484
			柴油	24768	20267	15766	15766	15766	15766	14524	13283	13283	10397	7511	7511	7511	7511	6494	5478	5478	4742	4496
			燃气	18135	11548	4960	4960	4960	4960	3210	1460	1460	986	512	512	449	386	386	386	386	313	289
	中型	公交车	汽油	329177	329177	329177	329177	329177	224883	16294	16294	16294	16294	16294	14613	12932	12932	9763	6594	6594	6594	6594
			柴油	367076	367076	366214	364491	364491	350005	321034	321034	321034	267406	213778	213778	213778	213778	174458	135138	135138	113141	105809
			燃气	389752	389752	385112	375832	375832	364174	340859	340859	340859	283688	226516	226516	143245	143245	112189	112189	112189	112189	112189
		其他	汽油	201816	201816	201816	201816	201816	136899	7064	7064	7064	7064	7064	7064	7064	7064	5298	3532	3532	3532	3532
			柴油	172142	172142	164956	150585	150585	149312	146765	146765	146765	124996	103226	103226	103226	103226	91655	80084	80084	68352	64442
			燃气	194385	194385	183586	161987	161987	160460	157407	157407	157407	134021	110635	110635	86180	86180	69225	69225	69225	69225	69225
	大型	公交车	汽油	1172694	1172694	1172694	1172694	1172694	806367	73712	73712	73712	73712	73712	73648	73583	73583	55188	36792	36792	36792	36792
			柴油	520623	520623	503800	470154	470154	456795	430077	430077	430077	422326	414576	414576	414576	414576	399627	384678	384678	346768	334132
			燃气	1046762	1046762	988609	872302	872302	807572	678111	678111	678111	581016	483920	483920	450529	450529	390491	390491	390491	390491	390491
		其他	汽油	2799008	2799008	2799008	2799008	2799008	1924651	175938	175938	175938	175938	175938	169340	162742	162742	122187	81632	81632	81632	81632
			柴油	1246732	1246732	1214651	1150489	1150489	1123666	1070021	1070021	1070021	1032348	994675	994675	994675	994675	946936	899196	899196	795780	761308
			燃气	2320656	2320656	2191731	1933880	1933880	1790374	1503361	1503361	1503361	1288596	1073830	1073830	968777	968777	821921	821921	821921	821921	821921
载货汽车	微型		汽油	110811	65731	20651	20651	20651	20651	14066	7482	7482	6060	4639	4639	4122	3605	3605	3605	3605	2691	2386
			柴油	73947	60938	47930	47930	47930	47930	43166	38401	38401	32510	26620	26620	26620	26620	19482	12343	12343	10610	10032
			燃气	70433	40106	9779	9779	9779	9779	6879	3978	3978	3210	2442	2442	2042	1642	1642	1642	1642	1484	1432
	轻型		汽油	82609	52913	23217	23217	23217	23217	15700	8182	8182	6857	5532	5532	4616	3701	3701	3701	3701	2812	2515
			柴油	74209	61070	47930	47930	47930	47930	43166	38401	38401	32510	26620	26620	26620	26620	21249	15878	15878	14766	14396
			燃气	52376	33458	14540	14540	14540	14540	9551	4563	4563	3641	2718	2718	2185	1652	1652	1652	1652	1539	1502
	中型		汽油	216737	216737	216737	216737	216737	147968	10430	10430	10430	10430	10430	10430	10430	10430	7826	5221	5221	5221	5221
			柴油	405273	405273	363906	281171	281171	267363	239746	239746	239746	239370	238993	238993	238993	238993	209686	180380	180380	155323	146971
			燃气	457640	457640	405913	302461	302461	287351	257130	257130	257130	256638	256147	256147	194111	194111	157879	157879	157879	157879	157879
	重型		汽油	2101138	2101138	2101138	2101138	2101138	1444783	132072	132072	132072	132072	132072	127119	122166	122166	91722	61279	61279	61279	61279
			柴油	1208397	1208397	1167150	1084657	1084657	1044538	964301	964301	964301	925632	886963	886963	886963	886963	765280	643598	643598	432772	362497
			燃气	2249300	2249300	2107274	1823222	1823222	1667090	1354826	1354826	1354826	1156186	957546	957546	693400	693400	391358	391358	391358	391358	391358
低速汽车	三轮汽车			65550	65550	65550	65550	65550	65550	65550	65550	65550	53279	53279	53279	53279	53279	53279	53279	53279	53279	53279
	低速货车			88065	88065	88065	88065	88065	88065	88065	88065	88065	71579	71579	71579	71579	71579	71579	71579	71579	71579	71579
摩托车	普通摩托车			781	781	781	781	755	729	677	677	677	677	677	602	526	526	526	526	526	526	526
	轻便摩托车			521	521	521	521	521	260	260	260	260	260	260	231	202	202	202	202	202	202	202

铁岭市 PM 排放系数

单位：克/（辆·年）

车辆类型		使用性质	燃料种类	1999 年年底前	2000 年	2001 年	2002 年	2003 年	2004 年	2005 年	2006 年	2007 年	2008 年	2009 年	2010 年	2011 年	2012 年	2013 年	2014 年	2015 年	2016 年	2017 年
载客汽车	微型	出租车	汽油	—	—	—	—	—	—	—	—	—	—	—	—	—	—	—	—	—	—	—
			燃气	—	—	—	—	—	—	—	—	—	—	—	—	—	—	—	—	—	—	—
		其他	汽油	—	—	—	—	—	—	—	—	—	—	—	—	—	—	—	—	—	—	—
			燃气	—	—	—	—	—	—	—	—	—	—	—	—	—	—	—	—	—	—	—
	小型	出租车	汽油	—	—	—	—	—	—	—	—	—	—	—	—	—	—	—	—	—	—	—
			柴油	39522	36198	32875	32875	32875	32875	22458	12042	12042	7840	3639	3639	3639	3639	3382	3126	3126	2584	2404
			燃气	—	—	—	—	—	—	—	—	—	—	—	—	—	—	—	—	—	—	—
		其他	汽油	—	—	—	—	—	—	—	—	—	—	—	—	—	—	—	—	—	—	—
			柴油	3582	3390	3198	3198	3198	3198	2302	1406	1406	1030	653	653	653	653	548	443	443	443	443
			燃气	—	—	—	—	—	—	—	—	—	—	—	—	—	—	—	—	—	—	—
	中型	公交车	汽油	—	—	—	—	—	—	—	—	—	—	—	—	—	—	—	—	—	—	—
			柴油	30592	30592	28032	22913	22913	17978	8108	8108	8108	6872	5637	5637	5637	5637	3504	1372	1372	1080	983
			燃气	—	—	—	—	—	—	—	—	—	—	—	—	—	—	—	—	—	—	—
		其他	汽油	—	—	—	—	—	—	—	—	—	—	—	—	—	—	—	—	—	—	—
			柴油	15274	15274	12888	8116	8116	6262	2553	2553	2553	2434	2316	2316	2316	2316	1366	415	415	399	394
			燃气	—	—	—	—	—	—	—	—	—	—	—	—	—	—	—	—	—	—	—
	大型	公交车	汽油	—	—	—	—	—	—	—	—	—	—	—	—	—	—	—	—	—	—	—
			柴油	94865	94865	93934	92071	92071	71272	29674	29674	29674	19994	10315	10315	10315	10315	6116	1916	1916	1845	1821
			燃气	—	—	—	—	—	—	—	—	—	—	—	—	—	—	—	—	—	—	—
		其他	汽油	—	—	—	—	—	—	—	—	—	—	—	—	—	—	—	—	—	—	—
			柴油	142314	142314	133412	115607	115607	85425	25061	25061	25061	17182	9303	9303	9303	9303	5868	2433	2433	2343	2313
			燃气	—	—	—	—	—	—	—	—	—	—	—	—	—	—	—	—	—	—	—
载货汽车	微型		汽油	—	—	—	—	—	—	—	—	—	—	—	—	—	—	—	—	—	—	—
			柴油	8987	8802	8616	8616	8616	8616	7014	5413	5413	4018	2622	2622	2622	2622	1650	679	679	676	675
			燃气	—	—	—	—	—	—	—	—	—	—	—	—	—	—	—	—	—	—	—
	轻型		汽油	—	—	—	—	—	—	—	—	—	—	—	—	—	—	—	—	—	—	—
			柴油	9347	8982	8616	8616	8616	8616	7014	5413	5413	4018	2622	2622	2622	2622	1977	1332	1332	1100	1023
			燃气	—	—	—	—	—	—	—	—	—	—	—	—	—	—	—	—	—	—	—
	中型		汽油	—	—	—	—	—	—	—	—	—	—	—	—	—	—	—	—	—	—	—
			柴油	34673	34673	29179	18190	18190	14036	5727	5727	5727	5426	5124	5124	5124	5124	3286	1447	1447	1325	1284
			燃气	—	—	—	—	—	—	—	—	—	—	—	—	—	—	—	—	—	—	—
	重型		汽油	—	—	—	—	—	—	—	—	—	—	—	—	—	—	—	—	—	—	—
			柴油	140127	140127	115174	65268	65268	51823	24932	24932	24932	17084	9237	9237	9237	9237	6219	3201	3201	2705	2540
			燃气	—	—	—	—	—	—	—	—	—	—	—	—	—	—	—	—	—	—	—
低速汽车	三轮汽车			4092	4092	4092	4092	4092	4092	4092	4092	4092	3220	3220	3220	3220	3220	3220	3220	3220	3220	3220
	低速货车			5581	5581	5581	5581	5581	5581	5581	5581	5581	4392	4392	4392	4392	4392	4392	4392	4392	4392	4392
摩托车	普通摩托车			—	—	—	—	—	—	—	—	—	—	—	—	—	—	—	—	—	—	—
	轻便摩托车			—	—	—	—	—	—	—	—	—	—	—	—	—	—	—	—	—	—	—

铁岭市 VOCs 排放系数

单位：克/（辆·年）

车辆类型		使用性质	燃料种类	1999 年年底前	2000 年	2001 年	2002 年	2003 年	2004 年	2005 年	2006 年	2007 年	2008 年	2009 年	2010 年	2011 年	2012 年	2013 年	2014 年	2015 年	2016 年	2017 年
载客汽车	微型	出租车	汽油	1226661	711870	197078	197078	197078	197078	142631	88184	88184	70038	51891	51891	43738	35586	35586	35586	35586	27323	24569
			燃气	301492	181456	61421	61421	61421	61421	46630	31839	31839	26094	20350	20350	16232	12114	12114	12114	12114	7444	5888
		其他	汽油	81291	47656	14021	14021	14021	14021	13598	13175	13175	10957	8739	8739	8261	7783	7783	7783	7783	6221	5700
			燃气	16361	9180	1998	1998	1998	1998	1918	1839	1839	1364	890	890	812	734	734	734	734	498	419
	小型	出租车	汽油	1226661	699474	172286	172286	172286	172286	163182	154078	154078	102984	51891	51891	43738	35586	35586	35586	35586	25283	21849
			柴油	170447	160949	151451	151451	151451	151451	138144	124836	124836	88992	53147	53147	53147	53147	39638	26129	26129	15518	11981
			燃气	301492	178584	55677	55677	55677	55677	51392	47106	47106	33728	20350	20350	16232	12114	12114	12114	12114	6972	5258
		其他	汽油	82487	48108	13728	13728	13728	13728	14098	14468	14468	11607	8746	8746	8188	7630	7630	7630	7630	6338	5908
			柴油	12071	11057	10043	10043	10043	10043	8542	7042	7042	4792	2541	2541	2541	2541	2232	1923	1923	1385	1206
			燃气	16638	10006	3375	3375	3375	3375	2756	2138	2138	1582	1025	1025	862	698	698	698	698	525	467
	中型	公交车	汽油	247446	247446	247446	247446	246849	168606	13313	13313	13313	13313	13313	13162	13010	13010	10583	8156	8156	8156	8156
			柴油	87806	87806	86086	82645	82645	64494	28192	28192	28192	20508	12823	12823	12823	12823	8958	5093	5093	4763	4653
			燃气	71579	71579	67602	59649	59649	57536	53311	53311	53311	42686	32061	32061	22219	22219	22154	22154	22154	22154	22154
		其他	汽油	128156	128156	128156	128156	127559	87237	7786	7786	7786	7786	7786	7640	7495	7495	6444	5392	5392	5392	5392
			柴油	30493	30493	28460	24394	24394	18567	6912	6912	6912	6506	6099	6099	6099	6099	3750	1402	1402	1243	1190
			燃气	34560	34560	32640	28800	28800	27780	25740	25740	25740	20623	15506	15506	10732	10732	9642	9642	9642	9642	9642
	大型	公交车	汽油	576754	576754	576754	576754	576157	388579	14617	14617	14617	14617	14617	14477	14337	14337	11571	8805	8805	8805	8805
			柴油	131708	131708	108010	60614	60614	60614	60614	60614	60614	43515	26416	26416	26416	26416	17675	8934	8934	5723	4653
			燃气	168926	168926	159541	140772	140772	135786	125815	125815	125815	100740	75665	75665	52438	52438	47188	47188	47188	47188	47188
		其他	汽油	1278052	1278052	1278052	1278052	1277455	860607	28104	28104	28104	28104	28104	21845	15586	15586	12395	9204	9204	9204	9204
			柴油	272891	272891	207397	76409	76409	76409	76409	76409	76409	55942	35476	35476	35476	35476	20706	5937	5937	5324	5119
			燃气	266186	266186	251398	221822	221822	213966	198253	198253	198253	158842	119430	119430	82662	82662	74261	74261	74261	74261	74261
载货汽车	微型		汽油	497100	264114	31127	31127	31127	31127	29704	28282	28282	26098	23913	23913	19468	15023	15023	15023	15023	13012	12342
			柴油	41635	38942	36248	36248	36248	36248	33484	30720	30720	22387	14054	14054	14054	14054	9652	5249	5249	3850	3384
			燃气	100049	52242	4436	4436	4436	4436	4192	3948	3948	3192	2435	2435	1926	1417	1417	1417	1417	1035	907
	轻型		汽油	253650	148686	43723	43723	43723	43723	37476	31229	31229	27837	24445	24445	21494	18544	18544	18544	18544	16272	15514
			柴油	37807	37028	36248	36248	36248	36248	33484	30720	30720	22387	14054	14054	14054	14054	10752	7449	7449	6050	5584
			燃气	51162	30956	10749	10749	10749	10749	7682	4615	4615	3740	2865	2865	2281	1696	1696	1696	1696	1344	1226
	中型		汽油	304076	304076	304076	304076	303479	206501	13740	13740	13740	13740	13740	13600	13460	13460	10912	8364	8364	8364	8364
			柴油	71218	71218	66470	56974	56974	43364	16143	16143	16143	15202	14260	14260	14260	14260	10334	6409	6409	3813	2948
			燃气	80717	80717	76233	67265	67265	64882	60116	60116	60116	48185	36254	36254	49059	49059	23886	23886	23886	23886	23886
	重型		汽油	958366	958366	958366	958366	957768	645434	21959	21959	21959	21959	21959	17237	12515	12515	10122	7729	7729	7729	7729
			柴油	261428	261428	198685	73200	73200	73200	73200	73200	73200	53593	33986	33986	33986	33986	21182	8378	8378	6345	5667
			燃气	255005	255005	240838	212506	212506	204980	189927	189927	189927	152170	114414	114414	116649	116649	82211	82211	82211	82211	82211
低速汽车	三轮汽车			25300	25300	25300	25300	25300	25300	25300	25300	25300	16721	16721	16721	16721	16721	16721	16721	16721	16721	16721
	低速货车			33990	33990	33990	33990	33990	33990	33990	33990	33990	22464	22464	22464	22464	22464	22464	22464	22464	22464	22464
摩托车	普通摩托车			10464	10464	10464	10464	7809	5154	2759	2759	2759	2759	2759	2059	1359	1359	1359	1359	1359	1359	1359
	轻便摩托车			33839	33839	33839	33839	33839	6768	6768	3332	3332	3332	3332	2486	1641	1641	1641	1641	1641	1641	1641

朝阳市 NO_x 排放系数

单位：克/（辆·年）

车辆类型		使用性质	燃料种类	1999年年底前	2000年	2001年	2002年	2003年	2004年	2005年	2006年	2007年	2008年	2009年	2010年	2011年	2012年	2013年	2014年	2015年	2016年	2017年
载客汽车	微型	出租车	汽油	243958	163882	83806	83806	83806	83806	61689	39572	39572	29192	18811	18811	15385	11959	11959	11959	11959	7436	5929
			燃气	162650	109961	57272	57272	57272	57272	42402	27533	27533	20516	13500	13500	10936	8372	8372	8372	8372	5112	4025
		其他	汽油	30637	19222	7806	7806	7806	7806	4943	2080	2080	1696	1311	1311	1108	906	906	906	906	613	515
			燃气	19477	11587	3697	3697	3697	3697	2402	1106	1106	898	690	690	552	413	413	413	413	335	309
	小型	出租车	汽油	276362	181988	87613	87613	87613	87613	63885	40157	40157	29484	18811	18811	14845	10879	10879	10879	10879	6446	4968
			柴油	292586	244606	196626	196626	196626	196626	175161	153696	153696	121776	89856	89856	89856	89856	73416	56977	56977	43932	39583
			燃气	183984	121882	59779	59779	59779	59779	43848	27918	27918	20709	13500	13500	10580	7661	7661	7661	7661	4459	3392
		其他	汽油	28598	18258	7918	7918	7918	7918	5268	2618	2618	1830	1041	1041	953	865	865	865	865	579	484
			柴油	24765	20264	15764	15764	15764	15764	14522	13281	13281	10396	7511	7511	7511	7511	6494	5477	5477	4741	4496
			燃气	18135	11548	4960	4960	4960	4960	3210	1460	1460	986	512	512	449	386	386	386	386	313	289
	中型	公交车	汽油	329114	329114	329114	329114	329114	224840	16291	16291	16291	16291	16291	14610	12929	12929	9760	6592	6592	6592	6592
			柴油	367025	367025	366163	364439	364439	349956	320989	320989	320989	267368	213748	213748	213748	213748	174434	135119	135119	113125	105794
			燃气	389697	389697	385058	375779	375779	364123	340811	340811	340811	283648	226484	226484	143225	143225	112173	112173	112173	112173	112173
		其他	汽油	201777	201777	201777	201777	201777	136872	7062	7062	7062	7062	7062	7062	7062	7062	5297	3532	3532	3532	3532
			柴油	172118	172118	164933	150564	150564	149291	146744	146744	146744	124978	103211	103211	103211	103211	91642	80073	80073	68343	64433
			燃气	194357	194357	183559	161964	161964	160438	157385	157385	157385	134002	110619	110619	86168	86168	69215	69215	69215	69215	69215
	大型	公交车	汽油	1172469	1172469	1172469	1172469	1172469	806212	73698	73698	73698	73698	73698	73634	73569	73569	55177	36785	36785	36785	36785
			柴油	520550	520550	503729	470088	470088	456731	430017	430017	430017	422268	414518	414518	414518	414518	399571	384624	384624	346720	334085
			燃气	1046615	1046615	988470	872179	872179	807458	678015	678015	678015	580934	483852	483852	450466	450466	390436	390436	390436	390436	390436
		其他	汽油	2798470	2798470	2798470	2798470	2798470	1924281	175904	175904	175904	175904	175904	169308	162711	162711	122164	81616	81616	81616	81616
			柴油	1246556	1246556	1214480	1150327	1150327	1123508	1069870	1069870	1069870	1032202	994535	994535	994535	994535	946802	899070	899070	795668	761200
			燃气	2320329	2320329	2191422	1933608	1933608	1790122	1503150	1503150	1503150	1288414	1073678	1073678	968641	968641	821806	821806	821806	821806	821806
载货汽车	微型		汽油	110791	65720	20648	20648	20648	20648	14064	7481	7481	6060	4638	4638	4121	3604	3604	3604	3604	2690	2386
			柴油	73938	60931	47924	47924	47924	47924	43160	38397	38397	32507	26617	26617	26617	26617	19480	12342	12342	10609	10031
			燃气	70434	40106	9779	9779	9779	9779	6878	3978	3978	3209	2441	2441	2042	1643	1643	1643	1643	1484	1432
	轻型		汽油	82594	52904	23213	23213	23213	23213	15697	8181	8181	6856	5531	5531	4616	3701	3701	3701	3701	2812	2515
			柴油	74200	61062	47924	47924	47924	47924	43160	38397	38397	32507	26617	26617	26617	26617	21246	15876	15876	14764	14394
			燃气	52376	33458	14541	14541	14541	14541	9552	4562	4562	3641	2720	2720	2186	1652	1652	1652	1652	1539	1502
	中型		汽油	216737	216737	216737	216737	216737	147968	10430	10430	10430	10430	10430	10430	10430	10430	7826	5221	5221	5221	5221
			柴油	405273	405273	363906	281171	281171	267363	239746	239746	239746	239370	238993	238993	238993	238993	209686	180380	180380	155323	146971
			燃气	457637	457637	405912	302460	302460	287350	257131	257131	257131	256639	256147	256147	194110	194110	157879	157879	157879	157879	157879
	重型		汽油	2101138	2101138	2101138	2101138	2101138	1444783	132072	132072	132072	132072	132072	127119	122166	122166	91722	61279	61279	61279	61279
			柴油	1208397	1208397	1167150	1084657	1084657	1044538	964301	964301	964301	925632	886963	886963	886963	886963	765280	643598	643598	432772	362497
			燃气	2249300	2249300	2107274	1823222	1823222	1667090	1354827	1354827	1354827	1156186	957546	957546	693400	693400	391359	391359	391359	391359	391359
低速汽车	三轮汽车			65550	65550	65550	65550	65550	65550	65550	65550	65550	53279	53279	53279	53279	53279	53279	53279	53279	53279	53279
	低速货车			88065	88065	88065	88065	88065	88065	88065	88065	88065	71579	71579	71579	71579	71579	71579	71579	71579	71579	71579
摩托车	普通摩托车			781	781	781	781	755	729	677	677	677	677	677	602	526	526	526	526	526	526	526
	轻便摩托车			521	521	521	521	521	260	260	260	260	260	260	231	202	202	202	202	202	202	202

朝阳市 PM 排放系数

单位：克/（辆·年）

车辆类型		使用性质	燃料种类	1999 年年底前	2000 年	2001 年	2002 年	2003 年	2004 年	2005 年	2006 年	2007 年	2008 年	2009 年	2010 年	2011 年	2012 年	2013 年	2014 年	2015 年	2016 年	2017 年
载客汽车	微型	出租车	汽油	—	—	—	—	—	—	—	—	—	—	—	—	—	—	—	—	—	—	—
			燃气	—	—	—	—	—	—	—	—	—	—	—	—	—	—	—	—	—	—	—
		其他	汽油	—	—	—	—	—	—	—	—	—	—	—	—	—	—	—	—	—	—	—
			燃气	—	—	—	—	—	—	—	—	—	—	—	—	—	—	—	—	—	—	—
	小型	出租车	汽油	—	—	—	—	—	—	—	—	—	—	—	—	—	—	—	—	—	—	—
			柴油	39522	36198	32875	32875	32875	32875	22458	12042	12042	7840	3639	3639	3639	3639	3382	3126	3126	2584	2404
			燃气	—	—	—	—	—	—	—	—	—	—	—	—	—	—	—	—	—	—	—
		其他	汽油	—	—	—	—	—	—	—	—	—	—	—	—	—	—	—	—	—	—	—
			柴油	3582	3390	3198	3198	3198	3198	2302	1406	1406	1030	653	653	653	653	548	443	443	443	443
			燃气	—	—	—	—	—	—	—	—	—	—	—	—	—	—	—	—	—	—	—
	中型	公交车	汽油	—	—	—	—	—	—	—	—	—	—	—	—	—	—	—	—	—	—	—
			柴油	30592	30592	28032	22913	22913	17978	8108	8108	8108	6872	5637	5637	5637	5637	3504	1372	1372	1080	983
			燃气	—	—	—	—	—	—	—	—	—	—	—	—	—	—	—	—	—	—	—
		其他	汽油	—	—	—	—	—	—	—	—	—	—	—	—	—	—	—	—	—	—	—
			柴油	15274	15274	12888	8116	8116	6262	2553	2553	2553	2434	2316	2316	2316	2316	1366	415	415	399	394
			燃气	—	—	—	—	—	—	—	—	—	—	—	—	—	—	—	—	—	—	—
	大型	公交车	汽油	—	—	—	—	—	—	—	—	—	—	—	—	—	—	—	—	—	—	—
			柴油	94865	94865	93934	92071	92071	71272	29674	29674	29674	19994	10315	10315	10315	10315	6116	1916	1916	1845	1821
			燃气	—	—	—	—	—	—	—	—	—	—	—	—	—	—	—	—	—	—	—
		其他	汽油	—	—	—	—	—	—	—	—	—	—	—	—	—	—	—	—	—	—	—
			柴油	142314	142314	133412	115607	115607	85425	25061	25061	25061	17182	9303	9303	9303	9303	5868	2433	2433	2343	2313
			燃气	—	—	—	—	—	—	—	—	—	—	—	—	—	—	—	—	—	—	—
载货汽车	微型		汽油	—	—	—	—	—	—	—	—	—	—	—	—	—	—	—	—	—	—	—
			柴油	8987	8802	8616	8616	8616	8616	7014	5413	5413	4018	2622	2622	2622	2622	1650	679	679	676	675
			燃气	—	—	—	—	—	—	—	—	—	—	—	—	—	—	—	—	—	—	—
	轻型		汽油	—	—	—	—	—	—	—	—	—	—	—	—	—	—	—	—	—	—	—
			柴油	9347	8982	8616	8616	8616	8616	7014	5413	5413	4018	2622	2622	2622	2622	1977	1332	1332	1100	1023
			燃气	—	—	—	—	—	—	—	—	—	—	—	—	—	—	—	—	—	—	—
	中型		汽油	—	—	—	—	—	—	—	—	—	—	—	—	—	—	—	—	—	—	—
			柴油	34673	34673	29179	18190	18190	14036	5727	5727	5727	5426	5124	5124	5124	5124	3286	1447	1447	1325	1284
			燃气	—	—	—	—	—	—	—	—	—	—	—	—	—	—	—	—	—	—	—
	重型		汽油	—	—	—	—	—	—	—	—	—	—	—	—	—	—	—	—	—	—	—
			柴油	140127	140127	115174	65268	65268	51823	24932	24932	24932	17084	9237	9237	9237	9237	6219	3201	3201	2705	2540
			燃气	—	—	—	—	—	—	—	—	—	—	—	—	—	—	—	—	—	—	—
低速汽车	三轮汽车			4092	4092	4092	4092	4092	4092	4092	4092	4092	3220	3220	3220	3220	3220	3220	3220	3220	3220	3220
	低速货车			5581	5581	5581	5581	5581	5581	5581	5581	5581	4392	4392	4392	4392	4392	4392	4392	4392	4392	4392
摩托车	普通摩托车			—	—	—	—	—	—	—	—	—	—	—	—	—	—	—	—	—	—	—
	轻便摩托车			—	—	—	—	—	—	—	—	—	—	—	—	—	—	—	—	—	—	—

朝阳市 VOCs 排放系数

单位：克/（辆·年）

车辆类型		使用性质	燃料种类	1999 年年底前	2000 年	2001 年	2002 年	2003 年	2004 年	2005 年	2006 年	2007 年	2008 年	2009 年	2010 年	2011 年	2012 年	2013 年	2014 年	2015 年	2016 年	2017 年
载客汽车	微型	出租车	汽油	1226960	712168	197377	197377	197377	197377	142930	88483	88483	70336	52190	52190	44038	35885	35885	35885	35885	27622	24868
			燃气	301492	181456	61421	61421	61421	61421	46630	31839	31839	26094	20350	20350	16232	12114	12114	12114	12114	7444	5888
		其他	汽油	81590	47955	14320	14320	14320	14320	13898	13475	13475	11257	9039	9039	8560	8082	8082	8082	8082	6520	5999
			燃气	16361	9180	1998	1998	1998	1998	1918	1839	1839	1364	890	890	812	734	734	734	734	498	419
	小型	出租车	汽油	1226960	699773	172586	172586	172586	172586	163482	154377	154377	103284	52190	52190	44038	35885	35885	35885	35885	25582	22148
			柴油	170447	160949	151451	151451	151451	151451	138144	124836	124836	88992	53147	53147	53147	53147	39638	26129	26129	15518	11981
			燃气	301492	178584	55677	55677	55677	55677	51392	47106	47106	33728	20350	20350	16232	12114	12114	12114	12114	6972	5258
		其他	汽油	82786	48406	14027	14027	14027	14027	14397	14767	14767	11906	9045	9045	8487	7929	7929	7929	7929	6638	6207
			柴油	12071	11057	10043	10043	10043	10043	8542	7042	7042	4792	2541	2541	2541	2541	2232	1923	1923	1385	1206
			燃气	16638	10006	3375	3375	3375	3375	2756	2138	2138	1582	1025	1025	862	698	698	698	698	525	467
	中型	公交车	汽油	247745	247745	247745	247745	247148	168905	13613	13613	13613	13613	13613	13462	13310	13310	10882	8455	8455	8455	8455
			柴油	87806	87806	86086	82645	82645	64494	28192	28192	28192	20508	12823	12823	12823	12823	8958	5093	5093	4763	4653
			燃气	71579	71579	67602	59649	59649	57536	53311	53311	53311	42686	32061	32061	22219	22219	22154	22154	22154	22154	22154
		其他	汽油	128455	128455	128455	128455	127858	87536	8085	8085	8085	8085	8085	7940	7794	7794	6742	5691	5691	5691	5691
			柴油	30493	30493	28460	24394	24394	18567	6912	6912	6912	6506	6099	6099	6099	6099	3750	1402	1402	1243	1190
			燃气	34560	34560	32640	28800	28800	27780	25740	25740	25740	20623	15506	15506	10732	10732	9642	9642	9642	9642	9642
	大型	公交车	汽油	577053	577053	577053	577053	576456	388878	14916	14916	14916	14916	14916	14776	14637	14637	11871	9105	9105	9105	9105
			柴油	131708	131708	108010	60614	60614	60614	60614	60614	60614	43515	26416	26416	26416	26416	17675	8934	8934	5723	4653
			燃气	168926	168926	159541	140772	140772	135786	125815	125815	125815	100740	75665	75665	52438	52438	47188	47188	47188	47188	47188
		其他	汽油	1278351	1278351	1278351	1278351	1277754	860906	28403	28403	28403	28403	28403	22144	15885	15885	12694	9504	9504	9504	9504
			柴油	272891	272891	207397	76409	76409	76409	76409	76409	76409	55942	35476	35476	35476	35476	20706	5937	5937	5324	5119
			燃气	266186	266186	251398	221822	221822	213966	198253	198253	198253	158842	119430	119430	82662	82662	74261	74261	74261	74261	74261
载货汽车	微型		汽油	497399	264412	31426	31426	31426	31426	30004	28581	28581	26396	24212	24212	19767	15322	15322	15322	15322	13311	12641
			柴油	41635	38942	36248	36248	36248	36248	33484	30720	30720	22387	14054	14054	14054	14054	9652	5249	5249	3850	3384
			燃气	99742	52063	4385	4385	4385	4385	4143	3901	3901	3142	2384	2384	1888	1392	1392	1392	1392	1010	883
	轻型		汽油	253949	148986	44022	44022	44022	44022	37776	31529	31529	28136	24744	24744	21794	18843	18843	18843	18843	16570	15813
			柴油	37807	37028	36248	36248	36248	36248	33484	30720	30720	22387	14054	14054	14054	14054	10752	7449	7449	6050	5584
			燃气	51038	30815	10592	10592	10592	10592	7578	4565	4565	3684	2804	2804	2231	1659	1659	1659	1659	1307	1190
	中型		汽油	304375	304375	304375	304375	303778	206800	14039	14039	14039	14039	14039	13900	13760	13760	11212	8663	8663	8663	8663
			柴油	71218	71218	66470	56974	56974	43364	16143	16143	16143	15202	14260	14260	14260	14260	10334	6409	6409	3813	2948
			燃气	80717	80717	76233	67265	67265	64882	60116	60116	60116	48185	36254	36254	49059	49059	23886	23886	23886	23886	23886
	重型		汽油	958666	958666	958666	958666	958068	645734	22259	22259	22259	22259	22259	17537	12815	12815	10422	8029	8029	8029	8029
			柴油	261428	261428	198685	73200	73200	73200	73200	73200	73200	53593	33986	33986	33986	33986	21182	8378	8378	6345	5667
			燃气	255005	255005	240838	212506	212506	204980	189927	189927	189927	152170	114414	114414	116649	116649	82211	82211	82211	82211	82211
低速汽车	三轮汽车			25300	25300	25300	25300	25300	25300	25300	25300	25300	16721	16721	16721	16721	16721	16721	16721	16721	16721	16721
	低速货车			33990	33990	33990	33990	33990	33990	33990	33990	33990	22464	22464	22464	22464	22464	22464	22464	22464	22464	22464
摩托车	普通摩托车			10464	10464	10464	10464	7809	5154	2759	2759	2759	2759	2759	2059	1359	1359	1359	1359	1359	1359	1359
	轻便摩托车			33839	33839	33839	33839	33839	6768	6768	3332	3332	3332	3332	2486	1641	1641	1641	1641	1641	1641	1641

葫芦岛市 NO_x 排放系数

单位：克/（辆·年）

车辆类型		使用性质	燃料种类	1999年年底前	2000年	2001年	2002年	2003年	2004年	2005年	2006年	2007年	2008年	2009年	2010年	2011年	2012年	2013年	2014年	2015年	2016年	2017年
载客汽车	微型	出租车	汽油	243958	163882	83806	83806	83806	83806	61689	39572	39572	29192	18811	18811	15385	11959	11959	11959	11959	7436	5929
			燃气	162650	109961	57272	57272	57272	57272	42402	27533	27533	20516	13500	13500	10936	8372	8372	8372	8372	5112	4025
		其他	汽油	30637	19222	7806	7806	7806	7806	4943	2080	2080	1696	1311	1311	1108	906	906	906	906	613	515
			燃气	19477	11587	3697	3697	3697	3697	2402	1106	1106	898	690	690	552	413	413	413	413	335	309
	小型	出租车	汽油	276362	181988	87613	87613	87613	87613	63885	40157	40157	29484	18811	18811	14845	10879	10879	10879	10879	6446	4968
			柴油	292586	244606	196626	196626	196626	196626	175161	153696	153696	121776	89856	89856	89856	89856	73416	56977	56977	43932	39583
			燃气	183984	121882	59779	59779	59779	59779	43848	27918	27918	20709	13500	13500	10580	7661	7661	7661	7661	4459	3392
		其他	汽油	28598	18258	7918	7918	7918	7918	5268	2618	2618	1830	1041	1041	953	865	865	865	865	579	484
			柴油	24765	20264	15764	15764	15764	15764	14522	13281	13281	10396	7511	7511	7511	7511	6494	5477	5477	4741	4496
			燃气	18135	11548	4960	4960	4960	4960	3210	1460	1460	986	512	512	449	386	386	386	386	313	289
	中型	公交车	汽油	329114	329114	329114	329114	329114	224840	16291	16291	16291	16291	16291	14610	12929	12929	9760	6592	6592	6592	6592
			柴油	367025	367025	366163	364439	364439	349956	320989	320989	320989	267368	213748	213748	213748	213748	174434	135119	135119	113125	105794
			燃气	389697	389697	385058	375779	375779	364123	340811	340811	340811	283648	226484	226484	143225	143225	112173	112173	112173	112173	112173
		其他	汽油	201777	201777	201777	201777	201777	136872	7062	7062	7062	7062	7062	7062	7062	7062	5297	3532	3532	3532	3532
			柴油	172118	172118	164933	150564	150564	149291	146744	146744	146744	124978	103211	103211	103211	103211	91642	80073	80073	68343	64433
			燃气	194357	194357	183559	161964	161964	160438	157385	157385	157385	134002	110619	110619	86168	86168	69215	69215	69215	69215	69215
	大型	公交车	汽油	1172469	1172469	1172469	1172469	1172469	806212	73698	73698	73698	73698	73698	73634	73569	73569	55177	36785	36785	36785	36785
			柴油	520550	520550	503729	470088	470088	456731	430017	430017	430017	422268	414518	414518	414518	414518	399571	384624	384624	346720	334085
			燃气	1046615	1046615	988470	872179	872179	807458	678015	678015	678015	580934	483852	483852	450466	450466	390436	390436	390436	390436	390436
		其他	汽油	2798470	2798470	2798470	2798470	2798470	1924281	175904	175904	175904	175904	175904	169308	162711	162711	122164	81616	81616	81616	81616
			柴油	1246556	1246556	1214480	1150327	1150327	1123508	1069870	1069870	1069870	1032202	994535	994535	994535	994535	946802	899070	899070	795668	761200
			燃气	2320329	2320329	2191422	1933608	1933608	1790122	1503150	1503150	1503150	1288414	1073678	1073678	968641	968641	821806	821806	821806	821806	821806
载货汽车	微型		汽油	110791	65720	20648	20648	20648	20648	14064	7481	7481	6060	4638	4638	4121	3604	3604	3604	3604	2690	2386
			柴油	73938	60931	47924	47924	47924	47924	43160	38397	38397	32507	26617	26617	26617	26617	19480	12342	12342	10609	10031
			燃气	70434	40106	9779	9779	9779	9779	6878	3978	3978	3209	2441	2441	2042	1643	1643	1643	1643	1484	1432
	轻型		汽油	82594	52904	23213	23213	23213	23213	15697	8181	8181	6856	5531	5531	4616	3701	3701	3701	3701	2812	2515
			柴油	74200	61062	47924	47924	47924	47924	43160	38397	38397	32507	26617	26617	26617	26617	21246	15876	15876	14764	14394
			燃气	52376	33458	14541	14541	14541	14541	9552	4562	4562	3641	2720	2720	2186	1652	1652	1652	1652	1539	1502
	中型		汽油	216737	216737	216737	216737	216737	147968	10430	10430	10430	10430	10430	10430	10430	10430	7826	5221	5221	5221	5221
			柴油	405273	405273	363906	281171	281171	267363	239746	239746	239746	239370	238993	238993	238993	238993	209686	180380	180380	155323	146971
			燃气	457637	457637	405912	302460	302460	287350	257131	257131	257131	256639	256147	256147	194110	194110	157879	157879	157879	157879	157879
	重型		汽油	2101138	2101138	2101138	2101138	2101138	1444783	132072	132072	132072	132072	132072	127119	122166	122166	91722	61279	61279	61279	61279
			柴油	1208397	1208397	1167150	1084657	1084657	1044538	964301	964301	964301	925632	886963	886963	886963	886963	765280	643598	643598	432772	362497
			燃气	2249300	2249300	2107274	1823222	1823222	1667090	1354827	1354827	1354827	1156186	957546	957546	693400	693400	391359	391359	391359	391359	391359
低速汽车	三轮汽车			65550	65550	65550	65550	65550	65550	65550	65550	65550	53279	53279	53279	53279	53279	53279	53279	53279	53279	53279
	低速货车			88065	88065	88065	88065	88065	88065	88065	88065	88065	71579	71579	71579	71579	71579	71579	71579	71579	71579	71579
摩托车	普通摩托车			781	781	781	781	755	729	677	677	677	677	677	602	526	526	526	526	526	526	526
	轻便摩托车			521	521	521	521	521	260	260	260	260	260	260	231	202	202	202	202	202	202	202

葫芦岛市 PM 排放系数

单位：克/（辆·年）

车辆类型		使用性质	燃料种类	1999年年底前	2000年	2001年	2002年	2003年	2004年	2005年	2006年	2007年	2008年	2009年	2010年	2011年	2012年	2013年	2014年	2015年	2016年	2017年
载客汽车	微型	出租车	汽油	—	—	—	—	—	—	—	—	—	—	—	—	—	—	—	—	—	—	—
			燃气	—	—	—	—	—	—	—	—	—	—	—	—	—	—	—	—	—	—	—
		其他	汽油	—	—	—	—	—	—	—	—	—	—	—	—	—	—	—	—	—	—	—
			燃气	—	—	—	—	—	—	—	—	—	—	—	—	—	—	—	—	—	—	—
	小型	出租车	汽油	—	—	—	—	—	—	—	—	—	—	—	—	—	—	—	—	—	—	—
			柴油	39522	36198	32875	32875	32875	32875	22458	12042	12042	7840	3639	3639	3639	3639	3382	3126	3126	2584	2404
			燃气	—	—	—	—	—	—	—	—	—	—	—	—	—	—	—	—	—	—	—
		其他	汽油	—	—	—	—	—	—	—	—	—	—	—	—	—	—	—	—	—	—	—
			柴油	3582	3390	3198	3198	3198	3198	2302	1406	1406	1030	653	653	653	653	548	443	443	443	443
			燃气	—	—	—	—	—	—	—	—	—	—	—	—	—	—	—	—	—	—	—
	中型	公交车	汽油	—	—	—	—	—	—	—	—	—	—	—	—	—	—	—	—	—	—	—
			柴油	30592	30592	28032	22913	22913	17978	8108	8108	8108	6872	5637	5637	5637	5637	3504	1372	1372	1080	983
			燃气	—	—	—	—	—	—	—	—	—	—	—	—	—	—	—	—	—	—	—
		其他	汽油	—	—	—	—	—	—	—	—	—	—	—	—	—	—	—	—	—	—	—
			柴油	15274	15274	12888	8116	8116	6262	2553	2553	2553	2434	2316	2316	2316	2316	1366	415	415	399	394
			燃气	—	—	—	—	—	—	—	—	—	—	—	—	—	—	—	—	—	—	—
	大型	公交车	汽油	—	—	—	—	—	—	—	—	—	—	—	—	—	—	—	—	—	—	—
			柴油	94865	94865	93934	92071	92071	71272	29674	29674	29674	19994	10315	10315	10315	10315	6116	1916	1916	1845	1821
			燃气	—	—	—	—	—	—	—	—	—	—	—	—	—	—	—	—	—	—	—
		其他	汽油	—	—	—	—	—	—	—	—	—	—	—	—	—	—	—	—	—	—	—
			柴油	142314	142314	133412	115607	115607	85425	25061	25061	25061	17182	9303	9303	9303	9303	5868	2433	2433	2343	2313
			燃气	—	—	—	—	—	—	—	—	—	—	—	—	—	—	—	—	—	—	—
载货汽车	微型		汽油	—	—	—	—	—	—	—	—	—	—	—	—	—	—	—	—	—	—	—
			柴油	8987	8802	8616	8616	8616	8616	7014	5413	5413	4018	2622	2622	2622	2622	1650	679	679	676	675
			燃气	—	—	—	—	—	—	—	—	—	—	—	—	—	—	—	—	—	—	—
	轻型		汽油	—	—	—	—	—	—	—	—	—	—	—	—	—	—	—	—	—	—	—
			柴油	9347	8982	8616	8616	8616	8616	7014	5413	5413	4018	2622	2622	2622	2622	1977	1332	1332	1100	1023
			燃气	—	—	—	—	—	—	—	—	—	—	—	—	—	—	—	—	—	—	—
	中型		汽油	—	—	—	—	—	—	—	—	—	—	—	—	—	—	—	—	—	—	—
			柴油	34673	34673	29179	18190	18190	14036	5727	5727	5727	5426	5124	5124	5124	5124	3286	1447	1447	1325	1284
			燃气	—	—	—	—	—	—	—	—	—	—	—	—	—	—	—	—	—	—	—
	重型		汽油	—	—	—	—	—	—	—	—	—	—	—	—	—	—	—	—	—	—	—
			柴油	140127	140127	115174	65268	65268	51823	24932	24932	24932	17084	9237	9237	9237	9237	6219	3201	3201	2705	2540
			燃气	—	—	—	—	—	—	—	—	—	—	—	—	—	—	—	—	—	—	—
低速汽车	三轮汽车			4092	4092	4092	4092	4092	4092	4092	4092	4092	3220	3220	3220	3220	3220	3220	3220	3220	3220	3220
	低速货车			5581	5581	5581	5581	5581	5581	5581	5581	5581	4392	4392	4392	4392	4392	4392	4392	4392	4392	4392
摩托车	普通摩托车			—	—	—	—	—	—	—	—	—	—	—	—	—	—	—	—	—	—	—
	轻便摩托车			—	—	—	—	—	—	—	—	—	—	—	—	—	—	—	—	—	—	—

葫芦岛市 VOCs 排放系数

单位：克/（辆·年）

车辆类型		使用性质	燃料种类	1999 年年底前	2000 年	2001 年	2002 年	2003 年	2004 年	2005 年	2006 年	2007 年	2008 年	2009 年	2010 年	2011 年	2012 年	2013 年	2014 年	2015 年	2016 年	2017 年
载客汽车	微型	出租车	汽油	1226960	712168	197377	197377	197377	197377	142930	88483	88483	70336	52190	52190	44038	35885	35885	35885	35885	27622	24868
			燃气	301492	181456	61421	61421	61421	61421	46630	31839	31839	26094	20350	20350	16232	12114	12114	12114	12114	7444	5888
		其他	汽油	81590	47955	14320	14320	14320	14320	13898	13475	13475	11257	9039	9039	8560	8082	8082	8082	8082	6520	5999
			燃气	16361	9180	1998	1998	1998	1998	1918	1839	1839	1364	890	890	812	734	734	734	734	498	419
	小型	出租车	汽油	1226960	699773	172586	172586	172586	172586	163482	154377	154377	103284	52190	52190	44038	35885	35885	35885	35885	25582	22148
			柴油	170447	160949	151451	151451	151451	151451	138144	124836	124836	88992	53147	53147	53147	53147	39638	26129	26129	15518	11981
			燃气	301492	178584	55677	55677	55677	55677	51392	47106	47106	33728	20350	20350	16232	12114	12114	12114	12114	6972	5258
		其他	汽油	82786	48406	14027	14027	14027	14027	14397	14767	14767	11906	9045	9045	8487	7929	7929	7929	7929	6638	6207
			柴油	12071	11057	10043	10043	10043	10043	8542	7042	7042	4792	2541	2541	2541	2541	2232	1923	1923	1385	1206
			燃气	16638	10006	3375	3375	3375	3375	2756	2138	2138	1582	1025	1025	862	698	698	698	698	525	467
	中型	公交车	汽油	247745	247745	247745	247745	247148	168905	13613	13613	13613	13613	13613	13462	13310	13310	10882	8455	8455	8455	8455
			柴油	87806	87806	86086	82645	82645	64494	28192	28192	28192	20508	12823	12823	12823	12823	8958	5093	5093	4763	4653
			燃气	71579	71579	67602	59649	59649	57536	53311	53311	53311	42686	32061	32061	22219	22219	22154	22154	22154	22154	22154
		其他	汽油	128455	128455	128455	128455	127858	87536	8085	8085	8085	8085	8085	7940	7794	7794	6742	5691	5691	5691	5691
			柴油	30493	30493	28460	24394	24394	18567	6912	6912	6912	6506	6099	6099	6099	6099	3750	1402	1402	1243	1190
			燃气	34560	34560	32640	28800	28800	27780	25740	25740	25740	20623	15506	15506	10732	10732	9642	9642	9642	9642	9642
	大型	公交车	汽油	577053	577053	577053	577053	576456	388878	14916	14916	14916	14916	14916	14776	14637	14637	11871	9105	9105	9105	9105
			柴油	131708	131708	108010	60614	60614	60614	60614	60614	60614	43515	26416	26416	26416	26416	17675	8934	8934	5723	4653
			燃气	168926	168926	159541	140772	140772	135786	125815	125815	125815	100740	75665	75665	52438	52438	47188	47188	47188	47188	47188
		其他	汽油	1278351	1278351	1278351	1278351	1277754	860906	28403	28403	28403	28403	28403	22144	15885	15885	12694	9504	9504	9504	9504
			柴油	272891	272891	207397	76409	76409	76409	76409	76409	76409	55942	35476	35476	35476	35476	20706	5937	5937	5324	5119
			燃气	266186	266186	251398	221822	221822	213966	198253	198253	198253	158842	119430	119430	82662	82662	74261	74261	74261	74261	74261
载货汽车	微型		汽油	497399	264412	31426	31426	31426	31426	30004	28581	28581	26396	24212	24212	19767	15322	15322	15322	15322	13311	12641
			柴油	41635	38942	36248	36248	36248	36248	33484	30720	30720	22387	14054	14054	14054	14054	9652	5249	5249	3850	3384
			燃气	99742	52063	4385	4385	4385	4385	4143	3901	3901	3142	2384	2384	1888	1392	1392	1392	1392	1010	883
	轻型		汽油	253949	148986	44022	44022	44022	44022	37776	31529	31529	28136	24744	24744	21794	18843	18843	18843	18843	16570	15813
			柴油	37807	37028	36248	36248	36248	36248	33484	30720	30720	22387	14054	14054	14054	14054	10752	7449	7449	6050	5584
			燃气	51038	30815	10592	10592	10592	10592	7578	4565	4565	3684	2804	2804	2231	1659	1659	1659	1659	1307	1190
	中型		汽油	304375	304375	304375	304375	303778	206800	14039	14039	14039	14039	14039	13900	13760	13760	11212	8663	8663	8663	8663
			柴油	71218	71218	66470	56974	56974	43364	16143	16143	16143	15202	14260	14260	14260	14260	10334	6409	6409	3813	2948
			燃气	80717	80717	76233	67265	67265	64882	60116	60116	60116	48185	36254	36254	49059	49059	23886	23886	23886	23886	23886
	重型		汽油	958666	958666	958666	958666	958068	645734	22259	22259	22259	22259	22259	17537	12815	12815	10422	8029	8029	8029	8029
			柴油	261428	261428	198685	73200	73200	73200	73200	73200	73200	53593	33986	33986	33986	33986	21182	8378	8378	6345	5667
			燃气	255005	255005	240838	212506	212506	204980	189927	189927	189927	152170	114414	114414	116649	116649	82211	82211	82211	82211	82211
低速汽车	三轮汽车			25300	25300	25300	25300	25300	25300	25300	25300	25300	16721	16721	16721	16721	16721	16721	16721	16721	16721	16721
	低速货车			33990	33990	33990	33990	33990	33990	33990	33990	33990	22464	22464	22464	22464	22464	22464	22464	22464	22464	22464
摩托车	普通摩托车			10464	10464	10464	10464	7809	5154	2759	2759	2759	2759	2759	2059	1359	1359	1359	1359	1359	1359	1359
	轻便摩托车			33839	33839	33839	33839	33839	6768	6768	3332	3332	3332	3332	2486	1641	1641	1641	1641	1641	1641	1641

长春市 NO_x 排放系数

单位：克/（辆·年）

车辆类型		使用性质	燃料种类	1999 年年底前	2000 年	2001 年	2002 年	2003 年	2004 年	2005 年	2006 年	2007 年	2008 年	2009 年	2010 年	2011 年	2012 年	2013 年	2014 年	2015 年	2016 年	2017 年
载客汽车	微型	出租车	汽油	331630	224602	117573	117573	117573	117573	86874	56175	56175	41620	27066	27066	22057	17048	17048	17048	17048	10410	8197
			燃气	202478	138838	75197	75197	75197	75197	56266	37335	37335	28196	19056	19056	15336	11616	11616	11616	11616	6805	5201
		其他	汽油	35507	22294	9080	9080	9080	9080	5714	2349	2349	1908	1467	1467	1228	990	990	990	990	681	578
			燃气	20443	12185	3927	3927	3927	3927	2554	1182	1182	958	733	733	582	432	432	432	432	346	318
	小型	出租车	汽油	375208	249002	122797	122797	122797	122797	89888	56978	56978	42022	27066	27066	21322	15578	15578	15578	15578	9070	6900
			柴油	405765	340354	274944	274944	274944	274944	244410	213876	213876	169950	126023	126023	126023	126023	102538	79052	79052	59684	53228
			燃气	228280	153284	78289	78289	78289	78289	58050	37810	37810	28433	19056	19056	14900	10745	10745	10745	10745	6011	4433
		其他	汽油	33130	21171	9212	9212	9212	9212	6097	2982	2982	2068	1153	1153	1048	943	943	943	943	642	542
			柴油	28199	23062	17926	17926	17926	17926	16482	15038	15038	11778	8519	8519	8519	8519	7364	6209	6209	5354	5069
			燃气	19035	12150	5264	5264	5264	5264	3410	1556	1556	1052	547	547	476	404	404	404	404	323	296
	中型	公交车	汽油	343378	343378	343378	343378	343378	234584	16997	16997	16997	16997	16997	15244	13490	13490	10184	6878	6878	6878	6878
			柴油	382737	382737	381838	380041	380041	364938	334731	334731	334731	278814	222898	222898	222898	222898	181901	140904	140904	117968	110323
			燃气	406380	406380	401542	391866	391866	379711	355401	355401	355401	295790	236179	236179	149357	149357	116975	116975	116975	116975	116975
		其他	汽油	202162	202162	202162	202162	202162	137133	7076	7076	7076	7076	7076	7076	7076	7076	5308	3539	3539	3539	3539
			柴油	172359	172359	165164	150774	150774	149499	146949	146949	146949	125152	103356	103356	103356	103356	91770	80185	80185	68438	64523
			燃气	194629	194629	183816	162191	162191	160662	157605	157605	157605	134190	110774	110774	86288	86288	69312	69312	69312	69312	69312
	大型	公交车	汽油	1223284	1223284	1223284	1223284	1223284	841153	76892	76892	76892	76892	76892	76824	76757	76757	57568	38380	38380	38380	38380
			柴油	542835	542835	525294	490212	490212	476283	448426	448426	448426	440344	432263	432263	432263	432263	416676	401090	401090	361563	348387
			燃气	1091420	1091420	1030786	909517	909517	842025	707041	707041	707041	605803	504565	504565	469750	469750	407150	407150	407150	407150	407150
		其他	汽油	2803813	2803813	2803813	2803813	2803813	1927955	176240	176240	176240	176240	176240	169631	163022	163022	122397	81772	81772	81772	81772
			柴油	1248301	1248301	1216180	1151938	1151938	1125081	1071368	1071368	1071368	1033648	995927	995927	995927	995927	948128	900328	900328	796782	762266
			燃气	2323578	2323578	2194490	1936315	1936315	1792628	1505254	1505254	1505254	1290218	1075182	1075182	969997	969997	822956	822956	822956	822956	822956
载货汽车	微型		汽油	139931	82902	25873	25873	25873	25873	17611	9349	9349	7576	5802	5802	5139	4476	4476	4476	4476	3357	2984
			柴油	92768	76486	60205	60205	60205	60205	54132	48058	48058	40677	33296	33296	33296	33296	24354	15413	15413	13234	12507
			燃气	80565	45877	11190	11190	11190	11190	7947	4704	4704	3802	2899	2899	2426	1953	1953	1953	1953	1720	1642
	轻型		汽油	103316	66202	29087	29087	29087	29087	19656	10225	10225	8573	6921	6921	5758	4596	4596	4596	4596	3508	3146
			柴油	93095	76650	60205	60205	60205	60205	54132	48058	48058	40677	33296	33296	33296	33296	26554	19812	19812	18406	17938
			燃气	59361	37991	16621	16621	16621	16621	10978	5335	5335	4309	3283	3283	2626	1969	1969	1969	1969	1781	1718
	中型		汽油	199252	199252	199252	199252	199252	136030	9589	9589	9589	9589	9589	9589	9589	9589	7194	4800	4800	4800	4800
			柴油	375874	375874	337508	260775	260775	247968	222355	222355	222355	218426	214496	214496	214496	214496	188194	161891	161891	139403	131907
			燃气	424440	424440	376467	280522	280522	266507	238479	238479	238479	234185	229891	229891	174213	174213	141697	141697	141697	141697	141697
	重型		汽油	1584118	1584118	1584118	1584118	1584118	1089270	99573	99573	99573	99573	99573	95839	92105	92105	69152	46200	46200	46200	46200
			柴油	895618	895618	865048	803907	803907	774172	714703	714703	714703	686044	657384	657384	657384	657384	572525	487666	487666	335456	284720
			燃气	1667097	1667097	1561832	1351303	1351303	1235584	1004146	1004146	1004146	856922	709698	709698	525402	525402	307389	307389	307389	307389	307389
低速汽车	三轮汽车			65550	65550	65550	65550	65550	65550	65550	65550	65550	53279	53279	53279	53279	53279	53279	53279	53279	53279	53279
	低速货车			88065	88065	88065	88065	88065	88065	88065	88065	88065	71579	71579	71579	71579	71579	71579	71579	71579	71579	71579
摩托车	普通摩托车			781	781	781	781	755	729	677	677	677	677	677	602	526	526	526	526	526	526	526
	轻便摩托车			521	521	521	521	521	260	260	260	260	260	260	231	202	202	202	202	202	202	202

长春市 PM 排放系数

单位：克/（辆·年）

车辆类型		使用性质	燃料种类	1999 年年底前	2000 年	2001 年	2002 年	2003 年	2004 年	2005 年	2006 年	2007 年	2008 年	2009 年	2010 年	2011 年	2012 年	2013 年	2014 年	2015 年	2016 年	2017 年
载客汽车	微型	出租车	汽油	—	—	—	—	—	—	—	—	—	—	—	—	—	—	—	—	—	—	—
			燃气	—	—	—	—	—	—	—	—	—	—	—	—	—	—	—	—	—	—	—
		其他	汽油	—	—	—	—	—	—	—	—	—	—	—	—	—	—	—	—	—	—	—
			燃气	—	—	—	—	—	—	—	—	—	—	—	—	—	—	—	—	—	—	—
	小型	出租车	汽油	—	—	—	—	—	—	—	—	—	—	—	—	—	—	—	—	—	—	—
			柴油	47919	43876	39832	39832	39832	39832	27121	14410	14410	9398	4387	4387	4387	4387	4078	3768	3768	3116	2898
			燃气	—	—	—	—	—	—	—	—	—	—	—	—	—	—	—	—	—	—	—
		其他	汽油	—	—	—	—	—	—	—	—	—	—	—	—	—	—	—	—	—	—	—
			柴油	3671	3474	3277	3277	3277	3277	2356	1434	1434	1051	668	668	668	668	560	451	451	451	451
			燃气	—	—	—	—	—	—	—	—	—	—	—	—	—	—	—	—	—	—	—
	中型	公交车	汽油	—	—	—	—	—	—	—	—	—	—	—	—	—	—	—	—	—	—	—
			柴油	31857	31857	29192	23861	23861	18722	8443	8443	8443	7156	5870	5870	5870	5870	3649	1428	1428	1124	1023
			燃气	—	—	—	—	—	—	—	—	—	—	—	—	—	—	—	—	—	—	—
		其他	汽油	—	—	—	—	—	—	—	—	—	—	—	—	—	—	—	—	—	—	—
			柴油	15274	15274	12888	8116	8116	6262	2553	2553	2553	2434	2316	2316	2316	2316	1366	415	415	399	394
			燃气	—	—	—	—	—	—	—	—	—	—	—	—	—	—	—	—	—	—	—
	大型	公交车	汽油	—	—	—	—	—	—	—	—	—	—	—	—	—	—	—	—	—	—	—
			柴油	98788	98788	97818	95878	95878	74219	30901	30901	30901	20821	10741	10741	10741	10741	6368	1995	1995	1921	1896
			燃气	—	—	—	—	—	—	—	—	—	—	—	—	—	—	—	—	—	—	—
		其他	汽油	—	—	—	—	—	—	—	—	—	—	—	—	—	—	—	—	—	—	—
			柴油	142314	142314	133412	115607	115607	85425	25061	25061	25061	17182	9303	9303	9303	9303	5868	2433	2433	2343	2313
			燃气	—	—	—	—	—	—	—	—	—	—	—	—	—	—	—	—	—	—	—
载货汽车	微型		汽油	—	—	—	—	—	—	—	—	—	—	—	—	—	—	—	—	—	—	—
			柴油	10198	9987	9776	9776	9776	9776	7954	6133	6133	4552	2971	2971	2971	2971	1870	770	770	766	765
			燃气	—	—	—	—	—	—	—	—	—	—	—	—	—	—	—	—	—	—	—
	轻型		汽油	—	—	—	—	—	—	—	—	—	—	—	—	—	—	—	—	—	—	—
			柴油	10606	10191	9776	9776	9776	9776	7954	6133	6133	4552	2971	2971	2971	2971	2240	1510	1510	1247	1159
			燃气	—	—	—	—	—	—	—	—	—	—	—	—	—	—	—	—	—	—	—
	中型		汽油	—	—	—	—	—	—	—	—	—	—	—	—	—	—	—	—	—	—	—
			柴油	32612	32612	27444	17109	17109	13181	5325	5325	5325	5045	4765	4765	4765	4765	3055	1345	1345	1232	1194
			燃气	—	—	—	—	—	—	—	—	—	—	—	—	—	—	—	—	—	—	—
	重型		汽油	—	—	—	—	—	—	—	—	—	—	—	—	—	—	—	—	—	—	—
			柴油	110157	110157	90541	51309	51309	40739	19600	19600	19600	13431	7262	7262	7262	7262	4807	2352	2352	1988	1866
			燃气	—	—	—	—	—	—	—	—	—	—	—	—	—	—	—	—	—	—	—
低速汽车	三轮汽车			4092	4092	4092	4092	4092	4092	4092	4092	4092	3220	3220	3220	3220	3220	3220	3220	3220	3220	3220
	低速货车			5581	5581	5581	5581	5581	5581	5581	5581	5581	4392	4392	4392	4392	4392	4392	4392	4392	4392	4392
摩托车	普通摩托车			—	—	—	—	—	—	—	—	—	—	—	—	—	—	—	—	—	—	—
	轻便摩托车			—	—	—	—	—	—	—	—	—	—	—	—	—	—	—	—	—	—	—

长春市 VOCs 排放系数

单位：克/（辆·年）

车辆类型		使用性质	燃料种类	1999年年底前	2000年	2001年	2002年	2003年	2004年	2005年	2006年	2007年	2008年	2009年	2010年	2011年	2012年	2013年	2014年	2015年	2016年	2017年
载客汽车	微型	出租车	汽油	1780900	1028501	276102	276102	276102	276102	199911	123720	123720	97568	71415	71415	59984	48552	48552	48552	48552	37852	34285
			燃气	385712	233436	81161	81161	81161	81161	62446	43730	43730	35978	28226	28226	22430	16634	16634	16634	16634	10036	7836
		其他	汽油	95546	55410	15274	15274	15274	15274	14857	14440	14440	11876	9313	9313	8763	8213	8213	8213	8213	6534	5975
			燃气	17107	9593	2079	2079	2079	2079	2000	1921	1921	1424	926	926	842	759	759	759	759	517	436
	小型	出租车	汽油	1780900	1011132	241363	241363	241363	241363	229094	216826	216826	144120	71415	71415	59984	48552	48552	48552	48552	34846	30277
			柴油	234914	221466	208017	208017	208017	208017	188419	168821	168821	122321	75821	75821	75821	75821	56382	36944	36944	21312	16101
			燃气	385712	229959	74206	74206	74206	74206	68288	62370	62370	45298	28226	28226	22430	16634	16634	16634	16634	9434	7034
		其他	汽油	96991	55960	14928	14928	14928	14928	15456	15984	15984	12652	9320	9320	8676	8033	8033	8033	8033	6681	6230
			柴油	12713	11642	10572	10572	10572	10572	8968	7363	7363	5019	2675	2675	2675	2675	2340	2005	2005	1444	1257
			燃气	17396	10442	3488	3488	3488	3488	2859	2230	2230	1646	1062	1062	892	723	723	723	723	546	487
	中型	公交车	汽油	257394	257394	257394	257394	256797	175350	13649	13649	13649	13649	13649	13497	13345	13345	10818	8291	8291	8291	8291
			柴油	91436	91436	89645	86063	86063	67161	29358	29358	29358	21356	13354	13354	13354	13354	9328	5303	5303	4960	4846
			燃气	74539	74539	70398	62116	62116	59916	55516	55516	55516	44452	33387	33387	23138	23138	23070	23070	23070	23070	23070
		其他	汽油	128091	128091	128091	128091	127494	87172	7721	7721	7721	7721	7721	7576	7430	7430	6378	5327	5327	5327	5327
			柴油	30493	30493	28460	24394	24394	18567	6912	6912	6912	6506	6099	6099	6099	6099	3750	1402	1402	1243	1190
			燃气	34560	34560	32640	28800	28800	27780	25740	25740	25740	20623	15506	15506	10732	10732	9642	9642	9642	9642	9642
	大型	公交车	汽油	600319	600319	600319	600319	599722	404419	15007	15007	15007	15007	15007	14867	14727	14727	11848	8968	8968	8968	8968
			柴油	137155	137155	112477	63120	63120	63120	63120	63120	63120	45314	27508	27508	27508	27508	18406	9304	9304	5960	4846
			燃气	175912	175912	166139	146593	146593	141401	131018	131018	131018	104906	78794	78794	54606	54606	49139	49139	49139	49139	49139
		其他	汽油	1277987	1277987	1277987	1277987	1277390	860542	28039	28039	28039	28039	28039	21780	15521	15521	12330	9140	9140	9140	9140
			柴油	272891	272891	207397	76409	76409	76409	76409	76409	76409	55942	35476	35476	35476	35476	20706	5937	5937	5324	5119
			燃气	266186	266186	251398	221822	221822	213966	198253	198253	198253	158842	119430	119430	82662	82662	74261	74261	74261	74261	74261
载货汽车	微型		汽油	636127	337122	38117	38117	38117	38117	36351	34585	34585	31937	29289	29289	23569	17849	17849	17849	17849	15472	14679
			柴油	49231	46029	42827	42827	42827	42827	39441	36055	36055	26374	16693	16693	16693	16693	11472	6251	6251	4504	3921
			燃气	113895	59542	5188	5188	5188	5188	4895	4601	4601	3757	2912	2912	2281	1650	1650	1650	1650	1216	1071
	轻型		汽油	322875	188600	54325	54325	54325	54325	46352	38378	38378	34176	29974	29974	26176	22379	22379	22379	22379	19665	18760
			柴油	44851	43839	42827	42827	42827	42827	39441	36055	36055	26374	16693	16693	16693	16693	12728	8763	8763	7015	6432
			燃气	57910	35302	12693	12693	12693	12693	9024	5354	5354	4385	3415	3415	2715	2014	2014	2014	2014	1603	1466
	中型		汽油	293686	293686	293686	293686	293089	199437	13326	13326	13326	13326	13326	13186	13046	13046	10586	8125	8125	8125	8125
			柴油	67831	67831	63309	54265	54265	41302	15375	15375	15375	14475	13575	13575	13575	13575	9838	6102	6102	3631	2807
			燃气	76878	76878	72607	64066	64066	61796	57256	57256	57256	45884	34513	34513	46709	46709	22744	22744	22744	22744	22744
	重型		汽油	722665	722665	722665	722665	722068	486768	17363	17363	17363	17363	17363	13774	10185	10185	8380	6574	6574	6574	6574
			柴油	195469	195469	148556	54731	54731	54731	54731	54731	54731	40071	25411	25411	25411	25411	15950	6490	6490	5066	4591
			燃气	190666	190666	180074	158889	158889	153261	142007	142007	142007	113776	85546	85546	90362	90362	66601	66601	66601	66601	66601
低速汽车	三轮汽车			25300	25300	25300	25300	25300	25300	25300	25300	25300	16721	16721	16721	16721	16721	16721	16721	16721	16721	16721
	低速货车			33990	33990	33990	33990	33990	33990	33990	33990	33990	22464	22464	22464	22464	22464	22464	22464	22464	22464	22464
摩托车	普通摩托车			10464	10464	10464	10464	7809	5154	2759	2759	2759	2759	2759	2059	1359	1359	1359	1359	1359	1359	1359
	轻便摩托车			33839	33839	33839	33839	33839	6768	6768	3332	3332	3332	3332	2486	1641	1641	1641	1641	1641	1641	1641

长白山市 NO_x 排放系数

单位：克/（辆·年）

车辆类型		使用性质	燃料种类	1999年年底前	2000年	2001年	2002年	2003年	2004年	2005年	2006年	2007年	2008年	2009年	2010年	2011年	2012年	2013年	2014年	2015年	2016年	2017年
载客汽车	微型	出租车	汽油	333033	225263	117493	117493	117493	117493	87018	56542	56542	42091	27640	27640	22476	17311	17311	17311	17311	10524	8261
			燃气	203468	139390	75312	75312	75312	75312	56494	37676	37676	28582	19489	19489	15654	11819	11819	11819	11819	6892	5250
		其他	汽油	30540	19149	7758	7758	7758	7758	4902	2045	2045	1664	1283	1283	1088	894	894	894	894	607	511
			燃气	17469	10390	3311	3311	3311	3311	2148	985	985	798	612	612	490	367	367	367	367	300	277
	小型	出租车	汽油	376638	249641	122644	122644	122644	122644	89989	57334	57334	42487	27640	27640	21745	15850	15850	15850	15850	9186	6965
			柴油	409427	343774	278120	278120	278120	278120	247432	216743	216743	172138	127533	127533	127533	127533	103639	79745	79745	60444	54011
			燃气	229281	153821	78361	78361	78361	78361	58252	38144	38144	28816	19489	19489	15222	10954	10954	10954	10954	6100	4482
		其他	汽油	28505	18188	7870	7870	7870	7870	5226	2583	2583	1798	1014	1014	933	852	852	852	852	573	480
			柴油	24482	20012	15541	15541	15541	15541	14324	13106	13106	10256	7406	7406	7406	7406	6414	5423	5423	4704	4464
			燃气	16264	10356	4448	4448	4448	4448	2876	1303	1303	878	453	453	398	342	342	342	342	279	258
	中型	公交车	汽油	329809	329809	329809	329809	329809	225315	16326	16326	16326	16326	16326	14642	12957	12957	9782	6606	6606	6606	6606
			柴油	367593	367593	366730	365003	365003	350497	321486	321486	321486	267782	214079	214079	214079	214079	174704	135328	135328	113300	105957
			燃气	390300	390300	385654	376361	376361	364687	341338	341338	341338	284086	226834	226834	143447	143447	112347	112347	112347	112347	112347
		其他	汽油	202203	202203	202203	202203	202203	137161	7077	7077	7077	7077	7077	7077	7077	7077	5308	3539	3539	3539	3539
			柴油	172384	172384	165188	150797	150797	149522	146971	146971	146971	125171	103371	103371	103371	103371	91784	80197	80197	68449	64533
			燃气	194658	194658	183844	162215	162215	160686	157629	157629	157629	134210	110790	110790	86301	86301	69322	69322	69322	69322	69322
	大型	公交车	汽油	1174944	1174944	1174944	1174944	1174944	807914	73854	73854	73854	73854	73854	73789	73724	73724	55294	36863	36863	36863	36863
			柴油	521356	521356	504509	470815	470815	457437	430682	430682	430682	422921	415160	415160	415160	415160	400190	385219	385219	347256	334602
			燃气	1048235	1048235	990000	873529	873529	808708	679065	679065	679065	581833	484601	484601	451163	451163	391040	391040	391040	391040	391040
		其他	汽油	2804378	2804378	2804378	2804378	2804378	1928344	176275	176275	176275	176275	176275	169665	163055	163055	122422	81788	81788	81788	81788
			柴油	1248486	1248486	1216360	1152108	1152108	1125247	1071526	1071526	1071526	1033800	996074	996074	996074	996074	948268	900461	900461	796900	762379
			燃气	2323921	2323921	2194814	1936601	1936601	1792893	1505477	1505477	1505477	1290408	1075340	1075340	970140	970140	823078	823078	823078	823078	823078
载货汽车	微型		汽油	136657	81099	25541	25541	25541	25541	17409	9277	9277	7522	5766	5766	5102	4437	4437	4437	4437	3314	2940
			柴油	91804	75727	59650	59650	59650	59650	53685	47720	47720	40389	33058	33058	33058	33058	24182	15306	15306	13118	12388
			燃气	78168	44534	10901	10901	10901	10901	7684	4468	4468	3609	2750	2750	2286	1821	1821	1821	1821	1651	1594
	轻型		汽油	101684	65192	28699	28699	28699	28699	19418	10138	10138	8502	6866	6866	5710	4555	4555	4555	4555	3463	3099
			柴油	92127	75888	59650	59650	59650	59650	53685	47720	47720	40389	33058	33058	33058	33058	26358	19658	19658	18234	17760
			燃气	58017	37119	16220	16220	16220	16220	10667	5114	5114	4091	3067	3067	2448	1828	1828	1828	1828	1706	1666
	中型		汽油	199252	199252	199252	199252	199252	136030	9589	9589	9589	9589	9589	9589	9589	9589	7194	4800	4800	4800	4800
			柴油	375874	375874	337508	260775	260775	247968	222355	222355	222355	218426	214496	214496	214496	214496	188194	161891	161891	139403	131907
			燃气	424441	424441	376468	280520	280520	266507	238480	238480	238480	234185	229891	229891	174213	174213	141696	141696	141696	141696	141696
	重型		汽油	2062997	2062997	2062997	2062997	2062997	1418556	129674	129674	129674	129674	129674	124812	119949	119949	90058	60166	60166	60166	60166
			柴油	1155349	1155349	1115913	1037041	1037041	998683	921968	921968	921968	884997	848026	848026	848026	848026	739896	631767	631767	440361	376559
			燃气	2150557	2150557	2014765	1743183	1743183	1593905	1295350	1295350	1295350	1105430	915511	915511	680654	680654	406540	406540	406540	406540	406540
低速汽车	三轮汽车			65550	65550	65550	65550	65550	65550	65550	65550	65550	53279	53279	53279	53279	53279	53279	53279	53279	53279	53279
	低速货车			88065	88065	88065	88065	88065	88065	88065	88065	88065	71579	71579	71579	71579	71579	71579	71579	71579	71579	71579
摩托车	普通摩托车			781	781	781	781	755	729	677	677	677	677	677	602	526	526	526	526	526	526	526
	轻便摩托车			521	521	521	521	521	260	260	260	260	260	260	231	202	202	202	202	202	202	202

长白山市 PM 排放系数

单位：克/（辆・年）

车辆类型		使用性质	燃料种类	1999年年底前	2000年	2001年	2002年	2003年	2004年	2005年	2006年	2007年	2008年	2009年	2010年	2011年	2012年	2013年	2014年	2015年	2016年	2017年
载客汽车	微型	出租车	汽油	—	—	—	—	—	—	—	—	—	—	—	—	—	—	—	—	—	—	—
			燃气	—	—	—	—	—	—	—	—	—	—	—	—	—	—	—	—	—	—	—
		其他	汽油	—	—	—	—	—	—	—	—	—	—	—	—	—	—	—	—	—	—	—
			燃气	—	—	—	—	—	—	—	—	—	—	—	—	—	—	—	—	—	—	—
	小型	出租车	汽油	—	—	—	—	—	—	—	—	—	—	—	—	—	—	—	—	—	—	—
			柴油	47878	43849	39820	39820	39820	39820	27179	14538	14538	9470	4403	4403	4403	4403	4092	3781	3781	3127	2909
			燃气	—	—	—	—	—	—	—	—	—	—	—	—	—	—	—	—	—	—	—
		其他	汽油	—	—	—	—	—	—	—	—	—	—	—	—	—	—	—	—	—	—	—
			柴油	3211	3039	2867	2867	2867	2867	2063	1259	1259	922	585	585	585	585	490	396	396	396	396
			燃气	—	—	—	—	—	—	—	—	—	—	—	—	—	—	—	—	—	—	—
	中型	公交车	汽油	—	—	—	—	—	—	—	—	—	—	—	—	—	—	—	—	—	—	—
			柴油	30592	30592	28032	22913	22913	17978	8108	8108	8108	6872	5637	5637	5637	5637	3504	1372	1372	1080	983
			燃气	—	—	—	—	—	—	—	—	—	—	—	—	—	—	—	—	—	—	—
		其他	汽油	—	—	—	—	—	—	—	—	—	—	—	—	—	—	—	—	—	—	—
			柴油	15274	15274	12888	8116	8116	6262	2553	2553	2553	2434	2316	2316	2316	2316	1366	415	415	399	394
			燃气	—	—	—	—	—	—	—	—	—	—	—	—	—	—	—	—	—	—	—
	大型	公交车	汽油	—	—	—	—	—	—	—	—	—	—	—	—	—	—	—	—	—	—	—
			柴油	94865	94865	93934	92071	92071	71272	29674	29674	29674	19994	10315	10315	10315	10315	6116	1916	1916	1845	1821
			燃气	—	—	—	—	—	—	—	—	—	—	—	—	—	—	—	—	—	—	—
		其他	汽油	—	—	—	—	—	—	—	—	—	—	—	—	—	—	—	—	—	—	—
			柴油	142314	142314	133412	115607	115607	85425	25061	25061	25061	17182	9303	9303	9303	9303	5868	2433	2433	2343	2313
			燃气	—	—	—	—	—	—	—	—	—	—	—	—	—	—	—	—	—	—	—
载货汽车	微型		汽油	—	—	—	—	—	—	—	—	—	—	—	—	—	—	—	—	—	—	—
			柴油	9967	9761	9555	9555	9555	9555	7778	6000	6000	4453	2906	2906	2906	2906	1830	753	753	750	749
			燃气	—	—	—	—	—	—	—	—	—	—	—	—	—	—	—	—	—	—	—
	轻型		汽油	—	—	—	—	—	—	—	—	—	—	—	—	—	—	—	—	—	—	—
			柴油	10366	9960	9555	9555	9555	9555	7778	6000	6000	4453	2906	2906	2906	2906	2192	1477	1477	1220	1134
			燃气	—	—	—	—	—	—	—	—	—	—	—	—	—	—	—	—	—	—	—
	中型		汽油	—	—	—	—	—	—	—	—	—	—	—	—	—	—	—	—	—	—	—
			柴油	32612	32612	27444	17109	17109	13181	5325	5325	5325	5045	4765	4765	4765	4765	3055	1345	1345	1232	1194
			燃气	—	—	—	—	—	—	—	—	—	—	—	—	—	—	—	—	—	—	—
	重型		汽油	—	—	—	—	—	—	—	—	—	—	—	—	—	—	—	—	—	—	—
			柴油	143852	143852	118236	67003	67003	53200	25595	25595	25595	17539	9483	9483	9483	9483	6258	3032	3032	2562	2406
			燃气	—	—	—	—	—	—	—	—	—	—	—	—	—	—	—	—	—	—	—
低速汽车	三轮汽车			4092	4092	4092	4092	4092	4092	4092	4092	4092	3220	3220	3220	3220	3220	3220	3220	3220	3220	3220
	低速货车			5581	5581	5581	5581	5581	5581	5581	5581	5581	4392	4392	4392	4392	4392	4392	4392	4392	4392	4392
摩托车	普通摩托车			—	—	—	—	—	—	—	—	—	—	—	—	—	—	—	—	—	—	—
	轻便摩托车			—	—	—	—	—	—	—	—	—	—	—	—	—	—	—	—	—	—	—

长白山市 VOCs 排放系数

单位：克/（辆·年）

车辆类型		使用性质	燃料种类	1999 年年底前	2000 年	2001 年	2002 年	2003 年	2004 年	2005 年	2006 年	2007 年	2008 年	2009 年	2010 年	2011 年	2012 年	2013 年	2014 年	2015 年	2016 年	2017 年
载客汽车	微型	出租车	汽油	1553147	903172	253197	253197	253197	253197	184274	115352	115352	91844	68335	68335	57142	45948	45948	45948	45948	34564	30769
			燃气	377527	229890	82254	82254	82254	82254	63341	44428	44428	36680	28932	28932	22947	16962	16962	16962	16962	10032	7722
		其他	汽油	77013	45396	13778	13778	13778	13778	13376	12975	12975	10834	8693	8693	8256	7820	7820	7820	7820	6262	5742
			燃气	14696	8234	1773	1773	1773	1773	1704	1636	1636	1212	788	788	720	652	652	652	652	445	376
	小型	出租车	汽油	1553147	887704	222262	222262	222262	222262	209988	197715	197715	133025	68335	68335	57142	45948	45948	45948	45948	31977	27320
			柴油	240202	226418	212635	212635	212635	212635	192862	173089	173089	125475	77861	77861	77861	77861	57902	37942	37942	21814	16438
			燃气	377527	226412	75298	75298	75298	75298	69122	62945	62945	45938	28932	28932	22947	16962	16962	16962	16962	9451	6947
		其他	汽油	78122	45815	13508	13508	13508	13508	13839	14170	14170	11434	8699	8699	8189	7679	7679	7679	7679	6371	5935
			柴油	11193	10266	9339	9339	9339	9339	7966	6592	6592	4498	2404	2404	2404	2404	2132	1859	1859	1333	1158
			燃气	14945	8976	3007	3007	3007	3007	2456	1905	1905	1406	908	908	764	621	621	621	621	470	419
	中型	公交车	汽油	247531	247531	247531	247531	246934	168691	13398	13398	13398	13398	13398	13246	13095	13095	10668	8241	8241	8241	8241
			柴油	87806	87806	86086	82645	82645	64494	28192	28192	28192	20508	12823	12823	12823	12823	8958	5093	5093	4763	4653
			燃气	71579	71579	67602	59649	59649	57536	53311	53311	53311	42686	32061	32061	22219	22219	22154	22154	22154	22154	22154
		其他	汽油	128241	128241	128241	128241	127644	87321	7870	7870	7870	7870	7870	7724	7579	7579	6528	5477	5477	5477	5477
			柴油	30493	30493	28460	24394	24394	18567	6912	6912	6912	6506	6099	6099	6099	6099	3750	1402	1402	1243	1190
			燃气	34560	34560	32640	28800	28800	27780	25740	25740	25740	20623	15506	15506	10732	10732	9642	9642	9642	9642	9642
	大型	公交车	汽油	576839	576839	576839	576839	576242	388664	14702	14702	14702	14702	14702	14562	14422	14422	11656	8890	8890	8890	8890
			柴油	131708	131708	108010	60614	60614	60614	60614	60614	60614	43515	26416	26416	26416	26416	17675	8934	8934	5723	4653
			燃气	168926	168926	159541	140772	140772	135786	125815	125815	125815	100740	75665	75665	52438	52438	47188	47188	47188	47188	47188
		其他	汽油	1278137	1278137	1278137	1278137	1277540	860691	28188	28188	28188	28188	28188	21930	15671	15671	12480	9289	9289	9289	9289
			柴油	272891	272891	207397	76409	76409	76409	76409	76409	76409	55942	35476	35476	35476	35476	20706	5937	5937	5324	5119
			燃气	266186	266186	251398	221822	221822	213966	198253	198253	198253	158842	119430	119430	82662	82662	74261	74261	74261	74261	74261
载货汽车	微型		汽油	566802	301159	35516	35516	35516	35516	33851	32186	32186	29672	27158	27158	22014	16869	16869	16869	16869	14512	13726
			柴油	49391	46184	42977	42977	42977	42977	39605	36233	36233	26523	16813	16813	16813	16813	11578	6343	6343	4554	3957
			燃气	108160	56365	4570	4570	4570	4570	4314	4058	4058	3260	2462	2462	1934	1406	1406	1406	1406	1026	899
	轻型		汽油	289114	169499	49884	49884	49884	49884	42716	35548	35548	31656	27765	27765	24325	20885	20885	20885	20885	18229	17344
			柴油	45025	44001	42977	42977	42977	42977	39605	36233	36233	26523	16813	16813	16813	16813	12832	8851	8851	7062	6465
			燃气	55308	33207	11105	11105	11105	11105	7942	4779	4779	3839	2898	2898	2294	1689	1689	1689	1689	1341	1224
	中型		汽油	293836	293836	293836	293836	293238	199586	13475	13475	13475	13475	13475	13335	13195	13195	10734	8274	8274	8274	8274
			柴油	67831	67831	63309	54265	54265	41302	15375	15375	15375	14475	13575	13575	13575	13575	9838	6102	6102	3631	2807
			燃气	76878	76878	72607	64066	64066	61796	57256	57256	57256	45884	34513	34513	46709	46709	22744	22744	22744	22744	22744
	重型		汽油	939760	939760	939760	939760	939162	632938	21685	21685	21685	21685	21685	17052	12420	12420	10074	7727	7727	7727	7727
			柴油	251361	251361	191034	70381	70381	70381	70381	70381	70381	51529	32677	32677	32677	32677	20565	8453	8453	6646	6044
			燃气	245185	245185	231564	204322	204322	197086	182613	182613	182613	146310	110007	110007	117693	117693	87680	87680	87680	87680	87680
低速汽车	三轮汽车			25300	25300	25300	25300	25300	25300	25300	25300	25300	16721	16721	16721	16721	16721	16721	16721	16721	16721	16721
	低速货车			33990	33990	33990	33990	33990	33990	33990	33990	33990	22464	22464	22464	22464	22464	22464	22464	22464	22464	22464
摩托车	普通摩托车			10464	10464	10464	10464	7809	5154	2759	2759	2759	2759	2759	2059	1359	1359	1359	1359	1359	1359	1359
	轻便摩托车			33839	33839	33839	33839	33839	6768	6768	3332	3332	3332	3332	2486	1641	1641	1641	1641	1641	1641	1641

梅河口市 NO_x 排放系数

单位：克/（辆·年）

车辆类型		使用性质	燃料种类	1999年年底前	2000年	2001年	2002年	2003年	2004年	2005年	2006年	2007年	2008年	2009年	2010年	2011年	2012年	2013年	2014年	2015年	2016年	2017年
载客汽车	微型	出租车	汽油	293223	197330	101438	101438	101438	101438	74693	47948	47948	35380	22812	22812	18646	14479	14479	14479	14479	8985	7154
			燃气	178491	121537	64583	64583	64583	64583	48132	31680	31680	23820	15959	15959	12874	9788	9788	9788	9788	5833	4515
		其他	汽油	30521	19136	7750	7750	7750	7750	4894	2038	2038	1658	1278	1278	1084	889	889	889	889	605	510
			燃气	17469	10390	3311	3311	3311	3311	2148	985	985	798	612	612	490	367	367	367	367	300	277
	小型	出租车	汽油	332121	219078	106034	106034	106034	106034	77344	48655	48655	35734	22812	22812	17994	13176	13176	13176	13176	7792	5997
			柴油	352990	295275	237560	237560	237560	237560	211548	185535	185535	147104	108674	108674	108674	108674	88722	68770	68770	52820	47503
			燃气	201518	134411	67304	67304	67304	67304	49701	32098	32098	24028	15959	15959	12488	9017	9017	9017	9017	5128	3831
		其他	汽油	28486	18174	7863	7863	7863	7863	5219	2575	2575	1792	1009	1009	928	848	848	848	848	571	479
			柴油	24477	20007	15537	15537	15537	15537	14320	13102	13102	10252	7402	7402	7402	7402	6411	5420	5420	4702	4463
			燃气	16264	10356	4448	4448	4448	4448	2876	1303	1303	878	453	453	398	342	342	342	342	279	258
	中型	公交车	汽油	329794	329794	329794	329794	329794	225304	16325	16325	16325	16325	16325	14640	12956	12956	9781	6606	6606	6606	6606
			柴油	367580	367580	366717	364991	364991	350486	321475	321475	321475	267773	214071	214071	214071	214071	174698	135324	135324	113296	105954
			燃气	390287	390287	385641	376348	376348	364674	341327	341327	341327	284077	226827	226827	143442	143442	112343	112343	112343	112343	112343
		其他	汽油	202194	202194	202194	202194	202194	137155	7077	7077	7077	7077	7077	7077	7077	7077	5308	3539	3539	3539	3539
			柴油	172379	172379	165183	150792	150792	149517	146966	146966	146966	125166	103367	103367	103367	103367	91780	80194	80194	68446	64530
			燃气	194652	194652	183838	162210	162210	160681	157623	157623	157623	134205	110787	110787	86298	86298	69320	69320	69320	69320	69320
	大型	公交车	汽油	1174891	1174891	1174891	1174891	1174891	807877	73850	73850	73850	73850	73850	73786	73721	73721	55291	36861	36861	36861	36861
			柴油	521338	521338	504492	470800	470800	457423	430668	430668	430668	422907	415146	415146	415146	415146	400176	385206	385206	347245	334591
			燃气	1048200	1048200	989967	873500	873500	808681	679042	679042	679042	581813	484584	484584	451148	451148	391027	391027	391027	391027	391027
		其他	汽油	2804250	2804250	2804250	2804250	2804250	1928256	176267	176267	176267	176267	176267	169657	163047	163047	122416	81784	81784	81784	81784
			柴油	1248444	1248444	1216319	1152069	1152069	1125209	1071490	1071490	1071490	1033766	996041	996041	996041	996041	948236	900431	900431	796872	762353
			燃气	2323843	2323843	2194741	1936536	1936536	1792833	1505426	1505426	1505426	1290365	1075304	1075304	970108	970108	823050	823050	823050	823050	823050
载货汽车	微型		汽油	133060	78932	24803	24803	24803	24803	16890	8978	8978	7276	5574	5574	4938	4301	4301	4301	4301	3220	2860
			柴油	89138	73495	57852	57852	57852	57852	52075	46298	46298	39190	32081	32081	32081	32081	23468	14854	14854	12753	12053
			燃气	76158	43377	10596	10596	10596	10596	7468	4339	4339	3504	2669	2669	2222	1776	1776	1776	1776	1609	1553
	轻型		汽油	98985	63432	27880	27880	27880	27880	18848	9817	9817	8231	6645	6645	5530	4416	4416	4416	4416	3365	3015
			柴油	89452	73652	57852	57852	57852	57852	52075	46298	46298	39190	32081	32081	32081	32081	25588	19094	19094	17740	17288
			燃气	56515	36143	15771	15771	15771	15771	10369	4968	4968	3975	2983	2983	2382	1781	1781	1781	1781	1663	1624
	中型		汽油	199252	199252	199252	199252	199252	136030	9589	9589	9589	9589	9589	9589	9589	9589	7194	4800	4800	4800	4800
			柴油	375874	375874	337508	260775	260775	247968	222355	222355	222355	218426	214496	214496	214496	214496	188194	161891	161891	139403	131907
			燃气	424440	424440	376467	280521	280521	266507	238479	238479	238479	234186	229893	229893	174213	174213	141698	141698	141698	141698	141698
	重型		汽油	2062997	2062997	2062997	2062997	2062997	1418556	129674	129674	129674	129674	129674	124812	119949	119949	90058	60166	60166	60166	60166
			柴油	1155349	1155349	1115913	1037041	1037041	998683	921968	921968	921968	884997	848026	848026	848026	848026	739896	631767	631767	440361	376559
			燃气	2150557	2150557	2014766	1743183	1743183	1593905	1295350	1295350	1295350	1105430	915510	915510	680654	680654	406540	406540	406540	406540	406540
低速汽车	三轮汽车			65550	65550	65550	65550	65550	65550	65550	65550	65550	53279	53279	53279	53279	53279	53279	53279	53279	53279	53279
	低速货车			88065	88065	88065	88065	88065	88065	88065	88065	88065	71579	71579	71579	71579	71579	71579	71579	71579	71579	71579
摩托车	普通摩托车			781	781	781	781	755	729	677	677	677	677	677	602	526	526	526	526	526	526	526
	轻便摩托车			521	521	521	521	521	260	260	260	260	260	260	231	202	202	202	202	202	202	202

梅河口市 PM 排放系数

单位：克/（辆·年）

车辆类型		使用性质	燃料种类	1999 年年底前	2000 年	2001 年	2002 年	2003 年	2004 年	2005 年	2006 年	2007 年	2008 年	2009 年	2010 年	2011 年	2012 年	2013 年	2014 年	2015 年	2016 年	2017 年
载客汽车	微型	出租车	汽油	—	—	—	—	—	—	—	—	—	—	—	—	—	—	—	—	—	—	—
			燃气	—	—	—	—	—	—	—	—	—	—	—	—	—	—	—	—	—	—	—
		其他	汽油	—	—	—	—	—	—	—	—	—	—	—	—	—	—	—	—	—	—	—
			燃气	—	—	—	—	—	—	—	—	—	—	—	—	—	—	—	—	—	—	—
	小型	出租车	汽油	—	—	—	—	—	—	—	—	—	—	—	—	—	—	—	—	—	—	—
			柴油	42712	39118	35523	35523	35523	35523	24246	12970	12970	8449	3928	3928	3928	3928	3650	3373	3373	2790	2595
			燃气	—	—	—	—	—	—	—	—	—	—	—	—	—	—	—	—	—	—	—
		其他	汽油	—	—	—	—	—	—	—	—	—	—	—	—	—	—	—	—	—	—	—
			柴油	3211	3039	2867	2867	2867	2867	2063	1259	1259	922	585	585	585	585	490	396	396	396	396
			燃气	—	—	—	—	—	—	—	—	—	—	—	—	—	—	—	—	—	—	—
	中型	公交车	汽油	—	—	—	—	—	—	—	—	—	—	—	—	—	—	—	—	—	—	—
			柴油	30592	30592	28032	22913	22913	17978	8108	8108	8108	6872	5637	5637	5637	5637	3504	1372	1372	1080	983
			燃气	—	—	—	—	—	—	—	—	—	—	—	—	—	—	—	—	—	—	—
		其他	汽油	—	—	—	—	—	—	—	—	—	—	—	—	—	—	—	—	—	—	—
			柴油	15274	15274	12888	8116	8116	6262	2553	2553	2553	2434	2316	2316	2316	2316	1366	415	415	399	394
			燃气	—	—	—	—	—	—	—	—	—	—	—	—	—	—	—	—	—	—	—
	大型	公交车	汽油	—	—	—	—	—	—	—	—	—	—	—	—	—	—	—	—	—	—	—
			柴油	94865	94865	93934	92071	92071	71272	29674	29674	29674	19994	10315	10315	10315	10315	6116	1916	1916	1845	1821
			燃气	—	—	—	—	—	—	—	—	—	—	—	—	—	—	—	—	—	—	—
		其他	汽油	—	—	—	—	—	—	—	—	—	—	—	—	—	—	—	—	—	—	—
			柴油	142314	142314	133412	115607	115607	85425	25061	25061	25061	17182	9303	9303	9303	9303	5868	2433	2433	2343	2313
			燃气	—	—	—	—	—	—	—	—	—	—	—	—	—	—	—	—	—	—	—
载货汽车	微型		汽油	—	—	—	—	—	—	—	—	—	—	—	—	—	—	—	—	—	—	—
			柴油	9712	9511	9310	9310	9310	9310	7578	5846	5846	4339	2832	2832	2832	2832	1783	734	734	730	729
			燃气	—	—	—	—	—	—	—	—	—	—	—	—	—	—	—	—	—	—	—
	轻型		汽油	—	—	—	—	—	—	—	—	—	—	—	—	—	—	—	—	—	—	—
			柴油	10100	9705	9310	9310	9310	9310	7578	5846	5846	4339	2832	2832	2832	2832	2136	1439	1439	1188	1105
			燃气	—	—	—	—	—	—	—	—	—	—	—	—	—	—	—	—	—	—	—
	中型		汽油	—	—	—	—	—	—	—	—	—	—	—	—	—	—	—	—	—	—	—
			柴油	32612	32612	27444	17109	17109	13181	5325	5325	5325	5045	4765	4765	4765	4765	3055	1345	1345	1232	1194
			燃气	—	—	—	—	—	—	—	—	—	—	—	—	—	—	—	—	—	—	—
	重型		汽油	—	—	—	—	—	—	—	—	—	—	—	—	—	—	—	—	—	—	—
			柴油	143852	143852	118236	67003	67003	53200	25595	25595	25595	17539	9483	9483	9483	9483	6258	3032	3032	2562	2406
			燃气	—	—	—	—	—	—	—	—	—	—	—	—	—	—	—	—	—	—	—
低速汽车	三轮汽车			4092	4092	4092	4092	4092	4092	4092	4092	4092	3220	3220	3220	3220	3220	3220	3220	3220	3220	3220
	低速货车			5581	5581	5581	5581	5581	5581	5581	5581	5581	4392	4392	4392	4392	4392	4392	4392	4392	4392	4392
摩托车	普通摩托车			—	—	—	—	—	—	—	—	—	—	—	—	—	—	—	—	—	—	—
	轻便摩托车			—	—	—	—	—	—	—	—	—	—	—	—	—	—	—	—	—	—	—

梅河口市 VOCs 排放系数

单位：克/（辆·年）

车辆类型		使用性质	燃料种类	1999 年年底前	2000 年	2001 年	2002 年	2003 年	2004 年	2005 年	2006 年	2007 年	2008 年	2009 年	2010 年	2011 年	2012 年	2013 年	2014 年	2015 年	2016 年	2017 年
载客汽车	微型	出租车	汽油	1641939	949488	257036	257036	257036	257036	185074	113111	113111	89303	65495	65495	55146	44796	44796	44796	44796	34866	31556
			燃气	332633	201216	69800	69800	69800	69800	53390	36980	36980	30414	23848	23848	18970	14093	14093	14093	14093	8517	6658
		其他	汽油	88663	51644	14626	14626	14626	14626	14204	13783	13783	11399	9015	9015	8506	7998	7998	7998	7998	6380	5840
			燃气	14696	8234	1773	1773	1773	1773	1704	1636	1636	1212	788	788	720	652	652	652	652	445	376
	小型	出租车	汽油	1641939	932976	224012	224012	224012	224012	212524	201037	201037	133266	65495	65495	55146	44796	44796	44796	44796	32104	27874
			柴油	207792	196194	184595	184595	184595	184595	168270	151946	151946	108374	64803	64803	64803	64803	48296	31789	31789	18864	14555
			燃气	332633	198114	63596	63596	63596	63596	58548	53499	53499	38674	23848	23848	18970	14093	14093	14093	14093	7998	5966
		其他	汽油	89990	52146	14303	14303	14303	14303	14758	15212	15212	12117	9022	9022	8426	7830	7830	7830	7830	6511	6071
			柴油	11945	10937	9929	9929	9929	9929	8436	6944	6944	4700	2456	2456	2456	2456	2172	1889	1889	1374	1203
			燃气	14945	8976	3007	3007	3007	3007	2456	1905	1905	1406	908	908	764	621	621	621	621	470	419
	中型	公交车	汽油	247403	247403	247403	247403	246806	168563	13270	13270	13270	13270	13270	13118	12967	12967	10540	8113	8113	8113	8113
			柴油	87806	87806	86086	82645	82645	64494	28192	28192	28192	20508	12823	12823	12823	12823	8958	5093	5093	4763	4653
			燃气	71579	71579	67602	59649	59649	57536	53311	53311	53311	42686	32061	32061	22219	22219	22154	22154	22154	22154	22154
		其他	汽油	128113	128113	128113	128113	127516	87194	7743	7743	7743	7743	7743	7598	7452	7452	6400	5349	5349	5349	5349
			柴油	30493	30493	28460	24394	24394	18567	6912	6912	6912	6506	6099	6099	6099	6099	3750	1402	1402	1243	1190
			燃气	34560	34560	32640	28800	28800	27780	25740	25740	25740	20623	15506	15506	10732	10732	9642	9642	9642	9642	9642
	大型	公交车	汽油	576711	576711	576711	576711	576114	388536	14574	14574	14574	14574	14574	14434	14295	14295	11529	8763	8763	8763	8763
			柴油	131708	131708	108010	60614	60614	60614	60614	60614	60614	43515	26416	26416	26416	26416	17675	8934	8934	5723	4653
			燃气	168926	168926	159541	140772	140772	135786	125815	125815	125815	100740	75665	75665	52438	52438	47188	47188	47188	47188	47188
		其他	汽油	1278009	1278009	1278009	1278009	1277412	860564	28061	28061	28061	28061	28061	21802	15543	15543	12352	9162	9162	9162	9162
			柴油	272891	272891	207397	76409	76409	76409	76409	76409	76409	55942	35476	35476	35476	35476	20706	5937	5937	5324	5119
			燃气	266186	266186	251398	221822	221822	213966	198253	198253	198253	158842	119430	119430	82662	82662	74261	74261	74261	74261	74261
载货汽车	微型		汽油	656768	347820	38873	38873	38873	38873	37098	35323	35323	32637	29951	29951	24081	18211	18211	18211	18211	15834	15042
			柴油	50880	47573	44266	44266	44266	44266	40856	37446	37446	27292	17137	17137	17137	17137	11734	6332	6332	4644	4082
			燃气	108860	56786	4712	4712	4712	4712	4453	4193	4193	3405	2618	2618	2051	1485	1485	1485	1485	1097	968
	轻型		汽油	332977	194302	55626	55626	55626	55626	47434	39243	39243	34951	30659	30659	26776	22894	22894	22894	22894	20169	19261
			柴油	46210	45238	44266	44266	44266	44266	40856	37446	37446	27292	17137	17137	17137	17137	13076	9015	9015	7328	6765
			燃气	55299	33497	11695	11695	11695	11695	8304	4914	4914	4000	3086	3086	2451	1816	1816	1816	1816	1451	1329
	中型		汽油	293708	293708	293708	293708	293111	199459	13348	13348	13348	13348	13348	13208	13068	13068	10607	8146	8146	8146	8146
			柴油	67831	67831	63309	54265	54265	41302	15375	15375	15375	14475	13575	13575	13575	13575	9838	6102	6102	3631	2807
			燃气	76878	76878	72607	64066	64066	61796	57256	57256	57256	45884	34513	34513	46709	46709	22744	22744	22744	22744	22744
	重型		汽油	939632	939632	939632	939632	939034	632810	21557	21557	21557	21557	21557	16925	12293	12293	9946	7600	7600	7600	7600
			柴油	251361	251361	191034	70381	70381	70381	70381	70381	70381	51529	32677	32677	32677	32677	20565	8453	8453	6646	6044
			燃气	245185	245185	231564	204322	204322	197086	182613	182613	182613	146310	110007	110007	117693	117693	87680	87680	87680	87680	87680
低速汽车	三轮汽车			25300	25300	25300	25300	25300	25300	25300	25300	25300	16721	16721	16721	16721	16721	16721	16721	16721	16721	16721
	低速货车			33990	33990	33990	33990	33990	33990	33990	33990	33990	22464	22464	22464	22464	22464	22464	22464	22464	22464	22464
摩托车	普通摩托车			10464	10464	10464	10464	7809	5154	2759	2759	2759	2759	2759	2059	1359	1359	1359	1359	1359	1359	1359
	轻便摩托车			33839	33839	33839	33839	33839	6768	6768	3332	3332	3332	3332	2486	1641	1641	1641	1641	1641	1641	1641

公主岭市 NO_x 排放系数

单位：克/（辆·年）

车辆类型		使用性质	燃料种类	1999 年年底前	2000 年	2001 年	2002 年	2003 年	2004 年	2005 年	2006 年	2007 年	2008 年	2009 年	2010 年	2011 年	2012 年	2013 年	2014 年	2015 年	2016 年	2017 年
载客汽车	微型	出租车	汽油	262240	175757	89274	89274	89274	89274	65421	41568	41568	30440	19311	19311	15859	12407	12407	12407	12407	7836	6312
			燃气	159234	107885	56536	56536	56536	56536	41900	27264	27264	20336	13409	13409	10860	8310	8310	8310	8310	5050	3963
		其他	汽油	30500	19122	7745	7745	7745	7745	4891	2037	2037	1657	1277	1277	1083	889	889	889	889	605	510
			燃气	17469	10390	3311	3311	3311	3311	2148	985	985	798	612	612	490	367	367	367	367	300	277
	小型	出租车	汽油	297388	195407	93426	93426	93426	93426	67816	42206	42206	30758	19311	19311	15270	11230	11230	11230	11230	6758	5267
			柴油	310303	258750	207197	207197	207197	207197	184659	162121	162121	128357	94593	94593	94593	94593	77532	60472	60472	46955	42449
			燃气	180056	119526	58996	58996	58996	58996	43319	27642	27642	20526	13409	13409	10511	7613	7613	7613	7613	4411	3344
		其他	汽油	28466	18162	7858	7858	7858	7858	5216	2574	2574	1792	1009	1009	928	847	847	847	847	571	479
			柴油	24465	19997	15529	15529	15529	15529	14312	13095	13095	10246	7398	7398	7398	7398	6408	5417	5417	4700	4461
			燃气	16264	10356	4448	4448	4448	4448	2876	1303	1303	878	453	453	398	342	342	342	342	279	258
	中型	公交车	汽油	329555	329555	329555	329555	329555	225141	16313	16313	16313	16313	16313	14630	12947	12947	9774	6601	6601	6601	6601
			柴油	367385	367385	366522	364797	364797	350300	321305	321305	321305	267632	213958	213958	213958	213958	174605	135252	135252	113236	105898
			燃气	390080	390080	385436	376149	376149	364481	341146	341146	341146	283926	226706	226706	143366	143366	112283	112283	112283	112283	112283
		其他	汽油	202047	202047	202047	202047	202047	137055	7072	7072	7072	7072	7072	7072	7072	7072	5304	3537	3537	3537	3537
			柴油	172287	172287	165095	150712	150712	149437	146888	146888	146888	125100	103312	103312	103312	103312	91732	80151	80151	68410	64496
			燃气	194548	194548	183740	162124	162124	160596	157540	157540	157540	134134	110728	110728	86253	86253	69283	69283	69283	69283	69283
	大型	公交车	汽油	1174041	1174041	1174041	1174041	1174041	807293	73797	73797	73797	73797	73797	73732	73667	73667	55251	36835	36835	36835	36835
			柴油	521062	521062	504225	470550	470550	457180	430439	430439	430439	422682	414926	414926	414926	414926	399964	385002	385002	347060	334413
			燃气	1047644	1047644	989441	873036	873036	808251	678682	678682	678682	581504	484327	484327	450909	450909	390820	390820	390820	390820	390820
		其他	汽油	2802222	2802222	2802222	2802222	2802222	1926861	176140	176140	176140	176140	176140	169534	162929	162929	122327	81725	81725	81725	81725
			柴油	1247781	1247781	1215673	1151458	1151458	1124613	1070922	1070922	1070922	1033218	995513	995513	995513	995513	947733	899953	899953	796450	761949
			燃气	2322610	2322610	2193576	1935508	1935508	1791881	1504627	1504627	1504627	1289680	1074734	1074734	969593	969593	822613	822613	822613	822613	822613
载货汽车	微型		汽油	118828	70380	21932	21932	21932	21932	14892	7852	7852	6350	4849	4849	4320	3790	3790	3790	3790	2856	2544
			柴油	78695	64772	50848	50848	50848	50848	45801	40754	40754	34512	28271	28271	28271	28271	20686	13100	13100	11322	10729
			燃气	68059	38718	9376	9376	9376	9376	6586	3797	3797	3060	2324	2324	1944	1565	1565	1565	1565	1427	1382
	轻型		汽油	88336	56510	24685	24685	24685	24685	16644	8602	8602	7205	5808	5808	4850	3893	3893	3893	3893	2986	2683
			柴油	78976	64912	50848	50848	50848	50848	45801	40754	40754	34512	28271	28271	28271	28271	22583	16895	16895	15785	15415
			燃气	50471	32222	13973	13973	13973	13973	9164	4354	4354	3481	2608	2608	2090	1572	1572	1572	1572	1477	1445
	中型		汽油	199252	199252	199252	199252	199252	136030	9589	9589	9589	9589	9589	9589	9589	9589	7194	4800	4800	4800	4800
			柴油	375874	375874	337508	260775	260775	247968	222355	222355	222355	218426	214496	214496	214496	214496	188194	161891	161891	139403	131907
			燃气	424440	424440	376467	280521	280521	266507	238480	238480	238480	234186	229893	229893	174216	174216	141697	141697	141697	141697	141697
	重型		汽油	1278531	1278531	1278531	1278531	1278531	879142	80365	80365	80365	80365	80365	77351	74337	74337	55812	37288	37288	37288	37288
			柴油	723265	723265	698578	649203	649203	625191	577166	577166	577166	554022	530877	530877	530877	530877	457497	384117	384117	265564	226047
			燃气	1346280	1346280	1261273	1091258	1091258	997808	810908	810908	810908	692016	573123	573123	413841	413841	244044	244044	244044	244044	244044
低速汽车	三轮汽车			65550	65550	65550	65550	65550	65550	65550	65550	65550	53279	53279	53279	53279	53279	53279	53279	53279	53279	53279
	低速货车			88065	88065	88065	88065	88065	88065	88065	88065	88065	71579	71579	71579	71579	71579	71579	71579	71579	71579	71579
摩托车	普通摩托车			781	781	781	781	755	729	677	677	677	677	677	602	526	526	526	526	526	526	526
	轻便摩托车			521	521	521	521	521	260	260	260	260	260	260	231	202	202	202	202	202	202	202

公主岭市 PM 排放系数

单位：克/（辆·年）

车辆类型		使用性质	燃料种类	1999 年年底前	2000 年	2001 年	2002 年	2003 年	2004 年	2005 年	2006 年	2007 年	2008 年	2009 年	2010 年	2011 年	2012 年	2013 年	2014 年	2015 年	2016 年	2017 年
载客汽车	微型	出租车	汽油	—	—	—	—	—	—	—	—	—	—	—	—	—	—	—	—	—	—	—
			燃气	—	—	—	—	—	—	—	—	—	—	—	—	—	—	—	—	—	—	—
		其他	汽油	—	—	—	—	—	—	—	—	—	—	—	—	—	—	—	—	—	—	—
			燃气	—	—	—	—	—	—	—	—	—	—	—	—	—	—	—	—	—	—	—
	小型	出租车	汽油	—	—	—	—	—	—	—	—	—	—	—	—	—	—	—	—	—	—	—
			柴油	38621	35371	32121	32121	32121	32121	21924	11727	11727	7640	3552	3552	3552	3552	3301	3050	3050	2522	2346
			燃气	—	—	—	—	—	—	—	—	—	—	—	—	—	—	—	—	—	—	—
		其他	汽油	—	—	—	—	—	—	—	—	—	—	—	—	—	—	—	—	—	—	—
			柴油	3211	3039	2867	2867	2867	2867	2063	1259	1259	922	585	585	585	585	490	396	396	396	396
			燃气	—	—	—	—	—	—	—	—	—	—	—	—	—	—	—	—	—	—	—
	中型	公交车	汽油	—	—	—	—	—	—	—	—	—	—	—	—	—	—	—	—	—	—	—
			柴油	30592	30592	28032	22913	22913	17978	8108	8108	8108	6872	5637	5637	5637	5637	3504	1372	1372	1080	983
			燃气	—	—	—	—	—	—	—	—	—	—	—	—	—	—	—	—	—	—	—
		其他	汽油	—	—	—	—	—	—	—	—	—	—	—	—	—	—	—	—	—	—	—
			柴油	15274	15274	12888	8116	8116	6262	2553	2553	2553	2434	2316	2316	2316	2316	1366	415	415	399	394
			燃气	—	—	—	—	—	—	—	—	—	—	—	—	—	—	—	—	—	—	—
	大型	公交车	汽油	—	—	—	—	—	—	—	—	—	—	—	—	—	—	—	—	—	—	—
			柴油	94865	94865	93934	92071	92071	71272	29674	29674	29674	19994	10315	10315	10315	10315	6116	1916	1916	1845	1821
			燃气	—	—	—	—	—	—	—	—	—	—	—	—	—	—	—	—	—	—	—
		其他	汽油	—	—	—	—	—	—	—	—	—	—	—	—	—	—	—	—	—	—	—
			柴油	142314	142314	133412	115607	115607	85425	25061	25061	25061	17182	9303	9303	9303	9303	5868	2433	2433	2343	2313
			燃气	—	—	—	—	—	—	—	—	—	—	—	—	—	—	—	—	—	—	—
载货汽车	微型		汽油	—	—	—	—	—	—	—	—	—	—	—	—	—	—	—	—	—	—	—
			柴油	8697	8517	8337	8337	8337	8337	6786	5235	5235	3886	2536	2536	2536	2536	1596	657	657	654	653
			燃气	—	—	—	—	—	—	—	—	—	—	—	—	—	—	—	—	—	—	—
	轻型		汽油	—	—	—	—	—	—	—	—	—	—	—	—	—	—	—	—	—	—	—
			柴油	9045	8691	8337	8337	8337	8337	6786	5235	5235	3886	2536	2536	2536	2536	1912	1289	1289	1064	989
			燃气	—	—	—	—	—	—	—	—	—	—	—	—	—	—	—	—	—	—	—
	中型		汽油	—	—	—	—	—	—	—	—	—	—	—	—	—	—	—	—	—	—	—
			柴油	32612	32612	27444	17109	17109	13181	5325	5325	5325	5045	4765	4765	4765	4765	3055	1345	1345	1232	1194
			燃气	—	—	—	—	—	—	—	—	—	—	—	—	—	—	—	—	—	—	—
	重型		汽油	—	—	—	—	—	—	—	—	—	—	—	—	—	—	—	—	—	—	—
			柴油	87737	87737	72113	40866	40866	32448	15611	15611	15611	10698	5784	5784	5784	5784	3854	1924	1924	1626	1527
			燃气	—	—	—	—	—	—	—	—	—	—	—	—	—	—	—	—	—	—	—
低速汽车	三轮汽车			4092	4092	4092	4092	4092	4092	4092	4092	4092	3220	3220	3220	3220	3220	3220	3220	3220	3220	3220
	低速货车			5581	5581	5581	5581	5581	5581	5581	5581	5581	4392	4392	4392	4392	4392	4392	4392	4392	4392	4392
摩托车	普通摩托车			—	—	—	—	—	—	—	—	—	—	—	—	—	—	—	—	—	—	—
	轻便摩托车			—	—	—	—	—	—	—	—	—	—	—	—	—	—	—	—	—	—	—

公主岭市 VOCs 排放系数

单位：克/（辆·年）

车辆类型		使用性质	燃料种类	1999 年年底前	2000 年	2001 年	2002 年	2003 年	2004 年	2005 年	2006 年	2007 年	2008 年	2009 年	2010 年	2011 年	2012 年	2013 年	2014 年	2015 年	2016 年	2017 年
载客汽车	微型	出租车	汽油	1393838	805917	217996	217996	217996	217996	157038	96081	96081	75899	55717	55717	47077	38437	38437	38437	38437	30086	27303
			燃气	297803	179179	60555	60555	60555	60555	46046	31538	31538	25849	20160	20160	16080	12000	12000	12000	12000	7391	5855
		其他	汽油	83984	49073	14162	14162	14162	14162	13748	13334	13334	11058	8783	8783	8302	7821	7821	7821	7821	6250	5727
			燃气	14696	8234	1773	1773	1773	1773	1704	1636	1636	1212	788	788	720	652	652	652	652	445	376
	小型	出租车	汽油	1393838	791906	189973	189973	189973	189973	180333	170693	170693	113205	55717	55717	47077	38437	38437	38437	38437	27744	24179
			柴油	170898	161383	151868	151868	151868	151868	138491	125114	125114	89172	53230	53230	53230	53230	39702	26175	26175	15561	12023
			燃气	297803	176374	54944	54944	54944	54944	50710	46475	46475	33318	20160	20160	16080	12000	12000	12000	12000	6922	5230
		其他	汽油	85229	49544	13859	13859	13859	13859	14268	14676	14676	11733	8790	8790	8226	7662	7662	7662	7662	6373	5943
			柴油	11126	10196	9265	9265	9265	9265	7887	6509	6509	4428	2346	2346	2346	2346	2073	1800	1800	1298	1131
			燃气	14945	8976	3007	3007	3007	3007	2456	1905	1905	1406	908	908	764	621	621	621	621	470	419
	中型	公交车	汽油	247406	247406	247406	247406	246809	168566	13273	13273	13273	13273	13273	13122	12970	12970	10543	8116	8116	8116	8116
			柴油	87806	87806	86086	82645	82645	64494	28192	28192	28192	20508	12823	12823	12823	12823	8958	5093	5093	4763	4653
			燃气	71579	71579	67602	59649	59649	57536	53311	53311	53311	42686	32061	32061	22219	22219	22154	22154	22154	22154	22154
		其他	汽油	128116	128116	128116	128116	127519	87197	7746	7746	7746	7746	7746	7600	7454	7454	6403	5352	5352	5352	5352
			柴油	30493	30493	28460	24394	24394	18567	6912	6912	6912	6506	6099	6099	6099	6099	3750	1402	1402	1243	1190
			燃气	34560	34560	32640	28800	28800	27780	25740	25740	25740	20623	15506	15506	10732	10732	9642	9642	9642	9642	9642
	大型	公交车	汽油	576714	576714	576714	576714	576117	388539	14577	14577	14577	14577	14577	14437	14297	14297	11531	8765	8765	8765	8765
			柴油	131708	131708	108010	60614	60614	60614	60614	60614	60614	43515	26416	26416	26416	26416	17675	8934	8934	5723	4653
			燃气	168926	168926	159541	140772	140772	135786	125815	125815	125815	100740	75665	75665	52438	52438	47188	47188	47188	47188	47188
		其他	汽油	1278012	1278012	1278012	1278012	1277415	860566	28063	28063	28063	28063	28063	21804	15546	15546	12355	9164	9164	9164	9164
			柴油	272891	272891	207397	76409	76409	76409	76409	76409	76409	55942	35476	35476	35476	35476	20706	5937	5937	5324	5119
			燃气	266186	266186	251398	221822	221822	213966	198253	198253	198253	158842	119430	119430	82662	82662	74261	74261	74261	74261	74261
载货汽车	微型		汽油	553680	293622	33563	33563	33563	33563	32054	30544	30544	28210	25876	25876	20962	16047	16047	16047	16047	13958	13261
			柴油	41605	38914	36222	36222	36222	36222	33456	30689	30689	22366	14042	14042	14042	14042	9644	5246	5246	3847	3381
			燃气	96886	50544	4202	4202	4202	4202	3975	3748	3748	3035	2322	2322	1830	1338	1338	1338	1338	987	871
	轻型		汽油	281571	164606	47642	47642	47642	47642	40740	33838	33838	30154	26471	26471	23227	19983	19983	19983	19983	17600	16806
			柴油	37781	37002	36222	36222	36222	36222	33456	30689	30689	22366	14042	14042	14042	14042	10742	7443	7443	6044	5578
			燃气	49374	29855	10337	10337	10337	10337	7365	4392	4392	3563	2734	2734	2177	1620	1620	1620	1620	1294	1185
	中型		汽油	293711	293711	293711	293711	293114	199461	13350	13350	13350	13350	13350	13210	13071	13071	10610	8149	8149	8149	8149
			柴油	67831	67831	63309	54265	54265	41302	15375	15375	15375	14475	13575	13575	13575	13575	9838	6102	6102	3631	2807
			燃气	76878	76878	72607	64066	64066	61796	57256	57256	57256	45884	34513	34513	46709	46709	22744	22744	22744	22744	22744
	重型		汽油	587591	587591	587591	587591	586994	395861	14790	14790	14790	14790	14790	11850	8910	8910	7442	5974	5974	5974	5974
			柴油	160216	160216	121764	44861	44861	44861	44861	44861	44861	32844	20828	20828	20828	20828	13188	5549	5549	3926	3385
			燃气	156279	156279	147598	130235	130235	125623	116398	116398	116398	93258	70117	70117	77260	77260	49106	49106	49106	49106	49106
低速汽车	三轮汽车			25300	25300	25300	25300	25300	25300	25300	25300	25300	16721	16721	16721	16721	16721	16721	16721	16721	16721	16721
	低速货车			33990	33990	33990	33990	33990	33990	33990	33990	33990	22464	22464	22464	22464	22464	22464	22464	22464	22464	22464
摩托车	普通摩托车			10464	10464	10464	10464	7809	5154	2759	2759	2759	2759	2759	2059	1359	1359	1359	1359	1359	1359	1359
	轻便摩托车			33839	33839	33839	33839	33839	6768	6768	3332	3332	3332	3332	2486	1641	1641	1641	1641	1641	1641	1641

吉林市 NO_x 排放系数

单位：克/（辆·年）

车辆类型		使用性质	燃料种类	1999年年底前	2000年	2001年	2002年	2003年	2004年	2005年	2006年	2007年	2008年	2009年	2010年	2011年	2012年	2013年	2014年	2015年	2016年	2017年
载客汽车	微型	出租车	汽油	264918	180938	96959	96959	96959	96959	72589	48219	48219	36447	24675	24675	19911	15147	15147	15147	15147	8875	6784
			燃气	196522	134409	72296	72296	72296	72296	54138	35979	35979	27231	18483	18483	14862	11242	11242	11242	11242	6593	5043
		其他	汽油	24505	15392	6279	6279	6279	6279	3990	1701	1701	1387	1073	1073	909	745	745	745	745	497	414
			燃气	17469	10390	3311	3311	3311	3311	2148	985	985	798	612	612	490	367	367	367	367	300	277
	小型	出租车	汽油	298695	199822	100950	100950	100950	100950	74891	48832	48832	36754	24675	24675	19345	14015	14015	14015	14015	7839	5780
			柴油	338713	286324	233936	233936	233936	233936	207784	181633	181633	144686	107738	107738	107738	107738	86856	65974	65974	48794	43068
			燃气	221568	148412	75256	75256	75256	75256	55845	36434	36434	27458	18483	18483	14443	10403	10403	10403	10403	5825	4299
		其他	汽油	22880	14624	6368	6368	6368	6368	4249	2130	2130	1494	858	858	785	712	712	712	712	470	389
			柴油	19820	16230	12640	12640	12640	12640	11640	10641	10641	8334	6028	6028	6028	6028	5209	4390	4390	3785	3583
			燃气	16264	10356	4448	4448	4448	4448	2876	1303	1303	878	453	453	398	342	342	342	342	279	258
	中型	公交车	汽油	328266	328266	328266	328266	328266	224260	16249	16249	16249	16249	16249	14572	12896	12896	9736	6575	6575	6575	6575
			柴油	366331	366331	365471	363751	363751	349295	320383	320383	320383	266864	213344	213344	213344	213344	174104	134864	134864	112912	105594
			燃气	388961	388961	384330	375069	375069	363435	340167	340167	340167	283112	226056	226056	142955	142955	111961	111961	111961	111961	111961
		其他	汽油	201257	201257	201257	201257	201257	136519	7044	7044	7044	7044	7044	7044	7044	7044	5284	3523	3523	3523	3523
			柴油	171793	171793	164622	150279	150279	149008	146467	146467	146467	124742	103016	103016	103016	103016	91468	79921	79921	68214	64311
			燃气	193990	193990	183213	161659	161659	160135	157088	157088	157088	133749	110410	110410	86005	86005	69084	69084	69084	69084	69084
	大型	公交车	汽油	1169449	1169449	1169449	1169449	1169449	804135	73508	73508	73508	73508	73508	73444	73379	73379	55034	36690	36690	36690	36690
			柴油	519567	519567	502778	469200	469200	455868	429204	429204	429204	421470	413735	413735	413735	413735	398816	383897	383897	346065	333454
			燃气	1044638	1044638	986603	870532	870532	805933	676735	676735	676735	579836	482938	482938	449615	449615	389698	389698	389698	389698	389698
		其他	汽油	2791261	2791261	2791261	2791261	2791261	1919324	175451	175451	175451	175451	175451	168872	162292	162292	121849	81406	81406	81406	81406
			柴油	1244201	1244201	1212186	1148155	1148155	1121386	1067849	1067849	1067849	1030252	992656	992656	992656	992656	945014	897371	897371	794164	759762
			燃气	2315946	2315946	2187282	1929955	1929955	1786740	1500310	1500310	1500310	1285980	1071650	1071650	966811	966811	820253	820253	820253	820253	820253
载货汽车	微型		汽油	118329	70626	22924	22924	22924	22924	15819	8714	8714	7110	5507	5507	4803	4099	4099	4099	4099	2965	2587
			柴油	82505	68448	54391	54391	54391	54391	48858	43326	43326	36622	29918	29918	29918	29918	21886	13855	13855	11592	10838
			燃气	84354	48221	12088	12088	12088	12088	8567	5046	5046	4094	3141	3141	2580	2019	2019	2019	2019	1803	1731
	轻型		汽油	88350	56990	25631	25631	25631	25631	17542	9452	9452	7950	6449	6449	5325	4201	4201	4201	4201	3092	2723
			柴油	82782	68586	54391	54391	54391	54391	48858	43326	43326	36622	29918	29918	29918	29918	23754	17590	17590	15984	15449
			燃气	62803	40353	17903	17903	17903	17903	11843	5782	5782	4594	3405	3405	2711	2018	2018	2018	2018	1859	1806
	中型		汽油	199252	199252	199252	199252	199252	136030	9589	9589	9589	9589	9589	9589	9589	9589	7194	4800	4800	4800	4800
			柴油	375874	375874	337508	260775	260775	247968	222355	222355	222355	218426	214496	214496	214496	214496	188194	161891	161891	139403	131907
			燃气	424440	424440	376467	280522	280522	266508	238479	238479	238479	234185	229892	229892	174215	174215	141697	141697	141697	141697	141697
	重型		汽油	1621828	1621828	1621828	1621828	1621828	1115200	101943	101943	101943	101943	101943	98120	94298	94298	70799	47300	47300	47300	47300
			柴油	904741	904741	873859	812096	812096	782058	721983	721983	721983	693032	664080	664080	664080	664080	577418	490756	490756	335294	283474
			燃气	1684078	1684078	1577741	1365067	1365067	1248169	1014374	1014374	1014374	865650	716926	716926	528731	528731	306044	306044	306044	306044	306044
低速汽车	三轮汽车			65550	65550	65550	65550	65550	65550	65550	65550	65550	53279	53279	53279	53279	53279	53279	53279	53279	53279	53279
	低速货车			88065	88065	88065	88065	88065	88065	88065	88065	88065	71579	71579	71579	71579	71579	71579	71579	71579	71579	71579
摩托车	普通摩托车			781	781	781	781	755	729	677	677	677	677	677	602	526	526	526	526	526	526	526
	轻便摩托车			521	521	521	521	521	260	260	260	260	260	260	231	202	202	202	202	202	202	202

吉林市 PM 排放系数

单位：克/（辆•年）

车辆类型		使用性质	燃料种类	1999 年年底前	2000 年	2001 年	2002 年	2003 年	2004 年	2005 年	2006 年	2007 年	2008 年	2009 年	2010 年	2011 年	2012 年	2013 年	2014 年	2015 年	2016 年	2017 年
载客汽车	微型	出租车	汽油	—	—	—	—	—	—	—	—	—	—	—	—	—	—	—	—	—	—	—
			燃气	—	—	—	—	—	—	—	—	—	—	—	—	—	—	—	—	—	—	—
		其他	汽油	—	—	—	—	—	—	—	—	—	—	—	—	—	—	—	—	—	—	—
			燃气	—	—	—	—	—	—	—	—	—	—	—	—	—	—	—	—	—	—	—
	小型	出租车	汽油	—	—	—	—	—	—	—	—	—	—	—	—	—	—	—	—	—	—	—
			柴油	46456	42546	38637	38637	38637	38637	26372	14107	14107	9190	4272	4272	4272	4272	3970	3669	3669	3034	2822
			燃气	—	—	—	—	—	—	—	—	—	—	—	—	—	—	—	—	—	—	—
		其他	汽油	—	—	—	—	—	—	—	—	—	—	—	—	—	—	—	—	—	—	—
			柴油	3211	3039	2867	2867	2867	2867	2063	1259	1259	922	585	585	585	585	490	396	396	396	396
			燃气	—	—	—	—	—	—	—	—	—	—	—	—	—	—	—	—	—	—	—
	中型	公交车	汽油	—	—	—	—	—	—	—	—	—	—	—	—	—	—	—	—	—	—	—
			柴油	30592	30592	28032	22913	22913	17978	8108	8108	8108	6872	5637	5637	5637	5637	3504	1372	1372	1080	983
			燃气	—	—	—	—	—	—	—	—	—	—	—	—	—	—	—	—	—	—	—
		其他	汽油	—	—	—	—	—	—	—	—	—	—	—	—	—	—	—	—	—	—	—
			柴油	15274	15274	12888	8116	8116	6262	2553	2553	2553	2434	2316	2316	2316	2316	1366	415	415	399	394
			燃气	—	—	—	—	—	—	—	—	—	—	—	—	—	—	—	—	—	—	—
	大型	公交车	汽油	—	—	—	—	—	—	—	—	—	—	—	—	—	—	—	—	—	—	—
			柴油	94865	94865	93934	92071	92071	71272	29674	29674	29674	19994	10315	10315	10315	10315	6116	1916	1916	1845	1821
			燃气	—	—	—	—	—	—	—	—	—	—	—	—	—	—	—	—	—	—	—
		其他	汽油	—	—	—	—	—	—	—	—	—	—	—	—	—	—	—	—	—	—	—
			柴油	142314	142314	133412	115607	115607	85425	25061	25061	25061	17182	9303	9303	9303	9303	5868	2433	2433	2343	2313
			燃气	—	—	—	—	—	—	—	—	—	—	—	—	—	—	—	—	—	—	—
载货汽车	微型		汽油	—	—	—	—	—	—	—	—	—	—	—	—	—	—	—	—	—	—	—
			柴油	10702	10481	10260	10260	10260	10260	8352	6443	6443	4782	3121	3121	3121	3121	1965	809	809	805	804
			燃气	—	—	—	—	—	—	—	—	—	—	—	—	—	—	—	—	—	—	—
	轻型		汽油	—	—	—	—	—	—	—	—	—	—	—	—	—	—	—	—	—	—	—
			柴油	11131	10696	10260	10260	10260	10260	8352	6443	6443	4782	3121	3121	3121	3121	2354	1586	1586	1309	1217
			燃气	—	—	—	—	—	—	—	—	—	—	—	—	—	—	—	—	—	—	—
	中型		汽油	—	—	—	—	—	—	—	—	—	—	—	—	—	—	—	—	—	—	—
			柴油	32612	32612	27444	17109	17109	13181	5325	5325	5325	5045	4765	4765	4765	4765	3055	1345	1345	1232	1194
			燃气	—	—	—	—	—	—	—	—	—	—	—	—	—	—	—	—	—	—	—
	重型		汽油	—	—	—	—	—	—	—	—	—	—	—	—	—	—	—	—	—	—	—
			柴油	112534	112534	92495	52416	52416	41618	20023	20023	20023	13720	7418	7418	7418	7418	4907	2396	2396	2025	1901
			燃气	—	—	—	—	—	—	—	—	—	—	—	—	—	—	—	—	—	—	—
低速汽车	三轮汽车			4092	4092	4092	4092	4092	4092	4092	4092	4092	3220	3220	3220	3220	3220	3220	3220	3220	3220	3220
	低速货车			5581	5581	5581	5581	5581	5581	5581	5581	5581	4392	4392	4392	4392	4392	4392	4392	4392	4392	4392
摩托车	普通摩托车			—	—	—	—	—	—	—	—	—	—	—	—	—	—	—	—	—	—	—
	轻便摩托车			—	—	—	—	—	—	—	—	—	—	—	—	—	—	—	—	—	—	—

吉林市 VOCs 排放系数

单位：克/（辆·年）

车辆类型		使用性质	燃料种类	1999 年年底前	2000 年	2001 年	2002 年	2003 年	2004 年	2005 年	2006 年	2007 年	2008 年	2009 年	2010 年	2011 年	2012 年	2013 年	2014 年	2015 年	2016 年	2017 年
载客汽车	微型	出租车	汽油	1633661	947331	261001	261001	261001	261001	188735	116469	116469	92383	68297	68297	57137	45977	45977	45977	45977	35245	31668
			燃气	365072	221906	78740	78740	78740	78740	60527	42314	42314	34900	27486	27486	21817	16148	16148	16148	16148	9605	7424
		其他	汽油	79089	46070	13050	13050	13050	13050	12639	12228	12228	10201	8174	8174	7704	7235	7235	7235	7235	5983	5566
			燃气	14696	8234	1773	1773	1773	1773	1704	1636	1636	1212	788	788	720	652	652	652	652	445	376
	小型	出租车	汽油	1633661	930955	228249	228249	228249	228249	215958	203668	203668	135982	68297	68297	57137	45977	45977	45977	45977	32506	28016
			柴油	227264	214226	201189	201189	201189	201189	182516	163843	163843	118562	73280	73280	73280	73280	54429	35578	35578	20502	15476
			燃气	365072	218532	71992	71992	71992	71992	66137	60282	60282	43884	27486	27486	21817	16148	16148	16148	16148	9040	6671
		其他	汽油	80299	46527	12755	12755	12755	12755	13144	13532	13532	10856	8180	8180	7630	7081	7081	7081	7081	6103	5777
			柴油	10556	9638	8720	8720	8720	8720	7361	6002	6002	4032	2061	2061	2061	2061	1790	1519	1519	1124	992
			燃气	14945	8976	3007	3007	3007	3007	2456	1905	1905	1406	908	908	764	621	621	621	621	470	419
	中型	公交车	汽油	247658	247658	247658	247658	247061	168818	13525	13525	13525	13525	13525	13374	13222	13222	10795	8368	8368	8368	8368
			柴油	87806	87806	86086	82645	82645	64494	28192	28192	28192	20508	12823	12823	12823	12823	8958	5093	5093	4763	4653
			燃气	71579	71579	67602	59649	59649	57536	53311	53311	53311	42686	32061	32061	22219	22219	22154	22154	22154	22154	22154
		其他	汽油	128368	128368	128368	128368	127771	87449	7998	7998	7998	7998	7998	7852	7707	7707	6656	5604	5604	5604	5604
			柴油	30493	30493	28460	24394	24394	18567	6912	6912	6912	6506	6099	6099	6099	6099	3750	1402	1402	1243	1190
			燃气	34560	34560	32640	28800	28800	27780	25740	25740	25740	20623	15506	15506	10732	10732	9642	9642	9642	9642	9642
	大型	公交车	汽油	576966	576966	576966	576966	576369	388791	14829	14829	14829	14829	14829	14689	14549	14549	11783	9017	9017	9017	9017
			柴油	131708	131708	108010	60614	60614	60614	60614	60614	60614	43515	26416	26416	26416	26416	17675	8934	8934	5723	4653
			燃气	168926	168926	159541	140772	140772	135786	125815	125815	125815	100740	75665	75665	52438	52438	47188	47188	47188	47188	47188
		其他	汽油	1278264	1278264	1278264	1278264	1277667	860819	28316	28316	28316	28316	28316	22057	15798	15798	12607	9416	9416	9416	9416
			柴油	272891	272891	207397	76409	76409	76409	76409	76409	76409	55942	35476	35476	35476	35476	20706	5937	5937	5324	5119
			燃气	266186	266186	251398	221822	221822	213966	198253	198253	198253	158842	119430	119430	82662	82662	74261	74261	74261	74261	74261
载货汽车	微型		汽油	658042	348530	39017	39017	39017	39017	37119	35221	35221	32640	30058	30058	24044	18030	18030	18030	18030	15792	15046
			柴油	53173	49676	46179	46179	46179	46179	42450	38720	38720	28380	18039	18039	18039	18039	12332	6626	6626	4731	4099
			燃气	122275	63788	5301	5301	5301	5301	5007	4712	4712	3805	2898	2898	2261	1625	1625	1625	1625	1169	1016
	轻型		汽油	332696	194274	55851	55851	55851	55851	47506	39160	39160	34964	30769	30769	26752	22735	22735	22735	22735	20148	19285
			柴油	48539	47359	46179	46179	46179	46179	42450	38720	38720	28380	18039	18039	18039	18039	13664	9288	9288	7393	6761
			燃气	61920	37544	13167	13167	13167	13167	9340	5513	5513	4464	3415	3415	2705	1994	1994	1994	1994	1548	1399
	中型		汽油	293963	293963	293963	293963	293366	199714	13603	13603	13603	13603	13603	13463	13323	13323	10862	8401	8401	8401	8401
			柴油	67831	67831	63309	54265	54265	41302	15375	15375	15375	14475	13575	13575	13575	13575	9838	6102	6102	3631	2807
			燃气	76878	76878	72607	64066	64066	61796	57256	57256	57256	45884	34513	34513	46709	46709	22744	22744	22744	22744	22744
	重型		汽油	743018	743018	743018	743018	742420	500557	18026	18026	18026	18026	18026	14340	10655	10655	8800	6944	6944	6944	6944
			柴油	200826	200826	152628	56231	56231	56231	56231	56231	56231	41169	26107	26107	26107	26107	16344	6582	6582	5035	4519
			燃气	195892	195892	185009	163244	163244	157462	145899	145899	145899	116894	87889	87889	91642	91642	65557	65557	65557	65557	65557
低速汽车	三轮汽车			25300	25300	25300	25300	25300	25300	25300	25300	25300	16721	16721	16721	16721	16721	16721	16721	16721	16721	16721
	低速货车			33990	33990	33990	33990	33990	33990	33990	33990	33990	22464	22464	22464	22464	22464	22464	22464	22464	22464	22464
摩托车	普通摩托车			10464	10464	10464	10464	7809	5154	2759	2759	2759	2759	2759	2059	1359	1359	1359	1359	1359	1359	1359
	轻便摩托车			33839	33839	33839	33839	33839	6768	6768	3332	3332	3332	3332	2486	1641	1641	1641	1641	1641	1641	1641

四平市 NO_x 排放系数

单位：克/（辆•年）

车辆类型		使用性质	燃料种类	1999年年底前	2000年	2001年	2002年	2003年	2004年	2005年	2006年	2007年	2008年	2009年	2010年	2011年	2012年	2013年	2014年	2015年	2016年	2017年
载客汽车	微型	出租车	汽油	262240	175757	89274	89274	89274	89274	65421	41568	41568	30440	19311	19311	15859	12407	12407	12407	12407	7836	6312
			燃气	159234	107885	56536	56536	56536	56536	41900	27264	27264	20336	13409	13409	10860	8310	8310	8310	8310	5050	3963
		其他	汽油	30500	19122	7745	7745	7745	7745	4891	2037	2037	1657	1277	1277	1083	889	889	889	889	605	510
			燃气	17469	10390	3311	3311	3311	3311	2148	985	985	798	612	612	490	367	367	367	367	300	277
	小型	出租车	汽油	297388	195407	93426	93426	93426	93426	67816	42206	42206	30758	19311	19311	15270	11230	11230	11230	11230	6758	5267
			柴油	310303	258750	207197	207197	207197	207197	184659	162121	162121	128357	94593	94593	94593	94593	77532	60472	60472	46955	42449
			燃气	180056	119526	58996	58996	58996	58996	43319	27642	27642	20526	13409	13409	10511	7613	7613	7613	7613	4411	3344
		其他	汽油	28466	18162	7858	7858	7858	7858	5216	2574	2574	1792	1009	1009	928	847	847	847	847	571	479
			柴油	24465	19997	15529	15529	15529	15529	14312	13095	13095	10246	7398	7398	7398	7398	6408	5417	5417	4700	4461
			燃气	16264	10356	4448	4448	4448	4448	2876	1303	1303	878	453	453	398	342	342	342	342	279	258
	中型	公交车	汽油	329555	329555	329555	329555	329555	225141	16313	16313	16313	16313	16313	14630	12947	12947	9774	6601	6601	6601	6601
			柴油	367385	367385	366522	364797	364797	350300	321305	321305	321305	267632	213958	213958	213958	213958	174605	135252	135252	113236	105898
			燃气	390080	390080	385436	376149	376149	364481	341146	341146	341146	283926	226706	226706	143366	143366	112283	112283	112283	112283	112283
		其他	汽油	202047	202047	202047	202047	202047	137055	7072	7072	7072	7072	7072	7072	7072	7072	5304	3537	3537	3537	3537
			柴油	172287	172287	165095	150712	150712	149437	146888	146888	146888	125100	103312	103312	103312	103312	91732	80151	80151	68410	64496
			燃气	194548	194548	183740	162124	162124	160596	157540	157540	157540	134134	110728	110728	86253	86253	69283	69283	69283	69283	69283
	大型	公交车	汽油	1174041	1174041	1174041	1174041	1174041	807293	73797	73797	73797	73797	73797	73732	73667	73667	55251	36835	36835	36835	36835
			柴油	521062	521062	504225	470550	470550	457180	430439	430439	430439	422682	414926	414926	414926	414926	399964	385002	385002	347060	334413
			燃气	1047644	1047644	989441	873036	873036	808251	678682	678682	678682	581504	484327	484327	450909	450909	390820	390820	390820	390820	390820
		其他	汽油	2802222	2802222	2802222	2802222	2802222	1926861	176140	176140	176140	176140	176140	169534	162929	162929	122327	81725	81725	81725	81725
			柴油	1247781	1247781	1215673	1151458	1151458	1124613	1070922	1070922	1070922	1033218	995513	995513	995513	995513	947733	899953	899953	796450	761949
			燃气	2322610	2322610	2193576	1935508	1935508	1791881	1504627	1504627	1504627	1289680	1074734	1074734	969593	969593	822613	822613	822613	822613	822613
载货汽车	微型		汽油	118828	70380	21932	21932	21932	21932	14892	7852	7852	6350	4849	4849	4320	3790	3790	3790	3790	2856	2544
			柴油	78695	64772	50848	50848	50848	50848	45801	40754	40754	34512	28271	28271	28271	28271	20686	13100	13100	11322	10729
			燃气	68059	38718	9376	9376	9376	9376	6586	3797	3797	3060	2324	2324	1944	1565	1565	1565	1565	1427	1382
	轻型		汽油	88336	56510	24685	24685	24685	24685	16644	8602	8602	7205	5808	5808	4850	3893	3893	3893	3893	2986	2683
			柴油	78976	64912	50848	50848	50848	50848	45801	40754	40754	34512	28271	28271	28271	28271	22583	16895	16895	15785	15415
			燃气	50471	32222	13973	13973	13973	13973	9164	4354	4354	3481	2608	2608	2090	1572	1572	1572	1572	1477	1445
	中型		汽油	199252	199252	199252	199252	199252	136030	9589	9589	9589	9589	9589	9589	9589	9589	7194	4800	4800	4800	4800
			柴油	375874	375874	337508	260775	260775	247968	222355	222355	222355	218426	214496	214496	214496	214496	188194	161891	161891	139403	131907
			燃气	424440	424440	376467	280521	280521	266507	238480	238480	238480	234186	229893	229893	174216	174216	141697	141697	141697	141697	141697
	重型		汽油	1278531	1278531	1278531	1278531	1278531	879142	80365	80365	80365	80365	80365	77351	74337	74337	55812	37288	37288	37288	37288
			柴油	723265	723265	698578	649203	649203	625191	577166	577166	577166	554022	530877	530877	530877	530877	457497	384117	384117	265564	226047
			燃气	1346280	1346280	1261273	1091258	1091258	997808	810908	810908	810908	692016	573123	573123	413841	413841	244044	244044	244044	244044	244044
低速汽车	三轮汽车			65550	65550	65550	65550	65550	65550	65550	65550	65550	53279	53279	53279	53279	53279	53279	53279	53279	53279	53279
	低速货车			88065	88065	88065	88065	88065	88065	88065	88065	88065	71579	71579	71579	71579	71579	71579	71579	71579	71579	71579
摩托车	普通摩托车			781	781	781	781	755	729	677	677	677	677	677	602	526	526	526	526	526	526	526
	轻便摩托车			521	521	521	521	521	260	260	260	260	260	260	231	202	202	202	202	202	202	202

四平市 PM 排放系数

单位：克/（辆·年）

车辆类型		使用性质	燃料种类	1999 年年底前	2000 年	2001 年	2002 年	2003 年	2004 年	2005 年	2006 年	2007 年	2008 年	2009 年	2010 年	2011 年	2012 年	2013 年	2014 年	2015 年	2016 年	2017 年
载客汽车	微型	出租车	汽油	—	—	—	—	—	—	—	—	—	—	—	—	—	—	—	—	—	—	—
			燃气	—	—	—	—	—	—	—	—	—	—	—	—	—	—	—	—	—	—	—
		其他	汽油	—	—	—	—	—	—	—	—	—	—	—	—	—	—	—	—	—	—	—
			燃气	—	—	—	—	—	—	—	—	—	—	—	—	—	—	—	—	—	—	—
	小型	出租车	汽油	—	—	—	—	—	—	—	—	—	—	—	—	—	—	—	—	—	—	—
			柴油	38621	35371	32121	32121	32121	32121	21924	11727	11727	7640	3552	3552	3552	3552	3301	3050	3050	2522	2346
			燃气	—	—	—	—	—	—	—	—	—	—	—	—	—	—	—	—	—	—	—
		其他	汽油	—	—	—	—	—	—	—	—	—	—	—	—	—	—	—	—	—	—	—
			柴油	3211	3039	2867	2867	2867	2867	2063	1259	1259	922	585	585	585	585	490	396	396	396	396
			燃气	—	—	—	—	—	—	—	—	—	—	—	—	—	—	—	—	—	—	—
	中型	公交车	汽油	—	—	—	—	—	—	—	—	—	—	—	—	—	—	—	—	—	—	—
			柴油	30592	30592	28032	22913	22913	17978	8108	8108	8108	6872	5637	5637	5637	5637	3504	1372	1372	1080	983
			燃气	—	—	—	—	—	—	—	—	—	—	—	—	—	—	—	—	—	—	—
		其他	汽油	—	—	—	—	—	—	—	—	—	—	—	—	—	—	—	—	—	—	—
			柴油	15274	15274	12888	8116	8116	6262	2553	2553	2553	2434	2316	2316	2316	2316	1366	415	415	399	394
			燃气	—	—	—	—	—	—	—	—	—	—	—	—	—	—	—	—	—	—	—
	大型	公交车	汽油	—	—	—	—	—	—	—	—	—	—	—	—	—	—	—	—	—	—	—
			柴油	94865	94865	93934	92071	92071	71272	29674	29674	29674	19994	10315	10315	10315	10315	6116	1916	1916	1845	1821
			燃气	—	—	—	—	—	—	—	—	—	—	—	—	—	—	—	—	—	—	—
		其他	汽油	—	—	—	—	—	—	—	—	—	—	—	—	—	—	—	—	—	—	—
			柴油	142314	142314	133412	115607	115607	85425	25061	25061	25061	17182	9303	9303	9303	9303	5868	2433	2433	2343	2313
			燃气	—	—	—	—	—	—	—	—	—	—	—	—	—	—	—	—	—	—	—
载货汽车	微型		汽油	—	—	—	—	—	—	—	—	—	—	—	—	—	—	—	—	—	—	—
			柴油	8697	8517	8337	8337	8337	8337	6786	5235	5235	3886	2536	2536	2536	2536	1596	657	657	654	653
			燃气	—	—	—	—	—	—	—	—	—	—	—	—	—	—	—	—	—	—	—
	轻型		汽油	—	—	—	—	—	—	—	—	—	—	—	—	—	—	—	—	—	—	—
			柴油	9045	8691	8337	8337	8337	8337	6786	5235	5235	3886	2536	2536	2536	2536	1912	1289	1289	1064	989
			燃气	—	—	—	—	—	—	—	—	—	—	—	—	—	—	—	—	—	—	—
	中型		汽油	—	—	—	—	—	—	—	—	—	—	—	—	—	—	—	—	—	—	—
			柴油	32612	32612	27444	17109	17109	13181	5325	5325	5325	5045	4765	4765	4765	4765	3055	1345	1345	1232	1194
			燃气	—	—	—	—	—	—	—	—	—	—	—	—	—	—	—	—	—	—	—
	重型		汽油	—	—	—	—	—	—	—	—	—	—	—	—	—	—	—	—	—	—	—
			柴油	87737	87737	72113	40866	40866	32448	15611	15611	15611	10698	5784	5784	5784	5784	3854	1924	1924	1626	1527
			燃气	—	—	—	—	—	—	—	—	—	—	—	—	—	—	—	—	—	—	—
低速汽车	三轮汽车			4092	4092	4092	4092	4092	4092	4092	4092	4092	3220	3220	3220	3220	3220	3220	3220	3220	3220	3220
	低速货车			5581	5581	5581	5581	5581	5581	5581	5581	5581	4392	4392	4392	4392	4392	4392	4392	4392	4392	4392
摩托车	普通摩托车			—	—	—	—	—	—	—	—	—	—	—	—	—	—	—	—	—	—	—
	轻便摩托车			—	—	—	—	—	—	—	—	—	—	—	—	—	—	—	—	—	—	—

四平市 VOCs 排放系数

单位：克/（辆·年）

车辆类型		使用性质	燃料种类	1999 年年底前	2000 年	2001 年	2002 年	2003 年	2004 年	2005 年	2006 年	2007 年	2008 年	2009 年	2010 年	2011 年	2012 年	2013 年	2014 年	2015 年	2016 年	2017 年
载客汽车	微型	出租车	汽油	1393838	805917	217996	217996	217996	217996	157038	96081	96081	75899	55717	55717	47077	38437	38437	38437	38437	30086	27303
			燃气	297803	179179	60555	60555	60555	60555	46046	31538	31538	25849	20160	20160	16080	12000	12000	12000	12000	7391	5855
		其他	汽油	83984	49073	14162	14162	14162	14162	13748	13334	13334	11058	8783	8783	8302	7821	7821	7821	7821	6250	5727
			燃气	14696	8234	1773	1773	1773	1773	1704	1636	1636	1212	788	788	720	652	652	652	652	445	376
	小型	出租车	汽油	1393838	791906	189973	189973	189973	189973	180333	170693	170693	113205	55717	55717	47077	38437	38437	38437	38437	27744	24179
			柴油	170898	161383	151868	151868	151868	151868	138491	125114	125114	89172	53230	53230	53230	53230	39702	26175	26175	15561	12023
			燃气	297803	176374	54944	54944	54944	54944	50710	46475	46475	33318	20160	20160	16080	12000	12000	12000	12000	6922	5230
		其他	汽油	85229	49544	13859	13859	13859	13859	14268	14676	14676	11733	8790	8790	8226	7662	7662	7662	7662	6373	5943
			柴油	11126	10196	9265	9265	9265	9265	7887	6509	6509	4428	2346	2346	2346	2346	2073	1800	1800	1298	1131
			燃气	14945	8976	3007	3007	3007	3007	2456	1905	1905	1406	908	908	764	621	621	621	621	470	419
	中型	公交车	汽油	247406	247406	247406	247406	246809	168566	13273	13273	13273	13273	13273	13122	12970	12970	10543	8116	8116	8116	8116
			柴油	87806	87806	86086	82645	82645	64494	28192	28192	28192	20508	12823	12823	12823	12823	8958	5093	5093	4763	4653
			燃气	71579	71579	67602	59649	59649	57536	53311	53311	53311	42686	32061	32061	22219	22219	22154	22154	22154	22154	22154
		其他	汽油	128116	128116	128116	128116	127519	87197	7746	7746	7746	7746	7746	7600	7454	7454	6403	5352	5352	5352	5352
			柴油	30493	30493	28460	24394	24394	18567	6912	6912	6912	6506	6099	6099	6099	6099	3750	1402	1402	1243	1190
			燃气	34560	34560	32640	28800	28800	27780	25740	25740	25740	20623	15506	15506	10732	10732	9642	9642	9642	9642	9642
	大型	公交车	汽油	576714	576714	576714	576714	576117	388539	14577	14577	14577	14577	14577	14437	14297	14297	11531	8765	8765	8765	8765
			柴油	131708	131708	108010	60614	60614	60614	60614	60614	60614	43515	26416	26416	26416	26416	17675	8934	8934	5723	4653
			燃气	168926	168926	159541	140772	140772	135786	125815	125815	125815	100740	75665	75665	52438	52438	47188	47188	47188	47188	47188
		其他	汽油	1278012	1278012	1278012	1278012	1277415	860566	28063	28063	28063	28063	28063	21804	15546	15546	12355	9164	9164	9164	9164
			柴油	272891	272891	207397	76409	76409	76409	76409	76409	76409	55942	35476	35476	35476	35476	20706	5937	5937	5324	5119
			燃气	266186	266186	251398	221822	221822	213966	198253	198253	198253	158842	119430	119430	82662	82662	74261	74261	74261	74261	74261
载货汽车	微型		汽油	553680	293622	33563	33563	33563	33563	32054	30544	30544	28210	25876	25876	20962	16047	16047	16047	16047	13958	13261
			柴油	41605	38914	36222	36222	36222	36222	33456	30689	30689	22366	14042	14042	14042	14042	9644	5246	5246	3847	3381
			燃气	96886	50544	4202	4202	4202	4202	3975	3748	3748	3035	2322	2322	1830	1338	1338	1338	1338	987	871
	轻型		汽油	281571	164606	47642	47642	47642	47642	40740	33838	33838	30154	26471	26471	23227	19983	19983	19983	19983	17600	16806
			柴油	37781	37002	36222	36222	36222	36222	33456	30689	30689	22366	14042	14042	14042	14042	10742	7443	7443	6044	5578
			燃气	49374	29855	10337	10337	10337	10337	7365	4392	4392	3563	2734	2734	2177	1620	1620	1620	1620	1294	1185
	中型		汽油	293711	293711	293711	293711	293114	199461	13350	13350	13350	13350	13350	13210	13071	13071	10610	8149	8149	8149	8149
			柴油	67831	67831	63309	54265	54265	41302	15375	15375	15375	14475	13575	13575	13575	13575	9838	6102	6102	3631	2807
			燃气	76878	76878	72607	64066	64066	61796	57256	57256	57256	45884	34513	34513	46709	46709	22744	22744	22744	22744	22744
	重型		汽油	587591	587591	587591	587591	586994	395861	14790	14790	14790	14790	14790	11850	8910	8910	7442	5974	5974	5974	5974
			柴油	160216	160216	121764	44861	44861	44861	44861	44861	44861	32844	20828	20828	20828	20828	13188	5549	5549	3926	3385
			燃气	156279	156279	147598	130235	130235	125623	116398	116398	116398	93258	70117	70117	77260	77260	49106	49106	49106	49106	49106
低速汽车	三轮汽车			25300	25300	25300	25300	25300	25300	25300	25300	25300	16721	16721	16721	16721	16721	16721	16721	16721	16721	16721
	低速货车			33990	33990	33990	33990	33990	33990	33990	33990	33990	22464	22464	22464	22464	22464	22464	22464	22464	22464	22464
摩托车	普通摩托车			10464	10464	10464	10464	7809	5154	2759	2759	2759	2759	2759	2059	1359	1359	1359	1359	1359	1359	1359
	轻便摩托车			33839	33839	33839	33839	33839	6768	6768	3332	3332	3332	3332	2486	1641	1641	1641	1641	1641	1641	1641

辽源市 NO_x 排放系数

单位：克/（辆·年）

车辆类型		使用性质	燃料种类	1999年年底前	2000年	2001年	2002年	2003年	2004年	2005年	2006年	2007年	2008年	2009年	2010年	2011年	2012年	2013年	2014年	2015年	2016年	2017年
载客汽车	微型	出租车	汽油	262240	175757	89274	89274	89274	89274	65421	41568	41568	30440	19311	19311	15859	12407	12407	12407	12407	7836	6312
			燃气	159234	107885	56536	56536	56536	56536	41900	27264	27264	20336	13409	13409	10860	8310	8310	8310	8310	5050	3963
		其他	汽油	30500	19122	7745	7745	7745	7745	4891	2037	2037	1657	1277	1277	1083	889	889	889	889	605	510
			燃气	17469	10390	3311	3311	3311	3311	2148	985	985	798	612	612	490	367	367	367	367	300	277
	小型	出租车	汽油	297388	195407	93426	93426	93426	93426	67816	42206	42206	30758	19311	19311	15270	11230	11230	11230	11230	6758	5267
			柴油	310303	258750	207197	207197	207197	207197	184659	162121	162121	128357	94593	94593	94593	94593	77532	60472	60472	46955	42449
			燃气	180056	119526	58996	58996	58996	58996	43319	27642	27642	20526	13409	13409	10511	7613	7613	7613	7613	4411	3344
		其他	汽油	28466	18162	7858	7858	7858	7858	5216	2574	2574	1792	1009	1009	928	847	847	847	847	571	479
			柴油	24465	19997	15529	15529	15529	15529	14312	13095	13095	10246	7398	7398	7398	7398	6408	5417	5417	4700	4461
			燃气	16264	10356	4448	4448	4448	4448	2876	1303	1303	878	453	453	398	342	342	342	342	279	258
	中型	公交车	汽油	329555	329555	329555	329555	329555	225141	16313	16313	16313	16313	16313	14630	12947	12947	9774	6601	6601	6601	6601
			柴油	367385	367385	366522	364797	364797	350300	321305	321305	321305	267632	213958	213958	213958	213958	174605	135252	135252	113236	105898
			燃气	390080	390080	385436	376149	376149	364481	341146	341146	341146	283926	226706	226706	143366	143366	112283	112283	112283	112283	112283
		其他	汽油	202047	202047	202047	202047	202047	137055	7072	7072	7072	7072	7072	7072	7072	7072	5304	3537	3537	3537	3537
			柴油	172287	172287	165095	150712	150712	149437	146888	146888	146888	125100	103312	103312	103312	103312	91732	80151	80151	68410	64496
			燃气	194548	194548	183740	162124	162124	160596	157540	157540	157540	134134	110728	110728	86253	86253	69283	69283	69283	69283	69283
	大型	公交车	汽油	1174041	1174041	1174041	1174041	1174041	807293	73797	73797	73797	73797	73797	73732	73667	73667	55251	36835	36835	36835	36835
			柴油	521062	521062	504225	470550	470550	457180	430439	430439	430439	422682	414926	414926	414926	414926	399964	385002	385002	347060	334413
			燃气	1047644	1047644	989441	873036	873036	808251	678682	678682	678682	581504	484327	484327	450909	450909	390820	390820	390820	390820	390820
		其他	汽油	2802222	2802222	2802222	2802222	2802222	1926861	176140	176140	176140	176140	176140	169534	162929	162929	122327	81725	81725	81725	81725
			柴油	1247781	1247781	1215673	1151458	1151458	1124613	1070922	1070922	1070922	1033218	995513	995513	995513	995513	947733	899953	899953	796450	761949
			燃气	2322610	2322610	2193576	1935508	1935508	1791881	1504627	1504627	1504627	1289680	1074734	1074734	969593	969593	822613	822613	822613	822613	822613
载货汽车	微型		汽油	118828	70380	21932	21932	21932	21932	14892	7852	7852	6350	4849	4849	4320	3790	3790	3790	3790	2856	2544
			柴油	78695	64772	50848	50848	50848	50848	45801	40754	40754	34512	28271	28271	28271	28271	20686	13100	13100	11322	10729
			燃气	68059	38718	9376	9376	9376	9376	6586	3797	3797	3060	2324	2324	1944	1565	1565	1565	1565	1427	1382
	轻型		汽油	88336	56510	24685	24685	24685	24685	16644	8602	8602	7205	5808	5808	4850	3893	3893	3893	3893	2986	2683
			柴油	78976	64912	50848	50848	50848	50848	45801	40754	40754	34512	28271	28271	28271	28271	22583	16895	16895	15785	15415
			燃气	50471	32222	13973	13973	13973	13973	9164	4354	4354	3481	2608	2608	2090	1572	1572	1572	1572	1477	1445
	中型		汽油	199252	199252	199252	199252	199252	136030	9589	9589	9589	9589	9589	9589	9589	9589	7194	4800	4800	4800	4800
			柴油	375874	375874	337508	260775	260775	247968	222355	222355	222355	218426	214496	214496	214496	214496	188194	161891	161891	139403	131907
			燃气	424440	424440	376467	280521	280521	266507	238480	238480	238480	234186	229893	229893	174216	174216	141697	141697	141697	141697	141697
	重型		汽油	1278531	1278531	1278531	1278531	1278531	879142	80365	80365	80365	80365	80365	77351	74337	74337	55812	37288	37288	37288	37288
			柴油	723265	723265	698578	649203	649203	625191	577166	577166	577166	554022	530877	530877	530877	530877	457497	384117	384117	265564	226047
			燃气	1346280	1346280	1261273	1091258	1091258	997808	810908	810908	810908	692016	573123	573123	413841	413841	244044	244044	244044	244044	244044
低速汽车	三轮汽车			65550	65550	65550	65550	65550	65550	65550	65550	65550	53279	53279	53279	53279	53279	53279	53279	53279	53279	53279
	低速货车			88065	88065	88065	88065	88065	88065	88065	88065	88065	71579	71579	71579	71579	71579	71579	71579	71579	71579	71579
摩托车	普通摩托车			781	781	781	781	755	729	677	677	677	677	677	602	526	526	526	526	526	526	526
	轻便摩托车			521	521	521	521	521	260	260	260	260	260	260	231	202	202	202	202	202	202	202

辽源市 PM 排放系数

单位：克/（辆·年）

车辆类型		使用性质	燃料种类	1999 年年底前	2000 年	2001 年	2002 年	2003 年	2004 年	2005 年	2006 年	2007 年	2008 年	2009 年	2010 年	2011 年	2012 年	2013 年	2014 年	2015 年	2016 年	2017 年
载客汽车	微型	出租车	汽油	—	—	—	—	—	—	—	—	—	—	—	—	—	—	—	—	—	—	—
			燃气	—	—	—	—	—	—	—	—	—	—	—	—	—	—	—	—	—	—	—
		其他	汽油	—	—	—	—	—	—	—	—	—	—	—	—	—	—	—	—	—	—	—
			燃气	—	—	—	—	—	—	—	—	—	—	—	—	—	—	—	—	—	—	—
	小型	出租车	汽油	—	—	—	—	—	—	—	—	—	—	—	—	—	—	—	—	—	—	—
			柴油	38621	35371	32121	32121	32121	32121	21924	11727	11727	7640	3552	3552	3552	3552	3301	3050	3050	2522	2346
			燃气	—	—	—	—	—	—	—	—	—	—	—	—	—	—	—	—	—	—	—
		其他	汽油	—	—	—	—	—	—	—	—	—	—	—	—	—	—	—	—	—	—	—
			柴油	3211	3039	2867	2867	2867	2867	2063	1259	1259	922	585	585	585	585	490	396	396	396	396
			燃气	—	—	—	—	—	—	—	—	—	—	—	—	—	—	—	—	—	—	—
	中型	公交车	汽油	—	—	—	—	—	—	—	—	—	—	—	—	—	—	—	—	—	—	—
			柴油	30592	30592	28032	22913	22913	17978	8108	8108	8108	6872	5637	5637	5637	5637	3504	1372	1372	1080	983
			燃气	—	—	—	—	—	—	—	—	—	—	—	—	—	—	—	—	—	—	—
		其他	汽油	—	—	—	—	—	—	—	—	—	—	—	—	—	—	—	—	—	—	—
			柴油	15274	15274	12888	8116	8116	6262	2553	2553	2553	2434	2316	2316	2316	2316	1366	415	415	399	394
			燃气	—	—	—	—	—	—	—	—	—	—	—	—	—	—	—	—	—	—	—
	大型	公交车	汽油	—	—	—	—	—	—	—	—	—	—	—	—	—	—	—	—	—	—	—
			柴油	94865	94865	93934	92071	92071	71272	29674	29674	29674	19994	10315	10315	10315	10315	6116	1916	1916	1845	1821
			燃气	—	—	—	—	—	—	—	—	—	—	—	—	—	—	—	—	—	—	—
		其他	汽油	—	—	—	—	—	—	—	—	—	—	—	—	—	—	—	—	—	—	—
			柴油	142314	142314	133412	115607	115607	85425	25061	25061	25061	17182	9303	9303	9303	9303	5868	2433	2433	2343	2313
			燃气	—	—	—	—	—	—	—	—	—	—	—	—	—	—	—	—	—	—	—
载货汽车	微型		汽油	—	—	—	—	—	—	—	—	—	—	—	—	—	—	—	—	—	—	—
			柴油	8697	8517	8337	8337	8337	8337	6786	5235	5235	3886	2536	2536	2536	2536	1596	657	657	654	653
			燃气	—	—	—	—	—	—	—	—	—	—	—	—	—	—	—	—	—	—	—
	轻型		汽油	—	—	—	—	—	—	—	—	—	—	—	—	—	—	—	—	—	—	—
			柴油	9045	8691	8337	8337	8337	8337	6786	5235	5235	3886	2536	2536	2536	2536	1912	1289	1289	1064	989
			燃气	—	—	—	—	—	—	—	—	—	—	—	—	—	—	—	—	—	—	—
	中型		汽油	—	—	—	—	—	—	—	—	—	—	—	—	—	—	—	—	—	—	—
			柴油	32612	32612	27444	17109	17109	13181	5325	5325	5325	5045	4765	4765	4765	4765	3055	1345	1345	1232	1194
			燃气	—	—	—	—	—	—	—	—	—	—	—	—	—	—	—	—	—	—	—
	重型		汽油	—	—	—	—	—	—	—	—	—	—	—	—	—	—	—	—	—	—	—
			柴油	87737	87737	72113	40866	40866	32448	15611	15611	15611	10698	5784	5784	5784	5784	3854	1924	1924	1626	1527
			燃气	—	—	—	—	—	—	—	—	—	—	—	—	—	—	—	—	—	—	—
低速汽车	三轮汽车			4092	4092	4092	4092	4092	4092	4092	4092	4092	3220	3220	3220	3220	3220	3220	3220	3220	3220	3220
	低速货车			5581	5581	5581	5581	5581	5581	5581	5581	5581	4392	4392	4392	4392	4392	4392	4392	4392	4392	4392
摩托车	普通摩托车			—	—	—	—	—	—	—	—	—	—	—	—	—	—	—	—	—	—	—
	轻便摩托车			—	—	—	—	—	—	—	—	—	—	—	—	—	—	—	—	—	—	—

辽源市VOCs排放系数

单位：克/（辆·年）

车辆类型		使用性质	燃料种类	1999年年底前	2000年	2001年	2002年	2003年	2004年	2005年	2006年	2007年	2008年	2009年	2010年	2011年	2012年	2013年	2014年	2015年	2016年	2017年
载客汽车	微型	出租车	汽油	1393838	805917	217996	217996	217996	217996	157038	96081	96081	75899	55717	55717	47077	38437	38437	38437	38437	30086	27303
			燃气	297803	179179	60555	60555	60555	60555	46046	31538	31538	25849	20160	20160	16080	12000	12000	12000	12000	7391	5855
		其他	汽油	83984	49073	14162	14162	14162	14162	13748	13334	13334	11058	8783	8783	8302	7821	7821	7821	7821	6250	5727
			燃气	14696	8234	1773	1773	1773	1773	1704	1636	1636	1212	788	788	720	652	652	652	652	445	376
	小型	出租车	汽油	1393838	791906	189973	189973	189973	189973	180333	170693	170693	113205	55717	55717	47077	38437	38437	38437	38437	27744	24179
			柴油	170898	161383	151868	151868	151868	151868	138491	125114	125114	89172	53230	53230	53230	53230	39702	26175	26175	15561	12023
			燃气	297803	176374	54944	54944	54944	54944	50710	46475	46475	33318	20160	20160	16080	12000	12000	12000	12000	6922	5230
		其他	汽油	85229	49544	13859	13859	13859	13859	14268	14676	14676	11733	8790	8790	8226	7662	7662	7662	7662	6373	5943
			柴油	11126	10196	9265	9265	9265	9265	7887	6509	6509	4428	2346	2346	2346	2346	2073	1800	1800	1298	1131
			燃气	14945	8976	3007	3007	3007	3007	2456	1905	1905	1406	908	908	764	621	621	621	621	470	419
	中型	公交车	汽油	247406	247406	247406	247406	246809	168566	13273	13273	13273	13273	13273	13122	12970	12970	10543	8116	8116	8116	8116
			柴油	87806	87806	86086	82645	82645	64494	28192	28192	28192	20508	12823	12823	12823	12823	8958	5093	5093	4763	4653
			燃气	71579	71579	67602	59649	59649	57536	53311	53311	53311	42686	32061	32061	22219	22219	22154	22154	22154	22154	22154
		其他	汽油	128116	128116	128116	128116	127519	87197	7746	7746	7746	7746	7746	7600	7454	7454	6403	5352	5352	5352	5352
			柴油	30493	30493	28460	24394	24394	18567	6912	6912	6912	6506	6099	6099	6099	6099	3750	1402	1402	1243	1190
			燃气	34560	34560	32640	28800	28800	27780	25740	25740	25740	20623	15506	15506	10732	10732	9642	9642	9642	9642	9642
	大型	公交车	汽油	576714	576714	576714	576714	576117	388539	14577	14577	14577	14577	14577	14437	14297	14297	11531	8765	8765	8765	8765
			柴油	131708	131708	108010	60614	60614	60614	60614	60614	60614	43515	26416	26416	26416	26416	17675	8934	8934	5723	4653
			燃气	168926	168926	159541	140772	140772	135786	125815	125815	125815	100740	75665	75665	52438	52438	47188	47188	47188	47188	47188
		其他	汽油	1278012	1278012	1278012	1278012	1277415	860566	28063	28063	28063	28063	28063	21804	15546	15546	12355	9164	9164	9164	9164
			柴油	272891	272891	207397	76409	76409	76409	76409	76409	76409	55942	35476	35476	35476	35476	20706	5937	5937	5324	5119
			燃气	266186	266186	251398	221822	221822	213966	198253	198253	198253	158842	119430	119430	82662	82662	74261	74261	74261	74261	74261
载货汽车	微型		汽油	553680	293622	33563	33563	33563	33563	32054	30544	30544	28210	25876	25876	20962	16047	16047	16047	16047	13958	13261
			柴油	41605	38914	36222	36222	36222	36222	33456	30689	30689	22366	14042	14042	14042	14042	9644	5246	5246	3847	3381
			燃气	96886	50544	4202	4202	4202	4202	3975	3748	3748	3035	2322	2322	1830	1338	1338	1338	1338	987	871
	轻型		汽油	281571	164606	47642	47642	47642	47642	40740	33838	33838	30154	26471	26471	23227	19983	19983	19983	19983	17600	16806
			柴油	37781	37002	36222	36222	36222	36222	33456	30689	30689	22366	14042	14042	14042	14042	10742	7443	7443	6044	5578
			燃气	49374	29855	10337	10337	10337	10337	7365	4392	4392	3563	2734	2734	2177	1620	1620	1620	1620	1294	1185
	中型		汽油	293711	293711	293711	293711	293114	199461	13350	13350	13350	13350	13350	13210	13071	13071	10610	8149	8149	8149	8149
			柴油	67831	67831	63309	54265	54265	41302	15375	15375	15375	14475	13575	13575	13575	13575	9838	6102	6102	3631	2807
			燃气	76878	76878	72607	64066	64066	61796	57256	57256	57256	45884	34513	34513	46709	46709	22744	22744	22744	22744	22744
	重型		汽油	587591	587591	587591	587591	586994	395861	14790	14790	14790	14790	14790	11850	8910	8910	7442	5974	5974	5974	5974
			柴油	160216	160216	121764	44861	44861	44861	44861	44861	44861	32844	20828	20828	20828	20828	13188	5549	5549	3926	3385
			燃气	156279	156279	147598	130235	130235	125623	116398	116398	116398	93258	70117	70117	77260	77260	49106	49106	49106	49106	49106
低速汽车	三轮汽车			25300	25300	25300	25300	25300	25300	25300	25300	25300	16721	16721	16721	16721	16721	16721	16721	16721	16721	16721
	低速货车			33990	33990	33990	33990	33990	33990	33990	33990	33990	22464	22464	22464	22464	22464	22464	22464	22464	22464	22464
摩托车	普通摩托车			10464	10464	10464	10464	7809	5154	2759	2759	2759	2759	2759	2059	1359	1359	1359	1359	1359	1359	1359
	轻便摩托车			33839	33839	33839	33839	33839	6768	6768	3332	3332	3332	3332	2486	1641	1641	1641	1641	1641	1641	1641

通化市 NO_x 排放系数

单位：克/（辆·年）

车辆类型		使用性质	燃料种类	1999 年年底前	2000 年	2001 年	2002 年	2003 年	2004 年	2005 年	2006 年	2007 年	2008 年	2009 年	2010 年	2011 年	2012 年	2013 年	2014 年	2015 年	2016 年	2017 年
载客汽车	微型	出租车	汽油	293223	197330	101438	101438	101438	101438	74693	47948	47948	35380	22812	22812	18646	14479	14479	14479	14479	8985	7154
			燃气	178491	121537	64583	64583	64583	64583	48132	31680	31680	23820	15959	15959	12874	9788	9788	9788	9788	5833	4515
		其他	汽油	30521	19136	7750	7750	7750	7750	4894	2038	2038	1658	1278	1278	1084	889	889	889	889	605	510
			燃气	17469	10390	3311	3311	3311	3311	2148	985	985	798	612	612	490	367	367	367	367	300	277
	小型	出租车	汽油	332121	219078	106034	106034	106034	106034	77344	48655	48655	35734	22812	22812	17994	13176	13176	13176	13176	7792	5997
			柴油	352990	295275	237560	237560	237560	237560	211548	185535	185535	147104	108674	108674	108674	108674	88722	68770	68770	52820	47503
			燃气	201518	134411	67304	67304	67304	67304	49701	32098	32098	24028	15959	15959	12488	9017	9017	9017	9017	5128	3831
		其他	汽油	28486	18174	7863	7863	7863	7863	5219	2575	2575	1792	1009	1009	928	848	848	848	848	571	479
			柴油	24477	20007	15537	15537	15537	15537	14320	13102	13102	10252	7402	7402	7402	7402	6411	5420	5420	4702	4463
			燃气	16264	10356	4448	4448	4448	4448	2876	1303	1303	878	453	453	398	342	342	342	342	279	258
	中型	公交车	汽油	329794	329794	329794	329794	329794	225304	16325	16325	16325	16325	16325	14640	12956	12956	9781	6606	6606	6606	6606
			柴油	367580	367580	366717	364991	364991	350486	321475	321475	321475	267773	214071	214071	214071	214071	174698	135324	135324	113296	105954
			燃气	390287	390287	385641	376348	376348	364674	341327	341327	341327	284077	226827	226827	143442	143442	112343	112343	112343	112343	112343
		其他	汽油	202194	202194	202194	202194	202194	137155	7077	7077	7077	7077	7077	7077	7077	7077	5308	3539	3539	3539	3539
			柴油	172379	172379	165183	150792	150792	149517	146966	146966	146966	125166	103367	103367	103367	103367	91780	80194	80194	68446	64530
			燃气	194652	194652	183838	162210	162210	160681	157623	157623	157623	134205	110787	110787	86298	86298	69320	69320	69320	69320	69320
	大型	公交车	汽油	1174891	1174891	1174891	1174891	1174891	807877	73850	73850	73850	73850	73850	73786	73721	73721	55291	36861	36861	36861	36861
			柴油	521338	521338	504492	470800	470800	457423	430668	430668	430668	422907	415146	415146	415146	415146	400176	385206	385206	347245	334591
			燃气	1048200	1048200	989967	873500	873500	808681	679042	679042	679042	581813	484584	484584	451148	451148	391027	391027	391027	391027	391027
		其他	汽油	2804250	2804250	2804250	2804250	2804250	1928256	176267	176267	176267	176267	176267	169657	163047	163047	122416	81784	81784	81784	81784
			柴油	1248444	1248444	1216319	1152069	1152069	1125209	1071490	1071490	1071490	1033766	996041	996041	996041	996041	948236	900431	900431	796872	762353
			燃气	2323843	2323843	2194741	1936536	1936536	1792833	1505426	1505426	1505426	1290365	1075304	1075304	970108	970108	823050	823050	823050	823050	823050
载货汽车	微型		汽油	133060	78932	24803	24803	24803	24803	16890	8978	8978	7276	5574	5574	4938	4301	4301	4301	4301	3220	2860
			柴油	89138	73495	57852	57852	57852	57852	52075	46298	46298	39190	32081	32081	32081	32081	23468	14854	14854	12753	12053
			燃气	76158	43377	10596	10596	10596	10596	7468	4339	4339	3504	2669	2669	2222	1776	1776	1776	1776	1609	1553
	轻型		汽油	98985	63432	27880	27880	27880	27880	18848	9817	9817	8231	6645	6645	5530	4416	4416	4416	4416	3365	3015
			柴油	89452	73652	57852	57852	57852	57852	52075	46298	46298	39190	32081	32081	32081	32081	25588	19094	19094	17740	17288
			燃气	56515	36143	15771	15771	15771	15771	10369	4968	4968	3975	2983	2983	2382	1781	1781	1781	1781	1663	1624
	中型		汽油	199252	199252	199252	199252	199252	136030	9589	9589	9589	9589	9589	9589	9589	9589	7194	4800	4800	4800	4800
			柴油	375874	375874	337508	260775	260775	247968	222355	222355	222355	218426	214496	214496	214496	214496	188194	161891	161891	139403	131907
			燃气	424440	424440	376467	280521	280521	266507	238479	238479	238479	234186	229893	229893	174213	174213	141698	141698	141698	141698	141698
	重型		汽油	2062997	2062997	2062997	2062997	2062997	1418556	129674	129674	129674	129674	129674	124812	119949	119949	90058	60166	60166	60166	60166
			柴油	1155349	1155349	1115913	1037041	1037041	998683	921968	921968	921968	884997	848026	848026	848026	848026	739896	631767	631767	440361	376559
			燃气	2150557	2150557	2014766	1743183	1743183	1593905	1295350	1295350	1295350	1105430	915510	915510	680654	680654	406540	406540	406540	406540	406540
低速汽车	三轮汽车			65550	65550	65550	65550	65550	65550	65550	65550	65550	53279	53279	53279	53279	53279	53279	53279	53279	53279	53279
	低速货车			88065	88065	88065	88065	88065	88065	88065	88065	88065	71579	71579	71579	71579	71579	71579	71579	71579	71579	71579
摩托车	普通摩托车			781	781	781	781	755	729	677	677	677	677	677	602	526	526	526	526	526	526	526
	轻便摩托车			521	521	521	521	521	260	260	260	260	260	260	231	202	202	202	202	202	202	202

通化市 PM 排放系数

单位：克/（辆·年）

车辆类型		使用性质	燃料种类	1999 年年底前	2000 年	2001 年	2002 年	2003 年	2004 年	2005 年	2006 年	2007 年	2008 年	2009 年	2010 年	2011 年	2012 年	2013 年	2014 年	2015 年	2016 年	2017 年
载客汽车	微型	出租车	汽油	—	—	—	—	—	—	—	—	—	—	—	—	—	—	—	—	—	—	—
			燃气	—	—	—	—	—	—	—	—	—	—	—	—	—	—	—	—	—	—	—
		其他	汽油	—	—	—	—	—	—	—	—	—	—	—	—	—	—	—	—	—	—	—
			燃气	—	—	—	—	—	—	—	—	—	—	—	—	—	—	—	—	—	—	—
	小型	出租车	汽油	—	—	—	—	—	—	—	—	—	—	—	—	—	—	—	—	—	—	—
			柴油	42712	39118	35523	35523	35523	35523	24246	12970	12970	8449	3928	3928	3928	3928	3650	3373	3373	2790	2595
			燃气	—	—	—	—	—	—	—	—	—	—	—	—	—	—	—	—	—	—	—
		其他	汽油	—	—	—	—	—	—	—	—	—	—	—	—	—	—	—	—	—	—	—
			柴油	3211	3039	2867	2867	2867	2867	2063	1259	1259	922	585	585	585	585	490	396	396	396	396
			燃气	—	—	—	—	—	—	—	—	—	—	—	—	—	—	—	—	—	—	—
	中型	公交车	汽油	—	—	—	—	—	—	—	—	—	—	—	—	—	—	—	—	—	—	—
			柴油	30592	30592	28032	22913	22913	17978	8108	8108	8108	6872	5637	5637	5637	5637	3504	1372	1372	1080	983
			燃气	—	—	—	—	—	—	—	—	—	—	—	—	—	—	—	—	—	—	—
		其他	汽油	—	—	—	—	—	—	—	—	—	—	—	—	—	—	—	—	—	—	—
			柴油	15274	15274	12888	8116	8116	6262	2553	2553	2553	2434	2316	2316	2316	2316	1366	415	415	399	394
			燃气	—	—	—	—	—	—	—	—	—	—	—	—	—	—	—	—	—	—	—
	大型	公交车	汽油	—	—	—	—	—	—	—	—	—	—	—	—	—	—	—	—	—	—	—
			柴油	94865	94865	93934	92071	92071	71272	29674	29674	29674	19994	10315	10315	10315	10315	6116	1916	1916	1845	1821
			燃气	—	—	—	—	—	—	—	—	—	—	—	—	—	—	—	—	—	—	—
		其他	汽油	—	—	—	—	—	—	—	—	—	—	—	—	—	—	—	—	—	—	—
			柴油	142314	142314	133412	115607	115607	85425	25061	25061	25061	17182	9303	9303	9303	9303	5868	2433	2433	2343	2313
			燃气	—	—	—	—	—	—	—	—	—	—	—	—	—	—	—	—	—	—	—
载货汽车	微型		汽油	—	—	—	—	—	—	—	—	—	—	—	—	—	—	—	—	—	—	—
			柴油	9712	9511	9310	9310	9310	9310	7578	5846	5846	4339	2832	2832	2832	2832	1783	734	734	730	729
			燃气	—	—	—	—	—	—	—	—	—	—	—	—	—	—	—	—	—	—	—
	轻型		汽油	—	—	—	—	—	—	—	—	—	—	—	—	—	—	—	—	—	—	—
			柴油	10100	9705	9310	9310	9310	9310	7578	5846	5846	4339	2832	2832	2832	2832	2136	1439	1439	1188	1105
			燃气	—	—	—	—	—	—	—	—	—	—	—	—	—	—	—	—	—	—	—
	中型		汽油	—	—	—	—	—	—	—	—	—	—	—	—	—	—	—	—	—	—	—
			柴油	32612	32612	27444	17109	17109	13181	5325	5325	5325	5045	4765	4765	4765	4765	3055	1345	1345	1232	1194
			燃气	—	—	—	—	—	—	—	—	—	—	—	—	—	—	—	—	—	—	—
	重型		汽油	—	—	—	—	—	—	—	—	—	—	—	—	—	—	—	—	—	—	—
			柴油	143852	143852	118236	67003	67003	53200	25595	25595	25595	17539	9483	9483	9483	9483	6258	3032	3032	2562	2406
			燃气	—	—	—	—	—	—	—	—	—	—	—	—	—	—	—	—	—	—	—
低速汽车	三轮汽车			4092	4092	4092	4092	4092	4092	4092	4092	4092	3220	3220	3220	3220	3220	3220	3220	3220	3220	3220
	低速货车			5581	5581	5581	5581	5581	5581	5581	5581	5581	4392	4392	4392	4392	4392	4392	4392	4392	4392	4392
摩托车	普通摩托车			—	—	—	—	—	—	—	—	—	—	—	—	—	—	—	—	—	—	—
	轻便摩托车			—	—	—	—	—	—	—	—	—	—	—	—	—	—	—	—	—	—	—

通化市 VOCs 排放系数

单位：克/（辆·年）

车辆类型		使用性质	燃料种类	1999 年年底前	2000 年	2001 年	2002 年	2003 年	2004 年	2005 年	2006 年	2007 年	2008 年	2009 年	2010 年	2011 年	2012 年	2013 年	2014 年	2015 年	2016 年	2017 年
载客汽车	微型	出租车	汽油	1641939	949488	257036	257036	257036	257036	185074	113111	113111	89303	65495	65495	55146	44796	44796	44796	44796	34866	31556
			燃气	332633	201216	69800	69800	69800	69800	53390	36980	36980	30414	23848	23848	18970	14093	14093	14093	14093	8517	6658
		其他	汽油	88663	51644	14626	14626	14626	14626	14204	13783	13783	11399	9015	9015	8506	7998	7998	7998	7998	6380	5840
			燃气	14696	8234	1773	1773	1773	1773	1704	1636	1636	1212	788	788	720	652	652	652	652	445	376
	小型	出租车	汽油	1641939	932976	224012	224012	224012	224012	212524	201037	201037	133266	65495	65495	55146	44796	44796	44796	44796	32104	27874
			柴油	207792	196194	184595	184595	184595	184595	168270	151946	151946	108374	64803	64803	64803	64803	48296	31789	31789	18864	14555
			燃气	332633	198114	63596	63596	63596	63596	58548	53499	53499	38674	23848	23848	18970	14093	14093	14093	14093	7998	5966
		其他	汽油	89990	52146	14303	14303	14303	14303	14758	15212	15212	12117	9022	9022	8426	7830	7830	7830	7830	6511	6071
			柴油	11945	10937	9929	9929	9929	9929	8436	6944	6944	4700	2456	2456	2456	2456	2172	1889	1889	1374	1203
			燃气	14945	8976	3007	3007	3007	3007	2456	1905	1905	1406	908	908	764	621	621	621	621	470	419
	中型	公交车	汽油	247403	247403	247403	247403	246806	168563	13270	13270	13270	13270	13270	13118	12967	12967	10540	8113	8113	8113	8113
			柴油	87806	87806	86086	82645	82645	64494	28192	28192	28192	20508	12823	12823	12823	12823	8958	5093	5093	4763	4653
			燃气	71579	71579	67602	59649	59649	57536	53311	53311	53311	42686	32061	32061	22219	22219	22154	22154	22154	22154	22154
		其他	汽油	128113	128113	128113	128113	127516	87194	7743	7743	7743	7743	7743	7598	7452	7452	6400	5349	5349	5349	5349
			柴油	30493	30493	28460	24394	24394	18567	6912	6912	6912	6506	6099	6099	6099	6099	3750	1402	1402	1243	1190
			燃气	34560	34560	32640	28800	28800	27780	25740	25740	25740	20623	15506	15506	10732	10732	9642	9642	9642	9642	9642
	大型	公交车	汽油	576711	576711	576711	576711	576114	388536	14574	14574	14574	14574	14574	14434	14295	14295	11529	8763	8763	8763	8763
			柴油	131708	131708	108010	60614	60614	60614	60614	60614	60614	43515	26416	26416	26416	26416	17675	8934	8934	5723	4653
			燃气	168926	168926	159541	140772	140772	135786	125815	125815	125815	100740	75665	75665	52438	52438	47188	47188	47188	47188	47188
		其他	汽油	1278009	1278009	1278009	1278009	1277412	860564	28061	28061	28061	28061	28061	21802	15543	15543	12352	9162	9162	9162	9162
			柴油	272891	272891	207397	76409	76409	76409	76409	76409	76409	55942	35476	35476	35476	35476	20706	5937	5937	5324	5119
			燃气	266186	266186	251398	221822	221822	213966	198253	198253	198253	158842	119430	119430	82662	82662	74261	74261	74261	74261	74261
载货汽车	微型		汽油	656768	347820	38873	38873	38873	38873	37098	35323	35323	32637	29951	29951	24081	18211	18211	18211	18211	15834	15042
			柴油	50880	47573	44266	44266	44266	44266	40856	37446	37446	27292	17137	17137	17137	17137	11734	6332	6332	4644	4082
			燃气	108860	56786	4712	4712	4712	4712	4453	4193	4193	3405	2618	2618	2051	1485	1485	1485	1485	1097	968
	轻型		汽油	332977	194302	55626	55626	55626	55626	47434	39243	39243	34951	30659	30659	26776	22894	22894	22894	22894	20169	19261
			柴油	46210	45238	44266	44266	44266	44266	40856	37446	37446	27292	17137	17137	17137	17137	13076	9015	9015	7328	6765
			燃气	55299	33497	11695	11695	11695	11695	8304	4914	4914	4000	3086	3086	2451	1816	1816	1816	1816	1451	1329
	中型		汽油	293708	293708	293708	293708	293111	199459	13348	13348	13348	13348	13348	13208	13068	13068	10607	8146	8146	8146	8146
			柴油	67831	67831	63309	54265	54265	41302	15375	15375	15375	14475	13575	13575	13575	13575	9838	6102	6102	3631	2807
			燃气	76878	76878	72607	64066	64066	61796	57256	57256	57256	45884	34513	34513	46709	46709	22744	22744	22744	22744	22744
	重型		汽油	939632	939632	939632	939632	939034	632810	21557	21557	21557	21557	21557	16925	12293	12293	9946	7600	7600	7600	7600
			柴油	251361	251361	191034	70381	70381	70381	70381	70381	70381	51529	32677	32677	32677	32677	20565	8453	8453	6646	6044
			燃气	245185	245185	231564	204322	204322	197086	182613	182613	182613	146310	110007	110007	117693	117693	87680	87680	87680	87680	87680
低速汽车	三轮汽车			25300	25300	25300	25300	25300	25300	25300	25300	25300	16721	16721	16721	16721	16721	16721	16721	16721	16721	16721
	低速货车			33990	33990	33990	33990	33990	33990	33990	33990	33990	22464	22464	22464	22464	22464	22464	22464	22464	22464	22464
摩托车	普通摩托车			10464	10464	10464	10464	7809	5154	2759	2759	2759	2759	2759	2059	1359	1359	1359	1359	1359	1359	1359
	轻便摩托车			33839	33839	33839	33839	33839	6768	6768	3332	3332	3332	3332	2486	1641	1641	1641	1641	1641	1641	1641

白山市 NO_x 排放系数

单位：克/（辆·年）

车辆类型		使用性质	燃料种类	1999年年底前	2000年	2001年	2002年	2003年	2004年	2005年	2006年	2007年	2008年	2009年	2010年	2011年	2012年	2013年	2014年	2015年	2016年	2017年
载客汽车	微型	出租车	汽油	262410	175866	89321	89321	89321	89321	65453	41585	41585	30450	19315	19315	15863	12411	12411	12411	12411	7840	6316
			燃气	159234	107885	56536	56536	56536	56536	41900	27264	27264	20336	13409	13409	10860	8310	8310	8310	8310	5050	3963
		其他	汽油	30521	19136	7750	7750	7750	7750	4894	2038	2038	1658	1278	1278	1084	889	889	889	889	605	510
			燃气	17469	10390	3311	3311	3311	3311	2148	985	985	798	612	612	490	367	367	367	367	300	277
	小型	出租车	汽油	297583	195530	93477	93477	93477	93477	67850	42224	42224	30770	19315	19315	15274	11233	11233	11233	11233	6761	5270
			柴油	310424	258846	207269	207269	207269	207269	184724	162179	162179	128402	94625	94625	94625	94625	77560	60496	60496	46976	42469
			燃气	180056	119526	58996	58996	58996	58996	43319	27642	27642	20526	13409	13409	10511	7613	7613	7613	7613	4411	3344
		其他	汽油	28486	18174	7863	7863	7863	7863	5219	2575	2575	1792	1009	1009	928	848	848	848	848	571	479
			柴油	24477	20007	15537	15537	15537	15537	14320	13102	13102	10252	7402	7402	7402	7402	6411	5420	5420	4702	4463
			燃气	16264	10356	4448	4448	4448	4448	2876	1303	1303	878	453	453	398	342	342	342	342	279	258
	中型	公交车	汽油	329794	329794	329794	329794	329794	225304	16325	16325	16325	16325	16325	14640	12956	12956	9781	6606	6606	6606	6606
			柴油	367580	367580	366717	364991	364991	350486	321475	321475	321475	267773	214071	214071	214071	214071	174698	135324	135324	113296	105954
			燃气	390287	390287	385641	376348	376348	364674	341327	341327	341327	284077	226827	226827	143442	143442	112343	112343	112343	112343	112343
		其他	汽油	202194	202194	202194	202194	202194	137155	7077	7077	7077	7077	7077	7077	7077	7077	5308	3539	3539	3539	3539
			柴油	172379	172379	165183	150792	150792	149517	146966	146966	146966	125166	103367	103367	103367	103367	91780	80194	80194	68446	64530
			燃气	194652	194652	183838	162210	162210	160681	157623	157623	157623	134205	110787	110787	86298	86298	69320	69320	69320	69320	69320
	大型	公交车	汽油	1174891	1174891	1174891	1174891	1174891	807877	73850	73850	73850	73850	73850	73786	73721	73721	55291	36861	36861	36861	36861
			柴油	521338	521338	504492	470800	470800	457423	430668	430668	430668	422907	415146	415146	415146	415146	400176	385206	385206	347245	334591
			燃气	1048200	1048200	989967	873500	873500	808681	679042	679042	679042	581813	484584	484584	451148	451148	391027	391027	391027	391027	391027
		其他	汽油	2804250	2804250	2804250	2804250	2804250	1928256	176267	176267	176267	176267	176267	169657	163047	163047	122416	81784	81784	81784	81784
			柴油	1248444	1248444	1216319	1152069	1152069	1125209	1071490	1071490	1071490	1033766	996041	996041	996041	996041	948236	900431	900431	796872	762353
			燃气	2323843	2323843	2194741	1936536	1936536	1792833	1505426	1505426	1505426	1290365	1075304	1075304	970108	970108	823050	823050	823050	823050	823050
载货汽车	微型		汽油	118911	70428	21946	21946	21946	21946	14901	7856	7856	6354	4851	4851	4322	3792	3792	3792	3792	2858	2546
			柴油	78731	64800	50870	50870	50870	50870	45822	40773	40773	34528	28283	28283	28283	28283	20694	13106	13106	11328	10735
			燃气	68060	38718	9376	9376	9376	9376	6586	3797	3797	3060	2323	2323	1944	1565	1565	1565	1565	1428	1383
	轻型		汽油	88397	56549	24701	24701	24701	24701	16654	8607	8607	7209	5811	5811	4853	3895	3895	3895	3895	2988	2685
			柴油	79013	64942	50870	50870	50870	50870	45822	40773	40773	34528	28283	28283	28283	28283	22593	16903	16903	15793	15423
			燃气	50470	32222	13973	13973	13973	13973	9164	4355	4355	3482	2609	2609	2090	1571	1571	1571	1571	1477	1446
	中型		汽油	199252	199252	199252	199252	199252	136030	9589	9589	9589	9589	9589	9589	9589	9589	7194	4800	4800	4800	4800
			柴油	375874	375874	337508	260775	260775	247968	222355	222355	222355	218426	214496	214496	214496	214496	188194	161891	161891	139403	131907
			燃气	424440	424440	376467	280521	280521	266507	238479	238479	238479	234186	229893	229893	174213	174213	141698	141698	141698	141698	141698
	重型		汽油	1278531	1278531	1278531	1278531	1278531	879142	80365	80365	80365	80365	80365	77351	74337	74337	55812	37288	37288	37288	37288
			柴油	723265	723265	698578	649203	649203	625191	577166	577166	577166	554022	530877	530877	530877	530877	457497	384117	384117	265564	226047
			燃气	1346279	1346279	1261272	1091258	1091258	997809	810909	810909	810909	692016	573123	573123	413841	413841	244044	244044	244044	244044	244044
低速汽车	三轮汽车			65550	65550	65550	65550	65550	65550	65550	65550	65550	53279	53279	53279	53279	53279	53279	53279	53279	53279	53279
	低速货车			88065	88065	88065	88065	88065	88065	88065	88065	88065	71579	71579	71579	71579	71579	71579	71579	71579	71579	71579
摩托车	普通摩托车			781	781	781	781	755	729	677	677	677	677	677	602	526	526	526	526	526	526	526
	轻便摩托车			521	521	521	521	521	260	260	260	260	260	260	231	202	202	202	202	202	202	202

白山市 PM 排放系数

单位：克/（辆•年）

车辆类型		使用性质	燃料种类	1999年年底前	2000年	2001年	2002年	2003年	2004年	2005年	2006年	2007年	2008年	2009年	2010年	2011年	2012年	2013年	2014年	2015年	2016年	2017年
载客汽车	微型	出租车	汽油	—	—	—	—	—	—	—	—	—	—	—	—	—	—	—	—	—	—	—
			燃气	—	—	—	—	—	—	—	—	—	—	—	—	—	—	—	—	—	—	—
		其他	汽油	—	—	—	—	—	—	—	—	—	—	—	—	—	—	—	—	—	—	—
			燃气	—	—	—	—	—	—	—	—	—	—	—	—	—	—	—	—	—	—	—
	小型	出租车	汽油	—	—	—	—	—	—	—	—	—	—	—	—	—	—	—	—	—	—	—
			柴油	38621	35371	32121	32121	32121	32121	21924	11727	11727	7640	3552	3552	3552	3552	3301	3050	3050	2522	2346
			燃气	—	—	—	—	—	—	—	—	—	—	—	—	—	—	—	—	—	—	—
		其他	汽油	—	—	—	—	—	—	—	—	—	—	—	—	—	—	—	—	—	—	—
			柴油	3211	3039	2867	2867	2867	2867	2063	1259	1259	922	585	585	585	585	490	396	396	396	396
			燃气	—	—	—	—	—	—	—	—	—	—	—	—	—	—	—	—	—	—	—
	中型	公交车	汽油	—	—	—	—	—	—	—	—	—	—	—	—	—	—	—	—	—	—	—
			柴油	30592	30592	28032	22913	22913	17978	8108	8108	8108	6872	5637	5637	5637	5637	3504	1372	1372	1080	983
			燃气	—	—	—	—	—	—	—	—	—	—	—	—	—	—	—	—	—	—	—
		其他	汽油	—	—	—	—	—	—	—	—	—	—	—	—	—	—	—	—	—	—	—
			柴油	15274	15274	12888	8116	8116	6262	2553	2553	2553	2434	2316	2316	2316	2316	1366	415	415	399	394
			燃气	—	—	—	—	—	—	—	—	—	—	—	—	—	—	—	—	—	—	—
	大型	公交车	汽油	—	—	—	—	—	—	—	—	—	—	—	—	—	—	—	—	—	—	—
			柴油	94865	94865	93934	92071	92071	71272	29674	29674	29674	19994	10315	10315	10315	10315	6116	1916	1916	1845	1821
			燃气	—	—	—	—	—	—	—	—	—	—	—	—	—	—	—	—	—	—	—
		其他	汽油	—	—	—	—	—	—	—	—	—	—	—	—	—	—	—	—	—	—	—
			柴油	142314	142314	133412	115607	115607	85425	25061	25061	25061	17182	9303	9303	9303	9303	5868	2433	2433	2343	2313
			燃气	—	—	—	—	—	—	—	—	—	—	—	—	—	—	—	—	—	—	—
载货汽车	微型		汽油	—	—	—	—	—	—	—	—	—	—	—	—	—	—	—	—	—	—	—
			柴油	8697	8517	8337	8337	8337	8337	6786	5235	5235	3886	2536	2536	2536	2536	1596	657	657	654	653
			燃气	—	—	—	—	—	—	—	—	—	—	—	—	—	—	—	—	—	—	—
	轻型		汽油	—	—	—	—	—	—	—	—	—	—	—	—	—	—	—	—	—	—	—
			柴油	9045	8691	8337	8337	8337	8337	6786	5235	5235	3886	2536	2536	2536	2536	1912	1289	1289	1064	989
			燃气	—	—	—	—	—	—	—	—	—	—	—	—	—	—	—	—	—	—	—
	中型		汽油	—	—	—	—	—	—	—	—	—	—	—	—	—	—	—	—	—	—	—
			柴油	32612	32612	27444	17109	17109	13181	5325	5325	5325	5045	4765	4765	4765	4765	3055	1345	1345	1232	1194
			燃气	—	—	—	—	—	—	—	—	—	—	—	—	—	—	—	—	—	—	—
	重型		汽油	—	—	—	—	—	—	—	—	—	—	—	—	—	—	—	—	—	—	—
			柴油	87737	87737	72113	40866	40866	32448	15611	15611	15611	10698	5784	5784	5784	5784	3854	1924	1924	1626	1527
			燃气	—	—	—	—	—	—	—	—	—	—	—	—	—	—	—	—	—	—	—
低速汽车	三轮汽车			4092	4092	4092	4092	4092	4092	4092	4092	4092	3220	3220	3220	3220	3220	3220	3220	3220	3220	3220
	低速货车			5581	5581	5581	5581	5581	5581	5581	5581	5581	4392	4392	4392	4392	4392	4392	4392	4392	4392	4392
摩托车	普通摩托车			—	—	—	—	—	—	—	—	—	—	—	—	—	—	—	—	—	—	—
	轻便摩托车			—	—	—	—	—	—	—	—	—	—	—	—	—	—	—	—	—	—	—

白山市 VOCs 排放系数

单位：克/（辆•年）

车辆类型		使用性质	燃料种类	1999 年年底前	2000 年	2001 年	2002 年	2003 年	2004 年	2005 年	2006 年	2007 年	2008 年	2009 年	2010 年	2011 年	2012 年	2013 年	2014 年	2015 年	2016 年	2017 年
载客汽车	微型	出租车	汽油	1482198	856054	229911	229911	229911	229911	165222	100534	100534	79254	57975	57975	49020	40066	40066	40066	40066	31548	28708
			燃气	297803	179179	60555	60555	60555	60555	46046	31538	31538	25849	20160	20160	16080	12000	12000	12000	12000	7391	5855
		其他	汽油	88663	51644	14626	14626	14626	14626	14204	13783	13783	11399	9015	9015	8506	7998	7998	7998	7998	6380	5840
			燃气	14696	8234	1773	1773	1773	1773	1704	1636	1636	1212	788	788	720	652	652	652	652	445	376
	小型	出租车	汽油	1482198	841124	200049	200049	200049	200049	190044	180039	180039	119007	57975	57975	49020	40066	40066	40066	40066	29050	25378
			柴油	177710	167936	158161	158161	158161	158161	144542	130922	130922	92647	54372	54372	54372	54372	40588	26803	26803	16164	12617
			燃气	297803	176374	54944	54944	54944	54944	50710	46475	46475	33318	20160	20160	16080	12000	12000	12000	12000	6922	5230
		其他	汽油	89990	52146	14303	14303	14303	14303	14758	15212	15212	12117	9022	9022	8426	7830	7830	7830	7830	6511	6071
			柴油	11945	10937	9929	9929	9929	9929	8436	6944	6944	4700	2456	2456	2456	2456	2172	1889	1889	1374	1203
			燃气	14945	8976	3007	3007	3007	3007	2456	1905	1905	1406	908	908	764	621	621	621	621	470	419
	中型	公交车	汽油	247403	247403	247403	247403	246806	168563	13270	13270	13270	13270	13270	13118	12967	12967	10540	8113	8113	8113	8113
			柴油	87806	87806	86086	82645	82645	64494	28192	28192	28192	20508	12823	12823	12823	12823	8958	5093	5093	4763	4653
			燃气	71579	71579	67602	59649	59649	57536	53311	53311	53311	42686	32061	32061	22219	22219	22154	22154	22154	22154	22154
		其他	汽油	128113	128113	128113	128113	127516	87194	7743	7743	7743	7743	7743	7598	7452	7452	6400	5349	5349	5349	5349
			柴油	30493	30493	28460	24394	24394	18567	6912	6912	6912	6506	6099	6099	6099	6099	3750	1402	1402	1243	1190
			燃气	34560	34560	32640	28800	28800	27780	25740	25740	25740	20623	15506	15506	10732	10732	9642	9642	9642	9642	9642
	大型	公交车	汽油	576711	576711	576711	576711	576114	388536	14574	14574	14574	14574	14574	14434	14295	14295	11529	8763	8763	8763	8763
			柴油	131708	131708	108010	60614	60614	60614	60614	60614	60614	43515	26416	26416	26416	26416	17675	8934	8934	5723	4653
			燃气	168926	168926	159541	140772	140772	135786	125815	125815	125815	100740	75665	75665	52438	52438	47188	47188	47188	47188	47188
		其他	汽油	1278009	1278009	1278009	1278009	1277412	860564	28061	28061	28061	28061	28061	21802	15543	15543	12352	9162	9162	9162	9162
			柴油	272891	272891	207397	76409	76409	76409	76409	76409	76409	55942	35476	35476	35476	35476	20706	5937	5937	5324	5119
			燃气	266186	266186	251398	221822	221822	213966	198253	198253	198253	158842	119430	119430	82662	82662	74261	74261	74261	74261	74261
载货汽车	微型		汽油	588935	312018	35102	35102	35102	35102	33538	31975	31975	29548	27121	27121	21914	16708	16708	16708	16708	14568	13855
			柴油	44353	41483	38613	38613	38613	38613	35704	32796	32796	23829	14862	14862	14862	14862	10170	5477	5477	4078	3612
			燃气	97617	50936	4255	4255	4255	4255	4025	3795	3795	3083	2371	2371	1866	1362	1362	1362	1362	1010	892
	轻型		汽油	298980	174542	50104	50104	50104	50104	42795	35486	35486	31620	27755	27755	24328	20901	20901	20901	20901	18450	17633
			柴油	40171	39392	38613	38613	38613	38613	35704	32796	32796	23829	14862	14862	14862	14862	11371	7880	7880	6480	6014
			燃气	49653	30093	10534	10534	10534	10534	7489	4444	4444	3619	2793	2793	2226	1658	1658	1658	1658	1327	1217
	中型		汽油	293708	293708	293708	293708	293111	199459	13348	13348	13348	13348	13348	13208	13068	13068	10607	8146	8146	8146	8146
			柴油	67831	67831	63309	54265	54265	41302	15375	15375	15375	14475	13575	13575	13575	13575	9838	6102	6102	3631	2807
			燃气	76878	76878	72607	64066	64066	61796	57256	57256	57256	45884	34513	34513	46709	46709	22744	22744	22744	22744	22744
	重型		汽油	587588	587588	587588	587588	586990	395858	14787	14787	14787	14787	14787	11848	8908	8908	7440	5971	5971	5971	5971
			柴油	160216	160216	121764	44861	44861	44861	44861	44861	44861	32844	20828	20828	20828	20828	13188	5549	5549	3926	3385
			燃气	156279	156279	147598	130235	130235	125623	116398	116398	116398	93258	70117	70117	77260	77260	49106	49106	49106	49106	49106
低速汽车	三轮汽车			25300	25300	25300	25300	25300	25300	25300	25300	25300	16721	16721	16721	16721	16721	16721	16721	16721	16721	16721
	低速货车			33990	33990	33990	33990	33990	33990	33990	33990	33990	22464	22464	22464	22464	22464	22464	22464	22464	22464	22464
摩托车	普通摩托车			10464	10464	10464	10464	7809	5154	2759	2759	2759	2759	2759	2059	1359	1359	1359	1359	1359	1359	1359
	轻便摩托车			33839	33839	33839	33839	33839	6768	6768	3332	3332	3332	3332	2486	1641	1641	1641	1641	1641	1641	1641

松原市 NO_x 排放系数

单位：克/（辆·年）

车辆类型		使用性质	燃料种类	1999 年年底前	2000 年	2001 年	2002 年	2003 年	2004 年	2005 年	2006 年	2007 年	2008 年	2009 年	2010 年	2011 年	2012 年	2013 年	2014 年	2015 年	2016 年	2017 年
载客汽车	微型	出租车	汽油	333002	225242	117482	117482	117482	117482	87008	56534	56534	42084	27635	27635	22470	17306	17306	17306	17306	10522	8260
			燃气	203468	139390	75312	75312	75312	75312	56494	37676	37676	28582	19489	19489	15654	11819	11819	11819	11819	6892	5250
		其他	汽油	30521	19136	7750	7750	7750	7750	4894	2038	2038	1658	1278	1278	1084	889	889	889	889	605	510
			燃气	17469	10390	3311	3311	3311	3311	2148	985	985	798	612	612	490	367	367	367	367	300	277
	小型	出租车	汽油	376605	249619	122633	122633	122633	122633	89980	57326	57326	42480	27635	27635	21740	15845	15845	15845	15845	9184	6964
			柴油	409414	343762	278110	278110	278110	278110	247422	216734	216734	172130	127527	127527	127527	127527	103633	79739	79739	60442	54009
			燃气	229281	153821	78361	78361	78361	78361	58252	38144	38144	28816	19489	19489	15222	10954	10954	10954	10954	6100	4482
		其他	汽油	28486	18174	7863	7863	7863	7863	5219	2575	2575	1792	1009	1009	928	848	848	848	848	571	479
			柴油	24477	20007	15537	15537	15537	15537	14320	13102	13102	10252	7402	7402	7402	7402	6411	5420	5420	4702	4463
			燃气	16264	10356	4448	4448	4448	4448	2876	1303	1303	878	453	453	398	342	342	342	342	279	258
	中型	公交车	汽油	329794	329794	329794	329794	329794	225304	16325	16325	16325	16325	16325	14640	12956	12956	9781	6606	6606	6606	6606
			柴油	367580	367580	366717	364991	364991	350486	321475	321475	321475	267773	214071	214071	214071	214071	174698	135324	135324	113296	105954
			燃气	390287	390287	385641	376348	376348	364674	341327	341327	341327	284077	226827	226827	143442	143442	112343	112343	112343	112343	112343
		其他	汽油	202194	202194	202194	202194	202194	137155	7077	7077	7077	7077	7077	7077	7077	7077	5308	3539	3539	3539	3539
			柴油	172379	172379	165183	150792	150792	149517	146966	146966	146966	125166	103367	103367	103367	103367	91780	80194	80194	68446	64530
			燃气	194652	194652	183838	162210	162210	160681	157623	157623	157623	134205	110787	110787	86298	86298	69320	69320	69320	69320	69320
	大型	公交车	汽油	1174891	1174891	1174891	1174891	1174891	807877	73850	73850	73850	73850	73850	73786	73721	73721	55291	36861	36861	36861	36861
			柴油	521338	521338	504492	470800	470800	457423	430668	430668	430668	422907	415146	415146	415146	415146	400176	385206	385206	347245	334591
			燃气	1048200	1048200	989967	873500	873500	808681	679042	679042	679042	581813	484584	484584	451148	451148	391027	391027	391027	391027	391027
		其他	汽油	2804250	2804250	2804250	2804250	2804250	1928256	176267	176267	176267	176267	176267	169657	163047	163047	122416	81784	81784	81784	81784
			柴油	1248444	1248444	1216319	1152069	1152069	1125209	1071490	1071490	1071490	1033766	996041	996041	996041	996041	948236	900431	900431	796872	762353
			燃气	2323843	2323843	2194741	1936536	1936536	1792833	1505426	1505426	1505426	1290365	1075304	1075304	970108	970108	823050	823050	823050	823050	823050
载货汽车	微型		汽油	137483	81595	25707	25707	25707	25707	17523	9339	9339	7573	5807	5807	5136	4464	4464	4464	4464	3335	2959
			柴油	92431	76251	60071	60071	60071	60071	54062	48052	48052	40669	33286	33286	33286	33286	24348	15409	15409	13202	12466
			燃气	78690	44836	10983	10983	10983	10983	7748	4514	4514	3647	2781	2781	2312	1843	1843	1843	1843	1666	1607
	轻型		汽油	102299	65592	28884	28884	28884	28884	19544	10205	10205	8559	6913	6913	5748	4583	4583	4583	4583	3484	3118
			柴油	92756	76414	60071	60071	60071	60071	54062	48052	48052	40669	33286	33286	33286	33286	26536	19787	19787	18350	17871
			燃气	58407	37373	16339	16339	16339	16339	10752	5164	5164	4134	3104	3104	2476	1848	1848	1848	1848	1722	1679
	中型		汽油	199252	199252	199252	199252	199252	136030	9589	9589	9589	9589	9589	9589	9589	9589	7194	4800	4800	4800	4800
			柴油	375874	375874	337508	260775	260775	247968	222355	222355	222355	218426	214496	214496	214496	214496	188194	161891	161891	139403	131907
			燃气	424440	424440	376467	280521	280521	266507	238479	238479	238479	234186	229893	229893	174213	174213	141698	141698	141698	141698	141698
	重型		汽油	2062997	2062997	2062997	2062997	2062997	1418556	129674	129674	129674	129674	129674	124812	119949	119949	90058	60166	60166	60166	60166
			柴油	1155349	1155349	1115913	1037041	1037041	998683	921968	921968	921968	884997	848026	848026	848026	848026	739896	631767	631767	440361	376559
			燃气	2150557	2150557	2014766	1743183	1743183	1593905	1295350	1295350	1295350	1105430	915510	915510	680654	680654	406540	406540	406540	406540	406540
低速汽车	三轮汽车			65550	65550	65550	65550	65550	65550	65550	65550	65550	53279	53279	53279	53279	53279	53279	53279	53279	53279	53279
	低速货车			88065	88065	88065	88065	88065	88065	88065	88065	88065	71579	71579	71579	71579	71579	71579	71579	71579	71579	71579
摩托车	普通摩托车			781	781	781	781	755	729	677	677	677	677	677	602	526	526	526	526	526	526	526
	轻便摩托车			521	521	521	521	521	260	260	260	260	260	260	231	202	202	202	202	202	202	202

松原市 **PM** 排放系数

单位：克/（辆·年）

车辆类型		使用性质	燃料种类	1999年年底前	2000年	2001年	2002年	2003年	2004年	2005年	2006年	2007年	2008年	2009年	2010年	2011年	2012年	2013年	2014年	2015年	2016年	2017年
载客汽车	微型	出租车	汽油	—	—	—	—	—	—	—	—	—	—	—	—	—	—	—	—	—	—	—
			燃气	—	—	—	—	—	—	—	—	—	—	—	—	—	—	—	—	—	—	—
		其他	汽油	—	—	—	—	—	—	—	—	—	—	—	—	—	—	—	—	—	—	—
			燃气	—	—	—	—	—	—	—	—	—	—	—	—	—	—	—	—	—	—	—
	小型	出租车	汽油	—	—	—	—	—	—	—	—	—	—	—	—	—	—	—	—	—	—	—
			柴油	47878	43849	39820	39820	39820	39820	27179	14538	14538	9470	4403	4403	4403	4403	4092	3781	3781	3127	2909
			燃气	—	—	—	—	—	—	—	—	—	—	—	—	—	—	—	—	—	—	—
		其他	汽油	—	—	—	—	—	—	—	—	—	—	—	—	—	—	—	—	—	—	—
			柴油	3211	3039	2867	2867	2867	2867	2063	1259	1259	922	585	585	585	585	490	396	396	396	396
			燃气	—	—	—	—	—	—	—	—	—	—	—	—	—	—	—	—	—	—	—
	中型	公交车	汽油	—	—	—	—	—	—	—	—	—	—	—	—	—	—	—	—	—	—	—
			柴油	30592	30592	28032	22913	22913	17978	8108	8108	8108	6872	5637	5637	5637	5637	3504	1372	1372	1080	983
			燃气	—	—	—	—	—	—	—	—	—	—	—	—	—	—	—	—	—	—	—
		其他	汽油	—	—	—	—	—	—	—	—	—	—	—	—	—	—	—	—	—	—	—
			柴油	15274	15274	12888	8116	8116	6262	2553	2553	2553	2434	2316	2316	2316	2316	1366	415	415	399	394
			燃气	—	—	—	—	—	—	—	—	—	—	—	—	—	—	—	—	—	—	—
	大型	公交车	汽油	—	—	—	—	—	—	—	—	—	—	—	—	—	—	—	—	—	—	—
			柴油	94865	94865	93934	92071	92071	71272	29674	29674	29674	19994	10315	10315	10315	10315	6116	1916	1916	1845	1821
			燃气	—	—	—	—	—	—	—	—	—	—	—	—	—	—	—	—	—	—	—
		其他	汽油	—	—	—	—	—	—	—	—	—	—	—	—	—	—	—	—	—	—	—
			柴油	142314	142314	133412	115607	115607	85425	25061	25061	25061	17182	9303	9303	9303	9303	5868	2433	2433	2343	2313
			燃气	—	—	—	—	—	—	—	—	—	—	—	—	—	—	—	—	—	—	—
载货汽车	微型		汽油	—	—	—	—	—	—	—	—	—	—	—	—	—	—	—	—	—	—	—
			柴油	10028	9820	9613	9613	9613	9613	7825	6037	6037	4480	2924	2924	2924	2924	1841	758	758	754	753
			燃气	—	—	—	—	—	—	—	—	—	—	—	—	—	—	—	—	—	—	—
	轻型		汽油	—	—	—	—	—	—	—	—	—	—	—	—	—	—	—	—	—	—	—
			柴油	10429	10021	9613	9613	9613	9613	7825	6037	6037	4480	2924	2924	2924	2924	2205	1486	1486	1227	1141
			燃气	—	—	—	—	—	—	—	—	—	—	—	—	—	—	—	—	—	—	—
	中型		汽油	—	—	—	—	—	—	—	—	—	—	—	—	—	—	—	—	—	—	—
			柴油	32612	32612	27444	17109	17109	13181	5325	5325	5325	5045	4765	4765	4765	4765	3055	1345	1345	1232	1194
			燃气	—	—	—	—	—	—	—	—	—	—	—	—	—	—	—	—	—	—	—
	重型		汽油	—	—	—	—	—	—	—	—	—	—	—	—	—	—	—	—	—	—	—
			柴油	143852	143852	118236	67003	67003	53200	25595	25595	25595	17539	9483	9483	9483	9483	6258	3032	3032	2562	2406
			燃气	—	—	—	—	—	—	—	—	—	—	—	—	—	—	—	—	—	—	—
低速汽车	三轮汽车			4092	4092	4092	4092	4092	4092	4092	4092	4092	3220	3220	3220	3220	3220	3220	3220	3220	3220	3220
	低速货车			5581	5581	5581	5581	5581	5581	5581	5581	5581	4392	4392	4392	4392	4392	4392	4392	4392	4392	4392
摩托车	普通摩托车			—	—	—	—	—	—	—	—	—	—	—	—	—	—	—	—	—	—	—
	轻便摩托车			—	—	—	—	—	—	—	—	—	—	—	—	—	—	—	—	—	—	—

松原市 VOCs 排放系数

单位：克/（辆·年）

车辆类型		使用性质	燃料种类	1999年年底前	2000年	2001年	2002年	2003年	2004年	2005年	2006年	2007年	2008年	2009年	2010年	2011年	2012年	2013年	2014年	2015年	2016年	2017年
载客汽车	微型	出租车	汽油	1844935	1068656	292377	292377	292377	292377	211104	129830	129830	102736	75642	75642	63408	51173	51173	51173	51173	39300	35343
			燃气	377527	229890	82254	82254	82254	82254	63341	44428	44428	36680	28932	28932	22947	16962	16962	16962	16962	10032	7722
		其他	汽油	88790	51772	14754	14754	14754	14754	14332	13910	13910	11526	9143	9143	8634	8126	8126	8126	8126	6507	5967
			燃气	14696	8234	1773	1773	1773	1773	1704	1636	1636	1212	788	788	720	652	652	652	652	445	376
	小型	出租车	汽油	1844935	1050146	255358	255358	255358	255358	241875	228392	228392	152017	75642	75642	63408	51173	51173	51173	51173	36204	31215
			柴油	248898	234780	220661	220661	220661	220661	200574	180488	180488	129880	79273	79273	79273	79273	58982	38692	38692	22554	17175
			燃气	377527	226412	75298	75298	75298	75298	69122	62945	62945	45938	28932	28932	22947	16962	16962	16962	16962	9451	6947
		其他	汽油	90117	52274	14430	14430	14430	14430	14885	15340	15340	12245	9150	9150	8554	7957	7957	7957	7957	6638	6198
			柴油	11945	10937	9929	9929	9929	9929	8436	6944	6944	4700	2456	2456	2456	2456	2172	1889	1889	1374	1203
			燃气	14945	8976	3007	3007	3007	3007	2456	1905	1905	1406	908	908	764	621	621	621	621	470	419
	中型	公交车	汽油	247531	247531	247531	247531	246934	168691	13398	13398	13398	13398	13398	13246	13095	13095	10668	8241	8241	8241	8241
			柴油	87806	87806	86086	82645	82645	64494	28192	28192	28192	20508	12823	12823	12823	12823	8958	5093	5093	4763	4653
			燃气	71579	71579	67602	59649	59649	57536	53311	53311	53311	42686	32061	32061	22219	22219	22154	22154	22154	22154	22154
		其他	汽油	128241	128241	128241	128241	127644	87321	7870	7870	7870	7870	7870	7724	7579	7579	6528	5477	5477	5477	5477
			柴油	30493	30493	28460	24394	24394	18567	6912	6912	6912	6506	6099	6099	6099	6099	3750	1402	1402	1243	1190
			燃气	34560	34560	32640	28800	28800	27780	25740	25740	25740	20623	15506	15506	10732	10732	9642	9642	9642	9642	9642
	大型	公交车	汽油	576839	576839	576839	576839	576242	388664	14702	14702	14702	14702	14702	14562	14422	14422	11656	8890	8890	8890	8890
			柴油	131708	131708	108010	60614	60614	60614	60614	60614	60614	43515	26416	26416	26416	26416	17675	8934	8934	5723	4653
			燃气	168926	168926	159541	140772	140772	135786	125815	125815	125815	100740	75665	75665	52438	52438	47188	47188	47188	47188	47188
		其他	汽油	1278137	1278137	1278137	1278137	1277540	860691	28188	28188	28188	28188	28188	21930	15671	15671	12480	9289	9289	9289	9289
			柴油	272891	272891	207397	76409	76409	76409	76409	76409	76409	55942	35476	35476	35476	35476	20706	5937	5937	5324	5119
			燃气	266186	266186	251398	221822	221822	213966	198253	198253	198253	158842	119430	119430	82662	82662	74261	74261	74261	74261	74261
载货汽车	微型		汽油	678039	359116	40194	40194	40194	40194	38350	36507	36507	33738	30970	30970	24891	18812	18812	18812	18812	16359	15541
			柴油	52974	49528	46081	46081	46081	46081	42508	38934	38934	28403	17872	17872	17872	17872	12242	6611	6611	4827	4232
			燃气	112225	58528	4830	4830	4830	4830	4562	4294	4294	3481	2669	2669	2089	1509	1509	1509	1509	1112	979
	轻型		汽油	343713	200602	57492	57492	57492	57492	49024	40555	40555	36128	31701	31701	27674	23647	23647	23647	23647	20834	19897
			柴油	48153	47117	46081	46081	46081	46081	42508	38934	38934	28403	17872	17872	17872	17872	13626	9381	9381	7597	7002
			燃气	57001	34491	11980	11980	11980	11980	8508	5036	5036	4091	3146	3146	2496	1846	1846	1846	1846	1470	1345
	中型		汽油	293836	293836	293836	293836	293238	199586	13475	13475	13475	13475	13475	13335	13195	13195	10734	8274	8274	8274	8274
			柴油	67831	67831	63309	54265	54265	41302	15375	15375	15375	14475	13575	13575	13575	13575	9838	6102	6102	3631	2807
			燃气	76878	76878	72607	64066	64066	61796	57256	57256	57256	45884	34513	34513	46709	46709	22744	22744	22744	22744	22744
	重型		汽油	939760	939760	939760	939760	939162	632938	21685	21685	21685	21685	21685	17052	12420	12420	10074	7727	7727	7727	7727
			柴油	251361	251361	191034	70381	70381	70381	70381	70381	70381	51529	32677	32677	32677	32677	20565	8453	8453	6646	6044
			燃气	245185	245185	231564	204322	204322	197086	182613	182613	182613	146310	110007	110007	117693	117693	87680	87680	87680	87680	87680
低速汽车	三轮汽车			25300	25300	25300	25300	25300	25300	25300	25300	25300	16721	16721	16721	16721	16721	16721	16721	16721	16721	16721
	低速货车			33990	33990	33990	33990	33990	33990	33990	33990	33990	22464	22464	22464	22464	22464	22464	22464	22464	22464	22464
摩托车	普通摩托车			10464	10464	10464	10464	7809	5154	2759	2759	2759	2759	2759	2059	1359	1359	1359	1359	1359	1359	1359
	轻便摩托车			33839	33839	33839	33839	33839	6768	6768	3332	3332	3332	3332	2486	1641	1641	1641	1641	1641	1641	1641

白城市 NO_x 排放系数

单位：克/（辆·年）

车辆类型		使用性质	燃料种类	1999年年底前	2000年	2001年	2002年	2003年	2004年	2005年	2006年	2007年	2008年	2009年	2010年	2011年	2012年	2013年	2014年	2015年	2016年	2017年
载客汽车	微型	出租车	汽油	262438	175884	89331	89331	89331	89331	65462	41593	41593	30456	19320	19320	15868	12416	12416	12416	12416	7842	6317
			燃气	159234	107885	56536	56536	56536	56536	41900	27264	27264	20336	13409	13409	10860	8310	8310	8310	8310	5050	3963
		其他	汽油	30540	19149	7758	7758	7758	7758	4902	2045	2045	1664	1283	1283	1088	894	894	894	894	607	511
			燃气	17469	10390	3311	3311	3311	3311	2148	985	985	798	612	612	490	367	367	367	367	300	277
	小型	出租车	汽油	297613	195550	93487	93487	93487	93487	67860	42232	42232	30776	19320	19320	15279	11238	11238	11238	11238	6763	5271
			柴油	310436	258857	207278	207278	207278	207278	184732	162187	162187	128408	94630	94630	94630	94630	77565	60500	60500	46978	42471
			燃气	180056	119526	58996	58996	58996	58996	43319	27642	27642	20526	13409	13409	10511	7613	7613	7613	7613	4411	3344
		其他	汽油	28505	18188	7870	7870	7870	7870	5226	2583	2583	1798	1014	1014	933	852	852	852	852	573	480
			柴油	24482	20012	15541	15541	15541	15541	14324	13106	13106	10256	7406	7406	7406	7406	6414	5423	5423	4704	4464
			燃气	16264	10356	4448	4448	4448	4448	2876	1303	1303	878	453	453	398	342	342	342	342	279	258
	中型	公交车	汽油	329809	329809	329809	329809	329809	225315	16326	16326	16326	16326	16326	14642	12957	12957	9782	6606	6606	6606	6606
			柴油	367593	367593	366730	365003	365003	350497	321486	321486	321486	267782	214079	214079	214079	214079	174704	135328	135328	113300	105957
			燃气	390300	390300	385654	376361	376361	364687	341338	341338	341338	284086	226834	226834	143447	143447	112347	112347	112347	112347	112347
		其他	汽油	202203	202203	202203	202203	202203	137161	7077	7077	7077	7077	7077	7077	7077	7077	5308	3539	3539	3539	3539
			柴油	172384	172384	165188	150797	150797	149522	146971	146971	146971	125171	103371	103371	103371	103371	91784	80197	80197	68449	64533
			燃气	194658	194658	183844	162215	162215	160686	157629	157629	157629	134210	110790	110790	86301	86301	69322	69322	69322	69322	69322
	大型	公交车	汽油	1174944	1174944	1174944	1174944	1174944	807914	73854	73854	73854	73854	73854	73789	73724	73724	55294	36863	36863	36863	36863
			柴油	521356	521356	504509	470815	470815	457437	430682	430682	430682	422921	415160	415160	415160	415160	400190	385219	385219	347256	334602
			燃气	1048235	1048235	990000	873529	873529	808708	679065	679065	679065	581833	484601	484601	451163	451163	391040	391040	391040	391040	391040
		其他	汽油	2804378	2804378	2804378	2804378	2804378	1928344	176275	176275	176275	176275	176275	169665	163055	163055	122422	81788	81788	81788	81788
			柴油	1248486	1248486	1216360	1152108	1152108	1125247	1071526	1071526	1071526	1033800	996074	996074	996074	996074	948268	900461	900461	796900	762379
			燃气	2323921	2323921	2194814	1936601	1936601	1792893	1505477	1505477	1505477	1290408	1075340	1075340	970140	970140	823078	823078	823078	823078	823078
载货汽车	微型		汽油	93798	55408	17017	17017	17017	17017	11502	5986	5986	4824	3662	3662	3300	2938	2938	2938	2938	2232	1997
			柴油	60750	49842	38933	38933	38933	38933	35116	31298	31298	26528	21757	21757	21757	21757	15930	10104	10104	8834	8411
			燃气	53653	30458	7263	7263	7263	7263	5073	2883	2883	2315	1747	1747	1476	1206	1206	1206	1206	1113	1083
	轻型		汽油	69661	44429	19197	19197	19197	19197	12888	6580	6580	5500	4421	4421	3720	3020	3020	3020	3020	2334	2106
			柴油	60973	49953	38933	38933	38933	38933	35116	31298	31298	26528	21757	21757	21757	21757	17432	13107	13107	12366	12119
			燃气	39746	25298	10850	10850	10850	10850	7085	3319	3319	2647	1975	1975	1594	1212	1212	1212	1212	1152	1132
	中型		汽油	199252	199252	199252	199252	199252	136030	9589	9589	9589	9589	9589	9589	9589	9589	7194	4800	4800	4800	4800
			柴油	375874	375874	337508	260775	260775	247968	222355	222355	222355	218426	214496	214496	214496	214496	188194	161891	161891	139403	131907
			燃气	424441	424441	376468	280520	280520	266507	238480	238480	238480	234185	229891	229891	174213	174213	141696	141696	141696	141696	141696
	重型		汽油	1278531	1278531	1278531	1278531	1278531	879142	80365	80365	80365	80365	80365	77351	74337	74337	55812	37288	37288	37288	37288
			柴油	723265	723265	698578	649203	649203	625191	577166	577166	577166	554022	530877	530877	530877	530877	457497	384117	384117	265564	226047
			燃气	1346279	1346279	1261272	1091258	1091258	997808	810909	810909	810909	692016	573123	573123	413841	413841	244044	244044	244044	244044	244044
低速汽车	三轮汽车			65550	65550	65550	65550	65550	65550	65550	65550	65550	53279	53279	53279	53279	53279	53279	53279	53279	53279	53279
	低速货车			88065	88065	88065	88065	88065	88065	88065	88065	88065	71579	71579	71579	71579	71579	71579	71579	71579	71579	71579
摩托车	普通摩托车			781	781	781	781	755	729	677	677	677	677	677	602	526	526	526	526	526	526	526
	轻便摩托车			521	521	521	521	521	260	260	260	260	260	260	231	202	202	202	202	202	202	202

白城市 PM 排放系数

单位：克/（辆·年）

车辆类型		使用性质	燃料种类	1999 年年底前	2000 年	2001 年	2002 年	2003 年	2004 年	2005 年	2006 年	2007 年	2008 年	2009 年	2010 年	2011 年	2012 年	2013 年	2014 年	2015 年	2016 年	2017 年
载客汽车	微型	出租车	汽油	—	—	—	—	—	—	—	—	—	—	—	—	—	—	—	—	—	—	—
			燃气	—	—	—	—	—	—	—	—	—	—	—	—	—	—	—	—	—	—	—
		其他	汽油	—	—	—	—	—	—	—	—	—	—	—	—	—	—	—	—	—	—	—
			燃气	—	—	—	—	—	—	—	—	—	—	—	—	—	—	—	—	—	—	—
	小型	出租车	汽油	—	—	—	—	—	—	—	—	—	—	—	—	—	—	—	—	—	—	—
			柴油	38621	35371	32121	32121	32121	32121	21924	11727	11727	7640	3552	3552	3552	3552	3301	3050	3050	2522	2346
			燃气	—	—	—	—	—	—	—	—	—	—	—	—	—	—	—	—	—	—	—
		其他	汽油	—	—	—	—	—	—	—	—	—	—	—	—	—	—	—	—	—	—	—
			柴油	3211	3039	2867	2867	2867	2867	2063	1259	1259	922	585	585	585	585	490	396	396	396	396
			燃气	—	—	—	—	—	—	—	—	—	—	—	—	—	—	—	—	—	—	—
	中型	公交车	汽油	—	—	—	—	—	—	—	—	—	—	—	—	—	—	—	—	—	—	—
			柴油	30592	30592	28032	22913	22913	17978	8108	8108	8108	6872	5637	5637	5637	5637	3504	1372	1372	1080	983
			燃气	—	—	—	—	—	—	—	—	—	—	—	—	—	—	—	—	—	—	—
		其他	汽油	—	—	—	—	—	—	—	—	—	—	—	—	—	—	—	—	—	—	—
			柴油	15274	15274	12888	8116	8116	6262	2553	2553	2553	2434	2316	2316	2316	2316	1366	415	415	399	394
			燃气	—	—	—	—	—	—	—	—	—	—	—	—	—	—	—	—	—	—	—
	大型	公交车	汽油	—	—	—	—	—	—	—	—	—	—	—	—	—	—	—	—	—	—	—
			柴油	94865	94865	93934	92071	92071	71272	29674	29674	29674	19994	10315	10315	10315	10315	6116	1916	1916	1845	1821
			燃气	—	—	—	—	—	—	—	—	—	—	—	—	—	—	—	—	—	—	—
		其他	汽油	—	—	—	—	—	—	—	—	—	—	—	—	—	—	—	—	—	—	—
			柴油	142314	142314	133412	115607	115607	85425	25061	25061	25061	17182	9303	9303	9303	9303	5868	2433	2433	2343	2313
			燃气	—	—	—	—	—	—	—	—	—	—	—	—	—	—	—	—	—	—	—
载货汽车	微型		汽油	—	—	—	—	—	—	—	—	—	—	—	—	—	—	—	—	—	—	—
			柴油	6879	6736	6594	6594	6594	6594	5368	4141	4141	3074	2006	2006	2006	2006	1263	520	520	518	517
			燃气	—	—	—	—	—	—	—	—	—	—	—	—	—	—	—	—	—	—	—
	轻型		汽油	—	—	—	—	—	—	—	—	—	—	—	—	—	—	—	—	—	—	—
			柴油	7154	6874	6594	6594	6594	6594	5368	4141	4141	3074	2006	2006	2006	2006	1512	1019	1019	841	782
			燃气	—	—	—	—	—	—	—	—	—	—	—	—	—	—	—	—	—	—	—
	中型		汽油	—	—	—	—	—	—	—	—	—	—	—	—	—	—	—	—	—	—	—
			柴油	32612	32612	27444	17109	17109	13181	5325	5325	5325	5045	4765	4765	4765	4765	3055	1345	1345	1232	1194
			燃气	—	—	—	—	—	—	—	—	—	—	—	—	—	—	—	—	—	—	—
	重型		汽油	—	—	—	—	—	—	—	—	—	—	—	—	—	—	—	—	—	—	—
			柴油	87737	87737	72113	40866	40866	32448	15611	15611	15611	10698	5784	5784	5784	5784	3854	1924	1924	1626	1527
			燃气	—	—	—	—	—	—	—	—	—	—	—	—	—	—	—	—	—	—	—
低速汽车	三轮汽车			4092	4092	4092	4092	4092	4092	4092	4092	4092	3220	3220	3220	3220	3220	3220	3220	3220	3220	3220
	低速货车			5581	5581	5581	5581	5581	5581	5581	5581	5581	4392	4392	4392	4392	4392	4392	4392	4392	4392	4392
摩托车	普通摩托车			—	—	—	—	—	—	—	—	—	—	—	—	—	—	—	—	—	—	—
	轻便摩托车			—	—	—	—	—	—	—	—	—	—	—	—	—	—	—	—	—	—	—

白城市 VOCs 排放系数

单位：克/（辆・年）

车辆类型		使用性质	燃料种类	1999 年年底前	2000 年	2001 年	2002 年	2003 年	2004 年	2005 年	2006 年	2007 年	2008 年	2009 年	2010 年	2011 年	2012 年	2013 年	2014 年	2015 年	2016 年	2017 年
载客汽车	微型	出租车	汽油	1247095	722790	198486	198486	198486	198486	143760	89035	89035	70638	52242	52242	44128	36013	36013	36013	36013	27875	25162
			燃气	297803	179179	60555	60555	60555	60555	46046	31538	31538	25849	20160	20160	16080	12000	12000	12000	12000	7391	5855
		其他	汽油	77013	45396	13778	13778	13778	13778	13376	12975	12975	10834	8693	8693	8256	7820	7820	7820	7820	6262	5742
			燃气	14696	8234	1773	1773	1773	1773	1704	1636	1636	1212	788	788	720	652	652	652	652	445	376
	小型	出租车	汽油	1247095	710314	173533	173533	173533	173533	164503	155473	155473	103858	52242	52242	44128	36013	36013	36013	36013	25788	22380
			柴油	170715	161211	151707	151707	151707	151707	138340	124973	124973	89109	53245	53245	53245	53245	39728	26211	26211	15574	12028
			燃气	297803	176374	54944	54944	54944	54944	50710	46475	46475	33318	20160	20160	16080	12000	12000	12000	12000	6922	5230
		其他	汽油	78122	45815	13508	13508	13508	13508	13839	14170	14170	11434	8699	8699	8189	7679	7679	7679	7679	6371	5935
			柴油	11193	10266	9339	9339	9339	9339	7966	6592	6592	4498	2404	2404	2404	2404	2132	1859	1859	1333	1158
			燃气	14945	8976	3007	3007	3007	3007	2456	1905	1905	1406	908	908	764	621	621	621	621	470	419
	中型	公交车	汽油	247531	247531	247531	247531	246934	168691	13398	13398	13398	13398	13398	13246	13095	13095	10668	8241	8241	8241	8241
			柴油	87806	87806	86086	82645	82645	64494	28192	28192	28192	20508	12823	12823	12823	12823	8958	5093	5093	4763	4653
			燃气	71579	71579	67602	59649	59649	57536	53311	53311	53311	42686	32061	32061	22219	22219	22154	22154	22154	22154	22154
		其他	汽油	128241	128241	128241	128241	127644	87321	7870	7870	7870	7870	7870	7724	7579	7579	6528	5477	5477	5477	5477
			柴油	30493	30493	28460	24394	24394	18567	6912	6912	6912	6506	6099	6099	6099	6099	3750	1402	1402	1243	1190
			燃气	34560	34560	32640	28800	28800	27780	25740	25740	25740	20623	15506	15506	10732	10732	9642	9642	9642	9642	9642
	大型	公交车	汽油	576839	576839	576839	576839	576242	388664	14702	14702	14702	14702	14702	14562	14422	14422	11656	8890	8890	8890	8890
			柴油	131708	131708	108010	60614	60614	60614	60614	60614	60614	43515	26416	26416	26416	26416	17675	8934	8934	5723	4653
			燃气	168926	168926	159541	140772	140772	135786	125815	125815	125815	100740	75665	75665	52438	52438	47188	47188	47188	47188	47188
		其他	汽油	1278137	1278137	1278137	1278137	1277540	860691	28188	28188	28188	28188	28188	21930	15671	15671	12480	9289	9289	9289	9289
			柴油	272891	272891	207397	76409	76409	76409	76409	76409	76409	55942	35476	35476	35476	35476	20706	5937	5937	5324	5119
			燃气	266186	266186	251398	221822	221822	213966	198253	198253	198253	158842	119430	119430	82662	82662	74261	74261	74261	74261	74261
载货汽车	微型		汽油	394076	209898	25721	25721	25721	25721	24622	23522	23522	21685	19848	19848	16418	12987	12987	12987	12987	11267	10694
			柴油	31262	29268	27274	27274	27274	27274	25296	23319	23319	16905	10491	10491	10491	10491	7228	3965	3965	2980	2651
			燃气	75200	39255	3310	3310	3310	3310	3138	2966	2966	2383	1799	1799	1441	1083	1083	1083	1083	796	700
	轻型		汽油	202427	119032	35637	35637	35637	35637	30740	25842	25842	23055	20268	20268	18014	15759	15759	15759	15759	13833	13191
			柴油	28249	27762	27274	27274	27274	27274	25296	23319	23319	16905	10491	10491	10491	10491	8094	5696	5696	4710	4382
			燃气	38725	23329	7933	7933	7933	7933	5704	3474	3474	2795	2116	2116	1695	1274	1274	1274	1274	1017	931
	中型		汽油	293836	293836	293836	293836	293238	199586	13475	13475	13475	13475	13475	13335	13195	13195	10734	8274	8274	8274	8274
			柴油	67831	67831	63309	54265	54265	41302	15375	15375	15375	14475	13575	13575	13575	13575	9838	6102	6102	3631	2807
			燃气	76878	76878	72607	64066	64066	61796	57256	57256	57256	45884	34513	34513	46709	46709	22744	22744	22744	22744	22744
	重型		汽油	587716	587716	587716	587716	587118	395986	14915	14915	14915	14915	14915	11975	9035	9035	7567	6099	6099	6099	6099
			柴油	160216	160216	121764	44861	44861	44861	44861	44861	44861	32844	20828	20828	20828	20828	13188	5549	5549	3926	3385
			燃气	156279	156279	147598	130235	130235	125623	116398	116398	116398	93258	70117	70117	77260	77260	49106	49106	49106	49106	49106
低速汽车	三轮汽车			25300	25300	25300	25300	25300	25300	25300	25300	25300	16721	16721	16721	16721	16721	16721	16721	16721	16721	16721
	低速货车			33990	33990	33990	33990	33990	33990	33990	33990	33990	22464	22464	22464	22464	22464	22464	22464	22464	22464	22464
摩托车	普通摩托车			10464	10464	10464	10464	7809	5154	2759	2759	2759	2759	2759	2059	1359	1359	1359	1359	1359	1359	1359
	轻便摩托车			33839	33839	33839	33839	33839	6768	6768	3332	3332	3332	3332	2486	1641	1641	1641	1641	1641	1641	1641

延边朝鲜族自治州 NO_x 排放系数

单位：克/（辆·年）

车辆类型		使用性质	燃料种类	1999年年底前	2000年	2001年	2002年	2003年	2004年	2005年	2006年	2007年	2008年	2009年	2010年	2011年	2012年	2013年	2014年	2015年	2016年	2017年
载客汽车	微型	出租车	汽油	333033	225263	117493	117493	117493	117493	87018	56542	56542	42091	27640	27640	22476	17311	17311	17311	17311	10524	8261
			燃气	203468	139390	75312	75312	75312	75312	56494	37676	37676	28582	19489	19489	15654	11819	11819	11819	11819	6892	5250
		其他	汽油	30540	19149	7758	7758	7758	7758	4902	2045	2045	1664	1283	1283	1088	894	894	894	894	607	511
			燃气	17469	10390	3311	3311	3311	3311	2148	985	985	798	612	612	490	367	367	367	367	300	277
	小型	出租车	汽油	376638	249641	122644	122644	122644	122644	89989	57334	57334	42487	27640	27640	21745	15850	15850	15850	15850	9186	6965
			柴油	409427	343774	278120	278120	278120	278120	247432	216743	216743	172138	127533	127533	127533	127533	103639	79745	79745	60444	54011
			燃气	229281	153821	78361	78361	78361	78361	58252	38144	38144	28816	19489	19489	15222	10954	10954	10954	10954	6100	4482
		其他	汽油	28505	18188	7870	7870	7870	7870	5226	2583	2583	1798	1014	1014	933	852	852	852	852	573	480
			柴油	24482	20012	15541	15541	15541	15541	14324	13106	13106	10256	7406	7406	7406	7406	6414	5423	5423	4704	4464
			燃气	16264	10356	4448	4448	4448	4448	2876	1303	1303	878	453	453	398	342	342	342	342	279	258
	中型	公交车	汽油	329809	329809	329809	329809	329809	225315	16326	16326	16326	16326	16326	14642	12957	12957	9782	6606	6606	6606	6606
			柴油	367593	367593	366730	365003	365003	350497	321486	321486	321486	267782	214079	214079	214079	214079	174704	135328	135328	113300	105957
			燃气	390300	390300	385654	376361	376361	364687	341338	341338	341338	284086	226834	226834	143447	143447	112347	112347	112347	112347	112347
		其他	汽油	202203	202203	202203	202203	202203	137161	7077	7077	7077	7077	7077	7077	7077	7077	5308	3539	3539	3539	3539
			柴油	172384	172384	165188	150797	150797	149522	146971	146971	146971	125171	103371	103371	103371	103371	91784	80197	80197	68449	64533
			燃气	194658	194658	183844	162215	162215	160686	157629	157629	157629	134210	110790	110790	86301	86301	69322	69322	69322	69322	69322
	大型	公交车	汽油	1174944	1174944	1174944	1174944	1174944	807914	73854	73854	73854	73854	73854	73789	73724	73724	55294	36863	36863	36863	36863
			柴油	521356	521356	504509	470815	470815	457437	430682	430682	430682	422921	415160	415160	415160	415160	400190	385219	385219	347256	334602
			燃气	1048235	1048235	990000	873529	873529	808708	679065	679065	679065	581833	484601	484601	451163	451163	391040	391040	391040	391040	391040
		其他	汽油	2804378	2804378	2804378	2804378	2804378	1928344	176275	176275	176275	176275	176275	169665	163055	163055	122422	81788	81788	81788	81788
			柴油	1248486	1248486	1216360	1152108	1152108	1125247	1071526	1071526	1071526	1033800	996074	996074	996074	996074	948268	900461	900461	796900	762379
			燃气	2323921	2323921	2194814	1936601	1936601	1792893	1505477	1505477	1505477	1290408	1075340	1075340	970140	970140	823078	823078	823078	823078	823078
载货汽车	微型		汽油	136657	81099	25541	25541	25541	25541	17409	9277	9277	7522	5766	5766	5102	4437	4437	4437	4437	3314	2940
			柴油	91804	75727	59650	59650	59650	59650	53685	47720	47720	40389	33058	33058	33058	33058	24182	15306	15306	13118	12388
			燃气	78168	44534	10901	10901	10901	10901	7684	4468	4468	3609	2750	2750	2286	1821	1821	1821	1821	1651	1594
	轻型		汽油	101684	65192	28699	28699	28699	28699	19418	10138	10138	8502	6866	6866	5710	4555	4555	4555	4555	3463	3099
			柴油	92127	75888	59650	59650	59650	59650	53685	47720	47720	40389	33058	33058	33058	33058	26358	19658	19658	18234	17760
			燃气	58017	37119	16220	16220	16220	16220	10667	5114	5114	4091	3067	3067	2448	1828	1828	1828	1828	1706	1666
	中型		汽油	199252	199252	199252	199252	199252	136030	9589	9589	9589	9589	9589	9589	9589	9589	7194	4800	4800	4800	4800
			柴油	375874	375874	337508	260775	260775	247968	222355	222355	222355	218426	214496	214496	214496	214496	188194	161891	161891	139403	131907
			燃气	424441	424441	376468	280520	280520	266507	238480	238480	238480	234185	229891	229891	174213	174213	141696	141696	141696	141696	141696
	重型		汽油	2062997	2062997	2062997	2062997	2062997	1418556	129674	129674	129674	129674	129674	124812	119949	119949	90058	60166	60166	60166	60166
			柴油	1155349	1155349	1115913	1037041	1037041	998683	921968	921968	921968	884997	848026	848026	848026	848026	739896	631767	631767	440361	376559
			燃气	2150557	2150557	2014765	1743183	1743183	1593905	1295350	1295350	1295350	1105430	915511	915511	680654	680654	406540	406540	406540	406540	406540
低速汽车	三轮汽车			65550	65550	65550	65550	65550	65550	65550	65550	65550	53279	53279	53279	53279	53279	53279	53279	53279	53279	53279
	低速货车			88065	88065	88065	88065	88065	88065	88065	88065	88065	71579	71579	71579	71579	71579	71579	71579	71579	71579	71579
摩托车	普通摩托车			781	781	781	781	755	729	677	677	677	677	677	602	526	526	526	526	526	526	526
	轻便摩托车			521	521	521	521	521	260	260	260	260	260	260	231	202	202	202	202	202	202	202

延边朝鲜族自治州 **PM** 排放系数

单位：克/（辆·年）

车辆类型		使用性质	燃料种类	1999 年年底前	2000 年	2001 年	2002 年	2003 年	2004 年	2005 年	2006 年	2007 年	2008 年	2009 年	2010 年	2011 年	2012 年	2013 年	2014 年	2015 年	2016 年	2017 年
载客汽车	微型	出租车	汽油	—	—	—	—	—	—	—	—	—	—	—	—	—	—	—	—	—	—	—
			燃气	—	—	—	—	—	—	—	—	—	—	—	—	—	—	—	—	—	—	—
		其他	汽油	—	—	—	—	—	—	—	—	—	—	—	—	—	—	—	—	—	—	—
			燃气	—	—	—	—	—	—	—	—	—	—	—	—	—	—	—	—	—	—	—
	小型	出租车	汽油	—	—	—	—	—	—	—	—	—	—	—	—	—	—	—	—	—	—	—
			柴油	47878	43849	39820	39820	39820	39820	27179	14538	14538	9470	4403	4403	4403	4403	4092	3781	3781	3127	2909
			燃气	—	—	—	—	—	—	—	—	—	—	—	—	—	—	—	—	—	—	—
		其他	汽油	—	—	—	—	—	—	—	—	—	—	—	—	—	—	—	—	—	—	—
			柴油	3211	3039	2867	2867	2867	2867	2063	1259	1259	922	585	585	585	585	490	396	396	396	396
			燃气	—	—	—	—	—	—	—	—	—	—	—	—	—	—	—	—	—	—	—
	中型	公交车	汽油	—	—	—	—	—	—	—	—	—	—	—	—	—	—	—	—	—	—	—
			柴油	30592	30592	28032	22913	22913	17978	8108	8108	8108	6872	5637	5637	5637	5637	3504	1372	1372	1080	983
			燃气	—	—	—	—	—	—	—	—	—	—	—	—	—	—	—	—	—	—	—
		其他	汽油	—	—	—	—	—	—	—	—	—	—	—	—	—	—	—	—	—	—	—
			柴油	15274	15274	12888	8116	8116	6262	2553	2553	2553	2434	2316	2316	2316	2316	1366	415	415	399	394
			燃气	—	—	—	—	—	—	—	—	—	—	—	—	—	—	—	—	—	—	—
	大型	公交车	汽油	—	—	—	—	—	—	—	—	—	—	—	—	—	—	—	—	—	—	—
			柴油	94865	94865	93934	92071	92071	71272	29674	29674	29674	19994	10315	10315	10315	10315	6116	1916	1916	1845	1821
			燃气	—	—	—	—	—	—	—	—	—	—	—	—	—	—	—	—	—	—	—
		其他	汽油	—	—	—	—	—	—	—	—	—	—	—	—	—	—	—	—	—	—	—
			柴油	142314	142314	133412	115607	115607	85425	25061	25061	25061	17182	9303	9303	9303	9303	5868	2433	2433	2343	2313
			燃气	—	—	—	—	—	—	—	—	—	—	—	—	—	—	—	—	—	—	—
载货汽车	微型		汽油	—	—	—	—	—	—	—	—	—	—	—	—	—	—	—	—	—	—	—
			柴油	9967	9761	9555	9555	9555	9555	7778	6000	6000	4453	2906	2906	2906	2906	1830	753	753	750	749
			燃气	—	—	—	—	—	—	—	—	—	—	—	—	—	—	—	—	—	—	—
	轻型		汽油	—	—	—	—	—	—	—	—	—	—	—	—	—	—	—	—	—	—	—
			柴油	10366	9960	9555	9555	9555	9555	7778	6000	6000	4453	2906	2906	2906	2906	2192	1477	1477	1220	1134
			燃气	—	—	—	—	—	—	—	—	—	—	—	—	—	—	—	—	—	—	—
	中型		汽油	—	—	—	—	—	—	—	—	—	—	—	—	—	—	—	—	—	—	—
			柴油	32612	32612	27444	17109	17109	13181	5325	5325	5325	5045	4765	4765	4765	4765	3055	1345	1345	1232	1194
			燃气	—	—	—	—	—	—	—	—	—	—	—	—	—	—	—	—	—	—	—
	重型		汽油	—	—	—	—	—	—	—	—	—	—	—	—	—	—	—	—	—	—	—
			柴油	143852	143852	118236	67003	67003	53200	25595	25595	25595	17539	9483	9483	9483	9483	6258	3032	3032	2562	2406
			燃气	—	—	—	—	—	—	—	—	—	—	—	—	—	—	—	—	—	—	—
低速汽车	三轮汽车			4092	4092	4092	4092	4092	4092	4092	4092	4092	3220	3220	3220	3220	3220	3220	3220	3220	3220	3220
	低速货车			5581	5581	5581	5581	5581	5581	5581	5581	5581	4392	4392	4392	4392	4392	4392	4392	4392	4392	4392
摩托车	普通摩托车			—	—	—	—	—	—	—	—	—	—	—	—	—	—	—	—	—	—	—
	轻便摩托车			—	—	—	—	—	—	—	—	—	—	—	—	—	—	—	—	—	—	—

延边朝鲜族自治州 VOCs 排放系数

单位：克/（辆·年）

车辆类型		使用性质	燃料种类	1999 年年底前	2000 年	2001 年	2002 年	2003 年	2004 年	2005 年	2006 年	2007 年	2008 年	2009 年	2010 年	2011 年	2012 年	2013 年	2014 年	2015 年	2016 年	2017 年
载客汽车	微型	出租车	汽油	1553147	903172	253197	253197	253197	253197	184274	115352	115352	91844	68335	68335	57142	45948	45948	45948	45948	34564	30769
			燃气	377527	229890	82254	82254	82254	82254	63341	44428	44428	36680	28932	28932	22947	16962	16962	16962	16962	10032	7722
		其他	汽油	77013	45396	13778	13778	13778	13778	13376	12975	12975	10834	8693	8693	8256	7820	7820	7820	7820	6262	5742
			燃气	14696	8234	1773	1773	1773	1773	1704	1636	1636	1212	788	788	720	652	652	652	652	445	376
	小型	出租车	汽油	1553147	887704	222262	222262	222262	222262	209988	197715	197715	133025	68335	68335	57142	45948	45948	45948	45948	31977	27320
			柴油	240202	226418	212635	212635	212635	212635	192862	173089	173089	125475	77861	77861	77861	77861	57902	37942	37942	21814	16438
			燃气	377527	226412	75298	75298	75298	75298	69122	62945	62945	45938	28932	28932	22947	16962	16962	16962	16962	9451	6947
		其他	汽油	78122	45815	13508	13508	13508	13508	13839	14170	14170	11434	8699	8699	8189	7679	7679	7679	7679	6371	5935
			柴油	11193	10266	9339	9339	9339	9339	7966	6592	6592	4498	2404	2404	2404	2404	2132	1859	1859	1333	1158
			燃气	14945	8976	3007	3007	3007	3007	2456	1905	1905	1406	908	908	764	621	621	621	621	470	419
	中型	公交车	汽油	247531	247531	247531	247531	246934	168691	13398	13398	13398	13398	13398	13246	13095	13095	10668	8241	8241	8241	8241
			柴油	87806	87806	86086	82645	82645	64494	28192	28192	28192	20508	12823	12823	12823	12823	8958	5093	5093	4763	4653
			燃气	71579	71579	67602	59649	59649	57536	53311	53311	53311	42686	32061	32061	22219	22219	22154	22154	22154	22154	22154
		其他	汽油	128241	128241	128241	128241	127644	87321	7870	7870	7870	7870	7870	7724	7579	7579	6528	5477	5477	5477	5477
			柴油	30493	30493	28460	24394	24394	18567	6912	6912	6912	6506	6099	6099	6099	6099	3750	1402	1402	1243	1190
			燃气	34560	34560	32640	28800	28800	27780	25740	25740	25740	20623	15506	15506	10732	10732	9642	9642	9642	9642	9642
	大型	公交车	汽油	576839	576839	576839	576839	576242	388664	14702	14702	14702	14702	14702	14562	14422	14422	11656	8890	8890	8890	8890
			柴油	131708	131708	108010	60614	60614	60614	60614	60614	60614	43515	26416	26416	26416	26416	17675	8934	8934	5723	4653
			燃气	168926	168926	159541	140772	140772	135786	125815	125815	125815	100740	75665	75665	52438	52438	47188	47188	47188	47188	47188
		其他	汽油	1278137	1278137	1278137	1278137	1277540	860691	28188	28188	28188	28188	28188	21930	15671	15671	12480	9289	9289	9289	9289
			柴油	272891	272891	207397	76409	76409	76409	76409	76409	76409	55942	35476	35476	35476	35476	20706	5937	5937	5324	5119
			燃气	266186	266186	251398	221822	221822	213966	198253	198253	198253	158842	119430	119430	82662	82662	74261	74261	74261	74261	74261
载货汽车	微型		汽油	566802	301159	35516	35516	35516	35516	33851	32186	32186	29672	27158	27158	22014	16869	16869	16869	16869	14512	13726
			柴油	49391	46184	42977	42977	42977	42977	39605	36233	36233	26523	16813	16813	16813	16813	11578	6343	6343	4554	3957
			燃气	108160	56365	4570	4570	4570	4570	4314	4058	4058	3260	2462	2462	1934	1406	1406	1406	1406	1026	899
	轻型		汽油	289114	169499	49884	49884	49884	49884	42716	35548	35548	31656	27765	27765	24325	20885	20885	20885	20885	18229	17344
			柴油	45025	44001	42977	42977	42977	42977	39605	36233	36233	26523	16813	16813	16813	16813	12832	8851	8851	7062	6465
			燃气	55308	33207	11105	11105	11105	11105	7942	4779	4779	3839	2898	2898	2294	1689	1689	1689	1689	1341	1224
	中型		汽油	293836	293836	293836	293836	293238	199586	13475	13475	13475	13475	13475	13335	13195	13195	10734	8274	8274	8274	8274
			柴油	67831	67831	63309	54265	54265	41302	15375	15375	15375	14475	13575	13575	13575	13575	9838	6102	6102	3631	2807
			燃气	76878	76878	72607	64066	64066	61796	57256	57256	57256	45884	34513	34513	46709	46709	22744	22744	22744	22744	22744
	重型		汽油	939760	939760	939760	939760	939162	632938	21685	21685	21685	21685	21685	17052	12420	12420	10074	7727	7727	7727	7727
			柴油	251361	251361	191034	70381	70381	70381	70381	70381	70381	51529	32677	32677	32677	32677	20565	8453	8453	6646	6044
			燃气	245185	245185	231564	204322	204322	197086	182613	182613	182613	146310	110007	110007	117693	117693	87680	87680	87680	87680	87680
低速汽车	三轮汽车			25300	25300	25300	25300	25300	25300	25300	25300	25300	16721	16721	16721	16721	16721	16721	16721	16721	16721	16721
	低速货车			33990	33990	33990	33990	33990	33990	33990	33990	33990	22464	22464	22464	22464	22464	22464	22464	22464	22464	22464
摩托车	普通摩托车			10464	10464	10464	10464	7809	5154	2759	2759	2759	2759	2759	2059	1359	1359	1359	1359	1359	1359	1359
	轻便摩托车			33839	33839	33839	33839	33839	6768	6768	3332	3332	3332	3332	2486	1641	1641	1641	1641	1641	1641	1641

哈尔滨市 NO_x 排放系数

单位：克/（辆·年）

车辆类型		使用性质	燃料种类	1999年年底前	2000年	2001年	2002年	2003年	2004年	2005年	2006年	2007年	2008年	2009年	2010年	2011年	2012年	2013年	2014年	2015年	2016年	2017年
载客汽车	微型	出租车	汽油	344399	232644	120890	120890	120890	120890	89140	57390	57390	42400	27410	27410	22660	17911	17911	17911	17911	11099	8828
			燃气	209958	143547	77136	77136	77136	77136	57590	38043	38043	28649	19255	19255	15688	12122	12122	12122	12122	7210	5573
		其他	汽油	38655	24273	9891	9891	9891	9891	6220	2548	2548	2070	1593	1593	1368	1142	1142	1142	1142	796	681
			燃气	22301	13300	4299	4299	4299	4299	2801	1303	1303	1057	811	811	666	522	522	522	522	415	379
	小型	出租车	汽油	389891	258106	126322	126322	126322	126322	92274	58225	58225	42818	27410	27410	21832	16254	16254	16254	16254	9608	7393
			柴油	425055	355756	286456	286456	286456	286456	255490	224524	224524	178404	132284	132284	132284	132284	107978	83673	83673	64738	58427
			燃气	236883	158618	80352	80352	80352	80352	59444	38537	38537	28896	19255	19255	15198	11141	11141	11141	11141	6328	4724
		其他	汽油	36063	23049	10035	10035	10035	10035	6636	3237	3237	2244	1250	1250	1167	1084	1084	1084	1084	750	638
			柴油	32717	26748	20780	20780	20780	20780	19126	17473	17473	13707	9941	9941	9941	9941	8590	7240	7240	6360	6066
			燃气	20767	13262	5757	5757	5757	5757	3734	1711	1711	1160	608	608	548	488	488	488	488	388	354
	中型	公交车	汽油	343511	343511	343511	343511	343511	234675	17004	17004	17004	17004	17004	15250	13495	13495	10188	6881	6881	6881	6881
			柴油	382846	382846	381947	380149	380149	365041	334826	334826	334826	278894	222962	222962	222962	222962	181953	140944	140944	118002	110354
			燃气	406496	406496	401657	391978	391978	379819	355502	355502	355502	295874	236247	236247	149399	149399	117008	117008	117008	117008	117008
		其他	汽油	202241	202241	202241	202241	202241	137187	7078	7078	7078	7078	7078	7078	7078	7078	5309	3540	3540	3540	3540
			柴油	172408	172408	165211	150817	150817	149542	146991	146991	146991	125188	103385	103385	103385	103385	91796	80208	80208	68458	64542
			燃气	194685	194685	183869	162237	162237	160708	157650	157650	157650	134228	110806	110806	86313	86313	69332	69332	69332	69332	69332
	大型	公交车	汽油	1223759	1223759	1223759	1223759	1223759	841480	76922	76922	76922	76922	76922	76854	76787	76787	57590	38394	38394	38394	38394
			柴油	542989	542989	525443	490352	490352	476419	448553	448553	448553	440470	432387	432387	432387	432387	416796	401204	401204	361666	348486
			燃气	1091731	1091731	1031079	909776	909776	842265	707243	707243	707243	605976	504709	504709	469884	469884	407266	407266	407266	407266	407266
		其他	汽油	2804903	2804903	2804903	2804903	2804903	1928705	176308	176308	176308	176308	176308	169696	163085	163085	122444	81804	81804	81804	81804
			柴油	1248657	1248657	1216527	1152266	1152266	1125402	1071673	1071673	1071673	1033942	996211	996211	996211	996211	948398	900585	900585	797008	762483
			燃气	2324240	2324240	2195115	1936866	1936866	1793138	1505683	1505683	1505683	1290586	1075488	1075488	970273	970273	823191	823191	823191	823191	823191
载货汽车	微型		汽油	137493	81403	25313	25313	25313	25313	17253	9193	9193	7454	5714	5714	5056	4398	4398	4398	4398	3286	2915
			柴油	94761	78096	61432	61432	61432	61432	55324	49215	49215	41712	34209	34209	34209	34209	25021	15833	15833	13626	12891
			燃气	79323	45163	11002	11002	11002	11002	7852	4701	4701	3805	2909	2909	2460	2010	2010	2010	2010	1719	1622
	轻型		汽油	100798	64620	28443	28443	28443	28443	19244	10046	10046	8425	6804	6804	5660	4516	4516	4516	4516	3433	3072
			柴油	95096	78264	61432	61432	61432	61432	55324	49215	49215	41712	34209	34209	34209	34209	27292	20375	20375	18968	18499
			燃气	58045	37181	16318	16318	16318	16318	10814	5310	5310	4310	3309	3309	2671	2033	2033	2033	2033	1787	1705
	中型		汽油	189594	189594	189594	189594	189594	129437	9124	9124	9124	9124	9124	9124	9124	9124	6846	4568	4568	4568	4568
			柴油	360806	360806	323978	250321	250321	238028	213441	213441	213441	206880	200319	200319	200319	200319	175754	151190	151190	130188	123188
			燃气	407426	407426	361376	269276	269276	255823	228919	228919	228919	221808	214698	214698	162698	162698	132330	132330	132330	132330	132330
	重型		汽油	2014343	2014343	2014343	2014343	2014343	1385101	126616	126616	126616	126616	126616	121868	117120	117120	87934	58747	58747	58747	58747
			柴油	1106989	1106989	1069204	993633	993633	956881	883377	883377	883377	847954	812530	812530	812530	812530	711333	610136	610136	419665	356175
			燃气	2060540	2060540	1930432	1670217	1670217	1527188	1241130	1241130	1241130	1059160	877190	877190	657349	657349	384533	384533	384533	384533	384533
低速汽车	三轮汽车			65550	65550	65550	65550	65550	65550	65550	65550	65550	53279	53279	53279	53279	53279	53279	53279	53279	53279	53279
	低速货车			88065	88065	88065	88065	88065	88065	88065	88065	88065	71579	71579	71579	71579	71579	71579	71579	71579	71579	71579
摩托车	普通摩托车			781	781	781	781	755	729	677	677	677	677	677	602	526	526	526	526	526	526	526
	轻便摩托车			521	521	521	521	521	260	260	260	260	260	260	231	202	202	202	202	202	202	202

哈尔滨市 PM 排放系数

单位：克/（辆·年）

车辆类型		使用性质	燃料种类	1999 年年底前	2000 年	2001 年	2002 年	2003 年	2004 年	2005 年	2006 年	2007 年	2008 年	2009 年	2010 年	2011 年	2012 年	2013 年	2014 年	2015 年	2016 年	2017 年
载客汽车	微型	出租车	汽油	—	—	—	—	—	—	—	—	—	—	—	—	—	—	—	—	—	—	—
			燃气	—	—	—	—	—	—	—	—	—	—	—	—	—	—	—	—	—	—	—
		其他	汽油	—	—	—	—	—	—	—	—	—	—	—	—	—	—	—	—	—	—	—
			燃气	—	—	—	—	—	—	—	—	—	—	—	—	—	—	—	—	—	—	—
	小型	出租车	汽油	—	—	—	—	—	—	—	—	—	—	—	—	—	—	—	—	—	—	—
			柴油	51707	47362	43018	43018	43018	43018	29283	15548	15548	10158	4768	4768	4768	4768	4431	4094	4094	3386	3150
			燃气	—	—	—	—	—	—	—	—	—	—	—	—	—	—	—	—	—	—	—
		其他	汽油	—	—	—	—	—	—	—	—	—	—	—	—	—	—	—	—	—	—	—
			柴油	4281	4051	3821	3821	3821	3821	2746	1670	1670	1226	783	783	783	783	652	520	520	520	520
			燃气	—	—	—	—	—	—	—	—	—	—	—	—	—	—	—	—	—	—	—
	中型	公交车	汽油	—	—	—	—	—	—	—	—	—	—	—	—	—	—	—	—	—	—	—
			柴油	31857	31857	29192	23861	23861	18722	8443	8443	8443	7156	5870	5870	5870	5870	3649	1428	1428	1124	1023
			燃气	—	—	—	—	—	—	—	—	—	—	—	—	—	—	—	—	—	—	—
		其他	汽油	—	—	—	—	—	—	—	—	—	—	—	—	—	—	—	—	—	—	—
			柴油	15274	15274	12888	8116	8116	6262	2553	2553	2553	2434	2316	2316	2316	2316	1366	415	415	399	394
			燃气	—	—	—	—	—	—	—	—	—	—	—	—	—	—	—	—	—	—	—
	大型	公交车	汽油	—	—	—	—	—	—	—	—	—	—	—	—	—	—	—	—	—	—	—
			柴油	98788	98788	97818	95878	95878	74219	30901	30901	30901	20821	10741	10741	10741	10741	6368	1995	1995	1921	1896
			燃气	—	—	—	—	—	—	—	—	—	—	—	—	—	—	—	—	—	—	—
		其他	汽油	—	—	—	—	—	—	—	—	—	—	—	—	—	—	—	—	—	—	—
			柴油	142314	142314	133412	115607	115607	85425	25061	25061	25061	17182	9303	9303	9303	9303	5868	2433	2433	2343	2313
			燃气	—	—	—	—	—	—	—	—	—	—	—	—	—	—	—	—	—	—	—
载货汽车	微型		汽油	—	—	—	—	—	—	—	—	—	—	—	—	—	—	—	—	—	—	—
			柴油	10143	9933	9723	9723	9723	9723	7933	6143	6143	4559	2975	2975	2975	2975	1873	771	771	767	766
			燃气	—	—	—	—	—	—	—	—	—	—	—	—	—	—	—	—	—	—	—
	轻型		汽油	—	—	—	—	—	—	—	—	—	—	—	—	—	—	—	—	—	—	—
			柴油	10549	10136	9723	9723	9723	9723	7933	6143	6143	4559	2975	2975	2975	2975	2244	1512	1512	1249	1161
			燃气	—	—	—	—	—	—	—	—	—	—	—	—	—	—	—	—	—	—	—
	中型		汽油	—	—	—	—	—	—	—	—	—	—	—	—	—	—	—	—	—	—	—
			柴油	31649	31649	26634	16603	16603	12773	5112	5112	5112	4843	4574	4574	4574	4574	2932	1291	1291	1182	1146
			燃气	—	—	—	—	—	—	—	—	—	—	—	—	—	—	—	—	—	—	—
	重型		汽油	—	—	—	—	—	—	—	—	—	—	—	—	—	—	—	—	—	—	—
			柴油	145799	145799	119836	67910	67910	53920	25941	25941	25941	17776	9611	9611	9611	9611	6282	2953	2953	2496	2344
			燃气	—	—	—	—	—	—	—	—	—	—	—	—	—	—	—	—	—	—	—
低速汽车	三轮汽车			4092	4092	4092	4092	4092	4092	4092	4092	4092	3220	3220	3220	3220	3220	3220	3220	3220	3220	3220
	低速货车			5581	5581	5581	5581	5581	5581	5581	5581	5581	4392	4392	4392	4392	4392	4392	4392	4392	4392	4392
摩托车	普通摩托车			—	—	—	—	—	—	—	—	—	—	—	—	—	—	—	—	—	—	—
	轻便摩托车			—	—	—	—	—	—	—	—	—	—	—	—	—	—	—	—	—	—	—

哈尔滨市 VOCs 排放系数

单位：克/（辆·年）

车辆类型		使用性质	燃料种类	1999 年年底前	2000 年	2001 年	2002 年	2003 年	2004 年	2005 年	2006 年	2007 年	2008 年	2009 年	2010 年	2011 年	2012 年	2013 年	2014 年	2015 年	2016 年	2017 年
载客汽车	微型	出租车	汽油	1944387	1123013	301639	301639	301639	301639	216940	132240	132240	104768	77296	77296	65618	53941	53941	53941	53941	43087	39469
			燃气	406349	245490	84630	84630	84630	84630	64712	44793	44793	36930	29066	29066	23259	17452	17452	17452	17452	10853	8653
		其他	汽油	111879	64592	17304	17304	17304	17304	16795	16286	16286	13382	10478	10478	9884	9291	9291	9291	9291	7345	6696
			燃气	19671	11048	2424	2424	2424	2424	2321	2218	2218	1658	1097	1097	1014	932	932	932	932	648	553
	小型	出租车	汽油	1944387	1103694	263001	263001	263001	263001	248712	234423	234423	155860	77296	77296	65618	53941	53941	53941	53941	39522	34716
			柴油	247522	233596	219671	219671	219671	219671	200940	182210	182210	130312	78415	78415	78415	78415	58408	38400	38400	22584	17312
			燃气	406349	241744	77140	77140	77140	77140	70870	64601	64601	46834	29066	29066	23259	17452	17452	17452	17452	10162	7732
		其他	汽油	113594	65240	16885	16885	16885	16885	17506	18128	18128	14308	10487	10487	9773	9059	9059	9059	9059	7516	7002
			柴油	15414	14104	12793	12793	12793	12793	10922	9052	9052	6130	3209	3209	3209	3209	2808	2406	2406	1744	1524
			燃气	20003	12038	4073	4073	4073	4073	3324	2575	2575	1918	1261	1261	1074	887	887	887	887	681	612
	中型	公交车	汽油	257378	257378	257378	257378	256781	175334	13633	13633	13633	13633	13633	13481	13329	13329	10802	8275	8275	8275	8275
			柴油	91436	91436	89645	86063	86063	67161	29358	29358	29358	21356	13354	13354	13354	13354	9328	5303	5303	4960	4846
			燃气	74539	74539	70398	62116	62116	59916	55516	55516	55516	44452	33387	33387	23138	23138	23070	23070	23070	23070	23070
		其他	汽油	128076	128076	128076	128076	127479	87156	7705	7705	7705	7705	7705	7560	7414	7414	6363	5312	5312	5312	5312
			柴油	30493	30493	28460	24394	24394	18567	6912	6912	6912	6506	6099	6099	6099	6099	3750	1402	1402	1243	1190
			燃气	34560	34560	32640	28800	28800	27780	25740	25740	25740	20623	15506	15506	10732	10732	9642	9642	9642	9642	9642
	大型	公交车	汽油	600304	600304	600304	600304	599707	404404	14991	14991	14991	14991	14991	14851	14711	14711	11832	8952	8952	8952	8952
			柴油	137155	137155	112477	63120	63120	63120	63120	63120	63120	45314	27508	27508	27508	27508	18406	9304	9304	5960	4846
			燃气	175912	175912	166139	146593	146593	141401	131018	131018	131018	104906	78794	78794	54606	54606	49139	49139	49139	49139	49139
		其他	汽油	1277971	1277971	1277971	1277971	1277374	860526	28023	28023	28023	28023	28023	21764	15505	15505	12314	9124	9124	9124	9124
			柴油	272891	272891	207397	76409	76409	76409	76409	76409	76409	55942	35476	35476	35476	35476	20706	5937	5937	5324	5119
			燃气	266186	266186	251398	221822	221822	213966	198253	198253	198253	158842	119430	119430	82662	82662	74261	74261	74261	74261	74261
载货汽车	微型		汽油	680812	360554	40295	40295	40295	40295	38462	36628	36628	33817	31006	31006	24922	18837	18837	18837	18837	16328	15492
			柴油	53120	49672	46224	46224	46224	46224	42678	39132	39132	28522	17913	17913	17913	17913	12276	6640	6640	4868	4277
			燃气	119703	62674	5645	5645	5645	5645	5317	4988	4988	4117	3246	3246	2568	1890	1890	1890	1890	1432	1279
	轻型		汽油	345306	201480	57654	57654	57654	57654	49172	40690	40690	36215	31740	31740	27714	23689	23689	23689	23689	20820	19864
			柴油	48248	47236	46224	46224	46224	46224	42678	39132	39132	28522	17913	17913	17913	17913	13677	9441	9441	7669	7078
			燃气	60806	37356	13907	13907	13907	13907	9844	5780	5780	4798	3817	3817	3068	2319	2319	2319	2319	1882	1736
	中型		汽油	291142	291142	291142	291142	290545	197707	13224	13224	13224	13224	13224	13084	12945	12945	10506	8066	8066	8066	8066
			柴油	66469	66469	62038	53175	53175	40472	15066	15066	15066	14182	13299	13299	13299	13299	9638	5977	5977	3557	2750
			燃气	75334	75334	71149	62779	62779	60555	56105	56105	56105	44958	33811	33811	45753	45753	22282	22282	22282	22282	22282
	重型		汽油	929363	929363	929363	929363	928766	625886	21323	21323	21323	21323	21323	16740	12157	12157	9836	7515	7515	7515	7515
			柴油	254730	254730	193595	71324	71324	71324	71324	71324	71324	52220	33115	33115	33115	33115	20838	8562	8562	6449	5745
			燃气	248471	248471	234667	207060	207060	199726	185059	185059	185059	148271	111482	111482	119210	119210	83342	83342	83342	83342	83342
低速汽车	三轮汽车			25300	25300	25300	25300	25300	25300	25300	25300	25300	16721	16721	16721	16721	16721	16721	16721	16721	16721	16721
	低速货车			33990	33990	33990	33990	33990	33990	33990	33990	33990	22464	22464	22464	22464	22464	22464	22464	22464	22464	22464
摩托车	普通摩托车			10464	10464	10464	10464	7809	5154	2759	2759	2759	2759	2759	2059	1359	1359	1359	1359	1359	1359	1359
	轻便摩托车			33839	33839	33839	33839	33839	6768	6768	3332	3332	3332	3332	2486	1641	1641	1641	1641	1641	1641	1641

农垦总局 NO_x 排放系数

单位：克/（辆·年）

车辆类型		使用性质	燃料种类	1999 年年底前	2000 年	2001 年	2002 年	2003 年	2004 年	2005 年	2006 年	2007 年	2008 年	2009 年	2010 年	2011 年	2012 年	2013 年	2014 年	2015 年	2016 年	2017 年
载客汽车	微型	出租车	汽油	344399	232644	120890	120890	120890	120890	89140	57390	57390	42400	27410	27410	22660	17911	17911	17911	17911	11099	8828
			燃气	209958	143547	77136	77136	77136	77136	57590	38043	38043	28649	19255	19255	15688	12122	12122	12122	12122	7210	5573
		其他	汽油	38655	24273	9891	9891	9891	9891	6220	2548	2548	2070	1593	1593	1368	1142	1142	1142	1142	796	681
			燃气	22301	13300	4299	4299	4299	4299	2801	1303	1303	1057	811	811	666	522	522	522	522	415	379
	小型	出租车	汽油	389891	258106	126322	126322	126322	126322	92274	58225	58225	42818	27410	27410	21832	16254	16254	16254	16254	9608	7393
			柴油	425055	355756	286456	286456	286456	286456	255490	224524	224524	178404	132284	132284	132284	132284	107978	83673	83673	64738	58427
			燃气	236883	158618	80352	80352	80352	80352	59444	38537	38537	28896	19255	19255	15198	11141	11141	11141	11141	6328	4724
		其他	汽油	36063	23049	10035	10035	10035	10035	6636	3237	3237	2244	1250	1250	1167	1084	1084	1084	1084	750	638
			柴油	32717	26748	20780	20780	20780	20780	19126	17473	17473	13707	9941	9941	9941	9941	8590	7240	7240	6360	6066
			燃气	20767	13262	5757	5757	5757	5757	3734	1711	1711	1160	608	608	548	488	488	488	488	388	354
	中型	公交车	汽油	343511	343511	343511	343511	343511	234675	17004	17004	17004	17004	17004	15250	13495	13495	10188	6881	6881	6881	6881
			柴油	382846	382846	381947	380149	380149	365041	334826	334826	334826	278894	222962	222962	222962	222962	181953	140944	140944	118002	110354
			燃气	406496	406496	401657	391978	391978	379819	355502	355502	355502	295874	236247	236247	149399	149399	117008	117008	117008	117008	117008
		其他	汽油	202241	202241	202241	202241	202241	137187	7078	7078	7078	7078	7078	7078	7078	7078	5309	3540	3540	3540	3540
			柴油	172408	172408	165211	150817	150817	149542	146991	146991	146991	125188	103385	103385	103385	103385	91796	80208	80208	68458	64542
			燃气	194685	194685	183869	162237	162237	160708	157650	157650	157650	134228	110806	110806	86313	86313	69332	69332	69332	69332	69332
	大型	公交车	汽油	1223759	1223759	1223759	1223759	1223759	841480	76922	76922	76922	76922	76922	76854	76787	76787	57590	38394	38394	38394	38394
			柴油	542989	542989	525443	490352	490352	476419	448553	448553	448553	440470	432387	432387	432387	432387	416796	401204	401204	361666	348486
			燃气	1091731	1091731	1031079	909776	909776	842265	707243	707243	707243	605976	504709	504709	469884	469884	407266	407266	407266	407266	407266
		其他	汽油	2804903	2804903	2804903	2804903	2804903	1928705	176308	176308	176308	176308	176308	169696	163085	163085	122444	81804	81804	81804	81804
			柴油	1248657	1248657	1216527	1152266	1152266	1125402	1071673	1071673	1071673	1033942	996211	996211	996211	996211	948398	900585	900585	797008	762483
			燃气	2324240	2324240	2195115	1936866	1936866	1793138	1505683	1505683	1505683	1290586	1075488	1075488	970273	970273	823191	823191	823191	823191	823191
载货汽车	微型		汽油	137493	81403	25313	25313	25313	25313	17253	9193	9193	7454	5714	5714	5056	4398	4398	4398	4398	3286	2915
			柴油	94761	78096	61432	61432	61432	61432	55324	49215	49215	41712	34209	34209	34209	34209	25021	15833	15833	13626	12891
			燃气	79323	45163	11002	11002	11002	11002	7852	4701	4701	3805	2909	2909	2460	2010	2010	2010	2010	1719	1622
	轻型		汽油	100798	64620	28443	28443	28443	28443	19244	10046	10046	8425	6804	6804	5660	4516	4516	4516	4516	3433	3072
			柴油	95096	78264	61432	61432	61432	61432	55324	49215	49215	41712	34209	34209	34209	34209	27292	20375	20375	18968	18499
			燃气	58045	37181	16318	16318	16318	16318	10814	5310	5310	4310	3309	3309	2671	2033	2033	2033	2033	1787	1705
	中型		汽油	189594	189594	189594	189594	189594	129437	9124	9124	9124	9124	9124	9124	9124	9124	6846	4568	4568	4568	4568
			柴油	360806	360806	323978	250321	250321	238028	213441	213441	213441	206880	200319	200319	200319	200319	175754	151190	151190	130188	123188
			燃气	407426	407426	361376	269276	269276	255823	228919	228919	228919	221808	214698	214698	162698	162698	132330	132330	132330	132330	132330
	重型		汽油	2014343	2014343	2014343	2014343	2014343	1385101	126616	126616	126616	126616	126616	121868	117120	117120	87934	58747	58747	58747	58747
			柴油	1106989	1106989	1069204	993633	993633	956881	883377	883377	883377	847954	812530	812530	812530	812530	711333	610136	610136	419665	356175
			燃气	2060540	2060540	1930432	1670217	1670217	1527188	1241130	1241130	1241130	1059160	877190	877190	657349	657349	384533	384533	384533	384533	384533
低速汽车	三轮汽车			65550	65550	65550	65550	65550	65550	65550	65550	65550	53279	53279	53279	53279	53279	53279	53279	53279	53279	53279
	低速货车			88065	88065	88065	88065	88065	88065	88065	88065	88065	71579	71579	71579	71579	71579	71579	71579	71579	71579	71579
摩托车	普通摩托车			781	781	781	781	755	729	677	677	677	677	677	602	526	526	526	526	526	526	526
	轻便摩托车			521	521	521	521	521	260	260	260	260	260	260	231	202	202	202	202	202	202	202

农垦总局 PM 排放系数

单位：克/（辆·年）

车辆类型		使用性质	燃料种类	1999年年底前	2000年	2001年	2002年	2003年	2004年	2005年	2006年	2007年	2008年	2009年	2010年	2011年	2012年	2013年	2014年	2015年	2016年	2017年
载客汽车	微型	出租车	汽油	—	—	—	—	—	—	—	—	—	—	—	—	—	—	—	—	—	—	—
			燃气	—	—	—	—	—	—	—	—	—	—	—	—	—	—	—	—	—	—	—
		其他	汽油	—	—	—	—	—	—	—	—	—	—	—	—	—	—	—	—	—	—	—
			燃气	—	—	—	—	—	—	—	—	—	—	—	—	—	—	—	—	—	—	—
	小型	出租车	汽油	—	—	—	—	—	—	—	—	—	—	—	—	—	—	—	—	—	—	—
			柴油	51707	47362	43018	43018	43018	43018	29283	15548	15548	10158	4768	4768	4768	4768	4431	4094	4094	3386	3150
			燃气	—	—	—	—	—	—	—	—	—	—	—	—	—	—	—	—	—	—	—
		其他	汽油	—	—	—	—	—	—	—	—	—	—	—	—	—	—	—	—	—	—	—
			柴油	4281	4051	3821	3821	3821	3821	2746	1670	1670	1226	783	783	783	783	652	520	520	520	520
			燃气	—	—	—	—	—	—	—	—	—	—	—	—	—	—	—	—	—	—	—
	中型	公交车	汽油	—	—	—	—	—	—	—	—	—	—	—	—	—	—	—	—	—	—	—
			柴油	31857	31857	29192	23861	23861	18722	8443	8443	8443	7156	5870	5870	5870	5870	3649	1428	1428	1124	1023
			燃气	—	—	—	—	—	—	—	—	—	—	—	—	—	—	—	—	—	—	—
		其他	汽油	—	—	—	—	—	—	—	—	—	—	—	—	—	—	—	—	—	—	—
			柴油	15274	15274	12888	8116	8116	6262	2553	2553	2553	2434	2316	2316	2316	2316	1366	415	415	399	394
			燃气	—	—	—	—	—	—	—	—	—	—	—	—	—	—	—	—	—	—	—
	大型	公交车	汽油	—	—	—	—	—	—	—	—	—	—	—	—	—	—	—	—	—	—	—
			柴油	98788	98788	97818	95878	95878	74219	30901	30901	30901	20821	10741	10741	10741	10741	6368	1995	1995	1921	1896
			燃气	—	—	—	—	—	—	—	—	—	—	—	—	—	—	—	—	—	—	—
		其他	汽油	—	—	—	—	—	—	—	—	—	—	—	—	—	—	—	—	—	—	—
			柴油	142314	142314	133412	115607	115607	85425	25061	25061	25061	17182	9303	9303	9303	9303	5868	2433	2433	2343	2313
			燃气	—	—	—	—	—	—	—	—	—	—	—	—	—	—	—	—	—	—	—
载货汽车	微型		汽油	—	—	—	—	—	—	—	—	—	—	—	—	—	—	—	—	—	—	—
			柴油	10143	9933	9723	9723	9723	9723	7933	6143	6143	4559	2975	2975	2975	2975	1873	771	771	767	766
			燃气	—	—	—	—	—	—	—	—	—	—	—	—	—	—	—	—	—	—	—
	轻型		汽油	—	—	—	—	—	—	—	—	—	—	—	—	—	—	—	—	—	—	—
			柴油	10549	10136	9723	9723	9723	9723	7933	6143	6143	4559	2975	2975	2975	2975	2244	1512	1512	1249	1161
			燃气	—	—	—	—	—	—	—	—	—	—	—	—	—	—	—	—	—	—	—
	中型		汽油	—	—	—	—	—	—	—	—	—	—	—	—	—	—	—	—	—	—	—
			柴油	31649	31649	26634	16603	16603	12773	5112	5112	5112	4843	4574	4574	4574	4574	2932	1291	1291	1182	1146
			燃气	—	—	—	—	—	—	—	—	—	—	—	—	—	—	—	—	—	—	—
	重型		汽油	—	—	—	—	—	—	—	—	—	—	—	—	—	—	—	—	—	—	—
			柴油	145799	145799	119836	67910	67910	53920	25941	25941	25941	17776	9611	9611	9611	9611	6282	2953	2953	2496	2344
			燃气	—	—	—	—	—	—	—	—	—	—	—	—	—	—	—	—	—	—	—
低速汽车	三轮汽车			4092	4092	4092	4092	4092	4092	4092	4092	4092	3220	3220	3220	3220	3220	3220	3220	3220	3220	3220
	低速货车			5581	5581	5581	5581	5581	5581	5581	5581	5581	4392	4392	4392	4392	4392	4392	4392	4392	4392	4392
摩托车	普通摩托车			—	—	—	—	—	—	—	—	—	—	—	—	—	—	—	—	—	—	—
	轻便摩托车			—	—	—	—	—	—	—	—	—	—	—	—	—	—	—	—	—	—	—

农垦总局 VOCs 排放系数

单位：克/（辆·年）

车辆类型		使用性质	燃料种类	1999年年底前	2000年	2001年	2002年	2003年	2004年	2005年	2006年	2007年	2008年	2009年	2010年	2011年	2012年	2013年	2014年	2015年	2016年	2017年
载客汽车	微型	出租车	汽油	1944387	1123013	301639	301639	301639	301639	216940	132240	132240	104768	77296	77296	65618	53941	53941	53941	53941	43087	39469
			燃气	406349	245490	84630	84630	84630	84630	64712	44793	44793	36930	29066	29066	23259	17452	17452	17452	17452	10853	8653
		其他	汽油	111879	64592	17304	17304	17304	17304	16795	16286	16286	13382	10478	10478	9884	9291	9291	9291	9291	7345	6696
			燃气	19671	11048	2424	2424	2424	2424	2321	2218	2218	1658	1097	1097	1014	932	932	932	932	648	553
	小型	出租车	汽油	1944387	1103694	263001	263001	263001	263001	248712	234423	234423	155860	77296	77296	65618	53941	53941	53941	53941	39522	34716
			柴油	247522	233596	219671	219671	219671	219671	200940	182210	182210	130312	78415	78415	78415	78415	58408	38400	38400	22584	17312
			燃气	406349	241744	77140	77140	77140	77140	70870	64601	64601	46834	29066	29066	23259	17452	17452	17452	17452	10162	7732
		其他	汽油	113594	65240	16885	16885	16885	16885	17506	18128	18128	14308	10487	10487	9773	9059	9059	9059	9059	7516	7002
			柴油	15414	14104	12793	12793	12793	12793	10922	9052	9052	6130	3209	3209	3209	3209	2808	2406	2406	1744	1524
			燃气	20003	12038	4073	4073	4073	4073	3324	2575	2575	1918	1261	1261	1074	887	887	887	887	681	612
	中型	公交车	汽油	257378	257378	257378	257378	256781	175334	13633	13633	13633	13633	13633	13481	13329	13329	10802	8275	8275	8275	8275
			柴油	91436	91436	89645	86063	86063	67161	29358	29358	29358	21356	13354	13354	13354	13354	9328	5303	5303	4960	4846
			燃气	74539	74539	70398	62116	62116	59916	55516	55516	55516	44452	33387	33387	23138	23138	23070	23070	23070	23070	23070
		其他	汽油	128076	128076	128076	128076	127479	87156	7705	7705	7705	7705	7705	7560	7414	7414	6363	5312	5312	5312	5312
			柴油	30493	30493	28460	24394	24394	18567	6912	6912	6912	6506	6099	6099	6099	6099	3750	1402	1402	1243	1190
			燃气	34560	34560	32640	28800	28800	27780	25740	25740	25740	20623	15506	15506	10732	10732	9642	9642	9642	9642	9642
	大型	公交车	汽油	600304	600304	600304	600304	599707	404404	14991	14991	14991	14991	14991	14851	14711	14711	11832	8952	8952	8952	8952
			柴油	137155	137155	112477	63120	63120	63120	63120	63120	63120	45314	27508	27508	27508	27508	18406	9304	9304	5960	4846
			燃气	175912	175912	166139	146593	146593	141401	131018	131018	131018	104906	78794	78794	54606	54606	49139	49139	49139	49139	49139
		其他	汽油	1277971	1277971	1277971	1277971	1277374	860526	28023	28023	28023	28023	28023	21764	15505	15505	12314	9124	9124	9124	9124
			柴油	272891	272891	207397	76409	76409	76409	76409	76409	76409	55942	35476	35476	35476	35476	20706	5937	5937	5324	5119
			燃气	266186	266186	251398	221822	221822	213966	198253	198253	198253	158842	119430	119430	82662	82662	74261	74261	74261	74261	74261
载货汽车	微型		汽油	680812	360554	40295	40295	40295	40295	38462	36628	36628	33817	31006	31006	24922	18837	18837	18837	18837	16328	15492
			柴油	53120	49672	46224	46224	46224	46224	42678	39132	39132	28522	17913	17913	17913	17913	12276	6640	6640	4868	4277
			燃气	119703	62674	5645	5645	5645	5645	5317	4988	4988	4117	3246	3246	2568	1890	1890	1890	1890	1432	1279
	轻型		汽油	345306	201480	57654	57654	57654	57654	49172	40690	40690	36215	31740	31740	27714	23689	23689	23689	23689	20820	19864
			柴油	48248	47236	46224	46224	46224	46224	42678	39132	39132	28522	17913	17913	17913	17913	13677	9441	9441	7669	7078
			燃气	60806	37356	13907	13907	13907	13907	9844	5780	5780	4798	3817	3817	3068	2319	2319	2319	2319	1882	1736
	中型		汽油	291142	291142	291142	291142	290545	197707	13224	13224	13224	13224	13224	13084	12945	12945	10506	8066	8066	8066	8066
			柴油	66469	66469	62038	53175	53175	40472	15066	15066	15066	14182	13299	13299	13299	13299	9638	5977	5977	3557	2750
			燃气	75334	75334	71149	62779	62779	60555	56105	56105	56105	44958	33811	33811	45753	45753	22282	22282	22282	22282	22282
	重型		汽油	929363	929363	929363	929363	928766	625886	21323	21323	21323	21323	21323	16740	12157	12157	9836	7515	7515	7515	7515
			柴油	254730	254730	193595	71324	71324	71324	71324	71324	71324	52220	33115	33115	33115	33115	20838	8562	8562	6449	5745
			燃气	248471	248471	234667	207060	207060	199726	185059	185059	185059	148271	111482	111482	119210	119210	83342	83342	83342	83342	83342
低速汽车	三轮汽车			25300	25300	25300	25300	25300	25300	25300	25300	25300	16721	16721	16721	16721	16721	16721	16721	16721	16721	16721
	低速货车			33990	33990	33990	33990	33990	33990	33990	33990	33990	22464	22464	22464	22464	22464	22464	22464	22464	22464	22464
摩托车	普通摩托车			10464	10464	10464	10464	7809	5154	2759	2759	2759	2759	2759	2059	1359	1359	1359	1359	1359	1359	1359
	轻便摩托车			33839	33839	33839	33839	33839	6768	6768	3332	3332	3332	3332	2486	1641	1641	1641	1641	1641	1641	1641

齐齐哈尔市 NO_x 排放系数

单位：克/（辆·年）

车辆类型		使用性质	燃料种类	1999年年底前	2000年	2001年	2002年	2003年	2004年	2005年	2006年	2007年	2008年	2009年	2010年	2011年	2012年	2013年	2014年	2015年	2016年	2017年
载客汽车	微型	出租车	汽油	326647	221424	116200	116200	116200	116200	86136	56071	56071	41772	27472	27472	22281	17090	17090	17090	17090	10309	8049
			燃气	199652	137094	74536	74536	74536	74536	55964	37393	37393	28390	19388	19388	15538	11687	11687	11687	11687	6764	5123
		其他	汽油	36467	22894	9321	9321	9321	9321	5880	2438	2438	1985	1532	1532	1279	1026	1026	1026	1026	704	597
			燃气	21005	12527	4049	4049	4049	4049	2644	1238	1238	1006	775	775	614	453	453	453	453	360	329
	小型	出租车	汽油	369295	245282	121270	121270	121270	121270	89060	56850	56850	42161	27472	27472	21574	15677	15677	15677	15677	9018	6799
			柴油	400756	336851	272946	272946	272946	272946	242620	212293	212293	168762	125231	125231	125231	125231	101639	78047	78047	58666	52205
			燃气	224892	151214	77537	77537	77537	77537	57696	37854	37854	28621	19388	19388	15120	10851	10851	10851	10851	6000	4383
		其他	汽油	34029	21742	9456	9456	9456	9456	6270	3083	3083	2146	1210	1210	1094	978	978	978	978	664	560
			柴油	29219	23918	18616	18616	18616	18616	17128	15639	15639	12245	8851	8851	8851	8851	7640	6429	6429	5543	5248
			燃气	19563	12488	5414	5414	5414	5414	3517	1620	1620	1102	584	584	504	425	425	425	425	336	307
	中型	公交车	汽油	329880	329880	329880	329880	329880	225363	16329	16329	16329	16329	16329	14644	12960	12960	9784	6608	6608	6608	6608
			柴油	367651	367651	366788	365061	365061	350553	321537	321537	321537	267825	214113	214113	214113	214113	174732	135350	135350	113318	105974
			燃气	390362	390362	385715	376420	376420	364744	341392	341392	341392	284131	226870	226870	143470	143470	112364	112364	112364	112364	112364
		其他	汽油	202246	202246	202246	202246	202246	137190	7079	7079	7079	7079	7079	7079	7079	7079	5310	3540	3540	3540	3540
			柴油	172412	172412	165215	150820	150820	149545	146994	146994	146994	125190	103387	103387	103387	103387	91798	80209	80209	68460	64543
			燃气	194689	194689	183873	162241	162241	160712	157654	157654	157654	134231	110808	110808	86315	86315	69333	69333	69333	69333	69333
	大型	公交车	汽油	1175197	1175197	1175197	1175197	1175197	808088	73870	73870	73870	73870	73870	73805	73740	73740	55306	36871	36871	36871	36871
			柴油	521438	521438	504589	470890	470890	457510	430750	430750	430750	422988	415225	415225	415225	415225	400252	385280	385280	347311	334655
			燃气	1048401	1048401	990156	873667	873667	808835	679172	679172	679172	581924	484677	484677	451235	451235	391102	391102	391102	391102	391102
		其他	汽油	2804982	2804982	2804982	2804982	2804982	1928759	176313	176313	176313	176313	176313	169702	163090	163090	122448	81806	81806	81806	81806
			柴油	1248683	1248683	1216552	1152290	1152290	1125425	1071696	1071696	1071696	1033964	996232	996232	996232	996232	948418	900604	900604	797025	762499
			燃气	2324288	2324288	2195161	1936907	1936907	1793176	1505714	1505714	1505714	1290612	1075510	1075510	970293	970293	823208	823208	823208	823208	823208
载货汽车	微型		汽油	133108	79026	24945	24945	24945	24945	17034	9124	9124	7404	5685	5685	5021	4357	4357	4357	4357	3237	2864
			柴油	89322	73742	58162	58162	58162	58162	52308	46453	46453	39306	32158	32158	32158	32158	23526	14894	14894	12715	11989
			燃气	76670	43753	10836	10836	10836	10836	7735	4633	4633	3755	2876	2876	2400	1924	1924	1924	1924	1665	1578
	轻型		汽油	98878	63444	28009	28009	28009	28009	18984	9960	9960	8356	6752	6752	5612	4472	4472	4472	4472	3382	3019
			柴油	89634	73898	58162	58162	58162	58162	52308	46453	46453	39306	32158	32158	32158	32158	25626	19094	19094	17654	17174
			燃气	56844	36440	16036	16036	16036	16036	10635	5234	5234	4246	3259	3259	2601	1943	1943	1943	1943	1727	1655
	中型		汽油	189594	189594	189594	189594	189594	129437	9124	9124	9124	9124	9124	9124	9124	9124	6846	4568	4568	4568	4568
			柴油	360806	360806	323978	250321	250321	238028	213441	213441	213441	206880	200319	200319	200319	200319	175754	151190	151190	130188	123188
			燃气	407425	407425	361376	269277	269277	255824	228920	228920	228920	221809	214698	214698	162700	162700	132330	132330	132330	132330	132330
	重型		汽油	1320567	1320567	1320567	1320567	1320567	908047	83007	83007	83007	83007	83007	79894	76782	76782	57648	38514	38514	38514	38514
			柴油	723439	723439	698745	649358	649358	625340	577304	577304	577304	554154	531004	531004	531004	531004	460129	389254	389254	260687	217831
			燃气	1346603	1346603	1261575	1091519	1091519	998046	811102	811102	811102	692181	573260	573260	419375	419375	235174	235174	235174	235174	235174
低速汽车	三轮汽车			65550	65550	65550	65550	65550	65550	65550	65550	65550	53279	53279	53279	53279	53279	53279	53279	53279	53279	53279
	低速货车			88065	88065	88065	88065	88065	88065	88065	88065	88065	71579	71579	71579	71579	71579	71579	71579	71579	71579	71579
摩托车	普通摩托车			781	781	781	781	755	729	677	677	677	677	677	602	526	526	526	526	526	526	526
	轻便摩托车			521	521	521	521	521	260	260	260	260	260	260	231	202	202	202	202	202	202	202

齐齐哈尔市 PM 排放系数

单位：克/（辆·年）

车辆类型		使用性质	燃料种类	1999 年年底前	2000 年	2001 年	2002 年	2003 年	2004 年	2005 年	2006 年	2007 年	2008 年	2009 年	2010 年	2011 年	2012 年	2013 年	2014 年	2015 年	2016 年	2017 年
载客汽车	微型	出租车	汽油	—	—	—	—	—	—	—	—	—	—	—	—	—	—	—	—	—	—	—
			燃气	—	—	—	—	—	—	—	—	—	—	—	—	—	—	—	—	—	—	—
		其他	汽油	—	—	—	—	—	—	—	—	—	—	—	—	—	—	—	—	—	—	—
			燃气	—	—	—	—	—	—	—	—	—	—	—	—	—	—	—	—	—	—	—
	小型	出租车	汽油	—	—	—	—	—	—	—	—	—	—	—	—	—	—	—	—	—	—	—
			柴油	46366	42460	38553	38553	38553	38553	26281	14009	14009	9132	4255	4255	4255	4255	3954	3654	3654	3022	2811
			燃气	—	—	—	—	—	—	—	—	—	—	—	—	—	—	—	—	—	—	—
		其他	汽油	—	—	—	—	—	—	—	—	—	—	—	—	—	—	—	—	—	—	—
			柴油	3785	3582	3378	3378	3378	3378	2429	1480	1480	1084	688	688	688	688	576	465	465	465	465
			燃气	—	—	—	—	—	—	—	—	—	—	—	—	—	—	—	—	—	—	—
	中型	公交车	汽油	—	—	—	—	—	—	—	—	—	—	—	—	—	—	—	—	—	—	—
			柴油	30592	30592	28032	22913	22913	17978	8108	8108	8108	6872	5637	5637	5637	5637	3504	1372	1372	1080	983
			燃气	—	—	—	—	—	—	—	—	—	—	—	—	—	—	—	—	—	—	—
		其他	汽油	—	—	—	—	—	—	—	—	—	—	—	—	—	—	—	—	—	—	—
			柴油	15274	15274	12888	8116	8116	6262	2553	2553	2553	2434	2316	2316	2316	2316	1366	415	415	399	394
			燃气	—	—	—	—	—	—	—	—	—	—	—	—	—	—	—	—	—	—	—
	大型	公交车	汽油	—	—	—	—	—	—	—	—	—	—	—	—	—	—	—	—	—	—	—
			柴油	94865	94865	93934	92071	92071	71272	29674	29674	29674	19994	10315	10315	10315	10315	6116	1916	1916	1845	1821
			燃气	—	—	—	—	—	—	—	—	—	—	—	—	—	—	—	—	—	—	—
		其他	汽油	—	—	—	—	—	—	—	—	—	—	—	—	—	—	—	—	—	—	—
			柴油	142314	142314	133412	115607	115607	85425	25061	25061	25061	17182	9303	9303	9303	9303	5868	2433	2433	2343	2313
			燃气	—	—	—	—	—	—	—	—	—	—	—	—	—	—	—	—	—	—	—
载货汽车	微型		汽油	—	—	—	—	—	—	—	—	—	—	—	—	—	—	—	—	—	—	—
			柴油	9677	9477	9277	9277	9277	9277	7546	5816	5816	4316	2817	2817	2817	2817	1774	730	730	727	726
			燃气	—	—	—	—	—	—	—	—	—	—	—	—	—	—	—	—	—	—	—
	轻型		汽油	—	—	—	—	—	—	—	—	—	—	—	—	—	—	—	—	—	—	—
			柴油	10064	9670	9277	9277	9277	9277	7546	5816	5816	4316	2817	2817	2817	2817	2124	1432	1432	1182	1099
			燃气	—	—	—	—	—	—	—	—	—	—	—	—	—	—	—	—	—	—	—
	中型		汽油	—	—	—	—	—	—	—	—	—	—	—	—	—	—	—	—	—	—	—
			柴油	31649	31649	26634	16603	16603	12773	5112	5112	5112	4843	4574	4574	4574	4574	2932	1291	1291	1182	1146
			燃气	—	—	—	—	—	—	—	—	—	—	—	—	—	—	—	—	—	—	—
	重型		汽油	—	—	—	—	—	—	—	—	—	—	—	—	—	—	—	—	—	—	—
			柴油	93415	93415	76780	43511	43511	34548	16621	16621	16621	11390	6158	6158	6158	6158	4050	1942	1942	1641	1541
			燃气	—	—	—	—	—	—	—	—	—	—	—	—	—	—	—	—	—	—	—
低速汽车	三轮汽车			4092	4092	4092	4092	4092	4092	4092	4092	4092	3220	3220	3220	3220	3220	3220	3220	3220	3220	3220
	低速货车			5581	5581	5581	5581	5581	5581	5581	5581	5581	4392	4392	4392	4392	4392	4392	4392	4392	4392	4392
摩托车	普通摩托车			—	—	—	—	—	—	—	—	—	—	—	—	—	—	—	—	—	—	—
	轻便摩托车			—	—	—	—	—	—	—	—	—	—	—	—	—	—	—	—	—	—	—

齐齐哈尔市 VOCs 排放系数

单位：克/（辆·年）

车辆类型		使用性质	燃料种类	1999 年年底前	2000 年	2001 年	2002 年	2003 年	2004 年	2005 年	2006 年	2007 年	2008 年	2009 年	2010 年	2011 年	2012 年	2013 年	2014 年	2015 年	2016 年	2017 年
载客汽车	微型	出租车	汽油	1936253	1118630	301008	301008	301008	301008	217314	133621	133621	105221	76821	76821	64440	52059	52059	52059	52059	40317	36403
			燃气	370969	225845	80721	80721	80721	80721	62333	43945	43945	36255	28565	28565	22634	16704	16704	16704	16704	9852	7568
		其他	汽油	110138	63577	17016	17016	17016	17016	16558	16100	16100	13151	10202	10202	9548	8895	8895	8895	8895	6979	6340
			燃气	17541	9868	2195	2195	2195	2195	2104	2014	2014	1498	982	982	886	791	791	791	791	531	444
	小型	出租车	汽油	1936253	1099462	262671	262671	262671	262671	249462	236254	236254	156538	76821	76821	64440	52059	52059	52059	52059	37095	32107
			柴油	241535	227701	213867	213867	213867	213867	193810	173753	173753	125894	78036	78036	78036	78036	58038	38039	38039	21901	16522
			燃气	370969	222486	74002	74002	74002	74002	67966	61931	61931	45248	28565	28565	22634	16704	16704	16704	16704	9287	6815
		其他	汽油	111823	64216	16608	16608	16608	16608	17259	17910	17910	14060	10211	10211	9448	8685	8685	8685	8685	7148	6636
			柴油	13978	12804	11630	11630	11630	11630	9872	8114	8114	5540	2967	2967	2967	2967	2590	2213	2213	1584	1374
			燃气	17836	10740	3644	3644	3644	3644	2988	2331	2331	1726	1122	1122	938	754	754	754	754	560	496
	中型	公交车	汽油	247345	247345	247345	247345	246748	168505	13213	13213	13213	13213	13213	13062	12910	12910	10482	8055	8055	8055	8055
			柴油	87806	87806	86086	82645	82645	64494	28192	28192	28192	20508	12823	12823	12823	12823	8958	5093	5093	4763	4653
			燃气	71579	71579	67602	59649	59649	57536	53311	53311	53311	42686	32061	32061	22219	22219	22154	22154	22154	22154	22154
		其他	汽油	128055	128055	128055	128055	127458	87136	7685	7685	7685	7685	7685	7540	7394	7394	6342	5291	5291	5291	5291
			柴油	30493	30493	28460	24394	24394	18567	6912	6912	6912	6506	6099	6099	6099	6099	3750	1402	1402	1243	1190
			燃气	34560	34560	32640	28800	28800	27780	25740	25740	25740	20623	15506	15506	10732	10732	9642	9642	9642	9642	9642
	大型	公交车	汽油	576653	576653	576653	576653	576056	388478	14516	14516	14516	14516	14516	14376	14237	14237	11471	8705	8705	8705	8705
			柴油	131708	131708	108010	60614	60614	60614	60614	60614	60614	43515	26416	26416	26416	26416	17675	8934	8934	5723	4653
			燃气	168926	168926	159541	140772	140772	135786	125815	125815	125815	100740	75665	75665	52438	52438	47188	47188	47188	47188	47188
		其他	汽油	1277951	1277951	1277951	1277951	1277354	860506	28003	28003	28003	28003	28003	21744	15485	15485	12294	9104	9104	9104	9104
			柴油	272891	272891	207397	76409	76409	76409	76409	76409	76409	55942	35476	35476	35476	35476	20706	5937	5937	5324	5119
			燃气	266186	266186	251398	221822	221822	213966	198253	198253	198253	158842	119430	119430	82662	82662	74261	74261	74261	74261	74261
载货汽车	微型		汽油	696013	368527	41041	41041	41041	41041	39171	37301	37301	34440	31578	31578	25354	19131	19131	19131	19131	16584	15735
			柴油	49996	46749	43502	43502	43502	43502	40076	36651	36651	26828	17006	17006	17006	17006	11708	6411	6411	4603	4000
			燃气	110850	58072	5294	5294	5294	5294	4980	4666	4666	3853	3040	3040	2370	1701	1701	1701	1701	1252	1102
	轻型		汽油	352861	205828	58796	58796	58796	58796	50126	41455	41455	36892	32328	32328	28211	24094	24094	24094	24094	21178	20206
			柴油	45575	44538	43502	43502	43502	43502	40076	36651	36651	26828	17006	17006	17006	17006	12978	8949	8949	7141	6538
			燃气	56282	34591	12901	12901	12901	12901	9148	5395	5395	4474	3552	3552	2822	2092	2092	2092	2092	1656	1510
	中型		汽油	291122	291122	291122	291122	290525	197687	13204	13204	13204	13204	13204	13064	12925	12925	10486	8046	8046	8046	8046
			柴油	66469	66469	62038	53175	53175	40472	15066	15066	15066	14182	13299	13299	13299	13299	9638	5977	5977	3557	2750
			燃气	75334	75334	71149	62779	62779	60555	56105	56105	56105	44958	33811	33811	45753	45753	22282	22282	22282	22282	22282
	重型		汽油	610482	610482	610482	610482	609884	411248	15170	15170	15170	15170	15170	12120	9071	9071	7546	6020	6020	6020	6020
			柴油	170832	170832	129832	47833	47833	47833	47833	47833	47833	35020	22208	22208	22208	22208	13938	5668	5668	3948	3374
			燃气	166635	166635	157378	138863	138863	133945	124109	124109	124109	99436	74763	74763	78917	78917	48946	48946	48946	48946	48946
低速汽车	三轮汽车			25300	25300	25300	25300	25300	25300	25300	25300	25300	16721	16721	16721	16721	16721	16721	16721	16721	16721	16721
	低速货车			33990	33990	33990	33990	33990	33990	33990	33990	33990	22464	22464	22464	22464	22464	22464	22464	22464	22464	22464
摩托车	普通摩托车			10464	10464	10464	10464	7809	5154	2759	2759	2759	2759	2759	2059	1359	1359	1359	1359	1359	1359	1359
	轻便摩托车			33839	33839	33839	33839	33839	6768	6768	3332	3332	3332	3332	2486	1641	1641	1641	1641	1641	1641	1641

鸡西市 NO_x 排放系数

单位：克/（辆·年）

车辆类型		使用性质	燃料种类	1999 年年底前	2000 年	2001 年	2002 年	2003 年	2004 年	2005 年	2006 年	2007 年	2008 年	2009 年	2010 年	2011 年	2012 年	2013 年	2014 年	2015 年	2016 年	2017 年
载客汽车	微型	出租车	汽油	257323	172810	88297	88297	88297	88297	64754	41211	41211	30196	19182	19182	15708	12234	12234	12234	12234	7668	6146
			燃气	156155	106032	55910	55910	55910	55910	41473	27036	27036	20182	13328	13328	10766	8204	8204	8204	8204	4947	3861
		其他	汽油	36457	22886	9316	9316	9316	9316	5874	2431	2431	1979	1527	1527	1274	1021	1021	1021	1021	702	596
			燃气	21005	12527	4049	4049	4049	4049	2644	1238	1238	1006	775	775	614	453	453	453	453	360	329
	小型	出租车	汽油	291733	192060	92387	92387	92387	92387	67114	41840	41840	30511	19182	19182	15138	11095	11095	11095	11095	6626	5137
			柴油	303474	253298	203122	203122	203122	203122	180866	158611	158611	125696	92780	92780	92780	92780	75958	59135	59135	45548	41019
			燃气	176515	117423	58331	58331	58331	58331	42870	27408	27408	20368	13328	13328	10429	7530	7530	7530	7530	4330	3264
		其他	汽油	34019	21735	9451	9451	9451	9451	6264	3077	3077	2141	1205	1205	1089	973	973	973	973	662	559
			柴油	29219	23916	18614	18614	18614	18614	17126	15637	15637	12243	8849	8849	8849	8849	7638	6427	6427	5544	5249
			燃气	19563	12488	5414	5414	5414	5414	3517	1620	1620	1102	584	584	504	425	425	425	425	336	307
	中型	公交车	汽油	329957	329957	329957	329957	329957	225416	16333	16333	16333	16333	16333	14648	12963	12963	9786	6609	6609	6609	6609
			柴油	367713	367713	366850	365123	365123	350613	321592	321592	321592	267870	214149	214149	214149	214149	174761	135373	135373	113337	105992
			燃气	390428	390428	385780	376485	376485	364807	341451	341451	341451	284180	226909	226909	143494	143494	112383	112383	112383	112383	112383
		其他	汽油	202293	202293	202293	202293	202293	137222	7080	7080	7080	7080	7080	7080	7080	7080	5310	3541	3541	3541	3541
			柴油	172441	172441	165243	150846	150846	149570	147019	147019	147019	125212	103405	103405	103405	103405	91814	80223	80223	68471	64554
			燃气	194722	194722	183904	162268	162268	160739	157681	157681	157681	134254	110827	110827	86330	86330	69345	69345	69345	69345	69345
	大型	公交车	汽油	1175470	1175470	1175470	1175470	1175470	808276	73887	73887	73887	73887	73887	73822	73757	73757	55318	36879	36879	36879	36879
			柴油	521527	521527	504675	470970	470970	457588	430824	430824	430824	423060	415296	415296	415296	415296	400321	385346	385346	347370	334712
			燃气	1048579	1048579	990325	873816	873816	808973	679288	679288	679288	582024	484760	484760	451311	451311	391169	391169	391169	391169	391169
		其他	汽油	2805634	2805634	2805634	2805634	2805634	1929207	176354	176354	176354	176354	176354	169741	163128	163128	122476	81825	81825	81825	81825
			柴油	1248896	1248896	1216759	1152486	1152486	1125617	1071878	1071878	1071878	1034140	996402	996402	996402	996402	948580	900757	900757	797161	762629
			燃气	2324684	2324684	2195535	1937237	1937237	1793482	1505971	1505971	1505971	1290832	1075694	1075694	970459	970459	823348	823348	823348	823348	823348
载货汽车	微型		汽油	115127	68205	21283	21283	21283	21283	14474	7664	7664	6203	4742	4742	4219	3696	3696	3696	3696	2772	2464
			柴油	76043	62630	49218	49218	49218	49218	44302	39387	39387	33346	27306	27306	27306	27306	19982	12658	12658	10906	10322
			燃气	66331	37791	9250	9250	9250	9250	6577	3903	3903	3155	2407	2407	2023	1640	1640	1640	1640	1430	1360
	轻型		汽油	85433	54687	23941	23941	23941	23941	16165	8389	8389	7028	5668	5668	4732	3796	3796	3796	3796	2898	2598
			柴油	76313	62766	49218	49218	49218	49218	44302	39387	39387	33346	27306	27306	27306	27306	21804	16301	16301	15190	14820
			燃气	49129	31422	13715	13715	13715	13715	9066	4417	4417	3582	2747	2747	2203	1658	1658	1658	1658	1485	1427
	中型		汽油	189594	189594	189594	189594	189594	129437	9124	9124	9124	9124	9124	9124	9124	9124	6846	4568	4568	4568	4568
			柴油	360806	360806	323978	250321	250321	238028	213441	213441	213441	206880	200319	200319	200319	200319	175754	151190	151190	130188	123188
			燃气	407426	407426	361375	269275	269275	255823	228920	228920	228920	221809	214697	214697	162699	162699	132331	132331	132331	132331	132331
	重型		汽油	1212778	1212778	1212778	1212778	1212778	833929	76232	76232	76232	76232	76232	73373	70514	70514	52942	35370	35370	35370	35370
			柴油	675296	675296	652246	606146	606146	583726	538886	538886	538886	517276	495667	495667	495667	495667	429252	362838	362838	233290	190108
			燃气	1256990	1256990	1177621	1018883	1018883	931631	757126	757126	757126	646119	535111	535111	390915	390915	205244	205244	205244	205244	205244
低速汽车	三轮汽车			65550	65550	65550	65550	65550	65550	65550	65550	65550	53279	53279	53279	53279	53279	53279	53279	53279	53279	53279
	低速货车			88065	88065	88065	88065	88065	88065	88065	88065	88065	71579	71579	71579	71579	71579	71579	71579	71579	71579	71579
摩托车	普通摩托车			781	781	781	781	755	729	677	677	677	677	677	602	526	526	526	526	526	526	526
	轻便摩托车			521	521	521	521	521	260	260	260	260	260	260	231	202	202	202	202	202	202	202

鸡西市 PM 排放系数

单位：克/（辆·年）

车辆类型		使用性质	燃料种类	1999 年年底前	2000 年	2001 年	2002 年	2003 年	2004 年	2005 年	2006 年	2007 年	2008 年	2009 年	2010 年	2011 年	2012 年	2013 年	2014 年	2015 年	2016 年	2017 年
载客汽车	微型	出租车	汽油	—	—	—	—	—	—	—	—	—	—	—	—	—	—	—	—	—	—	—
			燃气	—	—	—	—	—	—	—	—	—	—	—	—	—	—	—	—	—	—	—
		其他	汽油	—	—	—	—	—	—	—	—	—	—	—	—	—	—	—	—	—	—	—
			燃气	—	—	—	—	—	—	—	—	—	—	—	—	—	—	—	—	—	—	—
	小型	出租车	汽油	—	—	—	—	—	—	—	—	—	—	—	—	—	—	—	—	—	—	—
			柴油	37401	34250	31099	31099	31099	31099	21200	11300	11300	7366	3432	3432	3432	3432	3190	2948	2948	2438	2268
			燃气	—	—	—	—	—	—	—	—	—	—	—	—	—	—	—	—	—	—	—
		其他	汽油	—	—	—	—	—	—	—	—	—	—	—	—	—	—	—	—	—	—	—
			柴油	3785	3582	3378	3378	3378	3378	2429	1480	1480	1084	688	688	688	688	576	465	465	465	465
			燃气	—	—	—	—	—	—	—	—	—	—	—	—	—	—	—	—	—	—	—
	中型	公交车	汽油	—	—	—	—	—	—	—	—	—	—	—	—	—	—	—	—	—	—	—
			柴油	30592	30592	28032	22913	22913	17978	8108	8108	8108	6872	5637	5637	5637	5637	3504	1372	1372	1080	983
			燃气	—	—	—	—	—	—	—	—	—	—	—	—	—	—	—	—	—	—	—
		其他	汽油	—	—	—	—	—	—	—	—	—	—	—	—	—	—	—	—	—	—	—
			柴油	15274	15274	12888	8116	8116	6262	2553	2553	2553	2434	2316	2316	2316	2316	1366	415	415	399	394
			燃气	—	—	—	—	—	—	—	—	—	—	—	—	—	—	—	—	—	—	—
	大型	公交车	汽油	—	—	—	—	—	—	—	—	—	—	—	—	—	—	—	—	—	—	—
			柴油	94865	94865	93934	92071	92071	71272	29674	29674	29674	19994	10315	10315	10315	10315	6116	1916	1916	1845	1821
			燃气	—	—	—	—	—	—	—	—	—	—	—	—	—	—	—	—	—	—	—
		其他	汽油	—	—	—	—	—	—	—	—	—	—	—	—	—	—	—	—	—	—	—
			柴油	142314	142314	133412	115607	115607	85425	25061	25061	25061	17182	9303	9303	9303	9303	5868	2433	2433	2343	2313
			燃气	—	—	—	—	—	—	—	—	—	—	—	—	—	—	—	—	—	—	—
载货汽车	微型		汽油	—	—	—	—	—	—	—	—	—	—	—	—	—	—	—	—	—	—	—
			柴油	8393	8219	8045	8045	8045	8045	6544	5044	5044	3744	2443	2443	2443	2443	1538	633	633	630	629
			燃气	—	—	—	—	—	—	—	—	—	—	—	—	—	—	—	—	—	—	—
	轻型		汽油	—	—	—	—	—	—	—	—	—	—	—	—	—	—	—	—	—	—	—
			柴油	8728	8386	8045	8045	8045	8045	6544	5044	5044	3744	2443	2443	2443	2443	1842	1242	1242	1025	953
			燃气	—	—	—	—	—	—	—	—	—	—	—	—	—	—	—	—	—	—	—
	中型		汽油	—	—	—	—	—	—	—	—	—	—	—	—	—	—	—	—	—	—	—
			柴油	31649	31649	26634	16603	16603	12773	5112	5112	5112	4843	4574	4574	4574	4574	2932	1291	1291	1182	1146
			燃气	—	—	—	—	—	—	—	—	—	—	—	—	—	—	—	—	—	—	—
	重型		汽油	—	—	—	—	—	—	—	—	—	—	—	—	—	—	—	—	—	—	—
			柴油	85036	85036	69893	39608	39608	31449	15130	15130	15130	10368	5606	5606	5606	5606	3706	1806	1806	1526	1433
			燃气	—	—	—	—	—	—	—	—	—	—	—	—	—	—	—	—	—	—	—
低速汽车	三轮汽车			4092	4092	4092	4092	4092	4092	4092	4092	4092	3220	3220	3220	3220	3220	3220	3220	3220	3220	3220
	低速货车			5581	5581	5581	5581	5581	5581	5581	5581	5581	4392	4392	4392	4392	4392	4392	4392	4392	4392	4392
摩托车	普通摩托车			—	—	—	—	—	—	—	—	—	—	—	—	—	—	—	—	—	—	—
	轻便摩托车			—	—	—	—	—	—	—	—	—	—	—	—	—	—	—	—	—	—	—

鸡西市 VOCs 排放系数

单位：克/（辆·年）

车辆类型		使用性质	燃料种类	1999 年年底前	2000 年	2001 年	2002 年	2003 年	2004 年	2005 年	2006 年	2007 年	2008 年	2009 年	2010 年	2011 年	2012 年	2013 年	2014 年	2015 年	2016 年	2017 年
载客汽车	微型	出租车	汽油	1410681	814106	217531	217531	217531	217531	156890	96250	96250	75762	55273	55273	46702	38132	38132	38132	38132	30021	27317
			燃气	292513	175916	59319	59319	59319	59319	45234	31148	31148	25506	19864	19864	15828	11792	11792	11792	11792	7246	5731
		其他	汽油	100159	58001	15843	15843	15843	15843	15398	14953	14953	12268	9582	9582	8982	8381	8381	8381	8381	6628	6044
			燃气	17541	9868	2195	2195	2195	2195	2104	2014	2014	1498	982	982	886	791	791	791	791	531	444
	小型	出租车	汽油	1410681	800126	189572	189572	189572	189572	180336	171100	171100	113186	55273	55273	46702	38132	38132	38132	38132	27671	24184
			柴油	171416	161882	152347	152347	152347	152347	138762	125176	125176	89228	53279	53279	53279	53279	39740	26202	26202	15583	12043
			燃气	292513	173206	53899	53899	53899	53899	49778	45657	45657	32760	19864	19864	15828	11792	11792	11792	11792	6790	5123
		其他	汽油	101683	58579	15475	15475	15475	15475	16032	16589	16589	13090	9590	9590	8890	8191	8191	8191	8191	6782	6312
			柴油	13836	12666	11496	11496	11496	11496	9744	7992	7992	5446	2900	2900	2900	2900	2524	2147	2147	1542	1341
			燃气	17836	10740	3644	3644	3644	3644	2988	2331	2331	1726	1122	1122	938	754	754	754	754	560	496
	中型	公交车	汽油	247358	247358	247358	247358	246761	168518	13226	13226	13226	13226	13226	13074	12923	12923	10496	8068	8068	8068	8068
			柴油	87806	87806	86086	82645	82645	64494	28192	28192	28192	20508	12823	12823	12823	12823	8958	5093	5093	4763	4653
			燃气	71579	71579	67602	59649	59649	57536	53311	53311	53311	42686	32061	32061	22219	22219	22154	22154	22154	22154	22154
		其他	汽油	128068	128068	128068	128068	127471	87149	7698	7698	7698	7698	7698	7552	7407	7407	6356	5304	5304	5304	5304
			柴油	30493	30493	28460	24394	24394	18567	6912	6912	6912	6506	6099	6099	6099	6099	3750	1402	1402	1243	1190
			燃气	34560	34560	32640	28800	28800	27780	25740	25740	25740	20623	15506	15506	10732	10732	9642	9642	9642	9642	9642
	大型	公交车	汽油	576666	576666	576666	576666	576069	388491	14529	14529	14529	14529	14529	14390	14250	14250	11484	8718	8718	8718	8718
			柴油	131708	131708	108010	60614	60614	60614	60614	60614	60614	43515	26416	26416	26416	26416	17675	8934	8934	5723	4653
			燃气	168926	168926	159541	140772	140772	135786	125815	125815	125815	100740	75665	75665	52438	52438	47188	47188	47188	47188	47188
		其他	汽油	1277964	1277964	1277964	1277964	1277367	860519	28016	28016	28016	28016	28016	21757	15498	15498	12308	9117	9117	9117	9117
			柴油	272891	272891	207397	76409	76409	76409	76409	76409	76409	55942	35476	35476	35476	35476	20706	5937	5937	5324	5119
			燃气	266186	266186	251398	221822	221822	213966	198253	198253	198253	158842	119430	119430	82662	82662	74261	74261	74261	74261	74261
载货汽车	微型		汽油	547624	290438	33252	33252	33252	33252	31752	30252	30252	27934	25616	25616	20752	15887	15887	15887	15887	13805	13111
			柴油	41572	38883	36194	36194	36194	36194	33419	30644	30644	22334	14024	14024	14024	14024	9632	5241	5241	3842	3376
			燃气	95906	50257	4607	4607	4607	4607	4341	4075	4075	3350	2625	2625	2062	1499	1499	1499	1499	1097	963
	轻型		汽油	278556	162865	47174	47174	47174	47174	40342	33510	33510	29857	26204	26204	22991	19778	19778	19778	19778	17407	16617
			柴油	37752	36973	36194	36194	36194	36194	33419	30644	30644	22334	14024	14024	14024	14024	10729	7434	7434	6035	5569
			燃气	48861	29985	11108	11108	11108	11108	7909	4709	4709	3887	3066	3066	2443	1821	1821	1821	1821	1434	1306
	中型		汽油	291135	291135	291135	291135	290538	197700	13217	13217	13217	13217	13217	13077	12937	12937	10498	8059	8059	8059	8059
			柴油	66469	66469	62038	53175	53175	40472	15066	15066	15066	14182	13299	13299	13299	13299	9638	5977	5977	3557	2750
			燃气	75334	75334	71149	62779	62779	60555	56105	56105	56105	44958	33811	33811	45753	45753	22282	22282	22282	22282	22282
	重型		汽油	558356	558356	558356	558356	557758	376168	14181	14181	14181	14181	14181	11382	8582	8582	7187	5792	5792	5792	5792
			柴油	160910	160910	122292	45055	45055	45055	45055	45055	45055	32986	20918	20918	20918	20918	12980	5041	5041	3561	3068
			燃气	156956	156956	148237	130799	130799	126166	116901	116901	116901	93661	70420	70420	70187	70187	44507	44507	44507	44507	44507
低速汽车	三轮汽车			25300	25300	25300	25300	25300	25300	25300	25300	25300	16721	16721	16721	16721	16721	16721	16721	16721	16721	16721
	低速货车			33990	33990	33990	33990	33990	33990	33990	33990	33990	22464	22464	22464	22464	22464	22464	22464	22464	22464	22464
摩托车	普通摩托车			10464	10464	10464	10464	7809	5154	2759	2759	2759	2759	2759	2059	1359	1359	1359	1359	1359	1359	1359
	轻便摩托车			33839	33839	33839	33839	33839	6768	6768	3332	3332	3332	3332	2486	1641	1641	1641	1641	1641	1641	1641

鹤岗市 NO_x 排放系数

单位：克/（辆·年）

车辆类型		使用性质	燃料种类	1999年年底前	2000年	2001年	2002年	2003年	2004年	2005年	2006年	2007年	2008年	2009年	2010年	2011年	2012年	2013年	2014年	2015年	2016年	2017年
载客汽车	微型	出租车	汽油	257453	172895	88337	88337	88337	88337	64786	41234	41234	30214	19193	19193	15719	12245	12245	12245	12245	7673	6149
			燃气	156155	106032	55910	55910	55910	55910	41473	27036	27036	20182	13328	13328	10766	8204	8204	8204	8204	4947	3861
		其他	汽油	36505	22919	9333	9333	9333	9333	5889	2445	2445	1990	1536	1536	1284	1031	1031	1031	1031	706	598
			燃气	21005	12527	4049	4049	4049	4049	2644	1238	1238	1006	775	775	614	453	453	453	453	360	329
	小型	出租车	汽油	291877	192154	92430	92430	92430	92430	67146	41863	41863	30528	19193	19193	15149	11105	11105	11105	11105	6631	5140
			柴油	303550	253360	203171	203171	203171	203171	180912	158652	158652	125728	92804	92804	92804	92804	75979	59154	59154	45562	41031
			燃气	176515	117423	58331	58331	58331	58331	42870	27408	27408	20368	13328	13328	10429	7530	7530	7530	7530	4330	3264
		其他	汽油	34066	21767	9468	9468	9468	9468	6280	3091	3091	2152	1214	1214	1098	982	982	982	982	666	561
			柴油	29235	23932	18628	18628	18628	18628	17139	15650	15650	12254	8857	8857	8857	8857	7646	6435	6435	5547	5251
			燃气	19563	12488	5414	5414	5414	5414	3517	1620	1620	1102	584	584	504	425	425	425	425	336	307
	中型	公交车	汽油	330096	330096	330096	330096	330096	225511	16340	16340	16340	16340	16340	14654	12968	12968	9790	6612	6612	6612	6612
			柴油	367827	367827	366963	365236	365236	350721	321691	321691	321691	267953	214215	214215	214215	214215	174815	135415	135415	113372	106025
			燃气	390549	390549	385900	376601	376601	364919	341556	341556	341556	284268	226979	226979	143538	143538	112418	112418	112418	112418	112418
		其他	汽油	202378	202378	202378	202378	202378	137280	7083	7083	7083	7083	7083	7083	7083	7083	5312	3542	3542	3542	3542
			柴油	172494	172494	165294	150893	150893	149617	147065	147065	147065	125251	103437	103437	103437	103437	91842	80248	80248	68492	64574
			燃气	194782	194782	183961	162319	162319	160789	157729	157729	157729	134295	110861	110861	86356	86356	69366	69366	69366	69366	69366
	大型	公交车	汽油	1175965	1175965	1175965	1175965	1175965	808616	73918	73918	73918	73918	73918	73853	73788	73788	55342	36895	36895	36895	36895
			柴油	521688	521688	504830	471115	471115	457729	430957	430957	430957	423190	415424	415424	415424	415424	400444	385465	385465	347478	334815
			燃气	1048903	1048903	990631	874086	874086	809223	679498	679498	679498	582204	484910	484910	451451	451451	391289	391289	391289	391289	391289
		其他	汽油	2806815	2806815	2806815	2806815	2806815	1930019	176428	176428	176428	176428	176428	169812	163196	163196	122528	81859	81859	81859	81859
			柴油	1249282	1249282	1217135	1152842	1152842	1125964	1072209	1072209	1072209	1034459	996709	996709	996709	996709	948872	901035	901035	797408	762865
			燃气	2325402	2325402	2196213	1937835	1937835	1794035	1506436	1506436	1506436	1291231	1076026	1076026	970759	970759	823602	823602	823602	823602	823602
载货汽车	微型		汽油	115207	68256	21304	21304	21304	21304	14492	7680	7680	6216	4753	4753	4230	3706	3706	3706	3706	2777	2467
			柴油	76071	62654	49238	49238	49238	49238	44322	39406	39406	33363	27320	27320	27320	27320	19994	12667	12667	10911	10326
			燃气	66290	37766	9242	9242	9242	9242	6566	3889	3889	3143	2398	2398	2013	1628	1628	1628	1628	1425	1357
	轻型		汽油	85500	54732	23963	23963	23963	23963	16184	8405	8405	7042	5678	5678	4742	3806	3806	3806	3806	2902	2600
			柴油	76342	62790	49238	49238	49238	49238	44322	39406	39406	33363	27320	27320	27320	27320	21816	16312	16312	15197	14825
			燃气	49100	31401	13703	13703	13703	13703	9054	4405	4405	3568	2731	2731	2189	1647	1647	1647	1647	1479	1423
	中型		汽油	189594	189594	189594	189594	189594	129437	9124	9124	9124	9124	9124	9124	9124	9124	6846	4568	4568	4568	4568
			柴油	360806	360806	323978	250321	250321	238028	213441	213441	213441	206880	200319	200319	200319	200319	175754	151190	151190	130188	123188
			燃气	407426	407426	361376	269276	269276	255823	228918	228918	228918	221807	214697	214697	162698	162698	132330	132330	132330	132330	132330
	重型		汽油	1212778	1212778	1212778	1212778	1212778	833929	76232	76232	76232	76232	76232	73373	70514	70514	52942	35370	35370	35370	35370
			柴油	675296	675296	652246	606146	606146	583726	538886	538886	538886	517276	495667	495667	495667	495667	429252	362838	362838	233290	190108
			燃气	1256990	1256990	1177621	1018883	1018883	931631	757126	757126	757126	646119	535112	535112	390915	390915	205244	205244	205244	205244	205244
低速汽车	三轮汽车			65550	65550	65550	65550	65550	65550	65550	65550	65550	53279	53279	53279	53279	53279	53279	53279	53279	53279	53279
	低速货车			88065	88065	88065	88065	88065	88065	88065	88065	88065	71579	71579	71579	71579	71579	71579	71579	71579	71579	71579
摩托车	普通摩托车			781	781	781	781	755	729	677	677	677	677	677	602	526	526	526	526	526	526	526
	轻便摩托车			521	521	521	521	521	260	260	260	260	260	260	231	202	202	202	202	202	202	202

鹤岗市 PM 排放系数

单位：克/（辆·年）

车辆类型		使用性质	燃料种类	1999 年年底前	2000 年	2001 年	2002 年	2003 年	2004 年	2005 年	2006 年	2007 年	2008 年	2009 年	2010 年	2011 年	2012 年	2013 年	2014 年	2015 年	2016 年	2017 年
载客汽车	微型	出租车	汽油	—	—	—	—	—	—	—	—	—	—	—	—	—	—	—	—	—	—	—
			燃气	—	—	—	—	—	—	—	—	—	—	—	—	—	—	—	—	—	—	—
		其他	汽油	—	—	—	—	—	—	—	—	—	—	—	—	—	—	—	—	—	—	—
			燃气	—	—	—	—	—	—	—	—	—	—	—	—	—	—	—	—	—	—	—
	小型	出租车	汽油	—	—	—	—	—	—	—	—	—	—	—	—	—	—	—	—	—	—	—
			柴油	37401	34250	31099	31099	31099	31099	21200	11300	11300	7366	3432	3432	3432	3432	3190	2948	2948	2438	2268
			燃气	—	—	—	—	—	—	—	—	—	—	—	—	—	—	—	—	—	—	—
		其他	汽油	—	—	—	—	—	—	—	—	—	—	—	—	—	—	—	—	—	—	—
			柴油	3785	3582	3378	3378	3378	3378	2429	1480	1480	1084	688	688	688	688	576	465	465	465	465
			燃气	—	—	—	—	—	—	—	—	—	—	—	—	—	—	—	—	—	—	—
	中型	公交车	汽油	—	—	—	—	—	—	—	—	—	—	—	—	—	—	—	—	—	—	—
			柴油	30592	30592	28032	22913	22913	17978	8108	8108	8108	6872	5637	5637	5637	5637	3504	1372	1372	1080	983
			燃气	—	—	—	—	—	—	—	—	—	—	—	—	—	—	—	—	—	—	—
		其他	汽油	—	—	—	—	—	—	—	—	—	—	—	—	—	—	—	—	—	—	—
			柴油	15274	15274	12888	8116	8116	6262	2553	2553	2553	2434	2316	2316	2316	2316	1366	415	415	399	394
			燃气	—	—	—	—	—	—	—	—	—	—	—	—	—	—	—	—	—	—	—
	大型	公交车	汽油	—	—	—	—	—	—	—	—	—	—	—	—	—	—	—	—	—	—	—
			柴油	94865	94865	93934	92071	92071	71272	29674	29674	29674	19994	10315	10315	10315	10315	6116	1916	1916	1845	1821
			燃气	—	—	—	—	—	—	—	—	—	—	—	—	—	—	—	—	—	—	—
		其他	汽油	—	—	—	—	—	—	—	—	—	—	—	—	—	—	—	—	—	—	—
			柴油	142314	142314	133412	115607	115607	85425	25061	25061	25061	17182	9303	9303	9303	9303	5868	2433	2433	2343	2313
			燃气	—	—	—	—	—	—	—	—	—	—	—	—	—	—	—	—	—	—	—
载货汽车	微型		汽油	—	—	—	—	—	—	—	—	—	—	—	—	—	—	—	—	—	—	—
			柴油	8393	8219	8045	8045	8045	8045	6544	5044	5044	3744	2443	2443	2443	2443	1538	633	633	630	629
			燃气	—	—	—	—	—	—	—	—	—	—	—	—	—	—	—	—	—	—	—
	轻型		汽油	—	—	—	—	—	—	—	—	—	—	—	—	—	—	—	—	—	—	—
			柴油	8728	8386	8045	8045	8045	8045	6544	5044	5044	3744	2443	2443	2443	2443	1842	1242	1242	1025	953
			燃气	—	—	—	—	—	—	—	—	—	—	—	—	—	—	—	—	—	—	—
	中型		汽油	—	—	—	—	—	—	—	—	—	—	—	—	—	—	—	—	—	—	—
			柴油	31649	31649	26634	16603	16603	12773	5112	5112	5112	4843	4574	4574	4574	4574	2932	1291	1291	1182	1146
			燃气	—	—	—	—	—	—	—	—	—	—	—	—	—	—	—	—	—	—	—
	重型		汽油	—	—	—	—	—	—	—	—	—	—	—	—	—	—	—	—	—	—	—
			柴油	85036	85036	69893	39608	39608	31449	15130	15130	15130	10368	5606	5606	5606	5606	3706	1806	1806	1526	1433
			燃气	—	—	—	—	—	—	—	—	—	—	—	—	—	—	—	—	—	—	—
低速汽车	三轮汽车			4092	4092	4092	4092	4092	4092	4092	4092	4092	3220	3220	3220	3220	3220	3220	3220	3220	3220	3220
	低速货车			5581	5581	5581	5581	5581	5581	5581	5581	5581	4392	4392	4392	4392	4392	4392	4392	4392	4392	4392
摩托车	普通摩托车			—	—	—	—	—	—	—	—	—	—	—	—	—	—	—	—	—	—	—
	轻便摩托车			—	—	—	—	—	—	—	—	—	—	—	—	—	—	—	—	—	—	—

鹤岗市 VOCs 排放系数

单位：克/（辆·年）

车辆类型		使用性质	燃料种类	1999 年年底前	2000 年	2001 年	2002 年	2003 年	2004 年	2005 年	2006 年	2007 年	2008 年	2009 年	2010 年	2011 年	2012 年	2013 年	2014 年	2015 年	2016 年	2017 年
载客汽车	微型	出租车	汽油	1700913	978561	256209	256209	256209	256209	183568	110927	110927	86761	62595	62595	53022	43448	43448	43448	43448	34750	31850
			燃气	292513	175916	59319	59319	59319	59319	45234	31148	31148	25506	19864	19864	15828	11792	11792	11792	11792	7246	5731
		其他	汽油	119526	68710	17893	17893	17893	17893	17423	16953	16953	13770	10588	10588	9881	9174	9174	9174	9174	7139	6461
			燃气	17541	9868	2195	2195	2195	2195	2104	2014	2014	1498	982	982	886	791	791	791	791	531	444
	小型	出租车	汽油	1700913	961616	222318	222318	222318	222318	211986	201655	201655	132125	62595	62595	53022	43448	43448	43448	43448	31901	28052
			柴油	172099	162544	152988	152988	152988	152988	139382	125776	125776	89615	53454	53454	53454	53454	39895	26336	26336	15682	12130
			燃气	292513	173206	53899	53899	53899	53899	49778	45657	45657	32760	19864	19864	15828	11792	11792	11792	11792	6790	5123
		其他	汽油	121374	69410	17447	17447	17447	17447	18192	18936	18936	14767	10598	10598	9771	8944	8944	8944	8944	7326	6786
			柴油	14053	12876	11698	11698	11698	11698	9934	8171	8171	5583	2995	2995	2995	2995	2617	2239	2239	1601	1388
			燃气	17836	10740	3644	3644	3644	3644	2988	2331	2331	1726	1122	1122	938	754	754	754	754	560	496
	中型	公交车	汽油	247212	247212	247212	247212	246615	168372	13080	13080	13080	13080	13080	12928	12777	12777	10350	7922	7922	7922	7922
			柴油	87806	87806	86086	82645	82645	64494	28192	28192	28192	20508	12823	12823	12823	12823	8958	5093	5093	4763	4653
			燃气	71579	71579	67602	59649	59649	57536	53311	53311	53311	42686	32061	32061	22219	22219	22154	22154	22154	22154	22154
		其他	汽油	127923	127923	127923	127923	127326	87003	7552	7552	7552	7552	7552	7406	7261	7261	6210	5159	5159	5159	5159
			柴油	30493	30493	28460	24394	24394	18567	6912	6912	6912	6506	6099	6099	6099	6099	3750	1402	1402	1243	1190
			燃气	34560	34560	32640	28800	28800	27780	25740	25740	25740	20623	15506	15506	10732	10732	9642	9642	9642	9642	9642
	大型	公交车	汽油	576520	576520	576520	576520	575923	388345	14384	14384	14384	14384	14384	14244	14104	14104	11338	8572	8572	8572	8572
			柴油	131708	131708	108010	60614	60614	60614	60614	60614	60614	43515	26416	26416	26416	26416	17675	8934	8934	5723	4653
			燃气	168926	168926	159541	140772	140772	135786	125815	125815	125815	100740	75665	75665	52438	52438	47188	47188	47188	47188	47188
		其他	汽油	1277818	1277818	1277818	1277818	1277222	860373	27870	27870	27870	27870	27870	21612	15353	15353	12162	8971	8971	8971	8971
			柴油	272891	272891	207397	76409	76409	76409	76409	76409	76409	55942	35476	35476	35476	35476	20706	5937	5937	5324	5119
			燃气	266186	266186	251398	221822	221822	213966	198253	198253	198253	158842	119430	119430	82662	82662	74261	74261	74261	74261	74261
载货汽车	微型		汽油	661230	349816	38403	38403	38403	38403	36730	35058	35058	32378	29699	29699	23900	18100	18100	18100	18100	15768	14990
			柴油	41928	39224	36521	36521	36521	36521	33734	30948	30948	22561	14174	14174	14174	14174	9758	5343	5343	3911	3434
			燃气	97039	50875	4711	4711	4711	4711	4438	4165	4165	3460	2754	2754	2158	1561	1561	1561	1561	1163	1030
	轻型		汽油	335081	195180	55278	55278	55278	55278	47142	39006	39006	34709	30412	30412	26614	22817	22817	22817	22817	20134	19239
			柴油	38079	37300	36521	36521	36521	36521	33734	30948	30948	22561	14174	14174	14174	14174	10863	7552	7552	6120	5643
			燃气	49240	30393	11545	11545	11545	11545	8174	4802	4802	4011	3220	3220	2572	1924	1924	1924	1924	1536	1406
	中型		汽油	290989	290989	290989	290989	290392	197554	13072	13072	13072	13072	13072	12932	12792	12792	10352	7913	7913	7913	7913
			柴油	66469	66469	62038	53175	53175	40472	15066	15066	15066	14182	13299	13299	13299	13299	9638	5977	5977	3557	2750
			燃气	75334	75334	71149	62779	62779	60555	56105	56105	56105	44958	33811	33811	45753	45753	22282	22282	22282	22282	22282
	重型		汽油	558210	558210	558210	558210	557612	376022	14035	14035	14035	14035	14035	11236	8436	8436	7041	5646	5646	5646	5646
			柴油	160910	160910	122292	45055	45055	45055	45055	45055	45055	32986	20918	20918	20918	20918	12980	5041	5041	3561	3068
			燃气	156956	156956	148237	130799	130799	126166	116901	116901	116901	93661	70420	70420	70187	70187	44507	44507	44507	44507	44507
低速汽车	三轮汽车			25300	25300	25300	25300	25300	25300	25300	25300	25300	16721	16721	16721	16721	16721	16721	16721	16721	16721	16721
	低速货车			33990	33990	33990	33990	33990	33990	33990	33990	33990	22464	22464	22464	22464	22464	22464	22464	22464	22464	22464
摩托车	普通摩托车			10464	10464	10464	10464	7809	5154	2759	2759	2759	2759	2759	2059	1359	1359	1359	1359	1359	1359	1359
	轻便摩托车			33839	33839	33839	33839	33839	6768	6768	3332	3332	3332	3332	2486	1641	1641	1641	1641	1641	1641	1641

双鸭山市 NO_x 排放系数

单位：克/（辆·年）

车辆类型		使用性质	燃料种类	1999 年年底前	2000 年	2001 年	2002 年	2003 年	2004 年	2005 年	2006 年	2007 年	2008 年	2009 年	2010 年	2011 年	2012 年	2013 年	2014 年	2015 年	2016 年	2017 年
载客汽车	微型	出租车	汽油	257453	172895	88337	88337	88337	88337	64786	41234	41234	30214	19193	19193	15719	12245	12245	12245	12245	7673	6149
			燃气	156155	106032	55910	55910	55910	55910	41473	27036	27036	20182	13328	13328	10766	8204	8204	8204	8204	4947	3861
		其他	汽油	36505	22919	9333	9333	9333	9333	5889	2445	2445	1990	1536	1536	1284	1031	1031	1031	1031	706	598
			燃气	21005	12527	4049	4049	4049	4049	2644	1238	1238	1006	775	775	614	453	453	453	453	360	329
	小型	出租车	汽油	291877	192154	92430	92430	92430	92430	67146	41863	41863	30528	19193	19193	15149	11105	11105	11105	11105	6631	5140
			柴油	303550	253360	203171	203171	203171	203171	180912	158652	158652	125728	92804	92804	92804	92804	75979	59154	59154	45562	41031
			燃气	176515	117423	58331	58331	58331	58331	42870	27408	27408	20368	13328	13328	10429	7530	7530	7530	7530	4330	3264
		其他	汽油	34066	21767	9468	9468	9468	9468	6280	3091	3091	2152	1214	1214	1098	982	982	982	982	666	561
			柴油	29235	23932	18628	18628	18628	18628	17139	15650	15650	12254	8857	8857	8857	8857	7646	6435	6435	5547	5251
			燃气	19563	12488	5414	5414	5414	5414	3517	1620	1620	1102	584	584	504	425	425	425	425	336	307
	中型	公交车	汽油	330096	330096	330096	330096	330096	225511	16340	16340	16340	16340	16340	14654	12968	12968	9790	6612	6612	6612	6612
			柴油	367827	367827	366963	365236	365236	350721	321691	321691	321691	267953	214215	214215	214215	214215	174815	135415	135415	113372	106025
			燃气	390549	390549	385900	376601	376601	364919	341556	341556	341556	284268	226979	226979	143538	143538	112418	112418	112418	112418	112418
		其他	汽油	202378	202378	202378	202378	202378	137280	7083	7083	7083	7083	7083	7083	7083	7083	5312	3542	3542	3542	3542
			柴油	172494	172494	165294	150893	150893	149617	147065	147065	147065	125251	103437	103437	103437	103437	91842	80248	80248	68492	64574
			燃气	194782	194782	183961	162319	162319	160789	157729	157729	157729	134295	110861	110861	86356	86356	69366	69366	69366	69366	69366
	大型	公交车	汽油	1175965	1175965	1175965	1175965	1175965	808616	73918	73918	73918	73918	73918	73853	73788	73788	55342	36895	36895	36895	36895
			柴油	521688	521688	504830	471115	471115	457729	430957	430957	430957	423190	415424	415424	415424	415424	400444	385465	385465	347478	334815
			燃气	1048903	1048903	990631	874086	874086	809223	679498	679498	679498	582204	484910	484910	451451	451451	391289	391289	391289	391289	391289
		其他	汽油	2806815	2806815	2806815	2806815	2806815	1930019	176428	176428	176428	176428	176428	169812	163196	163196	122528	81859	81859	81859	81859
			柴油	1249282	1249282	1217135	1152842	1152842	1125964	1072209	1072209	1072209	1034459	996709	996709	996709	996709	948872	901035	901035	797408	762865
			燃气	2325402	2325402	2196213	1937835	1937835	1794035	1506436	1506436	1506436	1291231	1076026	1076026	970759	970759	823602	823602	823602	823602	823602
载货汽车	微型		汽油	115207	68256	21304	21304	21304	21304	14492	7680	7680	6216	4753	4753	4230	3706	3706	3706	3706	2777	2467
			柴油	76071	62654	49238	49238	49238	49238	44322	39406	39406	33363	27320	27320	27320	27320	19994	12667	12667	10911	10326
			燃气	66290	37766	9242	9242	9242	9242	6566	3889	3889	3143	2398	2398	2013	1628	1628	1628	1628	1425	1357
	轻型		汽油	85500	54732	23963	23963	23963	23963	16184	8405	8405	7042	5678	5678	4742	3806	3806	3806	3806	2902	2600
			柴油	76342	62790	49238	49238	49238	49238	44322	39406	39406	33363	27320	27320	27320	27320	21816	16312	16312	15197	14825
			燃气	49100	31401	13703	13703	13703	13703	9054	4405	4405	3568	2731	2731	2189	1647	1647	1647	1647	1479	1423
	中型		汽油	189594	189594	189594	189594	189594	129437	9124	9124	9124	9124	9124	9124	9124	9124	6846	4568	4568	4568	4568
			柴油	360806	360806	323978	250321	250321	238028	213441	213441	213441	206880	200319	200319	200319	200319	175754	151190	151190	130188	123188
			燃气	407426	407426	361376	269276	269276	255823	228918	228918	228918	221807	214697	214697	162698	162698	132330	132330	132330	132330	132330
	重型		汽油	1212778	1212778	1212778	1212778	1212778	833929	76232	76232	76232	76232	76232	73373	70514	70514	52942	35370	35370	35370	35370
			柴油	675296	675296	652246	606146	606146	583726	538886	538886	538886	517276	495667	495667	495667	495667	429252	362838	362838	233290	190108
			燃气	1256990	1256990	1177621	1018883	1018883	931631	757126	757126	757126	646119	535112	535112	390915	390915	205244	205244	205244	205244	205244
低速汽车	三轮汽车			65550	65550	65550	65550	65550	65550	65550	65550	65550	53279	53279	53279	53279	53279	53279	53279	53279	53279	53279
	低速货车			88065	88065	88065	88065	88065	88065	88065	88065	88065	71579	71579	71579	71579	71579	71579	71579	71579	71579	71579
摩托车	普通摩托车			781	781	781	781	755	729	677	677	677	677	677	602	526	526	526	526	526	526	526
	轻便摩托车			521	521	521	521	521	260	260	260	260	260	260	231	202	202	202	202	202	202	202

双鸭山市 PM 排放系数

单位：克/（辆•年）

车辆类型		使用性质	燃料种类	1999 年年底前	2000 年	2001 年	2002 年	2003 年	2004 年	2005 年	2006 年	2007 年	2008 年	2009 年	2010 年	2011 年	2012 年	2013 年	2014 年	2015 年	2016 年	2017 年
载客汽车	微型	出租车	汽油	—	—	—	—	—	—	—	—	—	—	—	—	—	—	—	—	—	—	—
			燃气	—	—	—	—	—	—	—	—	—	—	—	—	—	—	—	—	—	—	—
		其他	汽油	—	—	—	—	—	—	—	—	—	—	—	—	—	—	—	—	—	—	—
			燃气	—	—	—	—	—	—	—	—	—	—	—	—	—	—	—	—	—	—	—
	小型	出租车	汽油	—	—	—	—	—	—	—	—	—	—	—	—	—	—	—	—	—	—	—
			柴油	37401	34250	31099	31099	31099	31099	21200	11300	11300	7366	3432	3432	3432	3432	3190	2948	2948	2438	2268
			燃气	—	—	—	—	—	—	—	—	—	—	—	—	—	—	—	—	—	—	—
		其他	汽油	—	—	—	—	—	—	—	—	—	—	—	—	—	—	—	—	—	—	—
			柴油	3785	3582	3378	3378	3378	3378	2429	1480	1480	1084	688	688	688	688	576	465	465	465	465
			燃气	—	—	—	—	—	—	—	—	—	—	—	—	—	—	—	—	—	—	—
	中型	公交车	汽油	—	—	—	—	—	—	—	—	—	—	—	—	—	—	—	—	—	—	—
			柴油	30592	30592	28032	22913	22913	17978	8108	8108	8108	6872	5637	5637	5637	5637	3504	1372	1372	1080	983
			燃气	—	—	—	—	—	—	—	—	—	—	—	—	—	—	—	—	—	—	—
		其他	汽油	—	—	—	—	—	—	—	—	—	—	—	—	—	—	—	—	—	—	—
			柴油	15274	15274	12888	8116	8116	6262	2553	2553	2553	2434	2316	2316	2316	2316	1366	415	415	399	394
			燃气	—	—	—	—	—	—	—	—	—	—	—	—	—	—	—	—	—	—	—
	大型	公交车	汽油	—	—	—	—	—	—	—	—	—	—	—	—	—	—	—	—	—	—	—
			柴油	94865	94865	93934	92071	92071	71272	29674	29674	29674	19994	10315	10315	10315	10315	6116	1916	1916	1845	1821
			燃气	—	—	—	—	—	—	—	—	—	—	—	—	—	—	—	—	—	—	—
		其他	汽油	—	—	—	—	—	—	—	—	—	—	—	—	—	—	—	—	—	—	—
			柴油	142314	142314	133412	115607	115607	85425	25061	25061	25061	17182	9303	9303	9303	9303	5868	2433	2433	2343	2313
			燃气	—	—	—	—	—	—	—	—	—	—	—	—	—	—	—	—	—	—	—
载货汽车	微型		汽油	—	—	—	—	—	—	—	—	—	—	—	—	—	—	—	—	—	—	—
			柴油	8393	8219	8045	8045	8045	8045	6544	5044	5044	3744	2443	2443	2443	2443	1538	633	633	630	629
			燃气	—	—	—	—	—	—	—	—	—	—	—	—	—	—	—	—	—	—	—
	轻型		汽油	—	—	—	—	—	—	—	—	—	—	—	—	—	—	—	—	—	—	—
			柴油	8728	8386	8045	8045	8045	8045	6544	5044	5044	3744	2443	2443	2443	2443	1842	1242	1242	1025	953
			燃气	—	—	—	—	—	—	—	—	—	—	—	—	—	—	—	—	—	—	—
	中型		汽油	—	—	—	—	—	—	—	—	—	—	—	—	—	—	—	—	—	—	—
			柴油	31649	31649	26634	16603	16603	12773	5112	5112	5112	4843	4574	4574	4574	4574	2932	1291	1291	1182	1146
			燃气	—	—	—	—	—	—	—	—	—	—	—	—	—	—	—	—	—	—	—
	重型		汽油	—	—	—	—	—	—	—	—	—	—	—	—	—	—	—	—	—	—	—
			柴油	85036	85036	69893	39608	39608	31449	15130	15130	15130	10368	5606	5606	5606	5606	3706	1806	1806	1526	1433
			燃气	—	—	—	—	—	—	—	—	—	—	—	—	—	—	—	—	—	—	—
低速汽车	三轮汽车			4092	4092	4092	4092	4092	4092	4092	4092	4092	3220	3220	3220	3220	3220	3220	3220	3220	3220	3220
	低速货车			5581	5581	5581	5581	5581	5581	5581	5581	5581	4392	4392	4392	4392	4392	4392	4392	4392	4392	4392
摩托车	普通摩托车			—	—	—	—	—	—	—	—	—	—	—	—	—	—	—	—	—	—	—
	轻便摩托车			—	—	—	—	—	—	—	—	—	—	—	—	—	—	—	—	—	—	—

双鸭山市 VOCs 排放系数

单位：克/（辆·年）

车辆类型		使用性质	燃料种类	1999 年年底前	2000 年	2001 年	2002 年	2003 年	2004 年	2005 年	2006 年	2007 年	2008 年	2009 年	2010 年	2011 年	2012 年	2013 年	2014 年	2015 年	2016 年	2017 年
载客汽车	微型	出租车	汽油	1700913	978561	256209	256209	256209	256209	183568	110927	110927	86761	62595	62595	53022	43448	43448	43448	43448	34750	31850
			燃气	292513	175916	59319	59319	59319	59319	45234	31148	31148	25506	19864	19864	15828	11792	11792	11792	11792	7246	5731
		其他	汽油	119526	68710	17893	17893	17893	17893	17423	16953	16953	13770	10588	10588	9881	9174	9174	9174	9174	7139	6461
			燃气	17541	9868	2195	2195	2195	2195	2104	2014	2014	1498	982	982	886	791	791	791	791	531	444
	小型	出租车	汽油	1700913	961616	222318	222318	222318	222318	211986	201655	201655	132125	62595	62595	53022	43448	43448	43448	43448	31901	28052
			柴油	172099	162544	152988	152988	152988	152988	139382	125776	125776	89615	53454	53454	53454	53454	39895	26336	26336	15682	12130
			燃气	292513	173206	53899	53899	53899	53899	49778	45657	45657	32760	19864	19864	15828	11792	11792	11792	11792	6790	5123
		其他	汽油	121374	69410	17447	17447	17447	17447	18192	18936	18936	14767	10598	10598	9771	8944	8944	8944	8944	7326	6786
			柴油	14053	12876	11698	11698	11698	11698	9934	8171	8171	5583	2995	2995	2995	2995	2617	2239	2239	1601	1388
			燃气	17836	10740	3644	3644	3644	3644	2988	2331	2331	1726	1122	1122	938	754	754	754	754	560	496
	中型	公交车	汽油	247212	247212	247212	247212	246615	168372	13080	13080	13080	13080	13080	12928	12777	12777	10350	7922	7922	7922	7922
			柴油	87806	87806	86086	82645	82645	64494	28192	28192	28192	20508	12823	12823	12823	12823	8958	5093	5093	4763	4653
			燃气	71579	71579	67602	59649	59649	57536	53311	53311	53311	42686	32061	32061	22219	22219	22154	22154	22154	22154	22154
		其他	汽油	127923	127923	127923	127923	127326	87003	7552	7552	7552	7552	7552	7406	7261	7261	6210	5159	5159	5159	5159
			柴油	30493	30493	28460	24394	24394	18567	6912	6912	6912	6506	6099	6099	6099	6099	3750	1402	1402	1243	1190
			燃气	34560	34560	32640	28800	28800	27780	25740	25740	25740	20623	15506	15506	10732	10732	9642	9642	9642	9642	9642
	大型	公交车	汽油	576520	576520	576520	576520	575923	388345	14384	14384	14384	14384	14384	14244	14104	14104	11338	8572	8572	8572	8572
			柴油	131708	131708	108010	60614	60614	60614	60614	60614	60614	43515	26416	26416	26416	26416	17675	8934	8934	5723	4653
			燃气	168926	168926	159541	140772	140772	135786	125815	125815	125815	100740	75665	75665	52438	52438	47188	47188	47188	47188	47188
		其他	汽油	1277818	1277818	1277818	1277818	1277222	860373	27870	27870	27870	27870	27870	21612	15353	15353	12162	8971	8971	8971	8971
			柴油	272891	272891	207397	76409	76409	76409	76409	76409	76409	55942	35476	35476	35476	35476	20706	5937	5937	5324	5119
			燃气	266186	266186	251398	221822	221822	213966	198253	198253	198253	158842	119430	119430	82662	82662	74261	74261	74261	74261	74261
载货汽车	微型		汽油	661230	349816	38403	38403	38403	38403	36730	35058	35058	32378	29699	29699	23900	18100	18100	18100	18100	15768	14990
			柴油	41928	39224	36521	36521	36521	36521	33734	30948	30948	22561	14174	14174	14174	14174	9758	5343	5343	3911	3434
			燃气	97039	50875	4711	4711	4711	4711	4438	4165	4165	3460	2754	2754	2158	1561	1561	1561	1561	1163	1030
	轻型		汽油	335081	195180	55278	55278	55278	55278	47142	39006	39006	34709	30412	30412	26614	22817	22817	22817	22817	20134	19239
			柴油	38079	37300	36521	36521	36521	36521	33734	30948	30948	22561	14174	14174	14174	14174	10863	7552	7552	6120	5643
			燃气	49240	30393	11545	11545	11545	11545	8174	4802	4802	4011	3220	3220	2572	1924	1924	1924	1924	1536	1406
	中型		汽油	290989	290989	290989	290989	290392	197554	13072	13072	13072	13072	13072	12932	12792	12792	10352	7913	7913	7913	7913
			柴油	66469	66469	62038	53175	53175	40472	15066	15066	15066	14182	13299	13299	13299	13299	9638	5977	5977	3557	2750
			燃气	75334	75334	71149	62779	62779	60555	56105	56105	56105	44958	33811	33811	45753	45753	22282	22282	22282	22282	22282
	重型		汽油	558210	558210	558210	558210	557612	376022	14035	14035	14035	14035	14035	11236	8436	8436	7041	5646	5646	5646	5646
			柴油	160910	160910	122292	45055	45055	45055	45055	45055	45055	32986	20918	20918	20918	20918	12980	5041	5041	3561	3068
			燃气	156956	156956	148237	130799	130799	126166	116901	116901	116901	93661	70420	70420	70187	70187	44507	44507	44507	44507	44507
低速汽车	三轮汽车			25300	25300	25300	25300	25300	25300	25300	25300	25300	16721	16721	16721	16721	16721	16721	16721	16721	16721	16721
	低速货车			33990	33990	33990	33990	33990	33990	33990	33990	33990	22464	22464	22464	22464	22464	22464	22464	22464	22464	22464
摩托车	普通摩托车			10464	10464	10464	10464	7809	5154	2759	2759	2759	2759	2759	2059	1359	1359	1359	1359	1359	1359	1359
	轻便摩托车			33839	33839	33839	33839	33839	6768	6768	3332	3332	3332	3332	2486	1641	1641	1641	1641	1641	1641	1641

大庆市 NO_x 排放系数

单位：克/（辆·年）

车辆类型		使用性质	燃料种类	1999 年年底前	2000 年	2001 年	2002 年	2003 年	2004 年	2005 年	2006 年	2007 年	2008 年	2009 年	2010 年	2011 年	2012 年	2013 年	2014 年	2015 年	2016 年	2017 年
载客汽车	微型	出租车	汽油	315990	213894	111798	111798	111798	111798	82742	53685	53685	39899	26113	26113	21208	16303	16303	16303	16303	9888	7750
			燃气	192819	132182	71544	71544	71544	71544	53624	35704	35704	27045	18386	18386	14750	11114	11114	11114	11114	6469	4921
		其他	汽油	36505	22919	9333	9333	9333	9333	5889	2445	2445	1990	1536	1536	1284	1031	1031	1031	1031	706	598
			燃气	21005	12527	4049	4049	4049	4049	2644	1238	1238	1006	775	775	614	453	453	453	453	360	329
	小型	出租车	汽油	357398	237060	116721	116721	116721	116721	85582	54442	54442	40278	26113	26113	20522	14931	14931	14931	14931	8635	6536
			柴油	385320	323542	261765	261765	261765	261765	232740	203715	203715	161870	120024	120024	120024	120024	97536	75048	75048	56617	50473
			燃气	217310	145883	74456	74456	74456	74456	55304	36152	36152	27269	18386	18386	14344	10303	10303	10303	10303	5728	4203
		其他	汽油	34066	21767	9468	9468	9468	9468	6280	3091	3091	2152	1214	1214	1098	982	982	982	982	666	561
			柴油	29235	23932	18628	18628	18628	18628	17139	15650	15650	12254	8857	8857	8857	8857	7646	6435	6435	5547	5251
			燃气	19563	12488	5414	5414	5414	5414	3517	1620	1620	1102	584	584	504	425	425	425	425	336	307
	中型	公交车	汽油	330096	330096	330096	330096	330096	225511	16340	16340	16340	16340	16340	14654	12968	12968	9790	6612	6612	6612	6612
			柴油	367827	367827	366963	365236	365236	350721	321691	321691	321691	267953	214215	214215	214215	214215	174815	135415	135415	113372	106025
			燃气	390549	390549	385900	376601	376601	364919	341556	341556	341556	284268	226979	226979	143538	143538	112418	112418	112418	112418	112418
		其他	汽油	202378	202378	202378	202378	202378	137280	7083	7083	7083	7083	7083	7083	7083	7083	5312	3542	3542	3542	3542
			柴油	172494	172494	165294	150893	150893	149617	147065	147065	147065	125251	103437	103437	103437	103437	91842	80248	80248	68492	64574
			燃气	194782	194782	183961	162319	162319	160789	157729	157729	157729	134295	110861	110861	86356	86356	69366	69366	69366	69366	69366
	大型	公交车	汽油	1175965	1175965	1175965	1175965	1175965	808616	73918	73918	73918	73918	73918	73853	73788	73788	55342	36895	36895	36895	36895
			柴油	521688	521688	504830	471115	471115	457729	430957	430957	430957	423190	415424	415424	415424	415424	400444	385465	385465	347478	334815
			燃气	1048903	1048903	990631	874086	874086	809223	679498	679498	679498	582204	484910	484910	451451	451451	391289	391289	391289	391289	391289
		其他	汽油	2806815	2806815	2806815	2806815	2806815	1930019	176428	176428	176428	176428	176428	169812	163196	163196	122528	81859	81859	81859	81859
			柴油	1249282	1249282	1217135	1152842	1152842	1125964	1072209	1072209	1072209	1034459	996709	996709	996709	996709	948872	901035	901035	797408	762865
			燃气	2325402	2325402	2196213	1937835	1937835	1794035	1506436	1506436	1506436	1291231	1076026	1076026	970759	970759	823602	823602	823602	823602	823602
载货汽车	微型		汽油	142388	84628	26869	26869	26869	26869	18388	9907	9907	8050	6194	6194	5452	4710	4710	4710	4710	3482	3073
			柴油	96273	79573	62873	62873	62873	62873	56520	50168	50168	42437	34706	34706	34706	34706	25388	16069	16069	13656	12851
			燃气	81930	46793	11657	11657	11657	11657	8337	5016	5016	4071	3125	3125	2597	2069	2069	2069	2069	1785	1691
	轻型		汽油	105831	67986	30141	30141	30141	30141	20470	10800	10800	9066	7333	7333	6083	4833	4833	4833	4833	3636	3237
			柴油	96606	79740	62873	62873	62873	62873	56520	50168	50168	42437	34706	34706	34706	34706	27630	20554	20554	18929	18387
			燃气	60775	39005	17235	17235	17235	17235	11448	5660	5660	4594	3528	3528	2810	2092	2092	2092	2092	1851	1771
	中型		汽油	189594	189594	189594	189594	189594	129437	9124	9124	9124	9124	9124	9124	9124	9124	6846	4568	4568	4568	4568
			柴油	360806	360806	323978	250321	250321	238028	213441	213441	213441	206880	200319	200319	200319	200319	175754	151190	151190	130188	123188
			燃气	407426	407426	361376	269276	269276	255823	228918	228918	228918	221807	214697	214697	162698	162698	132330	132330	132330	132330	132330
	重型		汽油	1255723	1255723	1255723	1255723	1255723	863459	78931	78931	78931	78931	78931	75971	73011	73011	54817	36623	36623	36623	36623
			柴油	689883	689883	666335	619239	619239	596335	550527	550527	550527	528450	506374	506374	506374	506374	442547	378720	378720	265497	227756
			燃气	1284142	1284142	1203058	1040891	1040891	951755	773481	773481	773481	660076	546671	546671	408026	408026	245889	245889	245889	245889	245889
低速汽车	三轮汽车			65550	65550	65550	65550	65550	65550	65550	65550	65550	53279	53279	53279	53279	53279	53279	53279	53279	53279	53279
	低速货车			88065	88065	88065	88065	88065	88065	88065	88065	88065	71579	71579	71579	71579	71579	71579	71579	71579	71579	71579
摩托车	普通摩托车			781	781	781	781	755	729	677	677	677	677	677	602	526	526	526	526	526	526	526
	轻便摩托车			521	521	521	521	521	260	260	260	260	260	260	231	202	202	202	202	202	202	202

大庆市 PM 排放系数

单位：克/（辆·年）

车辆类型		使用性质	燃料种类	1999 年年底前	2000 年	2001 年	2002 年	2003 年	2004 年	2005 年	2006 年	2007 年	2008 年	2009 年	2010 年	2011 年	2012 年	2013 年	2014 年	2015 年	2016 年	2017 年
载客汽车	微型	出租车	汽油	—	—	—	—	—	—	—	—	—	—	—	—	—	—	—	—	—	—	—
			燃气	—	—	—	—	—	—	—	—	—	—	—	—	—	—	—	—	—	—	—
		其他	汽油	—	—	—	—	—	—	—	—	—	—	—	—	—	—	—	—	—	—	—
			燃气	—	—	—	—	—	—	—	—	—	—	—	—	—	—	—	—	—	—	—
	小型	出租车	汽油	—	—	—	—	—	—	—	—	—	—	—	—	—	—	—	—	—	—	—
			柴油	44989	41198	37408	37408	37408	37408	25500	13593	13593	8861	4129	4129	4129	4129	3838	3546	3546	2932	2728
			燃气	—	—	—	—	—	—	—	—	—	—	—	—	—	—	—	—	—	—	—
		其他	汽油	—	—	—	—	—	—	—	—	—	—	—	—	—	—	—	—	—	—	—
			柴油	3785	3582	3378	3378	3378	3378	2429	1480	1480	1084	688	688	688	688	576	465	465	465	465
			燃气	—	—	—	—	—	—	—	—	—	—	—	—	—	—	—	—	—	—	—
	中型	公交车	汽油	—	—	—	—	—	—	—	—	—	—	—	—	—	—	—	—	—	—	—
			柴油	30592	30592	28032	22913	22913	17978	8108	8108	8108	6872	5637	5637	5637	5637	3504	1372	1372	1080	983
			燃气	—	—	—	—	—	—	—	—	—	—	—	—	—	—	—	—	—	—	—
		其他	汽油	—	—	—	—	—	—	—	—	—	—	—	—	—	—	—	—	—	—	—
			柴油	15274	15274	12888	8116	8116	6262	2553	2553	2553	2434	2316	2316	2316	2316	1366	415	415	399	394
			燃气	—	—	—	—	—	—	—	—	—	—	—	—	—	—	—	—	—	—	—
	大型	公交车	汽油	—	—	—	—	—	—	—	—	—	—	—	—	—	—	—	—	—	—	—
			柴油	94865	94865	93934	92071	92071	71272	29674	29674	29674	19994	10315	10315	10315	10315	6116	1916	1916	1845	1821
			燃气	—	—	—	—	—	—	—	—	—	—	—	—	—	—	—	—	—	—	—
		其他	汽油	—	—	—	—	—	—	—	—	—	—	—	—	—	—	—	—	—	—	—
			柴油	142314	142314	133412	115607	115607	85425	25061	25061	25061	17182	9303	9303	9303	9303	5868	2433	2433	2343	2313
			燃气	—	—	—	—	—	—	—	—	—	—	—	—	—	—	—	—	—	—	—
载货汽车	微型		汽油	—	—	—	—	—	—	—	—	—	—	—	—	—	—	—	—	—	—	—
			柴油	10328	10114	9901	9901	9901	9901	8054	6207	6207	4607	3007	3007	3007	3007	1893	779	779	775	774
			燃气	—	—	—	—	—	—	—	—	—	—	—	—	—	—	—	—	—	—	—
	轻型		汽油	—	—	—	—	—	—	—	—	—	—	—	—	—	—	—	—	—	—	—
			柴油	10741	10321	9901	9901	9901	9901	8054	6207	6207	4607	3007	3007	3007	3007	2268	1528	1528	1262	1173
			燃气	—	—	—	—	—	—	—	—	—	—	—	—	—	—	—	—	—	—	—
	中型		汽油	—	—	—	—	—	—	—	—	—	—	—	—	—	—	—	—	—	—	—
			柴油	31649	31649	26634	16603	16603	12773	5112	5112	5112	4843	4574	4574	4574	4574	2932	1291	1291	1182	1146
			燃气	—	—	—	—	—	—	—	—	—	—	—	—	—	—	—	—	—	—	—
	重型		汽油	—	—	—	—	—	—	—	—	—	—	—	—	—	—	—	—	—	—	—
			柴油	90987	90987	74785	42380	42380	33650	16189	16189	16189	11094	5998	5998	5998	5998	3920	1841	1841	1556	1461
			燃气	—	—	—	—	—	—	—	—	—	—	—	—	—	—	—	—	—	—	—
低速汽车	三轮汽车			4092	4092	4092	4092	4092	4092	4092	4092	4092	3220	3220	3220	3220	3220	3220	3220	3220	3220	3220
	低速货车			5581	5581	5581	5581	5581	5581	5581	5581	5581	4392	4392	4392	4392	4392	4392	4392	4392	4392	4392
摩托车	普通摩托车			—	—	—	—	—	—	—	—	—	—	—	—	—	—	—	—	—	—	—
	轻便摩托车			—	—	—	—	—	—	—	—	—	—	—	—	—	—	—	—	—	—	—

大庆市 VOCs 排放系数

单位：克/（辆·年）

车辆类型		使用性质	燃料种类	1999 年年底前	2000 年	2001 年	2002 年	2003 年	2004 年	2005 年	2006 年	2007 年	2008 年	2009 年	2010 年	2011 年	2012 年	2013 年	2014 年	2015 年	2016 年	2017 年
载客汽车	微型	出租车	汽油	2051917	1183051	314185	314185	314185	314185	225922	137659	137659	108020	78382	78382	65935	53488	53488	53488	53488	41971	38132
			燃气	358709	217981	77253	77253	77253	77253	59549	41845	41845	34488	27130	27130	21514	15897	15897	15897	15897	9430	7274
		其他	汽油	119661	68844	18028	18028	18028	18028	17558	17087	17087	13905	10723	10723	10016	9309	9309	9309	9309	7274	6596
			燃气	17541	9868	2195	2195	2195	2195	2104	2014	2014	1498	982	982	886	791	791	791	791	531	444
	小型	出租车	汽油	2051917	1162668	273419	273419	273419	273419	260106	246794	246794	162588	78382	78382	65935	53488	53488	53488	53488	38544	33563
			柴油	230463	217325	204187	204187	204187	204187	185190	166194	166194	120110	74025	74025	74025	74025	55086	36146	36146	20917	15841
			燃气	358709	214722	70734	70734	70734	70734	65016	59298	59298	43214	27130	27130	21514	15897	15897	15897	15897	8882	6544
		其他	汽油	121508	69544	17581	17581	17581	17581	18326	19070	19070	14901	10732	10732	9906	9079	9079	9079	9079	7460	6921
			柴油	14053	12876	11698	11698	11698	11698	9934	8171	8171	5583	2995	2995	2995	2995	2617	2239	2239	1601	1388
			燃气	17836	10740	3644	3644	3644	3644	2988	2331	2331	1726	1122	1122	938	754	754	754	754	560	496
	中型	公交车	汽油	247347	247347	247347	247347	246750	168507	13215	13215	13215	13215	13215	13063	12911	12911	10484	8057	8057	8057	8057
			柴油	87806	87806	86086	82645	82645	64494	28192	28192	28192	20508	12823	12823	12823	12823	8958	5093	5093	4763	4653
			燃气	71579	71579	67602	59649	59649	57536	53311	53311	53311	42686	32061	32061	22219	22219	22154	22154	22154	22154	22154
		其他	汽油	128057	128057	128057	128057	127460	87138	7687	7687	7687	7687	7687	7542	7396	7396	6344	5293	5293	5293	5293
			柴油	30493	30493	28460	24394	24394	18567	6912	6912	6912	6506	6099	6099	6099	6099	3750	1402	1402	1243	1190
			燃气	34560	34560	32640	28800	28800	27780	25740	25740	25740	20623	15506	15506	10732	10732	9642	9642	9642	9642	9642
	大型	公交车	汽油	576655	576655	576655	576655	576058	388480	14518	14518	14518	14518	14518	14378	14239	14239	11473	8707	8707	8707	8707
			柴油	131708	131708	108010	60614	60614	60614	60614	60614	60614	43515	26416	26416	26416	26416	17675	8934	8934	5723	4653
			燃气	168926	168926	159541	140772	140772	135786	125815	125815	125815	100740	75665	75665	52438	52438	47188	47188	47188	47188	47188
		其他	汽油	1277953	1277953	1277953	1277953	1277356	860508	28005	28005	28005	28005	28005	21746	15487	15487	12296	9106	9106	9106	9106
			柴油	272891	272891	207397	76409	76409	76409	76409	76409	76409	55942	35476	35476	35476	35476	20706	5937	5937	5324	5119
			燃气	266186	266186	251398	221822	221822	213966	198253	198253	198253	158842	119430	119430	82662	82662	74261	74261	74261	74261	74261
载货汽车	微型		汽油	812010	429406	46802	46802	46802	46802	44674	42546	42546	39302	36059	36059	28800	21542	21542	21542	21542	18702	17755
			柴油	54530	50982	47434	47434	47434	47434	43652	39869	39869	29242	18615	18615	18615	18615	12828	7040	7040	5007	4329
			燃气	119032	62365	5698	5698	5698	5698	5357	5015	5015	4159	3302	3302	2566	1830	1830	1830	1830	1354	1195
	轻型		汽油	410647	239108	67568	67568	67568	67568	57486	47405	47405	42171	36937	36937	32142	27346	27346	27346	27346	24075	22985
			柴油	49795	48614	47434	47434	47434	47434	43652	39869	39869	29242	18615	18615	18615	18615	14187	9759	9759	7726	7048
			燃气	60278	37142	14005	14005	14005	14005	9900	5794	5794	4828	3862	3862	3066	2271	2271	2271	2271	1803	1647
	中型		汽油	291124	291124	291124	291124	290526	197688	13206	13206	13206	13206	13206	13066	12926	12926	10487	8048	8048	8048	8048
			柴油	66469	66469	62038	53175	53175	40472	15066	15066	15066	14182	13299	13299	13299	13299	9638	5977	5977	3557	2750
			燃气	75334	75334	71149	62779	62779	60555	56105	56105	56105	44958	33811	33811	45753	45753	22282	22282	22282	22282	22282
	重型		汽油	581882	581882	581882	581882	581284	391999	14622	14622	14622	14622	14622	11710	8797	8797	7343	5889	5889	5889	5889
			柴油	157444	157444	119657	44084	44084	44084	44084	44084	44084	32276	20468	20468	20468	20468	12984	5500	5500	4061	3581
			燃气	153576	153576	145044	127980	127980	123447	114382	114382	114382	91644	68906	68906	76578	76578	51949	51949	51949	51949	51949
低速汽车	三轮汽车			25300	25300	25300	25300	25300	25300	25300	25300	25300	16721	16721	16721	16721	16721	16721	16721	16721	16721	16721
	低速货车			33990	33990	33990	33990	33990	33990	33990	33990	33990	22464	22464	22464	22464	22464	22464	22464	22464	22464	22464
摩托车	普通摩托车			10464	10464	10464	10464	7809	5154	2759	2759	2759	2759	2759	2059	1359	1359	1359	1359	1359	1359	1359
	轻便摩托车			33839	33839	33839	33839	33839	6768	6768	3332	3332	3332	3332	2486	1641	1641	1641	1641	1641	1641	1641

伊春市 NO_x 排放系数

单位：克/（辆·年）

车辆类型		使用性质	燃料种类	1999 年年底前	2000 年	2001 年	2002 年	2003 年	2004 年	2005 年	2006 年	2007 年	2008 年	2009 年	2010 年	2011 年	2012 年	2013 年	2014 年	2015 年	2016 年	2017 年
载客汽车	微型	出租车	汽油	257718	173069	88420	88420	88420	88420	64852	41283	41283	30250	19218	19218	15744	12269	12269	12269	12269	7684	6156
			燃气	156155	106032	55910	55910	55910	55910	41473	27036	27036	20182	13328	13328	10766	8204	8204	8204	8204	4947	3861
		其他	汽油	36608	22988	9369	9369	9369	9369	5922	2476	2476	2016	1557	1557	1304	1051	1051	1051	1051	714	601
			燃气	21005	12527	4049	4049	4049	4049	2644	1238	1238	1006	775	775	614	453	453	453	453	360	329
	小型	出租车	汽油	292171	192344	92516	92516	92516	92516	67214	41913	41913	30566	19218	19218	15173	11128	11128	11128	11128	6642	5146
			柴油	303703	253486	203270	203270	203270	203270	181002	158734	158734	125794	92853	92853	92853	92853	76024	59194	59194	45590	41056
			燃气	176515	117423	58331	58331	58331	58331	42870	27408	27408	20368	13328	13328	10429	7530	7530	7530	7530	4330	3264
		其他	汽油	34167	21836	9504	9504	9504	9504	6313	3122	3122	2178	1234	1234	1118	1002	1002	1002	1002	674	564
			柴油	29270	23963	18656	18656	18656	18656	17166	15677	15677	12276	8876	8876	8876	8876	7664	6452	6452	5556	5257
			燃气	19563	12488	5414	5414	5414	5414	3517	1620	1620	1102	584	584	504	425	425	425	425	336	307
	中型	公交车	汽油	330370	330370	330370	330370	330370	225698	16353	16353	16353	16353	16353	14666	12979	12979	9798	6618	6618	6618	6618
			柴油	368052	368052	367188	365459	365459	350935	321888	321888	321888	268117	214346	214346	214346	214346	174922	135497	135497	113442	106090
			燃气	390788	390788	386136	376831	376831	365142	341765	341765	341765	284442	227118	227118	143626	143626	112487	112487	112487	112487	112487
		其他	汽油	202547	202547	202547	202547	202547	137394	7089	7089	7089	7089	7089	7089	7089	7089	5317	3545	3545	3545	3545
			柴油	172600	172600	165395	150985	150985	149708	147155	147155	147155	125328	103500	103500	103500	103500	91898	80297	80297	68534	64613
			燃气	194901	194901	184073	162418	162418	160887	157826	157826	157826	134378	110929	110929	86409	86409	69409	69409	69409	69409	69409
	大型	公交车	汽油	1176945	1176945	1176945	1176945	1176945	809290	73979	73979	73979	73979	73979	73914	73850	73850	55388	36926	36926	36926	36926
			柴油	522007	522007	505139	471403	471403	458009	431220	431220	431220	423449	415678	415678	415678	415678	400689	385700	385700	347690	335020
			燃气	1049544	1049544	991236	874620	874620	809718	679913	679913	679913	582560	485206	485206	451727	451727	391529	391529	391529	391529	391529
		其他	汽油	2809153	2809153	2809153	2809153	2809153	1931627	176575	176575	176575	176575	176575	169954	163332	163332	122630	81927	81927	81927	81927
			柴油	1250045	1250045	1217879	1153547	1153547	1126653	1072865	1072865	1072865	1035092	997319	997319	997319	997319	949452	901586	901586	797895	763331
			燃气	2326824	2326824	2197556	1939020	1939020	1795132	1507357	1507357	1507357	1292020	1076684	1076684	971352	971352	824106	824106	824106	824106	824106
载货汽车	微型		汽油	115374	68361	21348	21348	21348	21348	14530	7713	7713	6244	4775	4775	4252	3728	3728	3728	3728	2786	2472
			柴油	76130	62706	49281	49281	49281	49281	44362	39444	39444	33396	27347	27347	27347	27347	20017	12687	12687	10922	10334
			燃气	66199	37713	9226	9226	9226	9226	6541	3856	3856	3117	2377	2377	1992	1607	1607	1607	1607	1417	1353
	轻型		汽油	85642	54826	24010	24010	24010	24010	16224	8439	8439	7070	5701	5701	4764	3828	3828	3828	3828	2912	2606
			柴油	76401	62841	49281	49281	49281	49281	44362	39444	39444	33396	27347	27347	27347	27347	21840	16334	16334	15210	14836
			燃气	49036	31357	13677	13677	13677	13677	9028	4379	4379	3539	2698	2698	2161	1624	1624	1624	1624	1470	1419
	中型		汽油	189594	189594	189594	189594	189594	129437	9124	9124	9124	9124	9124	9124	9124	9124	6846	4568	4568	4568	4568
			柴油	360806	360806	323978	250321	250321	238028	213441	213441	213441	206880	200319	200319	200319	200319	175754	151190	151190	130188	123188
			燃气	407424	407424	361375	269276	269276	255824	228919	228919	228919	221808	214697	214697	162698	162698	132332	132332	132332	132332	132332
	重型		汽油	1212778	1212778	1212778	1212778	1212778	833929	76232	76232	76232	76232	76232	73373	70514	70514	52942	35370	35370	35370	35370
			柴油	675296	675296	652246	606146	606146	583726	538886	538886	538886	517276	495667	495667	495667	495667	429252	362838	362838	233290	190108
			燃气	1256991	1256991	1177621	1018883	1018883	931630	757126	757126	757126	646118	535111	535111	390915	390915	205244	205244	205244	205244	205244
低速汽车	三轮汽车			65550	65550	65550	65550	65550	65550	65550	65550	65550	53279	53279	53279	53279	53279	53279	53279	53279	53279	53279
	低速货车			88065	88065	88065	88065	88065	88065	88065	88065	88065	71579	71579	71579	71579	71579	71579	71579	71579	71579	71579
摩托车	普通摩托车			781	781	781	781	755	729	677	677	677	677	677	602	526	526	526	526	526	526	526
	轻便摩托车			521	521	521	521	521	260	260	260	260	260	260	231	202	202	202	202	202	202	202

伊春市 PM 排放系数

单位：克/（辆・年）

车辆类型		使用性质	燃料种类	1999年年底前	2000年	2001年	2002年	2003年	2004年	2005年	2006年	2007年	2008年	2009年	2010年	2011年	2012年	2013年	2014年	2015年	2016年	2017年
载客汽车	微型	出租车	汽油	—	—	—	—	—	—	—	—	—	—	—	—	—	—	—	—	—	—	—
			燃气	—	—	—	—	—	—	—	—	—	—	—	—	—	—	—	—	—	—	—
		其他	汽油	—	—	—	—	—	—	—	—	—	—	—	—	—	—	—	—	—	—	—
			燃气	—	—	—	—	—	—	—	—	—	—	—	—	—	—	—	—	—	—	—
	小型	出租车	汽油	—	—	—	—	—	—	—	—	—	—	—	—	—	—	—	—	—	—	—
			柴油	37401	34250	31099	31099	31099	31099	21200	11300	11300	7366	3432	3432	3432	3432	3190	2948	2948	2438	2268
			燃气	—	—	—	—	—	—	—	—	—	—	—	—	—	—	—	—	—	—	—
		其他	汽油	—	—	—	—	—	—	—	—	—	—	—	—	—	—	—	—	—	—	—
			柴油	3785	3582	3378	3378	3378	3378	2429	1480	1480	1084	688	688	688	688	576	465	465	465	465
			燃气	—	—	—	—	—	—	—	—	—	—	—	—	—	—	—	—	—	—	—
	中型	公交车	汽油	—	—	—	—	—	—	—	—	—	—	—	—	—	—	—	—	—	—	—
			柴油	30592	30592	28032	22913	22913	17978	8108	8108	8108	6872	5637	5637	5637	5637	3504	1372	1372	1080	983
			燃气	—	—	—	—	—	—	—	—	—	—	—	—	—	—	—	—	—	—	—
		其他	汽油	—	—	—	—	—	—	—	—	—	—	—	—	—	—	—	—	—	—	—
			柴油	15274	15274	12888	8116	8116	6262	2553	2553	2553	2434	2316	2316	2316	2316	1366	415	415	399	394
			燃气	—	—	—	—	—	—	—	—	—	—	—	—	—	—	—	—	—	—	—
	大型	公交车	汽油	—	—	—	—	—	—	—	—	—	—	—	—	—	—	—	—	—	—	—
			柴油	94865	94865	93934	92071	92071	71272	29674	29674	29674	19994	10315	10315	10315	10315	6116	1916	1916	1845	1821
			燃气	—	—	—	—	—	—	—	—	—	—	—	—	—	—	—	—	—	—	—
		其他	汽油	—	—	—	—	—	—	—	—	—	—	—	—	—	—	—	—	—	—	—
			柴油	142314	142314	133412	115607	115607	85425	25061	25061	25061	17182	9303	9303	9303	9303	5868	2433	2433	2343	2313
			燃气	—	—	—	—	—	—	—	—	—	—	—	—	—	—	—	—	—	—	—
载货汽车	微型		汽油	—	—	—	—	—	—	—	—	—	—	—	—	—	—	—	—	—	—	—
			柴油	8393	8219	8045	8045	8045	8045	6544	5044	5044	3744	2443	2443	2443	2443	1538	633	633	630	629
			燃气	—	—	—	—	—	—	—	—	—	—	—	—	—	—	—	—	—	—	—
	轻型		汽油	—	—	—	—	—	—	—	—	—	—	—	—	—	—	—	—	—	—	—
			柴油	8728	8386	8045	8045	8045	8045	6544	5044	5044	3744	2443	2443	2443	2443	1842	1242	1242	1025	953
			燃气	—	—	—	—	—	—	—	—	—	—	—	—	—	—	—	—	—	—	—
	中型		汽油	—	—	—	—	—	—	—	—	—	—	—	—	—	—	—	—	—	—	—
			柴油	31649	31649	26634	16603	16603	12773	5112	5112	5112	4843	4574	4574	4574	4574	2932	1291	1291	1182	1146
			燃气	—	—	—	—	—	—	—	—	—	—	—	—	—	—	—	—	—	—	—
	重型		汽油	—	—	—	—	—	—	—	—	—	—	—	—	—	—	—	—	—	—	—
			柴油	85036	85036	69893	39608	39608	31449	15130	15130	15130	10368	5606	5606	5606	5606	3706	1806	1806	1526	1433
			燃气	—	—	—	—	—	—	—	—	—	—	—	—	—	—	—	—	—	—	—
低速汽车	三轮汽车			4092	4092	4092	4092	4092	4092	4092	4092	4092	3220	3220	3220	3220	3220	3220	3220	3220	3220	3220
	低速货车			5581	5581	5581	5581	5581	5581	5581	5581	5581	4392	4392	4392	4392	4392	4392	4392	4392	4392	4392
摩托车	普通摩托车			—	—	—	—	—	—	—	—	—	—	—	—	—	—	—	—	—	—	—
	轻便摩托车			—	—	—	—	—	—	—	—	—	—	—	—	—	—	—	—	—	—	—

伊春市 VOCs 排放系数

单位：克/（辆·年）

车辆类型		使用性质	燃料种类	1999 年年底前	2000 年	2001 年	2002 年	2003 年	2004 年	2005 年	2006 年	2007 年	2008 年	2009 年	2010 年	2011 年	2012 年	2013 年	2014 年	2015 年	2016 年	2017 年
载客汽车	微型	出租车	汽油	1839804	1057437	275070	275070	275070	275070	196724	118379	118379	92418	66457	66457	56407	46357	46357	46357	46357	37310	34294
			燃气	292513	175916	59319	59319	59319	59319	45234	31148	31148	25506	19864	19864	15828	11792	11792	11792	11792	7246	5731
		其他	汽油	129667	74506	19344	19344	19344	19344	18862	18380	18380	14914	11449	11449	10691	9933	9933	9933	9933	7695	6949
			燃气	17541	9868	2195	2195	2195	2195	2104	2014	2014	1498	982	982	886	791	791	791	791	531	444
	小型	出租车	汽油	1839804	1039082	238360	238360	238360	238360	227508	216656	216656	141556	66457	66457	56407	46357	46357	46357	46357	34224	30180
			柴油	180896	171012	161128	161128	161128	161128	147192	133256	133256	94128	54999	54999	54999	54999	41116	27232	27232	16504	12928
			燃气	292513	173206	53899	53899	53899	53899	49778	45657	45657	32760	19864	19864	15828	11792	11792	11792	11792	6790	5123
		其他	汽油	131668	75264	18860	18860	18860	18860	19694	20528	20528	15994	11459	11459	10572	9684	9684	9684	9684	7896	7300
			柴油	15488	14190	12892	12892	12892	12892	10950	9008	9008	6138	3267	3267	3267	3267	2872	2477	2477	1780	1548
			燃气	17836	10740	3644	3644	3644	3644	2988	2331	2331	1726	1122	1122	938	754	754	754	754	560	496
	中型	公交车	汽油	247347	247347	247347	247347	246750	168507	13215	13215	13215	13215	13215	13063	12911	12911	10484	8057	8057	8057	8057
			柴油	87806	87806	86086	82645	82645	64494	28192	28192	28192	20508	12823	12823	12823	12823	8958	5093	5093	4763	4653
			燃气	71579	71579	67602	59649	59649	57536	53311	53311	53311	42686	32061	32061	22219	22219	22154	22154	22154	22154	22154
		其他	汽油	128057	128057	128057	128057	127460	87138	7687	7687	7687	7687	7687	7542	7396	7396	6344	5293	5293	5293	5293
			柴油	30493	30493	28460	24394	24394	18567	6912	6912	6912	6506	6099	6099	6099	6099	3750	1402	1402	1243	1190
			燃气	34560	34560	32640	28800	28800	27780	25740	25740	25740	20623	15506	15506	10732	10732	9642	9642	9642	9642	9642
	大型	公交车	汽油	576655	576655	576655	576655	576058	388480	14518	14518	14518	14518	14518	14378	14239	14239	11473	8707	8707	8707	8707
			柴油	131708	131708	108010	60614	60614	60614	60614	60614	60614	43515	26416	26416	26416	26416	17675	8934	8934	5723	4653
			燃气	168926	168926	159541	140772	140772	135786	125815	125815	125815	100740	75665	75665	52438	52438	47188	47188	47188	47188	47188
		其他	汽油	1277953	1277953	1277953	1277953	1277356	860508	28005	28005	28005	28005	28005	21746	15487	15487	12296	9106	9106	9106	9106
			柴油	272891	272891	207397	76409	76409	76409	76409	76409	76409	55942	35476	35476	35476	35476	20706	5937	5937	5324	5119
			燃气	266186	266186	251398	221822	221822	213966	198253	198253	198253	158842	119430	119430	82662	82662	74261	74261	74261	74261	74261
载货汽车	微型		汽油	716165	378746	41328	41328	41328	41328	39574	37819	37819	34920	32021	32021	25778	19535	19535	19535	19535	17012	16171
			柴油	45548	42620	39692	39692	39692	39692	36726	33761	33761	24533	15305	15305	15305	15305	10520	5736	5736	4264	3774
			燃气	96881	50785	4690	4690	4690	4690	4417	4144	4144	3445	2746	2746	2151	1556	1556	1556	1556	1164	1033
	轻型		汽油	362884	211246	59607	59607	59607	59607	50852	42096	42096	37445	32794	32794	28719	24644	24644	24644	24644	21742	20774
			柴油	41251	40472	39692	39692	39692	39692	36726	33761	33761	24533	15305	15305	15305	15305	11754	8203	8203	6731	6240
			燃气	49157	30337	11517	11517	11517	11517	8148	4780	4780	3996	3211	3211	2565	1919	1919	1919	1919	1538	1411
	中型		汽油	291124	291124	291124	291124	290526	197688	13206	13206	13206	13206	13206	13066	12926	12926	10487	8048	8048	8048	8048
			柴油	66469	66469	62038	53175	53175	40472	15066	15066	15066	14182	13299	13299	13299	13299	9638	5977	5977	3557	2750
			燃气	75334	75334	71149	62779	62779	60555	56105	56105	56105	44958	33811	33811	45753	45753	22282	22282	22282	22282	22282
	重型		汽油	558345	558345	558345	558345	557747	376156	14170	14170	14170	14170	14170	11370	8571	8571	7176	5781	5781	5781	5781
			柴油	160910	160910	122292	45055	45055	45055	45055	45055	45055	32986	20918	20918	20918	20918	12980	5041	5041	3561	3068
			燃气	156956	156956	148237	130799	130799	126166	116901	116901	116901	93661	70420	70420	70187	70187	44507	44507	44507	44507	44507
低速汽车	三轮汽车			25300	25300	25300	25300	25300	25300	25300	25300	25300	16721	16721	16721	16721	16721	16721	16721	16721	16721	16721
	低速货车			33990	33990	33990	33990	33990	33990	33990	33990	33990	22464	22464	22464	22464	22464	22464	22464	22464	22464	22464
摩托车	普通摩托车			10464	10464	10464	10464	7809	5154	2759	2759	2759	2759	2759	2059	1359	1359	1359	1359	1359	1359	1359
	轻便摩托车			33839	33839	33839	33839	33839	6768	6768	3332	3332	3332	3332	2486	1641	1641	1641	1641	1641	1641	1641

佳木斯市 NO_x 排放系数

单位：克/（辆·年）

车辆类型		使用性质	燃料种类	1999 年年底前	2000 年	2001 年	2002 年	2003 年	2004 年	2005 年	2006 年	2007 年	2008 年	2009 年	2010 年	2011 年	2012 年	2013 年	2014 年	2015 年	2016 年	2017 年
载客汽车	微型	出租车	汽油	326797	221520	116244	116244	116244	116244	86168	56091	56091	41786	27480	27480	22289	17098	17098	17098	17098	10314	8052
			燃气	199652	137094	74536	74536	74536	74536	55964	37393	37393	28390	19388	19388	15538	11687	11687	11687	11687	6764	5123
		其他	汽油	36501	22916	9332	9332	9332	9332	5889	2446	2446	1992	1537	1537	1284	1031	1031	1031	1031	706	598
			燃气	21005	12527	4049	4049	4049	4049	2644	1238	1238	1006	775	775	614	453	453	453	453	360	329
	小型	出租车	汽油	369464	245390	121317	121317	121317	121317	89094	56871	56871	42176	27480	27480	21582	15684	15684	15684	15684	9022	6802
			柴油	400853	336930	273006	273006	273006	273006	242674	212342	212342	168800	125259	125259	125259	125259	101664	78068	78068	58683	52221
			燃气	224892	151214	77537	77537	77537	77537	57696	37854	37854	28621	19388	19388	15120	10851	10851	10851	10851	6000	4383
		其他	汽油	34062	21764	9467	9467	9467	9467	6279	3091	3091	2153	1215	1215	1098	982	982	982	982	666	561
			柴油	29232	23929	18626	18626	18626	18626	17137	15648	15648	12252	8857	8857	8857	8857	7646	6435	6435	5547	5251
			燃气	19563	12488	5414	5414	5414	5414	3517	1620	1620	1102	584	584	504	425	425	425	425	336	307
	中型	公交车	汽油	330034	330034	330034	330034	330034	225468	16337	16337	16337	16337	16337	14652	12966	12966	9788	6611	6611	6611	6611
			柴油	367776	367776	366913	365186	365186	350673	321647	321647	321647	267916	214186	214186	214186	214186	174791	135396	135396	113356	106010
			燃气	390495	390495	385846	376549	376549	364869	341509	341509	341509	284228	226948	226948	143519	143519	112403	112403	112403	112403	112403
		其他	汽油	202341	202341	202341	202341	202341	137255	7082	7082	7082	7082	7082	7082	7082	7082	5312	3542	3542	3542	3542
			柴油	172470	172470	165271	150872	150872	149596	147044	147044	147044	125233	103422	103422	103422	103422	91830	80237	80237	68483	64565
			燃气	194756	194756	183936	162296	162296	160767	157708	157708	157708	134277	110846	110846	86344	86344	69357	69357	69357	69357	69357
	大型	公交车	汽油	1175745	1175745	1175745	1175745	1175745	808465	73904	73904	73904	73904	73904	73839	73774	73774	55331	36888	36888	36888	36888
			柴油	521616	521616	504761	471051	471051	457667	430898	430898	430898	423132	415367	415367	415367	415367	400390	385412	385412	347430	334769
			燃气	1048759	1048759	990495	873966	873966	809112	679404	679404	679404	582124	484843	484843	451389	451389	391236	391236	391236	391236	391236
		其他	汽油	2806288	2806288	2806288	2806288	2806288	1929657	176395	176395	176395	176395	176395	169780	163166	163166	122505	81844	81844	81844	81844
			柴油	1249110	1249110	1216968	1152684	1152684	1125810	1072062	1072062	1072062	1034317	996572	996572	996572	996572	948742	900911	900911	797298	762760
			燃气	2325082	2325082	2195911	1937568	1937568	1793788	1506229	1506229	1506229	1291054	1075878	1075878	970625	970625	823489	823489	823489	823489	823489
载货汽车	微型		汽油	133186	79074	24962	24962	24962	24962	17048	9134	9134	7412	5691	5691	5027	4363	4363	4363	4363	3240	2866
			柴油	89353	73768	58182	58182	58182	58182	52326	46470	46470	39320	32170	32170	32170	32170	23536	14901	14901	12721	11994
			燃气	76644	43737	10831	10831	10831	10831	7727	4623	4623	3746	2870	2870	2393	1917	1917	1917	1917	1662	1577
	轻型		汽油	98939	63483	28027	28027	28027	28027	18998	9970	9970	8364	6759	6759	5618	4478	4478	4478	4478	3385	3021
			柴油	89665	73924	58182	58182	58182	58182	52326	46470	46470	39320	32170	32170	32170	32170	25636	19103	19103	17661	17180
			燃气	56824	36426	16028	16028	16028	16028	10627	5225	5225	4237	3249	3249	2593	1938	1938	1938	1938	1724	1653
	中型		汽油	189594	189594	189594	189594	189594	129437	9124	9124	9124	9124	9124	9124	9124	9124	6846	4568	4568	4568	4568
			柴油	360806	360806	323978	250321	250321	238028	213441	213441	213441	206880	200319	200319	200319	200319	175754	151190	151190	130188	123188
			燃气	407428	407428	361377	269275	269275	255824	228920	228920	228920	221809	214699	214699	162697	162697	132331	132331	132331	132331	132331
	重型		汽油	1395970	1395970	1395970	1395970	1395970	959896	87747	87747	87747	87747	87747	84456	81166	81166	60940	40713	40713	40713	40713
			柴油	768682	768682	742444	689969	689969	664449	613409	613409	613409	588811	564213	564213	564213	564213	488226	412240	412240	277716	232874
			燃气	1430818	1430818	1340472	1159782	1159782	1060464	861829	861829	861829	735471	609112	609112	444140	444140	251415	251415	251415	251415	251415
低速汽车	三轮汽车			65550	65550	65550	65550	65550	65550	65550	65550	65550	53279	53279	53279	53279	53279	53279	53279	53279	53279	53279
	低速货车			88065	88065	88065	88065	88065	88065	88065	88065	88065	71579	71579	71579	71579	71579	71579	71579	71579	71579	71579
摩托车	普通摩托车			781	781	781	781	755	729	677	677	677	677	677	602	526	526	526	526	526	526	526
	轻便摩托车			521	521	521	521	521	260	260	260	260	260	260	231	202	202	202	202	202	202	202

佳木斯市 PM 排放系数

单位：克/（辆·年）

车辆类型		使用性质	燃料种类	1999 年年底前	2000 年	2001 年	2002 年	2003 年	2004 年	2005 年	2006 年	2007 年	2008 年	2009 年	2010 年	2011 年	2012 年	2013 年	2014 年	2015 年	2016 年	2017 年
载客汽车	微型	出租车	汽油	—	—	—	—	—	—	—	—	—	—	—	—	—	—	—	—	—	—	—
			燃气	—	—	—	—	—	—	—	—	—	—	—	—	—	—	—	—	—	—	—
		其他	汽油	—	—	—	—	—	—	—	—	—	—	—	—	—	—	—	—	—	—	—
			燃气	—	—	—	—	—	—	—	—	—	—	—	—	—	—	—	—	—	—	—
	小型	出租车	汽油	—	—	—	—	—	—	—	—	—	—	—	—	—	—	—	—	—	—	—
			柴油	46366	42460	38553	38553	38553	38553	26281	14009	14009	9132	4255	4255	4255	4255	3954	3654	3654	3022	2811
			燃气	—	—	—	—	—	—	—	—	—	—	—	—	—	—	—	—	—	—	—
		其他	汽油	—	—	—	—	—	—	—	—	—	—	—	—	—	—	—	—	—	—	—
			柴油	3785	3582	3378	3378	3378	3378	2429	1480	1480	1084	688	688	688	688	576	465	465	465	465
			燃气	—	—	—	—	—	—	—	—	—	—	—	—	—	—	—	—	—	—	—
	中型	公交车	汽油	—	—	—	—	—	—	—	—	—	—	—	—	—	—	—	—	—	—	—
			柴油	30592	30592	28032	22913	22913	17978	8108	8108	8108	6872	5637	5637	5637	5637	3504	1372	1372	1080	983
			燃气	—	—	—	—	—	—	—	—	—	—	—	—	—	—	—	—	—	—	—
		其他	汽油	—	—	—	—	—	—	—	—	—	—	—	—	—	—	—	—	—	—	—
			柴油	15274	15274	12888	8116	8116	6262	2553	2553	2553	2434	2316	2316	2316	2316	1366	415	415	399	394
			燃气	—	—	—	—	—	—	—	—	—	—	—	—	—	—	—	—	—	—	—
	大型	公交车	汽油	—	—	—	—	—	—	—	—	—	—	—	—	—	—	—	—	—	—	—
			柴油	94865	94865	93934	92071	92071	71272	29674	29674	29674	19994	10315	10315	10315	10315	6116	1916	1916	1845	1821
			燃气	—	—	—	—	—	—	—	—	—	—	—	—	—	—	—	—	—	—	—
		其他	汽油	—	—	—	—	—	—	—	—	—	—	—	—	—	—	—	—	—	—	—
			柴油	142314	142314	133412	115607	115607	85425	25061	25061	25061	17182	9303	9303	9303	9303	5868	2433	2433	2343	2313
			燃气	—	—	—	—	—	—	—	—	—	—	—	—	—	—	—	—	—	—	—
载货汽车	微型		汽油	—	—	—	—	—	—	—	—	—	—	—	—	—	—	—	—	—	—	—
			柴油	9677	9477	9277	9277	9277	9277	7546	5816	5816	4316	2817	2817	2817	2817	1774	730	730	727	726
			燃气	—	—	—	—	—	—	—	—	—	—	—	—	—	—	—	—	—	—	—
	轻型		汽油	—	—	—	—	—	—	—	—	—	—	—	—	—	—	—	—	—	—	—
			柴油	10064	9670	9277	9277	9277	9277	7546	5816	5816	4316	2817	2817	2817	2817	2124	1432	1432	1182	1099
			燃气	—	—	—	—	—	—	—	—	—	—	—	—	—	—	—	—	—	—	—
	中型		汽油	—	—	—	—	—	—	—	—	—	—	—	—	—	—	—	—	—	—	—
			柴油	31649	31649	26634	16603	16603	12773	5112	5112	5112	4843	4574	4574	4574	4574	2932	1291	1291	1182	1146
			燃气	—	—	—	—	—	—	—	—	—	—	—	—	—	—	—	—	—	—	—
	重型		汽油	—	—	—	—	—	—	—	—	—	—	—	—	—	—	—	—	—	—	—
			柴油	98652	98652	81085	45950	45950	36484	17553	17553	17553	12028	6503	6503	6503	6503	4282	2061	2061	1742	1636
			燃气	—	—	—	—	—	—	—	—	—	—	—	—	—	—	—	—	—	—	—
低速汽车	三轮汽车			4092	4092	4092	4092	4092	4092	4092	4092	4092	3220	3220	3220	3220	3220	3220	3220	3220	3220	3220
	低速货车			5581	5581	5581	5581	5581	5581	5581	5581	5581	4392	4392	4392	4392	4392	4392	4392	4392	4392	4392
摩托车	普通摩托车			—	—	—	—	—	—	—	—	—	—	—	—	—	—	—	—	—	—	—
	轻便摩托车			—	—	—	—	—	—	—	—	—	—	—	—	—	—	—	—	—	—	—

佳木斯市 VOCs 排放系数

单位：克/（辆·年）

车辆类型		使用性质	燃料种类	1999 年年底前	2000 年	2001 年	2002 年	2003 年	2004 年	2005 年	2006 年	2007 年	2008 年	2009 年	2010 年	2011 年	2012 年	2013 年	2014 年	2015 年	2016 年	2017 年
载客汽车	微型	出租车	汽油	2116332	1220710	325089	325089	325089	325089	233957	142825	142825	112138	81451	81451	68448	55446	55446	55446	55446	43329	39290
			燃气	370969	225845	80721	80721	80721	80721	62333	43945	43945	36255	28565	28565	22634	16704	16704	16704	16704	9852	7568
		其他	汽油	120101	69138	18174	18174	18174	18174	17704	17233	17233	14020	10808	10808	10101	9394	9394	9394	9394	7314	6621
			燃气	17541	9868	2195	2195	2195	2195	2104	2014	2014	1498	982	982	886	791	791	791	791	531	444
	小型	出租车	汽油	2116332	1199704	283075	283075	283075	283075	269188	255301	255301	168376	81451	81451	68448	55446	55446	55446	55446	39797	34581
			柴油	241975	228128	214281	214281	214281	214281	194211	174141	174141	126148	78155	78155	78155	78155	58144	38132	38132	21969	16581
			燃气	370969	222486	74002	74002	74002	74002	67966	61931	61931	45248	28565	28565	22634	16704	16704	16704	16704	9287	6815
		其他	汽油	121949	69838	17727	17727	17727	17727	18472	19216	19216	15016	10817	10817	9990	9164	9164	9164	9164	7500	6946
			柴油	14119	12942	11764	11764	11764	11764	10000	8237	8237	5636	3035	3035	3035	3035	2658	2280	2280	1625	1407
			燃气	17836	10740	3644	3644	3644	3644	2988	2331	2331	1726	1122	1122	938	754	754	754	754	560	496
	中型	公交车	汽油	247318	247318	247318	247318	246721	168478	13185	13185	13185	13185	13185	13034	12882	12882	10455	8028	8028	8028	8028
			柴油	87806	87806	86086	82645	82645	64494	28192	28192	28192	20508	12823	12823	12823	12823	8958	5093	5093	4763	4653
			燃气	71579	71579	67602	59649	59649	57536	53311	53311	53311	42686	32061	32061	22219	22219	22154	22154	22154	22154	22154
		其他	汽油	128028	128028	128028	128028	127431	87109	7658	7658	7658	7658	7658	7512	7366	7366	6315	5264	5264	5264	5264
			柴油	30493	30493	28460	24394	24394	18567	6912	6912	6912	6506	6099	6099	6099	6099	3750	1402	1402	1243	1190
			燃气	34560	34560	32640	28800	28800	27780	25740	25740	25740	20623	15506	15506	10732	10732	9642	9642	9642	9642	9642
	大型	公交车	汽油	576626	576626	576626	576626	576029	388451	14489	14489	14489	14489	14489	14349	14209	14209	11443	8677	8677	8677	8677
			柴油	131708	131708	108010	60614	60614	60614	60614	60614	60614	43515	26416	26416	26416	26416	17675	8934	8934	5723	4653
			燃气	168926	168926	159541	140772	140772	135786	125815	125815	125815	100740	75665	75665	52438	52438	47188	47188	47188	47188	47188
		其他	汽油	1277924	1277924	1277924	1277924	1277327	860478	27975	27975	27975	27975	27975	21716	15458	15458	12267	9076	9076	9076	9076
			柴油	272891	272891	207397	76409	76409	76409	76409	76409	76409	55942	35476	35476	35476	35476	20706	5937	5937	5324	5119
			燃气	266186	266186	251398	221822	221822	213966	198253	198253	198253	158842	119430	119430	82662	82662	74261	74261	74261	74261	74261
载货汽车	微型		汽油	761724	402926	44127	44127	44127	44127	42157	40187	40187	37107	34027	34027	27264	20502	20502	20502	20502	17795	16893
			柴油	50223	46968	43713	43713	43713	43713	40280	36848	36848	26976	17105	17105	17105	17105	11794	6484	6484	4651	4040
			燃气	111251	58290	5330	5330	5330	5330	5013	4697	4697	3894	3092	3092	2409	1726	1726	1726	1726	1281	1133
	轻型		汽油	385664	224624	63584	63584	63584	63584	54162	44740	44740	39795	34850	34850	30396	25941	25941	25941	25941	22830	21793
			柴油	45786	44750	43713	43713	43713	43713	40280	36848	36848	26976	17105	17105	17105	17105	13068	9031	9031	7198	6587
			燃气	56406	34738	13070	13070	13070	13070	9249	5427	5427	4521	3615	3615	2875	2134	2134	2134	2134	1701	1556
	中型		汽油	291094	291094	291094	291094	290497	197659	13177	13177	13177	13177	13177	13037	12897	12897	10458	8018	8018	8018	8018
			柴油	66469	66469	62038	53175	53175	40472	15066	15066	15066	14182	13299	13299	13299	13299	9638	5977	5977	3557	2750
			燃气	75334	75334	71149	62779	62779	60555	56105	56105	56105	44958	33811	33811	45753	45753	22282	22282	22282	22282	22282
	重型		汽油	644608	644608	644608	644608	644010	434209	15800	15800	15800	15800	15800	12586	9371	9371	7760	6150	6150	6150	6150
			柴油	180589	180589	137248	50565	50565	50565	50565	50565	50565	37021	23477	23477	23477	23477	14784	6091	6091	4200	3570
			燃气	176152	176152	166366	146795	146795	141596	131197	131197	131197	105116	79035	79035	84806	84806	51790	51790	51790	51790	51790
低速汽车	三轮汽车			25300	25300	25300	25300	25300	25300	25300	25300	25300	16721	16721	16721	16721	16721	16721	16721	16721	16721	16721
	低速货车			33990	33990	33990	33990	33990	33990	33990	33990	33990	22464	22464	22464	22464	22464	22464	22464	22464	22464	22464
摩托车	普通摩托车			10464	10464	10464	10464	7809	5154	2759	2759	2759	2759	2759	2059	1359	1359	1359	1359	1359	1359	1359
	轻便摩托车			33839	33839	33839	33839	33839	6768	6768	3332	3332	3332	3332	2486	1641	1641	1641	1641	1641	1641	1641

七台河市 NO_x 排放系数

单位：克/（辆·年）

车辆类型		使用性质	燃料种类	1999年年底前	2000年	2001年	2002年	2003年	2004年	2005年	2006年	2007年	2008年	2009年	2010年	2011年	2012年	2013年	2014年	2015年	2016年	2017年
载客汽车	微型	出租车	汽油	257283	172784	88285	88285	88285	88285	64746	41207	41207	30194	19180	19180	15707	12234	12234	12234	12234	7667	6145
			燃气	156155	106032	55910	55910	55910	55910	41473	27036	27036	20182	13328	13328	10766	8204	8204	8204	8204	4947	3861
		其他	汽油	36451	22882	9314	9314	9314	9314	5872	2431	2431	1979	1527	1527	1274	1021	1021	1021	1021	702	596
			燃气	21005	12527	4049	4049	4049	4049	2644	1238	1238	1006	775	775	614	453	453	453	453	360	329
	小型	出租车	汽油	291686	192030	92375	92375	92375	92375	67106	41836	41836	30508	19180	19180	15137	11094	11094	11094	11094	6626	5136
			柴油	303446	253276	203106	203106	203106	203106	180852	158598	158598	125686	92773	92773	92773	92773	75951	59129	59129	45543	41014
			燃气	176515	117423	58331	58331	58331	58331	42870	27408	27408	20368	13328	13328	10429	7530	7530	7530	7530	4330	3264
		其他	汽油	34013	21732	9450	9450	9450	9450	6263	3076	3076	2140	1205	1205	1089	973	973	973	973	662	559
			柴油	29215	23914	18612	18612	18612	18612	17124	15635	15635	12242	8848	8848	8848	8848	7637	6426	6426	5542	5248
			燃气	19563	12488	5414	5414	5414	5414	3517	1620	1620	1102	584	584	504	425	425	425	425	336	307
	中型	公交车	汽油	329899	329899	329899	329899	329899	225376	16330	16330	16330	16330	16330	14645	12960	12960	9784	6608	6608	6608	6608
			柴油	367666	367666	366803	365076	365076	350567	321550	321550	321550	267836	214122	214122	214122	214122	174738	135355	135355	113323	105979
			燃气	390378	390378	385731	376436	376436	364760	341407	341407	341407	284144	226880	226880	143476	143476	112369	112369	112369	112369	112369
		其他	汽油	202258	202258	202258	202258	202258	137198	7079	7079	7079	7079	7079	7079	7079	7079	5310	3540	3540	3540	3540
			柴油	172419	172419	165222	150827	150827	149551	147000	147000	147000	125196	103391	103391	103391	103391	91802	80213	80213	68463	64546
			燃气	194697	194697	183881	162248	162248	160719	157660	157660	157660	134236	110813	110813	86318	86318	69336	69336	69336	69336	69336
	大型	公交车	汽油	1175265	1175265	1175265	1175265	1175265	808135	73874	73874	73874	73874	73874	73809	73744	73744	55308	36873	36873	36873	36873
			柴油	521460	521460	504610	470910	470910	457529	430768	430768	430768	423006	415243	415243	415243	415243	400270	385296	385296	347326	334669
			燃气	1048445	1048445	990198	873704	873704	808870	679201	679201	679201	581950	484698	484698	451253	451253	391118	391118	391118	391118	391118
		其他	汽油	2805143	2805143	2805143	2805143	2805143	1928870	176323	176323	176323	176323	176323	169711	163099	163099	122455	81811	81811	81811	81811
			柴油	1248735	1248735	1216603	1152339	1152339	1125473	1071741	1071741	1071741	1034008	996274	996274	996274	996274	948458	900642	900642	797059	762531
			燃气	2324386	2324386	2195253	1936988	1936988	1793251	1505778	1505778	1505778	1290666	1075555	1075555	970334	970334	823242	823242	823242	823242	823242
载货汽车	微型		汽油	115108	68194	21280	21280	21280	21280	14472	7663	7663	6202	4742	4742	4219	3696	3696	3696	3696	2772	2464
			柴油	76034	62623	49212	49212	49212	49212	44298	39383	39383	33344	27304	27304	27304	27304	19980	12657	12657	10905	10321
			燃气	66331	37791	9251	9251	9251	9251	6577	3902	3902	3155	2407	2407	2023	1640	1640	1640	1640	1430	1360
	轻型		汽油	85419	54678	23937	23937	23937	23937	16162	8388	8388	7028	5667	5667	4731	3795	3795	3795	3795	2897	2598
			柴油	76305	62758	49212	49212	49212	49212	44298	39383	39383	33344	27304	27304	27304	27304	21802	16299	16299	15188	14818
			燃气	49130	31422	13714	13714	13714	13714	9066	4418	4418	3582	2746	2746	2202	1658	1658	1658	1658	1485	1427
	中型		汽油	189594	189594	189594	189594	189594	129437	9124	9124	9124	9124	9124	9124	9124	9124	6846	4568	4568	4568	4568
			柴油	360806	360806	323978	250321	250321	238028	213441	213441	213441	206880	200319	200319	200319	200319	175754	151190	151190	130188	123188
			燃气	407425	407425	361375	269276	269276	255824	228919	228919	228919	221809	214699	214699	162697	162697	132330	132330	132330	132330	132330
	重型		汽油	1212778	1212778	1212778	1212778	1212778	833929	76232	76232	76232	76232	76232	73373	70514	70514	52942	35370	35370	35370	35370
			柴油	675296	675296	652246	606146	606146	583726	538886	538886	538886	517276	495667	495667	495667	495667	429252	362838	362838	233290	190108
			燃气	1256991	1256991	1177621	1018882	1018882	931630	757126	757126	757126	646118	535111	535111	390915	390915	205244	205244	205244	205244	205244
低速汽车	三轮汽车			65550	65550	65550	65550	65550	65550	65550	65550	65550	53279	53279	53279	53279	53279	53279	53279	53279	53279	53279
	低速货车			88065	88065	88065	88065	88065	88065	88065	88065	88065	71579	71579	71579	71579	71579	71579	71579	71579	71579	71579
摩托车	普通摩托车			781	781	781	781	755	729	677	677	677	677	677	602	526	526	526	526	526	526	526
	轻便摩托车			521	521	521	521	521	260	260	260	260	260	260	231	202	202	202	202	202	202	202

七台河市 PM 排放系数

单位：克/（辆·年）

车辆类型		使用性质	燃料种类	1999 年年底前	2000 年	2001 年	2002 年	2003 年	2004 年	2005 年	2006 年	2007 年	2008 年	2009 年	2010 年	2011 年	2012 年	2013 年	2014 年	2015 年	2016 年	2017 年
载客汽车	微型	出租车	汽油	—	—	—	—	—	—	—	—	—	—	—	—	—	—	—	—	—	—	—
			燃气	—	—	—	—	—	—	—	—	—	—	—	—	—	—	—	—	—	—	—
		其他	汽油	—	—	—	—	—	—	—	—	—	—	—	—	—	—	—	—	—	—	—
			燃气	—	—	—	—	—	—	—	—	—	—	—	—	—	—	—	—	—	—	—
	小型	出租车	汽油	—	—	—	—	—	—	—	—	—	—	—	—	—	—	—	—	—	—	—
			柴油	37401	34250	31099	31099	31099	31099	21200	11300	11300	7366	3432	3432	3432	3432	3190	2948	2948	2438	2268
			燃气	—	—	—	—	—	—	—	—	—	—	—	—	—	—	—	—	—	—	—
		其他	汽油	—	—	—	—	—	—	—	—	—	—	—	—	—	—	—	—	—	—	—
			柴油	3785	3582	3378	3378	3378	3378	2429	1480	1480	1084	688	688	688	688	576	465	465	465	465
			燃气	—	—	—	—	—	—	—	—	—	—	—	—	—	—	—	—	—	—	—
	中型	公交车	汽油	—	—	—	—	—	—	—	—	—	—	—	—	—	—	—	—	—	—	—
			柴油	30592	30592	28032	22913	22913	17978	8108	8108	8108	6872	5637	5637	5637	5637	3504	1372	1372	1080	983
			燃气	—	—	—	—	—	—	—	—	—	—	—	—	—	—	—	—	—	—	—
		其他	汽油	—	—	—	—	—	—	—	—	—	—	—	—	—	—	—	—	—	—	—
			柴油	15274	15274	12888	8116	8116	6262	2553	2553	2553	2434	2316	2316	2316	2316	1366	415	415	399	394
			燃气	—	—	—	—	—	—	—	—	—	—	—	—	—	—	—	—	—	—	—
	大型	公交车	汽油	—	—	—	—	—	—	—	—	—	—	—	—	—	—	—	—	—	—	—
			柴油	94865	94865	93934	92071	92071	71272	29674	29674	29674	19994	10315	10315	10315	10315	6116	1916	1916	1845	1821
			燃气	—	—	—	—	—	—	—	—	—	—	—	—	—	—	—	—	—	—	—
		其他	汽油	—	—	—	—	—	—	—	—	—	—	—	—	—	—	—	—	—	—	—
			柴油	142314	142314	133412	115607	115607	85425	25061	25061	25061	17182	9303	9303	9303	9303	5868	2433	2433	2343	2313
			燃气	—	—	—	—	—	—	—	—	—	—	—	—	—	—	—	—	—	—	—
载货汽车	微型		汽油	—	—	—	—	—	—	—	—	—	—	—	—	—	—	—	—	—	—	—
			柴油	8393	8219	8045	8045	8045	8045	6544	5044	5044	3744	2443	2443	2443	2443	1538	633	633	630	629
			燃气	—	—	—	—	—	—	—	—	—	—	—	—	—	—	—	—	—	—	—
	轻型		汽油	—	—	—	—	—	—	—	—	—	—	—	—	—	—	—	—	—	—	—
			柴油	8728	8386	8045	8045	8045	8045	6544	5044	5044	3744	2443	2443	2443	2443	1842	1242	1242	1025	953
			燃气	—	—	—	—	—	—	—	—	—	—	—	—	—	—	—	—	—	—	—
	中型		汽油	—	—	—	—	—	—	—	—	—	—	—	—	—	—	—	—	—	—	—
			柴油	31649	31649	26634	16603	16603	12773	5112	5112	5112	4843	4574	4574	4574	4574	2932	1291	1291	1182	1146
			燃气	—	—	—	—	—	—	—	—	—	—	—	—	—	—	—	—	—	—	—
	重型		汽油	—	—	—	—	—	—	—	—	—	—	—	—	—	—	—	—	—	—	—
			柴油	85036	85036	69893	39608	39608	31449	15130	15130	15130	10368	5606	5606	5606	5606	3706	1806	1806	1526	1433
			燃气	—	—	—	—	—	—	—	—	—	—	—	—	—	—	—	—	—	—	—
低速汽车	三轮汽车			4092	4092	4092	4092	4092	4092	4092	4092	4092	3220	3220	3220	3220	3220	3220	3220	3220	3220	3220
	低速货车			5581	5581	5581	5581	5581	5581	5581	5581	5581	4392	4392	4392	4392	4392	4392	4392	4392	4392	4392
摩托车	普通摩托车			—	—	—	—	—	—	—	—	—	—	—	—	—	—	—	—	—	—	—
	轻便摩托车			—	—	—	—	—	—	—	—	—	—	—	—	—	—	—	—	—	—	—

七台河市 VOCs 排放系数

单位：克/（辆·年）

车辆类型		使用性质	燃料种类	1999年年底前	2000年	2001年	2002年	2003年	2004年	2005年	2006年	2007年	2008年	2009年	2010年	2011年	2012年	2013年	2014年	2015年	2016年	2017年
载客汽车	微型	出租车	汽油	1410754	814179	217604	217604	217604	217604	156964	96323	96323	75834	55346	55346	46775	38204	38204	38204	38204	30094	27390
			燃气	292513	175916	59319	59319	59319	59319	45234	31148	31148	25506	19864	19864	15828	11792	11792	11792	11792	7246	5731
		其他	汽油	100232	58074	15916	15916	15916	15916	15471	15026	15026	12340	9655	9655	9054	8454	8454	8454	8454	6701	6117
			燃气	17541	9868	2195	2195	2195	2195	2104	2014	2014	1498	982	982	886	791	791	791	791	531	444
	小型	出租车	汽油	1410754	800200	189645	189645	189645	189645	180409	171173	171173	113260	55346	55346	46775	38204	38204	38204	38204	27743	24256
			柴油	171416	161882	152347	152347	152347	152347	138762	125176	125176	89228	53279	53279	53279	53279	39740	26202	26202	15583	12043
			燃气	292513	173206	53899	53899	53899	53899	49778	45657	45657	32760	19864	19864	15828	11792	11792	11792	11792	6790	5123
		其他	汽油	101756	58652	15547	15547	15547	15547	16104	16662	16662	13162	9662	9662	8963	8264	8264	8264	8264	6854	6384
			柴油	13836	12666	11496	11496	11496	11496	9744	7992	7992	5446	2900	2900	2900	2900	2524	2147	2147	1542	1341
			燃气	17836	10740	3644	3644	3644	3644	2988	2331	2331	1726	1122	1122	938	754	754	754	754	560	496
	中型	公交车	汽油	247431	247431	247431	247431	246834	168591	13298	13298	13298	13298	13298	13146	12995	12995	10568	8141	8141	8141	8141
			柴油	87806	87806	86086	82645	82645	64494	28192	28192	28192	20508	12823	12823	12823	12823	8958	5093	5093	4763	4653
			燃气	71579	71579	67602	59649	59649	57536	53311	53311	53311	42686	32061	32061	22219	22219	22154	22154	22154	22154	22154
		其他	汽油	128141	128141	128141	128141	127544	87222	7771	7771	7771	7771	7771	7626	7480	7480	6428	5377	5377	5377	5377
			柴油	30493	30493	28460	24394	24394	18567	6912	6912	6912	6506	6099	6099	6099	6099	3750	1402	1402	1243	1190
			燃气	34560	34560	32640	28800	28800	27780	25740	25740	25740	20623	15506	15506	10732	10732	9642	9642	9642	9642	9642
	大型	公交车	汽油	576739	576739	576739	576739	576142	388564	14602	14602	14602	14602	14602	14462	14322	14322	11556	8790	8790	8790	8790
			柴油	131708	131708	108010	60614	60614	60614	60614	60614	60614	43515	26416	26416	26416	26416	17675	8934	8934	5723	4653
			燃气	168926	168926	159541	140772	140772	135786	125815	125815	125815	100740	75665	75665	52438	52438	47188	47188	47188	47188	47188
		其他	汽油	1278037	1278037	1278037	1278037	1277440	860592	28089	28089	28089	28089	28089	21830	15571	15571	12380	9189	9189	9189	9189
			柴油	272891	272891	207397	76409	76409	76409	76409	76409	76409	55942	35476	35476	35476	35476	20706	5937	5937	5324	5119
			燃气	266186	266186	251398	221822	221822	213966	198253	198253	198253	158842	119430	119430	82662	82662	74261	74261	74261	74261	74261
载货汽车	微型		汽油	547697	290511	33325	33325	33325	33325	31825	30325	30325	28006	25688	25688	20824	15960	15960	15960	15960	13878	13184
			柴油	41572	38883	36194	36194	36194	36194	33419	30644	30644	22334	14024	14024	14024	14024	9632	5241	5241	3842	3376
			燃气	95849	50223	4596	4596	4596	4596	4330	4065	4065	3339	2613	2613	2053	1493	1493	1493	1493	1091	957
	轻型		汽油	278629	162938	47247	47247	47247	47247	40414	33582	33582	29930	26277	26277	23064	19851	19851	19851	19851	17480	16690
			柴油	37752	36973	36194	36194	36194	36194	33419	30644	30644	22334	14024	14024	14024	14024	10729	7434	7434	6035	5569
			燃气	48839	29956	11074	11074	11074	11074	7886	4698	4698	3875	3051	3051	2431	1811	1811	1811	1811	1425	1297
	中型		汽油	291208	291208	291208	291208	290610	197772	13290	13290	13290	13290	13290	13150	13010	13010	10571	8132	8132	8132	8132
			柴油	66469	66469	62038	53175	53175	40472	15066	15066	15066	14182	13299	13299	13299	13299	9638	5977	5977	3557	2750
			燃气	75334	75334	71149	62779	62779	60555	56105	56105	56105	44958	33811	33811	45753	45753	22282	22282	22282	22282	22282
	重型		汽油	558428	558428	558428	558428	557830	376240	14253	14253	14253	14253	14253	11454	8655	8655	7260	5864	5864	5864	5864
			柴油	160910	160910	122292	45055	45055	45055	45055	45055	45055	32986	20918	20918	20918	20918	12980	5041	5041	3561	3068
			燃气	156956	156956	148237	130799	130799	126166	116901	116901	116901	93661	70420	70420	70187	70187	44507	44507	44507	44507	44507
低速汽车	三轮汽车			25300	25300	25300	25300	25300	25300	25300	25300	25300	16721	16721	16721	16721	16721	16721	16721	16721	16721	16721
	低速货车			33990	33990	33990	33990	33990	33990	33990	33990	33990	22464	22464	22464	22464	22464	22464	22464	22464	22464	22464
摩托车	普通摩托车			10464	10464	10464	10464	7809	5154	2759	2759	2759	2759	2759	2059	1359	1359	1359	1359	1359	1359	1359
	轻便摩托车			33839	33839	33839	33839	33839	6768	6768	3332	3332	3332	3332	2486	1641	1641	1641	1641	1641	1641	1641

牡丹江市 NO_x 排放系数

单位：克/（辆·年）

车辆类型		使用性质	燃料种类	1999年年底前	2000年	2001年	2002年	2003年	2004年	2005年	2006年	2007年	2008年	2009年	2010年	2011年	2012年	2013年	2014年	2015年	2016年	2017年
载客汽车	微型	出租车	汽油	327172	221763	116354	116354	116354	116354	86246	56139	56139	41818	27498	27498	22306	17114	17114	17114	17114	10324	8060
			燃气	199652	137094	74536	74536	74536	74536	55964	37393	37393	28390	19388	19388	15538	11687	11687	11687	11687	6764	5123
		其他	汽油	36574	22964	9354	9354	9354	9354	5907	2460	2460	2003	1546	1546	1293	1040	1040	1040	1040	710	600
			燃气	21005	12527	4049	4049	4049	4049	2644	1238	1238	1006	775	775	614	453	453	453	453	360	329
	小型	出租车	汽油	369891	245662	121433	121433	121433	121433	89176	56920	56920	42209	27498	27498	21598	15699	15699	15699	15699	9031	6808
			柴油	401103	337130	273158	273158	273158	273158	242812	212466	212466	168898	125329	125329	125329	125329	101725	78121	78121	58727	52262
			燃气	224892	151214	77537	77537	77537	77537	57696	37854	37854	28621	19388	19388	15120	10851	10851	10851	10851	6000	4383
		其他	汽油	34132	21811	9490	9490	9490	9490	6298	3106	3106	2165	1224	1224	1108	991	991	991	991	670	563
			柴油	29264	23956	18648	18648	18648	18648	17158	15669	15669	12269	8869	8869	8869	8869	7658	6446	6446	5554	5256
			燃气	19563	12488	5414	5414	5414	5414	3517	1620	1620	1102	584	584	504	425	425	425	425	336	307
	中型	公交车	汽油	330432	330432	330432	330432	330432	225740	16356	16356	16356	16356	16356	14668	12981	12981	9800	6619	6619	6619	6619
			柴油	368103	368103	367239	365510	365510	350984	321932	321932	321932	268154	214376	214376	214376	214376	174946	135516	135516	113457	106104
			燃气	390842	390842	386189	376883	376883	365193	341812	341812	341812	284480	227149	227149	143646	143646	112502	112502	112502	112502	112502
		其他	汽油	202585	202585	202585	202585	202585	137420	7090	7090	7090	7090	7090	7090	7090	7090	5318	3546	3546	3546	3546
			柴油	172623	172623	165417	151006	151006	149729	147175	147175	147175	125344	103514	103514	103514	103514	91911	80308	80308	68544	64622
			燃气	194928	194928	184099	162440	162440	160909	157847	157847	157847	134396	110944	110944	86421	86421	69418	69418	69418	69418	69418
	大型	公交车	汽油	1177166	1177166	1177166	1177166	1177166	809442	73993	73993	73993	73993	73993	73928	73863	73863	55398	36933	36933	36933	36933
			柴油	522079	522079	505209	471468	471468	458072	431280	431280	431280	423508	415736	415736	415736	415736	400745	385754	385754	347738	335066
			燃气	1049689	1049689	991373	874741	874741	809830	680007	680007	680007	582640	485273	485273	451789	451789	391583	391583	391583	391583	391583
		其他	汽油	2809680	2809680	2809680	2809680	2809680	1931989	176608	176608	176608	176608	176608	169986	163363	163363	122653	81943	81943	81943	81943
			柴油	1250217	1250217	1218047	1153706	1153706	1126808	1073013	1073013	1073013	1035234	997456	997456	997456	997456	949583	901710	901710	798004	763436
			燃气	2327144	2327144	2197858	1939287	1939287	1795380	1507565	1507565	1507565	1292198	1076832	1076832	971486	971486	824219	824219	824219	824219	824219
载货汽车	微型		汽油	133372	79186	24999	24999	24999	24999	17076	9154	9154	7429	5704	5704	5040	4375	4375	4375	4375	3247	2871
			柴油	89428	73830	58232	58232	58232	58232	52372	46512	46512	39356	32200	32200	32200	32200	23559	14918	14918	12733	12005
			燃气	76598	43709	10821	10821	10821	10821	7714	4607	4607	3733	2859	2859	2383	1906	1906	1906	1906	1657	1574
	轻型		汽油	99084	63576	28069	28069	28069	28069	19030	9991	9991	8382	6772	6772	5631	4490	4490	4490	4490	3391	3025
			柴油	89740	73986	58232	58232	58232	58232	52372	46512	46512	39356	32200	32200	32200	32200	25662	19123	19123	17678	17196
			燃气	56791	36402	16013	16013	16013	16013	10612	5211	5211	4221	3231	3231	2578	1926	1926	1926	1926	1719	1650
	中型		汽油	189594	189594	189594	189594	189594	129437	9124	9124	9124	9124	9124	9124	9124	9124	6846	4568	4568	4568	4568
			柴油	360806	360806	323978	250321	250321	238028	213441	213441	213441	206880	200319	200319	200319	200319	175754	151190	151190	130188	123188
			燃气	407427	407427	361376	269275	269275	255823	228918	228918	228918	221808	214697	214697	162698	162698	132331	132331	132331	132331	132331
	重型		汽油	1320567	1320567	1320567	1320567	1320567	908047	83007	83007	83007	83007	83007	79894	76782	76782	57648	38514	38514	38514	38514
			柴油	723439	723439	698745	649358	649358	625340	577304	577304	577304	554154	531004	531004	531004	531004	460129	389254	389254	260687	217831
			燃气	1346604	1346604	1261575	1091519	1091519	998046	811102	811102	811102	692181	573260	573260	419375	419375	235174	235174	235174	235174	235174
低速汽车	三轮汽车			65550	65550	65550	65550	65550	65550	65550	65550	65550	53279	53279	53279	53279	53279	53279	53279	53279	53279	53279
	低速货车			88065	88065	88065	88065	88065	88065	88065	88065	88065	71579	71579	71579	71579	71579	71579	71579	71579	71579	71579
摩托车	普通摩托车			781	781	781	781	755	729	677	677	677	677	677	602	526	526	526	526	526	526	526
	轻便摩托车			521	521	521	521	521	260	260	260	260	260	260	231	202	202	202	202	202	202	202

牡丹江市 PM 排放系数

单位：克/（辆·年）

车辆类型		使用性质	燃料种类	1999 年年底前	2000 年	2001 年	2002 年	2003 年	2004 年	2005 年	2006 年	2007 年	2008 年	2009 年	2010 年	2011 年	2012 年	2013 年	2014 年	2015 年	2016 年	2017 年
载客汽车	微型	出租车	汽油	—	—	—	—	—	—	—	—	—	—	—	—	—	—	—	—	—	—	—
			燃气	—	—	—	—	—	—	—	—	—	—	—	—	—	—	—	—	—	—	—
		其他	汽油	—	—	—	—	—	—	—	—	—	—	—	—	—	—	—	—	—	—	—
			燃气	—	—	—	—	—	—	—	—	—	—	—	—	—	—	—	—	—	—	—
	小型	出租车	汽油	—	—	—	—	—	—	—	—	—	—	—	—	—	—	—	—	—	—	—
			柴油	46366	42460	38553	38553	38553	38553	26281	14009	14009	9132	4255	4255	4255	4255	3954	3654	3654	3022	2811
			燃气	—	—	—	—	—	—	—	—	—	—	—	—	—	—	—	—	—	—	—
		其他	汽油	—	—	—	—	—	—	—	—	—	—	—	—	—	—	—	—	—	—	—
			柴油	3785	3582	3378	3378	3378	3378	2429	1480	1480	1084	688	688	688	688	576	465	465	465	465
			燃气	—	—	—	—	—	—	—	—	—	—	—	—	—	—	—	—	—	—	—
	中型	公交车	汽油	—	—	—	—	—	—	—	—	—	—	—	—	—	—	—	—	—	—	—
			柴油	30592	30592	28032	22913	22913	17978	8108	8108	8108	6872	5637	5637	5637	5637	3504	1372	1372	1080	983
			燃气	—	—	—	—	—	—	—	—	—	—	—	—	—	—	—	—	—	—	—
		其他	汽油	—	—	—	—	—	—	—	—	—	—	—	—	—	—	—	—	—	—	—
			柴油	15274	15274	12888	8116	8116	6262	2553	2553	2553	2434	2316	2316	2316	2316	1366	415	415	399	394
			燃气	—	—	—	—	—	—	—	—	—	—	—	—	—	—	—	—	—	—	—
	大型	公交车	汽油	—	—	—	—	—	—	—	—	—	—	—	—	—	—	—	—	—	—	—
			柴油	94865	94865	93934	92071	92071	71272	29674	29674	29674	19994	10315	10315	10315	10315	6116	1916	1916	1845	1821
			燃气	—	—	—	—	—	—	—	—	—	—	—	—	—	—	—	—	—	—	—
		其他	汽油	—	—	—	—	—	—	—	—	—	—	—	—	—	—	—	—	—	—	—
			柴油	142314	142314	133412	115607	115607	85425	25061	25061	25061	17182	9303	9303	9303	9303	5868	2433	2433	2343	2313
			燃气	—	—	—	—	—	—	—	—	—	—	—	—	—	—	—	—	—	—	—
载货汽车	微型		汽油	—	—	—	—	—	—	—	—	—	—	—	—	—	—	—	—	—	—	—
			柴油	9677	9477	9277	9277	9277	9277	7546	5816	5816	4316	2817	2817	2817	2817	1774	730	730	727	726
			燃气	—	—	—	—	—	—	—	—	—	—	—	—	—	—	—	—	—	—	—
	轻型		汽油	—	—	—	—	—	—	—	—	—	—	—	—	—	—	—	—	—	—	—
			柴油	10064	9670	9277	9277	9277	9277	7546	5816	5816	4316	2817	2817	2817	2817	2124	1432	1432	1182	1099
			燃气	—	—	—	—	—	—	—	—	—	—	—	—	—	—	—	—	—	—	—
	中型		汽油	—	—	—	—	—	—	—	—	—	—	—	—	—	—	—	—	—	—	—
			柴油	31649	31649	26634	16603	16603	12773	5112	5112	5112	4843	4574	4574	4574	4574	2932	1291	1291	1182	1146
			燃气	—	—	—	—	—	—	—	—	—	—	—	—	—	—	—	—	—	—	—
	重型		汽油	—	—	—	—	—	—	—	—	—	—	—	—	—	—	—	—	—	—	—
			柴油	93415	93415	76780	43511	43511	34548	16621	16621	16621	11390	6158	6158	6158	6158	4050	1942	1942	1641	1541
			燃气	—	—	—	—	—	—	—	—	—	—	—	—	—	—	—	—	—	—	—
低速汽车	三轮汽车			4092	4092	4092	4092	4092	4092	4092	4092	4092	3220	3220	3220	3220	3220	3220	3220	3220	3220	3220
	低速货车			5581	5581	5581	5581	5581	5581	5581	5581	5581	4392	4392	4392	4392	4392	4392	4392	4392	4392	4392
摩托车	普通摩托车			—	—	—	—	—	—	—	—	—	—	—	—	—	—	—	—	—	—	—
	轻便摩托车			—	—	—	—	—	—	—	—	—	—	—	—	—	—	—	—	—	—	—

牡丹江市 VOCs 排放系数

单位：克/（辆·年）

车辆类型		使用性质	燃料种类	1999 年年底前	2000 年	2001 年	2002 年	2003 年	2004 年	2005 年	2006 年	2007 年	2008 年	2009 年	2010 年	2011 年	2012 年	2013 年	2014 年	2015 年	2016 年	2017 年
载客汽车	微型	出租车	汽油	1758027	1017790	277552	277552	277552	277552	201297	125042	125042	98802	72562	72562	60803	49044	49044	49044	49044	37490	33638
			燃气	370969	225845	80721	80721	80721	80721	62333	43945	43945	36255	28565	28565	22634	16704	16704	16704	16704	9852	7568
		其他	汽油	102027	59254	16482	16482	16482	16482	16037	15592	15592	12780	9968	9968	9368	8767	8767	8767	8767	6827	6180
			燃气	17541	9868	2195	2195	2195	2195	2104	2014	2014	1498	982	982	886	791	791	791	791	531	444
	小型	出租车	汽油	1758027	1000459	242891	242891	242891	242891	230362	217832	217832	145197	72562	72562	60803	49044	49044	49044	49044	34576	29754
			柴油	241369	227548	213726	213726	213726	213726	193682	173639	173639	125862	78086	78086	78086	78086	58100	38114	38114	21936	16544
			燃气	370969	222486	74002	74002	74002	74002	67966	61931	61931	45248	28565	28565	22634	16704	16704	16704	16704	9287	6815
		其他	汽油	103551	59832	16113	16113	16113	16113	16670	17228	17228	13602	9975	9975	9276	8577	8577	8577	8577	6980	6448
			柴油	14110	12940	11770	11770	11770	11770	10018	8266	8266	5667	3068	3068	3068	3068	2692	2315	2315	1644	1421
			燃气	17836	10740	3644	3644	3644	3644	2988	2331	2331	1726	1122	1122	938	754	754	754	754	560	496
	中型	公交车	汽油	247266	247266	247266	247266	246669	168426	13134	13134	13134	13134	13134	12982	12831	12831	10404	7976	7976	7976	7976
			柴油	87806	87806	86086	82645	82645	64494	28192	28192	28192	20508	12823	12823	12823	12823	8958	5093	5093	4763	4653
			燃气	71579	71579	67602	59649	59649	57536	53311	53311	53311	42686	32061	32061	22219	22219	22154	22154	22154	22154	22154
		其他	汽油	127976	127976	127976	127976	127379	87057	7606	7606	7606	7606	7606	7460	7315	7315	6264	5212	5212	5212	5212
			柴油	30493	30493	28460	24394	24394	18567	6912	6912	6912	6506	6099	6099	6099	6099	3750	1402	1402	1243	1190
			燃气	34560	34560	32640	28800	28800	27780	25740	25740	25740	20623	15506	15506	10732	10732	9642	9642	9642	9642	9642
	大型	公交车	汽油	576574	576574	576574	576574	575977	388399	14437	14437	14437	14437	14437	14298	14158	14158	11392	8626	8626	8626	8626
			柴油	131708	131708	108010	60614	60614	60614	60614	60614	60614	43515	26416	26416	26416	26416	17675	8934	8934	5723	4653
			燃气	168926	168926	159541	140772	140772	135786	125815	125815	125815	100740	75665	75665	52438	52438	47188	47188	47188	47188	47188
		其他	汽油	1277872	1277872	1277872	1277872	1277275	860427	27924	27924	27924	27924	27924	21665	15406	15406	12216	9025	9025	9025	9025
			柴油	272891	272891	207397	76409	76409	76409	76409	76409	76409	55942	35476	35476	35476	35476	20706	5937	5937	5324	5119
			燃气	266186	266186	251398	221822	221822	213966	198253	198253	198253	158842	119430	119430	82662	82662	74261	74261	74261	74261	74261
载货汽车	微型		汽油	632154	335367	38580	38580	38580	38580	36810	35039	35039	32270	29500	29500	23816	18131	18131	18131	18131	15556	14698
			柴油	50042	46804	43565	43565	43565	43565	40146	36726	36726	26900	17074	17074	17074	17074	11790	6506	6506	4656	4040
			燃气	108683	56911	5138	5138	5138	5138	4832	4526	4526	3716	2906	2906	2271	1636	1636	1636	1636	1201	1056
	轻型		汽油	321911	188272	54632	54632	54632	54632	46713	38794	38794	34486	30178	30178	26398	22617	22617	22617	22617	19709	18740
			柴油	45638	44602	43565	43565	43565	43565	40146	36726	36726	26900	17074	17074	17074	17074	13054	9035	9035	7185	6568
			燃气	55447	33901	12355	12355	12355	12355	8802	5249	5249	4322	3394	3394	2691	1988	1988	1988	1988	1578	1442
	中型		汽油	291043	291043	291043	291043	290446	197608	13125	13125	13125	13125	13125	12985	12845	12845	10406	7967	7967	7967	7967
			柴油	66469	66469	62038	53175	53175	40472	15066	15066	15066	14182	13299	13299	13299	13299	9638	5977	5977	3557	2750
			燃气	75334	75334	71149	62779	62779	60555	56105	56105	56105	44958	33811	33811	45753	45753	22282	22282	22282	22282	22282
	重型		汽油	610403	610403	610403	610403	609806	411169	15091	15091	15091	15091	15091	12041	8991	8991	7466	5941	5941	5941	5941
			柴油	170832	170832	129832	47833	47833	47833	47833	47833	47833	35020	22208	22208	22208	22208	13938	5668	5668	3948	3374
			燃气	166635	166635	157378	138863	138863	133945	124109	124109	124109	99436	74763	74763	78917	78917	48946	48946	48946	48946	48946
低速汽车	三轮汽车			25300	25300	25300	25300	25300	25300	25300	25300	25300	16721	16721	16721	16721	16721	16721	16721	16721	16721	16721
	低速货车			33990	33990	33990	33990	33990	33990	33990	33990	33990	22464	22464	22464	22464	22464	22464	22464	22464	22464	22464
摩托车	普通摩托车			10464	10464	10464	10464	7809	5154	2759	2759	2759	2759	2759	2059	1359	1359	1359	1359	1359	1359	1359
	轻便摩托车			33839	33839	33839	33839	33839	6768	6768	3332	3332	3332	3332	2486	1641	1641	1641	1641	1641	1641	1641

黑河市 NO_x 排放系数

单位：克/（辆·年）

车辆类型		使用性质	燃料种类	1999 年年底前	2000 年	2001 年	2002 年	2003 年	2004 年	2005 年	2006 年	2007 年	2008 年	2009 年	2010 年	2011 年	2012 年	2013 年	2014 年	2015 年	2016 年	2017 年
载客汽车	微型	出租车	汽油	257438	172886	88335	88335	88335	88335	64786	41238	41238	30218	19197	19197	15723	12249	12249	12249	12249	7674	6149
			燃气	156155	106032	55910	55910	55910	55910	41473	27036	27036	20182	13328	13328	10766	8204	8204	8204	8204	4947	3861
		其他	汽油	36518	22928	9339	9339	9339	9339	5896	2452	2452	1996	1541	1541	1288	1035	1035	1035	1035	707	598
			燃气	21005	12527	4049	4049	4049	4049	2644	1238	1238	1006	775	775	614	453	453	453	453	360	329
	小型	出租车	汽油	291858	192142	92427	92427	92427	92427	67147	41867	41867	30532	19197	19197	15153	11109	11109	11109	11109	6632	5140
			柴油	303532	253347	203162	203162	203162	203162	180904	158645	158645	125724	92802	92802	92802	92802	75978	59153	59153	45559	41028
			燃气	176515	117423	58331	58331	58331	58331	42870	27408	27408	20368	13328	13328	10429	7530	7530	7530	7530	4330	3264
		其他	汽油	34079	21776	9474	9474	9474	9474	6286	3098	3098	2158	1219	1219	1103	987	987	987	987	668	561
			柴油	29237	23934	18630	18630	18630	18630	17142	15653	15653	12256	8860	8860	8860	8860	7649	6438	6438	5548	5251
			燃气	19563	12488	5414	5414	5414	5414	3517	1620	1620	1102	584	584	504	425	425	425	425	336	307
	中型	公交车	汽油	330049	330049	330049	330049	330049	225478	16337	16337	16337	16337	16337	14652	12966	12966	9788	6611	6611	6611	6611
			柴油	367789	367789	366925	365198	365198	350685	321658	321658	321658	267926	214193	214193	214193	214193	174797	135401	135401	113361	106014
			燃气	390509	390509	385860	376562	376562	364882	341521	341521	341521	284238	226956	226956	143524	143524	112407	112407	112407	112407	112407
		其他	汽油	202350	202350	202350	202350	202350	137261	7082	7082	7082	7082	7082	7082	7082	7082	5312	3542	3542	3542	3542
			柴油	172476	172476	165276	150877	150877	149601	147050	147050	147050	125238	103426	103426	103426	103426	91832	80239	80239	68485	64567
			燃气	194762	194762	183942	162302	162302	160772	157713	157713	157713	134282	110850	110850	86347	86347	69359	69359	69359	69359	69359
	大型	公交车	汽油	1175800	1175800	1175800	1175800	1175800	808502	73907	73907	73907	73907	73907	73842	73778	73778	55334	36890	36890	36890	36890
			柴油	521634	521634	504778	471067	471067	457682	430912	430912	430912	423146	415381	415381	415381	415381	400403	385425	385425	347442	334781
			燃气	1048795	1048795	990529	873996	873996	809140	679428	679428	679428	582144	484860	484860	451404	451404	391249	391249	391249	391249	391249
		其他	汽油	2806420	2806420	2806420	2806420	2806420	1929748	176404	176404	176404	176404	176404	169788	163173	163173	122510	81848	81848	81848	81848
			柴油	1249153	1249153	1217010	1152723	1152723	1125848	1072099	1072099	1072099	1034352	996606	996606	996606	996606	948774	900942	900942	797325	762786
			燃气	2325162	2325162	2195986	1937635	1937635	1793850	1506281	1506281	1506281	1291098	1075915	1075915	970658	970658	823517	823517	823517	823517	823517
载货汽车	微型		汽油	115209	68258	21308	21308	21308	21308	14497	7686	7686	6222	4757	4757	4234	3710	3710	3710	3710	2778	2467
			柴油	76069	62654	49239	49239	49239	49239	44323	39407	39407	33364	27321	27321	27321	27321	19996	12670	12670	10912	10326
			燃气	66268	37753	9238	9238	9238	9238	6559	3881	3881	3137	2392	2392	2008	1624	1624	1624	1624	1424	1357
	轻型		汽油	85507	54737	23967	23967	23967	23967	16189	8411	8411	7047	5683	5683	4746	3810	3810	3810	3810	2903	2601
			柴油	76339	62789	49239	49239	49239	49239	44323	39407	39407	33364	27321	27321	27321	27321	21817	16313	16313	15196	14824
			燃气	49085	31391	13696	13696	13696	13696	9047	4398	4398	3560	2723	2723	2182	1641	1641	1641	1641	1478	1423
	中型		汽油	189594	189594	189594	189594	189594	129437	9124	9124	9124	9124	9124	9124	9124	9124	6846	4568	4568	4568	4568
			柴油	360806	360806	323978	250321	250321	238028	213441	213441	213441	206880	200319	200319	200319	200319	175754	151190	151190	130188	123188
			燃气	407427	407427	361376	269276	269276	255824	228918	228918	228918	221808	214698	214698	162699	162699	132331	132331	132331	132331	132331
	重型		汽油	1288120	1288120	1288120	1288120	1288120	885736	80968	80968	80968	80968	80968	77932	74895	74895	56231	37567	37567	37567	37567
			柴油	712490	712490	688170	639531	639531	615876	568567	568567	568567	545768	522968	522968	522968	522968	451714	380459	380459	237072	189277
			燃气	1326222	1326222	1242482	1075000	1075000	982943	798827	798827	798827	681706	564585	564585	409899	409899	204347	204347	204347	204347	204347
低速汽车	三轮汽车			65550	65550	65550	65550	65550	65550	65550	65550	65550	53279	53279	53279	53279	53279	53279	53279	53279	53279	53279
	低速货车			88065	88065	88065	88065	88065	88065	88065	88065	88065	71579	71579	71579	71579	71579	71579	71579	71579	71579	71579
摩托车	普通摩托车			781	781	781	781	755	729	677	677	677	677	677	602	526	526	526	526	526	526	526
	轻便摩托车			521	521	521	521	521	260	260	260	260	260	260	231	202	202	202	202	202	202	202

黑河市 PM 排放系数

单位：克/（辆·年）

车辆类型		使用性质	燃料种类	1999 年年底前	2000 年	2001 年	2002 年	2003 年	2004 年	2005 年	2006 年	2007 年	2008 年	2009 年	2010 年	2011 年	2012 年	2013 年	2014 年	2015 年	2016 年	2017 年
载客汽车	微型	出租车	汽油	—	—	—	—	—	—	—	—	—	—	—	—	—	—	—	—	—	—	—
			燃气	—	—	—	—	—	—	—	—	—	—	—	—	—	—	—	—	—	—	—
		其他	汽油	—	—	—	—	—	—	—	—	—	—	—	—	—	—	—	—	—	—	—
			燃气	—	—	—	—	—	—	—	—	—	—	—	—	—	—	—	—	—	—	—
	小型	出租车	汽油	—	—	—	—	—	—	—	—	—	—	—	—	—	—	—	—	—	—	—
			柴油	37401	34250	31099	31099	31099	31099	21200	11300	11300	7366	3432	3432	3432	3432	3190	2948	2948	2438	2268
			燃气	—	—	—	—	—	—	—	—	—	—	—	—	—	—	—	—	—	—	—
		其他	汽油	—	—	—	—	—	—	—	—	—	—	—	—	—	—	—	—	—	—	—
			柴油	3785	3582	3378	3378	3378	3378	2429	1480	1480	1084	688	688	688	688	576	465	465	465	465
			燃气	—	—	—	—	—	—	—	—	—	—	—	—	—	—	—	—	—	—	—
	中型	公交车	汽油	—	—	—	—	—	—	—	—	—	—	—	—	—	—	—	—	—	—	—
			柴油	30592	30592	28032	22913	22913	17978	8108	8108	8108	6872	5637	5637	5637	5637	3504	1372	1372	1080	983
			燃气	—	—	—	—	—	—	—	—	—	—	—	—	—	—	—	—	—	—	—
		其他	汽油	—	—	—	—	—	—	—	—	—	—	—	—	—	—	—	—	—	—	—
			柴油	15274	15274	12888	8116	8116	6262	2553	2553	2553	2434	2316	2316	2316	2316	1366	415	415	399	394
			燃气	—	—	—	—	—	—	—	—	—	—	—	—	—	—	—	—	—	—	—
	大型	公交车	汽油	—	—	—	—	—	—	—	—	—	—	—	—	—	—	—	—	—	—	—
			柴油	94865	94865	93934	92071	92071	71272	29674	29674	29674	19994	10315	10315	10315	10315	6116	1916	1916	1845	1821
			燃气	—	—	—	—	—	—	—	—	—	—	—	—	—	—	—	—	—	—	—
		其他	汽油	—	—	—	—	—	—	—	—	—	—	—	—	—	—	—	—	—	—	—
			柴油	142314	142314	133412	115607	115607	85425	25061	25061	25061	17182	9303	9303	9303	9303	5868	2433	2433	2343	2313
			燃气	—	—	—	—	—	—	—	—	—	—	—	—	—	—	—	—	—	—	—
载货汽车	微型		汽油	—	—	—	—	—	—	—	—	—	—	—	—	—	—	—	—	—	—	—
			柴油	8393	8219	8045	8045	8045	8045	6544	5044	5044	3744	2443	2443	2443	2443	1538	633	633	630	629
			燃气	—	—	—	—	—	—	—	—	—	—	—	—	—	—	—	—	—	—	—
	轻型		汽油	—	—	—	—	—	—	—	—	—	—	—	—	—	—	—	—	—	—	—
			柴油	8728	8386	8045	8045	8045	8045	6544	5044	5044	3744	2443	2443	2443	2443	1842	1242	1242	1025	953
			燃气	—	—	—	—	—	—	—	—	—	—	—	—	—	—	—	—	—	—	—
	中型		汽油	—	—	—	—	—	—	—	—	—	—	—	—	—	—	—	—	—	—	—
			柴油	31649	31649	26634	16603	16603	12773	5112	5112	5112	4843	4574	4574	4574	4574	2932	1291	1291	1182	1146
			燃气	—	—	—	—	—	—	—	—	—	—	—	—	—	—	—	—	—	—	—
	重型		汽油	—	—	—	—	—	—	—	—	—	—	—	—	—	—	—	—	—	—	—
			柴油	89335	89335	73427	41610	41610	33038	15895	15895	15895	10892	5889	5889	5889	5889	3901	1913	1913	1617	1518
			燃气	—	—	—	—	—	—	—	—	—	—	—	—	—	—	—	—	—	—	—
低速汽车	三轮汽车			4092	4092	4092	4092	4092	4092	4092	4092	4092	3220	3220	3220	3220	3220	3220	3220	3220	3220	3220
	低速货车			5581	5581	5581	5581	5581	5581	5581	5581	5581	4392	4392	4392	4392	4392	4392	4392	4392	4392	4392
摩托车	普通摩托车			—	—	—	—	—	—	—	—	—	—	—	—	—	—	—	—	—	—	—
	轻便摩托车			—	—	—	—	—	—	—	—	—	—	—	—	—	—	—	—	—	—	—

黑河市 VOCs 排放系数

单位：克/（辆·年）

车辆类型		使用性质	燃料种类	1999 年年底前	2000 年	2001 年	2002 年	2003 年	2004 年	2005 年	2006 年	2007 年	2008 年	2009 年	2010 年	2011 年	2012 年	2013 年	2014 年	2015 年	2016 年	2017 年
载客汽车	微型	出租车	汽油	1752686	1008026	263365	263365	263365	263365	188612	113859	113859	89010	64162	64162	54412	44662	44662	44662	44662	35808	32856
			燃气	292513	175916	59319	59319	59319	59319	45234	31148	31148	25506	19864	19864	15828	11792	11792	11792	11792	7246	5731
		其他	汽油	123630	71116	18603	18603	18603	18603	18128	17654	17654	14348	11043	11043	10318	9592	9592	9592	9592	7454	6742
			燃气	17541	9868	2195	2195	2195	2195	2104	2014	2014	1498	982	982	886	791	791	791	791	531	444
	小型	出租车	汽油	1752686	990558	228431	228431	228431	228431	217906	207382	207382	135772	64162	64162	54412	44662	44662	44662	44662	32870	28940
			柴油	174276	164642	155007	155007	155007	155007	141322	127636	127636	90750	53863	53863	53863	53863	40226	26589	26589	15902	12340
			燃气	292513	173206	53899	53899	53899	53899	49778	45657	45657	32760	19864	19864	15828	11792	11792	11792	11792	6790	5123
		其他	汽油	125535	71839	18143	18143	18143	18143	18920	19698	19698	15376	11053	11053	10204	9355	9355	9355	9355	7646	7077
			柴油	14459	13252	12046	12046	12046	12046	10240	8433	8433	5766	3098	3098	3098	3098	2716	2334	2334	1666	1444
			燃气	17836	10740	3644	3644	3644	3644	2988	2331	2331	1726	1122	1122	938	754	754	754	754	560	496
	中型	公交车	汽油	247330	247330	247330	247330	246733	168490	13198	13198	13198	13198	13198	13046	12895	12895	10468	8040	8040	8040	8040
			柴油	87806	87806	86086	82645	82645	64494	28192	28192	28192	20508	12823	12823	12823	12823	8958	5093	5093	4763	4653
			燃气	71579	71579	67602	59649	59649	57536	53311	53311	53311	42686	32061	32061	22219	22219	22154	22154	22154	22154	22154
		其他	汽油	128040	128040	128040	128040	127443	87121	7670	7670	7670	7670	7670	7524	7379	7379	6328	5276	5276	5276	5276
			柴油	30493	30493	28460	24394	24394	18567	6912	6912	6912	6506	6099	6099	6099	6099	3750	1402	1402	1243	1190
			燃气	34560	34560	32640	28800	28800	27780	25740	25740	25740	20623	15506	15506	10732	10732	9642	9642	9642	9642	9642
	大型	公交车	汽油	576638	576638	576638	576638	576041	388463	14501	14501	14501	14501	14501	14362	14222	14222	11456	8690	8690	8690	8690
			柴油	131708	131708	108010	60614	60614	60614	60614	60614	60614	43515	26416	26416	26416	26416	17675	8934	8934	5723	4653
			燃气	168926	168926	159541	140772	140772	135786	125815	125815	125815	100740	75665	75665	52438	52438	47188	47188	47188	47188	47188
		其他	汽油	1277936	1277936	1277936	1277936	1277339	860491	27988	27988	27988	27988	27988	21729	15470	15470	12280	9089	9089	9089	9089
			柴油	272891	272891	207397	76409	76409	76409	76409	76409	76409	55942	35476	35476	35476	35476	20706	5937	5937	5324	5119
			燃气	266186	266186	251398	221822	221822	213966	198253	198253	198253	158842	119430	119430	82662	82662	74261	74261	74261	74261	74261
载货汽车	微型		汽油	681919	360789	39659	39659	39659	39659	37956	36253	36253	33474	30695	30695	24732	18768	18768	18768	18768	16338	15528
			柴油	42859	40102	37344	37344	37344	37344	34515	31686	31686	23084	14483	14483	14483	14483	9979	5475	5475	4019	3534
			燃气	96753	50716	4679	4679	4679	4679	4408	4136	4136	3433	2730	2730	2139	1548	1548	1548	1548	1154	1023
	轻型		汽油	345724	201389	57054	57054	57054	57054	48688	40323	40323	35876	31430	31430	27530	23630	23630	23630	23630	20838	19908
			柴油	38903	38124	37344	37344	37344	37344	34515	31686	31686	23084	14483	14483	14483	14483	11114	7746	7746	6290	5805
			燃气	49120	30290	11459	11459	11459	11459	8115	4772	4772	3981	3190	3190	2548	1905	1905	1905	1905	1523	1395
	中型		汽油	291107	291107	291107	291107	290510	197672	13189	13189	13189	13189	13189	13049	12909	12909	10470	8031	8031	8031	8031
			柴油	66469	66469	62038	53175	53175	40472	15066	15066	15066	14182	13299	13299	13299	13299	9638	5977	5977	3557	2750
			燃气	75334	75334	71149	62779	62779	60555	56105	56105	56105	44958	33811	33811	45753	45753	22282	22282	22282	22282	22282
	重型		汽油	592462	592462	592462	592462	591864	399114	14809	14809	14809	14809	14809	11846	8882	8882	7402	5921	5921	5921	5921
			柴油	173349	173349	131745	48538	48538	48538	48538	48538	48538	35536	22535	22535	22535	22535	13869	5203	5203	3605	3072
			燃气	169090	169090	159697	140910	140910	135919	125938	125938	125938	100901	75864	75864	72442	72442	44565	44565	44565	44565	44565
低速汽车	三轮汽车			25300	25300	25300	25300	25300	25300	25300	25300	25300	16721	16721	16721	16721	16721	16721	16721	16721	16721	16721
	低速货车			33990	33990	33990	33990	33990	33990	33990	33990	33990	22464	22464	22464	22464	22464	22464	22464	22464	22464	22464
摩托车	普通摩托车			10464	10464	10464	10464	7809	5154	2759	2759	2759	2759	2759	2059	1359	1359	1359	1359	1359	1359	1359
	轻便摩托车			33839	33839	33839	33839	33839	6768	6768	3332	3332	3332	3332	2486	1641	1641	1641	1641	1641	1641	1641

绥化市 NO_x 排放系数

单位：克/（辆·年）

车辆类型		使用性质	燃料种类	1999年年底前	2000年	2001年	2002年	2003年	2004年	2005年	2006年	2007年	2008年	2009年	2010年	2011年	2012年	2013年	2014年	2015年	2016年	2017年
载客汽车	微型	出租车	汽油	257939	173213	88487	88487	88487	88487	64902	41318	41318	30276	19233	19233	15758	12284	12284	12284	12284	7692	6162
			燃气	156155	106032	55910	55910	55910	55910	41473	27036	27036	20182	13328	13328	10766	8204	8204	8204	8204	4947	3861
		其他	汽油	36676	23034	9392	9392	9392	9392	5942	2493	2493	2030	1568	1568	1315	1062	1062	1062	1062	718	603
			燃气	21005	12527	4049	4049	4049	4049	2644	1238	1238	1006	775	775	614	453	453	453	453	360	329
	小型	出租车	汽油	292418	192502	92586	92586	92586	92586	67267	41948	41948	30590	19233	19233	15188	11142	11142	11142	11142	6649	5151
			柴油	303840	253598	203355	203355	203355	203355	181080	158805	158805	125850	92894	92894	92894	92894	76060	59226	59226	45615	41078
			燃气	176515	117423	58331	58331	58331	58331	42870	27408	27408	20368	13328	13328	10429	7530	7530	7530	7530	4330	3264
		其他	汽油	34233	21880	9527	9527	9527	9527	6334	3140	3140	2192	1245	1245	1129	1013	1013	1013	1013	678	567
			柴油	29296	23986	18676	18676	18676	18676	17186	15695	15695	12292	8888	8888	8888	8888	7676	6463	6463	5562	5261
			燃气	19563	12488	5414	5414	5414	5414	3517	1620	1620	1102	584	584	504	425	425	425	425	336	307
	中型	公交车	汽油	330629	330629	330629	330629	330629	225875	16366	16366	16366	16366	16366	14678	12989	12989	9806	6623	6623	6623	6623
			柴油	368263	368263	367398	365669	365669	351137	322072	322072	322072	268270	214469	214469	214469	214469	175022	135575	135575	113507	106151
			燃气	391012	391012	386357	377047	377047	365352	341961	341961	341961	284604	227248	227248	143709	143709	112551	112551	112551	112551	112551
		其他	汽油	202706	202706	202706	202706	202706	137502	7095	7095	7095	7095	7095	7095	7095	7095	5322	3548	3548	3548	3548
			柴油	172699	172699	165490	151072	151072	149794	147239	147239	147239	125399	103559	103559	103559	103559	91951	80343	80343	68573	64650
			燃气	195013	195013	184179	162511	162511	160979	157916	157916	157916	134454	110993	110993	86459	86459	69449	69449	69449	69449	69449
	大型	公交车	汽油	1177866	1177866	1177866	1177866	1177866	809923	74037	74037	74037	74037	74037	73972	73907	73907	55431	36955	36955	36955	36955
			柴油	522307	522307	505429	471674	471674	458272	431468	431468	431468	423692	415917	415917	415917	415917	400920	385922	385922	347890	335213
			燃气	1050147	1050147	991806	875123	875123	810183	680304	680304	680304	582894	485485	485485	451986	451986	391753	391753	391753	391753	391753
		其他	汽油	2811351	2811351	2811351	2811351	2811351	1933138	176713	176713	176713	176713	176713	170086	163460	163460	122726	81992	81992	81992	81992
			柴油	1250763	1250763	1218579	1154210	1154210	1127300	1073481	1073481	1073481	1035686	997891	997891	997891	997891	949998	902104	902104	798353	763769
			燃气	2328160	2328160	2198818	1940133	1940133	1796163	1508223	1508223	1508223	1292762	1077302	1077302	971910	971910	824579	824579	824579	824579	824579
载货汽车	微型		汽油	115501	68440	21378	21378	21378	21378	14556	7734	7734	6261	4788	4788	4264	3741	3741	3741	3741	2792	2475
			柴油	76178	62746	49315	49315	49315	49315	44394	39473	39473	33420	27368	27368	27368	27368	20034	12701	12701	10931	10341
			燃气	66149	37683	9216	9216	9216	9216	6528	3841	3841	3104	2367	2367	1981	1596	1596	1596	1596	1412	1350
	轻型		汽油	85746	54894	24042	24042	24042	24042	16251	8460	8460	7088	5715	5715	4778	3840	3840	3840	3840	2917	2609
			柴油	76449	62882	49315	49315	49315	49315	44394	39473	39473	33420	27368	27368	27368	27368	21858	16349	16349	15222	14846
			燃气	49001	31332	13663	13663	13663	13663	9014	4365	4365	3523	2681	2681	2146	1611	1611	1611	1611	1462	1413
	中型		汽油	189594	189594	189594	189594	189594	129437	9124	9124	9124	9124	9124	9124	9124	9124	6846	4568	4568	4568	4568
			柴油	360806	360806	323978	250321	250321	238028	213441	213441	213441	206880	200319	200319	200319	200319	175754	151190	151190	130188	123188
			燃气	407425	407425	361375	269275	269275	255823	228919	228919	228919	221809	214699	214699	162699	162699	132332	132332	132332	132332	132332
	重型		汽油	1212778	1212778	1212778	1212778	1212778	833929	76232	76232	76232	76232	76232	73373	70514	70514	52942	35370	35370	35370	35370
			柴油	675296	675296	652246	606146	606146	583726	538886	538886	538886	517276	495667	495667	495667	495667	429252	362838	362838	233290	190108
			燃气	1256990	1256990	1177621	1018882	1018882	931630	757126	757126	757126	646119	535112	535112	390915	390915	205244	205244	205244	205244	205244
低速汽车	三轮汽车			65550	65550	65550	65550	65550	65550	65550	65550	65550	53279	53279	53279	53279	53279	53279	53279	53279	53279	53279
	低速货车			88065	88065	88065	88065	88065	88065	88065	88065	88065	71579	71579	71579	71579	71579	71579	71579	71579	71579	71579
摩托车	普通摩托车			781	781	781	781	755	729	677	677	677	677	677	602	526	526	526	526	526	526	526
	轻便摩托车			521	521	521	521	521	260	260	260	260	260	260	231	202	202	202	202	202	202	202

绥化市 PM 排放系数

单位：克/（辆•年）

车辆类型		使用性质	燃料种类	1999 年年底前	2000 年	2001 年	2002 年	2003 年	2004 年	2005 年	2006 年	2007 年	2008 年	2009 年	2010 年	2011 年	2012 年	2013 年	2014 年	2015 年	2016 年	2017 年
载客汽车	微型	出租车	汽油	—	—	—	—	—	—	—	—	—	—	—	—	—	—	—	—	—	—	—
			燃气	—	—	—	—	—	—	—	—	—	—	—	—	—	—	—	—	—	—	—
		其他	汽油	—	—	—	—	—	—	—	—	—	—	—	—	—	—	—	—	—	—	—
			燃气	—	—	—	—	—	—	—	—	—	—	—	—	—	—	—	—	—	—	—
	小型	出租车	汽油	—	—	—	—	—	—	—	—	—	—	—	—	—	—	—	—	—	—	—
			柴油	37401	34250	31099	31099	31099	31099	21200	11300	11300	7366	3432	3432	3432	3432	3190	2948	2948	2438	2268
			燃气	—	—	—	—	—	—	—	—	—	—	—	—	—	—	—	—	—	—	—
		其他	汽油	—	—	—	—	—	—	—	—	—	—	—	—	—	—	—	—	—	—	—
			柴油	3785	3582	3378	3378	3378	3378	2429	1480	1480	1084	688	688	688	688	576	465	465	465	465
			燃气	—	—	—	—	—	—	—	—	—	—	—	—	—	—	—	—	—	—	—
	中型	公交车	汽油	—	—	—	—	—	—	—	—	—	—	—	—	—	—	—	—	—	—	—
			柴油	30592	30592	28032	22913	22913	17978	8108	8108	8108	6872	5637	5637	5637	5637	3504	1372	1372	1080	983
			燃气	—	—	—	—	—	—	—	—	—	—	—	—	—	—	—	—	—	—	—
		其他	汽油	—	—	—	—	—	—	—	—	—	—	—	—	—	—	—	—	—	—	—
			柴油	15274	15274	12888	8116	8116	6262	2553	2553	2553	2434	2316	2316	2316	2316	1366	415	415	399	394
			燃气	—	—	—	—	—	—	—	—	—	—	—	—	—	—	—	—	—	—	—
	大型	公交车	汽油	—	—	—	—	—	—	—	—	—	—	—	—	—	—	—	—	—	—	—
			柴油	94865	94865	93934	92071	92071	71272	29674	29674	29674	19994	10315	10315	10315	10315	6116	1916	1916	1845	1821
			燃气	—	—	—	—	—	—	—	—	—	—	—	—	—	—	—	—	—	—	—
		其他	汽油	—	—	—	—	—	—	—	—	—	—	—	—	—	—	—	—	—	—	—
			柴油	142314	142314	133412	115607	115607	85425	25061	25061	25061	17182	9303	9303	9303	9303	5868	2433	2433	2343	2313
			燃气	—	—	—	—	—	—	—	—	—	—	—	—	—	—	—	—	—	—	—
载货汽车	微型		汽油	—	—	—	—	—	—	—	—	—	—	—	—	—	—	—	—	—	—	—
			柴油	8393	8219	8045	8045	8045	8045	6544	5044	5044	3744	2443	2443	2443	2443	1538	633	633	630	629
			燃气	—	—	—	—	—	—	—	—	—	—	—	—	—	—	—	—	—	—	—
	轻型		汽油	—	—	—	—	—	—	—	—	—	—	—	—	—	—	—	—	—	—	—
			柴油	8728	8386	8045	8045	8045	8045	6544	5044	5044	3744	2443	2443	2443	2443	1842	1242	1242	1025	953
			燃气	—	—	—	—	—	—	—	—	—	—	—	—	—	—	—	—	—	—	—
	中型		汽油	—	—	—	—	—	—	—	—	—	—	—	—	—	—	—	—	—	—	—
			柴油	31649	31649	26634	16603	16603	12773	5112	5112	5112	4843	4574	4574	4574	4574	2932	1291	1291	1182	1146
			燃气	—	—	—	—	—	—	—	—	—	—	—	—	—	—	—	—	—	—	—
	重型		汽油	—	—	—	—	—	—	—	—	—	—	—	—	—	—	—	—	—	—	—
			柴油	85036	85036	69893	39608	39608	31449	15130	15130	15130	10368	5606	5606	5606	5606	3706	1806	1806	1526	1433
			燃气	—	—	—	—	—	—	—	—	—	—	—	—	—	—	—	—	—	—	—
低速汽车	三轮汽车			4092	4092	4092	4092	4092	4092	4092	4092	4092	3220	3220	3220	3220	3220	3220	3220	3220	3220	3220
	低速货车			5581	5581	5581	5581	5581	5581	5581	5581	5581	4392	4392	4392	4392	4392	4392	4392	4392	4392	4392
摩托车	普通摩托车			—	—	—	—	—	—	—	—	—	—	—	—	—	—	—	—	—	—	—
	轻便摩托车			—	—	—	—	—	—	—	—	—	—	—	—	—	—	—	—	—	—	—

绥化市 VOCs 排放系数

单位：克/（辆·年）

车辆类型		使用性质	燃料种类	1999年年底前	2000年	2001年	2002年	2003年	2004年	2005年	2006年	2007年	2008年	2009年	2010年	2011年	2012年	2013年	2014年	2015年	2016年	2017年
载客汽车	微型	出租车	汽油	1745800	1004226	262651	262651	262651	262651	188214	113776	113776	88978	64180	64180	54456	44733	44733	44733	44733	35826	32857
			燃气	292513	175916	59319	59319	59319	59319	45234	31148	31148	25506	19864	19864	15828	11792	11792	11792	11792	7246	5731
		其他	汽油	123873	71363	18853	18853	18853	18853	18379	17905	17905	14566	11228	11228	10505	9782	9782	9782	9782	7584	6852
			燃气	17541	9868	2195	2195	2195	2195	2104	2014	2014	1498	982	982	886	791	791	791	791	531	444
	小型	出租车	汽油	1745800	986836	227872	227872	227872	227872	217376	206881	206881	135530	64180	64180	54456	44733	44733	44733	44733	32902	28959
			柴油	175574	165894	156213	156213	156213	156213	142482	128751	128751	91437	54123	54123	54123	54123	40441	26759	26759	16044	12472
			燃气	292513	173206	53899	53899	53899	53899	49778	45657	45657	32760	19864	19864	15828	11792	11792	11792	11792	6790	5123
		其他	汽油	125768	72082	18395	18395	18395	18395	19168	19940	19940	15589	11238	11238	10392	9546	9546	9546	9546	7775	7185
			柴油	14732	13508	12285	12285	12285	12285	10454	8623	8623	5902	3180	3180	3180	3180	2796	2412	2412	1719	1488
			燃气	17836	10740	3644	3644	3644	3644	2988	2331	2331	1726	1122	1122	938	754	754	754	754	560	496
	中型	公交车	汽油	247371	247371	247371	247371	246774	168531	13238	13238	13238	13238	13238	13086	12935	12935	10508	8081	8081	8081	8081
			柴油	87806	87806	86086	82645	82645	64494	28192	28192	28192	20508	12823	12823	12823	12823	8958	5093	5093	4763	4653
			燃气	71579	71579	67602	59649	59649	57536	53311	53311	53311	42686	32061	32061	22219	22219	22154	22154	22154	22154	22154
		其他	汽油	128081	128081	128081	128081	127484	87162	7711	7711	7711	7711	7711	7566	7420	7420	6368	5317	5317	5317	5317
			柴油	30493	30493	28460	24394	24394	18567	6912	6912	6912	6506	6099	6099	6099	6099	3750	1402	1402	1243	1190
			燃气	34560	34560	32640	28800	28800	27780	25740	25740	25740	20623	15506	15506	10732	10732	9642	9642	9642	9642	9642
	大型	公交车	汽油	576679	576679	576679	576679	576082	388504	14542	14542	14542	14542	14542	14402	14263	14263	11497	8731	8731	8731	8731
			柴油	131708	131708	108010	60614	60614	60614	60614	60614	60614	43515	26416	26416	26416	26416	17675	8934	8934	5723	4653
			燃气	168926	168926	159541	140772	140772	135786	125815	125815	125815	100740	75665	75665	52438	52438	47188	47188	47188	47188	47188
		其他	汽油	1277977	1277977	1277977	1277977	1277380	860532	28029	28029	28029	28029	28029	21770	15511	15511	12320	9130	9130	9130	9130
			柴油	272891	272891	207397	76409	76409	76409	76409	76409	76409	55942	35476	35476	35476	35476	20706	5937	5937	5324	5119
			燃气	266186	266186	251398	221822	221822	213966	198253	198253	198253	158842	119430	119430	82662	82662	74261	74261	74261	74261	74261
载货汽车	微型		汽油	679681	359754	39827	39827	39827	39827	38128	36430	36430	33614	30799	30799	24860	18921	18921	18921	18921	16430	15599
			柴油	43437	40648	37859	37859	37859	37859	35004	32150	32150	23418	14686	14686	14686	14686	10130	5575	5575	4095	3602
			燃气	96246	50441	4637	4637	4637	4637	4367	4098	4098	3396	2694	2694	2112	1530	1530	1530	1530	1141	1011
	轻型		汽油	344989	201066	57144	57144	57144	57144	48813	40482	40482	36006	31531	31531	27646	23761	23761	23761	23761	20910	19959
			柴油	39418	38638	37859	37859	37859	37859	35004	32150	32150	23418	14686	14686	14686	14686	11284	7882	7882	6402	5909
			燃气	48925	30123	11320	11320	11320	11320	8026	4732	4732	3940	3148	3148	2512	1877	1877	1877	1877	1503	1378
	中型		汽油	291148	291148	291148	291148	290550	197712	13230	13230	13230	13230	13230	13090	12950	12950	10511	8072	8072	8072	8072
			柴油	66469	66469	62038	53175	53175	40472	15066	15066	15066	14182	13299	13299	13299	13299	9638	5977	5977	3557	2750
			燃气	75334	75334	71149	62779	62779	60555	56105	56105	56105	44958	33811	33811	45753	45753	22282	22282	22282	22282	22282
	重型		汽油	558369	558369	558369	558369	557771	376180	14194	14194	14194	14194	14194	11394	8595	8595	7200	5804	5804	5804	5804
			柴油	160910	160910	122292	45055	45055	45055	45055	45055	45055	32986	20918	20918	20918	20918	12980	5041	5041	3561	3068
			燃气	156956	156956	148237	130799	130799	126166	116901	116901	116901	93661	70420	70420	70187	70187	44507	44507	44507	44507	44507
低速汽车	三轮汽车			25300	25300	25300	25300	25300	25300	25300	25300	25300	16721	16721	16721	16721	16721	16721	16721	16721	16721	16721
	低速货车			33990	33990	33990	33990	33990	33990	33990	33990	33990	22464	22464	22464	22464	22464	22464	22464	22464	22464	22464
摩托车	普通摩托车			10464	10464	10464	10464	7809	5154	2759	2759	2759	2759	2759	2059	1359	1359	1359	1359	1359	1359	1359
	轻便摩托车			33839	33839	33839	33839	33839	6768	6768	3332	3332	3332	3332	2486	1641	1641	1641	1641	1641	1641	1641

大兴安岭地区 NO_x 排放系数

单位：克/（辆·年）

车辆类型		使用性质	燃料种类	1999年年底前	2000年	2001年	2002年	2003年	2004年	2005年	2006年	2007年	2008年	2009年	2010年	2011年	2012年	2013年	2014年	2015年	2016年	2017年
载客汽车	微型	出租车	汽油	257939	173213	88487	88487	88487	88487	64902	41318	41318	30276	19233	19233	15758	12284	12284	12284	12284	7692	6162
			燃气	156155	106032	55910	55910	55910	55910	41473	27036	27036	20182	13328	13328	10766	8204	8204	8204	8204	4947	3861
		其他	汽油	36676	23034	9392	9392	9392	9392	5942	2493	2493	2030	1568	1568	1315	1062	1062	1062	1062	718	603
			燃气	21005	12527	4049	4049	4049	4049	2644	1238	1238	1006	775	775	614	453	453	453	453	360	329
	小型	出租车	汽油	292418	192502	92586	92586	92586	92586	67267	41948	41948	30590	19233	19233	15188	11142	11142	11142	11142	6649	5151
			柴油	303840	253598	203355	203355	203355	203355	181080	158805	158805	125850	92894	92894	92894	92894	76060	59226	59226	45615	41078
			燃气	176515	117423	58331	58331	58331	58331	42870	27408	27408	20368	13328	13328	10429	7530	7530	7530	7530	4330	3264
		其他	汽油	34233	21880	9527	9527	9527	9527	6334	3140	3140	2192	1245	1245	1129	1013	1013	1013	1013	678	567
			柴油	29296	23986	18676	18676	18676	18676	17186	15695	15695	12292	8888	8888	8888	8888	7676	6463	6463	5562	5261
			燃气	19563	12488	5414	5414	5414	5414	3517	1620	1620	1102	584	584	504	425	425	425	425	336	307
	中型	公交车	汽油	330629	330629	330629	330629	330629	225875	16366	16366	16366	16366	16366	14678	12989	12989	9806	6623	6623	6623	6623
			柴油	368263	368263	367398	365669	365669	351137	322072	322072	322072	268270	214469	214469	214469	214469	175022	135575	135575	113507	106151
			燃气	391012	391012	386357	377047	377047	365352	341961	341961	341961	284604	227248	227248	143709	143709	112551	112551	112551	112551	112551
		其他	汽油	202706	202706	202706	202706	202706	137502	7095	7095	7095	7095	7095	7095	7095	7095	5322	3548	3548	3548	3548
			柴油	172699	172699	165490	151072	151072	149794	147239	147239	147239	125399	103559	103559	103559	103559	91951	80343	80343	68573	64650
			燃气	195013	195013	184179	162511	162511	160979	157916	157916	157916	134454	110993	110993	86459	86459	69449	69449	69449	69449	69449
	大型	公交车	汽油	1177866	1177866	1177866	1177866	1177866	809923	74037	74037	74037	74037	74037	73972	73907	73907	55431	36955	36955	36955	36955
			柴油	522307	522307	505429	471674	471674	458272	431468	431468	431468	423692	415917	415917	415917	415917	400920	385922	385922	347890	335213
			燃气	1050147	1050147	991806	875123	875123	810183	680304	680304	680304	582894	485485	485485	451986	451986	391753	391753	391753	391753	391753
		其他	汽油	2811351	2811351	2811351	2811351	2811351	1933138	176713	176713	176713	176713	176713	170086	163460	163460	122726	81992	81992	81992	81992
			柴油	1250763	1250763	1218579	1154210	1154210	1127300	1073481	1073481	1073481	1035686	997891	997891	997891	997891	949998	902104	902104	798353	763769
			燃气	2328160	2328160	2198818	1940133	1940133	1796163	1508223	1508223	1508223	1292762	1077302	1077302	971910	971910	824579	824579	824579	824579	824579
载货汽车	微型		汽油	115501	68440	21378	21378	21378	21378	14556	7734	7734	6261	4788	4788	4264	3741	3741	3741	3741	2792	2475
			柴油	76178	62746	49315	49315	49315	49315	44394	39473	39473	33420	27368	27368	27368	27368	20034	12701	12701	10931	10341
			燃气	66149	37683	9216	9216	9216	9216	6528	3841	3841	3104	2367	2367	1981	1596	1596	1596	1596	1412	1350
	轻型		汽油	85746	54894	24042	24042	24042	24042	16251	8460	8460	7088	5715	5715	4778	3840	3840	3840	3840	2917	2609
			柴油	76449	62882	49315	49315	49315	49315	44394	39473	39473	33420	27368	27368	27368	27368	21858	16349	16349	15222	14846
			燃气	49001	31332	13663	13663	13663	13663	9014	4365	4365	3523	2681	2681	2146	1611	1611	1611	1611	1462	1413
	中型		汽油	189594	189594	189594	189594	189594	129437	9124	9124	9124	9124	9124	9124	9124	9124	6846	4568	4568	4568	4568
			柴油	360806	360806	323978	250321	250321	238028	213441	213441	213441	206880	200319	200319	200319	200319	175754	151190	151190	130188	123188
			燃气	407425	407425	361375	269275	269275	255823	228919	228919	228919	221809	214699	214699	162699	162699	132332	132332	132332	132332	132332
	重型		汽油	1212778	1212778	1212778	1212778	1212778	833929	76232	76232	76232	76232	76232	73373	70514	70514	52942	35370	35370	35370	35370
			柴油	675296	675296	652246	606146	606146	583726	538886	538886	538886	517276	495667	495667	495667	495667	429252	362838	362838	233290	190108
			燃气	1256990	1256990	1177621	1018882	1018882	931630	757126	757126	757126	646119	535112	535112	390915	390915	205244	205244	205244	205244	205244
低速汽车	三轮汽车			65550	65550	65550	65550	65550	65550	65550	65550	65550	53279	53279	53279	53279	53279	53279	53279	53279	53279	53279
	低速货车			88065	88065	88065	88065	88065	88065	88065	88065	88065	71579	71579	71579	71579	71579	71579	71579	71579	71579	71579
摩托车	普通摩托车			781	781	781	781	755	729	677	677	677	677	677	602	526	526	526	526	526	526	526
	轻便摩托车			521	521	521	521	521	260	260	260	260	260	260	231	202	202	202	202	202	202	202

大兴安岭地区 **PM** 排放系数

单位：克/（辆·年）

车辆类型		使用性质	燃料种类	1999年年底前	2000年	2001年	2002年	2003年	2004年	2005年	2006年	2007年	2008年	2009年	2010年	2011年	2012年	2013年	2014年	2015年	2016年	2017年
载客汽车	微型	出租车	汽油	—	—	—	—	—	—	—	—	—	—	—	—	—	—	—	—	—	—	—
			燃气	—	—	—	—	—	—	—	—	—	—	—	—	—	—	—	—	—	—	—
		其他	汽油	—	—	—	—	—	—	—	—	—	—	—	—	—	—	—	—	—	—	—
			燃气	—	—	—	—	—	—	—	—	—	—	—	—	—	—	—	—	—	—	—
	小型	出租车	汽油	—	—	—	—	—	—	—	—	—	—	—	—	—	—	—	—	—	—	—
			柴油	37401	34250	31099	31099	31099	31099	21200	11300	11300	7366	3432	3432	3432	3432	3190	2948	2948	2438	2268
			燃气	—	—	—	—	—	—	—	—	—	—	—	—	—	—	—	—	—	—	—
		其他	汽油	—	—	—	—	—	—	—	—	—	—	—	—	—	—	—	—	—	—	—
			柴油	3785	3582	3378	3378	3378	3378	2429	1480	1480	1084	688	688	688	688	576	465	465	465	465
			燃气	—	—	—	—	—	—	—	—	—	—	—	—	—	—	—	—	—	—	—
	中型	公交车	汽油	—	—	—	—	—	—	—	—	—	—	—	—	—	—	—	—	—	—	—
			柴油	30592	30592	28032	22913	22913	17978	8108	8108	8108	6872	5637	5637	5637	5637	3504	1372	1372	1080	983
			燃气	—	—	—	—	—	—	—	—	—	—	—	—	—	—	—	—	—	—	—
		其他	汽油	—	—	—	—	—	—	—	—	—	—	—	—	—	—	—	—	—	—	—
			柴油	15274	15274	12888	8116	8116	6262	2553	2553	2553	2434	2316	2316	2316	2316	1366	415	415	399	394
			燃气	—	—	—	—	—	—	—	—	—	—	—	—	—	—	—	—	—	—	—
	大型	公交车	汽油	—	—	—	—	—	—	—	—	—	—	—	—	—	—	—	—	—	—	—
			柴油	94865	94865	93934	92071	92071	71272	29674	29674	29674	19994	10315	10315	10315	10315	6116	1916	1916	1845	1821
			燃气	—	—	—	—	—	—	—	—	—	—	—	—	—	—	—	—	—	—	—
		其他	汽油	—	—	—	—	—	—	—	—	—	—	—	—	—	—	—	—	—	—	—
			柴油	142314	142314	133412	115607	115607	85425	25061	25061	25061	17182	9303	9303	9303	9303	5868	2433	2433	2343	2313
			燃气	—	—	—	—	—	—	—	—	—	—	—	—	—	—	—	—	—	—	—
载货汽车	微型		汽油	—	—	—	—	—	—	—	—	—	—	—	—	—	—	—	—	—	—	—
			柴油	8393	8219	8045	8045	8045	8045	6544	5044	5044	3744	2443	2443	2443	2443	1538	633	633	630	629
			燃气	—	—	—	—	—	—	—	—	—	—	—	—	—	—	—	—	—	—	—
	轻型		汽油	—	—	—	—	—	—	—	—	—	—	—	—	—	—	—	—	—	—	—
			柴油	8728	8386	8045	8045	8045	8045	6544	5044	5044	3744	2443	2443	2443	2443	1842	1242	1242	1025	953
			燃气	—	—	—	—	—	—	—	—	—	—	—	—	—	—	—	—	—	—	—
	中型		汽油	—	—	—	—	—	—	—	—	—	—	—	—	—	—	—	—	—	—	—
			柴油	31649	31649	26634	16603	16603	12773	5112	5112	5112	4843	4574	4574	4574	4574	2932	1291	1291	1182	1146
			燃气	—	—	—	—	—	—	—	—	—	—	—	—	—	—	—	—	—	—	—
	重型		汽油	—	—	—	—	—	—	—	—	—	—	—	—	—	—	—	—	—	—	—
			柴油	85036	85036	69893	39608	39608	31449	15130	15130	15130	10368	5606	5606	5606	5606	3706	1806	1806	1526	1433
			燃气	—	—	—	—	—	—	—	—	—	—	—	—	—	—	—	—	—	—	—
低速汽车	三轮汽车			4092	4092	4092	4092	4092	4092	4092	4092	4092	3220	3220	3220	3220	3220	3220	3220	3220	3220	3220
	低速货车			5581	5581	5581	5581	5581	5581	5581	5581	5581	4392	4392	4392	4392	4392	4392	4392	4392	4392	4392
摩托车	普通摩托车			—	—	—	—	—	—	—	—	—	—	—	—	—	—	—	—	—	—	—
	轻便摩托车			—	—	—	—	—	—	—	—	—	—	—	—	—	—	—	—	—	—	—

大兴安岭地区 VOCs 排放系数

单位：克/（辆·年）

车辆类型		使用性质	燃料种类	1999 年年底前	2000 年	2001 年	2002 年	2003 年	2004 年	2005 年	2006 年	2007 年	2008 年	2009 年	2010 年	2011 年	2012 年	2013 年	2014 年	2015 年	2016 年	2017 年
载客汽车	微型	出租车	汽油	1796730	1033074	269419	269419	269419	269419	192870	116320	116320	90886	65452	65452	55552	45652	45652	45652	45652	36658	33660
			燃气	292513	175916	59319	59319	59319	59319	45234	31148	31148	25506	19864	19864	15828	11792	11792	11792	11792	7246	5731
		其他	汽油	127134	73154	19175	19175	19175	19175	18696	18218	18218	14804	11389	11389	10648	9906	9906	9906	9906	7675	6931
			燃气	17541	9868	2195	2195	2195	2195	2104	2014	2014	1498	982	982	886	791	791	791	791	531	444
	小型	出租车	汽油	1796730	1015164	233597	233597	233597	233597	222908	212220	212220	138836	65452	65452	55552	45652	45652	45652	45652	33647	29645
			柴油	177649	167890	158131	158131	158131	158131	144320	130509	130509	92490	54470	54470	54470	54470	40710	26949	26949	16226	12652
			燃气	292513	173206	53899	53899	53899	53899	49778	45657	45657	32760	19864	19864	15828	11792	11792	11792	11792	6790	5123
		其他	汽油	129087	73895	18703	18703	18703	18703	19508	20314	20314	15856	11399	11399	10530	9662	9662	9662	9662	7871	7274
			柴油	15037	13784	12532	12532	12532	12532	10658	8784	8784	6002	3221	3221	3221	3221	2832	2444	2444	1747	1515
			燃气	17836	10740	3644	3644	3644	3644	2988	2331	2331	1726	1122	1122	938	754	754	754	754	560	496
	中型	公交车	汽油	247371	247371	247371	247371	246774	168531	13238	13238	13238	13238	13238	13086	12935	12935	10508	8081	8081	8081	8081
			柴油	87806	87806	86086	82645	82645	64494	28192	28192	28192	20508	12823	12823	12823	12823	8958	5093	5093	4763	4653
			燃气	71579	71579	67602	59649	59649	57536	53311	53311	53311	42686	32061	32061	22219	22219	22154	22154	22154	22154	22154
		其他	汽油	128081	128081	128081	128081	127484	87162	7711	7711	7711	7711	7711	7566	7420	7420	6368	5317	5317	5317	5317
			柴油	30493	30493	28460	24394	24394	18567	6912	6912	6912	6506	6099	6099	6099	6099	3750	1402	1402	1243	1190
			燃气	34560	34560	32640	28800	28800	27780	25740	25740	25740	20623	15506	15506	10732	10732	9642	9642	9642	9642	9642
	大型	公交车	汽油	576679	576679	576679	576679	576082	388504	14542	14542	14542	14542	14542	14402	14263	14263	11497	8731	8731	8731	8731
			柴油	131708	131708	108010	60614	60614	60614	60614	60614	60614	43515	26416	26416	26416	26416	17675	8934	8934	5723	4653
			燃气	168926	168926	159541	140772	140772	135786	125815	125815	125815	100740	75665	75665	52438	52438	47188	47188	47188	47188	47188
		其他	汽油	1277977	1277977	1277977	1277977	1277380	860532	28029	28029	28029	28029	28029	21770	15511	15511	12320	9130	9130	9130	9130
			柴油	272891	272891	207397	76409	76409	76409	76409	76409	76409	55942	35476	35476	35476	35476	20706	5937	5937	5324	5119
			燃气	266186	266186	251398	221822	221822	213966	198253	198253	198253	158842	119430	119430	82662	82662	74261	74261	74261	74261	74261
载货汽车	微型		汽油	699527	370111	40695	40695	40695	40695	38966	37237	37237	34369	31501	31501	25398	19294	19294	19294	19294	16775	15935
			柴油	44267	41424	38581	38581	38581	38581	35684	32787	32787	23860	14933	14933	14933	14933	10288	5644	5644	4165	3672
			燃气	96516	50587	4658	4658	4658	4658	4387	4117	4117	3416	2716	2716	2128	1541	1541	1541	1541	1151	1021
	轻型		汽油	354790	206661	58532	58532	58532	58532	49972	41411	41411	36833	32255	32255	28268	24280	24280	24280	24280	21390	20426
			柴油	40140	39360	38581	38581	38581	38581	35684	32787	32787	23860	14933	14933	14933	14933	11473	8013	8013	6534	6041
			燃气	49021	30213	11404	11404	11404	11404	8078	4752	4752	3963	3175	3175	2535	1895	1895	1895	1895	1518	1393
	中型		汽油	291148	291148	291148	291148	290550	197712	13230	13230	13230	13230	13230	13090	12950	12950	10511	8072	8072	8072	8072
			柴油	66469	66469	62038	53175	53175	40472	15066	15066	15066	14182	13299	13299	13299	13299	9638	5977	5977	3557	2750
			燃气	75334	75334	71149	62779	62779	60555	56105	56105	56105	44958	33811	33811	45753	45753	22282	22282	22282	22282	22282
	重型		汽油	558369	558369	558369	558369	557771	376180	14194	14194	14194	14194	14194	11394	8595	8595	7200	5804	5804	5804	5804
			柴油	160910	160910	122292	45055	45055	45055	45055	45055	45055	32986	20918	20918	20918	20918	12980	5041	5041	3561	3068
			燃气	156956	156956	148237	130799	130799	126166	116901	116901	116901	93661	70420	70420	70187	70187	44507	44507	44507	44507	44507
低速汽车	三轮汽车			25300	25300	25300	25300	25300	25300	25300	25300	25300	16721	16721	16721	16721	16721	16721	16721	16721	16721	16721
	低速货车			33990	33990	33990	33990	33990	33990	33990	33990	33990	22464	22464	22464	22464	22464	22464	22464	22464	22464	22464
摩托车	普通摩托车			10464	10464	10464	10464	7809	5154	2759	2759	2759	2759	2759	2059	1359	1359	1359	1359	1359	1359	1359
	轻便摩托车			33839	33839	33839	33839	33839	6768	6768	3332	3332	3332	3332	2486	1641	1641	1641	1641	1641	1641	1641

上海市 NO_x 排放系数

单位：克/（辆·年）

车辆类型		使用性质	燃料种类	1999年年底前	2000年	2001年	2002年	2003年	2004年	2005年	2006年	2007年	2008年	2009年	2010年	2011年	2012年	2013年	2014年	2015年	2016年	2017年
载客汽车	微型	出租车	汽油	363773	134710	134710	134710	134710	134710	101597	68483	68483	52349	36214	36214	29071	21928	21928	21928	21928	12584	9469
			燃气	270742	100781	100781	100781	100781	100781	76049	51317	51317	39281	27245	27245	21815	16384	16384	16384	16384	9396	7067
		其他	汽油	35683	9116	9116	9116	9116	9116	5743	2370	2370	1932	1494	1494	1247	999	999	999	999	692	589
			燃气	25820	4926	4926	4926	4926	4926	3207	1487	1487	1208	928	928	743	557	557	557	557	445	407
	小型	出租车	汽油	409381	139999	139999	139999	139999	139999	104648	69296	69296	52755	36214	36214	28311	20408	20408	20408	20408	11192	8120
			柴油	476470	332485	332485	332485	332485	332485	294870	257254	257254	205084	152914	152914	152914	152914	122616	92318	92318	67666	59448
			燃气	304639	104711	104711	104711	104711	104711	78316	51921	51921	39583	27245	27245	21250	15254	15254	15254	15254	8362	6064
		其他	汽油	33292	9248	9248	9248	9248	9248	6125	3001	3001	2090	1178	1178	1064	950	950	950	950	652	552
			柴油	29004	18514	18514	18514	18514	18514	16994	15474	15474	12126	8778	8778	8778	8778	7561	6344	6344	5497	5214
			燃气	24042	6601	6601	6601	6601	6601	4279	1956	1956	1325	694	694	608	521	521	521	521	415	380
	中型	公交车	汽油	484504	484504	484504	484504	484504	254243	23983	23983	23983	23983	23983	21508	19034	19034	14369	9705	9705	9705	9705
			柴油	541013	537202	537202	537202	483829	473155	473155	473155	473155	315075	315075	315075	315075	315075	257124	199173	199173	166752	155945
			燃气	347831	289860	289860	289860	236086	225331	225331	225331	225331	160803	160803	160803	112562	112562	64299	64299	64299	64299	64299
		其他	汽油	218124	218124	218124	218124	218124	112879	7634	7634	7634	7634	7634	7634	7634	7634	5726	3818	3818	3818	3818
			柴油	186303	162972	162972	162972	159527	158838	158838	158838	158838	111717	111717	111717	111717	111717	99194	86672	86672	73976	69743
			燃气	178341	148618	148618	148618	121047	115533	115533	115533	115533	82523	82523	82523	57713	57713	34706	34706	34706	34706	34706
	大型	公交车	汽油	1726044	1726044	1726044	1726044	1726044	917269	108494	108494	108494	108494	108494	108399	108304	108304	81229	54154	54154	54154	54154
			柴油	767317	692933	692933	692933	643711	633867	633867	633867	633867	611021	611021	611021	611021	611021	588988	566955	566955	511082	492458
			燃气	1307845	1089871	1089871	1089871	887683	847245	847245	847245	847245	604619	604619	604619	423233	423233	254108	254108	254108	254108	254108
		其他	汽油	1455550	1455550	1455550	1455550	1455550	773521	91492	91492	91492	91492	91492	88061	84630	84630	63540	42451	42451	42451	42451
			柴油	649203	599087	599087	599087	564169	557185	557185	557185	557185	517951	517951	517951	517951	517951	493092	468233	468233	414381	396431
			燃气	1024413	853678	853678	853678	695307	663632	663632	663632	663632	474024	474024	474024	331511	331511	199353	199353	199353	199353	199353
载货汽车	微型		汽油	147125	29794	29794	29794	29794	29794	20936	12078	12078	9948	7819	7819	6659	5499	5499	5499	5499	3808	3244
			柴油	108788	73397	73397	73397	73397	73397	65622	57848	57848	48809	39770	39770	39770	39770	29074	18379	18379	14799	13606
			燃气	106459	16100	16100	16100	16100	16100	11839	7578	7578	6217	4857	4857	3961	3066	3066	3066	3066	2448	2242
	轻型		汽油	108550	33049	33049	33049	33049	33049	23007	12965	12965	10959	8952	8952	6902	4851	4851	4851	4851	3769	3408
			柴油	109125	73397	73397	73397	73397	73397	65622	57848	57848	48809	39770	39770	39770	39770	31339	22909	22909	20127	19200
			燃气	78390	23589	23589	23589	23589	23589	16020	8451	8451	6862	5274	5274	3967	2660	2660	2660	2660	2425	2346
	中型		汽油	437286	437286	437286	437286	437286	229165	21045	21045	21045	21045	21045	21045	21045	21045	15790	10534	10534	10534	10534
			柴油	842457	584482	584482	584482	512723	498371	498371	498371	498371	448265	448265	448265	448265	448265	393296	338327	338327	291331	275665
			燃气	806457	533003	533003	533003	390915	362497	362497	362497	362497	331126	331126	331126	225286	225286	137178	137178	137178	137178	137178
	重型		汽油	1497319	1497319	1497319	1497319	1497319	795718	94117	94117	94117	94117	94117	90588	87059	87059	65364	43668	43668	43668	43668
			柴油	929007	833877	833877	833877	756769	741348	741348	741348	741348	681891	681891	681891	681891	681891	621213	560535	560535	404902	353024
			燃气	1465933	1188245	1188245	1188245	933856	882978	882978	882978	882978	624060	624060	624060	396862	396862	177525	177525	177525	177525	177525
低速汽车	三轮汽车			65550	65550	65550	65550	65550	65550	65550	65550	65550	53279	53279	53279	53279	53279	53279	53279	53279	53279	53279
	低速货车			88065	88065	88065	88065	88065	88065	88065	88065	88065	71579	71579	71579	71579	71579	71579	71579	71579	71579	71579
摩托车	普通摩托车			1095	1095	1095	1095	1059	1022	949	949	949	949	949	844	738	738	738	738	738	738	738
	轻便摩托车			730	730	730	730	730	365	365	365	365	365	365	325	284	284	284	284	284	284	284

上海市 PM 排放系数

单位：克/（辆·年）

车辆类型		使用性质	燃料种类	1999 年年底前	2000 年	2001 年	2002 年	2003 年	2004 年	2005 年	2006 年	2007 年	2008 年	2009 年	2010 年	2011 年	2012 年	2013 年	2014 年	2015 年	2016 年	2017 年
载客汽车	微型	出租车	汽油	—	—	—	—	—	—	—	—	—	—	—	—	—	—	—	—	—	—	—
			燃气	—	—	—	—	—	—	—	—	—	—	—	—	—	—	—	—	—	—	—
		其他	汽油	—	—	—	—	—	—	—	—	—	—	—	—	—	—	—	—	—	—	—
			燃气	—	—	—	—	—	—	—	—	—	—	—	—	—	—	—	—	—	—	—
	小型	出租车	汽油	—	—	—	—	—	—	—	—	—	—	—	—	—	—	—	—	—	—	—
			柴油	60560	50363	50363	50363	50363	50363	34448	18532	18532	12062	5592	5592	5592	5592	5198	4803	4803	3971	3694
			燃气	—	—	—	—	—	—	—	—	—	—	—	—	—	—	—	—	—	—	—
		其他	汽油	—	—	—	—	—	—	—	—	—	—	—	—	—	—	—	—	—	—	—
			柴油	4528	4041	4041	4041	4041	4041	2907	1772	1772	1299	826	826	826	826	690	554	554	554	554
			燃气	—	—	—	—	—	—	—	—	—	—	—	—	—	—	—	—	—	—	—
	中型	公交车	汽油	—	—	—	—	—	—	—	—	—	—	—	—	—	—	—	—	—	—	—
			柴油	44608	33411	33411	33411	15421	11822	11822	11822	11822	8219	8219	8219	8219	8219	5109	2000	2000	1574	1433
			燃气	—	—	—	—	—	—	—	—	—	—	—	—	—	—	—	—	—	—	—
		其他	汽油	—	—	—	—	—	—	—	—	—	—	—	—	—	—	—	—	—	—	—
			柴油	16355	8690	8690	8690	3727	2734	2734	2734	2734	2480	2480	2480	2480	2480	1462	444	444	427	421
			燃气	—	—	—	—	—	—	—	—	—	—	—	—	—	—	—	—	—	—	—
	大型	公交车	汽油	—	—	—	—	—	—	—	—	—	—	—	—	—	—	—	—	—	—	—
			柴油	138330	134254	134254	134254	58434	43270	43270	43270	43270	15041	15041	15041	15041	15041	8917	2794	2794	2690	2655
			燃气	—	—	—	—	—	—	—	—	—	—	—	—	—	—	—	—	—	—	—
		其他	汽油	—	—	—	—	—	—	—	—	—	—	—	—	—	—	—	—	—	—	—
			柴油	73318	59559	59559	59559	20686	12911	12911	12911	12911	4793	4793	4793	4793	4793	3023	1253	1253	1207	1192
			燃气	—	—	—	—	—	—	—	—	—	—	—	—	—	—	—	—	—	—	—
载货汽车	微型		汽油	—	—	—	—	—	—	—	—	—	—	—	—	—	—	—	—	—	—	—
			柴油	12696	12170	12170	12170	12170	12170	9898	7626	7626	5660	3694	3694	3694	3694	2326	958	958	953	952
			燃气	—	—	—	—	—	—	—	—	—	—	—	—	—	—	—	—	—	—	—
	轻型		汽油	—	—	—	—	—	—	—	—	—	—	—	—	—	—	—	—	—	—	—
			柴油	11003	12170	12170	12170	12170	12170	9898	7626	7626	5660	3694	3694	3694	3694	2785	1877	1877	1550	1441
			燃气	—	—	—	—	—	—	—	—	—	—	—	—	—	—	—	—	—	—	—
	中型		汽油	—	—	—	—	—	—	—	—	—	—	—	—	—	—	—	—	—	—	—
			柴油	75273	39490	39490	39490	16570	11986	11986	11986	11986	10724	10724	10724	10724	10724	6876	3028	3028	2773	2688
			燃气	—	—	—	—	—	—	—	—	—	—	—	—	—	—	—	—	—	—	—
	重型		汽油	—	—	—	—	—	—	—	—	—	—	—	—	—	—	—	—	—	—	—
			柴油	164528	76634	76634	76634	37167	29274	29274	29274	29274	10846	10846	10846	10846	10846	7067	3288	3288	2779	2609
			燃气	—	—	—	—	—	—	—	—	—	—	—	—	—	—	—	—	—	—	—
低速汽车	三轮汽车			4092	4092	4092	4092	4092	4092	4092	4092	4092	3220	3220	3220	3220	3220	3220	3220	3220	3220	3220
	低速货车			5581	5581	5581	5581	5581	5581	5581	5581	5581	4392	4392	4392	4392	4392	4392	4392	4392	4392	4392
摩托车	普通摩托车			—	—	—	—	—	—	—	—	—	—	—	—	—	—	—	—	—	—	—
	轻便摩托车			—	—	—	—	—	—	—	—	—	—	—	—	—	—	—	—	—	—	—

上海市 VOCs 排放系数

单位：克/（辆·年）

车辆类型		使用性质	燃料种类	1999 年年底前	2000 年	2001 年	2002 年	2003 年	2004 年	2005 年	2006 年	2007 年	2008 年	2009 年	2010 年	2011 年	2012 年	2013 年	2014 年	2015 年	2016 年	2017 年
载客汽车	微型	出租车	汽油	834234	174797	174797	174797	174797	174797	133585	92372	92372	76273	60173	60173	48953	37732	37732	37732	37732	24373	19920
			燃气	487556	112141	112141	112141	112141	112141	86785	61428	61428	50942	40456	40456	32018	23580	23580	23580	23580	13533	10184
		其他	汽油	46789	10077	10077	10077	10077	10077	9694	9310	9310	8006	6701	6701	6391	6081	6081	6081	6081	5116	4794
			燃气	21550	2657	2657	2657	2657	2657	2555	2452	2452	1822	1192	1192	1089	986	986	986	986	669	563
	小型	出租车	汽油	834234	158752	158752	158752	158752	158752	146915	135077	135077	97625	60173	60173	48953	37732	37732	37732	37732	23073	18187
			柴油	284426	249462	249462	249462	249462	249462	223486	197510	197510	149201	100892	100892	100892	100892	74573	48253	48253	25698	18179
			燃气	487556	103021	103021	103021	103021	103021	94362	85703	85703	63080	40456	40456	32018	23580	23580	23580	23580	12794	9199
		其他	汽油	47430	9921	9921	9921	9921	9921	9962	10003	10003	8354	6704	6704	6351	5998	5998	5998	5998	5181	4908
			柴油	10451	8683	8683	8683	8683	8683	7371	6058	6058	4186	2314	2314	2314	2314	1954	1593	1593	1113	953
			燃气	21914	3165	3165	3165	3165	3165	3006	2846	2846	2108	1369	1369	1154	939	939	939	939	706	628
	中型	公交车	汽油	358140	358140	358140	358140	357556	187418	17865	17865	17865	17865	17865	17711	17557	17557	14029	10500	10500	10500	10500
			柴油	128754	121188	121188	121188	54648	41340	41340	41340	41340	18804	18804	18804	18804	18804	13136	7468	7468	6984	6823
			燃气	105886	88238	88238	88238	80426	78863	78863	78863	78863	47428	47428	47428	32869	32869	32772	32772	32772	32772	32772
		其他	汽油	137411	137411	137411	137411	136763	72366	8618	8618	8618	8618	8618	8461	8303	8303	7179	6054	6054	6054	6054
			柴油	32833	26267	26267	26267	10579	7442	7442	7442	7442	6566	6566	6566	6566	6566	4038	1510	1510	1338	1281
			燃气	37541	31284	31284	31284	28514	27960	27960	27960	27960	16844	16844	16844	11658	11658	10474	10474	10474	10474	10474
	大型	公交车	汽油	837868	837868	837868	837868	837284	428232	19764	19764	19764	19764	19764	19627	19490	19490	15468	11446	11446	11446	11446
			柴油	193131	88881	88881	88881	88881	88881	88881	88881	88881	38735	38735	38735	38735	38735	25918	13101	13101	8392	6823
			燃气	249891	208242	208242	208242	189804	186116	186116	186116	186116	111931	111931	111931	77570	77570	69805	69805	69805	69805	69805
		其他	汽油	657959	657959	657959	657959	657647	335970	14604	14604	14604	14604	14604	11382	8160	8160	6517	4875	4875	4875	4875
			柴油	141379	39586	39586	39586	39586	39586	39586	39586	39586	18379	18379	18379	18379	18379	10728	3076	3076	2758	2652
			燃气	139122	115935	115935	115935	105670	103617	103617	103617	103617	62420	62420	62420	43203	43203	38812	38812	38812	38812	38812
载货汽车	微型		汽油	300370	25548	25548	25548	25548	25548	23743	21938	21938	20030	18122	18122	14553	10984	10984	10984	10984	8696	7933
			柴油	57200	49538	49538	49538	49538	49538	44743	39949	39949	30362	20775	20775	20775	20775	14573	8370	8370	5094	4002
			燃气	138344	6736	6736	6736	6736	6736	6257	5778	5778	4501	3224	3224	2502	1781	1781	1781	1781	1144	932
	轻型		汽油	156938	32969	32969	32969	32969	32969	28322	23674	23674	21055	18436	18436	15747	13059	13059	13059	13059	10616	9802
			柴油	53796	49538	49538	49538	49538	49538	44743	39949	39949	30362	20775	20775	20775	20775	15548	10320	10320	7043	5951
			燃气	72510	10518	10518	10518	10518	10518	8627	6736	6736	5250	3765	3765	2905	2044	2044	2044	2044	1452	1254
	中型		汽油	702507	702507	702507	702507	701860	364473	27734	27734	27734	27734	27734	27583	27431	27431	21510	15588	15588	15588	15588
			柴油	160747	128597	128597	128597	51796	36436	36436	36436	36436	32167	32167	32167	32167	32167	23313	14458	14458	8602	6651
			燃气	183796	153161	153161	153161	139605	136893	136893	136893	136893	82512	82512	82512	111630	111630	54389	54389	54389	54389	54389
	重型		汽油	855121	855121	855121	855121	854725	436623	18915	18915	18915	18915	18915	14729	10543	10543	8408	6274	6274	6274	6274
			柴油	280478	78534	78534	78534	78534	78534	78534	78534	78534	36462	36462	36462	36462	36462	23031	9600	9600	6644	5659
			燃气	276000	230002	230002	230002	209636	205563	205563	205563	205563	123831	123831	123831	134848	134848	82826	82826	82826	82826	82826
低速汽车	三轮汽车			25300	25300	25300	25300	25300	25300	25300	25300	25300	16721	16721	16721	16721	16721	16721	16721	16721	16721	16721
	低速货车			33990	33990	33990	33990	33990	33990	33990	33990	33990	22464	22464	22464	22464	22464	22464	22464	22464	22464	22464
摩托车	普通摩托车			14679	14679	14679	14679	10955	7230	3871	3871	3871	3871	3871	2889	1906	1906	1906	1906	1906	1906	1906
	轻便摩托车			47470	47470	47470	47470	47470	9494	9494	4674	4674	4674	4674	3488	2302	2302	2302	2302	2302	2302	2302

南京市 NO_x 排放系数

单位：克/（辆·年）

车辆类型		使用性质	燃料种类	1999年年底前	2000年	2001年	2002年	2003年	2004年	2005年	2006年	2007年	2008年	2009年	2010年	2011年	2012年	2013年	2014年	2015年	2016年	2017年
载客汽车	微型	出租车	汽油	314883	215139	115395	115395	115395	115395	86044	56693	56693	42555	28417	28417	22996	17575	17575	17575	17575	10381	7983
			燃气	223170	153116	83063	83063	83063	83063	62152	41241	41241	31134	21027	21027	16928	12828	12828	12828	12828	7501	5725
		其他	汽油	32040	20162	8284	8284	8284	8284	5224	2163	2163	1758	1352	1352	1128	905	905	905	905	621	526
			燃气	21879	13056	4232	4232	4232	4232	2755	1278	1278	1034	791	791	630	469	469	469	469	374	342
	小型	出租车	汽油	355349	237803	120257	120257	120257	120257	88848	57440	57440	42928	28417	28417	22312	16207	16207	16207	16207	9138	6782
			柴油	399182	336803	274424	274424	274424	274424	243552	212681	212681	169493	126305	126305	126305	126305	102046	77788	77788	57426	50639
			燃气	251597	169038	86478	86478	86478	86478	64122	41766	41766	31396	21027	21027	16447	11867	11867	11867	11867	6628	4881
		其他	汽油	29897	19150	8404	8404	8404	8404	5570	2736	2736	1902	1069	1069	966	862	862	862	862	586	494
			柴油	25914	21225	16536	16536	16536	16536	15197	13858	13858	10869	7880	7880	7880	7880	6793	5706	5706	4898	4628
			燃气	20374	13022	5670	5670	5670	5670	3676	1681	1681	1136	592	592	516	439	439	439	439	349	319
	中型	公交车	汽油	326360	326360	326360	326360	326360	222958	16155	16155	16155	16155	16155	14488	12821	12821	9679	6537	6537	6537	6537
			柴油	364773	364773	363916	362203	362203	347809	319020	319020	319020	265728	212436	212436	212436	212436	173363	134290	134290	112430	105144
			燃气	387306	387306	382695	373474	373474	361889	338720	338720	338720	281907	225094	225094	142346	142346	111485	111485	111485	111485	111485
		其他	汽油	200088	200088	200088	200088	200088	135726	7003	7003	7003	7003	7003	7003	7003	7003	5252	3502	3502	3502	3502
			柴油	171062	171062	163921	149640	149640	148374	145843	145843	145843	124210	102578	102578	102578	102578	91080	79581	79581	67924	64038
			燃气	193165	193165	182434	160971	160971	159454	156419	156419	156419	133180	109941	109941	85639	85639	68790	68790	68790	68790	68790
	大型	公交车	汽油	1162658	1162658	1162658	1162658	1162658	799466	73081	73081	73081	73081	73081	73017	72953	72953	54715	36477	36477	36477	36477
			柴油	517356	517356	500638	467203	467203	453928	427378	427378	427378	419676	411975	411975	411975	411975	397120	382264	382264	344592	332035
			燃气	1040193	1040193	982405	866828	866828	802504	673855	673855	673855	577369	480883	480883	447702	447702	388040	388040	388040	388040	388040
		其他	汽油	2775053	2775053	2775053	2775053	2775053	1908179	174432	174432	174432	174432	174432	167890	161349	161349	121141	80933	80933	80933	80933
			柴油	1238908	1238908	1207028	1143269	1143269	1116615	1063306	1063306	1063306	1025870	988433	988433	988433	988433	940993	893553	893553	790786	756530
			燃气	2306092	2306092	2177976	1921743	1921743	1779138	1493927	1493927	1493927	1280508	1067090	1067090	962697	962697	816763	816763	816763	816763	816763
载货汽车	微型		汽油	151504	90386	29269	29269	29269	29269	20228	11186	11186	9140	7093	7093	6157	5221	5221	5221	5221	3770	3286
			柴油	105920	87984	70047	70047	70047	70047	62793	55539	55539	46930	38321	38321	38321	38321	28022	17723	17723	14758	13770
			燃气	103457	59205	14952	14952	14952	14952	10781	6609	6609	5380	4150	4150	3428	2706	2706	2706	2706	2279	2137
	轻型		汽油	112005	72350	32696	32696	32696	32696	22408	12120	12120	10203	8286	8286	6818	5349	5349	5349	5349	3931	3458
			柴油	106271	88159	70047	70047	70047	70047	62793	55539	55539	46930	38321	38321	38321	38321	30384	22447	22447	20313	19602
			燃气	76328	49194	22059	22059	22059	22059	14753	7447	7447	6018	4589	4589	3656	2724	2724	2724	2724	2356	2233
	中型		汽油	241057	241057	241057	241057	241056	164571	11601	11601	11601	11601	11601	11601	11601	11601	8704	5807	5807	5807	5807
			柴油	452163	452163	406010	313703	313703	298297	267486	267486	267486	266764	266041	266041	266041	266041	233418	200794	200794	172902	163605
			燃气	510587	510587	452877	337457	337457	320599	286883	286883	286883	286010	285137	285137	216079	216079	175745	175745	175745	175745	175745
	重型		汽油	1941071	1941071	1941071	1941071	1941071	1334717	122010	122010	122010	122010	122010	117434	112859	112859	84734	56610	56610	56610	56610
			柴油	1059823	1059823	1023648	951297	951297	916111	845739	845739	845739	811824	777910	777910	777910	777910	687153	596396	596396	413756	352876
			燃气	1972745	1972745	1848181	1599054	1599054	1462119	1188249	1188249	1188249	1014032	839814	839814	642546	642546	380971	380971	380971	380971	380971
低速汽车	三轮汽车			65550	65550	65550	65550	65550	65550	65550	65550	65550	53279	53279	53279	53279	53279	53279	53279	53279	53279	53279
	低速货车			88065	88065	88065	88065	88065	88065	88065	88065	88065	71579	71579	71579	71579	71579	71579	71579	71579	71579	71579
摩托车	普通摩托车			1095	1095	1095	1095	1058	1022	949	949	949	949	949	844	738	738	738	738	738	738	738
	轻便摩托车			730	730	730	730	730	365	365	365	365	365	365	324	284	284	284	284	284	284	284

南京市 PM 排放系数

单位：克/（辆・年）

车辆类型		使用性质	燃料种类	1999 年年底前	2000 年	2001 年	2002 年	2003 年	2004 年	2005 年	2006 年	2007 年	2008 年	2009 年	2010 年	2011 年	2012 年	2013 年	2014 年	2015 年	2016 年	2017 年
载客汽车	微型	出租车	汽油	—	—	—	—	—	—	—	—	—	—	—	—	—	—	—	—	—	—	—
			燃气	—	—	—	—	—	—	—	—	—	—	—	—	—	—	—	—	—	—	—
		其他	汽油	—	—	—	—	—	—	—	—	—	—	—	—	—	—	—	—	—	—	—
			燃气	—	—	—	—	—	—	—	—	—	—	—	—	—	—	—	—	—	—	—
	小型	出租车	汽油	—	—	—	—	—	—	—	—	—	—	—	—	—	—	—	—	—	—	—
			柴油	52813	48351	43889	43889	43889	43889	29832	15774	15774	10302	4830	4830	4830	4830	4489	4148	4148	3430	3191
			燃气	—	—	—	—	—	—	—	—	—	—	—	—	—	—	—	—	—	—	—
		其他	汽油	—	—	—	—	—	—	—	—	—	—	—	—	—	—	—	—	—	—	—
			柴油	3961	3748	3535	3535	3535	3535	2536	1536	1536	1128	719	719	719	719	600	480	480	480	480
			燃气	—	—	—	—	—	—	—	—	—	—	—	—	—	—	—	—	—	—	—
	中型	公交车	汽油	—	—	—	—	—	—	—	—	—	—	—	—	—	—	—	—	—	—	—
			柴油	30592	30592	28032	22913	22913	17978	8108	8108	8108	6872	5637	5637	5637	5637	3504	1372	1372	1080	983
			燃气	—	—	—	—	—	—	—	—	—	—	—	—	—	—	—	—	—	—	—
		其他	汽油	—	—	—	—	—	—	—	—	—	—	—	—	—	—	—	—	—	—	—
			柴油	15274	15274	12888	8116	8116	6262	2553	2553	2553	2434	2316	2316	2316	2316	1366	415	415	399	394
			燃气	—	—	—	—	—	—	—	—	—	—	—	—	—	—	—	—	—	—	—
	大型	公交车	汽油	—	—	—	—	—	—	—	—	—	—	—	—	—	—	—	—	—	—	—
			柴油	94865	94865	93934	92071	92071	71272	29674	29674	29674	19994	10315	10315	10315	10315	6116	1916	1916	1845	1821
			燃气	—	—	—	—	—	—	—	—	—	—	—	—	—	—	—	—	—	—	—
		其他	汽油	—	—	—	—	—	—	—	—	—	—	—	—	—	—	—	—	—	—	—
			柴油	142314	142314	133412	115607	115607	85425	25061	25061	25061	17182	9303	9303	9303	9303	5868	2433	2433	2343	2313
			燃气	—	—	—	—	—	—	—	—	—	—	—	—	—	—	—	—	—	—	—
载货汽车	微型		汽油	—	—	—	—	—	—	—	—	—	—	—	—	—	—	—	—	—	—	—
			柴油	12963	12695	12427	12427	12427	12427	10105	7783	7783	5776	3770	3770	3770	3770	2374	977	977	972	971
			燃气	—	—	—	—	—	—	—	—	—	—	—	—	—	—	—	—	—	—	—
	轻型		汽油	—	—	—	—	—	—	—	—	—	—	—	—	—	—	—	—	—	—	—
			柴油	13482	12954	12427	12427	12427	12427	10105	7783	7783	5776	3770	3770	3770	3770	2843	1916	1916	1582	1470
			燃气	—	—	—	—	—	—	—	—	—	—	—	—	—	—	—	—	—	—	—
	中型		汽油	—	—	—	—	—	—	—	—	—	—	—	—	—	—	—	—	—	—	—
			柴油	38666	38666	32539	20285	20285	15644	6363	6363	6363	6028	5693	5693	5693	5693	3650	1607	1607	1472	1427
			燃气	—	—	—	—	—	—	—	—	—	—	—	—	—	—	—	—	—	—	—
	重型		汽油	—	—	—	—	—	—	—	—	—	—	—	—	—	—	—	—	—	—	—
			柴油	138116	138116	113521	64332	64332	51080	24575	24575	24575	16840	9105	9105	9105	9105	6098	3092	3092	2614	2454
			燃气	—	—	—	—	—	—	—	—	—	—	—	—	—	—	—	—	—	—	—
低速汽车	三轮汽车			4092	4092	4092	4092	4092	4092	4092	4092	4092	3220	3220	3220	3220	3220	3220	3220	3220	3220	3220
	低速货车			5581	5581	5581	5581	5581	5581	5581	5581	5581	4392	4392	4392	4392	4392	4392	4392	4392	4392	4392
摩托车	普通摩托车			—	—	—	—	—	—	—	—	—	—	—	—	—	—	—	—	—	—	—
	轻便摩托车			—	—	—	—	—	—	—	—	—	—	—	—	—	—	—	—	—	—	—

南京市 VOCs 排放系数

单位：克/（辆·年）

车辆类型		使用性质	燃料种类	1999 年年底前	2000 年	2001 年	2002 年	2003 年	2004 年	2005 年	2006 年	2007 年	2008 年	2009 年	2010 年	2011 年	2012 年	2013 年	2014 年	2015 年	2016 年	2017 年
载客汽车	微型	出租车	汽油	757542	450896	144249	144249	144249	144249	109769	75289	75289	61582	47874	47874	39346	30817	30817	30817	30817	21240	18048
			燃气	427511	258410	89309	89309	89309	89309	68777	48245	48245	39644	31042	31042	24686	18330	18330	18330	18330	11108	8701
		其他	汽油	42338	25856	9374	9374	9374	9374	9012	8651	8651	7468	6284	6284	6016	5748	5748	5748	5748	4898	4615
			燃气	18585	10416	2247	2247	2247	2247	2160	2074	2074	1534	995	995	906	818	818	818	818	562	477
	小型	出租车	汽油	757542	443974	130406	130406	130406	130406	121467	112528	112528	80201	47874	47874	39346	30817	30817	30817	30817	20025	16428
			柴油	225887	212290	198692	198692	198692	198692	178300	157908	157908	117893	77878	77878	77878	77878	57648	37419	37419	20390	14713
			燃气	427511	254596	81680	81680	81680	81680	75224	68767	68767	49904	31042	31042	24686	18330	18330	18330	18330	10438	7808
		其他	汽油	42908	26073	9238	9238	9238	9238	9246	9253	9253	7770	6286	6286	5982	5678	5678	5678	5678	4955	4714
			柴油	9654	8834	8015	8015	8015	8015	6782	5548	5548	3821	2094	2094	2094	2094	1775	1456	1456	1025	881
			燃气	18899	11329	3759	3759	3759	3759	3082	2406	2406	1773	1140	1140	960	780	780	780	780	594	532
	中型	公交车	汽油	247633	247633	247633	247633	247036	168794	13501	13501	13501	13501	13501	13350	13198	13198	10770	8343	8343	8343	8343
			柴油	87806	87806	86086	82645	82645	64494	28192	28192	28192	20508	12823	12823	12823	12823	8958	5093	5093	4763	4653
			燃气	71579	71579	67602	59649	59649	57536	53311	53311	53311	42686	32061	32061	22219	22219	22154	22154	22154	22154	22154
		其他	汽油	128344	128344	128344	128344	127747	87424	7973	7973	7973	7973	7973	7828	7682	7682	6631	5580	5580	5580	5580
			柴油	30493	30493	28460	24394	24394	18567	6912	6912	6912	6506	6099	6099	6099	6099	3750	1402	1402	1243	1190
			燃气	34560	34560	32640	28800	28800	27780	25740	25740	25740	20623	15506	15506	10732	10732	9642	9642	9642	9642	9642
	大型	公交车	汽油	576941	576941	576941	576941	576344	388767	14805	14805	14805	14805	14805	14665	14525	14525	11759	8993	8993	8993	8993
			柴油	131708	131708	108010	60614	60614	60614	60614	60614	60614	43515	26416	26416	26416	26416	17675	8934	8934	5723	4653
			燃气	168926	168926	159541	140772	140772	135786	125815	125815	125815	100740	75665	75665	52438	52438	47188	47188	47188	47188	47188
		其他	汽油	1278240	1278240	1278240	1278240	1277643	860794	28291	28291	28291	28291	28291	22032	15774	15774	12583	9392	9392	9392	9392
			柴油	272891	272891	207397	76409	76409	76409	76409	76409	76409	55942	35476	35476	35476	35476	20706	5937	5937	5324	5119
			燃气	266186	266186	251398	221822	221822	213966	198253	198253	198253	158842	119430	119430	82662	82662	74261	74261	74261	74261	74261
载货汽车	微型		汽油	302729	163922	25114	25114	25114	25114	23526	21938	21938	20140	18341	18341	15051	11761	11761	11761	11761	9735	9060
			柴油	52172	48710	45249	45249	45249	45249	41176	37103	37103	27756	18410	18410	18410	18410	12792	7175	7175	4664	3827
			燃气	132888	69454	6020	6020	6020	6020	5640	5259	5259	4082	2904	2904	2289	1674	1674	1674	1674	1121	936
	轻型		汽油	158166	95380	32594	32594	32594	32594	28141	23688	23688	21172	18657	18657	16254	13851	13851	13851	13851	11671	10944
			柴油	48442	46846	45249	45249	45249	45249	41176	37103	37103	27756	18410	18410	18410	18410	13860	9311	9311	6799	5962
			燃气	69665	41464	13263	13263	13263	13263	9711	6159	6159	4771	3384	3384	2643	1903	1903	1903	1903	1402	1235
	中型		汽油	340229	340229	340229	340229	339632	231072	15145	15145	15145	15145	15145	15005	14865	14865	12012	9159	9159	9159	9159
			柴油	79451	79451	74154	63561	63561	48377	18009	18009	18009	16956	15904	15904	15904	15904	11526	7148	7148	4253	3288
			燃气	90048	90048	85046	75041	75041	72382	67065	67065	67065	53749	40434	40434	54716	54716	26641	26641	26641	26641	26641
	重型		汽油	922115	922115	922115	922115	921518	621095	21446	21446	21446	21446	21446	16900	12353	12353	10050	7748	7748	7748	7748
			柴油	229621	229621	174512	64294	64294	64294	64294	64294	64294	47072	29851	29851	29851	29851	18722	7593	7593	6119	5628
			燃气	223979	223979	211536	186651	186651	180040	166819	166819	166819	133656	100493	100493	105719	105719	81645	81645	81645	81645	81645
低速汽车	三轮汽车			25300	25300	25300	25300	25300	25300	25300	25300	25300	16721	16721	16721	16721	16721	16721	16721	16721	16721	16721
	低速货车			33990	33990	33990	33990	33990	33990	33990	33990	33990	22464	22464	22464	22464	22464	22464	22464	22464	22464	22464
摩托车	普通摩托车			14679	14679	14679	14679	10954	7230	3871	3871	3871	3871	3871	2888	1906	1906	1906	1906	1906	1906	1906
	轻便摩托车			47470	47470	47470	47470	47470	9494	9494	4674	4674	4674	4674	3488	2302	2302	2302	2302	2302	2302	2302

无锡市 NO_x 排放系数

单位：克/（辆·年）

车辆类型		使用性质	燃料种类	1999 年年底前	2000 年	2001 年	2002 年	2003 年	2004 年	2005 年	2006 年	2007 年	2008 年	2009 年	2010 年	2011 年	2012 年	2013 年	2014 年	2015 年	2016 年	2017 年
载客汽车	微型	出租车	汽油	305947	208954	111961	111961	111961	111961	83700	55440	55440	41808	28175	28175	22805	17435	17435	17435	17435	10276	7889
			燃气	216892	148771	80650	80650	80650	80650	60506	40361	40361	30609	20857	20857	16793	12729	12729	12729	12729	7426	5659
		其他	汽油	31451	19771	8091	8091	8091	8091	5108	2126	2126	1731	1336	1336	1124	911	911	911	911	629	535
			燃气	21466	12799	4132	4132	4132	4132	2692	1252	1252	1016	779	779	626	474	474	474	474	380	348
	小型	出租车	汽油	345073	230840	116606	116606	116606	116606	86380	56154	56154	42164	28175	28175	22136	16098	16098	16098	16098	9056	6709
			柴油	391815	330922	270029	270029	270029	270029	239923	209817	209817	167152	124486	124486	124486	124486	100466	76446	76446	56754	50190
			燃气	244378	164146	83914	83914	83914	83914	62388	40862	40862	30860	20857	20857	16324	11790	11790	11790	11790	6569	4829
		其他	汽油	29350	18779	8208	8208	8208	8208	5446	2684	2684	1871	1058	1058	963	868	868	868	868	593	501
			柴油	26018	21309	16600	16600	16600	16600	15274	13949	13949	10930	7912	7912	7912	7912	6822	5731	5731	4958	4700
			燃气	19989	12760	5532	5532	5532	5532	3588	1644	1644	1114	584	584	514	443	443	443	443	354	325
	中型	公交车	汽油	339856	339856	339856	339856	339856	232178	16823	16823	16823	16823	16823	15087	13351	13351	10079	6807	6807	6807	6807
			柴油	379857	379857	378965	377181	377181	362191	332212	332212	332212	276716	221221	221221	221221	221221	180532	139843	139843	117080	109492
			燃气	403322	403322	398520	388917	388917	376853	352726	352726	352726	293564	234402	234402	148233	148233	116095	116095	116095	116095	116095
		其他	汽油	200088	200088	200088	200088	200088	135726	7003	7003	7003	7003	7003	7003	7003	7003	5252	3502	3502	3502	3502
			柴油	171062	171062	163921	149640	149640	148374	145843	145843	145843	124210	102578	102578	102578	102578	91080	79581	79581	67924	64038
			燃气	193165	193165	182434	160971	160971	159454	156419	156419	156419	133180	109941	109941	85639	85639	68790	68790	68790	68790	68790
	大型	公交车	汽油	1210736	1210736	1210736	1210736	1210736	832525	76103	76103	76103	76103	76103	76036	75970	75970	56978	37986	37986	37986	37986
			柴油	538750	538750	521341	486523	486523	472699	445051	445051	445051	437031	429011	429011	429011	429011	413541	398071	398071	358842	345765
			燃气	1083207	1083207	1023029	902672	902672	835688	701720	701720	701720	601244	500768	500768	466215	466215	404086	404086	404086	404086	404086
		其他	汽油	2775053	2775053	2775053	2775053	2775053	1908179	174432	174432	174432	174432	174432	167890	161349	161349	121141	80933	80933	80933	80933
			柴油	1238908	1238908	1207028	1143269	1143269	1116615	1063306	1063306	1063306	1025870	988433	988433	988433	988433	940993	893553	893553	790786	756530
			燃气	2306092	2306092	2177976	1921743	1921743	1779138	1493927	1493927	1493927	1280508	1067090	1067090	962697	962697	816763	816763	816763	816763	816763
载货汽车	微型		汽油	186376	112036	37697	37697	37697	37697	26396	15095	15095	12412	9729	9729	8322	6914	6914	6914	6914	4829	4134
			柴油	137804	115170	92535	92535	92535	92535	82898	73260	73260	61832	50404	50404	50404	50404	36852	23300	23300	18921	17461
			燃气	127206	73229	19252	19252	19252	19252	14070	8889	8889	7281	5673	5673	4635	3597	3597	3597	3597	2916	2689
	轻型		汽油	138890	90385	41880	41880	41880	41880	29058	16235	16235	13710	11186	11186	9128	7070	7070	7070	7070	5026	4345
			柴油	138238	115386	92535	92535	92535	92535	82898	73260	73260	61832	50404	50404	50404	50404	39782	29160	29160	25811	24695
			燃气	94592	61409	28226	28226	28226	28226	19085	9944	9944	8059	6175	6175	4891	3608	3608	3608	3608	3016	2819
	中型		汽油	241057	241057	241057	241057	241056	164571	11601	11601	11601	11601	11601	11601	11601	11601	8704	5807	5807	5807	5807
			柴油	452163	452163	406010	313703	313703	298297	267486	267486	267486	266764	266041	266041	266041	266041	233418	200794	200794	172902	163605
			燃气	510587	510587	452877	337457	337457	320599	286883	286883	286883	286010	285137	285137	216079	216079	175745	175745	175745	175745	175745
	重型		汽油	1941071	1941071	1941071	1941071	1941071	1334717	122010	122010	122010	122010	122010	117434	112859	112859	84734	56610	56610	56610	56610
			柴油	1059823	1059823	1023648	951297	951297	916111	845739	845739	845739	811824	777910	777910	777910	777910	687153	596396	596396	413756	352876
			燃气	1972745	1972745	1848181	1599054	1599054	1462119	1188249	1188249	1188249	1014032	839814	839814	642546	642546	380971	380971	380971	380971	380971
低速汽车	三轮汽车			65550	65550	65550	65550	65550	65550	65550	65550	65550	53279	53279	53279	53279	53279	53279	53279	53279	53279	53279
	低速货车			88065	88065	88065	88065	88065	88065	88065	88065	88065	71579	71579	71579	71579	71579	71579	71579	71579	71579	71579
摩托车	普通摩托车			1095	1095	1095	1095	1058	1022	949	949	949	949	949	844	738	738	738	738	738	738	738
	轻便摩托车			730	730	730	730	730	365	365	365	365	365	365	324	284	284	284	284	284	284	284

无锡市 PM 排放系数

单位：克/（辆·年）

车辆类型		使用性质	燃料种类	1999 年年底前	2000 年	2001 年	2002 年	2003 年	2004 年	2005 年	2006 年	2007 年	2008 年	2009 年	2010 年	2011 年	2012 年	2013 年	2014 年	2015 年	2016 年	2017 年
载客汽车	微型	出租车	汽油	—	—	—	—	—	—	—	—	—	—	—	—	—	—	—	—	—	—	—
			燃气	—	—	—	—	—	—	—	—	—	—	—	—	—	—	—	—	—	—	—
		其他	汽油	—	—	—	—	—	—	—	—	—	—	—	—	—	—	—	—	—	—	—
			燃气	—	—	—	—	—	—	—	—	—	—	—	—	—	—	—	—	—	—	—
	小型	出租车	汽油	—	—	—	—	—	—	—	—	—	—	—	—	—	—	—	—	—	—	—
			柴油	51424	47093	42762	42762	42762	42762	29154	15547	15547	10137	4727	4727	4727	4727	4394	4060	4060	3357	3123
			燃气	—	—	—	—	—	—	—	—	—	—	—	—	—	—	—	—	—	—	—
		其他	汽油	—	—	—	—	—	—	—	—	—	—	—	—	—	—	—	—	—	—	—
			柴油	3983	3769	3555	3555	3555	3555	2556	1558	1558	1142	725	725	725	725	606	487	487	487	487
			燃气	—	—	—	—	—	—	—	—	—	—	—	—	—	—	—	—	—	—	—
	中型	公交车	汽油	—	—	—	—	—	—	—	—	—	—	—	—	—	—	—	—	—	—	—
			柴油	31857	31857	29192	23861	23861	18722	8443	8443	8443	7156	5870	5870	5870	5870	3649	1428	1428	1124	1023
			燃气	—	—	—	—	—	—	—	—	—	—	—	—	—	—	—	—	—	—	—
		其他	汽油	—	—	—	—	—	—	—	—	—	—	—	—	—	—	—	—	—	—	—
			柴油	15274	15274	12888	8116	8116	6262	2553	2553	2553	2434	2316	2316	2316	2316	1366	415	415	399	394
			燃气	—	—	—	—	—	—	—	—	—	—	—	—	—	—	—	—	—	—	—
	大型	公交车	汽油	—	—	—	—	—	—	—	—	—	—	—	—	—	—	—	—	—	—	—
			柴油	98788	98788	97818	95878	95878	74219	30901	30901	30901	20821	10741	10741	10741	10741	6368	1995	1995	1921	1896
			燃气	—	—	—	—	—	—	—	—	—	—	—	—	—	—	—	—	—	—	—
		其他	汽油	—	—	—	—	—	—	—	—	—	—	—	—	—	—	—	—	—	—	—
			柴油	142314	142314	133412	115607	115607	85425	25061	25061	25061	17182	9303	9303	9303	9303	5868	2433	2433	2343	2313
			燃气	—	—	—	—	—	—	—	—	—	—	—	—	—	—	—	—	—	—	—
载货汽车	微型		汽油	—	—	—	—	—	—	—	—	—	—	—	—	—	—	—	—	—	—	—
			柴油	15810	15483	15156	15156	15156	15156	12338	9521	9521	7066	4612	4612	4612	4612	2904	1195	1195	1190	1188
			燃气	—	—	—	—	—	—	—	—	—	—	—	—	—	—	—	—	—	—	—
	轻型		汽油	—	—	—	—	—	—	—	—	—	—	—	—	—	—	—	—	—	—	—
			柴油	16443	15800	15156	15156	15156	15156	12338	9521	9521	7066	4612	4612	4612	4612	3478	2344	2344	1935	1799
			燃气	—	—	—	—	—	—	—	—	—	—	—	—	—	—	—	—	—	—	—
	中型		汽油	—	—	—	—	—	—	—	—	—	—	—	—	—	—	—	—	—	—	—
			柴油	38666	38666	32539	20285	20285	15644	6363	6363	6363	6028	5693	5693	5693	5693	3650	1607	1607	1472	1427
			燃气	—	—	—	—	—	—	—	—	—	—	—	—	—	—	—	—	—	—	—
	重型		汽油	—	—	—	—	—	—	—	—	—	—	—	—	—	—	—	—	—	—	—
			柴油	138116	138116	113521	64332	64332	51080	24575	24575	24575	16840	9105	9105	9105	9105	6098	3092	3092	2614	2454
			燃气	—	—	—	—	—	—	—	—	—	—	—	—	—	—	—	—	—	—	—
低速汽车	三轮汽车			4092	4092	4092	4092	4092	4092	4092	4092	4092	3220	3220	3220	3220	3220	3220	3220	3220	3220	3220
	低速货车			5581	5581	5581	5581	5581	5581	5581	5581	5581	4392	4392	4392	4392	4392	4392	4392	4392	4392	4392
摩托车	普通摩托车			—	—	—	—	—	—	—	—	—	—	—	—	—	—	—	—	—	—	—
	轻便摩托车			—	—	—	—	—	—	—	—	—	—	—	—	—	—	—	—	—	—	—

无锡市 VOCs 排放系数

单位：克/（辆·年）

车辆类型		使用性质	燃料种类	1999年年底前	2000年	2001年	2002年	2003年	2004年	2005年	2006年	2007年	2008年	2009年	2010年	2011年	2012年	2013年	2014年	2015年	2016年	2017年
载客汽车	微型	出租车	汽油	723387	432816	142244	142244	142244	142244	108222	74200	74200	61018	47837	47837	39271	30705	30705	30705	30705	20910	17645
			燃气	408689	248446	88204	88204	88204	88204	67924	47645	47645	39333	31021	31021	24644	18268	18268	18268	18268	10926	8479
		其他	汽油	42070	25740	9411	9411	9411	9411	9035	8659	8659	7494	6329	6329	6056	5783	5783	5783	5783	4918	4630
			燃气	18437	10352	2267	2267	2267	2267	2173	2079	2079	1548	1016	1016	926	837	837	837	837	573	485
	小型	出租车	汽油	723387	426048	128710	128710	128710	128710	119476	110243	110243	79040	47837	47837	39271	30705	30705	30705	30705	19738	16083
			柴油	224931	211370	197808	197808	197808	197808	177812	157815	157815	117800	77786	77786	77786	77786	57577	37368	37368	20344	14669
			燃气	408689	244717	80745	80745	80745	80745	74126	67508	67508	49264	31021	31021	24644	18268	18268	18268	18268	10280	7618
		其他	汽油	42635	25954	9274	9274	9274	9274	9268	9263	9263	7798	6332	6332	6021	5710	5710	5710	5710	4973	4727
			柴油	9744	8916	8087	8087	8087	8087	6858	5630	5630	3872	2113	2113	2113	2113	1792	1471	1471	1040	896
			燃气	18749	11274	3798	3798	3798	3798	3104	2411	2411	1788	1165	1165	982	798	798	798	798	604	539
	中型	公交车	汽油	257646	257646	257646	257646	257049	175602	13901	13901	13901	13901	13901	13750	13598	13598	11071	8544	8544	8544	8544
			柴油	91436	91436	89645	86063	86063	67161	29358	29358	29358	21356	13354	13354	13354	13354	9328	5303	5303	4960	4846
			燃气	74539	74539	70398	62116	62116	59916	55516	55516	55516	44452	33387	33387	23138	23138	23070	23070	23070	23070	23070
		其他	汽油	128344	128344	128344	128344	127747	87424	7973	7973	7973	7973	7973	7828	7682	7682	6631	5580	5580	5580	5580
			柴油	30493	30493	28460	24394	24394	18567	6912	6912	6912	6506	6099	6099	6099	6099	3750	1402	1402	1243	1190
			燃气	34560	34560	32640	28800	28800	27780	25740	25740	25740	20623	15506	15506	10732	10732	9642	9642	9642	9642	9642
	大型	公交车	汽油	600572	600572	600572	600572	599975	404672	15259	15259	15259	15259	15259	15119	14979	14979	12100	9220	9220	9220	9220
			柴油	137155	137155	112477	63120	63120	63120	63120	63120	63120	45314	27508	27508	27508	27508	18406	9304	9304	5960	4846
			燃气	175912	175912	166139	146593	146593	141401	131018	131018	131018	104906	78794	78794	54606	54606	49139	49139	49139	49139	49139
		其他	汽油	1278240	1278240	1278240	1278240	1277643	860794	28291	28291	28291	28291	28291	22032	15774	15774	12583	9392	9392	9392	9392
			柴油	272891	272891	207397	76409	76409	76409	76409	76409	76409	55942	35476	35476	35476	35476	20706	5937	5937	5324	5119
			燃气	266186	266186	251398	221822	221822	213966	198253	198253	198253	158842	119430	119430	82662	82662	74261	74261	74261	74261	74261
载货汽车	微型		汽油	378168	205280	32392	32392	32392	32392	30155	27918	27918	25527	23136	23136	18720	14305	14305	14305	14305	11471	10526
			柴油	73245	68353	63461	63461	63461	63461	57520	51579	51579	38962	26346	26346	26346	26346	18407	10468	10468	6529	5216
			燃气	165731	86767	7803	7803	7803	7803	7253	6703	6703	5209	3714	3714	2892	2070	2070	2070	2070	1345	1103
	轻型		汽油	197885	119802	41720	41720	41720	41720	35910	30101	30101	26816	23531	23531	20222	16912	16912	16912	16912	13884	12875
			柴油	68558	66010	63461	63461	63461	63461	57520	51579	51579	38962	26346	26346	26346	26346	19754	13161	13161	9222	7909
			燃气	87021	52053	17086	17086	17086	17086	12460	7835	7835	6082	4329	4329	3346	2364	2364	2364	2364	1692	1468
	中型		汽油	340229	340229	340229	340229	339632	231072	15145	15145	15145	15145	15145	15005	14865	14865	12012	9159	9159	9159	9159
			柴油	79451	79451	74154	63561	63561	48377	18009	18009	18009	16956	15904	15904	15904	15904	11526	7148	7148	4253	3288
			燃气	90048	90048	85046	75041	75041	72382	67065	67065	67065	53749	40434	40434	54716	54716	26641	26641	26641	26641	26641
	重型		汽油	922115	922115	922115	922115	921518	621095	21446	21446	21446	21446	21446	16900	12353	12353	10050	7748	7748	7748	7748
			柴油	229621	229621	174512	64294	64294	64294	64294	64294	64294	47072	29851	29851	29851	29851	18722	7593	7593	6119	5628
			燃气	223979	223979	211536	186651	186651	180040	166819	166819	166819	133656	100493	100493	105719	105719	81645	81645	81645	81645	81645
低速汽车	三轮汽车			25300	25300	25300	25300	25300	25300	25300	25300	25300	16721	16721	16721	16721	16721	16721	16721	16721	16721	16721
	低速货车			33990	33990	33990	33990	33990	33990	33990	33990	33990	22464	22464	22464	22464	22464	22464	22464	22464	22464	22464
摩托车	普通摩托车			14679	14679	14679	14679	10954	7230	3871	3871	3871	3871	3871	2888	1906	1906	1906	1906	1906	1906	1906
	轻便摩托车			47470	47470	47470	47470	47470	9494	9494	4674	4674	4674	4674	3488	2302	2302	2302	2302	2302	2302	2302

徐州市 NO_x 排放系数

单位：克/（辆·年）

车辆类型		使用性质	燃料种类	1999年年底前	2000年	2001年	2002年	2003年	2004年	2005年	2006年	2007年	2008年	2009年	2010年	2011年	2012年	2013年	2014年	2015年	2016年	2017年
载客汽车	微型	出租车	汽油	295357	201313	107269	107269	107269	107269	79820	52372	52372	39203	26034	26034	21255	16476	16476	16476	16476	9866	7663
			燃气	208967	143020	77072	77072	77072	77072	57546	38019	38019	28623	19227	19227	15606	11985	11985	11985	11985	7107	5481
		其他	汽油	32234	20275	8316	8316	8316	8316	5246	2176	2176	1770	1364	1364	1156	947	947	947	947	652	554
			燃气	21978	13110	4242	4242	4242	4242	2762	1282	1282	1038	795	795	645	495	495	495	495	394	361
	小型	出租车	汽油	333519	222682	111846	111846	111846	111846	82461	53076	53076	39555	26034	26034	20578	15121	15121	15121	15121	8641	6481
			柴油	375759	316392	257024	257024	257024	257024	228598	200173	200173	159432	118692	118692	118692	118692	96164	73635	73635	55320	49215
			燃气	235743	158013	80283	80283	80283	80283	59398	38513	38513	28870	19227	19227	15130	11034	11034	11034	11034	6247	4651
		其他	汽油	30079	19258	8437	8437	8437	8437	5594	2751	2751	1915	1079	1079	990	901	901	901	901	615	520
			柴油	26876	22006	17135	17135	17135	17135	15758	14382	14382	11284	8187	8187	8187	8187	7060	5934	5934	5151	4890
			燃气	20466	13074	5682	5682	5682	5682	3684	1686	1686	1141	596	596	530	463	463	463	463	368	337
	中型	公交车	汽油	326772	326772	326772	326772	326772	223240	16175	16175	16175	16175	16175	14506	12837	12837	9691	6545	6545	6545	6545
			柴油	365109	365109	364252	362538	362538	348130	319314	319314	319314	265973	212632	212632	212632	212632	173523	134414	134414	112535	105242
			燃气	387664	387664	383049	373818	373818	362223	339033	339033	339033	282168	225302	225302	142478	142478	111588	111588	111588	111588	111588
		其他	汽油	200341	200341	200341	200341	200341	135898	7012	7012	7012	7012	7012	7012	7012	7012	5260	3507	3507	3507	3507
			柴油	171220	171220	164073	149778	149778	148511	145978	145978	145978	124325	102672	102672	102672	102672	91164	79655	79655	67986	64097
			燃气	193343	193343	182602	161119	161119	159601	156564	156564	156564	133303	110042	110042	85718	85718	68854	68854	68854	68854	68854
	大型	公交车	汽油	1164125	1164125	1164125	1164125	1164125	800475	73174	73174	73174	73174	73174	73110	73045	73045	54784	36523	36523	36523	36523
			柴油	517834	517834	501101	467635	467635	454348	427773	427773	427773	420064	412355	412355	412355	412355	397486	382617	382617	344911	332342
			燃气	1041154	1041154	983312	867628	867628	803244	674477	674477	674477	577902	481327	481327	448115	448115	388398	388398	388398	388398	388398
		其他	汽油	2778555	2778555	2778555	2778555	2778555	1910587	174652	174652	174652	174652	174652	168102	161553	161553	121294	81035	81035	81035	81035
			柴油	1240052	1240052	1208143	1144325	1144325	1117646	1064288	1064288	1064288	1026817	989346	989346	989346	989346	941862	894378	894378	791516	757228
			燃气	2308222	2308222	2179987	1923518	1923518	1780781	1495306	1495306	1495306	1281691	1068076	1068076	963586	963586	817517	817517	817517	817517	817517
载货汽车	微型		汽油	133722	79661	25600	25600	25600	25600	17633	9666	9666	7882	6099	6099	5322	4544	4544	4544	4544	3306	2893
			柴油	94082	77972	61862	61862	61862	61862	55569	49276	49276	41682	34087	34087	34087	34087	24929	15771	15771	13262	12426
			燃气	91175	52117	13059	13059	13059	13059	9377	5695	5695	4625	3555	3555	2965	2375	2375	2375	2375	2008	1885
	轻型		汽油	98992	63816	28640	28640	28640	28640	19568	10495	10495	8826	7158	7158	5908	4658	4658	4658	4658	3449	3046
			柴油	94401	78132	61862	61862	61862	61862	55569	49276	49276	41682	34087	34087	34087	34087	27078	20070	20070	18317	17733
			燃气	67355	43321	19288	19288	19288	19288	12860	6432	6432	5193	3954	3954	3174	2394	2394	2394	2394	2079	1974
	中型		汽油	241057	241057	241057	241057	241056	164571	11601	11601	11601	11601	11601	11601	11601	11601	8704	5807	5807	5807	5807
			柴油	452163	452163	406010	313703	313703	298297	267486	267486	267486	266764	266041	266041	266041	266041	233418	200794	200794	172902	163605
			燃气	510586	510586	452876	337456	337456	320599	286883	286883	286883	286011	285138	285138	216078	216078	175747	175747	175747	175747	175747
	重型		汽油	1794668	1794668	1794668	1794668	1794668	1234048	112808	112808	112808	112808	112808	108578	104347	104347	78344	52341	52341	52341	52341
			柴油	1009582	1009582	975122	906201	906201	872683	805647	805647	805647	773340	741033	741033	741033	741033	647068	553102	553102	366598	304430
			燃气	1879227	1879227	1760568	1523251	1523251	1392807	1131920	1131920	1131920	965961	800003	800003	595902	595902	328668	328668	328668	328668	328668
低速汽车	三轮汽车			65550	65550	65550	65550	65550	65550	65550	65550	65550	53279	53279	53279	53279	53279	53279	53279	53279	53279	53279
	低速货车			88065	88065	88065	88065	88065	88065	88065	88065	88065	71579	71579	71579	71579	71579	71579	71579	71579	71579	71579
摩托车	普通摩托车			1095	1095	1095	1095	1058	1022	949	949	949	949	949	844	738	738	738	738	738	738	738
	轻便摩托车			730	730	730	730	730	365	365	365	365	365	365	324	284	284	284	284	284	284	284

徐州市 PM 排放系数

单位：克/（辆·年）

车辆类型		使用性质	燃料种类	1999年年底前	2000年	2001年	2002年	2003年	2004年	2005年	2006年	2007年	2008年	2009年	2010年	2011年	2012年	2013年	2014年	2015年	2016年	2017年
载客汽车	微型	出租车	汽油	—	—	—	—	—	—	—	—	—	—	—	—	—	—	—	—	—	—	—
			燃气	—	—	—	—	—	—	—	—	—	—	—	—	—	—	—	—	—	—	—
		其他	汽油	—	—	—	—	—	—	—	—	—	—	—	—	—	—	—	—	—	—	—
			燃气	—	—	—	—	—	—	—	—	—	—	—	—	—	—	—	—	—	—	—
	小型	出租车	汽油	—	—	—	—	—	—	—	—	—	—	—	—	—	—	—	—	—	—	—
			柴油	50964	46670	42377	42377	42377	42377	28830	15284	15284	9982	4680	4680	4680	4680	4350	4020	4020	3324	3092
			燃气	—	—	—	—	—	—	—	—	—	—	—	—	—	—	—	—	—	—	—
		其他	汽油	—	—	—	—	—	—	—	—	—	—	—	—	—	—	—	—	—	—	—
			柴油	4116	3895	3674	3674	3674	3674	2639	1604	1604	1178	751	751	751	751	626	501	501	501	501
			燃气	—	—	—	—	—	—	—	—	—	—	—	—	—	—	—	—	—	—	—
	中型	公交车	汽油	—	—	—	—	—	—	—	—	—	—	—	—	—	—	—	—	—	—	—
			柴油	30592	30592	28032	22913	22913	17978	8108	8108	8108	6872	5637	5637	5637	5637	3504	1372	1372	1080	983
			燃气	—	—	—	—	—	—	—	—	—	—	—	—	—	—	—	—	—	—	—
		其他	汽油	—	—	—	—	—	—	—	—	—	—	—	—	—	—	—	—	—	—	—
			柴油	15274	15274	12888	8116	8116	6262	2553	2553	2553	2434	2316	2316	2316	2316	1366	415	415	399	394
			燃气	—	—	—	—	—	—	—	—	—	—	—	—	—	—	—	—	—	—	—
	大型	公交车	汽油	—	—	—	—	—	—	—	—	—	—	—	—	—	—	—	—	—	—	—
			柴油	94865	94865	93934	92071	92071	71272	29674	29674	29674	19994	10315	10315	10315	10315	6116	1916	1916	1845	1821
			燃气	—	—	—	—	—	—	—	—	—	—	—	—	—	—	—	—	—	—	—
		其他	汽油	—	—	—	—	—	—	—	—	—	—	—	—	—	—	—	—	—	—	—
			柴油	142314	142314	133412	115607	115607	85425	25061	25061	25061	17182	9303	9303	9303	9303	5868	2433	2433	2343	2313
			燃气	—	—	—	—	—	—	—	—	—	—	—	—	—	—	—	—	—	—	—
载货汽车	微型		汽油	—	—	—	—	—	—	—	—	—	—	—	—	—	—	—	—	—	—	—
			柴油	11531	11292	11054	11054	11054	11054	9006	6957	6957	5164	3370	3370	3370	3370	2122	873	873	869	868
			燃气	—	—	—	—	—	—	—	—	—	—	—	—	—	—	—	—	—	—	—
	轻型		汽油	—	—	—	—	—	—	—	—	—	—	—	—	—	—	—	—	—	—	—
			柴油	11992	11523	11054	11054	11054	11054	9006	6957	6957	5164	3370	3370	3370	3370	2541	1712	1712	1414	1314
			燃气	—	—	—	—	—	—	—	—	—	—	—	—	—	—	—	—	—	—	—
	中型		汽油	—	—	—	—	—	—	—	—	—	—	—	—	—	—	—	—	—	—	—
			柴油	38666	38666	32539	20285	20285	15644	6363	6363	6363	6028	5693	5693	5693	5693	3650	1607	1607	1472	1427
			燃气	—	—	—	—	—	—	—	—	—	—	—	—	—	—	—	—	—	—	—
	重型		汽油	—	—	—	—	—	—	—	—	—	—	—	—	—	—	—	—	—	—	—
			柴油	127085	127085	104455	59194	59194	47000	22612	22612	22612	15495	8378	8378	8378	8378	5656	2935	2935	2480	2329
			燃气	—	—	—	—	—	—	—	—	—	—	—	—	—	—	—	—	—	—	—
低速汽车	三轮汽车			4092	4092	4092	4092	4092	4092	4092	4092	4092	3220	3220	3220	3220	3220	3220	3220	3220	3220	3220
	低速货车			5581	5581	5581	5581	5581	5581	5581	5581	5581	4392	4392	4392	4392	4392	4392	4392	4392	4392	4392
摩托车	普通摩托车			—	—	—	—	—	—	—	—	—	—	—	—	—	—	—	—	—	—	—
	轻便摩托车			—	—	—	—	—	—	—	—	—	—	—	—	—	—	—	—	—	—	—

徐州市 VOCs 排放系数

单位：克/（辆·年）

车辆类型		使用性质	燃料种类	1999 年年底前	2000 年	2001 年	2002 年	2003 年	2004 年	2005 年	2006 年	2007 年	2008 年	2009 年	2010 年	2011 年	2012 年	2013 年	2014 年	2015 年	2016 年	2017 年
载客汽车	微型	出租车	汽油	911424	536724	162025	162025	162025	162025	120989	79953	79953	64958	49963	49963	41544	33124	33124	33124	33124	24092	21082
			燃气	405576	244764	83952	83952	83952	83952	64301	44650	44650	36743	28836	28836	23031	17226	17226	17226	17226	10658	8468
		其他	汽油	53273	31956	10638	10638	10638	10638	10244	9851	9851	8426	7001	7001	6682	6362	6362	6362	6362	5367	5035
			燃气	19089	10710	2330	2330	2330	2330	2235	2140	2140	1593	1046	1046	962	877	877	877	877	607	517
	小型	出租车	汽油	911424	528086	144749	144749	144749	144749	135333	125917	125917	87940	49963	49963	41544	33124	33124	33124	33124	22524	18990
			柴油	218547	205705	192863	192863	192863	192863	174432	156001	156001	114539	73077	73077	73077	73077	54196	35314	35314	19799	14627
			燃气	405576	241072	76567	76567	76567	76567	70433	64299	64299	46568	28836	28836	23031	17226	17226	17226	17226	9987	7574
		其他	汽油	54028	32242	10456	10456	10456	10456	10556	10656	10656	8830	7005	7005	6634	6264	6264	6264	6264	5442	5168
			柴油	11170	10210	9250	9250	9250	9250	7846	6443	6443	4390	2338	2338	2338	2338	1996	1653	1653	1187	1032
			燃气	19412	11662	3912	3912	3912	3912	3198	2484	2484	1842	1201	1201	1018	835	835	835	835	639	574
	中型	公交车	汽油	247696	247696	247696	247696	247099	168856	13563	13563	13563	13563	13563	13412	13260	13260	10833	8406	8406	8406	8406
			柴油	87806	87806	86086	82645	82645	64494	28192	28192	28192	20508	12823	12823	12823	12823	8958	5093	5093	4763	4653
			燃气	71579	71579	67602	59649	59649	57536	53311	53311	53311	42686	32061	32061	22219	22219	22154	22154	22154	22154	22154
		其他	汽油	128406	128406	128406	128406	127809	87487	8036	8036	8036	8036	8036	7890	7745	7745	6694	5642	5642	5642	5642
			柴油	30493	30493	28460	24394	24394	18567	6912	6912	6912	6506	6099	6099	6099	6099	3750	1402	1402	1243	1190
			燃气	34560	34560	32640	28800	28800	27780	25740	25740	25740	20623	15506	15506	10732	10732	9642	9642	9642	9642	9642
	大型	公交车	汽油	577004	577004	577004	577004	576407	388829	14867	14867	14867	14867	14867	14728	14588	14588	11822	9056	9056	9056	9056
			柴油	131708	131708	108010	60614	60614	60614	60614	60614	60614	43515	26416	26416	26416	26416	17675	8934	8934	5723	4653
			燃气	168926	168926	159541	140772	140772	135786	125815	125815	125815	100740	75665	75665	52438	52438	47188	47188	47188	47188	47188
		其他	汽油	1278302	1278302	1278302	1278302	1277705	860857	28354	28354	28354	28354	28354	22095	15836	15836	12646	9455	9455	9455	9455
			柴油	272891	272891	207397	76409	76409	76409	76409	76409	76409	55942	35476	35476	35476	35476	20706	5937	5937	5324	5119
			燃气	266186	266186	251398	221822	221822	213966	198253	198253	198253	158842	119430	119430	82662	82662	74261	74261	74261	74261	74261
载货汽车	微型		汽油	352152	189158	26165	26165	26165	26165	24670	23175	23175	21354	19533	19533	15994	12454	12454	12454	12454	10557	9925
			柴油	49746	46464	43182	43182	43182	43182	39520	35859	35859	26534	17208	17208	17208	17208	11864	6520	6520	4450	3760
			燃气	126185	65958	5731	5731	5731	5731	5383	5034	5034	3976	2918	2918	2318	1717	1717	1717	1717	1194	1019
	轻型		汽油	181958	108464	34971	34971	34971	34971	30104	25236	25236	22570	19905	19905	17410	14915	14915	14915	14915	12836	12143
			柴油	45776	44479	43182	43182	43182	43182	39520	35859	35859	26534	17208	17208	17208	17208	13004	8800	8800	6729	6039
			燃气	65377	39230	13084	13084	13084	13084	9483	5883	5883	4648	3413	3413	2700	1988	1988	1988	1988	1509	1349
	中型		汽油	340291	340291	340291	340291	339694	231134	15207	15207	15207	15207	15207	15068	14928	14928	12074	9221	9221	9221	9221
			柴油	79451	79451	74154	63561	63561	48377	18009	18009	18009	16956	15904	15904	15904	15904	11526	7148	7148	4253	3288
			燃气	90048	90048	85046	75041	75041	72382	67065	67065	67065	53749	40434	40434	54716	54716	26641	26641	26641	26641	26641
	重型		汽油	858428	858428	858428	858428	857830	578250	20283	20283	20283	20283	20283	16042	11802	11802	9659	7516	7516	7516	7516
			柴油	225098	225098	171074	63027	63027	63027	63027	63027	63027	46145	29263	29263	29263	29263	18159	7055	7055	5369	4807
			燃气	219567	219567	207369	182973	182973	176492	163532	163532	163532	131023	98514	98514	98228	98228	69735	69735	69735	69735	69735
低速汽车	三轮汽车			25300	25300	25300	25300	25300	25300	25300	25300	25300	16721	16721	16721	16721	16721	16721	16721	16721	16721	16721
	低速货车			33990	33990	33990	33990	33990	33990	33990	33990	33990	22464	22464	22464	22464	22464	22464	22464	22464	22464	22464
摩托车	普通摩托车			14679	14679	14679	14679	10954	7230	3871	3871	3871	3871	3871	2888	1906	1906	1906	1906	1906	1906	1906
	轻便摩托车			47470	47470	47470	47470	47470	9494	9494	4674	4674	4674	4674	3488	2302	2302	2302	2302	2302	2302	2302

常州市 NO_x 排放系数

单位：克/（辆·年）

车辆类型		使用性质	燃料种类	1999年年底前	2000年	2001年	2002年	2003年	2004年	2005年	2006年	2007年	2008年	2009年	2010年	2011年	2012年	2013年	2014年	2015年	2016年	2017年
载客汽车	微型	出租车	汽油	290574	197584	104595	104595	104595	104595	77994	51392	51392	38642	25892	25892	20898	15905	15905	15905	15905	9431	7273
			燃气	205891	140583	75275	75275	75275	75275	56319	37363	37363	28250	19137	19137	15365	11593	11593	11593	11593	6808	5213
		其他	汽油	32455	20378	8300	8300	8300	8300	5234	2168	2168	1766	1365	1365	1134	904	904	904	904	622	528
			燃气	22177	13210	4243	4243	4243	4243	2763	1283	1283	1042	800	800	634	469	469	469	469	375	344
	小型	出租车	汽油	328022	218512	109003	109003	109003	109003	80536	52070	52070	38981	25892	25892	20282	14673	14673	14673	14673	8300	6176
			柴油	366532	309024	251517	251517	251517	251517	223315	195113	195113	155170	115228	115228	115228	115228	93154	71080	71080	52941	46895
			燃气	232206	155289	78372	78372	78372	78372	58106	37839	37839	28488	19137	19137	14932	10728	10728	10728	10728	6014	4442
		其他	汽油	30283	19352	8421	8421	8421	8421	5582	2742	2742	1910	1078	1078	970	861	861	861	861	587	496
			柴油	26176	21438	16701	16701	16701	16701	15352	14003	14003	10966	7929	7929	7929	7929	6835	5741	5741	4944	4679
			燃气	20651	13168	5684	5684	5684	5684	3685	1686	1686	1142	598	598	518	438	438	438	438	350	321
	中型	公交车	汽油	326272	326272	326272	326272	326272	222898	16150	16150	16150	16150	16150	14484	12818	12818	9676	6535	6535	6535	6535
			柴油	364700	364700	363844	362131	362131	347739	318956	318956	318956	265675	212394	212394	212394	212394	173328	134263	134263	112409	105124
			燃气	387229	387229	382619	373399	373399	361817	338653	338653	338653	281851	225049	225049	142318	142318	111463	111463	111463	111463	111463
		其他	汽油	200034	200034	200034	200034	200034	135690	7001	7001	7001	7001	7001	7001	7001	7001	5251	3501	3501	3501	3501
			柴油	171028	171028	163889	149610	149610	148345	145815	145815	145815	124186	102557	102557	102557	102557	91062	79566	79566	67910	64025
			燃气	193127	193127	182398	160939	160939	159422	156388	156388	156388	133154	109919	109919	85622	85622	68777	68777	68777	68777	68777
	大型	公交车	汽油	1162343	1162343	1162343	1162343	1162343	799249	73062	73062	73062	73062	73062	72998	72933	72933	54700	36468	36468	36468	36468
			柴油	517253	517253	500539	467111	467111	453838	427293	427293	427293	419593	411893	411893	411893	411893	397040	382188	382188	344524	331969
			燃气	1039987	1039987	982210	866656	866656	802344	673721	673721	673721	577254	480787	480787	447613	447613	387963	387963	387963	387963	387963
		其他	汽油	2774300	2774300	2774300	2774300	2774300	1907662	174385	174385	174385	174385	174385	167846	161306	161306	121108	80911	80911	80911	80911
			柴油	1238662	1238662	1206789	1143042	1143042	1116393	1063095	1063095	1063095	1025666	988237	988237	988237	988237	940806	893376	893376	790629	756380
			燃气	2305634	2305634	2177543	1921362	1921362	1778785	1493630	1493630	1493630	1280254	1066879	1066879	962506	962506	816601	816601	816601	816601	816601
载货汽车	微型		汽油	82063	48500	14938	14938	14938	14938	10119	5300	5300	4278	3255	3255	2921	2587	2587	2587	2587	1956	1745
			柴油	53208	43714	34219	34219	34219	34219	30809	27399	27399	23210	19022	19022	19022	19022	13926	8830	8830	7678	7294
			燃气	56075	31856	7636	7636	7636	7636	5386	3136	3136	2522	1908	1908	1625	1342	1342	1342	1342	1188	1137
	轻型		汽油	60737	38786	16834	16834	16834	16834	11326	5817	5817	4866	3916	3916	3287	2658	2658	2658	2658	2044	1840
			柴油	53401	43810	34219	34219	34219	34219	30809	27399	27399	23210	19022	19022	19022	19022	15223	11424	11424	10727	10495
			燃气	41419	26391	11363	11363	11363	11363	7470	3577	3577	2875	2172	2172	1762	1352	1352	1352	1352	1231	1191
	中型		汽油	241057	241057	241057	241057	241056	164571	11601	11601	11601	11601	11601	11601	11601	11601	8704	5807	5807	5807	5807
			柴油	452163	452163	406010	313703	313703	298297	267486	267486	267486	266764	266041	266041	266041	266041	233418	200794	200794	172902	163605
			燃气	510588	510588	452878	337458	337458	320599	286881	286881	286881	286010	285139	285139	216077	216077	175748	175748	175748	175748	175748
	重型		汽油	1794668	1794668	1794668	1794668	1794668	1234048	112808	112808	112808	112808	112808	108578	104347	104347	78344	52341	52341	52341	52341
			柴油	1009582	1009582	975122	906201	906201	872683	805647	805647	805647	773340	741033	741033	741033	741033	647068	553102	553102	366598	304430
			燃气	1879227	1879227	1760568	1523251	1523251	1392808	1131920	1131920	1131920	965962	800003	800003	595901	595901	328668	328668	328668	328668	328668
低速汽车	三轮汽车			65550	65550	65550	65550	65550	65550	65550	65550	65550	53279	53279	53279	53279	53279	53279	53279	53279	53279	53279
	低速货车			88065	88065	88065	88065	88065	88065	88065	88065	88065	71579	71579	71579	71579	71579	71579	71579	71579	71579	71579
摩托车	普通摩托车			1095	1095	1095	1095	1058	1022	949	949	949	949	949	844	738	738	738	738	738	738	738
	轻便摩托车			730	730	730	730	730	365	365	365	365	365	365	324	284	284	284	284	284	284	284

常州市 PM 排放系数

单位：克/（辆·年）

车辆类型		使用性质	燃料种类	1999 年年底前	2000 年	2001 年	2002 年	2003 年	2004 年	2005 年	2006 年	2007 年	2008 年	2009 年	2010 年	2011 年	2012 年	2013 年	2014 年	2015 年	2016 年	2017 年
载客汽车	微型	出租车	汽油	—	—	—	—	—	—	—	—	—	—	—	—	—	—	—	—	—	—	—
			燃气	—	—	—	—	—	—	—	—	—	—	—	—	—	—	—	—	—	—	—
		其他	汽油	—	—	—	—	—	—	—	—	—	—	—	—	—	—	—	—	—	—	—
			燃气	—	—	—	—	—	—	—	—	—	—	—	—	—	—	—	—	—	—	—
	小型	出租车	汽油	—	—	—	—	—	—	—	—	—	—	—	—	—	—	—	—	—	—	—
			柴油	48567	44472	40378	40378	40378	40378	27563	14748	14748	9604	4461	4461	4461	4461	4146	3831	3831	3168	2947
			燃气	—	—	—	—	—	—	—	—	—	—	—	—	—	—	—	—	—	—	—
		其他	汽油	—	—	—	—	—	—	—	—	—	—	—	—	—	—	—	—	—	—	—
			柴油	3992	3778	3564	3564	3564	3564	2562	1560	1560	1143	726	726	726	726	608	491	491	491	491
			燃气	—	—	—	—	—	—	—	—	—	—	—	—	—	—	—	—	—	—	—
	中型	公交车	汽油	—	—	—	—	—	—	—	—	—	—	—	—	—	—	—	—	—	—	—
			柴油	30592	30592	28032	22913	22913	17978	8108	8108	8108	6872	5637	5637	5637	5637	3504	1372	1372	1080	983
			燃气	—	—	—	—	—	—	—	—	—	—	—	—	—	—	—	—	—	—	—
		其他	汽油	—	—	—	—	—	—	—	—	—	—	—	—	—	—	—	—	—	—	—
			柴油	15274	15274	12888	8116	8116	6262	2553	2553	2553	2434	2316	2316	2316	2316	1366	415	415	399	394
			燃气	—	—	—	—	—	—	—	—	—	—	—	—	—	—	—	—	—	—	—
	大型	公交车	汽油	—	—	—	—	—	—	—	—	—	—	—	—	—	—	—	—	—	—	—
			柴油	94865	94865	93934	92071	92071	71272	29674	29674	29674	19994	10315	10315	10315	10315	6116	1916	1916	1845	1821
			燃气	—	—	—	—	—	—	—	—	—	—	—	—	—	—	—	—	—	—	—
		其他	汽油	—	—	—	—	—	—	—	—	—	—	—	—	—	—	—	—	—	—	—
			柴油	142314	142314	133412	115607	115607	85425	25061	25061	25061	17182	9303	9303	9303	9303	5868	2433	2433	2343	2313
			燃气	—	—	—	—	—	—	—	—	—	—	—	—	—	—	—	—	—	—	—
载货汽车	微型		汽油	—	—	—	—	—	—	—	—	—	—	—	—	—	—	—	—	—	—	—
			柴油	7119	6972	6824	6824	6824	6824	5548	4271	4271	3170	2069	2069	2069	2069	1302	536	536	534	533
			燃气	—	—	—	—	—	—	—	—	—	—	—	—	—	—	—	—	—	—	—
	轻型		汽油	—	—	—	—	—	—	—	—	—	—	—	—	—	—	—	—	—	—	—
			柴油	7404	7114	6824	6824	6824	6824	5548	4271	4271	3170	2069	2069	2069	2069	1560	1051	1051	868	807
			燃气	—	—	—	—	—	—	—	—	—	—	—	—	—	—	—	—	—	—	—
	中型		汽油	—	—	—	—	—	—	—	—	—	—	—	—	—	—	—	—	—	—	—
			柴油	38666	38666	32539	20285	20285	15644	6363	6363	6363	6028	5693	5693	5693	5693	3650	1607	1607	1472	1427
			燃气	—	—	—	—	—	—	—	—	—	—	—	—	—	—	—	—	—	—	—
	重型		汽油	—	—	—	—	—	—	—	—	—	—	—	—	—	—	—	—	—	—	—
			柴油	127085	127085	104455	59194	59194	47000	22612	22612	22612	15495	8378	8378	8378	8378	5656	2935	2935	2480	2329
			燃气	—	—	—	—	—	—	—	—	—	—	—	—	—	—	—	—	—	—	—
低速汽车	三轮汽车			4092	4092	4092	4092	4092	4092	4092	4092	4092	3220	3220	3220	3220	3220	3220	3220	3220	3220	3220
	低速货车			5581	5581	5581	5581	5581	5581	5581	5581	5581	4392	4392	4392	4392	4392	4392	4392	4392	4392	4392
摩托车	普通摩托车			—	—	—	—	—	—	—	—	—	—	—	—	—	—	—	—	—	—	—
	轻便摩托车			—	—	—	—	—	—	—	—	—	—	—	—	—	—	—	—	—	—	—

常州市 VOCs 排放系数

单位：克/（辆·年）

车辆类型		使用性质	燃料种类	1999 年年底前	2000 年	2001 年	2002 年	2003 年	2004 年	2005 年	2006 年	2007 年	2008 年	2009 年	2010 年	2011 年	2012 年	2013 年	2014 年	2015 年	2016 年	2017 年
载客汽车	微型	出租车	汽油	673810	403240	132671	132671	132671	132671	100834	68998	68998	56624	44249	44249	36308	28367	28367	28367	28367	19181	16119
			燃气	379989	230868	81747	81747	81747	81747	62830	43912	43912	36163	28414	28414	22540	16666	16666	16666	16666	9866	7600
		其他	汽油	41997	25668	9338	9338	9338	9338	8972	8605	8605	7422	6239	6239	5960	5680	5680	5680	5680	4810	4520
			燃气	18439	10354	2269	2269	2269	2269	2180	2091	2091	1550	1009	1009	916	822	822	822	822	554	465
	小型	出租车	汽油	673810	396848	119887	119887	119887	119887	111536	103185	103185	73717	44249	44249	36308	28367	28367	28367	28367	18136	14726
			柴油	206616	194228	181839	181839	181839	181839	163396	144953	144953	107888	70822	70822	70822	70822	52443	34064	34064	18648	13510
			燃气	379989	227345	74701	74701	74701	74701	68726	62752	62752	45583	28414	28414	22540	16666	16666	16666	16666	9290	6832
		其他	汽油	42562	25882	9201	9201	9201	9201	9206	9212	9212	7727	6242	6242	5926	5609	5609	5609	5609	4866	4618
			柴油	9785	8954	8122	8122	8122	8122	6870	5619	5619	3866	2113	2113	2113	2113	1791	1469	1469	1036	892
			燃气	18751	11274	3797	3797	3797	3797	3111	2425	2425	1791	1157	1157	970	783	783	783	783	585	519
	中型	公交车	汽油	247560	247560	247560	247560	246963	168720	13427	13427	13427	13427	13427	13276	13124	13124	10697	8270	8270	8270	8270
			柴油	87806	87806	86086	82645	82645	64494	28192	28192	28192	20508	12823	12823	12823	12823	8958	5093	5093	4763	4653
			燃气	71579	71579	67602	59649	59649	57536	53311	53311	53311	42686	32061	32061	22219	22219	22154	22154	22154	22154	22154
		其他	汽油	128270	128270	128270	128270	127673	87351	7900	7900	7900	7900	7900	7754	7609	7609	6558	5506	5506	5506	5506
			柴油	30493	30493	28460	24394	24394	18567	6912	6912	6912	6506	6099	6099	6099	6099	3750	1402	1402	1243	1190
			燃气	34560	34560	32640	28800	28800	27780	25740	25740	25740	20623	15506	15506	10732	10732	9642	9642	9642	9642	9642
	大型	公交车	汽油	576868	576868	576868	576868	576271	388693	14731	14731	14731	14731	14731	14591	14451	14451	11685	8919	8919	8919	8919
			柴油	131708	131708	108010	60614	60614	60614	60614	60614	60614	43515	26416	26416	26416	26416	17675	8934	8934	5723	4653
			燃气	168926	168926	159541	140772	140772	135786	125815	125815	125815	100740	75665	75665	52438	52438	47188	47188	47188	47188	47188
		其他	汽油	1278166	1278166	1278166	1278166	1277569	860720	28217	28217	28217	28217	28217	21958	15700	15700	12509	9318	9318	9318	9318
			柴油	272891	272891	207397	76409	76409	76409	76409	76409	76409	55942	35476	35476	35476	35476	20706	5937	5937	5324	5119
			燃气	266186	266186	251398	221822	221822	213966	198253	198253	198253	158842	119430	119430	82662	82662	74261	74261	74261	74261	74261
载货汽车	微型		汽油	168596	91528	14460	14460	14460	14460	13710	12960	12960	11981	11002	11002	9417	7832	7832	7832	7832	6828	6493
			柴油	23004	21510	20017	20017	20017	20017	18438	16858	16858	12330	7801	7801	7801	7801	5367	2933	2933	2114	1841
			燃气	74023	38768	3514	3514	3514	3514	3331	3149	3149	2464	1779	1779	1456	1133	1133	1133	1133	784	668
	轻型		汽油	88967	53774	18580	18580	18580	18580	16252	13924	13924	12550	11176	11176	10080	8983	8983	8983	8983	7893	7530
			柴油	20954	20486	20017	20017	20017	20017	18438	16858	16858	12330	7801	7801	7801	7801	5954	4108	4108	3289	3016
			燃气	39195	23431	7667	7667	7667	7667	5666	3665	3665	2868	2072	2072	1663	1254	1254	1254	1254	948	846
	中型		汽油	340155	340155	340155	340155	339558	230998	15071	15071	15071	15071	15071	14931	14791	14791	11938	9085	9085	9085	9085
			柴油	79451	79451	74154	63561	63561	48377	18009	18009	18009	16956	15904	15904	15904	15904	11526	7148	7148	4253	3288
			燃气	90048	90048	85046	75041	75041	72382	67065	67065	67065	53749	40434	40434	54716	54716	26641	26641	26641	26641	26641
	重型		汽油	858291	858291	858291	858291	857694	578113	20147	20147	20147	20147	20147	15906	11666	11666	9523	7380	7380	7380	7380
			柴油	225098	225098	171074	63027	63027	63027	63027	63027	63027	46145	29263	29263	29263	29263	18159	7055	7055	5369	4807
			燃气	219567	219567	207369	182973	182973	176492	163532	163532	163532	131023	98514	98514	98228	98228	69735	69735	69735	69735	69735
低速汽车	三轮汽车			25300	25300	25300	25300	25300	25300	25300	25300	25300	16721	16721	16721	16721	16721	16721	16721	16721	16721	16721
	低速货车			33990	33990	33990	33990	33990	33990	33990	33990	33990	22464	22464	22464	22464	22464	22464	22464	22464	22464	22464
摩托车	普通摩托车			14679	14679	14679	14679	10954	7230	3871	3871	3871	3871	3871	2888	1906	1906	1906	1906	1906	1906	1906
	轻便摩托车			47470	47470	47470	47470	47470	9494	9494	4674	4674	4674	4674	3488	2302	2302	2302	2302	2302	2302	2302

苏州市 NO_x 排放系数

单位：克/（辆·年）

车辆类型		使用性质	燃料种类	1999年年底前	2000年	2001年	2002年	2003年	2004年	2005年	2006年	2007年	2008年	2009年	2010年	2011年	2012年	2013年	2014年	2015年	2016年	2017年
载客汽车	微型	出租车	汽油	315155	215370	115586	115586	115586	115586	86174	56763	56763	42592	28421	28421	23054	17687	17687	17687	17687	10464	8057
			燃气	223297	153238	83179	83179	83179	83179	62232	41284	41284	31156	21028	21028	16966	12904	12904	12904	12904	7557	5775
		其他	汽油	32212	20276	8339	8339	8339	8339	5256	2173	2173	1765	1357	1357	1137	917	917	917	917	630	534
			燃气	21993	13126	4260	4260	4260	4260	2772	1285	1285	1040	794	794	636	477	477	477	477	380	348
	小型	出租车	汽油	355662	238062	120461	120461	120461	120461	88986	57512	57512	42966	28421	28421	22358	16295	16295	16295	16295	9204	6840
			柴油	401135	338362	275589	275589	275589	275589	244675	213761	213761	170379	126997	126997	126997	126997	102648	78299	78299	57958	51178
			燃气	251744	169173	86602	86602	86602	86602	64206	41810	41810	31419	21028	21028	16478	11927	11927	11927	11927	6672	4920
		其他	汽油	30057	19258	8460	8460	8460	8460	5606	2751	2751	1912	1073	1073	972	872	872	872	872	594	501
			柴油	26227	21478	16729	16729	16729	16729	15378	14028	14028	11006	7985	7985	7985	7985	6885	5785	5785	4975	4705
			燃气	20479	13094	5708	5708	5708	5708	3700	1691	1691	1142	594	594	520	446	446	446	446	354	324
	中型	公交车	汽油	339969	339969	339969	339969	339969	232255	16828	16828	16828	16828	16828	15092	13356	13356	10083	6810	6810	6810	6810
			柴油	379949	379949	379057	377273	377273	362280	332293	332293	332293	276784	221275	221275	221275	221275	180576	139877	139877	117108	109519
			燃气	403420	403420	398618	389013	389013	376946	352813	352813	352813	293636	234460	234460	148269	148269	116123	116123	116123	116123	116123
		其他	汽油	200155	200155	200155	200155	200155	135772	7005	7005	7005	7005	7005	7005	7005	7005	5254	3503	3503	3503	3503
			柴油	171104	171104	163961	149676	149676	148410	145879	145879	145879	124241	102603	102603	102603	102603	91102	79601	79601	67940	64053
			燃气	193212	193212	182478	161010	161010	159493	156458	156458	156458	133212	109967	109967	85660	85660	68807	68807	68807	68807	68807
	大型	公交车	汽油	1211141	1211141	1211141	1211141	1211141	832804	76129	76129	76129	76129	76129	76062	75995	75995	56997	37999	37999	37999	37999
			柴油	538882	538882	521469	486642	486642	472815	445160	445160	445160	437138	429116	429116	429116	429116	413642	398169	398169	358930	345850
			燃气	1083472	1083472	1023279	902893	902893	835893	701892	701892	701892	601392	500891	500891	466329	466329	404185	404185	404185	404185	404185
		其他	汽油	2775980	2775980	2775980	2775980	2775980	1908817	174490	174490	174490	174490	174490	167946	161403	161403	121182	80960	80960	80960	80960
			柴油	1239211	1239211	1207324	1143549	1143549	1116888	1063566	1063566	1063566	1026120	988675	988675	988675	988675	941224	893772	893772	790979	756715
			燃气	2306656	2306656	2178508	1922213	1922213	1779573	1494292	1494292	1494292	1280822	1067352	1067352	962933	962933	816963	816963	816963	816963	816963
载货汽车	微型		汽油	151547	90458	29370	29370	29370	29370	20312	11255	11255	9199	7143	7143	6196	5248	5248	5248	5248	3782	3293
			柴油	106702	88654	70606	70606	70606	70606	63300	55994	55994	47317	38640	38640	38640	38640	28255	17870	17870	14868	13867
			燃气	103470	59237	15004	15004	15004	15004	10830	6656	6656	5418	4179	4179	3455	2730	2730	2730	2730	2292	2146
	轻型		汽油	112165	72482	32799	32799	32799	32799	22494	12190	12190	10264	8337	8337	6857	5377	5377	5377	5377	3944	3466
			柴油	107055	88830	70606	70606	70606	70606	63300	55994	55994	47317	38640	38640	38640	38640	30632	22623	22623	20457	19735
			燃气	76422	49276	22130	22130	22130	22130	14811	7493	7493	6054	4615	4615	3683	2750	2750	2750	2750	2369	2241
	中型		汽油	241057	241057	241057	241057	241056	164571	11601	11601	11601	11601	11601	11601	11601	11601	8704	5807	5807	5807	5807
			柴油	452163	452163	406010	313703	313703	298297	267486	267486	267486	266764	266041	266041	266041	266041	233418	200794	200794	172902	163605
			燃气	510586	510586	452877	337458	337458	320600	286884	286884	286884	286010	285135	285135	216078	216078	175748	175748	175748	175748	175748
	重型		汽油	1941071	1941071	1941071	1941071	1941071	1334717	122010	122010	122010	122010	122010	117434	112859	112859	84734	56610	56610	56610	56610
			柴油	1059823	1059823	1023648	951297	951297	916111	845739	845739	845739	811824	777910	777910	777910	777910	687153	596396	596396	413756	352876
			燃气	1972745	1972745	1848181	1599053	1599053	1462118	1188249	1188249	1188249	1014032	839815	839815	642546	642546	380971	380971	380971	380971	380971
低速汽车	三轮汽车			65550	65550	65550	65550	65550	65550	65550	65550	65550	53279	53279	53279	53279	53279	53279	53279	53279	53279	53279
	低速货车			88065	88065	88065	88065	88065	88065	88065	88065	88065	71579	71579	71579	71579	71579	71579	71579	71579	71579	71579
摩托车	普通摩托车			1095	1095	1095	1095	1058	1022	949	949	949	949	949	844	738	738	738	738	738	738	738
	轻便摩托车			730	730	730	730	730	365	365	365	365	365	365	324	284	284	284	284	284	284	284

苏州市 PM 排放系数

单位：克/（辆·年）

车辆类型		使用性质	燃料种类	1999 年年底前	2000 年	2001 年	2002 年	2003 年	2004 年	2005 年	2006 年	2007 年	2008 年	2009 年	2010 年	2011 年	2012 年	2013 年	2014 年	2015 年	2016 年	2017 年
载客汽车	微型	出租车	汽油	—	—	—	—	—	—	—	—	—	—	—	—	—	—	—	—	—	—	—
			燃气	—	—	—	—	—	—	—	—	—	—	—	—	—	—	—	—	—	—	—
		其他	汽油	—	—	—	—	—	—	—	—	—	—	—	—	—	—	—	—	—	—	—
			燃气	—	—	—	—	—	—	—	—	—	—	—	—	—	—	—	—	—	—	—
	小型	出租车	汽油	—	—	—	—	—	—	—	—	—	—	—	—	—	—	—	—	—	—	—
			柴油	53308	48805	44302	44302	44302	44302	30095	15888	15888	10382	4876	4876	4876	4876	4532	4188	4188	3463	3221
			燃气	—	—	—	—	—	—	—	—	—	—	—	—	—	—	—	—	—	—	—
		其他	汽油	—	—	—	—	—	—	—	—	—	—	—	—	—	—	—	—	—	—	—
			柴油	4016	3800	3584	3584	3584	3584	2570	1556	1556	1143	730	730	730	730	608	485	485	485	485
			燃气	—	—	—	—	—	—	—	—	—	—	—	—	—	—	—	—	—	—	—
	中型	公交车	汽油	—	—	—	—	—	—	—	—	—	—	—	—	—	—	—	—	—	—	—
			柴油	31857	31857	29192	23861	23861	18722	8443	8443	8443	7156	5870	5870	5870	5870	3649	1428	1428	1124	1023
			燃气	—	—	—	—	—	—	—	—	—	—	—	—	—	—	—	—	—	—	—
		其他	汽油	—	—	—	—	—	—	—	—	—	—	—	—	—	—	—	—	—	—	—
			柴油	15274	15274	12888	8116	8116	6262	2553	2553	2553	2434	2316	2316	2316	2316	1366	415	415	399	394
			燃气	—	—	—	—	—	—	—	—	—	—	—	—	—	—	—	—	—	—	—
	大型	公交车	汽油	—	—	—	—	—	—	—	—	—	—	—	—	—	—	—	—	—	—	—
			柴油	98788	98788	97818	95878	95878	74219	30901	30901	30901	20821	10741	10741	10741	10741	6368	1995	1995	1921	1896
			燃气	—	—	—	—	—	—	—	—	—	—	—	—	—	—	—	—	—	—	—
		其他	汽油	—	—	—	—	—	—	—	—	—	—	—	—	—	—	—	—	—	—	—
			柴油	142314	142314	133412	115607	115607	85425	25061	25061	25061	17182	9303	9303	9303	9303	5868	2433	2433	2343	2313
			燃气	—	—	—	—	—	—	—	—	—	—	—	—	—	—	—	—	—	—	—
载货汽车	微型		汽油	—	—	—	—	—	—	—	—	—	—	—	—	—	—	—	—	—	—	—
			柴油	12978	12710	12441	12441	12441	12441	10118	7796	7796	5786	3776	3776	3776	3776	2378	979	979	974	973
			燃气	—	—	—	—	—	—	—	—	—	—	—	—	—	—	—	—	—	—	—
	轻型		汽油	—	—	—	—	—	—	—	—	—	—	—	—	—	—	—	—	—	—	—
			柴油	13497	12969	12441	12441	12441	12441	10118	7796	7796	5786	3776	3776	3776	3776	2848	1919	1919	1584	1473
			燃气	—	—	—	—	—	—	—	—	—	—	—	—	—	—	—	—	—	—	—
	中型		汽油	—	—	—	—	—	—	—	—	—	—	—	—	—	—	—	—	—	—	—
			柴油	38666	38666	32539	20285	20285	15644	6363	6363	6363	6028	5693	5693	5693	5693	3650	1607	1607	1472	1427
			燃气	—	—	—	—	—	—	—	—	—	—	—	—	—	—	—	—	—	—	—
	重型		汽油	—	—	—	—	—	—	—	—	—	—	—	—	—	—	—	—	—	—	—
			柴油	138116	138116	113521	64332	64332	51080	24575	24575	24575	16840	9105	9105	9105	9105	6098	3092	3092	2614	2454
			燃气	—	—	—	—	—	—	—	—	—	—	—	—	—	—	—	—	—	—	—
低速汽车	三轮汽车			4092	4092	4092	4092	4092	4092	4092	4092	4092	3220	3220	3220	3220	3220	3220	3220	3220	3220	3220
	低速货车			5581	5581	5581	5581	5581	5581	5581	5581	5581	4392	4392	4392	4392	4392	4392	4392	4392	4392	4392
摩托车	普通摩托车			—	—	—	—	—	—	—	—	—	—	—	—	—	—	—	—	—	—	—
	轻便摩托车			—	—	—	—	—	—	—	—	—	—	—	—	—	—	—	—	—	—	—

苏州市 VOCs 排放系数

单位：克/（辆•年）

车辆类型		使用性质	燃料种类	1999 年年底前	2000 年	2001 年	2002 年	2003 年	2004 年	2005 年	2006 年	2007 年	2008 年	2009 年	2010 年	2011 年	2012 年	2013 年	2014 年	2015 年	2016 年	2017 年
载客汽车	微型	出租车	汽油	764482	454683	144884	144884	144884	144884	110134	75385	75385	61639	47893	47893	39394	30896	30896	30896	30896	21376	18202
			燃气	431413	260574	89736	89736	89736	89736	69056	48375	48375	39752	31130	31130	24790	18451	18451	18451	18451	11260	8863
		其他	汽油	42672	25974	9277	9277	9277	9277	8913	8549	8549	7358	6167	6167	5901	5635	5635	5635	5635	4783	4499
			燃气	18846	10558	2271	2271	2271	2271	2183	2095	2095	1550	1006	1006	920	833	833	833	833	576	490
	小型	出租车	汽油	764482	447702	130921	130921	130921	130921	121902	112882	112882	80388	47893	47893	39394	30896	30896	30896	30896	20128	16539
			柴油	226465	212845	199225	199225	199225	199225	178924	158623	158623	118322	78022	78022	78022	78022	57760	37498	37498	20455	14774
			燃气	431413	256727	82041	82041	82041	82041	75540	69040	69040	50085	31130	31130	24790	18451	18451	18451	18451	10573	7947
		其他	汽油	43250	26195	9140	9140	9140	9140	9150	9159	9159	7664	6170	6170	5866	5563	5563	5563	5563	4841	4600
			柴油	9758	8928	8098	8098	8098	8098	6858	5617	5617	3864	2112	2112	2112	2112	1791	1470	1470	1036	891
			燃气	19165	11485	3805	3805	3805	3805	3118	2431	2431	1792	1153	1153	974	794	794	794	794	608	546
	中型	公交车	汽油	257506	257506	257506	257506	256909	175462	13761	13761	13761	13761	13761	13609	13457	13457	10930	8403	8403	8403	8403
			柴油	91436	91436	89645	86063	86063	67161	29358	29358	29358	21356	13354	13354	13354	13354	9328	5303	5303	4960	4846
			燃气	74539	74539	70398	62116	62116	59916	55516	55516	55516	44452	33387	33387	23138	23138	23070	23070	23070	23070	23070
		其他	汽油	128204	128204	128204	128204	127607	87284	7833	7833	7833	7833	7833	7688	7542	7542	6491	5440	5440	5440	5440
			柴油	30493	30493	28460	24394	24394	18567	6912	6912	6912	6506	6099	6099	6099	6099	3750	1402	1402	1243	1190
			燃气	34560	34560	32640	28800	28800	27780	25740	25740	25740	20623	15506	15506	10732	10732	9642	9642	9642	9642	9642
	大型	公交车	汽油	600432	600432	600432	600432	599835	404532	15119	15119	15119	15119	15119	14979	14839	14839	11960	9080	9080	9080	9080
			柴油	137155	137155	112477	63120	63120	63120	63120	63120	63120	45314	27508	27508	27508	27508	18406	9304	9304	5960	4846
			燃气	175912	175912	166139	146593	146593	141401	131018	131018	131018	104906	78794	78794	54606	54606	49139	49139	49139	49139	49139
		其他	汽油	1278099	1278099	1278099	1278099	1277502	860654	28151	28151	28151	28151	28151	21892	15633	15633	12442	9252	9252	9252	9252
			柴油	272891	272891	207397	76409	76409	76409	76409	76409	76409	55942	35476	35476	35476	35476	20706	5937	5937	5324	5119
			燃气	266186	266186	251398	221822	221822	213966	198253	198253	198253	158842	119430	119430	82662	82662	74261	74261	74261	74261	74261
载货汽车	微型		汽油	304854	165018	25181	25181	25181	25181	23575	21969	21969	20154	18338	18338	15016	11693	11693	11693	11693	9646	8964
			柴油	52852	49345	45838	45838	45838	45838	41710	37581	37581	28120	18658	18658	18658	18658	12966	7274	7274	4724	3874
			燃气	134638	70401	6164	6164	6164	6164	5774	5384	5384	4188	2991	2991	2360	1729	1729	1729	1729	1164	976
	轻型		汽油	159211	95964	32716	32716	32716	32716	28224	23732	23732	21194	18657	18657	16228	13800	13800	13800	13800	11596	10861
			柴油	49083	47460	45838	45838	45838	45838	41710	37581	37581	28120	18658	18658	18658	18658	14046	9433	9433	6883	6033
			燃气	70550	42085	13620	13620	13620	13620	9959	6299	6299	4893	3486	3486	2728	1970	1970	1970	1970	1459	1289
	中型		汽油	340089	340089	340089	340089	339492	230932	15005	15005	15005	15005	15005	14865	14725	14725	11872	9019	9019	9019	9019
			柴油	79451	79451	74154	63561	63561	48377	18009	18009	18009	16956	15904	15904	15904	15904	11526	7148	7148	4253	3288
			燃气	90048	90048	85046	75041	75041	72382	67065	67065	67065	53749	40434	40434	54716	54716	26641	26641	26641	26641	26641
	重型		汽油	921975	921975	921975	921975	921377	620955	21306	21306	21306	21306	21306	16760	12213	12213	9910	7608	7608	7608	7608
			柴油	229621	229621	174512	64294	64294	64294	64294	64294	64294	47072	29851	29851	29851	29851	18722	7593	7593	6119	5628
			燃气	223979	223979	211536	186651	186651	180040	166819	166819	166819	133656	100493	100493	105719	105719	81645	81645	81645	81645	81645
低速汽车	三轮汽车			25300	25300	25300	25300	25300	25300	25300	25300	25300	16721	16721	16721	16721	16721	16721	16721	16721	16721	16721
	低速货车			33990	33990	33990	33990	33990	33990	33990	33990	33990	22464	22464	22464	22464	22464	22464	22464	22464	22464	22464
摩托车	普通摩托车			14679	14679	14679	14679	10954	7230	3871	3871	3871	3871	3871	2888	1906	1906	1906	1906	1906	1906	1906
	轻便摩托车			47470	47470	47470	47470	47470	9494	9494	4674	4674	4674	4674	3488	2302	2302	2302	2302	2302	2302	2302

南通市 NO_x 排放系数

单位：克/（辆·年）

车辆类型		使用性质	燃料种类	1999年年底前	2000年	2001年	2002年	2003年	2004年	2005年	2006年	2007年	2008年	2009年	2010年	2011年	2012年	2013年	2014年	2015年	2016年	2017年
载客汽车	微型	出租车	汽油	289178	196993	104808	104808	104808	104808	78139	51470	51470	38664	25857	25857	20974	16092	16092	16092	16092	9571	7397
			燃气	204803	140098	75394	75394	75394	75394	56400	37407	37407	28258	19110	19110	15416	11722	11722	11722	11722	6904	5298
		其他	汽油	31589	19858	8127	8127	8127	8127	5131	2135	2135	1738	1342	1342	1128	915	915	915	915	632	537
			燃气	21556	12853	4150	4150	4150	4150	2704	1258	1258	1020	783	783	630	476	476	476	476	382	350
	小型	出租车	汽油	326416	217822	109229	109229	109229	109229	80690	52150	52150	39004	25857	25857	20338	14819	14819	14819	14819	8410	6273
			柴油	366540	309031	251522	251522	251522	251522	223576	195631	195631	155732	115833	115833	115833	115833	93679	71525	71525	53440	47412
			燃气	230954	154726	78499	78499	78499	78499	58192	37884	37884	28497	19110	19110	14969	10828	10828	10828	10828	6089	4509
		其他	汽油	29478	18861	8244	8244	8244	8244	5470	2695	2695	1879	1063	1063	967	871	871	871	871	596	504
			柴油	26137	21407	16677	16677	16677	16677	15345	14013	14013	10981	7949	7949	7949	7949	6852	5756	5756	4980	4721
			燃气	20073	12814	5556	5556	5556	5556	3604	1652	1652	1120	587	587	516	445	445	445	445	356	326
	中型	公交车	汽油	326472	326472	326472	326472	326472	223035	16160	16160	16160	16160	16160	14493	12826	12826	9682	6539	6539	6539	6539
			柴油	364864	364864	364007	362294	362294	347896	319099	319099	319099	265794	212489	212489	212489	212489	173406	134324	134324	112459	105171
			燃气	387403	387403	382791	373567	373567	361980	338805	338805	338805	281978	225150	225150	142382	142382	111513	111513	111513	111513	111513
		其他	汽油	200157	200157	200157	200157	200157	135773	7005	7005	7005	7005	7005	7005	7005	7005	5254	3503	3503	3503	3503
			柴油	171105	171105	163962	149677	149677	148411	145880	145880	145880	124242	102603	102603	102603	102603	91102	79601	79601	67941	64054
			燃气	193213	193213	182479	161011	161011	159494	156459	156459	156459	133214	109968	109968	85661	85661	68808	68808	68808	68808	68808
	大型	公交车	汽油	1163056	1163056	1163056	1163056	1163056	799739	73106	73106	73106	73106	73106	73042	72978	72978	54734	36490	36490	36490	36490
			柴油	517486	517486	500764	467320	467320	454042	427485	427485	427485	419782	412078	412078	412078	412078	397219	382360	382360	344678	332118
			燃气	1040453	1040453	982650	867044	867044	802704	674024	674024	674024	577514	481003	481003	447814	447814	388137	388137	388137	388137	388137
		其他	汽油	2776002	2776002	2776002	2776002	2776002	1908832	174492	174492	174492	174492	174492	167948	161405	161405	121183	80961	80961	80961	80961
			柴油	1239218	1239218	1207330	1143555	1143555	1116894	1063572	1063572	1063572	1026126	988680	988680	988680	988680	941228	893777	893777	790984	756719
			燃气	2306669	2306669	2178521	1922224	1922224	1779583	1494301	1494301	1494301	1280830	1067358	1067358	962938	962938	816967	816967	816967	816967	816967
载货汽车	微型		汽油	145067	86662	28256	28256	28256	28256	19558	10860	10860	8879	6898	6898	5981	5064	5064	5064	5064	3640	3165
			柴油	103132	85700	68267	68267	68267	68267	61276	54284	54284	45878	37472	37472	37472	37472	27402	17333	17333	14416	13444
			燃气	98992	56710	14429	14429	14429	14429	10414	6399	6399	5212	4025	4025	3330	2634	2634	2634	2634	2206	2063
	轻型		汽油	107722	69634	31546	31546	31546	31546	21652	11757	11757	9900	8044	8044	6616	5187	5187	5187	5187	3795	3331
			柴油	103473	85870	68267	68267	68267	68267	61276	54284	54284	45878	37472	37472	37472	37472	29706	21940	21940	19834	19132
			燃气	73353	47307	21260	21260	21260	21260	14234	7207	7207	5824	4442	4442	3546	2650	2650	2650	2650	2278	2155
	中型		汽油	241057	241057	241057	241057	241056	164571	11601	11601	11601	11601	11601	11601	11601	11601	8704	5807	5807	5807	5807
			柴油	452163	452163	406010	313703	313703	298297	267486	267486	267486	266764	266041	266041	266041	266041	233418	200794	200794	172902	163605
			燃气	510586	510586	452876	337458	337458	320600	286884	286884	286884	286011	285138	285138	216080	216080	175748	175748	175748	175748	175748
	重型		汽油	1794668	1794668	1794668	1794668	1794668	1234048	112808	112808	112808	112808	112808	108578	104347	104347	78344	52341	52341	52341	52341
			柴油	1009582	1009582	975122	906201	906201	872683	805647	805647	805647	773340	741033	741033	741033	741033	647068	553102	553102	366598	304430
			燃气	1879227	1879227	1760568	1523251	1523251	1392808	1131921	1131921	1131921	965962	800004	800004	595901	595901	328668	328668	328668	328668	328668
低速汽车	三轮汽车			65550	65550	65550	65550	65550	65550	65550	65550	65550	53279	53279	53279	53279	53279	53279	53279	53279	53279	53279
	低速货车			88065	88065	88065	88065	88065	88065	88065	88065	88065	71579	71579	71579	71579	71579	71579	71579	71579	71579	71579
摩托车	普通摩托车			1095	1095	1095	1095	1058	1022	949	949	949	949	949	844	738	738	738	738	738	738	738
	轻便摩托车			730	730	730	730	730	365	365	365	365	365	365	324	284	284	284	284	284	284	284

南通市 PM 排放系数

单位：克/（辆·年）

车辆类型		使用性质	燃料种类	1999 年年底前	2000 年	2001 年	2002 年	2003 年	2004 年	2005 年	2006 年	2007 年	2008 年	2009 年	2010 年	2011 年	2012 年	2013 年	2014 年	2015 年	2016 年	2017 年
载客汽车	微型	出租车	汽油	—	—	—	—	—	—	—	—	—	—	—	—	—	—	—	—	—	—	—
			燃气	—	—	—	—	—	—	—	—	—	—	—	—	—	—	—	—	—	—	—
		其他	汽油	—	—	—	—	—	—	—	—	—	—	—	—	—	—	—	—	—	—	—
			燃气	—	—	—	—	—	—	—	—	—	—	—	—	—	—	—	—	—	—	—
	小型	出租车	汽油	—	—	—	—	—	—	—	—	—	—	—	—	—	—	—	—	—	—	—
			柴油	48926	44806	40685	40685	40685	40685	27738	14791	14791	9644	4497	4497	4497	4497	4180	3862	3862	3194	2971
			燃气	—	—	—	—	—	—	—	—	—	—	—	—	—	—	—	—	—	—	—
		其他	汽油	—	—	—	—	—	—	—	—	—	—	—	—	—	—	—	—	—	—	—
			柴油	3999	3784	3570	3570	3570	3570	2567	1564	1564	1146	728	728	728	728	608	489	489	489	489
			燃气	—	—	—	—	—	—	—	—	—	—	—	—	—	—	—	—	—	—	—
	中型	公交车	汽油	—	—	—	—	—	—	—	—	—	—	—	—	—	—	—	—	—	—	—
			柴油	30592	30592	28032	22913	22913	17978	8108	8108	8108	6872	5637	5637	5637	5637	3504	1372	1372	1080	983
			燃气	—	—	—	—	—	—	—	—	—	—	—	—	—	—	—	—	—	—	—
		其他	汽油	—	—	—	—	—	—	—	—	—	—	—	—	—	—	—	—	—	—	—
			柴油	15274	15274	12888	8116	8116	6262	2553	2553	2553	2434	2316	2316	2316	2316	1366	415	415	399	394
			燃气	—	—	—	—	—	—	—	—	—	—	—	—	—	—	—	—	—	—	—
	大型	公交车	汽油	—	—	—	—	—	—	—	—	—	—	—	—	—	—	—	—	—	—	—
			柴油	94865	94865	93934	92071	92071	71272	29674	29674	29674	19994	10315	10315	10315	10315	6116	1916	1916	1845	1821
			燃气	—	—	—	—	—	—	—	—	—	—	—	—	—	—	—	—	—	—	—
		其他	汽油	—	—	—	—	—	—	—	—	—	—	—	—	—	—	—	—	—	—	—
			柴油	142314	142314	133412	115607	115607	85425	25061	25061	25061	17182	9303	9303	9303	9303	5868	2433	2433	2343	2313
			燃气	—	—	—	—	—	—	—	—	—	—	—	—	—	—	—	—	—	—	—
载货汽车	微型		汽油	—	—	—	—	—	—	—	—	—	—	—	—	—	—	—	—	—	—	—
			柴油	12429	12172	11915	11915	11915	11915	9700	7485	7485	5556	3626	3626	3626	3626	2283	940	940	936	934
			燃气	—	—	—	—	—	—	—	—	—	—	—	—	—	—	—	—	—	—	—
	轻型		汽油	—	—	—	—	—	—	—	—	—	—	—	—	—	—	—	—	—	—	—
			柴油	12927	12421	11915	11915	11915	11915	9700	7485	7485	5556	3626	3626	3626	3626	2734	1842	1842	1521	1414
			燃气	—	—	—	—	—	—	—	—	—	—	—	—	—	—	—	—	—	—	—
	中型		汽油	—	—	—	—	—	—	—	—	—	—	—	—	—	—	—	—	—	—	—
			柴油	38666	38666	32539	20285	20285	15644	6363	6363	6363	6028	5693	5693	5693	5693	3650	1607	1607	1472	1427
			燃气	—	—	—	—	—	—	—	—	—	—	—	—	—	—	—	—	—	—	—
	重型		汽油	—	—	—	—	—	—	—	—	—	—	—	—	—	—	—	—	—	—	—
			柴油	127085	127085	104455	59194	59194	47000	22612	22612	22612	15495	8378	8378	8378	8378	5656	2935	2935	2480	2329
			燃气	—	—	—	—	—	—	—	—	—	—	—	—	—	—	—	—	—	—	—
低速汽车	三轮汽车			4092	4092	4092	4092	4092	4092	4092	4092	4092	3220	3220	3220	3220	3220	3220	3220	3220	3220	3220
	低速货车			5581	5581	5581	5581	5581	5581	5581	5581	5581	4392	4392	4392	4392	4392	4392	4392	4392	4392	4392
摩托车	普通摩托车			—	—	—	—	—	—	—	—	—	—	—	—	—	—	—	—	—	—	—
	轻便摩托车			—	—	—	—	—	—	—	—	—	—	—	—	—	—	—	—	—	—	—

南通市 VOCs 排放系数

单位：克/（辆·年）

车辆类型		使用性质	燃料种类	1999 年年底前	2000 年	2001 年	2002 年	2003 年	2004 年	2005 年	2006 年	2007 年	2008 年	2009 年	2010 年	2011 年	2012 年	2013 年	2014 年	2015 年	2016 年	2017 年
载客汽车	微型	出租车	汽油	685924	409566	133208	133208	133208	133208	101118	69028	69028	56688	44347	44347	36488	28628	28628	28628	28628	19671	16685
			燃气	386702	234390	82079	82079	82079	82079	63022	43965	43965	36235	28505	28505	22676	16847	16847	16847	16847	10173	7948
		其他	汽油	42069	25679	9289	9289	9289	9289	8912	8535	8535	7366	6198	6198	5924	5649	5649	5649	5649	4783	4494
			燃气	18515	10397	2279	2279	2279	2279	2184	2089	2089	1555	1021	1021	931	841	841	841	841	576	487
	小型	出租车	汽油	685924	403128	120331	120331	120331	120331	111826	103320	103320	73834	44347	44347	36488	28628	28628	28628	28628	18556	15199
			柴油	206644	194254	181864	181864	181864	181864	163660	145455	145455	108200	70945	70945	70945	70945	52538	34131	34131	18698	13553
			燃气	386702	230842	74982	74982	74982	74982	68922	62863	62863	45684	28505	28505	22676	16847	16847	16847	16847	9559	7130
		其他	汽油	42636	25894	9152	9152	9152	9152	9146	9141	9141	7671	6201	6201	5889	5577	5577	5577	5577	4838	4591
			柴油	9790	8958	8125	8125	8125	8125	6891	5657	5657	3890	2124	2124	2124	2124	1800	1477	1477	1044	899
			燃气	18828	11322	3816	3816	3816	3816	3120	2423	2423	1797	1171	1171	986	801	801	801	801	606	541
	中型	公交车	汽油	247493	247493	247493	247493	246896	168653	13361	13361	13361	13361	13361	13210	13058	13058	10630	8203	8203	8203	8203
			柴油	87806	87806	86086	82645	82645	64494	28192	28192	28192	20508	12823	12823	12823	12823	8958	5093	5093	4763	4653
			燃气	71579	71579	67602	59649	59649	57536	53311	53311	53311	42686	32061	32061	22219	22219	22154	22154	22154	22154	22154
		其他	汽油	128204	128204	128204	128204	127607	87284	7833	7833	7833	7833	7833	7688	7542	7542	6491	5440	5440	5440	5440
			柴油	30493	30493	28460	24394	24394	18567	6912	6912	6912	6506	6099	6099	6099	6099	3750	1402	1402	1243	1190
			燃气	34560	34560	32640	28800	28800	27780	25740	25740	25740	20623	15506	15506	10732	10732	9642	9642	9642	9642	9642
	大型	公交车	汽油	576801	576801	576801	576801	576204	388626	14665	14665	14665	14665	14665	14525	14385	14385	11619	8853	8853	8853	8853
			柴油	131708	131708	108010	60614	60614	60614	60614	60614	60614	43515	26416	26416	26416	26416	17675	8934	8934	5723	4653
			燃气	168926	168926	159541	140772	140772	135786	125815	125815	125815	100740	75665	75665	52438	52438	47188	47188	47188	47188	47188
		其他	汽油	1278099	1278099	1278099	1278099	1277502	860654	28151	28151	28151	28151	28151	21892	15633	15633	12442	9252	9252	9252	9252
			柴油	272891	272891	207397	76409	76409	76409	76409	76409	76409	55942	35476	35476	35476	35476	20706	5937	5937	5324	5119
			燃气	266186	266186	251398	221822	221822	213966	198253	198253	198253	158842	119430	119430	82662	82662	74261	74261	74261	74261	74261
载货汽车	微型		汽油	296888	160761	24634	24634	24634	24634	23067	21500	21500	19725	17950	17950	14719	11488	11488	11488	11488	9486	8819
			柴油	51517	48100	44682	44682	44682	44682	40697	36712	36712	27458	18205	18205	18205	18205	12650	7094	7094	4615	3789
			燃气	130663	68354	6044	6044	6044	6044	5653	5262	5262	4110	2957	2957	2334	1710	1710	1710	1710	1144	956
	轻型		汽油	155155	93561	31967	31967	31967	31967	27592	23216	23216	20738	18260	18260	15898	13537	13537	13537	13537	11384	10666
			柴油	47833	46258	44682	44682	44682	44682	40697	36712	36712	27458	18205	18205	18205	18205	13708	9211	9211	6732	5905
			燃气	68516	40923	13329	13329	13329	13329	9741	6154	6154	4801	3448	3448	2696	1944	1944	1944	1944	1429	1257
	中型		汽油	340089	340089	340089	340089	339492	230932	15005	15005	15005	15005	15005	14865	14725	14725	11872	9019	9019	9019	9019
			柴油	79451	79451	74154	63561	63561	48377	18009	18009	18009	16956	15904	15904	15904	15904	11526	7148	7148	4253	3288
			燃气	90048	90048	85046	75041	75041	72382	67065	67065	67065	53749	40434	40434	54716	54716	26641	26641	26641	26641	26641
	重型		汽油	858225	858225	858225	858225	857628	578047	20080	20080	20080	20080	20080	15840	11600	11600	9456	7313	7313	7313	7313
			柴油	225098	225098	171074	63027	63027	63027	63027	63027	63027	46145	29263	29263	29263	29263	18159	7055	7055	5369	4807
			燃气	219567	219567	207369	182973	182973	176492	163532	163532	163532	131023	98514	98514	98228	98228	69735	69735	69735	69735	69735
低速汽车	三轮汽车			25300	25300	25300	25300	25300	25300	25300	25300	25300	16721	16721	16721	16721	16721	16721	16721	16721	16721	16721
	低速货车			33990	33990	33990	33990	33990	33990	33990	33990	33990	22464	22464	22464	22464	22464	22464	22464	22464	22464	22464
摩托车	普通摩托车			14679	14679	14679	14679	10954	7230	3871	3871	3871	3871	3871	2888	1906	1906	1906	1906	1906	1906	1906
	轻便摩托车			47470	47470	47470	47470	47470	9494	9494	4674	4674	4674	4674	3488	2302	2302	2302	2302	2302	2302	2302

连云港市 NO_x 排放系数

单位：克/（辆•年）

车辆类型		使用性质	燃料种类	1999 年年底前	2000 年	2001 年	2002 年	2003 年	2004 年	2005 年	2006 年	2007 年	2008 年	2009 年	2010 年	2011 年	2012 年	2013 年	2014 年	2015 年	2016 年	2017 年
载客汽车	微型	出租车	汽油	298790	203024	107258	107258	107258	107258	79616	51974	51974	38772	25570	25570	21244	16918	16918	16918	16918	10304	8100
			燃气	211482	144268	77054	77054	77054	77054	57384	37715	37715	28294	18874	18874	15580	12285	12285	12285	12285	7412	5787
		其他	汽油	33030	20782	8535	8535	8535	8535	5374	2213	2213	1798	1382	1382	1210	1038	1038	1038	1038	722	616
			燃气	22567	13464	4362	4362	4362	4362	2838	1314	1314	1063	812	812	687	562	562	562	562	444	405
	小型	出租车	汽油	337651	224776	111900	111900	111900	111900	82294	52688	52688	39129	25570	25570	20486	15401	15401	15401	15401	8956	6807
			柴油	385446	323632	261818	261818	261818	261818	233616	205414	205414	163582	121749	121749	121749	121749	99030	76311	76311	58988	53214
			燃气	238772	159542	80313	80313	80313	80313	59264	38216	38216	28545	18874	18874	15046	11219	11219	11219	11219	6465	4880
		其他	汽油	30818	19738	8659	8659	8659	8659	5732	2806	2806	1948	1090	1090	1036	983	983	983	983	678	577
			柴油	29183	23872	18561	18561	18561	18561	17064	15566	15566	12245	8924	8924	8924	8924	7702	6481	6481	5739	5492
			燃气	21014	13431	5848	5848	5848	5848	3789	1730	1730	1168	606	606	565	524	524	524	524	414	378
	中型	公交车	汽油	326472	326472	326472	326472	326472	223035	16160	16160	16160	16160	16160	14493	12826	12826	9682	6539	6539	6539	6539
			柴油	364864	364864	364007	362294	362294	347896	319099	319099	319099	265794	212489	212489	212489	212489	173406	134324	134324	112459	105171
			燃气	387403	387403	382791	373567	373567	361979	338804	338804	338804	281977	225150	225150	142382	142382	111513	111513	111513	111513	111513
		其他	汽油	200157	200157	200157	200157	200157	135773	7005	7005	7005	7005	7005	7005	7005	7005	5254	3503	3503	3503	3503
			柴油	171105	171105	163962	149677	149677	148411	145880	145880	145880	124242	102603	102603	102603	102603	91102	79601	79601	67941	64054
			燃气	193213	193213	182479	161011	161011	159494	156459	156459	156459	133214	109968	109968	85661	85661	68808	68808	68808	68808	68808
	大型	公交车	汽油	1163055	1163055	1163055	1163055	1163055	799739	73106	73106	73106	73106	73106	73042	72978	72978	54734	36490	36490	36490	36490
			柴油	517486	517486	500764	467320	467320	454042	427485	427485	427485	419782	412078	412078	412078	412078	397219	382360	382360	344678	332118
			燃气	1040453	1040453	982650	867044	867044	802704	674024	674024	674024	577514	481003	481003	447814	447814	388137	388137	388137	388137	388137
		其他	汽油	2776001	2776001	2776001	2776001	2776001	1908831	174492	174492	174492	174492	174492	167948	161405	161405	121183	80961	80961	80961	80961
			柴油	1239217	1239217	1207330	1143555	1143555	1116894	1063572	1063572	1063572	1026126	988680	988680	988680	988680	941228	893777	893777	790984	756719
			燃气	2306669	2306669	2178521	1922224	1922224	1779583	1494300	1494300	1494300	1280828	1067357	1067357	962938	962938	816967	816967	816967	816967	816967
载货汽车	微型		汽油	115916	68664	21413	21413	21413	21413	14692	7972	7972	6486	5000	5000	4390	3781	3781	3781	3781	2774	2439
			柴油	83349	68834	54319	54319	54319	54319	48870	43422	43422	36820	30219	30219	30219	30219	22102	13984	13984	11936	11254
			燃气	79197	45070	10944	10944	10944	10944	7839	4733	4733	3836	2938	2938	2492	2047	2047	2047	2047	1714	1604
	轻型		汽油	83808	53902	23997	23997	23997	23997	16337	8677	8677	7288	5900	5900	4889	3878	3878	3878	3878	2896	2569
			柴油	83639	68979	54319	54319	54319	54319	48870	43422	43422	36820	30219	30219	30219	30219	24072	17924	17924	16570	16118
			燃气	57147	36677	16207	16207	16207	16207	10778	5350	5350	4315	3280	3280	2674	2067	2067	2067	2067	1779	1683
	中型		汽油	241057	241057	241057	241057	241056	164571	11601	11601	11601	11601	11601	11601	11601	11601	8704	5807	5807	5807	5807
			柴油	452163	452163	406010	313703	313703	298297	267486	267486	267486	266764	266041	266041	266041	266041	233418	200794	200794	172902	163605
			燃气	510586	510586	452876	337458	337458	320600	286884	286884	286884	286011	285138	285138	216080	216080	175748	175748	175748	175748	175748
	重型		汽油	1919279	1919279	1919279	1919279	1919279	1319733	120640	120640	120640	120640	120640	116116	111592	111592	83784	55975	55975	55975	55975
			柴油	1104327	1104327	1066633	991244	991244	954580	881253	881253	881253	845914	810576	810576	810576	810576	703954	597331	597331	405339	341342
			燃气	2055586	2055586	1925791	1666201	1666201	1523516	1238145	1238145	1238145	1056612	875080	875080	643553	643553	368519	368519	368519	368519	368519
低速汽车	三轮汽车			65550	65550	65550	65550	65550	65550	65550	65550	65550	53279	53279	53279	53279	53279	53279	53279	53279	53279	53279
	低速货车			88065	88065	88065	88065	88065	88065	88065	88065	88065	71579	71579	71579	71579	71579	71579	71579	71579	71579	71579
摩托车	普通摩托车			1095	1095	1095	1095	1058	1022	949	949	949	949	949	844	738	738	738	738	738	738	738
	轻便摩托车			730	730	730	730	730	365	365	365	365	365	365	324	284	284	284	284	284	284	284

连云港市 PM 排放系数

单位：克/（辆·年）

车辆类型		使用性质	燃料种类	1999 年年底前	2000 年	2001 年	2002 年	2003 年	2004 年	2005 年	2006 年	2007 年	2008 年	2009 年	2010 年	2011 年	2012 年	2013 年	2014 年	2015 年	2016 年	2017 年
载客汽车	微型	出租车	汽油	—	—	—	—	—	—	—	—	—	—	—	—	—	—	—	—	—	—	—
			燃气	—	—	—	—	—	—	—	—	—	—	—	—	—	—	—	—	—	—	—
		其他	汽油	—	—	—	—	—	—	—	—	—	—	—	—	—	—	—	—	—	—	—
			燃气	—	—	—	—	—	—	—	—	—	—	—	—	—	—	—	—	—	—	—
	小型	出租车	汽油	—	—	—	—	—	—	—	—	—	—	—	—	—	—	—	—	—	—	—
			柴油	54228	49678	45129	45129	45129	45129	30693	16257	16257	10638	5020	5020	5020	5020	4666	4311	4311	3565	3316
			燃气	—	—	—	—	—	—	—	—	—	—	—	—	—	—	—	—	—	—	—
		其他	汽油	—	—	—	—	—	—	—	—	—	—	—	—	—	—	—	—	—	—	—
			柴油	4500	4258	4016	4016	4016	4016	2884	1751	1751	1289	827	827	827	827	685	543	543	543	543
			燃气	—	—	—	—	—	—	—	—	—	—	—	—	—	—	—	—	—	—	—
	中型	公交车	汽油	—	—	—	—	—	—	—	—	—	—	—	—	—	—	—	—	—	—	—
			柴油	30592	30592	28032	22913	22913	17978	8108	8108	8108	6872	5637	5637	5637	5637	3504	1372	1372	1080	983
			燃气	—	—	—	—	—	—	—	—	—	—	—	—	—	—	—	—	—	—	—
		其他	汽油	—	—	—	—	—	—	—	—	—	—	—	—	—	—	—	—	—	—	—
			柴油	15274	15274	12888	8116	8116	6262	2553	2553	2553	2434	2316	2316	2316	2316	1366	415	415	399	394
			燃气	—	—	—	—	—	—	—	—	—	—	—	—	—	—	—	—	—	—	—
	大型	公交车	汽油	—	—	—	—	—	—	—	—	—	—	—	—	—	—	—	—	—	—	—
			柴油	94865	94865	93934	92071	92071	71272	29674	29674	29674	19994	10315	10315	10315	10315	6116	1916	1916	1845	1821
			燃气	—	—	—	—	—	—	—	—	—	—	—	—	—	—	—	—	—	—	—
		其他	汽油	—	—	—	—	—	—	—	—	—	—	—	—	—	—	—	—	—	—	—
			柴油	142314	142314	133412	115607	115607	85425	25061	25061	25061	17182	9303	9303	9303	9303	5868	2433	2433	2343	2313
			燃气	—	—	—	—	—	—	—	—	—	—	—	—	—	—	—	—	—	—	—
载货汽车	微型		汽油	—	—	—	—	—	—	—	—	—	—	—	—	—	—	—	—	—	—	—
			柴油	10207	9996	9785	9785	9785	9785	7995	6205	6205	4605	3005	3005	3005	3005	1892	779	779	775	774
			燃气	—	—	—	—	—	—	—	—	—	—	—	—	—	—	—	—	—	—	—
	轻型		汽油	—	—	—	—	—	—	—	—	—	—	—	—	—	—	—	—	—	—	—
			柴油	10616	10200	9785	9785	9785	9785	7995	6205	6205	4605	3005	3005	3005	3005	2266	1527	1527	1261	1172
			燃气	—	—	—	—	—	—	—	—	—	—	—	—	—	—	—	—	—	—	—
	中型		汽油	—	—	—	—	—	—	—	—	—	—	—	—	—	—	—	—	—	—	—
			柴油	38666	38666	32539	20285	20285	15644	6363	6363	6363	6028	5693	5693	5693	5693	3650	1607	1607	1472	1427
			燃气	—	—	—	—	—	—	—	—	—	—	—	—	—	—	—	—	—	—	—
	重型		汽油	—	—	—	—	—	—	—	—	—	—	—	—	—	—	—	—	—	—	—
			柴油	135266	135266	111179	63004	63004	50025	24067	24067	24067	16492	8917	8917	8917	8917	6054	3191	3191	2698	2533
			燃气	—	—	—	—	—	—	—	—	—	—	—	—	—	—	—	—	—	—	—
低速汽车	三轮汽车			4092	4092	4092	4092	4092	4092	4092	4092	4092	3220	3220	3220	3220	3220	3220	3220	3220	3220	3220
	低速货车			5581	5581	5581	5581	5581	5581	5581	5581	5581	4392	4392	4392	4392	4392	4392	4392	4392	4392	4392
摩托车	普通摩托车			—	—	—	—	—	—	—	—	—	—	—	—	—	—	—	—	—	—	—
	轻便摩托车			—	—	—	—	—	—	—	—	—	—	—	—	—	—	—	—	—	—	—

连云港市 VOCs 排放系数

单位：克/（辆·年）

车辆类型		使用性质	燃料种类	1999 年年底前	2000 年	2001 年	2002 年	2003 年	2004 年	2005 年	2006 年	2007 年	2008 年	2009 年	2010 年	2011 年	2012 年	2013 年	2014 年	2015 年	2016 年	2017 年
载客汽车	微型	出租车	汽油	747970	444264	140559	140559	140559	140559	105689	70819	70819	58254	45689	45689	38108	30527	30527	30527	30527	22059	19236
			燃气	420487	253133	85779	85779	85779	85779	65236	44692	44692	36872	29052	29052	23422	17791	17791	17791	17791	11447	9332
		其他	汽油	45995	27851	9707	9707	9707	9707	9310	8913	8913	7694	6476	6476	6222	5968	5968	5968	5968	5057	4753
			燃气	20679	11594	2509	2509	2509	2509	2403	2297	2297	1722	1148	1148	1082	1017	1017	1017	1017	727	630
	小型	出租车	汽油	747970	437156	126343	126343	126343	126343	117252	108162	108162	76926	45689	45689	38108	30527	30527	30527	30527	20656	17366
			柴油	209127	196779	184431	184431	184431	184431	167664	150897	150897	110820	70742	70742	70742	70742	52456	34171	34171	19056	14017
			燃气	420487	249216	77945	77945	77945	77945	71608	65271	65271	47162	29052	29052	23422	17791	17791	17791	17791	10674	8301
		其他	汽油	46631	28092	9552	9552	9552	9552	9572	9593	9593	8036	6479	6479	6178	5877	5877	5877	5877	5121	4869
			柴油	10736	9814	8892	8892	8892	8892	7614	6336	6336	4319	2302	2302	2302	2302	1961	1620	1620	1159	1005
			燃气	21030	12638	4245	4245	4245	4245	3458	2672	2672	1998	1324	1324	1146	967	967	967	967	762	694
	中型	公交车	汽油	247493	247493	247493	247493	246896	168653	13361	13361	13361	13361	13361	13210	13058	13058	10630	8203	8203	8203	8203
			柴油	87806	87806	86086	82645	82645	64494	28192	28192	28192	20508	12823	12823	12823	12823	8958	5093	5093	4763	4653
			燃气	71579	71579	67602	59649	59649	57536	53311	53311	53311	42686	32061	32061	22219	22219	22154	22154	22154	22154	22154
		其他	汽油	128204	128204	128204	128204	127607	87284	7833	7833	7833	7833	7833	7688	7542	7542	6491	5440	5440	5440	5440
			柴油	30493	30493	28460	24394	24394	18567	6912	6912	6912	6506	6099	6099	6099	6099	3750	1402	1402	1243	1190
			燃气	34560	34560	32640	28800	28800	27780	25740	25740	25740	20623	15506	15506	10732	10732	9642	9642	9642	9642	9642
	大型	公交车	汽油	576801	576801	576801	576801	576204	388626	14665	14665	14665	14665	14665	14525	14385	14385	11619	8853	8853	8853	8853
			柴油	131708	131708	108010	60614	60614	60614	60614	60614	60614	43515	26416	26416	26416	26416	17675	8934	8934	5723	4653
			燃气	168926	168926	159541	140772	140772	135786	125815	125815	125815	100740	75665	75665	52438	52438	47188	47188	47188	47188	47188
		其他	汽油	1278099	1278099	1278099	1278099	1277502	860654	28151	28151	28151	28151	28151	21892	15633	15633	12442	9252	9252	9252	9252
			柴油	272891	272891	207397	76409	76409	76409	76409	76409	76409	55942	35476	35476	35476	35476	20706	5937	5937	5324	5119
			燃气	266186	266186	251398	221822	221822	213966	198253	198253	198253	158842	119430	119430	82662	82662	74261	74261	74261	74261	74261
载货汽车	微型		汽油	252605	136420	20236	20236	20236	20236	19067	17898	17898	16483	15068	15068	12514	9959	9959	9959	9959	8454	7953
			柴油	39641	37033	34425	34425	34425	34425	31557	28689	28689	21174	13659	13659	13659	13659	9409	5159	5159	3563	3031
			燃气	113569	59400	5230	5230	5230	5230	4922	4613	4613	3642	2671	2671	2184	1697	1697	1697	1697	1215	1054
	轻型		汽油	131763	79126	26489	26489	26489	26489	22925	19361	19361	17346	15332	15332	13520	11707	11707	11707	11707	10072	9527
			柴油	36398	35412	34425	34425	34425	34425	31557	28689	28689	21174	13659	13659	13659	13659	10340	7022	7022	5426	4894
			燃气	59423	35598	11772	11772	11772	11772	8582	5393	5393	4263	3133	3133	2530	1926	1926	1926	1926	1500	1358
	中型		汽油	340089	340089	340089	340089	339492	230932	15005	15005	15005	15005	15005	14865	14725	14725	11872	9019	9019	9019	9019
			柴油	79451	79451	74154	63561	63561	48377	18009	18009	18009	16956	15904	15904	15904	15904	11526	7148	7148	4253	3288
			燃气	90048	90048	85046	75041	75041	72382	67065	67065	67065	53749	40434	40434	54716	54716	26641	26641	26641	26641	26641
	重型		汽油	914112	914112	914112	914112	913514	615663	21155	21155	21155	21155	21155	16646	12137	12137	9854	7572	7572	7572	7572
			柴油	241774	241774	183748	67697	67697	67697	67697	67697	67697	49564	31431	31431	31431	31431	19751	8071	8071	5876	5145
			燃气	235834	235834	222732	196530	196530	189570	175649	175649	175649	140731	105813	105813	112374	112374	74638	74638	74638	74638	74638
低速汽车	三轮汽车			25300	25300	25300	25300	25300	25300	25300	25300	25300	16721	16721	16721	16721	16721	16721	16721	16721	16721	16721
	低速货车			33990	33990	33990	33990	33990	33990	33990	33990	33990	22464	22464	22464	22464	22464	22464	22464	22464	22464	22464
摩托车	普通摩托车			14679	14679	14679	14679	10954	7230	3871	3871	3871	3871	3871	2888	1906	1906	1906	1906	1906	1906	1906
	轻便摩托车			47470	47470	47470	47470	47470	9494	9494	4674	4674	4674	4674	3488	2302	2302	2302	2302	2302	2302	2302

淮安市 NO_x 排放系数

单位：克/（辆·年）

车辆类型		使用性质	燃料种类	1999 年年底前	2000 年	2001 年	2002 年	2003 年	2004 年	2005 年	2006 年	2007 年	2008 年	2009 年	2010 年	2011 年	2012 年	2013 年	2014 年	2015 年	2016 年	2017 年
载客汽车	微型	出租车	汽油	302092	204683	107274	107274	107274	107274	79627	51980	51980	38816	25652	25652	21149	16646	16646	16646	16646	10117	7941
			燃气	213801	145432	77064	77064	77064	77064	57392	37719	37719	28326	18932	18932	15512	12093	12093	12093	12093	7280	5676
		其他	汽油	34111	21434	8756	8756	8756	8756	5506	2256	2256	1834	1411	1411	1216	1020	1020	1020	1020	711	608
			燃气	23327	13902	4477	4477	4477	4477	2910	1344	1344	1088	832	832	691	550	550	550	550	438	400
	小型	出租车	汽油	341448	226682	111916	111916	111916	111916	82305	52694	52694	39173	25652	25652	20420	15187	15187	15187	15187	8809	6683
			柴油	384810	323124	261439	261439	261439	261439	233022	204606	204606	162711	120816	120816	120816	120816	98219	75622	75622	58272	52489
			燃气	241439	160882	80325	80325	80325	80325	59273	38221	38221	28576	18932	18932	15000	11069	11069	11069	11069	6362	4793
		其他	汽油	31823	20353	8883	8883	8883	8883	5874	2865	2865	1987	1109	1109	1038	968	968	968	968	670	570
			柴油	29302	23968	18634	18634	18634	18634	17132	15631	15631	12277	8923	8923	8923	8923	7702	6481	6481	5712	5456
			燃气	21720	13862	6005	6005	6005	6005	3888	1771	1771	1196	620	620	566	513	513	513	513	408	373
	中型	公交车	汽油	326472	326472	326472	326472	326472	223035	16160	16160	16160	16160	16160	14493	12826	12826	9682	6539	6539	6539	6539
			柴油	364864	364864	364007	362294	362294	347896	319099	319099	319099	265794	212489	212489	212489	212489	173406	134324	134324	112459	105171
			燃气	387403	387403	382791	373567	373567	361979	338804	338804	338804	281977	225150	225150	142382	142382	111513	111513	111513	111513	111513
		其他	汽油	200157	200157	200157	200157	200157	135773	7005	7005	7005	7005	7005	7005	7005	7005	5254	3503	3503	3503	3503
			柴油	171105	171105	163962	149677	149677	148411	145880	145880	145880	124242	102603	102603	102603	102603	91102	79601	79601	67941	64054
			燃气	193213	193213	182479	161011	161011	159494	156459	156459	156459	133214	109968	109968	85661	85661	68808	68808	68808	68808	68808
	大型	公交车	汽油	1163055	1163055	1163055	1163055	1163055	799739	73106	73106	73106	73106	73106	73042	72978	72978	54734	36490	36490	36490	36490
			柴油	517486	517486	500764	467320	467320	454042	427485	427485	427485	419782	412078	412078	412078	412078	397219	382360	382360	344678	332118
			燃气	1040453	1040453	982650	867044	867044	802704	674024	674024	674024	577514	481003	481003	447814	447814	388137	388137	388137	388137	388137
		其他	汽油	2776001	2776001	2776001	2776001	2776001	1908831	174492	174492	174492	174492	174492	167948	161405	161405	121183	80961	80961	80961	80961
			柴油	1239217	1239217	1207330	1143555	1143555	1116894	1063572	1063572	1063572	1026126	988680	988680	988680	988680	941228	893777	893777	790984	756719
			燃气	2306669	2306669	2178521	1922224	1922224	1779583	1494300	1494300	1494300	1280828	1067357	1067357	962938	962938	816967	816967	816967	816967	816967
载货汽车	微型		汽油	122693	72628	22563	22563	22563	22563	15451	8339	8339	6778	5218	5218	4588	3958	3958	3958	3958	2922	2577
			柴油	86378	71314	56250	56250	56250	56250	50566	44882	44882	38042	31203	31203	31203	31203	22820	14436	14436	12336	11636
			燃气	83904	47720	11537	11537	11537	11537	8252	4968	4968	4022	3077	3077	2606	2134	2134	2134	2134	1805	1695
	轻型		汽油	88695	57000	25304	25304	25304	25304	17195	9086	9086	7630	6173	6173	5117	4061	4061	4061	4061	3052	2715
			柴油	86679	71464	56250	56250	56250	56250	50566	44882	44882	38042	31203	31203	31203	31203	24858	18513	18513	17131	16670
			燃气	60537	38821	17106	17106	17106	17106	11361	5617	5617	4534	3451	3451	2802	2152	2152	2152	2152	1871	1777
	中型		汽油	241057	241057	241057	241057	241056	164571	11601	11601	11601	11601	11601	11601	11601	11601	8704	5807	5807	5807	5807
			柴油	452163	452163	406010	313703	313703	298297	267486	267486	267486	266764	266041	266041	266041	266041	233418	200794	200794	172902	163605
			燃气	510586	510586	452876	337458	337458	320600	286884	286884	286884	286011	285138	285138	216080	216080	175748	175748	175748	175748	175748
	重型		汽油	1919279	1919279	1919279	1919279	1919279	1319733	120640	120640	120640	120640	120640	116116	111592	111592	83784	55975	55975	55975	55975
			柴油	1104327	1104327	1066633	991244	991244	954580	881253	881253	881253	845914	810576	810576	810576	810576	703954	597331	597331	405339	341342
			燃气	2055586	2055586	1925791	1666201	1666201	1523516	1238145	1238145	1238145	1056612	875080	875080	643553	643553	368519	368519	368519	368519	368519
低速汽车	三轮汽车			65550	65550	65550	65550	65550	65550	65550	65550	65550	53279	53279	53279	53279	53279	53279	53279	53279	53279	53279
	低速货车			88065	88065	88065	88065	88065	88065	88065	88065	88065	71579	71579	71579	71579	71579	71579	71579	71579	71579	71579
摩托车	普通摩托车			1095	1095	1095	1095	1058	1022	949	949	949	949	949	844	738	738	738	738	738	738	738
	轻便摩托车			730	730	730	730	730	365	365	365	365	365	365	324	284	284	284	284	284	284	284

淮安市 PM 排放系数

单位：克/（辆 • 年）

车辆类型		使用性质	燃料种类	1999 年年底前	2000 年	2001 年	2002 年	2003 年	2004 年	2005 年	2006 年	2007 年	2008 年	2009 年	2010 年	2011 年	2012 年	2013 年	2014 年	2015 年	2016 年	2017 年
载客汽车	微型	出租车	汽油	—	—	—	—	—	—	—	—	—	—	—	—	—	—	—	—	—	—	—
			燃气	—	—	—	—	—	—	—	—	—	—	—	—	—	—	—	—	—	—	—
		其他	汽油	—	—	—	—	—	—	—	—	—	—	—	—	—	—	—	—	—	—	—
			燃气	—	—	—	—	—	—	—	—	—	—	—	—	—	—	—	—	—	—	—
	小型	出租车	汽油	—	—	—	—	—	—	—	—	—	—	—	—	—	—	—	—	—	—	—
			柴油	53680	49172	44663	44663	44663	44663	30437	16211	16211	10589	4967	4967	4967	4967	4616	4266	4266	3527	3281
			燃气	—	—	—	—	—	—	—	—	—	—	—	—	—	—	—	—	—	—	—
		其他	汽油	—	—	—	—	—	—	—	—	—	—	—	—	—	—	—	—	—	—	—
			柴油	4515	4272	4029	4029	4029	4029	2894	1759	1759	1294	828	828	828	828	687	546	546	546	546
			燃气	—	—	—	—	—	—	—	—	—	—	—	—	—	—	—	—	—	—	—
	中型	公交车	汽油	—	—	—	—	—	—	—	—	—	—	—	—	—	—	—	—	—	—	—
			柴油	30592	30592	28032	22913	22913	17978	8108	8108	8108	6872	5637	5637	5637	5637	3504	1372	1372	1080	983
			燃气	—	—	—	—	—	—	—	—	—	—	—	—	—	—	—	—	—	—	—
		其他	汽油	—	—	—	—	—	—	—	—	—	—	—	—	—	—	—	—	—	—	—
			柴油	15274	15274	12888	8116	8116	6262	2553	2553	2553	2434	2316	2316	2316	2316	1366	415	415	399	394
			燃气	—	—	—	—	—	—	—	—	—	—	—	—	—	—	—	—	—	—	—
	大型	公交车	汽油	—	—	—	—	—	—	—	—	—	—	—	—	—	—	—	—	—	—	—
			柴油	94865	94865	93934	92071	92071	71272	29674	29674	29674	19994	10315	10315	10315	10315	6116	1916	1916	1845	1821
			燃气	—	—	—	—	—	—	—	—	—	—	—	—	—	—	—	—	—	—	—
		其他	汽油	—	—	—	—	—	—	—	—	—	—	—	—	—	—	—	—	—	—	—
			柴油	142314	142314	133412	115607	115607	85425	25061	25061	25061	17182	9303	9303	9303	9303	5868	2433	2433	2343	2313
			燃气	—	—	—	—	—	—	—	—	—	—	—	—	—	—	—	—	—	—	—
载货汽车	微型		汽油	—	—	—	—	—	—	—	—	—	—	—	—	—	—	—	—	—	—	—
			柴油	10754	10532	10309	10309	10309	10309	8408	6507	6507	4830	3152	3152	3152	3152	1984	817	817	813	812
			燃气	—	—	—	—	—	—	—	—	—	—	—	—	—	—	—	—	—	—	—
	轻型		汽油	—	—	—	—	—	—	—	—	—	—	—	—	—	—	—	—	—	—	—
			柴油	11185	10747	10309	10309	10309	10309	8408	6507	6507	4830	3152	3152	3152	3152	2377	1602	1602	1322	1229
			燃气	—	—	—	—	—	—	—	—	—	—	—	—	—	—	—	—	—	—	—
	中型		汽油	—	—	—	—	—	—	—	—	—	—	—	—	—	—	—	—	—	—	—
			柴油	38666	38666	32539	20285	20285	15644	6363	6363	6363	6028	5693	5693	5693	5693	3650	1607	1607	1472	1427
			燃气	—	—	—	—	—	—	—	—	—	—	—	—	—	—	—	—	—	—	—
	重型		汽油	—	—	—	—	—	—	—	—	—	—	—	—	—	—	—	—	—	—	—
			柴油	135266	135266	111179	63004	63004	50025	24067	24067	24067	16492	8917	8917	8917	8917	6054	3191	3191	2698	2533
			燃气	—	—	—	—	—	—	—	—	—	—	—	—	—	—	—	—	—	—	—
低速汽车	三轮汽车			4092	4092	4092	4092	4092	4092	4092	4092	4092	3220	3220	3220	3220	3220	3220	3220	3220	3220	3220
	低速货车			5581	5581	5581	5581	5581	5581	5581	5581	5581	4392	4392	4392	4392	4392	4392	4392	4392	4392	4392
摩托车	普通摩托车			—	—	—	—	—	—	—	—	—	—	—	—	—	—	—	—	—	—	—
	轻便摩托车			—	—	—	—	—	—	—	—	—	—	—	—	—	—	—	—	—	—	—

淮安市 VOCs 排放系数

单位：克/（辆·年）

车辆类型		使用性质	燃料种类	1999 年年底前	2000 年	2001 年	2002 年	2003 年	2004 年	2005 年	2006 年	2007 年	2008 年	2009 年	2010 年	2011 年	2012 年	2013 年	2014 年	2015 年	2016 年	2017 年
载客汽车	微型	出租车	汽油	730655	435152	139648	139648	139648	139648	105134	70620	70620	58048	45477	45477	37758	30040	30040	30040	30040	21248	18318
			燃气	410945	248111	85277	85277	85277	85277	64930	44582	44582	36758	28935	28935	23229	17523	17523	17523	17523	11000	8826
		其他	汽油	45992	27848	9705	9705	9705	9705	9316	8926	8926	7689	6452	6452	6184	5917	5917	5917	5917	5003	4698
			燃气	20678	11593	2508	2508	2508	2508	2406	2304	2304	1721	1138	1138	1064	989	989	989	989	697	600
	小型	出租车	汽油	730655	428114	125573	125573	125573	125573	116659	107745	107745	76611	45477	45477	37758	30040	30040	30040	30040	19946	16582
			柴油	208918	196578	184238	184238	184238	184238	167154	150070	150070	110306	70542	70542	70542	70542	52302	34061	34061	18976	13948
			燃气	410945	244232	77520	77520	77520	77520	71280	65041	65041	46988	28935	28935	23229	17523	17523	17523	17523	10282	7869
		其他	汽油	46628	28088	9549	9549	9549	9549	9579	9609	9609	8032	6456	6456	6142	5829	5829	5829	5829	5067	4813
			柴油	10766	9841	8916	8916	8916	8916	7607	6298	6298	4294	2290	2290	2290	2290	1950	1610	1610	1151	998
			燃气	21028	12636	4243	4243	4243	4243	3462	2680	2680	1996	1312	1312	1126	941	941	941	941	732	663
	中型	公交车	汽油	247493	247493	247493	247493	246896	168653	13361	13361	13361	13361	13361	13210	13058	13058	10630	8203	8203	8203	8203
			柴油	87806	87806	86086	82645	82645	64494	28192	28192	28192	20508	12823	12823	12823	12823	8958	5093	5093	4763	4653
			燃气	71579	71579	67602	59649	59649	57536	53311	53311	53311	42686	32061	32061	22219	22219	22154	22154	22154	22154	22154
		其他	汽油	128204	128204	128204	128204	127607	87284	7833	7833	7833	7833	7833	7688	7542	7542	6491	5440	5440	5440	5440
			柴油	30493	30493	28460	24394	24394	18567	6912	6912	6912	6506	6099	6099	6099	6099	3750	1402	1402	1243	1190
			燃气	34560	34560	32640	28800	28800	27780	25740	25740	25740	20623	15506	15506	10732	10732	9642	9642	9642	9642	9642
	大型	公交车	汽油	576801	576801	576801	576801	576204	388626	14665	14665	14665	14665	14665	14525	14385	14385	11619	8853	8853	8853	8853
			柴油	131708	131708	108010	60614	60614	60614	60614	60614	60614	43515	26416	26416	26416	26416	17675	8934	8934	5723	4653
			燃气	168926	168926	159541	140772	140772	135786	125815	125815	125815	100740	75665	75665	52438	52438	47188	47188	47188	47188	47188
		其他	汽油	1278099	1278099	1278099	1278099	1277502	860654	28151	28151	28151	28151	28151	21892	15633	15633	12442	9252	9252	9252	9252
			柴油	272891	272891	207397	76409	76409	76409	76409	76409	76409	55942	35476	35476	35476	35476	20706	5937	5937	5324	5119
			燃气	266186	266186	251398	221822	221822	213966	198253	198253	198253	158842	119430	119430	82662	82662	74261	74261	74261	74261	74261
载货汽车	微型		汽油	260381	140525	20669	20669	20669	20669	19476	18282	18282	16838	15393	15393	12762	10131	10131	10131	10131	8600	8089
			柴油	40495	37830	35166	35166	35166	35166	32218	29271	29271	21605	13939	13939	13939	13939	9601	5263	5263	3634	3091
			燃气	117067	61204	5341	5341	5341	5341	5030	4719	4719	3717	2715	2715	2204	1693	1693	1693	1693	1198	1033
	轻型		汽油	135661	81392	27123	27123	27123	27123	23458	19792	19792	17729	15666	15666	13800	11935	11935	11935	11935	10269	9714
			柴油	37183	36174	35166	35166	35166	35166	32218	29271	29271	21605	13939	13939	13939	13939	10551	7163	7163	5533	4990
			燃气	61180	36616	12052	12052	12052	12052	8786	5520	5520	4352	3184	3184	2555	1927	1927	1927	1927	1485	1338
	中型		汽油	340089	340089	340089	340089	339492	230932	15005	15005	15005	15005	15005	14865	14725	14725	11872	9019	9019	9019	9019
			柴油	79451	79451	74154	63561	63561	48377	18009	18009	18009	16956	15904	15904	15904	15904	11526	7148	7148	4253	3288
			燃气	90048	90048	85046	75041	75041	72382	67065	67065	67065	53749	40434	40434	54716	54716	26641	26641	26641	26641	26641
	重型		汽油	914112	914112	914112	914112	913514	615663	21155	21155	21155	21155	21155	16646	12137	12137	9854	7572	7572	7572	7572
			柴油	241774	241774	183748	67697	67697	67697	67697	67697	67697	49564	31431	31431	31431	31431	19751	8071	8071	5876	5145
			燃气	235834	235834	222732	196530	196530	189570	175649	175649	175649	140731	105813	105813	112374	112374	74638	74638	74638	74638	74638
低速汽车	三轮汽车			25300	25300	25300	25300	25300	25300	25300	25300	25300	16721	16721	16721	16721	16721	16721	16721	16721	16721	16721
	低速货车			33990	33990	33990	33990	33990	33990	33990	33990	33990	22464	22464	22464	22464	22464	22464	22464	22464	22464	22464
摩托车	普通摩托车			14679	14679	14679	14679	10954	7230	3871	3871	3871	3871	3871	2888	1906	1906	1906	1906	1906	1906	1906
	轻便摩托车			47470	47470	47470	47470	47470	9494	9494	4674	4674	4674	4674	3488	2302	2302	2302	2302	2302	2302	2302

盐城市 NO_x 排放系数

单位：克/（辆·年）

车辆类型		使用性质	燃料种类	1999 年年底前	2000 年	2001 年	2002 年	2003 年	2004 年	2005 年	2006 年	2007 年	2008 年	2009 年	2010 年	2011 年	2012 年	2013 年	2014 年	2015 年	2016 年	2017 年
载客汽车	微型	出租车	汽油	284217	193465	102713	102713	102713	102713	76514	50315	50315	37752	25188	25188	20446	15703	15703	15703	15703	9365	7252
			燃气	201248	137555	73862	73862	73862	73862	55206	36550	36550	27578	18606	18606	15018	11431	11431	11431	11431	6752	5192
		其他	汽油	31589	19858	8127	8127	8127	8127	5131	2135	2135	1738	1342	1342	1128	915	915	915	915	632	537
			燃气	21556	12853	4150	4150	4150	4150	2704	1258	1258	1020	783	783	630	476	476	476	476	382	350
	小型	出租车	汽油	320891	213979	107067	107067	107067	107067	79026	50985	50985	38086	25188	25188	19818	14449	14449	14449	14449	8221	6145
			柴油	359148	302638	246128	246128	246128	246128	218810	191493	191493	152402	113312	113312	113312	113312	91699	70086	70086	52466	46592
			燃气	227003	151962	76920	76920	76920	76920	56970	37020	37020	27813	18606	18606	14578	10551	10551	10551	10551	5949	4415
		其他	汽油	29478	18861	8244	8244	8244	8244	5470	2695	2695	1879	1063	1063	967	871	871	871	871	596	504
			柴油	26137	21407	16677	16677	16677	16677	15345	14013	14013	10981	7949	7949	7949	7949	6852	5756	5756	4980	4721
			燃气	20073	12814	5556	5556	5556	5556	3604	1652	1652	1120	587	587	516	445	445	445	445	356	326
	中型	公交车	汽油	326472	326472	326472	326472	326472	223035	16160	16160	16160	16160	16160	14493	12826	12826	9682	6539	6539	6539	6539
			柴油	364864	364864	364007	362294	362294	347896	319099	319099	319099	265794	212489	212489	212489	212489	173406	134324	134324	112459	105171
			燃气	387403	387403	382791	373567	373567	361979	338804	338804	338804	281977	225150	225150	142382	142382	111513	111513	111513	111513	111513
		其他	汽油	200157	200157	200157	200157	200157	135773	7005	7005	7005	7005	7005	7005	7005	7005	5254	3503	3503	3503	3503
			柴油	171105	171105	163962	149677	149677	148411	145880	145880	145880	124242	102603	102603	102603	102603	91102	79601	79601	67941	64054
			燃气	193213	193213	182479	161011	161011	159494	156459	156459	156459	133214	109968	109968	85661	85661	68808	68808	68808	68808	68808
	大型	公交车	汽油	1163055	1163055	1163055	1163055	1163055	799739	73106	73106	73106	73106	73106	73042	72978	72978	54734	36490	36490	36490	36490
			柴油	517486	517486	500764	467320	467320	454042	427485	427485	427485	419782	412078	412078	412078	412078	397219	382360	382360	344678	332118
			燃气	1040453	1040453	982650	867044	867044	802704	674024	674024	674024	577514	481003	481003	447814	447814	388137	388137	388137	388137	388137
		其他	汽油	2776001	2776001	2776001	2776001	2776001	1908831	174492	174492	174492	174492	174492	167948	161405	161405	121183	80961	80961	80961	80961
			柴油	1239217	1239217	1207330	1143555	1143555	1116894	1063572	1063572	1063572	1026126	988680	988680	988680	988680	941228	893777	893777	790984	756719
			燃气	2306669	2306669	2178521	1922224	1922224	1779583	1494300	1494300	1494300	1280828	1067357	1067357	962938	962938	816967	816967	816967	816967	816967
载货汽车	微型		汽油	121897	72561	23225	23225	23225	23225	15967	8709	8709	7094	5479	5479	4796	4112	4112	4112	4112	3004	2635
			柴油	84634	70081	55528	55528	55528	55528	49903	44278	44278	37454	30629	30629	30629	30629	22403	14177	14177	11961	11222
			燃气	83181	47520	11860	11860	11860	11860	8496	5132	5132	4164	3197	3197	2668	2139	2139	2139	2139	1823	1717
	轻型		汽油	90343	58174	26005	26005	26005	26005	17736	9467	9467	7957	6447	6447	5332	4216	4216	4216	4216	3135	2775
			柴油	84922	70225	55528	55528	55528	55528	49903	44278	44278	37454	30629	30629	30629	30629	24350	18070	18070	16538	16028
			燃气	61519	39522	17526	17526	17526	17526	11665	5803	5803	4682	3560	3560	2857	2154	2154	2154	2154	1885	1795
	中型		汽油	241057	241057	241057	241057	241056	164571	11601	11601	11601	11601	11601	11601	11601	11601	8704	5807	5807	5807	5807
			柴油	452163	452163	406010	313703	313703	298297	267486	267486	267486	266764	266041	266041	266041	266041	233418	200794	200794	172902	163605
			燃气	510586	510586	452876	337458	337458	320600	286884	286884	286884	286011	285138	285138	216080	216080	175748	175748	175748	175748	175748
	重型		汽油	1919279	1919279	1919279	1919279	1919279	1319733	120640	120640	120640	120640	120640	116116	111592	111592	83784	55975	55975	55975	55975
			柴油	1104327	1104327	1066633	991244	991244	954580	881253	881253	881253	845914	810576	810576	810576	810576	703954	597331	597331	405339	341342
			燃气	2055586	2055586	1925791	1666201	1666201	1523516	1238145	1238145	1238145	1056612	875080	875080	643553	643553	368519	368519	368519	368519	368519
低速汽车	三轮汽车			65550	65550	65550	65550	65550	65550	65550	65550	65550	53279	53279	53279	53279	53279	53279	53279	53279	53279	53279
	低速货车			88065	88065	88065	88065	88065	88065	88065	88065	88065	71579	71579	71579	71579	71579	71579	71579	71579	71579	71579
摩托车	普通摩托车			1095	1095	1095	1095	1058	1022	949	949	949	949	949	844	738	738	738	738	738	738	738
	轻便摩托车			730	730	730	730	730	365	365	365	365	365	365	324	284	284	284	284	284	284	284

盐城市 PM 排放系数

单位：克/（辆·年）

车辆类型		使用性质	燃料种类	1999 年年底前	2000 年	2001 年	2002 年	2003 年	2004 年	2005 年	2006 年	2007 年	2008 年	2009 年	2010 年	2011 年	2012 年	2013 年	2014 年	2015 年	2016 年	2017 年
载客汽车	微型	出租车	汽油	—	—	—	—	—	—	—	—	—	—	—	—	—	—	—	—	—	—	—
			燃气	—	—	—	—	—	—	—	—	—	—	—	—	—	—	—	—	—	—	—
		其他	汽油	—	—	—	—	—	—	—	—	—	—	—	—	—	—	—	—	—	—	—
			燃气	—	—	—	—	—	—	—	—	—	—	—	—	—	—	—	—	—	—	—
	小型	出租车	汽油	—	—	—	—	—	—	—	—	—	—	—	—	—	—	—	—	—	—	—
			柴油	48185	44127	40069	40069	40069	40069	27318	14567	14567	9498	4429	4429	4429	4429	4116	3804	3804	3146	2926
			燃气	—	—	—	—	—	—	—	—	—	—	—	—	—	—	—	—	—	—	—
		其他	汽油	—	—	—	—	—	—	—	—	—	—	—	—	—	—	—	—	—	—	—
			柴油	3999	3784	3570	3570	3570	3570	2567	1564	1564	1146	728	728	728	728	608	489	489	489	489
			燃气	—	—	—	—	—	—	—	—	—	—	—	—	—	—	—	—	—	—	—
	中型	公交车	汽油	—	—	—	—	—	—	—	—	—	—	—	—	—	—	—	—	—	—	—
			柴油	30592	30592	28032	22913	22913	17978	8108	8108	8108	6872	5637	5637	5637	5637	3504	1372	1372	1080	983
			燃气	—	—	—	—	—	—	—	—	—	—	—	—	—	—	—	—	—	—	—
		其他	汽油	—	—	—	—	—	—	—	—	—	—	—	—	—	—	—	—	—	—	—
			柴油	15274	15274	12888	8116	8116	6262	2553	2553	2553	2434	2316	2316	2316	2316	1366	415	415	399	394
			燃气	—	—	—	—	—	—	—	—	—	—	—	—	—	—	—	—	—	—	—
	大型	公交车	汽油	—	—	—	—	—	—	—	—	—	—	—	—	—	—	—	—	—	—	—
			柴油	94865	94865	93934	92071	92071	71272	29674	29674	29674	19994	10315	10315	10315	10315	6116	1916	1916	1845	1821
			燃气	—	—	—	—	—	—	—	—	—	—	—	—	—	—	—	—	—	—	—
		其他	汽油	—	—	—	—	—	—	—	—	—	—	—	—	—	—	—	—	—	—	—
			柴油	142314	142314	133412	115607	115607	85425	25061	25061	25061	17182	9303	9303	9303	9303	5868	2433	2433	2343	2313
			燃气	—	—	—	—	—	—	—	—	—	—	—	—	—	—	—	—	—	—	—
载货汽车	微型		汽油	—	—	—	—	—	—	—	—	—	—	—	—	—	—	—	—	—	—	—
			柴油	10502	10284	10067	10067	10067	10067	8196	6325	6325	4694	3063	3063	3063	3063	1928	794	794	790	789
			燃气	—	—	—	—	—	—	—	—	—	—	—	—	—	—	—	—	—	—	—
	轻型		汽油	—	—	—	—	—	—	—	—	—	—	—	—	—	—	—	—	—	—	—
			柴油	10922	10494	10067	10067	10067	10067	8196	6325	6325	4694	3063	3063	3063	3063	2310	1557	1557	1286	1195
			燃气	—	—	—	—	—	—	—	—	—	—	—	—	—	—	—	—	—	—	—
	中型		汽油	—	—	—	—	—	—	—	—	—	—	—	—	—	—	—	—	—	—	—
			柴油	38666	38666	32539	20285	20285	15644	6363	6363	6363	6028	5693	5693	5693	5693	3650	1607	1607	1472	1427
			燃气	—	—	—	—	—	—	—	—	—	—	—	—	—	—	—	—	—	—	—
	重型		汽油	—	—	—	—	—	—	—	—	—	—	—	—	—	—	—	—	—	—	—
			柴油	135266	135266	111179	63004	63004	50025	24067	24067	24067	16492	8917	8917	8917	8917	6054	3191	3191	2698	2533
			燃气	—	—	—	—	—	—	—	—	—	—	—	—	—	—	—	—	—	—	—
低速汽车	三轮汽车			4092	4092	4092	4092	4092	4092	4092	4092	4092	3220	3220	3220	3220	3220	3220	3220	3220	3220	3220
	低速货车			5581	5581	5581	5581	5581	5581	5581	5581	5581	4392	4392	4392	4392	4392	4392	4392	4392	4392	4392
摩托车	普通摩托车			—	—	—	—	—	—	—	—	—	—	—	—	—	—	—	—	—	—	—
	轻便摩托车			—	—	—	—	—	—	—	—	—	—	—	—	—	—	—	—	—	—	—

盐城市 VOCs 排放系数

单位：克/（辆·年）

车辆类型		使用性质	燃料种类	1999 年年底前	2000 年	2001 年	2002 年	2003 年	2004 年	2005 年	2006 年	2007 年	2008 年	2009 年	2010 年	2011 年	2012 年	2013 年	2014 年	2015 年	2016 年	2017 年
载客汽车	微型	出租车	汽油	674905	402759	130613	130613	130613	130613	99090	67568	67568	55473	43378	43378	35722	28067	28067	28067	28067	19350	16445
			燃气	380222	230260	80298	80298	80298	80298	61599	42900	42900	35339	27778	27778	22106	16435	16435	16435	16435	9954	7793
		其他	汽油	42069	25679	9289	9289	9289	9289	8912	8535	8535	7366	6198	6198	5924	5649	5649	5649	5649	4783	4494
			燃气	18515	10397	2279	2279	2279	2279	2184	2089	2089	1555	1021	1021	931	841	841	841	841	576	487
	小型	出租车	汽油	674905	396418	117931	117931	117931	117931	109636	101341	101341	72360	43378	43378	35722	28067	28067	28067	28067	18253	14982
			柴油	201365	189312	177260	177260	177260	177260	159570	141881	141881	105428	68976	68976	68976	68976	51088	33199	33199	18222	13230
			燃气	380222	226766	73309	73309	73309	73309	67410	61512	61512	44645	27778	27778	22106	16435	16435	16435	16435	9349	6987
		其他	汽油	42636	25894	9152	9152	9152	9152	9146	9141	9141	7671	6201	6201	5889	5577	5577	5577	5577	4838	4591
			柴油	9790	8958	8125	8125	8125	8125	6891	5657	5657	3890	2124	2124	2124	2124	1800	1477	1477	1044	899
			燃气	18828	11322	3816	3816	3816	3816	3120	2423	2423	1797	1171	1171	986	801	801	801	801	606	541
	中型	公交车	汽油	247493	247493	247493	247493	246896	168653	13361	13361	13361	13361	13361	13210	13058	13058	10630	8203	8203	8203	8203
			柴油	87806	87806	86086	82645	82645	64494	28192	28192	28192	20508	12823	12823	12823	12823	8958	5093	5093	4763	4653
			燃气	71579	71579	67602	59649	59649	57536	53311	53311	53311	42686	32061	32061	22219	22219	22154	22154	22154	22154	22154
		其他	汽油	128204	128204	128204	128204	127607	87284	7833	7833	7833	7833	7833	7688	7542	7542	6491	5440	5440	5440	5440
			柴油	30493	30493	28460	24394	24394	18567	6912	6912	6912	6506	6099	6099	6099	6099	3750	1402	1402	1243	1190
			燃气	34560	34560	32640	28800	28800	27780	25740	25740	25740	20623	15506	15506	10732	10732	9642	9642	9642	9642	9642
	大型	公交车	汽油	576801	576801	576801	576801	576204	388626	14665	14665	14665	14665	14665	14525	14385	14385	11619	8853	8853	8853	8853
			柴油	131708	131708	108010	60614	60614	60614	60614	60614	60614	43515	26416	26416	26416	26416	17675	8934	8934	5723	4653
			燃气	168926	168926	159541	140772	140772	135786	125815	125815	125815	100740	75665	75665	52438	52438	47188	47188	47188	47188	47188
		其他	汽油	1278099	1278099	1278099	1278099	1277502	860654	28151	28151	28151	28151	28151	21892	15633	15633	12442	9252	9252	9252	9252
			柴油	272891	272891	207397	76409	76409	76409	76409	76409	76409	55942	35476	35476	35476	35476	20706	5937	5937	5324	5119
			燃气	266186	266186	251398	221822	221822	213966	198253	198253	198253	158842	119430	119430	82662	82662	74261	74261	74261	74261	74261
载货汽车	微型		汽油	251161	135956	20750	20750	20750	20750	19506	18262	18262	16794	15326	15326	12710	10095	10095	10095	10095	8491	7956
			柴油	40632	37951	35270	35270	35270	35270	32232	29195	29195	21692	14190	14190	14190	14190	9826	5462	5462	3659	3058
			燃气	110539	57815	5091	5091	5091	5091	4780	4470	4470	3497	2525	2525	2014	1503	1503	1503	1503	1022	862
	轻型		汽油	131406	79176	26947	26947	26947	26947	23329	19711	19711	17650	15588	15588	13708	11827	11827	11827	11827	10094	9516
			柴油	37518	36394	35270	35270	35270	35270	32232	29195	29195	21692	14190	14190	14190	14190	10720	7250	7250	5447	4846
			燃气	58029	34632	11236	11236	11236	11236	8230	5225	5225	4084	2944	2944	2321	1699	1699	1699	1699	1266	1121
	中型		汽油	340089	340089	340089	340089	339492	230932	15005	15005	15005	15005	15005	14865	14725	14725	11872	9019	9019	9019	9019
			柴油	79451	79451	74154	63561	63561	48377	18009	18009	18009	16956	15904	15904	15904	15904	11526	7148	7148	4253	3288
			燃气	90048	90048	85046	75041	75041	72382	67065	67065	67065	53749	40434	40434	54716	54716	26641	26641	26641	26641	26641
	重型		汽油	914112	914112	914112	914112	913514	615663	21155	21155	21155	21155	21155	16646	12137	12137	9854	7572	7572	7572	7572
			柴油	241774	241774	183748	67697	67697	67697	67697	67697	67697	49564	31431	31431	31431	31431	19751	8071	8071	5876	5145
			燃气	235834	235834	222732	196530	196530	189570	175649	175649	175649	140731	105813	105813	112374	112374	74638	74638	74638	74638	74638
低速汽车	三轮汽车			25300	25300	25300	25300	25300	25300	25300	25300	25300	16721	16721	16721	16721	16721	16721	16721	16721	16721	16721
	低速货车			33990	33990	33990	33990	33990	33990	33990	33990	33990	22464	22464	22464	22464	22464	22464	22464	22464	22464	22464
摩托车	普通摩托车			14679	14679	14679	14679	10954	7230	3871	3871	3871	3871	3871	2888	1906	1906	1906	1906	1906	1906	1906
	轻便摩托车			47470	47470	47470	47470	47470	9494	9494	4674	4674	4674	4674	3488	2302	2302	2302	2302	2302	2302	2302

扬州市 NO_x 排放系数

单位：克/（辆·年）

车辆类型		使用性质	燃料种类	1999年年底前	2000年	2001年	2002年	2003年	2004年	2005年	2006年	2007年	2008年	2009年	2010年	2011年	2012年	2013年	2014年	2015年	2016年	2017年
载客汽车	微型	出租车	汽油	289279	196918	104556	104556	104556	104556	77774	50992	50992	38168	25345	25345	20838	16332	16332	16332	16332	9851	7691
			燃气	204714	139922	75130	75130	75130	75130	56072	37013	37013	27862	18711	18711	15290	11868	11868	11868	11868	7090	5498
		其他	汽油	31478	19786	8093	8093	8093	8093	5113	2133	2133	1738	1343	1343	1158	974	974	974	974	673	573
			燃气	21457	12792	4127	4127	4127	4127	2690	1252	1252	1016	781	781	648	514	514	514	514	410	375
	小型	出租车	汽油	326710	217868	109027	109027	109027	109027	80353	51679	51679	38512	25345	25345	20144	14943	14943	14943	14943	8602	6488
			柴油	371498	312498	253498	253498	253498	253498	225860	198222	198222	157848	117473	117473	117473	117473	95315	73157	73157	55751	49949
			燃气	230989	154628	78268	78268	78268	78268	57882	37496	37496	28104	18711	18711	14802	10893	10893	10893	10893	6214	4654
		其他	汽油	29376	18792	8209	8209	8209	8209	5450	2691	2691	1878	1065	1065	995	925	925	925	925	634	537
			柴油	27395	22426	17457	17457	17457	17457	16061	14665	14665	11509	8353	8353	8353	8353	7206	6058	6058	5325	5081
			燃气	19982	12754	5525	5525	5525	5525	3584	1644	1644	1115	586	586	533	480	480	480	480	382	349
	中型	公交车	汽油	326615	326615	326615	326615	326615	223132	16167	16167	16167	16167	16167	14499	12831	12831	9686	6542	6542	6542	6542
			柴油	364981	364981	364124	362410	362410	348007	319202	319202	319202	265880	212558	212558	212558	212558	173462	134367	134367	112496	105205
			燃气	387528	387528	382914	373687	373687	362096	338914	338914	338914	282068	225223	225223	142428	142428	111548	111548	111548	111548	111548
		其他	汽油	200245	200245	200245	200245	200245	135833	7009	7009	7009	7009	7009	7009	7009	7009	5257	3505	3505	3505	3505
			柴油	171160	171160	164015	149725	149725	148459	145927	145927	145927	124282	102636	102636	102636	102636	91132	79627	79627	67962	64074
			燃气	193275	193275	182538	161063	161063	159545	156509	156509	156509	133256	110003	110003	85688	85688	68830	68830	68830	68830	68830
	大型	公交车	汽油	1163567	1163567	1163567	1163567	1163567	800091	73139	73139	73139	73139	73139	73074	73010	73010	54758	36506	36506	36506	36506
			柴油	517652	517652	500925	467471	467471	454188	427623	427623	427623	419916	412210	412210	412210	412210	397346	382483	382483	344790	332225
			燃气	1040788	1040788	982967	867324	867324	802963	674241	674241	674241	577700	481158	481158	447958	447958	388262	388262	388262	388262	388262
		其他	汽油	2777223	2777223	2777223	2777223	2777223	1909671	174568	174568	174568	174568	174568	168022	161476	161476	121236	80996	80996	80996	80996
			柴油	1239617	1239617	1207719	1143924	1143924	1117254	1063914	1063914	1063914	1026456	988998	988998	988998	988998	941532	894065	894065	791238	756963
			燃气	2307412	2307412	2179222	1922843	1922843	1780156	1494782	1494782	1494782	1281242	1067701	1067701	963248	963248	817230	817230	817230	817230	817230
载货汽车	微型		汽油	166467	99541	32615	32615	32615	32615	22698	12782	12782	10479	8176	8176	7042	5909	5909	5909	5909	4190	3617
			柴油	123292	102622	81951	81951	81951	81951	73551	65151	65151	55094	45038	45038	45038	45038	32928	20819	20819	17211	16008
			燃气	113472	65052	16632	16632	16632	16632	12067	7503	7503	6129	4755	4755	3936	3118	3118	3118	3118	2555	2367
	轻型		汽油	122379	79354	36329	36329	36329	36329	25062	13794	13794	11632	9469	9469	7758	6048	6048	6048	6048	4365	3804
			柴油	123694	102822	81951	81951	81951	81951	73551	65151	65151	55094	45038	45038	45038	45038	35657	26276	26276	23627	22744
			燃气	83244	53847	24451	24451	24451	24451	16439	8427	8427	6819	5210	5210	4174	3138	3138	3138	3138	2639	2472
	中型		汽油	241057	241057	241057	241057	241056	164571	11601	11601	11601	11601	11601	11601	11601	11601	8704	5807	5807	5807	5807
			柴油	452163	452163	406010	313703	313703	298297	267486	267486	267486	266764	266041	266041	266041	266041	233418	200794	200794	172902	163605
			燃气	510585	510585	452876	337458	337458	320600	286883	286883	286883	286010	285137	285137	216078	216078	175749	175749	175749	175749	175749
	重型		汽油	1919279	1919279	1919279	1919279	1919279	1319733	120640	120640	120640	120640	120640	116116	111592	111592	83784	55975	55975	55975	55975
			柴油	1104327	1104327	1066633	991244	991244	954580	881253	881253	881253	845914	810576	810576	810576	810576	703954	597331	597331	405339	341342
			燃气	2055584	2055584	1925790	1666200	1666200	1523516	1238146	1238146	1238146	1056613	875080	875080	643553	643553	368519	368519	368519	368519	368519
低速汽车	三轮汽车			65550	65550	65550	65550	65550	65550	65550	65550	65550	53279	53279	53279	53279	53279	53279	53279	53279	53279	53279
	低速货车			88065	88065	88065	88065	88065	88065	88065	88065	88065	71579	71579	71579	71579	71579	71579	71579	71579	71579	71579
摩托车	普通摩托车			1095	1095	1095	1095	1058	1022	949	949	949	949	949	844	738	738	738	738	738	738	738
	轻便摩托车			730	730	730	730	730	365	365	365	365	365	365	324	284	284	284	284	284	284	284

扬州市 PM 排放系数

单位：克/（辆·年）

车辆类型		使用性质	燃料种类	1999 年年底前	2000 年	2001 年	2002 年	2003 年	2004 年	2005 年	2006 年	2007 年	2008 年	2009 年	2010 年	2011 年	2012 年	2013 年	2014 年	2015 年	2016 年	2017 年
载客汽车	微型	出租车	汽油	—	—	—	—	—	—	—	—	—	—	—	—	—	—	—	—	—	—	—
			燃气	—	—	—	—	—	—	—	—	—	—	—	—	—	—	—	—	—	—	—
		其他	汽油	—	—	—	—	—	—	—	—	—	—	—	—	—	—	—	—	—	—	—
			燃气	—	—	—	—	—	—	—	—	—	—	—	—	—	—	—	—	—	—	—
	小型	出租车	汽油	—	—	—	—	—	—	—	—	—	—	—	—	—	—	—	—	—	—	—
			柴油	51077	46788	42498	42498	42498	42498	28951	15404	15404	10059	4714	4714	4714	4714	4382	4049	4049	3348	3114
			燃气	—	—	—	—	—	—	—	—	—	—	—	—	—	—	—	—	—	—	—
		其他	汽油	—	—	—	—	—	—	—	—	—	—	—	—	—	—	—	—	—	—	—
			柴油	4201	3976	3750	3750	3750	3750	2698	1647	1647	1208	770	770	770	770	642	513	513	513	513
			燃气	—	—	—	—	—	—	—	—	—	—	—	—	—	—	—	—	—	—	—
	中型	公交车	汽油	—	—	—	—	—	—	—	—	—	—	—	—	—	—	—	—	—	—	—
			柴油	30592	30592	28032	22913	22913	17978	8108	8108	8108	6872	5637	5637	5637	5637	3504	1372	1372	1080	983
			燃气	—	—	—	—	—	—	—	—	—	—	—	—	—	—	—	—	—	—	—
		其他	汽油	—	—	—	—	—	—	—	—	—	—	—	—	—	—	—	—	—	—	—
			柴油	15274	15274	12888	8116	8116	6262	2553	2553	2553	2434	2316	2316	2316	2316	1366	415	415	399	394
			燃气	—	—	—	—	—	—	—	—	—	—	—	—	—	—	—	—	—	—	—
	大型	公交车	汽油	—	—	—	—	—	—	—	—	—	—	—	—	—	—	—	—	—	—	—
			柴油	94865	94865	93934	92071	92071	71272	29674	29674	29674	19994	10315	10315	10315	10315	6116	1916	1916	1845	1821
			燃气	—	—	—	—	—	—	—	—	—	—	—	—	—	—	—	—	—	—	—
		其他	汽油	—	—	—	—	—	—	—	—	—	—	—	—	—	—	—	—	—	—	—
			柴油	142314	142314	133412	115607	115607	85425	25061	25061	25061	17182	9303	9303	9303	9303	5868	2433	2433	2343	2313
			燃气	—	—	—	—	—	—	—	—	—	—	—	—	—	—	—	—	—	—	—
载货汽车	微型		汽油	—	—	—	—	—	—	—	—	—	—	—	—	—	—	—	—	—	—	—
			柴油	14349	14052	13756	13756	13756	13756	11230	8705	8705	6460	4216	4216	4216	4216	2654	1093	1093	1088	1086
			燃气	—	—	—	—	—	—	—	—	—	—	—	—	—	—	—	—	—	—	—
	轻型		汽油	—	—	—	—	—	—	—	—	—	—	—	—	—	—	—	—	—	—	—
			柴油	14923	14340	13756	13756	13756	13756	11230	8705	8705	6460	4216	4216	4216	4216	3180	2143	2143	1770	1645
			燃气	—	—	—	—	—	—	—	—	—	—	—	—	—	—	—	—	—	—	—
	中型		汽油	—	—	—	—	—	—	—	—	—	—	—	—	—	—	—	—	—	—	—
			柴油	38666	38666	32539	20285	20285	15644	6363	6363	6363	6028	5693	5693	5693	5693	3650	1607	1607	1472	1427
			燃气	—	—	—	—	—	—	—	—	—	—	—	—	—	—	—	—	—	—	—
	重型		汽油	—	—	—	—	—	—	—	—	—	—	—	—	—	—	—	—	—	—	—
			柴油	135266	135266	111179	63004	63004	50025	24067	24067	24067	16492	8917	8917	8917	8917	6054	3191	3191	2698	2533
			燃气	—	—	—	—	—	—	—	—	—	—	—	—	—	—	—	—	—	—	—
低速汽车	三轮汽车			4092	4092	4092	4092	4092	4092	4092	4092	4092	3220	3220	3220	3220	3220	3220	3220	3220	3220	3220
	低速货车			5581	5581	5581	5581	5581	5581	5581	5581	5581	4392	4392	4392	4392	4392	4392	4392	4392	4392	4392
摩托车	普通摩托车			—	—	—	—	—	—	—	—	—	—	—	—	—	—	—	—	—	—	—
	轻便摩托车			—	—	—	—	—	—	—	—	—	—	—	—	—	—	—	—	—	—	—

扬州市 VOCs 排放系数

单位：克/（辆·年）

车辆类型		使用性质	燃料种类	1999 年年底前	2000 年	2001 年	2002 年	2003 年	2004 年	2005 年	2006 年	2007 年	2008 年	2009 年	2010 年	2011 年	2012 年	2013 年	2014 年	2015 年	2016 年	2017 年
载客汽车	微型	出租车	汽油	831743	491992	152240	152240	152240	152240	113798	75355	75355	61640	47926	47926	39904	31881	31881	31881	31881	23090	20160
			燃气	399169	241126	83084	83084	83084	83084	63416	43748	43748	36103	28458	28458	22799	17140	17140	17140	17140	10724	8585
		其他	汽油	49911	30106	10302	10302	10302	10302	9892	9481	9481	8152	6823	6823	6525	6227	6227	6227	6227	5238	4909
			燃气	19159	10770	2380	2380	2380	2380	2274	2169	2169	1627	1085	1085	1006	927	927	927	927	645	551
	小型	出租车	汽油	831743	483998	136252	136252	136252	136252	126862	117472	117472	82699	47926	47926	39904	31881	31881	31881	31881	21601	18174
			柴油	212345	199876	187406	187406	187406	187406	170099	152792	152792	111957	71122	71122	71122	71122	52756	34390	34390	19303	14274
			燃气	399169	237418	75666	75666	75666	75666	69478	63291	63291	45874	28458	28458	22799	17140	17140	17140	17140	10032	7663
		其他	汽油	50609	30369	10129	10129	10129	10129	10182	10235	10235	8531	6827	6827	6478	6130	6130	6130	6130	5305	5030
			柴油	11109	10155	9201	9201	9201	9201	7846	6492	6492	4420	2349	2349	2349	2349	2006	1662	1662	1194	1038
			燃气	19483	11744	4005	4005	4005	4005	3262	2519	2519	1884	1248	1248	1065	882	882	882	882	676	607
	中型	公交车	汽油	247588	247588	247588	247588	246991	168748	13455	13455	13455	13455	13455	13304	13152	13152	10725	8298	8298	8298	8298
			柴油	87806	87806	86086	82645	82645	64494	28192	28192	28192	20508	12823	12823	12823	12823	8958	5093	5093	4763	4653
			燃气	71579	71579	67602	59649	59649	57536	53311	53311	53311	42686	32061	32061	22219	22219	22154	22154	22154	22154	22154
		其他	汽油	128298	128298	128298	128298	127701	87379	7928	7928	7928	7928	7928	7782	7637	7637	6586	5534	5534	5534	5534
			柴油	30493	30493	28460	24394	24394	18567	6912	6912	6912	6506	6099	6099	6099	6099	3750	1402	1402	1243	1190
			燃气	34560	34560	32640	28800	28800	27780	25740	25740	25740	20623	15506	15506	10732	10732	9642	9642	9642	9642	9642
	大型	公交车	汽油	576896	576896	576896	576896	576299	388721	14759	14759	14759	14759	14759	14619	14479	14479	11713	8947	8947	8947	8947
			柴油	131708	131708	108010	60614	60614	60614	60614	60614	60614	43515	26416	26416	26416	26416	17675	8934	8934	5723	4653
			燃气	168926	168926	159541	140772	140772	135786	125815	125815	125815	100740	75665	75665	52438	52438	47188	47188	47188	47188	47188
		其他	汽油	1278194	1278194	1278194	1278194	1277597	860748	28245	28245	28245	28245	28245	21986	15728	15728	12537	9346	9346	9346	9346
			柴油	272891	272891	207397	76409	76409	76409	76409	76409	76409	55942	35476	35476	35476	35476	20706	5937	5937	5324	5119
			燃气	266186	266186	251398	221822	221822	213966	198253	198253	198253	158842	119430	119430	82662	82662	74261	74261	74261	74261	74261
载货汽车	微型		汽油	412353	221994	31634	31634	31634	31634	29652	27671	27671	25400	23129	23129	18720	14311	14311	14311	14311	11810	10977
			柴油	67163	62704	58245	58245	58245	58245	53104	47962	47962	35790	23619	23619	23619	23619	16363	9107	9107	5982	4941
			燃气	158287	82798	7308	7308	7308	7308	6819	6330	6330	5004	3678	3678	2904	2130	2130	2130	2130	1457	1232
	轻型		汽油	213454	127690	41925	41925	41925	41925	36002	30079	30079	26822	23564	23564	20376	17188	17188	17188	17188	14474	13569
			柴油	62245	60245	58245	58245	58245	58245	53104	47962	47962	35790	23619	23619	23619	23619	17778	11936	11936	8811	7769
			燃气	82174	49375	16577	16577	16577	16577	11990	7403	7403	5855	4308	4308	3390	2473	2473	2473	2473	1846	1637
	中型		汽油	340183	340183	340183	340183	339586	231026	15099	15099	15099	15099	15099	14959	14819	14819	11966	9113	9113	9113	9113
			柴油	79451	79451	74154	63561	63561	48377	18009	18009	18009	16956	15904	15904	15904	15904	11526	7148	7148	4253	3288
			燃气	90048	90048	85046	75041	75041	72382	67065	67065	67065	53749	40434	40434	54716	54716	26641	26641	26641	26641	26641
	重型		汽油	914207	914207	914207	914207	913610	615758	21249	21249	21249	21249	21249	16740	12231	12231	9948	7666	7666	7666	7666
			柴油	241774	241774	183748	67697	67697	67697	67697	67697	67697	49564	31431	31431	31431	31431	19751	8071	8071	5876	5145
			燃气	235834	235834	222732	196530	196530	189570	175649	175649	175649	140731	105813	105813	112374	112374	74638	74638	74638	74638	74638
低速汽车	三轮汽车			25300	25300	25300	25300	25300	25300	25300	25300	25300	16721	16721	16721	16721	16721	16721	16721	16721	16721	16721
	低速货车			33990	33990	33990	33990	33990	33990	33990	33990	33990	22464	22464	22464	22464	22464	22464	22464	22464	22464	22464
摩托车	普通摩托车			14679	14679	14679	14679	10954	7230	3871	3871	3871	3871	3871	2888	1906	1906	1906	1906	1906	1906	1906
	轻便摩托车			47470	47470	47470	47470	47470	9494	9494	4674	4674	4674	4674	3488	2302	2302	2302	2302	2302	2302	2302

镇江市 NO_x 排放系数

单位：克/（辆·年）

车辆类型		使用性质	燃料种类	1999 年年底前	2000 年	2001 年	2002 年	2003 年	2004 年	2005 年	2006 年	2007 年	2008 年	2009 年	2010 年	2011 年	2012 年	2013 年	2014 年	2015 年	2016 年	2017 年
载客汽车	微型	出租车	汽油	262889	179973	97057	97057	97057	97057	72654	48251	48251	36440	24629	24629	19882	15136	15136	15136	15136	8834	6734
			燃气	186334	128121	69908	69908	69908	69908	52508	35107	35107	26662	18216	18216	14625	11034	11034	11034	11034	6381	4830
		其他	汽油	28762	18090	7417	7417	7417	7417	4708	1998	1998	1631	1264	1264	1059	854	854	854	854	576	483
			燃气	19578	11680	3782	3782	3782	3782	2472	1163	1163	946	729	729	582	434	434	434	434	342	312
	小型	出租车	汽油	296365	198710	101055	101055	101055	101055	74960	48865	48865	36747	24629	24629	19318	14006	14006	14006	14006	7807	5741
			柴油	335540	283790	232041	232041	232041	232041	206083	180125	180125	143662	107199	107199	107199	107199	86388	65576	65576	48280	42514
			燃气	209852	141284	72716	72716	72716	72716	54128	35539	35539	26878	18216	18216	14228	10241	10241	10241	10241	5659	4132
		其他	汽油	26850	17186	7523	7523	7523	7523	5014	2504	2504	1758	1012	1012	914	815	815	815	815	544	454
			柴油	23553	19316	15078	15078	15078	15078	13865	12652	12652	9918	7185	7185	7185	7185	6186	5188	5188	4461	4219
			燃气	18235	11644	5052	5052	5052	5052	3285	1518	1518	1035	552	552	479	406	406	406	406	320	292
	中型	公交车	汽油	326339	326339	326339	326339	326339	222944	16154	16154	16154	16154	16154	14487	12820	12820	9678	6537	6537	6537	6537
			柴油	364755	364755	363899	362186	362186	347792	319005	319005	319005	265716	212426	212426	212426	212426	173355	134284	134284	112426	105140
			燃气	387288	387288	382677	373456	373456	361872	338704	338704	338704	281894	225083	225083	142340	142340	111479	111479	111479	111479	111479
		其他	汽油	200075	200075	200075	200075	200075	135718	7003	7003	7003	7003	7003	7003	7003	7003	5252	3502	3502	3502	3502
			柴油	171054	171054	163914	149633	149633	148368	145837	145837	145837	124205	102573	102573	102573	102573	91076	79578	79578	67921	64035
			燃气	193156	193156	182425	160963	160963	159446	156412	156412	156412	133174	109935	109935	85635	85635	68787	68787	68787	68787	68787
	大型	公交车	汽油	1162583	1162583	1162583	1162583	1162583	799414	73077	73077	73077	73077	73077	73012	72948	72948	54712	36475	36475	36475	36475
			柴油	517332	517332	500615	467181	467181	453907	427358	427358	427358	419656	411955	411955	411955	411955	397100	382246	382246	344576	332020
			燃气	1040144	1040144	982358	866787	866787	802466	673823	673823	673823	577342	480860	480860	447681	447681	388022	388022	388022	388022	388022
		其他	汽油	2774873	2774873	2774873	2774873	2774873	1908056	174421	174421	174421	174421	174421	167880	161339	161339	121134	80928	80928	80928	80928
			柴油	1238849	1238849	1206971	1143215	1143215	1116562	1063256	1063256	1063256	1025821	988386	988386	988386	988386	940948	893511	893511	790748	756494
			燃气	2305983	2305983	2177873	1921653	1921653	1779054	1493856	1493856	1493856	1280448	1067040	1067040	962652	962652	816724	816724	816724	816724	816724
载货汽车	微型		汽油	108542	64796	21050	21050	21050	21050	14518	7986	7986	6514	5041	5041	4404	3767	3767	3767	3767	2726	2379
			柴油	75663	62745	49827	49827	49827	49827	44779	39731	39731	33586	27440	27440	27440	27440	20076	12713	12713	10654	9967
			燃气	73883	42309	10734	10734	10734	10734	7691	4649	4649	3778	2907	2907	2411	1914	1914	1914	1914	1631	1537
	轻型		汽油	81321	52432	23543	23543	23543	23543	16104	8666	8666	7288	5909	5909	4884	3860	3860	3860	3860	2844	2505
			柴油	75918	62872	49827	49827	49827	49827	44779	39731	39731	33586	27440	27440	27440	27440	21796	16153	16153	14699	14214
			燃气	55229	35519	15810	15810	15810	15810	10532	5254	5254	4238	3223	3223	2573	1923	1923	1923	1923	1689	1611
	中型		汽油	241057	241057	241057	241057	241056	164571	11601	11601	11601	11601	11601	11601	11601	11601	8704	5807	5807	5807	5807
			柴油	452163	452163	406010	313703	313703	298297	267486	267486	267486	266764	266041	266041	266041	266041	233418	200794	200794	172902	163605
			燃气	510587	510587	452877	337456	337456	320598	286882	286882	286882	286009	285136	285136	216077	216077	175746	175746	175746	175746	175746
	重型		汽油	1919279	1919279	1919279	1919279	1919279	1319733	120640	120640	120640	120640	120640	116116	111592	111592	83784	55975	55975	55975	55975
			柴油	1104327	1104327	1066633	991244	991244	954580	881253	881253	881253	845914	810576	810576	810576	810576	703954	597331	597331	405339	341342
			燃气	2055585	2055585	1925791	1666202	1666202	1523516	1238145	1238145	1238145	1056613	875080	875080	643553	643553	368519	368519	368519	368519	368519
低速汽车	三轮汽车			65550	65550	65550	65550	65550	65550	65550	65550	65550	53279	53279	53279	53279	53279	53279	53279	53279	53279	53279
	低速货车			88065	88065	88065	88065	88065	88065	88065	88065	88065	71579	71579	71579	71579	71579	71579	71579	71579	71579	71579
摩托车	普通摩托车			1095	1095	1095	1095	1058	1022	949	949	949	949	949	844	738	738	738	738	738	738	738
	轻便摩托车			730	730	730	730	730	365	365	365	365	365	365	324	284	284	284	284	284	284	284

镇江市 PM 排放系数

单位：克/（辆·年）

车辆类型		使用性质	燃料种类	1999 年年底前	2000 年	2001 年	2002 年	2003 年	2004 年	2005 年	2006 年	2007 年	2008 年	2009 年	2010 年	2011 年	2012 年	2013 年	2014 年	2015 年	2016 年	2017 年
载客汽车	微型	出租车	汽油	—	—	—	—	—	—	—	—	—	—	—	—	—	—	—	—	—	—	—
			燃气	—	—	—	—	—	—	—	—	—	—	—	—	—	—	—	—	—	—	—
		其他	汽油	—	—	—	—	—	—	—	—	—	—	—	—	—	—	—	—	—	—	—
			燃气	—	—	—	—	—	—	—	—	—	—	—	—	—	—	—	—	—	—	—
	小型	出租车	汽油	—	—	—	—	—	—	—	—	—	—	—	—	—	—	—	—	—	—	—
			柴油	43425	39771	36117	36117	36117	36117	24607	13097	13097	8543	3989	3989	3989	3989	3708	3426	3426	2833	2635
			燃气	—	—	—	—	—	—	—	—	—	—	—	—	—	—	—	—	—	—	—
		其他	汽油	—	—	—	—	—	—	—	—	—	—	—	—	—	—	—	—	—	—	—
			柴油	3563	3372	3181	3181	3181	3181	2288	1396	1396	1022	649	649	649	649	544	440	440	440	440
			燃气	—	—	—	—	—	—	—	—	—	—	—	—	—	—	—	—	—	—	—
	中型	公交车	汽油	—	—	—	—	—	—	—	—	—	—	—	—	—	—	—	—	—	—	—
			柴油	30592	30592	28032	22913	22913	17978	8108	8108	8108	6872	5637	5637	5637	5637	3504	1372	1372	1080	983
			燃气	—	—	—	—	—	—	—	—	—	—	—	—	—	—	—	—	—	—	—
		其他	汽油	—	—	—	—	—	—	—	—	—	—	—	—	—	—	—	—	—	—	—
			柴油	15274	15274	12888	8116	8116	6262	2553	2553	2553	2434	2316	2316	2316	2316	1366	415	415	399	394
			燃气	—	—	—	—	—	—	—	—	—	—	—	—	—	—	—	—	—	—	—
	大型	公交车	汽油	—	—	—	—	—	—	—	—	—	—	—	—	—	—	—	—	—	—	—
			柴油	94865	94865	93934	92071	92071	71272	29674	29674	29674	19994	10315	10315	10315	10315	6116	1916	1916	1845	1821
			燃气	—	—	—	—	—	—	—	—	—	—	—	—	—	—	—	—	—	—	—
		其他	汽油	—	—	—	—	—	—	—	—	—	—	—	—	—	—	—	—	—	—	—
			柴油	142314	142314	133412	115607	115607	85425	25061	25061	25061	17182	9303	9303	9303	9303	5868	2433	2433	2343	2313
			燃气	—	—	—	—	—	—	—	—	—	—	—	—	—	—	—	—	—	—	—
载货汽车	微型		汽油	—	—	—	—	—	—	—	—	—	—	—	—	—	—	—	—	—	—	—
			柴油	9305	9112	8920	8920	8920	8920	7262	5603	5603	4158	2714	2714	2714	2714	1708	703	703	700	699
			燃气	—	—	—	—	—	—	—	—	—	—	—	—	—	—	—	—	—	—	—
	轻型		汽油	—	—	—	—	—	—	—	—	—	—	—	—	—	—	—	—	—	—	—
			柴油	9677	9298	8920	8920	8920	8920	7262	5603	5603	4158	2714	2714	2714	2714	2046	1379	1379	1139	1059
			燃气	—	—	—	—	—	—	—	—	—	—	—	—	—	—	—	—	—	—	—
	中型		汽油	—	—	—	—	—	—	—	—	—	—	—	—	—	—	—	—	—	—	—
			柴油	38666	38666	32539	20285	20285	15644	6363	6363	6363	6028	5693	5693	5693	5693	3650	1607	1607	1472	1427
			燃气	—	—	—	—	—	—	—	—	—	—	—	—	—	—	—	—	—	—	—
	重型		汽油	—	—	—	—	—	—	—	—	—	—	—	—	—	—	—	—	—	—	—
			柴油	135266	135266	111179	63004	63004	50025	24067	24067	24067	16492	8917	8917	8917	8917	6054	3191	3191	2698	2533
			燃气	—	—	—	—	—	—	—	—	—	—	—	—	—	—	—	—	—	—	—
低速汽车	三轮汽车			4092	4092	4092	4092	4092	4092	4092	4092	4092	3220	3220	3220	3220	3220	3220	3220	3220	3220	3220
	低速货车			5581	5581	5581	5581	5581	5581	5581	5581	5581	4392	4392	4392	4392	4392	4392	4392	4392	4392	4392
摩托车	普通摩托车			—	—	—	—	—	—	—	—	—	—	—	—	—	—	—	—	—	—	—
	轻便摩托车			—	—	—	—	—	—	—	—	—	—	—	—	—	—	—	—	—	—	—

镇江市 VOCs 排放系数

单位：克/（辆·年）

车辆类型		使用性质	燃料种类	1999 年年底前	2000 年	2001 年	2002 年	2003 年	2004 年	2005 年	2006 年	2007 年	2008 年	2009 年	2010 年	2011 年	2012 年	2013 年	2014 年	2015 年	2016 年	2017 年
载客汽车	微型	出租车	汽油	618107	370340	122572	122572	122572	122572	93644	64716	64716	53283	41850	41850	34404	26957	26957	26957	26957	18387	15530
			燃气	348855	212328	75800	75800	75800	75800	58531	41262	41262	34066	26870	26870	21314	15757	15757	15757	15757	9356	7223
		其他	汽油	38487	23772	9057	9057	9057	9057	8690	8324	8324	7232	6140	6140	5880	5620	5620	5620	5620	4782	4503
			燃气	16475	9280	2084	2084	2084	2084	1995	1906	1906	1422	938	938	848	759	759	759	759	509	426
	小型	出租车	汽油	618107	364628	111149	111149	111149	111149	103186	95223	95223	68536	41850	41850	34404	26957	26957	26957	26957	17403	14218
			柴油	195307	183486	171664	171664	171664	171664	154122	136581	136581	102256	67932	67932	67932	67932	50278	32625	32625	17666	12679
			燃气	348855	209180	69505	69505	69505	69505	63790	58074	58074	42472	26870	26870	21314	15757	15757	15757	15757	8814	6500
		其他	汽油	38990	23962	8935	8935	8935	8935	8900	8866	8866	7504	6142	6142	5849	5556	5556	5556	5556	4834	4593
			柴油	9024	8264	7505	7505	7505	7505	6373	5241	5241	3629	2017	2017	2017	2017	1704	1391	1391	969	828
			燃气	16752	10102	3452	3452	3452	3452	2828	2204	2204	1638	1072	1072	898	723	723	723	723	538	476
	中型	公交车	汽油	247614	247614	247614	247614	247017	168774	13482	13482	13482	13482	13482	13330	13179	13179	10752	8324	8324	8324	8324
			柴油	87806	87806	86086	82645	82645	64494	28192	28192	28192	20508	12823	12823	12823	12823	8958	5093	5093	4763	4653
			燃气	71579	71579	67602	59649	59649	57536	53311	53311	53311	42686	32061	32061	22219	22219	22154	22154	22154	22154	22154
		其他	汽油	128324	128324	128324	128324	127728	87405	7954	7954	7954	7954	7954	7808	7663	7663	6612	5561	5561	5561	5561
			柴油	30493	30493	28460	24394	24394	18567	6912	6912	6912	6506	6099	6099	6099	6099	3750	1402	1402	1243	1190
			燃气	34560	34560	32640	28800	28800	27780	25740	25740	25740	20623	15506	15506	10732	10732	9642	9642	9642	9642	9642
	大型	公交车	汽油	576922	576922	576922	576922	576325	388747	14786	14786	14786	14786	14786	14646	14506	14506	11740	8974	8974	8974	8974
			柴油	131708	131708	108010	60614	60614	60614	60614	60614	60614	43515	26416	26416	26416	26416	17675	8934	8934	5723	4653
			燃气	168926	168926	159541	140772	140772	135786	125815	125815	125815	100740	75665	75665	52438	52438	47188	47188	47188	47188	47188
		其他	汽油	1278220	1278220	1278220	1278220	1277623	860775	28272	28272	28272	28272	28272	22013	15754	15754	12564	9373	9373	9373	9373
			柴油	272891	272891	207397	76409	76409	76409	76409	76409	76409	55942	35476	35476	35476	35476	20706	5937	5937	5324	5119
			燃气	266186	266186	251398	221822	221822	213966	198253	198253	198253	158842	119430	119430	82662	82662	74261	74261	74261	74261	74261
载货汽车	微型		汽油	224141	121784	19426	19426	19426	19426	18258	17090	17090	15719	14348	14348	11990	9633	9633	9633	9633	8112	7605
			柴油	36951	34513	32075	32075	32075	32075	29286	26496	26496	19743	12990	12990	12990	12990	9022	5055	5055	3344	2774
			燃气	95947	50209	4470	4470	4470	4470	4192	3913	3913	3053	2192	2192	1746	1301	1301	1301	1301	865	719
	轻型		汽油	117964	71442	24920	24920	24920	24920	21648	18375	18375	16478	14581	14581	12874	11168	11168	11168	11168	9533	8988
			柴油	34201	33138	32075	32075	32075	32075	29286	26496	26496	19743	12990	12990	12990	12990	9813	6636	6636	4925	4355
			燃气	50683	30155	9628	9628	9628	9628	7098	4568	4568	3556	2545	2545	1999	1453	1453	1453	1453	1062	931
	中型		汽油	340210	340210	340210	340210	339613	231053	15126	15126	15126	15126	15126	14986	14846	14846	11993	9140	9140	9140	9140
			柴油	79451	79451	74154	63561	63561	48377	18009	18009	18009	16956	15904	15904	15904	15904	11526	7148	7148	4253	3288
			燃气	90048	90048	85046	75041	75041	72382	67065	67065	67065	53749	40434	40434	54716	54716	26641	26641	26641	26641	26641
	重型		汽油	914233	914233	914233	914233	913636	615784	21276	21276	21276	21276	21276	16767	12258	12258	9976	7693	7693	7693	7693
			柴油	241774	241774	183748	67697	67697	67697	67697	67697	67697	49564	31431	31431	31431	31431	19751	8071	8071	5876	5145
			燃气	235834	235834	222732	196530	196530	189570	175649	175649	175649	140731	105813	105813	112374	112374	74638	74638	74638	74638	74638
低速汽车	三轮汽车			25300	25300	25300	25300	25300	25300	25300	25300	25300	16721	16721	16721	16721	16721	16721	16721	16721	16721	16721
	低速货车			33990	33990	33990	33990	33990	33990	33990	33990	33990	22464	22464	22464	22464	22464	22464	22464	22464	22464	22464
摩托车	普通摩托车			14679	14679	14679	14679	10954	7230	3871	3871	3871	3871	3871	2888	1906	1906	1906	1906	1906	1906	1906
	轻便摩托车			47470	47470	47470	47470	47470	9494	9494	4674	4674	4674	4674	3488	2302	2302	2302	2302	2302	2302	2302

泰州市 NO_x 排放系数

单位：克/（辆·年）

车辆类型		使用性质	燃料种类	1999年年底前	2000年	2001年	2002年	2003年	2004年	2005年	2006年	2007年	2008年	2009年	2010年	2011年	2012年	2013年	2014年	2015年	2016年	2017年
载客汽车	微型	出租车	汽油	284340	193545	102750	102750	102750	102750	76542	50333	50333	37764	25195	25195	20452	15709	15709	15709	15709	9368	7255
			燃气	201248	137555	73862	73862	73862	73862	55206	36550	36550	27578	18606	18606	15018	11431	11431	11431	11431	6752	5192
		其他	汽油	31618	19877	8136	8136	8136	8136	5138	2141	2141	1744	1346	1346	1132	919	919	919	919	633	538
			燃气	21556	12853	4150	4150	4150	4150	2704	1258	1258	1020	783	783	630	476	476	476	476	382	350
	小型	出租车	汽油	321031	214068	107106	107106	107106	107106	79054	51002	51002	38098	25195	25195	19826	14456	14456	14456	14456	8225	6148
			柴油	359229	302703	246177	246177	246177	246177	218856	191534	191534	152435	113336	113336	113336	113336	91720	70104	70104	52480	46606
			燃气	227003	151962	76920	76920	76920	76920	56970	37020	37020	27813	18606	18606	14578	10551	10551	10551	10551	5949	4415
		其他	汽油	29506	18880	8254	8254	8254	8254	5478	2702	2702	1884	1067	1067	971	875	875	875	875	597	504
			柴油	26149	21417	16685	16685	16685	16685	15353	14021	14021	10988	7954	7954	7954	7954	6858	5761	5761	4982	4723
			燃气	20073	12814	5556	5556	5556	5556	3604	1652	1652	1120	587	587	516	445	445	445	445	356	326
	中型	公交车	汽油	326615	326615	326615	326615	326615	223132	16167	16167	16167	16167	16167	14499	12831	12831	9686	6542	6542	6542	6542
			柴油	364981	364981	364124	362410	362410	348007	319202	319202	319202	265880	212558	212558	212558	212558	173462	134367	134367	112496	105205
			燃气	387528	387528	382914	373687	373687	362096	338914	338914	338914	282068	225223	225223	142428	142428	111548	111548	111548	111548	111548
		其他	汽油	200245	200245	200245	200245	200245	135833	7009	7009	7009	7009	7009	7009	7009	7009	5257	3505	3505	3505	3505
			柴油	171160	171160	164015	149725	149725	148459	145927	145927	145927	124282	102636	102636	102636	102636	91132	79627	79627	67962	64074
			燃气	193275	193275	182538	161063	161063	159545	156509	156509	156509	133256	110003	110003	85688	85688	68830	68830	68830	68830	68830
	大型	公交车	汽油	1163567	1163567	1163567	1163567	1163567	800091	73139	73139	73139	73139	73139	73074	73010	73010	54758	36506	36506	36506	36506
			柴油	517652	517652	500925	467471	467471	454188	427623	427623	427623	419916	412210	412210	412210	412210	397346	382483	382483	344790	332225
			燃气	1040788	1040788	982967	867324	867324	802963	674241	674241	674241	577700	481158	481158	447958	447958	388262	388262	388262	388262	388262
		其他	汽油	2777223	2777223	2777223	2777223	2777223	1909671	174568	174568	174568	174568	174568	168022	161476	161476	121236	80996	80996	80996	80996
			柴油	1239617	1239617	1207719	1143924	1143924	1117254	1063914	1063914	1063914	1026456	988998	988998	988998	988998	941532	894065	894065	791238	756963
			燃气	2307412	2307412	2179222	1922843	1922843	1780156	1494782	1494782	1494782	1281242	1067701	1067701	963248	963248	817230	817230	817230	817230	817230
载货汽车	微型		汽油	116713	69420	22127	22127	22127	22127	15190	8254	8254	6718	5181	5181	4546	3910	3910	3910	3910	2866	2518
			柴油	80566	66658	52749	52749	52749	52749	47420	42092	42092	35612	29131	29131	29131	29131	21310	13489	13489	11417	10726
			燃气	79571	45429	11287	11287	11287	11287	8068	4850	4850	3932	3014	3014	2520	2025	2025	2025	2025	1735	1638
	轻型		汽油	86468	55630	24791	24791	24791	24791	16886	8980	8980	7544	6108	6108	5059	4010	4010	4010	4010	2992	2652
			柴油	80842	66796	52749	52749	52749	52749	47420	42092	42092	35612	29131	29131	29131	29131	23176	17220	17220	15804	15332
			燃气	58824	37756	16688	16688	16688	16688	11089	5490	5490	4425	3360	3360	2700	2039	2039	2039	2039	1796	1715
	中型		汽油	241057	241057	241057	241057	241056	164571	11601	11601	11601	11601	11601	11601	11601	11601	8704	5807	5807	5807	5807
			柴油	452163	452163	406010	313703	313703	298297	267486	267486	267486	266764	266041	266041	266041	266041	233418	200794	200794	172902	163605
			燃气	510585	510585	452876	337458	337458	320600	286883	286883	286883	286010	285137	285137	216078	216078	175749	175749	175749	175749	175749
	重型		汽油	1919279	1919279	1919279	1919279	1919279	1319733	120640	120640	120640	120640	120640	116116	111592	111592	83784	55975	55975	55975	55975
			柴油	1104327	1104327	1066633	991244	991244	954580	881253	881253	881253	845914	810576	810576	810576	810576	703954	597331	597331	405339	341342
			燃气	2055584	2055584	1925790	1666200	1666200	1523516	1238146	1238146	1238146	1056613	875080	875080	643553	643553	368519	368519	368519	368519	368519
低速汽车	三轮汽车			65550	65550	65550	65550	65550	65550	65550	65550	65550	53279	53279	53279	53279	53279	53279	53279	53279	53279	53279
	低速货车			88065	88065	88065	88065	88065	88065	88065	88065	88065	71579	71579	71579	71579	71579	71579	71579	71579	71579	71579
摩托车	普通摩托车			1095	1095	1095	1095	1058	1022	949	949	949	949	949	844	738	738	738	738	738	738	738
	轻便摩托车			730	730	730	730	730	365	365	365	365	365	365	324	284	284	284	284	284	284	284

泰州市 PM 排放系数

单位：克/（辆·年）

车辆类型		使用性质	燃料种类	1999 年年底前	2000 年	2001 年	2002 年	2003 年	2004 年	2005 年	2006 年	2007 年	2008 年	2009 年	2010 年	2011 年	2012 年	2013 年	2014 年	2015 年	2016 年	2017 年
载客汽车	微型	出租车	汽油	—	—	—	—	—	—	—	—	—	—	—	—	—	—	—	—	—	—	—
			燃气	—	—	—	—	—	—	—	—	—	—	—	—	—	—	—	—	—	—	—
		其他	汽油	—	—	—	—	—	—	—	—	—	—	—	—	—	—	—	—	—	—	—
			燃气	—	—	—	—	—	—	—	—	—	—	—	—	—	—	—	—	—	—	—
	小型	出租车	汽油	—	—	—	—	—	—	—	—	—	—	—	—	—	—	—	—	—	—	—
			柴油	48185	44127	40069	40069	40069	40069	27318	14567	14567	9498	4429	4429	4429	4429	4116	3804	3804	3146	2926
			燃气	—	—	—	—	—	—	—	—	—	—	—	—	—	—	—	—	—	—	—
		其他	汽油	—	—	—	—	—	—	—	—	—	—	—	—	—	—	—	—	—	—	—
			柴油	3999	3784	3570	3570	3570	3570	2567	1564	1564	1146	728	728	728	728	608	489	489	489	489
			燃气	—	—	—	—	—	—	—	—	—	—	—	—	—	—	—	—	—	—	—
	中型	公交车	汽油	—	—	—	—	—	—	—	—	—	—	—	—	—	—	—	—	—	—	—
			柴油	30592	30592	28032	22913	22913	17978	8108	8108	8108	6872	5637	5637	5637	5637	3504	1372	1372	1080	983
			燃气	—	—	—	—	—	—	—	—	—	—	—	—	—	—	—	—	—	—	—
		其他	汽油	—	—	—	—	—	—	—	—	—	—	—	—	—	—	—	—	—	—	—
			柴油	15274	15274	12888	8116	8116	6262	2553	2553	2553	2434	2316	2316	2316	2316	1366	415	415	399	394
			燃气	—	—	—	—	—	—	—	—	—	—	—	—	—	—	—	—	—	—	—
	大型	公交车	汽油	—	—	—	—	—	—	—	—	—	—	—	—	—	—	—	—	—	—	—
			柴油	94865	94865	93934	92071	92071	71272	29674	29674	29674	19994	10315	10315	10315	10315	6116	1916	1916	1845	1821
			燃气	—	—	—	—	—	—	—	—	—	—	—	—	—	—	—	—	—	—	—
		其他	汽油	—	—	—	—	—	—	—	—	—	—	—	—	—	—	—	—	—	—	—
			柴油	142314	142314	133412	115607	115607	85425	25061	25061	25061	17182	9303	9303	9303	9303	5868	2433	2433	2343	2313
			燃气	—	—	—	—	—	—	—	—	—	—	—	—	—	—	—	—	—	—	—
载货汽车	微型		汽油	—	—	—	—	—	—	—	—	—	—	—	—	—	—	—	—	—	—	—
			柴油	10062	9854	9646	9646	9646	9646	7853	6060	6060	4498	2935	2935	2935	2935	1848	761	761	757	756
			燃气	—	—	—	—	—	—	—	—	—	—	—	—	—	—	—	—	—	—	—
	轻型		汽油	—	—	—	—	—	—	—	—	—	—	—	—	—	—	—	—	—	—	—
			柴油	10464	10055	9646	9646	9646	9646	7853	6060	6060	4498	2935	2935	2935	2935	2213	1491	1491	1232	1145
			燃气	—	—	—	—	—	—	—	—	—	—	—	—	—	—	—	—	—	—	—
	中型		汽油	—	—	—	—	—	—	—	—	—	—	—	—	—	—	—	—	—	—	—
			柴油	38666	38666	32539	20285	20285	15644	6363	6363	6363	6028	5693	5693	5693	5693	3650	1607	1607	1472	1427
			燃气	—	—	—	—	—	—	—	—	—	—	—	—	—	—	—	—	—	—	—
	重型		汽油	—	—	—	—	—	—	—	—	—	—	—	—	—	—	—	—	—	—	—
			柴油	135266	135266	111179	63004	63004	50025	24067	24067	24067	16492	8917	8917	8917	8917	6054	3191	3191	2698	2533
			燃气	—	—	—	—	—	—	—	—	—	—	—	—	—	—	—	—	—	—	—
低速汽车	三轮汽车			4092	4092	4092	4092	4092	4092	4092	4092	4092	3220	3220	3220	3220	3220	3220	3220	3220	3220	3220
	低速货车			5581	5581	5581	5581	5581	5581	5581	5581	5581	4392	4392	4392	4392	4392	4392	4392	4392	4392	4392
摩托车	普通摩托车			—	—	—	—	—	—	—	—	—	—	—	—	—	—	—	—	—	—	—
	轻便摩托车			—	—	—	—	—	—	—	—	—	—	—	—	—	—	—	—	—	—	—

泰州市 VOCs 排放系数

单位：克/（辆·年）

车辆类型		使用性质	燃料种类	1999 年年底前	2000 年	2001 年	2002 年	2003 年	2004 年	2005 年	2006 年	2007 年	2008 年	2009 年	2010 年	2011 年	2012 年	2013 年	2014 年	2015 年	2016 年	2017 年
载客汽车	微型	出租车	汽油	790908	468572	146235	146235	146235	146235	109882	73528	73528	59994	46461	46461	38412	30362	30362	30362	30362	21431	18454
			燃气	380222	230260	80298	80298	80298	80298	61599	42900	42900	35339	27778	27778	22106	16435	16435	16435	16435	9954	7793
		其他	汽油	48524	29304	10083	10083	10083	10083	9696	9308	9308	7984	6659	6659	6350	6042	6042	6042	6042	5090	4773
			燃气	18515	10397	2279	2279	2279	2279	2184	2089	2089	1555	1021	1021	931	841	841	841	841	576	487
	小型	出租车	汽油	790908	461040	131173	131173	131173	131173	122406	113640	113640	80050	46461	46461	38412	30362	30362	30362	30362	20128	16716
			柴油	207992	195688	183385	183385	183385	183385	165468	147550	147550	108830	70109	70109	70109	70109	51971	33833	33833	18821	13817
			燃气	380222	226766	73309	73309	73309	73309	67410	61512	61512	44645	27778	27778	22106	16435	16435	16435	16435	9349	6987
		其他	汽油	49198	29559	9920	9920	9920	9920	9974	10028	10028	8345	6662	6662	6309	5956	5956	5956	5956	5155	4888
			柴油	10618	9710	8803	8803	8803	8803	7459	6115	6115	4184	2253	2253	2253	2253	1919	1585	1585	1131	980
			燃气	18828	11322	3816	3816	3816	3816	3120	2423	2423	1797	1171	1171	986	801	801	801	801	606	541
	中型	公交车	汽油	247588	247588	247588	247588	246991	168748	13455	13455	13455	13455	13455	13304	13152	13152	10725	8298	8298	8298	8298
			柴油	87806	87806	86086	82645	82645	64494	28192	28192	28192	20508	12823	12823	12823	12823	8958	5093	5093	4763	4653
			燃气	71579	71579	67602	59649	59649	57536	53311	53311	53311	42686	32061	32061	22219	22219	22154	22154	22154	22154	22154
		其他	汽油	128298	128298	128298	128298	127701	87379	7928	7928	7928	7928	7928	7782	7637	7637	6586	5534	5534	5534	5534
			柴油	30493	30493	28460	24394	24394	18567	6912	6912	6912	6506	6099	6099	6099	6099	3750	1402	1402	1243	1190
			燃气	34560	34560	32640	28800	28800	27780	25740	25740	25740	20623	15506	15506	10732	10732	9642	9642	9642	9642	9642
	大型	公交车	汽油	576896	576896	576896	576896	576299	388721	14759	14759	14759	14759	14759	14619	14479	14479	11713	8947	8947	8947	8947
			柴油	131708	131708	108010	60614	60614	60614	60614	60614	60614	43515	26416	26416	26416	26416	17675	8934	8934	5723	4653
			燃气	168926	168926	159541	140772	140772	135786	125815	125815	125815	100740	75665	75665	52438	52438	47188	47188	47188	47188	47188
		其他	汽油	1278194	1278194	1278194	1278194	1277597	860748	28245	28245	28245	28245	28245	21986	15728	15728	12537	9346	9346	9346	9346
			柴油	272891	272891	207397	76409	76409	76409	76409	76409	76409	55942	35476	35476	35476	35476	20706	5937	5937	5324	5119
			燃气	266186	266186	251398	221822	221822	213966	198253	198253	198253	158842	119430	119430	82662	82662	74261	74261	74261	74261	74261
载货汽车	微型		汽油	283666	152813	21960	21960	21960	21960	20718	19476	19476	17945	16414	16414	13580	10747	10747	10747	10747	9141	8606
			柴油	40834	38148	35462	35462	35462	35462	32496	29529	29529	21816	14104	14104	14104	14104	9728	5351	5351	3678	3120
			燃气	108237	56600	4963	4963	4963	4963	4667	4371	4371	3444	2517	2517	2006	1496	1496	1496	1496	1033	878
	轻型		汽油	147396	88204	29011	29011	29011	29011	25068	21126	21126	18919	16712	16712	14715	12718	12718	12718	12718	10966	10382
			柴油	37526	36494	35462	35462	35462	35462	32496	29529	29529	21816	14104	14104	14104	14104	10678	7251	7251	5578	5021
			燃气	56408	33784	11160	11160	11160	11160	8132	5105	5105	4021	2938	2938	2324	1710	1710	1710	1710	1289	1149
	中型		汽油	340183	340183	340183	340183	339586	231026	15099	15099	15099	15099	15099	14959	14819	14819	11966	9113	9113	9113	9113
			柴油	79451	79451	74154	63561	63561	48377	18009	18009	18009	16956	15904	15904	15904	15904	11526	7148	7148	4253	3288
			燃气	90048	90048	85046	75041	75041	72382	67065	67065	67065	53749	40434	40434	54716	54716	26641	26641	26641	26641	26641
	重型		汽油	914207	914207	914207	914207	913610	615758	21249	21249	21249	21249	21249	16740	12231	12231	9948	7666	7666	7666	7666
			柴油	241774	241774	183748	67697	67697	67697	67697	67697	67697	49564	31431	31431	31431	31431	19751	8071	8071	5876	5145
			燃气	235834	235834	222732	196530	196530	189570	175649	175649	175649	140731	105813	105813	112374	112374	74638	74638	74638	74638	74638
低速汽车	三轮汽车			25300	25300	25300	25300	25300	25300	25300	25300	25300	16721	16721	16721	16721	16721	16721	16721	16721	16721	16721
	低速货车			33990	33990	33990	33990	33990	33990	33990	33990	33990	22464	22464	22464	22464	22464	22464	22464	22464	22464	22464
摩托车	普通摩托车			14679	14679	14679	14679	10954	7230	3871	3871	3871	3871	3871	2888	1906	1906	1906	1906	1906	1906	1906
	轻便摩托车			47470	47470	47470	47470	47470	9494	9494	4674	4674	4674	4674	3488	2302	2302	2302	2302	2302	2302	2302

宿迁市 NO_x 排放系数

单位：克/（辆·年）

车辆类型		使用性质	燃料种类	1999年年底前	2000年	2001年	2002年	2003年	2004年	2005年	2006年	2007年	2008年	2009年	2010年	2011年	2012年	2013年	2014年	2015年	2016年	2017年
载客汽车	微型	出租车	汽油	304067	206514	108961	108961	108961	108961	80780	52600	52600	39150	25701	25701	21520	17338	17338	17338	17338	10616	8376
			燃气	215095	146658	78222	78222	78222	78222	58182	38142	38142	28552	18961	18961	15768	12575	12575	12575	12575	7628	5979
		其他	汽油	33776	21270	8765	8765	8765	8765	5514	2263	2263	1835	1407	1407	1245	1083	1083	1083	1083	752	641
			燃气	23070	13774	4477	4477	4477	4477	2910	1344	1344	1085	826	826	708	591	591	591	591	464	422
	小型	出租车	汽油	343716	228713	113710	113710	113710	113710	83520	53330	53330	39516	25701	25701	20716	15730	15730	15730	15730	9200	7023
			柴油	394607	330947	267287	267287	267287	267287	238752	210217	210217	167466	124715	124715	124715	124715	101608	78500	78500	61178	55404
			燃气	242927	162241	81555	81555	81555	81555	60104	38654	38654	28808	18961	18961	15204	11446	11446	11446	11446	6634	5030
		其他	汽油	31513	20203	8893	8893	8893	8893	5882	2872	2872	1990	1108	1108	1066	1025	1025	1025	1025	706	600
			柴油	30201	24696	19192	19192	19192	19192	17646	16099	16099	12686	9272	9272	9272	9272	8006	6741	6741	5996	5747
			燃气	21482	13744	6005	6005	6005	6005	3888	1771	1771	1194	616	616	584	551	551	551	551	433	394
	中型	公交车	汽油	326615	326615	326615	326615	326615	223132	16167	16167	16167	16167	16167	14499	12831	12831	9686	6542	6542	6542	6542
			柴油	364981	364981	364124	362410	362410	348007	319202	319202	319202	265880	212558	212558	212558	212558	173462	134367	134367	112496	105205
			燃气	387528	387528	382914	373687	373687	362096	338914	338914	338914	282068	225223	225223	142428	142428	111548	111548	111548	111548	111548
		其他	汽油	200245	200245	200245	200245	200245	135833	7009	7009	7009	7009	7009	7009	7009	7009	5257	3505	3505	3505	3505
			柴油	171160	171160	164015	149725	149725	148459	145927	145927	145927	124282	102636	102636	102636	102636	91132	79627	79627	67962	64074
			燃气	193275	193275	182538	161063	161063	159545	156509	156509	156509	133256	110003	110003	85688	85688	68830	68830	68830	68830	68830
	大型	公交车	汽油	1163567	1163567	1163567	1163567	1163567	800091	73139	73139	73139	73139	73139	73074	73010	73010	54758	36506	36506	36506	36506
			柴油	517652	517652	500925	467471	467471	454188	427623	427623	427623	419916	412210	412210	412210	412210	397346	382483	382483	344790	332225
			燃气	1040788	1040788	982967	867324	867324	802963	674241	674241	674241	577700	481158	481158	447958	447958	388262	388262	388262	388262	388262
		其他	汽油	2777223	2777223	2777223	2777223	2777223	1909671	174568	174568	174568	174568	174568	168022	161476	161476	121236	80996	80996	80996	80996
			柴油	1239617	1239617	1207719	1143924	1143924	1117254	1063914	1063914	1063914	1026456	988998	988998	988998	988998	941532	894065	894065	791238	756963
			燃气	2307412	2307412	2179222	1922843	1922843	1780156	1494782	1494782	1494782	1281242	1067701	1067701	963248	963248	817230	817230	817230	817230	817230
载货汽车	微型		汽油	135784	80662	25539	25539	25539	25539	17622	9704	9704	7920	6136	6136	5344	4553	4553	4553	4553	3298	2879
			柴油	100738	83400	66061	66061	66061	66061	59386	52711	52711	44683	36655	36655	36655	36655	26802	16949	16949	14331	13458
			燃气	92744	52895	13045	13045	13045	13045	9404	5763	5763	4683	3602	3602	3043	2485	2485	2485	2485	2043	1895
	轻型		汽油	98313	63432	28551	28551	28551	28551	19538	10525	10525	8855	7185	7185	5926	4666	4666	4666	4666	3439	3030
			柴油	101082	83572	66061	66061	66061	66061	59386	52711	52711	44683	36655	36655	36655	36655	29140	21624	21624	19828	19229
			燃气	67019	43149	19279	19279	19279	19279	12885	6490	6490	5242	3995	3995	3251	2508	2508	2508	2508	2119	1990
	中型		汽油	241057	241057	241057	241057	241056	164571	11601	11601	11601	11601	11601	11601	11601	11601	8704	5807	5807	5807	5807
			柴油	452163	452163	406010	313703	313703	298297	267486	267486	267486	266764	266041	266041	266041	266041	233418	200794	200794	172902	163605
			燃气	510585	510585	452876	337458	337458	320600	286883	286883	286883	286010	285137	285137	216078	216078	175749	175749	175749	175749	175749
	重型		汽油	1919279	1919279	1919279	1919279	1919279	1319733	120640	120640	120640	120640	120640	116116	111592	111592	83784	55975	55975	55975	55975
			柴油	1104327	1104327	1066633	991244	991244	954580	881253	881253	881253	845914	810576	810576	810576	810576	703954	597331	597331	405339	341342
			燃气	2055584	2055584	1925790	1666200	1666200	1523516	1238146	1238146	1238146	1056613	875080	875080	643553	643553	368519	368519	368519	368519	368519
低速汽车	三轮汽车			65550	65550	65550	65550	65550	65550	65550	65550	65550	53279	53279	53279	53279	53279	53279	53279	53279	53279	53279
	低速货车			88065	88065	88065	88065	88065	88065	88065	88065	88065	71579	71579	71579	71579	71579	71579	71579	71579	71579	71579
摩托车	普通摩托车			1095	1095	1095	1095	1058	1022	949	949	949	949	949	844	738	738	738	738	738	738	738
	轻便摩托车			730	730	730	730	730	365	365	365	365	365	365	324	284	284	284	284	284	284	284

宿迁市 PM 排放系数

单位：克/（辆·年）

车辆类型		使用性质	燃料种类	1999 年年底前	2000 年	2001 年	2002 年	2003 年	2004 年	2005 年	2006 年	2007 年	2008 年	2009 年	2010 年	2011 年	2012 年	2013 年	2014 年	2015 年	2016 年	2017 年
载客汽车	微型	出租车	汽油	—	—	—	—	—	—	—	—	—	—	—	—	—	—	—	—	—	—	—
			燃气	—	—	—	—	—	—	—	—	—	—	—	—	—	—	—	—	—	—	—
		其他	汽油	—	—	—	—	—	—	—	—	—	—	—	—	—	—	—	—	—	—	—
			燃气	—	—	—	—	—	—	—	—	—	—	—	—	—	—	—	—	—	—	—
	小型	出租车	汽油	—	—	—	—	—	—	—	—	—	—	—	—	—	—	—	—	—	—	—
			柴油	56367	51640	46913	46913	46913	46913	31842	16770	16770	10996	5222	5222	5222	5222	4853	4484	4484	3708	3450
			燃气	—	—	—	—	—	—	—	—	—	—	—	—	—	—	—	—	—	—	—
		其他	汽油	—	—	—	—	—	—	—	—	—	—	—	—	—	—	—	—	—	—	—
			柴油	4674	4422	4171	4171	4171	4171	2988	1806	1806	1333	860	860	860	860	709	558	558	558	558
			燃气	—	—	—	—	—	—	—	—	—	—	—	—	—	—	—	—	—	—	—
	中型	公交车	汽油	—	—	—	—	—	—	—	—	—	—	—	—	—	—	—	—	—	—	—
			柴油	30592	30592	28032	22913	22913	17978	8108	8108	8108	6872	5637	5637	5637	5637	3504	1372	1372	1080	983
			燃气	—	—	—	—	—	—	—	—	—	—	—	—	—	—	—	—	—	—	—
		其他	汽油	—	—	—	—	—	—	—	—	—	—	—	—	—	—	—	—	—	—	—
			柴油	15274	15274	12888	8116	8116	6262	2553	2553	2553	2434	2316	2316	2316	2316	1366	415	415	399	394
			燃气	—	—	—	—	—	—	—	—	—	—	—	—	—	—	—	—	—	—	—
	大型	公交车	汽油	—	—	—	—	—	—	—	—	—	—	—	—	—	—	—	—	—	—	—
			柴油	94865	94865	93934	92071	92071	71272	29674	29674	29674	19994	10315	10315	10315	10315	6116	1916	1916	1845	1821
			燃气	—	—	—	—	—	—	—	—	—	—	—	—	—	—	—	—	—	—	—
		其他	汽油	—	—	—	—	—	—	—	—	—	—	—	—	—	—	—	—	—	—	—
			柴油	142314	142314	133412	115607	115607	85425	25061	25061	25061	17182	9303	9303	9303	9303	5868	2433	2433	2343	2313
			燃气	—	—	—	—	—	—	—	—	—	—	—	—	—	—	—	—	—	—	—
载货汽车	微型		汽油	—	—	—	—	—	—	—	—	—	—	—	—	—	—	—	—	—	—	—
			柴油	11972	11724	11476	11476	11476	11476	9385	7294	7294	5414	3533	3533	3533	3533	2224	916	916	912	910
			燃气	—	—	—	—	—	—	—	—	—	—	—	—	—	—	—	—	—	—	—
	轻型		汽油	—	—	—	—	—	—	—	—	—	—	—	—	—	—	—	—	—	—	—
			柴油	12451	11964	11476	11476	11476	11476	9385	7294	7294	5414	3533	3533	3533	3533	2664	1795	1795	1482	1378
			燃气	—	—	—	—	—	—	—	—	—	—	—	—	—	—	—	—	—	—	—
	中型		汽油	—	—	—	—	—	—	—	—	—	—	—	—	—	—	—	—	—	—	—
			柴油	38666	38666	32539	20285	20285	15644	6363	6363	6363	6028	5693	5693	5693	5693	3650	1607	1607	1472	1427
			燃气	—	—	—	—	—	—	—	—	—	—	—	—	—	—	—	—	—	—	—
	重型		汽油	—	—	—	—	—	—	—	—	—	—	—	—	—	—	—	—	—	—	—
			柴油	135266	135266	111179	63004	63004	50025	24067	24067	24067	16492	8917	8917	8917	8917	6054	3191	3191	2698	2533
			燃气	—	—	—	—	—	—	—	—	—	—	—	—	—	—	—	—	—	—	—
低速汽车	三轮汽车			4092	4092	4092	4092	4092	4092	4092	4092	4092	3220	3220	3220	3220	3220	3220	3220	3220	3220	3220
	低速货车			5581	5581	5581	5581	5581	5581	5581	5581	5581	4392	4392	4392	4392	4392	4392	4392	4392	4392	4392
摩托车	普通摩托车			—	—	—	—	—	—	—	—	—	—	—	—	—	—	—	—	—	—	—
	轻便摩托车			—	—	—	—	—	—	—	—	—	—	—	—	—	—	—	—	—	—	—

宿迁市 VOCs 排放系数

单位：克/（辆·年）

车辆类型		使用性质	燃料种类	1999年年底前	2000年	2001年	2002年	2003年	2004年	2005年	2006年	2007年	2008年	2009年	2010年	2011年	2012年	2013年	2014年	2015年	2016年	2017年
载客汽车	微型	出租车	汽油	911057	536504	161950	161950	161950	161950	120335	78720	78720	64331	49942	49942	42080	34218	34218	34218	34218	25741	22915
			燃气	435972	261781	87590	87590	87590	87590	66450	45309	45309	37352	29394	29394	23810	18225	18225	18225	18225	11954	9863
		其他	汽油	54987	32860	10733	10733	10733	10733	10319	9905	9905	8490	7074	7074	6803	6532	6532	6532	6532	5518	5180
			燃气	21514	12048	2581	2581	2581	2581	2474	2366	2366	1774	1181	1181	1125	1069	1069	1069	1069	774	676
	小型	出租车	汽油	911057	527760	144464	144464	144464	144464	134498	124533	124533	87238	49942	49942	42080	34218	34218	34218	34218	23950	20527
			柴油	219546	206802	194059	194059	194059	194059	177456	160854	160854	116788	72721	72721	72721	72721	53996	35270	35270	20041	14965
			燃气	435972	257724	79476	79476	79476	79476	73022	66567	66567	47980	29394	29394	23810	18225	18225	18225	18225	11122	8755
		其他	汽油	55773	33158	10542	10542	10542	10542	10642	10742	10742	8910	7078	7078	6748	6418	6418	6418	6418	5600	5328
			柴油	12025	10984	9943	9943	9943	9943	8530	7117	7117	4816	2515	2515	2515	2515	2155	1795	1795	1297	1131
			燃气	21879	13129	4379	4379	4379	4379	3566	2754	2754	2059	1364	1364	1190	1016	1016	1016	1016	813	745
	中型	公交车	汽油	247588	247588	247588	247588	246991	168748	13455	13455	13455	13455	13455	13304	13152	13152	10725	8298	8298	8298	8298
			柴油	87806	87806	86086	82645	82645	64494	28192	28192	28192	20508	12823	12823	12823	12823	8958	5093	5093	4763	4653
			燃气	71579	71579	67602	59649	59649	57536	53311	53311	53311	42686	32061	32061	22219	22219	22154	22154	22154	22154	22154
		其他	汽油	128298	128298	128298	128298	127701	87379	7928	7928	7928	7928	7928	7782	7637	7637	6586	5534	5534	5534	5534
			柴油	30493	30493	28460	24394	24394	18567	6912	6912	6912	6506	6099	6099	6099	6099	3750	1402	1402	1243	1190
			燃气	34560	34560	32640	28800	28800	27780	25740	25740	25740	20623	15506	15506	10732	10732	9642	9642	9642	9642	9642
	大型	公交车	汽油	576896	576896	576896	576896	576299	388721	14759	14759	14759	14759	14759	14619	14479	14479	11713	8947	8947	8947	8947
			柴油	131708	131708	108010	60614	60614	60614	60614	60614	60614	43515	26416	26416	26416	26416	17675	8934	8934	5723	4653
			燃气	168926	168926	159541	140772	140772	135786	125815	125815	125815	100740	75665	75665	52438	52438	47188	47188	47188	47188	47188
		其他	汽油	1278194	1278194	1278194	1278194	1277597	860748	28245	28245	28245	28245	28245	21986	15728	15728	12537	9346	9346	9346	9346
			柴油	272891	272891	207397	76409	76409	76409	76409	76409	76409	55942	35476	35476	35476	35476	20706	5937	5937	5324	5119
			燃气	266186	266186	251398	221822	221822	213966	198253	198253	198253	158842	119430	119430	82662	82662	74261	74261	74261	74261	74261
载货汽车	微型		汽油	352781	189510	26238	26238	26238	26238	24722	23206	23206	21368	19530	19530	15966	12402	12402	12402	12402	10478	9836
			柴油	52847	49361	45875	45875	45875	45875	42024	38173	38173	28184	18195	18195	18195	18195	12516	6838	6838	4715	4007
			燃气	138028	72169	6310	6310	6310	6310	5926	5543	5543	4402	3261	3261	2645	2030	2030	2030	2030	1470	1284
	轻型		汽油	182309	108684	35059	35059	35059	35059	30164	25270	25270	22586	19903	19903	17385	14867	14867	14867	14867	12760	12058
			柴油	48540	47208	45875	45875	45875	45875	42024	38173	38173	28184	18195	18195	18195	18195	13753	9311	9311	7188	6480
			燃气	71517	43040	14563	14563	14563	14563	10521	6479	6479	5157	3836	3836	3095	2354	2354	2354	2354	1853	1686
	中型		汽油	340183	340183	340183	340183	339586	231026	15099	15099	15099	15099	15099	14959	14819	14819	11966	9113	9113	9113	9113
			柴油	79451	79451	74154	63561	63561	48377	18009	18009	18009	16956	15904	15904	15904	15904	11526	7148	7148	4253	3288
			燃气	90048	90048	85046	75041	75041	72382	67065	67065	67065	53749	40434	40434	54716	54716	26641	26641	26641	26641	26641
	重型		汽油	914207	914207	914207	914207	913610	615758	21249	21249	21249	21249	21249	16740	12231	12231	9948	7666	7666	7666	7666
			柴油	241774	241774	183748	67697	67697	67697	67697	67697	67697	49564	31431	31431	31431	31431	19751	8071	8071	5876	5145
			燃气	235834	235834	222732	196530	196530	189570	175649	175649	175649	140731	105813	105813	112374	112374	74638	74638	74638	74638	74638
低速汽车	三轮汽车			25300	25300	25300	25300	25300	25300	25300	25300	25300	16721	16721	16721	16721	16721	16721	16721	16721	16721	16721
	低速货车			33990	33990	33990	33990	33990	33990	33990	33990	33990	22464	22464	22464	22464	22464	22464	22464	22464	22464	22464
摩托车	普通摩托车			14679	14679	14679	14679	10954	7230	3871	3871	3871	3871	3871	2888	1906	1906	1906	1906	1906	1906	1906
	轻便摩托车			47470	47470	47470	47470	47470	9494	9494	4674	4674	4674	4674	3488	2302	2302	2302	2302	2302	2302	2302

杭州市 NO_x 排放系数

单位：克/（辆•年）

车辆类型		使用性质	燃料种类	1999年年底前	2000年	2001年	2002年	2003年	2004年	2005年	2006年	2007年	2008年	2009年	2010年	2011年	2012年	2013年	2014年	2015年	2016年	2017年
载客汽车	微型	出租车	汽油	275530	185907	96284	96284	96284	96284	71102	45921	45921	34024	22128	22128	18652	15175	15175	15175	15175	9469	7567
			燃气	194953	132016	69080	69080	69080	69080	51168	33256	33256	24776	16295	16295	13638	10982	10982	10982	10982	6794	5398
		其他	汽油	33881	21294	8707	8707	8707	8707	5468	2229	2229	1811	1393	1393	1237	1081	1081	1081	1081	760	653
			燃气	23223	13845	4467	4467	4467	4467	2904	1341	1341	1086	830	830	717	604	604	604	604	476	433
	小型	出租车	汽油	311849	206212	100574	100574	100574	100574	73578	46581	46581	34354	22128	22128	17910	13693	13693	13693	13693	8160	6315
			柴油	354735	296548	238362	238362	238362	238362	213265	188168	188168	149558	110948	110948	110948	110948	90738	70529	70529	56026	51192
			燃气	220480	146288	72095	72095	72095	72095	52908	33720	33720	25008	16295	16295	13118	9940	9940	9940	9940	5874	4518
		其他	汽油	31605	20220	8834	8834	8834	8834	5835	2836	2836	1964	1092	1092	1057	1022	1022	1022	1022	714	611
			柴油	30853	25221	19589	19589	19589	19589	18016	16442	16442	12944	9446	9446	9446	9446	8156	6867	6867	6157	5920
			燃气	21624	13808	5991	5991	5991	5991	3880	1768	1768	1193	618	618	590	562	562	562	562	444	404
	中型	公交车	汽油	326203	326203	326203	326203	326203	222851	16147	16147	16147	16147	16147	14481	12815	12815	9674	6534	6534	6534	6534
			柴油	364644	364644	363788	362076	362076	347686	318907	318907	318907	265634	212361	212361	212361	212361	173302	134243	134243	112391	105107
			燃气	387170	387170	382561	373342	373342	361761	338600	338600	338600	281808	225015	225015	142296	142296	111445	111445	111445	111445	111445
		其他	汽油	199992	199992	199992	199992	199992	135661	7000	7000	7000	7000	7000	7000	7000	7000	5250	3501	3501	3501	3501
			柴油	171002	171002	163864	149587	149587	148322	145792	145792	145792	124167	102542	102542	102542	102542	91048	79553	79553	67900	64015
			燃气	193097	193097	182369	160914	160914	159397	156364	156364	156364	133133	109902	109902	85609	85609	68766	68766	68766	68766	68766
	大型	公交车	汽油	1162098	1162098	1162098	1162098	1162098	799081	73046	73046	73046	73046	73046	72982	72918	72918	54689	36460	36460	36460	36460
			柴油	517174	517174	500462	467039	467039	453769	427228	427228	427228	419529	411830	411830	411830	411830	396980	382129	382129	344471	331918
			燃气	1039827	1039827	982059	866522	866522	802221	673618	673618	673618	577166	480714	480714	447544	447544	387903	387903	387903	387903	387903
		其他	汽油	2773717	2773717	2773717	2773717	2773717	1907261	174348	174348	174348	174348	174348	167810	161272	161272	121083	80894	80894	80894	80894
			柴油	1238471	1238471	1206603	1142867	1142867	1116222	1062931	1062931	1062931	1025508	988085	988085	988085	988085	940662	893238	893238	790507	756263
			燃气	2305280	2305280	2177209	1921066	1921066	1778511	1493401	1493401	1493401	1280058	1066715	1066715	962358	962358	816475	816475	816475	816475	816475
载货汽车	微型		汽油	139064	82536	26008	26008	26008	26008	17892	9776	9776	7969	6162	6162	5377	4592	4592	4592	4592	3354	2942
			柴油	103071	85238	67405	67405	67405	67405	60632	53859	53859	45671	37483	37483	37483	37483	27402	17320	17320	14718	13851
			燃气	95318	54331	13343	13343	13343	13343	9612	5881	5881	4776	3672	3672	3119	2566	2566	2566	2566	2105	1951
	轻型		汽油	100778	64942	29107	29107	29107	29107	19864	10621	10621	8931	7241	7241	5974	4708	4708	4708	4708	3500	3098
			柴油	103426	85416	67405	67405	67405	67405	60632	53859	53859	45671	37483	37483	37483	37483	29816	22150	22150	20398	19814
			燃气	68952	44346	19740	19740	19740	19740	13180	6621	6621	5360	4098	4098	3343	2589	2589	2589	2589	2184	2048
	中型		汽油	325219	325219	325219	325219	325219	222030	15651	15651	15651	15651	15651	15651	15651	15651	11743	7835	7835	7835	7835
			柴油	617702	617702	554652	428551	428551	407505	365413	365413	365413	358495	351577	351577	351577	351577	308464	265352	265352	228492	216206
			燃气	697515	697515	618677	461002	461002	437971	391911	391911	391911	384361	376812	376812	285552	285552	232252	232252	232252	232252	232252
	重型		汽油	2232796	2232796	2232796	2232796	2232796	1535313	140347	140347	140347	140347	140347	135084	129821	129821	97470	65118	65118	65118	65118
			柴油	1246843	1246843	1204284	1119166	1119166	1077771	994981	994981	994981	955082	915183	915183	915183	915183	832081	748979	748979	537522	467037
			燃气	2320864	2320864	2174318	1881227	1881227	1720128	1397932	1397932	1397932	1192972	988012	988012	806936	806936	504221	504221	504221	504221	504221
低速汽车	三轮汽车			65550	65550	65550	65550	65550	65550	65550	65550	65550	53279	53279	53279	53279	53279	53279	53279	53279	53279	53279
	低速货车			88065	88065	88065	88065	88065	88065	88065	88065	88065	71579	71579	71579	71579	71579	71579	71579	71579	71579	71579
摩托车	普通摩托车			1095	1095	1095	1095	1058	1022	949	949	949	949	949	844	738	738	738	738	738	738	738
	轻便摩托车			730	730	730	730	730	365	365	365	365	365	365	324	284	284	284	284	284	284	284

杭州市 PM 排放系数

单位：克/（辆 • 年）

车辆类型		使用性质	燃料种类	1999 年年底前	2000 年	2001 年	2002 年	2003 年	2004 年	2005 年	2006 年	2007 年	2008 年	2009 年	2010 年	2011 年	2012 年	2013 年	2014 年	2015 年	2016 年	2017 年
载客汽车	微型	出租车	汽油	—	—	—	—	—	—	—	—	—	—	—	—	—	—	—	—	—	—	—
			燃气	—	—	—	—	—	—	—	—	—	—	—	—	—	—	—	—	—	—	—
		其他	汽油	—	—	—	—	—	—	—	—	—	—	—	—	—	—	—	—	—	—	—
			燃气	—	—	—	—	—	—	—	—	—	—	—	—	—	—	—	—	—	—	—
	小型	出租车	汽油	—	—	—	—	—	—	—	—	—	—	—	—	—	—	—	—	—	—	—
			柴油	52112	47751	43390	43390	43390	43390	29532	15674	15674	10260	4847	4847	4847	4847	4504	4162	4162	3442	3202
			燃气	—	—	—	—	—	—	—	—	—	—	—	—	—	—	—	—	—	—	—
		其他	汽油	—	—	—	—	—	—	—	—	—	—	—	—	—	—	—	—	—	—	—
			柴油	4783	4526	4269	4269	4269	4269	3064	1859	1859	1371	883	883	883	883	730	576	576	576	576
			燃气	—	—	—	—	—	—	—	—	—	—	—	—	—	—	—	—	—	—	—
	中型	公交车	汽油	—	—	—	—	—	—	—	—	—	—	—	—	—	—	—	—	—	—	—
			柴油	30592	30592	28032	22913	22913	17978	8108	8108	8108	6872	5637	5637	5637	5637	3504	1372	1372	1080	983
			燃气	—	—	—	—	—	—	—	—	—	—	—	—	—	—	—	—	—	—	—
		其他	汽油	—	—	—	—	—	—	—	—	—	—	—	—	—	—	—	—	—	—	—
			柴油	15274	15274	12888	8116	8116	6262	2553	2553	2553	2434	2316	2316	2316	2316	1366	415	415	399	394
			燃气	—	—	—	—	—	—	—	—	—	—	—	—	—	—	—	—	—	—	—
	大型	公交车	汽油	—	—	—	—	—	—	—	—	—	—	—	—	—	—	—	—	—	—	—
			柴油	94865	94865	93934	92071	92071	71272	29674	29674	29674	19994	10315	10315	10315	10315	6116	1916	1916	1845	1821
			燃气	—	—	—	—	—	—	—	—	—	—	—	—	—	—	—	—	—	—	—
		其他	汽油	—	—	—	—	—	—	—	—	—	—	—	—	—	—	—	—	—	—	—
			柴油	142314	142314	133412	115607	115607	85425	25061	25061	25061	17182	9303	9303	9303	9303	5868	2433	2433	2343	2313
			燃气	—	—	—	—	—	—	—	—	—	—	—	—	—	—	—	—	—	—	—
载货汽车	微型		汽油	—	—	—	—	—	—	—	—	—	—	—	—	—	—	—	—	—	—	—
			柴油	12324	12069	11814	11814	11814	11814	9666	7519	7519	5580	3642	3642	3642	3642	2293	944	944	940	938
			燃气	—	—	—	—	—	—	—	—	—	—	—	—	—	—	—	—	—	—	—
	轻型		汽油	—	—	—	—	—	—	—	—	—	—	—	—	—	—	—	—	—	—	—
			柴油	12817	12316	11814	11814	11814	11814	9666	7519	7519	5580	3642	3642	3642	3642	2746	1851	1851	1528	1421
			燃气	—	—	—	—	—	—	—	—	—	—	—	—	—	—	—	—	—	—	—
	中型		汽油	—	—	—	—	—	—	—	—	—	—	—	—	—	—	—	—	—	—	—
			柴油	53626	53626	45128	28133	28133	21654	8695	8695	8695	8238	7780	7780	7780	7780	4988	2197	2197	2012	1950
			燃气	—	—	—	—	—	—	—	—	—	—	—	—	—	—	—	—	—	—	—
	重型		汽油	—	—	—	—	—	—	—	—	—	—	—	—	—	—	—	—	—	—	—
			柴油	203107	203107	166939	94603	94603	75115	36138	36138	36138	24764	13389	13389	13389	13389	8838	4287	4287	3623	3402
			燃气	—	—	—	—	—	—	—	—	—	—	—	—	—	—	—	—	—	—	—
低速汽车	三轮汽车			4092	4092	4092	4092	4092	4092	4092	4092	4092	3220	3220	3220	3220	3220	3220	3220	3220	3220	3220
	低速货车			5581	5581	5581	5581	5581	5581	5581	5581	5581	4392	4392	4392	4392	4392	4392	4392	4392	4392	4392
摩托车	普通摩托车			—	—	—	—	—	—	—	—	—	—	—	—	—	—	—	—	—	—	—
	轻便摩托车			—	—	—	—	—	—	—	—	—	—	—	—	—	—	—	—	—	—	—

杭州市 VOCs 排放系数

单位：克/（辆·年）

车辆类型		使用性质	燃料种类	1999年年底前	2000年	2001年	2002年	2003年	2004年	2005年	2006年	2007年	2008年	2009年	2010年	2011年	2012年	2013年	2014年	2015年	2016年	2017年
载客汽车	微型	出租车	汽油	696156	413098	130039	130039	130039	130039	97019	63999	63999	52741	41483	41483	34926	28370	28370	28370	28370	21004	18548
			燃气	389988	234078	78168	78168	78168	78168	58880	39592	39592	32653	25714	25714	20884	16053	16053	16053	16053	10600	8783
		其他	汽油	47459	28685	9911	9911	9911	9911	9498	9086	9086	7870	6654	6654	6404	6155	6155	6155	6155	5255	4955
			燃气	21665	12151	2637	2637	2637	2637	2522	2408	2408	1812	1215	1215	1158	1102	1102	1102	1102	793	690
	小型	出租车	汽油	696156	406264	116371	116371	116371	116371	107952	99534	99534	70508	41483	41483	34926	28370	28370	28370	28370	19638	16727
			柴油	184661	173953	163245	163245	163245	163245	149554	135863	135863	98477	61091	61091	61091	61091	45362	29632	29632	16868	12613
			燃气	389988	230312	70636	70636	70636	70636	64906	59175	59175	42444	25714	25714	20884	16053	16053	16053	16053	9848	7780
		其他	汽油	48127	28936	9746	9746	9746	9746	9776	9805	9805	8231	6657	6657	6356	6055	6055	6055	6055	5324	5080
			柴油	11268	10289	9310	9310	9310	9310	7994	6678	6678	4520	2363	2363	2363	2363	2012	1661	1661	1199	1045
			燃气	22033	13258	4484	4484	4484	4484	3644	2804	2804	2104	1405	1405	1226	1047	1047	1047	1047	831	759
	中型	公交车	汽油	247641	247641	247641	247641	247044	168801	13508	13508	13508	13508	13508	13356	13205	13205	10778	8351	8351	8351	8351
			柴油	87806	87806	86086	82645	82645	64494	28192	28192	28192	20508	12823	12823	12823	12823	8958	5093	5093	4763	4653
			燃气	71579	71579	67602	59649	59649	57536	53311	53311	53311	42686	32061	32061	22219	22219	22154	22154	22154	22154	22154
		其他	汽油	128351	128351	128351	128351	127754	87432	7981	7981	7981	7981	7981	7836	7690	7690	6638	5587	5587	5587	5587
			柴油	30493	30493	28460	24394	24394	18567	6912	6912	6912	6506	6099	6099	6099	6099	3750	1402	1402	1243	1190
			燃气	34560	34560	32640	28800	28800	27780	25740	25740	25740	20623	15506	15506	10732	10732	9642	9642	9642	9642	9642
	大型	公交车	汽油	576949	576949	576949	576949	576352	388774	14812	14812	14812	14812	14812	14672	14533	14533	11767	9001	9001	9001	9001
			柴油	131708	131708	108010	60614	60614	60614	60614	60614	60614	43515	26416	26416	26416	26416	17675	8934	8934	5723	4653
			燃气	168926	168926	159541	140772	140772	135786	125815	125815	125815	100740	75665	75665	52438	52438	47188	47188	47188	47188	47188
		其他	汽油	1278247	1278247	1278247	1278247	1277650	860802	28299	28299	28299	28299	28299	22040	15781	15781	12590	9400	9400	9400	9400
			柴油	272891	272891	207397	76409	76409	76409	76409	76409	76409	55942	35476	35476	35476	35476	20706	5937	5937	5324	5119
			燃气	266186	266186	251398	221822	221822	213966	198253	198253	198253	158842	119430	119430	82662	82662	74261	74261	74261	74261	74261
载货汽车	微型		汽油	308728	166368	24008	24008	24008	24008	22574	21140	21140	19475	17810	17810	14620	11429	11429	11429	11429	9656	9065
			柴油	50211	46892	43573	43573	43573	43573	39884	36194	36194	26764	17335	17335	17335	17335	11928	6520	6520	4462	3776
			燃气	140934	73661	6388	6388	6388	6388	5995	5603	5603	4427	3252	3252	2649	2046	2046	2046	2046	1458	1262
	轻型		汽油	160141	95918	31696	31696	31696	31696	27318	22939	22939	20537	18135	18135	15856	13578	13578	13578	13578	11645	11001
			柴油	46182	44878	43573	43573	43573	43573	39884	36194	36194	26764	17335	17335	17335	17335	13085	8835	8835	6777	6091
			燃气	73314	43948	14583	14583	14583	14583	10571	6560	6560	5194	3828	3828	3088	2348	2348	2348	2348	1820	1644
	中型		汽油	480646	480646	480646	480646	480049	326270	19905	19905	19905	19905	19905	19765	19625	19625	15582	11538	11538	11538	11538
			柴油	111851	111851	104394	89481	89481	68105	25353	25353	25353	23874	22394	22394	22394	22394	16230	10065	10065	5989	4630
			燃气	126769	126769	119727	105643	105643	101900	94414	94414	94414	75674	56934	56934	77045	77045	37515	37515	37515	37515	37515
	重型		汽油	1203447	1203447	1203447	1203447	1202850	810456	26864	26864	26864	26864	26864	20964	15065	15065	12061	9057	9057	9057	9057
			柴油	319571	319571	242874	89480	89480	89480	89480	89480	89480	65512	41544	41544	41544	41544	26438	11331	11331	8419	7448
			燃气	311719	311719	294402	259768	259768	250568	232167	232167	232167	186013	139858	139858	157764	157764	108048	108048	108048	108048	108048
低速汽车	三轮汽车			25300	25300	25300	25300	25300	25300	25300	25300	25300	16721	16721	16721	16721	16721	16721	16721	16721	16721	16721
	低速货车			33990	33990	33990	33990	33990	33990	33990	33990	33990	22464	22464	22464	22464	22464	22464	22464	22464	22464	22464
摩托车	普通摩托车			14679	14679	14679	14679	10954	7230	3871	3871	3871	3871	3871	2888	1906	1906	1906	1906	1906	1906	1906
	轻便摩托车			47470	47470	47470	47470	47470	9494	9494	4674	4674	4674	4674	3488	2302	2302	2302	2302	2302	2302	2302

宁波市 NO_x 排放系数

单位：克/（辆·年）

车辆类型		使用性质	燃料种类	1999年年底前	2000年	2001年	2002年	2003年	2004年	2005年	2006年	2007年	2008年	2009年	2010年	2011年	2012年	2013年	2014年	2015年	2016年	2017年
载客汽车	微型	出租车	汽油	314708	214398	114088	114088	114088	114088	85143	56198	56198	42296	28394	28394	23120	17846	17846	17846	17846	10636	8232
			燃气	223201	152697	82193	82193	82193	82193	61558	40924	40924	30976	21027	21027	17030	13034	13034	13034	13034	7686	5904
		其他	汽油	32563	20448	8332	8332	8332	8332	5240	2149	2149	1750	1350	1350	1143	936	936	936	936	656	563
			燃气	22309	13292	4274	4274	4274	4274	2782	1289	1289	1046	803	803	654	505	505	505	505	404	371
	小型	出租车	汽油	355159	237014	118869	118869	118869	118869	87901	56933	56933	42664	28394	28394	22404	16415	16415	16415	16415	9336	6976
			柴油	405354	341727	278100	278100	278100	278100	247384	216667	216667	172472	128276	128276	128276	128276	103758	79239	79239	59633	53098
			燃气	251633	168594	85554	85554	85554	85554	63497	41440	41440	31234	21027	21027	16528	12028	12028	12028	12028	6773	5021
		其他	汽油	30378	19416	8453	8453	8453	8453	5590	2728	2728	1894	1061	1061	975	889	889	889	889	618	528
			柴油	27460	22472	17485	17485	17485	17485	16086	14688	14688	11514	8340	8340	8340	8340	7193	6046	6046	5284	5030
			燃气	20774	13251	5728	5728	5728	5728	3712	1696	1696	1148	600	600	536	471	471	471	471	377	346
	中型	公交车	汽油	339671	339671	339671	339671	339671	232052	16814	16814	16814	16814	16814	15079	13344	13344	10074	6804	6804	6804	6804
			柴油	379705	379705	378814	377031	377031	362047	332079	332079	332079	276606	221133	221133	221133	221133	180460	139788	139788	117034	109449
			燃气	403161	403161	398362	388763	388763	376704	352586	352586	352586	293448	234309	234309	148174	148174	116049	116049	116049	116049	116049
		其他	汽油	199980	199980	199980	199980	199980	135653	6999	6999	6999	6999	6999	6999	6999	6999	5250	3500	3500	3500	3500
			柴油	170994	170994	163856	149580	149580	148315	145785	145785	145785	124161	102537	102537	102537	102537	91044	79550	79550	67896	64012
			燃气	193088	193088	182361	160907	160907	159390	156357	156357	156357	133127	109897	109897	85605	85605	68763	68763	68763	68763	68763
	大型	公交车	汽油	1210077	1210077	1210077	1210077	1210077	832072	76062	76062	76062	76062	76062	75996	75929	75929	56947	37965	37965	37965	37965
			柴油	538535	538535	521133	486329	486329	472511	444874	444874	444874	436857	428840	428840	428840	428840	413376	397913	397913	358699	345628
			燃气	1082776	1082776	1022622	902313	902313	835356	701441	701441	701441	601005	500569	500569	466030	466030	403925	403925	403925	403925	403925
		其他	汽油	2773543	2773543	2773543	2773543	2773543	1907141	174337	174337	174337	174337	174337	167800	161262	161262	121076	80889	80889	80889	80889
			柴油	1238414	1238414	1206547	1142814	1142814	1116170	1062883	1062883	1062883	1025461	988039	988039	988039	988039	940618	893198	893198	790471	756229
			燃气	2305174	2305174	2177109	1920978	1920978	1778429	1493332	1493332	1493332	1279999	1066666	1066666	962314	962314	816438	816438	816438	816438	816438
载货汽车	微型		汽油	126877	75412	23948	23948	23948	23948	16400	8852	8852	7198	5545	5545	4866	4186	4186	4186	4186	3095	2731
			柴油	88221	72930	57638	57638	57638	57638	51832	46026	46026	38956	31886	31886	31886	31886	23316	14745	14745	12536	11800
			燃气	86924	49604	12284	12284	12284	12284	8797	5310	5310	4304	3298	3298	2778	2258	2258	2258	2258	1914	1800
	轻型		汽油	93962	60407	26852	26852	26852	26852	18248	9644	9644	8100	6556	6556	5426	4295	4295	4295	4295	3232	2877
			柴油	88526	73082	57638	57638	57638	57638	51832	46026	46026	38956	31886	31886	31886	31886	25374	18862	18862	17378	16883
			燃气	64256	41226	18196	18196	18196	18196	12096	5996	5996	4852	3707	3707	2991	2276	2276	2276	2276	1983	1885
	中型		汽油	325219	325219	325219	325219	325219	222030	15651	15651	15651	15651	15651	15651	15651	15651	11743	7835	7835	7835	7835
			柴油	617702	617702	554652	428551	428551	407505	365413	365413	365413	358495	351577	351577	351577	351577	308464	265352	265352	228492	216206
			燃气	697515	697515	618678	461003	461003	437973	391912	391912	391912	384362	376813	376813	285549	285549	232253	232253	232253	232253	232253
	重型		汽油	2362367	2362367	2362367	2362367	2362367	1624409	148492	148492	148492	148492	148492	142924	137355	137355	103126	68897	68897	68897	68897
			柴油	1262483	1262483	1219390	1133205	1133205	1091291	1007462	1007462	1007462	967062	926663	926663	926663	926663	859002	791342	791342	598567	534309
			燃气	2349976	2349976	2201593	1904826	1904826	1741706	1415466	1415466	1415466	1207936	1000406	1000406	852576	852576	576849	576849	576849	576849	576849
低速汽车	三轮汽车			65550	65550	65550	65550	65550	65550	65550	65550	65550	53279	53279	53279	53279	53279	53279	53279	53279	53279	53279
	低速货车			88065	88065	88065	88065	88065	88065	88065	88065	88065	71579	71579	71579	71579	71579	71579	71579	71579	71579	71579
摩托车	普通摩托车			1095	1095	1095	1095	1058	1022	949	949	949	949	949	844	738	738	738	738	738	738	738
	轻便摩托车			730	730	730	730	730	365	365	365	365	365	365	324	284	284	284	284	284	284	284

宁波市 PM 排放系数

单位：克/（辆·年）

车辆类型		使用性质	燃料种类	1999 年年底前	2000 年	2001 年	2002 年	2003 年	2004 年	2005 年	2006 年	2007 年	2008 年	2009 年	2010 年	2011 年	2012 年	2013 年	2014 年	2015 年	2016 年	2017 年
载客汽车	微型	出租车	汽油	—	—	—	—	—	—	—	—	—	—	—	—	—	—	—	—	—	—	—
			燃气	—	—	—	—	—	—	—	—	—	—	—	—	—	—	—	—	—	—	—
		其他	汽油	—	—	—	—	—	—	—	—	—	—	—	—	—	—	—	—	—	—	—
			燃气	—	—	—	—	—	—	—	—	—	—	—	—	—	—	—	—	—	—	—
	小型	出租车	汽油	—	—	—	—	—	—	—	—	—	—	—	—	—	—	—	—	—	—	—
			柴油	54286	49720	45155	45155	45155	45155	30800	16446	16446	10724	5003	5003	5003	5003	4650	4297	4297	3553	3305
			燃气	—	—	—	—	—	—	—	—	—	—	—	—	—	—	—	—	—	—	—
		其他	汽油	—	—	—	—	—	—	—	—	—	—	—	—	—	—	—	—	—	—	—
			柴油	4222	3996	3769	3769	3769	3769	2710	1652	1652	1212	771	771	771	771	644	518	518	518	518
			燃气	—	—	—	—	—	—	—	—	—	—	—	—	—	—	—	—	—	—	—
	中型	公交车	汽油	—	—	—	—	—	—	—	—	—	—	—	—	—	—	—	—	—	—	—
			柴油	31857	31857	29192	23861	23861	18722	8443	8443	8443	7156	5870	5870	5870	5870	3649	1428	1428	1124	1023
			燃气	—	—	—	—	—	—	—	—	—	—	—	—	—	—	—	—	—	—	—
		其他	汽油	—	—	—	—	—	—	—	—	—	—	—	—	—	—	—	—	—	—	—
			柴油	15274	15274	12888	8116	8116	6262	2553	2553	2553	2434	2316	2316	2316	2316	1366	415	415	399	394
			燃气	—	—	—	—	—	—	—	—	—	—	—	—	—	—	—	—	—	—	—
	大型	公交车	汽油	—	—	—	—	—	—	—	—	—	—	—	—	—	—	—	—	—	—	—
			柴油	98788	98788	97818	95878	95878	74219	30901	30901	30901	20821	10741	10741	10741	10741	6368	1995	1995	1921	1896
			燃气	—	—	—	—	—	—	—	—	—	—	—	—	—	—	—	—	—	—	—
		其他	汽油	—	—	—	—	—	—	—	—	—	—	—	—	—	—	—	—	—	—	—
			柴油	142314	142314	133412	115607	115607	85425	25061	25061	25061	17182	9303	9303	9303	9303	5868	2433	2433	2343	2313
			燃气	—	—	—	—	—	—	—	—	—	—	—	—	—	—	—	—	—	—	—
载货汽车	微型		汽油	—	—	—	—	—	—	—	—	—	—	—	—	—	—	—	—	—	—	—
			柴油	11021	10793	10565	10565	10565	10565	8610	6656	6656	4940	3224	3224	3224	3224	2030	836	836	832	830
			燃气	—	—	—	—	—	—	—	—	—	—	—	—	—	—	—	—	—	—	—
	轻型		汽油	—	—	—	—	—	—	—	—	—	—	—	—	—	—	—	—	—	—	—
			柴油	11462	11014	10565	10565	10565	10565	8610	6656	6656	4940	3224	3224	3224	3224	2431	1638	1638	1353	1258
			燃气	—	—	—	—	—	—	—	—	—	—	—	—	—	—	—	—	—	—	—
	中型		汽油	—	—	—	—	—	—	—	—	—	—	—	—	—	—	—	—	—	—	—
			柴油	53626	53626	45128	28133	28133	21654	8695	8695	8695	8238	7780	7780	7780	7780	4988	2197	2197	2012	1950
			燃气	—	—	—	—	—	—	—	—	—	—	—	—	—	—	—	—	—	—	—
	重型		汽油	—	—	—	—	—	—	—	—	—	—	—	—	—	—	—	—	—	—	—
			柴油	222098	222098	182548	103448	103448	82138	39517	39517	39517	27079	14641	14641	14641	14641	9575	4509	4509	3811	3578
			燃气	—	—	—	—	—	—	—	—	—	—	—	—	—	—	—	—	—	—	—
低速汽车	三轮汽车			4092	4092	4092	4092	4092	4092	4092	4092	4092	3220	3220	3220	3220	3220	3220	3220	3220	3220	3220
	低速货车			5581	5581	5581	5581	5581	5581	5581	5581	5581	4392	4392	4392	4392	4392	4392	4392	4392	4392	4392
摩托车	普通摩托车			—	—	—	—	—	—	—	—	—	—	—	—	—	—	—	—	—	—	—
	轻便摩托车			—	—	—	—	—	—	—	—	—	—	—	—	—	—	—	—	—	—	—

宁波市 VOCs 排放系数

单位：克/（辆·年）

车辆类型		使用性质	燃料种类	1999 年年底前	2000 年	2001 年	2002 年	2003 年	2004 年	2005 年	2006 年	2007 年	2008 年	2009 年	2010 年	2011 年	2012 年	2013 年	2014 年	2015 年	2016 年	2017 年
载客汽车	微型	出租车	汽油	750490	448747	147004	147004	147004	147004	111274	75543	75543	62152	48762	48762	40105	31448	31448	31448	31448	21593	18308
			燃气	424051	257526	91001	91001	91001	91001	69780	48560	48560	40107	31654	31654	25228	18801	18801	18801	18801	11387	8916
		其他	汽油	42966	26131	9296	9296	9296	9296	8910	8524	8524	7375	6226	6226	5950	5675	5675	5675	5675	4852	4577
			燃气	19357	10868	2378	2378	2378	2378	2278	2179	2179	1625	1071	1071	986	901	901	901	901	621	528
	小型	出租车	汽油	750490	441588	132687	132687	132687	132687	123048	113408	113408	81085	48762	48762	40105	31448	31448	31448	31448	20335	16631
			柴油	228981	215262	201542	201542	201542	201542	181752	161962	161962	120244	78526	78526	78526	78526	58136	37747	37747	20714	15037
			燃气	424051	253581	83111	83111	83111	83111	76269	69427	69427	50540	31654	31654	25228	18801	18801	18801	18801	10694	7992
		其他	汽油	43560	26355	9150	9150	9150	9150	9157	9164	9164	7696	6229	6229	5913	5597	5597	5597	5597	4910	4681
			柴油	10123	9249	8375	8375	8375	8375	7104	5833	5833	3980	2127	2127	2127	2127	1798	1470	1470	1053	914
			燃气	19685	11845	4005	4005	4005	4005	3268	2531	2531	1882	1232	1232	1045	858	858	858	858	653	585
	中型	公交车	汽油	257601	257601	257601	257601	257004	175557	13856	13856	13856	13856	13856	13704	13552	13552	11025	8498	8498	8498	8498
			柴油	91436	91436	89645	86063	86063	67161	29358	29358	29358	21356	13354	13354	13354	13354	9328	5303	5303	4960	4846
			燃气	74539	74539	70398	62116	62116	59916	55516	55516	55516	44452	33387	33387	23138	23138	23070	23070	23070	23070	23070
		其他	汽油	128298	128298	128298	128298	127701	87379	7928	7928	7928	7928	7928	7782	7637	7637	6586	5534	5534	5534	5534
			柴油	30493	30493	28460	24394	24394	18567	6912	6912	6912	6506	6099	6099	6099	6099	3750	1402	1402	1243	1190
			燃气	34560	34560	32640	28800	28800	27780	25740	25740	25740	20623	15506	15506	10732	10732	9642	9642	9642	9642	9642
	大型	公交车	汽油	600526	600526	600526	600526	599929	404626	15214	15214	15214	15214	15214	15074	14934	14934	12054	9174	9174	9174	9174
			柴油	137155	137155	112477	63120	63120	63120	63120	63120	63120	45314	27508	27508	27508	27508	18406	9304	9304	5960	4846
			燃气	175912	175912	166139	146593	146593	141401	131018	131018	131018	104906	78794	78794	54606	54606	49139	49139	49139	49139	49139
		其他	汽油	1278194	1278194	1278194	1278194	1277597	860749	28246	28246	28246	28246	28246	21987	15728	15728	12537	9346	9346	9346	9346
			柴油	272891	272891	207397	76409	76409	76409	76409	76409	76409	55942	35476	35476	35476	35476	20706	5937	5937	5324	5119
			燃气	266186	266186	251398	221822	221822	213966	198253	198253	198253	158842	119430	119430	82662	82662	74261	74261	74261	74261	74261
载货汽车	微型		汽油	264251	142651	21051	21051	21051	21051	19802	18553	18553	17108	15663	15663	12950	10236	10236	10236	10236	8703	8192
			柴油	41677	38923	36169	36169	36169	36169	33097	30025	30025	22222	14419	14419	14419	14419	9934	5449	5449	3715	3137
			燃气	119050	62218	5385	5385	5385	5385	5064	4743	4743	3719	2694	2694	2160	1625	1625	1625	1625	1115	945
	轻型		汽油	137475	82543	27611	27611	27611	27611	23850	20088	20088	18014	15940	15940	14004	12069	12069	12069	12069	10400	9844
			柴油	38359	37264	36169	36169	36169	36169	33097	30025	30025	22222	14419	14419	14419	14419	10887	7355	7355	5620	5042
			燃气	62126	37106	12085	12085	12085	12085	8817	5548	5548	4350	3153	3153	2501	1850	1850	1850	1850	1385	1230
	中型		汽油	480593	480593	480593	480593	479996	326217	19852	19852	19852	19852	19852	19712	19572	19572	15528	11485	11485	11485	11485
			柴油	111851	111851	104394	89481	89481	68105	25353	25353	25353	23874	22394	22394	22394	22394	16230	10065	10065	5989	4630
			燃气	126769	126769	119727	105643	105643	101900	94414	94414	94414	75674	56934	56934	77045	77045	37515	37515	37515	37515	37515
	重型		汽油	1289103	1289103	1289103	1289103	1288506	868092	28459	28459	28459	28459	28459	22148	15836	15836	12618	9400	9400	9400	9400
			柴油	316671	316671	240670	88668	88668	88668	88668	88668	88668	64918	41167	41167	41167	41167	26748	12329	12329	9519	8582
			燃气	308890	308890	291731	257411	257411	248294	230061	230061	230061	184325	138589	138589	171659	171659	124499	124499	124499	124499	124499
低速汽车	三轮汽车			25300	25300	25300	25300	25300	25300	25300	25300	25300	16721	16721	16721	16721	16721	16721	16721	16721	16721	16721
	低速货车			33990	33990	33990	33990	33990	33990	33990	33990	33990	22464	22464	22464	22464	22464	22464	22464	22464	22464	22464
摩托车	普通摩托车			14679	14679	14679	14679	10954	7230	3871	3871	3871	3871	3871	2888	1906	1906	1906	1906	1906	1906	1906
	轻便摩托车			47470	47470	47470	47470	47470	9494	9494	4674	4674	4674	4674	3488	2302	2302	2302	2302	2302	2302	2302

温州市 NO_x 排放系数

单位：克/（辆·年）

车辆类型		使用性质	燃料种类	1999 年年底前	2000 年	2001 年	2002 年	2003 年	2004 年	2005 年	2006 年	2007 年	2008 年	2009 年	2010 年	2011 年	2012 年	2013 年	2014 年	2015 年	2016 年	2017 年
载客汽车	微型	出租车	汽油	450732	310348	169963	169963	169963	169963	128134	86305	86305	65852	45399	45399	37012	28626	28626	28626	28626	16630	12631
			燃气	306477	212748	119018	119018	119018	119018	90392	61765	61765	47598	33432	33432	27057	20682	20682	20682	20682	11752	8776
		其他	汽油	34269	21516	8763	8763	8763	8763	5498	2232	2232	1815	1398	1398	1214	1030	1030	1030	1030	732	633
			燃气	22276	13277	4278	4278	4278	4278	2784	1290	1290	1046	802	802	674	546	546	546	546	436	399
	小型	出租车	汽油	507098	341872	176646	176646	176646	176646	131989	87332	87332	66366	45399	45399	35938	26477	26477	26477	26477	14700	10775
			柴油	613547	520180	426813	426813	426813	426813	379804	332796	332796	265810	198825	198825	198825	198825	159826	120827	120827	90052	79794
			燃气	343982	233724	123465	123465	123465	123465	92956	62448	62448	47940	33432	33432	26342	19252	19252	19252	19252	10470	7542
		其他	汽油	31965	20428	8891	8891	8891	8891	5868	2844	2844	1968	1093	1093	1034	975	975	975	975	688	593
			柴油	30297	24768	19240	19240	19240	19240	17708	16177	16177	12698	9220	9220	9220	9220	7960	6699	6699	5952	5703
			燃气	20743	13238	5733	5733	5733	5733	3716	1698	1698	1149	600	600	554	509	509	509	509	406	372
	中型	公交车	汽油	325652	325652	325652	325652	325652	222475	16120	16120	16120	16120	16120	14456	12793	12793	9658	6523	6523	6523	6523
			柴油	364194	364194	363339	361628	361628	347256	318513	318513	318513	265306	212099	212099	212099	212099	173088	134077	134077	112253	104978
			燃气	386691	386691	382088	372881	372881	361315	338182	338182	338182	281460	224737	224737	142121	142121	111308	111308	111308	111308	111308
		其他	汽油	199654	199654	199654	199654	199654	135432	6988	6988	6988	6988	6988	6988	6988	6988	5242	3495	3495	3495	3495
			柴油	170790	170790	163661	149402	149402	148139	145612	145612	145612	124014	102415	102415	102415	102415	90935	79455	79455	67816	63936
			燃气	192858	192858	182144	160715	160715	159200	156171	156171	156171	132968	109766	109766	85503	85503	68681	68681	68681	68681	68681
	大型	公交车	汽油	1160136	1160136	1160136	1160136	1160136	797732	72923	72923	72923	72923	72923	72859	72795	72795	54596	36398	36398	36398	36398
			柴油	516535	516535	499844	466462	466462	453208	426700	426700	426700	419010	411321	411321	411321	411321	396489	381657	381657	344045	331508
			燃气	1038542	1038542	980845	865452	865452	801230	672786	672786	672786	576453	480120	480120	446991	446991	387424	387424	387424	387424	387424
		其他	汽油	2769032	2769032	2769032	2769032	2769032	1904039	174053	174053	174053	174053	174053	167526	160999	160999	120878	80757	80757	80757	80757
			柴油	1236941	1236941	1205112	1141455	1141455	1114843	1061618	1061618	1061618	1024241	986864	986864	986864	986864	939500	892135	892135	789530	755329
			燃气	2302432	2302432	2174519	1918693	1918693	1776314	1491556	1491556	1491556	1278476	1065397	1065397	961169	961169	815467	815467	815467	815467	815467
载货汽车	微型		汽油	108015	63816	19617	19617	19617	19617	13330	7043	7043	5701	4359	4359	3870	3381	3381	3381	3381	2547	2269
			柴油	75267	61924	48580	48580	48580	48580	43790	39001	39001	33087	27173	27173	27173	27173	19872	12570	12570	10901	10345
			燃气	70213	39895	9577	9577	9577	9577	6824	4071	4071	3286	2501	2501	2146	1792	1792	1792	1792	1521	1430
	轻型		汽油	78691	50380	22069	22069	22069	22069	14890	7711	7711	6462	5213	5213	4342	3472	3472	3472	3472	2662	2392
			柴油	75536	62058	48580	48580	48580	48580	43790	39001	39001	33087	27173	27173	27173	27173	21704	16236	16236	15212	14870
			燃气	51065	32648	14230	14230	14230	14230	9417	4604	4604	3733	2862	2862	2337	1813	1813	1813	1813	1579	1501
	中型		汽油	325219	325219	325219	325219	325219	222030	15651	15651	15651	15651	15651	15651	15651	15651	11743	7835	7835	7835	7835
			柴油	617702	617702	554652	428551	428551	407505	365413	365413	365413	358495	351577	351577	351577	351577	308464	265352	265352	228492	216206
			燃气	697516	697516	618678	461002	461002	437971	391911	391911	391911	384361	376812	376812	285550	285550	232252	232252	232252	232252	232252
	重型		汽油	1628101	1628101	1628101	1628101	1628101	1119513	102338	102338	102338	102338	102338	98500	94662	94662	71072	47483	47483	47483	47483
			柴油	915510	915510	884261	821762	821762	791367	730577	730577	730577	701281	671985	671985	671985	671985	611745	551505	551505	406065	357585
			燃气	1704123	1704123	1596520	1381315	1381315	1263026	1026449	1026449	1026449	875955	725460	725460	594181	594181	386055	386055	386055	386055	386055
低速汽车	三轮汽车			65550	65550	65550	65550	65550	65550	65550	65550	65550	53279	53279	53279	53279	53279	53279	53279	53279	53279	53279
	低速货车			88065	88065	88065	88065	88065	88065	88065	88065	88065	71579	71579	71579	71579	71579	71579	71579	71579	71579	71579
摩托车	普通摩托车			1095	1095	1095	1095	1058	1022	949	949	949	949	949	844	738	738	738	738	738	738	738
	轻便摩托车			730	730	730	730	730	365	365	365	365	365	365	324	284	284	284	284	284	284	284

温州市 PM 排放系数

单位：克/（辆·年）

车辆类型		使用性质	燃料种类	1999 年年底前	2000 年	2001 年	2002 年	2003 年	2004 年	2005 年	2006 年	2007 年	2008 年	2009 年	2010 年	2011 年	2012 年	2013 年	2014 年	2015 年	2016 年	2017 年
载客汽车	微型	出租车	汽油	—	—	—	—	—	—	—	—	—	—	—	—	—	—	—	—	—	—	—
			燃气	—	—	—	—	—	—	—	—	—	—	—	—	—	—	—	—	—	—	—
		其他	汽油	—	—	—	—	—	—	—	—	—	—	—	—	—	—	—	—	—	—	—
			燃气	—	—	—	—	—	—	—	—	—	—	—	—	—	—	—	—	—	—	—
	小型	出租车	汽油	—	—	—	—	—	—	—	—	—	—	—	—	—	—	—	—	—	—	—
			柴油	74135	67919	61703	61703	61703	61703	42060	22417	22417	14640	6863	6863	6863	6863	6378	5894	5894	4874	4534
			燃气	—	—	—	—	—	—	—	—	—	—	—	—	—	—	—	—	—	—	—
		其他	汽油	—	—	—	—	—	—	—	—	—	—	—	—	—	—	—	—	—	—	—
			柴油	4443	4204	3966	3966	3966	3966	2854	1741	1741	1278	816	816	816	816	679	542	542	542	542
			燃气	—	—	—	—	—	—	—	—	—	—	—	—	—	—	—	—	—	—	—
	中型	公交车	汽油	—	—	—	—	—	—	—	—	—	—	—	—	—	—	—	—	—	—	—
			柴油	30592	30592	28032	22913	22913	17978	8108	8108	8108	6872	5637	5637	5637	5637	3504	1372	1372	1080	983
			燃气	—	—	—	—	—	—	—	—	—	—	—	—	—	—	—	—	—	—	—
		其他	汽油	—	—	—	—	—	—	—	—	—	—	—	—	—	—	—	—	—	—	—
			柴油	15274	15274	12888	8116	8116	6262	2553	2553	2553	2434	2316	2316	2316	2316	1366	415	415	399	394
			燃气	—	—	—	—	—	—	—	—	—	—	—	—	—	—	—	—	—	—	—
	大型	公交车	汽油	—	—	—	—	—	—	—	—	—	—	—	—	—	—	—	—	—	—	—
			柴油	94865	94865	93934	92071	92071	71272	29674	29674	29674	19994	10315	10315	10315	10315	6116	1916	1916	1845	1821
			燃气	—	—	—	—	—	—	—	—	—	—	—	—	—	—	—	—	—	—	—
		其他	汽油	—	—	—	—	—	—	—	—	—	—	—	—	—	—	—	—	—	—	—
			柴油	142314	142314	133412	115607	115607	85425	25061	25061	25061	17182	9303	9303	9303	9303	5868	2433	2433	2343	2313
			燃气	—	—	—	—	—	—	—	—	—	—	—	—	—	—	—	—	—	—	—
载货汽车	微型		汽油	—	—	—	—	—	—	—	—	—	—	—	—	—	—	—	—	—	—	—
			柴油	9036	8849	8662	8662	8662	8662	7077	5492	5492	4076	2660	2660	2660	2660	1674	689	689	686	685
			燃气	—	—	—	—	—	—	—	—	—	—	—	—	—	—	—	—	—	—	—
	轻型		汽油	—	—	—	—	—	—	—	—	—	—	—	—	—	—	—	—	—	—	—
			柴油	9398	9030	8662	8662	8662	8662	7077	5492	5492	4076	2660	2660	2660	2660	2006	1352	1352	1116	1038
			燃气	—	—	—	—	—	—	—	—	—	—	—	—	—	—	—	—	—	—	—
	中型		汽油	—	—	—	—	—	—	—	—	—	—	—	—	—	—	—	—	—	—	—
			柴油	53626	53626	45128	28133	28133	21654	8695	8695	8695	8238	7780	7780	7780	7780	4988	2197	2197	2012	1950
			燃气	—	—	—	—	—	—	—	—	—	—	—	—	—	—	—	—	—	—	—
	重型		汽油	—	—	—	—	—	—	—	—	—	—	—	—	—	—	—	—	—	—	—
			柴油	149841	149841	123158	69793	69793	55416	26661	26661	26661	18270	9878	9878	9878	9878	6522	3166	3166	2676	2512
			燃气	—	—	—	—	—	—	—	—	—	—	—	—	—	—	—	—	—	—	—
低速汽车	三轮汽车			4092	4092	4092	4092	4092	4092	4092	4092	4092	3220	3220	3220	3220	3220	3220	3220	3220	3220	3220
	低速货车			5581	5581	5581	5581	5581	5581	5581	5581	5581	4392	4392	4392	4392	4392	4392	4392	4392	4392	4392
摩托车	普通摩托车			—	—	—	—	—	—	—	—	—	—	—	—	—	—	—	—	—	—	—
	轻便摩托车			—	—	—	—	—	—	—	—	—	—	—	—	—	—	—	—	—	—	—

温州市 VOCs 排放系数

单位：克/（辆·年）

车辆类型		使用性质	燃料种类	1999 年年底前	2000 年	2001 年	2002 年	2003 年	2004 年	2005 年	2006 年	2007 年	2008 年	2009 年	2010 年	2011 年	2012 年	2013 年	2014 年	2015 年	2016 年	2017 年
载客汽车	微型	出租车	汽油	967813	586334	204854	204854	204854	204854	156860	108865	108865	90450	72036	72036	58673	45310	45310	45310	45310	29768	24587
			燃气	590967	363808	136650	136650	136650	136650	105952	75254	75254	62752	50250	50250	39984	29719	29719	29719	29719	17636	13609
		其他	汽油	41951	25594	9236	9236	9236	9236	8837	8438	8438	7338	6239	6239	5985	5731	5731	5731	5731	4910	4636
			燃气	20212	11350	2487	2487	2487	2487	2377	2267	2267	1702	1138	1138	1065	992	992	992	992	698	600
	小型	出租车	汽油	967813	577268	186724	186724	186724	186724	171528	156332	156332	114184	72036	72036	58673	45310	45310	45310	45310	28058	22308
			柴油	357717	335698	313680	313680	313680	313680	282158	250636	250636	189045	127454	127454	127454	127454	94176	60899	60899	32428	22938
			燃气	590967	358425	125883	125883	125883	125883	114664	103445	103445	76848	50250	50250	39984	29719	29719	29719	29719	16621	12255
		其他	汽油	42528	25810	9093	9093	9093	9093	9076	9060	9060	7651	6242	6242	5946	5649	5649	5649	5649	4966	4739
			柴油	10138	9262	8387	8387	8387	8387	7162	5937	5937	4046	2156	2156	2156	2156	1824	1493	1493	1070	929
			燃气	20554	12382	4209	4209	4209	4209	3423	2637	2637	1974	1312	1312	1128	943	943	943	943	732	661
	中型	公交车	汽油	247590	247590	247590	247590	246993	168750	13457	13457	13457	13457	13457	13306	13154	13154	10727	8300	8300	8300	8300
			柴油	87806	87806	86086	82645	82645	64494	28192	28192	28192	20508	12823	12823	12823	12823	8958	5093	5093	4763	4653
			燃气	71579	71579	67602	59649	59649	57536	53311	53311	53311	42686	32061	32061	22219	22219	22154	22154	22154	22154	22154
		其他	汽油	128300	128300	128300	128300	127703	87381	7930	7930	7930	7930	7930	7784	7639	7639	6588	5536	5536	5536	5536
			柴油	30493	30493	28460	24394	24394	18567	6912	6912	6912	6506	6099	6099	6099	6099	3750	1402	1402	1243	1190
			燃气	34560	34560	32640	28800	28800	27780	25740	25740	25740	20623	15506	15506	10732	10732	9642	9642	9642	9642	9642
	大型	公交车	汽油	576898	576898	576898	576898	576301	388723	14761	14761	14761	14761	14761	14621	14481	14481	11715	8949	8949	8949	8949
			柴油	131708	131708	108010	60614	60614	60614	60614	60614	60614	43515	26416	26416	26416	26416	17675	8934	8934	5723	4653
			燃气	168926	168926	159541	140772	140772	135786	125815	125815	125815	100740	75665	75665	52438	52438	47188	47188	47188	47188	47188
		其他	汽油	1278196	1278196	1278196	1278196	1277599	860751	28248	28248	28248	28248	28248	21989	15730	15730	12539	9348	9348	9348	9348
			柴油	272891	272891	207397	76409	76409	76409	76409	76409	76409	55942	35476	35476	35476	35476	20706	5937	5937	5324	5119
			燃气	266186	266186	251398	221822	221822	213966	198253	198253	198253	158842	119430	119430	82662	82662	74261	74261	74261	74261	74261
载货汽车	微型		汽油	207555	112310	17066	17066	17066	17066	16106	15146	15146	14000	12853	12853	10799	8745	8745	8745	8745	7558	7163
			柴油	31712	29629	27546	27546	27546	27546	25309	23072	23072	16956	10841	10841	10841	10841	7440	4040	4040	2847	2449
			燃气	100000	52298	4595	4595	4595	4595	4332	4069	4069	3207	2344	2344	1929	1514	1514	1514	1514	1074	927
	轻型		汽油	108544	65366	22189	22189	22189	22189	19267	16345	16345	14708	13070	13070	11624	10177	10177	10177	10177	8884	8453
			柴油	29015	28280	27546	27546	27546	27546	25309	23072	23072	16956	10841	10841	10841	10841	8216	5592	5592	4398	4000
			燃气	52460	31365	10271	10271	10271	10271	7514	4757	4757	3752	2747	2747	2223	1699	1699	1699	1699	1309	1179
	中型		汽油	480595	480595	480595	480595	479998	326218	19854	19854	19854	19854	19854	19714	19574	19574	15530	11487	11487	11487	11487
			柴油	111851	111851	104394	89481	89481	68105	25353	25353	25353	23874	22394	22394	22394	22394	16230	10065	10065	5989	4630
			燃气	126769	126769	119727	105643	105643	101900	94414	94414	94414	75674	56934	56934	77045	77045	37515	37515	37515	37515	37515
	重型		汽油	879875	879875	879875	879875	879278	592650	20591	20591	20591	20591	20591	16247	11903	11903	9706	7510	7510	7510	7510
			柴油	231757	231757	176135	64892	64892	64892	64892	64892	64892	47510	30128	30128	30128	30128	19408	8688	8688	6403	5641
			燃气	226063	226063	213504	188387	188387	181715	168371	168371	168371	134898	101426	101426	120965	120965	81834	81834	81834	81834	81834
低速汽车	三轮汽车			25300	25300	25300	25300	25300	25300	25300	25300	25300	16721	16721	16721	16721	16721	16721	16721	16721	16721	16721
	低速货车			33990	33990	33990	33990	33990	33990	33990	33990	33990	22464	22464	22464	22464	22464	22464	22464	22464	22464	22464
摩托车	普通摩托车			14679	14679	14679	14679	10954	7230	3871	3871	3871	3871	3871	2888	1906	1906	1906	1906	1906	1906	1906
	轻便摩托车			47470	47470	47470	47470	47470	9494	9494	4674	4674	4674	4674	3488	2302	2302	2302	2302	2302	2302	2302

嘉兴市 NO_x 排放系数

单位：克/（辆·年）

车辆类型		使用性质	燃料种类	1999年年底前	2000年	2001年	2002年	2003年	2004年	2005年	2006年	2007年	2008年	2009年	2010年	2011年	2012年	2013年	2014年	2015年	2016年	2017年
载客汽车	微型	出租车	汽油	324918	219696	114474	114474	114474	114474	84729	54984	54984	40885	26786	26786	22504	18221	18221	18221	18221	11285	8973
			燃气	219166	149170	79175	79175	79175	79175	58981	38787	38787	29134	19481	19481	16203	12925	12925	12925	12925	7845	6152
		其他	汽油	34424	21618	8813	8813	8813	8813	5521	2229	2229	1809	1389	1389	1236	1083	1083	1083	1083	766	661
			燃气	22331	13308	4285	4285	4285	4285	2782	1280	1280	1036	791	791	684	577	577	577	577	456	416
	小型	出租车	汽油	367525	243516	119507	119507	119507	119507	87632	55758	55758	41272	26786	26786	21634	16482	16482	16482	16482	9748	7503
			柴油	421807	353150	284492	284492	284492	284492	254418	224344	224344	178422	132499	132499	132499	132499	108159	83819	83819	66231	60368
			燃气	247472	164996	82519	82519	82519	82519	60910	39301	39301	29391	19481	19481	15625	11769	11769	11769	11769	6824	5175
		其他	汽油	32107	20525	8943	8943	8943	8943	5896	2848	2848	1966	1083	1083	1053	1023	1023	1023	1023	719	618
			柴油	31247	25524	19801	19801	19801	19801	18217	16633	16633	13090	9547	9547	9547	9547	8252	6957	6957	6252	6017
			燃气	20792	13272	5751	5751	5751	5751	3721	1691	1691	1140	588	588	562	537	537	537	537	425	388
	中型	公交车	汽油	326161	326161	326161	326161	326161	222822	16145	16145	16145	16145	16145	14479	12813	12813	9673	6533	6533	6533	6533
			柴油	364610	364610	363754	362041	362041	347653	318877	318877	318877	265610	212342	212342	212342	212342	173286	134230	134230	112381	105098
			燃气	387133	387133	382524	373307	373307	361728	338569	338569	338569	281782	224994	224994	142283	142283	111435	111435	111435	111435	111435
		其他	汽油	199966	199966	199966	199966	199966	135644	6999	6999	6999	6999	6999	6999	6999	6999	5250	3500	3500	3500	3500
			柴油	170986	170986	163848	149573	149573	148308	145778	145778	145778	124155	102532	102532	102532	102532	91039	79546	79546	67893	64009
			燃气	193079	193079	182352	160899	160899	159383	156350	156350	156350	133120	109891	109891	85601	85601	68760	68760	68760	68760	68760
	大型	公交车	汽油	1161949	1161949	1161949	1161949	1161949	798978	73037	73037	73037	73037	73037	72973	72909	72909	54682	36455	36455	36455	36455
			柴油	517125	517125	500415	466995	466995	453726	427187	427187	427187	419489	411791	411791	411791	411791	396942	382093	382093	344438	331887
			燃气	1039729	1039729	981966	866441	866441	802146	673555	673555	673555	577112	480668	480668	447502	447502	387867	387867	387867	387867	387867
		其他	汽油	2773360	2773360	2773360	2773360	2773360	1907015	174325	174325	174325	174325	174325	167788	161251	161251	121068	80884	80884	80884	80884
			柴油	1238355	1238355	1206490	1142759	1142759	1116116	1062831	1062831	1062831	1025412	987992	987992	987992	987992	940574	893155	893155	790433	756192
			燃气	2305063	2305063	2177004	1920886	1920886	1778344	1493260	1493260	1493260	1279937	1066614	1066614	962268	962268	816399	816399	816399	816399	816399
载货汽车	微型		汽油	128824	76192	23559	23559	23559	23559	16087	8615	8615	6995	5375	5375	4734	4092	4092	4092	4092	3047	2699
			柴油	93546	77104	60661	60661	60661	60661	54629	48597	48597	41244	33892	33892	33892	33892	24777	15662	15662	13492	12769
			燃气	83569	47512	11455	11455	11455	11455	8201	4947	4947	4004	3061	3061	2621	2180	2180	2180	2180	1819	1699
	轻型		汽油	93150	59798	26447	26447	26447	26447	17924	9402	9402	7891	6380	6380	5290	4200	4200	4200	4200	3184	2845
			柴油	93877	77269	60661	60661	60661	60661	54629	48597	48597	41244	33892	33892	33892	33892	27027	20162	20162	18784	18325
			燃气	60323	38665	17007	17007	17007	17007	11295	5582	5582	4523	3464	3464	2834	2205	2205	2205	2205	1891	1786
	中型		汽油	325219	325219	325219	325219	325219	222030	15651	15651	15651	15651	15651	15651	15651	15651	11743	7835	7835	7835	7835
			柴油	617702	617702	554652	428551	428551	407505	365413	365413	365413	358495	351577	351577	351577	351577	308464	265352	265352	228492	216206
			燃气	697515	697515	618677	461002	461002	437972	391913	391913	391913	384362	376811	376811	285550	285550	232254	232254	232254	232254	232254
	重型		汽油	1628101	1628101	1628101	1628101	1628101	1119513	102338	102338	102338	102338	102338	98500	94662	94662	71072	47483	47483	47483	47483
			柴油	915510	915510	884261	821762	821762	791367	730577	730577	730577	701281	671985	671985	671985	671985	611745	551505	551505	406065	357585
			燃气	1704122	1704122	1596520	1381316	1381316	1263027	1026449	1026449	1026449	875954	725460	725460	594181	594181	386055	386055	386055	386055	386055
低速汽车	三轮汽车			65550	65550	65550	65550	65550	65550	65550	65550	65550	53279	53279	53279	53279	53279	53279	53279	53279	53279	53279
	低速货车			88065	88065	88065	88065	88065	88065	88065	88065	88065	71579	71579	71579	71579	71579	71579	71579	71579	71579	71579
摩托车	普通摩托车			1095	1095	1095	1095	1058	1022	949	949	949	949	949	844	738	738	738	738	738	738	738
	轻便摩托车			730	730	730	730	730	365	365	365	365	365	365	324	284	284	284	284	284	284	284

嘉兴市 PM 排放系数

单位：克/（辆·年）

车辆类型		使用性质	燃料种类	1999年年底前	2000年	2001年	2002年	2003年	2004年	2005年	2006年	2007年	2008年	2009年	2010年	2011年	2012年	2013年	2014年	2015年	2016年	2017年
载客汽车	微型	出租车	汽油	—	—	—	—	—	—	—	—	—	—	—	—	—	—	—	—	—	—	—
			燃气	—	—	—	—	—	—	—	—	—	—	—	—	—	—	—	—	—	—	—
		其他	汽油	—	—	—	—	—	—	—	—	—	—	—	—	—	—	—	—	—	—	—
			燃气	—	—	—	—	—	—	—	—	—	—	—	—	—	—	—	—	—	—	—
	小型	出租车	汽油	—	—	—	—	—	—	—	—	—	—	—	—	—	—	—	—	—	—	—
			柴油	57785	52949	48113	48113	48113	48113	32746	17380	17380	11377	5374	5374	5374	5374	4995	4616	4616	3816	3550
			燃气	—	—	—	—	—	—	—	—	—	—	—	—	—	—	—	—	—	—	—
		其他	汽油	—	—	—	—	—	—	—	—	—	—	—	—	—	—	—	—	—	—	—
			柴油	4602	4355	4108	4108	4108	4108	2948	1789	1789	1319	849	849	849	849	702	554	554	554	554
			燃气	—	—	—	—	—	—	—	—	—	—	—	—	—	—	—	—	—	—	—
	中型	公交车	汽油	—	—	—	—	—	—	—	—	—	—	—	—	—	—	—	—	—	—	—
			柴油	30592	30592	28032	22913	22913	17978	8108	8108	8108	6872	5637	5637	5637	5637	3504	1372	1372	1080	983
			燃气	—	—	—	—	—	—	—	—	—	—	—	—	—	—	—	—	—	—	—
		其他	汽油	—	—	—	—	—	—	—	—	—	—	—	—	—	—	—	—	—	—	—
			柴油	15274	15274	12888	8116	8116	6262	2553	2553	2553	2434	2316	2316	2316	2316	1366	415	415	399	394
			燃气	—	—	—	—	—	—	—	—	—	—	—	—	—	—	—	—	—	—	—
	大型	公交车	汽油	—	—	—	—	—	—	—	—	—	—	—	—	—	—	—	—	—	—	—
			柴油	94865	94865	93934	92071	92071	71272	29674	29674	29674	19994	10315	10315	10315	10315	6116	1916	1916	1845	1821
			燃气	—	—	—	—	—	—	—	—	—	—	—	—	—	—	—	—	—	—	—
		其他	汽油	—	—	—	—	—	—	—	—	—	—	—	—	—	—	—	—	—	—	—
			柴油	142314	142314	133412	115607	115607	85425	25061	25061	25061	17182	9303	9303	9303	9303	5868	2433	2433	2343	2313
			燃气	—	—	—	—	—	—	—	—	—	—	—	—	—	—	—	—	—	—	—
载货汽车	微型		汽油	—	—	—	—	—	—	—	—	—	—	—	—	—	—	—	—	—	—	—
			柴油	10854	10630	10405	10405	10405	10405	8514	6622	6622	4915	3208	3208	3208	3208	2020	831	831	827	826
			燃气	—	—	—	—	—	—	—	—	—	—	—	—	—	—	—	—	—	—	—
	轻型		汽油	—	—	—	—	—	—	—	—	—	—	—	—	—	—	—	—	—	—	—
			柴油	11288	10846	10405	10405	10405	10405	8514	6622	6622	4915	3208	3208	3208	3208	2419	1630	1630	1346	1251
			燃气	—	—	—	—	—	—	—	—	—	—	—	—	—	—	—	—	—	—	—
	中型		汽油	—	—	—	—	—	—	—	—	—	—	—	—	—	—	—	—	—	—	—
			柴油	53626	53626	45128	28133	28133	21654	8695	8695	8695	8238	7780	7780	7780	7780	4988	2197	2197	2012	1950
			燃气	—	—	—	—	—	—	—	—	—	—	—	—	—	—	—	—	—	—	—
	重型		汽油	—	—	—	—	—	—	—	—	—	—	—	—	—	—	—	—	—	—	—
			柴油	149841	149841	123158	69793	69793	55416	26661	26661	26661	18270	9878	9878	9878	9878	6522	3166	3166	2676	2512
			燃气	—	—	—	—	—	—	—	—	—	—	—	—	—	—	—	—	—	—	—
低速汽车	三轮汽车			4092	4092	4092	4092	4092	4092	4092	4092	4092	3220	3220	3220	3220	3220	3220	3220	3220	3220	3220
	低速货车			5581	5581	5581	5581	5581	5581	5581	5581	5581	4392	4392	4392	4392	4392	4392	4392	4392	4392	4392
摩托车	普通摩托车			—	—	—	—	—	—	—	—	—	—	—	—	—	—	—	—	—	—	—
	轻便摩托车			—	—	—	—	—	—	—	—	—	—	—	—	—	—	—	—	—	—	—

嘉兴市 VOCs 排放系数

单位：克/（辆·年）

车辆类型		使用性质	燃料种类	1999 年年底前	2000 年	2001 年	2002 年	2003 年	2004 年	2005 年	2006 年	2007 年	2008 年	2009 年	2010 年	2011 年	2012 年	2013 年	2014 年	2015 年	2016 年	2017 年
载客汽车	微型	出租车	汽油	787120	468274	149427	149427	149427	149427	111795	74163	74163	61167	48171	48171	40309	32447	32447	32447	32447	23570	20611
			燃气	436555	263387	90219	90219	90219	90219	68374	46529	46529	38492	30455	30455	24642	18829	18829	18829	18829	12183	9968
		其他	汽油	46486	28108	9730	9730	9730	9730	9326	8921	8921	7728	6535	6535	6296	6056	6056	6056	6056	5172	4878
			燃气	20826	11672	2519	2519	2519	2519	2411	2303	2303	1731	1159	1159	1107	1055	1055	1055	1055	761	663
	小型	出租车	汽油	787120	460578	134037	134037	134037	134037	124106	114176	114176	81174	48171	48171	40309	32447	32447	32447	32447	22032	18560
			柴油	220068	207164	194260	194260	194260	194260	177490	160720	160720	117278	73835	73835	73835	73835	54770	35704	35704	20074	14864
			燃气	436555	259211	81867	81867	81867	81867	75056	68244	68244	49350	30455	30455	24642	18829	18829	18829	18829	11348	8855
		其他	汽油	47138	28354	9569	9569	9569	9569	9596	9624	9624	8082	6539	6539	6248	5958	5958	5958	5958	5240	5000
			柴油	10916	9967	9018	9018	9018	9018	7744	6469	6469	4370	2272	2272	2272	2272	1940	1608	1608	1166	1018
			燃气	21179	12738	4297	4297	4297	4297	3491	2685	2685	2014	1342	1342	1172	1003	1003	1003	1003	798	729
	中型	公交车	汽油	247595	247595	247595	247595	246998	168755	13462	13462	13462	13462	13462	13310	13159	13159	10732	8305	8305	8305	8305
			柴油	87806	87806	86086	82645	82645	64494	28192	28192	28192	20508	12823	12823	12823	12823	8958	5093	5093	4763	4653
			燃气	71579	71579	67602	59649	59649	57536	53311	53311	53311	42686	32061	32061	22219	22219	22154	22154	22154	22154	22154
		其他	汽油	128305	128305	128305	128305	127708	87386	7935	7935	7935	7935	7935	7790	7644	7644	6592	5541	5541	5541	5541
			柴油	30493	30493	28460	24394	24394	18567	6912	6912	6912	6506	6099	6099	6099	6099	3750	1402	1402	1243	1190
			燃气	34560	34560	32640	28800	28800	27780	25740	25740	25740	20623	15506	15506	10732	10732	9642	9642	9642	9642	9642
	大型	公交车	汽油	576903	576903	576903	576903	576306	388728	14766	14766	14766	14766	14766	14626	14486	14486	11720	8954	8954	8954	8954
			柴油	131708	131708	108010	60614	60614	60614	60614	60614	60614	43515	26416	26416	26416	26416	17675	8934	8934	5723	4653
			燃气	168926	168926	159541	140772	140772	135786	125815	125815	125815	100740	75665	75665	52438	52438	47188	47188	47188	47188	47188
		其他	汽油	1278201	1278201	1278201	1278201	1277604	860755	28252	28252	28252	28252	28252	21994	15735	15735	12544	9353	9353	9353	9353
			柴油	272891	272891	207397	76409	76409	76409	76409	76409	76409	55942	35476	35476	35476	35476	20706	5937	5937	5324	5119
			燃气	266186	266186	251398	221822	221822	213966	198253	198253	198253	158842	119430	119430	82662	82662	74261	74261	74261	74261	74261
载货汽车	微型		汽油	276171	148744	21316	21316	21316	21316	20096	18875	18875	17417	15959	15959	13192	10426	10426	10426	10426	8914	8410
			柴油	42720	39906	37093	37093	37093	37093	34042	30990	30990	22796	14601	14601	14601	14601	10013	5425	5425	3806	3266
			燃气	123726	64622	5518	5518	5518	5518	5196	4873	4873	3852	2830	2830	2323	1816	1816	1816	1816	1311	1143
	轻型		汽油	143281	85736	28192	28192	28192	28192	24338	20484	20484	18367	16250	16250	14299	12348	12348	12348	12348	10694	10142
			柴油	39117	38105	37093	37093	37093	37093	34042	30990	30990	22796	14601	14601	14601	14601	11048	7495	7495	5876	5337
			燃气	64376	38518	12660	12660	12660	12660	9187	5715	5715	4525	3335	3335	2707	2079	2079	2079	2079	1629	1479
	中型		汽油	480600	480600	480600	480600	480002	326223	19858	19858	19858	19858	19858	19718	19579	19579	15535	11491	11491	11491	11491
			柴油	111851	111851	104394	89481	89481	68105	25353	25353	25353	23874	22394	22394	22394	22394	16230	10065	10065	5989	4630
			燃气	126769	126769	119727	105643	105643	101900	94414	94414	94414	75674	56934	56934	77045	77045	37515	37515	37515	37515	37515
	重型		汽油	879880	879880	879880	879880	879282	592655	20596	20596	20596	20596	20596	16252	11908	11908	9711	7514	7514	7514	7514
			柴油	231757	231757	176135	64892	64892	64892	64892	64892	64892	47510	30128	30128	30128	30128	19408	8688	8688	6403	5641
			燃气	226063	226063	213504	188387	188387	181715	168371	168371	168371	134898	101426	101426	120965	120965	81834	81834	81834	81834	81834
低速汽车	三轮汽车			25300	25300	25300	25300	25300	25300	25300	25300	25300	16721	16721	16721	16721	16721	16721	16721	16721	16721	16721
	低速货车			33990	33990	33990	33990	33990	33990	33990	33990	33990	22464	22464	22464	22464	22464	22464	22464	22464	22464	22464
摩托车	普通摩托车			14679	14679	14679	14679	10954	7230	3871	3871	3871	3871	3871	2888	1906	1906	1906	1906	1906	1906	1906
	轻便摩托车			47470	47470	47470	47470	47470	9494	9494	4674	4674	4674	4674	3488	2302	2302	2302	2302	2302	2302	2302

湖州市 NO_x 排放系数

单位：克/（辆·年）

车辆类型		使用性质	燃料种类	1999年年底前	2000年	2001年	2002年	2003年	2004年	2005年	2006年	2007年	2008年	2009年	2010年	2011年	2012年	2013年	2014年	2015年	2016年	2017年
载客汽车	微型	出租车	汽油	310686	210243	109800	109800	109800	109800	81344	52888	52888	39384	25880	25880	21112	16344	16344	16344	16344	9950	7818
			燃气	209595	142782	75969	75969	75969	75969	56644	37320	37320	28072	18825	18825	15237	11649	11649	11649	11649	6946	5378
		其他	汽油	33458	21002	8546	8546	8546	8546	5362	2178	2178	1770	1362	1362	1146	930	930	930	930	655	563
			燃气	21689	12921	4153	4153	4153	4153	2700	1246	1246	1010	773	773	624	475	475	475	475	382	351
	小型	出租车	汽油	351339	232972	114604	114604	114604	114604	84115	53626	53626	39753	25880	25880	20414	14948	14948	14948	14948	8676	6586
			柴油	386573	324530	262486	262486	262486	262486	233568	204650	204650	162570	120490	120490	120490	120490	97934	75379	75379	57322	51303
			燃气	236602	157881	79160	79160	79160	79160	58485	37810	37810	28318	18825	18825	14773	10721	10721	10721	10721	6100	4560
		其他	汽油	31209	19940	8671	8671	8671	8671	5723	2775	2775	1920	1064	1064	973	882	882	882	882	616	528
			柴油	27676	22634	17592	17592	17592	17592	16189	14786	14786	11584	8382	8382	8382	8382	7236	6091	6091	5305	5043
			燃气	20195	12883	5571	5571	5571	5571	3607	1643	1643	1110	576	576	510	443	443	443	443	357	328
	中型	公交车	汽油	326161	326161	326161	326161	326161	222822	16145	16145	16145	16145	16145	14479	12813	12813	9673	6533	6533	6533	6533
			柴油	364610	364610	363754	362041	362041	347653	318877	318877	318877	265610	212342	212342	212342	212342	173286	134230	134230	112381	105098
			燃气	387133	387133	382524	373307	373307	361728	338569	338569	338569	281782	224994	224994	142283	142283	111435	111435	111435	111435	111435
		其他	汽油	199966	199966	199966	199966	199966	135644	6999	6999	6999	6999	6999	6999	6999	6999	5250	3500	3500	3500	3500
			柴油	170986	170986	163848	149573	149573	148308	145778	145778	145778	124155	102532	102532	102532	102532	91039	79546	79546	67893	64009
			燃气	193079	193079	182352	160899	160899	159383	156350	156350	156350	133120	109891	109891	85601	85601	68760	68760	68760	68760	68760
	大型	公交车	汽油	1161949	1161949	1161949	1161949	1161949	798978	73037	73037	73037	73037	73037	72973	72909	72909	54682	36455	36455	36455	36455
			柴油	517125	517125	500415	466995	466995	453726	427187	427187	427187	419489	411791	411791	411791	411791	396942	382093	382093	344438	331887
			燃气	1039729	1039729	981966	866441	866441	802146	673555	673555	673555	577112	480668	480668	447502	447502	387867	387867	387867	387867	387867
		其他	汽油	2773360	2773360	2773360	2773360	2773360	1907015	174325	174325	174325	174325	174325	167788	161251	161251	121068	80884	80884	80884	80884
			柴油	1238355	1238355	1206490	1142759	1142759	1116116	1062831	1062831	1062831	1025412	987992	987992	987992	987992	940574	893155	893155	790433	756192
			燃气	2305063	2305063	2177004	1920886	1920886	1778344	1493260	1493260	1493260	1279937	1066614	1066614	962268	962268	816399	816399	816399	816399	816399
载货汽车	微型		汽油	140358	83370	26381	26381	26381	26381	18036	9690	9690	7875	6060	6060	5322	4584	4584	4584	4584	3406	3014
			柴油	96468	79718	62968	62968	62968	62968	56604	50239	50239	42514	34789	34789	34789	34789	25435	16081	16081	13694	12899
			燃气	90986	51903	12820	12820	12820	12820	9182	5543	5543	4491	3439	3439	2890	2341	2341	2341	2341	1995	1879
	轻型		汽油	103858	66728	29598	29598	29598	29598	20082	10567	10567	8874	7180	7180	5942	4704	4704	4704	4704	3558	3176
			柴油	96802	79885	62968	62968	62968	62968	56604	50239	50239	42514	34789	34789	34789	34789	27688	20586	20586	18992	18461
			燃气	67205	43111	19016	19016	19016	19016	12636	6256	6256	5072	3887	3887	3125	2363	2363	2363	2363	2070	1973
	中型		汽油	325219	325219	325219	325219	325219	222030	15651	15651	15651	15651	15651	15651	15651	15651	11743	7835	7835	7835	7835
			柴油	617702	617702	554652	428551	428551	407505	365413	365413	365413	358495	351577	351577	351577	351577	308464	265352	265352	228492	216206
			燃气	697515	697515	618677	461002	461002	437972	391913	391913	391913	384362	376811	376811	285550	285550	232254	232254	232254	232254	232254
	重型		汽油	1909017	1909017	1909017	1909017	1909017	1312676	119995	119995	119995	119995	119995	115496	110996	110996	83336	55675	55675	55675	55675
			柴油	1061149	1061149	1024928	952487	952487	917257	846797	846797	846797	812840	778883	778883	778883	778883	709015	639147	639147	474284	419330
			燃气	1975213	1975213	1850494	1601054	1601054	1463948	1189736	1189736	1189736	1015300	840865	840865	688605	688605	452716	452716	452716	452716	452716
低速汽车	三轮汽车			65550	65550	65550	65550	65550	65550	65550	65550	65550	53279	53279	53279	53279	53279	53279	53279	53279	53279	53279
	低速货车			88065	88065	88065	88065	88065	88065	88065	88065	88065	71579	71579	71579	71579	71579	71579	71579	71579	71579	71579
摩托车	普通摩托车			1095	1095	1095	1095	1058	1022	949	949	949	949	949	844	738	738	738	738	738	738	738
	轻便摩托车			730	730	730	730	730	365	365	365	365	365	365	324	284	284	284	284	284	284	284

湖州市 PM 排放系数

单位：克/（辆·年）

车辆类型		使用性质	燃料种类	1999 年年底前	2000 年	2001 年	2002 年	2003 年	2004 年	2005 年	2006 年	2007 年	2008 年	2009 年	2010 年	2011 年	2012 年	2013 年	2014 年	2015 年	2016 年	2017 年
载客汽车	微型	出租车	汽油	—	—	—	—	—	—	—	—	—	—	—	—	—	—	—	—	—	—	—
			燃气	—	—	—	—	—	—	—	—	—	—	—	—	—	—	—	—	—	—	—
		其他	汽油	—	—	—	—	—	—	—	—	—	—	—	—	—	—	—	—	—	—	—
			燃气	—	—	—	—	—	—	—	—	—	—	—	—	—	—	—	—	—	—	—
	小型	出租车	汽油	—	—	—	—	—	—	—	—	—	—	—	—	—	—	—	—	—	—	—
			柴油	50766	46492	42217	42217	42217	42217	28782	15347	15347	10009	4671	4671	4671	4671	4342	4012	4012	3318	3086
			燃气	—	—	—	—	—	—	—	—	—	—	—	—	—	—	—	—	—	—	—
		其他	汽油	—	—	—	—	—	—	—	—	—	—	—	—	—	—	—	—	—	—	—
			柴油	4043	3826	3608	3608	3608	3608	2592	1577	1577	1157	737	737	737	737	616	494	494	494	494
			燃气	—	—	—	—	—	—	—	—	—	—	—	—	—	—	—	—	—	—	—
	中型	公交车	汽油	—	—	—	—	—	—	—	—	—	—	—	—	—	—	—	—	—	—	—
			柴油	30592	30592	28032	22913	22913	17978	8108	8108	8108	6872	5637	5637	5637	5637	3504	1372	1372	1080	983
			燃气	—	—	—	—	—	—	—	—	—	—	—	—	—	—	—	—	—	—	—
		其他	汽油	—	—	—	—	—	—	—	—	—	—	—	—	—	—	—	—	—	—	—
			柴油	15274	15274	12888	8116	8116	6262	2553	2553	2553	2434	2316	2316	2316	2316	1366	415	415	399	394
			燃气	—	—	—	—	—	—	—	—	—	—	—	—	—	—	—	—	—	—	—
	大型	公交车	汽油	—	—	—	—	—	—	—	—	—	—	—	—	—	—	—	—	—	—	—
			柴油	94865	94865	93934	92071	92071	71272	29674	29674	29674	19994	10315	10315	10315	10315	6116	1916	1916	1845	1821
			燃气	—	—	—	—	—	—	—	—	—	—	—	—	—	—	—	—	—	—	—
		其他	汽油	—	—	—	—	—	—	—	—	—	—	—	—	—	—	—	—	—	—	—
			柴油	142314	142314	133412	115607	115607	85425	25061	25061	25061	17182	9303	9303	9303	9303	5868	2433	2433	2343	2313
			燃气	—	—	—	—	—	—	—	—	—	—	—	—	—	—	—	—	—	—	—
载货汽车	微型		汽油	—	—	—	—	—	—	—	—	—	—	—	—	—	—	—	—	—	—	—
			柴油	11504	11266	11028	11028	11028	11028	8980	6931	6931	5144	3357	3357	3357	3357	2114	870	870	866	865
			燃气	—	—	—	—	—	—	—	—	—	—	—	—	—	—	—	—	—	—	—
	轻型		汽油	—	—	—	—	—	—	—	—	—	—	—	—	—	—	—	—	—	—	—
			柴油	11965	11496	11028	11028	11028	11028	8980	6931	6931	5144	3357	3357	3357	3357	2532	1706	1706	1409	1310
			燃气	—	—	—	—	—	—	—	—	—	—	—	—	—	—	—	—	—	—	—
	中型		汽油	—	—	—	—	—	—	—	—	—	—	—	—	—	—	—	—	—	—	—
			柴油	53626	53626	45128	28133	28133	21654	8695	8695	8695	8238	7780	7780	7780	7780	4988	2197	2197	2012	1950
			燃气	—	—	—	—	—	—	—	—	—	—	—	—	—	—	—	—	—	—	—
	重型		汽油	—	—	—	—	—	—	—	—	—	—	—	—	—	—	—	—	—	—	—
			柴油	174902	174902	143756	81465	81465	64683	31120	31120	31120	21325	11530	11530	11530	11530	7604	3677	3677	3108	2918
			燃气	—	—	—	—	—	—	—	—	—	—	—	—	—	—	—	—	—	—	—
低速汽车	三轮汽车			4092	4092	4092	4092	4092	4092	4092	4092	4092	3220	3220	3220	3220	3220	3220	3220	3220	3220	3220
	低速货车			5581	5581	5581	5581	5581	5581	5581	5581	5581	4392	4392	4392	4392	4392	4392	4392	4392	4392	4392
摩托车	普通摩托车			—	—	—	—	—	—	—	—	—	—	—	—	—	—	—	—	—	—	—
	轻便摩托车			—	—	—	—	—	—	—	—	—	—	—	—	—	—	—	—	—	—	—

湖州市 VOCs 排放系数

单位：克/（辆·年）

车辆类型		使用性质	燃料种类	1999 年年底前	2000 年	2001 年	2002 年	2003 年	2004 年	2005 年	2006 年	2007 年	2008 年	2009 年	2010 年	2011 年	2012 年	2013 年	2014 年	2015 年	2016 年	2017 年
载客汽车	微型	出租车	汽油	712351	424291	136231	136231	136231	136231	102909	69587	69587	57026	44464	44464	36677	28890	28890	28890	28890	20072	17132
			燃气	395559	239128	82696	82696	82696	82696	63237	43778	43778	36011	28244	28244	22519	16794	16794	16794	16794	10241	8057
		其他	汽油	42462	25856	9250	9250	9250	9250	8878	8506	8506	7352	6199	6199	5931	5663	5663	5663	5663	4840	4566
			燃气	18642	10450	2258	2258	2258	2258	2168	2078	2078	1542	1007	1007	924	842	842	842	842	581	494
	小型	出租车	汽油	712351	417511	122671	122671	122671	122671	114165	105659	105659	75062	44464	44464	36677	28890	28890	28890	28890	18904	15576
			柴油	205828	193603	181378	181378	181378	181378	163612	145846	145846	107779	69712	69712	69712	69712	51649	33586	33586	18600	13604
			燃气	395559	235448	75337	75337	75337	75337	69345	63353	63353	45798	28244	28244	22519	16794	16794	16794	16794	9608	7212
		其他	汽油	43044	26076	9109	9109	9109	9109	9118	9128	9128	7665	6202	6202	5895	5588	5588	5588	5588	4896	4666
			柴油	9781	8940	8098	8098	8098	8098	6858	5617	5617	3834	2052	2052	2052	2052	1742	1432	1432	1025	889
			燃气	18957	11384	3810	3810	3810	3810	3113	2416	2416	1788	1159	1159	980	801	801	801	801	611	548
	中型	公交车	汽油	247595	247595	247595	247595	246998	168755	13462	13462	13462	13462	13462	13310	13159	13159	10732	8305	8305	8305	8305
			柴油	87806	87806	86086	82645	82645	64494	28192	28192	28192	20508	12823	12823	12823	12823	8958	5093	5093	4763	4653
			燃气	71579	71579	67602	59649	59649	57536	53311	53311	53311	42686	32061	32061	22219	22219	22154	22154	22154	22154	22154
		其他	汽油	128305	128305	128305	128305	127708	87386	7935	7935	7935	7935	7935	7790	7644	7644	6592	5541	5541	5541	5541
			柴油	30493	30493	28460	24394	24394	18567	6912	6912	6912	6506	6099	6099	6099	6099	3750	1402	1402	1243	1190
			燃气	34560	34560	32640	28800	28800	27780	25740	25740	25740	20623	15506	15506	10732	10732	9642	9642	9642	9642	9642
	大型	公交车	汽油	576903	576903	576903	576903	576306	388728	14766	14766	14766	14766	14766	14626	14486	14486	11720	8954	8954	8954	8954
			柴油	131708	131708	108010	60614	60614	60614	60614	60614	60614	43515	26416	26416	26416	26416	17675	8934	8934	5723	4653
			燃气	168926	168926	159541	140772	140772	135786	125815	125815	125815	100740	75665	75665	52438	52438	47188	47188	47188	47188	47188
		其他	汽油	1278201	1278201	1278201	1278201	1277604	860755	28252	28252	28252	28252	28252	21994	15735	15735	12544	9353	9353	9353	9353
			柴油	272891	272891	207397	76409	76409	76409	76409	76409	76409	55942	35476	35476	35476	35476	20706	5937	5937	5324	5119
			燃气	266186	266186	251398	221822	221822	213966	198253	198253	198253	158842	119430	119430	82662	82662	74261	74261	74261	74261	74261
载货汽车	微型		汽油	277194	149629	22064	22064	22064	22064	20748	19432	19432	17902	16371	16371	13508	10644	10644	10644	10644	9006	8460
			柴油	44035	41125	38215	38215	38215	38215	34942	31668	31668	23470	15273	15273	15273	15273	10536	5800	5800	3930	3306
			燃气	121696	63541	5386	5386	5386	5386	5067	4747	4747	3703	2659	2659	2121	1583	1583	1583	1583	1082	915
	轻型		汽油	144219	86582	28944	28944	28944	28944	24993	21042	21042	18852	16662	16662	14614	12567	12567	12567	12567	10786	10193
			柴油	40576	39396	38215	38215	38215	38215	34942	31668	31668	23470	15273	15273	15273	15273	11530	7786	7786	5915	5291
			燃气	63515	37811	12106	12106	12106	12106	8838	5569	5569	4342	3114	3114	2458	1801	1801	1801	1801	1348	1197
	中型		汽油	480600	480600	480600	480600	480002	326223	19858	19858	19858	19858	19858	19718	19579	19579	15535	11491	11491	11491	11491
			柴油	111851	111851	104394	89481	89481	68105	25353	25353	25353	23874	22394	22394	22394	22394	16230	10065	10065	5989	4630
			燃气	126769	126769	119727	105643	105643	101900	94414	94414	94414	75674	56934	56934	77045	77045	37515	37515	37515	37515	37515
	重型		汽油	1030538	1030538	1030538	1030538	1029940	694060	23493	23493	23493	23493	23493	18425	13357	13357	10784	8211	8211	8211	8211
			柴油	268164	268164	203805	75086	75086	75086	75086	75086	75086	54974	34861	34861	34861	34861	22536	10212	10212	7456	6538
			燃气	261575	261575	247044	217981	217981	210261	194820	194820	194820	156090	117360	117360	142184	142184	94846	94846	94846	94846	94846
低速汽车	三轮汽车			25300	25300	25300	25300	25300	25300	25300	25300	25300	16721	16721	16721	16721	16721	16721	16721	16721	16721	16721
	低速货车			33990	33990	33990	33990	33990	33990	33990	33990	33990	22464	22464	22464	22464	22464	22464	22464	22464	22464	22464
摩托车	普通摩托车			14679	14679	14679	14679	10954	7230	3871	3871	3871	3871	3871	2888	1906	1906	1906	1906	1906	1906	1906
	轻便摩托车			47470	47470	47470	47470	47470	9494	9494	4674	4674	4674	4674	3488	2302	2302	2302	2302	2302	2302	2302

绍兴市 NO_x 排放系数

单位：克/（辆·年）

车辆类型		使用性质	燃料种类	1999年年底前	2000年	2001年	2002年	2003年	2004年	2005年	2006年	2007年	2008年	2009年	2010年	2011年	2012年	2013年	2014年	2015年	2016年	2017年
载客汽车	微型	出租车	汽油	370304	252514	134724	134724	134724	134724	100646	66567	66567	50172	33777	33777	27364	20950	20950	20950	20950	12397	9546
			燃气	250578	172146	93713	93713	93713	93713	70500	47287	47287	36004	24721	24721	19887	15053	15053	15053	15053	8716	6603
		其他	汽油	33458	21002	8546	8546	8546	8546	5362	2178	2178	1770	1362	1362	1146	930	930	930	930	655	563
			燃气	21689	12921	4153	4153	4153	4153	2700	1246	1246	1010	773	773	624	475	475	475	475	382	351
	小型	出租车	汽油	417782	279058	140334	140334	140334	140334	103882	67429	67429	50603	33777	33777	26548	19320	19320	19320	19320	10911	8108
			柴油	474976	400881	326786	326786	326786	326786	290398	254010	254010	202254	150499	150499	150499	150499	121542	92584	92584	69061	61220
			燃气	282119	189780	97440	97440	97440	97440	72650	47860	47860	36290	24721	24721	19346	13970	13970	13970	13970	7728	5647
		其他	汽油	31209	19940	8671	8671	8671	8671	5723	2775	2775	1920	1064	1064	973	882	882	882	882	616	528
			柴油	27676	22634	17592	17592	17592	17592	16189	14786	14786	11584	8382	8382	8382	8382	7236	6091	6091	5305	5043
			燃气	20195	12883	5571	5571	5571	5571	3607	1643	1643	1110	576	576	510	443	443	443	443	357	328
	中型	公交车	汽油	326161	326161	326161	326161	326161	222822	16145	16145	16145	16145	16145	14479	12813	12813	9673	6533	6533	6533	6533
			柴油	364610	364610	363754	362041	362041	347653	318877	318877	318877	265610	212342	212342	212342	212342	173286	134230	134230	112381	105098
			燃气	387133	387133	382524	373307	373307	361728	338569	338569	338569	281782	224994	224994	142283	142283	111435	111435	111435	111435	111435
		其他	汽油	199966	199966	199966	199966	199966	135644	6999	6999	6999	6999	6999	6999	6999	6999	5250	3500	3500	3500	3500
			柴油	170986	170986	163848	149573	149573	148308	145778	145778	145778	124155	102532	102532	102532	102532	91039	79546	79546	67893	64009
			燃气	193079	193079	182352	160899	160899	159383	156350	156350	156350	133120	109891	109891	85601	85601	68760	68760	68760	68760	68760
	大型	公交车	汽油	1161949	1161949	1161949	1161949	1161949	798978	73037	73037	73037	73037	73037	72973	72909	72909	54682	36455	36455	36455	36455
			柴油	517125	517125	500415	466995	466995	453726	427187	427187	427187	419489	411791	411791	411791	411791	396942	382093	382093	344438	331887
			燃气	1039729	1039729	981966	866441	866441	802146	673555	673555	673555	577112	480668	480668	447502	447502	387867	387867	387867	387867	387867
		其他	汽油	2773360	2773360	2773360	2773360	2773360	1907015	174325	174325	174325	174325	174325	167788	161251	161251	121068	80884	80884	80884	80884
			柴油	1238355	1238355	1206490	1142759	1142759	1116116	1062831	1062831	1062831	1025412	987992	987992	987992	987992	940574	893155	893155	790433	756192
			燃气	2305063	2305063	2177004	1920886	1920886	1778344	1493260	1493260	1493260	1279937	1066614	1066614	962268	962268	816399	816399	816399	816399	816399
载货汽车	微型		汽油	126485	75000	23515	23515	23515	23515	16021	8527	8527	6916	5304	5304	4682	4061	4061	4061	4061	3043	2704
			柴油	85908	70863	55818	55818	55818	55818	50209	44600	44600	37759	30918	30918	30918	30918	22608	14297	14297	12264	11586
			燃气	81993	46710	11427	11427	11427	11427	8153	4878	4878	3944	3010	3010	2542	2074	2074	2074	2074	1783	1686
	轻型		汽油	93508	59964	26421	26421	26421	26421	17870	9319	9319	7818	6316	6316	5243	4170	4170	4170	4170	3180	2850
			柴油	86210	71014	55818	55818	55818	55818	50209	44600	44600	37759	30918	30918	30918	30918	24643	18368	18368	17050	16611
			燃气	60508	38742	16975	16975	16975	16975	11246	5518	5518	4468	3419	3419	2757	2094	2094	2094	2094	1851	1770
	中型		汽油	325219	325219	325219	325219	325219	222030	15651	15651	15651	15651	15651	15651	15651	15651	11743	7835	7835	7835	7835
			柴油	617702	617702	554652	428551	428551	407505	365413	365413	365413	358495	351577	351577	351577	351577	308464	265352	265352	228492	216206
			燃气	697515	697515	618677	461002	461002	437972	391913	391913	391913	384362	376811	376811	285550	285550	232254	232254	232254	232254	232254
	重型		汽油	1628101	1628101	1628101	1628101	1628101	1119513	102338	102338	102338	102338	102338	98500	94662	94662	71072	47483	47483	47483	47483
			柴油	915510	915510	884261	821762	821762	791367	730577	730577	730577	701281	671985	671985	671985	671985	611745	551505	551505	406065	357585
			燃气	1704122	1704122	1596520	1381316	1381316	1263027	1026449	1026449	1026449	875954	725460	725460	594181	594181	386055	386055	386055	386055	386055
低速汽车	三轮汽车			65550	65550	65550	65550	65550	65550	65550	65550	65550	53279	53279	53279	53279	53279	53279	53279	53279	53279	53279
	低速货车			88065	88065	88065	88065	88065	88065	88065	88065	88065	71579	71579	71579	71579	71579	71579	71579	71579	71579	71579
摩托车	普通摩托车			1095	1095	1095	1095	1058	1022	949	949	949	949	949	844	738	738	738	738	738	738	738
	轻便摩托车			730	730	730	730	730	365	365	365	365	365	365	324	284	284	284	284	284	284	284

绍兴市 **PM** 排放系数

单位：克/（辆・年）

车辆类型		使用性质	燃料种类	1999 年年底前	2000 年	2001 年	2002 年	2003 年	2004 年	2005 年	2006 年	2007 年	2008 年	2009 年	2010 年	2011 年	2012 年	2013 年	2014 年	2015 年	2016 年	2017 年
载客汽车	微型	出租车	汽油	—	—	—	—	—	—	—	—	—	—	—	—	—	—	—	—	—	—	—
			燃气	—	—	—	—	—	—	—	—	—	—	—	—	—	—	—	—	—	—	—
		其他	汽油	—	—	—	—	—	—	—	—	—	—	—	—	—	—	—	—	—	—	—
			燃气	—	—	—	—	—	—	—	—	—	—	—	—	—	—	—	—	—	—	—
	小型	出租车	汽油	—	—	—	—	—	—	—	—	—	—	—	—	—	—	—	—	—	—	—
			柴油	59290	54298	49305	49305	49305	49305	33614	17923	17923	11689	5455	5455	5455	5455	5070	4685	4685	3874	3604
			燃气	—	—	—	—	—	—	—	—	—	—	—	—	—	—	—	—	—	—	—
		其他	汽油	—	—	—	—	—	—	—	—	—	—	—	—	—	—	—	—	—	—	—
			柴油	4043	3826	3608	3608	3608	3608	2592	1577	1577	1157	737	737	737	737	616	494	494	494	494
			燃气	—	—	—	—	—	—	—	—	—	—	—	—	—	—	—	—	—	—	—
	中型	公交车	汽油	—	—	—	—	—	—	—	—	—	—	—	—	—	—	—	—	—	—	—
			柴油	30592	30592	28032	22913	22913	17978	8108	8108	8108	6872	5637	5637	5637	5637	3504	1372	1372	1080	983
			燃气	—	—	—	—	—	—	—	—	—	—	—	—	—	—	—	—	—	—	—
		其他	汽油	—	—	—	—	—	—	—	—	—	—	—	—	—	—	—	—	—	—	—
			柴油	15274	15274	12888	8116	8116	6262	2553	2553	2553	2434	2316	2316	2316	2316	1366	415	415	399	394
			燃气	—	—	—	—	—	—	—	—	—	—	—	—	—	—	—	—	—	—	—
	大型	公交车	汽油	—	—	—	—	—	—	—	—	—	—	—	—	—	—	—	—	—	—	—
			柴油	94865	94865	93934	92071	92071	71272	29674	29674	29674	19994	10315	10315	10315	10315	6116	1916	1916	1845	1821
			燃气	—	—	—	—	—	—	—	—	—	—	—	—	—	—	—	—	—	—	—
		其他	汽油	—	—	—	—	—	—	—	—	—	—	—	—	—	—	—	—	—	—	—
			柴油	142314	142314	133412	115607	115607	85425	25061	25061	25061	17182	9303	9303	9303	9303	5868	2433	2433	2343	2313
			燃气	—	—	—	—	—	—	—	—	—	—	—	—	—	—	—	—	—	—	—
载货汽车	微型		汽油	—	—	—	—	—	—	—	—	—	—	—	—	—	—	—	—	—	—	—
			柴油	10394	10179	9964	9964	9964	9964	8113	6262	6262	4648	3033	3033	3033	3033	1910	786	786	782	781
			燃气	—	—	—	—	—	—	—	—	—	—	—	—	—	—	—	—	—	—	—
	轻型		汽油	—	—	—	—	—	—	—	—	—	—	—	—	—	—	—	—	—	—	—
			柴油	10810	10387	9964	9964	9964	9964	8113	6262	6262	4648	3033	3033	3033	3033	2287	1541	1541	1272	1183
			燃气	—	—	—	—	—	—	—	—	—	—	—	—	—	—	—	—	—	—	—
	中型		汽油	—	—	—	—	—	—	—	—	—	—	—	—	—	—	—	—	—	—	—
			柴油	53626	53626	45128	28133	28133	21654	8695	8695	8695	8238	7780	7780	7780	7780	4988	2197	2197	2012	1950
			燃气	—	—	—	—	—	—	—	—	—	—	—	—	—	—	—	—	—	—	—
	重型		汽油	—	—	—	—	—	—	—	—	—	—	—	—	—	—	—	—	—	—	—
			柴油	149841	149841	123158	69793	69793	55416	26661	26661	26661	18270	9878	9878	9878	9878	6522	3166	3166	2676	2512
			燃气	—	—	—	—	—	—	—	—	—	—	—	—	—	—	—	—	—	—	—
低速汽车	三轮汽车			4092	4092	4092	4092	4092	4092	4092	4092	4092	3220	3220	3220	3220	3220	3220	3220	3220	3220	3220
	低速货车			5581	5581	5581	5581	5581	5581	5581	5581	5581	4392	4392	4392	4392	4392	4392	4392	4392	4392	4392
摩托车	普通摩托车			—	—	—	—	—	—	—	—	—	—	—	—	—	—	—	—	—	—	—
	轻便摩托车			—	—	—	—	—	—	—	—	—	—	—	—	—	—	—	—	—	—	—

绍兴市 VOCs 排放系数

单位：克/（辆·年）

车辆类型		使用性质	燃料种类	1999 年年底前	2000 年	2001 年	2002 年	2003 年	2004 年	2005 年	2006 年	2007 年	2008 年	2009 年	2010 年	2011 年	2012 年	2013 年	2014 年	2015 年	2016 年	2017 年
载客汽车	微型	出租车	汽油	840309	503464	166620	166620	166620	166620	126658	86695	86695	71266	55836	55836	45658	35480	35480	35480	35480	23820	19934
			燃气	469937	286688	103439	103439	103439	103439	79828	56217	56217	46482	36748	36748	29176	21605	21605	21605	21605	12790	9852
		其他	汽油	42462	25856	9250	9250	9250	9250	8878	8506	8506	7352	6199	6199	5931	5663	5663	5663	5663	4840	4566
			燃气	18642	10450	2258	2258	2258	2258	2168	2078	2078	1542	1007	1007	924	842	842	842	842	581	494
	小型	出租车	汽油	840309	495546	150783	150783	150783	150783	139804	128824	128824	92330	55836	55836	45658	35480	35480	35480	35480	22458	18117
			柴油	267834	251646	235457	235457	235457	235457	211650	187844	187844	140342	92839	92839	92839	92839	68686	44533	44533	24180	17396
			燃气	469937	282391	94845	94845	94845	94845	86962	79079	79079	57914	36748	36748	29176	21605	21605	21605	21605	12050	8865
		其他	汽油	43044	26076	9109	9109	9109	9109	9118	9128	9128	7665	6202	6202	5895	5588	5588	5588	5588	4896	4666
			柴油	9781	8940	8098	8098	8098	8098	6858	5617	5617	3834	2052	2052	2052	2052	1742	1432	1432	1025	889
			燃气	18957	11384	3810	3810	3810	3810	3113	2416	2416	1788	1159	1159	980	801	801	801	801	611	548
	中型	公交车	汽油	247595	247595	247595	247595	246998	168755	13462	13462	13462	13462	13462	13310	13159	13159	10732	8305	8305	8305	8305
			柴油	87806	87806	86086	82645	82645	64494	28192	28192	28192	20508	12823	12823	12823	12823	8958	5093	5093	4763	4653
			燃气	71579	71579	67602	59649	59649	57536	53311	53311	53311	42686	32061	32061	22219	22219	22154	22154	22154	22154	22154
		其他	汽油	128305	128305	128305	128305	127708	87386	7935	7935	7935	7935	7935	7790	7644	7644	6592	5541	5541	5541	5541
			柴油	30493	30493	28460	24394	24394	18567	6912	6912	6912	6506	6099	6099	6099	6099	3750	1402	1402	1243	1190
			燃气	34560	34560	32640	28800	28800	27780	25740	25740	25740	20623	15506	15506	10732	10732	9642	9642	9642	9642	9642
	大型	公交车	汽油	576903	576903	576903	576903	576306	388728	14766	14766	14766	14766	14766	14626	14486	14486	11720	8954	8954	8954	8954
			柴油	131708	131708	108010	60614	60614	60614	60614	60614	60614	43515	26416	26416	26416	26416	17675	8934	8934	5723	4653
			燃气	168926	168926	159541	140772	140772	135786	125815	125815	125815	100740	75665	75665	52438	52438	47188	47188	47188	47188	47188
		其他	汽油	1278201	1278201	1278201	1278201	1277604	860755	28252	28252	28252	28252	28252	21994	15735	15735	12544	9353	9353	9353	9353
			柴油	272891	272891	207397	76409	76409	76409	76409	76409	76409	55942	35476	35476	35476	35476	20706	5937	5937	5324	5119
			燃气	266186	266186	251398	221822	221822	213966	198253	198253	198253	158842	119430	119430	82662	82662	74261	74261	74261	74261	74261
载货汽车	微型		汽油	250723	135362	20000	20000	20000	20000	18846	17691	17691	16320	14950	14950	12420	9890	9890	9890	9890	8449	7969
			柴油	38342	35816	33290	33290	33290	33290	30497	27704	27704	20454	13205	13205	13205	13205	9091	4977	4977	3431	2916
			燃气	110074	57478	4882	4882	4882	4882	4602	4322	4322	3375	2429	2429	1950	1470	1470	1470	1470	1014	862
	轻型		汽油	130585	78400	26216	26216	26216	26216	22681	19146	19146	17180	15213	15213	13420	11627	11627	11627	11627	10058	9535
			柴油	35217	34254	33290	33290	33290	33290	30497	27704	27704	20454	13205	13205	13205	13205	9988	6771	6771	5225	4710
			燃气	57511	34238	10965	10965	10965	10965	8016	5068	5068	3955	2843	2843	2255	1667	1667	1667	1667	1257	1120
	中型		汽油	480600	480600	480600	480600	480002	326223	19858	19858	19858	19858	19858	19718	19579	19579	15535	11491	11491	11491	11491
			柴油	111851	111851	104394	89481	89481	68105	25353	25353	25353	23874	22394	22394	22394	22394	16230	10065	10065	5989	4630
			燃气	126769	126769	119727	105643	105643	101900	94414	94414	94414	75674	56934	56934	77045	77045	37515	37515	37515	37515	37515
	重型		汽油	879880	879880	879880	879880	879282	592655	20596	20596	20596	20596	20596	16252	11908	11908	9711	7514	7514	7514	7514
			柴油	231757	231757	176135	64892	64892	64892	64892	64892	64892	47510	30128	30128	30128	30128	19408	8688	8688	6403	5641
			燃气	226063	226063	213504	188387	188387	181715	168371	168371	168371	134898	101426	101426	120965	120965	81834	81834	81834	81834	81834
低速汽车	三轮汽车			25300	25300	25300	25300	25300	25300	25300	25300	25300	16721	16721	16721	16721	16721	16721	16721	16721	16721	16721
	低速货车			33990	33990	33990	33990	33990	33990	33990	33990	33990	22464	22464	22464	22464	22464	22464	22464	22464	22464	22464
摩托车	普通摩托车			14679	14679	14679	14679	10954	7230	3871	3871	3871	3871	3871	2888	1906	1906	1906	1906	1906	1906	1906
	轻便摩托车			47470	47470	47470	47470	47470	9494	9494	4674	4674	4674	4674	3488	2302	2302	2302	2302	2302	2302	2302

金华市 NO_x 排放系数

单位：克/（辆·年）

车辆类型		使用性质	燃料种类	1999年年底前	2000年	2001年	2002年	2003年	2004年	2005年	2006年	2007年	2008年	2009年	2010年	2011年	2012年	2013年	2014年	2015年	2016年	2017年
载客汽车	微型	出租车	汽油	318865	215912	112960	112960	112960	112960	83694	54428	54428	40536	26643	26643	22358	18073	18073	18073	18073	11156	8851
			燃气	215334	146779	78224	78224	78224	78224	58332	38440	38440	28917	19394	19394	16114	12834	12834	12834	12834	7766	6076
		其他	汽油	33585	21075	8565	8565	8565	8565	5371	2177	2177	1770	1362	1362	1212	1062	1062	1062	1062	750	646
			燃气	21805	12987	4169	4169	4169	4169	2710	1250	1250	1014	777	777	672	566	566	566	566	447	407
	小型	出租车	汽油	360567	239232	117898	117898	117898	117898	86542	55187	55187	40915	26643	26643	21504	16365	16365	16365	16365	9647	7408
			柴油	416396	348829	281262	281262	281262	281262	251456	221651	221651	176340	131028	131028	131028	131028	106880	82733	82733	65243	59413
			燃气	243065	162286	81508	81508	81508	81508	60226	38945	38945	29170	19394	19394	15546	11699	11699	11699	11699	6762	5116
		其他	汽油	31326	20008	8691	8691	8691	8691	5734	2776	2776	1920	1063	1063	1033	1003	1003	1003	1003	704	605
			柴油	30604	25003	19402	19402	19402	19402	17842	16283	16283	12810	9336	9336	9336	9336	8068	6800	6800	6120	5894
			燃气	20303	12948	5593	5593	5593	5593	3621	1649	1649	1114	578	578	552	527	527	527	527	417	380
	中型	公交车	汽油	325845	325845	325845	325845	325845	222606	16129	16129	16129	16129	16129	14465	12801	12801	9664	6527	6527	6527	6527
			柴油	364352	364352	363496	361785	361785	347407	318652	318652	318652	265422	212191	212191	212191	212191	173163	134135	134135	112301	105023
			燃气	386859	386859	382254	373043	373043	361472	338329	338329	338329	281582	224834	224834	142182	142182	111356	111356	111356	111356	111356
		其他	汽油	199773	199773	199773	199773	199773	135513	6992	6992	6992	6992	6992	6992	6992	6992	5244	3497	3497	3497	3497
			柴油	170864	170864	163732	149467	149467	148203	145675	145675	145675	124067	102459	102459	102459	102459	90974	79489	79489	67845	63964
			燃气	192942	192942	182223	160785	160785	159270	156239	156239	156239	133026	109814	109814	85540	85540	68711	68711	68711	68711	68711
	大型	公交车	汽油	1160824	1160824	1160824	1160824	1160824	798205	72966	72966	72966	72966	72966	72902	72838	72838	54629	36420	36420	36420	36420
			柴油	516759	516759	500061	466664	466664	453404	426885	426885	426885	419192	411499	411499	411499	411499	396661	381823	381823	344195	331652
			燃气	1038993	1038993	981271	865827	865827	801577	673078	673078	673078	576703	480328	480328	447185	447185	387592	387592	387592	387592	387592
		其他	汽油	2770676	2770676	2770676	2770676	2770676	1905170	174157	174157	174157	174157	174157	167626	161095	161095	120950	80805	80805	80805	80805
			柴油	1237478	1237478	1205635	1141950	1141950	1115326	1062079	1062079	1062079	1024686	987292	987292	987292	987292	939907	892522	892522	789873	755657
			燃气	2303431	2303431	2175463	1919526	1919526	1777085	1492203	1492203	1492203	1279031	1065859	1065859	961587	961587	815821	815821	815821	815821	815821
载货汽车	微型		汽油	145247	86072	26898	26898	26898	26898	18450	10001	10001	8142	6282	6282	5496	4709	4709	4709	4709	3469	3056
			柴油	106766	88194	69622	69622	69622	69622	62640	55659	55659	47210	38761	38761	38761	38761	28332	17904	17904	15290	14418
			燃气	94301	53697	13093	13093	13093	13093	9417	5742	5742	4663	3584	3584	3047	2510	2510	2510	2510	2071	1925
	轻型		汽油	104971	67554	30138	30138	30138	30138	20511	10884	10884	9147	7410	7410	6120	4830	4830	4830	4830	3622	3219
			柴油	107137	88380	69622	69622	69622	69622	62640	55659	55659	47210	38761	38761	38761	38761	30856	22950	22950	21224	20648
			燃气	68034	43714	19395	19395	19395	19395	12930	6465	6465	5247	4029	4029	3283	2538	2538	2538	2538	2151	2022
	中型		汽油	325219	325219	325219	325219	325219	222030	15651	15651	15651	15651	15651	15651	15651	15651	11743	7835	7835	7835	7835
			柴油	617702	617702	554652	428551	428551	407505	365413	365413	365413	358495	351577	351577	351577	351577	308464	265352	265352	228492	216206
			燃气	697518	697518	618679	461002	461002	437972	391912	391912	391912	384363	376815	376815	285552	285552	232251	232251	232251	232251	232251
	重型		汽油	1628101	1628101	1628101	1628101	1628101	1119513	102338	102338	102338	102338	102338	98500	94662	94662	71072	47483	47483	47483	47483
			柴油	915510	915510	884261	821762	821762	791367	730577	730577	730577	701281	671985	671985	671985	671985	611745	551505	551505	406065	357585
			燃气	1704123	1704123	1596520	1381316	1381316	1263027	1026448	1026448	1026448	875954	725460	725460	594181	594181	386055	386055	386055	386055	386055
低速汽车	三轮汽车			65550	65550	65550	65550	65550	65550	65550	65550	65550	53279	53279	53279	53279	53279	53279	53279	53279	53279	53279
	低速货车			88065	88065	88065	88065	88065	88065	88065	88065	88065	71579	71579	71579	71579	71579	71579	71579	71579	71579	71579
摩托车	普通摩托车			1095	1095	1095	1095	1058	1022	949	949	949	949	949	844	738	738	738	738	738	738	738
	轻便摩托车			730	730	730	730	730	365	365	365	365	365	365	324	284	284	284	284	284	284	284

金华市 PM 排放系数

单位：克/（辆·年）

车辆类型		使用性质	燃料种类	1999 年年底前	2000 年	2001 年	2002 年	2003 年	2004 年	2005 年	2006 年	2007 年	2008 年	2009 年	2010 年	2011 年	2012 年	2013 年	2014 年	2015 年	2016 年	2017 年
载客汽车	微型	出租车	汽油	—	—	—	—	—	—	—	—	—	—	—	—	—	—	—	—	—	—	—
			燃气	—	—	—	—	—	—	—	—	—	—	—	—	—	—	—	—	—	—	—
		其他	汽油	—	—	—	—	—	—	—	—	—	—	—	—	—	—	—	—	—	—	—
			燃气	—	—	—	—	—	—	—	—	—	—	—	—	—	—	—	—	—	—	—
	小型	出租车	汽油	—	—	—	—	—	—	—	—	—	—	—	—	—	—	—	—	—	—	—
			柴油	56702	51959	47216	47216	47216	47216	32160	17105	17105	11190	5275	5275	5275	5275	4902	4530	4530	3746	3485
			燃气	—	—	—	—	—	—	—	—	—	—	—	—	—	—	—	—	—	—	—
		其他	汽油	—	—	—	—	—	—	—	—	—	—	—	—	—	—	—	—	—	—	—
			柴油	4495	4254	4013	4013	4013	4013	2884	1754	1754	1292	831	831	831	831	688	545	545	545	545
			燃气	—	—	—	—	—	—	—	—	—	—	—	—	—	—	—	—	—	—	—
	中型	公交车	汽油	—	—	—	—	—	—	—	—	—	—	—	—	—	—	—	—	—	—	—
			柴油	30592	30592	28032	22913	22913	17978	8108	8108	8108	6872	5637	5637	5637	5637	3504	1372	1372	1080	983
			燃气	—	—	—	—	—	—	—	—	—	—	—	—	—	—	—	—	—	—	—
		其他	汽油	—	—	—	—	—	—	—	—	—	—	—	—	—	—	—	—	—	—	—
			柴油	15274	15274	12888	8116	8116	6262	2553	2553	2553	2434	2316	2316	2316	2316	1366	415	415	399	394
			燃气	—	—	—	—	—	—	—	—	—	—	—	—	—	—	—	—	—	—	—
	大型	公交车	汽油	—	—	—	—	—	—	—	—	—	—	—	—	—	—	—	—	—	—	—
			柴油	94865	94865	93934	92071	92071	71272	29674	29674	29674	19994	10315	10315	10315	10315	6116	1916	1916	1845	1821
			燃气	—	—	—	—	—	—	—	—	—	—	—	—	—	—	—	—	—	—	—
		其他	汽油	—	—	—	—	—	—	—	—	—	—	—	—	—	—	—	—	—	—	—
			柴油	142314	142314	133412	115607	115607	85425	25061	25061	25061	17182	9303	9303	9303	9303	5868	2433	2433	2343	2313
			燃气	—	—	—	—	—	—	—	—	—	—	—	—	—	—	—	—	—	—	—
载货汽车	微型		汽油	—	—	—	—	—	—	—	—	—	—	—	—	—	—	—	—	—	—	—
			柴油	12202	11950	11697	11697	11697	11697	9572	7446	7446	5526	3607	3607	3607	3607	2271	935	935	930	929
			燃气	—	—	—	—	—	—	—	—	—	—	—	—	—	—	—	—	—	—	—
	轻型		汽油	—	—	—	—	—	—	—	—	—	—	—	—	—	—	—	—	—	—	—
			柴油	12690	12194	11697	11697	11697	11697	9572	7446	7446	5526	3607	3607	3607	3607	2720	1833	1833	1514	1407
			燃气	—	—	—	—	—	—	—	—	—	—	—	—	—	—	—	—	—	—	—
	中型		汽油	—	—	—	—	—	—	—	—	—	—	—	—	—	—	—	—	—	—	—
			柴油	53626	53626	45128	28133	28133	21654	8695	8695	8695	8238	7780	7780	7780	7780	4988	2197	2197	2012	1950
			燃气	—	—	—	—	—	—	—	—	—	—	—	—	—	—	—	—	—	—	—
	重型		汽油	—	—	—	—	—	—	—	—	—	—	—	—	—	—	—	—	—	—	—
			柴油	149841	149841	123158	69793	69793	55416	26661	26661	26661	18270	9878	9878	9878	9878	6522	3166	3166	2676	2512
			燃气	—	—	—	—	—	—	—	—	—	—	—	—	—	—	—	—	—	—	—
低速汽车	三轮汽车			4092	4092	4092	4092	4092	4092	4092	4092	4092	3220	3220	3220	3220	3220	3220	3220	3220	3220	3220
	低速货车			5581	5581	5581	5581	5581	5581	5581	5581	5581	4392	4392	4392	4392	4392	4392	4392	4392	4392	4392
摩托车	普通摩托车			—	—	—	—	—	—	—	—	—	—	—	—	—	—	—	—	—	—	—
	轻便摩托车			—	—	—	—	—	—	—	—	—	—	—	—	—	—	—	—	—	—	—

金华市 VOCs 排放系数

单位：克/（辆·年）

车辆类型		使用性质	燃料种类	1999年年底前	2000年	2001年	2002年	2003年	2004年	2005年	2006年	2007年	2008年	2009年	2010年	2011年	2012年	2013年	2014年	2015年	2016年	2017年
载客汽车	微型	出租车	汽油	772903	460388	147873	147873	147873	147873	110733	73593	73593	60806	48020	48020	40154	32287	32287	32287	32287	23431	20479
			燃气	428896	259120	89345	89345	89345	89345	67768	46190	46190	38258	30325	30325	24510	18694	18694	18694	18694	12047	9831
		其他	汽油	45221	27464	9707	9707	9707	9707	9302	8896	8896	7744	6592	6592	6352	6113	6113	6113	6113	5251	4964
			燃气	20196	11336	2476	2476	2476	2476	2368	2260	2260	1702	1145	1145	1092	1039	1039	1039	1039	743	644
	小型	出租车	汽油	772903	452817	132731	132731	132731	132731	122826	112921	112921	80470	48020	48020	40154	32287	32287	32287	32287	21920	18465
			柴油	218769	205913	193057	193057	193057	193057	176320	159582	159582	116588	73593	73593	73593	73593	54577	35561	35561	19953	14750
			燃气	428896	255012	81128	81128	81128	81128	74330	67533	67533	48929	30325	30325	24510	18694	18694	18694	18694	11227	8738
		其他	汽油	45853	27700	9548	9548	9548	9548	9566	9583	9583	8089	6595	6595	6306	6017	6017	6017	6017	5316	5082
			柴油	10713	9780	8846	8846	8846	8846	7596	6346	6346	4286	2226	2226	2226	2226	1897	1568	1568	1138	994
			燃气	20539	12378	4217	4217	4217	4217	3425	2633	2633	1978	1324	1324	1156	987	987	987	987	778	708
	中型	公交车	汽油	247745	247745	247745	247745	247148	168905	13612	13612	13612	13612	13612	13460	13309	13309	10882	8455	8455	8455	8455
			柴油	87806	87806	86086	82645	82645	64494	28192	28192	28192	20508	12823	12823	12823	12823	8958	5093	5093	4763	4653
			燃气	71579	71579	67602	59649	59649	57536	53311	53311	53311	42686	32061	32061	22219	22219	22154	22154	22154	22154	22154
		其他	汽油	128455	128455	128455	128455	127858	87536	8085	8085	8085	8085	8085	7939	7793	7793	6742	5691	5691	5691	5691
			柴油	30493	30493	28460	24394	24394	18567	6912	6912	6912	6506	6099	6099	6099	6099	3750	1402	1402	1243	1190
			燃气	34560	34560	32640	28800	28800	27780	25740	25740	25740	20623	15506	15506	10732	10732	9642	9642	9642	9642	9642
	大型	公交车	汽油	577053	577053	577053	577053	576456	388878	14916	14916	14916	14916	14916	14776	14636	14636	11870	9104	9104	9104	9104
			柴油	131708	131708	108010	60614	60614	60614	60614	60614	60614	43515	26416	26416	26416	26416	17675	8934	8934	5723	4653
			燃气	168926	168926	159541	140772	140772	135786	125815	125815	125815	100740	75665	75665	52438	52438	47188	47188	47188	47188	47188
		其他	汽油	1278351	1278351	1278351	1278351	1277754	860905	28402	28402	28402	28402	28402	22144	15885	15885	12694	9503	9503	9503	9503
			柴油	272891	272891	207397	76409	76409	76409	76409	76409	76409	55942	35476	35476	35476	35476	20706	5937	5937	5324	5119
			燃气	266186	266186	251398	221822	221822	213966	198253	198253	198253	158842	119430	119430	82662	82662	74261	74261	74261	74261	74261
载货汽车	微型		汽油	309108	166537	23966	23966	23966	23966	22541	21116	21116	19474	17831	17831	14646	11460	11460	11460	11460	9723	9144
			柴油	49964	46660	43355	43355	43355	43355	39690	36025	36025	26622	17219	17219	17219	17219	11836	6452	6452	4429	3755
			燃气	138050	72081	6113	6113	6113	6113	5739	5364	5364	4231	3097	3097	2522	1948	1948	1948	1948	1377	1186
	轻型		汽油	160206	95938	31671	31671	31671	31671	27295	22919	22919	20538	18156	18156	15885	13614	13614	13614	13614	11716	11084
			柴油	45929	44642	43355	43355	43355	43355	39690	36025	36025	26622	17219	17219	17219	17219	12994	8770	8770	6747	6073
			燃气	71761	42875	13988	13988	13988	13988	10143	6297	6297	4971	3645	3645	2939	2233	2233	2233	2233	1716	1544
	中型		汽油	480750	480750	480750	480750	480152	326373	20008	20008	20008	20008	20008	19868	19729	19729	15685	11641	11641	11641	11641
			柴油	111851	111851	104394	89481	89481	68105	25353	25353	25353	23874	22394	22394	22394	22394	16230	10065	10065	5989	4630
			燃气	126769	126769	119727	105643	105643	101900	94414	94414	94414	75674	56934	56934	77045	77045	37515	37515	37515	37515	37515
	重型		汽油	880030	880030	880030	880030	879432	592805	20746	20746	20746	20746	20746	16402	12058	12058	9861	7664	7664	7664	7664
			柴油	231757	231757	176135	64892	64892	64892	64892	64892	64892	47510	30128	30128	30128	30128	19408	8688	8688	6403	5641
			燃气	226063	226063	213504	188387	188387	181715	168371	168371	168371	134898	101426	101426	120965	120965	81834	81834	81834	81834	81834
低速汽车	三轮汽车			25300	25300	25300	25300	25300	25300	25300	25300	25300	16721	16721	16721	16721	16721	16721	16721	16721	16721	16721
	低速货车			33990	33990	33990	33990	33990	33990	33990	33990	33990	22464	22464	22464	22464	22464	22464	22464	22464	22464	22464
摩托车	普通摩托车			14679	14679	14679	14679	10954	7230	3871	3871	3871	3871	3871	2888	1906	1906	1906	1906	1906	1906	1906
	轻便摩托车			47470	47470	47470	47470	47470	9494	9494	4674	4674	4674	4674	3488	2302	2302	2302	2302	2302	2302	2302

衢州市 NO_x 排放系数

单位：克/（辆·年）

车辆类型		使用性质	燃料种类	1999年年底前	2000年	2001年	2002年	2003年	2004年	2005年	2006年	2007年	2008年	2009年	2010年	2011年	2012年	2013年	2014年	2015年	2016年	2017年
载客汽车	微型	出租车	汽油	305059	207095	109131	109131	109131	109131	81276	53422	53422	40116	26810	26810	21746	16683	16683	16683	16683	10006	7780
			燃气	206242	141006	75770	75770	75770	75770	56806	37843	37843	28702	19560	19560	15749	11938	11938	11938	11938	7011	5369
		其他	汽油	31825	19958	8092	8092	8092	8092	5088	2085	2085	1699	1313	1313	1103	893	893	893	893	628	540
			燃气	20631	12284	3936	3936	3936	3936	2562	1189	1189	966	744	744	599	454	454	454	454	366	336
	小型	出租车	汽油	344508	229134	113761	113761	113761	113761	83948	54134	54134	40472	26810	26810	21076	15343	15343	15343	15343	8775	6586
			柴油	386333	325323	264313	264313	264313	264313	235090	205868	205868	163627	121386	121386	121386	121386	98292	75197	75197	56670	50494
			燃气	232471	155660	78849	78849	78849	78849	58582	38316	38316	28938	19560	19560	15304	11048	11048	11048	11048	6193	4575
		其他	汽油	29690	18950	8210	8210	8210	8210	5429	2648	2648	1840	1031	1031	940	849	849	849	849	592	506
			柴油	26437	21630	16824	16824	16824	16824	15490	14157	14157	11079	8001	8001	8001	8001	6904	5806	5806	5061	4813
			燃气	19211	12242	5272	5272	5272	5272	3418	1564	1564	1060	556	556	490	424	424	424	424	342	314
	中型	公交车	汽油	325899	325899	325899	325899	325899	222643	16132	16132	16132	16132	16132	14468	12803	12803	9666	6528	6528	6528	6528
			柴油	364396	364396	363540	361829	361829	347449	318690	318690	318690	265454	212217	212217	212217	212217	173184	134151	134151	112315	105036
			燃气	386906	386906	382300	373088	373088	361515	338370	338370	338370	281616	224862	224862	142199	142199	111369	111369	111369	111369	111369
		其他	汽油	199806	199806	199806	199806	199806	135535	6993	6993	6993	6993	6993	6993	6993	6993	5245	3497	3497	3497	3497
			柴油	170885	170885	163752	149485	149485	148221	145693	145693	145693	124082	102472	102472	102472	102472	90986	79499	79499	67853	63971
			燃气	192965	192965	182245	160804	160804	159289	156258	156258	156258	133042	109827	109827	85551	85551	68719	68719	68719	68719	68719
	大型	公交车	汽油	1161016	1161016	1161016	1161016	1161016	798337	72978	72978	72978	72978	72978	72914	72850	72850	54638	36426	36426	36426	36426
			柴油	516822	516822	500122	466721	466721	453460	426937	426937	426937	419243	411549	411549	411549	411549	396709	381869	381869	344236	331692
			燃气	1039118	1039118	981389	865932	865932	801674	673159	673159	673159	576772	480386	480386	447239	447239	387639	387639	387639	387639	387639
		其他	汽油	2771133	2771133	2771133	2771133	2771133	1905484	174186	174186	174186	174186	174186	167654	161122	161122	120970	80819	80819	80819	80819
			柴油	1237627	1237627	1205781	1142088	1142088	1115461	1062207	1062207	1062207	1024809	987411	987411	987411	987411	940020	892630	892630	789968	755748
			燃气	2303709	2303709	2175725	1919758	1919758	1777300	1492383	1492383	1492383	1279186	1065988	1065988	961703	961703	815919	815919	815919	815919	815919
载货汽车	微型		汽油	133081	79154	25226	25226	25226	25226	17264	9302	9302	7563	5824	5824	5110	4397	4397	4397	4397	3258	2878
			柴油	91673	75796	59919	59919	59919	59919	53890	47862	47862	40491	33120	33120	33120	33120	24216	15313	15313	13010	12243
			燃气	86272	49271	12270	12270	12270	12270	8787	5305	5305	4302	3300	3300	2768	2235	2235	2235	2235	1902	1791
	轻型		汽油	99081	63686	28291	28291	28291	28291	19214	10138	10138	8514	6891	6891	5702	4512	4512	4512	4512	3402	3032
			柴油	91989	75954	59919	59919	59919	59919	53890	47862	47862	40491	33120	33120	33120	33120	26351	19582	19582	18031	17514
			燃气	64111	41139	18167	18167	18167	18167	12077	5988	5988	4852	3716	3716	2985	2253	2253	2253	2253	1974	1882
	中型		汽油	325219	325219	325219	325219	325219	222030	15651	15651	15651	15651	15651	15651	15651	15651	11743	7835	7835	7835	7835
			柴油	617702	617702	554652	428551	428551	407505	365413	365413	365413	358495	351577	351577	351577	351577	308464	265352	265352	228492	216206
			燃气	697515	697515	618677	461001	461001	437971	391911	391911	391911	384361	376812	376812	285552	285552	232253	232253	232253	232253	232253
	重型		汽油	2593421	2593421	2593421	2593421	2593421	1783286	163015	163015	163015	163015	163015	156902	150789	150789	113212	75636	75636	75636	75636
			柴油	1418865	1418865	1370434	1273573	1273573	1226467	1132254	1132254	1132254	1086850	1041447	1041447	1041447	1041447	954228	867010	867010	648644	575856
			燃气	2641064	2641064	2474301	2140774	2140774	1957448	1590798	1590798	1590798	1357561	1124324	1124324	934100	934100	621704	621704	621704	621704	621704
低速汽车	三轮汽车			65550	65550	65550	65550	65550	65550	65550	65550	65550	53279	53279	53279	53279	53279	53279	53279	53279	53279	53279
	低速货车			88065	88065	88065	88065	88065	88065	88065	88065	88065	71579	71579	71579	71579	71579	71579	71579	71579	71579	71579
摩托车	普通摩托车			1095	1095	1095	1095	1058	1022	949	949	949	949	949	844	738	738	738	738	738	738	738
	轻便摩托车			730	730	730	730	730	365	365	365	365	365	365	324	284	284	284	284	284	284	284

衢州市 PM 排放系数

单位：克/（辆·年）

车辆类型		使用性质	燃料种类	1999年年底前	2000年	2001年	2002年	2003年	2004年	2005年	2006年	2007年	2008年	2009年	2010年	2011年	2012年	2013年	2014年	2015年	2016年	2017年
载客汽车	微型	出租车	汽油	—	—	—	—	—	—	—	—	—	—	—	—	—	—	—	—	—	—	—
			燃气	—	—	—	—	—	—	—	—	—	—	—	—	—	—	—	—	—	—	—
		其他	汽油	—	—	—	—	—	—	—	—	—	—	—	—	—	—	—	—	—	—	—
			燃气	—	—	—	—	—	—	—	—	—	—	—	—	—	—	—	—	—	—	—
	小型	出租车	汽油	—	—	—	—	—	—	—	—	—	—	—	—	—	—	—	—	—	—	—
			柴油	49240	45099	40958	40958	40958	40958	27994	15031	15031	9784	4537	4537	4537	4537	4217	3897	3897	3222	2997
			燃气	—	—	—	—	—	—	—	—	—	—	—	—	—	—	—	—	—	—	—
		其他	汽油	—	—	—	—	—	—	—	—	—	—	—	—	—	—	—	—	—	—	—
			柴油	3850	3644	3437	3437	3437	3437	2476	1514	1514	1108	702	702	702	702	589	476	476	476	476
			燃气	—	—	—	—	—	—	—	—	—	—	—	—	—	—	—	—	—	—	—
	中型	公交车	汽油	—	—	—	—	—	—	—	—	—	—	—	—	—	—	—	—	—	—	—
			柴油	30592	30592	28032	22913	22913	17978	8108	8108	8108	6872	5637	5637	5637	5637	3504	1372	1372	1080	983
			燃气	—	—	—	—	—	—	—	—	—	—	—	—	—	—	—	—	—	—	—
		其他	汽油	—	—	—	—	—	—	—	—	—	—	—	—	—	—	—	—	—	—	—
			柴油	15274	15274	12888	8116	8116	6262	2553	2553	2553	2434	2316	2316	2316	2316	1366	415	415	399	394
			燃气	—	—	—	—	—	—	—	—	—	—	—	—	—	—	—	—	—	—	—
	大型	公交车	汽油	—	—	—	—	—	—	—	—	—	—	—	—	—	—	—	—	—	—	—
			柴油	94865	94865	93934	92071	92071	71272	29674	29674	29674	19994	10315	10315	10315	10315	6116	1916	1916	1845	1821
			燃气	—	—	—	—	—	—	—	—	—	—	—	—	—	—	—	—	—	—	—
		其他	汽油	—	—	—	—	—	—	—	—	—	—	—	—	—	—	—	—	—	—	—
			柴油	142314	142314	133412	115607	115607	85425	25061	25061	25061	17182	9303	9303	9303	9303	5868	2433	2433	2343	2313
			燃气	—	—	—	—	—	—	—	—	—	—	—	—	—	—	—	—	—	—	—
载货汽车	微型		汽油	—	—	—	—	—	—	—	—	—	—	—	—	—	—	—	—	—	—	—
			柴油	10890	10664	10439	10439	10439	10439	8502	6564	6564	4872	3179	3179	3179	3179	2002	824	824	820	819
			燃气	—	—	—	—	—	—	—	—	—	—	—	—	—	—	—	—	—	—	—
	轻型		汽油	—	—	—	—	—	—	—	—	—	—	—	—	—	—	—	—	—	—	—
			柴油	11325	10882	10439	10439	10439	10439	8502	6564	6564	4872	3179	3179	3179	3179	2398	1616	1616	1334	1240
			燃气	—	—	—	—	—	—	—	—	—	—	—	—	—	—	—	—	—	—	—
	中型		汽油	—	—	—	—	—	—	—	—	—	—	—	—	—	—	—	—	—	—	—
			柴油	53626	53626	45128	28133	28133	21654	8695	8695	8695	8238	7780	7780	7780	7780	4988	2197	2197	2012	1950
			燃气	—	—	—	—	—	—	—	—	—	—	—	—	—	—	—	—	—	—	—
	重型		汽油	—	—	—	—	—	—	—	—	—	—	—	—	—	—	—	—	—	—	—
			柴油	239734	239734	197044	111663	111663	88660	42655	42655	42655	29230	15804	15804	15804	15804	10388	4972	4972	4202	3945
			燃气	—	—	—	—	—	—	—	—	—	—	—	—	—	—	—	—	—	—	—
低速汽车	三轮汽车			4092	4092	4092	4092	4092	4092	4092	4092	4092	3220	3220	3220	3220	3220	3220	3220	3220	3220	3220
	低速货车			5581	5581	5581	5581	5581	5581	5581	5581	5581	4392	4392	4392	4392	4392	4392	4392	4392	4392	4392
摩托车	普通摩托车			—	—	—	—	—	—	—	—	—	—	—	—	—	—	—	—	—	—	—
	轻便摩托车			—	—	—	—	—	—	—	—	—	—	—	—	—	—	—	—	—	—	—

衢州市 VOCs 排放系数

单位：克/（辆·年）

车辆类型		使用性质	燃料种类	1999年年底前	2000年	2001年	2002年	2003年	2004年	2005年	2006年	2007年	2008年	2009年	2010年	2011年	2012年	2013年	2014年	2015年	2016年	2017年
载客汽车	微型	出租车	汽油	687287	412021	136755	136755	136755	136755	103697	70639	70639	58189	45739	45739	37550	29361	29361	29361	29361	19948	16810
			燃气	382865	233274	83683	83683	83683	83683	64274	44864	44864	37078	29293	29293	23256	17219	17219	17219	17219	10207	7870
		其他	汽油	40427	24790	9152	9152	9152	9152	8776	8399	8399	7308	6216	6216	5946	5677	5677	5677	5677	4881	4616
			燃气	17601	9892	2182	2182	2182	2182	2090	1997	1997	1488	980	980	894	809	809	809	809	549	462
	小型	出租车	汽油	687287	405410	123533	123533	123533	123533	114589	105645	105645	75692	45739	45739	37550	29361	29361	29361	29361	18846	15341
			柴油	213050	200275	187500	187500	187500	187500	168827	150154	150154	111598	73043	73043	73043	73043	54074	35106	35106	19249	13963
			燃气	382865	229686	76507	76507	76507	76507	70184	63861	63861	46577	29293	29293	23256	17219	17219	17219	17219	9610	7073
		其他	汽油	40975	24996	9017	9017	9017	9017	9004	8992	8992	7606	6219	6219	5912	5605	5605	5605	5605	4934	4711
			柴油	9426	8614	7803	7803	7803	7803	6606	5410	5410	3697	1984	1984	1984	1984	1679	1374	1374	983	853
			燃气	17899	10784	3668	3668	3668	3668	2993	2318	2318	1722	1127	1127	948	770	770	770	770	577	513
	中型	公交车	汽油	247732	247732	247732	247732	247135	168892	13600	13600	13600	13600	13600	13448	13297	13297	10870	8442	8442	8442	8442
			柴油	87806	87806	86086	82645	82645	64494	28192	28192	28192	20508	12823	12823	12823	12823	8958	5093	5093	4763	4653
			燃气	71579	71579	67602	59649	59649	57536	53311	53311	53311	42686	32061	32061	22219	22219	22154	22154	22154	22154	22154
		其他	汽油	128443	128443	128443	128443	127846	87523	8072	8072	8072	8072	8072	7926	7781	7781	6730	5679	5679	5679	5679
			柴油	30493	30493	28460	24394	24394	18567	6912	6912	6912	6506	6099	6099	6099	6099	3750	1402	1402	1243	1190
			燃气	34560	34560	32640	28800	28800	27780	25740	25740	25740	20623	15506	15506	10732	10732	9642	9642	9642	9642	9642
	大型	公交车	汽油	577040	577040	577040	577040	576443	388865	14904	14904	14904	14904	14904	14764	14624	14624	11858	9092	9092	9092	9092
			柴油	131708	131708	108010	60614	60614	60614	60614	60614	60614	43515	26416	26416	26416	26416	17675	8934	8934	5723	4653
			燃气	168926	168926	159541	140772	140772	135786	125815	125815	125815	100740	75665	75665	52438	52438	47188	47188	47188	47188	47188
		其他	汽油	1278338	1278338	1278338	1278338	1277741	860893	28390	28390	28390	28390	28390	22132	15873	15873	12682	9491	9491	9491	9491
			柴油	272891	272891	207397	76409	76409	76409	76409	76409	76409	55942	35476	35476	35476	35476	20706	5937	5937	5324	5119
			燃气	266186	266186	251398	221822	221822	213966	198253	198253	198253	158842	119430	119430	82662	82662	74261	74261	74261	74261	74261
载货汽车	微型		汽油	263988	142692	21397	21397	21397	21397	20120	18842	18842	17376	15910	15910	13172	10434	10434	10434	10434	8864	8340
			柴油	42179	39389	36599	36599	36599	36599	33464	30328	30328	22496	14664	14664	14664	14664	10120	5576	5576	3763	3159
			燃气	114934	60018	5101	5101	5101	5101	4791	4480	4480	3494	2508	2508	1998	1487	1487	1487	1487	998	835
	轻型		汽油	137553	82746	27939	27939	27939	27939	24156	20372	20372	18280	16187	16187	14225	12263	12263	12263	12263	10557	9988
			柴油	38895	37747	36599	36599	36599	36599	33464	30328	30328	22496	14664	14664	14664	14664	11064	7464	7464	5651	5047
			燃气	60087	35726	11365	11365	11365	11365	8308	5252	5252	4092	2933	2933	2309	1685	1685	1685	1685	1237	1088
	中型		汽油	480737	480737	480737	480737	480140	326361	19996	19996	19996	19996	19996	19856	19716	19716	15672	11629	11629	11629	11629
			柴油	111851	111851	104394	89481	89481	68105	25353	25353	25353	23874	22394	22394	22394	22394	16230	10065	10065	5989	4630
			燃气	126769	126769	119727	105643	105643	101900	94414	94414	94414	75674	56934	56934	77045	77045	37515	37515	37515	37515	37515
	重型		汽油	1404293	1404293	1404293	1404293	1403695	945670	30816	30816	30816	30816	30816	23952	17087	17087	13582	10077	10077	10077	10077
			柴油	357535	357535	271727	100110	100110	100110	100110	100110	100110	73294	46479	46479	46479	46479	30117	13755	13755	10238	9066
			燃气	348750	348750	329376	290628	290628	280335	259748	259748	259748	208110	156472	156472	191514	191514	131520	131520	131520	131520	131520
低速汽车	三轮汽车			25300	25300	25300	25300	25300	25300	25300	25300	25300	16721	16721	16721	16721	16721	16721	16721	16721	16721	16721
	低速货车			33990	33990	33990	33990	33990	33990	33990	33990	33990	22464	22464	22464	22464	22464	22464	22464	22464	22464	22464
摩托车	普通摩托车			14679	14679	14679	14679	10954	7230	3871	3871	3871	3871	3871	2888	1906	1906	1906	1906	1906	1906	1906
	轻便摩托车			47470	47470	47470	47470	47470	9494	9494	4674	4674	4674	4674	3488	2302	2302	2302	2302	2302	2302	2302

舟山市 NO_x 排放系数

单位：克/（辆·年）

车辆类型		使用性质	燃料种类	1999年年底前	2000年	2001年	2002年	2003年	2004年	2005年	2006年	2007年	2008年	2009年	2010年	2011年	2012年	2013年	2014年	2015年	2016年	2017年
载客汽车	微型	出租车	汽油	305061	207096	109131	109131	109131	109131	81276	53422	53422	40116	26810	26810	21746	16683	16683	16683	16683	10006	7780
			燃气	206242	141006	75770	75770	75770	75770	56806	37843	37843	28702	19560	19560	15749	11938	11938	11938	11938	7011	5369
		其他	汽油	31826	19959	8092	8092	8092	8092	5088	2085	2085	1699	1313	1313	1103	893	893	893	893	628	540
			燃气	20631	12284	3936	3936	3936	3936	2562	1189	1189	966	744	744	599	454	454	454	454	366	336
	小型	出租车	汽油	344511	229136	113762	113762	113762	113762	83948	54134	54134	40472	26810	26810	21076	15343	15343	15343	15343	8775	6586
			柴油	386335	325324	264314	264314	264314	264314	235092	205869	205869	163628	121387	121387	121387	121387	98292	75197	75197	56670	50494
			燃气	232471	155660	78849	78849	78849	78849	58582	38316	38316	28938	19560	19560	15304	11048	11048	11048	11048	6193	4575
		其他	汽油	29690	18950	8210	8210	8210	8210	5429	2648	2648	1840	1031	1031	940	849	849	849	849	592	506
			柴油	26437	21630	16824	16824	16824	16824	15490	14157	14157	11079	8001	8001	8001	8001	6904	5806	5806	5061	4813
			燃气	19211	12242	5272	5272	5272	5272	3418	1564	1564	1060	556	556	490	424	424	424	424	342	314
	中型	公交车	汽油	325902	325902	325902	325902	325902	222645	16132	16132	16132	16132	16132	14468	12803	12803	9666	6528	6528	6528	6528
			柴油	364398	364398	363542	361831	361831	347451	318692	318692	318692	265455	212218	212218	212218	212218	173185	134152	134152	112315	105036
			燃气	386908	386908	382302	373090	373090	361517	338372	338372	338372	281618	224863	224863	142200	142200	111370	111370	111370	111370	111370
		其他	汽油	199807	199807	199807	199807	199807	135536	6993	6993	6993	6993	6993	6993	6993	6993	5245	3497	3497	3497	3497
			柴油	170886	170886	163753	149486	149486	148222	145694	145694	145694	124083	102472	102472	102472	102472	90986	79500	79500	67854	63972
			燃气	192966	192966	182246	160805	160805	159290	156259	156259	156259	133044	109828	109828	85551	85551	68720	68720	68720	68720	68720
	大型	公交车	汽油	1161026	1161026	1161026	1161026	1161026	798344	72979	72979	72979	72979	72979	72915	72851	72851	54638	36426	36426	36426	36426
			柴油	516825	516825	500125	466724	466724	453462	426939	426939	426939	419246	411552	411552	411552	411552	396712	381871	381871	344238	331694
			燃气	1039125	1039125	981396	865937	865937	801679	673163	673163	673163	576776	480389	480389	447242	447242	387642	387642	387642	387642	387642
		其他	汽油	2771157	2771157	2771157	2771157	2771157	1905500	174187	174187	174187	174187	174187	167655	161123	161123	120971	80819	80819	80819	80819
			柴油	1237635	1237635	1205788	1142095	1142095	1115468	1062214	1062214	1062214	1024816	987418	987418	987418	987418	940027	892636	892636	789974	755753
			燃气	2303724	2303724	2175739	1919770	1919770	1777311	1492392	1492392	1492392	1279194	1065995	1065995	961709	961709	815924	815924	815924	815924	815924
载货汽车	微型		汽油	126289	75046	23803	23803	23803	23803	16261	8719	8719	7082	5444	5444	4790	4136	4136	4136	4136	3078	2725
			柴油	86455	71414	56374	56374	56374	56374	50720	45065	45065	38134	31202	31202	31202	31202	22816	14429	14429	12306	11598
			燃气	81866	46722	11578	11578	11578	11578	8275	4972	4972	4028	3085	3085	2594	2103	2103	2103	2103	1797	1696
	轻型		汽油	93980	60348	26715	26715	26715	26715	18114	9513	9513	7986	6458	6458	5352	4245	4245	4245	4245	3214	2871
			柴油	86756	71565	56374	56374	56374	56374	50720	45065	45065	38134	31202	31202	31202	31202	24844	18486	18486	17077	16607
			燃气	60810	38982	17155	17155	17155	17155	11387	5619	5619	4551	3483	3483	2801	2120	2120	2120	2120	1866	1782
	中型		汽油	325219	325219	325219	325219	325219	222030	15651	15651	15651	15651	15651	15651	15651	15651	11743	7835	7835	7835	7835
			柴油	617702	617702	554652	428551	428551	407505	365413	365413	365413	358495	351577	351577	351577	351577	308464	265352	265352	228492	216206
			燃气	697515	697515	618677	461001	461001	437971	391911	391911	391911	384363	376815	376815	285549	285549	232253	232253	232253	232253	232253
	重型		汽油	2593421	2593421	2593421	2593421	2593421	1783286	163015	163015	163015	163015	163015	156902	150789	150789	113212	75636	75636	75636	75636
			柴油	1418865	1418865	1370434	1273573	1273573	1226467	1132254	1132254	1132254	1086850	1041447	1041447	1041447	1041447	954228	867010	867010	648644	575856
			燃气	2641064	2641064	2474301	2140774	2140774	1957448	1590797	1590797	1590797	1357560	1124324	1124324	934100	934100	621704	621704	621704	621704	621704
低速汽车	三轮汽车			65550	65550	65550	65550	65550	65550	65550	65550	65550	53279	53279	53279	53279	53279	53279	53279	53279	53279	53279
	低速货车			88065	88065	88065	88065	88065	88065	88065	88065	88065	71579	71579	71579	71579	71579	71579	71579	71579	71579	71579
摩托车	普通摩托车			1095	1095	1095	1095	1058	1022	949	949	949	949	949	844	738	738	738	738	738	738	738
	轻便摩托车			730	730	730	730	730	365	365	365	365	365	365	324	284	284	284	284	284	284	284

舟山市 PM 排放系数

单位：克/（辆·年）

车辆类型		使用性质	燃料种类	1999 年年底前	2000 年	2001 年	2002 年	2003 年	2004 年	2005 年	2006 年	2007 年	2008 年	2009 年	2010 年	2011 年	2012 年	2013 年	2014 年	2015 年	2016 年	2017 年
载客汽车	微型	出租车	汽油	—	—	—	—	—	—	—	—	—	—	—	—	—	—	—	—	—	—	—
			燃气	—	—	—	—	—	—	—	—	—	—	—	—	—	—	—	—	—	—	—
		其他	汽油	—	—	—	—	—	—	—	—	—	—	—	—	—	—	—	—	—	—	—
			燃气	—	—	—	—	—	—	—	—	—	—	—	—	—	—	—	—	—	—	—
	小型	出租车	汽油	—	—	—	—	—	—	—	—	—	—	—	—	—	—	—	—	—	—	—
			柴油	49240	45099	40958	40958	40958	40958	27994	15031	15031	9784	4537	4537	4537	4537	4217	3897	3897	3222	2997
			燃气	—	—	—	—	—	—	—	—	—	—	—	—	—	—	—	—	—	—	—
		其他	汽油	—	—	—	—	—	—	—	—	—	—	—	—	—	—	—	—	—	—	—
			柴油	3850	3644	3437	3437	3437	3437	2476	1514	1514	1108	702	702	702	702	589	476	476	476	476
			燃气	—	—	—	—	—	—	—	—	—	—	—	—	—	—	—	—	—	—	—
	中型	公交车	汽油	—	—	—	—	—	—	—	—	—	—	—	—	—	—	—	—	—	—	—
			柴油	30592	30592	28032	22913	22913	17978	8108	8108	8108	6872	5637	5637	5637	5637	3504	1372	1372	1080	983
			燃气	—	—	—	—	—	—	—	—	—	—	—	—	—	—	—	—	—	—	—
		其他	汽油	—	—	—	—	—	—	—	—	—	—	—	—	—	—	—	—	—	—	—
			柴油	15274	15274	12888	8116	8116	6262	2553	2553	2553	2434	2316	2316	2316	2316	1366	415	415	399	394
			燃气	—	—	—	—	—	—	—	—	—	—	—	—	—	—	—	—	—	—	—
	大型	公交车	汽油	—	—	—	—	—	—	—	—	—	—	—	—	—	—	—	—	—	—	—
			柴油	94865	94865	93934	92071	92071	71272	29674	29674	29674	19994	10315	10315	10315	10315	6116	1916	1916	1845	1821
			燃气	—	—	—	—	—	—	—	—	—	—	—	—	—	—	—	—	—	—	—
		其他	汽油	—	—	—	—	—	—	—	—	—	—	—	—	—	—	—	—	—	—	—
			柴油	142314	142314	133412	115607	115607	85425	25061	25061	25061	17182	9303	9303	9303	9303	5868	2433	2433	2343	2313
			燃气	—	—	—	—	—	—	—	—	—	—	—	—	—	—	—	—	—	—	—
载货汽车	微型		汽油	—	—	—	—	—	—	—	—	—	—	—	—	—	—	—	—	—	—	—
			柴油	10348	10134	9920	9920	9920	9920	8078	6237	6237	4629	3021	3021	3021	3021	1902	783	783	779	778
			燃气	—	—	—	—	—	—	—	—	—	—	—	—	—	—	—	—	—	—	—
	轻型		汽油	—	—	—	—	—	—	—	—	—	—	—	—	—	—	—	—	—	—	—
			柴油	10762	10341	9920	9920	9920	9920	8078	6237	6237	4629	3021	3021	3021	3021	2278	1535	1535	1267	1178
			燃气	—	—	—	—	—	—	—	—	—	—	—	—	—	—	—	—	—	—	—
	中型		汽油	—	—	—	—	—	—	—	—	—	—	—	—	—	—	—	—	—	—	—
			柴油	53626	53626	45128	28133	28133	21654	8695	8695	8695	8238	7780	7780	7780	7780	4988	2197	2197	2012	1950
			燃气	—	—	—	—	—	—	—	—	—	—	—	—	—	—	—	—	—	—	—
	重型		汽油	—	—	—	—	—	—	—	—	—	—	—	—	—	—	—	—	—	—	—
			柴油	239734	239734	197044	111663	111663	88660	42655	42655	42655	29230	15804	15804	15804	15804	10388	4972	4972	4202	3945
			燃气	—	—	—	—	—	—	—	—	—	—	—	—	—	—	—	—	—	—	—
低速汽车	三轮汽车			4092	4092	4092	4092	4092	4092	4092	4092	4092	3220	3220	3220	3220	3220	3220	3220	3220	3220	3220
	低速货车			5581	5581	5581	5581	5581	5581	5581	5581	5581	4392	4392	4392	4392	4392	4392	4392	4392	4392	4392
摩托车	普通摩托车			—	—	—	—	—	—	—	—	—	—	—	—	—	—	—	—	—	—	—
	轻便摩托车			—	—	—	—	—	—	—	—	—	—	—	—	—	—	—	—	—	—	—

舟山市 VOCs 排放系数

单位：克/（辆·年）

车辆类型		使用性质	燃料种类	1999 年年底前	2000 年	2001 年	2002 年	2003 年	2004 年	2005 年	2006 年	2007 年	2008 年	2009 年	2010 年	2011 年	2012 年	2013 年	2014 年	2015 年	2016 年	2017 年
载客汽车	微型	出租车	汽油	687287	412021	136755	136755	136755	136755	103697	70639	70639	58189	45739	45739	37550	29361	29361	29361	29361	19948	16810
			燃气	382865	233274	83683	83683	83683	83683	64274	44864	44864	37078	29293	29293	23256	17219	17219	17219	17219	10207	7870
		其他	汽油	40427	24790	9152	9152	9152	9152	8776	8399	8399	7308	6216	6216	5946	5677	5677	5677	5677	4881	4616
			燃气	17601	9892	2182	2182	2182	2182	2090	1997	1997	1488	980	980	894	809	809	809	809	549	462
	小型	出租车	汽油	687287	405410	123533	123533	123533	123533	114589	105645	105645	75692	45739	45739	37550	29361	29361	29361	29361	18846	15341
			柴油	213050	200275	187500	187500	187500	187500	168827	150154	150154	111598	73043	73043	73043	73043	54074	35106	35106	19249	13963
			燃气	382865	229686	76507	76507	76507	76507	70184	63861	63861	46577	29293	29293	23256	17219	17219	17219	17219	9610	7073
		其他	汽油	40975	24996	9017	9017	9017	9017	9004	8992	8992	7606	6219	6219	5912	5605	5605	5605	5605	4934	4711
			柴油	9426	8614	7803	7803	7803	7803	6606	5410	5410	3697	1984	1984	1984	1984	1679	1374	1374	983	853
			燃气	17899	10784	3668	3668	3668	3668	2993	2318	2318	1722	1127	1127	948	770	770	770	770	577	513
	中型	公交车	汽油	247732	247732	247732	247732	247135	168892	13600	13600	13600	13600	13600	13448	13297	13297	10870	8442	8442	8442	8442
			柴油	87806	87806	86086	82645	82645	64494	28192	28192	28192	20508	12823	12823	12823	12823	8958	5093	5093	4763	4653
			燃气	71579	71579	67602	59649	59649	57536	53311	53311	53311	42686	32061	32061	22219	22219	22154	22154	22154	22154	22154
		其他	汽油	128443	128443	128443	128443	127846	87523	8072	8072	8072	8072	8072	7926	7781	7781	6730	5679	5679	5679	5679
			柴油	30493	30493	28460	24394	24394	18567	6912	6912	6912	6506	6099	6099	6099	6099	3750	1402	1402	1243	1190
			燃气	34560	34560	32640	28800	28800	27780	25740	25740	25740	20623	15506	15506	10732	10732	9642	9642	9642	9642	9642
	大型	公交车	汽油	577040	577040	577040	577040	576443	388865	14904	14904	14904	14904	14904	14764	14624	14624	11858	9092	9092	9092	9092
			柴油	131708	131708	108010	60614	60614	60614	60614	60614	60614	43515	26416	26416	26416	26416	17675	8934	8934	5723	4653
			燃气	168926	168926	159541	140772	140772	135786	125815	125815	125815	100740	75665	75665	52438	52438	47188	47188	47188	47188	47188
		其他	汽油	1278338	1278338	1278338	1278338	1277741	860893	28390	28390	28390	28390	28390	22132	15873	15873	12682	9491	9491	9491	9491
			柴油	272891	272891	207397	76409	76409	76409	76409	76409	76409	55942	35476	35476	35476	35476	20706	5937	5937	5324	5119
			燃气	266186	266186	251398	221822	221822	213966	198253	198253	198253	158842	119430	119430	82662	82662	74261	74261	74261	74261	74261
载货汽车	微型		汽油	250992	135678	20363	20363	20363	20363	19168	17972	17972	16587	15202	15202	12630	10058	10058	10058	10058	8588	8098
			柴油	39318	36722	34125	34125	34125	34125	31232	28339	28339	20980	13620	13620	13620	13620	9390	5159	5159	3513	2964
			燃气	109276	57066	4855	4855	4855	4855	4564	4273	4273	3335	2397	2397	1915	1433	1433	1433	1433	966	811
	轻型		汽油	130847	78714	26580	26580	26580	26580	23004	19427	19427	17446	15464	15464	13630	11796	11796	11796	11796	10197	9664
			柴油	36197	35161	34125	34125	34125	34125	31232	28339	28339	20980	13620	13620	13620	13620	10286	6953	6953	5307	4758
			燃气	57158	33985	10812	10812	10812	10812	7910	5008	5008	3905	2802	2802	2211	1621	1621	1621	1621	1194	1052
	中型		汽油	480737	480737	480737	480737	480140	326361	19996	19996	19996	19996	19996	19856	19716	19716	15672	11629	11629	11629	11629
			柴油	111851	111851	104394	89481	89481	68105	25353	25353	25353	23874	22394	22394	22394	22394	16230	10065	10065	5989	4630
			燃气	126769	126769	119727	105643	105643	101900	94414	94414	94414	75674	56934	56934	77045	77045	37515	37515	37515	37515	37515
	重型		汽油	1404293	1404293	1404293	1404293	1403695	945670	30816	30816	30816	30816	30816	23952	17087	17087	13582	10077	10077	10077	10077
			柴油	357535	357535	271727	100110	100110	100110	100110	100110	100110	73294	46479	46479	46479	46479	30117	13755	13755	10238	9066
			燃气	348750	348750	329376	290628	290628	280335	259748	259748	259748	208110	156472	156472	191514	191514	131520	131520	131520	131520	131520
低速汽车	三轮汽车			25300	25300	25300	25300	25300	25300	25300	25300	25300	16721	16721	16721	16721	16721	16721	16721	16721	16721	16721
	低速货车			33990	33990	33990	33990	33990	33990	33990	33990	33990	22464	22464	22464	22464	22464	22464	22464	22464	22464	22464
摩托车	普通摩托车			14679	14679	14679	14679	10954	7230	3871	3871	3871	3871	3871	2888	1906	1906	1906	1906	1906	1906	1906
	轻便摩托车			47470	47470	47470	47470	47470	9494	9494	4674	4674	4674	4674	3488	2302	2302	2302	2302	2302	2302	2302

台州市 NO_x 排放系数

单位：克/（辆·年）

车辆类型		使用性质	燃料种类	1999 年年底前	2000 年	2001 年	2002 年	2003 年	2004 年	2005 年	2006 年	2007 年	2008 年	2009 年	2010 年	2011 年	2012 年	2013 年	2014 年	2015 年	2016 年	2017 年
载客汽车	微型	出租车	汽油	306866	208092	109319	109319	109319	109319	81209	53099	53099	39708	26316	26316	21388	16460	16460	16460	16460	9921	7741
			燃气	207325	141560	75794	75794	75794	75794	56674	37553	37553	28364	19176	19176	15468	11761	11761	11761	11761	6943	5337
		其他	汽油	32418	20342	8267	8267	8267	8267	5193	2119	2119	1724	1329	1329	1114	900	900	900	900	632	542
			燃气	21025	12524	4022	4022	4022	4022	2617	1212	1212	984	755	755	606	458	458	458	458	368	338
	小型	出租车	汽油	346768	230398	114028	114028	114028	114028	83925	53822	53822	40069	26316	26316	20710	15103	15103	15103	15103	8682	6541
			柴油	384936	323714	262491	262491	262491	262491	233431	204371	204371	162435	120499	120499	120499	120499	97732	74965	74965	56610	50491
			燃气	233854	156390	78925	78925	78925	78925	58480	38034	38034	28605	19176	19176	15018	10859	10859	10859	10859	6119	4539
		其他	汽油	30241	19314	8388	8388	8388	8388	5542	2695	2695	1868	1041	1041	948	855	855	855	855	595	508
			柴油	26707	21849	16991	16991	16991	16991	15635	14279	14279	11184	8088	8088	8088	8088	6980	5871	5871	5107	4852
			燃气	19577	12484	5391	5391	5391	5391	3493	1595	1595	1079	563	563	496	428	428	428	428	343	315
	中型	公交车	汽油	325902	325902	325902	325902	325902	222645	16132	16132	16132	16132	16132	14468	12803	12803	9666	6528	6528	6528	6528
			柴油	364398	364398	363542	361831	361831	347451	318692	318692	318692	265455	212218	212218	212218	212218	173185	134152	134152	112315	105036
			燃气	386908	386908	382302	373090	373090	361517	338372	338372	338372	281618	224863	224863	142200	142200	111370	111370	111370	111370	111370
		其他	汽油	199807	199807	199807	199807	199807	135536	6993	6993	6993	6993	6993	6993	6993	6993	5245	3497	3497	3497	3497
			柴油	170886	170886	163753	149486	149486	148222	145694	145694	145694	124083	102472	102472	102472	102472	90986	79500	79500	67854	63972
			燃气	192966	192966	182246	160805	160805	159290	156259	156259	156259	133044	109828	109828	85551	85551	68720	68720	68720	68720	68720
	大型	公交车	汽油	1161026	1161026	1161026	1161026	1161026	798344	72979	72979	72979	72979	72979	72915	72851	72851	54638	36426	36426	36426	36426
			柴油	516825	516825	500125	466724	466724	453462	426939	426939	426939	419246	411552	411552	411552	411552	396712	381871	381871	344238	331694
			燃气	1039125	1039125	981396	865937	865937	801679	673163	673163	673163	576776	480389	480389	447242	447242	387642	387642	387642	387642	387642
		其他	汽油	2771157	2771157	2771157	2771157	2771157	1905500	174187	174187	174187	174187	174187	167655	161123	161123	120971	80819	80819	80819	80819
			柴油	1237635	1237635	1205788	1142095	1142095	1115468	1062214	1062214	1062214	1024816	987418	987418	987418	987418	940027	892636	892636	789974	755753
			燃气	2303724	2303724	2175739	1919770	1919770	1777311	1492392	1492392	1492392	1279194	1065995	1065995	961709	961709	815924	815924	815924	815924	815924
载货汽车	微型		汽油	127417	75634	23850	23850	23850	23850	16272	8695	8695	7058	5420	5420	4776	4131	4131	4131	4131	3084	2735
			柴油	86651	71536	56421	56421	56421	56421	50733	45045	45045	38122	31198	31198	31198	31198	22812	14426	14426	12331	11633
			燃气	82637	47120	11603	11603	11603	11603	8288	4973	4973	4026	3079	3079	2591	2102	2102	2102	2102	1805	1706
	轻型		汽油	94468	60625	26782	26782	26782	26782	18138	9494	9494	7967	6440	6440	5340	4241	4241	4241	4241	3222	2883
			柴油	86953	71687	56421	56421	56421	56421	50733	45045	45045	38122	31198	31198	31198	31198	24850	18502	18502	17124	16665
			燃气	61155	39184	17213	17213	17213	17213	11416	5619	5619	4551	3483	3483	2803	2123	2123	2123	2123	1872	1788
	中型		汽油	325219	325219	325219	325219	325219	222030	15651	15651	15651	15651	15651	15651	15651	15651	11743	7835	7835	7835	7835
			柴油	617702	617702	554652	428551	428551	407505	365413	365413	365413	358495	351577	351577	351577	351577	308464	265352	265352	228492	216206
			燃气	697515	697515	618677	461001	461001	437971	391911	391911	391911	384363	376815	376815	285549	285549	232253	232253	232253	232253	232253
	重型		汽油	1628101	1628101	1628101	1628101	1628101	1119513	102338	102338	102338	102338	102338	98500	94662	94662	71072	47483	47483	47483	47483
			柴油	915510	915510	884261	821762	821762	791367	730577	730577	730577	701281	671985	671985	671985	671985	611745	551505	551505	406065	357585
			燃气	1704123	1704123	1596521	1381316	1381316	1263027	1026448	1026448	1026448	875954	725460	725460	594181	594181	386055	386055	386055	386055	386055
低速汽车	三轮汽车			65550	65550	65550	65550	65550	65550	65550	65550	65550	53279	53279	53279	53279	53279	53279	53279	53279	53279	53279
	低速货车			88065	88065	88065	88065	88065	88065	88065	88065	88065	71579	71579	71579	71579	71579	71579	71579	71579	71579	71579
摩托车	普通摩托车			1095	1095	1095	1095	1058	1022	949	949	949	949	949	844	738	738	738	738	738	738	738
	轻便摩托车			730	730	730	730	730	365	365	365	365	365	365	324	284	284	284	284	284	284	284

台州市 PM 排放系数

单位：克/（辆·年）

车辆类型		使用性质	燃料种类	1999 年年底前	2000 年	2001 年	2002 年	2003 年	2004 年	2005 年	2006 年	2007 年	2008 年	2009 年	2010 年	2011 年	2012 年	2013 年	2014 年	2015 年	2016 年	2017 年
载客汽车	微型	出租车	汽油	—	—	—	—	—	—	—	—	—	—	—	—	—	—	—	—	—	—	—
			燃气	—	—	—	—	—	—	—	—	—	—	—	—	—	—	—	—	—	—	—
		其他	汽油	—	—	—	—	—	—	—	—	—	—	—	—	—	—	—	—	—	—	—
			燃气	—	—	—	—	—	—	—	—	—	—	—	—	—	—	—	—	—	—	—
	小型	出租车	汽油	—	—	—	—	—	—	—	—	—	—	—	—	—	—	—	—	—	—	—
			柴油	49687	45504	41320	41320	41320	41320	28187	15054	15054	9812	4571	4571	4571	4571	4248	3926	3926	3246	3020
			燃气	—	—	—	—	—	—	—	—	—	—	—	—	—	—	—	—	—	—	—
		其他	汽油	—	—	—	—	—	—	—	—	—	—	—	—	—	—	—	—	—	—	—
			柴油	3891	3682	3473	3473	3473	3473	2497	1521	1521	1115	709	709	709	709	594	478	478	478	478
			燃气	—	—	—	—	—	—	—	—	—	—	—	—	—	—	—	—	—	—	—
	中型	公交车	汽油	—	—	—	—	—	—	—	—	—	—	—	—	—	—	—	—	—	—	—
			柴油	30592	30592	28032	22913	22913	17978	8108	8108	8108	6872	5637	5637	5637	5637	3504	1372	1372	1080	983
			燃气	—	—	—	—	—	—	—	—	—	—	—	—	—	—	—	—	—	—	—
		其他	汽油	—	—	—	—	—	—	—	—	—	—	—	—	—	—	—	—	—	—	—
			柴油	15274	15274	12888	8116	8116	6262	2553	2553	2553	2434	2316	2316	2316	2316	1366	415	415	399	394
			燃气	—	—	—	—	—	—	—	—	—	—	—	—	—	—	—	—	—	—	—
	大型	公交车	汽油	—	—	—	—	—	—	—	—	—	—	—	—	—	—	—	—	—	—	—
			柴油	94865	94865	93934	92071	92071	71272	29674	29674	29674	19994	10315	10315	10315	10315	6116	1916	1916	1845	1821
			燃气	—	—	—	—	—	—	—	—	—	—	—	—	—	—	—	—	—	—	—
		其他	汽油	—	—	—	—	—	—	—	—	—	—	—	—	—	—	—	—	—	—	—
			柴油	142314	142314	133412	115607	115607	85425	25061	25061	25061	17182	9303	9303	9303	9303	5868	2433	2433	2343	2313
			燃气	—	—	—	—	—	—	—	—	—	—	—	—	—	—	—	—	—	—	—
载货汽车	微型		汽油	—	—	—	—	—	—	—	—	—	—	—	—	—	—	—	—	—	—	—
			柴油	10452	10236	10019	10019	10019	10019	8156	6293	6293	4670	3048	3048	3048	3048	1919	790	790	786	785
			燃气	—	—	—	—	—	—	—	—	—	—	—	—	—	—	—	—	—	—	—
	轻型		汽油	—	—	—	—	—	—	—	—	—	—	—	—	—	—	—	—	—	—	—
			柴油	10870	10444	10019	10019	10019	10019	8156	6293	6293	4670	3048	3048	3048	3048	2298	1549	1549	1279	1189
			燃气	—	—	—	—	—	—	—	—	—	—	—	—	—	—	—	—	—	—	—
	中型		汽油	—	—	—	—	—	—	—	—	—	—	—	—	—	—	—	—	—	—	—
			柴油	53626	53626	45128	28133	28133	21654	8695	8695	8695	8238	7780	7780	7780	7780	4988	2197	2197	2012	1950
			燃气	—	—	—	—	—	—	—	—	—	—	—	—	—	—	—	—	—	—	—
	重型		汽油	—	—	—	—	—	—	—	—	—	—	—	—	—	—	—	—	—	—	—
			柴油	149841	149841	123158	69793	69793	55416	26661	26661	26661	18270	9878	9878	9878	9878	6522	3166	3166	2676	2512
			燃气	—	—	—	—	—	—	—	—	—	—	—	—	—	—	—	—	—	—	—
低速汽车	三轮汽车			4092	4092	4092	4092	4092	4092	4092	4092	4092	3220	3220	3220	3220	3220	3220	3220	3220	3220	3220
	低速货车			5581	5581	5581	5581	5581	5581	5581	5581	5581	4392	4392	4392	4392	4392	4392	4392	4392	4392	4392
摩托车	普通摩托车			—	—	—	—	—	—	—	—	—	—	—	—	—	—	—	—	—	—	—
	轻便摩托车			—	—	—	—	—	—	—	—	—	—	—	—	—	—	—	—	—	—	—

台州市 VOCs 排放系数

单位：克/（辆·年）

车辆类型		使用性质	燃料种类	1999年年底前	2000年	2001年	2002年	2003年	2004年	2005年	2006年	2007年	2008年	2009年	2010年	2011年	2012年	2013年	2014年	2015年	2016年	2017年
载客汽车	微型	出租车	汽油	697759	416798	135837	135837	135837	135837	102898	69960	69960	57447	44934	44934	36980	29026	29026	29026	29026	19962	16940
			燃气	388125	235473	82821	82821	82821	82821	63524	44226	44226	36441	28656	28656	22794	16931	16931	16931	16931	10170	7917
		其他	汽油	40958	25064	9170	9170	9170	9170	8800	8431	8431	7322	6212	6212	5947	5682	5682	5682	5682	4891	4627
			燃气	17889	10040	2192	2192	2192	2192	2103	2014	2014	1496	979	979	895	811	811	811	811	554	468
	小型	出租车	汽油	697759	410154	122550	122550	122550	122550	113930	105311	105311	75122	44934	44934	36980	29026	29026	29026	29026	18836	15440
			柴油	208920	196440	183959	183959	183959	183959	165693	147427	147427	109344	71262	71262	71262	71262	52770	34278	34278	18859	13719
			燃气	388125	231868	75610	75610	75610	75610	69510	63410	63410	46033	28656	28656	22794	16931	16931	16931	16931	9560	7103
		其他	汽油	41515	25274	9034	9034	9034	9034	9032	9030	9030	7622	6215	6215	5912	5610	5610	5610	5610	4946	4724
			柴油	9481	8664	7848	7848	7848	7848	6641	5434	5434	3712	1991	1991	1991	1991	1685	1379	1379	985	854
			燃气	18192	10939	3686	3686	3686	3686	3012	2339	2339	1732	1125	1125	948	772	772	772	772	584	521
	中型	公交车	汽油	247732	247732	247732	247732	247135	168892	13600	13600	13600	13600	13600	13448	13297	13297	10870	8442	8442	8442	8442
			柴油	87806	87806	86086	82645	82645	64494	28192	28192	28192	20508	12823	12823	12823	12823	8958	5093	5093	4763	4653
			燃气	71579	71579	67602	59649	59649	57536	53311	53311	53311	42686	32061	32061	22219	22219	22154	22154	22154	22154	22154
		其他	汽油	128443	128443	128443	128443	127846	87523	8072	8072	8072	8072	8072	7926	7781	7781	6730	5679	5679	5679	5679
			柴油	30493	30493	28460	24394	24394	18567	6912	6912	6912	6506	6099	6099	6099	6099	3750	1402	1402	1243	1190
			燃气	34560	34560	32640	28800	28800	27780	25740	25740	25740	20623	15506	15506	10732	10732	9642	9642	9642	9642	9642
	大型	公交车	汽油	577040	577040	577040	577040	576443	388865	14904	14904	14904	14904	14904	14764	14624	14624	11858	9092	9092	9092	9092
			柴油	131708	131708	108010	60614	60614	60614	60614	60614	60614	43515	26416	26416	26416	26416	17675	8934	8934	5723	4653
			燃气	168926	168926	159541	140772	140772	135786	125815	125815	125815	100740	75665	75665	52438	52438	47188	47188	47188	47188	47188
		其他	汽油	1278338	1278338	1278338	1278338	1277741	860893	28390	28390	28390	28390	28390	22132	15873	15873	12682	9491	9491	9491	9491
			柴油	272891	272891	207397	76409	76409	76409	76409	76409	76409	55942	35476	35476	35476	35476	20706	5937	5937	5324	5119
			燃气	266186	266186	251398	221822	221822	213966	198253	198253	198253	158842	119430	119430	82662	82662	74261	74261	74261	74261	74261
载货汽车	微型		汽油	251337	135807	20277	20277	20277	20277	19094	17912	17912	16536	15160	15160	12598	10036	10036	10036	10036	8583	8099
			柴油	38990	36416	33842	33842	33842	33842	30971	28100	28100	20784	13469	13469	13469	13469	9279	5089	5089	3480	2943
			燃气	109775	57311	4847	4847	4847	4847	4563	4279	4279	3334	2389	2389	1911	1432	1432	1432	1432	972	819
	轻型		汽油	130955	78730	26506	26506	26506	26506	22938	19370	19370	17396	15423	15423	13600	11777	11777	11777	11777	10195	9668
			柴油	35866	34854	33842	33842	33842	33842	30971	28100	28100	20784	13469	13469	13469	13469	10176	6882	6882	5272	4735
			燃气	57385	34100	10815	10815	10815	10815	7916	5017	5017	3905	2792	2792	2206	1621	1621	1621	1621	1205	1066
	中型		汽油	480737	480737	480737	480737	480140	326361	19996	19996	19996	19996	19996	19856	19716	19716	15672	11629	11629	11629	11629
			柴油	111851	111851	104394	89481	89481	68105	25353	25353	25353	23874	22394	22394	22394	22394	16230	10065	10065	5989	4630
			燃气	126769	126769	119727	105643	105643	101900	94414	94414	94414	75674	56934	56934	77045	77045	37515	37515	37515	37515	37515
	重型		汽油	880018	880018	880018	880018	879420	592793	20734	20734	20734	20734	20734	16390	12046	12046	9849	7652	7652	7652	7652
			柴油	231757	231757	176135	64892	64892	64892	64892	64892	64892	47510	30128	30128	30128	30128	19408	8688	8688	6403	5641
			燃气	226063	226063	213504	188387	188387	181715	168371	168371	168371	134898	101426	101426	120965	120965	81834	81834	81834	81834	81834
低速汽车	三轮汽车			25300	25300	25300	25300	25300	25300	25300	25300	25300	16721	16721	16721	16721	16721	16721	16721	16721	16721	16721
	低速货车			33990	33990	33990	33990	33990	33990	33990	33990	33990	22464	22464	22464	22464	22464	22464	22464	22464	22464	22464
摩托车	普通摩托车			14679	14679	14679	14679	10954	7230	3871	3871	3871	3871	3871	2888	1906	1906	1906	1906	1906	1906	1906
	轻便摩托车			47470	47470	47470	47470	47470	9494	9494	4674	4674	4674	4674	3488	2302	2302	2302	2302	2302	2302	2302

丽水市 NO_x 排放系数

单位：克/（辆·年）

车辆类型		使用性质	燃料种类	1999年年底前	2000年	2001年	2002年	2003年	2004年	2005年	2006年	2007年	2008年	2009年	2010年	2011年	2012年	2013年	2014年	2015年	2016年	2017年
载客汽车	微型	出租车	汽油	319118	216082	113045	113045	113045	113045	83943	54841	54841	41012	27182	27182	22092	17002	17002	17002	17002	10303	8070
			燃气	206242	141006	75770	75770	75770	75770	56806	37843	37843	28702	19560	19560	15749	11938	11938	11938	11938	7011	5369
		其他	汽油	33416	20942	8467	8467	8467	8467	5306	2145	2145	1746	1347	1347	1129	911	911	911	911	651	564
			燃气	20631	12284	3936	3936	3936	3936	2562	1189	1189	966	744	744	599	454	454	454	454	366	336
	小型	出租车	汽油	360682	239303	117924	117924	117924	117924	86758	55591	55591	41386	27182	27182	21386	15591	15591	15591	15591	9008	6813
			柴油	400279	336455	272631	272631	272631	272631	242596	212560	212560	168807	125054	125054	125054	125054	101478	77901	77901	59101	52834
			燃气	232471	155660	78849	78849	78849	78849	58582	38316	38316	28938	19560	19560	15304	11048	11048	11048	11048	6193	4575
		其他	汽油	31166	19878	8591	8591	8591	8591	5664	2738	2738	1894	1050	1050	957	864	864	864	864	612	528
			柴油	27755	22696	17636	17636	17636	17636	16240	14844	14844	11612	8380	8380	8380	8380	7233	6086	6086	5320	5065
			燃气	19211	12242	5272	5272	5272	5272	3418	1564	1564	1060	556	556	490	424	424	424	424	342	314
	中型	公交车	汽油	325496	325496	325496	325496	325496	222368	16112	16112	16112	16112	16112	14450	12787	12787	9654	6520	6520	6520	6520
			柴油	364066	364066	363211	361501	361501	347134	318401	318401	318401	265213	212025	212025	212025	212025	173028	134030	134030	112213	104941
			燃气	386555	386555	381953	372750	372750	361188	338063	338063	338063	281360	224658	224658	142071	142071	111269	111269	111269	111269	111269
		其他	汽油	199558	199558	199558	199558	199558	135367	6985	6985	6985	6985	6985	6985	6985	6985	5239	3493	3493	3493	3493
			柴油	170730	170730	163603	149350	149350	148087	145561	145561	145561	123970	102379	102379	102379	102379	90903	79427	79427	67792	63913
			燃气	192790	192790	182080	160659	160659	159145	156116	156116	156116	132922	109727	109727	85473	85473	68657	68657	68657	68657	68657
	大型	公交车	汽油	1159578	1159578	1159578	1159578	1159578	797348	72888	72888	72888	72888	72888	72824	72760	72760	54570	36381	36381	36381	36381
			柴油	516353	516353	499668	466298	466298	453049	426550	426550	426550	418863	411176	411176	411176	411176	396350	381523	381523	343925	331392
			燃气	1038177	1038177	980501	865148	865148	800948	672549	672549	672549	576250	479951	479951	446834	446834	387288	387288	387288	387288	387288
		其他	汽油	2767701	2767701	2767701	2767701	2767701	1903124	173970	173970	173970	173970	173970	167446	160922	160922	120820	80719	80719	80719	80719
			柴油	1236506	1236506	1204689	1141054	1141054	1114451	1061245	1061245	1061245	1023881	986517	986517	986517	986517	939169	891821	891821	789253	755064
			燃气	2301623	2301623	2173755	1918019	1918019	1775690	1491031	1491031	1491031	1278026	1065022	1065022	960832	960832	815180	815180	815180	815180	815180
载货汽车	微型		汽油	132750	78802	24854	24854	24854	24854	16932	9010	9010	7309	5608	5608	4944	4280	4280	4280	4280	3211	2855
			柴油	90410	74606	58801	58801	58801	58801	52918	47035	47035	39808	32582	32582	32582	32582	23820	15057	15057	12902	12183
			燃气	81960	46757	11554	11554	11554	11554	8274	4994	4994	4046	3098	3098	2615	2133	2133	2133	2133	1809	1701
	轻型		汽油	98710	63316	27923	27923	27923	27923	18885	9847	9847	8262	6677	6677	5536	4394	4394	4394	4394	3355	3009
			柴油	90726	74764	58801	58801	58801	58801	52918	47035	47035	39808	32582	32582	32582	32582	25958	19333	19333	17930	17462
			燃气	60846	38991	17135	17135	17135	17135	11380	5625	5625	4580	3536	3536	2846	2156	2156	2156	2156	1881	1789
	中型		汽油	325219	325219	325219	325219	325219	222030	15651	15651	15651	15651	15651	15651	15651	15651	11743	7835	7835	7835	7835
			柴油	617702	617702	554652	428551	428551	407505	365413	365413	365413	358495	351577	351577	351577	351577	308464	265352	265352	228492	216206
			燃气	697515	697515	618677	461002	461002	437971	391910	391910	391910	384360	376811	376811	285551	285551	232254	232254	232254	232254	232254
	重型		汽油	2593421	2593421	2593421	2593421	2593421	1783286	163015	163015	163015	163015	163015	156902	150789	150789	113212	75636	75636	75636	75636
			柴油	1418865	1418865	1370434	1273573	1273573	1226467	1132254	1132254	1132254	1086850	1041447	1041447	1041447	1041447	954228	867010	867010	648644	575856
			燃气	2641065	2641065	2474301	2140773	2140773	1957448	1590797	1590797	1590797	1357560	1124323	1124323	934101	934101	621704	621704	621704	621704	621704
低速汽车	三轮汽车			65550	65550	65550	65550	65550	65550	65550	65550	65550	53279	53279	53279	53279	53279	53279	53279	53279	53279	53279
	低速货车			88065	88065	88065	88065	88065	88065	88065	88065	88065	71579	71579	71579	71579	71579	71579	71579	71579	71579	71579
摩托车	普通摩托车			1095	1095	1095	1095	1058	1022	949	949	949	949	949	844	738	738	738	738	738	738	738
	轻便摩托车			730	730	730	730	730	365	365	365	365	365	365	324	284	284	284	284	284	284	284

丽水市 PM 排放系数

单位：克/（辆·年）

车辆类型		使用性质	燃料种类	1999 年年底前	2000 年	2001 年	2002 年	2003 年	2004 年	2005 年	2006 年	2007 年	2008 年	2009 年	2010 年	2011 年	2012 年	2013 年	2014 年	2015 年	2016 年	2017 年
载客汽车	微型	出租车	汽油	—	—	—	—	—	—	—	—	—	—	—	—	—	—	—	—	—	—	—
			燃气	—	—	—	—	—	—	—	—	—	—	—	—	—	—	—	—	—	—	—
		其他	汽油	—	—	—	—	—	—	—	—	—	—	—	—	—	—	—	—	—	—	—
			燃气	—	—	—	—	—	—	—	—	—	—	—	—	—	—	—	—	—	—	—
	小型	出租车	汽油	—	—	—	—	—	—	—	—	—	—	—	—	—	—	—	—	—	—	—
			柴油	49240	45099	40958	40958	40958	40958	27994	15031	15031	9784	4537	4537	4537	4537	4217	3897	3897	3222	2997
			燃气	—	—	—	—	—	—	—	—	—	—	—	—	—	—	—	—	—	—	—
		其他	汽油	—	—	—	—	—	—	—	—	—	—	—	—	—	—	—	—	—	—	—
			柴油	3850	3644	3437	3437	3437	3437	2476	1514	1514	1108	702	702	702	702	589	476	476	476	476
			燃气	—	—	—	—	—	—	—	—	—	—	—	—	—	—	—	—	—	—	—
	中型	公交车	汽油	—	—	—	—	—	—	—	—	—	—	—	—	—	—	—	—	—	—	—
			柴油	30592	30592	28032	22913	22913	17978	8108	8108	8108	6872	5637	5637	5637	5637	3504	1372	1372	1080	983
			燃气	—	—	—	—	—	—	—	—	—	—	—	—	—	—	—	—	—	—	—
		其他	汽油	—	—	—	—	—	—	—	—	—	—	—	—	—	—	—	—	—	—	—
			柴油	15274	15274	12888	8116	8116	6262	2553	2553	2553	2434	2316	2316	2316	2316	1366	415	415	399	394
			燃气	—	—	—	—	—	—	—	—	—	—	—	—	—	—	—	—	—	—	—
	大型	公交车	汽油	—	—	—	—	—	—	—	—	—	—	—	—	—	—	—	—	—	—	—
			柴油	94865	94865	93934	92071	92071	71272	29674	29674	29674	19994	10315	10315	10315	10315	6116	1916	1916	1845	1821
			燃气	—	—	—	—	—	—	—	—	—	—	—	—	—	—	—	—	—	—	—
		其他	汽油	—	—	—	—	—	—	—	—	—	—	—	—	—	—	—	—	—	—	—
			柴油	142314	142314	133412	115607	115607	85425	25061	25061	25061	17182	9303	9303	9303	9303	5868	2433	2433	2343	2313
			燃气	—	—	—	—	—	—	—	—	—	—	—	—	—	—	—	—	—	—	—
载货汽车	微型		汽油	—	—	—	—	—	—	—	—	—	—	—	—	—	—	—	—	—	—	—
			柴油	10348	10134	9920	9920	9920	9920	8078	6237	6237	4629	3021	3021	3021	3021	1902	783	783	779	778
			燃气	—	—	—	—	—	—	—	—	—	—	—	—	—	—	—	—	—	—	—
	轻型		汽油	—	—	—	—	—	—	—	—	—	—	—	—	—	—	—	—	—	—	—
			柴油	10762	10341	9920	9920	9920	9920	8078	6237	6237	4629	3021	3021	3021	3021	2278	1535	1535	1267	1178
			燃气	—	—	—	—	—	—	—	—	—	—	—	—	—	—	—	—	—	—	—
	中型		汽油	—	—	—	—	—	—	—	—	—	—	—	—	—	—	—	—	—	—	—
			柴油	53626	53626	45128	28133	28133	21654	8695	8695	8695	8238	7780	7780	7780	7780	4988	2197	2197	2012	1950
			燃气	—	—	—	—	—	—	—	—	—	—	—	—	—	—	—	—	—	—	—
	重型		汽油	—	—	—	—	—	—	—	—	—	—	—	—	—	—	—	—	—	—	—
			柴油	239734	239734	197044	111663	111663	88660	42655	42655	42655	29230	15804	15804	15804	15804	10388	4972	4972	4202	3945
			燃气	—	—	—	—	—	—	—	—	—	—	—	—	—	—	—	—	—	—	—
低速汽车	三轮汽车			4092	4092	4092	4092	4092	4092	4092	4092	4092	3220	3220	3220	3220	3220	3220	3220	3220	3220	3220
	低速货车			5581	5581	5581	5581	5581	5581	5581	5581	5581	4392	4392	4392	4392	4392	4392	4392	4392	4392	4392
摩托车	普通摩托车			—	—	—	—	—	—	—	—	—	—	—	—	—	—	—	—	—	—	—
	轻便摩托车			—	—	—	—	—	—	—	—	—	—	—	—	—	—	—	—	—	—	—

丽水市 VOCs 排放系数

单位：克/（辆·年）

车辆类型		使用性质	燃料种类	1999年年底前	2000年	2001年	2002年	2003年	2004年	2005年	2006年	2007年	2008年	2009年	2010年	2011年	2012年	2013年	2014年	2015年	2016年	2017年
载客汽车	微型	出租车	汽油	696938	417616	138293	138293	138293	138293	104824	71354	71354	58800	46247	46247	38023	29799	29799	29799	29799	20386	17249
			燃气	382865	233274	83683	83683	83683	83683	64274	44864	44864	37078	29293	29293	23256	17219	17219	17219	17219	10207	7870
		其他	汽油	40999	25214	9429	9429	9429	9429	9052	8674	8674	7586	6497	6497	6225	5953	5953	5953	5953	5173	4913
			燃气	17601	9892	2182	2182	2182	2182	2090	1997	1997	1488	980	980	894	809	809	809	809	549	462
	小型	出租车	汽油	696938	410904	124869	124869	124869	124869	115882	106895	106895	76571	46247	46247	38023	29799	29799	29799	29799	19268	15758
			柴油	213991	201179	188367	188367	188367	188367	169662	150956	150956	112072	73188	73188	73188	73188	54182	35177	35177	19324	14040
			燃气	382865	229686	76507	76507	76507	76507	70184	63861	63861	46577	29293	29293	23256	17219	17219	17219	17219	9610	7073
		其他	汽油	41556	25424	9292	9292	9292	9292	9284	9276	9276	7888	6500	6500	6190	5880	5880	5880	5880	5227	5009
			柴油	9505	8684	7862	7862	7862	7862	6650	5438	5438	3709	1980	1980	1980	1980	1674	1367	1367	982	854
			燃气	17899	10784	3668	3668	3668	3668	2993	2318	2318	1722	1127	1127	948	770	770	770	770	577	513
	中型	公交车	汽油	248042	248042	248042	248042	247445	169202	13910	13910	13910	13910	13910	13758	13607	13607	11180	8752	8752	8752	8752
			柴油	87806	87806	86086	82645	82645	64494	28192	28192	28192	20508	12823	12823	12823	12823	8958	5093	5093	4763	4653
			燃气	71579	71579	67602	59649	59649	57536	53311	53311	53311	42686	32061	32061	22219	22219	22154	22154	22154	22154	22154
		其他	汽油	128752	128752	128752	128752	128156	87833	8382	8382	8382	8382	8382	8236	8091	8091	7040	5989	5989	5989	5989
			柴油	30493	30493	28460	24394	24394	18567	6912	6912	6912	6506	6099	6099	6099	6099	3750	1402	1402	1243	1190
			燃气	34560	34560	32640	28800	28800	27780	25740	25740	25740	20623	15506	15506	10732	10732	9642	9642	9642	9642	9642
	大型	公交车	汽油	577350	577350	577350	577350	576753	389175	15214	15214	15214	15214	15214	15074	14934	14934	12168	9402	9402	9402	9402
			柴油	131708	131708	108010	60614	60614	60614	60614	60614	60614	43515	26416	26416	26416	26416	17675	8934	8934	5723	4653
			燃气	168926	168926	159541	140772	140772	135786	125815	125815	125815	100740	75665	75665	52438	52438	47188	47188	47188	47188	47188
		其他	汽油	1278648	1278648	1278648	1278648	1278051	861203	28700	28700	28700	28700	28700	22441	16182	16182	12992	9801	9801	9801	9801
			柴油	272891	272891	207397	76409	76409	76409	76409	76409	76409	55942	35476	35476	35476	35476	20706	5937	5937	5324	5119
			燃气	266186	266186	251398	221822	221822	213966	198253	198253	198253	158842	119430	119430	82662	82662	74261	74261	74261	74261	74261
载货汽车	微型		汽油	254708	137730	20751	20751	20751	20751	19550	18349	18349	16968	15587	15587	12986	10384	10384	10384	10384	8929	8444
			柴油	39655	37034	34414	34414	34414	34414	31502	28590	28590	21150	13711	13711	13711	13711	9441	5171	5171	3532	2986
			燃气	109347	57075	4802	4802	4802	4802	4513	4224	4224	3288	2351	2351	1881	1411	1411	1411	1411	948	794
	轻型		汽油	132730	79896	27062	27062	27062	27062	23444	19826	19826	17840	15854	15854	14001	12148	12148	12148	12148	10562	10034
			柴油	36486	35450	34414	34414	34414	34414	31502	28590	28590	21150	13711	13711	13711	13711	10352	6993	6993	5354	4807
			燃气	57169	33926	10683	10683	10683	10683	7819	4954	4954	3852	2749	2749	2170	1591	1591	1591	1591	1168	1028
	中型		汽油	481047	481047	481047	481047	480450	326671	20306	20306	20306	20306	20306	20166	20026	20026	15982	11939	11939	11939	11939
			柴油	111851	111851	104394	89481	89481	68105	25353	25353	25353	23874	22394	22394	22394	22394	16230	10065	10065	5989	4630
			燃气	126769	126769	119727	105643	105643	101900	94414	94414	94414	75674	56934	56934	77045	77045	37515	37515	37515	37515	37515
	重型		汽油	1404603	1404603	1404603	1404603	1404006	945981	31126	31126	31126	31126	31126	24262	17397	17397	13892	10387	10387	10387	10387
			柴油	357535	357535	271727	100110	100110	100110	100110	100110	100110	73294	46479	46479	46479	46479	30117	13755	13755	10238	9066
			燃气	348750	348750	329376	290628	290628	280335	259748	259748	259748	208110	156472	156472	191514	191514	131520	131520	131520	131520	131520
低速汽车	三轮汽车			25300	25300	25300	25300	25300	25300	25300	25300	25300	16721	16721	16721	16721	16721	16721	16721	16721	16721	16721
	低速货车			33990	33990	33990	33990	33990	33990	33990	33990	33990	22464	22464	22464	22464	22464	22464	22464	22464	22464	22464
摩托车	普通摩托车			14679	14679	14679	14679	10954	7230	3871	3871	3871	3871	3871	2888	1906	1906	1906	1906	1906	1906	1906
	轻便摩托车			47470	47470	47470	47470	47470	9494	9494	4674	4674	4674	4674	3488	2302	2302	2302	2302	2302	2302	2302

合肥市 NO_x 排放系数

单位：克/（辆·年）

车辆类型		使用性质	燃料种类	1999 年年底前	2000 年	2001 年	2002 年	2003 年	2004 年	2005 年	2006 年	2007 年	2008 年	2009 年	2010 年	2011 年	2012 年	2013 年	2014 年	2015 年	2016 年	2017 年
载客汽车	微型	出租车	汽油	291911	198390	104868	104868	104868	104868	78182	51496	51496	38719	25942	25942	21084	16227	16227	16227	16227	9743	7582
			燃气	206908	141198	75487	75487	75487	75487	56464	37441	37441	28306	19172	19172	15496	11819	11819	11819	11819	7029	5432
		其他	汽油	26477	16612	6747	6747	6747	6747	4272	1797	1797	1466	1134	1134	972	810	810	810	810	559	475
			燃气	17964	10682	3399	3399	3399	3399	2206	1012	1012	821	630	630	514	398	398	398	398	328	305
	小型	出租车	汽油	329557	219425	109293	109293	109293	109293	80734	52176	52176	39059	25942	25942	20434	14926	14926	14926	14926	8545	6418
			柴油	371804	313234	254664	254664	254664	254664	226771	198878	198878	158114	117350	117350	117350	117350	94998	72646	72646	54840	48904
			燃气	233375	155986	78598	78598	78598	78598	58258	37919	37919	28546	19172	19172	15038	10904	10904	10904	10904	6186	4613
		其他	汽油	24714	15780	6845	6845	6845	6845	4554	2262	2262	1582	901	901	836	772	772	772	772	527	445
			柴油	22446	18360	14274	14274	14274	14274	13180	12087	12087	9454	6822	6822	6822	6822	5899	4976	4976	4348	4139
			燃气	16725	10646	4566	4566	4566	4566	2952	1338	1338	902	466	466	418	371	371	371	371	306	285
	中型	公交车	汽油	339594	339594	339594	339594	339594	231999	16810	16810	16810	16810	16810	15076	13341	13341	10072	6802	6802	6802	6802
			柴油	379642	379642	378751	376968	376968	361987	332024	332024	332024	276560	221096	221096	221096	221096	180430	139764	139764	117014	109431
			燃气	403094	403094	398295	388698	388698	376641	352528	352528	352528	293399	234270	234270	148149	148149	116029	116029	116029	116029	116029
		其他	汽油	199934	199934	199934	199934	199934	135622	6998	6998	6998	6998	6998	6998	6998	6998	5249	3500	3500	3500	3500
			柴油	170965	170965	163828	149555	149555	148290	145761	145761	145761	124140	102520	102520	102520	102520	91028	79536	79536	67885	64001
			燃气	193056	193056	182331	160880	160880	159364	156331	156331	156331	133105	109879	109879	85591	85591	68752	68752	68752	68752	68752
	大型	公交车	汽油	1209803	1209803	1209803	1209803	1209803	831884	76045	76045	76045	76045	76045	75978	75911	75911	56934	37957	37957	37957	37957
			柴油	538446	538446	521047	486249	486249	472433	444800	444800	444800	436784	428769	428769	428769	428769	413308	397847	397847	358639	345570
			燃气	1082596	1082596	1022452	902163	902163	835217	701325	701325	701325	600906	500486	500486	465952	465952	403858	403858	403858	403858	403858
		其他	汽油	2772914	2772914	2772914	2772914	2772914	1906708	174297	174297	174297	174297	174297	167761	161225	161225	121048	80871	80871	80871	80871
			柴油	1238209	1238209	1206348	1142625	1142625	1115985	1062706	1062706	1062706	1025290	987875	987875	987875	987875	940462	893049	893049	790340	756103
			燃气	2304792	2304792	2176748	1920660	1920660	1778135	1493084	1493084	1493084	1279786	1066489	1066489	962155	962155	816303	816303	816303	816303	816303
载货汽车	微型		汽油	117577	70008	22438	22438	22438	22438	15375	8312	8312	6758	5205	5205	4575	3945	3945	3945	3945	2907	2561
			柴油	81832	67650	53467	53467	53467	53467	48176	42886	42886	36292	29698	29698	29698	29698	21722	13747	13747	11683	10995
			燃气	79773	45538	11304	11304	11304	11304	7992	4681	4681	3786	2892	2892	2415	1938	1938	1938	1938	1718	1644
	轻型		汽油	88089	56624	25159	25159	25159	25159	17106	9054	9054	7603	6152	6152	5100	4047	4047	4047	4047	3035	2698
			柴油	82115	67791	53467	53467	53467	53467	48176	42886	42886	36292	29698	29698	29698	29698	23641	17584	17584	16194	15731
			燃气	59614	38198	16782	16782	16782	16782	11069	5356	5356	4269	3182	3182	2563	1945	1945	1945	1945	1782	1728
	中型		汽油	213602	213602	213602	213602	213602	145828	10280	10280	10280	10280	10280	10280	10280	10280	7713	5146	5146	5146	5146
			柴油	397959	397959	357338	276097	276097	262538	235420	235420	235420	236749	238078	238078	238078	238078	208884	179689	179689	154729	146409
			燃气	449381	449381	398589	297004	297004	282167	252492	252492	252492	253830	255168	255168	193369	193369	157277	157277	157277	157277	157277
	重型		汽油	1257954	1257954	1257954	1257954	1257954	864993	79071	79071	79071	79071	79071	76106	73141	73141	54914	36688	36688	36688	36688
			柴油	698115	698115	674286	626628	626628	603450	557095	557095	557095	534756	512416	512416	512416	512416	443216	374016	374016	246764	204346
			燃气	1299465	1299465	1217414	1053311	1053311	963110	782709	782709	782709	667951	553193	553193	402958	402958	220616	220616	220616	220616	220616
低速汽车	三轮汽车			65550	65550	65550	65550	65550	65550	65550	65550	65550	53279	53279	53279	53279	53279	53279	53279	53279	53279	53279
	低速货车			88065	88065	88065	88065	88065	88065	88065	88065	88065	71579	71579	71579	71579	71579	71579	71579	71579	71579	71579
摩托车	普通摩托车			1150	1150	1150	1150	1112	1074	997	997	997	997	997	886	774	774	774	774	774	774	774
	轻便摩托车			767	767	767	767	767	383	383	383	383	383	383	340	298	298	298	298	298	298	298

合肥市 PM 排放系数

单位：克/（辆・年）

车辆类型		使用性质	燃料种类	1999 年年底前	2000 年	2001 年	2002 年	2003 年	2004 年	2005 年	2006 年	2007 年	2008 年	2009 年	2010 年	2011 年	2012 年	2013 年	2014 年	2015 年	2016 年	2017 年
载客汽车	微型	出租车	汽油	—	—	—	—	—	—	—	—	—	—	—	—	—	—	—	—	—	—	—
载客汽车	微型	出租车	燃气	—	—	—	—	—	—	—	—	—	—	—	—	—	—	—	—	—	—	—
载客汽车	微型	其他	汽油	—	—	—	—	—	—	—	—	—	—	—	—	—	—	—	—	—	—	—
载客汽车	微型	其他	燃气	—	—	—	—	—	—	—	—	—	—	—	—	—	—	—	—	—	—	—
载客汽车	小型	出租车	汽油	—	—	—	—	—	—	—	—	—	—	—	—	—	—	—	—	—	—	—
载客汽车	小型	出租车	柴油	50182	45968	41754	41754	41754	41754	28558	15361	15361	9996	4630	4630	4630	4630	4303	3976	3976	3288	3059
载客汽车	小型	出租车	燃气	—	—	—	—	—	—	—	—	—	—	—	—	—	—	—	—	—	—	—
载客汽车	小型	其他	汽油	—	—	—	—	—	—	—	—	—	—	—	—	—	—	—	—	—	—	—
载客汽车	小型	其他	柴油	3488	3302	3115	3115	3115	3115	2247	1379	1379	1008	636	636	636	636	534	432	432	432	432
载客汽车	小型	其他	燃气	—	—	—	—	—	—	—	—	—	—	—	—	—	—	—	—	—	—	—
载客汽车	中型	公交车	汽油	—	—	—	—	—	—	—	—	—	—	—	—	—	—	—	—	—	—	—
载客汽车	中型	公交车	柴油	31857	31857	29192	23861	23861	18722	8443	8443	8443	7156	5870	5870	5870	5870	3649	1428	1428	1124	1023
载客汽车	中型	公交车	燃气	—	—	—	—	—	—	—	—	—	—	—	—	—	—	—	—	—	—	—
载客汽车	中型	其他	汽油	—	—	—	—	—	—	—	—	—	—	—	—	—	—	—	—	—	—	—
载客汽车	中型	其他	柴油	15274	15274	12888	8116	8116	6262	2553	2553	2553	2434	2316	2316	2316	2316	1366	415	415	399	394
载客汽车	中型	其他	燃气	—	—	—	—	—	—	—	—	—	—	—	—	—	—	—	—	—	—	—
载客汽车	大型	公交车	汽油	—	—	—	—	—	—	—	—	—	—	—	—	—	—	—	—	—	—	—
载客汽车	大型	公交车	柴油	98788	98788	97818	95878	95878	74219	30901	30901	30901	20821	10741	10741	10741	10741	6368	1995	1995	1921	1896
载客汽车	大型	公交车	燃气	—	—	—	—	—	—	—	—	—	—	—	—	—	—	—	—	—	—	—
载客汽车	大型	其他	汽油	—	—	—	—	—	—	—	—	—	—	—	—	—	—	—	—	—	—	—
载客汽车	大型	其他	柴油	142314	142314	133412	115607	115607	85425	25061	25061	25061	17182	9303	9303	9303	9303	5868	2433	2433	2343	2313
载客汽车	大型	其他	燃气	—	—	—	—	—	—	—	—	—	—	—	—	—	—	—	—	—	—	—
载货汽车	微型		汽油	—	—	—	—	—	—	—	—	—	—	—	—	—	—	—	—	—	—	—
载货汽车	微型		柴油	10181	9970	9760	9760	9760	9760	7960	6160	6160	4572	2984	2984	2984	2984	1878	773	773	770	769
载货汽车	微型		燃气	—	—	—	—	—	—	—	—	—	—	—	—	—	—	—	—	—	—	—
载货汽车	轻型		汽油	—	—	—	—	—	—	—	—	—	—	—	—	—	—	—	—	—	—	—
载货汽车	轻型		柴油	10588	10174	9760	9760	9760	9760	7960	6160	6160	4572	2984	2984	2984	2984	2250	1516	1516	1252	1164
载货汽车	轻型		燃气	—	—	—	—	—	—	—	—	—	—	—	—	—	—	—	—	—	—	—
载货汽车	中型		汽油	—	—	—	—	—	—	—	—	—	—	—	—	—	—	—	—	—	—	—
载货汽车	中型		柴油	33803	33803	28447	17734	17734	13693	5610	5610	5610	5314	5019	5019	5019	5019	3218	1417	1417	1298	1258
载货汽车	中型		燃气	—	—	—	—	—	—	—	—	—	—	—	—	—	—	—	—	—	—	—
载货汽车	重型		汽油	—	—	—	—	—	—	—	—	—	—	—	—	—	—	—	—	—	—	—
载货汽车	重型		柴油	85963	85963	70655	40040	40040	31792	15295	15295	15295	10481	5667	5667	5667	5667	3844	2021	2021	1708	1604
载货汽车	重型		燃气	—	—	—	—	—	—	—	—	—	—	—	—	—	—	—	—	—	—	—
低速汽车	三轮汽车			4092	4092	4092	4092	4092	4092	4092	4092	4092	3220	3220	3220	3220	3220	3220	3220	3220	3220	3220
低速汽车	低速货车			5581	5581	5581	5581	5581	5581	5581	5581	5581	4392	4392	4392	4392	4392	4392	4392	4392	4392	4392
摩托车	普通摩托车			—	—	—	—	—	—	—	—	—	—	—	—	—	—	—	—	—	—	—
摩托车	轻便摩托车			—	—	—	—	—	—	—	—	—	—	—	—	—	—	—	—	—	—	—

合肥市 VOCs 排放系数

单位：克/（辆·年）

车辆类型		使用性质	燃料种类	1999 年年底前	2000 年	2001 年	2002 年	2003 年	2004 年	2005 年	2006 年	2007 年	2008 年	2009 年	2010 年	2011 年	2012 年	2013 年	2014 年	2015 年	2016 年	2017 年
载客汽车	微型	出租车	汽油	689259	412754	136249	136249	136249	136249	103076	69904	69904	57637	45370	45370	37334	29297	29297	29297	29297	20062	16983
			燃气	388319	235970	83622	83622	83622	83622	63969	44316	44316	36636	28955	28955	23028	17101	17101	17101	17101	10288	8017
		其他	汽油	37636	23302	8967	8967	8967	8967	8598	8228	8228	7182	6135	6135	5900	5664	5664	5664	5664	4833	4556
			燃气	15798	8860	1922	1922	1922	1922	1838	1753	1753	1308	862	862	792	722	722	722	722	498	423
	小型	出租车	汽油	689259	406100	122940	122940	122940	122940	113918	104896	104896	75133	45370	45370	37334	29297	29297	29297	29297	18934	15480
			柴油	209016	196537	184058	184058	184058	184058	166032	148006	148006	109700	71394	71394	71394	71394	52891	34388	34388	18958	13814
			燃气	388319	232304	76288	76288	76288	76288	69944	63599	63599	46277	28955	28955	23028	17101	17101	17101	17101	9666	7188
		其他	汽油	38123	23484	8846	8846	8846	8846	8800	8754	8754	7446	6138	6138	5868	5599	5599	5599	5599	4875	4634
			柴油	8377	7668	6958	6958	6958	6958	5922	4887	4887	3338	1790	1790	1790	1790	1542	1295	1295	929	807
			燃气	16066	9671	3276	3276	3276	3276	2659	2042	2042	1520	997	997	842	686	686	686	686	521	466
	中型	公交车	汽油	257651	257651	257651	257651	257054	175607	13906	13906	13906	13906	13906	13754	13602	13602	11075	8548	8548	8548	8548
			柴油	91436	91436	89645	86063	86063	67161	29358	29358	29358	21356	13354	13354	13354	13354	9328	5303	5303	4960	4846
			燃气	74539	74539	70398	62116	62116	59916	55516	55516	55516	44452	33387	33387	23138	23138	23070	23070	23070	23070	23070
		其他	汽油	128348	128348	128348	128348	127751	87429	7978	7978	7978	7978	7978	7832	7687	7687	6636	5584	5584	5584	5584
			柴油	30493	30493	28460	24394	24394	18567	6912	6912	6912	6506	6099	6099	6099	6099	3750	1402	1402	1243	1190
			燃气	34560	34560	32640	28800	28800	27780	25740	25740	25740	20623	15506	15506	10732	10732	9642	9642	9642	9642	9642
	大型	公交车	汽油	600576	600576	600576	600576	599979	404676	15263	15263	15263	15263	15263	15124	14984	14984	12104	9224	9224	9224	9224
			柴油	137155	137155	112477	63120	63120	63120	63120	63120	63120	45314	27508	27508	27508	27508	18406	9304	9304	5960	4846
			燃气	175912	175912	166139	146593	146593	141401	131018	131018	131018	104906	78794	78794	54606	54606	49139	49139	49139	49139	49139
		其他	汽油	1278244	1278244	1278244	1278244	1277647	860799	28296	28296	28296	28296	28296	22037	15778	15778	12587	9396	9396	9396	9396
			柴油	272891	272891	207397	76409	76409	76409	76409	76409	76409	55942	35476	35476	35476	35476	20706	5937	5937	5324	5119
			燃气	266186	266186	251398	221822	221822	213966	198253	198253	198253	158842	119430	119430	82662	82662	74261	74261	74261	74261	74261
载货汽车	微型		汽油	249453	134940	20428	20428	20428	20428	19250	18071	18071	16639	15207	15207	12668	10129	10129	10129	10129	8586	8072
			柴油	39024	36457	33890	33890	33890	33890	31074	28257	28257	20909	13561	13561	13561	13561	9368	5176	5176	3533	2985
			燃气	104710	54544	4379	4379	4379	4379	4114	3850	3850	2993	2137	2137	1714	1291	1291	1291	1291	885	749
	轻型		汽油	130475	78530	26584	26584	26584	26584	23048	19512	19512	17490	15467	15467	13658	11850	11850	11850	11850	10179	9622
			柴油	35914	34902	33890	33890	33890	33890	31074	28257	28257	20909	13561	13561	13561	13561	10266	6970	6970	5327	4779
			燃气	54985	32415	9845	9845	9845	9845	7198	4551	4551	3532	2512	2512	1982	1452	1452	1452	1452	1089	968
	中型		汽油	293772	293772	293772	293772	293175	199578	13577	13577	13577	13577	13577	13437	13297	13297	10838	8378	8378	8378	8378
			柴油	68975	68975	64377	55180	55180	41998	15634	15634	15634	14722	13810	13810	13810	13810	10008	6207	6207	3693	2855
			燃气	78175	78175	73832	65147	65147	62838	58220	58220	58220	46665	35110	35110	47513	47513	23133	23133	23133	23133	23133
	重型		汽油	603330	603330	603330	603330	602732	406530	15320	15320	15320	15320	15320	12306	9292	9292	7785	6278	6278	6278	6278
			柴油	154281	154281	117254	43199	43199	43199	43199	43199	43199	31628	20057	20057	20057	20057	12513	4969	4969	3536	3059
			燃气	150490	150490	142130	125410	125410	120969	112085	112085	112085	89804	67522	67522	69184	69184	44377	44377	44377	44377	44377
低速汽车	三轮汽车			25300	25300	25300	25300	25300	25300	25300	25300	25300	16721	16721	16721	16721	16721	16721	16721	16721	16721	16721
	低速货车			33990	33990	33990	33990	33990	33990	33990	33990	33990	22464	22464	22464	22464	22464	22464	22464	22464	22464	22464
摩托车	普通摩托车			15413	15413	15413	15413	11502	7591	4064	4064	4064	4064	4064	3032	2001	2001	2001	2001	2001	2001	2001
	轻便摩托车			49842	49842	49842	49842	49842	9968	9968	4908	4908	4908	4908	3662	2417	2417	2417	2417	2417	2417	2417

芜湖市 NO_x 排放系数

单位：克/（辆·年）

车辆类型		使用性质	燃料种类	1999年年底前	2000年	2001年	2002年	2003年	2004年	2005年	2006年	2007年	2008年	2009年	2010年	2011年	2012年	2013年	2014年	2015年	2016年	2017年
载客汽车	微型	出租车	汽油	290599	197307	104015	104015	104015	104015	77403	50791	50791	38074	25358	25358	20756	16155	16155	16155	16155	9751	7616
			燃气	205974	140409	74844	74844	74844	74844	55876	36909	36909	27820	18732	18732	15244	11755	11755	11755	11755	7028	5453
		其他	汽油	27470	17240	7011	7011	7011	7011	4427	1843	1843	1500	1157	1157	997	837	837	837	837	575	488
			燃气	18679	11110	3541	3541	3541	3541	2295	1049	1049	850	650	650	534	419	419	419	419	341	315
	小型	出租车	汽油	328230	218341	108452	108452	108452	108452	79962	51472	51472	38415	25358	25358	20080	14803	14803	14803	14803	8523	6430
			柴油	372110	312986	253862	253862	253862	253862	226080	198297	198297	157678	117059	117059	117059	117059	94954	72850	72850	55476	49685
			燃气	232438	155202	77965	77965	77965	77965	57677	37389	37389	28060	18732	18732	14768	10804	10804	10804	10804	6165	4619
		其他	汽油	25637	16375	7113	7113	7113	7113	4721	2329	2329	1622	915	915	856	796	796	796	796	542	457
			柴油	23181	18954	14728	14728	14728	14728	13569	12410	12410	9728	7047	7047	7047	7047	6095	5143	5143	4510	4299
			燃气	17389	11074	4760	4760	4760	4760	3075	1390	1390	934	479	479	435	391	391	391	391	318	294
	中型	公交车	汽油	326019	326019	326019	326019	326019	222725	16138	16138	16138	16138	16138	14473	12808	12808	9669	6530	6530	6530	6530
			柴油	364493	364493	363637	361926	361926	347543	318776	318776	318776	265525	212274	212274	212274	212274	173230	134187	134187	112345	105064
			燃气	387010	387010	382403	373188	373188	361612	338461	338461	338461	281692	224922	224922	142238	142238	111399	111399	111399	111399	111399
		其他	汽油	199879	199879	199879	199879	199879	135585	6996	6996	6996	6996	6996	6996	6996	6996	5248	3499	3499	3499	3499
			柴油	170931	170931	163796	149525	149525	148261	145732	145732	145732	124116	102499	102499	102499	102499	91010	79520	79520	67872	63989
			燃气	193017	193017	182294	160848	160848	159332	156300	156300	156300	133078	109856	109856	85574	85574	68738	68738	68738	68738	68738
	大型	公交车	汽油	1161442	1161442	1161442	1161442	1161442	798630	73005	73005	73005	73005	73005	72941	72877	72877	54658	36439	36439	36439	36439
			柴油	516960	516960	500255	466846	466846	453581	427051	427051	427051	419355	411659	411659	411659	411659	396815	381971	381971	344328	331781
			燃气	1039397	1039397	981653	866164	866164	801889	673340	673340	673340	576928	480515	480515	447359	447359	387743	387743	387743	387743	387743
		其他	汽油	2772150	2772150	2772150	2772150	2772150	1906183	174249	174249	174249	174249	174249	167715	161181	161181	121014	80848	80848	80848	80848
			柴油	1237960	1237960	1206105	1142394	1142394	1115760	1062492	1062492	1062492	1025084	987676	987676	987676	987676	940272	892869	892869	790180	755951
			燃气	2304328	2304328	2176310	1920273	1920273	1777777	1492784	1492784	1492784	1279529	1066274	1066274	961961	961961	816138	816138	816138	816138	816138
载货汽车	微型		汽油	131370	78156	24941	24941	24941	24941	17116	9291	9291	7563	5835	5835	5112	4388	4388	4388	4388	3224	2836
			柴油	92322	76373	60424	60424	60424	60424	54343	48262	48262	40848	33435	33435	33435	33435	24450	15466	15466	13110	12324
			燃气	89329	50963	12597	12597	12597	12597	8943	5288	5288	4283	3278	3278	2737	2197	2197	2197	2197	1922	1831
	轻型		汽油	97380	62662	27944	27944	27944	27944	19027	10110	10110	8495	6880	6880	5690	4500	4500	4500	4500	3365	2987
			柴油	92639	76532	60424	60424	60424	60424	54343	48262	48262	40848	33435	33435	33435	33435	26596	19756	19756	18155	17621
			燃气	66051	42375	18700	18700	18700	18700	12367	6034	6034	4818	3602	3602	2906	2210	2210	2210	2210	1994	1922
	中型		汽油	213602	213602	213602	213602	213602	145828	10280	10280	10280	10280	10280	10280	10280	10280	7713	5146	5146	5146	5146
			柴油	397959	397959	357338	276097	276097	262538	235420	235420	235420	236749	238078	238078	238078	238078	208884	179689	179689	154729	146409
			燃气	449379	449379	398588	297005	297005	282167	252492	252492	252492	253829	255166	255166	193369	193369	157275	157275	157275	157275	157275
	重型		汽油	2315560	2315560	2315560	2315560	2315560	1592223	145549	145549	145549	145549	145549	140091	134633	134633	101082	67532	67532	67532	67532
			柴油	1269092	1269092	1225774	1139137	1139137	1097003	1012736	1012736	1012736	972125	931514	931514	931514	931514	817326	703138	703138	484644	411812
			燃气	2362277	2362277	2213117	1914798	1914798	1750825	1422878	1422878	1422878	1214260	1005643	1005643	757548	757548	444599	444599	444599	444599	444599
低速汽车	三轮汽车			65550	65550	65550	65550	65550	65550	65550	65550	65550	53279	53279	53279	53279	53279	53279	53279	53279	53279	53279
	低速货车			88065	88065	88065	88065	88065	88065	88065	88065	88065	71579	71579	71579	71579	71579	71579	71579	71579	71579	71579
摩托车	普通摩托车			1150	1150	1150	1150	1112	1074	997	997	997	997	997	886	774	774	774	774	774	774	774
	轻便摩托车			767	767	767	767	767	383	383	383	383	383	383	340	298	298	298	298	298	298	298

芜湖市 PM 排放系数

单位：克/（辆·年）

车辆类型		使用性质	燃料种类	1999 年年底前	2000 年	2001 年	2002 年	2003 年	2004 年	2005 年	2006 年	2007 年	2008 年	2009 年	2010 年	2011 年	2012 年	2013 年	2014 年	2015 年	2016 年	2017 年
载客汽车	微型	出租车	汽油	—	—	—	—	—	—	—	—	—	—	—	—	—	—	—	—	—	—	—
			燃气	—	—	—	—	—	—	—	—	—	—	—	—	—	—	—	—	—	—	—
		其他	汽油	—	—	—	—	—	—	—	—	—	—	—	—	—	—	—	—	—	—	—
			燃气	—	—	—	—	—	—	—	—	—	—	—	—	—	—	—	—	—	—	—
	小型	出租车	汽油	—	—	—	—	—	—	—	—	—	—	—	—	—	—	—	—	—	—	—
			柴油	51018	46732	42445	42445	42445	42445	28971	15497	15497	10103	4709	4709	4709	4709	4376	4044	4044	3344	3111
			燃气	—	—	—	—	—	—	—	—	—	—	—	—	—	—	—	—	—	—	—
		其他	汽油	—	—	—	—	—	—	—	—	—	—	—	—	—	—	—	—	—	—	—
			柴油	3596	3403	3210	3210	3210	3210	2310	1410	1410	1034	658	658	658	658	550	442	442	442	442
			燃气	—	—	—	—	—	—	—	—	—	—	—	—	—	—	—	—	—	—	—
	中型	公交车	汽油	—	—	—	—	—	—	—	—	—	—	—	—	—	—	—	—	—	—	—
			柴油	30592	30592	28032	22913	22913	17978	8108	8108	8108	6872	5637	5637	5637	5637	3504	1372	1372	1080	983
			燃气	—	—	—	—	—	—	—	—	—	—	—	—	—	—	—	—	—	—	—
		其他	汽油	—	—	—	—	—	—	—	—	—	—	—	—	—	—	—	—	—	—	—
			柴油	15274	15274	12888	8116	8116	6262	2553	2553	2553	2434	2316	2316	2316	2316	1366	415	415	399	394
			燃气	—	—	—	—	—	—	—	—	—	—	—	—	—	—	—	—	—	—	—
	大型	公交车	汽油	—	—	—	—	—	—	—	—	—	—	—	—	—	—	—	—	—	—	—
			柴油	94865	94865	93934	92071	92071	71272	29674	29674	29674	19994	10315	10315	10315	10315	6116	1916	1916	1845	1821
			燃气	—	—	—	—	—	—	—	—	—	—	—	—	—	—	—	—	—	—	—
		其他	汽油	—	—	—	—	—	—	—	—	—	—	—	—	—	—	—	—	—	—	—
			柴油	142314	142314	133412	115607	115607	85425	25061	25061	25061	17182	9303	9303	9303	9303	5868	2433	2433	2343	2313
			燃气	—	—	—	—	—	—	—	—	—	—	—	—	—	—	—	—	—	—	—
载货汽车	微型		汽油	—	—	—	—	—	—	—	—	—	—	—	—	—	—	—	—	—	—	—
			柴油	11419	11183	10947	10947	10947	10947	8926	6905	6905	5124	3344	3344	3344	3344	2106	867	867	862	861
			燃气	—	—	—	—	—	—	—	—	—	—	—	—	—	—	—	—	—	—	—
	轻型		汽油	—	—	—	—	—	—	—	—	—	—	—	—	—	—	—	—	—	—	—
			柴油	11876	11412	10947	10947	10947	10947	8926	6905	6905	5124	3344	3344	3344	3344	2522	1700	1700	1404	1305
			燃气	—	—	—	—	—	—	—	—	—	—	—	—	—	—	—	—	—	—	—
	中型		汽油	—	—	—	—	—	—	—	—	—	—	—	—	—	—	—	—	—	—	—
			柴油	33803	33803	28447	17734	17734	13693	5610	5610	5610	5314	5019	5019	5019	5019	3218	1417	1417	1298	1258
			燃气	—	—	—	—	—	—	—	—	—	—	—	—	—	—	—	—	—	—	—
	重型		汽油	—	—	—	—	—	—	—	—	—	—	—	—	—	—	—	—	—	—	—
			柴油	161466	161466	132713	75207	75207	59714	28729	28729	28729	19686	10644	10644	10644	10644	7166	3687	3687	3116	2926
			燃气	—	—	—	—	—	—	—	—	—	—	—	—	—	—	—	—	—	—	—
低速汽车	三轮汽车			4092	4092	4092	4092	4092	4092	4092	4092	4092	3220	3220	3220	3220	3220	3220	3220	3220	3220	3220
	低速货车			5581	5581	5581	5581	5581	5581	5581	5581	5581	4392	4392	4392	4392	4392	4392	4392	4392	4392	4392
摩托车	普通摩托车			—	—	—	—	—	—	—	—	—	—	—	—	—	—	—	—	—	—	—
	轻便摩托车			—	—	—	—	—	—	—	—	—	—	—	—	—	—	—	—	—	—	—

芜湖市 VOCs 排放系数

单位：克/（辆·年）

车辆类型		使用性质	燃料种类	1999年年底前	2000年	2001年	2002年	2003年	2004年	2005年	2006年	2007年	2008年	2009年	2010年	2011年	2012年	2013年	2014年	2015年	2016年	2017年
载客汽车	微型	出租车	汽油	698603	417208	135812	135812	135812	135812	102512	69211	69211	56969	44727	44727	36977	29227	29227	29227	29227	20357	17400
			燃气	393234	238175	83116	83116	83116	83116	63438	43759	43759	36117	28475	28475	22752	17028	17028	17028	17028	10462	8273
		其他	汽油	38334	23610	8887	8887	8887	8887	8528	8168	8168	7112	6057	6057	5833	5609	5609	5609	5609	4794	4523
			燃气	16356	9160	1963	1963	1963	1963	1884	1804	1804	1343	882	882	820	759	759	759	759	530	454
	小型	出租车	汽油	698603	410472	122341	122341	122341	122341	113518	104695	104695	74711	44727	44727	36977	29227	29227	29227	29227	19164	15810
			柴油	205654	193438	181223	181223	181223	181223	163876	146529	146529	108186	69842	69842	69842	69842	51759	33676	33676	18662	13657
			燃气	393234	234464	75693	75693	75693	75693	69504	63314	63314	45894	28475	28475	22752	17028	17028	17028	17028	9805	7397
		其他	汽油	38838	23800	8763	8763	8763	8763	8737	8711	8711	7386	6060	6060	5800	5540	5540	5540	5540	4843	4611
			柴油	8525	7798	7071	7071	7071	7071	6027	4983	4983	3394	1804	1804	1804	1804	1553	1302	1302	937	815
			燃气	16634	9994	3353	3353	3353	3353	2728	2104	2104	1562	1021	1021	871	721	721	721	721	557	502
	中型	公交车	汽油	247578	247578	247578	247578	246981	168738	13446	13446	13446	13446	13446	13294	13143	13143	10716	8288	8288	8288	8288
			柴油	87806	87806	86086	82645	82645	64494	28192	28192	28192	20508	12823	12823	12823	12823	8958	5093	5093	4763	4653
			燃气	71579	71579	67602	59649	59649	57536	53311	53311	53311	42686	32061	32061	22219	22219	22154	22154	22154	22154	22154
		其他	汽油	128288	128288	128288	128288	127691	87369	7918	7918	7918	7918	7918	7772	7627	7627	6576	5524	5524	5524	5524
			柴油	30493	30493	28460	24394	24394	18567	6912	6912	6912	6506	6099	6099	6099	6099	3750	1402	1402	1243	1190
			燃气	34560	34560	32640	28800	28800	27780	25740	25740	25740	20623	15506	15506	10732	10732	9642	9642	9642	9642	9642
	大型	公交车	汽油	576886	576886	576886	576886	576289	388711	14749	14749	14749	14749	14749	14610	14470	14470	11704	8938	8938	8938	8938
			柴油	131708	131708	108010	60614	60614	60614	60614	60614	60614	43515	26416	26416	26416	26416	17675	8934	8934	5723	4653
			燃气	168926	168926	159541	140772	140772	135786	125815	125815	125815	100740	75665	75665	52438	52438	47188	47188	47188	47188	47188
		其他	汽油	1278184	1278184	1278184	1278184	1277587	860739	28236	28236	28236	28236	28236	21977	15718	15718	12528	9337	9337	9337	9337
			柴油	272891	272891	207397	76409	76409	76409	76409	76409	76409	55942	35476	35476	35476	35476	20706	5937	5937	5324	5119
			燃气	266186	266186	251398	221822	221822	213966	198253	198253	198253	158842	119430	119430	82662	82662	74261	74261	74261	74261	74261
载货汽车	微型		汽油	276360	149264	22167	22167	22167	22167	20853	19539	19539	17982	16424	16424	13571	10718	10718	10718	10718	9037	8477
			柴油	44218	41300	38383	38383	38383	38383	35118	31852	31852	23606	15359	15359	15359	15359	10606	5854	5854	3967	3338
			燃气	117915	61406	4896	4896	4896	4896	4606	4315	4315	3354	2392	2392	1921	1450	1450	1450	1450	1001	851
	轻型		汽油	144039	86526	29014	29014	29014	29014	25078	21141	21141	18927	16713	16713	14672	12632	12632	12632	12632	10809	10201
			柴油	40744	39564	38383	38383	38383	38383	35118	31852	31852	23606	15359	15359	15359	15359	11605	7851	7851	5964	5335
			燃气	61691	36396	11102	11102	11102	11102	8104	5106	5106	3961	2816	2816	2230	1644	1644	1644	1644	1244	1111
	中型		汽油	293712	293712	293712	293712	293115	199518	13517	13517	13517	13517	13517	13377	13237	13237	10778	8319	8319	8319	8319
			柴油	68975	68975	64377	55180	55180	41998	15634	15634	15634	14722	13810	13810	13810	13810	10008	6207	6207	3693	2855
			燃气	78175	78175	73832	65147	65147	62838	58220	58220	58220	46665	35110	35110	47513	47513	23133	23133	23133	23133	23133
	重型		汽油	1100412	1100412	1100412	1100412	1099814	741085	24821	24821	24821	24821	24821	19416	14012	14012	11265	8518	8518	8518	8518
			柴油	272548	272548	207136	76313	76313	76313	76313	76313	76313	55872	35431	35431	35431	35431	22304	9178	9178	7092	6396
			燃气	265851	265851	251082	221543	221543	213697	198004	198004	198004	158641	119279	119279	127787	127787	92786	92786	92786	92786	92786
低速汽车	三轮汽车			25300	25300	25300	25300	25300	25300	25300	25300	25300	16721	16721	16721	16721	16721	16721	16721	16721	16721	16721
	低速货车			33990	33990	33990	33990	33990	33990	33990	33990	33990	22464	22464	22464	22464	22464	22464	22464	22464	22464	22464
摩托车	普通摩托车			15413	15413	15413	15413	11502	7591	4064	4064	4064	4064	4064	3032	2001	2001	2001	2001	2001	2001	2001
	轻便摩托车			49842	49842	49842	49842	49842	9968	9968	4908	4908	4908	4908	3662	2417	2417	2417	2417	2417	2417	2417

蚌埠市 NO_x 排放系数

单位：克/（辆·年）

车辆类型		使用性质	燃料种类	1999年年底前	2000年	2001年	2002年	2003年	2004年	2005年	2006年	2007年	2008年	2009年	2010年	2011年	2012年	2013年	2014年	2015年	2016年	2017年
载客汽车	微型	出租车	汽油	296253	200648	105043	105043	105043	105043	78106	51170	51170	38344	25517	25517	20778	16040	16040	16040	16040	9712	7602
			燃气	199933	136358	72782	72782	72782	72782	54469	36156	36156	27363	18570	18570	15002	11433	11433	11433	11433	6782	5232
		其他	汽油	28125	17630	7135	7135	7135	7135	4504	1872	1872	1525	1178	1178	1006	833	833	833	833	576	490
			燃气	18084	10750	3417	3417	3417	3417	2216	1016	1016	824	633	633	514	395	395	395	395	324	300
	小型	出租车	汽油	334731	222138	109544	109544	109544	109544	80702	51861	51861	38689	25517	25517	20116	14714	14714	14714	14714	8492	6418
			柴油	374828	315156	255485	255485	255485	255485	227449	199413	199413	158355	117297	117297	117297	117297	95162	73027	73027	55527	49694
			燃气	225491	150632	75772	75772	75772	75772	56194	36616	36616	27593	18570	18570	14562	10553	10553	10553	10553	5973	4446
		其他	汽油	26247	16742	7238	7238	7238	7238	4802	2367	2367	1648	930	930	862	793	793	793	793	543	460
			柴油	23434	19160	14886	14886	14886	14886	13724	12563	12563	9830	7098	7098	7098	7098	6140	5181	5181	4531	4314
			燃气	16837	10714	4590	4590	4590	4590	2968	1345	1345	906	468	468	418	369	369	369	369	302	280
	中型	公交车	汽油	326210	326210	326210	326210	326210	222856	16147	16147	16147	16147	16147	14481	12815	12815	9674	6534	6534	6534	6534
			柴油	364650	364650	363794	362081	362081	347691	318912	318912	318912	265638	212365	212365	212365	212365	173305	134245	134245	112393	105109
			燃气	387175	387175	382566	373348	373348	361767	338606	338606	338606	281812	225018	225018	142298	142298	111447	111447	111447	111447	111447
		其他	汽油	199996	199996	199996	199996	199996	135664	7000	7000	7000	7000	7000	7000	7000	7000	5250	3501	3501	3501	3501
			柴油	171004	171004	163866	149589	149589	148324	145794	145794	145794	124168	102543	102543	102543	102543	91048	79554	79554	67900	64016
			燃气	193100	193100	182372	160916	160916	159400	156367	156367	156367	133135	109903	109903	85610	85610	68767	68767	68767	68767	68767
	大型	公交车	汽油	1162122	1162122	1162122	1162122	1162122	799097	73048	73048	73048	73048	73048	72984	72920	72920	54690	36461	36461	36461	36461
			柴油	517182	517182	500470	467046	467046	453775	427234	427234	427234	419535	411836	411836	411836	411836	396986	382135	382135	344476	331923
			燃气	1039842	1039842	982073	866535	866535	802233	673628	673628	673628	577174	480721	480721	447551	447551	387909	387909	387909	387909	387909
		其他	汽油	2773773	2773773	2773773	2773773	2773773	1907299	174351	174351	174351	174351	174351	167813	161275	161275	121086	80896	80896	80896	80896
			柴油	1238490	1238490	1206621	1142884	1142884	1116238	1062947	1062947	1062947	1025523	988099	988099	988099	988099	940676	893252	893252	790519	756275
			燃气	2305314	2305314	2177241	1921095	1921095	1778538	1493423	1493423	1493423	1280077	1066731	1066731	962373	962373	816488	816488	816488	816488	816488
载货汽车	微型		汽油	136673	81318	25962	25962	25962	25962	17776	9590	9590	7798	6005	6005	5272	4538	4538	4538	4538	3356	2962
			柴油	94594	78208	61823	61823	61823	61823	55628	49433	49433	41826	34218	34218	34218	34218	25022	15826	15826	13447	12654
			燃气	87879	50156	12433	12433	12433	12433	8819	5205	5205	4216	3227	3227	2689	2152	2152	2152	2152	1898	1813
	轻型		汽油	101929	65521	29113	29113	29113	29113	19781	10449	10449	8776	7102	7102	5879	4656	4656	4656	4656	3504	3120
			柴油	94921	78372	61823	61823	61823	61823	55628	49433	49433	41826	34218	34218	34218	34218	27228	20239	20239	18637	18103
			燃气	65386	41924	18462	18462	18462	18462	12200	5937	5937	4756	3574	3574	2870	2167	2167	2167	2167	1966	1899
	中型		汽油	213602	213602	213602	213602	213602	145828	10280	10280	10280	10280	10280	10280	10280	10280	7713	5146	5146	5146	5146
			柴油	397959	397959	357338	276097	276097	262538	235420	235420	235420	236749	238078	238078	238078	238078	208884	179689	179689	154729	146409
			燃气	449381	449381	398588	297003	297003	282166	252493	252493	252493	253829	255166	255166	193368	193368	157275	157275	157275	157275	157275
	重型		汽油	1488427	1488427	1488427	1488427	1488427	1023471	93558	93558	93558	93558	93558	90050	86541	86541	64975	43409	43409	43409	43409
			柴油	818894	818894	790942	735039	735039	707852	653478	653478	653478	627273	601068	601068	601068	601068	524398	447728	447728	310017	264113
			燃气	1524282	1524282	1428035	1235541	1235541	1129736	918126	918126	918126	783513	648900	648900	482374	482374	285141	285141	285141	285141	285141
低速汽车	三轮汽车			65550	65550	65550	65550	65550	65550	65550	65550	65550	53279	53279	53279	53279	53279	53279	53279	53279	53279	53279
	低速货车			88065	88065	88065	88065	88065	88065	88065	88065	88065	71579	71579	71579	71579	71579	71579	71579	71579	71579	71579
摩托车	普通摩托车			1150	1150	1150	1150	1112	1074	997	997	997	997	997	886	774	774	774	774	774	774	774
	轻便摩托车			767	767	767	767	767	383	383	383	383	383	383	340	298	298	298	298	298	298	298

蚌埠市 PM 排放系数

单位：克/（辆•年）

车辆类型		使用性质	燃料种类	1999 年年底前	2000 年	2001 年	2002 年	2003 年	2004 年	2005 年	2006 年	2007 年	2008 年	2009 年	2010 年	2011 年	2012 年	2013 年	2014 年	2015 年	2016 年	2017 年
载客汽车	微型	出租车	汽油	—	—	—	—	—	—	—	—	—	—	—	—	—	—	—	—	—	—	—
			燃气	—	—	—	—	—	—	—	—	—	—	—	—	—	—	—	—	—	—	—
		其他	汽油	—	—	—	—	—	—	—	—	—	—	—	—	—	—	—	—	—	—	—
			燃气	—	—	—	—	—	—	—	—	—	—	—	—	—	—	—	—	—	—	—
	小型	出租车	汽油	—	—	—	—	—	—	—	—	—	—	—	—	—	—	—	—	—	—	—
			柴油	48494	44420	40345	40345	40345	40345	27597	14849	14849	9662	4475	4475	4475	4475	4159	3843	3843	3178	2956
			燃气	—	—	—	—	—	—	—	—	—	—	—	—	—	—	—	—	—	—	—
		其他	汽油	—	—	—	—	—	—	—	—	—	—	—	—	—	—	—	—	—	—	—
			柴油	3436	3252	3068	3068	3068	3068	2211	1354	1354	990	627	627	627	627	526	426	426	426	426
			燃气	—	—	—	—	—	—	—	—	—	—	—	—	—	—	—	—	—	—	—
	中型	公交车	汽油	—	—	—	—	—	—	—	—	—	—	—	—	—	—	—	—	—	—	—
			柴油	30592	30592	28032	22913	22913	17978	8108	8108	8108	6872	5637	5637	5637	5637	3504	1372	1372	1080	983
			燃气	—	—	—	—	—	—	—	—	—	—	—	—	—	—	—	—	—	—	—
		其他	汽油	—	—	—	—	—	—	—	—	—	—	—	—	—	—	—	—	—	—	—
			柴油	15274	15274	12888	8116	8116	6262	2553	2553	2553	2434	2316	2316	2316	2316	1366	415	415	399	394
			燃气	—	—	—	—	—	—	—	—	—	—	—	—	—	—	—	—	—	—	—
	大型	公交车	汽油	—	—	—	—	—	—	—	—	—	—	—	—	—	—	—	—	—	—	—
			柴油	94865	94865	93934	92071	92071	71272	29674	29674	29674	19994	10315	10315	10315	10315	6116	1916	1916	1845	1821
			燃气	—	—	—	—	—	—	—	—	—	—	—	—	—	—	—	—	—	—	—
		其他	汽油	—	—	—	—	—	—	—	—	—	—	—	—	—	—	—	—	—	—	—
			柴油	142314	142314	133412	115607	115607	85425	25061	25061	25061	17182	9303	9303	9303	9303	5868	2433	2433	2343	2313
			燃气	—	—	—	—	—	—	—	—	—	—	—	—	—	—	—	—	—	—	—
载货汽车	微型		汽油	—	—	—	—	—	—	—	—	—	—	—	—	—	—	—	—	—	—	—
			柴油	11184	10953	10722	10722	10722	10722	8737	6752	6752	5011	3270	3270	3270	3270	2059	848	848	844	842
			燃气	—	—	—	—	—	—	—	—	—	—	—	—	—	—	—	—	—	—	—
	轻型		汽油	—	—	—	—	—	—	—	—	—	—	—	—	—	—	—	—	—	—	—
			柴油	11632	11177	10722	10722	10722	10722	8737	6752	6752	5011	3270	3270	3270	3270	2466	1662	1662	1372	1276
			燃气	—	—	—	—	—	—	—	—	—	—	—	—	—	—	—	—	—	—	—
	中型		汽油	—	—	—	—	—	—	—	—	—	—	—	—	—	—	—	—	—	—	—
			柴油	33803	33803	28447	17734	17734	13693	5610	5610	5610	5314	5019	5019	5019	5019	3218	1417	1417	1298	1258
			燃气	—	—	—	—	—	—	—	—	—	—	—	—	—	—	—	—	—	—	—
	重型		汽油	—	—	—	—	—	—	—	—	—	—	—	—	—	—	—	—	—	—	—
			柴油	102850	102850	84535	47905	47905	38037	18300	18300	18300	12540	6780	6780	6780	6780	4578	2375	2375	2008	1885
			燃气	—	—	—	—	—	—	—	—	—	—	—	—	—	—	—	—	—	—	—
低速汽车	三轮汽车			4092	4092	4092	4092	4092	4092	4092	4092	4092	3220	3220	3220	3220	3220	3220	3220	3220	3220	3220
	低速货车			5581	5581	5581	5581	5581	5581	5581	5581	5581	4392	4392	4392	4392	4392	4392	4392	4392	4392	4392
摩托车	普通摩托车			—	—	—	—	—	—	—	—	—	—	—	—	—	—	—	—	—	—	—
	轻便摩托车			—	—	—	—	—	—	—	—	—	—	—	—	—	—	—	—	—	—	—

蚌埠市 VOCs 排放系数

单位：克/（辆·年）

车辆类型		使用性质	燃料种类	1999 年年底前	2000 年	2001 年	2002 年	2003 年	2004 年	2005 年	2006 年	2007 年	2008 年	2009 年	2010 年	2011 年	2012 年	2013 年	2014 年	2015 年	2016 年	2017 年
载客汽车	微型	出租车	汽油	776734	462319	147904	147904	147904	147904	110870	73837	73837	60521	47205	47205	38992	30778	30778	30778	30778	21460	18354
			燃气	372749	226826	80902	80902	80902	80902	61924	42946	42946	35496	28047	28047	22302	16558	16558	16558	16558	9899	7679
		其他	汽油	42569	26042	9515	9515	9515	9515	9146	8776	8776	7610	6445	6445	6186	5926	5926	5926	5926	5040	4745
			燃气	15587	8741	1895	1895	1895	1895	1816	1738	1738	1294	850	850	782	714	714	714	714	490	415
	小型	出租车	汽油	776734	454668	132603	132603	132603	132603	123381	114159	114159	80682	47205	47205	38992	30778	30778	30778	30778	20180	16648
			柴油	212127	199666	187205	187205	187205	187205	169404	151603	151603	111214	70824	70824	70824	70824	52525	34226	34226	19218	14216
			燃气	372749	223284	73820	73820	73820	73820	67714	61609	61609	44828	28047	28047	22302	16558	16558	16558	16558	9307	6890
		其他	汽油	43140	26257	9374	9374	9374	9374	9384	9395	9395	7922	6448	6448	6150	5851	5851	5851	5851	5094	4842
			柴油	9231	8440	7650	7650	7650	7650	6498	5345	5345	3626	1906	1906	1906	1906	1648	1389	1389	1009	882
			燃气	15852	9538	3225	3225	3225	3225	2624	2024	2024	1503	982	982	830	679	679	679	679	516	461
	中型	公交车	汽油	247704	247704	247704	247704	247107	168864	13571	13571	13571	13571	13571	13420	13268	13268	10841	8414	8414	8414	8414
			柴油	87806	87806	86086	82645	82645	64494	28192	28192	28192	20508	12823	12823	12823	12823	8958	5093	5093	4763	4653
			燃气	71579	71579	67602	59649	59649	57536	53311	53311	53311	42686	32061	32061	22219	22219	22154	22154	22154	22154	22154
		其他	汽油	128414	128414	128414	128414	127817	87495	8044	8044	8044	8044	8044	7898	7753	7753	6702	5650	5650	5650	5650
			柴油	30493	30493	28460	24394	24394	18567	6912	6912	6912	6506	6099	6099	6099	6099	3750	1402	1402	1243	1190
			燃气	34560	34560	32640	28800	28800	27780	25740	25740	25740	20623	15506	15506	10732	10732	9642	9642	9642	9642	9642
	大型	公交车	汽油	577012	577012	577012	577012	576415	388837	14875	14875	14875	14875	14875	14735	14595	14595	11829	9063	9063	9063	9063
			柴油	131708	131708	108010	60614	60614	60614	60614	60614	60614	43515	26416	26416	26416	26416	17675	8934	8934	5723	4653
			燃气	168926	168926	159541	140772	140772	135786	125815	125815	125815	100740	75665	75665	52438	52438	47188	47188	47188	47188	47188
		其他	汽油	1278310	1278310	1278310	1278310	1277713	860865	28362	28362	28362	28362	28362	22103	15844	15844	12653	9462	9462	9462	9462
			柴油	272891	272891	207397	76409	76409	76409	76409	76409	76409	55942	35476	35476	35476	35476	20706	5937	5937	5324	5119
			燃气	266186	266186	251398	221822	221822	213966	198253	198253	198253	158842	119430	119430	82662	82662	74261	74261	74261	74261	74261
载货汽车	微型		汽油	318309	171258	24206	24206	24206	24206	22828	21450	21450	19766	18083	18083	14886	11688	11688	11688	11688	9925	9337
			柴油	47238	44126	41015	41015	41015	41015	37606	34198	34198	25239	16280	16280	16280	16280	11204	6129	6129	4234	3602
			燃气	116552	60686	4821	4821	4821	4821	4534	4248	4248	3316	2385	2385	1897	1408	1408	1408	1408	965	817
	轻型		汽油	164947	98544	32141	32141	32141	32141	27724	23307	23307	20862	18418	18418	16162	13906	13906	13906	13906	11978	11335
			柴油	43376	42196	41015	41015	41015	41015	37606	34198	34198	25239	16280	16280	16280	16280	12316	8351	8351	6456	5824
			燃气	60611	35834	11058	11058	11058	11058	8039	5021	5021	3913	2805	2805	2209	1614	1614	1614	1614	1213	1079
	中型		汽油	293838	293838	293838	293838	293241	199644	13643	13643	13643	13643	13643	13503	13363	13363	10904	8445	8445	8445	8445
			柴油	68975	68975	64377	55180	55180	41998	15634	15634	15634	14722	13810	13810	13810	13810	10008	6207	6207	3693	2855
			燃气	78175	78175	73832	65147	65147	62838	58220	58220	58220	46665	35110	35110	47513	47513	23133	23133	23133	23133	23133
	重型		汽油	709463	709463	709463	709463	708866	477987	17426	17426	17426	17426	17426	13902	10378	10378	8606	6835	6835	6835	6835
			柴油	176119	176119	133850	49313	49313	49313	49313	49313	49313	36104	22895	22895	22895	22895	14472	6050	6050	4481	3958
			燃气	171792	171792	162248	143160	143160	138090	127949	127949	127949	102512	77076	77076	84235	84235	57418	57418	57418	57418	57418
低速汽车	三轮汽车			25300	25300	25300	25300	25300	25300	25300	25300	25300	16721	16721	16721	16721	16721	16721	16721	16721	16721	16721
	低速货车			33990	33990	33990	33990	33990	33990	33990	33990	33990	22464	22464	22464	22464	22464	22464	22464	22464	22464	22464
摩托车	普通摩托车			15413	15413	15413	15413	11502	7591	4064	4064	4064	4064	4064	3032	2001	2001	2001	2001	2001	2001	2001
	轻便摩托车			49842	49842	49842	49842	49842	9968	9968	4908	4908	4908	4908	3662	2417	2417	2417	2417	2417	2417	2417

淮南市 NO_x 排放系数

单位：克/（辆・年）

车辆类型		使用性质	燃料种类	1999年年底前	2000年	2001年	2002年	2003年	2004年	2005年	2006年	2007年	2008年	2009年	2010年	2011年	2012年	2013年	2014年	2015年	2016年	2017年
载客汽车	微型	出租车	汽油	374500	256391	138282	138282	138282	138282	103992	69702	69702	53058	36414	36414	29386	22359	22359	22359	22359	13037	9930
			燃气	253833	175176	96520	96520	96520	96520	73108	49697	49697	38207	26717	26717	21414	16112	16112	16112	16112	9192	6885
		其他	汽油	28125	17630	7135	7135	7135	7135	4504	1872	1872	1525	1178	1178	1006	833	833	833	833	576	490
			燃气	18084	10750	3417	3417	3417	3417	2216	1016	1016	824	633	633	514	395	395	395	395	324	300
	小型	出租车	汽油	421758	282784	143811	143811	143811	143811	107182	70552	70552	53483	36414	36414	28572	20731	20731	20731	20731	11540	8477
			柴油	493939	418316	342692	342692	342692	342692	304522	266352	266352	212195	158038	158038	158038	158038	127114	96191	96191	71219	62895
			燃气	285223	192708	100192	100192	100192	100192	75226	50261	50261	38489	26717	26717	20874	15031	15031	15031	15031	8198	5920
		其他	汽油	26247	16742	7238	7238	7238	7238	4802	2367	2367	1648	930	930	862	793	793	793	793	543	460
			柴油	23434	19160	14886	14886	14886	14886	13724	12563	12563	9830	7098	7098	7098	7098	6140	5181	5181	4531	4314
			燃气	16837	10714	4590	4590	4590	4590	2968	1345	1345	906	468	468	418	369	369	369	369	302	280
	中型	公交车	汽油	326210	326210	326210	326210	326210	222856	16147	16147	16147	16147	16147	14481	12815	12815	9674	6534	6534	6534	6534
			柴油	364650	364650	363794	362081	362081	347691	318912	318912	318912	265638	212365	212365	212365	212365	173305	134245	134245	112393	105109
			燃气	387175	387175	382566	373348	373348	361767	338606	338606	338606	281812	225018	225018	142298	142298	111447	111447	111447	111447	111447
		其他	汽油	199996	199996	199996	199996	199996	135664	7000	7000	7000	7000	7000	7000	7000	7000	5250	3501	3501	3501	3501
			柴油	171004	171004	163866	149589	149589	148324	145794	145794	145794	124168	102543	102543	102543	102543	91048	79554	79554	67900	64016
			燃气	193100	193100	182372	160916	160916	159400	156367	156367	156367	133135	109903	109903	85610	85610	68767	68767	68767	68767	68767
	大型	公交车	汽油	1162122	1162122	1162122	1162122	1162122	799097	73048	73048	73048	73048	73048	72984	72920	72920	54690	36461	36461	36461	36461
			柴油	517182	517182	500470	467046	467046	453775	427234	427234	427234	419535	411836	411836	411836	411836	396986	382135	382135	344476	331923
			燃气	1039842	1039842	982073	866535	866535	802233	673628	673628	673628	577174	480721	480721	447551	447551	387909	387909	387909	387909	387909
		其他	汽油	2773773	2773773	2773773	2773773	2773773	1907299	174351	174351	174351	174351	174351	167813	161275	161275	121086	80896	80896	80896	80896
			柴油	1238490	1238490	1206621	1142884	1142884	1116238	1062947	1062947	1062947	1025523	988099	988099	988099	988099	940676	893252	893252	790519	756275
			燃气	2305314	2305314	2177241	1921095	1921095	1778538	1493423	1493423	1493423	1280077	1066731	1066731	962373	962373	816488	816488	816488	816488	816488
载货汽车	微型		汽油	152105	90680	29254	29254	29254	29254	20108	10963	10963	8934	6905	6905	6028	5150	5150	5150	5150	3772	3313
			柴油	106694	88391	70088	70088	70088	70088	63018	55949	55949	47316	38682	38682	38682	38682	28282	17883	17883	15072	14135
			燃气	97801	55906	14010	14010	14010	14010	9980	5950	5950	4830	3710	3710	3076	2442	2442	2442	2442	2132	2028
	轻型		汽油	113557	73154	32751	32751	32751	32751	22334	11916	11916	10019	8122	8122	6702	5281	5281	5281	5281	3937	3489
			柴油	107056	88572	70088	70088	70088	70088	63018	55949	55949	47316	38682	38682	38682	38682	30731	22780	22780	20830	20180
			燃气	72845	46807	20769	20769	20769	20769	13770	6771	6771	5429	4087	4087	3272	2457	2457	2457	2457	2207	2124
	中型		汽油	213602	213602	213602	213602	213602	145828	10280	10280	10280	10280	10280	10280	10280	10280	7713	5146	5146	5146	5146
			柴油	397959	397959	357338	276097	276097	262538	235420	235420	235420	236749	238078	238078	238078	238078	208884	179689	179689	154729	146409
			燃气	449381	449381	398588	297003	297003	282166	252493	252493	252493	253829	255166	255166	193368	193368	157275	157275	157275	157275	157275
	重型		汽油	2496815	2496815	2496815	2496815	2496815	1716858	156943	156943	156943	156943	156943	151058	145172	145172	108995	72818	72818	72818	72818
			柴油	1365895	1365895	1319273	1226028	1226028	1180680	1089984	1089984	1089984	1046276	1002567	1002567	1002567	1002567	882400	762234	762234	528591	450710
			燃气	2542465	2542465	2381927	2060853	2060853	1884372	1531410	1531410	1531410	1306880	1082350	1082350	821217	821217	486595	486595	486595	486595	486595
低速汽车	三轮汽车			65550	65550	65550	65550	65550	65550	65550	65550	65550	53279	53279	53279	53279	53279	53279	53279	53279	53279	53279
	低速货车			88065	88065	88065	88065	88065	88065	88065	88065	88065	71579	71579	71579	71579	71579	71579	71579	71579	71579	71579
摩托车	普通摩托车			1150	1150	1150	1150	1112	1074	997	997	997	997	997	886	774	774	774	774	774	774	774
	轻便摩托车			767	767	767	767	767	383	383	383	383	383	383	340	298	298	298	298	298	298	298

淮南市 PM 排放系数

单位：克/（辆·年）

车辆类型		使用性质	燃料种类	1999 年年底前	2000 年	2001 年	2002 年	2003 年	2004 年	2005 年	2006 年	2007 年	2008 年	2009 年	2010 年	2011 年	2012 年	2013 年	2014 年	2015 年	2016 年	2017 年
载客汽车	微型	出租车	汽油	—	—	—	—	—	—	—	—	—	—	—	—	—	—	—	—	—	—	—
			燃气	—	—	—	—	—	—	—	—	—	—	—	—	—	—	—	—	—	—	—
		其他	汽油	—	—	—	—	—	—	—	—	—	—	—	—	—	—	—	—	—	—	—
			燃气	—	—	—	—	—	—	—	—	—	—	—	—	—	—	—	—	—	—	—
	小型	出租车	汽油	—	—	—	—	—	—	—	—	—	—	—	—	—	—	—	—	—	—	—
			柴油	59559	54554	49550	49550	49550	49550	33894	18237	18237	11866	5496	5496	5496	5496	5108	4720	4720	3903	3631
			燃气	—	—	—	—	—	—	—	—	—	—	—	—	—	—	—	—	—	—	—
		其他	汽油	—	—	—	—	—	—	—	—	—	—	—	—	—	—	—	—	—	—	—
			柴油	3436	3252	3068	3068	3068	3068	2211	1354	1354	990	627	627	627	627	526	426	426	426	426
			燃气	—	—	—	—	—	—	—	—	—	—	—	—	—	—	—	—	—	—	—
	中型	公交车	汽油	—	—	—	—	—	—	—	—	—	—	—	—	—	—	—	—	—	—	—
			柴油	30592	30592	28032	22913	22913	17978	8108	8108	8108	6872	5637	5637	5637	5637	3504	1372	1372	1080	983
			燃气	—	—	—	—	—	—	—	—	—	—	—	—	—	—	—	—	—	—	—
		其他	汽油	—	—	—	—	—	—	—	—	—	—	—	—	—	—	—	—	—	—	—
			柴油	15274	15274	12888	8116	8116	6262	2553	2553	2553	2434	2316	2316	2316	2316	1366	415	415	399	394
			燃气	—	—	—	—	—	—	—	—	—	—	—	—	—	—	—	—	—	—	—
	大型	公交车	汽油	—	—	—	—	—	—	—	—	—	—	—	—	—	—	—	—	—	—	—
			柴油	94865	94865	93934	92071	92071	71272	29674	29674	29674	19994	10315	10315	10315	10315	6116	1916	1916	1845	1821
			燃气	—	—	—	—	—	—	—	—	—	—	—	—	—	—	—	—	—	—	—
		其他	汽油	—	—	—	—	—	—	—	—	—	—	—	—	—	—	—	—	—	—	—
			柴油	142314	142314	133412	115607	115607	85425	25061	25061	25061	17182	9303	9303	9303	9303	5868	2433	2433	2343	2313
			燃气	—	—	—	—	—	—	—	—	—	—	—	—	—	—	—	—	—	—	—
载货汽车	微型		汽油	—	—	—	—	—	—	—	—	—	—	—	—	—	—	—	—	—	—	—
			柴油	12409	12152	11896	11896	11896	11896	9694	7491	7491	5560	3628	3628	3628	3628	2284	940	940	936	935
			燃气	—	—	—	—	—	—	—	—	—	—	—	—	—	—	—	—	—	—	—
	轻型		汽油	—	—	—	—	—	—	—	—	—	—	—	—	—	—	—	—	—	—	—
			柴油	12906	12401	11896	11896	11896	11896	9694	7491	7491	5560	3628	3628	3628	3628	2736	1844	1844	1522	1415
			燃气	—	—	—	—	—	—	—	—	—	—	—	—	—	—	—	—	—	—	—
	中型		汽油	—	—	—	—	—	—	—	—	—	—	—	—	—	—	—	—	—	—	—
			柴油	33803	33803	28447	17734	17734	13693	5610	5610	5610	5314	5019	5019	5019	5019	3218	1417	1417	1298	1258
			燃气	—	—	—	—	—	—	—	—	—	—	—	—	—	—	—	—	—	—	—
	重型		汽油	—	—	—	—	—	—	—	—	—	—	—	—	—	—	—	—	—	—	—
			柴油	174858	174858	143720	81445	81445	64667	31112	31112	31112	21320	11527	11527	11527	11527	7749	3971	3971	3356	3151
			燃气	—	—	—	—	—	—	—	—	—	—	—	—	—	—	—	—	—	—	—
低速汽车	三轮汽车			4092	4092	4092	4092	4092	4092	4092	4092	4092	3220	3220	3220	3220	3220	3220	3220	3220	3220	3220
	低速货车			5581	5581	5581	5581	5581	5581	5581	5581	5581	4392	4392	4392	4392	4392	4392	4392	4392	4392	4392
摩托车	普通摩托车			—	—	—	—	—	—	—	—	—	—	—	—	—	—	—	—	—	—	—
	轻便摩托车			—	—	—	—	—	—	—	—	—	—	—	—	—	—	—	—	—	—	—

淮南市 VOCs 排放系数

单位：克/（辆·年）

车辆类型		使用性质	燃料种类	1999年年底前	2000年	2001年	2002年	2003年	2004年	2005年	2006年	2007年	2008年	2009年	2010年	2011年	2012年	2013年	2014年	2015年	2016年	2017年
载客汽车	微型	出租车	汽油	965822	579096	192371	192371	192371	192371	145390	98409	98409	80976	63544	63544	51908	40271	40271	40271	40271	26895	22436
			燃气	469187	289176	109166	109166	109166	109166	84593	60020	60020	49922	39823	39823	31503	23183	23183	23183	23183	13344	10064
		其他	汽油	42569	26042	9515	9515	9515	9515	9146	8776	8776	7610	6445	6445	6186	5926	5926	5926	5926	5040	4745
			燃气	15587	8741	1895	1895	1895	1895	1816	1738	1738	1294	850	850	782	714	714	714	714	490	415
	小型	出租车	汽油	965822	569700	173578	173578	173578	173578	160755	147932	147932	105738	63544	63544	51908	40271	40271	40271	40271	25323	20340
			柴油	299741	281706	263670	263670	263670	263670	237437	211204	211204	157252	103299	103299	103299	103299	76455	49611	49611	27110	19610
			燃气	469187	284828	100468	100468	100468	100468	91704	82940	82940	61382	39823	39823	31503	23183	23183	23183	23183	12616	9094
		其他	汽油	43140	26257	9374	9374	9374	9374	9384	9395	9395	7922	6448	6448	6150	5851	5851	5851	5851	5094	4842
			柴油	9231	8440	7650	7650	7650	7650	6498	5345	5345	3626	1906	1906	1906	1906	1648	1389	1389	1009	882
			燃气	15852	9538	3225	3225	3225	3225	2624	2024	2024	1503	982	982	830	679	679	679	679	516	461
	中型	公交车	汽油	247704	247704	247704	247704	247107	168864	13571	13571	13571	13571	13571	13420	13268	13268	10841	8414	8414	8414	8414
			柴油	87806	87806	86086	82645	82645	64494	28192	28192	28192	20508	12823	12823	12823	12823	8958	5093	5093	4763	4653
			燃气	71579	71579	67602	59649	59649	57536	53311	53311	53311	42686	32061	32061	22219	22219	22154	22154	22154	22154	22154
		其他	汽油	128414	128414	128414	128414	127817	87495	8044	8044	8044	8044	8044	7898	7753	7753	6702	5650	5650	5650	5650
			柴油	30493	30493	28460	24394	24394	18567	6912	6912	6912	6506	6099	6099	6099	6099	3750	1402	1402	1243	1190
			燃气	34560	34560	32640	28800	28800	27780	25740	25740	25740	20623	15506	15506	10732	10732	9642	9642	9642	9642	9642
	大型	公交车	汽油	577012	577012	577012	577012	576415	388837	14875	14875	14875	14875	14875	14735	14595	14595	11829	9063	9063	9063	9063
			柴油	131708	131708	108010	60614	60614	60614	60614	60614	60614	43515	26416	26416	26416	26416	17675	8934	8934	5723	4653
			燃气	168926	168926	159541	140772	140772	135786	125815	125815	125815	100740	75665	75665	52438	52438	47188	47188	47188	47188	47188
		其他	汽油	1278310	1278310	1278310	1278310	1277713	860865	28362	28362	28362	28362	28362	22103	15844	15844	12653	9462	9462	9462	9462
			柴油	272891	272891	207397	76409	76409	76409	76409	76409	76409	55942	35476	35476	35476	35476	20706	5937	5937	5324	5119
			燃气	266186	266186	251398	221822	221822	213966	198253	198253	198253	158842	119430	119430	82662	82662	74261	74261	74261	74261	74261
载货汽车	微型		汽油	352884	189871	26858	26858	26858	26858	25274	23691	23691	21803	19915	19915	16288	12660	12660	12660	12660	10647	9976
			柴油	54420	50824	47228	47228	47228	47228	43216	39205	39205	29046	18888	18888	18888	18888	13028	7167	7167	4863	4095
			燃气	129211	67280	5349	5349	5349	5349	5020	4692	4692	3659	2626	2626	2076	1525	1525	1525	1525	1036	873
	轻型		汽油	182728	109195	35662	35662	35662	35662	30706	25751	25751	23019	20287	20287	17704	15121	15121	15121	15121	12925	12193
			柴油	50134	48681	47228	47228	47228	47228	43216	39205	39205	29046	18888	18888	18888	18888	14260	9633	9633	7328	6560
			燃气	67144	39707	12269	12269	12269	12269	8908	5548	5548	4319	3090	3090	2422	1755	1755	1755	1755	1309	1161
	中型		汽油	293838	293838	293838	293838	293241	199644	13643	13643	13643	13643	13643	13503	13363	13363	10904	8445	8445	8445	8445
			柴油	68975	68975	64377	55180	55180	41998	15634	15634	15634	14722	13810	13810	13810	13810	10008	6207	6207	3693	2855
			燃气	78175	78175	73832	65147	65147	62838	58220	58220	58220	46665	35110	35110	47513	47513	23133	23133	23133	23133	23133
	重型		汽油	1185009	1185009	1185009	1185009	1184412	798066	26571	26571	26571	26571	26571	20760	14950	14950	11992	9035	9035	9035	9035
			柴油	291741	291741	221723	81687	81687	81687	81687	81687	81687	59806	37926	37926	37926	37926	23899	9872	9872	7770	7069
			燃气	284573	284573	268763	237144	237144	228745	211947	211947	211947	169813	127678	127678	137450	137450	102550	102550	102550	102550	102550
低速汽车	三轮汽车			25300	25300	25300	25300	25300	25300	25300	25300	25300	16721	16721	16721	16721	16721	16721	16721	16721	16721	16721
	低速货车			33990	33990	33990	33990	33990	33990	33990	33990	33990	22464	22464	22464	22464	22464	22464	22464	22464	22464	22464
摩托车	普通摩托车			15413	15413	15413	15413	11502	7591	4064	4064	4064	4064	4064	3032	2001	2001	2001	2001	2001	2001	2001
	轻便摩托车			49842	49842	49842	49842	49842	9968	9968	4908	4908	4908	4908	3662	2417	2417	2417	2417	2417	2417	2417

马鞍山市 NO_x 排放系数

单位：克/（辆·年）

车辆类型		使用性质	燃料种类	1999年年底前	2000年	2001年	2002年	2003年	2004年	2005年	2006年	2007年	2008年	2009年	2010年	2011年	2012年	2013年	2014年	2015年	2016年	2017年
载客汽车	微型	出租车	汽油	429606	296147	162688	162688	162688	162688	123180	83671	83671	64260	44848	44848	36022	27196	27196	27196	27196	15521	11629
			燃气	291959	203000	114042	114042	114042	114042	86995	59948	59948	46494	33039	33039	26372	19706	19706	19706	19706	11001	8099
		其他	汽油	28125	17630	7135	7135	7135	7135	4504	1872	1872	1525	1178	1178	1006	833	833	833	833	576	490
			燃气	18084	10750	3417	3417	3417	3417	2216	1016	1016	824	633	633	514	395	395	395	395	324	300
	小型	出租车	汽油	482790	325850	168909	168909	168909	168909	126768	84627	84627	64738	44848	44848	35106	25363	25363	25363	25363	13836	9994
			柴油	581413	494531	407649	407649	407649	407649	361852	316055	316055	252270	188485	188485	188485	188485	150844	113202	113202	82450	72199
			燃气	327286	222730	118175	118175	118175	118175	89380	60584	60584	46812	33039	33039	25764	18488	18488	18488	18488	9881	7012
		其他	汽油	26247	16742	7238	7238	7238	7238	4802	2367	2367	1648	930	930	862	793	793	793	793	543	460
			柴油	23434	19160	14886	14886	14886	14886	13724	12563	12563	9830	7098	7098	7098	7098	6140	5181	5181	4531	4314
			燃气	16837	10714	4590	4590	4590	4590	2968	1345	1345	906	468	468	418	369	369	369	369	302	280
	中型	公交车	汽油	326210	326210	326210	326210	326210	222856	16147	16147	16147	16147	16147	14481	12815	12815	9674	6534	6534	6534	6534
			柴油	364650	364650	363794	362081	362081	347691	318912	318912	318912	265638	212365	212365	212365	212365	173305	134245	134245	112393	105109
			燃气	387175	387175	382566	373348	373348	361767	338606	338606	338606	281812	225018	225018	142298	142298	111447	111447	111447	111447	111447
		其他	汽油	199996	199996	199996	199996	199996	135664	7000	7000	7000	7000	7000	7000	7000	7000	5250	3501	3501	3501	3501
			柴油	171004	171004	163866	149589	149589	148324	145794	145794	145794	124168	102543	102543	102543	102543	91048	79554	79554	67900	64016
			燃气	193100	193100	182372	160916	160916	159400	156367	156367	156367	133135	109903	109903	85610	85610	68767	68767	68767	68767	68767
	大型	公交车	汽油	1162122	1162122	1162122	1162122	1162122	799097	73048	73048	73048	73048	73048	72984	72920	72920	54690	36461	36461	36461	36461
			柴油	517182	517182	500470	467046	467046	453775	427234	427234	427234	419535	411836	411836	411836	411836	396986	382135	382135	344476	331923
			燃气	1039842	1039842	982073	866535	866535	802233	673628	673628	673628	577174	480721	480721	447551	447551	387909	387909	387909	387909	387909
		其他	汽油	2773773	2773773	2773773	2773773	2773773	1907299	174351	174351	174351	174351	174351	167813	161275	161275	121086	80896	80896	80896	80896
			柴油	1238490	1238490	1206621	1142884	1142884	1116238	1062947	1062947	1062947	1025523	988099	988099	988099	988099	940676	893252	893252	790519	756275
			燃气	2305314	2305314	2177241	1921095	1921095	1778538	1493423	1493423	1493423	1280077	1066731	1066731	962373	962373	816488	816488	816488	816488	816488
载货汽车	微型		汽油	151368	90232	29096	29096	29096	29096	19996	10896	10896	8878	6861	6861	5990	5120	5120	5120	5120	3752	3296
			柴油	106110	87899	69688	69688	69688	69688	62661	55634	55634	47050	38466	38466	38466	38466	28125	17784	17784	14994	14064
			燃气	97328	55631	13934	13934	13934	13934	9924	5914	5914	4800	3687	3687	3057	2428	2428	2428	2428	2120	2018
	轻型		汽油	113001	72788	32576	32576	32576	32576	22210	11845	11845	9958	8072	8072	6662	5251	5251	5251	5251	3916	3471
			柴油	106470	88079	69688	69688	69688	69688	62661	55634	55634	47050	38466	38466	38466	38466	30562	22657	22657	20725	20081
			燃气	72488	46573	20658	20658	20658	20658	13694	6731	6731	5396	4062	4062	3253	2443	2443	2443	2443	2195	2113
	中型		汽油	213602	213602	213602	213602	213602	145828	10280	10280	10280	10280	10280	10280	10280	10280	7713	5146	5146	5146	5146
			柴油	397959	397959	357338	276097	276097	262538	235420	235420	235420	236749	238078	238078	238078	238078	208884	179689	179689	154729	146409
			燃气	449381	449381	398588	297003	297003	282166	252493	252493	252493	253829	255166	255166	193368	193368	157275	157275	157275	157275	157275
	重型		汽油	2496815	2496815	2496815	2496815	2496815	1716858	156943	156943	156943	156943	156943	151058	145172	145172	108995	72818	72818	72818	72818
			柴油	1365895	1365895	1319273	1226028	1226028	1180680	1089984	1089984	1089984	1046276	1002567	1002567	1002567	1002567	882400	762234	762234	528591	450710
			燃气	2542465	2542465	2381927	2060853	2060853	1884372	1531410	1531410	1531410	1306880	1082350	1082350	821217	821217	486595	486595	486595	486595	486595
低速汽车	三轮汽车			65550	65550	65550	65550	65550	65550	65550	65550	65550	53279	53279	53279	53279	53279	53279	53279	53279	53279	53279
	低速货车			88065	88065	88065	88065	88065	88065	88065	88065	88065	71579	71579	71579	71579	71579	71579	71579	71579	71579	71579
摩托车	普通摩托车			1150	1150	1150	1150	1112	1074	997	997	997	997	997	886	774	774	774	774	774	774	774
	轻便摩托车			767	767	767	767	767	383	383	383	383	383	383	340	298	298	298	298	298	298	298

马鞍山市 PM 排放系数

单位：克/（辆·年）

车辆类型		使用性质	燃料种类	1999 年年底前	2000 年	2001 年	2002 年	2003 年	2004 年	2005 年	2006 年	2007 年	2008 年	2009 年	2010 年	2011 年	2012 年	2013 年	2014 年	2015 年	2016 年	2017 年
载客汽车	微型	出租车	汽油	—	—	—	—	—	—	—	—	—	—	—	—	—	—	—	—	—	—	—
			燃气	—	—	—	—	—	—	—	—	—	—	—	—	—	—	—	—	—	—	—
		其他	汽油	—	—	—	—	—	—	—	—	—	—	—	—	—	—	—	—	—	—	—
			燃气	—	—	—	—	—	—	—	—	—	—	—	—	—	—	—	—	—	—	—
	小型	出租车	汽油	—	—	—	—	—	—	—	—	—	—	—	—	—	—	—	—	—	—	—
			柴油	67029	61397	55765	55765	55765	55765	38144	20524	20524	13354	6185	6185	6185	6185	5748	5312	5312	4392	4086
			燃气	—	—	—	—	—	—	—	—	—	—	—	—	—	—	—	—	—	—	—
		其他	汽油	—	—	—	—	—	—	—	—	—	—	—	—	—	—	—	—	—	—	—
			柴油	3436	3252	3068	3068	3068	3068	2211	1354	1354	990	627	627	627	627	526	426	426	426	426
			燃气	—	—	—	—	—	—	—	—	—	—	—	—	—	—	—	—	—	—	—
	中型	公交车	汽油	—	—	—	—	—	—	—	—	—	—	—	—	—	—	—	—	—	—	—
			柴油	30592	30592	28032	22913	22913	17978	8108	8108	8108	6872	5637	5637	5637	5637	3504	1372	1372	1080	983
			燃气	—	—	—	—	—	—	—	—	—	—	—	—	—	—	—	—	—	—	—
		其他	汽油	—	—	—	—	—	—	—	—	—	—	—	—	—	—	—	—	—	—	—
			柴油	15274	15274	12888	8116	8116	6262	2553	2553	2553	2434	2316	2316	2316	2316	1366	415	415	399	394
			燃气	—	—	—	—	—	—	—	—	—	—	—	—	—	—	—	—	—	—	—
	大型	公交车	汽油	—	—	—	—	—	—	—	—	—	—	—	—	—	—	—	—	—	—	—
			柴油	94865	94865	93934	92071	92071	71272	29674	29674	29674	19994	10315	10315	10315	10315	6116	1916	1916	1845	1821
			燃气	—	—	—	—	—	—	—	—	—	—	—	—	—	—	—	—	—	—	—
		其他	汽油	—	—	—	—	—	—	—	—	—	—	—	—	—	—	—	—	—	—	—
			柴油	142314	142314	133412	115607	115607	85425	25061	25061	25061	17182	9303	9303	9303	9303	5868	2433	2433	2343	2313
			燃气	—	—	—	—	—	—	—	—	—	—	—	—	—	—	—	—	—	—	—
载货汽车	微型		汽油	—	—	—	—	—	—	—	—	—	—	—	—	—	—	—	—	—	—	—
			柴油	12351	12096	11840	11840	11840	11840	9648	7456	7456	5534	3611	3611	3611	3611	2274	936	936	932	930
			燃气	—	—	—	—	—	—	—	—	—	—	—	—	—	—	—	—	—	—	—
	轻型		汽油	—	—	—	—	—	—	—	—	—	—	—	—	—	—	—	—	—	—	—
			柴油	12845	12342	11840	11840	11840	11840	9648	7456	7456	5534	3611	3611	3611	3611	2723	1835	1835	1516	1409
			燃气	—	—	—	—	—	—	—	—	—	—	—	—	—	—	—	—	—	—	—
	中型		汽油	—	—	—	—	—	—	—	—	—	—	—	—	—	—	—	—	—	—	—
			柴油	33803	33803	28447	17734	17734	13693	5610	5610	5610	5314	5019	5019	5019	5019	3218	1417	1417	1298	1258
			燃气	—	—	—	—	—	—	—	—	—	—	—	—	—	—	—	—	—	—	—
	重型		汽油	—	—	—	—	—	—	—	—	—	—	—	—	—	—	—	—	—	—	—
			柴油	174858	174858	143720	81445	81445	64667	31112	31112	31112	21320	11527	11527	11527	11527	7749	3971	3971	3356	3151
			燃气	—	—	—	—	—	—	—	—	—	—	—	—	—	—	—	—	—	—	—
低速汽车	三轮汽车			4092	4092	4092	4092	4092	4092	4092	4092	4092	3220	3220	3220	3220	3220	3220	3220	3220	3220	3220
	低速货车			5581	5581	5581	5581	5581	5581	5581	5581	5581	4392	4392	4392	4392	4392	4392	4392	4392	4392	4392
摩托车	普通摩托车			—	—	—	—	—	—	—	—	—	—	—	—	—	—	—	—	—	—	—
	轻便摩托车			—	—	—	—	—	—	—	—	—	—	—	—	—	—	—	—	—	—	—

马鞍山市 VOCs 排放系数

单位：克/（辆·年）

车辆类型		使用性质	燃料种类	1999 年年底前	2000 年	2001 年	2002 年	2003 年	2004 年	2005 年	2006 年	2007 年	2008 年	2009 年	2010 年	2011 年	2012 年	2013 年	2014 年	2015 年	2016 年	2017 年
载客汽车	微型	出租车	汽油	1096404	660660	224917	224917	224917	224917	170894	116872	116872	96416	75961	75961	61688	47414	47414	47414	47414	30869	25354
			燃气	536681	333494	130306	130306	130306	130306	101690	73073	73073	60988	48902	48902	38578	28253	28253	28253	28253	15918	11807
		其他	汽油	42569	26042	9515	9515	9515	9515	9146	8776	8776	7610	6445	6445	6186	5926	5926	5926	5926	5040	4745
			燃气	15587	8741	1895	1895	1895	1895	1816	1738	1738	1294	850	850	782	714	714	714	714	490	415
	小型	出租车	汽油	1096404	650086	203767	203767	203767	203767	188186	172606	172606	124284	75961	75961	61688	47414	47414	47414	47414	29100	22996
			柴油	367150	344777	322404	322404	322404	322404	289561	256718	256718	192692	128665	128665	128665	128665	95134	61603	61603	33183	23710
			燃气	536681	328599	120517	120517	120517	120517	109693	98869	98869	73886	48902	48902	38578	28253	28253	28253	28253	15100	10715
		其他	汽油	43140	26257	9374	9374	9374	9374	9384	9395	9395	7922	6448	6448	6150	5851	5851	5851	5851	5094	4842
			柴油	9231	8440	7650	7650	7650	7650	6498	5345	5345	3626	1906	1906	1906	1906	1648	1389	1389	1009	882
			燃气	15852	9538	3225	3225	3225	3225	2624	2024	2024	1503	982	982	830	679	679	679	679	516	461
	中型	公交车	汽油	247704	247704	247704	247704	247107	168864	13571	13571	13571	13571	13571	13420	13268	13268	10841	8414	8414	8414	8414
			柴油	87806	87806	86086	82645	82645	64494	28192	28192	28192	20508	12823	12823	12823	12823	8958	5093	5093	4763	4653
			燃气	71579	71579	67602	59649	59649	57536	53311	53311	53311	42686	32061	32061	22219	22219	22154	22154	22154	22154	22154
		其他	汽油	128414	128414	128414	128414	127817	87495	8044	8044	8044	8044	8044	7898	7753	7753	6702	5650	5650	5650	5650
			柴油	30493	30493	28460	24394	24394	18567	6912	6912	6912	6506	6099	6099	6099	6099	3750	1402	1402	1243	1190
			燃气	34560	34560	32640	28800	28800	27780	25740	25740	25740	20623	15506	15506	10732	10732	9642	9642	9642	9642	9642
	大型	公交车	汽油	577012	577012	577012	577012	576415	388837	14875	14875	14875	14875	14875	14735	14595	14595	11829	9063	9063	9063	9063
			柴油	131708	131708	108010	60614	60614	60614	60614	60614	60614	43515	26416	26416	26416	26416	17675	8934	8934	5723	4653
			燃气	168926	168926	159541	140772	140772	135786	125815	125815	125815	100740	75665	75665	52438	52438	47188	47188	47188	47188	47188
		其他	汽油	1278310	1278310	1278310	1278310	1277713	860865	28362	28362	28362	28362	28362	22103	15844	15844	12653	9462	9462	9462	9462
			柴油	272891	272891	207397	76409	76409	76409	76409	76409	76409	55942	35476	35476	35476	35476	20706	5937	5937	5324	5119
			燃气	266186	266186	251398	221822	221822	213966	198253	198253	198253	158842	119430	119430	82662	82662	74261	74261	74261	74261	74261
载货汽车	微型		汽油	351235	188982	26729	26729	26729	26729	25156	23582	23582	21704	19826	19826	16220	12613	12613	12613	12613	10612	9945
			柴油	54069	50496	46924	46924	46924	46924	42942	38961	38961	28860	18760	18760	18760	18760	12938	7116	7116	4832	4071
			燃气	128608	66965	5323	5323	5323	5323	4997	4670	4670	3642	2615	2615	2067	1520	1520	1520	1520	1032	870
	轻型		汽油	181878	108685	35492	35492	35492	35492	30562	25632	25632	22914	20197	20197	17630	15062	15062	15062	15062	12880	12152
			柴油	49803	48364	46924	46924	46924	46924	42942	38961	38961	28860	18760	18760	18760	18760	14165	9570	9570	7286	6524
			燃气	66832	39521	12211	12211	12211	12211	8866	5522	5522	4299	3076	3076	2412	1748	1748	1748	1748	1305	1157
	中型		汽油	293838	293838	293838	293838	293241	199644	13643	13643	13643	13643	13643	13503	13363	13363	10904	8445	8445	8445	8445
			柴油	68975	68975	64377	55180	55180	41998	15634	15634	15634	14722	13810	13810	13810	13810	10008	6207	6207	3693	2855
			燃气	78175	78175	73832	65147	65147	62838	58220	58220	58220	46665	35110	35110	47513	47513	23133	23133	23133	23133	23133
	重型		汽油	1185009	1185009	1185009	1185009	1184412	798066	26571	26571	26571	26571	26571	20760	14950	14950	11992	9035	9035	9035	9035
			柴油	291741	291741	221723	81687	81687	81687	81687	81687	81687	59806	37926	37926	37926	37926	23899	9872	9872	7770	7069
			燃气	284573	284573	268763	237144	237144	228745	211947	211947	211947	169813	127678	127678	137450	137450	102550	102550	102550	102550	102550
低速汽车	三轮汽车			25300	25300	25300	25300	25300	25300	25300	25300	25300	16721	16721	16721	16721	16721	16721	16721	16721	16721	16721
	低速货车			33990	33990	33990	33990	33990	33990	33990	33990	33990	22464	22464	22464	22464	22464	22464	22464	22464	22464	22464
摩托车	普通摩托车			15413	15413	15413	15413	11502	7591	4064	4064	4064	4064	4064	3032	2001	2001	2001	2001	2001	2001	2001
	轻便摩托车			49842	49842	49842	49842	49842	9968	9968	4908	4908	4908	4908	3662	2417	2417	2417	2417	2417	2417	2417

淮北市 NO_x 排放系数

单位：克/（辆·年）

车辆类型		使用性质	燃料种类	1999 年年底前	2000 年	2001 年	2002 年	2003 年	2004 年	2005 年	2006 年	2007 年	2008 年	2009 年	2010 年	2011 年	2012 年	2013 年	2014 年	2015 年	2016 年	2017 年
载客汽车	微型	出租车	汽油	241012	161860	82708	82708	82708	82708	60918	39129	39129	28909	18689	18689	15354	12018	12018	12018	12018	7523	6025
			燃气	162070	109505	56940	56940	56940	56940	42176	27412	27412	20447	13482	13482	10976	8469	8469	8469	8469	5206	4119
		其他	汽油	28125	17630	7135	7135	7135	7135	4504	1872	1872	1525	1178	1178	1006	833	833	833	833	576	490
			燃气	18084	10750	3417	3417	3417	3417	2216	1016	1016	824	633	633	514	395	395	395	395	324	300
	小型	出租车	汽油	273000	179725	86450	86450	86450	86450	63078	39705	39705	29197	18689	18689	14802	10916	10916	10916	10916	6510	5041
			柴油	294819	246380	197942	197942	197942	197942	176505	155068	155068	122800	90531	90531	90531	90531	73999	57467	57467	44653	40382
			燃气	183317	121371	59425	59425	59425	59425	43610	27794	27794	20638	13482	13482	10610	7737	7737	7737	7737	4534	3466
		其他	汽油	26247	16742	7238	7238	7238	7238	4802	2367	2367	1648	930	930	862	793	793	793	793	543	460
			柴油	23434	19160	14886	14886	14886	14886	13724	12563	12563	9830	7098	7098	7098	7098	6140	5181	5181	4531	4314
			燃气	16837	10714	4590	4590	4590	4590	2968	1345	1345	906	468	468	418	369	369	369	369	302	280
	中型	公交车	汽油	326210	326210	326210	326210	326210	222856	16147	16147	16147	16147	16147	14481	12815	12815	9674	6534	6534	6534	6534
			柴油	364650	364650	363794	362081	362081	347691	318912	318912	318912	265638	212365	212365	212365	212365	173305	134245	134245	112393	105109
			燃气	387175	387175	382566	373348	373348	361767	338606	338606	338606	281812	225018	225018	142298	142298	111447	111447	111447	111447	111447
		其他	汽油	199996	199996	199996	199996	199996	135664	7000	7000	7000	7000	7000	7000	7000	7000	5250	3501	3501	3501	3501
			柴油	171004	171004	163866	149589	149589	148324	145794	145794	145794	124168	102543	102543	102543	102543	91048	79554	79554	67900	64016
			燃气	193100	193100	182372	160916	160916	159400	156367	156367	156367	133135	109903	109903	85610	85610	68767	68767	68767	68767	68767
	大型	公交车	汽油	1162122	1162122	1162122	1162122	1162122	799097	73048	73048	73048	73048	73048	72984	72920	72920	54690	36461	36461	36461	36461
			柴油	517182	517182	500470	467046	467046	453775	427234	427234	427234	419535	411836	411836	411836	411836	396986	382135	382135	344476	331923
			燃气	1039842	1039842	982073	866535	866535	802233	673628	673628	673628	577174	480721	480721	447551	447551	387909	387909	387909	387909	387909
		其他	汽油	2773773	2773773	2773773	2773773	2773773	1907299	174351	174351	174351	174351	174351	167813	161275	161275	121086	80896	80896	80896	80896
			柴油	1238490	1238490	1206621	1142884	1142884	1116238	1062947	1062947	1062947	1025523	988099	988099	988099	988099	940676	893252	893252	790519	756275
			燃气	2305314	2305314	2177241	1921095	1921095	1778538	1493423	1493423	1493423	1280077	1066731	1066731	962373	962373	816488	816488	816488	816488	816488
载货汽车	微型		汽油	110525	65538	20552	20552	20552	20552	13980	7407	7407	5998	4590	4590	4073	3556	3556	3556	3556	2670	2375
			柴油	74698	61536	48375	48375	48375	48375	43587	38799	38799	32858	26916	26916	26916	26916	19690	12463	12463	10740	10165
			燃气	71066	40454	9842	9842	9842	9842	6931	4020	4020	3243	2466	2466	2076	1686	1686	1686	1686	1512	1454
	轻型		汽油	82293	52703	23113	23113	23113	23113	15609	8105	8105	6793	5481	5481	4566	3652	3652	3652	3652	2791	2504
			柴油	74963	61669	48375	48375	48375	48375	43587	38799	38799	32858	26916	26916	26916	26916	21482	16049	16049	14957	14593
			燃气	52790	33723	14657	14657	14657	14657	9631	4606	4606	3682	2758	2758	2229	1699	1699	1699	1699	1568	1524
	中型		汽油	213602	213602	213602	213602	213602	145828	10280	10280	10280	10280	10280	10280	10280	10280	7713	5146	5146	5146	5146
			柴油	397959	397959	357338	276097	276097	262538	235420	235420	235420	236749	238078	238078	238078	238078	208884	179689	179689	154729	146409
			燃气	449381	449381	398588	297003	297003	282166	252493	252493	252493	253829	255166	255166	193368	193368	157275	157275	157275	157275	157275
	重型		汽油	2150910	2150910	2150910	2150910	2150910	1479007	135200	135200	135200	135200	135200	130130	125060	125060	93895	62730	62730	62730	62730
			柴油	1185752	1185752	1145278	1064331	1064331	1024964	946230	946230	946230	908286	870342	870342	870342	870342	761964	653586	653586	445133	375649
			燃气	2207148	2207148	2067783	1789054	1789054	1635848	1329438	1329438	1329438	1134520	939603	939603	704161	704161	405557	405557	405557	405557	405557
低速汽车	三轮汽车			65550	65550	65550	65550	65550	65550	65550	65550	65550	53279	53279	53279	53279	53279	53279	53279	53279	53279	53279
	低速货车			88065	88065	88065	88065	88065	88065	88065	88065	88065	71579	71579	71579	71579	71579	71579	71579	71579	71579	71579
摩托车	普通摩托车			1150	1150	1150	1150	1112	1074	997	997	997	997	997	886	774	774	774	774	774	774	774
	轻便摩托车			767	767	767	767	767	383	383	383	383	383	383	340	298	298	298	298	298	298	298

淮北市 PM 排放系数

单位：克/（辆•年）

车辆类型		使用性质	燃料种类	1999 年年底前	2000 年	2001 年	2002 年	2003 年	2004 年	2005 年	2006 年	2007 年	2008 年	2009 年	2010 年	2011 年	2012 年	2013 年	2014 年	2015 年	2016 年	2017 年
载客汽车	微型	出租车	汽油	—	—	—	—	—	—	—	—	—	—	—	—	—	—	—	—	—	—	—
			燃气	—	—	—	—	—	—	—	—	—	—	—	—	—	—	—	—	—	—	—
		其他	汽油	—	—	—	—	—	—	—	—	—	—	—	—	—	—	—	—	—	—	—
			燃气	—	—	—	—	—	—	—	—	—	—	—	—	—	—	—	—	—	—	—
	小型	出租车	汽油	—	—	—	—	—	—	—	—	—	—	—	—	—	—	—	—	—	—	—
			柴油	40315	36928	33540	33540	33540	33540	22942	12345	12345	8032	3720	3720	3720	3720	3458	3195	3195	2642	2457
			燃气	—	—	—	—	—	—	—	—	—	—	—	—	—	—	—	—	—	—	—
		其他	汽油	—	—	—	—	—	—	—	—	—	—	—	—	—	—	—	—	—	—	—
			柴油	3436	3252	3068	3068	3068	3068	2211	1354	1354	990	627	627	627	627	526	426	426	426	426
			燃气	—	—	—	—	—	—	—	—	—	—	—	—	—	—	—	—	—	—	—
	中型	公交车	汽油	—	—	—	—	—	—	—	—	—	—	—	—	—	—	—	—	—	—	—
			柴油	30592	30592	28032	22913	22913	17978	8108	8108	8108	6872	5637	5637	5637	5637	3504	1372	1372	1080	983
			燃气	—	—	—	—	—	—	—	—	—	—	—	—	—	—	—	—	—	—	—
		其他	汽油	—	—	—	—	—	—	—	—	—	—	—	—	—	—	—	—	—	—	—
			柴油	15274	15274	12888	8116	8116	6262	2553	2553	2553	2434	2316	2316	2316	2316	1366	415	415	399	394
			燃气	—	—	—	—	—	—	—	—	—	—	—	—	—	—	—	—	—	—	—
	大型	公交车	汽油	—	—	—	—	—	—	—	—	—	—	—	—	—	—	—	—	—	—	—
			柴油	94865	94865	93934	92071	92071	71272	29674	29674	29674	19994	10315	10315	10315	10315	6116	1916	1916	1845	1821
			燃气	—	—	—	—	—	—	—	—	—	—	—	—	—	—	—	—	—	—	—
		其他	汽油	—	—	—	—	—	—	—	—	—	—	—	—	—	—	—	—	—	—	—
			柴油	142314	142314	133412	115607	115607	85425	25061	25061	25061	17182	9303	9303	9303	9303	5868	2433	2433	2343	2313
			燃气	—	—	—	—	—	—	—	—	—	—	—	—	—	—	—	—	—	—	—
载货汽车	微型		汽油	—	—	—	—	—	—	—	—	—	—	—	—	—	—	—	—	—	—	—
			柴油	9089	8900	8712	8712	8712	8712	7099	5486	5486	4072	2657	2657	2657	2657	1673	689	689	686	685
			燃气	—	—	—	—	—	—	—	—	—	—	—	—	—	—	—	—	—	—	—
	轻型		汽油	—	—	—	—	—	—	—	—	—	—	—	—	—	—	—	—	—	—	—
			柴油	9452	9082	8712	8712	8712	8712	7099	5486	5486	4072	2657	2657	2657	2657	2004	1350	1350	1115	1037
			燃气	—	—	—	—	—	—	—	—	—	—	—	—	—	—	—	—	—	—	—
	中型		汽油	—	—	—	—	—	—	—	—	—	—	—	—	—	—	—	—	—	—	—
			柴油	33803	33803	28447	17734	17734	13693	5610	5610	5610	5314	5019	5019	5019	5019	3218	1417	1417	1298	1258
			燃气	—	—	—	—	—	—	—	—	—	—	—	—	—	—	—	—	—	—	—
	重型		汽油	—	—	—	—	—	—	—	—	—	—	—	—	—	—	—	—	—	—	—
			柴油	149624	149624	122980	69692	69692	55335	26622	26622	26622	18242	9863	9863	9863	9863	6652	3441	3441	2908	2730
			燃气	—	—	—	—	—	—	—	—	—	—	—	—	—	—	—	—	—	—	—
低速汽车	三轮汽车			4092	4092	4092	4092	4092	4092	4092	4092	4092	3220	3220	3220	3220	3220	3220	3220	3220	3220	3220
	低速货车			5581	5581	5581	5581	5581	5581	5581	5581	5581	4392	4392	4392	4392	4392	4392	4392	4392	4392	4392
摩托车	普通摩托车			—	—	—	—	—	—	—	—	—	—	—	—	—	—	—	—	—	—	—
	轻便摩托车			—	—	—	—	—	—	—	—	—	—	—	—	—	—	—	—	—	—	—

淮北市 VOCs 排放系数

单位：克/（辆·年）

车辆类型		使用性质	燃料种类	1999 年年底前	2000 年	2001 年	2002 年	2003 年	2004 年	2005 年	2006 年	2007 年	2008 年	2009 年	2010 年	2011 年	2012 年	2013 年	2014 年	2015 年	2016 年	2017 年
载客汽车	微型	出租车	汽油	640305	379108	117910	117910	117910	117910	87858	57806	57806	47254	36703	36703	30649	24595	24595	24595	24595	17791	15523
			燃气	304185	183268	62352	62352	62352	62352	47208	32064	32064	26346	20627	20627	16484	12341	12341	12341	12341	7636	6068
		其他	汽油	42569	26042	9515	9515	9515	9515	9146	8776	8776	7610	6445	6445	6186	5926	5926	5926	5926	5040	4745
			燃气	15587	8741	1895	1895	1895	1895	1816	1738	1738	1294	850	850	782	714	714	714	714	490	415
	小型	出租车	汽油	640305	372747	105189	105189	105189	105189	98258	91328	91328	64016	36703	36703	30649	24595	24595	24595	24595	16727	14104
			柴油	156759	147766	138774	138774	138774	138774	126162	113549	113549	82141	50733	50733	50733	50733	37707	24681	24681	14233	10750
			燃气	304185	180325	56465	56465	56465	56465	52022	47579	47579	34103	20627	20627	16484	12341	12341	12341	12341	7144	5411
		其他	汽油	43140	26257	9374	9374	9374	9374	9384	9395	9395	7922	6448	6448	6150	5851	5851	5851	5851	5094	4842
			柴油	9231	8440	7650	7650	7650	7650	6498	5345	5345	3626	1906	1906	1906	1906	1648	1389	1389	1009	882
			燃气	15852	9538	3225	3225	3225	3225	2624	2024	2024	1503	982	982	830	679	679	679	679	516	461
	中型	公交车	汽油	247704	247704	247704	247704	247107	168864	13571	13571	13571	13571	13571	13420	13268	13268	10841	8414	8414	8414	8414
			柴油	87806	87806	86086	82645	82645	64494	28192	28192	28192	20508	12823	12823	12823	12823	8958	5093	5093	4763	4653
			燃气	71579	71579	67602	59649	59649	57536	53311	53311	53311	42686	32061	32061	22219	22219	22154	22154	22154	22154	22154
		其他	汽油	128414	128414	128414	128414	127817	87495	8044	8044	8044	8044	8044	7898	7753	7753	6702	5650	5650	5650	5650
			柴油	30493	30493	28460	24394	24394	18567	6912	6912	6912	6506	6099	6099	6099	6099	3750	1402	1402	1243	1190
			燃气	34560	34560	32640	28800	28800	27780	25740	25740	25740	20623	15506	15506	10732	10732	9642	9642	9642	9642	9642
	大型	公交车	汽油	577012	577012	577012	577012	576415	388837	14875	14875	14875	14875	14875	14735	14595	14595	11829	9063	9063	9063	9063
			柴油	131708	131708	108010	60614	60614	60614	60614	60614	60614	43515	26416	26416	26416	26416	17675	8934	8934	5723	4653
			燃气	168926	168926	159541	140772	140772	135786	125815	125815	125815	100740	75665	75665	52438	52438	47188	47188	47188	47188	47188
		其他	汽油	1278310	1278310	1278310	1278310	1277713	860865	28362	28362	28362	28362	28362	22103	15844	15844	12653	9462	9462	9462	9462
			柴油	272891	272891	207397	76409	76409	76409	76409	76409	76409	55942	35476	35476	35476	35476	20706	5937	5937	5324	5119
			燃气	266186	266186	251398	221822	221822	213966	198253	198253	198253	158842	119430	119430	82662	82662	74261	74261	74261	74261	74261
载货汽车	微型		汽油	259479	139718	19957	19957	19957	19957	18894	17831	17831	16468	15105	15105	12606	10107	10107	10107	10107	8722	8261
			柴油	35895	33546	31197	31197	31197	31197	28715	26233	26233	19222	12210	12210	12210	12210	8374	4537	4537	3243	2812
			燃气	95010	49493	3975	3975	3975	3975	3753	3531	3531	2762	1992	1992	1605	1218	1218	1218	1218	846	723
	轻型		汽油	134857	80631	26405	26405	26405	26405	22872	19339	19339	17358	15378	15378	13644	11910	11910	11910	11910	10391	9885
			柴油	32756	31976	31197	31197	31197	31197	28715	26233	26233	19222	12210	12210	12210	12210	9276	6343	6343	5048	4617
			燃气	49554	29319	9084	9084	9084	9084	6625	4166	4166	3254	2342	2342	1862	1382	1382	1382	1382	1051	941
	中型		汽油	293838	293838	293838	293838	293241	199644	13643	13643	13643	13643	13643	13503	13363	13363	10904	8445	8445	8445	8445
			柴油	68975	68975	64377	55180	55180	41998	15634	15634	15634	14722	13810	13810	13810	13810	10008	6207	6207	3693	2855
			燃气	78175	78175	73832	65147	65147	62838	58220	58220	58220	46665	35110	35110	47513	47513	23133	23133	23133	23133	23133
	重型		汽油	1023336	1023336	1023336	1023336	1022738	689248	23462	23462	23462	23462	23462	18429	13396	13396	10842	8287	8287	8287	8287
			柴油	255958	255958	194528	71668	71668	71668	71668	71668	71668	52472	33275	33275	33275	33275	20881	8487	8487	6504	5843
			燃气	249669	249669	235799	208058	208058	200690	185952	185952	185952	148986	112020	112020	118166	118166	84764	84764	84764	84764	84764
低速汽车	三轮汽车			25300	25300	25300	25300	25300	25300	25300	25300	25300	16721	16721	16721	16721	16721	16721	16721	16721	16721	16721
	低速货车			33990	33990	33990	33990	33990	33990	33990	33990	33990	22464	22464	22464	22464	22464	22464	22464	22464	22464	22464
摩托车	普通摩托车			15413	15413	15413	15413	11502	7591	4064	4064	4064	4064	4064	3032	2001	2001	2001	2001	2001	2001	2001
	轻便摩托车			49842	49842	49842	49842	49842	9968	9968	4908	4908	4908	4908	3662	2417	2417	2417	2417	2417	2417	2417

铜陵市 NO_x 排放系数

单位：克/（辆·年）

车辆类型		使用性质	燃料种类	1999年年底前	2000年	2001年	2002年	2003年	2004年	2005年	2006年	2007年	2008年	2009年	2010年	2011年	2012年	2013年	2014年	2015年	2016年	2017年
载客汽车	微型	出租车	汽油	296253	200648	105043	105043	105043	105043	78106	51170	51170	38344	25517	25517	20778	16040	16040	16040	16040	9712	7602
			燃气	199933	136358	72782	72782	72782	72782	54469	36156	36156	27363	18570	18570	15002	11433	11433	11433	11433	6782	5232
		其他	汽油	28125	17630	7135	7135	7135	7135	4504	1872	1872	1525	1178	1178	1006	833	833	833	833	576	490
			燃气	18084	10750	3417	3417	3417	3417	2216	1016	1016	824	633	633	514	395	395	395	395	324	300
	小型	出租车	汽油	334731	222138	109544	109544	109544	109544	80702	51861	51861	38689	25517	25517	20116	14714	14714	14714	14714	8492	6418
			柴油	374828	315156	255485	255485	255485	255485	227449	199413	199413	158355	117297	117297	117297	117297	95162	73027	73027	55527	49694
			燃气	225491	150632	75772	75772	75772	75772	56194	36616	36616	27593	18570	18570	14562	10553	10553	10553	10553	5973	4446
		其他	汽油	26247	16742	7238	7238	7238	7238	4802	2367	2367	1648	930	930	862	793	793	793	793	543	460
			柴油	23434	19160	14886	14886	14886	14886	13724	12563	12563	9830	7098	7098	7098	7098	6140	5181	5181	4531	4314
			燃气	16837	10714	4590	4590	4590	4590	2968	1345	1345	906	468	468	418	369	369	369	369	302	280
	中型	公交车	汽油	326210	326210	326210	326210	326210	222856	16147	16147	16147	16147	16147	14481	12815	12815	9674	6534	6534	6534	6534
			柴油	364650	364650	363794	362081	362081	347691	318912	318912	318912	265638	212365	212365	212365	212365	173305	134245	134245	112393	105109
			燃气	387175	387175	382566	373348	373348	361767	338606	338606	338606	281812	225018	225018	142298	142298	111447	111447	111447	111447	111447
		其他	汽油	199996	199996	199996	199996	199996	135664	7000	7000	7000	7000	7000	7000	7000	7000	5250	3501	3501	3501	3501
			柴油	171004	171004	163866	149589	149589	148324	145794	145794	145794	124168	102543	102543	102543	102543	91048	79554	79554	67900	64016
			燃气	193100	193100	182372	160916	160916	159400	156367	156367	156367	133135	109903	109903	85610	85610	68767	68767	68767	68767	68767
	大型	公交车	汽油	1162122	1162122	1162122	1162122	1162122	799097	73048	73048	73048	73048	73048	72984	72920	72920	54690	36461	36461	36461	36461
			柴油	517182	517182	500470	467046	467046	453775	427234	427234	427234	419535	411836	411836	411836	411836	396986	382135	382135	344476	331923
			燃气	1039842	1039842	982073	866535	866535	802233	673628	673628	673628	577174	480721	480721	447551	447551	387909	387909	387909	387909	387909
		其他	汽油	2773773	2773773	2773773	2773773	2773773	1907299	174351	174351	174351	174351	174351	167813	161275	161275	121086	80896	80896	80896	80896
			柴油	1238490	1238490	1206621	1142884	1142884	1116238	1062947	1062947	1062947	1025523	988099	988099	988099	988099	940676	893252	893252	790519	756275
			燃气	2305314	2305314	2177241	1921095	1921095	1778538	1493423	1493423	1493423	1280077	1066731	1066731	962373	962373	816488	816488	816488	816488	816488
载货汽车	微型		汽油	136673	81318	25962	25962	25962	25962	17776	9590	9590	7798	6005	6005	5272	4538	4538	4538	4538	3356	2962
			柴油	94594	78208	61823	61823	61823	61823	55628	49433	49433	41826	34218	34218	34218	34218	25022	15826	15826	13447	12654
			燃气	87879	50156	12433	12433	12433	12433	8819	5205	5205	4216	3227	3227	2689	2152	2152	2152	2152	1898	1813
	轻型		汽油	101929	65521	29113	29113	29113	29113	19781	10449	10449	8776	7102	7102	5879	4656	4656	4656	4656	3504	3120
			柴油	94921	78372	61823	61823	61823	61823	55628	49433	49433	41826	34218	34218	34218	34218	27228	20239	20239	18637	18103
			燃气	65386	41924	18462	18462	18462	18462	12200	5937	5937	4756	3574	3574	2870	2167	2167	2167	2167	1966	1899
	中型		汽油	213602	213602	213602	213602	213602	145828	10280	10280	10280	10280	10280	10280	10280	10280	7713	5146	5146	5146	5146
			柴油	397959	397959	357338	276097	276097	262538	235420	235420	235420	236749	238078	238078	238078	238078	208884	179689	179689	154729	146409
			燃气	449381	449381	398588	297003	297003	282166	252493	252493	252493	253829	255166	255166	193368	193368	157275	157275	157275	157275	157275
	重型		汽油	2315560	2315560	2315560	2315560	2315560	1592223	145549	145549	145549	145549	145549	140091	134633	134633	101082	67532	67532	67532	67532
			柴油	1269092	1269092	1225774	1139137	1139137	1097003	1012736	1012736	1012736	972125	931514	931514	931514	931514	817326	703138	703138	484644	411812
			燃气	2362276	2362276	2213116	1914797	1914797	1750824	1422877	1422877	1422877	1214260	1005643	1005643	757548	757548	444600	444600	444600	444600	444600
低速汽车	三轮汽车			65550	65550	65550	65550	65550	65550	65550	65550	65550	53279	53279	53279	53279	53279	53279	53279	53279	53279	53279
	低速货车			88065	88065	88065	88065	88065	88065	88065	88065	88065	71579	71579	71579	71579	71579	71579	71579	71579	71579	71579
摩托车	普通摩托车			1150	1150	1150	1150	1112	1074	997	997	997	997	997	886	774	774	774	774	774	774	774
	轻便摩托车			767	767	767	767	767	383	383	383	383	383	383	340	298	298	298	298	298	298	298

铜陵市 PM 排放系数

单位：克/（辆·年）

车辆类型		使用性质	燃料种类	1999 年年底前	2000 年	2001 年	2002 年	2003 年	2004 年	2005 年	2006 年	2007 年	2008 年	2009 年	2010 年	2011 年	2012 年	2013 年	2014 年	2015 年	2016 年	2017 年
载客汽车	微型	出租车	汽油	—	—	—	—	—	—	—	—	—	—	—	—	—	—	—	—	—	—	—
			燃气	—	—	—	—	—	—	—	—	—	—	—	—	—	—	—	—	—	—	—
		其他	汽油	—	—	—	—	—	—	—	—	—	—	—	—	—	—	—	—	—	—	—
			燃气	—	—	—	—	—	—	—	—	—	—	—	—	—	—	—	—	—	—	—
	小型	出租车	汽油	—	—	—	—	—	—	—	—	—	—	—	—	—	—	—	—	—	—	—
			柴油	48494	44420	40345	40345	40345	40345	27597	14849	14849	9662	4475	4475	4475	4475	4159	3843	3843	3178	2956
			燃气	—	—	—	—	—	—	—	—	—	—	—	—	—	—	—	—	—	—	—
		其他	汽油	—	—	—	—	—	—	—	—	—	—	—	—	—	—	—	—	—	—	—
			柴油	3436	3252	3068	3068	3068	3068	2211	1354	1354	990	627	627	627	627	526	426	426	426	426
			燃气	—	—	—	—	—	—	—	—	—	—	—	—	—	—	—	—	—	—	—
	中型	公交车	汽油	—	—	—	—	—	—	—	—	—	—	—	—	—	—	—	—	—	—	—
			柴油	30592	30592	28032	22913	22913	17978	8108	8108	8108	6872	5637	5637	5637	5637	3504	1372	1372	1080	983
			燃气	—	—	—	—	—	—	—	—	—	—	—	—	—	—	—	—	—	—	—
		其他	汽油	—	—	—	—	—	—	—	—	—	—	—	—	—	—	—	—	—	—	—
			柴油	15274	15274	12888	8116	8116	6262	2553	2553	2553	2434	2316	2316	2316	2316	1366	415	415	399	394
			燃气	—	—	—	—	—	—	—	—	—	—	—	—	—	—	—	—	—	—	—
	大型	公交车	汽油	—	—	—	—	—	—	—	—	—	—	—	—	—	—	—	—	—	—	—
			柴油	94865	94865	93934	92071	92071	71272	29674	29674	29674	19994	10315	10315	10315	10315	6116	1916	1916	1845	1821
			燃气	—	—	—	—	—	—	—	—	—	—	—	—	—	—	—	—	—	—	—
		其他	汽油	—	—	—	—	—	—	—	—	—	—	—	—	—	—	—	—	—	—	—
			柴油	142314	142314	133412	115607	115607	85425	25061	25061	25061	17182	9303	9303	9303	9303	5868	2433	2433	2343	2313
			燃气	—	—	—	—	—	—	—	—	—	—	—	—	—	—	—	—	—	—	—
载货汽车	微型		汽油	—	—	—	—	—	—	—	—	—	—	—	—	—	—	—	—	—	—	—
			柴油	11184	10953	10722	10722	10722	10722	8737	6752	6752	5011	3270	3270	3270	3270	2059	848	848	844	842
			燃气	—	—	—	—	—	—	—	—	—	—	—	—	—	—	—	—	—	—	—
	轻型		汽油	—	—	—	—	—	—	—	—	—	—	—	—	—	—	—	—	—	—	—
			柴油	11632	11177	10722	10722	10722	10722	8737	6752	6752	5011	3270	3270	3270	3270	2466	1662	1662	1372	1276
			燃气	—	—	—	—	—	—	—	—	—	—	—	—	—	—	—	—	—	—	—
	中型		汽油	—	—	—	—	—	—	—	—	—	—	—	—	—	—	—	—	—	—	—
			柴油	33803	33803	28447	17734	17734	13693	5610	5610	5610	5314	5019	5019	5019	5019	3218	1417	1417	1298	1258
			燃气	—	—	—	—	—	—	—	—	—	—	—	—	—	—	—	—	—	—	—
	重型		汽油	—	—	—	—	—	—	—	—	—	—	—	—	—	—	—	—	—	—	—
			柴油	161466	161466	132713	75207	75207	59714	28729	28729	28729	19686	10644	10644	10644	10644	7166	3687	3687	3116	2926
			燃气	—	—	—	—	—	—	—	—	—	—	—	—	—	—	—	—	—	—	—
低速汽车	三轮汽车			4092	4092	4092	4092	4092	4092	4092	4092	4092	3220	3220	3220	3220	3220	3220	3220	3220	3220	3220
	低速货车			5581	5581	5581	5581	5581	5581	5581	5581	5581	4392	4392	4392	4392	4392	4392	4392	4392	4392	4392
摩托车	普通摩托车			—	—	—	—	—	—	—	—	—	—	—	—	—	—	—	—	—	—	—
	轻便摩托车			—	—	—	—	—	—	—	—	—	—	—	—	—	—	—	—	—	—	—

铜陵市 VOCs 排放系数

单位：克/（辆·年）

车辆类型		使用性质	燃料种类	1999 年年底前	2000 年	2001 年	2002 年	2003 年	2004 年	2005 年	2006 年	2007 年	2008 年	2009 年	2010 年	2011 年	2012 年	2013 年	2014 年	2015 年	2016 年	2017 年
载客汽车	微型	出租车	汽油	776734	462319	147904	147904	147904	147904	110870	73837	73837	60521	47205	47205	38992	30778	30778	30778	30778	21460	18354
			燃气	372749	226826	80902	80902	80902	80902	61924	42946	42946	35496	28047	28047	22302	16558	16558	16558	16558	9899	7679
		其他	汽油	42569	26042	9515	9515	9515	9515	9146	8776	8776	7610	6445	6445	6186	5926	5926	5926	5926	5040	4745
			燃气	15587	8741	1895	1895	1895	1895	1816	1738	1738	1294	850	850	782	714	714	714	714	490	415
	小型	出租车	汽油	776734	454668	132603	132603	132603	132603	123381	114159	114159	80682	47205	47205	38992	30778	30778	30778	30778	20180	16648
			柴油	212127	199666	187205	187205	187205	187205	169404	151603	151603	111214	70824	70824	70824	70824	52525	34226	34226	19218	14216
			燃气	372749	223284	73820	73820	73820	73820	67714	61609	61609	44828	28047	28047	22302	16558	16558	16558	16558	9307	6890
		其他	汽油	43140	26257	9374	9374	9374	9374	9384	9395	9395	7922	6448	6448	6150	5851	5851	5851	5851	5094	4842
			柴油	9231	8440	7650	7650	7650	7650	6498	5345	5345	3626	1906	1906	1906	1906	1648	1389	1389	1009	882
			燃气	15852	9538	3225	3225	3225	3225	2624	2024	2024	1503	982	982	830	679	679	679	679	516	461
	中型	公交车	汽油	247704	247704	247704	247704	247107	168864	13571	13571	13571	13571	13571	13420	13268	13268	10841	8414	8414	8414	8414
			柴油	87806	87806	86086	82645	82645	64494	28192	28192	28192	20508	12823	12823	12823	12823	8958	5093	5093	4763	4653
			燃气	71579	71579	67602	59649	59649	57536	53311	53311	53311	42686	32061	32061	22219	22219	22154	22154	22154	22154	22154
		其他	汽油	128414	128414	128414	128414	127817	87495	8044	8044	8044	8044	8044	7898	7753	7753	6702	5650	5650	5650	5650
			柴油	30493	30493	28460	24394	24394	18567	6912	6912	6912	6506	6099	6099	6099	6099	3750	1402	1402	1243	1190
			燃气	34560	34560	32640	28800	28800	27780	25740	25740	25740	20623	15506	15506	10732	10732	9642	9642	9642	9642	9642
	大型	公交车	汽油	577012	577012	577012	577012	576415	388837	14875	14875	14875	14875	14875	14735	14595	14595	11829	9063	9063	9063	9063
			柴油	131708	131708	108010	60614	60614	60614	60614	60614	60614	43515	26416	26416	26416	26416	17675	8934	8934	5723	4653
			燃气	168926	168926	159541	140772	140772	135786	125815	125815	125815	100740	75665	75665	52438	52438	47188	47188	47188	47188	47188
		其他	汽油	1278310	1278310	1278310	1278310	1277713	860865	28362	28362	28362	28362	28362	22103	15844	15844	12653	9462	9462	9462	9462
			柴油	272891	272891	207397	76409	76409	76409	76409	76409	76409	55942	35476	35476	35476	35476	20706	5937	5937	5324	5119
			燃气	266186	266186	251398	221822	221822	213966	198253	198253	198253	158842	119430	119430	82662	82662	74261	74261	74261	74261	74261
载货汽车	微型		汽油	318309	171258	24206	24206	24206	24206	22828	21450	21450	19766	18083	18083	14886	11688	11688	11688	11688	9925	9337
			柴油	47238	44126	41015	41015	41015	41015	37606	34198	34198	25239	16280	16280	16280	16280	11204	6129	6129	4234	3602
			燃气	116552	60686	4821	4821	4821	4821	4534	4248	4248	3316	2385	2385	1897	1408	1408	1408	1408	965	817
	轻型		汽油	164947	98544	32141	32141	32141	32141	27724	23307	23307	20862	18418	18418	16162	13906	13906	13906	13906	11978	11335
			柴油	43376	42196	41015	41015	41015	41015	37606	34198	34198	25239	16280	16280	16280	16280	12316	8351	8351	6456	5824
			燃气	60611	35834	11058	11058	11058	11058	8039	5021	5021	3913	2805	2805	2209	1614	1614	1614	1614	1213	1079
	中型		汽油	293838	293838	293838	293838	293241	199644	13643	13643	13643	13643	13643	13503	13363	13363	10904	8445	8445	8445	8445
			柴油	68975	68975	64377	55180	55180	41998	15634	15634	15634	14722	13810	13810	13810	13810	10008	6207	6207	3693	2855
			燃气	78175	78175	73832	65147	65147	62838	58220	58220	58220	46665	35110	35110	47513	47513	23133	23133	23133	23133	23133
	重型		汽油	1100538	1100538	1100538	1100538	1099940	741211	24947	24947	24947	24947	24947	19542	14138	14138	11391	8644	8644	8644	8644
			柴油	272548	272548	207136	76313	76313	76313	76313	76313	76313	55872	35431	35431	35431	35431	22304	9178	9178	7092	6396
			燃气	265851	265851	251082	221543	221543	213697	198004	198004	198004	158641	119279	119279	127787	127787	92786	92786	92786	92786	92786
低速汽车	三轮汽车			25300	25300	25300	25300	25300	25300	25300	25300	25300	16721	16721	16721	16721	16721	16721	16721	16721	16721	16721
	低速货车			33990	33990	33990	33990	33990	33990	33990	33990	33990	22464	22464	22464	22464	22464	22464	22464	22464	22464	22464
摩托车	普通摩托车			15413	15413	15413	15413	11502	7591	4064	4064	4064	4064	4064	3032	2001	2001	2001	2001	2001	2001	2001
	轻便摩托车			49842	49842	49842	49842	49842	9968	9968	4908	4908	4908	4908	3662	2417	2417	2417	2417	2417	2417	2417

安庆市 NO_x 排放系数

单位：克/（辆·年）

车辆类型		使用性质	燃料种类	1999年年底前	2000年	2001年	2002年	2003年	2004年	2005年	2006年	2007年	2008年	2009年	2010年	2011年	2012年	2013年	2014年	2015年	2016年	2017年
载客汽车	微型	出租车	汽油	306040	207600	109159	109159	109159	109159	81298	53436	53436	40137	26838	26838	21820	16801	16801	16801	16801	10117	7889
			燃气	206984	141398	75813	75813	75813	75813	56836	37858	37858	28718	19579	19579	15798	12016	12016	12016	12016	7087	5444
		其他	汽油	28012	17554	7096	7096	7096	7096	4469	1842	1842	1500	1158	1158	986	814	814	814	814	568	486
			燃气	18084	10750	3417	3417	3417	3417	2216	1016	1016	824	633	633	514	395	395	395	395	324	300
	小型	出租车	汽油	345635	229713	113791	113791	113791	113791	83970	54148	54148	40493	26838	26838	21137	15436	15436	15436	15436	8863	6672
			柴油	389769	328067	266365	266365	266365	266365	237068	207770	207770	165070	122369	122369	122369	122369	99146	75923	75923	57510	51373
			燃气	233325	156110	78894	78894	78894	78894	58613	38332	38332	28956	19579	19579	15344	11109	11109	11109	11109	6253	4634
		其他	汽油	26137	16668	7200	7200	7200	7200	4768	2335	2335	1623	911	911	842	774	774	774	774	536	456
			柴油	23392	19122	14853	14853	14853	14853	13693	12533	12533	9805	7077	7077	7077	7077	6120	5163	5163	4521	4307
			燃气	16837	10714	4590	4590	4590	4590	2968	1345	1345	906	468	468	418	369	369	369	369	302	280
	中型	公交车	汽油	325713	325713	325713	325713	325713	222516	16123	16123	16123	16123	16123	14460	12796	12796	9660	6524	6524	6524	6524
			柴油	364244	364244	363389	361678	361678	347304	318557	318557	318557	265342	212128	212128	212128	212128	173112	134095	134095	112268	104992
			燃气	386744	386744	382140	372932	372932	361364	338229	338229	338229	281498	224768	224768	142140	142140	111323	111323	111323	111323	111323
		其他	汽油	199692	199692	199692	199692	199692	135458	6989	6989	6989	6989	6989	6989	6989	6989	5242	3495	3495	3495	3495
			柴油	170814	170814	163684	149423	149423	148159	145632	145632	145632	124030	102429	102429	102429	102429	90948	79466	79466	67825	63945
			燃气	192885	192885	182169	160737	160737	159222	156193	156193	156193	132987	109781	109781	85515	85515	68691	68691	68691	68691	68691
	大型	公交车	汽油	1160353	1160353	1160353	1160353	1160353	797881	72936	72936	72936	72936	72936	72872	72809	72809	54607	36405	36405	36405	36405
			柴油	516606	516606	499913	466526	466526	453270	426758	426758	426758	419068	411377	411377	411377	411377	396544	381710	381710	344093	331554
			燃气	1038685	1038685	980980	865570	865570	801339	672878	672878	672878	576532	480186	480186	447053	447053	387477	387477	387477	387477	387477
		其他	汽油	2769552	2769552	2769552	2769552	2769552	1904397	174086	174086	174086	174086	174086	167558	161030	161030	120902	80773	80773	80773	80773
			柴油	1237111	1237111	1205278	1141611	1141611	1114995	1061764	1061764	1061764	1024382	986999	986999	986999	986999	939628	892257	892257	789639	755433
			燃气	2302748	2302748	2174817	1918956	1918956	1776557	1491760	1491760	1491760	1278652	1065543	1065543	961301	961301	815579	815579	815579	815579	815579
载货汽车	微型		汽油	127581	75816	24051	24051	24051	24051	16422	8794	8794	7140	5487	5487	4831	4175	4175	4175	4175	3110	2755
			柴油	87686	72409	57132	57132	57132	57132	51428	45724	45724	38698	31672	31672	31672	31672	23159	14646	14646	12508	11796
			燃气	82364	46973	11581	11581	11581	11581	8216	4851	4851	3925	2999	2999	2513	2026	2026	2026	2026	1782	1701
	轻型		汽油	95077	61038	26999	26999	26999	26999	18298	9598	9598	8056	6514	6514	5400	4286	4286	4286	4286	3250	2904
			柴油	87991	72562	57132	57132	57132	57132	51428	45724	45724	38698	31672	31672	31672	31672	25224	18776	18776	17365	16895
			燃气	61247	39229	17212	17212	17212	17212	11370	5529	5529	4437	3346	3346	2695	2043	2043	2043	2043	1848	1783
	中型		汽油	213602	213602	213602	213602	213602	145828	10280	10280	10280	10280	10280	10280	10280	10280	7713	5146	5146	5146	5146
			柴油	397959	397959	357338	276097	276097	262538	235420	235420	235420	236749	238078	238078	238078	238078	208884	179689	179689	154729	146409
			燃气	449380	449380	398587	297002	297002	282166	252492	252492	252492	253829	255166	255166	193367	193367	157275	157275	157275	157275	157275
	重型		汽油	2496815	2496815	2496815	2496815	2496815	1716858	156943	156943	156943	156943	156943	151058	145172	145172	108995	72818	72818	72818	72818
			柴油	1365895	1365895	1319273	1226028	1226028	1180680	1089984	1089984	1089984	1046276	1002567	1002567	1002567	1002567	882400	762234	762234	528591	450710
			燃气	2542465	2542465	2381928	2060854	2060854	1884372	1531409	1531409	1531409	1306879	1082350	1082350	821217	821217	486595	486595	486595	486595	486595
低速汽车	三轮汽车			65550	65550	65550	65550	65550	65550	65550	65550	65550	53279	53279	53279	53279	53279	53279	53279	53279	53279	53279
	低速货车			88065	88065	88065	88065	88065	88065	88065	88065	88065	71579	71579	71579	71579	71579	71579	71579	71579	71579	71579
摩托车	普通摩托车			1150	1150	1150	1150	1112	1074	997	997	997	997	997	886	774	774	774	774	774	774	774
	轻便摩托车			767	767	767	767	767	383	383	383	383	383	383	340	298	298	298	298	298	298	298

安庆市 PM 排放系数

单位：克/（辆·年）

车辆类型		使用性质	燃料种类	1999 年年底前	2000 年	2001 年	2002 年	2003 年	2004 年	2005 年	2006 年	2007 年	2008 年	2009 年	2010 年	2011 年	2012 年	2013 年	2014 年	2015 年	2016 年	2017 年
载客汽车	微型	出租车	汽油	—	—	—	—	—	—	—	—	—	—	—	—	—	—	—	—	—	—	—
			燃气	—	—	—	—	—	—	—	—	—	—	—	—	—	—	—	—	—	—	—
		其他	汽油	—	—	—	—	—	—	—	—	—	—	—	—	—	—	—	—	—	—	—
			燃气	—	—	—	—	—	—	—	—	—	—	—	—	—	—	—	—	—	—	—
	小型	出租车	汽油	—	—	—	—	—	—	—	—	—	—	—	—	—	—	—	—	—	—	—
			柴油	49978	45778	41579	41579	41579	41579	28441	15303	15303	9958	4612	4612	4612	4612	4286	3960	3960	3275	3047
			燃气	—	—	—	—	—	—	—	—	—	—	—	—	—	—	—	—	—	—	—
		其他	汽油	—	—	—	—	—	—	—	—	—	—	—	—	—	—	—	—	—	—	—
			柴油	3436	3252	3068	3068	3068	3068	2211	1354	1354	990	627	627	627	627	526	426	426	426	426
			燃气	—	—	—	—	—	—	—	—	—	—	—	—	—	—	—	—	—	—	—
	中型	公交车	汽油	—	—	—	—	—	—	—	—	—	—	—	—	—	—	—	—	—	—	—
			柴油	30592	30592	28032	22913	22913	17978	8108	8108	8108	6872	5637	5637	5637	5637	3504	1372	1372	1080	983
			燃气	—	—	—	—	—	—	—	—	—	—	—	—	—	—	—	—	—	—	—
		其他	汽油	—	—	—	—	—	—	—	—	—	—	—	—	—	—	—	—	—	—	—
			柴油	15274	15274	12888	8116	8116	6262	2553	2553	2553	2434	2316	2316	2316	2316	1366	415	415	399	394
			燃气	—	—	—	—	—	—	—	—	—	—	—	—	—	—	—	—	—	—	—
	大型	公交车	汽油	—	—	—	—	—	—	—	—	—	—	—	—	—	—	—	—	—	—	—
			柴油	94865	94865	93934	92071	92071	71272	29674	29674	29674	19994	10315	10315	10315	10315	6116	1916	1916	1845	1821
			燃气	—	—	—	—	—	—	—	—	—	—	—	—	—	—	—	—	—	—	—
		其他	汽油	—	—	—	—	—	—	—	—	—	—	—	—	—	—	—	—	—	—	—
			柴油	142314	142314	133412	115607	115607	85425	25061	25061	25061	17182	9303	9303	9303	9303	5868	2433	2433	2343	2313
			燃气	—	—	—	—	—	—	—	—	—	—	—	—	—	—	—	—	—	—	—
载货汽车	微型		汽油	—	—	—	—	—	—	—	—	—	—	—	—	—	—	—	—	—	—	—
			柴油	10479	10262	10046	10046	10046	10046	8186	6326	6326	4695	3064	3064	3064	3064	1929	794	794	790	789
			燃气	—	—	—	—	—	—	—	—	—	—	—	—	—	—	—	—	—	—	—
	轻型		汽油	—	—	—	—	—	—	—	—	—	—	—	—	—	—	—	—	—	—	—
			柴油	10898	10472	10046	10046	10046	10046	8186	6326	6326	4695	3064	3064	3064	3064	2310	1557	1557	1286	1195
			燃气	—	—	—	—	—	—	—	—	—	—	—	—	—	—	—	—	—	—	—
	中型		汽油	—	—	—	—	—	—	—	—	—	—	—	—	—	—	—	—	—	—	—
			柴油	33803	33803	28447	17734	17734	13693	5610	5610	5610	5314	5019	5019	5019	5019	3218	1417	1417	1298	1258
			燃气	—	—	—	—	—	—	—	—	—	—	—	—	—	—	—	—	—	—	—
	重型		汽油	—	—	—	—	—	—	—	—	—	—	—	—	—	—	—	—	—	—	—
			柴油	174858	174858	143720	81445	81445	64667	31112	31112	31112	21320	11527	11527	11527	11527	7749	3971	3971	3356	3151
			燃气	—	—	—	—	—	—	—	—	—	—	—	—	—	—	—	—	—	—	—
低速汽车	三轮汽车			4092	4092	4092	4092	4092	4092	4092	4092	4092	3220	3220	3220	3220	3220	3220	3220	3220	3220	3220
	低速货车			5581	5581	5581	5581	5581	5581	5581	5581	5581	4392	4392	4392	4392	4392	4392	4392	4392	4392	4392
摩托车	普通摩托车			—	—	—	—	—	—	—	—	—	—	—	—	—	—	—	—	—	—	—
	轻便摩托车			—	—	—	—	—	—	—	—	—	—	—	—	—	—	—	—	—	—	—

安庆市 VOCs 排放系数

单位：克/（辆·年）

车辆类型		使用性质	燃料种类	1999 年年底前	2000 年	2001 年	2002 年	2003 年	2004 年	2005 年	2006 年	2007 年	2008 年	2009 年	2010 年	2011 年	2012 年	2013 年	2014 年	2015 年	2016 年	2017 年
载客汽车	微型	出租车	汽油	928886	549894	170903	170903	170903	170903	126996	83090	83090	67728	52366	52366	43253	34140	34140	34140	34140	24109	20765
			燃气	385439	234960	84482	84482	84482	84482	64781	45080	45080	37295	29510	29510	23448	17385	17385	17385	17385	10336	7986
		其他	汽油	47387	28540	9693	9693	9693	9693	9312	8930	8930	7683	6436	6436	6144	5852	5852	5852	5852	4974	4682
			燃气	15587	8741	1895	1895	1895	1895	1816	1738	1738	1294	850	850	782	714	714	714	714	490	415
	小型	出租车	汽油	928886	540646	152405	152405	152405	152405	142120	131835	131835	92100	52366	52366	43253	34140	34140	34140	34140	22562	18702
			柴油	228401	215043	201685	201685	201685	201685	182678	163670	163670	119679	75688	75688	75688	75688	56130	36571	36571	20650	15343
			燃气	385439	231311	77183	77183	77183	77183	70748	64313	64313	46912	29510	29510	23448	17385	17385	17385	17385	9725	7172
		其他	汽油	48057	28792	9527	9527	9527	9527	9592	9656	9656	8048	6440	6440	6102	5764	5764	5764	5764	5039	4797
			柴油	9671	8829	7987	7987	7987	7987	6760	5534	5534	3726	1918	1918	1918	1918	1652	1385	1385	1022	901
			燃气	15852	9538	3225	3225	3225	3225	2624	2024	2024	1503	982	982	830	679	679	679	679	516	461
	中型	公交车	汽油	247579	247579	247579	247579	246982	168740	13447	13447	13447	13447	13447	13296	13144	13144	10716	8289	8289	8289	8289
			柴油	87806	87806	86086	82645	82645	64494	28192	28192	28192	20508	12823	12823	12823	12823	8958	5093	5093	4763	4653
			燃气	71579	71579	67602	59649	59649	57536	53311	53311	53311	42686	32061	32061	22219	22219	22154	22154	22154	22154	22154
		其他	汽油	128290	128290	128290	128290	127693	87370	7919	7919	7919	7919	7919	7774	7628	7628	6577	5526	5526	5526	5526
			柴油	30493	30493	28460	24394	24394	18567	6912	6912	6912	6506	6099	6099	6099	6099	3750	1402	1402	1243	1190
			燃气	34560	34560	32640	28800	28800	27780	25740	25740	25740	20623	15506	15506	10732	10732	9642	9642	9642	9642	9642
	大型	公交车	汽油	576887	576887	576887	576887	576290	388713	14751	14751	14751	14751	14751	14611	14471	14471	11705	8939	8939	8939	8939
			柴油	131708	131708	108010	60614	60614	60614	60614	60614	60614	43515	26416	26416	26416	26416	17675	8934	8934	5723	4653
			燃气	168926	168926	159541	140772	140772	135786	125815	125815	125815	100740	75665	75665	52438	52438	47188	47188	47188	47188	47188
		其他	汽油	1278185	1278185	1278185	1278185	1277588	860740	28237	28237	28237	28237	28237	21978	15720	15720	12529	9338	9338	9338	9338
			柴油	272891	272891	207397	76409	76409	76409	76409	76409	76409	55942	35476	35476	35476	35476	20706	5937	5937	5324	5119
			燃气	266186	266186	251398	221822	221822	213966	198253	198253	198253	158842	119430	119430	82662	82662	74261	74261	74261	74261	74261
载货汽车	微型		汽油	346732	185610	24488	24488	24488	24488	23146	21804	21804	20150	18495	18495	15130	11766	11766	11766	11766	10138	9595
			柴油	45262	42282	39301	39301	39301	39301	36113	32925	32925	24169	15413	15413	15413	15413	10546	5680	5680	4026	3474
			燃气	114051	59419	4787	4787	4787	4787	4516	4244	4244	3343	2443	2443	1939	1436	1436	1436	1436	997	850
	轻型		汽油	178179	105694	33209	33209	33209	33209	28526	23844	23844	21354	18863	18863	16534	14204	14204	14204	14204	12394	11791
			柴油	41374	40338	39301	39301	39301	39301	36113	32925	32925	24169	15413	15413	15413	15413	11665	7917	7917	6262	5711
			燃气	58774	35008	11242	11242	11242	11242	8120	4998	4998	3937	2876	2876	2275	1673	1673	1673	1673	1268	1133
	中型		汽油	293713	293713	293713	293713	293116	199519	13518	13518	13518	13518	13518	13378	13239	13239	10780	8320	8320	8320	8320
			柴油	68975	68975	64377	55180	55180	41998	15634	15634	15634	14722	13810	13810	13810	13810	10008	6207	6207	3693	2855
			燃气	78175	78175	73832	65147	65147	62838	58220	58220	58220	46665	35110	35110	47513	47513	23133	23133	23133	23133	23133
	重型		汽油	1184884	1184884	1184884	1184884	1184286	797942	26447	26447	26447	26447	26447	20636	14826	14826	11868	8910	8910	8910	8910
			柴油	291741	291741	221723	81687	81687	81687	81687	81687	81687	59806	37926	37926	37926	37926	23899	9872	9872	7770	7069
			燃气	284573	284573	268763	237144	237144	228745	211947	211947	211947	169813	127678	127678	137450	137450	102550	102550	102550	102550	102550
低速汽车	三轮汽车			25300	25300	25300	25300	25300	25300	25300	25300	25300	16721	16721	16721	16721	16721	16721	16721	16721	16721	16721
	低速货车			33990	33990	33990	33990	33990	33990	33990	33990	33990	22464	22464	22464	22464	22464	22464	22464	22464	22464	22464
摩托车	普通摩托车			15413	15413	15413	15413	11502	7591	4064	4064	4064	4064	4064	3032	2001	2001	2001	2001	2001	2001	2001
	轻便摩托车			49842	49842	49842	49842	49842	9968	9968	4908	4908	4908	4908	3662	2417	2417	2417	2417	2417	2417	2417

黄山市 NO_x 排放系数

单位：克/（辆•年）

车辆类型		使用性质	燃料种类	1999 年年底前	2000 年	2001 年	2002 年	2003 年	2004 年	2005 年	2006 年	2007 年	2008 年	2009 年	2010 年	2011 年	2012 年	2013 年	2014 年	2015 年	2016 年	2017 年
载客汽车	微型	出租车	汽油	561605	370903	180201	180201	180201	180201	129823	79445	79445	56641	33837	33837	28390	22944	22944	22944	22944	15697	13281
			燃气	206984	141398	75813	75813	75813	75813	56836	37858	37858	28718	19579	19579	15798	12016	12016	12016	12016	7087	5444
		其他	汽油	54164	33786	13409	13409	13409	13409	8284	3158	3158	2554	1951	1951	1655	1359	1359	1359	1359	1023	911
			燃气	18084	10750	3417	3417	3417	3417	2216	1016	1016	824	633	633	514	395	395	395	395	324	300
	小型	出租车	汽油	639488	414400	189312	189312	189312	189312	135078	80845	80845	57341	33837	33837	27049	20261	20261	20261	20261	13230	10886
			柴油	532043	441664	351286	351286	351286	351286	313778	276270	276270	218092	159913	159913	159913	159913	131775	103637	103637	82459	75400
			燃气	233325	156110	78894	78894	78894	78894	58613	38332	38332	28956	19579	19579	15344	11109	11109	11109	11109	6253	4634
		其他	汽油	50475	32044	13612	13612	13612	13612	8870	4129	4129	2796	1464	1464	1372	1280	1280	1280	1280	958	851
			柴油	35372	28832	22292	22292	22292	22292	20577	18862	18862	14734	10606	10606	10606	10606	9204	7802	7802	6902	6602
			燃气	16837	10714	4590	4590	4590	4590	2968	1345	1345	906	468	468	418	369	369	369	369	302	280
	中型	公交车	汽油	677913	677913	677913	677913	677913	463128	33557	33557	33557	33557	33557	30094	26632	26632	20106	13579	13579	13579	13579
			柴油	594539	594539	593143	590352	590352	566890	519967	519967	519967	433108	346248	346248	346248	346248	282563	218878	218878	183250	171374
			燃气	631266	631266	623751	608721	608721	589839	552076	552076	552076	459478	366879	366879	232009	232009	181708	181708	181708	181708	181708
		其他	汽油	415622	415622	415622	415622	415622	281930	14547	14547	14547	14547	14547	14547	14547	14547	10911	7275	7275	7275	7275
			柴油	278812	278812	267173	243896	243896	241834	237709	237709	237709	202450	167191	167191	167191	167191	148450	129709	129709	110708	104374
			燃气	314838	314838	297347	262365	262365	259892	254947	254947	254947	217069	179191	179191	139582	139582	112121	112121	112121	112121	112121
	大型	公交车	汽油	2415063	2415063	2415063	2415063	2415063	1660643	151804	151804	151804	151804	151804	151671	151538	151538	113654	75771	75771	75771	75771
			柴油	843234	843234	815986	761490	761490	739853	696580	696580	696580	684027	671474	671474	671474	671474	647262	623049	623049	561648	541181
			燃气	1695401	1695401	1601212	1412834	1412834	1307993	1098311	1098311	1098311	941049	783787	783787	729705	729705	632463	632463	632463	632463	632463
		其他	汽油	5764316	5764316	5764316	5764316	5764316	3963653	362328	362328	362328	362328	362328	348741	335154	335154	251634	168113	168113	168113	168113
			柴油	2019284	2019284	1967324	1863404	1863404	1819960	1733073	1733073	1733073	1672056	1611038	1611038	1611038	1611038	1533716	1456394	1456394	1288894	1233061
			燃气	3758679	3758679	3549863	3132232	3132232	2899801	2434938	2434938	2434938	2087090	1739241	1739241	1569092	1569092	1331235	1331235	1331235	1331235	1331235
载货汽车	微型		汽油	246416	145036	43657	43657	43657	43657	29096	14534	14534	11650	8766	8766	7918	7071	7071	7071	7071	5648	5174
			柴油	128298	105212	82127	82127	82127	82127	74097	66067	66067	56004	45940	45940	45940	45940	33577	21214	21214	18658	17806
			燃气	82272	46699	11125	11125	11125	11125	7900	4676	4676	3760	2844	2844	2450	2055	2055	2055	2055	1792	1704
	轻型		汽油	182482	115969	49456	49456	49456	49456	32786	16115	16115	13450	10785	10785	9036	7288	7288	7288	7288	5922	5466
			柴油	128770	105448	82127	82127	82127	82127	74097	66067	66067	56004	45940	45940	45940	45940	36763	27586	27586	26151	25673
			燃气	60871	38774	16677	16677	16677	16677	10963	5249	5249	4349	3448	3448	2774	2101	2101	2101	2101	1874	1798
	中型		汽油	440020	440020	440020	440020	440020	300405	21176	21176	21176	21176	21176	21176	21176	21176	15888	10601	10601	10601	10601
			柴油	644693	644693	578888	447277	447277	425311	381380	381380	381380	383534	385687	385687	385687	385687	338392	291097	291097	250661	237182
			燃气	727995	727995	645713	481147	481147	457110	409037	409037	409037	411203	413369	413369	313254	313254	254786	254786	254786	254786	254786
	重型		汽油	5143440	5143440	5143440	5143440	5143440	3536727	323302	323302	323302	323302	323302	311178	299054	299054	224530	150006	150006	150006	150006
			柴油	2212750	2212750	2137222	1986165	1986165	1912702	1765775	1765775	1765775	1694967	1624159	1624159	1624159	1624159	1429489	1234819	1234819	856317	730150
			燃气	4118795	4118795	3858724	3338583	3338583	3052683	2480884	2480884	2480884	2117145	1753406	1753406	1330371	1330371	788283	788283	788283	788283	788283
低速汽车	三轮汽车			65550	65550	65550	65550	65550	65550	65550	65550	65550	53279	53279	53279	53279	53279	53279	53279	53279	53279	53279
	低速货车			88065	88065	88065	88065	88065	88065	88065	88065	88065	71579	71579	71579	71579	71579	71579	71579	71579	71579	71579
摩托车	普通摩托车			1150	1150	1150	1150	1112	1074	997	997	997	997	997	886	774	774	774	774	774	774	774
	轻便摩托车			767	767	767	767	767	383	383	383	383	383	383	340	298	298	298	298	298	298	298

黄山市 PM 排放系数

单位：克/（辆·年）

车辆类型		使用性质	燃料种类	1999 年年底前	2000 年	2001 年	2002 年	2003 年	2004 年	2005 年	2006 年	2007 年	2008 年	2009 年	2010 年	2011 年	2012 年	2013 年	2014 年	2015 年	2016 年	2017 年
载客汽车	微型	出租车	汽油	—	—	—	—	—	—	—	—	—	—	—	—	—	—	—	—	—	—	—
			燃气	—	—	—	—	—	—	—	—	—	—	—	—	—	—	—	—	—	—	—
		其他	汽油	—	—	—	—	—	—	—	—	—	—	—	—	—	—	—	—	—	—	—
			燃气	—	—	—	—	—	—	—	—	—	—	—	—	—	—	—	—	—	—	—
	小型	出租车	汽油	—	—	—	—	—	—	—	—	—	—	—	—	—	—	—	—	—	—	—
			柴油	49978	45778	41579	41579	41579	41579	28441	15303	15303	9958	4612	4612	4612	4612	4286	3960	3960	3275	3047
			燃气	—	—	—	—	—	—	—	—	—	—	—	—	—	—	—	—	—	—	—
		其他	汽油	—	—	—	—	—	—	—	—	—	—	—	—	—	—	—	—	—	—	—
			柴油	3436	3252	3068	3068	3068	3068	2211	1354	1354	990	627	627	627	627	526	426	426	426	426
			燃气	—	—	—	—	—	—	—	—	—	—	—	—	—	—	—	—	—	—	—
	中型	公交车	汽油	—	—	—	—	—	—	—	—	—	—	—	—	—	—	—	—	—	—	—
			柴油	30592	30592	28032	22913	22913	17978	8108	8108	8108	6872	5637	5637	5637	5637	3504	1372	1372	1080	983
			燃气	—	—	—	—	—	—	—	—	—	—	—	—	—	—	—	—	—	—	—
		其他	汽油	—	—	—	—	—	—	—	—	—	—	—	—	—	—	—	—	—	—	—
			柴油	15274	15274	12888	8116	8116	6262	2553	2553	2553	2434	2316	2316	2316	2316	1366	415	415	399	394
			燃气	—	—	—	—	—	—	—	—	—	—	—	—	—	—	—	—	—	—	—
	大型	公交车	汽油	—	—	—	—	—	—	—	—	—	—	—	—	—	—	—	—	—	—	—
			柴油	94865	94865	93934	92071	92071	71272	29674	29674	29674	19994	10315	10315	10315	10315	6116	1916	1916	1845	1821
			燃气	—	—	—	—	—	—	—	—	—	—	—	—	—	—	—	—	—	—	—
		其他	汽油	—	—	—	—	—	—	—	—	—	—	—	—	—	—	—	—	—	—	—
			柴油	142314	142314	133412	115607	115607	85425	25061	25061	25061	17182	9303	9303	9303	9303	5868	2433	2433	2343	2313
			燃气	—	—	—	—	—	—	—	—	—	—	—	—	—	—	—	—	—	—	—
载货汽车	微型		汽油	—	—	—	—	—	—	—	—	—	—	—	—	—	—	—	—	—	—	—
			柴油	10479	10262	10046	10046	10046	10046	8186	6326	6326	4695	3064	3064	3064	3064	1929	794	794	790	789
			燃气	—	—	—	—	—	—	—	—	—	—	—	—	—	—	—	—	—	—	—
	轻型		汽油	—	—	—	—	—	—	—	—	—	—	—	—	—	—	—	—	—	—	—
			柴油	10898	10472	10046	10046	10046	10046	8186	6326	6326	4695	3064	3064	3064	3064	2310	1557	1557	1286	1195
			燃气	—	—	—	—	—	—	—	—	—	—	—	—	—	—	—	—	—	—	—
	中型		汽油	—	—	—	—	—	—	—	—	—	—	—	—	—	—	—	—	—	—	—
			柴油	33803	33803	28447	17734	17734	13693	5610	5610	5610	5314	5019	5019	5019	5019	3218	1417	1417	1298	1258
			燃气	—	—	—	—	—	—	—	—	—	—	—	—	—	—	—	—	—	—	—
	重型		汽油	—	—	—	—	—	—	—	—	—	—	—	—	—	—	—	—	—	—	—
			柴油	174858	174858	143720	81445	81445	64667	31112	31112	31112	21320	11527	11527	11527	11527	7749	3971	3971	3356	3151
			燃气	—	—	—	—	—	—	—	—	—	—	—	—	—	—	—	—	—	—	—
低速汽车	三轮汽车			4092	4092	4092	4092	4092	4092	4092	4092	4092	3220	3220	3220	3220	3220	3220	3220	3220	3220	3220
	低速货车			5581	5581	5581	5581	5581	5581	5581	5581	5581	4392	4392	4392	4392	4392	4392	4392	4392	4392	4392
摩托车	普通摩托车			—	—	—	—	—	—	—	—	—	—	—	—	—	—	—	—	—	—	—
	轻便摩托车			—	—	—	—	—	—	—	—	—	—	—	—	—	—	—	—	—	—	—

黄山市 VOCs 排放系数

单位：克/（辆•年）

车辆类型		使用性质	燃料种类	1999 年年底前	2000 年	2001 年	2002 年	2003 年	2004 年	2005 年	2006 年	2007 年	2008 年	2009 年	2010 年	2011 年	2012 年	2013 年	2014 年	2015 年	2016 年	2017 年
载客汽车	微型	出租车	汽油	1306701	764906	223110	223110	223110	223110	162822	102534	102534	82420	62305	62305	51798	41291	41291	41291	41291	30206	26511
			燃气	385439	234960	84482	84482	84482	84482	64781	45080	45080	37295	29510	29510	23448	17385	17385	17385	17385	10336	7986
		其他	汽油	65714	38648	11581	11581	11581	11581	11164	10746	10746	8972	7197	7197	6810	6423	6423	6423	6423	5144	4718
			燃气	15587	8741	1895	1895	1895	1895	1816	1738	1738	1294	850	850	782	714	714	714	714	490	415
	小型	出租车	汽油	1306701	751646	196591	196591	196591	196591	184504	172416	172416	117360	62305	62305	51798	41291	41291	41291	41291	27988	23554
			柴油	245673	231669	217665	217665	217665	217665	198132	178600	178600	128674	78747	78747	78747	78747	58546	38344	38344	22283	16929
			燃气	385439	231311	77183	77183	77183	77183	70748	64313	64313	46912	29510	29510	23448	17385	17385	17385	17385	9725	7172
		其他	汽油	66675	39009	11343	11343	11343	11343	11566	11788	11788	9496	7203	7203	6749	6295	6295	6295	6295	5235	4882
			柴油	11672	10670	9669	9669	9669	9669	8214	6759	6759	4552	2344	2344	2344	2344	2055	1766	1766	1301	1146
			燃气	15852	9538	3225	3225	3225	3225	2624	2024	2024	1503	982	982	830	679	679	679	679	516	461
	中型	公交车	汽油	268707	268707	268707	268707	268110	182893	13653	13653	13653	13653	13653	13500	13348	13348	10704	8060	8060	8060	8060
			柴油	87806	87806	86086	82645	82645	64494	28192	28192	28192	20508	12823	12823	12823	12823	8958	5093	5093	4763	4653
			燃气	71579	71579	67602	59649	59649	57536	53311	53311	53311	42686	32061	32061	22219	22219	22154	22154	22154	22154	22154
		其他	汽油	138681	138681	138681	138681	138084	94201	7628	7628	7628	7628	7628	7482	7336	7336	6192	5047	5047	5047	5047
			柴油	30493	30493	28460	24394	24394	18567	6912	6912	6912	6506	6099	6099	6099	6099	3750	1402	1402	1243	1190
			燃气	34560	34560	32640	28800	28800	27780	25740	25740	25740	20623	15506	15506	10732	10732	9642	9642	9642	9642	9642
	大型	公交车	汽油	627652	627652	627652	627652	627055	422664	15075	15075	15075	15075	15075	14935	14795	14795	11782	8768	8768	8768	8768
			柴油	131708	131708	108010	60614	60614	60614	60614	60614	60614	43515	26416	26416	26416	26416	17675	8934	8934	5723	4653
			燃气	168926	168926	159541	140772	140772	135786	125815	125815	125815	100740	75665	75665	52438	52438	47188	47188	47188	47188	47188
		其他	汽油	1392067	1392067	1392067	1392067	1391470	937174	29775	29775	29775	29775	29775	22966	16156	16156	12680	9203	9203	9203	9203
			柴油	272891	272891	207397	76409	76409	76409	76409	76409	76409	55942	35476	35476	35476	35476	20706	5937	5937	5324	5119
			燃气	266186	266186	251398	221822	221822	213966	198253	198253	198253	158842	119430	119430	82662	82662	74261	74261	74261	74261	74261
载货汽车	微型		汽油	492782	261892	31002	31002	31002	31002	29439	27876	27876	25690	23504	23504	18942	14381	14381	14381	14381	12329	11645
			柴油	52012	48614	45216	45216	45216	45216	41699	38182	38182	27856	17531	17531	17531	17531	11976	6421	6421	4688	4111
			燃气	116885	60979	5073	5073	5073	5073	4791	4509	4509	3642	2776	2776	2187	1599	1599	1599	1599	1168	1024
	轻型		汽油	251143	147324	43505	43505	43505	43505	37154	30802	30802	27417	24032	24032	20954	17876	17876	17876	17876	15564	14794
			柴油	47289	46252	45216	45216	45216	45216	41699	38182	38182	27856	17531	17531	17531	17531	13335	9139	9139	7406	6828
			燃气	59709	36039	12369	12369	12369	12369	8829	5289	5289	4283	3276	3276	2602	1928	1928	1928	1928	1530	1397
	中型		汽油	318993	318993	318993	318993	318396	216443	13731	13731	13731	13731	13731	13591	13451	13451	10772	8093	8093	8093	8093
			柴油	68975	68975	64377	55180	55180	41998	15634	15634	15634	14722	13810	13810	13810	13810	10008	6207	6207	3693	2855
			燃气	78175	78175	73832	65147	65147	62838	58220	58220	58220	46665	35110	35110	47513	47513	23133	23133	23133	23133	23133
	重型		汽油	1290368	1290368	1290368	1290368	1289770	868722	27822	27822	27822	27822	27822	21502	15181	15181	11958	8735	8735	8735	8735
			柴油	291741	291741	221723	81687	81687	81687	81687	81687	81687	59806	37926	37926	37926	37926	23899	9872	9872	7770	7069
			燃气	284573	284573	268763	237144	237144	228745	211947	211947	211947	169813	127678	127678	137450	137450	102550	102550	102550	102550	102550
低速汽车	三轮汽车			25300	25300	25300	25300	25300	25300	25300	25300	25300	16721	16721	16721	16721	16721	16721	16721	16721	16721	16721
	低速货车			33990	33990	33990	33990	33990	33990	33990	33990	33990	22464	22464	22464	22464	22464	22464	22464	22464	22464	22464
摩托车	普通摩托车			15413	15413	15413	15413	11502	7591	4064	4064	4064	4064	4064	3032	2001	2001	2001	2001	2001	2001	2001
	轻便摩托车			49842	49842	49842	49842	49842	9968	9968	4908	4908	4908	4908	3662	2417	2417	2417	2417	2417	2417	2417

滁州市 NO_x 排放系数

单位：克/（辆·年）

车辆类型		使用性质	燃料种类	1999年年底前	2000年	2001年	2002年	2003年	2004年	2005年	2006年	2007年	2008年	2009年	2010年	2011年	2012年	2013年	2014年	2015年	2016年	2017年
载客汽车	微型	出租车	汽油	298885	202567	106249	106249	106249	106249	78930	51610	51610	38594	25578	25578	21382	17185	17185	17185	17185	10551	8340
			燃气	211690	144036	76383	76383	76383	76383	56927	37471	37471	28176	18881	18881	15677	12473	12473	12473	12473	7588	5960
		其他	汽油	27908	17520	7131	7131	7131	7131	4501	1871	1871	1522	1173	1173	1053	933	933	933	933	644	548
			燃气	18966	11282	3598	3598	3598	3598	2331	1064	1064	861	658	658	571	484	484	484	484	389	357
	小型	出租车	汽油	337757	224292	110826	110826	110826	110826	81570	52313	52313	38946	25578	25578	20594	15610	15610	15610	15610	9149	6995
			柴油	392571	329322	266072	266072	266072	266072	237841	209610	209610	166726	123841	123841	123841	123841	100848	77855	77855	61090	55501
			燃气	239011	159306	79600	79600	79600	79600	58782	37965	37965	28423	18881	18881	15124	11366	11366	11366	11366	6602	5014
		其他	汽油	26045	16640	7235	7235	7235	7235	4800	2366	2366	1646	927	927	906	884	884	884	884	606	514
			柴油	25362	20720	16078	16078	16078	16078	14808	13538	13538	10644	7749	7749	7749	7749	6707	5665	5665	5083	4889
			燃气	17656	11248	4839	4839	4839	4839	3125	1411	1411	948	485	485	468	450	450	450	450	362	333
	中型	公交车	汽油	326199	326199	326199	326199	326199	222848	16147	16147	16147	16147	16147	14481	12815	12815	9674	6534	6534	6534	6534
			柴油	364641	364641	363785	362072	362072	347683	318904	318904	318904	265632	212359	212359	212359	212359	173300	134241	134241	112390	105106
			燃气	387166	387166	382557	373338	373338	361758	338597	338597	338597	281805	225013	225013	142295	142295	111444	111444	111444	111444	111444
		其他	汽油	199989	199989	199989	199989	199989	135659	7000	7000	7000	7000	7000	7000	7000	7000	5250	3501	3501	3501	3501
			柴油	171000	171000	163862	149586	149586	148321	145791	145791	145791	124166	102541	102541	102541	102541	91046	79552	79552	67898	64014
			燃气	193095	193095	182367	160912	160912	159396	156363	156363	156363	133132	109901	109901	85608	85608	68765	68765	68765	68765	68765
	大型	公交车	汽油	1162083	1162083	1162083	1162083	1162083	799070	73045	73045	73045	73045	73045	72981	72917	72917	54688	36459	36459	36459	36459
			柴油	517169	517169	500457	467034	467034	453764	427223	427223	427223	419524	411826	411826	411826	411826	396976	382126	382126	344468	331915
			燃气	1039816	1039816	982049	866514	866514	802213	673611	673611	673611	577160	480709	480709	447540	447540	387900	387900	387900	387900	387900
		其他	汽油	2773679	2773679	2773679	2773679	2773679	1907235	174346	174346	174346	174346	174346	167808	161270	161270	121082	80893	80893	80893	80893
			柴油	1238459	1238459	1206591	1142855	1142855	1116210	1062921	1062921	1062921	1025498	988075	988075	988075	988075	940652	893230	893230	790500	756256
			燃气	2305257	2305257	2177187	1921048	1921048	1778494	1493386	1493386	1493386	1280045	1066704	1066704	962349	962349	816467	816467	816467	816467	816467
载货汽车	微型		汽油	132029	78331	24633	24633	24633	24633	16920	9207	9207	7497	5787	5787	5066	4346	4346	4346	4346	3185	2798
			柴油	96927	80092	63257	63257	63257	63257	56954	50652	50652	42955	35258	35258	35258	35258	25780	16302	16302	13895	13093
			燃气	89726	51077	12429	12429	12429	12429	8832	5236	5236	4241	3246	3246	2750	2255	2255	2255	2255	1931	1823
	轻型		汽油	95990	61790	27590	27590	27590	27590	18802	10013	10013	8415	6817	6817	5637	4457	4457	4457	4457	3324	2946
			柴油	97263	80260	63257	63257	63257	63257	56954	50652	50652	42955	35258	35258	35258	35258	28069	20880	20880	19278	18744
			燃气	65072	41763	18453	18453	18453	18453	12212	5971	5971	4769	3567	3567	2918	2269	2269	2269	2269	1999	1909
	中型		汽油	213602	213602	213602	213602	213602	145828	10280	10280	10280	10280	10280	10280	10280	10280	7713	5146	5146	5146	5146
			柴油	397959	397959	357338	276097	276097	262538	235420	235420	235420	236749	238078	238078	238078	238078	208884	179689	179689	154729	146409
			燃气	449379	449379	398587	297002	297002	282165	252491	252491	252491	253829	255166	255166	193368	193368	157275	157275	157275	157275	157275
	重型		汽油	2315560	2315560	2315560	2315560	2315560	1592223	145549	145549	145549	145549	145549	140091	134633	134633	101082	67532	67532	67532	67532
			柴油	1269092	1269092	1225774	1139137	1139137	1097003	1012736	1012736	1012736	972125	931514	931514	931514	931514	817326	703138	703138	484644	411812
			燃气	2362277	2362277	2213117	1914798	1914798	1750825	1422877	1422877	1422877	1214259	1005642	1005642	757547	757547	444599	444599	444599	444599	444599
低速汽车	三轮汽车			65550	65550	65550	65550	65550	65550	65550	65550	65550	53279	53279	53279	53279	53279	53279	53279	53279	53279	53279
	低速货车			88065	88065	88065	88065	88065	88065	88065	88065	88065	71579	71579	71579	71579	71579	71579	71579	71579	71579	71579
摩托车	普通摩托车			1150	1150	1150	1150	1112	1074	997	997	997	997	997	886	774	774	774	774	774	774	774
	轻便摩托车			767	767	767	767	767	383	383	383	383	383	383	340	298	298	298	298	298	298	298

滁州市 PM 排放系数

单位：克/（辆·年）

车辆类型		使用性质	燃料种类	1999 年年底前	2000 年	2001 年	2002 年	2003 年	2004 年	2005 年	2006 年	2007 年	2008 年	2009 年	2010 年	2011 年	2012 年	2013 年	2014 年	2015 年	2016 年	2017 年
载客汽车	微型	出租车	汽油	—	—	—	—	—	—	—	—	—	—	—	—	—	—	—	—	—	—	—
			燃气	—	—	—	—	—	—	—	—	—	—	—	—	—	—	—	—	—	—	—
		其他	汽油	—	—	—	—	—	—	—	—	—	—	—	—	—	—	—	—	—	—	—
			燃气	—	—	—	—	—	—	—	—	—	—	—	—	—	—	—	—	—	—	—
	小型	出租车	汽油	—	—	—	—	—	—	—	—	—	—	—	—	—	—	—	—	—	—	—
			柴油	55809	51142	46475	46475	46475	46475	31701	16927	16927	11060	5194	5194	5194	5194	4827	4460	4460	3688	3431
			燃气	—	—	—	—	—	—	—	—	—	—	—	—	—	—	—	—	—	—	—
		其他	汽油	—	—	—	—	—	—	—	—	—	—	—	—	—	—	—	—	—	—	—
			柴油	3953	3741	3529	3529	3529	3529	2539	1549	1549	1140	730	730	730	730	606	482	482	482	482
			燃气	—	—	—	—	—	—	—	—	—	—	—	—	—	—	—	—	—	—	—
	中型	公交车	汽油	—	—	—	—	—	—	—	—	—	—	—	—	—	—	—	—	—	—	—
			柴油	30592	30592	28032	22913	22913	17978	8108	8108	8108	6872	5637	5637	5637	5637	3504	1372	1372	1080	983
			燃气	—	—	—	—	—	—	—	—	—	—	—	—	—	—	—	—	—	—	—
		其他	汽油	—	—	—	—	—	—	—	—	—	—	—	—	—	—	—	—	—	—	—
			柴油	15274	15274	12888	8116	8116	6262	2553	2553	2553	2434	2316	2316	2316	2316	1366	415	415	399	394
			燃气	—	—	—	—	—	—	—	—	—	—	—	—	—	—	—	—	—	—	—
	大型	公交车	汽油	—	—	—	—	—	—	—	—	—	—	—	—	—	—	—	—	—	—	—
			柴油	94865	94865	93934	92071	92071	71272	29674	29674	29674	19994	10315	10315	10315	10315	6116	1916	1916	1845	1821
			燃气	—	—	—	—	—	—	—	—	—	—	—	—	—	—	—	—	—	—	—
		其他	汽油	—	—	—	—	—	—	—	—	—	—	—	—	—	—	—	—	—	—	—
			柴油	142314	142314	133412	115607	115607	85425	25061	25061	25061	17182	9303	9303	9303	9303	5868	2433	2433	2343	2313
			燃气	—	—	—	—	—	—	—	—	—	—	—	—	—	—	—	—	—	—	—
载货汽车	微型		汽油	—	—	—	—	—	—	—	—	—	—	—	—	—	—	—	—	—	—	—
			柴油	11683	11442	11200	11200	11200	11200	9166	7133	7133	5294	3455	3455	3455	3455	2175	895	895	891	890
			燃气	—	—	—	—	—	—	—	—	—	—	—	—	—	—	—	—	—	—	—
	轻型		汽油	—	—	—	—	—	—	—	—	—	—	—	—	—	—	—	—	—	—	—
			柴油	12151	11676	11200	11200	11200	11200	9166	7133	7133	5294	3455	3455	3455	3455	2606	1756	1756	1450	1348
			燃气	—	—	—	—	—	—	—	—	—	—	—	—	—	—	—	—	—	—	—
	中型		汽油	—	—	—	—	—	—	—	—	—	—	—	—	—	—	—	—	—	—	—
			柴油	33803	33803	28447	17734	17734	13693	5610	5610	5610	5314	5019	5019	5019	5019	3218	1417	1417	1298	1258
			燃气	—	—	—	—	—	—	—	—	—	—	—	—	—	—	—	—	—	—	—
	重型		汽油	—	—	—	—	—	—	—	—	—	—	—	—	—	—	—	—	—	—	—
			柴油	161466	161466	132713	75207	75207	59714	28729	28729	28729	19686	10644	10644	10644	10644	7166	3687	3687	3116	2926
			燃气	—	—	—	—	—	—	—	—	—	—	—	—	—	—	—	—	—	—	—
低速汽车	三轮汽车			4092	4092	4092	4092	4092	4092	4092	4092	4092	3220	3220	3220	3220	3220	3220	3220	3220	3220	3220
	低速货车			5581	5581	5581	5581	5581	5581	5581	5581	5581	4392	4392	4392	4392	4392	4392	4392	4392	4392	4392
摩托车	普通摩托车			—	—	—	—	—	—	—	—	—	—	—	—	—	—	—	—	—	—	—
	轻便摩托车			—	—	—	—	—	—	—	—	—	—	—	—	—	—	—	—	—	—	—

滁州市 VOCs 排放系数

单位：克/（辆·年）

车辆类型		使用性质	燃料种类	1999年年底前	2000年	2001年	2002年	2003年	2004年	2005年	2006年	2007年	2008年	2009年	2010年	2011年	2012年	2013年	2014年	2015年	2016年	2017年
载客汽车	微型	出租车	汽油	806193	479251	152309	152309	152309	152309	113539	74769	74769	61674	48578	48578	40678	32779	32779	32779	32779	23876	20909
			燃气	419662	253625	87588	87588	87588	87588	66339	45090	45090	37362	29633	29633	23930	18226	18226	18226	18226	11707	9534
		其他	汽油	43839	26730	9622	9622	9622	9622	9232	8841	8841	7690	6539	6539	6318	6097	6097	6097	6097	5188	4885
			燃气	17727	9930	2134	2134	2134	2134	2042	1949	1949	1466	983	983	940	897	897	897	897	645	561
	小型	出租车	汽油	806193	471255	136317	136317	136317	136317	126257	116197	116197	82388	48578	48578	40678	32779	32779	32779	32779	22310	18820
			柴油	217164	204512	191859	191859	191859	191859	175492	159126	159126	115703	72280	72280	72280	72280	53654	35027	35027	19856	14799
			燃气	419662	249568	79475	79475	79475	79475	72792	66108	66108	47870	29633	29633	23930	18226	18226	18226	18226	10912	8474
		其他	汽油	44434	26954	9473	9473	9473	9473	9480	9487	9487	8015	6543	6543	6275	6007	6007	6007	6007	5246	4993
			柴油	9766	8924	8083	8083	8083	8083	6956	5828	5828	3931	2034	2034	2034	2034	1762	1491	1491	1088	954
			燃气	18029	10850	3671	3671	3671	3671	2974	2277	2277	1710	1142	1142	996	851	851	851	851	675	616
	中型	公交车	汽油	247631	247631	247631	247631	247034	168791	13498	13498	13498	13498	13498	13346	13195	13195	10768	8341	8341	8341	8341
			柴油	87806	87806	86086	82645	82645	64494	28192	28192	28192	20508	12823	12823	12823	12823	8958	5093	5093	4763	4653
			燃气	71579	71579	67602	59649	59649	57536	53311	53311	53311	42686	32061	32061	22219	22219	22154	22154	22154	22154	22154
		其他	汽油	128341	128341	128341	128341	127744	87422	7971	7971	7971	7971	7971	7826	7680	7680	6628	5577	5577	5577	5577
			柴油	30493	30493	28460	24394	24394	18567	6912	6912	6912	6506	6099	6099	6099	6099	3750	1402	1402	1243	1190
			燃气	34560	34560	32640	28800	28800	27780	25740	25740	25740	20623	15506	15506	10732	10732	9642	9642	9642	9642	9642
	大型	公交车	汽油	576939	576939	576939	576939	576342	388764	14802	14802	14802	14802	14802	14662	14522	14522	11756	8990	8990	8990	8990
			柴油	131708	131708	108010	60614	60614	60614	60614	60614	60614	43515	26416	26416	26416	26416	17675	8934	8934	5723	4653
			燃气	168926	168926	159541	140772	140772	135786	125815	125815	125815	100740	75665	75665	52438	52438	47188	47188	47188	47188	47188
		其他	汽油	1278237	1278237	1278237	1278237	1277640	860792	28289	28289	28289	28289	28289	22030	15771	15771	12580	9389	9389	9389	9389
			柴油	272891	272891	207397	76409	76409	76409	76409	76409	76409	55942	35476	35476	35476	35476	20706	5937	5937	5324	5119
			燃气	266186	266186	251398	221822	221822	213966	198253	198253	198253	158842	119430	119430	82662	82662	74261	74261	74261	74261	74261
载货汽车	微型		汽油	317833	170974	24115	24115	24115	24115	22738	21361	21361	19678	17995	17995	14801	11607	11607	11607	11607	9844	9257
			柴油	48815	45601	42387	42387	42387	42387	38900	35414	35414	26084	16753	16753	16753	16753	11508	6263	6263	4367	3735
			燃气	128521	66935	5348	5348	5348	5348	5029	4709	4709	3707	2705	2705	2206	1708	1708	1708	1708	1224	1063
	轻型		汽油	164678	98359	32040	32040	32040	32040	27628	23215	23215	20772	18330	18330	16076	13822	13822	13822	13822	11894	11252
			柴油	44747	43567	42387	42387	42387	42387	38900	35414	35414	26084	16753	16753	16753	16753	12678	8603	8603	6708	6076
			燃气	66818	39617	12416	12416	12416	12416	8994	5572	5572	4386	3199	3199	2579	1958	1958	1958	1958	1531	1388
	中型		汽油	293765	293765	293765	293765	293168	199571	13570	13570	13570	13570	13570	13430	13290	13290	10830	8371	8371	8371	8371
			柴油	68975	68975	64377	55180	55180	41998	15634	15634	15634	14722	13810	13810	13810	13810	10008	6207	6207	3693	2855
			燃气	78175	78175	73832	65147	65147	62838	58220	58220	58220	46665	35110	35110	47513	47513	23133	23133	23133	23133	23133
	重型		汽油	1100465	1100465	1100465	1100465	1099868	741138	24874	24874	24874	24874	24874	19470	14065	14065	11318	8571	8571	8571	8571
			柴油	272548	272548	207136	76313	76313	76313	76313	76313	76313	55872	35431	35431	35431	35431	22304	9178	9178	7092	6396
			燃气	265851	265851	251082	221543	221543	213697	198004	198004	198004	158641	119279	119279	127787	127787	92786	92786	92786	92786	92786
低速汽车	三轮汽车			25300	25300	25300	25300	25300	25300	25300	25300	25300	16721	16721	16721	16721	16721	16721	16721	16721	16721	16721
	低速货车			33990	33990	33990	33990	33990	33990	33990	33990	33990	22464	22464	22464	22464	22464	22464	22464	22464	22464	22464
摩托车	普通摩托车			15413	15413	15413	15413	11502	7591	4064	4064	4064	4064	4064	3032	2001	2001	2001	2001	2001	2001	2001
	轻便摩托车			49842	49842	49842	49842	49842	9968	9968	4908	4908	4908	4908	3662	2417	2417	2417	2417	2417	2417	2417

阜阳市 NO_x 排放系数

单位：克/（辆·年）

车辆类型		使用性质	燃料种类	1999年年底前	2000年	2001年	2002年	2003年	2004年	2005年	2006年	2007年	2008年	2009年	2010年	2011年	2012年	2013年	2014年	2015年	2016年	2017年
载客汽车	微型	出租车	汽油	296334	200700	105065	105065	105065	105065	78122	51178	51178	38349	25520	25520	20781	16042	16042	16042	16042	9713	7603
			燃气	199933	136358	72782	72782	72782	72782	54469	36156	36156	27363	18570	18570	15002	11433	11433	11433	11433	6782	5232
		其他	汽油	28133	17635	7137	7137	7137	7137	4504	1872	1872	1526	1179	1179	1006	834	834	834	834	576	490
			燃气	18084	10750	3417	3417	3417	3417	2216	1016	1016	824	633	633	514	395	395	395	395	324	300
	小型	出租车	汽油	334823	222196	109568	109568	109568	109568	80719	51870	51870	38695	25520	25520	20118	14716	14716	14716	14716	8494	6420
			柴油	374886	315202	255519	255519	255519	255519	227480	199441	199441	158377	117313	117313	117313	117313	95176	73038	73038	55538	49704
			燃气	225491	150632	75772	75772	75772	75772	56194	36616	36616	27593	18570	18570	14562	10553	10553	10553	10553	5973	4446
		其他	汽油	26254	16747	7240	7240	7240	7240	4804	2367	2367	1648	930	930	862	793	793	793	793	543	460
			柴油	23439	19164	14889	14889	14889	14889	13728	12566	12566	9832	7099	7099	7099	7099	6140	5182	5182	4532	4315
			燃气	16837	10714	4590	4590	4590	4590	2968	1345	1345	906	468	468	418	369	369	369	369	302	280
	中型	公交车	汽油	326312	326312	326312	326312	326312	222925	16152	16152	16152	16152	16152	14486	12819	12819	9678	6536	6536	6536	6536
			柴油	364733	364733	363877	362164	362164	347771	318985	318985	318985	265699	212413	212413	212413	212413	173344	134276	134276	112419	105133
			燃气	387264	387264	382654	373433	373433	361850	338683	338683	338683	281876	225070	225070	142331	142331	111473	111473	111473	111473	111473
		其他	汽油	200059	200059	200059	200059	200059	135707	7002	7002	7002	7002	7002	7002	7002	7002	5252	3502	3502	3502	3502
			柴油	171043	171043	163903	149624	149624	148359	145828	145828	145828	124198	102567	102567	102567	102567	91070	79573	79573	67916	64031
			燃气	193144	193144	182414	160953	160953	159436	156403	156403	156403	133166	109929	109929	85630	85630	68783	68783	68783	68783	68783
	大型	公交车	汽油	1162486	1162486	1162486	1162486	1162486	799348	73071	73071	73071	73071	73071	73006	72942	72942	54707	36472	36472	36472	36472
			柴油	517300	517300	500584	467153	467153	453879	427332	427332	427332	419631	411930	411930	411930	411930	397076	382223	382223	344555	331999
			燃气	1040080	1040080	982298	866734	866734	802417	673782	673782	673782	577306	480831	480831	447653	447653	387998	387998	387998	387998	387998
		其他	汽油	2774642	2774642	2774642	2774642	2774642	1907897	174406	174406	174406	174406	174406	167866	161326	161326	121124	80921	80921	80921	80921
			柴油	1238773	1238773	1206897	1143145	1143145	1116494	1063191	1063191	1063191	1025758	988326	988326	988326	988326	940891	893456	893456	790700	756448
			燃气	2305842	2305842	2177740	1921535	1921535	1778945	1493765	1493765	1493765	1280370	1066975	1066975	962593	962593	816675	816675	816675	816675	816675
载货汽车	微型		汽油	136714	81341	25968	25968	25968	25968	17780	9592	9592	7799	6006	6006	5272	4539	4539	4539	4539	3356	2962
			柴油	94612	78223	61834	61834	61834	61834	55638	49442	49442	41833	34224	34224	34224	34224	25026	15829	15829	13450	12657
			燃气	87880	50157	12433	12433	12433	12433	8819	5206	5206	4215	3225	3225	2687	2150	2150	2150	2150	1898	1813
	轻型		汽油	101960	65540	29121	29121	29121	29121	19786	10451	10451	8778	7104	7104	5880	4657	4657	4657	4657	3505	3121
			柴油	94939	78386	61834	61834	61834	61834	55638	49442	49442	41833	34224	34224	34224	34224	27234	20243	20243	18640	18106
			燃气	65388	41925	18462	18462	18462	18462	12200	5939	5939	4757	3575	3575	2871	2167	2167	2167	2167	1967	1900
	中型		汽油	213602	213602	213602	213602	213602	145828	10280	10280	10280	10280	10280	10280	10280	10280	7713	5146	5146	5146	5146
			柴油	397959	397959	357338	276097	276097	262538	235420	235420	235420	236749	238078	238078	238078	238078	208884	179689	179689	154729	146409
			燃气	449381	449381	398588	297002	297002	282165	252492	252492	252492	253829	255167	255167	193367	193367	157275	157275	157275	157275	157275
	重型		汽油	2315560	2315560	2315560	2315560	2315560	1592223	145549	145549	145549	145549	145549	140091	134633	134633	101082	67532	67532	67532	67532
			柴油	1269092	1269092	1225774	1139137	1139137	1097003	1012736	1012736	1012736	972125	931514	931514	931514	931514	817326	703138	703138	484644	411812
			燃气	2362278	2362278	2213118	1914798	1914798	1750824	1422877	1422877	1422877	1214259	1005642	1005642	757548	757548	444600	444600	444600	444600	444600
低速汽车	三轮汽车			65550	65550	65550	65550	65550	65550	65550	65550	65550	53279	53279	53279	53279	53279	53279	53279	53279	53279	53279
	低速货车			88065	88065	88065	88065	88065	88065	88065	88065	88065	71579	71579	71579	71579	71579	71579	71579	71579	71579	71579
摩托车	普通摩托车			1150	1150	1150	1150	1112	1074	997	997	997	997	997	886	774	774	774	774	774	774	774
	轻便摩托车			767	767	767	767	767	383	383	383	383	383	383	340	298	298	298	298	298	298	298

阜阳市 PM 排放系数

单位：克/（辆·年）

车辆类型		使用性质	燃料种类	1999 年年底前	2000 年	2001 年	2002 年	2003 年	2004 年	2005 年	2006 年	2007 年	2008 年	2009 年	2010 年	2011 年	2012 年	2013 年	2014 年	2015 年	2016 年	2017 年
载客汽车	微型	出租车	汽油	—	—	—	—	—	—	—	—	—	—	—	—	—	—	—	—	—	—	—
			燃气	—	—	—	—	—	—	—	—	—	—	—	—	—	—	—	—	—	—	—
		其他	汽油	—	—	—	—	—	—	—	—	—	—	—	—	—	—	—	—	—	—	—
			燃气	—	—	—	—	—	—	—	—	—	—	—	—	—	—	—	—	—	—	—
	小型	出租车	汽油	—	—	—	—	—	—	—	—	—	—	—	—	—	—	—	—	—	—	—
			柴油	48494	44420	40345	40345	40345	40345	27597	14849	14849	9662	4475	4475	4475	4475	4159	3843	3843	3178	2956
			燃气	—	—	—	—	—	—	—	—	—	—	—	—	—	—	—	—	—	—	—
		其他	汽油	—	—	—	—	—	—	—	—	—	—	—	—	—	—	—	—	—	—	—
			柴油	3436	3252	3068	3068	3068	3068	2211	1354	1354	990	627	627	627	627	526	426	426	426	426
			燃气	—	—	—	—	—	—	—	—	—	—	—	—	—	—	—	—	—	—	—
	中型	公交车	汽油	—	—	—	—	—	—	—	—	—	—	—	—	—	—	—	—	—	—	—
			柴油	30592	30592	28032	22913	22913	17978	8108	8108	8108	6872	5637	5637	5637	5637	3504	1372	1372	1080	983
			燃气	—	—	—	—	—	—	—	—	—	—	—	—	—	—	—	—	—	—	—
		其他	汽油	—	—	—	—	—	—	—	—	—	—	—	—	—	—	—	—	—	—	—
			柴油	15274	15274	12888	8116	8116	6262	2553	2553	2553	2434	2316	2316	2316	2316	1366	415	415	399	394
			燃气	—	—	—	—	—	—	—	—	—	—	—	—	—	—	—	—	—	—	—
	大型	公交车	汽油	—	—	—	—	—	—	—	—	—	—	—	—	—	—	—	—	—	—	—
			柴油	94865	94865	93934	92071	92071	71272	29674	29674	29674	19994	10315	10315	10315	10315	6116	1916	1916	1845	1821
			燃气	—	—	—	—	—	—	—	—	—	—	—	—	—	—	—	—	—	—	—
		其他	汽油	—	—	—	—	—	—	—	—	—	—	—	—	—	—	—	—	—	—	—
			柴油	142314	142314	133412	115607	115607	85425	25061	25061	25061	17182	9303	9303	9303	9303	5868	2433	2433	2343	2313
			燃气	—	—	—	—	—	—	—	—	—	—	—	—	—	—	—	—	—	—	—
载货汽车	微型		汽油	—	—	—	—	—	—	—	—	—	—	—	—	—	—	—	—	—	—	—
			柴油	11184	10953	10722	10722	10722	10722	8737	6752	6752	5011	3270	3270	3270	3270	2059	848	848	844	842
			燃气	—	—	—	—	—	—	—	—	—	—	—	—	—	—	—	—	—	—	—
	轻型		汽油	—	—	—	—	—	—	—	—	—	—	—	—	—	—	—	—	—	—	—
			柴油	11632	11177	10722	10722	10722	10722	8737	6752	6752	5011	3270	3270	3270	3270	2466	1662	1662	1372	1276
			燃气	—	—	—	—	—	—	—	—	—	—	—	—	—	—	—	—	—	—	—
	中型		汽油	—	—	—	—	—	—	—	—	—	—	—	—	—	—	—	—	—	—	—
			柴油	33803	33803	28447	17734	17734	13693	5610	5610	5610	5314	5019	5019	5019	5019	3218	1417	1417	1298	1258
			燃气	—	—	—	—	—	—	—	—	—	—	—	—	—	—	—	—	—	—	—
	重型		汽油	—	—	—	—	—	—	—	—	—	—	—	—	—	—	—	—	—	—	—
			柴油	161466	161466	132713	75207	75207	59714	28729	28729	28729	19686	10644	10644	10644	10644	7166	3687	3687	3116	2926
			燃气	—	—	—	—	—	—	—	—	—	—	—	—	—	—	—	—	—	—	—
低速汽车	三轮汽车			4092	4092	4092	4092	4092	4092	4092	4092	4092	3220	3220	3220	3220	3220	3220	3220	3220	3220	3220
	低速货车			5581	5581	5581	5581	5581	5581	5581	5581	5581	4392	4392	4392	4392	4392	4392	4392	4392	4392	4392
摩托车	普通摩托车			—	—	—	—	—	—	—	—	—	—	—	—	—	—	—	—	—	—	—
	轻便摩托车			—	—	—	—	—	—	—	—	—	—	—	—	—	—	—	—	—	—	—

阜阳市 VOCs 排放系数

单位：克/（辆·年）

车辆类型		使用性质	燃料种类	1999 年年底前	2000 年	2001 年	2002 年	2003 年	2004 年	2005 年	2006 年	2007 年	2008 年	2009 年	2010 年	2011 年	2012 年	2013 年	2014 年	2015 年	2016 年	2017 年
载客汽车	微型	出租车	汽油	776809	462394	147979	147979	147979	147979	110946	73912	73912	60596	47279	47279	39066	30853	30853	30853	30853	21535	18429
			燃气	372749	226826	80902	80902	80902	80902	61924	42946	42946	35496	28047	28047	22302	16558	16558	16558	16558	9899	7679
		其他	汽油	42643	26116	9590	9590	9590	9590	9220	8851	8851	7686	6520	6520	6260	6001	6001	6001	6001	5115	4820
			燃气	15587	8741	1895	1895	1895	1895	1816	1738	1738	1294	850	850	782	714	714	714	714	490	415
	小型	出租车	汽油	776809	454744	132678	132678	132678	132678	123456	114234	114234	80756	47279	47279	39066	30853	30853	30853	30853	20256	16723
			柴油	212127	199666	187205	187205	187205	187205	169404	151603	151603	111214	70824	70824	70824	70824	52525	34226	34226	19218	14216
			燃气	372749	223284	73820	73820	73820	73820	67714	61609	61609	44828	28047	28047	22302	16558	16558	16558	16558	9307	6890
		其他	汽油	43215	26332	9449	9449	9449	9449	9460	9470	9470	7996	6523	6523	6224	5925	5925	5925	5925	5169	4917
			柴油	9231	8440	7650	7650	7650	7650	6498	5345	5345	3626	1906	1906	1906	1906	1648	1389	1389	1009	882
			燃气	15852	9538	3225	3225	3225	3225	2624	2024	2024	1503	982	982	830	679	679	679	679	516	461
	中型	公交车	汽油	247779	247779	247779	247779	247182	168939	13646	13646	13646	13646	13646	13494	13343	13343	10916	8489	8489	8489	8489
			柴油	87806	87806	86086	82645	82645	64494	28192	28192	28192	20508	12823	12823	12823	12823	8958	5093	5093	4763	4653
			燃气	71579	71579	67602	59649	59649	57536	53311	53311	53311	42686	32061	32061	22219	22219	22154	22154	22154	22154	22154
		其他	汽油	128489	128489	128489	128489	127892	87570	8119	8119	8119	8119	8119	7974	7828	7828	6776	5725	5725	5725	5725
			柴油	30493	30493	28460	24394	24394	18567	6912	6912	6912	6506	6099	6099	6099	6099	3750	1402	1402	1243	1190
			燃气	34560	34560	32640	28800	28800	27780	25740	25740	25740	20623	15506	15506	10732	10732	9642	9642	9642	9642	9642
	大型	公交车	汽油	577087	577087	577087	577087	576490	388912	14950	14950	14950	14950	14950	14810	14670	14670	11904	9138	9138	9138	9138
			柴油	131708	131708	108010	60614	60614	60614	60614	60614	60614	43515	26416	26416	26416	26416	17675	8934	8934	5723	4653
			燃气	168926	168926	159541	140772	140772	135786	125815	125815	125815	100740	75665	75665	52438	52438	47188	47188	47188	47188	47188
		其他	汽油	1278385	1278385	1278385	1278385	1277788	860940	28437	28437	28437	28437	28437	22178	15919	15919	12728	9537	9537	9537	9537
			柴油	272891	272891	207397	76409	76409	76409	76409	76409	76409	55942	35476	35476	35476	35476	20706	5937	5937	5324	5119
			燃气	266186	266186	251398	221822	221822	213966	198253	198253	198253	158842	119430	119430	82662	82662	74261	74261	74261	74261	74261
载货汽车	微型		汽油	318384	171332	24281	24281	24281	24281	22903	21525	21525	19841	18157	18157	14960	11762	11762	11762	11762	9999	9411
			柴油	47238	44126	41015	41015	41015	41015	37606	34198	34198	25239	16280	16280	16280	16280	11204	6129	6129	4234	3602
			燃气	116377	60587	4798	4798	4798	4798	4512	4227	4227	3297	2367	2367	1883	1399	1399	1399	1399	958	810
	轻型		汽油	165022	98619	32216	32216	32216	32216	27799	23382	23382	20938	18493	18493	16237	13981	13981	13981	13981	12053	11410
			柴油	43376	42196	41015	41015	41015	41015	37606	34198	34198	25239	16280	16280	16280	16280	12316	8351	8351	6456	5824
			燃气	60533	35764	10996	10996	10996	10996	7996	4997	4997	3891	2784	2784	2193	1602	1602	1602	1602	1203	1070
	中型		汽油	293913	293913	293913	293913	293316	199719	13718	13718	13718	13718	13718	13578	13438	13438	10978	8519	8519	8519	8519
			柴油	68975	68975	64377	55180	55180	41998	15634	15634	15634	14722	13810	13810	13810	13810	10008	6207	6207	3693	2855
			燃气	78175	78175	73832	65147	65147	62838	58220	58220	58220	46665	35110	35110	47513	47513	23133	23133	23133	23133	23133
	重型		汽油	1100613	1100613	1100613	1100613	1100016	741286	25022	25022	25022	25022	25022	19618	14213	14213	11466	8719	8719	8719	8719
			柴油	272548	272548	207136	76313	76313	76313	76313	76313	76313	55872	35431	35431	35431	35431	22304	9178	9178	7092	6396
			燃气	265851	265851	251082	221543	221543	213697	198004	198004	198004	158641	119279	119279	127787	127787	92786	92786	92786	92786	92786
低速汽车	三轮汽车			25300	25300	25300	25300	25300	25300	25300	25300	25300	16721	16721	16721	16721	16721	16721	16721	16721	16721	16721
	低速货车			33990	33990	33990	33990	33990	33990	33990	33990	33990	22464	22464	22464	22464	22464	22464	22464	22464	22464	22464
摩托车	普通摩托车			15413	15413	15413	15413	11502	7591	4064	4064	4064	4064	4064	3032	2001	2001	2001	2001	2001	2001	2001
	轻便摩托车			49842	49842	49842	49842	49842	9968	9968	4908	4908	4908	4908	3662	2417	2417	2417	2417	2417	2417	2417

宿州市 NO_x 排放系数

单位：克/（辆·年）

车辆类型		使用性质	燃料种类	1999年年底前	2000年	2001年	2002年	2003年	2004年	2005年	2006年	2007年	2008年	2009年	2010年	2011年	2012年	2013年	2014年	2015年	2016年	2017年
载客汽车	微型	出租车	汽油	306715	208035	109355	109355	109355	109355	81440	53526	53526	40200	26874	26874	21854	16834	16834	16834	16834	10137	7905
			燃气	206984	141398	75813	75813	75813	75813	56836	37858	37858	28718	19579	19579	15798	12016	12016	12016	12016	7087	5444
		其他	汽油	28145	17642	7140	7140	7140	7140	4506	1873	1873	1526	1179	1179	1006	834	834	834	834	577	491
			燃气	18084	10750	3417	3417	3417	3417	2216	1016	1016	824	633	633	514	395	395	395	395	324	300
	小型	出租车	汽油	346400	230199	113998	113998	113998	113998	84118	54239	54239	40556	26874	26874	21170	15467	15467	15467	15467	8880	6685
			柴油	390224	328434	266644	266644	266644	266644	237321	207998	207998	165248	122498	122498	122498	122498	99260	76021	76021	57592	51449
			燃气	233325	156110	78894	78894	78894	78894	58613	38332	38332	28956	19579	19579	15344	11109	11109	11109	11109	6253	4634
		其他	汽油	26266	16754	7243	7243	7243	7243	4806	2368	2368	1650	931	931	862	794	794	794	794	544	460
			柴油	23446	19170	14893	14893	14893	14893	13731	12569	12569	9835	7101	7101	7101	7101	6142	5184	5184	4534	4317
			燃气	16837	10714	4590	4590	4590	4590	2968	1345	1345	906	468	468	418	369	369	369	369	302	280
	中型	公交车	汽油	326458	326458	326458	326458	326458	223025	16160	16160	16160	16160	16160	14492	12825	12825	9682	6539	6539	6539	6539
			柴油	364852	364852	363995	362282	362282	347884	319089	319089	319089	265786	212483	212483	212483	212483	173401	134319	134319	112455	105167
			燃气	387390	387390	382778	373555	373555	361968	338794	338794	338794	281968	225143	225143	142378	142378	111509	111509	111509	111509	111509
		其他	汽油	200148	200148	200148	200148	200148	135767	7005	7005	7005	7005	7005	7005	7005	7005	5254	3503	3503	3503	3503
			柴油	171099	171099	163957	149672	149672	148406	145875	145875	145875	124238	102600	102600	102600	102600	91100	79599	79599	67939	64052
			燃气	193207	193207	182473	161006	161006	159489	156454	156454	156454	133210	109965	109965	85658	85658	68805	68805	68805	68805	68805
	大型	公交车	汽油	1163005	1163005	1163005	1163005	1163005	799704	73103	73103	73103	73103	73103	73039	72975	72975	54732	36488	36488	36488	36488
			柴油	517469	517469	500748	467305	467305	454027	427471	427471	427471	419768	412065	412065	412065	412065	397206	382347	382347	344668	332108
			燃气	1040420	1040420	982619	867017	867017	802679	674002	674002	674002	577495	480988	480988	447800	447800	388125	388125	388125	388125	388125
		其他	汽油	2775881	2775881	2775881	2775881	2775881	1908749	174484	174484	174484	174484	174484	167941	161398	161398	121178	80957	80957	80957	80957
			柴油	1239178	1239178	1207292	1143519	1143519	1116859	1063538	1063538	1063538	1026094	988649	988649	988649	988649	941198	893748	893748	790958	756695
			燃气	2306596	2306596	2178452	1922163	1922163	1779526	1494253	1494253	1494253	1280788	1067323	1067323	962908	962908	816941	816941	816941	816941	816941
载货汽车	微型		汽油	127933	76029	24125	24125	24125	24125	16480	8836	8836	7175	5514	5514	4858	4201	4201	4201	4201	3123	2764
			柴油	87829	72528	57226	57226	57226	57226	51515	45804	45804	38766	31729	31729	31729	31729	23204	14679	14679	12532	11817
			燃气	82201	46873	11546	11546	11546	11546	8169	4793	4793	3877	2960	2960	2475	1990	1990	1990	1990	1764	1689
	轻型		汽油	95355	61218	27080	27080	27080	27080	18361	9642	9642	8092	6543	6543	5427	4311	4311	4311	4311	3262	2913
			柴油	88135	72680	57226	57226	57226	57226	51515	45804	45804	38766	31729	31729	31729	31729	25272	18816	18816	17397	16924
			燃气	61124	39143	17161	17161	17161	17161	11319	5477	5477	4383	3289	3289	2646	2003	2003	2003	2003	1831	1773
	中型		汽油	213602	213602	213602	213602	213602	145828	10280	10280	10280	10280	10280	10280	10280	10280	7713	5146	5146	5146	5146
			柴油	397959	397959	357338	276097	276097	262538	235420	235420	235420	236749	238078	238078	238078	238078	208884	179689	179689	154729	146409
			燃气	449380	449380	398588	297005	297005	282167	252493	252493	252493	253830	255168	255168	193367	193367	157273	157273	157273	157273	157273
	重型		汽油	2496815	2496815	2496815	2496815	2496815	1716858	156943	156943	156943	156943	156943	151058	145172	145172	108995	72818	72818	72818	72818
			柴油	1365895	1365895	1319273	1226028	1226028	1180680	1089984	1089984	1089984	1046276	1002567	1002567	1002567	1002567	882400	762234	762234	528591	450710
			燃气	2542466	2542466	2381929	2060854	2060854	1884372	1531409	1531409	1531409	1306879	1082349	1082349	821217	821217	486594	486594	486594	486594	486594
低速汽车	三轮汽车			65550	65550	65550	65550	65550	65550	65550	65550	65550	53279	53279	53279	53279	53279	53279	53279	53279	53279	53279
	低速货车			88065	88065	88065	88065	88065	88065	88065	88065	88065	71579	71579	71579	71579	71579	71579	71579	71579	71579	71579
摩托车	普通摩托车			1150	1150	1150	1150	1112	1074	997	997	997	997	997	886	774	774	774	774	774	774	774
	轻便摩托车			767	767	767	767	767	383	383	383	383	383	383	340	298	298	298	298	298	298	298

宿州市 PM 排放系数

单位：克/（辆·年）

车辆类型		使用性质	燃料种类	1999 年年底前	2000 年	2001 年	2002 年	2003 年	2004 年	2005 年	2006 年	2007 年	2008 年	2009 年	2010 年	2011 年	2012 年	2013 年	2014 年	2015 年	2016 年	2017 年
载客汽车	微型	出租车	汽油	—	—	—	—	—	—	—	—	—	—	—	—	—	—	—	—	—	—	—
			燃气	—	—	—	—	—	—	—	—	—	—	—	—	—	—	—	—	—	—	—
		其他	汽油	—	—	—	—	—	—	—	—	—	—	—	—	—	—	—	—	—	—	—
			燃气	—	—	—	—	—	—	—	—	—	—	—	—	—	—	—	—	—	—	—
	小型	出租车	汽油	—	—	—	—	—	—	—	—	—	—	—	—	—	—	—	—	—	—	—
			柴油	49978	45778	41579	41579	41579	41579	28441	15303	15303	9958	4612	4612	4612	4612	4286	3960	3960	3275	3047
			燃气	—	—	—	—	—	—	—	—	—	—	—	—	—	—	—	—	—	—	—
		其他	汽油	—	—	—	—	—	—	—	—	—	—	—	—	—	—	—	—	—	—	—
			柴油	3436	3252	3068	3068	3068	3068	2211	1354	1354	990	627	627	627	627	526	426	426	426	426
			燃气	—	—	—	—	—	—	—	—	—	—	—	—	—	—	—	—	—	—	—
	中型	公交车	汽油	—	—	—	—	—	—	—	—	—	—	—	—	—	—	—	—	—	—	—
			柴油	30592	30592	28032	22913	22913	17978	8108	8108	8108	6872	5637	5637	5637	5637	3504	1372	1372	1080	983
			燃气	—	—	—	—	—	—	—	—	—	—	—	—	—	—	—	—	—	—	—
		其他	汽油	—	—	—	—	—	—	—	—	—	—	—	—	—	—	—	—	—	—	—
			柴油	15274	15274	12888	8116	8116	6262	2553	2553	2553	2434	2316	2316	2316	2316	1366	415	415	399	394
			燃气	—	—	—	—	—	—	—	—	—	—	—	—	—	—	—	—	—	—	—
	大型	公交车	汽油	—	—	—	—	—	—	—	—	—	—	—	—	—	—	—	—	—	—	—
			柴油	94865	94865	93934	92071	92071	71272	29674	29674	29674	19994	10315	10315	10315	10315	6116	1916	1916	1845	1821
			燃气	—	—	—	—	—	—	—	—	—	—	—	—	—	—	—	—	—	—	—
		其他	汽油	—	—	—	—	—	—	—	—	—	—	—	—	—	—	—	—	—	—	—
			柴油	142314	142314	133412	115607	115607	85425	25061	25061	25061	17182	9303	9303	9303	9303	5868	2433	2433	2343	2313
			燃气	—	—	—	—	—	—	—	—	—	—	—	—	—	—	—	—	—	—	—
载货汽车	微型		汽油	—	—	—	—	—	—	—	—	—	—	—	—	—	—	—	—	—	—	—
			柴油	10479	10262	10046	10046	10046	10046	8186	6326	6326	4695	3064	3064	3064	3064	1929	794	794	790	789
			燃气	—	—	—	—	—	—	—	—	—	—	—	—	—	—	—	—	—	—	—
	轻型		汽油	—	—	—	—	—	—	—	—	—	—	—	—	—	—	—	—	—	—	—
			柴油	10898	10472	10046	10046	10046	10046	8186	6326	6326	4695	3064	3064	3064	3064	2310	1557	1557	1286	1195
			燃气	—	—	—	—	—	—	—	—	—	—	—	—	—	—	—	—	—	—	—
	中型		汽油	—	—	—	—	—	—	—	—	—	—	—	—	—	—	—	—	—	—	—
			柴油	33803	33803	28447	17734	17734	13693	5610	5610	5610	5314	5019	5019	5019	5019	3218	1417	1417	1298	1258
			燃气	—	—	—	—	—	—	—	—	—	—	—	—	—	—	—	—	—	—	—
	重型		汽油	—	—	—	—	—	—	—	—	—	—	—	—	—	—	—	—	—	—	—
			柴油	174858	174858	143720	81445	81445	64667	31112	31112	31112	21320	11527	11527	11527	11527	7749	3971	3971	3356	3151
			燃气	—	—	—	—	—	—	—	—	—	—	—	—	—	—	—	—	—	—	—
低速汽车	三轮汽车			4092	4092	4092	4092	4092	4092	4092	4092	4092	3220	3220	3220	3220	3220	3220	3220	3220	3220	3220
	低速货车			5581	5581	5581	5581	5581	5581	5581	5581	5581	4392	4392	4392	4392	4392	4392	4392	4392	4392	4392
摩托车	普通摩托车			—	—	—	—	—	—	—	—	—	—	—	—	—	—	—	—	—	—	—
	轻便摩托车			—	—	—	—	—	—	—	—	—	—	—	—	—	—	—	—	—	—	—

宿州市 VOCs 排放系数

单位：克/（辆·年）

车辆类型		使用性质	燃料种类	1999 年年底前	2000 年	2001 年	2002 年	2003 年	2004 年	2005 年	2006 年	2007 年	2008 年	2009 年	2010 年	2011 年	2012 年	2013 年	2014 年	2015 年	2016 年	2017 年
载客汽车	微型	出租车	汽油	801867	477774	153681	153681	153681	153681	115346	77012	77012	63169	49326	49326	40686	32047	32047	32047	32047	22230	18957
			燃气	385439	234960	84482	84482	84482	84482	64781	45080	45080	37295	29510	29510	23448	17385	17385	17385	17385	10336	7986
		其他	汽油	42640	26114	9587	9587	9587	9587	9218	8848	8848	7682	6517	6517	6258	5998	5998	5998	5998	5112	4816
			燃气	15587	8741	1895	1895	1895	1895	1816	1738	1738	1294	850	850	782	714	714	714	714	490	415
	小型	出租车	汽油	801867	469889	137911	137911	137911	137911	128240	118568	118568	83947	49326	49326	40686	32047	32047	32047	32047	20910	17198
			柴油	223030	209880	196731	196731	196731	196731	177893	159055	159055	116940	74826	74826	74826	74826	55476	36125	36125	20200	14892
			燃气	385439	231311	77183	77183	77183	77183	70748	64313	64313	46912	29510	29510	23448	17385	17385	17385	17385	9725	7172
		其他	汽油	43212	26328	9445	9445	9445	9445	9456	9467	9467	7994	6520	6520	6221	5922	5922	5922	5922	5166	4914
			柴油	9231	8440	7650	7650	7650	7650	6498	5345	5345	3626	1906	1906	1906	1906	1648	1389	1389	1009	882
			燃气	15852	9538	3225	3225	3225	3225	2624	2024	2024	1503	982	982	830	679	679	679	679	516	461
	中型	公交车	汽油	247776	247776	247776	247776	247179	168936	13643	13643	13643	13643	13643	13492	13340	13340	10913	8486	8486	8486	8486
			柴油	87806	87806	86086	82645	82645	64494	28192	28192	28192	20508	12823	12823	12823	12823	8958	5093	5093	4763	4653
			燃气	71579	71579	67602	59649	59649	57536	53311	53311	53311	42686	32061	32061	22219	22219	22154	22154	22154	22154	22154
		其他	汽油	128486	128486	128486	128486	127889	87567	8116	8116	8116	8116	8116	7970	7825	7825	6774	5722	5722	5722	5722
			柴油	30493	30493	28460	24394	24394	18567	6912	6912	6912	6506	6099	6099	6099	6099	3750	1402	1402	1243	1190
			燃气	34560	34560	32640	28800	28800	27780	25740	25740	25740	20623	15506	15506	10732	10732	9642	9642	9642	9642	9642
	大型	公交车	汽油	577084	577084	577084	577084	576487	388909	14947	14947	14947	14947	14947	14807	14667	14667	11901	9135	9135	9135	9135
			柴油	131708	131708	108010	60614	60614	60614	60614	60614	60614	43515	26416	26416	26416	26416	17675	8934	8934	5723	4653
			燃气	168926	168926	159541	140772	140772	135786	125815	125815	125815	100740	75665	75665	52438	52438	47188	47188	47188	47188	47188
		其他	汽油	1278382	1278382	1278382	1278382	1277785	860936	28433	28433	28433	28433	28433	22174	15916	15916	12725	9534	9534	9534	9534
			柴油	272891	272891	207397	76409	76409	76409	76409	76409	76409	55942	35476	35476	35476	35476	20706	5937	5937	5324	5119
			燃气	266186	266186	251398	221822	221822	213966	198253	198253	198253	158842	119430	119430	82662	82662	74261	74261	74261	74261	74261
载货汽车	微型		汽油	298543	160675	22807	22807	22807	22807	21540	20274	20274	18702	17130	17130	14173	11216	11216	11216	11216	9587	9044
			柴油	43289	40443	37597	37597	37597	37597	34515	31433	31433	23144	14855	14855	14855	14855	10212	5568	5568	3889	3329
			燃气	109132	56820	4508	4508	4508	4508	4245	3982	3982	3108	2234	2234	1785	1335	1335	1335	1335	918	779
	轻型		汽油	154849	92546	30242	30242	30242	30242	26128	22014	22014	19730	17445	17445	15370	13294	13294	13294	13294	11510	10916
			柴油	39670	38634	37597	37597	37597	37597	34515	31433	31433	23144	14855	14855	14855	14855	11252	7650	7650	5971	5411
			燃气	56805	33566	10326	10326	10326	10326	7516	4706	4706	3667	2627	2627	2076	1524	1524	1524	1524	1149	1024
	中型		汽油	293910	293910	293910	293910	293313	199716	13715	13715	13715	13715	13715	13575	13435	13435	10976	8516	8516	8516	8516
			柴油	68975	68975	64377	55180	55180	41998	15634	15634	15634	14722	13810	13810	13810	13810	10008	6207	6207	3693	2855
			燃气	78175	78175	73832	65147	65147	62838	58220	58220	58220	46665	35110	35110	47513	47513	23133	23133	23133	23133	23133
	重型		汽油	1185081	1185081	1185081	1185081	1184483	798138	26643	26643	26643	26643	26643	20832	15022	15022	12064	9106	9106	9106	9106
			柴油	291741	291741	221723	81687	81687	81687	81687	81687	81687	59806	37926	37926	37926	37926	23899	9872	9872	7770	7069
			燃气	284573	284573	268763	237144	237144	228745	211947	211947	211947	169813	127678	127678	137450	137450	102550	102550	102550	102550	102550
低速汽车	三轮汽车			25300	25300	25300	25300	25300	25300	25300	25300	25300	16721	16721	16721	16721	16721	16721	16721	16721	16721	16721
	低速货车			33990	33990	33990	33990	33990	33990	33990	33990	33990	22464	22464	22464	22464	22464	22464	22464	22464	22464	22464
摩托车	普通摩托车			15413	15413	15413	15413	11502	7591	4064	4064	4064	4064	4064	3032	2001	2001	2001	2001	2001	2001	2001
	轻便摩托车			49842	49842	49842	49842	49842	9968	9968	4908	4908	4908	4908	3662	2417	2417	2417	2417	2417	2417	2417

六安市 NO_x 排放系数

单位：克/（辆·年）

车辆类型		使用性质	燃料种类	1999 年年底前	2000 年	2001 年	2002 年	2003 年	2004 年	2005 年	2006 年	2007 年	2008 年	2009 年	2010 年	2011 年	2012 年	2013 年	2014 年	2015 年	2016 年	2017 年
载客汽车	微型	出租车	汽油	306386	207824	109262	109262	109262	109262	81375	53488	53488	40174	26861	26861	21842	16822	16822	16822	16822	10129	7898
			燃气	206984	141398	75813	75813	75813	75813	56836	37858	37858	28718	19579	19579	15798	12016	12016	12016	12016	7087	5444
		其他	汽油	28098	17612	7126	7126	7126	7126	4496	1865	1865	1520	1174	1174	1002	829	829	829	829	574	489
			燃气	18084	10750	3417	3417	3417	3417	2216	1016	1016	824	633	633	514	395	395	395	395	324	300
	小型	出租车	汽油	346024	229962	113899	113899	113899	113899	84050	54201	54201	40531	26861	26861	21159	15457	15457	15457	15457	8874	6679
			柴油	389993	328248	266504	266504	266504	266504	237194	207885	207885	165160	122435	122435	122435	122435	99204	75974	75974	57551	51410
			燃气	233325	156110	78894	78894	78894	78894	58613	38332	38332	28956	19579	19579	15344	11109	11109	11109	11109	6253	4634
		其他	汽油	26220	16724	7229	7229	7229	7229	4794	2360	2360	1643	926	926	858	789	789	789	789	542	459
			柴油	23423	19150	14877	14877	14877	14877	13716	12556	12556	9824	7093	7093	7093	7093	6135	5177	5177	4529	4313
			燃气	16837	10714	4590	4590	4590	4590	2968	1345	1345	906	468	468	418	369	369	369	369	302	280
	中型	公交车	汽油	326071	326071	326071	326071	326071	222761	16141	16141	16141	16141	16141	14476	12810	12810	9670	6531	6531	6531	6531
			柴油	364536	364536	363680	361968	361968	347583	318813	318813	318813	265556	212298	212298	212298	212298	173250	134203	134203	112358	105076
			燃气	387055	387055	382447	373231	373231	361654	338500	338500	338500	281724	224948	224948	142254	142254	111412	111412	111412	111412	111412
		其他	汽油	199911	199911	199911	199911	199911	135606	6997	6997	6997	6997	6997	6997	6997	6997	5248	3499	3499	3499	3499
			柴油	170951	170951	163815	149543	149543	148278	145749	145749	145749	124130	102511	102511	102511	102511	91020	79530	79530	67880	63996
			燃气	193040	193040	182315	160866	160866	159350	156318	156318	156318	133094	109869	109869	85584	85584	68746	68746	68746	68746	68746
	大型	公交车	汽油	1161627	1161627	1161627	1161627	1161627	798757	73017	73017	73017	73017	73017	72952	72888	72888	54666	36445	36445	36445	36445
			柴油	517021	517021	500314	466900	466900	453634	427101	427101	427101	419404	411707	411707	411707	411707	396862	382016	382016	344369	331820
			燃气	1039518	1039518	981767	866265	866265	801983	673418	673418	673418	576994	480571	480571	447412	447412	387788	387788	387788	387788	387788
		其他	汽油	2772592	2772592	2772592	2772592	2772592	1906487	174277	174277	174277	174277	174277	167742	161206	161206	121034	80861	80861	80861	80861
			柴油	1238104	1238104	1206245	1142528	1142528	1115891	1062616	1062616	1062616	1025204	987792	987792	987792	987792	940383	892974	892974	790273	756039
			燃气	2304596	2304596	2176563	1920497	1920497	1777984	1492958	1492958	1492958	1279678	1066398	1066398	962073	962073	816233	816233	816233	816233	816233
载货汽车	微型		汽油	127772	75934	24095	24095	24095	24095	16459	8823	8823	7164	5506	5506	4850	4193	4193	4193	4193	3118	2760
			柴油	87760	72472	57183	57183	57183	57183	51476	45768	45768	38736	31703	31703	31703	31703	23184	14666	14666	12521	11806
			燃气	82235	46894	11554	11554	11554	11554	8180	4807	4807	3888	2969	2969	2483	1998	1998	1998	1998	1769	1693
	轻型		汽油	95233	61140	27047	27047	27047	27047	18338	9628	9628	8081	6534	6534	5419	4304	4304	4304	4304	3258	2909
			柴油	88066	72624	57183	57183	57183	57183	51476	45768	45768	38736	31703	31703	31703	31703	25252	18800	18800	17382	16910
			燃气	61153	39163	17173	17173	17173	17173	11330	5487	5487	4395	3302	3302	2658	2013	2013	2013	2013	1834	1775
	中型		汽油	213602	213602	213602	213602	213602	145828	10280	10280	10280	10280	10280	10280	10280	10280	7713	5146	5146	5146	5146
			柴油	397959	397959	357338	276097	276097	262538	235420	235420	235420	236749	238078	238078	238078	238078	208884	179689	179689	154729	146409
			燃气	449380	449380	398588	297002	297002	282165	252491	252491	252491	253829	255167	255167	193367	193367	157276	157276	157276	157276	157276
	重型		汽油	2496815	2496815	2496815	2496815	2496815	1716858	156943	156943	156943	156943	156943	151058	145172	145172	108995	72818	72818	72818	72818
			柴油	1365895	1365895	1319273	1226028	1226028	1180680	1089984	1089984	1089984	1046276	1002567	1002567	1002567	1002567	882400	762234	762234	528591	450710
			燃气	2542465	2542465	2381928	2060854	2060854	1884372	1531410	1531410	1531410	1306879	1082349	1082349	821216	821216	486594	486594	486594	486594	486594
低速汽车	三轮汽车			65550	65550	65550	65550	65550	65550	65550	65550	65550	53279	53279	53279	53279	53279	53279	53279	53279	53279	53279
	低速货车			88065	88065	88065	88065	88065	88065	88065	88065	88065	71579	71579	71579	71579	71579	71579	71579	71579	71579	71579
摩托车	普通摩托车			1150	1150	1150	1150	1112	1074	997	997	997	997	997	886	774	774	774	774	774	774	774
	轻便摩托车			767	767	767	767	767	383	383	383	383	383	383	340	298	298	298	298	298	298	298

六安市 PM 排放系数

单位：克/（辆·年）

车辆类型		使用性质	燃料种类	1999 年年底前	2000 年	2001 年	2002 年	2003 年	2004 年	2005 年	2006 年	2007 年	2008 年	2009 年	2010 年	2011 年	2012 年	2013 年	2014 年	2015 年	2016 年	2017 年
载客汽车	微型	出租车	汽油	—	—	—	—	—	—	—	—	—	—	—	—	—	—	—	—	—	—	—
			燃气	—	—	—	—	—	—	—	—	—	—	—	—	—	—	—	—	—	—	—
		其他	汽油	—	—	—	—	—	—	—	—	—	—	—	—	—	—	—	—	—	—	—
			燃气	—	—	—	—	—	—	—	—	—	—	—	—	—	—	—	—	—	—	—
	小型	出租车	汽油	—	—	—	—	—	—	—	—	—	—	—	—	—	—	—	—	—	—	—
			柴油	49978	45778	41579	41579	41579	41579	28441	15303	15303	9958	4612	4612	4612	4612	4286	3960	3960	3275	3047
			燃气	—	—	—	—	—	—	—	—	—	—	—	—	—	—	—	—	—	—	—
		其他	汽油	—	—	—	—	—	—	—	—	—	—	—	—	—	—	—	—	—	—	—
			柴油	3436	3252	3068	3068	3068	3068	2211	1354	1354	990	627	627	627	627	526	426	426	426	426
			燃气	—	—	—	—	—	—	—	—	—	—	—	—	—	—	—	—	—	—	—
	中型	公交车	汽油	—	—	—	—	—	—	—	—	—	—	—	—	—	—	—	—	—	—	—
			柴油	30592	30592	28032	22913	22913	17978	8108	8108	8108	6872	5637	5637	5637	5637	3504	1372	1372	1080	983
			燃气	—	—	—	—	—	—	—	—	—	—	—	—	—	—	—	—	—	—	—
		其他	汽油	—	—	—	—	—	—	—	—	—	—	—	—	—	—	—	—	—	—	—
			柴油	15274	15274	12888	8116	8116	6262	2553	2553	2553	2434	2316	2316	2316	2316	1366	415	415	399	394
			燃气	—	—	—	—	—	—	—	—	—	—	—	—	—	—	—	—	—	—	—
	大型	公交车	汽油	—	—	—	—	—	—	—	—	—	—	—	—	—	—	—	—	—	—	—
			柴油	94865	94865	93934	92071	92071	71272	29674	29674	29674	19994	10315	10315	10315	10315	6116	1916	1916	1845	1821
			燃气	—	—	—	—	—	—	—	—	—	—	—	—	—	—	—	—	—	—	—
		其他	汽油	—	—	—	—	—	—	—	—	—	—	—	—	—	—	—	—	—	—	—
			柴油	142314	142314	133412	115607	115607	85425	25061	25061	25061	17182	9303	9303	9303	9303	5868	2433	2433	2343	2313
			燃气	—	—	—	—	—	—	—	—	—	—	—	—	—	—	—	—	—	—	—
载货汽车	微型		汽油	—	—	—	—	—	—	—	—	—	—	—	—	—	—	—	—	—	—	—
			柴油	10479	10262	10046	10046	10046	10046	8186	6326	6326	4695	3064	3064	3064	3064	1929	794	794	790	789
			燃气	—	—	—	—	—	—	—	—	—	—	—	—	—	—	—	—	—	—	—
	轻型		汽油	—	—	—	—	—	—	—	—	—	—	—	—	—	—	—	—	—	—	—
			柴油	10898	10472	10046	10046	10046	10046	8186	6326	6326	4695	3064	3064	3064	3064	2310	1557	1557	1286	1195
			燃气	—	—	—	—	—	—	—	—	—	—	—	—	—	—	—	—	—	—	—
	中型		汽油	—	—	—	—	—	—	—	—	—	—	—	—	—	—	—	—	—	—	—
			柴油	33803	33803	28447	17734	17734	13693	5610	5610	5610	5314	5019	5019	5019	5019	3218	1417	1417	1298	1258
			燃气	—	—	—	—	—	—	—	—	—	—	—	—	—	—	—	—	—	—	—
	重型		汽油	—	—	—	—	—	—	—	—	—	—	—	—	—	—	—	—	—	—	—
			柴油	174858	174858	143720	81445	81445	64667	31112	31112	31112	21320	11527	11527	11527	11527	7749	3971	3971	3356	3151
			燃气	—	—	—	—	—	—	—	—	—	—	—	—	—	—	—	—	—	—	—
低速汽车	三轮汽车			4092	4092	4092	4092	4092	4092	4092	4092	4092	3220	3220	3220	3220	3220	3220	3220	3220	3220	3220
	低速货车			5581	5581	5581	5581	5581	5581	5581	5581	5581	4392	4392	4392	4392	4392	4392	4392	4392	4392	4392
摩托车	普通摩托车			—	—	—	—	—	—	—	—	—	—	—	—	—	—	—	—	—	—	—
	轻便摩托车			—	—	—	—	—	—	—	—	—	—	—	—	—	—	—	—	—	—	—

六安市 VOCs 排放系数

单位：克/（辆·年）

车辆类型		使用性质	燃料种类	1999 年年底前	2000 年	2001 年	2002 年	2003 年	2004 年	2005 年	2006 年	2007 年	2008 年	2009 年	2010 年	2011 年	2012 年	2013 年	2014 年	2015 年	2016 年	2017 年
载客汽车	微型	出租车	汽油	747108	446537	145966	145966	145966	145966	110000	74035	74035	60874	47714	47714	39276	30839	30839	30839	30839	21166	17941
			燃气	385439	234960	84482	84482	84482	84482	64781	45080	45080	37295	29510	29510	23448	17385	17385	17385	17385	10336	7986
		其他	汽油	39876	24513	9150	9150	9150	9150	8786	8421	8421	7327	6233	6233	5987	5741	5741	5741	5741	4906	4627
			燃气	15587	8741	1895	1895	1895	1895	1816	1738	1738	1294	850	850	782	714	714	714	714	490	415
	小型	出租车	汽油	747108	439232	131356	131356	131356	131356	121946	112535	112535	80124	47714	47714	39276	30839	30839	30839	30839	19944	16312
			柴油	218674	205689	192704	192704	192704	192704	174000	155296	155296	114686	74075	74075	74075	74075	54888	35702	35702	19802	14502
			燃气	385439	231311	77183	77183	77183	77183	70748	64313	64313	46912	29510	29510	23448	17385	17385	17385	17385	9725	7172
		其他	汽油	40406	24712	9019	9019	9019	9019	9007	8995	8995	7616	6236	6236	5954	5671	5671	5671	5671	4956	4717
			柴油	8768	8018	7268	7268	7268	7268	6174	5080	5080	3454	1827	1827	1827	1827	1574	1320	1320	956	834
			燃气	15852	9538	3225	3225	3225	3225	2624	2024	2024	1503	982	982	830	679	679	679	679	516	461
	中型	公交车	汽油	247678	247678	247678	247678	247081	168838	13545	13545	13545	13545	13545	13394	13242	13242	10815	8388	8388	8388	8388
			柴油	87806	87806	86086	82645	82645	64494	28192	28192	28192	20508	12823	12823	12823	12823	8958	5093	5093	4763	4653
			燃气	71579	71579	67602	59649	59649	57536	53311	53311	53311	42686	32061	32061	22219	22219	22154	22154	22154	22154	22154
		其他	汽油	128388	128388	128388	128388	127791	87469	8018	8018	8018	8018	8018	7872	7727	7727	6676	5624	5624	5624	5624
			柴油	30493	30493	28460	24394	24394	18567	6912	6912	6912	6506	6099	6099	6099	6099	3750	1402	1402	1243	1190
			燃气	34560	34560	32640	28800	28800	27780	25740	25740	25740	20623	15506	15506	10732	10732	9642	9642	9642	9642	9642
	大型	公交车	汽油	576986	576986	576986	576986	576389	388811	14849	14849	14849	14849	14849	14709	14569	14569	11803	9037	9037	9037	9037
			柴油	131708	131708	108010	60614	60614	60614	60614	60614	60614	43515	26416	26416	26416	26416	17675	8934	8934	5723	4653
			燃气	168926	168926	159541	140772	140772	135786	125815	125815	125815	100740	75665	75665	52438	52438	47188	47188	47188	47188	47188
		其他	汽油	1278284	1278284	1278284	1278284	1277687	860839	28336	28336	28336	28336	28336	22077	15818	15818	12627	9436	9436	9436	9436
			柴油	272891	272891	207397	76409	76409	76409	76409	76409	76409	55942	35476	35476	35476	35476	20706	5937	5937	5324	5119
			燃气	266186	266186	251398	221822	221822	213966	198253	198253	198253	158842	119430	119430	82662	82662	74261	74261	74261	74261	74261
载货汽车	微型		汽油	277305	149503	21701	21701	21701	21701	20466	19232	19232	17732	16231	16231	13447	10663	10663	10663	10663	9087	8562
			柴油	41615	38876	36137	36137	36137	36137	33138	30140	30140	22242	14344	14344	14344	14344	9876	5408	5408	3737	3180
			燃气	108395	56445	4494	4494	4494	4494	4232	3969	3969	3091	2213	2213	1770	1326	1326	1326	1326	907	768
	轻型		汽油	144183	86386	28589	28589	28589	28589	24716	20843	20843	18683	16523	16523	14556	12588	12588	12588	12588	10870	10297
			柴油	38209	37173	36137	36137	36137	36137	33138	30140	30140	22242	14344	14344	14344	14344	10856	7367	7367	5697	5140
			燃气	56566	33394	10223	10223	10223	10223	7456	4690	4690	3646	2602	2602	2055	1507	1507	1507	1507	1132	1006
	中型		汽油	293812	293812	293812	293812	293215	199618	13617	13617	13617	13617	13617	13477	13337	13337	10878	8418	8418	8418	8418
			柴油	68975	68975	64377	55180	55180	41998	15634	15634	15634	14722	13810	13810	13810	13810	10008	6207	6207	3693	2855
			燃气	78175	78175	73832	65147	65147	62838	58220	58220	58220	46665	35110	35110	47513	47513	23133	23133	23133	23133	23133
	重型		汽油	1184983	1184983	1184983	1184983	1184385	798040	26545	26545	26545	26545	26545	20734	14924	14924	11966	9008	9008	9008	9008
			柴油	291741	291741	221723	81687	81687	81687	81687	81687	81687	59806	37926	37926	37926	37926	23899	9872	9872	7770	7069
			燃气	284573	284573	268763	237144	237144	228745	211947	211947	211947	169813	127678	127678	137450	137450	102550	102550	102550	102550	102550
低速汽车	三轮汽车			25300	25300	25300	25300	25300	25300	25300	25300	25300	16721	16721	16721	16721	16721	16721	16721	16721	16721	16721
	低速货车			33990	33990	33990	33990	33990	33990	33990	33990	33990	22464	22464	22464	22464	22464	22464	22464	22464	22464	22464
摩托车	普通摩托车			15413	15413	15413	15413	11502	7591	4064	4064	4064	4064	4064	3032	2001	2001	2001	2001	2001	2001	2001
	轻便摩托车			49842	49842	49842	49842	49842	9968	9968	4908	4908	4908	4908	3662	2417	2417	2417	2417	2417	2417	2417

亳州市 NO_x 排放系数

单位：克/（辆·年）

车辆类型		使用性质	燃料种类	1999年年底前	2000年	2001年	2002年	2003年	2004年	2005年	2006年	2007年	2008年	2009年	2010年	2011年	2012年	2013年	2014年	2015年	2016年	2017年
载客汽车	微型	出租车	汽油	306387	207824	109262	109262	109262	109262	81375	53488	53488	40174	26861	26861	21842	16822	16822	16822	16822	10129	7898
			燃气	206984	141398	75813	75813	75813	75813	56836	37858	37858	28718	19579	19579	15798	12016	12016	12016	12016	7087	5444
		其他	汽油	28098	17612	7126	7126	7126	7126	4496	1865	1865	1520	1174	1174	1002	829	829	829	829	574	489
			燃气	18084	10750	3417	3417	3417	3417	2216	1016	1016	824	633	633	514	395	395	395	395	324	300
	小型	出租车	汽油	346025	229962	113899	113899	113899	113899	84050	54201	54201	40531	26861	26861	21159	15457	15457	15457	15457	8874	6679
			柴油	389994	328250	266505	266505	266505	266505	237195	207885	207885	165160	122435	122435	122435	122435	99204	75974	75974	57551	51410
			燃气	233325	156110	78894	78894	78894	78894	58613	38332	38332	28956	19579	19579	15344	11109	11109	11109	11109	6253	4634
		其他	汽油	26220	16724	7229	7229	7229	7229	4794	2360	2360	1643	926	926	858	789	789	789	789	542	459
			柴油	23424	19151	14878	14878	14878	14878	13717	12556	12556	9824	7093	7093	7093	7093	6135	5177	5177	4529	4313
			燃气	16837	10714	4590	4590	4590	4590	2968	1345	1345	906	468	468	418	369	369	369	369	302	280
	中型	公交车	汽油	326072	326072	326072	326072	326072	222762	16141	16141	16141	16141	16141	14476	12810	12810	9670	6531	6531	6531	6531
			柴油	364537	364537	363681	361969	361969	347584	318814	318814	318814	265556	212299	212299	212299	212299	173251	134203	134203	112358	105077
			燃气	387056	387056	382448	373232	373232	361655	338501	338501	338501	281725	224949	224949	142255	142255	111413	111413	111413	111413	111413
		其他	汽油	199912	199912	199912	199912	199912	135607	6997	6997	6997	6997	6997	6997	6997	6997	5248	3499	3499	3499	3499
			柴油	170951	170951	163815	149543	149543	148278	145749	145749	145749	124130	102511	102511	102511	102511	91020	79530	79530	67880	63996
			燃气	193040	193040	182316	160867	160867	159351	156318	156318	156318	133094	109870	109870	85584	85584	68746	68746	68746	68746	68746
	大型	公交车	汽油	1161632	1161632	1161632	1161632	1161632	798760	73017	73017	73017	73017	73017	72953	72889	72889	54667	36445	36445	36445	36445
			柴油	517022	517022	500315	466902	466902	453635	427102	427102	427102	419406	411709	411709	411709	411709	396863	382017	382017	344370	331821
			燃气	1039521	1039521	981770	866268	866268	801985	673420	673420	673420	576996	480572	480572	447413	447413	387790	387790	387790	387790	387790
		其他	汽油	2772603	2772603	2772603	2772603	2772603	1906495	174278	174278	174278	174278	174278	167742	161207	161207	121034	80862	80862	80862	80862
			柴油	1238107	1238107	1206248	1142531	1142531	1115894	1062619	1062619	1062619	1025206	987794	987794	987794	987794	940385	892976	892976	790275	756041
			燃气	2304603	2304603	2176569	1920502	1920502	1777989	1492962	1492962	1492962	1279682	1066401	1066401	962076	962076	816236	816236	816236	816236	816236
载货汽车	微型		汽油	127772	75934	24095	24095	24095	24095	16459	8823	8823	7164	5506	5506	4850	4193	4193	4193	4193	3118	2760
			柴油	87760	72472	57183	57183	57183	57183	51476	45768	45768	38736	31703	31703	31703	31703	23184	14666	14666	12521	11806
			燃气	82235	46894	11554	11554	11554	11554	8180	4807	4807	3888	2969	2969	2483	1998	1998	1998	1998	1769	1693
	轻型		汽油	95233	61140	27047	27047	27047	27047	18338	9628	9628	8081	6534	6534	5419	4304	4304	4304	4304	3258	2909
			柴油	88066	72624	57183	57183	57183	57183	51476	45768	45768	38736	31703	31703	31703	31703	25252	18800	18800	17382	16910
			燃气	61153	39163	17173	17173	17173	17173	11330	5487	5487	4395	3302	3302	2658	2013	2013	2013	2013	1834	1775
	中型		汽油	213602	213602	213602	213602	213602	145828	10280	10280	10280	10280	10280	10280	10280	10280	7713	5146	5146	5146	5146
			柴油	397959	397959	357338	276097	276097	262538	235420	235420	235420	236749	238078	238078	238078	238078	208884	179689	179689	154729	146409
			燃气	449380	449380	398588	297004	297004	282167	252491	252491	252491	253830	255169	255169	193367	193367	157276	157276	157276	157276	157276
	重型		汽油	2496815	2496815	2496815	2496815	2496815	1716858	156943	156943	156943	156943	156943	151058	145172	145172	108995	72818	72818	72818	72818
			柴油	1365895	1365895	1319273	1226028	1226028	1180680	1089984	1089984	1089984	1046276	1002567	1002567	1002567	1002567	882400	762234	762234	528591	450710
			燃气	2542467	2542467	2381929	2060854	2060854	1884372	1531409	1531409	1531409	1306879	1082350	1082350	821217	821217	486595	486595	486595	486595	486595
低速汽车	三轮汽车			65550	65550	65550	65550	65550	65550	65550	65550	65550	53279	53279	53279	53279	53279	53279	53279	53279	53279	53279
	低速货车			88065	88065	88065	88065	88065	88065	88065	88065	88065	71579	71579	71579	71579	71579	71579	71579	71579	71579	71579
摩托车	普通摩托车			1150	1150	1150	1150	1112	1074	997	997	997	997	997	886	774	774	774	774	774	774	774
	轻便摩托车			767	767	767	767	767	383	383	383	383	383	383	340	298	298	298	298	298	298	298

亳州市 PM 排放系数

单位：克/（辆·年）

车辆类型		使用性质	燃料种类	1999 年年底前	2000 年	2001 年	2002 年	2003 年	2004 年	2005 年	2006 年	2007 年	2008 年	2009 年	2010 年	2011 年	2012 年	2013 年	2014 年	2015 年	2016 年	2017 年
载客汽车	微型	出租车	汽油	—	—	—	—	—	—	—	—	—	—	—	—	—	—	—	—	—	—	—
			燃气	—	—	—	—	—	—	—	—	—	—	—	—	—	—	—	—	—	—	—
		其他	汽油	—	—	—	—	—	—	—	—	—	—	—	—	—	—	—	—	—	—	—
			燃气	—	—	—	—	—	—	—	—	—	—	—	—	—	—	—	—	—	—	—
	小型	出租车	汽油	—	—	—	—	—	—	—	—	—	—	—	—	—	—	—	—	—	—	—
			柴油	49978	45778	41579	41579	41579	41579	28441	15303	15303	9958	4612	4612	4612	4612	4286	3960	3960	3275	3047
			燃气	—	—	—	—	—	—	—	—	—	—	—	—	—	—	—	—	—	—	—
		其他	汽油	—	—	—	—	—	—	—	—	—	—	—	—	—	—	—	—	—	—	—
			柴油	3436	3252	3068	3068	3068	3068	2211	1354	1354	990	627	627	627	627	526	426	426	426	426
			燃气	—	—	—	—	—	—	—	—	—	—	—	—	—	—	—	—	—	—	—
	中型	公交车	汽油	—	—	—	—	—	—	—	—	—	—	—	—	—	—	—	—	—	—	—
			柴油	30592	30592	28032	22913	22913	17978	8108	8108	8108	6872	5637	5637	5637	5637	3504	1372	1372	1080	983
			燃气	—	—	—	—	—	—	—	—	—	—	—	—	—	—	—	—	—	—	—
		其他	汽油	—	—	—	—	—	—	—	—	—	—	—	—	—	—	—	—	—	—	—
			柴油	15274	15274	12888	8116	8116	6262	2553	2553	2553	2434	2316	2316	2316	2316	1366	415	415	399	394
			燃气	—	—	—	—	—	—	—	—	—	—	—	—	—	—	—	—	—	—	—
	大型	公交车	汽油	—	—	—	—	—	—	—	—	—	—	—	—	—	—	—	—	—	—	—
			柴油	94865	94865	93934	92071	92071	71272	29674	29674	29674	19994	10315	10315	10315	10315	6116	1916	1916	1845	1821
			燃气	—	—	—	—	—	—	—	—	—	—	—	—	—	—	—	—	—	—	—
		其他	汽油	—	—	—	—	—	—	—	—	—	—	—	—	—	—	—	—	—	—	—
			柴油	142314	142314	133412	115607	115607	85425	25061	25061	25061	17182	9303	9303	9303	9303	5868	2433	2433	2343	2313
			燃气	—	—	—	—	—	—	—	—	—	—	—	—	—	—	—	—	—	—	—
载货汽车	微型		汽油	—	—	—	—	—	—	—	—	—	—	—	—	—	—	—	—	—	—	—
			柴油	10479	10262	10046	10046	10046	10046	8186	6326	6326	4695	3064	3064	3064	3064	1929	794	794	790	789
			燃气	—	—	—	—	—	—	—	—	—	—	—	—	—	—	—	—	—	—	—
	轻型		汽油	—	—	—	—	—	—	—	—	—	—	—	—	—	—	—	—	—	—	—
			柴油	10898	10472	10046	10046	10046	10046	8186	6326	6326	4695	3064	3064	3064	3064	2310	1557	1557	1286	1195
			燃气	—	—	—	—	—	—	—	—	—	—	—	—	—	—	—	—	—	—	—
	中型		汽油	—	—	—	—	—	—	—	—	—	—	—	—	—	—	—	—	—	—	—
			柴油	33803	33803	28447	17734	17734	13693	5610	5610	5610	5314	5019	5019	5019	5019	3218	1417	1417	1298	1258
			燃气	—	—	—	—	—	—	—	—	—	—	—	—	—	—	—	—	—	—	—
	重型		汽油	—	—	—	—	—	—	—	—	—	—	—	—	—	—	—	—	—	—	—
			柴油	174858	174858	143720	81445	81445	64667	31112	31112	31112	21320	11527	11527	11527	11527	7749	3971	3971	3356	3151
			燃气	—	—	—	—	—	—	—	—	—	—	—	—	—	—	—	—	—	—	—
低速汽车	三轮汽车			4092	4092	4092	4092	4092	4092	4092	4092	4092	3220	3220	3220	3220	3220	3220	3220	3220	3220	3220
	低速货车			5581	5581	5581	5581	5581	5581	5581	5581	5581	4392	4392	4392	4392	4392	4392	4392	4392	4392	4392
摩托车	普通摩托车			—	—	—	—	—	—	—	—	—	—	—	—	—	—	—	—	—	—	—
	轻便摩托车			—	—	—	—	—	—	—	—	—	—	—	—	—	—	—	—	—	—	—

亳州市 VOCs 排放系数

单位：克/（辆·年）

车辆类型		使用性质	燃料种类	1999年年底前	2000年	2001年	2002年	2003年	2004年	2005年	2006年	2007年	2008年	2009年	2010年	2011年	2012年	2013年	2014年	2015年	2016年	2017年
载客汽车	微型	出租车	汽油	747108	446537	145966	145966	145966	145966	110000	74035	74035	60874	47714	47714	39276	30839	30839	30839	30839	21166	17941
			燃气	385439	234960	84482	84482	84482	84482	64781	45080	45080	37295	29510	29510	23448	17385	17385	17385	17385	10336	7986
		其他	汽油	39876	24513	9150	9150	9150	9150	8786	8421	8421	7327	6233	6233	5987	5741	5741	5741	5741	4906	4627
			燃气	15587	8741	1895	1895	1895	1895	1816	1738	1738	1294	850	850	782	714	714	714	714	490	415
	小型	出租车	汽油	747108	439232	131356	131356	131356	131356	121946	112535	112535	80124	47714	47714	39276	30839	30839	30839	30839	19944	16312
			柴油	218674	205689	192704	192704	192704	192704	174000	155296	155296	114686	74075	74075	74075	74075	54888	35702	35702	19802	14502
			燃气	385439	231311	77183	77183	77183	77183	70748	64313	64313	46912	29510	29510	23448	17385	17385	17385	17385	9725	7172
		其他	汽油	40406	24712	9019	9019	9019	9019	9007	8995	8995	7616	6236	6236	5954	5671	5671	5671	5671	4956	4717
			柴油	8768	8018	7268	7268	7268	7268	6174	5080	5080	3454	1827	1827	1827	1827	1574	1320	1320	956	834
			燃气	15852	9538	3225	3225	3225	3225	2624	2024	2024	1503	982	982	830	679	679	679	679	516	461
	中型	公交车	汽油	247678	247678	247678	247678	247081	168838	13545	13545	13545	13545	13545	13394	13242	13242	10815	8388	8388	8388	8388
			柴油	87806	87806	86086	82645	82645	64494	28192	28192	28192	20508	12823	12823	12823	12823	8958	5093	5093	4763	4653
			燃气	71579	71579	67602	59649	59649	57536	53311	53311	53311	42686	32061	32061	22219	22219	22154	22154	22154	22154	22154
		其他	汽油	128388	128388	128388	128388	127791	87469	8018	8018	8018	8018	8018	7872	7727	7727	6676	5624	5624	5624	5624
			柴油	30493	30493	28460	24394	24394	18567	6912	6912	6912	6506	6099	6099	6099	6099	3750	1402	1402	1243	1190
			燃气	34560	34560	32640	28800	28800	27780	25740	25740	25740	20623	15506	15506	10732	10732	9642	9642	9642	9642	9642
	大型	公交车	汽油	576986	576986	576986	576986	576389	388811	14849	14849	14849	14849	14849	14709	14569	14569	11803	9037	9037	9037	9037
			柴油	131708	131708	108010	60614	60614	60614	60614	60614	60614	43515	26416	26416	26416	26416	17675	8934	8934	5723	4653
			燃气	168926	168926	159541	140772	140772	135786	125815	125815	125815	100740	75665	75665	52438	52438	47188	47188	47188	47188	47188
		其他	汽油	1278284	1278284	1278284	1278284	1277687	860839	28336	28336	28336	28336	28336	22077	15818	15818	12627	9436	9436	9436	9436
			柴油	272891	272891	207397	76409	76409	76409	76409	76409	76409	55942	35476	35476	35476	35476	20706	5937	5937	5324	5119
			燃气	266186	266186	251398	221822	221822	213966	198253	198253	198253	158842	119430	119430	82662	82662	74261	74261	74261	74261	74261
载货汽车	微型		汽油	277305	149503	21701	21701	21701	21701	20466	19232	19232	17732	16231	16231	13447	10663	10663	10663	10663	9087	8562
			柴油	41615	38876	36137	36137	36137	36137	33138	30140	30140	22242	14344	14344	14344	14344	9876	5408	5408	3737	3180
			燃气	108395	56445	4494	4494	4494	4494	4232	3969	3969	3091	2213	2213	1770	1326	1326	1326	1326	907	768
	轻型		汽油	144183	86386	28589	28589	28589	28589	24716	20843	20843	18683	16523	16523	14556	12588	12588	12588	12588	10870	10297
			柴油	38209	37173	36137	36137	36137	36137	33138	30140	30140	22242	14344	14344	14344	14344	10856	7367	7367	5697	5140
			燃气	56566	33394	10223	10223	10223	10223	7456	4690	4690	3646	2602	2602	2055	1507	1507	1507	1507	1132	1006
	中型		汽油	293812	293812	293812	293812	293215	199618	13617	13617	13617	13617	13617	13477	13337	13337	10878	8418	8418	8418	8418
			柴油	68975	68975	64377	55180	55180	41998	15634	15634	15634	14722	13810	13810	13810	13810	10008	6207	6207	3693	2855
			燃气	78175	78175	73832	65147	65147	62838	58220	58220	58220	46665	35110	35110	47513	47513	23133	23133	23133	23133	23133
	重型		汽油	1184983	1184983	1184983	1184983	1184385	798040	26545	26545	26545	26545	26545	20734	14924	14924	11966	9008	9008	9008	9008
			柴油	291741	291741	221723	81687	81687	81687	81687	81687	81687	59806	37926	37926	37926	37926	23899	9872	9872	7770	7069
			燃气	284573	284573	268763	237144	237144	228745	211947	211947	211947	169813	127678	127678	137450	137450	102550	102550	102550	102550	102550
低速汽车	三轮汽车			25300	25300	25300	25300	25300	25300	25300	25300	25300	16721	16721	16721	16721	16721	16721	16721	16721	16721	16721
	低速货车			33990	33990	33990	33990	33990	33990	33990	33990	33990	22464	22464	22464	22464	22464	22464	22464	22464	22464	22464
摩托车	普通摩托车			15413	15413	15413	15413	11502	7591	4064	4064	4064	4064	4064	3032	2001	2001	2001	2001	2001	2001	2001
	轻便摩托车			49842	49842	49842	49842	49842	9968	9968	4908	4908	4908	4908	3662	2417	2417	2417	2417	2417	2417	2417

池州市 NO_x 排放系数

单位：克/（辆·年）

车辆类型		使用性质	燃料种类	1999 年年底前	2000 年	2001 年	2002 年	2003 年	2004 年	2005 年	2006 年	2007 年	2008 年	2009 年	2010 年	2011 年	2012 年	2013 年	2014 年	2015 年	2016 年	2017 年
载客汽车	微型	出租车	汽油	240906	161792	82677	82677	82677	82677	60896	39114	39114	28898	18682	18682	15347	12012	12012	12012	12012	7520	6022
			燃气	162070	109505	56940	56940	56940	56940	42176	27412	27412	20447	13482	13482	10976	8469	8469	8469	8469	5206	4119
		其他	汽油	28098	17612	7126	7126	7126	7126	4496	1865	1865	1520	1174	1174	1002	829	829	829	829	574	489
			燃气	18084	10750	3417	3417	3417	3417	2216	1016	1016	824	633	633	514	395	395	395	395	324	300
	小型	出租车	汽油	272880	179648	86417	86417	86417	86417	63053	39689	39689	29186	18682	18682	14796	10910	10910	10910	10910	6507	5039
			柴油	294750	246324	197899	197899	197899	197899	176466	155032	155032	122772	90511	90511	90511	90511	73982	57452	57452	44641	40371
			燃气	183317	121371	59425	59425	59425	59425	43610	27794	27794	20638	13482	13482	10610	7737	7737	7737	7737	4534	3466
		其他	汽油	26220	16724	7229	7229	7229	7229	4794	2360	2360	1643	926	926	858	789	789	789	789	542	459
			柴油	23424	19151	14878	14878	14878	14878	13717	12556	12556	9824	7093	7093	7093	7093	6135	5177	5177	4529	4313
			燃气	16837	10714	4590	4590	4590	4590	2968	1345	1345	906	468	468	418	369	369	369	369	302	280
	中型	公交车	汽油	326072	326072	326072	326072	326072	222762	16141	16141	16141	16141	16141	14476	12810	12810	9670	6531	6531	6531	6531
			柴油	364537	364537	363681	361969	361969	347584	318814	318814	318814	265556	212299	212299	212299	212299	173251	134203	134203	112358	105077
			燃气	387056	387056	382448	373232	373232	361655	338501	338501	338501	281725	224949	224949	142255	142255	111413	111413	111413	111413	111413
		其他	汽油	199912	199912	199912	199912	199912	135607	6997	6997	6997	6997	6997	6997	6997	6997	5248	3499	3499	3499	3499
			柴油	170951	170951	163815	149543	149543	148278	145749	145749	145749	124130	102511	102511	102511	102511	91020	79530	79530	67880	63996
			燃气	193040	193040	182316	160867	160867	159351	156318	156318	156318	133094	109870	109870	85584	85584	68746	68746	68746	68746	68746
	大型	公交车	汽油	1161632	1161632	1161632	1161632	1161632	798760	73017	73017	73017	73017	73017	72953	72889	72889	54667	36445	36445	36445	36445
			柴油	517022	517022	500315	466902	466902	453635	427102	427102	427102	419406	411709	411709	411709	411709	396863	382017	382017	344370	331821
			燃气	1039521	1039521	981770	866268	866268	801985	673420	673420	673420	576996	480572	480572	447413	447413	387790	387790	387790	387790	387790
		其他	汽油	2772603	2772603	2772603	2772603	2772603	1906495	174278	174278	174278	174278	174278	167742	161207	161207	121034	80862	80862	80862	80862
			柴油	1238107	1238107	1206248	1142531	1142531	1115894	1062619	1062619	1062619	1025206	987794	987794	987794	987794	940385	892976	892976	790275	756041
			燃气	2304603	2304603	2176569	1920502	1920502	1777989	1492962	1492962	1492962	1279682	1066401	1066401	962076	962076	816236	816236	816236	816236	816236
载货汽车	微型		汽油	110465	65502	20538	20538	20538	20538	13968	7398	7398	5991	4584	4584	4068	3551	3551	3551	3551	2668	2373
			柴油	74674	61516	48359	48359	48359	48359	43572	38786	38786	32846	26906	26906	26906	26906	19682	12457	12457	10736	10162
			燃气	71096	40472	9848	9848	9848	9848	6939	4030	4030	3251	2472	2472	2082	1692	1692	1692	1692	1515	1456
	轻型		汽油	82244	52671	23098	23098	23098	23098	15597	8096	8096	6786	5475	5475	4561	3647	3647	3647	3647	2788	2502
			柴油	74939	61649	48359	48359	48359	48359	43572	38786	38786	32846	26906	26906	26906	26906	21474	16042	16042	14952	14588
			燃气	52812	33739	14666	14666	14666	14666	9640	4614	4614	3691	2767	2767	2236	1706	1706	1706	1706	1571	1526
	中型		汽油	213602	213602	213602	213602	213602	145828	10280	10280	10280	10280	10280	10280	10280	10280	7713	5146	5146	5146	5146
			柴油	397959	397959	357338	276097	276097	262538	235420	235420	235420	236749	238078	238078	238078	238078	208884	179689	179689	154729	146409
			燃气	449380	449380	398588	297004	297004	282167	252491	252491	252491	253830	255169	255169	193367	193367	157276	157276	157276	157276	157276
	重型		汽油	2150910	2150910	2150910	2150910	2150910	1479007	135200	135200	135200	135200	135200	130130	125060	125060	93895	62730	62730	62730	62730
			柴油	1185752	1185752	1145278	1064331	1064331	1024964	946230	946230	946230	908286	870342	870342	870342	870342	761964	653586	653586	445133	375649
			燃气	2207150	2207150	2067785	1789054	1789054	1635849	1329437	1329437	1329437	1134520	939602	939602	704162	704162	405558	405558	405558	405558	405558
低速汽车	三轮汽车			65550	65550	65550	65550	65550	65550	65550	65550	65550	53279	53279	53279	53279	53279	53279	53279	53279	53279	53279
	低速货车			88065	88065	88065	88065	88065	88065	88065	88065	88065	71579	71579	71579	71579	71579	71579	71579	71579	71579	71579
摩托车	普通摩托车			1150	1150	1150	1150	1112	1074	997	997	997	997	997	886	774	774	774	774	774	774	774
	轻便摩托车			767	767	767	767	767	383	383	383	383	383	383	340	298	298	298	298	298	298	298

池州市 PM 排放系数

单位：克/（辆·年）

车辆类型		使用性质	燃料种类	1999年年底前	2000年	2001年	2002年	2003年	2004年	2005年	2006年	2007年	2008年	2009年	2010年	2011年	2012年	2013年	2014年	2015年	2016年	2017年
载客汽车	微型	出租车	汽油	—	—	—	—	—	—	—	—	—	—	—	—	—	—	—	—	—	—	—
			燃气	—	—	—	—	—	—	—	—	—	—	—	—	—	—	—	—	—	—	—
		其他	汽油	—	—	—	—	—	—	—	—	—	—	—	—	—	—	—	—	—	—	—
			燃气	—	—	—	—	—	—	—	—	—	—	—	—	—	—	—	—	—	—	—
	小型	出租车	汽油	—	—	—	—	—	—	—	—	—	—	—	—	—	—	—	—	—	—	—
			柴油	40315	36928	33540	33540	33540	33540	22942	12345	12345	8032	3720	3720	3720	3720	3458	3195	3195	2642	2457
			燃气	—	—	—	—	—	—	—	—	—	—	—	—	—	—	—	—	—	—	—
		其他	汽油	—	—	—	—	—	—	—	—	—	—	—	—	—	—	—	—	—	—	—
			柴油	3436	3252	3068	3068	3068	3068	2211	1354	1354	990	627	627	627	627	526	426	426	426	426
			燃气	—	—	—	—	—	—	—	—	—	—	—	—	—	—	—	—	—	—	—
	中型	公交车	汽油	—	—	—	—	—	—	—	—	—	—	—	—	—	—	—	—	—	—	—
			柴油	30592	30592	28032	22913	22913	17978	8108	8108	8108	6872	5637	5637	5637	5637	3504	1372	1372	1080	983
			燃气	—	—	—	—	—	—	—	—	—	—	—	—	—	—	—	—	—	—	—
		其他	汽油	—	—	—	—	—	—	—	—	—	—	—	—	—	—	—	—	—	—	—
			柴油	15274	15274	12888	8116	8116	6262	2553	2553	2553	2434	2316	2316	2316	2316	1366	415	415	399	394
			燃气	—	—	—	—	—	—	—	—	—	—	—	—	—	—	—	—	—	—	—
	大型	公交车	汽油	—	—	—	—	—	—	—	—	—	—	—	—	—	—	—	—	—	—	—
			柴油	94865	94865	93934	92071	92071	71272	29674	29674	29674	19994	10315	10315	10315	10315	6116	1916	1916	1845	1821
			燃气	—	—	—	—	—	—	—	—	—	—	—	—	—	—	—	—	—	—	—
		其他	汽油	—	—	—	—	—	—	—	—	—	—	—	—	—	—	—	—	—	—	—
			柴油	142314	142314	133412	115607	115607	85425	25061	25061	25061	17182	9303	9303	9303	9303	5868	2433	2433	2343	2313
			燃气	—	—	—	—	—	—	—	—	—	—	—	—	—	—	—	—	—	—	—
载货汽车	微型		汽油	—	—	—	—	—	—	—	—	—	—	—	—	—	—	—	—	—	—	—
			柴油	9089	8900	8712	8712	8712	8712	7099	5486	5486	4072	2657	2657	2657	2657	1673	689	689	686	685
			燃气	—	—	—	—	—	—	—	—	—	—	—	—	—	—	—	—	—	—	—
	轻型		汽油	—	—	—	—	—	—	—	—	—	—	—	—	—	—	—	—	—	—	—
			柴油	9452	9082	8712	8712	8712	8712	7099	5486	5486	4072	2657	2657	2657	2657	2004	1350	1350	1115	1037
			燃气	—	—	—	—	—	—	—	—	—	—	—	—	—	—	—	—	—	—	—
	中型		汽油	—	—	—	—	—	—	—	—	—	—	—	—	—	—	—	—	—	—	—
			柴油	33803	33803	28447	17734	17734	13693	5610	5610	5610	5314	5019	5019	5019	5019	3218	1417	1417	1298	1258
			燃气	—	—	—	—	—	—	—	—	—	—	—	—	—	—	—	—	—	—	—
	重型		汽油	—	—	—	—	—	—	—	—	—	—	—	—	—	—	—	—	—	—	—
			柴油	149624	149624	122980	69692	69692	55335	26622	26622	26622	18242	9863	9863	9863	9863	6652	3441	3441	2908	2730
			燃气	—	—	—	—	—	—	—	—	—	—	—	—	—	—	—	—	—	—	—
低速汽车	三轮汽车			4092	4092	4092	4092	4092	4092	4092	4092	4092	3220	3220	3220	3220	3220	3220	3220	3220	3220	3220
	低速货车			5581	5581	5581	5581	5581	5581	5581	5581	5581	4392	4392	4392	4392	4392	4392	4392	4392	4392	4392
摩托车	普通摩托车			—	—	—	—	—	—	—	—	—	—	—	—	—	—	—	—	—	—	—
	轻便摩托车			—	—	—	—	—	—	—	—	—	—	—	—	—	—	—	—	—	—	—

池州市 VOCs 排放系数

单位：克/（辆·年）

车辆类型		使用性质	燃料种类	1999 年年底前	2000 年	2001 年	2002 年	2003 年	2004 年	2005 年	2006 年	2007 年	2008 年	2009 年	2010 年	2011 年	2012 年	2013 年	2014 年	2015 年	2016 年	2017 年
载客汽车	微型	出租车	汽油	596137	353929	111721	111721	111721	111721	83580	55440	55440	45442	35443	35443	29552	23661	23661	23661	23661	16978	14751
			燃气	304185	183268	62352	62352	62352	62352	47208	32064	32064	26346	20627	20627	16484	12341	12341	12341	12341	7636	6068
		其他	汽油	39876	24513	9150	9150	9150	9150	8786	8421	8421	7327	6233	6233	5987	5741	5741	5741	5741	4906	4627
			燃气	15587	8741	1895	1895	1895	1895	1816	1738	1738	1294	850	850	782	714	714	714	714	490	415
	小型	出租车	汽油	596137	348036	99936	99936	99936	99936	93216	86495	86495	60969	35443	35443	29552	23661	23661	23661	23661	15993	13437
			柴油	153239	144379	135519	135519	135519	135519	123014	110510	110510	80316	50123	50123	50123	50123	37229	24335	24335	13908	10433
			燃气	304185	180325	56465	56465	56465	56465	52022	47579	47579	34103	20627	20627	16484	12341	12341	12341	12341	7144	5411
		其他	汽油	40406	24712	9019	9019	9019	9019	9007	8995	8995	7616	6236	6236	5954	5671	5671	5671	5671	4956	4717
			柴油	8768	8018	7268	7268	7268	7268	6174	5080	5080	3454	1827	1827	1827	1827	1574	1320	1320	956	834
			燃气	15852	9538	3225	3225	3225	3225	2624	2024	2024	1503	982	982	830	679	679	679	679	516	461
	中型	公交车	汽油	247678	247678	247678	247678	247081	168838	13545	13545	13545	13545	13545	13394	13242	13242	10815	8388	8388	8388	8388
			柴油	87806	87806	86086	82645	82645	64494	28192	28192	28192	20508	12823	12823	12823	12823	8958	5093	5093	4763	4653
			燃气	71579	71579	67602	59649	59649	57536	53311	53311	53311	42686	32061	32061	22219	22219	22154	22154	22154	22154	22154
		其他	汽油	128388	128388	128388	128388	127791	87469	8018	8018	8018	8018	8018	7872	7727	7727	6676	5624	5624	5624	5624
			柴油	30493	30493	28460	24394	24394	18567	6912	6912	6912	6506	6099	6099	6099	6099	3750	1402	1402	1243	1190
			燃气	34560	34560	32640	28800	28800	27780	25740	25740	25740	20623	15506	15506	10732	10732	9642	9642	9642	9642	9642
	大型	公交车	汽油	576986	576986	576986	576986	576389	388811	14849	14849	14849	14849	14849	14709	14569	14569	11803	9037	9037	9037	9037
			柴油	131708	131708	108010	60614	60614	60614	60614	60614	60614	43515	26416	26416	26416	26416	17675	8934	8934	5723	4653
			燃气	168926	168926	159541	140772	140772	135786	125815	125815	125815	100740	75665	75665	52438	52438	47188	47188	47188	47188	47188
		其他	汽油	1278284	1278284	1278284	1278284	1277687	860839	28336	28336	28336	28336	28336	22077	15818	15818	12627	9436	9436	9436	9436
			柴油	272891	272891	207397	76409	76409	76409	76409	76409	76409	55942	35476	35476	35476	35476	20706	5937	5937	5324	5119
			燃气	266186	266186	251398	221822	221822	213966	198253	198253	198253	158842	119430	119430	82662	82662	74261	74261	74261	74261	74261
载货汽车	微型		汽油	241086	130064	19043	19043	19043	19043	18008	16973	16973	15674	14376	14376	12027	9678	9678	9678	9678	8343	7898
			柴油	34439	32182	29926	29926	29926	29926	27516	25106	25106	18435	11764	11764	11764	11764	8080	4395	4395	3110	2681
			燃气	94237	49091	3944	3944	3944	3944	3723	3503	3503	2732	1960	1960	1582	1204	1204	1204	1204	832	708
	轻型		汽油	125631	75324	25017	25017	25017	25017	21694	18371	18371	16500	14629	14629	12988	11348	11348	11348	11348	9889	9403
			柴油	31484	30705	29926	29926	29926	29926	27516	25106	25106	18435	11764	11764	11764	11764	8930	6095	6095	4810	4381
			燃气	49287	29116	8946	8946	8946	8946	6540	4134	4134	3219	2304	2304	1831	1359	1359	1359	1359	1029	919
	中型		汽油	293812	293812	293812	293812	293215	199618	13617	13617	13617	13617	13617	13477	13337	13337	10878	8418	8418	8418	8418
			柴油	68975	68975	64377	55180	55180	41998	15634	15634	15634	14722	13810	13810	13810	13810	10008	6207	6207	3693	2855
			燃气	78175	78175	73832	65147	65147	62838	58220	58220	58220	46665	35110	35110	47513	47513	23133	23133	23133	23133	23133
	重型		汽油	1023310	1023310	1023310	1023310	1022712	689221	23436	23436	23436	23436	23436	18403	13370	13370	10816	8261	8261	8261	8261
			柴油	255958	255958	194528	71668	71668	71668	71668	71668	71668	52472	33275	33275	33275	33275	20881	8487	8487	6504	5843
			燃气	249669	249669	235799	208058	208058	200690	185952	185952	185952	148986	112020	112020	118166	118166	84764	84764	84764	84764	84764
低速汽车	三轮汽车			25300	25300	25300	25300	25300	25300	25300	25300	25300	16721	16721	16721	16721	16721	16721	16721	16721	16721	16721
	低速货车			33990	33990	33990	33990	33990	33990	33990	33990	33990	22464	22464	22464	22464	22464	22464	22464	22464	22464	22464
摩托车	普通摩托车			15413	15413	15413	15413	11502	7591	4064	4064	4064	4064	4064	3032	2001	2001	2001	2001	2001	2001	2001
	轻便摩托车			49842	49842	49842	49842	49842	9968	9968	4908	4908	4908	4908	3662	2417	2417	2417	2417	2417	2417	2417

宣城市 NO_x 排放系数

单位：克/（辆·年）

车辆类型		使用性质	燃料种类	1999年年底前	2000年	2001年	2002年	2003年	2004年	2005年	2006年	2007年	2008年	2009年	2010年	2011年	2012年	2013年	2014年	2015年	2016年	2017年
载客汽车	微型	出租车	汽油	306387	207824	109262	109262	109262	109262	81375	53488	53488	40174	26861	26861	21842	16822	16822	16822	16822	10129	7898
			燃气	206984	141398	75813	75813	75813	75813	56836	37858	37858	28718	19579	19579	15798	12016	12016	12016	12016	7087	5444
		其他	汽油	28098	17612	7126	7126	7126	7126	4496	1865	1865	1520	1174	1174	1002	829	829	829	829	574	489
			燃气	18084	10750	3417	3417	3417	3417	2216	1016	1016	824	633	633	514	395	395	395	395	324	300
	小型	出租车	汽油	346025	229962	113899	113899	113899	113899	84050	54201	54201	40531	26861	26861	21159	15457	15457	15457	15457	8874	6679
			柴油	389994	328250	266505	266505	266505	266505	237195	207885	207885	165160	122435	122435	122435	122435	99204	75974	75974	57551	51410
			燃气	233325	156110	78894	78894	78894	78894	58613	38332	38332	28956	19579	19579	15344	11109	11109	11109	11109	6253	4634
		其他	汽油	26220	16724	7229	7229	7229	7229	4794	2360	2360	1643	926	926	858	789	789	789	789	542	459
			柴油	23424	19151	14878	14878	14878	14878	13717	12556	12556	9824	7093	7093	7093	7093	6135	5177	5177	4529	4313
			燃气	16837	10714	4590	4590	4590	4590	2968	1345	1345	906	468	468	418	369	369	369	369	302	280
	中型	公交车	汽油	326072	326072	326072	326072	326072	222762	16141	16141	16141	16141	16141	14476	12810	12810	9670	6531	6531	6531	6531
			柴油	364537	364537	363681	361969	361969	347584	318814	318814	318814	265556	212299	212299	212299	212299	173251	134203	134203	112358	105077
			燃气	387056	387056	382448	373232	373232	361655	338501	338501	338501	281725	224949	224949	142255	142255	111413	111413	111413	111413	111413
		其他	汽油	199912	199912	199912	199912	199912	135607	6997	6997	6997	6997	6997	6997	6997	6997	5248	3499	3499	3499	3499
			柴油	170951	170951	163815	149543	149543	148278	145749	145749	145749	124130	102511	102511	102511	102511	91020	79530	79530	67880	63996
			燃气	193040	193040	182316	160867	160867	159351	156318	156318	156318	133094	109870	109870	85584	85584	68746	68746	68746	68746	68746
	大型	公交车	汽油	1161632	1161632	1161632	1161632	1161632	798760	73017	73017	73017	73017	73017	72953	72889	72889	54667	36445	36445	36445	36445
			柴油	517022	517022	500315	466902	466902	453635	427102	427102	427102	419406	411709	411709	411709	411709	396863	382017	382017	344370	331821
			燃气	1039521	1039521	981770	866268	866268	801985	673420	673420	673420	576996	480572	480572	447413	447413	387790	387790	387790	387790	387790
		其他	汽油	2772603	2772603	2772603	2772603	2772603	1906495	174278	174278	174278	174278	174278	167742	161207	161207	121034	80862	80862	80862	80862
			柴油	1238107	1238107	1206248	1142531	1142531	1115894	1062619	1062619	1062619	1025206	987794	987794	987794	987794	940385	892976	892976	790275	756041
			燃气	2304603	2304603	2176569	1920502	1920502	1777989	1492962	1492962	1492962	1279682	1066401	1066401	962076	962076	816236	816236	816236	816236	816236
载货汽车	微型		汽油	127772	75934	24095	24095	24095	24095	16459	8823	8823	7164	5506	5506	4850	4193	4193	4193	4193	3118	2760
			柴油	87760	72472	57183	57183	57183	57183	51476	45768	45768	38736	31703	31703	31703	31703	23184	14666	14666	12521	11806
			燃气	82235	46894	11554	11554	11554	11554	8180	4807	4807	3888	2969	2969	2483	1998	1998	1998	1998	1769	1693
	轻型		汽油	95233	61140	27047	27047	27047	27047	18338	9628	9628	8081	6534	6534	5419	4304	4304	4304	4304	3258	2909
			柴油	88066	72624	57183	57183	57183	57183	51476	45768	45768	38736	31703	31703	31703	31703	25252	18800	18800	17382	16910
			燃气	61153	39163	17173	17173	17173	17173	11330	5487	5487	4395	3302	3302	2658	2013	2013	2013	2013	1834	1775
	中型		汽油	213602	213602	213602	213602	213602	145828	10280	10280	10280	10280	10280	10280	10280	10280	7713	5146	5146	5146	5146
			柴油	397959	397959	357338	276097	276097	262538	235420	235420	235420	236749	238078	238078	238078	238078	208884	179689	179689	154729	146409
			燃气	449380	449380	398588	297004	297004	282167	252491	252491	252491	253830	255169	255169	193367	193367	157276	157276	157276	157276	157276
	重型		汽油	2496815	2496815	2496815	2496815	2496815	1716858	156943	156943	156943	156943	156943	151058	145172	145172	108995	72818	72818	72818	72818
			柴油	1365895	1365895	1319273	1226028	1226028	1180680	1089984	1089984	1089984	1046276	1002567	1002567	1002567	1002567	882400	762234	762234	528591	450710
			燃气	2542467	2542467	2381929	2060854	2060854	1884372	1531409	1531409	1531409	1306879	1082350	1082350	821217	821217	486595	486595	486595	486595	486595
低速汽车	三轮汽车			65550	65550	65550	65550	65550	65550	65550	65550	65550	53279	53279	53279	53279	53279	53279	53279	53279	53279	53279
	低速货车			88065	88065	88065	88065	88065	88065	88065	88065	88065	71579	71579	71579	71579	71579	71579	71579	71579	71579	71579
摩托车	普通摩托车			1150	1150	1150	1150	1112	1074	997	997	997	997	997	886	774	774	774	774	774	774	774
	轻便摩托车			767	767	767	767	767	383	383	383	383	383	383	340	298	298	298	298	298	298	298

宣城市 PM 排放系数

单位：克/（辆·年）

车辆类型		使用性质	燃料种类	1999 年年底前	2000 年	2001 年	2002 年	2003 年	2004 年	2005 年	2006 年	2007 年	2008 年	2009 年	2010 年	2011 年	2012 年	2013 年	2014 年	2015 年	2016 年	2017 年
载客汽车	微型	出租车	汽油	—	—	—	—	—	—	—	—	—	—	—	—	—	—	—	—	—	—	—
			燃气	—	—	—	—	—	—	—	—	—	—	—	—	—	—	—	—	—	—	—
		其他	汽油	—	—	—	—	—	—	—	—	—	—	—	—	—	—	—	—	—	—	—
			燃气	—	—	—	—	—	—	—	—	—	—	—	—	—	—	—	—	—	—	—
	小型	出租车	汽油	—	—	—	—	—	—	—	—	—	—	—	—	—	—	—	—	—	—	—
			柴油	49978	45778	41579	41579	41579	41579	28441	15303	15303	9958	4612	4612	4612	4612	4286	3960	3960	3275	3047
			燃气	—	—	—	—	—	—	—	—	—	—	—	—	—	—	—	—	—	—	—
		其他	汽油	—	—	—	—	—	—	—	—	—	—	—	—	—	—	—	—	—	—	—
			柴油	3436	3252	3068	3068	3068	3068	2211	1354	1354	990	627	627	627	627	526	426	426	426	426
			燃气	—	—	—	—	—	—	—	—	—	—	—	—	—	—	—	—	—	—	—
	中型	公交车	汽油	—	—	—	—	—	—	—	—	—	—	—	—	—	—	—	—	—	—	—
			柴油	30592	30592	28032	22913	22913	17978	8108	8108	8108	6872	5637	5637	5637	5637	3504	1372	1372	1080	983
			燃气	—	—	—	—	—	—	—	—	—	—	—	—	—	—	—	—	—	—	—
		其他	汽油	—	—	—	—	—	—	—	—	—	—	—	—	—	—	—	—	—	—	—
			柴油	15274	15274	12888	8116	8116	6262	2553	2553	2553	2434	2316	2316	2316	2316	1366	415	415	399	394
			燃气	—	—	—	—	—	—	—	—	—	—	—	—	—	—	—	—	—	—	—
	大型	公交车	汽油	—	—	—	—	—	—	—	—	—	—	—	—	—	—	—	—	—	—	—
			柴油	94865	94865	93934	92071	92071	71272	29674	29674	29674	19994	10315	10315	10315	10315	6116	1916	1916	1845	1821
			燃气	—	—	—	—	—	—	—	—	—	—	—	—	—	—	—	—	—	—	—
		其他	汽油	—	—	—	—	—	—	—	—	—	—	—	—	—	—	—	—	—	—	—
			柴油	142314	142314	133412	115607	115607	85425	25061	25061	25061	17182	9303	9303	9303	9303	5868	2433	2433	2343	2313
			燃气	—	—	—	—	—	—	—	—	—	—	—	—	—	—	—	—	—	—	—
载货汽车	微型		汽油	—	—	—	—	—	—	—	—	—	—	—	—	—	—	—	—	—	—	—
			柴油	10479	10262	10046	10046	10046	10046	8186	6326	6326	4695	3064	3064	3064	3064	1929	794	794	790	789
			燃气	—	—	—	—	—	—	—	—	—	—	—	—	—	—	—	—	—	—	—
	轻型		汽油	—	—	—	—	—	—	—	—	—	—	—	—	—	—	—	—	—	—	—
			柴油	10898	10472	10046	10046	10046	10046	8186	6326	6326	4695	3064	3064	3064	3064	2310	1557	1557	1286	1195
			燃气	—	—	—	—	—	—	—	—	—	—	—	—	—	—	—	—	—	—	—
	中型		汽油	—	—	—	—	—	—	—	—	—	—	—	—	—	—	—	—	—	—	—
			柴油	33803	33803	28447	17734	17734	13693	5610	5610	5610	5314	5019	5019	5019	5019	3218	1417	1417	1298	1258
			燃气	—	—	—	—	—	—	—	—	—	—	—	—	—	—	—	—	—	—	—
	重型		汽油	—	—	—	—	—	—	—	—	—	—	—	—	—	—	—	—	—	—	—
			柴油	174858	174858	143720	81445	81445	64667	31112	31112	31112	21320	11527	11527	11527	11527	7749	3971	3971	3356	3151
			燃气	—	—	—	—	—	—	—	—	—	—	—	—	—	—	—	—	—	—	—
低速汽车	三轮汽车			4092	4092	4092	4092	4092	4092	4092	4092	4092	3220	3220	3220	3220	3220	3220	3220	3220	3220	3220
	低速货车			5581	5581	5581	5581	5581	5581	5581	5581	5581	4392	4392	4392	4392	4392	4392	4392	4392	4392	4392
摩托车	普通摩托车			—	—	—	—	—	—	—	—	—	—	—	—	—	—	—	—	—	—	—
	轻便摩托车			—	—	—	—	—	—	—	—	—	—	—	—	—	—	—	—	—	—	—

宣城市 VOCs 排放系数

单位：克/（辆·年）

车辆类型		使用性质	燃料种类	1999年年底前	2000年	2001年	2002年	2003年	2004年	2005年	2006年	2007年	2008年	2009年	2010年	2011年	2012年	2013年	2014年	2015年	2016年	2017年
载客汽车	微型	出租车	汽油	747108	446537	145966	145966	145966	145966	110000	74035	74035	60874	47714	47714	39276	30839	30839	30839	30839	21166	17941
			燃气	385439	234960	84482	84482	84482	84482	64781	45080	45080	37295	29510	29510	23448	17385	17385	17385	17385	10336	7986
		其他	汽油	39876	24513	9150	9150	9150	9150	8786	8421	8421	7327	6233	6233	5987	5741	5741	5741	5741	4906	4627
			燃气	15587	8741	1895	1895	1895	1895	1816	1738	1738	1294	850	850	782	714	714	714	714	490	415
	小型	出租车	汽油	747108	439232	131356	131356	131356	131356	121946	112535	112535	80124	47714	47714	39276	30839	30839	30839	30839	19944	16312
			柴油	218674	205689	192704	192704	192704	192704	174000	155296	155296	114686	74075	74075	74075	74075	54888	35702	35702	19802	14502
			燃气	385439	231311	77183	77183	77183	77183	70748	64313	64313	46912	29510	29510	23448	17385	17385	17385	17385	9725	7172
		其他	汽油	40406	24712	9019	9019	9019	9019	9007	8995	8995	7616	6236	6236	5954	5671	5671	5671	5671	4956	4717
			柴油	8768	8018	7268	7268	7268	7268	6174	5080	5080	3454	1827	1827	1827	1827	1574	1320	1320	956	834
			燃气	15852	9538	3225	3225	3225	3225	2624	2024	2024	1503	982	982	830	679	679	679	679	516	461
	中型	公交车	汽油	247678	247678	247678	247678	247081	168838	13545	13545	13545	13545	13545	13394	13242	13242	10815	8388	8388	8388	8388
			柴油	87806	87806	86086	82645	82645	64494	28192	28192	28192	20508	12823	12823	12823	12823	8958	5093	5093	4763	4653
			燃气	71579	71579	67602	59649	59649	57536	53311	53311	53311	42686	32061	32061	22219	22219	22154	22154	22154	22154	22154
		其他	汽油	128388	128388	128388	128388	127791	87469	8018	8018	8018	8018	8018	7872	7727	7727	6676	5624	5624	5624	5624
			柴油	30493	30493	28460	24394	24394	18567	6912	6912	6912	6506	6099	6099	6099	6099	3750	1402	1402	1243	1190
			燃气	34560	34560	32640	28800	28800	27780	25740	25740	25740	20623	15506	15506	10732	10732	9642	9642	9642	9642	9642
	大型	公交车	汽油	576986	576986	576986	576986	576389	388811	14849	14849	14849	14849	14849	14709	14569	14569	11803	9037	9037	9037	9037
			柴油	131708	131708	108010	60614	60614	60614	60614	60614	60614	43515	26416	26416	26416	26416	17675	8934	8934	5723	4653
			燃气	168926	168926	159541	140772	140772	135786	125815	125815	125815	100740	75665	75665	52438	52438	47188	47188	47188	47188	47188
		其他	汽油	1278284	1278284	1278284	1278284	1277687	860839	28336	28336	28336	28336	28336	22077	15818	15818	12627	9436	9436	9436	9436
			柴油	272891	272891	207397	76409	76409	76409	76409	76409	76409	55942	35476	35476	35476	35476	20706	5937	5937	5324	5119
			燃气	266186	266186	251398	221822	221822	213966	198253	198253	198253	158842	119430	119430	82662	82662	74261	74261	74261	74261	74261
载货汽车	微型		汽油	277305	149503	21701	21701	21701	21701	20466	19232	19232	17732	16231	16231	13447	10663	10663	10663	10663	9087	8562
			柴油	41615	38876	36137	36137	36137	36137	33138	30140	30140	22242	14344	14344	14344	14344	9876	5408	5408	3737	3180
			燃气	108395	56445	4494	4494	4494	4494	4232	3969	3969	3091	2213	2213	1770	1326	1326	1326	1326	907	768
	轻型		汽油	144183	86386	28589	28589	28589	28589	24716	20843	20843	18683	16523	16523	14556	12588	12588	12588	12588	10870	10297
			柴油	38209	37173	36137	36137	36137	36137	33138	30140	30140	22242	14344	14344	14344	14344	10856	7367	7367	5697	5140
			燃气	56566	33394	10223	10223	10223	10223	7456	4690	4690	3646	2602	2602	2055	1507	1507	1507	1507	1132	1006
	中型		汽油	293812	293812	293812	293812	293215	199618	13617	13617	13617	13617	13617	13477	13337	13337	10878	8418	8418	8418	8418
			柴油	68975	68975	64377	55180	55180	41998	15634	15634	15634	14722	13810	13810	13810	13810	10008	6207	6207	3693	2855
			燃气	78175	78175	73832	65147	65147	62838	58220	58220	58220	46665	35110	35110	47513	47513	23133	23133	23133	23133	23133
	重型		汽油	1184983	1184983	1184983	1184983	1184385	798040	26545	26545	26545	26545	26545	20734	14924	14924	11966	9008	9008	9008	9008
			柴油	291741	291741	221723	81687	81687	81687	81687	81687	81687	59806	37926	37926	37926	37926	23899	9872	9872	7770	7069
			燃气	284573	284573	268763	237144	237144	228745	211947	211947	211947	169813	127678	127678	137450	137450	102550	102550	102550	102550	102550
低速汽车	三轮汽车			25300	25300	25300	25300	25300	25300	25300	25300	25300	16721	16721	16721	16721	16721	16721	16721	16721	16721	16721
	低速货车			33990	33990	33990	33990	33990	33990	33990	33990	33990	22464	22464	22464	22464	22464	22464	22464	22464	22464	22464
摩托车	普通摩托车			15413	15413	15413	15413	11502	7591	4064	4064	4064	4064	4064	3032	2001	2001	2001	2001	2001	2001	2001
	轻便摩托车			49842	49842	49842	49842	49842	9968	9968	4908	4908	4908	4908	3662	2417	2417	2417	2417	2417	2417	2417

福州市 NO_x 排放系数

单位：克/（辆·年）

车辆类型		使用性质	燃料种类	1999年年底前	2000年	2001年	2002年	2003年	2004年	2005年	2006年	2007年	2008年	2009年	2010年	2011年	2012年	2013年	2014年	2015年	2016年	2017年
载客汽车	微型	出租车	汽油	329408	225431	121454	121454	121454	121454	89480	57507	57507	42186	26866	26866	22254	17642	17642	17642	17642	10708	8397
			燃气	213061	147074	81088	81088	81088	81088	60286	39485	39485	29395	19305	19305	15813	12321	12321	12321	12321	7263	5577
		其他	汽油	36567	23166	9764	9764	9764	9764	6088	2413	2413	1935	1457	1457	1226	995	995	995	995	696	597
			燃气	22710	13644	4577	4577	4577	4577	2977	1377	1377	1101	825	825	671	517	517	517	517	399	360
	小型	出租车	汽油	372704	249817	126930	126930	126930	126930	92640	58349	58349	42608	26866	26866	21444	16023	16023	16023	16023	9295	7052
			柴油	405005	339731	274457	274457	274457	274457	243888	213320	213320	170561	127802	127802	127802	127802	104076	80349	80349	59974	53183
			燃气	240451	162502	84552	84552	84552	84552	62285	40018	40018	29662	19305	19305	15301	11297	11297	11297	11297	6370	4727
		其他	汽油	34098	22003	9908	9908	9908	9908	6506	3103	3103	2116	1129	1129	1036	942	942	942	942	655	559
			柴油	29330	23993	18656	18656	18656	18656	17092	15527	15527	12258	8990	8990	8990	8990	7752	6514	6514	5576	5264
			燃气	21148	13642	6136	6136	6136	6136	3975	1814	1814	1216	618	618	550	483	483	483	483	373	336
	中型	公交车	汽油	324679	324679	324679	324679	324679	221810	16072	16072	16072	16072	16072	14414	12755	12755	9630	6504	6504	6504	6504
			柴油	363398	363398	362545	360838	360838	346498	317818	317818	317818	264727	211636	211636	211636	211636	172710	133784	133784	112007	104748
			燃气	385847	385847	381253	372066	372066	360525	337444	337444	337444	280845	224246	224246	141810	141810	111065	111065	111065	111065	111065
		其他	汽油	199058	199058	199058	199058	199058	135028	6967	6967	6967	6967	6967	6967	6967	6967	5226	3484	3484	3484	3484
			柴油	170417	170417	163303	149076	149076	147815	145294	145294	145294	123742	102191	102191	102191	102191	90736	79281	79281	67667	63796
			燃气	192437	192437	181746	160364	160364	158853	155830	155830	155830	132678	109526	109526	85316	85316	68531	68531	68531	68531	68531
	大型	公交车	汽油	1156670	1156670	1156670	1156670	1156670	795348	72705	72705	72705	72705	72705	72641	72577	72577	54434	36290	36290	36290	36290
			柴油	515407	515407	498752	465443	465443	452218	425768	425768	425768	418095	410422	410422	410422	410422	395623	380824	380824	343294	330784
			燃气	1036274	1036274	978703	863561	863561	799479	671316	671316	671316	575194	479071	479071	446015	446015	386578	386578	386578	386578	386578
		其他	汽油	2760761	2760761	2760761	2760761	2760761	1898352	173534	173534	173534	173534	173534	167026	160519	160519	120518	80516	80516	80516	80516
			柴油	1234240	1234240	1202481	1138962	1138962	1112408	1059299	1059299	1059299	1022004	984708	984708	984708	984708	937447	890186	890186	787806	753679
			燃气	2297403	2297403	2169770	1914503	1914503	1772435	1488298	1488298	1488298	1275684	1063070	1063070	959070	959070	813686	813686	813686	813686	813686
载货汽车	微型		汽油	109233	64538	19843	19843	19843	19843	13680	7516	7516	6131	4746	4746	4140	3535	3535	3535	3535	2564	2241
			柴油	76830	63603	50376	50376	50376	50376	45106	39836	39836	33753	27670	27670	27670	27670	20236	12801	12801	10810	10147
			燃气	67839	38571	9302	9302	9302	9302	6795	4289	4289	3488	2687	2687	2262	1837	1837	1837	1837	1473	1351
	轻型		汽油	76618	49406	22193	22193	22193	22193	15175	8157	8157	6860	5564	5564	4594	3623	3623	3623	3623	2675	2359
			柴油	77092	63734	50376	50376	50376	50376	45106	39836	39836	33753	27670	27670	27670	27670	21996	16323	16323	14952	14495
			燃气	47519	30632	13744	13744	13744	13744	9256	4769	4769	3907	3046	3046	2452	1858	1858	1858	1858	1528	1418
	中型		汽油	256256	256256	256256	256256	256256	174947	12332	12332	12332	12332	12332	12332	12332	12332	9253	6174	6174	6174	6174
			柴油	478964	478964	430075	332297	332297	315978	283340	283340	283340	284956	286573	286573	286573	286573	251432	216291	216291	186246	176231
			燃气	540852	540852	479721	357458	357458	339601	303886	303886	303886	305514	307142	307142	232755	232755	189311	189311	189311	189311	189311
	重型		汽油	2353032	2353032	2353032	2353032	2353032	1617990	147905	147905	147905	147905	147905	142358	136812	136812	102718	68625	68625	68625	68625
			柴油	1341831	1341831	1296030	1204427	1204427	1159878	1070781	1070781	1070781	1027842	984904	984904	984904	984904	868954	753003	753003	517066	438420
			燃气	2497672	2497672	2339963	2024544	2024544	1851173	1504430	1504430	1504430	1283856	1063282	1063282	811272	811272	473326	473326	473326	473326	473326
低速汽车	三轮汽车			65550	65550	65550	65550	65550	65550	65550	65550	65550	53279	53279	53279	53279	53279	53279	53279	53279	53279	53279
	低速货车			88065	88065	88065	88065	88065	88065	88065	88065	88065	71579	71579	71579	71579	71579	71579	71579	71579	71579	71579
摩托车	普通摩托车			1177	1177	1177	1177	1138	1098	1020	1020	1020	1020	1020	906	792	792	792	792	792	792	792
	轻便摩托车			785	785	785	785	785	392	392	392	392	392	392	348	305	305	305	305	305	305	305

福州市 PM 排放系数

单位：克/（辆·年）

车辆类型		使用性质	燃料种类	1999 年年底前	2000 年	2001 年	2002 年	2003 年	2004 年	2005 年	2006 年	2007 年	2008 年	2009 年	2010 年	2011 年	2012 年	2013 年	2014 年	2015 年	2016 年	2017 年
载客汽车	微型	出租车	汽油	—	—	—	—	—	—	—	—	—	—	—	—	—	—	—	—	—	—	—
			燃气	—	—	—	—	—	—	—	—	—	—	—	—	—	—	—	—	—	—	—
		其他	汽油	—	—	—	—	—	—	—	—	—	—	—	—	—	—	—	—	—	—	—
			燃气	—	—	—	—	—	—	—	—	—	—	—	—	—	—	—	—	—	—	—
	小型	出租车	汽油	—	—	—	—	—	—	—	—	—	—	—	—	—	—	—	—	—	—	—
			柴油	51931	47524	43116	43116	43116	43116	28929	14742	14742	9727	4712	4712	4712	4712	4380	4047	4047	3346	3113
			燃气	—	—	—	—	—	—	—	—	—	—	—	—	—	—	—	—	—	—	—
		其他	汽油	—	—	—	—	—	—	—	—	—	—	—	—	—	—	—	—	—	—	—
			柴油	4077	3856	3635	3635	3635	3635	2585	1535	1535	1137	739	739	739	739	602	466	466	466	466
			燃气	—	—	—	—	—	—	—	—	—	—	—	—	—	—	—	—	—	—	—
	中型	公交车	汽油	—	—	—	—	—	—	—	—	—	—	—	—	—	—	—	—	—	—	—
			柴油	30592	30592	28032	22913	22913	17978	8108	8108	8108	6872	5637	5637	5637	5637	3504	1372	1372	1080	983
			燃气	—	—	—	—	—	—	—	—	—	—	—	—	—	—	—	—	—	—	—
		其他	汽油	—	—	—	—	—	—	—	—	—	—	—	—	—	—	—	—	—	—	—
			柴油	15274	15274	12888	8116	8116	6262	2553	2553	2553	2434	2316	2316	2316	2316	1366	415	415	399	394
			燃气	—	—	—	—	—	—	—	—	—	—	—	—	—	—	—	—	—	—	—
	大型	公交车	汽油	—	—	—	—	—	—	—	—	—	—	—	—	—	—	—	—	—	—	—
			柴油	94865	94865	93934	92071	92071	71272	29674	29674	29674	19994	10315	10315	10315	10315	6116	1916	1916	1845	1821
			燃气	—	—	—	—	—	—	—	—	—	—	—	—	—	—	—	—	—	—	—
		其他	汽油	—	—	—	—	—	—	—	—	—	—	—	—	—	—	—	—	—	—	—
			柴油	142314	142314	133412	115607	115607	85425	25061	25061	25061	17182	9303	9303	9303	9303	5868	2433	2433	2343	2313
			燃气	—	—	—	—	—	—	—	—	—	—	—	—	—	—	—	—	—	—	—
载货汽车	微型		汽油	—	—	—	—	—	—	—	—	—	—	—	—	—	—	—	—	—	—	—
			柴油	8563	8386	8209	8209	8209	8209	6675	5141	5141	3816	2490	2490	2490	2490	1568	645	645	642	641
			燃气	—	—	—	—	—	—	—	—	—	—	—	—	—	—	—	—	—	—	—
	轻型		汽油	—	—	—	—	—	—	—	—	—	—	—	—	—	—	—	—	—	—	—
			柴油	8906	8558	8209	8209	8209	8209	6675	5141	5141	3816	2490	2490	2490	2490	1878	1265	1265	1044	971
			燃气	—	—	—	—	—	—	—	—	—	—	—	—	—	—	—	—	—	—	—
	中型		汽油	—	—	—	—	—	—	—	—	—	—	—	—	—	—	—	—	—	—	—
			柴油	40622	40622	34185	21311	21311	16446	6716	6716	6716	6362	6009	6009	6009	6009	3853	1697	1697	1554	1506
			燃气	—	—	—	—	—	—	—	—	—	—	—	—	—	—	—	—	—	—	—
	重型		汽油	—	—	—	—	—	—	—	—	—	—	—	—	—	—	—	—	—	—	—
			柴油	184930	184930	151999	86136	86136	68392	32904	32904	32904	22548	12191	12191	12191	12191	8178	4165	4165	3520	3305
			燃气	—	—	—	—	—	—	—	—	—	—	—	—	—	—	—	—	—	—	—
低速汽车	三轮汽车			4092	4092	4092	4092	4092	4092	4092	4092	4092	3220	3220	3220	3220	3220	3220	3220	3220	3220	3220
	低速货车			5581	5581	5581	5581	5581	5581	5581	5581	5581	4392	4392	4392	4392	4392	4392	4392	4392	4392	4392
摩托车	普通摩托车			—	—	—	—	—	—	—	—	—	—	—	—	—	—	—	—	—	—	—
	轻便摩托车			—	—	—	—	—	—	—	—	—	—	—	—	—	—	—	—	—	—	—

福州市 VOCs 排放系数

单位：克/（辆·年）

车辆类型		使用性质	燃料种类	1999 年年底前	2000 年	2001 年	2002 年	2003 年	2004 年	2005 年	2006 年	2007 年	2008 年	2009 年	2010 年	2011 年	2012 年	2013 年	2014 年	2015 年	2016 年	2017 年
载客汽车	微型	出租车	汽油	758939	444881	130823	130823	130823	130823	99900	68977	68977	56024	43072	43072	35974	28875	28875	28875	28875	21680	19281
			燃气	451105	267342	83578	83578	83578	83578	64318	45059	45059	36666	28273	28273	22816	17360	17360	17360	17360	11618	9704
		其他	汽油	42568	25792	9016	9016	9016	9016	8685	8354	8354	7238	6123	6123	5900	5677	5677	5677	5677	5006	4783
			燃气	20409	11354	2299	2299	2299	2299	2228	2158	2158	1587	1016	1016	948	880	880	880	880	652	576
	小型	出租车	汽油	758939	438618	118297	118297	118297	118297	110816	103336	103336	73204	43072	43072	35974	28875	28875	28875	28875	20302	17445
			柴油	203383	191112	178840	178840	178840	178840	160528	142216	142216	106397	70578	70578	70578	70578	52232	33885	33885	18389	13224
			燃气	451105	263678	76250	76250	76250	76250	70704	65157	65157	46715	28273	28273	22816	17360	17360	17360	17360	10812	8629
		其他	汽油	43159	26023	8887	8887	8887	8887	8915	8943	8943	7534	6126	6126	5866	5606	5606	5606	5606	5075	4898
			柴油	9243	8450	7657	7657	7657	7657	6476	5296	5296	3658	2019	2019	2019	2019	1690	1361	1361	950	813
			燃气	20754	12294	3835	3835	3835	3835	3168	2502	2502	1832	1163	1163	1000	838	838	838	838	692	643
	中型	公交车	汽油	247815	247815	247815	247815	247218	168975	13682	13682	13682	13682	13682	13530	13379	13379	10952	8525	8525	8525	8525
			柴油	87806	87806	86086	82645	82645	64494	28192	28192	28192	20508	12823	12823	12823	12823	8958	5093	5093	4763	4653
			燃气	71579	71579	67602	59649	59649	57536	53311	53311	53311	42686	32061	32061	22219	22219	22154	22154	22154	22154	22154
		其他	汽油	128525	128525	128525	128525	127928	87606	8155	8155	8155	8155	8155	8010	7864	7864	6812	5761	5761	5761	5761
			柴油	30493	30493	28460	24394	24394	18567	6912	6912	6912	6506	6099	6099	6099	6099	3750	1402	1402	1243	1190
			燃气	34560	34560	32640	28800	28800	27780	25740	25740	25740	20623	15506	15506	10732	10732	9642	9642	9642	9642	9642
	大型	公交车	汽油	577123	577123	577123	577123	576526	388948	14986	14986	14986	14986	14986	14846	14706	14706	11940	9174	9174	9174	9174
			柴油	131708	131708	108010	60614	60614	60614	60614	60614	60614	43515	26416	26416	26416	26416	17675	8934	8934	5723	4653
			燃气	168926	168926	159541	140772	140772	135786	125815	125815	125815	100740	75665	75665	52438	52438	47188	47188	47188	47188	47188
		其他	汽油	1278421	1278421	1278421	1278421	1277824	860976	28473	28473	28473	28473	28473	22214	15955	15955	12764	9573	9573	9573	9573
			柴油	272891	272891	207397	76409	76409	76409	76409	76409	76409	55942	35476	35476	35476	35476	20706	5937	5937	5324	5119
			燃气	266186	266186	251398	221822	221822	213966	198253	198253	198253	158842	119430	119430	82662	82662	74261	74261	74261	74261	74261
载货汽车	微型		汽油	190862	104216	17569	17569	17569	17569	16478	15388	15388	14198	13009	13009	10946	8883	8883	8883	8883	7556	7113
			柴油	33541	31317	29093	29093	29093	29093	26458	23822	23822	17806	11791	11791	11791	11791	8190	4589	4589	2994	2462
			燃气	91508	47994	4480	4480	4480	4480	4227	3975	3975	3067	2159	2159	1768	1377	1377	1377	1377	987	857
	轻型		汽油	100913	61568	22223	22223	22223	22223	19350	16477	16477	14842	13206	13206	11695	10184	10184	10184	10184	8760	8285
			柴油	31118	30106	29093	29093	29093	29093	26458	23822	23822	17806	11791	11791	11791	11791	8881	5971	5971	4376	3844
			燃气	48526	29058	9590	9590	9590	9590	7100	4610	4610	3558	2507	2507	2015	1522	1522	1522	1522	1196	1088
	中型		汽油	353166	353166	353166	353166	352569	239901	15758	15758	15758	15758	15758	15618	15478	15478	12517	9556	9556	9556	9556
			柴油	82845	82845	77322	66276	66276	50443	18778	18778	18778	17682	16586	16586	16586	16586	12020	7455	7455	4436	3429
			燃气	93894	93894	88679	78247	78247	75474	69928	69928	69928	56048	42168	42168	57066	57066	27784	27784	27784	27784	27784
	重型		汽油	1185914	1185914	1185914	1185914	1185316	798712	26698	26698	26698	26698	26698	20884	15069	15069	12109	9149	9149	9149	9149
			柴油	314510	314510	239028	88063	88063	88063	88063	88063	88063	64474	40886	40886	40886	40886	25862	10838	10838	7807	6797
			燃气	306782	306782	289740	255655	255655	246600	228491	228491	228491	183067	137643	137643	150900	150900	98604	98604	98604	98604	98604
低速汽车	三轮汽车			25300	25300	25300	25300	25300	25300	25300	25300	25300	16721	16721	16721	16721	16721	16721	16721	16721	16721	16721
	低速货车			33990	33990	33990	33990	33990	33990	33990	33990	33990	22464	22464	22464	22464	22464	22464	22464	22464	22464	22464
摩托车	普通摩托车			15768	15768	15768	15768	11768	7767	4158	4158	4158	4158	4158	3103	2048	2048	2048	2048	2048	2048	2048
	轻便摩托车			50993	50993	50993	50993	50993	10199	10199	5021	5021	5021	5021	3747	2473	2473	2473	2473	2473	2473	2473

厦门市 NO_x 排放系数

单位：克/（辆·年）

车辆类型		使用性质	燃料种类	1999 年年底前	2000 年	2001 年	2002 年	2003 年	2004 年	2005 年	2006 年	2007 年	2008 年	2009 年	2010 年	2011 年	2012 年	2013 年	2014 年	2015 年	2016 年	2017 年
载客汽车	微型	出租车	汽油	314187	216242	118297	118297	118297	118297	87326	56355	56355	41460	26564	26564	21948	17331	17331	17331	17331	10428	8127
			燃气	203431	141260	79090	79090	79090	79090	58923	38756	38756	28935	19114	19114	15619	12124	12124	12124	12124	7086	5407
		其他	汽油	33247	21012	8778	8778	8778	8778	5500	2223	2223	1794	1366	1366	1148	929	929	929	929	642	547
			燃气	20609	12362	4115	4115	4115	4115	2686	1257	1257	1012	768	768	622	475	475	475	475	365	328
	小型	出租车	汽油	355200	239387	123574	123574	123574	123574	90370	57166	57166	41865	26564	26564	21172	15780	15780	15780	15780	9076	6842
			柴油	392756	329952	267149	267149	267149	267149	237173	207197	207197	165936	124674	124674	124674	124674	101358	78041	78041	57714	50939
			燃气	229376	155902	82429	82429	82429	82429	60849	39269	39269	29192	19114	19114	15128	11143	11143	11143	11143	6231	4594
		其他	汽油	31010	19958	8907	8907	8907	8907	5872	2837	2837	1953	1069	1069	975	881	881	881	881	604	512
			柴油	27203	22272	17341	17341	17341	17341	15871	14401	14401	11348	8296	8296	8296	8296	7147	5998	5998	5154	4872
			燃气	19194	12348	5502	5502	5502	5502	3574	1645	1645	1113	581	581	513	445	445	445	445	341	306
	中型	公交车	汽油	338108	338108	338108	338108	338108	230984	16736	16736	16736	16736	16736	15010	13283	13283	10028	6772	6772	6772	6772
			柴油	378428	378428	377539	375762	375762	360829	330962	330962	330962	275676	220389	220389	220389	220389	179853	139317	139317	116640	109081
			燃气	401805	401805	397022	387455	387455	375437	351400	351400	351400	292460	233521	233521	147675	147675	115658	115658	115658	115658	115658
		其他	汽油	199060	199060	199060	199060	199060	135029	6967	6967	6967	6967	6967	6967	6967	6967	5226	3484	3484	3484	3484
			柴油	170418	170418	163304	149077	149077	147816	145295	145295	145295	123744	102192	102192	102192	102192	90737	79282	79282	67668	63797
			燃气	192438	192438	181747	160365	160365	158854	155831	155831	155831	132679	109527	109527	85317	85317	68532	68532	68532	68532	68532
	大型	公交车	汽油	1204511	1204511	1204511	1204511	1204511	828245	75712	75712	75712	75712	75712	75646	75579	75579	56685	37791	37791	37791	37791
			柴油	536723	536723	519380	484693	484693	470921	443377	443377	443377	435387	427397	427397	427397	427397	411986	396574	396574	357492	344465
			燃气	1079133	1079133	1019181	899277	899277	832545	699081	699081	699081	598983	498885	498885	464462	464462	402566	402566	402566	402566	402566
		其他	汽油	2760785	2760785	2760785	2760785	2760785	1898368	173535	173535	173535	173535	173535	167028	160520	160520	120518	80517	80517	80517	80517
			柴油	1234248	1234248	1202488	1138969	1138969	1112415	1059306	1059306	1059306	1022010	984715	984715	984715	984715	937454	890192	890192	787811	753684
			燃气	2297418	2297418	2169784	1914515	1914515	1772446	1488307	1488307	1488307	1275692	1063077	1063077	959076	959076	813691	813691	813691	813691	813691
载货汽车	微型		汽油	111566	65982	20398	20398	20398	20398	14037	7676	7676	6256	4837	4837	4226	3615	3615	3615	3615	2636	2310
			柴油	77695	64302	50908	50908	50908	50908	45606	40304	40304	34140	27976	27976	27976	27976	20459	12942	12942	10942	10276
			燃气	69157	39360	9562	9562	9562	9562	6951	4340	4340	3530	2719	2719	2284	1848	1848	1848	1848	1501	1385
	轻型		汽油	79097	50963	22829	22829	22829	22829	15584	8339	8339	7011	5683	5683	4694	3706	3706	3706	3706	2750	2432
			柴油	77961	64434	50908	50908	50908	50908	45606	40304	40304	34140	27976	27976	27976	27976	22244	16512	16512	15140	14683
			燃气	48958	31530	14102	14102	14102	14102	9469	4835	4835	3962	3089	3089	2480	1872	1872	1872	1872	1558	1454
	中型		汽油	256256	256256	256256	256256	256256	174947	12332	12332	12332	12332	12332	12332	12332	12332	9253	6174	6174	6174	6174
			柴油	478964	478964	430075	332297	332297	315978	283340	283340	283340	284956	286573	286573	286573	286573	251432	216291	216291	186246	176231
			燃气	540852	540852	479721	357458	357458	339601	303886	303886	303886	305514	307142	307142	232755	232755	189311	189311	189311	189311	189311
	重型		汽油	1745085	1745085	1745085	1745085	1745085	1199954	109691	109691	109691	109691	109691	105578	101464	101464	76179	50894	50894	50894	50894
			柴油	987116	987116	953422	886035	886035	853263	787719	787719	787719	756131	724543	724543	724543	724543	641682	558822	558822	380632	321236
			燃气	1837409	1837409	1721390	1489353	1489353	1361813	1106732	1106732	1106732	944466	782201	782201	602064	602064	346812	346812	346812	346812	346812
低速汽车	三轮汽车			65550	65550	65550	65550	65550	65550	65550	65550	65550	53279	53279	53279	53279	53279	53279	53279	53279	53279	53279
	低速货车			88065	88065	88065	88065	88065	88065	88065	88065	88065	71579	71579	71579	71579	71579	71579	71579	71579	71579	71579
摩托车	普通摩托车			1177	1177	1177	1177	1138	1098	1020	1020	1020	1020	1020	906	792	792	792	792	792	792	792
	轻便摩托车			785	785	785	785	785	392	392	392	392	392	392	348	305	305	305	305	305	305	305

厦门市 PM 排放系数

单位：克/（辆・年）

车辆类型		使用性质	燃料种类	1999 年年底前	2000 年	2001 年	2002 年	2003 年	2004 年	2005 年	2006 年	2007 年	2008 年	2009 年	2010 年	2011 年	2012 年	2013 年	2014 年	2015 年	2016 年	2017 年
载客汽车	微型	出租车	汽油	—	—	—	—	—	—	—	—	—	—	—	—	—	—	—	—	—	—	—
			燃气	—	—	—	—	—	—	—	—	—	—	—	—	—	—	—	—	—	—	—
		其他	汽油	—	—	—	—	—	—	—	—	—	—	—	—	—	—	—	—	—	—	—
			燃气	—	—	—	—	—	—	—	—	—	—	—	—	—	—	—	—	—	—	—
	小型	出租车	汽油	—	—	—	—	—	—	—	—	—	—	—	—	—	—	—	—	—	—	—
			柴油	49547	45341	41135	41135	41135	41135	27612	14089	14089	9286	4482	4482	4482	4482	4166	3849	3849	3183	2961
			燃气	—	—	—	—	—	—	—	—	—	—	—	—	—	—	—	—	—	—	—
		其他	汽油	—	—	—	—	—	—	—	—	—	—	—	—	—	—	—	—	—	—	—
			柴油	3731	3528	3326	3326	3326	3326	2374	1423	1423	1050	678	678	678	678	557	436	436	436	436
			燃气	—	—	—	—	—	—	—	—	—	—	—	—	—	—	—	—	—	—	—
	中型	公交车	汽油	—	—	—	—	—	—	—	—	—	—	—	—	—	—	—	—	—	—	—
			柴油	31857	31857	29192	23861	23861	18722	8443	8443	8443	7156	5870	5870	5870	5870	3649	1428	1428	1124	1023
			燃气	—	—	—	—	—	—	—	—	—	—	—	—	—	—	—	—	—	—	—
		其他	汽油	—	—	—	—	—	—	—	—	—	—	—	—	—	—	—	—	—	—	—
			柴油	15274	15274	12888	8116	8116	6262	2553	2553	2553	2434	2316	2316	2316	2316	1366	415	415	399	394
			燃气	—	—	—	—	—	—	—	—	—	—	—	—	—	—	—	—	—	—	—
	大型	公交车	汽油	—	—	—	—	—	—	—	—	—	—	—	—	—	—	—	—	—	—	—
			柴油	98788	98788	97818	95878	95878	74219	30901	30901	30901	20821	10741	10741	10741	10741	6368	1995	1995	1921	1896
			燃气	—	—	—	—	—	—	—	—	—	—	—	—	—	—	—	—	—	—	—
		其他	汽油	—	—	—	—	—	—	—	—	—	—	—	—	—	—	—	—	—	—	—
			柴油	142314	142314	133412	115607	115607	85425	25061	25061	25061	17182	9303	9303	9303	9303	5868	2433	2433	2343	2313
			燃气	—	—	—	—	—	—	—	—	—	—	—	—	—	—	—	—	—	—	—
载货汽车	微型		汽油	—	—	—	—	—	—	—	—	—	—	—	—	—	—	—	—	—	—	—
			柴油	8726	8546	8365	8365	8365	8365	6814	5264	5264	3907	2550	2550	2550	2550	1606	661	661	658	657
			燃气	—	—	—	—	—	—	—	—	—	—	—	—	—	—	—	—	—	—	—
	轻型		汽油	—	—	—	—	—	—	—	—	—	—	—	—	—	—	—	—	—	—	—
			柴油	9075	8720	8365	8365	8365	8365	6814	5264	5264	3907	2550	2550	2550	2550	1923	1296	1296	1070	995
			燃气	—	—	—	—	—	—	—	—	—	—	—	—	—	—	—	—	—	—	—
	中型		汽油	—	—	—	—	—	—	—	—	—	—	—	—	—	—	—	—	—	—	—
			柴油	40622	40622	34185	21311	21311	16446	6716	6716	6716	6362	6009	6009	6009	6009	3853	1697	1697	1554	1506
			燃气	—	—	—	—	—	—	—	—	—	—	—	—	—	—	—	—	—	—	—
	重型		汽油	—	—	—	—	—	—	—	—	—	—	—	—	—	—	—	—	—	—	—
			柴油	137450	137450	112974	64021	64021	50833	24456	24456	24456	16758	9061	9061	9061	9061	6067	3073	3073	2598	2439
			燃气	—	—	—	—	—	—	—	—	—	—	—	—	—	—	—	—	—	—	—
低速汽车	三轮汽车			4092	4092	4092	4092	4092	4092	4092	4092	4092	3220	3220	3220	3220	3220	3220	3220	3220	3220	3220
	低速货车			5581	5581	5581	5581	5581	5581	5581	5581	5581	4392	4392	4392	4392	4392	4392	4392	4392	4392	4392
摩托车	普通摩托车			—	—	—	—	—	—	—	—	—	—	—	—	—	—	—	—	—	—	—
	轻便摩托车			—	—	—	—	—	—	—	—	—	—	—	—	—	—	—	—	—	—	—

厦门市 VOCs 排放系数

单位：克/（辆·年）

车辆类型		使用性质	燃料种类	1999 年年底前	2000 年	2001 年	2002 年	2003 年	2004 年	2005 年	2006 年	2007 年	2008 年	2009 年	2010 年	2011 年	2012 年	2013 年	2014 年	2015 年	2016 年	2017 年
载客汽车	微型	出租车	汽油	733631	430794	127958	127958	127958	127958	97865	67772	67772	55158	42544	42544	35436	28328	28328	28328	28328	21136	18738
			燃气	436301	259102	81902	81902	81902	81902	63128	44354	44354	36159	27964	27964	22502	17041	17041	17041	17041	11300	9386
		其他	汽油	38625	23702	8780	8780	8780	8780	8438	8096	8096	7058	6019	6019	5794	5569	5569	5569	5569	4884	4655
			燃气	18102	10132	2161	2161	2161	2161	2084	2007	2007	1486	965	965	890	816	816	816	816	580	501
	小型	出租车	汽油	733631	424752	115873	115873	115873	115873	108340	100807	100807	71676	42544	42544	35436	28328	28328	28328	28328	19818	16981
			柴油	201087	188902	176718	176718	176718	176718	158432	140146	140146	105149	70152	70152	70152	70152	51901	33650	33650	18182	13026
			燃气	436301	255567	74833	74833	74833	74833	69256	63678	63678	45821	27964	27964	22502	17041	17041	17041	17041	10529	8358
		其他	汽油	39146	23903	8660	8660	8660	8660	8648	8635	8635	7328	6022	6022	5762	5503	5503	5503	5503	4940	4753
			柴油	8820	8067	7314	7314	7314	7314	6196	5078	5078	3516	1955	1955	1955	1955	1632	1309	1309	908	775
			燃气	18407	10992	3577	3577	3577	3577	2950	2322	2322	1712	1102	1102	940	778	778	778	778	613	558
	中型	公交车	汽油	257828	257828	257828	257828	257231	175784	14083	14083	14083	14083	14083	13931	13779	13779	11252	8725	8725	8725	8725
			柴油	91436	91436	89645	86063	86063	67161	29358	29358	29358	21356	13354	13354	13354	13354	9328	5303	5303	4960	4846
			燃气	74539	74539	70398	62116	62116	59916	55516	55516	55516	44452	33387	33387	23138	23138	23070	23070	23070	23070	23070
		其他	汽油	128525	128525	128525	128525	127928	87606	8155	8155	8155	8155	8155	8010	7864	7864	6812	5761	5761	5761	5761
			柴油	30493	30493	28460	24394	24394	18567	6912	6912	6912	6506	6099	6099	6099	6099	3750	1402	1402	1243	1190
			燃气	34560	34560	32640	28800	28800	27780	25740	25740	25740	20623	15506	15506	10732	10732	9642	9642	9642	9642	9642
	大型	公交车	汽油	600753	600753	600753	600753	600156	404853	15441	15441	15441	15441	15441	15301	15161	15161	12281	9401	9401	9401	9401
			柴油	137155	137155	112477	63120	63120	63120	63120	63120	63120	45314	27508	27508	27508	27508	18406	9304	9304	5960	4846
			燃气	175912	175912	166139	146593	146593	141401	131018	131018	131018	104906	78794	78794	54606	54606	49139	49139	49139	49139	49139
		其他	汽油	1278421	1278421	1278421	1278421	1277824	860976	28473	28473	28473	28473	28473	22214	15955	15955	12764	9573	9573	9573	9573
			柴油	272891	272891	207397	76409	76409	76409	76409	76409	76409	55942	35476	35476	35476	35476	20706	5937	5937	5324	5119
			燃气	266186	266186	251398	221822	221822	213966	198253	198253	198253	158842	119430	119430	82662	82662	74261	74261	74261	74261	74261
载货汽车	微型		汽油	192829	105242	17655	17655	17655	17655	16562	15468	15468	14274	13079	13079	11000	8920	8920	8920	8920	7590	7146
			柴油	33653	31422	29191	29191	29191	29191	26555	23919	23919	17874	11829	11829	11829	11829	8214	4600	4600	3005	2473
			燃气	90371	47358	4345	4345	4345	4345	4090	3835	3835	2966	2097	2097	1702	1307	1307	1307	1307	904	769
	轻型		汽油	101884	62122	22360	22360	22360	22360	19464	16569	16569	14924	13278	13278	11756	10235	10235	10235	10235	8807	8331
			柴油	31215	30203	29191	29191	29191	29191	26555	23919	23919	17874	11829	11829	11829	11829	8910	5991	5991	4396	3864
			燃气	47907	28572	9236	9236	9236	9236	6846	4455	4455	3443	2430	2430	1938	1447	1447	1447	1447	1095	978
	中型		汽油	353166	353166	353166	353166	352569	239901	15758	15758	15758	15758	15758	15618	15478	15478	12517	9556	9556	9556	9556
			柴油	82845	82845	77322	66276	66276	50443	18778	18778	18778	17682	16586	16586	16586	16586	12020	7455	7455	4436	3429
			燃气	93894	93894	88679	78247	78247	75474	69928	69928	69928	56048	42168	42168	57066	57066	27784	27784	27784	27784	27784
	重型		汽油	881877	881877	881877	881877	881280	594072	20851	20851	20851	20851	20851	16498	12146	12146	9944	7743	7743	7743	7743
			柴油	231500	231500	175940	64820	64820	64820	64820	64820	64820	47458	30095	30095	30095	30095	18949	7803	7803	5768	5090
			燃气	225812	225812	213267	188178	188178	181513	168184	168184	168184	134749	101315	101315	108643	108643	73840	73840	73840	73840	73840
低速汽车	三轮汽车			25300	25300	25300	25300	25300	25300	25300	25300	25300	16721	16721	16721	16721	16721	16721	16721	16721	16721	16721
	低速货车			33990	33990	33990	33990	33990	33990	33990	33990	33990	22464	22464	22464	22464	22464	22464	22464	22464	22464	22464
摩托车	普通摩托车			15768	15768	15768	15768	11768	7767	4158	4158	4158	4158	4158	3103	2048	2048	2048	2048	2048	2048	2048
	轻便摩托车			50993	50993	50993	50993	50993	10199	10199	5021	5021	5021	5021	3747	2473	2473	2473	2473	2473	2473	2473

莆田市 NO_x 排放系数

单位：克/（辆·年）

车辆类型		使用性质	燃料种类	1999 年年底前	2000 年	2001 年	2002 年	2003 年	2004 年	2005 年	2006 年	2007 年	2008 年	2009 年	2010 年	2011 年	2012 年	2013 年	2014 年	2015 年	2016 年	2017 年
载客汽车	微型	出租车	汽油	254730	176880	99029	99029	99029	99029	73980	48932	48932	36676	24420	24420	19812	15204	15204	15204	15204	8803	6669
			燃气	165661	116214	66767	66767	66767	66767	50364	33961	33961	25822	17684	17684	14212	10740	10740	10740	10740	6042	4476
		其他	汽油	26712	16895	7078	7078	7078	7078	4486	1895	1895	1540	1184	1184	984	783	783	783	783	526	441
			燃气	16475	9896	3318	3318	3318	3318	2184	1049	1049	851	653	653	518	383	383	383	383	292	261
	小型	出租车	汽油	287004	195079	103154	103154	103154	103154	76360	49566	49566	36993	24420	24420	19235	14050	14050	14050	14050	7779	5689
			柴油	327659	277491	227323	227323	227323	227323	201492	175660	175660	140890	106120	106120	106120	106120	85446	64772	64772	46336	40190
			燃气	186079	127728	69377	69377	69377	69377	51870	34362	34362	26023	17684	17684	13847	10010	10010	10010	10010	5394	3855
		其他	汽油	24934	16056	7179	7179	7179	7179	4778	2378	2378	1663	948	948	848	747	747	747	747	497	414
			柴油	21631	17762	13894	13894	13894	13894	12750	11606	11606	9127	6648	6648	6648	6648	5710	4772	4772	4037	3792
			燃气	15350	9880	4409	4409	4409	4409	2882	1355	1355	930	504	504	432	360	360	360	360	273	244
	中型	公交车	汽油	324682	324682	324682	324682	324682	221812	16072	16072	16072	16072	16072	14414	12755	12755	9630	6504	6504	6504	6504
			柴油	363401	363401	362548	360841	360841	346501	317820	317820	317820	264728	211637	211637	211637	211637	172711	133785	133785	112008	104749
			燃气	385849	385849	381256	372069	372069	360528	337446	337446	337446	280846	224247	224247	141811	141811	111065	111065	111065	111065	111065
		其他	汽油	199060	199060	199060	199060	199060	135029	6967	6967	6967	6967	6967	6967	6967	6967	5226	3484	3484	3484	3484
			柴油	170418	170418	163304	149077	149077	147816	145295	145295	145295	123744	102192	102192	102192	102192	90737	79282	79282	67668	63797
			燃气	192438	192438	181747	160365	160365	158854	155831	155831	155831	132679	109527	109527	85317	85317	68532	68532	68532	68532	68532
	大型	公交车	汽油	1156680	1156680	1156680	1156680	1156680	795355	72706	72706	72706	72706	72706	72642	72578	72578	54434	36290	36290	36290	36290
			柴油	515410	515410	498755	465446	465446	452221	425771	425771	425771	418098	410425	410425	410425	410425	395626	380826	380826	343296	330786
			燃气	1036280	1036280	978709	863567	863567	799485	671321	671321	671321	575198	479074	479074	446018	446018	386581	386581	386581	386581	386581
		其他	汽油	2760785	2760785	2760785	2760785	2760785	1898368	173535	173535	173535	173535	173535	167028	160520	160520	120518	80517	80517	80517	80517
			柴油	1234248	1234248	1202488	1138969	1138969	1112415	1059306	1059306	1059306	1022010	984715	984715	984715	984715	937454	890192	890192	787811	753684
			燃气	2297418	2297418	2169784	1914515	1914515	1772446	1488307	1488307	1488307	1275692	1063077	1063077	959076	959076	813691	813691	813691	813691	813691
载货汽车	微型		汽油	98250	58828	19407	19407	19407	19407	13530	7652	7652	6274	4896	4896	4226	3556	3556	3556	3556	2504	2153
			柴油	70245	58542	46838	46838	46838	46838	41962	37087	37087	31319	25551	25551	25551	25551	18694	11837	11837	9711	9002
			燃气	60597	34847	9098	9098	9098	9098	6667	4236	4236	3468	2700	2700	2220	1739	1739	1739	1739	1391	1274
	轻型		汽油	72761	47185	21609	21609	21609	21609	14931	8253	8253	6958	5663	5663	4651	3639	3639	3639	3639	2608	2264
			柴油	70472	58655	46838	46838	46838	46838	41962	37087	37087	31319	25551	25551	25551	25551	20220	14889	14889	13299	12769
			燃气	44794	29032	13271	13271	13271	13271	8987	4703	4703	3857	3011	3011	2382	1754	1754	1754	1754	1439	1334
	中型		汽油	256256	256256	256256	256256	256256	174947	12332	12332	12332	12332	12332	12332	12332	12332	9253	6174	6174	6174	6174
			柴油	478964	478964	430075	332297	332297	315978	283340	283340	283340	284956	286573	286573	286573	286573	251432	216291	216291	186246	176231
			燃气	540852	540852	479721	357458	357458	339601	303886	303886	303886	305514	307142	307142	232755	232755	189311	189311	189311	189311	189311
	重型		汽油	1856401	1856401	1856401	1856401	1856401	1276497	116688	116688	116688	116688	116688	112312	107936	107936	81038	54141	54141	54141	54141
			柴油	1078469	1078469	1041657	968034	968034	932229	860618	860618	860618	826107	791596	791596	791596	791596	696852	602107	602107	419443	358555
			燃气	2007452	2007452	1880697	1627187	1627187	1487843	1209154	1209154	1209154	1031872	854590	854590	648699	648699	387103	387103	387103	387103	387103
低速汽车	三轮汽车			65550	65550	65550	65550	65550	65550	65550	65550	65550	53279	53279	53279	53279	53279	53279	53279	53279	53279	53279
	低速货车			88065	88065	88065	88065	88065	88065	88065	88065	88065	71579	71579	71579	71579	71579	71579	71579	71579	71579	71579
摩托车	普通摩托车			1177	1177	1177	1177	1138	1098	1020	1020	1020	1020	1020	906	792	792	792	792	792	792	792
	轻便摩托车			785	785	785	785	785	392	392	392	392	392	392	348	305	305	305	305	305	305	305

莆田市 PM 排放系数

单位：克/（辆·年）

车辆类型		使用性质	燃料种类	1999 年年底前	2000 年	2001 年	2002 年	2003 年	2004 年	2005 年	2006 年	2007 年	2008 年	2009 年	2010 年	2011 年	2012 年	2013 年	2014 年	2015 年	2016 年	2017 年
载客汽车	微型	出租车	汽油	—	—	—	—	—	—	—	—	—	—	—	—	—	—	—	—	—	—	—
			燃气	—	—	—	—	—	—	—	—	—	—	—	—	—	—	—	—	—	—	—
		其他	汽油	—	—	—	—	—	—	—	—	—	—	—	—	—	—	—	—	—	—	—
			燃气	—	—	—	—	—	—	—	—	—	—	—	—	—	—	—	—	—	—	—
	小型	出租车	汽油	—	—	—	—	—	—	—	—	—	—	—	—	—	—	—	—	—	—	—
			柴油	38118	34886	31654	31654	31654	31654	21322	10989	10989	7216	3444	3444	3444	3444	3201	2958	2958	2446	2275
			燃气	—	—	—	—	—	—	—	—	—	—	—	—	—	—	—	—	—	—	—
		其他	汽油	—	—	—	—	—	—	—	—	—	—	—	—	—	—	—	—	—	—	—
			柴油	2925	2768	2610	2610	2610	2610	1869	1128	1128	829	530	530	530	530	440	351	351	351	351
			燃气	—	—	—	—	—	—	—	—	—	—	—	—	—	—	—	—	—	—	—
	中型	公交车	汽油	—	—	—	—	—	—	—	—	—	—	—	—	—	—	—	—	—	—	—
			柴油	30592	30592	28032	22913	22913	17978	8108	8108	8108	6872	5637	5637	5637	5637	3504	1372	1372	1080	983
			燃气	—	—	—	—	—	—	—	—	—	—	—	—	—	—	—	—	—	—	—
		其他	汽油	—	—	—	—	—	—	—	—	—	—	—	—	—	—	—	—	—	—	—
			柴油	15274	15274	12888	8116	8116	6262	2553	2553	2553	2434	2316	2316	2316	2316	1366	415	415	399	394
			燃气	—	—	—	—	—	—	—	—	—	—	—	—	—	—	—	—	—	—	—
	大型	公交车	汽油	—	—	—	—	—	—	—	—	—	—	—	—	—	—	—	—	—	—	—
			柴油	94865	94865	93934	92071	92071	71272	29674	29674	29674	19994	10315	10315	10315	10315	6116	1916	1916	1845	1821
			燃气	—	—	—	—	—	—	—	—	—	—	—	—	—	—	—	—	—	—	—
		其他	汽油	—	—	—	—	—	—	—	—	—	—	—	—	—	—	—	—	—	—	—
			柴油	142314	142314	133412	115607	115607	85425	25061	25061	25061	17182	9303	9303	9303	9303	5868	2433	2433	2343	2313
			燃气	—	—	—	—	—	—	—	—	—	—	—	—	—	—	—	—	—	—	—
载货汽车	微型		汽油	—	—	—	—	—	—	—	—	—	—	—	—	—	—	—	—	—	—	—
			柴油	7510	7354	7199	7199	7199	7199	5852	4504	4504	3342	2181	2181	2181	2181	1373	565	565	563	562
			燃气	—	—	—	—	—	—	—	—	—	—	—	—	—	—	—	—	—	—	—
	轻型		汽油	—	—	—	—	—	—	—	—	—	—	—	—	—	—	—	—	—	—	—
			柴油	7810	7504	7199	7199	7199	7199	5852	4504	4504	3342	2181	2181	2181	2181	1644	1108	1108	915	851
			燃气	—	—	—	—	—	—	—	—	—	—	—	—	—	—	—	—	—	—	—
	中型		汽油	—	—	—	—	—	—	—	—	—	—	—	—	—	—	—	—	—	—	—
			柴油	40622	40622	34185	21311	21311	16446	6716	6716	6716	6362	6009	6009	6009	6009	3853	1697	1697	1554	1506
			燃气	—	—	—	—	—	—	—	—	—	—	—	—	—	—	—	—	—	—	—
	重型		汽油	—	—	—	—	—	—	—	—	—	—	—	—	—	—	—	—	—	—	—
			柴油	146771	146771	120635	68363	68363	54280	26114	26114	26114	17894	9675	9675	9675	9675	6507	3339	3339	2822	2650
			燃气	—	—	—	—	—	—	—	—	—	—	—	—	—	—	—	—	—	—	—
低速汽车	三轮汽车			4092	4092	4092	4092	4092	4092	4092	4092	4092	3220	3220	3220	3220	3220	3220	3220	3220	3220	3220
	低速货车			5581	5581	5581	5581	5581	5581	5581	5581	5581	4392	4392	4392	4392	4392	4392	4392	4392	4392	4392
摩托车	普通摩托车			—	—	—	—	—	—	—	—	—	—	—	—	—	—	—	—	—	—	—
	轻便摩托车			—	—	—	—	—	—	—	—	—	—	—	—	—	—	—	—	—	—	—

莆田市 VOCs 排放系数

单位：克/（辆·年）

车辆类型		使用性质	燃料种类	1999 年年底前	2000 年	2001 年	2002 年	2003 年	2004 年	2005 年	2006 年	2007 年	2008 年	2009 年	2010 年	2011 年	2012 年	2013 年	2014 年	2015 年	2016 年	2017 年
载客汽车	微型	出租车	汽油	573958	341462	108967	108967	108967	108967	84460	59952	59952	49308	38663	38663	31872	25081	25081	25081	25081	17802	15376
			燃气	342542	206514	70487	70487	70487	70487	55020	39552	39552	32539	25526	25526	20289	15052	15052	15052	15052	9312	7399
		其他	汽油	32019	20102	8186	8186	8186	8186	7840	7493	7493	6604	5714	5714	5498	5281	5281	5281	5281	4646	4435
			燃气	14238	8026	1814	1814	1814	1814	1734	1654	1654	1236	817	817	732	648	648	648	648	441	372
	小型	出租车	汽油	573958	336782	99606	99606	99606	99606	92544	85482	85482	62072	38663	38663	31872	25081	25081	25081	25081	16842	14096
			柴油	183959	172564	161168	161168	161168	161168	143600	126032	126032	96019	66006	66006	66006	66006	48763	31520	31520	16622	11656
			燃气	342542	203776	65011	65011	65011	65011	59748	54486	54486	40006	25526	25526	20289	15052	15052	15052	15052	8750	6650
		其他	汽油	32425	20258	8092	8092	8092	8092	8002	7913	7913	6814	5716	5716	5474	5232	5232	5232	5232	4689	4508
			柴油	7452	6828	6205	6205	6205	6205	5256	4307	4307	3030	1752	1752	1752	1752	1450	1147	1147	775	651
			燃气	14475	8702	2929	2929	2929	2929	2414	1900	1900	1412	924	924	772	620	620	620	620	466	415
	中型	公交车	汽油	247815	247815	247815	247815	247218	168975	13682	13682	13682	13682	13682	13530	13379	13379	10952	8525	8525	8525	8525
			柴油	87806	87806	86086	82645	82645	64494	28192	28192	28192	20508	12823	12823	12823	12823	8958	5093	5093	4763	4653
			燃气	71579	71579	67602	59649	59649	57536	53311	53311	53311	42686	32061	32061	22219	22219	22154	22154	22154	22154	22154
		其他	汽油	128525	128525	128525	128525	127928	87606	8155	8155	8155	8155	8155	8010	7864	7864	6812	5761	5761	5761	5761
			柴油	30493	30493	28460	24394	24394	18567	6912	6912	6912	6506	6099	6099	6099	6099	3750	1402	1402	1243	1190
			燃气	34560	34560	32640	28800	28800	27780	25740	25740	25740	20623	15506	15506	10732	10732	9642	9642	9642	9642	9642
	大型	公交车	汽油	577123	577123	577123	577123	576526	388948	14986	14986	14986	14986	14986	14846	14706	14706	11940	9174	9174	9174	9174
			柴油	131708	131708	108010	60614	60614	60614	60614	60614	60614	43515	26416	26416	26416	26416	17675	8934	8934	5723	4653
			燃气	168926	168926	159541	140772	140772	135786	125815	125815	125815	100740	75665	75665	52438	52438	47188	47188	47188	47188	47188
		其他	汽油	1278421	1278421	1278421	1278421	1277824	860976	28473	28473	28473	28473	28473	22214	15955	15955	12764	9573	9573	9573	9573
			柴油	272891	272891	207397	76409	76409	76409	76409	76409	76409	55942	35476	35476	35476	35476	20706	5937	5937	5324	5119
			燃气	266186	266186	251398	221822	221822	213966	198253	198253	198253	158842	119430	119430	82662	82662	74261	74261	74261	74261	74261
载货汽车	微型		汽油	170586	93986	17386	17386	17386	17386	16232	15079	15079	13874	12668	12668	10684	8700	8700	8700	8700	7277	6803
			柴油	33398	31173	28948	28948	28948	28948	26214	23480	23480	17772	12065	12065	12065	12065	8459	4853	4853	3005	2389
			燃气	75855	39854	3853	3853	3853	3853	3591	3329	3329	2570	1811	1811	1439	1068	1068	1068	1068	695	571
	轻型		汽油	91335	56411	21487	21487	21487	21487	18762	16038	16038	14440	12841	12841	11344	9847	9847	9847	9847	8338	7835
			柴油	31308	30128	28948	28948	28948	28948	26214	23480	23480	17772	12065	12065	12065	12065	9058	6050	6050	4203	3587
			燃气	40773	24275	7777	7777	7777	7777	5814	3851	3851	2963	2076	2076	1621	1167	1167	1167	1167	833	721
	中型		汽油	353166	353166	353166	353166	352569	239901	15758	15758	15758	15758	15758	15618	15478	15478	12517	9556	9556	9556	9556
			柴油	82845	82845	77322	66276	66276	50443	18778	18778	18778	17682	16586	16586	16586	16586	12020	7455	7455	4436	3429
			燃气	93894	93894	88679	78247	78247	75474	69928	69928	69928	56048	42168	42168	57066	57066	27784	27784	27784	27784	27784
	重型		汽油	935790	935790	935790	935790	935192	630358	21887	21887	21887	21887	21887	17276	12664	12664	10328	7992	7992	7992	7992
			柴油	250884	250884	190672	70248	70248	70248	70248	70248	70248	51432	32615	32615	32615	32615	20778	8941	8941	6342	5475
			燃气	244720	244720	231125	203936	203936	196713	182267	182267	182267	146033	109798	109798	124487	124487	79425	79425	79425	79425	79425
低速汽车	三轮汽车			25300	25300	25300	25300	25300	25300	25300	25300	25300	16721	16721	16721	16721	16721	16721	16721	16721	16721	16721
	低速货车			33990	33990	33990	33990	33990	33990	33990	33990	33990	22464	22464	22464	22464	22464	22464	22464	22464	22464	22464
摩托车	普通摩托车			15768	15768	15768	15768	11768	7767	4158	4158	4158	4158	4158	3103	2048	2048	2048	2048	2048	2048	2048
	轻便摩托车			50993	50993	50993	50993	50993	10199	10199	5021	5021	5021	5021	3747	2473	2473	2473	2473	2473	2473	2473

三明市 NO_x 排放系数

单位：克/（辆·年）

车辆类型		使用性质	燃料种类	1999年年底前	2000年	2001年	2002年	2003年	2004年	2005年	2006年	2007年	2008年	2009年	2010年	2011年	2012年	2013年	2014年	2015年	2016年	2017年
载客汽车	微型	出租车	汽油	263725	183414	103103	103103	103103	103103	77152	51201	51201	38470	25739	25739	20854	15968	15968	15968	15968	9197	6940
			燃气	171663	120638	69613	69613	69613	69613	52604	35596	35596	27131	18666	18666	14984	11301	11301	11301	11301	6323	4664
		其他	汽油	26712	16895	7078	7078	7078	7078	4486	1895	1895	1540	1184	1184	984	783	783	783	783	526	441
			燃气	16475	9896	3318	3318	3318	3318	2184	1049	1049	851	653	653	518	383	383	383	383	292	261
	小型	出租车	汽油	296987	202171	107355	107355	107355	107355	79605	51855	51855	38797	25739	25739	20259	14779	14779	14779	14779	8142	5930
			柴油	341467	289501	237535	237535	237535	237535	210492	183449	183449	147195	110941	110941	110941	110941	89214	67486	67486	48094	41630
			燃气	192706	132504	72303	72303	72303	72303	54156	36009	36009	27338	18666	18666	14608	10549	10549	10549	10549	5656	4025
		其他	汽油	24934	16056	7179	7179	7179	7179	4778	2378	2378	1663	948	948	848	747	747	747	747	497	414
			柴油	21631	17762	13894	13894	13894	13894	12750	11606	11606	9127	6648	6648	6648	6648	5710	4772	4772	4037	3792
			燃气	15350	9880	4409	4409	4409	4409	2882	1355	1355	930	504	504	432	360	360	360	360	273	244
	中型	公交车	汽油	324682	324682	324682	324682	324682	221812	16072	16072	16072	16072	16072	14414	12755	12755	9630	6504	6504	6504	6504
			柴油	363401	363401	362548	360841	360841	346501	317820	317820	317820	264728	211637	211637	211637	211637	172711	133785	133785	112008	104749
			燃气	385849	385849	381256	372069	372069	360528	337446	337446	337446	280846	224247	224247	141811	141811	111065	111065	111065	111065	111065
		其他	汽油	199060	199060	199060	199060	199060	135029	6967	6967	6967	6967	6967	6967	6967	6967	5226	3484	3484	3484	3484
			柴油	170418	170418	163304	149077	149077	147816	145295	145295	145295	123744	102192	102192	102192	102192	90737	79282	79282	67668	63797
			燃气	192438	192438	181747	160365	160365	158854	155831	155831	155831	132679	109527	109527	85317	85317	68532	68532	68532	68532	68532
	大型	公交车	汽油	1156680	1156680	1156680	1156680	1156680	795355	72706	72706	72706	72706	72706	72642	72578	72578	54434	36290	36290	36290	36290
			柴油	515410	515410	498755	465446	465446	452221	425771	425771	425771	418098	410425	410425	410425	410425	395626	380826	380826	343296	330786
			燃气	1036280	1036280	978709	863567	863567	799485	671321	671321	671321	575198	479074	479074	446018	446018	386581	386581	386581	386581	386581
		其他	汽油	2760785	2760785	2760785	2760785	2760785	1898368	173535	173535	173535	173535	173535	167028	160520	160520	120518	80517	80517	80517	80517
			柴油	1234248	1234248	1202488	1138969	1138969	1112415	1059306	1059306	1059306	1022010	984715	984715	984715	984715	937454	890192	890192	787811	753684
			燃气	2297418	2297418	2169784	1914515	1914515	1772446	1488307	1488307	1488307	1275692	1063077	1063077	959076	959076	813691	813691	813691	813691	813691
载货汽车	微型		汽油	91828	54896	17964	17964	17964	17964	12488	7012	7012	5740	4469	4469	3872	3276	3276	3276	3276	2322	2004
			柴油	64970	54064	43158	43158	43158	43158	38686	34213	34213	28902	23591	23591	23591	23591	17262	10933	10933	9024	8388
			燃气	56636	32529	8421	8421	8421	8421	6151	3882	3882	3173	2465	2465	2034	1602	1602	1602	1602	1290	1186
	轻型		汽油	67946	43987	20028	20028	20028	20028	13802	7575	7575	6382	5188	5188	4270	3353	3353	3353	3353	2419	2108
			柴油	65183	54170	43158	43158	43158	43158	38686	34213	34213	28902	23591	23591	23591	23591	18692	13792	13792	12386	11918
			燃气	41829	27065	12300	12300	12300	12300	8308	4316	4316	3537	2758	2758	2187	1616	1616	1616	1616	1336	1242
	中型		汽油	256256	256256	256256	256256	256256	174947	12332	12332	12332	12332	12332	12332	12332	12332	9253	6174	6174	6174	6174
			柴油	478964	478964	430075	332297	332297	315978	283340	283340	283340	284956	286573	286573	286573	286573	251432	216291	216291	186246	176231
			燃气	540852	540852	479721	357458	357458	339601	303886	303886	303886	305514	307142	307142	232755	232755	189311	189311	189311	189311	189311
	重型		汽油	1878831	1878831	1878831	1878831	1878831	1291920	118098	118098	118098	118098	118098	113670	109241	109241	82018	54795	54795	54795	54795
			柴油	1016553	1016553	981855	912458	912458	878709	811210	811210	811210	778680	746150	746150	746150	746150	672380	598611	598611	433589	378582
			燃气	1892203	1892203	1772724	1533768	1533768	1402424	1139736	1139736	1139736	972632	805527	805527	644932	644932	408724	408724	408724	408724	408724
低速汽车	三轮汽车			65550	65550	65550	65550	65550	65550	65550	65550	65550	53279	53279	53279	53279	53279	53279	53279	53279	53279	53279
	低速货车			88065	88065	88065	88065	88065	88065	88065	88065	88065	71579	71579	71579	71579	71579	71579	71579	71579	71579	71579
摩托车	普通摩托车			1177	1177	1177	1177	1138	1098	1020	1020	1020	1020	1020	906	792	792	792	792	792	792	792
	轻便摩托车			785	785	785	785	785	392	392	392	392	392	392	348	305	305	305	305	305	305	305

三明市 PM 排放系数

单位：克/（辆 • 年）

车辆类型		使用性质	燃料种类	1999 年年底前	2000 年	2001 年	2002 年	2003 年	2004 年	2005 年	2006 年	2007 年	2008 年	2009 年	2010 年	2011 年	2012 年	2013 年	2014 年	2015 年	2016 年	2017 年
载客汽车	微型	出租车	汽油	—	—	—	—	—	—	—	—	—	—	—	—	—	—	—	—	—	—	—
			燃气	—	—	—	—	—	—	—	—	—	—	—	—	—	—	—	—	—	—	—
		其他	汽油	—	—	—	—	—	—	—	—	—	—	—	—	—	—	—	—	—	—	—
			燃气	—	—	—	—	—	—	—	—	—	—	—	—	—	—	—	—	—	—	—
	小型	出租车	汽油	—	—	—	—	—	—	—	—	—	—	—	—	—	—	—	—	—	—	—
			柴油	39284	35953	32622	32622	32622	32622	21974	11326	11326	7438	3550	3550	3550	3550	3300	3049	3049	2521	2345
			燃气	—	—	—	—	—	—	—	—	—	—	—	—	—	—	—	—	—	—	—
		其他	汽油	—	—	—	—	—	—	—	—	—	—	—	—	—	—	—	—	—	—	—
			柴油	2925	2768	2610	2610	2610	2610	1869	1128	1128	829	530	530	530	530	440	351	351	351	351
			燃气	—	—	—	—	—	—	—	—	—	—	—	—	—	—	—	—	—	—	—
	中型	公交车	汽油	—	—	—	—	—	—	—	—	—	—	—	—	—	—	—	—	—	—	—
			柴油	30592	30592	28032	22913	22913	17978	8108	8108	8108	6872	5637	5637	5637	5637	3504	1372	1372	1080	983
			燃气	—	—	—	—	—	—	—	—	—	—	—	—	—	—	—	—	—	—	—
		其他	汽油	—	—	—	—	—	—	—	—	—	—	—	—	—	—	—	—	—	—	—
			柴油	15274	15274	12888	8116	8116	6262	2553	2553	2553	2434	2316	2316	2316	2316	1366	415	415	399	394
			燃气	—	—	—	—	—	—	—	—	—	—	—	—	—	—	—	—	—	—	—
	大型	公交车	汽油	—	—	—	—	—	—	—	—	—	—	—	—	—	—	—	—	—	—	—
			柴油	94865	94865	93934	92071	92071	71272	29674	29674	29674	19994	10315	10315	10315	10315	6116	1916	1916	1845	1821
			燃气	—	—	—	—	—	—	—	—	—	—	—	—	—	—	—	—	—	—	—
		其他	汽油	—	—	—	—	—	—	—	—	—	—	—	—	—	—	—	—	—	—	—
			柴油	142314	142314	133412	115607	115607	85425	25061	25061	25061	17182	9303	9303	9303	9303	5868	2433	2433	2343	2313
			燃气	—	—	—	—	—	—	—	—	—	—	—	—	—	—	—	—	—	—	—
载货汽车	微型		汽油	—	—	—	—	—	—	—	—	—	—	—	—	—	—	—	—	—	—	—
			柴油	7036	6890	6745	6745	6745	6745	5482	4220	4220	3132	2044	2044	2044	2044	1287	530	530	527	526
			燃气	—	—	—	—	—	—	—	—	—	—	—	—	—	—	—	—	—	—	—
	轻型		汽油	—	—	—	—	—	—	—	—	—	—	—	—	—	—	—	—	—	—	—
			柴油	7318	7032	6745	6745	6745	6745	5482	4220	4220	3132	2044	2044	2044	2044	1542	1039	1039	858	797
			燃气	—	—	—	—	—	—	—	—	—	—	—	—	—	—	—	—	—	—	—
	中型		汽油	—	—	—	—	—	—	—	—	—	—	—	—	—	—	—	—	—	—	—
			柴油	40622	40622	34185	21311	21311	16446	6716	6716	6716	6362	6009	6009	6009	6009	3853	1697	1697	1554	1506
			燃气	—	—	—	—	—	—	—	—	—	—	—	—	—	—	—	—	—	—	—
	重型		汽油	—	—	—	—	—	—	—	—	—	—	—	—	—	—	—	—	—	—	—
			柴油	151822	151822	124786	70715	70715	56148	27013	27013	27013	18510	10008	10008	10008	10008	6632	3255	3255	2751	2583
			燃气	—	—	—	—	—	—	—	—	—	—	—	—	—	—	—	—	—	—	—
低速汽车	三轮汽车			4092	4092	4092	4092	4092	4092	4092	4092	4092	3220	3220	3220	3220	3220	3220	3220	3220	3220	3220
	低速货车			5581	5581	5581	5581	5581	5581	5581	5581	5581	4392	4392	4392	4392	4392	4392	4392	4392	4392	4392
摩托车	普通摩托车			—	—	—	—	—	—	—	—	—	—	—	—	—	—	—	—	—	—	—
	轻便摩托车			—	—	—	—	—	—	—	—	—	—	—	—	—	—	—	—	—	—	—

三明市 VOCs 排放系数

单位：克/（辆·年）

车辆类型		使用性质	燃料种类	1999 年年底前	2000 年	2001 年	2002 年	2003 年	2004 年	2005 年	2006 年	2007 年	2008 年	2009 年	2010 年	2011 年	2012 年	2013 年	2014 年	2015 年	2016 年	2017 年
载客汽车	微型	出租车	汽油	592853	353173	113493	113493	113493	113493	88068	62643	62643	51550	40458	40458	33285	26112	26112	26112	26112	18391	15817
			燃气	354307	214028	73748	73748	73748	73748	57664	41581	41581	34246	26912	26912	21372	15833	15833	15833	15833	9731	7697
		其他	汽油	32019	20102	8186	8186	8186	8186	7840	7493	7493	6604	5714	5714	5498	5281	5281	5281	5281	4646	4435
			燃气	14238	8026	1814	1814	1814	1814	1734	1654	1654	1236	817	817	732	648	648	648	648	441	372
	小型	出租车	汽油	592853	348350	103846	103846	103846	103846	96400	88954	88954	64706	40458	40458	33285	26112	26112	26112	26112	17402	14498
			柴油	194006	181954	169902	169902	169902	169902	151305	132708	132708	101286	69864	69864	69864	69864	51602	33340	33340	17527	12256
			燃气	354307	211206	68104	68104	68104	68104	62538	56973	56973	41942	26912	26912	21372	15833	15833	15833	15833	9152	6925
		其他	汽油	32425	20258	8092	8092	8092	8092	8002	7913	7913	6814	5716	5716	5474	5232	5232	5232	5232	4689	4508
			柴油	7452	6828	6205	6205	6205	6205	5256	4307	4307	3030	1752	1752	1752	1752	1450	1147	1147	775	651
			燃气	14475	8702	2929	2929	2929	2929	2414	1900	1900	1412	924	924	772	620	620	620	620	466	415
	中型	公交车	汽油	247815	247815	247815	247815	247218	168975	13682	13682	13682	13682	13682	13530	13379	13379	10952	8525	8525	8525	8525
			柴油	87806	87806	86086	82645	82645	64494	28192	28192	28192	20508	12823	12823	12823	12823	8958	5093	5093	4763	4653
			燃气	71579	71579	67602	59649	59649	57536	53311	53311	53311	42686	32061	32061	22219	22219	22154	22154	22154	22154	22154
		其他	汽油	128525	128525	128525	128525	127928	87606	8155	8155	8155	8155	8155	8010	7864	7864	6812	5761	5761	5761	5761
			柴油	30493	30493	28460	24394	24394	18567	6912	6912	6912	6506	6099	6099	6099	6099	3750	1402	1402	1243	1190
			燃气	34560	34560	32640	28800	28800	27780	25740	25740	25740	20623	15506	15506	10732	10732	9642	9642	9642	9642	9642
	大型	公交车	汽油	577123	577123	577123	577123	576526	388948	14986	14986	14986	14986	14986	14846	14706	14706	11940	9174	9174	9174	9174
			柴油	131708	131708	108010	60614	60614	60614	60614	60614	60614	43515	26416	26416	26416	26416	17675	8934	8934	5723	4653
			燃气	168926	168926	159541	140772	140772	135786	125815	125815	125815	100740	75665	75665	52438	52438	47188	47188	47188	47188	47188
		其他	汽油	1278421	1278421	1278421	1278421	1277824	860976	28473	28473	28473	28473	28473	22214	15955	15955	12764	9573	9573	9573	9573
			柴油	272891	272891	207397	76409	76409	76409	76409	76409	76409	55942	35476	35476	35476	35476	20706	5937	5937	5324	5119
			燃气	266186	266186	251398	221822	221822	213966	198253	198253	198253	158842	119430	119430	82662	82662	74261	74261	74261	74261	74261
载货汽车	微型		汽油	159978	88149	16320	16320	16320	16320	15263	14206	14206	13088	11971	11971	10150	8330	8330	8330	8330	7028	6594
			柴油	30309	28294	26278	26278	26278	26278	23828	21378	21378	16138	10898	10898	10898	10898	7631	4364	4364	2732	2188
			燃气	71138	37377	3616	3616	3616	3616	3376	3136	3136	2424	1712	1712	1367	1022	1022	1022	1022	670	553
	轻型		汽油	85723	52942	20161	20161	20161	20161	17633	15105	15105	13619	12133	12133	10768	9404	9404	9404	9404	8022	7562
			柴油	28351	27314	26278	26278	26278	26278	23828	21378	21378	16138	10898	10898	10898	10898	8192	5486	5486	3855	3311
			燃气	38268	22783	7298	7298	7298	7298	5462	3627	3627	2794	1961	1961	1538	1114	1114	1114	1114	801	696
	中型		汽油	353166	353166	353166	353166	352569	239901	15758	15758	15758	15758	15758	15618	15478	15478	12517	9556	9556	9556	9556
			柴油	82845	82845	77322	66276	66276	50443	18778	18778	18778	17682	16586	16586	16586	16586	12020	7455	7455	4436	3429
			燃气	93894	93894	88679	78247	78247	75474	69928	69928	69928	56048	42168	42168	57066	57066	27784	27784	27784	27784	27784
	重型		汽油	955154	955154	955154	955154	954556	643392	22260	22260	22260	22260	22260	17555	12850	12850	10466	8082	8082	8082	8082
			柴油	233453	233453	177424	65367	65367	65367	65367	65367	65367	47858	30349	30349	30349	30349	19462	8574	8574	6641	5997
			燃气	227717	227717	215067	189766	189766	183045	169603	169603	169603	135887	102170	102170	119377	119377	86998	86998	86998	86998	86998
低速汽车	三轮汽车			25300	25300	25300	25300	25300	25300	25300	25300	25300	16721	16721	16721	16721	16721	16721	16721	16721	16721	16721
	低速货车			33990	33990	33990	33990	33990	33990	33990	33990	33990	22464	22464	22464	22464	22464	22464	22464	22464	22464	22464
摩托车	普通摩托车			15768	15768	15768	15768	11768	7767	4158	4158	4158	4158	4158	3103	2048	2048	2048	2048	2048	2048	2048
	轻便摩托车			50993	50993	50993	50993	50993	10199	10199	5021	5021	5021	5021	3747	2473	2473	2473	2473	2473	2473	2473

泉州市 NO_x 排放系数

单位：克/（辆·年）

车辆类型		使用性质	燃料种类	1999 年年底前	2000 年	2001 年	2002 年	2003 年	2004 年	2005 年	2006 年	2007 年	2008 年	2009 年	2010 年	2011 年	2012 年	2013 年	2014 年	2015 年	2016 年	2017 年
载客汽车	微型	出租车	汽油	285306	197228	109151	109151	109151	109151	81084	53017	53017	39392	25766	25766	20969	16172	16172	16172	16172	9498	7274
			燃气	185325	129340	73355	73355	73355	73355	55008	36662	36662	27638	18613	18613	15004	11395	11395	11395	11395	6501	4870
		其他	汽油	29914	18928	7942	7942	7942	7942	5002	2062	2062	1667	1272	1272	1052	831	831	831	831	568	480
			燃气	18520	11123	3726	3726	3726	3726	2441	1156	1156	932	709	709	561	413	413	413	413	318	286
	小型	出租车	汽油	321987	217919	113851	113851	113851	113851	83795	53739	53739	39752	25766	25766	20320	14873	14873	14873	14873	8350	6176
			柴油	357296	301644	245991	245991	245991	245991	218048	190105	190105	152360	114614	114614	114614	114614	92616	70619	70619	50881	44302
			燃气	208554	142442	76331	76331	76331	76331	56726	37120	37120	27866	18613	18613	14593	10573	10573	10573	10573	5774	4175
		其他	汽油	27912	17984	8057	8057	8057	8057	5334	2611	2611	1809	1007	1007	899	791	791	791	791	536	451
			柴油	23804	19521	15238	15238	15238	15238	13978	12719	12719	10006	7293	7293	7293	7293	6272	5252	5252	4434	4161
			燃气	17252	11110	4969	4969	4969	4969	3236	1504	1504	1022	541	541	464	388	388	388	388	297	267
	中型	公交车	汽油	324337	324337	324337	324337	324337	221576	16055	16055	16055	16055	16055	14398	12742	12742	9620	6497	6497	6497	6497
			柴油	363118	363118	362265	360560	360560	346231	317573	317573	317573	264523	211473	211473	211473	211473	172577	133681	133681	111921	104668
			燃气	385549	385549	380959	371779	371779	360247	337183	337183	337183	280628	224073	224073	141701	141701	110979	110979	110979	110979	110979
		其他	汽油	198848	198848	198848	198848	198848	134885	6960	6960	6960	6960	6960	6960	6960	6960	5220	3481	3481	3481	3481
			柴油	170286	170286	163178	148961	148961	147701	145182	145182	145182	123647	102112	102112	102112	102112	90666	79220	79220	67615	63747
			燃气	192289	192289	181606	160241	160241	158731	155710	155710	155710	132576	109442	109442	85251	85251	68478	68478	68478	68478	68478
	大型	公交车	汽油	1155449	1155449	1155449	1155449	1155449	794509	72628	72628	72628	72628	72628	72564	72501	72501	54376	36251	36251	36251	36251
			柴油	515009	515009	498367	465084	465084	451869	425440	425440	425440	417773	410106	410106	410106	410106	395318	380530	380530	343029	330529
			燃气	1035475	1035475	977948	862895	862895	798863	670799	670799	670799	574750	478702	478702	445671	445671	386280	386280	386280	386280	386280
		其他	汽油	2757846	2757846	2757846	2757846	2757846	1896347	173350	173350	173350	173350	173350	166850	160349	160349	120390	80431	80431	80431	80431
			柴油	1233288	1233288	1201553	1138083	1138083	1111550	1058483	1058483	1058483	1021216	983949	983949	983949	983949	936724	889500	889500	787198	753098
			燃气	2295631	2295631	2168096	1913026	1913026	1771067	1487150	1487150	1487150	1274700	1062250	1062250	958330	958330	813058	813058	813058	813058	813058
载货汽车	微型		汽油	96649	57572	18494	18494	18494	18494	12810	7127	7127	5826	4524	4524	3932	3340	3340	3340	3340	2391	2075
			柴油	67437	56020	44602	44602	44602	44602	39962	35323	35323	29857	24391	24391	24391	24391	17845	11299	11299	9396	8762
			燃气	59836	34256	8676	8676	8676	8676	6336	3996	3996	3259	2522	2522	2091	1660	1660	1660	1660	1342	1236
	轻型		汽油	70586	45616	20646	20646	20646	20646	14180	7714	7714	6494	5274	5274	4348	3421	3421	3421	3421	2492	2183
			柴油	67661	56132	44602	44602	44602	44602	39962	35323	35323	29857	24391	24391	24391	24391	19348	14304	14304	12929	12471
			燃气	43628	28181	12733	12733	12733	12733	8588	4443	4443	3638	2833	2833	2256	1678	1678	1678	1678	1389	1292
	中型		汽油	256256	256256	256256	256256	256256	174947	12332	12332	12332	12332	12332	12332	12332	12332	9253	6174	6174	6174	6174
			柴油	478964	478964	430075	332297	332297	315978	283340	283340	283340	284956	286573	286573	286573	286573	251432	216291	216291	186246	176231
			燃气	540852	540852	479721	357460	357460	339602	303887	303887	303887	305515	307144	307144	232757	232757	189310	189310	189310	189310	189310
	重型		汽油	1745085	1745085	1745085	1745085	1745085	1199954	109691	109691	109691	109691	109691	105578	101464	101464	76179	50894	50894	50894	50894
			柴油	987116	987116	953422	886035	886035	853263	787719	787719	787719	756131	724543	724543	724543	724543	641682	558822	558822	380632	321236
			燃气	1837409	1837409	1721390	1489354	1489354	1361813	1106731	1106731	1106731	944466	782201	782201	602064	602064	346812	346812	346812	346812	346812
低速汽车	三轮汽车			65550	65550	65550	65550	65550	65550	65550	65550	65550	53279	53279	53279	53279	53279	53279	53279	53279	53279	53279
	低速货车			88065	88065	88065	88065	88065	88065	88065	88065	88065	71579	71579	71579	71579	71579	71579	71579	71579	71579	71579
摩托车	普通摩托车			1177	1177	1177	1177	1138	1098	1020	1020	1020	1020	1020	906	792	792	792	792	792	792	792
	轻便摩托车			785	785	785	785	785	392	392	392	392	392	392	348	305	305	305	305	305	305	305

泉州市 PM 排放系数

单位：克/（辆·年）

车辆类型		使用性质	燃料种类	1999 年年底前	2000 年	2001 年	2002 年	2003 年	2004 年	2005 年	2006 年	2007 年	2008 年	2009 年	2010 年	2011 年	2012 年	2013 年	2014 年	2015 年	2016 年	2017 年
载客汽车	微型	出租车	汽油	—	—	—	—	—	—	—	—	—	—	—	—	—	—	—	—	—	—	—
			燃气	—	—	—	—	—	—	—	—	—	—	—	—	—	—	—	—	—	—	—
		其他	汽油	—	—	—	—	—	—	—	—	—	—	—	—	—	—	—	—	—	—	—
			燃气	—	—	—	—	—	—	—	—	—	—	—	—	—	—	—	—	—	—	—
	小型	出租车	汽油	—	—	—	—	—	—	—	—	—	—	—	—	—	—	—	—	—	—	—
			柴油	42929	39282	35635	35635	35635	35635	23952	12270	12270	8072	3873	3873	3873	3873	3600	3326	3326	2750	2558
			燃气	—	—	—	—	—	—	—	—	—	—	—	—	—	—	—	—	—	—	—
		其他	汽油	—	—	—	—	—	—	—	—	—	—	—	—	—	—	—	—	—	—	—
			柴油	3255	3079	2903	2903	2903	2903	2074	1244	1244	916	588	588	588	588	486	383	383	383	383
			燃气	—	—	—	—	—	—	—	—	—	—	—	—	—	—	—	—	—	—	—
	中型	公交车	汽油	—	—	—	—	—	—	—	—	—	—	—	—	—	—	—	—	—	—	—
			柴油	30592	30592	28032	22913	22913	17978	8108	8108	8108	6872	5637	5637	5637	5637	3504	1372	1372	1080	983
			燃气	—	—	—	—	—	—	—	—	—	—	—	—	—	—	—	—	—	—	—
		其他	汽油	—	—	—	—	—	—	—	—	—	—	—	—	—	—	—	—	—	—	—
			柴油	15274	15274	12888	8116	8116	6262	2553	2553	2553	2434	2316	2316	2316	2316	1366	415	415	399	394
			燃气	—	—	—	—	—	—	—	—	—	—	—	—	—	—	—	—	—	—	—
	大型	公交车	汽油	—	—	—	—	—	—	—	—	—	—	—	—	—	—	—	—	—	—	—
			柴油	94865	94865	93934	92071	92071	71272	29674	29674	29674	19994	10315	10315	10315	10315	6116	1916	1916	1845	1821
			燃气	—	—	—	—	—	—	—	—	—	—	—	—	—	—	—	—	—	—	—
		其他	汽油	—	—	—	—	—	—	—	—	—	—	—	—	—	—	—	—	—	—	—
			柴油	142314	142314	133412	115607	115607	85425	25061	25061	25061	17182	9303	9303	9303	9303	5868	2433	2433	2343	2313
			燃气	—	—	—	—	—	—	—	—	—	—	—	—	—	—	—	—	—	—	—
载货汽车	微型		汽油	—	—	—	—	—	—	—	—	—	—	—	—	—	—	—	—	—	—	—
			柴油	7442	7288	7134	7134	7134	7134	5793	4452	4452	3304	2156	2156	2156	2156	1358	559	559	556	555
			燃气	—	—	—	—	—	—	—	—	—	—	—	—	—	—	—	—	—	—	—
	轻型		汽油	—	—	—	—	—	—	—	—	—	—	—	—	—	—	—	—	—	—	—
			柴油	7739	7436	7134	7134	7134	7134	5793	4452	4452	3304	2156	2156	2156	2156	1626	1096	1096	905	841
			燃气	—	—	—	—	—	—	—	—	—	—	—	—	—	—	—	—	—	—	—
	中型		汽油	—	—	—	—	—	—	—	—	—	—	—	—	—	—	—	—	—	—	—
			柴油	40622	40622	34185	21311	21311	16446	6716	6716	6716	6362	6009	6009	6009	6009	3853	1697	1697	1554	1506
			燃气	—	—	—	—	—	—	—	—	—	—	—	—	—	—	—	—	—	—	—
	重型		汽油	—	—	—	—	—	—	—	—	—	—	—	—	—	—	—	—	—	—	—
			柴油	137450	137450	112974	64021	64021	50833	24456	24456	24456	16758	9061	9061	9061	9061	6067	3073	3073	2598	2439
			燃气	—	—	—	—	—	—	—	—	—	—	—	—	—	—	—	—	—	—	—
低速汽车	三轮汽车			4092	4092	4092	4092	4092	4092	4092	4092	4092	3220	3220	3220	3220	3220	3220	3220	3220	3220	3220
	低速货车			5581	5581	5581	5581	5581	5581	5581	5581	5581	4392	4392	4392	4392	4392	4392	4392	4392	4392	4392
摩托车	普通摩托车			—	—	—	—	—	—	—	—	—	—	—	—	—	—	—	—	—	—	—
	轻便摩托车			—	—	—	—	—	—	—	—	—	—	—	—	—	—	—	—	—	—	—

泉州市 VOCs 排放系数

单位：克/（辆·年）

车辆类型		使用性质	燃料种类	1999 年年底前	2000 年	2001 年	2002 年	2003 年	2004 年	2005 年	2006 年	2007 年	2008 年	2009 年	2010 年	2011 年	2012 年	2013 年	2014 年	2015 年	2016 年	2017 年
载客汽车	微型	出租车	汽油	647491	382444	117398	117398	117398	117398	90596	63795	63795	52114	40432	40432	33388	26344	26344	26344	26344	19010	16565
			燃气	385976	230882	75789	75789	75789	75789	58940	42091	42091	34442	26793	26793	21368	15944	15944	15944	15944	10120	8179
		其他	汽油	35035	21671	8307	8307	8307	8307	7968	7629	7629	6666	5702	5702	5478	5254	5254	5254	5254	4614	4400
			燃气	16066	9008	1949	1949	1949	1949	1874	1798	1798	1332	865	865	780	696	696	696	696	486	416
	小型	出租车	汽油	647491	377208	106925	106925	106925	106925	99754	92582	92582	66507	40432	40432	33388	26344	26344	26344	26344	17917	15108
			柴油	193201	181318	169434	169434	169434	169434	151032	132630	132630	100634	68639	68639	68639	68639	50728	32818	32818	17435	12307
			燃气	385976	227819	69662	69662	69662	69662	64296	58931	58931	42862	26793	26793	21368	15944	15944	15944	15944	9481	7327
		其他	汽油	35495	21850	8204	8204	8204	8204	8151	8098	8098	6902	5705	5705	5452	5200	5200	5200	5200	4662	4482
			柴油	7945	7275	6605	6605	6605	6605	5575	4545	4545	3181	1817	1817	1817	1817	1508	1199	1199	818	691
			燃气	16336	9758	3181	3181	3181	3181	2626	2072	2072	1526	981	981	823	665	665	665	665	514	464
	中型	公交车	汽油	247705	247705	247705	247705	247108	168865	13572	13572	13572	13572	13572	13420	13269	13269	10842	8415	8415	8415	8415
			柴油	87806	87806	86086	82645	82645	64494	28192	28192	28192	20508	12823	12823	12823	12823	8958	5093	5093	4763	4653
			燃气	71579	71579	67602	59649	59649	57536	53311	53311	53311	42686	32061	32061	22219	22219	22154	22154	22154	22154	22154
		其他	汽油	128415	128415	128415	128415	127818	87496	8045	8045	8045	8045	8045	7900	7754	7754	6702	5651	5651	5651	5651
			柴油	30493	30493	28460	24394	24394	18567	6912	6912	6912	6506	6099	6099	6099	6099	3750	1402	1402	1243	1190
			燃气	34560	34560	32640	28800	28800	27780	25740	25740	25740	20623	15506	15506	10732	10732	9642	9642	9642	9642	9642
	大型	公交车	汽油	577013	577013	577013	577013	576416	388838	14876	14876	14876	14876	14876	14736	14597	14597	11831	9065	9065	9065	9065
			柴油	131708	131708	108010	60614	60614	60614	60614	60614	60614	43515	26416	26416	26416	26416	17675	8934	8934	5723	4653
			燃气	168926	168926	159541	140772	140772	135786	125815	125815	125815	100740	75665	75665	52438	52438	47188	47188	47188	47188	47188
		其他	汽油	1278311	1278311	1278311	1278311	1277714	860866	28363	28363	28363	28363	28363	22104	15845	15845	12654	9464	9464	9464	9464
			柴油	272891	272891	207397	76409	76409	76409	76409	76409	76409	55942	35476	35476	35476	35476	20706	5937	5937	5324	5119
			燃气	266186	266186	251398	221822	221822	213966	198253	198253	198253	158842	119430	119430	82662	82662	74261	74261	74261	74261	74261
载货汽车	微型		汽油	166619	91512	16404	16404	16404	16404	15350	14297	14297	13172	12046	12046	10182	8319	8319	8319	8319	7025	6594
			柴油	30655	28619	26583	26583	26583	26583	24124	21666	21666	16309	10952	10952	10952	10952	7652	4352	4352	2757	2225
			燃气	76406	40128	3849	3849	3849	3849	3609	3370	3370	2598	1827	1827	1465	1102	1102	1102	1102	743	623
	轻型		汽油	88884	54655	20426	20426	20426	20426	17832	15238	15238	13727	12216	12216	10830	9443	9443	9443	9443	8066	7607
			柴油	28607	27595	26583	26583	26583	26583	24124	21666	21666	16309	10952	10952	10952	10952	8238	5524	5524	3929	3397
			燃气	40907	24414	7920	7920	7920	7920	5909	3899	3899	3000	2101	2101	1654	1208	1208	1208	1208	893	788
	中型		汽油	353056	353056	353056	353056	352460	239791	15648	15648	15648	15648	15648	15508	15368	15368	12407	9446	9446	9446	9446
			柴油	82845	82845	77322	66276	66276	50443	18778	18778	18778	17682	16586	16586	16586	16586	12020	7455	7455	4436	3429
			燃气	93894	93894	88679	78247	78247	75474	69928	69928	69928	56048	42168	42168	57066	57066	27784	27784	27784	27784	27784
	重型		汽油	881767	881767	881767	881767	881170	593962	20741	20741	20741	20741	20741	16388	12036	12036	9834	7633	7633	7633	7633
			柴油	231500	231500	175940	64820	64820	64820	64820	64820	64820	47458	30095	30095	30095	30095	18949	7803	7803	5768	5090
			燃气	225812	225812	213267	188178	188178	181513	168184	168184	168184	134749	101315	101315	108643	108643	73840	73840	73840	73840	73840
低速汽车	三轮汽车			25300	25300	25300	25300	25300	25300	25300	25300	25300	16721	16721	16721	16721	16721	16721	16721	16721	16721	16721
	低速货车			33990	33990	33990	33990	33990	33990	33990	33990	33990	22464	22464	22464	22464	22464	22464	22464	22464	22464	22464
摩托车	普通摩托车			15768	15768	15768	15768	11768	7767	4158	4158	4158	4158	4158	3103	2048	2048	2048	2048	2048	2048	2048
	轻便摩托车			50993	50993	50993	50993	50993	10199	10199	5021	5021	5021	5021	3747	2473	2473	2473	2473	2473	2473	2473

漳州市 NO_x 排放系数

单位：克/（辆·年）

车辆类型		使用性质	燃料种类	1999 年年底前	2000 年	2001 年	2002 年	2003 年	2004 年	2005 年	2006 年	2007 年	2008 年	2009 年	2010 年	2011 年	2012 年	2013 年	2014 年	2015 年	2016 年	2017 年
载客汽车	微型	出租车	汽油	312620	215336	118052	118052	118052	118052	86964	55876	55876	40922	25967	25967	21554	17141	17141	17141	17141	10391	8141
			燃气	202677	140800	78923	78923	78923	78923	58660	38398	38398	28536	18674	18674	15325	11976	11976	11976	11976	7055	5415
		其他	汽油	33267	21084	8900	8900	8900	8900	5574	2247	2247	1808	1368	1368	1154	941	941	941	941	653	557
			燃气	20668	12424	4181	4181	4181	4181	2728	1274	1274	1022	771	771	627	483	483	483	483	372	335
	小型	出租车	汽油	353578	238478	123379	123379	123379	123379	90037	56695	56695	41331	25967	25967	20766	15566	15566	15566	15566	9020	6838
			柴油	388479	326046	263613	263613	263613	263613	234263	204913	204913	164198	123483	123483	123483	123483	100533	77583	77583	57378	50643
			燃气	228646	155474	82301	82301	82301	82301	60609	38917	38917	28796	18674	18674	14826	10977	10977	10977	10977	6186	4589
		其他	汽油	31030	20030	9031	9031	9031	9031	5950	2870	2870	1970	1070	1070	981	892	892	892	892	614	522
			柴油	27282	22336	17390	17390	17390	17390	15942	14494	14494	11436	8378	8378	8378	8378	7218	6059	6059	5187	4896
			燃气	19249	12421	5593	5593	5593	5593	3632	1670	1670	1126	582	582	517	452	452	452	452	348	313
	中型	公交车	汽油	323945	323945	323945	323945	323945	221308	16035	16035	16035	16035	16035	14380	12726	12726	9608	6489	6489	6489	6489
			柴油	362798	362798	361946	360242	360242	345926	317293	317293	317293	264290	211286	211286	211286	211286	172424	133563	133563	111822	104575
			燃气	385209	385209	380623	371452	371452	359930	336886	336886	336886	280381	223876	223876	141576	141576	110881	110881	110881	110881	110881
		其他	汽油	198608	198608	198608	198608	198608	134722	6951	6951	6951	6951	6951	6951	6951	6951	5214	3476	3476	3476	3476
			柴油	170136	170136	163034	148830	148830	147571	145054	145054	145054	123538	102022	102022	102022	102022	90586	79150	79150	67556	63691
			燃气	192119	192119	181446	160099	160099	158590	155573	155573	155573	132459	109345	109345	85175	85175	68418	68418	68418	68418	68418
	大型	公交车	汽油	1154055	1154055	1154055	1154055	1154055	793550	72541	72541	72541	72541	72541	72477	72413	72413	54310	36207	36207	36207	36207
			柴油	514555	514555	497928	464674	464674	451471	425064	425064	425064	417404	409744	409744	409744	409744	394969	380194	380194	342727	330238
			燃气	1034562	1034562	977086	862135	862135	798159	670207	670207	670207	574244	478280	478280	445278	445278	385939	385939	385939	385939	385939
		其他	汽油	2754518	2754518	2754518	2754518	2754518	1894059	173141	173141	173141	173141	173141	166648	160156	160156	120245	80334	80334	80334	80334
			柴油	1232200	1232200	1200493	1137080	1137080	1110570	1057549	1057549	1057549	1020316	983082	983082	983082	983082	935899	888716	888716	786504	752434
			燃气	2293608	2293608	2166185	1911340	1911340	1769506	1485839	1485839	1485839	1273576	1061314	1061314	957486	957486	812341	812341	812341	812341	812341
载货汽车	微型		汽油	114101	67741	21381	21381	21381	21381	14801	8221	8221	6720	5220	5220	4530	3841	3841	3841	3841	2758	2397
			柴油	81482	67614	53746	53746	53746	53746	48152	42557	42557	36022	29488	29488	29488	29488	21565	13642	13642	11409	10665
			燃气	70888	40466	10044	10044	10044	10044	7353	4661	4661	3802	2942	2942	2457	1972	1972	1972	1972	1574	1442
	轻型		汽油	81583	52728	23872	23872	23872	23872	16386	8900	8900	7494	6087	6087	5011	3935	3935	3935	3935	2875	2522
			柴油	81754	67750	53746	53746	53746	53746	48152	42557	42557	36022	29488	29488	29488	29488	23401	17314	17314	15727	15198
			燃气	50609	32697	14784	14784	14784	14784	9981	5179	5179	4245	3311	3311	2652	1994	1994	1994	1994	1633	1512
	中型		汽油	256256	256256	256256	256256	256256	174947	12332	12332	12332	12332	12332	12332	12332	12332	9253	6174	6174	6174	6174
			柴油	478964	478964	430075	332297	332297	315978	283340	283340	283340	284956	286573	286573	286573	286573	251432	216291	216291	186246	176231
			燃气	540850	540850	479719	357458	357458	339601	303887	303887	303887	305515	307143	307143	232755	232755	189310	189310	189310	189310	189310
	重型		汽油	1856401	1856401	1856401	1856401	1856401	1276497	116688	116688	116688	116688	116688	112312	107936	107936	81038	54141	54141	54141	54141
			柴油	1078469	1078469	1041657	968034	968034	932229	860618	860618	860618	826107	791596	791596	791596	791596	696852	602107	602107	419443	358555
			燃气	2007454	2007454	1880699	1627187	1627187	1487843	1209154	1209154	1209154	1031872	854590	854590	648699	648699	387102	387102	387102	387102	387102
低速汽车	三轮汽车			65550	65550	65550	65550	65550	65550	65550	65550	65550	53279	53279	53279	53279	53279	53279	53279	53279	53279	53279
	低速货车			88065	88065	88065	88065	88065	88065	88065	88065	88065	71579	71579	71579	71579	71579	71579	71579	71579	71579	71579
摩托车	普通摩托车			1177	1177	1177	1177	1138	1098	1020	1020	1020	1020	1020	906	792	792	792	792	792	792	792
	轻便摩托车			785	785	785	785	785	392	392	392	392	392	392	348	305	305	305	305	305	305	305

漳州市 PM 排放系数

单位：克/（辆·年）

车辆类型		使用性质	燃料种类	1999 年年底前	2000 年	2001 年	2002 年	2003 年	2004 年	2005 年	2006 年	2007 年	2008 年	2009 年	2010 年	2011 年	2012 年	2013 年	2014 年	2015 年	2016 年	2017 年
载客汽车	微型	出租车	汽油	—	—	—	—	—	—	—	—	—	—	—	—	—	—	—	—	—	—	—
			燃气	—	—	—	—	—	—	—	—	—	—	—	—	—	—	—	—	—	—	—
		其他	汽油	—	—	—	—	—	—	—	—	—	—	—	—	—	—	—	—	—	—	—
			燃气	—	—	—	—	—	—	—	—	—	—	—	—	—	—	—	—	—	—	—
	小型	出租车	汽油	—	—	—	—	—	—	—	—	—	—	—	—	—	—	—	—	—	—	—
			柴油	49919	45680	41442	41442	41442	41442	27748	14055	14055	9280	4505	4505	4505	4505	4187	3869	3869	3199	2976
			燃气	—	—	—	—	—	—	—	—	—	—	—	—	—	—	—	—	—	—	—
		其他	汽油	—	—	—	—	—	—	—	—	—	—	—	—	—	—	—	—	—	—	—
			柴油	3779	3574	3370	3370	3370	3370	2401	1432	1432	1058	685	685	685	685	561	437	437	437	437
			燃气	—	—	—	—	—	—	—	—	—	—	—	—	—	—	—	—	—	—	—
	中型	公交车	汽油	—	—	—	—	—	—	—	—	—	—	—	—	—	—	—	—	—	—	—
			柴油	30592	30592	28032	22913	22913	17978	8108	8108	8108	6872	5637	5637	5637	5637	3504	1372	1372	1080	983
			燃气	—	—	—	—	—	—	—	—	—	—	—	—	—	—	—	—	—	—	—
		其他	汽油	—	—	—	—	—	—	—	—	—	—	—	—	—	—	—	—	—	—	—
			柴油	15274	15274	12888	8116	8116	6262	2553	2553	2553	2434	2316	2316	2316	2316	1366	415	415	399	394
			燃气	—	—	—	—	—	—	—	—	—	—	—	—	—	—	—	—	—	—	—
	大型	公交车	汽油	—	—	—	—	—	—	—	—	—	—	—	—	—	—	—	—	—	—	—
			柴油	94865	94865	93934	92071	92071	71272	29674	29674	29674	19994	10315	10315	10315	10315	6116	1916	1916	1845	1821
			燃气	—	—	—	—	—	—	—	—	—	—	—	—	—	—	—	—	—	—	—
		其他	汽油	—	—	—	—	—	—	—	—	—	—	—	—	—	—	—	—	—	—	—
			柴油	142314	142314	133412	115607	115607	85425	25061	25061	25061	17182	9303	9303	9303	9303	5868	2433	2433	2343	2313
			燃气	—	—	—	—	—	—	—	—	—	—	—	—	—	—	—	—	—	—	—
载货汽车	微型		汽油	—	—	—	—	—	—	—	—	—	—	—	—	—	—	—	—	—	—	—
			柴油	8911	8726	8542	8542	8542	8542	6954	5366	5366	3982	2599	2599	2599	2599	1636	674	674	671	670
			燃气	—	—	—	—	—	—	—	—	—	—	—	—	—	—	—	—	—	—	—
	轻型		汽油	—	—	—	—	—	—	—	—	—	—	—	—	—	—	—	—	—	—	—
			柴油	9267	8904	8542	8542	8542	8542	6954	5366	5366	3982	2599	2599	2599	2599	1960	1321	1321	1091	1014
			燃气	—	—	—	—	—	—	—	—	—	—	—	—	—	—	—	—	—	—	—
	中型		汽油	—	—	—	—	—	—	—	—	—	—	—	—	—	—	—	—	—	—	—
			柴油	40622	40622	34185	21311	21311	16446	6716	6716	6716	6362	6009	6009	6009	6009	3853	1697	1697	1554	1506
			燃气	—	—	—	—	—	—	—	—	—	—	—	—	—	—	—	—	—	—	—
	重型		汽油	—	—	—	—	—	—	—	—	—	—	—	—	—	—	—	—	—	—	—
			柴油	146771	146771	120635	68363	68363	54280	26114	26114	26114	17894	9675	9675	9675	9675	6507	3339	3339	2822	2650
			燃气	—	—	—	—	—	—	—	—	—	—	—	—	—	—	—	—	—	—	—
低速汽车	三轮汽车			4092	4092	4092	4092	4092	4092	4092	4092	4092	3220	3220	3220	3220	3220	3220	3220	3220	3220	3220
	低速货车			5581	5581	5581	5581	5581	5581	5581	5581	5581	4392	4392	4392	4392	4392	4392	4392	4392	4392	4392
摩托车	普通摩托车			—	—	—	—	—	—	—	—	—	—	—	—	—	—	—	—	—	—	—
	轻便摩托车			—	—	—	—	—	—	—	—	—	—	—	—	—	—	—	—	—	—	—

漳州市 VOCs 排放系数

单位：克/（辆·年）

车辆类型		使用性质	燃料种类	1999 年年底前	2000 年	2001 年	2002 年	2003 年	2004 年	2005 年	2006 年	2007 年	2008 年	2009 年	2010 年	2011 年	2012 年	2013 年	2014 年	2015 年	2016 年	2017 年
载客汽车	微型	出租车	汽油	751476	439288	127099	127099	127099	127099	97097	67095	67095	54488	41881	41881	35048	28214	28214	28214	28214	21575	19362
			燃气	446290	263644	80999	80999	80999	80999	62318	43637	43637	35476	27314	27314	22052	16791	16791	16791	16791	11426	9637
		其他	汽油	39860	24418	8976	8976	8976	8976	8632	8288	8288	7238	6189	6189	5968	5746	5746	5746	5746	5081	4859
			燃气	18730	10456	2182	2182	2182	2182	2104	2025	2025	1498	970	970	898	826	826	826	826	601	526
	小型	出租车	汽油	751476	433221	114966	114966	114966	114966	107630	100294	100294	71088	41881	41881	35048	28214	28214	28214	28214	20196	17524
			柴油	196236	184372	172509	172509	172509	172509	154686	136864	136864	102581	68298	68298	68298	68298	50540	32782	32782	17762	12755
			燃气	446290	260096	73902	73902	73902	73902	68480	63057	63057	45186	27314	27314	22052	16791	16791	16791	16791	10619	8562
		其他	汽油	40401	24628	8855	8855	8855	8855	8844	8833	8833	7512	6192	6192	5936	5680	5680	5680	5680	5139	4959
			柴油	8819	8066	7313	7313	7313	7313	6194	5076	5076	3517	1958	1958	1958	1958	1635	1312	1312	911	777
			燃气	19046	11330	3615	3615	3615	3615	2980	2344	2344	1726	1107	1107	947	787	787	787	787	636	585
	中型	公交车	汽油	247976	247976	247976	247976	247379	169136	13843	13843	13843	13843	13843	13692	13540	13540	11113	8686	8686	8686	8686
			柴油	87806	87806	86086	82645	82645	64494	28192	28192	28192	20508	12823	12823	12823	12823	8958	5093	5093	4763	4653
			燃气	71579	71579	67602	59649	59649	57536	53311	53311	53311	42686	32061	32061	22219	22219	22154	22154	22154	22154	22154
		其他	汽油	128686	128686	128686	128686	128089	87767	8316	8316	8316	8316	8316	8170	8025	8025	6974	5922	5922	5922	5922
			柴油	30493	30493	28460	24394	24394	18567	6912	6912	6912	6506	6099	6099	6099	6099	3750	1402	1402	1243	1190
			燃气	34560	34560	32640	28800	28800	27780	25740	25740	25740	20623	15506	15506	10732	10732	9642	9642	9642	9642	9642
	大型	公交车	汽油	577284	577284	577284	577284	576687	389109	15147	15147	15147	15147	15147	15008	14868	14868	12102	9335	9335	9335	9335
			柴油	131708	131708	108010	60614	60614	60614	60614	60614	60614	43515	26416	26416	26416	26416	17675	8934	8934	5723	4653
			燃气	168926	168926	159541	140772	140772	135786	125815	125815	125815	100740	75665	75665	52438	52438	47188	47188	47188	47188	47188
		其他	汽油	1278582	1278582	1278582	1278582	1277985	861137	28634	28634	28634	28634	28634	22375	16116	16116	12925	9734	9734	9734	9734
			柴油	272891	272891	207397	76409	76409	76409	76409	76409	76409	55942	35476	35476	35476	35476	20706	5937	5937	5324	5119
			燃气	266186	266186	251398	221822	221822	213966	198253	198253	198253	158842	119430	119430	82662	82662	74261	74261	74261	74261	74261
载货汽车	微型		汽油	200836	109850	18863	18863	18863	18863	17664	16464	16464	15179	13894	13894	11660	9427	9427	9427	9427	7962	7473
			柴油	36858	34408	31958	31958	31958	31958	29024	26089	26089	19584	13080	13080	13080	13080	9110	5139	5139	3291	2675
			燃气	94372	49479	4585	4585	4585	4585	4304	4023	4023	3100	2178	2178	1766	1355	1355	1355	1355	946	809
	轻型		汽油	106356	65054	23751	23751	23751	23751	20679	17607	17607	15854	14100	14100	12447	10794	10794	10794	10794	9226	8704
			柴油	34318	33138	31958	31958	31958	31958	29024	26089	26089	19584	13080	13080	13080	13080	9836	6591	6591	4743	4127
			燃气	50139	29917	9696	9696	9696	9696	7184	4672	4672	3597	2521	2521	2008	1496	1496	1496	1496	1144	1027
	中型		汽油	353327	353327	353327	353327	352730	240062	15919	15919	15919	15919	15919	15779	15639	15639	12678	9717	9717	9717	9717
			柴油	82845	82845	77322	66276	66276	50443	18778	18778	18778	17682	16586	16586	16586	16586	12020	7455	7455	4436	3429
			燃气	93894	93894	88679	78247	78247	75474	69928	69928	69928	56048	42168	42168	57066	57066	27784	27784	27784	27784	27784
	重型		汽油	935951	935951	935951	935951	935354	630520	22049	22049	22049	22049	22049	17437	12825	12825	10490	8154	8154	8154	8154
			柴油	250884	250884	190672	70248	70248	70248	70248	70248	70248	51432	32615	32615	32615	32615	20778	8941	8941	6342	5475
			燃气	244720	244720	231125	203936	203936	196713	182267	182267	182267	146033	109798	109798	124487	124487	79425	79425	79425	79425	79425
低速汽车	三轮汽车			25300	25300	25300	25300	25300	25300	25300	25300	25300	16721	16721	16721	16721	16721	16721	16721	16721	16721	16721
	低速货车			33990	33990	33990	33990	33990	33990	33990	33990	33990	22464	22464	22464	22464	22464	22464	22464	22464	22464	22464
摩托车	普通摩托车			15768	15768	15768	15768	11768	7767	4158	4158	4158	4158	4158	3103	2048	2048	2048	2048	2048	2048	2048
	轻便摩托车			50993	50993	50993	50993	50993	10199	10199	5021	5021	5021	5021	3747	2473	2473	2473	2473	2473	2473	2473

南平市 NO_x 排放系数

单位：克/（辆·年）

车辆类型		使用性质	燃料种类	1999年年底前	2000年	2001年	2002年	2003年	2004年	2005年	2006年	2007年	2008年	2009年	2010年	2011年	2012年	2013年	2014年	2015年	2016年	2017年
载客汽车	微型	出租车	汽油	263797	183463	103129	103129	103129	103129	77175	51221	51221	38486	25750	25750	20865	15980	15980	15980	15980	9202	6943
			燃气	171663	120638	69613	69613	69613	69613	52604	35596	35596	27131	18666	18666	14984	11301	11301	11301	11301	6323	4664
		其他	汽油	26756	16926	7095	7095	7095	7095	4503	1911	1911	1553	1195	1195	994	794	794	794	794	531	443
			燃气	16475	9896	3318	3318	3318	3318	2184	1049	1049	851	653	653	518	383	383	383	383	292	261
	小型	出租车	汽油	297064	202222	107381	107381	107381	107381	79628	51875	51875	38812	25750	25750	20270	14791	14791	14791	14791	8147	5932
			柴油	341499	289528	237558	237558	237558	237558	210514	183470	183470	147212	110954	110954	110954	110954	89226	67498	67498	48100	41634
			燃气	192706	132504	72303	72303	72303	72303	54156	36009	36009	27338	18666	18666	14608	10549	10549	10549	10549	5656	4025
		其他	汽油	24978	16087	7196	7196	7196	7196	4795	2394	2394	1676	959	959	858	758	758	758	758	502	416
			柴油	21643	17774	13905	13905	13905	13905	12762	11618	11618	9137	6656	6656	6656	6656	5718	4780	4780	4040	3794
			燃气	15350	9880	4409	4409	4409	4409	2882	1355	1355	930	504	504	432	360	360	360	360	273	244
	中型	公交车	汽油	324728	324728	324728	324728	324728	221843	16074	16074	16074	16074	16074	14416	12757	12757	9630	6504	6504	6504	6504
			柴油	363438	363438	362585	360878	360878	346536	317852	317852	317852	264756	211659	211659	211659	211659	172729	133799	133799	112020	104760
			燃气	385889	385889	381295	372107	372107	360565	337481	337481	337481	280876	224271	224271	141826	141826	111077	111077	111077	111077	111077
		其他	汽油	199088	199088	199088	199088	199088	135048	6968	6968	6968	6968	6968	6968	6968	6968	5226	3485	3485	3485	3485
			柴油	170436	170436	163321	149092	149092	147831	145310	145310	145310	123756	102202	102202	102202	102202	90746	79290	79290	67675	63803
			燃气	192458	192458	181766	160382	160382	158870	155847	155847	155847	132692	109538	109538	85326	85326	68539	68539	68539	68539	68539
	大型	公交车	汽油	1156844	1156844	1156844	1156844	1156844	795468	72716	72716	72716	72716	72716	72652	72588	72588	54442	36295	36295	36295	36295
			柴油	515463	515463	498807	465494	465494	452268	425815	425815	425815	418141	410467	410467	410467	410467	395666	380865	380865	343331	330820
			燃气	1036387	1036387	978810	863656	863656	799567	671390	671390	671390	575257	479124	479124	446064	446064	386620	386620	386620	386620	386620
		其他	汽油	2761175	2761175	2761175	2761175	2761175	1898637	173560	173560	173560	173560	173560	167052	160543	160543	120536	80528	80528	80528	80528
			柴油	1234375	1234375	1202612	1139086	1139086	1112529	1059416	1059416	1059416	1022116	984816	984816	984816	984816	937550	890284	890284	787892	753762
			燃气	2297655	2297655	2170007	1914712	1914712	1772628	1488461	1488461	1488461	1275824	1063186	1063186	959175	959175	813775	813775	813775	813775	813775
载货汽车	微型		汽油	91881	54932	17983	17983	17983	17983	12506	7029	7029	5754	4480	4480	3884	3287	3287	3287	3287	2326	2006
			柴油	64985	54078	43172	43172	43172	43172	38699	34226	34226	28913	23600	23600	23600	23600	17271	10942	10942	9028	8390
			燃气	56576	32493	8410	8410	8410	8410	6134	3858	3858	3153	2448	2448	2017	1586	1586	1586	1586	1283	1182
	轻型		汽油	67996	44021	20046	20046	20046	20046	13819	7592	7592	6396	5199	5199	4282	3364	3364	3364	3364	2424	2110
			柴油	65198	54185	43172	43172	43172	43172	38699	34226	34226	28913	23600	23600	23600	23600	18700	13801	13801	12390	11920
			燃气	41786	27034	12282	12282	12282	12282	8290	4297	4297	3515	2732	2732	2165	1598	1598	1598	1598	1328	1238
	中型		汽油	256256	256256	256256	256256	256256	174947	12332	12332	12332	12332	12332	12332	12332	12332	9253	6174	6174	6174	6174
			柴油	478964	478964	430075	332297	332297	315978	283340	283340	283340	284956	286573	286573	286573	286573	251432	216291	216291	186246	176231
			燃气	540851	540851	479721	357460	357460	339602	303886	303886	303886	305515	307143	307143	232756	232756	189312	189312	189312	189312	189312
	重型		汽油	1878831	1878831	1878831	1878831	1878831	1291920	118098	118098	118098	118098	118098	113670	109241	109241	82018	54795	54795	54795	54795
			柴油	1016553	1016553	981855	912458	912458	878709	811210	811210	811210	778680	746150	746150	746150	746150	672380	598611	598611	433589	378582
			燃气	1892203	1892203	1772725	1533769	1533769	1402424	1139736	1139736	1139736	972632	805527	805527	644932	644932	408724	408724	408724	408724	408724
低速汽车	三轮汽车			65550	65550	65550	65550	65550	65550	65550	65550	65550	53279	53279	53279	53279	53279	53279	53279	53279	53279	53279
	低速货车			88065	88065	88065	88065	88065	88065	88065	88065	88065	71579	71579	71579	71579	71579	71579	71579	71579	71579	71579
摩托车	普通摩托车			1177	1177	1177	1177	1138	1098	1020	1020	1020	1020	1020	906	792	792	792	792	792	792	792
	轻便摩托车			785	785	785	785	785	392	392	392	392	392	392	348	305	305	305	305	305	305	305

南平市 PM 排放系数

单位：克/（辆·年）

车辆类型		使用性质	燃料种类	1999 年年底前	2000 年	2001 年	2002 年	2003 年	2004 年	2005 年	2006 年	2007 年	2008 年	2009 年	2010 年	2011 年	2012 年	2013 年	2014 年	2015 年	2016 年	2017 年
载客汽车	微型	出租车	汽油	—	—	—	—	—	—	—	—	—	—	—	—	—	—	—	—	—	—	—
			燃气	—	—	—	—	—	—	—	—	—	—	—	—	—	—	—	—	—	—	—
		其他	汽油	—	—	—	—	—	—	—	—	—	—	—	—	—	—	—	—	—	—	—
			燃气	—	—	—	—	—	—	—	—	—	—	—	—	—	—	—	—	—	—	—
	小型	出租车	汽油	—	—	—	—	—	—	—	—	—	—	—	—	—	—	—	—	—	—	—
			柴油	39284	35953	32622	32622	32622	32622	21974	11326	11326	7438	3550	3550	3550	3550	3300	3049	3049	2521	2345
			燃气	—	—	—	—	—	—	—	—	—	—	—	—	—	—	—	—	—	—	—
		其他	汽油	—	—	—	—	—	—	—	—	—	—	—	—	—	—	—	—	—	—	—
			柴油	2925	2768	2610	2610	2610	2610	1869	1128	1128	829	530	530	530	530	440	351	351	351	351
			燃气	—	—	—	—	—	—	—	—	—	—	—	—	—	—	—	—	—	—	—
	中型	公交车	汽油	—	—	—	—	—	—	—	—	—	—	—	—	—	—	—	—	—	—	—
			柴油	30592	30592	28032	22913	22913	17978	8108	8108	8108	6872	5637	5637	5637	5637	3504	1372	1372	1080	983
			燃气	—	—	—	—	—	—	—	—	—	—	—	—	—	—	—	—	—	—	—
		其他	汽油	—	—	—	—	—	—	—	—	—	—	—	—	—	—	—	—	—	—	—
			柴油	15274	15274	12888	8116	8116	6262	2553	2553	2553	2434	2316	2316	2316	2316	1366	415	415	399	394
			燃气	—	—	—	—	—	—	—	—	—	—	—	—	—	—	—	—	—	—	—
	大型	公交车	汽油	—	—	—	—	—	—	—	—	—	—	—	—	—	—	—	—	—	—	—
			柴油	94865	94865	93934	92071	92071	71272	29674	29674	29674	19994	10315	10315	10315	10315	6116	1916	1916	1845	1821
			燃气	—	—	—	—	—	—	—	—	—	—	—	—	—	—	—	—	—	—	—
		其他	汽油	—	—	—	—	—	—	—	—	—	—	—	—	—	—	—	—	—	—	—
			柴油	142314	142314	133412	115607	115607	85425	25061	25061	25061	17182	9303	9303	9303	9303	5868	2433	2433	2343	2313
			燃气	—	—	—	—	—	—	—	—	—	—	—	—	—	—	—	—	—	—	—
载货汽车	微型		汽油	—	—	—	—	—	—	—	—	—	—	—	—	—	—	—	—	—	—	—
			柴油	7036	6890	6745	6745	6745	6745	5482	4220	4220	3132	2044	2044	2044	2044	1287	530	530	527	526
			燃气	—	—	—	—	—	—	—	—	—	—	—	—	—	—	—	—	—	—	—
	轻型		汽油	—	—	—	—	—	—	—	—	—	—	—	—	—	—	—	—	—	—	—
			柴油	7318	7032	6745	6745	6745	6745	5482	4220	4220	3132	2044	2044	2044	2044	1542	1039	1039	858	797
			燃气	—	—	—	—	—	—	—	—	—	—	—	—	—	—	—	—	—	—	—
	中型		汽油	—	—	—	—	—	—	—	—	—	—	—	—	—	—	—	—	—	—	—
			柴油	40622	40622	34185	21311	21311	16446	6716	6716	6716	6362	6009	6009	6009	6009	3853	1697	1697	1554	1506
			燃气	—	—	—	—	—	—	—	—	—	—	—	—	—	—	—	—	—	—	—
	重型		汽油	—	—	—	—	—	—	—	—	—	—	—	—	—	—	—	—	—	—	—
			柴油	151822	151822	124786	70715	70715	56148	27013	27013	27013	18510	10008	10008	10008	10008	6632	3255	3255	2751	2583
			燃气	—	—	—	—	—	—	—	—	—	—	—	—	—	—	—	—	—	—	—
低速汽车	三轮汽车			4092	4092	4092	4092	4092	4092	4092	4092	4092	3220	3220	3220	3220	3220	3220	3220	3220	3220	3220
	低速货车			5581	5581	5581	5581	5581	5581	5581	5581	5581	4392	4392	4392	4392	4392	4392	4392	4392	4392	4392
摩托车	普通摩托车			—	—	—	—	—	—	—	—	—	—	—	—	—	—	—	—	—	—	—
	轻便摩托车			—	—	—	—	—	—	—	—	—	—	—	—	—	—	—	—	—	—	—

南平市 VOCs 排放系数

单位：克/（辆·年）

车辆类型		使用性质	燃料种类	1999 年年底前	2000 年	2001 年	2002 年	2003 年	2004 年	2005 年	2006 年	2007 年	2008 年	2009 年	2010 年	2011 年	2012 年	2013 年	2014 年	2015 年	2016 年	2017 年
载客汽车	微型	出租车	汽油	693805	409748	125692	125692	125692	125692	96624	67556	67556	55242	42929	42929	35516	28103	28103	28103	28103	20422	17862
			燃气	354307	214028	73748	73748	73748	73748	57664	41581	41581	34246	26912	26912	21372	15833	15833	15833	15833	9731	7697
		其他	汽油	36943	22968	8992	8992	8992	8992	8641	8290	8290	7286	6281	6281	6042	5803	5803	5803	5803	5110	4879
			燃气	14238	8026	1814	1814	1814	1814	1734	1654	1654	1236	817	817	732	648	648	648	648	441	372
	小型	出租车	汽油	693805	404014	114224	114224	114224	114224	106529	98834	98834	70882	42929	42929	35516	28103	28103	28103	28103	19246	16294
			柴油	200410	188116	175821	175821	175821	175821	156933	138045	138045	104504	70962	70962	70962	70962	52457	33952	33952	18102	12819
			燃气	354307	211206	68104	68104	68104	68104	62538	56973	56973	41942	26912	26912	21372	15833	15833	15833	15833	9152	6925
		其他	汽油	37426	23153	8880	8880	8880	8880	8836	8791	8791	7537	6283	6283	6014	5745	5745	5745	5745	5161	4966
			柴油	8198	7507	6816	6816	6816	6816	5765	4714	4714	3290	1867	1867	1867	1867	1555	1243	1243	853	723
			燃气	14475	8702	2929	2929	2929	2929	2414	1900	1900	1412	924	924	772	620	620	620	620	466	415
	中型	公交车	汽油	248124	248124	248124	248124	247527	169284	13992	13992	13992	13992	13992	13840	13689	13689	11262	8834	8834	8834	8834
			柴油	87806	87806	86086	82645	82645	64494	28192	28192	28192	20508	12823	12823	12823	12823	8958	5093	5093	4763	4653
			燃气	71579	71579	67602	59649	59649	57536	53311	53311	53311	42686	32061	32061	22219	22219	22154	22154	22154	22154	22154
		其他	汽油	128834	128834	128834	128834	128237	87915	8464	8464	8464	8464	8464	8318	8173	8173	7122	6071	6071	6071	6071
			柴油	30493	30493	28460	24394	24394	18567	6912	6912	6912	6506	6099	6099	6099	6099	3750	1402	1402	1243	1190
			燃气	34560	34560	32640	28800	28800	27780	25740	25740	25740	20623	15506	15506	10732	10732	9642	9642	9642	9642	9642
	大型	公交车	汽油	577432	577432	577432	577432	576835	389257	15296	15296	15296	15296	15296	15156	15016	15016	12250	9484	9484	9484	9484
			柴油	131708	131708	108010	60614	60614	60614	60614	60614	60614	43515	26416	26416	26416	26416	17675	8934	8934	5723	4653
			燃气	168926	168926	159541	140772	140772	135786	125815	125815	125815	100740	75665	75665	52438	52438	47188	47188	47188	47188	47188
		其他	汽油	1278730	1278730	1278730	1278730	1278133	861285	28782	28782	28782	28782	28782	22523	16264	16264	13074	9883	9883	9883	9883
			柴油	272891	272891	207397	76409	76409	76409	76409	76409	76409	55942	35476	35476	35476	35476	20706	5937	5937	5324	5119
			燃气	266186	266186	251398	221822	221822	213966	198253	198253	198253	158842	119430	119430	82662	82662	74261	74261	74261	74261	74261
载货汽车	微型		汽油	188201	103061	17921	17921	17921	17921	16822	15723	15723	14518	13313	13313	11263	9213	9213	9213	9213	7852	7398
			柴油	32491	30336	28181	28181	28181	28181	25618	23055	23055	17306	11558	11558	11558	11558	8060	4563	4563	2924	2378
			燃气	72534	38074	3615	3615	3615	3615	3376	3137	3137	2434	1732	1732	1380	1029	1029	1029	1029	680	564
	轻型		汽油	99927	61208	22488	22488	22488	22488	19640	16792	16792	15149	13506	13506	11998	10490	10490	10490	10490	9034	8548
			柴油	30254	29218	28181	28181	28181	28181	25618	23055	23055	17306	11558	11558	11558	11558	8702	5846	5846	4207	3661
			燃气	38648	23033	7417	7417	7417	7417	5523	3629	3629	2808	1986	1986	1559	1132	1132	1132	1132	819	714
	中型		汽油	353476	353476	353476	353476	352879	240210	16067	16067	16067	16067	16067	15928	15788	15788	12826	9865	9865	9865	9865
			柴油	82845	82845	77322	66276	66276	50443	18778	18778	18778	17682	16586	16586	16586	16586	12020	7455	7455	4436	3429
			燃气	93894	93894	88679	78247	78247	75474	69928	69928	69928	56048	42168	42168	57066	57066	27784	27784	27784	27784	27784
	重型		汽油	955463	955463	955463	955463	954866	643702	22570	22570	22570	22570	22570	17865	13160	13160	10776	8392	8392	8392	8392
			柴油	233453	233453	177424	65367	65367	65367	65367	65367	65367	47858	30349	30349	30349	30349	19462	8574	8574	6641	5997
			燃气	227717	227717	215067	189766	189766	183045	169603	169603	169603	135887	102170	102170	119377	119377	86998	86998	86998	86998	86998
低速汽车	三轮汽车			25300	25300	25300	25300	25300	25300	25300	25300	25300	16721	16721	16721	16721	16721	16721	16721	16721	16721	16721
	低速货车			33990	33990	33990	33990	33990	33990	33990	33990	33990	22464	22464	22464	22464	22464	22464	22464	22464	22464	22464
摩托车	普通摩托车			15768	15768	15768	15768	11768	7767	4158	4158	4158	4158	4158	3103	2048	2048	2048	2048	2048	2048	2048
	轻便摩托车			50993	50993	50993	50993	50993	10199	10199	5021	5021	5021	5021	3747	2473	2473	2473	2473	2473	2473	2473

龙岩市 NO_x 排放系数

单位：克/（辆·年）

车辆类型		使用性质	燃料种类	1999年年底前	2000年	2001年	2002年	2003年	2004年	2005年	2006年	2007年	2008年	2009年	2010年	2011年	2012年	2013年	2014年	2015年	2016年	2017年
载客汽车	微型	出租车	汽油	263725	183416	103107	103107	103107	103107	77160	51213	51213	38480	25748	25748	20863	15978	15978	15978	15978	9200	6941
			燃气	171663	120638	69613	69613	69613	69613	52604	35596	35596	27131	18666	18666	14984	11301	11301	11301	11301	6323	4664
		其他	汽油	26748	16920	7093	7093	7093	7093	4502	1911	1911	1552	1194	1194	994	794	794	794	794	530	442
			燃气	16475	9896	3318	3318	3318	3318	2184	1049	1049	851	653	653	518	383	383	383	383	292	261
	小型	出租车	汽油	296980	202169	107358	107358	107358	107358	79612	51866	51866	38807	25748	25748	20268	14789	14789	14789	14789	8146	5931
			柴油	341448	289488	237528	237528	237528	237528	210486	183445	183445	147192	110940	110940	110940	110940	89214	67488	67488	48092	41626
			燃气	192706	132504	72303	72303	72303	72303	54156	36009	36009	27338	18666	18666	14608	10549	10549	10549	10549	5656	4025
		其他	汽油	24971	16082	7194	7194	7194	7194	4794	2393	2393	1676	959	959	858	758	758	758	758	502	416
			柴油	21638	17770	13902	13902	13902	13902	12758	11615	11615	9135	6655	6655	6655	6655	5717	4779	4779	4040	3793
			燃气	15350	9880	4409	4409	4409	4409	2882	1355	1355	930	504	504	432	360	360	360	360	273	244
	中型	公交车	汽油	324622	324622	324622	324622	324622	221771	16069	16069	16069	16069	16069	14411	12753	12753	9628	6502	6502	6502	6502
			柴油	363351	363351	362498	360792	360792	346454	317777	317777	317777	264693	211609	211609	211609	211609	172688	133767	133767	111993	104735
			燃气	385797	385797	381204	372018	372018	360479	337400	337400	337400	280808	224217	224217	141792	141792	111050	111050	111050	111050	111050
		其他	汽油	199023	199023	199023	199023	199023	135004	6966	6966	6966	6966	6966	6966	6966	6966	5225	3484	3484	3484	3484
			柴油	170395	170395	163282	149057	149057	147796	145275	145275	145275	123726	102178	102178	102178	102178	90724	79271	79271	67659	63788
			燃气	192412	192412	181722	160343	160343	158832	155810	155810	155810	132661	109512	109512	85305	85305	68522	68522	68522	68522	68522
	大型	公交车	汽油	1156465	1156465	1156465	1156465	1156465	795207	72692	72692	72692	72692	72692	72628	72565	72565	54424	36283	36283	36283	36283
			柴油	515340	515340	498688	465383	465383	452160	425713	425713	425713	418041	410369	410369	410369	410369	395572	380774	380774	343249	330741
			燃气	1036140	1036140	978577	863450	863450	799376	671229	671229	671229	575119	479009	479009	445957	445957	386528	386528	386528	386528	386528
		其他	汽油	2760272	2760272	2760272	2760272	2760272	1898016	173503	173503	173503	173503	173503	166996	160490	160490	120496	80502	80502	80502	80502
			柴油	1234080	1234080	1202325	1138814	1138814	1112264	1059163	1059163	1059163	1021872	984581	984581	984581	984581	937326	890071	890071	787704	753582
			燃气	2297106	2297106	2169489	1914255	1914255	1772205	1488105	1488105	1488105	1275518	1062932	1062932	958946	958946	813580	813580	813580	813580	813580
载货汽车	微型		汽油	91853	54916	17978	17978	17978	17978	12503	7028	7028	5754	4480	4480	3883	3286	3286	3286	3286	2326	2006
			柴油	64973	54068	43164	43164	43164	43164	38692	34219	34219	28908	23596	23596	23596	23596	17268	10940	10940	9026	8388
			燃气	56575	32493	8410	8410	8410	8410	6134	3858	3858	3154	2450	2450	2018	1585	1585	1585	1585	1285	1185
	轻型		汽油	67975	44008	20041	20041	20041	20041	13816	7590	7590	6394	5198	5198	4281	3364	3364	3364	3364	2424	2110
			柴油	65186	54175	43164	43164	43164	43164	38692	34219	34219	28908	23596	23596	23596	23596	18697	13798	13798	12388	11918
			燃气	41785	27034	12283	12283	12283	12283	8290	4298	4298	3515	2732	2732	2165	1598	1598	1598	1598	1328	1238
	中型		汽油	256256	256256	256256	256256	256256	174947	12332	12332	12332	12332	12332	12332	12332	12332	9253	6174	6174	6174	6174
			柴油	478964	478964	430075	332297	332297	315978	283340	283340	283340	284956	286573	286573	286573	286573	251432	216291	216291	186246	176231
			燃气	540852	540852	479720	357457	357457	339601	303887	303887	303887	305515	307142	307142	232755	232755	189310	189310	189310	189310	189310
	重型		汽油	1878831	1878831	1878831	1878831	1878831	1291920	118098	118098	118098	118098	118098	113670	109241	109241	82018	54795	54795	54795	54795
			柴油	1016553	1016553	981855	912458	912458	878709	811210	811210	811210	778680	746150	746150	746150	746150	672380	598611	598611	433589	378582
			燃气	1892203	1892203	1772725	1533769	1533769	1402424	1139735	1139735	1139735	972631	805527	805527	644932	644932	408724	408724	408724	408724	408724
低速汽车	三轮汽车			65550	65550	65550	65550	65550	65550	65550	65550	65550	53279	53279	53279	53279	53279	53279	53279	53279	53279	53279
	低速货车			88065	88065	88065	88065	88065	88065	88065	88065	88065	71579	71579	71579	71579	71579	71579	71579	71579	71579	71579
摩托车	普通摩托车			1177	1177	1177	1177	1138	1098	1020	1020	1020	1020	1020	906	792	792	792	792	792	792	792
	轻便摩托车			785	785	785	785	785	392	392	392	392	392	392	348	305	305	305	305	305	305	305

龙岩市 PM 排放系数

单位：克/（辆·年）

车辆类型		使用性质	燃料种类	1999 年年底前	2000 年	2001 年	2002 年	2003 年	2004 年	2005 年	2006 年	2007 年	2008 年	2009 年	2010 年	2011 年	2012 年	2013 年	2014 年	2015 年	2016 年	2017 年
载客汽车	微型	出租车	汽油	—	—	—	—	—	—	—	—	—	—	—	—	—	—	—	—	—	—	—
			燃气	—	—	—	—	—	—	—	—	—	—	—	—	—	—	—	—	—	—	—
		其他	汽油	—	—	—	—	—	—	—	—	—	—	—	—	—	—	—	—	—	—	—
			燃气	—	—	—	—	—	—	—	—	—	—	—	—	—	—	—	—	—	—	—
	小型	出租车	汽油	—	—	—	—	—	—	—	—	—	—	—	—	—	—	—	—	—	—	—
			柴油	39284	35953	32622	32622	32622	32622	21974	11326	11326	7438	3550	3550	3550	3550	3300	3049	3049	2521	2345
			燃气	—	—	—	—	—	—	—	—	—	—	—	—	—	—	—	—	—	—	—
		其他	汽油	—	—	—	—	—	—	—	—	—	—	—	—	—	—	—	—	—	—	—
			柴油	2925	2768	2610	2610	2610	2610	1869	1128	1128	829	530	530	530	530	440	351	351	351	351
			燃气	—	—	—	—	—	—	—	—	—	—	—	—	—	—	—	—	—	—	—
	中型	公交车	汽油	—	—	—	—	—	—	—	—	—	—	—	—	—	—	—	—	—	—	—
			柴油	30592	30592	28032	22913	22913	17978	8108	8108	8108	6872	5637	5637	5637	5637	3504	1372	1372	1080	983
			燃气	—	—	—	—	—	—	—	—	—	—	—	—	—	—	—	—	—	—	—
		其他	汽油	—	—	—	—	—	—	—	—	—	—	—	—	—	—	—	—	—	—	—
			柴油	15274	15274	12888	8116	8116	6262	2553	2553	2553	2434	2316	2316	2316	2316	1366	415	415	399	394
			燃气	—	—	—	—	—	—	—	—	—	—	—	—	—	—	—	—	—	—	—
	大型	公交车	汽油	—	—	—	—	—	—	—	—	—	—	—	—	—	—	—	—	—	—	—
			柴油	94865	94865	93934	92071	92071	71272	29674	29674	29674	19994	10315	10315	10315	10315	6116	1916	1916	1845	1821
			燃气	—	—	—	—	—	—	—	—	—	—	—	—	—	—	—	—	—	—	—
		其他	汽油	—	—	—	—	—	—	—	—	—	—	—	—	—	—	—	—	—	—	—
			柴油	142314	142314	133412	115607	115607	85425	25061	25061	25061	17182	9303	9303	9303	9303	5868	2433	2433	2343	2313
			燃气	—	—	—	—	—	—	—	—	—	—	—	—	—	—	—	—	—	—	—
载货汽车	微型		汽油	—	—	—	—	—	—	—	—	—	—	—	—	—	—	—	—	—	—	—
			柴油	7036	6890	6745	6745	6745	6745	5482	4220	4220	3132	2044	2044	2044	2044	1287	530	530	527	526
			燃气	—	—	—	—	—	—	—	—	—	—	—	—	—	—	—	—	—	—	—
	轻型		汽油	—	—	—	—	—	—	—	—	—	—	—	—	—	—	—	—	—	—	—
			柴油	7318	7032	6745	6745	6745	6745	5482	4220	4220	3132	2044	2044	2044	2044	1542	1039	1039	858	797
			燃气	—	—	—	—	—	—	—	—	—	—	—	—	—	—	—	—	—	—	—
	中型		汽油	—	—	—	—	—	—	—	—	—	—	—	—	—	—	—	—	—	—	—
			柴油	40622	40622	34185	21311	21311	16446	6716	6716	6716	6362	6009	6009	6009	6009	3853	1697	1697	1554	1506
			燃气	—	—	—	—	—	—	—	—	—	—	—	—	—	—	—	—	—	—	—
	重型		汽油	—	—	—	—	—	—	—	—	—	—	—	—	—	—	—	—	—	—	—
			柴油	151822	151822	124786	70715	70715	56148	27013	27013	27013	18510	10008	10008	10008	10008	6632	3255	3255	2751	2583
			燃气	—	—	—	—	—	—	—	—	—	—	—	—	—	—	—	—	—	—	—
低速汽车	三轮汽车			4092	4092	4092	4092	4092	4092	4092	4092	4092	3220	3220	3220	3220	3220	3220	3220	3220	3220	3220
	低速货车			5581	5581	5581	5581	5581	5581	5581	5581	5581	4392	4392	4392	4392	4392	4392	4392	4392	4392	4392
摩托车	普通摩托车			—	—	—	—	—	—	—	—	—	—	—	—	—	—	—	—	—	—	—
	轻便摩托车			—	—	—	—	—	—	—	—	—	—	—	—	—	—	—	—	—	—	—

龙岩市 VOCs 排放系数

单位：克/（辆·年）

车辆类型		使用性质	燃料种类	1999 年年底前	2000 年	2001 年	2002 年	2003 年	2004 年	2005 年	2006 年	2007 年	2008 年	2009 年	2010 年	2011 年	2012 年	2013 年	2014 年	2015 年	2016 年	2017 年
载客汽车	微型	出租车	汽油	593326	353578	113830	113830	113830	113830	88405	62980	62980	51873	40766	40766	33594	26421	26421	26421	26421	18679	16098
			燃气	354307	214028	73748	73748	73748	73748	57664	41581	41581	34246	26912	26912	21372	15833	15833	15833	15833	9731	7697
		其他	汽油	32492	20508	8523	8523	8523	8523	8176	7829	7829	6926	6023	6023	5806	5590	5590	5590	5590	4934	4716
			燃气	14238	8026	1814	1814	1814	1814	1734	1654	1654	1236	817	817	732	648	648	648	648	441	372
	小型	出租车	汽油	593326	348754	104182	104182	104182	104182	96736	89291	89291	65028	40766	40766	33594	26421	26421	26421	26421	17690	14779
			柴油	194036	181984	169933	169933	169933	169933	151336	132738	132738	101310	69883	69883	69883	69883	51620	33358	33358	17538	12265
			燃气	354307	211206	68104	68104	68104	68104	62538	56973	56973	41942	26912	26912	21372	15833	15833	15833	15833	9152	6925
		其他	汽油	32898	20664	8429	8429	8429	8429	8340	8250	8250	7138	6025	6025	5783	5541	5541	5541	5541	4977	4789
			柴油	7482	6859	6236	6236	6236	6236	5287	4338	4338	3054	1771	1771	1771	1771	1468	1166	1166	786	660
			燃气	14475	8702	2929	2929	2929	2929	2414	1900	1900	1412	924	924	772	620	620	620	620	466	415
	中型	公交车	汽油	248071	248071	248071	248071	247474	169231	13938	13938	13938	13938	13938	13786	13635	13635	11208	8781	8781	8781	8781
			柴油	87806	87806	86086	82645	82645	64494	28192	28192	28192	20508	12823	12823	12823	12823	8958	5093	5093	4763	4653
			燃气	71579	71579	67602	59649	59649	57536	53311	53311	53311	42686	32061	32061	22219	22219	22154	22154	22154	22154	22154
		其他	汽油	128781	128781	128781	128781	128184	87862	8411	8411	8411	8411	8411	8266	8120	8120	7068	6017	6017	6017	6017
			柴油	30493	30493	28460	24394	24394	18567	6912	6912	6912	6506	6099	6099	6099	6099	3750	1402	1402	1243	1190
			燃气	34560	34560	32640	28800	28800	27780	25740	25740	25740	20623	15506	15506	10732	10732	9642	9642	9642	9642	9642
	大型	公交车	汽油	577379	577379	577379	577379	576782	389204	15242	15242	15242	15242	15242	15102	14962	14962	12196	9430	9430	9430	9430
			柴油	131708	131708	108010	60614	60614	60614	60614	60614	60614	43515	26416	26416	26416	26416	17675	8934	8934	5723	4653
			燃气	168926	168926	159541	140772	140772	135786	125815	125815	125815	100740	75665	75665	52438	52438	47188	47188	47188	47188	47188
		其他	汽油	1278677	1278677	1278677	1278677	1278080	861231	28728	28728	28728	28728	28728	22470	16211	16211	13020	9829	9829	9829	9829
			柴油	272891	272891	207397	76409	76409	76409	76409	76409	76409	55942	35476	35476	35476	35476	20706	5937	5937	5324	5119
			燃气	266186	266186	251398	221822	221822	213966	198253	198253	198253	158842	119430	119430	82662	82662	74261	74261	74261	74261	74261
载货汽车	微型		汽油	160451	88554	16656	16656	16656	16656	15600	14543	14543	13411	12279	12279	10459	8639	8639	8639	8639	7317	6876
			柴油	30339	28324	26309	26309	26309	26309	23859	21409	21409	16163	10917	10917	10917	10917	7650	4382	4382	2743	2197
			燃气	70310	36927	3545	3545	3545	3545	3309	3072	3072	2369	1666	1666	1334	1001	1001	1001	1001	657	542
	轻型		汽油	86196	53347	20498	20498	20498	20498	17970	15442	15442	13942	12442	12442	11078	9713	9713	9713	9713	8310	7843
			柴油	28381	27345	26309	26309	26309	26309	23859	21409	21409	16163	10917	10917	10917	10917	8211	5505	5505	3866	3319
			燃气	37926	22524	7123	7123	7123	7123	5340	3556	3556	2732	1908	1908	1497	1087	1087	1087	1087	781	680
	中型		汽油	353422	353422	353422	353422	352825	240157	16014	16014	16014	16014	16014	15874	15734	15734	12772	9811	9811	9811	9811
			柴油	82845	82845	77322	66276	66276	50443	18778	18778	18778	17682	16586	16586	16586	16586	12020	7455	7455	4436	3429
			燃气	93894	93894	88679	78247	78247	75474	69928	69928	69928	56048	42168	42168	57066	57066	27784	27784	27784	27784	27784
	重型		汽油	955410	955410	955410	955410	954812	643649	22516	22516	22516	22516	22516	17811	13106	13106	10722	8338	8338	8338	8338
			柴油	233453	233453	177424	65367	65367	65367	65367	65367	65367	47858	30349	30349	30349	30349	19462	8574	8574	6641	5997
			燃气	227717	227717	215067	189766	189766	183045	169603	169603	169603	135887	102170	102170	119377	119377	86998	86998	86998	86998	86998
低速汽车	三轮汽车			25300	25300	25300	25300	25300	25300	25300	25300	25300	16721	16721	16721	16721	16721	16721	16721	16721	16721	16721
	低速货车			33990	33990	33990	33990	33990	33990	33990	33990	33990	22464	22464	22464	22464	22464	22464	22464	22464	22464	22464
摩托车	普通摩托车			15768	15768	15768	15768	11768	7767	4158	4158	4158	4158	4158	3103	2048	2048	2048	2048	2048	2048	2048
	轻便摩托车			50993	50993	50993	50993	50993	10199	10199	5021	5021	5021	5021	3747	2473	2473	2473	2473	2473	2473	2473

宁德市 NO_x 排放系数

单位：克/（辆·年）

车辆类型		使用性质	燃料种类	1999 年年底前	2000 年	2001 年	2002 年	2003 年	2004 年	2005 年	2006 年	2007 年	2008 年	2009 年	2010 年	2011 年	2012 年	2013 年	2014 年	2015 年	2016 年	2017 年
载客汽车	微型	出租车	汽油	254785	176915	99045	99045	99045	99045	73992	48938	48938	36680	24422	24422	19814	15205	15205	15205	15205	8804	6670
			燃气	165661	116214	66767	66767	66767	66767	50364	33961	33961	25822	17684	17684	14212	10740	10740	10740	10740	6042	4476
		其他	汽油	26719	16899	7079	7079	7079	7079	4487	1895	1895	1540	1184	1184	984	783	783	783	783	526	441
			燃气	16475	9896	3318	3318	3318	3318	2184	1049	1049	851	653	653	518	383	383	383	383	292	261
	小型	出租车	汽油	287068	195120	103172	103172	103172	103172	76372	49572	49572	36997	24422	24422	19236	14051	14051	14051	14051	7780	5689
			柴油	327698	277522	227347	227347	227347	227347	201512	175678	175678	140904	106130	106130	106130	106130	85455	64780	64780	46342	40196
			燃气	186079	127728	69377	69377	69377	69377	51870	34362	34362	26023	17684	17684	13847	10010	10010	10010	10010	5394	3855
		其他	汽油	24940	16060	7180	7180	7180	7180	4779	2378	2378	1664	949	949	848	747	747	747	747	497	414
			柴油	21635	17766	13896	13896	13896	13896	12752	11608	11608	9128	6649	6649	6649	6649	5711	4773	4773	4038	3793
			燃气	15350	9880	4409	4409	4409	4409	2882	1355	1355	930	504	504	432	360	360	360	360	273	244
	中型	公交车	汽油	324766	324766	324766	324766	324766	221869	16076	16076	16076	16076	16076	14418	12759	12759	9632	6505	6505	6505	6505
			柴油	363469	363469	362615	360908	360908	346565	317879	317879	317879	264778	211677	211677	211677	211677	172744	133810	133810	112029	104769
			燃气	385922	385922	381328	372139	372139	360596	337509	337509	337509	280900	224290	224290	141838	141838	111086	111086	111086	111086	111086
		其他	汽油	199111	199111	199111	199111	199111	135064	6969	6969	6969	6969	6969	6969	6969	6969	5227	3485	3485	3485	3485
			柴油	170450	170450	163335	149105	149105	147844	145322	145322	145322	123766	102211	102211	102211	102211	90754	79297	79297	67681	63809
			燃气	192474	192474	181781	160395	160395	158883	155860	155860	155860	132704	109548	109548	85333	85333	68544	68544	68544	68544	68544
	大型	公交车	汽油	1156978	1156978	1156978	1156978	1156978	795560	72724	72724	72724	72724	72724	72660	72597	72597	54448	36299	36299	36299	36299
			柴油	515507	515507	498849	465533	465533	452306	425851	425851	425851	418176	410502	410502	410502	410502	395700	380898	380898	343360	330848
			燃气	1036475	1036475	978893	863729	863729	799635	671447	671447	671447	575306	479164	479164	446102	446102	386653	386653	386653	386653	386653
		其他	汽油	2761495	2761495	2761495	2761495	2761495	1898857	173580	173580	173580	173580	173580	167070	160561	160561	120550	80538	80538	80538	80538
			柴油	1234479	1234479	1202714	1139183	1139183	1112624	1059505	1059505	1059505	1022202	984900	984900	984900	984900	937630	890359	890359	787959	753826
			燃气	2297850	2297850	2170192	1914875	1914875	1772779	1488587	1488587	1488587	1275932	1063276	1063276	959256	959256	813844	813844	813844	813844	813844
载货汽车	微型		汽油	98274	58842	19411	19411	19411	19411	13532	7653	7653	6275	4897	4897	4227	3557	3557	3557	3557	2505	2154
			柴油	70255	58550	46845	46845	46845	46845	41969	37093	37093	31324	25554	25554	25554	25554	18696	11839	11839	9712	9003
			燃气	60596	34847	9098	9098	9098	9098	6667	4236	4236	3469	2701	2701	2220	1740	1740	1740	1740	1391	1275
	轻型		汽油	72778	47196	21614	21614	21614	21614	14934	8254	8254	6958	5663	5663	4651	3639	3639	3639	3639	2608	2265
			柴油	70482	58664	46845	46845	46845	46845	41969	37093	37093	31324	25554	25554	25554	25554	20222	14891	14891	13301	12771
			燃气	44793	29033	13272	13272	13272	13272	8988	4703	4703	3855	3008	3008	2381	1754	1754	1754	1754	1440	1335
	中型		汽油	256256	256256	256256	256256	256256	174947	12332	12332	12332	12332	12332	12332	12332	12332	9253	6174	6174	6174	6174
			柴油	478964	478964	430075	332297	332297	315978	283340	283340	283340	284956	286573	286573	286573	286573	251432	216291	216291	186246	176231
			燃气	540851	540851	479720	357458	357458	339601	303886	303886	303886	305515	307144	307144	232755	232755	189308	189308	189308	189308	189308
	重型		汽油	1856401	1856401	1856401	1856401	1856401	1276497	116688	116688	116688	116688	116688	112312	107936	107936	81038	54141	54141	54141	54141
			柴油	1078469	1078469	1041657	968034	968034	932229	860618	860618	860618	826107	791596	791596	791596	791596	696852	602107	602107	419443	358555
			燃气	2007454	2007454	1880699	1627187	1627187	1487843	1209154	1209154	1209154	1031872	854589	854589	648699	648699	387102	387102	387102	387102	387102
低速汽车	三轮汽车			65550	65550	65550	65550	65550	65550	65550	65550	65550	53279	53279	53279	53279	53279	53279	53279	53279	53279	53279
	低速货车			88065	88065	88065	88065	88065	88065	88065	88065	88065	71579	71579	71579	71579	71579	71579	71579	71579	71579	71579
摩托车	普通摩托车			1177	1177	1177	1177	1138	1098	1020	1020	1020	1020	1020	906	792	792	792	792	792	792	792
	轻便摩托车			785	785	785	785	785	392	392	392	392	392	392	348	305	305	305	305	305	305	305

宁德市 PM 排放系数

单位：克/（辆·年）

车辆类型		使用性质	燃料种类	1999 年年底前	2000 年	2001 年	2002 年	2003 年	2004 年	2005 年	2006 年	2007 年	2008 年	2009 年	2010 年	2011 年	2012 年	2013 年	2014 年	2015 年	2016 年	2017 年
载客汽车	微型	出租车	汽油	—	—	—	—	—	—	—	—	—	—	—	—	—	—	—	—	—	—	—
			燃气	—	—	—	—	—	—	—	—	—	—	—	—	—	—	—	—	—	—	—
		其他	汽油	—	—	—	—	—	—	—	—	—	—	—	—	—	—	—	—	—	—	—
			燃气	—	—	—	—	—	—	—	—	—	—	—	—	—	—	—	—	—	—	—
	小型	出租车	汽油	—	—	—	—	—	—	—	—	—	—	—	—	—	—	—	—	—	—	—
			柴油	38118	34886	31654	31654	31654	31654	21322	10989	10989	7216	3444	3444	3444	3444	3201	2958	2958	2446	2275
			燃气	—	—	—	—	—	—	—	—	—	—	—	—	—	—	—	—	—	—	—
		其他	汽油	—	—	—	—	—	—	—	—	—	—	—	—	—	—	—	—	—	—	—
			柴油	2925	2768	2610	2610	2610	2610	1869	1128	1128	829	530	530	530	530	440	351	351	351	351
			燃气	—	—	—	—	—	—	—	—	—	—	—	—	—	—	—	—	—	—	—
	中型	公交车	汽油	—	—	—	—	—	—	—	—	—	—	—	—	—	—	—	—	—	—	—
			柴油	30592	30592	28032	22913	22913	17978	8108	8108	8108	6872	5637	5637	5637	5637	3504	1372	1372	1080	983
			燃气	—	—	—	—	—	—	—	—	—	—	—	—	—	—	—	—	—	—	—
		其他	汽油	—	—	—	—	—	—	—	—	—	—	—	—	—	—	—	—	—	—	—
			柴油	15274	15274	12888	8116	8116	6262	2553	2553	2553	2434	2316	2316	2316	2316	1366	415	415	399	394
			燃气	—	—	—	—	—	—	—	—	—	—	—	—	—	—	—	—	—	—	—
	大型	公交车	汽油	—	—	—	—	—	—	—	—	—	—	—	—	—	—	—	—	—	—	—
			柴油	94865	94865	93934	92071	92071	71272	29674	29674	29674	19994	10315	10315	10315	10315	6116	1916	1916	1845	1821
			燃气	—	—	—	—	—	—	—	—	—	—	—	—	—	—	—	—	—	—	—
		其他	汽油	—	—	—	—	—	—	—	—	—	—	—	—	—	—	—	—	—	—	—
			柴油	142314	142314	133412	115607	115607	85425	25061	25061	25061	17182	9303	9303	9303	9303	5868	2433	2433	2343	2313
			燃气	—	—	—	—	—	—	—	—	—	—	—	—	—	—	—	—	—	—	—
载货汽车	微型		汽油	—	—	—	—	—	—	—	—	—	—	—	—	—	—	—	—	—	—	—
			柴油	7510	7354	7199	7199	7199	7199	5852	4504	4504	3342	2181	2181	2181	2181	1373	565	565	563	562
			燃气	—	—	—	—	—	—	—	—	—	—	—	—	—	—	—	—	—	—	—
	轻型		汽油	—	—	—	—	—	—	—	—	—	—	—	—	—	—	—	—	—	—	—
			柴油	7810	7504	7199	7199	7199	7199	5852	4504	4504	3342	2181	2181	2181	2181	1644	1108	1108	915	851
			燃气	—	—	—	—	—	—	—	—	—	—	—	—	—	—	—	—	—	—	—
	中型		汽油	—	—	—	—	—	—	—	—	—	—	—	—	—	—	—	—	—	—	—
			柴油	40622	40622	34185	21311	21311	16446	6716	6716	6716	6362	6009	6009	6009	6009	3853	1697	1697	1554	1506
			燃气	—	—	—	—	—	—	—	—	—	—	—	—	—	—	—	—	—	—	—
	重型		汽油	—	—	—	—	—	—	—	—	—	—	—	—	—	—	—	—	—	—	—
			柴油	146771	146771	120635	68363	68363	54280	26114	26114	26114	17894	9675	9675	9675	9675	6507	3339	3339	2822	2650
			燃气	—	—	—	—	—	—	—	—	—	—	—	—	—	—	—	—	—	—	—
低速汽车	三轮汽车			4092	4092	4092	4092	4092	4092	4092	4092	4092	3220	3220	3220	3220	3220	3220	3220	3220	3220	3220
	低速货车			5581	5581	5581	5581	5581	5581	5581	5581	5581	4392	4392	4392	4392	4392	4392	4392	4392	4392	4392
摩托车	普通摩托车			—	—	—	—	—	—	—	—	—	—	—	—	—	—	—	—	—	—	—
	轻便摩托车			—	—	—	—	—	—	—	—	—	—	—	—	—	—	—	—	—	—	—

宁德市 VOCs 排放系数

单位：克/（辆·年）

车辆类型		使用性质	燃料种类	1999年年底前	2000年	2001年	2002年	2003年	2004年	2005年	2006年	2007年	2008年	2009年	2010年	2011年	2012年	2013年	2014年	2015年	2016年	2017年
载客汽车	微型	出租车	汽油	573776	341280	108785	108785	108785	108785	84278	59770	59770	49126	38481	38481	31690	24899	24899	24899	24899	17620	15194
			燃气	342542	206514	70487	70487	70487	70487	55020	39552	39552	32539	25526	25526	20289	15052	15052	15052	15052	9312	7399
		其他	汽油	31837	19920	8004	8004	8004	8004	7658	7311	7311	6422	5532	5532	5316	5099	5099	5099	5099	4464	4253
			燃气	14238	8026	1814	1814	1814	1814	1734	1654	1654	1236	817	817	732	648	648	648	648	441	372
	小型	出租车	汽油	573776	336600	99424	99424	99424	99424	92362	85300	85300	61890	38481	38481	31690	24899	24899	24899	24899	16660	13914
			柴油	183959	172564	161168	161168	161168	161168	143600	126032	126032	96019	66006	66006	66006	66006	48763	31520	31520	16622	11656
			燃气	342542	203776	65011	65011	65011	65011	59748	54486	54486	40006	25526	25526	20289	15052	15052	15052	15052	8750	6650
		其他	汽油	32243	20076	7910	7910	7910	7910	7820	7731	7731	6632	5534	5534	5292	5050	5050	5050	5050	4507	4326
			柴油	7452	6828	6205	6205	6205	6205	5256	4307	4307	3030	1752	1752	1752	1752	1450	1147	1147	775	651
			燃气	14475	8702	2929	2929	2929	2929	2414	1900	1900	1412	924	924	772	620	620	620	620	466	415
	中型	公交车	汽油	247633	247633	247633	247633	247036	168793	13500	13500	13500	13500	13500	13348	13197	13197	10770	8343	8343	8343	8343
			柴油	87806	87806	86086	82645	82645	64494	28192	28192	28192	20508	12823	12823	12823	12823	8958	5093	5093	4763	4653
			燃气	71579	71579	67602	59649	59649	57536	53311	53311	53311	42686	32061	32061	22219	22219	22154	22154	22154	22154	22154
		其他	汽油	128343	128343	128343	128343	127746	87424	7973	7973	7973	7973	7973	7828	7682	7682	6630	5579	5579	5579	5579
			柴油	30493	30493	28460	24394	24394	18567	6912	6912	6912	6506	6099	6099	6099	6099	3750	1402	1402	1243	1190
			燃气	34560	34560	32640	28800	28800	27780	25740	25740	25740	20623	15506	15506	10732	10732	9642	9642	9642	9642	9642
	大型	公交车	汽油	576941	576941	576941	576941	576344	388766	14804	14804	14804	14804	14804	14664	14524	14524	11758	8992	8992	8992	8992
			柴油	131708	131708	108010	60614	60614	60614	60614	60614	60614	43515	26416	26416	26416	26416	17675	8934	8934	5723	4653
			燃气	168926	168926	159541	140772	140772	135786	125815	125815	125815	100740	75665	75665	52438	52438	47188	47188	47188	47188	47188
		其他	汽油	1278239	1278239	1278239	1278239	1277642	860794	28291	28291	28291	28291	28291	22032	15773	15773	12582	9391	9391	9391	9391
			柴油	272891	272891	207397	76409	76409	76409	76409	76409	76409	55942	35476	35476	35476	35476	20706	5937	5937	5324	5119
			燃气	266186	266186	251398	221822	221822	213966	198253	198253	198253	158842	119430	119430	82662	82662	74261	74261	74261	74261	74261
载货汽车	微型		汽油	170404	93804	17204	17204	17204	17204	16050	14897	14897	13692	12486	12486	10502	8518	8518	8518	8518	7095	6621
			柴油	33398	31173	28948	28948	28948	28948	26214	23480	23480	17772	12065	12065	12065	12065	8459	4853	4853	3005	2389
			燃气	76207	40053	3899	3899	3899	3899	3635	3370	3370	2607	1844	1844	1463	1082	1082	1082	1082	705	579
	轻型		汽油	91153	56229	21305	21305	21305	21305	18580	15856	15856	14258	12659	12659	11162	9665	9665	9665	9665	8156	7653
			柴油	31308	30128	28948	28948	28948	28948	26214	23480	23480	17772	12065	12065	12065	12065	9058	6050	6050	4203	3587
			燃气	40922	24405	7889	7889	7889	7889	5893	3897	3897	3005	2114	2114	1650	1187	1187	1187	1187	847	734
	中型		汽油	352984	352984	352984	352984	352387	239719	15576	15576	15576	15576	15576	15436	15296	15296	12335	9374	9374	9374	9374
			柴油	82845	82845	77322	66276	66276	50443	18778	18778	18778	17682	16586	16586	16586	16586	12020	7455	7455	4436	3429
			燃气	93894	93894	88679	78247	78247	75474	69928	69928	69928	56048	42168	42168	57066	57066	27784	27784	27784	27784	27784
	重型		汽油	935607	935607	935607	935607	935010	630176	21705	21705	21705	21705	21705	17094	12482	12482	10146	7810	7810	7810	7810
			柴油	250884	250884	190672	70248	70248	70248	70248	70248	70248	51432	32615	32615	32615	32615	20778	8941	8941	6342	5475
			燃气	244720	244720	231125	203936	203936	196713	182267	182267	182267	146033	109798	109798	124487	124487	79425	79425	79425	79425	79425
低速汽车	三轮汽车			25300	25300	25300	25300	25300	25300	25300	25300	25300	16721	16721	16721	16721	16721	16721	16721	16721	16721	16721
	低速货车			33990	33990	33990	33990	33990	33990	33990	33990	33990	22464	22464	22464	22464	22464	22464	22464	22464	22464	22464
摩托车	普通摩托车			15768	15768	15768	15768	11768	7767	4158	4158	4158	4158	4158	3103	2048	2048	2048	2048	2048	2048	2048
	轻便摩托车			50993	50993	50993	50993	50993	10199	10199	5021	5021	5021	5021	3747	2473	2473	2473	2473	2473	2473	2473

南昌市 NO_x 排放系数

单位：克/（辆·年）

车辆类型		使用性质	燃料种类	1999 年年底前	2000 年	2001 年	2002 年	2003 年	2004 年	2005 年	2006 年	2007 年	2008 年	2009 年	2010 年	2011 年	2012 年	2013 年	2014 年	2015 年	2016 年	2017 年
载客汽车	微型	出租车	汽油	332506	224950	117393	117393	117393	117393	86719	56045	56045	41536	27028	27028	22446	17864	17864	17864	17864	11106	8854
			燃气	214487	146424	78362	78362	78362	78362	58426	38490	38490	28936	19381	19381	15908	12435	12435	12435	12435	7498	5853
		其他	汽油	33916	21279	8642	8642	8642	8642	5414	2186	2186	1776	1367	1367	1190	1012	1012	1012	1012	727	632
			燃气	20917	12462	4006	4006	4006	4006	2605	1204	1204	976	749	749	630	510	510	510	510	411	378
	小型	出租车	汽油	376254	249432	122611	122611	122611	122611	89730	56848	56848	41938	27028	27028	21615	16202	16202	16202	16202	9609	7411
			柴油	421251	352705	284159	284159	284159	284159	253800	223440	223440	177550	131659	131659	131659	131659	107428	83198	83198	64770	58627
			燃气	242091	161872	81654	81654	81654	81654	60325	38996	38996	29188	19381	19381	15384	11387	11387	11387	11387	6554	4943
		其他	汽油	31633	20201	8769	8769	8769	8769	5780	2792	2792	1928	1065	1065	1011	957	957	957	957	683	592
			柴油	30063	24561	19059	19059	19059	19059	17572	16085	16085	12611	9137	9137	9137	9137	7896	6655	6655	5924	5680
			燃气	19477	12424	5372	5372	5372	5372	3480	1587	1587	1072	558	558	517	476	476	476	476	384	353
	中型	公交车	汽油	338992	338992	338992	338992	338992	231588	16780	16780	16780	16780	16780	15049	13318	13318	10054	6790	6790	6790	6790
			柴油	379150	379150	378260	376479	376479	361517	331594	331594	331594	276202	220810	220810	220810	220810	180196	139583	139583	116862	109289
			燃气	402572	402572	397779	388194	388194	376153	352070	352070	352070	293018	233966	233966	147957	147957	115879	115879	115879	115879	115879
		其他	汽油	199580	199580	199580	199580	199580	135382	6985	6985	6985	6985	6985	6985	6985	6985	5239	3493	3493	3493	3493
			柴油	170744	170744	163616	149361	149361	148098	145572	145572	145572	123980	102387	102387	102387	102387	90910	79433	79433	67797	63918
			燃气	192806	192806	182094	160671	160671	159157	156129	156129	156129	132932	109736	109736	85480	85480	68662	68662	68662	68662	68662
	大型	公交车	汽油	1207658	1207658	1207658	1207658	1207658	830409	75910	75910	75910	75910	75910	75844	75777	75777	56833	37889	37889	37889	37889
			柴油	537748	537748	520371	485618	485618	471820	444223	444223	444223	436218	428213	428213	428213	428213	412772	397331	397331	358174	345122
			燃气	1081192	1081192	1021126	900994	900994	834134	700415	700415	700415	600126	499837	499837	465348	465348	403335	403335	403335	403335	403335
		其他	汽油	2767998	2767998	2767998	2767998	2767998	1903328	173988	173988	173988	173988	173988	167464	160939	160939	120833	80727	80727	80727	80727
			柴油	1236603	1236603	1204783	1141143	1141143	1114538	1061328	1061328	1061328	1023962	986595	986595	986595	986595	939243	891891	891891	789315	755123
			燃气	2301803	2301803	2173925	1918169	1918169	1775829	1491148	1491148	1491148	1278127	1065106	1065106	960907	960907	815244	815244	815244	815244	815244
载货汽车	微型		汽油	132035	78215	24395	24395	24395	24395	16624	8852	8852	7180	5509	5509	4860	4210	4210	4210	4210	3155	2803
			柴油	93218	76838	60458	60458	60458	60458	54506	48554	48554	41164	33774	33774	33774	33774	24690	15606	15606	13442	12720
			燃气	81430	46369	11308	11308	11308	11308	8092	4875	4875	3947	3018	3018	2570	2122	2122	2122	2122	1788	1676
	轻型		汽油	96900	62153	27406	27406	27406	27406	18540	9673	9673	8115	6557	6557	5440	4322	4322	4322	4322	3296	2954
			柴油	93547	77002	60458	60458	60458	60458	54506	48554	48554	41164	33774	33774	33774	33774	26931	20088	20088	18712	18253
			燃气	59663	38226	16789	16789	16789	16789	11144	5498	5498	4467	3435	3435	2793	2150	2150	2150	2150	1858	1761
	中型		汽油	193149	193149	193149	193149	193148	131864	9295	9295	9295	9295	9295	9295	9295	9295	6974	4653	4653	4653	4653
			柴油	359232	359232	322564	249229	249229	236990	212511	212511	212511	216265	220019	220019	220019	220019	193039	166059	166059	142992	135303
			燃气	405649	405649	359800	268101	268101	254708	227922	227922	227922	231867	235811	235811	178701	178701	145345	145345	145345	145345	145345
	重型		汽油	1710715	1710715	1710715	1710715	1710715	1176320	107531	107531	107531	107531	107531	103498	99466	99466	74679	49892	49892	49892	49892
			柴油	938471	938471	906438	842372	842372	811215	748900	748900	748900	718869	688838	688838	688838	688838	596816	504793	504793	334628	277906
			燃气	1746862	1746862	1636561	1415959	1415959	1294703	1052192	1052192	1052192	897923	743654	743654	543855	543855	300032	300032	300032	300032	300032
低速汽车	三轮汽车			65550	65550	65550	65550	65550	65550	65550	65550	65550	53279	53279	53279	53279	53279	53279	53279	53279	53279	53279
	低速货车			88065	88065	88065	88065	88065	88065	88065	88065	88065	71579	71579	71579	71579	71579	71579	71579	71579	71579	71579
摩托车	普通摩托车			1150	1150	1150	1150	1112	1074	997	997	997	997	997	886	774	774	774	774	774	774	774
	轻便摩托车			767	767	767	767	767	383	383	383	383	383	383	340	298	298	298	298	298	298	298

南昌市 PM 排放系数

单位：克/（辆·年）

车辆类型		使用性质	燃料种类	1999 年年底前	2000 年	2001 年	2002 年	2003 年	2004 年	2005 年	2006 年	2007 年	2008 年	2009 年	2010 年	2011 年	2012 年	2013 年	2014 年	2015 年	2016 年	2017 年
载客汽车	微型	出租车	汽油	—	—	—	—	—	—	—	—	—	—	—	—	—	—	—	—	—	—	—
			燃气	—	—	—	—	—	—	—	—	—	—	—	—	—	—	—	—	—	—	—
		其他	汽油	—	—	—	—	—	—	—	—	—	—	—	—	—	—	—	—	—	—	—
			燃气	—	—	—	—	—	—	—	—	—	—	—	—	—	—	—	—	—	—	—
	小型	出租车	汽油	—	—	—	—	—	—	—	—	—	—	—	—	—	—	—	—	—	—	—
			柴油	54524	49952	45380	45380	45380	45380	30940	16501	16501	10770	5040	5040	5040	5040	4684	4329	4329	3580	3330
			燃气	—	—	—	—	—	—	—	—	—	—	—	—	—	—	—	—	—	—	—
		其他	汽油	—	—	—	—	—	—	—	—	—	—	—	—	—	—	—	—	—	—	—
			柴油	4214	3988	3763	3763	3763	3763	2710	1658	1658	1216	773	773	773	773	645	517	517	517	517
			燃气	—	—	—	—	—	—	—	—	—	—	—	—	—	—	—	—	—	—	—
	中型	公交车	汽油	—	—	—	—	—	—	—	—	—	—	—	—	—	—	—	—	—	—	—
			柴油	31857	31857	29192	23861	23861	18722	8443	8443	8443	7156	5870	5870	5870	5870	3649	1428	1428	1124	1023
			燃气	—	—	—	—	—	—	—	—	—	—	—	—	—	—	—	—	—	—	—
		其他	汽油	—	—	—	—	—	—	—	—	—	—	—	—	—	—	—	—	—	—	—
			柴油	15274	15274	12888	8116	8116	6262	2553	2553	2553	2434	2316	2316	2316	2316	1366	415	415	399	394
			燃气	—	—	—	—	—	—	—	—	—	—	—	—	—	—	—	—	—	—	—
	大型	公交车	汽油	—	—	—	—	—	—	—	—	—	—	—	—	—	—	—	—	—	—	—
			柴油	98788	98788	97818	95878	95878	74219	30901	30901	30901	20821	10741	10741	10741	10741	6368	1995	1995	1921	1896
			燃气	—	—	—	—	—	—	—	—	—	—	—	—	—	—	—	—	—	—	—
		其他	汽油	—	—	—	—	—	—	—	—	—	—	—	—	—	—	—	—	—	—	—
			柴油	142314	142314	133412	115607	115607	85425	25061	25061	25061	17182	9303	9303	9303	9303	5868	2433	2433	2343	2313
			燃气	—	—	—	—	—	—	—	—	—	—	—	—	—	—	—	—	—	—	—
载货汽车	微型		汽油	—	—	—	—	—	—	—	—	—	—	—	—	—	—	—	—	—	—	—
			柴油	10439	10223	10007	10007	10007	10007	8179	6351	6351	4714	3076	3076	3076	3076	1936	797	797	793	792
			燃气	—	—	—	—	—	—	—	—	—	—	—	—	—	—	—	—	—	—	—
	轻型		汽油	—	—	—	—	—	—	—	—	—	—	—	—	—	—	—	—	—	—	—
			柴油	10856	10432	10007	10007	10007	10007	8179	6351	6351	4714	3076	3076	3076	3076	2320	1563	1563	1291	1200
			燃气	—	—	—	—	—	—	—	—	—	—	—	—	—	—	—	—	—	—	—
	中型		汽油	—	—	—	—	—	—	—	—	—	—	—	—	—	—	—	—	—	—	—
			柴油	30142	30142	25366	15813	15813	12215	5019	5019	5019	4754	4490	4490	4490	4490	2879	1268	1268	1161	1125
			燃气	—	—	—	—	—	—	—	—	—	—	—	—	—	—	—	—	—	—	—
	重型		汽油	—	—	—	—	—	—	—	—	—	—	—	—	—	—	—	—	—	—	—
			柴油	115909	115909	95269	53988	53988	42866	20623	20623	20623	14132	7641	7641	7641	7641	5184	2728	2728	2306	2165
			燃气	—	—	—	—	—	—	—	—	—	—	—	—	—	—	—	—	—	—	—
低速汽车	三轮汽车			4092	4092	4092	4092	4092	4092	4092	4092	4092	3220	3220	3220	3220	3220	3220	3220	3220	3220	3220
	低速货车			5581	5581	5581	5581	5581	5581	5581	5581	5581	4392	4392	4392	4392	4392	4392	4392	4392	4392	4392
摩托车	普通摩托车			—	—	—	—	—	—	—	—	—	—	—	—	—	—	—	—	—	—	—
	轻便摩托车			—	—	—	—	—	—	—	—	—	—	—	—	—	—	—	—	—	—	—

南昌市 VOCs 排放系数

单位：克/（辆 • 年）

车辆类型		使用性质	燃料种类	1999 年年底前	2000 年	2001 年	2002 年	2003 年	2004 年	2005 年	2006 年	2007 年	2008 年	2009 年	2010 年	2011 年	2012 年	2013 年	2014 年	2015 年	2016 年	2017 年
载客汽车	微型	出租车	汽油	772756	459322	145888	145888	145888	145888	109466	73043	73043	60126	47208	47208	39187	31166	31166	31166	31166	22345	19405
			燃气	423059	255302	87544	87544	87544	87544	66604	45665	45665	37729	29793	29793	23913	18033	18033	18033	18033	11412	9205
		其他	汽油	43694	26556	9417	9417	9417	9417	9012	8606	8606	7480	6353	6353	6090	5826	5826	5826	5826	4996	4719
			燃气	19141	10744	2348	2348	2348	2348	2241	2134	2134	1604	1073	1073	1002	932	932	932	932	656	564
	小型	出租车	汽油	772756	451896	131035	131035	131035	131035	121464	111892	111892	79550	47208	47208	39187	31166	31166	31166	31166	20940	17531
			柴油	216099	203345	190591	190591	190591	190591	173030	155469	155469	114156	72842	72842	72842	72842	53994	35147	35147	19646	14479
			燃气	423059	251332	79605	79605	79605	79605	73018	66430	66430	48112	29793	29793	23913	18033	18033	18033	18033	10660	8203
		其他	汽油	44302	26784	9266	9266	9266	9266	9264	9261	9261	7808	6356	6356	6048	5740	5740	5740	5740	5052	4823
			柴油	10205	9319	8433	8433	8433	8433	7192	5950	5950	4032	2113	2113	2113	2113	1798	1483	1483	1079	944
			燃气	19466	11726	3987	3987	3987	3987	3236	2484	2484	1862	1239	1239	1062	886	886	886	886	686	620
	中型	公交车	汽油	257644	257644	257644	257644	257047	175600	13899	13899	13899	13899	13899	13747	13595	13595	11068	8541	8541	8541	8541
			柴油	91436	91436	89645	86063	86063	67161	29358	29358	29358	21356	13354	13354	13354	13354	9328	5303	5303	4960	4846
			燃气	74539	74539	70398	62116	62116	59916	55516	55516	55516	44452	33387	33387	23138	23138	23070	23070	23070	23070	23070
		其他	汽油	128341	128341	128341	128341	127744	87422	7971	7971	7971	7971	7971	7826	7680	7680	6628	5577	5577	5577	5577
			柴油	30493	30493	28460	24394	24394	18567	6912	6912	6912	6506	6099	6099	6099	6099	3750	1402	1402	1243	1190
			燃气	34560	34560	32640	28800	28800	27780	25740	25740	25740	20623	15506	15506	10732	10732	9642	9642	9642	9642	9642
	大型	公交车	汽油	600569	600569	600569	600569	599972	404669	15257	15257	15257	15257	15257	15117	14977	14977	12098	9218	9218	9218	9218
			柴油	137155	137155	112477	63120	63120	63120	63120	63120	63120	45314	27508	27508	27508	27508	18406	9304	9304	5960	4846
			燃气	175912	175912	166139	146593	146593	141401	131018	131018	131018	104906	78794	78794	54606	54606	49139	49139	49139	49139	49139
		其他	汽油	1278237	1278237	1278237	1278237	1277640	860792	28289	28289	28289	28289	28289	22030	15771	15771	12580	9390	9390	9390	9390
			柴油	272891	272891	207397	76409	76409	76409	76409	76409	76409	55942	35476	35476	35476	35476	20706	5937	5937	5324	5119
			燃气	266186	266186	251398	221822	221822	213966	198253	198253	198253	158842	119430	119430	82662	82662	74261	74261	74261	74261	74261
载货汽车	微型		汽油	266231	143532	20832	20832	20832	20832	19626	18421	18421	17005	15589	15589	12903	10217	10217	10217	10217	8743	8252
			柴油	41185	38468	35752	35752	35752	35752	32812	29871	29871	22014	14158	14158	14158	14158	9721	5284	5284	3674	3137
			燃气	116628	60911	5194	5194	5194	5194	4881	4568	4568	3600	2633	2633	2134	1634	1634	1634	1634	1148	986
	轻型		汽油	138261	82857	27453	27453	27453	27453	23712	19970	19970	17920	15869	15869	13968	12068	12068	12068	12068	10456	9919
			柴油	37776	36764	35752	35752	35752	35752	32812	29871	29871	22014	14158	14158	14158	14158	10704	7249	7249	5639	5102
			燃气	60751	36282	11813	11813	11813	11813	8584	5356	5356	4225	3093	3093	2478	1863	1863	1863	1863	1422	1275
	中型		汽油	258018	258018	258018	258018	257421	175336	12360	12360	12360	12360	12360	12220	12080	12080	9924	7768	7768	7768	7768
			柴油	60895	60895	56835	48716	48716	37078	13803	13803	13803	13000	12197	12197	12197	12197	8840	5482	5482	3262	2522
			燃气	69017	69017	65183	57515	57515	55477	51402	51402	51402	41206	31009	31009	41963	41963	20435	20435	20435	20435	20435
	重型		汽油	817948	817948	817948	817948	817350	550982	19441	19441	19441	19441	19441	15395	11349	11349	9306	7264	7264	7264	7264
			柴油	205293	205293	156023	57482	57482	57482	57482	57482	57482	42085	26688	26688	26688	26688	16791	6894	6894	4797	4098
			燃气	200249	200249	189124	166875	166875	160965	149144	149144	149144	119495	89845	89845	95986	95986	59449	59449	59449	59449	59449
低速汽车	三轮汽车			25300	25300	25300	25300	25300	25300	25300	25300	25300	16721	16721	16721	16721	16721	16721	16721	16721	16721	16721
	低速货车			33990	33990	33990	33990	33990	33990	33990	33990	33990	22464	22464	22464	22464	22464	22464	22464	22464	22464	22464
摩托车	普通摩托车			15413	15413	15413	15413	11502	7591	4064	4064	4064	4064	4064	3032	2001	2001	2001	2001	2001	2001	2001
	轻便摩托车			49842	49842	49842	49842	49842	9968	9968	4908	4908	4908	4908	3662	2417	2417	2417	2417	2417	2417	2417

景德镇市 NO_x 排放系数

单位：克/（辆·年）

车辆类型		使用性质	燃料种类	1999年年底前	2000年	2001年	2002年	2003年	2004年	2005年	2006年	2007年	2008年	2009年	2010年	2011年	2012年	2013年	2014年	2015年	2016年	2017年
载客汽车	微型	出租车	汽油	241596	162364	83131	83131	83131	83131	61196	39262	39262	28974	18687	18687	15356	12026	12026	12026	12026	7535	6038
			燃气	162767	110040	57314	57314	57314	57314	42431	27548	27548	20526	13503	13503	11000	8496	8496	8496	8496	5226	4136
		其他	汽油	31545	19782	8019	8019	8019	8019	5042	2066	2066	1683	1300	1300	1099	898	898	898	898	633	545
			燃气	20460	12180	3900	3900	3900	3900	2538	1176	1176	956	735	735	596	457	457	457	457	369	340
	小型	出租车	汽油	273685	180294	86902	86902	86902	86902	63372	39842	39842	29264	18687	18687	14802	10917	10917	10917	10917	6518	5051
			柴油	295451	246880	198310	198310	198310	198310	176806	155302	155302	123022	90742	90742	90742	90742	74180	57619	57619	44715	40414
			燃气	184119	121971	59823	59823	59823	59823	43878	27934	27934	20718	13503	13503	10630	7758	7758	7758	7758	4549	3479
		其他	汽油	29428	18782	8136	8136	8136	8136	5380	2624	2624	1822	1020	1020	936	852	852	852	852	596	511
			柴油	26502	21679	16856	16856	16856	16856	15527	14198	14198	11112	8025	8025	8025	8025	6926	5828	5828	5098	4854
			燃气	19051	12138	5226	5226	5226	5226	3387	1548	1548	1048	549	549	488	427	427	427	427	344	317
	中型	公交车	汽油	325636	325636	325636	325636	325636	222464	16119	16119	16119	16119	16119	14456	12793	12793	9658	6523	6523	6523	6523
			柴油	364181	364181	363326	361615	361615	347244	318502	318502	318502	265297	212092	212092	212092	212092	173082	134072	134072	112248	104974
			燃气	386678	386678	382075	372868	372868	361302	338170	338170	338170	281450	224729	224729	142115	142115	111304	111304	111304	111304	111304
		其他	汽油	199645	199645	199645	199645	199645	135426	6988	6988	6988	6988	6988	6988	6988	6988	5241	3494	3494	3494	3494
			柴油	170784	170784	163655	149397	149397	148134	145607	145607	145607	124009	102411	102411	102411	102411	90932	79452	79452	67814	63934
			燃气	192851	192851	182137	160710	160710	159195	156166	156166	156166	132964	109762	109762	85500	85500	68679	68679	68679	68679	68679
	大型	公交车	汽油	1160079	1160079	1160079	1160079	1160079	797692	72919	72919	72919	72919	72919	72855	72791	72791	54594	36397	36397	36397	36397
			柴油	516517	516517	499826	466445	466445	453192	426685	426685	426685	418996	411306	411306	411306	411306	396475	381644	381644	344033	331496
			燃气	1038505	1038505	980810	865421	865421	801201	672762	672762	672762	576432	480103	480103	446976	446976	387411	387411	387411	387411	387411
		其他	汽油	2768898	2768898	2768898	2768898	2768898	1903947	174045	174045	174045	174045	174045	167518	160992	160992	120872	80753	80753	80753	80753
			柴油	1236897	1236897	1205069	1141414	1141414	1114803	1061581	1061581	1061581	1024205	986829	986829	986829	986829	939466	892103	892103	789502	755302
			燃气	2302350	2302350	2174442	1918625	1918625	1776251	1491503	1491503	1491503	1278431	1065359	1065359	961135	961135	815438	815438	815438	815438	815438
载货汽车	微型		汽油	110012	65218	20424	20424	20424	20424	13884	7345	7345	5948	4551	4551	4036	3520	3520	3520	3520	2649	2359
			柴油	74398	61290	48183	48183	48183	48183	43405	38627	38627	32711	26795	26795	26795	26795	19597	12399	12399	10688	10118
			燃气	71353	40643	9933	9933	9933	9933	7057	4181	4181	3377	2573	2573	2182	1791	1791	1791	1791	1552	1472
	轻型		汽油	81791	52382	22972	22972	22972	22972	15506	8040	8040	6739	5438	5438	4526	3615	3615	3615	3615	2770	2488
			柴油	74662	61422	48183	48183	48183	48183	43405	38627	38627	32711	26795	26795	26795	26795	21382	15968	15968	14886	14525
			燃气	52950	33853	14756	14756	14756	14756	9749	4743	4743	3835	2927	2927	2369	1812	1812	1812	1812	1611	1543
	中型		汽油	193149	193149	193149	193149	193148	131864	9295	9295	9295	9295	9295	9295	9295	9295	6974	4653	4653	4653	4653
			柴油	359232	359232	322564	249229	249229	236990	212511	212511	212511	216265	220019	220019	220019	220019	193039	166059	166059	142992	135303
			燃气	405648	405648	359799	268102	268102	254708	227922	227922	227922	231867	235812	235812	178700	178700	145345	145345	145345	145345	145345
	重型		汽油	2167561	2167561	2167561	2167561	2167561	1490456	136247	136247	136247	136247	136247	131138	126028	126028	94622	63216	63216	63216	63216
			柴油	1165517	1165517	1125734	1046168	1046168	1007473	930082	930082	930082	892786	855489	855489	855489	855489	754760	654030	654030	448222	379619
			燃气	2169484	2169484	2032497	1758524	1758524	1607932	1306749	1306749	1306749	1115158	923567	923567	704640	704640	409844	409844	409844	409844	409844
低速汽车	三轮汽车			65550	65550	65550	65550	65550	65550	65550	65550	65550	53279	53279	53279	53279	53279	53279	53279	53279	53279	53279
	低速货车			88065	88065	88065	88065	88065	88065	88065	88065	88065	71579	71579	71579	71579	71579	71579	71579	71579	71579	71579
摩托车	普通摩托车			1150	1150	1150	1150	1112	1074	997	997	997	997	997	886	774	774	774	774	774	774	774
	轻便摩托车			767	767	767	767	767	383	383	383	383	383	383	340	298	298	298	298	298	298	298

景德镇市 PM 排放系数

单位：克/（辆·年）

车辆类型		使用性质	燃料种类	1999 年年底前	2000 年	2001 年	2002 年	2003 年	2004 年	2005 年	2006 年	2007 年	2008 年	2009 年	2010 年	2011 年	2012 年	2013 年	2014 年	2015 年	2016 年	2017 年
载客汽车	微型	出租车	汽油	—	—	—	—	—	—	—	—	—	—	—	—	—	—	—	—	—	—	—
			燃气	—	—	—	—	—	—	—	—	—	—	—	—	—	—	—	—	—	—	—
		其他	汽油	—	—	—	—	—	—	—	—	—	—	—	—	—	—	—	—	—	—	—
			燃气	—	—	—	—	—	—	—	—	—	—	—	—	—	—	—	—	—	—	—
	小型	出租车	汽油	—	—	—	—	—	—	—	—	—	—	—	—	—	—	—	—	—	—	—
			柴油	40518	37112	33705	33705	33705	33705	23038	12372	12372	8054	3735	3735	3735	3735	3471	3207	3207	2652	2467
			燃气	—	—	—	—	—	—	—	—	—	—	—	—	—	—	—	—	—	—	—
		其他	汽油	—	—	—	—	—	—	—	—	—	—	—	—	—	—	—	—	—	—	—
			柴油	3872	3664	3457	3457	3457	3457	2491	1525	1525	1116	707	707	707	707	593	479	479	479	479
			燃气	—	—	—	—	—	—	—	—	—	—	—	—	—	—	—	—	—	—	—
	中型	公交车	汽油	—	—	—	—	—	—	—	—	—	—	—	—	—	—	—	—	—	—	—
			柴油	30592	30592	28032	22913	22913	17978	8108	8108	8108	6872	5637	5637	5637	5637	3504	1372	1372	1080	983
			燃气	—	—	—	—	—	—	—	—	—	—	—	—	—	—	—	—	—	—	—
		其他	汽油	—	—	—	—	—	—	—	—	—	—	—	—	—	—	—	—	—	—	—
			柴油	15274	15274	12888	8116	8116	6262	2553	2553	2553	2434	2316	2316	2316	2316	1366	415	415	399	394
			燃气	—	—	—	—	—	—	—	—	—	—	—	—	—	—	—	—	—	—	—
	大型	公交车	汽油	—	—	—	—	—	—	—	—	—	—	—	—	—	—	—	—	—	—	—
			柴油	94865	94865	93934	92071	92071	71272	29674	29674	29674	19994	10315	10315	10315	10315	6116	1916	1916	1845	1821
			燃气	—	—	—	—	—	—	—	—	—	—	—	—	—	—	—	—	—	—	—
		其他	汽油	—	—	—	—	—	—	—	—	—	—	—	—	—	—	—	—	—	—	—
			柴油	142314	142314	133412	115607	115607	85425	25061	25061	25061	17182	9303	9303	9303	9303	5868	2433	2433	2343	2313
			燃气	—	—	—	—	—	—	—	—	—	—	—	—	—	—	—	—	—	—	—
载货汽车	微型		汽油	—	—	—	—	—	—	—	—	—	—	—	—	—	—	—	—	—	—	—
			柴油	9067	8880	8692	8692	8692	8692	7082	5472	5472	4061	2650	2650	2650	2650	1668	687	687	684	683
			燃气	—	—	—	—	—	—	—	—	—	—	—	—	—	—	—	—	—	—	—
	轻型		汽油	—	—	—	—	—	—	—	—	—	—	—	—	—	—	—	—	—	—	—
			柴油	9430	9061	8692	8692	8692	8692	7082	5472	5472	4061	2650	2650	2650	2650	1998	1347	1347	1112	1034
			燃气	—	—	—	—	—	—	—	—	—	—	—	—	—	—	—	—	—	—	—
	中型		汽油	—	—	—	—	—	—	—	—	—	—	—	—	—	—	—	—	—	—	—
			柴油	30142	30142	25366	15813	15813	12215	5019	5019	5019	4754	4490	4490	4490	4490	2879	1268	1268	1161	1125
			燃气	—	—	—	—	—	—	—	—	—	—	—	—	—	—	—	—	—	—	—
	重型		汽油	—	—	—	—	—	—	—	—	—	—	—	—	—	—	—	—	—	—	—
			柴油	152417	152417	125275	70992	70992	56368	27119	27119	27119	18584	10048	10048	10048	10048	6754	3461	3461	2925	2746
			燃气	—	—	—	—	—	—	—	—	—	—	—	—	—	—	—	—	—	—	—
低速汽车	三轮汽车			4092	4092	4092	4092	4092	4092	4092	4092	4092	3220	3220	3220	3220	3220	3220	3220	3220	3220	3220
	低速货车			5581	5581	5581	5581	5581	5581	5581	5581	5581	4392	4392	4392	4392	4392	4392	4392	4392	4392	4392
摩托车	普通摩托车			—	—	—	—	—	—	—	—	—	—	—	—	—	—	—	—	—	—	—
	轻便摩托车			—	—	—	—	—	—	—	—	—	—	—	—	—	—	—	—	—	—	—

景德镇市 VOCs 排放系数

单位：克/（辆·年）

车辆类型		使用性质	燃料种类	1999 年年底前	2000 年	2001 年	2002 年	2003 年	2004 年	2005 年	2006 年	2007 年	2008 年	2009 年	2010 年	2011 年	2012 年	2013 年	2014 年	2015 年	2016 年	2017 年
载客汽车	微型	出租车	汽油	558273	332117	105961	105961	105961	105961	79654	53346	53346	43862	34378	34378	28662	22947	22947	22947	22947	16498	14348
			燃气	307703	185112	62522	62522	62522	62522	47336	32149	32149	26392	20636	20636	16501	12366	12366	12366	12366	7696	6140
		其他	汽油	40773	25075	9377	9377	9377	9377	8996	8615	8615	7528	6442	6442	6176	5909	5909	5909	5909	5112	4846
			燃气	17671	9928	2186	2186	2186	2186	2092	1997	1997	1491	985	985	902	819	819	819	819	559	472
	小型	出租车	汽油	558273	326668	95064	95064	95064	95064	88586	82107	82107	58242	34378	34378	28662	22947	22947	22947	22947	15576	13119
			柴油	149719	140989	132259	132259	132259	132259	119826	107394	107394	78440	49487	49487	49487	49487	36722	23957	23957	13566	10103
			燃气	307703	182156	56609	56609	56609	56609	52183	47757	47757	34196	20636	20636	16501	12366	12366	12366	12366	7196	5473
		其他	汽油	41324	25282	9241	9241	9241	9241	9226	9211	9211	7828	6445	6445	6140	5836	5836	5836	5836	5165	4941
			柴油	9432	8619	7806	7806	7806	7806	6616	5426	5426	3702	1978	1978	1978	1978	1676	1375	1375	988	859
			燃气	17970	10828	3685	3685	3685	3685	3003	2321	2321	1727	1133	1133	956	779	779	779	779	588	524
	中型	公交车	汽油	247943	247943	247943	247943	247346	169103	13811	13811	13811	13811	13811	13660	13508	13508	11080	8653	8653	8653	8653
			柴油	87806	87806	86086	82645	82645	64494	28192	28192	28192	20508	12823	12823	12823	12823	8958	5093	5093	4763	4653
			燃气	71579	71579	67602	59649	59649	57536	53311	53311	53311	42686	32061	32061	22219	22219	22154	22154	22154	22154	22154
		其他	汽油	128653	128653	128653	128653	128056	87734	8283	8283	8283	8283	8283	8138	7992	7992	6941	5890	5890	5890	5890
			柴油	30493	30493	28460	24394	24394	18567	6912	6912	6912	6506	6099	6099	6099	6099	3750	1402	1402	1243	1190
			燃气	34560	34560	32640	28800	28800	27780	25740	25740	25740	20623	15506	15506	10732	10732	9642	9642	9642	9642	9642
	大型	公交车	汽油	577251	577251	577251	577251	576654	389076	15115	15115	15115	15115	15115	14975	14835	14835	12069	9303	9303	9303	9303
			柴油	131708	131708	108010	60614	60614	60614	60614	60614	60614	43515	26416	26416	26416	26416	17675	8934	8934	5723	4653
			燃气	168926	168926	159541	140772	140772	135786	125815	125815	125815	100740	75665	75665	52438	52438	47188	47188	47188	47188	47188
		其他	汽油	1278549	1278549	1278549	1278549	1277952	861104	28601	28601	28601	28601	28601	22342	16083	16083	12892	9702	9702	9702	9702
			柴油	272891	272891	207397	76409	76409	76409	76409	76409	76409	55942	35476	35476	35476	35476	20706	5937	5937	5324	5119
			燃气	266186	266186	251398	221822	221822	213966	198253	198253	198253	158842	119430	119430	82662	82662	74261	74261	74261	74261	74261
载货汽车	微型		汽油	221693	119952	18210	18210	18210	18210	17204	16197	16197	14996	13795	13795	11603	9411	9411	9411	9411	8171	7758
			柴油	32827	30669	28511	28511	28511	28511	26176	23842	23842	17546	11249	11249	11249	11249	7727	4205	4205	2944	2524
			燃气	96082	50163	4245	4245	4245	4245	4000	3755	3755	2932	2109	2109	1707	1304	1304	1304	1304	893	756
	轻型		汽油	115820	69754	23688	23688	23688	23688	20584	17479	17479	15752	14026	14026	12484	10942	10942	10942	10942	9589	9138
			柴油	30070	29290	28511	28511	28511	28511	26176	23842	23842	17546	11249	11249	11249	11249	8520	5792	5792	4530	4110
			燃气	50365	29906	9446	9446	9446	9446	6925	4404	4404	3435	2466	2466	1963	1461	1461	1461	1461	1092	969
	中型		汽油	258330	258330	258330	258330	257733	175648	12672	12672	12672	12672	12672	12532	12392	12392	10236	8080	8080	8080	8080
			柴油	60895	60895	56835	48716	48716	37078	13803	13803	13803	13000	12197	12197	12197	12197	8840	5482	5482	3262	2522
			燃气	69017	69017	65183	57515	57515	55477	51402	51402	51402	41206	31009	31009	41963	41963	20435	20435	20435	20435	20435
	重型		汽油	1041491	1041491	1041491	1041491	1040894	701546	24046	24046	24046	24046	24046	18927	13808	13808	11208	8609	8609	8609	8609
			柴油	251568	251568	191192	70439	70439	70439	70439	70439	70439	51572	32704	32704	32704	32704	20661	8618	8618	6606	5935
			燃气	245387	245387	231755	204491	204491	197248	182763	182763	182763	146431	110098	110098	119990	119990	86099	86099	86099	86099	86099
低速汽车	三轮汽车			25300	25300	25300	25300	25300	25300	25300	25300	25300	16721	16721	16721	16721	16721	16721	16721	16721	16721	16721
	低速货车			33990	33990	33990	33990	33990	33990	33990	33990	33990	22464	22464	22464	22464	22464	22464	22464	22464	22464	22464
摩托车	普通摩托车			15413	15413	15413	15413	11502	7591	4064	4064	4064	4064	4064	3032	2001	2001	2001	2001	2001	2001	2001
	轻便摩托车			49842	49842	49842	49842	49842	9968	9968	4908	4908	4908	4908	3662	2417	2417	2417	2417	2417	2417	2417

萍乡市 NO_x 排放系数

单位：克/（辆·年）

车辆类型		使用性质	燃料种类	1999 年年底前	2000 年	2001 年	2002 年	2003 年	2004 年	2005 年	2006 年	2007 年	2008 年	2009 年	2010 年	2011 年	2012 年	2013 年	2014 年	2015 年	2016 年	2017 年
载客汽车	微型	出租车	汽油	241594	162362	83131	83131	83131	83131	61196	39262	39262	28974	18687	18687	15356	12026	12026	12026	12026	7535	6038
			燃气	162767	110040	57314	57314	57314	57314	42431	27548	27548	20526	13503	13503	11000	8496	8496	8496	8496	5226	4136
		其他	汽油	31545	19782	8019	8019	8019	8019	5042	2066	2066	1683	1300	1300	1099	898	898	898	898	633	545
			燃气	20460	12180	3900	3900	3900	3900	2538	1176	1176	956	735	735	596	457	457	457	457	369	340
	小型	出租车	汽油	273683	180292	86902	86902	86902	86902	63372	39841	39841	29264	18687	18687	14802	10917	10917	10917	10917	6518	5051
			柴油	295450	246880	198310	198310	198310	198310	176806	155301	155301	123022	90742	90742	90742	90742	74180	57619	57619	44715	40414
			燃气	184119	121971	59823	59823	59823	59823	43878	27934	27934	20718	13503	13503	10630	7758	7758	7758	7758	4549	3479
		其他	汽油	29428	18782	8136	8136	8136	8136	5380	2624	2624	1822	1020	1020	936	852	852	852	852	596	511
			柴油	26502	21679	16856	16856	16856	16856	15527	14198	14198	11112	8025	8025	8025	8025	6926	5828	5828	5098	4854
			燃气	19051	12138	5226	5226	5226	5226	3387	1548	1548	1048	549	549	488	427	427	427	427	344	317
	中型	公交车	汽油	325633	325633	325633	325633	325633	222462	16119	16119	16119	16119	16119	14456	12793	12793	9658	6523	6523	6523	6523
			柴油	364178	364178	363323	361613	361613	347242	318500	318500	318500	265295	212090	212090	212090	212090	173080	134071	134071	112248	104973
			燃气	386675	386675	382072	372865	372865	361299	338168	338168	338168	281448	224727	224727	142114	142114	111303	111303	111303	111303	111303
		其他	汽油	199643	199643	199643	199643	199643	135424	6987	6987	6987	6987	6987	6987	6987	6987	5240	3494	3494	3494	3494
			柴油	170783	170783	163654	149396	149396	148133	145606	145606	145606	124008	102411	102411	102411	102411	90932	79452	79452	67813	63933
			燃气	192850	192850	182136	160708	160708	159193	156164	156164	156164	132962	109761	109761	85499	85499	68678	68678	68678	68678	68678
	大型	公交车	汽油	1160067	1160067	1160067	1160067	1160067	797684	72919	72919	72919	72919	72919	72855	72791	72791	54594	36396	36396	36396	36396
			柴油	516513	516513	499823	466442	466442	453188	426681	426681	426681	418992	411303	411303	411303	411303	396472	381641	381641	344031	331494
			燃气	1038497	1038497	980803	865414	865414	801195	672757	672757	672757	576428	480099	480099	446972	446972	387408	387408	387408	387408	387408
		其他	汽油	2768869	2768869	2768869	2768869	2768869	1903927	174043	174043	174043	174043	174043	167516	160990	160990	120872	80753	80753	80753	80753
			柴油	1236888	1236888	1205060	1141405	1141405	1114794	1061572	1061572	1061572	1024196	986821	986821	986821	986821	939459	892097	892097	789496	755296
			燃气	2302333	2302333	2174426	1918611	1918611	1776238	1491491	1491491	1491491	1278421	1065351	1065351	961128	961128	815432	815432	815432	815432	815432
载货汽车	微型		汽油	110011	65218	20424	20424	20424	20424	13884	7345	7345	5948	4551	4551	4036	3520	3520	3520	3520	2649	2359
			柴油	74398	61290	48183	48183	48183	48183	43405	38627	38627	32711	26795	26795	26795	26795	19596	12398	12398	10688	10118
			燃气	71353	40643	9933	9933	9933	9933	7057	4181	4181	3377	2573	2573	2182	1791	1791	1791	1791	1552	1472
	轻型		汽油	81790	52380	22971	22971	22971	22971	15506	8040	8040	6739	5438	5438	4526	3615	3615	3615	3615	2770	2488
			柴油	74662	61422	48183	48183	48183	48183	43405	38627	38627	32711	26795	26795	26795	26795	21382	15968	15968	14886	14525
			燃气	52949	33852	14755	14755	14755	14755	9749	4743	4743	3835	2927	2927	2369	1812	1812	1812	1812	1611	1543
	中型		汽油	193149	193149	193149	193149	193148	131864	9295	9295	9295	9295	9295	9295	9295	9295	6974	4653	4653	4653	4653
			柴油	359232	359232	322564	249229	249229	236990	212511	212511	212511	216265	220019	220019	220019	220019	193039	166059	166059	142992	135303
			燃气	405649	405649	359799	268100	268100	254707	227920	227920	227920	231865	235810	235810	178698	178698	145345	145345	145345	145345	145345
	重型		汽油	2167561	2167561	2167561	2167561	2167561	1490456	136247	136247	136247	136247	136247	131138	126028	126028	94622	63216	63216	63216	63216
			柴油	1165517	1165517	1125734	1046168	1046168	1007473	930082	930082	930082	892786	855489	855489	855489	855489	754760	654030	654030	448222	379619
			燃气	2169484	2169484	2032497	1758525	1758525	1607933	1306750	1306750	1306750	1115159	923568	923568	704639	704639	409844	409844	409844	409844	409844
低速汽车	三轮汽车			65550	65550	65550	65550	65550	65550	65550	65550	65550	53279	53279	53279	53279	53279	53279	53279	53279	53279	53279
	低速货车			88065	88065	88065	88065	88065	88065	88065	88065	88065	71579	71579	71579	71579	71579	71579	71579	71579	71579	71579
摩托车	普通摩托车			1150	1150	1150	1150	1112	1074	997	997	997	997	997	886	774	774	774	774	774	774	774
	轻便摩托车			767	767	767	767	767	383	383	383	383	383	383	340	298	298	298	298	298	298	298

萍乡市 PM 排放系数

单位：克/（辆•年）

车辆类型		使用性质	燃料种类	1999 年年底前	2000 年	2001 年	2002 年	2003 年	2004 年	2005 年	2006 年	2007 年	2008 年	2009 年	2010 年	2011 年	2012 年	2013 年	2014 年	2015 年	2016 年	2017 年
载客汽车	微型	出租车	汽油	—	—	—	—	—	—	—	—	—	—	—	—	—	—	—	—	—	—	—
			燃气	—	—	—	—	—	—	—	—	—	—	—	—	—	—	—	—	—	—	—
		其他	汽油	—	—	—	—	—	—	—	—	—	—	—	—	—	—	—	—	—	—	—
			燃气	—	—	—	—	—	—	—	—	—	—	—	—	—	—	—	—	—	—	—
	小型	出租车	汽油	—	—	—	—	—	—	—	—	—	—	—	—	—	—	—	—	—	—	—
			柴油	40518	37112	33705	33705	33705	33705	23038	12372	12372	8054	3735	3735	3735	3735	3471	3207	3207	2652	2467
			燃气	—	—	—	—	—	—	—	—	—	—	—	—	—	—	—	—	—	—	—
		其他	汽油	—	—	—	—	—	—	—	—	—	—	—	—	—	—	—	—	—	—	—
			柴油	3872	3664	3457	3457	3457	3457	2491	1525	1525	1116	707	707	707	707	593	479	479	479	479
			燃气	—	—	—	—	—	—	—	—	—	—	—	—	—	—	—	—	—	—	—
	中型	公交车	汽油	—	—	—	—	—	—	—	—	—	—	—	—	—	—	—	—	—	—	—
			柴油	30592	30592	28032	22913	22913	17978	8108	8108	8108	6872	5637	5637	5637	5637	3504	1372	1372	1080	983
			燃气	—	—	—	—	—	—	—	—	—	—	—	—	—	—	—	—	—	—	—
		其他	汽油	—	—	—	—	—	—	—	—	—	—	—	—	—	—	—	—	—	—	—
			柴油	15274	15274	12888	8116	8116	6262	2553	2553	2553	2434	2316	2316	2316	2316	1366	415	415	399	394
			燃气	—	—	—	—	—	—	—	—	—	—	—	—	—	—	—	—	—	—	—
	大型	公交车	汽油	—	—	—	—	—	—	—	—	—	—	—	—	—	—	—	—	—	—	—
			柴油	94865	94865	93934	92071	92071	71272	29674	29674	29674	19994	10315	10315	10315	10315	6116	1916	1916	1845	1821
			燃气	—	—	—	—	—	—	—	—	—	—	—	—	—	—	—	—	—	—	—
		其他	汽油	—	—	—	—	—	—	—	—	—	—	—	—	—	—	—	—	—	—	—
			柴油	142314	142314	133412	115607	115607	85425	25061	25061	25061	17182	9303	9303	9303	9303	5868	2433	2433	2343	2313
			燃气	—	—	—	—	—	—	—	—	—	—	—	—	—	—	—	—	—	—	—
载货汽车	微型		汽油	—	—	—	—	—	—	—	—	—	—	—	—	—	—	—	—	—	—	—
			柴油	9067	8880	8692	8692	8692	8692	7082	5472	5472	4061	2650	2650	2650	2650	1668	687	687	684	683
			燃气	—	—	—	—	—	—	—	—	—	—	—	—	—	—	—	—	—	—	—
	轻型		汽油	—	—	—	—	—	—	—	—	—	—	—	—	—	—	—	—	—	—	—
			柴油	9430	9061	8692	8692	8692	8692	7082	5472	5472	4061	2650	2650	2650	2650	1998	1347	1347	1112	1034
			燃气	—	—	—	—	—	—	—	—	—	—	—	—	—	—	—	—	—	—	—
	中型		汽油	—	—	—	—	—	—	—	—	—	—	—	—	—	—	—	—	—	—	—
			柴油	30142	30142	25366	15813	15813	12215	5019	5019	5019	4754	4490	4490	4490	4490	2879	1268	1268	1161	1125
			燃气	—	—	—	—	—	—	—	—	—	—	—	—	—	—	—	—	—	—	—
	重型		汽油	—	—	—	—	—	—	—	—	—	—	—	—	—	—	—	—	—	—	—
			柴油	152417	152417	125275	70992	70992	56368	27119	27119	27119	18584	10048	10048	10048	10048	6754	3461	3461	2925	2746
			燃气	—	—	—	—	—	—	—	—	—	—	—	—	—	—	—	—	—	—	—
低速汽车	三轮汽车			4092	4092	4092	4092	4092	4092	4092	4092	4092	3220	3220	3220	3220	3220	3220	3220	3220	3220	3220
	低速货车			5581	5581	5581	5581	5581	5581	5581	5581	5581	4392	4392	4392	4392	4392	4392	4392	4392	4392	4392
摩托车	普通摩托车			—	—	—	—	—	—	—	—	—	—	—	—	—	—	—	—	—	—	—
	轻便摩托车			—	—	—	—	—	—	—	—	—	—	—	—	—	—	—	—	—	—	—

萍乡市 VOCs 排放系数

单位：克/（辆·年）

车辆类型		使用性质	燃料种类	1999 年年底前	2000 年	2001 年	2002 年	2003 年	2004 年	2005 年	2006 年	2007 年	2008 年	2009 年	2010 年	2011 年	2012 年	2013 年	2014 年	2015 年	2016 年	2017 年
载客汽车	微型	出租车	汽油	558273	332117	105961	105961	105961	105961	79654	53346	53346	43862	34378	34378	28662	22947	22947	22947	22947	16498	14348
			燃气	307703	185112	62522	62522	62522	62522	47336	32149	32149	26392	20636	20636	16501	12366	12366	12366	12366	7696	6140
		其他	汽油	40773	25075	9377	9377	9377	9377	8996	8615	8615	7528	6442	6442	6176	5909	5909	5909	5909	5112	4846
			燃气	17671	9928	2186	2186	2186	2186	2092	1997	1997	1491	985	985	902	819	819	819	819	559	472
	小型	出租车	汽油	558273	326668	95064	95064	95064	95064	88586	82107	82107	58242	34378	34378	28662	22947	22947	22947	22947	15576	13119
			柴油	149719	140989	132259	132259	132259	132259	119826	107394	107394	78440	49487	49487	49487	49487	36722	23957	23957	13566	10103
			燃气	307703	182156	56609	56609	56609	56609	52183	47757	47757	34196	20636	20636	16501	12366	12366	12366	12366	7196	5473
		其他	汽油	41324	25282	9241	9241	9241	9241	9226	9211	9211	7828	6445	6445	6140	5836	5836	5836	5836	5165	4941
			柴油	9432	8619	7806	7806	7806	7806	6616	5426	5426	3702	1978	1978	1978	1978	1676	1375	1375	988	859
			燃气	17970	10828	3685	3685	3685	3685	3003	2321	2321	1727	1133	1133	956	779	779	779	779	588	524
	中型	公交车	汽油	247943	247943	247943	247943	247346	169103	13811	13811	13811	13811	13811	13660	13508	13508	11080	8653	8653	8653	8653
			柴油	87806	87806	86086	82645	82645	64494	28192	28192	28192	20508	12823	12823	12823	12823	8958	5093	5093	4763	4653
			燃气	71579	71579	67602	59649	59649	57536	53311	53311	53311	42686	32061	32061	22219	22219	22154	22154	22154	22154	22154
		其他	汽油	128653	128653	128653	128653	128056	87734	8283	8283	8283	8283	8283	8138	7992	7992	6941	5890	5890	5890	5890
			柴油	30493	30493	28460	24394	24394	18567	6912	6912	6912	6506	6099	6099	6099	6099	3750	1402	1402	1243	1190
			燃气	34560	34560	32640	28800	28800	27780	25740	25740	25740	20623	15506	15506	10732	10732	9642	9642	9642	9642	9642
	大型	公交车	汽油	577251	577251	577251	577251	576654	389076	15115	15115	15115	15115	15115	14975	14835	14835	12069	9303	9303	9303	9303
			柴油	131708	131708	108010	60614	60614	60614	60614	60614	60614	43515	26416	26416	26416	26416	17675	8934	8934	5723	4653
			燃气	168926	168926	159541	140772	140772	135786	125815	125815	125815	100740	75665	75665	52438	52438	47188	47188	47188	47188	47188
		其他	汽油	1278549	1278549	1278549	1278549	1277952	861104	28601	28601	28601	28601	28601	22342	16083	16083	12892	9702	9702	9702	9702
			柴油	272891	272891	207397	76409	76409	76409	76409	76409	76409	55942	35476	35476	35476	35476	20706	5937	5937	5324	5119
			燃气	266186	266186	251398	221822	221822	213966	198253	198253	198253	158842	119430	119430	82662	82662	74261	74261	74261	74261	74261
载货汽车	微型		汽油	221693	119952	18210	18210	18210	18210	17204	16197	16197	14996	13795	13795	11603	9411	9411	9411	9411	8171	7758
			柴油	32827	30669	28511	28511	28511	28511	26176	23842	23842	17546	11249	11249	11249	11249	7727	4205	4205	2944	2524
			燃气	96082	50163	4245	4245	4245	4245	4000	3755	3755	2932	2109	2109	1707	1304	1304	1304	1304	893	756
	轻型		汽油	115820	69754	23688	23688	23688	23688	20584	17479	17479	15752	14026	14026	12484	10942	10942	10942	10942	9589	9138
			柴油	30070	29290	28511	28511	28511	28511	26176	23842	23842	17546	11249	11249	11249	11249	8520	5792	5792	4530	4110
			燃气	50365	29906	9446	9446	9446	9446	6925	4404	4404	3435	2466	2466	1963	1461	1461	1461	1461	1092	969
	中型		汽油	258330	258330	258330	258330	257733	175648	12672	12672	12672	12672	12672	12532	12392	12392	10236	8080	8080	8080	8080
			柴油	60895	60895	56835	48716	48716	37078	13803	13803	13803	13000	12197	12197	12197	12197	8840	5482	5482	3262	2522
			燃气	69017	69017	65183	57515	57515	55477	51402	51402	51402	41206	31009	31009	41963	41963	20435	20435	20435	20435	20435
	重型		汽油	1041491	1041491	1041491	1041491	1040894	701546	24046	24046	24046	24046	24046	18927	13808	13808	11208	8609	8609	8609	8609
			柴油	251568	251568	191192	70439	70439	70439	70439	70439	70439	51572	32704	32704	32704	32704	20661	8618	8618	6606	5935
			燃气	245387	245387	231755	204491	204491	197248	182763	182763	182763	146431	110098	110098	119990	119990	86099	86099	86099	86099	86099
低速汽车	三轮汽车			25300	25300	25300	25300	25300	25300	25300	25300	25300	16721	16721	16721	16721	16721	16721	16721	16721	16721	16721
	低速货车			33990	33990	33990	33990	33990	33990	33990	33990	33990	22464	22464	22464	22464	22464	22464	22464	22464	22464	22464
摩托车	普通摩托车			15413	15413	15413	15413	11502	7591	4064	4064	4064	4064	4064	3032	2001	2001	2001	2001	2001	2001	2001
	轻便摩托车			49842	49842	49842	49842	49842	9968	9968	4908	4908	4908	4908	3662	2417	2417	2417	2417	2417	2417	2417

九江市 NO_x 排放系数

单位：克/（辆·年）

车辆类型		使用性质	燃料种类	1999 年年底前	2000 年	2001 年	2002 年	2003 年	2004 年	2005 年	2006 年	2007 年	2008 年	2009 年	2010 年	2011 年	2012 年	2013 年	2014 年	2015 年	2016 年	2017 年
载客汽车	微型	出租车	汽油	430770	297112	163454	163454	163454	163454	123694	83933	83933	64400	44868	44868	36050	27231	27231	27231	27231	15550	11657
			燃气	293118	203891	114664	114664	114664	114664	87420	60175	60175	46624	33074	33074	26412	19750	19750	19750	19750	11032	8126
		其他	汽油	31571	19799	8027	8027	8027	8027	5050	2072	2072	1688	1304	1304	1103	902	902	902	902	635	546
			燃气	20460	12180	3900	3900	3900	3900	2538	1176	1176	956	735	735	596	457	457	457	457	369	340
	小型	出租车	汽油	484139	326932	169726	169726	169726	169726	127312	84897	84897	64882	44868	44868	35128	25387	25387	25387	25387	13858	10015
			柴油	582568	495450	408331	408331	408331	408331	362418	316504	316504	252688	188871	188871	188871	188871	151178	113484	113484	82572	72268
			燃气	328618	223727	118836	118836	118836	118836	89826	60817	60817	46946	33074	33074	25798	18523	18523	18523	18523	9906	7034
		其他	汽油	29453	18798	8144	8144	8144	8144	5388	2631	2631	1828	1025	1025	941	857	857	857	857	598	512
			柴油	26512	21688	16864	16864	16864	16864	15534	14205	14205	11118	8030	8030	8030	8030	6932	5833	5833	5100	4855
			燃气	19051	12138	5226	5226	5226	5226	3387	1548	1548	1048	549	549	488	427	427	427	427	344	317
	中型	公交车	汽油	325744	325744	325744	325744	325744	222537	16124	16124	16124	16124	16124	14460	12797	12797	9661	6525	6525	6525	6525
			柴油	364269	364269	363414	361703	361703	347328	318579	318579	318579	265361	212143	212143	212143	212143	173124	134105	134105	112276	104999
			燃气	386771	386771	382167	372958	372958	361389	338252	338252	338252	281518	224783	224783	142150	142150	111331	111331	111331	111331	111331
		其他	汽油	199711	199711	199711	199711	199711	135471	6990	6990	6990	6990	6990	6990	6990	6990	5243	3496	3496	3496	3496
			柴油	170826	170826	163695	149433	149433	148169	145642	145642	145642	124039	102436	102436	102436	102436	90954	79471	79471	67830	63949
			燃气	192898	192898	182182	160749	160749	159234	156204	156204	156204	132996	109789	109789	85521	85521	68695	68695	68695	68695	68695
	大型	公交车	汽油	1160465	1160465	1160465	1160465	1160465	797958	72943	72943	72943	72943	72943	72880	72816	72816	54612	36409	36409	36409	36409
			柴油	516642	516642	499948	466559	466559	453302	426788	426788	426788	419097	411406	411406	411406	411406	396571	381736	381736	344117	331577
			燃气	1038757	1038757	981048	865631	865631	801396	672925	672925	672925	576572	480219	480219	447084	447084	387505	387505	387505	387505	387505
		其他	汽油	2769818	2769818	2769818	2769818	2769818	1904580	174103	174103	174103	174103	174103	167574	161045	161045	120912	80780	80780	80780	80780
			柴油	1237198	1237198	1205362	1141691	1141691	1115073	1061838	1061838	1061838	1024454	987069	987069	987069	987069	939694	892320	892320	789694	755486
			燃气	2302909	2302909	2174970	1919091	1919091	1776682	1491865	1491865	1491865	1278742	1065618	1065618	961369	961369	815636	815636	815636	815636	815636
载货汽车	微型		汽油	147533	87894	28254	28254	28254	28254	19398	10541	10541	8586	6630	6630	5792	4954	4954	4954	4954	3642	3205
			柴油	103180	85440	67701	67701	67701	67701	60872	54044	54044	45709	37374	37374	37374	37374	27324	17274	17274	14589	13694
			燃气	95611	54669	13727	13727	13727	13727	9855	5983	5983	4860	3737	3737	3123	2510	2510	2510	2510	2124	1996
	轻型		汽油	109966	70806	31645	31645	31645	31645	21555	11465	11465	9638	7811	7811	6446	5081	5081	5081	5081	3802	3375
			柴油	103532	85616	67701	67701	67701	67701	60872	54044	54044	45709	37374	37374	37374	37374	29700	22025	22025	20176	19560
			燃气	71129	45718	20307	20307	20307	20307	13526	6746	6746	5465	4184	4184	3358	2532	2532	2532	2532	2200	2090
	中型		汽油	193149	193149	193149	193149	193148	131864	9295	9295	9295	9295	9295	9295	9295	9295	6974	4653	4653	4653	4653
			柴油	359232	359232	322564	249229	249229	236990	212511	212511	212511	216265	220019	220019	220019	220019	193039	166059	166059	142992	135303
			燃气	405647	405647	359799	268102	268102	254709	227922	227922	227922	231867	235812	235812	178701	178701	145345	145345	145345	145345	145345
	重型		汽油	1847021	1847021	1847021	1847021	1847021	1270047	116098	116098	116098	116098	116098	111744	107391	107391	80629	53867	53867	53867	53867
			柴油	964769	964769	931838	865977	865977	833947	769886	769886	769886	739013	708140	708140	708140	708140	629959	551778	551778	387919	333299
			燃气	1795812	1795812	1682421	1455638	1455638	1330984	1081677	1081677	1081677	923085	764492	764492	594475	594475	359835	359835	359835	359835	359835
低速汽车	三轮汽车			65550	65550	65550	65550	65550	65550	65550	65550	65550	53279	53279	53279	53279	53279	53279	53279	53279	53279	53279
	低速货车			88065	88065	88065	88065	88065	88065	88065	88065	88065	71579	71579	71579	71579	71579	71579	71579	71579	71579	71579
摩托车	普通摩托车			1150	1150	1150	1150	1112	1074	997	997	997	997	997	886	774	774	774	774	774	774	774
	轻便摩托车			767	767	767	767	767	383	383	383	383	383	383	340	298	298	298	298	298	298	298

九江市 PM 排放系数

单位：克/（辆·年）

车辆类型		使用性质	燃料种类	1999 年年底前	2000 年	2001 年	2002 年	2003 年	2004 年	2005 年	2006 年	2007 年	2008 年	2009 年	2010 年	2011 年	2012 年	2013 年	2014 年	2015 年	2016 年	2017 年
载客汽车	微型	出租车	汽油	—	—	—	—	—	—	—	—	—	—	—	—	—	—	—	—	—	—	—
			燃气	—	—	—	—	—	—	—	—	—	—	—	—	—	—	—	—	—	—	—
		其他	汽油	—	—	—	—	—	—	—	—	—	—	—	—	—	—	—	—	—	—	—
			燃气	—	—	—	—	—	—	—	—	—	—	—	—	—	—	—	—	—	—	—
	小型	出租车	汽油	—	—	—	—	—	—	—	—	—	—	—	—	—	—	—	—	—	—	—
			柴油	67366	61702	56039	56039	56039	56039	38305	20571	20571	13390	6210	6210	6210	6210	5772	5333	5333	4410	4102
			燃气	—	—	—	—	—	—	—	—	—	—	—	—	—	—	—	—	—	—	—
		其他	汽油	—	—	—	—	—	—	—	—	—	—	—	—	—	—	—	—	—	—	—
			柴油	3872	3664	3457	3457	3457	3457	2491	1525	1525	1116	707	707	707	707	593	479	479	479	479
			燃气	—	—	—	—	—	—	—	—	—	—	—	—	—	—	—	—	—	—	—
	中型	公交车	汽油	—	—	—	—	—	—	—	—	—	—	—	—	—	—	—	—	—	—	—
			柴油	30592	30592	28032	22913	22913	17978	8108	8108	8108	6872	5637	5637	5637	5637	3504	1372	1372	1080	983
			燃气	—	—	—	—	—	—	—	—	—	—	—	—	—	—	—	—	—	—	—
		其他	汽油	—	—	—	—	—	—	—	—	—	—	—	—	—	—	—	—	—	—	—
			柴油	15274	15274	12888	8116	8116	6262	2553	2553	2553	2434	2316	2316	2316	2316	1366	415	415	399	394
			燃气	—	—	—	—	—	—	—	—	—	—	—	—	—	—	—	—	—	—	—
	大型	公交车	汽油	—	—	—	—	—	—	—	—	—	—	—	—	—	—	—	—	—	—	—
			柴油	94865	94865	93934	92071	92071	71272	29674	29674	29674	19994	10315	10315	10315	10315	6116	1916	1916	1845	1821
			燃气	—	—	—	—	—	—	—	—	—	—	—	—	—	—	—	—	—	—	—
		其他	汽油	—	—	—	—	—	—	—	—	—	—	—	—	—	—	—	—	—	—	—
			柴油	142314	142314	133412	115607	115607	85425	25061	25061	25061	17182	9303	9303	9303	9303	5868	2433	2433	2343	2313
			燃气	—	—	—	—	—	—	—	—	—	—	—	—	—	—	—	—	—	—	—
载货汽车	微型		汽油	—	—	—	—	—	—	—	—	—	—	—	—	—	—	—	—	—	—	—
			柴油	12066	11816	11566	11566	11566	11566	9424	7281	7281	5404	3527	3527	3527	3527	2220	914	914	910	908
			燃气	—	—	—	—	—	—	—	—	—	—	—	—	—	—	—	—	—	—	—
	轻型		汽油	—	—	—	—	—	—	—	—	—	—	—	—	—	—	—	—	—	—	—
			柴油	12548	12057	11566	11566	11566	11566	9424	7281	7281	5404	3527	3527	3527	3527	2660	1792	1792	1480	1376
			燃气	—	—	—	—	—	—	—	—	—	—	—	—	—	—	—	—	—	—	—
	中型		汽油	—	—	—	—	—	—	—	—	—	—	—	—	—	—	—	—	—	—	—
			柴油	30142	30142	25366	15813	15813	12215	5019	5019	5019	4754	4490	4490	4490	4490	2879	1268	1268	1161	1125
			燃气	—	—	—	—	—	—	—	—	—	—	—	—	—	—	—	—	—	—	—
	重型		汽油	—	—	—	—	—	—	—	—	—	—	—	—	—	—	—	—	—	—	—
			柴油	131346	131346	107957	61178	61178	48575	23370	23370	23370	16014	8658	8658	8658	8658	5780	2902	2902	2453	2303
			燃气	—	—	—	—	—	—	—	—	—	—	—	—	—	—	—	—	—	—	—
低速汽车	三轮汽车			4092	4092	4092	4092	4092	4092	4092	4092	4092	3220	3220	3220	3220	3220	3220	3220	3220	3220	3220
	低速货车			5581	5581	5581	5581	5581	5581	5581	5581	5581	4392	4392	4392	4392	4392	4392	4392	4392	4392	4392
摩托车	普通摩托车			—	—	—	—	—	—	—	—	—	—	—	—	—	—	—	—	—	—	—
	轻便摩托车			—	—	—	—	—	—	—	—	—	—	—	—	—	—	—	—	—	—	—

九江市 VOCs 排放系数

单位：克/（辆·年）

车辆类型		使用性质	燃料种类	1999 年年底前	2000 年	2001 年	2002 年	2003 年	2004 年	2005 年	2006 年	2007 年	2008 年	2009 年	2010 年	2011 年	2012 年	2013 年	2014 年	2015 年	2016 年	2017 年
载客汽车	微型	出租车	汽油	960381	582615	204849	204849	204849	204849	157052	109254	109254	90516	71777	71777	58066	44356	44356	44356	44356	28315	22968
			燃气	542530	336560	130589	130589	130589	130589	101902	73215	73215	61066	48917	48917	38605	28293	28293	28293	28293	16018	11927
		其他	汽油	40647	24870	9092	9092	9092	9092	8711	8330	8330	7227	6124	6124	5857	5590	5590	5590	5590	4769	4495
			燃气	17671	9928	2186	2186	2186	2186	2092	1997	1997	1491	985	985	902	819	819	819	819	559	472
	小型	出租车	汽油	960381	573556	186731	186731	186731	186731	171903	157075	157075	114426	71777	71777	58066	44356	44356	44356	44356	26782	20924
			柴油	355570	333634	311699	311699	311699	311699	279155	246611	246611	186640	126670	126670	126670	126670	93574	60477	60477	32122	22671
			燃气	542530	331643	120756	120756	120756	120756	109961	99166	99166	74042	48917	48917	38605	28293	28293	28293	28293	15187	10818
		其他	汽油	41198	25077	8956	8956	8956	8956	8941	8926	8926	7526	6127	6127	5822	5517	5517	5517	5517	4822	4590
			柴油	9468	8655	7842	7842	7842	7842	6652	5461	5461	3730	2000	2000	2000	2000	1698	1396	1396	1001	869
			燃气	17970	10828	3685	3685	3685	3685	3003	2321	2321	1727	1133	1133	956	779	779	779	779	588	524
	中型	公交车	汽油	247563	247563	247563	247563	246966	168723	13430	13430	13430	13430	13430	13278	13127	13127	10700	8273	8273	8273	8273
			柴油	87806	87806	86086	82645	82645	64494	28192	28192	28192	20508	12823	12823	12823	12823	8958	5093	5093	4763	4653
			燃气	71579	71579	67602	59649	59649	57536	53311	53311	53311	42686	32061	32061	22219	22219	22154	22154	22154	22154	22154
		其他	汽油	128273	128273	128273	128273	127676	87353	7902	7902	7902	7902	7902	7756	7611	7611	6560	5509	5509	5509	5509
			柴油	30493	30493	28460	24394	24394	18567	6912	6912	6912	6506	6099	6099	6099	6099	3750	1402	1402	1243	1190
			燃气	34560	34560	32640	28800	28800	27780	25740	25740	25740	20623	15506	15506	10732	10732	9642	9642	9642	9642	9642
	大型	公交车	汽油	576871	576871	576871	576871	576274	388696	14734	14734	14734	14734	14734	14594	14454	14454	11688	8922	8922	8922	8922
			柴油	131708	131708	108010	60614	60614	60614	60614	60614	60614	43515	26416	26416	26416	26416	17675	8934	8934	5723	4653
			燃气	168926	168926	159541	140772	140772	135786	125815	125815	125815	100740	75665	75665	52438	52438	47188	47188	47188	47188	47188
		其他	汽油	1278169	1278169	1278169	1278169	1277572	860723	28220	28220	28220	28220	28220	21962	15703	15703	12512	9321	9321	9321	9321
			柴油	272891	272891	207397	76409	76409	76409	76409	76409	76409	55942	35476	35476	35476	35476	20706	5937	5937	5324	5119
			燃气	266186	266186	251398	221822	221822	213966	198253	198253	198253	158842	119430	119430	82662	82662	74261	74261	74261	74261	74261
载货汽车	微型		汽油	293813	158704	23596	23596	23596	23596	22142	20688	20688	19032	17375	17375	14268	11161	11161	11161	11161	9353	8750
			柴油	48532	45317	42102	42102	42102	42102	38447	34792	34792	25882	16972	16972	16972	16972	11736	6501	6501	4330	3607
			燃气	127733	66703	5673	5673	5673	5673	5316	4960	4960	3877	2795	2795	2215	1635	1635	1635	1635	1098	919
	轻型		汽油	152928	91906	30885	30885	30885	30885	26640	22394	22394	20038	17683	17683	15441	13199	13199	13199	13199	11239	10586
			柴油	44862	43482	42102	42102	42102	42102	38447	34792	34792	25882	16972	16972	16972	16972	12792	8612	8612	6441	5717
			燃气	66705	39706	12708	12708	12708	12708	9265	5823	5823	4546	3270	3270	2567	1864	1864	1864	1864	1372	1209
	中型		汽油	257949	257949	257949	257949	257352	175268	12292	12292	12292	12292	12292	12152	12012	12012	9856	7699	7699	7699	7699
			柴油	60895	60895	56835	48716	48716	37078	13803	13803	13803	13000	12197	12197	12197	12197	8840	5482	5482	3262	2522
			燃气	69017	69017	65183	57515	57515	55477	51402	51402	51402	41206	31009	31009	41963	41963	20435	20435	20435	20435	20435
	重型		汽油	891082	891082	891082	891082	890484	600185	20780	20780	20780	20780	20780	16382	11984	11984	9759	7534	7534	7534	7534
			柴油	207702	207702	157854	58157	58157	58157	58157	58157	58157	42579	27001	27001	27001	27001	17144	7286	7286	5741	5226
			燃气	202599	202599	191344	168835	168835	162855	150896	150896	150896	120897	90899	90899	101444	101444	75813	75813	75813	75813	75813
低速汽车	三轮汽车			25300	25300	25300	25300	25300	25300	25300	25300	25300	16721	16721	16721	16721	16721	16721	16721	16721	16721	16721
	低速货车			33990	33990	33990	33990	33990	33990	33990	33990	33990	22464	22464	22464	22464	22464	22464	22464	22464	22464	22464
摩托车	普通摩托车			15413	15413	15413	15413	11502	7591	4064	4064	4064	4064	4064	3032	2001	2001	2001	2001	2001	2001	2001
	轻便摩托车			49842	49842	49842	49842	49842	9968	9968	4908	4908	4908	4908	3662	2417	2417	2417	2417	2417	2417	2417

新余市 NO_x 排放系数

单位：克/（辆·年）

车辆类型		使用性质	燃料种类	1999 年年底前	2000 年	2001 年	2002 年	2003 年	2004 年	2005 年	2006 年	2007 年	2008 年	2009 年	2010 年	2011 年	2012 年	2013 年	2014 年	2015 年	2016 年	2017 年
载客汽车	微型	出租车	汽油	241683	162420	83157	83157	83157	83157	61216	39275	39275	28984	18693	18693	15362	12032	12032	12032	12032	7538	6040
			燃气	162767	110040	57314	57314	57314	57314	42431	27548	27548	20526	13503	13503	11000	8496	8496	8496	8496	5226	4136
		其他	汽油	31571	19799	8027	8027	8027	8027	5050	2072	2072	1688	1304	1304	1103	902	902	902	902	635	546
			燃气	20460	12180	3900	3900	3900	3900	2538	1176	1176	956	735	735	596	457	457	457	457	369	340
	小型	出租车	汽油	273782	180356	86930	86930	86930	86930	63392	39855	39855	29274	18693	18693	14808	10922	10922	10922	10922	6520	5052
			柴油	295507	246926	198345	198345	198345	198345	176838	155331	155331	123045	90759	90759	90759	90759	74196	57632	57632	44725	40423
			燃气	184119	121971	59823	59823	59823	59823	43878	27934	27934	20718	13503	13503	10630	7758	7758	7758	7758	4549	3479
		其他	汽油	29453	18798	8144	8144	8144	8144	5388	2631	2631	1828	1025	1025	941	857	857	857	857	598	512
			柴油	26512	21688	16864	16864	16864	16864	15534	14205	14205	11118	8030	8030	8030	8030	6932	5833	5833	5100	4855
			燃气	19051	12138	5226	5226	5226	5226	3387	1548	1548	1048	549	549	488	427	427	427	427	344	317
	中型	公交车	汽油	325744	325744	325744	325744	325744	222537	16124	16124	16124	16124	16124	14460	12797	12797	9661	6525	6525	6525	6525
			柴油	364269	364269	363414	361703	361703	347328	318579	318579	318579	265361	212143	212143	212143	212143	173124	134105	134105	112276	104999
			燃气	386771	386771	382167	372958	372958	361389	338252	338252	338252	281518	224783	224783	142150	142150	111331	111331	111331	111331	111331
		其他	汽油	199711	199711	199711	199711	199711	135471	6990	6990	6990	6990	6990	6990	6990	6990	5243	3496	3496	3496	3496
			柴油	170826	170826	163695	149433	149433	148169	145642	145642	145642	124039	102436	102436	102436	102436	90954	79471	79471	67830	63949
			燃气	192898	192898	182182	160749	160749	159234	156204	156204	156204	132996	109789	109789	85521	85521	68695	68695	68695	68695	68695
	大型	公交车	汽油	1160465	1160465	1160465	1160465	1160465	797958	72943	72943	72943	72943	72943	72880	72816	72816	54612	36409	36409	36409	36409
			柴油	516642	516642	499948	466559	466559	453302	426788	426788	426788	419097	411406	411406	411406	411406	396571	381736	381736	344117	331577
			燃气	1038757	1038757	981048	865631	865631	801396	672925	672925	672925	576572	480219	480219	447084	447084	387505	387505	387505	387505	387505
		其他	汽油	2769818	2769818	2769818	2769818	2769818	1904580	174103	174103	174103	174103	174103	167574	161045	161045	120912	80780	80780	80780	80780
			柴油	1237198	1237198	1205362	1141691	1141691	1115073	1061838	1061838	1061838	1024454	987069	987069	987069	987069	939694	892320	892320	789694	755486
			燃气	2302909	2302909	2174970	1919091	1919091	1776682	1491865	1491865	1491865	1278742	1065618	1065618	961369	961369	815636	815636	815636	815636	815636
载货汽车	微型		汽油	110063	65250	20436	20436	20436	20436	13894	7353	7353	5954	4556	4556	4040	3525	3525	3525	3525	2652	2361
			柴油	74418	61307	48196	48196	48196	48196	43418	38639	38639	32722	26804	26804	26804	26804	19604	12404	12404	10692	10121
			燃气	71328	40628	9929	9929	9929	9929	7051	4173	4173	3371	2568	2568	2177	1786	1786	1786	1786	1549	1470
	轻型		汽油	81832	52408	22984	22984	22984	22984	15516	8048	8048	6746	5443	5443	4532	3620	3620	3620	3620	2772	2489
			柴油	74682	61439	48196	48196	48196	48196	43418	38639	38639	32722	26804	26804	26804	26804	21390	15975	15975	14890	14529
			燃气	52931	33840	14749	14749	14749	14749	9742	4735	4735	3825	2915	2915	2359	1804	1804	1804	1804	1607	1541
	中型		汽油	193149	193149	193149	193149	193148	131864	9295	9295	9295	9295	9295	9295	9295	9295	6974	4653	4653	4653	4653
			柴油	359232	359232	322564	249229	249229	236990	212511	212511	212511	216265	220019	220019	220019	220019	193039	166059	166059	142992	135303
			燃气	405647	405647	359799	268102	268102	254709	227922	227922	227922	231867	235812	235812	178701	178701	145345	145345	145345	145345	145345
	重型		汽油	2167561	2167561	2167561	2167561	2167561	1490456	136247	136247	136247	136247	136247	131138	126028	126028	94622	63216	63216	63216	63216
			柴油	1165517	1165517	1125734	1046168	1046168	1007473	930082	930082	930082	892786	855489	855489	855489	855489	754760	654030	654030	448222	379619
			燃气	2169483	2169483	2032497	1758524	1758524	1607933	1306750	1306750	1306750	1115159	923567	923567	704640	704640	409843	409843	409843	409843	409843
低速汽车	三轮汽车			65550	65550	65550	65550	65550	65550	65550	65550	65550	53279	53279	53279	53279	53279	53279	53279	53279	53279	53279
	低速货车			88065	88065	88065	88065	88065	88065	88065	88065	88065	71579	71579	71579	71579	71579	71579	71579	71579	71579	71579
摩托车	普通摩托车			1150	1150	1150	1150	1112	1074	997	997	997	997	997	886	774	774	774	774	774	774	774
	轻便摩托车			767	767	767	767	767	383	383	383	383	383	383	340	298	298	298	298	298	298	298

新余市 PM 排放系数

单位：克/（辆•年）

车辆类型		使用性质	燃料种类	1999 年年底前	2000 年	2001 年	2002 年	2003 年	2004 年	2005 年	2006 年	2007 年	2008 年	2009 年	2010 年	2011 年	2012 年	2013 年	2014 年	2015 年	2016 年	2017 年
载客汽车	微型	出租车	汽油	—	—	—	—	—	—	—	—	—	—	—	—	—	—	—	—	—	—	—
			燃气	—	—	—	—	—	—	—	—	—	—	—	—	—	—	—	—	—	—	—
		其他	汽油	—	—	—	—	—	—	—	—	—	—	—	—	—	—	—	—	—	—	—
			燃气	—	—	—	—	—	—	—	—	—	—	—	—	—	—	—	—	—	—	—
	小型	出租车	汽油	—	—	—	—	—	—	—	—	—	—	—	—	—	—	—	—	—	—	—
			柴油	40518	37112	33705	33705	33705	33705	23038	12372	12372	8054	3735	3735	3735	3735	3471	3207	3207	2652	2467
			燃气	—	—	—	—	—	—	—	—	—	—	—	—	—	—	—	—	—	—	—
		其他	汽油	—	—	—	—	—	—	—	—	—	—	—	—	—	—	—	—	—	—	—
			柴油	3872	3664	3457	3457	3457	3457	2491	1525	1525	1116	707	707	707	707	593	479	479	479	479
			燃气	—	—	—	—	—	—	—	—	—	—	—	—	—	—	—	—	—	—	—
	中型	公交车	汽油	—	—	—	—	—	—	—	—	—	—	—	—	—	—	—	—	—	—	—
			柴油	30592	30592	28032	22913	22913	17978	8108	8108	8108	6872	5637	5637	5637	5637	3504	1372	1372	1080	983
			燃气	—	—	—	—	—	—	—	—	—	—	—	—	—	—	—	—	—	—	—
		其他	汽油	—	—	—	—	—	—	—	—	—	—	—	—	—	—	—	—	—	—	—
			柴油	15274	15274	12888	8116	8116	6262	2553	2553	2553	2434	2316	2316	2316	2316	1366	415	415	399	394
			燃气	—	—	—	—	—	—	—	—	—	—	—	—	—	—	—	—	—	—	—
	大型	公交车	汽油	—	—	—	—	—	—	—	—	—	—	—	—	—	—	—	—	—	—	—
			柴油	94865	94865	93934	92071	92071	71272	29674	29674	29674	19994	10315	10315	10315	10315	6116	1916	1916	1845	1821
			燃气	—	—	—	—	—	—	—	—	—	—	—	—	—	—	—	—	—	—	—
		其他	汽油	—	—	—	—	—	—	—	—	—	—	—	—	—	—	—	—	—	—	—
			柴油	142314	142314	133412	115607	115607	85425	25061	25061	25061	17182	9303	9303	9303	9303	5868	2433	2433	2343	2313
			燃气	—	—	—	—	—	—	—	—	—	—	—	—	—	—	—	—	—	—	—
载货汽车	微型		汽油	—	—	—	—	—	—	—	—	—	—	—	—	—	—	—	—	—	—	—
			柴油	9067	8880	8692	8692	8692	8692	7082	5472	5472	4061	2650	2650	2650	2650	1668	687	687	684	683
			燃气	—	—	—	—	—	—	—	—	—	—	—	—	—	—	—	—	—	—	—
	轻型		汽油	—	—	—	—	—	—	—	—	—	—	—	—	—	—	—	—	—	—	—
			柴油	9430	9061	8692	8692	8692	8692	7082	5472	5472	4061	2650	2650	2650	2650	1998	1347	1347	1112	1034
			燃气	—	—	—	—	—	—	—	—	—	—	—	—	—	—	—	—	—	—	—
	中型		汽油	—	—	—	—	—	—	—	—	—	—	—	—	—	—	—	—	—	—	—
			柴油	30142	30142	25366	15813	15813	12215	5019	5019	5019	4754	4490	4490	4490	4490	2879	1268	1268	1161	1125
			燃气	—	—	—	—	—	—	—	—	—	—	—	—	—	—	—	—	—	—	—
	重型		汽油	—	—	—	—	—	—	—	—	—	—	—	—	—	—	—	—	—	—	—
			柴油	152417	152417	125275	70992	70992	56368	27119	27119	27119	18584	10048	10048	10048	10048	6754	3461	3461	2925	2746
			燃气	—	—	—	—	—	—	—	—	—	—	—	—	—	—	—	—	—	—	—
低速汽车	三轮汽车			4092	4092	4092	4092	4092	4092	4092	4092	4092	3220	3220	3220	3220	3220	3220	3220	3220	3220	3220
	低速货车			5581	5581	5581	5581	5581	5581	5581	5581	5581	4392	4392	4392	4392	4392	4392	4392	4392	4392	4392
摩托车	普通摩托车			—	—	—	—	—	—	—	—	—	—	—	—	—	—	—	—	—	—	—
	轻便摩托车			—	—	—	—	—	—	—	—	—	—	—	—	—	—	—	—	—	—	—

新余市 VOCs 排放系数

单位：克/（辆·年）

车辆类型		使用性质	燃料种类	1999 年年底前	2000 年	2001 年	2002 年	2003 年	2004 年	2005 年	2006 年	2007 年	2008 年	2009 年	2010 年	2011 年	2012 年	2013 年	2014 年	2015 年	2016 年	2017 年
载客汽车	微型	出租车	汽油	558147	331912	105676	105676	105676	105676	79368	53060	53060	43560	34059	34059	28344	22629	22629	22629	22629	16155	13997
			燃气	307703	185112	62522	62522	62522	62522	47336	32149	32149	26392	20636	20636	16501	12366	12366	12366	12366	7696	6140
		其他	汽油	40647	24870	9092	9092	9092	9092	8711	8330	8330	7227	6124	6124	5857	5590	5590	5590	5590	4769	4495
			燃气	17671	9928	2186	2186	2186	2186	2092	1997	1997	1491	985	985	902	819	819	819	819	559	472
	小型	出租车	汽油	558147	326462	94778	94778	94778	94778	88300	81822	81822	57940	34059	34059	28344	22629	22629	22629	22629	15233	12768
			柴油	149754	141024	132295	132295	132295	132295	119862	107429	107429	78468	49508	49508	49508	49508	36744	23979	23979	13580	10113
			燃气	307703	182156	56609	56609	56609	56609	52183	47757	47757	34196	20636	20636	16501	12366	12366	12366	12366	7196	5473
		其他	汽油	41198	25077	8956	8956	8956	8956	8941	8926	8926	7526	6127	6127	5822	5517	5517	5517	5517	4822	4590
			柴油	9468	8655	7842	7842	7842	7842	6652	5461	5461	3730	2000	2000	2000	2000	1698	1396	1396	1001	869
			燃气	17970	10828	3685	3685	3685	3685	3003	2321	2321	1727	1133	1133	956	779	779	779	779	588	524
	中型	公交车	汽油	247563	247563	247563	247563	246966	168723	13430	13430	13430	13430	13430	13278	13127	13127	10700	8273	8273	8273	8273
			柴油	87806	87806	86086	82645	82645	64494	28192	28192	28192	20508	12823	12823	12823	12823	8958	5093	5093	4763	4653
			燃气	71579	71579	67602	59649	59649	57536	53311	53311	53311	42686	32061	32061	22219	22219	22154	22154	22154	22154	22154
		其他	汽油	128273	128273	128273	128273	127676	87353	7902	7902	7902	7902	7902	7756	7611	7611	6560	5509	5509	5509	5509
			柴油	30493	30493	28460	24394	24394	18567	6912	6912	6912	6506	6099	6099	6099	6099	3750	1402	1402	1243	1190
			燃气	34560	34560	32640	28800	28800	27780	25740	25740	25740	20623	15506	15506	10732	10732	9642	9642	9642	9642	9642
	大型	公交车	汽油	576871	576871	576871	576871	576274	388696	14734	14734	14734	14734	14734	14594	14454	14454	11688	8922	8922	8922	8922
			柴油	131708	131708	108010	60614	60614	60614	60614	60614	60614	43515	26416	26416	26416	26416	17675	8934	8934	5723	4653
			燃气	168926	168926	159541	140772	140772	135786	125815	125815	125815	100740	75665	75665	52438	52438	47188	47188	47188	47188	47188
		其他	汽油	1278169	1278169	1278169	1278169	1277572	860723	28220	28220	28220	28220	28220	21962	15703	15703	12512	9321	9321	9321	9321
			柴油	272891	272891	207397	76409	76409	76409	76409	76409	76409	55942	35476	35476	35476	35476	20706	5937	5937	5324	5119
			燃气	266186	266186	251398	221822	221822	213966	198253	198253	198253	158842	119430	119430	82662	82662	74261	74261	74261	74261	74261
载货汽车	微型		汽油	221567	119746	17924	17924	17924	17924	16918	15912	15912	14694	13476	13476	11284	9092	9092	9092	9092	7828	7407
			柴油	32863	30704	28546	28546	28546	28546	26212	23878	23878	17574	11271	11271	11271	11271	7749	4227	4227	2957	2534
			燃气	96325	50317	4309	4309	4309	4309	4062	3815	3815	2991	2168	2168	1750	1332	1332	1332	1332	916	778
	轻型		汽油	115695	69548	23402	23402	23402	23402	20298	17194	17194	15451	13708	13708	12166	10623	10623	10623	10623	9246	8787
			柴油	30105	29326	28546	28546	28546	28546	26212	23878	23878	17574	11271	11271	11271	11271	8542	5813	5813	4544	4121
			燃气	50465	30047	9629	9629	9629	9629	7050	4471	4471	3503	2535	2535	2017	1500	1500	1500	1500	1127	1003
	中型		汽油	257949	257949	257949	257949	257352	175268	12292	12292	12292	12292	12292	12152	12012	12012	9856	7699	7699	7699	7699
			柴油	60895	60895	56835	48716	48716	37078	13803	13803	13803	13000	12197	12197	12197	12197	8840	5482	5482	3262	2522
			燃气	69017	69017	65183	57515	57515	55477	51402	51402	51402	41206	31009	31009	41963	41963	20435	20435	20435	20435	20435
	重型		汽油	1041110	1041110	1041110	1041110	1040512	701165	23665	23665	23665	23665	23665	18546	13427	13427	10828	8228	8228	8228	8228
			柴油	251568	251568	191192	70439	70439	70439	70439	70439	70439	51572	32704	32704	32704	32704	20661	8618	8618	6606	5935
			燃气	245387	245387	231755	204491	204491	197248	182763	182763	182763	146431	110098	110098	119990	119990	86099	86099	86099	86099	86099
低速汽车	三轮汽车			25300	25300	25300	25300	25300	25300	25300	25300	25300	16721	16721	16721	16721	16721	16721	16721	16721	16721	16721
	低速货车			33990	33990	33990	33990	33990	33990	33990	33990	33990	22464	22464	22464	22464	22464	22464	22464	22464	22464	22464
摩托车	普通摩托车			15413	15413	15413	15413	11502	7591	4064	4064	4064	4064	4064	3032	2001	2001	2001	2001	2001	2001	2001
	轻便摩托车			49842	49842	49842	49842	49842	9968	9968	4908	4908	4908	4908	3662	2417	2417	2417	2417	2417	2417	2417

鹰潭市 NO_x 排放系数

单位：克/（辆·年）

车辆类型		使用性质	燃料种类	1999年年底前	2000年	2001年	2002年	2003年	2004年	2005年	2006年	2007年	2008年	2009年	2010年	2011年	2012年	2013年	2014年	2015年	2016年	2017年
载客汽车	微型	出租车	汽油	241683	162420	83157	83157	83157	83157	61216	39275	39275	28984	18693	18693	15362	12032	12032	12032	12032	7538	6040
			燃气	162767	110040	57314	57314	57314	57314	42431	27548	27548	20526	13503	13503	11000	8496	8496	8496	8496	5226	4136
		其他	汽油	31571	19799	8027	8027	8027	8027	5050	2072	2072	1688	1304	1304	1103	902	902	902	902	635	546
			燃气	20460	12180	3900	3900	3900	3900	2538	1176	1176	956	735	735	596	457	457	457	457	369	340
	小型	出租车	汽油	273782	180356	86930	86930	86930	86930	63392	39855	39855	29274	18693	18693	14808	10922	10922	10922	10922	6520	5052
			柴油	295507	246926	198345	198345	198345	198345	176838	155331	155331	123045	90759	90759	90759	90759	74196	57632	57632	44725	40423
			燃气	184119	121971	59823	59823	59823	59823	43878	27934	27934	20718	13503	13503	10630	7758	7758	7758	7758	4549	3479
		其他	汽油	29453	18798	8144	8144	8144	8144	5388	2631	2631	1828	1025	1025	941	857	857	857	857	598	512
			柴油	26512	21688	16864	16864	16864	16864	15534	14205	14205	11118	8030	8030	8030	8030	6932	5833	5833	5100	4855
			燃气	19051	12138	5226	5226	5226	5226	3387	1548	1548	1048	549	549	488	427	427	427	427	344	317
	中型	公交车	汽油	325744	325744	325744	325744	325744	222537	16124	16124	16124	16124	16124	14460	12797	12797	9661	6525	6525	6525	6525
			柴油	364269	364269	363414	361703	361703	347328	318579	318579	318579	265361	212143	212143	212143	212143	173124	134105	134105	112276	104999
			燃气	386771	386771	382167	372958	372958	361389	338252	338252	338252	281518	224783	224783	142150	142150	111331	111331	111331	111331	111331
		其他	汽油	199711	199711	199711	199711	199711	135471	6990	6990	6990	6990	6990	6990	6990	6990	5243	3496	3496	3496	3496
			柴油	170826	170826	163695	149433	149433	148169	145642	145642	145642	124039	102436	102436	102436	102436	90954	79471	79471	67830	63949
			燃气	192898	192898	182182	160749	160749	159234	156204	156204	156204	132996	109789	109789	85521	85521	68695	68695	68695	68695	68695
	大型	公交车	汽油	1160465	1160465	1160465	1160465	1160465	797958	72943	72943	72943	72943	72943	72880	72816	72816	54612	36409	36409	36409	36409
			柴油	516642	516642	499948	466559	466559	453302	426788	426788	426788	419097	411406	411406	411406	411406	396571	381736	381736	344117	331577
			燃气	1038757	1038757	981048	865631	865631	801396	672925	672925	672925	576572	480219	480219	447084	447084	387505	387505	387505	387505	387505
		其他	汽油	2769818	2769818	2769818	2769818	2769818	1904580	174103	174103	174103	174103	174103	167574	161045	161045	120912	80780	80780	80780	80780
			柴油	1237198	1237198	1205362	1141691	1141691	1115073	1061838	1061838	1061838	1024454	987069	987069	987069	987069	939694	892320	892320	789694	755486
			燃气	2302909	2302909	2174970	1919091	1919091	1776682	1491865	1491865	1491865	1278742	1065618	1065618	961369	961369	815636	815636	815636	815636	815636
载货汽车	微型		汽油	110063	65250	20436	20436	20436	20436	13894	7353	7353	5954	4556	4556	4040	3525	3525	3525	3525	2652	2361
			柴油	74418	61307	48196	48196	48196	48196	43418	38639	38639	32722	26804	26804	26804	26804	19604	12404	12404	10692	10121
			燃气	71328	40628	9929	9929	9929	9929	7051	4173	4173	3371	2568	2568	2177	1786	1786	1786	1786	1549	1470
	轻型		汽油	81832	52408	22984	22984	22984	22984	15516	8048	8048	6746	5443	5443	4532	3620	3620	3620	3620	2772	2489
			柴油	74682	61439	48196	48196	48196	48196	43418	38639	38639	32722	26804	26804	26804	26804	21390	15975	15975	14890	14529
			燃气	52931	33840	14749	14749	14749	14749	9742	4735	4735	3825	2915	2915	2359	1804	1804	1804	1804	1607	1541
	中型		汽油	193149	193149	193149	193149	193148	131864	9295	9295	9295	9295	9295	9295	9295	9295	6974	4653	4653	4653	4653
			柴油	359232	359232	322564	249229	249229	236990	212511	212511	212511	216265	220019	220019	220019	220019	193039	166059	166059	142992	135303
			燃气	405647	405647	359799	268102	268102	254709	227922	227922	227922	231867	235812	235812	178701	178701	145345	145345	145345	145345	145345
	重型		汽油	2167561	2167561	2167561	2167561	2167561	1490456	136247	136247	136247	136247	136247	131138	126028	126028	94622	63216	63216	63216	63216
			柴油	1165517	1165517	1125734	1046168	1046168	1007473	930082	930082	930082	892786	855489	855489	855489	855489	754760	654030	654030	448222	379619
			燃气	2169483	2169483	2032497	1758524	1758524	1607933	1306750	1306750	1306750	1115159	923567	923567	704640	704640	409843	409843	409843	409843	409843
低速汽车	三轮汽车			65550	65550	65550	65550	65550	65550	65550	65550	65550	53279	53279	53279	53279	53279	53279	53279	53279	53279	53279
	低速货车			88065	88065	88065	88065	88065	88065	88065	88065	88065	71579	71579	71579	71579	71579	71579	71579	71579	71579	71579
摩托车	普通摩托车			1150	1150	1150	1150	1112	1074	997	997	997	997	997	886	774	774	774	774	774	774	774
	轻便摩托车			767	767	767	767	767	383	383	383	383	383	383	340	298	298	298	298	298	298	298

鹰潭市 PM 排放系数

单位：克/（辆·年）

车辆类型		使用性质	燃料种类	1999 年年底前	2000 年	2001 年	2002 年	2003 年	2004 年	2005 年	2006 年	2007 年	2008 年	2009 年	2010 年	2011 年	2012 年	2013 年	2014 年	2015 年	2016 年	2017 年
载客汽车	微型	出租车	汽油	—	—	—	—	—	—	—	—	—	—	—	—	—	—	—	—	—	—	—
			燃气	—	—	—	—	—	—	—	—	—	—	—	—	—	—	—	—	—	—	—
		其他	汽油	—	—	—	—	—	—	—	—	—	—	—	—	—	—	—	—	—	—	—
			燃气	—	—	—	—	—	—	—	—	—	—	—	—	—	—	—	—	—	—	—
	小型	出租车	汽油	—	—	—	—	—	—	—	—	—	—	—	—	—	—	—	—	—	—	—
			柴油	40518	37112	33705	33705	33705	33705	23038	12372	12372	8054	3735	3735	3735	3735	3471	3207	3207	2652	2467
			燃气	—	—	—	—	—	—	—	—	—	—	—	—	—	—	—	—	—	—	—
		其他	汽油	—	—	—	—	—	—	—	—	—	—	—	—	—	—	—	—	—	—	—
			柴油	3872	3664	3457	3457	3457	3457	2491	1525	1525	1116	707	707	707	707	593	479	479	479	479
			燃气	—	—	—	—	—	—	—	—	—	—	—	—	—	—	—	—	—	—	—
	中型	公交车	汽油	—	—	—	—	—	—	—	—	—	—	—	—	—	—	—	—	—	—	—
			柴油	30592	30592	28032	22913	22913	17978	8108	8108	8108	6872	5637	5637	5637	5637	3504	1372	1372	1080	983
			燃气	—	—	—	—	—	—	—	—	—	—	—	—	—	—	—	—	—	—	—
		其他	汽油	—	—	—	—	—	—	—	—	—	—	—	—	—	—	—	—	—	—	—
			柴油	15274	15274	12888	8116	8116	6262	2553	2553	2553	2434	2316	2316	2316	2316	1366	415	415	399	394
			燃气	—	—	—	—	—	—	—	—	—	—	—	—	—	—	—	—	—	—	—
	大型	公交车	汽油	—	—	—	—	—	—	—	—	—	—	—	—	—	—	—	—	—	—	—
			柴油	94865	94865	93934	92071	92071	71272	29674	29674	29674	19994	10315	10315	10315	10315	6116	1916	1916	1845	1821
			燃气	—	—	—	—	—	—	—	—	—	—	—	—	—	—	—	—	—	—	—
		其他	汽油	—	—	—	—	—	—	—	—	—	—	—	—	—	—	—	—	—	—	—
			柴油	142314	142314	133412	115607	115607	85425	25061	25061	25061	17182	9303	9303	9303	9303	5868	2433	2433	2343	2313
			燃气	—	—	—	—	—	—	—	—	—	—	—	—	—	—	—	—	—	—	—
载货汽车	微型		汽油	—	—	—	—	—	—	—	—	—	—	—	—	—	—	—	—	—	—	—
			柴油	9067	8880	8692	8692	8692	8692	7082	5472	5472	4061	2650	2650	2650	2650	1668	687	687	684	683
			燃气	—	—	—	—	—	—	—	—	—	—	—	—	—	—	—	—	—	—	—
	轻型		汽油	—	—	—	—	—	—	—	—	—	—	—	—	—	—	—	—	—	—	—
			柴油	9430	9061	8692	8692	8692	8692	7082	5472	5472	4061	2650	2650	2650	2650	1998	1347	1347	1112	1034
			燃气	—	—	—	—	—	—	—	—	—	—	—	—	—	—	—	—	—	—	—
	中型		汽油	—	—	—	—	—	—	—	—	—	—	—	—	—	—	—	—	—	—	—
			柴油	30142	30142	25366	15813	15813	12215	5019	5019	5019	4754	4490	4490	4490	4490	2879	1268	1268	1161	1125
			燃气	—	—	—	—	—	—	—	—	—	—	—	—	—	—	—	—	—	—	—
	重型		汽油	—	—	—	—	—	—	—	—	—	—	—	—	—	—	—	—	—	—	—
			柴油	152417	152417	125275	70992	70992	56368	27119	27119	27119	18584	10048	10048	10048	10048	6754	3461	3461	2925	2746
			燃气	—	—	—	—	—	—	—	—	—	—	—	—	—	—	—	—	—	—	—
低速汽车	三轮汽车			4092	4092	4092	4092	4092	4092	4092	4092	4092	3220	3220	3220	3220	3220	3220	3220	3220	3220	3220
	低速货车			5581	5581	5581	5581	5581	5581	5581	5581	5581	4392	4392	4392	4392	4392	4392	4392	4392	4392	4392
摩托车	普通摩托车			—	—	—	—	—	—	—	—	—	—	—	—	—	—	—	—	—	—	—
	轻便摩托车			—	—	—	—	—	—	—	—	—	—	—	—	—	—	—	—	—	—	—

鹰潭市 VOCs 排放系数

单位：克/（辆·年）

车辆类型		使用性质	燃料种类	1999 年年底前	2000 年	2001 年	2002 年	2003 年	2004 年	2005 年	2006 年	2007 年	2008 年	2009 年	2010 年	2011 年	2012 年	2013 年	2014 年	2015 年	2016 年	2017 年
载客汽车	微型	出租车	汽油	558147	331912	105676	105676	105676	105676	79368	53060	53060	43560	34059	34059	28344	22629	22629	22629	22629	16155	13997
			燃气	307703	185112	62522	62522	62522	62522	47336	32149	32149	26392	20636	20636	16501	12366	12366	12366	12366	7696	6140
		其他	汽油	40647	24870	9092	9092	9092	9092	8711	8330	8330	7227	6124	6124	5857	5590	5590	5590	5590	4769	4495
			燃气	17671	9928	2186	2186	2186	2186	2092	1997	1997	1491	985	985	902	819	819	819	819	559	472
	小型	出租车	汽油	558147	326462	94778	94778	94778	94778	88300	81822	81822	57940	34059	34059	28344	22629	22629	22629	22629	15233	12768
			柴油	149754	141024	132295	132295	132295	132295	119862	107429	107429	78468	49508	49508	49508	49508	36744	23979	23979	13580	10113
			燃气	307703	182156	56609	56609	56609	56609	52183	47757	47757	34196	20636	20636	16501	12366	12366	12366	12366	7196	5473
		其他	汽油	41198	25077	8956	8956	8956	8956	8941	8926	8926	7526	6127	6127	5822	5517	5517	5517	5517	4822	4590
			柴油	9468	8655	7842	7842	7842	7842	6652	5461	5461	3730	2000	2000	2000	2000	1698	1396	1396	1001	869
			燃气	17970	10828	3685	3685	3685	3685	3003	2321	2321	1727	1133	1133	956	779	779	779	779	588	524
	中型	公交车	汽油	247563	247563	247563	247563	246966	168723	13430	13430	13430	13430	13430	13278	13127	13127	10700	8273	8273	8273	8273
			柴油	87806	87806	86086	82645	82645	64494	28192	28192	28192	20508	12823	12823	12823	12823	8958	5093	5093	4763	4653
			燃气	71579	71579	67602	59649	59649	57536	53311	53311	53311	42686	32061	32061	22219	22219	22154	22154	22154	22154	22154
		其他	汽油	128273	128273	128273	128273	127676	87353	7902	7902	7902	7902	7902	7756	7611	7611	6560	5509	5509	5509	5509
			柴油	30493	30493	28460	24394	24394	18567	6912	6912	6912	6506	6099	6099	6099	6099	3750	1402	1402	1243	1190
			燃气	34560	34560	32640	28800	28800	27780	25740	25740	25740	20623	15506	15506	10732	10732	9642	9642	9642	9642	9642
	大型	公交车	汽油	576871	576871	576871	576871	576274	388696	14734	14734	14734	14734	14734	14594	14454	14454	11688	8922	8922	8922	8922
			柴油	131708	131708	108010	60614	60614	60614	60614	60614	60614	43515	26416	26416	26416	26416	17675	8934	8934	5723	4653
			燃气	168926	168926	159541	140772	140772	135786	125815	125815	125815	100740	75665	75665	52438	52438	47188	47188	47188	47188	47188
		其他	汽油	1278169	1278169	1278169	1278169	1277572	860723	28220	28220	28220	28220	28220	21962	15703	15703	12512	9321	9321	9321	9321
			柴油	272891	272891	207397	76409	76409	76409	76409	76409	76409	55942	35476	35476	35476	35476	20706	5937	5937	5324	5119
			燃气	266186	266186	251398	221822	221822	213966	198253	198253	198253	158842	119430	119430	82662	82662	74261	74261	74261	74261	74261
载货汽车	微型		汽油	221567	119746	17924	17924	17924	17924	16918	15912	15912	14694	13476	13476	11284	9092	9092	9092	9092	7828	7407
			柴油	32863	30704	28546	28546	28546	28546	26212	23878	23878	17574	11271	11271	11271	11271	7749	4227	4227	2957	2534
			燃气	96325	50317	4309	4309	4309	4309	4062	3815	3815	2991	2168	2168	1750	1332	1332	1332	1332	916	778
	轻型		汽油	115695	69548	23402	23402	23402	23402	20298	17194	17194	15451	13708	13708	12166	10623	10623	10623	10623	9246	8787
			柴油	30105	29326	28546	28546	28546	28546	26212	23878	23878	17574	11271	11271	11271	11271	8542	5813	5813	4544	4121
			燃气	50465	30047	9629	9629	9629	9629	7050	4471	4471	3503	2535	2535	2017	1500	1500	1500	1500	1127	1003
	中型		汽油	257949	257949	257949	257949	257352	175268	12292	12292	12292	12292	12292	12152	12012	12012	9856	7699	7699	7699	7699
			柴油	60895	60895	56835	48716	48716	37078	13803	13803	13803	13000	12197	12197	12197	12197	8840	5482	5482	3262	2522
			燃气	69017	69017	65183	57515	57515	55477	51402	51402	51402	41206	31009	31009	41963	41963	20435	20435	20435	20435	20435
	重型		汽油	1041110	1041110	1041110	1041110	1040512	701165	23665	23665	23665	23665	23665	18546	13427	13427	10828	8228	8228	8228	8228
			柴油	251568	251568	191192	70439	70439	70439	70439	70439	70439	51572	32704	32704	32704	32704	20661	8618	8618	6606	5935
			燃气	245387	245387	231755	204491	204491	197248	182763	182763	182763	146431	110098	110098	119990	119990	86099	86099	86099	86099	86099
低速汽车	三轮汽车			25300	25300	25300	25300	25300	25300	25300	25300	25300	16721	16721	16721	16721	16721	16721	16721	16721	16721	16721
	低速货车			33990	33990	33990	33990	33990	33990	33990	33990	33990	22464	22464	22464	22464	22464	22464	22464	22464	22464	22464
摩托车	普通摩托车			15413	15413	15413	15413	11502	7591	4064	4064	4064	4064	4064	3032	2001	2001	2001	2001	2001	2001	2001
	轻便摩托车			49842	49842	49842	49842	49842	9968	9968	4908	4908	4908	4908	3662	2417	2417	2417	2417	2417	2417	2417

赣州市 NO_x 排放系数

单位：克/（辆·年）

车辆类型		使用性质	燃料种类	1999年年底前	2000年	2001年	2002年	2003年	2004年	2005年	2006年	2007年	2008年	2009年	2010年	2011年	2012年	2013年	2014年	2015年	2016年	2017年
载客汽车	微型	出租车	汽油	330945	223172	115400	115400	115400	115400	85159	54918	54918	40664	26411	26411	22309	18207	18207	18207	18207	11433	9175
			燃气	213783	145438	77094	77094	77094	77094	57412	37730	37730	28332	18935	18935	15783	12631	12631	12631	12631	7701	6058
		其他	汽油	35340	22167	8994	8994	8994	8994	5618	2241	2241	1818	1395	1395	1247	1099	1099	1099	1099	789	686
			燃气	21890	13039	4188	4188	4188	4188	2720	1251	1251	1013	775	775	674	573	573	573	573	454	414
	小型	出租车	汽油	374646	247602	120558	120558	120558	120558	88134	55711	55711	41061	26411	26411	21406	16402	16402	16402	16402	9835	7646
			柴油	428822	358256	287689	287689	287689	287689	257500	227312	227312	180584	133855	133855	133855	133855	109546	85237	85237	68013	62272
			燃气	241418	160888	80357	80357	80357	80357	59294	38232	38232	28584	18935	18935	15212	11490	11490	11490	11490	6691	5091
		其他	汽油	32955	21041	9127	9127	9127	9127	6002	2876	2876	1978	1080	1080	1058	1036	1036	1036	1036	740	642
			柴油	32423	26469	20515	20515	20515	20515	18876	17238	17238	13558	9877	9877	9877	9877	8540	7204	7204	6510	6278
			燃气	20381	13001	5621	5621	5621	5621	3637	1653	1653	1114	576	576	554	533	533	533	533	423	386
	中型	公交车	汽油	324802	324802	324802	324802	324802	221894	16078	16078	16078	16078	16078	14419	12760	12760	9633	6506	6506	6506	6506
			柴油	363498	363498	362645	360938	360938	346594	317905	317905	317905	264800	211694	211694	211694	211694	172758	133821	133821	112038	104777
			燃气	385953	385953	381358	372169	372169	360625	337536	337536	337536	280922	224308	224308	141849	141849	111095	111095	111095	111095	111095
		其他	汽油	199133	199133	199133	199133	199133	135079	6970	6970	6970	6970	6970	6970	6970	6970	5228	3486	3486	3486	3486
			柴油	170464	170464	163348	149117	149117	147856	145334	145334	145334	123776	102219	102219	102219	102219	90761	79303	79303	67686	63814
			燃气	192490	192490	181796	160408	160408	158896	155873	155873	155873	132714	109556	109556	85340	85340	68550	68550	68550	68550	68550
	大型	公交车	汽油	1157106	1157106	1157106	1157106	1157106	795648	72732	72732	72732	72732	72732	72668	72605	72605	54454	36303	36303	36303	36303
			柴油	515549	515549	498890	465571	465571	452342	425885	425885	425885	418210	410535	410535	410535	410535	395732	380928	380928	343388	330875
			燃气	1036559	1036559	978972	863799	863799	799700	671501	671501	671501	575352	479203	479203	446138	446138	386685	386685	386685	386685	386685
		其他	汽油	2761801	2761801	2761801	2761801	2761801	1899067	173599	173599	173599	173599	173599	167089	160579	160579	120562	80546	80546	80546	80546
			柴油	1234579	1234579	1202811	1139275	1139275	1112714	1059591	1059591	1059591	1022286	984980	984980	984980	984980	937706	890432	890432	788023	753887
			燃气	2298036	2298036	2170367	1915030	1915030	1772923	1488708	1488708	1488708	1276036	1063363	1063363	959334	959334	813910	813910	813910	813910	813910
载货汽车	微型		汽油	146653	86724	26794	26794	26794	26794	18294	9793	9793	7954	6116	6116	5374	4632	4632	4632	4632	3457	3065
			柴油	107163	88350	69537	69537	69537	69537	62618	55700	55700	47272	38845	38845	38845	38845	28390	17934	17934	15444	14614
			燃气	90839	51658	12476	12476	12476	12476	8972	5467	5467	4432	3398	3398	2906	2415	2415	2415	2415	1991	1850
	轻型		汽油	105748	67911	30074	30074	30074	30074	20381	10688	10688	8973	7258	7258	6006	4755	4755	4755	4755	3611	3230
			柴油	107541	88539	69537	69537	69537	69537	62618	55700	55700	47272	38845	38845	38845	38845	30962	23080	23080	21496	20968
			燃气	65400	41961	18522	18522	18522	18522	12332	6143	6143	5007	3871	3871	3159	2446	2446	2446	2446	2068	1942
	中型		汽油	193149	193149	193149	193149	193148	131864	9295	9295	9295	9295	9295	9295	9295	9295	6974	4653	4653	4653	4653
			柴油	359232	359232	322564	249229	249229	236990	212511	212511	212511	216265	220019	220019	220019	220019	193039	166059	166059	142992	135303
			燃气	405649	405649	359800	268100	268100	254707	227921	227921	227921	231866	235811	235811	178700	178700	145345	145345	145345	145345	145345
	重型		汽油	2333543	2333543	2333543	2333543	2333543	1604589	146680	146680	146680	146680	146680	141180	135679	135679	101868	68057	68057	68057	68057
			柴油	1247163	1247163	1204593	1119454	1119454	1078048	995236	995236	995236	955327	915418	915418	915418	915418	809757	704096	704096	488566	416723
			燃气	2321460	2321460	2174877	1881712	1881712	1720572	1398290	1398290	1398290	1193278	988265	988265	758579	758579	449902	449902	449902	449902	449902
低速汽车	三轮汽车			65550	65550	65550	65550	65550	65550	65550	65550	65550	53279	53279	53279	53279	53279	53279	53279	53279	53279	53279
	低速货车			88065	88065	88065	88065	88065	88065	88065	88065	88065	71579	71579	71579	71579	71579	71579	71579	71579	71579	71579
摩托车	普通摩托车			1150	1150	1150	1150	1112	1074	997	997	997	997	997	886	774	774	774	774	774	774	774
	轻便摩托车			767	767	767	767	767	383	383	383	383	383	383	340	298	298	298	298	298	298	298

赣州市 PM 排放系数

单位：克/（辆·年）

车辆类型		使用性质	燃料种类	1999 年年底前	2000 年	2001 年	2002 年	2003 年	2004 年	2005 年	2006 年	2007 年	2008 年	2009 年	2010 年	2011 年	2012 年	2013 年	2014 年	2015 年	2016 年	2017 年
载客汽车	微型	出租车	汽油	—	—	—	—	—	—	—	—	—	—	—	—	—	—	—	—	—	—	—
			燃气	—	—	—	—	—	—	—	—	—	—	—	—	—	—	—	—	—	—	—
		其他	汽油	—	—	—	—	—	—	—	—	—	—	—	—	—	—	—	—	—	—	—
			燃气	—	—	—	—	—	—	—	—	—	—	—	—	—	—	—	—	—	—	—
	小型	出租车	汽油	—	—	—	—	—	—	—	—	—	—	—	—	—	—	—	—	—	—	—
			柴油	56920	52160	47399	47399	47399	47399	32300	17200	17200	11249	5298	5298	5298	5298	4924	4550	4550	3762	3500
			燃气	—	—	—	—	—	—	—	—	—	—	—	—	—	—	—	—	—	—	—
		其他	汽油	—	—	—	—	—	—	—	—	—	—	—	—	—	—	—	—	—	—	—
			柴油	4555	4310	4066	4066	4066	4066	2922	1779	1779	1310	842	842	842	842	697	552	552	552	552
			燃气	—	—	—	—	—	—	—	—	—	—	—	—	—	—	—	—	—	—	—
	中型	公交车	汽油	—	—	—	—	—	—	—	—	—	—	—	—	—	—	—	—	—	—	—
			柴油	30592	30592	28032	22913	22913	17978	8108	8108	8108	6872	5637	5637	5637	5637	3504	1372	1372	1080	983
			燃气	—	—	—	—	—	—	—	—	—	—	—	—	—	—	—	—	—	—	—
		其他	汽油	—	—	—	—	—	—	—	—	—	—	—	—	—	—	—	—	—	—	—
			柴油	15274	15274	12888	8116	8116	6262	2553	2553	2553	2434	2316	2316	2316	2316	1366	415	415	399	394
			燃气	—	—	—	—	—	—	—	—	—	—	—	—	—	—	—	—	—	—	—
	大型	公交车	汽油	—	—	—	—	—	—	—	—	—	—	—	—	—	—	—	—	—	—	—
			柴油	94865	94865	93934	92071	92071	71272	29674	29674	29674	19994	10315	10315	10315	10315	6116	1916	1916	1845	1821
			燃气	—	—	—	—	—	—	—	—	—	—	—	—	—	—	—	—	—	—	—
		其他	汽油	—	—	—	—	—	—	—	—	—	—	—	—	—	—	—	—	—	—	—
			柴油	142314	142314	133412	115607	115607	85425	25061	25061	25061	17182	9303	9303	9303	9303	5868	2433	2433	2343	2313
			燃气	—	—	—	—	—	—	—	—	—	—	—	—	—	—	—	—	—	—	—
载货汽车	微型		汽油	—	—	—	—	—	—	—	—	—	—	—	—	—	—	—	—	—	—	—
			柴油	11775	11532	11288	11288	11288	11288	9239	7190	7190	5336	3483	3483	3483	3483	2193	903	903	898	897
			燃气	—	—	—	—	—	—	—	—	—	—	—	—	—	—	—	—	—	—	—
	轻型		汽油	—	—	—	—	—	—	—	—	—	—	—	—	—	—	—	—	—	—	—
			柴油	12246	11767	11288	11288	11288	11288	9239	7190	7190	5336	3483	3483	3483	3483	2626	1770	1770	1461	1358
			燃气	—	—	—	—	—	—	—	—	—	—	—	—	—	—	—	—	—	—	—
	中型		汽油	—	—	—	—	—	—	—	—	—	—	—	—	—	—	—	—	—	—	—
			柴油	30142	30142	25366	15813	15813	12215	5019	5019	5019	4754	4490	4490	4490	4490	2879	1268	1268	1161	1125
			燃气	—	—	—	—	—	—	—	—	—	—	—	—	—	—	—	—	—	—	—
	重型		汽油	—	—	—	—	—	—	—	—	—	—	—	—	—	—	—	—	—	—	—
			柴油	164953	164953	135579	76832	76832	61005	29350	29350	29350	20112	10874	10874	10874	10874	7296	3717	3717	3142	2950
			燃气	—	—	—	—	—	—	—	—	—	—	—	—	—	—	—	—	—	—	—
低速汽车	三轮汽车			4092	4092	4092	4092	4092	4092	4092	4092	4092	3220	3220	3220	3220	3220	3220	3220	3220	3220	3220
	低速货车			5581	5581	5581	5581	5581	5581	5581	5581	5581	4392	4392	4392	4392	4392	4392	4392	4392	4392	4392
摩托车	普通摩托车			—	—	—	—	—	—	—	—	—	—	—	—	—	—	—	—	—	—	—
	轻便摩托车			—	—	—	—	—	—	—	—	—	—	—	—	—	—	—	—	—	—	—

赣州市 VOCs 排放系数

单位：克/（辆·年）

车辆类型		使用性质	燃料种类	1999 年年底前	2000 年	2001 年	2002 年	2003 年	2004 年	2005 年	2006 年	2007 年	2008 年	2009 年	2010 年	2011 年	2012 年	2013 年	2014 年	2015 年	2016 年	2017 年
载客汽车	微型	出租车	汽油	720180	430071	139962	139962	139962	139962	105065	70168	70168	58158	46147	46147	38596	31046	31046	31046	31046	22485	19631
			燃气	427902	258212	88522	88522	88522	88522	66977	45432	45432	37628	29824	29824	24143	18462	18462	18462	18462	11984	9825
		其他	汽油	43119	26336	9553	9553	9553	9553	9151	8749	8749	7664	6578	6578	6350	6123	6123	6123	6123	5312	5041
			燃气	20532	11514	2497	2497	2497	2497	2388	2278	2278	1717	1156	1156	1106	1055	1055	1055	1055	760	662
	小型	出租车	汽油	720180	423013	125846	125846	125846	125846	116292	106737	106737	76442	46147	46147	38596	31046	31046	31046	31046	21072	17747
			柴油	210817	198400	185982	185982	185982	185982	169820	153657	153657	112404	71151	71151	71151	71151	52756	34360	34360	19242	14202
			燃气	427902	254084	80265	80265	80265	80265	73544	66824	66824	48324	29824	29824	24143	18462	18462	18462	18462	11158	8723
		其他	汽油	43716	26560	9404	9404	9404	9404	9400	9396	9396	7989	6582	6582	6308	6033	6033	6033	6033	5373	5153
			柴油	10285	9388	8492	8492	8492	8492	7294	6096	6096	4120	2143	2143	2143	2143	1823	1503	1503	1091	954
			燃气	20881	12574	4266	4266	4266	4266	3461	2656	2656	1998	1339	1339	1170	1002	1002	1002	1002	796	727
	中型	公交车	汽油	247898	247898	247898	247898	247301	169058	13766	13766	13766	13766	13766	13614	13463	13463	11036	8608	8608	8608	8608
			柴油	87806	87806	86086	82645	82645	64494	28192	28192	28192	20508	12823	12823	12823	12823	8958	5093	5093	4763	4653
			燃气	71579	71579	67602	59649	59649	57536	53311	53311	53311	42686	32061	32061	22219	22219	22154	22154	22154	22154	22154
		其他	汽油	128609	128609	128609	128609	128012	87689	8238	8238	8238	8238	8238	8092	7947	7947	6896	5845	5845	5845	5845
			柴油	30493	30493	28460	24394	24394	18567	6912	6912	6912	6506	6099	6099	6099	6099	3750	1402	1402	1243	1190
			燃气	34560	34560	32640	28800	28800	27780	25740	25740	25740	20623	15506	15506	10732	10732	9642	9642	9642	9642	9642
	大型	公交车	汽油	577206	577206	577206	577206	576609	389031	15070	15070	15070	15070	15070	14930	14790	14790	12024	9258	9258	9258	9258
			柴油	131708	131708	108010	60614	60614	60614	60614	60614	60614	43515	26416	26416	26416	26416	17675	8934	8934	5723	4653
			燃气	168926	168926	159541	140772	140772	135786	125815	125815	125815	100740	75665	75665	52438	52438	47188	47188	47188	47188	47188
		其他	汽油	1278504	1278504	1278504	1278504	1277908	861059	28556	28556	28556	28556	28556	22298	16039	16039	12848	9657	9657	9657	9657
			柴油	272891	272891	207397	76409	76409	76409	76409	76409	76409	55942	35476	35476	35476	35476	20706	5937	5937	5324	5119
			燃气	266186	266186	251398	221822	221822	213966	198253	198253	198253	158842	119430	119430	82662	82662	74261	74261	74261	74261	74261
载货汽车	微型		汽油	279063	150672	22281	22281	22281	22281	20962	19643	19643	18138	16632	16632	13752	10871	10871	10871	10871	9276	8744
			柴油	45948	42909	39870	39870	39870	39870	36508	33147	33147	24490	15833	15833	15833	15833	10881	5929	5929	4074	3456
			燃气	132882	69353	5824	5824	5824	5824	5469	5114	5114	4019	2923	2923	2398	1873	1873	1873	1873	1329	1148
	轻型		汽油	145060	87138	29215	29215	29215	29215	25240	21265	21265	19095	16925	16925	14867	12809	12809	12809	12809	11070	10490
			柴油	42231	41050	39870	39870	39870	39870	36508	33147	33147	24490	15833	15833	15833	15833	11950	8066	8066	6210	5592
			燃气	69288	41271	13253	13253	13253	13253	9632	6011	6011	4727	3443	3443	2785	2127	2127	2127	2127	1642	1480
	中型		汽油	258285	258285	258285	258285	257688	175603	12627	12627	12627	12627	12627	12488	12348	12348	10192	8035	8035	8035	8035
			柴油	60895	60895	56835	48716	48716	37078	13803	13803	13803	13000	12197	12197	12197	12197	8840	5482	5482	3262	2522
			燃气	69017	69017	65183	57515	57515	55477	51402	51402	51402	41206	31009	31009	41963	41963	20435	20435	20435	20435	20435
	重型		汽油	1121698	1121698	1121698	1121698	1121100	755517	25545	25545	25545	25545	25545	20040	14535	14535	11735	8935	8935	8935	8935
			柴油	268205	268205	203836	75097	75097	75097	75097	75097	75097	54982	34867	34867	34867	34867	22103	9339	9339	7213	6504
			燃气	261615	261615	247081	218013	218013	210292	194849	194849	194849	156114	117380	117380	130029	130029	94353	94353	94353	94353	94353
低速汽车	三轮汽车			25300	25300	25300	25300	25300	25300	25300	25300	25300	16721	16721	16721	16721	16721	16721	16721	16721	16721	16721
	低速货车			33990	33990	33990	33990	33990	33990	33990	33990	33990	22464	22464	22464	22464	22464	22464	22464	22464	22464	22464
摩托车	普通摩托车			15413	15413	15413	15413	11502	7591	4064	4064	4064	4064	4064	3032	2001	2001	2001	2001	2001	2001	2001
	轻便摩托车			49842	49842	49842	49842	49842	9968	9968	4908	4908	4908	4908	3662	2417	2417	2417	2417	2417	2417	2417

吉安市 NO_x 排放系数

单位：克/（辆·年）

车辆类型		使用性质	燃料种类	1999 年年底前	2000 年	2001 年	2002 年	2003 年	2004 年	2005 年	2006 年	2007 年	2008 年	2009 年	2010 年	2011 年	2012 年	2013 年	2014 年	2015 年	2016 年	2017 年
载客汽车	微型	出租车	汽油	321438	217612	113785	113785	113785	113785	84448	55111	55111	41178	27246	27246	22209	17172	17172	17172	17172	10456	8217
载客汽车	微型	出租车	燃气	207848	142062	76276	76276	76276	76276	57152	38028	38028	28816	19604	19604	15826	12049	12049	12049	12049	7110	5464
载客汽车	微型	其他	汽油	33122	20756	8391	8391	8391	8391	5258	2125	2125	1730	1334	1334	1125	916	916	916	916	656	569
载客汽车	微型	其他	燃气	20460	12180	3900	3900	3900	3900	2538	1176	1176	956	735	735	596	457	457	457	457	369	340
载客汽车	小型	出租车	汽油	363351	241030	118710	118710	118710	118710	87289	55868	55868	41557	27246	27246	21485	15724	15724	15724	15724	9126	6927
载客汽车	小型	出租车	柴油	405059	340271	275483	275483	275483	275483	245264	215044	215044	170754	126465	126465	126465	126465	102704	78942	78942	60128	53856
载客汽车	小型	出租车	燃气	234318	156852	79387	79387	79387	79387	58946	38506	38506	29055	19604	19604	15369	11134	11134	11134	11134	6271	4650
载客汽车	小型	其他	汽油	30891	19702	8514	8514	8514	8514	5614	2713	2713	1876	1039	1039	954	868	868	868	868	617	533
载客汽车	小型	其他	柴油	27826	22748	17671	17671	17671	17671	16280	14889	14889	11648	8407	8407	8407	8407	7258	6110	6110	5358	5108
载客汽车	小型	其他	燃气	19051	12138	5226	5226	5226	5226	3387	1548	1548	1048	549	549	488	427	427	427	427	344	317
载客汽车	中型	公交车	汽油	325234	325234	325234	325234	325234	222189	16099	16099	16099	16099	16099	14438	12777	12777	9646	6515	6515	6515	6515
载客汽车	中型	公交车	柴油	363852	363852	362998	361289	361289	346931	318214	318214	318214	265057	211900	211900	211900	211900	172926	133951	133951	112147	104879
载客汽车	中型	公交车	燃气	386328	386328	381729	372531	372531	360976	337865	337865	337865	281196	224526	224526	141987	141987	111203	111203	111203	111203	111203
载客汽车	中型	其他	汽油	199398	199398	199398	199398	199398	135258	6979	6979	6979	6979	6979	6979	6979	6979	5234	3490	3490	3490	3490
载客汽车	中型	其他	柴油	170630	170630	163507	149262	149262	148000	145475	145475	145475	123897	102319	102319	102319	102319	90850	79380	79380	67752	63876
载客汽车	中型	其他	燃气	192677	192677	181973	160564	160564	159051	156025	156025	156025	132844	109663	109663	85423	85423	68617	68617	68617	68617	68617
载客汽车	大型	公交车	汽油	1158646	1158646	1158646	1158646	1158646	796707	72829	72829	72829	72829	72829	72765	72701	72701	54526	36352	36352	36352	36352
载客汽车	大型	公交车	柴油	516050	516050	499375	466024	466024	452782	426299	426299	426299	418617	410935	410935	410935	410935	396117	381299	381299	343722	331197
载客汽车	大型	公交车	燃气	1037567	1037567	979924	864639	864639	800477	672154	672154	672154	575912	479669	479669	446572	446572	387060	387060	387060	387060	387060
载客汽车	大型	其他	汽油	2765476	2765476	2765476	2765476	2765476	1901594	173830	173830	173830	173830	173830	167312	160793	160793	120724	80654	80654	80654	80654
载客汽车	大型	其他	柴油	1235780	1235780	1203981	1140383	1140383	1113796	1060621	1060621	1060621	1023279	985937	985937	985937	985937	938617	891297	891297	788789	754620
载客汽车	大型	其他	燃气	2300270	2300270	2172477	1916892	1916892	1774646	1490155	1490155	1490155	1277276	1064397	1064397	960267	960267	814701	814701	814701	814701	814701
载货汽车	微型		汽油	133776	79402	25028	25028	25028	25028	17044	9060	9060	7348	5637	5637	4971	4305	4305	4305	4305	3233	2876
载货汽车	微型		柴油	91453	75448	59443	59443	59443	59443	53514	47586	47586	40282	32978	32978	32978	32978	24108	15239	15239	13072	12350
载货汽车	微型		燃气	82636	47134	11633	11633	11633	11633	8323	5014	5014	4060	3106	3106	2627	2148	2148	2148	2148	1826	1719
载货汽车	轻型		汽油	99491	63807	28123	28123	28123	28123	19014	9904	9904	8309	6714	6714	5568	4421	4421	4421	4421	3379	3032
载货汽车	轻型		柴油	91774	75608	59443	59443	59443	59443	53514	47586	47586	40282	32978	32978	32978	32978	26278	19577	19577	18174	17706
载货汽车	轻型		燃气	61358	39310	17262	17262	17262	17262	11457	5651	5651	4599	3548	3548	2861	2175	2175	2175	2175	1896	1803
载货汽车	中型		汽油	193149	193149	193149	193149	193148	131864	9295	9295	9295	9295	9295	9295	9295	9295	6974	4653	4653	4653	4653
载货汽车	中型		柴油	359232	359232	322564	249229	249229	236990	212511	212511	212511	216265	220019	220019	220019	220019	193039	166059	166059	142992	135303
载货汽车	中型		燃气	405648	405648	359799	268100	268100	254708	227923	227923	227923	231867	235811	235811	178701	178701	145345	145345	145345	145345	145345
载货汽车	重型		汽油	2516133	2516133	2516133	2516133	2516133	1730141	158157	158157	158157	158157	158157	152226	146295	146295	109838	73382	73382	73382	73382
载货汽车	重型		柴油	1341822	1341822	1296021	1204419	1204419	1159871	1070774	1070774	1070774	1027836	984897	984897	984897	984897	874354	763810	763810	533630	456903
载货汽车	重型		燃气	2497656	2497656	2339948	2024531	2024531	1851161	1504420	1504420	1504420	1283847	1063274	1063274	822915	822915	493281	493281	493281	493281	493281
低速汽车	三轮汽车			65550	65550	65550	65550	65550	65550	65550	65550	65550	53279	53279	53279	53279	53279	53279	53279	53279	53279	53279
低速汽车	低速货车			88065	88065	88065	88065	88065	88065	88065	88065	88065	71579	71579	71579	71579	71579	71579	71579	71579	71579	71579
摩托车	普通摩托车			1150	1150	1150	1150	1112	1074	997	997	997	997	997	886	774	774	774	774	774	774	774
摩托车	轻便摩托车			767	767	767	767	767	383	383	383	383	383	383	340	298	298	298	298	298	298	298

吉安市 PM 排放系数

单位：克/（辆・年）

车辆类型		使用性质	燃料种类	1999 年年底前	2000 年	2001 年	2002 年	2003 年	2004 年	2005 年	2006 年	2007 年	2008 年	2009 年	2010 年	2011 年	2012 年	2013 年	2014 年	2015 年	2016 年	2017 年
载客汽车	微型	出租车	汽油	—	—	—	—	—	—	—	—	—	—	—	—	—	—	—	—	—	—	—
			燃气	—	—	—	—	—	—	—	—	—	—	—	—	—	—	—	—	—	—	—
		其他	汽油	—	—	—	—	—	—	—	—	—	—	—	—	—	—	—	—	—	—	—
			燃气	—	—	—	—	—	—	—	—	—	—	—	—	—	—	—	—	—	—	—
	小型	出租车	汽油	—	—	—	—	—	—	—	—	—	—	—	—	—	—	—	—	—	—	—
			柴油	50229	46006	41784	41784	41784	41784	28561	15338	15338	9984	4630	4630	4630	4630	4303	3976	3976	3288	3059
			燃气	—	—	—	—	—	—	—	—	—	—	—	—	—	—	—	—	—	—	—
		其他	汽油	—	—	—	—	—	—	—	—	—	—	—	—	—	—	—	—	—	—	—
			柴油	3872	3664	3457	3457	3457	3457	2491	1525	1525	1116	707	707	707	707	593	479	479	479	479
			燃气	—	—	—	—	—	—	—	—	—	—	—	—	—	—	—	—	—	—	—
	中型	公交车	汽油	—	—	—	—	—	—	—	—	—	—	—	—	—	—	—	—	—	—	—
			柴油	30592	30592	28032	22913	22913	17978	8108	8108	8108	6872	5637	5637	5637	5637	3504	1372	1372	1080	983
			燃气	—	—	—	—	—	—	—	—	—	—	—	—	—	—	—	—	—	—	—
		其他	汽油	—	—	—	—	—	—	—	—	—	—	—	—	—	—	—	—	—	—	—
			柴油	15274	15274	12888	8116	8116	6262	2553	2553	2553	2434	2316	2316	2316	2316	1366	415	415	399	394
			燃气	—	—	—	—	—	—	—	—	—	—	—	—	—	—	—	—	—	—	—
	大型	公交车	汽油	—	—	—	—	—	—	—	—	—	—	—	—	—	—	—	—	—	—	—
			柴油	94865	94865	93934	92071	92071	71272	29674	29674	29674	19994	10315	10315	10315	10315	6116	1916	1916	1845	1821
			燃气	—	—	—	—	—	—	—	—	—	—	—	—	—	—	—	—	—	—	—
		其他	汽油	—	—	—	—	—	—	—	—	—	—	—	—	—	—	—	—	—	—	—
			柴油	142314	142314	133412	115607	115607	85425	25061	25061	25061	17182	9303	9303	9303	9303	5868	2433	2433	2343	2313
			燃气	—	—	—	—	—	—	—	—	—	—	—	—	—	—	—	—	—	—	—
载货汽车	微型		汽油	—	—	—	—	—	—	—	—	—	—	—	—	—	—	—	—	—	—	—
			柴油	10455	10238	10022	10022	10022	10022	8166	6309	6309	4682	3056	3056	3056	3056	1924	792	792	788	787
			燃气	—	—	—	—	—	—	—	—	—	—	—	—	—	—	—	—	—	—	—
	轻型		汽油	—	—	—	—	—	—	—	—	—	—	—	—	—	—	—	—	—	—	—
			柴油	10873	10448	10022	10022	10022	10022	8166	6309	6309	4682	3056	3056	3056	3056	2304	1553	1553	1282	1192
			燃气	—	—	—	—	—	—	—	—	—	—	—	—	—	—	—	—	—	—	—
	中型		汽油	—	—	—	—	—	—	—	—	—	—	—	—	—	—	—	—	—	—	—
			柴油	30142	30142	25366	15813	15813	12215	5019	5019	5019	4754	4490	4490	4490	4490	2879	1268	1268	1161	1125
			燃气	—	—	—	—	—	—	—	—	—	—	—	—	—	—	—	—	—	—	—
	重型		汽油	—	—	—	—	—	—	—	—	—	—	—	—	—	—	—	—	—	—	—
			柴油	179170	179170	147264	83453	83453	66262	31879	31879	31879	21845	11811	11811	11811	11811	7913	4015	4015	3393	3186
			燃气	—	—	—	—	—	—	—	—	—	—	—	—	—	—	—	—	—	—	—
低速汽车	三轮汽车			4092	4092	4092	4092	4092	4092	4092	4092	4092	3220	3220	3220	3220	3220	3220	3220	3220	3220	3220
	低速货车			5581	5581	5581	5581	5581	5581	5581	5581	5581	4392	4392	4392	4392	4392	4392	4392	4392	4392	4392
摩托车	普通摩托车			—	—	—	—	—	—	—	—	—	—	—	—	—	—	—	—	—	—	—
	轻便摩托车			—	—	—	—	—	—	—	—	—	—	—	—	—	—	—	—	—	—	—

吉安市 VOCs 排放系数

单位：克/（辆·年）

车辆类型		使用性质	燃料种类	1999 年年底前	2000 年	2001 年	2002 年	2003 年	2004 年	2005 年	2006 年	2007 年	2008 年	2009 年	2010 年	2011 年	2012 年	2013 年	2014 年	2015 年	2016 年	2017 年
载客汽车	微型	出租车	汽油	709723	424858	139992	139992	139992	139992	105878	71764	71764	59124	46485	46485	38230	29976	29976	29976	29976	20576	17443
			燃气	389800	237246	84693	84693	84693	84693	64939	45185	45185	37354	29522	29522	23468	17415	17415	17415	17415	10410	8075
		其他	汽油	40947	25100	9254	9254	9254	9254	8872	8490	8490	7406	6323	6323	6054	5784	5784	5784	5784	5003	4743
			燃气	17671	9928	2186	2186	2186	2186	2092	1997	1997	1491	985	985	902	819	819	819	819	559	472
	小型	出租车	汽油	709723	418000	126277	126277	126277	126277	117121	107965	107965	77225	46485	46485	38230	29976	29976	29976	29976	19416	15896
			柴油	215295	202434	189572	189572	189572	189572	170926	152279	152279	112864	73450	73450	73450	73450	54386	35321	35321	19463	14177
			燃气	389800	233580	77361	77361	77361	77361	70948	64534	64534	47028	29522	29522	23468	17415	17415	17415	17415	9790	7248
		其他	汽油	41506	25311	9116	9116	9116	9116	9106	9095	9095	7710	6326	6326	6018	5710	5710	5710	5710	5056	4838
			柴油	9512	8688	7865	7865	7865	7865	6660	5455	5455	3714	1974	1974	1974	1974	1671	1368	1368	987	860
			燃气	17970	10828	3685	3685	3685	3685	3003	2321	2321	1727	1133	1133	956	779	779	779	779	588	524
	中型	公交车	汽油	247852	247852	247852	247852	247255	169012	13720	13720	13720	13720	13720	13568	13417	13417	10990	8562	8562	8562	8562
			柴油	87806	87806	86086	82645	82645	64494	28192	28192	28192	20508	12823	12823	12823	12823	8958	5093	5093	4763	4653
			燃气	71579	71579	67602	59649	59649	57536	53311	53311	53311	42686	32061	32061	22219	22219	22154	22154	22154	22154	22154
		其他	汽油	128562	128562	128562	128562	127965	87643	8192	8192	8192	8192	8192	8046	7901	7901	6850	5799	5799	5799	5799
			柴油	30493	30493	28460	24394	24394	18567	6912	6912	6912	6506	6099	6099	6099	6099	3750	1402	1402	1243	1190
			燃气	34560	34560	32640	28800	28800	27780	25740	25740	25740	20623	15506	15506	10732	10732	9642	9642	9642	9642	9642
	大型	公交车	汽油	577160	577160	577160	577160	576563	388985	15023	15023	15023	15023	15023	14884	14744	14744	11978	9212	9212	9212	9212
			柴油	131708	131708	108010	60614	60614	60614	60614	60614	60614	43515	26416	26416	26416	26416	17675	8934	8934	5723	4653
			燃气	168926	168926	159541	140772	140772	135786	125815	125815	125815	100740	75665	75665	52438	52438	47188	47188	47188	47188	47188
		其他	汽油	1278458	1278458	1278458	1278458	1277861	861013	28510	28510	28510	28510	28510	22251	15992	15992	12802	9611	9611	9611	9611
			柴油	272891	272891	207397	76409	76409	76409	76409	76409	76409	55942	35476	35476	35476	35476	20706	5937	5937	5324	5119
			燃气	266186	266186	251398	221822	221822	213966	198253	198253	198253	158842	119430	119430	82662	82662	74261	74261	74261	74261	74261
载货汽车	微型		汽油	258390	139560	20730	20730	20730	20730	19523	18316	18316	16925	15534	15534	12900	10266	10266	10266	10266	8806	8320
			柴油	40116	37466	34815	34815	34815	34815	31884	28954	28954	21404	13853	13853	13853	13853	9532	5211	5211	3572	3026
			燃气	111510	58204	4897	4897	4897	4897	4603	4308	4308	3364	2420	2420	1937	1454	1454	1454	1454	984	828
	轻型		汽油	134452	80798	27143	27143	27143	27143	23480	19817	19817	17811	15805	15805	13932	12059	12059	12059	12059	10466	9935
			柴油	36888	35852	34815	34815	34815	34815	31884	28954	28954	21404	13853	13853	13853	13853	10460	7068	7068	5429	4883
			燃气	58211	34592	10972	10972	10972	10972	8015	5057	5057	3944	2831	2831	2238	1645	1645	1645	1645	1218	1076
	中型		汽油	258239	258239	258239	258239	257642	175557	12581	12581	12581	12581	12581	12441	12301	12301	10145	7989	7989	7989	7989
			柴油	60895	60895	56835	48716	48716	37078	13803	13803	13803	13000	12197	12197	12197	12197	8840	5482	5482	3262	2522
			燃气	69017	69017	65183	57515	57515	55477	51402	51402	51402	41206	31009	31009	41963	41963	20435	20435	20435	20435	20435
	重型		汽油	1209954	1209954	1209954	1209954	1209356	814905	27197	27197	27197	27197	27197	21267	15337	15337	12318	9298	9298	9298	9298
			柴油	287411	287411	218432	80475	80475	80475	80475	80475	80475	58919	37363	37363	37363	37363	23715	10067	10067	7915	7198
			燃气	280349	280349	264775	233626	233626	225352	208803	208803	208803	167293	125783	125783	140165	140165	104421	104421	104421	104421	104421
低速汽车	三轮汽车			25300	25300	25300	25300	25300	25300	25300	25300	25300	16721	16721	16721	16721	16721	16721	16721	16721	16721	16721
	低速货车			33990	33990	33990	33990	33990	33990	33990	33990	33990	22464	22464	22464	22464	22464	22464	22464	22464	22464	22464
摩托车	普通摩托车			15413	15413	15413	15413	11502	7591	4064	4064	4064	4064	4064	3032	2001	2001	2001	2001	2001	2001	2001
	轻便摩托车			49842	49842	49842	49842	49842	9968	9968	4908	4908	4908	4908	3662	2417	2417	2417	2417	2417	2417	2417

宜春市 NO_x 排放系数

单位：克/（辆·年）

车辆类型		使用性质	燃料种类	1999 年年底前	2000 年	2001 年	2002 年	2003 年	2004 年	2005 年	2006 年	2007 年	2008 年	2009 年	2010 年	2011 年	2012 年	2013 年	2014 年	2015 年	2016 年	2017 年
载客汽车	微型	出租车	汽油	297061	201322	105583	105583	105583	105583	78464	51345	51345	38434	25522	25522	20789	16056	16056	16056	16056	9729	7620
			燃气	200771	137002	73233	73233	73233	73233	54777	36321	36321	27458	18595	18595	15030	11465	11465	11465	11465	6805	5252
		其他	汽油	31555	19788	8021	8021	8021	8021	5044	2066	2066	1683	1300	1300	1099	898	898	898	898	633	545
			燃气	20460	12180	3900	3900	3900	3900	2538	1176	1176	956	735	735	596	457	457	457	457	369	340
	小型	出租车	汽油	335673	222897	110121	110121	110121	110121	81082	52042	52042	38782	25522	25522	20122	14722	14722	14722	14722	8504	6432
			柴油	375655	315812	255970	255970	255970	255970	227850	199730	199730	158650	117571	117571	117571	117571	95398	73225	73225	55614	49743
			燃气	226455	151353	76251	76251	76251	76251	56518	36785	36785	27690	18595	18595	14586	10578	10578	10578	10578	5991	4462
		其他	汽油	29438	18788	8138	8138	8138	8138	5381	2624	2624	1822	1020	1020	936	853	853	853	853	596	511
			柴油	26508	21684	16860	16860	16860	16860	15530	14201	14201	11114	8027	8027	8027	8027	6928	5830	5830	5099	4855
			燃气	19051	12138	5226	5226	5226	5226	3387	1548	1548	1048	549	549	488	427	427	427	427	344	317
	中型	公交车	汽油	325746	325746	325746	325746	325746	222539	16124	16124	16124	16124	16124	14460	12797	12797	9661	6525	6525	6525	6525
			柴油	364271	364271	363416	361705	361705	347330	318581	318581	318581	265362	212144	212144	212144	212144	173124	134105	134105	112276	105000
			燃气	386773	386773	382169	372960	372960	361391	338254	338254	338254	281519	224784	224784	142151	142151	111331	111331	111331	111331	111331
		其他	汽油	199712	199712	199712	199712	199712	135471	6990	6990	6990	6990	6990	6990	6990	6990	5243	3496	3496	3496	3496
			柴油	170826	170826	163695	149434	149434	148170	145643	145643	145643	124040	102437	102437	102437	102437	90954	79472	79472	67830	63949
			燃气	192899	192899	182182	160749	160749	159234	156204	156204	156204	132996	109789	109789	85521	85521	68696	68696	68696	68696	68696
	大型	公交车	汽油	1160471	1160471	1160471	1160471	1160471	797962	72944	72944	72944	72944	72944	72880	72816	72816	54612	36409	36409	36409	36409
			柴油	516644	516644	499949	466560	466560	453303	426790	426790	426790	419099	411408	411408	411408	411408	396573	381738	381738	344118	331578
			燃气	1038761	1038761	981052	865634	865634	801399	672928	672928	672928	576574	480221	480221	447086	447086	387506	387506	387506	387506	387506
		其他	汽油	2769832	2769832	2769832	2769832	2769832	1904589	174104	174104	174104	174104	174104	167575	161046	161046	120914	80781	80781	80781	80781
			柴油	1237202	1237202	1205367	1141696	1141696	1115078	1061842	1061842	1061842	1024457	987072	987072	987072	987072	939698	892323	892323	789698	755489
			燃气	2302918	2302918	2174978	1919098	1919098	1776689	1491871	1491871	1491871	1278746	1065622	1065622	961372	961372	815639	815639	815639	815639	815639
载货汽车	微型		汽油	136105	80962	25820	25820	25820	25820	17672	9524	9524	7744	5964	5964	5232	4500	4500	4500	4500	3334	2945
			柴油	94250	77926	61603	61603	61603	61603	55420	49236	49236	41658	34080	34080	34080	34080	24917	15754	15754	13388	12600
			燃气	88249	50402	12554	12554	12554	12554	8988	5421	5421	4397	3372	3372	2831	2290	2290	2290	2290	1950	1837
	轻型		汽油	101364	65160	28956	28956	28956	28956	19668	10379	10379	8718	7056	7056	5836	4617	4617	4617	4617	3481	3102
			柴油	94575	78089	61603	61603	61603	61603	55420	49236	49236	41658	34080	34080	34080	34080	27114	20148	20148	18555	18024
			燃气	65598	42097	18595	18595	18595	18595	12359	6123	6123	4960	3798	3798	3054	2311	2311	2311	2311	2021	1924
	中型		汽油	193149	193149	193149	193149	193148	131864	9295	9295	9295	9295	9295	9295	9295	9295	6974	4653	4653	4653	4653
			柴油	359232	359232	322564	249229	249229	236990	212511	212511	212511	216265	220019	220019	220019	220019	193039	166059	166059	142992	135303
			燃气	405650	405650	359800	268100	268100	254707	227921	227921	227921	231865	235810	235810	178699	178699	145347	145347	145347	145347	145347
	重型		汽油	2333543	2333543	2333543	2333543	2333543	1604589	146680	146680	146680	146680	146680	141180	135679	135679	101868	68057	68057	68057	68057
			柴油	1247163	1247163	1204593	1119454	1119454	1078048	995236	995236	995236	955327	915418	915418	915418	915418	809757	704096	704096	488566	416723
			燃气	2321459	2321459	2174877	1881711	1881711	1720571	1398291	1398291	1398291	1193278	988266	988266	758580	758580	449901	449901	449901	449901	449901
低速汽车	三轮汽车			65550	65550	65550	65550	65550	65550	65550	65550	65550	53279	53279	53279	53279	53279	53279	53279	53279	53279	53279
	低速货车			88065	88065	88065	88065	88065	88065	88065	88065	88065	71579	71579	71579	71579	71579	71579	71579	71579	71579	71579
摩托车	普通摩托车			1150	1150	1150	1150	1112	1074	997	997	997	997	997	886	774	774	774	774	774	774	774
	轻便摩托车			767	767	767	767	767	383	383	383	383	383	383	340	298	298	298	298	298	298	298

宜春市 PM 排放系数

单位：克/（辆•年）

车辆类型		使用性质	燃料种类	1999 年年底前	2000 年	2001 年	2002 年	2003 年	2004 年	2005 年	2006 年	2007 年	2008 年	2009 年	2010 年	2011 年	2012 年	2013 年	2014 年	2015 年	2016 年	2017 年
载客汽车	微型	出租车	汽油	—	—	—	—	—	—	—	—	—	—	—	—	—	—	—	—	—	—	—
			燃气	—	—	—	—	—	—	—	—	—	—	—	—	—	—	—	—	—	—	—
		其他	汽油	—	—	—	—	—	—	—	—	—	—	—	—	—	—	—	—	—	—	—
			燃气	—	—	—	—	—	—	—	—	—	—	—	—	—	—	—	—	—	—	—
	小型	出租车	汽油	—	—	—	—	—	—	—	—	—	—	—	—	—	—	—	—	—	—	—
			柴油	48738	44640	40543	40543	40543	40543	27712	14882	14882	9687	4492	4492	4492	4492	4175	3858	3858	3190	2968
			燃气	—	—	—	—	—	—	—	—	—	—	—	—	—	—	—	—	—	—	—
		其他	汽油	—	—	—	—	—	—	—	—	—	—	—	—	—	—	—	—	—	—	—
			柴油	3872	3664	3457	3457	3457	3457	2491	1525	1525	1116	707	707	707	707	593	479	479	479	479
			燃气	—	—	—	—	—	—	—	—	—	—	—	—	—	—	—	—	—	—	—
	中型	公交车	汽油	—	—	—	—	—	—	—	—	—	—	—	—	—	—	—	—	—	—	—
			柴油	30592	30592	28032	22913	22913	17978	8108	8108	8108	6872	5637	5637	5637	5637	3504	1372	1372	1080	983
			燃气	—	—	—	—	—	—	—	—	—	—	—	—	—	—	—	—	—	—	—
		其他	汽油	—	—	—	—	—	—	—	—	—	—	—	—	—	—	—	—	—	—	—
			柴油	15274	15274	12888	8116	8116	6262	2553	2553	2553	2434	2316	2316	2316	2316	1366	415	415	399	394
			燃气	—	—	—	—	—	—	—	—	—	—	—	—	—	—	—	—	—	—	—
	大型	公交车	汽油	—	—	—	—	—	—	—	—	—	—	—	—	—	—	—	—	—	—	—
			柴油	94865	94865	93934	92071	92071	71272	29674	29674	29674	19994	10315	10315	10315	10315	6116	1916	1916	1845	1821
			燃气	—	—	—	—	—	—	—	—	—	—	—	—	—	—	—	—	—	—	—
		其他	汽油	—	—	—	—	—	—	—	—	—	—	—	—	—	—	—	—	—	—	—
			柴油	142314	142314	133412	115607	115607	85425	25061	25061	25061	17182	9303	9303	9303	9303	5868	2433	2433	2343	2313
			燃气	—	—	—	—	—	—	—	—	—	—	—	—	—	—	—	—	—	—	—
载货汽车	微型		汽油	—	—	—	—	—	—	—	—	—	—	—	—	—	—	—	—	—	—	—
			柴油	11158	10927	10696	10696	10696	10696	8715	6734	6734	4998	3261	3261	3261	3261	2053	845	845	841	840
			燃气	—	—	—	—	—	—	—	—	—	—	—	—	—	—	—	—	—	—	—
	轻型		汽油	—	—	—	—	—	—	—	—	—	—	—	—	—	—	—	—	—	—	—
			柴油	11604	11150	10696	10696	10696	10696	8715	6734	6734	4998	3261	3261	3261	3261	2459	1657	1657	1368	1272
			燃气	—	—	—	—	—	—	—	—	—	—	—	—	—	—	—	—	—	—	—
	中型		汽油	—	—	—	—	—	—	—	—	—	—	—	—	—	—	—	—	—	—	—
			柴油	30142	30142	25366	15813	15813	12215	5019	5019	5019	4754	4490	4490	4490	4490	2879	1268	1268	1161	1125
			燃气	—	—	—	—	—	—	—	—	—	—	—	—	—	—	—	—	—	—	—
	重型		汽油	—	—	—	—	—	—	—	—	—	—	—	—	—	—	—	—	—	—	—
			柴油	164953	164953	135579	76832	76832	61005	29350	29350	29350	20112	10874	10874	10874	10874	7296	3717	3717	3142	2950
			燃气	—	—	—	—	—	—	—	—	—	—	—	—	—	—	—	—	—	—	—
低速汽车	三轮汽车			4092	4092	4092	4092	4092	4092	4092	4092	4092	3220	3220	3220	3220	3220	3220	3220	3220	3220	3220
	低速货车			5581	5581	5581	5581	5581	5581	5581	5581	5581	4392	4392	4392	4392	4392	4392	4392	4392	4392	4392
摩托车	普通摩托车			—	—	—	—	—	—	—	—	—	—	—	—	—	—	—	—	—	—	—
	轻便摩托车			—	—	—	—	—	—	—	—	—	—	—	—	—	—	—	—	—	—	—

宜春市 VOCs 排放系数

单位：克/（辆·年）

车辆类型		使用性质	燃料种类	1999 年年底前	2000 年	2001 年	2002 年	2003 年	2004 年	2005 年	2006 年	2007 年	2008 年	2009 年	2010 年	2011 年	2012 年	2013 年	2014 年	2015 年	2016 年	2017 年
载客汽车	微型	出租车	汽油	678087	405761	133435	133435	133435	133435	100905	68375	68375	56330	44285	44285	36480	28674	28674	28674	28674	19764	16794
			燃气	376981	229044	81107	81107	81107	81107	62078	43049	43049	35554	28058	28058	22322	16587	16587	16587	16587	9971	7766
		其他	汽油	40650	24952	9255	9255	9255	9255	8874	8493	8493	7406	6320	6320	6053	5786	5786	5786	5786	4990	4724
			燃气	17671	9928	2186	2186	2186	2186	2092	1997	1997	1491	985	985	902	819	819	819	819	559	472
	小型	出租车	汽油	678087	399207	120327	120327	120327	120327	111650	102972	102972	73628	44285	44285	36480	28674	28674	28674	28674	18655	15315
			柴油	203686	191542	179397	179397	179397	179397	161812	144226	144226	106784	69341	69341	69341	69341	51357	33373	33373	18427	13445
			燃气	376981	225487	73993	73993	73993	73993	67908	61824	61824	44941	28058	28058	22322	16587	16587	16587	16587	9370	6964
		其他	汽油	41201	25160	9119	9119	9119	9119	9104	9089	9089	7706	6323	6323	6018	5713	5713	5713	5713	5042	4818
			柴油	9432	8619	7806	7806	7806	7806	6616	5426	5426	3702	1978	1978	1978	1978	1676	1375	1375	988	859
			燃气	17970	10828	3685	3685	3685	3685	3003	2321	2321	1727	1133	1133	956	779	779	779	779	588	524
	中型	公交车	汽油	247821	247821	247821	247821	247224	168981	13688	13688	13688	13688	13688	13536	13385	13385	10958	8531	8531	8531	8531
			柴油	87806	87806	86086	82645	82645	64494	28192	28192	28192	20508	12823	12823	12823	12823	8958	5093	5093	4763	4653
			燃气	71579	71579	67602	59649	59649	57536	53311	53311	53311	42686	32061	32061	22219	22219	22154	22154	22154	22154	22154
		其他	汽油	128531	128531	128531	128531	127934	87612	8161	8161	8161	8161	8161	8016	7870	7870	6818	5767	5767	5767	5767
			柴油	30493	30493	28460	24394	24394	18567	6912	6912	6912	6506	6099	6099	6099	6099	3750	1402	1402	1243	1190
			燃气	34560	34560	32640	28800	28800	27780	25740	25740	25740	20623	15506	15506	10732	10732	9642	9642	9642	9642	9642
	大型	公交车	汽油	577129	577129	577129	577129	576532	388954	14992	14992	14992	14992	14992	14852	14712	14712	11946	9180	9180	9180	9180
			柴油	131708	131708	108010	60614	60614	60614	60614	60614	60614	43515	26416	26416	26416	26416	17675	8934	8934	5723	4653
			燃气	168926	168926	159541	140772	140772	135786	125815	125815	125815	100740	75665	75665	52438	52438	47188	47188	47188	47188	47188
		其他	汽油	1278427	1278427	1278427	1278427	1277830	860982	28479	28479	28479	28479	28479	22220	15961	15961	12770	9579	9579	9579	9579
			柴油	272891	272891	207397	76409	76409	76409	76409	76409	76409	55942	35476	35476	35476	35476	20706	5937	5937	5324	5119
			燃气	266186	266186	251398	221822	221822	213966	198253	198253	198253	158842	119430	119430	82662	82662	74261	74261	74261	74261	74261
载货汽车	微型		汽油	271858	146910	21963	21963	21963	21963	20655	19347	19347	17847	16347	16347	13528	10708	10708	10708	10708	9102	8567
			柴油	43495	40618	37740	37740	37740	37740	34514	31287	31287	23202	15116	15116	15116	15116	10428	5740	5740	3878	3257
			燃气	118180	61684	5188	5188	5188	5188	4868	4549	4549	3548	2548	2548	2032	1516	1516	1516	1516	1021	856
	轻型		汽油	141570	85137	28704	28704	28704	28704	24814	20924	20924	18778	16632	16632	14612	12592	12592	12592	12592	10847	10265
			柴油	40101	38920	37740	37740	37740	37740	34514	31287	31287	23202	15116	15116	15116	15116	11404	7693	7693	5830	5209
			燃气	61746	36673	11599	11599	11599	11599	8471	5343	5343	4162	2980	2980	2349	1717	1717	1717	1717	1267	1116
	中型		汽油	258208	258208	258208	258208	257611	175526	12550	12550	12550	12550	12550	12410	12270	12270	10114	7958	7958	7958	7958
			柴油	60895	60895	56835	48716	48716	37078	13803	13803	13803	13000	12197	12197	12197	12197	8840	5482	5482	3262	2522
			燃气	69017	69017	65183	57515	57515	55477	51402	51402	51402	41206	31009	31009	41963	41963	20435	20435	20435	20435	20435
	重型		汽油	1121620	1121620	1121620	1121620	1121022	755439	25467	25467	25467	25467	25467	19962	14457	14457	11658	8858	8858	8858	8858
			柴油	268205	268205	203836	75097	75097	75097	75097	75097	75097	54982	34867	34867	34867	34867	22103	9339	9339	7213	6504
			燃气	261615	261615	247081	218013	218013	210292	194849	194849	194849	156114	117380	117380	130029	130029	94353	94353	94353	94353	94353
低速汽车	三轮汽车			25300	25300	25300	25300	25300	25300	25300	25300	25300	16721	16721	16721	16721	16721	16721	16721	16721	16721	16721
	低速货车			33990	33990	33990	33990	33990	33990	33990	33990	33990	22464	22464	22464	22464	22464	22464	22464	22464	22464	22464
摩托车	普通摩托车			15413	15413	15413	15413	11502	7591	4064	4064	4064	4064	4064	3032	2001	2001	2001	2001	2001	2001	2001
	轻便摩托车			49842	49842	49842	49842	49842	9968	9968	4908	4908	4908	4908	3662	2417	2417	2417	2417	2417	2417	2417

抚州市 NO_x 排放系数

单位：克/（辆·年）

车辆类型		使用性质	燃料种类	1999 年年底前	2000 年	2001 年	2002 年	2003 年	2004 年	2005 年	2006 年	2007 年	2008 年	2009 年	2010 年	2011 年	2012 年	2013 年	2014 年	2015 年	2016 年	2017 年
载客汽车	微型	出租车	汽油	320750	217169	113588	113588	113588	113588	84308	55028	55028	41123	27218	27218	22182	17146	17146	17146	17146	10437	8201
			燃气	207848	142062	76276	76276	76276	76276	57152	38028	38028	28816	19604	19604	15826	12049	12049	12049	12049	7110	5464
		其他	汽油	33007	20682	8357	8357	8357	8357	5231	2105	2105	1713	1321	1321	1112	904	904	904	904	650	566
			燃气	20460	12180	3900	3900	3900	3900	2538	1176	1176	956	735	735	596	457	457	457	457	369	340
	小型	出租车	汽油	362565	240534	118502	118502	118502	118502	87143	55784	55784	41501	27218	27218	21460	15701	15701	15701	15701	9111	6914
			柴油	404579	339886	275192	275192	275192	275192	245000	214808	214808	170571	126334	126334	126334	126334	102588	78843	78843	60043	53776
			燃气	234318	156852	79387	79387	79387	79387	58946	38506	38506	29055	19604	19604	15369	11134	11134	11134	11134	6271	4650
		其他	汽油	30782	19631	8480	8480	8480	8480	5586	2692	2692	1860	1027	1027	942	856	856	856	856	612	530
			柴油	27772	22703	17634	17634	17634	17634	16244	14855	14855	11621	8387	8387	8387	8387	7240	6093	6093	5347	5098
			燃气	19051	12138	5226	5226	5226	5226	3387	1548	1548	1048	549	549	488	427	427	427	427	344	317
	中型	公交车	汽油	324480	324480	324480	324480	324480	221674	16062	16062	16062	16062	16062	14404	12747	12747	9624	6500	6500	6500	6500
			柴油	363235	363235	362382	360677	360677	346343	317675	317675	317675	264608	211541	211541	211541	211541	172632	133724	133724	111957	104701
			燃气	385674	385674	381083	371900	371900	360364	337292	337292	337292	280718	224145	224145	141747	141747	111015	111015	111015	111015	111015
		其他	汽油	198936	198936	198936	198936	198936	134945	6963	6963	6963	6963	6963	6963	6963	6963	5222	3482	3482	3482	3482
			柴油	170341	170341	163230	149009	149009	147749	145229	145229	145229	123687	102145	102145	102145	102145	90696	79246	79246	67638	63768
			燃气	192351	192351	181665	160292	160292	158781	155760	155760	155760	132618	109477	109477	85278	85278	68500	68500	68500	68500	68500
	大型	公交车	汽油	1155960	1155960	1155960	1155960	1155960	794860	72660	72660	72660	72660	72660	72596	72533	72533	54400	36267	36267	36267	36267
			柴油	515176	515176	498529	465234	465234	452015	425577	425577	425577	417908	410238	410238	410238	410238	395446	380653	380653	343140	330636
			燃气	1035809	1035809	978264	863174	863174	799121	671015	671015	671015	574936	478856	478856	445815	445815	386405	386405	386405	386405	386405
		其他	汽油	2759067	2759067	2759067	2759067	2759067	1897187	173427	173427	173427	173427	173427	166924	160420	160420	120444	80467	80467	80467	80467
			柴油	1233686	1233686	1201941	1138451	1138451	1111909	1058825	1058825	1058825	1021546	984267	984267	984267	984267	937027	889787	889787	787452	753341
			燃气	2296373	2296373	2168797	1913644	1913644	1771640	1487631	1487631	1487631	1275112	1062593	1062593	958640	958640	813321	813321	813321	813321	813321
载货汽车	微型		汽油	133437	79200	24963	24963	24963	24963	16996	9030	9030	7324	5618	5618	4952	4287	4287	4287	4287	3223	2868
			柴油	91310	75330	59351	59351	59351	59351	53430	47510	47510	40217	32924	32924	32924	32924	24067	15210	15210	13049	12329
			燃气	82713	47181	11650	11650	11650	11650	8347	5045	5045	4085	3126	3126	2647	2167	2167	2167	2167	1834	1723
	轻型		汽油	99231	63641	28051	28051	28051	28051	18962	9872	9872	8282	6693	6693	5548	4403	4403	4403	4403	3369	3024
			柴油	91631	75491	59351	59351	59351	59351	53430	47510	47510	40217	32924	32924	32924	32924	26232	19541	19541	18142	17676
			燃气	61414	39351	17287	17287	17287	17287	11482	5677	5677	4627	3578	3578	2887	2196	2196	2196	2196	1906	1809
	中型		汽油	193149	193149	193149	193149	193148	131864	9295	9295	9295	9295	9295	9295	9295	9295	6974	4653	4653	4653	4653
			柴油	359232	359232	322564	249229	249229	236990	212511	212511	212511	216265	220019	220019	220019	220019	193039	166059	166059	142992	135303
			燃气	405649	405649	359799	268101	268101	254707	227921	227921	227921	231866	235812	235812	178699	178699	145343	145343	145343	145343	145343
	重型		汽油	2516133	2516133	2516133	2516133	2516133	1730141	158157	158157	158157	158157	158157	152226	146295	146295	109838	73382	73382	73382	73382
			柴油	1341822	1341822	1296021	1204419	1204419	1159871	1070774	1070774	1070774	1027836	984897	984897	984897	984897	874354	763810	763810	533630	456903
			燃气	2497656	2497656	2339948	2024531	2024531	1851160	1504419	1504419	1504419	1283846	1063273	1063273	822915	822915	493281	493281	493281	493281	493281
低速汽车	三轮汽车			65550	65550	65550	65550	65550	65550	65550	65550	65550	53279	53279	53279	53279	53279	53279	53279	53279	53279	53279
	低速货车			88065	88065	88065	88065	88065	88065	88065	88065	88065	71579	71579	71579	71579	71579	71579	71579	71579	71579	71579
摩托车	普通摩托车			1150	1150	1150	1150	1112	1074	997	997	997	997	997	886	774	774	774	774	774	774	774
	轻便摩托车			767	767	767	767	767	383	383	383	383	383	383	340	298	298	298	298	298	298	298

抚州市 PM 排放系数

单位：克/（辆·年）

车辆类型		使用性质	燃料种类	1999 年年底前	2000 年	2001 年	2002 年	2003 年	2004 年	2005 年	2006 年	2007 年	2008 年	2009 年	2010 年	2011 年	2012 年	2013 年	2014 年	2015 年	2016 年	2017 年
载客汽车	微型	出租车	汽油	—	—	—	—	—	—	—	—	—	—	—	—	—	—	—	—	—	—	—
			燃气	—	—	—	—	—	—	—	—	—	—	—	—	—	—	—	—	—	—	—
		其他	汽油	—	—	—	—	—	—	—	—	—	—	—	—	—	—	—	—	—	—	—
			燃气	—	—	—	—	—	—	—	—	—	—	—	—	—	—	—	—	—	—	—
	小型	出租车	汽油	—	—	—	—	—	—	—	—	—	—	—	—	—	—	—	—	—	—	—
			柴油	50229	46006	41784	41784	41784	41784	28561	15338	15338	9984	4630	4630	4630	4630	4303	3976	3976	3288	3059
			燃气	—	—	—	—	—	—	—	—	—	—	—	—	—	—	—	—	—	—	—
		其他	汽油	—	—	—	—	—	—	—	—	—	—	—	—	—	—	—	—	—	—	—
			柴油	3872	3664	3457	3457	3457	3457	2491	1525	1525	1116	707	707	707	707	593	479	479	479	479
			燃气	—	—	—	—	—	—	—	—	—	—	—	—	—	—	—	—	—	—	—
	中型	公交车	汽油	—	—	—	—	—	—	—	—	—	—	—	—	—	—	—	—	—	—	—
			柴油	30592	30592	28032	22913	22913	17978	8108	8108	8108	6872	5637	5637	5637	5637	3504	1372	1372	1080	983
			燃气	—	—	—	—	—	—	—	—	—	—	—	—	—	—	—	—	—	—	—
		其他	汽油	—	—	—	—	—	—	—	—	—	—	—	—	—	—	—	—	—	—	—
			柴油	15274	15274	12888	8116	8116	6262	2553	2553	2553	2434	2316	2316	2316	2316	1366	415	415	399	394
			燃气	—	—	—	—	—	—	—	—	—	—	—	—	—	—	—	—	—	—	—
	大型	公交车	汽油	—	—	—	—	—	—	—	—	—	—	—	—	—	—	—	—	—	—	—
			柴油	94865	94865	93934	92071	92071	71272	29674	29674	29674	19994	10315	10315	10315	10315	6116	1916	1916	1845	1821
			燃气	—	—	—	—	—	—	—	—	—	—	—	—	—	—	—	—	—	—	—
		其他	汽油	—	—	—	—	—	—	—	—	—	—	—	—	—	—	—	—	—	—	—
			柴油	142314	142314	133412	115607	115607	85425	25061	25061	25061	17182	9303	9303	9303	9303	5868	2433	2433	2343	2313
			燃气	—	—	—	—	—	—	—	—	—	—	—	—	—	—	—	—	—	—	—
载货汽车	微型		汽油	—	—	—	—	—	—	—	—	—	—	—	—	—	—	—	—	—	—	—
			柴油	10455	10238	10022	10022	10022	10022	8166	6309	6309	4682	3056	3056	3056	3056	1924	792	792	788	787
			燃气	—	—	—	—	—	—	—	—	—	—	—	—	—	—	—	—	—	—	—
	轻型		汽油	—	—	—	—	—	—	—	—	—	—	—	—	—	—	—	—	—	—	—
			柴油	10873	10448	10022	10022	10022	10022	8166	6309	6309	4682	3056	3056	3056	3056	2304	1553	1553	1282	1192
			燃气	—	—	—	—	—	—	—	—	—	—	—	—	—	—	—	—	—	—	—
	中型		汽油	—	—	—	—	—	—	—	—	—	—	—	—	—	—	—	—	—	—	—
			柴油	30142	30142	25366	15813	15813	12215	5019	5019	5019	4754	4490	4490	4490	4490	2879	1268	1268	1161	1125
			燃气	—	—	—	—	—	—	—	—	—	—	—	—	—	—	—	—	—	—	—
	重型		汽油	—	—	—	—	—	—	—	—	—	—	—	—	—	—	—	—	—	—	—
			柴油	179170	179170	147264	83453	83453	66262	31879	31879	31879	21845	11811	11811	11811	11811	7913	4015	4015	3393	3186
			燃气	—	—	—	—	—	—	—	—	—	—	—	—	—	—	—	—	—	—	—
低速汽车	三轮汽车			4092	4092	4092	4092	4092	4092	4092	4092	4092	3220	3220	3220	3220	3220	3220	3220	3220	3220	3220
	低速货车			5581	5581	5581	5581	5581	5581	5581	5581	5581	4392	4392	4392	4392	4392	4392	4392	4392	4392	4392
摩托车	普通摩托车			—	—	—	—	—	—	—	—	—	—	—	—	—	—	—	—	—	—	—
	轻便摩托车			—	—	—	—	—	—	—	—	—	—	—	—	—	—	—	—	—	—	—

抚州市 VOCs 排放系数

单位：克/（辆·年）

车辆类型		使用性质	燃料种类	1999 年年底前	2000 年	2001 年	2002 年	2003 年	2004 年	2005 年	2006 年	2007 年	2008 年	2009 年	2010 年	2011 年	2012 年	2013 年	2014 年	2015 年	2016 年	2017 年
载客汽车	微型	出租车	汽油	709458	424661	139864	139864	139864	139864	105750	71636	71636	59010	46384	46384	38130	29875	29875	29875	29875	20496	17369
			燃气	389800	237246	84693	84693	84693	84693	64939	45185	45185	37354	29522	29522	23468	17415	17415	17415	17415	10410	8075
		其他	汽油	40682	24904	9125	9125	9125	9125	8743	8361	8361	7292	6222	6222	5952	5683	5683	5683	5683	4922	4669
			燃气	17671	9928	2186	2186	2186	2186	2092	1997	1997	1491	985	985	902	819	819	819	819	559	472
	小型	出租车	汽油	709458	417803	126148	126148	126148	126148	116992	107836	107836	77110	46384	46384	38130	29875	29875	29875	29875	19335	15822
			柴油	215265	202404	189542	189542	189542	189542	170896	152249	152249	112840	73431	73431	73431	73431	54366	35302	35302	19452	14168
			燃气	389800	233580	77361	77361	77361	77361	70948	64534	64534	47028	29522	29522	23468	17415	17415	17415	17415	9790	7248
		其他	汽油	41241	25114	8987	8987	8987	8987	8976	8966	8966	7596	6225	6225	5917	5609	5609	5609	5609	4976	4765
			柴油	9481	8658	7835	7835	7835	7835	6630	5424	5424	3690	1955	1955	1955	1955	1652	1349	1349	976	851
			燃气	17970	10828	3685	3685	3685	3685	3003	2321	2321	1727	1133	1133	956	779	779	779	779	588	524
	中型	公交车	汽油	247804	247804	247804	247804	247207	168964	13672	13672	13672	13672	13672	13520	13369	13369	10942	8514	8514	8514	8514
			柴油	87806	87806	86086	82645	82645	64494	28192	28192	28192	20508	12823	12823	12823	12823	8958	5093	5093	4763	4653
			燃气	71579	71579	67602	59649	59649	57536	53311	53311	53311	42686	32061	32061	22219	22219	22154	22154	22154	22154	22154
		其他	汽油	128514	128514	128514	128514	127917	87595	8144	8144	8144	8144	8144	7998	7853	7853	6802	5751	5751	5751	5751
			柴油	30493	30493	28460	24394	24394	18567	6912	6912	6912	6506	6099	6099	6099	6099	3750	1402	1402	1243	1190
			燃气	34560	34560	32640	28800	28800	27780	25740	25740	25740	20623	15506	15506	10732	10732	9642	9642	9642	9642	9642
	大型	公交车	汽油	577112	577112	577112	577112	576515	388937	14976	14976	14976	14976	14976	14836	14696	14696	11930	9164	9164	9164	9164
			柴油	131708	131708	108010	60614	60614	60614	60614	60614	60614	43515	26416	26416	26416	26416	17675	8934	8934	5723	4653
			燃气	168926	168926	159541	140772	140772	135786	125815	125815	125815	100740	75665	75665	52438	52438	47188	47188	47188	47188	47188
		其他	汽油	1278410	1278410	1278410	1278410	1277813	860965	28462	28462	28462	28462	28462	22203	15944	15944	12754	9563	9563	9563	9563
			柴油	272891	272891	207397	76409	76409	76409	76409	76409	76409	55942	35476	35476	35476	35476	20706	5937	5937	5324	5119
			燃气	266186	266186	251398	221822	221822	213966	198253	198253	198253	158842	119430	119430	82662	82662	74261	74261	74261	74261	74261
载货汽车	微型		汽油	258125	139363	20601	20601	20601	20601	19394	18187	18187	16810	15433	15433	12799	10165	10165	10165	10165	8726	8247
			柴油	40086	37436	34785	34785	34785	34785	31854	28924	28924	21379	13834	13834	13834	13834	9513	5192	5192	3561	3017
			燃气	112122	58528	4935	4935	4935	4935	4640	4344	4344	3394	2443	2443	1954	1465	1465	1465	1465	992	834
	轻型		汽油	134187	80600	27014	27014	27014	27014	23351	19688	19688	17696	15704	15704	13831	11958	11958	11958	11958	10385	9861
			柴油	36858	35822	34785	34785	34785	34785	31854	28924	28924	21379	13834	13834	13834	13834	10442	7049	7049	5418	4874
			燃气	58469	34773	11077	11077	11077	11077	8087	5097	5097	3977	2858	2858	2260	1661	1661	1661	1661	1228	1084
	中型		汽油	258191	258191	258191	258191	257594	175509	12533	12533	12533	12533	12533	12393	12253	12253	10097	7941	7941	7941	7941
			柴油	60895	60895	56835	48716	48716	37078	13803	13803	13803	13000	12197	12197	12197	12197	8840	5482	5482	3262	2522
			燃气	69017	69017	65183	57515	57515	55477	51402	51402	51402	41206	31009	31009	41963	41963	20435	20435	20435	20435	20435
	重型		汽油	1209906	1209906	1209906	1209906	1209308	814857	27149	27149	27149	27149	27149	21219	15289	15289	12270	9250	9250	9250	9250
			柴油	287411	287411	218432	80475	80475	80475	80475	80475	80475	58919	37363	37363	37363	37363	23715	10067	10067	7915	7198
			燃气	280349	280349	264775	233626	233626	225352	208803	208803	208803	167293	125783	125783	140165	140165	104421	104421	104421	104421	104421
低速汽车	三轮汽车			25300	25300	25300	25300	25300	25300	25300	25300	25300	16721	16721	16721	16721	16721	16721	16721	16721	16721	16721
	低速货车			33990	33990	33990	33990	33990	33990	33990	33990	33990	22464	22464	22464	22464	22464	22464	22464	22464	22464	22464
摩托车	普通摩托车			15413	15413	15413	15413	11502	7591	4064	4064	4064	4064	4064	3032	2001	2001	2001	2001	2001	2001	2001
	轻便摩托车			49842	49842	49842	49842	49842	9968	9968	4908	4908	4908	4908	3662	2417	2417	2417	2417	2417	2417	2417

上饶市 NO_x 排放系数

单位：克/（辆·年）

车辆类型		使用性质	燃料种类	1999年年底前	2000年	2001年	2002年	2003年	2004年	2005年	2006年	2007年	2008年	2009年	2010年	2011年	2012年	2013年	2014年	2015年	2016年	2017年
载客汽车	微型	出租车	汽油	310058	209630	109201	109201	109201	109201	80923	52645	52645	39250	25855	25855	21100	16346	16346	16346	16346	10006	7893
			燃气	200771	137002	73233	73233	73233	73233	54777	36321	36321	27458	18595	18595	15030	11465	11465	11465	11465	6805	5252
		其他	汽油	33007	20682	8357	8357	8357	8357	5231	2105	2105	1713	1321	1321	1112	904	904	904	904	650	566
			燃气	20460	12180	3900	3900	3900	3900	2538	1176	1176	956	735	735	596	457	457	457	457	369	340
	小型	出租车	汽油	350631	232300	113969	113969	113969	113969	83674	53378	53378	39616	25855	25855	20400	14944	14944	14944	14944	8719	6644
			柴油	388894	326378	263861	263861	263861	263861	234974	206086	206086	163570	121055	121055	121055	121055	98423	75791	75791	57929	51975
			燃气	226455	151353	76251	76251	76251	76251	56518	36785	36785	27690	18595	18595	14586	10578	10578	10578	10578	5991	4462
		其他	汽油	30782	19631	8480	8480	8480	8480	5586	2692	2692	1860	1027	1027	942	856	856	856	856	612	530
			柴油	27771	22702	17634	17634	17634	17634	16244	14855	14855	11621	8387	8387	8387	8387	7240	6093	6093	5347	5098
			燃气	19051	12138	5226	5226	5226	5226	3387	1548	1548	1048	549	549	488	427	427	427	427	344	317
	中型	公交车	汽油	324476	324476	324476	324476	324476	221671	16062	16062	16062	16062	16062	14404	12747	12747	9623	6499	6499	6499	6499
			柴油	363232	363232	362379	360674	360674	346340	317672	317672	317672	264606	211539	211539	211539	211539	172631	133723	133723	111956	104700
			燃气	385670	385670	381079	371896	371896	360360	337289	337289	337289	280716	224144	224144	141745	141745	111014	111014	111014	111014	111014
		其他	汽油	198933	198933	198933	198933	198933	134943	6963	6963	6963	6963	6963	6963	6963	6963	5222	3482	3482	3482	3482
			柴油	170339	170339	163229	149008	149008	147748	145228	145228	145228	123686	102145	102145	102145	102145	90695	79245	79245	67636	63767
			燃气	192349	192349	181663	160291	160291	158780	155759	155759	155759	132618	109476	109476	85277	85277	68500	68500	68500	68500	68500
	大型	公交车	汽油	1155947	1155947	1155947	1155947	1155947	794851	72660	72660	72660	72660	72660	72596	72532	72532	54400	36267	36267	36267	36267
			柴油	515171	515171	498524	465230	465230	452011	425573	425573	425573	417904	410235	410235	410235	410235	395442	380650	380650	343137	330633
			燃气	1035800	1035800	978256	863167	863167	799115	671010	671010	671010	574931	478852	478852	445811	445811	386401	386401	386401	386401	386401
		其他	汽油	2759034	2759034	2759034	2759034	2759034	1897164	173425	173425	173425	173425	173425	166922	160418	160418	120442	80466	80466	80466	80466
			柴油	1233676	1233676	1201931	1138441	1138441	1111899	1058816	1058816	1058816	1021538	984259	984259	984259	984259	937020	889780	889780	787446	753335
			燃气	2296354	2296354	2168779	1913628	1913628	1771625	1487618	1487618	1487618	1275101	1062584	1062584	958632	958632	813314	813314	813314	813314	813314
载货汽车	微型		汽油	142656	84766	26877	26877	26877	26877	18342	9806	9806	7964	6122	6122	5378	4635	4635	4635	4635	3465	3075
			柴油	98357	81238	64120	64120	64120	64120	57699	51278	51278	43394	35511	35511	35511	35511	25956	16402	16402	14006	13208
			燃气	88428	50485	12543	12543	12543	12543	9011	5478	5478	4442	3406	3406	2875	2343	2343	2343	2343	1971	1847
	轻型		汽油	106150	68161	30172	30172	30172	30172	20438	10704	10704	8986	7269	7269	6014	4759	4759	4759	4759	3620	3241
			柴油	98699	81410	64120	64120	64120	64120	57699	51278	51278	43394	35511	35511	35511	35511	28268	21024	21024	19442	18914
			燃气	65696	42145	18594	18594	18594	18594	12375	6155	6155	5020	3886	3886	3130	2374	2374	2374	2374	2047	1938
	中型		汽油	193149	193149	193149	193149	193148	131864	9295	9295	9295	9295	9295	9295	9295	9295	6974	4653	4653	4653	4653
			柴油	359232	359232	322564	249229	249229	236990	212511	212511	212511	216265	220019	220019	220019	220019	193039	166059	166059	142992	135303
			燃气	405649	405649	359800	268101	268101	254708	227921	227921	227921	231865	235810	235810	178699	178699	145346	145346	145346	145346	145346
	重型		汽油	2333543	2333543	2333543	2333543	2333543	1604589	146680	146680	146680	146680	146680	141180	135679	135679	101868	68057	68057	68057	68057
			柴油	1247163	1247163	1204593	1119454	1119454	1078048	995236	995236	995236	955327	915418	915418	915418	915418	809757	704096	704096	488566	416723
			燃气	2321459	2321459	2174877	1881712	1881712	1720571	1398289	1398289	1398289	1193277	988265	988265	758580	758580	449902	449902	449902	449902	449902
低速汽车	三轮汽车			65550	65550	65550	65550	65550	65550	65550	65550	65550	53279	53279	53279	53279	53279	53279	53279	53279	53279	53279
	低速货车			88065	88065	88065	88065	88065	88065	88065	88065	88065	71579	71579	71579	71579	71579	71579	71579	71579	71579	71579
摩托车	普通摩托车			1150	1150	1150	1150	1112	1074	997	997	997	997	997	886	774	774	774	774	774	774	774
	轻便摩托车			767	767	767	767	767	383	383	383	383	383	383	340	298	298	298	298	298	298	298

上饶市 PM 排放系数

单位：克/（辆·年）

车辆类型		使用性质	燃料种类	1999 年年底前	2000 年	2001 年	2002 年	2003 年	2004 年	2005 年	2006 年	2007 年	2008 年	2009 年	2010 年	2011 年	2012 年	2013 年	2014 年	2015 年	2016 年	2017 年
载客汽车	微型	出租车	汽油	—	—	—	—	—	—	—	—	—	—	—	—	—	—	—	—	—	—	—
			燃气	—	—	—	—	—	—	—	—	—	—	—	—	—	—	—	—	—	—	—
		其他	汽油	—	—	—	—	—	—	—	—	—	—	—	—	—	—	—	—	—	—	—
			燃气	—	—	—	—	—	—	—	—	—	—	—	—	—	—	—	—	—	—	—
	小型	出租车	汽油	—	—	—	—	—	—	—	—	—	—	—	—	—	—	—	—	—	—	—
			柴油	48738	44640	40543	40543	40543	40543	27712	14882	14882	9687	4492	4492	4492	4492	4175	3858	3858	3190	2968
			燃气	—	—	—	—	—	—	—	—	—	—	—	—	—	—	—	—	—	—	—
		其他	汽油	—	—	—	—	—	—	—	—	—	—	—	—	—	—	—	—	—	—	—
			柴油	3872	3664	3457	3457	3457	3457	2491	1525	1525	1116	707	707	707	707	593	479	479	479	479
			燃气	—	—	—	—	—	—	—	—	—	—	—	—	—	—	—	—	—	—	—
	中型	公交车	汽油	—	—	—	—	—	—	—	—	—	—	—	—	—	—	—	—	—	—	—
			柴油	30592	30592	28032	22913	22913	17978	8108	8108	8108	6872	5637	5637	5637	5637	3504	1372	1372	1080	983
			燃气	—	—	—	—	—	—	—	—	—	—	—	—	—	—	—	—	—	—	—
		其他	汽油	—	—	—	—	—	—	—	—	—	—	—	—	—	—	—	—	—	—	—
			柴油	15274	15274	12888	8116	8116	6262	2553	2553	2553	2434	2316	2316	2316	2316	1366	415	415	399	394
			燃气	—	—	—	—	—	—	—	—	—	—	—	—	—	—	—	—	—	—	—
	大型	公交车	汽油	—	—	—	—	—	—	—	—	—	—	—	—	—	—	—	—	—	—	—
			柴油	94865	94865	93934	92071	92071	71272	29674	29674	29674	19994	10315	10315	10315	10315	6116	1916	1916	1845	1821
			燃气	—	—	—	—	—	—	—	—	—	—	—	—	—	—	—	—	—	—	—
		其他	汽油	—	—	—	—	—	—	—	—	—	—	—	—	—	—	—	—	—	—	—
			柴油	142314	142314	133412	115607	115607	85425	25061	25061	25061	17182	9303	9303	9303	9303	5868	2433	2433	2343	2313
			燃气	—	—	—	—	—	—	—	—	—	—	—	—	—	—	—	—	—	—	—
载货汽车	微型		汽油	—	—	—	—	—	—	—	—	—	—	—	—	—	—	—	—	—	—	—
			柴油	11158	10927	10696	10696	10696	10696	8715	6734	6734	4998	3261	3261	3261	3261	2053	845	845	841	840
			燃气	—	—	—	—	—	—	—	—	—	—	—	—	—	—	—	—	—	—	—
	轻型		汽油	—	—	—	—	—	—	—	—	—	—	—	—	—	—	—	—	—	—	—
			柴油	11604	11150	10696	10696	10696	10696	8715	6734	6734	4998	3261	3261	3261	3261	2459	1657	1657	1368	1272
			燃气	—	—	—	—	—	—	—	—	—	—	—	—	—	—	—	—	—	—	—
	中型		汽油	—	—	—	—	—	—	—	—	—	—	—	—	—	—	—	—	—	—	—
			柴油	30142	30142	25366	15813	15813	12215	5019	5019	5019	4754	4490	4490	4490	4490	2879	1268	1268	1161	1125
			燃气	—	—	—	—	—	—	—	—	—	—	—	—	—	—	—	—	—	—	—
	重型		汽油	—	—	—	—	—	—	—	—	—	—	—	—	—	—	—	—	—	—	—
			柴油	164953	164953	135579	76832	76832	61005	29350	29350	29350	20112	10874	10874	10874	10874	7296	3717	3717	3142	2950
			燃气	—	—	—	—	—	—	—	—	—	—	—	—	—	—	—	—	—	—	—
低速汽车	三轮汽车			4092	4092	4092	4092	4092	4092	4092	4092	4092	3220	3220	3220	3220	3220	3220	3220	3220	3220	3220
	低速货车			5581	5581	5581	5581	5581	5581	5581	5581	5581	4392	4392	4392	4392	4392	4392	4392	4392	4392	4392
摩托车	普通摩托车			—	—	—	—	—	—	—	—	—	—	—	—	—	—	—	—	—	—	—
	轻便摩托车			—	—	—	—	—	—	—	—	—	—	—	—	—	—	—	—	—	—	—

上饶市 VOCs 排放系数

单位：克/（辆·年）

车辆类型		使用性质	燃料种类	1999年年底前	2000年	2001年	2002年	2003年	2004年	2005年	2006年	2007年	2008年	2009年	2010年	2011年	2012年	2013年	2014年	2015年	2016年	2017年
载客汽车	微型	出租车	汽油	687100	410827	134554	134554	134554	134554	101616	68677	68677	56545	44413	44413	36572	28732	28732	28732	28732	19844	16882
			燃气	376981	229044	81107	81107	81107	81107	62078	43049	43049	35554	28058	28058	22322	16587	16587	16587	16587	9971	7766
		其他	汽油	40682	24904	9125	9125	9125	9125	8743	8361	8361	7292	6222	6222	5952	5683	5683	5683	5683	4922	4669
			燃气	17671	9928	2186	2186	2186	2186	2092	1997	1997	1491	985	985	902	819	819	819	819	559	472
	小型	出租车	汽油	687100	404173	121246	121246	121246	121246	112524	103802	103802	74108	44413	44413	36572	28732	28732	28732	28732	18719	15381
			柴油	204586	192405	180224	180224	180224	180224	162608	144993	144993	107230	69466	69466	69466	69466	51446	33425	33425	18490	13512
			燃气	376981	225487	73993	73993	73993	73993	67908	61824	61824	44941	28058	28058	22322	16587	16587	16587	16587	9370	6964
		其他	汽油	41241	25114	8987	8987	8987	8987	8976	8966	8966	7596	6225	6225	5917	5609	5609	5609	5609	4976	4765
			柴油	9481	8658	7835	7835	7835	7835	6630	5424	5424	3690	1955	1955	1955	1955	1652	1349	1349	976	851
			燃气	17970	10828	3685	3685	3685	3685	3003	2321	2321	1727	1133	1133	956	779	779	779	779	588	524
	中型	公交车	汽油	247804	247804	247804	247804	247207	168964	13672	13672	13672	13672	13672	13520	13369	13369	10942	8514	8514	8514	8514
			柴油	87806	87806	86086	82645	82645	64494	28192	28192	28192	20508	12823	12823	12823	12823	8958	5093	5093	4763	4653
			燃气	71579	71579	67602	59649	59649	57536	53311	53311	53311	42686	32061	32061	22219	22219	22154	22154	22154	22154	22154
		其他	汽油	128514	128514	128514	128514	127917	87595	8144	8144	8144	8144	8144	7998	7853	7853	6802	5751	5751	5751	5751
			柴油	30493	30493	28460	24394	24394	18567	6912	6912	6912	6506	6099	6099	6099	6099	3750	1402	1402	1243	1190
			燃气	34560	34560	32640	28800	28800	27780	25740	25740	25740	20623	15506	15506	10732	10732	9642	9642	9642	9642	9642
	大型	公交车	汽油	577112	577112	577112	577112	576515	388937	14976	14976	14976	14976	14976	14836	14696	14696	11930	9164	9164	9164	9164
			柴油	131708	131708	108010	60614	60614	60614	60614	60614	60614	43515	26416	26416	26416	26416	17675	8934	8934	5723	4653
			燃气	168926	168926	159541	140772	140772	135786	125815	125815	125815	100740	75665	75665	52438	52438	47188	47188	47188	47188	47188
		其他	汽油	1278410	1278410	1278410	1278410	1277813	860965	28462	28462	28462	28462	28462	22203	15944	15944	12754	9563	9563	9563	9563
			柴油	272891	272891	207397	76409	76409	76409	76409	76409	76409	55942	35476	35476	35476	35476	20706	5937	5937	5324	5119
			燃气	266186	266186	251398	221822	221822	213966	198253	198253	198253	158842	119430	119430	82662	82662	74261	74261	74261	74261	74261
载货汽车	微型		汽油	275337	148646	21956	21956	21956	21956	20642	19328	19328	17846	16364	16364	13512	10660	10660	10660	10660	9090	8567
			柴油	43833	40930	38027	38027	38027	38027	34780	31533	31533	23366	15198	15198	15198	15198	10468	5737	5737	3889	3273
			燃气	119598	62429	5260	5260	5260	5260	4938	4616	4616	3604	2591	2591	2063	1536	1536	1536	1536	1034	866
	轻型		汽油	143060	85930	28801	28801	28801	28801	24866	20930	20930	18792	16653	16653	14613	12573	12573	12573	12573	10861	10290
			柴油	40387	39207	38027	38027	38027	38027	34780	31533	31533	23366	15198	15198	15198	15198	11458	7719	7719	5871	5255
			燃气	62336	37073	11809	11809	11809	11809	8614	5418	5418	4225	3031	3031	2389	1746	1746	1746	1746	1285	1132
	中型		汽油	258191	258191	258191	258191	257594	175509	12533	12533	12533	12533	12533	12393	12253	12253	10097	7941	7941	7941	7941
			柴油	60895	60895	56835	48716	48716	37078	13803	13803	13803	13000	12197	12197	12197	12197	8840	5482	5482	3262	2522
			燃气	69017	69017	65183	57515	57515	55477	51402	51402	51402	41206	31009	31009	41963	41963	20435	20435	20435	20435	20435
	重型		汽油	1121603	1121603	1121603	1121603	1121006	755422	25450	25450	25450	25450	25450	19945	14440	14440	11640	8841	8841	8841	8841
			柴油	268205	268205	203836	75097	75097	75097	75097	75097	75097	54982	34867	34867	34867	34867	22103	9339	9339	7213	6504
			燃气	261615	261615	247081	218013	218013	210292	194849	194849	194849	156114	117380	117380	130029	130029	94353	94353	94353	94353	94353
低速汽车	三轮汽车			25300	25300	25300	25300	25300	25300	25300	25300	25300	16721	16721	16721	16721	16721	16721	16721	16721	16721	16721
	低速货车			33990	33990	33990	33990	33990	33990	33990	33990	33990	22464	22464	22464	22464	22464	22464	22464	22464	22464	22464
摩托车	普通摩托车			15413	15413	15413	15413	11502	7591	4064	4064	4064	4064	4064	3032	2001	2001	2001	2001	2001	2001	2001
	轻便摩托车			49842	49842	49842	49842	49842	9968	9968	4908	4908	4908	4908	3662	2417	2417	2417	2417	2417	2417	2417

济南市 NO_x 排放系数

单位：克/（辆·年）

车辆类型		使用性质	燃料种类	1999 年年底前	2000 年	2001 年	2002 年	2003 年	2004 年	2005 年	2006 年	2007 年	2008 年	2009 年	2010 年	2011 年	2012 年	2013 年	2014 年	2015 年	2016 年	2017 年
载客汽车	微型	出租车	汽油	336035	227810	119585	119585	119585	119585	88226	56868	56868	42022	27177	27177	22482	17788	17788	17788	17788	11028	8774
			燃气	215160	147226	79293	79293	79293	79293	59062	38830	38830	29125	19420	19420	15878	12335	12335	12335	12335	7409	5767
		其他	汽油	31172	19562	7952	7952	7952	7952	4998	2045	2045	1662	1278	1278	1108	937	937	937	937	662	570
			燃气	18969	11296	3622	3622	3622	3622	2351	1080	1080	874	669	669	556	443	443	443	443	361	334
	小型	出租车	汽油	380299	252619	124939	124939	124939	124939	91315	57691	57691	42434	27177	27177	21662	16147	16147	16147	16147	9548	7349
			柴油	418912	350842	282772	282772	282772	282772	252336	221900	221900	176483	131066	131066	131066	131066	106916	82765	82765	63786	57459
			燃气	242865	162754	82644	82644	82644	82644	60994	39345	39345	29382	19420	19420	15364	11308	11308	11308	11308	6483	4875
		其他	汽油	29082	18575	8068	8068	8068	8068	5334	2600	2600	1801	1002	1002	946	889	889	889	889	623	534
			柴油	26965	22029	17093	17093	17093	17093	15770	14446	14446	11316	8186	8186	8186	8186	7083	5980	5980	5284	5052
			燃气	17661	11262	4863	4863	4863	4863	3145	1427	1427	962	496	496	454	412	412	412	412	336	311
	中型	公交车	汽油	341741	341741	341741	341741	341741	233466	16916	16916	16916	16916	16916	15171	13426	13426	10136	6845	6845	6845	6845
			柴油	381398	381398	380503	378712	378712	363661	333560	333560	333560	277840	222119	222119	222119	222119	181265	140411	140411	117556	109937
			燃气	404959	404959	400138	390496	390496	378383	354158	354158	354158	294756	235354	235354	148834	148834	116566	116566	116566	116566	116566
		其他	汽油	201199	201199	201199	201199	201199	136480	7042	7042	7042	7042	7042	7042	7042	7042	5282	3522	3522	3522	3522
			柴油	171756	171756	164586	150247	150247	148976	146435	146435	146435	124714	102994	102994	102994	102994	91449	79904	79904	68200	64298
			燃气	193949	193949	183174	161624	161624	160101	157054	157054	157054	133720	110387	110387	85987	85987	69070	69070	69070	69070	69070
	大型	公交车	汽油	1217454	1217454	1217454	1217454	1217454	837145	76526	76526	76526	76526	76526	76458	76391	76391	57294	38197	38197	38197	38197
			柴油	540937	540937	523457	488498	488498	474618	446858	446858	446858	438805	430752	430752	430752	430752	415220	399687	399687	360298	347169
			燃气	1087604	1087604	1027182	906337	906337	839081	704569	704569	704569	603685	502801	502801	468108	468108	405727	405727	405727	405727	405727
		其他	汽油	2790450	2790450	2790450	2790450	2790450	1918767	175400	175400	175400	175400	175400	168822	162245	162245	121814	81382	81382	81382	81382
			柴油	1243936	1243936	1211927	1147910	1147910	1121147	1067622	1067622	1067622	1030034	992445	992445	992445	992445	944812	897180	897180	793996	759601
			燃气	2315453	2315453	2186817	1929544	1929544	1786360	1499991	1499991	1499991	1285706	1071422	1071422	966605	966605	820078	820078	820078	820078	820078
载货汽车	微型		汽油	130612	77416	24221	24221	24221	24221	16524	8826	8826	7162	5498	5498	4850	4203	4203	4203	4203	3136	2781
			柴油	91276	75274	59272	59272	59272	59272	53438	47604	47604	40344	33083	33083	33083	33083	24191	15299	15299	13143	12424
			燃气	79481	45257	11032	11032	11032	11032	7847	4661	4661	3770	2878	2878	2433	1987	1987	1987	1987	1719	1630
	轻型		汽油	96056	61629	27202	27202	27202	27202	18420	9639	9639	8088	6536	6536	5425	4314	4314	4314	4314	3277	2931
			柴油	91597	75434	59272	59272	59272	59272	53438	47604	47604	40344	33083	33083	33083	33083	26376	19669	19669	18282	17820
			燃气	58333	37365	16396	16396	16396	16396	10843	5290	5290	4263	3235	3235	2617	1999	1999	1999	1999	1780	1707
	中型		汽油	212047	212047	212047	212047	212047	144766	10205	10205	10205	10205	10205	10205	10205	10205	7656	5108	5108	5108	5108
			柴油	399713	399713	358913	277314	277314	263695	236457	236457	236457	232913	229369	229369	229369	229369	201242	173116	173116	149069	141053
			燃气	451361	451361	400345	298313	298313	283410	253604	253604	253604	249719	245833	245833	186295	186295	151522	151522	151522	151522	151522
	重型		汽油	1712778	1712778	1712778	1712778	1712778	1177739	107660	107660	107660	107660	107660	103623	99586	99586	74769	49952	49952	49952	49952
			柴油	936483	936483	904518	840587	840587	809496	747313	747313	747313	717346	687378	687378	687378	687378	605698	524017	524017	363478	309965
			燃气	1743162	1743162	1633095	1412959	1412959	1291960	1049962	1049962	1049962	896020	742078	742078	564566	564566	334643	334643	334643	334643	334643
低速汽车	三轮汽车			65550	65550	65550	65550	65550	65550	65550	65550	65550	53279	53279	53279	53279	53279	53279	53279	53279	53279	53279
	低速货车			88065	88065	88065	88065	88065	88065	88065	88065	88065	71579	71579	71579	71579	71579	71579	71579	71579	71579	71579
摩托车	普通摩托车			892	892	892	892	862	833	773	773	773	773	773	687	601	601	601	601	601	601	601
	轻便摩托车			595	595	595	595	595	297	297	297	297	297	297	264	231	231	231	231	231	231	231

济南市 PM 排放系数

单位：克/（辆·年）

车辆类型		使用性质	燃料种类	1999 年年底前	2000 年	2001 年	2002 年	2003 年	2004 年	2005 年	2006 年	2007 年	2008 年	2009 年	2010 年	2011 年	2012 年	2013 年	2014 年	2015 年	2016 年	2017 年
载客汽车	微型	出租车	汽油	—	—	—	—	—	—	—	—	—	—	—	—	—	—	—	—	—	—	—
			燃气	—	—	—	—	—	—	—	—	—	—	—	—	—	—	—	—	—	—	—
		其他	汽油	—	—	—	—	—	—	—	—	—	—	—	—	—	—	—	—	—	—	—
			燃气	—	—	—	—	—	—	—	—	—	—	—	—	—	—	—	—	—	—	—
	小型	出租车	汽油	—	—	—	—	—	—	—	—	—	—	—	—	—	—	—	—	—	—	—
			柴油	53743	49230	44718	44718	44718	44718	30442	16165	16165	10556	4947	4947	4947	4947	4598	4249	4249	3513	3268
			燃气	—	—	—	—	—	—	—	—	—	—	—	—	—	—	—	—	—	—	—
		其他	汽油	—	—	—	—	—	—	—	—	—	—	—	—	—	—	—	—	—	—	—
			柴油	3763	3561	3359	3359	3359	3359	2420	1480	1480	1084	688	688	688	688	575	462	462	462	462
			燃气	—	—	—	—	—	—	—	—	—	—	—	—	—	—	—	—	—	—	—
	中型	公交车	汽油	—	—	—	—	—	—	—	—	—	—	—	—	—	—	—	—	—	—	—
			柴油	31857	31857	29192	23861	23861	18722	8443	8443	8443	7156	5870	5870	5870	5870	3649	1428	1428	1124	1023
			燃气	—	—	—	—	—	—	—	—	—	—	—	—	—	—	—	—	—	—	—
		其他	汽油	—	—	—	—	—	—	—	—	—	—	—	—	—	—	—	—	—	—	—
			柴油	15274	15274	12888	8116	8116	6262	2553	2553	2553	2434	2316	2316	2316	2316	1366	415	415	399	394
			燃气	—	—	—	—	—	—	—	—	—	—	—	—	—	—	—	—	—	—	—
	大型	公交车	汽油	—	—	—	—	—	—	—	—	—	—	—	—	—	—	—	—	—	—	—
			柴油	98788	98788	97818	95878	95878	74219	30901	30901	30901	20821	10741	10741	10741	10741	6368	1995	1995	1921	1896
			燃气	—	—	—	—	—	—	—	—	—	—	—	—	—	—	—	—	—	—	—
		其他	汽油	—	—	—	—	—	—	—	—	—	—	—	—	—	—	—	—	—	—	—
			柴油	142314	142314	133412	115607	115607	85425	25061	25061	25061	17182	9303	9303	9303	9303	5868	2433	2433	2343	2313
			燃气	—	—	—	—	—	—	—	—	—	—	—	—	—	—	—	—	—	—	—
载货汽车	微型		汽油	—	—	—	—	—	—	—	—	—	—	—	—	—	—	—	—	—	—	—
			柴油	10190	9979	9768	9768	9768	9768	7981	6194	6194	4597	3000	3000	3000	3000	1889	778	778	774	773
			燃气	—	—	—	—	—	—	—	—	—	—	—	—	—	—	—	—	—	—	—
	轻型		汽油	—	—	—	—	—	—	—	—	—	—	—	—	—	—	—	—	—	—	—
			柴油	10597	10182	9768	9768	9768	9768	7981	6194	6194	4597	3000	3000	3000	3000	2262	1525	1525	1259	1170
			燃气	—	—	—	—	—	—	—	—	—	—	—	—	—	—	—	—	—	—	—
	中型		汽油	—	—	—	—	—	—	—	—	—	—	—	—	—	—	—	—	—	—	—
			柴油	34548	34548	29074	18125	18125	13965	5645	5645	5645	5348	5051	5051	5051	5051	3238	1426	1426	1306	1266
			燃气	—	—	—	—	—	—	—	—	—	—	—	—	—	—	—	—	—	—	—
	重型		汽油	—	—	—	—	—	—	—	—	—	—	—	—	—	—	—	—	—	—	—
			柴油	121912	121912	100203	56784	56784	45086	21691	21691	21691	14864	8037	8037	8037	8037	5368	2700	2700	2282	2143
			燃气	—	—	—	—	—	—	—	—	—	—	—	—	—	—	—	—	—	—	—
低速汽车	三轮汽车			4092	4092	4092	4092	4092	4092	4092	4092	4092	3220	3220	3220	3220	3220	3220	3220	3220	3220	3220
	低速货车			5581	5581	5581	5581	5581	5581	5581	5581	5581	4392	4392	4392	4392	4392	4392	4392	4392	4392	4392
摩托车	普通摩托车			—	—	—	—	—	—	—	—	—	—	—	—	—	—	—	—	—	—	—
	轻便摩托车			—	—	—	—	—	—	—	—	—	—	—	—	—	—	—	—	—	—	—

济南市 VOCs 排放系数

单位：克/（辆·年）

车辆类型		使用性质	燃料种类	1999 年年底前	2000 年	2001 年	2002 年	2003 年	2004 年	2005 年	2006 年	2007 年	2008 年	2009 年	2010 年	2011 年	2012 年	2013 年	2014 年	2015 年	2016 年	2017 年
载客汽车	微型	出租车	汽油	988632	580444	172257	172257	172257	172257	127821	83385	83385	67816	52248	52248	43613	34978	34978	34978	34978	26092	23130
			燃气	426623	256674	86725	86725	86725	86725	66116	45506	45506	37494	29482	29482	23622	17762	17762	17762	17762	11268	9104
		其他	汽油	50116	30238	10360	10360	10360	10360	9957	9554	9554	8244	6934	6934	6642	6351	6351	6351	6351	5390	5070
			燃气	17128	9601	2074	2074	2074	2074	1983	1892	1892	1415	938	938	872	805	805	805	805	565	485
	小型	出租车	汽油	988632	571023	153414	153414	153414	153414	143228	133043	133043	92646	52248	52248	43613	34978	34978	34978	34978	24307	20750
			柴油	224929	211844	198759	198759	198759	198759	180604	162449	162449	118390	74332	74332	74332	74332	55168	36005	36005	20436	15247
			燃气	426623	252768	78912	78912	78912	78912	72504	66096	66096	47789	29482	29482	23622	17762	17762	17762	17762	10528	8117
		其他	汽油	50818	30502	10187	10187	10187	10187	10248	10309	10309	8623	6937	6937	6596	6255	6255	6255	6255	5455	5188
			柴油	10272	9386	8499	8499	8499	8499	7238	5976	5976	4037	2098	2098	2098	2098	1812	1526	1526	1117	981
			燃气	17419	10477	3535	3535	3535	3535	2870	2205	2205	1645	1085	1085	925	765	765	765	765	591	533
	中型	公交车	汽油	257779	257779	257779	257779	257182	175735	14034	14034	14034	14034	14034	13882	13730	13730	11203	8676	8676	8676	8676
			柴油	91436	91436	89645	86063	86063	67161	29358	29358	29358	21356	13354	13354	13354	13354	9328	5303	5303	4960	4846
			燃气	74539	74539	70398	62116	62116	59916	55516	55516	55516	44452	33387	33387	23138	23138	23070	23070	23070	23070	23070
		其他	汽油	128476	128476	128476	128476	127879	87557	8106	8106	8106	8106	8106	7960	7815	7815	6764	5712	5712	5712	5712
			柴油	30493	30493	28460	24394	24394	18567	6912	6912	6912	6506	6099	6099	6099	6099	3750	1402	1402	1243	1190
			燃气	34560	34560	32640	28800	28800	27780	25740	25740	25740	20623	15506	15506	10732	10732	9642	9642	9642	9642	9642
	大型	公交车	汽油	600704	600704	600704	600704	600108	404805	15392	15392	15392	15392	15392	15252	15112	15112	12232	9353	9353	9353	9353
			柴油	137155	137155	112477	63120	63120	63120	63120	63120	63120	45314	27508	27508	27508	27508	18406	9304	9304	5960	4846
			燃气	175912	175912	166139	146593	146593	141401	131018	131018	131018	104906	78794	78794	54606	54606	49139	49139	49139	49139	49139
		其他	汽油	1278372	1278372	1278372	1278372	1277775	860927	28424	28424	28424	28424	28424	22165	15906	15906	12716	9525	9525	9525	9525
			柴油	272891	272891	207397	76409	76409	76409	76409	76409	76409	55942	35476	35476	35476	35476	20706	5937	5937	5324	5119
			燃气	266186	266186	251398	221822	221822	213966	198253	198253	198253	158842	119430	119430	82662	82662	74261	74261	74261	74261	74261
载货汽车	微型		汽油	330247	177165	24083	24083	24083	24083	22782	21480	21480	19834	18189	18189	14982	11774	11774	11774	11774	10119	9567
			柴油	44171	41270	38368	38368	38368	38368	35292	32215	32215	23658	15101	15101	15101	15101	10356	5610	5610	3968	3420
			燃气	112868	58844	4821	4821	4821	4821	4537	4254	4254	3357	2461	2461	1976	1492	1492	1492	1492	1059	915
	轻型		汽油	170440	101396	32352	32352	32352	32352	27884	23415	23415	20976	18538	18538	16312	14085	14085	14085	14085	12258	11649
			柴油	40392	39380	38368	38368	38368	38368	35292	32215	32215	23658	15101	15101	15101	15101	11446	7790	7790	6148	5600
			燃气	58422	34824	11226	11226	11226	11226	8117	5008	5008	3954	2899	2899	2311	1723	1723	1723	1723	1328	1197
	中型		汽油	310985	310985	310985	310985	310388	211288	14283	14283	14283	14283	14283	14143	14003	14003	11399	8795	8795	8795	8795
			柴油	71612	71612	66838	57290	57290	43604	16232	16232	16232	15280	14328	14328	14328	14328	10384	6440	6440	3832	2962
			燃气	81163	81163	76655	67638	67638	65241	60447	60447	60447	48437	36427	36427	49297	49297	24000	24000	24000	24000	24000
	重型		汽油	809951	809951	809951	809951	809354	545644	19420	19420	19420	19420	19420	15413	11406	11406	9384	7362	7362	7362	7362
			柴油	204875	204875	155705	57365	57365	57365	57365	57365	57365	42000	26634	26634	26634	26634	16740	6845	6845	5375	4885
			燃气	199841	199841	188739	166536	166536	160637	148841	148841	148841	119252	89663	89663	95304	95304	70866	70866	70866	70866	70866
低速汽车	三轮汽车			25300	25300	25300	25300	25300	25300	25300	25300	25300	16721	16721	16721	16721	16721	16721	16721	16721	16721	16721
	低速货车			33990	33990	33990	33990	33990	33990	33990	33990	33990	22464	22464	22464	22464	22464	22464	22464	22464	22464	22464
摩托车	普通摩托车			11957	11957	11957	11957	8924	5890	3153	3153	3153	3153	3153	2353	1553	1553	1553	1553	1553	1553	1553
	轻便摩托车			38669	38669	38669	38669	38669	7734	7734	3807	3807	3807	3807	2841	1875	1875	1875	1875	1875	1875	1875

青岛市 NO_x 排放系数

单位：克/（辆·年）

车辆类型		使用性质	燃料种类	1999 年年底前	2000 年	2001 年	2002 年	2003 年	2004 年	2005 年	2006 年	2007 年	2008 年	2009 年	2010 年	2011 年	2012 年	2013 年	2014 年	2015 年	2016 年	2017 年
载客汽车	微型	出租车	汽油	284424	198034	111644	111644	111644	111644	83491	55338	55338	41512	27686	27686	22815	17944	17944	17944	17944	10460	7965
			燃气	211331	147340	83350	83350	83350	83350	62348	41346	41346	31056	20766	20766	17054	13343	13343	13343	13343	7782	5929
		其他	汽油	23310	14754	6198	6198	6198	6198	3958	1719	1719	1396	1072	1072	941	810	810	810	810	528	434
			燃气	16577	9924	3270	3270	3270	3270	2129	988	988	796	604	604	506	408	408	408	408	320	290
	小型	出租车	汽油	320313	218291	116269	116269	116269	116269	86159	56049	56049	41868	27686	27686	22093	16500	16500	16500	16500	9201	6768
			柴油	377213	319268	261322	261322	261322	261322	232302	203282	203282	163280	123278	123278	123278	123278	99418	75558	75558	55179	48386
			燃气	237983	162384	86784	86784	86784	86784	64329	41874	41874	31320	20766	20766	16518	12270	12270	12270	12270	6848	5041
		其他	汽油	21775	14030	6285	6285	6285	6285	4212	2138	2138	1504	869	869	821	773	773	773	773	499	408
			柴油	20023	16413	12803	12803	12803	12803	11766	10729	10729	8462	6196	6196	6196	6196	5348	4501	4501	3895	3693
			燃气	15437	9909	4381	4381	4381	4381	2840	1299	1299	876	453	453	416	380	380	380	380	298	271
	中型	公交车	汽油	341329	341329	341329	341329	341329	233185	16896	16896	16896	16896	16896	15152	13409	13409	10123	6837	6837	6837	6837
			柴油	381062	381062	380167	378377	378377	363340	333266	333266	333266	277594	221923	221923	221923	221923	181105	140287	140287	117452	109840
			燃气	404601	404601	399784	390151	390151	378049	353845	353845	353845	294496	235146	235146	148703	148703	116463	116463	116463	116463	116463
		其他	汽油	200956	200956	200956	200956	200956	136315	7033	7033	7033	7033	7033	7033	7033	7033	5275	3517	3517	3517	3517
			柴油	171605	171605	164441	150114	150114	148845	146306	146306	146306	124604	102903	102903	102903	102903	91368	79834	79834	68139	64241
			燃气	193778	193778	183012	161481	161481	159959	156916	156916	156916	133602	110289	110289	85911	85911	69009	69009	69009	69009	69009
	大型	公交车	汽油	1215986	1215986	1215986	1215986	1215986	836135	76433	76433	76433	76433	76433	76366	76299	76299	57225	38151	38151	38151	38151
			柴油	540459	540459	522995	488066	488066	474198	446463	446463	446463	438418	430372	430372	430372	430372	414853	399334	399334	359980	346862
			燃气	1086643	1086643	1026274	905536	905536	838339	703946	703946	703946	603152	502357	502357	467694	467694	405368	405368	405368	405368	405368
		其他	汽油	2787086	2787086	2787086	2787086	2787086	1916453	175188	175188	175188	175188	175188	168618	162049	162049	121666	81284	81284	81284	81284
			柴油	1242838	1242838	1210857	1146896	1146896	1120157	1066679	1066679	1066679	1029124	991568	991568	991568	991568	943978	896388	896388	793294	758930
			燃气	2313408	2313408	2184885	1927840	1927840	1784782	1498666	1498666	1498666	1284571	1070476	1070476	965751	965751	819354	819354	819354	819354	819354
载货汽车	微型		汽油	115433	69308	23182	23182	23182	23182	16314	9447	9447	7776	6105	6105	5229	4353	4353	4353	4353	2989	2534
			柴油	88256	73724	59193	59193	59193	59193	53067	46941	46941	39680	32419	32419	32419	32419	23722	15024	15024	12212	11275
			燃气	82091	47161	12231	12231	12231	12231	8830	5430	5430	4435	3440	3440	2816	2193	2193	2193	2193	1818	1693
	轻型		汽油	84753	55234	25716	25716	25716	25716	17927	10138	10138	8562	6987	6987	5718	4448	4448	4448	4448	3108	2662
			柴油	88535	73864	59193	59193	59193	59193	53067	46941	46941	39680	32419	32419	32419	32419	25617	18815	18815	16671	15956
			燃气	60084	39005	17926	17926	17926	17926	12043	6160	6160	4901	3642	3642	2914	2187	2187	2187	2187	1873	1768
	中型		汽油	212047	212047	212047	212047	212047	144766	10205	10205	10205	10205	10205	10205	10205	10205	7656	5108	5108	5108	5108
			柴油	399713	399713	358913	277314	277314	263695	236457	236457	236457	232913	229369	229369	229369	229369	201242	173116	173116	149069	141053
			燃气	451360	451360	400344	298313	298313	283410	253605	253605	253605	249718	245832	245832	186294	186294	151522	151522	151522	151522	151522
	重型		汽油	2196480	2196480	2196480	2196480	2196480	1510341	138064	138064	138064	138064	138064	132887	127710	127710	95884	64059	64059	64059	64059
			柴油	1191446	1191446	1150778	1069442	1069442	1029886	950774	950774	950774	912648	874521	874521	874521	874521	771200	667878	667878	459426	389942
			燃气	2217747	2217747	2077714	1797646	1797646	1643705	1335821	1335821	1335821	1139968	944115	944115	719559	719559	420988	420988	420988	420988	420988
低速汽车	三轮汽车			65550	65550	65550	65550	65550	65550	65550	65550	65550	53279	53279	53279	53279	53279	53279	53279	53279	53279	53279
	低速货车			88065	88065	88065	88065	88065	88065	88065	88065	88065	71579	71579	71579	71579	71579	71579	71579	71579	71579	71579
摩托车	普通摩托车			892	892	892	892	862	833	773	773	773	773	773	687	601	601	601	601	601	601	601
	轻便摩托车			595	595	595	595	595	297	297	297	297	297	297	264	231	231	231	231	231	231	231

青岛市 PM 排放系数

单位：克/（辆·年）

车辆类型		使用性质	燃料种类	1999年年底前	2000年	2001年	2002年	2003年	2004年	2005年	2006年	2007年	2008年	2009年	2010年	2011年	2012年	2013年	2014年	2015年	2016年	2017年
载客汽车	微型	出租车	汽油	—	—	—	—	—	—	—	—	—	—	—	—	—	—	—	—	—	—	—
			燃气	—	—	—	—	—	—	—	—	—	—	—	—	—	—	—	—	—	—	—
		其他	汽油	—	—	—	—	—	—	—	—	—	—	—	—	—	—	—	—	—	—	—
			燃气	—	—	—	—	—	—	—	—	—	—	—	—	—	—	—	—	—	—	—
	小型	出租车	汽油	—	—	—	—	—	—	—	—	—	—	—	—	—	—	—	—	—	—	—
			柴油	52667	48222	43777	43777	43777	43777	29448	15119	15119	9956	4794	4794	4794	4794	4456	4117	4117	3404	3167
			燃气	—	—	—	—	—	—	—	—	—	—	—	—	—	—	—	—	—	—	—
		其他	汽油	—	—	—	—	—	—	—	—	—	—	—	—	—	—	—	—	—	—	—
			柴油	3236	3062	2888	2888	2888	2888	2068	1247	1247	920	592	592	592	592	489	386	386	386	386
			燃气	—	—	—	—	—	—	—	—	—	—	—	—	—	—	—	—	—	—	—
	中型	公交车	汽油	—	—	—	—	—	—	—	—	—	—	—	—	—	—	—	—	—	—	—
			柴油	31857	31857	29192	23861	23861	18722	8443	8443	8443	7156	5870	5870	5870	5870	3649	1428	1428	1124	1023
			燃气	—	—	—	—	—	—	—	—	—	—	—	—	—	—	—	—	—	—	—
		其他	汽油	—	—	—	—	—	—	—	—	—	—	—	—	—	—	—	—	—	—	—
			柴油	15274	15274	12888	8116	8116	6262	2553	2553	2553	2434	2316	2316	2316	2316	1366	415	415	399	394
			燃气	—	—	—	—	—	—	—	—	—	—	—	—	—	—	—	—	—	—	—
	大型	公交车	汽油	—	—	—	—	—	—	—	—	—	—	—	—	—	—	—	—	—	—	—
			柴油	98788	98788	97818	95878	95878	74219	30901	30901	30901	20821	10741	10741	10741	10741	6368	1995	1995	1921	1896
			燃气	—	—	—	—	—	—	—	—	—	—	—	—	—	—	—	—	—	—	—
		其他	汽油	—	—	—	—	—	—	—	—	—	—	—	—	—	—	—	—	—	—	—
			柴油	142314	142314	133412	115607	115607	85425	25061	25061	25061	17182	9303	9303	9303	9303	5868	2433	2433	2343	2313
			燃气	—	—	—	—	—	—	—	—	—	—	—	—	—	—	—	—	—	—	—
载货汽车	微型		汽油	—	—	—	—	—	—	—	—	—	—	—	—	—	—	—	—	—	—	—
			柴油	10467	10250	10034	10034	10034	10034	8194	6355	6355	4716	3078	3078	3078	3078	1938	798	798	794	793
			燃气	—	—	—	—	—	—	—	—	—	—	—	—	—	—	—	—	—	—	—
	轻型		汽油	—	—	—	—	—	—	—	—	—	—	—	—	—	—	—	—	—	—	—
			柴油	10886	10460	10034	10034	10034	10034	8194	6355	6355	4716	3078	3078	3078	3078	2321	1564	1564	1292	1201
			燃气	—	—	—	—	—	—	—	—	—	—	—	—	—	—	—	—	—	—	—
	中型		汽油	—	—	—	—	—	—	—	—	—	—	—	—	—	—	—	—	—	—	—
			柴油	34548	34548	29074	18125	18125	13965	5645	5645	5645	5348	5051	5051	5051	5051	3238	1426	1426	1306	1266
			燃气	—	—	—	—	—	—	—	—	—	—	—	—	—	—	—	—	—	—	—
	重型		汽油	—	—	—	—	—	—	—	—	—	—	—	—	—	—	—	—	—	—	—
			柴油	156343	156343	128502	72821	72821	57820	27818	27818	27818	19062	10306	10306	10306	10306	6874	3441	3441	2908	2730
			燃气	—	—	—	—	—	—	—	—	—	—	—	—	—	—	—	—	—	—	—
低速汽车	三轮汽车			4092	4092	4092	4092	4092	4092	4092	4092	4092	3220	3220	3220	3220	3220	3220	3220	3220	3220	3220
	低速货车			5581	5581	5581	5581	5581	5581	5581	5581	5581	4392	4392	4392	4392	4392	4392	4392	4392	4392	4392
摩托车	普通摩托车			—	—	—	—	—	—	—	—	—	—	—	—	—	—	—	—	—	—	—
	轻便摩托车			—	—	—	—	—	—	—	—	—	—	—	—	—	—	—	—	—	—	—

青岛市 VOCs 排放系数

单位：克/（辆•年）

车辆类型		使用性质	燃料种类	1999 年年底前	2000 年	2001 年	2002 年	2003 年	2004 年	2005 年	2006 年	2007 年	2008 年	2009 年	2010 年	2011 年	2012 年	2013 年	2014 年	2015 年	2016 年	2017 年
载客汽车	微型	出租车	汽油	1157267	670426	183586	183586	183586	183586	136718	89849	89849	72212	54576	54576	45980	37383	37383	37383	37383	29678	27110
			燃气	460004	274445	88886	88886	88886	88886	68463	48040	48040	39442	30845	30845	24842	18840	18840	18840	18840	12493	10377
		其他	汽油	48701	29133	9565	9565	9565	9565	9198	8831	8831	7530	6229	6229	5988	5748	5748	5748	5748	4829	4523
			燃气	15304	8564	1823	1823	1823	1823	1749	1675	1675	1250	825	825	774	723	723	723	723	522	455
	小型	出租车	汽油	1157267	660450	163632	163632	163632	163632	153514	143395	143395	98986	54576	54576	45980	37383	37383	37383	37383	27429	24111
			柴油	238026	223968	209910	209910	209910	209910	189978	170047	170047	125314	80580	80580	80580	80580	59752	38924	38924	21673	15923
			燃气	460004	270663	81322	81322	81322	81322	74830	68337	68337	49591	30845	30845	24842	18840	18840	18840	18840	11640	9240
		其他	汽油	49385	29394	9404	9404	9404	9404	9474	9544	9544	7888	6232	6232	5944	5655	5655	5655	5655	4899	4647
			柴油	9347	8552	7756	7756	7756	7756	6633	5510	5510	3756	2001	2001	2001	2001	1726	1452	1452	1040	903
			燃气	15563	9315	3067	3067	3067	3067	2506	1946	1946	1448	949	949	818	688	688	688	688	548	502
	中型	公交车	汽油	257182	257182	257182	257182	256585	175138	13437	13437	13437	13437	13437	13285	13133	13133	10606	8079	8079	8079	8079
			柴油	91436	91436	89645	86063	86063	67161	29358	29358	29358	21356	13354	13354	13354	13354	9328	5303	5303	4960	4846
			燃气	74539	74539	70398	62116	62116	59916	55516	55516	55516	44452	33387	33387	23138	23138	23070	23070	23070	23070	23070
		其他	汽油	127880	127880	127880	127880	127283	86960	7509	7509	7509	7509	7509	7364	7218	7218	6167	5116	5116	5116	5116
			柴油	30493	30493	28460	24394	24394	18567	6912	6912	6912	6506	6099	6099	6099	6099	3750	1402	1402	1243	1190
			燃气	34560	34560	32640	28800	28800	27780	25740	25740	25740	20623	15506	15506	10732	10732	9642	9642	9642	9642	9642
	大型	公交车	汽油	600108	600108	600108	600108	599511	404208	14795	14795	14795	14795	14795	14655	14515	14515	11636	8756	8756	8756	8756
			柴油	137155	137155	112477	63120	63120	63120	63120	63120	63120	45314	27508	27508	27508	27508	18406	9304	9304	5960	4846
			燃气	175912	175912	166139	146593	146593	141401	131018	131018	131018	104906	78794	78794	54606	54606	49139	49139	49139	49139	49139
		其他	汽油	1277775	1277775	1277775	1277775	1277178	860330	27827	27827	27827	27827	27827	21568	15310	15310	12119	8928	8928	8928	8928
			柴油	272891	272891	207397	76409	76409	76409	76409	76409	76409	55942	35476	35476	35476	35476	20706	5937	5937	5324	5119
			燃气	266186	266186	251398	221822	221822	213966	198253	198253	198253	158842	119430	119430	82662	82662	74261	74261	74261	74261	74261
载货汽车	微型		汽油	371149	199484	27818	27818	27818	27818	26125	24432	24432	22422	20412	20412	16555	12698	12698	12698	12698	10532	9810
			柴油	54934	51298	47661	47661	47661	47661	43487	39313	39313	29299	19285	19285	19285	19285	13368	7451	7451	4924	4082
			燃气	116631	60967	5302	5302	5302	5302	4968	4634	4634	3669	2703	2703	2150	1597	1597	1597	1597	1139	987
	轻型		汽油	191961	114525	37089	37089	37089	37089	31846	26602	26602	23703	20804	20804	18047	15290	15290	15290	15290	12931	12145
			柴油	50855	49258	47661	47661	47661	47661	43487	39313	39313	29299	19285	19285	19285	19285	14540	9796	9796	7268	6426
			燃气	60494	36295	12096	12096	12096	12096	8760	5424	5424	4296	3168	3168	2514	1860	1860	1860	1860	1449	1312
	中型		汽油	310389	310389	310389	310389	309792	210692	13687	13687	13687	13687	13687	13547	13407	13407	10803	8199	8199	8199	8199
			柴油	71612	71612	66838	57290	57290	43604	16232	16232	16232	15280	14328	14328	14328	14328	10384	6440	6440	3832	2962
			燃气	81163	81163	76655	67638	67638	65241	60447	60447	60447	48437	36427	36427	49297	49297	24000	24000	24000	24000	24000
	重型		汽油	1037683	1037683	1037683	1037683	1037086	698730	23213	23213	23213	23213	23213	18108	13004	13004	10412	7821	7821	7821	7821
			柴油	262934	262934	199830	73621	73621	73621	73621	73621	73621	53901	34181	34181	34181	34181	21396	8610	8610	6805	6203
			燃气	256474	256474	242225	213728	213728	206159	191019	191019	191019	153045	115070	115070	119879	119879	89987	89987	89987	89987	89987
低速汽车	三轮汽车			25300	25300	25300	25300	25300	25300	25300	25300	25300	16721	16721	16721	16721	16721	16721	16721	16721	16721	16721
	低速货车			33990	33990	33990	33990	33990	33990	33990	33990	33990	22464	22464	22464	22464	22464	22464	22464	22464	22464	22464
摩托车	普通摩托车			11957	11957	11957	11957	8924	5890	3153	3153	3153	3153	3153	2353	1553	1553	1553	1553	1553	1553	1553
	轻便摩托车			38669	38669	38669	38669	38669	7734	7734	3807	3807	3807	3807	2841	1875	1875	1875	1875	1875	1875	1875

淄博市 NO_x 排放系数

单位：克/（辆·年）

车辆类型		使用性质	燃料种类	1999 年年底前	2000 年	2001 年	2002 年	2003 年	2004 年	2005 年	2006 年	2007 年	2008 年	2009 年	2010 年	2011 年	2012 年	2013 年	2014 年	2015 年	2016 年	2017 年
载客汽车	微型	出租车	汽油	324546	219986	115427	115427	115427	115427	85194	54960	54960	40620	26279	26279	21540	16801	16801	16801	16801	10265	8086
			燃气	208223	142446	76669	76669	76669	76669	57122	37575	37575	28184	18792	18792	15239	11686	11686	11686	11686	6924	5336
		其他	汽油	31488	19792	8097	8097	8097	8097	5080	2063	2063	1670	1277	1277	1080	883	883	883	883	610	519
			燃气	19209	11450	3691	3691	3691	3691	2392	1092	1092	880	669	669	539	409	409	409	409	330	303
	小型	出租车	汽油	367268	243926	120584	120584	120584	120584	88168	55753	55753	41016	26279	26279	20794	15310	15310	15310	15310	8924	6796
			柴油	397268	333071	268874	268874	268874	268874	239162	209451	209451	166638	123824	123824	123824	123824	100833	77842	77842	59054	52792
			燃气	235025	157464	79904	79904	79904	79904	58988	38072	38072	28432	18792	18792	14771	10750	10750	10750	10750	6083	4527
		其他	汽油	29375	18795	8215	8215	8215	8215	5423	2631	2631	1814	998	998	918	839	839	839	839	575	487
			柴油	25276	20655	16034	16034	16034	16034	14747	13460	13460	10562	7663	7663	7663	7663	6630	5597	5597	4854	4606
			燃气	17883	11424	4964	4964	4964	4964	3206	1448	1448	970	493	493	438	382	382	382	382	307	282
	中型	公交车	汽油	327405	327405	327405	327405	327405	223672	16207	16207	16207	16207	16207	14534	12862	12862	9710	6558	6558	6558	6558
			柴油	365627	365627	364768	363051	363051	348623	319767	319767	319767	266350	212934	212934	212934	212934	173770	134605	134605	112694	105391
			燃气	388213	388213	383591	374348	374348	362736	339513	339513	339513	282567	225621	225621	142680	142680	111746	111746	111746	111746	111746
		其他	汽油	200729	200729	200729	200729	200729	136161	7026	7026	7026	7026	7026	7026	7026	7026	5270	3513	3513	3513	3513
			柴油	171462	171462	164305	149990	149990	148722	146185	146185	146185	124502	102818	102818	102818	102818	91293	79768	79768	68083	64188
			燃气	193617	193617	182861	161348	161348	159827	156786	156786	156786	133492	110198	110198	85840	85840	68951	68951	68951	68951	68951
	大型	公交车	汽油	1166379	1166379	1166379	1166379	1166379	802024	73315	73315	73315	73315	73315	73251	73187	73187	54890	36594	36594	36594	36594
			柴油	518568	518568	501811	468297	468297	454991	428379	428379	428379	420659	412939	412939	412939	412939	398049	383159	383159	345400	332813
			燃气	1042629	1042629	984705	868857	868857	804382	675433	675433	675433	578721	482009	482009	448750	448750	388949	388949	388949	388949	388949
		其他	汽油	2783934	2783934	2783934	2783934	2783934	1914286	174990	174990	174990	174990	174990	168428	161866	161866	121529	81192	81192	81192	81192
			柴油	1241808	1241808	1209854	1145946	1145946	1119229	1065796	1065796	1065796	1028272	990747	990747	990747	990747	943196	895646	895646	792637	758301
			燃气	2311492	2311492	2183076	1926243	1926243	1783304	1497425	1497425	1497425	1283507	1069589	1069589	964952	964952	818676	818676	818676	818676	818676
载货汽车	微型		汽油	138161	81963	25765	25765	25765	25765	17649	9533	9533	7753	5973	5973	5242	4510	4510	4510	4510	3330	2937
			柴油	95075	78596	62118	62118	62118	62118	55773	49428	49428	41837	34246	34246	34246	34246	25042	15839	15839	13459	12666
			燃气	84284	48014	11745	11745	11745	11745	8395	5046	5046	4088	3129	3129	2609	2089	2089	2089	2089	1808	1715
	轻型		汽油	101050	64969	28888	28888	28888	28888	19636	10384	10384	8722	7060	7060	5844	4627	4627	4627	4627	3477	3094
			柴油	95404	78761	62118	62118	62118	62118	55773	49428	49428	41837	34246	34246	34246	34246	27252	20257	20257	18654	18120
			燃气	61518	39487	17456	17456	17456	17456	11585	5715	5715	4601	3488	3488	2797	2107	2107	2107	2107	1870	1792
	中型		汽油	212047	212047	212047	212047	212047	144766	10205	10205	10205	10205	10205	10205	10205	10205	7656	5108	5108	5108	5108
			柴油	399713	399713	358913	277314	277314	263695	236457	236457	236457	232913	229369	229369	229369	229369	201242	173116	173116	149069	141053
			燃气	451361	451361	400345	298314	298314	283411	253604	253604	253604	249718	245832	245832	186294	186294	151520	151520	151520	151520	151520
	重型		汽油	1932857	1932857	1932857	1932857	1932857	1329069	121494	121494	121494	121494	121494	116938	112382	112382	84376	56371	56371	56371	56371
			柴油	1044755	1044755	1009094	937772	937772	903086	833714	833714	833714	800282	766850	766850	766850	766850	679628	592406	592406	415384	356377
			燃气	1944699	1944699	1821906	1576319	1576319	1441331	1171354	1171354	1171354	999614	827875	827875	638247	638247	384751	384751	384751	384751	384751
低速汽车	三轮汽车			65550	65550	65550	65550	65550	65550	65550	65550	65550	53279	53279	53279	53279	53279	53279	53279	53279	53279	53279
	低速货车			88065	88065	88065	88065	88065	88065	88065	88065	88065	71579	71579	71579	71579	71579	71579	71579	71579	71579	71579
摩托车	普通摩托车			892	892	892	892	862	833	773	773	773	773	773	687	601	601	601	601	601	601	601
	轻便摩托车			595	595	595	595	595	297	297	297	297	297	297	264	231	231	231	231	231	231	231

淄博市 PM 排放系数

单位：克/（辆·年）

车辆类型		使用性质	燃料种类	1999 年年底前	2000 年	2001 年	2002 年	2003 年	2004 年	2005 年	2006 年	2007 年	2008 年	2009 年	2010 年	2011 年	2012 年	2013 年	2014 年	2015 年	2016 年	2017 年
载客汽车	微型	出租车	汽油	—	—	—	—	—	—	—	—	—	—	—	—	—	—	—	—	—	—	—
			燃气	—	—	—	—	—	—	—	—	—	—	—	—	—	—	—	—	—	—	—
		其他	汽油	—	—	—	—	—	—	—	—	—	—	—	—	—	—	—	—	—	—	—
			燃气	—	—	—	—	—	—	—	—	—	—	—	—	—	—	—	—	—	—	—
	小型	出租车	汽油	—	—	—	—	—	—	—	—	—	—	—	—	—	—	—	—	—	—	—
			柴油	50110	45880	41651	41651	41651	41651	28272	14893	14893	9742	4592	4592	4592	4592	4268	3943	3943	3260	3033
			燃气	—	—	—	—	—	—	—	—	—	—	—	—	—	—	—	—	—	—	—
		其他	汽油	—	—	—	—	—	—	—	—	—	—	—	—	—	—	—	—	—	—	—
			柴油	3511	3322	3133	3133	3133	3133	2246	1358	1358	998	639	639	639	639	530	422	422	422	422
			燃气	—	—	—	—	—	—	—	—	—	—	—	—	—	—	—	—	—	—	—
	中型	公交车	汽油	—	—	—	—	—	—	—	—	—	—	—	—	—	—	—	—	—	—	—
			柴油	30592	30592	28032	22913	22913	17978	8108	8108	8108	6872	5637	5637	5637	5637	3504	1372	1372	1080	983
			燃气	—	—	—	—	—	—	—	—	—	—	—	—	—	—	—	—	—	—	—
		其他	汽油	—	—	—	—	—	—	—	—	—	—	—	—	—	—	—	—	—	—	—
			柴油	15274	15274	12888	8116	8116	6262	2553	2553	2553	2434	2316	2316	2316	2316	1366	415	415	399	394
			燃气	—	—	—	—	—	—	—	—	—	—	—	—	—	—	—	—	—	—	—
	大型	公交车	汽油	—	—	—	—	—	—	—	—	—	—	—	—	—	—	—	—	—	—	—
			柴油	94865	94865	93934	92071	92071	71272	29674	29674	29674	19994	10315	10315	10315	10315	6116	1916	1916	1845	1821
			燃气	—	—	—	—	—	—	—	—	—	—	—	—	—	—	—	—	—	—	—
		其他	汽油	—	—	—	—	—	—	—	—	—	—	—	—	—	—	—	—	—	—	—
			柴油	142314	142314	133412	115607	115607	85425	25061	25061	25061	17182	9303	9303	9303	9303	5868	2433	2433	2343	2313
			燃气	—	—	—	—	—	—	—	—	—	—	—	—	—	—	—	—	—	—	—
载货汽车	微型		汽油	—	—	—	—	—	—	—	—	—	—	—	—	—	—	—	—	—	—	—
			柴油	10699	10478	10256	10256	10256	10256	8340	6425	6425	4768	3112	3112	3112	3112	1960	807	807	803	802
			燃气	—	—	—	—	—	—	—	—	—	—	—	—	—	—	—	—	—	—	—
	轻型		汽油	—	—	—	—	—	—	—	—	—	—	—	—	—	—	—	—	—	—	—
			柴油	11127	10692	10256	10256	10256	10256	8340	6425	6425	4768	3112	3112	3112	3112	2346	1581	1581	1306	1214
			燃气	—	—	—	—	—	—	—	—	—	—	—	—	—	—	—	—	—	—	—
	中型		汽油	—	—	—	—	—	—	—	—	—	—	—	—	—	—	—	—	—	—	—
			柴油	34548	34548	29074	18125	18125	13965	5645	5645	5645	5348	5051	5051	5051	5051	3238	1426	1426	1306	1266
			燃气	—	—	—	—	—	—	—	—	—	—	—	—	—	—	—	—	—	—	—
	重型		汽油	—	—	—	—	—	—	—	—	—	—	—	—	—	—	—	—	—	—	—
			柴油	138434	138434	113783	64480	64480	51197	24631	24631	24631	16878	9126	9126	9126	9126	6074	3021	3021	2554	2398
			燃气	—	—	—	—	—	—	—	—	—	—	—	—	—	—	—	—	—	—	—
低速汽车	三轮汽车			4092	4092	4092	4092	4092	4092	4092	4092	4092	3220	3220	3220	3220	3220	3220	3220	3220	3220	3220
	低速货车			5581	5581	5581	5581	5581	5581	5581	5581	5581	4392	4392	4392	4392	4392	4392	4392	4392	4392	4392
摩托车	普通摩托车			—	—	—	—	—	—	—	—	—	—	—	—	—	—	—	—	—	—	—
	轻便摩托车			—	—	—	—	—	—	—	—	—	—	—	—	—	—	—	—	—	—	—

淄博市 VOCs 排放系数

单位：克/（辆·年）

车辆类型		使用性质	燃料种类	1999年年底前	2000年	2001年	2002年	2003年	2004年	2005年	2006年	2007年	2008年	2009年	2010年	2011年	2012年	2013年	2014年	2015年	2016年	2017年
载客汽车	微型	出租车	汽油	935401	548488	161576	161576	161576	161576	120726	79876	79876	64588	49301	49301	41127	32953	32953	32953	32953	24384	21527
			燃气	403872	242788	81703	81703	81703	81703	62649	43595	43595	35751	27907	27907	22307	16707	16707	16707	16707	10435	8344
		其他	汽油	48637	29391	10145	10145	10145	10145	9801	9457	9457	8144	6831	6831	6564	6298	6298	6298	6298	5402	5103
			燃气	16443	9179	1915	1915	1915	1915	1850	1784	1784	1315	846	846	782	719	719	719	719	507	436
	小型	出租车	汽油	935401	539800	144198	144198	144198	144198	135400	126601	126601	87951	49301	49301	41127	32953	32953	32953	32953	22781	19390
			柴油	214346	201800	189255	189255	189255	189255	171074	152892	152892	112076	71261	71261	71261	71261	52864	34466	34466	19378	14349
			燃气	403872	239184	74497	74497	74497	74497	68733	62969	62969	45438	27907	27907	22307	16707	16707	16707	16707	9770	7457
		其他	汽油	49311	29648	9986	9986	9986	9986	10076	10167	10167	8500	6834	6834	6524	6213	6213	6213	6213	5472	5225
			柴油	9515	8698	7882	7882	7882	7882	6676	5471	5471	3714	1958	1958	1958	1958	1690	1423	1423	1028	896
			燃气	16723	9988	3253	3253	3253	3253	2666	2078	2078	1527	976	976	830	684	684	684	684	536	487
	中型	公交车	汽油	247913	247913	247913	247913	247316	169074	13781	13781	13781	13781	13781	13630	13478	13478	11050	8623	8623	8623	8623
			柴油	87806	87806	86086	82645	82645	64494	28192	28192	28192	20508	12823	12823	12823	12823	8958	5093	5093	4763	4653
			燃气	71579	71579	67602	59649	59649	57536	53311	53311	53311	42686	32061	32061	22219	22219	22154	22154	22154	22154	22154
		其他	汽油	128624	128624	128624	128624	128027	87704	8253	8253	8253	8253	8253	8108	7962	7962	6911	5860	5860	5860	5860
			柴油	30493	30493	28460	24394	24394	18567	6912	6912	6912	6506	6099	6099	6099	6099	3750	1402	1402	1243	1190
			燃气	34560	34560	32640	28800	28800	27780	25740	25740	25740	20623	15506	15506	10732	10732	9642	9642	9642	9642	9642
	大型	公交车	汽油	577221	577221	577221	577221	576624	389047	15085	15085	15085	15085	15085	14945	14805	14805	12039	9273	9273	9273	9273
			柴油	131708	131708	108010	60614	60614	60614	60614	60614	60614	43515	26416	26416	26416	26416	17675	8934	8934	5723	4653
			燃气	168926	168926	159541	140772	140772	135786	125815	125815	125815	100740	75665	75665	52438	52438	47188	47188	47188	47188	47188
		其他	汽油	1278520	1278520	1278520	1278520	1277923	861074	28571	28571	28571	28571	28571	22312	16054	16054	12863	9672	9672	9672	9672
			柴油	272891	272891	207397	76409	76409	76409	76409	76409	76409	55942	35476	35476	35476	35476	20706	5937	5937	5324	5119
			燃气	266186	266186	251398	221822	221822	213966	198253	198253	198253	158842	119430	119430	82662	82662	74261	74261	74261	74261	74261
载货汽车	微型		汽油	333120	179087	25054	25054	25054	25054	23654	22253	22253	20531	18809	18809	15490	12172	12172	12172	12172	10388	9793
			柴油	46302	43251	40200	40200	40200	40200	36788	33377	33377	24668	15960	15960	15960	15960	11000	6039	6039	4144	3512
			燃气	112620	58675	4729	4729	4729	4729	4464	4198	4198	3264	2329	2329	1860	1390	1390	1390	1390	975	837
	轻型		汽油	172367	102869	33371	33371	33371	33371	28786	24200	24200	21680	19160	19160	16828	14497	14497	14497	14497	12540	11888
			柴油	42561	41380	40200	40200	40200	40200	36788	33377	33377	24668	15960	15960	15960	15960	12070	8181	8181	6286	5654
			燃气	58455	34663	10871	10871	10871	10871	7908	4946	4946	3841	2736	2736	2166	1596	1596	1596	1596	1230	1108
	中型		汽油	311133	311133	311133	311133	310536	211436	14431	14431	14431	14431	14431	14291	14151	14151	11547	8943	8943	8943	8943
			柴油	71612	71612	66838	57290	57290	43604	16232	16232	16232	15280	14328	14328	14328	14328	10384	6440	6440	3832	2962
			燃气	81163	81163	76655	67638	67638	65241	60447	60447	60447	48437	36427	36427	49297	49297	24000	24000	24000	24000	24000
	重型		汽油	913121	913121	913121	913121	912524	615133	21548	21548	21548	21548	21548	17046	12544	12544	10265	7986	7986	7986	7986
			柴油	226849	226849	172405	63518	63518	63518	63518	63518	63518	46504	29490	29490	29490	29490	18558	7626	7626	6188	5708
			燃气	221275	221275	208983	184398	184398	177867	164806	164806	164806	132042	99278	99278	106178	106178	82806	82806	82806	82806	82806
低速汽车	三轮汽车			25300	25300	25300	25300	25300	25300	25300	25300	25300	16721	16721	16721	16721	16721	16721	16721	16721	16721	16721
	低速货车			33990	33990	33990	33990	33990	33990	33990	33990	33990	22464	22464	22464	22464	22464	22464	22464	22464	22464	22464
摩托车	普通摩托车			11957	11957	11957	11957	8924	5890	3153	3153	3153	3153	3153	2353	1553	1553	1553	1553	1553	1553	1553
	轻便摩托车			38669	38669	38669	38669	38669	7734	7734	3807	3807	3807	3807	2841	1875	1875	1875	1875	1875	1875	1875

枣庄市 NO_x 排放系数

单位：克/（辆·年）

车辆类型		使用性质	燃料种类	1999年年底前	2000年	2001年	2002年	2003年	2004年	2005年	2006年	2007年	2008年	2009年	2010年	2011年	2012年	2013年	2014年	2015年	2016年	2017年
载客汽车	微型	出租车	汽油	301804	206030	110257	110257	110257	110257	82056	53855	53855	40312	26769	26769	21723	16677	16677	16677	16677	9926	7675
			燃气	194280	133992	73705	73705	73705	73705	55397	37089	37089	28170	19252	19252	15470	11689	11689	11689	11689	6744	5096
		其他	汽油	27575	17324	7074	7074	7074	7074	4470	1866	1866	1518	1169	1169	987	805	805	805	805	548	462
			燃气	16754	9986	3217	3217	3217	3217	2092	968	968	784	601	601	480	360	360	360	360	290	266
	小型	出租车	汽油	340752	227854	114956	114956	114956	114956	84766	54577	54577	40673	26769	26769	21056	15344	15344	15344	15344	8715	6505
			柴油	379765	320084	260403	260403	260403	260403	231384	202365	202365	161258	120152	120152	120152	120152	97221	74290	74290	55190	48824
			燃气	218714	147684	76653	76653	76653	76653	57098	37542	37542	28397	19252	19252	15052	10853	10853	10853	10853	5985	4362
		其他	汽油	25736	16456	7177	7177	7177	7177	4766	2355	2355	1640	926	926	847	768	768	768	768	517	433
			柴油	22268	18220	14173	14173	14173	14173	13050	11928	11928	9345	6762	6762	6762	6762	5844	4927	4927	4254	4030
			燃气	15600	9956	4312	4312	4312	4312	2794	1275	1275	862	448	448	392	337	337	337	337	271	249
	中型	公交车	汽油	327405	327405	327405	327405	327405	223672	16207	16207	16207	16207	16207	14534	12862	12862	9710	6558	6558	6558	6558
			柴油	365627	365627	364768	363051	363051	348623	319767	319767	319767	266350	212934	212934	212934	212934	173770	134605	134605	112694	105391
			燃气	388213	388213	383591	374348	374348	362736	339513	339513	339513	282567	225621	225621	142680	142680	111746	111746	111746	111746	111746
		其他	汽油	200729	200729	200729	200729	200729	136161	7026	7026	7026	7026	7026	7026	7026	7026	5270	3513	3513	3513	3513
			柴油	171462	171462	164305	149990	149990	148722	146185	146185	146185	124502	102818	102818	102818	102818	91293	79768	79768	68083	64188
			燃气	193617	193617	182861	161348	161348	159827	156786	156786	156786	133492	110198	110198	85840	85840	68951	68951	68951	68951	68951
	大型	公交车	汽油	1166379	1166379	1166379	1166379	1166379	802024	73315	73315	73315	73315	73315	73251	73187	73187	54890	36594	36594	36594	36594
			柴油	518568	518568	501811	468297	468297	454991	428379	428379	428379	420659	412939	412939	412939	412939	398049	383159	383159	345400	332813
			燃气	1042629	1042629	984705	868857	868857	804382	675433	675433	675433	578721	482009	482009	448750	448750	388949	388949	388949	388949	388949
		其他	汽油	2783934	2783934	2783934	2783934	2783934	1914286	174990	174990	174990	174990	174990	168428	161866	161866	121529	81192	81192	81192	81192
			柴油	1241808	1241808	1209854	1145946	1145946	1119229	1065796	1065796	1065796	1028272	990747	990747	990747	990747	943196	895646	895646	792637	758301
			燃气	2311492	2311492	2183076	1926243	1926243	1783304	1497425	1497425	1497425	1283507	1069589	1069589	964952	964952	818676	818676	818676	818676	818676
载货汽车	微型		汽油	118977	70785	22593	22593	22593	22593	15494	8394	8394	6828	5263	5263	4622	3980	3980	3980	3980	2926	2575
			柴油	81516	67431	53346	53346	53346	53346	47958	42569	42569	36008	29446	29446	29446	29446	21540	13633	13633	11548	10853
			燃气	72288	41281	10274	10274	10274	10274	7314	4354	4354	3530	2706	2706	2243	1780	1780	1780	1780	1557	1483
	轻型		汽油	88505	56914	25324	25324	25324	25324	17232	9139	9139	7676	6213	6213	5148	4082	4082	4082	4082	3054	2712
			柴油	81796	67571	53346	53346	53346	53346	47958	42569	42569	36008	29446	29446	29446	29446	23428	17410	17410	15990	15516
			燃气	53648	34431	15215	15215	15215	15215	10081	4948	4948	3977	3006	3006	2399	1791	1791	1791	1791	1617	1560
	中型		汽油	212047	212047	212047	212047	212047	144766	10205	10205	10205	10205	10205	10205	10205	10205	7656	5108	5108	5108	5108
			柴油	399713	399713	358913	277314	277314	263695	236457	236457	236457	232913	229369	229369	229369	229369	201242	173116	173116	149069	141053
			燃气	451361	451361	400345	298314	298314	283411	253604	253604	253604	249718	245832	245832	186294	186294	151520	151520	151520	151520	151520
	重型		汽油	2713278	2713278	2713278	2713278	2713278	1865702	170549	170549	170549	170549	170549	164154	157758	157758	118444	79131	79131	79131	79131
			柴油	1457643	1457643	1407889	1308381	1308381	1259987	1163199	1163199	1163199	1116554	1069910	1069910	1069910	1069910	946416	822923	822923	579381	498200
			燃气	2713246	2713246	2541925	2199283	2199283	2010947	1634275	1634275	1634275	1394663	1155052	1155052	886602	886602	537866	537866	537866	537866	537866
低速汽车	三轮汽车			65550	65550	65550	65550	65550	65550	65550	65550	65550	53279	53279	53279	53279	53279	53279	53279	53279	53279	53279
	低速货车			88065	88065	88065	88065	88065	88065	88065	88065	88065	71579	71579	71579	71579	71579	71579	71579	71579	71579	71579
摩托车	普通摩托车			892	892	892	892	862	833	773	773	773	773	773	687	601	601	601	601	601	601	601
	轻便摩托车			595	595	595	595	595	297	297	297	297	297	297	264	231	231	231	231	231	231	231

枣庄市 PM 排放系数

单位：克/（辆・年）

车辆类型		使用性质	燃料种类	1999年年底前	2000年	2001年	2002年	2003年	2004年	2005年	2006年	2007年	2008年	2009年	2010年	2011年	2012年	2013年	2014年	2015年	2016年	2017年
载客汽车	微型	出租车	汽油	—	—	—	—	—	—	—	—	—	—	—	—	—	—	—	—	—	—	—
			燃气	—	—	—	—	—	—	—	—	—	—	—	—	—	—	—	—	—	—	—
		其他	汽油	—	—	—	—	—	—	—	—	—	—	—	—	—	—	—	—	—	—	—
			燃气	—	—	—	—	—	—	—	—	—	—	—	—	—	—	—	—	—	—	—
	小型	出租车	汽油	—	—	—	—	—	—	—	—	—	—	—	—	—	—	—	—	—	—	—
			柴油	45527	41689	37851	37851	37851	37851	25749	13647	13647	8908	4169	4169	4169	4169	3874	3580	3580	2960	2754
			燃气	—	—	—	—	—	—	—	—	—	—	—	—	—	—	—	—	—	—	—
		其他	汽油	—	—	—	—	—	—	—	—	—	—	—	—	—	—	—	—	—	—	—
			柴油	3069	2904	2739	2739	2739	2739	1969	1199	1199	878	558	558	558	558	468	377	377	377	377
			燃气	—	—	—	—	—	—	—	—	—	—	—	—	—	—	—	—	—	—	—
	中型	公交车	汽油	—	—	—	—	—	—	—	—	—	—	—	—	—	—	—	—	—	—	—
			柴油	30592	30592	28032	22913	22913	17978	8108	8108	8108	6872	5637	5637	5637	5637	3504	1372	1372	1080	983
			燃气	—	—	—	—	—	—	—	—	—	—	—	—	—	—	—	—	—	—	—
		其他	汽油	—	—	—	—	—	—	—	—	—	—	—	—	—	—	—	—	—	—	—
			柴油	15274	15274	12888	8116	8116	6262	2553	2553	2553	2434	2316	2316	2316	2316	1366	415	415	399	394
			燃气	—	—	—	—	—	—	—	—	—	—	—	—	—	—	—	—	—	—	—
	大型	公交车	汽油	—	—	—	—	—	—	—	—	—	—	—	—	—	—	—	—	—	—	—
			柴油	94865	94865	93934	92071	92071	71272	29674	29674	29674	19994	10315	10315	10315	10315	6116	1916	1916	1845	1821
			燃气	—	—	—	—	—	—	—	—	—	—	—	—	—	—	—	—	—	—	—
		其他	汽油	—	—	—	—	—	—	—	—	—	—	—	—	—	—	—	—	—	—	—
			柴油	142314	142314	133412	115607	115607	85425	25061	25061	25061	17182	9303	9303	9303	9303	5868	2433	2433	2343	2313
			燃气	—	—	—	—	—	—	—	—	—	—	—	—	—	—	—	—	—	—	—
载货汽车	微型		汽油	—	—	—	—	—	—	—	—	—	—	—	—	—	—	—	—	—	—	—
			柴油	9155	8966	8776	8776	8776	8776	7142	5509	5509	4088	2668	2668	2668	2668	1680	692	692	688	687
			燃气	—	—	—	—	—	—	—	—	—	—	—	—	—	—	—	—	—	—	—
	轻型		汽油	—	—	—	—	—	—	—	—	—	—	—	—	—	—	—	—	—	—	—
			柴油	9521	9148	8776	8776	8776	8776	7142	5509	5509	4088	2668	2668	2668	2668	2012	1356	1356	1120	1041
			燃气	—	—	—	—	—	—	—	—	—	—	—	—	—	—	—	—	—	—	—
	中型		汽油	—	—	—	—	—	—	—	—	—	—	—	—	—	—	—	—	—	—	—
			柴油	34548	34548	29074	18125	18125	13965	5645	5645	5645	5348	5051	5051	5051	5051	3238	1426	1426	1306	1266
			燃气	—	—	—	—	—	—	—	—	—	—	—	—	—	—	—	—	—	—	—
	重型		汽油	—	—	—	—	—	—	—	—	—	—	—	—	—	—	—	—	—	—	—
			柴油	193310	193310	158886	90039	90039	71491	34395	34395	34395	23569	12743	12743	12743	12743	8482	4220	4220	3567	3349
			燃气	—	—	—	—	—	—	—	—	—	—	—	—	—	—	—	—	—	—	—
低速汽车	三轮汽车			4092	4092	4092	4092	4092	4092	4092	4092	4092	3220	3220	3220	3220	3220	3220	3220	3220	3220	3220
	低速货车			5581	5581	5581	5581	5581	5581	5581	5581	5581	4392	4392	4392	4392	4392	4392	4392	4392	4392	4392
摩托车	普通摩托车			—	—	—	—	—	—	—	—	—	—	—	—	—	—	—	—	—	—	—
	轻便摩托车			—	—	—	—	—	—	—	—	—	—	—	—	—	—	—	—	—	—	—

枣庄市 VOCs 排放系数

单位：克/（辆·年）

车辆类型		使用性质	燃料种类	1999 年年底前	2000 年	2001 年	2002 年	2003 年	2004 年	2005 年	2006 年	2007 年	2008 年	2009 年	2010 年	2011 年	2012 年	2013 年	2014 年	2015 年	2016 年	2017 年
载客汽车	微型	出租车	汽油	855512	505122	154731	154731	154731	154731	116407	78083	78083	63557	49031	49031	40574	32116	32116	32116	32116	22995	19955
			燃气	371986	225960	79933	79933	79933	79933	61788	43643	43643	36012	28380	28380	22525	16670	16670	16670	16670	9988	7761
		其他	汽油	43300	26500	9700	9700	9700	9700	9348	8996	8996	7804	6613	6613	6354	6094	6094	6094	6094	5226	4937
			燃气	14231	7980	1730	1730	1730	1730	1662	1593	1593	1182	771	771	703	635	635	635	635	435	368
	小型	出租车	汽油	855512	497166	138820	138820	138820	138820	129742	120665	120665	84848	49031	49031	40574	32116	32116	32116	32116	21583	18072
			柴油	216738	203828	190918	190918	190918	190918	171836	152753	152753	113241	73729	73729	73729	73729	54625	35521	35521	19596	14287
			燃气	371986	222660	73335	73335	73335	73335	67318	61300	61300	44840	28380	28380	22525	16670	16670	16670	16670	9402	6980
		其他	汽油	43881	26720	9560	9560	9560	9560	9588	9616	9616	8116	6616	6616	6318	6021	6021	6021	6021	5284	5038
			柴油	8628	7896	7164	7164	7164	7164	6074	4983	4983	3406	1829	1829	1829	1829	1574	1320	1320	944	819
			燃气	14471	8690	2908	2908	2908	2908	2379	1850	1850	1368	886	886	745	604	604	604	604	458	410
	中型	公交车	汽油	247913	247913	247913	247913	247316	169074	13781	13781	13781	13781	13781	13630	13478	13478	11050	8623	8623	8623	8623
			柴油	87806	87806	86086	82645	82645	64494	28192	28192	28192	20508	12823	12823	12823	12823	8958	5093	5093	4763	4653
			燃气	71579	71579	67602	59649	59649	57536	53311	53311	53311	42686	32061	32061	22219	22219	22154	22154	22154	22154	22154
		其他	汽油	128624	128624	128624	128624	128027	87704	8253	8253	8253	8253	8253	8108	7962	7962	6911	5860	5860	5860	5860
			柴油	30493	30493	28460	24394	24394	18567	6912	6912	6912	6506	6099	6099	6099	6099	3750	1402	1402	1243	1190
			燃气	34560	34560	32640	28800	28800	27780	25740	25740	25740	20623	15506	15506	10732	10732	9642	9642	9642	9642	9642
	大型	公交车	汽油	577221	577221	577221	577221	576624	389047	15085	15085	15085	15085	15085	14945	14805	14805	12039	9273	9273	9273	9273
			柴油	131708	131708	108010	60614	60614	60614	60614	60614	60614	43515	26416	26416	26416	26416	17675	8934	8934	5723	4653
			燃气	168926	168926	159541	140772	140772	135786	125815	125815	125815	100740	75665	75665	52438	52438	47188	47188	47188	47188	47188
		其他	汽油	1278520	1278520	1278520	1278520	1277923	861074	28571	28571	28571	28571	28571	22312	16054	16054	12863	9672	9672	9672	9672
			柴油	272891	272891	207397	76409	76409	76409	76409	76409	76409	55942	35476	35476	35476	35476	20706	5937	5937	5324	5119
			燃气	266186	266186	251398	221822	221822	213966	198253	198253	198253	158842	119430	119430	82662	82662	74261	74261	74261	74261	74261
载货汽车	微型		汽油	287748	155108	22467	22467	22467	22467	21217	19967	19967	18424	16881	16881	14014	11148	11148	11148	11148	9534	8996
			柴油	40025	37392	34758	34758	34758	34758	31828	28898	28898	21384	13869	13869	13869	13869	9579	5289	5289	3610	3050
			燃气	94571	49289	4007	4007	4007	4007	3771	3536	3536	2752	1968	1968	1565	1162	1162	1162	1162	793	671
	轻型		汽油	149588	89602	29616	29616	29616	29616	25628	21640	21640	19412	17184	17184	15165	13146	13146	13146	13146	11384	10797
			柴油	36830	35794	34758	34758	34758	34758	31828	28898	28898	21384	13869	13869	13869	13869	10496	7124	7124	5445	4885
			燃气	49331	29170	9009	9009	9009	9009	6586	4163	4163	3232	2301	2301	1810	1319	1319	1319	1319	989	879
	中型		汽油	311133	311133	311133	311133	310536	211436	14431	14431	14431	14431	14431	14291	14151	14151	11547	8943	8943	8943	8943
			柴油	71612	71612	66838	57290	57290	43604	16232	16232	16232	15280	14328	14328	14328	14328	10384	6440	6440	3832	2962
			燃气	81163	81163	76655	67638	67638	65241	60447	60447	60447	48437	36427	36427	49297	49297	24000	24000	24000	24000	24000
	重型		汽油	1280468	1280468	1280468	1280468	1279870	862386	28613	28613	28613	28613	28613	22344	16076	16076	12880	9685	9685	9685	9685
			柴油	317156	317156	241039	88804	88804	88804	88804	88804	88804	65017	41230	41230	41230	41230	25992	10755	10755	8577	7851
			燃气	309363	309363	292178	257806	257806	248675	230413	230413	230413	184607	138801	138801	149744	149744	113894	113894	113894	113894	113894
低速汽车	三轮汽车			25300	25300	25300	25300	25300	25300	25300	25300	25300	16721	16721	16721	16721	16721	16721	16721	16721	16721	16721
	低速货车			33990	33990	33990	33990	33990	33990	33990	33990	33990	22464	22464	22464	22464	22464	22464	22464	22464	22464	22464
摩托车	普通摩托车			11957	11957	11957	11957	8924	5890	3153	3153	3153	3153	3153	2353	1553	1553	1553	1553	1553	1553	1553
	轻便摩托车			38669	38669	38669	38669	38669	7734	7734	3807	3807	3807	3807	2841	1875	1875	1875	1875	1875	1875	1875

东营市 NO_x 排放系数

单位：克/（辆•年）

车辆类型		使用性质	燃料种类	1999 年年底前	2000 年	2001 年	2002 年	2003 年	2004 年	2005 年	2006 年	2007 年	2008 年	2009 年	2010 年	2011 年	2012 年	2013 年	2014 年	2015 年	2016 年	2017 年
载客汽车	微型	出租车	汽油	301804	206030	110257	110257	110257	110257	82056	53855	53855	40312	26769	26769	21723	16677	16677	16677	16677	9926	7675
			燃气	194280	133992	73705	73705	73705	73705	55397	37089	37089	28170	19252	19252	15470	11689	11689	11689	11689	6744	5096
		其他	汽油	27575	17324	7074	7074	7074	7074	4470	1866	1866	1518	1169	1169	987	805	805	805	805	548	462
			燃气	16754	9986	3217	3217	3217	3217	2092	968	968	784	601	601	480	360	360	360	360	290	266
	小型	出租车	汽油	340752	227854	114956	114956	114956	114956	84766	54577	54577	40673	26769	26769	21056	15344	15344	15344	15344	8715	6505
			柴油	379765	320084	260403	260403	260403	260403	231384	202365	202365	161258	120152	120152	120152	120152	97221	74290	74290	55190	48824
			燃气	218714	147684	76653	76653	76653	76653	57098	37542	37542	28397	19252	19252	15052	10853	10853	10853	10853	5985	4362
		其他	汽油	25736	16456	7177	7177	7177	7177	4766	2355	2355	1640	926	926	847	768	768	768	768	517	433
			柴油	22268	18220	14173	14173	14173	14173	13050	11928	11928	9345	6762	6762	6762	6762	5844	4927	4927	4254	4030
			燃气	15600	9956	4312	4312	4312	4312	2794	1275	1275	862	448	448	392	337	337	337	337	271	249
	中型	公交车	汽油	327405	327405	327405	327405	327405	223672	16207	16207	16207	16207	16207	14534	12862	12862	9710	6558	6558	6558	6558
			柴油	365627	365627	364768	363051	363051	348623	319767	319767	319767	266350	212934	212934	212934	212934	173770	134605	134605	112694	105391
			燃气	388213	388213	383591	374348	374348	362736	339513	339513	339513	282567	225621	225621	142680	142680	111746	111746	111746	111746	111746
		其他	汽油	200729	200729	200729	200729	200729	136161	7026	7026	7026	7026	7026	7026	7026	7026	5270	3513	3513	3513	3513
			柴油	171462	171462	164305	149990	149990	148722	146185	146185	146185	124502	102818	102818	102818	102818	91293	79768	79768	68083	64188
			燃气	193617	193617	182861	161348	161348	159827	156786	156786	156786	133492	110198	110198	85840	85840	68951	68951	68951	68951	68951
	大型	公交车	汽油	1166379	1166379	1166379	1166379	1166379	802024	73315	73315	73315	73315	73315	73251	73187	73187	54890	36594	36594	36594	36594
			柴油	518568	518568	501811	468297	468297	454991	428379	428379	428379	420659	412939	412939	412939	412939	398049	383159	383159	345400	332813
			燃气	1042629	1042629	984705	868857	868857	804382	675433	675433	675433	578721	482009	482009	448750	448750	388949	388949	388949	388949	388949
		其他	汽油	2783934	2783934	2783934	2783934	2783934	1914286	174990	174990	174990	174990	174990	168428	161866	161866	121529	81192	81192	81192	81192
			柴油	1241808	1241808	1209854	1145946	1145946	1119229	1065796	1065796	1065796	1028272	990747	990747	990747	990747	943196	895646	895646	792637	758301
			燃气	2311492	2311492	2183076	1926243	1926243	1783304	1497425	1497425	1497425	1283507	1069589	1069589	964952	964952	818676	818676	818676	818676	818676
载货汽车	微型		汽油	118977	70785	22593	22593	22593	22593	15494	8394	8394	6828	5263	5263	4622	3980	3980	3980	3980	2926	2575
			柴油	81516	67431	53346	53346	53346	53346	47958	42569	42569	36008	29446	29446	29446	29446	21540	13633	13633	11548	10853
			燃气	72288	41281	10274	10274	10274	10274	7314	4354	4354	3530	2706	2706	2243	1780	1780	1780	1780	1557	1483
	轻型		汽油	88505	56914	25324	25324	25324	25324	17232	9139	9139	7676	6213	6213	5148	4082	4082	4082	4082	3054	2712
			柴油	81796	67571	53346	53346	53346	53346	47958	42569	42569	36008	29446	29446	29446	29446	23428	17410	17410	15990	15516
			燃气	53648	34431	15215	15215	15215	15215	10081	4948	4948	3977	3006	3006	2399	1791	1791	1791	1791	1617	1560
	中型		汽油	212047	212047	212047	212047	212047	144766	10205	10205	10205	10205	10205	10205	10205	10205	7656	5108	5108	5108	5108
			柴油	399713	399713	358913	277314	277314	263695	236457	236457	236457	232913	229369	229369	229369	229369	201242	173116	173116	149069	141053
			燃气	451361	451361	400345	298314	298314	283411	253604	253604	253604	249718	245832	245832	186294	186294	151520	151520	151520	151520	151520
	重型		汽油	2713278	2713278	2713278	2713278	2713278	1865702	170549	170549	170549	170549	170549	164154	157758	157758	118444	79131	79131	79131	79131
			柴油	1457643	1457643	1407889	1308381	1308381	1259987	1163199	1163199	1163199	1116554	1069910	1069910	1069910	1069910	946416	822923	822923	579381	498200
			燃气	2713246	2713246	2541925	2199283	2199283	2010947	1634275	1634275	1634275	1394663	1155052	1155052	886602	886602	537866	537866	537866	537866	537866
低速汽车	三轮汽车			65550	65550	65550	65550	65550	65550	65550	65550	65550	53279	53279	53279	53279	53279	53279	53279	53279	53279	53279
	低速货车			88065	88065	88065	88065	88065	88065	88065	88065	88065	71579	71579	71579	71579	71579	71579	71579	71579	71579	71579
摩托车	普通摩托车			892	892	892	892	862	833	773	773	773	773	773	687	601	601	601	601	601	601	601
	轻便摩托车			595	595	595	595	595	297	297	297	297	297	297	264	231	231	231	231	231	231	231

东营市 PM 排放系数

单位：克/（辆·年）

车辆类型		使用性质	燃料种类	1999 年年底前	2000 年	2001 年	2002 年	2003 年	2004 年	2005 年	2006 年	2007 年	2008 年	2009 年	2010 年	2011 年	2012 年	2013 年	2014 年	2015 年	2016 年	2017 年
载客汽车	微型	出租车	汽油	—	—	—	—	—	—	—	—	—	—	—	—	—	—	—	—	—	—	—
			燃气	—	—	—	—	—	—	—	—	—	—	—	—	—	—	—	—	—	—	—
		其他	汽油	—	—	—	—	—	—	—	—	—	—	—	—	—	—	—	—	—	—	—
			燃气	—	—	—	—	—	—	—	—	—	—	—	—	—	—	—	—	—	—	—
	小型	出租车	汽油	—	—	—	—	—	—	—	—	—	—	—	—	—	—	—	—	—	—	—
			柴油	45527	41689	37851	37851	37851	37851	25749	13647	13647	8908	4169	4169	4169	4169	3874	3580	3580	2960	2754
			燃气	—	—	—	—	—	—	—	—	—	—	—	—	—	—	—	—	—	—	—
		其他	汽油	—	—	—	—	—	—	—	—	—	—	—	—	—	—	—	—	—	—	—
			柴油	3069	2904	2739	2739	2739	2739	1969	1199	1199	878	558	558	558	558	468	377	377	377	377
			燃气	—	—	—	—	—	—	—	—	—	—	—	—	—	—	—	—	—	—	—
	中型	公交车	汽油	—	—	—	—	—	—	—	—	—	—	—	—	—	—	—	—	—	—	—
			柴油	30592	30592	28032	22913	22913	17978	8108	8108	8108	6872	5637	5637	5637	5637	3504	1372	1372	1080	983
			燃气	—	—	—	—	—	—	—	—	—	—	—	—	—	—	—	—	—	—	—
		其他	汽油	—	—	—	—	—	—	—	—	—	—	—	—	—	—	—	—	—	—	—
			柴油	15274	15274	12888	8116	8116	6262	2553	2553	2553	2434	2316	2316	2316	2316	1366	415	415	399	394
			燃气	—	—	—	—	—	—	—	—	—	—	—	—	—	—	—	—	—	—	—
	大型	公交车	汽油	—	—	—	—	—	—	—	—	—	—	—	—	—	—	—	—	—	—	—
			柴油	94865	94865	93934	92071	92071	71272	29674	29674	29674	19994	10315	10315	10315	10315	6116	1916	1916	1845	1821
			燃气	—	—	—	—	—	—	—	—	—	—	—	—	—	—	—	—	—	—	—
		其他	汽油	—	—	—	—	—	—	—	—	—	—	—	—	—	—	—	—	—	—	—
			柴油	142314	142314	133412	115607	115607	85425	25061	25061	25061	17182	9303	9303	9303	9303	5868	2433	2433	2343	2313
			燃气	—	—	—	—	—	—	—	—	—	—	—	—	—	—	—	—	—	—	—
载货汽车	微型		汽油	—	—	—	—	—	—	—	—	—	—	—	—	—	—	—	—	—	—	—
			柴油	9155	8966	8776	8776	8776	8776	7142	5509	5509	4088	2668	2668	2668	2668	1680	692	692	688	687
			燃气	—	—	—	—	—	—	—	—	—	—	—	—	—	—	—	—	—	—	—
	轻型		汽油	—	—	—	—	—	—	—	—	—	—	—	—	—	—	—	—	—	—	—
			柴油	9521	9148	8776	8776	8776	8776	7142	5509	5509	4088	2668	2668	2668	2668	2012	1356	1356	1120	1041
			燃气	—	—	—	—	—	—	—	—	—	—	—	—	—	—	—	—	—	—	—
	中型		汽油	—	—	—	—	—	—	—	—	—	—	—	—	—	—	—	—	—	—	—
			柴油	34548	34548	29074	18125	18125	13965	5645	5645	5645	5348	5051	5051	5051	5051	3238	1426	1426	1306	1266
			燃气	—	—	—	—	—	—	—	—	—	—	—	—	—	—	—	—	—	—	—
	重型		汽油	—	—	—	—	—	—	—	—	—	—	—	—	—	—	—	—	—	—	—
			柴油	193310	193310	158886	90039	90039	71491	34395	34395	34395	23569	12743	12743	12743	12743	8482	4220	4220	3567	3349
			燃气	—	—	—	—	—	—	—	—	—	—	—	—	—	—	—	—	—	—	—
低速汽车	三轮汽车			4092	4092	4092	4092	4092	4092	4092	4092	4092	3220	3220	3220	3220	3220	3220	3220	3220	3220	3220
	低速货车			5581	5581	5581	5581	5581	5581	5581	5581	5581	4392	4392	4392	4392	4392	4392	4392	4392	4392	4392
摩托车	普通摩托车			—	—	—	—	—	—	—	—	—	—	—	—	—	—	—	—	—	—	—
	轻便摩托车			—	—	—	—	—	—	—	—	—	—	—	—	—	—	—	—	—	—	—

东营市 VOCs 排放系数

单位：克/（辆·年）

车辆类型		使用性质	燃料种类	1999 年年底前	2000 年	2001 年	2002 年	2003 年	2004 年	2005 年	2006 年	2007 年	2008 年	2009 年	2010 年	2011 年	2012 年	2013 年	2014 年	2015 年	2016 年	2017 年
载客汽车	微型	出租车	汽油	855512	505122	154731	154731	154731	154731	116407	78083	78083	63557	49031	49031	40574	32116	32116	32116	32116	22995	19955
			燃气	371986	225960	79933	79933	79933	79933	61788	43643	43643	36012	28380	28380	22525	16670	16670	16670	16670	9988	7761
		其他	汽油	43300	26500	9700	9700	9700	9700	9348	8996	8996	7804	6613	6613	6354	6094	6094	6094	6094	5226	4937
			燃气	14231	7980	1730	1730	1730	1730	1662	1593	1593	1182	771	771	703	635	635	635	635	435	368
	小型	出租车	汽油	855512	497166	138820	138820	138820	138820	129742	120665	120665	84848	49031	49031	40574	32116	32116	32116	32116	21583	18072
			柴油	216738	203828	190918	190918	190918	190918	171836	152753	152753	113241	73729	73729	73729	73729	54625	35521	35521	19596	14287
			燃气	371986	222660	73335	73335	73335	73335	67318	61300	61300	44840	28380	28380	22525	16670	16670	16670	16670	9402	6980
		其他	汽油	43881	26720	9560	9560	9560	9560	9588	9616	9616	8116	6616	6616	6318	6021	6021	6021	6021	5284	5038
			柴油	8628	7896	7164	7164	7164	7164	6074	4983	4983	3406	1829	1829	1829	1829	1574	1320	1320	944	819
			燃气	14471	8690	2908	2908	2908	2908	2379	1850	1850	1368	886	886	745	604	604	604	604	458	410
	中型	公交车	汽油	247913	247913	247913	247913	247316	169074	13781	13781	13781	13781	13781	13630	13478	13478	11050	8623	8623	8623	8623
			柴油	87806	87806	86086	82645	82645	64494	28192	28192	28192	20508	12823	12823	12823	12823	8958	5093	5093	4763	4653
			燃气	71579	71579	67602	59649	59649	57536	53311	53311	53311	42686	32061	32061	22219	22219	22154	22154	22154	22154	22154
		其他	汽油	128624	128624	128624	128624	128027	87704	8253	8253	8253	8253	8253	8108	7962	7962	6911	5860	5860	5860	5860
			柴油	30493	30493	28460	24394	24394	18567	6912	6912	6912	6506	6099	6099	6099	6099	3750	1402	1402	1243	1190
			燃气	34560	34560	32640	28800	28800	27780	25740	25740	25740	20623	15506	15506	10732	10732	9642	9642	9642	9642	9642
	大型	公交车	汽油	577221	577221	577221	577221	576624	389047	15085	15085	15085	15085	15085	14945	14805	14805	12039	9273	9273	9273	9273
			柴油	131708	131708	108010	60614	60614	60614	60614	60614	60614	43515	26416	26416	26416	26416	17675	8934	8934	5723	4653
			燃气	168926	168926	159541	140772	140772	135786	125815	125815	125815	100740	75665	75665	52438	52438	47188	47188	47188	47188	47188
		其他	汽油	1278520	1278520	1278520	1278520	1277923	861074	28571	28571	28571	28571	28571	22312	16054	16054	12863	9672	9672	9672	9672
			柴油	272891	272891	207397	76409	76409	76409	76409	76409	76409	55942	35476	35476	35476	35476	20706	5937	5937	5324	5119
			燃气	266186	266186	251398	221822	221822	213966	198253	198253	198253	158842	119430	119430	82662	82662	74261	74261	74261	74261	74261
载货汽车	微型		汽油	287748	155108	22467	22467	22467	22467	21217	19967	19967	18424	16881	16881	14014	11148	11148	11148	11148	9534	8996
			柴油	40025	37392	34758	34758	34758	34758	31828	28898	28898	21384	13869	13869	13869	13869	9579	5289	5289	3610	3050
			燃气	94571	49289	4007	4007	4007	4007	3771	3536	3536	2752	1968	1968	1565	1162	1162	1162	1162	793	671
	轻型		汽油	149588	89602	29616	29616	29616	29616	25628	21640	21640	19412	17184	17184	15165	13146	13146	13146	13146	11384	10797
			柴油	36830	35794	34758	34758	34758	34758	31828	28898	28898	21384	13869	13869	13869	13869	10496	7124	7124	5445	4885
			燃气	49331	29170	9009	9009	9009	9009	6586	4163	4163	3232	2301	2301	1810	1319	1319	1319	1319	989	879
	中型		汽油	311133	311133	311133	311133	310536	211436	14431	14431	14431	14431	14431	14291	14151	14151	11547	8943	8943	8943	8943
			柴油	71612	71612	66838	57290	57290	43604	16232	16232	16232	15280	14328	14328	14328	14328	10384	6440	6440	3832	2962
			燃气	81163	81163	76655	67638	67638	65241	60447	60447	60447	48437	36427	36427	49297	49297	24000	24000	24000	24000	24000
	重型		汽油	1280468	1280468	1280468	1280468	1279870	862386	28613	28613	28613	28613	28613	22344	16076	16076	12880	9685	9685	9685	9685
			柴油	317156	317156	241039	88804	88804	88804	88804	88804	88804	65017	41230	41230	41230	41230	25992	10755	10755	8577	7851
			燃气	309363	309363	292178	257806	257806	248675	230413	230413	230413	184607	138801	138801	149744	149744	113894	113894	113894	113894	113894
低速汽车	三轮汽车			25300	25300	25300	25300	25300	25300	25300	25300	25300	16721	16721	16721	16721	16721	16721	16721	16721	16721	16721
	低速货车			33990	33990	33990	33990	33990	33990	33990	33990	33990	22464	22464	22464	22464	22464	22464	22464	22464	22464	22464
摩托车	普通摩托车			11957	11957	11957	11957	8924	5890	3153	3153	3153	3153	3153	2353	1553	1553	1553	1553	1553	1553	1553
	轻便摩托车			38669	38669	38669	38669	38669	7734	7734	3807	3807	3807	3807	2841	1875	1875	1875	1875	1875	1875	1875

烟台市 NO_x 排放系数

单位：克/（辆·年）

车辆类型		使用性质	燃料种类	1999年年底前	2000年	2001年	2002年	2003年	2004年	2005年	2006年	2007年	2008年	2009年	2010年	2011年	2012年	2013年	2014年	2015年	2016年	2017年
载客汽车	微型	出租车	汽油	271811	187466	103120	103120	103120	103120	76991	50862	50862	38153	25444	25444	20716	15988	15988	15988	15988	9374	7170
			燃气	201896	139426	76955	76955	76955	76955	57466	37977	37977	28522	19068	19068	15472	11875	11875	11875	11875	6971	5336
		其他	汽油	24281	15316	6350	6350	6350	6350	4040	1731	1731	1407	1083	1083	924	766	766	766	766	506	419
			燃气	17316	10336	3356	3356	3356	3356	2180	1004	1004	810	617	617	498	380	380	380	380	305	280
	小型	出租车	汽油	306439	206936	107434	107434	107434	107434	79480	51525	51525	38484	25444	25444	20092	14740	14740	14740	14740	8257	6096
			柴油	349584	295496	241408	241408	241408	241408	214364	187319	187319	149838	112358	112358	112358	112358	90660	68963	68963	50358	44157
			燃气	227611	153885	80159	80159	80159	80159	59314	38469	38469	28768	19068	19068	15008	10948	10948	10948	10948	6140	4538
		其他	汽油	22674	14557	6440	6440	6440	6440	4302	2164	2164	1517	870	870	801	732	732	732	732	478	394
			柴油	19807	16230	12652	12652	12652	12652	11640	10627	10627	8347	6067	6067	6067	6067	5239	4411	4411	3780	3569
			燃气	16123	10313	4503	4503	4503	4503	2914	1326	1326	892	459	459	407	355	355	355	355	284	261
	中型	公交车	汽油	327788	327788	327788	327788	327788	223934	16226	16226	16226	16226	16226	14552	12877	12877	9722	6566	6566	6566	6566
			柴油	365940	365940	365081	363363	363363	348922	320041	320041	320041	266578	213116	213116	213116	213116	173918	134720	134720	112791	105481
			燃气	388546	388546	383920	374669	374669	363047	339804	339804	339804	282810	225815	225815	142802	142802	111842	111842	111842	111842	111842
		其他	汽油	200964	200964	200964	200964	200964	136321	7034	7034	7034	7034	7034	7034	7034	7034	5276	3518	3518	3518	3518
			柴油	171609	171609	164446	150119	150119	148849	146310	146310	146310	124608	102906	102906	102906	102906	91371	79836	79836	68141	64243
			燃气	193783	193783	183017	161486	161486	159964	156920	156920	156920	133606	110292	110292	85913	85913	69011	69011	69011	69011	69011
	大型	公交车	汽油	1167746	1167746	1167746	1167746	1167746	802964	73401	73401	73401	73401	73401	73336	73272	73272	54954	36637	36637	36637	36637
			柴油	519012	519012	502241	468699	468699	455381	428746	428746	428746	421020	413294	413294	413294	413294	398391	383488	383488	345696	333098
			燃气	1043523	1043523	985550	869603	869603	805073	676013	676013	676013	579218	482422	482422	449135	449135	389282	389282	389282	389282	389282
		其他	汽油	2787196	2787196	2787196	2787196	2787196	1916529	175195	175195	175195	175195	175195	168626	162056	162056	121672	81287	81287	81287	81287
			柴油	1242874	1242874	1210892	1146929	1146929	1120189	1066710	1066710	1066710	1029154	991597	991597	991597	991597	944006	896414	896414	793318	758952
			燃气	2313475	2313475	2184949	1927896	1927896	1784834	1498709	1498709	1498709	1284608	1070507	1070507	965779	965779	819378	819378	819378	819378	819378
载货汽车	微型		汽油	108825	65022	21220	21220	21220	21220	14718	8215	8215	6718	5220	5220	4536	3853	3853	3853	3853	2747	2378
			柴油	77199	64153	51107	51107	51107	51107	45884	40660	40660	34368	28077	28077	28077	28077	20545	13013	13013	10807	10072
			燃气	77609	44412	11215	11215	11215	11215	7990	4765	4765	3869	2974	2974	2443	1911	1911	1911	1911	1670	1589
	轻型		汽油	80813	52247	23681	23681	23681	23681	16284	8886	8886	7482	6077	6077	5011	3945	3945	3945	3945	2863	2502
			柴油	77455	64281	51107	51107	51107	51107	45884	40660	40660	34368	28077	28077	28077	28077	22270	16464	16464	14865	14332
			燃气	57464	37011	16558	16558	16558	16558	11002	5445	5445	4326	3206	3206	2560	1913	1913	1913	1913	1721	1657
	中型		汽油	212047	212047	212047	212047	212047	144766	10205	10205	10205	10205	10205	10205	10205	10205	7656	5108	5108	5108	5108
			柴油	399713	399713	358913	277314	277314	263695	236457	236457	236457	232913	229369	229369	229369	229369	201242	173116	173116	149069	141053
			燃气	451361	451361	400345	298312	298312	283410	253604	253604	253604	249718	245832	245832	186293	186293	151522	151522	151522	151522	151522
	重型		汽油	1712778	1712778	1712778	1712778	1712778	1177739	107660	107660	107660	107660	107660	103623	99586	99586	74769	49952	49952	49952	49952
			柴油	936483	936483	904518	840587	840587	809496	747313	747313	747313	717346	687378	687378	687378	687378	605698	524017	524017	363478	309965
			燃气	1743161	1743161	1633094	1412960	1412960	1291960	1049962	1049962	1049962	896020	742079	742079	564566	564566	334644	334644	334644	334644	334644
低速汽车	三轮汽车			65550	65550	65550	65550	65550	65550	65550	65550	65550	53279	53279	53279	53279	53279	53279	53279	53279	53279	53279
	低速货车			88065	88065	88065	88065	88065	88065	88065	88065	88065	71579	71579	71579	71579	71579	71579	71579	71579	71579	71579
摩托车	普通摩托车			892	892	892	892	862	833	773	773	773	773	773	687	601	601	601	601	601	601	601
	轻便摩托车			595	595	595	595	595	297	297	297	297	297	297	264	231	231	231	231	231	231	231

烟台市 PM 排放系数

单位：克/（辆·年）

车辆类型		使用性质	燃料种类	1999 年年底前	2000 年	2001 年	2002 年	2003 年	2004 年	2005 年	2006 年	2007 年	2008 年	2009 年	2010 年	2011 年	2012 年	2013 年	2014 年	2015 年	2016 年	2017 年
载客汽车	微型	出租车	汽油	—	—	—	—	—	—	—	—	—	—	—	—	—	—	—	—	—	—	—
			燃气	—	—	—	—	—	—	—	—	—	—	—	—	—	—	—	—	—	—	—
		其他	汽油	—	—	—	—	—	—	—	—	—	—	—	—	—	—	—	—	—	—	—
			燃气	—	—	—	—	—	—	—	—	—	—	—	—	—	—	—	—	—	—	—
	小型	出租车	汽油	—	—	—	—	—	—	—	—	—	—	—	—	—	—	—	—	—	—	—
			柴油	48701	44587	40473	40473	40473	40473	27394	14314	14314	9374	4435	4435	4435	4435	4122	3809	3809	3150	2930
			燃气	—	—	—	—	—	—	—	—	—	—	—	—	—	—	—	—	—	—	—
		其他	汽油	—	—	—	—	—	—	—	—	—	—	—	—	—	—	—	—	—	—	—
			柴油	3206	3034	2862	2862	2862	2862	2054	1247	1247	915	583	583	583	583	486	390	390	390	390
			燃气	—	—	—	—	—	—	—	—	—	—	—	—	—	—	—	—	—	—	—
	中型	公交车	汽油	—	—	—	—	—	—	—	—	—	—	—	—	—	—	—	—	—	—	—
			柴油	30592	30592	28032	22913	22913	17978	8108	8108	8108	6872	5637	5637	5637	5637	3504	1372	1372	1080	983
			燃气	—	—	—	—	—	—	—	—	—	—	—	—	—	—	—	—	—	—	—
		其他	汽油	—	—	—	—	—	—	—	—	—	—	—	—	—	—	—	—	—	—	—
			柴油	15274	15274	12888	8116	8116	6262	2553	2553	2553	2434	2316	2316	2316	2316	1366	415	415	399	394
			燃气	—	—	—	—	—	—	—	—	—	—	—	—	—	—	—	—	—	—	—
	大型	公交车	汽油	—	—	—	—	—	—	—	—	—	—	—	—	—	—	—	—	—	—	—
			柴油	94865	94865	93934	92071	92071	71272	29674	29674	29674	19994	10315	10315	10315	10315	6116	1916	1916	1845	1821
			燃气	—	—	—	—	—	—	—	—	—	—	—	—	—	—	—	—	—	—	—
		其他	汽油	—	—	—	—	—	—	—	—	—	—	—	—	—	—	—	—	—	—	—
			柴油	142314	142314	133412	115607	115607	85425	25061	25061	25061	17182	9303	9303	9303	9303	5868	2433	2433	2343	2313
			燃气	—	—	—	—	—	—	—	—	—	—	—	—	—	—	—	—	—	—	—
载货汽车	微型		汽油	—	—	—	—	—	—	—	—	—	—	—	—	—	—	—	—	—	—	—
			柴油	9842	9638	9435	9435	9435	9435	7684	5934	5934	4404	2874	2874	2874	2874	1810	745	745	741	740
			燃气	—	—	—	—	—	—	—	—	—	—	—	—	—	—	—	—	—	—	—
	轻型		汽油	—	—	—	—	—	—	—	—	—	—	—	—	—	—	—	—	—	—	—
			柴油	10236	9836	9435	9435	9435	9435	7684	5934	5934	4404	2874	2874	2874	2874	2168	1461	1461	1206	1121
			燃气	—	—	—	—	—	—	—	—	—	—	—	—	—	—	—	—	—	—	—
	中型		汽油	—	—	—	—	—	—	—	—	—	—	—	—	—	—	—	—	—	—	—
			柴油	34548	34548	29074	18125	18125	13965	5645	5645	5645	5348	5051	5051	5051	5051	3238	1426	1426	1306	1266
			燃气	—	—	—	—	—	—	—	—	—	—	—	—	—	—	—	—	—	—	—
	重型		汽油	—	—	—	—	—	—	—	—	—	—	—	—	—	—	—	—	—	—	—
			柴油	121912	121912	100203	56784	56784	45086	21691	21691	21691	14864	8037	8037	8037	8037	5368	2700	2700	2282	2143
			燃气	—	—	—	—	—	—	—	—	—	—	—	—	—	—	—	—	—	—	—
低速汽车	三轮汽车			4092	4092	4092	4092	4092	4092	4092	4092	4092	3220	3220	3220	3220	3220	3220	3220	3220	3220	3220
	低速货车			5581	5581	5581	5581	5581	5581	5581	5581	5581	4392	4392	4392	4392	4392	4392	4392	4392	4392	4392
摩托车	普通摩托车			—	—	—	—	—	—	—	—	—	—	—	—	—	—	—	—	—	—	—
	轻便摩托车			—	—	—	—	—	—	—	—	—	—	—	—	—	—	—	—	—	—	—

烟台市 VOCs 排放系数

单位：克/（辆·年）

车辆类型		使用性质	燃料种类	1999 年年底前	2000 年	2001 年	2002 年	2003 年	2004 年	2005 年	2006 年	2007 年	2008 年	2009 年	2010 年	2011 年	2012 年	2013 年	2014 年	2015 年	2016 年	2017 年
载客汽车	微型	出租车	汽油	1034486	602292	170099	170099	170099	170099	126664	83230	83230	66898	50565	50565	42186	33806	33806	33806	33806	25692	22987
			燃气	411073	246395	81717	81717	81717	81717	62856	43996	43996	36089	28182	28182	22522	16863	16863	16863	16863	10704	8651
		其他	汽油	48274	28940	9606	9606	9606	9606	9250	8893	8893	7574	6254	6254	5980	5706	5706	5706	5706	4781	4473
			燃气	15085	8439	1793	1793	1793	1793	1724	1655	1655	1226	798	798	734	669	669	669	669	469	402
	小型	出租车	汽油	1034486	593005	151524	151524	151524	151524	142350	133177	133177	91871	50565	50565	42186	33806	33806	33806	33806	23869	20557
			柴油	218434	205598	192762	192762	192762	192762	173897	155032	155032	114057	73082	73082	73082	73082	54204	35327	35327	19796	14619
			燃气	411073	242875	74677	74677	74677	74677	68803	62929	62929	45556	28182	28182	22522	16863	16863	16863	16863	10013	7730
		其他	汽油	48948	29196	9445	9445	9445	9445	9524	9602	9602	7930	6258	6258	5939	5620	5620	5620	5620	4849	4592
			柴油	9211	8427	7643	7643	7643	7643	6483	5323	5323	3628	1933	1933	1933	1933	1670	1408	1408	1014	882
			燃气	15341	9183	3025	3025	3025	3025	2474	1924	1924	1422	919	919	778	637	637	637	637	494	447
	中型	公交车	汽油	247252	247252	247252	247252	246655	168412	13119	13119	13119	13119	13119	12968	12816	12816	10389	7962	7962	7962	7962
			柴油	87806	87806	86086	82645	82645	64494	28192	28192	28192	20508	12823	12823	12823	12823	8958	5093	5093	4763	4653
			燃气	71579	71579	67602	59649	59649	57536	53311	53311	53311	42686	32061	32061	22219	22219	22154	22154	22154	22154	22154
		其他	汽油	127962	127962	127962	127962	127365	87043	7592	7592	7592	7592	7592	7446	7301	7301	6250	5198	5198	5198	5198
			柴油	30493	30493	28460	24394	24394	18567	6912	6912	6912	6506	6099	6099	6099	6099	3750	1402	1402	1243	1190
			燃气	34560	34560	32640	28800	28800	27780	25740	25740	25740	20623	15506	15506	10732	10732	9642	9642	9642	9642	9642
	大型	公交车	汽油	576560	576560	576560	576560	575963	388385	14423	14423	14423	14423	14423	14284	14144	14144	11378	8612	8612	8612	8612
			柴油	131708	131708	108010	60614	60614	60614	60614	60614	60614	43515	26416	26416	26416	26416	17675	8934	8934	5723	4653
			燃气	168926	168926	159541	140772	140772	135786	125815	125815	125815	100740	75665	75665	52438	52438	47188	47188	47188	47188	47188
		其他	汽油	1277858	1277858	1277858	1277858	1277261	860413	27910	27910	27910	27910	27910	21651	15392	15392	12202	9011	9011	9011	9011
			柴油	272891	272891	207397	76409	76409	76409	76409	76409	76409	55942	35476	35476	35476	35476	20706	5937	5937	5324	5119
			燃气	266186	266186	251398	221822	221822	213966	198253	198253	198253	158842	119430	119430	82662	82662	74261	74261	74261	74261	74261
载货汽车	微型		汽油	337601	181134	24668	24668	24668	24668	23265	21862	21862	20114	18365	18365	15010	11655	11655	11655	11655	9846	9243
			柴油	45329	42344	39360	39360	39360	39360	36044	32727	32727	24212	15697	15697	15697	15697	10834	5972	5972	4080	3449
			燃气	105496	55050	4604	4604	4604	4604	4336	4069	4069	3206	2343	2343	1855	1366	1366	1366	1366	965	831
	轻型		汽油	174354	103734	33115	33115	33115	33115	28476	23838	23838	21280	18722	18722	16369	14016	14016	14016	14016	12032	11370
			柴油	41705	40532	39360	39360	39360	39360	36044	32727	32727	24212	15697	15697	15697	15697	11876	8054	8054	6162	5531
			燃气	54645	32625	10606	10606	10606	10606	7691	4777	4777	3763	2749	2749	2169	1589	1589	1589	1589	1227	1107
	中型		汽油	310471	310471	310471	310471	309874	210774	13769	13769	13769	13769	13769	13629	13489	13489	10885	8281	8281	8281	8281
			柴油	71612	71612	66838	57290	57290	43604	16232	16232	16232	15280	14328	14328	14328	14328	10384	6440	6440	3832	2962
			燃气	81163	81163	76655	67638	67638	65241	60447	60447	60447	48437	36427	36427	49297	49297	24000	24000	24000	24000	24000
	重型		汽油	809437	809437	809437	809437	808840	545130	18905	18905	18905	18905	18905	14898	10891	10891	8869	6847	6847	6847	6847
			柴油	204875	204875	155705	57365	57365	57365	57365	57365	57365	42000	26634	26634	26634	26634	16740	6845	6845	5375	4885
			燃气	199841	199841	188739	166536	166536	160637	148841	148841	148841	119252	89663	89663	95304	95304	70866	70866	70866	70866	70866
低速汽车	三轮汽车			25300	25300	25300	25300	25300	25300	25300	25300	25300	16721	16721	16721	16721	16721	16721	16721	16721	16721	16721
	低速货车			33990	33990	33990	33990	33990	33990	33990	33990	33990	22464	22464	22464	22464	22464	22464	22464	22464	22464	22464
摩托车	普通摩托车			11957	11957	11957	11957	8924	5890	3153	3153	3153	3153	3153	2353	1553	1553	1553	1553	1553	1553	1553
	轻便摩托车			38669	38669	38669	38669	38669	7734	7734	3807	3807	3807	3807	2841	1875	1875	1875	1875	1875	1875	1875

潍坊市 NO_x 排放系数

单位：克/（辆·年）

车辆类型		使用性质	燃料种类	1999 年年底前	2000 年	2001 年	2002 年	2003 年	2004 年	2005 年	2006 年	2007 年	2008 年	2009 年	2010 年	2011 年	2012 年	2013 年	2014 年	2015 年	2016 年	2017 年
载客汽车	微型	出租车	汽油	294044	200675	107306	107306	107306	107306	79846	52386	52386	39194	26003	26003	21125	16247	16247	16247	16247	9662	7467
			燃气	197861	136020	74180	74180	74180	74180	55572	36964	36964	27946	18928	18928	15256	11583	11583	11583	11583	6746	5134
		其他	汽油	28036	17632	7228	7228	7228	7228	4566	1905	1905	1548	1190	1190	1006	821	821	821	821	557	469
			燃气	17952	10704	3456	3456	3456	3456	2246	1037	1037	839	641	641	514	387	387	387	387	310	285
	小型	出租车	汽油	332010	221948	111885	111885	111885	111885	82488	53090	53090	39546	26003	26003	20472	14941	14941	14941	14941	8481	6328
			柴油	369194	311150	253107	253107	253107	253107	224879	196651	196651	156732	116813	116813	116813	116813	94531	72249	72249	53720	47544
			燃气	222971	150090	77209	77209	77209	77209	57319	37429	37429	28178	18928	18928	14824	10719	10719	10719	10719	5966	4381
		其他	汽油	26166	16750	7333	7333	7333	7333	4869	2405	2405	1674	943	943	863	783	783	783	783	526	440
			柴油	22651	18538	14425	14425	14425	14425	13272	12120	12120	9504	6888	6888	6888	6888	5951	5014	5014	4322	4092
			燃气	16715	10676	4636	4636	4636	4636	3002	1367	1367	922	477	477	419	361	361	361	361	290	266
	中型	公交车	汽油	327617	327617	327617	327617	327617	223817	16217	16217	16217	16217	16217	14544	12871	12871	9716	6562	6562	6562	6562
			柴油	365800	365800	364941	363224	363224	348789	319919	319919	319919	266477	213035	213035	213035	213035	173852	134668	134668	112748	105441
			燃气	388397	388397	383773	374526	374526	362909	339674	339674	339674	282701	225728	225728	142748	142748	111799	111799	111799	111799	111799
		其他	汽油	200859	200859	200859	200859	200859	136249	7030	7030	7030	7030	7030	7030	7030	7030	5273	3516	3516	3516	3516
			柴油	171544	171544	164383	150061	150061	148792	146254	146254	146254	124560	102867	102867	102867	102867	91336	79806	79806	68115	64218
			燃气	193709	193709	182947	161424	161424	159903	156860	156860	156860	133555	110250	110250	85880	85880	68984	68984	68984	68984	68984
	大型	公交车	汽油	1167136	1167136	1167136	1167136	1167136	802545	73363	73363	73363	73363	73363	73298	73234	73234	54926	36618	36618	36618	36618
			柴油	518814	518814	502049	468520	468520	455207	428582	428582	428582	420859	413136	413136	413136	413136	398238	383341	383341	345564	332971
			燃气	1043124	1043124	985173	869270	869270	804765	675754	675754	675754	578996	482238	482238	448964	448964	389134	389134	389134	389134	389134
		其他	汽油	2785741	2785741	2785741	2785741	2785741	1915529	175104	175104	175104	175104	175104	168538	161971	161971	121608	81245	81245	81245	81245
			柴油	1242399	1242399	1210430	1146491	1146491	1119761	1066302	1066302	1066302	1028760	991218	991218	991218	991218	943644	896071	896071	793014	758662
			燃气	2312590	2312590	2184113	1927159	1927159	1784151	1498136	1498136	1498136	1284116	1070097	1070097	965410	965410	819065	819065	819065	819065	819065
载货汽车	微型		汽油	86215	51042	15870	15870	15870	15870	10810	5750	5750	4656	3561	3561	3171	2781	2781	2781	2781	2073	1837
			柴油	57414	47282	37151	37151	37151	37151	33440	29729	29729	25181	20633	20633	20633	20633	15104	9575	9575	8248	7805
			燃气	55205	31397	7588	7588	7588	7588	5359	3130	3130	2524	1918	1918	1615	1311	1311	1311	1311	1165	1116
	轻型		汽油	63603	40724	17845	17845	17845	17845	12067	6289	6289	5269	4249	4249	3552	2855	2855	2855	2855	2166	1936
			柴油	57618	47384	37151	37151	37151	37151	33440	29729	29729	25181	20633	20633	20633	20633	16482	12330	12330	11487	11206
			燃气	40630	25956	11282	11282	11282	11282	7428	3575	3575	2862	2149	2149	1733	1316	1316	1316	1316	1207	1170
	中型		汽油	212047	212047	212047	212047	212047	144766	10205	10205	10205	10205	10205	10205	10205	10205	7656	5108	5108	5108	5108
			柴油	399713	399713	358913	277314	277314	263695	236457	236457	236457	232913	229369	229369	229369	229369	201242	173116	173116	149069	141053
			燃气	451359	451359	400344	298313	298313	283410	253604	253604	253604	249718	245831	245831	186292	186292	151521	151521	151521	151521	151521
	重型		汽油	1712778	1712778	1712778	1712778	1712778	1177739	107660	107660	107660	107660	107660	103623	99586	99586	74769	49952	49952	49952	49952
			柴油	936483	936483	904518	840587	840587	809496	747313	747313	747313	717346	687378	687378	687378	687378	605698	524017	524017	363478	309965
			燃气	1743161	1743161	1633094	1412959	1412959	1291960	1049962	1049962	1049962	896020	742078	742078	564566	564566	334644	334644	334644	334644	334644
低速汽车	三轮汽车			65550	65550	65550	65550	65550	65550	65550	65550	65550	53279	53279	53279	53279	53279	53279	53279	53279	53279	53279
	低速货车			88065	88065	88065	88065	88065	88065	88065	88065	88065	71579	71579	71579	71579	71579	71579	71579	71579	71579	71579
摩托车	普通摩托车			892	892	892	892	862	833	773	773	773	773	773	687	601	601	601	601	601	601	601
	轻便摩托车			595	595	595	595	595	297	297	297	297	297	297	264	231	231	231	231	231	231	231

潍坊市 PM 排放系数

单位：克/（辆·年）

车辆类型		使用性质	燃料种类	1999 年年底前	2000 年	2001 年	2002 年	2003 年	2004 年	2005 年	2006 年	2007 年	2008 年	2009 年	2010 年	2011 年	2012 年	2013 年	2014 年	2015 年	2016 年	2017 年
载客汽车	微型	出租车	汽油	—	—	—	—	—	—	—	—	—	—	—	—	—	—	—	—	—	—	—
			燃气	—	—	—	—	—	—	—	—	—	—	—	—	—	—	—	—	—	—	—
		其他	汽油	—	—	—	—	—	—	—	—	—	—	—	—	—	—	—	—	—	—	—
			燃气	—	—	—	—	—	—	—	—	—	—	—	—	—	—	—	—	—	—	—
	小型	出租车	汽油	—	—	—	—	—	—	—	—	—	—	—	—	—	—	—	—	—	—	—
			柴油	46724	42783	38842	38842	38842	38842	26401	13960	13960	9120	4280	4280	4280	4280	3978	3676	3676	3040	2828
			燃气	—	—	—	—	—	—	—	—	—	—	—	—	—	—	—	—	—	—	—
		其他	汽油	—	—	—	—	—	—	—	—	—	—	—	—	—	—	—	—	—	—	—
			柴油	3285	3108	2932	2932	2932	2932	2106	1279	1279	938	598	598	598	598	498	399	399	399	399
			燃气	—	—	—	—	—	—	—	—	—	—	—	—	—	—	—	—	—	—	—
	中型	公交车	汽油	—	—	—	—	—	—	—	—	—	—	—	—	—	—	—	—	—	—	—
			柴油	30592	30592	28032	22913	22913	17978	8108	8108	8108	6872	5637	5637	5637	5637	3504	1372	1372	1080	983
			燃气	—	—	—	—	—	—	—	—	—	—	—	—	—	—	—	—	—	—	—
		其他	汽油	—	—	—	—	—	—	—	—	—	—	—	—	—	—	—	—	—	—	—
			柴油	15274	15274	12888	8116	8116	6262	2553	2553	2553	2434	2316	2316	2316	2316	1366	415	415	399	394
			燃气	—	—	—	—	—	—	—	—	—	—	—	—	—	—	—	—	—	—	—
	大型	公交车	汽油	—	—	—	—	—	—	—	—	—	—	—	—	—	—	—	—	—	—	—
			柴油	94865	94865	93934	92071	92071	71272	29674	29674	29674	19994	10315	10315	10315	10315	6116	1916	1916	1845	1821
			燃气	—	—	—	—	—	—	—	—	—	—	—	—	—	—	—	—	—	—	—
		其他	汽油	—	—	—	—	—	—	—	—	—	—	—	—	—	—	—	—	—	—	—
			柴油	142314	142314	133412	115607	115607	85425	25061	25061	25061	17182	9303	9303	9303	9303	5868	2433	2433	2343	2313
			燃气	—	—	—	—	—	—	—	—	—	—	—	—	—	—	—	—	—	—	—
载货汽车	微型		汽油	—	—	—	—	—	—	—	—	—	—	—	—	—	—	—	—	—	—	—
			柴油	7039	6894	6748	6748	6748	6748	5490	4233	4233	3142	2050	2050	2050	2050	1290	531	531	529	528
			燃气	—	—	—	—	—	—	—	—	—	—	—	—	—	—	—	—	—	—	—
	轻型		汽油	—	—	—	—	—	—	—	—	—	—	—	—	—	—	—	—	—	—	—
			柴油	7320	7034	6748	6748	6748	6748	5490	4233	4233	3142	2050	2050	2050	2050	1546	1042	1042	860	800
			燃气	—	—	—	—	—	—	—	—	—	—	—	—	—	—	—	—	—	—	—
	中型		汽油	—	—	—	—	—	—	—	—	—	—	—	—	—	—	—	—	—	—	—
			柴油	34548	34548	29074	18125	18125	13965	5645	5645	5645	5348	5051	5051	5051	5051	3238	1426	1426	1306	1266
			燃气	—	—	—	—	—	—	—	—	—	—	—	—	—	—	—	—	—	—	—
	重型		汽油	—	—	—	—	—	—	—	—	—	—	—	—	—	—	—	—	—	—	—
			柴油	121912	121912	100203	56784	56784	45086	21691	21691	21691	14864	8037	8037	8037	8037	5368	2700	2700	2282	2143
			燃气	—	—	—	—	—	—	—	—	—	—	—	—	—	—	—	—	—	—	—
低速汽车	三轮汽车			4092	4092	4092	4092	4092	4092	4092	4092	4092	3220	3220	3220	3220	3220	3220	3220	3220	3220	3220
	低速货车			5581	5581	5581	5581	5581	5581	5581	5581	5581	4392	4392	4392	4392	4392	4392	4392	4392	4392	4392
摩托车	普通摩托车			—	—	—	—	—	—	—	—	—	—	—	—	—	—	—	—	—	—	—
	轻便摩托车			—	—	—	—	—	—	—	—	—	—	—	—	—	—	—	—	—	—	—

潍坊市 VOCs 排放系数

单位：克/（辆·年）

车辆类型		使用性质	燃料种类	1999 年年底前	2000 年	2001 年	2002 年	2003 年	2004 年	2005 年	2006 年	2007 年	2008 年	2009 年	2010 年	2011 年	2012 年	2013 年	2014 年	2015 年	2016 年	2017 年
载客汽车	微型	出租车	汽油	917681	539334	160987	160987	160987	160987	120479	79971	79971	64784	49598	49598	41187	32776	32776	32776	32776	23882	20917
			燃气	379994	229906	79817	79817	79817	79817	61530	43242	43242	35599	27956	27956	22244	16531	16531	16531	16531	10052	7892
		其他	汽油	47634	28816	9998	9998	9998	9998	9643	9288	9288	7994	6699	6699	6421	6143	6143	6143	6143	5239	4938
			燃气	15331	8586	1840	1840	1840	1840	1770	1700	1700	1259	818	818	749	680	680	680	680	470	400
	小型	出租车	汽油	917681	530784	143887	143887	143887	143887	134870	125852	125852	87725	49598	49598	41187	32776	32776	32776	32776	22341	18863
			柴油	216793	204018	191243	191243	191243	191243	172525	153807	153807	113246	72686	72686	72686	72686	53892	35099	35099	19596	14428
			燃气	379994	226532	73069	73069	73069	73069	67207	61345	61345	44650	27956	27956	22244	16531	16531	16531	16531	9444	7082
		其他	汽油	48292	29066	9841	9841	9841	9841	9914	9986	9986	8344	6702	6702	6381	6060	6060	6060	6060	5306	5054
			柴油	9430	8624	7817	7817	7817	7817	6618	5419	5419	3690	1960	1960	1960	1960	1688	1415	1415	1019	887
			燃气	15591	9344	3097	3097	3097	3097	2536	1975	1975	1458	940	940	794	647	647	647	647	496	446
	中型	公交车	汽油	247791	247791	247791	247791	247194	168951	13658	13658	13658	13658	13658	13506	13355	13355	10928	8501	8501	8501	8501
			柴油	87806	87806	86086	82645	82645	64494	28192	28192	28192	20508	12823	12823	12823	12823	8958	5093	5093	4763	4653
			燃气	71579	71579	67602	59649	59649	57536	53311	53311	53311	42686	32061	32061	22219	22219	22154	22154	22154	22154	22154
		其他	汽油	128501	128501	128501	128501	127904	87582	8131	8131	8131	8131	8131	7986	7840	7840	6788	5737	5737	5737	5737
			柴油	30493	30493	28460	24394	24394	18567	6912	6912	6912	6506	6099	6099	6099	6099	3750	1402	1402	1243	1190
			燃气	34560	34560	32640	28800	28800	27780	25740	25740	25740	20623	15506	15506	10732	10732	9642	9642	9642	9642	9642
	大型	公交车	汽油	577099	577099	577099	577099	576502	388924	14962	14962	14962	14962	14962	14822	14683	14683	11917	9151	9151	9151	9151
			柴油	131708	131708	108010	60614	60614	60614	60614	60614	60614	43515	26416	26416	26416	26416	17675	8934	8934	5723	4653
			燃气	168926	168926	159541	140772	140772	135786	125815	125815	125815	100740	75665	75665	52438	52438	47188	47188	47188	47188	47188
		其他	汽油	1278397	1278397	1278397	1278397	1277800	860952	28449	28449	28449	28449	28449	22190	15931	15931	12740	9550	9550	9550	9550
			柴油	272891	272891	207397	76409	76409	76409	76409	76409	76409	55942	35476	35476	35476	35476	20706	5937	5937	5324	5119
			燃气	266186	266186	251398	221822	221822	213966	198253	198253	198253	158842	119430	119430	82662	82662	74261	74261	74261	74261	74261
载货汽车	微型		汽油	232478	125256	18034	18034	18034	18034	17123	16212	16212	15002	13793	13793	11622	9452	9452	9452	9452	8250	7850
			柴油	28604	26742	24879	24879	24879	24879	22920	20962	20962	15322	9682	9682	9682	9682	6644	3605	3605	2607	2274
			燃气	74823	39071	3319	3319	3319	3319	3143	2967	2967	2326	1684	1684	1365	1046	1046	1046	1046	738	636
	轻型		汽油	121055	72427	23799	23799	23799	23799	20680	17561	17561	15798	14036	14036	12550	11063	11063	11063	11063	9742	9302
			柴油	26043	25461	24879	24879	24879	24879	22920	20962	20962	15322	9682	9682	9682	9682	7378	5074	5074	4076	3744
			燃气	39082	23286	7490	7490	7490	7490	5481	3473	3473	2721	1969	1969	1575	1181	1181	1181	1181	911	821
	中型		汽油	311010	311010	311010	311010	310413	211313	14308	14308	14308	14308	14308	14168	14028	14028	11424	8820	8820	8820	8820
			柴油	71612	71612	66838	57290	57290	43604	16232	16232	16232	15280	14328	14328	14328	14328	10384	6440	6440	3832	2962
			燃气	81163	81163	76655	67638	67638	65241	60447	60447	60447	48437	36427	36427	49297	49297	24000	24000	24000	24000	24000
	重型		汽油	809976	809976	809976	809976	809378	545669	19445	19445	19445	19445	19445	15438	11431	11431	9409	7387	7387	7387	7387
			柴油	204875	204875	155705	57365	57365	57365	57365	57365	57365	42000	26634	26634	26634	26634	16740	6845	6845	5375	4885
			燃气	199841	199841	188739	166536	166536	160637	148841	148841	148841	119252	89663	89663	95304	95304	70866	70866	70866	70866	70866
低速汽车	三轮汽车			25300	25300	25300	25300	25300	25300	25300	25300	25300	16721	16721	16721	16721	16721	16721	16721	16721	16721	16721
	低速货车			33990	33990	33990	33990	33990	33990	33990	33990	33990	22464	22464	22464	22464	22464	22464	22464	22464	22464	22464
摩托车	普通摩托车			11957	11957	11957	11957	8924	5890	3153	3153	3153	3153	3153	2353	1553	1553	1553	1553	1553	1553	1553
	轻便摩托车			38669	38669	38669	38669	38669	7734	7734	3807	3807	3807	3807	2841	1875	1875	1875	1875	1875	1875	1875

济宁市 NO_x 排放系数

单位：克/（辆·年）

车辆类型		使用性质	燃料种类	1999 年年底前	2000 年	2001 年	2002 年	2003 年	2004 年	2005 年	2006 年	2007 年	2008 年	2009 年	2010 年	2011 年	2012 年	2013 年	2014 年	2015 年	2016 年	2017 年
载客汽车	微型	出租车	汽油	326381	221892	117404	117404	117404	117404	86574	55744	55744	41092	26439	26439	21890	17341	17341	17341	17341	10685	8466
			燃气	199080	136986	74891	74891	74891	74891	55908	36926	36926	27750	18575	18575	15150	11725	11725	11725	11725	6941	5346
		其他	汽油	30089	18930	7771	7771	7771	7771	4926	2080	2080	1689	1298	1298	1130	962	962	962	962	649	545
			燃气	17168	10240	3313	3313	3313	3313	2153	993	993	803	613	613	506	398	398	398	398	321	295
	小型	出租车	汽油	369340	246010	122679	122679	122679	122679	89617	56555	56555	41497	26439	26439	21093	15747	15747	15747	15747	9259	7096
			柴油	403608	338145	272682	272682	272682	272682	243119	213556	213556	170122	126687	126687	126687	126687	103327	79967	79967	61075	54778
			燃气	224511	151262	78014	78014	78014	78014	57710	37406	37406	27990	18575	18575	14678	10781	10781	10781	10781	6096	4535
		其他	汽油	28092	17988	7884	7884	7884	7884	5250	2615	2615	1824	1034	1034	975	916	916	916	916	612	511
			柴油	25338	20716	16095	16095	16095	16095	14844	13593	13593	10667	7741	7741	7741	7741	6704	5667	5667	4949	4710
			燃气	15985	10214	4444	4444	4444	4444	2877	1310	1310	884	457	457	414	372	372	372	372	299	275
	中型	公交车	汽油	329814	329814	329814	329814	329814	225318	16326	16326	16326	16326	16326	14642	12957	12957	9782	6606	6606	6606	6606
			柴油	367597	367597	366734	365008	365008	350502	321490	321490	321490	267786	214081	214081	214081	214081	174706	135330	135330	113302	105959
			燃气	390305	390305	385658	376365	376365	364691	341343	341343	341343	284090	226837	226837	143449	143449	112348	112348	112348	112348	112348
		其他	汽油	202206	202206	202206	202206	202206	137163	7077	7077	7077	7077	7077	7077	7077	7077	5308	3539	3539	3539	3539
			柴油	172386	172386	165190	150798	150798	149523	146973	146973	146973	125172	103372	103372	103372	103372	91785	80198	80198	68449	64533
			燃气	194661	194661	183846	162217	162217	160688	157631	157631	157631	134212	110792	110792	86302	86302	69323	69323	69323	69323	69323
	大型	公交车	汽油	1174963	1174963	1174963	1174963	1174963	807927	73855	73855	73855	73855	73855	73790	73725	73725	55294	36863	36863	36863	36863
			柴油	521362	521362	504515	470821	470821	457443	430687	430687	430687	422926	415165	415165	415165	415165	400194	385224	385224	347260	334606
			燃气	1048247	1048247	990011	873539	873539	808717	679073	679073	679073	581840	484606	484606	451169	451169	391045	391045	391045	391045	391045
		其他	汽油	2804423	2804423	2804423	2804423	2804423	1928375	176278	176278	176278	176278	176278	169668	163057	163057	122424	81790	81790	81790	81790
			柴油	1248500	1248500	1216374	1152122	1152122	1125261	1071539	1071539	1071539	1033812	996086	996086	996086	996086	948279	900472	900472	796909	762388
			燃气	2323948	2323948	2194840	1936624	1936624	1792914	1505494	1505494	1505494	1290424	1075353	1075353	970152	970152	823087	823087	823087	823087	823087
载货汽车	微型		汽油	135425	80468	25511	25511	25511	25511	17520	9530	9530	7755	5980	5980	5252	4524	4524	4524	4524	3310	2905
			柴油	95277	78772	62266	62266	62266	62266	56056	49846	49846	42215	34584	34584	34584	34584	25301	16018	16018	13602	12797
			燃气	77270	44073	10876	10876	10876	10876	7713	4550	4550	3687	2824	2824	2348	1872	1872	1872	1872	1647	1572
	轻型		汽油	99726	64154	28582	28582	28582	28582	19474	10367	10367	8708	7050	7050	5844	4639	4639	4639	4639	3454	3059
			柴油	95606	78936	62266	62266	62266	62266	56056	49846	49846	42215	34584	34584	34584	34584	27533	20482	20482	18852	18308
			燃气	56746	36429	16111	16111	16111	16111	10652	5193	5193	4155	3116	3116	2500	1884	1884	1884	1884	1706	1646
	中型		汽油	212047	212047	212047	212047	212047	144766	10205	10205	10205	10205	10205	10205	10205	10205	7656	5108	5108	5108	5108
			柴油	399713	399713	358913	277314	277314	263695	236457	236457	236457	232913	229369	229369	229369	229369	201242	173116	173116	149069	141053
			燃气	451362	451362	400346	298313	298313	283410	253604	253604	253604	249719	245833	245833	186292	186292	151523	151523	151523	151523	151523
	重型		汽油	1850588	1850588	1850588	1850588	1850588	1272500	116323	116323	116323	116323	116323	111960	107598	107598	80784	53971	53971	53971	53971
			柴油	994801	994801	960845	892933	892933	859906	793851	793851	793851	762018	730184	730184	730184	730184	646216	562248	562248	398422	343813
			燃气	1851715	1851715	1734793	1500948	1500948	1372415	1115347	1115347	1115347	951819	788291	788291	605756	605756	371186	371186	371186	371186	371186
低速汽车	三轮汽车			65550	65550	65550	65550	65550	65550	65550	65550	65550	53279	53279	53279	53279	53279	53279	53279	53279	53279	53279
	低速货车			88065	88065	88065	88065	88065	88065	88065	88065	88065	71579	71579	71579	71579	71579	71579	71579	71579	71579	71579
摩托车	普通摩托车			892	892	892	892	862	833	773	773	773	773	773	687	601	601	601	601	601	601	601
	轻便摩托车			595	595	595	595	595	297	297	297	297	297	297	264	231	231	231	231	231	231	231

济宁市 PM 排放系数

单位：克/（辆·年）

车辆类型		使用性质	燃料种类	1999 年年底前	2000 年	2001 年	2002 年	2003 年	2004 年	2005 年	2006 年	2007 年	2008 年	2009 年	2010 年	2011 年	2012 年	2013 年	2014 年	2015 年	2016 年	2017 年
载客汽车	微型	出租车	汽油	—	—	—	—	—	—	—	—	—	—	—	—	—	—	—	—	—	—	—
			燃气	—	—	—	—	—	—	—	—	—	—	—	—	—	—	—	—	—	—	—
		其他	汽油	—	—	—	—	—	—	—	—	—	—	—	—	—	—	—	—	—	—	—
			燃气	—	—	—	—	—	—	—	—	—	—	—	—	—	—	—	—	—	—	—
	小型	出租车	汽油	—	—	—	—	—	—	—	—	—	—	—	—	—	—	—	—	—	—	—
			柴油	48987	44864	40742	40742	40742	40742	27637	14532	14532	9512	4492	4492	4492	4492	4175	3858	3858	3190	2967
			燃气	—	—	—	—	—	—	—	—	—	—	—	—	—	—	—	—	—	—	—
		其他	汽油	—	—	—	—	—	—	—	—	—	—	—	—	—	—	—	—	—	—	—
			柴油	3336	3157	2978	2978	2978	2978	2140	1302	1302	956	609	609	609	609	508	406	406	406	406
			燃气	—	—	—	—	—	—	—	—	—	—	—	—	—	—	—	—	—	—	—
	中型	公交车	汽油	—	—	—	—	—	—	—	—	—	—	—	—	—	—	—	—	—	—	—
			柴油	30592	30592	28032	22913	22913	17978	8108	8108	8108	6872	5637	5637	5637	5637	3504	1372	1372	1080	983
			燃气	—	—	—	—	—	—	—	—	—	—	—	—	—	—	—	—	—	—	—
		其他	汽油	—	—	—	—	—	—	—	—	—	—	—	—	—	—	—	—	—	—	—
			柴油	15274	15274	12888	8116	8116	6262	2553	2553	2553	2434	2316	2316	2316	2316	1366	415	415	399	394
			燃气	—	—	—	—	—	—	—	—	—	—	—	—	—	—	—	—	—	—	—
	大型	公交车	汽油	—	—	—	—	—	—	—	—	—	—	—	—	—	—	—	—	—	—	—
			柴油	94865	94865	93934	92071	92071	71272	29674	29674	29674	19994	10315	10315	10315	10315	6116	1916	1916	1845	1821
			燃气	—	—	—	—	—	—	—	—	—	—	—	—	—	—	—	—	—	—	—
		其他	汽油	—	—	—	—	—	—	—	—	—	—	—	—	—	—	—	—	—	—	—
			柴油	142314	142314	133412	115607	115607	85425	25061	25061	25061	17182	9303	9303	9303	9303	5868	2433	2433	2343	2313
			燃气	—	—	—	—	—	—	—	—	—	—	—	—	—	—	—	—	—	—	—
载货汽车	微型		汽油	—	—	—	—	—	—	—	—	—	—	—	—	—	—	—	—	—	—	—
			柴油	9926	9720	9515	9515	9515	9515	7766	6017	6017	4466	2914	2914	2914	2914	1834	755	755	752	751
			燃气	—	—	—	—	—	—	—	—	—	—	—	—	—	—	—	—	—	—	—
	轻型		汽油	—	—	—	—	—	—	—	—	—	—	—	—	—	—	—	—	—	—	—
			柴油	10323	9919	9515	9515	9515	9515	7766	6017	6017	4466	2914	2914	2914	2914	2198	1481	1481	1223	1137
			燃气	—	—	—	—	—	—	—	—	—	—	—	—	—	—	—	—	—	—	—
	中型		汽油	—	—	—	—	—	—	—	—	—	—	—	—	—	—	—	—	—	—	—
			柴油	34548	34548	29074	18125	18125	13965	5645	5645	5645	5348	5051	5051	5051	5051	3238	1426	1426	1306	1266
			燃气	—	—	—	—	—	—	—	—	—	—	—	—	—	—	—	—	—	—	—
	重型		汽油	—	—	—	—	—	—	—	—	—	—	—	—	—	—	—	—	—	—	—
			柴油	131880	131880	108396	61427	61427	48773	23465	23465	23465	16080	8694	8694	8694	8694	5787	2880	2880	2434	2286
			燃气	—	—	—	—	—	—	—	—	—	—	—	—	—	—	—	—	—	—	—
低速汽车	三轮汽车			4092	4092	4092	4092	4092	4092	4092	4092	4092	3220	3220	3220	3220	3220	3220	3220	3220	3220	3220
	低速货车			5581	5581	5581	5581	5581	5581	5581	5581	5581	4392	4392	4392	4392	4392	4392	4392	4392	4392	4392
摩托车	普通摩托车			—	—	—	—	—	—	—	—	—	—	—	—	—	—	—	—	—	—	—
	轻便摩托车			—	—	—	—	—	—	—	—	—	—	—	—	—	—	—	—	—	—	—

济宁市 VOCs 排放系数

单位：克/（辆·年）

车辆类型		使用性质	燃料种类	1999 年年底前	2000 年	2001 年	2002 年	2003 年	2004 年	2005 年	2006 年	2007 年	2008 年	2009 年	2010 年	2011 年	2012 年	2013 年	2014 年	2015 年	2016 年	2017 年
载客汽车	微型	出租车	汽油	944680	553414	162148	162148	162148	162148	121129	80110	80110	64938	49765	49765	41706	33648	33648	33648	33648	25156	22326
			燃气	401042	240980	80917	80917	80917	80917	62009	43101	43101	35464	27827	27827	22290	16753	16753	16753	16753	10656	8624
		其他	汽油	49736	30297	10858	10858	10858	10858	10482	10106	10106	8638	7169	7169	6909	6649	6649	6649	6649	5412	4999
			燃气	15417	8636	1856	1856	1856	1856	1778	1699	1699	1267	835	835	774	714	714	714	714	503	433
	小型	出租车	汽油	944680	544743	144806	144806	144806	144806	135508	126211	126211	87988	49765	49765	41706	33648	33648	33648	33648	23454	20056
			柴油	213993	201480	188966	188966	188966	188966	171260	153553	153553	112580	71608	71608	71608	71608	53201	34794	34794	19573	14499
			燃气	401042	237438	73833	73833	73833	73833	67883	61933	61933	44880	27827	27827	22290	16753	16753	16753	16753	9961	7697
		其他	汽油	50376	30540	10703	10703	10703	10703	10744	10785	10785	8978	7172	7172	6868	6564	6564	6564	6564	5472	5108
			柴油	9825	9026	8227	8227	8227	8227	7080	5934	5934	4092	2250	2250	2250	2250	1984	1718	1718	1208	1038
			燃气	15678	9410	3143	3143	3143	3143	2560	1977	1977	1470	963	963	821	679	679	679	679	528	477
	中型	公交车	汽油	247391	247391	247391	247391	246794	168551	13258	13258	13258	13258	13258	13106	12955	12955	10528	8101	8101	8101	8101
			柴油	87806	87806	86086	82645	82645	64494	28192	28192	28192	20508	12823	12823	12823	12823	8958	5093	5093	4763	4653
			燃气	71579	71579	67602	59649	59649	57536	53311	53311	53311	42686	32061	32061	22219	22219	22154	22154	22154	22154	22154
		其他	汽油	128101	128101	128101	128101	127504	87182	7731	7731	7731	7731	7731	7586	7440	7440	6388	5337	5337	5337	5337
			柴油	30493	30493	28460	24394	24394	18567	6912	6912	6912	6506	6099	6099	6099	6099	3750	1402	1402	1243	1190
			燃气	34560	34560	32640	28800	28800	27780	25740	25740	25740	20623	15506	15506	10732	10732	9642	9642	9642	9642	9642
	大型	公交车	汽油	576699	576699	576699	576699	576102	388524	14562	14562	14562	14562	14562	14422	14283	14283	11516	8750	8750	8750	8750
			柴油	131708	131708	108010	60614	60614	60614	60614	60614	60614	43515	26416	26416	26416	26416	17675	8934	8934	5723	4653
			燃气	168926	168926	159541	140772	140772	135786	125815	125815	125815	100740	75665	75665	52438	52438	47188	47188	47188	47188	47188
		其他	汽油	1277997	1277997	1277997	1277997	1277400	860552	28049	28049	28049	28049	28049	21790	15531	15531	12340	9149	9149	9149	9149
			柴油	272891	272891	207397	76409	76409	76409	76409	76409	76409	55942	35476	35476	35476	35476	20706	5937	5937	5324	5119
			燃气	266186	266186	251398	221822	221822	213966	198253	198253	198253	158842	119430	119430	82662	82662	74261	74261	74261	74261	74261
载货汽车	微型		汽油	328283	176898	25512	25512	25512	25512	24124	22736	22736	20805	18874	18874	15620	12367	12367	12367	12367	10255	9551
			柴油	46460	43431	40402	40402	40402	40402	37070	33738	33738	24975	16212	16212	16212	16212	11270	6329	6329	4314	3642
			燃气	101760	53060	4361	4361	4361	4361	4092	3822	3822	3010	2198	2198	1763	1328	1328	1328	1328	952	827
	轻型		汽油	171514	102568	33623	33623	33623	33623	29128	24634	24634	21926	19217	19217	16926	14634	14634	14634	14634	12353	11593
			柴油	42763	41582	40402	40402	40402	40402	37070	33738	33738	24975	16212	16212	16212	16212	12335	8458	8458	6443	5771
			燃气	53379	31626	9874	9874	9874	9874	7195	4516	4516	3548	2580	2580	2047	1514	1514	1514	1514	1190	1083
	中型		汽油	310610	310610	310610	310610	310013	210913	13908	13908	13908	13908	13908	13768	13628	13628	11024	8420	8420	8420	8420
			柴油	71612	71612	66838	57290	57290	43604	16232	16232	16232	15280	14328	14328	14328	14328	10384	6440	6440	3832	2962
			燃气	81163	81163	76655	67638	67638	65241	60447	60447	60447	48437	36427	36427	49297	49297	24000	24000	24000	24000	24000
	重型		汽油	874133	874133	874133	874133	873536	588721	20286	20286	20286	20286	20286	15968	11651	11651	9468	7285	7285	7285	7285
			柴油	215277	215277	163610	60277	60277	60277	60277	60277	60277	44132	27986	27986	27986	27986	17686	7387	7387	5896	5399
			燃气	209988	209988	198322	174989	174989	168792	156396	156396	156396	125306	94215	94215	102851	102851	78323	78323	78323	78323	78323
低速汽车	三轮汽车			25300	25300	25300	25300	25300	25300	25300	25300	25300	16721	16721	16721	16721	16721	16721	16721	16721	16721	16721
	低速货车			33990	33990	33990	33990	33990	33990	33990	33990	33990	22464	22464	22464	22464	22464	22464	22464	22464	22464	22464
摩托车	普通摩托车			11957	11957	11957	11957	8924	5890	3153	3153	3153	3153	3153	2353	1553	1553	1553	1553	1553	1553	1553
	轻便摩托车			38669	38669	38669	38669	38669	7734	7734	3807	3807	3807	3807	2841	1875	1875	1875	1875	1875	1875	1875

泰安市 NO_x 排放系数

单位：克/（辆·年）

车辆类型		使用性质	燃料种类	1999年年底前	2000年	2001年	2002年	2003年	2004年	2005年	2006年	2007年	2008年	2009年	2010年	2011年	2012年	2013年	2014年	2015年	2016年	2017年
载客汽车	微型	出租车	汽油	318214	217390	116567	116567	116567	116567	86363	56159	56159	41682	27204	27204	22744	18283	18283	18283	18283	11126	8741
			燃气	214015	147220	80424	80424	80424	80424	59983	39542	39542	29662	19782	19782	16372	12961	12961	12961	12961	7728	5984
		其他	汽油	28585	18006	7426	7426	7426	7426	4680	1934	1934	1566	1198	1198	1062	927	927	927	927	633	535
			燃气	18318	10934	3550	3550	3550	3550	2302	1055	1055	850	645	645	550	456	456	456	456	360	328
	小型	出租车	汽油	359624	240645	121666	121666	121666	121666	89304	56942	56942	42073	27204	27204	21902	16601	16601	16601	16601	9654	7338
			柴油	411136	345128	279121	279121	279121	279121	249066	219010	219010	174873	130736	130736	130736	130736	106418	82099	82099	63099	56766
			燃气	241410	162604	83797	83797	83797	83797	61928	40060	40060	29921	19782	19782	15815	11848	11848	11848	11848	6754	5056
		其他	汽油	26676	17106	7535	7535	7535	7535	4992	2450	2450	1698	946	946	912	879	879	879	879	596	502
			柴油	24987	20421	15855	15855	15855	15855	14586	13316	13316	10493	7670	7670	7670	7670	6636	5602	5602	4963	4750
			燃气	17055	10912	4769	4769	4769	4769	3082	1396	1396	937	478	478	451	424	424	424	424	336	306
	中型	公交车	汽油	327532	327532	327532	327532	327532	223759	16213	16213	16213	16213	16213	14540	12867	12867	9714	6561	6561	6561	6561
			柴油	365731	365731	364872	363154	363154	348722	319857	319857	319857	266426	212994	212994	212994	212994	173818	134643	134643	112726	105421
			燃气	388323	388323	383700	374454	374454	362839	339609	339609	339609	282647	225685	225685	142720	142720	111777	111777	111777	111777	111777
		其他	汽油	200807	200807	200807	200807	200807	136214	7028	7028	7028	7028	7028	7028	7028	7028	5272	3515	3515	3515	3515
			柴油	171511	171511	164352	150033	150033	148764	146227	146227	146227	124537	102847	102847	102847	102847	91318	79790	79790	68102	64206
			燃气	193672	193672	182912	161393	161393	159872	156830	156830	156830	133530	110229	110229	85864	85864	68971	68971	68971	68971	68971
	大型	公交车	汽油	1166832	1166832	1166832	1166832	1166832	802336	73344	73344	73344	73344	73344	73280	73215	73215	54912	36608	36608	36608	36608
			柴油	518715	518715	501953	468430	468430	455120	428501	428501	428501	420779	413057	413057	413057	413057	398162	383268	383268	345497	332907
			燃气	1042925	1042925	984985	869104	869104	804611	675625	675625	675625	578886	482146	482146	448878	448878	389059	389059	389059	389059	389059
		其他	汽油	2785014	2785014	2785014	2785014	2785014	1915029	175058	175058	175058	175058	175058	168494	161929	161929	121576	81223	81223	81223	81223
			柴油	1242161	1242161	1210198	1146272	1146272	1119547	1066098	1066098	1066098	1028564	991029	991029	991029	991029	943464	895900	895900	792863	758517
			燃气	2312148	2312148	2183695	1926790	1926790	1783810	1497850	1497850	1497850	1283872	1069893	1069893	965226	965226	818908	818908	818908	818908	818908
载货汽车	微型		汽油	116954	69330	21706	21706	21706	21706	14922	8139	8139	6628	5117	5117	4484	3851	3851	3851	3851	2812	2465
			柴油	85085	70312	55540	55540	55540	55540	49953	44366	44366	37624	30881	30881	30881	30881	22586	14290	14290	12166	11458
			燃气	74947	42662	10377	10377	10377	10377	7408	4440	4440	3597	2755	2755	2325	1894	1894	1894	1894	1607	1511
	轻型		汽油	84540	54424	24307	24307	24307	24307	16578	8848	8848	7436	6023	6023	4986	3949	3949	3949	3949	2934	2596
			柴油	85379	70460	55540	55540	55540	55540	49953	44366	44366	37624	30881	30881	30881	30881	24588	18294	18294	16874	16401
			燃气	54050	34717	15384	15384	15384	15384	10213	5042	5042	4042	3043	3043	2474	1905	1905	1905	1905	1663	1582
	中型		汽油	212047	212047	212047	212047	212047	144766	10205	10205	10205	10205	10205	10205	10205	10205	7656	5108	5108	5108	5108
			柴油	399713	399713	358913	277314	277314	263695	236457	236457	236457	232913	229369	229369	229369	229369	201242	173116	173116	149069	141053
			燃气	451360	451360	400344	298311	298311	283408	253603	253603	253603	249717	245832	245832	186294	186294	151521	151521	151521	151521	151521
	重型		汽油	2713278	2713278	2713278	2713278	2713278	1865702	170549	170549	170549	170549	170549	164154	157758	157758	118444	79131	79131	79131	79131
			柴油	1457643	1457643	1407889	1308381	1308381	1259987	1163199	1163199	1163199	1116554	1069910	1069910	1069910	1069910	946416	822923	822923	579381	498200
			燃气	2713244	2713244	2541924	2199282	2199282	2010946	1634275	1634275	1634275	1394663	1155051	1155051	886602	886602	537865	537865	537865	537865	537865
低速汽车	三轮汽车			65550	65550	65550	65550	65550	65550	65550	65550	65550	53279	53279	53279	53279	53279	53279	53279	53279	53279	53279
	低速货车			88065	88065	88065	88065	88065	88065	88065	88065	88065	71579	71579	71579	71579	71579	71579	71579	71579	71579	71579
摩托车	普通摩托车			892	892	892	892	862	833	773	773	773	773	773	687	601	601	601	601	601	601	601
	轻便摩托车			595	595	595	595	595	297	297	297	297	297	297	264	231	231	231	231	231	231	231

泰安市 PM 排放系数

单位：克/（辆·年）

车辆类型		使用性质	燃料种类	1999 年年底前	2000 年	2001 年	2002 年	2003 年	2004 年	2005 年	2006 年	2007 年	2008 年	2009 年	2010 年	2011 年	2012 年	2013 年	2014 年	2015 年	2016 年	2017 年
载客汽车	微型	出租车	汽油	—	—	—	—	—	—	—	—	—	—	—	—	—	—	—	—	—	—	—
			燃气	—	—	—	—	—	—	—	—	—	—	—	—	—	—	—	—	—	—	—
		其他	汽油	—	—	—	—	—	—	—	—	—	—	—	—	—	—	—	—	—	—	—
			燃气	—	—	—	—	—	—	—	—	—	—	—	—	—	—	—	—	—	—	—
	小型	出租车	汽油	—	—	—	—	—	—	—	—	—	—	—	—	—	—	—	—	—	—	—
			柴油	55077	50450	45822	45822	45822	45822	30998	16174	16174	10623	5072	5072	5072	5072	4714	4356	4356	3602	3351
			燃气	—	—	—	—	—	—	—	—	—	—	—	—	—	—	—	—	—	—	—
		其他	汽油	—	—	—	—	—	—	—	—	—	—	—	—	—	—	—	—	—	—	—
			柴油	3666	3469	3272	3272	3272	3272	2343	1414	1414	1044	674	674	674	674	556	438	438	438	438
			燃气	—	—	—	—	—	—	—	—	—	—	—	—	—	—	—	—	—	—	—
	中型	公交车	汽油	—	—	—	—	—	—	—	—	—	—	—	—	—	—	—	—	—	—	—
			柴油	30592	30592	28032	22913	22913	17978	8108	8108	8108	6872	5637	5637	5637	5637	3504	1372	1372	1080	983
			燃气	—	—	—	—	—	—	—	—	—	—	—	—	—	—	—	—	—	—	—
		其他	汽油	—	—	—	—	—	—	—	—	—	—	—	—	—	—	—	—	—	—	—
			柴油	15274	15274	12888	8116	8116	6262	2553	2553	2553	2434	2316	2316	2316	2316	1366	415	415	399	394
			燃气	—	—	—	—	—	—	—	—	—	—	—	—	—	—	—	—	—	—	—
	大型	公交车	汽油	—	—	—	—	—	—	—	—	—	—	—	—	—	—	—	—	—	—	—
			柴油	94865	94865	93934	92071	92071	71272	29674	29674	29674	19994	10315	10315	10315	10315	6116	1916	1916	1845	1821
			燃气	—	—	—	—	—	—	—	—	—	—	—	—	—	—	—	—	—	—	—
		其他	汽油	—	—	—	—	—	—	—	—	—	—	—	—	—	—	—	—	—	—	—
			柴油	142314	142314	133412	115607	115607	85425	25061	25061	25061	17182	9303	9303	9303	9303	5868	2433	2433	2343	2313
			燃气	—	—	—	—	—	—	—	—	—	—	—	—	—	—	—	—	—	—	—
载货汽车	微型		汽油	—	—	—	—	—	—	—	—	—	—	—	—	—	—	—	—	—	—	—
			柴油	9723	9522	9321	9321	9321	9321	7620	5918	5918	4392	2866	2866	2866	2866	1804	743	743	739	738
			燃气	—	—	—	—	—	—	—	—	—	—	—	—	—	—	—	—	—	—	—
	轻型		汽油	—	—	—	—	—	—	—	—	—	—	—	—	—	—	—	—	—	—	—
			柴油	10112	9716	9321	9321	9321	9321	7620	5918	5918	4392	2866	2866	2866	2866	2162	1457	1457	1203	1118
			燃气	—	—	—	—	—	—	—	—	—	—	—	—	—	—	—	—	—	—	—
	中型		汽油	—	—	—	—	—	—	—	—	—	—	—	—	—	—	—	—	—	—	—
			柴油	34548	34548	29074	18125	18125	13965	5645	5645	5645	5348	5051	5051	5051	5051	3238	1426	1426	1306	1266
			燃气	—	—	—	—	—	—	—	—	—	—	—	—	—	—	—	—	—	—	—
	重型		汽油	—	—	—	—	—	—	—	—	—	—	—	—	—	—	—	—	—	—	—
			柴油	193310	193310	158886	90039	90039	71491	34395	34395	34395	23569	12743	12743	12743	12743	8482	4220	4220	3567	3349
			燃气	—	—	—	—	—	—	—	—	—	—	—	—	—	—	—	—	—	—	—
低速汽车	三轮汽车			4092	4092	4092	4092	4092	4092	4092	4092	4092	3220	3220	3220	3220	3220	3220	3220	3220	3220	3220
	低速货车			5581	5581	5581	5581	5581	5581	5581	5581	5581	4392	4392	4392	4392	4392	4392	4392	4392	4392	4392
摩托车	普通摩托车			—	—	—	—	—	—	—	—	—	—	—	—	—	—	—	—	—	—	—
	轻便摩托车			—	—	—	—	—	—	—	—	—	—	—	—	—	—	—	—	—	—	—

泰安市 VOCs 排放系数

单位：克/（辆·年）

车辆类型		使用性质	燃料种类	1999年年底前	2000年	2001年	2002年	2003年	2004年	2005年	2006年	2007年	2008年	2009年	2010年	2011年	2012年	2013年	2014年	2015年	2016年	2017年
载客汽车	微型	出租车	汽油	1081579	631538	181496	181496	181496	181496	134478	87460	87460	70928	54395	54395	45996	37597	37597	37597	37597	29261	26482
			燃气	445305	266882	88459	88459	88459	88459	67530	46602	46602	38374	30146	30146	24365	18584	18584	18584	18584	12231	10113
		其他	汽油	51791	31119	10447	10447	10447	10447	10068	9688	9688	8352	7017	7017	6778	6540	6540	6540	6540	5596	5282
			燃气	16949	9472	1996	1996	1996	1996	1918	1839	1839	1373	907	907	864	822	822	822	822	598	524
	小型	出租车	汽油	1081579	621511	161443	161443	161443	161443	150944	140444	140444	97420	54395	54395	45996	37597	37597	37597	37597	27125	23634
			柴油	233696	220140	206584	206584	206584	206584	188588	170592	170592	123948	77303	77303	77303	77303	57396	37488	37488	21305	15911
			燃气	445305	262926	80547	80547	80547	80547	74028	67508	67508	48827	30146	30146	24365	18584	18584	18584	18584	11388	8989
		其他	汽油	52521	31396	10271	10271	10271	10271	10366	10461	10461	8741	7021	7021	6728	6436	6436	6436	6436	5673	5419
			柴油	10269	9380	8492	8492	8492	8492	7281	6070	6070	4091	2112	2112	2112	2112	1830	1547	1547	1127	987
			燃气	17238	10322	3405	3405	3405	3405	2774	2144	2144	1596	1049	1049	915	781	781	781	781	629	578
	中型	公交车	汽油	247820	247820	247820	247820	247223	168980	13688	13688	13688	13688	13688	13536	13385	13385	10958	8530	8530	8530	8530
			柴油	87806	87806	86086	82645	82645	64494	28192	28192	28192	20508	12823	12823	12823	12823	8958	5093	5093	4763	4653
			燃气	71579	71579	67602	59649	59649	57536	53311	53311	53311	42686	32061	32061	22219	22219	22154	22154	22154	22154	22154
		其他	汽油	128530	128530	128530	128530	127933	87611	8160	8160	8160	8160	8160	8014	7869	7869	6818	5767	5767	5767	5767
			柴油	30493	30493	28460	24394	24394	18567	6912	6912	6912	6506	6099	6099	6099	6099	3750	1402	1402	1243	1190
			燃气	34560	34560	32640	28800	28800	27780	25740	25740	25740	20623	15506	15506	10732	10732	9642	9642	9642	9642	9642
	大型	公交车	汽油	577128	577128	577128	577128	576531	388953	14992	14992	14992	14992	14992	14852	14712	14712	11946	9180	9180	9180	9180
			柴油	131708	131708	108010	60614	60614	60614	60614	60614	60614	43515	26416	26416	26416	26416	17675	8934	8934	5723	4653
			燃气	168926	168926	159541	140772	140772	135786	125815	125815	125815	100740	75665	75665	52438	52438	47188	47188	47188	47188	47188
		其他	汽油	1278426	1278426	1278426	1278426	1277829	860981	28478	28478	28478	28478	28478	22219	15960	15960	12770	9579	9579	9579	9579
			柴油	272891	272891	207397	76409	76409	76409	76409	76409	76409	55942	35476	35476	35476	35476	20706	5937	5937	5324	5119
			燃气	266186	266186	251398	221822	221822	213966	198253	198253	198253	158842	119430	119430	82662	82662	74261	74261	74261	74261	74261
载货汽车	微型		汽油	334238	179324	24411	24411	24411	24411	23090	21769	21769	20102	18436	18436	15184	11931	11931	11931	11931	10252	9692
			柴油	45161	42194	39226	39226	39226	39226	36024	32823	32823	24110	15396	15396	15396	15396	10558	5720	5720	4041	3481
			燃气	109382	57023	4664	4664	4664	4664	4398	4132	4132	3258	2383	2383	1941	1500	1500	1500	1500	1096	961
	轻型		汽油	172502	102641	32780	32780	32780	32780	28254	23727	23727	21258	18790	18790	16530	14270	14270	14270	14270	12418	11800
			柴油	41299	40262	39226	39226	39226	39226	36024	32823	32823	24110	15396	15396	15396	15396	11667	7938	7938	6259	5699
			燃气	56617	33742	10867	10867	10867	10867	7865	4863	4863	3835	2807	2807	2270	1732	1732	1732	1732	1377	1259
	中型		汽油	311039	311039	311039	311039	310442	211342	14337	14337	14337	14337	14337	14198	14058	14058	11454	8849	8849	8849	8849
			柴油	71612	71612	66838	57290	57290	43604	16232	16232	16232	15280	14328	14328	14328	14328	10384	6440	6440	3832	2962
			燃气	81163	81163	76655	67638	67638	65241	60447	60447	60447	48437	36427	36427	49297	49297	24000	24000	24000	24000	24000
	重型		汽油	1280375	1280375	1280375	1280375	1279778	862293	28519	28519	28519	28519	28519	22251	15983	15983	12787	9591	9591	9591	9591
			柴油	317156	317156	241039	88804	88804	88804	88804	88804	88804	65017	41230	41230	41230	41230	25992	10755	10755	8577	7851
			燃气	309363	309363	292178	257806	257806	248675	230413	230413	230413	184607	138801	138801	149744	149744	113894	113894	113894	113894	113894
低速汽车	三轮汽车			25300	25300	25300	25300	25300	25300	25300	25300	25300	16721	16721	16721	16721	16721	16721	16721	16721	16721	16721
	低速货车			33990	33990	33990	33990	33990	33990	33990	33990	33990	22464	22464	22464	22464	22464	22464	22464	22464	22464	22464
摩托车	普通摩托车			11957	11957	11957	11957	8924	5890	3153	3153	3153	3153	3153	2353	1553	1553	1553	1553	1553	1553	1553
	轻便摩托车			38669	38669	38669	38669	38669	7734	7734	3807	3807	3807	3807	2841	1875	1875	1875	1875	1875	1875	1875

威海市 NO_x 排放系数

单位：克/（辆·年）

车辆类型		使用性质	燃料种类	1999年年底前	2000年	2001年	2002年	2003年	2004年	2005年	2006年	2007年	2008年	2009年	2010年	2011年	2012年	2013年	2014年	2015年	2016年	2017年
载客汽车	微型	出租车	汽油	252655	173724	94794	94794	94794	94794	71118	47443	47443	35908	24372	24372	19678	14985	14985	14985	14985	8681	6580
			燃气	187606	129172	70737	70737	70737	70737	53074	35410	35410	26832	18253	18253	14684	11116	11116	11116	11116	6450	4895
		其他	汽油	23566	14840	6113	6113	6113	6113	3906	1699	1699	1386	1072	1072	911	750	750	750	750	490	403
			燃气	16754	9986	3217	3217	3217	3217	2092	968	968	784	601	601	480	360	360	360	360	290	266
	小型	出租车	汽油	284584	191615	98646	98646	98646	98646	73340	48035	48035	36204	24372	24372	19132	13892	13892	13892	13892	7689	5621
			柴油	326828	276839	226850	226850	226850	226850	201340	175831	175831	140409	104987	104987	104987	104987	84467	63947	63947	46648	40882
			燃气	211315	142456	73598	73598	73598	73598	54724	35850	35850	27052	18253	18253	14279	10305	10305	10305	10305	5713	4182
		其他	汽油	22013	14106	6200	6200	6200	6200	4156	2112	2112	1490	867	867	793	719	719	719	719	464	379
			柴油	19055	15623	12191	12191	12191	12191	11221	10251	10251	8041	5831	5831	5831	5831	5034	4237	4237	3625	3421
			燃气	15600	9956	4312	4312	4312	4312	2794	1275	1275	862	448	448	392	337	337	337	337	271	249
	中型	公交车	汽油	327811	327811	327811	327811	327811	223950	16227	16227	16227	16227	16227	14552	12878	12878	9722	6566	6566	6566	6566
			柴油	365959	365959	365100	363381	363381	348940	320057	320057	320057	266592	213127	213127	213127	213127	173927	134727	134727	112796	105486
			燃气	388565	388565	383939	374688	374688	363066	339821	339821	339821	282824	225826	225826	142809	142809	111847	111847	111847	111847	111847
		其他	汽油	200978	200978	200978	200978	200978	136330	7034	7034	7034	7034	7034	7034	7034	7034	5276	3518	3518	3518	3518
			柴油	171618	171618	164454	150126	150126	148857	146318	146318	146318	124614	102911	102911	102911	102911	91376	79840	79840	68144	64246
			燃气	193793	193793	183027	161494	161494	159972	156928	156928	156928	133613	110298	110298	85918	85918	69014	69014	69014	69014	69014
	大型	公交车	汽油	1167825	1167825	1167825	1167825	1167825	803019	73406	73406	73406	73406	73406	73342	73277	73277	54958	36640	36640	36640	36640
			柴油	519038	519038	502266	468722	468722	455404	428768	428768	428768	421041	413314	413314	413314	413314	398410	383507	383507	345713	333115
			燃气	1043575	1043575	985599	869646	869646	805113	676046	676046	676046	579246	482446	482446	449158	449158	389302	389302	389302	389302	389302
		其他	汽油	2787386	2787386	2787386	2787386	2787386	1916660	175207	175207	175207	175207	175207	168637	162067	162067	121680	81293	81293	81293	81293
			柴油	1242936	1242936	1210953	1146987	1146987	1120246	1066763	1066763	1066763	1029205	991647	991647	991647	991647	944053	896459	896459	793357	758990
			燃气	2313590	2313590	2185057	1927992	1927992	1784923	1498784	1498784	1498784	1284672	1070560	1070560	965828	965828	819419	819419	819419	819419	819419
载货汽车	微型		汽油	108412	64844	21275	21275	21275	21275	14764	8254	8254	6750	5247	5247	4560	3873	3873	3873	3873	2756	2383
			柴油	76550	63643	50736	50736	50736	50736	45542	40348	40348	34092	27835	27835	27835	27835	20370	12906	12906	10694	9956
			燃气	77074	44135	11196	11196	11196	11196	7949	4703	4703	3822	2942	2942	2400	1859	1859	1859	1859	1644	1573
	轻型		汽油	80936	52336	23737	23737	23737	23737	16332	8926	8926	7516	6105	6105	5035	3965	3965	3965	3965	2872	2507
			柴油	76803	63770	50736	50736	50736	50736	45542	40348	40348	34092	27835	27835	27835	27835	22073	16311	16311	14698	14160
			燃气	57357	36933	16509	16509	16509	16509	10949	5389	5389	4272	3155	3155	2507	1858	1858	1858	1858	1700	1647
	中型		汽油	212047	212047	212047	212047	212047	144766	10205	10205	10205	10205	10205	10205	10205	10205	7656	5108	5108	5108	5108
			柴油	399713	399713	358913	277314	277314	263695	236457	236457	236457	232913	229369	229369	229369	229369	201242	173116	173116	149069	141053
			燃气	451360	451360	400345	298313	298313	283410	253603	253603	253603	249718	245833	245833	186295	186295	151521	151521	151521	151521	151521
	重型		汽油	2006430	2006430	2006430	2006430	2006430	1379659	126118	126118	126118	126118	126118	121389	116660	116660	87588	58516	58516	58516	58516
			柴油	1086411	1086411	1049328	975163	975163	939094	866956	866956	866956	832191	797426	797426	797426	797426	702492	607557	607557	425116	364303
			燃气	2022236	2022236	1894547	1639170	1639170	1498799	1218059	1218059	1218059	1039471	860883	860883	654570	654570	393308	393308	393308	393308	393308
低速汽车	三轮汽车			65550	65550	65550	65550	65550	65550	65550	65550	65550	53279	53279	53279	53279	53279	53279	53279	53279	53279	53279
	低速货车			88065	88065	88065	88065	88065	88065	88065	88065	88065	71579	71579	71579	71579	71579	71579	71579	71579	71579	71579
摩托车	普通摩托车			892	892	892	892	862	833	773	773	773	773	773	687	601	601	601	601	601	601	601
	轻便摩托车			595	595	595	595	595	297	297	297	297	297	297	264	231	231	231	231	231	231	231

威海市 PM 排放系数

单位：克/（辆·年）

车辆类型		使用性质	燃料种类	1999 年年底前	2000 年	2001 年	2002 年	2003 年	2004 年	2005 年	2006 年	2007 年	2008 年	2009 年	2010 年	2011 年	2012 年	2013 年	2014 年	2015 年	2016 年	2017 年
载客汽车	微型	出租车	汽油	—	—	—	—	—	—	—	—	—	—	—	—	—	—	—	—	—	—	—
			燃气	—	—	—	—	—	—	—	—	—	—	—	—	—	—	—	—	—	—	—
		其他	汽油	—	—	—	—	—	—	—	—	—	—	—	—	—	—	—	—	—	—	—
			燃气	—	—	—	—	—	—	—	—	—	—	—	—	—	—	—	—	—	—	—
	小型	出租车	汽油	—	—	—	—	—	—	—	—	—	—	—	—	—	—	—	—	—	—	—
			柴油	44175	40450	36726	36726	36726	36726	24984	13242	13242	8644	4045	4045	4045	4045	3760	3474	3474	2872	2672
			燃气	—	—	—	—	—	—	—	—	—	—	—	—	—	—	—	—	—	—	—
		其他	汽油	—	—	—	—	—	—	—	—	—	—	—	—	—	—	—	—	—	—	—
			柴油	3069	2904	2739	2739	2739	2739	1969	1199	1199	878	558	558	558	558	468	377	377	377	377
			燃气	—	—	—	—	—	—	—	—	—	—	—	—	—	—	—	—	—	—	—
	中型	公交车	汽油	—	—	—	—	—	—	—	—	—	—	—	—	—	—	—	—	—	—	—
			柴油	30592	30592	28032	22913	22913	17978	8108	8108	8108	6872	5637	5637	5637	5637	3504	1372	1372	1080	983
			燃气	—	—	—	—	—	—	—	—	—	—	—	—	—	—	—	—	—	—	—
		其他	汽油	—	—	—	—	—	—	—	—	—	—	—	—	—	—	—	—	—	—	—
			柴油	15274	15274	12888	8116	8116	6262	2553	2553	2553	2434	2316	2316	2316	2316	1366	415	415	399	394
			燃气	—	—	—	—	—	—	—	—	—	—	—	—	—	—	—	—	—	—	—
	大型	公交车	汽油	—	—	—	—	—	—	—	—	—	—	—	—	—	—	—	—	—	—	—
			柴油	94865	94865	93934	92071	92071	71272	29674	29674	29674	19994	10315	10315	10315	10315	6116	1916	1916	1845	1821
			燃气	—	—	—	—	—	—	—	—	—	—	—	—	—	—	—	—	—	—	—
		其他	汽油	—	—	—	—	—	—	—	—	—	—	—	—	—	—	—	—	—	—	—
			柴油	142314	142314	133412	115607	115607	85425	25061	25061	25061	17182	9303	9303	9303	9303	5868	2433	2433	2343	2313
			燃气	—	—	—	—	—	—	—	—	—	—	—	—	—	—	—	—	—	—	—
载货汽车	微型		汽油	—	—	—	—	—	—	—	—	—	—	—	—	—	—	—	—	—	—	—
			柴油	9771	9568	9366	9366	9366	9366	7622	5879	5879	4364	2848	2848	2848	2848	1793	738	738	735	734
			燃气	—	—	—	—	—	—	—	—	—	—	—	—	—	—	—	—	—	—	—
	轻型		汽油	—	—	—	—	—	—	—	—	—	—	—	—	—	—	—	—	—	—	—
			柴油	10162	9764	9366	9366	9366	9366	7622	5879	5879	4364	2848	2848	2848	2848	2148	1447	1447	1195	1111
			燃气	—	—	—	—	—	—	—	—	—	—	—	—	—	—	—	—	—	—	—
	中型		汽油	—	—	—	—	—	—	—	—	—	—	—	—	—	—	—	—	—	—	—
			柴油	34548	34548	29074	18125	18125	13965	5645	5645	5645	5348	5051	5051	5051	5051	3238	1426	1426	1306	1266
			燃气	—	—	—	—	—	—	—	—	—	—	—	—	—	—	—	—	—	—	—
	重型		汽油	—	—	—	—	—	—	—	—	—	—	—	—	—	—	—	—	—	—	—
			柴油	142297	142297	116958	66279	66279	52625	25318	25318	25318	17349	9380	9380	9380	9380	6260	3139	3139	2653	2491
			燃气	—	—	—	—	—	—	—	—	—	—	—	—	—	—	—	—	—	—	—
低速汽车	三轮汽车			4092	4092	4092	4092	4092	4092	4092	4092	4092	3220	3220	3220	3220	3220	3220	3220	3220	3220	3220
	低速货车			5581	5581	5581	5581	5581	5581	5581	5581	5581	4392	4392	4392	4392	4392	4392	4392	4392	4392	4392
摩托车	普通摩托车			—	—	—	—	—	—	—	—	—	—	—	—	—	—	—	—	—	—	—
	轻便摩托车			—	—	—	—	—	—	—	—	—	—	—	—	—	—	—	—	—	—	—

威海市 VOCs 排放系数

单位：克/（辆·年）

车辆类型		使用性质	燃料种类	1999年年底前	2000年	2001年	2002年	2003年	2004年	2005年	2006年	2007年	2008年	2009年	2010年	2011年	2012年	2013年	2014年	2015年	2016年	2017年
载客汽车	微型	出租车	汽油	900964	529453	157942	157942	157942	157942	117984	78027	78027	63131	48235	48235	39964	31694	31694	31694	31694	22923	19999
			燃气	359696	218092	76488	76488	76488	76488	59020	41553	41553	34252	26950	26950	21407	15864	15864	15864	15864	9562	7461
		其他	汽油	46265	27908	9550	9550	9550	9550	9194	8838	8838	7544	6249	6249	5972	5695	5695	5695	5695	4751	4436
			燃气	14231	7980	1730	1730	1730	1730	1662	1593	1593	1182	771	771	703	635	635	635	635	435	368
	小型	出租车	汽油	900964	521009	141054	141054	141054	141054	132140	123225	123225	85730	48235	48235	39964	31694	31694	31694	31694	21424	18000
			柴油	209034	196694	184353	184353	184353	184353	166204	148054	148054	109174	70295	70295	70295	70295	52124	33953	33953	18917	13905
			燃气	359696	214892	70087	70087	70087	70087	64386	58685	58685	42818	26950	26950	21407	15864	15864	15864	15864	8993	6703
		其他	汽油	46900	28148	9397	9397	9397	9397	9456	9516	9516	7884	6252	6252	5934	5615	5615	5615	5615	4814	4547
			柴油	8993	8232	7472	7472	7472	7472	6340	5208	5208	3558	1909	1909	1909	1909	1651	1393	1393	996	864
			燃气	14471	8690	2908	2908	2908	2908	2379	1850	1850	1368	886	886	745	604	604	604	604	458	410
	中型	公交车	汽油	247280	247280	247280	247280	246683	168440	13148	13148	13148	13148	13148	12996	12845	12845	10418	7990	7990	7990	7990
			柴油	87806	87806	86086	82645	82645	64494	28192	28192	28192	20508	12823	12823	12823	12823	8958	5093	5093	4763	4653
			燃气	71579	71579	67602	59649	59649	57536	53311	53311	53311	42686	32061	32061	22219	22219	22154	22154	22154	22154	22154
		其他	汽油	127990	127990	127990	127990	127393	87071	7620	7620	7620	7620	7620	7474	7329	7329	6278	5227	5227	5227	5227
			柴油	30493	30493	28460	24394	24394	18567	6912	6912	6912	6506	6099	6099	6099	6099	3750	1402	1402	1243	1190
			燃气	34560	34560	32640	28800	28800	27780	25740	25740	25740	20623	15506	15506	10732	10732	9642	9642	9642	9642	9642
	大型	公交车	汽油	576588	576588	576588	576588	575991	388413	14451	14451	14451	14451	14451	14312	14172	14172	11406	8640	8640	8640	8640
			柴油	131708	131708	108010	60614	60614	60614	60614	60614	60614	43515	26416	26416	26416	26416	17675	8934	8934	5723	4653
			燃气	168926	168926	159541	140772	140772	135786	125815	125815	125815	100740	75665	75665	52438	52438	47188	47188	47188	47188	47188
		其他	汽油	1277886	1277886	1277886	1277886	1277289	860441	27938	27938	27938	27938	27938	21679	15420	15420	12230	9039	9039	9039	9039
			柴油	272891	272891	207397	76409	76409	76409	76409	76409	76409	55942	35476	35476	35476	35476	20706	5937	5937	5324	5119
			燃气	266186	266186	251398	221822	221822	213966	198253	198253	198253	158842	119430	119430	82662	82662	74261	74261	74261	74261	74261
载货汽车	微型		汽油	334047	179346	24644	24644	24644	24644	23242	21840	21840	20084	18329	18329	15002	11674	11674	11674	11674	9843	9233
			柴油	45007	42045	39083	39083	39083	39083	35775	32467	32467	24044	15621	15621	15621	15621	10796	5972	5972	4061	3424
			燃气	102752	53608	4464	4464	4464	4464	4200	3937	3937	3099	2261	2261	1782	1302	1302	1302	1302	900	766
	轻型		汽油	172743	102866	32990	32990	32990	32990	28392	23793	23793	21238	18682	18682	16344	14007	14007	14007	14007	12003	11335
			柴油	41443	40263	39083	39083	39083	39083	35775	32467	32467	24044	15621	15621	15621	15621	11820	8020	8020	6108	5471
			燃气	53300	31754	10209	10209	10209	10209	7417	4626	4626	3637	2648	2648	2077	1507	1507	1507	1507	1143	1022
	中型		汽油	310499	310499	310499	310499	309902	210802	13797	13797	13797	13797	13797	13658	13518	13518	10914	8309	8309	8309	8309
			柴油	71612	71612	66838	57290	57290	43604	16232	16232	16232	15280	14328	14328	14328	14328	10384	6440	6440	3832	2962
			燃气	81163	81163	76655	67638	67638	65241	60447	60447	60447	48437	36427	36427	49297	49297	24000	24000	24000	24000	24000
	重型		汽油	947993	947993	947993	947993	947396	638398	21597	21597	21597	21597	21597	16924	12251	12251	9884	7516	7516	7516	7516
			柴油	237452	237452	180464	66487	66487	66487	66487	66487	66487	48678	30869	30869	30869	30869	19454	8038	8038	6258	5665
			燃气	231618	231618	218751	193018	193018	186181	172509	172509	172509	138215	103921	103921	111915	111915	82182	82182	82182	82182	82182
低速汽车	三轮汽车			25300	25300	25300	25300	25300	25300	25300	25300	25300	16721	16721	16721	16721	16721	16721	16721	16721	16721	16721
	低速货车			33990	33990	33990	33990	33990	33990	33990	33990	33990	22464	22464	22464	22464	22464	22464	22464	22464	22464	22464
摩托车	普通摩托车			11957	11957	11957	11957	8924	5890	3153	3153	3153	3153	3153	2353	1553	1553	1553	1553	1553	1553	1553
	轻便摩托车			38669	38669	38669	38669	38669	7734	7734	3807	3807	3807	3807	2841	1875	1875	1875	1875	1875	1875	1875

日照市 NO_x 排放系数

单位：克/（辆·年）

车辆类型		使用性质	燃料种类	1999年年底前	2000年	2001年	2002年	2003年	2004年	2005年	2006年	2007年	2008年	2009年	2010年	2011年	2012年	2013年	2014年	2015年	2016年	2017年
载客汽车	微型	出租车	汽油	274988	188782	102577	102577	102577	102577	76820	51062	51062	38556	26049	26049	21052	16054	16054	16054	16054	9356	7124
			燃气	194280	133992	73705	73705	73705	73705	55397	37089	37089	28170	19252	19252	15470	11689	11689	11689	11689	6744	5096
		其他	汽油	24905	15670	6435	6435	6435	6435	4096	1756	1756	1430	1105	1105	938	770	770	770	770	510	423
			燃气	16754	9986	3217	3217	3217	3217	2092	968	968	784	601	601	480	360	360	360	360	290	266
	小型	出租车	汽油	309908	208349	106790	106790	106790	106790	79250	51710	51710	38880	26049	26049	20454	14859	14859	14859	14859	8271	6075
			柴油	353659	299245	244831	244831	244831	244831	217351	189871	189871	151552	113232	113232	113232	113232	91210	69187	69187	50674	44503
			燃气	218714	147684	76653	76653	76653	76653	57098	37542	37542	28397	19252	19252	15052	10853	10853	10853	10853	5985	4362
		其他	汽油	23257	14892	6527	6527	6527	6527	4360	2194	2194	1540	887	887	812	736	736	736	736	482	397
			柴油	20127	16490	12852	12852	12852	12852	11832	10811	10811	8476	6142	6142	6142	6142	5305	4468	4468	3835	3624
			燃气	15600	9956	4312	4312	4312	4312	2794	1275	1275	862	448	448	392	337	337	337	337	271	249
	中型	公交车	汽油	327655	327655	327655	327655	327655	223843	16219	16219	16219	16219	16219	14546	12872	12872	9718	6563	6563	6563	6563
			柴油	365832	365832	364973	363255	363255	348819	319946	319946	319946	266500	213053	213053	213053	213053	173866	134680	134680	112758	105450
			燃气	388430	388430	383806	374558	374558	362940	339703	339703	339703	282726	225748	225748	142760	142760	111808	111808	111808	111808	111808
		其他	汽油	200882	200882	200882	200882	200882	136265	7031	7031	7031	7031	7031	7031	7031	7031	5274	3516	3516	3516	3516
			柴油	171558	171558	164397	150074	150074	148805	146267	146267	146267	124572	102876	102876	102876	102876	91344	79812	79812	68120	64223
			燃气	193726	193726	182963	161438	161438	159917	156874	156874	156874	133567	110260	110260	85888	85888	68990	68990	68990	68990	68990
	大型	公交车	汽油	1167272	1167272	1167272	1167272	1167272	802638	73371	73371	73371	73371	73371	73307	73243	73243	54932	36622	36622	36622	36622
			柴油	518858	518858	502092	468560	468560	455246	428619	428619	428619	420895	413171	413171	413171	413171	398272	383374	383374	345593	332999
			燃气	1043213	1043213	985257	869344	869344	804833	675812	675812	675812	579046	482279	482279	449002	449002	389167	389167	389167	389167	389167
		其他	汽油	2786065	2786065	2786065	2786065	2786065	1915751	175124	175124	175124	175124	175124	168557	161990	161990	121622	81254	81254	81254	81254
			柴油	1242504	1242504	1210532	1146588	1146588	1119856	1066393	1066393	1066393	1028848	991302	991302	991302	991302	943724	896147	896147	793081	758726
			燃气	2312787	2312787	2184299	1927323	1927323	1784303	1498264	1498264	1498264	1284226	1070189	1070189	965492	965492	819134	819134	819134	819134	819134
载货汽车	微型		汽油	107237	63958	20679	20679	20679	20679	14266	7854	7854	6406	4957	4957	4334	3711	3711	3711	3711	2681	2338
			柴油	74426	61708	48991	48991	48991	48991	44014	39038	39038	33005	26972	26972	26972	26972	19738	12503	12503	10480	9806
			燃气	72140	41239	10338	10338	10338	10338	7334	4330	4330	3513	2696	2696	2216	1735	1735	1735	1735	1536	1470
	轻型		汽油	79917	51522	23127	23127	23127	23127	15824	8521	8521	7165	5809	5809	4806	3803	3803	3803	3803	2797	2462
			柴油	74678	61834	48991	48991	48991	48991	44014	39038	39038	33005	26972	26972	26972	26972	21430	15889	15889	14462	13986
			燃气	53606	34442	15279	15279	15279	15279	10115	4952	4952	3943	2934	2934	2338	1741	1741	1741	1741	1593	1544
	中型		汽油	212047	212047	212047	212047	212047	144766	10205	10205	10205	10205	10205	10205	10205	10205	7656	5108	5108	5108	5108
			柴油	399713	399713	358913	277314	277314	263695	236457	236457	236457	232913	229369	229369	229369	229369	201242	173116	173116	149069	141053
			燃气	451362	451362	400346	298313	298313	283410	253604	253604	253604	249718	245832	245832	186295	186295	151523	151523	151523	151523	151523
	重型		汽油	2713278	2713278	2713278	2713278	2713278	1865702	170549	170549	170549	170549	170549	164154	157758	157758	118444	79131	79131	79131	79131
			柴油	1457643	1457643	1407889	1308381	1308381	1259987	1163199	1163199	1163199	1116554	1069910	1069910	1069910	1069910	946416	822923	822923	579381	498200
			燃气	2713245	2713245	2541925	2199284	2199284	2010948	1634275	1634275	1634275	1394664	1155053	1155053	886602	886602	537866	537866	537866	537866	537866
低速汽车	三轮汽车			65550	65550	65550	65550	65550	65550	65550	65550	65550	53279	53279	53279	53279	53279	53279	53279	53279	53279	53279
	低速货车			88065	88065	88065	88065	88065	88065	88065	88065	88065	71579	71579	71579	71579	71579	71579	71579	71579	71579	71579
摩托车	普通摩托车			892	892	892	892	862	833	773	773	773	773	773	687	601	601	601	601	601	601	601
	轻便摩托车			595	595	595	595	595	297	297	297	297	297	297	264	231	231	231	231	231	231	231

日照市 PM 排放系数

单位：克/（辆·年）

车辆类型		使用性质	燃料种类	1999 年年底前	2000 年	2001 年	2002 年	2003 年	2004 年	2005 年	2006 年	2007 年	2008 年	2009 年	2010 年	2011 年	2012 年	2013 年	2014 年	2015 年	2016 年	2017 年
载客汽车	微型	出租车	汽油	—	—	—	—	—	—	—	—	—	—	—	—	—	—	—	—	—	—	—
			燃气	—	—	—	—	—	—	—	—	—	—	—	—	—	—	—	—	—	—	—
		其他	汽油	—	—	—	—	—	—	—	—	—	—	—	—	—	—	—	—	—	—	—
			燃气	—	—	—	—	—	—	—	—	—	—	—	—	—	—	—	—	—	—	—
	小型	出租车	汽油	—	—	—	—	—	—	—	—	—	—	—	—	—	—	—	—	—	—	—
			柴油	45527	41689	37851	37851	37851	37851	25749	13647	13647	8908	4169	4169	4169	4169	3874	3580	3580	2960	2754
			燃气	—	—	—	—	—	—	—	—	—	—	—	—	—	—	—	—	—	—	—
		其他	汽油	—	—	—	—	—	—	—	—	—	—	—	—	—	—	—	—	—	—	—
			柴油	3069	2904	2739	2739	2739	2739	1969	1199	1199	878	558	558	558	558	468	377	377	377	377
			燃气	—	—	—	—	—	—	—	—	—	—	—	—	—	—	—	—	—	—	—
	中型	公交车	汽油	—	—	—	—	—	—	—	—	—	—	—	—	—	—	—	—	—	—	—
			柴油	30592	30592	28032	22913	22913	17978	8108	8108	8108	6872	5637	5637	5637	5637	3504	1372	1372	1080	983
			燃气	—	—	—	—	—	—	—	—	—	—	—	—	—	—	—	—	—	—	—
		其他	汽油	—	—	—	—	—	—	—	—	—	—	—	—	—	—	—	—	—	—	—
			柴油	15274	15274	12888	8116	8116	6262	2553	2553	2553	2434	2316	2316	2316	2316	1366	415	415	399	394
			燃气	—	—	—	—	—	—	—	—	—	—	—	—	—	—	—	—	—	—	—
	大型	公交车	汽油	—	—	—	—	—	—	—	—	—	—	—	—	—	—	—	—	—	—	—
			柴油	94865	94865	93934	92071	92071	71272	29674	29674	29674	19994	10315	10315	10315	10315	6116	1916	1916	1845	1821
			燃气	—	—	—	—	—	—	—	—	—	—	—	—	—	—	—	—	—	—	—
		其他	汽油	—	—	—	—	—	—	—	—	—	—	—	—	—	—	—	—	—	—	—
			柴油	142314	142314	133412	115607	115607	85425	25061	25061	25061	17182	9303	9303	9303	9303	5868	2433	2433	2343	2313
			燃气	—	—	—	—	—	—	—	—	—	—	—	—	—	—	—	—	—	—	—
载货汽车	微型		汽油	—	—	—	—	—	—	—	—	—	—	—	—	—	—	—	—	—	—	—
			柴油	9155	8966	8776	8776	8776	8776	7142	5509	5509	4088	2668	2668	2668	2668	1680	692	692	688	687
			燃气	—	—	—	—	—	—	—	—	—	—	—	—	—	—	—	—	—	—	—
	轻型		汽油	—	—	—	—	—	—	—	—	—	—	—	—	—	—	—	—	—	—	—
			柴油	9521	9148	8776	8776	8776	8776	7142	5509	5509	4088	2668	2668	2668	2668	2012	1356	1356	1120	1041
			燃气	—	—	—	—	—	—	—	—	—	—	—	—	—	—	—	—	—	—	—
	中型		汽油	—	—	—	—	—	—	—	—	—	—	—	—	—	—	—	—	—	—	—
			柴油	34548	34548	29074	18125	18125	13965	5645	5645	5645	5348	5051	5051	5051	5051	3238	1426	1426	1306	1266
			燃气	—	—	—	—	—	—	—	—	—	—	—	—	—	—	—	—	—	—	—
	重型		汽油	—	—	—	—	—	—	—	—	—	—	—	—	—	—	—	—	—	—	—
			柴油	193310	193310	158886	90039	90039	71491	34395	34395	34395	23569	12743	12743	12743	12743	8482	4220	4220	3567	3349
			燃气	—	—	—	—	—	—	—	—	—	—	—	—	—	—	—	—	—	—	—
低速汽车	三轮汽车			4092	4092	4092	4092	4092	4092	4092	4092	4092	3220	3220	3220	3220	3220	3220	3220	3220	3220	3220
	低速货车			5581	5581	5581	5581	5581	5581	5581	5581	5581	4392	4392	4392	4392	4392	4392	4392	4392	4392	4392
摩托车	普通摩托车			—	—	—	—	—	—	—	—	—	—	—	—	—	—	—	—	—	—	—
	轻便摩托车			—	—	—	—	—	—	—	—	—	—	—	—	—	—	—	—	—	—	—

日照市 VOCs 排放系数

单位：克/（辆•年）

车辆类型		使用性质	燃料种类	1999 年年底前	2000 年	2001 年	2002 年	2003 年	2004 年	2005 年	2006 年	2007 年	2008 年	2009 年	2010 年	2011 年	2012 年	2013 年	2014 年	2015 年	2016 年	2017 年
载客汽车	微型	出租车	汽油	891737	525330	158922	158922	158922	158922	119110	79297	79297	64306	49316	49316	40740	32165	32165	32165	32165	22980	19919
			燃气	371986	225960	79933	79933	79933	79933	61788	43643	43643	36012	28380	28380	22525	16670	16670	16670	16670	9988	7761
		其他	汽油	44396	26834	9272	9272	9272	9272	8918	8565	8565	7324	6082	6082	5814	5546	5546	5546	5546	4642	4340
			燃气	14231	7980	1730	1730	1730	1730	1662	1593	1593	1182	771	771	703	635	635	635	635	435	368
	小型	出租车	汽油	891737	517006	142275	142275	142275	142275	133061	123847	123847	86582	49316	49316	40740	32165	32165	32165	32165	21502	17948
			柴油	217138	204214	191290	191290	191290	191290	172194	153097	153097	113453	73809	73809	73809	73809	54692	35574	35574	19640	14328
			燃气	371986	222660	73335	73335	73335	73335	67318	61300	61300	44840	28380	28380	22525	16670	16670	16670	16670	9402	6980
		其他	汽油	45004	27065	9126	9126	9126	9126	9170	9213	9213	7649	6085	6085	5777	5469	5469	5469	5469	4702	4447
			柴油	8695	7959	7223	7223	7223	7223	6128	5033	5033	3442	1852	1852	1852	1852	1598	1343	1343	959	831
			燃气	14471	8690	2908	2908	2908	2908	2379	1850	1850	1368	886	886	745	604	604	604	604	458	410
	中型	公交车	汽油	247254	247254	247254	247254	246657	168414	13121	13121	13121	13121	13121	12970	12818	12818	10391	7964	7964	7964	7964
			柴油	87806	87806	86086	82645	82645	64494	28192	28192	28192	20508	12823	12823	12823	12823	8958	5093	5093	4763	4653
			燃气	71579	71579	67602	59649	59649	57536	53311	53311	53311	42686	32061	32061	22219	22219	22154	22154	22154	22154	22154
		其他	汽油	127964	127964	127964	127964	127367	87045	7594	7594	7594	7594	7594	7448	7303	7303	6252	5200	5200	5200	5200
			柴油	30493	30493	28460	24394	24394	18567	6912	6912	6912	6506	6099	6099	6099	6099	3750	1402	1402	1243	1190
			燃气	34560	34560	32640	28800	28800	27780	25740	25740	25740	20623	15506	15506	10732	10732	9642	9642	9642	9642	9642
	大型	公交车	汽油	576562	576562	576562	576562	575965	388387	14425	14425	14425	14425	14425	14285	14145	14145	11379	8613	8613	8613	8613
			柴油	131708	131708	108010	60614	60614	60614	60614	60614	60614	43515	26416	26416	26416	26416	17675	8934	8934	5723	4653
			燃气	168926	168926	159541	140772	140772	135786	125815	125815	125815	100740	75665	75665	52438	52438	47188	47188	47188	47188	47188
		其他	汽油	1277860	1277860	1277860	1277860	1277263	860415	27912	27912	27912	27912	27912	21653	15394	15394	12203	9012	9012	9012	9012
			柴油	272891	272891	207397	76409	76409	76409	76409	76409	76409	55942	35476	35476	35476	35476	20706	5937	5937	5324	5119
			燃气	266186	266186	251398	221822	221822	213966	198253	198253	198253	158842	119430	119430	82662	82662	74261	74261	74261	74261	74261
载货汽车	微型		汽油	299926	161183	22440	22440	22440	22440	21171	19902	19902	18312	16721	16721	13750	10779	10779	10779	10779	9127	8576
			柴油	40191	37548	34906	34906	34906	34906	31969	29032	29032	21480	13928	13928	13928	13928	9624	5319	5319	3633	3071
			燃气	96140	50164	4187	4187	4187	4187	3944	3702	3702	2911	2120	2120	1677	1234	1234	1234	1234	854	727
	轻型		汽油	155377	92648	29919	29919	29919	29919	25786	21652	21652	19344	17037	17037	14953	12869	12869	12869	12869	11062	10459
			柴油	36978	35942	34906	34906	34906	34906	31969	29032	29032	21480	13928	13928	13928	13928	10546	7165	7165	5478	4916
			燃气	49961	29748	9534	9534	9534	9534	6941	4348	4348	3414	2481	2481	1951	1421	1421	1421	1421	1079	964
	中型		汽油	310473	310473	310473	310473	309876	210776	13771	13771	13771	13771	13771	13631	13491	13491	10887	8283	8283	8283	8283
			柴油	71612	71612	66838	57290	57290	43604	16232	16232	16232	15280	14328	14328	14328	14328	10384	6440	6440	3832	2962
			燃气	81163	81163	76655	67638	67638	65241	60447	60447	60447	48437	36427	36427	49297	49297	24000	24000	24000	24000	24000
	重型		汽油	1279808	1279808	1279808	1279808	1279210	861726	27952	27952	27952	27952	27952	21684	15416	15416	12220	9024	9024	9024	9024
			柴油	317156	317156	241039	88804	88804	88804	88804	88804	88804	65017	41230	41230	41230	41230	25992	10755	10755	8577	7851
			燃气	309363	309363	292178	257806	257806	248675	230413	230413	230413	184607	138801	138801	149744	149744	113894	113894	113894	113894	113894
低速汽车	三轮汽车			25300	25300	25300	25300	25300	25300	25300	25300	25300	16721	16721	16721	16721	16721	16721	16721	16721	16721	16721
	低速货车			33990	33990	33990	33990	33990	33990	33990	33990	33990	22464	22464	22464	22464	22464	22464	22464	22464	22464	22464
摩托车	普通摩托车			11957	11957	11957	11957	8924	5890	3153	3153	3153	3153	3153	2353	1553	1553	1553	1553	1553	1553	1553
	轻便摩托车			38669	38669	38669	38669	38669	7734	7734	3807	3807	3807	3807	2841	1875	1875	1875	1875	1875	1875	1875

莱芜市 NO_x 排放系数

单位：克/（辆·年）

车辆类型		使用性质	燃料种类	1999 年年底前	2000 年	2001 年	2002 年	2003 年	2004 年	2005 年	2006 年	2007 年	2008 年	2009 年	2010 年	2011 年	2012 年	2013 年	2014 年	2015 年	2016 年	2017 年
载客汽车	微型	出租车	汽油	215589	146438	77288	77288	77288	77288	57224	37161	37161	27596	18030	18030	14712	11395	11395	11395	11395	6897	5398
			燃气	151822	103530	55239	55239	55239	55239	41015	26791	26791	20004	13218	13218	10712	8206	8206	8206	8206	4931	3839
		其他	汽油	24905	15670	6435	6435	6435	6435	4096	1756	1756	1430	1105	1105	938	770	770	770	770	510	423
			燃气	16754	9986	3217	3217	3217	3217	2092	968	968	784	601	601	480	360	360	360	360	290	266
	小型	出租车	汽油	243757	162222	80687	80687	80687	80687	59186	37684	37684	27857	18030	18030	14230	10431	10431	10431	10431	6022	4552
			柴油	265444	222931	180418	180418	180418	180418	160461	140504	140504	111796	83089	83089	83089	83089	67534	51979	51979	39095	34800
			燃气	171532	114574	57617	57617	57617	57617	42386	27156	27156	20187	13218	13218	10374	7531	7531	7531	7531	4318	3247
		其他	汽油	23257	14892	6527	6527	6527	6527	4360	2194	2194	1540	887	887	812	736	736	736	736	482	397
			柴油	20127	16490	12852	12852	12852	12852	11832	10811	10811	8476	6142	6142	6142	6142	5305	4468	4468	3835	3624
			燃气	15600	9956	4312	4312	4312	4312	2794	1275	1275	862	448	448	392	337	337	337	337	271	249
	中型	公交车	汽油	327655	327655	327655	327655	327655	223843	16219	16219	16219	16219	16219	14546	12872	12872	9718	6563	6563	6563	6563
			柴油	365832	365832	364973	363255	363255	348819	319946	319946	319946	266500	213053	213053	213053	213053	173866	134680	134680	112758	105450
			燃气	388430	388430	383806	374558	374558	362940	339703	339703	339703	282726	225748	225748	142760	142760	111808	111808	111808	111808	111808
		其他	汽油	200882	200882	200882	200882	200882	136265	7031	7031	7031	7031	7031	7031	7031	7031	5274	3516	3516	3516	3516
			柴油	171558	171558	164397	150074	150074	148805	146267	146267	146267	124572	102876	102876	102876	102876	91344	79812	79812	68120	64223
			燃气	193726	193726	182963	161438	161438	159917	156874	156874	156874	133567	110260	110260	85888	85888	68990	68990	68990	68990	68990
	大型	公交车	汽油	1167272	1167272	1167272	1167272	1167272	802638	73371	73371	73371	73371	73371	73307	73243	73243	54932	36622	36622	36622	36622
			柴油	518858	518858	502092	468560	468560	455246	428619	428619	428619	420895	413171	413171	413171	413171	398272	383374	383374	345593	332999
			燃气	1043213	1043213	985257	869344	869344	804833	675812	675812	675812	579046	482279	482279	449002	449002	389167	389167	389167	389167	389167
		其他	汽油	2786065	2786065	2786065	2786065	2786065	1915751	175124	175124	175124	175124	175124	168557	161990	161990	121622	81254	81254	81254	81254
			柴油	1242504	1242504	1210532	1146588	1146588	1119856	1066393	1066393	1066393	1028848	991302	991302	991302	991302	943724	896147	896147	793081	758726
			燃气	2312787	2312787	2184299	1927323	1927323	1784303	1498264	1498264	1498264	1284226	1070189	1070189	965492	965492	819134	819134	819134	819134	819134
载货汽车	微型		汽油	92662	55120	17578	17578	17578	17578	12070	6561	6561	5336	4110	4110	3622	3135	3135	3135	3135	2290	2008
			柴油	63112	52184	41257	41257	41257	41257	37104	32951	32951	27878	22804	22804	22804	22804	16693	10582	10582	8966	8427
			燃气	62335	35561	8788	8788	8788	8788	6202	3617	3617	2926	2235	2235	1851	1466	1466	1466	1466	1313	1263
	轻型		汽油	68969	44335	19701	19701	19701	19701	13420	7140	7140	5994	4849	4849	4032	3215	3215	3215	3215	2389	2114
			柴油	63330	52294	41257	41257	41257	41257	37104	32951	32951	27878	22804	22804	22804	22804	18162	13519	13519	12419	12052
			燃气	46262	29639	13015	13015	13015	13015	8582	4149	4149	3299	2449	2449	1961	1472	1472	1472	1472	1362	1326
	中型		汽油	212047	212047	212047	212047	212047	144766	10205	10205	10205	10205	10205	10205	10205	10205	7656	5108	5108	5108	5108
			柴油	399713	399713	358913	277314	277314	263695	236457	236457	236457	232913	229369	229369	229369	229369	201242	173116	173116	149069	141053
			燃气	451362	451362	400346	298313	298313	283410	253604	253604	253604	249718	245832	245832	186295	186295	151523	151523	151523	151523	151523
	重型		汽油	3371041	3371041	3371041	3371041	3371041	2317992	211894	211894	211894	211894	211894	203948	196002	196002	147158	98315	98315	98315	98315
			柴油	1807779	1807779	1746073	1622662	1622662	1562644	1442607	1442607	1442607	1384758	1326910	1326910	1326910	1326910	1186792	1046675	1046675	766663	673326
			燃气	3364985	3364985	3152512	2727565	2727565	2493990	2026838	2026838	2026838	1729671	1432504	1432504	1127668	1127668	726935	726935	726935	726935	726935
低速汽车	三轮汽车			65550	65550	65550	65550	65550	65550	65550	65550	65550	53279	53279	53279	53279	53279	53279	53279	53279	53279	53279
	低速货车			88065	88065	88065	88065	88065	88065	88065	88065	88065	71579	71579	71579	71579	71579	71579	71579	71579	71579	71579
摩托车	普通摩托车			892	892	892	892	862	833	773	773	773	773	773	687	601	601	601	601	601	601	601
	轻便摩托车			595	595	595	595	595	297	297	297	297	297	297	264	231	231	231	231	231	231	231

莱芜市 PM 排放系数

单位：克/（辆·年）

车辆类型		使用性质	燃料种类	1999 年年底前	2000 年	2001 年	2002 年	2003 年	2004 年	2005 年	2006 年	2007 年	2008 年	2009 年	2010 年	2011 年	2012 年	2013 年	2014 年	2015 年	2016 年	2017 年
载客汽车	微型	出租车	汽油	—	—	—	—	—	—	—	—	—	—	—	—	—	—	—	—	—	—	—
			燃气	—	—	—	—	—	—	—	—	—	—	—	—	—	—	—	—	—	—	—
		其他	汽油	—	—	—	—	—	—	—	—	—	—	—	—	—	—	—	—	—	—	—
			燃气	—	—	—	—	—	—	—	—	—	—	—	—	—	—	—	—	—	—	—
	小型	出租车	汽油	—	—	—	—	—	—	—	—	—	—	—	—	—	—	—	—	—	—	—
			柴油	36724	33628	30532	30532	30532	30532	20770	11008	11008	7186	3363	3363	3363	3363	3126	2888	2888	2388	2222
			燃气	—	—	—	—	—	—	—	—	—	—	—	—	—	—	—	—	—	—	—
		其他	汽油	—	—	—	—	—	—	—	—	—	—	—	—	—	—	—	—	—	—	—
			柴油	3069	2904	2739	2739	2739	2739	1969	1199	1199	878	558	558	558	558	468	377	377	377	377
			燃气	—	—	—	—	—	—	—	—	—	—	—	—	—	—	—	—	—	—	—
	中型	公交车	汽油	—	—	—	—	—	—	—	—	—	—	—	—	—	—	—	—	—	—	—
			柴油	30592	30592	28032	22913	22913	17978	8108	8108	8108	6872	5637	5637	5637	5637	3504	1372	1372	1080	983
			燃气	—	—	—	—	—	—	—	—	—	—	—	—	—	—	—	—	—	—	—
		其他	汽油	—	—	—	—	—	—	—	—	—	—	—	—	—	—	—	—	—	—	—
			柴油	15274	15274	12888	8116	8116	6262	2553	2553	2553	2434	2316	2316	2316	2316	1366	415	415	399	394
			燃气	—	—	—	—	—	—	—	—	—	—	—	—	—	—	—	—	—	—	—
	大型	公交车	汽油	—	—	—	—	—	—	—	—	—	—	—	—	—	—	—	—	—	—	—
			柴油	94865	94865	93934	92071	92071	71272	29674	29674	29674	19994	10315	10315	10315	10315	6116	1916	1916	1845	1821
			燃气	—	—	—	—	—	—	—	—	—	—	—	—	—	—	—	—	—	—	—
		其他	汽油	—	—	—	—	—	—	—	—	—	—	—	—	—	—	—	—	—	—	—
			柴油	142314	142314	133412	115607	115607	85425	25061	25061	25061	17182	9303	9303	9303	9303	5868	2433	2433	2343	2313
			燃气	—	—	—	—	—	—	—	—	—	—	—	—	—	—	—	—	—	—	—
载货汽车	微型		汽油	—	—	—	—	—	—	—	—	—	—	—	—	—	—	—	—	—	—	—
			柴油	7940	7776	7611	7611	7611	7611	6194	4778	4778	3546	2314	2314	2314	2314	1457	600	600	597	596
			燃气	—	—	—	—	—	—	—	—	—	—	—	—	—	—	—	—	—	—	—
	轻型		汽油	—	—	—	—	—	—	—	—	—	—	—	—	—	—	—	—	—	—	—
			柴油	8257	7934	7611	7611	7611	7611	6194	4778	4778	3546	2314	2314	2314	2314	1745	1176	1176	971	903
			燃气	—	—	—	—	—	—	—	—	—	—	—	—	—	—	—	—	—	—	—
	中型		汽油	—	—	—	—	—	—	—	—	—	—	—	—	—	—	—	—	—	—	—
			柴油	34548	34548	29074	18125	18125	13965	5645	5645	5645	5348	5051	5051	5051	5051	3238	1426	1426	1306	1266
			燃气	—	—	—	—	—	—	—	—	—	—	—	—	—	—	—	—	—	—	—
	重型		汽油	—	—	—	—	—	—	—	—	—	—	—	—	—	—	—	—	—	—	—
			柴油	243633	243633	200248	113479	113479	90102	43349	43349	43349	29705	16061	16061	16061	16061	10652	5243	5243	4431	4160
			燃气	—	—	—	—	—	—	—	—	—	—	—	—	—	—	—	—	—	—	—
低速汽车	三轮汽车			4092	4092	4092	4092	4092	4092	4092	4092	4092	3220	3220	3220	3220	3220	3220	3220	3220	3220	3220
	低速货车			5581	5581	5581	5581	5581	5581	5581	5581	5581	4392	4392	4392	4392	4392	4392	4392	4392	4392	4392
摩托车	普通摩托车			—	—	—	—	—	—	—	—	—	—	—	—	—	—	—	—	—	—	—
	轻便摩托车			—	—	—	—	—	—	—	—	—	—	—	—	—	—	—	—	—	—	—

莱芜市 VOCs 排放系数

单位：克/（辆·年）

车辆类型		使用性质	燃料种类	1999 年年底前	2000 年	2001 年	2002 年	2003 年	2004 年	2005 年	2006 年	2007 年	2008 年	2009 年	2010 年	2011 年	2012 年	2013 年	2014 年	2015 年	2016 年	2017 年
载客汽车	微型	出租车	汽油	712811	417468	122124	122124	122124	122124	90880	59636	59636	48156	36676	36676	30673	24670	24670	24670	24670	18374	16275
			燃气	293334	176008	58683	58683	58683	58683	44794	30905	30905	25310	19715	19715	15740	11764	11764	11764	11764	7356	5886
		其他	汽油	44396	26834	9272	9272	9272	9272	8918	8565	8565	7324	6082	6082	5814	5546	5546	5546	5546	4642	4340
			燃气	14231	7980	1730	1730	1730	1730	1662	1593	1593	1182	771	771	703	635	635	635	635	435	368
	小型	出租车	汽油	712811	410754	108696	108696	108696	108696	102134	95573	95573	66124	36676	36676	30673	24670	24670	24670	24670	17181	14685
			柴油	152012	143202	134391	134391	134391	134391	121570	108748	108748	79332	49917	49917	49917	49917	37078	24240	24240	13783	10297
			燃气	293334	173348	53361	53361	53361	53361	49254	45148	45148	32432	19715	19715	15740	11764	11764	11764	11764	6883	5256
		其他	汽油	45004	27065	9126	9126	9126	9126	9170	9213	9213	7649	6085	6085	5777	5469	5469	5469	5469	4702	4447
			柴油	8695	7959	7223	7223	7223	7223	6128	5033	5033	3442	1852	1852	1852	1852	1598	1343	1343	959	831
			燃气	14471	8690	2908	2908	2908	2908	2379	1850	1850	1368	886	886	745	604	604	604	604	458	410
	中型	公交车	汽油	247254	247254	247254	247254	246657	168414	13121	13121	13121	13121	13121	12970	12818	12818	10391	7964	7964	7964	7964
			柴油	87806	87806	86086	82645	82645	64494	28192	28192	28192	20508	12823	12823	12823	12823	8958	5093	5093	4763	4653
			燃气	71579	71579	67602	59649	59649	57536	53311	53311	53311	42686	32061	32061	22219	22219	22154	22154	22154	22154	22154
		其他	汽油	127964	127964	127964	127964	127367	87045	7594	7594	7594	7594	7594	7448	7303	7303	6252	5200	5200	5200	5200
			柴油	30493	30493	28460	24394	24394	18567	6912	6912	6912	6506	6099	6099	6099	6099	3750	1402	1402	1243	1190
			燃气	34560	34560	32640	28800	28800	27780	25740	25740	25740	20623	15506	15506	10732	10732	9642	9642	9642	9642	9642
	大型	公交车	汽油	576562	576562	576562	576562	575965	388387	14425	14425	14425	14425	14425	14285	14145	14145	11379	8613	8613	8613	8613
			柴油	131708	131708	108010	60614	60614	60614	60614	60614	60614	43515	26416	26416	26416	26416	17675	8934	8934	5723	4653
			燃气	168926	168926	159541	140772	140772	135786	125815	125815	125815	100740	75665	75665	52438	52438	47188	47188	47188	47188	47188
		其他	汽油	1277860	1277860	1277860	1277860	1277263	860415	27912	27912	27912	27912	27912	21653	15394	15394	12203	9012	9012	9012	9012
			柴油	272891	272891	207397	76409	76409	76409	76409	76409	76409	55942	35476	35476	35476	35476	20706	5937	5937	5324	5119
			燃气	266186	266186	251398	221822	221822	213966	198253	198253	198253	158842	119430	119430	82662	82662	74261	74261	74261	74261	74261
载货汽车	微型		汽油	260710	140180	19651	19651	19651	19651	18586	17521	17521	16140	14760	14760	12248	9737	9737	9737	9737	8330	7861
			柴油	33212	31040	28867	28867	28867	28867	26510	24154	24154	17781	11408	11408	11408	11408	7866	4324	4324	3023	2589
			燃气	83570	43618	3667	3667	3667	3667	3463	3259	3259	2565	1871	1871	1493	1115	1115	1115	1115	779	667
	轻型		汽油	135346	80742	26138	26138	26138	26138	22588	19039	19039	17036	15034	15034	13292	11551	11551	11551	11551	10008	9494
			柴油	30426	29646	28867	28867	28867	28867	26510	24154	24154	17781	11408	11408	11408	11408	8666	5924	5924	4623	4189
			燃气	43520	25925	8329	8329	8329	8329	6076	3823	3823	3006	2189	2189	1732	1276	1276	1276	1276	975	875
	中型		汽油	310473	310473	310473	310473	309876	210776	13771	13771	13771	13771	13771	13631	13491	13491	10887	8283	8283	8283	8283
			柴油	71612	71612	66838	57290	57290	43604	16232	16232	16232	15280	14328	14328	14328	14328	10384	6440	6440	3832	2962
			燃气	81163	81163	76655	67638	67638	65241	60447	60447	60447	48437	36427	36427	49297	49297	24000	24000	24000	24000	24000
	重型		汽油	1581775	1581775	1581775	1581775	1581178	1064973	33759	33759	33759	33759	33759	26039	18319	18319	14370	10421	10421	10421	10421
			柴油	377770	377770	287105	105776	105776	105776	105776	105776	105776	77443	49110	49110	49110	49110	31361	13612	13612	11496	10790
			燃气	368488	368488	348018	307077	307077	296201	274449	274449	274449	219889	165329	165329	189523	189523	156530	156530	156530	156530	156530
低速汽车	三轮汽车			25300	25300	25300	25300	25300	25300	25300	25300	25300	16721	16721	16721	16721	16721	16721	16721	16721	16721	16721
	低速货车			33990	33990	33990	33990	33990	33990	33990	33990	33990	22464	22464	22464	22464	22464	22464	22464	22464	22464	22464
摩托车	普通摩托车			11957	11957	11957	11957	8924	5890	3153	3153	3153	3153	3153	2353	1553	1553	1553	1553	1553	1553	1553
	轻便摩托车			38669	38669	38669	38669	38669	7734	7734	3807	3807	3807	3807	2841	1875	1875	1875	1875	1875	1875	1875

临沂市 NO_x 排放系数

单位：克/（辆·年）

车辆类型		使用性质	燃料种类	1999 年年底前	2000 年	2001 年	2002 年	2003 年	2004 年	2005 年	2006 年	2007 年	2008 年	2009 年	2010 年	2011 年	2012 年	2013 年	2014 年	2015 年	2016 年	2017 年
载客汽车	微型	出租车	汽油	297327	202849	108371	108371	108371	108371	80378	52384	52384	38982	25581	25581	21068	16554	16554	16554	16554	10009	7827
			燃气	200042	137430	74818	74818	74818	74818	55859	36900	36900	27748	18596	18596	15178	11759	11759	11759	11759	6966	5368
		其他	汽油	28011	17617	7223	7223	7223	7223	4564	1904	1904	1548	1191	1191	1030	868	868	868	868	594	502
			燃气	17949	10702	3456	3456	3456	3456	2246	1037	1037	839	641	641	530	418	418	418	418	335	307
	小型	出租车	汽油	335965	224524	113082	113082	113082	113082	83096	53109	53109	39345	25581	25581	20348	15116	15116	15116	15116	8724	6594
			柴油	376838	316761	256684	256684	256684	256684	228602	200521	200521	159889	119257	119257	119257	119257	96865	74473	74473	56408	50387
			燃气	225617	151777	77937	77937	77937	77937	57658	37379	37379	27988	18596	18596	14702	10808	10808	10808	10808	6116	4552
		其他	汽油	26143	16735	7327	7327	7327	7327	4865	2403	2403	1674	944	944	884	825	825	825	825	560	471
			柴油	23823	19486	15149	15149	15149	15149	13946	12743	12743	10004	7265	7265	7265	7265	6280	5295	5295	4635	4415
			燃气	16713	10674	4636	4636	4636	4636	3002	1367	1367	922	478	478	434	390	390	390	390	312	286
	中型	公交车	汽油	327365	327365	327365	327365	327365	223645	16205	16205	16205	16205	16205	14533	12861	12861	9709	6557	6557	6557	6557
			柴油	365594	365594	364736	363019	363019	348592	319738	319738	319738	266326	212915	212915	212915	212915	173754	134593	134593	112684	105381
			燃气	388178	388178	383557	374315	374315	362704	339483	339483	339483	282542	225601	225601	142667	142667	111736	111736	111736	111736	111736
		其他	汽油	200704	200704	200704	200704	200704	136144	7025	7025	7025	7025	7025	7025	7025	7025	5269	3513	3513	3513	3513
			柴油	171447	171447	164290	149977	149977	148709	146172	146172	146172	124490	102809	102809	102809	102809	91285	79761	79761	68077	64182
			燃气	193600	193600	182844	161333	161333	159813	156772	156772	156772	133480	110188	110188	85832	85832	68945	68945	68945	68945	68945
	大型	公交车	汽油	1166238	1166238	1166238	1166238	1166238	801927	73306	73306	73306	73306	73306	73242	73178	73178	54884	36590	36590	36590	36590
			柴油	518522	518522	501767	468256	468256	454951	428341	428341	428341	420622	412903	412903	412903	412903	398014	383125	383125	345368	332783
			燃气	1042536	1042536	984617	868780	868780	804311	675373	675373	675373	578670	481966	481966	448711	448711	388914	388914	388914	388914	388914
		其他	汽油	2783597	2783597	2783597	2783597	2783597	1914054	174969	174969	174969	174969	174969	168408	161846	161846	121514	81182	81182	81182	81182
			柴油	1241698	1241698	1209747	1145845	1145845	1119130	1065701	1065701	1065701	1028180	990659	990659	990659	990659	943112	895566	895566	792567	758234
			燃气	2311287	2311287	2182882	1926072	1926072	1783145	1497292	1497292	1497292	1283393	1069494	1069494	964866	964866	818603	818603	818603	818603	818603
载货汽车	微型		汽油	125484	74607	23730	23730	23730	23730	16338	8946	8946	7292	5639	5639	4928	4216	4216	4216	4216	3068	2686
			柴油	89289	73926	58562	58562	58562	58562	52650	46739	46739	39574	32409	32409	32409	32409	23703	14997	14997	12667	11890
			燃气	80408	45881	11354	11354	11354	11354	8113	4872	4872	3954	3035	3035	2533	2030	2030	2030	2030	1740	1643
	轻型		汽油	91952	59253	26554	26554	26554	26554	18135	9716	9716	8169	6622	6622	5472	4321	4321	4321	4321	3201	2828
			柴油	89594	74078	58562	58562	58562	58562	52650	46739	46739	39574	32409	32409	32409	32409	25767	19125	19125	17521	16986
			燃气	58784	37793	16801	16801	16801	16801	11164	5527	5527	4440	3353	3353	2698	2043	2043	2043	2043	1799	1717
	中型		汽油	212047	212047	212047	212047	212047	144766	10205	10205	10205	10205	10205	10205	10205	10205	7656	5108	5108	5108	5108
			柴油	399713	399713	358913	277314	277314	263695	236457	236457	236457	232913	229369	229369	229369	229369	201242	173116	173116	149069	141053
			燃气	451361	451361	400344	298312	298312	283409	253604	253604	253604	249718	245832	245832	186293	186293	151521	151521	151521	151521	151521
	重型		汽油	2006430	2006430	2006430	2006430	2006430	1379659	126118	126118	126118	126118	126118	121389	116660	116660	87588	58516	58516	58516	58516
			柴油	1086411	1086411	1049328	975163	975163	939094	866956	866956	866956	832191	797426	797426	797426	797426	702492	607557	607557	425116	364303
			燃气	2022237	2022237	1894548	1639169	1639169	1498799	1218059	1218059	1218059	1039471	860884	860884	654571	654571	393308	393308	393308	393308	393308
低速汽车	三轮汽车			65550	65550	65550	65550	65550	65550	65550	65550	65550	53279	53279	53279	53279	53279	53279	53279	53279	53279	53279
	低速货车			88065	88065	88065	88065	88065	88065	88065	88065	88065	71579	71579	71579	71579	71579	71579	71579	71579	71579	71579
摩托车	普通摩托车			892	892	892	892	862	833	773	773	773	773	773	687	601	601	601	601	601	601	601
	轻便摩托车			595	595	595	595	595	297	297	297	297	297	297	264	231	231	231	231	231	231	231

临沂市 PM 排放系数

单位：克/（辆·年）

车辆类型		使用性质	燃料种类	1999 年年底前	2000 年	2001 年	2002 年	2003 年	2004 年	2005 年	2006 年	2007 年	2008 年	2009 年	2010 年	2011 年	2012 年	2013 年	2014 年	2015 年	2016 年	2017 年
载客汽车	微型	出租车	汽油	—	—	—	—	—	—	—	—	—	—	—	—	—	—	—	—	—	—	—
			燃气	—	—	—	—	—	—	—	—	—	—	—	—	—	—	—	—	—	—	—
		其他	汽油	—	—	—	—	—	—	—	—	—	—	—	—	—	—	—	—	—	—	—
			燃气	—	—	—	—	—	—	—	—	—	—	—	—	—	—	—	—	—	—	—
	小型	出租车	汽油	—	—	—	—	—	—	—	—	—	—	—	—	—	—	—	—	—	—	—
			柴油	49375	45220	41066	41066	41066	41066	27876	14687	14687	9611	4535	4535	4535	4535	4215	3895	3895	3221	2996
			燃气	—	—	—	—	—	—	—	—	—	—	—	—	—	—	—	—	—	—	—
		其他	汽油	—	—	—	—	—	—	—	—	—	—	—	—	—	—	—	—	—	—	—
			柴油	3473	3286	3100	3100	3100	3100	2228	1355	1355	995	635	635	635	635	528	422	422	422	422
			燃气	—	—	—	—	—	—	—	—	—	—	—	—	—	—	—	—	—	—	—
	中型	公交车	汽油	—	—	—	—	—	—	—	—	—	—	—	—	—	—	—	—	—	—	—
			柴油	30592	30592	28032	22913	22913	17978	8108	8108	8108	6872	5637	5637	5637	5637	3504	1372	1372	1080	983
			燃气	—	—	—	—	—	—	—	—	—	—	—	—	—	—	—	—	—	—	—
		其他	汽油	—	—	—	—	—	—	—	—	—	—	—	—	—	—	—	—	—	—	—
			柴油	15274	15274	12888	8116	8116	6262	2553	2553	2553	2434	2316	2316	2316	2316	1366	415	415	399	394
			燃气	—	—	—	—	—	—	—	—	—	—	—	—	—	—	—	—	—	—	—
	大型	公交车	汽油	—	—	—	—	—	—	—	—	—	—	—	—	—	—	—	—	—	—	—
			柴油	94865	94865	93934	92071	92071	71272	29674	29674	29674	19994	10315	10315	10315	10315	6116	1916	1916	1845	1821
			燃气	—	—	—	—	—	—	—	—	—	—	—	—	—	—	—	—	—	—	—
		其他	汽油	—	—	—	—	—	—	—	—	—	—	—	—	—	—	—	—	—	—	—
			柴油	142314	142314	133412	115607	115607	85425	25061	25061	25061	17182	9303	9303	9303	9303	5868	2433	2433	2343	2313
			燃气	—	—	—	—	—	—	—	—	—	—	—	—	—	—	—	—	—	—	—
载货汽车	微型		汽油	—	—	—	—	—	—	—	—	—	—	—	—	—	—	—	—	—	—	—
			柴油	10278	10066	9853	9853	9853	9853	8040	6228	6228	4622	3017	3017	3017	3017	1900	782	782	778	777
			燃气	—	—	—	—	—	—	—	—	—	—	—	—	—	—	—	—	—	—	—
	轻型		汽油	—	—	—	—	—	—	—	—	—	—	—	—	—	—	—	—	—	—	—
			柴油	10689	10271	9853	9853	9853	9853	8040	6228	6228	4622	3017	3017	3017	3017	2275	1533	1533	1266	1177
			燃气	—	—	—	—	—	—	—	—	—	—	—	—	—	—	—	—	—	—	—
	中型		汽油	—	—	—	—	—	—	—	—	—	—	—	—	—	—	—	—	—	—	—
			柴油	34548	34548	29074	18125	18125	13965	5645	5645	5645	5348	5051	5051	5051	5051	3238	1426	1426	1306	1266
			燃气	—	—	—	—	—	—	—	—	—	—	—	—	—	—	—	—	—	—	—
	重型		汽油	—	—	—	—	—	—	—	—	—	—	—	—	—	—	—	—	—	—	—
			柴油	142297	142297	116958	66279	66279	52625	25318	25318	25318	17349	9380	9380	9380	9380	6260	3139	3139	2653	2491
			燃气	—	—	—	—	—	—	—	—	—	—	—	—	—	—	—	—	—	—	—
低速汽车	三轮汽车			4092	4092	4092	4092	4092	4092	4092	4092	4092	3220	3220	3220	3220	3220	3220	3220	3220	3220	3220
	低速货车			5581	5581	5581	5581	5581	5581	5581	5581	5581	4392	4392	4392	4392	4392	4392	4392	4392	4392	4392
摩托车	普通摩托车			—	—	—	—	—	—	—	—	—	—	—	—	—	—	—	—	—	—	—
	轻便摩托车			—	—	—	—	—	—	—	—	—	—	—	—	—	—	—	—	—	—	—

临沂市 VOCs 排放系数

单位：克/（辆·年）

车辆类型		使用性质	燃料种类	1999年年底前	2000年	2001年	2002年	2003年	2004年	2005年	2006年	2007年	2008年	2009年	2010年	2011年	2012年	2013年	2014年	2015年	2016年	2017年
载客汽车	微型	出租车	汽油	911301	534986	158670	158670	158670	158670	118402	78135	78135	63494	48852	48852	40832	32813	32813	32813	32813	24481	21704
			燃气	399366	240327	81288	81288	81288	81288	62256	43225	43225	35585	27945	27945	22394	16842	16842	16842	16842	10664	8605
		其他	汽油	46722	28304	9887	9887	9887	9887	9512	9137	9137	7886	6636	6636	6376	6116	6116	6116	6116	5203	4899
			燃气	15986	8960	1933	1933	1933	1933	1853	1773	1773	1322	872	872	810	749	749	749	749	526	452
	小型	出租车	汽油	911301	526504	141706	141706	141706	141706	132450	123194	123194	86023	48852	48852	40832	32813	32813	32813	32813	22834	19508
			柴油	212423	199950	187478	187478	187478	187478	169916	152355	152355	111744	71133	71133	71133	71133	52764	34396	34396	19293	14259
			燃气	399366	236756	74146	74146	74146	74146	68170	62194	62194	45070	27945	27945	22394	16842	16842	16842	16842	9971	7681
		其他	汽油	47365	28548	9730	9730	9730	9730	9777	9824	9824	8232	6639	6639	6334	6029	6029	6029	6029	5266	5012
			柴油	9494	8682	7869	7869	7869	7869	6707	5545	5545	3768	1991	1991	1991	1991	1716	1441	1441	1039	905
			燃气	16257	9764	3271	3271	3271	3271	2667	2063	2063	1534	1005	1005	858	712	712	712	712	552	499
	中型	公交车	汽油	247689	247689	247689	247689	247092	168849	13556	13556	13556	13556	13556	13404	13253	13253	10826	8399	8399	8399	8399
			柴油	87806	87806	86086	82645	82645	64494	28192	28192	28192	20508	12823	12823	12823	12823	8958	5093	5093	4763	4653
			燃气	71579	71579	67602	59649	59649	57536	53311	53311	53311	42686	32061	32061	22219	22219	22154	22154	22154	22154	22154
		其他	汽油	128399	128399	128399	128399	127802	87480	8029	8029	8029	8029	8029	7884	7738	7738	6686	5635	5635	5635	5635
			柴油	30493	30493	28460	24394	24394	18567	6912	6912	6912	6506	6099	6099	6099	6099	3750	1402	1402	1243	1190
			燃气	34560	34560	32640	28800	28800	27780	25740	25740	25740	20623	15506	15506	10732	10732	9642	9642	9642	9642	9642
	大型	公交车	汽油	576997	576997	576997	576997	576400	388822	14860	14860	14860	14860	14860	14720	14581	14581	11815	9049	9049	9049	9049
			柴油	131708	131708	108010	60614	60614	60614	60614	60614	60614	43515	26416	26416	26416	26416	17675	8934	8934	5723	4653
			燃气	168926	168926	159541	140772	140772	135786	125815	125815	125815	100740	75665	75665	52438	52438	47188	47188	47188	47188	47188
		其他	汽油	1278295	1278295	1278295	1278295	1277698	860850	28347	28347	28347	28347	28347	22088	15829	15829	12638	9448	9448	9448	9448
			柴油	272891	272891	207397	76409	76409	76409	76409	76409	76409	55942	35476	35476	35476	35476	20706	5937	5937	5324	5119
			燃气	266186	266186	251398	221822	221822	213966	198253	198253	198253	158842	119430	119430	82662	82662	74261	74261	74261	74261	74261
载货汽车	微型		汽油	324341	174398	24455	24455	24455	24455	23068	21681	21681	19982	18282	18282	15034	11786	11786	11786	11786	10014	9424
			柴油	45922	42896	39870	39870	39870	39870	36521	33172	33172	24526	15881	15881	15881	15881	10949	6017	6017	4121	3489
			燃气	110974	57877	4781	4781	4781	4781	4494	4207	4207	3305	2402	2402	1923	1443	1443	1443	1443	1013	869
	轻型		汽油	167920	100234	32549	32549	32549	32549	28062	23575	23575	21100	18624	18624	16336	14049	14049	14049	14049	12109	11462
			柴油	42231	41050	39870	39870	39870	39870	36521	33172	33172	24526	15881	15881	15881	15881	12010	8139	8139	6244	5612
			燃气	57635	34289	10942	10942	10942	10942	7946	4951	4951	3885	2819	2819	2239	1659	1659	1659	1659	1271	1141
	中型		汽油	310908	310908	310908	310908	310311	211211	14206	14206	14206	14206	14206	14066	13926	13926	11322	8718	8718	8718	8718
			柴油	71612	71612	66838	57290	57290	43604	16232	16232	16232	15280	14328	14328	14328	14328	10384	6440	6440	3832	2962
			燃气	81163	81163	76655	67638	67638	65241	60447	60447	60447	48437	36427	36427	49297	49297	24000	24000	24000	24000	24000
	重型		汽油	948402	948402	948402	948402	947804	638807	22006	22006	22006	22006	22006	17334	12661	12661	10293	7925	7925	7925	7925
			柴油	237452	237452	180464	66487	66487	66487	66487	66487	66487	48678	30869	30869	30869	30869	19454	8038	8038	6258	5665
			燃气	231618	231618	218751	193018	193018	186181	172509	172509	172509	138215	103921	103921	111915	111915	82182	82182	82182	82182	82182
低速汽车	三轮汽车			25300	25300	25300	25300	25300	25300	25300	25300	25300	16721	16721	16721	16721	16721	16721	16721	16721	16721	16721
	低速货车			33990	33990	33990	33990	33990	33990	33990	33990	33990	22464	22464	22464	22464	22464	22464	22464	22464	22464	22464
摩托车	普通摩托车			11957	11957	11957	11957	8924	5890	3153	3153	3153	3153	3153	2353	1553	1553	1553	1553	1553	1553	1553
	轻便摩托车			38669	38669	38669	38669	38669	7734	7734	3807	3807	3807	3807	2841	1875	1875	1875	1875	1875	1875	1875

德州市 NO_x 排放系数

单位：克/（辆•年）

车辆类型		使用性质	燃料种类	1999 年年底前	2000 年	2001 年	2002 年	2003 年	2004 年	2005 年	2006 年	2007 年	2008 年	2009 年	2010 年	2011 年	2012 年	2013 年	2014 年	2015 年	2016 年	2017 年
载客汽车	微型	出租车	汽油	331699	225972	120244	120244	120244	120244	88872	57500	57500	42533	27566	27566	22606	17646	17646	17646	17646	10731	8426
			燃气	213085	146535	79985	79985	79985	79985	59683	39381	39381	29567	19753	19753	16026	12299	12299	12299	12299	7252	5569
		其他	汽油	30357	19106	7856	7856	7856	7856	4936	2017	2017	1632	1247	1247	1058	869	869	869	869	600	511
			燃气	18504	11042	3581	3581	3581	3581	2322	1063	1063	856	650	650	525	400	400	400	400	323	297
	小型	出租车	汽油	375132	250353	125574	125574	125574	125574	91947	58320	58320	42943	27566	27566	21834	16102	16102	16102	16102	9344	7092
			柴油	409916	344154	278393	278393	278393	278393	247637	216881	216881	172838	128795	128795	128795	128795	104731	80667	80667	60574	53876
			燃气	240340	161835	83330	83330	83330	83330	61613	39896	39896	29824	19753	19753	15542	11330	11330	11330	11330	6381	4731
		其他	汽油	28323	18148	7972	7972	7972	7972	5269	2566	2566	1772	978	978	902	826	826	826	826	566	479
			柴油	24570	20084	15597	15597	15597	15597	14356	13116	13116	10292	7469	7469	7469	7469	6461	5453	5453	4715	4469
			燃气	17228	11020	4812	4812	4812	4812	3110	1408	1408	944	481	481	427	373	373	373	373	301	277
	中型	公交车	汽油	327314	327314	327314	327314	327314	223610	16202	16202	16202	16202	16202	14530	12859	12859	9708	6556	6556	6556	6556
			柴油	365553	365553	364695	362978	362978	348553	319702	319702	319702	266296	212891	212891	212891	212891	173734	134577	134577	112671	105369
			燃气	388134	388134	383513	374272	374272	362663	339444	339444	339444	282510	225576	225576	142651	142651	111723	111723	111723	111723	111723
		其他	汽油	200673	200673	200673	200673	200673	136123	7024	7024	7024	7024	7024	7024	7024	7024	5268	3512	3512	3512	3512
			柴油	171428	171428	164272	149960	149960	148692	146155	146155	146155	124476	102797	102797	102797	102797	91274	79752	79752	68069	64175
			燃气	193578	193578	182824	161315	161315	159795	156754	156754	156754	133465	110176	110176	85822	85822	68937	68937	68937	68937	68937
	大型	公交车	汽油	1166057	1166057	1166057	1166057	1166057	801803	73295	73295	73295	73295	73295	73230	73166	73166	54875	36584	36584	36584	36584
			柴油	518463	518463	501710	468203	468203	454899	428292	428292	428292	420574	412856	412856	412856	412856	397969	383082	383082	345329	332745
			燃气	1042418	1042418	984506	868682	868682	804220	675297	675297	675297	578604	481912	481912	448660	448660	388870	388870	388870	388870	388870
		其他	汽油	2783166	2783166	2783166	2783166	2783166	1913758	174942	174942	174942	174942	174942	168382	161821	161821	121496	81170	81170	81170	81170
			柴油	1241558	1241558	1209610	1145715	1145715	1119003	1065580	1065580	1065580	1028064	990547	990547	990547	990547	943006	895465	895465	792477	758148
			燃气	2311025	2311025	2182635	1925854	1925854	1782943	1497122	1497122	1497122	1283248	1069373	1069373	964757	964757	818510	818510	818510	818510	818510
载货汽车	微型		汽油	123069	73128	23188	23188	23188	23188	15877	8566	8566	6963	5360	5360	4712	4065	4065	4065	4065	3002	2648
			柴油	84770	70058	55346	55346	55346	55346	49776	44207	44207	37414	30620	30620	30620	30620	22396	14171	14171	12054	11348
			燃气	75016	42793	10570	10570	10570	10570	7542	4514	4514	3654	2794	2794	2333	1871	1871	1871	1871	1622	1539
	轻型		汽油	91166	58586	26006	26006	26006	26006	17670	9334	9334	7838	6341	6341	5256	4171	4171	4171	4171	3135	2790
			柴油	85064	70205	55346	55346	55346	55346	49776	44207	44207	37414	30620	30620	30620	30620	24377	18134	18134	16714	16241
			燃气	55453	35575	15698	15698	15698	15698	10410	5122	5122	4120	3119	3119	2501	1884	1884	1884	1884	1681	1613
	中型		汽油	212047	212047	212047	212047	212047	144766	10205	10205	10205	10205	10205	10205	10205	10205	7656	5108	5108	5108	5108
			柴油	399713	399713	358913	277314	277314	263695	236457	236457	236457	232913	229369	229369	229369	229369	201242	173116	173116	149069	141053
			燃气	451359	451359	400344	298312	298312	283410	253605	253605	253605	249719	245834	245834	186292	186292	151520	151520	151520	151520	151520
	重型		汽油	1960556	1960556	1960556	1960556	1960556	1348116	123235	123235	123235	123235	123235	118614	113992	113992	85586	57179	57179	57179	57179
			柴油	1067967	1067967	1031514	958607	958607	923150	852237	852237	852237	818062	783888	783888	783888	783888	687830	591773	591773	410166	349630
			燃气	1987904	1987904	1862383	1611341	1611341	1473353	1197379	1197379	1197379	1021824	846268	846268	637565	637565	377467	377467	377467	377467	377467
低速汽车	三轮汽车			65550	65550	65550	65550	65550	65550	65550	65550	65550	53279	53279	53279	53279	53279	53279	53279	53279	53279	53279
	低速货车			88065	88065	88065	88065	88065	88065	88065	88065	88065	71579	71579	71579	71579	71579	71579	71579	71579	71579	71579
摩托车	普通摩托车			892	892	892	892	862	833	773	773	773	773	773	687	601	601	601	601	601	601	601
	轻便摩托车			595	595	595	595	595	297	297	297	297	297	297	264	231	231	231	231	231	231	231

德州市 PM 排放系数

单位：克/（辆·年）

车辆类型		使用性质	燃料种类	1999 年年底前	2000 年	2001 年	2002 年	2003 年	2004 年	2005 年	2006 年	2007 年	2008 年	2009 年	2010 年	2011 年	2012 年	2013 年	2014 年	2015 年	2016 年	2017 年
载客汽车	微型	出租车	汽油	—	—	—	—	—	—	—	—	—	—	—	—	—	—	—	—	—	—	—
			燃气	—	—	—	—	—	—	—	—	—	—	—	—	—	—	—	—	—	—	—
		其他	汽油	—	—	—	—	—	—	—	—	—	—	—	—	—	—	—	—	—	—	—
			燃气	—	—	—	—	—	—	—	—	—	—	—	—	—	—	—	—	—	—	—
	小型	出租车	汽油	—	—	—	—	—	—	—	—	—	—	—	—	—	—	—	—	—	—	—
			柴油	51373	47035	42697	42697	42697	42697	28927	15157	15157	9924	4691	4691	4691	4691	4360	4029	4029	3332	3099
			燃气	—	—	—	—	—	—	—	—	—	—	—	—	—	—	—	—	—	—	—
		其他	汽油	—	—	—	—	—	—	—	—	—	—	—	—	—	—	—	—	—	—	—
			柴油	3417	3234	3050	3050	3050	3050	2187	1324	1324	972	621	621	621	621	517	413	413	413	413
			燃气	—	—	—	—	—	—	—	—	—	—	—	—	—	—	—	—	—	—	—
	中型	公交车	汽油	—	—	—	—	—	—	—	—	—	—	—	—	—	—	—	—	—	—	—
			柴油	30592	30592	28032	22913	22913	17978	8108	8108	8108	6872	5637	5637	5637	5637	3504	1372	1372	1080	983
			燃气	—	—	—	—	—	—	—	—	—	—	—	—	—	—	—	—	—	—	—
		其他	汽油	—	—	—	—	—	—	—	—	—	—	—	—	—	—	—	—	—	—	—
			柴油	15274	15274	12888	8116	8116	6262	2553	2553	2553	2434	2316	2316	2316	2316	1366	415	415	399	394
			燃气	—	—	—	—	—	—	—	—	—	—	—	—	—	—	—	—	—	—	—
	大型	公交车	汽油	—	—	—	—	—	—	—	—	—	—	—	—	—	—	—	—	—	—	—
			柴油	94865	94865	93934	92071	92071	71272	29674	29674	29674	19994	10315	10315	10315	10315	6116	1916	1916	1845	1821
			燃气	—	—	—	—	—	—	—	—	—	—	—	—	—	—	—	—	—	—	—
		其他	汽油	—	—	—	—	—	—	—	—	—	—	—	—	—	—	—	—	—	—	—
			柴油	142314	142314	133412	115607	115607	85425	25061	25061	25061	17182	9303	9303	9303	9303	5868	2433	2433	2343	2313
			燃气	—	—	—	—	—	—	—	—	—	—	—	—	—	—	—	—	—	—	—
载货汽车	微型		汽油	—	—	—	—	—	—	—	—	—	—	—	—	—	—	—	—	—	—	—
			柴油	9521	9324	9127	9127	9127	9127	7431	5735	5735	4256	2778	2778	2778	2778	1749	720	720	717	716
			燃气	—	—	—	—	—	—	—	—	—	—	—	—	—	—	—	—	—	—	—
	轻型		汽油	—	—	—	—	—	—	—	—	—	—	—	—	—	—	—	—	—	—	—
			柴油	9902	9514	9127	9127	9127	9127	7431	5735	5735	4256	2778	2778	2778	2778	2095	1412	1412	1166	1084
			燃气	—	—	—	—	—	—	—	—	—	—	—	—	—	—	—	—	—	—	—
	中型		汽油	—	—	—	—	—	—	—	—	—	—	—	—	—	—	—	—	—	—	—
			柴油	34548	34548	29074	18125	18125	13965	5645	5645	5645	5348	5051	5051	5051	5051	3238	1426	1426	1306	1266
			燃气	—	—	—	—	—	—	—	—	—	—	—	—	—	—	—	—	—	—	—
	重型		汽油	—	—	—	—	—	—	—	—	—	—	—	—	—	—	—	—	—	—	—
			柴油	138498	138498	113835	64509	64509	51220	24642	24642	24642	16886	9130	9130	9130	9130	6106	3081	3081	2604	2445
			燃气	—	—	—	—	—	—	—	—	—	—	—	—	—	—	—	—	—	—	—
低速汽车	三轮汽车			4092	4092	4092	4092	4092	4092	4092	4092	4092	3220	3220	3220	3220	3220	3220	3220	3220	3220	3220
	低速货车			5581	5581	5581	5581	5581	5581	5581	5581	5581	4392	4392	4392	4392	4392	4392	4392	4392	4392	4392
摩托车	普通摩托车			—	—	—	—	—	—	—	—	—	—	—	—	—	—	—	—	—	—	—
	轻便摩托车			—	—	—	—	—	—	—	—	—	—	—	—	—	—	—	—	—	—	—

德州市 VOCs 排放系数

单位：克/（辆・年）

车辆类型		使用性质	燃料种类	1999 年年底前	2000 年	2001 年	2002 年	2003 年	2004 年	2005 年	2006 年	2007 年	2008 年	2009 年	2010 年	2011 年	2012 年	2013 年	2014 年	2015 年	2016 年	2017 年
载客汽车	微型	出租车	汽油	1057837	617118	176398	176398	176398	176398	131378	86357	86357	69543	52729	52729	44037	35345	35345	35345	35345	26710	23832
			燃气	425814	255498	85181	85181	85181	85181	65436	45691	45691	37474	29258	29258	23390	17522	17522	17522	17522	11055	8899
		其他	汽油	50778	30512	10247	10247	10247	10247	9894	9540	9540	8186	6832	6832	6552	6273	6273	6273	6273	5364	5061
			燃气	16138	9010	1881	1881	1881	1881	1813	1745	1745	1289	833	833	769	705	705	705	705	499	430
	小型	出租车	汽油	1057837	607484	157130	157130	157130	157130	147634	138139	138139	95434	52729	52729	44037	35345	35345	35345	35345	24863	21369
			柴油	226645	213358	200070	200070	200070	200070	180655	161240	161240	118383	75526	75526	75526	75526	56018	36510	36510	20513	15181
			燃气	425814	251794	77774	77774	77774	77774	71685	65596	65596	47427	29258	29258	23390	17522	17522	17522	17522	10344	7952
		其他	汽油	51491	30786	10080	10080	10080	10080	10182	10285	10285	8560	6836	6836	6510	6183	6183	6183	6183	5437	5188
			柴油	9561	8740	7919	7919	7919	7919	6704	5489	5489	3726	1963	1963	1963	1963	1696	1428	1428	1035	904
			燃气	16412	9801	3190	3190	3190	3190	2611	2032	2032	1496	960	960	815	670	670	670	670	527	479
	中型	公交车	汽油	247811	247811	247811	247811	247214	168971	13678	13678	13678	13678	13678	13526	13375	13375	10948	8521	8521	8521	8521
			柴油	87806	87806	86086	82645	82645	64494	28192	28192	28192	20508	12823	12823	12823	12823	8958	5093	5093	4763	4653
			燃气	71579	71579	67602	59649	59649	57536	53311	53311	53311	42686	32061	32061	22219	22219	22154	22154	22154	22154	22154
		其他	汽油	128521	128521	128521	128521	127924	87602	8151	8151	8151	8151	8151	8005	7859	7859	6808	5757	5757	5757	5757
			柴油	30493	30493	28460	24394	24394	18567	6912	6912	6912	6506	6099	6099	6099	6099	3750	1402	1402	1243	1190
			燃气	34560	34560	32640	28800	28800	27780	25740	25740	25740	20623	15506	15506	10732	10732	9642	9642	9642	9642	9642
	大型	公交车	汽油	577119	577119	577119	577119	576522	388944	14982	14982	14982	14982	14982	14842	14702	14702	11936	9170	9170	9170	9170
			柴油	131708	131708	108010	60614	60614	60614	60614	60614	60614	43515	26416	26416	26416	26416	17675	8934	8934	5723	4653
			燃气	168926	168926	159541	140772	140772	135786	125815	125815	125815	100740	75665	75665	52438	52438	47188	47188	47188	47188	47188
		其他	汽油	1278417	1278417	1278417	1278417	1277820	860971	28468	28468	28468	28468	28468	22210	15951	15951	12760	9569	9569	9569	9569
			柴油	272891	272891	207397	76409	76409	76409	76409	76409	76409	55942	35476	35476	35476	35476	20706	5937	5937	5324	5119
			燃气	266186	266186	251398	221822	221822	213966	198253	198253	198253	158842	119430	119430	82662	82662	74261	74261	74261	74261	74261
载货汽车	微型		汽油	323838	173892	23947	23947	23947	23947	22642	21336	21336	19698	18059	18059	14892	11726	11726	11726	11726	10062	9507
			柴油	42376	39590	36803	36803	36803	36803	33754	30704	30704	22638	14572	14572	14572	14572	10030	5488	5488	3809	3249
			燃气	102921	53658	4396	4396	4396	4396	4149	3903	3903	3052	2202	2202	1760	1318	1318	1318	1318	935	808
	轻型		汽油	167359	99701	32043	32043	32043	32043	27637	23231	23231	20816	18401	18401	16195	13989	13989	13989	13989	12156	11545
			柴油	38876	37840	36803	36803	36803	36803	33754	30704	30704	22638	14572	14572	14572	14572	11036	7499	7499	5820	5260
			燃气	53343	31742	10141	10141	10141	10141	7365	4590	4590	3587	2584	2584	2050	1516	1516	1516	1516	1178	1066
	中型		汽油	311030	311030	311030	311030	310433	211333	14328	14328	14328	14328	14328	14188	14048	14048	11444	8840	8840	8840	8840
			柴油	71612	71612	66838	57290	57290	43604	16232	16232	16232	15280	14328	14328	14328	14328	10384	6440	6440	3832	2962
			燃气	81163	81163	76655	67638	67638	65241	60447	60447	60447	48437	36427	36427	49297	49297	24000	24000	24000	24000	24000
	重型		汽油	927844	927844	927844	927844	927246	625010	21731	21731	21731	21731	21731	17158	12584	12584	10268	7951	7951	7951	7951
			柴油	235213	235213	178762	65860	65860	65860	65860	65860	65860	48219	30578	30578	30578	30578	19237	7896	7896	6010	5381
			燃气	229434	229434	216688	191197	191197	184426	170882	170882	170882	136912	102941	102941	109938	109938	78062	78062	78062	78062	78062
低速汽车	三轮汽车			25300	25300	25300	25300	25300	25300	25300	25300	25300	16721	16721	16721	16721	16721	16721	16721	16721	16721	16721
	低速货车			33990	33990	33990	33990	33990	33990	33990	33990	33990	22464	22464	22464	22464	22464	22464	22464	22464	22464	22464
摩托车	普通摩托车			11957	11957	11957	11957	8924	5890	3153	3153	3153	3153	3153	2353	1553	1553	1553	1553	1553	1553	1553
	轻便摩托车			38669	38669	38669	38669	38669	7734	7734	3807	3807	3807	3807	2841	1875	1875	1875	1875	1875	1875	1875

聊城市 NO_x 排放系数

单位：克/（辆·年）

车辆类型		使用性质	燃料种类	1999 年年底前	2000 年	2001 年	2002 年	2003 年	2004 年	2005 年	2006 年	2007 年	2008 年	2009 年	2010 年	2011 年	2012 年	2013 年	2014 年	2015 年	2016 年	2017 年
载客汽车	微型	出租车	汽油	301732	205984	110236	110236	110236	110236	82042	53847	53847	40307	26767	26767	21722	16676	16676	16676	16676	9924	7673
			燃气	194280	133992	73705	73705	73705	73705	55397	37089	37089	28170	19252	19252	15470	11689	11689	11689	11689	6744	5096
		其他	汽油	27568	17320	7073	7073	7073	7073	4470	1866	1866	1518	1169	1169	987	805	805	805	805	548	462
			燃气	16754	9986	3217	3217	3217	3217	2092	968	968	784	601	601	480	360	360	360	360	290	266
	小型	出租车	汽油	340670	227802	114934	114934	114934	114934	84752	54570	54570	40668	26767	26767	21055	15343	15343	15343	15343	8714	6504
			柴油	379714	320044	260373	260373	260373	260373	231356	202340	202340	161239	120138	120138	120138	120138	97209	74280	74280	55181	48815
			燃气	218714	147684	76653	76653	76653	76653	57098	37542	37542	28397	19252	19252	15052	10853	10853	10853	10853	5985	4362
		其他	汽油	25729	16452	7175	7175	7175	7175	4765	2355	2355	1640	926	926	847	768	768	768	768	517	433
			柴油	22264	18217	14170	14170	14170	14170	13048	11926	11926	9344	6761	6761	6761	6761	5844	4926	4926	4253	4029
			燃气	15600	9956	4312	4312	4312	4312	2794	1275	1275	862	448	448	392	337	337	337	337	271	249
	中型	公交车	汽油	327314	327314	327314	327314	327314	223610	16202	16202	16202	16202	16202	14530	12859	12859	9708	6556	6556	6556	6556
			柴油	365553	365553	364695	362978	362978	348553	319702	319702	319702	266296	212891	212891	212891	212891	173734	134577	134577	112671	105369
			燃气	388134	388134	383513	374272	374272	362663	339444	339444	339444	282510	225576	225576	142651	142651	111723	111723	111723	111723	111723
		其他	汽油	200673	200673	200673	200673	200673	136123	7024	7024	7024	7024	7024	7024	7024	7024	5268	3512	3512	3512	3512
			柴油	171428	171428	164272	149960	149960	148692	146155	146155	146155	124476	102797	102797	102797	102797	91274	79752	79752	68069	64175
			燃气	193578	193578	182824	161315	161315	159795	156754	156754	156754	133465	110176	110176	85822	85822	68937	68937	68937	68937	68937
	大型	公交车	汽油	1166057	1166057	1166057	1166057	1166057	801803	73295	73295	73295	73295	73295	73230	73166	73166	54875	36584	36584	36584	36584
			柴油	518463	518463	501710	468203	468203	454899	428292	428292	428292	420574	412856	412856	412856	412856	397969	383082	383082	345329	332745
			燃气	1042418	1042418	984506	868682	868682	804220	675297	675297	675297	578604	481912	481912	448660	448660	388870	388870	388870	388870	388870
		其他	汽油	2783166	2783166	2783166	2783166	2783166	1913758	174942	174942	174942	174942	174942	168382	161821	161821	121496	81170	81170	81170	81170
			柴油	1241558	1241558	1209610	1145715	1145715	1119003	1065580	1065580	1065580	1028064	990547	990547	990547	990547	943006	895465	895465	792477	758148
			燃气	2311025	2311025	2182635	1925854	1925854	1782943	1497122	1497122	1497122	1283248	1069373	1069373	964757	964757	818510	818510	818510	818510	818510
载货汽车	微型		汽油	118945	70766	22588	22588	22588	22588	15490	8393	8393	6828	5262	5262	4620	3979	3979	3979	3979	2925	2574
			柴油	81502	67420	53337	53337	53337	53337	47950	42563	42563	36002	29441	29441	29441	29441	21536	13631	13631	11546	10851
			燃气	72287	41280	10274	10274	10274	10274	7314	4354	4354	3530	2705	2705	2242	1779	1779	1779	1779	1556	1482
	轻型		汽油	88482	56900	25318	25318	25318	25318	17228	9137	9137	7674	6212	6212	5146	4081	4081	4081	4081	3054	2712
			柴油	81782	67560	53337	53337	53337	53337	47950	42563	42563	36002	29441	29441	29441	29441	23424	17407	17407	15986	15513
			燃气	53648	34432	15216	15216	15216	15216	10081	4947	4947	3976	3005	3005	2398	1791	1791	1791	1791	1617	1560
	中型		汽油	212047	212047	212047	212047	212047	144766	10205	10205	10205	10205	10205	10205	10205	10205	7656	5108	5108	5108	5108
			柴油	399713	399713	358913	277314	277314	263695	236457	236457	236457	232913	229369	229369	229369	229369	201242	173116	173116	149069	141053
			燃气	451359	451359	400344	298312	298312	283410	253605	253605	253605	249719	245834	245834	186292	186292	151520	151520	151520	151520	151520
	重型		汽油	2525632	2525632	2525632	2525632	2525632	1736673	158754	158754	158754	158754	158754	152800	146847	146847	110253	73659	73659	73659	73659
			柴油	1364056	1364056	1317496	1224377	1224377	1179090	1088517	1088517	1088517	1044867	1001217	1001217	1001217	1001217	883822	766426	766426	533472	455820
			燃气	2539042	2539042	2378721	2058078	2058078	1881835	1529348	1529348	1529348	1305120	1080892	1080892	825733	825733	492111	492111	492111	492111	492111
低速汽车	三轮汽车			65550	65550	65550	65550	65550	65550	65550	65550	65550	53279	53279	53279	53279	53279	53279	53279	53279	53279	53279
	低速货车			88065	88065	88065	88065	88065	88065	88065	88065	88065	71579	71579	71579	71579	71579	71579	71579	71579	71579	71579
摩托车	普通摩托车			892	892	892	892	862	833	773	773	773	773	773	687	601	601	601	601	601	601	601
	轻便摩托车			595	595	595	595	595	297	297	297	297	297	297	264	231	231	231	231	231	231	231

聊城市 PM 排放系数

单位：克/（辆·年）

车辆类型		使用性质	燃料种类	1999年年底前	2000年	2001年	2002年	2003年	2004年	2005年	2006年	2007年	2008年	2009年	2010年	2011年	2012年	2013年	2014年	2015年	2016年	2017年
载客汽车	微型	出租车	汽油	—	—	—	—	—	—	—	—	—	—	—	—	—	—	—	—	—	—	—
			燃气	—	—	—	—	—	—	—	—	—	—	—	—	—	—	—	—	—	—	—
		其他	汽油	—	—	—	—	—	—	—	—	—	—	—	—	—	—	—	—	—	—	—
			燃气	—	—	—	—	—	—	—	—	—	—	—	—	—	—	—	—	—	—	—
	小型	出租车	汽油	—	—	—	—	—	—	—	—	—	—	—	—	—	—	—	—	—	—	—
			柴油	45527	41689	37851	37851	37851	37851	25749	13647	13647	8908	4169	4169	4169	4169	3874	3580	3580	2960	2754
			燃气	—	—	—	—	—	—	—	—	—	—	—	—	—	—	—	—	—	—	—
		其他	汽油	—	—	—	—	—	—	—	—	—	—	—	—	—	—	—	—	—	—	—
			柴油	3069	2904	2739	2739	2739	2739	1969	1199	1199	878	558	558	558	558	468	377	377	377	377
			燃气	—	—	—	—	—	—	—	—	—	—	—	—	—	—	—	—	—	—	—
	中型	公交车	汽油	—	—	—	—	—	—	—	—	—	—	—	—	—	—	—	—	—	—	—
			柴油	30592	30592	28032	22913	22913	17978	8108	8108	8108	6872	5637	5637	5637	5637	3504	1372	1372	1080	983
			燃气	—	—	—	—	—	—	—	—	—	—	—	—	—	—	—	—	—	—	—
		其他	汽油	—	—	—	—	—	—	—	—	—	—	—	—	—	—	—	—	—	—	—
			柴油	15274	15274	12888	8116	8116	6262	2553	2553	2553	2434	2316	2316	2316	2316	1366	415	415	399	394
			燃气	—	—	—	—	—	—	—	—	—	—	—	—	—	—	—	—	—	—	—
	大型	公交车	汽油	—	—	—	—	—	—	—	—	—	—	—	—	—	—	—	—	—	—	—
			柴油	94865	94865	93934	92071	92071	71272	29674	29674	29674	19994	10315	10315	10315	10315	6116	1916	1916	1845	1821
			燃气	—	—	—	—	—	—	—	—	—	—	—	—	—	—	—	—	—	—	—
		其他	汽油	—	—	—	—	—	—	—	—	—	—	—	—	—	—	—	—	—	—	—
			柴油	142314	142314	133412	115607	115607	85425	25061	25061	25061	17182	9303	9303	9303	9303	5868	2433	2433	2343	2313
			燃气	—	—	—	—	—	—	—	—	—	—	—	—	—	—	—	—	—	—	—
载货汽车	微型		汽油	—	—	—	—	—	—	—	—	—	—	—	—	—	—	—	—	—	—	—
			柴油	9155	8966	8776	8776	8776	8776	7142	5509	5509	4088	2668	2668	2668	2668	1680	692	692	688	687
			燃气	—	—	—	—	—	—	—	—	—	—	—	—	—	—	—	—	—	—	—
	轻型		汽油	—	—	—	—	—	—	—	—	—	—	—	—	—	—	—	—	—	—	—
			柴油	9521	9148	8776	8776	8776	8776	7142	5509	5509	4088	2668	2668	2668	2668	2012	1356	1356	1120	1041
			燃气	—	—	—	—	—	—	—	—	—	—	—	—	—	—	—	—	—	—	—
	中型		汽油	—	—	—	—	—	—	—	—	—	—	—	—	—	—	—	—	—	—	—
			柴油	34548	34548	29074	18125	18125	13965	5645	5645	5645	5348	5051	5051	5051	5051	3238	1426	1426	1306	1266
			燃气	—	—	—	—	—	—	—	—	—	—	—	—	—	—	—	—	—	—	—
	重型		汽油	—	—	—	—	—	—	—	—	—	—	—	—	—	—	—	—	—	—	—
			柴油	179754	179754	147745	83726	83726	66478	31983	31983	31983	21916	11850	11850	11850	11850	7897	3944	3944	3334	3130
			燃气	—	—	—	—	—	—	—	—	—	—	—	—	—	—	—	—	—	—	—
低速汽车	三轮汽车			4092	4092	4092	4092	4092	4092	4092	4092	4092	3220	3220	3220	3220	3220	3220	3220	3220	3220	3220
	低速货车			5581	5581	5581	5581	5581	5581	5581	5581	5581	4392	4392	4392	4392	4392	4392	4392	4392	4392	4392
摩托车	普通摩托车			—	—	—	—	—	—	—	—	—	—	—	—	—	—	—	—	—	—	—
	轻便摩托车			—	—	—	—	—	—	—	—	—	—	—	—	—	—	—	—	—	—	—

聊城市 VOCs 排放系数

单位：克/（辆·年）

车辆类型		使用性质	燃料种类	1999 年年底前	2000 年	2001 年	2002 年	2003 年	2004 年	2005 年	2006 年	2007 年	2008 年	2009 年	2010 年	2011 年	2012 年	2013 年	2014 年	2015 年	2016 年	2017 年
载客汽车	微型	出租车	汽油	917805	540274	162744	162744	162744	162744	121887	81030	81030	65738	50447	50447	41788	33129	33129	33129	33129	23935	20870
			燃气	371986	225960	79933	79933	79933	79933	61788	43643	43643	36012	28380	28380	22525	16670	16670	16670	16670	9988	7761
		其他	汽油	45816	27836	9855	9855	9855	9855	9500	9144	9144	7892	6639	6639	6365	6091	6091	6091	6091	5197	4899
			燃气	14231	7980	1730	1730	1730	1730	1662	1593	1593	1182	771	771	703	635	635	635	635	435	368
	小型	出租车	汽油	917805	531694	145582	145582	145582	145582	136272	126962	126962	88704	50447	50447	41788	33129	33129	33129	33129	22411	18838
			柴油	219202	206198	193194	193194	193194	193194	174018	154843	154843	114493	74143	74143	74143	74143	54946	35749	35749	19814	14502
			燃气	371986	222660	73335	73335	73335	73335	67318	61300	61300	44840	28380	28380	22525	16670	16670	16670	16670	9402	6980
		其他	汽油	46442	28073	9704	9704	9704	9704	9758	9812	9812	8228	6643	6643	6328	6012	6012	6012	6012	5260	5009
			柴油	8871	8116	7360	7360	7360	7360	6236	5112	5112	3486	1861	1861	1861	1861	1604	1347	1347	967	840
			燃气	14471	8690	2908	2908	2908	2908	2379	1850	1850	1368	886	886	745	604	604	604	604	458	410
	中型	公交车	汽油	247811	247811	247811	247811	247214	168971	13678	13678	13678	13678	13678	13526	13375	13375	10948	8521	8521	8521	8521
			柴油	87806	87806	86086	82645	82645	64494	28192	28192	28192	20508	12823	12823	12823	12823	8958	5093	5093	4763	4653
			燃气	71579	71579	67602	59649	59649	57536	53311	53311	53311	42686	32061	32061	22219	22219	22154	22154	22154	22154	22154
		其他	汽油	128521	128521	128521	128521	127924	87602	8151	8151	8151	8151	8151	8005	7859	7859	6808	5757	5757	5757	5757
			柴油	30493	30493	28460	24394	24394	18567	6912	6912	6912	6506	6099	6099	6099	6099	3750	1402	1402	1243	1190
			燃气	34560	34560	32640	28800	28800	27780	25740	25740	25740	20623	15506	15506	10732	10732	9642	9642	9642	9642	9642
	大型	公交车	汽油	577119	577119	577119	577119	576522	388944	14982	14982	14982	14982	14982	14842	14702	14702	11936	9170	9170	9170	9170
			柴油	131708	131708	108010	60614	60614	60614	60614	60614	60614	43515	26416	26416	26416	26416	17675	8934	8934	5723	4653
			燃气	168926	168926	159541	140772	140772	135786	125815	125815	125815	100740	75665	75665	52438	52438	47188	47188	47188	47188	47188
		其他	汽油	1278417	1278417	1278417	1278417	1277820	860971	28468	28468	28468	28468	28468	22210	15951	15951	12760	9569	9569	9569	9569
			柴油	272891	272891	207397	76409	76409	76409	76409	76409	76409	55942	35476	35476	35476	35476	20706	5937	5937	5324	5119
			燃气	266186	266186	251398	221822	221822	213966	198253	198253	198253	158842	119430	119430	82662	82662	74261	74261	74261	74261	74261
载货汽车	微型		汽油	309121	166212	23303	23303	23303	23303	22020	20738	20738	19138	17538	17538	14494	11449	11449	11449	11449	9805	9257
			柴油	40927	38235	35543	35543	35543	35543	32566	29589	29589	21864	14138	14138	14138	14138	9752	5365	5365	3686	3126
			燃气	96017	50054	4091	4091	4091	4091	3852	3613	3613	2825	2037	2037	1615	1194	1194	1194	1194	820	695
	轻型		汽油	160090	95552	31014	31014	31014	31014	26778	22542	22542	20203	17864	17864	15734	13604	13604	13604	13604	11800	11199
			柴油	37615	36579	35543	35543	35543	35543	32566	29589	29589	21864	14138	14138	14138	14138	10703	7268	7268	5589	5029
			燃气	49883	29588	9294	9294	9294	9294	6772	4250	4250	3316	2383	2383	1875	1367	1367	1367	1367	1029	917
	中型		汽油	311030	311030	311030	311030	310433	211333	14328	14328	14328	14328	14328	14188	14048	14048	11444	8840	8840	8840	8840
			柴油	71612	71612	66838	57290	57290	43604	16232	16232	16232	15280	14328	14328	14328	14328	10384	6440	6440	3832	2962
			燃气	81163	81163	76655	67638	67638	65241	60447	60447	60447	48437	36427	36427	49297	49297	24000	24000	24000	24000	24000
	重型		汽油	1192833	1192833	1192833	1192833	1192236	803367	26826	26826	26826	26826	26826	20979	15132	15132	12154	9177	9177	9177	9177
			柴油	299006	299006	227245	83722	83722	83722	83722	83722	83722	61296	38871	38871	38871	38871	24424	9977	9977	7893	7198
			燃气	291659	291659	275457	243052	243052	234444	217228	217228	217228	174043	130859	130859	138912	138912	104421	104421	104421	104421	104421
低速汽车	三轮汽车			25300	25300	25300	25300	25300	25300	25300	25300	25300	16721	16721	16721	16721	16721	16721	16721	16721	16721	16721
	低速货车			33990	33990	33990	33990	33990	33990	33990	33990	33990	22464	22464	22464	22464	22464	22464	22464	22464	22464	22464
摩托车	普通摩托车			11957	11957	11957	11957	8924	5890	3153	3153	3153	3153	3153	2353	1553	1553	1553	1553	1553	1553	1553
	轻便摩托车			38669	38669	38669	38669	38669	7734	7734	3807	3807	3807	3807	2841	1875	1875	1875	1875	1875	1875	1875

滨州市 NO_x 排放系数

单位：克/（辆·年）

车辆类型		使用性质	燃料种类	1999年年底前	2000年	2001年	2002年	2003年	2004年	2005年	2006年	2007年	2008年	2009年	2010年	2011年	2012年	2013年	2014年	2015年	2016年	2017年
载客汽车	微型	出租车	汽油	301732	205984	110236	110236	110236	110236	82042	53847	53847	40307	26767	26767	21722	16676	16676	16676	16676	9924	7673
			燃气	194280	133992	73705	73705	73705	73705	55397	37089	37089	28170	19252	19252	15470	11689	11689	11689	11689	6744	5096
		其他	汽油	27568	17320	7073	7073	7073	7073	4470	1866	1866	1518	1169	1169	987	805	805	805	805	548	462
			燃气	16754	9986	3217	3217	3217	3217	2092	968	968	784	601	601	480	360	360	360	360	290	266
	小型	出租车	汽油	340670	227802	114934	114934	114934	114934	84752	54570	54570	40668	26767	26767	21055	15343	15343	15343	15343	8714	6504
			柴油	379714	320044	260373	260373	260373	260373	231356	202340	202340	161239	120138	120138	120138	120138	97209	74280	74280	55181	48815
			燃气	218714	147684	76653	76653	76653	76653	57098	37542	37542	28397	19252	19252	15052	10853	10853	10853	10853	5985	4362
		其他	汽油	25729	16452	7175	7175	7175	7175	4765	2355	2355	1640	926	926	847	768	768	768	768	517	433
			柴油	22264	18217	14170	14170	14170	14170	13048	11926	11926	9344	6761	6761	6761	6761	5844	4926	4926	4253	4029
			燃气	15600	9956	4312	4312	4312	4312	2794	1275	1275	862	448	448	392	337	337	337	337	271	249
	中型	公交车	汽油	327314	327314	327314	327314	327314	223610	16202	16202	16202	16202	16202	14530	12859	12859	9708	6556	6556	6556	6556
			柴油	365553	365553	364695	362978	362978	348553	319702	319702	319702	266296	212891	212891	212891	212891	173734	134577	134577	112671	105369
			燃气	388134	388134	383513	374272	374272	362663	339444	339444	339444	282510	225576	225576	142651	142651	111723	111723	111723	111723	111723
		其他	汽油	200673	200673	200673	200673	200673	136123	7024	7024	7024	7024	7024	7024	7024	7024	5268	3512	3512	3512	3512
			柴油	171428	171428	164272	149960	149960	148692	146155	146155	146155	124476	102797	102797	102797	102797	91274	79752	79752	68069	64175
			燃气	193578	193578	182824	161315	161315	159795	156754	156754	156754	133465	110176	110176	85822	85822	68937	68937	68937	68937	68937
	大型	公交车	汽油	1166057	1166057	1166057	1166057	1166057	801803	73295	73295	73295	73295	73295	73230	73166	73166	54875	36584	36584	36584	36584
			柴油	518463	518463	501710	468203	468203	454899	428292	428292	428292	420574	412856	412856	412856	412856	397969	383082	383082	345329	332745
			燃气	1042418	1042418	984506	868682	868682	804220	675297	675297	675297	578604	481912	481912	448660	448660	388870	388870	388870	388870	388870
		其他	汽油	2783166	2783166	2783166	2783166	2783166	1913758	174942	174942	174942	174942	174942	168382	161821	161821	121496	81170	81170	81170	81170
			柴油	1241558	1241558	1209610	1145715	1145715	1119003	1065580	1065580	1065580	1028064	990547	990547	990547	990547	943006	895465	895465	792477	758148
			燃气	2311025	2311025	2182635	1925854	1925854	1782943	1497122	1497122	1497122	1283248	1069373	1069373	964757	964757	818510	818510	818510	818510	818510
载货汽车	微型		汽油	118945	70766	22588	22588	22588	22588	15490	8393	8393	6828	5262	5262	4620	3979	3979	3979	3979	2925	2574
			柴油	81502	67420	53337	53337	53337	53337	47950	42563	42563	36002	29441	29441	29441	29441	21536	13631	13631	11546	10851
			燃气	72287	41280	10274	10274	10274	10274	7314	4354	4354	3530	2705	2705	2242	1779	1779	1779	1779	1556	1482
	轻型		汽油	88482	56900	25318	25318	25318	25318	17228	9137	9137	7674	6212	6212	5146	4081	4081	4081	4081	3054	2712
			柴油	81782	67560	53337	53337	53337	53337	47950	42563	42563	36002	29441	29441	29441	29441	23424	17407	17407	15986	15513
			燃气	53648	34432	15216	15216	15216	15216	10081	4947	4947	3976	3005	3005	2398	1791	1791	1791	1791	1617	1560
	中型		汽油	212047	212047	212047	212047	212047	144766	10205	10205	10205	10205	10205	10205	10205	10205	7656	5108	5108	5108	5108
			柴油	399713	399713	358913	277314	277314	263695	236457	236457	236457	232913	229369	229369	229369	229369	201242	173116	173116	149069	141053
			燃气	451359	451359	400344	298312	298312	283410	253605	253605	253605	249719	245834	245834	186292	186292	151520	151520	151520	151520	151520
	重型		汽油	2201262	2201262	2201262	2201262	2201262	1513630	138365	138365	138365	138365	138365	133176	127988	127988	96094	64199	64199	64199	64199
			柴油	1192635	1192635	1151926	1070509	1070509	1030914	951723	951723	951723	913558	875394	875394	875394	875394	773252	671111	671111	468863	401447
			燃气	2219960	2219960	2079786	1799439	1799439	1645344	1337155	1337155	1337155	1141106	945056	945056	723042	723042	433409	433409	433409	433409	433409
低速汽车	三轮汽车			65550	65550	65550	65550	65550	65550	65550	65550	65550	53279	53279	53279	53279	53279	53279	53279	53279	53279	53279
	低速货车			88065	88065	88065	88065	88065	88065	88065	88065	88065	71579	71579	71579	71579	71579	71579	71579	71579	71579	71579
摩托车	普通摩托车			892	892	892	892	862	833	773	773	773	773	773	687	601	601	601	601	601	601	601
	轻便摩托车			595	595	595	595	595	297	297	297	297	297	297	264	231	231	231	231	231	231	231

滨州市 PM 排放系数

单位：克/（辆·年）

车辆类型		使用性质	燃料种类	1999 年年底前	2000 年	2001 年	2002 年	2003 年	2004 年	2005 年	2006 年	2007 年	2008 年	2009 年	2010 年	2011 年	2012 年	2013 年	2014 年	2015 年	2016 年	2017 年
载客汽车	微型	出租车	汽油	—	—	—	—	—	—	—	—	—	—	—	—	—	—	—	—	—	—	—
			燃气	—	—	—	—	—	—	—	—	—	—	—	—	—	—	—	—	—	—	—
		其他	汽油	—	—	—	—	—	—	—	—	—	—	—	—	—	—	—	—	—	—	—
			燃气	—	—	—	—	—	—	—	—	—	—	—	—	—	—	—	—	—	—	—
	小型	出租车	汽油	—	—	—	—	—	—	—	—	—	—	—	—	—	—	—	—	—	—	—
			柴油	45527	41689	37851	37851	37851	37851	25749	13647	13647	8908	4169	4169	4169	4169	3874	3580	3580	2960	2754
			燃气	—	—	—	—	—	—	—	—	—	—	—	—	—	—	—	—	—	—	—
		其他	汽油	—	—	—	—	—	—	—	—	—	—	—	—	—	—	—	—	—	—	—
			柴油	3069	2904	2739	2739	2739	2739	1969	1199	1199	878	558	558	558	558	468	377	377	377	377
			燃气	—	—	—	—	—	—	—	—	—	—	—	—	—	—	—	—	—	—	—
	中型	公交车	汽油	—	—	—	—	—	—	—	—	—	—	—	—	—	—	—	—	—	—	—
			柴油	30592	30592	28032	22913	22913	17978	8108	8108	8108	6872	5637	5637	5637	5637	3504	1372	1372	1080	983
			燃气	—	—	—	—	—	—	—	—	—	—	—	—	—	—	—	—	—	—	—
		其他	汽油	—	—	—	—	—	—	—	—	—	—	—	—	—	—	—	—	—	—	—
			柴油	15274	15274	12888	8116	8116	6262	2553	2553	2553	2434	2316	2316	2316	2316	1366	415	415	399	394
			燃气	—	—	—	—	—	—	—	—	—	—	—	—	—	—	—	—	—	—	—
	大型	公交车	汽油	—	—	—	—	—	—	—	—	—	—	—	—	—	—	—	—	—	—	—
			柴油	94865	94865	93934	92071	92071	71272	29674	29674	29674	19994	10315	10315	10315	10315	6116	1916	1916	1845	1821
			燃气	—	—	—	—	—	—	—	—	—	—	—	—	—	—	—	—	—	—	—
		其他	汽油	—	—	—	—	—	—	—	—	—	—	—	—	—	—	—	—	—	—	—
			柴油	142314	142314	133412	115607	115607	85425	25061	25061	25061	17182	9303	9303	9303	9303	5868	2433	2433	2343	2313
			燃气	—	—	—	—	—	—	—	—	—	—	—	—	—	—	—	—	—	—	—
载货汽车	微型		汽油	—	—	—	—	—	—	—	—	—	—	—	—	—	—	—	—	—	—	—
			柴油	9155	8966	8776	8776	8776	8776	7142	5509	5509	4088	2668	2668	2668	2668	1680	692	692	688	687
			燃气	—	—	—	—	—	—	—	—	—	—	—	—	—	—	—	—	—	—	—
	轻型		汽油	—	—	—	—	—	—	—	—	—	—	—	—	—	—	—	—	—	—	—
			柴油	9521	9148	8776	8776	8776	8776	7142	5509	5509	4088	2668	2668	2668	2668	2012	1356	1356	1120	1041
			燃气	—	—	—	—	—	—	—	—	—	—	—	—	—	—	—	—	—	—	—
	中型		汽油	—	—	—	—	—	—	—	—	—	—	—	—	—	—	—	—	—	—	—
			柴油	34548	34548	29074	18125	18125	13965	5645	5645	5645	5348	5051	5051	5051	5051	3238	1426	1426	1306	1266
			燃气	—	—	—	—	—	—	—	—	—	—	—	—	—	—	—	—	—	—	—
	重型		汽油	—	—	—	—	—	—	—	—	—	—	—	—	—	—	—	—	—	—	—
			柴油	156754	156754	128840	73012	73012	57972	27891	27891	27891	19112	10333	10333	10333	10333	6889	3445	3445	2912	2734
			燃气	—	—	—	—	—	—	—	—	—	—	—	—	—	—	—	—	—	—	—
低速汽车	三轮汽车			4092	4092	4092	4092	4092	4092	4092	4092	4092	3220	3220	3220	3220	3220	3220	3220	3220	3220	3220
	低速货车			5581	5581	5581	5581	5581	5581	5581	5581	5581	4392	4392	4392	4392	4392	4392	4392	4392	4392	4392
摩托车	普通摩托车			—	—	—	—	—	—	—	—	—	—	—	—	—	—	—	—	—	—	—
	轻便摩托车			—	—	—	—	—	—	—	—	—	—	—	—	—	—	—	—	—	—	—

滨州市 VOCs 排放系数

单位：克/（辆·年）

车辆类型		使用性质	燃料种类	1999 年年底前	2000 年	2001 年	2002 年	2003 年	2004 年	2005 年	2006 年	2007 年	2008 年	2009 年	2010 年	2011 年	2012 年	2013 年	2014 年	2015 年	2016 年	2017 年
载客汽车	微型	出租车	汽油	917805	540274	162744	162744	162744	162744	121887	81030	81030	65738	50447	50447	41788	33129	33129	33129	33129	23935	20870
			燃气	371986	225960	79933	79933	79933	79933	61788	43643	43643	36012	28380	28380	22525	16670	16670	16670	16670	9988	7761
		其他	汽油	45816	27836	9855	9855	9855	9855	9500	9144	9144	7892	6639	6639	6365	6091	6091	6091	6091	5197	4899
			燃气	14231	7980	1730	1730	1730	1730	1662	1593	1593	1182	771	771	703	635	635	635	635	435	368
	小型	出租车	汽油	917805	531694	145582	145582	145582	145582	136272	126962	126962	88704	50447	50447	41788	33129	33129	33129	33129	22411	18838
			柴油	219202	206198	193194	193194	193194	193194	174018	154843	154843	114493	74143	74143	74143	74143	54946	35749	35749	19814	14502
			燃气	371986	222660	73335	73335	73335	73335	67318	61300	61300	44840	28380	28380	22525	16670	16670	16670	16670	9402	6980
		其他	汽油	46442	28073	9704	9704	9704	9704	9758	9812	9812	8228	6643	6643	6328	6012	6012	6012	6012	5260	5009
			柴油	8871	8116	7360	7360	7360	7360	6236	5112	5112	3486	1861	1861	1861	1861	1604	1347	1347	967	840
			燃气	14471	8690	2908	2908	2908	2908	2379	1850	1850	1368	886	886	745	604	604	604	604	458	410
	中型	公交车	汽油	247811	247811	247811	247811	247214	168971	13678	13678	13678	13678	13678	13526	13375	13375	10948	8521	8521	8521	8521
			柴油	87806	87806	86086	82645	82645	64494	28192	28192	28192	20508	12823	12823	12823	12823	8958	5093	5093	4763	4653
			燃气	71579	71579	67602	59649	59649	57536	53311	53311	53311	42686	32061	32061	22219	22219	22154	22154	22154	22154	22154
		其他	汽油	128521	128521	128521	128521	127924	87602	8151	8151	8151	8151	8151	8005	7859	7859	6808	5757	5757	5757	5757
			柴油	30493	30493	28460	24394	24394	18567	6912	6912	6912	6506	6099	6099	6099	6099	3750	1402	1402	1243	1190
			燃气	34560	34560	32640	28800	28800	27780	25740	25740	25740	20623	15506	15506	10732	10732	9642	9642	9642	9642	9642
	大型	公交车	汽油	577119	577119	577119	577119	576522	388944	14982	14982	14982	14982	14982	14842	14702	14702	11936	9170	9170	9170	9170
			柴油	131708	131708	108010	60614	60614	60614	60614	60614	60614	43515	26416	26416	26416	26416	17675	8934	8934	5723	4653
			燃气	168926	168926	159541	140772	140772	135786	125815	125815	125815	100740	75665	75665	52438	52438	47188	47188	47188	47188	47188
		其他	汽油	1278417	1278417	1278417	1278417	1277820	860971	28468	28468	28468	28468	28468	22210	15951	15951	12760	9569	9569	9569	9569
			柴油	272891	272891	207397	76409	76409	76409	76409	76409	76409	55942	35476	35476	35476	35476	20706	5937	5937	5324	5119
			燃气	266186	266186	251398	221822	221822	213966	198253	198253	198253	158842	119430	119430	82662	82662	74261	74261	74261	74261	74261
载货汽车	微型		汽油	309121	166212	23303	23303	23303	23303	22020	20738	20738	19138	17538	17538	14494	11449	11449	11449	11449	9805	9257
			柴油	40927	38235	35543	35543	35543	35543	32566	29589	29589	21864	14138	14138	14138	14138	9752	5365	5365	3686	3126
			燃气	96017	50054	4091	4091	4091	4091	3852	3613	3613	2825	2037	2037	1615	1194	1194	1194	1194	820	695
	轻型		汽油	160090	95552	31014	31014	31014	31014	26778	22542	22542	20203	17864	17864	15734	13604	13604	13604	13604	11800	11199
			柴油	37615	36579	35543	35543	35543	35543	32566	29589	29589	21864	14138	14138	14138	14138	10703	7268	7268	5589	5029
			燃气	49883	29588	9294	9294	9294	9294	6772	4250	4250	3316	2383	2383	1875	1367	1367	1367	1367	1029	917
	中型		汽油	311030	311030	311030	311030	310433	211333	14328	14328	14328	14328	14328	14188	14048	14048	11444	8840	8840	8840	8840
			柴油	71612	71612	66838	57290	57290	43604	16232	16232	16232	15280	14328	14328	14328	14328	10384	6440	6440	3832	2962
			燃气	81163	81163	76655	67638	67638	65241	60447	60447	60447	48437	36427	36427	49297	49297	24000	24000	24000	24000	24000
	重型		汽油	1039084	1039084	1039084	1039084	1038486	699883	23870	23870	23870	23870	23870	18762	13653	13653	11060	8466	8466	8466	8466
			柴油	260077	260077	197659	72822	72822	72822	72822	72822	72822	53316	33810	33810	33810	33810	21274	8738	8738	6940	6341
			燃气	253687	253687	239594	211409	211409	203921	188946	188946	188946	151384	113821	113821	121661	121661	91988	91988	91988	91988	91988
低速汽车	三轮汽车			25300	25300	25300	25300	25300	25300	25300	25300	25300	16721	16721	16721	16721	16721	16721	16721	16721	16721	16721
	低速货车			33990	33990	33990	33990	33990	33990	33990	33990	33990	22464	22464	22464	22464	22464	22464	22464	22464	22464	22464
摩托车	普通摩托车			11957	11957	11957	11957	8924	5890	3153	3153	3153	3153	3153	2353	1553	1553	1553	1553	1553	1553	1553
	轻便摩托车			38669	38669	38669	38669	38669	7734	7734	3807	3807	3807	3807	2841	1875	1875	1875	1875	1875	1875	1875

菏泽市 NO_x 排放系数

单位：克/（辆·年）

车辆类型		使用性质	燃料种类	1999年年底前	2000年	2001年	2002年	2003年	2004年	2005年	2006年	2007年	2008年	2009年	2010年	2011年	2012年	2013年	2014年	2015年	2016年	2017年
载客汽车	微型	出租车	汽油	291510	198716	105922	105922	105922	105922	78706	51491	51491	38454	25416	25416	20652	15889	15889	15889	15889	9506	7379
			燃气	187606	129172	70737	70737	70737	70737	53074	35410	35410	26832	18253	18253	14684	11116	11116	11116	11116	6450	4895
		其他	汽油	27557	17314	7070	7070	7070	7070	4468	1865	1865	1517	1169	1169	987	805	805	805	805	548	462
			燃气	16754	9986	3217	3217	3217	3217	2092	968	968	784	601	601	480	360	360	360	360	290	266
	小型	出租车	汽油	329276	219878	110479	110479	110479	110479	81335	52191	52191	38804	25416	25416	20006	14596	14596	14596	14596	8332	6244
			柴油	364697	307068	249440	249440	249440	249440	221698	193956	193956	154491	115026	115026	115026	115026	93188	71351	71351	53200	47150
			燃气	211315	142456	73598	73598	73598	73598	54724	35850	35850	27052	18253	18253	14279	10305	10305	10305	10305	5713	4182
		其他	汽油	25720	16446	7172	7172	7172	7172	4763	2354	2354	1640	926	926	846	767	767	767	767	516	433
			柴油	22257	18212	14167	14167	14167	14167	13045	11923	11923	9341	6759	6759	6759	6759	5842	4925	4925	4252	4028
			燃气	15600	9956	4312	4312	4312	4312	2794	1275	1275	862	448	448	392	337	337	337	337	271	249
	中型	公交车	汽油	327180	327180	327180	327180	327180	223518	16195	16195	16195	16195	16195	14524	12854	12854	9704	6554	6554	6554	6554
			柴油	365443	365443	364585	362869	362869	348448	319606	319606	319606	266216	212827	212827	212827	212827	173682	134537	134537	112638	105338
			燃气	388018	388018	383399	374160	374160	362554	339343	339343	339343	282426	225508	225508	142608	142608	111690	111690	111690	111690	111690
		其他	汽油	200591	200591	200591	200591	200591	136068	7021	7021	7021	7021	7021	7021	7021	7021	5266	3511	3511	3511	3511
			柴油	171376	171376	164222	149915	149915	148647	146112	146112	146112	124439	102766	102766	102766	102766	91247	79728	79728	68048	64155
			燃气	193520	193520	182769	161267	161267	159747	156707	156707	156707	133425	110143	110143	85797	85797	68917	68917	68917	68917	68917
	大型	公交车	汽油	1165580	1165580	1165580	1165580	1165580	801475	73265	73265	73265	73265	73265	73201	73137	73137	54853	36569	36569	36569	36569
			柴油	518307	518307	501559	468062	468062	454763	428164	428164	428164	420448	412732	412732	412732	412732	397850	382967	382967	345226	332646
			燃气	1042106	1042106	984211	868422	868422	803979	675094	675094	675094	578430	481767	481767	448525	448525	388754	388754	388754	388754	388754
		其他	汽油	2782028	2782028	2782028	2782028	2782028	1912975	174870	174870	174870	174870	174870	168312	161755	161755	121446	81136	81136	81136	81136
			柴油	1241186	1241186	1209248	1145372	1145372	1118668	1065261	1065261	1065261	1027756	990250	990250	990250	990250	942723	895196	895196	792240	757921
			燃气	2310333	2310333	2181981	1925277	1925277	1782409	1496674	1496674	1496674	1282864	1069053	1069053	964468	964468	818265	818265	818265	818265	818265
载货汽车	微型		汽油	127130	75730	24329	24329	24329	24329	16724	9119	9119	7428	5737	5737	5020	4302	4302	4302	4302	3146	2760
			柴油	87865	72776	57686	57686	57686	57686	51836	45985	45985	38884	31784	31784	31784	31784	23248	14711	14711	12397	11626
			燃气	77292	44181	11070	11070	11070	11070	7902	4733	4733	3841	2949	2949	2437	1924	1924	1924	1924	1673	1589
	轻型		汽油	94631	60936	27241	27241	27241	27241	18577	9913	9913	8332	6751	6751	5581	4411	4411	4411	4411	3283	2907
			柴油	88163	72924	57686	57686	57686	57686	51836	45985	45985	38884	31784	31784	31784	31784	25262	18740	18740	17136	16601
			燃气	57397	36887	16378	16378	16378	16378	10874	5369	5369	4318	3266	3266	2602	1938	1938	1938	1938	1738	1672
	中型		汽油	212047	212047	212047	212047	212047	144766	10205	10205	10205	10205	10205	10205	10205	10205	7656	5108	5108	5108	5108
			柴油	399713	399713	358913	277314	277314	263695	236457	236457	236457	232913	229369	229369	229369	229369	201242	173116	173116	149069	141053
			燃气	451361	451361	400345	298313	298313	283410	253603	253603	253603	249719	245834	245834	186294	186294	151523	151523	151523	151523	151523
	重型		汽油	2416539	2416539	2416539	2416539	2416539	1661658	151897	151897	151897	151897	151897	146200	140504	140504	105490	70477	70477	70477	70477
			柴油	1327403	1327403	1282094	1191477	1191477	1147407	1059268	1059268	1059268	1016791	974314	974314	974314	974314	854088	733861	733861	510218	435670
			燃气	2470817	2470817	2314803	2002776	2002776	1831268	1488254	1488254	1488254	1270051	1051849	1051849	790649	790649	470357	470357	470357	470357	470357
低速汽车	三轮汽车			65550	65550	65550	65550	65550	65550	65550	65550	65550	53279	53279	53279	53279	53279	53279	53279	53279	53279	53279
	低速货车			88065	88065	88065	88065	88065	88065	88065	88065	88065	71579	71579	71579	71579	71579	71579	71579	71579	71579	71579
摩托车	普通摩托车			892	892	892	892	862	833	773	773	773	773	773	687	601	601	601	601	601	601	601
	轻便摩托车			595	595	595	595	595	297	297	297	297	297	297	264	231	231	231	231	231	231	231

菏泽市 PM 排放系数

单位：克/（辆·年）

车辆类型		使用性质	燃料种类	1999年年底前	2000年	2001年	2002年	2003年	2004年	2005年	2006年	2007年	2008年	2009年	2010年	2011年	2012年	2013年	2014年	2015年	2016年	2017年
载客汽车	微型	出租车	汽油	—	—	—	—	—	—	—	—	—	—	—	—	—	—	—	—	—	—	—
			燃气	—	—	—	—	—	—	—	—	—	—	—	—	—	—	—	—	—	—	—
		其他	汽油	—	—	—	—	—	—	—	—	—	—	—	—	—	—	—	—	—	—	—
			燃气	—	—	—	—	—	—	—	—	—	—	—	—	—	—	—	—	—	—	—
	小型	出租车	汽油	—	—	—	—	—	—	—	—	—	—	—	—	—	—	—	—	—	—	—
			柴油	44175	40450	36726	36726	36726	36726	24984	13242	13242	8644	4045	4045	4045	4045	3760	3474	3474	2872	2672
			燃气	—	—	—	—	—	—	—	—	—	—	—	—	—	—	—	—	—	—	—
		其他	汽油	—	—	—	—	—	—	—	—	—	—	—	—	—	—	—	—	—	—	—
			柴油	3069	2904	2739	2739	2739	2739	1969	1199	1199	878	558	558	558	558	468	377	377	377	377
			燃气	—	—	—	—	—	—	—	—	—	—	—	—	—	—	—	—	—	—	—
	中型	公交车	汽油	—	—	—	—	—	—	—	—	—	—	—	—	—	—	—	—	—	—	—
			柴油	30592	30592	28032	22913	22913	17978	8108	8108	8108	6872	5637	5637	5637	5637	3504	1372	1372	1080	983
			燃气	—	—	—	—	—	—	—	—	—	—	—	—	—	—	—	—	—	—	—
		其他	汽油	—	—	—	—	—	—	—	—	—	—	—	—	—	—	—	—	—	—	—
			柴油	15274	15274	12888	8116	8116	6262	2553	2553	2553	2434	2316	2316	2316	2316	1366	415	415	399	394
			燃气	—	—	—	—	—	—	—	—	—	—	—	—	—	—	—	—	—	—	—
	大型	公交车	汽油	—	—	—	—	—	—	—	—	—	—	—	—	—	—	—	—	—	—	—
			柴油	94865	94865	93934	92071	92071	71272	29674	29674	29674	19994	10315	10315	10315	10315	6116	1916	1916	1845	1821
			燃气	—	—	—	—	—	—	—	—	—	—	—	—	—	—	—	—	—	—	—
		其他	汽油	—	—	—	—	—	—	—	—	—	—	—	—	—	—	—	—	—	—	—
			柴油	142314	142314	133412	115607	115607	85425	25061	25061	25061	17182	9303	9303	9303	9303	5868	2433	2433	2343	2313
			燃气	—	—	—	—	—	—	—	—	—	—	—	—	—	—	—	—	—	—	—
载货汽车	微型		汽油	—	—	—	—	—	—	—	—	—	—	—	—	—	—	—	—	—	—	—
			柴油	9771	9568	9366	9366	9366	9366	7622	5879	5879	4364	2848	2848	2848	2848	1793	738	738	735	734
			燃气	—	—	—	—	—	—	—	—	—	—	—	—	—	—	—	—	—	—	—
	轻型		汽油	—	—	—	—	—	—	—	—	—	—	—	—	—	—	—	—	—	—	—
			柴油	10162	9764	9366	9366	9366	9366	7622	5879	5879	4364	2848	2848	2848	2848	2148	1447	1447	1195	1111
			燃气	—	—	—	—	—	—	—	—	—	—	—	—	—	—	—	—	—	—	—
	中型		汽油	—	—	—	—	—	—	—	—	—	—	—	—	—	—	—	—	—	—	—
			柴油	34548	34548	29074	18125	18125	13965	5645	5645	5645	5348	5051	5051	5051	5051	3238	1426	1426	1306	1266
			燃气	—	—	—	—	—	—	—	—	—	—	—	—	—	—	—	—	—	—	—
	重型		汽油	—	—	—	—	—	—	—	—	—	—	—	—	—	—	—	—	—	—	—
			柴油	170585	170585	140208	79455	79455	63087	30351	30351	30351	20798	11245	11245	11245	11245	7534	3822	3822	3230	3033
			燃气	—	—	—	—	—	—	—	—	—	—	—	—	—	—	—	—	—	—	—
低速汽车	三轮汽车			4092	4092	4092	4092	4092	4092	4092	4092	4092	3220	3220	3220	3220	3220	3220	3220	3220	3220	3220
	低速货车			5581	5581	5581	5581	5581	5581	5581	5581	5581	4392	4392	4392	4392	4392	4392	4392	4392	4392	4392
摩托车	普通摩托车			—	—	—	—	—	—	—	—	—	—	—	—	—	—	—	—	—	—	—
	轻便摩托车			—	—	—	—	—	—	—	—	—	—	—	—	—	—	—	—	—	—	—

菏泽市 VOCs 排放系数

单位：克/（辆·年）

车辆类型		使用性质	燃料种类	1999 年年底前	2000 年	2001 年	2002 年	2003 年	2004 年	2005 年	2006 年	2007 年	2008 年	2009 年	2010 年	2011 年	2012 年	2013 年	2014 年	2015 年	2016 年	2017 年
载客汽车	微型	出租车	汽油	828781	488850	148918	148918	148918	148918	111894	74871	74871	60892	46913	46913	38876	30839	30839	30839	30839	22198	19318
			燃气	359696	218092	76488	76488	76488	76488	59020	41553	41553	34252	26950	26950	21407	15864	15864	15864	15864	9562	7461
		其他	汽油	43219	26419	9619	9619	9619	9619	9267	8915	8915	7724	6532	6532	6272	6013	6013	6013	6013	5145	4856
			燃气	14231	7980	1730	1730	1730	1730	1662	1593	1593	1182	771	771	703	635	635	635	635	435	368
	小型	出租车	汽油	828781	481130	133480	133480	133480	133480	124834	116188	116188	81550	46913	46913	38876	30839	30839	30839	30839	20827	17490
			柴油	206022	193794	181565	181565	181565	181565	163526	145488	145488	107624	69759	69759	69759	69759	51700	33640	33640	18632	13629
			燃气	359696	214892	70087	70087	70087	70087	64386	58685	58685	42818	26950	26950	21407	15864	15864	15864	15864	8993	6703
		其他	汽油	43800	26640	9479	9479	9479	9479	9507	9535	9535	8035	6535	6535	6238	5940	5940	5940	5940	5203	4957
			柴油	8628	7896	7164	7164	7164	7164	6074	4983	4983	3406	1829	1829	1829	1829	1574	1320	1320	944	819
			燃气	14471	8690	2908	2908	2908	2908	2379	1850	1850	1368	886	886	745	604	604	604	604	458	410
	中型	公交车	汽油	247832	247832	247832	247832	247236	168993	13700	13700	13700	13700	13700	13548	13397	13397	10970	8542	8542	8542	8542
			柴油	87806	87806	86086	82645	82645	64494	28192	28192	28192	20508	12823	12823	12823	12823	8958	5093	5093	4763	4653
			燃气	71579	71579	67602	59649	59649	57536	53311	53311	53311	42686	32061	32061	22219	22219	22154	22154	22154	22154	22154
		其他	汽油	128543	128543	128543	128543	127946	87623	8172	8172	8172	8172	8172	8026	7881	7881	6830	5779	5779	5779	5779
			柴油	30493	30493	28460	24394	24394	18567	6912	6912	6912	6506	6099	6099	6099	6099	3750	1402	1402	1243	1190
			燃气	34560	34560	32640	28800	28800	27780	25740	25740	25740	20623	15506	15506	10732	10732	9642	9642	9642	9642	9642
	大型	公交车	汽油	577140	577140	577140	577140	576544	388966	15004	15004	15004	15004	15004	14864	14724	14724	11958	9192	9192	9192	9192
			柴油	131708	131708	108010	60614	60614	60614	60614	60614	60614	43515	26416	26416	26416	26416	17675	8934	8934	5723	4653
			燃气	168926	168926	159541	140772	140772	135786	125815	125815	125815	100740	75665	75665	52438	52438	47188	47188	47188	47188	47188
		其他	汽油	1278438	1278438	1278438	1278438	1277842	860993	28490	28490	28490	28490	28490	22232	15973	15973	12782	9591	9591	9591	9591
			柴油	272891	272891	207397	76409	76409	76409	76409	76409	76409	55942	35476	35476	35476	35476	20706	5937	5937	5324	5119
			燃气	266186	266186	251398	221822	221822	213966	198253	198253	198253	158842	119430	119430	82662	82662	74261	74261	74261	74261	74261
载货汽车	微型		汽油	306770	165297	23824	23824	23824	23824	22464	21104	21104	19451	17798	17798	14698	11597	11597	11597	11597	9850	9267
			柴油	43755	40870	37984	37984	37984	37984	34738	31492	31492	23360	15227	15227	15227	15227	10530	5832	5832	3937	3305
			燃气	101012	52648	4285	4285	4285	4285	4028	3771	3771	2936	2101	2101	1663	1225	1225	1225	1225	833	702
	轻型		汽油	159313	95384	31454	31454	31454	31454	27172	22889	22889	20505	18121	18121	15925	13729	13729	13729	13729	11824	11189
			柴油	40345	39164	37984	37984	37984	37984	34738	31492	31492	23360	15227	15227	15227	15227	11509	7791	7791	5895	5263
			燃气	52635	31142	9650	9650	9650	9650	7045	4441	4441	3449	2457	2457	1926	1396	1396	1396	1396	1043	925
	中型		汽油	311052	311052	311052	311052	310455	211355	14350	14350	14350	14350	14350	14210	14070	14070	11466	8862	8862	8862	8862
			柴油	71612	71612	66838	57290	57290	43604	16232	16232	16232	15280	14328	14328	14328	14328	10384	6440	6440	3832	2962
			燃气	81163	81163	76655	67638	67638	65241	60447	60447	60447	48437	36427	36427	49297	49297	24000	24000	24000	24000	24000
	重型		汽油	1140832	1140832	1140832	1140832	1140234	768374	25848	25848	25848	25848	25848	20250	14653	14653	11806	8958	8958	8958	8958
			柴油	290750	290750	220970	81410	81410	81410	81410	81410	81410	59604	37798	37798	37798	37798	23830	9861	9861	7464	6665
			燃气	283606	283606	267851	236340	236340	227970	211229	211229	211229	169238	127247	127247	137297	137297	96689	96689	96689	96689	96689
低速汽车	三轮汽车			25300	25300	25300	25300	25300	25300	25300	25300	25300	16721	16721	16721	16721	16721	16721	16721	16721	16721	16721
	低速货车			33990	33990	33990	33990	33990	33990	33990	33990	33990	22464	22464	22464	22464	22464	22464	22464	22464	22464	22464
摩托车	普通摩托车			11957	11957	11957	11957	8924	5890	3153	3153	3153	3153	3153	2353	1553	1553	1553	1553	1553	1553	1553
	轻便摩托车			38669	38669	38669	38669	38669	7734	7734	3807	3807	3807	3807	2841	1875	1875	1875	1875	1875	1875	1875

郑州市 NO_x 排放系数

单位：克/（辆·年）

车辆类型		使用性质	燃料种类	1999年年底前	2000年	2001年	2002年	2003年	2004年	2005年	2006年	2007年	2008年	2009年	2010年	2011年	2012年	2013年	2014年	2015年	2016年	2017年
载客汽车	微型	出租车	汽油	327844	223124	118403	118403	118403	118403	88099	57795	57795	43296	28796	28796	23677	18558	18558	18558	18558	11242	8804
			燃气	220577	151221	81865	81865	81865	81865	61334	40804	40804	30888	20973	20973	17094	13215	13215	13215	13215	7834	6040
		其他	汽油	33357	20944	8530	8530	8530	8530	5376	2223	2223	1812	1400	1400	1212	1023	1023	1023	1023	720	619
			燃气	21478	12802	4126	4126	4126	4126	2691	1256	1256	1021	786	786	654	523	523	523	523	420	385
	小型	出租车	汽油	370252	246854	123455	123455	123455	123455	91014	58572	58572	43684	28796	28796	22886	16977	16977	16977	16977	9812	7423
			柴油	422516	355432	288349	288349	288349	288349	257123	225897	225897	179802	133707	133707	133707	133707	108478	83250	83250	63577	57019
			燃气	248615	166910	85205	85205	85205	85205	63261	41317	41317	31145	20973	20973	16572	12170	12170	12170	12170	6888	5127
		其他	汽油	31123	19888	8654	8654	8654	8654	5734	2813	2813	1959	1105	1105	1038	970	970	970	970	678	580
			柴油	29394	24048	18701	18701	18701	18701	17232	15763	15763	12356	8950	8950	8950	8950	7724	6497	6497	5742	5491
			燃气	20002	12761	5520	5520	5520	5520	3583	1646	1646	1118	591	591	540	489	489	489	489	392	359
	中型	公交车	汽油	341274	341274	341274	341274	341274	233147	16893	16893	16893	16893	16893	15150	13407	13407	10122	6836	6836	6836	6836
			柴油	381016	381016	380121	378332	378332	363297	333226	333226	333226	277561	221896	221896	221896	221896	181083	140270	140270	117438	109827
			燃气	404553	404553	399737	390105	390105	378004	353803	353803	353803	294460	235118	235118	148685	148685	116449	116449	116449	116449	116449
		其他	汽油	200923	200923	200923	200923	200923	136293	7032	7032	7032	7032	7032	7032	7032	7032	5274	3517	3517	3517	3517
			柴油	171584	171584	164422	150097	150097	148828	146289	146289	146289	124590	102891	102891	102891	102891	91358	79824	79824	68131	64233
			燃气	193755	193755	182991	161462	161462	159940	156897	156897	156897	133586	110276	110276	85901	85901	69000	69000	69000	69000	69000
	大型	公交车	汽油	1215789	1215789	1215789	1215789	1215789	836000	76421	76421	76421	76421	76421	76354	76287	76287	57216	38144	38144	38144	38144
			柴油	540395	540395	522933	488008	488008	474142	446410	446410	446410	438365	430320	430320	430320	430320	414804	399287	399287	359938	346821
			燃气	1086514	1086514	1026152	905428	905428	838240	703863	703863	703863	603080	502297	502297	467639	467639	405320	405320	405320	405320	405320
		其他	汽油	2786633	2786633	2786633	2786633	2786633	1916142	175160	175160	175160	175160	175160	168592	162023	162023	121647	81271	81271	81271	81271
			柴油	1242690	1242690	1210713	1146760	1146760	1120024	1066552	1066552	1066552	1029002	991451	991451	991451	991451	943866	896281	896281	793200	758840
			燃气	2313133	2313133	2184626	1927611	1927611	1784570	1498488	1498488	1498488	1284418	1070348	1070348	965637	965637	819257	819257	819257	819257	819257
载货汽车	微型		汽油	178120	106525	34930	34930	34930	34930	24235	13540	13540	11086	8633	8633	7452	6272	6272	6272	6272	4486	3891
			柴油	131626	109438	87251	87251	87251	87251	78430	69609	69609	58872	48136	48136	48136	48136	35189	22242	22242	18483	17230
			燃气	114688	65792	16896	16896	16896	16896	12273	7650	7650	6248	4847	4847	4027	3207	3207	3207	3207	2617	2420
	轻型		汽油	132068	85511	38954	38954	38954	38954	26796	14637	14637	12336	10034	10034	8228	6423	6423	6423	6423	4676	4094
			柴油	132059	109655	87251	87251	87251	87251	78430	69609	69609	58872	48136	48136	48136	48136	38138	28139	28139	25418	24511
			燃气	84877	54862	24847	24847	24847	24847	16706	8565	8565	6966	5367	5367	4302	3238	3238	3238	3238	2710	2534
	中型		汽油	192067	192067	192067	192067	192066	131125	9243	9243	9243	9243	9243	9243	9243	9243	6935	4627	4627	4627	4627
			柴油	359871	359871	323138	249672	249672	237411	212888	212888	212888	210719	208550	208550	208550	208550	182976	157403	157403	135538	128250
			燃气	406371	406371	360440	268577	268577	255160	228325	228325	228325	225922	223519	223519	169386	169386	137768	137768	137768	137768	137768
	重型		汽油	2620623	2620623	2620623	2620623	2620623	1801990	164725	164725	164725	164725	164725	158548	152371	152371	114400	76429	76429	76429	76429
			柴油	1441063	1441063	1391875	1293498	1293498	1245655	1149969	1149969	1149969	1103854	1057740	1057740	1057740	1057740	921429	785118	785118	538082	455736
			燃气	2682383	2682383	2513010	2174266	2174266	1988073	1615688	1615688	1615688	1378800	1141912	1141912	845872	845872	492021	492021	492021	492021	492021
低速汽车	三轮汽车			65550	65550	65550	65550	65550	65550	65550	65550	65550	53279	53279	53279	53279	53279	53279	53279	53279	53279	53279
	低速货车			88065	88065	88065	88065	88065	88065	88065	88065	88065	71579	71579	71579	71579	71579	71579	71579	71579	71579	71579
摩托车	普通摩托车			965	965	965	965	932	900	836	836	836	836	836	743	650	650	650	650	650	650	650
	轻便摩托车			643	643	643	643	643	322	322	322	322	322	322	286	250	250	250	250	250	250	250

郑州市 PM 排放系数

单位：克/（辆·年）

车辆类型		使用性质	燃料种类	1999 年年底前	2000 年	2001 年	2002 年	2003 年	2004 年	2005 年	2006 年	2007 年	2008 年	2009 年	2010 年	2011 年	2012 年	2013 年	2014 年	2015 年	2016 年	2017 年
载客汽车	微型	出租车	汽油	—	—	—	—	—	—	—	—	—	—	—	—	—	—	—	—	—	—	—
			燃气	—	—	—	—	—	—	—	—	—	—	—	—	—	—	—	—	—	—	—
		其他	汽油	—	—	—	—	—	—	—	—	—	—	—	—	—	—	—	—	—	—	—
			燃气	—	—	—	—	—	—	—	—	—	—	—	—	—	—	—	—	—	—	—
	小型	出租车	汽油	—	—	—	—	—	—	—	—	—	—	—	—	—	—	—	—	—	—	—
			柴油	54859	50258	45658	45658	45658	45658	31154	16649	16649	10859	5069	5069	5069	5069	4711	4353	4353	3599	3348
			燃气	—	—	—	—	—	—	—	—	—	—	—	—	—	—	—	—	—	—	—
		其他	汽油	—	—	—	—	—	—	—	—	—	—	—	—	—	—	—	—	—	—	—
			柴油	4278	4049	3820	3820	3820	3820	2754	1688	1688	1236	784	784	784	784	656	528	528	528	528
			燃气	—	—	—	—	—	—	—	—	—	—	—	—	—	—	—	—	—	—	—
	中型	公交车	汽油	—	—	—	—	—	—	—	—	—	—	—	—	—	—	—	—	—	—	—
			柴油	31857	31857	29192	23861	23861	18722	8443	8443	8443	7156	5870	5870	5870	5870	3649	1428	1428	1124	1023
			燃气	—	—	—	—	—	—	—	—	—	—	—	—	—	—	—	—	—	—	—
		其他	汽油	—	—	—	—	—	—	—	—	—	—	—	—	—	—	—	—	—	—	—
			柴油	15274	15274	12888	8116	8116	6262	2553	2553	2553	2434	2316	2316	2316	2316	1366	415	415	399	394
			燃气	—	—	—	—	—	—	—	—	—	—	—	—	—	—	—	—	—	—	—
	大型	公交车	汽油	—	—	—	—	—	—	—	—	—	—	—	—	—	—	—	—	—	—	—
			柴油	98788	98788	97818	95878	95878	74219	30901	30901	30901	20821	10741	10741	10741	10741	6368	1995	1995	1921	1896
			燃气	—	—	—	—	—	—	—	—	—	—	—	—	—	—	—	—	—	—	—
		其他	汽油	—	—	—	—	—	—	—	—	—	—	—	—	—	—	—	—	—	—	—
			柴油	142314	142314	133412	115607	115607	85425	25061	25061	25061	17182	9303	9303	9303	9303	5868	2433	2433	2343	2313
			燃气	—	—	—	—	—	—	—	—	—	—	—	—	—	—	—	—	—	—	—
载货汽车	微型		汽油	—	—	—	—	—	—	—	—	—	—	—	—	—	—	—	—	—	—	—
			柴油	14495	14195	13895	13895	13895	13895	11352	8810	8810	6538	4267	4267	4267	4267	2686	1106	1106	1101	1099
			燃气	—	—	—	—	—	—	—	—	—	—	—	—	—	—	—	—	—	—	—
	轻型		汽油	—	—	—	—	—	—	—	—	—	—	—	—	—	—	—	—	—	—	—
			柴油	15075	14485	13895	13895	13895	13895	11352	8810	8810	6538	4267	4267	4267	4267	3218	2168	2168	1791	1665
			燃气	—	—	—	—	—	—	—	—	—	—	—	—	—	—	—	—	—	—	—
	中型		汽油	—	—	—	—	—	—	—	—	—	—	—	—	—	—	—	—	—	—	—
			柴油	30980	30980	26071	16253	16253	12534	5097	5097	5097	4829	4561	4561	4561	4561	2924	1288	1288	1179	1143
			燃气	—	—	—	—	—	—	—	—	—	—	—	—	—	—	—	—	—	—	—
	重型		汽油	—	—	—	—	—	—	—	—	—	—	—	—	—	—	—	—	—	—	—
			柴油	169395	169395	139230	78901	78901	62647	30140	30140	30140	20654	11167	11167	11167	11167	7478	3788	3788	3202	3006
			燃气	—	—	—	—	—	—	—	—	—	—	—	—	—	—	—	—	—	—	—
低速汽车	三轮汽车			4092	4092	4092	4092	4092	4092	4092	4092	4092	3220	3220	3220	3220	3220	3220	3220	3220	3220	3220
	低速货车			5581	5581	5581	5581	5581	5581	5581	5581	5581	4392	4392	4392	4392	4392	4392	4392	4392	4392	4392
摩托车	普通摩托车			—	—	—	—	—	—	—	—	—	—	—	—	—	—	—	—	—	—	—
	轻便摩托车			—	—	—	—	—	—	—	—	—	—	—	—	—	—	—	—	—	—	—

郑州市 VOCs 排放系数

单位：克/（辆·年）

车辆类型		使用性质	燃料种类	1999 年年底前	2000 年	2001 年	2002 年	2003 年	2004 年	2005 年	2006 年	2007 年	2008 年	2009 年	2010 年	2011 年	2012 年	2013 年	2014 年	2015 年	2016 年	2017 年
载客汽车	微型	出租车	汽油	905014	536722	168431	168431	168431	168431	125964	83497	83497	68536	53576	53576	44466	35355	35355	35355	35355	25374	22047
			燃气	429516	260630	91745	91745	91745	91745	70194	48643	48643	40287	31931	31931	25517	19103	19103	19103	19103	11788	9350
		其他	汽油	51409	31094	10779	10779	10779	10779	10348	9918	9918	8576	7233	7233	6918	6604	6604	6604	6604	5592	5254
			燃气	19427	10932	2436	2436	2436	2436	2322	2207	2207	1662	1116	1116	1034	951	951	951	951	660	563
	小型	出租车	汽油	905014	527963	150912	150912	150912	150912	140138	129365	129365	91470	53576	53576	44466	35355	35355	35355	35355	23754	19887
			柴油	238534	224456	210378	210378	210378	210378	190818	171259	171259	125832	80405	80405	80405	80405	59612	38819	38819	21694	15986
			燃气	429516	256628	83740	83740	83740	83740	76670	69601	69601	50766	31931	31931	25517	19103	19103	19103	19103	11048	8363
		其他	汽油	52128	31364	10600	10600	10600	10600	10648	10697	10697	8967	7237	7237	6870	6503	6503	6503	6503	5658	5376
			柴油	11459	10473	9487	9487	9487	9487	8092	6698	6698	4554	2410	2410	2410	2410	2058	1705	1705	1232	1075
			燃气	19756	11928	4101	4101	4101	4101	3332	2562	2562	1924	1285	1285	1095	905	905	905	905	690	618
	中型	公交车	汽油	257902	257902	257902	257902	257306	175859	14158	14158	14158	14158	14158	14006	13854	13854	11327	8800	8800	8800	8800
			柴油	91436	91436	89645	86063	86063	67161	29358	29358	29358	21356	13354	13354	13354	13354	9328	5303	5303	4960	4846
			燃气	74539	74539	70398	62116	62116	59916	55516	55516	55516	44452	33387	33387	23138	23138	23070	23070	23070	23070	23070
		其他	汽油	128600	128600	128600	128600	128003	87681	8230	8230	8230	8230	8230	8084	7938	7938	6887	5836	5836	5836	5836
			柴油	30493	30493	28460	24394	24394	18567	6912	6912	6912	6506	6099	6099	6099	6099	3750	1402	1402	1243	1190
			燃气	34560	34560	32640	28800	28800	27780	25740	25740	25740	20623	15506	15506	10732	10732	9642	9642	9642	9642	9642
	大型	公交车	汽油	600828	600828	600828	600828	600231	404928	15515	15515	15515	15515	15515	15376	15236	15236	12356	9476	9476	9476	9476
			柴油	137155	137155	112477	63120	63120	63120	63120	63120	63120	45314	27508	27508	27508	27508	18406	9304	9304	5960	4846
			燃气	175912	175912	166139	146593	146593	141401	131018	131018	131018	104906	78794	78794	54606	54606	49139	49139	49139	49139	49139
		其他	汽油	1278496	1278496	1278496	1278496	1277899	861050	28547	28547	28547	28547	28547	22288	16030	16030	12839	9648	9648	9648	9648
			柴油	272891	272891	207397	76409	76409	76409	76409	76409	76409	55942	35476	35476	35476	35476	20706	5937	5937	5324	5119
			燃气	266186	266186	251398	221822	221822	213966	198253	198253	198253	158842	119430	119430	82662	82662	74261	74261	74261	74261	74261
载货汽车	微型		汽油	428964	230928	32893	32893	32893	32893	30854	28815	28815	26477	24139	24139	19564	14989	14989	14989	14989	12422	11567
			柴油	69590	64970	60349	60349	60349	60349	55074	49799	49799	37137	24475	24475	24475	24475	16944	9414	9414	6202	5131
			燃气	162102	84768	7434	7434	7434	7434	6923	6412	6412	5068	3724	3724	2941	2158	2158	2158	2158	1469	1239
	轻型		汽油	221962	132783	43604	43604	43604	43604	37462	31321	31321	27956	24591	24591	21287	17983	17983	17983	17983	15194	14264
			柴油	64466	62408	60349	60349	60349	60349	55074	49799	49799	37137	24475	24475	24475	24475	18422	12368	12368	9156	8086
			燃气	84121	50496	16870	16870	16870	16870	12186	7502	7502	5934	4366	4366	3435	2503	2503	2503	2503	1855	1640
	中型		汽油	277540	277540	277540	277540	276943	188654	13271	13271	13271	13271	13271	13131	12991	12991	10672	8352	8352	8352	8352
			柴油	63907	63907	59646	51125	51125	38912	14486	14486	14486	13636	12785	12785	12785	12785	9266	5746	5746	3419	2643
			燃气	72431	72431	68407	60359	60359	58221	53945	53945	53945	43225	32504	32504	43984	43984	21415	21415	21415	21415	21415
	重型		汽油	1168250	1168250	1168250	1168250	1167652	786847	26431	26431	26431	26431	26431	20702	14973	14973	12058	9142	9142	9142	9142
			柴油	296349	296349	225225	82978	82978	82978	82978	82978	82978	60752	38525	38525	38525	38525	24045	9565	9565	7838	7262
			燃气	289068	289068	273009	240892	240892	232361	215297	215297	215297	172496	129694	129694	133175	133175	105349	105349	105349	105349	105349
低速汽车	三轮汽车			25300	25300	25300	25300	25300	25300	25300	25300	25300	16721	16721	16721	16721	16721	16721	16721	16721	16721	16721
	低速货车			33990	33990	33990	33990	33990	33990	33990	33990	33990	22464	22464	22464	22464	22464	22464	22464	22464	22464	22464
摩托车	普通摩托车			12928	12928	12928	12928	9648	6368	3409	3409	3409	3409	3409	2544	1679	1679	1679	1679	1679	1679	1679
	轻便摩托车			41808	41808	41808	41808	41808	8362	8362	4116	4116	4116	4116	3072	2027	2027	2027	2027	2027	2027	2027

开封市 NO_x 排放系数

单位：克/（辆·年）

车辆类型		使用性质	燃料种类	1999 年年底前	2000 年	2001 年	2002 年	2003 年	2004 年	2005 年	2006 年	2007 年	2008 年	2009 年	2010 年	2011 年	2012 年	2013 年	2014 年	2015 年	2016 年	2017 年
载客汽车	微型	出租车	汽油	305062	207232	109401	109401	109401	109401	81472	53543	53543	40189	26835	26835	21796	16756	16756	16756	16756	10051	7816
			燃气	205201	140426	75651	75651	75651	75651	56725	37799	37799	28666	19534	19534	15741	11948	11948	11948	11948	7014	5370
		其他	汽油	27678	17358	7038	7038	7038	7038	4444	1850	1850	1506	1163	1163	990	816	816	816	816	561	476
			燃气	17705	10529	3353	3353	3353	3353	2176	998	998	809	620	620	501	382	382	382	382	312	289
	小型	出租车	汽油	344500	229273	114046	114046	114046	114046	84152	54257	54257	40546	26835	26835	21120	15406	15406	15406	15406	8813	6615
			柴油	386448	325420	264391	264391	264391	264391	235192	205992	205992	163775	121558	121558	121558	121558	98443	75328	75328	56748	50555
			燃气	231274	154998	78722	78722	78722	78722	58497	38272	38272	28903	19534	19534	15295	11056	11056	11056	11056	6196	4576
		其他	汽油	25831	16486	7140	7140	7140	7140	4739	2338	2338	1628	919	919	848	777	777	777	777	529	446
			柴油	22787	18634	14480	14480	14480	14480	13346	12212	12212	9558	6904	6904	6904	6904	5972	5039	5039	4391	4175
			燃气	16484	10494	4504	4504	4504	4504	2912	1320	1320	890	459	459	408	357	357	357	357	291	269
	中型	公交车	汽油	327746	327746	327746	327746	327746	223905	16223	16223	16223	16223	16223	14550	12876	12876	9720	6565	6565	6565	6565
			柴油	365906	365906	365047	363328	363328	348889	320011	320011	320011	266554	213096	213096	213096	213096	173902	134707	134707	112780	105471
			燃气	388509	388509	383884	374634	374634	363013	339772	339772	339772	282782	225793	225793	142789	142789	111831	111831	111831	111831	111831
		其他	汽油	200938	200938	200938	200938	200938	136303	7033	7033	7033	7033	7033	7033	7033	7033	5275	3517	3517	3517	3517
			柴油	171593	171593	164430	150105	150105	148836	146297	146297	146297	124596	102896	102896	102896	102896	91362	79828	79828	68134	64236
			燃气	193765	193765	183000	161471	161471	159949	156905	156905	156905	133594	110282	110282	85905	85905	69004	69004	69004	69004	69004
	大型	公交车	汽油	1167594	1167594	1167594	1167594	1167594	802860	73392	73392	73392	73392	73392	73328	73263	73263	54948	36632	36632	36632	36632
			柴油	518963	518963	502194	468655	468655	455339	428706	428706	428706	420980	413254	413254	413254	413254	398352	383451	383451	345663	333067
			燃气	1043424	1043424	985456	869520	869520	804996	675948	675948	675948	579162	482377	482377	449093	449093	389245	389245	389245	389245	389245
		其他	汽油	2786835	2786835	2786835	2786835	2786835	1916281	175172	175172	175172	175172	175172	168604	162035	162035	121656	81277	81277	81277	81277
			柴油	1242756	1242756	1210777	1146820	1146820	1120083	1066609	1066609	1066609	1029056	991503	991503	991503	991503	943916	896329	896329	793242	758880
			燃气	2313255	2313255	2184741	1927713	1927713	1784664	1498567	1498567	1498567	1284486	1070405	1070405	965688	965688	819300	819300	819300	819300	819300
载货汽车	微型		汽油	125626	74678	23729	23729	23729	23729	16226	8722	8722	7086	5449	5449	4796	4144	4144	4144	4144	3072	2715
			柴油	86054	71095	56136	56136	56136	56136	50513	44890	44890	37986	31082	31082	31082	31082	22732	14383	14383	12254	11544
			燃气	80360	45832	11305	11305	11305	11305	8005	4705	4705	3805	2905	2905	2422	1940	1940	1940	1940	1721	1648
	轻型		汽油	93583	60104	26626	26626	26626	26626	18069	9512	9512	7985	6458	6458	5355	4252	4252	4252	4252	3209	2861
			柴油	86353	71244	56136	56136	56136	56136	50513	44890	44890	37986	31082	31082	31082	31082	24750	18418	18418	16999	16526
			燃气	59720	38258	16796	16796	16796	16796	11083	5370	5370	4298	3225	3225	2590	1954	1954	1954	1954	1783	1726
	中型		汽油	192067	192067	192067	192067	192066	131125	9243	9243	9243	9243	9243	9243	9243	9243	6935	4627	4627	4627	4627
			柴油	359871	359871	323138	249672	249672	237411	212888	212888	212888	210719	208550	208550	208550	208550	182976	157403	157403	135538	128250
			燃气	406371	406371	360440	268577	268577	255160	228325	228325	228325	225922	223520	223520	169385	169385	137770	137770	137770	137770	137770
	重型		汽油	2999521	2999521	2999521	2999521	2999521	2062528	188541	188541	188541	188541	188541	181471	174401	174401	130940	87479	87479	87479	87479
			柴油	1626143	1626143	1570637	1459626	1459626	1405638	1297662	1297662	1297662	1245626	1193589	1193589	1193589	1193589	1034972	876354	876354	588736	492864
			燃气	3026888	3026888	2835764	2453515	2453515	2243407	1823192	1823192	1823192	1555883	1288573	1288573	944167	944167	532105	532105	532105	532105	532105
低速汽车	三轮汽车			65550	65550	65550	65550	65550	65550	65550	65550	65550	53279	53279	53279	53279	53279	53279	53279	53279	53279	53279
	低速货车			88065	88065	88065	88065	88065	88065	88065	88065	88065	71579	71579	71579	71579	71579	71579	71579	71579	71579	71579
摩托车	普通摩托车			965	965	965	965	932	900	836	836	836	836	836	743	650	650	650	650	650	650	650
	轻便摩托车			643	643	643	643	643	322	322	322	322	322	322	286	250	250	250	250	250	250	250

开封市 PM 排放系数

单位：克/（辆·年）

车辆类型		使用性质	燃料种类	1999 年年底前	2000 年	2001 年	2002 年	2003 年	2004 年	2005 年	2006 年	2007 年	2008 年	2009 年	2010 年	2011 年	2012 年	2013 年	2014 年	2015 年	2016 年	2017 年
载客汽车	微型	出租车	汽油	—	—	—	—	—	—	—	—	—	—	—	—	—	—	—	—	—	—	—
			燃气	—	—	—	—	—	—	—	—	—	—	—	—	—	—	—	—	—	—	—
		其他	汽油	—	—	—	—	—	—	—	—	—	—	—	—	—	—	—	—	—	—	—
			燃气	—	—	—	—	—	—	—	—	—	—	—	—	—	—	—	—	—	—	—
	小型	出租车	汽油	—	—	—	—	—	—	—	—	—	—	—	—	—	—	—	—	—	—	—
			柴油	49124	44993	40862	40862	40862	40862	27916	14969	14969	9747	4525	4525	4525	4525	4206	3886	3886	3213	2989
			燃气	—	—	—	—	—	—	—	—	—	—	—	—	—	—	—	—	—	—	—
		其他	汽油	—	—	—	—	—	—	—	—	—	—	—	—	—	—	—	—	—	—	—
			柴油	3325	3147	2969	2969	2969	2969	2138	1308	1308	958	607	607	607	607	509	411	411	411	411
			燃气	—	—	—	—	—	—	—	—	—	—	—	—	—	—	—	—	—	—	—
	中型	公交车	汽油	—	—	—	—	—	—	—	—	—	—	—	—	—	—	—	—	—	—	—
			柴油	30592	30592	28032	22913	22913	17978	8108	8108	8108	6872	5637	5637	5637	5637	3504	1372	1372	1080	983
			燃气	—	—	—	—	—	—	—	—	—	—	—	—	—	—	—	—	—	—	—
		其他	汽油	—	—	—	—	—	—	—	—	—	—	—	—	—	—	—	—	—	—	—
			柴油	15274	15274	12888	8116	8116	6262	2553	2553	2553	2434	2316	2316	2316	2316	1366	415	415	399	394
			燃气	—	—	—	—	—	—	—	—	—	—	—	—	—	—	—	—	—	—	—
	大型	公交车	汽油	—	—	—	—	—	—	—	—	—	—	—	—	—	—	—	—	—	—	—
			柴油	94865	94865	93934	92071	92071	71272	29674	29674	29674	19994	10315	10315	10315	10315	6116	1916	1916	1845	1821
			燃气	—	—	—	—	—	—	—	—	—	—	—	—	—	—	—	—	—	—	—
		其他	汽油	—	—	—	—	—	—	—	—	—	—	—	—	—	—	—	—	—	—	—
			柴油	142314	142314	133412	115607	115607	85425	25061	25061	25061	17182	9303	9303	9303	9303	5868	2433	2433	2343	2313
			燃气	—	—	—	—	—	—	—	—	—	—	—	—	—	—	—	—	—	—	—
载货汽车	微型		汽油	—	—	—	—	—	—	—	—	—	—	—	—	—	—	—	—	—	—	—
			柴油	10231	10020	9808	9808	9808	9808	7989	6170	6170	4579	2988	2988	2988	2988	1881	774	774	771	770
			燃气	—	—	—	—	—	—	—	—	—	—	—	—	—	—	—	—	—	—	—
	轻型		汽油	—	—	—	—	—	—	—	—	—	—	—	—	—	—	—	—	—	—	—
			柴油	10640	10224	9808	9808	9808	9808	7989	6170	6170	4579	2988	2988	2988	2988	2254	1519	1519	1254	1166
			燃气	—	—	—	—	—	—	—	—	—	—	—	—	—	—	—	—	—	—	—
	中型		汽油	—	—	—	—	—	—	—	—	—	—	—	—	—	—	—	—	—	—	—
			柴油	30980	30980	26071	16253	16253	12534	5097	5097	5097	4829	4561	4561	4561	4561	2924	1288	1288	1179	1143
			燃气	—	—	—	—	—	—	—	—	—	—	—	—	—	—	—	—	—	—	—
	重型		汽油	—	—	—	—	—	—	—	—	—	—	—	—	—	—	—	—	—	—	—
			柴油	194136	194136	159565	90424	90424	71797	34542	34542	34542	23670	12798	12798	12798	12798	8566	4334	4334	3663	3439
			燃气	—	—	—	—	—	—	—	—	—	—	—	—	—	—	—	—	—	—	—
低速汽车	三轮汽车			4092	4092	4092	4092	4092	4092	4092	4092	4092	3220	3220	3220	3220	3220	3220	3220	3220	3220	3220
	低速货车			5581	5581	5581	5581	5581	5581	5581	5581	5581	4392	4392	4392	4392	4392	4392	4392	4392	4392	4392
摩托车	普通摩托车			—	—	—	—	—	—	—	—	—	—	—	—	—	—	—	—	—	—	—
	轻便摩托车			—	—	—	—	—	—	—	—	—	—	—	—	—	—	—	—	—	—	—

开封市 VOCs 排放系数

单位：克/（辆·年）

车辆类型		使用性质	燃料种类	1999年年底前	2000年	2001年	2002年	2003年	2004年	2005年	2006年	2007年	2008年	2009年	2010年	2011年	2012年	2013年	2014年	2015年	2016年	2017年
载客汽车	微型	出租车	汽油	807785	480428	153072	153072	153072	153072	115030	76988	76988	63044	49100	49100	40518	31937	31937	31937	31937	22276	19055
			燃气	383745	233658	83572	83572	83572	83572	64195	44818	44818	37041	29264	29264	23244	17224	17224	17224	17224	10255	7932
		其他	汽油	42186	25876	9565	9565	9565	9565	9204	8842	8842	7684	6525	6525	6270	6015	6015	6015	6015	5142	4851
			燃气	15156	8496	1836	1836	1836	1836	1762	1687	1687	1254	820	820	753	686	686	686	686	471	399
	小型	出租车	汽油	807785	472595	137405	137405	137405	137405	127929	118453	118453	83776	49100	49100	40518	31937	31937	31937	31937	20952	17291
			柴油	219788	206762	193736	193736	193736	193736	174866	155996	155996	115128	74259	74259	74259	74259	55036	35812	35812	19894	14588
			燃气	383745	230080	76414	76414	76414	76414	70089	63764	63764	46514	29264	29264	23244	17224	17224	17224	17224	9650	7126
		其他	汽油	42749	26088	9426	9426	9426	9426	9438	9449	9449	7988	6528	6528	6235	5942	5942	5942	5942	5196	4948
			柴油	8802	8052	7301	7301	7301	7301	6200	5098	5098	3468	1838	1838	1838	1838	1588	1337	1337	966	842
			燃气	15413	9266	3120	3120	3120	3120	2542	1965	1965	1456	947	947	800	653	653	653	653	496	443
	中型	公交车	汽油	247835	247835	247835	247835	247238	168995	13702	13702	13702	13702	13702	13550	13399	13399	10972	8545	8545	8545	8545
			柴油	87806	87806	86086	82645	82645	64494	28192	28192	28192	20508	12823	12823	12823	12823	8958	5093	5093	4763	4653
			燃气	71579	71579	67602	59649	59649	57536	53311	53311	53311	42686	32061	32061	22219	22219	22154	22154	22154	22154	22154
		其他	汽油	128545	128545	128545	128545	127948	87626	8175	8175	8175	8175	8175	8030	7884	7884	6832	5781	5781	5781	5781
			柴油	30493	30493	28460	24394	24394	18567	6912	6912	6912	6506	6099	6099	6099	6099	3750	1402	1402	1243	1190
			燃气	34560	34560	32640	28800	28800	27780	25740	25740	25740	20623	15506	15506	10732	10732	9642	9642	9642	9642	9642
	大型	公交车	汽油	577143	577143	577143	577143	576546	388968	15006	15006	15006	15006	15006	14866	14726	14726	11960	9194	9194	9194	9194
			柴油	131708	131708	108010	60614	60614	60614	60614	60614	60614	43515	26416	26416	26416	26416	17675	8934	8934	5723	4653
			燃气	168926	168926	159541	140772	140772	135786	125815	125815	125815	100740	75665	75665	52438	52438	47188	47188	47188	47188	47188
		其他	汽油	1278441	1278441	1278441	1278441	1277844	860996	28493	28493	28493	28493	28493	22234	15975	15975	12784	9593	9593	9593	9593
			柴油	272891	272891	207397	76409	76409	76409	76409	76409	76409	55942	35476	35476	35476	35476	20706	5937	5937	5324	5119
			燃气	266186	266186	251398	221822	221822	213966	198253	198253	198253	158842	119430	119430	82662	82662	74261	74261	74261	74261	74261
载货汽车	微型		汽油	294151	158412	22672	22672	22672	22672	21412	20152	20152	18592	17032	17032	14112	11191	11191	11191	11191	9568	9027
			柴油	41863	39110	36357	36357	36357	36357	33342	30328	30328	22376	14425	14425	14425	14425	9936	5446	5446	3767	3207
			燃气	105678	55015	4352	4352	4352	4352	4098	3845	3845	2993	2140	2140	1708	1276	1276	1276	1276	876	742
	轻型		汽油	152710	91350	29990	29990	29990	29990	25927	21864	21864	19602	17341	17341	15289	13237	13237	13237	13237	11462	10870
			柴油	38429	37393	36357	36357	36357	36357	33342	30328	30328	22376	14425	14425	14425	14425	10923	7421	7421	5742	5182
			燃气	55059	32493	9927	9927	9927	9927	7237	4547	4547	3531	2516	2516	1985	1455	1455	1455	1455	1094	973
	中型		汽油	277485	277485	277485	277485	276888	188599	13216	13216	13216	13216	13216	13076	12936	12936	10616	8297	8297	8297	8297
			柴油	63907	63907	59646	51125	51125	38912	14486	14486	14486	13636	12785	12785	12785	12785	9266	5746	5746	3419	2643
			燃气	72431	72431	68407	60359	60359	58221	53945	53945	53945	43225	32504	32504	43984	43984	21415	21415	21415	21415	21415
	重型		汽油	1350729	1350729	1350729	1350729	1350132	909652	29887	29887	29887	29887	29887	23280	16674	16674	13302	9931	9931	9931	9931
			柴油	345373	345373	262483	96704	96704	96704	96704	96704	96704	70801	44898	44898	44898	44898	27888	10877	10877	8500	7707
			燃气	336887	336887	318171	280740	280740	270797	250911	250911	250911	201030	151149	151149	151443	151443	111805	111805	111805	111805	111805
低速汽车	三轮汽车			25300	25300	25300	25300	25300	25300	25300	25300	25300	16721	16721	16721	16721	16721	16721	16721	16721	16721	16721
	低速货车			33990	33990	33990	33990	33990	33990	33990	33990	33990	22464	22464	22464	22464	22464	22464	22464	22464	22464	22464
摩托车	普通摩托车			12928	12928	12928	12928	9648	6368	3409	3409	3409	3409	3409	2544	1679	1679	1679	1679	1679	1679	1679
	轻便摩托车			41808	41808	41808	41808	41808	8362	8362	4116	4116	4116	4116	3072	2027	2027	2027	2027	2027	2027	2027

洛阳市 NO_x 排放系数

单位：克/（辆·年）

车辆类型		使用性质	燃料种类	1999年年底前	2000年	2001年	2002年	2003年	2004年	2005年	2006年	2007年	2008年	2009年	2010年	2011年	2012年	2013年	2014年	2015年	2016年	2017年
载客汽车	微型	出租车	汽油	456637	314052	171468	171468	171468	171468	129172	86876	86876	66218	45560	45560	37519	29478	29478	29478	29478	17248	13171
			燃气	308803	214182	119562	119562	119562	119562	90762	61963	61963	47722	33481	33481	27336	21190	21190	21190	21190	12120	9096
		其他	汽油	29654	18616	7579	7579	7579	7579	4767	1955	1955	1586	1218	1218	1092	966	966	966	966	670	572
			燃气	19017	11318	3619	3619	3619	3619	2343	1067	1067	862	657	657	569	481	481	481	481	385	353
	小型	出租车	汽油	513876	346060	178245	178245	178245	178245	133082	87918	87918	66739	45560	45560	36354	27149	27149	27149	27149	15186	11198
			柴油	628860	532410	435959	435959	435959	435959	388570	341182	341182	272576	203969	203969	203969	203969	164298	124626	124626	94379	84297
			燃气	346656	235350	124043	124043	124043	124043	93348	62652	62652	48066	33481	33481	26566	19650	19650	19650	19650	10756	7792
		其他	汽油	27668	17678	7689	7689	7689	7689	5086	2484	2484	1720	956	956	935	914	914	914	914	630	536
			柴油	26596	21716	16836	16836	16836	16836	15503	14170	14170	11147	8124	8124	8124	8124	7036	5947	5947	5339	5136
			燃气	17703	11286	4868	4868	4868	4868	3142	1417	1417	950	483	483	465	447	447	447	447	358	329
	中型	公交车	汽油	327646	327646	327646	327646	327646	223837	16218	16218	16218	16218	16218	14545	12872	12872	9718	6563	6563	6563	6563
			柴油	365824	365824	364965	363247	363247	348811	319939	319939	319939	266494	213049	213049	213049	213049	173863	134677	134677	112755	105448
			燃气	388422	388422	383798	374550	374550	362932	339696	339696	339696	282720	225743	225743	142757	142757	111806	111806	111806	111806	111806
		其他	汽油	200877	200877	200877	200877	200877	136262	7031	7031	7031	7031	7031	7031	7031	7031	5274	3516	3516	3516	3516
			柴油	171555	171555	164394	150071	150071	148802	146264	146264	146264	124568	102873	102873	102873	102873	91342	79811	79811	68119	64222
			燃气	193722	193722	182960	161435	161435	159913	156870	156870	156870	133564	110257	110257	85886	85886	68989	68989	68989	68989	68989
	大型	公交车	汽油	1167239	1167239	1167239	1167239	1167239	802616	73369	73369	73369	73369	73369	73305	73241	73241	54931	36621	36621	36621	36621
			柴油	518848	518848	502082	468550	468550	455237	428610	428610	428610	420886	413162	413162	413162	413162	398264	383366	383366	345586	332992
			燃气	1043192	1043192	985237	869326	869326	804817	675798	675798	675798	579034	482269	482269	448993	448993	389159	389159	389159	389159	389159
		其他	汽油	2785987	2785987	2785987	2785987	2785987	1915698	175119	175119	175119	175119	175119	168552	161985	161985	121618	81252	81252	81252	81252
			柴油	1242479	1242479	1210508	1146565	1146565	1119834	1066371	1066371	1066371	1028826	991282	991282	991282	991282	943706	896129	896129	793066	758711
			燃气	2312740	2312740	2184254	1927283	1927283	1784266	1498233	1498233	1498233	1284200	1070167	1070167	965472	965472	819118	819118	819118	819118	819118
载货汽车	微型		汽油	96354	56766	17178	17178	17178	17178	11654	6130	6130	4954	3778	3778	3374	2971	2971	2971	2971	2241	1998
			柴油	67946	55788	43631	43631	43631	43631	39355	35079	35079	29804	24529	24529	24529	24529	17944	11360	11360	9925	9447
			燃气	61791	34997	8203	8203	8203	8203	5774	3346	3346	2692	2038	2038	1759	1479	1479	1479	1479	1295	1233
	轻型		汽油	69430	44386	19343	19343	19343	19343	13032	6720	6720	5626	4532	4532	3792	3052	3052	3052	3052	2343	2107
			柴油	68193	55912	43631	43631	43631	43631	39355	35079	35079	29804	24529	24529	24529	24529	19628	14728	14728	13886	13605
			燃气	44424	28335	12246	12246	12246	12246	8040	3833	3833	3062	2290	2290	1891	1493	1493	1493	1493	1343	1293
	中型		汽油	192067	192067	192067	192067	192066	131125	9243	9243	9243	9243	9243	9243	9243	9243	6935	4627	4627	4627	4627
			柴油	359871	359871	323138	249672	249672	237411	212888	212888	212888	210719	208550	208550	208550	208550	182976	157403	157403	135538	128250
			燃气	406371	406371	360440	268578	268578	255160	228325	228325	228325	225922	223519	223519	169384	169384	137770	137770	137770	137770	137770
	重型		汽油	2035488	2035488	2035488	2035488	2035488	1399640	127945	127945	127945	127945	127945	123147	118349	118349	88856	59364	59364	59364	59364
			柴油	1109221	1109221	1071360	995637	995637	958811	885159	885159	885159	849664	814169	814169	814169	814169	707203	600237	600237	409433	345832
			燃气	2064695	2064695	1934325	1673585	1673585	1530268	1243633	1243633	1243633	1061296	878960	878960	646684	646684	373366	373366	373366	373366	373366
低速汽车	三轮汽车			65550	65550	65550	65550	65550	65550	65550	65550	65550	53279	53279	53279	53279	53279	53279	53279	53279	53279	53279
	低速货车			88065	88065	88065	88065	88065	88065	88065	88065	88065	71579	71579	71579	71579	71579	71579	71579	71579	71579	71579
摩托车	普通摩托车			965	965	965	965	932	900	836	836	836	836	836	743	650	650	650	650	650	650	650
	轻便摩托车			643	643	643	643	643	322	322	322	322	322	322	286	250	250	250	250	250	250	250

洛阳市 PM 排放系数

单位：克/（辆·年）

车辆类型		使用性质	燃料种类	1999 年年底前	2000 年	2001 年	2002 年	2003 年	2004 年	2005 年	2006 年	2007 年	2008 年	2009 年	2010 年	2011 年	2012 年	2013 年	2014 年	2015 年	2016 年	2017 年
载客汽车	微型	出租车	汽油	—	—	—	—	—	—	—	—	—	—	—	—	—	—	—	—	—	—	—
			燃气	—	—	—	—	—	—	—	—	—	—	—	—	—	—	—	—	—	—	—
		其他	汽油	—	—	—	—	—	—	—	—	—	—	—	—	—	—	—	—	—	—	—
			燃气	—	—	—	—	—	—	—	—	—	—	—	—	—	—	—	—	—	—	—
	小型	出租车	汽油	—	—	—	—	—	—	—	—	—	—	—	—	—	—	—	—	—	—	—
			柴油	77179	70721	64263	64263	64263	64263	43760	23257	23257	15216	7175	7175	7175	7175	6668	6162	6162	5096	4740
			燃气	—	—	—	—	—	—	—	—	—	—	—	—	—	—	—	—	—	—	—
		其他	汽油	—	—	—	—	—	—	—	—	—	—	—	—	—	—	—	—	—	—	—
			柴油	3921	3710	3500	3500	3500	3500	2514	1528	1528	1126	724	724	724	724	599	474	474	474	474
			燃气	—	—	—	—	—	—	—	—	—	—	—	—	—	—	—	—	—	—	—
	中型	公交车	汽油	—	—	—	—	—	—	—	—	—	—	—	—	—	—	—	—	—	—	—
			柴油	30592	30592	28032	22913	22913	17978	8108	8108	8108	6872	5637	5637	5637	5637	3504	1372	1372	1080	983
			燃气	—	—	—	—	—	—	—	—	—	—	—	—	—	—	—	—	—	—	—
		其他	汽油	—	—	—	—	—	—	—	—	—	—	—	—	—	—	—	—	—	—	—
			柴油	15274	15274	12888	8116	8116	6262	2553	2553	2553	2434	2316	2316	2316	2316	1366	415	415	399	394
			燃气	—	—	—	—	—	—	—	—	—	—	—	—	—	—	—	—	—	—	—
	大型	公交车	汽油	—	—	—	—	—	—	—	—	—	—	—	—	—	—	—	—	—	—	—
			柴油	94865	94865	93934	92071	92071	71272	29674	29674	29674	19994	10315	10315	10315	10315	6116	1916	1916	1845	1821
			燃气	—	—	—	—	—	—	—	—	—	—	—	—	—	—	—	—	—	—	—
		其他	汽油	—	—	—	—	—	—	—	—	—	—	—	—	—	—	—	—	—	—	—
			柴油	142314	142314	133412	115607	115607	85425	25061	25061	25061	17182	9303	9303	9303	9303	5868	2433	2433	2343	2313
			燃气	—	—	—	—	—	—	—	—	—	—	—	—	—	—	—	—	—	—	—
载货汽车	微型		汽油	—	—	—	—	—	—	—	—	—	—	—	—	—	—	—	—	—	—	—
			柴油	8107	7940	7772	7772	7772	7772	6359	4946	4946	3670	2395	2395	2395	2395	1508	621	621	618	617
			燃气	—	—	—	—	—	—	—	—	—	—	—	—	—	—	—	—	—	—	—
	轻型		汽油	—	—	—	—	—	—	—	—	—	—	—	—	—	—	—	—	—	—	—
			柴油	8432	8102	7772	7772	7772	7772	6359	4946	4946	3670	2395	2395	2395	2395	1806	1217	1217	1005	934
			燃气	—	—	—	—	—	—	—	—	—	—	—	—	—	—	—	—	—	—	—
	中型		汽油	—	—	—	—	—	—	—	—	—	—	—	—	—	—	—	—	—	—	—
			柴油	30980	30980	26071	16253	16253	12534	5097	5097	5097	4829	4561	4561	4561	4561	2924	1288	1288	1179	1143
			燃气	—	—	—	—	—	—	—	—	—	—	—	—	—	—	—	—	—	—	—
	重型		汽油	—	—	—	—	—	—	—	—	—	—	—	—	—	—	—	—	—	—	—
			柴油	131447	131447	108040	61225	61225	48613	23388	23388	23388	16026	8665	8665	8665	8665	5801	2937	2937	2482	2330
			燃气	—	—	—	—	—	—	—	—	—	—	—	—	—	—	—	—	—	—	—
低速汽车	三轮汽车			4092	4092	4092	4092	4092	4092	4092	4092	4092	3220	3220	3220	3220	3220	3220	3220	3220	3220	3220
	低速货车			5581	5581	5581	5581	5581	5581	5581	5581	5581	4392	4392	4392	4392	4392	4392	4392	4392	4392	4392
摩托车	普通摩托车			—	—	—	—	—	—	—	—	—	—	—	—	—	—	—	—	—	—	—
	轻便摩托车			—	—	—	—	—	—	—	—	—	—	—	—	—	—	—	—	—	—	—

洛阳市 VOCs 排放系数

单位：克/（辆·年）

车辆类型		使用性质	燃料种类	1999年年底前	2000年	2001年	2002年	2003年	2004年	2005年	2006年	2007年	2008年	2009年	2010年	2011年	2012年	2013年	2014年	2015年	2016年	2017年
载客汽车	微型	出租车	汽油	1444297	857936	271574	271574	271574	271574	202474	133373	133373	109662	85952	85952	71360	56768	56768	56768	56768	40628	35248
			燃气	606154	372710	139265	139265	139265	139265	107648	76031	76031	63490	50948	50948	40748	30549	30549	30549	30549	18524	14516
		其他	汽油	53791	32323	10855	10855	10855	10855	10451	10047	10047	8685	7323	7323	7070	6818	6818	6818	6818	5818	5485
			燃气	17685	9895	2105	2105	2105	2105	2018	1931	1931	1448	966	966	926	886	886	886	886	642	560
	小型	出租车	汽油	1444297	843780	243263	243263	243263	243263	225124	206984	206984	146468	85952	85952	71360	56768	56768	56768	56768	37804	31482
			柴油	390396	367138	343880	343880	343880	343880	312866	281853	281853	207727	133601	133601	133601	133601	98960	64319	64319	35539	25946
			燃气	606154	367124	128094	128094	128094	128094	116585	105076	105076	78012	50948	50948	40748	30549	30549	30549	30549	17410	13030
		其他	汽油	54555	32610	10665	10665	10665	10665	10768	10872	10872	9100	7327	7327	7016	6704	6704	6704	6704	5896	5627
			柴油	10878	9930	8982	8982	8982	8982	7717	6452	6452	4320	2188	2188	2188	2188	1902	1617	1617	1195	1054
			燃气	17986	10804	3622	3622	3622	3622	2939	2256	2256	1689	1122	1122	982	841	841	841	841	672	616
	中型	公交车	汽油	247930	247930	247930	247930	247333	169090	13798	13798	13798	13798	13798	13646	13495	13495	11068	8640	8640	8640	8640
			柴油	87806	87806	86086	82645	82645	64494	28192	28192	28192	20508	12823	12823	12823	12823	8958	5093	5093	4763	4653
			燃气	71579	71579	67602	59649	59649	57536	53311	53311	53311	42686	32061	32061	22219	22219	22154	22154	22154	22154	22154
		其他	汽油	128640	128640	128640	128640	128043	87721	8270	8270	8270	8270	8270	8124	7979	7979	6928	5876	5876	5876	5876
			柴油	30493	30493	28460	24394	24394	18567	6912	6912	6912	6506	6099	6099	6099	6099	3750	1402	1402	1243	1190
			燃气	34560	34560	32640	28800	28800	27780	25740	25740	25740	20623	15506	15506	10732	10732	9642	9642	9642	9642	9642
	大型	公交车	汽油	577238	577238	577238	577238	576641	389063	15101	15101	15101	15101	15101	14962	14822	14822	12056	9290	9290	9290	9290
			柴油	131708	131708	108010	60614	60614	60614	60614	60614	60614	43515	26416	26416	26416	26416	17675	8934	8934	5723	4653
			燃气	168926	168926	159541	140772	140772	135786	125815	125815	125815	100740	75665	75665	52438	52438	47188	47188	47188	47188	47188
		其他	汽油	1278536	1278536	1278536	1278536	1277939	861091	28588	28588	28588	28588	28588	22329	16070	16070	12880	9689	9689	9689	9689
			柴油	272891	272891	207397	76409	76409	76409	76409	76409	76409	55942	35476	35476	35476	35476	20706	5937	5937	5324	5119
			燃气	266186	266186	251398	221822	221822	213966	198253	198253	198253	158842	119430	119430	82662	82662	74261	74261	74261	74261	74261
载货汽车	微型		汽油	281683	151004	20326	20326	20326	20326	19339	18352	18352	17012	15672	15672	13094	10515	10515	10515	10515	9244	8821
			柴油	34071	31854	29636	29636	29636	29636	27406	25175	25175	18250	11325	11325	11325	11325	7698	4071	4071	3070	2737
			燃气	92610	48276	3942	3942	3942	3942	3734	3527	3527	2797	2067	2067	1717	1366	1366	1366	1366	1017	901
	轻型		汽油	145432	86404	27376	27376	27376	27376	23689	20002	20002	17986	15970	15970	14228	12486	12486	12486	12486	11068	10596
			柴油	30803	30220	29636	29636	29636	29636	27406	25175	25175	18250	11325	11325	11325	11325	8637	5949	5949	4948	4615
			燃气	47947	28622	9297	9297	9297	9297	6724	4151	4151	3298	2446	2446	2006	1566	1566	1566	1566	1262	1160
	中型		汽油	277581	277581	277581	277581	276984	188695	13311	13311	13311	13311	13311	13171	13031	13031	10712	8392	8392	8392	8392
			柴油	63907	63907	59646	51125	51125	38912	14486	14486	14486	13636	12785	12785	12785	12785	9266	5746	5746	3419	2643
			燃气	72431	72431	68407	60359	60359	58221	53945	53945	53945	43225	32504	32504	43984	43984	21415	21415	21415	21415	21415
	重型		汽油	913691	913691	913691	913691	913094	615523	21576	21576	21576	21576	21576	17071	12566	12566	10286	8005	8005	8005	8005
			柴油	231463	231463	175912	64810	64810	64810	64810	64810	64810	47450	30090	30090	30090	30090	18773	7456	7456	5922	5411
			燃气	225776	225776	213234	188149	188149	181485	168158	168158	168158	134728	101298	101298	103811	103811	78497	78497	78497	78497	78497
低速汽车	三轮汽车			25300	25300	25300	25300	25300	25300	25300	25300	25300	16721	16721	16721	16721	16721	16721	16721	16721	16721	16721
	低速货车			33990	33990	33990	33990	33990	33990	33990	33990	33990	22464	22464	22464	22464	22464	22464	22464	22464	22464	22464
摩托车	普通摩托车			12928	12928	12928	12928	9648	6368	3409	3409	3409	3409	3409	2544	1679	1679	1679	1679	1679	1679	1679
	轻便摩托车			41808	41808	41808	41808	41808	8362	8362	4116	4116	4116	4116	3072	2027	2027	2027	2027	2027	2027	2027

平顶山市 NO_x 排放系数

单位：克/（辆·年）

车辆类型		使用性质	燃料种类	1999 年年底前	2000 年	2001 年	2002 年	2003 年	2004 年	2005 年	2006 年	2007 年	2008 年	2009 年	2010 年	2011 年	2012 年	2013 年	2014 年	2015 年	2016 年	2017 年
载客汽车	微型	出租车	汽油	304985	207182	109379	109379	109379	109379	81457	53535	53535	40184	26833	26833	21794	16754	16754	16754	16754	10050	7815
			燃气	205201	140426	75651	75651	75651	75651	56725	37799	37799	28666	19534	19534	15741	11948	11948	11948	11948	7014	5370
		其他	汽油	27670	17353	7036	7036	7036	7036	4443	1850	1850	1506	1163	1163	990	816	816	816	816	561	476
			燃气	17705	10529	3353	3353	3353	3353	2176	998	998	809	620	620	501	382	382	382	382	312	289
	小型	出租车	汽油	344411	229217	114023	114023	114023	114023	84136	54248	54248	40540	26833	26833	21118	15404	15404	15404	15404	8812	6614
			柴油	386392	325374	264357	264357	264357	264357	235162	205966	205966	163755	121544	121544	121544	121544	98430	75317	75317	56738	50545
			燃气	231274	154998	78722	78722	78722	78722	58497	38272	38272	28903	19534	19534	15295	11056	11056	11056	11056	6196	4576
		其他	汽油	25824	16481	7138	7138	7138	7138	4738	2337	2337	1628	919	919	848	777	777	777	777	529	446
			柴油	22782	18630	14477	14477	14477	14477	13344	12210	12210	9556	6902	6902	6902	6902	5970	5038	5038	4390	4174
			燃气	16484	10494	4504	4504	4504	4504	2912	1320	1320	890	459	459	408	357	357	357	357	291	269
	中型	公交车	汽油	327649	327649	327649	327649	327649	223839	16219	16219	16219	16219	16219	14546	12872	12872	9718	6563	6563	6563	6563
			柴油	365827	365827	364968	363250	363250	348814	319942	319942	319942	266496	213050	213050	213050	213050	173864	134678	134678	112756	105448
			燃气	388425	388425	383801	374553	374553	362935	339699	339699	339699	282722	225745	225745	142758	142758	111807	111807	111807	111807	111807
		其他	汽油	200879	200879	200879	200879	200879	136263	7031	7031	7031	7031	7031	7031	7031	7031	5274	3516	3516	3516	3516
			柴油	171556	171556	164395	150072	150072	148803	146265	146265	146265	124570	102874	102874	102874	102874	91342	79811	79811	68120	64223
			燃气	193723	193723	182961	161436	161436	159914	156871	156871	156871	133564	110258	110258	85887	85887	68989	68989	68989	68989	68989
	大型	公交车	汽油	1167251	1167251	1167251	1167251	1167251	802624	73370	73370	73370	73370	73370	73306	73241	73241	54932	36622	36622	36622	36622
			柴油	518851	518851	502085	468554	468554	455240	428613	428613	428613	420889	413165	413165	413165	413165	398267	383369	383369	345588	332995
			燃气	1043199	1043199	985244	869333	869333	804823	675803	675803	675803	579038	482273	482273	448996	448996	389162	389162	389162	389162	389162
		其他	汽油	2786015	2786015	2786015	2786015	2786015	1915717	175121	175121	175121	175121	175121	168554	161987	161987	121620	81253	81253	81253	81253
			柴油	1242488	1242488	1210516	1146573	1146573	1119842	1066379	1066379	1066379	1028834	991289	991289	991289	991289	943712	896136	896136	793071	758716
			燃气	2312757	2312757	2184270	1927297	1927297	1784279	1498244	1498244	1498244	1284209	1070174	1070174	965480	965480	819123	819123	819123	819123	819123
载货汽车	微型		汽油	125590	74656	23723	23723	23723	23723	16222	8720	8720	7084	5448	5448	4796	4143	4143	4143	4143	3071	2714
			柴油	86039	71082	56126	56126	56126	56126	50504	44883	44883	37980	31077	31077	31077	31077	22728	14380	14380	12251	11541
			燃气	80360	45833	11305	11305	11305	11305	8005	4704	4704	3804	2904	2904	2422	1939	1939	1939	1939	1721	1648
	轻型		汽油	93557	60088	26619	26619	26619	26619	18064	9510	9510	7983	6456	6456	5354	4251	4251	4251	4251	3208	2860
			柴油	86337	71232	56126	56126	56126	56126	50504	44883	44883	37980	31077	31077	31077	31077	24746	18415	18415	16995	16522
			燃气	59719	38258	16796	16796	16796	16796	11084	5372	5372	4298	3224	3224	2589	1953	1953	1953	1953	1782	1725
	中型		汽油	192067	192067	192067	192067	192066	131125	9243	9243	9243	9243	9243	9243	9243	9243	6935	4627	4627	4627	4627
			柴油	359871	359871	323138	249672	249672	237411	212888	212888	212888	210719	208550	208550	208550	208550	182976	157403	157403	135538	128250
			燃气	406370	406370	360440	268578	268578	255160	228325	228325	228325	225922	223519	223519	169386	169386	137767	137767	137767	137767	137767
	重型		汽油	2749305	2749305	2749305	2749305	2749305	1890474	172813	172813	172813	172813	172813	166332	159852	159852	120017	80182	80182	80182	80182
			柴油	1491043	1491043	1440149	1338360	1338360	1288857	1189852	1189852	1189852	1142139	1094426	1094426	1094426	1094426	953570	812713	812713	557390	472282
			燃气	2775415	2775415	2600169	2249676	2249676	2057024	1671721	1671721	1671721	1426620	1181518	1181518	875602	875602	509884	509884	509884	509884	509884
低速汽车	三轮汽车			65550	65550	65550	65550	65550	65550	65550	65550	65550	53279	53279	53279	53279	53279	53279	53279	53279	53279	53279
	低速货车			88065	88065	88065	88065	88065	88065	88065	88065	88065	71579	71579	71579	71579	71579	71579	71579	71579	71579	71579
摩托车	普通摩托车			965	965	965	965	932	900	836	836	836	836	836	743	650	650	650	650	650	650	650
	轻便摩托车			643	643	643	643	643	322	322	322	322	322	322	286	250	250	250	250	250	250	250

平顶山市 **PM** 排放系数

单位：克/（辆·年）

车辆类型		使用性质	燃料种类	1999年年底前	2000年	2001年	2002年	2003年	2004年	2005年	2006年	2007年	2008年	2009年	2010年	2011年	2012年	2013年	2014年	2015年	2016年	2017年
载客汽车	微型	出租车	汽油	—	—	—	—	—	—	—	—	—	—	—	—	—	—	—	—	—	—	—
			燃气	—	—	—	—	—	—	—	—	—	—	—	—	—	—	—	—	—	—	—
		其他	汽油	—	—	—	—	—	—	—	—	—	—	—	—	—	—	—	—	—	—	—
			燃气	—	—	—	—	—	—	—	—	—	—	—	—	—	—	—	—	—	—	—
	小型	出租车	汽油	—	—	—	—	—	—	—	—	—	—	—	—	—	—	—	—	—	—	—
			柴油	49124	44993	40862	40862	40862	40862	27916	14969	14969	9747	4525	4525	4525	4525	4206	3886	3886	3213	2989
			燃气	—	—	—	—	—	—	—	—	—	—	—	—	—	—	—	—	—	—	—
		其他	汽油	—	—	—	—	—	—	—	—	—	—	—	—	—	—	—	—	—	—	—
			柴油	3325	3147	2969	2969	2969	2969	2138	1308	1308	958	607	607	607	607	509	411	411	411	411
			燃气	—	—	—	—	—	—	—	—	—	—	—	—	—	—	—	—	—	—	—
	中型	公交车	汽油	—	—	—	—	—	—	—	—	—	—	—	—	—	—	—	—	—	—	—
			柴油	30592	30592	28032	22913	22913	17978	8108	8108	8108	6872	5637	5637	5637	5637	3504	1372	1372	1080	983
			燃气	—	—	—	—	—	—	—	—	—	—	—	—	—	—	—	—	—	—	—
		其他	汽油	—	—	—	—	—	—	—	—	—	—	—	—	—	—	—	—	—	—	—
			柴油	15274	15274	12888	8116	8116	6262	2553	2553	2553	2434	2316	2316	2316	2316	1366	415	415	399	394
			燃气	—	—	—	—	—	—	—	—	—	—	—	—	—	—	—	—	—	—	—
	大型	公交车	汽油	—	—	—	—	—	—	—	—	—	—	—	—	—	—	—	—	—	—	—
			柴油	94865	94865	93934	92071	92071	71272	29674	29674	29674	19994	10315	10315	10315	10315	6116	1916	1916	1845	1821
			燃气	—	—	—	—	—	—	—	—	—	—	—	—	—	—	—	—	—	—	—
		其他	汽油	—	—	—	—	—	—	—	—	—	—	—	—	—	—	—	—	—	—	—
			柴油	142314	142314	133412	115607	115607	85425	25061	25061	25061	17182	9303	9303	9303	9303	5868	2433	2433	2343	2313
			燃气	—	—	—	—	—	—	—	—	—	—	—	—	—	—	—	—	—	—	—
载货汽车	微型		汽油	—	—	—	—	—	—	—	—	—	—	—	—	—	—	—	—	—	—	—
			柴油	10231	10020	9808	9808	9808	9808	7989	6170	6170	4579	2988	2988	2988	2988	1881	774	774	771	770
			燃气	—	—	—	—	—	—	—	—	—	—	—	—	—	—	—	—	—	—	—
	轻型		汽油	—	—	—	—	—	—	—	—	—	—	—	—	—	—	—	—	—	—	—
			柴油	10640	10224	9808	9808	9808	9808	7989	6170	6170	4579	2988	2988	2988	2988	2254	1519	1519	1254	1166
			燃气	—	—	—	—	—	—	—	—	—	—	—	—	—	—	—	—	—	—	—
	中型		汽油	—	—	—	—	—	—	—	—	—	—	—	—	—	—	—	—	—	—	—
			柴油	30980	30980	26071	16253	16253	12534	5097	5097	5097	4829	4561	4561	4561	4561	2924	1288	1288	1179	1143
			燃气	—	—	—	—	—	—	—	—	—	—	—	—	—	—	—	—	—	—	—
	重型		汽油	—	—	—	—	—	—	—	—	—	—	—	—	—	—	—	—	—	—	—
			柴油	177721	177721	146074	82779	82779	65726	31621	31621	31621	21668	11716	11716	11716	11716	7826	3937	3937	3327	3124
			燃气	—	—	—	—	—	—	—	—	—	—	—	—	—	—	—	—	—	—	—
低速汽车	三轮汽车			4092	4092	4092	4092	4092	4092	4092	4092	4092	3220	3220	3220	3220	3220	3220	3220	3220	3220	3220
	低速货车			5581	5581	5581	5581	5581	5581	5581	5581	5581	4392	4392	4392	4392	4392	4392	4392	4392	4392	4392
摩托车	普通摩托车			—	—	—	—	—	—	—	—	—	—	—	—	—	—	—	—	—	—	—
	轻便摩托车			—	—	—	—	—	—	—	—	—	—	—	—	—	—	—	—	—	—	—

平顶山市 VOCs 排放系数

单位：克/（辆·年）

车辆类型		使用性质	燃料种类	1999 年年底前	2000 年	2001 年	2002 年	2003 年	2004 年	2005 年	2006 年	2007 年	2008 年	2009 年	2010 年	2011 年	2012 年	2013 年	2014 年	2015 年	2016 年	2017 年
载客汽车	微型	出租车	汽油	925671	547445	169219	169219	169219	169219	126134	83049	83049	67659	52269	52269	43264	34258	34258	34258	34258	24362	21064
			燃气	383745	233658	83572	83572	83572	83572	64195	44818	44818	37041	29264	29264	23244	17224	17224	17224	17224	10255	7932
		其他	汽油	47380	28776	10172	10172	10172	10172	9801	9430	9430	8156	6881	6881	6596	6312	6312	6312	6312	5385	5076
			燃气	15156	8496	1836	1836	1836	1836	1762	1687	1687	1254	820	820	753	686	686	686	686	471	399
	小型	出租车	汽油	925671	538374	151077	151077	151077	151077	141072	131067	131067	91668	52269	52269	43264	34258	34258	34258	34258	22831	19022
			柴油	226682	213393	200104	200104	200104	200104	181008	161911	161911	118666	75420	75420	75420	75420	55936	36452	36452	20508	15193
			燃气	383745	230080	76414	76414	76414	76414	70089	63764	63764	46514	29264	29264	23244	17224	17224	17224	17224	9650	7126
		其他	汽油	48032	29022	10012	10012	10012	10012	10073	10134	10134	8509	6884	6884	6556	6227	6227	6227	6227	5448	5188
			柴油	9476	8662	7847	7847	7847	7847	6653	5459	5459	3694	1929	1929	1929	1929	1670	1410	1410	1029	902
			燃气	15413	9266	3120	3120	3120	3120	2542	1965	1965	1456	947	947	800	653	653	653	653	496	443
	中型	公交车	汽油	247930	247930	247930	247930	247333	169090	13798	13798	13798	13798	13798	13646	13495	13495	11068	8640	8640	8640	8640
			柴油	87806	87806	86086	82645	82645	64494	28192	28192	28192	20508	12823	12823	12823	12823	8958	5093	5093	4763	4653
			燃气	71579	71579	67602	59649	59649	57536	53311	53311	53311	42686	32061	32061	22219	22219	22154	22154	22154	22154	22154
		其他	汽油	128640	128640	128640	128640	128043	87721	8270	8270	8270	8270	8270	8124	7979	7979	6928	5876	5876	5876	5876
			柴油	30493	30493	28460	24394	24394	18567	6912	6912	6912	6506	6099	6099	6099	6099	3750	1402	1402	1243	1190
			燃气	34560	34560	32640	28800	28800	27780	25740	25740	25740	20623	15506	15506	10732	10732	9642	9642	9642	9642	9642
	大型	公交车	汽油	577238	577238	577238	577238	576641	389063	15101	15101	15101	15101	15101	14962	14822	14822	12056	9290	9290	9290	9290
			柴油	131708	131708	108010	60614	60614	60614	60614	60614	60614	43515	26416	26416	26416	26416	17675	8934	8934	5723	4653
			燃气	168926	168926	159541	140772	140772	135786	125815	125815	125815	100740	75665	75665	52438	52438	47188	47188	47188	47188	47188
		其他	汽油	1278536	1278536	1278536	1278536	1277939	861091	28588	28588	28588	28588	28588	22329	16070	16070	12880	9689	9689	9689	9689
			柴油	272891	272891	207397	76409	76409	76409	76409	76409	76409	55942	35476	35476	35476	35476	20706	5937	5937	5324	5119
			燃气	266186	266186	251398	221822	221822	213966	198253	198253	198253	158842	119430	119430	82662	82662	74261	74261	74261	74261	74261
载货汽车	微型		汽油	338403	181550	24698	24698	24698	24698	23370	22043	22043	20366	18690	18690	15404	12117	12117	12117	12117	10432	9871
			柴油	44458	41536	38614	38614	38614	38614	35466	32319	32319	23760	15200	15200	15200	15200	10432	5665	5665	3986	3426
			燃气	108249	56353	4458	4458	4458	4458	4201	3943	3943	3085	2227	2227	1772	1317	1317	1317	1317	911	776
	轻型		汽油	174611	103892	33173	33173	33173	33173	28600	24026	24026	21537	19048	19048	16767	14486	14486	14486	14486	12625	12005
			柴油	40687	39650	38614	38614	38614	38614	35466	32319	32319	23760	15200	15200	15200	15200	11516	7833	7833	6154	5594
			燃气	56031	33184	10338	10338	10338	10338	7498	4659	4659	3640	2620	2620	2070	1519	1519	1519	1519	1149	1025
	中型		汽油	277581	277581	277581	277581	276984	188695	13311	13311	13311	13311	13311	13171	13031	13031	10712	8392	8392	8392	8392
			柴油	63907	63907	59646	51125	51125	38912	14486	14486	14486	13636	12785	12785	12785	12785	9266	5746	5746	3419	2643
			燃气	72431	72431	68407	60359	60359	58221	53945	53945	53945	43225	32504	32504	43984	43984	21415	21415	21415	21415	21415
	重型		汽油	1228722	1228722	1228722	1228722	1228124	827563	27634	27634	27634	27634	27634	21614	15595	15595	12528	9462	9462	9462	9462
			柴油	309379	309379	235128	86626	86626	86626	86626	86626	86626	63422	40219	40219	40219	40219	25076	9934	9934	8104	7494
			燃气	301777	301777	285013	251483	251483	242576	224762	224762	224762	180080	135397	135397	138313	138313	108715	108715	108715	108715	108715
低速汽车	三轮汽车			25300	25300	25300	25300	25300	25300	25300	25300	25300	16721	16721	16721	16721	16721	16721	16721	16721	16721	16721
	低速货车			33990	33990	33990	33990	33990	33990	33990	33990	33990	22464	22464	22464	22464	22464	22464	22464	22464	22464	22464
摩托车	普通摩托车			12928	12928	12928	12928	9648	6368	3409	3409	3409	3409	3409	2544	1679	1679	1679	1679	1679	1679	1679
	轻便摩托车			41808	41808	41808	41808	41808	8362	8362	4116	4116	4116	4116	3072	2027	2027	2027	2027	2027	2027	2027

安阳市 NO_x 排放系数

单位：克/（辆·年）

车辆类型		使用性质	燃料种类	1999年年底前	2000年	2001年	2002年	2003年	2004年	2005年	2006年	2007年	2008年	2009年	2010年	2011年	2012年	2013年	2014年	2015年	2016年	2017年
载客汽车	微型	出租车	汽油	319650	216566	113482	113482	113482	113482	84257	55032	55032	41132	27231	27231	22166	17101	17101	17101	17101	10366	8121
			燃气	205201	140426	75651	75651	75651	75651	56725	37799	37799	28666	19534	19534	15741	11948	11948	11948	11948	7014	5370
		其他	汽油	29139	18264	7389	7389	7389	7389	4654	1918	1918	1560	1203	1203	1022	842	842	842	842	585	499
			燃气	17705	10529	3353	3353	3353	3353	2176	998	998	809	620	620	501	382	382	382	382	312	289
	小型	出租车	汽油	361275	239830	118385	118385	118385	118385	87086	55786	55786	41508	27231	27231	21453	15675	15675	15675	15675	9058	6853
			柴油	400764	336848	272933	272933	272933	272933	242902	212871	212871	169103	125335	125335	125335	125335	101725	78115	78115	59247	52958
			燃气	231274	154998	78722	78722	78722	78722	58497	38272	38272	28903	19534	19534	15295	11056	11056	11056	11056	6196	4576
		其他	汽油	27189	17342	7496	7496	7496	7496	4964	2432	2432	1689	946	946	874	801	801	801	801	551	468
			柴油	23968	19589	15210	15210	15210	15210	14021	12832	12832	10040	7248	7248	7248	7248	6272	5296	5296	4624	4400
			燃气	16484	10494	4504	4504	4504	4504	2912	1320	1320	890	459	459	408	357	357	357	357	291	269
	中型	公交车	汽油	327922	327922	327922	327922	327922	224025	16232	16232	16232	16232	16232	14558	12883	12883	9726	6568	6568	6568	6568
			柴油	366050	366050	365190	363471	363471	349026	320137	320137	320137	266658	213180	213180	213180	213180	173970	134760	134760	112825	105513
			燃气	388662	388662	384035	374781	374781	363156	339906	339906	339906	282894	225882	225882	142845	142845	111875	111875	111875	111875	111875
		其他	汽油	201046	201046	201046	201046	201046	136376	7037	7037	7037	7037	7037	7037	7037	7037	5278	3519	3519	3519	3519
			柴油	171661	171661	164495	150164	150164	148894	146354	146354	146354	124646	102937	102937	102937	102937	91398	79860	79860	68162	64262
			燃气	193841	193841	183072	161534	161534	160012	156967	156967	156967	133646	110325	110325	85939	85939	69031	69031	69031	69031	69031
	大型	公交车	汽油	1168222	1168222	1168222	1168222	1168222	803292	73431	73431	73431	73431	73431	73366	73302	73302	54977	36652	36652	36652	36652
			柴油	519167	519167	502391	468839	468839	455517	428874	428874	428874	421146	413417	413417	413417	413417	398510	383602	383602	345799	333198
			燃气	1043835	1043835	985844	869862	869862	805313	676214	676214	676214	579390	482567	482567	449269	449269	389399	389399	389399	389399	389399
		其他	汽油	2788333	2788333	2788333	2788333	2788333	1917311	175267	175267	175267	175267	175267	168694	162122	162122	121721	81320	81320	81320	81320
			柴油	1243245	1243245	1211254	1147272	1147272	1120524	1067029	1067029	1067029	1029461	991893	991893	991893	991893	944288	896682	896682	793554	759178
			燃气	2314166	2314166	2185601	1928472	1928472	1785367	1499157	1499157	1499157	1284992	1070826	1070826	966068	966068	819623	819623	819623	819623	819623
载货汽车	微型		汽油	132314	78570	24827	24827	24827	24827	16933	9039	9039	7334	5629	5629	4966	4302	4302	4302	4302	3214	2851
			柴油	90097	74359	58621	58621	58621	58621	52766	46910	46910	39704	32498	32498	32498	32498	23765	15032	15032	12864	12142
			燃气	80395	45830	11266	11266	11266	11266	7985	4703	4703	3802	2901	2901	2426	1952	1952	1952	1952	1726	1651
	轻型		汽油	98494	63190	27885	27885	27885	27885	18878	9872	9872	8283	6694	6694	5556	4417	4417	4417	4417	3358	3005
			柴油	90412	74516	58621	58621	58621	58621	52766	46910	46910	39704	32498	32498	32498	32498	25894	19290	19290	17872	17399
			燃气	59714	38235	16755	16755	16755	16755	11056	5358	5358	4303	3248	3248	2608	1969	1969	1969	1969	1788	1727
	中型		汽油	192067	192067	192067	192067	192066	131125	9243	9243	9243	9243	9243	9243	9243	9243	6935	4627	4627	4627	4627
			柴油	359871	359871	323138	249672	249672	237411	212888	212888	212888	210719	208550	208550	208550	208550	182976	157403	157403	135538	128250
			燃气	406369	406369	360438	268576	268576	255160	228326	228326	228326	225922	223518	223518	169385	169385	137768	137768	137768	137768	137768
	重型		汽油	3057372	3057372	3057372	3057372	3057372	2102307	192178	192178	192178	192178	192178	184971	177764	177764	133466	89167	89167	89167	89167
			柴油	1658695	1658695	1602078	1488845	1488845	1433776	1323639	1323639	1323639	1270560	1217482	1217482	1217482	1217482	1064694	911907	911907	634859	542510
			燃气	3087481	3087481	2892530	2502629	2502629	2288316	1859690	1859690	1859690	1587028	1314367	1314367	982471	982471	585704	585704	585704	585704	585704
低速汽车	三轮汽车			65550	65550	65550	65550	65550	65550	65550	65550	65550	53279	53279	53279	53279	53279	53279	53279	53279	53279	53279
	低速货车			88065	88065	88065	88065	88065	88065	88065	88065	88065	71579	71579	71579	71579	71579	71579	71579	71579	71579	71579
摩托车	普通摩托车			965	965	965	965	932	900	836	836	836	836	836	743	650	650	650	650	650	650	650
	轻便摩托车			643	643	643	643	643	322	322	322	322	322	322	286	250	250	250	250	250	250	250

安阳市 PM 排放系数

单位：克/（辆・年）

车辆类型		使用性质	燃料种类	1999 年年底前	2000 年	2001 年	2002 年	2003 年	2004 年	2005 年	2006 年	2007 年	2008 年	2009 年	2010 年	2011 年	2012 年	2013 年	2014 年	2015 年	2016 年	2017 年
载客汽车	微型	出租车	汽油	—	—	—	—	—	—	—	—	—	—	—	—	—	—	—	—	—	—	—
			燃气	—	—	—	—	—	—	—	—	—	—	—	—	—	—	—	—	—	—	—
		其他	汽油	—	—	—	—	—	—	—	—	—	—	—	—	—	—	—	—	—	—	—
			燃气	—	—	—	—	—	—	—	—	—	—	—	—	—	—	—	—	—	—	—
	小型	出租车	汽油	—	—	—	—	—	—	—	—	—	—	—	—	—	—	—	—	—	—	—
			柴油	49124	44993	40862	40862	40862	40862	27916	14969	14969	9747	4525	4525	4525	4525	4206	3886	3886	3213	2989
			燃气	—	—	—	—	—	—	—	—	—	—	—	—	—	—	—	—	—	—	—
		其他	汽油	—	—	—	—	—	—	—	—	—	—	—	—	—	—	—	—	—	—	—
			柴油	3325	3147	2969	2969	2969	2969	2138	1308	1308	958	607	607	607	607	509	411	411	411	411
			燃气	—	—	—	—	—	—	—	—	—	—	—	—	—	—	—	—	—	—	—
	中型	公交车	汽油	—	—	—	—	—	—	—	—	—	—	—	—	—	—	—	—	—	—	—
			柴油	30592	30592	28032	22913	22913	17978	8108	8108	8108	6872	5637	5637	5637	5637	3504	1372	1372	1080	983
			燃气	—	—	—	—	—	—	—	—	—	—	—	—	—	—	—	—	—	—	—
		其他	汽油	—	—	—	—	—	—	—	—	—	—	—	—	—	—	—	—	—	—	—
			柴油	15274	15274	12888	8116	8116	6262	2553	2553	2553	2434	2316	2316	2316	2316	1366	415	415	399	394
			燃气	—	—	—	—	—	—	—	—	—	—	—	—	—	—	—	—	—	—	—
	大型	公交车	汽油	—	—	—	—	—	—	—	—	—	—	—	—	—	—	—	—	—	—	—
			柴油	94865	94865	93934	92071	92071	71272	29674	29674	29674	19994	10315	10315	10315	10315	6116	1916	1916	1845	1821
			燃气	—	—	—	—	—	—	—	—	—	—	—	—	—	—	—	—	—	—	—
		其他	汽油	—	—	—	—	—	—	—	—	—	—	—	—	—	—	—	—	—	—	—
			柴油	142314	142314	133412	115607	115607	85425	25061	25061	25061	17182	9303	9303	9303	9303	5868	2433	2433	2343	2313
			燃气	—	—	—	—	—	—	—	—	—	—	—	—	—	—	—	—	—	—	—
载货汽车	微型		汽油	—	—	—	—	—	—	—	—	—	—	—	—	—	—	—	—	—	—	—
			柴油	10231	10020	9808	9808	9808	9808	7989	6170	6170	4579	2988	2988	2988	2988	1881	774	774	771	770
			燃气	—	—	—	—	—	—	—	—	—	—	—	—	—	—	—	—	—	—	—
	轻型		汽油	—	—	—	—	—	—	—	—	—	—	—	—	—	—	—	—	—	—	—
			柴油	10640	10224	9808	9808	9808	9808	7989	6170	6170	4579	2988	2988	2988	2988	2254	1519	1519	1254	1166
			燃气	—	—	—	—	—	—	—	—	—	—	—	—	—	—	—	—	—	—	—
	中型		汽油	—	—	—	—	—	—	—	—	—	—	—	—	—	—	—	—	—	—	—
			柴油	30980	30980	26071	16253	16253	12534	5097	5097	5097	4829	4561	4561	4561	4561	2924	1288	1288	1179	1143
			燃气	—	—	—	—	—	—	—	—	—	—	—	—	—	—	—	—	—	—	—
	重型		汽油	—	—	—	—	—	—	—	—	—	—	—	—	—	—	—	—	—	—	—
			柴油	197408	197408	162255	91948	91948	73007	35124	35124	35124	24068	13013	13013	13013	13013	8680	4348	4348	3674	3450
			燃气	—	—	—	—	—	—	—	—	—	—	—	—	—	—	—	—	—	—	—
低速汽车	三轮汽车			4092	4092	4092	4092	4092	4092	4092	4092	4092	3220	3220	3220	3220	3220	3220	3220	3220	3220	3220
	低速货车			5581	5581	5581	5581	5581	5581	5581	5581	5581	4392	4392	4392	4392	4392	4392	4392	4392	4392	4392
摩托车	普通摩托车			—	—	—	—	—	—	—	—	—	—	—	—	—	—	—	—	—	—	—
	轻便摩托车			—	—	—	—	—	—	—	—	—	—	—	—	—	—	—	—	—	—	—

安阳市 VOCs 排放系数

单位：克/（辆·年）

车辆类型		使用性质	燃料种类	1999 年年底前	2000 年	2001 年	2002 年	2003 年	2004 年	2005 年	2006 年	2007 年	2008 年	2009 年	2010 年	2011 年	2012 年	2013 年	2014 年	2015 年	2016 年	2017 年
载客汽车	微型	出租车	汽油	883803	523622	163441	163441	163441	163441	122144	80848	80848	65971	51094	51094	42239	33384	33384	33384	33384	23572	20301
			燃气	383745	233658	83572	83572	83572	83572	64195	44818	44818	37041	29264	29264	23244	17224	17224	17224	17224	10255	7932
		其他	汽油	45487	27696	9906	9906	9906	9906	9538	9170	9170	7937	6704	6704	6430	6156	6156	6156	6156	5248	4945
			燃气	15156	8496	1836	1836	1836	1836	1762	1687	1687	1254	820	820	753	686	686	686	686	471	399
	小型	出租车	汽油	883803	514990	146176	146176	146176	146176	136358	126541	126541	88818	51094	51094	42239	33384	33384	33384	33384	22114	18357
			柴油	223574	210404	197233	197233	197233	197233	178238	159244	159244	117070	74896	74896	74896	74896	55530	36163	36163	20231	14920
			燃气	383745	230080	76414	76414	76414	76414	70089	63764	63764	46514	29264	29264	23244	17224	17224	17224	17224	9650	7126
		其他	汽油	46107	27930	9753	9753	9753	9753	9796	9840	9840	8274	6707	6707	6391	6075	6075	6075	6075	5308	5052
			柴油	9172	8386	7601	7601	7601	7601	6448	5296	5296	3592	1888	1888	1888	1888	1633	1378	1378	1001	875
			燃气	15413	9266	3120	3120	3120	3120	2542	1965	1965	1456	947	947	800	653	653	653	653	496	443
	中型	公交车	汽油	247845	247845	247845	247845	247248	169005	13713	13713	13713	13713	13713	13562	13410	13410	10982	8555	8555	8555	8555
			柴油	87806	87806	86086	82645	82645	64494	28192	28192	28192	20508	12823	12823	12823	12823	8958	5093	5093	4763	4653
			燃气	71579	71579	67602	59649	59649	57536	53311	53311	53311	42686	32061	32061	22219	22219	22154	22154	22154	22154	22154
		其他	汽油	128556	128556	128556	128556	127959	87636	8185	8185	8185	8185	8185	8040	7894	7894	6843	5792	5792	5792	5792
			柴油	30493	30493	28460	24394	24394	18567	6912	6912	6912	6506	6099	6099	6099	6099	3750	1402	1402	1243	1190
			燃气	34560	34560	32640	28800	28800	27780	25740	25740	25740	20623	15506	15506	10732	10732	9642	9642	9642	9642	9642
	大型	公交车	汽油	577153	577153	577153	577153	576556	388978	15017	15017	15017	15017	15017	14877	14737	14737	11971	9205	9205	9205	9205
			柴油	131708	131708	108010	60614	60614	60614	60614	60614	60614	43515	26416	26416	26416	26416	17675	8934	8934	5723	4653
			燃气	168926	168926	159541	140772	140772	135786	125815	125815	125815	100740	75665	75665	52438	52438	47188	47188	47188	47188	47188
		其他	汽油	1278451	1278451	1278451	1278451	1277854	861006	28503	28503	28503	28503	28503	22244	15986	15986	12795	9604	9604	9604	9604
			柴油	272891	272891	207397	76409	76409	76409	76409	76409	76409	55942	35476	35476	35476	35476	20706	5937	5937	5324	5119
			燃气	266186	266186	251398	221822	221822	213966	198253	198253	198253	158842	119430	119430	82662	82662	74261	74261	74261	74261	74261
载货汽车	微型		汽油	322654	173291	23928	23928	23928	23928	22624	21321	21321	19686	18051	18051	14894	11738	11738	11738	11738	10075	9521
			柴油	43288	40442	37596	37596	37596	37596	34509	31422	31422	23136	14851	14851	14851	14851	10208	5566	5566	3887	3327
			燃气	107506	55971	4435	4435	4435	4435	4179	3922	3922	3065	2208	2208	1758	1308	1308	1308	1308	903	768
	轻型		汽油	166791	99392	31993	31993	31993	31993	27600	23208	23208	20800	18392	18392	16192	13992	13992	13992	13992	12162	11552
			柴油	39669	38632	37596	37596	37596	37596	34509	31422	31422	23136	14851	14851	14851	14851	11249	7647	7647	5968	5408
			燃气	55756	32995	10235	10235	10235	10235	7435	4635	4635	3616	2597	2597	2050	1504	1504	1504	1504	1136	1013
	中型		汽油	277496	277496	277496	277496	276899	188610	13226	13226	13226	13226	13226	13086	12947	12947	10628	8308	8308	8308	8308
			柴油	63907	63907	59646	51125	51125	38912	14486	14486	14486	13636	12785	12785	12785	12785	9266	5746	5746	3419	2643
			燃气	72431	72431	68407	60359	60359	58221	53945	53945	53945	43225	32504	32504	43984	43984	21415	21415	21415	21415	21415
	重型		汽油	1357119	1357119	1357119	1357119	1356522	913956	30020	30020	30020	30020	30020	23383	16746	16746	13359	9972	9972	9972	9972
			柴油	337970	337970	256857	94632	94632	94632	94632	94632	94632	69284	43936	43936	43936	43936	27474	11011	11011	9277	8699
			燃气	329666	329666	311352	274725	274725	264995	245535	245535	245535	196723	147911	147911	153308	153308	126196	126196	126196	126196	126196
低速汽车	三轮汽车			25300	25300	25300	25300	25300	25300	25300	25300	25300	16721	16721	16721	16721	16721	16721	16721	16721	16721	16721
	低速货车			33990	33990	33990	33990	33990	33990	33990	33990	33990	22464	22464	22464	22464	22464	22464	22464	22464	22464	22464
摩托车	普通摩托车			12928	12928	12928	12928	9648	6368	3409	3409	3409	3409	3409	2544	1679	1679	1679	1679	1679	1679	1679
	轻便摩托车			41808	41808	41808	41808	41808	8362	8362	4116	4116	4116	4116	3072	2027	2027	2027	2027	2027	2027	2027

鹤壁市 NO_x 排放系数

单位：克/（辆·年）

车辆类型		使用性质	燃料种类	1999 年年底前	2000 年	2001 年	2002 年	2003 年	2004 年	2005 年	2006 年	2007 年	2008 年	2009 年	2010 年	2011 年	2012 年	2013 年	2014 年	2015 年	2016 年	2017 年
载客汽车	微型	出租车	汽油	251608	168845	86082	86082	86082	86082	63222	40361	40361	29671	18981	18981	15609	12237	12237	12237	12237	7711	6202
			燃气	160632	108720	56809	56809	56809	56809	42086	27364	27364	20405	13446	13446	10930	8415	8415	8415	8415	5149	4060
		其他	汽油	29139	18264	7389	7389	7389	7389	4654	1918	1918	1560	1203	1203	1022	842	842	842	842	585	499
			燃气	17705	10529	3353	3353	3353	3353	2176	998	998	809	620	620	501	382	382	382	382	312	289
	小型	出租车	汽油	285185	187611	90037	90037	90037	90037	65503	40969	40969	29975	18981	18981	15034	11087	11087	11087	11087	6656	5179
			柴油	303439	253262	203085	203085	203085	203085	181070	159054	159054	125952	92851	92851	92851	92851	76015	59179	59179	46010	41620
			燃气	181663	120475	59287	59287	59287	59287	43516	27745	27745	20596	13446	13446	10570	7694	7694	7694	7694	4488	3420
		其他	汽油	27189	17342	7496	7496	7496	7496	4964	2432	2432	1689	946	946	874	801	801	801	801	551	468
			柴油	23968	19589	15210	15210	15210	15210	14021	12832	12832	10040	7248	7248	7248	7248	6272	5296	5296	4624	4400
			燃气	16484	10494	4504	4504	4504	4504	2912	1320	1320	890	459	459	408	357	357	357	357	291	269
	中型	公交车	汽油	327922	327922	327922	327922	327922	224025	16232	16232	16232	16232	16232	14558	12883	12883	9726	6568	6568	6568	6568
			柴油	366050	366050	365190	363471	363471	349026	320137	320137	320137	266658	213180	213180	213180	213180	173970	134760	134760	112825	105513
			燃气	388662	388662	384035	374781	374781	363156	339906	339906	339906	282894	225882	225882	142845	142845	111875	111875	111875	111875	111875
		其他	汽油	201046	201046	201046	201046	201046	136376	7037	7037	7037	7037	7037	7037	7037	7037	5278	3519	3519	3519	3519
			柴油	171661	171661	164495	150164	150164	148894	146354	146354	146354	124646	102937	102937	102937	102937	91398	79860	79860	68162	64262
			燃气	193841	193841	183072	161534	161534	160012	156967	156967	156967	133646	110325	110325	85939	85939	69031	69031	69031	69031	69031
	大型	公交车	汽油	1168222	1168222	1168222	1168222	1168222	803292	73431	73431	73431	73431	73431	73366	73302	73302	54977	36652	36652	36652	36652
			柴油	519167	519167	502391	468839	468839	455517	428874	428874	428874	421146	413417	413417	413417	413417	398510	383602	383602	345799	333198
			燃气	1043835	1043835	985844	869862	869862	805313	676214	676214	676214	579390	482567	482567	449269	449269	389399	389399	389399	389399	389399
		其他	汽油	2788333	2788333	2788333	2788333	2788333	1917311	175267	175267	175267	175267	175267	168694	162122	162122	121721	81320	81320	81320	81320
			柴油	1243245	1243245	1211254	1147272	1147272	1120524	1067029	1067029	1067029	1029461	991893	991893	991893	991893	944288	896682	896682	793554	759178
			燃气	2314166	2314166	2185601	1928472	1928472	1785367	1499157	1499157	1499157	1284992	1070826	1070826	966068	966068	819623	819623	819623	819623	819623
载货汽车	微型		汽油	114406	67790	21174	21174	21174	21174	14380	7586	7586	6139	4692	4692	4169	3646	3646	3646	3646	2750	2452
			柴油	76701	63154	49607	49607	49607	49607	44692	39777	39777	33686	27596	27596	27596	27596	20185	12774	12774	11032	10452
			燃气	69514	39561	9608	9608	9608	9608	6778	3947	3947	3183	2418	2418	2036	1654	1654	1654	1654	1479	1420
	轻型		汽油	85074	54450	23826	23826	23826	23826	16068	8309	8309	6962	5615	5615	4680	3745	3745	3745	3745	2875	2585
			柴油	76975	63291	49607	49607	49607	49607	44692	39777	39777	33686	27596	27596	27596	27596	22032	16468	16468	15376	15012
			燃气	51578	32947	14316	14316	14316	14316	9413	4510	4510	3617	2724	2724	2197	1669	1669	1669	1669	1532	1486
	中型		汽油	192067	192067	192067	192067	192066	131125	9243	9243	9243	9243	9243	9243	9243	9243	6935	4627	4627	4627	4627
			柴油	359871	359871	323138	249672	249672	237411	212888	212888	212888	210719	208550	208550	208550	208550	182976	157403	157403	135538	128250
			燃气	406369	406369	360438	268576	268576	255160	228326	228326	228326	225922	223518	223518	169385	169385	137768	137768	137768	137768	137768
	重型		汽油	3407632	3407632	3407632	3407632	3407632	2343153	214194	214194	214194	214194	214194	206162	198129	198129	148756	99382	99382	99382	99382
			柴油	1864027	1864027	1800402	1673151	1673151	1611265	1487493	1487493	1487493	1427844	1368196	1368196	1368196	1368196	1200838	1033480	1033480	735500	636174
			燃气	3469685	3469685	3250600	2812432	2812432	2571589	2089902	2089902	2089902	1783488	1477074	1477074	1113452	1113452	686826	686826	686826	686826	686826
低速汽车	三轮汽车			65550	65550	65550	65550	65550	65550	65550	65550	65550	53279	53279	53279	53279	53279	53279	53279	53279	53279	53279
	低速货车			88065	88065	88065	88065	88065	88065	88065	88065	88065	71579	71579	71579	71579	71579	71579	71579	71579	71579	71579
摩托车	普通摩托车			965	965	965	965	932	900	836	836	836	836	836	743	650	650	650	650	650	650	650
	轻便摩托车			643	643	643	643	643	322	322	322	322	322	322	286	250	250	250	250	250	250	250

鹤壁市 PM 排放系数

单位：克/（辆·年）

车辆类型		使用性质	燃料种类	1999年年底前	2000年	2001年	2002年	2003年	2004年	2005年	2006年	2007年	2008年	2009年	2010年	2011年	2012年	2013年	2014年	2015年	2016年	2017年
载客汽车	微型	出租车	汽油	—	—	—	—	—	—	—	—	—	—	—	—	—	—	—	—	—	—	—
			燃气	—	—	—	—	—	—	—	—	—	—	—	—	—	—	—	—	—	—	—
		其他	汽油	—	—	—	—	—	—	—	—	—	—	—	—	—	—	—	—	—	—	—
			燃气	—	—	—	—	—	—	—	—	—	—	—	—	—	—	—	—	—	—	—
	小型	出租车	汽油	—	—	—	—	—	—	—	—	—	—	—	—	—	—	—	—	—	—	—
			柴油	39626	36294	32962	32962	32962	32962	22518	12075	12075	7862	3650	3650	3650	3650	3392	3134	3134	2592	2411
			燃气	—	—	—	—	—	—	—	—	—	—	—	—	—	—	—	—	—	—	—
		其他	汽油	—	—	—	—	—	—	—	—	—	—	—	—	—	—	—	—	—	—	—
			柴油	3325	3147	2969	2969	2969	2969	2138	1308	1308	958	607	607	607	607	509	411	411	411	411
			燃气	—	—	—	—	—	—	—	—	—	—	—	—	—	—	—	—	—	—	—
	中型	公交车	汽油	—	—	—	—	—	—	—	—	—	—	—	—	—	—	—	—	—	—	—
			柴油	30592	30592	28032	22913	22913	17978	8108	8108	8108	6872	5637	5637	5637	5637	3504	1372	1372	1080	983
			燃气	—	—	—	—	—	—	—	—	—	—	—	—	—	—	—	—	—	—	—
		其他	汽油	—	—	—	—	—	—	—	—	—	—	—	—	—	—	—	—	—	—	—
			柴油	15274	15274	12888	8116	8116	6262	2553	2553	2553	2434	2316	2316	2316	2316	1366	415	415	399	394
			燃气	—	—	—	—	—	—	—	—	—	—	—	—	—	—	—	—	—	—	—
	大型	公交车	汽油	—	—	—	—	—	—	—	—	—	—	—	—	—	—	—	—	—	—	—
			柴油	94865	94865	93934	92071	92071	71272	29674	29674	29674	19994	10315	10315	10315	10315	6116	1916	1916	1845	1821
			燃气	—	—	—	—	—	—	—	—	—	—	—	—	—	—	—	—	—	—	—
		其他	汽油	—	—	—	—	—	—	—	—	—	—	—	—	—	—	—	—	—	—	—
			柴油	142314	142314	133412	115607	115607	85425	25061	25061	25061	17182	9303	9303	9303	9303	5868	2433	2433	2343	2313
			燃气	—	—	—	—	—	—	—	—	—	—	—	—	—	—	—	—	—	—	—
载货汽车	微型		汽油	—	—	—	—	—	—	—	—	—	—	—	—	—	—	—	—	—	—	—
			柴油	8873	8690	8506	8506	8506	8506	6928	5351	5351	3972	2592	2592	2592	2592	1632	672	672	669	668
			燃气	—	—	—	—	—	—	—	—	—	—	—	—	—	—	—	—	—	—	—
	轻型		汽油	—	—	—	—	—	—	—	—	—	—	—	—	—	—	—	—	—	—	—
			柴油	9228	8867	8506	8506	8506	8506	6928	5351	5351	3972	2592	2592	2592	2592	1954	1317	1317	1088	1011
			燃气	—	—	—	—	—	—	—	—	—	—	—	—	—	—	—	—	—	—	—
	中型		汽油	—	—	—	—	—	—	—	—	—	—	—	—	—	—	—	—	—	—	—
			柴油	30980	30980	26071	16253	16253	12534	5097	5097	5097	4829	4561	4561	4561	4561	2924	1288	1288	1179	1143
			燃气	—	—	—	—	—	—	—	—	—	—	—	—	—	—	—	—	—	—	—
	重型		汽油	—	—	—	—	—	—	—	—	—	—	—	—	—	—	—	—	—	—	—
			柴油	219470	219470	180388	102224	102224	81166	39049	39049	39049	26758	14468	14468	14468	14468	9649	4830	4830	4082	3833
			燃气	—	—	—	—	—	—	—	—	—	—	—	—	—	—	—	—	—	—	—
低速汽车	三轮汽车			4092	4092	4092	4092	4092	4092	4092	4092	4092	3220	3220	3220	3220	3220	3220	3220	3220	3220	3220
	低速货车			5581	5581	5581	5581	5581	5581	5581	5581	5581	4392	4392	4392	4392	4392	4392	4392	4392	4392	4392
摩托车	普通摩托车			—	—	—	—	—	—	—	—	—	—	—	—	—	—	—	—	—	—	—
	轻便摩托车			—	—	—	—	—	—	—	—	—	—	—	—	—	—	—	—	—	—	—

鹤壁市 VOCs 排放系数

单位：克/（辆·年）

车辆类型		使用性质	燃料种类	1999 年年底前	2000 年	2001 年	2002 年	2003 年	2004 年	2005 年	2006 年	2007 年	2008 年	2009 年	2010 年	2011 年	2012 年	2013 年	2014 年	2015 年	2016 年	2017 年
载客汽车	微型	出租车	汽油	706484	416176	125868	125868	125868	125868	93427	60986	60986	49600	38215	38215	31986	25758	25758	25758	25758	18958	16692
			燃气	302819	182218	61618	61618	61618	61618	46736	31853	31853	26140	20428	20428	16320	12211	12211	12211	12211	7571	6024
		其他	汽油	45487	27696	9906	9906	9906	9906	9538	9170	9170	7937	6704	6704	6430	6156	6156	6156	6156	5248	4945
			燃气	15156	8496	1836	1836	1836	1836	1762	1687	1687	1254	820	820	753	686	686	686	686	471	399
	小型	出租车	汽油	706484	409212	111941	111941	111941	111941	104892	97844	97844	68030	38215	38215	31986	25758	25758	25758	25758	17782	15124
			柴油	157198	148188	139179	139179	139179	139179	126440	113702	113702	82246	50790	50790	50790	50790	37751	24712	24712	14258	10773
			燃气	302819	179332	55844	55844	55844	55844	51490	47136	47136	33782	20428	20428	16320	12211	12211	12211	12211	7083	5374
		其他	汽油	46107	27930	9753	9753	9753	9753	9796	9840	9840	8274	6707	6707	6391	6075	6075	6075	6075	5308	5052
			柴油	9172	8386	7601	7601	7601	7601	6448	5296	5296	3592	1888	1888	1888	1888	1633	1378	1378	1001	875
			燃气	15413	9266	3120	3120	3120	3120	2542	1965	1965	1456	947	947	800	653	653	653	653	496	443
	中型	公交车	汽油	247845	247845	247845	247845	247248	169005	13713	13713	13713	13713	13713	13562	13410	13410	10982	8555	8555	8555	8555
			柴油	87806	87806	86086	82645	82645	64494	28192	28192	28192	20508	12823	12823	12823	12823	8958	5093	5093	4763	4653
			燃气	71579	71579	67602	59649	59649	57536	53311	53311	53311	42686	32061	32061	22219	22219	22154	22154	22154	22154	22154
		其他	汽油	128556	128556	128556	128556	127959	87636	8185	8185	8185	8185	8185	8040	7894	7894	6843	5792	5792	5792	5792
			柴油	30493	30493	28460	24394	24394	18567	6912	6912	6912	6506	6099	6099	6099	6099	3750	1402	1402	1243	1190
			燃气	34560	34560	32640	28800	28800	27780	25740	25740	25740	20623	15506	15506	10732	10732	9642	9642	9642	9642	9642
	大型	公交车	汽油	577153	577153	577153	577153	576556	388978	15017	15017	15017	15017	15017	14877	14737	14737	11971	9205	9205	9205	9205
			柴油	131708	131708	108010	60614	60614	60614	60614	60614	60614	43515	26416	26416	26416	26416	17675	8934	8934	5723	4653
			燃气	168926	168926	159541	140772	140772	135786	125815	125815	125815	100740	75665	75665	52438	52438	47188	47188	47188	47188	47188
		其他	汽油	1278451	1278451	1278451	1278451	1277854	861006	28503	28503	28503	28503	28503	22244	15986	15986	12795	9604	9604	9604	9604
			柴油	272891	272891	207397	76409	76409	76409	76409	76409	76409	55942	35476	35476	35476	35476	20706	5937	5937	5324	5119
			燃气	266186	266186	251398	221822	221822	213966	198253	198253	198253	158842	119430	119430	82662	82662	74261	74261	74261	74261	74261
载货汽车	微型		汽油	280472	150741	21010	21010	21010	21010	19915	18820	18820	17402	15984	15984	13312	10641	10641	10641	10641	9226	8755
			柴油	35894	33545	31196	31196	31196	31196	28710	26223	26223	19214	12206	12206	12206	12206	8371	4536	4536	3242	2811
			燃气	93452	48673	3894	3894	3894	3894	3678	3462	3462	2709	1955	1955	1570	1186	1186	1186	1186	826	706
	轻型		汽油	145295	86650	28004	28004	28004	28004	24230	20457	20457	18368	16280	16280	14438	12596	12596	12596	12596	11037	10517
			柴油	32755	31976	31196	31196	31196	31196	28710	26223	26223	19214	12206	12206	12206	12206	9274	6341	6341	5046	4615
			燃气	48570	28764	8959	8959	8959	8959	6522	4085	4085	3192	2299	2299	1826	1354	1354	1354	1354	1030	922
	中型		汽油	277496	277496	277496	277496	276899	188610	13226	13226	13226	13226	13226	13086	12947	12947	10628	8308	8308	8308	8308
			柴油	63907	63907	59646	51125	51125	38912	14486	14486	14486	13636	12785	12785	12785	12785	9266	5746	5746	3419	2643
			燃气	72431	72431	68407	60359	60359	58221	53945	53945	53945	43225	32504	32504	43984	43984	21415	21415	21415	21415	21415
	重型		汽油	1497909	1497909	1497909	1497909	1497312	1008718	32727	32727	32727	32727	32727	25413	18099	18099	14361	10623	10623	10623	10623
			柴油	368438	368438	280013	103163	103163	103163	103163	103163	103163	75530	47897	47897	47897	47897	30154	12410	12410	10798	10260
			燃气	359385	359385	339421	299491	299491	288884	267670	267670	267670	214458	161245	161245	172787	172787	148841	148841	148841	148841	148841
低速汽车	三轮汽车			25300	25300	25300	25300	25300	25300	25300	25300	25300	16721	16721	16721	16721	16721	16721	16721	16721	16721	16721
	低速货车			33990	33990	33990	33990	33990	33990	33990	33990	33990	22464	22464	22464	22464	22464	22464	22464	22464	22464	22464
摩托车	普通摩托车			12928	12928	12928	12928	9648	6368	3409	3409	3409	3409	3409	2544	1679	1679	1679	1679	1679	1679	1679
	轻便摩托车			41808	41808	41808	41808	41808	8362	8362	4116	4116	4116	4116	3072	2027	2027	2027	2027	2027	2027	2027

新乡市 NO_x 排放系数

单位：克/（辆·年）

车辆类型		使用性质	燃料种类	1999年年底前	2000年	2001年	2002年	2003年	2004年	2005年	2006年	2007年	2008年	2009年	2010年	2011年	2012年	2013年	2014年	2015年	2016年	2017年
载客汽车	微型	出租车	汽油	459228	315358	171487	171487	171487	171487	129109	86731	86731	66068	45405	45405	37368	29332	29332	29332	29332	17190	13143
			燃气	310370	214938	119506	119506	119506	119506	90666	61827	61827	47590	33354	33354	27216	21079	21079	21079	21079	12074	9073
		其他	汽油	30052	18867	7682	7682	7682	7682	4828	1974	1974	1602	1229	1229	1099	969	969	969	969	674	576
			燃气	19273	11470	3668	3668	3668	3668	2374	1080	1080	872	664	664	574	483	483	483	483	387	355
	小型	出租车	汽油	516926	347608	178290	178290	178290	178290	133034	87777	87777	66591	45405	45405	36208	27010	27010	27010	27010	15131	11171
			柴油	628897	532248	435598	435598	435598	435598	388249	340900	340900	272226	203551	203551	203551	203551	164016	124481	124481	94387	84356
			燃气	348511	236257	124003	124003	124003	124003	93260	62518	62518	47936	33354	33354	26449	19544	19544	19544	19544	10713	7769
		其他	汽油	28039	17916	7794	7794	7794	7794	5152	2511	2511	1737	963	963	940	918	918	918	918	634	540
			柴油	26847	21919	16991	16991	16991	16991	15646	14301	14301	11248	8196	8196	8196	8196	7098	6001	6001	5382	5175
			燃气	17941	11438	4936	4936	4936	4936	3186	1435	1435	962	488	488	468	449	449	449	449	360	331
	中型	公交车	汽油	327775	327775	327775	327775	327775	223925	16225	16225	16225	16225	16225	14551	12877	12877	9722	6566	6566	6566	6566
			柴油	365929	365929	365070	363352	363352	348912	320031	320031	320031	266570	213110	213110	213110	213110	173913	134716	134716	112788	105478
			燃气	388534	388534	383909	374658	374658	363037	339794	339794	339794	282801	225808	225808	142798	142798	111838	111838	111838	111838	111838
		其他	汽油	200956	200956	200956	200956	200956	136315	7033	7033	7033	7033	7033	7033	7033	7033	5275	3517	3517	3517	3517
			柴油	171604	171604	164441	150114	150114	148845	146306	146306	146306	124604	102903	102903	102903	102903	91368	79834	79834	68139	64241
			燃气	193777	193777	183012	161481	161481	159959	156915	156915	156915	133602	110289	110289	85911	85911	69008	69008	69008	69008	69008
	大型	公交车	汽油	1167698	1167698	1167698	1167698	1167698	802931	73398	73398	73398	73398	73398	73334	73269	73269	54952	36636	36636	36636	36636
			柴油	518997	518997	502226	468685	468685	455368	428733	428733	428733	421007	413281	413281	413281	413281	398378	383476	383476	345685	333088
			燃气	1043492	1043492	985520	869576	869576	805048	675992	675992	675992	579200	482408	482408	449122	449122	389271	389271	389271	389271	389271
		其他	汽油	2787082	2787082	2787082	2787082	2787082	1916451	175188	175188	175188	175188	175188	168618	162049	162049	121666	81284	81284	81284	81284
			柴油	1242836	1242836	1210856	1146895	1146895	1120156	1066678	1066678	1066678	1029122	991567	991567	991567	991567	943977	896387	896387	793294	758929
			燃气	2313405	2313405	2184883	1927838	1927838	1784780	1498664	1498664	1498664	1284570	1070475	1070475	965750	965750	819353	819353	819353	819353	819353
载货汽车	微型		汽油	118523	69988	21453	21453	21453	21453	14622	7791	7791	6317	4843	4843	4284	3726	3726	3726	3726	2784	2470
			柴油	84861	69864	54866	54866	54866	54866	49432	43997	43997	37352	30707	30707	30707	30707	22455	14203	14203	12286	11647
			燃气	76011	43127	10243	10243	10243	10243	7253	4263	4263	3440	2617	2617	2237	1857	1857	1857	1857	1606	1522
	轻型		汽油	85412	54758	24105	24105	24105	24105	16310	8514	8514	7140	5766	5766	4796	3826	3826	3826	3826	2909	2603
			柴油	85164	70015	54866	54866	54866	54866	49432	43997	43997	37352	30707	30707	30707	30707	24514	18322	18322	17130	16733
			燃气	54652	34959	15266	15266	15266	15266	10066	4866	4866	3894	2922	2922	2397	1871	1871	1871	1871	1664	1596
	中型		汽油	192067	192067	192067	192067	192066	131125	9243	9243	9243	9243	9243	9243	9243	9243	6935	4627	4627	4627	4627
			柴油	359871	359871	323138	249672	249672	237411	212888	212888	212888	210719	208550	208550	208550	208550	182976	157403	157403	135538	128250
			燃气	406370	406370	360439	268578	268578	255160	228325	228325	228325	225922	223519	223519	169385	169385	137767	137767	137767	137767	137767
	重型		汽油	2178762	2178762	2178762	2178762	2178762	1498158	136951	136951	136951	136951	136951	131815	126679	126679	95110	63542	63542	63542	63542
			柴油	1177866	1177866	1137661	1057252	1057252	1018147	939937	939937	939937	902245	864553	864553	864553	864553	748861	633169	633169	426012	356959
			燃气	2192470	2192470	2054032	1777155	1777155	1624969	1320595	1320595	1320595	1126974	933353	933353	682164	682164	385379	385379	385379	385379	385379
低速汽车	三轮汽车			65550	65550	65550	65550	65550	65550	65550	65550	65550	53279	53279	53279	53279	53279	53279	53279	53279	53279	53279
	低速货车			88065	88065	88065	88065	88065	88065	88065	88065	88065	71579	71579	71579	71579	71579	71579	71579	71579	71579	71579
摩托车	普通摩托车			965	965	965	965	932	900	836	836	836	836	836	743	650	650	650	650	650	650	650
	轻便摩托车			643	643	643	643	643	322	322	322	322	322	322	286	250	250	250	250	250	250	250

新乡市 PM 排放系数

单位：克/（辆・年）

车辆类型		使用性质	燃料种类	1999 年年底前	2000 年	2001 年	2002 年	2003 年	2004 年	2005 年	2006 年	2007 年	2008 年	2009 年	2010 年	2011 年	2012 年	2013 年	2014 年	2015 年	2016 年	2017 年
载客汽车	微型	出租车	汽油	—	—	—	—	—	—	—	—	—	—	—	—	—	—	—	—	—	—	—
			燃气	—	—	—	—	—	—	—	—	—	—	—	—	—	—	—	—	—	—	—
		其他	汽油	—	—	—	—	—	—	—	—	—	—	—	—	—	—	—	—	—	—	—
			燃气	—	—	—	—	—	—	—	—	—	—	—	—	—	—	—	—	—	—	—
	小型	出租车	汽油	—	—	—	—	—	—	—	—	—	—	—	—	—	—	—	—	—	—	—
			柴油	77367	70892	64416	64416	64416	64416	43876	23335	23335	15264	7194	7194	7194	7194	6686	6178	6178	5109	4753
			燃气	—	—	—	—	—	—	—	—	—	—	—	—	—	—	—	—	—	—	—
		其他	汽油	—	—	—	—	—	—	—	—	—	—	—	—	—	—	—	—	—	—	—
			柴油	3960	3747	3534	3534	3534	3534	2538	1542	1542	1136	730	730	730	730	604	478	478	478	478
			燃气	—	—	—	—	—	—	—	—	—	—	—	—	—	—	—	—	—	—	—
	中型	公交车	汽油	—	—	—	—	—	—	—	—	—	—	—	—	—	—	—	—	—	—	—
			柴油	30592	30592	28032	22913	22913	17978	8108	8108	8108	6872	5637	5637	5637	5637	3504	1372	1372	1080	983
			燃气	—	—	—	—	—	—	—	—	—	—	—	—	—	—	—	—	—	—	—
		其他	汽油	—	—	—	—	—	—	—	—	—	—	—	—	—	—	—	—	—	—	—
			柴油	15274	15274	12888	8116	8116	6262	2553	2553	2553	2434	2316	2316	2316	2316	1366	415	415	399	394
			燃气	—	—	—	—	—	—	—	—	—	—	—	—	—	—	—	—	—	—	—
	大型	公交车	汽油	—	—	—	—	—	—	—	—	—	—	—	—	—	—	—	—	—	—	—
			柴油	94865	94865	93934	92071	92071	71272	29674	29674	29674	19994	10315	10315	10315	10315	6116	1916	1916	1845	1821
			燃气	—	—	—	—	—	—	—	—	—	—	—	—	—	—	—	—	—	—	—
		其他	汽油	—	—	—	—	—	—	—	—	—	—	—	—	—	—	—	—	—	—	—
			柴油	142314	142314	133412	115607	115607	85425	25061	25061	25061	17182	9303	9303	9303	9303	5868	2433	2433	2343	2313
			燃气	—	—	—	—	—	—	—	—	—	—	—	—	—	—	—	—	—	—	—
载货汽车	微型		汽油	—	—	—	—	—	—	—	—	—	—	—	—	—	—	—	—	—	—	—
			柴油	9931	9726	9520	9520	9520	9520	7788	6055	6055	4494	2933	2933	2933	2933	1846	760	760	757	756
			燃气	—	—	—	—	—	—	—	—	—	—	—	—	—	—	—	—	—	—	—
	轻型		汽油	—	—	—	—	—	—	—	—	—	—	—	—	—	—	—	—	—	—	—
			柴油	10329	9924	9520	9520	9520	9520	7788	6055	6055	4494	2933	2933	2933	2933	2212	1490	1490	1230	1144
			燃气	—	—	—	—	—	—	—	—	—	—	—	—	—	—	—	—	—	—	—
	中型		汽油	—	—	—	—	—	—	—	—	—	—	—	—	—	—	—	—	—	—	—
			柴油	30980	30980	26071	16253	16253	12534	5097	5097	5097	4829	4561	4561	4561	4561	2924	1288	1288	1179	1143
			燃气	—	—	—	—	—	—	—	—	—	—	—	—	—	—	—	—	—	—	—
	重型		汽油	—	—	—	—	—	—	—	—	—	—	—	—	—	—	—	—	—	—	—
			柴油	140833	140833	115754	65597	65597	52084	25058	25058	25058	17171	9284	9284	9284	9284	6214	3144	3144	2657	2495
			燃气	—	—	—	—	—	—	—	—	—	—	—	—	—	—	—	—	—	—	—
低速汽车	三轮汽车			4092	4092	4092	4092	4092	4092	4092	4092	4092	3220	3220	3220	3220	3220	3220	3220	3220	3220	3220
	低速货车			5581	5581	5581	5581	5581	5581	5581	5581	5581	4392	4392	4392	4392	4392	4392	4392	4392	4392	4392
摩托车	普通摩托车			—	—	—	—	—	—	—	—	—	—	—	—	—	—	—	—	—	—	—
	轻便摩托车			—	—	—	—	—	—	—	—	—	—	—	—	—	—	—	—	—	—	—

新乡市 VOCs 排放系数

单位：克/（辆•年）

车辆类型		使用性质	燃料种类	1999 年年底前	2000 年	2001 年	2002 年	2003 年	2004 年	2005 年	2006 年	2007 年	2008 年	2009 年	2010 年	2011 年	2012 年	2013 年	2014 年	2015 年	2016 年	2017 年
载客汽车	微型	出租车	汽油	1358024	808885	259746	259746	259746	259746	194308	128871	128871	106115	83359	83359	69040	54721	54721	54721	54721	38653	33297
			燃气	604994	371976	138958	138958	138958	138958	107371	75784	75784	63258	50732	50732	40568	30404	30404	30404	30404	18396	14394
		其他	汽油	51465	31003	10541	10541	10541	10541	10145	9749	9749	8433	7117	7117	6873	6629	6629	6629	6629	5658	5334
			燃气	17892	10006	2120	2120	2120	2120	2034	1947	1947	1458	970	970	930	889	889	889	889	644	563
	小型	出租车	汽油	1358024	795596	233168	233168	233168	233168	215602	198036	198036	140698	83359	83359	69040	54721	54721	54721	54721	36030	29800
			柴油	382422	359520	336619	336619	336619	336619	305774	274928	274928	203333	131738	131738	131738	131738	97546	63353	63353	34794	25274
			燃气	604994	366382	127770	127770	127770	127770	116335	104900	104900	77816	50732	50732	40568	30404	30404	30404	30404	17292	12922
		其他	汽油	52189	31276	10362	10362	10362	10362	10446	10529	10529	8825	7121	7121	6822	6522	6522	6522	6522	5732	5469
			柴油	10461	9553	8645	8645	8645	8645	7426	6206	6206	4166	2126	2126	2126	2126	1847	1568	1568	1152	1013
			燃气	18197	10924	3651	3651	3651	3651	2963	2275	2275	1701	1127	1127	986	844	844	844	844	675	619
	中型	公交车	汽油	247859	247859	247859	247859	247262	169019	13726	13726	13726	13726	13726	13574	13423	13423	10996	8569	8569	8569	8569
			柴油	87806	87806	86086	82645	82645	64494	28192	28192	28192	20508	12823	12823	12823	12823	8958	5093	5093	4763	4653
			燃气	71579	71579	67602	59649	59649	57536	53311	53311	53311	42686	32061	32061	22219	22219	22154	22154	22154	22154	22154
		其他	汽油	128569	128569	128569	128569	127972	87650	8199	8199	8199	8199	8199	8054	7908	7908	6856	5805	5805	5805	5805
			柴油	30493	30493	28460	24394	24394	18567	6912	6912	6912	6506	6099	6099	6099	6099	3750	1402	1402	1243	1190
			燃气	34560	34560	32640	28800	28800	27780	25740	25740	25740	20623	15506	15506	10732	10732	9642	9642	9642	9642	9642
	大型	公交车	汽油	577167	577167	577167	577167	576570	388992	15030	15030	15030	15030	15030	14890	14750	14750	11984	9218	9218	9218	9218
			柴油	131708	131708	108010	60614	60614	60614	60614	60614	60614	43515	26416	26416	26416	26416	17675	8934	8934	5723	4653
			燃气	168926	168926	159541	140772	140772	135786	125815	125815	125815	100740	75665	75665	52438	52438	47188	47188	47188	47188	47188
		其他	汽油	1278465	1278465	1278465	1278465	1277868	861020	28517	28517	28517	28517	28517	22258	15999	15999	12808	9617	9617	9617	9617
			柴油	272891	272891	207397	76409	76409	76409	76409	76409	76409	55942	35476	35476	35476	35476	20706	5937	5937	5324	5119
			燃气	266186	266186	251398	221822	221822	213966	198253	198253	198253	158842	119430	119430	82662	82662	74261	74261	74261	74261	74261
载货汽车	微型		汽油	322119	172648	23178	23178	23178	23178	21975	20772	20772	19211	17650	17650	14591	11532	11532	11532	11532	10000	9490
			柴油	41907	39162	36418	36418	36418	36418	33546	30675	30675	22404	14132	14132	14132	14132	9650	5168	5168	3754	3283
			燃气	111986	58324	4662	4662	4662	4662	4405	4148	4148	3277	2406	2406	1976	1547	1547	1547	1547	1138	1002
	轻型		汽油	166079	98666	31253	31253	31253	31253	26957	22661	22661	20326	17991	17991	15890	13789	13789	13789	13789	12090	11523
			柴油	38137	37278	36418	36418	36418	36418	33546	30675	30675	22404	14132	14132	14132	14132	10734	7335	7335	5920	5449
			燃气	57908	34460	11012	11012	11012	11012	7954	4896	4896	3872	2847	2847	2316	1784	1784	1784	1784	1424	1304
	中型		汽油	277509	277509	277509	277509	276912	188623	13240	13240	13240	13240	13240	13100	12960	12960	10640	8321	8321	8321	8321
			柴油	63907	63907	59646	51125	51125	38912	14486	14486	14486	13636	12785	12785	12785	12785	9266	5746	5746	3419	2643
			燃气	72431	72431	68407	60359	60359	58221	53945	53945	53945	43225	32504	32504	43984	43984	21415	21415	21415	21415	21415
	重型		汽油	983888	983888	983888	983888	983290	662747	22856	22856	22856	22856	22856	18013	13170	13170	10714	8259	8259	8259	8259
			柴油	250765	250765	190581	70214	70214	70214	70214	70214	70214	51406	32599	32599	32599	32599	20270	7940	7940	6130	5526
			燃气	244604	244604	231015	203837	203837	196618	182179	182179	182179	145962	109745	109745	110550	110550	80165	80165	80165	80165	80165
低速汽车	三轮汽车			25300	25300	25300	25300	25300	25300	25300	25300	25300	16721	16721	16721	16721	16721	16721	16721	16721	16721	16721
	低速货车			33990	33990	33990	33990	33990	33990	33990	33990	33990	22464	22464	22464	22464	22464	22464	22464	22464	22464	22464
摩托车	普通摩托车			12928	12928	12928	12928	9648	6368	3409	3409	3409	3409	3409	2544	1679	1679	1679	1679	1679	1679	1679
	轻便摩托车			41808	41808	41808	41808	41808	8362	8362	4116	4116	4116	4116	3072	2027	2027	2027	2027	2027	2027	2027

焦作市 NO_x 排放系数

单位：克/（辆·年）

车辆类型		使用性质	燃料种类	1999年年底前	2000年	2001年	2002年	2003年	2004年	2005年	2006年	2007年	2008年	2009年	2010年	2011年	2012年	2013年	2014年	2015年	2016年	2017年
载客汽车	微型	出租车	汽油	305086	207246	109407	109407	109407	109407	81476	53545	53545	40190	26836	26836	21796	16757	16757	16757	16757	10052	7817
			燃气	205201	140426	75651	75651	75651	75651	56725	37799	37799	28666	19534	19534	15741	11948	11948	11948	11948	7014	5370
		其他	汽油	27681	17360	7038	7038	7038	7038	4444	1850	1850	1506	1163	1163	990	816	816	816	816	561	476
			燃气	17705	10529	3353	3353	3353	3353	2176	998	998	809	620	620	501	382	382	382	382	312	289
	小型	出租车	汽油	344526	229290	114053	114053	114053	114053	84156	54259	54259	40548	26836	26836	21121	15406	15406	15406	15406	8814	6616
			柴油	386465	325433	264401	264401	264401	264401	235201	206001	206001	163782	121563	121563	121563	121563	98447	75331	75331	56750	50557
			燃气	231274	154998	78722	78722	78722	78722	58497	38272	38272	28903	19534	19534	15295	11056	11056	11056	11056	6196	4576
		其他	汽油	25833	16487	7141	7141	7141	7141	4740	2338	2338	1628	919	919	848	777	777	777	777	529	446
			柴油	22788	18634	14481	14481	14481	14481	13347	12213	12213	9558	6904	6904	6904	6904	5972	5040	5040	4391	4175
			燃气	16484	10494	4504	4504	4504	4504	2912	1320	1320	890	459	459	408	357	357	357	357	291	269
	中型	公交车	汽油	327775	327775	327775	327775	327775	223925	16225	16225	16225	16225	16225	14551	12877	12877	9722	6566	6566	6566	6566
			柴油	365929	365929	365070	363352	363352	348912	320031	320031	320031	266570	213110	213110	213110	213110	173913	134716	134716	112788	105478
			燃气	388534	388534	383909	374658	374658	363037	339794	339794	339794	282801	225808	225808	142798	142798	111838	111838	111838	111838	111838
		其他	汽油	200956	200956	200956	200956	200956	136315	7033	7033	7033	7033	7033	7033	7033	7033	5275	3517	3517	3517	3517
			柴油	171604	171604	164441	150114	150114	148845	146306	146306	146306	124604	102903	102903	102903	102903	91368	79834	79834	68139	64241
			燃气	193777	193777	183012	161481	161481	159959	156915	156915	156915	133602	110289	110289	85911	85911	69008	69008	69008	69008	69008
	大型	公交车	汽油	1167698	1167698	1167698	1167698	1167698	802931	73398	73398	73398	73398	73398	73334	73269	73269	54952	36636	36636	36636	36636
			柴油	518997	518997	502226	468685	468685	455368	428733	428733	428733	421007	413281	413281	413281	413281	398378	383476	383476	345685	333088
			燃气	1043492	1043492	985520	869576	869576	805048	675992	675992	675992	579200	482408	482408	449122	449122	389271	389271	389271	389271	389271
		其他	汽油	2787082	2787082	2787082	2787082	2787082	1916451	175188	175188	175188	175188	175188	168618	162049	162049	121666	81284	81284	81284	81284
			柴油	1242836	1242836	1210856	1146895	1146895	1120156	1066678	1066678	1066678	1029122	991567	991567	991567	991567	943977	896387	896387	793294	758929
			燃气	2313405	2313405	2184883	1927838	1927838	1784780	1498664	1498664	1498664	1284570	1070475	1070475	965750	965750	819353	819353	819353	819353	819353
载货汽车	微型		汽油	233578	140824	48069	48069	48069	48069	33757	19445	19445	16014	12582	12582	10716	8851	8851	8851	8851	6141	5238
			柴油	175086	146593	118100	118100	118100	118100	105781	93462	93462	78839	64216	64216	64216	64216	46942	29669	29669	23918	22001
			燃气	149398	86150	22901	22901	22901	22901	16695	10490	10490	8599	6708	6708	5425	4143	4143	4143	4143	3421	3180
	轻型		汽油	175361	114347	53333	53333	53333	53333	37106	20879	20879	17646	14414	14414	11731	9048	9048	9048	9048	6389	5503
			柴油	175628	146864	118100	118100	118100	118100	105781	93462	93462	78839	64216	64216	64216	64216	50608	37001	37001	32539	31052
			燃气	111898	72768	33638	33638	33638	33638	22713	11788	11788	9494	7199	7199	5678	4157	4157	4157	4157	3529	3319
	中型		汽油	192067	192067	192067	192067	192066	131125	9243	9243	9243	9243	9243	9243	9243	9243	6935	4627	4627	4627	4627
			柴油	359871	359871	323138	249672	249672	237411	212888	212888	212888	210719	208550	208550	208550	208550	182976	157403	157403	135538	128250
			燃气	406370	406370	360439	268578	268578	255160	228325	228325	228325	225922	223519	223519	169385	169385	137767	137767	137767	137767	137767
	重型		汽油	3648302	3648302	3648302	3648302	3648302	2508642	229322	229322	229322	229322	229322	220722	212123	212123	159262	106401	106401	106401	106401
			柴油	1985434	1985434	1917665	1782126	1782126	1716209	1584376	1584376	1584376	1520842	1457309	1457309	1457309	1457309	1265709	1074109	1074109	718273	599661
			燃气	3695671	3695671	3462317	2995610	2995610	2739080	2226021	2226021	2226021	1899650	1573280	1573280	1157224	1157224	647404	647404	647404	647404	647404
低速汽车	三轮汽车			65550	65550	65550	65550	65550	65550	65550	65550	65550	53279	53279	53279	53279	53279	53279	53279	53279	53279	53279
	低速货车			88065	88065	88065	88065	88065	88065	88065	88065	88065	71579	71579	71579	71579	71579	71579	71579	71579	71579	71579
摩托车	普通摩托车			965	965	965	965	932	900	836	836	836	836	836	743	650	650	650	650	650	650	650
	轻便摩托车			643	643	643	643	643	322	322	322	322	322	322	286	250	250	250	250	250	250	250

焦作市 PM 排放系数

单位：克/（辆·年）

车辆类型		使用性质	燃料种类	1999 年年底前	2000 年	2001 年	2002 年	2003 年	2004 年	2005 年	2006 年	2007 年	2008 年	2009 年	2010 年	2011 年	2012 年	2013 年	2014 年	2015 年	2016 年	2017 年
载客汽车	微型	出租车	汽油	—	—	—	—	—	—	—	—	—	—	—	—	—	—	—	—	—	—	—
			燃气	—	—	—	—	—	—	—	—	—	—	—	—	—	—	—	—	—	—	—
		其他	汽油	—	—	—	—	—	—	—	—	—	—	—	—	—	—	—	—	—	—	—
			燃气	—	—	—	—	—	—	—	—	—	—	—	—	—	—	—	—	—	—	—
	小型	出租车	汽油	—	—	—	—	—	—	—	—	—	—	—	—	—	—	—	—	—	—	—
			柴油	49124	44993	40862	40862	40862	40862	27916	14969	14969	9747	4525	4525	4525	4525	4206	3886	3886	3213	2989
			燃气	—	—	—	—	—	—	—	—	—	—	—	—	—	—	—	—	—	—	—
		其他	汽油	—	—	—	—	—	—	—	—	—	—	—	—	—	—	—	—	—	—	—
			柴油	3325	3147	2969	2969	2969	2969	2138	1308	1308	958	607	607	607	607	509	411	411	411	411
			燃气	—	—	—	—	—	—	—	—	—	—	—	—	—	—	—	—	—	—	—
	中型	公交车	汽油	—	—	—	—	—	—	—	—	—	—	—	—	—	—	—	—	—	—	—
			柴油	30592	30592	28032	22913	22913	17978	8108	8108	8108	6872	5637	5637	5637	5637	3504	1372	1372	1080	983
			燃气	—	—	—	—	—	—	—	—	—	—	—	—	—	—	—	—	—	—	—
		其他	汽油	—	—	—	—	—	—	—	—	—	—	—	—	—	—	—	—	—	—	—
			柴油	15274	15274	12888	8116	8116	6262	2553	2553	2553	2434	2316	2316	2316	2316	1366	415	415	399	394
			燃气	—	—	—	—	—	—	—	—	—	—	—	—	—	—	—	—	—	—	—
	大型	公交车	汽油	—	—	—	—	—	—	—	—	—	—	—	—	—	—	—	—	—	—	—
			柴油	94865	94865	93934	92071	92071	71272	29674	29674	29674	19994	10315	10315	10315	10315	6116	1916	1916	1845	1821
			燃气	—	—	—	—	—	—	—	—	—	—	—	—	—	—	—	—	—	—	—
		其他	汽油	—	—	—	—	—	—	—	—	—	—	—	—	—	—	—	—	—	—	—
			柴油	142314	142314	133412	115607	115607	85425	25061	25061	25061	17182	9303	9303	9303	9303	5868	2433	2433	2343	2313
			燃气	—	—	—	—	—	—	—	—	—	—	—	—	—	—	—	—	—	—	—
载货汽车	微型		汽油	—	—	—	—	—	—	—	—	—	—	—	—	—	—	—	—	—	—	—
			柴油	18587	18202	17818	17818	17818	17818	14514	11209	11209	8319	5429	5429	5429	5429	3418	1407	1407	1400	1398
			燃气	—	—	—	—	—	—	—	—	—	—	—	—	—	—	—	—	—	—	—
	轻型		汽油	—	—	—	—	—	—	—	—	—	—	—	—	—	—	—	—	—	—	—
			柴油	19330	18574	17818	17818	17818	17818	14514	11209	11209	8319	5429	5429	5429	5429	4094	2759	2759	2278	2118
			燃气	—	—	—	—	—	—	—	—	—	—	—	—	—	—	—	—	—	—	—
	中型		汽油	—	—	—	—	—	—	—	—	—	—	—	—	—	—	—	—	—	—	—
			柴油	30980	30980	26071	16253	16253	12534	5097	5097	5097	4829	4561	4561	4561	4561	2924	1288	1288	1179	1143
			燃气	—	—	—	—	—	—	—	—	—	—	—	—	—	—	—	—	—	—	—
	重型		汽油	—	—	—	—	—	—	—	—	—	—	—	—	—	—	—	—	—	—	—
			柴油	236964	236964	194767	110373	110373	87636	42162	42162	42162	28892	15621	15621	15621	15621	10452	5283	5283	4465	4192
			燃气	—	—	—	—	—	—	—	—	—	—	—	—	—	—	—	—	—	—	—
低速汽车	三轮汽车			4092	4092	4092	4092	4092	4092	4092	4092	4092	3220	3220	3220	3220	3220	3220	3220	3220	3220	3220
	低速货车			5581	5581	5581	5581	5581	5581	5581	5581	5581	4392	4392	4392	4392	4392	4392	4392	4392	4392	4392
摩托车	普通摩托车			—	—	—	—	—	—	—	—	—	—	—	—	—	—	—	—	—	—	—
	轻便摩托车			—	—	—	—	—	—	—	—	—	—	—	—	—	—	—	—	—	—	—

焦作市 VOCs 排放系数

单位：克/（辆・年）

车辆类型		使用性质	燃料种类	1999 年年底前	2000 年	2001 年	2002 年	2003 年	2004 年	2005 年	2006 年	2007 年	2008 年	2009 年	2010 年	2011 年	2012 年	2013 年	2014 年	2015 年	2016 年	2017 年
载客汽车	微型	出租车	汽油	871464	516618	161771	161771	161771	161771	121004	80236	80236	65510	50785	50785	41974	33164	33164	33164	33164	23376	20113
			燃气	383745	233658	83572	83572	83572	83572	64195	44818	44818	37041	29264	29264	23244	17224	17224	17224	17224	10255	7932
		其他	汽油	44965	27415	9865	9865	9865	9865	9498	9132	9132	7911	6690	6690	6419	6148	6148	6148	6148	5246	4945
			燃气	15156	8496	1836	1836	1836	1836	1762	1687	1687	1254	820	820	753	686	686	686	686	471	399
	小型	出租车	汽油	871464	508115	144766	144766	144766	144766	135004	125242	125242	88014	50785	50785	41974	33164	33164	33164	33164	21940	18199
			柴油	222461	209333	196205	196205	196205	196205	177248	158290	158290	116500	74709	74709	74709	74709	55384	36060	36060	20132	14823
			燃气	383745	230080	76414	76414	76414	76414	70089	63764	63764	46514	29264	29264	23244	17224	17224	17224	17224	9650	7126
		其他	汽油	45576	27646	9715	9715	9715	9715	9754	9792	9792	8242	6693	6693	6380	6068	6068	6068	6068	5304	5050
			柴油	9063	8288	7513	7513	7513	7513	6376	5238	5238	3556	1874	1874	1874	1874	1620	1366	1366	990	865
			燃气	15413	9266	3120	3120	3120	3120	2542	1965	1965	1456	947	947	800	653	653	653	653	496	443
	中型	公交车	汽油	247859	247859	247859	247859	247262	169019	13726	13726	13726	13726	13726	13574	13423	13423	10996	8569	8569	8569	8569
			柴油	87806	87806	86086	82645	82645	64494	28192	28192	28192	20508	12823	12823	12823	12823	8958	5093	5093	4763	4653
			燃气	71579	71579	67602	59649	59649	57536	53311	53311	53311	42686	32061	32061	22219	22219	22154	22154	22154	22154	22154
		其他	汽油	128569	128569	128569	128569	127972	87650	8199	8199	8199	8199	8199	8054	7908	7908	6856	5805	5805	5805	5805
			柴油	30493	30493	28460	24394	24394	18567	6912	6912	6912	6506	6099	6099	6099	6099	3750	1402	1402	1243	1190
			燃气	34560	34560	32640	28800	28800	27780	25740	25740	25740	20623	15506	15506	10732	10732	9642	9642	9642	9642	9642
	大型	公交车	汽油	577167	577167	577167	577167	576570	388992	15030	15030	15030	15030	15030	14890	14750	14750	11984	9218	9218	9218	9218
			柴油	131708	131708	108010	60614	60614	60614	60614	60614	60614	43515	26416	26416	26416	26416	17675	8934	8934	5723	4653
			燃气	168926	168926	159541	140772	140772	135786	125815	125815	125815	100740	75665	75665	52438	52438	47188	47188	47188	47188	47188
		其他	汽油	1278465	1278465	1278465	1278465	1277868	861020	28517	28517	28517	28517	28517	22258	15999	15999	12808	9617	9617	9617	9617
			柴油	272891	272891	207397	76409	76409	76409	76409	76409	76409	55942	35476	35476	35476	35476	20706	5937	5937	5324	5119
			燃气	266186	266186	251398	221822	221822	213966	198253	198253	198253	158842	119430	119430	82662	82662	74261	74261	74261	74261	74261
载货汽车	微型		汽油	577935	311504	45072	45072	45072	45072	42041	39010	39010	35716	32422	32422	25896	19370	19370	19370	19370	15589	14329
			柴油	99595	92938	86280	86280	86280	86280	78250	70221	70221	52969	35717	35717	35717	35717	24905	14093	14093	8838	7087
			燃气	194800	101594	8388	8388	8388	8388	7797	7207	7207	5590	3974	3974	3068	2161	2161	2161	2161	1407	1156
	轻型		汽油	299038	179270	59502	59502	59502	59502	50944	42387	42387	37710	33032	33032	28218	23403	23403	23403	23403	19323	17963
			柴油	93120	89700	86280	86280	86280	86280	78250	70221	70221	52969	35717	35717	35717	35717	26767	17817	17817	12562	10810
			燃气	101129	60119	19109	19109	19109	19109	13808	8506	8506	6590	4674	4674	3596	2518	2518	2518	2518	1811	1576
	中型		汽油	277509	277509	277509	277509	276912	188623	13240	13240	13240	13240	13240	13100	12960	12960	10640	8321	8321	8321	8321
			柴油	63907	63907	59646	51125	51125	38912	14486	14486	14486	13636	12785	12785	12785	12785	9266	5746	5746	3419	2643
			燃气	72431	72431	68407	60359	60359	58221	53945	53945	53945	43225	32504	32504	43984	43984	21415	21415	21415	21415	21415
	重型		汽油	1640204	1640204	1640204	1640204	1639606	1104498	35477	35477	35477	35477	35477	27479	19481	19481	15388	11294	11294	11294	11294
			柴油	421142	421142	320068	117920	117920	117920	117920	117920	117920	86334	54748	54748	54748	54748	33926	13103	13103	10432	9541
			燃气	410794	410794	387974	342332	342332	330208	305959	305959	305959	245134	184309	184309	182436	182436	138411	138411	138411	138411	138411
低速汽车	三轮汽车			25300	25300	25300	25300	25300	25300	25300	25300	25300	16721	16721	16721	16721	16721	16721	16721	16721	16721	16721
	低速货车			33990	33990	33990	33990	33990	33990	33990	33990	33990	22464	22464	22464	22464	22464	22464	22464	22464	22464	22464
摩托车	普通摩托车			12928	12928	12928	12928	9648	6368	3409	3409	3409	3409	3409	2544	1679	1679	1679	1679	1679	1679	1679
	轻便摩托车			41808	41808	41808	41808	41808	8362	8362	4116	4116	4116	4116	3072	2027	2027	2027	2027	2027	2027	2027

濮阳市 NO_x 排放系数

单位：克/（辆·年）

车辆类型		使用性质	燃料种类	1999年年底前	2000年	2001年	2002年	2003年	2004年	2005年	2006年	2007年	2008年	2009年	2010年	2011年	2012年	2013年	2014年	2015年	2016年	2017年
载客汽车	微型	出租车	汽油	305086	207246	109407	109407	109407	109407	81476	53545	53545	40190	26836	26836	21796	16757	16757	16757	16757	10052	7817
			燃气	205201	140426	75651	75651	75651	75651	56725	37799	37799	28666	19534	19534	15741	11948	11948	11948	11948	7014	5370
		其他	汽油	27681	17360	7038	7038	7038	7038	4444	1850	1850	1506	1163	1163	990	816	816	816	816	561	476
			燃气	17705	10529	3353	3353	3353	3353	2176	998	998	809	620	620	501	382	382	382	382	312	289
	小型	出租车	汽油	344526	229290	114053	114053	114053	114053	84156	54259	54259	40548	26836	26836	21121	15406	15406	15406	15406	8814	6616
			柴油	386465	325433	264401	264401	264401	264401	235201	206001	206001	163782	121563	121563	121563	121563	98447	75331	75331	56750	50557
			燃气	231274	154998	78722	78722	78722	78722	58497	38272	38272	28903	19534	19534	15295	11056	11056	11056	11056	6196	4576
		其他	汽油	25833	16487	7141	7141	7141	7141	4740	2338	2338	1628	919	919	848	777	777	777	777	529	446
			柴油	22788	18634	14481	14481	14481	14481	13347	12213	12213	9558	6904	6904	6904	6904	5972	5040	5040	4391	4175
			燃气	16484	10494	4504	4504	4504	4504	2912	1320	1320	890	459	459	408	357	357	357	357	291	269
	中型	公交车	汽油	327775	327775	327775	327775	327775	223925	16225	16225	16225	16225	16225	14551	12877	12877	9722	6566	6566	6566	6566
			柴油	365929	365929	365070	363352	363352	348912	320031	320031	320031	266570	213110	213110	213110	213110	173913	134716	134716	112788	105478
			燃气	388534	388534	383909	374658	374658	363037	339794	339794	339794	282801	225808	225808	142798	142798	111838	111838	111838	111838	111838
		其他	汽油	200956	200956	200956	200956	200956	136315	7033	7033	7033	7033	7033	7033	7033	7033	5275	3517	3517	3517	3517
			柴油	171604	171604	164441	150114	150114	148845	146306	146306	146306	124604	102903	102903	102903	102903	91368	79834	79834	68139	64241
			燃气	193777	193777	183012	161481	161481	159959	156915	156915	156915	133602	110289	110289	85911	85911	69008	69008	69008	69008	69008
	大型	公交车	汽油	1167698	1167698	1167698	1167698	1167698	802931	73398	73398	73398	73398	73398	73334	73269	73269	54952	36636	36636	36636	36636
			柴油	518997	518997	502226	468685	468685	455368	428733	428733	428733	421007	413281	413281	413281	413281	398378	383476	383476	345685	333088
			燃气	1043492	1043492	985520	869576	869576	805048	675992	675992	675992	579200	482408	482408	449122	449122	389271	389271	389271	389271	389271
		其他	汽油	2787082	2787082	2787082	2787082	2787082	1916451	175188	175188	175188	175188	175188	168618	162049	162049	121666	81284	81284	81284	81284
			柴油	1242836	1242836	1210856	1146895	1146895	1120156	1066678	1066678	1066678	1029122	991567	991567	991567	991567	943977	896387	896387	793294	758929
			燃气	2313405	2313405	2184883	1927838	1927838	1784780	1498664	1498664	1498664	1284570	1070475	1070475	965750	965750	819353	819353	819353	819353	819353
载货汽车	微型		汽油	125637	74684	23731	23731	23731	23731	16226	8722	8722	7086	5449	5449	4796	4144	4144	4144	4144	3072	2715
			柴油	86059	71099	56139	56139	56139	56139	50516	44893	44893	37988	31084	31084	31084	31084	22734	14384	14384	12254	11544
			燃气	80358	45832	11306	11306	11306	11306	8005	4705	4705	3805	2905	2905	2422	1940	1940	1940	1940	1721	1648
	轻型		汽油	93591	60110	26628	26628	26628	26628	18070	9512	9512	7985	6458	6458	5355	4252	4252	4252	4252	3209	2861
			柴油	86358	71248	56139	56139	56139	56139	50516	44893	44893	37988	31084	31084	31084	31084	24752	18419	18419	17000	16527
			燃气	59720	38258	16795	16795	16795	16795	11083	5370	5370	4298	3225	3225	2590	1954	1954	1954	1954	1783	1726
	中型		汽油	192067	192067	192067	192067	192066	131125	9243	9243	9243	9243	9243	9243	9243	9243	6935	4627	4627	4627	4627
			柴油	359871	359871	323138	249672	249672	237411	212888	212888	212888	210719	208550	208550	208550	208550	182976	157403	157403	135538	128250
			燃气	406370	406370	360439	268578	268578	255160	228325	228325	228325	225922	223519	223519	169385	169385	137767	137767	137767	137767	137767
	重型		汽油	3341076	3341076	3341076	3341076	3341076	2297387	210010	210010	210010	210010	210010	202135	194260	194260	145850	97441	97441	97441	97441
			柴油	1807068	1807068	1745387	1622025	1622025	1562030	1442041	1442041	1442041	1384214	1326388	1326388	1326388	1326388	1160356	994325	994325	697457	598501
			燃气	3363662	3363662	3151272	2726493	2726493	2493010	2026042	2026042	2026042	1728992	1431941	1431941	1071267	1071267	646152	646152	646152	646152	646152
低速汽车	三轮汽车			65550	65550	65550	65550	65550	65550	65550	65550	65550	53279	53279	53279	53279	53279	53279	53279	53279	53279	53279
	低速货车			88065	88065	88065	88065	88065	88065	88065	88065	88065	71579	71579	71579	71579	71579	71579	71579	71579	71579	71579
摩托车	普通摩托车			965	965	965	965	932	900	836	836	836	836	836	743	650	650	650	650	650	650	650
	轻便摩托车			643	643	643	643	643	322	322	322	322	322	322	286	250	250	250	250	250	250	250

濮阳市 PM 排放系数

单位：克/（辆·年）

车辆类型		使用性质	燃料种类	1999 年年底前	2000 年	2001 年	2002 年	2003 年	2004 年	2005 年	2006 年	2007 年	2008 年	2009 年	2010 年	2011 年	2012 年	2013 年	2014 年	2015 年	2016 年	2017 年
载客汽车	微型	出租车	汽油	—	—	—	—	—	—	—	—	—	—	—	—	—	—	—	—	—	—	—
			燃气	—	—	—	—	—	—	—	—	—	—	—	—	—	—	—	—	—	—	—
		其他	汽油	—	—	—	—	—	—	—	—	—	—	—	—	—	—	—	—	—	—	—
			燃气	—	—	—	—	—	—	—	—	—	—	—	—	—	—	—	—	—	—	—
	小型	出租车	汽油	—	—	—	—	—	—	—	—	—	—	—	—	—	—	—	—	—	—	—
			柴油	49124	44993	40862	40862	40862	40862	27916	14969	14969	9747	4525	4525	4525	4525	4206	3886	3886	3213	2989
			燃气	—	—	—	—	—	—	—	—	—	—	—	—	—	—	—	—	—	—	—
		其他	汽油	—	—	—	—	—	—	—	—	—	—	—	—	—	—	—	—	—	—	—
			柴油	3325	3147	2969	2969	2969	2969	2138	1308	1308	958	607	607	607	607	509	411	411	411	411
			燃气	—	—	—	—	—	—	—	—	—	—	—	—	—	—	—	—	—	—	—
	中型	公交车	汽油	—	—	—	—	—	—	—	—	—	—	—	—	—	—	—	—	—	—	—
			柴油	30592	30592	28032	22913	22913	17978	8108	8108	8108	6872	5637	5637	5637	5637	3504	1372	1372	1080	983
			燃气	—	—	—	—	—	—	—	—	—	—	—	—	—	—	—	—	—	—	—
		其他	汽油	—	—	—	—	—	—	—	—	—	—	—	—	—	—	—	—	—	—	—
			柴油	15274	15274	12888	8116	8116	6262	2553	2553	2553	2434	2316	2316	2316	2316	1366	415	415	399	394
			燃气	—	—	—	—	—	—	—	—	—	—	—	—	—	—	—	—	—	—	—
	大型	公交车	汽油	—	—	—	—	—	—	—	—	—	—	—	—	—	—	—	—	—	—	—
			柴油	94865	94865	93934	92071	92071	71272	29674	29674	29674	19994	10315	10315	10315	10315	6116	1916	1916	1845	1821
			燃气	—	—	—	—	—	—	—	—	—	—	—	—	—	—	—	—	—	—	—
		其他	汽油	—	—	—	—	—	—	—	—	—	—	—	—	—	—	—	—	—	—	—
			柴油	142314	142314	133412	115607	115607	85425	25061	25061	25061	17182	9303	9303	9303	9303	5868	2433	2433	2343	2313
			燃气	—	—	—	—	—	—	—	—	—	—	—	—	—	—	—	—	—	—	—
载货汽车	微型		汽油	—	—	—	—	—	—	—	—	—	—	—	—	—	—	—	—	—	—	—
			柴油	10231	10020	9808	9808	9808	9808	7989	6170	6170	4579	2988	2988	2988	2988	1881	774	774	771	770
			燃气	—	—	—	—	—	—	—	—	—	—	—	—	—	—	—	—	—	—	—
	轻型		汽油	—	—	—	—	—	—	—	—	—	—	—	—	—	—	—	—	—	—	—
			柴油	10640	10224	9808	9808	9808	9808	7989	6170	6170	4579	2988	2988	2988	2988	2254	1519	1519	1254	1166
			燃气	—	—	—	—	—	—	—	—	—	—	—	—	—	—	—	—	—	—	—
	中型		汽油	—	—	—	—	—	—	—	—	—	—	—	—	—	—	—	—	—	—	—
			柴油	30980	30980	26071	16253	16253	12534	5097	5097	5097	4829	4561	4561	4561	4561	2924	1288	1288	1179	1143
			燃气	—	—	—	—	—	—	—	—	—	—	—	—	—	—	—	—	—	—	—
	重型		汽油	—	—	—	—	—	—	—	—	—	—	—	—	—	—	—	—	—	—	—
			柴油	215266	215266	176933	100266	100266	79611	38301	38301	38301	26246	14191	14191	14191	14191	9462	4732	4732	3999	3755
			燃气	—	—	—	—	—	—	—	—	—	—	—	—	—	—	—	—	—	—	—
低速汽车	三轮汽车			4092	4092	4092	4092	4092	4092	4092	4092	4092	3220	3220	3220	3220	3220	3220	3220	3220	3220	3220
	低速货车			5581	5581	5581	5581	5581	5581	5581	5581	5581	4392	4392	4392	4392	4392	4392	4392	4392	4392	4392
摩托车	普通摩托车			—	—	—	—	—	—	—	—	—	—	—	—	—	—	—	—	—	—	—
	轻便摩托车			—	—	—	—	—	—	—	—	—	—	—	—	—	—	—	—	—	—	—

濮阳市 VOCs 排放系数

单位：克/（辆·年）

车辆类型		使用性质	燃料种类	1999 年年底前	2000 年	2001 年	2002 年	2003 年	2004 年	2005 年	2006 年	2007 年	2008 年	2009 年	2010 年	2011 年	2012 年	2013 年	2014 年	2015 年	2016 年	2017 年
载客汽车	微型	出租车	汽油	871464	516618	161771	161771	161771	161771	121004	80236	80236	65510	50785	50785	41974	33164	33164	33164	33164	23376	20113
			燃气	383745	233658	83572	83572	83572	83572	64195	44818	44818	37041	29264	29264	23244	17224	17224	17224	17224	10255	7932
		其他	汽油	44965	27415	9865	9865	9865	9865	9498	9132	9132	7911	6690	6690	6419	6148	6148	6148	6148	5246	4945
			燃气	15156	8496	1836	1836	1836	1836	1762	1687	1687	1254	820	820	753	686	686	686	686	471	399
	小型	出租车	汽油	871464	508115	144766	144766	144766	144766	135004	125242	125242	88014	50785	50785	41974	33164	33164	33164	33164	21940	18199
			柴油	222461	209333	196205	196205	196205	196205	177248	158290	158290	116500	74709	74709	74709	74709	55384	36060	36060	20132	14823
			燃气	383745	230080	76414	76414	76414	76414	70089	63764	63764	46514	29264	29264	23244	17224	17224	17224	17224	9650	7126
		其他	汽油	45576	27646	9715	9715	9715	9715	9754	9792	9792	8242	6693	6693	6380	6068	6068	6068	6068	5304	5050
			柴油	9063	8288	7513	7513	7513	7513	6376	5238	5238	3556	1874	1874	1874	1874	1620	1366	1366	990	865
			燃气	15413	9266	3120	3120	3120	3120	2542	1965	1965	1456	947	947	800	653	653	653	653	496	443
	中型	公交车	汽油	247859	247859	247859	247859	247262	169019	13726	13726	13726	13726	13726	13574	13423	13423	10996	8569	8569	8569	8569
			柴油	87806	87806	86086	82645	82645	64494	28192	28192	28192	20508	12823	12823	12823	12823	8958	5093	5093	4763	4653
			燃气	71579	71579	67602	59649	59649	57536	53311	53311	53311	42686	32061	32061	22219	22219	22154	22154	22154	22154	22154
		其他	汽油	128569	128569	128569	128569	127972	87650	8199	8199	8199	8199	8199	8054	7908	7908	6856	5805	5805	5805	5805
			柴油	30493	30493	28460	24394	24394	18567	6912	6912	6912	6506	6099	6099	6099	6099	3750	1402	1402	1243	1190
			燃气	34560	34560	32640	28800	28800	27780	25740	25740	25740	20623	15506	15506	10732	10732	9642	9642	9642	9642	9642
	大型	公交车	汽油	577167	577167	577167	577167	576570	388992	15030	15030	15030	15030	15030	14890	14750	14750	11984	9218	9218	9218	9218
			柴油	131708	131708	108010	60614	60614	60614	60614	60614	60614	43515	26416	26416	26416	26416	17675	8934	8934	5723	4653
			燃气	168926	168926	159541	140772	140772	135786	125815	125815	125815	100740	75665	75665	52438	52438	47188	47188	47188	47188	47188
		其他	汽油	1278465	1278465	1278465	1278465	1277868	861020	28517	28517	28517	28517	28517	22258	15999	15999	12808	9617	9617	9617	9617
			柴油	272891	272891	207397	76409	76409	76409	76409	76409	76409	55942	35476	35476	35476	35476	20706	5937	5937	5324	5119
			燃气	266186	266186	251398	221822	221822	213966	198253	198253	198253	158842	119430	119430	82662	82662	74261	74261	74261	74261	74261
载货汽车	微型		汽油	318037	170888	23739	23739	23739	23739	22442	21146	21146	19523	17900	17900	14782	11664	11664	11664	11664	10008	9456
			柴油	42869	40050	37232	37232	37232	37232	34166	31100	31100	22913	14726	14726	14726	14726	10128	5531	5531	3852	3292
			燃气	107198	55808	4418	4418	4418	4418	4162	3906	3906	3050	2194	2194	1748	1301	1301	1301	1301	898	763
	轻型		汽油	164518	98100	31682	31682	31682	31682	27344	23005	23005	20620	18236	18236	16060	13884	13884	13884	13884	12063	11456
			柴油	39305	38268	37232	37232	37232	37232	34166	31100	31100	22913	14726	14726	14726	14726	11154	7581	7581	5902	5342
			燃气	55637	32906	10175	10175	10175	10175	7396	4617	4617	3598	2580	2580	2037	1494	1494	1494	1494	1127	1005
	中型		汽油	277509	277509	277509	277509	276912	188623	13240	13240	13240	13240	13240	13100	12960	12960	10640	8321	8321	8321	8321
			柴油	63907	63907	59646	51125	51125	38912	14486	14486	14486	13636	12785	12785	12785	12785	9266	5746	5746	3419	2643
			燃气	72431	72431	68407	60359	60359	58221	53945	53945	53945	43225	32504	32504	43984	43984	21415	21415	21415	21415	21415
	重型		汽油	1480609	1480609	1480609	1480609	1480012	997079	32408	32408	32408	32408	32408	25177	17946	17946	14251	10556	10556	10556	10556
			柴油	366470	366470	278517	102612	102612	102612	102612	102612	102612	75126	47641	47641	47641	47641	29858	12076	12076	10177	9544
			燃气	357466	357466	337608	297892	297892	287341	266240	266240	266240	213312	160383	160383	168136	168136	138454	138454	138454	138454	138454
低速汽车	三轮汽车			25300	25300	25300	25300	25300	25300	25300	25300	25300	16721	16721	16721	16721	16721	16721	16721	16721	16721	16721
	低速货车			33990	33990	33990	33990	33990	33990	33990	33990	33990	22464	22464	22464	22464	22464	22464	22464	22464	22464	22464
摩托车	普通摩托车			12928	12928	12928	12928	9648	6368	3409	3409	3409	3409	3409	2544	1679	1679	1679	1679	1679	1679	1679
	轻便摩托车			41808	41808	41808	41808	41808	8362	8362	4116	4116	4116	4116	3072	2027	2027	2027	2027	2027	2027	2027

许昌市 NO_x 排放系数

单位：克/（辆·年）

车辆类型		使用性质	燃料种类	1999年年底前	2000年	2001年	2002年	2003年	2004年	2005年	2006年	2007年	2008年	2009年	2010年	2011年	2012年	2013年	2014年	2015年	2016年	2017年
载客汽车	微型	出租车	汽油	294789	199957	105125	105125	105125	105125	78162	51200	51200	38342	25484	25484	20726	15968	15968	15968	15968	9630	7518
			燃气	198203	135414	72626	72626	72626	72626	54362	36099	36099	27313	18527	18527	14948	11368	11368	11368	11368	6712	5160
		其他	汽油	27673	17354	7036	7036	7036	7036	4443	1850	1850	1506	1163	1163	990	816	816	816	816	561	476
			燃气	17705	10529	3353	3353	3353	3353	2176	998	998	809	620	620	501	382	382	382	382	312	289
	小型	出租车	汽油	333047	221340	109632	109632	109632	109632	80762	51892	51892	38688	25484	25484	20071	14658	14658	14658	14658	8429	6353
			柴油	371265	312312	253359	253359	253359	253359	225438	197516	197516	156964	116412	116412	116412	116412	94393	72374	72374	54726	48843
			燃气	223502	149554	75606	75606	75606	75606	56082	36557	36557	27542	18527	18527	14514	10501	10501	10501	10501	5918	4390
		其他	汽油	25826	16482	7139	7139	7139	7139	4738	2337	2337	1628	919	919	848	777	777	777	777	529	446
			柴油	22784	18631	14478	14478	14478	14478	13344	12210	12210	9556	6903	6903	6903	6903	5971	5039	5039	4390	4174
			燃气	16484	10494	4504	4504	4504	4504	2912	1320	1320	890	459	459	408	357	357	357	357	291	269
	中型	公交车	汽油	327675	327675	327675	327675	327675	223857	16220	16220	16220	16220	16220	14546	12873	12873	9718	6564	6564	6564	6564
			柴油	365848	365848	364989	363270	363270	348833	319960	319960	319960	266511	213062	213062	213062	213062	173874	134686	134686	112762	105454
			燃气	388447	388447	383823	374574	374574	362955	339718	339718	339718	282738	225757	225757	142766	142766	111813	111813	111813	111813	111813
		其他	汽油	200894	200894	200894	200894	200894	136273	7031	7031	7031	7031	7031	7031	7031	7031	5274	3516	3516	3516	3516
			柴油	171566	171566	164404	150081	150081	148812	146273	146273	146273	124576	102880	102880	102880	102880	91348	79816	79816	68124	64226
			燃气	193734	193734	182971	161445	161445	159923	156880	156880	156880	133572	110265	110265	85891	85891	68993	68993	68993	68993	68993
	大型	公交车	汽油	1167341	1167341	1167341	1167341	1167341	802686	73376	73376	73376	73376	73376	73312	73247	73247	54936	36624	36624	36624	36624
			柴油	518881	518881	502114	468580	468580	455266	428638	428638	428638	420914	413189	413189	413189	413189	398290	383390	383390	345608	333014
			燃气	1043258	1043258	985299	869382	869382	804868	675841	675841	675841	579070	482300	482300	449021	449021	389184	389184	389184	389184	389184
		其他	汽油	2786231	2786231	2786231	2786231	2786231	1915865	175134	175134	175134	175134	175134	168566	161999	161999	121629	81259	81259	81259	81259
			柴油	1242558	1242558	1210585	1146638	1146638	1119905	1066439	1066439	1066439	1028892	991346	991346	991346	991346	943766	896186	896186	793116	758759
			燃气	2312888	2312888	2184394	1927407	1927407	1784381	1498329	1498329	1498329	1284282	1070235	1070235	965534	965534	819170	819170	819170	819170	819170
载货汽车	微型		汽油	134282	79916	25550	25550	25550	25550	17510	9471	9471	7704	5938	5938	5208	4479	4479	4479	4479	3303	2911
			柴油	92733	76706	60678	60678	60678	60678	54576	48474	48474	41006	33539	33539	33539	33539	24527	15515	15515	13154	12367
			燃气	85913	49044	12176	12176	12176	12176	8643	5109	5109	4137	3166	3166	2631	2097	2097	2097	2097	1850	1767
	轻型		汽油	100091	64366	28642	28642	28642	28642	19478	10314	10314	8664	7014	7014	5804	4594	4594	4594	4594	3448	3066
			柴油	93051	76864	60678	60678	60678	60678	54576	48474	48474	41006	33539	33539	33539	33539	26680	19821	19821	18218	17684
			燃气	63885	40978	18070	18070	18070	18070	11948	5826	5826	4664	3503	3503	2807	2111	2111	2111	2111	1915	1849
	中型		汽油	192067	192067	192067	192067	192066	131125	9243	9243	9243	9243	9243	9243	9243	9243	6935	4627	4627	4627	4627
			柴油	359871	359871	323138	249672	249672	237411	212888	212888	212888	210719	208550	208550	208550	208550	182976	157403	157403	135538	128250
			燃气	406370	406370	360439	268577	268577	255160	228326	228326	228326	225923	223520	223520	169383	169383	137769	137769	137769	137769	137769
	重型		汽油	2035488	2035488	2035488	2035488	2035488	1399640	127945	127945	127945	127945	127945	123147	118349	118349	88856	59364	59364	59364	59364
			柴油	1109221	1109221	1071360	995637	995637	958811	885159	885159	885159	849664	814169	814169	814169	814169	707203	600237	600237	409433	345832
			燃气	2064696	2064696	1934326	1673586	1673586	1530269	1243634	1243634	1243634	1061296	878959	878959	646684	646684	373367	373367	373367	373367	373367
低速汽车	三轮汽车			65550	65550	65550	65550	65550	65550	65550	65550	65550	53279	53279	53279	53279	53279	53279	53279	53279	53279	53279
	低速货车			88065	88065	88065	88065	88065	88065	88065	88065	88065	71579	71579	71579	71579	71579	71579	71579	71579	71579	71579
摩托车	普通摩托车			965	965	965	965	932	900	836	836	836	836	836	743	650	650	650	650	650	650	650
	轻便摩托车			643	643	643	643	643	322	322	322	322	322	322	286	250	250	250	250	250	250	250

许昌市 PM 排放系数

单位：克/（辆·年）

车辆类型		使用性质	燃料种类	1999年年底前	2000年	2001年	2002年	2003年	2004年	2005年	2006年	2007年	2008年	2009年	2010年	2011年	2012年	2013年	2014年	2015年	2016年	2017年
载客汽车	微型	出租车	汽油	—	—	—	—	—	—	—	—	—	—	—	—	—	—	—	—	—	—	—
			燃气	—	—	—	—	—	—	—	—	—	—	—	—	—	—	—	—	—	—	—
		其他	汽油	—	—	—	—	—	—	—	—	—	—	—	—	—	—	—	—	—	—	—
			燃气	—	—	—	—	—	—	—	—	—	—	—	—	—	—	—	—	—	—	—
	小型	出租车	汽油	—	—	—	—	—	—	—	—	—	—	—	—	—	—	—	—	—	—	—
			柴油	47666	43658	39649	39649	39649	39649	27086	14524	14524	9457	4390	4390	4390	4390	4080	3770	3770	3118	2900
			燃气	—	—	—	—	—	—	—	—	—	—	—	—	—	—	—	—	—	—	—
		其他	汽油	—	—	—	—	—	—	—	—	—	—	—	—	—	—	—	—	—	—	—
			柴油	3325	3147	2969	2969	2969	2969	2138	1308	1308	958	607	607	607	607	509	411	411	411	411
			燃气	—	—	—	—	—	—	—	—	—	—	—	—	—	—	—	—	—	—	—
	中型	公交车	汽油	—	—	—	—	—	—	—	—	—	—	—	—	—	—	—	—	—	—	—
			柴油	30592	30592	28032	22913	22913	17978	8108	8108	8108	6872	5637	5637	5637	5637	3504	1372	1372	1080	983
			燃气	—	—	—	—	—	—	—	—	—	—	—	—	—	—	—	—	—	—	—
		其他	汽油	—	—	—	—	—	—	—	—	—	—	—	—	—	—	—	—	—	—	—
			柴油	15274	15274	12888	8116	8116	6262	2553	2553	2553	2434	2316	2316	2316	2316	1366	415	415	399	394
			燃气	—	—	—	—	—	—	—	—	—	—	—	—	—	—	—	—	—	—	—
	大型	公交车	汽油	—	—	—	—	—	—	—	—	—	—	—	—	—	—	—	—	—	—	—
			柴油	94865	94865	93934	92071	92071	71272	29674	29674	29674	19994	10315	10315	10315	10315	6116	1916	1916	1845	1821
			燃气	—	—	—	—	—	—	—	—	—	—	—	—	—	—	—	—	—	—	—
		其他	汽油	—	—	—	—	—	—	—	—	—	—	—	—	—	—	—	—	—	—	—
			柴油	142314	142314	133412	115607	115607	85425	25061	25061	25061	17182	9303	9303	9303	9303	5868	2433	2433	2343	2313
			燃气	—	—	—	—	—	—	—	—	—	—	—	—	—	—	—	—	—	—	—
载货汽车	微型		汽油	—	—	—	—	—	—	—	—	—	—	—	—	—	—	—	—	—	—	—
			柴油	10919	10694	10468	10468	10468	10468	8526	6585	6585	4887	3189	3189	3189	3189	2008	827	827	823	822
			燃气	—	—	—	—	—	—	—	—	—	—	—	—	—	—	—	—	—	—	—
	轻型		汽油	—	—	—	—	—	—	—	—	—	—	—	—	—	—	—	—	—	—	—
			柴油	11356	10912	10468	10468	10468	10468	8526	6585	6585	4887	3189	3189	3189	3189	2405	1621	1621	1338	1244
			燃气	—	—	—	—	—	—	—	—	—	—	—	—	—	—	—	—	—	—	—
	中型		汽油	—	—	—	—	—	—	—	—	—	—	—	—	—	—	—	—	—	—	—
			柴油	30980	30980	26071	16253	16253	12534	5097	5097	5097	4829	4561	4561	4561	4561	2924	1288	1288	1179	1143
			燃气	—	—	—	—	—	—	—	—	—	—	—	—	—	—	—	—	—	—	—
	重型		汽油	—	—	—	—	—	—	—	—	—	—	—	—	—	—	—	—	—	—	—
			柴油	131447	131447	108040	61225	61225	48613	23388	23388	23388	16026	8665	8665	8665	8665	5801	2937	2937	2482	2330
			燃气	—	—	—	—	—	—	—	—	—	—	—	—	—	—	—	—	—	—	—
低速汽车	三轮汽车			4092	4092	4092	4092	4092	4092	4092	4092	4092	3220	3220	3220	3220	3220	3220	3220	3220	3220	3220
	低速货车			5581	5581	5581	5581	5581	5581	5581	5581	5581	4392	4392	4392	4392	4392	4392	4392	4392	4392	4392
摩托车	普通摩托车			—	—	—	—	—	—	—	—	—	—	—	—	—	—	—	—	—	—	—
	轻便摩托车			—	—	—	—	—	—	—	—	—	—	—	—	—	—	—	—	—	—	—

许昌市 VOCs 排放系数

单位：克/（辆·年）

车辆类型		使用性质	燃料种类	1999年年底前	2000年	2001年	2002年	2003年	2004年	2005年	2006年	2007年	2008年	2009年	2010年	2011年	2012年	2013年	2014年	2015年	2016年	2017年
载客汽车	微型	出租车	汽油	896859	529918	162978	162978	162978	162978	121334	79691	79691	64874	50058	50058	41489	32920	32920	32920	32920	23527	20396
			燃气	371105	225562	80020	80020	80020	80020	61356	42693	42693	35250	27808	27808	22104	16401	16401	16401	16401	9820	7627
		其他	汽油	47301	28697	10093	10093	10093	10093	9722	9350	9350	8076	6801	6801	6517	6233	6233	6233	6233	5306	4997
			燃气	15156	8496	1836	1836	1836	1836	1762	1687	1687	1254	820	820	753	686	686	686	686	471	399
	小型	出租车	汽油	896859	521116	145374	145374	145374	145374	135828	126283	126283	88170	50058	50058	41489	32920	32920	32920	32920	22040	18414
			柴油	215670	203074	190478	190478	190478	190478	172426	154374	154374	112887	71400	71400	71400	71400	52972	34543	34543	19516	14507
			燃气	371105	222090	73074	73074	73074	73074	67075	61076	61076	44442	27808	27808	22104	16401	16401	16401	16401	9234	6845
		其他	汽油	47953	28942	9932	9932	9932	9932	9993	10054	10054	8430	6805	6805	6476	6148	6148	6148	6148	5369	5109
			柴油	9476	8662	7847	7847	7847	7847	6653	5459	5459	3694	1929	1929	1929	1929	1670	1410	1410	1029	902
			燃气	15413	9266	3120	3120	3120	3120	2542	1965	1965	1456	947	947	800	653	653	653	653	496	443
	中型	公交车	汽油	247851	247851	247851	247851	247254	169011	13718	13718	13718	13718	13718	13566	13415	13415	10988	8561	8561	8561	8561
			柴油	87806	87806	86086	82645	82645	64494	28192	28192	28192	20508	12823	12823	12823	12823	8958	5093	5093	4763	4653
			燃气	71579	71579	67602	59649	59649	57536	53311	53311	53311	42686	32061	32061	22219	22219	22154	22154	22154	22154	22154
		其他	汽油	128561	128561	128561	128561	127964	87642	8191	8191	8191	8191	8191	8045	7899	7899	6848	5797	5797	5797	5797
			柴油	30493	30493	28460	24394	24394	18567	6912	6912	6912	6506	6099	6099	6099	6099	3750	1402	1402	1243	1190
			燃气	34560	34560	32640	28800	28800	27780	25740	25740	25740	20623	15506	15506	10732	10732	9642	9642	9642	9642	9642
	大型	公交车	汽油	577159	577159	577159	577159	576562	388984	15022	15022	15022	15022	15022	14882	14742	14742	11976	9210	9210	9210	9210
			柴油	131708	131708	108010	60614	60614	60614	60614	60614	60614	43515	26416	26416	26416	26416	17675	8934	8934	5723	4653
			燃气	168926	168926	159541	140772	140772	135786	125815	125815	125815	100740	75665	75665	52438	52438	47188	47188	47188	47188	47188
		其他	汽油	1278457	1278457	1278457	1278457	1277860	861011	28508	28508	28508	28508	28508	22250	15991	15991	12800	9609	9609	9609	9609
			柴油	272891	272891	207397	76409	76409	76409	76409	76409	76409	55942	35476	35476	35476	35476	20706	5937	5937	5324	5119
			燃气	266186	266186	251398	221822	221822	213966	198253	198253	198253	158842	119430	119430	82662	82662	74261	74261	74261	74261	74261
载货汽车	微型		汽油	360833	193520	26206	26206	26206	26206	24763	23320	23320	21524	19729	19729	16180	12631	12631	12631	12631	10808	10201
			柴油	48485	45292	42100	42100	42100	42100	38622	35144	35144	25896	16648	16648	16648	16648	11440	6233	6233	4338	3706
			燃气	115617	60192	4767	4767	4767	4767	4487	4208	4208	3293	2379	2379	1884	1390	1390	1390	1390	958	815
	轻型		汽油	186021	110636	35250	35250	35250	35250	30343	25436	25436	22774	20111	20111	17635	15159	15159	15159	15159	13149	12479
			柴油	44461	43280	42100	42100	42100	42100	38622	35144	35144	25896	16648	16648	16648	16648	12598	8547	8547	6652	6020
			燃气	59791	35432	11073	11073	11073	11073	8022	4971	4971	3885	2799	2799	2204	1610	1610	1610	1610	1214	1082
	中型		汽油	277501	277501	277501	277501	276904	188615	13232	13232	13232	13232	13232	13092	12952	12952	10632	8313	8313	8313	8313
			柴油	63907	63907	59646	51125	51125	38912	14486	14486	14486	13636	12785	12785	12785	12785	9266	5746	5746	3419	2643
			燃气	72431	72431	68407	60359	60359	58221	53945	53945	53945	43225	32504	32504	43984	43984	21415	21415	21415	21415	21415
	重型		汽油	913611	913611	913611	913611	913014	615443	21496	21496	21496	21496	21496	16991	12486	12486	10206	7925	7925	7925	7925
			柴油	231463	231463	175912	64810	64810	64810	64810	64810	64810	47450	30090	30090	30090	30090	18773	7456	7456	5922	5411
			燃气	225776	225776	213234	188149	188149	181485	168158	168158	168158	134728	101298	101298	103811	103811	78497	78497	78497	78497	78497
低速汽车	三轮汽车			25300	25300	25300	25300	25300	25300	25300	25300	25300	16721	16721	16721	16721	16721	16721	16721	16721	16721	16721
	低速货车			33990	33990	33990	33990	33990	33990	33990	33990	33990	22464	22464	22464	22464	22464	22464	22464	22464	22464	22464
摩托车	普通摩托车			12928	12928	12928	12928	9648	6368	3409	3409	3409	3409	3409	2544	1679	1679	1679	1679	1679	1679	1679
	轻便摩托车			41808	41808	41808	41808	41808	8362	8362	4116	4116	4116	4116	3072	2027	2027	2027	2027	2027	2027	2027

漯河市 NO_x 排放系数

单位：克/（辆·年）

车辆类型		使用性质	燃料种类	1999 年年底前	2000 年	2001 年	2002 年	2003 年	2004 年	2005 年	2006 年	2007 年	2008 年	2009 年	2010 年	2011 年	2012 年	2013 年	2014 年	2015 年	2016 年	2017 年
载客汽车	微型	出租车	汽油	305005	207195	109385	109385	109385	109385	81461	53537	53537	40185	26833	26833	21794	16755	16755	16755	16755	10050	7815
			燃气	205201	140426	75651	75651	75651	75651	56725	37799	37799	28666	19534	19534	15741	11948	11948	11948	11948	7014	5370
		其他	汽油	27673	17354	7036	7036	7036	7036	4443	1850	1850	1506	1163	1163	990	816	816	816	816	561	476
			燃气	17705	10529	3353	3353	3353	3353	2176	998	998	809	620	620	501	382	382	382	382	312	289
	小型	出租车	汽油	344434	229232	114029	114029	114029	114029	84140	54251	54251	40542	26833	26833	21119	15405	15405	15405	15405	8812	6614
			柴油	386407	325386	264366	264366	264366	264366	235170	205973	205973	163760	121548	121548	121548	121548	98434	75320	75320	56741	50548
			燃气	231274	154998	78722	78722	78722	78722	58497	38272	38272	28903	19534	19534	15295	11056	11056	11056	11056	6196	4576
		其他	汽油	25826	16482	7139	7139	7139	7139	4738	2337	2337	1628	919	919	848	777	777	777	777	529	446
			柴油	22784	18631	14478	14478	14478	14478	13344	12210	12210	9556	6903	6903	6903	6903	5971	5039	5039	4390	4174
			燃气	16484	10494	4504	4504	4504	4504	2912	1320	1320	890	459	459	408	357	357	357	357	291	269
	中型	公交车	汽油	327675	327675	327675	327675	327675	223857	16220	16220	16220	16220	16220	14546	12873	12873	9718	6564	6564	6564	6564
			柴油	365848	365848	364989	363270	363270	348833	319960	319960	319960	266511	213062	213062	213062	213062	173874	134686	134686	112762	105454
			燃气	388447	388447	383823	374574	374574	362955	339718	339718	339718	282738	225757	225757	142766	142766	111813	111813	111813	111813	111813
		其他	汽油	200894	200894	200894	200894	200894	136273	7031	7031	7031	7031	7031	7031	7031	7031	5274	3516	3516	3516	3516
			柴油	171566	171566	164404	150081	150081	148812	146273	146273	146273	124576	102880	102880	102880	102880	91348	79816	79816	68124	64226
			燃气	193734	193734	182971	161445	161445	159923	156880	156880	156880	133572	110265	110265	85891	85891	68993	68993	68993	68993	68993
	大型	公交车	汽油	1167341	1167341	1167341	1167341	1167341	802686	73376	73376	73376	73376	73376	73312	73247	73247	54936	36624	36624	36624	36624
			柴油	518881	518881	502114	468580	468580	455266	428638	428638	428638	420914	413189	413189	413189	413189	398290	383390	383390	345608	333014
			燃气	1043258	1043258	985299	869382	869382	804868	675841	675841	675841	579070	482300	482300	449021	449021	389184	389184	389184	389184	389184
		其他	汽油	2786231	2786231	2786231	2786231	2786231	1915865	175134	175134	175134	175134	175134	168566	161999	161999	121629	81259	81259	81259	81259
			柴油	1242558	1242558	1210585	1146638	1146638	1119905	1066439	1066439	1066439	1028892	991346	991346	991346	991346	943766	896186	896186	793116	758759
			燃气	2312888	2312888	2184394	1927407	1927407	1784381	1498329	1498329	1498329	1284282	1070235	1070235	965534	965534	819170	819170	819170	819170	819170
载货汽车	微型		汽油	125600	74662	23725	23725	23725	23725	16223	8721	8721	7084	5448	5448	4796	4143	4143	4143	4143	3072	2715
			柴油	86043	71086	56129	56129	56129	56129	50507	44885	44885	37982	31078	31078	31078	31078	22730	14381	14381	12252	11542
			燃气	80358	45832	11306	11306	11306	11306	8005	4705	4705	3804	2904	2904	2422	1939	1939	1939	1939	1721	1648
	轻型		汽油	93564	60092	26621	26621	26621	26621	18066	9510	9510	7984	6457	6457	5354	4251	4251	4251	4251	3208	2860
			柴油	86341	71235	56129	56129	56129	56129	50507	44885	44885	37982	31078	31078	31078	31078	24747	18416	18416	16996	16523
			燃气	59719	38257	16795	16795	16795	16795	11083	5372	5372	4298	3225	3225	2589	1953	1953	1953	1953	1782	1725
	中型		汽油	192067	192067	192067	192067	192066	131125	9243	9243	9243	9243	9243	9243	9243	9243	6935	4627	4627	4627	4627
			柴油	359871	359871	323138	249672	249672	237411	212888	212888	212888	210719	208550	208550	208550	208550	182976	157403	157403	135538	128250
			燃气	406370	406370	360439	268577	268577	255160	228326	228326	228326	225923	223520	223520	169383	169383	137769	137769	137769	137769	137769
	重型		汽油	2749305	2749305	2749305	2749305	2749305	1890474	172813	172813	172813	172813	172813	166332	159852	159852	120017	80182	80182	80182	80182
			柴油	1491043	1491043	1440149	1338360	1338360	1288857	1189852	1189852	1189852	1142139	1094426	1094426	1094426	1094426	953570	812713	812713	557390	472282
			燃气	2775416	2775416	2600170	2249676	2249676	2057025	1671722	1671722	1671722	1426620	1181518	1181518	875602	875602	509884	509884	509884	509884	509884
低速汽车	三轮汽车			65550	65550	65550	65550	65550	65550	65550	65550	65550	53279	53279	53279	53279	53279	53279	53279	53279	53279	53279
	低速货车			88065	88065	88065	88065	88065	88065	88065	88065	88065	71579	71579	71579	71579	71579	71579	71579	71579	71579	71579
摩托车	普通摩托车			965	965	965	965	932	900	836	836	836	836	836	743	650	650	650	650	650	650	650
	轻便摩托车			643	643	643	643	643	322	322	322	322	322	322	286	250	250	250	250	250	250	250

漯河市 PM 排放系数

单位：克/（辆·年）

车辆类型		使用性质	燃料种类	1999 年年底前	2000 年	2001 年	2002 年	2003 年	2004 年	2005 年	2006 年	2007 年	2008 年	2009 年	2010 年	2011 年	2012 年	2013 年	2014 年	2015 年	2016 年	2017 年
载客汽车	微型	出租车	汽油	—	—	—	—	—	—	—	—	—	—	—	—	—	—	—	—	—	—	—
			燃气	—	—	—	—	—	—	—	—	—	—	—	—	—	—	—	—	—	—	—
		其他	汽油	—	—	—	—	—	—	—	—	—	—	—	—	—	—	—	—	—	—	—
			燃气	—	—	—	—	—	—	—	—	—	—	—	—	—	—	—	—	—	—	—
	小型	出租车	汽油	—	—	—	—	—	—	—	—	—	—	—	—	—	—	—	—	—	—	—
			柴油	49124	44993	40862	40862	40862	40862	27916	14969	14969	9747	4525	4525	4525	4525	4206	3886	3886	3213	2989
			燃气	—	—	—	—	—	—	—	—	—	—	—	—	—	—	—	—	—	—	—
		其他	汽油	—	—	—	—	—	—	—	—	—	—	—	—	—	—	—	—	—	—	—
			柴油	3325	3147	2969	2969	2969	2969	2138	1308	1308	958	607	607	607	607	509	411	411	411	411
			燃气	—	—	—	—	—	—	—	—	—	—	—	—	—	—	—	—	—	—	—
	中型	公交车	汽油	—	—	—	—	—	—	—	—	—	—	—	—	—	—	—	—	—	—	—
			柴油	30592	30592	28032	22913	22913	17978	8108	8108	8108	6872	5637	5637	5637	5637	3504	1372	1372	1080	983
			燃气	—	—	—	—	—	—	—	—	—	—	—	—	—	—	—	—	—	—	—
		其他	汽油	—	—	—	—	—	—	—	—	—	—	—	—	—	—	—	—	—	—	—
			柴油	15274	15274	12888	8116	8116	6262	2553	2553	2553	2434	2316	2316	2316	2316	1366	415	415	399	394
			燃气	—	—	—	—	—	—	—	—	—	—	—	—	—	—	—	—	—	—	—
	大型	公交车	汽油	—	—	—	—	—	—	—	—	—	—	—	—	—	—	—	—	—	—	—
			柴油	94865	94865	93934	92071	92071	71272	29674	29674	29674	19994	10315	10315	10315	10315	6116	1916	1916	1845	1821
			燃气	—	—	—	—	—	—	—	—	—	—	—	—	—	—	—	—	—	—	—
		其他	汽油	—	—	—	—	—	—	—	—	—	—	—	—	—	—	—	—	—	—	—
			柴油	142314	142314	133412	115607	115607	85425	25061	25061	25061	17182	9303	9303	9303	9303	5868	2433	2433	2343	2313
			燃气	—	—	—	—	—	—	—	—	—	—	—	—	—	—	—	—	—	—	—
载货汽车	微型		汽油	—	—	—	—	—	—	—	—	—	—	—	—	—	—	—	—	—	—	—
			柴油	10231	10020	9808	9808	9808	9808	7989	6170	6170	4579	2988	2988	2988	2988	1881	774	774	771	770
			燃气	—	—	—	—	—	—	—	—	—	—	—	—	—	—	—	—	—	—	—
	轻型		汽油	—	—	—	—	—	—	—	—	—	—	—	—	—	—	—	—	—	—	—
			柴油	10640	10224	9808	9808	9808	9808	7989	6170	6170	4579	2988	2988	2988	2988	2254	1519	1519	1254	1166
			燃气	—	—	—	—	—	—	—	—	—	—	—	—	—	—	—	—	—	—	—
	中型		汽油	—	—	—	—	—	—	—	—	—	—	—	—	—	—	—	—	—	—	—
			柴油	30980	30980	26071	16253	16253	12534	5097	5097	5097	4829	4561	4561	4561	4561	2924	1288	1288	1179	1143
			燃气	—	—	—	—	—	—	—	—	—	—	—	—	—	—	—	—	—	—	—
	重型		汽油	—	—	—	—	—	—	—	—	—	—	—	—	—	—	—	—	—	—	—
			柴油	177721	177721	146074	82779	82779	65726	31621	31621	31621	21668	11716	11716	11716	11716	7826	3937	3937	3327	3124
			燃气	—	—	—	—	—	—	—	—	—	—	—	—	—	—	—	—	—	—	—
低速汽车	三轮汽车			4092	4092	4092	4092	4092	4092	4092	4092	4092	3220	3220	3220	3220	3220	3220	3220	3220	3220	3220
	低速货车			5581	5581	5581	5581	5581	5581	5581	5581	5581	4392	4392	4392	4392	4392	4392	4392	4392	4392	4392
摩托车	普通摩托车			—	—	—	—	—	—	—	—	—	—	—	—	—	—	—	—	—	—	—
	轻便摩托车			—	—	—	—	—	—	—	—	—	—	—	—	—	—	—	—	—	—	—

漯河市 VOCs 排放系数

单位：克/（辆·年）

车辆类型		使用性质	燃料种类	1999 年年底前	2000 年	2001 年	2002 年	2003 年	2004 年	2005 年	2006 年	2007 年	2008 年	2009 年	2010 年	2011 年	2012 年	2013 年	2014 年	2015 年	2016 年	2017 年
载客汽车	微型	出租车	汽油	925592	547366	169140	169140	169140	169140	126054	82969	82969	67580	52190	52190	43184	34179	34179	34179	34179	24284	20985
			燃气	383745	233658	83572	83572	83572	83572	64195	44818	44818	37041	29264	29264	23244	17224	17224	17224	17224	10255	7932
		其他	汽油	47301	28697	10093	10093	10093	10093	9722	9350	9350	8076	6801	6801	6517	6233	6233	6233	6233	5306	4997
			燃气	15156	8496	1836	1836	1836	1836	1762	1687	1687	1254	820	820	753	686	686	686	686	471	399
	小型	出租车	汽油	925592	538294	150997	150997	150997	150997	140992	130987	130987	91588	52190	52190	43184	34179	34179	34179	34179	22751	18942
			柴油	226682	213393	200104	200104	200104	200104	181008	161911	161911	118666	75420	75420	75420	75420	55936	36452	36452	20508	15193
			燃气	383745	230080	76414	76414	76414	76414	70089	63764	63764	46514	29264	29264	23244	17224	17224	17224	17224	9650	7126
		其他	汽油	47953	28942	9932	9932	9932	9932	9993	10054	10054	8430	6805	6805	6476	6148	6148	6148	6148	5369	5109
			柴油	9476	8662	7847	7847	7847	7847	6653	5459	5459	3694	1929	1929	1929	1929	1670	1410	1410	1029	902
			燃气	15413	9266	3120	3120	3120	3120	2542	1965	1965	1456	947	947	800	653	653	653	653	496	443
	中型	公交车	汽油	247851	247851	247851	247851	247254	169011	13718	13718	13718	13718	13718	13566	13415	13415	10988	8561	8561	8561	8561
			柴油	87806	87806	86086	82645	82645	64494	28192	28192	28192	20508	12823	12823	12823	12823	8958	5093	5093	4763	4653
			燃气	71579	71579	67602	59649	59649	57536	53311	53311	53311	42686	32061	32061	22219	22219	22154	22154	22154	22154	22154
		其他	汽油	128561	128561	128561	128561	127964	87642	8191	8191	8191	8191	8191	8045	7899	7899	6848	5797	5797	5797	5797
			柴油	30493	30493	28460	24394	24394	18567	6912	6912	6912	6506	6099	6099	6099	6099	3750	1402	1402	1243	1190
			燃气	34560	34560	32640	28800	28800	27780	25740	25740	25740	20623	15506	15506	10732	10732	9642	9642	9642	9642	9642
	大型	公交车	汽油	577159	577159	577159	577159	576562	388984	15022	15022	15022	15022	15022	14882	14742	14742	11976	9210	9210	9210	9210
			柴油	131708	131708	108010	60614	60614	60614	60614	60614	60614	43515	26416	26416	26416	26416	17675	8934	8934	5723	4653
			燃气	168926	168926	159541	140772	140772	135786	125815	125815	125815	100740	75665	75665	52438	52438	47188	47188	47188	47188	47188
		其他	汽油	1278457	1278457	1278457	1278457	1277860	861011	28508	28508	28508	28508	28508	22250	15991	15991	12800	9609	9609	9609	9609
			柴油	272891	272891	207397	76409	76409	76409	76409	76409	76409	55942	35476	35476	35476	35476	20706	5937	5937	5324	5119
			燃气	266186	266186	251398	221822	221822	213966	198253	198253	198253	158842	119430	119430	82662	82662	74261	74261	74261	74261	74261
载货汽车	微型		汽油	338323	181471	24619	24619	24619	24619	23292	21964	21964	20287	18610	18610	15324	12037	12037	12037	12037	10352	9791
			柴油	44458	41536	38614	38614	38614	38614	35466	32319	32319	23760	15200	15200	15200	15200	10432	5665	5665	3986	3426
			燃气	108404	56441	4478	4478	4478	4478	4221	3963	3963	3103	2244	2244	1784	1325	1325	1325	1325	918	782
	轻型		汽油	174532	103812	33093	33093	33093	33093	28520	23947	23947	21458	18968	18968	16687	14406	14406	14406	14406	12545	11925
			柴油	40687	39650	38614	38614	38614	38614	35466	32319	32319	23760	15200	15200	15200	15200	11516	7833	7833	6154	5594
			燃气	56098	33247	10396	10396	10396	10396	7538	4680	4680	3660	2640	2640	2085	1530	1530	1530	1530	1158	1034
	中型		汽油	277501	277501	277501	277501	276904	188615	13232	13232	13232	13232	13232	13092	12952	12952	10632	8313	8313	8313	8313
			柴油	63907	63907	59646	51125	51125	38912	14486	14486	14486	13636	12785	12785	12785	12785	9266	5746	5746	3419	2643
			燃气	72431	72431	68407	60359	60359	58221	53945	53945	53945	43225	32504	32504	43984	43984	21415	21415	21415	21415	21415
	重型		汽油	1228642	1228642	1228642	1228642	1228044	827483	27554	27554	27554	27554	27554	21534	15515	15515	12448	9382	9382	9382	9382
			柴油	309379	309379	235128	86626	86626	86626	86626	86626	86626	63422	40219	40219	40219	40219	25076	9934	9934	8104	7494
			燃气	301777	301777	285013	251483	251483	242576	224762	224762	224762	180080	135397	135397	138313	138313	108715	108715	108715	108715	108715
低速汽车	三轮汽车			25300	25300	25300	25300	25300	25300	25300	25300	25300	16721	16721	16721	16721	16721	16721	16721	16721	16721	16721
	低速货车			33990	33990	33990	33990	33990	33990	33990	33990	33990	22464	22464	22464	22464	22464	22464	22464	22464	22464	22464
摩托车	普通摩托车			12928	12928	12928	12928	9648	6368	3409	3409	3409	3409	3409	2544	1679	1679	1679	1679	1679	1679	1679
	轻便摩托车			41808	41808	41808	41808	41808	8362	8362	4116	4116	4116	4116	3072	2027	2027	2027	2027	2027	2027	2027

三门峡市 NO_x 排放系数

单位：克/（辆·年）

车辆类型		使用性质	燃料种类	1999年年底前	2000年	2001年	2002年	2003年	2004年	2005年	2006年	2007年	2008年	2009年	2010年	2011年	2012年	2013年	2014年	2015年	2016年	2017年
载客汽车	微型	出租车	汽油	239908	161358	82809	82809	82809	82809	60988	39166	39166	28915	18664	18664	15312	11961	11961	11961	11961	7459	5958
			燃气	160632	108720	56809	56809	56809	56809	42086	27364	27364	20405	13446	13446	10930	8415	8415	8415	8415	5149	4060
		其他	汽油	27687	17364	7040	7040	7040	7040	4446	1851	1851	1507	1163	1163	990	816	816	816	816	561	476
			燃气	17705	10529	3353	3353	3353	3353	2176	998	998	809	620	620	501	382	382	382	382	312	289
	小型	出租车	汽油	271731	179144	86557	86557	86557	86557	63150	39742	39742	29203	18664	18664	14768	10871	10871	10871	10871	6460	4989
			柴油	291940	244082	196224	196224	196224	196224	174877	153530	153530	121674	89817	89817	89817	89817	73379	56941	56941	44002	39689
			燃气	181663	120475	59287	59287	59287	59287	43516	27745	27745	20596	13446	13446	10570	7694	7694	7694	7694	4488	3420
		其他	汽油	25839	16490	7142	7142	7142	7142	4740	2338	2338	1628	919	919	848	777	777	777	777	530	447
			柴油	22792	18638	14483	14483	14483	14483	13349	12215	12215	9560	6905	6905	6905	6905	5973	5041	5041	4392	4176
			燃气	16484	10494	4504	4504	4504	4504	2912	1320	1320	890	459	459	408	357	357	357	357	291	269
	中型	公交车	汽油	327851	327851	327851	327851	327851	223977	16229	16229	16229	16229	16229	14554	12880	12880	9724	6567	6567	6567	6567
			柴油	365991	365991	365132	363413	363413	348971	320086	320086	320086	266616	213146	213146	213146	213146	173942	134739	134739	112807	105496
			燃气	388600	388600	383974	374722	374722	363099	339852	339852	339852	282849	225846	225846	142822	142822	111857	111857	111857	111857	111857
		其他	汽油	201002	201002	201002	201002	201002	136346	7035	7035	7035	7035	7035	7035	7035	7035	5276	3518	3518	3518	3518
			柴油	171633	171633	164469	150140	150140	148870	146331	146331	146331	124626	102920	102920	102920	102920	91384	79847	79847	68151	64252
			燃气	193810	193810	183043	161509	161509	159987	156942	156942	156942	133625	110308	110308	85925	85925	69020	69020	69020	69020	69020
	大型	公交车	汽油	1167968	1167968	1167968	1167968	1167968	803117	73415	73415	73415	73415	73415	73350	73286	73286	54965	36644	36644	36644	36644
			柴油	519085	519085	502312	468765	468765	455445	428806	428806	428806	421078	413351	413351	413351	413351	398446	383541	383541	345744	333145
			燃气	1043669	1043669	985687	869724	869724	805185	676107	676107	676107	579298	482490	482490	449198	449198	389337	389337	389337	389337	389337
		其他	汽油	2787727	2787727	2787727	2787727	2787727	1916894	175229	175229	175229	175229	175229	168658	162086	162086	121694	81303	81303	81303	81303
			柴油	1243047	1243047	1211061	1147090	1147090	1120346	1066859	1066859	1066859	1029298	991736	991736	991736	991736	944138	896539	896539	793428	759058
			燃气	2313798	2313798	2185254	1928165	1928165	1785083	1498919	1498919	1498919	1284788	1070656	1070656	965914	965914	819492	819492	819492	819492	819492
载货汽车	微型		汽油	108639	64433	20227	20227	20227	20227	13770	7313	7313	5924	4536	4536	4022	3509	3509	3509	3509	2628	2335
			柴油	73210	60336	47461	47461	47461	47461	42747	38033	38033	32204	26374	26374	26374	26374	19294	12214	12214	10506	9936
			燃气	69471	39553	9634	9634	9634	9634	6788	3943	3943	3181	2418	2418	2030	1643	1643	1643	1643	1474	1418
	轻型		汽油	80840	51790	22740	22740	22740	22740	15369	7998	7998	6704	5411	5411	4507	3603	3603	3603	3603	2746	2461
			柴油	73469	60465	47461	47461	47461	47461	42747	38033	38033	32204	26374	26374	26374	26374	21044	15715	15715	14622	14258
			燃气	51572	32956	14341	14341	14341	14341	9428	4516	4516	3609	2703	2703	2179	1655	1655	1655	1655	1525	1481
	中型		汽油	192067	192067	192067	192067	192066	131125	9243	9243	9243	9243	9243	9243	9243	9243	6935	4627	4627	4627	4627
			柴油	359871	359871	323138	249672	249672	237411	212888	212888	212888	210719	208550	208550	208550	208550	182976	157403	157403	135538	128250
			燃气	406371	406371	360440	268578	268578	255160	228325	228325	228325	225923	223521	223521	169385	169385	137767	137767	137767	137767	137767
	重型		汽油	3407632	3407632	3407632	3407632	3407632	2343153	214194	214194	214194	214194	214194	206162	198129	198129	148756	99382	99382	99382	99382
			柴油	1864027	1864027	1800402	1673151	1673151	1611265	1487493	1487493	1487493	1427844	1368196	1368196	1368196	1368196	1200838	1033480	1033480	735500	636174
			燃气	3469685	3469685	3250600	2812431	2812431	2571588	2089903	2089903	2089903	1783488	1477074	1477074	1113452	1113452	686824	686824	686824	686824	686824
低速汽车	三轮汽车			65550	65550	65550	65550	65550	65550	65550	65550	65550	53279	53279	53279	53279	53279	53279	53279	53279	53279	53279
	低速货车			88065	88065	88065	88065	88065	88065	88065	88065	88065	71579	71579	71579	71579	71579	71579	71579	71579	71579	71579
摩托车	普通摩托车			965	965	965	965	932	900	836	836	836	836	836	743	650	650	650	650	650	650	650
	轻便摩托车			643	643	643	643	643	322	322	322	322	322	322	286	250	250	250	250	250	250	250

三门峡市 PM 排放系数

单位：克/（辆·年）

车辆类型		使用性质	燃料种类	1999 年年底前	2000 年	2001 年	2002 年	2003 年	2004 年	2005 年	2006 年	2007 年	2008 年	2009 年	2010 年	2011 年	2012 年	2013 年	2014 年	2015 年	2016 年	2017 年
载客汽车	微型	出租车	汽油	—	—	—	—	—	—	—	—	—	—	—	—	—	—	—	—	—	—	—
			燃气	—	—	—	—	—	—	—	—	—	—	—	—	—	—	—	—	—	—	—
		其他	汽油	—	—	—	—	—	—	—	—	—	—	—	—	—	—	—	—	—	—	—
			燃气	—	—	—	—	—	—	—	—	—	—	—	—	—	—	—	—	—	—	—
	小型	出租车	汽油	—	—	—	—	—	—	—	—	—	—	—	—	—	—	—	—	—	—	—
			柴油	39626	36294	32962	32962	32962	32962	22518	12075	12075	7862	3650	3650	3650	3650	3392	3134	3134	2592	2411
			燃气	—	—	—	—	—	—	—	—	—	—	—	—	—	—	—	—	—	—	—
		其他	汽油	—	—	—	—	—	—	—	—	—	—	—	—	—	—	—	—	—	—	—
			柴油	3325	3147	2969	2969	2969	2969	2138	1308	1308	958	607	607	607	607	509	411	411	411	411
			燃气	—	—	—	—	—	—	—	—	—	—	—	—	—	—	—	—	—	—	—
	中型	公交车	汽油	—	—	—	—	—	—	—	—	—	—	—	—	—	—	—	—	—	—	—
			柴油	30592	30592	28032	22913	22913	17978	8108	8108	8108	6872	5637	5637	5637	5637	3504	1372	1372	1080	983
			燃气	—	—	—	—	—	—	—	—	—	—	—	—	—	—	—	—	—	—	—
		其他	汽油	—	—	—	—	—	—	—	—	—	—	—	—	—	—	—	—	—	—	—
			柴油	15274	15274	12888	8116	8116	6262	2553	2553	2553	2434	2316	2316	2316	2316	1366	415	415	399	394
			燃气	—	—	—	—	—	—	—	—	—	—	—	—	—	—	—	—	—	—	—
	大型	公交车	汽油	—	—	—	—	—	—	—	—	—	—	—	—	—	—	—	—	—	—	—
			柴油	94865	94865	93934	92071	92071	71272	29674	29674	29674	19994	10315	10315	10315	10315	6116	1916	1916	1845	1821
			燃气	—	—	—	—	—	—	—	—	—	—	—	—	—	—	—	—	—	—	—
		其他	汽油	—	—	—	—	—	—	—	—	—	—	—	—	—	—	—	—	—	—	—
			柴油	142314	142314	133412	115607	115607	85425	25061	25061	25061	17182	9303	9303	9303	9303	5868	2433	2433	2343	2313
			燃气	—	—	—	—	—	—	—	—	—	—	—	—	—	—	—	—	—	—	—
载货汽车	微型		汽油	—	—	—	—	—	—	—	—	—	—	—	—	—	—	—	—	—	—	—
			柴油	8873	8690	8506	8506	8506	8506	6928	5351	5351	3972	2592	2592	2592	2592	1632	672	672	669	668
			燃气	—	—	—	—	—	—	—	—	—	—	—	—	—	—	—	—	—	—	—
	轻型		汽油	—	—	—	—	—	—	—	—	—	—	—	—	—	—	—	—	—	—	—
			柴油	9228	8867	8506	8506	8506	8506	6928	5351	5351	3972	2592	2592	2592	2592	1954	1317	1317	1088	1011
			燃气	—	—	—	—	—	—	—	—	—	—	—	—	—	—	—	—	—	—	—
	中型		汽油	—	—	—	—	—	—	—	—	—	—	—	—	—	—	—	—	—	—	—
			柴油	30980	30980	26071	16253	16253	12534	5097	5097	5097	4829	4561	4561	4561	4561	2924	1288	1288	1179	1143
			燃气	—	—	—	—	—	—	—	—	—	—	—	—	—	—	—	—	—	—	—
	重型		汽油	—	—	—	—	—	—	—	—	—	—	—	—	—	—	—	—	—	—	—
			柴油	219470	219470	180388	102224	102224	81166	39049	39049	39049	26758	14468	14468	14468	14468	9649	4830	4830	4082	3833
			燃气	—	—	—	—	—	—	—	—	—	—	—	—	—	—	—	—	—	—	—
低速汽车	三轮汽车			4092	4092	4092	4092	4092	4092	4092	4092	4092	3220	3220	3220	3220	3220	3220	3220	3220	3220	3220
	低速货车			5581	5581	5581	5581	5581	5581	5581	5581	5581	4392	4392	4392	4392	4392	4392	4392	4392	4392	4392
摩托车	普通摩托车			—	—	—	—	—	—	—	—	—	—	—	—	—	—	—	—	—	—	—
	轻便摩托车			—	—	—	—	—	—	—	—	—	—	—	—	—	—	—	—	—	—	—

三门峡市 VOCs 排放系数

单位：克/（辆·年）

车辆类型		使用性质	燃料种类	1999年年底前	2000年	2001年	2002年	2003年	2004年	2005年	2006年	2007年	2008年	2009年	2010年	2011年	2012年	2013年	2014年	2015年	2016年	2017年
载客汽车	微型	出租车	汽油	740107	435243	130379	130379	130379	130379	96494	62610	62610	50811	39012	39012	32662	26313	26313	26313	26313	19446	17157
			燃气	302819	182218	61618	61618	61618	61618	46736	31853	31853	26140	20428	20428	16320	12211	12211	12211	12211	7571	6024
		其他	汽油	47213	28609	10005	10005	10005	10005	9634	9262	9262	7988	6714	6714	6430	6145	6145	6145	6145	5218	4909
			燃气	15156	8496	1836	1836	1836	1836	1762	1687	1687	1254	820	820	753	686	686	686	686	471	399
	小型	出租车	汽油	740107	427926	115744	115744	115744	115744	108544	101344	101344	70178	39012	39012	32662	26313	26313	26313	26313	18211	15510
			柴油	159705	150600	141495	141495	141495	141495	128674	115853	115853	83532	51212	51212	51212	51212	38078	24945	24945	14481	10993
			燃气	302819	179332	55844	55844	55844	55844	51490	47136	47136	33782	20428	20428	16320	12211	12211	12211	12211	7083	5374
		其他	汽油	47865	28855	9845	9845	9845	9845	9906	9966	9966	8342	6717	6717	6388	6060	6060	6060	6060	5281	5021
			柴油	9476	8662	7847	7847	7847	7847	6653	5459	5459	3694	1929	1929	1929	1929	1670	1410	1410	1029	902
			燃气	15413	9266	3120	3120	3120	3120	2542	1965	1965	1456	947	947	800	653	653	653	653	496	443
	中型	公交车	汽油	247763	247763	247763	247763	247166	168923	13631	13631	13631	13631	13631	13479	13327	13327	10900	8473	8473	8473	8473
			柴油	87806	87806	86086	82645	82645	64494	28192	28192	28192	20508	12823	12823	12823	12823	8958	5093	5093	4763	4653
			燃气	71579	71579	67602	59649	59649	57536	53311	53311	53311	42686	32061	32061	22219	22219	22154	22154	22154	22154	22154
		其他	汽油	128473	128473	128473	128473	127876	87554	8103	8103	8103	8103	8103	7958	7812	7812	6760	5709	5709	5709	5709
			柴油	30493	30493	28460	24394	24394	18567	6912	6912	6912	6506	6099	6099	6099	6099	3750	1402	1402	1243	1190
			燃气	34560	34560	32640	28800	28800	27780	25740	25740	25740	20623	15506	15506	10732	10732	9642	9642	9642	9642	9642
	大型	公交车	汽油	577071	577071	577071	577071	576474	388896	14934	14934	14934	14934	14934	14794	14655	14655	11889	9123	9123	9123	9123
			柴油	131708	131708	108010	60614	60614	60614	60614	60614	60614	43515	26416	26416	26416	26416	17675	8934	8934	5723	4653
			燃气	168926	168926	159541	140772	140772	135786	125815	125815	125815	100740	75665	75665	52438	52438	47188	47188	47188	47188	47188
		其他	汽油	1278369	1278369	1278369	1278369	1277772	860924	28421	28421	28421	28421	28421	22162	15903	15903	12712	9522	9522	9522	9522
			柴油	272891	272891	207397	76409	76409	76409	76409	76409	76409	55942	35476	35476	35476	35476	20706	5937	5937	5324	5119
			燃气	266186	266186	251398	221822	221822	213966	198253	198253	198253	158842	119430	119430	82662	82662	74261	74261	74261	74261	74261
载货汽车	微型		汽油	293975	157748	21522	21522	21522	21522	20406	19290	19290	17836	16383	16383	13598	10814	10814	10814	10814	9381	8903
			柴油	36908	34494	32079	32079	32079	32079	29540	27002	27002	19756	12509	12509	12509	12509	8565	4621	4621	3327	2896
			燃气	94370	49160	3949	3949	3949	3949	3731	3514	3514	2757	2001	2001	1604	1207	1207	1207	1207	845	724
	轻型		汽油	151922	90397	28872	28872	28872	28872	24941	21010	21010	18852	16693	16693	14780	12868	12868	12868	12868	11282	10754
			柴油	33638	32858	32079	32079	32079	32079	29540	27002	27002	19756	12509	12509	12509	12509	9506	6502	6502	5208	4777
			燃气	48920	29035	9150	9150	9150	9150	6646	4143	4143	3248	2353	2353	1870	1387	1387	1387	1387	1058	949
	中型		汽油	277413	277413	277413	277413	276816	188527	13144	13144	13144	13144	13144	13004	12864	12864	10544	8225	8225	8225	8225
			柴油	63907	63907	59646	51125	51125	38912	14486	14486	14486	13636	12785	12785	12785	12785	9266	5746	5746	3419	2643
			燃气	72431	72431	68407	60359	60359	58221	53945	53945	53945	43225	32504	32504	43984	43984	21415	21415	21415	21415	21415
	重型		汽油	1497827	1497827	1497827	1497827	1497229	1008636	32645	32645	32645	32645	32645	25331	18017	18017	14278	10540	10540	10540	10540
			柴油	368438	368438	280013	103163	103163	103163	103163	103163	103163	75530	47897	47897	47897	47897	30154	12410	12410	10798	10260
			燃气	359385	359385	339421	299491	299491	288884	267670	267670	267670	214458	161245	161245	172787	172787	148841	148841	148841	148841	148841
低速汽车	三轮汽车			25300	25300	25300	25300	25300	25300	25300	25300	25300	16721	16721	16721	16721	16721	16721	16721	16721	16721	16721
	低速货车			33990	33990	33990	33990	33990	33990	33990	33990	33990	22464	22464	22464	22464	22464	22464	22464	22464	22464	22464
摩托车	普通摩托车			12928	12928	12928	12928	9648	6368	3409	3409	3409	3409	3409	2544	1679	1679	1679	1679	1679	1679	1679
	轻便摩托车			41808	41808	41808	41808	41808	8362	8362	4116	4116	4116	4116	3072	2027	2027	2027	2027	2027	2027	2027

南阳市 NO_x 排放系数

单位：克/（辆·年）

车辆类型		使用性质	燃料种类	1999年年底前	2000年	2001年	2002年	2003年	2004年	2005年	2006年	2007年	2008年	2009年	2010年	2011年	2012年	2013年	2014年	2015年	2016年	2017年
载客汽车	微型	出租车	汽油	315785	213586	111388	111388	111388	111388	82437	53486	53486	39759	26032	26032	21862	17691	17691	17691	17691	10960	8717
			燃气	212119	144448	76776	76776	76776	76776	57195	37614	37614	28252	18890	18890	15699	12508	12508	12508	12508	7592	5954
		其他	汽油	29651	18614	7578	7578	7578	7578	4766	1954	1954	1586	1218	1218	1092	965	965	965	965	670	572
			燃气	19017	11318	3619	3619	3619	3619	2343	1067	1067	862	657	657	569	481	481	481	481	385	353
	小型	出租车	汽油	357192	236741	116290	116290	116290	116290	85264	54239	54239	40136	26032	26032	21019	16006	16006	16006	16006	9468	7289
			柴油	409136	342546	275955	275955	275955	275955	246769	217583	217583	173039	128495	128495	128495	128495	104892	81288	81288	64154	58443
			燃气	239505	159762	80018	80018	80018	80018	59066	38113	38113	28502	18890	18890	15142	11393	11393	11393	11393	6606	5010
		其他	汽油	27666	17678	7689	7689	7689	7689	5086	2483	2483	1720	956	956	935	914	914	914	914	630	536
			柴油	26595	21715	16835	16835	16835	16835	15502	14169	14169	11146	8124	8124	8124	8124	7036	5947	5947	5339	5136
			燃气	17703	11286	4868	4868	4868	4868	3142	1417	1417	950	483	483	465	447	447	447	447	358	329
	中型	公交车	汽油	327616	327616	327616	327616	327616	223816	16217	16217	16217	16217	16217	14544	12871	12871	9716	6562	6562	6562	6562
			柴油	365800	365800	364941	363223	363223	348788	319918	319918	319918	266476	213035	213035	213035	213035	173852	134668	134668	112748	105441
			燃气	388397	388397	383773	374525	374525	362908	339674	339674	339674	282701	225728	225728	142747	142747	111799	111799	111799	111799	111799
		其他	汽油	200859	200859	200859	200859	200859	136249	7030	7030	7030	7030	7030	7030	7030	7030	5273	3516	3516	3516	3516
			柴油	171544	171544	164383	150061	150061	148792	146254	146254	146254	124560	102867	102867	102867	102867	91336	79805	79805	68115	64218
			燃气	193709	193709	182947	161424	161424	159903	156860	156860	156860	133555	110250	110250	85880	85880	68984	68984	68984	68984	68984
	大型	公交车	汽油	1167134	1167134	1167134	1167134	1167134	802544	73363	73363	73363	73363	73363	73298	73234	73234	54926	36618	36618	36618	36618
			柴油	518813	518813	502048	468519	468519	455207	428582	428582	428582	420858	413135	413135	413135	413135	398238	383341	383341	345563	332970
			燃气	1043123	1043123	985172	869269	869269	804764	675753	675753	675753	578995	482237	482237	448963	448963	389133	389133	389133	389133	389133
		其他	汽油	2785735	2785735	2785735	2785735	2785735	1915524	175103	175103	175103	175103	175103	168537	161971	161971	121608	81245	81245	81245	81245
			柴油	1242397	1242397	1210428	1146489	1146489	1119759	1066300	1066300	1066300	1028758	991216	991216	991216	991216	943643	896070	896070	793012	758660
			燃气	2312587	2312587	2184110	1927156	1927156	1784149	1498134	1498134	1498134	1284115	1070096	1070096	965409	965409	819063	819063	819063	819063	819063
载货汽车	微型		汽油	137982	81723	25464	25464	25464	25464	17455	9446	9446	7684	5923	5923	5194	4466	4466	4466	4466	3292	2900
			柴油	100819	83234	65650	65650	65650	65650	59091	52532	52532	44566	36599	36599	36599	36599	26758	16917	16917	14474	13659
			燃气	88496	50329	12161	12161	12161	12161	8659	5158	5158	4176	3195	3195	2710	2226	2226	2226	2226	1899	1790
	轻型		汽油	99702	64122	28542	28542	28542	28542	19414	10285	10285	8640	6995	6995	5788	4581	4581	4581	4581	3436	3055
			柴油	101171	83410	65650	65650	65650	65650	59091	52532	52532	44566	36599	36599	36599	36599	29152	21706	21706	20105	19571
			燃气	63798	40934	18070	18070	18070	18070	11970	5869	5869	4702	3534	3534	2887	2240	2240	2240	2240	1966	1875
	中型		汽油	192067	192067	192067	192067	192066	131125	9243	9243	9243	9243	9243	9243	9243	9243	6935	4627	4627	4627	4627
			柴油	359871	359871	323138	249672	249672	237411	212888	212888	212888	210719	208550	208550	208550	208550	182976	157403	157403	135538	128250
			燃气	406370	406370	360439	268578	268578	255161	228326	228326	228326	225922	223518	223518	169385	169385	137768	137768	137768	137768	137768
	重型		汽油	2035488	2035488	2035488	2035488	2035488	1399640	127945	127945	127945	127945	127945	123147	118349	118349	88856	59364	59364	59364	59364
			柴油	1109221	1109221	1071360	995637	995637	958811	885159	885159	885159	849664	814169	814169	814169	814169	707203	600237	600237	409433	345832
			燃气	2064694	2064694	1934325	1673586	1673586	1530269	1243634	1243634	1243634	1061297	878960	878960	646684	646684	373366	373366	373366	373366	373366
低速汽车	三轮汽车			65550	65550	65550	65550	65550	65550	65550	65550	65550	53279	53279	53279	53279	53279	53279	53279	53279	53279	53279
	低速货车			88065	88065	88065	88065	88065	88065	88065	88065	88065	71579	71579	71579	71579	71579	71579	71579	71579	71579	71579
摩托车	普通摩托车			965	965	965	965	932	900	836	836	836	836	836	743	650	650	650	650	650	650	650
	轻便摩托车			643	643	643	643	643	322	322	322	322	322	322	286	250	250	250	250	250	250	250

南阳市 PM 排放系数

单位：克/（辆·年）

车辆类型		使用性质	燃料种类	1999 年年底前	2000 年	2001 年	2002 年	2003 年	2004 年	2005 年	2006 年	2007 年	2008 年	2009 年	2010 年	2011 年	2012 年	2013 年	2014 年	2015 年	2016 年	2017 年
载客汽车	微型	出租车	汽油	—	—	—	—	—	—	—	—	—	—	—	—	—	—	—	—	—	—	—
			燃气	—	—	—	—	—	—	—	—	—	—	—	—	—	—	—	—	—	—	—
		其他	汽油	—	—	—	—	—	—	—	—	—	—	—	—	—	—	—	—	—	—	—
			燃气	—	—	—	—	—	—	—	—	—	—	—	—	—	—	—	—	—	—	—
	小型	出租车	汽油	—	—	—	—	—	—	—	—	—	—	—	—	—	—	—	—	—	—	—
			柴油	55838	51166	46493	46493	46493	46493	31660	16826	16826	11008	5191	5191	5191	5191	4824	4458	4458	3686	3429
			燃气	—	—	—	—	—	—	—	—	—	—	—	—	—	—	—	—	—	—	—
		其他	汽油	—	—	—	—	—	—	—	—	—	—	—	—	—	—	—	—	—	—	—
			柴油	3921	3710	3500	3500	3500	3500	2514	1528	1528	1126	724	724	724	724	599	474	474	474	474
			燃气	—	—	—	—	—	—	—	—	—	—	—	—	—	—	—	—	—	—	—
	中型	公交车	汽油	—	—	—	—	—	—	—	—	—	—	—	—	—	—	—	—	—	—	—
			柴油	30592	30592	28032	22913	22913	17978	8108	8108	8108	6872	5637	5637	5637	5637	3504	1372	1372	1080	983
			燃气	—	—	—	—	—	—	—	—	—	—	—	—	—	—	—	—	—	—	—
		其他	汽油	—	—	—	—	—	—	—	—	—	—	—	—	—	—	—	—	—	—	—
			柴油	15274	15274	12888	8116	8116	6262	2553	2553	2553	2434	2316	2316	2316	2316	1366	415	415	399	394
			燃气	—	—	—	—	—	—	—	—	—	—	—	—	—	—	—	—	—	—	—
	大型	公交车	汽油	—	—	—	—	—	—	—	—	—	—	—	—	—	—	—	—	—	—	—
			柴油	94865	94865	93934	92071	92071	71272	29674	29674	29674	19994	10315	10315	10315	10315	6116	1916	1916	1845	1821
			燃气	—	—	—	—	—	—	—	—	—	—	—	—	—	—	—	—	—	—	—
		其他	汽油	—	—	—	—	—	—	—	—	—	—	—	—	—	—	—	—	—	—	—
			柴油	142314	142314	133412	115607	115607	85425	25061	25061	25061	17182	9303	9303	9303	9303	5868	2433	2433	2343	2313
			燃气	—	—	—	—	—	—	—	—	—	—	—	—	—	—	—	—	—	—	—
载货汽车	微型		汽油	—	—	—	—	—	—	—	—	—	—	—	—	—	—	—	—	—	—	—
			柴油	11528	11290	11051	11051	11051	11051	9042	7032	7032	5219	3406	3406	3406	3406	2144	883	883	878	877
			燃气	—	—	—	—	—	—	—	—	—	—	—	—	—	—	—	—	—	—	—
	轻型		汽油	—	—	—	—	—	—	—	—	—	—	—	—	—	—	—	—	—	—	—
			柴油	11989	11520	11051	11051	11051	11051	9042	7032	7032	5219	3406	3406	3406	3406	2568	1731	1731	1430	1329
			燃气	—	—	—	—	—	—	—	—	—	—	—	—	—	—	—	—	—	—	—
	中型		汽油	—	—	—	—	—	—	—	—	—	—	—	—	—	—	—	—	—	—	—
			柴油	30980	30980	26071	16253	16253	12534	5097	5097	5097	4829	4561	4561	4561	4561	2924	1288	1288	1179	1143
			燃气	—	—	—	—	—	—	—	—	—	—	—	—	—	—	—	—	—	—	—
	重型		汽油	—	—	—	—	—	—	—	—	—	—	—	—	—	—	—	—	—	—	—
			柴油	131447	131447	108040	61225	61225	48613	23388	23388	23388	16026	8665	8665	8665	8665	5801	2937	2937	2482	2330
			燃气	—	—	—	—	—	—	—	—	—	—	—	—	—	—	—	—	—	—	—
低速汽车	三轮汽车			4092	4092	4092	4092	4092	4092	4092	4092	4092	3220	3220	3220	3220	3220	3220	3220	3220	3220	3220
	低速货车			5581	5581	5581	5581	5581	5581	5581	5581	5581	4392	4392	4392	4392	4392	4392	4392	4392	4392	4392
摩托车	普通摩托车			—	—	—	—	—	—	—	—	—	—	—	—	—	—	—	—	—	—	—
	轻便摩托车			—	—	—	—	—	—	—	—	—	—	—	—	—	—	—	—	—	—	—

南阳市 VOCs 排放系数

单位：克/（辆·年）

车辆类型		使用性质	燃料种类	1999年年底前	2000年	2001年	2002年	2003年	2004年	2005年	2006年	2007年	2008年	2009年	2010年	2011年	2012年	2013年	2014年	2015年	2016年	2017年
载客汽车	微型	出租车	汽油	956935	564388	171840	171840	171840	171840	127007	82174	82174	67324	52474	52474	44243	36012	36012	36012	36012	27082	24106
			燃气	423011	255198	87384	87384	87384	87384	66236	45087	45087	37307	29527	29527	23874	18220	18220	18220	18220	11784	9639
		其他	汽油	50474	30456	10439	10439	10439	10439	10043	9647	9647	8354	7061	7061	6822	6583	6583	6583	6583	5618	5296
			燃气	17685	9895	2105	2105	2105	2105	2018	1931	1931	1448	966	966	926	886	886	886	886	642	560
	小型	出租车	汽油	956935	554902	152868	152868	152868	152868	142185	131502	131502	91988	52474	52474	44243	36012	36012	36012	36012	25190	21582
			柴油	225892	212906	199921	199921	199921	199921	183474	167027	167027	120440	73854	73854	73854	73854	54874	35893	35893	20643	15560
			燃气	423011	251156	79302	79302	79302	79302	72700	66099	66099	47813	29527	29527	23874	18220	18220	18220	18220	10978	8564
		其他	汽油	51182	30722	10263	10263	10263	10263	10336	10410	10410	8738	7065	7065	6772	6478	6478	6478	6478	5690	5428
			柴油	10568	9650	8731	8731	8731	8731	7504	6277	6277	4210	2144	2144	2144	2144	1863	1582	1582	1164	1025
			燃气	17986	10804	3622	3622	3622	3622	2939	2256	2256	1689	1122	1122	982	841	841	841	841	672	616
	中型	公交车	汽油	247841	247841	247841	247841	247244	169002	13709	13709	13709	13709	13709	13558	13406	13406	10978	8551	8551	8551	8551
			柴油	87806	87806	86086	82645	82645	64494	28192	28192	28192	20508	12823	12823	12823	12823	8958	5093	5093	4763	4653
			燃气	71579	71579	67602	59649	59649	57536	53311	53311	53311	42686	32061	32061	22219	22219	22154	22154	22154	22154	22154
		其他	汽油	128552	128552	128552	128552	127955	87632	8181	8181	8181	8181	8181	8036	7890	7890	6839	5788	5788	5788	5788
			柴油	30493	30493	28460	24394	24394	18567	6912	6912	6912	6506	6099	6099	6099	6099	3750	1402	1402	1243	1190
			燃气	34560	34560	32640	28800	28800	27780	25740	25740	25740	20623	15506	15506	10732	10732	9642	9642	9642	9642	9642
	大型	公交车	汽油	577149	577149	577149	577149	576552	388975	15013	15013	15013	15013	15013	14873	14733	14733	11967	9201	9201	9201	9201
			柴油	131708	131708	108010	60614	60614	60614	60614	60614	60614	43515	26416	26416	26416	26416	17675	8934	8934	5723	4653
			燃气	168926	168926	159541	140772	140772	135786	125815	125815	125815	100740	75665	75665	52438	52438	47188	47188	47188	47188	47188
		其他	汽油	1278447	1278447	1278447	1278447	1277850	861002	28499	28499	28499	28499	28499	22240	15982	15982	12791	9600	9600	9600	9600
			柴油	272891	272891	207397	76409	76409	76409	76409	76409	76409	55942	35476	35476	35476	35476	20706	5937	5937	5324	5119
			燃气	266186	266186	251398	221822	221822	213966	198253	198253	198253	158842	119430	119430	82662	82662	74261	74261	74261	74261	74261
载货汽车	微型		汽油	369988	198292	26597	26597	26597	26597	25140	23684	23684	21864	20044	20044	16419	12794	12794	12794	12794	10959	10347
			柴油	52030	48607	45184	45184	45184	45184	41516	37849	37849	27774	17700	17700	17700	17700	12115	6530	6530	4635	4003
			燃气	129636	67500	5363	5363	5363	5363	5052	4741	4741	3741	2742	2742	2232	1722	1722	1722	1722	1251	1094
	轻型		汽油	190541	113212	35882	35882	35882	35882	30869	25856	25856	23146	20436	20436	17913	15390	15390	15390	15390	13361	12685
			柴油	47545	46364	45184	45184	45184	45184	41516	37849	37849	27774	17700	17700	17700	17700	13404	9108	9108	7213	6581
			燃气	66959	39811	12663	12663	12663	12663	9133	5603	5603	4424	3245	3245	2622	1998	1998	1998	1998	1579	1440
	中型		汽油	277492	277492	277492	277492	276895	188606	13222	13222	13222	13222	13222	13082	12943	12943	10624	8304	8304	8304	8304
			柴油	63907	63907	59646	51125	51125	38912	14486	14486	14486	13636	12785	12785	12785	12785	9266	5746	5746	3419	2643
			燃气	72431	72431	68407	60359	60359	58221	53945	53945	53945	43225	32504	32504	43984	43984	21415	21415	21415	21415	21415
	重型		汽油	913602	913602	913602	913602	913004	615434	21487	21487	21487	21487	21487	16982	12477	12477	10196	7916	7916	7916	7916
			柴油	231463	231463	175912	64810	64810	64810	64810	64810	64810	47450	30090	30090	30090	30090	18773	7456	7456	5922	5411
			燃气	225776	225776	213234	188149	188149	181485	168158	168158	168158	134728	101298	101298	103811	103811	78497	78497	78497	78497	78497
低速汽车	三轮汽车			25300	25300	25300	25300	25300	25300	25300	25300	25300	16721	16721	16721	16721	16721	16721	16721	16721	16721	16721
	低速货车			33990	33990	33990	33990	33990	33990	33990	33990	33990	22464	22464	22464	22464	22464	22464	22464	22464	22464	22464
摩托车	普通摩托车			12928	12928	12928	12928	9648	6368	3409	3409	3409	3409	3409	2544	1679	1679	1679	1679	1679	1679	1679
	轻便摩托车			41808	41808	41808	41808	41808	8362	8362	4116	4116	4116	4116	3072	2027	2027	2027	2027	2027	2027	2027

商丘市 NO_x 排放系数

单位：克/（辆·年）

车辆类型		使用性质	燃料种类	1999年年底前	2000年	2001年	2002年	2003年	2004年	2005年	2006年	2007年	2008年	2009年	2010年	2011年	2012年	2013年	2014年	2015年	2016年	2017年
载客汽车	微型	出租车	汽油	294856	200000	105144	105144	105144	105144	78176	51207	51207	38346	25485	25485	20728	15970	15970	15970	15970	9632	7520
			燃气	198203	135414	72626	72626	72626	72626	54362	36099	36099	27313	18527	18527	14948	11368	11368	11368	11368	6712	5160
		其他	汽油	27679	17358	7038	7038	7038	7038	4444	1850	1850	1506	1163	1163	990	816	816	816	816	561	476
			燃气	17705	10529	3353	3353	3353	3353	2176	998	998	809	620	620	501	382	382	382	382	312	289
	小型	出租车	汽油	333124	221388	109652	109652	109652	109652	80776	51899	51899	38692	25485	25485	20072	14659	14659	14659	14659	8430	6354
			柴油	371313	312350	253388	253388	253388	253388	225464	197539	197539	156982	116425	116425	116425	116425	94404	72383	72383	54734	48851
			燃气	223502	149554	75606	75606	75606	75606	56082	36557	36557	27542	18527	18527	14514	10501	10501	10501	10501	5918	4390
		其他	汽油	25832	16486	7140	7140	7140	7140	4739	2338	2338	1628	919	919	848	777	777	777	777	529	446
			柴油	22788	18634	14481	14481	14481	14481	13346	12212	12212	9558	6904	6904	6904	6904	5972	5040	5040	4391	4175
			燃气	16484	10494	4504	4504	4504	4504	2912	1320	1320	890	459	459	408	357	357	357	357	291	269
	中型	公交车	汽油	327760	327760	327760	327760	327760	223915	16224	16224	16224	16224	16224	14550	12876	12876	9720	6565	6565	6565	6565
			柴油	365918	365918	365059	363340	363340	348900	320021	320021	320021	266562	213103	213103	213103	213103	173908	134712	134712	112784	105475
			燃气	388522	388522	383897	374646	374646	363025	339783	339783	339783	282792	225801	225801	142793	142793	111835	111835	111835	111835	111835
		其他	汽油	200947	200947	200947	200947	200947	136309	7033	7033	7033	7033	7033	7033	7033	7033	5275	3517	3517	3517	3517
			柴油	171599	171599	164436	150109	150109	148840	146301	146301	146301	124600	102900	102900	102900	102900	91366	79831	79831	68137	64239
			燃气	193771	193771	183006	161476	161476	159954	156910	156910	156910	133598	110286	110286	85908	85908	69006	69006	69006	69006	69006
	大型	公交车	汽油	1167647	1167647	1167647	1167647	1167647	802896	73395	73395	73395	73395	73395	73330	73266	73266	54950	36634	36634	36634	36634
			柴油	518980	518980	502210	468670	468670	455353	428720	428720	428720	420994	413268	413268	413268	413268	398366	383464	383464	345674	333077
			燃气	1043458	1043458	985488	869549	869549	805023	675970	675970	675970	579181	482392	482392	449107	449107	389258	389258	389258	389258	389258
		其他	汽油	2786959	2786959	2786959	2786959	2786959	1916366	175180	175180	175180	175180	175180	168611	162042	162042	121661	81280	81280	81280	81280
			柴油	1242796	1242796	1210817	1146858	1146858	1120120	1066644	1066644	1066644	1029090	991535	991535	991535	991535	943946	896358	896358	793268	758905
			燃气	2313331	2313331	2184813	1927776	1927776	1784723	1498616	1498616	1498616	1284528	1070440	1070440	965719	965719	819327	819327	819327	819327	819327
载货汽车	微型		汽油	134316	79936	25556	25556	25556	25556	17514	9473	9473	7706	5939	5939	5210	4480	4480	4480	4480	3304	2912
			柴油	92748	76718	60688	60688	60688	60688	54585	48482	48482	41014	33545	33545	33545	33545	24531	15517	15517	13157	12370
			燃气	85916	49046	12175	12175	12175	12175	8643	5110	5110	4138	3166	3166	2632	2097	2097	2097	2097	1850	1768
	轻型		汽油	100116	64382	28648	28648	28648	28648	19482	10316	10316	8666	7015	7015	5805	4595	4595	4595	4595	3449	3067
			柴油	93066	76877	60688	60688	60688	60688	54585	48482	48482	41014	33545	33545	33545	33545	26685	19825	19825	18222	17687
			燃气	63886	40979	18072	18072	18072	18072	11948	5824	5824	4664	3504	3504	2807	2111	2111	2111	2111	1915	1850
	中型		汽油	192067	192067	192067	192067	192066	131125	9243	9243	9243	9243	9243	9243	9243	9243	6935	4627	4627	4627	4627
			柴油	359871	359871	323138	249672	249672	237411	212888	212888	212888	210719	208550	208550	208550	208550	182976	157403	157403	135538	128250
			燃气	406369	406369	360439	268578	268578	255161	228326	228326	228326	225922	223519	223519	169385	169385	137767	137767	137767	137767	137767
	重型		汽油	2035488	2035488	2035488	2035488	2035488	1399640	127945	127945	127945	127945	127945	123147	118349	118349	88856	59364	59364	59364	59364
			柴油	1109221	1109221	1071360	995637	995637	958811	885159	885159	885159	849664	814169	814169	814169	814169	707203	600237	600237	409433	345832
			燃气	2064696	2064696	1934326	1673586	1673586	1530268	1243633	1243633	1243633	1061296	878959	878959	646684	646684	373366	373366	373366	373366	373366
低速汽车	三轮汽车			65550	65550	65550	65550	65550	65550	65550	65550	65550	53279	53279	53279	53279	53279	53279	53279	53279	53279	53279
	低速货车			88065	88065	88065	88065	88065	88065	88065	88065	88065	71579	71579	71579	71579	71579	71579	71579	71579	71579	71579
摩托车	普通摩托车			965	965	965	965	932	900	836	836	836	836	836	743	650	650	650	650	650	650	650
	轻便摩托车			643	643	643	643	643	322	322	322	322	322	322	286	250	250	250	250	250	250	250

商丘市 PM 排放系数

单位：克/（辆·年）

车辆类型		使用性质	燃料种类	1999 年年底前	2000 年	2001 年	2002 年	2003 年	2004 年	2005 年	2006 年	2007 年	2008 年	2009 年	2010 年	2011 年	2012 年	2013 年	2014 年	2015 年	2016 年	2017 年
载客汽车	微型	出租车	汽油	—	—	—	—	—	—	—	—	—	—	—	—	—	—	—	—	—	—	—
			燃气	—	—	—	—	—	—	—	—	—	—	—	—	—	—	—	—	—	—	—
		其他	汽油	—	—	—	—	—	—	—	—	—	—	—	—	—	—	—	—	—	—	—
			燃气	—	—	—	—	—	—	—	—	—	—	—	—	—	—	—	—	—	—	—
	小型	出租车	汽油	—	—	—	—	—	—	—	—	—	—	—	—	—	—	—	—	—	—	—
			柴油	47666	43658	39649	39649	39649	39649	27086	14524	14524	9457	4390	4390	4390	4390	4080	3770	3770	3118	2900
			燃气	—	—	—	—	—	—	—	—	—	—	—	—	—	—	—	—	—	—	—
		其他	汽油	—	—	—	—	—	—	—	—	—	—	—	—	—	—	—	—	—	—	—
			柴油	3325	3147	2969	2969	2969	2969	2138	1308	1308	958	607	607	607	607	509	411	411	411	411
			燃气	—	—	—	—	—	—	—	—	—	—	—	—	—	—	—	—	—	—	—
	中型	公交车	汽油	—	—	—	—	—	—	—	—	—	—	—	—	—	—	—	—	—	—	—
			柴油	30592	30592	28032	22913	22913	17978	8108	8108	8108	6872	5637	5637	5637	5637	3504	1372	1372	1080	983
			燃气	—	—	—	—	—	—	—	—	—	—	—	—	—	—	—	—	—	—	—
		其他	汽油	—	—	—	—	—	—	—	—	—	—	—	—	—	—	—	—	—	—	—
			柴油	15274	15274	12888	8116	8116	6262	2553	2553	2553	2434	2316	2316	2316	2316	1366	415	415	399	394
			燃气	—	—	—	—	—	—	—	—	—	—	—	—	—	—	—	—	—	—	—
	大型	公交车	汽油	—	—	—	—	—	—	—	—	—	—	—	—	—	—	—	—	—	—	—
			柴油	94865	94865	93934	92071	92071	71272	29674	29674	29674	19994	10315	10315	10315	10315	6116	1916	1916	1845	1821
			燃气	—	—	—	—	—	—	—	—	—	—	—	—	—	—	—	—	—	—	—
		其他	汽油	—	—	—	—	—	—	—	—	—	—	—	—	—	—	—	—	—	—	—
			柴油	142314	142314	133412	115607	115607	85425	25061	25061	25061	17182	9303	9303	9303	9303	5868	2433	2433	2343	2313
			燃气	—	—	—	—	—	—	—	—	—	—	—	—	—	—	—	—	—	—	—
载货汽车	微型		汽油	—	—	—	—	—	—	—	—	—	—	—	—	—	—	—	—	—	—	—
			柴油	10919	10694	10468	10468	10468	10468	8526	6585	6585	4887	3189	3189	3189	3189	2008	827	827	823	822
			燃气	—	—	—	—	—	—	—	—	—	—	—	—	—	—	—	—	—	—	—
	轻型		汽油	—	—	—	—	—	—	—	—	—	—	—	—	—	—	—	—	—	—	—
			柴油	11356	10912	10468	10468	10468	10468	8526	6585	6585	4887	3189	3189	3189	3189	2405	1621	1621	1338	1244
			燃气	—	—	—	—	—	—	—	—	—	—	—	—	—	—	—	—	—	—	—
	中型		汽油	—	—	—	—	—	—	—	—	—	—	—	—	—	—	—	—	—	—	—
			柴油	30980	30980	26071	16253	16253	12534	5097	5097	5097	4829	4561	4561	4561	4561	2924	1288	1288	1179	1143
			燃气	—	—	—	—	—	—	—	—	—	—	—	—	—	—	—	—	—	—	—
	重型		汽油	—	—	—	—	—	—	—	—	—	—	—	—	—	—	—	—	—	—	—
			柴油	131447	131447	108040	61225	61225	48613	23388	23388	23388	16026	8665	8665	8665	8665	5801	2937	2937	2482	2330
			燃气	—	—	—	—	—	—	—	—	—	—	—	—	—	—	—	—	—	—	—
低速汽车	三轮汽车			4092	4092	4092	4092	4092	4092	4092	4092	4092	3220	3220	3220	3220	3220	3220	3220	3220	3220	3220
	低速货车			5581	5581	5581	5581	5581	5581	5581	5581	5581	4392	4392	4392	4392	4392	4392	4392	4392	4392	4392
摩托车	普通摩托车			—	—	—	—	—	—	—	—	—	—	—	—	—	—	—	—	—	—	—
	轻便摩托车			—	—	—	—	—	—	—	—	—	—	—	—	—	—	—	—	—	—	—

商丘市 VOCs 排放系数

单位：克/（辆·年）

车辆类型		使用性质	燃料种类	1999年年底前	2000年	2001年	2002年	2003年	2004年	2005年	2006年	2007年	2008年	2009年	2010年	2011年	2012年	2013年	2014年	2015年	2016年	2017年
载客汽车	微型	出租车	汽油	896873	529932	162992	162992	162992	162992	121349	79706	79706	64889	50072	50072	41503	32934	32934	32934	32934	23541	20410
			燃气	371105	225562	80020	80020	80020	80020	61356	42693	42693	35250	27808	27808	22104	16401	16401	16401	16401	9820	7627
		其他	汽油	47315	28711	10107	10107	10107	10107	9736	9364	9364	8090	6815	6815	6531	6247	6247	6247	6247	5320	5011
			燃气	15156	8496	1836	1836	1836	1836	1762	1687	1687	1254	820	820	753	686	686	686	686	471	399
	小型	出租车	汽油	896873	521131	145389	145389	145389	145389	135843	126297	126297	88184	50072	50072	41503	32934	32934	32934	32934	22054	18428
			柴油	215670	203074	190478	190478	190478	190478	172426	154374	154374	112887	71400	71400	71400	71400	52972	34543	34543	19516	14507
			燃气	371105	222090	73074	73074	73074	73074	67075	61076	61076	44442	27808	27808	22104	16401	16401	16401	16401	9234	6845
		其他	汽油	47967	28957	9947	9947	9947	9947	10008	10068	10068	8444	6819	6819	6490	6162	6162	6162	6162	5383	5123
			柴油	9476	8662	7847	7847	7847	7847	6653	5459	5459	3694	1929	1929	1929	1929	1670	1410	1410	1029	902
			燃气	15413	9266	3120	3120	3120	3120	2542	1965	1965	1456	947	947	800	653	653	653	653	496	443
	中型	公交车	汽油	247865	247865	247865	247865	247268	169025	13732	13732	13732	13732	13732	13580	13429	13429	11002	8575	8575	8575	8575
			柴油	87806	87806	86086	82645	82645	64494	28192	28192	28192	20508	12823	12823	12823	12823	8958	5093	5093	4763	4653
			燃气	71579	71579	67602	59649	59649	57536	53311	53311	53311	42686	32061	32061	22219	22219	22154	22154	22154	22154	22154
		其他	汽油	128575	128575	128575	128575	127978	87656	8205	8205	8205	8205	8205	8060	7914	7914	6862	5811	5811	5811	5811
			柴油	30493	30493	28460	24394	24394	18567	6912	6912	6912	6506	6099	6099	6099	6099	3750	1402	1402	1243	1190
			燃气	34560	34560	32640	28800	28800	27780	25740	25740	25740	20623	15506	15506	10732	10732	9642	9642	9642	9642	9642
	大型	公交车	汽油	577173	577173	577173	577173	576576	388998	15036	15036	15036	15036	15036	14896	14756	14756	11990	9224	9224	9224	9224
			柴油	131708	131708	108010	60614	60614	60614	60614	60614	60614	43515	26416	26416	26416	26416	17675	8934	8934	5723	4653
			燃气	168926	168926	159541	140772	140772	135786	125815	125815	125815	100740	75665	75665	52438	52438	47188	47188	47188	47188	47188
		其他	汽油	1278471	1278471	1278471	1278471	1277874	861026	28523	28523	28523	28523	28523	22264	16005	16005	12814	9623	9623	9623	9623
			柴油	272891	272891	207397	76409	76409	76409	76409	76409	76409	55942	35476	35476	35476	35476	20706	5937	5937	5324	5119
			燃气	266186	266186	251398	221822	221822	213966	198253	198253	198253	158842	119430	119430	82662	82662	74261	74261	74261	74261	74261
载货汽车	微型		汽油	360847	193534	26220	26220	26220	26220	24777	23334	23334	21538	19743	19743	16194	12645	12645	12645	12645	10822	10215
			柴油	48485	45292	42100	42100	42100	42100	38622	35144	35144	25896	16648	16648	16648	16648	11440	6233	6233	4338	3706
			燃气	115587	60175	4763	4763	4763	4763	4483	4204	4204	3290	2376	2376	1882	1389	1389	1389	1389	957	813
	轻型		汽油	186036	110650	35265	35265	35265	35265	30358	25451	25451	22788	20125	20125	17650	15174	15174	15174	15174	13163	12493
			柴油	44461	43280	42100	42100	42100	42100	38622	35144	35144	25896	16648	16648	16648	16648	12598	8547	8547	6652	6020
			燃气	59778	35420	11061	11061	11061	11061	8014	4967	4967	3881	2795	2795	2201	1608	1608	1608	1608	1212	1080
	中型		汽油	277515	277515	277515	277515	276918	188629	13246	13246	13246	13246	13246	13106	12966	12966	10646	8327	8327	8327	8327
			柴油	63907	63907	59646	51125	51125	38912	14486	14486	14486	13636	12785	12785	12785	12785	9266	5746	5746	3419	2643
			燃气	72431	72431	68407	60359	60359	58221	53945	53945	53945	43225	32504	32504	43984	43984	21415	21415	21415	21415	21415
	重型		汽油	913625	913625	913625	913625	913028	615457	21510	21510	21510	21510	21510	17006	12501	12501	10220	7940	7940	7940	7940
			柴油	231463	231463	175912	64810	64810	64810	64810	64810	64810	47450	30090	30090	30090	30090	18773	7456	7456	5922	5411
			燃气	225776	225776	213234	188149	188149	181485	168158	168158	168158	134728	101298	101298	103811	103811	78497	78497	78497	78497	78497
低速汽车	三轮汽车			25300	25300	25300	25300	25300	25300	25300	25300	25300	16721	16721	16721	16721	16721	16721	16721	16721	16721	16721
	低速货车			33990	33990	33990	33990	33990	33990	33990	33990	33990	22464	22464	22464	22464	22464	22464	22464	22464	22464	22464
摩托车	普通摩托车			12928	12928	12928	12928	9648	6368	3409	3409	3409	3409	3409	2544	1679	1679	1679	1679	1679	1679	1679
	轻便摩托车			41808	41808	41808	41808	41808	8362	8362	4116	4116	4116	4116	3072	2027	2027	2027	2027	2027	2027	2027

信阳市 NO_x 排放系数

单位：克/（辆·年）

车辆类型		使用性质	燃料种类	1999年年底前	2000年	2001年	2002年	2003年	2004年	2005年	2006年	2007年	2008年	2009年	2010年	2011年	2012年	2013年	2014年	2015年	2016年	2017年
载客汽车	微型	出租车	汽油	294643	199864	105085	105085	105085	105085	78135	51185	51185	38332	25480	25480	20722	15965	15965	15965	15965	9628	7515
			燃气	198203	135414	72626	72626	72626	72626	54362	36099	36099	27313	18527	18527	14948	11368	11368	11368	11368	6712	5160
		其他	汽油	27657	17345	7033	7033	7033	7033	4441	1849	1849	1506	1163	1163	990	816	816	816	816	561	476
			燃气	17705	10529	3353	3353	3353	3353	2176	998	998	809	620	620	501	382	382	382	382	312	289
	小型	出租车	汽油	332879	221234	109589	109589	109589	109589	80733	51877	51877	38678	25480	25480	20068	14655	14655	14655	14655	8427	6351
			柴油	371160	312228	253296	253296	253296	253296	225380	197465	197465	156925	116385	116385	116385	116385	94370	72354	72354	54708	48826
			燃气	223502	149554	75606	75606	75606	75606	56082	36557	36557	27542	18527	18527	14514	10501	10501	10501	10501	5918	4390
		其他	汽油	25812	16474	7135	7135	7135	7135	4736	2336	2336	1628	919	919	848	777	777	777	777	529	446
			柴油	22775	18624	14472	14472	14472	14472	13339	12206	12206	9553	6900	6900	6900	6900	5968	5037	5037	4388	4172
			燃气	16484	10494	4504	4504	4504	4504	2912	1320	1320	890	459	459	408	357	357	357	357	291	269
	中型	公交车	汽油	327487	327487	327487	327487	327487	223728	16211	16211	16211	16211	16211	14538	12866	12866	9713	6560	6560	6560	6560
			柴油	365694	365694	364835	363118	363118	348687	319826	319826	319826	266400	212973	212973	212973	212973	173801	134629	134629	112715	105410
			燃气	388285	388285	383662	374417	374417	362803	339576	339576	339576	282620	225663	225663	142706	142706	111766	111766	111766	111766	111766
		其他	汽油	200779	200779	200779	200779	200779	136195	7027	7027	7027	7027	7027	7027	7027	7027	5270	3514	3514	3514	3514
			柴油	171494	171494	164335	150018	150018	148749	146212	146212	146212	124524	102837	102837	102837	102837	91310	79782	79782	68095	64199
			燃气	193653	193653	182894	161377	161377	159856	156815	156815	156815	133516	110218	110218	85855	85855	68964	68964	68964	68964	68964
	大型	公交车	汽油	1166673	1166673	1166673	1166673	1166673	802227	73334	73334	73334	73334	73334	73270	73205	73205	54904	36603	36603	36603	36603
			柴油	518663	518663	501903	468384	468384	455075	428458	428458	428458	420737	413016	413016	413016	413016	398123	383230	383230	345463	332874
			燃气	1042821	1042821	984887	869018	869018	804531	675558	675558	675558	578828	482098	482098	448833	448833	389021	389021	389021	389021	389021
		其他	汽油	2784637	2784637	2784637	2784637	2784637	1914769	175034	175034	175034	175034	175034	168470	161907	161907	121560	81212	81212	81212	81212
			柴油	1242038	1242038	1210078	1146158	1146158	1119436	1065992	1065992	1065992	1028461	990930	990930	990930	990930	943370	895811	895811	792784	758441
			燃气	2311919	2311919	2183479	1926599	1926599	1783633	1497701	1497701	1497701	1283744	1069787	1069787	965130	965130	818827	818827	818827	818827	818827
载货汽车	微型		汽油	134209	79874	25538	25538	25538	25538	17503	9468	9468	7702	5936	5936	5206	4477	4477	4477	4477	3301	2909
			柴油	92700	76679	60658	60658	60658	60658	54558	48458	48458	40993	33528	33528	33528	33528	24519	15510	15510	13150	12363
			燃气	85916	49045	12175	12175	12175	12175	8643	5110	5110	4137	3165	3165	2630	2096	2096	2096	2096	1849	1766
	轻型		汽油	100037	64332	28628	28628	28628	28628	19469	10310	10310	8660	7011	7011	5802	4593	4593	4593	4593	3447	3065
			柴油	93019	76838	60658	60658	60658	60658	54558	48458	48458	40993	33528	33528	33528	33528	26671	19814	19814	18211	17677
			燃气	63885	40978	18072	18072	18072	18072	11949	5826	5826	4664	3502	3502	2806	2110	2110	2110	2110	1914	1849
	中型		汽油	192067	192067	192067	192067	192066	131125	9243	9243	9243	9243	9243	9243	9243	9243	6935	4627	4627	4627	4627
			柴油	359871	359871	323138	249672	249672	237411	212888	212888	212888	210719	208550	208550	208550	208550	182976	157403	157403	135538	128250
			燃气	406370	406370	360439	268577	268577	255160	228326	228326	228326	225922	223518	223518	169385	169385	137769	137769	137769	137769	137769
	重型		汽油	2035488	2035488	2035488	2035488	2035488	1399640	127945	127945	127945	127945	127945	123147	118349	118349	88856	59364	59364	59364	59364
			柴油	1109221	1109221	1071360	995637	995637	958811	885159	885159	885159	849664	814169	814169	814169	814169	707203	600237	600237	409433	345832
			燃气	2064695	2064695	1934325	1673585	1673585	1530268	1243634	1243634	1243634	1061297	878960	878960	646684	646684	373367	373367	373367	373367	373367
低速汽车	三轮汽车			65550	65550	65550	65550	65550	65550	65550	65550	65550	53279	53279	53279	53279	53279	53279	53279	53279	53279	53279
	低速货车			88065	88065	88065	88065	88065	88065	88065	88065	88065	71579	71579	71579	71579	71579	71579	71579	71579	71579	71579
摩托车	普通摩托车			965	965	965	965	932	900	836	836	836	836	836	743	650	650	650	650	650	650	650
	轻便摩托车			643	643	643	643	643	322	322	322	322	322	322	286	250	250	250	250	250	250	250

信阳市 PM 排放系数

单位：克/（辆·年）

车辆类型		使用性质	燃料种类	1999 年年底前	2000 年	2001 年	2002 年	2003 年	2004 年	2005 年	2006 年	2007 年	2008 年	2009 年	2010 年	2011 年	2012 年	2013 年	2014 年	2015 年	2016 年	2017 年
载客汽车	微型	出租车	汽油	—	—	—	—	—	—	—	—	—	—	—	—	—	—	—	—	—	—	—
			燃气	—	—	—	—	—	—	—	—	—	—	—	—	—	—	—	—	—	—	—
		其他	汽油	—	—	—	—	—	—	—	—	—	—	—	—	—	—	—	—	—	—	—
			燃气	—	—	—	—	—	—	—	—	—	—	—	—	—	—	—	—	—	—	—
	小型	出租车	汽油	—	—	—	—	—	—	—	—	—	—	—	—	—	—	—	—	—	—	—
			柴油	47666	43658	39649	39649	39649	39649	27086	14524	14524	9457	4390	4390	4390	4390	4080	3770	3770	3118	2900
			燃气	—	—	—	—	—	—	—	—	—	—	—	—	—	—	—	—	—	—	—
		其他	汽油	—	—	—	—	—	—	—	—	—	—	—	—	—	—	—	—	—	—	—
			柴油	3325	3147	2969	2969	2969	2969	2138	1308	1308	958	607	607	607	607	509	411	411	411	411
			燃气	—	—	—	—	—	—	—	—	—	—	—	—	—	—	—	—	—	—	—
	中型	公交车	汽油	—	—	—	—	—	—	—	—	—	—	—	—	—	—	—	—	—	—	—
			柴油	30592	30592	28032	22913	22913	17978	8108	8108	8108	6872	5637	5637	5637	5637	3504	1372	1372	1080	983
			燃气	—	—	—	—	—	—	—	—	—	—	—	—	—	—	—	—	—	—	—
		其他	汽油	—	—	—	—	—	—	—	—	—	—	—	—	—	—	—	—	—	—	—
			柴油	15274	15274	12888	8116	8116	6262	2553	2553	2553	2434	2316	2316	2316	2316	1366	415	415	399	394
			燃气	—	—	—	—	—	—	—	—	—	—	—	—	—	—	—	—	—	—	—
	大型	公交车	汽油	—	—	—	—	—	—	—	—	—	—	—	—	—	—	—	—	—	—	—
			柴油	94865	94865	93934	92071	92071	71272	29674	29674	29674	19994	10315	10315	10315	10315	6116	1916	1916	1845	1821
			燃气	—	—	—	—	—	—	—	—	—	—	—	—	—	—	—	—	—	—	—
		其他	汽油	—	—	—	—	—	—	—	—	—	—	—	—	—	—	—	—	—	—	—
			柴油	142314	142314	133412	115607	115607	85425	25061	25061	25061	17182	9303	9303	9303	9303	5868	2433	2433	2343	2313
			燃气	—	—	—	—	—	—	—	—	—	—	—	—	—	—	—	—	—	—	—
载货汽车	微型		汽油	—	—	—	—	—	—	—	—	—	—	—	—	—	—	—	—	—	—	—
			柴油	10919	10694	10468	10468	10468	10468	8526	6585	6585	4887	3189	3189	3189	3189	2008	827	827	823	822
			燃气	—	—	—	—	—	—	—	—	—	—	—	—	—	—	—	—	—	—	—
	轻型		汽油	—	—	—	—	—	—	—	—	—	—	—	—	—	—	—	—	—	—	—
			柴油	11356	10912	10468	10468	10468	10468	8526	6585	6585	4887	3189	3189	3189	3189	2405	1621	1621	1338	1244
			燃气	—	—	—	—	—	—	—	—	—	—	—	—	—	—	—	—	—	—	—
	中型		汽油	—	—	—	—	—	—	—	—	—	—	—	—	—	—	—	—	—	—	—
			柴油	30980	30980	26071	16253	16253	12534	5097	5097	5097	4829	4561	4561	4561	4561	2924	1288	1288	1179	1143
			燃气	—	—	—	—	—	—	—	—	—	—	—	—	—	—	—	—	—	—	—
	重型		汽油	—	—	—	—	—	—	—	—	—	—	—	—	—	—	—	—	—	—	—
			柴油	131447	131447	108040	61225	61225	48613	23388	23388	23388	16026	8665	8665	8665	8665	5801	2937	2937	2482	2330
			燃气	—	—	—	—	—	—	—	—	—	—	—	—	—	—	—	—	—	—	—
低速汽车	三轮汽车			4092	4092	4092	4092	4092	4092	4092	4092	4092	3220	3220	3220	3220	3220	3220	3220	3220	3220	3220
	低速货车			5581	5581	5581	5581	5581	5581	5581	5581	5581	4392	4392	4392	4392	4392	4392	4392	4392	4392	4392
摩托车	普通摩托车			—	—	—	—	—	—	—	—	—	—	—	—	—	—	—	—	—	—	—
	轻便摩托车			—	—	—	—	—	—	—	—	—	—	—	—	—	—	—	—	—	—	—

信阳市 VOCs 排放系数

单位：克/（辆·年）

车辆类型		使用性质	燃料种类	1999 年年底前	2000 年	2001 年	2002 年	2003 年	2004 年	2005 年	2006 年	2007 年	2008 年	2009 年	2010 年	2011 年	2012 年	2013 年	2014 年	2015 年	2016 年	2017 年
载客汽车	微型	出租车	汽油	720639	429732	138824	138824	138824	138824	104718	70613	70613	57958	45302	45302	37366	29431	29431	29431	29431	20388	17373
			燃气	371105	225562	80020	80020	80020	80020	61356	42693	42693	35250	27808	27808	22104	16401	16401	16401	16401	9820	7627
		其他	汽油	39284	24212	9141	9141	9141	9141	8785	8429	8429	7334	6239	6239	6000	5760	5760	5760	5760	4916	4634
			燃气	15156	8496	1836	1836	1836	1836	1762	1687	1687	1254	820	820	753	686	686	686	686	471	399
	小型	出租车	汽油	720639	422780	124920	124920	124920	124920	116166	107411	107411	76356	45302	45302	37366	29431	29431	29431	29431	19213	15807
			柴油	206388	194146	181903	181903	181903	181903	164156	146409	146409	108122	69836	69836	69836	69836	51760	33683	33683	18691	13694
			燃气	371105	222090	73074	73074	73074	73074	67075	61076	61076	44442	27808	27808	22104	16401	16401	16401	16401	9234	6845
		其他	汽油	39799	24407	9015	9015	9015	9015	9000	8985	8985	7613	6241	6241	5967	5693	5693	5693	5693	4966	4723
			柴油	8541	7815	7089	7089	7089	7089	6024	4958	4958	3380	1803	1803	1803	1803	1556	1309	1309	942	819
			燃气	15413	9266	3120	3120	3120	3120	2542	1965	1965	1456	947	947	800	653	653	653	653	496	443
	中型	公交车	汽油	247688	247688	247688	247688	247091	168848	13556	13556	13556	13556	13556	13404	13253	13253	10826	8398	8398	8398	8398
			柴油	87806	87806	86086	82645	82645	64494	28192	28192	28192	20508	12823	12823	12823	12823	8958	5093	5093	4763	4653
			燃气	71579	71579	67602	59649	59649	57536	53311	53311	53311	42686	32061	32061	22219	22219	22154	22154	22154	22154	22154
		其他	汽油	128399	128399	128399	128399	127802	87479	8028	8028	8028	8028	8028	7882	7737	7737	6686	5635	5635	5635	5635
			柴油	30493	30493	28460	24394	24394	18567	6912	6912	6912	6506	6099	6099	6099	6099	3750	1402	1402	1243	1190
			燃气	34560	34560	32640	28800	28800	27780	25740	25740	25740	20623	15506	15506	10732	10732	9642	9642	9642	9642	9642
	大型	公交车	汽油	576996	576996	576996	576996	576399	388821	14860	14860	14860	14860	14860	14720	14580	14580	11814	9048	9048	9048	9048
			柴油	131708	131708	108010	60614	60614	60614	60614	60614	60614	43515	26416	26416	26416	26416	17675	8934	8934	5723	4653
			燃气	168926	168926	159541	140772	140772	135786	125815	125815	125815	100740	75665	75665	52438	52438	47188	47188	47188	47188	47188
		其他	汽油	1278294	1278294	1278294	1278294	1277698	860849	28346	28346	28346	28346	28346	22088	15829	15829	12638	9447	9447	9447	9447
			柴油	272891	272891	207397	76409	76409	76409	76409	76409	76409	55942	35476	35476	35476	35476	20706	5937	5937	5324	5119
			燃气	266186	266186	251398	221822	221822	213966	198253	198253	198253	158842	119430	119430	82662	82662	74261	74261	74261	74261	74261
载货汽车	微型		汽油	288075	155472	22869	22869	22869	22869	21538	20206	20206	18602	16998	16998	14051	11104	11104	11104	11104	9383	8809
			柴油	44643	41700	38757	38757	38757	38757	35476	32195	32195	23848	15500	15500	15500	15500	10704	5909	5909	4014	3382
			燃气	111141	57867	4593	4593	4593	4593	4319	4044	4044	3139	2234	2234	1778	1322	1322	1322	1322	899	758
	轻型		汽油	150008	90010	30013	30013	30013	30013	25945	21877	21877	19588	17300	17300	15200	13101	13101	13101	13101	11231	10608
			柴油	41117	39937	38757	38757	38757	38757	35476	32195	32195	23848	15500	15500	15500	15500	11718	7936	7936	6041	5409
			燃气	58094	34240	10387	10387	10387	10387	7586	4784	4784	3705	2625	2625	2064	1503	1503	1503	1503	1122	995
	中型		汽油	277339	277339	277339	277339	276742	188453	13069	13069	13069	13069	13069	12930	12790	12790	10470	8151	8151	8151	8151
			柴油	63907	63907	59646	51125	51125	38912	14486	14486	14486	13636	12785	12785	12785	12785	9266	5746	5746	3419	2643
			燃气	72431	72431	68407	60359	60359	58221	53945	53945	53945	43225	32504	32504	43984	43984	21415	21415	21415	21415	21415
	重型		汽油	913449	913449	913449	913449	912852	615281	21334	21334	21334	21334	21334	16829	12324	12324	10044	7763	7763	7763	7763
			柴油	231463	231463	175912	64810	64810	64810	64810	64810	64810	47450	30090	30090	30090	30090	18773	7456	7456	5922	5411
			燃气	225776	225776	213234	188149	188149	181485	168158	168158	168158	134728	101298	101298	103811	103811	78497	78497	78497	78497	78497
低速汽车	三轮汽车			25300	25300	25300	25300	25300	25300	25300	25300	25300	16721	16721	16721	16721	16721	16721	16721	16721	16721	16721
	低速货车			33990	33990	33990	33990	33990	33990	33990	33990	33990	22464	22464	22464	22464	22464	22464	22464	22464	22464	22464
摩托车	普通摩托车			12928	12928	12928	12928	9648	6368	3409	3409	3409	3409	3409	2544	1679	1679	1679	1679	1679	1679	1679
	轻便摩托车			41808	41808	41808	41808	41808	8362	8362	4116	4116	4116	4116	3072	2027	2027	2027	2027	2027	2027	2027

周口市 NO_x 排放系数

单位：克/（辆·年）

车辆类型		使用性质	燃料种类	1999 年年底前	2000 年	2001 年	2002 年	2003 年	2004 年	2005 年	2006 年	2007 年	2008 年	2009 年	2010 年	2011 年	2012 年	2013 年	2014 年	2015 年	2016 年	2017 年
载客汽车	微型	出租车	汽油	304855	207098	109342	109342	109342	109342	81432	53521	53521	40175	26829	26829	21790	16751	16751	16751	16751	10047	7812
			燃气	205201	140426	75651	75651	75651	75651	56725	37799	37799	28666	19534	19534	15741	11948	11948	11948	11948	7014	5370
		其他	汽油	27657	17345	7033	7033	7033	7033	4441	1849	1849	1506	1163	1163	990	816	816	816	816	561	476
			燃气	17705	10529	3353	3353	3353	3353	2176	998	998	809	620	620	501	382	382	382	382	312	289
	小型	出租车	汽油	344261	229122	113984	113984	113984	113984	84110	54235	54235	40532	26829	26829	21116	15402	15402	15402	15402	8810	6612
			柴油	386298	325300	264302	264302	264302	264302	235112	205921	205921	163720	121519	121519	121519	121519	98409	75299	75299	56722	50530
			燃气	231274	154998	78722	78722	78722	78722	58497	38272	38272	28903	19534	19534	15295	11056	11056	11056	11056	6196	4576
		其他	汽油	25812	16474	7135	7135	7135	7135	4736	2336	2336	1628	919	919	848	777	777	777	777	529	446
			柴油	22775	18624	14472	14472	14472	14472	13339	12206	12206	9553	6900	6900	6900	6900	5968	5037	5037	4388	4172
			燃气	16484	10494	4504	4504	4504	4504	2912	1320	1320	890	459	459	408	357	357	357	357	291	269
	中型	公交车	汽油	327487	327487	327487	327487	327487	223728	16211	16211	16211	16211	16211	14538	12866	12866	9713	6560	6560	6560	6560
			柴油	365694	365694	364835	363118	363118	348687	319826	319826	319826	266400	212973	212973	212973	212973	173801	134629	134629	112715	105410
			燃气	388285	388285	383662	374417	374417	362803	339576	339576	339576	282620	225663	225663	142706	142706	111766	111766	111766	111766	111766
		其他	汽油	200779	200779	200779	200779	200779	136195	7027	7027	7027	7027	7027	7027	7027	7027	5270	3514	3514	3514	3514
			柴油	171494	171494	164335	150018	150018	148749	146212	146212	146212	124524	102837	102837	102837	102837	91310	79782	79782	68095	64199
			燃气	193653	193653	182894	161377	161377	159856	156815	156815	156815	133516	110218	110218	85855	85855	68964	68964	68964	68964	68964
	大型	公交车	汽油	1166673	1166673	1166673	1166673	1166673	802227	73334	73334	73334	73334	73334	73270	73205	73205	54904	36603	36603	36603	36603
			柴油	518663	518663	501903	468384	468384	455075	428458	428458	428458	420737	413016	413016	413016	413016	398123	383230	383230	345463	332874
			燃气	1042821	1042821	984887	869018	869018	804531	675558	675558	675558	578828	482098	482098	448833	448833	389021	389021	389021	389021	389021
		其他	汽油	2784637	2784637	2784637	2784637	2784637	1914769	175034	175034	175034	175034	175034	168470	161907	161907	121560	81212	81212	81212	81212
			柴油	1242038	1242038	1210078	1146158	1146158	1119436	1065992	1065992	1065992	1028461	990930	990930	990930	990930	943370	895811	895811	792784	758441
			燃气	2311919	2311919	2183479	1926599	1926599	1783633	1497701	1497701	1497701	1283744	1069787	1069787	965130	965130	818827	818827	818827	818827	818827
载货汽车	微型		汽油	233386	140712	48038	48038	48038	48038	33736	19435	19435	16006	12577	12577	10712	8846	8846	8846	8846	6137	5234
			柴油	175000	146524	118047	118047	118047	118047	105733	93419	93419	78802	64186	64186	64186	64186	46920	29655	29655	23905	21988
			燃气	149405	86154	22902	22902	22902	22902	16696	10490	10490	8597	6705	6705	5423	4141	4141	4141	4141	3419	3178
	轻型		汽油	175220	114258	53297	53297	53297	53297	37083	20869	20869	17638	14408	14408	11726	9043	9043	9043	9043	6385	5499
			柴油	175543	146795	118047	118047	118047	118047	105733	93419	93419	78802	64186	64186	64186	64186	50584	36982	36982	32521	31034
			燃气	111899	72771	33644	33644	33644	33644	22718	11792	11792	9494	7196	7196	5676	4155	4155	4155	4155	3526	3317
	中型		汽油	192067	192067	192067	192067	192066	131125	9243	9243	9243	9243	9243	9243	9243	9243	6935	4627	4627	4627	4627
			柴油	359871	359871	323138	249672	249672	237411	212888	212888	212888	210719	208550	208550	208550	208550	182976	157403	157403	135538	128250
			燃气	406370	406370	360439	268577	268577	255160	228326	228326	228326	225922	223518	223518	169385	169385	137769	137769	137769	137769	137769
	重型		汽油	2749305	2749305	2749305	2749305	2749305	1890474	172813	172813	172813	172813	172813	166332	159852	159852	120017	80182	80182	80182	80182
			柴油	1491043	1491043	1440149	1338360	1338360	1288857	1189852	1189852	1189852	1142139	1094426	1094426	1094426	1094426	953570	812713	812713	557390	472282
			燃气	2775415	2775415	2600168	2249675	2249675	2057024	1671722	1671722	1671722	1426621	1181519	1181519	875602	875602	509884	509884	509884	509884	509884
低速汽车	三轮汽车			65550	65550	65550	65550	65550	65550	65550	65550	65550	53279	53279	53279	53279	53279	53279	53279	53279	53279	53279
	低速货车			88065	88065	88065	88065	88065	88065	88065	88065	88065	71579	71579	71579	71579	71579	71579	71579	71579	71579	71579
摩托车	普通摩托车			965	965	965	965	932	900	836	836	836	836	836	743	650	650	650	650	650	650	650
	轻便摩托车			643	643	643	643	643	322	322	322	322	322	322	286	250	250	250	250	250	250	250

周口市 PM 排放系数

单位：克/（辆·年）

车辆类型		使用性质	燃料种类	1999年年底前	2000年	2001年	2002年	2003年	2004年	2005年	2006年	2007年	2008年	2009年	2010年	2011年	2012年	2013年	2014年	2015年	2016年	2017年
载客汽车	微型	出租车	汽油	—	—	—	—	—	—	—	—	—	—	—	—	—	—	—	—	—	—	—
			燃气	—	—	—	—	—	—	—	—	—	—	—	—	—	—	—	—	—	—	—
		其他	汽油	—	—	—	—	—	—	—	—	—	—	—	—	—	—	—	—	—	—	—
			燃气	—	—	—	—	—	—	—	—	—	—	—	—	—	—	—	—	—	—	—
	小型	出租车	汽油	—	—	—	—	—	—	—	—	—	—	—	—	—	—	—	—	—	—	—
			柴油	49124	44993	40862	40862	40862	40862	27916	14969	14969	9747	4525	4525	4525	4525	4206	3886	3886	3213	2989
			燃气	—	—	—	—	—	—	—	—	—	—	—	—	—	—	—	—	—	—	—
		其他	汽油	—	—	—	—	—	—	—	—	—	—	—	—	—	—	—	—	—	—	—
			柴油	3325	3147	2969	2969	2969	2969	2138	1308	1308	958	607	607	607	607	509	411	411	411	411
			燃气	—	—	—	—	—	—	—	—	—	—	—	—	—	—	—	—	—	—	—
	中型	公交车	汽油	—	—	—	—	—	—	—	—	—	—	—	—	—	—	—	—	—	—	—
			柴油	30592	30592	28032	22913	22913	17978	8108	8108	8108	6872	5637	5637	5637	5637	3504	1372	1372	1080	983
			燃气	—	—	—	—	—	—	—	—	—	—	—	—	—	—	—	—	—	—	—
		其他	汽油	—	—	—	—	—	—	—	—	—	—	—	—	—	—	—	—	—	—	—
			柴油	15274	15274	12888	8116	8116	6262	2553	2553	2553	2434	2316	2316	2316	2316	1366	415	415	399	394
			燃气	—	—	—	—	—	—	—	—	—	—	—	—	—	—	—	—	—	—	—
	大型	公交车	汽油	—	—	—	—	—	—	—	—	—	—	—	—	—	—	—	—	—	—	—
			柴油	94865	94865	93934	92071	92071	71272	29674	29674	29674	19994	10315	10315	10315	10315	6116	1916	1916	1845	1821
			燃气	—	—	—	—	—	—	—	—	—	—	—	—	—	—	—	—	—	—	—
		其他	汽油	—	—	—	—	—	—	—	—	—	—	—	—	—	—	—	—	—	—	—
			柴油	142314	142314	133412	115607	115607	85425	25061	25061	25061	17182	9303	9303	9303	9303	5868	2433	2433	2343	2313
			燃气	—	—	—	—	—	—	—	—	—	—	—	—	—	—	—	—	—	—	—
载货汽车	微型		汽油	—	—	—	—	—	—	—	—	—	—	—	—	—	—	—	—	—	—	—
			柴油	18587	18202	17818	17818	17818	17818	14514	11209	11209	8319	5429	5429	5429	5429	3418	1407	1407	1400	1398
			燃气	—	—	—	—	—	—	—	—	—	—	—	—	—	—	—	—	—	—	—
	轻型		汽油	—	—	—	—	—	—	—	—	—	—	—	—	—	—	—	—	—	—	—
			柴油	19330	18574	17818	17818	17818	17818	14514	11209	11209	8319	5429	5429	5429	5429	4094	2759	2759	2278	2118
			燃气	—	—	—	—	—	—	—	—	—	—	—	—	—	—	—	—	—	—	—
	中型		汽油	—	—	—	—	—	—	—	—	—	—	—	—	—	—	—	—	—	—	—
			柴油	30980	30980	26071	16253	16253	12534	5097	5097	5097	4829	4561	4561	4561	4561	2924	1288	1288	1179	1143
			燃气	—	—	—	—	—	—	—	—	—	—	—	—	—	—	—	—	—	—	—
	重型		汽油	—	—	—	—	—	—	—	—	—	—	—	—	—	—	—	—	—	—	—
			柴油	177721	177721	146074	82779	82779	65726	31621	31621	31621	21668	11716	11716	11716	11716	7826	3937	3937	3327	3124
			燃气	—	—	—	—	—	—	—	—	—	—	—	—	—	—	—	—	—	—	—
低速汽车	三轮汽车			4092	4092	4092	4092	4092	4092	4092	4092	4092	3220	3220	3220	3220	3220	3220	3220	3220	3220	3220
	低速货车			5581	5581	5581	5581	5581	5581	5581	5581	5581	4392	4392	4392	4392	4392	4392	4392	4392	4392	4392
摩托车	普通摩托车			—	—	—	—	—	—	—	—	—	—	—	—	—	—	—	—	—	—	—
	轻便摩托车			—	—	—	—	—	—	—	—	—	—	—	—	—	—	—	—	—	—	—

周口市 VOCs 排放系数

单位：克/（辆·年）

车辆类型		使用性质	燃料种类	1999 年年底前	2000 年	2001 年	2002 年	2003 年	2004 年	2005 年	2006 年	2007 年	2008 年	2009 年	2010 年	2011 年	2012 年	2013 年	2014 年	2015 年	2016 年	2017 年
载客汽车	微型	出租车	汽油	743984	444118	144251	144251	144251	144251	108934	73618	73618	60456	47293	47293	38940	30588	30588	30588	30588	21052	17874
			燃气	383745	233658	83572	83572	83572	83572	64195	44818	44818	37041	29264	29264	23244	17224	17224	17224	17224	10255	7932
		其他	汽油	39284	24212	9141	9141	9141	9141	8785	8429	8429	7334	6239	6239	6000	5760	5760	5760	5760	4916	4634
			燃气	15156	8496	1836	1836	1836	1836	1762	1687	1687	1254	820	820	753	686	686	686	686	471	399
	小型	出租车	汽油	743984	436953	129922	129922	129922	129922	120732	111542	111542	79418	47293	47293	38940	30588	30588	30588	30588	19843	16261
			柴油	217115	204190	191266	191266	191266	191266	172484	153702	153702	113755	73808	73808	73808	73808	54686	35565	35565	19657	14354
			燃气	383745	230080	76414	76414	76414	76414	70089	63764	63764	46514	29264	29264	23244	17224	17224	17224	17224	9650	7126
		其他	汽油	39799	24407	9015	9015	9015	9015	9000	8985	8985	7613	6241	6241	5967	5693	5693	5693	5693	4966	4723
			柴油	8541	7815	7089	7089	7089	7089	6024	4958	4958	3380	1803	1803	1803	1803	1556	1309	1309	942	819
			燃气	15413	9266	3120	3120	3120	3120	2542	1965	1965	1456	947	947	800	653	653	653	653	496	443
	中型	公交车	汽油	247688	247688	247688	247688	247091	168848	13556	13556	13556	13556	13556	13404	13253	13253	10826	8398	8398	8398	8398
			柴油	87806	87806	86086	82645	82645	64494	28192	28192	28192	20508	12823	12823	12823	12823	8958	5093	5093	4763	4653
			燃气	71579	71579	67602	59649	59649	57536	53311	53311	53311	42686	32061	32061	22219	22219	22154	22154	22154	22154	22154
		其他	汽油	128399	128399	128399	128399	127802	87479	8028	8028	8028	8028	8028	7882	7737	7737	6686	5635	5635	5635	5635
			柴油	30493	30493	28460	24394	24394	18567	6912	6912	6912	6506	6099	6099	6099	6099	3750	1402	1402	1243	1190
			燃气	34560	34560	32640	28800	28800	27780	25740	25740	25740	20623	15506	15506	10732	10732	9642	9642	9642	9642	9642
	大型	公交车	汽油	576996	576996	576996	576996	576399	388821	14860	14860	14860	14860	14860	14720	14580	14580	11814	9048	9048	9048	9048
			柴油	131708	131708	108010	60614	60614	60614	60614	60614	60614	43515	26416	26416	26416	26416	17675	8934	8934	5723	4653
			燃气	168926	168926	159541	140772	140772	135786	125815	125815	125815	100740	75665	75665	52438	52438	47188	47188	47188	47188	47188
		其他	汽油	1278294	1278294	1278294	1278294	1277698	860849	28346	28346	28346	28346	28346	22088	15829	15829	12638	9447	9447	9447	9447
			柴油	272891	272891	207397	76409	76409	76409	76409	76409	76409	55942	35476	35476	35476	35476	20706	5937	5937	5324	5119
			燃气	266186	266186	251398	221822	221822	213966	198253	198253	198253	158842	119430	119430	82662	82662	74261	74261	74261	74261	74261
载货汽车	微型		汽油	491062	266086	41110	41110	41110	41110	38212	35314	35314	32250	29185	29185	23377	17569	17569	17569	17569	13910	12690
			柴油	95940	89520	83100	83100	83100	83100	75258	67416	67416	51020	34625	34625	34625	34625	24205	13785	13785	8530	6779
			燃气	189455	98856	8257	8257	8257	8257	7662	7068	7068	5452	3836	3836	2964	2092	2092	2092	2092	1343	1093
	轻型		汽油	256051	154660	53270	53270	53270	53270	45715	38160	38160	33930	29699	29699	25334	20968	20968	20968	20968	17056	15752
			柴油	89940	86520	83100	83100	83100	83100	75258	67416	67416	51020	34625	34625	34625	34625	25930	17236	17236	11981	10229
			燃气	99161	58799	18436	18436	18436	18436	13391	8346	8346	6426	4506	4506	3456	2405	2405	2405	2405	1709	1477
	中型		汽油	277339	277339	277339	277339	276742	188453	13069	13069	13069	13069	13069	12930	12790	12790	10470	8151	8151	8151	8151
			柴油	63907	63907	59646	51125	51125	38912	14486	14486	14486	13636	12785	12785	12785	12785	9266	5746	5746	3419	2643
			燃气	72431	72431	68407	60359	60359	58221	53945	53945	53945	43225	32504	32504	43984	43984	21415	21415	21415	21415	21415
	重型		汽油	1228480	1228480	1228480	1228480	1227882	827321	27392	27392	27392	27392	27392	21372	15353	15353	12286	9220	9220	9220	9220
			柴油	309379	309379	235128	86626	86626	86626	86626	86626	86626	63422	40219	40219	40219	40219	25076	9934	9934	8104	7494
			燃气	301777	301777	285013	251483	251483	242576	224762	224762	224762	180080	135397	135397	138313	138313	108715	108715	108715	108715	108715
低速汽车	三轮汽车			25300	25300	25300	25300	25300	25300	25300	25300	25300	16721	16721	16721	16721	16721	16721	16721	16721	16721	16721
	低速货车			33990	33990	33990	33990	33990	33990	33990	33990	33990	22464	22464	22464	22464	22464	22464	22464	22464	22464	22464
摩托车	普通摩托车			12928	12928	12928	12928	9648	6368	3409	3409	3409	3409	3409	2544	1679	1679	1679	1679	1679	1679	1679
	轻便摩托车			41808	41808	41808	41808	41808	8362	8362	4116	4116	4116	4116	3072	2027	2027	2027	2027	2027	2027	2027

驻马店市 NO_x 排放系数

单位：克/（辆·年）

车辆类型		使用性质	燃料种类	1999 年年底前	2000 年	2001 年	2002 年	2003 年	2004 年	2005 年	2006 年	2007 年	2008 年	2009 年	2010 年	2011 年	2012 年	2013 年	2014 年	2015 年	2016 年	2017 年
载客汽车	微型	出租车	汽油	304948	207158	109369	109369	109369	109369	81450	53531	53531	40182	26832	26832	21792	16753	16753	16753	16753	10049	7814
			燃气	205201	140426	75651	75651	75651	75651	56725	37799	37799	28666	19534	19534	15741	11948	11948	11948	11948	7014	5370
		其他	汽油	27667	17351	7035	7035	7035	7035	4442	1850	1850	1506	1163	1163	990	816	816	816	816	561	476
			燃气	17705	10529	3353	3353	3353	3353	2176	998	998	809	620	620	501	382	382	382	382	312	289
	小型	出租车	汽油	344368	229190	114012	114012	114012	114012	84128	54245	54245	40538	26832	26832	21118	15404	15404	15404	15404	8811	6613
			柴油	386366	325354	264342	264342	264342	264342	235148	205953	205953	163745	121537	121537	121537	121537	98424	75312	75312	56734	50541
			燃气	231274	154998	78722	78722	78722	78722	58497	38272	38272	28903	19534	19534	15295	11056	11056	11056	11056	6196	4576
		其他	汽油	25820	16478	7137	7137	7137	7137	4737	2337	2337	1628	919	919	848	777	777	777	777	529	446
			柴油	22780	18628	14476	14476	14476	14476	13342	12208	12208	9555	6902	6902	6902	6902	5970	5038	5038	4390	4174
			燃气	16484	10494	4504	4504	4504	4504	2912	1320	1320	890	459	459	408	357	357	357	357	291	269
	中型	公交车	汽油	327603	327603	327603	327603	327603	223807	16216	16216	16216	16216	16216	14543	12870	12870	9716	6562	6562	6562	6562
			柴油	365789	365789	364930	363213	363213	348778	319909	319909	319909	266468	213028	213028	213028	213028	173846	134664	134664	112744	105438
			燃气	388385	388385	383761	374514	374514	362897	339664	339664	339664	282692	225721	225721	142743	142743	111795	111795	111795	111795	111795
		其他	汽油	200851	200851	200851	200851	200851	136244	7030	7030	7030	7030	7030	7030	7030	7030	5273	3516	3516	3516	3516
			柴油	171539	171539	164378	150057	150057	148788	146250	146250	146250	124557	102864	102864	102864	102864	91334	79803	79803	68113	64216
			燃气	193703	193703	182942	161419	161419	159898	156855	156855	156855	133551	110247	110247	85878	85878	68982	68982	68982	68982	68982
	大型	公交车	汽油	1167087	1167087	1167087	1167087	1167087	802511	73360	73360	73360	73360	73360	73296	73231	73231	54924	36616	36616	36616	36616
			柴油	518798	518798	502034	468505	468505	455193	428569	428569	428569	420846	413123	413123	413123	413123	398226	383329	383329	345553	332961
			燃气	1043092	1043092	985142	869243	869243	804740	675733	675733	675733	578978	482223	482223	448950	448950	389122	389122	389122	389122	389122
		其他	汽油	2785625	2785625	2785625	2785625	2785625	1915449	175096	175096	175096	175096	175096	168530	161964	161964	121602	81241	81241	81241	81241
			柴油	1242361	1242361	1210393	1146456	1146456	1119727	1066269	1066269	1066269	1028728	991188	991188	991188	991188	943616	896044	896044	792990	758638
			燃气	2312519	2312519	2184046	1927100	1927100	1784097	1498090	1498090	1498090	1284078	1070065	1070065	965381	965381	819039	819039	819039	819039	819039
载货汽车	微型		汽油	125574	74647	23720	23720	23720	23720	16220	8720	8720	7084	5448	5448	4795	4142	4142	4142	4142	3071	2714
			柴油	86031	71076	56121	56121	56121	56121	50500	44879	44879	37976	31074	31074	31074	31074	22726	14379	14379	12250	11540
			燃气	80359	45832	11305	11305	11305	11305	8005	4704	4704	3804	2904	2904	2422	1939	1939	1939	1939	1721	1648
	轻型		汽油	93545	60080	26616	26616	26616	26616	18062	9509	9509	7982	6456	6456	5354	4251	4251	4251	4251	3208	2860
			柴油	86330	71226	56121	56121	56121	56121	50500	44879	44879	37976	31074	31074	31074	31074	24744	18413	18413	16994	16521
			燃气	59721	38259	16797	16797	16797	16797	11084	5371	5371	4298	3224	3224	2589	1953	1953	1953	1953	1782	1725
	中型		汽油	192067	192067	192067	192067	192066	131125	9243	9243	9243	9243	9243	9243	9243	9243	6935	4627	4627	4627	4627
			柴油	359871	359871	323138	249672	249672	237411	212888	212888	212888	210719	208550	208550	208550	208550	182976	157403	157403	135538	128250
			燃气	406369	406369	360438	268577	268577	255159	228325	228325	228325	225922	223519	223519	169385	169385	137768	137768	137768	137768	137768
	重型		汽油	2749305	2749305	2749305	2749305	2749305	1890474	172813	172813	172813	172813	172813	166332	159852	159852	120017	80182	80182	80182	80182
			柴油	1491043	1491043	1440149	1338360	1338360	1288857	1189852	1189852	1189852	1142139	1094426	1094426	1094426	1094426	953570	812713	812713	557390	472282
			燃气	2775413	2775413	2600167	2249675	2249675	2057024	1671722	1671722	1671722	1426620	1181518	1181518	875602	875602	509884	509884	509884	509884	509884
低速汽车	三轮汽车			65550	65550	65550	65550	65550	65550	65550	65550	65550	53279	53279	53279	53279	53279	53279	53279	53279	53279	53279
	低速货车			88065	88065	88065	88065	88065	88065	88065	88065	88065	71579	71579	71579	71579	71579	71579	71579	71579	71579	71579
摩托车	普通摩托车			965	965	965	965	932	900	836	836	836	836	836	743	650	650	650	650	650	650	650
	轻便摩托车			643	643	643	643	643	322	322	322	322	322	322	286	250	250	250	250	250	250	250

驻马店市 PM 排放系数

单位：克/（辆·年）

车辆类型		使用性质	燃料种类	1999 年年底前	2000 年	2001 年	2002 年	2003 年	2004 年	2005 年	2006 年	2007 年	2008 年	2009 年	2010 年	2011 年	2012 年	2013 年	2014 年	2015 年	2016 年	2017 年
载客汽车	微型	出租车	汽油	—	—	—	—	—	—	—	—	—	—	—	—	—	—	—	—	—	—	—
			燃气	—	—	—	—	—	—	—	—	—	—	—	—	—	—	—	—	—	—	—
		其他	汽油	—	—	—	—	—	—	—	—	—	—	—	—	—	—	—	—	—	—	—
			燃气	—	—	—	—	—	—	—	—	—	—	—	—	—	—	—	—	—	—	—
	小型	出租车	汽油	—	—	—	—	—	—	—	—	—	—	—	—	—	—	—	—	—	—	—
			柴油	49124	44993	40862	40862	40862	40862	27916	14969	14969	9747	4525	4525	4525	4525	4206	3886	3886	3213	2989
			燃气	—	—	—	—	—	—	—	—	—	—	—	—	—	—	—	—	—	—	—
		其他	汽油	—	—	—	—	—	—	—	—	—	—	—	—	—	—	—	—	—	—	—
			柴油	3325	3147	2969	2969	2969	2969	2138	1308	1308	958	607	607	607	607	509	411	411	411	411
			燃气	—	—	—	—	—	—	—	—	—	—	—	—	—	—	—	—	—	—	—
	中型	公交车	汽油	—	—	—	—	—	—	—	—	—	—	—	—	—	—	—	—	—	—	—
			柴油	30592	30592	28032	22913	22913	17978	8108	8108	8108	6872	5637	5637	5637	5637	3504	1372	1372	1080	983
			燃气	—	—	—	—	—	—	—	—	—	—	—	—	—	—	—	—	—	—	—
		其他	汽油	—	—	—	—	—	—	—	—	—	—	—	—	—	—	—	—	—	—	—
			柴油	15274	15274	12888	8116	8116	6262	2553	2553	2553	2434	2316	2316	2316	2316	1366	415	415	399	394
			燃气	—	—	—	—	—	—	—	—	—	—	—	—	—	—	—	—	—	—	—
	大型	公交车	汽油	—	—	—	—	—	—	—	—	—	—	—	—	—	—	—	—	—	—	—
			柴油	94865	94865	93934	92071	92071	71272	29674	29674	29674	19994	10315	10315	10315	10315	6116	1916	1916	1845	1821
			燃气	—	—	—	—	—	—	—	—	—	—	—	—	—	—	—	—	—	—	—
		其他	汽油	—	—	—	—	—	—	—	—	—	—	—	—	—	—	—	—	—	—	—
			柴油	142314	142314	133412	115607	115607	85425	25061	25061	25061	17182	9303	9303	9303	9303	5868	2433	2433	2343	2313
			燃气	—	—	—	—	—	—	—	—	—	—	—	—	—	—	—	—	—	—	—
载货汽车	微型		汽油	—	—	—	—	—	—	—	—	—	—	—	—	—	—	—	—	—	—	—
			柴油	10231	10020	9808	9808	9808	9808	7989	6170	6170	4579	2988	2988	2988	2988	1881	774	774	771	770
			燃气	—	—	—	—	—	—	—	—	—	—	—	—	—	—	—	—	—	—	—
	轻型		汽油	—	—	—	—	—	—	—	—	—	—	—	—	—	—	—	—	—	—	—
			柴油	10640	10224	9808	9808	9808	9808	7989	6170	6170	4579	2988	2988	2988	2988	2254	1519	1519	1254	1166
			燃气	—	—	—	—	—	—	—	—	—	—	—	—	—	—	—	—	—	—	—
	中型		汽油	—	—	—	—	—	—	—	—	—	—	—	—	—	—	—	—	—	—	—
			柴油	30980	30980	26071	16253	16253	12534	5097	5097	5097	4829	4561	4561	4561	4561	2924	1288	1288	1179	1143
			燃气	—	—	—	—	—	—	—	—	—	—	—	—	—	—	—	—	—	—	—
	重型		汽油	—	—	—	—	—	—	—	—	—	—	—	—	—	—	—	—	—	—	—
			柴油	177721	177721	146074	82779	82779	65726	31621	31621	31621	21668	11716	11716	11716	11716	7826	3937	3937	3327	3124
			燃气	—	—	—	—	—	—	—	—	—	—	—	—	—	—	—	—	—	—	—
低速汽车	三轮汽车			4092	4092	4092	4092	4092	4092	4092	4092	4092	3220	3220	3220	3220	3220	3220	3220	3220	3220	3220
	低速货车			5581	5581	5581	5581	5581	5581	5581	5581	5581	4392	4392	4392	4392	4392	4392	4392	4392	4392	4392
摩托车	普通摩托车			—	—	—	—	—	—	—	—	—	—	—	—	—	—	—	—	—	—	—
	轻便摩托车			—	—	—	—	—	—	—	—	—	—	—	—	—	—	—	—	—	—	—

驻马店市 VOCs 排放系数

单位：克/（辆·年）

车辆类型		使用性质	燃料种类	1999年年底前	2000年	2001年	2002年	2003年	2004年	2005年	2006年	2007年	2008年	2009年	2010年	2011年	2012年	2013年	2014年	2015年	2016年	2017年
载客汽车	微型	出租车	汽油	798226	474980	151734	151734	151734	151734	114100	76465	76465	62638	48811	48811	40264	31717	31717	31717	31717	22074	18859
			燃气	383745	233658	83572	83572	83572	83572	64195	44818	44818	37041	29264	29264	23244	17224	17224	17224	17224	10255	7932
		其他	汽油	41733	25608	9482	9482	9482	9482	9122	8761	8761	7612	6464	6464	6211	5958	5958	5958	5958	5089	4799
			燃气	15156	8496	1836	1836	1836	1836	1762	1687	1687	1254	820	820	753	686	686	686	686	471	399
	小型	出租车	汽油	798226	467246	136267	136267	136267	136267	126834	117401	117401	83106	48811	48811	40264	31717	31717	31717	31717	20768	17118
			柴油	221336	208250	195165	195165	195165	195165	176244	157324	157324	115922	74519	74519	74519	74519	55238	35956	35956	20032	14724
			燃气	383745	230080	76414	76414	76414	76414	70089	63764	63764	46514	29264	29264	23244	17224	17224	17224	17224	9650	7126
		其他	汽油	42289	25818	9346	9346	9346	9346	9354	9361	9361	7914	6467	6467	6176	5886	5886	5886	5886	5143	4895
			柴油	8953	8188	7423	7423	7423	7423	6301	5179	5179	3519	1859	1859	1859	1859	1606	1354	1354	980	855
			燃气	15413	9266	3120	3120	3120	3120	2542	1965	1965	1456	947	947	800	653	653	653	653	496	443
	中型	公交车	汽油	247794	247794	247794	247794	247197	168954	13661	13661	13661	13661	13661	13510	13358	13358	10931	8504	8504	8504	8504
			柴油	87806	87806	86086	82645	82645	64494	28192	28192	28192	20508	12823	12823	12823	12823	8958	5093	5093	4763	4653
			燃气	71579	71579	67602	59649	59649	57536	53311	53311	53311	42686	32061	32061	22219	22219	22154	22154	22154	22154	22154
		其他	汽油	128504	128504	128504	128504	127907	87585	8134	8134	8134	8134	8134	7988	7843	7843	6792	5740	5740	5740	5740
			柴油	30493	30493	28460	24394	24394	18567	6912	6912	6912	6506	6099	6099	6099	6099	3750	1402	1402	1243	1190
			燃气	34560	34560	32640	28800	28800	27780	25740	25740	25740	20623	15506	15506	10732	10732	9642	9642	9642	9642	9642
	大型	公交车	汽油	577102	577102	577102	577102	576505	388927	14965	14965	14965	14965	14965	14826	14686	14686	11920	9154	9154	9154	9154
			柴油	131708	131708	108010	60614	60614	60614	60614	60614	60614	43515	26416	26416	26416	26416	17675	8934	8934	5723	4653
			燃气	168926	168926	159541	140772	140772	135786	125815	125815	125815	100740	75665	75665	52438	52438	47188	47188	47188	47188	47188
		其他	汽油	1278400	1278400	1278400	1278400	1277803	860955	28452	28452	28452	28452	28452	22193	15934	15934	12744	9553	9553	9553	9553
			柴油	272891	272891	207397	76409	76409	76409	76409	76409	76409	55942	35476	35476	35476	35476	20706	5937	5937	5324	5119
			燃气	266186	266186	251398	221822	221822	213966	198253	198253	198253	158842	119430	119430	82662	82662	74261	74261	74261	74261	74261
载货汽车	微型		汽油	290542	156508	22475	22475	22475	22475	21220	19966	19966	18416	16865	16865	13974	11083	11083	11083	11083	9465	8926
			柴油	42445	39654	36864	36864	36864	36864	33820	30775	30775	22687	14599	14599	14599	14599	10047	5495	5495	3816	3256
			燃气	105515	54933	4352	4352	4352	4352	4098	3845	3845	2992	2139	2139	1708	1276	1276	1276	1276	876	742
	轻型		汽油	150907	90304	29700	29700	29700	29700	25678	21657	21657	19414	17170	17170	15136	13103	13103	13103	13103	11335	10746
			柴油	38936	37900	36864	36864	36864	36864	33820	30775	30775	22687	14599	14599	14599	14599	11056	7513	7513	5834	5274
			燃气	55001	32458	9915	9915	9915	9915	7230	4546	4546	3530	2514	2514	1984	1454	1454	1454	1454	1093	973
	中型		汽油	277444	277444	277444	277444	276847	188558	13175	13175	13175	13175	13175	13035	12895	12895	10576	8256	8256	8256	8256
			柴油	63907	63907	59646	51125	51125	38912	14486	14486	14486	13636	12785	12785	12785	12785	9266	5746	5746	3419	2643
			燃气	72431	72431	68407	60359	60359	58221	53945	53945	53945	43225	32504	32504	43984	43984	21415	21415	21415	21415	21415
	重型		汽油	1228586	1228586	1228586	1228586	1227988	827426	27498	27498	27498	27498	27498	21478	15459	15459	12392	9326	9326	9326	9326
			柴油	309379	309379	235128	86626	86626	86626	86626	86626	86626	63422	40219	40219	40219	40219	25076	9934	9934	8104	7494
			燃气	301777	301777	285013	251483	251483	242576	224762	224762	224762	180080	135397	135397	138313	138313	108715	108715	108715	108715	108715
低速汽车	三轮汽车			25300	25300	25300	25300	25300	25300	25300	25300	25300	16721	16721	16721	16721	16721	16721	16721	16721	16721	16721
	低速货车			33990	33990	33990	33990	33990	33990	33990	33990	33990	22464	22464	22464	22464	22464	22464	22464	22464	22464	22464
摩托车	普通摩托车			12928	12928	12928	12928	9648	6368	3409	3409	3409	3409	3409	2544	1679	1679	1679	1679	1679	1679	1679
	轻便摩托车			41808	41808	41808	41808	41808	8362	8362	4116	4116	4116	4116	3072	2027	2027	2027	2027	2027	2027	2027

济源市 NO_x 排放系数

单位：克/（辆·年）

车辆类型		使用性质	燃料种类	1999年年底前	2000年	2001年	2002年	2003年	2004年	2005年	2006年	2007年	2008年	2009年	2010年	2011年	2012年	2013年	2014年	2015年	2016年	2017年
载客汽车	微型	出租车	汽油	287146	195520	103893	103893	103893	103893	77322	50750	50750	38018	25287	25287	20446	15605	15605	15605	15605	9273	7162
			燃气	193185	132503	71821	71821	71821	71821	53813	35805	35805	27102	18398	18398	14764	11129	11129	11129	11129	6477	4926
		其他	汽油	26918	16900	6883	6883	6883	6883	4352	1820	1820	1481	1142	1142	960	777	777	777	777	525	441
			燃气	17210	10244	3278	3278	3278	3278	2128	978	978	792	607	607	482	356	356	356	356	288	266
	小型	出租车	汽油	324257	216290	108322	108322	108322	108322	79876	51431	51431	38359	25287	25287	19830	14374	14374	14374	14374	8150	6075
			柴油	357861	301611	245361	245361	245361	245361	217946	190531	190531	151689	112847	112847	112847	112847	91296	69744	69744	51848	45883
			燃气	217730	146240	74750	74750	74750	74750	55503	36256	36256	27327	18398	18398	14356	10314	10314	10314	10314	5734	4207
		其他	汽油	25124	16054	6983	6983	6983	6983	4640	2296	2296	1600	905	905	823	741	741	741	741	496	414
			柴油	21415	17524	13632	13632	13632	13632	12548	11465	11465	8978	6490	6490	6490	6490	5611	4732	4732	4074	3855
			燃气	16023	10212	4401	4401	4401	4401	2847	1293	1293	872	450	450	392	333	333	333	333	269	248
	中型	公交车	汽油	327603	327603	327603	327603	327603	223807	16216	16216	16216	16216	16216	14543	12870	12870	9716	6562	6562	6562	6562
			柴油	365789	365789	364930	363213	363213	348778	319909	319909	319909	266468	213028	213028	213028	213028	173846	134664	134664	112744	105438
			燃气	388385	388385	383761	374514	374514	362897	339664	339664	339664	282692	225721	225721	142743	142743	111795	111795	111795	111795	111795
		其他	汽油	200851	200851	200851	200851	200851	136244	7030	7030	7030	7030	7030	7030	7030	7030	5273	3516	3516	3516	3516
			柴油	171539	171539	164378	150057	150057	148788	146250	146250	146250	124557	102864	102864	102864	102864	91334	79803	79803	68113	64216
			燃气	193703	193703	182942	161419	161419	159898	156855	156855	156855	133551	110247	110247	85878	85878	68982	68982	68982	68982	68982
	大型	公交车	汽油	1167087	1167087	1167087	1167087	1167087	802511	73360	73360	73360	73360	73360	73296	73231	73231	54924	36616	36616	36616	36616
			柴油	518798	518798	502034	468505	468505	455193	428569	428569	428569	420846	413123	413123	413123	413123	398226	383329	383329	345553	332961
			燃气	1043092	1043092	985142	869243	869243	804740	675733	675733	675733	578978	482223	482223	448950	448950	389122	389122	389122	389122	389122
		其他	汽油	2785625	2785625	2785625	2785625	2785625	1915449	175096	175096	175096	175096	175096	168530	161964	161964	121602	81241	81241	81241	81241
			柴油	1242361	1242361	1210393	1146456	1146456	1119727	1066269	1066269	1066269	1028728	991188	991188	991188	991188	943616	896044	896044	792990	758638
			燃气	2312519	2312519	2184046	1927100	1927100	1784097	1498090	1498090	1498090	1284078	1070065	1070065	965381	965381	819039	819039	819039	819039	819039
载货汽车	微型		汽油	127147	75741	24335	24335	24335	24335	16728	9121	9121	7430	5738	5738	5020	4303	4303	4303	4303	3146	2761
			柴油	87366	72372	57379	57379	57379	57379	51542	45705	45705	38640	31576	31576	31576	31576	23096	14615	14615	12307	11538
			燃气	81291	46440	11589	11589	11589	11589	8245	4901	4901	3976	3050	3050	2511	1972	1972	1972	1972	1742	1665
	轻型		汽油	94657	60952	27248	27248	27248	27248	18582	9915	9915	8334	6752	6752	5582	4412	4412	4412	4412	3283	2907
			柴油	87662	72520	57379	57379	57379	57379	51542	45705	45705	38640	31576	31576	31576	31576	25094	18612	18612	17007	16472
			燃气	60368	38771	17173	17173	17173	17173	11378	5584	5584	4471	3357	3357	2670	1983	1983	1983	1983	1802	1741
	中型		汽油	309464	309464	309464	309464	309464	211273	14893	14893	14893	14893	14893	14893	14893	14893	11174	7455	7455	7455	7455
			柴油	580051	580051	520844	402430	402430	382667	343140	343140	343140	343044	342947	342947	342947	342947	300892	258838	258838	222884	210899
			燃气	654998	654998	580965	432901	432901	411275	368022	368022	368022	367792	367562	367562	278542	278542	226552	226552	226552	226552	226552
	重型		汽油	1855097	1855097	1855097	1855097	1855097	1275600	116606	116606	116606	116606	116606	112234	107861	107861	80982	54103	54103	54103	54103
			柴油	1033588	1033588	998308	927749	927749	893434	824803	824803	824803	791728	758654	758654	758654	758654	696231	633808	633808	476450	423998
			燃气	1923911	1923911	1802431	1559471	1559471	1425926	1158834	1158834	1158834	988930	819026	819026	682853	682853	457756	457756	457756	457756	457756
低速汽车	三轮汽车			65550	65550	65550	65550	65550	65550	65550	65550	65550	53279	53279	53279	53279	53279	53279	53279	53279	53279	53279
	低速货车			88065	88065	88065	88065	88065	88065	88065	88065	88065	71579	71579	71579	71579	71579	71579	71579	71579	71579	71579
摩托车	普通摩托车			965	965	965	965	932	900	836	836	836	836	836	743	650	650	650	650	650	650	650
	轻便摩托车			643	643	643	643	643	322	322	322	322	322	322	286	250	250	250	250	250	250	250

济源市 PM 排放系数

单位：克/（辆·年）

车辆类型		使用性质	燃料种类	1999 年年底前	2000 年	2001 年	2002 年	2003 年	2004 年	2005 年	2006 年	2007 年	2008 年	2009 年	2010 年	2011 年	2012 年	2013 年	2014 年	2015 年	2016 年	2017 年
载客汽车	微型	出租车	汽油	—	—	—	—	—	—	—	—	—	—	—	—	—	—	—	—	—	—	—
			燃气	—	—	—	—	—	—	—	—	—	—	—	—	—	—	—	—	—	—	—
		其他	汽油	—	—	—	—	—	—	—	—	—	—	—	—	—	—	—	—	—	—	—
			燃气	—	—	—	—	—	—	—	—	—	—	—	—	—	—	—	—	—	—	—
	小型	出租车	汽油	—	—	—	—	—	—	—	—	—	—	—	—	—	—	—	—	—	—	—
			柴油	45049	41252	37456	37456	37456	37456	25516	13577	13577	8854	4131	4131	4131	4131	3840	3548	3548	2934	2729
			燃气	—	—	—	—	—	—	—	—	—	—	—	—	—	—	—	—	—	—	—
		其他	汽油	—	—	—	—	—	—	—	—	—	—	—	—	—	—	—	—	—	—	—
			柴油	3106	2939	2772	2772	2772	2772	1993	1214	1214	890	565	565	565	565	474	382	382	382	382
			燃气	—	—	—	—	—	—	—	—	—	—	—	—	—	—	—	—	—	—	—
	中型	公交车	汽油	—	—	—	—	—	—	—	—	—	—	—	—	—	—	—	—	—	—	—
			柴油	30592	30592	28032	22913	22913	17978	8108	8108	8108	6872	5637	5637	5637	5637	3504	1372	1372	1080	983
			燃气	—	—	—	—	—	—	—	—	—	—	—	—	—	—	—	—	—	—	—
		其他	汽油	—	—	—	—	—	—	—	—	—	—	—	—	—	—	—	—	—	—	—
			柴油	15274	15274	12888	8116	8116	6262	2553	2553	2553	2434	2316	2316	2316	2316	1366	415	415	399	394
			燃气	—	—	—	—	—	—	—	—	—	—	—	—	—	—	—	—	—	—	—
	大型	公交车	汽油	—	—	—	—	—	—	—	—	—	—	—	—	—	—	—	—	—	—	—
			柴油	94865	94865	93934	92071	92071	71272	29674	29674	29674	19994	10315	10315	10315	10315	6116	1916	1916	1845	1821
			燃气	—	—	—	—	—	—	—	—	—	—	—	—	—	—	—	—	—	—	—
		其他	汽油	—	—	—	—	—	—	—	—	—	—	—	—	—	—	—	—	—	—	—
			柴油	142314	142314	133412	115607	115607	85425	25061	25061	25061	17182	9303	9303	9303	9303	5868	2433	2433	2343	2313
			燃气	—	—	—	—	—	—	—	—	—	—	—	—	—	—	—	—	—	—	—
载货汽车	微型		汽油	—	—	—	—	—	—	—	—	—	—	—	—	—	—	—	—	—	—	—
			柴油	10276	10063	9850	9850	9850	9850	8012	6175	6175	4583	2991	2991	2991	2991	1883	775	775	771	770
			燃气	—	—	—	—	—	—	—	—	—	—	—	—	—	—	—	—	—	—	—
	轻型		汽油	—	—	—	—	—	—	—	—	—	—	—	—	—	—	—	—	—	—	—
			柴油	10687	10268	9850	9850	9850	9850	8012	6175	6175	4583	2991	2991	2991	2991	2256	1520	1520	1255	1167
			燃气	—	—	—	—	—	—	—	—	—	—	—	—	—	—	—	—	—	—	—
	中型		汽油	—	—	—	—	—	—	—	—	—	—	—	—	—	—	—	—	—	—	—
			柴油	49461	49461	41623	25948	25948	20014	8145	8145	8145	7716	7288	7288	7288	7288	4673	2058	2058	1885	1827
			燃气	—	—	—	—	—	—	—	—	—	—	—	—	—	—	—	—	—	—	—
	重型		汽油	—	—	—	—	—	—	—	—	—	—	—	—	—	—	—	—	—	—	—
			柴油	175363	175363	144135	81680	81680	64854	31202	31202	31202	21381	11560	11560	11560	11560	7618	3676	3676	3107	2917
			燃气	—	—	—	—	—	—	—	—	—	—	—	—	—	—	—	—	—	—	—
低速汽车	三轮汽车			4092	4092	4092	4092	4092	4092	4092	4092	4092	3220	3220	3220	3220	3220	3220	3220	3220	3220	3220
	低速货车			5581	5581	5581	5581	5581	5581	5581	5581	5581	4392	4392	4392	4392	4392	4392	4392	4392	4392	4392
摩托车	普通摩托车			—	—	—	—	—	—	—	—	—	—	—	—	—	—	—	—	—	—	—
	轻便摩托车			—	—	—	—	—	—	—	—	—	—	—	—	—	—	—	—	—	—	—

济源市 VOCs 排放系数

单位：克/（辆·年）

车辆类型		使用性质	燃料种类	1999年年底前	2000年	2001年	2002年	2003年	2004年	2005年	2006年	2007年	2008年	2009年	2010年	2011年	2012年	2013年	2014年	2015年	2016年	2017年
载客汽车	微型	出租车	汽油	751632	445894	140157	140157	140157	140157	105884	71610	71610	58438	45265	45265	37352	29439	29439	29439	29439	20618	17677
			燃气	361089	219182	77275	77275	77275	77275	59574	41874	41874	34491	27108	27108	21502	15897	15897	15897	15897	9467	7324
		其他	汽油	39951	24598	9245	9245	9245	9245	8906	8567	8567	7442	6316	6316	6072	5829	5829	5829	5829	4993	4714
			燃气	14331	8028	1726	1726	1726	1726	1662	1597	1597	1180	764	764	695	626	626	626	626	426	360
	小型	出租车	汽油	751632	438848	126064	126064	126064	126064	117726	109387	109387	77326	45265	45265	37352	29439	29439	29439	29439	19422	16083
			柴油	205781	193562	181343	181343	181343	181343	163237	145131	145131	107389	69647	69647	69647	69647	51613	33579	33579	18578	13578
			燃气	361089	215920	70752	70752	70752	70752	65056	59359	59359	43234	27108	27108	21502	15897	15897	15897	15897	8914	6586
		其他	汽油	40476	24797	9118	9118	9118	9118	9124	9129	9129	7724	6319	6319	6042	5764	5764	5764	5764	5046	4807
			柴油	8447	7730	7013	7013	7013	7013	5938	4862	4862	3320	1779	1779	1779	1779	1534	1290	1290	922	800
			燃气	14574	8744	2914	2914	2914	2914	2386	1858	1858	1368	879	879	738	596	596	596	596	450	402
	中型	公交车	汽油	247794	247794	247794	247794	247197	168954	13661	13661	13661	13661	13661	13510	13358	13358	10931	8504	8504	8504	8504
			柴油	87806	87806	86086	82645	82645	64494	28192	28192	28192	20508	12823	12823	12823	12823	8958	5093	5093	4763	4653
			燃气	71579	71579	67602	59649	59649	57536	53311	53311	53311	42686	32061	32061	22219	22219	22154	22154	22154	22154	22154
		其他	汽油	128504	128504	128504	128504	127907	87585	8134	8134	8134	8134	8134	7988	7843	7843	6792	5740	5740	5740	5740
			柴油	30493	30493	28460	24394	24394	18567	6912	6912	6912	6506	6099	6099	6099	6099	3750	1402	1402	1243	1190
			燃气	34560	34560	32640	28800	28800	27780	25740	25740	25740	20623	15506	15506	10732	10732	9642	9642	9642	9642	9642
	大型	公交车	汽油	577102	577102	577102	577102	576505	388927	14965	14965	14965	14965	14965	14826	14686	14686	11920	9154	9154	9154	9154
			柴油	131708	131708	108010	60614	60614	60614	60614	60614	60614	43515	26416	26416	26416	26416	17675	8934	8934	5723	4653
			燃气	168926	168926	159541	140772	140772	135786	125815	125815	125815	100740	75665	75665	52438	52438	47188	47188	47188	47188	47188
		其他	汽油	1278400	1278400	1278400	1278400	1277803	860955	28452	28452	28452	28452	28452	22193	15934	15934	12744	9553	9553	9553	9553
			柴油	272891	272891	207397	76409	76409	76409	76409	76409	76409	55942	35476	35476	35476	35476	20706	5937	5937	5324	5119
			燃气	266186	266186	251398	221822	221822	213966	198253	198253	198253	158842	119430	119430	82662	82662	74261	74261	74261	74261	74261
载货汽车	微型		汽油	287950	155457	22964	22964	22964	22964	21633	20302	20302	18698	17095	17095	14150	11205	11205	11205	11205	9484	8911
			柴油	43987	41087	38187	38187	38187	38187	34922	31658	31658	23475	15292	15292	15292	15292	10571	5850	5850	3955	3323
			燃气	103292	53790	4287	4287	4287	4287	4036	3785	3785	2926	2068	2068	1636	1203	1203	1203	1203	811	681
	轻型		汽油	150000	90051	30102	30102	30102	30102	26037	21972	21972	19684	17397	17397	15298	13200	13200	13200	13200	11331	10708
			柴油	40547	39367	38187	38187	38187	38187	34922	31658	31658	23475	15292	15292	15292	15292	11558	7825	7825	5930	5298
			燃气	54010	31815	9620	9620	9620	9620	7046	4472	4472	3446	2420	2420	1892	1365	1365	1365	1365	1013	895
	中型		汽油	433240	433240	433240	433240	432643	294180	18448	18448	18448	18448	18448	18308	18168	18168	14528	10888	10888	10888	10888
			柴油	101292	101292	94539	81034	81034	61676	22960	22960	22960	21618	20275	20275	20275	20275	14694	9113	9113	5422	4192
			燃气	114802	114802	108425	95670	95670	92281	85502	85502	85502	68524	51547	51547	69758	69758	33966	33966	33966	33966	33966
	重型		汽油	1032597	1032597	1032597	1032597	1032000	695511	23729	23729	23729	23729	23729	18652	13574	13574	10996	8419	8419	8419	8419
			柴油	261140	261140	198466	73119	73119	73119	73119	73119	73119	53534	33948	33948	33948	33948	22134	10319	10319	7500	6561
			燃气	254724	254724	240573	212271	212271	204753	189717	189717	189717	152001	114286	114286	143673	143673	95180	95180	95180	95180	95180
低速汽车	三轮汽车			25300	25300	25300	25300	25300	25300	25300	25300	25300	16721	16721	16721	16721	16721	16721	16721	16721	16721	16721
	低速货车			33990	33990	33990	33990	33990	33990	33990	33990	33990	22464	22464	22464	22464	22464	22464	22464	22464	22464	22464
摩托车	普通摩托车			12928	12928	12928	12928	9648	6368	3409	3409	3409	3409	3409	2544	1679	1679	1679	1679	1679	1679	1679
	轻便摩托车			41808	41808	41808	41808	41808	8362	8362	4116	4116	4116	4116	3072	2027	2027	2027	2027	2027	2027	2027

武汉市 NO_x 排放系数

单位：克/（辆·年）

车辆类型		使用性质	燃料种类	1999年年底前	2000年	2001年	2002年	2003年	2004年	2005年	2006年	2007年	2008年	2009年	2010年	2011年	2012年	2013年	2014年	2015年	2016年	2017年
载客汽车	微型	出租车	汽油	195658	130940	66223	66223	66223	66223	47918	29612	29612	21145	12678	12678	10779	8880	8880	8880	8880	5844	4832
			燃气	131313	88264	45214	45214	45214	45214	32846	20478	20478	14748	9017	9017	7581	6145	6145	6145	6145	3996	3279
		其他	汽油	32726	20604	8482	8482	8482	8482	5322	2161	2161	1750	1339	1339	1150	962	962	962	962	673	577
			燃气	21263	12697	4131	4131	4131	4131	2684	1237	1237	998	759	759	628	498	498	498	498	395	361
	小型	出租车	汽油	222463	145986	69510	69510	69510	69510	49814	30117	30117	21398	12678	12678	10276	7873	7873	7873	7873	4952	3978
			柴油	227361	188132	148902	148902	148902	148902	133178	117453	117453	93138	68824	68824	68824	68824	57012	45201	45201	36090	33053
			燃气	149173	98288	47404	47404	47404	47404	34110	20815	20815	14916	9017	9017	7246	5474	5474	5474	5474	3401	2710
		其他	汽油	30527	19567	8607	8607	8607	8607	5680	2754	2754	1901	1048	1048	980	912	912	912	912	633	540
			柴油	27817	22744	17672	17672	17672	17672	16249	14826	14826	11654	8483	8483	8483	8483	7326	6169	6169	5408	5154
			燃气	19799	12671	5543	5543	5543	5543	3588	1632	1632	1098	565	565	514	464	464	464	464	369	337
	中型	公交车	汽油	338647	338647	338647	338647	338647	231352	16763	16763	16763	16763	16763	15034	13304	13304	10044	6783	6783	6783	6783
			柴油	378868	378868	377978	376199	376199	361248	331347	331347	331347	275996	220645	220645	220645	220645	180062	139479	139479	116775	109207
			燃气	402272	402272	397483	387905	387905	375873	351809	351809	351809	292800	233792	233792	147847	147847	115793	115793	115793	115793	115793
		其他	汽油	199377	199377	199377	199377	199377	135244	6978	6978	6978	6978	6978	6978	6978	6978	5234	3490	3490	3490	3490
			柴油	170617	170617	163495	149250	149250	147988	145464	145464	145464	123888	102311	102311	102311	102311	90842	79374	79374	67747	63871
			燃气	192662	192662	181959	160552	160552	159039	156012	156012	156012	132833	109654	109654	85416	85416	68611	68611	68611	68611	68611
	大型	公交车	汽油	1206430	1206430	1206430	1206430	1206430	829564	75833	75833	75833	75833	75833	75766	75700	75700	56776	37851	37851	37851	37851
			柴油	537348	537348	519984	485257	485257	471469	443893	443893	443893	435894	427894	427894	427894	427894	412464	397035	397035	357908	344866
			燃气	1080388	1080388	1020367	900324	900324	833514	699894	699894	699894	599680	499465	499465	465002	465002	403035	403035	403035	403035	403035
		其他	汽油	2765183	2765183	2765183	2765183	2765183	1901392	173811	173811	173811	173811	173811	167294	160776	160776	120710	80645	80645	80645	80645
			柴油	1235684	1235684	1203887	1140294	1140294	1113709	1060539	1060539	1060539	1023200	985861	985861	985861	985861	938544	891228	891228	788728	754561
			燃气	2300091	2300091	2172308	1916743	1916743	1774508	1490039	1490039	1490039	1277176	1064314	1064314	960192	960192	814638	814638	814638	814638	814638
载货汽车	微型		汽油	181427	108426	35425	35425	35425	35425	24707	13989	13989	11482	8976	8976	7705	6434	6434	6434	6434	4541	3910
			柴油	135639	112994	90349	90349	90349	90349	81003	71657	71657	60599	49541	49541	49541	49541	36214	22887	22887	18858	17515
			燃气	117878	67566	17253	17253	17253	17253	12630	8008	8008	6548	5088	5088	4209	3331	3331	3331	3331	2667	2446
	轻型		汽油	131950	85684	39419	39419	39419	39419	27248	15078	15078	12722	10367	10367	8475	6583	6583	6583	6583	4729	4111
			柴油	136079	113214	90349	90349	90349	90349	81003	71657	71657	60599	49541	49541	49541	49541	39190	28839	28839	25856	24862
			燃气	85579	55483	25386	25386	25386	25386	17161	8935	8935	7262	5589	5589	4469	3349	3349	3349	3349	2761	2566
	中型		汽油	237983	237983	237983	237983	237982	162472	11453	11453	11453	11453	11453	11453	11453	11453	8593	5733	5733	5733	5733
			柴油	446788	446788	401183	309974	309974	294751	264306	264306	264306	261840	259374	259374	259374	259374	227568	195762	195762	168569	159505
			燃气	504516	504516	447493	333447	333447	316788	283472	283472	283472	280731	277990	277990	210664	210664	171342	171342	171342	171342	171342
	重型		汽油	1686975	1686975	1686975	1686975	1686975	1159996	106038	106038	106038	106038	106038	102062	98086	98086	73643	49200	49200	49200	49200
			柴油	975422	975422	942127	875538	875538	843154	778386	778386	778386	747172	715959	715959	715959	715959	619964	523969	523969	346086	286791
			燃气	1815642	1815642	1700998	1471709	1471709	1345679	1093619	1093619	1093619	933276	772934	772934	564514	564514	309625	309625	309625	309625	309625
低速汽车	三轮汽车			65550	65550	65550	65550	65550	65550	65550	65550	65550	53279	53279	53279	53279	53279	53279	53279	53279	53279	53279
	低速货车			88065	88065	88065	88065	88065	88065	88065	88065	88065	71579	71579	71579	71579	71579	71579	71579	71579	71579	71579
摩托车	普通摩托车			1150	1150	1150	1150	1112	1074	997	997	997	997	997	886	774	774	774	774	774	774	774
	轻便摩托车			767	767	767	767	767	383	383	383	383	383	383	340	298	298	298	298	298	298	298

武汉市 PM 排放系数

单位：克/（辆·年）

车辆类型		使用性质	燃料种类	1999 年年底前	2000 年	2001 年	2002 年	2003 年	2004 年	2005 年	2006 年	2007 年	2008 年	2009 年	2010 年	2011 年	2012 年	2013 年	2014 年	2015 年	2016 年	2017 年
载客汽车	微型	出租车	汽油	—	—	—	—	—	—	—	—	—	—	—	—	—	—	—	—	—	—	—
			燃气	—	—	—	—	—	—	—	—	—	—	—	—	—	—	—	—	—	—	—
		其他	汽油	—	—	—	—	—	—	—	—	—	—	—	—	—	—	—	—	—	—	—
			燃气	—	—	—	—	—	—	—	—	—	—	—	—	—	—	—	—	—	—	—
	小型	出租车	汽油	—	—	—	—	—	—	—	—	—	—	—	—	—	—	—	—	—	—	—
			柴油	34393	31498	28603	28603	28603	28603	19374	10144	10144	6651	3158	3158	3158	3158	2935	2712	2712	2242	2086
			燃气	—	—	—	—	—	—	—	—	—	—	—	—	—	—	—	—	—	—	—
		其他	汽油	—	—	—	—	—	—	—	—	—	—	—	—	—	—	—	—	—	—	—
			柴油	4083	3863	3643	3643	3643	3643	2612	1581	1581	1164	746	746	746	746	618	490	490	490	490
			燃气	—	—	—	—	—	—	—	—	—	—	—	—	—	—	—	—	—	—	—
	中型	公交车	汽油	—	—	—	—	—	—	—	—	—	—	—	—	—	—	—	—	—	—	—
			柴油	31857	31857	29192	23861	23861	18722	8443	8443	8443	7156	5870	5870	5870	5870	3649	1428	1428	1124	1023
			燃气	—	—	—	—	—	—	—	—	—	—	—	—	—	—	—	—	—	—	—
		其他	汽油	—	—	—	—	—	—	—	—	—	—	—	—	—	—	—	—	—	—	—
			柴油	15274	15274	12888	8116	8116	6262	2553	2553	2553	2434	2316	2316	2316	2316	1366	415	415	399	394
			燃气	—	—	—	—	—	—	—	—	—	—	—	—	—	—	—	—	—	—	—
	大型	公交车	汽油	—	—	—	—	—	—	—	—	—	—	—	—	—	—	—	—	—	—	—
			柴油	98788	98788	97818	95878	95878	74219	30901	30901	30901	20821	10741	10741	10741	10741	6368	1995	1995	1921	1896
			燃气	—	—	—	—	—	—	—	—	—	—	—	—	—	—	—	—	—	—	—
		其他	汽油	—	—	—	—	—	—	—	—	—	—	—	—	—	—	—	—	—	—	—
			柴油	142314	142314	133412	115607	115607	85425	25061	25061	25061	17182	9303	9303	9303	9303	5868	2433	2433	2343	2313
			燃气	—	—	—	—	—	—	—	—	—	—	—	—	—	—	—	—	—	—	—
载货汽车	微型		汽油	—	—	—	—	—	—	—	—	—	—	—	—	—	—	—	—	—	—	—
			柴油	14852	14544	14237	14237	14237	14237	11614	8992	8992	6674	4355	4355	4355	4355	2742	1129	1129	1124	1122
			燃气	—	—	—	—	—	—	—	—	—	—	—	—	—	—	—	—	—	—	—
	轻型		汽油	—	—	—	—	—	—	—	—	—	—	—	—	—	—	—	—	—	—	—
			柴油	15446	14842	14237	14237	14237	14237	11614	8992	8992	6674	4355	4355	4355	4355	3284	2213	2213	1828	1699
			燃气	—	—	—	—	—	—	—	—	—	—	—	—	—	—	—	—	—	—	—
	中型		汽油	—	—	—	—	—	—	—	—	—	—	—	—	—	—	—	—	—	—	—
			柴油	38455	38455	32361	20174	20174	15555	6317	6317	6317	5984	5652	5652	5652	5652	3624	1596	1596	1462	1417
			燃气	—	—	—	—	—	—	—	—	—	—	—	—	—	—	—	—	—	—	—
	重型		汽油	—	—	—	—	—	—	—	—	—	—	—	—	—	—	—	—	—	—	—
			柴油	121301	121301	99700	56499	56499	44860	21583	21583	21583	14790	7996	7996	7996	7996	5398	2801	2801	2368	2223
			燃气	—	—	—	—	—	—	—	—	—	—	—	—	—	—	—	—	—	—	—
低速汽车	三轮汽车			4092	4092	4092	4092	4092	4092	4092	4092	4092	3220	3220	3220	3220	3220	3220	3220	3220	3220	3220
	低速货车			5581	5581	5581	5581	5581	5581	5581	5581	5581	4392	4392	4392	4392	4392	4392	4392	4392	4392	4392
摩托车	普通摩托车			—	—	—	—	—	—	—	—	—	—	—	—	—	—	—	—	—	—	—
	轻便摩托车			—	—	—	—	—	—	—	—	—	—	—	—	—	—	—	—	—	—	—

武汉市 VOCs 排放系数

单位：克/（辆·年）

车辆类型		使用性质	燃料种类	1999年年底前	2000年	2001年	2002年	2003年	2004年	2005年	2006年	2007年	2008年	2009年	2010年	2011年	2012年	2013年	2014年	2015年	2016年	2017年
载客汽车	微型	出租车	汽油	494838	288550	82262	82262	82262	82262	61278	40295	40295	32729	25163	25163	21605	18047	18047	18047	18047	14473	13282
			燃气	269532	158028	46523	46523	46523	46523	34642	22762	22762	18368	13975	13975	11427	8879	8879	8879	8879	6331	5482
		其他	汽油	43323	26335	9347	9347	9347	9347	8978	8609	8609	7460	6312	6312	6068	5824	5824	5824	5824	5015	4745
			燃气	19062	10663	2264	2264	2264	2264	2176	2088	2088	1554	1019	1019	952	885	885	885	885	632	547
	小型	出租车	汽油	494838	284000	73161	73161	73161	73161	68878	64594	64594	44878	25163	25163	21605	18047	18047	18047	18047	13558	12062
			柴油	101468	95795	90122	90122	90122	90122	82515	74908	74908	53416	31925	31925	31925	31925	23790	15656	15656	9259	7127
			燃气	269532	155558	41584	41584	41584	41584	38766	35949	35949	24962	13975	13975	11427	8879	8879	8879	8879	5835	4820
		其他	汽油	43918	26562	9205	9205	9205	9205	9221	9237	9237	7776	6315	6315	6030	5744	5744	5744	5744	5076	4853
			柴油	9763	8922	8082	8082	8082	8082	6880	5677	5677	3870	2064	2064	2064	2064	1756	1447	1447	1035	898
			燃气	19385	11608	3830	3830	3830	3830	3130	2429	2429	1802	1175	1175	1008	842	842	842	842	665	606
	中型	公交车	汽油	257688	257688	257688	257688	257091	175644	13943	13943	13943	13943	13943	13791	13639	13639	11112	8585	8585	8585	8585
			柴油	91436	91436	89645	86063	86063	67161	29358	29358	29358	21356	13354	13354	13354	13354	9328	5303	5303	4960	4846
			燃气	74539	74539	70398	62116	62116	59916	55516	55516	55516	44452	33387	33387	23138	23138	23070	23070	23070	23070	23070
		其他	汽油	128385	128385	128385	128385	127788	87466	8015	8015	8015	8015	8015	7870	7724	7724	6672	5621	5621	5621	5621
			柴油	30493	30493	28460	24394	24394	18567	6912	6912	6912	6506	6099	6099	6099	6099	3750	1402	1402	1243	1190
			燃气	34560	34560	32640	28800	28800	27780	25740	25740	25740	20623	15506	15506	10732	10732	9642	9642	9642	9642	9642
	大型	公交车	汽油	600613	600613	600613	600613	600016	404713	15301	15301	15301	15301	15301	15161	15021	15021	12141	9261	9261	9261	9261
			柴油	137155	137155	112477	63120	63120	63120	63120	63120	63120	45314	27508	27508	27508	27508	18406	9304	9304	5960	4846
			燃气	175912	175912	166139	146593	146593	141401	131018	131018	131018	104906	78794	78794	54606	54606	49139	49139	49139	49139	49139
		其他	汽油	1278281	1278281	1278281	1278281	1277684	860836	28333	28333	28333	28333	28333	22074	15815	15815	12624	9433	9433	9433	9433
			柴油	272891	272891	207397	76409	76409	76409	76409	76409	76409	55942	35476	35476	35476	35476	20706	5937	5937	5324	5119
			燃气	266186	266186	251398	221822	221822	213966	198253	198253	198253	158842	119430	119430	82662	82662	74261	74261	74261	74261	74261
载货汽车	微型		汽油	366516	198556	30596	30596	30596	30596	28534	26471	26471	24256	22040	22040	17864	13689	13689	13689	13689	11122	10267
			柴油	68893	64298	59702	59702	59702	59702	54216	48730	48730	36638	24545	24545	24545	24545	17083	9621	9621	6118	4950
			燃气	161266	84338	7411	7411	7411	7411	6916	6420	6420	4989	3558	3558	2819	2080	2080	2080	2080	1408	1184
	轻型		汽油	191190	115429	39668	39668	39668	39668	34130	28593	28593	25508	22424	22424	19324	16225	16225	16225	16225	13470	12552
			柴油	64239	61970	59702	59702	59702	59702	54216	48730	48730	36638	24545	24545	24545	24545	18419	12293	12293	8790	7623
			燃气	84390	50447	16505	16505	16505	16505	12012	7519	7519	5846	4172	4172	3275	2378	2378	2378	2378	1770	1567
	中型		汽油	341671	341671	341671	341671	341074	232063	15234	15234	15234	15234	15234	15094	14954	14954	12089	9224	9224	9224	9224
			柴油	79414	79414	74120	63531	63531	48354	18000	18000	18000	16946	15893	15893	15893	15893	11518	7143	7143	4250	3286
			燃气	90006	90006	85006	75006	75006	72348	67031	67031	67031	53719	40406	40406	54678	54678	26625	26625	26625	26625	26625
	重型		汽油	809414	809414	809414	809414	808816	545253	19320	19320	19320	19320	19320	15315	11310	11310	9289	7268	7268	7268	7268
			柴油	221023	221023	167977	61886	61886	61886	61886	61886	61886	45310	28733	28733	28733	28733	17888	7044	7044	5082	4428
			燃气	215592	215592	203615	179660	179660	173297	160571	160571	160571	128650	96730	96730	98075	98075	64237	64237	64237	64237	64237
低速汽车	三轮汽车			25300	25300	25300	25300	25300	25300	25300	25300	25300	16721	16721	16721	16721	16721	16721	16721	16721	16721	16721
	低速货车			33990	33990	33990	33990	33990	33990	33990	33990	33990	22464	22464	22464	22464	22464	22464	22464	22464	22464	22464
摩托车	普通摩托车			15413	15413	15413	15413	11502	7591	4064	4064	4064	4064	4064	3032	2001	2001	2001	2001	2001	2001	2001
	轻便摩托车			49842	49842	49842	49842	49842	9968	9968	4908	4908	4908	4908	3662	2417	2417	2417	2417	2417	2417	2417

黄石市 NO_x 排放系数

单位：克/（辆·年）

车辆类型		使用性质	燃料种类	1999 年年底前	2000 年	2001 年	2002 年	2003 年	2004 年	2005 年	2006 年	2007 年	2008 年	2009 年	2010 年	2011 年	2012 年	2013 年	2014 年	2015 年	2016 年	2017 年
载客汽车	微型	出租车	汽油	192904	129666	66429	66429	66429	66429	48612	30796	30796	22462	14129	14129	11617	9105	9105	9105	9105	5737	4614
			燃气	129871	87761	45651	45651	45651	45651	33567	21483	21483	15812	10140	10140	8259	6378	6378	6378	6378	3959	3153
		其他	汽油	29489	18532	7575	7575	7575	7575	4778	1982	1982	1613	1244	1244	1038	831	831	831	831	571	484
			燃气	19117	11400	3683	3683	3683	3683	2400	1118	1118	907	696	696	553	410	410	410	410	327	299
	小型	出租车	汽油	218784	144164	69543	69543	69543	69543	50408	31274	31274	22702	14129	14129	11182	8234	8234	8234	8234	4946	3850
			柴油	226954	189204	151455	151455	151455	151455	134900	118344	118344	93839	69334	69334	69334	69334	56858	44382	44382	34205	30813
			燃气	147124	97426	47727	47727	47727	47727	34764	21802	21802	15971	10140	10140	7969	5798	5798	5798	5798	3432	2644
		其他	汽油	27517	17601	7685	7685	7685	7685	5095	2505	2505	1744	983	983	887	791	791	791	791	538	454
			柴油	23815	19502	15190	15190	15190	15190	13972	12754	12754	9992	7230	7230	7230	7230	6235	5240	5240	4512	4269
			燃气	17802	11366	4930	4930	4930	4930	3198	1467	1467	994	522	522	452	383	383	383	383	305	279
	中型	公交车	汽油	325013	325013	325013	325013	325013	222038	16088	16088	16088	16088	16088	14428	12768	12768	9639	6510	6510	6510	6510
			柴油	363671	363671	362817	361109	361109	346758	318056	318056	318056	264926	211795	211795	211795	211795	172840	133884	133884	112091	104827
			燃气	386136	386136	381539	372345	372345	360796	337697	337697	337697	281056	224414	224414	141916	141916	111148	111148	111148	111148	111148
		其他	汽油	199262	199262	199262	199262	199262	135166	6974	6974	6974	6974	6974	6974	6974	6974	5231	3488	3488	3488	3488
			柴油	170545	170545	163426	149188	149188	147926	145403	145403	145403	123836	102268	102268	102268	102268	90804	79341	79341	67718	63844
			燃气	192581	192581	181882	160484	160484	158972	155947	155947	155947	132778	109608	109608	85380	85380	68583	68583	68583	68583	68583
	大型	公交车	汽油	1157857	1157857	1157857	1157857	1157857	796165	72780	72780	72780	72780	72780	72716	72652	72652	54490	36327	36327	36327	36327
			柴油	515793	515793	499126	465792	465792	452557	426087	426087	426087	418408	410730	410730	410730	410730	395920	381109	381109	343551	331032
			燃气	1037051	1037051	979437	864209	864209	800079	671820	671820	671820	575625	479430	479430	446350	446350	386868	386868	386868	386868	386868
		其他	汽油	2763595	2763595	2763595	2763595	2763595	1900301	173712	173712	173712	173712	173712	167198	160683	160683	120641	80599	80599	80599	80599
			柴油	1235165	1235165	1203382	1139816	1139816	1113242	1060094	1060094	1060094	1022770	985447	985447	985447	985447	938150	890854	890854	788397	754245
			燃气	2299126	2299126	2171397	1915938	1915938	1773763	1489414	1489414	1489414	1276640	1063867	1063867	959789	959789	814296	814296	814296	814296	814296
载货汽车	微型		汽油	101998	60590	19182	19182	19182	19182	13114	7046	7046	5721	4396	4396	3878	3361	3361	3361	3361	2490	2199
			柴油	68958	56952	44946	44946	44946	44946	40421	35896	35896	30371	24846	24846	24846	24846	18177	11508	11508	9808	9242
			燃气	66123	37725	9326	9326	9326	9326	6650	3974	3974	3217	2459	2459	2059	1658	1658	1658	1658	1433	1358
	轻型		汽油	75831	48680	21529	21529	21529	21529	14608	7686	7686	6450	5214	5214	4332	3449	3449	3449	3449	2600	2317
			柴油	69198	57072	44946	44946	44946	44946	40421	35896	35896	30371	24846	24846	24846	24846	19794	14742	14742	13612	13235
			燃气	49059	31435	13811	13811	13811	13811	9156	4501	4501	3635	2769	2769	2219	1670	1670	1670	1670	1485	1424
	中型		汽油	237983	237983	237983	237983	237982	162472	11453	11453	11453	11453	11453	11453	11453	11453	8593	5733	5733	5733	5733
			柴油	446788	446788	401183	309974	309974	294751	264306	264306	264306	261840	259374	259374	259374	259374	227568	195762	195762	168569	159505
			燃气	504517	504517	447493	333444	333444	316787	283472	283472	283472	280731	277990	277990	210662	210662	171345	171345	171345	171345	171345
	重型		汽油	2684982	2684982	2684982	2684982	2684982	1846245	168770	168770	168770	168770	168770	162441	156112	156112	117209	78306	78306	78306	78306
			柴油	1483472	1483472	1432836	1331564	1331564	1282313	1183810	1183810	1183810	1136339	1088868	1088868	1088868	1088868	958735	828602	828602	582457	500409
			燃气	2761323	2761323	2586965	2238251	2238251	2046578	1663233	1663233	1663233	1419375	1175518	1175518	892720	892720	540250	540250	540250	540250	540250
低速汽车	三轮汽车			65550	65550	65550	65550	65550	65550	65550	65550	65550	53279	53279	53279	53279	53279	53279	53279	53279	53279	53279
	低速货车			88065	88065	88065	88065	88065	88065	88065	88065	88065	71579	71579	71579	71579	71579	71579	71579	71579	71579	71579
摩托车	普通摩托车			1150	1150	1150	1150	1112	1074	997	997	997	997	997	886	774	774	774	774	774	774	774
	轻便摩托车			767	767	767	767	767	383	383	383	383	383	383	340	298	298	298	298	298	298	298

黄石市 PM 排放系数

单位：克/（辆·年）

车辆类型		使用性质	燃料种类	1999年年底前	2000年	2001年	2002年	2003年	2004年	2005年	2006年	2007年	2008年	2009年	2010年	2011年	2012年	2013年	2014年	2015年	2016年	2017年
载客汽车	微型	出租车	汽油	—	—	—	—	—	—	—	—	—	—	—	—	—	—	—	—	—	—	—
			燃气	—	—	—	—	—	—	—	—	—	—	—	—	—	—	—	—	—	—	—
		其他	汽油	—	—	—	—	—	—	—	—	—	—	—	—	—	—	—	—	—	—	—
			燃气	—	—	—	—	—	—	—	—	—	—	—	—	—	—	—	—	—	—	—
	小型	出租车	汽油	—	—	—	—	—	—	—	—	—	—	—	—	—	—	—	—	—	—	—
			柴油	31815	29132	26450	26450	26450	26450	17996	9543	9543	6228	2913	2913	2913	2913	2708	2502	2502	2069	1925
			燃气	—	—	—	—	—	—	—	—	—	—	—	—	—	—	—	—	—	—	—
		其他	汽油	—	—	—	—	—	—	—	—	—	—	—	—	—	—	—	—	—	—	—
			柴油	3453	3268	3082	3082	3082	3082	2215	1348	1348	988	628	628	628	628	526	424	424	424	424
			燃气	—	—	—	—	—	—	—	—	—	—	—	—	—	—	—	—	—	—	—
	中型	公交车	汽油	—	—	—	—	—	—	—	—	—	—	—	—	—	—	—	—	—	—	—
			柴油	30592	30592	28032	22913	22913	17978	8108	8108	8108	6872	5637	5637	5637	5637	3504	1372	1372	1080	983
			燃气	—	—	—	—	—	—	—	—	—	—	—	—	—	—	—	—	—	—	—
		其他	汽油	—	—	—	—	—	—	—	—	—	—	—	—	—	—	—	—	—	—	—
			柴油	15274	15274	12888	8116	8116	6262	2553	2553	2553	2434	2316	2316	2316	2316	1366	415	415	399	394
			燃气	—	—	—	—	—	—	—	—	—	—	—	—	—	—	—	—	—	—	—
	大型	公交车	汽油	—	—	—	—	—	—	—	—	—	—	—	—	—	—	—	—	—	—	—
			柴油	94865	94865	93934	92071	92071	71272	29674	29674	29674	19994	10315	10315	10315	10315	6116	1916	1916	1845	1821
			燃气	—	—	—	—	—	—	—	—	—	—	—	—	—	—	—	—	—	—	—
		其他	汽油	—	—	—	—	—	—	—	—	—	—	—	—	—	—	—	—	—	—	—
			柴油	142314	142314	133412	115607	115607	85425	25061	25061	25061	17182	9303	9303	9303	9303	5868	2433	2433	2343	2313
			燃气	—	—	—	—	—	—	—	—	—	—	—	—	—	—	—	—	—	—	—
载货汽车	微型		汽油	—	—	—	—	—	—	—	—	—	—	—	—	—	—	—	—	—	—	—
			柴油	8348	8176	8003	8003	8003	8003	6510	5018	5018	3724	2431	2431	2431	2431	1530	630	630	627	626
			燃气	—	—	—	—	—	—	—	—	—	—	—	—	—	—	—	—	—	—	—
	轻型		汽油	—	—	—	—	—	—	—	—	—	—	—	—	—	—	—	—	—	—	—
			柴油	8682	8342	8003	8003	8003	8003	6510	5018	5018	3724	2431	2431	2431	2431	1833	1235	1235	1020	948
			燃气	—	—	—	—	—	—	—	—	—	—	—	—	—	—	—	—	—	—	—
	中型		汽油	—	—	—	—	—	—	—	—	—	—	—	—	—	—	—	—	—	—	—
			柴油	38455	38455	32361	20174	20174	15555	6317	6317	6317	5984	5652	5652	5652	5652	3624	1596	1596	1462	1417
			燃气	—	—	—	—	—	—	—	—	—	—	—	—	—	—	—	—	—	—	—
	重型		汽油	—	—	—	—	—	—	—	—	—	—	—	—	—	—	—	—	—	—	—
			柴油	194316	194316	159713	90508	90508	71863	34574	34574	34574	23692	12810	12810	12810	12810	8534	4258	4258	3599	3379
			燃气	—	—	—	—	—	—	—	—	—	—	—	—	—	—	—	—	—	—	—
低速汽车	三轮汽车			4092	4092	4092	4092	4092	4092	4092	4092	4092	3220	3220	3220	3220	3220	3220	3220	3220	3220	3220
	低速货车			5581	5581	5581	5581	5581	5581	5581	5581	5581	4392	4392	4392	4392	4392	4392	4392	4392	4392	4392
摩托车	普通摩托车			—	—	—	—	—	—	—	—	—	—	—	—	—	—	—	—	—	—	—
	轻便摩托车			—	—	—	—	—	—	—	—	—	—	—	—	—	—	—	—	—	—	—

黄石市 VOCs 排放系数

单位：克/（辆·年）

车辆类型		使用性质	燃料种类	1999 年年底前	2000 年	2001 年	2002 年	2003 年	2004 年	2005 年	2006 年	2007 年	2008 年	2009 年	2010 年	2011 年	2012 年	2013 年	2014 年	2015 年	2016 年	2017 年
载客汽车	微型	出租车	汽油	455763	268882	82001	82001	82001	82001	61832	41662	41662	34012	26362	26362	22180	17998	17998	17998	17998	13410	11880
			燃气	249544	148488	47431	47431	47431	47431	35860	24289	24289	19750	15211	15211	12192	9173	9173	9173	9173	5900	4809
		其他	汽油	37742	23262	8782	8782	8782	8782	8429	8076	8076	7023	5970	5970	5722	5474	5474	5474	5474	4706	4450
			燃气	16052	9014	1976	1976	1976	1976	1897	1818	1818	1350	881	881	798	716	716	716	716	485	408
	小型	出租车	汽油	455763	264640	73517	73517	73517	73517	68970	64424	64424	45393	26362	26362	22180	17998	17998	17998	17998	12670	10894
			柴油	111150	104720	98291	98291	98291	98291	88894	79496	79496	57938	36381	36381	36381	36381	27029	17677	17677	10068	7531
			燃气	249544	146186	42828	42828	42828	42828	39734	36641	36641	25926	15211	15211	12192	9173	9173	9173	9173	5499	4274
		其他	汽油	38241	23451	8661	8661	8661	8661	8635	8609	8609	7291	5973	5973	5692	5412	5412	5412	5412	4756	4538
			柴油	8599	7868	7137	7137	7137	7137	6039	4941	4941	3402	1862	1862	1862	1862	1576	1290	1290	909	782
			燃气	16322	9810	3298	3298	3298	3298	2703	2108	2108	1558	1009	1009	846	682	682	682	682	512	456
	中型	公交车	汽油	247635	247635	247635	247635	247038	168796	13503	13503	13503	13503	13503	13352	13200	13200	10772	8345	8345	8345	8345
			柴油	87806	87806	86086	82645	82645	64494	28192	28192	28192	20508	12823	12823	12823	12823	8958	5093	5093	4763	4653
			燃气	71579	71579	67602	59649	59649	57536	53311	53311	53311	42686	32061	32061	22219	22219	22154	22154	22154	22154	22154
		其他	汽油	128346	128346	128346	128346	127749	87426	7975	7975	7975	7975	7975	7830	7684	7684	6633	5582	5582	5582	5582
			柴油	30493	30493	28460	24394	24394	18567	6912	6912	6912	6506	6099	6099	6099	6099	3750	1402	1402	1243	1190
			燃气	34560	34560	32640	28800	28800	27780	25740	25740	25740	20623	15506	15506	10732	10732	9642	9642	9642	9642	9642
	大型	公交车	汽油	576943	576943	576943	576943	576346	388769	14807	14807	14807	14807	14807	14667	14527	14527	11761	8995	8995	8995	8995
			柴油	131708	131708	108010	60614	60614	60614	60614	60614	60614	43515	26416	26416	26416	26416	17675	8934	8934	5723	4653
			燃气	168926	168926	159541	140772	140772	135786	125815	125815	125815	100740	75665	75665	52438	52438	47188	47188	47188	47188	47188
		其他	汽油	1278242	1278242	1278242	1278242	1277645	860796	28293	28293	28293	28293	28293	22034	15776	15776	12585	9394	9394	9394	9394
			柴油	272891	272891	207397	76409	76409	76409	76409	76409	76409	55942	35476	35476	35476	35476	20706	5937	5937	5324	5119
			燃气	266186	266186	251398	221822	221822	213966	198253	198253	198253	158842	119430	119430	82662	82662	74261	74261	74261	74261	74261
载货汽车	微型		汽油	201883	109581	17279	17279	17279	17279	16284	15288	15288	14108	12928	12928	10882	8835	8835	8835	8835	7574	7153
			柴油	31178	29127	27076	27076	27076	27076	24785	22494	22494	16656	10817	10817	10817	10817	7478	4138	4138	2816	2375
			燃气	85863	44875	3888	3888	3888	3888	3665	3442	3442	2675	1908	1908	1532	1156	1156	1156	1156	781	656
	轻型		汽油	106100	64168	22235	22235	22235	22235	19342	16448	16448	14792	13137	13137	11678	10220	10220	10220	10220	8856	8401
			柴油	28704	27890	27076	27076	27076	27076	24785	22494	22494	16656	10817	10817	10817	10817	8188	5558	5558	4236	3795
			燃气	45286	26876	8467	8467	8467	8467	6247	4027	4027	3123	2219	2219	1754	1288	1288	1288	1288	955	844
	中型		汽油	341632	341632	341632	341632	341034	232023	15194	15194	15194	15194	15194	15054	14915	14915	12050	9184	9184	9184	9184
			柴油	79414	79414	74120	63531	63531	48354	18000	18000	18000	16946	15893	15893	15893	15893	11518	7143	7143	4250	3286
			燃气	90006	90006	85006	75006	75006	72348	67031	67031	67031	53719	40406	40406	54678	54678	26625	26625	26625	26625	26625
	重型		汽油	1273645	1273645	1273645	1273645	1273048	857703	28209	28209	28209	28209	28209	21972	15735	15735	12556	9376	9376	9376	9376
			柴油	324299	324299	246467	90804	90804	90804	90804	90804	90804	66482	42159	42159	42159	42159	26589	11019	11019	8680	7900
			燃气	316331	316331	298758	263612	263612	254276	235603	235603	235603	188766	141928	141928	153420	153420	114605	114605	114605	114605	114605
低速汽车	三轮汽车			25300	25300	25300	25300	25300	25300	25300	25300	25300	16721	16721	16721	16721	16721	16721	16721	16721	16721	16721
	低速货车			33990	33990	33990	33990	33990	33990	33990	33990	33990	22464	22464	22464	22464	22464	22464	22464	22464	22464	22464
摩托车	普通摩托车			15413	15413	15413	15413	11502	7591	4064	4064	4064	4064	4064	3032	2001	2001	2001	2001	2001	2001	2001
	轻便摩托车			49842	49842	49842	49842	49842	9968	9968	4908	4908	4908	4908	3662	2417	2417	2417	2417	2417	2417	2417

十堰市 NO_x 排放系数

单位：克/（辆·年）

车辆类型		使用性质	燃料种类	1999年年底前	2000年	2001年	2002年	2003年	2004年	2005年	2006年	2007年	2008年	2009年	2010年	2011年	2012年	2013年	2014年	2015年	2016年	2017年
载客汽车	微型	出租车	汽油	224355	151651	78947	78947	78947	78947	58152	37357	37357	27536	17716	17716	14471	11226	11226	11226	11226	6908	5468
			燃气	151423	102962	54500	54500	54500	54500	40365	26230	26230	19518	12807	12807	10372	7938	7938	7938	7938	4801	3755
		其他	汽油	29489	18532	7575	7575	7575	7575	4778	1982	1982	1613	1244	1244	1038	831	831	831	831	571	484
			燃气	19117	11400	3683	3683	3683	3683	2400	1118	1118	907	696	696	553	410	410	410	410	327	299
	小型	出租车	汽油	254032	168275	82518	82518	82518	82518	60212	37906	37906	27811	17716	17716	13972	10228	10228	10228	10228	6000	4591
			柴油	270368	226376	182383	182383	182383	182383	162270	142158	142158	112934	83711	83711	83711	83711	68277	52843	52843	40130	35893
			燃气	171208	114044	56880	56880	56880	56880	41738	26596	26596	19702	12807	12807	10040	7273	7273	7273	7273	4196	3170
		其他	汽油	27517	17601	7685	7685	7685	7685	5095	2505	2505	1744	983	983	887	791	791	791	791	538	454
			柴油	23815	19502	15190	15190	15190	15190	13972	12754	12754	9992	7230	7230	7230	7230	6235	5240	5240	4512	4269
			燃气	17802	11366	4930	4930	4930	4930	3198	1467	1467	994	522	522	452	383	383	383	383	305	279
	中型	公交车	汽油	325013	325013	325013	325013	325013	222038	16088	16088	16088	16088	16088	14428	12768	12768	9639	6510	6510	6510	6510
			柴油	363671	363671	362817	361109	361109	346758	318056	318056	318056	264926	211795	211795	211795	211795	172840	133884	133884	112091	104827
			燃气	386136	386136	381539	372345	372345	360796	337697	337697	337697	281056	224414	224414	141916	141916	111148	111148	111148	111148	111148
		其他	汽油	199262	199262	199262	199262	199262	135166	6974	6974	6974	6974	6974	6974	6974	6974	5231	3488	3488	3488	3488
			柴油	170545	170545	163426	149188	149188	147926	145403	145403	145403	123836	102268	102268	102268	102268	90804	79341	79341	67718	63844
			燃气	192581	192581	181882	160484	160484	158972	155947	155947	155947	132778	109608	109608	85380	85380	68583	68583	68583	68583	68583
	大型	公交车	汽油	1157857	1157857	1157857	1157857	1157857	796165	72780	72780	72780	72780	72780	72716	72652	72652	54490	36327	36327	36327	36327
			柴油	515793	515793	499126	465792	465792	452557	426087	426087	426087	418408	410730	410730	410730	410730	395920	381109	381109	343551	331032
			燃气	1037051	1037051	979437	864209	864209	800079	671820	671820	671820	575625	479430	479430	446350	446350	386868	386868	386868	386868	386868
		其他	汽油	2763595	2763595	2763595	2763595	2763595	1900301	173712	173712	173712	173712	173712	167198	160683	160683	120641	80599	80599	80599	80599
			柴油	1235165	1235165	1203382	1139816	1139816	1113242	1060094	1060094	1060094	1022770	985447	985447	985447	985447	938150	890854	890854	788397	754245
			燃气	2299126	2299126	2171397	1915938	1915938	1773763	1489414	1489414	1489414	1276640	1063867	1063867	959789	959789	814296	814296	814296	814296	814296
载货汽车	微型		汽油	103892	61734	19575	19575	19575	19575	13390	7206	7206	5853	4500	4500	3966	3433	3433	3433	3433	2540	2242
			柴油	70391	58154	45917	45917	45917	45917	41289	36661	36661	31016	25371	25371	25371	25371	18560	11750	11750	10002	9420
			燃气	67351	38434	9517	9517	9517	9517	6791	4065	4065	3291	2518	2518	2106	1694	1694	1694	1694	1462	1385
	轻型		汽油	77250	49608	21965	21965	21965	21965	14911	7857	7857	6594	5332	5332	4427	3522	3522	3522	3522	2652	2362
			柴油	70635	58276	45917	45917	45917	45917	41289	36661	36661	31016	25371	25371	25371	25371	20206	15042	15042	13874	13484
			燃气	49977	32034	14091	14091	14091	14091	9346	4601	4601	3716	2831	2831	2268	1705	1705	1705	1705	1515	1452
	中型		汽油	237983	237983	237983	237983	237982	162472	11453	11453	11453	11453	11453	11453	11453	11453	8593	5733	5733	5733	5733
			柴油	446788	446788	401183	309974	309974	294751	264306	264306	264306	261840	259374	259374	259374	259374	227568	195762	195762	168569	159505
			燃气	504517	504517	447493	333444	333444	316787	283472	283472	283472	280731	277990	277990	210662	210662	171345	171345	171345	171345	171345
	重型		汽油	2684982	2684982	2684982	2684982	2684982	1846245	168770	168770	168770	168770	168770	162441	156112	156112	117209	78306	78306	78306	78306
			柴油	1483472	1483472	1432836	1331564	1331564	1282313	1183810	1183810	1183810	1136339	1088868	1088868	1088868	1088868	958735	828602	828602	582457	500409
			燃气	2761323	2761323	2586965	2238251	2238251	2046578	1663233	1663233	1663233	1419375	1175518	1175518	892720	892720	540250	540250	540250	540250	540250
低速汽车	三轮汽车			65550	65550	65550	65550	65550	65550	65550	65550	65550	53279	53279	53279	53279	53279	53279	53279	53279	53279	53279
	低速货车			88065	88065	88065	88065	88065	88065	88065	88065	88065	71579	71579	71579	71579	71579	71579	71579	71579	71579	71579
摩托车	普通摩托车			1150	1150	1150	1150	1112	1074	997	997	997	997	997	886	774	774	774	774	774	774	774
	轻便摩托车			767	767	767	767	767	383	383	383	383	383	383	340	298	298	298	298	298	298	298

十堰市 PM 排放系数

单位：克/（辆•年）

车辆类型		使用性质	燃料种类	1999 年年底前	2000 年	2001 年	2002 年	2003 年	2004 年	2005 年	2006 年	2007 年	2008 年	2009 年	2010 年	2011 年	2012 年	2013 年	2014 年	2015 年	2016 年	2017 年
载客汽车	微型	出租车	汽油	—	—	—	—	—	—	—	—	—	—	—	—	—	—	—	—	—	—	—
			燃气	—	—	—	—	—	—	—	—	—	—	—	—	—	—	—	—	—	—	—
		其他	汽油	—	—	—	—	—	—	—	—	—	—	—	—	—	—	—	—	—	—	—
			燃气	—	—	—	—	—	—	—	—	—	—	—	—	—	—	—	—	—	—	—
	小型	出租车	汽油	—	—	—	—	—	—	—	—	—	—	—	—	—	—	—	—	—	—	—
			柴油	36483	33407	30331	30331	30331	30331	20637	10943	10943	7142	3341	3341	3341	3341	3105	2869	2869	2372	2207
			燃气	—	—	—	—	—	—	—	—	—	—	—	—	—	—	—	—	—	—	—
		其他	汽油	—	—	—	—	—	—	—	—	—	—	—	—	—	—	—	—	—	—	—
			柴油	3453	3268	3082	3082	3082	3082	2215	1348	1348	988	628	628	628	628	526	424	424	424	424
			燃气	—	—	—	—	—	—	—	—	—	—	—	—	—	—	—	—	—	—	—
	中型	公交车	汽油	—	—	—	—	—	—	—	—	—	—	—	—	—	—	—	—	—	—	—
			柴油	30592	30592	28032	22913	22913	17978	8108	8108	8108	6872	5637	5637	5637	5637	3504	1372	1372	1080	983
			燃气	—	—	—	—	—	—	—	—	—	—	—	—	—	—	—	—	—	—	—
		其他	汽油	—	—	—	—	—	—	—	—	—	—	—	—	—	—	—	—	—	—	—
			柴油	15274	15274	12888	8116	8116	6262	2553	2553	2553	2434	2316	2316	2316	2316	1366	415	415	399	394
			燃气	—	—	—	—	—	—	—	—	—	—	—	—	—	—	—	—	—	—	—
	大型	公交车	汽油	—	—	—	—	—	—	—	—	—	—	—	—	—	—	—	—	—	—	—
			柴油	94865	94865	93934	92071	92071	71272	29674	29674	29674	19994	10315	10315	10315	10315	6116	1916	1916	1845	1821
			燃气	—	—	—	—	—	—	—	—	—	—	—	—	—	—	—	—	—	—	—
		其他	汽油	—	—	—	—	—	—	—	—	—	—	—	—	—	—	—	—	—	—	—
			柴油	142314	142314	133412	115607	115607	85425	25061	25061	25061	17182	9303	9303	9303	9303	5868	2433	2433	2343	2313
			燃气	—	—	—	—	—	—	—	—	—	—	—	—	—	—	—	—	—	—	—
载货汽车	微型		汽油	—	—	—	—	—	—	—	—	—	—	—	—	—	—	—	—	—	—	—
			柴油	8500	8324	8148	8148	8148	8148	6628	5109	5109	3792	2475	2475	2475	2475	1558	641	641	638	637
			燃气	—	—	—	—	—	—	—	—	—	—	—	—	—	—	—	—	—	—	—
	轻型		汽油	—	—	—	—	—	—	—	—	—	—	—	—	—	—	—	—	—	—	—
			柴油	8840	8494	8148	8148	8148	8148	6628	5109	5109	3792	2475	2475	2475	2475	1866	1258	1258	1038	965
			燃气	—	—	—	—	—	—	—	—	—	—	—	—	—	—	—	—	—	—	—
	中型		汽油	—	—	—	—	—	—	—	—	—	—	—	—	—	—	—	—	—	—	—
			柴油	38455	38455	32361	20174	20174	15555	6317	6317	6317	5984	5652	5652	5652	5652	3624	1596	1596	1462	1417
			燃气	—	—	—	—	—	—	—	—	—	—	—	—	—	—	—	—	—	—	—
	重型		汽油	—	—	—	—	—	—	—	—	—	—	—	—	—	—	—	—	—	—	—
			柴油	194316	194316	159713	90508	90508	71863	34574	34574	34574	23692	12810	12810	12810	12810	8534	4258	4258	3599	3379
			燃气	—	—	—	—	—	—	—	—	—	—	—	—	—	—	—	—	—	—	—
低速汽车	三轮汽车			4092	4092	4092	4092	4092	4092	4092	4092	4092	3220	3220	3220	3220	3220	3220	3220	3220	3220	3220
	低速货车			5581	5581	5581	5581	5581	5581	5581	5581	5581	4392	4392	4392	4392	4392	4392	4392	4392	4392	4392
摩托车	普通摩托车			—	—	—	—	—	—	—	—	—	—	—	—	—	—	—	—	—	—	—
	轻便摩托车			—	—	—	—	—	—	—	—	—	—	—	—	—	—	—	—	—	—	—

十堰市 VOCs 排放系数

单位：克/（辆·年）

车辆类型		使用性质	燃料种类	1999 年年底前	2000 年	2001 年	2002 年	2003 年	2004 年	2005 年	2006 年	2007 年	2008 年	2009 年	2010 年	2011 年	2012 年	2013 年	2014 年	2015 年	2016 年	2017 年
载客汽车	微型	出租车	汽油	525601	311234	96867	96867	96867	96867	73306	49745	49745	40670	31594	31594	26332	21071	21071	21071	21071	15252	13312
			燃气	289591	173470	57348	57348	57348	57348	43698	30047	30047	24556	19064	19064	15221	11378	11378	11378	11378	7124	5706
		其他	汽油	37742	23262	8782	8782	8782	8782	8429	8076	8076	7023	5970	5970	5722	5474	5474	5474	5474	4706	4450
			燃气	16052	9014	1976	1976	1976	1976	1897	1818	1818	1350	881	881	798	716	716	716	716	485	408
	小型	出租车	汽油	525601	306370	87138	87138	87138	87138	81492	75846	75846	53720	31594	31594	26332	21071	21071	21071	21071	14404	12181
			柴油	139262	131066	122869	122869	122869	122869	110774	98679	98679	72652	46625	46625	46625	46625	34583	22541	22541	12593	9277
			燃气	289591	170830	52069	52069	52069	52069	48140	44212	44212	31638	19064	19064	15221	11378	11378	11378	11378	6664	5092
		其他	汽油	38241	23451	8661	8661	8661	8661	8635	8609	8609	7291	5973	5973	5692	5412	5412	5412	5412	4756	4538
			柴油	8599	7868	7137	7137	7137	7137	6039	4941	4941	3402	1862	1862	1862	1862	1576	1290	1290	909	782
			燃气	16322	9810	3298	3298	3298	3298	2703	2108	2108	1558	1009	1009	846	682	682	682	682	512	456
	中型	公交车	汽油	247635	247635	247635	247635	247038	168796	13503	13503	13503	13503	13503	13352	13200	13200	10772	8345	8345	8345	8345
			柴油	87806	87806	86086	82645	82645	64494	28192	28192	28192	20508	12823	12823	12823	12823	8958	5093	5093	4763	4653
			燃气	71579	71579	67602	59649	59649	57536	53311	53311	53311	42686	32061	32061	22219	22219	22154	22154	22154	22154	22154
		其他	汽油	128346	128346	128346	128346	127749	87426	7975	7975	7975	7975	7975	7830	7684	7684	6633	5582	5582	5582	5582
			柴油	30493	30493	28460	24394	24394	18567	6912	6912	6912	6506	6099	6099	6099	6099	3750	1402	1402	1243	1190
			燃气	34560	34560	32640	28800	28800	27780	25740	25740	25740	20623	15506	15506	10732	10732	9642	9642	9642	9642	9642
	大型	公交车	汽油	576943	576943	576943	576943	576346	388769	14807	14807	14807	14807	14807	14667	14527	14527	11761	8995	8995	8995	8995
			柴油	131708	131708	108010	60614	60614	60614	60614	60614	60614	43515	26416	26416	26416	26416	17675	8934	8934	5723	4653
			燃气	168926	168926	159541	140772	140772	135786	125815	125815	125815	100740	75665	75665	52438	52438	47188	47188	47188	47188	47188
		其他	汽油	1278242	1278242	1278242	1278242	1277645	860796	28293	28293	28293	28293	28293	22034	15776	15776	12585	9394	9394	9394	9394
			柴油	272891	272891	207397	76409	76409	76409	76409	76409	76409	55942	35476	35476	35476	35476	20706	5937	5937	5324	5119
			燃气	266186	266186	251398	221822	221822	213966	198253	198253	198253	158842	119430	119430	82662	82662	74261	74261	74261	74261	74261
载货汽车	微型		汽油	205468	111514	17561	17561	17561	17561	16543	15525	15525	14323	13121	13121	11030	8938	8938	8938	8938	7649	7219
			柴油	31953	29850	27746	27746	27746	27746	25390	23033	23033	17066	11099	11099	11099	11099	7674	4250	4250	2884	2428
			燃气	87387	45669	3951	3951	3951	3951	3723	3495	3495	2716	1936	1936	1553	1169	1169	1169	1169	789	662
	轻型		汽油	107948	65277	22606	22606	22606	22606	19656	16706	16706	15020	13335	13335	11842	10348	10348	10348	10348	8954	8490
			柴油	29434	28590	27746	27746	27746	27746	25390	23033	23033	17066	11099	11099	11099	11099	8398	5696	5696	4330	3874
			燃气	46074	27341	8608	8608	8608	8608	6349	4091	4091	3172	2253	2253	1778	1304	1304	1304	1304	966	853
	中型		汽油	341632	341632	341632	341632	341034	232023	15194	15194	15194	15194	15194	15054	14915	14915	12050	9184	9184	9184	9184
			柴油	79414	79414	74120	63531	63531	48354	18000	18000	18000	16946	15893	15893	15893	15893	11518	7143	7143	4250	3286
			燃气	90006	90006	85006	75006	75006	72348	67031	67031	67031	53719	40406	40406	54678	54678	26625	26625	26625	26625	26625
	重型		汽油	1273645	1273645	1273645	1273645	1273048	857703	28209	28209	28209	28209	28209	21972	15735	15735	12556	9376	9376	9376	9376
			柴油	324299	324299	246467	90804	90804	90804	90804	90804	90804	66482	42159	42159	42159	42159	26589	11019	11019	8680	7900
			燃气	316331	316331	298758	263612	263612	254276	235603	235603	235603	188766	141928	141928	153420	153420	114605	114605	114605	114605	114605
低速汽车	三轮汽车			25300	25300	25300	25300	25300	25300	25300	25300	25300	16721	16721	16721	16721	16721	16721	16721	16721	16721	16721
	低速货车			33990	33990	33990	33990	33990	33990	33990	33990	33990	22464	22464	22464	22464	22464	22464	22464	22464	22464	22464
摩托车	普通摩托车			15413	15413	15413	15413	11502	7591	4064	4064	4064	4064	4064	3032	2001	2001	2001	2001	2001	2001	2001
	轻便摩托车			49842	49842	49842	49842	49842	9968	9968	4908	4908	4908	4908	3662	2417	2417	2417	2417	2417	2417	2417

宜昌市 NO_x 排放系数

单位：克/（辆·年）

车辆类型		使用性质	燃料种类	1999 年年底前	2000 年	2001 年	2002 年	2003 年	2004 年	2005 年	2006 年	2007 年	2008 年	2009 年	2010 年	2011 年	2012 年	2013 年	2014 年	2015 年	2016 年	2017 年
载客汽车	微型	出租车	汽油	131161	87112	43062	43062	43062	43062	31048	19033	19033	13526	8019	8019	6716	5413	5413	5413	5413	3613	3013
			燃气	87747	58500	29254	29254	29254	29254	21146	13037	13037	9329	5621	5621	4652	3682	3682	3682	3682	2445	2033
		其他	汽油	29482	18526	7571	7571	7571	7571	4774	1976	1976	1608	1240	1240	1034	827	827	827	827	569	483
			燃气	19117	11400	3683	3683	3683	3683	2400	1118	1118	907	696	696	553	410	410	410	410	327	299
	小型	出租车	汽油	149273	97257	45241	45241	45241	45241	32304	19368	19368	13694	8019	8019	6412	4804	4804	4804	4804	3060	2478
			柴油	146205	120668	95131	95131	95131	95131	84954	74777	74777	59030	43282	43282	43282	43282	35960	28639	28639	22809	20866
			燃气	99819	65263	30707	30707	30707	30707	21984	13261	13261	9441	5621	5621	4449	3277	3277	3277	3277	2076	1676
		其他	汽油	27509	17595	7681	7681	7681	7681	5090	2500	2500	1740	979	979	883	787	787	787	787	537	454
			柴油	23816	19502	15189	15189	15189	15189	13971	12753	12753	9991	7229	7229	7229	7229	6234	5239	5239	4512	4269
			燃气	17802	11366	4930	4930	4930	4930	3198	1467	1467	994	522	522	452	383	383	383	383	305	279
	中型	公交车	汽油	338551	338551	338551	338551	338551	231287	16758	16758	16758	16758	16758	15029	13300	13300	10040	6781	6781	6781	6781
			柴油	378790	378790	377900	376121	376121	361174	331279	331279	331279	275940	220600	220600	220600	220600	180025	139450	139450	116751	109185
			燃气	402189	402189	397401	387825	387825	375795	351736	351736	351736	292740	233744	233744	147816	147816	115769	115769	115769	115769	115769
		其他	汽油	199320	199320	199320	199320	199320	135205	6976	6976	6976	6976	6976	6976	6976	6976	5232	3489	3489	3489	3489
			柴油	170581	170581	163460	149219	149219	147957	145434	145434	145434	123862	102290	102290	102290	102290	90824	79358	79358	67733	63858
			燃气	192622	192622	181921	160519	160519	159006	155980	155980	155980	132806	109632	109632	85399	85399	68597	68597	68597	68597	68597
	大型	公交车	汽油	1206088	1206088	1206088	1206088	1206088	829329	75811	75811	75811	75811	75811	75744	75678	75678	56759	37840	37840	37840	37840
			柴油	537237	537237	519877	485157	485157	471372	443801	443801	443801	435804	427806	427806	427806	427806	412380	396953	396953	357834	344794
			燃气	1080165	1080165	1020156	900137	900137	833341	699749	699749	699749	599556	499362	499362	464906	464906	402951	402951	402951	402951	402951
		其他	汽油	2764399	2764399	2764399	2764399	2764399	1900853	173762	173762	173762	173762	173762	167246	160730	160730	120676	80622	80622	80622	80622
			柴油	1235428	1235428	1203638	1140058	1140058	1113478	1060319	1060319	1060319	1022988	985657	985657	985657	985657	938350	891044	891044	788565	754405
			燃气	2299615	2299615	2171859	1916346	1916346	1774141	1489731	1489731	1489731	1276912	1064093	1064093	959993	959993	814469	814469	814469	814469	814469
载货汽车	微型		汽油	87719	51990	16260	16260	16260	16260	11068	5875	5875	4757	3639	3639	3235	2831	2831	2831	2831	2118	1880
			柴油	58323	48048	37774	37774	37774	37774	34002	30231	30231	25594	20957	20957	20957	20957	15336	9716	9716	8362	7910
			燃气	56880	32395	7910	7910	7910	7910	5617	3324	3324	2683	2043	2043	1723	1404	1404	1404	1404	1224	1164
	轻型		汽油	65144	41714	18285	18285	18285	18285	12356	6427	6427	5386	4344	4344	3626	2907	2907	2907	2907	2213	1982
			柴油	58531	48152	37774	37774	37774	37774	34002	30231	30231	25594	20957	20957	20957	20957	16731	12505	12505	11642	11354
			燃气	42157	26946	11736	11736	11736	11736	7754	3771	3771	3044	2316	2316	1865	1415	1415	1415	1415	1267	1218
	中型		汽油	237983	237983	237983	237983	237982	162472	11453	11453	11453	11453	11453	11453	11453	11453	8593	5733	5733	5733	5733
			柴油	446788	446788	401183	309974	309974	294751	264306	264306	264306	261840	259374	259374	259374	259374	227568	195762	195762	168569	159505
			燃气	504518	504518	447495	333448	333448	316789	283472	283472	283472	280731	277991	277991	210664	210664	171342	171342	171342	171342	171342
	重型		汽油	1984151	1984151	1984151	1984151	1984151	1364340	124718	124718	124718	124718	124718	120041	115364	115364	86616	57867	57867	57867	57867
			柴油	1105421	1105421	1067689	992226	992226	955526	882126	882126	882126	846752	811379	811379	811379	811379	711602	611825	611825	427394	365917
			燃气	2057621	2057621	1927698	1667852	1667852	1525026	1239373	1239373	1239373	1057660	875946	875946	659168	659168	395050	395050	395050	395050	395050
低速汽车	三轮汽车			65550	65550	65550	65550	65550	65550	65550	65550	65550	53279	53279	53279	53279	53279	53279	53279	53279	53279	53279
	低速货车			88065	88065	88065	88065	88065	88065	88065	88065	88065	71579	71579	71579	71579	71579	71579	71579	71579	71579	71579
摩托车	普通摩托车			1150	1150	1150	1150	1112	1074	997	997	997	997	997	886	774	774	774	774	774	774	774
	轻便摩托车			767	767	767	767	767	383	383	383	383	383	383	340	298	298	298	298	298	298	298

宜昌市 PM 排放系数

单位：克/（辆·年）

车辆类型		使用性质	燃料种类	1999 年年底前	2000 年	2001 年	2002 年	2003 年	2004 年	2005 年	2006 年	2007 年	2008 年	2009 年	2010 年	2011 年	2012 年	2013 年	2014 年	2015 年	2016 年	2017 年
载客汽车	微型	出租车	汽油	—	—	—	—	—	—	—	—	—	—	—	—	—	—	—	—	—	—	—
			燃气	—	—	—	—	—	—	—	—	—	—	—	—	—	—	—	—	—	—	—
		其他	汽油	—	—	—	—	—	—	—	—	—	—	—	—	—	—	—	—	—	—	—
			燃气	—	—	—	—	—	—	—	—	—	—	—	—	—	—	—	—	—	—	—
	小型	出租车	汽油	—	—	—	—	—	—	—	—	—	—	—	—	—	—	—	—	—	—	—
			柴油	22260	20384	18507	18507	18507	18507	12592	6677	6677	4358	2038	2038	2038	2038	1894	1751	1751	1448	1347
			燃气	—	—	—	—	—	—	—	—	—	—	—	—	—	—	—	—	—	—	—
		其他	汽油	—	—	—	—	—	—	—	—	—	—	—	—	—	—	—	—	—	—	—
			柴油	3453	3268	3082	3082	3082	3082	2215	1348	1348	988	628	628	628	628	526	424	424	424	424
			燃气	—	—	—	—	—	—	—	—	—	—	—	—	—	—	—	—	—	—	—
	中型	公交车	汽油	—	—	—	—	—	—	—	—	—	—	—	—	—	—	—	—	—	—	—
			柴油	31857	31857	29192	23861	23861	18722	8443	8443	8443	7156	5870	5870	5870	5870	3649	1428	1428	1124	1023
			燃气	—	—	—	—	—	—	—	—	—	—	—	—	—	—	—	—	—	—	—
		其他	汽油	—	—	—	—	—	—	—	—	—	—	—	—	—	—	—	—	—	—	—
			柴油	15274	15274	12888	8116	8116	6262	2553	2553	2553	2434	2316	2316	2316	2316	1366	415	415	399	394
			燃气	—	—	—	—	—	—	—	—	—	—	—	—	—	—	—	—	—	—	—
	大型	公交车	汽油	—	—	—	—	—	—	—	—	—	—	—	—	—	—	—	—	—	—	—
			柴油	98788	98788	97818	95878	95878	74219	30901	30901	30901	20821	10741	10741	10741	10741	6368	1995	1995	1921	1896
			燃气	—	—	—	—	—	—	—	—	—	—	—	—	—	—	—	—	—	—	—
		其他	汽油	—	—	—	—	—	—	—	—	—	—	—	—	—	—	—	—	—	—	—
			柴油	142314	142314	133412	115607	115607	85425	25061	25061	25061	17182	9303	9303	9303	9303	5868	2433	2433	2343	2313
			燃气	—	—	—	—	—	—	—	—	—	—	—	—	—	—	—	—	—	—	—
载货汽车	微型		汽油	—	—	—	—	—	—	—	—	—	—	—	—	—	—	—	—	—	—	—
			柴油	7200	7051	6902	6902	6902	6902	5615	4328	4328	3212	2096	2096	2096	2096	1320	543	543	541	540
			燃气	—	—	—	—	—	—	—	—	—	—	—	—	—	—	—	—	—	—	—
	轻型		汽油	—	—	—	—	—	—	—	—	—	—	—	—	—	—	—	—	—	—	—
			柴油	7488	7195	6902	6902	6902	6902	5615	4328	4328	3212	2096	2096	2096	2096	1580	1065	1065	880	818
			燃气	—	—	—	—	—	—	—	—	—	—	—	—	—	—	—	—	—	—	—
	中型		汽油	—	—	—	—	—	—	—	—	—	—	—	—	—	—	—	—	—	—	—
			柴油	38455	38455	32361	20174	20174	15555	6317	6317	6317	5984	5652	5652	5652	5652	3624	1596	1596	1462	1417
			燃气	—	—	—	—	—	—	—	—	—	—	—	—	—	—	—	—	—	—	—
	重型		汽油	—	—	—	—	—	—	—	—	—	—	—	—	—	—	—	—	—	—	—
			柴油	143162	143162	117669	66682	66682	52945	25472	25472	25472	17454	9437	9437	9437	9437	6304	3172	3172	2681	2517
			燃气	—	—	—	—	—	—	—	—	—	—	—	—	—	—	—	—	—	—	—
低速汽车	三轮汽车			4092	4092	4092	4092	4092	4092	4092	4092	4092	3220	3220	3220	3220	3220	3220	3220	3220	3220	3220
	低速货车			5581	5581	5581	5581	5581	5581	5581	5581	5581	4392	4392	4392	4392	4392	4392	4392	4392	4392	4392
摩托车	普通摩托车			—	—	—	—	—	—	—	—	—	—	—	—	—	—	—	—	—	—	—
	轻便摩托车			—	—	—	—	—	—	—	—	—	—	—	—	—	—	—	—	—	—	—

宜昌市 VOCs 排放系数

单位：克/（辆·年）

车辆类型		使用性质	燃料种类	1999年年底前	2000年	2001年	2002年	2003年	2004年	2005年	2006年	2007年	2008年	2009年	2010年	2011年	2012年	2013年	2014年	2015年	2016年	2017年
载客汽车	微型	出租车	汽油	341470	199618	57767	57767	57767	57767	43132	28498	28498	23185	17872	17872	15444	13015	13015	13015	13015	10446	9590
			燃气	170309	99900	29492	29492	29492	29492	21873	14254	14254	11436	8617	8617	6982	5346	5346	5346	5346	3681	3126
		其他	汽油	40030	24517	9004	9004	9004	9004	8648	8293	8293	7199	6105	6105	5842	5580	5580	5580	5580	4812	4556
			燃气	16052	9014	1976	1976	1976	1976	1897	1818	1818	1350	881	881	798	716	716	716	716	485	408
	小型	出租车	汽油	341470	196394	51319	51319	51319	51319	48558	45798	45798	31835	17872	17872	15444	13015	13015	13015	13015	9884	8840
			柴油	64914	61373	57832	57832	57832	57832	52831	47830	47830	33740	19649	19649	19649	19649	14682	9715	9715	5905	4635
			燃气	170309	98290	26271	26271	26271	26271	24584	22896	22896	15756	8617	8617	6982	5346	5346	5346	5346	3400	2752
		其他	汽油	40572	24723	8874	8874	8874	8874	8873	8872	8872	7490	6107	6107	5810	5513	5513	5513	5513	4866	4651
			柴油	8988	8217	7446	7446	7446	7446	6288	5130	5130	3514	1897	1897	1897	1897	1606	1314	1314	934	808
			燃气	16322	9810	3298	3298	3298	3298	2703	2108	2108	1558	1009	1009	846	682	682	682	682	512	456
	中型	公交车	汽油	257724	257724	257724	257724	257127	175680	13979	13979	13979	13979	13979	13827	13675	13675	11148	8621	8621	8621	8621
			柴油	91436	91436	89645	86063	86063	67161	29358	29358	29358	21356	13354	13354	13354	13354	9328	5303	5303	4960	4846
			燃气	74539	74539	70398	62116	62116	59916	55516	55516	55516	44452	33387	33387	23138	23138	23070	23070	23070	23070	23070
		其他	汽油	128421	128421	128421	128421	127824	87502	8051	8051	8051	8051	8051	7906	7760	7760	6708	5657	5657	5657	5657
			柴油	30493	30493	28460	24394	24394	18567	6912	6912	6912	6506	6099	6099	6099	6099	3750	1402	1402	1243	1190
			燃气	34560	34560	32640	28800	28800	27780	25740	25740	25740	20623	15506	15506	10732	10732	9642	9642	9642	9642	9642
	大型	公交车	汽油	600649	600649	600649	600649	600052	404749	15337	15337	15337	15337	15337	15197	15057	15057	12178	9298	9298	9298	9298
			柴油	137155	137155	112477	63120	63120	63120	63120	63120	63120	45314	27508	27508	27508	27508	18406	9304	9304	5960	4846
			燃气	175912	175912	166139	146593	146593	141401	131018	131018	131018	104906	78794	78794	54606	54606	49139	49139	49139	49139	49139
		其他	汽油	1278317	1278317	1278317	1278317	1277720	860872	28369	28369	28369	28369	28369	22110	15851	15851	12660	9470	9470	9470	9470
			柴油	272891	272891	207397	76409	76409	76409	76409	76409	76409	55942	35476	35476	35476	35476	20706	5937	5937	5324	5119
			燃气	266186	266186	251398	221822	221822	213966	198253	198253	198253	158842	119430	119430	82662	82662	74261	74261	74261	74261	74261
载货汽车	微型		汽油	188694	102256	15819	15819	15819	15819	14960	14101	14101	13058	12015	12015	10186	8357	8357	8357	8357	7292	6937
			柴油	26616	24872	23129	23129	23129	23129	21251	19373	19373	14232	9090	9090	9090	9090	6247	3404	3404	2404	2070
			燃气	75666	39569	3472	3472	3472	3472	3281	3091	3091	2413	1734	1734	1403	1072	1072	1072	1072	734	621
	轻型		汽油	98956	59709	20462	20462	20462	20462	17825	15188	15188	13700	12211	12211	10933	9655	9655	9655	9655	8493	8106
			柴油	24341	23735	23129	23129	23129	23129	21251	19373	19373	14232	9090	9090	9090	9090	6900	4710	4710	3710	3376
			燃气	39810	23707	7605	7605	7605	7605	5607	3609	3609	2813	2018	2018	1606	1194	1194	1194	1194	895	795
	中型		汽油	341707	341707	341707	341707	341110	232099	15270	15270	15270	15270	15270	15130	14990	14990	12125	9260	9260	9260	9260
			柴油	79414	79414	74120	63531	63531	48354	18000	18000	18000	16946	15893	15893	15893	15893	11518	7143	7143	4250	3286
			燃气	90006	90006	85006	75006	75006	72348	67031	67031	67031	53719	40406	40406	54678	54678	26625	26625	26625	26625	26625
	重型		汽油	943816	943816	943816	943816	943218	635727	21940	21940	21940	21940	21940	17289	12638	12638	10282	7926	7926	7926	7926
			柴油	242881	242881	184590	68007	68007	68007	68007	68007	68007	49791	31575	31575	31575	31575	19910	8244	8244	6338	5703
			燃气	236913	236913	223752	197430	197430	190438	176453	176453	176453	141375	106297	106297	114783	114783	82733	82733	82733	82733	82733
低速汽车	三轮汽车			25300	25300	25300	25300	25300	25300	25300	25300	25300	16721	16721	16721	16721	16721	16721	16721	16721	16721	16721
	低速货车			33990	33990	33990	33990	33990	33990	33990	33990	33990	22464	22464	22464	22464	22464	22464	22464	22464	22464	22464
摩托车	普通摩托车			15413	15413	15413	15413	11502	7591	4064	4064	4064	4064	4064	3032	2001	2001	2001	2001	2001	2001	2001
	轻便摩托车			49842	49842	49842	49842	49842	9968	9968	4908	4908	4908	4908	3662	2417	2417	2417	2417	2417	2417	2417

襄阳市 NO_x 排放系数

单位：克/（辆·年）

车辆类型		使用性质	燃料种类	1999年年底前	2000年	2001年	2002年	2003年	2004年	2005年	2006年	2007年	2008年	2009年	2010年	2011年	2012年	2013年	2014年	2015年	2016年	2017年
载客汽车	微型	出租车	汽油	283100	193200	103299	103299	103299	103299	76905	50511	50511	37838	25164	25164	20366	15567	15567	15567	15567	9232	7121
			燃气	191803	131804	71804	71804	71804	71804	53802	35799	35799	27082	18365	18365	14756	11147	11147	11147	11147	6481	4926
		其他	汽油	29482	18526	7571	7571	7571	7571	4774	1976	1976	1608	1240	1240	1034	827	827	827	827	569	483
			燃气	19117	11400	3683	3683	3683	3683	2400	1118	1118	907	696	696	553	410	410	410	410	327	299
	小型	出租车	汽油	319618	213656	107693	107693	107693	107693	79440	51186	51186	38175	25164	25164	19752	14339	14339	14339	14339	8116	6042
			柴油	355050	299362	243675	243675	243675	243675	216435	189195	189195	150752	112308	112308	112308	112308	90825	69342	69342	51388	45404
			燃气	216141	145436	74732	74732	74732	74732	55490	36249	36249	27307	18365	18365	14347	10329	10329	10329	10329	5738	4207
		其他	汽油	27509	17595	7681	7681	7681	7681	5090	2500	2500	1740	979	979	883	787	787	787	787	537	454
			柴油	23816	19502	15189	15189	15189	15189	13971	12753	12753	9991	7229	7229	7229	7229	6234	5239	5239	4512	4269
			燃气	17802	11366	4930	4930	4930	4930	3198	1467	1467	994	522	522	452	383	383	383	383	305	279
	中型	公交车	汽油	325107	325107	325107	325107	325107	222102	16093	16093	16093	16093	16093	14432	12772	12772	9642	6512	6512	6512	6512
			柴油	363748	363748	362894	361186	361186	346832	318124	318124	318124	264982	211840	211840	211840	211840	172876	133913	133913	112115	104849
			燃气	386218	386218	381620	372425	372425	360873	337768	337768	337768	281115	224462	224462	141947	141947	111172	111172	111172	111172	111172
		其他	汽油	199320	199320	199320	199320	199320	135205	6976	6976	6976	6976	6976	6976	6976	6976	5232	3489	3489	3489	3489
			柴油	170581	170581	163460	149219	149219	147957	145434	145434	145434	123862	102290	102290	102290	102290	90824	79358	79358	67733	63858
			燃气	192622	192622	181921	160519	160519	159006	155980	155980	155980	132806	109632	109632	85399	85399	68597	68597	68597	68597	68597
	大型	公交车	汽油	1158194	1158194	1158194	1158194	1158194	796396	72801	72801	72801	72801	72801	72737	72673	72673	54505	36337	36337	36337	36337
			柴油	515903	515903	499232	465891	465891	452653	426178	426178	426178	418498	410818	410818	410818	410818	396004	381190	381190	343625	331103
			燃气	1037271	1037271	979645	864393	864393	800250	671963	671963	671963	575748	479532	479532	446445	446445	386950	386950	386950	386950	386950
		其他	汽油	2764399	2764399	2764399	2764399	2764399	1900853	173762	173762	173762	173762	173762	167246	160730	160730	120676	80622	80622	80622	80622
			柴油	1235428	1235428	1203638	1140058	1140058	1113478	1060319	1060319	1060319	1022988	985657	985657	985657	985657	938350	891044	891044	788565	754405
			燃气	2299615	2299615	2171859	1916346	1916346	1774141	1489731	1489731	1489731	1276912	1064093	1064093	959993	959993	814469	814469	814469	814469	814469
载货汽车	微型		汽油	123434	73570	23707	23707	23707	23707	16311	8915	8915	7266	5618	5618	4906	4194	4194	4194	4194	3062	2684
			柴油	85452	70824	56195	56195	56195	56195	50472	44749	44749	37828	30908	30908	30908	30908	22604	14301	14301	12021	11261
			燃气	80038	45785	11533	11533	11533	11533	8288	5044	5044	4099	3153	3153	2616	2079	2079	2079	2079	1766	1662
	轻型		汽油	91921	59228	26534	26534	26534	26534	18110	9686	9686	8144	6602	6602	5451	4300	4300	4300	4300	3194	2826
			柴油	85741	70968	56195	56195	56195	56195	50472	44749	44749	37828	30908	30908	30908	30908	24552	18195	18195	16600	16068
			燃气	59485	38258	17031	17031	17031	17031	11357	5684	5684	4602	3520	3520	2806	2093	2093	2093	2093	1826	1737
	中型		汽油	237983	237983	237983	237983	237982	162472	11453	11453	11453	11453	11453	11453	11453	11453	8593	5733	5733	5733	5733
			柴油	446788	446788	401183	309974	309974	294751	264306	264306	264306	261840	259374	259374	259374	259374	227568	195762	195762	168569	159505
			燃气	504518	504518	447495	333448	333448	316789	283472	283472	283472	280731	277991	277991	210664	210664	171342	171342	171342	171342	171342
	重型		汽油	1984151	1984151	1984151	1984151	1984151	1364340	124718	124718	124718	124718	124718	120041	115364	115364	86616	57867	57867	57867	57867
			柴油	1105421	1105421	1067689	992226	992226	955526	882126	882126	882126	846752	811379	811379	811379	811379	711602	611825	611825	427394	365917
			燃气	2057621	2057621	1927698	1667852	1667852	1525026	1239373	1239373	1239373	1057660	875946	875946	659168	659168	395050	395050	395050	395050	395050
低速汽车	三轮汽车			65550	65550	65550	65550	65550	65550	65550	65550	65550	53279	53279	53279	53279	53279	53279	53279	53279	53279	53279
	低速货车			88065	88065	88065	88065	88065	88065	88065	88065	88065	71579	71579	71579	71579	71579	71579	71579	71579	71579	71579
摩托车	普通摩托车			1150	1150	1150	1150	1112	1074	997	997	997	997	997	886	774	774	774	774	774	774	774
	轻便摩托车			767	767	767	767	767	383	383	383	383	383	383	340	298	298	298	298	298	298	298

襄阳市 PM 排放系数

单位：克/（辆•年）

车辆类型		使用性质	燃料种类	1999 年年底前	2000 年	2001 年	2002 年	2003 年	2004 年	2005 年	2006 年	2007 年	2008 年	2009 年	2010 年	2011 年	2012 年	2013 年	2014 年	2015 年	2016 年	2017 年
载客汽车	微型	出租车	汽油	—	—	—	—	—	—	—	—	—	—	—	—	—	—	—	—	—	—	—
			燃气	—	—	—	—	—	—	—	—	—	—	—	—	—	—	—	—	—	—	—
		其他	汽油	—	—	—	—	—	—	—	—	—	—	—	—	—	—	—	—	—	—	—
			燃气	—	—	—	—	—	—	—	—	—	—	—	—	—	—	—	—	—	—	—
	小型	出租车	汽油	—	—	—	—	—	—	—	—	—	—	—	—	—	—	—	—	—	—	—
			柴油	44880	41096	37312	37312	37312	37312	25387	13462	13462	8786	4110	4110	4110	4110	3820	3529	3529	2918	2715
			燃气	—	—	—	—	—	—	—	—	—	—	—	—	—	—	—	—	—	—	—
		其他	汽油	—	—	—	—	—	—	—	—	—	—	—	—	—	—	—	—	—	—	—
			柴油	3453	3268	3082	3082	3082	3082	2215	1348	1348	988	628	628	628	628	526	424	424	424	424
			燃气	—	—	—	—	—	—	—	—	—	—	—	—	—	—	—	—	—	—	—
	中型	公交车	汽油	—	—	—	—	—	—	—	—	—	—	—	—	—	—	—	—	—	—	—
			柴油	30592	30592	28032	22913	22913	17978	8108	8108	8108	6872	5637	5637	5637	5637	3504	1372	1372	1080	983
			燃气	—	—	—	—	—	—	—	—	—	—	—	—	—	—	—	—	—	—	—
		其他	汽油	—	—	—	—	—	—	—	—	—	—	—	—	—	—	—	—	—	—	—
			柴油	15274	15274	12888	8116	8116	6262	2553	2553	2553	2434	2316	2316	2316	2316	1366	415	415	399	394
			燃气	—	—	—	—	—	—	—	—	—	—	—	—	—	—	—	—	—	—	—
	大型	公交车	汽油	—	—	—	—	—	—	—	—	—	—	—	—	—	—	—	—	—	—	—
			柴油	94865	94865	93934	92071	92071	71272	29674	29674	29674	19994	10315	10315	10315	10315	6116	1916	1916	1845	1821
			燃气	—	—	—	—	—	—	—	—	—	—	—	—	—	—	—	—	—	—	—
		其他	汽油	—	—	—	—	—	—	—	—	—	—	—	—	—	—	—	—	—	—	—
			柴油	142314	142314	133412	115607	115607	85425	25061	25061	25061	17182	9303	9303	9303	9303	5868	2433	2433	2343	2313
			燃气	—	—	—	—	—	—	—	—	—	—	—	—	—	—	—	—	—	—	—
载货汽车	微型		汽油	—	—	—	—	—	—	—	—	—	—	—	—	—	—	—	—	—	—	—
			柴油	10051	9843	9635	9635	9635	9635	7838	6042	6042	4484	2926	2926	2926	2926	1842	758	758	755	754
			燃气	—	—	—	—	—	—	—	—	—	—	—	—	—	—	—	—	—	—	—
	轻型		汽油	—	—	—	—	—	—	—	—	—	—	—	—	—	—	—	—	—	—	—
			柴油	10453	10044	9635	9635	9635	9635	7838	6042	6042	4484	2926	2926	2926	2926	2206	1487	1487	1228	1142
			燃气	—	—	—	—	—	—	—	—	—	—	—	—	—	—	—	—	—	—	—
	中型		汽油	—	—	—	—	—	—	—	—	—	—	—	—	—	—	—	—	—	—	—
			柴油	38455	38455	32361	20174	20174	15555	6317	6317	6317	5984	5652	5652	5652	5652	3624	1596	1596	1462	1417
			燃气	—	—	—	—	—	—	—	—	—	—	—	—	—	—	—	—	—	—	—
	重型		汽油	—	—	—	—	—	—	—	—	—	—	—	—	—	—	—	—	—	—	—
			柴油	143162	143162	117669	66682	66682	52945	25472	25472	25472	17454	9437	9437	9437	9437	6304	3172	3172	2681	2517
			燃气	—	—	—	—	—	—	—	—	—	—	—	—	—	—	—	—	—	—	—
低速汽车	三轮汽车			4092	4092	4092	4092	4092	4092	4092	4092	4092	3220	3220	3220	3220	3220	3220	3220	3220	3220	3220
	低速货车			5581	5581	5581	5581	5581	5581	5581	5581	5581	4392	4392	4392	4392	4392	4392	4392	4392	4392	4392
摩托车	普通摩托车			—	—	—	—	—	—	—	—	—	—	—	—	—	—	—	—	—	—	—
	轻便摩托车			—	—	—	—	—	—	—	—	—	—	—	—	—	—	—	—	—	—	—

襄阳市 VOCs 排放系数

单位：克/（辆·年）

车辆类型		使用性质	燃料种类	1999 年年底前	2000 年	2001 年	2002 年	2003 年	2004 年	2005 年	2006 年	2007 年	2008 年	2009 年	2010 年	2011 年	2012 年	2013 年	2014 年	2015 年	2016 年	2017 年
载客汽车	微型	出租车	汽油	705145	418884	132622	132622	132622	132622	100572	68521	68521	56036	43551	43551	35878	28204	28204	28204	28204	19732	16908
			燃气	363845	220469	77093	77093	77093	77093	59456	41819	41819	34430	27042	27042	21470	15897	15897	15897	15897	9555	7441
		其他	汽油	40030	24517	9004	9004	9004	9004	8648	8293	8293	7199	6105	6105	5842	5580	5580	5580	5580	4812	4556
			燃气	16052	9014	1976	1976	1976	1976	1897	1818	1818	1350	881	881	798	716	716	716	716	485	408
	小型	出租车	汽油	705145	412384	119622	119622	119622	119622	111510	103399	103399	73475	43551	43551	35878	28204	28204	28204	28204	18599	15397
			柴油	201222	189172	177121	177121	177121	177121	159178	141235	141235	105042	68850	68850	68850	68850	50976	33102	33102	18146	13161
			燃气	363845	217222	70598	70598	70598	70598	64921	59244	59244	43143	27042	27042	21470	15897	15897	15897	15897	8989	6686
		其他	汽油	40572	24723	8874	8874	8874	8874	8873	8872	8872	7490	6107	6107	5810	5513	5513	5513	5513	4866	4651
			柴油	8988	8217	7446	7446	7446	7446	6288	5130	5130	3514	1897	1897	1897	1897	1606	1314	1314	934	808
			燃气	16322	9810	3298	3298	3298	3298	2703	2108	2108	1558	1009	1009	846	682	682	682	682	512	456
	中型	公交车	汽油	247711	247711	247711	247711	247114	168871	13579	13579	13579	13579	13579	13428	13276	13276	10848	8421	8421	8421	8421
			柴油	87806	87806	86086	82645	82645	64494	28192	28192	28192	20508	12823	12823	12823	12823	8958	5093	5093	4763	4653
			燃气	71579	71579	67602	59649	59649	57536	53311	53311	53311	42686	32061	32061	22219	22219	22154	22154	22154	22154	22154
		其他	汽油	128421	128421	128421	128421	127824	87502	8051	8051	8051	8051	8051	7906	7760	7760	6708	5657	5657	5657	5657
			柴油	30493	30493	28460	24394	24394	18567	6912	6912	6912	6506	6099	6099	6099	6099	3750	1402	1402	1243	1190
			燃气	34560	34560	32640	28800	28800	27780	25740	25740	25740	20623	15506	15506	10732	10732	9642	9642	9642	9642	9642
	大型	公交车	汽油	577019	577019	577019	577019	576422	388844	14882	14882	14882	14882	14882	14742	14603	14603	11837	9071	9071	9071	9071
			柴油	131708	131708	108010	60614	60614	60614	60614	60614	60614	43515	26416	26416	26416	26416	17675	8934	8934	5723	4653
			燃气	168926	168926	159541	140772	140772	135786	125815	125815	125815	100740	75665	75665	52438	52438	47188	47188	47188	47188	47188
		其他	汽油	1278317	1278317	1278317	1278317	1277720	860872	28369	28369	28369	28369	28369	22110	15851	15851	12660	9470	9470	9470	9470
			柴油	272891	272891	207397	76409	76409	76409	76409	76409	76409	55942	35476	35476	35476	35476	20706	5937	5937	5324	5119
			燃气	266186	266186	251398	221822	221822	213966	198253	198253	198253	158842	119430	119430	82662	82662	74261	74261	74261	74261	74261
载货汽车	微型		汽油	261822	141620	21419	21419	21419	21419	20126	18833	18833	17360	15886	15886	13149	10412	10412	10412	10412	8820	8289
			柴油	41823	39054	36286	36286	36286	36286	33128	29971	29971	22288	14604	14604	14604	14604	10100	5596	5596	3734	3113
			燃气	104990	54845	4701	4701	4701	4701	4415	4129	4129	3211	2292	2292	1814	1336	1336	1336	1336	891	742
	轻型		汽油	136557	82228	27900	27900	27900	27900	24125	20350	20350	18255	16160	16160	14192	12223	12223	12223	12223	10496	9921
			柴油	38647	37466	36286	36286	36286	36286	33128	29971	29971	22288	14604	14604	14604	14604	11012	7420	7420	5558	4937
			燃气	54936	32653	10369	10369	10369	10369	7602	4835	4835	3753	2670	2670	2091	1512	1512	1512	1512	1108	973
	中型		汽油	341707	341707	341707	341707	341110	232099	15270	15270	15270	15270	15270	15130	14990	14990	12125	9260	9260	9260	9260
			柴油	79414	79414	74120	63531	63531	48354	18000	18000	18000	16946	15893	15893	15893	15893	11518	7143	7143	4250	3286
			燃气	90006	90006	85006	75006	75006	72348	67031	67031	67031	53719	40406	40406	54678	54678	26625	26625	26625	26625	26625
	重型		汽油	943816	943816	943816	943816	943218	635727	21940	21940	21940	21940	21940	17289	12638	12638	10282	7926	7926	7926	7926
			柴油	242881	242881	184590	68007	68007	68007	68007	68007	68007	49791	31575	31575	31575	31575	19910	8244	8244	6338	5703
			燃气	236913	236913	223752	197430	197430	190438	176453	176453	176453	141375	106297	106297	114783	114783	82733	82733	82733	82733	82733
低速汽车	三轮汽车			25300	25300	25300	25300	25300	25300	25300	25300	25300	16721	16721	16721	16721	16721	16721	16721	16721	16721	16721
	低速货车			33990	33990	33990	33990	33990	33990	33990	33990	33990	22464	22464	22464	22464	22464	22464	22464	22464	22464	22464
摩托车	普通摩托车			15413	15413	15413	15413	11502	7591	4064	4064	4064	4064	4064	3032	2001	2001	2001	2001	2001	2001	2001
	轻便摩托车			49842	49842	49842	49842	49842	9968	9968	4908	4908	4908	4908	3662	2417	2417	2417	2417	2417	2417	2417

鄂州市 NO_x 排放系数

单位：克/（辆•年）

车辆类型		使用性质	燃料种类	1999 年年底前	2000 年	2001 年	2002 年	2003 年	2004 年	2005 年	2006 年	2007 年	2008 年	2009 年	2010 年	2011 年	2012 年	2013 年	2014 年	2015 年	2016 年	2017 年
载客汽车	微型	出租车	汽油	230062	155658	81253	81253	81253	81253	59914	38576	38576	28484	18391	18391	15006	11621	11621	11621	11621	7124	5625
			燃气	155311	105718	56126	56126	56126	56126	41620	27115	27115	20214	13312	13312	10772	8231	8231	8231	8231	4956	3865
		其他	汽油	29482	18526	7571	7571	7571	7571	4774	1976	1976	1608	1240	1240	1034	827	827	827	827	569	483
			燃气	19117	11400	3683	3683	3683	3683	2400	1118	1118	907	696	696	553	410	410	410	410	327	299
	小型	出租车	汽油	260421	172663	84905	84905	84905	84905	62022	39138	39138	28764	18391	18391	14496	10600	10600	10600	10600	6196	4728
			柴油	278374	233248	188121	188121	188121	188121	167345	146569	146569	116475	86381	86381	86381	86381	70391	54401	54401	41212	36816
			燃气	175544	117052	58561	58561	58561	58561	43025	27489	27489	20400	13312	13312	10432	7551	7551	7551	7551	4338	3267
		其他	汽油	27509	17595	7681	7681	7681	7681	5090	2500	2500	1740	979	979	883	787	787	787	787	537	454
			柴油	23816	19502	15189	15189	15189	15189	13971	12753	12753	9991	7229	7229	7229	7229	6234	5239	5239	4512	4269
			燃气	17802	11366	4930	4930	4930	4930	3198	1467	1467	994	522	522	452	383	383	383	383	305	279
	中型	公交车	汽油	325107	325107	325107	325107	325107	222102	16093	16093	16093	16093	16093	14432	12772	12772	9642	6512	6512	6512	6512
			柴油	363748	363748	362894	361186	361186	346832	318124	318124	318124	264982	211840	211840	211840	211840	172876	133913	133913	112115	104849
			燃气	386218	386218	381620	372425	372425	360873	337768	337768	337768	281115	224462	224462	141947	141947	111172	111172	111172	111172	111172
		其他	汽油	199320	199320	199320	199320	199320	135205	6976	6976	6976	6976	6976	6976	6976	6976	5232	3489	3489	3489	3489
			柴油	170581	170581	163460	149219	149219	147957	145434	145434	145434	123862	102290	102290	102290	102290	90824	79358	79358	67733	63858
			燃气	192622	192622	181921	160519	160519	159006	155980	155980	155980	132806	109632	109632	85399	85399	68597	68597	68597	68597	68597
	大型	公交车	汽油	1158194	1158194	1158194	1158194	1158194	796396	72801	72801	72801	72801	72801	72737	72673	72673	54505	36337	36337	36337	36337
			柴油	515903	515903	499232	465891	465891	452653	426178	426178	426178	418498	410818	410818	410818	410818	396004	381190	381190	343625	331103
			燃气	1037271	1037271	979645	864393	864393	800250	671963	671963	671963	575748	479532	479532	446445	446445	386950	386950	386950	386950	386950
		其他	汽油	2764399	2764399	2764399	2764399	2764399	1900853	173762	173762	173762	173762	173762	167246	160730	160730	120676	80622	80622	80622	80622
			柴油	1235428	1235428	1203638	1140058	1140058	1113478	1060319	1060319	1060319	1022988	985657	985657	985657	985657	938350	891044	891044	788565	754405
			燃气	2299615	2299615	2171859	1916346	1916346	1774141	1489731	1489731	1489731	1276912	1064093	1064093	959993	959993	814469	814469	814469	814469	814469
载货汽车	微型		汽油	104831	62299	19767	19767	19767	19767	13523	7279	7279	5914	4548	4548	4006	3464	3464	3464	3464	2562	2262
			柴油	71101	58749	46397	46397	46397	46397	41718	37039	37039	31334	25629	25629	25629	25629	18748	11868	11868	10098	9508
			燃气	67976	38796	9616	9616	9616	9616	6867	4118	4118	3336	2553	2553	2135	1717	1717	1717	1717	1480	1400
	轻型		汽油	77950	50064	22178	22178	22178	22178	15058	7937	7937	6662	5387	5387	4471	3555	3555	3555	3555	2677	2384
			柴油	71348	58872	46397	46397	46397	46397	41718	37039	37039	31334	25629	25629	25629	25629	20409	15189	15189	14004	13609
			燃气	50444	32339	14235	14235	14235	14235	9446	4657	4657	3765	2872	2872	2301	1730	1730	1730	1730	1531	1465
	中型		汽油	237983	237983	237983	237983	237982	162472	11453	11453	11453	11453	11453	11453	11453	11453	8593	5733	5733	5733	5733
			柴油	446788	446788	401183	309974	309974	294751	264306	264306	264306	261840	259374	259374	259374	259374	227568	195762	195762	168569	159505
			燃气	504518	504518	447495	333448	333448	316789	283472	283472	283472	280731	277991	277991	210664	210664	171342	171342	171342	171342	171342
	重型		汽油	3346650	3346650	3346650	3346650	3346650	2301220	210361	210361	210361	210361	210361	202472	194584	194584	146094	97603	97603	97603	97603
			柴油	1839331	1839331	1776549	1650984	1650984	1589918	1467786	1467786	1467786	1408928	1350069	1350069	1350069	1350069	1201384	1052700	1052700	769822	675529
			燃气	3423715	3423715	3207534	2775172	2775172	2537520	2062216	2062216	2062216	1759860	1457504	1457504	1134158	1134158	729313	729313	729313	729313	729313
低速汽车	三轮汽车			65550	65550	65550	65550	65550	65550	65550	65550	65550	53279	53279	53279	53279	53279	53279	53279	53279	53279	53279
	低速货车			88065	88065	88065	88065	88065	88065	88065	88065	88065	71579	71579	71579	71579	71579	71579	71579	71579	71579	71579
摩托车	普通摩托车			1150	1150	1150	1150	1112	1074	997	997	997	997	997	886	774	774	774	774	774	774	774
	轻便摩托车			767	767	767	767	767	383	383	383	383	383	383	340	298	298	298	298	298	298	298

鄂州市 PM 排放系数

单位：克/（辆·年）

车辆类型		使用性质	燃料种类	1999 年年底前	2000 年	2001 年	2002 年	2003 年	2004 年	2005 年	2006 年	2007 年	2008 年	2009 年	2010 年	2011 年	2012 年	2013 年	2014 年	2015 年	2016 年	2017 年
载客汽车	微型	出租车	汽油	—	—	—	—	—	—	—	—	—	—	—	—	—	—	—	—	—	—	—
			燃气	—	—	—	—	—	—	—	—	—	—	—	—	—	—	—	—	—	—	—
		其他	汽油	—	—	—	—	—	—	—	—	—	—	—	—	—	—	—	—	—	—	—
			燃气	—	—	—	—	—	—	—	—	—	—	—	—	—	—	—	—	—	—	—
	小型	出租车	汽油	—	—	—	—	—	—	—	—	—	—	—	—	—	—	—	—	—	—	—
			柴油	37310	34164	31019	31019	31019	31019	21106	11192	11192	7304	3417	3417	3417	3417	3176	2934	2934	2426	2257
			燃气	—	—	—	—	—	—	—	—	—	—	—	—	—	—	—	—	—	—	—
		其他	汽油	—	—	—	—	—	—	—	—	—	—	—	—	—	—	—	—	—	—	—
			柴油	3453	3268	3082	3082	3082	3082	2215	1348	1348	988	628	628	628	628	526	424	424	424	424
			燃气	—	—	—	—	—	—	—	—	—	—	—	—	—	—	—	—	—	—	—
	中型	公交车	汽油	—	—	—	—	—	—	—	—	—	—	—	—	—	—	—	—	—	—	—
			柴油	30592	30592	28032	22913	22913	17978	8108	8108	8108	6872	5637	5637	5637	5637	3504	1372	1372	1080	983
			燃气	—	—	—	—	—	—	—	—	—	—	—	—	—	—	—	—	—	—	—
		其他	汽油	—	—	—	—	—	—	—	—	—	—	—	—	—	—	—	—	—	—	—
			柴油	15274	15274	12888	8116	8116	6262	2553	2553	2553	2434	2316	2316	2316	2316	1366	415	415	399	394
			燃气	—	—	—	—	—	—	—	—	—	—	—	—	—	—	—	—	—	—	—
	大型	公交车	汽油	—	—	—	—	—	—	—	—	—	—	—	—	—	—	—	—	—	—	—
			柴油	94865	94865	93934	92071	92071	71272	29674	29674	29674	19994	10315	10315	10315	10315	6116	1916	1916	1845	1821
			燃气	—	—	—	—	—	—	—	—	—	—	—	—	—	—	—	—	—	—	—
		其他	汽油	—	—	—	—	—	—	—	—	—	—	—	—	—	—	—	—	—	—	—
			柴油	142314	142314	133412	115607	115607	85425	25061	25061	25061	17182	9303	9303	9303	9303	5868	2433	2433	2343	2313
			燃气	—	—	—	—	—	—	—	—	—	—	—	—	—	—	—	—	—	—	—
载货汽车	微型		汽油	—	—	—	—	—	—	—	—	—	—	—	—	—	—	—	—	—	—	—
			柴油	8574	8396	8219	8219	8219	8219	6686	5154	5154	3825	2496	2496	2496	2496	1572	647	647	644	643
			燃气	—	—	—	—	—	—	—	—	—	—	—	—	—	—	—	—	—	—	—
	轻型		汽油	—	—	—	—	—	—	—	—	—	—	—	—	—	—	—	—	—	—	—
			柴油	8916	8568	8219	8219	8219	8219	6686	5154	5154	3825	2496	2496	2496	2496	1882	1269	1269	1048	974
			燃气	—	—	—	—	—	—	—	—	—	—	—	—	—	—	—	—	—	—	—
	中型		汽油	—	—	—	—	—	—	—	—	—	—	—	—	—	—	—	—	—	—	—
			柴油	38455	38455	32361	20174	20174	15555	6317	6317	6317	5984	5652	5652	5652	5652	3624	1596	1596	1462	1417
			燃气	—	—	—	—	—	—	—	—	—	—	—	—	—	—	—	—	—	—	—
	重型		汽油	—	—	—	—	—	—	—	—	—	—	—	—	—	—	—	—	—	—	—
			柴油	244241	244241	200748	113762	113762	90327	43457	43457	43457	29779	16101	16101	16101	16101	10672	5243	5243	4432	4161
			燃气	—	—	—	—	—	—	—	—	—	—	—	—	—	—	—	—	—	—	—
低速汽车	三轮汽车			4092	4092	4092	4092	4092	4092	4092	4092	4092	3220	3220	3220	3220	3220	3220	3220	3220	3220	3220
	低速货车			5581	5581	5581	5581	5581	5581	5581	5581	5581	4392	4392	4392	4392	4392	4392	4392	4392	4392	4392
摩托车	普通摩托车			—	—	—	—	—	—	—	—	—	—	—	—	—	—	—	—	—	—	—
	轻便摩托车			—	—	—	—	—	—	—	—	—	—	—	—	—	—	—	—	—	—	—

鄂州市 VOCs 排放系数

单位：克/（辆·年）

车辆类型		使用性质	燃料种类	1999 年年底前	2000 年	2001 年	2002 年	2003 年	2004 年	2005 年	2006 年	2007 年	2008 年	2009 年	2010 年	2011 年	2012 年	2013 年	2014 年	2015 年	2016 年	2017 年
载客汽车	微型	出租车	汽油	580626	342885	105144	105144	105144	105144	79235	53326	53326	43476	33627	33627	28022	22416	22416	22416	22416	16331	14303
			燃气	296783	177984	59185	59185	59185	59185	45156	31127	31127	25459	19791	19791	15792	11792	11792	11792	11792	7350	5870
		其他	汽油	40030	24517	9004	9004	9004	9004	8648	8293	8293	7199	6105	6105	5842	5580	5580	5580	5580	4812	4556
			燃气	16052	9014	1976	1976	1976	1976	1897	1818	1818	1350	881	881	798	716	716	716	716	485	408
	小型	出租车	汽油	580626	337482	94337	94337	94337	94337	88330	82322	82322	57974	33627	33627	28022	22416	22416	22416	22416	15388	13046
			柴油	147671	139019	130367	130367	130367	130367	117637	104907	104907	76992	49078	49078	49078	49078	36406	23733	23733	13334	9867
			燃气	296783	175284	53786	53786	53786	53786	49700	45613	45613	32702	19791	19791	15792	11792	11792	11792	11792	6880	5242
		其他	汽油	40572	24723	8874	8874	8874	8874	8873	8872	8872	7490	6107	6107	5810	5513	5513	5513	5513	4866	4651
			柴油	8988	8217	7446	7446	7446	7446	6288	5130	5130	3514	1897	1897	1897	1897	1606	1314	1314	934	808
			燃气	16322	9810	3298	3298	3298	3298	2703	2108	2108	1558	1009	1009	846	682	682	682	682	512	456
	中型	公交车	汽油	247711	247711	247711	247711	247114	168871	13579	13579	13579	13579	13579	13428	13276	13276	10848	8421	8421	8421	8421
			柴油	87806	87806	86086	82645	82645	64494	28192	28192	28192	20508	12823	12823	12823	12823	8958	5093	5093	4763	4653
			燃气	71579	71579	67602	59649	59649	57536	53311	53311	53311	42686	32061	32061	22219	22219	22154	22154	22154	22154	22154
		其他	汽油	128421	128421	128421	128421	127824	87502	8051	8051	8051	8051	8051	7906	7760	7760	6708	5657	5657	5657	5657
			柴油	30493	30493	28460	24394	24394	18567	6912	6912	6912	6506	6099	6099	6099	6099	3750	1402	1402	1243	1190
			燃气	34560	34560	32640	28800	28800	27780	25740	25740	25740	20623	15506	15506	10732	10732	9642	9642	9642	9642	9642
	大型	公交车	汽油	577019	577019	577019	577019	576422	388844	14882	14882	14882	14882	14882	14742	14603	14603	11837	9071	9071	9071	9071
			柴油	131708	131708	108010	60614	60614	60614	60614	60614	60614	43515	26416	26416	26416	26416	17675	8934	8934	5723	4653
			燃气	168926	168926	159541	140772	140772	135786	125815	125815	125815	100740	75665	75665	52438	52438	47188	47188	47188	47188	47188
		其他	汽油	1278317	1278317	1278317	1278317	1277720	860872	28369	28369	28369	28369	28369	22110	15851	15851	12660	9470	9470	9470	9470
			柴油	272891	272891	207397	76409	76409	76409	76409	76409	76409	55942	35476	35476	35476	35476	20706	5937	5937	5324	5119
			燃气	266186	266186	251398	221822	221822	213966	198253	198253	198253	158842	119430	119430	82662	82662	74261	74261	74261	74261	74261
载货汽车	微型		汽油	223803	121108	18412	18412	18412	18412	17358	16304	16304	15064	13823	13823	11570	9317	9317	9317	9317	8016	7582
			柴油	33601	31388	29174	29174	29174	29174	26718	24261	24261	17932	11604	11604	11604	11604	7999	4394	4394	3013	2553
			燃气	89745	46893	4041	4041	4041	4041	3807	3574	3574	2784	1995	1995	1595	1196	1196	1196	1196	808	679
	轻型		汽油	116950	70446	23941	23941	23941	23941	20769	17597	17597	15826	14056	14056	12459	10862	10862	10862	10862	9446	8974
			柴油	30891	30032	29174	29174	29174	29174	26718	24261	24261	17932	11604	11604	11604	11604	8776	5949	5949	4569	4109
			燃气	47049	27973	8898	8898	8898	8898	6539	4181	4181	3252	2322	2322	1833	1344	1344	1344	1344	996	880
	中型		汽油	341707	341707	341707	341707	341110	232099	15270	15270	15270	15270	15270	15130	14990	14990	12125	9260	9260	9260	9260
			柴油	79414	79414	74120	63531	63531	48354	18000	18000	18000	16946	15893	15893	15893	15893	11518	7143	7143	4250	3286
			燃气	90006	90006	85006	75006	75006	72348	67031	67031	67031	53719	40406	40406	54678	54678	26625	26625	26625	26625	26625
	重型		汽油	1572314	1572314	1572314	1572314	1571716	1058755	34026	34026	34026	34026	34026	26354	18682	18682	14758	10833	10833	10833	10833
			柴油	386211	386211	293520	108139	108139	108139	108139	108139	108139	79173	50207	50207	50207	50207	32065	13923	13923	11617	10848
			燃气	376722	376722	355793	313937	313937	302818	280581	280581	280581	224801	169022	169022	193853	193853	157371	157371	157371	157371	157371
低速汽车	三轮汽车			25300	25300	25300	25300	25300	25300	25300	25300	25300	16721	16721	16721	16721	16721	16721	16721	16721	16721	16721
	低速货车			33990	33990	33990	33990	33990	33990	33990	33990	33990	22464	22464	22464	22464	22464	22464	22464	22464	22464	22464
摩托车	普通摩托车			15413	15413	15413	15413	11502	7591	4064	4064	4064	4064	4064	3032	2001	2001	2001	2001	2001	2001	2001
	轻便摩托车			49842	49842	49842	49842	49842	9968	9968	4908	4908	4908	4908	3662	2417	2417	2417	2417	2417	2417	2417

荆门市 NO_x 排放系数

单位：克/（辆·年）

车辆类型		使用性质	燃料种类	1999年年底前	2000年	2001年	2002年	2003年	2004年	2005年	2006年	2007年	2008年	2009年	2010年	2011年	2012年	2013年	2014年	2015年	2016年	2017年
载客汽车	微型	出租车	汽油	110555	73108	35661	35661	35661	35661	25570	15479	15479	10884	6288	6288	5314	4340	4340	4340	4340	2962	2503
			燃气	73761	48933	24105	24105	24105	24105	17306	10508	10508	7428	4349	4349	3626	2904	2904	2904	2904	1985	1679
		其他	汽油	29482	18526	7571	7571	7571	7571	4774	1976	1976	1608	1240	1240	1034	827	827	827	827	569	483
			燃气	19117	11400	3683	3683	3683	3683	2400	1118	1118	907	696	696	553	410	410	410	410	327	299
	小型	出租车	汽油	125971	81744	37516	37516	37516	37516	26640	15764	15764	11026	6288	6288	5054	3821	3821	3821	3821	2490	2047
			柴油	120728	99252	77777	77777	77777	77777	69532	61286	61286	48294	35303	35303	35303	35303	29487	23671	23671	19085	17556
			燃气	84036	54689	25342	25342	25342	25342	18020	10698	10698	7524	4349	4349	3454	2558	2558	2558	2558	1672	1376
		其他	汽油	27510	17596	7681	7681	7681	7681	5090	2500	2500	1740	979	979	883	787	787	787	787	537	454
			柴油	23816	19502	15189	15189	15189	15189	13971	12753	12753	9991	7229	7229	7229	7229	6234	5239	5239	4512	4269
			燃气	17802	11366	4930	4930	4930	4930	3198	1467	1467	994	522	522	452	383	383	383	383	305	279
	中型	公交车	汽油	325115	325115	325115	325115	325115	222108	16093	16093	16093	16093	16093	14432	12772	12772	9642	6512	6512	6512	6512
			柴油	363755	363755	362901	361192	361192	346838	318129	318129	318129	264986	211843	211843	211843	211843	172879	133915	133915	112117	104851
			燃气	386225	386225	381627	372431	372431	360879	337775	337775	337775	281120	224466	224466	141949	141949	111174	111174	111174	111174	111174
		其他	汽油	199325	199325	199325	199325	199325	135209	6976	6976	6976	6976	6976	6976	6976	6976	5232	3489	3489	3489	3489
			柴油	170584	170584	163463	149222	149222	147960	145437	145437	145437	123864	102291	102291	102291	102291	90825	79359	79359	67734	63859
			燃气	192626	192626	181925	160522	160522	159009	155983	155983	155983	132808	109634	109634	85400	85400	68598	68598	68598	68598	68598
	大型	公交车	汽油	1158223	1158223	1158223	1158223	1158223	796416	72803	72803	72803	72803	72803	72739	72675	72675	54506	36338	36338	36338	36338
			柴油	515912	515912	499241	465900	465900	452662	426186	426186	426186	418506	410825	410825	410825	410825	396011	381197	381197	343631	331109
			燃气	1037290	1037290	979663	864409	864409	800264	671975	671975	671975	575758	479541	479541	446453	446453	386957	386957	386957	386957	386957
		其他	汽油	2764468	2764468	2764468	2764468	2764468	1900901	173767	173767	173767	173767	173767	167250	160734	160734	120679	80624	80624	80624	80624
			柴油	1235450	1235450	1203660	1140079	1140079	1113499	1060339	1060339	1060339	1023007	985675	985675	985675	985675	938368	891060	891060	788579	754419
			燃气	2299657	2299657	2171898	1916381	1916381	1774173	1489758	1489758	1489758	1276936	1064113	1064113	960011	960011	814484	814484	814484	814484	814484
载货汽车	微型		汽油	79761	47214	14668	14668	14668	14668	9962	5255	5255	4248	3242	3242	2896	2550	2550	2550	2550	1916	1705
			柴油	52523	43208	33894	33894	33894	33894	30527	27160	27160	23002	18845	18845	18845	18845	13794	8744	8744	7565	7172
			燃气	51719	29427	7135	7135	7135	7135	5054	2973	2973	2396	1820	1820	1542	1264	1264	1264	1264	1108	1055
	轻型		汽油	59203	37858	16512	16512	16512	16512	11135	5758	5758	4821	3884	3884	3252	2619	2619	2619	2619	2003	1798
			柴油	52711	43302	33894	33894	33894	33894	30527	27160	27160	23002	18845	18845	18845	18845	15064	11284	11284	10552	10308
			燃气	38311	24454	10598	10598	10598	10598	6988	3379	3379	2725	2071	2071	1673	1275	1275	1275	1275	1147	1105
	中型		汽油	237983	237983	237983	237983	237982	162472	11453	11453	11453	11453	11453	11453	11453	11453	8593	5733	5733	5733	5733
			柴油	446788	446788	401183	309974	309974	294751	264306	264306	264306	261840	259374	259374	259374	259374	227568	195762	195762	168569	159505
			燃气	504520	504520	447495	333447	333447	316789	283471	283471	283471	280732	277993	277993	210664	210664	171342	171342	171342	171342	171342
	重型		汽油	3346650	3346650	3346650	3346650	3346650	2301220	210361	210361	210361	210361	210361	202472	194584	194584	146094	97603	97603	97603	97603
			柴油	1839331	1839331	1776549	1650984	1650984	1589918	1467786	1467786	1467786	1408928	1350069	1350069	1350069	1350069	1201384	1052700	1052700	769822	675529
			燃气	3423716	3423716	3207535	2775171	2775171	2537519	2062214	2062214	2062214	1759859	1457505	1457505	1134159	1134159	729313	729313	729313	729313	729313
低速汽车	三轮汽车			65550	65550	65550	65550	65550	65550	65550	65550	65550	53279	53279	53279	53279	53279	53279	53279	53279	53279	53279
	低速货车			88065	88065	88065	88065	88065	88065	88065	88065	88065	71579	71579	71579	71579	71579	71579	71579	71579	71579	71579
摩托车	普通摩托车			1150	1150	1150	1150	1112	1074	997	997	997	997	997	886	774	774	774	774	774	774	774
	轻便摩托车			767	767	767	767	767	383	383	383	383	383	383	340	298	298	298	298	298	298	298

荆门市 PM 排放系数

单位：克/（辆·年）

车辆类型		使用性质	燃料种类	1999 年年底前	2000 年	2001 年	2002 年	2003 年	2004 年	2005 年	2006 年	2007 年	2008 年	2009 年	2010 年	2011 年	2012 年	2013 年	2014 年	2015 年	2016 年	2017 年
载客汽车	微型	出租车	汽油	—	—	—	—	—	—	—	—	—	—	—	—	—	—	—	—	—	—	—
			燃气	—	—	—	—	—	—	—	—	—	—	—	—	—	—	—	—	—	—	—
		其他	汽油	—	—	—	—	—	—	—	—	—	—	—	—	—	—	—	—	—	—	—
			燃气	—	—	—	—	—	—	—	—	—	—	—	—	—	—	—	—	—	—	—
	小型	出租车	汽油	—	—	—	—	—	—	—	—	—	—	—	—	—	—	—	—	—	—	—
			柴油	18946	17348	15751	15751	15751	15751	10717	5683	5683	3709	1735	1735	1735	1735	1612	1490	1490	1232	1146
			燃气	—	—	—	—	—	—	—	—	—	—	—	—	—	—	—	—	—	—	—
		其他	汽油	—	—	—	—	—	—	—	—	—	—	—	—	—	—	—	—	—	—	—
			柴油	3453	3268	3082	3082	3082	3082	2215	1348	1348	988	628	628	628	628	526	424	424	424	424
			燃气	—	—	—	—	—	—	—	—	—	—	—	—	—	—	—	—	—	—	—
	中型	公交车	汽油	—	—	—	—	—	—	—	—	—	—	—	—	—	—	—	—	—	—	—
			柴油	30592	30592	28032	22913	22913	17978	8108	8108	8108	6872	5637	5637	5637	5637	3504	1372	1372	1080	983
			燃气	—	—	—	—	—	—	—	—	—	—	—	—	—	—	—	—	—	—	—
		其他	汽油	—	—	—	—	—	—	—	—	—	—	—	—	—	—	—	—	—	—	—
			柴油	15274	15274	12888	8116	8116	6262	2553	2553	2553	2434	2316	2316	2316	2316	1366	415	415	399	394
			燃气	—	—	—	—	—	—	—	—	—	—	—	—	—	—	—	—	—	—	—
	大型	公交车	汽油	—	—	—	—	—	—	—	—	—	—	—	—	—	—	—	—	—	—	—
			柴油	94865	94865	93934	92071	92071	71272	29674	29674	29674	19994	10315	10315	10315	10315	6116	1916	1916	1845	1821
			燃气	—	—	—	—	—	—	—	—	—	—	—	—	—	—	—	—	—	—	—
		其他	汽油	—	—	—	—	—	—	—	—	—	—	—	—	—	—	—	—	—	—	—
			柴油	142314	142314	133412	115607	115607	85425	25061	25061	25061	17182	9303	9303	9303	9303	5868	2433	2433	2343	2313
			燃气	—	—	—	—	—	—	—	—	—	—	—	—	—	—	—	—	—	—	—
载货汽车	微型		汽油	—	—	—	—	—	—	—	—	—	—	—	—	—	—	—	—	—	—	—
			柴油	6557	6421	6285	6285	6285	6285	5113	3941	3941	2925	1909	1909	1909	1909	1202	495	495	493	492
			燃气	—	—	—	—	—	—	—	—	—	—	—	—	—	—	—	—	—	—	—
	轻型		汽油	—	—	—	—	—	—	—	—	—	—	—	—	—	—	—	—	—	—	—
			柴油	6819	6552	6285	6285	6285	6285	5113	3941	3941	2925	1909	1909	1909	1909	1440	970	970	801	745
			燃气	—	—	—	—	—	—	—	—	—	—	—	—	—	—	—	—	—	—	—
	中型		汽油	—	—	—	—	—	—	—	—	—	—	—	—	—	—	—	—	—	—	—
			柴油	38455	38455	32361	20174	20174	15555	6317	6317	6317	5984	5652	5652	5652	5652	3624	1596	1596	1462	1417
			燃气	—	—	—	—	—	—	—	—	—	—	—	—	—	—	—	—	—	—	—
	重型		汽油	—	—	—	—	—	—	—	—	—	—	—	—	—	—	—	—	—	—	—
			柴油	244241	244241	200748	113762	113762	90327	43457	43457	43457	29779	16101	16101	16101	16101	10672	5243	5243	4432	4161
			燃气	—	—	—	—	—	—	—	—	—	—	—	—	—	—	—	—	—	—	—
低速汽车	三轮汽车			4092	4092	4092	4092	4092	4092	4092	4092	4092	3220	3220	3220	3220	3220	3220	3220	3220	3220	3220
	低速货车			5581	5581	5581	5581	5581	5581	5581	5581	5581	4392	4392	4392	4392	4392	4392	4392	4392	4392	4392
摩托车	普通摩托车			—	—	—	—	—	—	—	—	—	—	—	—	—	—	—	—	—	—	—
	轻便摩托车			—	—	—	—	—	—	—	—	—	—	—	—	—	—	—	—	—	—	—

单位：克/（辆·年）

荆门市 VOCs 排放系数

车辆类型		使用性质	燃料种类	1999 年年底前	2000 年	2001 年	2002 年	2003 年	2004 年	2005 年	2006 年	2007 年	2008 年	2009 年	2010 年	2011 年	2012 年	2013 年	2014 年	2015 年	2016 年	2017 年
载客汽车	微型	出租车	汽油	290311	169471	48631	48631	48631	48631	36312	23994	23994	19554	15114	15114	13218	11321	11321	11321	11321	9307	8636
			燃气	143685	83848	24011	24011	24011	24011	17666	11322	11322	9029	6736	6736	5484	4233	4233	4233	4233	3002	2591
		其他	汽油	40030	24517	9004	9004	9004	9004	8648	8293	8293	7199	6105	6105	5842	5580	5580	5580	5580	4812	4556
			燃气	16052	9014	1976	1976	1976	1976	1897	1818	1818	1350	881	881	798	716	716	716	716	485	408
	小型	出租车	汽油	290311	166728	43144	43144	43144	43144	40930	38717	38717	26916	15114	15114	13218	11321	11321	11321	11321	8829	7998
			柴油	50930	48220	45511	45511	45511	45511	41740	37970	37970	26452	14935	14935	14935	14935	11194	7452	7452	4652	3718
			燃气	143685	82477	21269	21269	21269	21269	19974	18678	18678	12707	6736	6736	5484	4233	4233	4233	4233	2762	2272
		其他	汽油	40572	24723	8874	8874	8874	8874	8873	8872	8872	7490	6107	6107	5810	5513	5513	5513	5513	4866	4651
			柴油	8988	8217	7446	7446	7446	7446	6288	5130	5130	3514	1897	1897	1897	1897	1606	1314	1314	934	808
			燃气	16322	9810	3298	3298	3298	3298	2703	2108	2108	1558	1009	1009	846	682	682	682	682	512	456
	中型	公交车	汽油	247711	247711	247711	247711	247114	168871	13579	13579	13579	13579	13579	13428	13276	13276	10848	8421	8421	8421	8421
			柴油	87806	87806	86086	82645	82645	64494	28192	28192	28192	20508	12823	12823	12823	12823	8958	5093	5093	4763	4653
			燃气	71579	71579	67602	59649	59649	57536	53311	53311	53311	42686	32061	32061	22219	22219	22154	22154	22154	22154	22154
		其他	汽油	128421	128421	128421	128421	127824	87502	8051	8051	8051	8051	8051	7906	7760	7760	6708	5657	5657	5657	5657
			柴油	30493	30493	28460	24394	24394	18567	6912	6912	6912	6506	6099	6099	6099	6099	3750	1402	1402	1243	1190
			燃气	34560	34560	32640	28800	28800	27780	25740	25740	25740	20623	15506	15506	10732	10732	9642	9642	9642	9642	9642
	大型	公交车	汽油	577019	577019	577019	577019	576422	388844	14882	14882	14882	14882	14882	14742	14603	14603	11837	9071	9071	9071	9071
			柴油	131708	131708	108010	60614	60614	60614	60614	60614	60614	43515	26416	26416	26416	26416	17675	8934	8934	5723	4653
			燃气	168926	168926	159541	140772	140772	135786	125815	125815	125815	100740	75665	75665	52438	52438	47188	47188	47188	47188	47188
		其他	汽油	1278317	1278317	1278317	1278317	1277720	860872	28369	28369	28369	28369	28369	22110	15851	15851	12660	9470	9470	9470	9470
			柴油	272891	272891	207397	76409	76409	76409	76409	76409	76409	55942	35476	35476	35476	35476	20706	5937	5937	5324	5119
			燃气	266186	266186	251398	221822	221822	213966	198253	198253	198253	158842	119430	119430	82662	82662	74261	74261	74261	74261	74261
载货汽车	微型		汽油	172316	93493	14670	14670	14670	14670	13894	13119	13119	12162	11204	11204	9566	7927	7927	7927	7927	6961	6639
			柴油	23561	22022	20484	20484	20484	20484	18852	17221	17221	12612	8002	8002	8002	8002	5492	2982	2982	2137	1855
			燃气	69099	36159	3219	3219	3219	3219	3048	2876	2876	2246	1617	1617	1317	1017	1017	1017	1017	700	595
	轻型		汽油	90601	54750	18898	18898	18898	18898	16503	14108	14108	12746	11383	11383	10246	9109	9109	9109	9109	8055	7704
			柴油	21489	20986	20484	20484	20484	20484	18852	17221	17221	12612	8002	8002	8002	8002	6087	4172	4172	3327	3045
			燃气	36449	21736	7023	7023	7023	7023	5188	3352	3352	2616	1881	1881	1504	1127	1127	1127	1127	848	755
	中型		汽油	341707	341707	341707	341707	341110	232099	15270	15270	15270	15270	15270	15130	14990	14990	12125	9260	9260	9260	9260
			柴油	79414	79414	74120	63531	63531	48354	18000	18000	18000	16946	15893	15893	15893	15893	11518	7143	7143	4250	3286
			燃气	90006	90006	85006	75006	75006	72348	67031	67031	67031	53719	40406	40406	54678	54678	26625	26625	26625	26625	26625
	重型		汽油	1572314	1572314	1572314	1572314	1571716	1058755	34026	34026	34026	34026	34026	26354	18682	18682	14758	10833	10833	10833	10833
			柴油	386211	386211	293520	108139	108139	108139	108139	108139	108139	79173	50207	50207	50207	50207	32065	13923	13923	11617	10848
			燃气	376722	376722	355793	313937	313937	302818	280581	280581	280581	224801	169022	169022	193853	193853	157371	157371	157371	157371	157371
低速汽车	三轮汽车			25300	25300	25300	25300	25300	25300	25300	25300	25300	16721	16721	16721	16721	16721	16721	16721	16721	16721	16721
	低速货车			33990	33990	33990	33990	33990	33990	33990	33990	33990	22464	22464	22464	22464	22464	22464	22464	22464	22464	22464
摩托车	普通摩托车			15413	15413	15413	15413	11502	7591	4064	4064	4064	4064	4064	3032	2001	2001	2001	2001	2001	2001	2001
	轻便摩托车			49842	49842	49842	49842	49842	9968	9968	4908	4908	4908	4908	3662	2417	2417	2417	2417	2417	2417	2417

孝感市 NO_x 排放系数

单位：克/（辆·年）

车辆类型		使用性质	燃料种类	1999年年底前	2000年	2001年	2002年	2003年	2004年	2005年	2006年	2007年	2008年	2009年	2010年	2011年	2012年	2013年	2014年	2015年	2016年	2017年
载客汽车	微型	出租车	汽油	315180	216144	117108	117108	117108	117108	87641	58174	58174	43902	29629	29629	23886	18144	18144	18144	18144	10578	8056
			燃气	214026	147858	81690	81690	81690	81690	61546	41402	41402	31554	21705	21705	17380	13056	13056	13056	13056	7459	5593
		其他	汽油	29484	18529	7574	7574	7574	7574	4778	1981	1981	1612	1244	1244	1038	831	831	831	831	571	484
			燃气	19117	11400	3683	3683	3683	3683	2400	1118	1118	907	696	696	553	410	410	410	410	327	299
	小型	出租车	汽油	355298	238616	121935	121935	121935	121935	90425	58915	58915	44272	29629	29629	23212	16795	16795	16795	16795	9352	6871
			柴油	403198	341102	279007	279007	279007	279007	247621	216235	216235	172541	128847	128847	128847	128847	103786	78725	78725	57640	50612
			燃气	240776	162842	84908	84908	84908	84908	63402	41897	41897	31801	21705	21705	16931	12157	12157	12157	12157	6642	4803
		其他	汽油	27513	17598	7684	7684	7684	7684	5094	2505	2505	1744	983	983	887	791	791	791	791	538	454
			柴油	23812	19500	15188	15188	15188	15188	13970	12753	12753	9991	7229	7229	7229	7229	6234	5240	5240	4511	4268
			燃气	17802	11366	4930	4930	4930	4930	3198	1467	1467	994	522	522	452	383	383	383	383	305	279
	中型	公交车	汽油	324956	324956	324956	324956	324956	221999	16085	16085	16085	16085	16085	14426	12766	12766	9638	6509	6509	6509	6509
			柴油	363624	363624	362770	361063	361063	346714	318016	318016	318016	264892	211768	211768	211768	211768	172818	133867	133867	112077	104814
			燃气	386087	386087	381491	372298	372298	360750	337654	337654	337654	281020	224386	224386	141898	141898	111134	111134	111134	111134	111134
		其他	汽油	199228	199228	199228	199228	199228	135143	6973	6973	6973	6973	6973	6973	6973	6973	5230	3487	3487	3487	3487
			柴油	170523	170523	163405	149169	149169	147907	145384	145384	145384	123820	102255	102255	102255	102255	90793	79331	79331	67710	63836
			燃气	192557	192557	181859	160464	160464	158952	155927	155927	155927	132760	109594	109594	85370	85370	68574	68574	68574	68574	68574
	大型	公交车	汽油	1157656	1157656	1157656	1157656	1157656	796026	72767	72767	72767	72767	72767	72703	72639	72639	54480	36320	36320	36320	36320
			柴油	515728	515728	499063	465733	465733	452500	426033	426033	426033	418356	410678	410678	410678	410678	395870	381061	381061	343508	330990
			燃气	1036919	1036919	979312	864099	864099	799977	671734	671734	671734	575552	479369	479369	446293	446293	386819	386819	386819	386819	386819
		其他	汽油	2763114	2763114	2763114	2763114	2763114	1899970	173681	173681	173681	173681	173681	167168	160655	160655	120620	80585	80585	80585	80585
			柴油	1235008	1235008	1203229	1139671	1139671	1113100	1059959	1059959	1059959	1022640	985322	985322	985322	985322	938032	890741	890741	788297	754149
			燃气	2298834	2298834	2171121	1915695	1915695	1773538	1489225	1489225	1489225	1276478	1063732	1063732	959667	959667	814192	814192	814192	814192	814192
载货汽车	微型		汽油	107937	64179	20421	20421	20421	20421	13986	7551	7551	6138	4725	4725	4156	3588	3588	3588	3588	2647	2333
			柴油	73472	60741	48010	48010	48010	48010	43160	38311	38311	32406	26501	26501	26501	26501	19386	12271	12271	10418	9800
			燃气	69985	39957	9930	9930	9930	9930	7096	4261	4261	3453	2644	2644	2207	1770	1770	1770	1770	1524	1441
	轻型		汽油	80284	51592	22901	22901	22901	22901	15564	8227	8227	6908	5589	5589	4634	3680	3680	3680	3680	2763	2457
			柴油	73726	60868	48010	48010	48010	48010	43160	38311	38311	32406	26501	26501	26501	26501	21095	15689	15689	14436	14019
			燃气	51947	33320	14693	14693	14693	14693	9756	4818	4818	3893	2968	2968	2375	1782	1782	1782	1782	1578	1510
	中型		汽油	237983	237983	237983	237983	237982	162472	11453	11453	11453	11453	11453	11453	11453	11453	8593	5733	5733	5733	5733
			柴油	446788	446788	401183	309974	309974	294751	264306	264306	264306	261840	259374	259374	259374	259374	227568	195762	195762	168569	159505
			燃气	504519	504519	447495	333445	333445	316788	283473	283473	283473	280731	277990	277990	210664	210664	171344	171344	171344	171344	171344
	重型		汽油	2684982	2684982	2684982	2684982	2684982	1846245	168770	168770	168770	168770	168770	162441	156112	156112	117209	78306	78306	78306	78306
			柴油	1483472	1483472	1432836	1331564	1331564	1282313	1183810	1183810	1183810	1136339	1088868	1088868	1088868	1088868	958735	828602	828602	582457	500409
			燃气	2761323	2761323	2586966	2238252	2238252	2046579	1663234	1663234	1663234	1419376	1175518	1175518	892720	892720	540250	540250	540250	540250	540250
低速汽车	三轮汽车			65550	65550	65550	65550	65550	65550	65550	65550	65550	53279	53279	53279	53279	53279	53279	53279	53279	53279	53279
	低速货车			88065	88065	88065	88065	88065	88065	88065	88065	88065	71579	71579	71579	71579	71579	71579	71579	71579	71579	71579
摩托车	普通摩托车			1150	1150	1150	1150	1112	1074	997	997	997	997	997	886	774	774	774	774	774	774	774
	轻便摩托车			767	767	767	767	767	383	383	383	383	383	383	340	298	298	298	298	298	298	298

孝感市 PM 排放系数

单位：克/（辆·年）

车辆类型		使用性质	燃料种类	1999 年年底前	2000 年	2001 年	2002 年	2003 年	2004 年	2005 年	2006 年	2007 年	2008 年	2009 年	2010 年	2011 年	2012 年	2013 年	2014 年	2015 年	2016 年	2017 年
载客汽车	微型	出租车	汽油	—	—	—	—	—	—	—	—	—	—	—	—	—	—	—	—	—	—	—
			燃气	—	—	—	—	—	—	—	—	—	—	—	—	—	—	—	—	—	—	—
		其他	汽油	—	—	—	—	—	—	—	—	—	—	—	—	—	—	—	—	—	—	—
			燃气	—	—	—	—	—	—	—	—	—	—	—	—	—	—	—	—	—	—	—
	小型	出租车	汽油	—	—	—	—	—	—	—	—	—	—	—	—	—	—	—	—	—	—	—
			柴油	49327	45168	41009	41009	41009	41009	27902	14796	14796	9656	4517	4517	4517	4517	4198	3879	3879	3208	2984
			燃气	—	—	—	—	—	—	—	—	—	—	—	—	—	—	—	—	—	—	—
		其他	汽油	—	—	—	—	—	—	—	—	—	—	—	—	—	—	—	—	—	—	—
			柴油	3453	3268	3082	3082	3082	3082	2215	1348	1348	988	628	628	628	628	526	424	424	424	424
			燃气	—	—	—	—	—	—	—	—	—	—	—	—	—	—	—	—	—	—	—
	中型	公交车	汽油	—	—	—	—	—	—	—	—	—	—	—	—	—	—	—	—	—	—	—
			柴油	30592	30592	28032	22913	22913	17978	8108	8108	8108	6872	5637	5637	5637	5637	3504	1372	1372	1080	983
			燃气	—	—	—	—	—	—	—	—	—	—	—	—	—	—	—	—	—	—	—
		其他	汽油	—	—	—	—	—	—	—	—	—	—	—	—	—	—	—	—	—	—	—
			柴油	15274	15274	12888	8116	8116	6262	2553	2553	2553	2434	2316	2316	2316	2316	1366	415	415	399	394
			燃气	—	—	—	—	—	—	—	—	—	—	—	—	—	—	—	—	—	—	—
	大型	公交车	汽油	—	—	—	—	—	—	—	—	—	—	—	—	—	—	—	—	—	—	—
			柴油	94865	94865	93934	92071	92071	71272	29674	29674	29674	19994	10315	10315	10315	10315	6116	1916	1916	1845	1821
			燃气	—	—	—	—	—	—	—	—	—	—	—	—	—	—	—	—	—	—	—
		其他	汽油	—	—	—	—	—	—	—	—	—	—	—	—	—	—	—	—	—	—	—
			柴油	142314	142314	133412	115607	115607	85425	25061	25061	25061	17182	9303	9303	9303	9303	5868	2433	2433	2343	2313
			燃气	—	—	—	—	—	—	—	—	—	—	—	—	—	—	—	—	—	—	—
载货汽车	微型		汽油	—	—	—	—	—	—	—	—	—	—	—	—	—	—	—	—	—	—	—
			柴油	8824	8642	8459	8459	8459	8459	6882	5304	5304	3936	2569	2569	2569	2569	1618	666	666	663	662
			燃气	—	—	—	—	—	—	—	—	—	—	—	—	—	—	—	—	—	—	—
	轻型		汽油	—	—	—	—	—	—	—	—	—	—	—	—	—	—	—	—	—	—	—
			柴油	9177	8818	8459	8459	8459	8459	6882	5304	5304	3936	2569	2569	2569	2569	1938	1306	1306	1078	1002
			燃气	—	—	—	—	—	—	—	—	—	—	—	—	—	—	—	—	—	—	—
	中型		汽油	—	—	—	—	—	—	—	—	—	—	—	—	—	—	—	—	—	—	—
			柴油	38455	38455	32361	20174	20174	15555	6317	6317	6317	5984	5652	5652	5652	5652	3624	1596	1596	1462	1417
			燃气	—	—	—	—	—	—	—	—	—	—	—	—	—	—	—	—	—	—	—
	重型		汽油	—	—	—	—	—	—	—	—	—	—	—	—	—	—	—	—	—	—	—
			柴油	194316	194316	159713	90508	90508	71863	34574	34574	34574	23692	12810	12810	12810	12810	8534	4258	4258	3599	3379
			燃气	—	—	—	—	—	—	—	—	—	—	—	—	—	—	—	—	—	—	—
低速汽车	三轮汽车			4092	4092	4092	4092	4092	4092	4092	4092	4092	3220	3220	3220	3220	3220	3220	3220	3220	3220	3220
	低速货车			5581	5581	5581	5581	5581	5581	5581	5581	5581	4392	4392	4392	4392	4392	4392	4392	4392	4392	4392
摩托车	普通摩托车			—	—	—	—	—	—	—	—	—	—	—	—	—	—	—	—	—	—	—
	轻便摩托车			—	—	—	—	—	—	—	—	—	—	—	—	—	—	—	—	—	—	—

孝感市 VOCs 排放系数

单位：克/（辆·年）

车辆类型		使用性质	燃料种类	1999 年年底前	2000 年	2001 年	2002 年	2003 年	2004 年	2005 年	2006 年	2007 年	2008 年	2009 年	2010 年	2011 年	2012 年	2013 年	2014 年	2015 年	2016 年	2017 年
载客汽车	微型	出租车	汽油	723534	433148	142763	142763	142763	142763	109250	75736	75736	62276	48816	48816	39966	31115	31115	31115	31115	21096	17757
			燃气	404322	246432	88542	88542	88542	88542	68666	48790	48790	40300	31811	31811	25194	18578	18578	18578	18578	10962	8424
		其他	汽油	37937	23457	8977	8977	8977	8977	8624	8272	8272	7219	6166	6166	5918	5669	5669	5669	5669	4901	4645
			燃气	16052	9014	1976	1976	1976	1976	1897	1818	1818	1350	881	881	798	716	716	716	716	485	408
	小型	出租车	汽油	723534	426572	129609	129609	129609	129609	120318	111027	111027	79922	48816	48816	39966	31115	31115	31115	31115	19950	16228
			柴油	232288	218140	203992	203992	203992	203992	182734	161477	161477	121410	81343	81343	81343	81343	60156	38970	38970	20957	14953
			燃气	404322	242863	81404	81404	81404	81404	74672	67941	67941	49876	31811	31811	25194	18578	18578	18578	18578	10340	7594
		其他	汽油	38436	23646	8857	8857	8857	8857	8831	8805	8805	7486	6168	6168	5888	5607	5607	5607	5607	4952	4733
			柴油	8599	7868	7137	7137	7137	7137	6039	4941	4941	3402	1862	1862	1862	1862	1576	1290	1290	909	782
			燃气	16322	9810	3298	3298	3298	3298	2703	2108	2108	1558	1009	1009	846	682	682	682	682	512	456
	中型	公交车	汽油	247831	247831	247831	247831	247234	168991	13698	13698	13698	13698	13698	13546	13395	13395	10968	8541	8541	8541	8541
			柴油	87806	87806	86086	82645	82645	64494	28192	28192	28192	20508	12823	12823	12823	12823	8958	5093	5093	4763	4653
			燃气	71579	71579	67602	59649	59649	57536	53311	53311	53311	42686	32061	32061	22219	22219	22154	22154	22154	22154	22154
		其他	汽油	128541	128541	128541	128541	127944	87622	8171	8171	8171	8171	8171	8026	7880	7880	6828	5777	5777	5777	5777
			柴油	30493	30493	28460	24394	24394	18567	6912	6912	6912	6506	6099	6099	6099	6099	3750	1402	1402	1243	1190
			燃气	34560	34560	32640	28800	28800	27780	25740	25740	25740	20623	15506	15506	10732	10732	9642	9642	9642	9642	9642
	大型	公交车	汽油	577139	577139	577139	577139	576542	388964	15002	15002	15002	15002	15002	14862	14722	14722	11956	9190	9190	9190	9190
			柴油	131708	131708	108010	60614	60614	60614	60614	60614	60614	43515	26416	26416	26416	26416	17675	8934	8934	5723	4653
			燃气	168926	168926	159541	140772	140772	135786	125815	125815	125815	100740	75665	75665	52438	52438	47188	47188	47188	47188	47188
		其他	汽油	1278437	1278437	1278437	1278437	1277840	860992	28489	28489	28489	28489	28489	22230	15971	15971	12780	9589	9589	9589	9589
			柴油	272891	272891	207397	76409	76409	76409	76409	76409	76409	55942	35476	35476	35476	35476	20706	5937	5937	5324	5119
			燃气	266186	266186	251398	221822	221822	213966	198253	198253	198253	158842	119430	119430	82662	82662	74261	74261	74261	74261	74261
载货汽车	微型		汽油	213351	115859	18367	18367	18367	18367	17300	16234	16234	14984	13735	13735	11545	9355	9355	9355	9355	8007	7558
			柴油	33637	31420	29203	29203	29203	29203	26703	24203	24203	17958	11713	11713	11713	11713	8104	4496	4496	3031	2543
			燃气	90274	47158	4043	4043	4043	4043	3805	3568	3568	2765	1962	1962	1572	1182	1182	1182	1182	793	664
	轻型		汽油	112110	67858	23605	23605	23605	23605	20532	17460	17460	15708	13957	13957	12388	10819	10819	10819	10819	9362	8877
			柴油	31023	30113	29203	29203	29203	29203	26703	24203	24203	17958	11713	11713	11713	11713	8855	5997	5997	4532	4044
			燃气	47608	28199	8790	8790	8790	8790	6485	4180	4180	3232	2283	2283	1800	1316	1316	1316	1316	970	855
	中型		汽油	341827	341827	341827	341827	341230	232219	15390	15390	15390	15390	15390	15250	15110	15110	12245	9380	9380	9380	9380
			柴油	79414	79414	74120	63531	63531	48354	18000	18000	18000	16946	15893	15893	15893	15893	11518	7143	7143	4250	3286
			燃气	90006	90006	85006	75006	75006	72348	67031	67031	67031	53719	40406	40406	54678	54678	26625	26625	26625	26625	26625
	重型		汽油	1273840	1273840	1273840	1273840	1273242	857898	28404	28404	28404	28404	28404	22168	15931	15931	12752	9572	9572	9572	9572
			柴油	324299	324299	246467	90804	90804	90804	90804	90804	90804	66482	42159	42159	42159	42159	26589	11019	11019	8680	7900
			燃气	316331	316331	298758	263612	263612	254276	235603	235603	235603	188766	141928	141928	153420	153420	114605	114605	114605	114605	114605
低速汽车	三轮汽车			25300	25300	25300	25300	25300	25300	25300	25300	25300	16721	16721	16721	16721	16721	16721	16721	16721	16721	16721
	低速货车			33990	33990	33990	33990	33990	33990	33990	33990	33990	22464	22464	22464	22464	22464	22464	22464	22464	22464	22464
摩托车	普通摩托车			15413	15413	15413	15413	11502	7591	4064	4064	4064	4064	4064	3032	2001	2001	2001	2001	2001	2001	2001
	轻便摩托车			49842	49842	49842	49842	49842	9968	9968	4908	4908	4908	4908	3662	2417	2417	2417	2417	2417	2417	2417

荆州市 NO_x 排放系数

单位：克/（辆·年）

车辆类型		使用性质	燃料种类	1999年年底前	2000年	2001年	2002年	2003年	2004年	2005年	2006年	2007年	2008年	2009年	2010年	2011年	2012年	2013年	2014年	2015年	2016年	2017年
载客汽车	微型	出租车	汽油	262801	178762	94722	94722	94722	94722	70274	45825	45825	34148	22472	22472	18242	14013	14013	14013	14013	8409	6541
			燃气	177663	121654	65644	65644	65644	65644	49000	32355	32355	24348	16341	16341	13162	9984	9984	9984	9984	5878	4510
		其他	汽油	29559	18578	7598	7598	7598	7598	4798	1999	1999	1628	1256	1256	1049	842	842	842	842	575	486
			燃气	19117	11400	3683	3683	3683	3683	2400	1118	1118	907	696	696	553	410	410	410	410	327	299
	小型	出租车	汽油	296990	197913	98836	98836	98836	98836	72646	46457	46457	34464	22472	22472	17668	12864	12864	12864	12864	7364	5531
			柴油	325082	273462	221841	221841	221841	221841	197154	172466	172466	137287	102108	102108	102108	102108	82809	63510	63510	47452	42099
			燃气	200433	134408	68383	68383	68383	68383	50580	32776	32776	24558	16341	16341	12780	9218	9218	9218	9218	5182	3837
		其他	汽油	27585	17646	7708	7708	7708	7708	5116	2523	2523	1759	995	995	898	802	802	802	802	542	456
			柴油	23841	19526	15210	15210	15210	15210	13992	12773	12773	10008	7242	7242	7242	7242	6246	5251	5251	4518	4273
			燃气	17802	11366	4930	4930	4930	4930	3198	1467	1467	994	522	522	452	383	383	383	383	305	279
	中型	公交车	汽油	325346	325346	325346	325346	325346	222266	16105	16105	16105	16105	16105	14443	12781	12781	9649	6517	6517	6517	6517
			柴油	363944	363944	363089	361380	361380	347018	318295	318295	318295	265124	211954	211954	211954	211954	172970	133985	133985	112176	104906
			燃气	386426	386426	381826	372625	372625	361067	337950	337950	337950	281266	224583	224583	142023	142023	111231	111231	111231	111231	111231
		其他	汽油	199467	199467	199467	199467	199467	135305	6981	6981	6981	6981	6981	6981	6981	6981	5236	3491	3491	3491	3491
			柴油	170673	170673	163549	149300	149300	148037	145512	145512	145512	123928	102345	102345	102345	102345	90872	79400	79400	67769	63892
			燃气	192726	192726	182019	160605	160605	159091	156064	156064	156064	132878	109691	109691	85445	85445	68634	68634	68634	68634	68634
	大型	公交车	汽油	1159047	1159047	1159047	1159047	1159047	796983	72854	72854	72854	72854	72854	72790	72727	72727	54546	36364	36364	36364	36364
			柴油	516181	516181	499501	466142	466142	452897	426407	426407	426407	418723	411039	411039	411039	411039	396217	381395	381395	343810	331281
			燃气	1037829	1037829	980172	864858	864858	800680	672324	672324	672324	576057	479790	479790	446685	446685	387158	387158	387158	387158	387158
		其他	汽油	2766433	2766433	2766433	2766433	2766433	1902252	173890	173890	173890	173890	173890	167369	160848	160848	120765	80682	80682	80682	80682
			柴油	1236092	1236092	1204285	1140671	1140671	1114077	1060890	1060890	1060890	1023538	986187	986187	986187	986187	938855	891523	891523	788989	754811
			燃气	2300852	2300852	2173027	1917377	1917377	1775095	1490532	1490532	1490532	1277599	1064666	1064666	960510	960510	814907	814907	814907	814907	814907
载货汽车	微型		汽油	89557	53098	16639	16639	16639	16639	11338	6037	6037	4890	3744	3744	3327	2910	2910	2910	2910	2169	1922
			柴油	59630	49142	38654	38654	38654	38654	34792	30930	30930	26184	21438	21438	21438	21438	15690	9943	9943	8543	8076
			燃气	57920	32993	8065	8065	8065	8065	5721	3376	3376	2726	2075	2075	1746	1417	1417	1417	1417	1241	1182
	轻型		汽油	66530	42618	18705	18705	18705	18705	12652	6600	6600	5532	4463	4463	3725	2987	2987	2987	2987	2266	2026
			柴油	59841	49248	38654	38654	38654	38654	34792	30930	30930	26184	21438	21438	21438	21438	17113	12788	12788	11888	11588
			燃气	42935	27449	11964	11964	11964	11964	7901	3838	3838	3089	2341	2341	1884	1426	1426	1426	1426	1286	1240
	中型		汽油	237983	237983	237983	237983	237982	162472	11453	11453	11453	11453	11453	11453	11453	11453	8593	5733	5733	5733	5733
			柴油	446788	446788	401183	309974	309974	294751	264306	264306	264306	261840	259374	259374	259374	259374	227568	195762	195762	168569	159505
			燃气	504518	504518	447494	333445	333445	316788	283473	283473	283473	280732	277991	277991	210666	210666	171343	171343	171343	171343	171343
	重型		汽油	1984151	1984151	1984151	1984151	1984151	1364340	124718	124718	124718	124718	124718	120041	115364	115364	86616	57867	57867	57867	57867
			柴油	1105421	1105421	1067689	992226	992226	955526	882126	882126	882126	846752	811379	811379	811379	811379	711602	611825	611825	427394	365917
			燃气	2057622	2057622	1927699	1667853	1667853	1525026	1239372	1239372	1239372	1057659	875947	875947	659169	659169	395050	395050	395050	395050	395050
低速汽车	三轮汽车			65550	65550	65550	65550	65550	65550	65550	65550	65550	53279	53279	53279	53279	53279	53279	53279	53279	53279	53279
	低速货车			88065	88065	88065	88065	88065	88065	88065	88065	88065	71579	71579	71579	71579	71579	71579	71579	71579	71579	71579
摩托车	普通摩托车			1150	1150	1150	1150	1112	1074	997	997	997	997	997	886	774	774	774	774	774	774	774
	轻便摩托车			767	767	767	767	767	383	383	383	383	383	383	340	298	298	298	298	298	298	298

荆州市 PM 排放系数

单位：克/（辆·年）

车辆类型		使用性质	燃料种类	1999 年年底前	2000 年	2001 年	2002 年	2003 年	2004 年	2005 年	2006 年	2007 年	2008 年	2009 年	2010 年	2011 年	2012 年	2013 年	2014 年	2015 年	2016 年	2017 年
载客汽车	微型	出租车	汽油	—	—	—	—	—	—	—	—	—	—	—	—	—	—	—	—	—	—	—
			燃气	—	—	—	—	—	—	—	—	—	—	—	—	—	—	—	—	—	—	—
		其他	汽油	—	—	—	—	—	—	—	—	—	—	—	—	—	—	—	—	—	—	—
			燃气	—	—	—	—	—	—	—	—	—	—	—	—	—	—	—	—	—	—	—
	小型	出租车	汽油	—	—	—	—	—	—	—	—	—	—	—	—	—	—	—	—	—	—	—
			柴油	41988	38448	34908	34908	34908	34908	23752	12595	12595	8220	3845	3845	3845	3845	3574	3302	3302	2730	2540
			燃气	—	—	—	—	—	—	—	—	—	—	—	—	—	—	—	—	—	—	—
		其他	汽油	—	—	—	—	—	—	—	—	—	—	—	—	—	—	—	—	—	—	—
			柴油	3453	3268	3082	3082	3082	3082	2215	1348	1348	988	628	628	628	628	526	424	424	424	424
			燃气	—	—	—	—	—	—	—	—	—	—	—	—	—	—	—	—	—	—	—
	中型	公交车	汽油	—	—	—	—	—	—	—	—	—	—	—	—	—	—	—	—	—	—	—
			柴油	30592	30592	28032	22913	22913	17978	8108	8108	8108	6872	5637	5637	5637	5637	3504	1372	1372	1080	983
			燃气	—	—	—	—	—	—	—	—	—	—	—	—	—	—	—	—	—	—	—
		其他	汽油	—	—	—	—	—	—	—	—	—	—	—	—	—	—	—	—	—	—	—
			柴油	15274	15274	12888	8116	8116	6262	2553	2553	2553	2434	2316	2316	2316	2316	1366	415	415	399	394
			燃气	—	—	—	—	—	—	—	—	—	—	—	—	—	—	—	—	—	—	—
	大型	公交车	汽油	—	—	—	—	—	—	—	—	—	—	—	—	—	—	—	—	—	—	—
			柴油	94865	94865	93934	92071	92071	71272	29674	29674	29674	19994	10315	10315	10315	10315	6116	1916	1916	1845	1821
			燃气	—	—	—	—	—	—	—	—	—	—	—	—	—	—	—	—	—	—	—
		其他	汽油	—	—	—	—	—	—	—	—	—	—	—	—	—	—	—	—	—	—	—
			柴油	142314	142314	133412	115607	115607	85425	25061	25061	25061	17182	9303	9303	9303	9303	5868	2433	2433	2343	2313
			燃气	—	—	—	—	—	—	—	—	—	—	—	—	—	—	—	—	—	—	—
载货汽车	微型		汽油	—	—	—	—	—	—	—	—	—	—	—	—	—	—	—	—	—	—	—
			柴油	7339	7187	7035	7035	7035	7035	5724	4412	4412	3274	2137	2137	2137	2137	1346	554	554	551	550
			燃气	—	—	—	—	—	—	—	—	—	—	—	—	—	—	—	—	—	—	—
	轻型		汽油	—	—	—	—	—	—	—	—	—	—	—	—	—	—	—	—	—	—	—
			柴油	7632	7334	7035	7035	7035	7035	5724	4412	4412	3274	2137	2137	2137	2137	1612	1086	1086	896	833
			燃气	—	—	—	—	—	—	—	—	—	—	—	—	—	—	—	—	—	—	—
	中型		汽油	—	—	—	—	—	—	—	—	—	—	—	—	—	—	—	—	—	—	—
			柴油	38455	38455	32361	20174	20174	15555	6317	6317	6317	5984	5652	5652	5652	5652	3624	1596	1596	1462	1417
			燃气	—	—	—	—	—	—	—	—	—	—	—	—	—	—	—	—	—	—	—
	重型		汽油	—	—	—	—	—	—	—	—	—	—	—	—	—	—	—	—	—	—	—
			柴油	143162	143162	117669	66682	66682	52945	25472	25472	25472	17454	9437	9437	9437	9437	6304	3172	3172	2681	2517
			燃气	—	—	—	—	—	—	—	—	—	—	—	—	—	—	—	—	—	—	—
低速汽车	三轮汽车			4092	4092	4092	4092	4092	4092	4092	4092	4092	3220	3220	3220	3220	3220	3220	3220	3220	3220	3220
	低速货车			5581	5581	5581	5581	5581	5581	5581	5581	5581	4392	4392	4392	4392	4392	4392	4392	4392	4392	4392
摩托车	普通摩托车			—	—	—	—	—	—	—	—	—	—	—	—	—	—	—	—	—	—	—
	轻便摩托车			—	—	—	—	—	—	—	—	—	—	—	—	—	—	—	—	—	—	—

荆州市 VOCs 排放系数

单位：克/（辆·年）

车辆类型		使用性质	燃料种类	1999 年年底前	2000 年	2001 年	2002 年	2003 年	2004 年	2005 年	2006 年	2007 年	2008 年	2009 年	2010 年	2011 年	2012 年	2013 年	2014 年	2015 年	2016 年	2017 年
载客汽车	微型	出租车	汽油	609556	362608	115659	115659	115659	115659	87944	60228	60228	49343	38458	38458	31769	25080	25080	25080	25080	17586	15088
			燃气	337951	203984	70016	70016	70016	70016	53788	37560	37560	30852	24143	24143	19202	14260	14260	14260	14260	8684	6825
		其他	汽油	37944	23396	8847	8847	8847	8847	8494	8142	8142	7075	6008	6008	5760	5512	5512	5512	5512	4723	4460
			燃气	16052	9014	1976	1976	1976	1976	1897	1818	1818	1350	881	881	798	716	716	716	716	485	408
	小型	出租车	汽油	609556	357010	104463	104463	104463	104463	97366	90268	90268	64363	38458	38458	31769	25080	25080	25080	25080	16610	13786
			柴油	176349	165797	155245	155245	155245	155245	139536	123827	123827	92089	60351	60351	60351	60351	44702	29054	29054	15935	11562
			燃气	337951	200946	63940	63940	63940	63940	58901	53862	53862	39002	24143	24143	19202	14260	14260	14260	14260	8154	6119
		其他	汽油	38443	23585	8727	8727	8727	8727	8701	8675	8675	7343	6011	6011	5730	5450	5450	5450	5450	4774	4548
			柴油	8629	7898	7168	7168	7168	7168	6070	4972	4972	3426	1881	1881	1881	1881	1595	1309	1309	920	790
			燃气	16322	9810	3298	3298	3298	3298	2703	2108	2108	1558	1009	1009	846	682	682	682	682	512	456
	中型	公交车	汽油	247620	247620	247620	247620	247023	168780	13488	13488	13488	13488	13488	13336	13185	13185	10758	8330	8330	8330	8330
			柴油	87806	87806	86086	82645	82645	64494	28192	28192	28192	20508	12823	12823	12823	12823	8958	5093	5093	4763	4653
			燃气	71579	71579	67602	59649	59649	57536	53311	53311	53311	42686	32061	32061	22219	22219	22154	22154	22154	22154	22154
		其他	汽油	128331	128331	128331	128331	127734	87411	7960	7960	7960	7960	7960	7814	7669	7669	6618	5567	5567	5567	5567
			柴油	30493	30493	28460	24394	24394	18567	6912	6912	6912	6506	6099	6099	6099	6099	3750	1402	1402	1243	1190
			燃气	34560	34560	32640	28800	28800	27780	25740	25740	25740	20623	15506	15506	10732	10732	9642	9642	9642	9642	9642
	大型	公交车	汽油	576928	576928	576928	576928	576331	388753	14792	14792	14792	14792	14792	14652	14512	14512	11746	8980	8980	8980	8980
			柴油	131708	131708	108010	60614	60614	60614	60614	60614	60614	43515	26416	26416	26416	26416	17675	8934	8934	5723	4653
			燃气	168926	168926	159541	140772	140772	135786	125815	125815	125815	100740	75665	75665	52438	52438	47188	47188	47188	47188	47188
		其他	汽油	1278226	1278226	1278226	1278226	1277630	860781	28278	28278	28278	28278	28278	22020	15761	15761	12570	9379	9379	9379	9379
			柴油	272891	272891	207397	76409	76409	76409	76409	76409	76409	55942	35476	35476	35476	35476	20706	5937	5937	5324	5119
			燃气	266186	266186	251398	221822	221822	213966	198253	198253	198253	158842	119430	119430	82662	82662	74261	74261	74261	74261	74261
载货汽车	微型		汽油	178258	96894	15530	15530	15530	15530	14674	13819	13819	12764	11709	11709	9958	8206	8206	8206	8206	7094	6723
			柴油	26243	24526	22809	22809	22809	22809	20934	19059	19059	14049	9039	9039	9039	9039	6242	3445	3445	2393	2042
			燃气	75411	39440	3469	3469	3469	3469	3277	3086	3086	2401	1717	1717	1391	1066	1066	1066	1066	728	615
	轻型		汽油	94057	56972	19886	19886	19886	19886	17362	14838	14838	13366	11893	11893	10658	9424	9424	9424	9424	8221	7820
			柴油	24068	23438	22809	22809	22809	22809	20934	19059	19059	14049	9039	9039	9039	9039	6866	4693	4693	3642	3291
			燃气	39934	23725	7515	7515	7515	7515	5560	3606	3606	2801	1996	1996	1588	1179	1179	1179	1179	883	784
	中型		汽油	341616	341616	341616	341616	341019	232008	15179	15179	15179	15179	15179	15039	14899	14899	12034	9169	9169	9169	9169
			柴油	79414	79414	74120	63531	63531	48354	18000	18000	18000	16946	15893	15893	15893	15893	11518	7143	7143	4250	3286
			燃气	90006	90006	85006	75006	75006	72348	67031	67031	67031	53719	40406	40406	54678	54678	26625	26625	26625	26625	26625
	重型		汽油	943725	943725	943725	943725	943128	635636	21849	21849	21849	21849	21849	17198	12548	12548	10192	7835	7835	7835	7835
			柴油	242881	242881	184590	68007	68007	68007	68007	68007	68007	49791	31575	31575	31575	31575	19910	8244	8244	6338	5703
			燃气	236913	236913	223752	197430	197430	190438	176453	176453	176453	141375	106297	106297	114783	114783	82733	82733	82733	82733	82733
低速汽车	三轮汽车			25300	25300	25300	25300	25300	25300	25300	25300	25300	16721	16721	16721	16721	16721	16721	16721	16721	16721	16721
	低速货车			33990	33990	33990	33990	33990	33990	33990	33990	33990	22464	22464	22464	22464	22464	22464	22464	22464	22464	22464
摩托车	普通摩托车			15413	15413	15413	15413	11502	7591	4064	4064	4064	4064	4064	3032	2001	2001	2001	2001	2001	2001	2001
	轻便摩托车			49842	49842	49842	49842	49842	9968	9968	4908	4908	4908	4908	3662	2417	2417	2417	2417	2417	2417	2417

黄冈市 NO_x 排放系数

单位：克/（辆·年）

车辆类型		使用性质	燃料种类	1999 年年底前	2000 年	2001 年	2002 年	2003 年	2004 年	2005 年	2006 年	2007 年	2008 年	2009 年	2010 年	2011 年	2012 年	2013 年	2014 年	2015 年	2016 年	2017 年
载客汽车	微型	出租车	汽油	283336	193354	103373	103373	103373	103373	76962	50552	50552	37868	25183	25183	20384	15586	15586	15586	15586	9242	7127
			燃气	191803	131804	71804	71804	71804	71804	53802	35799	35799	27082	18365	18365	14756	11147	11147	11147	11147	6481	4926
		其他	汽油	29559	18578	7598	7598	7598	7598	4798	1999	1999	1628	1256	1256	1049	842	842	842	842	575	486
			燃气	19117	11400	3683	3683	3683	3683	2400	1118	1118	907	696	696	553	410	410	410	410	327	299
	小型	出租车	汽油	319880	213824	107769	107769	107769	107769	79498	51228	51228	38206	25183	25183	19770	14357	14357	14357	14357	8125	6048
			柴油	355190	299477	243764	243764	243764	243764	216517	189270	189270	150811	112352	112352	112352	112352	90864	69377	69377	51414	45426
			燃气	216141	145436	74732	74732	74732	74732	55490	36249	36249	27307	18365	18365	14347	10329	10329	10329	10329	5738	4207
		其他	汽油	27585	17646	7708	7708	7708	7708	5116	2523	2523	1759	995	995	898	802	802	802	802	542	456
			柴油	23841	19526	15210	15210	15210	15210	13992	12773	12773	10008	7242	7242	7242	7242	6246	5251	5251	4518	4273
			燃气	17802	11366	4930	4930	4930	4930	3198	1467	1467	994	522	522	452	383	383	383	383	305	279
	中型	公交车	汽油	325346	325346	325346	325346	325346	222266	16105	16105	16105	16105	16105	14443	12781	12781	9649	6517	6517	6517	6517
			柴油	363944	363944	363089	361380	361380	347018	318295	318295	318295	265124	211954	211954	211954	211954	172970	133985	133985	112176	104906
			燃气	386426	386426	381826	372625	372625	361067	337950	337950	337950	281266	224583	224583	142023	142023	111231	111231	111231	111231	111231
		其他	汽油	199467	199467	199467	199467	199467	135305	6981	6981	6981	6981	6981	6981	6981	6981	5236	3491	3491	3491	3491
			柴油	170673	170673	163549	149300	149300	148037	145512	145512	145512	123928	102345	102345	102345	102345	90872	79400	79400	67769	63892
			燃气	192726	192726	182019	160605	160605	159091	156064	156064	156064	132878	109691	109691	85445	85445	68634	68634	68634	68634	68634
	大型	公交车	汽油	1159047	1159047	1159047	1159047	1159047	796983	72854	72854	72854	72854	72854	72790	72727	72727	54546	36364	36364	36364	36364
			柴油	516181	516181	499501	466142	466142	452897	426407	426407	426407	418723	411039	411039	411039	411039	396217	381395	381395	343810	331281
			燃气	1037829	1037829	980172	864858	864858	800680	672324	672324	672324	576057	479790	479790	446685	446685	387158	387158	387158	387158	387158
		其他	汽油	2766433	2766433	2766433	2766433	2766433	1902252	173890	173890	173890	173890	173890	167369	160848	160848	120765	80682	80682	80682	80682
			柴油	1236092	1236092	1204285	1140671	1140671	1114077	1060890	1060890	1060890	1023538	986187	986187	986187	986187	938855	891523	891523	788989	754811
			燃气	2300852	2300852	2173027	1917377	1917377	1775095	1490532	1490532	1490532	1277599	1064666	1064666	960510	960510	814907	814907	814907	814907	814907
载货汽车	微型		汽油	121416	72348	23280	23280	23280	23280	16013	8746	8746	7126	5507	5507	4816	4124	4124	4124	4124	3010	2639
			柴油	83814	69443	55072	55072	55072	55072	49472	43871	43871	37090	30309	30309	30309	30309	22170	14030	14030	11806	11064
			燃气	78525	44905	11285	11285	11285	11285	8088	4891	4891	3972	3052	3052	2530	2008	2008	2008	2008	1720	1624
	轻型		汽油	90416	58238	26060	26060	26060	26060	17782	9504	9504	7990	6475	6475	5352	4229	4229	4229	4229	3142	2779
			柴油	84098	69585	55072	55072	55072	55072	49472	43871	43871	37090	30309	30309	30309	30309	24084	17860	17860	16309	15792
			燃气	58350	37509	16668	16668	16668	16668	11097	5526	5526	4462	3397	3397	2708	2020	2020	2020	2020	1780	1700
	中型		汽油	237983	237983	237983	237983	237982	162472	11453	11453	11453	11453	11453	11453	11453	11453	8593	5733	5733	5733	5733
			柴油	446788	446788	401183	309974	309974	294751	264306	264306	264306	261840	259374	259374	259374	259374	227568	195762	195762	168569	159505
			燃气	504518	504518	447494	333445	333445	316788	283473	283473	283473	280732	277991	277991	210666	210666	171343	171343	171343	171343	171343
	重型		汽油	1388872	1388872	1388872	1388872	1388872	955015	87301	87301	87301	87301	87301	84027	80753	80753	60630	40506	40506	40506	40506
			柴油	786448	786448	759604	705916	705916	679806	627586	627586	627586	602420	577253	577253	577253	577253	497766	418280	418280	274050	225974
			燃气	1463888	1463888	1371455	1186589	1186589	1084975	881747	881747	881747	752469	623190	623190	450647	450647	243965	243965	243965	243965	243965
低速汽车	三轮汽车			65550	65550	65550	65550	65550	65550	65550	65550	65550	53279	53279	53279	53279	53279	53279	53279	53279	53279	53279
	低速货车			88065	88065	88065	88065	88065	88065	88065	88065	88065	71579	71579	71579	71579	71579	71579	71579	71579	71579	71579
摩托车	普通摩托车			1150	1150	1150	1150	1112	1074	997	997	997	997	997	886	774	774	774	774	774	774	774
	轻便摩托车			767	767	767	767	767	383	383	383	383	383	383	340	298	298	298	298	298	298	298

黄冈市 PM 排放系数

单位：克/（辆·年）

车辆类型		使用性质	燃料种类	1999 年年底前	2000 年	2001 年	2002 年	2003 年	2004 年	2005 年	2006 年	2007 年	2008 年	2009 年	2010 年	2011 年	2012 年	2013 年	2014 年	2015 年	2016 年	2017 年
载客汽车	微型	出租车	汽油	—	—	—	—	—	—	—	—	—	—	—	—	—	—	—	—	—	—	—
			燃气	—	—	—	—	—	—	—	—	—	—	—	—	—	—	—	—	—	—	—
		其他	汽油	—	—	—	—	—	—	—	—	—	—	—	—	—	—	—	—	—	—	—
			燃气	—	—	—	—	—	—	—	—	—	—	—	—	—	—	—	—	—	—	—
	小型	出租车	汽油	—	—	—	—	—	—	—	—	—	—	—	—	—	—	—	—	—	—	—
			柴油	44880	41096	37312	37312	37312	37312	25387	13462	13462	8786	4110	4110	4110	4110	3820	3529	3529	2918	2715
			燃气	—	—	—	—	—	—	—	—	—	—	—	—	—	—	—	—	—	—	—
		其他	汽油	—	—	—	—	—	—	—	—	—	—	—	—	—	—	—	—	—	—	—
			柴油	3453	3268	3082	3082	3082	3082	2215	1348	1348	988	628	628	628	628	526	424	424	424	424
			燃气	—	—	—	—	—	—	—	—	—	—	—	—	—	—	—	—	—	—	—
	中型	公交车	汽油	—	—	—	—	—	—	—	—	—	—	—	—	—	—	—	—	—	—	—
			柴油	30592	30592	28032	22913	22913	17978	8108	8108	8108	6872	5637	5637	5637	5637	3504	1372	1372	1080	983
			燃气	—	—	—	—	—	—	—	—	—	—	—	—	—	—	—	—	—	—	—
		其他	汽油	—	—	—	—	—	—	—	—	—	—	—	—	—	—	—	—	—	—	—
			柴油	15274	15274	12888	8116	8116	6262	2553	2553	2553	2434	2316	2316	2316	2316	1366	415	415	399	394
			燃气	—	—	—	—	—	—	—	—	—	—	—	—	—	—	—	—	—	—	—
	大型	公交车	汽油	—	—	—	—	—	—	—	—	—	—	—	—	—	—	—	—	—	—	—
			柴油	94865	94865	93934	92071	92071	71272	29674	29674	29674	19994	10315	10315	10315	10315	6116	1916	1916	1845	1821
			燃气	—	—	—	—	—	—	—	—	—	—	—	—	—	—	—	—	—	—	—
		其他	汽油	—	—	—	—	—	—	—	—	—	—	—	—	—	—	—	—	—	—	—
			柴油	142314	142314	133412	115607	115607	85425	25061	25061	25061	17182	9303	9303	9303	9303	5868	2433	2433	2343	2313
			燃气	—	—	—	—	—	—	—	—	—	—	—	—	—	—	—	—	—	—	—
载货汽车	微型		汽油	—	—	—	—	—	—	—	—	—	—	—	—	—	—	—	—	—	—	—
			柴油	9880	9676	9471	9471	9471	9471	7705	5939	5939	4408	2877	2877	2877	2877	1812	746	746	742	741
			燃气	—	—	—	—	—	—	—	—	—	—	—	—	—	—	—	—	—	—	—
	轻型		汽油	—	—	—	—	—	—	—	—	—	—	—	—	—	—	—	—	—	—	—
			柴油	10275	9873	9471	9471	9471	9471	7705	5939	5939	4408	2877	2877	2877	2877	2170	1462	1462	1207	1122
			燃气	—	—	—	—	—	—	—	—	—	—	—	—	—	—	—	—	—	—	—
	中型		汽油	—	—	—	—	—	—	—	—	—	—	—	—	—	—	—	—	—	—	—
			柴油	38455	38455	32361	20174	20174	15555	6317	6317	6317	5984	5652	5652	5652	5652	3624	1596	1596	1462	1417
			燃气	—	—	—	—	—	—	—	—	—	—	—	—	—	—	—	—	—	—	—
	重型		汽油	—	—	—	—	—	—	—	—	—	—	—	—	—	—	—	—	—	—	—
			柴油	98676	98676	81104	45961	45961	36493	17557	17557	17557	12031	6505	6505	6505	6505	4389	2273	2273	1921	1804
			燃气	—	—	—	—	—	—	—	—	—	—	—	—	—	—	—	—	—	—	—
低速汽车	三轮汽车			4092	4092	4092	4092	4092	4092	4092	4092	4092	3220	3220	3220	3220	3220	3220	3220	3220	3220	3220
	低速货车			5581	5581	5581	5581	5581	5581	5581	5581	5581	4392	4392	4392	4392	4392	4392	4392	4392	4392	4392
摩托车	普通摩托车			—	—	—	—	—	—	—	—	—	—	—	—	—	—	—	—	—	—	—
	轻便摩托车			—	—	—	—	—	—	—	—	—	—	—	—	—	—	—	—	—	—	—

黄冈市 VOCs 排放系数

单位：克/（辆·年）

车辆类型		使用性质	燃料种类	1999 年年底前	2000 年	2001 年	2002 年	2003 年	2004 年	2005 年	2006 年	2007 年	2008 年	2009 年	2010 年	2011 年	2012 年	2013 年	2014 年	2015 年	2016 年	2017 年
载客汽车	微型	出租车	汽油	654152	390083	126014	126014	126014	126014	96050	66085	66085	54206	42327	42327	34822	27316	27316	27316	27316	18866	16049
			燃气	363845	220469	77093	77093	77093	77093	59456	41819	41819	34430	27042	27042	21470	15897	15897	15897	15897	9555	7441
		其他	汽油	37944	23396	8847	8847	8847	8847	8494	8142	8142	7075	6008	6008	5760	5512	5512	5512	5512	4723	4460
			燃气	16052	9014	1976	1976	1976	1976	1897	1818	1818	1350	881	881	798	716	716	716	716	485	408
	小型	出租车	汽油	654152	384099	114046	114046	114046	114046	106120	98193	98193	70260	42327	42327	34822	27316	27316	27316	27316	17822	14658
			柴油	197507	185600	173694	173694	173694	173694	155898	138102	138102	103180	68257	68257	68257	68257	50526	32794	32794	17838	12852
			燃气	363845	217222	70598	70598	70598	70598	64921	59244	59244	43143	27042	27042	21470	15897	15897	15897	15897	8989	6686
		其他	汽油	38443	23585	8727	8727	8727	8727	8701	8675	8675	7343	6011	6011	5730	5450	5450	5450	5450	4774	4548
			柴油	8629	7898	7168	7168	7168	7168	6070	4972	4972	3426	1881	1881	1881	1881	1595	1309	1309	920	790
			燃气	16322	9810	3298	3298	3298	3298	2703	2108	2108	1558	1009	1009	846	682	682	682	682	512	456
	中型	公交车	汽油	247620	247620	247620	247620	247023	168780	13488	13488	13488	13488	13488	13336	13185	13185	10758	8330	8330	8330	8330
			柴油	87806	87806	86086	82645	82645	64494	28192	28192	28192	20508	12823	12823	12823	12823	8958	5093	5093	4763	4653
			燃气	71579	71579	67602	59649	59649	57536	53311	53311	53311	42686	32061	32061	22219	22219	22154	22154	22154	22154	22154
		其他	汽油	128331	128331	128331	128331	127734	87411	7960	7960	7960	7960	7960	7814	7669	7669	6618	5567	5567	5567	5567
			柴油	30493	30493	28460	24394	24394	18567	6912	6912	6912	6506	6099	6099	6099	6099	3750	1402	1402	1243	1190
			燃气	34560	34560	32640	28800	28800	27780	25740	25740	25740	20623	15506	15506	10732	10732	9642	9642	9642	9642	9642
	大型	公交车	汽油	576928	576928	576928	576928	576331	388753	14792	14792	14792	14792	14792	14652	14512	14512	11746	8980	8980	8980	8980
			柴油	131708	131708	108010	60614	60614	60614	60614	60614	60614	43515	26416	26416	26416	26416	17675	8934	8934	5723	4653
			燃气	168926	168926	159541	140772	140772	135786	125815	125815	125815	100740	75665	75665	52438	52438	47188	47188	47188	47188	47188
		其他	汽油	1278226	1278226	1278226	1278226	1277630	860781	28278	28278	28278	28278	28278	22020	15761	15761	12570	9379	9379	9379	9379
			柴油	272891	272891	207397	76409	76409	76409	76409	76409	76409	55942	35476	35476	35476	35476	20706	5937	5937	5324	5119
			燃气	266186	266186	251398	221822	221822	213966	198253	198253	198253	158842	119430	119430	82662	82662	74261	74261	74261	74261	74261
载货汽车	微型		汽油	238481	129391	20301	20301	20301	20301	19067	17833	17833	16408	14983	14983	12463	9943	9943	9943	9943	8369	7844
			柴油	39400	36796	34191	34191	34191	34191	31197	28203	28203	21019	13835	13835	13835	13835	9600	5364	5364	3545	2939
			燃气	100888	52711	4534	4534	4534	4534	4258	3982	3982	3089	2197	2197	1744	1292	1292	1292	1292	861	718
	轻型		汽油	125121	75644	26166	26166	26166	26166	22686	19205	19205	17218	15231	15231	13406	11582	11582	11582	11582	9886	9321
			柴油	36473	35332	34191	34191	34191	34191	31197	28203	28203	21019	13835	13835	13835	13835	10440	7045	7045	5226	4620
			燃气	53123	31506	9888	9888	9888	9888	7278	4667	4667	3612	2557	2557	2003	1449	1449	1449	1449	1063	935
	中型		汽油	341616	341616	341616	341616	341019	232008	15179	15179	15179	15179	15179	15039	14899	14899	12034	9169	9169	9169	9169
			柴油	79414	79414	74120	63531	63531	48354	18000	18000	18000	16946	15893	15893	15893	15893	11518	7143	7143	4250	3286
			燃气	90006	90006	85006	75006	75006	72348	67031	67031	67031	53719	40406	40406	54678	54678	26625	26625	26625	26625	26625
	重型		汽油	669507	669507	669507	669507	668909	451066	16576	16576	16576	16576	16576	13244	9911	9911	8239	6567	6567	6567	6567
			柴油	181812	181812	138177	50907	50907	50907	50907	50907	50907	37272	23636	23636	23636	23636	14679	5722	5722	3961	3374
			燃气	177345	177345	167492	147787	147787	142553	132085	132085	132085	105828	79571	79571	79669	79669	48946	48946	48946	48946	48946
低速汽车	三轮汽车			25300	25300	25300	25300	25300	25300	25300	25300	25300	16721	16721	16721	16721	16721	16721	16721	16721	16721	16721
	低速货车			33990	33990	33990	33990	33990	33990	33990	33990	33990	22464	22464	22464	22464	22464	22464	22464	22464	22464	22464
摩托车	普通摩托车			15413	15413	15413	15413	11502	7591	4064	4064	4064	4064	4064	3032	2001	2001	2001	2001	2001	2001	2001
	轻便摩托车			49842	49842	49842	49842	49842	9968	9968	4908	4908	4908	4908	3662	2417	2417	2417	2417	2417	2417	2417

咸宁市 NO_x 排放系数

单位：克/（辆·年）

车辆类型		使用性质	燃料种类	1999 年年底前	2000 年	2001 年	2002 年	2003 年	2004 年	2005 年	2006 年	2007 年	2008 年	2009 年	2010 年	2011 年	2012 年	2013 年	2014 年	2015 年	2016 年	2017 年
载客汽车	微型	出租车	汽油	293202	200390	107579	107579	107579	107579	80224	52870	52870	39697	26524	26524	21443	16362	16362	16362	16362	9650	7412
			燃气	198605	136704	74804	74804	74804	74804	56147	37490	37490	28429	19368	19368	15544	11721	11721	11721	11721	6777	5129
		其他	汽油	29559	18578	7598	7598	7598	7598	4798	1999	1999	1628	1256	1256	1049	842	842	842	842	575	486
			燃气	19117	11400	3683	3683	3683	3683	2400	1118	1118	907	696	696	553	410	410	410	410	327	299
	小型	出租车	汽油	330865	221488	112110	112110	112110	112110	82838	53566	53566	40045	26524	26524	20810	15095	15095	15095	15095	8499	6300
			柴油	369840	312159	254478	254478	254478	254478	225976	197474	197474	157418	117363	117363	117363	117363	94797	72231	72231	53327	47026
			燃气	223689	150756	77822	77822	77822	77822	57888	37954	37954	28661	19368	19368	15123	10878	10878	10878	10878	6010	4388
		其他	汽油	27585	17646	7708	7708	7708	7708	5116	2523	2523	1759	995	995	898	802	802	802	802	542	456
			柴油	23841	19526	15210	15210	15210	15210	13992	12773	12773	10008	7242	7242	7242	7242	6246	5251	5251	4518	4273
			燃气	17802	11366	4930	4930	4930	4930	3198	1467	1467	994	522	522	452	383	383	383	383	305	279
	中型	公交车	汽油	325346	325346	325346	325346	325346	222266	16105	16105	16105	16105	16105	14443	12781	12781	9649	6517	6517	6517	6517
			柴油	363944	363944	363089	361380	361380	347018	318295	318295	318295	265124	211954	211954	211954	211954	172970	133985	133985	112176	104906
			燃气	386426	386426	381826	372625	372625	361067	337950	337950	337950	281266	224583	224583	142023	142023	111231	111231	111231	111231	111231
		其他	汽油	199467	199467	199467	199467	199467	135305	6981	6981	6981	6981	6981	6981	6981	6981	5236	3491	3491	3491	3491
			柴油	170673	170673	163549	149300	149300	148037	145512	145512	145512	123928	102345	102345	102345	102345	90872	79400	79400	67769	63892
			燃气	192726	192726	182019	160605	160605	159091	156064	156064	156064	132878	109691	109691	85445	85445	68634	68634	68634	68634	68634
	大型	公交车	汽油	1159047	1159047	1159047	1159047	1159047	796983	72854	72854	72854	72854	72854	72790	72727	72727	54546	36364	36364	36364	36364
			柴油	516181	516181	499501	466142	466142	452897	426407	426407	426407	418723	411039	411039	411039	411039	396217	381395	381395	343810	331281
			燃气	1037829	1037829	980172	864858	864858	800680	672324	672324	672324	576057	479790	479790	446685	446685	387158	387158	387158	387158	387158
		其他	汽油	2766433	2766433	2766433	2766433	2766433	1902252	173890	173890	173890	173890	173890	167369	160848	160848	120765	80682	80682	80682	80682
			柴油	1236092	1236092	1204285	1140671	1140671	1114077	1060890	1060890	1060890	1023538	986187	986187	986187	986187	938855	891523	891523	788989	754811
			燃气	2300852	2300852	2173027	1917377	1917377	1775095	1490532	1490532	1490532	1277599	1064666	1064666	960510	960510	814907	814907	814907	814907	814907
载货汽车	微型		汽油	115568	68800	22031	22031	22031	22031	15128	8224	8224	6694	5164	5164	4528	3892	3892	3892	3892	2852	2506
			柴油	79269	65616	51962	51962	51962	51962	46694	41425	41425	35030	28635	28635	28635	28635	20946	13258	13258	11198	10512
			燃气	74742	42711	10679	10679	10679	10679	7639	4600	4600	3731	2862	2862	2378	1895	1895	1895	1895	1630	1542
	轻型		汽油	86020	55351	24682	24682	24682	24682	16814	8946	8946	7516	6087	6087	5039	3991	3991	3991	3991	2977	2639
			柴油	79540	65751	51962	51962	51962	51962	46694	41425	41425	35030	28635	28635	28635	28635	22772	16909	16909	15491	15018
			燃气	55513	35650	15786	15786	15786	15786	10494	5202	5202	4198	3193	3193	2550	1906	1906	1906	1906	1687	1615
	中型		汽油	237983	237983	237983	237983	237982	162472	11453	11453	11453	11453	11453	11453	11453	11453	8593	5733	5733	5733	5733
			柴油	446788	446788	401183	309974	309974	294751	264306	264306	264306	261840	259374	259374	259374	259374	227568	195762	195762	168569	159505
			燃气	504518	504518	447494	333445	333445	316788	283473	283473	283473	280732	277991	277991	210666	210666	171343	171343	171343	171343	171343
	重型		汽油	2684982	2684982	2684982	2684982	2684982	1846245	168770	168770	168770	168770	168770	162441	156112	156112	117209	78306	78306	78306	78306
			柴油	1483472	1483472	1432836	1331564	1331564	1282313	1183810	1183810	1183810	1136339	1088868	1088868	1088868	1088868	958735	828602	828602	582457	500409
			燃气	2761323	2761323	2586966	2238253	2238253	2046579	1663232	1663232	1663232	1419375	1175518	1175518	892720	892720	540250	540250	540250	540250	540250
低速汽车	三轮汽车			65550	65550	65550	65550	65550	65550	65550	65550	65550	53279	53279	53279	53279	53279	53279	53279	53279	53279	53279
	低速货车			88065	88065	88065	88065	88065	88065	88065	88065	88065	71579	71579	71579	71579	71579	71579	71579	71579	71579	71579
摩托车	普通摩托车			1150	1150	1150	1150	1112	1074	997	997	997	997	997	886	774	774	774	774	774	774	774
	轻便摩托车			767	767	767	767	767	383	383	383	383	383	383	340	298	298	298	298	298	298	298

咸宁市 PM 排放系数

单位：克/（辆•年）

车辆类型		使用性质	燃料种类	1999 年年底前	2000 年	2001 年	2002 年	2003 年	2004 年	2005 年	2006 年	2007 年	2008 年	2009 年	2010 年	2011 年	2012 年	2013 年	2014 年	2015 年	2016 年	2017 年
载客汽车	微型	出租车	汽油	—	—	—	—	—	—	—	—	—	—	—	—	—	—	—	—	—	—	—
			燃气	—	—	—	—	—	—	—	—	—	—	—	—	—	—	—	—	—	—	—
		其他	汽油	—	—	—	—	—	—	—	—	—	—	—	—	—	—	—	—	—	—	—
			燃气	—	—	—	—	—	—	—	—	—	—	—	—	—	—	—	—	—	—	—
	小型	出租车	汽油	—	—	—	—	—	—	—	—	—	—	—	—	—	—	—	—	—	—	—
			柴油	46253	42354	38454	38454	38454	38454	26164	13874	13874	9054	4235	4235	4235	4235	3936	3637	3637	3008	2798
			燃气	—	—	—	—	—	—	—	—	—	—	—	—	—	—	—	—	—	—	—
		其他	汽油	—	—	—	—	—	—	—	—	—	—	—	—	—	—	—	—	—	—	—
			柴油	3453	3268	3082	3082	3082	3082	2215	1348	1348	988	628	628	628	628	526	424	424	424	424
			燃气	—	—	—	—	—	—	—	—	—	—	—	—	—	—	—	—	—	—	—
	中型	公交车	汽油	—	—	—	—	—	—	—	—	—	—	—	—	—	—	—	—	—	—	—
			柴油	30592	30592	28032	22913	22913	17978	8108	8108	8108	6872	5637	5637	5637	5637	3504	1372	1372	1080	983
			燃气	—	—	—	—	—	—	—	—	—	—	—	—	—	—	—	—	—	—	—
		其他	汽油	—	—	—	—	—	—	—	—	—	—	—	—	—	—	—	—	—	—	—
			柴油	15274	15274	12888	8116	8116	6262	2553	2553	2553	2434	2316	2316	2316	2316	1366	415	415	399	394
			燃气	—	—	—	—	—	—	—	—	—	—	—	—	—	—	—	—	—	—	—
	大型	公交车	汽油	—	—	—	—	—	—	—	—	—	—	—	—	—	—	—	—	—	—	—
			柴油	94865	94865	93934	92071	92071	71272	29674	29674	29674	19994	10315	10315	10315	10315	6116	1916	1916	1845	1821
			燃气	—	—	—	—	—	—	—	—	—	—	—	—	—	—	—	—	—	—	—
		其他	汽油	—	—	—	—	—	—	—	—	—	—	—	—	—	—	—	—	—	—	—
			柴油	142314	142314	133412	115607	115607	85425	25061	25061	25061	17182	9303	9303	9303	9303	5868	2433	2433	2343	2313
			燃气	—	—	—	—	—	—	—	—	—	—	—	—	—	—	—	—	—	—	—
载货汽车	微型		汽油	—	—	—	—	—	—	—	—	—	—	—	—	—	—	—	—	—	—	—
			柴油	9417	9222	9028	9028	9028	9028	7344	5661	5661	4202	2742	2742	2742	2742	1726	711	711	707	706
			燃气	—	—	—	—	—	—	—	—	—	—	—	—	—	—	—	—	—	—	—
	轻型		汽油	—	—	—	—	—	—	—	—	—	—	—	—	—	—	—	—	—	—	—
			柴油	9794	9411	9028	9028	9028	9028	7344	5661	5661	4202	2742	2742	2742	2742	2068	1393	1393	1151	1070
			燃气	—	—	—	—	—	—	—	—	—	—	—	—	—	—	—	—	—	—	—
	中型		汽油	—	—	—	—	—	—	—	—	—	—	—	—	—	—	—	—	—	—	—
			柴油	38455	38455	32361	20174	20174	15555	6317	6317	6317	5984	5652	5652	5652	5652	3624	1596	1596	1462	1417
			燃气	—	—	—	—	—	—	—	—	—	—	—	—	—	—	—	—	—	—	—
	重型		汽油	—	—	—	—	—	—	—	—	—	—	—	—	—	—	—	—	—	—	—
			柴油	194316	194316	159713	90508	90508	71863	34574	34574	34574	23692	12810	12810	12810	12810	8534	4258	4258	3599	3379
			燃气	—	—	—	—	—	—	—	—	—	—	—	—	—	—	—	—	—	—	—
低速汽车	三轮汽车			4092	4092	4092	4092	4092	4092	4092	4092	4092	3220	3220	3220	3220	3220	3220	3220	3220	3220	3220
	低速货车			5581	5581	5581	5581	5581	5581	5581	5581	5581	4392	4392	4392	4392	4392	4392	4392	4392	4392	4392
摩托车	普通摩托车			—	—	—	—	—	—	—	—	—	—	—	—	—	—	—	—	—	—	—
	轻便摩托车			—	—	—	—	—	—	—	—	—	—	—	—	—	—	—	—	—	—	—

咸宁市 VOCs 排放系数

单位：克/（辆·年）

车辆类型		使用性质	燃料种类	1999年年底前	2000年	2001年	2002年	2003年	2004年	2005年	2006年	2007年	2008年	2009年	2010年	2011年	2012年	2013年	2014年	2015年	2016年	2017年
载客汽车	微型	出租车	汽油	675480	403268	131057	131057	131057	131057	100008	68959	68959	56596	44233	44233	36324	28415	28415	28415	28415	19488	16513
			燃气	376262	228409	80556	80556	80556	80556	62237	43918	43918	36196	28474	28474	22589	16704	16704	16704	16704	9981	7740
		其他	汽油	37944	23396	8847	8847	8847	8847	8494	8142	8142	7075	6008	6008	5760	5512	5512	5512	5512	4723	4460
			燃气	16052	9014	1976	1976	1976	1976	1897	1818	1818	1350	881	881	798	716	716	716	716	485	408
	小型	出租车	汽油	675480	397102	118723	118723	118723	118723	110386	102050	102050	73142	44233	44233	36324	28415	28415	28415	28415	18413	15079
			柴油	207965	195386	182808	182808	182808	182808	163976	145143	145143	108662	72182	72182	72182	72182	53416	34650	34650	18778	13487
			燃气	376262	225062	73863	73863	73863	73863	67870	61876	61876	45175	28474	28474	22589	16704	16704	16704	16704	9398	6962
		其他	汽油	38443	23585	8727	8727	8727	8727	8701	8675	8675	7343	6011	6011	5730	5450	5450	5450	5450	4774	4548
			柴油	8629	7898	7168	7168	7168	7168	6070	4972	4972	3426	1881	1881	1881	1881	1595	1309	1309	920	790
			燃气	16322	9810	3298	3298	3298	3298	2703	2108	2108	1558	1009	1009	846	682	682	682	682	512	456
	中型	公交车	汽油	247620	247620	247620	247620	247023	168780	13488	13488	13488	13488	13488	13336	13185	13185	10758	8330	8330	8330	8330
			柴油	87806	87806	86086	82645	82645	64494	28192	28192	28192	20508	12823	12823	12823	12823	8958	5093	5093	4763	4653
			燃气	71579	71579	67602	59649	59649	57536	53311	53311	53311	42686	32061	32061	22219	22219	22154	22154	22154	22154	22154
		其他	汽油	128331	128331	128331	128331	127734	87411	7960	7960	7960	7960	7960	7814	7669	7669	6618	5567	5567	5567	5567
			柴油	30493	30493	28460	24394	24394	18567	6912	6912	6912	6506	6099	6099	6099	6099	3750	1402	1402	1243	1190
			燃气	34560	34560	32640	28800	28800	27780	25740	25740	25740	20623	15506	15506	10732	10732	9642	9642	9642	9642	9642
	大型	公交车	汽油	576928	576928	576928	576928	576331	388753	14792	14792	14792	14792	14792	14652	14512	14512	11746	8980	8980	8980	8980
			柴油	131708	131708	108010	60614	60614	60614	60614	60614	60614	43515	26416	26416	26416	26416	17675	8934	8934	5723	4653
			燃气	168926	168926	159541	140772	140772	135786	125815	125815	125815	100740	75665	75665	52438	52438	47188	47188	47188	47188	47188
		其他	汽油	1278226	1278226	1278226	1278226	1277630	860781	28278	28278	28278	28278	28278	22020	15761	15761	12570	9379	9379	9379	9379
			柴油	272891	272891	207397	76409	76409	76409	76409	76409	76409	55942	35476	35476	35476	35476	20706	5937	5937	5324	5119
			燃气	266186	266186	251398	221822	221822	213966	198253	198253	198253	158842	119430	119430	82662	82662	74261	74261	74261	74261	74261
载货汽车	微型		汽油	227452	123417	19382	19382	19382	19382	18224	17065	17065	15712	14359	14359	11986	9612	9612	9612	9612	8130	7636
			柴油	36841	34410	31978	31978	31978	31978	29206	26433	26433	19664	12894	12894	12894	12894	8938	4983	4983	3321	2767
			燃气	96222	50276	4329	4329	4329	4329	4070	3810	3810	2958	2106	2106	1677	1249	1249	1249	1249	836	699
	轻型		汽油	119404	72188	24973	24973	24973	24973	21673	18373	18373	16484	14595	14595	12885	11175	11175	11175	11175	9577	9044
			柴油	34051	33014	31978	31978	31978	31978	29206	26433	26433	19664	12894	12894	12894	12894	9740	6585	6585	4923	4369
			燃气	50696	30067	9437	9437	9437	9437	6951	4465	4465	3457	2450	2450	1924	1398	1398	1398	1398	1030	907
	中型		汽油	341616	341616	341616	341616	341019	232008	15179	15179	15179	15179	15179	15039	14899	14899	12034	9169	9169	9169	9169
			柴油	79414	79414	74120	63531	63531	48354	18000	18000	18000	16946	15893	15893	15893	15893	11518	7143	7143	4250	3286
			燃气	90006	90006	85006	75006	75006	72348	67031	67031	67031	53719	40406	40406	54678	54678	26625	26625	26625	26625	26625
	重型		汽油	1273630	1273630	1273630	1273630	1273032	857688	28194	28194	28194	28194	28194	21957	15720	15720	12540	9361	9361	9361	9361
			柴油	324299	324299	246467	90804	90804	90804	90804	90804	90804	66482	42159	42159	42159	42159	26589	11019	11019	8680	7900
			燃气	316331	316331	298758	263612	263612	254276	235603	235603	235603	188766	141928	141928	153420	153420	114605	114605	114605	114605	114605
低速汽车	三轮汽车			25300	25300	25300	25300	25300	25300	25300	25300	25300	16721	16721	16721	16721	16721	16721	16721	16721	16721	16721
	低速货车			33990	33990	33990	33990	33990	33990	33990	33990	33990	22464	22464	22464	22464	22464	22464	22464	22464	22464	22464
摩托车	普通摩托车			15413	15413	15413	15413	11502	7591	4064	4064	4064	4064	4064	3032	2001	2001	2001	2001	2001	2001	2001
	轻便摩托车			49842	49842	49842	49842	49842	9968	9968	4908	4908	4908	4908	3662	2417	2417	2417	2417	2417	2417	2417

随州市 NO_x 排放系数

单位：克/（辆·年）

车辆类型		使用性质	燃料种类	1999 年年底前	2000 年	2001 年	2002 年	2003 年	2004 年	2005 年	2006 年	2007 年	2008 年	2009 年	2010 年	2011 年	2012 年	2013 年	2014 年	2015 年	2016 年	2017 年
载客汽车	微型	出租车	汽油	230267	155792	81318	81318	81318	81318	59966	38614	38614	28512	18410	18410	15024	11639	11639	11639	11639	7132	5630
			燃气	155311	105718	56126	56126	56126	56126	41620	27115	27115	20214	13312	13312	10772	8231	8231	8231	8231	4956	3865
		其他	汽油	29559	18578	7598	7598	7598	7598	4798	1999	1999	1628	1256	1256	1049	842	842	842	842	575	486
			燃气	19117	11400	3683	3683	3683	3683	2400	1118	1118	907	696	696	553	410	410	410	410	327	299
	小型	出租车	汽油	260648	172810	84973	84973	84973	84973	62074	39176	39176	28793	18410	18410	14514	10618	10618	10618	10618	6204	4733
			柴油	278492	233344	188197	188197	188197	188197	167416	146634	146634	116526	86419	86419	86419	86419	70426	54432	54432	41234	36835
			燃气	175544	117052	58561	58561	58561	58561	43025	27489	27489	20400	13312	13312	10432	7551	7551	7551	7551	4338	3267
		其他	汽油	27585	17646	7708	7708	7708	7708	5116	2523	2523	1759	995	995	898	802	802	802	802	542	456
			柴油	23841	19526	15210	15210	15210	15210	13992	12773	12773	10008	7242	7242	7242	7242	6246	5251	5251	4518	4273
			燃气	17802	11366	4930	4930	4930	4930	3198	1467	1467	994	522	522	452	383	383	383	383	305	279
	中型	公交车	汽油	325346	325346	325346	325346	325346	222266	16105	16105	16105	16105	16105	14443	12781	12781	9649	6517	6517	6517	6517
			柴油	363944	363944	363089	361380	361380	347018	318295	318295	318295	265124	211954	211954	211954	211954	172970	133985	133985	112176	104906
			燃气	386426	386426	381826	372625	372625	361067	337950	337950	337950	281266	224583	224583	142023	142023	111231	111231	111231	111231	111231
		其他	汽油	199467	199467	199467	199467	199467	135305	6981	6981	6981	6981	6981	6981	6981	6981	5236	3491	3491	3491	3491
			柴油	170673	170673	163549	149300	149300	148037	145512	145512	145512	123928	102345	102345	102345	102345	90872	79400	79400	67769	63892
			燃气	192726	192726	182019	160605	160605	159091	156064	156064	156064	132878	109691	109691	85445	85445	68634	68634	68634	68634	68634
	大型	公交车	汽油	1159047	1159047	1159047	1159047	1159047	796983	72854	72854	72854	72854	72854	72790	72727	72727	54546	36364	36364	36364	36364
			柴油	516181	516181	499501	466142	466142	452897	426407	426407	426407	418723	411039	411039	411039	411039	396217	381395	381395	343810	331281
			燃气	1037829	1037829	980172	864858	864858	800680	672324	672324	672324	576057	479790	479790	446685	446685	387158	387158	387158	387158	387158
		其他	汽油	2766433	2766433	2766433	2766433	2766433	1902252	173890	173890	173890	173890	173890	167369	160848	160848	120765	80682	80682	80682	80682
			柴油	1236092	1236092	1204285	1140671	1140671	1114077	1060890	1060890	1060890	1023538	986187	986187	986187	986187	938855	891523	891523	788989	754811
			燃气	2300852	2300852	2173027	1917377	1917377	1775095	1490532	1490532	1490532	1277599	1064666	1064666	960510	960510	814907	814907	814907	814907	814907
载货汽车	微型		汽油	99878	59312	18747	18747	18747	18747	12812	6878	6878	5582	4287	4287	3788	3289	3289	3289	3289	2436	2152
			柴油	67310	55570	43831	43831	43831	43831	39424	35018	35018	29632	24245	24245	24245	24245	17740	11236	11236	9588	9039
			燃气	64595	36841	9087	9087	9087	9087	6467	3847	3847	3111	2376	2376	1989	1602	1602	1602	1602	1393	1324
	轻型		汽油	74252	47649	21046	21046	21046	21046	14275	7504	7504	6296	5087	5087	4231	3375	3375	3375	3375	2545	2268
			柴油	67545	55688	43831	43831	43831	43831	39424	35018	35018	29632	24245	24245	24245	24245	19323	14401	14401	13310	12947
			燃气	47919	30690	13461	13461	13461	13461	8912	4363	4363	3516	2669	2669	2140	1612	1612	1612	1612	1444	1388
	中型		汽油	237983	237983	237983	237983	237982	162472	11453	11453	11453	11453	11453	11453	11453	11453	8593	5733	5733	5733	5733
			柴油	446788	446788	401183	309974	309974	294751	264306	264306	264306	261840	259374	259374	259374	259374	227568	195762	195762	168569	159505
			燃气	504518	504518	447494	333445	333445	316788	283473	283473	283473	280732	277991	277991	210666	210666	171343	171343	171343	171343	171343
	重型		汽油	3346650	3346650	3346650	3346650	3346650	2301220	210361	210361	210361	210361	210361	202472	194584	194584	146094	97603	97603	97603	97603
			柴油	1839331	1839331	1776549	1650984	1650984	1589918	1467786	1467786	1467786	1408928	1350069	1350069	1350069	1350069	1201384	1052700	1052700	769822	675529
			燃气	3423716	3423716	3207535	2775172	2775172	2537520	2062214	2062214	2062214	1759859	1457505	1457505	1134159	1134159	729313	729313	729313	729313	729313
低速汽车	三轮汽车			65550	65550	65550	65550	65550	65550	65550	65550	65550	53279	53279	53279	53279	53279	53279	53279	53279	53279	53279
	低速货车			88065	88065	88065	88065	88065	88065	88065	88065	88065	71579	71579	71579	71579	71579	71579	71579	71579	71579	71579
摩托车	普通摩托车			1150	1150	1150	1150	1112	1074	997	997	997	997	997	886	774	774	774	774	774	774	774
	轻便摩托车			767	767	767	767	767	383	383	383	383	383	383	340	298	298	298	298	298	298	298

随州市 **PM** 排放系数

单位：克/（辆·年）

车辆类型		使用性质	燃料种类	1999 年年底前	2000 年	2001 年	2002 年	2003 年	2004 年	2005 年	2006 年	2007 年	2008 年	2009 年	2010 年	2011 年	2012 年	2013 年	2014 年	2015 年	2016 年	2017 年
载客汽车	微型	出租车	汽油	—	—	—	—	—	—	—	—	—	—	—	—	—	—	—	—	—	—	—
			燃气	—	—	—	—	—	—	—	—	—	—	—	—	—	—	—	—	—	—	—
		其他	汽油	—	—	—	—	—	—	—	—	—	—	—	—	—	—	—	—	—	—	—
			燃气	—	—	—	—	—	—	—	—	—	—	—	—	—	—	—	—	—	—	—
	小型	出租车	汽油	—	—	—	—	—	—	—	—	—	—	—	—	—	—	—	—	—	—	—
			柴油	37310	34164	31019	31019	31019	31019	21106	11192	11192	7304	3417	3417	3417	3417	3176	2934	2934	2426	2257
			燃气	—	—	—	—	—	—	—	—	—	—	—	—	—	—	—	—	—	—	—
		其他	汽油	—	—	—	—	—	—	—	—	—	—	—	—	—	—	—	—	—	—	—
			柴油	3453	3268	3082	3082	3082	3082	2215	1348	1348	988	628	628	628	628	526	424	424	424	424
			燃气	—	—	—	—	—	—	—	—	—	—	—	—	—	—	—	—	—	—	—
	中型	公交车	汽油	—	—	—	—	—	—	—	—	—	—	—	—	—	—	—	—	—	—	—
			柴油	30592	30592	28032	22913	22913	17978	8108	8108	8108	6872	5637	5637	5637	5637	3504	1372	1372	1080	983
			燃气	—	—	—	—	—	—	—	—	—	—	—	—	—	—	—	—	—	—	—
		其他	汽油	—	—	—	—	—	—	—	—	—	—	—	—	—	—	—	—	—	—	—
			柴油	15274	15274	12888	8116	8116	6262	2553	2553	2553	2434	2316	2316	2316	2316	1366	415	415	399	394
			燃气	—	—	—	—	—	—	—	—	—	—	—	—	—	—	—	—	—	—	—
	大型	公交车	汽油	—	—	—	—	—	—	—	—	—	—	—	—	—	—	—	—	—	—	—
			柴油	94865	94865	93934	92071	92071	71272	29674	29674	29674	19994	10315	10315	10315	10315	6116	1916	1916	1845	1821
			燃气	—	—	—	—	—	—	—	—	—	—	—	—	—	—	—	—	—	—	—
		其他	汽油	—	—	—	—	—	—	—	—	—	—	—	—	—	—	—	—	—	—	—
			柴油	142314	142314	133412	115607	115607	85425	25061	25061	25061	17182	9303	9303	9303	9303	5868	2433	2433	2343	2313
			燃气	—	—	—	—	—	—	—	—	—	—	—	—	—	—	—	—	—	—	—
载货汽车	微型		汽油	—	—	—	—	—	—	—	—	—	—	—	—	—	—	—	—	—	—	—
			柴油	8167	7998	7829	7829	7829	7829	6370	4910	4910	3644	2378	2378	2378	2378	1497	616	616	614	613
			燃气	—	—	—	—	—	—	—	—	—	—	—	—	—	—	—	—	—	—	—
	轻型		汽油	—	—	—	—	—	—	—	—	—	—	—	—	—	—	—	—	—	—	—
			柴油	8494	8162	7829	7829	7829	7829	6370	4910	4910	3644	2378	2378	2378	2378	1793	1208	1208	998	928
			燃气	—	—	—	—	—	—	—	—	—	—	—	—	—	—	—	—	—	—	—
	中型		汽油	—	—	—	—	—	—	—	—	—	—	—	—	—	—	—	—	—	—	—
			柴油	38455	38455	32361	20174	20174	15555	6317	6317	6317	5984	5652	5652	5652	5652	3624	1596	1596	1462	1417
			燃气	—	—	—	—	—	—	—	—	—	—	—	—	—	—	—	—	—	—	—
	重型		汽油	—	—	—	—	—	—	—	—	—	—	—	—	—	—	—	—	—	—	—
			柴油	244241	244241	200748	113762	113762	90327	43457	43457	43457	29779	16101	16101	16101	16101	10672	5243	5243	4432	4161
			燃气	—	—	—	—	—	—	—	—	—	—	—	—	—	—	—	—	—	—	—
低速汽车	三轮汽车			4092	4092	4092	4092	4092	4092	4092	4092	4092	3220	3220	3220	3220	3220	3220	3220	3220	3220	3220
	低速货车			5581	5581	5581	5581	5581	5581	5581	5581	5581	4392	4392	4392	4392	4392	4392	4392	4392	4392	4392
摩托车	普通摩托车			—	—	—	—	—	—	—	—	—	—	—	—	—	—	—	—	—	—	—
	轻便摩托车			—	—	—	—	—	—	—	—	—	—	—	—	—	—	—	—	—	—	—

随州市 VOCs 排放系数

单位：克/（辆·年）

车辆类型		使用性质	燃料种类	1999 年年底前	2000 年	2001 年	2002 年	2003 年	2004 年	2005 年	2006 年	2007 年	2008 年	2009 年	2010 年	2011 年	2012 年	2013 年	2014 年	2015 年	2016 年	2017 年
载客汽车	微型	出租车	汽油	538298	318982	99665	99665	99665	99665	75490	51315	51315	41964	32613	32613	27148	21682	21682	21682	21682	15607	13582
			燃气	296783	177984	59185	59185	59185	59185	45156	31127	31127	25459	19791	19791	15792	11792	11792	11792	11792	7350	5870
		其他	汽油	37944	23396	8847	8847	8847	8847	8494	8142	8142	7075	6008	6008	5760	5512	5512	5512	5512	4723	4460
			燃气	16052	9014	1976	1976	1976	1976	1897	1818	1818	1350	881	881	798	716	716	716	716	485	408
	小型	出租车	汽油	538298	314007	89716	89716	89716	89716	83862	78009	78009	55311	32613	32613	27148	21682	21682	21682	21682	14739	12425
			柴油	144593	136061	127529	127529	127529	127529	114921	102313	102313	75452	48592	48592	48592	48592	36038	23483	23483	13080	9613
			燃气	296783	175284	53786	53786	53786	53786	49700	45613	45613	32702	19791	19791	15792	11792	11792	11792	11792	6880	5242
		其他	汽油	38443	23585	8727	8727	8727	8727	8701	8675	8675	7343	6011	6011	5730	5450	5450	5450	5450	4774	4548
			柴油	8629	7898	7168	7168	7168	7168	6070	4972	4972	3426	1881	1881	1881	1881	1595	1309	1309	920	790
			燃气	16322	9810	3298	3298	3298	3298	2703	2108	2108	1558	1009	1009	846	682	682	682	682	512	456
	中型	公交车	汽油	247620	247620	247620	247620	247023	168780	13488	13488	13488	13488	13488	13336	13185	13185	10758	8330	8330	8330	8330
			柴油	87806	87806	86086	82645	82645	64494	28192	28192	28192	20508	12823	12823	12823	12823	8958	5093	5093	4763	4653
			燃气	71579	71579	67602	59649	59649	57536	53311	53311	53311	42686	32061	32061	22219	22219	22154	22154	22154	22154	22154
		其他	汽油	128331	128331	128331	128331	127734	87411	7960	7960	7960	7960	7960	7814	7669	7669	6618	5567	5567	5567	5567
			柴油	30493	30493	28460	24394	24394	18567	6912	6912	6912	6506	6099	6099	6099	6099	3750	1402	1402	1243	1190
			燃气	34560	34560	32640	28800	28800	27780	25740	25740	25740	20623	15506	15506	10732	10732	9642	9642	9642	9642	9642
	大型	公交车	汽油	576928	576928	576928	576928	576331	388753	14792	14792	14792	14792	14792	14652	14512	14512	11746	8980	8980	8980	8980
			柴油	131708	131708	108010	60614	60614	60614	60614	60614	60614	43515	26416	26416	26416	26416	17675	8934	8934	5723	4653
			燃气	168926	168926	159541	140772	140772	135786	125815	125815	125815	100740	75665	75665	52438	52438	47188	47188	47188	47188	47188
		其他	汽油	1278226	1278226	1278226	1278226	1277630	860781	28278	28278	28278	28278	28278	22020	15761	15761	12570	9379	9379	9379	9379
			柴油	272891	272891	207397	76409	76409	76409	76409	76409	76409	55942	35476	35476	35476	35476	20706	5937	5937	5324	5119
			燃气	266186	266186	251398	221822	221822	213966	198253	198253	198253	158842	119430	119430	82662	82662	74261	74261	74261	74261	74261
载货汽车	微型		汽油	197808	107410	17012	17012	17012	17012	16042	15073	15073	13904	12736	12736	10744	8751	8751	8751	8751	7500	7083
			柴油	30294	28304	26315	26315	26315	26315	24101	21887	21887	16195	10503	10503	10503	10503	7264	4024	4024	2747	2321
			燃气	83682	43741	3800	3800	3800	3800	3583	3366	3366	2617	1868	1868	1502	1137	1137	1137	1137	770	648
	轻型		汽油	104100	62980	21861	21861	21861	21861	19034	16208	16208	14574	12941	12941	11524	10106	10106	10106	10106	8754	8304
			柴油	27873	27094	26315	26315	26315	26315	24101	21887	21887	16195	10503	10503	10503	10503	7958	5413	5413	4136	3711
			燃气	44198	26230	8261	8261	8261	8261	6100	3938	3938	3055	2172	2172	1718	1265	1265	1265	1265	941	833
	中型		汽油	341616	341616	341616	341616	341019	232008	15179	15179	15179	15179	15179	15039	14899	14899	12034	9169	9169	9169	9169
			柴油	79414	79414	74120	63531	63531	48354	18000	18000	18000	16946	15893	15893	15893	15893	11518	7143	7143	4250	3286
			燃气	90006	90006	85006	75006	75006	72348	67031	67031	67031	53719	40406	40406	54678	54678	26625	26625	26625	26625	26625
	重型		汽油	1572223	1572223	1572223	1572223	1571626	1058664	33936	33936	33936	33936	33936	26264	18591	18591	14666	10742	10742	10742	10742
			柴油	386211	386211	293520	108139	108139	108139	108139	108139	108139	79173	50207	50207	50207	50207	32065	13923	13923	11617	10848
			燃气	376722	376722	355793	313937	313937	302818	280581	280581	280581	224801	169022	169022	193853	193853	157371	157371	157371	157371	157371
低速汽车	三轮汽车			25300	25300	25300	25300	25300	25300	25300	25300	25300	16721	16721	16721	16721	16721	16721	16721	16721	16721	16721
	低速货车			33990	33990	33990	33990	33990	33990	33990	33990	33990	22464	22464	22464	22464	22464	22464	22464	22464	22464	22464
摩托车	普通摩托车			15413	15413	15413	15413	11502	7591	4064	4064	4064	4064	4064	3032	2001	2001	2001	2001	2001	2001	2001
	轻便摩托车			49842	49842	49842	49842	49842	9968	9968	4908	4908	4908	4908	3662	2417	2417	2417	2417	2417	2417	2417

恩施土家族苗族自治州 NO_x 排放系数

单位：克/（辆·年）

车辆类型		使用性质	燃料种类	1999 年年底前	2000 年	2001 年	2002 年	2003 年	2004 年	2005 年	2006 年	2007 年	2008 年	2009 年	2010 年	2011 年	2012 年	2013 年	2014 年	2015 年	2016 年	2017 年
载客汽车	微型	出租车	汽油	212042	143628	75214	75214	75214	75214	55546	35878	35878	26548	17218	17218	14040	10861	10861	10861	10861	6620	5206
			燃气	150156	102064	53972	53972	53972	53972	39958	25944	25944	19294	12644	12644	10244	7843	7843	7843	7843	4750	3719
		其他	汽油	28013	17618	7222	7222	7222	7222	4572	1921	1921	1565	1209	1209	1010	812	812	812	812	550	463
			燃气	19117	11400	3683	3683	3683	3683	2400	1118	1118	907	696	696	553	410	410	410	410	327	299
	小型	出租车	汽油	239925	159247	78569	78569	78569	78569	57481	36393	36393	26806	17218	17218	13570	9923	9923	9923	9923	5767	4382
			柴油	257591	216022	174452	174452	174452	174452	155157	135862	135862	108008	80154	80154	80154	80154	65254	50353	50353	38024	33915
			燃气	169795	113065	56335	56335	56335	56335	41321	26307	26307	19476	12644	12644	9914	7183	7183	7183	7183	4150	3139
		其他	汽油	26146	16736	7326	7326	7326	7326	4872	2417	2417	1690	963	963	869	775	775	775	775	520	435
			柴油	22634	18548	14461	14461	14461	14461	13300	12138	12138	9514	6889	6889	6889	6889	5938	4988	4988	4282	4046
			燃气	17802	11366	4930	4930	4930	4930	3198	1467	1467	994	522	522	452	383	383	383	383	305	279
	中型	公交车	汽油	325524	325524	325524	325524	325524	222387	16113	16113	16113	16113	16113	14450	12788	12788	9654	6520	6520	6520	6520
			柴油	364089	364089	363234	361524	361524	347157	318422	318422	318422	265230	212038	212038	212038	212038	173038	134038	134038	112220	104947
			燃气	386580	386580	381978	372774	372774	361211	338085	338085	338085	281378	224672	224672	142080	142080	111276	111276	111276	111276	111276
		其他	汽油	199576	199576	199576	199576	199576	135379	6985	6985	6985	6985	6985	6985	6985	6985	5239	3493	3493	3493	3493
			柴油	170741	170741	163614	149359	149359	148096	145570	145570	145570	123978	102386	102386	102386	102386	90909	79432	79432	67796	63918
			燃气	192803	192803	182092	160669	160669	159155	156126	156126	156126	132930	109735	109735	85479	85479	68661	68661	68661	68661	68661
	大型	公交车	汽油	1159680	1159680	1159680	1159680	1159680	797418	72894	72894	72894	72894	72894	72830	72766	72766	54575	36384	36384	36384	36384
			柴油	516387	516387	499701	466328	466328	453078	426577	426577	426577	418890	411203	411203	411203	411203	396376	381548	381548	343947	331413
			燃气	1038244	1038244	980564	865203	865203	801000	672593	672593	672593	576288	479982	479982	446863	446863	387313	387313	387313	387313	387313
		其他	汽油	2767945	2767945	2767945	2767945	2767945	1903292	173985	173985	173985	173985	173985	167460	160936	160936	120831	80726	80726	80726	80726
			柴油	1236586	1236586	1204766	1141127	1141127	1114522	1061313	1061313	1061313	1023947	986581	986581	986581	986581	939230	891879	891879	789304	755112
			燃气	2301771	2301771	2173895	1918142	1918142	1775804	1491127	1491127	1491127	1278109	1065091	1065091	960893	960893	815233	815233	815233	815233	815233
载货汽车	微型		汽油	101002	60112	19221	19221	19221	19221	13198	7174	7174	5838	4501	4501	3954	3407	3407	3407	3407	2494	2189
			柴油	69028	57116	45205	45205	45205	45205	40630	36055	36055	30493	24931	24931	24931	24931	18242	11553	11553	9768	9173
			燃气	68927	39365	9802	9802	9802	9802	6989	4175	4175	3383	2591	2591	2156	1720	1720	1720	1720	1490	1414
	轻型		汽油	75183	48360	21537	21537	21537	21537	14671	7805	7805	6556	5307	5307	4400	3494	3494	3494	3494	2603	2306
			柴油	69265	57235	45205	45205	45205	45205	40630	36055	36055	30493	24931	24931	24931	24931	19836	14742	14742	13518	13110
			燃气	51190	32842	14493	14493	14493	14493	9615	4737	4737	3807	2877	2877	2302	1727	1727	1727	1727	1541	1479
	中型		汽油	237983	237983	237983	237983	237982	162472	11453	11453	11453	11453	11453	11453	11453	11453	8593	5733	5733	5733	5733
			柴油	446788	446788	401183	309974	309974	294751	264306	264306	264306	261840	259374	259374	259374	259374	227568	195762	195762	168569	159505
			燃气	504519	504519	447495	333446	333446	316788	283472	283472	283472	280732	277991	277991	210665	210665	171341	171341	171341	171341	171341
	重型		汽油	3346650	3346650	3346650	3346650	3346650	2301220	210361	210361	210361	210361	210361	202472	194584	194584	146094	97603	97603	97603	97603
			柴油	1839331	1839331	1776549	1650984	1650984	1589918	1467786	1467786	1467786	1408928	1350069	1350069	1350069	1350069	1201384	1052700	1052700	769822	675529
			燃气	3423716	3423716	3207534	2775170	2775170	2537518	2062215	2062215	2062215	1759860	1457505	1457505	1134158	1134158	729314	729314	729314	729314	729314
低速汽车	三轮汽车			65550	65550	65550	65550	65550	65550	65550	65550	65550	53279	53279	53279	53279	53279	53279	53279	53279	53279	53279
	低速货车			88065	88065	88065	88065	88065	88065	88065	88065	88065	71579	71579	71579	71579	71579	71579	71579	71579	71579	71579
摩托车	普通摩托车			1150	1150	1150	1150	1112	1074	997	997	997	997	997	886	774	774	774	774	774	774	774
	轻便摩托车			767	767	767	767	767	383	383	383	383	383	383	340	298	298	298	298	298	298	298

恩施土家族苗族自治州 PM 排放系数

单位：克/（辆•年）

车辆类型		使用性质	燃料种类	1999 年年底前	2000 年	2001 年	2002 年	2003 年	2004 年	2005 年	2006 年	2007 年	2008 年	2009 年	2010 年	2011 年	2012 年	2013 年	2014 年	2015 年	2016 年	2017 年
载客汽车	微型	出租车	汽油	—	—	—	—	—	—	—	—	—	—	—	—	—	—	—	—	—	—	—
			燃气	—	—	—	—	—	—	—	—	—	—	—	—	—	—	—	—	—	—	—
		其他	汽油	—	—	—	—	—	—	—	—	—	—	—	—	—	—	—	—	—	—	—
			燃气	—	—	—	—	—	—	—	—	—	—	—	—	—	—	—	—	—	—	—
	小型	出租车	汽油	—	—	—	—	—	—	—	—	—	—	—	—	—	—	—	—	—	—	—
			柴油	36212	33159	30106	30106	30106	30106	20484	10862	10862	7089	3316	3316	3316	3316	3082	2848	2848	2355	2191
			燃气	—	—	—	—	—	—	—	—	—	—	—	—	—	—	—	—	—	—	—
		其他	汽油	—	—	—	—	—	—	—	—	—	—	—	—	—	—	—	—	—	—	—
			柴油	3453	3268	3082	3082	3082	3082	2215	1348	1348	988	628	628	628	628	526	424	424	424	424
			燃气	—	—	—	—	—	—	—	—	—	—	—	—	—	—	—	—	—	—	—
	中型	公交车	汽油	—	—	—	—	—	—	—	—	—	—	—	—	—	—	—	—	—	—	—
			柴油	30592	30592	28032	22913	22913	17978	8108	8108	8108	6872	5637	5637	5637	5637	3504	1372	1372	1080	983
			燃气	—	—	—	—	—	—	—	—	—	—	—	—	—	—	—	—	—	—	—
		其他	汽油	—	—	—	—	—	—	—	—	—	—	—	—	—	—	—	—	—	—	—
			柴油	15274	15274	12888	8116	8116	6262	2553	2553	2553	2434	2316	2316	2316	2316	1366	415	415	399	394
			燃气	—	—	—	—	—	—	—	—	—	—	—	—	—	—	—	—	—	—	—
	大型	公交车	汽油	—	—	—	—	—	—	—	—	—	—	—	—	—	—	—	—	—	—	—
			柴油	94865	94865	93934	92071	92071	71272	29674	29674	29674	19994	10315	10315	10315	10315	6116	1916	1916	1845	1821
			燃气	—	—	—	—	—	—	—	—	—	—	—	—	—	—	—	—	—	—	—
		其他	汽油	—	—	—	—	—	—	—	—	—	—	—	—	—	—	—	—	—	—	—
			柴油	142314	142314	133412	115607	115607	85425	25061	25061	25061	17182	9303	9303	9303	9303	5868	2433	2433	2343	2313
			燃气	—	—	—	—	—	—	—	—	—	—	—	—	—	—	—	—	—	—	—
载货汽车	微型		汽油	—	—	—	—	—	—	—	—	—	—	—	—	—	—	—	—	—	—	—
			柴油	8702	8522	8342	8342	8342	8342	6786	5231	5231	3882	2534	2534	2534	2534	1596	657	657	654	653
			燃气	—	—	—	—	—	—	—	—	—	—	—	—	—	—	—	—	—	—	—
	轻型		汽油	—	—	—	—	—	—	—	—	—	—	—	—	—	—	—	—	—	—	—
			柴油	9050	8696	8342	8342	8342	8342	6786	5231	5231	3882	2534	2534	2534	2534	1911	1288	1288	1063	988
			燃气	—	—	—	—	—	—	—	—	—	—	—	—	—	—	—	—	—	—	—
	中型		汽油	—	—	—	—	—	—	—	—	—	—	—	—	—	—	—	—	—	—	—
			柴油	38455	38455	32361	20174	20174	15555	6317	6317	6317	5984	5652	5652	5652	5652	3624	1596	1596	1462	1417
			燃气	—	—	—	—	—	—	—	—	—	—	—	—	—	—	—	—	—	—	—
	重型		汽油	—	—	—	—	—	—	—	—	—	—	—	—	—	—	—	—	—	—	—
			柴油	244241	244241	200748	113762	113762	90327	43457	43457	43457	29779	16101	16101	16101	16101	10672	5243	5243	4432	4161
			燃气	—	—	—	—	—	—	—	—	—	—	—	—	—	—	—	—	—	—	—
低速汽车	三轮汽车			4092	4092	4092	4092	4092	4092	4092	4092	4092	3220	3220	3220	3220	3220	3220	3220	3220	3220	3220
	低速货车			5581	5581	5581	5581	5581	5581	5581	5581	5581	4392	4392	4392	4392	4392	4392	4392	4392	4392	4392
摩托车	普通摩托车			—	—	—	—	—	—	—	—	—	—	—	—	—	—	—	—	—	—	—
	轻便摩托车			—	—	—	—	—	—	—	—	—	—	—	—	—	—	—	—	—	—	—

恩施土家族苗族自治州 VOCs 排放系数

单位：克/（辆•年）

车辆类型		使用性质	燃料种类	1999 年年底前	2000 年	2001 年	2002 年	2003 年	2004 年	2005 年	2006 年	2007 年	2008 年	2009 年	2010 年	2011 年	2012 年	2013 年	2014 年	2015 年	2016 年	2017 年
载客汽车	微型	出租车	汽油	514162	304592	95023	95023	95023	95023	71960	48896	48896	40000	31103	31103	25932	20760	20760	20760	20760	15028	13118
			燃气	287246	172000	56753	56753	56753	56753	43226	29698	29698	24264	18830	18830	15037	11244	11244	11244	11244	7050	5652
		其他	汽油	37280	23009	8738	8738	8738	8738	8386	8034	8034	6994	5953	5953	5708	5462	5462	5462	5462	4702	4448
			燃气	16052	9014	1976	1976	1976	1976	1897	1818	1818	1350	881	881	798	716	716	716	716	485	408
	小型	出租车	汽油	514162	299838	85514	85514	85514	85514	79961	74408	74408	52756	31103	31103	25932	20760	20760	20760	20760	14200	12013
			柴油	136846	128784	120722	120722	120722	120722	108820	96918	96918	71397	45876	45876	45876	45876	34026	22175	22175	12376	9109
			燃气	287246	169380	51513	51513	51513	51513	47636	43758	43758	31294	18830	18830	15037	11244	11244	11244	11244	6593	5043
		其他	汽油	37772	23196	8620	8620	8620	8620	8590	8559	8559	7257	5955	5955	5678	5400	5400	5400	5400	4751	4535
			柴油	8497	7775	7053	7053	7053	7053	5968	4884	4884	3365	1846	1846	1846	1846	1562	1277	1277	898	772
			燃气	16322	9810	3298	3298	3298	3298	2703	2108	2108	1558	1009	1009	846	682	682	682	682	512	456
	中型	公交车	汽油	247649	247649	247649	247649	247052	168809	13516	13516	13516	13516	13516	13364	13213	13213	10786	8359	8359	8359	8359
			柴油	87806	87806	86086	82645	82645	64494	28192	28192	28192	20508	12823	12823	12823	12823	8958	5093	5093	4763	4653
			燃气	71579	71579	67602	59649	59649	57536	53311	53311	53311	42686	32061	32061	22219	22219	22154	22154	22154	22154	22154
		其他	汽油	128359	128359	128359	128359	127762	87440	7989	7989	7989	7989	7989	7844	7698	7698	6646	5595	5595	5595	5595
			柴油	30493	30493	28460	24394	24394	18567	6912	6912	6912	6506	6099	6099	6099	6099	3750	1402	1402	1243	1190
			燃气	34560	34560	32640	28800	28800	27780	25740	25740	25740	20623	15506	15506	10732	10732	9642	9642	9642	9642	9642
	大型	公交车	汽油	576957	576957	576957	576957	576360	388782	14820	14820	14820	14820	14820	14680	14540	14540	11774	9008	9008	9008	9008
			柴油	131708	131708	108010	60614	60614	60614	60614	60614	60614	43515	26416	26416	26416	26416	17675	8934	8934	5723	4653
			燃气	168926	168926	159541	140772	140772	135786	125815	125815	125815	100740	75665	75665	52438	52438	47188	47188	47188	47188	47188
		其他	汽油	1278255	1278255	1278255	1278255	1277658	860810	28307	28307	28307	28307	28307	22048	15789	15789	12598	9407	9407	9407	9407
			柴油	272891	272891	207397	76409	76409	76409	76409	76409	76409	55942	35476	35476	35476	35476	20706	5937	5937	5324	5119
			燃气	266186	266186	251398	221822	221822	213966	198253	198253	198253	158842	119430	119430	82662	82662	74261	74261	74261	74261	74261
载货汽车	微型		汽油	207231	112520	17808	17808	17808	17808	16765	15722	15722	14501	13280	13280	11152	9023	9023	9023	9023	7705	7266
			柴油	32692	30538	28384	28384	28384	28384	25954	23524	23524	17456	11387	11387	11387	11387	7880	4374	4374	2948	2472
			燃气	89229	46628	4027	4027	4027	4027	3792	3558	3558	2762	1965	1965	1574	1183	1183	1183	1183	796	666
	轻型		汽油	108912	65904	22895	22895	22895	22895	19904	16912	16912	15204	13495	13495	11970	10445	10445	10445	10445	9022	8548
			柴油	30153	29268	28384	28384	28384	28384	25954	23524	23524	17456	11387	11387	11387	11387	8610	5832	5832	4406	3930
			燃气	47063	27911	8760	8760	8760	8760	6462	4165	4165	3226	2287	2287	1803	1319	1319	1319	1319	974	860
	中型		汽油	341645	341645	341645	341645	341048	232037	15208	15208	15208	15208	15208	15068	14928	14928	12063	9198	9198	9198	9198
			柴油	79414	79414	74120	63531	63531	48354	18000	18000	18000	16946	15893	15893	15893	15893	11518	7143	7143	4250	3286
			燃气	90006	90006	85006	75006	75006	72348	67031	67031	67031	53719	40406	40406	54678	54678	26625	26625	26625	26625	26625
	重型		汽油	1572252	1572252	1572252	1572252	1571654	1058693	33964	33964	33964	33964	33964	26292	18619	18619	14695	10771	10771	10771	10771
			柴油	386211	386211	293520	108139	108139	108139	108139	108139	108139	79173	50207	50207	50207	50207	32065	13923	13923	11617	10848
			燃气	376722	376722	355793	313937	313937	302818	280581	280581	280581	224801	169022	169022	193853	193853	157371	157371	157371	157371	157371
低速汽车	三轮汽车			25300	25300	25300	25300	25300	25300	25300	25300	25300	16721	16721	16721	16721	16721	16721	16721	16721	16721	16721
	低速货车			33990	33990	33990	33990	33990	33990	33990	33990	33990	22464	22464	22464	22464	22464	22464	22464	22464	22464	22464
摩托车	普通摩托车			15413	15413	15413	15413	11502	7591	4064	4064	4064	4064	4064	3032	2001	2001	2001	2001	2001	2001	2001
	轻便摩托车			49842	49842	49842	49842	49842	9968	9968	4908	4908	4908	4908	3662	2417	2417	2417	2417	2417	2417	2417

潜江市 NO_x 排放系数

单位：克/（辆·年）

车辆类型		使用性质	燃料种类	1999年年底前	2000年	2001年	2002年	2003年	2004年	2005年	2006年	2007年	2008年	2009年	2010年	2011年	2012年	2013年	2014年	2015年	2016年	2017年
载客汽车	微型	出租车	汽油	220864	149524	78183	78183	78183	78183	57824	37466	37466	27805	18144	18144	14751	11358	11358	11358	11358	6893	5405
			燃气	156459	106300	56140	56140	56140	56140	41630	27120	27120	20230	13339	13339	10778	8216	8216	8216	8216	4953	3865
		其他	汽油	28501	17912	7324	7324	7324	7324	4632	1941	1941	1582	1223	1223	1020	816	816	816	816	555	468
			燃气	19461	11598	3736	3736	3736	3736	2434	1131	1131	918	705	705	559	413	413	413	413	330	303
	小型	出租车	汽油	249837	165738	81640	81640	81640	81640	59818	37997	37997	28070	18144	18144	14270	10397	10397	10397	10397	6017	4557
			柴油	268988	225756	182524	182524	182524	182524	162297	142070	142070	112902	83734	83734	83734	83734	68092	52450	52450	39573	35281
			燃气	176865	117720	58575	58575	58575	58575	43034	27494	27494	20416	13339	13339	10439	7539	7539	7539	7539	4335	3267
		其他	汽油	26600	17015	7430	7430	7430	7430	4938	2445	2445	1708	971	971	875	779	779	779	779	524	439
			柴油	22961	18812	14664	14664	14664	14664	13486	12307	12307	9642	6976	6976	6976	6976	6014	5053	5053	4340	4103
			燃气	18122	11562	5003	5003	5003	5003	3244	1486	1486	1007	528	528	457	386	386	386	386	308	282
	中型	公交车	汽油	325524	325524	325524	325524	325524	222387	16113	16113	16113	16113	16113	14450	12788	12788	9654	6520	6520	6520	6520
			柴油	364089	364089	363234	361524	361524	347157	318422	318422	318422	265230	212038	212038	212038	212038	173038	134038	134038	112220	104947
			燃气	386580	386580	381978	372774	372774	361211	338085	338085	338085	281378	224672	224672	142080	142080	111276	111276	111276	111276	111276
		其他	汽油	199576	199576	199576	199576	199576	135379	6985	6985	6985	6985	6985	6985	6985	6985	5239	3493	3493	3493	3493
			柴油	170741	170741	163614	149359	149359	148096	145570	145570	145570	123978	102386	102386	102386	102386	90909	79432	79432	67796	63918
			燃气	192803	192803	182092	160669	160669	159155	156126	156126	156126	132930	109735	109735	85479	85479	68661	68661	68661	68661	68661
	大型	公交车	汽油	1159680	1159680	1159680	1159680	1159680	797418	72894	72894	72894	72894	72894	72830	72766	72766	54575	36384	36384	36384	36384
			柴油	516387	516387	499701	466328	466328	453078	426577	426577	426577	418890	411203	411203	411203	411203	396376	381548	381548	343947	331413
			燃气	1038244	1038244	980564	865203	865203	801000	672593	672593	672593	576288	479982	479982	446863	446863	387313	387313	387313	387313	387313
		其他	汽油	2767945	2767945	2767945	2767945	2767945	1903292	173985	173985	173985	173985	173985	167460	160936	160936	120831	80726	80726	80726	80726
			柴油	1236586	1236586	1204766	1141127	1141127	1114522	1061313	1061313	1061313	1023947	986581	986581	986581	986581	939230	891879	891879	789304	755112
			燃气	2301771	2301771	2173895	1918142	1918142	1775804	1491127	1491127	1491127	1278109	1065091	1065091	960893	960893	815233	815233	815233	815233	815233
载货汽车	微型		汽油	96724	57474	18225	18225	18225	18225	12474	6723	6723	5460	4198	4198	3704	3211	3211	3211	3211	2369	2088
			柴油	65314	53958	42602	42602	42602	42602	38308	34014	34014	28776	23539	23539	23539	23539	17225	10911	10911	9284	8741
			燃气	66045	37671	9297	9297	9297	9297	6607	3917	3917	3169	2420	2420	2023	1625	1625	1625	1625	1420	1352
	轻型		汽油	71930	46190	20449	20449	20449	20449	13889	7329	7329	6150	4972	4972	4133	3294	3294	3294	3294	2474	2200
			柴油	65541	54072	42602	42602	42602	42602	38308	34014	34014	28776	23539	23539	23539	23539	18752	13966	13966	12876	12513
			燃气	49004	31387	13769	13769	13769	13769	9112	4454	4454	3579	2704	2704	2168	1632	1632	1632	1632	1468	1413
	中型		汽油	309464	309464	309464	309464	309464	211273	14893	14893	14893	14893	14893	14893	14893	14893	11174	7455	7455	7455	7455
			柴油	580051	580051	520844	402430	402430	382667	343140	343140	343140	343044	342947	342947	342947	342947	300892	258838	258838	222884	210899
			燃气	655001	655001	580969	432903	432903	411277	368023	368023	368023	367793	367563	367563	278543	278543	226549	226549	226549	226549	226549
	重型		汽油	3195602	3195602	3195602	3195602	3195602	2197357	200866	200866	200866	200866	200866	193334	185801	185801	139500	93198	93198	93198	93198
			柴油	1678741	1678741	1621440	1506838	1506838	1451104	1339635	1339635	1339635	1285916	1232196	1232196	1232196	1232196	1165040	1097883	1097883	872614	797525
			燃气	3124795	3124795	2927487	2532873	2532873	2315970	1882165	1882165	1882165	1606208	1330252	1330252	1182838	1182838	861023	861023	861023	861023	861023
低速汽车	三轮汽车			65550	65550	65550	65550	65550	65550	65550	65550	65550	53279	53279	53279	53279	53279	53279	53279	53279	53279	53279
	低速货车			88065	88065	88065	88065	88065	88065	88065	88065	88065	71579	71579	71579	71579	71579	71579	71579	71579	71579	71579
摩托车	普通摩托车			1150	1150	1150	1150	1112	1074	997	997	997	997	997	886	774	774	774	774	774	774	774
	轻便摩托车			767	767	767	767	767	383	383	383	383	383	383	340	298	298	298	298	298	298	298

潜江市 PM 排放系数

单位：克/（辆·年）

车辆类型		使用性质	燃料种类	1999 年年底前	2000 年	2001 年	2002 年	2003 年	2004 年	2005 年	2006 年	2007 年	2008 年	2009 年	2010 年	2011 年	2012 年	2013 年	2014 年	2015 年	2016 年	2017 年
载客汽车	微型	出租车	汽油	—	—	—	—	—	—	—	—	—	—	—	—	—	—	—	—	—	—	—
			燃气	—	—	—	—	—	—	—	—	—	—	—	—	—	—	—	—	—	—	—
		其他	汽油	—	—	—	—	—	—	—	—	—	—	—	—	—	—	—	—	—	—	—
			燃气	—	—	—	—	—	—	—	—	—	—	—	—	—	—	—	—	—	—	—
	小型	出租车	汽油	—	—	—	—	—	—	—	—	—	—	—	—	—	—	—	—	—	—	—
			柴油	37451	34295	31139	31139	31139	31139	21213	11287	11287	7360	3434	3434	3434	3434	3192	2949	2949	2439	2269
			燃气	—	—	—	—	—	—	—	—	—	—	—	—	—	—	—	—	—	—	—
		其他	汽油	—	—	—	—	—	—	—	—	—	—	—	—	—	—	—	—	—	—	—
			柴油	3504	3316	3128	3128	3128	3128	2248	1369	1369	1003	637	637	637	637	534	430	430	430	430
			燃气	—	—	—	—	—	—	—	—	—	—	—	—	—	—	—	—	—	—	—
	中型	公交车	汽油	—	—	—	—	—	—	—	—	—	—	—	—	—	—	—	—	—	—	—
			柴油	30592	30592	28032	22913	22913	17978	8108	8108	8108	6872	5637	5637	5637	5637	3504	1372	1372	1080	983
			燃气	—	—	—	—	—	—	—	—	—	—	—	—	—	—	—	—	—	—	—
		其他	汽油	—	—	—	—	—	—	—	—	—	—	—	—	—	—	—	—	—	—	—
			柴油	15274	15274	12888	8116	8116	6262	2553	2553	2553	2434	2316	2316	2316	2316	1366	415	415	399	394
			燃气	—	—	—	—	—	—	—	—	—	—	—	—	—	—	—	—	—	—	—
	大型	公交车	汽油	—	—	—	—	—	—	—	—	—	—	—	—	—	—	—	—	—	—	—
			柴油	94865	94865	93934	92071	92071	71272	29674	29674	29674	19994	10315	10315	10315	10315	6116	1916	1916	1845	1821
			燃气	—	—	—	—	—	—	—	—	—	—	—	—	—	—	—	—	—	—	—
		其他	汽油	—	—	—	—	—	—	—	—	—	—	—	—	—	—	—	—	—	—	—
			柴油	142314	142314	133412	115607	115607	85425	25061	25061	25061	17182	9303	9303	9303	9303	5868	2433	2433	2343	2313
			燃气	—	—	—	—	—	—	—	—	—	—	—	—	—	—	—	—	—	—	—
载货汽车	微型		汽油	—	—	—	—	—	—	—	—	—	—	—	—	—	—	—	—	—	—	—
			柴油	8350	8178	8005	8005	8005	8005	6512	5018	5018	3724	2430	2430	2430	2430	1530	630	630	627	626
			燃气	—	—	—	—	—	—	—	—	—	—	—	—	—	—	—	—	—	—	—
	轻型		汽油	—	—	—	—	—	—	—	—	—	—	—	—	—	—	—	—	—	—	—
			柴油	8684	8344	8005	8005	8005	8005	6512	5018	5018	3724	2430	2430	2430	2430	1832	1235	1235	1020	948
			燃气	—	—	—	—	—	—	—	—	—	—	—	—	—	—	—	—	—	—	—
	中型		汽油	—	—	—	—	—	—	—	—	—	—	—	—	—	—	—	—	—	—	—
			柴油	49461	49461	41623	25948	25948	20014	8145	8145	8145	7716	7288	7288	7288	7288	4673	2058	2058	1885	1827
			燃气	—	—	—	—	—	—	—	—	—	—	—	—	—	—	—	—	—	—	—
	重型		汽油	—	—	—	—	—	—	—	—	—	—	—	—	—	—	—	—	—	—	—
			柴油	318515	318515	261796	148357	148357	117795	56672	56672	56672	38834	20997	20997	20997	20997	13674	6350	6350	5367	5039
			燃气	—	—	—	—	—	—	—	—	—	—	—	—	—	—	—	—	—	—	—
低速汽车	三轮汽车			4092	4092	4092	4092	4092	4092	4092	4092	4092	3220	3220	3220	3220	3220	3220	3220	3220	3220	3220
	低速货车			5581	5581	5581	5581	5581	5581	5581	5581	5581	4392	4392	4392	4392	4392	4392	4392	4392	4392	4392
摩托车	普通摩托车			—	—	—	—	—	—	—	—	—	—	—	—	—	—	—	—	—	—	—
	轻便摩托车			—	—	—	—	—	—	—	—	—	—	—	—	—	—	—	—	—	—	—

潜江市 VOCs 排放系数

单位：克/（辆·年）

车辆类型		使用性质	燃料种类	1999 年年底前	2000 年	2001 年	2002 年	2003 年	2004 年	2005 年	2006 年	2007 年	2008 年	2009 年	2010 年	2011 年	2012 年	2013 年	2014 年	2015 年	2016 年	2017 年
载客汽车	微型	出租车	汽油	526354	312621	98888	98888	98888	98888	74924	50960	50960	41728	32495	32495	27004	21514	21514	21514	21514	15341	13283
			燃气	294492	176914	59336	59336	59336	59336	45254	31172	31172	25509	19846	19846	15819	11792	11792	11792	11792	7277	5772
		其他	汽油	37602	23190	8778	8778	8778	8778	8426	8073	8073	7022	5972	5972	5722	5472	5472	5472	5472	4706	4450
			燃气	16229	9114	1998	1998	1998	1998	1919	1840	1840	1365	890	890	806	722	722	722	722	487	409
	小型	出租车	汽油	526354	307701	89048	89048	89048	89048	83192	77336	77336	54916	32495	32495	27004	21514	21514	21514	21514	14506	12170
			柴油	144301	135778	127256	127256	127256	127256	114664	102072	102072	75289	48506	48506	48506	48506	35966	23426	23426	13038	9575
			燃气	294492	174203	53914	53914	53914	53914	49811	45708	45708	32777	19846	19846	15819	11792	11792	11792	11792	6817	5159
		其他	汽油	38099	23378	8658	8658	8658	8658	8632	8606	8606	7290	5975	5975	5693	5411	5411	5411	5411	4756	4537
			柴油	8600	7868	7137	7137	7137	7137	6036	4935	4935	3396	1858	1858	1858	1858	1572	1286	1286	906	780
			燃气	16503	9921	3339	3339	3339	3339	2736	2134	2134	1576	1019	1019	854	688	688	688	688	515	457
	中型	公交车	汽油	247649	247649	247649	247649	247052	168809	13516	13516	13516	13516	13516	13364	13213	13213	10786	8359	8359	8359	8359
			柴油	87806	87806	86086	82645	82645	64494	28192	28192	28192	20508	12823	12823	12823	12823	8958	5093	5093	4763	4653
			燃气	71579	71579	67602	59649	59649	57536	53311	53311	53311	42686	32061	32061	22219	22219	22154	22154	22154	22154	22154
		其他	汽油	128359	128359	128359	128359	127762	87440	7989	7989	7989	7989	7989	7844	7698	7698	6646	5595	5595	5595	5595
			柴油	30493	30493	28460	24394	24394	18567	6912	6912	6912	6506	6099	6099	6099	6099	3750	1402	1402	1243	1190
			燃气	34560	34560	32640	28800	28800	27780	25740	25740	25740	20623	15506	15506	10732	10732	9642	9642	9642	9642	9642
	大型	公交车	汽油	576957	576957	576957	576957	576360	388782	14820	14820	14820	14820	14820	14680	14540	14540	11774	9008	9008	9008	9008
			柴油	131708	131708	108010	60614	60614	60614	60614	60614	60614	43515	26416	26416	26416	26416	17675	8934	8934	5723	4653
			燃气	168926	168926	159541	140772	140772	135786	125815	125815	125815	100740	75665	75665	52438	52438	47188	47188	47188	47188	47188
		其他	汽油	1278255	1278255	1278255	1278255	1277658	860810	28307	28307	28307	28307	28307	22048	15789	15789	12598	9407	9407	9407	9407
			柴油	272891	272891	207397	76409	76409	76409	76409	76409	76409	55942	35476	35476	35476	35476	20706	5937	5937	5324	5119
			燃气	266186	266186	251398	221822	221822	213966	198253	198253	198253	158842	119430	119430	82662	82662	74261	74261	74261	74261	74261
载货汽车	微型		汽油	198448	107716	16983	16983	16983	16983	16012	15042	15042	13888	12733	12733	10734	8734	8734	8734	8734	7506	7097
			柴油	30326	28332	26338	26338	26338	26338	24120	21901	21901	16201	10501	10501	10501	10501	7254	4007	4007	2739	2316
			燃气	85650	44758	3866	3866	3866	3866	3647	3428	3428	2663	1898	1898	1525	1152	1152	1152	1152	777	652
	轻型		汽油	104301	63078	21855	21855	21855	21855	19018	16182	16182	14560	12939	12939	11517	10095	10095	10095	10095	8767	8324
			柴油	27897	27118	26338	26338	26338	26338	24120	21901	21901	16201	10501	10501	10501	10501	7952	5402	5402	4134	3711
			燃气	45179	26804	8428	8428	8428	8428	6221	4013	4013	3110	2207	2207	1745	1284	1284	1284	1284	950	838
	中型		汽油	433095	433095	433095	433095	432498	294035	18303	18303	18303	18303	18303	18163	18023	18023	14382	10742	10742	10742	10742
			柴油	101292	101292	94539	81034	81034	61676	22960	22960	22960	21618	20275	20275	20275	20275	14694	9113	9113	5422	4192
			燃气	114802	114802	108425	95670	95670	92281	85502	85502	85502	68524	51547	51547	69758	69758	33966	33966	33966	33966	33966
	重型		汽油	1816292	1816292	1816292	1816292	1815694	1222950	38657	38657	38657	38657	38657	29812	20966	20966	16432	11899	11899	11899	11899
			柴油	420450	420450	319542	117726	117726	117726	117726	117726	117726	86192	54658	54658	54658	54658	36450	18243	18243	14065	12672
			燃气	410119	410119	387336	341769	341769	329664	305455	305455	305455	244731	184006	184006	254001	254001	183832	183832	183832	183832	183832
低速汽车	三轮汽车			25300	25300	25300	25300	25300	25300	25300	25300	25300	16721	16721	16721	16721	16721	16721	16721	16721	16721	16721
	低速货车			33990	33990	33990	33990	33990	33990	33990	33990	33990	22464	22464	22464	22464	22464	22464	22464	22464	22464	22464
摩托车	普通摩托车			15413	15413	15413	15413	11502	7591	4064	4064	4064	4064	4064	3032	2001	2001	2001	2001	2001	2001	2001
	轻便摩托车			49842	49842	49842	49842	49842	9968	9968	4908	4908	4908	4908	3662	2417	2417	2417	2417	2417	2417	2417

仙桃市 NO_x 排放系数

单位：克/（辆·年）

车辆类型		使用性质	燃料种类	1999年年底前	2000年	2001年	2002年	2003年	2004年	2005年	2006年	2007年	2008年	2009年	2010年	2011年	2012年	2013年	2014年	2015年	2016年	2017年
载客汽车	微型	出租车	汽油	281549	192622	103694	103694	103694	103694	77571	51448	51448	38822	26196	26196	21105	16014	16014	16014	16014	9354	7134
			燃气	200029	137425	74821	74821	74821	74821	56159	37497	37497	28449	19401	19401	15552	11702	11702	11702	11702	6772	5128
		其他	汽油	28501	17912	7324	7324	7324	7324	4632	1941	1941	1582	1223	1223	1020	816	816	816	816	555	468
			燃气	19461	11598	3736	3736	3736	3736	2434	1131	1131	918	705	705	559	413	413	413	413	330	303
	小型	出租车	汽油	317466	212723	107980	107980	107980	107980	80043	52106	52106	39151	26196	26196	20509	14822	14822	14822	14822	8267	6082
			柴油	358058	302752	247447	247447	247447	247447	219632	191818	191818	152926	114035	114035	114035	114035	91905	69775	69775	51269	45100
			燃气	225326	151583	77840	77840	77840	77840	57900	37961	37961	28681	19401	19401	15132	10863	10863	10863	10863	6006	4387
		其他	汽油	26600	17015	7430	7430	7430	7430	4938	2445	2445	1708	971	971	875	779	779	779	779	524	439
			柴油	22961	18812	14664	14664	14664	14664	13486	12307	12307	9642	6976	6976	6976	6976	6014	5053	5053	4340	4103
			燃气	18122	11562	5003	5003	5003	5003	3244	1486	1486	1007	528	528	457	386	386	386	386	308	282
	中型	公交车	汽油	325524	325524	325524	325524	325524	222387	16113	16113	16113	16113	16113	14450	12788	12788	9654	6520	6520	6520	6520
			柴油	364089	364089	363234	361524	361524	347157	318422	318422	318422	265230	212038	212038	212038	212038	173038	134038	134038	112220	104947
			燃气	386580	386580	381978	372774	372774	361211	338085	338085	338085	281378	224672	224672	142080	142080	111276	111276	111276	111276	111276
		其他	汽油	199576	199576	199576	199576	199576	135379	6985	6985	6985	6985	6985	6985	6985	6985	5239	3493	3493	3493	3493
			柴油	170741	170741	163614	149359	149359	148096	145570	145570	145570	123978	102386	102386	102386	102386	90909	79432	79432	67796	63918
			燃气	192803	192803	182092	160669	160669	159155	156126	156126	156126	132930	109735	109735	85479	85479	68661	68661	68661	68661	68661
	大型	公交车	汽油	1159680	1159680	1159680	1159680	1159680	797418	72894	72894	72894	72894	72894	72830	72766	72766	54575	36384	36384	36384	36384
			柴油	516387	516387	499701	466328	466328	453078	426577	426577	426577	418890	411203	411203	411203	411203	396376	381548	381548	343947	331413
			燃气	1038244	1038244	980564	865203	865203	801000	672593	672593	672593	576288	479982	479982	446863	446863	387313	387313	387313	387313	387313
		其他	汽油	2767945	2767945	2767945	2767945	2767945	1903292	173985	173985	173985	173985	173985	167460	160936	160936	120831	80726	80726	80726	80726
			柴油	1236586	1236586	1204766	1141127	1141127	1114522	1061313	1061313	1061313	1023947	986581	986581	986581	986581	939230	891879	891879	789304	755112
			燃气	2301771	2301771	2173895	1918142	1918142	1775804	1491127	1491127	1491127	1278109	1065091	1065091	960893	960893	815233	815233	815233	815233	815233
载货汽车	微型		汽油	111934	66682	21430	21430	21430	21430	14738	8046	8046	6554	5062	5062	4432	3802	3802	3802	3802	2774	2432
			柴油	76968	63757	50546	50546	50546	50546	45407	40268	40268	34044	27821	27821	27821	27821	20352	12884	12884	10848	10169
			燃气	76431	43681	10932	10932	10932	10932	7810	4688	4688	3803	2918	2918	2421	1924	1924	1924	1924	1662	1575
	轻型		汽油	83346	53670	23994	23994	23994	23994	16370	8745	8745	7350	5955	5955	4926	3898	3898	3898	3898	2895	2561
			柴油	77230	63888	50546	50546	50546	50546	45407	40268	40268	34044	27821	27821	27821	27821	22114	16407	16407	14990	14518
			燃气	56782	36469	16156	16156	16156	16156	10736	5315	5315	4277	3238	3238	2585	1931	1931	1931	1931	1717	1645
	中型		汽油	309464	309464	309464	309464	309464	211273	14893	14893	14893	14893	14893	14893	14893	14893	11174	7455	7455	7455	7455
			柴油	580051	580051	520844	402430	402430	382667	343140	343140	343140	343044	342947	342947	342947	342947	300892	258838	258838	222884	210899
			燃气	655001	655001	580969	432903	432903	411277	368023	368023	368023	367793	367563	367563	278543	278543	226549	226549	226549	226549	226549
	重型		汽油	2521981	2521981	2521981	2521981	2521981	1734162	158525	158525	158525	158525	158525	152580	146635	146635	110094	73552	73552	73552	73552
			柴油	1381281	1381281	1334133	1239837	1239837	1193979	1102262	1102262	1102262	1058061	1013860	1013860	1013860	1013860	937180	860501	860501	652648	583364
			燃气	2571105	2571105	2408759	2084066	2084066	1905597	1548660	1548660	1548660	1321600	1094541	1094541	927087	927087	629811	629811	629811	629811	629811
低速汽车	三轮汽车			65550	65550	65550	65550	65550	65550	65550	65550	65550	53279	53279	53279	53279	53279	53279	53279	53279	53279	53279
	低速货车			88065	88065	88065	88065	88065	88065	88065	88065	88065	71579	71579	71579	71579	71579	71579	71579	71579	71579	71579
摩托车	普通摩托车			1150	1150	1150	1150	1112	1074	997	997	997	997	997	886	774	774	774	774	774	774	774
	轻便摩托车			767	767	767	767	767	383	383	383	383	383	383	340	298	298	298	298	298	298	298

仙桃市 PM 排放系数

单位：克/（辆·年）

车辆类型		使用性质	燃料种类	1999 年年底前	2000 年	2001 年	2002 年	2003 年	2004 年	2005 年	2006 年	2007 年	2008 年	2009 年	2010 年	2011 年	2012 年	2013 年	2014 年	2015 年	2016 年	2017 年
载客汽车	微型	出租车	汽油	—	—	—	—	—	—	—	—	—	—	—	—	—	—	—	—	—	—	—
			燃气	—	—	—	—	—	—	—	—	—	—	—	—	—	—	—	—	—	—	—
		其他	汽油	—	—	—	—	—	—	—	—	—	—	—	—	—	—	—	—	—	—	—
			燃气	—	—	—	—	—	—	—	—	—	—	—	—	—	—	—	—	—	—	—
	小型	出租车	汽油	—	—	—	—	—	—	—	—	—	—	—	—	—	—	—	—	—	—	—
			柴油	46428	42515	38602	38602	38602	38602	26297	13992	13992	9125	4258	4258	4258	4258	3957	3656	3656	3024	2813
			燃气	—	—	—	—	—	—	—	—	—	—	—	—	—	—	—	—	—	—	—
		其他	汽油	—	—	—	—	—	—	—	—	—	—	—	—	—	—	—	—	—	—	—
			柴油	3504	3316	3128	3128	3128	3128	2248	1369	1369	1003	637	637	637	637	534	430	430	430	430
			燃气	—	—	—	—	—	—	—	—	—	—	—	—	—	—	—	—	—	—	—
	中型	公交车	汽油	—	—	—	—	—	—	—	—	—	—	—	—	—	—	—	—	—	—	—
			柴油	30592	30592	28032	22913	22913	17978	8108	8108	8108	6872	5637	5637	5637	5637	3504	1372	1372	1080	983
			燃气	—	—	—	—	—	—	—	—	—	—	—	—	—	—	—	—	—	—	—
		其他	汽油	—	—	—	—	—	—	—	—	—	—	—	—	—	—	—	—	—	—	—
			柴油	15274	15274	12888	8116	8116	6262	2553	2553	2553	2434	2316	2316	2316	2316	1366	415	415	399	394
			燃气	—	—	—	—	—	—	—	—	—	—	—	—	—	—	—	—	—	—	—
	大型	公交车	汽油	—	—	—	—	—	—	—	—	—	—	—	—	—	—	—	—	—	—	—
			柴油	94865	94865	93934	92071	92071	71272	29674	29674	29674	19994	10315	10315	10315	10315	6116	1916	1916	1845	1821
			燃气	—	—	—	—	—	—	—	—	—	—	—	—	—	—	—	—	—	—	—
		其他	汽油	—	—	—	—	—	—	—	—	—	—	—	—	—	—	—	—	—	—	—
			柴油	142314	142314	133412	115607	115607	85425	25061	25061	25061	17182	9303	9303	9303	9303	5868	2433	2433	2343	2313
			燃气	—	—	—	—	—	—	—	—	—	—	—	—	—	—	—	—	—	—	—
载货汽车	微型		汽油	—	—	—	—	—	—	—	—	—	—	—	—	—	—	—	—	—	—	—
			柴油	9628	9428	9229	9229	9229	9229	7508	5786	5786	4294	2802	2802	2802	2802	1764	726	726	723	722
			燃气	—	—	—	—	—	—	—	—	—	—	—	—	—	—	—	—	—	—	—
	轻型		汽油	—	—	—	—	—	—	—	—	—	—	—	—	—	—	—	—	—	—	—
			柴油	10013	9621	9229	9229	9229	9229	7508	5786	5786	4294	2802	2802	2802	2802	2113	1424	1424	1176	1093
			燃气	—	—	—	—	—	—	—	—	—	—	—	—	—	—	—	—	—	—	—
	中型		汽油	—	—	—	—	—	—	—	—	—	—	—	—	—	—	—	—	—	—	—
			柴油	49461	49461	41623	25948	25948	20014	8145	8145	8145	7716	7288	7288	7288	7288	4673	2058	2058	1885	1827
			燃气	—	—	—	—	—	—	—	—	—	—	—	—	—	—	—	—	—	—	—
	重型		汽油	—	—	—	—	—	—	—	—	—	—	—	—	—	—	—	—	—	—	—
			柴油	240937	240937	198032	112223	112223	89105	42869	42869	42869	29376	15883	15883	15883	15883	10432	4982	4982	4210	3953
			燃气	—	—	—	—	—	—	—	—	—	—	—	—	—	—	—	—	—	—	—
低速汽车	三轮汽车			4092	4092	4092	4092	4092	4092	4092	4092	4092	3220	3220	3220	3220	3220	3220	3220	3220	3220	3220
	低速货车			5581	5581	5581	5581	5581	5581	5581	5581	5581	4392	4392	4392	4392	4392	4392	4392	4392	4392	4392
摩托车	普通摩托车			—	—	—	—	—	—	—	—	—	—	—	—	—	—	—	—	—	—	—
	轻便摩托车			—	—	—	—	—	—	—	—	—	—	—	—	—	—	—	—	—	—	—

仙桃市 VOCs 排放系数

单位：克/（辆·年）

车辆类型		使用性质	燃料种类	1999 年年底前	2000 年	2001 年	2002 年	2003 年	2004 年	2005 年	2006 年	2007 年	2008 年	2009 年	2010 年	2011 年	2012 年	2013 年	2014 年	2015 年	2016 年	2017 年
载客汽车	微型	出租车	汽油	660728	395418	130109	130109	130109	130109	99322	68535	68535	56315	44095	44095	36155	28215	28215	28215	28215	19161	16143
			燃气	373422	227082	80743	80743	80743	80743	62358	43974	43974	36258	28542	28542	22623	16704	16704	16704	16704	9891	7620
		其他	汽油	37602	23190	8778	8778	8778	8778	8426	8073	8073	7022	5972	5972	5722	5472	5472	5472	5472	4706	4450
			燃气	16229	9114	1998	1998	1998	1998	1919	1840	1840	1365	890	890	806	722	722	722	722	487	409
	小型	出租车	汽油	660728	389320	117911	117911	117911	117911	109572	101233	101233	72664	44095	44095	36155	28215	28215	28215	28215	18126	14763
			柴油	207611	195044	182478	182478	182478	182478	163666	144853	144853	108467	72081	72081	72081	72081	53333	34585	34585	18728	13443
			燃气	373422	223722	74021	74021	74021	74021	68008	61994	61994	45268	28542	28542	22623	16704	16704	16704	16704	9320	6859
		其他	汽油	38099	23378	8658	8658	8658	8658	8632	8606	8606	7290	5975	5975	5693	5411	5411	5411	5411	4756	4537
			柴油	8600	7868	7137	7137	7137	7137	6036	4935	4935	3396	1858	1858	1858	1858	1572	1286	1286	906	780
			燃气	16503	9921	3339	3339	3339	3339	2736	2134	2134	1576	1019	1019	854	688	688	688	688	515	457
	中型	公交车	汽油	247649	247649	247649	247649	247052	168809	13516	13516	13516	13516	13516	13364	13213	13213	10786	8359	8359	8359	8359
			柴油	87806	87806	86086	82645	82645	64494	28192	28192	28192	20508	12823	12823	12823	12823	8958	5093	5093	4763	4653
			燃气	71579	71579	67602	59649	59649	57536	53311	53311	53311	42686	32061	32061	22219	22219	22154	22154	22154	22154	22154
		其他	汽油	128359	128359	128359	128359	127762	87440	7989	7989	7989	7989	7989	7844	7698	7698	6646	5595	5595	5595	5595
			柴油	30493	30493	28460	24394	24394	18567	6912	6912	6912	6506	6099	6099	6099	6099	3750	1402	1402	1243	1190
			燃气	34560	34560	32640	28800	28800	27780	25740	25740	25740	20623	15506	15506	10732	10732	9642	9642	9642	9642	9642
	大型	公交车	汽油	576957	576957	576957	576957	576360	388782	14820	14820	14820	14820	14820	14680	14540	14540	11774	9008	9008	9008	9008
			柴油	131708	131708	108010	60614	60614	60614	60614	60614	60614	43515	26416	26416	26416	26416	17675	8934	8934	5723	4653
			燃气	168926	168926	159541	140772	140772	135786	125815	125815	125815	100740	75665	75665	52438	52438	47188	47188	47188	47188	47188
		其他	汽油	1278255	1278255	1278255	1278255	1277658	860810	28307	28307	28307	28307	28307	22048	15789	15789	12598	9407	9407	9407	9407
			柴油	272891	272891	207397	76409	76409	76409	76409	76409	76409	55942	35476	35476	35476	35476	20706	5937	5937	5324	5119
			燃气	266186	266186	251398	221822	221822	213966	198253	198253	198253	158842	119430	119430	82662	82662	74261	74261	74261	74261	74261
载货汽车	微型		汽油	228225	123792	19359	19359	19359	19359	18199	17039	17039	15700	14361	14361	11979	9597	9597	9597	9597	8138	7652
			柴油	36884	34448	32011	32011	32011	32011	29233	26455	26455	19674	12894	12894	12894	12894	8930	4967	4967	3313	2762
			燃气	98502	51454	4406	4406	4406	4406	4145	3884	3884	3012	2140	2140	1703	1266	1266	1266	1266	844	703
	轻型		汽油	119671	72324	24976	24976	24976	24976	21664	18353	18353	16476	14598	14598	12882	11167	11167	11167	11167	9591	9066
			柴油	34084	33048	32011	32011	32011	32011	29233	26455	26455	19674	12894	12894	12894	12894	9734	6575	6575	4921	4370
			燃气	51837	30734	9632	9632	9632	9632	7092	4551	4551	3520	2490	2490	1955	1420	1420	1420	1420	1040	913
	中型		汽油	433095	433095	433095	433095	432498	294035	18303	18303	18303	18303	18303	18163	18023	18023	14382	10742	10742	10742	10742
			柴油	101292	101292	94539	81034	81034	61676	22960	22960	22960	21618	20275	20275	20275	20275	14694	9113	9113	5422	4192
			燃气	114802	114802	108425	95670	95670	92281	85502	85502	85502	68524	51547	51547	69758	69758	33966	33966	33966	33966	33966
	重型		汽油	1409449	1409449	1409449	1409449	1408852	949114	30833	30833	30833	30833	30833	23944	17054	17054	13536	10018	10018	10018	10018
			柴油	348796	348796	265085	97663	97663	97663	97663	97663	97663	71503	45343	45343	45343	45343	29646	13948	13948	10320	9110
			燃气	340226	340226	321325	283524	283524	273483	253399	253399	253399	203023	152647	152647	194201	194201	132158	132158	132158	132158	132158
低速汽车	三轮汽车			25300	25300	25300	25300	25300	25300	25300	25300	25300	16721	16721	16721	16721	16721	16721	16721	16721	16721	16721
	低速货车			33990	33990	33990	33990	33990	33990	33990	33990	33990	22464	22464	22464	22464	22464	22464	22464	22464	22464	22464
摩托车	普通摩托车			15413	15413	15413	15413	11502	7591	4064	4064	4064	4064	4064	3032	2001	2001	2001	2001	2001	2001	2001
	轻便摩托车			49842	49842	49842	49842	49842	9968	9968	4908	4908	4908	4908	3662	2417	2417	2417	2417	2417	2417	2417

天门市 NO_x 排放系数

单位：克/（辆·年）

车辆类型		使用性质	燃料种类	1999 年年底前	2000 年	2001 年	2002 年	2003 年	2004 年	2005 年	2006 年	2007 年	2008 年	2009 年	2010 年	2011 年	2012 年	2013 年	2014 年	2015 年	2016 年	2017 年
载客汽车	微型	出租车	汽油	231928	156622	81316	81316	81316	81316	59960	38603	38603	28521	18439	18439	15022	11605	11605	11605	11605	7122	5627
			燃气	156459	106300	56140	56140	56140	56140	41630	27120	27120	20230	13339	13339	10778	8216	8216	8216	8216	4953	3865
		其他	汽油	30031	18860	7689	7689	7689	7689	4846	2004	2004	1632	1259	1259	1048	836	836	836	836	576	489
			燃气	19461	11598	3736	3736	3736	3736	2434	1131	1131	918	705	705	559	413	413	413	413	330	303
	小型	出租车	汽油	262564	173768	84971	84971	84971	84971	62068	39165	39165	28802	18439	18439	14514	10588	10588	10588	10588	6194	4730
			柴油	279684	234294	188904	188904	188904	188904	168042	147181	147181	116866	86552	86552	86552	86552	70540	54528	54528	41416	37045
			燃气	176865	117720	58575	58575	58575	58575	43034	27494	27494	20416	13339	13339	10439	7539	7539	7539	7539	4335	3267
		其他	汽油	28021	17911	7801	7801	7801	7801	5168	2536	2536	1764	993	993	894	796	796	796	796	543	459
			柴油	24175	19794	15412	15412	15412	15412	14176	12940	12940	10133	7326	7326	7326	7326	6319	5312	5312	4577	4332
			燃气	18122	11562	5003	5003	5003	5003	3244	1486	1486	1007	528	528	457	386	386	386	386	308	282
	中型	公交车	汽油	325310	325310	325310	325310	325310	222241	16103	16103	16103	16103	16103	14442	12780	12780	9648	6516	6516	6516	6516
			柴油	363914	363914	363059	361350	361350	346989	318268	318268	318268	265102	211936	211936	211936	211936	172955	133974	133974	112166	104897
			燃气	386394	386394	381794	372594	372594	361037	337922	337922	337922	281243	224564	224564	142011	142011	111222	111222	111222	111222	111222
		其他	汽油	199444	199444	199444	199444	199444	135290	6981	6981	6981	6981	6981	6981	6981	6981	5236	3491	3491	3491	3491
			柴油	170659	170659	163535	149287	149287	148025	145500	145500	145500	123918	102336	102336	102336	102336	90865	79394	79394	67764	63887
			燃气	192710	192710	182004	160592	160592	159078	156051	156051	156051	132866	109682	109682	85437	85437	68628	68628	68628	68628	68628
	大型	公交车	汽油	1158916	1158916	1158916	1158916	1158916	796893	72846	72846	72846	72846	72846	72782	72718	72718	54539	36360	36360	36360	36360
			柴油	516138	516138	499460	466103	466103	452859	426372	426372	426372	418688	411005	411005	411005	411005	396184	381364	381364	343781	331253
			燃气	1037744	1037744	980091	864786	864786	800613	672268	672268	672268	576010	479751	479751	446648	446648	387126	387126	387126	387126	387126
		其他	汽油	2766121	2766121	2766121	2766121	2766121	1902037	173870	173870	173870	173870	173870	167350	160830	160830	120751	80672	80672	80672	80672
			柴油	1235990	1235990	1204186	1140577	1140577	1113985	1060802	1060802	1060802	1023454	986105	986105	986105	986105	938777	891449	891449	788923	754748
			燃气	2300662	2300662	2172847	1917218	1917218	1774948	1490409	1490409	1490409	1277494	1064578	1064578	960430	960430	814840	814840	814840	814840	814840
载货汽车	微型		汽油	102022	60555	19088	19088	19088	19088	13026	6964	6964	5650	4335	4335	3832	3330	3330	3330	3330	2478	2194
			柴油	68504	56532	44561	44561	44561	44561	40081	35601	35601	30126	24650	24650	24650	24650	18034	11417	11417	9763	9212
			燃气	66113	37694	9275	9275	9275	9275	6602	3930	3930	3179	2427	2427	2036	1645	1645	1645	1645	1431	1359
	轻型		汽油	75805	48622	21439	21439	21439	21439	14522	7605	7605	6379	5153	5153	4286	3418	3418	3418	3418	2589	2313
			柴油	68744	56652	44561	44561	44561	44561	40081	35601	35601	30126	24650	24650	24650	24650	19649	14648	14648	13563	13201
			燃气	49025	31387	13749	13749	13749	13749	9103	4456	4456	3598	2740	2740	2199	1657	1657	1657	1657	1480	1421
	中型		汽油	309464	309464	309464	309464	309464	211273	14893	14893	14893	14893	14893	14893	14893	14893	11174	7455	7455	7455	7455
			柴油	580051	580051	520844	402430	402430	382667	343140	343140	343140	343044	342947	342947	342947	342947	300892	258838	258838	222884	210899
			燃气	655000	655000	580968	432905	432905	411277	368023	368023	368023	367794	367565	367565	278539	278539	226550	226550	226550	226550	226550
	重型		汽油	3195602	3195602	3195602	3195602	3195602	2197357	200866	200866	200866	200866	200866	193334	185801	185801	139500	93198	93198	93198	93198
			柴油	1678741	1678741	1621440	1506838	1506838	1451104	1339635	1339635	1339635	1285916	1232196	1232196	1232196	1232196	1165040	1097883	1097883	872614	797525
			燃气	3124795	3124795	2927488	2532873	2532873	2315970	1882165	1882165	1882165	1606209	1330253	1330253	1182838	1182838	861023	861023	861023	861023	861023
低速汽车	三轮汽车			65550	65550	65550	65550	65550	65550	65550	65550	65550	53279	53279	53279	53279	53279	53279	53279	53279	53279	53279
	低速货车			88065	88065	88065	88065	88065	88065	88065	88065	88065	71579	71579	71579	71579	71579	71579	71579	71579	71579	71579
摩托车	普通摩托车			1150	1150	1150	1150	1112	1074	997	997	997	997	997	886	774	774	774	774	774	774	774
	轻便摩托车			767	767	767	767	767	383	383	383	383	383	383	340	298	298	298	298	298	298	298

天门市 **PM** 排放系数

单位：克/（辆·年）

车辆类型		使用性质	燃料种类	1999 年年底前	2000 年	2001 年	2002 年	2003 年	2004 年	2005 年	2006 年	2007 年	2008 年	2009 年	2010 年	2011 年	2012 年	2013 年	2014 年	2015 年	2016 年	2017 年
载客汽车	微型	出租车	汽油	—	—	—	—	—	—	—	—	—	—	—	—	—	—	—	—	—	—	—
			燃气	—	—	—	—	—	—	—	—	—	—	—	—	—	—	—	—	—	—	—
		其他	汽油	—	—	—	—	—	—	—	—	—	—	—	—	—	—	—	—	—	—	—
			燃气	—	—	—	—	—	—	—	—	—	—	—	—	—	—	—	—	—	—	—
	小型	出租车	汽油	—	—	—	—	—	—	—	—	—	—	—	—	—	—	—	—	—	—	—
			柴油	37451	34295	31139	31139	31139	31139	21213	11287	11287	7360	3434	3434	3434	3434	3192	2949	2949	2439	2269
			燃气	—	—	—	—	—	—	—	—	—	—	—	—	—	—	—	—	—	—	—
		其他	汽油	—	—	—	—	—	—	—	—	—	—	—	—	—	—	—	—	—	—	—
			柴油	3504	3316	3128	3128	3128	3128	2248	1369	1369	1003	637	637	637	637	534	430	430	430	430
			燃气	—	—	—	—	—	—	—	—	—	—	—	—	—	—	—	—	—	—	—
	中型	公交车	汽油	—	—	—	—	—	—	—	—	—	—	—	—	—	—	—	—	—	—	—
			柴油	30592	30592	28032	22913	22913	17978	8108	8108	8108	6872	5637	5637	5637	5637	3504	1372	1372	1080	983
			燃气	—	—	—	—	—	—	—	—	—	—	—	—	—	—	—	—	—	—	—
		其他	汽油	—	—	—	—	—	—	—	—	—	—	—	—	—	—	—	—	—	—	—
			柴油	15274	15274	12888	8116	8116	6262	2553	2553	2553	2434	2316	2316	2316	2316	1366	415	415	399	394
			燃气	—	—	—	—	—	—	—	—	—	—	—	—	—	—	—	—	—	—	—
	大型	公交车	汽油	—	—	—	—	—	—	—	—	—	—	—	—	—	—	—	—	—	—	—
			柴油	94865	94865	93934	92071	92071	71272	29674	29674	29674	19994	10315	10315	10315	10315	6116	1916	1916	1845	1821
			燃气	—	—	—	—	—	—	—	—	—	—	—	—	—	—	—	—	—	—	—
		其他	汽油	—	—	—	—	—	—	—	—	—	—	—	—	—	—	—	—	—	—	—
			柴油	142314	142314	133412	115607	115607	85425	25061	25061	25061	17182	9303	9303	9303	9303	5868	2433	2433	2343	2313
			燃气	—	—	—	—	—	—	—	—	—	—	—	—	—	—	—	—	—	—	—
载货汽车	微型		汽油	—	—	—	—	—	—	—	—	—	—	—	—	—	—	—	—	—	—	—
			柴油	8350	8178	8005	8005	8005	8005	6512	5018	5018	3724	2430	2430	2430	2430	1530	630	630	627	626
			燃气	—	—	—	—	—	—	—	—	—	—	—	—	—	—	—	—	—	—	—
	轻型		汽油	—	—	—	—	—	—	—	—	—	—	—	—	—	—	—	—	—	—	—
			柴油	8684	8344	8005	8005	8005	8005	6512	5018	5018	3724	2430	2430	2430	2430	1832	1235	1235	1020	948
			燃气	—	—	—	—	—	—	—	—	—	—	—	—	—	—	—	—	—	—	—
	中型		汽油	—	—	—	—	—	—	—	—	—	—	—	—	—	—	—	—	—	—	—
			柴油	49461	49461	41623	25948	25948	20014	8145	8145	8145	7716	7288	7288	7288	7288	4673	2058	2058	1885	1827
			燃气	—	—	—	—	—	—	—	—	—	—	—	—	—	—	—	—	—	—	—
	重型		汽油	—	—	—	—	—	—	—	—	—	—	—	—	—	—	—	—	—	—	—
			柴油	318515	318515	261796	148357	148357	117795	56672	56672	56672	38834	20997	20997	20997	20997	13674	6350	6350	5367	5039
			燃气	—	—	—	—	—	—	—	—	—	—	—	—	—	—	—	—	—	—	—
低速汽车	三轮汽车			4092	4092	4092	4092	4092	4092	4092	4092	4092	3220	3220	3220	3220	3220	3220	3220	3220	3220	3220
	低速货车			5581	5581	5581	5581	5581	5581	5581	5581	5581	4392	4392	4392	4392	4392	4392	4392	4392	4392	4392
摩托车	普通摩托车			—	—	—	—	—	—	—	—	—	—	—	—	—	—	—	—	—	—	—
	轻便摩托车			—	—	—	—	—	—	—	—	—	—	—	—	—	—	—	—	—	—	—

天门市 VOCs 排放系数

单位：克/（辆•年）

车辆类型		使用性质	燃料种类	1999 年年底前	2000 年	2001 年	2002 年	2003 年	2004 年	2005 年	2006 年	2007 年	2008 年	2009 年	2010 年	2011 年	2012 年	2013 年	2014 年	2015 年	2016 年	2017 年
载客汽车	微型	出租车	汽油	533882	316884	99885	99885	99885	99885	75612	51340	51340	42012	32683	32683	27168	21652	21652	21652	21652	15463	13400
			燃气	294492	176914	59336	59336	59336	59336	45254	31172	31172	25509	19846	19846	15819	11792	11792	11792	11792	7277	5772
		其他	汽油	38076	23452	8829	8829	8829	8829	8476	8124	8124	7060	5997	5997	5744	5492	5492	5492	5492	4717	4459
			燃气	16229	9114	1998	1998	1998	1998	1919	1840	1840	1365	890	890	806	722	722	722	722	487	409
	小型	出租车	汽油	533882	311888	89893	89893	89893	89893	84009	78125	78125	55404	32683	32683	27168	21652	21652	21652	21652	14615	12269
			柴油	145033	136483	127933	127933	127933	127933	115313	102693	102693	75662	48631	48631	48631	48631	36064	23496	23496	13104	9640
			燃气	294492	174203	53914	53914	53914	53914	49811	45708	45708	32777	19846	19846	15819	11792	11792	11792	11792	6817	5159
		其他	汽油	38581	23644	8707	8707	8707	8707	8686	8665	8665	7332	5999	5999	5714	5429	5429	5429	5429	4768	4548
			柴油	8704	7963	7222	7222	7222	7222	6108	4993	4993	3434	1875	1875	1875	1875	1588	1300	1300	918	790
			燃气	16503	9921	3339	3339	3339	3339	2736	2134	2134	1576	1019	1019	854	688	688	688	688	515	457
	中型	公交车	汽油	247643	247643	247643	247643	247046	168803	13510	13510	13510	13510	13510	13358	13207	13207	10780	8353	8353	8353	8353
			柴油	87806	87806	86086	82645	82645	64494	28192	28192	28192	20508	12823	12823	12823	12823	8958	5093	5093	4763	4653
			燃气	71579	71579	67602	59649	59649	57536	53311	53311	53311	42686	32061	32061	22219	22219	22154	22154	22154	22154	22154
		其他	汽油	128353	128353	128353	128353	127756	87434	7983	7983	7983	7983	7983	7837	7691	7691	6640	5589	5589	5589	5589
			柴油	30493	30493	28460	24394	24394	18567	6912	6912	6912	6506	6099	6099	6099	6099	3750	1402	1402	1243	1190
			燃气	34560	34560	32640	28800	28800	27780	25740	25740	25740	20623	15506	15506	10732	10732	9642	9642	9642	9642	9642
	大型	公交车	汽油	576951	576951	576951	576951	576354	388776	14814	14814	14814	14814	14814	14674	14534	14534	11768	9002	9002	9002	9002
			柴油	131708	131708	108010	60614	60614	60614	60614	60614	60614	43515	26416	26416	26416	26416	17675	8934	8934	5723	4653
			燃气	168926	168926	159541	140772	140772	135786	125815	125815	125815	100740	75665	75665	52438	52438	47188	47188	47188	47188	47188
		其他	汽油	1278249	1278249	1278249	1278249	1277652	860803	28300	28300	28300	28300	28300	22042	15783	15783	12592	9401	9401	9401	9401
			柴油	272891	272891	207397	76409	76409	76409	76409	76409	76409	55942	35476	35476	35476	35476	20706	5937	5937	5324	5119
			燃气	266186	266186	251398	221822	221822	213966	198253	198253	198253	158842	119430	119430	82662	82662	74261	74261	74261	74261	74261
载货汽车	微型		汽油	201363	109240	17117	17117	17117	17117	16142	15167	15167	14002	12838	12838	10814	8791	8791	8791	8791	7556	7144
			柴油	30621	28608	26596	26596	26596	26596	24362	22129	22129	16360	10590	10590	10590	10590	7312	4035	4035	2765	2342
			燃气	85826	44850	3874	3874	3874	3874	3654	3435	3435	2670	1905	1905	1530	1156	1156	1156	1156	780	655
	轻型		汽油	105757	63910	22064	22064	22064	22064	19194	16324	16324	14686	13048	13048	11611	10174	10174	10174	10174	8836	8390
			柴油	28154	27375	26596	26596	26596	26596	24362	22129	22129	16360	10590	10590	10590	10590	8020	5451	5451	4181	3758
			燃气	45237	26849	8461	8461	8461	8461	6241	4020	4020	3118	2216	2216	1753	1289	1289	1289	1289	955	843
	中型		汽油	433089	433089	433089	433089	432492	294029	18297	18297	18297	18297	18297	18157	18017	18017	14376	10736	10736	10736	10736
			柴油	101292	101292	94539	81034	81034	61676	22960	22960	22960	21618	20275	20275	20275	20275	14694	9113	9113	5422	4192
			燃气	114802	114802	108425	95670	95670	92281	85502	85502	85502	68524	51547	51547	69758	69758	33966	33966	33966	33966	33966
	重型		汽油	1816286	1816286	1816286	1816286	1815688	1222944	38651	38651	38651	38651	38651	29806	20960	20960	16426	11893	11893	11893	11893
			柴油	420450	420450	319542	117726	117726	117726	117726	117726	117726	86192	54658	54658	54658	54658	36450	18243	18243	14065	12672
			燃气	410119	410119	387336	341769	341769	329664	305455	305455	305455	244731	184006	184006	254001	254001	183832	183832	183832	183832	183832
低速汽车	三轮汽车			25300	25300	25300	25300	25300	25300	25300	25300	25300	16721	16721	16721	16721	16721	16721	16721	16721	16721	16721
	低速货车			33990	33990	33990	33990	33990	33990	33990	33990	33990	22464	22464	22464	22464	22464	22464	22464	22464	22464	22464
摩托车	普通摩托车			15413	15413	15413	15413	11502	7591	4064	4064	4064	4064	4064	3032	2001	2001	2001	2001	2001	2001	2001
	轻便摩托车			49842	49842	49842	49842	49842	9968	9968	4908	4908	4908	4908	3662	2417	2417	2417	2417	2417	2417	2417

神农架林区 NO_x 排放系数

单位：克/（辆·年）

车辆类型		使用性质	燃料种类	1999年年底前	2000年	2001年	2002年	2003年	2004年	2005年	2006年	2007年	2008年	2009年	2010年	2011年	2012年	2013年	2014年	2015年	2016年	2017年
载客汽车	微型	出租车	汽油	231928	156622	81316	81316	81316	81316	59960	38603	38603	28521	18439	18439	15022	11605	11605	11605	11605	7122	5627
			燃气	156459	106300	56140	56140	56140	56140	41630	27120	27120	20230	13339	13339	10778	8216	8216	8216	8216	4953	3865
		其他	汽油	30031	18860	7689	7689	7689	7689	4846	2004	2004	1632	1259	1259	1048	836	836	836	836	576	489
			燃气	19461	11598	3736	3736	3736	3736	2434	1131	1131	918	705	705	559	413	413	413	413	330	303
	小型	出租车	汽油	262564	173768	84971	84971	84971	84971	62068	39165	39165	28802	18439	18439	14514	10588	10588	10588	10588	6194	4730
			柴油	279684	234294	188904	188904	188904	188904	168042	147181	147181	116866	86552	86552	86552	86552	70540	54528	54528	41416	37045
			燃气	176865	117720	58575	58575	58575	58575	43034	27494	27494	20416	13339	13339	10439	7539	7539	7539	7539	4335	3267
		其他	汽油	28021	17911	7801	7801	7801	7801	5168	2536	2536	1764	993	993	894	796	796	796	796	543	459
			柴油	24175	19794	15412	15412	15412	15412	14176	12940	12940	10133	7326	7326	7326	7326	6319	5312	5312	4577	4332
			燃气	18122	11562	5003	5003	5003	5003	3244	1486	1486	1007	528	528	457	386	386	386	386	308	282
	中型	公交车	汽油	325310	325310	325310	325310	325310	222241	16103	16103	16103	16103	16103	14442	12780	12780	9648	6516	6516	6516	6516
			柴油	363914	363914	363059	361350	361350	346989	318268	318268	318268	265102	211936	211936	211936	211936	172955	133974	133974	112166	104897
			燃气	386394	386394	381794	372594	372594	361037	337922	337922	337922	281243	224564	224564	142011	142011	111222	111222	111222	111222	111222
		其他	汽油	199444	199444	199444	199444	199444	135290	6981	6981	6981	6981	6981	6981	6981	6981	5236	3491	3491	3491	3491
			柴油	170659	170659	163535	149287	149287	148025	145500	145500	145500	123918	102336	102336	102336	102336	90865	79394	79394	67764	63887
			燃气	192710	192710	182004	160592	160592	159078	156051	156051	156051	132866	109682	109682	85437	85437	68628	68628	68628	68628	68628
	大型	公交车	汽油	1158916	1158916	1158916	1158916	1158916	796893	72846	72846	72846	72846	72846	72782	72718	72718	54539	36360	36360	36360	36360
			柴油	516138	516138	499460	466103	466103	452859	426372	426372	426372	418688	411005	411005	411005	411005	396184	381364	381364	343781	331253
			燃气	1037744	1037744	980091	864786	864786	800613	672268	672268	672268	576010	479751	479751	446648	446648	387126	387126	387126	387126	387126
		其他	汽油	2766121	2766121	2766121	2766121	2766121	1902037	173870	173870	173870	173870	173870	167350	160830	160830	120751	80672	80672	80672	80672
			柴油	1235990	1235990	1204186	1140577	1140577	1113985	1060802	1060802	1060802	1023454	986105	986105	986105	986105	938777	891449	891449	788923	754748
			燃气	2300662	2300662	2172847	1917218	1917218	1774948	1490409	1490409	1490409	1277494	1064578	1064578	960430	960430	814840	814840	814840	814840	814840
载货汽车	微型		汽油	102022	60555	19088	19088	19088	19088	13026	6964	6964	5650	4335	4335	3832	3330	3330	3330	3330	2478	2194
			柴油	68504	56532	44561	44561	44561	44561	40081	35601	35601	30126	24650	24650	24650	24650	18034	11417	11417	9763	9212
			燃气	66113	37694	9275	9275	9275	9275	6602	3930	3930	3179	2427	2427	2036	1645	1645	1645	1645	1431	1359
	轻型		汽油	75805	48622	21439	21439	21439	21439	14522	7605	7605	6379	5153	5153	4286	3418	3418	3418	3418	2589	2313
			柴油	68744	56652	44561	44561	44561	44561	40081	35601	35601	30126	24650	24650	24650	24650	19649	14648	14648	13563	13201
			燃气	49025	31387	13749	13749	13749	13749	9103	4456	4456	3598	2740	2740	2199	1657	1657	1657	1657	1480	1421
	中型		汽油	309464	309464	309464	309464	309464	211273	14893	14893	14893	14893	14893	14893	14893	14893	11174	7455	7455	7455	7455
			柴油	580051	580051	520844	402430	402430	382667	343140	343140	343140	343044	342947	342947	342947	342947	300892	258838	258838	222884	210899
			燃气	655000	655000	580968	432905	432905	411277	368023	368023	368023	367794	367565	367565	278539	278539	226550	226550	226550	226550	226550
	重型		汽油	3195602	3195602	3195602	3195602	3195602	2197357	200866	200866	200866	200866	200866	193334	185801	185801	139500	93198	93198	93198	93198
			柴油	1678741	1678741	1621440	1506838	1506838	1451104	1339635	1339635	1339635	1285916	1232196	1232196	1232196	1232196	1165040	1097883	1097883	872614	797525
			燃气	3124795	3124795	2927488	2532873	2532873	2315970	1882165	1882165	1882165	1606209	1330253	1330253	1182838	1182838	861023	861023	861023	861023	861023
低速汽车	三轮汽车			65550	65550	65550	65550	65550	65550	65550	65550	65550	53279	53279	53279	53279	53279	53279	53279	53279	53279	53279
	低速货车			88065	88065	88065	88065	88065	88065	88065	88065	88065	71579	71579	71579	71579	71579	71579	71579	71579	71579	71579
摩托车	普通摩托车			1150	1150	1150	1150	1112	1074	997	997	997	997	997	886	774	774	774	774	774	774	774
	轻便摩托车			767	767	767	767	767	383	383	383	383	383	383	340	298	298	298	298	298	298	298

神农架林区 PM 排放系数

单位：克/（辆•年）

车辆类型		使用性质	燃料种类	1999 年年底前	2000 年	2001 年	2002 年	2003 年	2004 年	2005 年	2006 年	2007 年	2008 年	2009 年	2010 年	2011 年	2012 年	2013 年	2014 年	2015 年	2016 年	2017 年
载客汽车	微型	出租车	汽油	—	—	—	—	—	—	—	—	—	—	—	—	—	—	—	—	—	—	—
			燃气	—	—	—	—	—	—	—	—	—	—	—	—	—	—	—	—	—	—	—
		其他	汽油	—	—	—	—	—	—	—	—	—	—	—	—	—	—	—	—	—	—	—
			燃气	—	—	—	—	—	—	—	—	—	—	—	—	—	—	—	—	—	—	—
	小型	出租车	汽油	—	—	—	—	—	—	—	—	—	—	—	—	—	—	—	—	—	—	—
			柴油	37451	34295	31139	31139	31139	31139	21213	11287	11287	7360	3434	3434	3434	3434	3192	2949	2949	2439	2269
			燃气	—	—	—	—	—	—	—	—	—	—	—	—	—	—	—	—	—	—	—
		其他	汽油	—	—	—	—	—	—	—	—	—	—	—	—	—	—	—	—	—	—	—
			柴油	3504	3316	3128	3128	3128	3128	2248	1369	1369	1003	637	637	637	637	534	430	430	430	430
			燃气	—	—	—	—	—	—	—	—	—	—	—	—	—	—	—	—	—	—	—
	中型	公交车	汽油	—	—	—	—	—	—	—	—	—	—	—	—	—	—	—	—	—	—	—
			柴油	30592	30592	28032	22913	22913	17978	8108	8108	8108	6872	5637	5637	5637	5637	3504	1372	1372	1080	983
			燃气	—	—	—	—	—	—	—	—	—	—	—	—	—	—	—	—	—	—	—
		其他	汽油	—	—	—	—	—	—	—	—	—	—	—	—	—	—	—	—	—	—	—
			柴油	15274	15274	12888	8116	8116	6262	2553	2553	2553	2434	2316	2316	2316	2316	1366	415	415	399	394
			燃气	—	—	—	—	—	—	—	—	—	—	—	—	—	—	—	—	—	—	—
	大型	公交车	汽油	—	—	—	—	—	—	—	—	—	—	—	—	—	—	—	—	—	—	—
			柴油	94865	94865	93934	92071	92071	71272	29674	29674	29674	19994	10315	10315	10315	10315	6116	1916	1916	1845	1821
			燃气	—	—	—	—	—	—	—	—	—	—	—	—	—	—	—	—	—	—	—
		其他	汽油	—	—	—	—	—	—	—	—	—	—	—	—	—	—	—	—	—	—	—
			柴油	142314	142314	133412	115607	115607	85425	25061	25061	25061	17182	9303	9303	9303	9303	5868	2433	2433	2343	2313
			燃气	—	—	—	—	—	—	—	—	—	—	—	—	—	—	—	—	—	—	—
载货汽车	微型		汽油	—	—	—	—	—	—	—	—	—	—	—	—	—	—	—	—	—	—	—
			柴油	8350	8178	8005	8005	8005	8005	6512	5018	5018	3724	2430	2430	2430	2430	1530	630	630	627	626
			燃气	—	—	—	—	—	—	—	—	—	—	—	—	—	—	—	—	—	—	—
	轻型		汽油	—	—	—	—	—	—	—	—	—	—	—	—	—	—	—	—	—	—	—
			柴油	8684	8344	8005	8005	8005	8005	6512	5018	5018	3724	2430	2430	2430	2430	1832	1235	1235	1020	948
			燃气	—	—	—	—	—	—	—	—	—	—	—	—	—	—	—	—	—	—	—
	中型		汽油	—	—	—	—	—	—	—	—	—	—	—	—	—	—	—	—	—	—	—
			柴油	49461	49461	41623	25948	25948	20014	8145	8145	8145	7716	7288	7288	7288	7288	4673	2058	2058	1885	1827
			燃气	—	—	—	—	—	—	—	—	—	—	—	—	—	—	—	—	—	—	—
	重型		汽油	—	—	—	—	—	—	—	—	—	—	—	—	—	—	—	—	—	—	—
			柴油	318515	318515	261796	148357	148357	117795	56672	56672	56672	38834	20997	20997	20997	20997	13674	6350	6350	5367	5039
			燃气	—	—	—	—	—	—	—	—	—	—	—	—	—	—	—	—	—	—	—
低速汽车	三轮汽车			4092	4092	4092	4092	4092	4092	4092	4092	4092	3220	3220	3220	3220	3220	3220	3220	3220	3220	3220
	低速货车			5581	5581	5581	5581	5581	5581	5581	5581	5581	4392	4392	4392	4392	4392	4392	4392	4392	4392	4392
摩托车	普通摩托车			—	—	—	—	—	—	—	—	—	—	—	—	—	—	—	—	—	—	—
	轻便摩托车			—	—	—	—	—	—	—	—	—	—	—	—	—	—	—	—	—	—	—

神农架林区 VOCs 排放系数

单位：克/（辆·年）

车辆类型		使用性质	燃料种类	1999年年底前	2000年	2001年	2002年	2003年	2004年	2005年	2006年	2007年	2008年	2009年	2010年	2011年	2012年	2013年	2014年	2015年	2016年	2017年
载客汽车	微型	出租车	汽油	533882	316884	99885	99885	99885	99885	75612	51340	51340	42012	32683	32683	27168	21652	21652	21652	21652	15463	13400
			燃气	294492	176914	59336	59336	59336	59336	45254	31172	31172	25509	19846	19846	15819	11792	11792	11792	11792	7277	5772
		其他	汽油	38076	23452	8829	8829	8829	8829	8476	8124	8124	7060	5997	5997	5744	5492	5492	5492	5492	4717	4459
			燃气	16229	9114	1998	1998	1998	1998	1919	1840	1840	1365	890	890	806	722	722	722	722	487	409
	小型	出租车	汽油	533882	311888	89893	89893	89893	89893	84009	78125	78125	55404	32683	32683	27168	21652	21652	21652	21652	14615	12269
			柴油	145033	136483	127933	127933	127933	127933	115313	102693	102693	75662	48631	48631	48631	48631	36064	23496	23496	13104	9640
			燃气	294492	174203	53914	53914	53914	53914	49811	45708	45708	32777	19846	19846	15819	11792	11792	11792	11792	6817	5159
		其他	汽油	38581	23644	8707	8707	8707	8707	8686	8665	8665	7332	5999	5999	5714	5429	5429	5429	5429	4768	4548
			柴油	8704	7963	7222	7222	7222	7222	6108	4993	4993	3434	1875	1875	1875	1875	1588	1300	1300	918	790
			燃气	16503	9921	3339	3339	3339	3339	2736	2134	2134	1576	1019	1019	854	688	688	688	688	515	457
	中型	公交车	汽油	247643	247643	247643	247643	247046	168803	13510	13510	13510	13510	13510	13358	13207	13207	10780	8353	8353	8353	8353
			柴油	87806	87806	86086	82645	82645	64494	28192	28192	28192	20508	12823	12823	12823	12823	8958	5093	5093	4763	4653
			燃气	71579	71579	67602	59649	59649	57536	53311	53311	53311	42686	32061	32061	22219	22219	22154	22154	22154	22154	22154
		其他	汽油	128353	128353	128353	128353	127756	87434	7983	7983	7983	7983	7983	7837	7691	7691	6640	5589	5589	5589	5589
			柴油	30493	30493	28460	24394	24394	18567	6912	6912	6912	6506	6099	6099	6099	6099	3750	1402	1402	1243	1190
			燃气	34560	34560	32640	28800	28800	27780	25740	25740	25740	20623	15506	15506	10732	10732	9642	9642	9642	9642	9642
	大型	公交车	汽油	576951	576951	576951	576951	576354	388776	14814	14814	14814	14814	14814	14674	14534	14534	11768	9002	9002	9002	9002
			柴油	131708	131708	108010	60614	60614	60614	60614	60614	60614	43515	26416	26416	26416	26416	17675	8934	8934	5723	4653
			燃气	168926	168926	159541	140772	140772	135786	125815	125815	125815	100740	75665	75665	52438	52438	47188	47188	47188	47188	47188
		其他	汽油	1278249	1278249	1278249	1278249	1277652	860803	28300	28300	28300	28300	28300	22042	15783	15783	12592	9401	9401	9401	9401
			柴油	272891	272891	207397	76409	76409	76409	76409	76409	76409	55942	35476	35476	35476	35476	20706	5937	5937	5324	5119
			燃气	266186	266186	251398	221822	221822	213966	198253	198253	198253	158842	119430	119430	82662	82662	74261	74261	74261	74261	74261
载货汽车	微型		汽油	201363	109240	17117	17117	17117	17117	16142	15167	15167	14002	12838	12838	10814	8791	8791	8791	8791	7556	7144
			柴油	30621	28608	26596	26596	26596	26596	24362	22129	22129	16360	10590	10590	10590	10590	7312	4035	4035	2765	2342
			燃气	85826	44850	3874	3874	3874	3874	3654	3435	3435	2670	1905	1905	1530	1156	1156	1156	1156	780	655
	轻型		汽油	105757	63910	22064	22064	22064	22064	19194	16324	16324	14686	13048	13048	11611	10174	10174	10174	10174	8836	8390
			柴油	28154	27375	26596	26596	26596	26596	24362	22129	22129	16360	10590	10590	10590	10590	8020	5451	5451	4181	3758
			燃气	45237	26849	8461	8461	8461	8461	6241	4020	4020	3118	2216	2216	1753	1289	1289	1289	1289	955	843
	中型		汽油	433089	433089	433089	433089	432492	294029	18297	18297	18297	18297	18297	18157	18017	18017	14376	10736	10736	10736	10736
			柴油	101292	101292	94539	81034	81034	61676	22960	22960	22960	21618	20275	20275	20275	20275	14694	9113	9113	5422	4192
			燃气	114802	114802	108425	95670	95670	92281	85502	85502	85502	68524	51547	51547	69758	69758	33966	33966	33966	33966	33966
	重型		汽油	1816286	1816286	1816286	1816286	1815688	1222944	38651	38651	38651	38651	38651	29806	20960	20960	16426	11893	11893	11893	11893
			柴油	420450	420450	319542	117726	117726	117726	117726	117726	117726	86192	54658	54658	54658	54658	36450	18243	18243	14065	12672
			燃气	410119	410119	387336	341769	341769	329664	305455	305455	305455	244731	184006	184006	254001	254001	183832	183832	183832	183832	183832
低速汽车	三轮汽车			25300	25300	25300	25300	25300	25300	25300	25300	25300	16721	16721	16721	16721	16721	16721	16721	16721	16721	16721
	低速货车			33990	33990	33990	33990	33990	33990	33990	33990	33990	22464	22464	22464	22464	22464	22464	22464	22464	22464	22464
摩托车	普通摩托车			15413	15413	15413	15413	11502	7591	4064	4064	4064	4064	4064	3032	2001	2001	2001	2001	2001	2001	2001
	轻便摩托车			49842	49842	49842	49842	49842	9968	9968	4908	4908	4908	4908	3662	2417	2417	2417	2417	2417	2417	2417

长沙市 NO_x 排放系数

单位：克/（辆·年）

车辆类型		使用性质	燃料种类	1999 年年底前	2000 年	2001 年	2002 年	2003 年	2004 年	2005 年	2006 年	2007 年	2008 年	2009 年	2010 年	2011 年	2012 年	2013 年	2014 年	2015 年	2016 年	2017 年
载客汽车	微型	出租车	汽油	334563	228260	121957	121957	121957	121957	90514	59070	59070	43991	28912	28912	23704	18497	18497	18497	18497	11148	8698
			燃气	226551	155607	84663	84663	84663	84663	63244	41825	41825	31464	21104	21104	17166	13227	13227	13227	13227	7810	6005
		其他	汽油	35127	22144	9161	9161	9161	9161	5743	2325	2325	1881	1437	1437	1218	999	999	999	999	705	607
			燃气	22880	13684	4487	4487	4487	4487	2922	1356	1356	1094	831	831	679	527	527	527	527	418	382
	小型	出租车	汽油	377992	252614	127235	127235	127235	127235	93558	59881	59881	44396	28912	28912	22918	16925	16925	16925	16925	9736	7340
			柴油	422268	355230	288192	288192	288192	288192	256404	224617	224617	179058	133498	133498	133498	133498	108295	83092	83092	62390	55490
			燃气	255486	171833	88180	88180	88180	88180	65273	42366	42366	31735	21104	21104	16642	12179	12179	12179	12179	6869	5099
		其他	汽油	32764	21030	9295	9295	9295	9295	6130	2966	2966	2046	1125	1125	1036	947	947	947	947	663	568
			柴油	29427	24078	18728	18728	18728	18728	17219	15710	15710	12342	8973	8973	8973	8973	7738	6504	6504	5642	5355
			燃气	21306	13659	6012	6012	6012	6012	3898	1783	1783	1203	623	623	558	492	492	492	492	390	356
	中型	公交车	汽油	338666	338666	338666	338666	338666	231365	16764	16764	16764	16764	16764	15034	13305	13305	10044	6784	6784	6784	6784
			柴油	378883	378883	377994	376215	376215	361264	331361	331361	331361	276008	220654	220654	220654	220654	180070	139485	139485	116780	109212
			燃气	402288	402288	397499	387921	387921	375888	351823	351823	351823	292812	233802	233802	147853	147853	115797	115797	115797	115797	115797
		其他	汽油	199388	199388	199388	199388	199388	135252	6979	6979	6979	6979	6979	6979	6979	6979	5234	3490	3490	3490	3490
			柴油	170624	170624	163501	149256	149256	147994	145470	145470	145470	123892	102315	102315	102315	102315	90846	79377	79377	67750	63874
			燃气	192670	192670	181966	160558	160558	159045	156019	156019	156019	132839	109659	109659	85420	85420	68614	68614	68614	68614	68614
	大型	公交车	汽油	1206496	1206496	1206496	1206496	1206496	829610	75837	75837	75837	75837	75837	75770	75704	75704	56778	37853	37853	37853	37853
			柴油	537370	537370	520006	485277	485277	471488	443911	443911	443911	435912	427912	427912	427912	427912	412482	397051	397051	357923	344880
			燃气	1080432	1080432	1020408	900360	900360	833548	699923	699923	699923	599704	499485	499485	465021	465021	403051	403051	403051	403051	403051
		其他	汽油	2765335	2765335	2765335	2765335	2765335	1901497	173821	173821	173821	173821	173821	167302	160784	160784	120717	80650	80650	80650	80650
			柴油	1235734	1235734	1203936	1140340	1140340	1113754	1060582	1060582	1060582	1023242	985901	985901	985901	985901	938582	891264	891264	788760	754592
			燃气	2300184	2300184	2172396	1916820	1916820	1774580	1490100	1490100	1490100	1277228	1064357	1064357	960231	960231	814671	814671	814671	814671	814671
载货汽车	微型		汽油	108132	64107	20082	20082	20082	20082	13730	7379	7379	5993	4607	4607	4060	3513	3513	3513	3513	2603	2300
			柴油	74864	61796	48728	48728	48728	48728	43840	38953	38953	32994	27035	27035	27035	27035	19774	12512	12512	10698	10093
			燃气	70432	40134	9836	9836	9836	9836	7070	4304	4304	3484	2664	2664	2259	1853	1853	1853	1853	1549	1447
	轻型		汽油	79292	50914	22536	22536	22536	22536	15292	8048	8048	6755	5462	5462	4534	3605	3605	3605	3605	2718	2423
			柴油	75126	61927	48728	48728	48728	48728	43840	38953	38953	32994	27035	27035	27035	27035	21542	16050	16050	14858	14461
			燃气	51563	33069	14576	14576	14576	14576	9707	4838	4838	3931	3025	3025	2449	1873	1873	1873	1873	1607	1519
	中型		汽油	210745	210745	210745	210745	210745	143877	10142	10142	10142	10142	10142	10142	10142	10142	7610	5077	5077	5077	5077
			柴油	393521	393521	353353	273018	273018	259610	232794	232794	232794	234176	235558	235558	235558	235558	206672	177787	177787	153091	144859
			燃气	444367	444367	394142	293692	293692	279020	249675	249675	249675	251071	252466	252466	191322	191322	155609	155609	155609	155609	155609
	重型		汽油	1520517	1520517	1520517	1520517	1520517	1045536	95575	95575	95575	95575	95575	91991	88407	88407	66376	44345	44345	44345	44345
			柴油	839466	839466	810812	753505	753505	725635	669894	669894	669894	643031	616168	616168	616168	616168	535781	455394	455394	302662	251752
			燃气	1562574	1562574	1463910	1266581	1266581	1158118	941190	941190	941190	803196	665201	665201	490633	490633	271796	271796	271796	271796	271796
低速汽车	三轮汽车			65550	65550	65550	65550	65550	65550	65550	65550	65550	53279	53279	53279	53279	53279	53279	53279	53279	53279	53279
	低速货车			88065	88065	88065	88065	88065	88065	88065	88065	88065	71579	71579	71579	71579	71579	71579	71579	71579	71579	71579
摩托车	普通摩托车			1150	1150	1150	1150	1112	1074	997	997	997	997	997	886	774	774	774	774	774	774	774
	轻便摩托车			767	767	767	767	767	383	383	383	383	383	383	340	298	298	298	298	298	298	298

长沙市 PM 排放系数

单位：克/（辆·年）

车辆类型		使用性质	燃料种类	1999年年底前	2000年	2001年	2002年	2003年	2004年	2005年	2006年	2007年	2008年	2009年	2010年	2011年	2012年	2013年	2014年	2015年	2016年	2017年
载客汽车	微型	出租车	汽油	—	—	—	—	—	—	—	—	—	—	—	—	—	—	—	—	—	—	—
			燃气	—	—	—	—	—	—	—	—	—	—	—	—	—	—	—	—	—	—	—
		其他	汽油	—	—	—	—	—	—	—	—	—	—	—	—	—	—	—	—	—	—	—
			燃气	—	—	—	—	—	—	—	—	—	—	—	—	—	—	—	—	—	—	—
	小型	出租车	汽油	—	—	—	—	—	—	—	—	—	—	—	—	—	—	—	—	—	—	—
			柴油	55146	50494	45842	45842	45842	45842	31083	16324	16324	10688	5053	5053	5053	5053	4696	4340	4340	3588	3338
			燃气	—	—	—	—	—	—	—	—	—	—	—	—	—	—	—	—	—	—	—
		其他	汽油	—	—	—	—	—	—	—	—	—	—	—	—	—	—	—	—	—	—	—
			柴油	4307	4075	3843	3843	3843	3843	2755	1667	1667	1226	784	784	784	784	650	516	516	516	516
			燃气	—	—	—	—	—	—	—	—	—	—	—	—	—	—	—	—	—	—	—
	中型	公交车	汽油	—	—	—	—	—	—	—	—	—	—	—	—	—	—	—	—	—	—	—
			柴油	31857	31857	29192	23861	23861	18722	8443	8443	8443	7156	5870	5870	5870	5870	3649	1428	1428	1124	1023
			燃气	—	—	—	—	—	—	—	—	—	—	—	—	—	—	—	—	—	—	—
		其他	汽油	—	—	—	—	—	—	—	—	—	—	—	—	—	—	—	—	—	—	—
			柴油	15274	15274	12888	8116	8116	6262	2553	2553	2553	2434	2316	2316	2316	2316	1366	415	415	399	394
			燃气	—	—	—	—	—	—	—	—	—	—	—	—	—	—	—	—	—	—	—
	大型	公交车	汽油	—	—	—	—	—	—	—	—	—	—	—	—	—	—	—	—	—	—	—
			柴油	98788	98788	97818	95878	95878	74219	30901	30901	30901	20821	10741	10741	10741	10741	6368	1995	1995	1921	1896
			燃气	—	—	—	—	—	—	—	—	—	—	—	—	—	—	—	—	—	—	—
		其他	汽油	—	—	—	—	—	—	—	—	—	—	—	—	—	—	—	—	—	—	—
			柴油	142314	142314	133412	115607	115607	85425	25061	25061	25061	17182	9303	9303	9303	9303	5868	2433	2433	2343	2313
			燃气	—	—	—	—	—	—	—	—	—	—	—	—	—	—	—	—	—	—	—
载货汽车	微型		汽油	—	—	—	—	—	—	—	—	—	—	—	—	—	—	—	—	—	—	—
			柴油	8932	8747	8562	8562	8562	8562	6976	5389	5389	4000	2610	2610	2610	2610	1643	676	676	673	672
			燃气	—	—	—	—	—	—	—	—	—	—	—	—	—	—	—	—	—	—	—
	轻型		汽油	—	—	—	—	—	—	—	—	—	—	—	—	—	—	—	—	—	—	—
			柴油	9289	8926	8562	8562	8562	8562	6976	5389	5389	4000	2610	2610	2610	2610	1968	1326	1326	1095	1018
			燃气	—	—	—	—	—	—	—	—	—	—	—	—	—	—	—	—	—	—	—
	中型		汽油	—	—	—	—	—	—	—	—	—	—	—	—	—	—	—	—	—	—	—
			柴油	33425	33425	28128	17535	17535	13535	5535	5535	5535	5244	4952	4952	4952	4952	3175	1398	1398	1280	1241
			燃气	—	—	—	—	—	—	—	—	—	—	—	—	—	—	—	—	—	—	—
	重型		汽油	—	—	—	—	—	—	—	—	—	—	—	—	—	—	—	—	—	—	—
			柴油	104267	104267	85700	48565	48565	38561	18552	18552	18552	12712	6873	6873	6873	6873	4665	2457	2457	2077	1950
			燃气	—	—	—	—	—	—	—	—	—	—	—	—	—	—	—	—	—	—	—
低速汽车	三轮汽车			4092	4092	4092	4092	4092	4092	4092	4092	4092	3220	3220	3220	3220	3220	3220	3220	3220	3220	3220
	低速货车			5581	5581	5581	5581	5581	5581	5581	5581	5581	4392	4392	4392	4392	4392	4392	4392	4392	4392	4392
摩托车	普通摩托车			—	—	—	—	—	—	—	—	—	—	—	—	—	—	—	—	—	—	—
	轻便摩托车			—	—	—	—	—	—	—	—	—	—	—	—	—	—	—	—	—	—	—

长沙市 VOCs 排放系数

单位：克/（辆•年）

车辆类型		使用性质	燃料种类	1999年年底前	2000年	2001年	2002年	2003年	2004年	2005年	2006年	2007年	2008年	2009年	2010年	2011年	2012年	2013年	2014年	2015年	2016年	2017年
载客汽车	微型	出租车	汽油	811766	480491	149216	149216	149216	149216	113024	76833	76833	62834	48835	48835	40410	31985	31985	31985	31985	22886	19853
			燃气	451481	271423	91365	91365	91365	91365	70140	48915	48915	40202	31489	31489	25208	18927	18927	18927	18927	11933	9602
		其他	汽油	45676	27610	9544	9544	9544	9544	9165	8786	8786	7587	6388	6388	6114	5841	5841	5841	5841	5037	4769
			燃气	20498	11469	2440	2440	2440	2440	2343	2246	2246	1670	1093	1093	1010	927	927	927	927	659	570
	小型	出租车	汽油	811766	473170	134573	134573	134573	134573	125288	116004	116004	82420	48835	48835	40410	31985	31985	31985	31985	21471	17966
			柴油	228815	215102	201389	201389	201389	201389	181372	161356	161356	119966	78576	78576	78576	78576	58176	37775	37775	20718	15033
			燃气	451481	267450	83419	83419	83419	83419	76796	70172	70172	50830	31489	31489	25208	18927	18927	18927	18927	11165	8578
		其他	汽油	46315	27854	9394	9394	9394	9394	9422	9451	9451	7921	6391	6391	6075	5759	5759	5759	5759	5101	4882
			柴油	10357	9464	8571	8571	8571	8571	7260	5950	5950	4074	2199	2199	2199	2199	1854	1510	1510	1076	932
			燃气	20845	12469	4093	4093	4093	4093	3350	2607	2607	1931	1255	1255	1069	883	883	883	883	694	631
	中型	公交车	汽油	257702	257702	257702	257702	257105	175658	13958	13958	13958	13958	13958	13806	13654	13654	11127	8600	8600	8600	8600
			柴油	91436	91436	89645	86063	86063	67161	29358	29358	29358	21356	13354	13354	13354	13354	9328	5303	5303	4960	4846
			燃气	74539	74539	70398	62116	62116	59916	55516	55516	55516	44452	33387	33387	23138	23138	23070	23070	23070	23070	23070
		其他	汽油	128400	128400	128400	128400	127803	87480	8029	8029	8029	8029	8029	7884	7738	7738	6687	5636	5636	5636	5636
			柴油	30493	30493	28460	24394	24394	18567	6912	6912	6912	6506	6099	6099	6099	6099	3750	1402	1402	1243	1190
			燃气	34560	34560	32640	28800	28800	27780	25740	25740	25740	20623	15506	15506	10732	10732	9642	9642	9642	9642	9642
	大型	公交车	汽油	600628	600628	600628	600628	600031	404728	15315	15315	15315	15315	15315	15176	15036	15036	12156	9276	9276	9276	9276
			柴油	137155	137155	112477	63120	63120	63120	63120	63120	63120	45314	27508	27508	27508	27508	18406	9304	9304	5960	4846
			燃气	175912	175912	166139	146593	146593	141401	131018	131018	131018	104906	78794	78794	54606	54606	49139	49139	49139	49139	49139
		其他	汽油	1278296	1278296	1278296	1278296	1277699	860850	28347	28347	28347	28347	28347	22088	15830	15830	12639	9448	9448	9448	9448
			柴油	272891	272891	207397	76409	76409	76409	76409	76409	76409	55942	35476	35476	35476	35476	20706	5937	5937	5324	5119
			燃气	266186	266186	251398	221822	221822	213966	198253	198253	198253	158842	119430	119430	82662	82662	74261	74261	74261	74261	74261
载货汽车	微型		汽油	219579	118905	18231	18231	18231	18231	17180	16129	16129	14898	13666	13666	11444	9223	9223	9223	9223	7923	7490
			柴油	33992	31752	29513	29513	29513	29513	27037	24561	24561	18148	11735	11735	11735	11735	8086	4437	4437	3048	2585
			燃气	98540	51601	4661	4661	4661	4661	4392	4123	4123	3231	2338	2338	1901	1464	1464	1464	1464	1037	895
	轻型		汽油	114869	69259	23649	23649	23649	23649	20523	17397	17397	15646	13895	13895	12316	10737	10737	10737	10737	9325	8854
			柴油	31242	30378	29513	29513	29513	29513	27037	24561	24561	18148	11735	11735	11735	11735	8876	6017	6017	4628	4165
			燃气	51699	31002	10304	10304	10304	10304	7551	4799	4799	3764	2729	2729	2187	1646	1646	1646	1646	1270	1144
	中型		汽油	290164	290164	290164	290164	289567	197148	13505	13505	13505	13505	13505	13365	13225	13225	10796	8368	8368	8368	8368
			柴油	68267	68267	63716	54614	54614	41567	15474	15474	15474	14574	13673	13673	13673	13673	9909	6145	6145	3656	2827
			燃气	77372	77372	73074	64478	64478	62194	57625	57625	57625	46193	34762	34762	47039	47039	22906	22906	22906	22906	22906
	重型		汽油	725300	725300	725300	725300	724702	488642	17717	17717	17717	17717	17717	14116	10516	10516	8705	6894	6894	6894	6894
			柴油	185225	185225	140771	51863	51863	51863	51863	51863	51863	37971	24079	24079	24079	24079	15070	6062	6062	4416	3868
			燃气	180674	180674	170637	150563	150563	145230	134565	134565	134565	107814	81062	81062	84402	84402	56113	56113	56113	56113	56113
低速汽车	三轮汽车			25300	25300	25300	25300	25300	25300	25300	25300	25300	16721	16721	16721	16721	16721	16721	16721	16721	16721	16721
	低速货车			33990	33990	33990	33990	33990	33990	33990	33990	33990	22464	22464	22464	22464	22464	22464	22464	22464	22464	22464
摩托车	普通摩托车			15413	15413	15413	15413	11502	7591	4064	4064	4064	4064	4064	3032	2001	2001	2001	2001	2001	2001	2001
	轻便摩托车			49842	49842	49842	49842	49842	9968	9968	4908	4908	4908	4908	3662	2417	2417	2417	2417	2417	2417	2417

株洲市 NO_x 排放系数

单位：克/（辆·年）

车辆类型		使用性质	燃料种类	1999 年年底前	2000 年	2001 年	2002 年	2003 年	2004 年	2005 年	2006 年	2007 年	2008 年	2009 年	2010 年	2011 年	2012 年	2013 年	2014 年	2015 年	2016 年	2017 年
载客汽车	微型	出租车	汽油	140837	93872	46906	46906	46906	46906	33962	21017	21017	15050	9083	9083	7606	6130	6130	6130	6130	4046	3351
			燃气	94405	63192	31979	31979	31979	31979	23230	14482	14482	10451	6420	6420	5316	4211	4211	4211	4211	2754	2269
		其他	汽油	29816	18746	7677	7677	7677	7677	4841	2005	2005	1632	1260	1260	1056	852	852	852	852	592	505
			燃气	19373	11564	3754	3754	3754	3754	2452	1151	1151	935	719	719	577	435	435	435	435	345	315
	小型	出租车	汽油	160134	104682	49230	49230	49230	49230	35302	21374	21374	15228	9083	9083	7272	5462	5462	5462	5462	3438	2763
			柴油	161507	133627	105747	105747	105747	105747	94437	83127	83127	65699	48271	48271	48271	48271	39976	31682	31682	25128	22944
			燃气	107268	70398	33528	33528	33528	33528	24124	14720	14720	10570	6420	6420	5092	3765	3765	3765	3765	2350	1878
		其他	汽油	27821	17804	7788	7788	7788	7788	5162	2535	2535	1766	997	997	904	811	811	811	811	558	474
			柴油	24721	20250	15780	15780	15780	15780	14516	13252	13252	10386	7519	7519	7519	7519	6478	5436	5436	4702	4458
			燃气	18043	11530	5017	5017	5017	5017	3260	1504	1504	1024	543	543	476	408	408	408	408	322	294
	中型	公交车	汽油	325076	325076	325076	325076	325076	222081	16091	16091	16091	16091	16091	14431	12771	12771	9641	6511	6511	6511	6511
			柴油	363722	363722	362868	361160	361160	346807	318101	318101	318101	264963	211825	211825	211825	211825	172864	133903	133903	112107	104842
			燃气	386191	386191	381593	372398	372398	360847	337744	337744	337744	281095	224446	224446	141937	141937	111164	111164	111164	111164	111164
		其他	汽油	199301	199301	199301	199301	199301	135193	6976	6976	6976	6976	6976	6976	6976	6976	5232	3488	3488	3488	3488
			柴油	170569	170569	163449	149209	149209	147947	145424	145424	145424	123853	102282	102282	102282	102282	90817	79352	79352	67728	63853
			燃气	192609	192609	181908	160507	160507	158994	155969	155969	155969	132796	109624	109624	85392	85392	68592	68592	68592	68592	68592
	大型	公交车	汽油	1158082	1158082	1158082	1158082	1158082	796319	72794	72794	72794	72794	72794	72730	72666	72666	54500	36334	36334	36334	36334
			柴油	515866	515866	499197	465858	465858	452621	426148	426148	426148	418468	410788	410788	410788	410788	395976	381163	381163	343600	331079
			燃气	1037198	1037198	979576	864331	864331	800192	671915	671915	671915	575706	479498	479498	446413	446413	386923	386923	386923	386923	386923
		其他	汽油	2764130	2764130	2764130	2764130	2764130	1900668	173745	173745	173745	173745	173745	167230	160714	160714	120664	80614	80614	80614	80614
			柴油	1235340	1235340	1203552	1139977	1139977	1113399	1060244	1060244	1060244	1022916	985587	985587	985587	985587	938284	890980	890980	788508	754351
			燃气	2299452	2299452	2171705	1916210	1916210	1774015	1489625	1489625	1489625	1276822	1064018	1064018	959925	959925	814411	814411	814411	814411	814411
载货汽车	微型		汽油	100031	59432	18832	18832	18832	18832	12882	6933	6933	5632	4331	4331	3816	3300	3300	3300	3300	2442	2156
			柴油	68323	56440	44558	44558	44558	44558	40080	35603	35603	30128	24654	24654	24654	24654	18034	11415	11415	9724	9161
			燃气	64995	37102	9209	9209	9209	9209	6594	3980	3980	3226	2471	2471	2078	1685	1685	1685	1685	1430	1345
	轻型		汽油	74282	47706	21130	21130	21130	21130	14344	7559	7559	6345	5131	5131	4258	3386	3386	3386	3386	2550	2271
			柴油	68561	56560	44558	44558	44558	44558	40080	35603	35603	30128	24654	24654	24654	24654	19636	14618	14618	13491	13115
			燃气	48175	30893	13612	13612	13612	13612	9048	4485	4485	3640	2795	2795	2249	1703	1703	1703	1703	1482	1409
	中型		汽油	210745	210745	210745	210745	210745	143877	10142	10142	10142	10142	10142	10142	10142	10142	7610	5077	5077	5077	5077
			柴油	393521	393521	353353	273018	273018	259610	232794	232794	232794	234176	235558	235558	235558	235558	206672	177787	177787	153091	144859
			燃气	444370	444370	394143	293691	293691	279019	249674	249674	249674	251071	252467	252467	191320	191320	155610	155610	155610	155610	155610
	重型		汽油	1934457	1934457	1934457	1934457	1934457	1330169	121594	121594	121594	121594	121594	117034	112475	112475	84446	56417	56417	56417	56417
			柴油	1052396	1052396	1016474	944631	944631	909691	839812	839812	839812	806136	772459	772459	772459	772459	679508	586557	586557	404060	343228
			燃气	1958922	1958922	1835231	1587849	1587849	1451873	1179922	1179922	1179922	1006926	833930	833930	631945	631945	370555	370555	370555	370555	370555
低速汽车	三轮汽车			65550	65550	65550	65550	65550	65550	65550	65550	65550	53279	53279	53279	53279	53279	53279	53279	53279	53279	53279
	低速货车			88065	88065	88065	88065	88065	88065	88065	88065	88065	71579	71579	71579	71579	71579	71579	71579	71579	71579	71579
摩托车	普通摩托车			1150	1150	1150	1150	1112	1074	997	997	997	997	997	886	774	774	774	774	774	774	774
	轻便摩托车			767	767	767	767	767	383	383	383	383	383	383	340	298	298	298	298	298	298	298

株洲市 PM 排放系数

单位：克/（辆·年）

车辆类型		使用性质	燃料种类	1999 年年底前	2000 年	2001 年	2002 年	2003 年	2004 年	2005 年	2006 年	2007 年	2008 年	2009 年	2010 年	2011 年	2012 年	2013 年	2014 年	2015 年	2016 年	2017 年
载客汽车	微型	出租车	汽油	—	—	—	—	—	—	—	—	—	—	—	—	—	—	—	—	—	—	—
			燃气	—	—	—	—	—	—	—	—	—	—	—	—	—	—	—	—	—	—	—
		其他	汽油	—	—	—	—	—	—	—	—	—	—	—	—	—	—	—	—	—	—	—
			燃气	—	—	—	—	—	—	—	—	—	—	—	—	—	—	—	—	—	—	—
	小型	出租车	汽油	—	—	—	—	—	—	—	—	—	—	—	—	—	—	—	—	—	—	—
			柴油	24179	22141	20103	20103	20103	20103	13684	7264	7264	4740	2216	2216	2216	2216	2060	1903	1903	1574	1464
			燃气	—	—	—	—	—	—	—	—	—	—	—	—	—	—	—	—	—	—	—
		其他	汽油	—	—	—	—	—	—	—	—	—	—	—	—	—	—	—	—	—	—	—
			柴油	3580	3388	3196	3196	3196	3196	2298	1401	1401	1026	652	652	652	652	546	440	440	440	440
			燃气	—	—	—	—	—	—	—	—	—	—	—	—	—	—	—	—	—	—	—
	中型	公交车	汽油	—	—	—	—	—	—	—	—	—	—	—	—	—	—	—	—	—	—	—
			柴油	30592	30592	28032	22913	22913	17978	8108	8108	8108	6872	5637	5637	5637	5637	3504	1372	1372	1080	983
			燃气	—	—	—	—	—	—	—	—	—	—	—	—	—	—	—	—	—	—	—
		其他	汽油	—	—	—	—	—	—	—	—	—	—	—	—	—	—	—	—	—	—	—
			柴油	15274	15274	12888	8116	8116	6262	2553	2553	2553	2434	2316	2316	2316	2316	1366	415	415	399	394
			燃气	—	—	—	—	—	—	—	—	—	—	—	—	—	—	—	—	—	—	—
	大型	公交车	汽油	—	—	—	—	—	—	—	—	—	—	—	—	—	—	—	—	—	—	—
			柴油	94865	94865	93934	92071	92071	71272	29674	29674	29674	19994	10315	10315	10315	10315	6116	1916	1916	1845	1821
			燃气	—	—	—	—	—	—	—	—	—	—	—	—	—	—	—	—	—	—	—
		其他	汽油	—	—	—	—	—	—	—	—	—	—	—	—	—	—	—	—	—	—	—
			柴油	142314	142314	133412	115607	115607	85425	25061	25061	25061	17182	9303	9303	9303	9303	5868	2433	2433	2343	2313
			燃气	—	—	—	—	—	—	—	—	—	—	—	—	—	—	—	—	—	—	—
载货汽车	微型		汽油	—	—	—	—	—	—	—	—	—	—	—	—	—	—	—	—	—	—	—
			柴油	8204	8034	7865	7865	7865	7865	6403	4941	4941	3667	2393	2393	2393	2393	1506	620	620	617	616
			燃气	—	—	—	—	—	—	—	—	—	—	—	—	—	—	—	—	—	—	—
	轻型		汽油	—	—	—	—	—	—	—	—	—	—	—	—	—	—	—	—	—	—	—
			柴油	8532	8198	7865	7865	7865	7865	6403	4941	4941	3667	2393	2393	2393	2393	1804	1216	1216	1004	933
			燃气	—	—	—	—	—	—	—	—	—	—	—	—	—	—	—	—	—	—	—
	中型		汽油	—	—	—	—	—	—	—	—	—	—	—	—	—	—	—	—	—	—	—
			柴油	33425	33425	28128	17535	17535	13535	5535	5535	5535	5244	4952	4952	4952	4952	3175	1398	1398	1280	1241
			燃气	—	—	—	—	—	—	—	—	—	—	—	—	—	—	—	—	—	—	—
	重型		汽油	—	—	—	—	—	—	—	—	—	—	—	—	—	—	—	—	—	—	—
			柴油	134270	134270	110360	62540	62540	49657	23890	23890	23890	16370	8851	8851	8851	8851	5974	3097	3097	2618	2458
			燃气	—	—	—	—	—	—	—	—	—	—	—	—	—	—	—	—	—	—	—
低速汽车	三轮汽车			4092	4092	4092	4092	4092	4092	4092	4092	4092	3220	3220	3220	3220	3220	3220	3220	3220	3220	3220
	低速货车			5581	5581	5581	5581	5581	5581	5581	5581	5581	4392	4392	4392	4392	4392	4392	4392	4392	4392	4392
摩托车	普通摩托车			—	—	—	—	—	—	—	—	—	—	—	—	—	—	—	—	—	—	—
	轻便摩托车			—	—	—	—	—	—	—	—	—	—	—	—	—	—	—	—	—	—	—

株洲市 VOCs 排放系数

单位：克/（辆・年）

车辆类型		使用性质	燃料种类	1999 年年底前	2000 年	2001 年	2002 年	2003 年	2004 年	2005 年	2006 年	2007 年	2008 年	2009 年	2010 年	2011 年	2012 年	2013 年	2014 年	2015 年	2016 年	2017 年
载客汽车	微型	出租车	汽油	343145	201498	59851	59851	59851	59851	44869	29887	29887	24458	19028	19028	16348	13667	13667	13667	13667	10795	9838
			燃气	185794	109402	33010	33010	33010	33010	24570	16130	16130	13016	9903	9903	8015	6127	6127	6127	6127	4176	3526
		其他	汽油	38421	23642	8863	8863	8863	8863	8493	8123	8123	7084	6045	6045	5788	5531	5531	5531	5531	4786	4538
			燃气	16645	9364	2082	2082	2082	2082	1992	1902	1902	1420	937	937	852	766	766	766	766	521	439
	小型	出租车	汽油	343145	198263	53381	53381	53381	53381	50263	47145	47145	33086	19028	19028	16348	13667	13667	13667	13667	10219	9070
			柴油	72051	68031	64011	64011	64011	64011	58339	52667	52667	37586	22505	22505	22505	22505	16777	11049	11049	6560	5064
			燃气	185794	107646	29499	29499	29499	29499	27498	25496	25496	17700	9903	9903	8015	6127	6127	6127	6127	3863	3108
		其他	汽油	38938	23838	8738	8738	8738	8738	8706	8675	8675	7362	6048	6048	5756	5465	5465	5465	5465	4837	4628
			柴油	8943	8178	7412	7412	7412	7412	6275	5138	5138	3535	1932	1932	1932	1932	1624	1315	1315	929	800
			燃气	16925	10193	3461	3461	3461	3461	2832	2202	2202	1637	1072	1072	901	730	730	730	730	548	488
	中型	公交车	汽油	247723	247723	247723	247723	247126	168883	13590	13590	13590	13590	13590	13438	13287	13287	10860	8433	8433	8433	8433
			柴油	87806	87806	86086	82645	82645	64494	28192	28192	28192	20508	12823	12823	12823	12823	8958	5093	5093	4763	4653
			燃气	71579	71579	67602	59649	59649	57536	53311	53311	53311	42686	32061	32061	22219	22219	22154	22154	22154	22154	22154
		其他	汽油	128433	128433	128433	128433	127836	87514	8063	8063	8063	8063	8063	7918	7772	7772	6720	5669	5669	5669	5669
			柴油	30493	30493	28460	24394	24394	18567	6912	6912	6912	6506	6099	6099	6099	6099	3750	1402	1402	1243	1190
			燃气	34560	34560	32640	28800	28800	27780	25740	25740	25740	20623	15506	15506	10732	10732	9642	9642	9642	9642	9642
	大型	公交车	汽油	577031	577031	577031	577031	576434	388856	14894	14894	14894	14894	14894	14754	14615	14615	11849	9083	9083	9083	9083
			柴油	131708	131708	108010	60614	60614	60614	60614	60614	60614	43515	26416	26416	26416	26416	17675	8934	8934	5723	4653
			燃气	168926	168926	159541	140772	140772	135786	125815	125815	125815	100740	75665	75665	52438	52438	47188	47188	47188	47188	47188
		其他	汽油	1278329	1278329	1278329	1278329	1277732	860884	28381	28381	28381	28381	28381	22122	15863	15863	12672	9482	9482	9482	9482
			柴油	272891	272891	207397	76409	76409	76409	76409	76409	76409	55942	35476	35476	35476	35476	20706	5937	5937	5324	5119
			燃气	266186	266186	251398	221822	221822	213966	198253	198253	198253	158842	119430	119430	82662	82662	74261	74261	74261	74261	74261
载货汽车	微型		汽油	199832	108480	17128	17128	17128	17128	16134	15139	15139	13993	12847	12847	10813	8779	8779	8779	8779	7562	7157
			柴油	31075	29026	26977	26977	26977	26977	24691	22405	22405	16590	10774	10774	10774	10774	7436	4099	4099	2790	2353
			燃气	86573	45298	4024	4024	4024	4024	3784	3545	3545	2768	1991	1991	1604	1216	1216	1216	1216	823	692
	轻型		汽油	104900	63470	22040	22040	22040	22040	19164	16289	16289	14672	13055	13055	11604	10152	10152	10152	10152	8834	8394
			柴油	28611	27794	26977	26977	26977	26977	24691	22405	22405	16590	10774	10774	10774	10774	8144	5515	5515	4205	3768
			燃气	45596	27163	8730	8730	8730	8730	6432	4135	4135	3224	2314	2314	1835	1356	1356	1356	1356	1003	885
	中型		汽油	290198	290198	290198	290198	289601	197182	13538	13538	13538	13538	13538	13398	13258	13258	10830	8402	8402	8402	8402
			柴油	68267	68267	63716	54614	54614	41567	15474	15474	15474	14574	13673	13673	13673	13673	9909	6145	6145	3656	2827
			燃气	77372	77372	73074	64478	64478	62194	57625	57625	57625	46193	34762	34762	47039	47039	22906	22906	22906	22906	22906
	重型		汽油	916461	916461	916461	916461	915864	617319	21426	21426	21426	21426	21426	16906	12387	12387	10099	7811	7811	7811	7811
			柴油	226409	226409	172071	63395	63395	63395	63395	63395	63395	46414	29433	29433	29433	29433	18554	7675	7675	5961	5390
			燃气	220846	220846	208578	184041	184041	177523	164486	164486	164486	131786	99086	99086	106861	106861	78192	78192	78192	78192	78192
低速汽车	三轮汽车			25300	25300	25300	25300	25300	25300	25300	25300	25300	16721	16721	16721	16721	16721	16721	16721	16721	16721	16721
	低速货车			33990	33990	33990	33990	33990	33990	33990	33990	33990	22464	22464	22464	22464	22464	22464	22464	22464	22464	22464
摩托车	普通摩托车			15413	15413	15413	15413	11502	7591	4064	4064	4064	4064	4064	3032	2001	2001	2001	2001	2001	2001	2001
	轻便摩托车			49842	49842	49842	49842	49842	9968	9968	4908	4908	4908	4908	3662	2417	2417	2417	2417	2417	2417	2417

湘潭市 NO_x 排放系数

单位：克/（辆·年）

车辆类型		使用性质	燃料种类	1999年年底前	2000年	2001年	2002年	2003年	2004年	2005年	2006年	2007年	2008年	2009年	2010年	2011年	2012年	2013年	2014年	2015年	2016年	2017年
载客汽车	微型	出租车	汽油	277501	189634	101768	101768	101768	101768	75860	49952	49952	37482	25012	25012	20308	15603	15603	15603	15603	9266	7153
			燃气	187982	129370	70758	70758	70758	70758	53088	35418	35418	26840	18262	18262	14716	11169	11169	11169	11169	6502	4946
		其他	汽油	29876	18787	7698	7698	7698	7698	4860	2022	2022	1647	1272	1272	1068	864	864	864	864	596	507
			燃气	19373	11564	3754	3754	3754	3754	2452	1151	1151	935	719	719	577	435	435	435	435	345	315
	小型	出租车	汽油	313178	209622	106065	106065	106065	106065	78339	50613	50613	37812	25012	25012	19690	14367	14367	14367	14367	8142	6067
			柴油	353424	298064	242705	242705	242705	242705	215683	188661	188661	150351	112041	112041	112041	112041	90592	69144	69144	51374	45450
			燃气	211748	142684	73621	73621	73621	73621	54740	35858	35858	27060	18262	18262	14304	10346	10346	10346	10346	5753	4222
		其他	汽油	27879	17844	7809	7809	7809	7809	5181	2553	2553	1780	1008	1008	915	822	822	822	822	562	476
			柴油	24742	20269	15796	15796	15796	15796	14532	13268	13268	10399	7530	7530	7530	7530	6488	5446	5446	4707	4461
			燃气	18043	11530	5017	5017	5017	5017	3260	1504	1504	1024	543	543	476	408	408	408	408	322	294
	中型	公交车	汽油	325289	325289	325289	325289	325289	222227	16102	16102	16102	16102	16102	14440	12779	12779	9648	6516	6516	6516	6516
			柴油	363897	363897	363042	361333	361333	346973	318254	318254	318254	265090	211926	211926	211926	211926	172947	133968	133968	112161	104892
			燃气	386376	386376	381776	372577	372577	361020	337907	337907	337907	281230	224554	224554	142005	142005	111217	111217	111217	111217	111217
		其他	汽油	199432	199432	199432	199432	199432	135281	6980	6980	6980	6980	6980	6980	6980	6980	5236	3491	3491	3491	3491
			柴油	170651	170651	163527	149280	149280	148018	145493	145493	145493	123912	102331	102331	102331	102331	90860	79390	79390	67760	63884
			燃气	192701	192701	181995	160584	160584	159071	156044	156044	156044	132860	109677	109677	85433	85433	68625	68625	68625	68625	68625
	大型	公交车	汽油	1158842	1158842	1158842	1158842	1158842	796842	72842	72842	72842	72842	72842	72778	72714	72714	54536	36358	36358	36358	36358
			柴油	516114	516114	499437	466082	466082	452839	426352	426352	426352	418669	410986	410986	410986	410986	396166	381346	381346	343765	331238
			燃气	1037696	1037696	980046	864746	864746	800576	672237	672237	672237	575982	479728	479728	446627	446627	387109	387109	387109	387109	387109
		其他	汽油	2765946	2765946	2765946	2765946	2765946	1901917	173859	173859	173859	173859	173859	167340	160820	160820	120744	80667	80667	80667	80667
			柴油	1235933	1235933	1204130	1140524	1140524	1113934	1060753	1060753	1060753	1023406	986060	986060	986060	986060	938734	891408	891408	788887	754713
			燃气	2300555	2300555	2172746	1917129	1917129	1774866	1490340	1490340	1490340	1277434	1064529	1064529	960386	960386	814802	814802	814802	814802	814802
载货汽车	微型		汽油	98671	58613	18555	18555	18555	18555	12692	6829	6829	5546	4263	4263	3760	3257	3257	3257	3257	2409	2126
			柴油	67246	55538	43829	43829	43829	43829	39430	35031	35031	29646	24262	24262	24262	24262	17750	11238	11238	9580	9028
			燃气	63983	36516	9049	9049	9049	9049	6468	3887	3887	3148	2410	2410	2025	1640	1640	1640	1640	1401	1321
	轻型		汽油	73273	47048	20822	20822	20822	20822	14134	7446	7446	6249	5052	5052	4197	3342	3342	3342	3342	2516	2240
			柴油	67480	55654	43829	43829	43829	43829	39430	35031	35031	29646	24262	24262	24262	24262	19330	14397	14397	13294	12927
			燃气	47422	30399	13377	13377	13377	13377	8882	4387	4387	3554	2721	2721	2190	1659	1659	1659	1659	1452	1384
	中型		汽油	210745	210745	210745	210745	210745	143877	10142	10142	10142	10142	10142	10142	10142	10142	7610	5077	5077	5077	5077
			柴油	393521	393521	353353	273018	273018	259610	232794	232794	232794	234176	235558	235558	235558	235558	206672	177787	177787	153091	144859
			燃气	444368	444368	394143	293692	293692	279020	249676	249676	249676	251072	252468	252468	191320	191320	155609	155609	155609	155609	155609
	重型		汽油	1934457	1934457	1934457	1934457	1934457	1330169	121594	121594	121594	121594	121594	117034	112475	112475	84446	56417	56417	56417	56417
			柴油	1052396	1052396	1016474	944631	944631	909691	839812	839812	839812	806136	772459	772459	772459	772459	679508	586557	586557	404060	343228
			燃气	1958921	1958921	1835230	1587849	1587849	1451873	1179922	1179922	1179922	1006926	833930	833930	631945	631945	370555	370555	370555	370555	370555
低速汽车	三轮汽车			65550	65550	65550	65550	65550	65550	65550	65550	65550	53279	53279	53279	53279	53279	53279	53279	53279	53279	53279
	低速货车			88065	88065	88065	88065	88065	88065	88065	88065	88065	71579	71579	71579	71579	71579	71579	71579	71579	71579	71579
摩托车	普通摩托车			1150	1150	1150	1150	1112	1074	997	997	997	997	997	886	774	774	774	774	774	774	774
	轻便摩托车			767	767	767	767	767	383	383	383	383	383	383	340	298	298	298	298	298	298	298

湘潭市 PM 排放系数

单位：克/（辆·年）

车辆类型		使用性质	燃料种类	1999 年年底前	2000 年	2001 年	2002 年	2003 年	2004 年	2005 年	2006 年	2007 年	2008 年	2009 年	2010 年	2011 年	2012 年	2013 年	2014 年	2015 年	2016 年	2017 年
载客汽车	微型	出租车	汽油	—	—	—	—	—	—	—	—	—	—	—	—	—	—	—	—	—	—	—
			燃气	—	—	—	—	—	—	—	—	—	—	—	—	—	—	—	—	—	—	—
		其他	汽油	—	—	—	—	—	—	—	—	—	—	—	—	—	—	—	—	—	—	—
			燃气	—	—	—	—	—	—	—	—	—	—	—	—	—	—	—	—	—	—	—
	小型	出租车	汽油	—	—	—	—	—	—	—	—	—	—	—	—	—	—	—	—	—	—	—
			柴油	44674	40909	37144	37144	37144	37144	25283	13422	13422	8758	4094	4094	4094	4094	3805	3516	3516	2908	2705
			燃气	—	—	—	—	—	—	—	—	—	—	—	—	—	—	—	—	—	—	—
		其他	汽油	—	—	—	—	—	—	—	—	—	—	—	—	—	—	—	—	—	—	—
			柴油	3580	3388	3196	3196	3196	3196	2298	1401	1401	1026	652	652	652	652	546	440	440	440	440
			燃气	—	—	—	—	—	—	—	—	—	—	—	—	—	—	—	—	—	—	—
	中型	公交车	汽油	—	—	—	—	—	—	—	—	—	—	—	—	—	—	—	—	—	—	—
			柴油	30592	30592	28032	22913	22913	17978	8108	8108	8108	6872	5637	5637	5637	5637	3504	1372	1372	1080	983
			燃气	—	—	—	—	—	—	—	—	—	—	—	—	—	—	—	—	—	—	—
		其他	汽油	—	—	—	—	—	—	—	—	—	—	—	—	—	—	—	—	—	—	—
			柴油	15274	15274	12888	8116	8116	6262	2553	2553	2553	2434	2316	2316	2316	2316	1366	415	415	399	394
			燃气	—	—	—	—	—	—	—	—	—	—	—	—	—	—	—	—	—	—	—
	大型	公交车	汽油	—	—	—	—	—	—	—	—	—	—	—	—	—	—	—	—	—	—	—
			柴油	94865	94865	93934	92071	92071	71272	29674	29674	29674	19994	10315	10315	10315	10315	6116	1916	1916	1845	1821
			燃气	—	—	—	—	—	—	—	—	—	—	—	—	—	—	—	—	—	—	—
		其他	汽油	—	—	—	—	—	—	—	—	—	—	—	—	—	—	—	—	—	—	—
			柴油	142314	142314	133412	115607	115607	85425	25061	25061	25061	17182	9303	9303	9303	9303	5868	2433	2433	2343	2313
			燃气	—	—	—	—	—	—	—	—	—	—	—	—	—	—	—	—	—	—	—
载货汽车	微型		汽油	—	—	—	—	—	—	—	—	—	—	—	—	—	—	—	—	—	—	—
			柴油	8087	7920	7752	7752	7752	7752	6311	4870	4870	3614	2359	2359	2359	2359	1485	611	611	609	608
			燃气	—	—	—	—	—	—	—	—	—	—	—	—	—	—	—	—	—	—	—
	轻型		汽油	—	—	—	—	—	—	—	—	—	—	—	—	—	—	—	—	—	—	—
			柴油	8411	8082	7752	7752	7752	7752	6311	4870	4870	3614	2359	2359	2359	2359	1779	1199	1199	990	920
			燃气	—	—	—	—	—	—	—	—	—	—	—	—	—	—	—	—	—	—	—
	中型		汽油	—	—	—	—	—	—	—	—	—	—	—	—	—	—	—	—	—	—	—
			柴油	33425	33425	28128	17535	17535	13535	5535	5535	5535	5244	4952	4952	4952	4952	3175	1398	1398	1280	1241
			燃气	—	—	—	—	—	—	—	—	—	—	—	—	—	—	—	—	—	—	—
	重型		汽油	—	—	—	—	—	—	—	—	—	—	—	—	—	—	—	—	—	—	—
			柴油	134270	134270	110360	62540	62540	49657	23890	23890	23890	16370	8851	8851	8851	8851	5974	3097	3097	2618	2458
			燃气	—	—	—	—	—	—	—	—	—	—	—	—	—	—	—	—	—	—	—
低速汽车	三轮汽车			4092	4092	4092	4092	4092	4092	4092	4092	4092	3220	3220	3220	3220	3220	3220	3220	3220	3220	3220
	低速货车			5581	5581	5581	5581	5581	5581	5581	5581	5581	4392	4392	4392	4392	4392	4392	4392	4392	4392	4392
摩托车	普通摩托车			—	—	—	—	—	—	—	—	—	—	—	—	—	—	—	—	—	—	—
	轻便摩托车			—	—	—	—	—	—	—	—	—	—	—	—	—	—	—	—	—	—	—

湘潭市 VOCs 排放系数

单位：克/（辆·年）

车辆类型		使用性质	燃料种类	1999 年年底前	2000 年	2001 年	2002 年	2003 年	2004 年	2005 年	2006 年	2007 年	2008 年	2009 年	2010 年	2011 年	2012 年	2013 年	2014 年	2015 年	2016 年	2017 年
载客汽车	微型	出租车	汽油	701134	416746	132358	132358	132358	132358	100251	68144	68144	55825	43506	43506	35859	28212	28212	28212	28212	19778	16967
			燃气	361920	219480	77040	77040	77040	77040	59375	41710	41710	34404	27098	27098	21539	15980	15980	15980	15980	9657	7549
		其他	汽油	41023	25025	9027	9027	9027	9027	8652	8278	8278	7167	6056	6056	5784	5513	5513	5513	5513	4722	4458
			燃气	16645	9364	2082	2082	2082	2082	1992	1902	1902	1420	937	937	852	766	766	766	766	521	439
	小型	出租车	汽油	701134	410254	119375	119375	119375	119375	111078	102782	102782	73144	43506	43506	35859	28212	28212	28212	28212	18622	15425
			柴油	201011	188968	176926	176926	176926	176926	159156	141386	141386	105134	68881	68881	68881	68881	51000	33119	33119	18168	13184
			燃气	361920	216237	70554	70554	70554	70554	64784	59014	59014	43056	27098	27098	21539	15980	15980	15980	15980	9079	6779
		其他	汽油	41584	25238	8891	8891	8891	8891	8884	8878	8878	7468	6058	6058	5750	5441	5441	5441	5441	4776	4555
			柴油	9415	8608	7800	7800	7800	7800	6602	5403	5403	3706	2010	2010	2010	2010	1696	1381	1381	981	848
			燃气	16925	10193	3461	3461	3461	3461	2832	2202	2202	1637	1072	1072	901	730	730	730	730	548	488
	中型	公交车	汽油	247553	247553	247553	247553	246956	168713	13420	13420	13420	13420	13420	13268	13117	13117	10690	8263	8263	8263	8263
			柴油	87806	87806	86086	82645	82645	64494	28192	28192	28192	20508	12823	12823	12823	12823	8958	5093	5093	4763	4653
			燃气	71579	71579	67602	59649	59649	57536	53311	53311	53311	42686	32061	32061	22219	22219	22154	22154	22154	22154	22154
		其他	汽油	128263	128263	128263	128263	127666	87344	7893	7893	7893	7893	7893	7748	7602	7602	6550	5499	5499	5499	5499
			柴油	30493	30493	28460	24394	24394	18567	6912	6912	6912	6506	6099	6099	6099	6099	3750	1402	1402	1243	1190
			燃气	34560	34560	32640	28800	28800	27780	25740	25740	25740	20623	15506	15506	10732	10732	9642	9642	9642	9642	9642
	大型	公交车	汽油	576861	576861	576861	576861	576264	388686	14724	14724	14724	14724	14724	14584	14445	14445	11679	8913	8913	8913	8913
			柴油	131708	131708	108010	60614	60614	60614	60614	60614	60614	43515	26416	26416	26416	26416	17675	8934	8934	5723	4653
			燃气	168926	168926	159541	140772	140772	135786	125815	125815	125815	100740	75665	75665	52438	52438	47188	47188	47188	47188	47188
		其他	汽油	1278159	1278159	1278159	1278159	1277562	860714	28211	28211	28211	28211	28211	21952	15693	15693	12502	9312	9312	9312	9312
			柴油	272891	272891	207397	76409	76409	76409	76409	76409	76409	55942	35476	35476	35476	35476	20706	5937	5937	5324	5119
			燃气	266186	266186	251398	221822	221822	213966	198253	198253	198253	158842	119430	119430	82662	82662	74261	74261	74261	74261	74261
载货汽车	微型		汽油	213028	115272	17517	17517	17517	17517	16516	15514	15514	14328	13143	13143	11012	8882	8882	8882	8882	7644	7231
			柴油	31747	29658	27569	27569	27569	27569	25270	22970	22970	16957	10944	10944	10944	10944	7540	4135	4135	2852	2425
			燃气	86436	45238	4040	4040	4040	4040	3802	3565	3565	2799	2034	2034	1634	1234	1234	1234	1234	843	712
	轻型		汽油	111380	67078	22777	22777	22777	22777	19761	16745	16745	15056	13366	13366	11859	10352	10352	10352	10352	9004	8555
			柴油	29156	28362	27569	27569	27569	27569	25270	22970	22970	16957	10944	10944	10944	10944	8284	5624	5624	4342	3914
			燃气	45332	27099	8866	8866	8866	8866	6510	4153	4153	3259	2365	2365	1877	1389	1389	1389	1389	1035	917
	中型		汽油	290028	290028	290028	290028	289431	197012	13368	13368	13368	13368	13368	13228	13088	13088	10660	8232	8232	8232	8232
			柴油	68267	68267	63716	54614	54614	41567	15474	15474	15474	14574	13673	13673	13673	13673	9909	6145	6145	3656	2827
			燃气	77372	77372	73074	64478	64478	62194	57625	57625	57625	46193	34762	34762	47039	47039	22906	22906	22906	22906	22906
	重型		汽油	916291	916291	916291	916291	915693	617148	21255	21255	21255	21255	21255	16736	12217	12217	9929	7641	7641	7641	7641
			柴油	226409	226409	172071	63395	63395	63395	63395	63395	63395	46414	29433	29433	29433	29433	18554	7675	7675	5961	5390
			燃气	220846	220846	208578	184041	184041	177523	164486	164486	164486	131786	99086	99086	106861	106861	78192	78192	78192	78192	78192
低速汽车	三轮汽车			25300	25300	25300	25300	25300	25300	25300	25300	25300	16721	16721	16721	16721	16721	16721	16721	16721	16721	16721
	低速货车			33990	33990	33990	33990	33990	33990	33990	33990	33990	22464	22464	22464	22464	22464	22464	22464	22464	22464	22464
摩托车	普通摩托车			15413	15413	15413	15413	11502	7591	4064	4064	4064	4064	4064	3032	2001	2001	2001	2001	2001	2001	2001
	轻便摩托车			49842	49842	49842	49842	49842	9968	9968	4908	4908	4908	4908	3662	2417	2417	2417	2417	2417	2417	2417

衡阳市 NO_x 排放系数

单位：克/（辆·年）

车辆类型		使用性质	燃料种类	1999年年底前	2000年	2001年	2002年	2003年	2004年	2005年	2006年	2007年	2008年	2009年	2010年	2011年	2012年	2013年	2014年	2015年	2016年	2017年
载客汽车	微型	出租车	汽油	130229	85780	41331	41331	41331	41331	29438	17545	17545	12170	6796	6796	6043	5290	5290	5290	5290	3737	3219
			燃气	82709	54703	26697	26697	26697	26697	19078	11459	11459	8021	4583	4583	4007	3431	3431	3431	3431	2404	2062
		其他	汽油	36423	22927	9431	9431	9431	9431	5888	2344	2344	1894	1443	1443	1261	1079	1079	1079	1079	768	665
			燃气	22574	13488	4401	4401	4401	4401	2860	1319	1319	1063	807	807	684	561	561	561	561	441	401
	小型	出租车	汽油	148599	96071	43543	43543	43543	43543	30714	17885	17885	12340	6796	6796	5680	4563	4563	4563	4563	3095	2606
			柴油	147138	120344	93549	93549	93549	93549	84100	74652	74652	58856	43061	43061	43061	43061	36224	29386	29386	24728	23175
			燃气	94323	61210	28096	28096	28096	28096	19885	11674	11674	8128	4583	4583	3777	2971	2971	2971	2971	1999	1675
		其他	汽油	33964	21767	9570	9570	9570	9570	6290	3009	3009	2064	1118	1118	1068	1018	1018	1018	1018	721	622
			柴油	31864	26031	20198	20198	20198	20198	18564	16929	16929	13330	9731	9731	9731	9731	8406	7081	7081	6284	6019
			燃气	21019	13462	5904	5904	5904	5904	3822	1740	1740	1171	602	602	562	523	523	523	523	411	374
	中型	公交车	汽油	324884	324884	324884	324884	324884	221950	16082	16082	16082	16082	16082	14422	12763	12763	9636	6508	6508	6508	6508
			柴油	363566	363566	362712	361005	361005	346658	317964	317964	317964	264848	211733	211733	211733	211733	172790	133846	133846	112059	104797
			燃气	386024	386024	381429	372238	372238	360692	337599	337599	337599	280974	224349	224349	141875	141875	111116	111116	111116	111116	111116
		其他	汽油	199183	199183	199183	199183	199183	135112	6971	6971	6971	6971	6971	6971	6971	6971	5228	3486	3486	3486	3486
			柴油	170496	170496	163379	149145	149145	147884	145361	145361	145361	123800	102238	102238	102238	102238	90778	79318	79318	67699	63826
			燃气	192526	192526	181830	160438	160438	158926	155902	155902	155902	132740	109577	109577	85356	85356	68563	68563	68563	68563	68563
	大型	公交车	汽油	1157399	1157399	1157399	1157399	1157399	795850	72751	72751	72751	72751	72751	72687	72623	72623	54468	36312	36312	36312	36312
			柴油	515644	515644	498982	465657	465657	452426	425964	425964	425964	418288	410611	410611	410611	410611	395805	380999	380999	343452	330936
			燃气	1036751	1036751	979154	863959	863959	799848	671625	671625	671625	575458	479292	479292	446221	446221	386756	386756	386756	386756	386756
		其他	汽油	2762501	2762501	2762501	2762501	2762501	1899548	173643	173643	173643	173643	173643	167132	160620	160620	120594	80567	80567	80567	80567
			柴油	1234808	1234808	1203034	1139486	1139486	1112920	1059787	1059787	1059787	1022474	985162	985162	985162	985162	937879	890596	890596	788168	754026
			燃气	2298461	2298461	2170769	1915384	1915384	1773250	1488983	1488983	1488983	1276271	1063559	1063559	959512	959512	814060	814060	814060	814060	814060
载货汽车	微型		汽油	152204	90227	28250	28250	28250	28250	19446	10643	10643	8681	6719	6719	5850	4980	4980	4980	4980	3637	3189
			柴油	111629	92375	73121	73121	73121	73121	65680	58240	58240	49370	40500	40500	40500	40500	29602	18704	18704	15853	14903
			燃气	94332	53757	13183	13183	13183	13183	9586	5989	5989	4873	3758	3758	3173	2589	2589	2589	2589	2090	1923
	轻型		汽油	109121	70362	31604	31604	31604	31604	21580	11557	11557	9722	7887	7887	6496	5106	5106	5106	5106	3795	3358
			柴油	112012	92566	73121	73121	73121	73121	65680	58240	58240	49370	40500	40500	40500	40500	32194	23888	23888	21949	21303
			燃气	67531	43514	19497	19497	19497	19497	13090	6683	6683	5465	4247	4247	3435	2623	2623	2623	2623	2170	2019
	中型		汽油	210745	210745	210745	210745	210745	143877	10142	10142	10142	10142	10142	10142	10142	10142	7610	5077	5077	5077	5077
			柴油	393521	393521	353353	273018	273018	259610	232794	232794	232794	234176	235558	235558	235558	235558	206672	177787	177787	153091	144859
			燃气	444368	444368	394142	293690	293690	279019	249675	249675	249675	251071	252467	252467	191321	191321	155610	155610	155610	155610	155610
	重型		汽油	1934457	1934457	1934457	1934457	1934457	1330169	121594	121594	121594	121594	121594	117034	112475	112475	84446	56417	56417	56417	56417
			柴油	1052396	1052396	1016474	944631	944631	909691	839812	839812	839812	806136	772459	772459	772459	772459	679508	586557	586557	404060	343228
			燃气	1958921	1958921	1835230	1587848	1587848	1451873	1179922	1179922	1179922	1006926	833930	833930	631946	631946	370555	370555	370555	370555	370555
低速汽车	三轮汽车			65550	65550	65550	65550	65550	65550	65550	65550	65550	53279	53279	53279	53279	53279	53279	53279	53279	53279	53279
	低速货车			88065	88065	88065	88065	88065	88065	88065	88065	88065	71579	71579	71579	71579	71579	71579	71579	71579	71579	71579
摩托车	普通摩托车			1150	1150	1150	1150	1112	1074	997	997	997	997	997	886	774	774	774	774	774	774	774
	轻便摩托车			767	767	767	767	767	383	383	383	383	383	383	340	298	298	298	298	298	298	298

衡阳市 PM 排放系数

单位：克/（辆·年）

车辆类型		使用性质	燃料种类	1999 年年底前	2000 年	2001 年	2002 年	2003 年	2004 年	2005 年	2006 年	2007 年	2008 年	2009 年	2010 年	2011 年	2012 年	2013 年	2014 年	2015 年	2016 年	2017 年
载客汽车	微型	出租车	汽油	—	—	—	—	—	—	—	—	—	—	—	—	—	—	—	—	—	—	—
			燃气	—	—	—	—	—	—	—	—	—	—	—	—	—	—	—	—	—	—	—
		其他	汽油	—	—	—	—	—	—	—	—	—	—	—	—	—	—	—	—	—	—	—
			燃气	—	—	—	—	—	—	—	—	—	—	—	—	—	—	—	—	—	—	—
	小型	出租车	汽油	—	—	—	—	—	—	—	—	—	—	—	—	—	—	—	—	—	—	—
			柴油	23138	21194	19250	19250	19250	19250	13054	6857	6857	4497	2137	2137	2137	2137	1986	1835	1835	1518	1412
			燃气	—	—	—	—	—	—	—	—	—	—	—	—	—	—	—	—	—	—	—
		其他	汽油	—	—	—	—	—	—	—	—	—	—	—	—	—	—	—	—	—	—	—
			柴油	4463	4222	3982	3982	3982	3982	2851	1720	1720	1270	819	819	819	819	674	530	530	530	530
			燃气	—	—	—	—	—	—	—	—	—	—	—	—	—	—	—	—	—	—	—
	中型	公交车	汽油	—	—	—	—	—	—	—	—	—	—	—	—	—	—	—	—	—	—	—
			柴油	30592	30592	28032	22913	22913	17978	8108	8108	8108	6872	5637	5637	5637	5637	3504	1372	1372	1080	983
			燃气	—	—	—	—	—	—	—	—	—	—	—	—	—	—	—	—	—	—	—
		其他	汽油	—	—	—	—	—	—	—	—	—	—	—	—	—	—	—	—	—	—	—
			柴油	15274	15274	12888	8116	8116	6262	2553	2553	2553	2434	2316	2316	2316	2316	1366	415	415	399	394
			燃气	—	—	—	—	—	—	—	—	—	—	—	—	—	—	—	—	—	—	—
	大型	公交车	汽油	—	—	—	—	—	—	—	—	—	—	—	—	—	—	—	—	—	—	—
			柴油	94865	94865	93934	92071	92071	71272	29674	29674	29674	19994	10315	10315	10315	10315	6116	1916	1916	1845	1821
			燃气	—	—	—	—	—	—	—	—	—	—	—	—	—	—	—	—	—	—	—
		其他	汽油	—	—	—	—	—	—	—	—	—	—	—	—	—	—	—	—	—	—	—
			柴油	142314	142314	133412	115607	115607	85425	25061	25061	25061	17182	9303	9303	9303	9303	5868	2433	2433	2343	2313
			燃气	—	—	—	—	—	—	—	—	—	—	—	—	—	—	—	—	—	—	—
载货汽车	微型		汽油	—	—	—	—	—	—	—	—	—	—	—	—	—	—	—	—	—	—	—
			柴油	12075	11826	11576	11576	11576	11576	9456	7335	7335	5444	3553	3553	3553	3553	2237	921	921	916	915
			燃气	—	—	—	—	—	—	—	—	—	—	—	—	—	—	—	—	—	—	—
	轻型		汽油	—	—	—	—	—	—	—	—	—	—	—	—	—	—	—	—	—	—	—
			柴油	12558	12067	11576	11576	11576	11576	9456	7335	7335	5444	3553	3553	3553	3553	2679	1805	1805	1491	1386
			燃气	—	—	—	—	—	—	—	—	—	—	—	—	—	—	—	—	—	—	—
	中型		汽油	—	—	—	—	—	—	—	—	—	—	—	—	—	—	—	—	—	—	—
			柴油	33425	33425	28128	17535	17535	13535	5535	5535	5535	5244	4952	4952	4952	4952	3175	1398	1398	1280	1241
			燃气	—	—	—	—	—	—	—	—	—	—	—	—	—	—	—	—	—	—	—
	重型		汽油	—	—	—	—	—	—	—	—	—	—	—	—	—	—	—	—	—	—	—
			柴油	134270	134270	110360	62540	62540	49657	23890	23890	23890	16370	8851	8851	8851	8851	5974	3097	3097	2618	2458
			燃气	—	—	—	—	—	—	—	—	—	—	—	—	—	—	—	—	—	—	—
低速汽车	三轮汽车			4092	4092	4092	4092	4092	4092	4092	4092	4092	3220	3220	3220	3220	3220	3220	3220	3220	3220	3220
	低速货车			5581	5581	5581	5581	5581	5581	5581	5581	5581	4392	4392	4392	4392	4392	4392	4392	4392	4392	4392
摩托车	普通摩托车			—	—	—	—	—	—	—	—	—	—	—	—	—	—	—	—	—	—	—
	轻便摩托车			—	—	—	—	—	—	—	—	—	—	—	—	—	—	—	—	—	—	—

衡阳市 VOCs 排放系数

单位：克/（辆·年）

车辆类型		使用性质	燃料种类	1999 年年底前	2000 年	2001 年	2002 年	2003 年	2004 年	2005 年	2006 年	2007 年	2008 年	2009 年	2010 年	2011 年	2012 年	2013 年	2014 年	2015 年	2016 年	2017 年
载客汽车	微型	出租车	汽油	325429	189394	53360	53360	53360	53360	39450	25541	25541	20894	16248	16248	14421	12594	12594	12594	12594	10737	10118
			燃气	172082	99937	27792	27792	27792	27792	20210	12628	12628	10098	7567	7567	6321	5075	5075	5075	5075	3902	3511
		其他	汽油	46764	28226	9688	9688	9688	9688	9304	8919	8919	7731	6543	6543	6300	6058	6058	6058	6058	5252	4984
			燃气	20831	11650	2468	2468	2468	2468	2370	2273	2273	1698	1122	1122	1064	1006	1006	1006	1006	731	639
	小型	出租车	汽油	325429	186287	47145	47145	47145	47145	44550	41955	41955	29102	16248	16248	14421	12594	12594	12594	12594	10102	9271
			柴油	55159	52284	49410	49410	49410	49410	46096	42783	42783	29340	15896	15896	15896	15896	11933	7970	7970	5095	4137
			燃气	172082	98276	24471	24471	24471	24471	22936	21401	21401	14484	7567	7567	6321	5075	5075	5075	5075	3563	3059
		其他	汽油	47425	28478	9531	9531	9531	9531	9573	9615	9615	8081	6547	6547	6256	5965	5965	5965	5965	5322	5108
			柴油	10659	9730	8802	8802	8802	8802	7516	6229	6229	4224	2219	2219	2219	2219	1882	1544	1544	1114	971
			燃气	21184	12682	4180	4180	4180	4180	3412	2645	2645	1970	1295	1295	1126	957	957	957	957	769	706
	中型	公交车	汽油	247783	247783	247783	247783	247186	168943	13650	13650	13650	13650	13650	13498	13347	13347	10920	8493	8493	8493	8493
			柴油	87806	87806	86086	82645	82645	64494	28192	28192	28192	20508	12823	12823	12823	12823	8958	5093	5093	4763	4653
			燃气	71579	71579	67602	59649	59649	57536	53311	53311	53311	42686	32061	32061	22219	22219	22154	22154	22154	22154	22154
		其他	汽油	128493	128493	128493	128493	127896	87574	8123	8123	8123	8123	8123	7978	7832	7832	6780	5729	5729	5729	5729
			柴油	30493	30493	28460	24394	24394	18567	6912	6912	6912	6506	6099	6099	6099	6099	3750	1402	1402	1243	1190
			燃气	34560	34560	32640	28800	28800	27780	25740	25740	25740	20623	15506	15506	10732	10732	9642	9642	9642	9642	9642
	大型	公交车	汽油	577091	577091	577091	577091	576494	388916	14954	14954	14954	14954	14954	14814	14674	14674	11908	9142	9142	9142	9142
			柴油	131708	131708	108010	60614	60614	60614	60614	60614	60614	43515	26416	26416	26416	26416	17675	8934	8934	5723	4653
			燃气	168926	168926	159541	140772	140772	135786	125815	125815	125815	100740	75665	75665	52438	52438	47188	47188	47188	47188	47188
		其他	汽油	1278389	1278389	1278389	1278389	1277792	860944	28441	28441	28441	28441	28441	22182	15923	15923	12732	9541	9541	9541	9541
			柴油	272891	272891	207397	76409	76409	76409	76409	76409	76409	55942	35476	35476	35476	35476	20706	5937	5937	5324	5119
			燃气	266186	266186	251398	221822	221822	213966	198253	198253	198253	158842	119430	119430	82662	82662	74261	74261	74261	74261	74261
载货汽车	微型		汽油	305901	165200	24499	24499	24499	24499	22984	21469	21469	19778	18088	18088	14838	11589	11589	11589	11589	9752	9140
			柴油	51763	48329	44895	44895	44895	44895	40972	37050	37050	27536	18021	18021	18021	18021	12437	6853	6853	4583	3826
			燃气	136263	71252	6241	6241	6241	6241	5856	5471	5471	4287	3102	3102	2513	1924	1924	1924	1924	1360	1172
	轻型		汽油	158970	95536	32102	32102	32102	32102	27675	23248	23248	20828	18409	18409	16062	13714	13714	13714	13714	11719	11054
			柴油	47808	46352	44895	44895	44895	44895	40972	37050	37050	27536	18021	18021	18021	18021	13571	9121	9121	6852	6095
			燃气	71009	42544	14079	14079	14079	14079	10237	6395	6395	5018	3641	3641	2921	2200	2200	2200	2200	1696	1528
	中型		汽油	290258	290258	290258	290258	289661	197242	13598	13598	13598	13598	13598	13458	13318	13318	10890	8462	8462	8462	8462
			柴油	68267	68267	63716	54614	54614	41567	15474	15474	15474	14574	13673	13673	13673	13673	9909	6145	6145	3656	2827
			燃气	77372	77372	73074	64478	64478	62194	57625	57625	57625	46193	34762	34762	47039	47039	22906	22906	22906	22906	22906
	重型		汽油	916521	916521	916521	916521	915924	617379	21486	21486	21486	21486	21486	16966	12447	12447	10159	7871	7871	7871	7871
			柴油	226409	226409	172071	63395	63395	63395	63395	63395	63395	46414	29433	29433	29433	29433	18554	7675	7675	5961	5390
			燃气	220846	220846	208578	184041	184041	177523	164486	164486	164486	131786	99086	99086	106861	106861	78192	78192	78192	78192	78192
低速汽车	三轮汽车			25300	25300	25300	25300	25300	25300	25300	25300	25300	16721	16721	16721	16721	16721	16721	16721	16721	16721	16721
	低速货车			33990	33990	33990	33990	33990	33990	33990	33990	33990	22464	22464	22464	22464	22464	22464	22464	22464	22464	22464
摩托车	普通摩托车			15413	15413	15413	15413	11502	7591	4064	4064	4064	4064	4064	3032	2001	2001	2001	2001	2001	2001	2001
	轻便摩托车			49842	49842	49842	49842	49842	9968	9968	4908	4908	4908	4908	3662	2417	2417	2417	2417	2417	2417	2417

邵阳市 NO_x 排放系数

单位：克/（辆·年）

车辆类型		使用性质	燃料种类	1999年年底前	2000年	2001年	2002年	2003年	2004年	2005年	2006年	2007年	2008年	2009年	2010年	2011年	2012年	2013年	2014年	2015年	2016年	2017年
载客汽车	微型	出租车	汽油	287255	196600	105944	105944	105944	105944	79102	52259	52259	39304	26350	26350	21366	16381	16381	16381	16381	9675	7440
			燃气	194668	134198	73727	73727	73727	73727	55412	37097	37097	28179	19261	19261	15502	11744	11744	11744	11744	6798	5149
		其他	汽油	29883	18791	7699	7699	7699	7699	4860	2022	2022	1647	1272	1272	1068	864	864	864	864	596	507
			燃气	19373	11564	3754	3754	3754	3754	2452	1151	1151	935	719	719	577	435	435	435	435	345	315
	小型	出租车	汽油	324034	217204	110373	110373	110373	110373	81656	52940	52940	39645	26350	26350	20728	15107	15107	15107	15107	8518	6321
			柴油	368067	310741	253415	253415	253415	253415	225142	196870	196870	156962	117055	117055	117055	117055	94528	72001	72001	53294	47059
			燃气	219160	147918	76676	76676	76676	76676	57113	37550	37550	28406	19261	19261	15078	10895	10895	10895	10895	6026	4403
		其他	汽油	27886	17848	7811	7811	7811	7811	5182	2553	2553	1780	1008	1008	915	822	822	822	822	562	476
			柴油	24747	20273	15799	15799	15799	15799	14534	13270	13270	10400	7531	7531	7531	7531	6489	5447	5447	4708	4462
			燃气	18043	11530	5017	5017	5017	5017	3260	1504	1504	1024	543	543	476	408	408	408	408	322	294
	中型	公交车	汽油	325375	325375	325375	325375	325375	222285	16106	16106	16106	16106	16106	14444	12783	12783	9650	6517	6517	6517	6517
			柴油	363967	363967	363112	361403	361403	347040	318315	318315	318315	265141	211967	211967	211967	211967	172980	133993	133993	112182	104912
			燃气	386451	386451	381850	372649	372649	361090	337972	337972	337972	281284	224597	224597	142032	142032	111238	111238	111238	111238	111238
		其他	汽油	199484	199484	199484	199484	199484	135317	6982	6982	6982	6982	6982	6982	6982	6982	5237	3492	3492	3492	3492
			柴油	170684	170684	163559	149309	149309	148046	145521	145521	145521	123936	102351	102351	102351	102351	90878	79406	79406	67774	63896
			燃气	192738	192738	182030	160615	160615	159101	156074	156074	156074	132886	109698	109698	85450	85450	68638	68638	68638	68638	68638
	大型	公交车	汽油	1159148	1159148	1159148	1159148	1159148	797052	72861	72861	72861	72861	72861	72797	72733	72733	54550	36367	36367	36367	36367
			柴油	516214	516214	499533	466171	466171	452925	426434	426434	426434	418750	411065	411065	411065	411065	396242	381420	381420	343832	331302
			燃气	1037896	1037896	980235	864913	864913	800731	672367	672367	672367	576094	479821	479821	446713	446713	387183	387183	387183	387183	387183
		其他	汽油	2766675	2766675	2766675	2766675	2766675	1902418	173905	173905	173905	173905	173905	167384	160862	160862	120776	80689	80689	80689	80689
			柴油	1236171	1236171	1204362	1140744	1140744	1114148	1060957	1060957	1060957	1023604	986250	986250	986250	986250	938915	891580	891580	789039	754859
			燃气	2300999	2300999	2173166	1917499	1917499	1775208	1490627	1490627	1490627	1277680	1064734	1064734	960571	960571	814959	814959	814959	814959	814959
载货汽车	微型		汽油	113165	67383	21601	21601	21601	21601	14842	8084	8084	6583	5082	5082	4450	3818	3818	3818	3818	2794	2453
			柴油	78414	64922	51430	51430	51430	51430	46226	41022	41022	34696	28369	28369	28369	28369	20750	13131	13131	11084	10402
			燃气	73364	41948	10533	10533	10533	10533	7567	4602	4602	3737	2873	2873	2397	1922	1922	1922	1922	1624	1524
	轻型		汽油	84137	54164	24191	24191	24191	24191	16490	8790	8790	7387	5984	5984	4950	3915	3915	3915	3915	2916	2583
			柴油	78681	65056	51430	51430	51430	51430	46226	41022	41022	34696	28369	28369	28369	28369	22555	16741	16741	15330	14859
			燃气	54439	34988	15538	15538	15538	15538	10358	5178	5178	4201	3224	3224	2583	1943	1943	1943	1943	1682	1595
	中型		汽油	210745	210745	210745	210745	210745	143877	10142	10142	10142	10142	10142	10142	10142	10142	7610	5077	5077	5077	5077
			柴油	393521	393521	353353	273018	273018	259610	232794	232794	232794	234176	235558	235558	235558	235558	206672	177787	177787	153091	144859
			燃气	444368	444368	394142	293692	293692	279020	249676	249676	249676	251071	252467	252467	191319	191319	155610	155610	155610	155610	155610
	重型		汽油	2097951	2097951	2097951	2097951	2097951	1442591	131871	131871	131871	131871	131871	126926	121981	121981	91584	61186	61186	61186	61186
			柴油	1130392	1130392	1091808	1014640	1014640	977111	902053	902053	902053	865880	829707	829707	829707	829707	734910	640114	640114	446563	382046
			燃气	2104103	2104103	1971245	1705528	1705528	1559475	1267370	1267370	1267370	1081552	895734	895734	689646	689646	412464	412464	412464	412464	412464
低速汽车	三轮汽车			65550	65550	65550	65550	65550	65550	65550	65550	65550	53279	53279	53279	53279	53279	53279	53279	53279	53279	53279
	低速货车			88065	88065	88065	88065	88065	88065	88065	88065	88065	71579	71579	71579	71579	71579	71579	71579	71579	71579	71579
摩托车	普通摩托车			1150	1150	1150	1150	1112	1074	997	997	997	997	997	886	774	774	774	774	774	774	774
	轻便摩托车			767	767	767	767	767	383	383	383	383	383	383	340	298	298	298	298	298	298	298

邵阳市 PM 排放系数

单位：克/（辆·年）

车辆类型		使用性质	燃料种类	1999年年底前	2000年	2001年	2002年	2003年	2004年	2005年	2006年	2007年	2008年	2009年	2010年	2011年	2012年	2013年	2014年	2015年	2016年	2017年
载客汽车	微型	出租车	汽油	—	—	—	—	—	—	—	—	—	—	—	—	—	—	—	—	—	—	—
			燃气	—	—	—	—	—	—	—	—	—	—	—	—	—	—	—	—	—	—	—
		其他	汽油	—	—	—	—	—	—	—	—	—	—	—	—	—	—	—	—	—	—	—
			燃气	—	—	—	—	—	—	—	—	—	—	—	—	—	—	—	—	—	—	—
	小型	出租车	汽油	—	—	—	—	—	—	—	—	—	—	—	—	—	—	—	—	—	—	—
			柴油	46042	42161	38280	38280	38280	38280	26056	13832	13832	9026	4219	4219	4219	4219	3922	3624	3624	2996	2787
			燃气	—	—	—	—	—	—	—	—	—	—	—	—	—	—	—	—	—	—	—
		其他	汽油	—	—	—	—	—	—	—	—	—	—	—	—	—	—	—	—	—	—	—
			柴油	3580	3388	3196	3196	3196	3196	2298	1401	1401	1026	652	652	652	652	546	440	440	440	440
			燃气	—	—	—	—	—	—	—	—	—	—	—	—	—	—	—	—	—	—	—
	中型	公交车	汽油	—	—	—	—	—	—	—	—	—	—	—	—	—	—	—	—	—	—	—
			柴油	30592	30592	28032	22913	22913	17978	8108	8108	8108	6872	5637	5637	5637	5637	3504	1372	1372	1080	983
			燃气	—	—	—	—	—	—	—	—	—	—	—	—	—	—	—	—	—	—	—
		其他	汽油	—	—	—	—	—	—	—	—	—	—	—	—	—	—	—	—	—	—	—
			柴油	15274	15274	12888	8116	8116	6262	2553	2553	2553	2434	2316	2316	2316	2316	1366	415	415	399	394
			燃气	—	—	—	—	—	—	—	—	—	—	—	—	—	—	—	—	—	—	—
	大型	公交车	汽油	—	—	—	—	—	—	—	—	—	—	—	—	—	—	—	—	—	—	—
			柴油	94865	94865	93934	92071	92071	71272	29674	29674	29674	19994	10315	10315	10315	10315	6116	1916	1916	1845	1821
			燃气	—	—	—	—	—	—	—	—	—	—	—	—	—	—	—	—	—	—	—
		其他	汽油	—	—	—	—	—	—	—	—	—	—	—	—	—	—	—	—	—	—	—
			柴油	142314	142314	133412	115607	115607	85425	25061	25061	25061	17182	9303	9303	9303	9303	5868	2433	2433	2343	2313
			燃气	—	—	—	—	—	—	—	—	—	—	—	—	—	—	—	—	—	—	—
载货汽车	微型		汽油	—	—	—	—	—	—	—	—	—	—	—	—	—	—	—	—	—	—	—
			柴油	9241	9050	8858	8858	8858	8858	7212	5565	5565	4130	2695	2695	2695	2695	1697	699	699	695	694
			燃气	—	—	—	—	—	—	—	—	—	—	—	—	—	—	—	—	—	—	—
	轻型		汽油	—	—	—	—	—	—	—	—	—	—	—	—	—	—	—	—	—	—	—
			柴油	9610	9234	8858	8858	8858	8858	7212	5565	5565	4130	2695	2695	2695	2695	2032	1370	1370	1131	1051
			燃气	—	—	—	—	—	—	—	—	—	—	—	—	—	—	—	—	—	—	—
	中型		汽油	—	—	—	—	—	—	—	—	—	—	—	—	—	—	—	—	—	—	—
			柴油	33425	33425	28128	17535	17535	13535	5535	5535	5535	5244	4952	4952	4952	4952	3175	1398	1398	1280	1241
			燃气	—	—	—	—	—	—	—	—	—	—	—	—	—	—	—	—	—	—	—
	重型		汽油	—	—	—	—	—	—	—	—	—	—	—	—	—	—	—	—	—	—	—
			柴油	146603	146603	120497	68285	68285	54218	26085	26085	26085	17874	9664	9664	9664	9664	6501	3338	3338	2821	2649
			燃气	—	—	—	—	—	—	—	—	—	—	—	—	—	—	—	—	—	—	—
低速汽车	三轮汽车			4092	4092	4092	4092	4092	4092	4092	4092	4092	3220	3220	3220	3220	3220	3220	3220	3220	3220	3220
	低速货车			5581	5581	5581	5581	5581	5581	5581	5581	5581	4392	4392	4392	4392	4392	4392	4392	4392	4392	4392
摩托车	普通摩托车			—	—	—	—	—	—	—	—	—	—	—	—	—	—	—	—	—	—	—
	轻便摩托车			—	—	—	—	—	—	—	—	—	—	—	—	—	—	—	—	—	—	—

邵阳市 VOCs 排放系数

单位：克/（辆·年）

车辆类型		使用性质	燃料种类	1999年年底前	2000年	2001年	2002年	2003年	2004年	2005年	2006年	2007年	2008年	2009年	2010年	2011年	2012年	2013年	2014年	2015年	2016年	2017年
载客汽车	微型	出租车	汽油	671432	401146	130861	130861	130861	130861	99758	68655	68655	56480	44305	44305	36421	28537	28537	28537	28537	19692	16744
			燃气	374278	227390	80502	80502	80502	80502	62154	43805	43805	36168	28532	28532	22660	16789	16789	16789	16789	10086	7852
		其他	汽油	38616	23768	8921	8921	8921	8921	8551	8181	8181	7128	6076	6076	5818	5561	5561	5561	5561	4795	4540
			燃气	16645	9364	2082	2082	2082	2082	1992	1902	1902	1420	937	937	852	766	766	766	766	521	439
	小型	出租车	汽油	671432	394988	118543	118543	118543	118543	110030	101518	101518	72912	44305	44305	36421	28537	28537	28537	28537	18594	15280
			柴油	207695	195124	182554	182554	182554	182554	163888	145223	145223	108697	72171	72171	72171	72171	53398	34626	34626	18774	13490
			燃气	374278	224048	73817	73817	73817	73817	67728	61639	61639	45086	28532	28532	22660	16789	16789	16789	16789	9490	7057
		其他	汽油	39132	23964	8796	8796	8796	8796	8764	8733	8733	7406	6078	6078	5786	5495	5495	5495	5495	4846	4630
			柴油	8974	8208	7442	7442	7442	7442	6305	5168	5168	3559	1950	1950	1950	1950	1642	1333	1333	940	809
			燃气	16925	10193	3461	3461	3461	3461	2832	2202	2202	1637	1072	1072	901	730	730	730	730	548	488
	中型	公交车	汽油	247700	247700	247700	247700	247103	168860	13568	13568	13568	13568	13568	13416	13265	13265	10838	8410	8410	8410	8410
			柴油	87806	87806	86086	82645	82645	64494	28192	28192	28192	20508	12823	12823	12823	12823	8958	5093	5093	4763	4653
			燃气	71579	71579	67602	59649	59649	57536	53311	53311	53311	42686	32061	32061	22219	22219	22154	22154	22154	22154	22154
		其他	汽油	128411	128411	128411	128411	127814	87491	8040	8040	8040	8040	8040	7894	7749	7749	6698	5647	5647	5647	5647
			柴油	30493	30493	28460	24394	24394	18567	6912	6912	6912	6506	6099	6099	6099	6099	3750	1402	1402	1243	1190
			燃气	34560	34560	32640	28800	28800	27780	25740	25740	25740	20623	15506	15506	10732	10732	9642	9642	9642	9642	9642
	大型	公交车	汽油	577008	577008	577008	577008	576411	388833	14872	14872	14872	14872	14872	14732	14592	14592	11826	9060	9060	9060	9060
			柴油	131708	131708	108010	60614	60614	60614	60614	60614	60614	43515	26416	26416	26416	26416	17675	8934	8934	5723	4653
			燃气	168926	168926	159541	140772	140772	135786	125815	125815	125815	100740	75665	75665	52438	52438	47188	47188	47188	47188	47188
		其他	汽油	1278306	1278306	1278306	1278306	1277709	860861	28358	28358	28358	28358	28358	22099	15840	15840	12650	9459	9459	9459	9459
			柴油	272891	272891	207397	76409	76409	76409	76409	76409	76409	55942	35476	35476	35476	35476	20706	5937	5937	5324	5119
			燃气	266186	266186	251398	221822	221822	213966	198253	198253	198253	158842	119430	119430	82662	82662	74261	74261	74261	74261	74261
载货汽车	微型		汽油	224842	122016	19189	19189	19189	19189	18034	16878	16878	15562	14246	14246	11890	9535	9535	9535	9535	8102	7624
			柴油	36660	34236	31812	31812	31812	31812	29051	26290	26290	19556	12823	12823	12823	12823	8878	4934	4934	3288	2739
			燃气	96916	50697	4478	4478	4478	4478	4201	3924	3924	3060	2197	2197	1755	1313	1313	1313	1313	881	737
	轻型		汽油	117917	71320	24722	24722	24722	24722	21448	18173	18173	16326	14479	14479	12780	11082	11082	11082	11082	9533	9017
			柴油	33885	32848	31812	31812	31812	31812	29051	26290	26290	19556	12823	12823	12823	12823	9676	6528	6528	4882	4333
			燃气	51000	30364	9727	9727	9727	9727	7155	4582	4582	3568	2554	2554	2013	1472	1472	1472	1472	1081	950
	中型		汽油	290175	290175	290175	290175	289578	197159	13515	13515	13515	13515	13515	13376	13236	13236	10808	8379	8379	8379	8379
			柴油	68267	68267	63716	54614	54614	41567	15474	15474	15474	14574	13673	13673	13673	13673	9909	6145	6145	3656	2827
			燃气	77372	77372	73074	64478	64478	62194	57625	57625	57625	46193	34762	34762	47039	47039	22906	22906	22906	22906	22906
	重型		汽油	991299	991299	991299	991299	990702	667684	22843	22843	22843	22843	22843	17964	13084	13084	10610	8135	8135	8135	8135
			柴油	240395	240395	182700	67311	67311	67311	67311	67311	67311	49281	31251	31251	31251	31251	19726	8201	8201	6634	6112
			燃气	234488	234488	221462	195410	195410	188489	174647	174647	174647	139927	105207	105207	114184	114184	88666	88666	88666	88666	88666
低速汽车	三轮汽车			25300	25300	25300	25300	25300	25300	25300	25300	25300	16721	16721	16721	16721	16721	16721	16721	16721	16721	16721
	低速货车			33990	33990	33990	33990	33990	33990	33990	33990	33990	22464	22464	22464	22464	22464	22464	22464	22464	22464	22464
摩托车	普通摩托车			15413	15413	15413	15413	11502	7591	4064	4064	4064	4064	4064	3032	2001	2001	2001	2001	2001	2001	2001
	轻便摩托车			49842	49842	49842	49842	49842	9968	9968	4908	4908	4908	4908	3662	2417	2417	2417	2417	2417	2417	2417